DEUXIÈME SUPPLÉMENT

AU

DICTIONNAIRE DE CHIMIE

PURE ET APPLIQUÉE

60529. — Imprimerie Lahure, 9, rue de Fleurus, à Paris.

DEUXIÈME SUPPLÉMENT

AU

DICTIONNAIRE DE CHIMIE

PURE ET APPLIQUÉE

DE AD. WURTZ

PUBLIÉ SOUS LA DIRECTION

DE

CH. FRIEDEL	C. CHABRIÉ
Membre de l'Institut	Chargé de cours à la Faculté des Sciences
Académie des Sciences	de l'Université de Paris
(Lettres **A** à **H**)	(Lettres **H** à **Z**)

AVEC LA COLLABORATION DE MM.

V. Auger — E. Baud — G. Baume — M. Billy — A. Binet du Jassonneix — G. Blanc
A. Bouchonnet — L. Bourgeois — A. Bouzat — R. Cambier — P. Carré — Mme C. Chabrié — L.-P. Clerc
G. Darier — E. Defacqz — M. Delacre — M. Delépine — A. Ditte (de l'Institut) — H. Duval
A. Fernbach — H. Fonzes-Diacon — R. de Forcrand — P. Freundler — G. Friedel
J. Friedel — A. Gautier (de l'Institut) — H. Girau — A. de Gramont — A. Granger — M. Guichard
Ph.-A. Guye — A. Haller (de l'Institut) — J. Hamonet — A. Hébert — E. Lambling — Ch. Lauth
J. Lavaux — P. Lebeau — G. Lemoine (de l'Institut) — P. Lemoult — L. Lindet — A. et F. Lumière
A. Mailhe — F. March — Ch. Marie — R. Marquis — C. Martine — C. Matignon — R. Metzner
H. Moissan (de l'Institut) — M. Moniotte — Ch. Moureu — A. Müntz (de l'Institut) — A. Rigaut
P. Sabatier — J.-B. Senderens — A. Seyewetz — V. Thomas — M. Tiffeneau — L. Troost (de l'Institut)
G. Urbain — A. Valeur — E. Vigouroux — A. Wahl — R. Wurtz.

E. RENGADE, Secrétaire de la Rédaction

—

TOME SEPTIÈME

POD—ZYM.

—

PARIS

LIBRAIRIE HACHETTE ET Cie

79, BOULEVARD SAINT-GERMAIN, 79

—

1908

P

PODOLITE.   (*suite*)   **POIDS ATOMIQUES.**

PODOLITE (Min.) [Syn. *Carbapatite* (V. Tchirvinski)]. — Carbonate-phosphate de calcium, $3(PO^4)^3Ca^2.CO^3Ca$, petits cristaux dans des cavités au sein de nodules de phosphorite de la région de l'Ouchitza, affluent du Bricfer, ou encore à l'état amorphe constitue des phosphorites de Koursk, Podolie ; ces divers gisements appartiennent aux sables glautoniens du crétacé. Ressemble à l'apatite, un peu plus biréfringent. En apparence, prisme hexagonal régulier, mais sans doute orthorhombique en raison des propriétés optiques. Soluble dans les acides avec effervescence. Densité = 3,077.

Léon Bourgeois.

PODOPHYLLE ou PODOPHYLLUM ou l'ODO-PHYLLÈNE. — Les podophylles indien et américain (Podophyllum emodi et P. peltatum) ont la même composition [Dunstan et Henry, *Chem. Soc.*, 73, 209, 1898]. M. Delacre.

PODOPHYLLINE (PICRO-). — Voyez ACIDE PODOPHYLLIQUE, isomère de la podophyllotoxine. On fait bouillir la podophyllotoxine avec les alcalis en solution aqueuse, et on précipite par HCl. Aiguilles fusibles à 227°. M. Delacre.

PODOPHYLLIQUE (ACIDE). $C^{15}H^{16}O^7$. — D'après Dunstan et Henry [*Chem. Soc.*, 73, 209, 1898]. cet acide provient de l'hydratation de la picropodophylline. Les formules suivantes représenteraient la constitution de ces deux corps :

$$CO\left\langle{\overset{\overset{\displaystyle OH}{|}}{CH}-\overset{\overset{\displaystyle CO^2H}{|}}{CH}\atop CH^2-CH}\right\rangle O$$

$$CH^3O\bigcirc OCH^3$$

$$CH^3$$

Acide podophyllique.

$$CO\left\langle{\overset{\overline{}}{CH}-\overset{\overset{\displaystyle CO^2}{|}}{CH}\atop CH^2-CH}\right\rangle O$$

$$CH^3O\bigcirc OCH^3$$

$$CH^3$$

Picropodophylline.

La solution de podophyllotoxine dans les alcalis, acidulée à froid par l'acide acétique, donne l'acide podophyllique gélatineux identique à l'acide picropodophyllique (voyez Suppl., 1296).

M. Delacre.

PODOPHYLLOTOXINE, $C^{15}H^{14}O^6,2H^2O$. — On épuise le podophyllum par le chloroforme, on distille, on reprend par le benzène, on décolore par le noir, et on fait cristalliser. Aiguilles fusibles à 117°. On a décrit des *dérivés mono* et *dibromé* (Dunstan et Henry). M. Delacre.

PODOPHYLLOQUERCÉTINE. — D'après Dunstan et Henry [*Chem. Soc.*, 73, 209, 1898], ce corps est identique à la quercétine.

M. Delacre.

POIDS ATOMIQUES. — Les méthodes spéciales adoptées pour la détermination des poids atomiques sont décrites dans les articles concernant chaque élément. Il suffira donc de développer ici les considérations générales, qui ne peuvent trouver leur place dans ces articles, à savoir :

I. Historique.
II. Calculs systématiques des poids atomiques.
III. Unité.
IV. Critique des méthodes chimiques.
V. Critique des méthodes physico-chimiques.
VI. Table des poids atomiques.

Historique. — La première table de poids atomiques est due à Dalton (1805); bien que peu exacte, elle semble justifier l'hypothèse de Prout, d'après laquelle tous les poids atomiques sont des multiples entiers de celui de l'hydrogène. La question est reprise en 1809 dans son ensemble par Berzélius, auquel on doit la première série complète de déterminations exactes de poids atomiques, ainsi que les principales méthodes à suivre dans ce but. Les résultats de Berzélius furent confirmés par les travaux moins étendus de Th. Thomson et de Turner, de telle sorte que vers 1830 les poids atomiques de Berzélius étaient admis partout sans conteste.

Vers 1840 la chimie organique se développe rapidement sous l'impulsion des travaux de Dumas, Liebig, etc. En étudiant sa théorie des types chimiques, Dumas découvre des irrégularités dans les analyses des corps organiques et reprend à cette époque, avec Stas, la détermination du poids atomique du carbone; ces expérimentateurs trouvent ainsi une erreur de 2 0/0 sur la valeur donnée par Berzélius.

Ce résultat inattendu suscita de divers côtés plusieurs travaux de révision, notamment par Dumas, Marignac, Erdmann et Marchand, Gerhardt, etc. On constata heureusement que l'erreur sur le poids atomique du carbone était isolée et l'on retrouva, en général, des nombres très voisins de ceux établis par Berzélius.

Comme conséquences de ses recherches, Dumas avait admis que tous les poids atomiques étaient des multiples exacts non pas de celui de l'hydrogène, mais d'un sous-multiple de ce dernier. C'était revenir à une hypothèse voisine de celle de Prout.

C'est alors que Stas entreprit les célèbres recherches auxquelles il a consacré la plus grande partie de son activité scientifique. Il détermina ainsi, avec toute la rigueur possible pour son temps, dix poids atomiques (Ag, Cl, Br, I, K, Na, Li, S, Pb, Az) et conclut à l'abandon définitif de toute hypothèse dans le genre de celle de Prout.

Ce sont de nouveau des considérations théoriques qui provoquent vers 1872 un ensemble de recherches sur les poids atomiques; les mémoires publiés à cette époque sur les propriétés des éléments (fonctions périodiques de leurs poids atomiques), signalent quelques valeurs en désaccord avec ces théories; de là la nécessité de contrôler à nouveau quelques poids atomiques.

A partir de 1887 l'orientation des recherches se modifie. Les poids atomiques de Stas sont universellement regardés comme de véritables étalons, et l'on entreprend, de divers côtés, de relier les autres poids atomiques à ceux de Stas, en suivant, autant que possible, les méthodes indiquées par cet expérimentateur; à mentionner parmi les travaux de cette période, ceux de Th. Richards, Mallet, Thorpe, Baubigny, Seubert, Krüss, Brauner, Scott, etc.

La découverte de l'argon par lord Rayleigh fait constater en 1894-95 que la densité de l'azote chimique (exempt d'argon) rapportée à celle de l'oxygène, prise égale à 16, est voisine de 14 003 (Rayleigh et Ramsay, 1895), tandis que le poids atomique de l'azote de Stas est compris entre 14,05 et 14,06. Les méthodes physico-chimiques pour la détermination des poids atomiques sont alors étudiées et mises au point dans une suite de travaux effectués de 1897 à 1905 (Rayleigh, Leduc, D. Berthelot, Ramsay et Steele, Guye, Jaquerod, Bogdan, Pintza, Davila, Gray); ces travaux, qui portent essentiellement sur la révision des densités des gaz, et sur le calcul du coefficient d'écart à la loi d'Avogadro-Ampère, conduisent pour le poids atomique de l'azote à la valeur Az = 14,01, confirmée peu après par des méthodes chimiques nouvelles fondées sur l'analyse des gaz Az^2O et AzO (Guye, Jaquerod, Bogdan, Gray).

L'erreur trouvée sur le poids atomique de l'azote provoque, d'autre part, des travaux de révision de plusieurs des rapports atomiques de Stas (Th. Richards), parmi lesquels diverses erreurs sont signalées, notamment pour les poids atomiques de l'iode, du sodium et du chlore (Ladenburg, Baxter, Richards, Wells, Dixon); la discussion des expériences conduit enfin à la conclusion que le poids atomique de l'argent de Stas, Ag = 107,93, doit être abaissé à 107,89 (Guye). Tout le système des poids atomiques est donc actuellement en voie de révision.

Calculs systématiques des poids atomiques.

— Un certain nombre d'auteurs se sont proposé, à diverses époques, de soumettre à des calculs systématiques l'ensemble de toutes les déterminations de poids atomiques. Les principaux travaux à mentionner dans cet ordre d'idées sont ceux de Berzélius (1845, *Lehrbuch*), de van Geunis (1853), de Mulder (1853), de Oudemans (1853). Viennent ensuite, parmi les modernes, la publication de S. F. Becker (*Atomic Weight Determination*, Washington, 1880), et l'ouvrage très complet de F. W. Clarke (*Recalculation of the atomic Weights*, Washington, 1re édit. publ. en 1882; dernière édit. en 1897); toutes les déterminations sont prises en considération et reproduites presque *in extenso* dans cet ouvrage; les moyennes obtenues par les divers observateurs sont combinées entre elles, en donnant à chacune d'elles un « poids » proportionnel à l'inverse du carré de l'erreur probable, selon la méthode indiquée par le calcul des probabilités. C'est ce travail qui a servi de base pour dresser les premières tables de poids atomiques de la Commission internationale des Poids atomiques (Voyez aussi : Th. Richards, *Am. Chem. Journ.*, 20, 543 (1898) et Landolt, Ostwald et Seubert [*D. chem. G.*, 31, 2761, 1898].

Lothar Meyer et K. Seubert [*Die Atomgewichte der Elemente aus den Originalzahlen neu berechnet*, Leipzig, 1883], ont effectué un travail analogue dont les résultats ont été utilisés longtemps par les ouvrages allemands. Tout récemment, B. Brauner a entrepris de nouveaux calculs d'ensemble très importants résumés dans l'ouvrage en cours de publication : Abegg, *Handbuch der anorg. Chem.*, Leipzig, 1905].

Comme dernier travail d'ensemble, il faut mentionner les ouvrages de G. D. Hinrichs [*The true atomic Weights of the chemical Elements*, Saint-Louis 1894, et *The absolute atomic Weights of the chemical Elements*, Saint-Louis, 1901. Voyez aussi *Moniteur scientifique*, 20, 169 et 419, 1906] dans lesquels l'auteur reprend les hypothèses de Prout et Dumas, et cherche à démontrer que les écarts entre les nombres trouvés et les nombres entiers sont dus à des erreurs d'expériences.

Un certain nombre d'auteurs enfin se sont occupés du sujet plus restreint concernant le calcul systématique des expériences de Stas, travail qui n'avait jamais été fait par l'illustre expérimentateur. Ce sont Ostwald [*Lehrb. d. allg. Chem.*, 2e éd., 1, 30 à 42, Leipzig, 1891], J. Sebelien [*Beitr. zur Gesch. der Atomgewichte*, Braunschweig, 1884], Van der Plaats [*C. R.*, 114, 1367, 1893 et *Ann. Chim. Phys.*, (6), 7, 499], J. Thomsen [*Zeit. f. phys. Chem.*, 13, 726, 1894]. Les calculs de Van der Plaats paraissent être les seuls pour lesquels toutes les déterminations de Stas aient été utilisées; ils ont été revus et résumés récemment dans : Landolt et Börnstein [*Phys. Chem. Tabellen*, 2e éd., Berlin, 1905]. Les résultats comparés obtenus par les auteurs sus-rappelés ont été réunis par Clarke [*Am. Chem. Journ.*, 27, 322, 1907].

Ces calculs d'ensemble amènent à considérer deux questions fondamentales : la première est relative à la valeur la plus probable d'un rapport atomique, la seconde à la manière de combiner entre eux les résultats de plusieurs séries d'observations concernant un même rapport atomique.

Pour la *valeur la plus probable d'un rapport atomique*, le procédé le plus généralement suivi consiste à prendre simplement la moyenne arithmétique de toutes les déterminations; c'est ainsi qu'ont opéré, dans tous les cas, la plupart des expérimentateurs. Mais on a proposé aussi d'autres modes de faire : d'après Ostwald [*Lehr-*

buch, loc. cit.], il serait plus logique de faire les sommes des poids des deux corps dont on cherche le rapport atomique et de prendre pour valeur de celui-ci le rapport des deux sommes. Cela revient à donner à chaque expérience un « poids » (au sens du calcul des probabilités) à peu près proportionnel aux quantités de matières employées. Ostwald fonde cette opinion sur la constatation que, si l'on fait séparément les moyennes des valeurs fournies par la moitié des observations sur les plus petits poids, et la moyenne de l'autre moitié sur les plus grands poids, l'erreur probable de cette dernière moyenne est presque toujours plus faible que l'erreur probable de l'autre moyenne. Hinrichs [*loc. cit.*], se fondant sur l'observation faite par lui, que les écarts des déterminations isolées sur la moyenne arithmétique ne suivent pour ainsi dire jamais la loi de répartition des écarts (cloche) enseignée par le calcul des probabilités, mais qu'elles sont au contraire souvent fonction du poids de substance employée, en conclut que la moyenne arithmétique n'est pas la valeur la plus probable ; admettant ensuite que les chances d'erreur sont moindres lorsqu'on opère sur de petites quantités de matières, il trace la courbe des résultats obtenus en fonction des quantités croissantes ou décroissantes de matière employée pour chaque détermination et adopte généralement, comme résultat final, la valeur à l'origine (soit la limite pour une quantité de matière égale à zéro). Guye et Mallet [*C. R.*, **138**, 1034, 1904], partant du fait que la moyenne n'est pas la valeur la plus probable, ont proposé de la corriger d'après une règle donnée par Vallier et fondée sur le calcul des probabilités. Enfin J. Meyer [*Zeit. f. anorg. Chem.*, **43**, 242, 1904] a indiqué une variante de la méthode de la somme des poids d'Ostwald. Tous ces procédés de calcul, sauf celui de Hinrichs, semblent conduire à des résultats très voisins les uns des autres. Ce n'est qu'en les appliquant comparativement à un grand nombre de données d'expériences que l'on pourrait constater si l'un d'eux présente un avantage sérieux sur les autres.

La combinaison des résultats fournis par plusieurs séries d'observation concernant un même rapport atomique, a été faite très souvent en prenant simplement la moyenne des moyennes, ou bien en donnant parfois un poids plus considérable à une ou plusieurs séries. Cependant plusieurs auteurs (Clarke, Ostwald et d'autres) combinent ces résultats d'après les règles du calcul des probabilités, c'est-à-dire en donnant à chaque moyenne un « poids » en raison inverse du carré de l'erreur probable. A défaut de mieux, ce système peut peut-être se défendre, bien que l'erreur probable d'une moyenne d'observations dont les écarts sur la moyenne ne suivent pas les lois qui se déduisent du calcul des probabilités, perde en grande partie sa signification. Il est à craindre que, dans ces conditions, les applications du calcul des probabilités soient illusoires, et n'aient pour résultat que de masquer, aux yeux de l'observateur superficiel, des erreurs systématiques beaucoup plus importantes.

Il convient d'autant plus d'être prudent que d'autres tentatives d'appliquer ces méthodes du calcul des probabilités aux expériences relatives aux poids atomiques, ont donné des résultats médiocres. C'est ainsi que Clarke a recalculé, par la méthode des moindres carrés, sept poids atomiques fondamentaux, au moyen de 30 rapports atomiques, et a été conduit à des valeurs certainement moins exactes que celles qu'il avait obtenues précédemment, en soumettant à la critique objective les mêmes données d'expériences [*Am. Chem. Journ.*, *loc. cit.*]. Les observations formulées autrefois par Marignac [*Œuvres*, I. 281, Genève, 1902] au sujet de l'application de ces méthodes au calcul des poids atomiques conservent donc toute leur actualité.

Unité. — L'unité conventionnelle à laquelle on rapporte tous les poids atomiques n'a pas toujours été la même. Berzélius et ses continuateurs avaient adopté comme unité l'oxygène $O = 100$; la plupart des ouvrages et mémoires de chimie de la première moitié du XIXe siècle l'ont conservée. A la suite des travaux de Stas, l'usage s'est généralisé de rapporter tous les poids atomiques à l'hydrogène $H = 1$, surtout après les calculs systématiques de L. Meyer et K. Seubert établis dans ce système (en donnant au rapport H : O la valeur 1 : 15,96). En 1884, Marignac [*Ann. Chim. Phys.*, (6), **1**, 291] proposait de poser arbitrairement $O = 16$ et développait tous les motifs à l'appui de ce choix, dont un des principaux résulte du fait que pratiquement la plupart des déterminations de poids atomiques se font par rapport à l'oxygène ; on est ainsi indépendant de l'incertitude sur la valeur du rapport H : O, qui affecterait autrement tous les autres poids atomiques. Ostwald soutenait quelques années plus tard la même thèse [*D. chem. G.*, 1889] : à la suite d'une polémique qui a duré plusieurs années entre partisans des systèmes $H = 1$ et $O = 16$, c'est le dernier qui a prévalu et été adopté (1905), à l'exclusion de tout autre, par le Comité international des poids atomiques.

Critique des méthodes chimiques. — La détermination des poids atomiques peut se faire aujourd'hui par deux groupes de méthodes : les unes sont d'ordre chimique, les autres d'ordre physico-chimiques. Il est nécessaire d'en préciser les caractéristiques en commençant par les premières.

Toute méthode chimique revient à peser un poids donné d'un composé très pur, à le transformer totalement en un autre composé, très pur aussi, que l'on pèse avec le même soin, et à déduire du rapport de ces deux poids, ou *rapport atomique*, le poids atomique d'un des éléments, les poids atomiques des autres éléments étant supposés connus ; la transformation d'un élément en un composé ou *vice versa* (exemples : $MO \rightleftarrows M$, $MCl \rightleftarrows M$) constitue un cas particulier de ce principe général. Ostwald [*Lehrb. d. allg. Chem.*, 2e éd., **1**, 21] a insisté sur le fait que les divers rapports atomiques utilisés ne donnent pas le même degré de précision ; il a subdivisé de ce fait les méthodes chimiques en trois groupes caractérisés par la forme de la proportion servant au calcul du poids atomique cherché. Soit X, ce poids atomique ; A et B représentent des poids atomiques supposés connus, ou des sommes de poids atomiques supposés connus ; p et a désignent les poids de substances transformées l'une dans l'autre, ou dont on établit expérimentalement le rapport pondéral ; on a donc $\frac{p}{a} = r$ = rapport atomique. Les proportions qui caractérisent les trois groupes de méthodes sont alors :

1er *Groupe* : $\dfrac{X}{A} = \dfrac{p}{a}$ (Exemple : Rapport H^2 : O pour déterminer le poids atomique H par rapport à O).

2e *Groupe* : $\dfrac{X + B}{A} = \dfrac{p}{a}$ (Exemple : Rapport AzO^3Ag : Ag pour déterminer le poids atomique Az par rapport à O et Ag ; dans ce cas $A = Ag$ et $B = 3O + Ag$).

3e *Groupe* : $\dfrac{X + B}{X + A} = \dfrac{p}{a}$ (Exemple : Rapport

$BaCl^2 : BaSO^4$ pour déterminer le poids atomique Ba par rapport à Cl, S et O; dans ce cas $B = 2Cl$ et $A = S + 4O$).

Par des considérations très simples, Ostwald montre que les méthodes du 1er groupe sont de beaucoup les plus précises; puis viennent celles du 2e groupe, et enfin celles du 3e groupe; par exemple, avec le rapport $BaCl^2 : BaSO^4$, une erreur de $\frac{1}{1000}$ sur le rapport $\frac{p}{a}$ entraîne une erreur de $\frac{14}{1000}$ sur X, c'est-à-dire sur le poids atomique cherché du baryum. Et encore faut-il remarquer que, dans les considérations développées par Ostwald, on suppose qu'il n'y a aucune erreur commise sur les valeurs de A et de B. Si l'on tient encore compte de la grandeur possible de ces erreurs, l'incertitude sur le poids atomique cherché devient plus grande; par exemple, les anciennes méthodes classiques utilisées pour déterminer le poids atomique de l'azote, qui sont toutes des méthodes du 2e groupe, ne permettent pas de garantir plus de 2 unités de la seconde décimale de ce poids atomique, lorsqu'on tient compte des erreurs possibles sur les termes A et B [Guye et Bogdan, *J. Chim. Phys.*, 3, 543, 1905]. De là résulte que les méthodes du 1er groupe ont une supériorité marquée sur les autres et devraient seules à l'avenir être prises en considération; les méthodes du 2e et du 3e groupe ne doivent servir qu'à contrôler les résultats des premières.

Au point de vue expérimental, les difficultés que l'on a à surmonter par les méthodes chimiques doivent être signalées. La première réside dans la préparation du corps pur qu'il faudra transformer dans un autre corps. On a cru pendant longtemps que la cristallisation constituait un procédé de purification parfait; les travaux modernes démontrent au contraire qu'il est extrêmement difficile, — pour ne pas dire pratiquement impossible, — d'éliminer ainsi les traces de corps étrangers cristallisant en proportions à peu près constantes (mélanges isomorphes) avec le corps principal; ce fait, mis en évidence en particulier par les travaux de Retgers [*Zeit. f. phys. Chem.*, 3, et suivants] a été confirmé, dans plusieurs cas, au cours des recherches effectuées au laboratoire de Th. Richards: un autre exemple typique est fourni par le chlorate de potasse, dans lequel on a récemment signalé la présence constante de $\frac{2,7}{10\,000}$ de KCl même après un grand nombre de cristallisations [Guye et Ter Gazarian, *C. R.*, 143, 1233, 1906]. C'est dans des accidents de ce genre qu'il faut certainement chercher une des principales causes du peu de concordance que présentent très souvent entre elles les déterminations d'un même rapport atomique, effectuées successivement par des expérimentateurs de mérite tels que Dumas, Marignac, Stas, Richards. D'après ce que l'on sait aujourd'hui des lois des équilibres chimiques, on peut même affirmer que la préparation d'un corps cristallisé pur à 1/10 000 près, constitue une des opérations les plus laborieuses de la chimie; aussi l'effort des savants qui contrôlent ou déterminent à nouveau des rapports atomiques, doit-il porter, non seulement sur l'obtention des corps employés à un degré de pureté aussi élevé que possible, mais encore sur la détermination des impuretés ou substances étrangères dont l'élimination est pratiquement irréalisable, de façon à apporter au résultat brut des expériences les corrections nécessaires. Les considérations que nous venons de développer justifient aussi l'emploi plus fréquent des procédés de distillation ou de sublimation pour la purification des corps qui doivent servir à la détermination de rapports atomiques; la technique moderne de ces opérations (pompes à vide perfectionnées, appareils construits de toutes pièces en verre soudé, matériel en silice, etc.), fournit une quantité de moyens qui étaient impraticables il y a un demi-siècle, et qui sont mis à profit avec succès depuis quelques années dans ce genre de recherches.

La seconde difficulté expérimentale des méthodes chimiques réside dans la transformation du premier corps pur, pesé, en un autre qui doit être pesé aussi à l'état de grande pureté, si l'on ne veut pas perdre le bénéfice du travail que présente la purification du premier corps. Ici la difficulté est double : le second corps à peser est généralement obtenu dans des conditions telles qu'il peut être très facilement accompagné d'impuretés provenant en particulier des réactifs employés ; pour les mêmes motifs que nous venons de développer, il faudra donc s'attacher à rechercher et à doser les substances étrangères qui l'accompagnent, de façon à faire la correction nécessaire ou à se placer dans des conditions telles que ces causes d'erreur présumées soient négligeables. Richards et Wells [*Journ. Amer. Chem. Soc.*, 27, 459, 1905] ont mis en évidence une correction de ce genre, au cours de leurs recherches sur le rapport $NaCl : Ag$, déterminé par voie humide; ils ont montré que le chlorure d'argent fraîchement précipité retient des traces, non négligeables, des réactifs dissous, et apporté, de ce fait, une correction importante au poids atomique du sodium, qui, de 23,05 a été ramené à 23,008 (pour $Ag = 107,93$).

La troisième difficulté que présente la transformation chimique sur laquelle repose toute détermination de rapport atomique, réside dans le fait que cette transformation n'est pas totale, ou que, si elle l'est, d'autres causes d'erreur interviennent. Quelques exemples simples nous permettront de bien préciser ce qu'il faut entendre par là. Considérons la détermination du rapport $CaO : CO^2$, effectuée par calcination du carbonate $CaCO^3$. Si la masse de carbonate calcaire est un peu considérable, une certaine quantité de CO^2 restera emprisonnée dans le système poreux formé par la matière pulvérulente calcinée; la décomposition du carbonate s'arrêtera à une limite dépendant de la résistance capillaire du système poreux qui retient le gaz CO^2; si l'on chauffe très haut, ou si l'on fait un vide puissant au-dessus de la masse calcinée, on risquera ou bien d'altérer le poids des appareils, ou d'entraîner des poussières de CaO. La valeur numérique du rapport pondéral $CaO : CO^2$ dépend donc des conditions dans lesquelles l'expérience aura été conduite; le même expérimentateur aura déjà beaucoup de peine à opérer plusieurs fois de suite en se plaçant rigoureusement dans les mêmes conditions; à plus forte raison en sera-t-il encore ainsi pour deux expérimentateurs différents. Considérons encore l'exemple de la transformation de l'argent en chlorure d'argent par calcination de l'argent au rouge sombre dans un courant de chlore sec, dispositif éminemment simple à première vue : pour être sûr d'une transformation complète de Ag en AgCl, on fera passer un excès de chlore; en supposant que le sel AgCl n'ait pas de tension de dissociation appréciable à la température de l'expérience, il possède une tension de vapeur; par suite, chaque litre de chlore en excès entraînera une petite quantité de vapeur AgCl. Si l'on prend un excès de chlore, le poids de AgCl trouvé sera donc trop faible; il en serait de même, si la quantité de chlore eût été insuffisante pour transformer tout l'argent en chlorure; dans l'un et l'autre cas le poids de chlorure d'argent sera donc trop faible. De là résulte que deux expérimentateurs opérant avec de l'argent et du chlore de même pureté, travaillant même à la même température, n'obtiendront pas le même résultat s'ils ont employé des excès différents de chlore; si même enfin leurs expériences étaient comparables sur ce dernier point, la concordance qu'ils obtiendraient pour la valeur du rapport Ag : AgCl ne serait pas une preuve de l'exactitude absolue du résultat, puisque ce dernier devrait être corrigé de la petite quantité de sel AgCl entraîné à l'état de vapeur. Ces deux exemples, auxquels il serait facile d'ajouter beaucoup d'autres empruntés à l'histoire des déterminations de poids atomiques, suffiront pour démontrer, croyons-nous, qu'*il est pratiquement impossible d'effectuer une transformation directe complète d'un corps dans un autre, au sens absolu du terme: le rapport de transformation ne peut être connu exactement qu'en apportant, au résultat brut de l'expérience, des corrections que l'on devra s'efforcer de plus en plus de déterminer dans chaque cas particulier.* Le fait que ces corrections n'ont généralement pas été faites, joint aux difficultés de purification par cristallisation signalées plus haut, explique le manque d'accord que présentent entre elles les déterminations de rapports atomiques dues aux maîtres de la chimie.

Critique des méthodes physico-chimiques. — Rappelons d'abord en quelques mots le principe sur lequel reposent ces méthodes, assez récentes. Une des conceptions physico-chimiques les plus fructueuses est celle du gaz parfait, gaz idéal dont les coefficients de dilatation, sous volume constant, et sous pression constante, ainsi que le coefficient de compressibilité, seraient tous égaux à 0,00 366 195 ou $\frac{1}{273,08}$. Dans cette conception on démontre qu'une mol. gr. d'oxygène (soit $O^2 = 32$ gr.) occuperait à 0° et sous la pression de 1 atmosphère normale (sous la latitude de 45° et au niveau de la mer), si ce gaz était parfait, un volume de $22^{lit}.412$ [D. Berthelot, *Zeit. f. Elektr.*, **10**, 621, 1904]; on avait trouvé précédemment $22^{lit}.405$ [Leduc, *Rech. sur les gaz*, Paris, 1898] et $22^{lit}.410$ [Guye et Friderich, *Arch Sc. Phys. et nat.*, (4), **9**, 505, 1900]. De fait, les gaz réels sont plus compressibles et plus dilatables que le gaz parfait; seuls l'hydrogène et l'hélium sont moins compressibles. De là résulte que dans $22^{lit}.412$ d'un gaz réel à 0° et 1 atm., il y a un peu plus de 1 mol. gr. de gaz (sauf pour H^2 et He); désignons par $1 + \lambda$ le nombre de mol. gr. contenu dans $22^{lit}.412$ d'un gaz réel à 0° et sous 1 atm. norm., le poids moléculaire M exact du gaz sera donné par la relation :

$$M = \frac{22^{lit}.412 \, L}{1 + \lambda}$$

où L représente le poids du litre normal de gaz; λ étant plus petit que l'unité, négatif que H^2 et He, et positif pour tous les autres gaz. Par conséquent, en déterminant exactement : 1° la densité d'un gaz à 0° et sous 1 atm. norm.; 2° le coefficient $(1 + \lambda)$ qui mesure en fait l'écart à la loi d'Avogadro, dans ces conditions de température et de pression, on possède tous les éléments pour calculer le poids moléculaire exact de ce gaz. Des poids moléculaires des gaz simples, on déduira facilement les poids atomiques des éléments; on trouvera de nouvelles valeurs de ces poids atomiques, à partir des poids moléculaires exacts des gaz oxygénés, en en retranchant la valeur de l'oxygène (par exemple des

densités de AzO et Az^2O, on déduira deux valeurs du poids atomique de l'azote; des densités de CO et CO^2, deux valeurs du poids atomique du carbone, etc.); de la même manière, les gaz AzH^3, HCl, etc., fourniront d'autres valeurs des poids atomiques des éléments Az. Cl, etc.

La détermination physico-chimique des poids atomiques est donc ramenée : 1° à une mesure exacte d'une densité de gaz; 2° à la mesure du coefficient $(1 + \lambda)$.

Les procédés de détermination exacte des densités des gaz ont fait des progrès considérables ces dernières années. Ce n'est pas le lieu de les décrire ici; il suffira d'indiquer les principales sources bibliographiques [A. Leduc, *Recherches sur les gaz*, Paris, 1898 (tirage à part des *Ann. Chim. Phys.*); — Rayleigh, *Scientific Papers*, Cambridge, 3 et 4, 1903. — Les principaux mémoires parus sont : *Proc. Roy. Soc.*, **43**, 356; **45**, 425; **50**, 448; **53**, 134; **55**, 340; **62**, 204; — Morley, *Zeit. f. phys. Chem.*, **20**, 68 et 242, 1896; — Guye et ses collaborateurs, *C. R.*, **139**, 129; **139**, 677; **141**, 51; **141**, 826; **143**, 1243; — Gray, *Chem. Soc.*, **87**, 1601; — Perman et Davies, *Proc. Roy. Soc.*, **78**, 28. — Consulter aussi Travers, *Experimentelle Untersuchung von Gasen*, Braunschweig, 1905]. Le seul point qu'il importe de noter ici, c'est le haut degré de concordance $(\pm 1/10\,000)$ auquel parviennent actuellement des expérimentateurs différents opérant dans des conditions absolument différentes : cela ressort avec une grande évidence de la revision des travaux modernes sur ce sujet qui sont résumés dans : *J. Chim. Phys.*, **5**, 203, 1907.

La mesure du coefficient $(1 + \lambda)$ peut se faire par quatre méthodes différentes, dont un résumé a paru [*Bull. Soc. Chim.*, **33**, Conférences, 1905] où l'on trouvera toute la bibliographie du sujet. Expérimentalement cette mesure se ramène ou bien à la détermination du coefficient de compressibilité du gaz sous de faibles pressions, ou bien à la détermination de ce coefficient et du coefficient de dilatation permettant de calculer la densité dans des conditions de température et de pression « correspondantes », au sens donné à ce terme par Van der Waals, ou bien à la mesure des constantes critiques. La mesure du coefficient $(1 + \lambda)$ demande encore à être perfectionnée; elle n'a généralement pas la précision de la mesure des densités des gaz et ne donne des résultats tout à fait exacts et concordants par toutes les méthodes qu'avec les gaz permanents à 0°. Avec les gaz liquéfiables, la mesure est un peu moins précise; enfin avec les liquides facilement volatils, on ne sait pas encore déterminer exactement ce coefficient $(1 + \lambda)$ [Ramsay et Steele, *Phil. Magaz.*, **18**, 492, 1903 et *Zeit. f. phys. Chem.*, **44**, 348, 1903]. Néanmoins un certain nombre de poids atomiques (H, C, Az, Cl) ont déjà été contrôlés de plusieurs manières par les méthodes physico-chimiques; les valeurs ainsi obtenues, très concordantes entre elles, se confondent avec celles des meilleures déterminations gravimétriques [*J. Chim. Phys.*, **4**, 177, 1905]. Pour les poids atomiques des gaz inertes de l'atmosphère, ces méthodes seront seules applicables.

Au point de vue expérimental, les méthodes physico-chimiques présentent un avantage considérable sur les méthodes chimiques en raison de ce fait que, le gaz une fois purifié, il n'y a plus qu'à procéder à des mesures physiques; on n'a pas alors à redouter les incertitudes provenant de la transformation chimique qui est à la base de toute méthode chimique. Si la détermination du facteur $(1 + \lambda)$ était plus sûre, la supériorité des méthodes physico-chimiques serait incontestable. Dans l'état actuel, ces méthodes ne peuvent se généraliser que par une étude plus approfondie des conditions expérimentales les plus favorables pour déterminer avec une grande précision le facteur $(1 + \lambda)$; c'est le point sur lequel doit porter l'effort et qui est actuellement l'objet d'un examen plus approfondi [D. Berthelot, *C. R.*, **144**, 76, 194, 269; — Guye, *C. R.*, **144**, 1907].

Table des poids atomiques. — Depuis quelques années, le Comité international des Poids atomiques publie chaque année une table des valeurs les plus probables en tenant compte des travaux récents; elle est reproduite par les principaux recueils [*Bull. Soc. Chim., D. chem. G., Chem. Soc.*, etc.]; en outre, Clarke publie chaque année un résumé détaillé de toutes les déterminations de poids atomiques [*J. Am. Chem. Soc.*]. Cette table est encore construite sur les données primitives de Stas principalement, et en utilisant le cycle des rapports atomiques dont le principe avait été posé par Berzelius : du rapport atomique d'un chlorate au chlorure correspondant $MClO^3 : MCl$, on déduit le poids moléculaire du chlorure par rapport à l'oxygène. On établit ensuite le rapport atomique de chaque chlorure à l'argent $Ag : MCl$ par la méthode de Gay-Lussac, et l'on en déduit autant de valeurs du poids atomique de l'argent dont on prend la moyenne. Cela fait, des rapports $Ag : AgCl$, $Ag : AgBr$, $Ag : AgI$, on tire les valeurs des poids atomiques de Cl, Br et I; et des rapports $Ag : MCl$, les poids moléculaires MCl et par suite les poids atomiques M, etc. Guye a proposé récemment un cycle différent de calcul pour fixer la valeur du poids atomique de l'argent [*Bull. Soc. Chim.*, Conférences, *loc. cit.*: — *J. Chim. Phys.*, **3**, 181; — *C. R.*, **143**, 411, 1906]; il consiste à fixer la valeur de quelques poids atomiques fondamentaux déterminés à la fois avec précision par des méthodes chimiques et par des méthodes physico-chimiques. Ce sont ceux des éléments C, H, Cl, Az; le poids atomique de l'argent se déduit ensuite des rapports atomiques établis entre l'argent, d'une part, et son nitrate, son acétate, son benzoate, d'autre part, entre Ag et Cl, Ag et AzH^4Cl. on arrive ainsi à $Ag = 107,89$, tandis que le cycle classique conduisait à $107,93$, valeur qui est certainement trop élevée; car lorsqu'on fait la correction résultant de la teneur en KCl du sel $KClO^3$, cette valeur de $107,93$ est ramenée à $107,89$. De nouvelles recherches étant annoncées, le Comité international ne s'est pas encore décidé à modifier le poids atomique de l'argent.

Quant aux valeurs numériques des poids atomiques, il se confirme que le nombre de ces valeurs voisines de nombres entiers va en croissant, à mesure que l'on multiplie les méthodes de contrôle. Il y a certainement là plus qu'une simple coïncidence; surtout si l'on remarque combien serait faible la probabilité que les poids atomiques des corps simples concordent avec des nombres entiers, si ces poids n'étaient assujettis à aucune règle ou loi physique (1 : 100²⁰, d'après Hinrichs, pour 20 éléments concordant à 0,01 près avec des entiers) : aussi comprend-on que certains esprits ne puissent se résoudre à l'idée d'abandonner définitivement les hypothèses de Prout et de Dumas. Mais il faut reconnaître aussi que les conceptions modernes sur la théorie électronique de la matière, d'après laquelle l'atome d'hydrogène serait formé de 1000 à 2000 électrons, diminue beaucoup l'importance de ces considérations. Si donc les poids atomiques arrondis aux valeurs entières sont presque toujours suffisants pour les besoins de l'analyse chimique, il y a néanmoins un très grand intérêt scientifique, en raison même de ces conceptions électroniques, à fixer les valeurs des poids atomiques

avec toute la précision désirable, sans se laisser influencer par aucune considération théorique *a priori*. Juin 1907. Ph.-A. Guye.

POLONIUM. — Voyez l'art. RADIOACTIVITÉ.

POLYARGYRITE (Min.) (Petersen). — Sulfantimonite d'argent fortement basique, $12 Ag^2S . Sb^2S^3$, en très petits cristaux noirs ou gris de plomb à éclat métallique, très flexibles, de Wolfach, Forêt-Noire. Dureté = 2,5. Poussière noire. Densité = 6,974. Cubique. Faces : $a^1pb^1a^x$. Clivage : p. L. Bourgeois.

POLYARSÉNITE (Min.) (Igelström). — Arséniate basique hydraté de manganèse, $MnO . As^2O^5 . H^2O$ ou $AsO^4Mn . MnOH$, avec un peu de chaux et d'acide antimonique, en grains arrondis, transparents, jaune rougeâtre, avec téphroïte, hématostibiite, jacobsite, et dans un calcaire cristallin, à Sjögrufvan, près Grythyttan, gouvernement d'OErebro, Suède. Soluble dans les acides. Au chalumeau, très fusible en un globule noir, non magnétique. Dans le tube, donne un peu d'eau. Réactions du manganèse, de l'arsenic et même de l'antimoine. Optiquement biaxe; peut-être isomorphe avec l'olivénite, etc. L. Bourgeois.

POLYDYMITE (Min.) (Laspeyres). — Sulfure de nickel avec un peu de fer et de cobalt, M^4S^5; trouvé avec millérite, etc., à Grüneau, près Kirchen-sur-Sieg, Westphalie, et à Sudbury, Ontario, Canada.

Caractères. — Insoluble dans l'acide chlorhydrique, soluble dans l'acide nitrique avec dépôt de soufre en donnant une solution verte. Au chalumeau, décrépite fortement; donne sur le charbon un globule magnétique. Dureté = 4,5. Densité = 4,8.

Forme cristalline. — Octaèdres réguliers, parfois facettes $pa^3a^1\beta$, clivages cubiques. Les cristaux sont aplatis suivant a^1 et offrent des macles multiples suivant cette face. L. Bourgeois.

POLYGONINE. — A. G. Perkin a isolé [*Chem. Soc.*, **67**, 1084, 1896] de la racine de *Polygonum cuspidatum*, outre de l'émodine et son éther monométhylique et une cire fusible à 134-135°, un glucoside spécial, la polygonine $C^{21}H^{20}O^{10}$, fondant à 202-203°, qui se dédouble par hydratation en émodine et en un sucre non caractérisé. La polygonine est différente de la franguline (du *Rhamnus frangula*), également glucoside de l'émodine, de formule $C^{21}H^{20}O^9$ et qui se dédouble en rhamnose et émodine.
1er mai 1907. A. Hébert.

POLYMORPHISME. — POLYMORPHISME ET ISOMÉRIE. — Quand on s'en tient aux cas simples, l'idée fondamentale qui a conduit à distinguer le polymorphisme de l'isomérie correspond à des faits assez nets. Deux corps ayant même composition chimique centésimale peuvent avoir des propriétés physiques et des réactions chimiques très différentes. Quand la température ou la pression varient, ils changent d'état physique et cependant restent aussi nettement différents. Pour le chimiste comme pour le physicien, ce sont deux corps différents, qui n'ont de commun que leur composition globale. Ils sont dits *isomères*.

Deux corps de même composition chimique centésimale peuvent aussi différer par leurs propriétés physiques sans que rien les distingue au point de vue des réactions chimiques. Quand la température ou la pression varient, ils changent d'état physique et deviennent alors identiques. Par exemple, physiquement différents à l'état solide, ils deviennent identiques en passant à l'état liquide, par dissolution ou fusion, ou à

l'état gazeux. La chimie seule ne peut les distinguer. Elle en fait deux états physiques du même corps. Ils sont dits alors être deux formes d'un même composé *polymorphe* (di-, tri-, tétramorphe).

Il n'y a pas de différence essentielle entre les termes de *polymorphisme* et d'*allotropie*. Le premier, tel qu'il est employé habituellement, sous-entend que l'on envisage surtout les propriétés cristallographiques. Le second, qui est appliqué surtout aux corps simples, ne comporte pas cette restriction. Il est préférable de conserver ce seul terme de polymorphisme, étant entendu qu'il porte sur toutes les propriétés physiques et s'applique aussi bien aux solides amorphes, aux liquides et aux gaz qu'aux solides cristallisés.

D'après cela, on doit, avec Lehmann, considérer comme transformations polymorphiques la fusion ou la vaporisation ordinaires, quand il n'y a pas lieu de les croire accompagnées de réactions chimiques. Nous n'avons à envisager ici que les cas habituellement réunis sous le nom de polymorphisme, c'est-à-dire les cas de polymorphisme à l'état solide.

En fait, la définition donnée ci-dessus de la limite entre le polymorphisme et l'isomérie manque de précision. Elle donne une idée grossière de la notion, mais ne saurait servir de criterium dans les cas embarrassants. Quand on cherche à la préciser, on s'aperçoit bientôt qu'il est impossible de le faire au moyen des faits seuls.

Il n'y a pas de criterium général du polymorphisme. Cela tient à ce que la distinction entre l'isomérie et le polymorphisme, suggérée bien entendu à l'origine par les faits, n'est plus aujourd'hui dans ces faits eux-mêmes, mais dans les idées théoriques imaginées pour les grouper. En sorte que la définition correcte n'est autre que la suivante, purement formelle :

Deux corps de même composition chimique globale, mais différents quant aux autres propriétés, sont dits *isomères* si, pour des raisons quelconques, on est conduit à leur attribuer des formules (molécules) chimiques différentes. Ils sont dits être deux formes d'un même corps *polymorphe* si, pour des raisons quelconques, on admet pour eux la même formule (molécule) chimique.

On conçoit dès lors que dans l'état solide, où la molécule chimique n'est guère définissable, la distinction entre l'isomérie et le polymorphisme n'ait pas un sens très précis. On admet le plus souvent que les transformations subites et réversibles qui se produisent à l'état solide, avec température de transformation définie correspondant à chaque valeur de la pression, et comparables par suite à la fusion ou à la volatilisation, sont des transformations polymorphiques. Mais souvent l'existence d'une température de transformation n'est pas nette, la réversibilité est plus ou moins masquée par des phénomènes de viscosité ou par de faux équilibres comparables à la surfusion, ou même ne peut pas du tout être constatée, et alors, l'analogie avec la fusion disparaissant, il ne subsiste, semble-t-il, aucune raison de ne pas admettre aussi bien une modification de la molécule chimique, c'est-à-dire une transformation isomérique ou polymérique. Et de fait, certains auteurs ont proposé de supprimer toute distinction nette entre le polymorphisme et l'isomérie dans l'état solide.

Transformations paramorphiques. — Il est cependant un fait d'une importance fondamentale, souvent passé sous silence ou à peine signalé par les auteurs qui se sont occupés du polymorphisme, et dont l'interprétation conduit tout naturellement à considérer comme polymorphiques (c'est-à-dire effectuées sans modification de la molécule chimique) les transformations dans lesquelles il se manifeste. Ce fait, c'est l'existence des transformations que Wyrouboff a désignées du nom de transformations polymorphiques directes, et que nous appellerons *transformations paramorphiques*.

Les transformations paramorphiques sont le véritable type des transformations polymorphiques à l'état solide cristallin. Pour elles, l'hypothèse d'une conservation de la même molécule chimique se justifie par les faits, elle exprime des faits parfaitement précis. Pour les autres, tout criterium général manque quant à présent.

La transformation paramorphique est définie par les caractères suivants : Lorsqu'on fait varier la température d'un cristal, on le voit tout à coup, à une température généralement bien déterminée, fonction de la pression, changer de propriétés physiques. Cela est particulièrement frappant lorsqu'on observe sous le microscope polarisant. La grandeur et l'orientation des indices principaux, la biréfringence, en général aussi la symétrie optique, se modifient brusquement. Mais en même temps la densité est en général modifiée, quoique peu. Des clivages, des plans de macle mécanique apparaissent, disparaissent ou changent d'orientation. La nouvelle forme, quand on l'obtient par cristallisation directe, est limitée par des faces en général différentes de celles qu'on observe dans la première. En un mot, les deux formes sont physiquement très différentes. Leurs propriétés vectorielles discontinues, et par suite leurs réseaux cristallins, sont différents. Leurs propriétés vectorielles continues également. Leurs propriétés scalaires sont en général peu différentes, mais le sont toujours un peu. Dans le passage de l'une à l'autre, il y a dégagement ou absorption de chaleur. Mais dans la transformation l'*édifice cristallin n'est pas détruit*; le cristal reste homogène, aucun déplacement autre que des déformations d'ensemble, conservant l'homogénéité, et le plus souvent réduites à de légères contractions ou dilatations, ne s'observe dans sa masse, enfin le nouveau cristal conserve, à ces déformations homogènes près, la forme du premier, et cette forme continue à convenir à toutes ses propriétés internes.

En particulier, les faces du premier cristal restent, avec ou sans déformation homogène, des plans réticulaires du réseau du second.

Il résulte de là que les réseaux cristallins des deux formes sont, aux déformations homogènes près (très petites généralement) multiples l'un de l'autre. C'est à dire qu'ils ont mêmes plans réticulaires. On peut même ajouter qu'ils sont multiples *simples* l'un de l'autre, c'est-à-dire que les plans réticulaires simples de l'un sont aussi plans réticulaires simples de l'autre. Quand la déformation homogène est faible, ils ont entre eux, en somme, la même relation que les divers réseaux entre lesquels, quand on se contente d'exprimer la loi des troncatures rationnelles simples, on peut hésiter pour une espèce cristalline déterminée.

C'est un fait connu depuis longtemps qu'il existe généralement de semblables relations entre les réseaux de deux formes polymorphes. Mais la transformation paramorphique ajoute à ce fait les deux données suivantes, très importantes : 1° Dans la transformation, chacun des deux réseaux a non seulement la *forme* mais aussi l'*orientation* d'un multiple simple de l'autre. 2° La transformation se fait sans déplacement visible dans la masse, si ce n'est des déformations homogènes, qui conservent l'homo-

généité de l'édifice cristallin (et qui d'ailleurs, sauf rares exceptions, sont très petites).

L'interprétation est simple et presque obligatoire : Puisque les deux réseaux (périodes) des deux formes sont multiples simples d'un troisième (qui peut d'ailleurs être identique à l'un d'eux) et puisque, à part les déformations homogènes, aucun déplacement n'est perceptible dans la masse, imaginons la matière du cristal discontinue et formée de particules distantes, qui pourront être soit les molécules chimiques soit des groupes identiques de molécules chimiques : et supposons que ce réseau dont les deux réseaux cristallins sont des multiples soit celui des centres (points fixes autour desquels se fera la rotation) de ces particules. Nous l'appellerons le *réseau matériel* du cristal. Ces particules ne sont pas supposées parallèles entre elles, mais leurs orientations sont distribuées périodiquement, puisque le milieu est périodique. Les points homologues de toutes celles qui sont parallèles entre elles et qui ne se distinguent en rien les unes des autres sont distribués en un réseau de parallélépipèdes qui est le réseau cristallin, la période du cristal, laquelle est ainsi un multiple du réseau matériel.

Dans la transformation, tout se réduit à une rotation des particules autour des sommets du réseau matériel, avec distribution nouvelle de leurs orientations, sans autre modification que, parfois, une déformation homogène du réseau matériel. Le réseau cristallin (période) et la symétrie peuvent ainsi changer du tout au tout sans que la nature et la distribution des particules matérielles soient modifiées. En admettant ainsi la conservation, dans la transformation paramorphique, d'une même particule servant d'élément constitutif du cristal, et a *fortiori* la conservation de la molécule chimique, en exprimant que tout se passe comme si la transformation se réduisait à des rotations de particules, nous réunissons dans un même schéma les deux faits caractéristiques de ce type de transformations : Modification complète du réseau cristallin, mais telle que ce réseau reste un multiple simple d'un même réseau fondamental commun aux deux formes; et d'autre part conservation de l'édifice cristallin, sans autres déplacements que des déformations homogènes.

On voit en même temps de quelle importance est le fait des transformations paramorphiques pour la cristallographie, à laquelle il fournit un des rares appuis d'une théorie physique de la structure des cristaux allant au delà de la simple périodicité.

Il y a un lien étroit entre cette théorie, qui est, aux expressions près, celle de Mallard, et les phénomènes de macle. Non seulement les particules diversement orientées qu'elle imagine sont tout à fait comparables aux diverses orientations des plages cristallines homogènes que l'on observe dans un édifice cristallin mimétique, mais encore les faits eux-mêmes conduisent nécessairement à cette comparaison.

La *boléite*, quadratique, avec des clivages indiquant un paramètre voisin de 4 qui lui permet des macles trirectangulaires à symétrie totale cubique, se présente tantôt en plages quadratiques homogènes distinctes ainsi groupées; tantôt sous forme d'un enchevêtrement plus ou moins fin de ces mêmes orientations, encore discernables sous le microscope : tantôt enfin, et cela souvent dans le même cristal, sous forme de plages isotropes où les éléments quadratiques ne peuvent plus être distingués en raison de leur extrême finesse, bien que par continuité il ne soit guère possible de douter qu'ils existent. Il y a donc, si l'on veut, deux formes de boléite :

l'une quadratique à macles cubiques; l'autre cubique et optiquement isotrope. Mais on observe ici toutes les transitions entre elles, et l'on voit comment le groupement de plages très fines de la première donne naissance à la seconde. Elles ne diffèrent que par l'orientation des éléments, qui restent les mêmes. Ici rien ne nous conduit à imaginer que ces éléments soient d'égale dimension et que le groupement observé dans les cristaux quadratiques soit réalisé dans la période cristalline elle-même du cristal cubique. Nous admettons avec plus de vraisemblance que l'homogénéité de ce cristal n'est qu'apparente et qu'il est composé de petits éléments quadratiques, très grossièrement égaux, trop fins pour être discernés; nous admettons qu'il n'y a là qu'un pseudo-polymorphisme. Mais l'analogie est extrême entre ce cas et celui du véritable polymorphisme révélé par les transformations paramorphiques. Quand, dans des cas tout à fait analogues, nous verrons se produire le passage paramorphique brusque, le plus souvent réversible, s'effectuant à une température déterminée, avec mise en jeu de chaleur, avec apparition de propriétés qui ne peuvent plus se déduire de celles du cristal primitif, quand nous serons par suite conduits à imaginer, pour en rendre compte, un phénomène d'ordre moléculaire, nous n'aurons qu'à pousser jusqu'à la molécule un groupement analogue à celui que nous suivons de nos yeux dans le cas de la boléite et dans beaucoup d'autres cas semblables, pour arriver presque nécessairement à la théorie de Mallard.

PSEUDO-PARAMORPHISME. — On est amené ainsi à distinguer des cas de pseudo-paramorphisme et des cas de paramorphisme véritable.

Dans les premiers, aucune transformation n'a été constatée. C'est le cas de la boléite. On trouve côte à côte deux variétés dont les relations de formes et de position sont les mêmes que celles de deux formes paramorphiques, et dont l'une n'est que le résultat d'un enchevêtrement très fin de macles de l'autre, macles auxquelles rien n'engage à attribuer des dimensions moléculaires. La forme la plus symétrique n'est qu'un groupement mimétique à très petits éléments de la moins symétrique. Toutes ses propriétés peuvent être déduites de celles de l'autre forme. Les propriétés scalaires notamment ne sont pas changées. C'est à peu près, mais non exactement, ce que Groth appelle *polysymétrie*.

Autres exemples. Le *Microcline*, anorthique, toujours groupé suivant deux lois de macle constantes en un ensemble à symétrie clinorhombique, passe à l'orthose clinorhombique quand ses éléments deviennent trop fins pour être discernés.

Les *chlorures doubles* $CuCl^2, 2KCl, 2H^2O$ et $CuCl^2, 2AmCl, 2H^2O$ (Wyrouboff), orthorhombiques avec forme pseudo-quadratique très approchée, présentent parfois des cristaux uniaxes quadratiques, par groupements très fins des éléments orthorhombiques.

La *calcédoine*, clinorhombique, se groupe de diverses manières par éléments très fins, généralement indiscernables, qui alors fournissent des cristaux à peu près homogènes, sénaires tétartoèdres, appelés quartz droit et quartz gauche, ou des cristaux sénaires hémièdres appelés quartz neutre, etc.

PARAMORPHISME VÉRITABLE. — EXEMPLES DE TRANSFORMATIONS PARAMORPHIQUES EN RAPPORT ÉVIDENT AVEC LE MIMÉTISME.

La *boracite* (Mallard), orthorhombique antihémièdre, et probablement pseudo-cubique (bien qu'à vrai dire son réseau ne soit pas connu), forme des cristaux mimétiques cubiques composés de six orientations de l'élément orthorhom-

bique. Ces orientations passent aisément de l'une
à l'autre par action mécanique, sans déformation sensible du réseau matériel. A 265°, le cristal devient brusquement isotrope et homogène.
avec absorption de chaleur de 4.8 calories par
gramme, et contraction. La transformation est
réversible. et au-dessous de 265° les plages orthorhombiques reparaissent. avec les mêmes orientations : seules, leurs limites ont changé. Ici la
contraction. la chaleur mise en jeu, l'existence
d'un point de transformation subite et réversible
conduisent à imaginer un phénomène d'ordre
moléculaire. Les particules. qui peuvent être
supposées orthorhombiques. réparties aux sommets d'un réseau matériel cubique. et par
exemple parallèles à froid dans chaque plage
homogène, avec six orientations possibles conformément aux lois des macles. seront supposées, à 265°, subir la même rotation que dans
la macle par action mécanique, et prendre ainsi,
mais par groupes de six régulièrement distribuées, ces six mêmes orientations. L'édifice cristallin change de symétrie, mais reste homogène.
Remarquons qu'ici il n'y a plus de raison pour
que les propriétés de la forme cubique puissent
se déduire toutes de celles de la forme orthorhombique. Car si les calculs de lois moyennes
sont justifiés dans le cas d'éléments même très
petits, ils ne le sont nullement pour les groupements moléculaires. C'est même pour cette seule
raison que nous devons imaginer, dans le paramorphisme, des groupements d'ordre moléculaire.

La *leucite*, quadratique (peut-être même moins
symétrique) et pseudo-cubique. forme de même
des groupes de trois orientations trirectangulaires à symétrie totale cubique, mais dont les
faces ne coïncident que grossièrement avec
celles du leucitoèdre cubique. Dans certains
cristaux, ces éléments sont trop fins pour être
perceptibles, et la symétrie paraît cubique. C'est
un cas de pseudo-paramorphisme. Mais vers
500 à 600°. les cristaux biréfringents deviennent
subitement cubiques par une transformation réversible paramorphique dans laquelle le réseau,
par une petite déformation homogène, devient
exactement cubique en même temps que le
motif cristallin.

Le *chloro-aluminate de calcium*. clinorhombique à froid, forme des macles répétées de
trois orientations, à symétrie totale ternaire. qui
constituent des lames grossièrement planes composées de petits trièdres surbaissés. Comme dans
la boracite, la moindre action mécanique suffit
pour faire passer une des plages homogènes de
l'une à l'autre des trois orientations. A 36°, la
lame devient brusquement plane. homogène. et
optiquement uniaxe. La transformation est réversible, et présente au refroidissement un retard analogue à la surfusion. Ici encore, il est
aisé d'imaginer une distribution des particules
clinorhombiques qui, par exemple, parallèles
dans la forme stable à froid. prennent au-dessus
de 36°. par groupes réguliers, les trois orientations, sans autre déplacement que la rotation et
une légère déformation homogène correspondant
à l'aplatissement de la lame. en donnant un ensemble ternaire pourvu d'un réseau cristallin
tout différent, mais du même réseau matériel.

Le chloroplatinate d'isopropylamine (Ries), les
sels $S^2O^8K^3Na$ et $Cr^2O^8K^3Na$ (Grossner) offrent
des transformations du même type.

Dans le *sulfate neutre de potassium* (Mallard),
la forme stable à froid est orthorhombique, mais
les phénomènes restent à très peu près les
mêmes. Ici les propriétés optiques de la forme
uniaxe ne peuvent se déduire, même grossièrement, de celles de la forme biaxe, ce qui montre
bien qu'on est obligé de recourir à un phénomène d'ordre moléculaire et d'établir une distinction nette entre de tels cas et les simples
groupements pseudo-paramorphiques.

*Les acétates triples d'urane, de sodium et
de cuivre. magnésium, zinc, nickel, manganèse ou fer*, présentent aussi, d'après Wyrouboff,
des phénomènes analogues à ceux du chloro-
aluminate de calcium. Ils possèdent la même
symétrie et ont les mêmes macles. Quand la
température s'élève. on voit ces macles se multiplier et devenir de plus en plus fines, jusqu'à
donner une nouvelle forme à peu près uniaxe à
macles tellement serrées qu'elles finissent par
n'être plus visibles. Le sel de magnésium est
même tout à fait uniaxe à 50°. Par refroidissement, il y a retour à l'état primitif, à grandes
plages distinctes. S'il est vrai qu'il n'existe pas,
dans ce cas. de température de passage subit à
une forme tout à fait uniaxe, on voit que la
limite serait peu nette ici entre le pseudo-paramorphisme et le paramorphisme proprement
dit. Il est plus probable qu'il y a d'abord production de macles de plus en plus fines et pseudo-
paramorphiques, puis passage brusque, avec
température de transformation déterminée, à
une forme paramorphique homogène peu distincte (ou que l'on n'a pas songé à distinguer)
de la forme pseudo-paramorphique.

Cette production ou multiplication des macles,
précédant ou suivant, lors de l'échauffement ou
du refroidissement, la transformation paramorphique, est fréquente et complète bien le lien
entre les deux phénomènes. C'est ainsi que dans
le chloro-aluminate de calcium, au refroidissement de la forme uniaxe, on voit se former
brusquement des plages clinorhombiques d'a-
bord excessivement fines, qui ensuite s'agran-
dissent spontanément aux dépens les unes des
autres.

Autres exemples de paramorphisme. — L'*iodure d'argent*, en cristaux blanc jaunâtre sénaires (mériédres) à froid, avec un paramètre
voisin du paramètre cubique, devient cubique
et jaune à 146° par une transformation brusque
réversible, avec absorption de 6,8 calories par
gramme (Mallard et Le Châtelier) et contraction
en volume (Rodwell). La température de transformation s'abaisse en conséquence quand la
pression croît. Elle n'est que de 20° sous une
pression de 2500 kilogrammes par cm².

Le *sulfate de lithium*, clinorhombique à froid,
avec forme et clivages en octaèdre pseudo-cubique, devient cubique à 500°. Par refroidissement. il redevient clinorhombique, avec deux
orientations maclées par rotation de 90° autour
d'un axe pseudo-quaternaire.

Le *chlorate de sodium* (Mallard) donne, par
la cristallisation d'une solution, des cristaux
rhomboédriques de 105°.9/10, très biréfringents,
homéomorphes de la calcite et de l'azotate de
sodium. et syncristallisables avec ce dernier.
Ces cristaux, très instables à froid, passent
spontanément, ou mieux sous l'action du contact
avec un cristal déjà transformé, à la forme cubique bien connue, sans perdre leur homogénéité.
Le bromate se comporte de même. mais la
forme rhomboédrique est moins instable et persiste en partie indéfiniment. On voit par là que
la réversibilité des transformations paramorphiques peut être masquée plus ou moins par des
phénomènes de viscosité, ou encore de faux
équilibre comparable à la surfusion. Et aussi
que la forme stable à haute température n'est
pas toujours la plus symétrique. De même encore
dans l'exemple suivant :

Le *sulfure de zinc*, isodimorphe de l'iodure
d'argent, est cubique (tétraédrique) à froid

(blende). et se transforme en wurtzite hexagonale à chaud, avec des clivages tout différents et par une transformation paramorphique (Mallard). La transformation n'est pas réversible et la wurtzite persiste indéfiniment à froid.

Certains corps sont sujets à des transformations paramorphiques plus nombreuses. Exemples :

Azotate d'ammoniaque (Lehmann, Bellati et Romanese, Schwarz, etc.). Le sel fondu se solidifie à 168°. Entre 168° et 125°,6 il est cubique et isotrope (I) ; à 125°,6, il se transforme brusquement, avec paramorphisme, en une forme biréfringente uniaxe positive (II), ternaire selon Lehmann, quadratique selon Wallerant parce qu'elle posséderait quatre plans de macles mécaniques disposés en octaèdre quadratique. Cette forme II persiste jusqu'à 82°,8, température à laquelle elle passe, toujours par paramorphisme, à une forme orthorhombique (III) qui persiste jusqu'à 32°,4. Celle-ci se transforme alors en la forme orthorhombique connue à froid, la seule qui ait pu être étudiée complètement. Ses paramètres sont $a : b : c = 1,1668 : 1 : 1,104$, son mode octaédral, et elle possède par suite une pseudomériédrie quadratique avec l'axe b pour axe pseudo-quaternaire. D'après Wallerant, lorsqu'une pression est exercée sur la masse pendant son refroidissement, on passe directement de la forme II à la forme IV, toujours avec paramorphisme et orientation de l'axe b de la forme IV parallèlement à l'axe optique de la forme II. Enfin à — 16°, la forme IV se transforme en une forme uniaxe positive (V), à biréfringence moindre que II. Mais la transformation ne se fait pas toujours et n'est souvent que partielle ; c'est là un fait général pour les transformations qui s'effectuent à basse température : elles sont plus lentes, plus paresseuses ; et, si la température est assez basse, cessent même de pouvoir se produire. D'après Wallerant les formes II et V seraient identiques et une même forme posséderait ainsi deux domaines de stabilité.

Les transformations paramorphiques multiples de l'azotate d'ammoniaque s'observent aisément en laissant refroidir sous le microscope polarisant une masse fondue entre deux lames de verre, ou mieux une goutte de solution saturée à chaud. Il y a peu d'expériences plus brillantes et qui illustrent d'une manière plus frappante le fait du paramorphisme. Mais il n'est que juste d'ajouter que les études microscopiques, si elles ont cet avantage de mettre en évidence des transformations qui resteraient souvent inaperçues sans elles et d'en faire bien saisir certains détails, ne permettent généralement pas une étude cristallographique sérieuse de chaque modification et prêtent moins aux mesures précises qu'aux constatations approximatives souvent influencées par des idées théoriques. Des mesures seraient à faire ensuite dans chaque cas pour arriver à une connaissance complète des phénomènes, et il est rare qu'elles soient possibles.

Le *nitre* cristallise à froid, dans une solution, sous deux formes simultanées (Frankenheim) : des aiguilles orthorhombiques (I) optiquement négatives, dont les paramètres (0,591 : 1 : 0,701) sont voisins de ceux de l'aragonite et qui présentent comme cette espèce des macles pseudosénaires ; et des rhomboèdres (II) uniaxes négatifs voisins de ceux de la calcite ou du nitrate de sodium. La forme II est instable à froid, et aussitôt qu'un rhomboèdre est touché par une aiguille orthorhombique, il se transforme en cristal orthorhombique. Quand on chauffe les cristaux I à 126°, on les voit se transformer en la forme II. Mais au refroidissement, la transfor-

mation inverse est retardée par une sorte de surfusion, et quand le refroidissement peut être poussé jusqu'à 114° sans que la transformation en cristaux I se soit produite, on voit la forme II passer alors à une forme (III) également ternaire et uniaxe négative, orientée comme la forme II, mais ayant seulement une biréfringence plus forte (Wallerant). Ces cristaux III passent ensuite à la forme I. Toutes ces transformations sont paramorphiques.

On voit qu'ici, comme pour l'azotate d'ammoniaque, il existe deux formes de même symétrie. L'existence de deux formes extrêmement voisines par leur symétrie et leur réseau, et ne différant que par des détails aisément inaperçus ou considérés comme secondaires, est assez commune. Ces cas, réunis par Wallerant sous le nom de « polymorphisme de structure », ne diffèrent pas essentiellement de tous les autres cas de paramorphisme, qui tous peuvent être ainsi qualifiés. Mais ils n'en sont pas moins remarquables. Exemples :

La *cuprite* se présente dans certains gisements en cristaux cubiques à clivages octaédriques et qui paraissent holoèdres ; dans d'autres, elle a le clivage cubique qui révèle un réseau d'un mode différent, quoique de même symétrie, et montre tant par ses formes que par ses figures de corrosion l'hémiédrie holoaxe (Miers). Le passage de l'une à l'autre des formes n'a pas été constaté ; mais la différence des clivages montre qu'il s'agit d'un véritable cas de polymorphisme et non d'un pseudo-paramorphisme.

La *galène*, ordinairement cubique avec clivages cubiques, se présente parfois avec des clivages octaédriques qui révèlent un réseau différent, et une densité un peu plus forte. La variété à clivages octaédriques se transforme en la première par chauffage à 200 ou 300°. C'est là un cas certain de paramorphisme.

Le *paranitrophénol* (Lehmann), qui a deux formes clinorhombiques très voisines, dont les réseaux sont multiples très simples l'un de l'autre, la *mannite* qui a deux modifications orthorhombiques également très voisines, sont encore des exemples du même fait.

Dans d'autres cas, les différences reconnues entre les deux variétés ne résultent que de l'examen des figures de corrosion, ne portent que sur la symétrie et restent par suite plus ou moins douteuses, car on ne connaît jamais qu'un maximum de la symétrie. Exemples : l'*azotate de plomb* (Wallerant), cubique, aurait deux variétés, l'une avec la tétartoédrie, l'autre avec l'antihémiédrie. Le *chlorure de sodium*, cubique, habituellement holoèdre, présenterait aussi des cristaux à hémiédrie holoaxe comme ceux du chlorure de potassium. La *fluorine*, toujours en cristaux à forme extérieure cubique, aurait tantôt la symétrie clinorhombique, tantôt la symétrie ternaire, tantôt la symétrie cubique. De telles variations de la symétrie, sans variations de la densité, sans transformations observées, doivent être beaucoup plutôt rapportées à des groupements fins que rien n'engage à considérer comme moléculaires. Ce sont probablement des cas de pseudo-paramorphisme comme ceux du quartz ou de l'orthose, et non des cas de paramorphisme.

PARAMORPHISME AVEC DÉFORMATION IMPORTANTE DU RÉSEAU MATÉRIEL. — En général, nous l'avons vu, la déformation homogène du réseau matériel est faible lors des transformations paramorphiques. Elle est déjà très sensible dans certains cas comme celui du chloroaluminate de calcium. Dans quelques cas exceptionnels observés par Lehmann, elle devient considérable. Le cristal, dans la transformation, reste toujours homogène, un de ses plans réticulaires même reste peu ou pas déformé, mais il s'effectue, parallèlement à ce plan, un déplacement analogue à ceux qu'on observe dans les macles mécaniques avec, en fait, parfois constitution de macles par des glissements en sens inverse.

C'est le cas de l'*acide protocatéchique*. La solution chaude de cet acide laisse déposer des aiguilles anorthiques terminées par une base à peu près normale à leur longueur. Au refroidissement, on voit brusquement, à une certaine température, les prismes s'infléchir sans que leur base se déforme notablement et faire alors avec cette base un angle de 55°.

De même pour l'*éther quinone-dihydroparadicarbonique*, la solution dans l'aniline laisse déposer à chaud des lamelles incolores en forme de parallélogramme de 44°, avec une troncature à 72° indiquant pour les paramètres des côtés un rapport $b : a$ voisin de 2. Au refroidissement, à une certaine température, la matière devient verdâtre; en même temps ces deux angles se déforment brusquement par un déplacement homogène parallèle au côté b et deviennent 60 et 82°. En élevant de nouveau la température, on revient aussi subitement à l'état primitif.

On voit que les déformations du réseau matériel peuvent être parfois importantes dans les transformations paramorphiques. Mais ce sont des déformations homogènes, qui ne détruisent pas plus l'édifice cristallin que ne font les macles mécaniques auxquelles elles sont tout à fait analogues.

ORIENTATION PARALLÈLE LORS D'UNE TRANSFORMATION CHIMIQUE. — Il ne faut pas confondre avec le paramorphisme le cas très différent où un sel, subissant en présence de l'eau et par l'intermédiaire de l'état dissous une transformation chimique, par exemple une transformation en un autre hydrate, fournit de nouveaux cristaux de composition différente et qui, sans conservation de l'homogénéité ni même de la continuité, restent parfois régulièrement orientés par rapport au premier. De même qu'il y a un lien étroit entre le paramorphisme et les macles, de même il y en a un semblable entre ce phénomène d'orientation et celui des groupements d'espèces différentes. Cette orientation mutuelle de cristaux de composition différente et le paramorphisme sont assurément, comme les macles et les groupements d'espèces différentes, des faits qui ont une même cause profonde, mais il n'importe pas moins de les distinguer.

Tel est le cas (Lehmann) du *chlorure ferreux* dont les cristaux clinorhombiques, en lames losanges, chauffés rapidement dans leur solution, se résolvent en petites aiguilles d'un sel moins hydraté, éparses mais orientées, au moment de leur formation, dans deux directions parallèles aux arêtes du losange. Le *chlorure de lithium* offre des phénomènes analogues.

TRANSFORMATIONS SANS PARAMORPHISME. — Dans certaines transformations à l'état solide, le paramorphisme fait défaut. Ce sont les *transformations polymorphiques indirectes* de Wyrouboff. Un cristal homogène d'une forme A se transforme en un agrégat confus de petits éléments d'une autre forme B non orientés. L'édifice cristallin est détruit. Ici le fait principal (c'est-à-dire la conservation de l'édifice cristallin) qui nous avait conduits à admettre la persistance d'une même molécule chimique, et par suite à considérer la transformation comme polymorphique, disparaît. Exemples :

Soufre. — On a signalé quelque huit formes cristallines plus ou moins définies du soufre. Quatre au moins sont à peu près certaines : la forme orthorhombique I ($d = 2,07$), stable au-dessous de 95°,4 (Reicher) ; la forme clinorhombique II, stable au-dessus de 95°,4 ($d = 1,96$) et à laquelle passe la forme I par élévation de température, avec absorption de 2,7 calories par gramme (Mitscherlich); la forme *nacrée* III (Muthmann), mal connue au point de vue cristallographique, obtenue par refroidissement brusque d'une solution portée à 150°, passant spontanément à la forme I à froid, et à la forme II quand on la chauffe à 75° ; la forme rhomboédrique IV (Engel) obtenue en beaux cristaux par l'action de HCl sur l'hyposulfite de sodium, dans des conditions déterminées de concentration pour lesquelles le liquide reste clair, épuisement de la solution par le chloroforme ou le benzène et évaporation; elle passe spontanément, à chaud, au soufre mou, à froid à la forme I.

Une seule de ces transformations paraît être paramorphique : c'est celle de la forme III en la forme I (Gaubert). Les autres se font toujours avec destruction complète de l'édifice cristallin. Lors donc que l'on qualifie de polymorphique, par exemple, la transformation classique du soufre orthorhombique en soufre clinorhombique (ou inversement), il reste à expliquer ce que l'on entend par là, et quel fait on veut exprimer en disant que dans cette transformation la molécule chimique se conserve sans modification. A défaut de raisons, il reste loisible d'imaginer aussi bien des polymérisations, ou plus généralement, s'il ne s'agit pas d'un corps simple, des transformations quelconques de la molécule chimique, c'est-à-dire des isoméries. Dans le cas du soufre, le seul fait que l'on puisse actuellement invoquer en faveur du polymorphisme est la production, aux dépens de toutes les variétés, d'un même liquide, d'une même solution ou d'une même vapeur. Mais comme on est conduit d'autre part à admettre des polymérisations dans le soufre liquide ou gazeux eux-mêmes, il est tout aussi naturel d'admettre qu'il s'en produit également dans les transformations à l'état solide ou dans leur passage à l'état liquide ou gazeux. Si, comme le pense Gaubert, les formes I et II restent différentes même après dissolution, l'isomérie rendrait compte de ce fait, mais non le polymorphisme, qui dès lors ne serait plus basé sur rien.

L'*iodure mercurique* (Mitscherlich) est rouge, quadratique, au-dessous de 126°,3 (Schwarz); au-dessus de cette température il passe à la forme jaune, orthorhombique, avec dilatation et diminution de la chaleur spécifique. La réversibilité est masquée par des phénomènes de retard, surtout au refroidissement, et la forme jaune peut persister jusqu'à froid par un faux équilibre que le moindre contact fait cesser. Mais les deux transformations inverses sont accompagnées de la destruction complète de l'édifice cristallin. Ici encore, on a annoncé l'existence de deux solutions différentes. Si le fait se confirme, il sera d'accord avec l'absence de paramorphisme pour faire admettre un cas d'isomérie (ou de polymérie) et non un cas de polymorphisme. La prétendue conservation de la « particule cristalline » (particule complexe, molécule cristalline) en solution, que l'on a imaginée pour ce cas et quelques autres, est dépourvue de sens tant qu'on ne donne aucune raison pour ne pas admettre une isomérie ou une polymérie.

Le *sulfate neutre de sodium* a quatre modifications (Wyrouboff) : au-dessous de 200°, il est orthorhombique (I); entre 200 et 230°, probablement clinorhombique (II); entre 230° et 500°, orthorhombique avec macles pseudo-sénaires (III); au-dessus de 500°, sénaire et uniaxe négatif (IV). La seule de ces transformations qui soit paramorphique et réversible est celle de III en IV.

Les autres ne sont ni paramorphiques ni réversibles. Il reste loisible d'attribuer aux formes I et II des molécules chimiques différentes de celle qui intervient dans les modifications III et IV. De III à IV, il y a polymorphisme certain, mais on n'a donné jusqu'ici aucune raison d'admettre la même conclusion pour I et II.

Le *sulfate* SO^4LiAm (Wyrouboff) a trois formes : I, orthorhombique, avec macles à 60°, stable à la température ordinaire et au-dessus ; II, clinorhombique, obtenue par refroidissement brusque de la forme I, avec passage paramorphique ; III, orthorhombique, assez stable à froid, et passant par échauffement à la forme I avec destruction complète de l'édifice cristallin. Cette transformation présente cette curieuse particularité de ne se faire qu'à la conditon qu'il y ait contact avec au moins une trace d'eau. Ici encore, il y a polymorphisme certain entre I et II, mais non entre elles et III.

On remarquera que ceci ne signifie pas que le polymorphisme ne puisse parfaitement être admis en l'absence de paramorphisme constaté, *s'il existe pour cela d'autres raisons*. Il se peut notamment que la conservation du réseau matériel, tout en étant possible dans des conditions favorables pour une transformation donnée, ne se réalise pas toujours et n'ait pu encore être observée. On est porté à le croire, et par suite à admettre le polymorphisme, quand il existe manifestement entre deux formes d'un même composé une de ces relations approchées de paramètres telle qu'en exige le paramorphisme ; plus encore quand il y a isodimorphisme avec un autre composé pour lequel le paramorphisme est constaté. Exemples :

Carbonate de calcium. — Ses deux formes, la calcite, rhomboédrique, et l'aragonite, orthorhombique avec macles simulant une pseudo-symétrie sénaire, sont voisines de celles du nitre, dont la transformation paramorphique est connue. Les paramètres de la calcite sont $c : a = 0{,}8543$. Dans l'aragonite, on a $c' : a' = 1{,}1576$, soit $\frac{4}{3} \cdot 0{,}8682$, ce qui, surtout par assimilation avec le nitre, rend la relation paramorphique assez probable, et par suite aussi le polymorphisme.

La transformation, très lente et paresseuse, de l'aragonite en calcite vers 400° a été constatée et bien nettement distinguée par Mügge du pseudo-paramorphisme dû aux macles de l'aragonite : celles-ci se multiplient à haute température et finissent par fournir un édifice d'aragonite presque homogène et presque uniaxe qui ne doit pas être confondu avec la calcite. Mais lors de la véritable transformation en calcite, il n'y a pas conservation de l'homogénéité, et s'il y a orientation approximative de la calcite, ce n'est que d'une manière grossière. D'autre part, la transformation inverse de la calcite en aragonite n'a pu être observée. Il est permis d'attribuer à l'extrême viscosité que manifeste cette transformation le fait qu'elle n'est pas nettement paramorphique. Toutefois la question reste ouverte.

La transformation du *quartz* en *tridymite* à haute température est analogue. Ici la transformation inverse est connue, mais seulement par des cristaux naturels de tridymite que nous trouvons transformés en un agrégat de quartz non orienté (Mallard). Si la transformation du quartz en tridymite est déjà très lente, la transformation inverse exige peut-être des siècles. La viscosité est excessive. La grande différence de densité des deux formes (quartz 2.65 ; tridymite 2.3), jointe à l'absence de paramorphisme, la très grande différence de l'action des réactifs sur les deux formes, tendraient à faire croire à un cas d'isomérie. Mais d'autre part le quartz est sénaire (tétartoèdre au-dessous de 570°, hémièdre holoaxe au-dessus) et son paramètre est $c : a = 1.100$; la tridymite est orthorhombique pseudo-sénaire à froid, sénaire au-desus de 130°, avec pour paramètre $c' : a' = 1{,}653 = \frac{3}{2}\, 1.102$.

L'analogie des symétries et la relation simple des paramètres seraient, ici encore, en faveur du polymorphisme, qui ne se manifesterait pas par le paramorphisme à cause de la viscosité qui paraît s'opposer à la libre rotation des particules lors de la transformation. Mais ici encore, la question n'est pas résolue.

On voit qu'en l'absence de paramorphisme la distinction entre le polymorphisme et l'isomérie devient bien difficile à préciser. Elle l'est d'autant plus que parfois des isomères incontestables, restant bien différents en solution, présentent, dans leurs cristaux, des relations de formes tout aussi remarquables que celles que l'on observe dans les cas de polymorphisme douteux tels que les précédents. Tel est le cas, cité par Wyrouboff, du *tartrate* et du *racémate neutres de rubidium*. Les relations de paramètres, dont la valeur est d'ailleurs bien difficile à apprécier, ne sont donc jamais probantes à elles seules.

On peut, en résumé, distinguer nettement le polymorphisme de l'isomérie dans les cas suivants :

1°. — S'il y a *propriétés différentes en solution*, ou à l'état fondu ou gazeux, il est tout à fait rationnel d'admettre l'isomérie.

2°. — S'il y a *transformation paramorphique*, il est, de même, rationnel d'admettre le polymorphisme.

Ce qui implique le fait, jusqu'ici vérifié, que ces deux caractères ne coexistent pas.

S'il n'y a ni différence à l'état fluide, ni paramorphisme, le cas pourra être résolu par des analogies, par exemple, mais le plus souvent il restera douteux. Conclure au polymorphisme parce que les produits de la dissolution ou de la fusion sont identiques, c'est évidemment juger *a priori* que la dissolution ou la fusion ne sont accompagnées d'aucune modification de la molécule chimique, ce qui n'a pas de raison pour être toujours vrai. Conclure à l'isomérie parce qu'il n'y a pas de paramorphisme, ce serait admettre que le paramorphisme, dès qu'il est possible, se manifeste en toutes circonstances ; ce serait admettre aussi *a priori* que le polymorphisme ne va pas sans paramorphisme ; ce qui ne serait pas plus justifié.

Ces cas douteux ont engagé certains auteurs, tels que Wegscheider, Lehmann, Groth, à admettre qu'il n'y a pas de différence essentielle, dans les faits, entre l'isomérie et le polymorphisme dans l'état solide. Conclusion tout à fait excessive, qui s'explique parce que ces auteurs ont négligé le fait du paramorphisme ou n'en ont pas saisi la portée. Ce qui est vrai, c'est *qu'en dehors du paramorphisme* la limite entre le polymorphisme et l'isomérie n'est jusqu'ici précisée par aucun caractère général et net.

Si l'on tenait à donner de cette limite une définition tirée directement des faits, et non la définition formelle que nous avons adoptée et qui est sous-entendue par tout le monde, il n'y aurait guère qu'une solution possible, ce serait d'appeler polymorphiques toutes les transformations paramorphiques, et isomériques (ou polymériques) toutes les autres. Mais cette solution là, elle aussi, serait excessive.

PHÉNOMÈNES DE FAUX ÉQUILIBRE ET DE RETARD DANS LES TRANSFORMATIONS A L'ÉTAT SOLIDE. — Dans beaucoup de transformations à l'état solide, qu'elles soient paramorphiques ou non, on observe des phénomènes de faux équilibre semblables à ceux qui se manifestent dans la fusion ou la volatilisation. La transformation de A en B, surtout quand elle se produit par refroidissement, n'a pas toujours lieu à la température T de réversibilité où elle devient possible. La forme A est alors, au delà de la tempérure T, dans un état de faux équilibre. Cet état cesse en général spontanément quand la température s'écarte trop de T. Le plus souvent le simple contact avec un cristal de la forme B suffit à faire cesser brusquement cet état de faux équilibre, avec une propagation rapide de la transformation *de proche en proche* qui n'est que la continuation de cet effet du simple contact et en met en évidence l'action très nette. Cette propagation peut s'observer par exemple aisément sur l'azotate d'ammoniaque dans ses diverses transformations paramorphiques.

D'autre part la vitesse de la transformation est très variable. Parfois presque instantanée, la transformation ne s'opère d'autres fois que très lentement, surtout quand la température est basse. Cette viscosité, qu'il est, semble-t-il, tout naturel de rencontrer très accentuée dans l'état solide, et spécialement aux basses températures, va parfois jusqu'à annuler, du moins pratiquement, la vitesse de transformation et à rendre celle-ci insensible, sinon tout à fait nulle.

Exemples de retards et de viscosité :

Le chloro-aluminate de calcium, ternaire, refroidi même lentement ne passe spontanément à la forme clinorhombique qu'avec un retard de plusieurs dixièmes de degré. Refroidi brusquement par immersion dans l'eau, il garde la forme ternaire pendant un temps qui peut atteindre plusieurs minutes, et sa transformation est ensuite beaucoup plus lente ; elle se produit de proche en proche dès qu'elle a commencé en un point.

Soufre. — La température de transformation réversible du soufre orthorhombique en soufre clinorhombique est 95°,4 (Reicher). Mais le chauffage lent, en évitant tout contact avec la variété clinorhombique, permet d'élever le soufre orthorhombique jusqu'à la fusion, à 113°,5, sans qu'il se transforme. Le soufre clinorhombique ne fond qu'à 119°,5. Inversement, en l'absence de la variété orthorhombique, le soufre clinorhombique persiste jusqu'à la température ordinaire. Au contraire, quand les deux variétés sont en contact au point de transformation, celui-ci n'est jamais dépassé. On peut alors évaluer la température de transformation réversible, sous le microscope, en observant à quelle température la limite des deux formes en contact ne se déplace ni d'un côté ni de l'autre.

La vitesse de transformation de la variété clinorhombique par le contact d'un germe orthorhombique, faible au voisinage du point de réversibilité, croît quand la température s'abaisse, présente un maximum vers 50° (Gernez), se ralentit beaucoup à froid et devient pratiquement nulle à — 23°. Au-dessous de cette température, les deux variétés peuvent coexister, semble-t-il, indéfiniment, comme l'aragonite et la calcite à la température ordinaire.

L'iodure mercurique (Schwarz) a pour point de transformation réversible de la variété rouge en la variété jaune : 126°,3. Mais en général les cristaux rouges ne commencent à se transformer partiellement qu'à 129° et inversement les cristaux jaunes, en l'absence de tout germe de la variété rouge, peuvent être refroidis jusqu'à la température ordinaire. Mais le moindre contact d'un cristal rouge ou même une faible action mécanique suffisent pour détruire le faux équilibre.

Les exemples de cessation du faux équilibre par contact sont innombrables. Voir ci-dessus *nitre*, *chlorate de sodium*.

L'effet manifeste du simple contact dans la transformation de proche en proche, en l'absence de tout liquide, rend inadmissible l'opinion de Lehmann, d'après laquelle tous les phénomènes de ce genre (Aufzehrung) seraient dus à une dissolution de la forme A plus soluble suivie d'une précipitation immédiate sous la forme nouvelle B moins soluble, dissolution qui exigerait une quantité minime de liquide pour la transformation d'une masse quelconque de cristal. Il importe, au contraire, de bien distinguer les véritables transformations à l'état solide dont il est impossible de nier l'existence, de celles où intervient le mécanisme indiqué par Lehmann. Il suffira de donner un exemple de ces dernières : le *chlorure de sodium* en solution froide dépose des lames hexagonales d'hydrate, puis les cubes bien connus. Dès qu'un cube approche d'une des lames hexagonales, on voit celle-ci se creuser en face de lui, se dissoudre, et le cube grossir à ses dépens. Il n'y a là aucun effet de contact, ni rien qui ressemble aux transformations à l'état solide. Les deux phénomènes ne peuvent être confondus. Toutefois dans certains cas la distinction est plus délicate. Le sulfate So⁴LiAm offre probablement un exemple de ce genre de transformation (voir ci-dessus).

ACTION DE LA PRESSION SUR LA TEMPÉRATURE DE TRANSFORMATION RÉVERSIBLE. — Il va de soi que lorsque la transformation, quelle que soit sa nature, correspond à une variation de densité et à une mise en jeu de chaleur, les variations de pression déterminent des variations de la température de transformation réversible que la thermodynamique permet de calculer, si l'on a mesuré la variation de densité et la chaleur mise en jeu.

C'est ainsi que dans le *soufre*, la transformation de la variété orthorhombique en la variété clinorhombique correspond à une dilatation et à une absorption de chaleur : la température de transformation (95°,4 à la pression atmosphérique) s'accroît de 0°,05 environ par kilogramme de pression. Elle croît plus vite que la température de fusion et l'atteint à 152° sous la pression de 1400 kilogrammes (Tammann). Dans l'*iodure d'argent* (Mallard), la transformation de la variété ternaire en la variété cubique correspond à une contraction et à une absorption de chaleur. La température de transformation, qui est de 146° à la pression atmosphérique, s'abaisse à 20° sous 2500 kilogrammes par cm². Dans l'*azotate d'ammoniaque* (voir ci-dessus), la transformation de la variété IV en la variété III correspond à une dilatation et à une absorption de chaleur : la température de transformation s'élève quand la pression augmente. Mais inversement la transformation de la variété III en la variété II correspond à une contraction en même temps qu'à une absorption de chaleur : la température de transformation s'abaisse quand la pression croît. Si bien que sous une pression dépassant 1000 kilogrammes par cm², le domaine de la variété III s'annule et le passage se fait directement de la variété IV à la variété II.

ACTION DES MATIÈRES ÉTRANGÈRES. — De petites quantités de matières étrangères peuvent modilier beaucoup la température de transformation. Ainsi d'après Wallerant de petites quantités de AzO^3Cs rendent stable jusqu'à la température ordinaire la forme II de AzO^3Am; ou encore, d'après Vater, la solution carbonique de CO^3Ca qui à la température ordinaire dépose de la calcite, peut déposer de l'aragonite à la même température si elle contient un peu de carbonates de strontium ou de plomb.

FORMATION DIRECTE DE CRISTAUX EN FAUX ÉQUILIBRE. — C'est un fait très remarquable que non seulement les formes instables peuvent persister en faux équilibre au delà de la température de transformation, mais qu'elles peuvent parfois s'accroître et même naître dans ces conditions.

Dans le soufre surfondu (Gernez) un germe de soufre orthorhombique ou de soufre clinorhombique fait cristalliser à volonté l'une ou l'autre variété. Même au-dessous de la température de transformation réversible, on peut obtenir ainsi la cristallisation du soufre clinorhombique.

Un corps froid introduit dans la vapeur d'iodure mercurique à basse température se recouvre de cristaux de la variété jaune; mais s'il a été frotté légèrement en un point avec un cristal de la variété rouge, c'est celle-ci qui se dépose en ce point (Gernez).

Lecoq de Boisbaudran a montré que dans beaucoup de solutions sursaturées de sels (sulfates de fer, zinc, etc.) on peut obtenir à volonté une forme instable ou une forme stable en amorçant la cristallisation avec un germe de cristal correspondant; mais la variété instable peut même naître spontanément. D'après Ostwald, on pourrait poser en règle générale que la forme qui se produit spontanément dans des conditions déterminées n'est pas celle qui est le plus stable dans ces conditions, mais celle dont la formation correspond à la moindre mise en liberté d'énergie.

Si la viscosité qui tend à ralentir la transformation est très grande, il peut arriver que deux formes naissent ensemble de la même solution, à une même température, et persistent côte à côte indéfiniment. On en cite de nombreux exemples : mais pour la plupart d'entre eux la transformation d'une des formes en l'autre n'a pas été constatée et a fortiori il n'est pas prouvé qu'il existe une température de transformation réversible. On remarquera que l'existence d'une telle température n'est pas nécessairement liée à l'idée de polymorphisme. Elle existe dans tous les cas de polymorphisme certain, avéré par le paramorphisme. Mais elle existe aussi bien pour des cas d'isomérie ou de polymérie, comme d'ailleurs pour de véritables réactions chimiques quelconques. Rien ne s'opposerait a priori à ce qu'elle manquât pour certains cas de polymorphisme aussi bien qu'elle fait défaut pour beaucoup de cas d'isomérie. A aucun titre l'existence d'une température de transformation ne peut passer pour caractéristique du polymorphisme.

DENSITÉS ET SYMÉTRIES DES DIVERSES FORMES POLYMORPHES. — Ainsi que l'a fait observer Groth, aucune relation générale n'existe entre les densités, les symétries et les températures de stabilité des formes polymorphes d'un même composé.

Le plus souvent, les formes stables à froid ont une densité plus grande que les formes stables à chaud. Mais le fait n'est pas général. Ainsi pour l'azotate d'ammoniaque, la modification uniaxe II, stable au-dessus de 83°, a une densité plus forte que la modification orthorhombique III, stable au-dessous de 83°. De même pour l'iodure d'argent (voir ci-dessus), la boracite, le chloro-aluminate de calcium (Steinmetz), etc.

Le plus souvent aussi, les formes stables à haute température sont les plus symétriques (boracite, iodure d'argent, azotate d'ammoniaque, ce dernier sous les formes I, II, III, etc.). Mais cela, non plus, n'est pas général. L'inverse a lieu, par exemple, pour le soufre, l'iodure mercurique; et même dans certains cas de paramorphisme, par exemple pour la modification uniaxe (V) de l'azotate d'ammoniaque qui apparaît à basse température, pour le sulfure de zinc, etc.

Le plus souvent enfin, les formes les plus symétriques sont les plus denses (soufre, iodure mercurique, boracite, iodure d'argent, formes II et III de l'azotate d'ammoniaque, etc.) Mais l'inverse est assez fréquemment vrai (azotate d'ammoniaque, formes I et II; tétrabromure de carbone, etc.). G. Friedel.

POLYPRÈNE. — Voyez TERPÉNIQUE (SÉRIE).

POLYSTICHINE. — Poulsson a pu isoler de l'extrait éthéré des racines d'*Aspidium* ou *Polystichum spinulosum* cinq composés différents [*Chem. Centr.*, II, 1103, 1898] par cristallisation fractionnée. Ces corps, insolubles dans l'eau et plus ou moins solubles dans les solvants organiques, sont colorés en rouge ou brun par le chlorure ferrique et deviennent rouges à chaud par l'acide sulfurique qui en dégage une odeur d'acide butyrique.

La *polystichine* $C^{22}H^{24}O^9$ réduit le nitrate d'argent ammoniacal, mais non la liqueur de Fehling : elle donne la *polystichine-aniline* $C^{22}H^{24}O^9$, C^6H^7Az, fusible à 132°.

La *polystichalbine* $C^{22}H^{26}O^9$ fond à 150-150°,5, se combine à 2 molécules d'aniline et de phénylhydrazine; la *polystichinine* $C^{18}H^{22}O^8$ est en tables incolores et brillantes; la *polystichocitrine* $C^{13}H^{22}O^9$ se présente en aiguilles jaunes, brillantes et se combine à 1 molécule d'aniline; la *polystichoflavine* $C^{24}H^{30}O^{11}$ est en aiguilles fusibles à 158-158°,5.

L'action de la poudre de zinc en présence de soude sur la polystichine donne naissance à de l'*acide polystichique*, à du *polystichinol* $C^{21}H^{30}O^9$, phénol en prismes jaune pâle fondant à 156°,7, et à de l'acide butyrique.

1er mai 1907. A. Hébert.

POLYSTICHALBINE, POLYSTICHININE, POLYSTICHOCITRINE, POLYSTICHOFLAVINE, POLYSTICHIQUE (ACIDE), POLYSTICHINOL. — Voyez POLYSTICHINE.

PONTICINE. — Voyez RHAPONTINE.

PORINE, PORINIQUE (ACIDE). — Voyez l'art. LICHENS.

PORPHYREXIDE. — Voy. PORPHYREXINE.

PORPHYREXINE. — En traitant par le cyanure de potassium en solution aqueuse à 50° le chlorhydrate de nitrosoisobutyramidine, MM. Piloty et Graf Schwerin [*D. chem. G.*, **34**, 1870, 1901 et **36**, 1263, 1903] ont obtenu un produit $C^5H^{10}Az^4O$ qu'ils appellent *porphyrexine* et dont la constitution, d'après le dernier de ces mémoires, est celle d'une *oxy-1-diimino-2.4-diméthyl-5.5-hydantoïne*

$$(CH^3)^2 = C_{(5)} - {}_{(1)}AzOH$$
$$HAz = C_{(4)} - {}_{(3)}AzH \overset{}{\underset{(2)}{>}} C = AzH$$

La porphyrexine forme des cristaux prismatiques solubles dans l'eau, se déshydratant à 130°, fondant à 248-250° avec décomposition. Elle donne des sels cristallisés : le *chlorhydrate* B . HCl fond en se décomposant à 272°, l'*oxalate neutre* (+ $2H^2O$), à 254°; le *sulfate neutre* fond à 289°.

La porphyrexine, chauffée avec de l'acide chlorhydrique concentré à 100° en vase clos, donne naissance au chlorhydrate, fusible à 192°, d'une base que les auteurs considéraient d'abord comme un dilactame $C^{10}H^{18}Az^6O^2$, et à laquelle ils ont donné plus tard la formule d'une *oxy-1-imino-4-diméthyl-5.5-hydantoïne*

$$(CH^3)^2 = C - AzOH$$
$$| \quad > CO$$
$$HAz = C - AzH$$

Cette base fond avec décomposition vers 230°. L'hydrogène sulfuré en solution alcoolique donne son *sulfhydrate* qui, chauffé en vase clos, se transforme en la *thiohydantoïne* correspondante $C^5H^9Az^3OS$, prismes jaunes fusibles à 231° en se décomposant.

Le pentachlorure de phosphore est sans action sur la porphyrexine, ainsi que le zinc et l'acide chlorhydrique. L'amalgame de sodium produit de l'ammoniaque et une base forte incristallisable. La réduction électrolytique en milieu sulfurique donne l'*imino-4-diméthyl-5.5-hydantoïne*

$$(CH^3)^2 = C - AzH$$
$$| \quad > CO + H^2O$$
$$HAz = C - AzH$$

en tables rhombiques résistant à l'action des oxydants et de l'acide chlorhydrique à 150°.

Les agents d'oxydation (permanganate ou ferricyanure en solution alcaline) donnent un produit en tables cristallines rouge brique, fondant à 75° en déflagrant, que les auteurs ont appelé *porphyrexide*, et auquel ils donnent la formule

$$(CH^3)^2 = C - Az = O$$
$$| \quad > C = AzH$$
$$HAz = C - AzH$$

avec un Az tétravalent. C'est oxydant énergique, à la fois acide et basique. Son *nitrate* jaune, fond à 127°; son *sel de sodium* $C^5H^8Az^4ONa + H^2O$ cristallise en paillettes hexagonales violettes fusibles vers 100° en se décomposant. La porphyrexide, hydrolysée par la soude, se transforme en un *dérivé nitrosé*

$$(CH^3)^2 = C - AzO$$
$$|$$
$$HAz = C - AzH - CH = AzH$$

fusible à 160°, insoluble dans les acides, sauf dans l'acide acétique qui donne une coloration bleue. Il se dissout aussi en bleu dans les alcalis avec lesquels il donne des sels bleus bien cristallisés. Par réduction il se transforme en un composé $C^5H^2Az^4$ fusible en se décomposant à 147°, de constitution indéterminée.

La porphyrexine fournit avec l'hydrate d'hydrazine une *azine* $C^{10}H^{18}Az^8O^2$

$$(CH^3)^2 = C - AzOH \qquad HOAz - C = (CH^3)^2$$
$$| \quad > C = Az - Az = C < \quad |$$
$$HAz = C - AzH \qquad HAz - C = AzH$$

en paillettes jaunâtres solubles dans les alcalis, fondant avec décomposition à 280°. L'oxydation de cette azine par le ferricyanure en solution alcaline donne un produit cristallisé en prismes bleu foncé à reflets cuivrés, fusibles à 190° en déflagrant, solubles en bleu dans les alcalis, que l'on a appelé *porphyrindine* et qui aurait la constitution

$$(CH^3)^2 = C - AzO \qquad OAz - C = (CH^3)^2$$
$$| \quad > C = Az - Az = C < \quad | \quad + 2H^2O.$$
$$HAz = C - AzH \qquad HAz - C = AzH$$

Le *dérivé acétylé* de la porphyrindine fond à 170°.

Juin 1907.   E. Rengade.

PORPHYRINDINE. — Voy. PORPHYREXINE.

POTASSIUM. — *État naturel*. — La potasse et les sels de potassium, que l'on retirait anciennement des cendres du bois, des résidus de betteraves et du suint du mouton, s'extraient aujourd'hui presque exclusivement des anciens dépôts salins de Stassfurt-Anhalt et de Kalusz. On y trouve les sels suivants :

Sylvine ou chlorure de potassium impur KCl.
Carnallite $KCl, MgCl^2, 6H^2O$.
Douglasite $2KCl, FeCl^2.2H^2O$.
Schönite $K^2SO^4, MgSO^4, 6H^2O$.
Kaïnite $K^2SO^4, MgSO^4.MgCl^2.6H^2O$.
Polyhalite $K^2SO^4.MgSO^4, 2CaSO^4.2H^2O$.
Krugite $K^2SO^4.MgSO^4, 4CaSO^4, 2H^2O$.

On en retire annuellement plusieurs millions de tonnes de carnallite et de kaïnite.

L'eau des océans contient de $0^{gr}.5$ à $0^{gr}.7$ de chlorure de potassium par litre. Depuis quelques années, on a entrepris d'en extraire économiquement les sels de potasse, en provoquant artificiellement des dépôts analogues à ceux de Stassfurt par des évaporations successives. Une usine exploite ces méthodes à Berre, près de Marseille.

De nombreuses tentatives ont été faites pour extraire industriellement la potasse des roches feldspathiques, mais l'industrie n'en tire pas encore parti. Voyez Rhodin [*Journ. Soc. Chem. Ind.*, **29**, 439, 1901].

Préparation du potassium. — Castner a proposé d'employer, comme pour la préparation du sodium, la réduction de la potasse caustique par un carbure de fer FeC^2, dans des creusets en acier [*Chem. News*, **54**, 218, 1886]. On a aussi recommandé des creusets en magnésie [Jarvis. *Bull. Soc. Chim.*, (3), **2**, 588, 1889]. D'autres modifications ont été indiquées par Towless [*D. chem. G.*, **24**, 864, 1888] et par Netto [*ibid.*, **21**, 864, 1888; **24**, 130 c., 1891].

Thompson et White [*D. chem. G.*, **21**, 459 c., 1888] font agir des matières carbonées (goudrons) et Winckler [*D. chem. G.*, **23**, 44, 1890] un mélange de magnésium et de fer sur la potasse ou son carbonate. Beketow préfère l'aluminium [*Journ. Soc. phys. chim. russe*, 363, 1888; *D. chem. G.*, **24**, 425 c., 1888].

Certaines méthodes électrolytiques ont été préconisées, notamment l'électrolyse de la potasse avec une anode en charbon de cornue [Hornung et Kasemeyer. *D. chem. G.*, **22**, 277, 1889] ou avec un récipient en fer au pôle négatif, pour recueillir le potassium [Castner, *D. chem. G.*, **25**, 179, 1892].

On a songé aussi à électrolyser soit le cyanure de potassium fondu [Linnemann, *J. prakt. Chem.*, **73**, 415, 1858; **75**, 128, 1858], soit un mélange de 2 molécules de chlorure de potassium et 1 molécule de chlorure de calcium, mélange plus fusible que le chlorure de potassium pur [Matthiessen. *Ann. Phys. Chem. Pogg.*, **118**, 428, 1863]. Sur le potassium colloïdal, voyez Svedberg [*D. chem. G.*, **38**, 3616, 1905]. Sa densité est 0.862 [W. Richards et Brinck, *J. Am. Soc.*, février 1907].

Propriétés physiques. — Perman a trouvé pour la température d'ébullition 656 à 674° [*Chem. Soc.*, **55**, 327, 1889]. Plus récemment, Otto Ruff et Otto Johannsen ont obtenu : $+757°,5$ [*D. chem. G.*, **38**, 3601, 1905]. Au rouge vif, la couleur des vapeurs est violette [Dudley. *Am. Chem. Journ.*, **14**, 185, 1892]. D'après les expériences cryoscopiques et tonométriques de W. Ramsay, le poids moléculaire serait voisin de 40 et correspondrait à K [*Chem. News*, **59**, 174, 1889; *Chem. Soc.*, **76**, 521, 1899].

La chaleur latente de fusion est de $0^{Cal},0157$ pour 1 gr., soit $0^{Cal},615$ pour K; la chaleur spécifique à l'état liquide est 0,250 [Joannis, *Ann. Chim. Phys.*, (6), 12, 381, 1887].

L'étude des spectres du potassium a donné lieu à de nombreux travaux. Le spectre fourni par le chlorure de potassium porté dans la flamme d'un bec Bunsen présente une illumination continue du fond dans la région bleue, avec quatre raies ou groupes de raies caractéristiques :

$$\lambda$$

α	$\begin{cases} 769,7 \\ 766,3 \end{cases}$	raies rouges
ρ	$\begin{cases} 583,1 \\ 580,3 \\ 578,3 \end{cases}$	raies jaunes
δ	534,2	raie verte
γ	404,5	raie violette

puis des bandes plus faibles :

$\lambda = 690$ à 718 (bande large), 510,4 et 494,8.

Avec l'étincelle d'induction à la surface d'un fragment de sulfate de potassium fondu, les raies jaunes sont au nombre de quatre et deviennent le groupe principal, tandis que la raie double rouge α est moins intense, ainsi que l'éclairage du fond; en même temps apparaissent d'autres groupes de raies entre le vert et le violet [Liveing et Dewar, *Ph. T. Roy. Soc.*, 174, 1883; — Eder et Valenta, *Denkschr. Kais. Akad. der Wissensch.*, 61, 1894; — de Gramont, *C. R.*, 122, 1411, 1896; *Bull. Soc. Chim.*, (3), 17, 780, 1897].

Le spectre d'arc du potassium a été étudié par Kayser et Runge [*Abhandlung Akad. Berlin*, 1890].

Le spectre d'absorption de la vapeur de potassium fournit un groupe de bandes dans le rouge et deux autres groupes de part et d'autre de la raie D du spectre solaire.

Poids atomique. — Les dernières déterminations du poids atomique du potassium ont fourni :

Nombre publié.	Date. —	Renvois bibliographiques.
39,109	1881	(1)
39,130	1883	(2)
39,144	1886	(3)
39,1507	1893	(4)
39,146	1893	(5)
39,14	1903	(6)

(1) Clarke, *Ph. Mag.*, (5), 12, 103, 1881. — (2) Meyer et Seubert, *Die Atomegew. der Elemente*, Leipsig, 1883. — (3) Van der Plaats, *Ann. Chim. Phys.*, (6), 7, 499, 1886. — (4) Thomsen, *Z. Ph. Chem.*, 13, 733, 1894. — (5) Leduc, *C. R.*, 116, 383, 1893. — (6) Richards et Archibald, *Z. An. Chem.*, 34, 353, 1903.

Depuis 1897, la Commission internationale des poids atomiques a admis définitivement le nombre 39,15. Voyez aussi Archibald [*Trans. Roy. Soc. Canada*, (3), 10e sect. 3, 47, 1905 et *Bull. Soc. Chim.*, (3), 35, IV, 1906].

Propriétés chimiques. — Le potassium possède les propriétés chimiques générales des métaux alcalins : monovalence habituelle, affinité faible pour l'hydrogène et pour les métaux, grande affinité pour les métalloïdes des premières familles, caractère électro-positif très marqué.

Dans le fluor, et même dans le chlore gazeux, à la température ordinaire, le potassium s'enflamme. L'affinité est moindre, bien qu'encore très grande, avec le brome et l'iode, ainsi que

l'indique le tableau suivant des chaleurs de formation :

$$K_{sol.} + F_{gaz} = KF_{sol.} + 108^{Cal},29$$
$$K_{sol.} + Cl_{gaz} = KCl_{sol.} + 102^{Cal},93$$
$$K_{sol.} + Br_{gaz} = KBr_{sol.} + 96^{Cal},63$$
$$K_{sol.} + I_{gaz} = KI_{sol.} + 84^{Cal},27$$

Pour la chaleur d'oxydation, voyez *Protoxyde de potassium.*

En présence d'un excès d'eau, l'hydratation et la dissolution de l'oxyde dégagent assez de chaleur pour que le potassium décompose l'eau violemment :

$$K_{sol.} + H^2O_{liq.} + Aq = KOH_{diss.} + H_{gaz} + 45^{Cal},39$$

[Joannis, *Ann. Chim. Phys.*, (6), 12, 381, 1887].

Les combinaisons formées par le phosphore, l'arsenic, l'antimoine, le bore, le silicium et les métaux sont peu connues.

Après le rubidium et le cæsium, c'est le plus électro-positif des métaux.

COMBINAISONS DU POTASSIUM AVEC L'HYDROGÈNE. — *Hydrure de potassium* KH (voyez 2e Suppl., 4, 534).

COMBINAISONS DU POTASSIUM AVEC LES MÉTALLOÏDES DE LA PREMIÈRE FAMILLE.. — 1° AVEC LE FLUOR. — FLUORURE DE POTASSIUM KF (voyez 2e Suppl., 4, 222).

Avec l'eau oxygénée il donne : $KF + H^2O^2$ [Tanatar, *Zeit. anorg. Chem.*, 28, 255, 1901; *Bull. Soc. Chim.*, 28, 475, 1902].

Fondu avec l'acide borique, il fournit : $2KF$, B^2O^3, et, en ajoutant du carbonate de potasse, on obtient : $KF + KBO^2$ [Borodine, *C. R.*, 45, 298, 1857].

Les principales données thermiques sont les suivantes :

$$KF_{sol.} + Aq = + 3^{Cal},6$$
$$KF_{sol.} + 2H^2O_{sol.} = KF, 2H^2O_{sol.} + 1^{Cal},74$$
$$HF_{diss.} + KOH_{diss.} = KF_{diss.} + 16^{Cal},1$$
$$HF_{gaz} + K_{sol.} = KF_{sol.} + H_{gaz} + 69^{Cal},39$$
$$HF_{sol.} + K_{sol.} = KF_{sol.} + H_{gaz} + 60^{Cal},61$$
$$F_{gaz} + K_{sol.} = KF_{sol.} + 108^{Cal},29$$

Fluorhydrates du fluorure de potassium (voyez 2e Suppl., 4, 222).

Les chaleurs de formation sont, d'après Guntz :

$$KF_{sol.} + HF_{gaz} \ldots\ldots + 21^{Cal},1$$
$$KF_{sol.} + HF_{sol.} \ldots\ldots + 12^{Cal},33$$
$$KF_{sol.} + 2HF_{gaz} \ldots\ldots + 14^{Cal},1$$
$$KF_{sol.} + 2HF_{sol.} \ldots\ldots + 5^{Cal},33$$
$$KF_{sol.} + 3HF_{gaz} \ldots\ldots + 11^{Cal},9$$
$$KF_{sol.} + 3HF_{sol.} \ldots\ldots + 3^{Cal},13$$

2° AVEC LE CHLORE. — *Sous-chlorure de potassium.* — Un sous-chlorure bleu, probablement K^2Cl, a été signalé à plusieurs reprises [Bunsen et Kirschoff, *Ann. Ph. Chem. Pogg.*, 113, 345, 1861; — Rose, *ibid.*, 120, 1, 1863]. Mais il n'a jamais été analysé.

CHLORURE DE POTASSIUM KCl. — Le potassium brûle dans le chlore; cependant à —80° le chlore liquide n'a aucune action.

D'après Retgers [*Centr. Bl.*, 1, 737, 1889], la densité du chlorure de potassium à +16° est 1,989. Krickmayer [*Zeit. Phys. Chem.*, 21, 53, 1896] donne la formule : $D_t = 1,994 \pm 0,003 \, t$.

Il fond au rouge, à 730-800° (+738° d'après Etard) et donne par refroidissement une masse incolore, vitreuse, ou bien cristalline à structure cubique. Au rouge vif, sa tension de vapeurs est sensible; au rouge cerise, il peut perdre

1.1000e de son poids et 6 fois autant si l'air est humide [Gorgeu, *C. R.*, **102**, 1164, 1886].

Il se colore sous l'action des rayons cathodiques.

La chaleur spécifique du sel solide est 0.173 — 0.171 (Regnault-Kopp).

D'après Etard [*C. R.*, **98**, 1432, 1884], la solubilité dans l'eau s, c'est-à-dire la quantité de sel anhydre contenue dans 100 parties de la dissolution aqueuse, est donnée par une droite :

$$s \pm \tfrac{100}{9} = 20.5 + 0.1445\, t.$$

Voyez aussi Meusser [*Zeit. anorg. Chem.*, **44**, 79, 1905; *Bull. Soc. Chim.*, (3), **34**, 1314, 1905].

Snell [*Bull. Soc. Chim.*, **22**, 212, 1899] a mesuré la solubilité dans des mélanges d'eau et d'acétone et Herz et Knoch, dans des mélanges d'eau et de glycérine [*Zeit. an. Chem.*, **45**, 262, 1905 et *Bull. Soc. Chim.*, **36**, 881, 1906].

Le point d'ébullition, sous la pression atmosphérique, des dissolutions aqueuses saturées est 109°.6 (Gay-Lussac), 107°.65 (Mulder), 108°.3 (Legrand), 110° (Kremers).

D'après Raoult [*Tonométrie*, coll. *Scientia*, 1900, p. 89], les dissolutions assez concentrées (depuis $n = 0,1$ jusqu'à $n = 0,4$ molécule de sel pour 100 gr. d'eau, ce qui correspond à peu près à 7.5 et 30 gr. de sel pour 100 d'eau) donnent, par la tonométrie, une diminution moléculaire de tension de vapeur $\frac{f - f'}{f n}$ égale à 0.34,

ce qui indique déjà une ionisation assez marquée et d'ailleurs à peu près constante entre ces limites. Sur 100 molécules de sel, il y en aurait 88 décomposées en ions libres. Avec des dissolutions plus étendues, l'ionisation doit être plus considérable encore, mais il n'est guère possible de la mesurer par la tonométrie.

En dissolution dans l'eau, l'abaissement du point de congélation est de 0°.446 [Rüdorff, *Ann. Ph. Chem. Pogg.*, **114**, 63, 1861], de 0.445 [de Coppet, *Ann. Chim. Phys.*, (4), **25**, 505, 1872], de 0.451 [Raoult, *C. R.*, **98**, 509, 1884] et l'abaissement moléculaire du point de congélation est de 33.6 pour 1 gr. de chlorure de potassium et 100 gr. d'eau. A une dilution plus grande de 0°r,0746, soit 0.001 molécule dans 100 gr. d'eau, on aurait 36 pour abaissement moléculaire limite, comme avec tous les autres sels à ions monoatomiques. Ces nombres conduiraient, comme degré d'ionisation, à 0.816 dans le premier cas et 0.946 dans le second [Raoult, *Cryoscopie*, coll. *Scientia*, 1901, p. 87; — Ponsot, *Bull. Soc. Chim.*, **21**, 357 et 764, 1899; — Raoult, *ibid.*, **21**, 610, 1899].

Les dissolutions aqueuses ont pour chaleur spécifique vers 18° :

$KCl + 200\,H^2O$	0.970
$KCl + 50\,H^2O$	0.904
$KCl + 15\,H^2O$	0.761

Thomsen, *Ann. Ph. Chem. Pogg.*, **142**, 337, 1871].

L'indice de réfraction des dissolutions aqueuses étendues a été mesuré par Doumer [*C. R.*, **110**, 40, 1890], par P.-Th. Muller [*Bull. Soc. Chim.*, **21**, 325, 1899; **23**, 324, 1900] et par Bary [*C. R.*, **114**, 830, 1892].

La température cryohydratique est de — 11°,1 et les cristaux ont pour composition : $KCl + 17\,H^2O$. On obtient commodément cette température, qui se maintient constante pendant longtemps, en mélangeant 4 parties de neige et 1 partie de chlorure de potassium pris à 0°.

L'alcool éthylique absolu ne dissout aucune trace de chlorure de potassium.

Ce sel est insoluble dans l'acide chlorhydrique anhydre ou en dissolution concentrée.

Ses dissolutions aqueuses précipitent par addition d'alcool, d'acide chlorhydrique et d'ammoniac [Engel, *C. R.*, **102**, 619, 1886; — Jeannel, *C. R.*, **103**, 381, 1886; — Giraud, *Bull. Soc. Chim.*, **43**, 552, 1885].

La chaleur de dissolution du chlorure de potassium dans un grand excès d'eau (200 H^2O) pour KCl est, vers $+ 15°$, de :

$$- 4^{Cal},39 + 0,0354\,(t - 15°)$$

[Berthelot et Ilosway, *Ann. Chim. Phys.*, (5), **29**, 301, 1883].

La chaleur de neutralisation de la potasse par l'acide chlorhydrique étendu est :

$$+ 13^{Cal},60 - 0,05\,(t - 20°)$$

[Berthelot, *Ann. Chim. Phys.*, (6), **1**, 97, 1884].

Il en résulte que l'on a :

$$Cl_{gaz} + K_{sol.} = KCl_{sol.} + 102^{Cal},93$$
$$HCl_{gaz} + K_{sol.} = KCl_{sol.} + H_{gaz} + 80^{Cal},93$$
$$HCl_{sol.} + K_{sol.} = KCl_{sol.} + H_{gaz} + 75^{Cal},24$$

L'oxygène libre est sans action, même au rouge sombre, sur le chlorure de potassium; mais plusieurs oxydes, riches en oxygène, tels que : Cr^2O^3, Sb^2O^5, As^2O^5, P^2O^5, SO^3, le décomposent au rouge vif, avec dégagement de chlore [Hargreaves et Robinson, *D. chem. G.*, **5**, 1065, 1872]. La vapeur de brome réagit partiellement et met 12.54 0/0 de chlore en liberté, à 400° [Potilitzin, *D. chem. G.*, **9**, 1025, 1876; — Berthelot, *Ann. Chim. Phys.*, (5), **29**, 345, 1883; — Thorpe et Rodgers, *Chem. News*, **57**, 88, 1888].

La dissolution de chlorure de potassium est décomposée par les acides bromhydrique et iodhydrique [Berthelot, *Ann. Chim. Phys.*, (5), **23**, 99, 1881]. Le sel sec absorbe le gaz chlorhydrique et le gaz ammoniac.

A froid, le chlorure de potassium absorbe les vapeurs d'anhydride sulfurique pour donner un composé blanc, transparent, que l'eau transforme en acide chlorhydrique et sulfate ou bisulfate de potasse et que la chaleur change en sulfure, anhydride sulfureux et chlore. On a proposé plusieurs formules pour ce composé : $KCl.2SO^3$; $KCl.8SO^3$; $2KCl.SO^3$. C'est peut-être un chloro-sulfate : $KCl.SO^3$ analogue au chloro-chromate.

Le chlorure de potassium se combine aussi avec le trichlorure d'iode pour donner : KCl, ICl^3, cristallisé et dissociable. Il se dissout dans le trichlorure d'antimoine [Tolloczko, *Zeit. Phys. Chem.*, **30**, 706, 1899]. On a décrit une combinaison : $10\,SbCl^3 + 23\,KCl$ [Hertz, *Ann. Chem. Soc.*, **16**, 490, 1894; *Bull. Soc. Chim.*, **14**, 149, 1895].

En faisant réagir des dissolutions de chlorure et d'arsénite de potassium, Rüdorff [*D. chem. G.*, **19**, 2668, 1886; *Bull. Soc. Chim.*, **47**, 110, 1887] a obtenu deux combinaisons cristallisées : $KCl + 2\,As^2O^3$ et $KCl + As^2O^3$.

Usages. — Le chlorure de potassium brut est utilisé comme engrais. L'industrie l'emploie comme matière première pour la préparation de la plupart des sels de potasse, et, depuis quelques années, pour la préparation, par électrolyse, de la potasse et du chlore.

Enfin on l'utilise, dans certains cas, comme médicament.

3° AVEC LE BROME. — MONOBROMURE DE POTASSIUM KBr. — Le potassium brûle dans le brome et donne du bromure de potassium KBr.

On peut préparer ce sel en faisant réagir le

bromure de calcium ou de baryum sur le sulfate ou le carbonate de potasse, en séparant le sulfate ou carbonate de calcium ou baryum par filtration. Il suffit même d'ajouter du brome (125 p.) à du phosphore (10 p.) en présence de l'eau et de la quantité nécessaire de baryte ou de chaux, puis de verser dans la liqueur le carbonate ou le sulfate de potasse [Knobloch, *Zeit. Pharm.*, 42, 190, 1897; *Jahresb.*, 728, 1897].

La densité du bromure de potassium est 2,681 [Topsoë et Christiansen, *Ann. Chim. Phys.*, (5), 1, 21, 1874].

C'est un sel anhydre, non déliquescent.

Il fond à 715° [O. Meyer et Riddle, *D. chem. G.*, 26, 2443, 1893] et bout à 745° [Mac Crae, *Ann. Chem. Phys. Wiedm.*, 55, 95, 1895]. Il est environ deux fois aussi soluble dans l'eau que le chlorure. D'après Etard [*C. R.*, 98, 1433, 1884], la solubilité s (poids de sel contenu dans 100 parties de la dissolution) est donnée par les deux formules suivantes :

$$\text{de } 0° \text{ à } 40° \quad s = 34,5 + 0,2420\, t$$
$$\text{de } 30° \text{ à } 120° \quad s = 41,5 + 0,1378\, t$$

Voyez aussi Mousser [*Zeit. anorg. Chem.*, 44, 79, 1905; *Bull. Soc. Chim.*, (3), 34, 1314, 1905]. Le point d'ébullition de la dissolution saturée est 112°. Les densités à 19°,5 des dissolutions aqueuses sont les suivantes :

0/0	Densité.	0/0	Densité.
5	1,037	30	1,256
10	1,075	35	1,309
15	1,116	40	1,366
20	1,159	45	1,430
25	1,207		

[Kremers, *Ann. Phys. Chem. Pogg.*, 35, 119, 1855; 96, 63, 1855; 97, 15, 1856; — Gerlach, *Jahresb.*, 45, 1859; 61, 1869].

La chaleur spécifique du sel solide, pour 1 gr., entre 16° et 98°, est 0,11322 (Regnault). La chaleur spécifique moléculaire est donc : 13,485, soit sensiblement la somme de celles des deux éléments (6,66 + 6,45 = 13,11).

Les chaleurs spécifiques des dissolutions aqueuses sont, de 20° à 51° :

$$\text{KBr} + 25\,\text{H}^2\text{O} \quad \text{KBr} + 50\,\text{H}^2\text{O} \quad \text{KBr} + 100\,\text{H}^2\text{O}$$
$$0,7691 \qquad\quad 0,8643 \qquad\quad 0,9250$$

3° AVEC LE BROME. — *Monobromure de potassium* [de Marignac, *Arch. Sc. ph. n.*, 55, 113, 1876]. Thomsen donne 0,962 pour 400 H²O.

L'abaissement du point de congélation d'une dissolution contenant 1 gr. de sel pour 100 gr. d'eau est de 0,295 [Raoult, *C. R.*, 98, 509, 1884] et l'abaissement moléculaire 35,1.

Le bromure de potassium se dissout dans l'anhydride sulfureux liquide [Walden, *D. chem. G.*, 32, 2862, 1899], dans l'ammoniac liquéfié [Franklin et Kraus, *Am. J. Sc.*, 23, 277; 24, 83, 1907; *Bull. Soc. Chim.*, 24, 860, 929, 1900]. Il se dissout également dans le trichlorure d'antimoine [Herty, *Ann. Chem. Journ.*, 16, 490, 1894; *Bull. Soc. Chim.*, 14, 149, 1895].

La chaleur de dissolution dans 100 H²O [Berthelot et Ilosway] est :

$$-5^{\text{Cal}},24 + 0,038\ (t - 15°)$$

La neutralisation de la potasse par l'acide bromhydrique étendu étant + 13^{Cal},70, on obtient :

$$\text{Br}_{\text{gaz}} + \text{K}_{\text{sol.}} = \text{KBr}_{\text{sol.}} + 96^{\text{Cal}},63$$
$$\text{HBr}_{\text{gaz}} + \text{K}_{\text{sol.}} = \text{KBr}_{\text{sol.}} + \text{H}_{\text{gaz}} + 84^{\text{Cal}},33$$
$$\text{HBr}_{\text{sol.}} + \text{K}_{\text{sol.}} = \text{KBr}_{\text{sol.}} + \text{H}_{\text{gaz}} + 78^{\text{Cal}},13$$

L'oxygène libre est à peu près sans action,

même au rouge, sur le bromure de potassium. La silice et l'argile, les anhydrides phosphorique et sulfurique en dégagent du brome, à chaud [Gorgeu, *C. R.*, 102, 1164, 1886].

L'acide sulfurique concentré en dégage de l'acide bromhydrique, lequel se réduit à l'état de brome en présence de l'excès d'acide. L'acide métaphosphorique donne de l'acide bromhydrique pur. Le chlore ne déplace que lentement et partiellement le brome du bromure de potassium sec à chaud [Berthelot, *Bull. Soc. Chim.*, 34, 73, 1880; 39, 58, 1883; Thorpe et Rodger, *Chem. News*, 57, 88, 1888; — Küster, *Zeit. anorg. Chem.*, 18, 77, 1898; — Potilitzin, *D. chem. G.*, 12, 695, 1879]. A froid, le déplacement est total.

L'iode ne déplace pas le brome du bromure de potassium.

L'acide iodhydrique se substitue complètement et donne de l'iodure de potassium et de l'acide bromhydrique; l'acide chlorhydrique agit de même, mais partiellement et la réaction ne porte que sur une fraction faible: elle est due sans doute à la formation de chloro-bromures [Berthelot, *Ann. Chim. Phys.*, (5), 4, 34, 1875].

Joannis [*C. R.*, 140, 1243, 1905] a obtenu le composé KBr + 4 AzH³, fusible à — 45°.

Atkinson [*J. Chem. Soc.*, 43, 289, 1883; *Bull. Soc. Chim.*, 41, 643, 1884] a décrit plusieurs combinaisons hydratées obtenues par l'action du bromure de potassium sur le trichlorure d'antimoine. Il existe aussi un composé : 10 Sb Br³, 23 K Br + 27 H²O (Herty).

Le bromure de potassium se combine avec le bromure de sélénium (Herty), et donne avec l'anhydride arsénieux un composé KBr + 2 As²O³ cristallisé [Rüdorff, *D. chem. G.*, 19, 2668, 1886; *Bull. Soc. Chim.*, 47, 110, 1887].

TRIBROMURE DE POTASSIUM KBr³. — On sait depuis longtemps que les dissolutions concentrées de bromure de potassium dissolvent abondamment le brome. Elles peuvent en dissoudre deux fois autant qu'elles en contenaient à l'état de bromure KBr. Ce fait indique qu'il se forme un composé KBr³ [Worley, *J. Chem. Soc.*, 87, 1107, 1905; *Bull. Soc. Chim.*, (3), 36, 246, 1906]. On peut l'obtenir solide en abandonnant pendant quelques jours, en vase clos, du bromure de potassium KBr sec additionné de deux atomes de brome. Il se forme un composé orangé cristallisé KBr³, en partie dissocié. Sa chaleur de formation est très faible :

$$\text{Br}^2_{\text{liq.}} + \text{KBr}_{\text{sol.}} = \text{KBr}^3_{\text{sol.}} + 2^{\text{Cal}},94$$

c'est presque la chaleur de solidification de Br² liq.... + 2^{Cal},43 [Berthelot, *Ann. Chim. Phys.*, (5), 21, 378, 1880; (6), 17, 444, 1889].

4° AVEC L'IODE. — MONOIODURE DE POTASSIUM KI. — D'après A. Gautier [*C. R.*, 128, 1069; 129, 9, 1899], l'eau de la Méditerranée contient 2^{mgr}.25 d'iode, et l'eau de l'Océan 2^{mgr},24 d'iode par litre, ce qui correspond à 3 milligr. d'iodure de potassium par litre, soit 3 millionièmes. Les eaux minérales sont ordinairement moins riches encore.

Les nitrates de sodium naturels de l'Amérique du Sud contiennent de 0^{gr},59 à 1^{gr},75 d'iode par kilogr., ce qui correspondrait à 0^{gr},8 ou 2^{gr},3 d'iodure de potassium, soit 1 à 2 millièmes, mais il est impossible d'affirmer que ces substances iodées sont bien de l'iodure de potassium.

On peut retirer industriellement l'iodure de potassium des eaux mères des cendres de varechs sans être obligé d'en extraire préalablement l'iode.

A cet effet, ces eaux mères, après séparation des chlorure et sulfate de potassium, sont évaporées à sec, et le résidu est grillé modérément dans un four spécial, de façon à oxyder les sulfures que ces eaux mères contiennent toujours. Ce grillage peut être conduit de manière à éviter toute perte d'iode. Le salin ainsi obtenu est soumis à un lessivage méthodique à l'eau froide, qui donne une liqueur très riche en iodures. On l'évapore à moitié, et on obtient un nouveau salin à 50 0/0 d'iodure, par évaporation de l'eau mère.

Ce second salin est traité, dans un digesteur spécial, par de l'alcool à 50 0/0 environ, qui ne dissout que les iodures Les vapeurs d'alcool, passant sur le salin, lui enlèvent ses iodures, et le liquide alcoolique retombe dans la cornue. A la fin on distille l'alcool et les iodures restent dissous dans l'eau au fond de la cornue. Par évaporation de ces eaux, on obtient un sel qui contient environ 34 0/0 d'iodure de potassium et 66 0/0 d'iodure de sodium.

Connaissant la composition de ce résidu, on le dissout dans l'eau, et on ajoute à la dissolution saturée une dissolution concentrée contenant une quantité de carbonate de potassium équivalente à la dose d'iodure de sodium. On traite ensuite le mélange par un courant de gaz carbonique, qui provient ordinairement des fourneaux de la fabrique. Il se fait du bicarbonate de sodium peu soluble, qui se précipite et qu'on sépare au moyen d'un filtre-presse. La liqueur ne contient que très peu de bicarbonate de soude, que l'on peut changer en chlorure de sodium par addition d'une dose équivalente d'acide chlorhydrique. Finalement on sépare l'iodure de potassium du chlorure de sodium par des cristallisations successives. ·

On peut aussi enlever les dernières traces de chlorure de sodium par l'alcool fort, qui ne dissout que l'iodure de potassium [Herland et James, *Bull. Soc. Chim.*, **26**, 431, 1876; — Schering, *D. chem. G.*, **12**, 156 a, 1879: — Allary et Pellieux, *Bull. Soc. Chim.*, **34**, 627, 1880].

L'iodure de potassium fond à 622° (Carnelley), 623°, 631°, 639 ou 666°. Il bout à 723° (Mac Crae, *loc. cit.*). Sa densité de vapeur correspond à KI a 1300° [Mensching et V. Meyer, *D. chem. G.*, **20**, 582, 1887 et *Bull. Soc. Chim.*, **47**, 938, 1887].

La chaleur spécifique de l'iodure de potassium solide est, d'après Regnault, 0,0819, soit pour la molécule : 13.595.

La solubilité S de l'iodure de potassium dans l'eau (quantité de sel qui peut se dissoudre dans 100 p. d'eau) a été mesurée par de Coppet [*Ann. Chim. Phys.*, (5), **30**, 414, 1883] :

$$^{+100°}_{-22°}S = 126.23 + 0,8088\,t.$$

D'après Etard, la solubilité s (quantité de sel dissoute dans 100 p. de dissolution), calculée d'après les expériences de de Coppet, est représentée par une ligne brisée formée de deux portions droites, comme dans le cas du bromure et du chlorure :

$$^{105°}_{00}s = 55,8 + 0,122\,t$$

[*C. R.*, **98**, 1433, 1884].

Voyez aussi Meusser [*Zeit. anorg. Chem.*, **44**, 79, 1905; *Bull. Soc. Chim.*, (3), **34**, 1314, 1905].

La température cryohydratique est de — 23°.

La solubilité dans l'alcool plus ou moins hydraté est assez faible et augmente naturellement avec le degré d'hydratation. Girardin a donné les nombres suivants, entre 0° et 18°.

Densité de l'alcool.	Solubilité S.	Densité de l'alcool.	Solubilité S.
0,8322	6,2	0,9665	89,9
0,8464	11,4	0,9726	100,1
0,9088	48,2	0,9851	119,4
0,9390	66,4	0,9904	130,5
0,9528	76,9		

100 p. d'alcool absolu dissolvent seulement 2gr,3 de sel, à + 13°,5. La solubilité augmente avec la température.

D'après Thomsen, la chaleur spécifique d'une dissolution aqueuse contenant 1 molécule pour cent molécules d'eau serait 0,95 vers + 18°. De Marignac [*Ar. Sc. Ph. N.*, **55**, 113, 1876], a déterminé les chaleurs spécifiques de plusieurs dissolutions, de concentration différente. L'abaissement du point de congélation de l'eau pour 1 gr. de sel dissous dans 100 gr. d'eau est de 0,212. L'abaissement moléculaire est 35,2 pour la même concentration [Raoult, *C. R.*, **98**, 509, 1884].

L'iodure de potassium se dissout dans l'ammoniac liquéfié [Franklin et Kraus, *J. Am. Chem. Soc.*, **20**, 836, 1898], et aussi dans l'anhydride sulfureux liquide [Walden, *D. chem. G.*, **32**, 2862, 1899, et *Bull. Soc. Chim.*, **24**, 545, 1900; — Péchard, *C. R.*, **130**, 1188, 1900]. La chaleur de dissolution, pour une molécule dans 200 H^2O, est :

$$- 5^{Cal},18 + 0,036\,(t - 15)$$

d'après Berthelot et Ilosway.

La chaleur de neutralisation de l'acide iodhydrique par la potasse étendue est : $+ 13^{Cal},58$ (Thomsen), ou $+ 13^{Cal},70$ (Berthelot). On en déduit :

$$I_{gaz} + KI_{sol.} = KI_{sol.} + 84^{Cal},27$$

$$II_{gaz} + K_{sol.} = KI_{sol.} + H_{gaz} + 83^{Cal},77$$

$$II_{sol.} + K_{sol.} = KI_{sol.} + H_{gaz} + 76^{Cal},64$$

L'iodure de potassium sec est assez stable à froid. L'oxygène, et même l'ozone ne l'attaquent pas. Cependant, si on le chauffe au rouge, en présence de l'air, il y a perte d'iode. A 250° il se forme, dans un courant d'air, des traces d'iodate, et, si l'on chauffe à la température de la fusion, la masse prend une réaction alcaline. D'après Berthelot, à 400°, il se formerait un iodate basique [*Bull. Soc. Chim.*, **28**, 493, 1877].

La vapeur d'eau, au rouge, dégage de l'acide iodhydrique, et le résidu est alcalin.

Mais c'est surtout en dissolution que les réactions d'oxydation sont manifestes. Les dissolutions aqueuses récentes sont parfaitement incolores et neutres. Mais peu à peu la liqueur prend une teinte jaunâtre par suite de la mise en liberté d'un peu d'iode, et devient alcaline. Ce fait n'est pas encore complètement expliqué [Eschbaum, *Centr. Bl.*, **1**, 484, 1897; — Carles, *Centr. Bl.*, **1**, 484, 1897; — Silhers, *Centr. Bl.*, **1**, 1088, 1897; — Durrwell, *Bull. Soc. Chim.*, **24**, 450, 1875]. L'ozone agit immédiatement en présence de l'eau :

$$O^3 + 2KI + H^2O = 2KOH + 2I + 2O.$$

Il en est de même de l'eau oxygénée. Mais en même temps il se forme toujours des composés oxygénés de l'iode.

D'après Péchard [*C. R.*, **130**, 1705, 1900], il se forme tout d'abord du periodate monopotassique KIO^4, neutre au tournesol; puis ce periodate réagit sur l'iodure de potassium non encore transformé pour donner :

$$3KIO^4 + 2KI + 3H^2O = KIO^3 + 2K^2H^3IO^6 + 2I.$$

Le periodate dipotassique $K^2H^3IO^6$ étant alcalin au tournesol donne la réaction alcaline observée; la liqueur se colore. Cette première réaction est déjà lente; plus lentement encore ce même periodate dipotassique réagit sur l'iode :

$$2K^2H^3IO^6 + 2I = 3KIO^3 + KI + 3H^2O,$$

et peu à peu la liqueur se décolore de nouveau, et redevient neutre.

Les oxydes anhydres : SO^2, SiO^2, B^2O^3, As^2O^5, Cr^2O^3, Fe^2O^3 agissent au rouge sur l'iodure de potassium sec, en formant des sels de potassium correspondants, tandis que l'iode se dégage [Guyot, *J. Pharm. Ch.*, (5), **12**, 263, 1885]. Les anhydrides arsénique, sulfurique, et le sesqui-oxyde de chrome agissent même dans le vide.

L'acide nitrique fumant et l'acide sulfurique nitreux dégagent de l'iode. L'acide sulfurique fumant donne de l'hydrogène sulfuré, du soufre et de l'iodure de soufre; l'acide sulfurique, du sulfate de potassium, de l'anhydride sulfureux et de l'acide iodhydrique mélangés de vapeurs d'iode. L'acide phosphorique lui-même est réduit en partie et l'iode devient libre [Jackson, *J. Chem. Soc.*, **43**, 339, 1883 et *Bull. Soc. Chim.*, **44**, 637, 1884].

L'acide hypochloreux donne de l'iode en même temps que de l'iodate et de l'iodure de potassium [E. et B. Klimenko, *J. Soc. phys. chim. russe*, **27**, 249, 1885 et *Bull. Soc. Chim.*, **16**, 100, 1895; **18**, 85, 1897; — Sélivanof, *J. Soc. phys. chim. russe*, **28**, 778, 1896 et *Bull. Soc. Chim.*, **16**, 1100, 1896; **18**, 737, 1897].

Le permanganate de potassium fournit de l'iodate de potassium. A — 20° l'anhydride sulfureux donne une combinaison $KI + SO^2$, fortement colorée en rouge brun, mais qui ne contient cependant pas d'iode libre, et qui est très dissociable [Péchard, *C. R.*, **130**, 1188, 1900]. Walden et Centnersjwer [*Zeit. Phys. Chem.*, **42**, 432, 1903] ont préparé à froid les composés KI, $4SO^2$ et KI, $14SO^2$, et Fox a obtenu : $KI + SO^2$, $KBr + SO^2$, $KCl + SO^2$ et $KAzO^3 + SO^2$ [*Zeit. phys. Chem.*, **41**, 458 1902]. L'anhydride sulfureux agit aussi peu à peu sur l'iodure de potassium en dissolution aqueuse [Tsentnerschwer, *Zeit. phys. Chem.*, **39**, 217, 1901 et *Bull. Soc. Chim.*, **28**, 222, 1902; — Bézy, *Bull. Soc. Chim.*, **24**, 499, 1900].

On a signalé plusieurs combinaisons avec l'anhydride arsénieux,

$2KI + 3As^2O^3 + H^2O$ (Emmet).

$2KI + 3As^2O^3 + 6KOH$ (Harms).

$2KI + 4As^2O^3 + 2KOH$ (Harms).

$2KI + 4As^2O^3$ [Schiff et Sestini, *Ann. Chem. Pharm.*, **228**, 72, 1885].

$2KI + 4As^2O^3 + H^2O$ [Schiff et Sestini].

Voyez aussi Rüdorff [*D. chem. G.*, **19**, 2668, 1886 et *Bull. Soc. Chim.*, **47**, 110, 1887].

DI-IODURE ET TRI-IODURE DE POTASSIUM, KI^2 et KI^3. — On connaît depuis longtemps la propriété que possèdent les dissolutions concentrées d'iodure de potassium de dissoudre, en se colorant, beaucoup d'iode. Une dissolution à 50 0/0 d'iodure peut dissoudre 76,5 d'iode, ce qui correspond à 2 atomes d'iode pour KI, soit à la formule KI^3.

Cette addition d'iode *élève* le point de congélation de la dissolution [Ozaka, *Zeit. phys. Chem.*, **38**, 743, 1901 et *Bull. Soc. Chim.*, **28**, 216, 1902].

Certains faits indiquent l'existence d'un composé KI^2, qui cependant n'a jamais été isolé.

Quant au triodure KI^3, on peut l'obtenir cristallisé par évaporation des liqueurs précédentes. Sa chaleur de formation, à partir de I^2 et de KI solides est presque nulle [Berthelot, *Ann. Chim. Phys.*, (5), **21**, 378, 1880].

Certains auteurs pensent que cette combinaison ne résulte pas d'une soudure d'une molécule d'iode à KI, mais que ce serait plutôt le sel de potassium d'un monoacide à 3 atomes d'iode trivalent :

[Sullivan, *Zeit. phys. Chem.*, **28**, 523, 1899; — Schmidt, *Zeit. anorg. Chem.*, **9**, 431, 1895; — Jakovkin, *Zeit. phys. Chem.*, **13**, 539, 1894; — Dawson, *J. Chem. Soc.*, **16**, 215, 1863; **79**, 238, 1901; **81**, 524, 1902; *Bull. Soc. Chim.*, **26**, 243, 1901; — **28**, 880, 1902; — Burgess et Chapman, *J. Chem. Soc.*, **85**, 1305, 1904]. Dans le nitrobenzène, le polyiodure aurait pour formule KI^9 [Dawson et Gawler, *J. Chem. Soc.*, **81**, 524, 1902 et **85**, 467, 1904; *Bull. Soc. Chim.*, **28**, 880, 1902 et **32**, 1155, 1904. — Abegg, *Zeit. an. Chem.*, **50**, 403, 1906 et *Bull. Soc. Chim.*, (4), **2**, 673, 1907].

5° AVEC LE CHLORE ET L'IODE. — *Chloro-iodure de potassium* $KICl^4$ ou $KCl + ICl^3$. Cristaux brillants, jaune d'or, découverts en 1839 par Filhol, qui les obtenait par l'action du chlore sur l'iodure de potassium. On peut aussi les préparer en faisant agir sur l'iodure de potassium le trichlorure d'Iode, ou bien encore en faisant dissoudre une partie d'iodate de potassium, entre 40° et 50°, dans 8 parties d'acide chlorhydrique de densité 1,176 :

$$KIO^3 + 6HCl = 3H^2O + KCl,ICl^3 + Cl^2.$$

COMBINAISONS DU POTASSIUM AVEC LES MÉTALLOÏDES DE LA DEUXIÈME FAMILLE. — 1° AVEC L'OXYGÈNE. — On connaît un protoxyde K^2O et trois suroxydes K^2O^2, K^2O^3, K^3O^4.

PROTOXYDE DE POTASSIUM, K^2O. — D'après Békétoff [*Bull. Soc. Chim.*, **37**, 491, 1882], on ne peut l'obtenir ni par l'action du potassium sur la potasse, ni par l'action de la chaleur sur le peroxyde K^2O^4. Le seul moyen de le préparer consisterait à chauffer ce peroxyde K^2O^4 avec du potassium et de l'argent dans un creuset d'argent. L'oxyde formé contient alors de l'argent mélangé.

E. Rengade l'a préparé à l'état de pureté en oxydant le métal placé dans un tube de verre par une quantité d'oxygène insuffisante sous faible pression, et volatilisant ensuite l'excès du métal dans le vide [*Thèse*, Paris, 1907; *Ann. Chim. Phys.*, (8), **11**, 348, 1907].

Il forme une masse mamelonnée, blanc jaunâtre à froid, jaune à 250°. Préparé en présence d'un grand excès de métal, il se présente en cubes ou octaèdres transparents très nets, sans action sur la lumière polarisé (expériences inédites). Sa densité est 2,32 à 0°. Il se décompose dans le vide avant 400° avec sublimation de métal [R., *loc. cit.*], et à la température ordinaire sous l'action de la lumière (expériences inédites). Vers 250° l'hydrogène réagit en donnant :

$$K^2O + H^2 = KOH + KH.$$

Békétoff a mesuré sa chaleur de dissolution avec un échantillon ne contenant que 31 0/0 d'oxyde [*Bull. Ac. imp. Sc.*, Saint-Pétersbourg, **32**, 186, 1888]. Il a trouvé $+ 67^{Cal},40$ pour K^2O dissous dans un grand excès d'eau.

Joannis ayant trouvé $+ 90^{Cal},78$ pour la dissolution de K^2, on en déduit :

$$K^2_{sol.} + O_{gaz} = K^2O_{sol.} + 92^{Cal},38$$

L'affinité du potassium pour l'oxygène serait donc plus grande que celle du sodium, mais inférieure à celle du rubidium et surtout à celle du cæsium :

$$O_{gaz} + \begin{cases} Na^2_{sol.} & + 90^{Cal},31 \\ K^2_{sol.} & + 92^{Cal},38 \\ Rb^2_{sol.} & + 95^{Cal},50 \\ Cs^2_{sol.} & + 99^{Cal},97 \end{cases}$$

[de Forcrand, *C. R.*, **128**, 1452, 1899; — Békétoff, *Mém. Ac.*, Saint-Pétersbourg, **13**, 69 et 262, 1889 et 1893].

Enfin, la chaleur de dissolution de la potasse KOH serait de $+12^{Cal},64$ a $+15°$ (Berthelot). d'où l'on déduit. au moyen des nombres précédents :

$$K^2O_{sol.} + H^2O_{liq.} = 2KOH_{sol.} + 42^{Cal},12.$$

Cependant E. Rengade vient de déterminer de nouveau la chaleur de dissolution des protoxydes anhydrides purs de ces quatre métaux [C. R., 145. 236. 1907]. Il a trouvé pour K^2O le nombre $+74^{Cal},96$ bien plus élevé que celui donné par Békétoff $(+67^{Cal},4)$, et, d'après ses mesures. la chaleur de formation des quatre protoxydes fournissant la série suivante :

$$O_{gaz} + \begin{cases} Na^2_{sol.} + 97^{Cal}.7 \\ K^2_{sol.} + 84^{Cal},8 \\ Rb^2_{sol.} + 82^{Cal},40 \\ Cs^2_{sol.} + 91^{Cal},50 \end{cases}$$

POTASSE CAUSTIQUE KOH. — *Préparation de la potasse par électrolyse du chlorure de potassium*. — On sait, depuis plus d'un siècle. que les chlorures alcalins dissous dans l'eau sont décomposés par le courant électrique, et que la soude ou la potasse caustiques s'accumulent à la cathode. Mais, pendant longtemps, ces faits n'ont donné lieu qu'à de curieuses expériences de laboratoire.

Dès 1851 et 1853, plusieurs brevets avaient été pris pour la préparation des alcalis caustiques par électrolyse [Crooke, Brevet angl., 3 mai 1851 ; — E. Watt, Brevet angl.. 25 septembre 1851 ; — Stanley, Brevet angl.. 5 mars 1853]. Cependant C. Lunge pensait encore, en 1880. que de pareilles méthodes étaient sans avenir [C. Lunge. *Traité de la fabric. de la soude*, 2, 323. 1880]. Depuis 1890, ce procédé est entré dans la pratique industrielle. et tend de plus en plus à se substituer aux anciennes méthodes, en même temps qu'il permet d'obtenir économiquement le chlore, les hypochlorites et les chlorures [voyez POTASSIUM (INDUSTRIE)].

On a apporté quelques perfectionnements aux méthodes qui fournissent la potasse caustique pure. en partant du sulfate de potasse et de la baryte ou de la chaux [Espenscheid. *Chem. Centr. Blatt.* 1, 816, 1891].

Le sesquioxyde de fer, chauffé au rouge avec le carbonate de potassium, donne du ferrate de potassium, qui se décompose ensuite par l'eau avec formation de potasse et d'hydrate de sesquioxyde de fer [Löwig, *D. chem. G.*, 16, 243. 1883 ; — Mond et Hewitt. *Chem. Centr. Blatt*, 701. 1888 ; — Ellershausen. *ibid.*. 1, 1047 ; 2. 309, 1891].

Le sulfate de potassium peut être réduit, au rouge. par le gaz d'éclairage ; il en résulte du sulfure de potassium que l'on peut transformer en potasse par un oxyde métallique. tel que l'oxyde de zinc [Lalande. *Chem. Centr. Blatt.* 200, 1888].

A $+15°$. 100 p. d'eau dissolvent 107 p. de potasse. et la dissolution saturée a pour densité 1.535 [Ferchand, *Zeit. anorg. Chem.*, 30, 130. 1902 ; — *Bull. Soc. Chim.*. 28. 881, 1902].

Pickering [*Ph. mag.*, (5). 37, 368, 1894] a donné de nouvelles tables de densité, à $+15°$ pour différentes concentrations des solutions aqueuses [voyez aussi Gerlach, *Chem. Centr. Blatt.* 786, 1886].

Hummel [*C. R.*. 90. 694. 1888] a publié un tableau des chaleurs spécifiques de ces dissolutions. La formule suivante représente le phénomène :

$$C = 18n - 28.08 + \frac{421.11}{n} - \frac{1027.74}{n^2}$$

n étant le nombre de molécules d'eau pour une molécule de potasse.

Hydrates. — La potasse KOH s'unit à l'eau pour former plusieurs hydrates. L'hydrate $KOH + 2H^2O$. le plus anciennement connu (Schöne), forme des rhomboèdres aigus qui fondent à $+35°,5$ [Mac Gregor, *Chem. News*, 62, 232, 1890]. et dont la densité est 1,987 [Gerlach, *loc. cit.*]. Abandonnés dans le vide, sur de l'acide sulfurique. ces cristaux deviennent opaques, abandonnent une molécule d'eau, et donnent l'hydrate $KOH + H^2O$.

Gottig [*J. prakt. Chem.*. (2), 35. 560, 1887 et *Bull. Soc. Chim.*. 48, 130, 1887] a décrit trois composés différents :

L'hydrate $2KOH.9H^2O$ ou $KOH + 4,5H^2O$, qui se sépare. à la température ordinaire, lorsqu'on fait évaporer lentement une dissolution concentrée de potasse.

L'hydrate $2KOH.5H^2O$ ou $KOH + 2,5H^2O$, qui se dépose en fines aiguilles feutrées, par évaporation d'une dissolution.

L'hydrate $2KOH + H^2O$ ou $KOH + 0,5H^2O$, obtenu par dessiccation des précédents.

Ils fondent respectivement à $+4°$, $+50°$ et $+100°$.

Lorsqu'on les abandonne sous une cloche en présence d'acide sulfurique concentré. le premier perd 3 molécules d'eau et devient $2KOH + 6H^2O$ ou $KOH + 3H^2O$. et le second 1,5 molécule d'eau, et devient $2KOH + 3.5H^2O$.

Pickering [*Chem. News*, 67, 249, 1893] a préparé deux hydrates. l'un $KOH + 4H^2O$, fondant à $+32°,7$, l'autre $KOH + H^2O$, fondant à $+143°$.

Maumené [*C. R.*, 99, 631, 1884 et *Bull. Soc Chim.*, 44. 584, 1885] a contesté l'existence de la plupart de ces hydrates. et même celle de KOH, et a proposé d'admettre d'autres formules qui ne sont pas généralement adoptées.

Belohoubeck [*Chem. Centr. Blatt*, 750, 1882]. a préparé plus de 20 combinaisons différentes, soit par évaporation de dissolutions aqueuses ou alcooliques. soit par refroidissement de la potasse fondue plus ou moins aqueuse.

D'après Rüdorff [*Ann. Phys. Chem. Pogg.*, 114. 77. 1861 ; 116. 55. 1862 ; 145. 620, 1872], l'abaissement du point de congélation de l'eau, pour 1 gr. de potasse hydratée $KOH + 2H^2O$, dissous dans 100 gr. d'eau, est de $0°,394$ ou $0°,399$. En admettant que cet hydrate existe réellement dans ses dissolutions. ses expériences montrent que l'abaissement du point de congélation est proportionnel à la quantité de cet hydrate dissous. Ces conclusions ont été confirmées par de Coppet [*Ann. Chim. Phys.*, (4), 25, 549. 1872] et Errera [*Gazz. chim. ital.*, 18, 225. 1888]. C'est aussi l'opinion de Wullner, d'après ses expériences sur les tensions de vapeurs des dissolutions aqueuses de potasse, et celle de Berthelot d'après ses recherches thermochimiques. Il semble que les dissolutions de potasse contiennent réellement un hydrate $KOH + 2H^2O$, peut-être aussi $KOH + H^2O$ et $KOH + 6H^2O$.

On voit une confirmation de ces idées dans ce fait, que l'oxyde d'argent donne, avec une dissolution étendue de chlorure de potassium. de la potasse dissoute et du chlorure d'argent insoluble, tandis que le chlorure d'argent, chauffé avec une dissolution concentrée de potasse, donne de l'oxyde d'argent et du chlorure de potassium. la concentration qui correspond à $KOH + H^2O$ marquant la limite entre les deux réactions inverses.

D'après Raoult, l'abaissement du point de congélation des solutions aqueuses de potasse, pour 1 gramme de KOH et 100 grammes d'eau, est de $0°,63$, soit $35,34$ pour l'abaissement moléculaire.

Les données thermochimiques expérimentales qui paraissent les plus dignes de confiance sont :

$$K^2_{sol.} + Aq. = K^2O_{diss.} + H^2_{gaz} + 90^{Cal},78$$

[Joannis, *Ann. Chim. Phys.*, (6), **12**, 376, 1887].

$$K^2O_{sol.} + Aq = K^2O_{diss.} + 67^{Cal},40$$

[Békétoff, *Bull. Soc. Chim.*, **37**, 491, 1882], ou plus probablement :

$$+ 74^{Cal},97$$

[Rengade, *loc. cit.*].

$$2KOH_{sol.} + Aq = K^2O_{diss.} + 25^{Cal},28 \text{ à } + 15°$$

[Berthelot, *Ann. Chim. Phys.*, (5), **4**, 513, 1875].

D'où l'on déduit :

$$K_{sol.} + O_{gaz} + H_{gaz} = KOH_{sol.} + 101^{Cal},74$$
$$\text{diss. } + 114^{Cal},39$$
$$K^2_{sol.} + O_{gaz} + H^2O_{liq.} = 2KOH_{sol.} + 134^{Cal},50$$
$$\text{diss. } + 159^{Cal},78$$
$$K^2O_{sol.} + H^2O_{liq.} = 2KOH_{sol.} + 42^{Cal},12 \text{ (Békétoff)}$$
$$\text{ou } + 49^{Cal},68 \text{ (Rengade)}.$$
$$K^2O_{sol.} + H^2O_{sol.} = 2KOH_{sol.} + 40^{Cal},69 \text{ (Békétoff)}$$
$$\text{ou } 48^{Cal},25 \text{ (Rengade)}.$$

D'après Berthelot, l'hydrate cristallisé $KOH + 2H^2O$ se dissout dans l'eau avec une absorption de chaleur presque nulle, $— 0^{Cal},03$, ce qui donne :

$$KOH_{sol.} + 2H^2O_{liq.} = KOH, 2H^2O_{sol.} + 12^{Cal},40$$
$$\text{soit pour } H^2O \qquad + 6^{Cal},25$$
$$KOH_{sol.} + 2H^2O_{sol.} = KOH, 2H^2O_{sol.} + 9^{Cal},63$$
$$\text{soit pour } H^2O \qquad + 4^{Cal},82$$

Pour les hydrates intermédiaires entre KOH et $KOH, 2H^2O$, on trouve :

$$KOH_{sol.} + 0,5H^2O_{liq.} = KOH + 0,5H^2O_{sol.} + 6^{Cal},30$$
$$KOH_{sol.} + H^2O_{liq.} = KOH + H^2O_{sol.} + 9^{Cal},45$$

[de Forcrand, *C. R.*, **133**, 157, 1901].

Berthelot [*Ann. Chim. Phys.*, (5), **4**, 513, 1875] a donné le tableau des chaleurs de dilution des dissolutions de potasse vers $+ 15°$.

Le fluor donne, avec de la potasse, du fluorure de potassium, de l'acide fluorhydrique et de l'ozone (Moissan).

Le sélénium forme un séléniure et un sélénite de potassium.

Le zinc donne :

$$Zn + 2KOH = H^2 + Zn(OK)^2.$$

PEROXYDES DE POTASSIUM. — On en connaît trois : K^2O^2, K^2O^3 et K^2O^4.

Bioxyde K^2O^2. — On ne peut l'isoler par l'action de l'eau oxygénée sur la potasse dissoute, bien que le mélange dégage une quantité de chaleur : $+ 6^{Cal},12$, qui indique une suroxydation [de Forcrand, *C. R.*, **130**, 1555, 1900]. Par évaporation de la liqueur on obtient en effet :

$$2K^2O^2 + 6H^2O = K^2O^4 + 4KOH + 4H^2O \quad (I)$$

Avec un excès d'eau oxygénée (3 molécules pour $2KOH$), après évaporation dans le vide au-dessous du $— 10°$ on peut isoler $2K^2O^2 + 2H^2O^2$, composé blanc, qui dès la température de $— 10°$, dégage de l'oxygène en se colorant en jaune :

$$3(K^2O^2, 2H^2O^2) = 3O^2 + K^2O^4 + 4KOH + 4H^2O;$$

puis le peroxyde jaune K^2O^4 se change peu à peu en bioxyde K^2O^2 et oxygène.

Ce bioxyde lui-même, en présence de l'eau,

donne la réaction (I), et ainsi de suite, jusqu'à ce qu'il ne reste plus que de la potasse dans la liqueur [Schöne, *Bull. Soc. Chim.*, **34**, 682, 1880]. Voyez aussi Baeyer et Villiger [*D. chem. G.*, **35**, 3038, 1902], Bach [*ibid.*, **35**, 3424, 1902] et Clover [*Am. Chem. Journ.*, **29**, 463, 1903].

Joannis a obtenu le bioxyde K^2O^2 pur en faisant agir entre $—50°$ et $—78°$ l'oxygène sur le potassammonium AzH^3K, dissous dans l'ammoniac liquide. La dissolution, d'abord mordorée, devient bleu indigo, puis bleu pâle, enfin incolore, et après évaporation de l'ammoniac, il reste une masse rose pulvérulente qui est K^2O^2 [*C. R.*, **116**, 1370, 1893 et *Ann. Chim. Phys.*, (8), **7**, janvier 1906].

Trioxyde K^2O^3. — Holt et Sims [*Chem. Soc.*, **65**, 432, 1894; *Bull. Soc. Chim.*, **12**, 1152, 1894], l'ont obtenu en faisant brûler le métal dans le protoxyde d'azote. C'est un corps brun. Joannis [*loc. cit.*] le prépare sous la forme d'une masse rouge brique en oxydant davantage la dissolution ammoniacale du potassammonium après la formation du bioxyde, et s'arrêtant au moment où la coloration est la plus foncée.

Tétroxyde K^2O^4. — C'est le produit ultime de l'oxydation du métal ou du potassammonium. Il est jaune [Vernon-Harcourt, *J. Chem. Soc.*, **14**, 267, 1861; — Joannis, *loc. cit.*; — Rengade, *loc. cit.*].

Voyez aussi Lupton [*Chem. News.*, **34**, 203, 1876, 1er Suppl. 1297] et Carrington-Bolton [*Chem. N.*, **53**, 289, 1886].

2° AVEC LE SOUFRE. — Le potassium forme avec le soufre les composés :

$$K^2S \qquad K^2S^2 \qquad K^2S^3 \qquad K^2S^4 \qquad K^2S^5$$

auxquels il faut joindre le sulfure acide KSH, que l'on peut considérer comme jouant, par rapport au monosulfure K^2S, le même rôle que la potasse KOH vis-à-vis de K^2O.

MONOSULFURE DE POTASSIUM, K^2S. — Presque tous les procédés de préparation indiqués sont basés sur la réduction du sulfate de potassium K^2SO^4, ou par l'hydrogène, ou par le charbon à haute température.

Mais il est impossible d'éviter, soit l'attaque des vases siliceux, si l'on opère dans des tubes de verre ou de porcelaine, soit la production de polysulfure, si l'on se sert de creusets de charbon ou de creusets brasqués [Gossage et Mathieson, *D. chem. G.*, **22**, 520, 1889; — Welton, *Chem. Centr. Blatt*, 288, 1878]. En outre, la réduction est souvent incomplète, et le produit peut retenir du sulfate ou du carbonate. Il est brun rouge.

Sabatier [*Ann. Chim. Phys.*, (5), **22**, 25, 1881], l'a obtenu plus pur, coloré en rose, en calcinant rapidement dans un courant d'hydrogène l'hydrate $K^2S + 2H^2O$. Cependant les nacelles de porcelaine sont encore attaquées, et le produit obtenu contient 20 0/0 de silicates. Ces expériences ont été reprises par Bloxam [*Chem. Soc.*, **77**, 753, 1900; *Bull. Soc. Chim.*, **24**, 738, 1900].

Hugot a pu le préparer par l'action du soufre sur le potassammonium [*C. R.*, **129**, 388, 1899].

On obtient plus facilement à l'état de pureté les dissolutions de ce composé, soit par l'ancien procédé connu (saturation de la potasse par l'hydrogène sulfuré), soit en ajoutant peu à peu, à une dissolution bouillante de sulfate de potassium, une quantité équivalente de sulfure de baryum en fragments ou pulvérisé [Vincent, *C. R.*, **84**, 701, 1877].

Le sulfure anhydre K^2S est une masse transparente ou translucide, de couleur chair, en mamelons cristallins. Il fond au rouge et, en présence de l'air, brûle superficiellement. Le point de fusion est 560° [Bloxam, *loc. cit.*].

Il est déliquescent à l'air humide. Sa dissolution est alcaline.

Les dissolutions étendues se décomposent en partie, et forment d'abord du sulfure acide et de la potasse :

$$K^2S + H^2O = KOH + KSH$$
puis $$KSH + H^2O = KOH + H^2S$$

en dégageant de l'hydrogène sulfuré. Les deux réactions inverses se produisent aussi, surtout en liqueurs plus concentrées. L'équilibre dépend de la concentration et de la température, mais l'hydrogène sulfuré s'éliminant à l'état gazeux, on tend finalement à la production de potasse qui ne tarde pas à se carbonater. C'est ce qui se passe dans beaucoup d'eaux minérales, dites *sulfureuses*, c'est-à-dire tenant en dissolution des sulfures alcalins.

En outre, ces liqueurs se colorent en jaune, en absorbant l'oxygène de l'eau et formant un polysulfure et un hyposulfite :

$$2K^2S + O + H^2O = 2KOH + K^2S^2$$
$$K^2S^2 + O^3 = K^2S^2O^3$$

Le permanganate de potassium oxyde ces dissolutions dès la température ordinaire, en donnant du soufre et de l'acide sulfurique, ainsi que d'autres acides du soufre; à chaud le soufre se change presque entièrement en sulfate [Hönig et Zatzek, *Sitz. Akad. Wien.*, (2), **88**, 532, 1883].

Le monosulfure anhydre brûle dans la vapeur de trichlorure de phosphore, en donnant du chlorure de potassium et du sulfure de phosphore. La réaction est analogue avec le perchlorure de phosphore.

Les dissolutions de sulfure de potassium dissolvent le fer et le peroxyde de fer en se colorant en vert foncé (Selmi).

Par évaporation des dissolutions concentrées on obtient trois hydrates cristallisés :

$$K^2S + 2H^2O \quad K^2S + 5H^2O \quad K^2S + 12H^2O$$

qui ont été étudiés en dernier lieu par Sabatier [*loc. cit.*].

Les données thermiques seront indiquées plus loin.

Sulfure acide de potassium ou *sulfhydrate de sulfure de potassium* KSH. — Ce composé, qui correspond à la potasse caustique KOH, a été étudié récemment par Sabatier et par Bloxam [*loc. cit.*, 1881 et 1900].

On prépare facilement une dissolution concentrée, incolore, en saturant par l'hydrogène sulfuré une dissolution concentrée de potasse. La liqueur refroidie laisse déposer des cristaux d'un hydrate 2KSH,H²O, d'après Schöne, ou 4KSH, H²O, d'après Sabatier. Cet hydrate est en lamelles blanches; si on le chauffe à 200° dans un courant de gaz sulfhydrique, il devient anhydre, en se colorant un peu en jaune.

C'est un composé amorphe, déliquescent, très soluble dans l'eau et dans l'alcool, à réaction alcaline. Il fond à 455°.

D'après Bloxam, l'action du soufre ou de l'hydrogène sulfuré donne plusieurs polysulfures :

$$K^4S^9 + xH^2O \quad K^4S^{10} + xH^2O \quad K^4S^8 + 6H^2O$$
$$K^4S^8 + 19H^2O \quad K^4S^7 \quad et \quad K^4S^9$$

Bisulfure de potassium, K^2S^2. — Geigner [*Handbuch anorg. Chem. Dammer*, **2**, 51, 1894] propose de le préparer en réduisant le bisulfate de potassium par le charbon au rouge (2 molécules de bisulfate et au moins 7 atomes de carbone). Sa dissolution fixe l'oxygène de l'air et donne de l'hyposulfite. Les acides la décomposent avec dégagement d'hydrogène sulfuré et dépôt de soufre.

Dumont a décrit une combinaison $K^2S^2 + C^2H^6O$ [*Bull. Soc. Chim.*, (3), **6**, 6, 1891].

Trisulfure de potassium, K^2S^3. — L'hydrogène sulfuré passant sur du sulfate de potassium chauffé au rouge donne du trisulfure. Cependant, Schöne a toujours obtenu un peu plus de soufre et des formules voisines de $K^2S^{3,3}$. Sabatier préfère faire agir les vapeurs de sulfure de carbone sur le sulfate de potassium chauffé au rouge :

$$SO^4K^2 + 2CS^2 = 2CO^2 + S^2 + K^2S^3$$

cependant, dans ce cas encore, la composition est seulement voisine de K^2S^3. Sabatier a obtenu $K^2S^{3,2}$.

C'est une masse fondue d'un beau rouge, très hygroscopique, se recouvrant à l'air d'une couche opaque jaune verdâtre, formée de soufre et d'hyposulfite. Fondue avec du carbonate de potasse, elle donne du bisulfure. L'acide chlorhydrique en dégage de l'hydrogène sulfuré, et laisse déposer lentement un polysulfure d'hydrogène H²S³ [Rels, *Ann. Chem. Pharm.*, **256**, 356, 1890].

Tétrasulfure de potassium, K^2S^4. — Sabatier propose de partir du tétrasulfure hydraté que l'on obtient facilement en dissolvant 3 atomes de soufre dans une dissolution concentrée de monosulfure. Il faut chauffer dans un courant d'hydrogène pour tout dissoudre. La liqueur rouge laisse déposer, dans le vide sec, de gros cristaux rouges $K^2S^4 + 2H^2O$, qui s'effleurissent dans le vide sec et deviennent $K^2S^4 + 1/2 H^2O$. Ce dernier corps devient anhydre lorsqu'on le chauffe au-dessus du rouge sombre dans un courant d'hydrogène.

C'est une masse translucide, rouge hyacinthe, très altérable à l'air. Il retient toujours un peu de sulfate: en en tenant compte, Sabatier a obtenu $K^2S^{3,84}$.

Vers 800 ou 900° il donne du soufre et du trisulfure à l'abri de l'air. A l'air il fournit d'abord du soufre, de l'hydrogène sulfuré, du sulfite et de l'hyposulfite, puis du sulfate et de l'hyposulfate.

On a décrit plusieurs hydrates : $K^2S^4 + 8H^2O$ (Schöne), $K^2S^4 + 3H^2O$ et $2K^2S^4 + 19H^2O$ (Bloxam).

Pentasulfure de potassium, K^2S^5. — La préparation de ce composé, au moyen d'un des sulfures précédents et d'un excès de soufre, doit être faite à une température ne dépassant pas le rouge sombre, car ce pentasulfure perd du soufre à partir de 600°, et donne un des sulfures inférieurs ou des mélanges.

C'est un corps jaune brun sombre ou brun rougeâtre, déliquescent, soluble dans le double de son poids d'eau froide, soluble dans l'alcool. Les dissolutions sont jaunes.

Dreschel [*J. prakt. Chem.*, (2), 4, 20, 1871] l'a préparé en faisant bouillir une dissolution alcoolique de sulfure acide KSH avec du persulfure d'hydrogène. C'est alors un corps jaune et cristallisé.

Hugot [*C. R.*, **129**, 388, 1899] l'obtient pur, cristallisé et jaune, par l'action du soufre en excès sur le potassammonium, à basse température. Il est soluble dans l'ammoniac liquide et absorbe le gaz ammoniac.

Chauffé à l'air, le pentasulfure s'enflamme en donnant du gaz sulfureux et de l'hyposulfite; il se dissout dans le soufre en fusion, qui l'abandonne ensuite par refroidissement ; fondu dans un courant de vapeur d'eau, il fournit du sulfate et de l'hydrogène sulfuré.

Les dissolutions, à froid, au contact des métaux, cèdent quatre atomes du soufre et donnent du monosulfure Le sulfure de carbone leur enlève du soufre.

À l'air elles s'oxydent lentement ; il se forme de l'hyposulfite et du carbonate, tandis qu'il se dépose du soufre. Les acides précipitent du soufre et dégagent de l'hydrogène sulfuré. Le pentasulfure d'antimoine s'y dissout en formant un sulfoantimoniate [Schöne, Dreschel, *loc. cit.*].

D'après la manière dont se comportent les polysulfures dissous avec le mercure et l'iodure d'éthyle, beaucoup d'auteurs pensent aujourd'hui qu'on doit les considérer comme de simples dissolutions de soufre dans le sulfure normal K^2S [Bœttger, *Ann. Chem.*, **223**, 342, 1884 ; — Gentler, *ibid.*, **226**, 232, 1884 ; — Spring et Demarteau, *Bull. Soc. Chim.*, (3), **1**, 311, 1889]. La quantité de soufre dissous augmenterait avec la température suivant la relation :

$$S^t = S^0(1 + 0{,}000956\,t + 0{,}00000193\,t^2)$$

S^t et S^0 étant les solubilités à t^0 et à 0^0.

Données thermiques relatives aux sulfures de potassium. — Chaleurs de neutralisation :

$$KOH_{diss.} + H^2S_{diss.} = KSH_{diss.} + 7^{Cal},7$$
$$KOH_{diss.} + KSH_{diss.} = K^2S_{diss.} \quad 0^{Cal}$$

Ce qui prouve que le monosulfure K^2S n'existe pas à l'état dissous ; mais cela n'est vrai que pour les liqueurs très étendues ($400\,H^2O$) ; en présence du $9\,H^2O$ seulement la seconde réaction donnerait $+ 0^{Cal},47$ [Sabatier, *Ann. Chim. Phys.*, (5), **22**, 46, 1881].

La chaleur de dissolution du monosulfure K^2S est $+ 10$ Cal. (Sabatier), et celle du sulfure acide $KSH + 0^{Cal},77$ (Sabatier). On en déduit :

$$K^2_{sol.} + S_{sol.} = K^2S_{sol.} + 97^{Cal},88$$
$$K^2_{sol.} + S_{gaz} = K^2S_{sol.} + 100^{Cal},58$$
$$K_{sol.} + H_{gaz} + S_{sol.} = KSH_{sol.} + 61^{Cal},72$$
$$K_{sol.} + H_{gaz} + S_{gaz} = KSH_{sol.} + 64^{Cal},42$$

Les chaleurs de dissolution des hydrates : $K^2S + 2\,H^2O$, $K^2S + 5\,H^2O$ et $KSH + 0{,}25\,H^2O$ sont respectivement : $+ 1^{Cal},90$, $— 2^{Cal},60$, $+ 0^{Cal},62$, ce qui donne :

$$K^2S_{sol.} + 2\,H^2O_{sol.} = K^2S, 2\,H^2O_{sol.} + 5^{Cal},24$$
soit pour $H^2O_{sol.}$ $\qquad + 2^{Cal},62$
$$K^2S_{sol.} + 5\,H^2O_{sol.} = K^2S, 5\,H^2O_{sol.} + 12^{Cal},60$$
soit pour $H^2O_{sol.}$ $\qquad + 2^{Cal},52$
$$KSH_{sol.} + 0{,}5\,H^2O_{sol.} = KSH, 0{,}5\,H^2O_{sol.} — 0^{Cal},57$$
soit pour $H^2O_{sol.}$ $\qquad — 1^{Cal},13$

Les polysulfures étudiés par Sabatier, soit : $K^2S^{3,2}$ et $K^2S^{3,84}$ ont pour chaleur de dissolution : $+ 2^{Cal},80$ et $+ 1^{Cal},20$; ce qui conduit à :

$$K^2_{sol.} + S^{3,2}_{sol.} = K^2S^{3,2}_{sol.} + 110^{Cal},56$$
$$K^2_{sol.} + S^{3,4}_{sol.} = K^2S^{3,84}_{sol.} + 112^{Cal},56$$

3° AVEC LE SÉLÉNIUM. — D'après Fabre [*Ann. Chim. Phys.*, (6), **10**, 490, 1887], la réduction du séléniate par le charbon donne un produit qui contient toujours du sélénite de potassium. Il vaut mieux déshydrater, dans un courant d'hydrogène sec, l'hydrate $K^2Se + 9\,H^2O$ qu'on obtient facilement par voie humide. Cependant le monoséléniure K^2Se ainsi obtenu est toujours impur, à cause de l'attaque du verre.

Fonzes-Diacon [*Thèse doct. ès-sciences*, Paris, 13, 1901] obtient le monoséléniure presque pur par par l'action directe du sélénium sur un excès de potassium dans un creuset de fer à couvercle vissé, chauffé au feu de coke. On laisse échapper à l'état de vapeurs l'excès de potassium. Il reste une masse blanche, de densité 2,85, rougissant rapidement à l'air.

C. Hugot [*C. R.*, **129**, 299, 1899] prépare le monoséléniure K^2Se et le tétraséléniure K^2Se^4 à l'état de pureté en faisant agir le sélénium sur le potassammonium AzH^3K. Le monoséléniure est blanc et amorphe, le tétraséléniure est brun et cristallisé, et se dissout en colorant l'eau en violet.

Clever et Muthmann [*Zeit. anorg. Chem.*, **10**, 117, 1895] ont annoncé que l'action de l'acide arsénique sur le monoséléniure donnait un triséléniure hydraté $K^2Se^3 + 2\,H^2O$, en aiguilles brunes.

Fabre a préparé trois hydrates de monoséléniures : $K^2S + 19\,H^2O$, $K^2S + 14\,H^2O$ et $K^2S + 9\,H^2O$. Fonzes-Diacon n'a pu reproduire les deux premiers.

Les chaleurs de neutralisation sont, en liqueurs étendues :

$$KOH_{diss.} + H^2Se_{diss.} = KSeH_{diss.} + 7^{Cal},14$$
$$KOH_{diss.} + KSeH_{diss.} = K^2Se_{diss.} + 0^{Cal},38$$

Les chaleurs de dissolution sont, d'après Fabre :

Pour K^2Se : $+ 8^{Cal},54$; pour $K^2Se, 9\,H^2O — 19^{Cal},2$; pour $K^2Se, 14\,H^2O — 20^{Cal},44$, pour $K^2Se, 19\,H^2O — 29^{Cal},3$, ce qui donne :

$$K^2_{sol.} + Se_{sol.\ met.} = K^2Se_{sol.} + 74^{Cal},53$$
$$K_{sol.} + Se_{sol.\ met.} + H_{gaz} = KSeH_{sol.} + 37^{Cal},34$$

4° AVEC LE TELLURE. — C. Hugot [*loc. cit.*] a préparé deux tellurures bien définis par l'action du tellure sur le potassammonium :

1° En présence d'un excès de potassium on obtient K^2Te, corps amorphe, incolore, soluble dans l'eau, insoluble dans l'ammoniac liquéfié, n'absorbant pas le gaz ammoniac.

2° En présence d'un excès de tellure, K^2Te^3, brun foncé, cristallisé, soluble dans l'eau, soluble dans l'ammoniac liquéfié, absorbant le gaz ammoniac.

COMBINAISONS DU POTASSIUM AVEC LES MÉTALLOÏDES DE LA TROISIÈME FAMILLE. — **1° AVEC L'AZOTE.** — Il paraît exister deux azotures de potassium : KAz^4 et K^3Az.

L'azoture KAz^3 est l'azothydrate de potassium, c'est-à-dire le sel de potassium de l'acide azothydrique. On l'obtient notamment en faisant agir le protoxyde d'azote sur le potassammonium [Joannis, *C. R.*, **118**, 715, 1894], ou bien en neutralisant par la potasse l'acide azothydrique Az^3H et précipitant par l'alcool [Dennis, Bénédict et Gill, *J. Am. Chem. Soc.*, **20**, 225, 1898 ; *Bull. Soc. Chim.*, **20**, 535, 1898].

Gay-Lussac et Thénard, ainsi que Davy, avaient annoncé que l'amidure de potassium $KAzH^2$ se décompose au rouge en donnant :

$$3\,KAzH^2 = 2\,AzH^3 + K^3Az$$

Cependant Titherley [*J. Chem. Soc.*, **65**, 504, 1894 ; *Bull. Soc. Chim.*, **12**, 1148, 1894] n'a pu reproduire cet azoture, et dit que l'amidure se décompose par la chaleur en ses éléments.

A ce dernier composé se rattachent le potassammonium et l'amidure.

POTASSAMMONIUM, $KAzH^3$. — Ce corps a fait l'objet de nombreux travaux [Weyl, *Ann. Chem. Phys. Pogg.*, **124**, 601, 1864 et **123**, 350, 1864 ; — Seely, *Chem. News.*, **23**, 169, 1871 ; — Gore, *Proc. Roy. Soc.*, **20**, 441, 1872 et **21**, 140, 1873 ; — Joannis, *Ann. Chim. Phys.*, (8), **7**, 1906 ; —

Moissan. *C. R.*, **127**. 685, 1898 ; —Cady. *Jahresb.*, (1). 268. 1897 ; — Ruff, *D. chem. G.*, **34**, 2604. 1901 ; — Hugot, *C. R.* **129**. 299, 388 et 603, 1899 ; — Ruff et Geisel. *D. Chem. G.*, **39**. 828. 1906 ; — Joannis. *Ann. Chim. Phys.*, (8). **11**, 101, 1907 ; — Rengade, *ibid.*, **11**, 348, 1907]. Il se prête à un grand nombre de réactions.

AMIDURE DE POTASSIUM. $KAzH^2$. — C'est le sel mono-potassique de l'ammoniac. Titherley [*loc. cit.*] l'obtient aisément en chauffant le potassium, entre 300° et 400°. dans une cornue en fer, dans un courant de gaz ammoniac. Il est incolore, cristallin : il fond à 270° et se sublime à 400°. Sa densité est 1.094.

Il brûle dans l'air et dans l'acide sulfureux.

2° AVEC LE PHOSPHORE. — Joannis [*loc. cit.*] fait agir l'hydrogène phosphoré sur le potassammonium dissous dans un excès d'ammoniac liquéfié : il se forme d'abord des aiguilles blanches de *phosphidure de potassium* KPH^2, puis ce phosphidure donne, par la chaleur :

$$3KPH^2 = 2PH^3 + K^3P$$

Le phosphure K^3P est jaune.

Hugot [*C. R.*, **121**, 206. 1895]. en faisant agir soit le phosphore blanc, soit le phosphore rouge sur le potassammonium dissous dans un excès d'ammoniac liquéfié, a préparé des phosphures différents. Avec le phosphore blanc, on a d'abord KP^5. qui, restant combiné avec l'ammoniac, forme un composé rouge : $KP^5 + 3AzH^3$, lequel, chauffé à 180°. laisse un phosphure KP^5, rouge brun.

3° AVEC L'ARSENIC. — Par le même procédé, action de l'arsenic sur le potassammonium. Hugot [*C. R.*, **129**, 603. 1899] a isolé :

1° En prenant un excès de potassammonium, une combinaison rouge brique : $AsK^3 + AzH^3$. Ce corps. chauffé à 300° dans le vide, laisse un arséniure AsK^3 noir.

2° En opérant avec un excès d'arsenic, un composé orangé $As^3K^2 + AzH^3$, qui, à 300°, dans le vide, donne un arséniure As^4K^2 rouge.

Lebeau [*Bull. Soc. Chim.*, **23**. 250. 1900] a reproduit ces corps par l'action de l'hydrogène arsénié sur le potassammonium dissous dans l'ammoniac.

COMBINAISONS DU POTASSIUM AVEC LES MÉTALLOÏDES DE LA QUATRIÈME FAMILLE. — 1° AVEC LE CARBONE. — Moissan [*C. R.*, **126**, 302. 1898] a préparé, au four électrique, avec un mélange de charbon et de carbonate de potassium, une masse noire contenant C^2K^2. Dès la température ordinaire il a pu faire absorber l'acétylène par le potassium ; il se produit le composé C^2HK (que Moissan écrit $C^2K^2 + C^2H^2$), matière blanche qui se décompose par la chaleur en fournissant de l'acétylène et le *carbure* C^2K^2 incolore.

Il a préparé le premier composé, C^2HK ou $C^2K^2 + C^2H^2$, très pur, en paillettes cristallisées incolores, par l'action à froid de l'acétylène sur le potassammonium dissous dans l'ammoniac liquéfié [*C. R.*, **127**. 911. 1898].

2° AVEC LE SILICIUM. — Vigouroux [*Ann. Chim. Phys.*, (7), **12**, 156. 1897] confirme l'opinion de Deville qui ne croyait pas à l'existence des siliciures de potassium préparés directement par Berzélius.

D'après Moissan [*Bull. Soc. Chim.*, **27**, 1203, 1902]. le silicium, en présence du potassium, se change superficiellement en siliciure.

ALLIAGES DU POTASSIUM. — MAGNÉSIUM ET POTASSIUM. — En fondant les deux métaux dans un courant d'hydrogène on obtient des alliages malléables qui décomposent l'eau à froid (Phipson).

AMALGAMES. — Il en existe un assez grand nombre.

L'amalgame $Hg^{12}K$ (1,6 0/0 de potassium) peut être préparé par plusieurs méthodes : il est en beaux cristaux (cubes ou dodécaèdres rhomboïdaux) volumineux [Kraut et Popp. *Ann. Chem. Pharm.*, **159**. 188, 1871 et *Bull. Soc. Chim.*, (2). **16**. 237, 1871 ; — Kerp. *Zeit. anorg. Chem.*, **17**. 284. 1898].

Lorsqu'on le soumet à une pression de 200 kg. par centimètre carré. il perd du mercure, et devient $Hg^{10}K$ (1.9 0/0 de potassium), d'après Guntz et Féré [*C. R.*, **131**, 182, 1900].

Les mêmes auteurs ont obtenu $Hg^{18}K$, cristallisé, en refroidissant à — 19° la dissolution saturée du potassium dans le mercure.

Tammann [*Zeit. anorg. Chem.*, **37**, 303, 1903 et *Chem. Centr. Bl.*, II, 1355, 1903] a isolé des amalgames plus riches en potassium : Hg^3K, Hg^2K et HgK. De Souza [*D. chem. G.*, **9**. 1050, 1876] a obtenu HgK^2.

D'après ses mesures thermochimiques, Berthelot [*Ann. Chim. Phys.*, (5), **48**, 154, 1879] admet l'existence de $Hg^{12}K$ et Hg^3K ; Kurnakow [*J. Soc. phys. chim. russe*, **31**, 927, 1899 et *Chem. Centr. Bl.*, I, 584, 1900], celle de Hg^2K, Hg^3K, Hg^5K et $Hg^{10}K$; Maey [*Zeit. phys. Chem.*, **29**. 119. 1899 et *Chem. Centr. Bl.*, II, 6, 1899] celle de HgK, Hg^2K, Hg^3K, Hg^5K, $Hg^{11}K$.

Berthelot a donné :

$$Hg^{12}_{liq.} + K_{sol.} = Hg^{12}K_{crist.} + 31^{Cal},93$$
$$Hg^4_{liq.} + K_{sol.} = Hg^4K + 27^{Cal},46$$

OR ET POTASSIUM. — Il paraît exister un alliage AuK [Gmelin Kraut. *Handb. Chem.*, 1038 ; — Roberts Austen, *Phil. Trans.*, **189**, 339, 1888].

PLATINE ET POTASSIUM. — Les deux métaux s'allient facilement à chaud. et donnent une masse brillante et cassante, qui décompose l'eau [V. Meyer. *D. chem. G.*, **13**. 392, 1880].

PLOMB ET POTASSIUM. — Le plomb fondu s'unit au potassium [Sack, *Zeit. anorg. Chem.*, **35**, 328, 1903].

Lebeau [*C. R.*, **134**. 231 et 284. 1902] a obtenu un alliage par électrolyse.

Joannis [*C. R.*, **112**. 585. 1892] a préparé PbK cristallisé en dissolvant du plomb dans le potassammonium.

COMBINAISONS DU POTASSIUM AVEC LES MÉTALLOÏDES DE LA PREMIÈRE FAMILLE ET L'OXYGÈNE. — HYPOCHLORITE DE POTASSIUM, $ClOK$. — Les procédés anciens (action du chlore sur une dissolution de potasse. ou action du chlorure de chaux sur le carbonate de potasse) sont maintenant remplacés partout par la méthode électrolytique : on électrolyse une dissolution de chlorure de potassium en laissant réagir dans certaines conditions déterminées le chlore dégagé à l'anode sur la potasse séparée à l'autre pôle :

$$2KOH_{diss.} + Cl^2_{diss.} = ClOK_{diss.} + KCl_{diss.} + 26^{Cal},41$$

La dissolution d'hypochlorite se décompose quand on la chauffe :

$$3ClOK_{diss.} = ClO^3K_{diss.} + 2KCl_{diss.} + 18^{Cal}.$$

La neutralisation de KOH dissoute par l'acide hypochloreux dissous dégage $+ 9^{Cal},6$ (Berthelot).

CHLORITE DE POTASSIUM, ClO^2K. — On peut le préparer en saturant par la potasse une dissolution de peroxyde de chlore ClO^2 et évaporant dans le vide, sans dépasser 45° à 50° [Garzarolli-Thurnlakh et de Hayn, *Bull. Soc. Chim.*, **37**, 402. 1882].

CHLORATE DE POTASSIUM, ClO^3K. — Les anciennes méthodes de préparation (action du chlore sur la potasse ou le carbonate de potasse, ou bien action d'un sel de potassium sur le chlorate de chaux provenant de la décomposition par la chaleur de l'hypochlorite de chaux) sont encore suivies, mais d'importantes usines, utilisant de puissantes chutes d'eau, préfèrent aujourd'hui avoir recours à l'électrolyse des dissolutions de chlorure de potassium, laquelle donne à volonté du chlore et de la potasse, ou bien de l'hypochlorite de potassium, ou encore du chlorate de potassium, suivant que l'on isole plus ou moins les ions séparés à l'anode et à la cathode.

Le sel solide a pour densité : $D_{30°,9} = 2.326$; $D_{17°,8} = 2,35$. Le point de fusion et de solidification est 359° [Tilden et Shenstone, *Proc. Roy. Soc.*, **35**, 345, 1883; *D. chem. G.*, **16**, 2486, 1883], ou 351° [Carnelley, *J. Chem. Soc.*, **29**, 489, 1876].

La solubilité dans l'eau a été déterminée par plusieurs auteurs : Nordenskjöld [*Ann. Ph. Chem. Pogg.*, **136**, 309, 1869] propose la formule :

$$_{0°}^{40°}S = 0,5224 + 1,7834 \left(\frac{t}{100} \right) - 0,5555 \left(\frac{t}{100} \right)^2$$

Etard [*C. R.*, **108**, 177, 1889] donne les trois formules suivantes :

$$_{0°}^{40°}s = 2,6 + 0,2\,t$$
$$_{42°}^{171°}s = 11 + 0,3706\,t$$
$$_{171°}^{350°}s = 59 + 0,2186\,t$$

c'est donc un sel peu soluble à froid, mais dont la solubilité augmente très rapidement avec la température, surtout à partir de 40°.

Blarez a donné d'autres nombres et proposé une formule un peu différente :

$$_{0°}^{300°}S = 3,2 + 0,109\,t + 0,0043\,t^2$$

[*C. R.*, **112**, 1213, 1891].

La dissolution saturée bout à 103°, 104° ou 105° (Griffith, Legrand, Kremers).

Le chlorate de potassium se dissout dans 30 fois son poids de glycérine; il est insoluble dans l'alcool absolu, dans l'éther et le chloroforme. La chaleur spécifique du sel solide est : 0,19431 (Kopp) entre 19° et 41°, ou 0,20956 (Regnault) entre 16° et 98°, soit pour une molécule 23,80 ou 25,75.

La chaleur de neutralisation de l'acide chlorique par la potasse dissoute est de $+ 13^{Cal},76$ (Thomsen, Berthelot).

La chaleur de dissolution du sel est $- 9^{Cal},95$ (Berthelot).

A partir des éléments, on aurait, pour le sel solide :

$$Cl_{gaz} + O^3_{gaz} + K_{sol.} = ClO^3K_{sol.} + 91^{Cal},09$$

(Berthelot).

A partir du chlorure de potassium et de l'oxygène, la réaction est endothermique : $- 11^{Cal},00$ (Berthelot) ou $9^{Cal},77$ (Thomsen); c'est donc cette quantité de chaleur qui se *dégage* lorsqu'on décompose le chlorate par la chaleur :

$$Cl^3OK_{sol.} = KCl_{sol.} + O^3_{gaz}. . + 11^{Cal} \text{ ou } + 9^{Cal},77$$

La formation du perchlorate dégage de la chaleur :

$$4ClO^3K_{sol.} = 3ClO^4K_{sol.} + KCl + 63^{Cal}$$

le perchlorate se décomposant ensuite avec absorption de chaleur, Scrullas admettait que, par l'action de la chaleur, vers 352°, le chlorate perd d'abord le tiers de l'oxygène qu'il contenait :

$$2ClO^3K = KCl + ClO^3K + O^2$$

mais d'autres formules ont été proposées depuis :

$$8ClO^3K = 3KCl + 5ClO^4K + 2O^2$$
$$10ClO^3K = 4KCl + 6ClO^4H + 3O^2$$
$$22ClO^3K = 8KCl + 14ClO^4K + 5O^2$$

[Franckland et Dingwall, *Chem. News*, **55**, 67, 1887 et *Bull. Soc. Chim.*, (3), **1**, 192, 1889; — Teed, *Chem. News.*, **53**, 56, 1886 et *J. Chem. Soc.*, **51**, 283, 1887 et *Bull. Soc. Chim.*, **1**, 193, 1889; — Maumené, *Bull. Soc. Chim.*, **45**, 51, 1886; — Bottomley, *Chem. News.*, **56**, 277, 1887; — Ion Scobai, *Zeit. phys. Chem.*, **44**, 319, 1903 et *Bull. Soc. Chim.*, **32**, 599, 1904].

L'influence de certains oxydes métalliques sur la décomposition complète du chlorate de potassium par la chaleur a fait l'objet de très nombreux travaux [Jungflcisch, *Bull. Soc. Chim.*, **15**, 6, 1871; — Wagner, *Zeit. anal. Chem.*, **21**, 508, 1882; — Buchner, *Chem. Zeit.*, 9, 1590, 1894 et *D. chem. G., R.*, **39**, 1886; — Bellamy, *Monit. Scient.*, (4), **1**, 1145, 1887; — Harkins, *Chem. Centr. Bl.*, (1), 740, 1889; — Spring et Prost, *Chem. Centr. Bl.*, (1), 567, 1889 et *Bull. Soc. Chim.*, (3), **1**, 340, 1889; — Brunck, *D. chem. G.*, **26**, 1790, 1893 et *Bull. Soc. Chim.*, **10**, 1095, 1893; — Mac Leod, *J. Chem. Soc.*, **65**, 202, 1894; **69**, 1015, 1896 et *Bull. Soc. Chim.*, **18**, 189, 1897; — Cook, *J. Chem. Soc.*, **65**, 802, 1894 et *Bull. Soc. Chim.*, **14**, 9, 1895]. Cette propriété appartient à l'oxyde de cuivre CuO, aux sesquioxydes de fer, de cobalt, de nickel, au bioxyde de manganèse, à l'oxyde salin Mn^3O^4, au sesquioxyde Mn^2O^3, aux oxydes V^2O^5, WO^3, U^3O^8, Al^2O^3.

Le silicium, le bore, le tungstène, le molybdène et l'uranium brûlent vivement lorsqu'on les projette dans du chlorate de potassium fondu (Moissan).

Même en dissolution aqueuse le chlorate de potassium peut céder de l'oxygène. Ainsi une dissolution chaude, agitée avec du fer, donne du chlorure de potassium [Pellagri, *D. chem. G.*, 8, 1358, 1875].

L'iode agissant sur le chlorate de potassium donne d'abord :

$$ClO^3K + I^2 = ICl + IO^3K \text{ (Wœhler)};$$

puis le chlorure d'iode réagit sur une seconde molécule :

$$ClO^3K + ICl = Cl^2 + IO^3K$$

de sorte que, finalement, I^2 a remplacé Cl^2 [L. Henry, *D. chem. G.*, 3, 893, 1870].

A température élevée, on a :

$$3ClO^3K + I^2 = ClO^4K + KCl + IO^3K + ICl + O^2$$

[Thorpe et Perry, *Chem. News*, **66**, 277, 1892 et *Bull. Soc. Chim.*, (3), **10**, 338, 1893].

En dissolution, la réaction principale est :

$$5ClO^3K + 3I^2 + 3H^2O = 5KI + 5ClO^3H + IO^3H$$

avec les réactions secondaires :

$$KI + IO^3H = HI + IO^3K$$
$$\text{et} \quad HI + ClO^3H = HCl + IO^3H$$

[Potilitzin, *J. Soc. phys. chim. russe*, **19**, 358, 1887].

Une dissolution de résorcine dans l'acide sulfurique donne, avec le chlorate de potassium, une coloration verte très intense qui vire au brun par l'eau [Pinerna, *Chem. News*, **75**, 61, 1897].

Depuis quelques années, l'industrie des matières colorantes utilise les propriétés oxydantes du chlorate de potassium, notamment pour transformer l'anthraquinone en alizarine.

PERCHLORATE DE POTASSIUM ClO^4K. — Le procédé de préparation par l'électrolyse du chlorure de potassium paraît devoir remplacer les autres méthodes.

La densité des cristaux est : $D_{12} = 2,54$ [Kopp. *Ann. Chem.*, **123**, 371, 1863]. Ils fondent à 610° [Carnelley et Carleton Williams, *J. Chem. Soc.*, **37**, 125, 1880 ; *Bull. Soc. Chim.*, **36**, 219, 1881]. La chaleur spécifique est 0,19 (Kopp) entre 14° et 45°, soit pour la molécule : 24,3.

Il est complètement insoluble dans l'alcool [Caspari, *Jahresb.*, 303, 1893].

La chaleur de dissolution dans l'eau est $-12^{Cal},1$ (Berthelot).

La chaleur de neutralisation est $+ 14^{Cal},25$.

La chaleur de formation du sel solide à partir des éléments est $+ 110^{Cal},79$ [Berthelot et Vieille, *Ann. Chim. Phys.*, (5). **27**, 1882]. C'est un corps très oxydant, mais donnant en général des réactions moins violentes que le chlorate.

HYPOBROMITE DE POTASSIUM $BrOK$. — On le prépare à l'état dissous par l'action du brome sur la potasse étendue (Balard) :

$$Br^2_{liq.} + 2KOH_{diss.} = KBr_{diss.} + BrOK_{diss.} + 12^{Cal.}$$
$$Br_{liq.} + O_{gaz} + K_{sol.} + Aq. = BrOK_{diss.} + 84^{Cal},09$$

[Berthelot, *Ann. Chim. Phys.*, (5), **13**, 19. 1878].

BROMATE DE POTASSIUM BrO^3K. — Les cristaux ont pour densité 3.323 à $+19°$ [Clarke et Storer. *J. Am. Soc.*, (3), **14**, 281. 1877]. Ils possèdent la double réfraction négative [Traube, *Centr. Bl.*, 709, 1895]. Ils sont un peu solubles dans l'alcool. Chaleur de dissolution $-9^{Cal},85$; chaleur de neutralisation $+ 13^{Cal},78$, d'où :

$$Br_{gaz} + O^3_{gaz} + K_{sol.} = BrO^3K_{sol.} + 85^{Cal},29$$
$$\text{(Berthelot)}$$

A 434°, le sel fond et se décompose en oxygène et bromure de potassium, sans fournir de perbromate. Il se dégage $+ 11^{Cal},1$ (Berthelot). Si l'on chauffe rapidement, la décomposition est violente et le sel devient incandescent [Potilitzin, *J. Soc. chim. russe*. **27**. 271, 1895; *Bull. Soc. Chim.*, **16**, 221, 1896; — Cook, *J. Chem. Soc.*, **65**, 802, 1894; *Bull. Soc. Chim.*, **14**, 9. 1895].

PERBROMATE DE POTASSIUM BrO^4K. — Sel anhydre, cristallisant en prismes orthorhombiques, isomorphe avec le perchlorate et le periodate. On l'obtient par saturation de l'acide et de la base [Kämmerer, *J. prakt. Chem.*, **90**, 190, 1863; — Muir, *Chem. News*, **29**, 80. 1874].

HYPOIODITE ET IODITE DE POTASSIUM IOK et IO^2K. — Ces composés sont à peine connus.

L'iode dissous dans la potasse étendue paraît former un hypoiodite qui se changerait rapidement en iodate et iodure :

$$3IOK = IO^3K + 2KI$$

[Schwicker. *Zeit. phys. Chem.*, **16**, 303, 1895].

Si l'on fait évaporer un mélange de potasse et d'iode fait à molécules égales. en ayant soin d'éviter le dégagement d'oxygène, on obtient un corps solide qui est peut-être l'iodite IO^2K [Taylor, *Centr. Bl.*, **1**, 844. 1900].

IODATE DE POTASSIUM IO^3K. — On peut oxyder l'iodure par le permanganate :

$$2KMnO^4 + KI + H^2O = 2MnO^2 + 2KOH + IO^3K$$

[Gröger. *Zeit. angew. Chem.*, **13**, 1894], ou simplement traiter l'iode par le permanganate :

$$5KMnO^4 + I^3 + H^2O = 5MnO^2 + 2KOH + 3IO^3K$$

[Soltsien, *Centr. Bl.*, **29**, 1888]. Voyez aussi Schlotter [*Zeit. anorg. Chem.*, **45**, 270, 1905 et *Bull. Soc. Chim.*, **36**, 888. 1906].

Pour avoir l'iodate tout à fait pur, il vaut mieux précipiter le sulfate de potassium dissous par une quantité équivalente d'iodate de baryum [Stevenson, *Chem. News*. **36**, 201. 1877].

L'iodate de potassium est insoluble dans l'alcool.

Chaleur de dissolution $- 6^{Cal},05$ (Berthelot) ou $- 6^{Cal},78$ (Thomsen).

Chaleur de neutralisation $+ 14^{Cal},30$ (Berthelot) ou $+ 13^{Cal},81$ (Thomsen), d'où :

$$I_{gaz} + O^3_{gaz} + K_{sol.} = IO^3K_{sol.} + 130^{Cal},19$$
$$\text{(Berthelot)}$$

L'iodate, dissous à chaud dans un grand excès d'acide sulfurique étendu. donne, par évaporation à 100°, des cristaux d'acide iodique [Ditte, *Ann. Chim. Phys.*, (4), **24**, 46, 1870]. En dissolvant l'iodate dans un moindre excès d'acide sulfurique étendu et chaud, et abandonnant la liqueur pendant plusieurs jours, on obtient des cristaux transparents orthorhombiques qui paraissent identiques à ceux que Sérullas avait décrit comme formés par un triiodate, et qui, d'après Ditte, sont de l'iodate neutre hydraté $2IO^3K + H^2O$. Ils fondent lorsqu'on les chauffe, puis cèdent de l'eau et deviennent anhydres vers 190°.

Diiodate de potassium $IO^3K + IO^3H$. — On peut le considérer comme un sel acide, combinaison d'addition de IO^3K et de IO^3H, ou bien comme un sel d'un acide diiodique $(IO^4)^2H^2$.

Rammelsberg avait proposé la formule $I^4O^{11}K^2 + 1,5H^2O$, que l'on peut écrire $IO^3K + IO^3H + 1,4H^2O$. Mais les analyses de Schabus, de Marignac, et celles de Ditte conduisent à la formule I^2O^6KH ou $IO^3K + IO^3H$.

Ditte le prépare en dissolvant l'iodate, à chaud, dans l'acide azotique et laissant refroidir.

Basset [*Chem. News*, **62**, 97, 1890] l'obtient en ajoutant de l'iode à une dissolution de chlorate de potasse.

Chaleur de dissolution : $-11^{Cal},8$.

La réaction : IO^3K diss. $+ IO^3H$ diss. dégage seulement $+ 0^{Cal},20$. ce qui indique que le sel n'existe pas en dissolution. La chaleur de formation à partir des mêmes composés solides serait : $0^{Cal},30$ (Berthelot).

Triiodate de potassium $IO^3K + 2IO^3H$. — On peut écrire cette formule $I^3O^8K + H^2O$, ou bien la considérer comme dérivant de celle d'un acide triiodique $(IO^3)^3H^3$.

Entre 150° et 200°, les cristaux abandonnent une molécule d'eau et laissent I^3O^8K (Ditte).

PERIODATE DE POTASSIUM IO^4K. — Le periodate de potassium est un oxydant énergique. Il donne, avec l'iodure de potassium :

$$3IO^4K + KI = 4IO^3K$$

En présence d'un excès de potasse. il donne trois composés distincts :

$$2IO^4K + KOH \qquad IO^4K + KOH + H^2O$$
$$\text{et} \qquad IO^4K + 2KOH + 3H^2O$$

La formule de la seconde combinaison peut s'écrire $I^2O^9K^4 + 9H^2O$; on a considéré ce corps comme le sel d'un acide $I^2O^9H^4$ (c'est-à-dire : $2IO^4H + H^2O$). s'appuyant surtout sur ce fait qu'il peut se déshydrater et donner $I^2O^9K^4$.

Ce dernier composé perd, à haute température, huit atomes d'oxygène et donne : K^2O,K^2I^2, qui est un oxyiodure.

Thomsen, en ajoutant à une molécule d'acide periodique IO^4H dissous, successivement quatre molécules de potasse dissoute, a obtenu : $+5^{Cal},15$, $+21^{Cal},45$, $+3^{Cal},15$ et $+2^{Cal},30$; le dégagement de chaleur maximum correspond donc à la seconde molécule, soit au rapport $IO^3H + 2KOH$, ou $I^2O^{12}K^4H^6$, ou $I^2O^9K^4, 3H^2O$, ce qui confirme l'hypothèse d'un acide $I^2O^9H^4$ [*Thermoch. Untersuch.*, **1**, 244, 1883].

Fluoxyiodure de potassium IO^2F^2K. — Obtenu par l'action de l'acide fluorhydrique sur l'iodate de potassium [Veinland et Lauenstein, *Zeit. anorg. Chem.*, **20**, 30, 1899; *D. chem. G.*, **30**, 866, 1897].

COMBINAISONS DU POTASSIUM AVEC LES MÉTALLOÏDES DE LA SECONDE FAMILLE ET L'OXYGÈNE. — HYPOSULFITE DE POTASSIUM $K^2S^2O^3$. — Dreschel l'obtient par la réaction du pyrosulfate $K^2S^2O^7$ sur une dissolution alcoolique de sulfure acide KSH.

L'hydrate le mieux connu est $(K^2S^2O^3)^3 + H^2O$. Il a été étudié récemment par Fock et Klüss [*D. chem. G.*, **22**, 3096, 1889] et par Wyrouboff [*Bull. Soc. Minér.*, **13**. 152, 1890]. Il est en prismes clinorhombiques. Les autres hydrates : $K^2S^2O^3 + H^2O$ (aiguilles), $2K^2S^2O^3 + 3H^2O$ ou $3K^2S^2O^3 + 5H^2O$ (octaèdres), et $K^2S^2O^3 + 2H^2O$, sont moins bien connus. Le sel anhydre est soluble dans l'eau, insoluble dans l'alcool. Sa chaleur spécifique est 0,197 (entre 20 et 100°), soit 18.7 pour une molécule.

Entre 430° et 470° il noircit en donnant du pentasulfure et du sulfate. Au rouge, il y a départ de soufre et production de sulfures moins sulfurés [Berthelot, *C. R.*, **96**. 146, 1883].

Chaleur de dissolution : du sel anhydre $-4^{Cal},56$; de l'hydrate $K^2S^2O^3 + H^2O : -6^{Cal},01$. A partir des éléments on a :

$$K^2_{sol.} + S^2_{sol.} + O^3_{gaz} = K^2S^2O^3_{sol.} + 266^{Cal},88$$
(Berthelot)

HYDROSULFITE DE POTASSIUM $K^2S^2O^4$. — Moissan [*C. R.*, **135**, 647, 1902] l'obtient en faisant agir le gaz sulfureux sur l'hydrure de potassium. Le sel anhydre est blanc. C'est un réducteur énergique. Sa dissolution laisse déposer des aiguilles transparentes.

SULFITE DE POTASSIUM K^2SO^3. — On connaît deux hydrates à H^2O et à $2H^2O$.

La chaleur de dissolution du sel anhydre est $+1^{Cal},44$ [Hartog, *C. R.*, **179**, 1889].

Chaleur de neutralisation : $+31^{Cal},84$ [Berthelot, *Ann. Chim. Phys.*, (6), **1**. 75, 1884].

Chaleur de formation à partir des éléments :

$$S_{sol.} + O^3_{gaz} + K^2_{sol.} = K^2SO^3_{sol.} + 267^{Cal},74.$$

Métasulfite de potassium $K^2S^2O^5$. — C'est l'ancien anhydro-sulfite décrit par Muspratt en 1844. Berthelot [*loc. cit.*] n'a pu reproduire le sulfite acide $KHSO^3$ de Rammelsberg et Marignac et pense que l'anhydrosulfite ou métasulfite $K^2S^2O^5$ est le sel neutre d'un acide métasulfureux ou pyrosulfureux $H^2S^2O^5$ ou $H^2SO^3 + SO^2$. On ne connaît le bisulfite véritable $KHSO^3$ qu'en dissolution aqueuse et on peut l'obtenir à cet état par saturation d'une molécule d'acide sulfureux dissous par une molécule de potasse dissoute (ce qui dégage $+16^{Cal},60$). Mais peu à peu, même à froid, la liqueur se change en une dissolution de métasulfite, en dégageant $+5^{Cal},2$ pour $K^2S^2O^5$.

Chaleur de dissolution du métasulfite $K^2S^2O^3$: $-11^{Cal},40$.

$$S^2_{sol.} + O^5_{gaz} + K^2_{sol.} = K^2S^2O^5_{sol.} + 364^{Cal},78.$$

SULFATE NEUTRE DE POTASSIUM K^2SO^4. — La préparation du sulfate de potassium au moyen des sels de Stassfurt a pris, depuis quelques années, un grand développement. C'est ordinairement la kiésérite naturelle $MgSO^4 + H^2O$ qui apporte l'acide sulfurique; on la fait réagir sur la carnallite $KCl, MgCl^2, 6H^2O$ de Stassfurth, ou même sur la sylvine KCl. Il se fait de la schönite $K^2SO^4 + MgSO^4 + 6H^2O$ qui cristallise et du chlorure de magnésium qui reste dissous.

On trouve d'ailleurs la schönite toute formée à Stassfurth.

Ce composé (schönite naturelle ou artificielle) est ensuite traité, sous pression, en présence de l'eau et à une plus haute température, par 3 molécules de sylvine :

$$K^2SO^4, MgSO^4, 2H^2O + 3KCl$$
$$= 2K^2SO^4 + KCl, MgCl^2, 6H^2O;$$

le sulfate de potassium se dépose le premier [Grüneberg, *D. chem. G.*, **14**, 1179, 1881; — Precht, *Zeit. angew. Chem.*, **19**, 1, 1906 et *Bull. Soc. Chim.*, **36**, 332, 1906].

On trouve aussi à Stassfurth une série de sels triples hydratés :

Kaïnite $K^2SO^4, MgSO^4, MgCl^2, 6H^2O$,
Polyhalite $K^2SO^4, MgSO^4, 2CaSO^4, 2H^2O$,
Krugite $K^2SO^4, MgSO^4, 4CaSO^4, 2H^2O$,

qui se changent facilement en sulfate de potassium (en passant le plus souvent par l'intermédiaire de la schönite) par chauffage de la dissolution.

La schönite et la kaïnite, calcinées avec de la chaux ou bien avec du charbon, donnent aussi du sulfate de potassium.

Ces méthodes ont été variées et perfectionnées de bien des manières.

On peut encore séparer la magnésie de la schönite par un courant de gaz ammoniac [Dupré, *Centr. Bl.*, II, 509, 1893].

Certains auteurs ont proposé de précipiter la sylvine ou chlorure de potassium impur par le sulfate d'ammoniaque en dissolution très concentrée ou bien de traiter la carnallite par le sulfate de magnésium et le sulfate de calcium, puis de calciner le sel double produit et de reprendre par l'eau [Schmidthorn et Jarves, *D. chem. G.*, **20**, 268 c, 1887].

Mulder [*Scheikund Verhandel*, **49**, 1864; *Handbruch anorg. Chem. Dammer*, **2**, 59, 1894], puis Andréä [*J. prakt. Chem.*, (2), **29**, 468, 1884] ont donné des tables complètes de solubilité dans l'eau. Andréä propose la formule :

$$S = 9,219 + 0,19304\,(t-10) - 0,0003083\,(t-10)^2$$

Nordenskjold [*Ann. Ph. Chem. Pogg.*, **136**, 309, 1869] donne :

$$\log S = -1,1061 + 0,7811\left(\frac{t}{100}\right) - 0,3245\left(\frac{t}{100}\right)^2$$

Etard [*C. R.*, **106**, 208, 1888] adopte :

$$^{100°}_{0°}s = 7,5 + 0,107\,t$$

et Blarez [*C. R.*, **112**, 939, 1891] :

$$^{20°}_{0°}s = 8,5 + 0,12\,t$$

D'après Mac Grégor, pour les dissolutions de faible concentration, jusqu'à 2,5 0/0 du sel, la formule

$$D_{s} = d + 0,00816\,p$$

donne la densité D_s de la dissolution, connaissant la densité d de l'eau et le poids p du sel dissous dans 100 parties d'eau [*Chem. News*, **62**, 223, 1890].

L'abaissement du point de congélation de l'eau, pour 1 gr. de sel et 100 gr. d'eau, est de 0,224 (de Coppet, Raoult), soit 39 pour la molécule.

La dissolution saturée se congèle à — 1°,9.

Le sulfate de potassium se dissout dans 76 parties de glycérine. Il est complètement insoluble dans l'alcool absolu. Schiff [*Ann. Chem.*, **141**, 365. 1861], puis Gérardin [*Ann. Chim. Phys.*, (4). 5. 141. 1865] ont étudié la solubilité dans l'alcool aqueux.

Chaleur de dissolution dans l'eau :

$$- 6^{Cal},58 + 0.073(t - 15)$$

Chaleur de neutralisation de SO^4H^2 par $2KOH$ dissous :

$$+ 31^{Cal},40 - 0.06(t - 20)$$

[Berthelot. *Ann. Chim. Phys.*, (5). **29**. 305. 1883 ; *Ann. Chim. Phys.*, (6). **1**. 97. 1884], d'où l'on déduit :

$$S_{sol.} + O^4{}_{gaz} + K^2{}_{sol.} = K^2SO^4{}_{sol.} + 339^{Cal},16$$

Pelouze a signalé un hydrate $SO^4K^2 + H^2O$, qui se formerait en laissant s'oxyder à l'air une dissolution de sulfite et d'hyposulfite. Ogier [*C. R.*, **82**. 1055. 1876] a obtenu un autre hydrate $SO^4K^2 + 12H^2O$.

Le sulfate SO^4K^2 décrépite par la chaleur, puis fond à 1073° [V. Meyer et Riddle, *D. chem. G.*, **26**. 2443. 1893° ou 1056°,5 [Heycock et Neville. *Chem. Soc.*, **67**. 160. 1895] ou 1059° [Mac Crae, *Ann. Ph. Chem. Wied.*, **55**, 95, 1895] ou 1074° [Hüttner et Tammann. *Zeit. anorg. Chem.*, **43**. 215. 1905 ; *Bull. Soc. Chim.*, (3), **34**, 1266. 1905], sans se décomposer. Quoique très stable, le sulfate de potassium est réduit à 500° par l'hydrogène, ou bien par le charbon à haute température [Berthelot. *Ann. Chim. Phys.*, (6). **21**, 397. 1890], ou par l'oxyde de carbone [Boudouard, *Bull. Soc. Chim.*, **25**. 284. 1901]. Au rouge sombre, le fer donne de la potasse, du protoxyde et du protosulfure de fer ; le sel ammoniac, du chlorure de potassium. Le soufre, au rouge, fournit du trisulfure et du gaz sulfureux.

Avec l'acide fluorhydrique, il se produit un fluosulfate $K^3H^2F^2S^2O^8$ ou $K^2SO^4 + KHSO^4 + 2HF$ [Veinland et Alfa. *D. chem. G.*, **34**, 123, 1898 ; *Bull. Soc. Chim.*, **20**. 499. 1898].

Le trifluorure d'antimoine donne $K^2SO^4 + SbF^3$ [de Haen, *Centr. Bl.*, **1**, 176, 1889].

Sulfate acide de potassium $KHSO^4$. — D'après Wyrouboff, ce sel est dimorphe : orthorhombique et clinorhombique. Sous cette dernière forme, on a mesuré : $mm = 112°$, $mp = 106°$, $o^4p = 118°$ [*Bull. Soc. Min.*, **7**, 5. 1884 ; *Bull. Soc. Chim.*, **41**. 634. 1884].

Les nombres donnés pour la densité sont assez différents : 2,163 (Jacquelain), 2.305 (Schröder), 2.478 (Joule et Playfair), 2.273 (Wyrouboff) pour la forme orthorhombique ; 2.245 pour les cristaux clinorhombiques (Wyrouboff).

D'après Kremers [*Ann. Ph. Chem. Pogg.*, **92**. 497, 1854] :

100 p. d'eau à		dissolvent		p. de sel.
—	0°	—	36.27	—
—	20°	—	51.44	—
—	40°	—	67.30	—
—	100°	—	121,60	—

et la solution saturée bout à 108°.

D'après Raoult [*C. R.*, **98**, 509, 1884], l'abaissement du point de congélation de l'eau, pour 1 gr. de sel et 100 gr. d'eau, est 0°,384, ce qui donne pour la molécule 34.8 et correspond bien à la formule simple $KHSO^4$. On a décrit deux hydrates : $KHSO^4 + H^2O$ (H. Rose) et $KHSO^4 + 1,2H^2O$ [Senderens, *Bull. Soc. Chim.*, (3), 2, 728. 1889].

Le sel fond à 190° (Jacquelain). 200° (Mitscherlich), 210° (Schultz), en formant un corps huileux,

transparent. Au rouge vif, il se dégage de l'acide sulfurique, du gaz sulfureux, de l'oxygène, de l'eau et il reste du sulfate neutre.

Il se combine au trifluorure d'antimoine $KHSO^4 + SbF^3$ [Fröhlich, *Centr. Bl.*, **1**, 176, 1891 ; *D. chem. G.*, **24**. 170. 1891].

Chaleur de dissolution : — $3^{Cal},23$. Chaleur de neutralisation à + 15° :

$$KOH_{diss.} + SO^4H^2{}_{diss.} = KHSO^4{}_{diss.} + 14^{Cal},60$$

[Berthelot. *Ann. Chim. Phys.*, (5), **4**, 106, 1875], d'où l'on déduit :

$$K_{sol.} + H_{gaz} + S_{sol.} + O^4{}_{gaz} = KHSO^4{}_{sol.} + 274^{Cal},57$$

Il en résulte encore que :

$$SO^4H^2{}_{sol.} + K_{sol.} = KHSO^4{}_{sol.} + H_{gaz}..+ 80^{Cal},22$$
$$KHSO^4{}_{sol.} + K_{sol.} = K^2SO^4{}_{sol.} + H_{gaz}..+ 65^{Cal},74$$
$$\text{Total} \ldots\ldots\ldots + 145^{Cal},96$$

Ainsi, des deux atomes d'hydrogène salifiables de l'acide sulfurique solide, c'est le premier qui *paraît* le plus acide ; pour l'état dissous, ce serait le contraire, car le premier donne + $14^{Cal},60$ et le second + $17^{Cal},10$. Le premier fait est normal ; le second s'explique par la transformation du bisulfate en sulfate neutre et acide libre [Voyez aussi Thomsen. *Thermoch. Untersuch.*, 3, 93, 1883].

Disulfates ou pyrosulfates de potassium. — On connaît le sel neutre $K^2S^2O^7$ et le sel acide KHS^2O^7.

On obtient le sel neutre $K^2S^2O^7$ en chauffant le bisulfate $KHSO^4$ à 300° [Baum. *D. chem. G.*, **20**. 752 c. 1887] ; en chauffant le sulfate neutre K^2SO^4 avec un excès d'anhydride sulfurique, portant à 180° et faisant passer un courant de gaz carbonique [Berthelot, *Ann. Chim. Phys.*, (4). **30**. 435. 1873] ; ou bien en fondant à 400° dans un courant d'air un mélange de sulfate neutre et d'acide sulfurique [Schultz-Sellack, *D. chem. G.*, 4. 111. 1871 ; — H. Schulze, *D. chem. G.*, **17**. 2706, 1884 ; *Bull. Soc. Chim.*, **44**. 515, 1885]. D'autres méthodes ont été indiquées :

$$SO^3HCl + K^2SO^4 = K^2S^2O^7 + HCl$$
$$KSO^3Cl + KHSO^4 = K^2S^2O^7 + HCl$$
$$SO^2ClOH + K^2SO^4 = K^2S^2O^7 + HCl$$

Ce sel fond à 300° (Schultz-Sellack).

Le sel acide KHS^2O^7 paraît former une combinaison insoluble avec $2KF$ et H^2O ; on la prépare au moyen du sulfate neutre ou acide et de l'acide fluorhydrique [Weinland et Alfa, *Zeit. anorg. Chem.*, **24**. 43. 1899].

Octosulfate de potassium $K^2S^8O^{25}$ [R. Weber, *D. chem. G.*, **17**. 2497, 1884 ; *Bull. Soc. Chim.*, **44**. 201. 1885].

Autres sulfates acides de potassium :

1° $K^3H(SO^4)^2$ ou $K^2SO^4 + KHSO^4$ [de Marignac, *Ann. Mines*, (5), **9**, 6, 1856].

2° $KH^3(SO^4)^2$ ou $KHSO^4 + SO^4H^2$ [Schultz-Sellack, *Ann. Ph. Chem. Pogg.*, **133**. 137, 1868].

3° $K^4H^2(SO^4)^3$ ou $2K^2SO^4 + SO^4H^2$ ou $K^2SO^4 + 2KHSO^4$ et $K^3H^3(SO^4)^3$ ou $K^2SO^4 + 3KHSO^4$ [Stortenbeker, *Rec. T. C. Pays-Bas*, **21**, 399, 1902].

4° $K^2H^6(SO^4)^4 + 3H^2O$ ou $K^2SO^4 + 3SO^4H^2 + 3H^2O$ ou $2KHSO^4 + 2SO^4H^2 + 3H^2O$ (Lescœur).

5° $K^8H^6(SO^4)^7$ ou $4K^2SO^4 + 3SO^4H^2$ (Berthelot, Stortenbeker).

Hyposulfate ou dithionate de potassium $K^2S^2O^6$. — Chaleur de dissolution : — $13^{Cal},01$.

Chaleur de neutralisation pour $2KOH$ dissous et $S^2O^6H^2$ dissous : + $27^{Cal},07$.

Chaleur de formation du sel solide à partir des éléments : + $408^{Cal},42$ (Thomsen).

Marignac a décrit une combinaison instable $K^2S^2O^5F^2 + 3H^2O$ ou $K^2S^2O^6 + 2HF + 2H^2O$, obtenue par l'action de l'acide fluorhydrique [*Ann. Min.*, (5), **9**, 6, 1856].

TRITHIONATE DE POTASSIUM $K^2S^3O^6$. — Spring l'a obtenu par la réaction :

$$3K^2SO^4 + S^2Cl^2 = K^2S^3O^6 + 2KCl + K^2S^2O^3$$

[*D. chem. G.*, **6**, 1106, 1873].

Chaleur de dissolution — $13^{Cal},02$.

$$K^2{}_{sol.} + S^3{}_{sol.} + O^6{}_{gaz} = K^2S^3O^6{}_{sol.} + 404^{Cal},08$$
$$\text{(Berthelot.)}$$

TÉTRATHIONATE DE POTASSIUM $K^2S^4O^6$. — Ses cristaux sont clinorhombiques [Fock et Klüss, *D. chem. G.*, **23**, 2428, 1890; *Bull. Soc. Chim.*, (3), **4**, 656, 1890].

Chaleur de dissolution : — $13^{Cal},15$.

$$K^2{}_{sol.} + S^4{}_{sol.} + O^6{}_{gaz} = K^2S^4O^6{}_{sol.} + 392^{Cal},53$$
$$\text{(Thomsen).}$$

PENTATHIONATE DE POTASSIUM $K^2S^5O^6$. — D'après Fock et Klüss [*loc. cit.*], les cristaux clinorhombiques décrits par Rammelsberg (voyez Dict., **2**, 1135) seraient du tétrathionate. Le pentathionate cristallise avec $1,5H^2O$ et les cristaux sont orthorhombiques [voyez aussi Delens, *Ann. Chem.*, **244**, 76, 1888; *Bull. Soc. Chim.*, **50**, 366, 1888; (3), **1**, 182, 1889]. D'autres auteurs ont trouvé une molécule [Schaw, *Chem. Soc.*, **43**, 351, 1883; *Bull. Soc. Chim.*, **44**, 405, 1884] ou deux molécules d'eau [Curtius et Henkel, *J. prakt. Chem.*, (2), **24**, 225, 1881; **37**, 137, 1888]. Ces derniers l'ont aussi préparé anhydre.

Chaleur de dissolution de l'hydrate à $1,5H^2O$: — $13^{Cal},1$ [Berthelot, *Ann. Chim. Phys.*, (6), **17**, 458, 1889].

A partir des éléments, mais pour l'état *dissous* du sel, on aurait :

$$K^2{}_{sol.} + S^5{}_{sol.} + O^6{}_{gaz} = K^2S^5O^6{}_{diss.} + 384^{Cal},48$$
$$\text{(Berthelot.)}$$

HEXATHIONATE DE POTASSIUM $K^2S^6O^6$. — Debus [*loc. cit.*] pense l'avoir isolé par neutralisation, au moyen de la potasse, de l'acide pentathionique de Walkenrodes.

Cet auteur a proposé les formules suivantes pour la série thionique :

$$\begin{array}{ccc} SO^2-OK & O-SO^2-K & O-SO^2-SK \\ | & | & | \\ SO^2-OK & S-SO^2-OK & S-SO^2-OK \end{array}$$

$$\begin{array}{cc} O-SO^2-S^2K & O-SO^2-S^3K \\ | & | \\ S-SO^2-OK & S-SO^2-OK \end{array}$$

PERSULFATE DE POTASSIUM $K^2S^2O^8$. — Marschall [*Chem. Soc.*, **59**, 771, 1891; *Bull. Soc. Chim.*, **8**, 57, 1892] l'a d'abord préparé par l'électrolyse avec diaphragme d'une solution saturée de sulfate acide. On préfère aujourd'hui l'isoler en précipitant le persulfate d'ammoniaque par le carbonate de potassium.

Cristaux anhydres tricliniques [Fock, *Zeit. Kryst.*, **21**, 233, 1893].

C'est un oxydant énergique [Price, *Zeit. phys. Chem.*, **27**, 474, 1898; — Grützner, *Arch. Pharm.*, **237**, 705, 1899; — Marshall, *Proc. Roy. Soc. Edinburgh*, **23**, 163, 1897].

Chaleur de dissolution : — $14^{Cal},55$. Chaleur de neutralisation de l'acide par $2KOH$: + $27^{Cal},40$.

$$K^2{}_{sol.} + S^2{}_{sol.} + O^8{}_{gaz} = K^2S^2O^8{}_{sol.} + 449^{Cal},13$$

[Berthelot, *Ann. Chim. Phys.*, (6), **26**, 541, 1892].

SÉLÉNITES ET SÉLÉNIATES DE POTASSIUM. — On connaît : K^2SeO^3, $K^2SeO^3 + 5H^2O$, $KHSeO^3$ et $KHSeO^3 + H^2O$. Nilson attribue la formule $K^2SeO^3 + H^2O$ à l'hydrate du sel neutre [*Bull. Soc. Chim.*, **23**, 261, 1875].

D'après Muthmann et Schafer [*D. chem. G.*, **26**, 1008, 1893; *Bull. Soc. Chim.*, **10**, 853, 1893], la combinaison $KHSeO^3 + SeO^3H^2$ étudiée par Berzélius et par Nilson serait le sel hydraté d'un acide méta ou pyro-sélénieux et sa formule serait $KHSe^2O^5 + H^2O$.

Le séléniate neutre K^2SeO^4 est orthorhombique et isomorphe avec le sulfate [Topsoë et Christiansen, *Ann. Chim. Phys.*, (5), **1**, 21, 1874]. Sa densité est 3,052 [Tutton, *Chem. Soc.*, **71**, 846, 1897; *Bull. Soc. Chim.*, **18**, 1128, 1897]. D'après Etard [*C. R.*, **106**, 741, 1888] sa solubilité est :

$$s\,{}^{+100°}_{-20°} = 52 + 0,025\,t.$$

Avec l'acide fluorhydrique, il donne un composé $K^3H^3F^2Se^2O^8$ qui est peut-être $K^2SeO + KHSeO^4 + 2HF$ [Weinland et Alfa, *loc. cit.*].

Weinland et Barttlingck ont décrit des sélénio-iodates : $I^2O^5, 2SeO^3, 2K^2O, H^2O$ et $3I^2O^5, 2SeO^3, 2K^2O, 5H^2O$, des sélénio-phosphates : $P^2O^5, 2SeO^3, 2K^2O, 3H^2O$ et $P^2O^5, 5SeO^3, 3,5K^2O, 5,5H^2O$ et des sélénio-arséniates : $As^2O^5, 2SeO^3, 2K^2O, 3H^2O$ et $As^2O^5, 2SeO^3, 3,5K^2O, 5,5H^2O$ [*D. chem. G.*, **36**, 1397, 1903].

On a entrevu un perséléniate $K^2Se^2O^8(?)$ en électrolysant une dissolution concentrée de séléniate neutre rendue un peu acide [Dennis et Brown, *Chem. Soc.*, **23**, 358, 1901; *Bull. Soc. Chim.*, **26**, 667, 1901].

TELLURITES ET TELLURATES DE POTASSIUM. — D. Klein et Morel [*C. R.*, **100**, 1140, 1885] ont décrit un hexatellurite neutre hydraté $K^2H^4TeO^{15}$ ou $K^2Te^6O^{13} + 2H^2O$.

D'après Retgers [*Zeit. anorg. Chem.*, **12**, 98, 1896] et Gutbier [*ibid.*, **29**, 30 et 31, 340, 1902; *Bull. Soc. Chim.*, **26**, 1050, 1901; **30**, 315, 1903], il existe un hydrate $K^2TeO^4 + 2H^2O$ isomorphe avec l'osmiate. L'acide fluorhydrique hydraté s'unit au tellurate neutre pour donner $K^2TeO^4 + 2HF + 2H^2O$ [Weinland et Prause, *D. chem. G.*, **33**, 1015, 1900; *Bull. Soc. Chim.*, **24**, 513, 1900; *Zeit. anorg. Chem.*, **28**, 45, 1901; *Bull. Soc. Chim.*, **28**, 403, 1902].

COMBINAISONS DU POTASSIUM AVEC LES MÉTALLOÏDES DE LA TROISIÈME FAMILLE ET L'OXYGÈNE. — HYPOAZOTITE DE POTASSIUM, $K^2Az^2O^2$. — Joannis l'a obtenu pur et anhydre par l'action du bioxyde d'azote sur le potassammonium [*C. R.*, **118**, 715, 1894]. On peut le préparer en dissolution par réduction de l'azotate au moyen de l'amalgame de potassium [Divers, *Chem. Soc.*, **75**, 87, 1899; — *Bull. Soc. Chim.*, **22**, 805 et 806, 1899, et Divers et Haga, *Chem. Soc.*, **75**, 77, 1899; *Bull. Soc. Chim.*, **22**, 805, 1899]. On l'obtient également par double décomposition au moyen de l'hypoazotite d'argent, ou bien par électrolyse de l'azotate de potassium [Berthelot et Ogier, *Ann. Chim. Phys.*, (6), **4**, 247, 1885].

La neutralisation de l'acide $Az^2O^2H^2$ par $2KOH$ dissous dégage + $15^{Cal},60$ [Berthelot, *Ann. Chim. Phys.*, (6), **18**, 572, 1889]. La chaleur de formation du sel dissous est de + $110^{Cal},78$.

NITROHYDROXYLAMATE DE POTASSIUM, $K^2Az^2O^3$. — [Angeli et Angelico, *Gazz. chim. ital.*, (1), **30**, 593, 1900; *Bull. Soc. Chim.*, **26**, 519, 1901]. Voy. l'art. HYDROXYLAMINE, 2° Suppl., **4**, 624.

AZOTITE OU NITRITE DE POTASSIUM, $KAzO^2$. — Les procédés d'obtention de ce composé sont très nombreux :

Réduction de l'azotate mélangé de sulfite [Etard, *C. R.*, **84**, 234, 1877], de certains oxydes métalliques tels que MnO^2 [Muller et Pauly, *Arch. Pharm.*, (3), **14**, 245, 1879] ou Cr^2O^3 [Huggenberg, *Chem. Central Blatt*, 1112, 1888], ou de sulfure de baryum [Le Roy, *C. R.*, **108**, 1251, 1889].

On a proposé aussi de traiter par la potasse l'azotite d'ammonium obtenu par synthèse, en faisant passer au rouge, sur l'amiante platinée, un mélange d'air et d'ammonium [Warren, *Chem. N.*, **64**, 239, 1891].

D'après Lang [*Ann. Phys. Chem. Pogg.*, **118**, 281, 1863], ses cristaux auraient pour formule $K\,Az\,O^2 + H^2O$.

Sa solubilité est de 3 p. pour 1 p. d'eau [Divers, *Proc. Chem. Soc.*, **15**, 101 et **16**, 40, 1900]. Il est insoluble dans l'alcool absolu.

Le chlorure, le sulfate et l'azotate d'ammonium, projetés à l'état solide dans l'azotite de potassium fondu, s'enflamment [Tommasi, *Bull. Soc. Chim.*, **21**, 534, 1899]. L'anhydride sulfurique est absorbé à froid, et donne du nitrosulfate.

La neutralisation de l'acide azoteux par la potasse dissoute donne $+10^{Cal},50$. La chaleur de formation du sel dissous est de $+86^{Cal},19$ [Berthelot, *Ann. Chim. Phys.*, (5), **6**, 162, 1875].

NITRATE OU AZOTATE DE POTASSIUM, $K\,Az\,O^3$ (nitre ou salpêtre). — La fabrication industrielle du nitre paraît entrer, depuis peu d'années, dans une phase nouvelle, ce sel pouvant être formé par la combustion de l'azote dans l'oxygène en présence de la potasse, cette combustion de l'azote ayant lieu dans l'arc électrique.

Le point de fusion de l'azotate de potassium est $+342°$ [Braun, *Ann. Phys. Chem. Pogg.*, **154**, 190, 1894] ou $+339°$ [Carnelley, *Chem. Soc.*, **29**, 489, 1876 et **33**, 28, 1878]. Le point de solidification est $+332°$ (Carnelley).

Kopp a proposé la formule de solubilité suivante :

$$^{100°}_{\ 0°}S = 13,32 + 0,5738\,t + 0,017168\,t^2 + 0,0000035977\,t^3$$

Etard [*C. R.*, **108**, 176, 1807] représente le phénomène par :

$$^{60°}_{10°}s = 17 + 0,7148\,t$$
$$^{125°}_{90°}s = 59 + 0,375\,t$$
$$^{238°}_{125°}s = 80 + 0,938\,t$$

Les dissolutions saturées ont pour point d'ébullition : 114°,1 (Mulder). 114°,5 (Griffith). 115°,9 (Legrand, Girardin), 117° (Magnus), 118° (Kremers). 126° (Lepage).

Raoult [*C. R.*, **77**, 1078, 1873]. et Giraud [*Bull. Soc. Chim.*, **43**, 552, 1885] ont étudié l'action de l'ammoniaque sur le nitre.

Il est soluble dans l'ammoniac liquide [Franklin et Kraus, *Am. J. Sc.*, **23**, 277 et **24**, 83, 1900; *Bull. Soc. Chim.*, **24**, 860 et 929, 1900].

L'abaissement du point de congélation de l'eau pour 1 p. de sel et 100 p. d'eau, est de 0°,305 [Raoult, *C. R.*, **98**, 509, 1884]. ce qui donne 30,80 pour l'abaissement moléculaire. Pour de plus fortes concentrations l'abaissement moléculaire devient moindre.

D'après Thomsen, la chaleur spécifique des dissolutions est :

$K\,Az\,O^3 + 25\,K^2O$	0,832
$K\,Az\,O^3 + 50\,H^2O$	0,901
$K\,Az\,O^3 + 200\,H^2O$	0,966

Pour la conductibilité électrique du sel solide et de ses dissolutions, voyez Braun [*Ann. Phys. Chem. Pogg.*, **154**, 161, 1870] et Kramers [*Ar. néerl.*, (2), **1**, 455; *Chem. Centr. Blatt*, **5**, 1898].

La transformation du nitre rhomboédrique en nitre ordinaire orthorhombique, vers 125 à 130°,

dégage $+1^{Cal},20$ [Bellati et Romanèse, *Jahresb.*, 231, 1885]. La modification rhomboédrique est un peu plus soluble que l'autre [Jaffé, *Zeit. phys. Chem.*, **43**, 565, 1903].

La chaleur de dissolution du nitre orthorhombique à $+15°$ est de $-8^{Cal},29$; à $+200°$ elle serait nulle [Berthelot, *Ann. Chim. Phys.*, (5), **4**, 106, 1875].

La chaleur de neutralisation de $Az\,O^3H$ et KOH dissous est de $+13^{Cal},80$ [Berthelot, *Ann. Chim. Phys.*, (4), **29**, 440, 1873].

La chaleur de formation à partir des éléments est :

$$Az_{gaz} + O^3_{gaz} + K_{sol.}$$
$$= K\,Az\,O^3_{sol.\ orthorhombique} + 116^{Cal},45;$$

pour le sel rhomboédrique on aurait de même $+115^{Cal},25$.

Enfin, on trouverait :

$$Az\,O^3H_{sol.} + K_{sol.}$$
$$= H_{gaz} + K\,Az\,O^3_{sol.\ orthorhombique} + 74^{Cal},08.$$

Le salpêtre pulvérisé absorbe l'anhydride sulfureux pour donner du nitrosulfate $K\,(Az\,O)\,S\,O^4$ ou $Az\,O - O - S\,O^3K$ [Schultz-Sellack, *D. chem. G.*, **4**, 111, 1871], composé que l'on peut obtenir aussi par l'action de l'anhydride sulfurique sur le nitrite de potassium. On peut le considérer, ou bien comme le sel de potassium du sulfate acide du nitrosyle (cristaux des chambres du plomb), ou bien comme le sel de potassium d'un acide sulfoné de l'acide nitreux. Voyez aussi Walder et Centnersjwer [*Zeit. phys. Chem.*, **42**, 432, 1903].

AUTRES SELS DE POTASSIUM AZOTÉS ET SULFONÉS. — On comprendra sous ce nom les divers genres de combinaisons qui suivent :

1° *Nitroso-sulfate*, $K\,O\,Az = Az\,O - S\,O^3K$. — Sel neutre d'un acide $HO - Az = Az\,O - S\,O^3H$, sulfoné, dérivé de l'acide hypoazoteux $HO - Az = Az - OH$. On l'obtient par l'action du peroxyde d'azote $Az\,O^2$ sur le sulfate neutre;

2° *Amido-sulfonate*, $Az\,H^2 - S\,O^3K$. — Sel d'un acide sulfoné de l'ammoniac; on le prépare en réduisant le précédent par l'amalgame de sodium;

3° *Imido-sulfonate* ou *imide-disulfate*, ou *amine-disulfonate*, $Az\,H = (S\,O^3K)^2$. — Obtenu par l'action de la chaleur sur le précédent;

4° *Nitrile-trisulfonate*, $Az \equiv (S\,O^3K)^3$;

5° *Sulfazidate* ou *hydroxylamine-sulfonate*, $Az\,H,\,S\,O^4K^2$;

6° *Sulfazotate* ou *hydroxylamine-disulfonate*, $Az\,O\,H\,(S\,O^3K)^2$ et $Az\,O\,K\,(S\,O^3K)^2$, composés dérivés d'un acide disulfoné de l'hydroxylamine. Ils peuvent se combiner entre eux ou avec d'autres sels de potassium (azotate, azotite);

7° *Imidosulfite*, $Az\,H\,(S\,O^2K)^2$;

8° *Oxysulfoazotates* ou *nitroso-sulfonate*, *disulfonate* et *trisulfonate*, $Az\,O,\,S\,O^3K$; $Az\,O\,(S\,O^3K)^2$; $Az\,O\,(S\,O^3K)^3$.

Plusieurs de ces sels ont été décrits anciennement par Pelouze [*Ann. Chim. Phys.*, (2), **60**, 151, 1835], par Rose [*Ann. Ph. Chem. Pogg.*, **12**, 547, 1828 et **32**, 81, 1834; **47**, 471, 1839; **49**, 183, 1840], par Jacquelain [*Ann. Chim. Phys.*, (3), **8**, 293, 1843], par Frémy [*Ann. Ch. Ph.*, (3), **15**, 408, 1845], par Claus et Kock [*Ann. Chem. Pharm. Lieb.*, **152**, 326, 1869], par Voronine [*J. Soc. phys. chim. russe*, **3**, 273, 1871], sous les noms de sulfazate, métasulfazotate, sulfazite, sulfazilate, métasulfazilate, sulfazinite, de sels sulfazotés ou sulfazités. Leur étude a été reprise ces dernières années par Sabatier [*Conf. Soc. Chim.*, 219 à 247, 1899], par Berglund [*Lunds Universitats Arskrift*, **12**, 13 et *Bull. Soc. Chim.*, (2), **25**, 455, 1876; **29**, 422, 1878], par Raschig [*Ann. Chem.*, **241**, 161, 1887 et *Bull. Soc. Chim.*, **49**. 927, 1888], par Mente [*Ann. Chem.*, **248**, 232, 1888], par Hantzsch et Semple [*D. chem. G.*. **38**, 2744, 1895], et surtout par Divers et Haga [*Chem. Soc.*, **47**, 203, 1885; **64**, 943, 1892; **65**, 523, 1894; **66**, 290, 1894; **67**, 452, 1895; **67**, 1098, 1895; **69**, 1610, 1896; **69**. 1620, 1896; *J. of the coll. of Sc. imp. univ. Japan*, **9**, 195, 1897; **9**. 277, 1897; *Chem. Soc.*, **77**, 432, 1900; **77**. 978, 1900; **79**, 1093, 1901; *Bull. Soc. Chim.*, **18**, 619, 1897], Divers et Ogava [*Chem. Soc.*, **79**. 1099. 1901; *Bull. Soc. Chim.*, **26**, 1121, 1901], Haga [*Chem. Soc.*, **85**, 78, 1904; *Bull. Soc. Chim.*, **32**, 931. 1904]. Divers [*Chem. Soc.*, **85**, 108 et 110, 1904; *Bull. Soc. Chim.*, **32**, 933, 1904], Divers [*D. chem. G.*, **38**, 1874, 1905; *Bull. Soc. Chim.*, **36**, 14, 1906], Hantzsch [*D. chem. G.*, **38**, 3079, 1905], Raschig [*D. chem. G.*, **39**, 245, 1906], Hager [*Chem. Soc.*, **89**, 240, 1906; *Bull. Soc. Chim.*. **36**, 1206, 1906]. — Voyez aussi l'art. HYDROXYLAMINE, 2ᵉ Suppl., **4**, 626.

HYPOPHOSPHITE DE POTASSIUM, KH^2PO^2. — Ce sel a été décrit par Rose [*Ann. Ph. Chem. Pogg.*, **12**, 84, 1828 et **32**. 467, 1834], puis par Wurtz [*Ann. Ch. Ph.*, (3), **16**, 192, 1846].

PHOSPHITES DE POTASSIUM. — Dulong [*Ann. Ch. Ph.*, (2), **2**. 141, 1816] a décrit le sel neutre K^2HPO^3, comme insoluble. Mais, d'après Rose [*Ann. Ph. Chem. Pogg.*, **9**. 28, 1827] et Wurtz [*loc. cit.*], il serait soluble et cristallisé. Il existe aussi un phosphite acide KH^2PO^3, et une combinaison $2KH^2PO^3 + PO^3H^3$ [Dufet, *B. Soc. minér.*. **14**, 206, 1892; Amat, *C. R.*, **106**, 1351, 1888]. Amat a obtenu aussi un pyrophosphite $K^2H^2P^2O^5$ [*Ann. Ch. Ph.*, (6), **24**, 351, 1891].

HYPOPHOSPHATES DE POTASSIUM. — Ces composés ont été étudiés surtout par Salzer [*Ann. Chem.*. **187**, 322, 1877; **194**, 28, 1878; **211**, 1, 1882 et *Bull. Soc. Chim.*, **32**, 134, 1879; **38**, 180, 1882], par Hanshofer [*Z. Kryst.*, **6**, 116. 1882], par Joly [*C. R.*, **100**, 447 et 1221, 1885; **102**, 110, 1886], par Dufet [*loc. cit.*], et par Banza [*Zeit. anorg. Chem.*, **6**, 128, 1894].

Ils sont au nombre de quatre :

Le *sel monopotassique* $KH^3P^2O^6$, anhydre.

Le *sel dipotassique* $K^2H^2P^2O^6$, que l'on obtient en cristaux orthorhombiques avec $3H^2O$ ou en tables clinorhombiques avec $2H^2O$.

Le *sel tripotassique* $K^3HP^2O^6$, et le *sel tétrapotassique* $K^4P^2O^6$, anhydres.

La dissolution aqueuse du sel monopotassique laisse déposer un autre composé $K^3H^9P^4O^{14}$, que l'on écrit généralement $K^2H^5(P^2O^6)^2 + 2H^2O$ (sel tripotassique d'un acide dihypophosphorique $H^8(P^2O^6)^2$, octoacide), et qui pourrait être aussi $K^3H^3P^4O^{11} + 3H^2O$ (sel tripotassique d'un acide pyrohypophosphorique $H^6P^4O^{11}$, hexaacide).

ORTHOPHOSPHATE TRIPOTASSIQUE, K^3PO^4. — On peut l'obtenir industriellement en calcinant le phosphate tricalcique avec du sulfate neutre de potassium et du charbon [Imperatori, *Chem. Centr. Blatt*, **48**, 1887].

Le soufre, agissant sur sa dissolution aqueuse, donne :

$$6K^3PO^4 + 3H^2O + S^{n+2}$$
$$= K^4S^n + K^2S^2O^3 + 6K^2HPO^4$$

[Filhol et Senderens, *C. R.*, **96**, 1051, 1883].

Orthophosphate monopotassique, KH^2PO^4. — Pour sa préparation industrielle, voyez Petraeus [*Chem. Centr. Blatt*, **134**, 1888] et Jay et Dupasquier [*Bull. Soc. Chim.*, **13**, 441, 1895].

D'après Wyrouboff ce sel serait dimorphe [*Bull. Soc. Chim.*, **25**, 116, 1901].

Sa densité à 20° est 2.338 [Krickmayer, *Zeit. Ph. Chem.*, **21**, 53, 1896].

Sa chaleur de dissolution est $-4^{Cal},85$ (Graham).

On a pour les trois orthophosphates :

$$P_{sol.} + O^4_{gaz} + K^3_{sol.} + Aq. = K^3PO^4_{diss.} + 478^{Cal},31$$

$$P_{sol.} + O^4_{gaz} + H_{gaz} + K^2_{sol.} + Aq.$$
$$= K^2HPO^4_{diss.} + 425^{Cal},62$$

$$P_{sol.} + O^4_{gaz} + H^2_{gaz} + K_{sol.} + Aq.$$
$$= KH^2PO^4_{diss.} + 368^{Cal},73$$

et, pour ce dernier sel seulement, on aurait pour l'état solide : $+ 373^{Cal},58$.

Autres orthophosphates acides de potassium.

$$2K^2HPO^4 + KH^2PO^4 + 2H^2O.$$
$$3K^2HPO^4 + KH^2PO^4 + 2H^2O.$$
$$KH^2PO^4 + PO^4H^3.$$

[Standenmayer, *Zeit. anorg. Chem.*, **5**, 383, 1893].

PYROPHOSPHATE TÉTRAPOTASSIQUE, $K^4P^2O^7$. — Gladstone l'a obtenu par addition d'anhydride phosphorique à une dissolution alcoolique de potasse, ou bien en versant goutte à goutte de l'oxychlorure de phosphore dans une dissolution concentrée de potasse [*J. Chem. Soc.*, (2), **5**, 435, 1867 et *Bull. Soc. Chim.*, (2), **9**, 205, 1868].

MÉTAPHOSPHATES DE POTASSIUM, $(KPO^3)^n$. — La densité du monométaphosphate insoluble de Graham est de 2,258 à $+ 14°,5$ [Clarke, *Am. J. Sc.*, (3), **14**, 281, 1877].

D'après Tammann [*J. prakt. Chem.*, (N. S.), **45**, 417, 1892; *Bull. Soc. Chim.*, (3), **8**, 1219, 1892] le dimétaphosphate $K^2P^2O^6$ de Fleitmann serait, en réalité, un trimétaphosphate $K^3P^3O^9$.

Lindbon [*Bull. Soc. Chim.*, **23**, 448, 1875] a décrit sous le nom de trimétaphosphate un sel très soluble que Tammann croit être le dimétaphosphate.

On a décrit d'autres métaphosphates dont Tammann [*loc. cit.*] et Stokes [*Am. Chem. J.*, **18**, 629 et 780; *Chem. Centr. Blatt*, **11**, 965, 1896 et **12**, 14, 1897] ont cherché à déterminer les poids moléculaires par la mesure de leur conductibilité électrique. La valeur de n dans la formule $(KPO^3)^n$ varierait de 1 à 14. Il existe, en outre, des hydrates tels que $KPO^3 + 3H^2O$ et $KPO^3 + 2/3 H^2O$, dont le poids moléculaire est inconnu [Voyez aussi Warschauer, *Zeit. anorg. Chem.*, **36**, 137, 1903; *Bull. Soc. Chim.*, **32**, 653, 1904].

FLUOPHOSPHATE DE POTASSIUM. $KPO^3 + HF + H^2O$. — [De Marignac, *Ann. Min.*, (5), **9**, 6, 1856].

PHOSPHOIODATE DE POTASSIUM, $4K^2O, P^2O^5 + 18I^2O^5 + 5H^2O$. — [Chrétien, *Ann. Chim. Phys.*, (7), **15**, 358, 1898].

TELLUROPHOSPHATE DE POTASSIUM, $3K^2O, 2P^2O^5 + 2TeO^3$. — Weinland et Prause, *D. chem. G.*, **33**, 1015, 1900; *Bull. Soc. Chim.*, **24**, 513, 1900].

SELS PHOSPHORÉS ET AZOTÉS. — $PO(OK)^2AzH^2$ et $PO(OH)(OK)AzH^2$ [Stokes, *Am. Chem. J.*, **15**, 198, 1893]. P^2O^4KAz [Gladstone, *J. Chem. Soc.*, (2), **4**, 1, 1866 et (2), **6**, 261, 1868]. $K^3H^3P^3Az^3O^6$, $K^2H^6P^4Az^4O^8$ et $K^4H^4P^4Az^4O^8$ [Stokes, *Am. Chem. J.*, **18**, 780, 1896; *Bull. Soc. Chim.*, **18**, 190, 1897].

BORATES DE POTASSIUM. — Le Châtelier [*Bull. Soc. Chim.*, **21**, 35, 1899] a isolé, par voie sèche, un borate $K^2B^8O^{13}$ ou $2KBO^2 + 2B^2O^3$. Voyez aussi Atterberg [*Zeit. anorg. Chem.*, **48**, 367, 1906 et *Bull. Soc. Chim.*, (4), **2**, 11, 1907] et Dukelski [*Zeit. anorg. Chem.*, **50**, 38, 1906 et *Bull. Soc. Chim.*, (4), **2**, 69, 1907]. Ces auteurs ont préparé divers borates hydratés.

Par l'action de l'eau oxygénée, on peut isoler un *perborate* KBO^3 [Mélikoff et Pissarzewsky, *J.*

Soc. Chim. russe. **30**. 693. 1898; *Bull. Soc. Chim.*, **22**. 920, 1899] et un *biperborate* KB^2O^5, $2H^2O$ [Bruhat et Dubois, *C. R.*, **140**, 506, 1905].

Le fluoborate de potassium KBF^4 traité par l'eau oxygénée donne un *fluohyperborate* hydraté : $K^2B^2F^2O^6 + H^2O$, ou

$$KO - O - BF - O - O - BF — O - O - OK + H^2O$$

[Mélikoff et Lordkijanidze, *D. chem. G.*, **32**, 3510. 1900; — Petrenko. *J. Soc. Phys. Chim. russe.* **34**. 37, 1902 et *Bull. Soc. Chim.*, **28**, 822, 1902].

COMBINAISONS DU POTASSIUM AVEC LES MÉTALLOÏDES DE LA QUATRIÈME FAMILLE ET L'OXYGÈNE. — POTASSIUM-CARBONYLE, KCO. — Joannis [*C. R.*, **116**, 1518. 1893] a obtenu ce produit pur en faisant agir à — 50° l'oxyde de carbone sec sur une dissolution concentrée de potassammonium dans l'ammoniac liquide. La liqueur mordorée devient d'abord bleue, puis d'un blanc rosé. En la laissant revenir à la température ordinaire, l'ammoniac se dégage et il reste une poudre d'un blanc rosé.

CARBONATE NEUTRE DE POTASSIUM, KCO^3 (*métacarbonate neutre*). — Sa densité est 2,29 [Schröder, *D. chem. G.*, **11**, 2017, 1878]; d'autres auteurs ont donné 2,30 — 2.00 — 2,64 — 2,267.

Il fond à 1200° [Quincke, *Ann. Phys. Chem. Pogg.*, **135**, 642, 1868], 1150° [Braun, *ibid.*, **154**, 190. 1874], 1045° [voy. Meyer et Riddle, *D. chem. G.*, **26**. 2443, 1893] ou 894° [Hüttner et Tammann, *Zeit. anorg. Chem.*, **43**, 215, 1905 et *Bull. Soc. Chim.* (3), **34**, 1266, 1905].

Déjà Scheerer avait indiqué qu'au rouge blanc il perd des traces de gaz carbonique et commence à se vaporiser [*Ann. Chem.*, **116**, 149, 1860]. Lebeau a montré qu'à 1100° la volatilité du carbonate de potassium n'est pas appréciable [*Bull. Soc. Chim.*, (3). **35**, 5, 1906]. En revanche il est nettement dissociable à partir de 790°, et à 1000° sa tension de dissociation est de 12 mm. [Lebeau. *C. R.*, **137**, 1255, 1903].

La chaleur spécifique du sel est 0.216 (Regnault) de 23° à 99°, 0.206 (Kopp) de 17° à 47°.

Des tables de solubilité dans l'eau ont été données par Poggiale [*Ann. Chim. Phys.*, (3), **8**, 468, 1843] et par Mulder [*Scheikund Verhandel*, Rotterdam, 96. 1864). Les densités des dissolutions ont été mesurées par Gerbach [*Jahresb.*, **43**, 1859 et **61**, 1869]; leurs chaleurs spécifiques par Marignac [*Arch. Sc. ph. N.*, **55**, 113. 1876] et leurs indices de réfraction par Doumer [*C. R.*, **110**, 40, 1890].

L'abaissement du point de congélation, pour 1 gr. de sel et 100 gr. d'eau, est de 0°.317 (Rudorff) ou 0°.303 (Raoult), ce qui donnerait 43,81 ou 41.87 pour l'abaissement moléculaire.

La chaleur de dissolution [Berthelot et Ilosway, *Ann. Chim. Phys.*, (5), **29**, 305, 1883] est :

$$+ 6^{Cal},50 + 0.074 (t - 15°).$$

La neutralisation de CO^2 dissous par $2KOH$ dissous donnant $+ 20^{Cal},20$ (Berthelot). on en déduit :

$$C_{sol.\ diam.} + O^3{}_{gaz} + K^2{}_{sol.} = K^2CO^3{}_{sol.} + 272^{Cal},39$$

Indépendamment des hydrates à $2H^2O$ (Berzélius), à $4H^2O$ (Gerlach), à $1.5H^2O$ (Stœdeler), il existerait un hydrate en cristaux orthorhombiques : $K^2CO^3 + 3H^2O$ [Morel, *Bull. Soc. Min.*, **15**, 7 et *Bull. Soc. Chim.*, (3). **7**. 230, 1892]. En outre l'hydrate à 1,5 H^2O s'effleurit à 100° et donne : $K^2CO^3 + H^2O$. Tous ces hydrates deviennent anhydres à 135°. Lescœur [*Ann. Chim. Phys.*, (7). **9**, 557, 1896] a étudié la dissociation de l'hydrate à $2H^2O$.

L'hydrogène réduit le carbonate de potassium

anhydre au rouge [Dittmar, *Chem. Centr. Blatt.*, I, 119, 1889].

BICARBONATE OU CARBONATE ACIDE DE POTASSIUM. $KHCO^3$ (*métacarbonate acide*). — On peut le préparer en appliquant la méthode Solvay qui permet d'obtenir industriellement le bicarbonate de soude (courant du gaz carbonique dans une dissolution de chlorure de potassium additionnée d'ammoniaque), mais le rendement est peu élevé à cause de la solubilité plus grande du bicarbonate de potassium [Dibbits, *J. prakt. Chem.*, (2), **10**, 417, 1874; *Bull. Soc. Chim.*, **23**, 461. 1875].

C'est un sel anhydre, dont la densité est 2. 158. Sa dissociation a été étudiée par Lescœur [*loc. cit.*]. La conductibilité électrique des dissolutions a été mesurée par Treadkiel et Reuter [*Zeit. anorg. Chem.*, **17**, 192, 1898].

Chaleur de dissolution : $— 5^{Cal},3$ (Berthelot). Chaleur de neutralisation de CO^2 par KOH : $+ 11$ Cal.; d'où :

$$C_{sol.\ diam.} + O^3{}_{gaz} + K_{sol.} + H_{gaz} = KHCO^3{}_{sol.} + 230^{Cal},30.$$

Dicarbonate de potassium, $K^2C^2O^5$ (?). — Cette formule correspond peut-être au composé obtenu par Cailletet [*C. R.*, **75**, 1272, 1872] en faisant agir le gaz carbonique liquéfié sur le carbonate neutre.

SESQUICARBONATE DE POTASSIUM, $K^2CO^3 + 2KHCO^3 + nH^2O$. — Ce composé déjà signalé par Berthollet, puis par Rose et par Poggiale, a été étudié de nouveau par Rammelsberg [*D. chem. G.*, **16**, 273. 1883; *Bull. Soc. Chim.*, **40**, 196, 1883] et par Flückiger [*D. chem. G.*, **16**, 1143, 1883; *Bull. Soc. Chim.*, **40**, 431, 1883].

PERCARBONATE DE POTASSIUM, $K^2C^2O^6$. — A basse température, pendant l'électrolyse des dissolutions concentrées de carbonate neutre K^2CO^3, l'acide CO^3H^2 paraît se scinder en ions H et CO^3H, puis $2CO^3H$ se soudent à l'anode pour former CO^3H^2.

Pratiquement. on opère à — 16° avec une dissolution aqueuse de K^2CO^3 saturée à + 10°. On emploie comme diaphragme un vase poreux de pile. Le percarbonate $K^2C^2O^6$ se sépare à l'anode sous forme d'une poudre amorphe d'un blanc bleuté [Constan et Von Hausen, *Zeit. Elektr.* **3**. 137, 1896; — Von Hausen, *ibid.*, **3**. 445, 1897 et *Bull. Soc. Chim.*, **18**, 825, 1897; — Von Hausen, *Chem. News*, **77**, 65, 1898 et *Bull. Soc. Chim.*, **20**, 423. 1898; — Bach, *J. Soc. phys. chim. russe*, **29**, 373, 1897].

Tanatar [*D. chem. G.*, **32**, 1544. 1899] et Kazanetsky [*Journ. Soc. phys. chim. russe*, **34**, 388, 1902; *Bull. Soc. Chim.*, **30**, 392, 1903] ont obtenu des hydrates.

FLUOSILICATE DE POTASSIUM, K^2SiF^6. — Truchot [*C. R.*, **98**, 1330, 1884] en a fait l'étude thermique.

SILICATES DE POTASSIUM. — Une dissolution de verre soluble de Fuchs (tétrasilicate $K^2Si^4O^9$), additionnée de potasse et placée sur un dialyseur, laisse diffuser la potasse et s'enrichit de plus en plus en silice [Ebell, *Polyt. J. Dingler*, **228**, 163. 1878].

L'électrolyse des silicates alcalins a été étudiée par Kulhenberg et Lincoln [*Zeit. phys. Chem.*, **2**, 77, 1888].

SELS DOUBLES. — Les sels doubles suivants ont été récemment décrits ou étudiés :

ALUMINIUM. — *Chlorures doubles* : $Al^2Cl^6, 2KCl$; $Al^2Cl^6, 3KCl$; $Al^2Cl^6, 6KCl$ [Baud, *Ann. Chim. Phys.*, (8), **1**. 8, 1904]. $Al^2Cl^6, 4KCl. 2H^2O$ [Neumann, *Ann. Chem. Pharm. Lieb*, **244**. 329. 1888].

Bromure double : Al^2Br^6, KBr [Kabloukof,

Journ. Soc. phys. chim. russe, 36, 5, 1904].

Sulfate double (alun) : $Al^2(SO^4)^3, SO^4K^2, 24H^2O$ [Maumené, *Bull. Soc. Chim.*, (2), 46, 261, 1886 et 47, 743, 1887; — de Boissieu, *ibid.*, (2), 47, 494, 1887; — Lescœur et Mathurin, *ibid.*, (2), 50, 33, 1888; — Muller Erzbach, *D. chem. G.*, 21, 2222, 1888]; — Jones et Mackay, *Am. Chem. Journ.*, 19, 83, 1897; — Locke, *ibid.*, 26, 166, 1901].

Séléniate double : $Al^2(SeO^4)^3, K^2SeO^4, 24H^2O$ [Fabre, *C. R.*, 105, 114, 1887].

Silicates doubles : [Baur, *Zeit. Phys. Chem.*, 42, 567, 1903] (voyez aussi 2ᵉ Suppl., 1, 188).

AMMONIUM. — *Hyposulfite double* : $KAzH^4S^2O^3$ [Fock et Klüss, *D. chem. G.*, 23, 536, 1890].

Amidophosphate double : $PO(OK)(OAzH^4)AzH^2$ [Stokes, *Am. Chem. Journ.*, 15, 198, 1893].

ARGENT. — *Chlorure double* : $AgCl, KCl$ [Berthelot, *Ann. Chim. Phys.*, (5), 29, 271, 1883].

Iodures doubles : AgI, KI [Berthelot, *loc. cit.*; — Johnson, *Chem. Soc.*, 33, 183, 1878]; $2AgI, 6KI, H^2O$ (voyez 2ᵉ Suppl., 1, 361).

Sulfure double : $4Ag^2S, K^2S, 2H^2O$ [Ditte, *C. R.*, 120, 91, 1895].

Hyposulfites doubles : $Ag^2S^2O^3, 3K^2S^2O^3, 2H^2O$ et $3Ag^2S^2O^3, 5K^2S^2O^3$ [Rosenheim et Steinhauser, *Zeit. anorg. Chem.*, 25, 72, 1900].

Azotite double : $2AgAzO^2, 2KAzO^2, H^2O$ [Fock, *Zeit. Kryst.*, 17, 177, 1889].

Azotates doubles : $AgAzO^3, 3KAzO^3$ [Russel et Maskelyne, *Proc. Roy. Soc.*, 26, 357, 1878]; $AgAzO^3, KAzO^3$ (voyez 2ᵉ Suppl., 1, 364 et Ussow, *Zeit. anorg. Chem.*, 38, 419, 1904].

Carbonate double : Ag^2CO^3, K^2CO^3 (voyez 2ᵉ Suppl., 1, 364].

BARYUM. — *Azotate double* : $Ba(AzO^3)^2, 2KAzO^3$ [Wallbridge, *Am. Chem. Journ.*, 30, 154, 1903 et Foote, *ibid.*, 32, 251, 1904].

Orthophosphate double : $Ba^2K^2(PO^4)^2$ [de Schulten, *C. R.*, 96, 706, 1883].

Orthoarséniates doubles [Lefèvre, *Ann. Chim. Phys.*, (6), 27, 5, 1892].

CADMIUM. — *Bromures doubles* : $CdBr^2, KBr, H^2O$ et $CdBr^2, 4KBr$ [Rimbach, *D. chem. G.*, 38, 1553, 1905].

Hyposulfites doubles : $3CdS^2O^3, 5K^2S^2O^3$ et $CdS^2O^3, 3K^2S^2O^3, 2H^2O$ [Fock et Klüss, *D. Chem. G.*, 23, 1753, 1890].

Sulfate double : $CdSO^4 + K^2SO^4$ avec 1 ou 1,5 ou $4H^2O$ [Wyrouboff, *Bull. Soc. Chim.*, (3), 25, 128, 1901 et *Chem. Zeit.*, 15, 1836, 1891].

Azotites doubles : $Cd(AzO^2)^2, KAzO^2$ et $Cd(AzO^2)^2, 2KAzO^2$ [Fock, *Zeit. Kryst.*, 17, 177, 1890].

Hypophosphate double : $CdH^2P^2O^6, K^2H^2P^2O^6 + 2,5H^2O$ [Bansa, *Zeit. anorg. Chem.*, 6, 146, 1894].

Arséniate double : $Cd^2K^2(AsO^4)^2$ [Lefèvre, *C. R.*, 110, 405, 1890].

Vanadates doubles : $CdK^2V^6O^{17}, 9H^2O$ et $Cd^3K^6V^{20}O^{56}, 27H^2O$ [Radau, *Ann. Chim. Pharm. Lieb.*, 251, 114, 1889].

CALCIUM. — *Chlorure double* : $CaCl^2, 2KCl$ [Berthelot et Ilosway, *Ann. Chim. Phys.*, (5), 29, 308, 1883].

Sulfates doubles : $CaSO^4, K^2SO^4, H^2O$ [Ditte, *C. R.*, 84, 86, 1877; — Van't Hoff et Wilson, *Sitz. preuss. Akad.*, 53, 1142, 1900]; $CaSO^4, K^2SO^4, 4H^2O$ [Ditte, *Ann. Chim. Phys.*, (7), 14, 294, 1898]; $2CaSO^4, K^2SO^4, 3H^2O$ [Ditte, *C. R.*, 84, 86, 1877].

Orthophosphate double : $CaKPO^4$ [Grandeau, *Ann. Chim. Phys.*, (6), 8, 201, 1886; — Ouvrard, *C. R.*, 106, 1599, 1888].

Pyrophosphate double : $CaK^2P^2O^7$ [Ouvrard, *loc. cit.*].

Arséniate double : $CaKAsO^4$ [Lefèvre, *Ann. Chim. Phys.*, (6), 27, 5, 1892].

CHROME. — *Chlorure double* : $CrCl^3, 2KCl, 2H^2O$ [Godefroy, *C. R.*, 99, 141, 1884; — Neumann, *Ann. Chem. Pharm. Lieb.*, 244, 329, 1888].

Sulfate double (alun de chrome) : $Cr^2(SO^4)^3, K^2SO^4, 24H^2O$ [Lescœur, *Bull. Soc. Chim.*, (2), 50, 35, 1888; — Rüdorff, *D. chem. G.*, 21, 3045, 1888; — Recouvre, *Bull. Soc. Chim.*, (3), 7, 909, 1891].

Phosphate double : (voyez 2ᵉ Suppl., 1, 1116).

Arséniate double : $Cr^2K^3(AzO^4)^3$ [Lefèvre, *C. R.*, 111, 36, 1890].

Carbonate double : $CrCO^3, K^2CO^3 + 1,5H^2O$ [Baugé, *C. R.*, 122, 474, 1896; 125, 1177, 1897; 126, 1566, 1898].

COBALT. — *Sulfates doubles* (alun) : (voyez 2ᵉ Suppl., 1, 1224); $CoSO^4, K^2SO^4$ [Mallet, *Chem. Soc.*, 81, 1546, 1902].

Séléniate double : $CoSeO^4, K^2SeO^4, 6H^2O$ [Grosbaus, *Rec. Pays-Bas*, 4, 236, 1885].

Azothydrate double : $CoAz^6, KAz^3$ [Curtius et Rissom, *J. prakt. Chem.*, (2), 58, 299, 1898].

Azotite double : $Co^2(AzO^2)^6, K^6(AzO^2)^6 + nH^2O$ [Rosenheim et Koppel, *Zeit. anorg. Chem.*, 17, 35, 1898].

Phosphates doubles : $CoKPO^4$ et $Co^3K^6(PO^4)^4$ [Grandeau, *Ann. Chim. Phys.*, (6), 8, 215, 1886 et Ouvrard, *ibid.*, (6), 16, 323, 1889].

Hypophosphate double : $CoK^2P^2O^6, 5H^2O$ [Bernsen, *Zeit. anorg. Chem.*, 6, 143, 1894].

Vanadates doubles : $CoKV^5O^{14} + 8,25H^2O$ et $Co^3K^2V^{14}O^{39} + 21H^2O$ [Radau, *Ann. Chem. Pharm. Lieb.*, 244, 133, 1889].

CUIVRE. — *Chlorures doubles* : $Cu^2Cl^2, 4KCl$ [Le Chatelier, *C. R.*, 98, 813, 1884]; $CuCl^2, KCl$ [Gröger, *Zeit. anorg. Chem.*, 19, 328, 1899] (voyez 2ᵉ Suppl., 1, 1475); $CuCl^2, 2KCl, 2H^2O$ [Wyrouboff, *B. Soc. minér.*, 1887; — Vriens, *Zeit. phys. Chem.*, 7, 194, 1891 (voyez 2ᵉ Suppl., 1, 1475).

Bromure double : $CuBr^2, KBr$ [Sabatier, *C. R.*, 118, 1260, 1894].

Hyposulfites doubles : $CuS^2O^3, K^2S^2O^3 + 1,5H^2O$ ou $+ 2H^2O$ ou $4H^2O$; $CuS^2O^3, K^2S^2O^3$ [Muthmann et Stützel, *D. chem. G.*, 31, 1732, 1898; — Rosenheim et Steinhauser, *ibid.*, 31, 1876].

Sulfites doubles : Cu^2SO^3, K^2SO^3 et $Co^2SO^3, 4CuSO^3, K^2SO^3, 16H^2O$ [Rosenheim et Steinhauser, *Zeit. anorg. Chem.*, 25, 72, 1900].

Sulfate double : $CuSO^4, K^2SO^4, 6H^2O$ [voyez 2ᵉ Suppl., 1, 1479].

Azotite double : $Cu(AzO^2)^2, 3KAzO^2$ [Fock, *Zeit. Kryst.*, 17, 177, 1890].

Phosphates doubles : $CuKPO^4$ et $CuKPO^4, Cu^3(PO^4)^2$ [Grandeau, *Ann. Chim. Phys.*, (6), 8, 193, 1886; — Ouvrard, *C. R.*, 111, 177, 1890].

Hypophosphate double : $CuH^2P^2O^6, 3K^2H^2P^2O^6, 15H^2O$ [Bansa, *Zeit. anorg. Chem.*, 6, 128, 1894].

Carbonate double : $7CuCO^3, 2K^2CO^3, CuO, 17H^2O$ [Gröger, *D. chem. G.*, 34, 429, 1901].

FER. — *Chlorure double* : $FeCl^3, 2KCl, H^2O$ [Hinrichsen et Sachsel, *Zeit. Phys. Chem.*, 50, 81, 1904, et *Bull. Soc. Chim.*, 36, 1036, 1904].

GLUCINIUM. — *Phosphate double* : $GlKPO^4$ [Grandeau, *Ann. Chim. Phys.*, (6), 8, 213, 1886; — Ouvrard, *C. R.*, 110, 1333, 1890].

Silicates doubles [Hautefeuille et Perrey, *C. R.*, 107, 786, 1888; — Duboin, *C. R.*, 123, 608, 1896].

IRIDIUM. — *Chlorures doubles* : $Ir^2Cl^6, 6KCl, 6H^2O$ [Dufet, *B. Soc. minér.*, 13, 206, 1890; — Leidié, *C. R.*, 131, 888, 1900]; $IrCl^4, 2KCl$ [Leidié, *C. R.*, 119, 1249, 1899].

Bromures doubles : $Ir^2Br^6, 6KBr, 6H^2O$ et $IrBr^4, 2KBr$ [Birnbaum, *J. prakt. Chem.*, (1), 96, 207, 1865].

Chlorophosphite : $Ir^2Cl^6, 3PO^3H^2K, 3PO^4H^2K$ [Geisenheimer, *C. R.*, 110, 855, 1890].

Chloroazotites : $Ir^2K^3(AzO^2)^9.3KCl$: $IrCl^8(AzO^2)^3K^3$; $IrCl^3(AzO^2)^3K^3$; $Ir^3Cl^{16}(AzO^2)^8K^{12}, 4H^2O$ [Leidié. *C. R.*, **134**. 1582, 1902; — Péchard. in *Traité Moissan*. **5**. 917, 1906: — Miolati et Gialdini, *Att. Ac. Lincei*, (5), **11**. 2, 151. 1902; — Quenessen. *C. R.*.**141**.258, 1905 et *Bull. Soc. Chim.*, (3), **33**. 1308, 1905].

Azotite double : $Ir^2(AzO^2)^6, 6KAzO^2, 2H^2O$ [Leidié. *loc. cit.*].

Sulfate double (alun) : $Ir^2(SO^4)^3.K^2SO^4, 24H^2O$ [Marino. *Zeit. anorg. Chem.*, **42**. 213. 1904].

Sulfate double : $Ir^2(SO^4)^3.3K^2SO^4$ [Lecoq de Boisbaudran, *C. R.*, **96**. 1336. 1406 et 1551, 1883, et Delépine, *Bull. Soc. Chim.*, **35**, 579 et 799, 1906].

LITHIUM. — *Sulfate double* : $LiKSO^4$ [Traube, *Jahresb. Min.*, (2). **58**. 1892; — Doumer, *C. R.*, **110**, 139, 1890].

Métaphosphate double : $LiK^2(PO^3)^3.3H^2O$ [Tamman, *J. prakt. Chem.*. **45**, 417, 1892].

MAGNÉSIUM. — *Chlorures doubles* : $MgCl^2.KCl$ [Berthelot et Ilosway. *Ann. Chim. Phys.*, (5), **29**. 319. 1883; — Duboin. *C. R.*.**120**. 678. 1895; $MgCl^2.2KCl$ [de Schulten, *Bull. Soc. Chim.*,(3), **17**. 166-169, 1897].

Bromure double : $MgBr^2.KBr. 6H^2O$ [Feit. *J. prakt. Chem.*, (2). **39**. 373. 1889; — de Schulten. *loc. cit.*].

Iodure double : $MgI^2. KI. 6H^2O$ [Lerch. *J. prakt. Chem.*, (2), **28**, 338, 1883; — de Schulten. *loc. cit.*].

Sulfure double : [Jaennigen. *Centr. Bl.*, **2**. 205. 1895].

Sulfates doubles : $2MgSO^4.K^2SO^4$ [Mallet. *Chem. Soc.*, **77**, 216. 1900]; $MgSO^4.K^2SO^4$ [Mallet. *Chem. Soc.*, **81**. 1546, 1902].

Ortho et métaphosphate doubles : $MgKPO^4$ et $MgK(PO^3)^3$ [Ouvrard. *C. R.*, **106**. 1729. 1888].

Orthoarséniate double : $MgKAsO^4$ [Kikerin, *Dissert. Erlangen*. 1883; — Lefèvre. *C. R.*, **110**. 405. 1890].

Arséniate acide double : $Mg^2KH(AsO^4)^2$ [Kikerin. *loc. cit.*; — Hanshöffer. *Zeit. Kryst.*, **7**. 262, 1882].

Arséniate mixte : $Mg^3KH^2(AsO^4)^3. 5H^2O$ [Kikerin. *loc. cit.*].

Pyrohexarséniate double : $Mg^4K^4As^6O^{21}$ [Lefèvre, *loc. cit.*].

Carbonate double : $MgCO^3, KHCO^3.4H^2O$ [Knorre, *Zeit. anorg. Chem.*. **34**. 260, 1903].

Silicate double : $MgK^2Si^3O^8$ [Duboin, *C. R.*, **120**. 678, 1895].

MANGANÈSE. — *Chlorures doubles* : $MnCl^2. KCl. 2H^2O$ [Saunders, *Am. Chem. Journ.*, **14**. 127. 1892; — Mügge. *Centr. Bl.*, **1**, 794. 1893]; $MnCl^3.2KCl.H^2O$ [Neumann. *Mon. f. Chem.*. **15**. 489. 1894; — Rice. *Chem. Soc.*, **73**, 258. 1898]; $MnCl^4.2KCl$ et $MnCl^4.MnCl^3,5KCl$ [Meyer et Best. *Zeit. anorg. Chem.*. **22**. 169. 1899-1900].

Iodate double : $Mn(IO^3)^4+3KIO^3$ [Berg, *C. R.*.**128**. 673. 1899].

Sulfite double : $MnSO^3.K^2SO^3$ [Gorgeu, *C. R.*. **96**, 376. 1883].

Sulfates doubles : $MnSO^4.K^2SO^4$ et $2MnSO^4.K^2SO^4$ [Mallet. *Chem. Soc.*. **77**. 221. 1900 et **81**. 1546. 1902]; $SO^4K^2, 2SO^3. 3MnO.3H^2O$ [Gorgeu. *C. R.*. **95**. 82. 1882]; $Mn^2(SO^4)^3.K^2SO^4$ [Frank. *J. prakt. Chem.*. (2). **36**, 166 et 451, 1887; $Mn^3(SO^4)^3.K^2SO^4. 24H^2O$ [Christensen. *Zeit. anorg. Chem.*. **27**. 321, 1901].

Séléniate double : $MnSeO^4.K^2SeO^4, 2H^2O$ [Wyrouboff, *B. Soc. minér.*. **14**. 233. 1891].

Hypophosphate double : $MnH^2P^2O^6.K^2H^2P^2O^6. 3H^2O$ [Bansa, *Zeit. anorg. Chem.*. **6**. 149, 1894].

Phosphates doubles : $MnKPO^4$ et $MnK^2P^2O^7$ [Ouvrard, *C. R.*, **106**. 1729, 1886]; $MnKP^2O^7$ [Schjerning. *J. prakt. Chem.*. (2) **45**, 515, 1892, et *Bull. Soc. Chim.*. **8**, 1220, 1892].

Arséniate double : $MnKAsO^4$ [Lefèvre. *C. R.*, **110**, 405, 1890].

Sulfoantimonite double : $Mn^3Sb^2S^6$ [Pouget. *C. R.*, **129**, 103, 1899].

Vanadate double : $MnKV^5O^{14}, 8H^2O$ [Fock. *Zeit. Kryst.*. **17**. 1. 1889].

Carbonate double : $MnK^2(CO^3)^2, 4H^2O$ [Reynold. *Chem. Soc.*, **73**, 262, 1898].

MERCURE. — *Chlorures doubles* : $2HgCl^2, KCl, 2H^2O$; $HgCl^2, KCl. H^2O$; $HgCl^2, 2KCl, H^2O$ [Varet. *C. R.*, **123**. 421. 1896; Foote et Lévy, *Am. Chem. Journ.*, **35**, 236. 1906. et *Bull. Soc. Chim.*, **36**. 1322, 1906].

Bromures doubles : $HgBr^2.KBr$ et $HgBr^2, KBr, H^2O$ [Varet, *C. R.*, **123**. 497. 1896].

Chlorobromure : $HgBr^2, 2KCl$ [Harth, *Jahresb.*, 965, 1897].

Iodures doubles : $HgI^2. KI$; HgI^2, KI, H^2O; $HgI^2. KI + 1.5H^2O$; $HgI^2. 2KI$; $HgI^2, 2KI, 2H^2O$ [François, *C. R.*, **128**, 1456 et **129**, 959, 1899; — Pawlow. *Journ. Soc. Phys. Chim. russe*, **32**. 732, 1900; — Clayton, *Chem. News*, **70**, 102, 1894].

Sulfures doubles : $HgS. K^2S, H^2O$ et 5 ou $7H^2O$; $5HgS. K^2S, 5H^2O$ [Ditte, *C. R.*, **98**, 1271 et 1380, 1884].

Azotites doubles : $Hg(AzO^2)^2. 2KAzO^2$ [Fock, *Zeit. Kryst.*. **17**. 177, 1890; — Rosenheim et Oppenheim. *Zeit. anorg. Chem.*. **28**, 171. 1901; — Sachs, *Zeit. Kryst.*, **34**, 162, 1901]; $Hg(AzO^2)^2, 3KAzO^2, H^2O$ [Kohlschütter, *D. chem. G.*, **35**, 489, 1902]; $HgK(AzO^2)^3$ [Rosenheim et Oppenheim, *loc. cit.*].

NICKEL. — *Sulfure double* : Ni^2S^3, K^2S [Chesneau, *C. R.*. **123**, 1068. 1896].

Sulfate double : $NiSO^4, K^2SO^4$ [Mallet, *Chem. Soc.*. **81**. 1546, 1902].

Phosphate double : $Ni^3K^6(PO^4)^4$ [Ouvrard, *Ann. Chim. Phys.*, (6), **16**, 323, 1889].

Vanadates doubles : $NiKV^5O^{14} + 8,25H^2O$; $Ni^3K^3V^{10}O^{29} + 17H^2O$; $Ni^5K^2V^{12}O^{36} + 27H^2O$ [Radau, *Ann. Chem.*, **254**, 133, 1889].

OR. — *Bromure double* : $AuBr^3, KBr, 2H^2O$ [Krüss et Schmidt, *D. chem. G.*, **20**, 2634, 1887].

Iodure double : AuI^3, KI [F. Meyer, *C. R.*, **139**, 733. 1904].

Sulfate double : $Au^2(SO^4)^3, K^2SO^4$ [Schöttländer. *Ann. Chem.*, **217**, 312, 1883].

Azotates doubles : $Au(AzO^3)^3. AzO^3K$ et $Au(AzO^3)^3. KAzO^3, 2AzO^3H$ [Schottländer, *loc. cit.*].

OSMIUM. — *Chlorure double* : $OsCl^4, 2KCl$ [Seubert, *Ann. Chem.*, **261**, 258, 1891; — Wintrebert. *Thèse Paris*, 109, 1902].

Bromure double : $OsBr^4, 2KBr$ [Wintrebert, *loc. cit.*; — Rosenheim et Sasserath. *Zeit. anorg. Chem.*. **21**, 135, 1899; — Sachs, *Zeit. Kryst.*, **34**, 162, 1901].

Iodure double : $OsI^4, 2KI$ [Wintrebert, *loc. cit.*].

Osmylchlorures et bromure : $OsO^2Cl^2, 2KCl$; $OsO^2Cl^2, 2KCl, 2H^2O$; $OsO^2Br^2, 2KBr, 2H^2O$ [Wintrebert, *loc. cit.*].

Osmylnitrite : $OsO^2(AzO^2)^4K^2$ [Wintrebert, *Ann. Chim. Phys.*, (7). **28**, 15. 1903].

Osmyloxynitrite : $OsO^3(AzO^2)^2K^2, 3H^2O$ [Wintrebert. *loc. cit.*].

Azotite double : $Os(AzO^2)^3, 2KAzO^2$ [Wintrebert. *loc. cit.* et *C. R.*, **140**, 585. 1905].

Chloroosmiate, bromo et iodoosmiate nitrosés : $Os(AzO)Cl^3$ (ou Br^3 ou I^3)K^2 (Wintrebert).

Osmiamate : $OsO(AzO)OK$ [Joly, *C. R.*, **112**, 1442. 1891; — Dufet, *B. Soc. minér.*, **14**, 214, 1891].

Chloroosmiate amidé : $Os(AzH^2)Cl^3, 2KCl$ [Brizard. *Ann. Chim. Phys.*, (7). **24**. 311, 1900].

Sulfites : $4OsO^3, 7K^2O, 10SO^2, 7H^2O$ et $4OsO^3, 11K^2O. 14SO^2, 7H^2O$ [Rosenheim et Sasserath, *loc. cit.* ; — Rosenheim, *Zeit. anorg. Chem.*, **24**, 420, 1900 ; — Sachs, *loc. cit.*].

PALLADIUM. — *Chlorures doubles* : $PdCl^2, 2KCl$ [Joannis, *C. R.*, **95**, 295, 1882] ; $PdCl^4, 2KCl$ [Thomsen, *J. prakt. Chem.*, (2), **15**, 435, 1877].

Bromures doubles : $PdBr^2, 2KBr$ [Joannis, *loc. cit.*] ; $PdBr^4, 2KBr$ [Gutbier et Krell, *D. chem. G.*, **38**, 2585, 1905].

Azotite double : $Pd(AzO^2)^2, 2KAzO^2$ [Pozzi-Escot et Conquet. *C. R.*, **130**, 1093, 1900 ; — Dufet, *B. Soc. minér.*, **18**, 419, 1895].

Chloronitrite double : $Pd(AzO^2)^2, 2KCl$ [Vèzes, *C. R.*, **115**, 111, 1892 ; — Dufet, *B. Soc. minér.*, **15**, 206, 1892].

Bromoazotite double : $Pd(AzO^2)^2, 2KBr$ [Vèzes et Loiseleur, *B. Soc. Sc. Bordeaux*, mars 1900].

Iodoazotite double : $Pd(AzO^2)^2, 2KI$ [Rosenheim et Itzig, *Zeit. anorg. Chem.*, **23**, 28, 1900].

PLATINE. — *Chlorures doubles* : $PtCl^2, 2KCl$ [Carey-Léa, *Am. Journ. Sc.*, (3), **48**, 397, 1894 ; — Vèzes, *Bull. Soc. Chim.*, (3), **19**, 879, 1898 ; $PtCl^4, 2KCl$ [Póligot, *Monit. Scient.*, (4), **6**, 872, 1892 ; — Pigeon, *Ann. Chim. Phys.*, (7), **2**, 433, 1894].

Bromures doubles : $PtBr^2, 2KBr$ [Bilmann et Anderson, *D. chem. G.*, **36**, 1565, 1903] ; $PtBr^4, 2KBr$ [Pitkin, *Chem. News*, **44**, 118, 1880 ; — Halberstadt, *D. chem. G.*, **17**, 2962, 1884].

Chlorobromures doubles : $PtCl^3Br K^2$; $PtCl^4 Br^2 K^2$; $PtCl^3Br^3 K^2$; $PtCl^2Br^4 K^2$; $PtClBr^5 K^2$ [Pitkin, *loc. cit.* ; — Herty, *Am. Chem. Soc.*, **18**, 130, 1896 ; — Miolati, *Zeit. anorg. Chem.*, **14**, 237, 1897] ; $PtClBr^4 K^2$ [Pigeon, *loc. cit.*].

Triplatohexanitrite acide : $Pt^3O(AzO^2)^6 K^2 H^4$, $3H^2O$ [Vèzes, *Ann. Chim. Phys.*, (6), **29**, 145, 1893].

Plato et *platichloroazotites* : $Pt(AzO^2)^3 Cl K^2$, $2H^2O$; $Pt(AzO^2)^2 Cl^2 K^2$; $Pt(AzO^2)^4 Cl^2 K^2$; $Pt(AzO^2)Cl^5 K^2 + H^2O$ [Vèzes, *loc. cit.*].

Plato et *platibromoazotites* : $Pt(AzO^2)^3 Br K^2$, $2H^2O$; $Pt(AzO^2)^2 Br^2 K^2, H^2O$; $Pt(AzO^2)^4 Br^2 K^2$; $Pt(AzO^2)^3 Br^3 K^2$; $Pt(AzO^2)^2 Br^4 K^2$ (Vèzes).

Plato et *platiiodonitrites* : $Pt(AzO^2)^2 I^3 K^2$, $2H^2O$; $Pt(AzO^2)^2 I^4 K^2$; $Pt(AzO^2)I^5 K^2$ (Vèzes).

PLOMB. — *Chlorures doubles* : $2PbCl^2, KCl$ [Loren et Ruckstuhl, *Zeit. anorg. Chem.*, **51**, 71, 1906] ; $PbCl^2, KCl$ [Herty, *Am. Chem. Journ.*, **14**, 107, 1892 ; — Wells, *Zeit. anorg. Chem.*, **3**, 95, 1892] ; $PbCl^2, 2KCl$ [Nikoluzine, *D. chem. G.*, **18**, R, 370, 1885 ; — Friedrich, *Mon. f. Chem.*, **14**, 505, 1893] ; $PbCl^2, 4KCl$ [Loren et Ruckstuhl, *loc. cit.*].

Bromures doubles : $PbBr^2, KBr, H^2O$; $PbBr^2, KBr$; $PbBr^2, 2KBr, H^2O$; $PbBr^2, 3KBr$; $2PbBr^2, KBr$ [Herty, *loc. cit.* ; — Wells, *loc. cit.* ; — Herty, *Am. Chem. Journ.* **15**, 537, 1893].

Iodure double : $PbI^2, KI, 2H^2O$ [Herty, *Am. Chem. Journ.*, **18**, 290, 1896].

Sulfate double : $PbSO^4, K^2SO^4$ [Belton, *Chem. News*, **91**, 191, 1905 et *Bull. Soc. Chim.*, (3), **36**, 18, 1906].

Phosphate double : $PbKPO^4$ [Ouvrard, *C. R.*, **110**, 1333, 1890].

ANALYSE. — L'acide hydrofluoborique donne avec les dissolutions des sels de potasse un précipité KBF^4 qui exige 223 p. d'eau froide pour se dissoudre [Stolba, *Central Bl.*, 395, 1875].

L'azotite double de sodium et de cobalt donne un précipité $K^6Co^2(AzO^2)^{12} + 3H^2O$ tout à fait insoluble [Curtmann, *D. chem. G.*, **14**, 1951, 1881 ; — Van Leent, *Zeit. anal. Chem.*, **40**, 569, 1901 et *Bull. Soc. Chim.*, **28**, 93, 1902].

L'iconogène (aminonaphtolsulfonate de sodium 1.2.6) en dissolution saturée précipite les sels de potassium [Alvarez, *C. R.*, **140**, 1186, 1905].

Pour le dosage voyez les travaux récents de Corenwinder et Contamine [*C. R.*, **89**, 907, 1889], de Ulex [*Zeit. anal. Chem.*, **17**, 175, 1878 et *Bull. Soc. Chim.*, **32**, 371, 1879], de Shiner [*Bull. Soc. Chim.*, **22**, 755, 1899], de Montémartini et Mattucci [*Gazz. chim. ital.*, (2), **33**, (2), 189, 1903 et *Bull. Soc. Chim.*, **32**, 828, 1904].

Montpellier, juin 1907.   R. de Forcrand.

POTASSIUM (INDUSTRIE DES COMPOSÉS DU). — D'après les statistiques du Kalisyndicat, formé en 1884, les mines et les usines de Stassfurt ont produit, en 1905, en sels bruts et raffinés :

Chlorure de potassium à 80 0/0	274 587	tonnes.
Sulfate de potassium à 90 0/0..	32 739	—
Sulfate de potassium et de magnésium à 48 0/0..	29 177	—
Sels de potasse pour engrais...	123 126	--
Kiesérite calcinée.......	1 375	—
Kiesérite en pains.............	83 311	—
Sels bruts	2 528 463	—

Le syndicat comprend 30 sociétés, dont les mines et usines occupent plus de 20 000 ouvriers. Ces dépôts salins de Stassfurt font de l'Allemagne le grand marché de la potasse.

Néanmoins, les autres sources de la potasse soutiennent encore la concurrence. En France, en 1899, la potasse de vinasse donnait 13 400 tonnes de carbonate et 5500 tonnes de sulfate et chlorure. La seule usine de Rocourt produisait 6000 tonnes de salin, dont on extrayait 2000 tonnes de carbonate de potasse, 875 tonnes de carbonate de soude, 525 tonnes de chlorure de potassium et 800 tonnes de sulfate de potassium.

Dans beaucoup d'usines, on a renoncé à l'emploi des fours Porion pour l'évaporation des vinasses ; la concentration est obtenue dans le vide, comme avec les appareils à octuple effet de Yarian, Kestner, etc. Les vinasses concentrées à 32° Baumé s'écoulent alors dans des fours accouplés, de façon que l'un soit mis à feu pendant que l'autre est en défournement.

La potasse de suint tient aussi une place importante et se prépare dans tous les grands peignages de laine. En 1889, on estimait la production française à 4500 tonnes. Aux usines de Döhren, près Hanovre, le traitement journalier de 5000 kg. de laine donne 152 kg. de salin à 78 0/0 de carbonate. La production et l'importation des cendres a beaucoup diminué. La préparation de la potasse de transformation par le procédé Leblanc a perdu de son importance (Couturier, art. *Potasse* du *Dict. du Comm. et de l'Ind.* d'Yves Guyot et Raffalovitch) ; le procédé Engel donne des résultats plus avantageux. D'autre part, la fabrication de la potasse artificielle par voie électrolytique est devenue très prospère.

CHLORURE DE POTASSIUM. — 1° *De la carnallite.* — Au traitement de la carnallite brute à 16 0/0 de KCl par dissolution et évaporation, on préfère aujourd'hui le lessivage méthodique et continu par des eaux mères à 28° B⁴, riches en chlorure de magnésium, dans des chaudières cylindriques en fonte d'une capacité de 30 à 60 mc. et chauffées à 125°. La première solution, à 32° Bé, contient 12 0/0 de KCl, la seconde 7 0/0. Par refroidissement, KCl se dépose. La concentration des eaux mères donne de la carnallite qui, par dissolution, fournit encore du chlorure. Après lavage, claircage et essorage, on peut arriver à une pureté de 98-99 0/0. 800 kg. de carnallite brute donnent 100 kg. de chlorure. Le résidu insoluble du traitement par les eaux mères contient 30 0/0 de kiesérite ; il est passé encore chaud à travers un système de cribles qui sépare la kiesérite, à l'état de fine bouillie, d'avec le chlorure de sodium et les insolubles non désagrégés. La bouillie égouttée rapidement est moulée en pains de 25 kg. En s'hydratant à froid, elle durcit à l'état de sulfate de magnésie à 1 molécule d'eau.

En s'appuyant sur les équilibres des mélanges salins, Meyerhoffer (Brevet all. 92 812, 1896) a proposé le traitement de la carnallite par la chaleur à 167°, qui donne un liquide contenant le quart du chlorure de potassium du minerai et un solide à traiter de nouveau. A 116°, le chlorure de magnésium hexahydraté dissout 1 0/0 de carnallite, et à une température croissante d'autant plus jusqu'à 265°, qui correspond à la fusion de la carnallite. Il s'ensuit qu'on peut arriver, en chauffant la carnallite brute, à séparer la carnallite pure du chlorure de sodium et du sulfate de magnésie qu'elle contient. Van t'Hoff a d'ailleurs donné, au Congrès de Berlin, des conditions de la formation des dépôts de Stassfurt, une étude théorique qui intéresse ce sujet [*Rev. de chim. pure et appl.*, 295, 1903]. Voy. aussi Duhem [*Thermodynamique et Chimie*, Paris, 1902].

Comme on l'a vu plus haut, le chlorure de potassium de Stassfurt est le sel raffiné le plus important de ceux de l'industrie de Stassfurt.

En 1900, les emplois du chlorure de potassium de Stassfurt se répartissaient ainsi :

Emplois.	En Allemagne. tonnes	Hors d'Allemagne. tonnes
Agriculture	400	72 050
Fabric. de $CO^3 K^2$ et KOH	44 600	600
— de $AzO^3 K$	16 100	24 100
— des chromates	1 200	4 150
— de $ClO^3 K$	600	13 000
Emplois divers	5 700	5 200
	68 600	119 100

2° Des eaux mères des marais salants. — Les eaux mères des marais salants du Midi de la France, amenées à 37° Bé, donnent de la carnallite artificielle. Après le dépôt du sel d'été (voyez *Sulfate de potasse*) on précipite le chlorure de potassium (40 kg. par mc.) par addition d'eaux mères à 34° Bé, riches en chlorure de magnésium ; il se précipite de la carnallite dont on extrait le chlorure de potassium par un lavage qui dissout le chlorure de magnésium [Lunge, *Monit. scient. Quesneville*, 1132, 1883].

SULFATE DE POTASSIUM. — 1° *Par la kaïnite.* — La kaïnite, $K^2 SO^4, MgSO^4, MgCl^2, 6H^2O$, abandonne facilement à l'eau froide son chlorure de magnésium laissant le sulfate double, la schœnite. Pour dissoudre celle-ci et la débarrasser de sel marin, on la traite à 80° par une eau mère riche en NaCl (Borsche et Brünjes, Leopoldshall). Par évaporation la schœnite cristallise ($K^2 SO^4, MgSO^4, 6H^2O$). On redissout ce sel, et on ajoute à l'état solide un peu plus que la quantité équivalente de KCl qu'il faut pour éliminer le magnésium à l'état de chlorure : le sulfate de potasse se précipite.

Precht, à Neu-Stassfurt, chauffe, sous pression à 140°, la kaïnite brute avec une eau mère riche en sel marin. Un transporteur à spirale permet un travail continu ; MgCl² est éliminé, et il reste un sulfate double $K^2 SO^4, 2MgSO^4, H^2O$, utilisable directement en agriculture. Ce sulfate, par redissolution, est converti en sulfate de potasse par addition de KCl.

Le traitement direct de la kaïnite paraît plus avantageux que celui de la kiesérite. Celle-ci donne, en effet, avec KCl, de la schœnite qui, avec un excès de KCl, fournit le sulfate de potassium.

2° Par les eaux mères des marais salants.

— Aux salins de Giraud, les eaux mères qui, à 35° Bé, ont abandonné le sel mixte (NaCl et MgSO⁴), sont évaporées à 37° Bé à l'air, et déposent le sel d'été, mélange de kaïnite et de carnallite. Ce sel, par dissolution et recristallisation, fournit la schœnite, qui est traitée comme on l'a vu plus haut.

CARBONATE DE POTASSIUM (Dict., 2, 1129). — *Procédé Leblanc.* — Cette fabrication, inaugurée en 1857, par les usines de Bouxvillers (Alsace), avait pris depuis 1870, en Allemagne surtout, une certaine importance. En 1882-1883, dans ce pays, la production était de 20 000 tonnes, dont 5500 pour la fabrique de Vorster et Grüneberg, qui avait rendu le procédé industriel [Blügel, *Monit. scient. Quesneville*, 1149, 1879]. La volatilité des sels de potasse, la difficile solubilité du sulfate, en même temps que la formation des cyanures, rendent la conduite des opérations assez délicate [Sorel, *La grande Ind. chim.*, 2 v., 1904].

Procédé Engel. — (Voyez 1er Suppl., 1298). Le procédé français de R. Engel (Brevet franç. 140 427, Brevet all. 15 218, 1880) a été perfectionné par Precht, et est devenu industriel dans la seule et importante fabrique de Neu-Stassfurt, où il a été étudié depuis 1890.

Il s'agissait d'obtenir par l'action du gaz carbonique sur la solution saturée de KCl, en présence de magnésie, un précipité de $MgCO^3, KHCO^3, 4H^2O$, facile à séparer, à purifier et à décomposer ensuite en carbonate de potasse soluble et carbonate de magnésie insoluble.

La carbonatation de la saumure magnésienne se fait à une température de 17 à 24°, qu'on empêche de s'élever par réfrigération du carbonateur. Le sel double cristallin est séparé de l'eau mère contenant le chlorure de magnésium formé, il est essoré et lavé avec une solution de carbonate de magnésie dans l'eau chargée de gaz carbonique sous pression (Brevet all. 55 182, 57 721). On arrive ainsi à ne laisser que 0,2 0/0 d'impuretés dans le sel double.

La décomposition du carbonate double purifié se fait par calcination, ou plus avantageusement en présence de l'eau à une température de 140°, dans des autoclaves dont les soupapes sont chargées à 5 atmosphères, pression supérieure à la tension de la vapeur d'eau à cette température. Il s'ensuit que le gaz carbonique résultant de la décomposition du bicarbonate du sel double s'échappe seul, et peut rentrer dans la fabrication.

Il paraît avantageux que le carbonate de magnésie qui se sépare pendant la décomposition soit le carbonate trihydraté cristallin d'une séparation facile ; aussi, dans les récents brevets, on opère la décarbonatation à une température plus basse, à 115° et même à 80°, en éliminant au fur et à mesure le carbonate de magnésie, pour éviter la réaction inverse (Brevet all. 143 595, 1901).

La solution de carbonate de potasse, séparée du carbonate de magnésie, est évaporée dans le vide, et fournit un carbonate hydraté à $2H^2O$, en fins cristaux d'une qualité remarquable, exempts de soude et de chlore [*Centr. Blatt.*, 2, 1219, 1901 ; Brevets all. 50 786, 125 987, 141 808, 143 408, 143 409, 144 742, 155 007].

La Deutsch. Solvay Werke met le carbonate double d'Engel en suspension dans l'eau, ou dans une solution de carbonate de potasse, et ajoute à la température de 20° la quantité de magnésie nécessaire pour neutraliser l'acide carbonique du bicarbonate (Brevet all. 135 329, 1901). On solubilise ainsi le carbonate alcalin.

Ce procédé d'Engel-Precht, employé par la Salzbergwerk de Neu-Stassfurt, se soutient avec succès devant les procédés électrolytiques. Il est intéressant, parce qu'il est combiné avec celui de la préparation du chlore par le chlorure de magnésium et l'industrie de la magnésie.

Autres procédés. — Nous reviendrons sur la préparation du carbonate de potasse électrolytique à propos de la potasse, préparation qui réussit dans plusieurs grandes usines. Le procédé Solvay, appliqué à la potasse, donne de mauvais rendements : celui à la triméthylamine (1er Suppl., 1298) n'a jamais donné de résultats industriels. En Allemagne, en 1878, à l'usine Kunheim, on aurait essayé le procédé Solvay à l'ammoniaque en présence d'alcool (Grousiliers) [Otto Witt, *Rapp. sur l'Exp. all.* en 1900], (Brevet all. 10 552.) Nous signalerons encore : 1° la réduction de la schœnite par le charbon, avec carbonatation du sulfure produit à 200-300° (Clemm), étudiée par Weldon [*Ding. polyt. J.*, **234**, 434, 1879];

2° Le traitement du sulfate de potasse par le sulfure de baryum, suivi d'une carbonatation (Vincent). Ce procédé a été appliqué à l'usine de Buckau (Ledusky), en utilisant la kaïnite débarrassée de chlorure par l'acide sulfurique;

3° Comme sous-produit encore de la fabrication du sulfate de baryte, par l'action du sulfate de potasse sur la withérite pulvérisée par voie humide, on obtient aussi du carbonate de potasse (Jannash, Brevet all. 51 224), [Haller, *l'Industrie chim.*, 1895].

Ce procédé a été appliqué à Courrières en 1874. L'action du gaz carbonique favorise la réaction.

POTASSE CAUSTIQUE. — *Par électrolyse.* — La fabrication de la potasse par électrolyse du chlorure (90-98 0/0), inaugurée en 1893 à Griesheim (Brev. angl. 11 650, 1898), a pris aujourd'hui une importance considérable, et tend à remplacer les procédés ordinaires de caustification. En 1900, sur les 45 000 tonnes de chlorure employées en Allemagne pour la fabrication de la potasse et du carbonate, plus de la moitié était convertie en ces produits par électrolyse.

En 1901, 14 700 tonnes de potasse caustique ont été exportées d'Allemagne.

Les usines de la Chemische Fabrik Griesheim Elektron, et celles de La Motte Breuil (Oise), emploient pour la fabrication de la potasse des électrolyseurs à diaphragme, d'un ciment poreux, préparé avec addition de sels solubles qu'on peut éliminer par lavage après durcissement. Les anodes en charbon graphité et les cathodes en nickel sont à large surface. On travaille avec une densité de 100 à 200 ampères par mètre carré, et avec une tension de 4 volts sur une solution à 25 ou 30 0/0.

Pour utiliser les courants de haut voltage on dispose un grand nombre d'électrolyseurs en tension. Pour diminuer la résistance de l'électrolyte, on chauffe à 80° par un courant de vapeur. Quand le liquide de la cellule cathodique titre 10 0/0 de KOH, on soutire; il contient encore 15 0/0 de KCl que l'on sépare par évaporation et cristallisation. La difficile solubilité de KCl dans la lessive alcaline favorise cette séparation. L'évaporation est obtenue dans le vide dans des appareils, comme ceux de Kaufmann d'Aix-la-Chapelle, où le chlorure précipité est éliminé par un transporteur à spirale. On arrive à obtenir ainsi la lessive commerciale à 50 0/0 de KOH.

Les électrolyseurs à mercure (voyez 2e Suppl., *Electrochimie*) [Fœrster, *Elecktrolyse der wasserigen Lösungen*, 1905], et surtout les électrolyseurs à cloche d'Aussig (Bohème), ont donné aussi de bons résultats. Dans ces derniers (fig. 1), qui fonctionnent depuis 1898, il n'y a ni diaphragme, ni mercure. C'est l'électrolyte lui-même qui fait diaphragme. L'introduction

continue de la solution de chlorure dans la cloche anodique, avec une vitesse convenable, s'oppose au retour de la solution alcaline vers la solution saturée de chlore. Un trop-plein

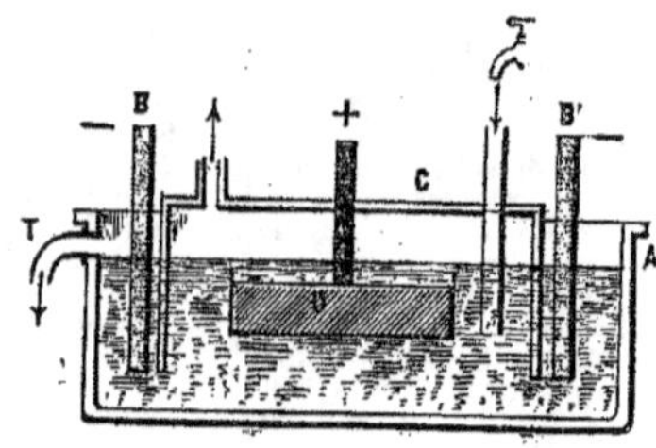

Fig. 1.

déverse la solution alcaline vers les appareils de concentration. Depuis 1900, les électrolyseurs à cloche ont été employés à Bitterfeld et à Neu-Stassfurt.

La potasse peut être purifiée par cristallisation à 60° de la solution et décantation au-dessous de 35°.

La Fabrik Griesheim Electron a fait breveter (Brevet angl. 11 650, 1898) un raffinage par dialyse.

La carbonatation des lessives permet d'obtenir le bicarbonate peu soluble, facilement transformable en carbonate pur. D'ailleurs, cette carbonatation appliquée aux divers carbonates industriels fournit les produits purs exigés par l'industrie.

BIBLIOGRAPHIE. — *Jahresberichte über d. Fortschritte d. chem. Technolog.*, Wagner et Fischer. — Pfeiffer, *Handb. d Kaliindustrie*, 1887. — Lequin, *Rapp. sur l'Exp. de 1889*. — Precht, *Die Salzindustrie von Stassfurt*, 1899. — O. Witt, *Alkalien, alkalische Salze*, 1891. — Muspratt, *Handb. der technisch. Chemie*, 1893. — Dammer, *Handb. d. chemisch. Technologie*, 1895-1898. — Haller, *Rapp. sur l'Expos. de 1900*. — *Deutschlands Kaliindustrie*, 1902. — Paxmann, *Die Kaliindustrie*, 1903. — Ost, *Lehrb. d. chemisch. Technologie*, 1903. — Sorel, *La grande Industria chimique*, 1904. — Chabrié, *Traité de Chimie appliquée*, 1905. Kubierschky, *Deutschlands Kaliindustrie*, 1907.

Avril 1907. A. Rigaut.

POTERIES. — Depuis la publication de l'article du dictionnaire de Würtz (t. II, 2e partie, p. 1146) de nombreux travaux ont été effectués tant dans le domaine scientifique que dans le domaine technique. Nous allons les résumer ici en suivant l'ordre adopté dans l'article auquel nous renvoyons le lecteur.

CLASSIFICATION DES POTERIES.

On adopte en général maintenant la classification suivante en deux groupes, comprenant chacun plusieurs familles.

I. — POTERIES A PÂTE PERMÉABLE A L'EAU.

1° *Terres cuites a*) : pâte sableuse, surface mate sans glaçure, texture généralement lâche, porosité plus ou moins développée et coloration allant du jaune au rouge plus ou moins brun. La masse ne supporte pas sans inconvénient une température élevée; elle est relativement fusible. Telles sont les briques, les tuiles, les carreaux, les tuyaux de drainage, les conduits de cheminée, etc.

b) A la suite des terres cuites ordinaires il faut placer les terres cuites réfractaires. Ces dernières diffèrent des premières par leur résistance aux températures élevées.

2° *Faïences.* — Les faïences sont des terres cuites sur lesquelles on a apposé une composition vitrifiable, la glaçure, qui en corrige la porosité.

a) Faïences vernissées à pâte colorée, à glaçure tendre, presque toujours plombeuse, incolore ou teintée.

b) Faïences stannifères à pâte colorée et à glaçure rendue opaque par addition d'oxyde d'étain.

c) Faïences fines à pâte blanche, très siliceuse. La glaçure est transparente, c'est un verre plombeux et alcalin, silico-boracique.

II. — POTERIES A PÂTE IMPERMÉABLE A L'EAU.

1° *Grès.* — La pâte a une cassure vitrifiée : elle est colorée presque toujours. Le grès se rencontre avec ou sans glaçure.

a) Le *grès naturel* ou *commun* est fait avec une argile vitrifiable. On lui donne souvent une glaçure alcaline.

b) Le *grès fin* ou *composé* doit sa vitrification à l'introduction dans la pâte de matériaux fusibles. On lui applique parfois une glaçure plombeuse.

2° *Porcelaines.* — La cassure est vitrifiée comme dans le grès, mais la pâte est blanche et translucide.

a) *Porcelaines dures.* — Elles sont composées avec du kaolin, comme élément plastique, auquel on ajoute un élément fusible, feldspath ou craie. La glaçure est feldspathique ou feldspathico-calcaire.

b) *Porcelaines tendres.* — La porcelaine tendre *française* ou *artificielle* renferme une argile ou une marne comme élément plastique. Une fritte alcaline lui sert d'élément fusible. La glaçure est un cristal.

La porcelaine tendre *anglaise* ou *naturelle* emploie le kaolin comme élément plastique, mais la fusibilité est apportée par le phosphate de chaux des os. La glaçure est du genre de celle des faïences fines.

ARGILES.

Des recherches importantes entreprises depuis ces trente dernières années ont jetées un jour assez net sur la constitution et les propriétés des argiles : nous croyons bon d'en donner tout d'abord un aperçu [Seger. *Gesammelte Schriften* : — Schlœsing, *C. R.*, 78, 1438 ; 79, 376 et 433 ; 136, 1608 ; — Vogt, *Bull. Soc. Encouragement*, 1897 ; — Bischof, *Die feuerfesten Thone*].

On admet que les argiles sont le résultat de la désagrégation de roches silicatées alumineuses, telles que granits, eurites, la matière se dégrade et les feldspaths subissent des transformation, au contact de la roche mère : ce sont les *kaolins.* Le nom *d'argiles de sédiments* est réservé aux dépôts d'argiles entraînées hors de leur gîte par les perturbations géologiques et abandonnées dans d'autres lieux où elles ont formé des dépôts plus ou moins puissants.

L'argile se rencontre rarement pure ; elle est souillée souvent de débris de roche mère et d'impuretés amenées dans le gisement ou rencontrées par elle et entraînées jusqu'au lieu où elle s'est déposée.

La matière qui constitue essentiellement l'argile est un silicate d'aluminium hydraté, la *kaolinite* : $2\,SiO^2.\,Al^2O^3.\,2\,H^2O$. On ne l'a rencontré qu'exceptionnellement pur et cristallisé. Dans l'Utah et dans la Pensylvanie, dans le Cantal à Saint-Marg-le-Plain, dans le Lot à Mira-

mont près Souliac, dans la colonie de Nossi-bé à Ankalampoé on a trouvé des gisements de ce minéral, en lamelles hexagonales peu adhérentes, formant de petites paillettes brillantes, d'un éclat rappelant le mica. Le microscope laisse reconnaître des tables hexagonales transparentes.

La kaolinite n'acquiert la plasticité propre aux argiles qu'après broyage prolongé. Du reste la plasticité dépend de la finesse des grains, et les argiles à grains fins ont une plasticité plus développée que celle des argiles à gros grains. Il n'y a donc rien d'étonnant à ce que ce silicate paraisse dépourvu de qualités plastiques tant qu'il possède un grain appréciable.

L'analyse des argiles ordinaires montre que la kaolinite est accompagnée d'éléments étrangers (titane, fer, calcium, magnésium, potassium et sodium pour ne citer que les plus importants) dont la nature et la quantité déterminent l'aptitude technique de l'argile. Les argiles supportant une température élevée sans déformation, celles qui restent blanches après cuisson sont relativement rares, alors que les argiles calcaires et ferrugineuses, cuisant jaune ou rouge et fusibles au-dessous de 1200°, sont fréquentes.

Quand on examine les diverses argiles méthodiquement comme l'a fait Vogt [*Bull. Soc. Encouragement*, mai 1897] en employant non pas les méthodes d'analyse ordinaires, telles que la fusion avec les carbonates alcalins et l'attaque à l'acide fluorhydrique, qui ne donnent que la composition centésimale, mais l'analyse rationnelle et le traitement à la potasse en solution, on arrive à une notion assez exacte de la constitution des roches argileuses telles qu'on les trouve dans la nature.

L'analyse rationnelle comprend l'attaque de la matière argileuse par l'acide sulfurique, comme l'a indiqué Gmelin pour l'étude des roches. La matière est traitée d'abord par un peu d'eau tiède, dans laquelle on la laisse gonfler, puis chauffée avec de l'acide sulfurique étendu de son volume d'eau pendant quelques heures au bain-marie. Ensuite on élève la température au voisinage de l'ébullition et maintient la température jusqu'à dégagement de vapeurs abondantes d'acide sulfurique. L'évaporation une fois terminée, on répète le traitement. On reprend par l'acide chlorhydrique et chauffe au bain-marie une demi-heure. On étend d'eau ensuite et maintient l'action de la chaleur. Il n'y a plus qu'à filtrer, après lavage par décantation, en ayant le soin d'opérer en liqueur chlorhydrique. Le résidu renferme la silice libre, la silice provenant de la décomposition des roches par l'acide sulfurique et les roches inattaquées. La silice amorphe, mise en liberté par l'action de l'acide sulfurique, est enlevée par traitement avec une solution de carbonate de sodium, ou mieux de soude caustique que l'on a la précaution d'étendre avant de jeter sur le filtre. On dose la silice dans la solution alcaline ainsi obtenue. Le résidu contient la silice quartzeuse et des débris de roche s'il y en a ; on le désagrège par l'acide fluorhydrique ou le fluorure d'ammonium. La liqueur filtrée est traitée comme d'habitude pour le dosage des bases contenues dans les silicates.

Comme le mica est attaqué par l'acide sulfurique quand il est suffisamment fin, on dissout du mica en même temps que l'argile. Il est possible de se rendre compte du rapport de la silice à l'alumine dans la roche argileuse sans perturbation apportée par le mica en la faisant bouillir avec de la potasse de densité 1.08. Le mica potassique n'est pas attaqué dans ces conditions.

L'essai des argiles tel que les comportent les besoins de sa technique comprend donc diverses déterminations : 1° l'analyse chimique faite comme nous venons de l'indiquer; 2° l'analyse mécanique, c'est-à-dire une lévigation méthodique avec l'appareil laveur de Schulze ou celui moins connu de Schöne [Bischof, *Die feuerfesten Thone*, 76, 1895. — *Tonindustrie Zeitung*, n° 92, 1899; — Granger, *Bull. Soc. Enc.*, 2, 725, 1903], ou encore en suivant la méthode simple indiquée par Schlœsing [*C. R.*, 78, 1277, 1874; et 106, 1608, 1903]; 3° l'essai de la plasticité que l'on évalue indirectement avec assez de précision [*Tonindustrie Zeitung*, n° 52, 827, 1901; — Granger, *Bull. Soc. Enc.*, 2, 725, 1903]; 4° la détermination du retrait, c'est-à-dire de la contraction linéaire que subit l'argile dans sa dessication; 5° la détermination de la fusibilité sur laquelle nous reviendrons à propos des produits réfractaires.

TERRES CUITES.

a) *Briques et tuiles.* — Les progrès réalisés dans ces dernières années portent surtout sur la fabrication. Le façonnage a été considérablement perfectonné. On fabrique encore de très notables quantités de briques à la main, mais on en produit aussi des quantités beaucoup plus grandes à la machine.

Les machines à briques actuelles peuvent se ramener à deux types : machines à filière et machines à moules.

Le premier type comprend une boîte métallique horizontale dans laquelle se meut un arbre muni de palettes en hélices ou d'une hélice. Sa rotation pousse la pâte introduite dans la machine vers un orifice fermé par une filière. Cette

dres. Une machine à filière fournit de 500 à 2000 briques à l'heure en consommant de 3 à 18 chevaux.

Voici quelques détails sur le découpage de la brique. À la sortie de la filière la pâte est reçue sur une table formée de rouleaux de plâtre enfilés sur des tringles perpendiculaires à l'axe de la filière et autour desquelles ils peuvent tourner. Pour découper les briques, une fois le pain de pâte avancé sur les rouleaux, on rabat un cadre garni de fils tendus sur un cadre mobile autour d'une charnière parallèle à l'axe de la filière. Les fils tranchent le bloc et déterminent la dimension des fragments par leur écartement. Le débit de la machine étant continu, le découpage s'opère constamment, l'ouvrier devant enlever aussitôt les briques coupées pour faire place à la pâte qui sort de la filière continuellement. On a cherché à rendre le découpage automatique. A l'Exposition universelle de 1900 l'*American Clay Working Machinery Cⁿ* avait exposé un appareil de ce genre. Douze fils supportés par un aide venaient à intervalles réguliers traverser la pâte, qui une fois coupée continuait son chemin jusqu'à son arrivée à une toile sans fin, marchant plus vite qu'elle, et entraînant les briques en les espaçant. Un semblable appareil peut débiter 2000 à 10 000 briques à l'heure.

Le façonnage de la brique dans la machine à moules est un peu différent. La pâte est amenée dans des moules et pressée, puis démoulée. On travaille ordinairement de cette manière les terres un peu maigres. Beaucoup de briquetiers de campagne moulent avec une presse à main le lœss argileux qui leur sert à faire leurs briques.

Les machines à moules utilisées dans l'industrie donnent leur pression au moyen de cames ou d'excentriques. Dans certains modèles les moules sont disposés sur un plateau tournant et viennent passer sous l'appareil presseur; le démoulage s'opère plus loin, automatiquement. D'autres modèles ont des moules fixes. En Amérique on a construit des machines à moules assez ingénieuses. Un même bâti

Fig. 1. — Machine à brique.

filière, sous sa forme la plus simple, est une plaque de métal percé d'un orifice correspondant à une section de la brique. Le pain de pâte sortant de la machine est ensuite découpé à l'épaisseur voulue au moyen d'un appareil spécial. Pour faciliter le passage de la pâte dans la filière, on a recours souvent à des filières hydrauliques dans lesquelles la pâte est lubrifiée par un courant d'eau. Comme la terre à briques ne peut s'employer dans la machine sans une préparation préalable comprenant le malaxage de la pâte humide et son laminage entre deux cylindres, on trouve beaucoup de machines à briques dans lesquelles des appareils complémentaires font corps avec la machine proprement dite. Beaucoup de machines sont en effet surmontées d'une ou de plusieurs paires de cylin-

renferme le malaxeur et la presse. La terre jetée dans la partie supérieure de la machine subit le malaxage puis est poussée dans un moule en bois à cinq places. Une fois ce moule garni, la machine effectue la pressée, puis chasse le moule garni de ses cinq briques. Pendant ce temps un autre moule a pris la place du moule expulsé.

La brique faite à la filière a été obtenue avec une pâte n'ayant qu'une fermeté moyenne; elle est repressée.

La brique pressée n'a pas besoin de repressage, mais son façonnage exige un matériel plus coûteux et une plus grande dépense d'énergie, si on travaille avec des pâtes peu humides.

Avant cuisson, les briques sont mises à sécher. L'idéal serait de pouvoir travailler l'argile à peine humide, le procédé de pressage à sec n'est encore employé qu'à l'état d'essais isolés. Très séduisant en théorie, puisqu'il supprime le séchoir, il rencontre en pratique de sérieuses difficultés. M. Czerny, à Unter Themenau (Autriche), a étudié ce procédé et lui a fait faire de grands progrès. La pressée s'opère alors avec une presse hydraulique.

La tuile reçoit une infinité de formes; on peut néanmoins la ramener à deux espèces. L'une consiste en une plaque de terre cuite que l'on accroche aux charpentes des toits en ayant soin de la faire mordre sur la tuile inférieure et sur la tuile latérale de manière à éviter toute solution de continuité entre deux tuiles. C'est la tuile ordinaire, plate généralement, ou panne. La tuile de deuxième espèce, dite à feuillure, reçoit une forme soignée. Elle est conçue de manière à permettre un emboîtement déterminé avec ses voisines; elle est supérieure comme qualité et comme emploi aux pannes. La tuile à emboîtement ou tuile mécanique se moule avec une presse.

Le séchage des briques et des tuiles ne peut s'effectuer à l'air libre que si les conditions climatériques le permettent. Encore est-il nécessaire de construire des séchoirs abrités pour éviter les inconvénients de la pluie. Dans les usines où le travail s'effectue toute l'année on a recours à des dispositifs plus commodes. C'est au-dessus des fours que l'on dispose les rayonnages devant supporter les objets à sécher. On utilise ainsi la chaleur perdue des fours par rayonnement. Ce procédé de dessication économique est long; il exige de plus une certaine main-d'œuvre. Certaines fabriques se servent de séchoirs spéciaux. Ces appareils sont de plusieurs genres : 1° Séchoirs chauffés et aérés, soit par la chaleur perdue du four, soit par des foyers ou de la vapeur; 2° séchoirs ventilés et chauffés comprenant des produits stationnaires; 3° séchoirs chauffés et ventilés contenant des produits qui avancent et sèchent progressivement (*La céramique*, voir années 1900-1901 et 1901-1902). La dessication par séchoirs représente évidemment une dépense, mais elle offre l'avantage de permettre rapidement la cuisson des produits fabriqués. Le séchoir de Möller et Pfeiffer, appareil appartenant au troisième groupe de séchoirs, permet en effet de sécher une brique en 24 heures.

La cuisson de grandes quantités de briques et de tuiles se fait dans des fours continus. Le four Hoffmann (voir Dict., 2, 1150) a reçu de nombreuses modifications.

Le canal circulaire a été remplacé par deux galeries parallèles réunies à leurs extrémités. La forme la plus connue en France s'appelle le four Simon. Le cloisonnement ne s'effectue plus avec des registres en tôle. On se sert de papier que l'on fixe au moyen d'argile. Il suffit de crever le registre pour s'en débarrasser; il brûle dès que la flamme l'atteint naturellement. Les fours ordinairement employés ont une section variant de 3 m² à 10 m²; la capacité d'enfournement comprise entre deux portes mesure de 8 m³ à 60 m³. En moyenne on adopte de 20 à 40 m³ ce qui correspond à l'enfournement de 10 000 à 20 000 briques. M. Otto Bock a modifié le four Hoffmann d'une manière très ingénieuse : il forme la voûte avec des briques crues juxtaposées. Les trous de charge s'établissent à la volonté de l'enfourneur [Granger, *Bull. Soc. d'Encour.*, 1901, janvier].

Le four tunnel de Bock est avantageux en ce sens qu'il évite le contact du combustible avec les produits à cuire. Ceux-ci, portés sur des wagonnets, viennent passer devant un foyer gazogène placé au milieu d'un tunnel que traversent les wagonnets.

Il est gênant pour les tuiliers de livrer des produits tachés par des débris de combustible; aussi a-t-on cherché par tous les moyens à empêcher le contact du combustible avec la tuile. Quand on le peut, on entoure les tuiles de briques, mais lorsque la fabrication des tuiles est considérable par rapport à celle de la brique, on n'a plus de quoi protéger les tuiles. On a recours alors à divers dispositifs. Les fours à tranches sont construits comme le four Hoffmann mais on ménage des grilles de place en place pour la combustion. Dans le four de Dinz on opère différemment. L'appareil est un four tunnel. Le combustible brûle sur des grilles placées entre les wagonnets.

Pour éviter le contact des produits avec le combustible on a dans certains fours conservé le dispositif primitif, mais on chauffe avec du gaz de gazogène amené dans des brûleurs en terre cuite passant par les trous de charge du four Hoffmann.

Tuyauterie, carreaux, etc. — Ces produits se font mécaniquement à la filière ou à la presse et se cuisent comme les tuiles et les briques.

b) *Terres cuites réfractaires.* — On appelle produit réfractaire tout produit qui ne subit ni fusion ni ramollissement à la fusion de la montre 26 de Seger.

Les briques réfractaires de bonne qualité sont faites avec de l'argile réfractaire dégraissée par de l'argile réfractaire cuite (*ciment* ou *chamotte*). Dans la pratique, au lieu de cuire de l'argile réfractaire pour la confection du ciment, on se contente le plus souvent de débris de produits réfractaires que l'on n'a plus qu'à broyer à la finesse voulue. Quelquefois l'on introduit dans la pâte du sable quartzeux, ce qui n'est pas à recommander.

Les creusets de terre réfractaire se font avec une argile à laquelle on incorpore du ciment. On les façonne soit au tour, soit à la batte ou à la presse. Ces deux derniers procédés sont les plus employés. Dans le façonnage à la batte, l'ouvrier se sert d'un mandrin en bois, figurant l'intérieur du creuset, sur lequel il applique une masse de terre. Avec une palette de bois ou batte il frappe la terre de manière à lui donner une surface unie. La fabrication à la presse comprend un moule en acier dans lequel on jette une balle de pâte et un mandrin qui descend dans le moule et y comprime la pâte. Le démoulage s'opère par le fond, que l'on soulève au moyen d'une pédale.

Les creusets de plombagine diffèrent des précédents par l'adjonction de plombagine à la pâte (de 40 à 50 0/0). Quelquefois, par économie, on remplace une partie de la plombagine par du coke. Ces creusets sont extrêmement réfractaires et supportent les changements de température.

Les cornues à gaz se façonnent à la batte, comme les creusets, en s'aidant d'un moule creux. Dans certaines fabriques ou tasse la terre entre un moule et un noyau. Enfin on a fait aussi des cornues à la presse; on emploie également l'étirage avec fond rapporté.

Les coffrets des moufles de laboratoire se font en collant sur un noyau des plaques de pâte réfractaire.

La gazetterie qui sert à soutenir les faïences et les porcelaines pendant leur cuisson a une grande importance. Les gazettes doivent supporter l'action du feu sans ruptures graves ni affaissement. On les façonne soit au tour, en s'aidant ou non d'un calibre, soit à la presse.

Dans tous les produits réfractaires il est important de donner du grain à la pâte. On arrive à ce résultat en introduisant du ciment, dont la grosseur augmente avec l'épaisseur de la pâte. Convenablement cimentée, la masse supporte avec facilité des changements brusques de températures qu'une masse plus compacte ne subirait pas sans fracture.

Essai des produits réfractaires. — Bischof [*Die feuerfesten Thone*, 1895, 67] a proposé de comparer les qualités réfractaires des argiles au moyen d'une formule empirique. Il met le résultat de l'analyse de l'argile sous la forme :

$$a\,Al^2O^3 + b\,SiO^2 + c\,RO;$$

l'expression $\dfrac{a^2}{bc}$ qu'il appelle *coefficient de résistance au feu* est d'autant plus grande que la fusibilité est plus faible. Ce coefficient a été critiqué et modifié par Seger, puis modifié encore par Bischof, sans que son emploi soit devenu moins critiquable. C'est une règle empirique qui ne tient compte que de la composition chimique. D'autres auteurs ont proposé des formules du même genre [Granger, *Monit. Scient.*, 1902, 81 ; — Kochs et Seyfert, *Zeit. ang. Chem.*, 29, 270, 1901], sans que ces formules aient reçu la sanction de la pratique, du moins en France. La seule méthode recommandable est l'essai direct. L'argile ou le produit dont on veut déterminer la fusibilité sont pris sous forme de petites pyramides de 1 cm. de base et 2 cm. de haut. On chauffe alors dans un creuset très réfractaire les échantillons à côté desquels on a placé une ou des montres de Seger.

Le laboratoire de la *Tonindustrie Zeitung*, a étudié un four, du genre de celui de Sainte-Claire Deville, que l'on chauffe au charbon de cornue avec de l'air comprimé. Il suffit de brûler un poids donné de charbon, dans les mêmes conditions de vent, pour arriver à une température déterminée. On obtient ainsi en un ou plusieurs essais la température à laquelle l'échantillon fond en même temps qu'une montre donnée. Diverses modifications ont été proposées aussi dans ces derniers temps en substituant au chauffage au charbon le chauffage électrique [Granger, *Bull. Soc. Enc.*,1901 : *La céramique*, 1905-1906, 10. — Bronn, *La céramique*, 1905-1906, p. 17 et 18, et *Zeit. ang. Chem.*, 1905, 49, et 1906, 65, et *La céramique*, 1905-1906, 158].

Les produits dont on se sert dans les laboratoires sont loin de résister à des températures très élevées; à la fusion de la montre 30, beaucoup d'entre eux se comportent déjà fort mal. Les creusets de plombagine peuvent résister à la montre 36, si l'on évite de les chauffer en atmosphère trop oxydante.

Au four de Schlœsing ou au four de Flechter on peut faire également des essais de produits réfractaires mais il est difficile de fondre la montre 30.

FAÏENCES.

Poteries vernissées. — Ce genre de poteries est encore resté dans les limbes dans beaucoup de fabriques et sa confection est souvent conduite d'une manière très primitive et très critiquable dans de nombreux endroits. Entre les mains de petits potiers qui n'ont ni les connaissances ni les ressources pour améliorer la fabrication, les poteries communes sont faites en suivant de vieux errements.

Des tentatives isolées ont été faites cependant pour arriver à des produits mieux faits et plus hygiéniques. On a cherché à substituer aux glaçures plombeuses des glaçures non plombeuses. Ces dernières ont le défaut parfois d'être un peu dures, défaut sensible sur une poterie parfois assez fusible.

Voici deux formules moléculaires de ces glaçures :

$$\left.\begin{array}{l} 0,75\,CaO \\ 0,25\,K^2O \end{array}\right\}\; 0,25\,Al^2O^3 \,.\, 3\,SiO^2$$

$$\left.\begin{array}{l} 0,35\,K^2O \\ 0,20\,Na^2O \\ 0,45\,CaO \end{array}\right\}\; 0,5\,Al^2O^3 \;\left\{\begin{array}{l} 3,46\,SiO^2 \\ 0,44\,B^2O^3 \end{array}\right.$$

Faïence stannifère. — Ce genre de produits dont l'emploi se limite de plus en plus n'a pas fait de progrès tels qu'il soit nécessaire d'ajouter beaucoup à ce qui a déjà été dit à ce sujet dans cet ouvrage.

Le seul perfectionnement apporté à la technique est le façonnage mécanique du carreau de poêle.

Faïence fine. — La faïence fine joue un rôle considérable dans la fabrication des objets d'usage domestique. Elle est l'objet d'un commerce considérable et a détrôné progressivement les autres genres de faïence qui n'ont plus d'utilisation que pour la confection d'objets grossiers ou l'alimentation de régions arriérées ou routinières. Sa fabrication se fait mécaniquement. Beaucoup de pièces s'obtiennent sur le tour au moyen d'un moule qui donne la forme extérieure et d'un calibre qui donne le profil intérieur (bols, tasses, soupières, saladiers) ou inversement d'un moule donnant la forme intérieure et le calibre le profil extérieur (assiettes). La pâte est introduite soit sous forme de balle, quand l'objet est petit, de croûte s'il est plat, ou de housse s'il est de dimension un peu grande et présente du creux.

Le moulage seul est encore employé pour certaines pièces, mais il est remplacé dans beaucoup de cas par le coulage. Un perfectionnement notable a été utilisé dans ces dernières années, c'est l'introduction de carbonate et silicate de sodium dans les pâtes de coulage, ce qui les rend fluides même quand elles ont une certaine épaisseur. Cette remarque assez ancienne était restée dans l'oubli pendant près d'un siècle.

Le pressage de pâte en poudre faiblement humide est utilisé pour la confection des carreaux de revêtement.

La cuisson de la faïence fine se fait dans des fours à flamme renversée. On voit dans la figure que les flammes sortant des foyers ont à

Fig. 2.

se partager entre deux conduits dont l'un conduit les gaz au centre et l'autre à la périphérie. Il est préférable de chauffer le centre avec un ou plusieurs alandiers spéciaux et de supprimer le conduit allant au centre. La faïence fine peut se cuire aussi dans des fours continus, comme les essais faits à Montereau et Longwy le prouvent nettement (four Faugeron à tunnel, four Sturm à sole tournante).

La faïence fine est cuite d'abord en biscuit entre les montres 3 à 10 de Seger, suivant les fabriques. La glaçure se cuit plus bas sans dépasser la montre 3.

Depuis quelques années on fabrique des faïences fines ayant une glaçure non plombeuse.

GRÈS.

Le lecteur qui voudra trouver des détails sur la fabrication actuelle de la poterie de grès, pourra se reporter à des mémoires récents [Granger, *Bull. Soc. Enc.*, 1901, 61 : *Rev. Chim. pure et appliquée*, 1902; et *La Céramique*, 1902-1903, 19]. Notre place est trop limitée pour que nous puissions même les résumer.

La poterie de grès a trouvé un débouché considérable dans l'extension de l'industrie chimique. On fait actuellement de la tuyauterie, des récipients et même des ventilateurs en grès pour la fabrication de l'acide sulfurique, dont on tire grand parti vu les qualités de résistance de la matière.

Dans le pavement on utilise beaucoup de carreaux de grès. Ces derniers sont faits à la presse en partant de pâte en poudre légèrement humide. On est arrivé même à produire des carreaux avec des dessins superficiels en juxtaposant convenablement des poudres colorées et pressant.

On a cherché aussi à tirer parti du grès dans la céramique architecturale sans que jusqu'ici on soit arrivé à l'implanter d'une manière bien nette. Les constructions en grès sont encore isolées. Pour l'Exposition de 1900, la manufacture nationale de Sèvres avait étudié spécialement la fabrication du grès et sa décoration. Ses procédés ont été publiés [Vogt, *Notice sur la fabrication du grès cérame et la céramique*, 1901, p. 127].

PORCELAINES.

Les pâtes à porcelaines présentent des variations de composition assez étendues. On peut les comprendre dans les limites de composition suivantes :

Kaolin	25 — 65
Feldspath	20 — 40
Silice	15 — 45
Craie	0 — 5

Les pâtes peu argileuses sont difficiles à travailler, aussi doit-on considérer la teneur de 25 0/0 en kaolin comme une limite exceptionnelle que l'on n'atteint pas.

Cette porcelaine si pauvre en kaolin fut créée à la manufacture royale de Charlottenbourg par Seger à la suite d'une étude des porcelaines japonaises [*Seger's Schriften*, 561 et *Thonindustrie Zeit.*, 1892, 769]. La porcelaine, dite pâte nouvelle de Sèvres, représente la limite à ne pas dépasser avec 38 0/0 de kaolin. Pour que la pâte puisse prendre sa transparence, le feldspath ne peut descendre au-dessous de 20 0/0; à des pâtes de ce genre on ajoute même un peu de craie quand elles sont riches en kaolin, car leur température serait trop élevée pour la fabrication industrielle. La craie joue, par sa chaux, le rôle de fondant, malheureusement son action n'est que très tardive dans la vitrification de la masse. La chaux n'agit qu'à haute température, mais très vite.

Le rôle de la silice, introduite soit à l'état de

sable quartzeux ou de quartz, n'est pas que celui d'une matière dégraissante; le quartz diminue le retrait à la cuisson et modifie la dilatation. Dans certaines circonstances il peut même apporter de la fusibilité.

Pour nous rendre compte des variations de propriétés qu'apportent les changements dans la composition de la pâte nous comparerons les porcelaines actuellement fabriquées à Sèvres :

	Porcelaine nouvelle.	Porcelaine dure.
Kaolin	38	65
Feldspath	38	15
Silice	24	14,5
Craie	—	5,5

La porcelaine dure de Sèvres est très riche en alumine (32,5 0/0). Elle exige une température de 1375° pour sa cuisson. Résistant bien aux changements de température, elle est très bonne pour la fabrication de tout ustensile devant aller au feu. Sa glaçure est très dure, elle est faite d'une roche feldspathique (pegmatite à 25 0/0 de quartz).

Grâce à cette dureté, c'est une porcelaine excellente aussi pour le service de table. Au point de vue du décor c'est une matière offrant moins de ressources que les porcelaines moins alumineuses et plus siliceuses. Les couleurs de grand feu, les couleurs de moufle et les émaux réussissent plus difficilement que sur ces porcelaines; les tonalités sont moins vives et moins nombreuses.

Une porcelaine comme la porcelaine nouvelle de Sèvres ne renferme plus que 22,6 0/0 d'alumine et la teneur en silice, qui n'était que 60 0/0 dans la pâte dure, s'élève à 70 0/0 dans cette nouvelle porcelaine. Sa cuisson se fait 100° au-dessous de celle de la pâte dure, mais pour obtenir à cette température une couverte bien glacée on a recours à une composition plus fusible que la pegmatite. On a adopté une couverte que l'on représente moléculairement par $4 SiO^2 . 0,5 Al^2O^3 . 0,7 CaO . 0,3 K^2O$. Ce genre de couverte, moins dur que le précédent, est moins apte que lui à supporter les frottements multiples auxquels sont soumis les objets d'usage, mais il se prête admirablement bien à l'obtention des objets d'art, car il supporte brillamment les couvertes et émaux colorés.

La préparation des pâtes à porcelaines ayant été donnée précédemment nous n'y reviendrons pas, non plus que sur le façonnage.

Le four à porcelaines représenté dans l'article poteries du t. 2, p. 1161, est un appareil un peu exceptionnel. Il fut construit à Sèvres, essayé, mais n'eut pas de pendant. On se contente habituellement de fours à deux étages comme ceux

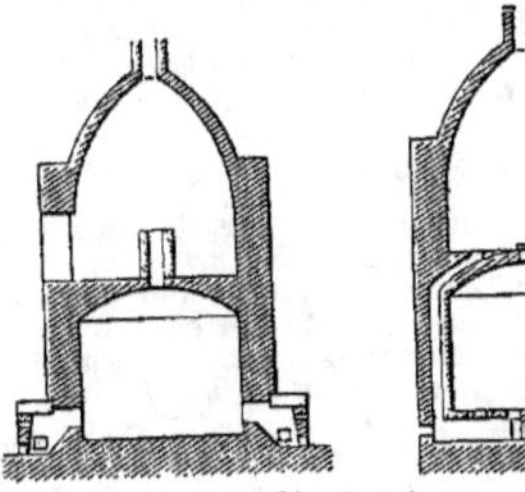

Fig. 3 et 4.

que nous réprésentons. L'un est à flamme directe, chauffé au bois, l'autre est à flamme renversée et chauffé au charbon. Dans ce dernier la flamme, une fois arrivée à la voûte du laboratoire, ne trouve d'issue que sur la sole. Elle gagne le globe par des conduits ménagés dans l'épaisseur de la maçonnerie.

Nos connaissances sur les porcelaines orientales ont été accrues par les recherches de Seger [*Gesammelte Schriften*, 561 et *Thonindustrie Zeit.*, 1890, 769; et Vogt [*Bull. Soc. Enc.*, 1900, 530]. Ces porcelaines ont une pâte plus siliceuse et moins alumineuse que celle des produits européens en général. Le travail de Vogt sur la porcelaine chinoise a montré en outre les grandes différences que présentent les matériaux chinois avec les matières premières que nous utilisons. Les éléments des pâtes chinoises sont : le *kaolin*, mélange de kaolinite, de mica, quartz et feldspath; le *hoa-ché*, mélange de kaolinite et mica blanc très divisé; le *pé-tun*, roche homogène renfermant de la kaolinite, du mica,

vertes colorées, les pâtes d'application et les couleurs sous couverte.

Couvertes colorées. — Au lieu d'appliquer sur la pâte une glaçure incolore, on peut introduire dans cette composition un oxyde colorant qui, se dissolvant dans la couverte, lui donnera une certaine tonalité. Suivant la nature de la glaçure et sa température de cuisson, la palette comportera plus ou moins de tons. A mesure que l'on élève la cuisson les ressources colorantes se restreignent, un certain nombre de colorants ne pouvant supporter sans destruction les températures élevées comme celles de la cuisson de la porcelaine.

Voici, comme exemple, quelques couvertes colorées applicables sur la porcelaine nouvelle et le grès de la Manufacture de Sèvres. Leur composition est extraite de la notice mentionnée plus haut :

Pâte.	Incolore.	Jaune.		Bleue.	Verte.		Brune.		Rose.
Feldspath	42,1	42,1	45,0	42,1	42,1	42,1	45,0	42,1	»
Sable quartzeux	27,2	29,3	28,5	27,2	27,2	27,2	28,5	27,2	30,5
Kaolin	13,0	8,5	11,0	13,0	13,0	23,0	11,0	13,0	»
Craie	17,7	17,7	13,0	14,1	12,7	12,7	13,0	15,3	24,0
Oxyde d'uranium	»	5,0	»	»	»	»	»	»	»
Oxyde de fer	»	»	5,0	»	»	»	»	»	»
Oxyde de cobalt	»	»	»	3,0	»	»	»	»	»
Oxyde de chrome	»	»	»	»	1,0	»	»	»	»
Oxyde de cuivre	»	»	»	»	»	4,0	»	»	»
Oxyde brun de manganèse	»	»	»	»	»	»	5,0	»	»
Carbonate de nickel	»	»	»	»	»	»	»	3,0	»
Tournassures	»	»	»	»	»	»	»	»	47,0
Pinck	»	»	»	»	»	»	»	»	7,0

du feldspath, du quartz; le *yeou-ko*, roche analogue.

Les Chinois ne dégourdissent pas leurs porcelaines; ils émaillent par aspersion ou insufflation sur le cru. La cuisson se fait dans un four couché.

Au Japon on retrouve des manières de faire analogues. Le four japonais diffère notablement du four chinois; il comprend une série de fours de grandeur croissante placés sur une pente à la suite les uns des autres. La flamme traverse le premier four, puis sort dans le second four qu'elle traverse. Quand le premier four est cuit, on cesse le feu et allume des alandiers ménagés entre le premier et le second four. On continue ainsi jusqu'à cuisson du dernier four.

La *porcelaine tendre française* est restée dans l'oubli pendant un demi-siècle. A l'Exposition universelle de 1900, la Manufacture de Sèvres montrait une série de pièces en porcelaine tendre. La fabrication de ce produit a été notablement simplifiée. La fritte a été remplacée par du verre de Stas, et la marne par une argile plastique. La glaçure est restée un cristal.

DÉCORATION DES POTERIES.

Le décor dit au grand feu, c'est-à-dire pendant la cuisson même de la pâte ou à la température à laquelle cuit la poterie, est essentiellement céramique. L'emploi du petit feu pour le décor, c'est-à-dire d'une température notablement inférieure à celle de la cuisson de la pâte ou de la glaçure, comme le décor de moufle, est un artifice que l'on emploie pour remédier à certaines difficultés que comporte la technique du grand feu. Ce dernier genre de décor a fait de notables progrès, néanmoins pour certaines poteries il ne s'applique guère qu'aux objets d'art.

Le décor au grand feu comprend : les cou-

Le pinck se fait avec : oxyde d'étain 100; craie 34 et bichromate de potassium 3. On calcine fortement et lave.

Ces couvertes s'obtiennent en substituant moléculairement les oxydes colorants dans la formule $4\,SiO^2$, $0,5\,Al^2O^3$, $0,3\,K^2O$, $0,7\,CaO$, les oxydes M^2O à K^2O, MO à CaO, M^2O^3 à Al^2O^3.

Les couvertes flammées s'obtiennent avec du cuivre dissous dans la masse :

Pegmatite	40	
Sable quartzeux	40	
Craie	18	Le tout est fondu
Borax	12	et broyé.
Oxyde de cuivre	6	
Oxyde d'étain	3	

Cette couverte, cuite en atmosphère réductrice, se colore en rouge par suite de la réduction du cuivre.

Sur certaines couvertes, pour en rompre la monotonie, on produit souvent des couleurs avec un verre boracique. On peut à cette composition ajouter quelques centièmes d'oxydes colorants.

Certaines couvertes possèdent la propriété de laisser se développer des cristaux dans leur sein pendant le refroidissement. Ces cristaux sont obtenus par l'introduction d'oxyde de zinc dans la couverte, comme cela fut fait à Sèvres pour la première fois [Lauth et Dutailly, *Génie civil*, 18 et 28 juillet, 4 août 1882; — Clément, *C. R. du Congrès de chimie appliquée à Vienne*, 1, 116], ou encore d'anhydride titanique [Heinecke, *Sprechsaal*, 1704, 1903].

A Sèvres, on a adopté une couverte répondant à $0,75\,K^2O$, $2,25\,ZnO$, $6\,SiO^2$.

Pâtes colorées et couleurs sous couvertes. — On peut obtenir une pâte colorée en faisant entrer dans sa composition un colorant. On modifie son dosage de manière à lui faire conserver, malgré l'introduction du colorant, la même dilatation et la même température de cuisson que la pâte sur laquelle on doit la poser. Les pâtes se posent avec une certaine épaisseur, de manière à pouvoir les utiliser pour des décors pouvant comporter certains reliefs. Elles sont relativement peu chargées en colorant. Les couleurs sous couverte diffèrent des pâtes par leur teneur en colorant, qui est plus élevée que celles des pâtes, car elles sont posées en faible épaisseur.

Voici quelques types de pâtes colorées et couleurs sous couverte employées à Sèvres :

Pâtes.	Bleue.	Jaune.	Verte.	Rose.	Noire.
Pâte sèche ...:.............	88	96	90	33	50
Colorant....	12	»	»	54	»
Uranate d'ammonium.....	»	4	»	»	»
Oxyde de chrome.........	»	»	10	»	»
Couverte...........	»	»	»	12	»
Oxyde d'uranium calciné..	»	»	»	»	50

Colorants.	Bleu.	Rose.
Oxyde de cobalt.............	1	»
Alumine hydratée.....	3	»
Alumine...................	»	1000
Bichromate de potasse..........	»	75

Les couleurs sous couverte suivantes sont applicables au décor de la faïence fine et de la porcelaine d'après Seger [*Gesammelte Schriften,* 518, et *Thonindustrie Zeit.,* 467, 1888].

Aux colorants suivants on ajoute pour la porcelaine 33 0/0 de pâte, pour la faïence 20 0/0 d'une glaçure du type $Na^2O.BaO.5SiO^2.B^2O^3$:

Colorants.	Noir.	Bleu.	Vert.	Rose.	Jaune.
Oxyde de fer......	40	»	»	»	18
Oxyde de chrome ..	76,2	»	76,2	»	»
Phosphate de cobalt	»	183	»	»	»
Alumine..	»	103	»	»	»
Oxyde de nickel....	»	»	149,6	»	33
Oxyde d'antimoine.	»	»	»	»	50
Minium............	»	»	»	»	18
Salpêtre...........	»	»	»	»	»
Marbre	»	»	»	25	»
Oxyde d'étain.... .	»	»	»	50	»
Quartz............	»	»	»	18	»

1. Employable seulement sur faïence.

Ces colorants sont calcinés. Pour le rose (pinck) on ajoute 3 parties de bichromate de potassium et 4 parties de borax, dissout et évaporé, puis calciné.

A l'aide de solutions d'un sel d'oxyde colorant on prépare des teintures qui, se détruisant sous l'action de la chaleur, laissent l'oxyde colorant disséminé sur toute la partie teinte.

Les pâtes et couleurs sous couverte ne prennent leur éclat qu'après superposition d'une glaçure ou couverte, d'où le nom de décor sous couverte.

Couleurs de grand feu sur glaçure. — En mélangeant un colorant avec une petite quantité de couverte feldspathique, la Manufacture de Sèvres a établi une palette de couleurs de grand feu sur glaçure.

Décor de moufle. — Le Dictionnaire a déjà décrit les couleurs de moufle. Nous nous contenterons de signaler l'emploi dans l'industrie de moufles continues. Ces appareils sont formés essentiellement d'un tunnel, chauffé dans sa partie centrale, dans lequel on fait circuler les produits décorés en peinture de moufle. Dans d'autres appareils on accote à côté l'une de l'autre plusieurs moufles et l'on utilise la chaleur perdue pour échauffer la moufle voisine, l'air servant à la combustion étant préalablement échauffé par passage sur la moufle précédente en refroidissement. Le chauffage se fait alors au gaz de gazogène.

PYROMÉTRIE. — Pendant fort longtemps la mesure des hautes températures a laissé fort à désirer. On évaluait les températures de cuisson de manière fort fantaisiste parfois. L'invention des montres fusibles est venue apporter une grande simplification dans la conduite des fours. Une première échelle de montres fusibles fut établie à Sèvres, Seger en créa une plus étendue et Cramer et Hecht complétèrent cette dernière. Ces pyroscopes sont faits de matériaux chimiquement définis, mélangés suivant une loi déterminée. Ces montres ont la forme de pyramides triangulaires qui s'affaissent à une certaine température déterminée et tombent en s'incurvant. C'est à ce moment que l'on dit que la montre est tombée.

La montre la plus faible n° 022, dont le point de fusion est 590°, correspond à :

$$0,5\,Na^2O . 0,5\,PbO . 2\,SiO^2 . 1\,B^2O^3.$$

On passe aux montres suivantes en ajoutant 0,1 molécule de $Al^2O^3 . 2SiO^2$, ce qui mène au n° 011. Pour le n° 010 on prend $0,3\,K^2O . 0,7\,CaO . 0,2\,Fe^2O^3 . 0,3\,Al^2O^3 . 3,5\,SiO^2 . 0,5\,B^2O^3$ et l'on substitue SiO^2 à B^2O^3 par 0,1 molécule, ce qui conduit à 01, soit $0,3\,K^2O . 0,7\,CaO . 0,2\,Fe^2O^3 . 0,3\,Al^2O^3 . 3,95\,SiO^2 . 0,05\,B^2O^3$. A partir de là la numération part de 1 jusqu'à 36. L'anhydride borique est supprimé, puis l'oxyde de fer à la montre 4 : $0,3\,K^2O . 0,7\,CaO . 0,5\,Al^2O^3 . 4\,SiO^2$. On fait croître la silice, puis la quantité de silice et d'alumine par rapport à la potasse et à la chaux. A partir de la montre 28 on ne se sert plus que de silicates d'aluminium qui varient de $Al^2O^3 . 10\,SiO^2$ à $Al^2O^3 . 2\,SiO^2$. Les températures extrêmes avaient été exagérées, 1850° pour la montre 36 ; les dernières déterminations lui attribuent comme point de fusion 1705°.

Les montres fusibles sont comparables entre elles quand elles sont bien fabriquées. Elles présentent l'avantage d'être constituées avec des matériaux donnant un produit comparable à celui que l'on veut cuire.

La connaissance de la température exacte à laquelle on cuit une poterie n'a pas un intérêt absolu. Pour l'étude d'un appareil de cuisson, il peut être intéressant de suivre la marche de la température et les oscillations, s'il y en a. Les pyromètres électriques de Le Chatelier et de Féry remplissent ces conditions, surtout le dernier [*C. R.,* 1903 ; et *Revue de chimie pure et appliquée,* 1903] car il présente l'avantage de pouvoir se placer en dehors du four. Le couple ne subit pas l'action directe de la chaleur, mais le rayonnement d'une paroi incandescente.

BIBLIOGRAPHIE. — Kerl, *Tonwarenindustrie,* 3e édition, revue par E. Cramer et H. Hecht. — Tenax, *Keramische Industrie.* — Seger, *Gesammelte Schriften.* — Vogt, *la Porcelaine.* — Vogt, *Notice sur la fabrication du grès.* — Lauth et Vogt, *Notice sur la fabrication de la porcelaine nouvelle.* — Lauth et Dutailly, *Génie civil,* 1882. — Granger, *la Céramique industrielle.* — Dümmler, *Die Ziegel Fabrication.* — Lefèvre, *la Céramique du bâtiment.* — Périodiques spéciaux : *La Céramique ; Thonindustrie Zeitung ; Spechsaal.*

6 juin 1907. A. Granger.

POUDRES. — Voyez EXPLOSIFS.

POUVOIR ROTATOIRE — Cet article a pour but de compléter les considérations développées aux articles *Lumière, Lumière (applications), Isomérie*, en insistant principalement sur les relations avec la constitution chimique. Indépendamment des mémoires qui seront cités chemin faisant, il convient de mentionner ici quelques ouvrages généraux que le lecteur pourra consulter avec intérêt, surtout pour la bibliographie détaillée de chaque sujet : [Pasteur, *Rech. sur la dissym. moléc. des produits org. nat.* Conférences, Soc. Chim., Paris, 1860; dans le même recueil, année 1892, consulter : Le Bel, *Pouvoir rotatoire*, etc.; Guye, *Dissymétrie moléculaire:* — J.-H. van't Hoff, *Die Lagerung der Atome in Raume*, 2ᵉ éd., 1894, Braunschweig; — E.-G. Monod, *Stéréochimie*, Paris, 1895: — P. Freundler, *La Stéréochimie*, Paris, 1898; — H. Landolt, *Das optische Drehungsvermögen organischer Substanzen*, Braunschweig, 1898 (trad. angl. en 1902); — Hantzsch, *Grundriss der Stereochemie*, 2ᵉ éd., Leipzig, 1902 (trad. franç. sur la 1ʳᵉ éd., Paris, 1896); — A. Werner, *Lehrbuch der Stereochemie*, Iéna, 1904; — A.-W. Stewart. *Stereochemistry*, Londres, 1907; — Bischof, *Handbuch der Stereochemie*, Francfort, 1892, et *Materialen der Stereochimie*, Braunschweig, 1904].

Conditions du pouvoir rotatoire. — Pour qu'un milieu soit actif sur la lumière polarisée, c'est-à-dire fasse dévier d'un certain angle le plan de polarisation d'un rayon polarisé qui le traverse, il faut que ce milieu ne possède ni plan ni centre de symétrie; c'est une conséquence nécessaire des théories de l'optique moderne. Cette condition est donc remplie par les deux catégories de corps qui présentent le pouvoir rotatoire : 1° certains corps cristallisés (tels, par exemple, le chlorate de soude, le quartz, etc.); 2° certains corps liquides, dont les premiers furent découverts par Biot en 1815, et qui sont aujourd'hui extrêmement nombreux.

Chez les corps cristallisés, le pouvoir rotatoire disparaît avec la structure cristalline (par exemple, en dissolvant le sel $NaClO^3$ dans l'eau, en fondant la silice sous forme amorphe); la dissymétrie de ces milieux doit donc être considérée comme étant d'ordre cristallin. Chez les liquides, le pouvoir rotatoire persiste tant que la molécule est conservée intacte: il se maintient, par exemple, dans les diverses dissolutions d'un corps actif; il garde généralement à peu près la même valeur numérique (pouvoir rotatoire spécifique $[\alpha]_D$), dans la vapeur émanant du liquide actif [Gernez, *Ann. Ec. norm. sup.*, 1, 1]; dans ce cas, la dissymétrie du milieu ne peut donc être que d'ordre moléculaire, d'où le nom de *dissymétrie moléculaire*, proposé par Pasteur, pour désigner la cause du pouvoir rotatoire dans les milieux liquides actifs.

Rarement, enfin, l'activité optique d'un même corps a été observée à l'état cristallisé et à l'état de liquide ou de solution: dans ces cas, elle est due à la fois à la structure cristalline et à la dissymétrie moléculaire (exemples : camphre, tartrate de rubidium, sulfate de strychnine, d'après les travaux de Hintze, Wyrouboff, H. Traube, de Montgolfier, Rimbach, des Cloiseaux).

En étudiant le phénomène de plus près, Le Bel [*Bull. Soc. Chim.*, (2), **22**, 337, 1874] et van't Hoff [*Bull. Soc. Chim.*, (2), **23**, 295, 1875 (extrait d'une brochure en hollandais, publiée à Utrecht en 1874], ont reconnu que chez tous les composés organiques actifs, cette dissymétrie doit se traduire par la dissymétrie d'un ou plusieurs atomes de carbone, désignés, depuis lors, sous le nom d'*atomes de carbones asymétriques*. Les deux auteurs partaient de points de vue différents : van't Hoff démontrait que pour satisfaire aux nombres d'isomères dérivés du méthane CH^4, tels que les donne l'expérience, il faut admettre que les quatre valences du carbone doivent être dirigées vers les quatre sommets d'un tétraèdre régulier, dont le centre de figure est occupé par l'atome de carbone lui-même. Le Bel, s'appuyant sur la notion de dissymétrie moléculaire de Pasteur, démontre que les quatre atomes ou radicaux saturant un atome de carbone dans un composé actif de la formule $CRR'R''R'''$ ne peuvent se trouver dans un même plan, en conclut que si trois de ces groupements R, R', R", R''' déterminent un plan, le quatrième étant en dehors du plan, les quatre groupements seront nécessairement placés aux quatre sommets d'un tétraèdre, à l'intérieur duquel se trouvera l'atome de carbone. Par deux voies différentes, on arrive ainsi à la notation tétraédrique qui fait prévoir d'une part l'existence d'un seul isomère pour chacun des dérivés CH^3R, CH^2RR', et de deux isomères $CHRR'R''$ (ou $CRR'R''R'''$), ces deux derniers étant l'image l'un de l'autre dans une glace, dont la trace est donnée par la droite AB (voir figure); ces schémas ne possèdent ni plan, ni centre de symétrie; *c'est la condition de possibilité du pouvoir rotatoire.* Les distances interatomiques sont toutes identiques; il en résulte que, *sauf*

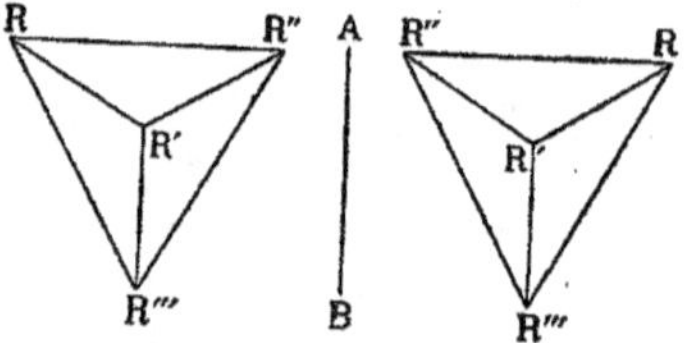

le signe du pouvoir rotatoire, toutes les propriétés physiques de ces deux isomères (solubilités, points de fusion et d'ébullition, densités, indices de réfraction, chaleurs de neutralisation ou de combustion, conductibilités électriques, etc.) seront identiques; il en est de même de la plupart des propriétés chimiques. L'expérience a confirmé toutes ces prévisions. On désigne généralement sous le nom de *carbone asymétrique* un atome de carbone ainsi saturé par quatre groupes ou atomes différents.

En fait, l'expérience a révélé l'existence de très nombreux cas d'isoméries répondant à ces conditions; les premiers, d'abord assez rares, ont été mis en évidence par Le Bel [*Bull. Soc. Chim.*, (2), **23**, 338, 1875; **25**, 546, 1876; **27**, 444, 1877; **33**, 106, 1880; **37**, 300, 1882] et par Lewkowitsch [*D. chem. G.*, **15**, 1505, 1882; **16**, 1568 et 2720, 1883], et, depuis lors, par un nombre considérable d'expérimentateurs. En 1898, Landolt évaluait à plus de 700 le nombre des corps actifs organiques (appartenant à plus de 30 groupes chimiques différents) ainsi caractérisés. Toutes les fois que la formule de constitution a été établie avec certitude, celle-ci présente un ou plusieurs carbones asymétriques. Quelques exceptions, signalées à l'époque où Le Bel et van't Hoff firent connaître leur théorie, ont été reconnues depuis comme basées sur des observations inexactes. Par contre, on a indiqué ultérieurement quelques cas dans lesquels l'activité optique a été observée chez des corps dont la formule développée ne présente aucun carbone asymétrique, au sens usuel du terme. Un des premiers, en même temps que des plus caractéristiques, est celui des deux inosites actives étudiées par Maquenne [C.

R., **109**, 812, 1889 et *Ann. Chim. Phys.*, (6), **22**, 264, 1891 : voir aussi Rouveault, *Bull. Soc. Chim.*, (3), **11**, 144, 1894 : Marckwald et Meth, *D. chem. G.*, **39**, 1171, 2035, 2404, 1906]. Si les formules ne révèlent pas l'existence de carbones saturés par quatre groupements de structure chimique différente, puisque toutes deux

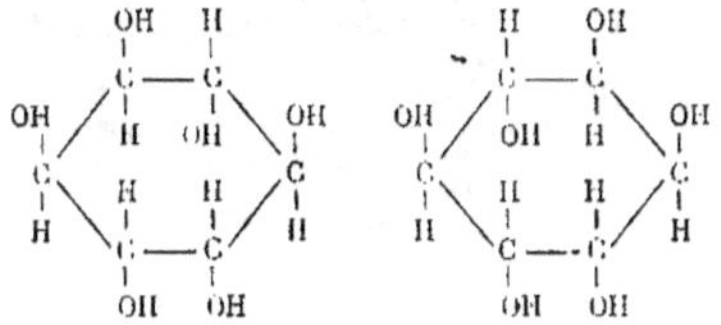

$$\text{(deux schémas de hexa-oxycyclohexane)}$$

répondent à la constitution d'un hexa-oxycyclohexane, $(CHOH)^6$, leur configuration spatiale se représente facilement par des schémas dépourvus de plan et de centre de symétrie. Pour faire rentrer tous les cas d'isomérie optique dans un seul énoncé, il est donc plus logique de dire que *le pouvoir rotatoire n'est possible que si la molécule est dépourvue d'éléments de symétrie* (plan et centre); la règle classique du carbone asymétrique n'est plus alors qu'un cas particulier de cette condition générale; on verra d'ailleurs, plus loin, qu'elle est encore en défaut dans d'autres cas (pseudo-asymétrie).

Cet énoncé général est d'autant plus nécessaire que les travaux modernes ont démontré que l'on pouvait obtenir des corps actifs en appliquant à d'autres éléments que le carbone les méthodes de synthèses et de dédoublement qui conduisent, avec les corps organiques carbonés, à des corps actifs. A l'heure actuelle, on connaît des composés optiquement actifs, chez lesquels la dissymétrie moléculaire se manifeste par rapport à un atome d'azote [Le Bel. *C. R.*, **112**, 724, 1891 et **129**, 548, 1899; *D. chem. G.*, **33**, 1003, 1900; — Marckwald. *D. chem. G.*, **32**, 560 et 3508, 1899. Pope et Peachey. *J. Chem. Soc.*, **75**, 1127, 1899; — Wedekind. *D. chem. G.*, **38**, 1838, 1841, 1905; **40**, 1001, 1009, 1646, 1907; — Thomas et Jones. *J. Chem. Soc.*, **89**, 280, 1906; **87**, 135, 1905]; à un atome de soufre [Pope, Peachey et Neville, *Proc. Chem. Soc.*, **16**, 12, 1900; *J. Chem. Soc.*, **77**, 1072 et 1174, 1900; **81**, 1557, 1902]; à un atome de sélénium [Pope et Neville, *Proc. Chem. Soc.*, **18**, 198, 1902]; à un atome d'étain [Pope et Peachey, *Proc. Chem. Soc.*, **11**, 42 et 116, 1900]; à un atome de silicium [Kipping, *J. Chem. Soc.*, **94**, 209, 1907].

Ces travaux démontrent nettement l'existence d'atomes asymétriques, Az, S, Se, Sn, Si, c'est-à-dire dont toutes les valences sont saturées par des groupements différents, au sens usuel de la règle du carbone asymétrique. Mais ce ne sont toujours que des cas particuliers de la règle de Pasteur, faisant de la dissymétrie moléculaire la condition nécessaire et primordiale de l'existence du pouvoir rotatoire.

Le pouvoir rotatoire des corps actifs ayant pour cause la dissymétrie de la molécule, l'étude des variations du pouvoir rotatoire a une importance théorique considérable. Ces variations traduisent en effet des modifications dans la dissymétrie moléculaire, et présentent donc un grand intérêt, puisqu'elles permettent, dans une certaine mesure, de pénétrer dans le domaine de la constitution intime de la matière. Les études de ce genre ont été entreprises déjà par Biot, et ont été poursuivies depuis par de nombreux expérimentateurs, qui ont envisagé tour à tour le problème au point de vue physique et au point de vue chimique. On ne résumera ci-après que les résultats des travaux relatifs au pouvoir rotatoire des corps actifs à l'état liquide ou dissous; pour le pouvoir rotatoire des corps cristallisés, qui intéresse davantage la minéralogie que la chimie, nous renvoyons aux *Phys. Chem. Tabellen*, de Landolt et Börnstein, 2e éd., Berlin, 1905, et au *Rec. de constantes optiques*, édité par la Soc. franç. de Physique, Paris, 1900.

Ces deux ouvrages sont également utiles à consulter pour retrouver les valeurs numériques des pouvoirs rotatoires publiées antérieurement aux années 1905 et 1900.

Variations physiques du pouvoir rotatoire. — Si l'on désigne par α la déviation polarimétrique observée sur une colonne liquide de l^{dm}, par s le poids en grammes de substance active occupant le volume de 1 cm³, le *pouvoir rotatoire spécifique* (ou *rotation spécifique*) $[\alpha]_D$, est donné par l'expression (Biot) :

$$[\alpha] = \frac{\alpha}{ls}.$$

S'il s'agit d'un liquide actif pur, s est égal à la densité d du liquide, et l'on a

$$[\alpha] = \frac{\alpha}{ld}.$$

S'il s'agit d'un corps actif en dissolution dans un dissolvant indifférent à raison de c gr. dans 100 cm³ de solution ou, ce qui revient au même, à raison de n gr. du corps actif dans m gr. de dissolvant, la densité de la solution étant δ, on aura, p étant la concentration du corps actif dans 100 gr. de solution

$$[\alpha] = \frac{100\,\alpha}{lc} = \frac{100\,\alpha\,(n+m)}{ldn} = \frac{100\,\alpha}{ldp}.$$

Une détermination de pouvoir rotatoire n'est donc complète que si l'on indique : 1° le sens $+$ ou $-$ de la déviation (corps *dextrogyres* ou *lévogyres*); 2° la température à laquelle ont été déterminés α et d; 3° la nature de la radiation lumineuse choisie (le plus souvent, la lumière monochromatique des sels de sodium, soit celle correspondant à la raie D du spectre solaire); 4° la nature du dissolvant choisi; 5° la concentration de la solution exprimée de l'une ou de l'autre façon, mais clairement désignée. Les symboles les plus usités sont de la forme $[\alpha]^t_D$.

Par *pouvoir rotatoire moléculaire* ou *rotation moléculaire* $[M]$, on entend l'expression :

$$[M] = \frac{M}{100}\,[\alpha]$$

qui représente une rotation proportionnelle au poids moléculaire M du corps actif.

Variations avec la température. — L'influence des variations de température sur le pouvoir rotatoire a fait l'objet de très nombreuses mesures. Les plus importantes sont celles où l'on opère sur un liquide actif pur (sans dissolvant), en poursuivant les déterminations jusque dans l'état de vapeur: malheureusement, la complication des mesures et le fait qu'un grand nombre de ces vapeurs actives ne sont pas stables, ont limité considérablement l'étendue des expériences. Les seuls travaux à mentionner répondant à ces conditions sont ceux de Gernez [*Ann. Ec. Norm. sup.*, **1**, 1], concernant le camphre et la térébenthine, et ceux de Guye et Amaral [*C. R.*, **120**, 1345, 1895; mémoire détaillé : *Arch. Sc. ph. et nat.* Genève, (3), **33**, 409 et 513, 1895], concernant dix dérivés amyliques. Ces recherches devraient être poursuivies.

Pour quelques corps, le pouvoir rotatoire reste sensiblement le même, en valeur absolue, à l'état liquide et à l'état de vapeur; c'est le cas du camphre et du diamyle. Pour la majorité des corps étudiés, le pouvoir rotatoire de la vapeur est un peu plus faible.

Les corps actifs étudiés dans l'état liquide seulement sont beaucoup plus nombreux. Les principaux travaux à consulter sur ce sujet sont, indépendamment des deux précédents, les suivants : Guye et Chavanne, *C. R.*, **120**, 452 et *Bull. Soc. Chim.*, (3), **15**, 177 et 275, 1896; — Guye et Aston, *C. R.*, **120**, 1345, 1895; — **124**, 194, 1897; — Frankland, Mac Gregor et Wahrton, *Journ. Chem. Soc.*, **65**, 760, 1894; **69**, 104, 1896; **69**, 1309, 1583, 1896; — Walden, *D. chem. G.*, **36**, 781, 1903; **38**, 363, 1905 et *Zeit. f. Phys. Chem.*, **55**, 1, 1906; — Guye et Wassmer, *Journ. Chim. Phys.*, **1**, 257, 1903; — Patterson, *J. Chem. Soc.*, **85**, 765, 1904; **87**, 33, 1905; **89**, 1884, 1906; — Grossmann et Pötter, *D. chem. G.*, **37**, 84, 1260, 1903; — Winther, *Zeit. f. phys. Chem.*, **52**, 200, 1905; **55**, 256, 1906. Il n'est résulté jusqu'à présent de ces études aucune règle générale. Avec une élévation de température, le pouvoir rotatoire décroît ou croît, ou passe par un maximum ou un minimum. Ces variations peuvent être représentées ou par des formules empiriques, ou par des relations basées plus ou moins sur la théorie. Parmi ces dernières les plus intéressantes sont celles étudiées par Winther [*loc. cit.*] et Patterson [*loc. cit.*], qui font du pouvoir rotatoire une fonction du volume moléculaire. Les relations développées par ces auteurs n'ont encore été vérifiées que dans un nombre restreint de cas, les données suffisamment étendues et précises faisant défaut; nous renvoyons donc, pour les détails, aux mémoires originaux, tout en faisant remarquer que ces relations permettent de retrouver, par exemple, les maxima de pouvoir rotatoire reconnus par l'expérience. Exemples : les températures du maximum de $[\alpha]_D$ des tartrates d'éthyle et de propyle sont, d'après les observations de Walden, 150° et 130°; Winther calcule 158° et 140°. L'étude ultérieure de cette question est donc tout à fait digne d'intérêt.

Variations avec la longueur d'onde de la lumière polarisée. — Biot avait déjà observé que le pouvoir rotatoire varie avec la longueur d'onde de la lumière polarisée et croît, en général, des radiations rouges aux radiations violettes du spectre; il avait observé toutefois que certains corps, tels que l'acide tartrique en solution aqueuse, donnent lieu à des anomalies, le pouvoir rotatoire étant maximum pour une radiation du spectre intermédiaire entre le rouge et le violet. Ces résultats ont été confirmés et précisés depuis, à la suite des travaux de Gernez, *loc. cit.*, Guye, Jordan et Mélikian, *C. R.*, **122**, 883, 1896 et **123**, 1896; — Nasini, *Acad. de Lincei*, (3), **13**, 1882; — Gennari, *Zeit. f. Ph. Chim.*, **19**, 113, 1896; — Woringer, *ibid.*, **36**, 336, 1901; Walden, *loc. cit.*; Winther, *loc. cit.* La plupart des mesures modernes ont été effectuées par le dispositif expérimental des cuves filtrantes monochromatiques, proposé par Landolt [*D. chem. G.*, **27**, 2872, 1894]; pour d'autres dispositifs, consulter : Broch, *Dove's Repert. Phys.*, **7**, 113, 1846; — Fizeau et Foucault, *C. R.*, **21**, 1185, 1845; — Soret et Sarasin, *C. R.*, **95**, 635, 1882; — Soret et C. E. Guye, *C. R.*, **115**, 1295, 1892; — Lippich, *Wien. Sitzungsber*, II, 85, 307, 1882 et **94**, 1070, 1885; — G. Wiedemann, *Lehre von der Elektr.*, **3**, 914, 1883; — Von Lang, *Pogg. Ann.*, **156**, 422, 1875; — Lommel, *Wied. Ann.*, **36**, 731, 1889. A recommander aussi, pour l'étude de cette question, les sources lumineuses intenses et monochromatiques réalisées par le spectre du cadmium [Michelson, *Trav. et Mém. du bur. intern. des pds et mes.*, Paris, **11**, 1895 et *J. de Phys.*, (3), **3**, 5, 1894], les lampes au mercure [Arons, *Wied. Ann.* **47**, 167, 1892 et Lummer, *Z. f. Instrumentkunde*, **15**, 294, 1895, etc.].

Pour revenir aux mesures physicochimiques, effectuées sur des liquides actifs homogènes, l'usage s'est généralisé ces dernières années de désigner par *dispersion rotatoire spécifique*, la différence $([\alpha]_{violet} - [\alpha]_{rouge})$ des dispersions spécifiques mesurées pour les radiations violettes et rouges fournies par les cuves filtrantes de Landolt; par *dispersion rotatoire moléculaire*, la différence $[M]_{violet} - [M]_{rouge}$, et par *coefficients de dispersion rotatoire* les nombres obtenus en divisant les rotations spécifiques relatives à chaque radiation, par la rotation spécifique relative à la lumière rouge. La dispersion rotatoire est dite *normale* lorsque les coefficients de dispersion croissent du rouge au violet, et *anormale* dans les autres cas (maxima, minima, etc.).

Biot avait déjà attribué la dispersion rotatoire anormale de l'acide tartrique en solution aqueuse à la présence simultanée de plusieurs hydrates de cet acide. Guye a reconnu que les liquides actifs homogènes, à dispersion rotatoire normale, appartiennent en général tous à des groupes de composés à poids moléculaires normaux (étudiés par la méthode des ascensions capillaires); il ne faudrait cependant pas en conclure que la réciproque soit toujours exacte. Les exemples les plus caractéristiques de dispersion rotatoire anormale observés sur des liquides actifs homogènes sont ceux fournis par les éthers de l'acide tartrique; tartrates de méthyle, éthyle, etc., étudiés par Winther [*loc. cit.*]; d'après la méthode des ascensions capillaires, [ces éthers seraient monomoléculaires; si l'on voulait attribuer la dispersion anormale à la présence de deux ou plusieurs molécules différentes, selon l'hypothèse de Biot, il faudrait admettre, par exemple, que le tartrate d'éthyle peut exister sous deux formes, l'une répondant à la formule usuelle, l'autre représentant une chaîne fermée, par exemple, par soudure du groupe $CO^2C^2H^5$ avec un hydroxyle secondaire OH.

Avec les solutions de corps actifs, les anomalies de dispersion rotatoire sont beaucoup plus nombreuses. Cela se conçoit aisément, le corps actif pouvant donner lieu à des équilibres complexes avec le dissolvant (dissociation électrolytique ou chimique, polymérisation, produits d'addition, etc.); aussi a-t-on signalé tous les cas possibles d'anomalies : maxima, minima, et même, pouvoir rotatoire constant pour toutes les radiations (solution aqueuse d'acide malique contenant 92 0/0 d'eau d'après Nasini et Gennari [*loc. cit.*], et changements de signes suivant la radiation; le mélange équimoléculaire de nicotine et d'acide acétique, dont la dispersion rotatoire est normale, devient anormal lorsqu'on l'additionne d'un peu d'eau, pour redevenir normal avec un grand excès d'eau, d'après les mêmes auteurs). Avec les solutions de sels actifs colorés, Cotton [*C. R.*, **120**, 989 et 1044; *Ann. Chim. Phys.*, (7), **8**, 347, 1896] a signalé enfin des anomalies de dispersion rotatoire extrêmement intéressantes, se produisant dans le voisinage des bandes d'absorption caractéristiques de la couleur du sel considéré (tartrate de cuivre); consulter aussi Stewart [*Chem. News*, **96**, 29, 1907].

Les formules les plus usuelles employées pour représenter la dispersion rotatoire en fonction de la longueur d'onde, cessent dès lors d'être applicables. Ces formules ne sont donc rappelées ici que pour mémoire :

$$\alpha = \frac{A}{\lambda^2} + \frac{B}{\lambda^4} \qquad \text{(Boltzmann)}$$

$$\alpha = \frac{a}{\lambda^2 \left(1 - \frac{\lambda_0^2}{\lambda^2}\right)^2} \qquad \text{(Lommel)}$$

Elles sont à deux constantes (A et B pour la première. a et λ_0 pour la seconde).

Dispersion des corps actifs homologues. — Les travaux récents de Walden [*loc. cit.*], Guye et Wassmer [*loc. cit.*] ont montré que dans une série de corps actifs homologues (éthers alcoylés des acides lactique, malique, ricinolique, etc.), les coefficients de dispersion restent sensiblement constants d'un terme à l'autre de la série.

Influence de la température sur la dispersion. — D'après les mesures de Gernez, le coefficient de dispersion rotatoire serait indépendant de la température pour un même liquide homogène. Ce résultat ne se vérifie pas très exactement d'après les mesures récentes effectuées par la méthode des cuves filtrantes ; il est possible que celle-ci présente, à cet égard, une petite cause d'erreur.

Pouvoir rotatoire des corps dissous. — Biot admettait que, lorsqu'un dissolvant inactif n'exerce aucune action chimique sur un corps actif que l'on y dissout, l'angle de rotation est proportionnel à la quantité de substance active dissoute dans l'unité de volume. C'est cette relation qu'exprime la formule reproduite plus haut, donnant le pouvoir rotatoire spécifique d'un corps dissous.

En fait, cette relation n'a été que très rarement vérifiée ; un des exemples les plus nets est celui fourni par la nicotine, dont le pouvoir rotatoire, à l'état de liquide pur, est de $[\alpha]_D^{20} = -164°,00$, tandis qu'avec les solutions benzéniques (de 8 à 84 0/0), cette constante varie de -163.67 à -164.29, la moyenne de toutes les déterminations étant de $-164°,00$ [Hein, *Thèse*, Berlin, 1896, citée par Landolt] ; il en est à peu près de même pour les solutions dans l'éther, et l'acétone ; avec l'aniline et la toluidine comme dissolvants, les valeurs s'écartent davantage, et plus encore avec les alcools éthylique et propylique. Avec les bornéols, étudiés par Haller [*C. R.*, 112, 143, 189] dans de nombreux dissolvants, on retrouve fréquemment, avec les solutions, les mêmes valeurs de $[\alpha]_D$ et parfois aussi des valeurs très différentes. En fait, cette influence indubitable, dans certains cas, du dissolvant avait été reconnue déjà par Biot, lorsqu'il reprit en 1852 des mesures polarimétriques avec des appareils plus perfectionnés que ceux dont il avait fait usage au début de ses recherches sur ce sujet [*Ann. Chim. Phys.*, (3), 36, 257, 1852]. De très nombreuses déterminations ont été publiées ultérieurement ; nous résumerons seulement les plus importantes.

Biot [*Mém. Acad.*, 15, 205, 1838 ; 16, 254, 1838 ; *Ann. Chim. Phys.*, (3), 10, 385, 1844, 28, 215, 1850 ; 11, 96, 1844 ; 36, 257, 1852] a indiqué déjà la marche à suivre pour représenter le pouvoir rotatoire en fonction de la concentration et a proposé dans ce but trois formules empiriques ; à savoir :

$$[\alpha] = A + Bq \qquad [\alpha] = A + Bq + Cq^2$$

$$[\alpha] = A + \frac{Bq}{C+q}$$

suivant que les variations sont linéaires, ou paraboliques, ou hyperboliques ; q représente, en centièmes, le poids de dissolvant inactif servant à faire la dissolution. Biot a donné les détails du mode de calcul des constantes de ces formules, et indiqué en particulier que pour $q = 0$, elles devaient reproduire la valeur du pouvoir rotatoire de la substance pure. La première vérification expérimentale précise en a été faite par Landolt [*Ann. Chem.*, 489, 311, 1877] dans un travail étendu relatif à la térébenthine (droite et gauche), à la nicotine et au tartrate d'éthyle, dont l'étude optique a été effectuée, soit sur les liquides purs, soit sur des solutions dans des dissolvants variés : l'auteur en a conclu que la méthode de Biot (consistant à poser $q = 0$ dans les formules ci-dessus) conduit généralement à des valeurs de $[\alpha]$ qui s'écartent fort peu de celles obtenues en opérant avec les liquides purs ; les résultats sont d'autant plus satisfaisants que l'extrapolation donnant la valeur de $[\alpha]$ est elle-même moins étendue. Il y a toutefois des exceptions, telles en particulier celles observées sur les solutions aqueuses de nicotine [Pribram, *D. chem. G.*, 20, 1848 ; et Hein, 1896], dont le pouvoir rotatoire passe par un minimum pour une teneur en eau $q = 91,69$ à la température de $20°$, et $q = 89,74$ à la température de $5°$; ce fait est dû évidemment à une altération chimique du corps actif (polymérisation, hydratation, etc.). Il faut envisager de la même façon les résultats souvent très frappants signalés par Freundler [*Ann. Chim. Phys.*, (7), 4, 244, 1893] dans un mémoire important sur le pouvoir rotatoire des dérivés tartriques ; le diacétyltartrate d'éthyle, par exemple, dont $[\alpha]_D = + 5°,0$ donne, avec les solutions chloroformiques, des valeurs comprises entre $[\alpha]_D = -5°,3$ et $-10°,0$ pour des concentrations en corps actifs comprises entre 50 et 2.5 0/0. Le même auteur a confirmé aussi par de nombreux exemples l'influence spécifique due à la nature du dissolvant, signalée antérieurement par quelques observateurs [Haller, *loc. cit.* ; Pribram, *D. chem. G.*, 22, 6] ; c'est ainsi que le diacétyltartrate de n-propyle, dont le pouvoir rotatoire est $[\alpha]_D = + 13,3$, étudié successivement dans 18 dissolvants, a fourni des nombres compris entre $[\alpha]_D = -2,6$ (bromoforme) et $[\alpha]_D = + 36.7$ (sulfure de carbone) ; en complétant les mesures polarimétriques par des déterminations (cryoscopiques ou ébullioscopiques) du poids moléculaire, Freundler a constaté qu'en général, le pouvoir rotatoire, déduit de mesures effectuées sur des solutions, se confondait à peu près avec celui observé sur le liquide actif pur, lorsque le poids moléculaire du corps actif dissous est normal, mais en différait d'autant plus que les poids moléculaires sont eux-mêmes plus anormaux. Ces conclusions ne doivent pas être généralisées : les travaux ultérieurs, entre autres ceux de Frankland [*J. Chem. Soc.*, 69, 123], Walden [*Zeit. f. phys. Chem.*, 17, 705, *D. chem. G.*, 39, 658, 1906 ; 40, 2463, 1907], Patterson [*ibid*, 38, 4099, 1905] ont montré que les pouvoirs rotatoires peuvent être anormaux alors que les poids moléculaires sont normaux, ou *vice versa*. Cela se conçoit d'ailleurs d'autant mieux que les méthodes ébullioscopiques ou cryoscopiques ne donnent aucune indication sur la présence ou l'absence de combinaisons moléculaires entre le corps dissous et le dissolvant ; elles ne peuvent révéler que la polymérisation ou la dissociation du corps actif. Les combinaisons moléculaires ne peuvent être décelées que par la détermination de la courbe complète des points de fusion des mélanges, en toutes proportions, du corps actif et du dissolvant [Guye et Antonow, *Arch. Sc. ph. nat.*, Genève, 1907]. L'action spécifique du dissolvant a fait en outre l'objet d'études très documentées de Haller et Minguin [*C. R.*, 136, 1525], et de Walden [*D. chem. G.*, 1905], qui ont reconnu que les dissolvants ionisants (soit à haute constante diélectrique) exaltent en génésal le pouvoir rotatoire des corps actifs que l'on y dissout.

En résumé, on voit que le pouvoir rotatoire mesuré sur les solutions donne une résultante parfois complexe due à des causes multiples parmi lesquelles nous mentionnerons :

a) La dissociation chimique ou électrolytique [voyez l'article DISSOCIATION ÉLECTROLYTIQUE; consulter aussi : Oudemans, *Ann. Chem.*, **182**, 33 et 58, 1876; *Arch. Néerl.*, **10**, 193; *Ann. Chem.*, **197**, 48 et 66, 1879 et **209**, 38; *Arch. Néer.*, **15**, 155; *Rec. Pays-Bas*, **1**, 18 et **4**, 66; — Hädrich, *Zeit. f. phys. Chem.*, **12**, 476; — Frankland, *Journ. Chem. Soc.* **63**, 296; — Guye et Rossi, *Bull. Soc. Chim.*, (3), **13**, 465; — Carrara et Gennari, *Zeit. f. phys. Chem.*, **14**, 562; **16**, 244; **17**, 651; — Walden, *Zeit. f. phys. Chem.*, **15**, 196; — Shinn, *J. phys. Chem.*, **11**, 201, 1907]; — *b*) la polymérisation ou la décomposition du corps actif; — *c*) la formation de produits d'addition avec le dissolvant [consulter aussi : Rayman, *D. chem. G.*, **21**, 2050; *Bull. Soc. Chim.*, (2), **48**, 632; — Freundler, *Bull. Soc. Chim.*, (3), **9**, 683; — Wyrouboff, *Ann. Chim. Phys.*, (7), **1**, 1]; — *d*) la nature du dissolvant (pouvoir ionisant et, peutêtre aussi, viscosité), auquel Landolt attribue le pouvoir de provoquer de petites déformations de la molécule active, ce qui rendrait compte d'une variation de pouvoir rotatoire sans altération chimique au sens usuel du mot.

Addition d'un corps inactif à la solution d'un corps actif. — On réalise ainsi fréquemment des variations de pouvoir rotatoire parfois considérables : les exemples les plus frappants sont relatifs à l'addition d'émétique, d'acides borique, molybdique, tungstique aux sels des acides maliques et tartriques, aux matières sucrées ; il en résulte parfois un changement de signe du pouvoir rotatoire [consulter : Long, *Sill. Am. Journ.*, (3), **36**, 351; **38**, 269; **40**, 275; — Schütt, *D. chem. G.*, **21**, 2586; — Biot, *loc. cit.*; — Magnanini, *Gazz. chim. ital.*, **20**, 453; **21**, II, 134 et 215; — Pasteur, *Ann. Chim. Phys.*, (3), **59**, 243; — Gernez *C. R.*, **104**, 783; **105**, 803; **106**, 1527; **108**, 942; **109**, 151 et 769; — pour les sucres, voir un résumé très complet dans : von Lippmann, *Die Chemie der Zuckerarten*, Braunschweig, 1904, où l'on trouvera les notes bibliographiques relatives à de très nombreux mémoires; ainsi que dans Bischoff, *Handbuch der Stereochemie et Materialen der Stereochimie*, 1892 et 1904). L'existence de combinaisons moléculaires a été plusieurs fois signalée ; des combinaisons analogues ont été isolées entre l'acide oxalique d'une part et les acides tungstique, molybdique et vanadique d'autre part [Rosenheim, *Zeit. f. anorg. Chem.*, **4**, 352 et *D. chem. G.*, (2), **26**, 1191].

Multirotation. — Un certain nombre de solutions de corps actifs, fraîchement préparées, ont un pouvoir rotatoire variable avec le temps et qui atteint à la fin une limite.

Ce phénomène est connu sous le nom de *multirotation*. Observé d'abord par Dubrunfaut dans le groupe des sucres, il a été constaté aussi avec des composés de nature chimique différente. On l'attribue aujourd'hui à un changement d'équilibre chimique dans la solution, avec modification chimique de la substance active.

Cela résulte en particulier du fait que ces transformations se font conformément aux lois de la cinétique chimique, ainsi que l'ont démontré Urech [*D. chem. G.*, **16**, 2270; **17**, 1547; **18**, 3059], P. Th. Muller [*C. R.*, **118**, 459], Lévy [*Zeit. f. phys. Chem.*, **17**, 301],

Frey [*Ibid.*, **18**, 193 et **22**, 424]. La constante de vitesse de ces réactions est fortement influencée par l'addition de substances étrangères; par exemple, pour le dextrose, la vitesse est accrue dans le rapport de 1,6 à 100, pour des additions équivalentes d'acides propionique ou chlorhydrique; d'autres substances agissent de façon retardatrice.

Enfin, dans certains cas, on est parvenu à isoler les produits extrêmes de ces réactions; telles sont les trois modifications du glucose (α, β et γ) et d'autres sucres, isolées par Tanret [*C. R.*, **120**, 1060] et caractérisées chacune par un pouvoir rotatoire différent.

Pour la bibliographie, très touffue, de ce sujet, consulter les ouvrages de von Lippmann et Bischoff, déjà cités.

Relations avec la constitution chimique. Nombre d'isomères actifs. — Le nombre des stéréo-isomères répondant à une formule de constitution caractérisée par un ou plusieurs atomes de carbone asymétrique peut être calculé par les relations suivantes [Van't Hoff, *la Chimie dans l'espace*, 1875, p. 9 et 12; — E. Fischer, *Ann. Chem.*, **270**, 67 (1891)]. Soit n le nombre d'atomes de carbone asymétrique, N le nombre total des stéréo-isomères, répartis en N_i inactifs, non dédoublables, et N_a actifs dont les pouvoirs rotatoires sont égaux, deux à deux, au signe près, et forment $\frac{1}{2} N_a$ racémiques, on a :

1° Avec une formule chimique de constitution non symétrique :

$$N = 2^n \qquad N_a = 2^n \qquad N_i = 0$$

2° Avec une formule chimique de constitution symétrique :

a) *Pour n pair* :

$$N = 2^{n-1} + 2^{\frac{n}{2}-1} \qquad N_a = 2^{n-1} \qquad N_i = 2^{\frac{n}{2}-1}$$

b) *Pour n impair* et en comptant comme carbone asymétrique le carbone central (tel que $CO^2H-CHOH-CHOH-CHOH-CO^2H$), qui ne l'est pas en fait (pseudo-asymétrie, voir plus loin) :

$$N = 2^{n-1} \qquad N_a = 2^{n-1} - 2^{\frac{n-1}{2}} \qquad N_i = 2^{\frac{n-1}{2}}$$

Ces nombres d'isomères peuvent être aussi déterminés par les *formules en projection*, recommandées surtout par E. Fischer [*D. chem. G.*, **24**, 2683]. Si l'on rabat sur le plan *abc* le triangle *acd* en le faisant tourner autour de l'arête *ac*, on obtiendra une figure plane, dont

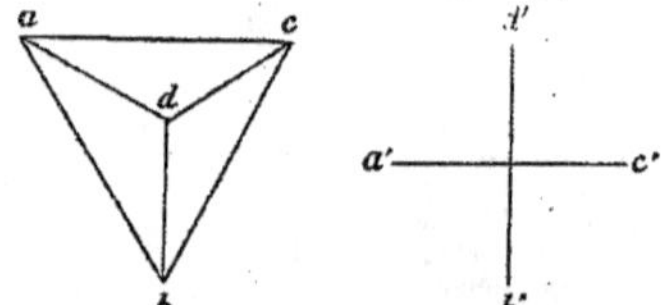

les points *a'*, *b'*, *c'*, *d'* (reliées par deux droites à angle droit) représenteront les quatre sommets primitifs du schéma tétraédrique. Dans cette notation, on écrira, par exemple, comme suit les formules du méthane et de l'acide lactique $CH^3.CHOH.COOH$:

Si l'on convient de représenter l'acide lactique droit par la formule précédente, l'acide gauche devra être figuré par une formule qui soit l'image de la première dans une glace, ou symétrique à celle-ci par rapport à un plan (perpendiculaire au plan de la figure et dont la trace est indiquée par une ligne ponctuée) :

$$
\begin{array}{c}
OH \\
| \\
CH^3 \!-\!\!-\!\!- \!\!\!\!\!\!\!\!\!\!-\!\!-\!\!- COOH \\
| \\
H
\end{array}
\quad : \quad
\begin{array}{c}
OH \\
| \\
COOH \!-\!\!-\!\!- \!\!\!\!\!\!\!\!\!\!-\!\!-\!\!- CH^3 \\
| \\
H
\end{array}
$$

Acide droit. Acide gauche.

On voit que l'on passe de la formule du corps droit à celle du corps gauche par la permutation de deux groupes (CH³ et COOH) l'un avec l'autre. Cette règle est générale et peut s'énoncer ainsi : *Un nombre impair de permutations change le signe optique; un nombre pair ne le change pas.* Par exemple, la formule

$$
\begin{array}{c}
H \\
| \\
COOH \!-\!\!-\!\!- \!\!\!\!\!\!\!\!\!\!-\!\!-\!\!- CH^3 \\
| \\
OH
\end{array}
$$

qui dérive de l'acide droit, par deux permutations successives (CH³ avec COOH, et H avec OH) représente encore l'acide droit.

Ces formules, appliquées au cas des bromures de l'acide cinnamique $C^6H^5.CH=CH.COOH$, démontrent qu'il doit exister quatre bromures actifs, formant deux racémiques, soit :

$$
\begin{array}{cc}
\begin{array}{c}
H \quad H \\
| \quad | \\
COOH \!-\!\!-\!\!-\!\!-\!\!- C^6H^5 \\
| \quad | \\
Br \quad Br
\end{array}
&
\begin{array}{c}
Br \quad Br \\
| \quad | \\
COOH \!-\!\!-\!\!-\!\!-\!\!- C^6H^5 \\
| \quad | \\
H \quad H
\end{array}
\\[2em]
\begin{array}{c}
H \quad Br \\
| \quad | \\
COOH \!-\!\!-\!\!-\!\!-\!\!- C^6H^5 \\
| \quad | \\
Br \quad H
\end{array}
&
\begin{array}{c}
Br \quad H \\
| \quad | \\
COOH \!-\!\!-\!\!-\!\!-\!\!- C^6H^5 \\
| \quad | \\
H \quad Br
\end{array}
\end{array}
$$

Dans le cas de l'acide trioxyglutarique, $COOH-CHOH-CHOH-COOH$, ces formules permettent de se rendre compte de ce qu'on entend par *pseudo-asymétrie.* Les deux formules

$$
\begin{array}{cc}
\begin{array}{c}
OH \; OH \; OH \\
| \quad | \quad | \\
COOH \!-\!\!-\!\!-\!\!-\!\!- COOH \\
| \quad | \quad | \\
H \quad H \quad H
\end{array}
&
\begin{array}{c}
OH \; H \; OH \\
| \quad | \quad | \\
COOH \!-\!\!-\!\!-\!\!-\!\!- COOH \\
| \quad | \quad | \\
H \quad OH \quad H
\end{array}
\end{array}
$$

Fus. 170-171° (du ribose). Fus. 152° (du xylose).

représentent des acides inactifs non dédoublables, car elles sont caractérisées chacune par un plan de symétrie, perpendiculaire au plan de la figure et passant par la ligne H—OH médiane. D'autre part, les deux carbones asymétriques extrêmes sont de signes contraires; il en résulte qu'au sens classique du mot, le carbone central est un carbone asymétrique, puisqu'il est lié à quatre groupes différents; néanmoins, il ne peut agir sur la lumière polarisée, puisqu'il possède un plan de symétrie. On voit par cet exemple que la règle usuelle du carbone asymétrique est ici en défaut; c'est pourquoi plusieurs auteurs désignent sous le nom de *carbones pseudo-asymétriques* les atomes de carbone, asymétriques au sens usuel du mot, mais présentant néanmoins un plan de symétrie; les inosites inactives constituent un autre cas de pseudo-asymétrie chez des corps de structure cyclique. Il est donc plus logique, ainsi que nous l'exposions en tête de cet article, de se laisser guider, avant tout, par la règle de Pasteur — conforme d'ailleurs aux théories physiques de la polarisation rotatoire — et d'après laquelle, *le seul criterium de l'activité ou de l'inactivité optique réside dans l'absence ou la présence d'éléments*

de symétrie (plans, ou centre), et qui n'est jamais en défaut avec les formules en projection. Celles-ci permettent également toujours de déduire rapidement le nombre des isomères optiques. Reprenant l'exemple des acides trioxyglutariques, on voit qu'il n'y a que deux acides actifs possibles.

$$
\begin{array}{cc}
\begin{array}{c}
H \; OH \; OH \\
| \quad | \quad | \\
COOH \!-\!\!-\!\!-\!\!-\!\!- COOH \\
| \quad | \quad | \\
OH \quad H \quad H
\end{array}
&
\begin{array}{c}
OH \; H \; H \\
| \quad | \quad | \\
COOH \!-\!\!-\!\!-\!\!-\!\!- COOH \\
| \quad | \quad | \\
H \quad OH \quad OH
\end{array}
\end{array}
$$

représentant les deux antipodes optiques, fondant tous deux à 127°, obtenus par oxydation du d-arabinose et du l-arabinose, et formant, par mélange équimoléculaire, le racémique fusible à 152°. Des considérations de même genre appliquées aux pentoses, aux hexoses, etc., permettent de fixer sans difficulté le nombre des isomères actifs, inactifs, racémiques, qui caractérisent ces groupes de composés; on sait que les belles recherches de E. Fischer sont venues confirmer toutes les prévisions de la théorie.

Exception importante. — La seule exception, bien constatée, à la théorie des isomères actifs est celle relative à l'acide malique des crassulacées, découvert par Braconnot [*Ann. Chim. Phys.*, (2), **8**, 149], étudié par Adolf Mayer en 1878 et plus récemment par Aberson [*D. chem. G.*, **31**, 1432, 1858]. De cette étude paraît résulter qu'il y a trois acides maliques actifs de la formule $COOH.CH^2.CH(OH).COOH$, alors que la théorie n'en fait prévoir que deux. Cette anomalie, sur laquelle il convient d'attirer l'attention, est regardée par Aberson comme une confirmation des développements théoriques de Wislicenus sur la *configuration avantagée* [*Abhandl. der Kgl. Sächs. G. Wissenschaften*, Leipzig, 1889; — voyez aussi : *Ann. Chem.*, **258**, 180; *D. chem. G.*, **23**, 2079; *Zeit. f. phys. Chem.*, **5**, 408]; mais on pourrait aussi en rendre compte en s'appuyant sur les développements donnés ultérieurement par Le Bel [*Bull. Soc. Chim.*, (3), **3**, 794, 1892], sur l'équilibre des composés saturés; d'après ces développements, les quatre groupements R, R′, R″, R‴, d'un composé $CRR'.R''R'''$, occupent les sommets d'un losange sphérique, se confondant, dans un cas particulier avec les sommets d'un tétraèdre régulier; si cette condition n'est pas remplie, un carbone asymétrique donnerait lieu à plus de deux isomères optiques.

Détermination de la configuration des corps actifs. Notation des isomères optiques. — Un choix initial arbitraire s'impose lorsqu'on veut déterminer la configuration spatiale des corps actifs. E. Fischer [*D. chem. G.*, **83**, 371, 1600] a proposé de relier toutes les formules à celle du glucose choisie arbitrairement, et de désigner par les lettres *d* et *l* les divers dérivés actifs, en ne tenant compte que de leur mode de dérivation les uns par rapport aux autres et en faisant par conséquent abstraction du sens absolu du pouvoir rotatoire.

Cette notation a été étendue ensuite aux corps à plusieurs carbones asymétriques [Fischer, *D. chem. G.*, **27**, 3222, 1894] et est généralement adoptée [Consulter aussi sur la notation des corps actifs : Maquenne, *Les sucres et leurs principaux dérivés*, Paris, 1900; et Lespieau, *Bull. Soc. Chim.*, (3), **13**, 105, 1895; — voy. aussi Salkowski et Neuberg, *Zeit. f. physiol. Chem.*, **36**, 261, 1902] et **37**, 464, 1903; — Kuster, *D. chem. G.*, **37**, 221, 1503 — Wohl (dans : von Lippmann, *Chem. der Zuckerarten*, 366). — Rosanoff, *Am. Chem. Journ.*, **28**, 114, 1906; — E. Fischer, *D. chem. G.*, **40**, 102, 1907].

Méthodes de préparation des corps actifs. — Il suffit d'en rappeler ici les principes, posés pour la première fois par Pasteur, et que confirment les vues de Le Bel et van't Hoff ; le premier a, en effet, démontré dans son mémoire de 1874 que les réactions de laboratoires effectuées entre corps inactifs ne peuvent donner que des corps inactifs. Les corps actifs peuvent être obtenus : 1° par *dédoublement spontané des cristaux*, dont le premier exemple est celui du tartrate double de sodium et d'ammonium [Pasteur, *Ann. Chim. Phys.*, (3), 24, 442 ; 28, 86, 38, 437], observé depuis sur le sel double de potassium et de sodium (Jungfleisch, Wyrouboff), l'asparagine (Piutti), l'acide camphorique (Friedel), l'isohydrobenzoïne (Erlenmeyer Jun.), etc. ; d'après les lois de la mécanique chimique, le dédoublement spontané, suivi du triage à la loupe et à la pince des cristaux énanthiomorphes, n'est possible que si la cristallisation se fait à une température convenable par rapport au *point de transition* (température de transformation du racémique dans ses composants droit et gauche) ; — 2° par une *action biochimique*, en utilisant la propriété de certains organismes inférieurs d'attaquer plus rapidement, en se développant dans la solution d'un racémique, la modification droite ou gauche (Pasteur) ; cette méthode a été vérifiée dans plus d'une vingtaine de cas, par Le Bel, Lewkowitsch, Frankland, A. Combes, E. Fischer, Stavenhagen, etc. ; une variante très ingénieuse de ces actions biochimiques est due à Bertrand [*Bull. Soc. Chim.*, (3), 49, 347, 947, 999 et *C. R.*, 130, 1330 et 1472] ; elle consiste à attaquer les sucres supérieurs par la bactérie du sorbose ; [sur la théorie de ces actions biochimiques consulter : E. Fischer, *D. chem. G.*, 27, 2985, 3479 ; 28, 1429 ; — Le Bel, *Bull. Soc. Chim.*, 31, 7, 552 ; et Winther, *D. chem. G.*, 28, 3000] ; — 3° par *réactions chimiques entre racémiques et corps actifs* ; la première application est de Pasteur : dédoublement de l'acide tartrique par cristallisation fractionnée des sels de quinine, quinicine, cinchonine, cinchonicine, brucine ; des dédoublements du même genre ont été effectués depuis en grand nombre ; la méthode inverse, — cristallisation des sels formés par une base racémique avec un acide actif (tartrique, camphosulfonique, bromocamphosulfonique) a fait aussi l'objet de plusieurs applications ; récemment enfin, Markwald [*D. chem. G.*, 34, 469] a utilisé dans le même but la vitesse différente d'éthérification de l'acide r-phénylglycolique avec le l-menthol.

Ce mode de préparation, qu'on a désigné quelquefois sous le nom de *synthèse asymétrique*, a donné lieu d'autre part à plusieurs insuccès [Freundler, *loc. cit.* ; — Simon, *loc. cit.* ; — Fischer et Himmer, *D. chem. G.*, 36, 2575, 1503 ; — Cohen et Whitely, *Proc. Chem. Soc.*, 16, 212, 1900 ; — Scholtz, *D. chem. G.*, 34, 3015].

Il convient enfin de signaler des transformations tout à fait anormales, signalées pour la première fois, par Walden [*D. chem. G.*, 29, 133, 30, 2795 et 3146 ; 32, 1833 et 1855] et dont l'exemple le plus simple est le suivant : l'acide malique gauche, sous l'action du PCl^5, se transforme en acide chlorosuccinique droit, et ce dernier réagit avec Ag^2O, pour donner de l'acide malique droit. Des faits analogues ont été observés dans la série des dérivés des acides lactiques par Thomas, Purdie et S. Willamson [*Chem. Soc.*, 73, 296 ; *Chem. News*, 73, 229], de l'alanine, par E. Fischer [*D. chem. G.*, 40, 489].

Pour la bibliographie détaillée des applications des méthodes de dédoublement, consulter les ouvrages généraux indiqués en tête de cet article, et, en particulier le *Lehrbuch der Stereochimie* de A. Werner, où elles sont résumées de façon complète.

Nature chimique des racémiques. — On s'est demandé si les racémiques sont ou non de véritables combinaisons moléculaires ou de simples mélanges ; les déterminations cryoscopiques conduisent à des poids moléculaires très voisins des poids moléculaires des corps actifs, quoique généralement un peu plus élevés [Raoult, *Zeit. f. phys. Chem.*, 1, 186 ; — Anschütz, *Ann. Chem.*, 247, 121 ; — Wallach, *idem*, 246, 231 ; — Bruni et Padoa, *Att. Ac. Lincei*, (5), 11, I, 212 ; *Gazz. chim. ital*, 32, I, 503] ; la dissociation de ces combinaisons moléculaires serait donc presque complète ; il en serait de même à l'état liquide ou de vapeur, car les différences entre les points d'ébullition des racémiques et des corps actifs qui les constituent sont très petites ; les densités de vapeur du d-tartrate d'éthyle et du racémate sont pratiquement égales ; le l-malate d'éthyle se décompose lorsqu'on le distille sous la pression ordinaire, ce qui n'est pas le cas du racémate [Anschütz, *Ann. Chem.*, 254, 164]. Il semble que les combinaisons moléculaires qui constituent les racémiques ne sont généralement stables que dans l'état solide, ainsi que l'on peut le démontrer par l'étude des courbes de fusion des mélanges binaires et autres propriétés analogues [Roozeboom, *D. chem. G.*, 32, 537 ; *Zeit. f. phys. Chem.*, 28, 494, 1899 ; — Adriani, *Zeit. f. phys. chem.*, 33, 483 ; 36, 168 ; — Bruni, *Gazz. chim. ital.*, 30, I, 36 ; *Att. Ac. Lincei*, (5), 13, II, 389, 1904]. Les caractères distinctifs des racémiques et de leurs isomères optiques ont été résumés par Walden [*D. chem. G.*, 29, 1692 ; — voir aussi Liebisch, *Ann. Chem.*, 286, 140 ; — Wallach, *id.*, 286, 135]. Indépendamment de la forme cristalline, de la solubilité, de la densité, de la fusibilité, de la conductibilité électrique, étudiées par ces auteurs, on a signalé aussi qu'à l'état liquide les réfractions spécifiques (Brühl) et les rotations magnétiques moléculaires (Perkin) ne diffèrent pas d'une façon appréciable ; il n'en serait pas de même pour le triboluminescence [Tschugaeff, *D. chem. G.*, 34, 1820], les spectres d'absorption [Stewart, *Stereochemistry*, 42] et les propriétés physiologiques, toxicité, saveur, odeur, etc. [Chabrié, *C. R.*, 416, 1410, 1893 ; — Piutti, *D. chem. G.*, 19, 1691 ; — Menozzi et Appiani, *Att. Ac. Lincei*, (5), 2, II, 421 ; — Werner et Conrad, *D. chem. G.*, 32, 3052, 1900 ; — Tiemann et Schmidt, *D. chem. G.*, 29, 924].

Quant à la forme cristalline, on avait admis, à la suite des premières observations de Pasteur, que les racémiques représentent toujours les formes holoèdres, tandis que les isomères optiques sont constitués par des cristaux hémièdres des mêmes systèmes. C'était une généralisation trop hâtive ; dans certains cas, la combinaison racémique ne cristallise pas dans le même système que les composants actifs ; l'exemple le plus caractéristique est celui des tétrabromures de carvone ; les corps actifs cristallisent dans le système rhombique avec facettes hémiédriques, le racémique dans le système monoclinique [Wallach, *Ann. Chem.*, 286, 135, 1895].

Racémisation des corps actifs. — La plupart des corps actifs se transforment en racémique lorsqu'on les maintient suffisamment longtemps à une température élevée ; la présence de certains réactifs (acides, bases, etc.) accélère ces transformations ; dans d'autres cas, elles se produisent spontanément à la température ordinaire [Walden, *D. chem. G.*, 31, 1416, 1898]. On en trouvera des exemples dans les travaux de Walden. Guye [*Bull. Soc. Chim.* (3), **15**, 544], Frankland, etc. Sur la théorie de la racémisation, consulter Le Bel [*Bull. Soc. Chim.*, 1892] et Werner [*Lehrb. der Stereochemie*].

Relations stœchiométriques. — Malgré de très nombreuses recherches, on ne possède encore que des résultats partiels sur les relations stœchiométriques entre le pouvoir rotatoire et la constitution chimique.

Il faut sans doute en chercher la cause dans le fait que l'on ne sait pas dans quelles conditions physiques les pouvoirs rotatoires doivent être mesurés pour être comparables entre eux. Les déterminations faites à la température ordinaire, dont se sont contentés la plupart des auteurs, ne le sont certainement pas. Il en résulte qu'on ne peut s'attendre à trouver que des relations approchées, que nous allons passer en revue, en commençant tout d'abord par les corps à un seul carbone asymétrique.

CORPS A UN SEUL CARBONE ASYMÉTRIQUE PLACÉ DANS UNE CHAINE OUVERTE. — 1° *Dans une série homologue de dérivés d'un même corps actif à un seul groupe variable, le pouvoir rotatoire moléculaire tend vers une limite à mesure que l'on considère les termes les plus élevés de la série* ou, ce qui revient au même, *les substitutions éloignées du carbone asymétrique n'exercent qu'une très faible influence sur le pouvoir rotatoire* [Guye et Babel, *Arch. Sc. phys. nat.* Genève. (4). **7**,114; — Guye, *J. Chem. Soc.*, **79**. 475; — Tschugaeff. *D. chem. G.*, **31**. 360; — Homfray et Guye, *J. Chim. phys.*, **1**. 507].

2° *Si l'on considère tous les termes d'une série homologue à un groupe variable, on remarque que, dans la plupart des cas, le pouvoir rotatoire croît, passe par un maximum et décroît pour tendre vers une valeur limite* [Frankland, Mac Gregor, *J. Chem. Soc.*, 1893, p. 511; — Guye et Chavanne, *C. R.*, **116**, 1454 (1893); — voir les résumés des observations par : Frankland, *J. chem. Soc.*, **45**, 347; — Homfray et Guye, *J. Chim. Phys.*, **1**, 506; — Walden, *D. chem. G.*, 1905, *loc. cit.*].

La première de ces deux règles s'applique aussi aux séries homologues à deux groupes variables (éthers maliques, adipiques) et probablement aussi aux séries homologues à plusieurs carbones asymétriques placés dans des chaînes ouvertes (exemple : éthers tartriques).

Dans le cas des corps de structure cyclique, et si les carbones asymétriques se trouvent dans la chaîne fermée, la première règle est fréquemment vérifiée (éthers du menthol).

3° *La transformation d'une chaîne ouverte, contenant un carbone asymétrique, en une chaîne fermée, exalte généralement le pouvoir rotatoire* [van 't Hoff. *Lagerung*, etc., 1894, p. 109]. Haller et Desfontaines [*C. R.*, **140**, 1205, 1905] ont publié des vérifications très importantes et très nettes de cette relation. — Exemples :

[α]$_D$ chaînes ouvertes.	[α]$_D$ chaînes fermées.
Acide diacétyltartrique	Anhydride diacétyltartriq.
— 20° à — 24°	+ 58° à + 63°
Acide saccharique	Lactone saccharique
+ 8°	+ 38°
β-méthyladipate de méthyle	Pentanone dérivée
+ 3°.49	+ 91°,07
Acide rhamnonique	Lactone rhamnonique
— 7°.7	— 38°.7

4° *Les combinaisons non saturées ont généralement un pouvoir rotatoire plus grand que les dérivés saturés dont elles dérivent* [Walden. *Z. f. ph. Chem.*, **20**, 569; — Haller, *C. R.*,

136, 535. 1222, 1913; — *Bull. Soc. Chim.*, (3), **27**. 781; — Haller et March, *idem.*, **138**, 1665]. Exemples :

	[α]$_D$		[α]$_D$
Butyrate d'amyle	+ 2°,81	Crotonate d'amyle	+ 4°,24
Succinate —	+ 3°,76	Fumarate —	+ 5°,93
Hydrocinnamate	+ 2°,26	Cinnamate —	+ 7°,51

On doit aussi à Rupe [*Ann. Chem.*, **327**, 157, 1903] des travaux très étendus sur ce sujet.

5° *Le remplacement d'un groupe aliphatique par un radical aromatique élève le pouvoir rotatoire.*

	[α]$_D$		[α]$_D$
Acide lactique....	+ 3°	Ac. phénylglycolique	—150°
Éther éthylique...	+ 14°	Éther éthylique...	—123°

Voir aussi : Haller et March [*C. R.*, **142**, 316].

6° *Chez les dérivés benzéniques bisubstitués, l'influence exercée sur le pouvoir rotatoire croît dans l'ordre suivant : ortho, méta, para* [Goldschmidt et Freund, *Z. f. ph. Chem.*, **14**, 384; — Guye et Babel, *loc. cit.*; — Frankland et Wahrton, *loc. cit.*].

La plupart des recherches qui ont conduit à ces résultats partiels ont pour origine la vérification d'hypothèses plus générales, émises presque en même temps, en 1890, par Crum Brown [*Proc. Roy. Soc. Edimb.*, **17**, 181], et Guye [*C. R.*, **111**. 745; mémoire détaillé : *Ann. Chim. Phys.*, (6). **25**. 145. (1902) et *Arch. Soc. Phys. nat.* Genève. (3), **26**, 97, 201. 333 (1901); *Conférences Soc. Chim. Paris*, 1891]: nous les résumerons d'après le dernier de ces auteurs.

Si l'on désigne par $d_1. d_2, d_3..., d_6$, les six perpendiculaires abaissées du centre de gravité du tétraèdre schématique (carbone asymétrique) sur les six plans primitifs de symétrie. le produit P de ces six distances, — ou *produit d'asymétrie,* — soit $P = d_1 \times d_2 \times d_3 \times d_4 \times d_5 \times d_6$, — peut être considéré comme une mesure de la dissymétrie de la molécule.

Si l'on suppose que dans la formule spatiale d'un composé actif $Cabcd$ les quatre masses $a. b. c, d$ sont concentrées au sommet d'un tétraèdre régulier. le produit P est, à un facteur constant près, de la forme

$$P = \frac{(a - b)(a - c)(a - d)(b - c)(b - d)(c - d)}{(a + b + c + d)^6}$$

Si ces masses $a. b. c, d$ ne sont pas aux sommets du tétraèdre, mais sur le prolongement des droites menées du centre de figure du tétraèdre à ses quatre sommets; ou bien, si l'on suppose. ce qui constitue le cas tout à fait général, que les masses a, b, c, d sont concentrées à des distances différentes $l, m. n, p$, du centre de figure du tétraèdre, les droites l, m, n, p faisant avec les six plans primitifs de symétrie des angles $\alpha_1... \alpha_6$ pour l, $\beta_1... \beta_6$ pour m, etc., le produit d'asymétrie prend une forme très compliquée qui ne se prête plus à la vérification expérimentale [*C. R.*, **116**, 1378].

On ne peut donc tenter que la vérification de la formule approchée, vérification qui a été faite au cours de nombreux travaux par Guye et ses élèves [*loc. cit.*]; Le Bel [*C. R.*, **114**, 304; **119**, 226: *Bull. Soc. Chim.*, (3), **7**. 613, 801]; Colson [*C. R.*, **114**, 175, 417; **115**, 729, 948; **116**, 319, 818; **119**, 65; **120**. 1416; *Bull. Soc. Chim.*. (3). **7**, 802: **9**, 1, 87, 195]; Friedel [*C. R.*, **115**. 763, 994; **116**. 351]: Freundler [*C. R.*, **115**, 509, 866: **117**. 556; *Bull. Soc. Chim.*, (3), **7**, 804; **9**, 409, 680; **11**. 305, 366, 470, 468. 477, *Ann. Chim. Phys.*, (7), **3**, 487]; Simon [*Bull. Soc. Chim.*, (3), **11**, 760]; Walden [*Z. f. phys. Chem.*,

15, 638; **17**, 245, 705 : *D. chem. G.*, **36**, 781]; Purdie et Walker [*J. chem. Soc.*, **63**, 240]; Frankland et Mac Gregor [*J. chem. Soc.*, **63**, 1416, 1430; **65**, 750]; Piutti [*Gazz. chim. ital.*, **24**, II, 81]; Binz [*Z. f. phys. Chem.*, **12**, 733]; Gold-schmitt [*Z. f. phys. Chem.*, **14**, 394]; Wallach [*Ann. Chem.*, **276**, 316, 322]; Rupe [*loc. cit.*].

Les premières vérifications de la formule, en ce qui concerne le signe du pouvoir rotatoire, étaient satisfaisantes; mais à mesure que les déterminations devenaient plus nombreuses, les exceptions devenaient plus fréquentes; l'hypothèse d'après laquelle les masses sont concentrées aux quatre sommets d'un tétraèdre régulier doit donc être abandonnée.

De la formule ci-dessus on déduit que si $a < b < c < d$ et si a croît à partir de $a = b$, le produit P doit croître, passer par un maximum et décroître; la même conclusion se déduit des formules plus compliquées auxquelles on arrive lorsqu'on abandonne l'hypothèse des masses concentrées aux quatre sommets d'un tétraèdre régulier. La propriété signalée plus haut sous le chiffre 2 (maximum du pouvoir rotatoire chez les séries homologues à un groupe variable) est donc conforme à l'hypothèse du produit d'asymétrie. Il est très intéressant de noter que cette même propriété ait été retrouvée pour les dérivés actifs de l'azote asymétrique étudiées [par Thomas et Jones [*J. Chem. Soc.*, **89**, 280, 1906], de la formule générale

$$I\,Az \diagdown\!\!\!\underset{}{=}\!\!\!\diagup \begin{array}{l} C^7 H^7 \\ C^6 H^3 \\ C H^3 \\ R \end{array}$$

où l'on fait successivement $R = C^2 H^5$, $C^3 H^7$, $C^4 H^9$, etc.

Voici, en effet, les nombres obtenus

Dérivé (R).	$[M]_D$ de l'ion.	$[M]_D$ iodure sol. $CHCl^3$
Éthyle..	+ 64	+ 189
n-Propyle...........	— 299	— 374
iso-Propyle	— 398	— 507
n-Butyle............	— 253	— 346
iso-Butyle	— 323	— 390
iso-Amyle	— 287	— 391

De ces faits, et d'autres qui se dégagent de l'étude des mémoires cités plus haut, ainsi que d'observations récentes de Hardin [*J. Soc. phys. Chim. russe*, 1907; un mémoire détaillé est sous presse au *J. Chim. phys.*], on peut conclure que si l'hypothèse de la concentration des masses aux quatre sommets d'un tétraèdre régulier n'est pas toujours vérifiée par l'expérience, la notion du produit d'asymétrie, dans son sens général, est la seule qui permette de donner une vue d'ensemble sur les relations stœchiométriques entre le pouvoir rotatoire et la constitution chimique. Ces relations sont, par leur nature même, d'une grande complication. Leur étude présente néanmoins un vif intérêt en raison de la lumière qu'elles peuvent jeter sur la structure intime des corps.

COMPOSÉS A PLUSIEURS CARBONES ASYMÉTRIQUES. SUPERPOSITION OPTIQUE. — Van't Hoff avait admis que dans une molécule à plusieurs carbones asymétriques, l'activité optique est égale à la somme algébrique des activités dues à chaque carbone asymétrique [*Bull. Soc. Chim.* (2), **23**, 298]. La vérification expérimentale de cette relation a été entreprise d'abord par Guye et Gautier [*Bull. Soc. Chim.*, (3), **11**, 1170 et **13**, 457] et poursuivie par Walden [*Z. f. phys. Chem.*, **17**, 720], Guye et Jordan [*C. R.*, **120**, 632], Guye et Goudet [*C. R.*, **122**, 932], Frankland [*loc. cit.*]; elle a donné des résultats probants. Rosanoff [*J. Amer. Chem. Soc.*, **28**, 525]

a contesté l'exactitude de l'interprétation des expériences; voir aussi sur ce sujet : Patterson et Taylor [*J. chem. Soc.*, **87**, 33]; Patterson et Kaye [*J. chem. Soc.*, **89**, 1884; **94**, 705]. Mais Guye et Gautier [*Z. f. phys. Chem.*, **58**, 659] ont maintenu leur manière de voir.

Juin 1907.   Ph.-A. Guye.

POUVOIR ROTATOIRE MAGNÉTIQUE. — Un rayon de lumière polarisée traversant un milieu placé entre les pôles d'un aimant ou d'un électro-aimant, ou entouré par un circuit électrique hélicoïdal, le plan de polarisation est dévié d'un certain angle dépendant de la nature du corps et de l'intensité du champ magnétique (Faraday, Verdet, Becquerel). Les relations de ces phénomènes avec la constitution chimique des corps interposés ont été étudiées par W. H. Perkin, dans une succession de mémoires très étendus publiés dans le *J. chem. Soc.*, à partir du t. 41 de ce recueil; d'autres expérimentateurs ont aussi apporté des contributions à ce sujet, notamment : de La Rive [*C. R.*, **60**, 1005; *Ann. Chem. Phys.* (4), **15**, 57; **22**. 5]; Schönrock [*Z. f. phys. Chem.*, **11**, 753; **16**, 29]; Humburg [*ibid.* **12**, 401]; Wachsmuth [*Wied. Ann.*, **44**, 377].

Ces travaux ont démontré que la rotation magnétique moléculaire est soumise à des lois analogues à celles révélées par l'étude des volumes moléculaires et des réfractions moléculaires. Une bonne monographie d'ensemble a été publiée par Schönrock en 1898 dans le *Lehrb. d. phys. u theor. Chem.*, vol. I, 3e partie.   Juin 1907.   Ph.-A. Guye.

POWELLITE (Min.) (W. H. Melville). — Molybdate de calcium, dans lequel une partie du molybdène est remplacée par du tungstène (58,6 0/0 MoO^3 et 10,3 0/0 TuO^3), autrement dit mélange isomorphe de molybdate de calcium et de scheelite, soit $[Mo, Tu]O^4Ca$. Cristaux jaunâtres en octaèdres quadratiques, ressemblant beaucoup à la scheelite, trouvés avec bornite et grenat à la mine Peacock, district de Seven Devils, entre Huntington et Snake River, Idaho occidental, États-Unis.

Caractères. — Assez fusible (5) en masse grise. Réactions du molybdène masquant un peu celles du tungstène et du calcium. Décomposé par les acides. Dureté $= 3,5$. Densité $= 4,526$.

Forme cristalline. — Prisme quadratique : $a : c = 1 : 1,5445$. Faces : $a^1 b^{1/2} pm$. Isomorphe avec la scheelite.   L. Bourgeois.

PRASÉODYME. — Voyez TERRES RARES.

PRÉHNITÈNE ET DÉRIVÉS. — Voyez les articles DURÈNE, DURYLIQUE.

PRÉSURE. — Voyez l'art. DIASTASES.

PRICÉITE (Min.). — Variété compacte ou terreuse de colemanite.   L. Bourgeois.

PRIMULITE. — Voyez MANNOHEPTITE.

PRISMATINE (Min.) (Sauer). — Variété de kornerupine (voyez ce mot, 2e Suppl., **5**, 174) dans laquelle 1/5 du magnésium est remplacé par du fer, $[Mg, Fe]Al^2SiO^6$, dans le granite de Waldheim, Saxe.   L. Bourgeois.

PROLINE. — Voyez plus loin l'art. PYRROLIDINE, p. 259.

PROPANE C^3H^8. — *Préparation et modes de formation.* — 1° P. Lebeau prépare le propane à l'état de pureté en faisant tomber goutte à goutte de l'iodure de propyle sur du sodammonium dissous dans du gaz ammoniac liquéfié au moyen d'un mélange d'anhydride carbonique et d'acétone [*Bull. Soc. Chim.*, (3), **33**, 1089, 1905].

2° En présence du nickel divisé, le propylène s'hydrogène dès la température ordinaire et se transforme totalement en propane (voyez PROPY-

(LÈNE) [Sabatier et Senderens, *C. R.*, **134**, 1127, 1902].

3° Le propane s'obtient pur en chauffant au bain-marie dans un ballon muni d'un réfrigérant à reflux un mélange de poudre de zinc, d'iodure de propyle et d'eau qui décompose le dérivé zinco-organique [Menschoutkine et Volkof, *Journ. Soc. phys. chim. russe*, **31**, 314, 1899].

4° Le sodammonium agit comme hydrogénant sur le chlorure de propylène pour donner le propane [Chablay, *C. R.*, **142**, 129, 1906].

Propriétés. — Lebeau a trouvé pour la solubilité du propane pur dans différents liquides les nombres suivants :

Liquides.	Pression en millimètres de mercure.	Température.	Volume de gaz dissous dans 100 v. de dissolvant.
Eau..............	753^{mm}	17°.8	6
Alcool absolu........	734^{mm}	16°.6	790
Éther...........	757^{mm}	16°.6	925
Chloroforme........	757^{mm}	21°.6	1299
Benzène.........	757^{mm}	21°.5	1452
Essence de térébenthine	757^{mm}	17°.7	1587

[*Bull. Soc. Chim.*, (3), **33**, 1137, 1905].

D'après Lebeau le propane pur bout à la température de —44°,5. La température critique est 97°.5 et la pression critique est 45 atmosphères [*loc. cit.*]. Ces déterminations concordent avec les résultats obtenus antérieurement par Olszewski qui a trouvé 97° pour le point critique, 44 atmosphères pour la pression critique et —45° pour le point d'ébullition [*D. chem. G.*, **27**, 3305, 1894], contrairement aux indications de Hainlein qui place le point d'ébullition du propane à —37°, sa température critique à 102° sous la pression de 48^{at}.5 [*Lieb. Ann. Chem.*, **282**, 229], et à celles de L. Meyer qui fait bouillir le propane à —38-39° sous la pression ordinaire [*D. chem. G.*, **26**, 2070, 1893].

D'après L. Meyer [*loc. cit.*], la densité du propane est 0,535 à 0° et 0,512 à 15°.9.

Le propane est encore liquide à —195°. Il dissout l'iode en le colorant en violet dans le voisinage de sa température d'ébullition [Lebeau, *loc. cit.*]. Un mélange de propane et d'oxygène explose à 545-548° [voyez Meyer et Münch, *D. chem. G.*, 1893]. Le rapport des chaleurs spécifiques $\frac{c}{c'}$ est 1.153 [Daniel et Pierron, *Bull. Soc. Chim.*, **24**, 801, 1899].

HYDRATE DE PROPANE. — Ce corps se forme, d'après Villard, en cristaux incolores dans l'appareil Cailletet au-dessous de 0° et peut se conserver au-dessus de + 8°.5 [*C. R.*, **111**, 302, 1890].

DÉRIVÉS CHLORÉS.

CHLORO-1-PROPANE (*chlorure de propyle*). $CH_3-CH_2-CH_2Cl$. — Il se prépare en saturant l'alcool propylique d'acide chlorhydrique et chauffant à 120-130° avec une forte dose d'acide chlorhydrique très concentré [Malbot. *Bull. Soc. Chim.*, (3), **2**, 136, 1889 et **25**, 844, 1901]. Walker et Muray ont préparé ce chloro-propane par l'action de PCl_3 sur l'alcool propylique [*Chem. Soc.*, **87**, 1592, 1905].

CHLORO-2-PROPANE (*chlorure d'isopropyle*). $CH_3-CH_2Cl-CH_3$. — On l'obtient en chauffant en vase clos l'iodure correspondant avec du chlorure mercurique et en rectifiant le produit obtenu [Malbot, *Bull. Soc. Chim.*, (3), **4**, 634, 1891].

DICHLORO-PROPANE-1.2. $CH_2Cl-CHCl-CH_3$. — Obtenu en même temps que les dérivés chlorés suivants par Mouneyrat, en faisant passer un courant continu de chlore sur le chlorure de propyle en présence du chlorure d'aluminium : il bout à 96-97° [*Bull. Soc. Chim.*, (3), **24**, 616, 1899].

TRICHLORO-PROPANE-1.1.2. $CHCl_2-CHCl-CH_3$. — Il bout à 135-137°; $d_{16}=1,353$ [Mouneyrat, *loc. cit.*]. — Un autre trichlorure qui bout à 145-150° a été décrit par Spring et Lecrenier [*Bull. Soc. Chim.*, **48**, 625, 1887].

TÉTRACHLORO-PROPANE-1.1.2.3. $CHCl_2-CHCl-CH_2Cl$. — Il bout à 179°; $d_{16}=1,525$.

TÉTRACHLORO-PROPANE-1.1.2.2. — Il bout à 152-153°. $D_{20}=1,473$ [L. Henry, *Bull. Soc. Chim.*, **36**, 180, 1906].

PENTACHLORO-PROPANE. — Il bout à 194-196°; $d_{16}=1,614$ [Mouneyrat, *loc. cit.*]. — Un autre pentachlorure solide a été signalé par Spring et Lecrenier [*loc. cit.*], bouillant aux environs de 170°. — Vitoria a décrit un pentachloro-propane, $CCl_3-CHCl-CH_2Cl$, cristallisé, à odeur de camphre, fondant à 179-180° [*Rec. Pays-Bas*, **24**, 285, 1905].

HEPTACHLORO-PROPANE, $CHCl_2-CCl_2-CCl_3$. — Obtenu par Fritsch en faisant agir PCl_5 à 180° sur la pentachlorocétone. Il bout à 247-248° et à 150-151° sous 50 mm. Il se prend par le froid en une masse d'odeur camphrée qui fond à 30° [*Ann. Chem.*, **297**, 312, 1897].

DÉRIVÉS BROMÉS.

BROMO-1-PROPANE. — Il a été préparé par Fournier à partir de l'alcool propylique et HBr [*Bull. Soc. Chim.*, (3), **35**, 622, 1905].

BROMO-2-PROPANE, préparé à partir du propanol-2 [*ibid*].

DIBROMO-PROPANE-1.2. $CH_2Br-CHBr-CH_3$. — Mouneyrat l'a préparé, avec un rendement de 92 à 95 0/0, en faisant agir le brome sur le bromopropane en présence du bromure d'aluminium [*Bull. Soc. Chim.*, (3), **19**, 674, 803, 1898]. Bodroux remplace le bromure d'aluminium par le chlorure, plus facile à se procurer et qui donne aisément un rendement de 65 à 70 0/0 [*Bull. Soc. Chim.*, (3), **25**, 241, 1901].

DIBROMO-PROPANE-2.2. — Il se forme par action de KOH sur l'amide α bromisobutyrique; il bout à 115-117° sous 743 mm.; $d_{20}^{20}=1.8908$ [Kijner, *Journ. Soc. Phys. Chim. russe*, **37**, 103, 1905].

TRIBROMO-PROPANE-1.1.2, $CHBr_2-CHBr-CH_3$. — Il se forme par l'action du brome sur le composé précédent avec une petite quantité de l'isomère 1.2.3 [Mouneyrat, *loc. cit.*]. Le même tribromopropane-1.1.2 a été préparé par Wislicenus par l'action du brome sur le bromo-1-propylène. Il bout à 196-198° [*D. chem. G.*, **24**, 51, 1888].

TRIBROMO-PROPANE-1.2.3. — Il a été préparé d'une manière avantageuse par Perkin Jun. et Simonsen en faisant agir à —5° le brome en solution chloroformique sur le bromure d'allyle. Il bout à 217-219° sous 738 mm. [*Chem. Soc.*, **87**, 855, 1905]. Les mêmes auteurs ont préparé ce dérivé tribromé à partir de la triacétine de la glycérine [*Bull. Soc. Chim.*, (3), **36**, 254, 1906].

TÉTRABROMO-PROPANE-1.1.2.3.

PENTABROMO-PROPANE. — Il bout à 165-175°. Ce bromure comme le précédent a été obtenu par Mouneyrat [*loc. cit.*] en insistant sur la bromuration du bromo-propane en présence de Al_2Br_6.

DÉRIVÉS IODÉS.

MONOIODO-PROPANE. — Bodroux transforme les dérivés monochlorés et monobromés du propane en dérivé monoiodé en ajoutant de l'iode à une solution éthérée d'un chlorure ou d'un bromure d'alcoylmagnésium. On a un rendement de 80 0/0 :

$$R\,MgBr + I^2 = RI + Mg{<}^{Br}_{I}$$

[*C. R.*, **135**, 1350, 1902]. Walker et Murray ont

préparé l'iodo-1-propane par l'action de PI^3 sur l'alcool propylique [*Chem. Soc.*, **87**, 1592, 1905].

DIIODO-1.3-PROPANE. — Il bout à 170°, et se produit avec le composé suivant.

DÉRIVÉS HALOGÉNÉS MIXTES.

IODO-1-CHLORO-3-PROPANE, $CH^2I-CH^2-CH^2Cl$. — On l'obtient par l'action de KI sur le bromo-1-chloro-3-propane en même temps qu'il se fait du diiodo-1.3-propane. Il bout à 170° [L. Henry, *Bull. Soc. Chim.*, (3), **15**, 1224, 1896].

TRICHLORO-1.1.1-BROMO-2-PROPANE. — Préparé par L. Henry à partir de l'alcool trichloroiso-propylique, il bout à 171-172° sous 760 mm. $D_{20} = 1,775$ [*ibid.*, (3), **36**, 180, 1906].

TRICHLORODIBROMOPROPANE, $CCl^3-CHBr-CH^2Br$. — Cristaux fusibles à 210° [Vitoria, *Bull. Soc. Chim.*, **34**, 1334, 1905].

DÉRIVÉS NITRÉS.

NITRO-1-PROPANE, $CH^3-CH^2-CH^2AzO^2$. — Pauwels l'a obtenu par l'action de l'iodure de propyle sur AzO^2Ag en présence de l'éther. C'est un liquide à odeur éthérée, de saveur piquante. Il bout à 130-131° sous 765 mm. $D_{12}=1,009$ [*Bull. Soc. Chim.*, (3), **19**, 412, 1898]. Auger l'a obtenu en faisant réagir le nitrite de sodium sur l'acide bromobutyrique [*ibid.*, **21**, 34, 1900]. Il est réduit électrolytiquement en solution acidulée d'alcool éthylique pour donner la propyl-hydroxylamine [*ibid.*, 784]. Il donne avec le bromure d'aluminium une masse dure jaunâtre $(CH^3-CH^2-CH^2AzO^2)^3 + AlBr^3$ qui par l'eau fournit le nitropropane bromé [Zelinsky et Weymann, *Journ. Soc. phys. chim. russe*, **27**, 326, 1895].

NITRO-2-PROPANE, $CH^3-CHAzO^2-CH^3$. — Beward [*D. chem. G.*, **26**, 129, 1893] l'a préparé au moyen du zinc méthyle et du bromonitro-éthane. Il bout à 117-120°. Il réagit sur le mé-thanal pour donner l'alcool isobutylique nitré

$$CH^2OH-CAzO^2 \underset{CH^3}{\overset{CH^3}{<}}$$

[L. Henry, *C. R.*, **124**, 210, 1895]. En le traitant par la potasse et l'amalgame de sodium, Kinel a obtenu un corps cristallin de formule $C^3H^6Az^2O^3$ qui serait identique au nitrol [*Bull. Soc. Chim.*, **40**, 72, 1883].

DINITRO-1.1-PROPANE, $CH^3-CH^2-CH(AzO^2)^2$. — Son *sel de potassium* donne avec l'eau un propionate, de l'ammoniaque et du nitrite de potassium [Ponzio, *J. prakt. Chem.*, **67**, 137, 1903].

DINITRO-1.3-PROPANE, $CH^2(AzO^2)-CH^2-CH^2(AzO^2)$. — Il a été obtenu par Keppler et V. Meyer [*D. chem. G.*, **25**, 1709, 1892] en traitant l'iodure de triméthylène par le nitrite d'argent. C'est une huile jaune qui se décompose lorsqu'on la distille, et même à froid au bout de quelque temps. Réduit par l'amalgame de sodium et l'acide acétique, il donne la triméthylène-diamine.

Le *dinitropropane sodé*, $C^3H^5(AzO^2)^2Na$, est une poudre explosive.

CHLORO-1-NITRO-1-PROPANE.

$$CH^3-CH^2-CH \underset{AzO^2}{\overset{Cl}{<}}$$

— Ce corps se forme par l'action du chlore sur le nitropropane sodé. Il bout à 141-142° sous 761 mm. $D_{12}=1,205$ [Pauwels, *Rec. Pays-Bas*, **17**, 27, 1897].

CHLORO-1-NITRO-2-PROPANE, $CH^2Cl-CH(AzO^2)-CH^3$. — L. Henry l'a obtenu par l'action de PCl^5 sur l'alcool correspondant. Il bout à 172° sous 749 mm. $D_{15}=1,2361$ [*Bull. Ac. roy. Belg.*, (3), **34**, 547, 1897].

CHLORO-2-NITRO-1-PROPANE, $CH^3-CHCl-CH^2AzO^2$. — Il bout à 170-174° sous 155 mm. $D=1,200$ [*ibid.*].

CHLORO-3-NITRO-1-PROPANE, $CH^2Cl-CH^2-CH^2AzO^2$. — L. Henry l'a obtenu par l'action du nitrite d'argent sur une solution éthérée bouillante de chloro-3-iodo-1-propane. Il bout à 197°. Sa densité à 20° = 1,267 [*Bull. Ac. roy. Belg.*, (3), **32**, 253, 1896].

CHLORO-2-NITRO-2-PROPANE, $CH^3-CCl(AzO^2)-CH^3$. — Préparé par L. Henry en faisant passer un courant de chlore sur le nitro-2-propane en solution alcaline, il bout à 133-134° sous 758 mm. Densité à 16° = 1,580 [*ibid.*, **34**, 547, 1897].

TÉTRACHLORO-1.1.2.2-NITRO-3-PROPANE, $CHCl^2-CCl^2-CH^2AzO^2$. — Obtenu par L. Henry [*loc. cit.*], en faisant réagir PCl^5 sur l'alcool correspondant en solution chloroformique, il bout à 199-200° sous 767 mm. Densité à 11° = 1,580.

CHLORO-1-DINITRO-2.2-PROPANE, $CH^2Cl-C(AzO^2)^2-CH^3$. — Ce composé se produit lorsqu'on traite une solution éthérée de chloracétoxime par le peroxyde d'azote liquide. C'est un liquide jaune, d'odeur piquante. Il bout à 103-105° sous $15^{mm},4$ et à 200-202° sous la pression normale en se décomposant [Matthaiopoulos, *D. chem. G.*, **29**, 1550, 1896].

TÉTRABROMO-1.1.3.3-DINITRO-1.3-PROPANE, $CBr^2AzO^2-CH^2-CBr^2AzO^2$. — Keppler et V. Meyer l'ont préparé en dissolvant $3^{gr},5$ de dinitropropane sodé dans 200 gr. d'eau et en y ajoutant 8 gr. de brome en solution aqueuse saturée. Longues aiguilles fusibles à 98-99°, très solubles dans l'alcool absolu et l'éther [*D. chem. G.*, **25**, 1709, 1892].

CHLORO-1-NITRO-1-MÉTHYL-2-PROPANE,

$$CH^3-CH-CHClAzO^2$$
$$|$$
$$CH^3$$

— Il a été obtenu par Shaw en faisant passer un courant de chlore dans une solution potassique de nitroisobutane. Huile lourde qui bout à 151-152° sous 750 mm. [*Bull. Ac. roy. Belg.*, (3), **34**, 1019, 1897].

TRINITROSOPROPANE-1.2.3, $CHAzOH-CAzOH-CHAzOH$. — Pechmann et Wehsarg l'ont préparé en chauffant une à deux heures à 50-60° un mélange équimoléculaire de dinitrosoacétone, de chlorhydrate d'hydroxylamine et d'acétate de sodium avec 7 à 8 fois leur poids d'eau; il fond à 171° [*D. chem. G.*, **24**, 2989, 1888].

BROMO-2-NITROSO-2-PROPANE, $CH^3-CBrAzO-CH^3$. — On l'obtient en ajoutant du brome à une solution aqueuse d'acétoxime. Liquide mobile, d'odeur piquante, qui bout à 12°,5 sous 26 mm. et à 83° sous la pression normale en se décomposant. Il est soluble dans l'eau et les dissolvants organiques [Piloty, *D. chem. G.*, **31**, 452, 1898].

Décembre 1906.   J.-B. Sendérens.

PROPANE-DIOL-1.3 ou *glycol triméthylénique*, $CH^2OH.CH^2.CH^2OH$. — Voyez 1er Suppl., 1307. On trouve parfois ce glycol en quantité notable dans les glycérines fermentées des savonneries [A. Noyes, *Am. Chem. Journ.*, **19**, 766, 15 décembre, 1897]. Ce fait confirme les expériences de Freund sur la fermentation de la glycérine (voyez 1er Suppl., 1307). L. Henry a fait la synthèse du propane-diol-1.3 en hydrogénant par l'amalgame de sodium la chlorhydrine obtenue par l'action de l'acide hypochloreux sur l'alcool allylique. Cette synthèse prouve évidemment la constitution de cette chlorhydrine, $CH^2OH.CHCl.CH^2OH$ [*Bull. Ac. roy. Belgique*, (3), **33**, 110].

Pour préparer le propane-diol-1.3 à partir de la diacétine triméthylénique, L. Henry a utilisé la saponification par la potasse sèche. On verse peu à peu la diacétine (112 gr.) sur de la potasse bien pulvérisée (70 gr.). et, une fois la première effervescence passée, on distille dans le vide. Rendement 83 0/0. Point d'ébullition 210° [*C. R.*, **1**, 968, 1899].

Bromo-2-nitro-2-propane-diol-1.3, $CH^2OH.CBr(AzO^2).CH^2OH$. — Ce corps s'obtient par la condensation du bromonitrométhane avec 2 molécules de méthanal. Cristaux incolores qui fondent à 106-107° [L. Henry et J. Masse, *Rec. Pays-Bas.* **16**. 251 et **17**, 384].

Éthers oxydes du propane-diol-1.3. — 1° *Monoéthyline (éthane-oxypropanol)*, $CH^2OH(CH^2)^2OC^2H^5$. — Pour l'obtenir. A.-A. Noyes a d'abord traité 300 gr. de propane-diol par 42 gr. de sodium à la température de 60-70°; il a ensuite ajouté 320 gr. d'iodure d'éthyle, et chauffé le tout au bain-marie pendant 3 heures. Après traitement par l'eau et épuisement à l'éther la monoéthyline triméthylénique a été isolée par distillation dans le vide. C'est un liquide incolore, à faible odeur de fruits. miscible à l'eau en toute proportion, bouillant à 160-161° sous 760 mm. $D_{25}=0,916$. $n=1.415$ à 25° [*Am. Chem. Journ.*, **19**. 767].

2° *Diéthyline (éthane-oxypropane-oxyéthane).* $C^2H^5O(CH^2)^3OC^2H^5$. — La monoéthyline, traitée par une nouvelle quantité de sodium et d'iodure d'éthyle. donne l'éther diéthylique. Liquide à odeur de fruits, insoluble dans l'eau, bouillant à 140-141°. $D_{25}=0,835$.

Éthers oxydes halogénés du propane-diol. $RO(CH^2)^3X$. — Ces corps peuvent s'obtenir soit par l'action des composés halogénés du phosphore PX^3 sur un monoéther-oxyde du propane-diol [A.-A. Noyes. *Am. Chem. Journ.*, **19**. 769-770]. soit plus aisément en traitant 1 molécule d'alcool sodé par 1 molécule de propane dihalogéné-1.3. ordinairement de chlorobromopropane. On verse peu à peu ce dernier dans l'alcoolate, on laisse la réaction se faire à la température ordinaire aussi longtemps que possible. on la termine en chauffant le mélange pendant 1 heure ou 2 au bain-marie. Il se fait toujours une certaine quantité de produits allyliques. Après traitement par l'eau et neutralisation par l'acide chlorhydrique on sépare l'éther halogéné par décantation ou entraînement par la vapeur d'eau; on le sèche sur SO^4Na^2 fondu, et on le rectifie par distillation fractionnée.

Pour transformer un éther chloré en éther iodé on le fait bouillir pendant 2 à 3 heures avec de l'iodure de sodium en solution dans l'alcool.

Bromoéthyline du propane-diol-1.3, $Br(CH^2)^3OC^2H^5$. — Liquide insoluble dans l'eau, bouillant à 150-151°. $D_{25}=1.30$ (A.-A. Noyes).

Chloroéthyline, $Cl(CH^2)^3OC^2H^5$. — Liquide bouillant à 130-131 sous 760 mm. (A.-A. Noyes), à 132-134° [Haworth et Perkin. *Journ. Chem. Soc.*. **65**. 596]. $D_{25}=0,957$.

Iodoéthyline, $I(CH^2)^3OC^2H^5$. — Liquide incolore bouillant à 130-134° sous 150 mm. $D_{25}=1.585$ (A. Noyes).

Avec le sodium. ces trois éthers ont fourni à A. Noyes et à Haworth et Perkin. avec un rendement assez faible. la diéthyline de l'hexane-diol-1.6. $C^2H^5O(CH^2)^6OC^2H^5$.

Chloroamyline. $Cl(CH^2)^3OC^5H^{11}$. — Liquide incolore faiblement odorant. bouillant à 187-188°. $D_{18}=0,939$ [J. Hamonet, *Bull. Soc. Chim..* (3), **33**. 527, 1905].

Iodoamyline, $I(CH^2)^3OC^5H^{11}$. — Liquide bouillant à 112° sous 19 mm. $D_{18}=1.353$. L'iodoamyline ainsi que l'iodométhyline du propane-diol-1.3 est capable de fournir un dérivé magnésien qui, par réaction d'un éther méthylique halogéné XCH^2OR, permet de passer à la série du *butane-diol-1.4* [Hamonet, *C. R.*, **138**, 975, 1904].

Chlorométhyline, $Cl(CH^2)^3OCH^3$. — Liquide incolore bouillant à 116-118° (Haworth et Perkin).

Iodométhyline, $I(CH^2)^3OCH^3$. — Liquide faiblement coloré, bouillant à 159°. $D_{18}=1,677$ [J. Hamonet, *Bull. Soc. Chim.*].

Éthers sels du propane-diol-1.3. — Voyez 1er Suppl., 1307.

PROPANE-DIOL-1.2, $CH^3.CHOH.CH^2OH$. — Voyez 1er Suppl., 1306. Kling a étudié la transformation de ce glycol en acétol CH^3COCH^2OH, soit en le traitant par l'eau de brome au soleil, soit en faisant fermenter une solution de propane-diol-1.2 à 3 0/0 sous l'action de la bactérie du sorbose ou celle du mycoderma aceti [*C. R.*, **128**, 244 et **129**, 219; *Thèse*, 25-26, 1905]. Béhal et Desprez ont obtenu la diacétine de ce glycol en chauffant à 280° un mélange d'alcool allylique et d'acide acétique [*Bull. Soc. Chim.*, (3), **7**. 281, 1892].

J. Hamonet.

PROPANE-NITRILE. — Voyez PROPIO-NITRILE.

PROPARGYLAMINE (3-AMINOPROPINE), $CH \equiv C-CH^2-NH^2$. — Elle s'obtient, d'après MM. Paal et Hermann, en traitant la dibromopropylamine par la potasse alcoolique [*D. chem. G.*, **22**, 3080, 1889], ou par l'éthylate de sodium [Paal et Heupel, *ibid.*, **24**, 3035, 1891].

Elle est décomposée par les acides minéraux; on peut cependant obtenir son *chlorhydrate*, son *bromhydrate* et son *iodhydrate*. Son *picrate* fond à 189°.

DÉRIVÉS DE LA PROPARGYLAMINE. — *Propargylméthylamine.* — Par la propargylamine et l'iodure de méthyle (Paal et Hermann). Son *iodhydrate* fond à 83°.

Propargylisobutylamine. — Liquide bouillant à 134-136°, se mélangeant à l'eau. Son *chlorhydrate* fond à 148°, son *chloroplatinate* forme des grains cristallins rouges fondant à 172°.

Propargylisoamylamine. — C'est un liquide dont le *dioxalate* cristallise avec 1 mol. d'eau et fond à 204°; le *bromhydrate* forme des feuillets nacrés fondant à 186°.

Hydrate de triméthylpropargylammonium(?) [Partheil et von Breich, *D. chem. G.*, **30**, 618, 1897]. Juin 1906. A. Wahl.

PROPARGYLIQUE (ALCOOL) (PROPINE-1-OL-3). $CH \equiv C-CH^2OH$. — On l'obtient en traitant l'alcool allylique bromé par les alcalis, ou encore en partant de la propargylamine [Paal et Heupel, *D. chem. G.*, **24**, 3039. 1891].

C'est un liquide à odeur agréable, bouillant à 114-115°. $D_{18.18}=0,984$. Il se solidifie et fond alors à —17° [Lespieau, *Ann. Chim. Phys.*, (7). **14**, 281]. Indice de réfraction, voyez Brühl [*Ann. Chem.*, **235**, 78].

Il se combine directement au brome. Par sa fonction acétylénique il se combine au chlorure cuivreux pour donner un précipité $(C^3H^3O^2)^2Cu^2$. En faisant réagir sur ce précipité une solution d'iodure de potassium. M. Lespieau a obtenu l'*iodopropinol* $CI \equiv C-CH^2OH$ cristallisé et fondant à 43-44°.

L'alcool propargylique donne un *dérivé argentique* C^3H^3AgO, qui est blanc et explose lorsqu'on le chauffe. Juin 1906. A. Wahl.

PROPARGYLIQUE (ALDÉHYDE) (PROPINAL) $CH \equiv C-CHO$. — Elle s'obtient en partant de l'acétal de la dibromoacroléine que l'on traite par la potasse alcoolique. L'acétal diéthylique, $CH \equiv C-CH(OC^2H^5)^2$, est un liquide incolore à

odeur camphrée, bouillant à 139-141°, donnant avec le nitrate d'argent ammoniacal un *sel d'argent* cristallisé en fines aiguilles. L'*aldéhyde propargylique* s'obtient en traitant l'acétal par l'acide sulfurique étendu. C'est un liquide incolore bouillant à 59-61° [Claisen, *D. chem. G.*, 31, 1021, 1893]. Pour les réactions de l'aldéhyde propargylique, voyez Claisen [*ibid.*, 36, 3664].
Juin 1906.	A. Wahl.

PROPÈNE. — Voyez PROPYLÈNE.

PROPÉNYLBENZOÏQUES (ACIDES). — On connaît plusieurs isomères.

1° *Dérivé ortho*, $CH^2 = C(CH^3)_{(2)} C^6H^4 . CO^2H_{(1)}$. — On l'obtient en chauffant à 250-260° l'anhydride o-oxyisopropylbenzoïque avec le cyanure de potassium. Le sel de potassium obtenu est ensuite décomposé par l'acide sulfurique. Lamelles fusibles à 60-61°, volatiles avec la vapeur d'eau. Le *sel d'argent* est anhydre et constitue un précipité micro-cristallin [C. Köthe, *Ann. Chem.*, 248, 64].

Dérivé méta, $CH^2 = C(CH^3)_{(3)} . C^6H^4 . CO^2H_{(1)}$. — Il se forme dans l'oxydation de l'isocymène au moyen du permanganate. Prismes fondant à 99° [Wallach, *Ann. Chem.*, 275, 160].

Dérivé para, $CH^2 = C(CH^3)_{(4)} . C^6H^4 . CO^2H_{(1)}$. — C'est l'acide le mieux connu. On l'obtient en traitant par l'acide chlorhydrique l'acide p-isopropylbenzoïque [R. Meyer et Rosicki, *Ann. Chem.*, 219, 270]. Lamelles fondant à 160-161°. Ont été décrits les composés suivants :

1° *Sels d'ammonium, de baryum* (cristallisant avec H^2O), *de cuivre* ($7H^2O$), *d'argent*.

2° *Éther méthylique*. Lamelles nacrées fusibles à 53°. Point d'ébullition 254°.

3° *Dérivé dibromé-2.5*, obtenu comme l'acide lui-même, mais en partant de l'acide oxypropyl-dibromobenzoïque. Prismes fondant à 149°. Le *sel de chaux* contient $3H^2O$, celui de *baryum* 2,5 H^2O. L'*amide* $C^{10}H^7Br^2OAzH^2$ est en aiguilles fusibles 201-203° [Fileti et Boniscontro, *Gazz. chim. ital.*, 24, (2), 396].

4° *Dérivé nitré*. — Il s'obtient en partant de l'acide m-nitrooxypropylbenzoïque [Widmann, *D. chem. G.*, 15, 2551]. Aiguilles fusibles à 154-155°. Les *sels d'ammonium* et *d'argent* sont anhydres; ceux de *chaux*, de *baryte* et de *cuivre* renferment respectivement 2, 3,5 et 1 H^2O [Widman, *D. chem. G.*, 16, 2569]. Il donne un *dérivé dibromé* (2.5) en aiguilles, qui fond à 176-177° (Fileti et Boniscontro).

5° *Dérivés aminés*. — Les seuls connus sont les acides aminés dans le noyau aromatique. On peut les obtenir en partant des acides aminooxypropylbenzoïques.

L'*acide aminé-2* est en lamelles dont l'aspect rappelle l'or mussif, fondant à 165°; avec l'anhydride acétique, il donne un *dérivé acétylé* fondant à 122° [Widman, *D. chem. G.*, 19, 272]. L'*acide aminé-3* est en aiguilles brillantes fusibles à 93-94°. Widman en a préparé un certain nombre de dérivés : *chlorhydrate, acétate* (fondant à 160° avec décomposition) et les dérivés $C^{10}H^9O^2$ (AzH . CHO) en tables fusibles à 195-196°, $C^{10}H^9O^2$(AzHC²H²O) fondant à 210-212°. $C^{10}H^8O(OC^2H^3O)$ (AzHC²H³O), aiguilles fusibles à 183°. $C^{10}H^9O^2(AzHC^7H^5O)$, tables fusibles à 182° [Widman, *loc. cit.* et *Cuminreihe*. Upsala, 1885].

Lorsqu'on traite du chlorhydrate amino-3-propénylbenzoïque par du nitrite de potasse, on obtient le corps

$$CO^2H - C^6H^3 \genfrac{}{}{0pt}{}{C(CH^3)}{Az - Az} \big\rangle CH$$

en petites tables jaunes rhomboédriques fusibles à 230° avec décomposition.

ACIDE ISOPROPÉNYL-4-BENZOÏQUE $CH^2 = CH - CH^2_{(4)} - C^6H^4 - CO^2H$. — On l'obtient par l'action de l'acide chlorhydrique sur l'acide p-propénylbenzoïque [Meyer et Rosicki, *loc. cit.*]. Aiguilles fusibles à 255-260°. On a décrit les *sels de cuivre* et *d'argent* (anhydres), ceux *d'ammonium, de chaux* et *de baryte* renfermant respectivement H^2O, 1,5 H^2O et H^2O. L'*éther méthylique* fond à 83°. 1er juin 1907. V. Thomas.

PROPÉNYLSALICYLIQUE (ACIDE). — Voy. CUMINIQUE (ACIDE).

PROPÉNYLPHÈNE. — Voyez HYDRINDÈNE.

PROPEPTONES. — Voyez l'art. ALBUMOSES, 2e Suppl., 1, 139.

PROPINE. — Voyez ALLYLÈNE.

PROPIOLIQUE (ACIDE) (*propinoïque*), $CH \equiv C - COOH$. — (Voir Suppl., 1300).

Il se forme en traitant l'acétylure de sodium par l'acide carbonique avec un rendement de 75 0/0 [Favorsky, *Journ. Soc. phys. chim. russe*, 35, 710, 1903]. C'est un liquide bouillant à 42° sous 50 mm. [Bæyer, *D. chem. G.*, 18, 2270, 1885].

Son *éther éthylique* donne une combinaison cuprique avec l'oxyde de cuivre ammoniacal. Avec l'hydrazine, il fournit la pyrazolone [von Rothenburg, *D. chem. G.*, 26, 1893].

Acide bromopropiolique. — Il cristallise en longs prismes solubles dans l'eau, l'éther; ils sont assez instables mais peuvent cependant être sublimés partiellement à 100° [Jackson et Hill, *D. chem. G.*, 11, 1675]. Le *sel de baryum* cristallise avec $4H^2O$, le *sel d'argent* est amorphe.

Acide chloropropiolique. — On l'obtient en chauffant l'acide dichloroacrylique avec l'eau de baryte à 65-70°. Son *sel d'argent* est peu soluble dans l'eau et est explosif à chaud [Wallach, *Ann. Chem.*, 203, 92].

Acide iodopropiolique. — Il cristallise dans l'éther en prismes fondant à 140° [Bæyer, *D. chem. G.*, 18, 2274]. Son *éther éthylique* se forme quand on traite la combinaison cuprique de l'éther propiolique par une solution d'iode dans l'iodure de potassium. Il fond à 68°.

Les homologues supérieurs de l'acide propiolique sont l'*acide méthylpropiolique* ou *tétrolique* (butinoïque), l'*acide triméthyltétrolique*, qui fond à 47-48° et bout à 110° sous 10 mm., l'*acide amylpropiolique*, qui fond vers 3-6°, l'*acide iso-amylpropiolique*, l'*acide hexylpropiolique*, l'*acide isohexylpropiolique*, l'*acide heptylpropiolique*, l'*acide nonylpropiolique* [Moureu et Delange, *Bull. Soc. Chim.*, 29, 660, 1903]. Juin 1906. A. Wahl.

PROPIONAMIDE (*propanamide*), $CH^3 - CH^2 - COAzH^2$. — Deinert l'a préparée en traitant le propionitrile avec une solution d'eau oxygénée à 25 0/0. Le rendement en propionamide est de 15 0/0 [*Bull. Soc. Chim.*, (3), 16, 549, 1896].

En contact avec une solution de chlorure de chaux et de carbonate d'ammonium, la propionamide éprouve une décomposition qui commence à froid et est très rapide et très notable à chaud [OEchsner de Coninck, *C. R.*, 121, 893, 1895].

β-*Iodopropionamide*, $CH^2I - CH^2 - COAzH^2$. — Elle résulte de l'action de l'ammoniaque sur l'iodopropionate de méthyle. Cristaux tabulaires, jaunissant à la lumière, solubles dans l'eau, fusibles à 100-101° [*Bull. Soc. Chim.*, 43, 617, 1885]. Décembre 1906. J.-B. Senderens

PROPIONAMIDINE. — Voyez l'art. IMINO-ÉTHERS, 2e Suppl., 6, 31.

PROPIONE. — Voyez DIÉTHYLCÉTONE.

PROPIONE-DICARBONIQUE (ACIDE). — Voyez l'art. CHÉLIDONIQUE (ACIDE HYDRO-).

PROPIONIQUE (ACÉTAL) (*dipropanoxy-propane*).

$$CH^3 - CH^2 - CH < \begin{array}{l} O - CH^2 - CH^2 - CH^3 \\ O - CH^2 - CH^2 - CH^3 \end{array}$$

— Il se forme en très petite quantité lorsqu'on fait passer des vapeurs d'alcool propylique dans un tube de fer chauffé au rouge en présence d'une spirale de platine [Trillat. *Bull. Soc. Chim.*, (3), **29**. 38, 1903].

DIÉTHOXY-2.2-PROPANE,

$$\begin{array}{l} CH^3 \\ CH^3 \end{array} > C < \begin{array}{l} O - C^2 H^5 \\ O - C^2 H^5 \end{array}$$

— Claisen l'a préparé en faisant réagir l'éther formique naissant sur l'acétone d'après l'équation :

$$CH^3 - CO - CH^3 + CH(OC^2H^5)^3$$
$$= CH^3 - C(OC^2H^5)^2 - CH^3 + C^2H^5CO^2H$$

Liquide à odeur camphrée, insoluble dans l'eau, bouillant à 114°. L'éther formique naissant s'obtient par l'action de l'alcool sur le mélange d'acide cyanhydrique et chlorhydrique [*D. chem. G.*, **31**, 1010, 1898].

TRIÉTHOXYPROPANE-1.3.3, $C^2H^5O - CH^2 - CH^2 - CH(OC^2H^5)^2$. — Obtenu en traitant l'acroléine par une solution alcoolique de gaz HCl [Em. Fischer et Giebe, *D. chem. G.*, **30**. 3053, 1898].

ACÉTAL β-AMINOPROPIONIQUE (*diéthoxyaminopropane*). $AzH^2 - CH^2 - CH^2 - CH(OC^2H^5)^2$. — Il se prépare en chauffant avec l'ammoniaque alcoolique en vase clos, l'acétal β-chloropropionique. C'est un liquide visqueux qui bout à 86° sous 18 mm. $D_{17} = 0,9359$ [Wohl, *D. chem. G.*, **34**, 1914, 1901 ; *Bull. Soc. Chim.*, (3), **26**, 974, 1901].

ACÉTAL β-CHLOROPROPIONIQUE (*diéthoxy-3.3-chloro-1-propane*), $CH^2Cl - CH^2 - CH(OC^2H^5)^2$. — Il résulte de la transformation de l'acroléine par l'acide chlorhydrique en solution alcoolique en présence du carbonate de chaux (*ibid.*).

ACÉTAL β-OXYPROPYLIQUE (*diéthoxy-3-3-propanol-1*). $CH^2OH - CH^2 - CH(OC^2H^5)^2$. — Dérivé du précédent chauffé à 115° avec de la soude diluée. Liquide incolore, bouillant à 98° sous 20 mm. (*ibid.*).

ACIDE DIÉTHOXYPROPIONIQUE, $CO^2H - CH^2 - CH(OC^2H^5)^2$. — Son *sel de potassium* résulte de l'oxydation du précédent par le permanganate en solution aqueuse [*ibid.*].

Décembre 1906.   J.-B. Senderens.

PROPIONIQUE (ACIDE) (*propanoïque*), $CH^3 - CH^2 - CO^2H$.

1° Renard [*C. R.*, **103**, 157, 1886] l'a trouvé avec quelques-uns de ses homologues dans les produits de pyrogénation de la colophane. On l'en sépare en traitant par la soude la partie distillant au-dessous de 200° que l'on traite après concentration par l'acide sulfurique en excès. L'acide propionique monte à la surface. On achève par distillation fractionnée et addition de chlorure de calcium.

2° L'acide propionique se forme dans l'oxydation de l'acide éthylmalonique [Perdrix, *Bull. Soc. Chim.*, (3), **23**, 657, 1900].

3° Il se forme par l'action de l'eau sur le dinitropropane potassé en même temps qu'il se produit du nitrite de potassium et de l'ammoniaque [Ponzio, *Journ. f. prakt. Chem.*, **67**, 137, 1903].

4° Houben et Kesselkaul en ont réalisé la synthèse en faisant réagir CO^2 sur la combinaison organométallique du magnésium :

$$C^2H^5MgBr + CO^2 = C^2H^5CO.OMgI$$

[*D. chem. G.*, **35**. 2519, 1902].

Propriétés. — D'après Renard, l'acide propionique bout à 141°,5-142° sous 755 mm. $D_4 = 1,0089$; $D_{10} = 0,9904$. Il reste liquide à — 50°. Il est soluble en toutes proportions dans l'eau et les dissolvants organiques. La solution aqueuse commence à bouillir à 99°, le chlorure de calcium en sépare l'acide [*C. R.*, **103**, 157, 1886]. Selon Massol, l'acide propionique peut être amené à l'état de surfusion à — 40°, température à laquelle la solidification se fait brusquement et le thermomètre remonte à — 36°,5. température de fusion [*Bull. Soc. Chim.*, (3), **13**, 759. 1895]. Verpignani a trouvé pour la température critique 339° et pour la pression critique 59^{at},9 [*Gazz. chim. ital.*, (1). **33**, 73, 1902].

Fournier a préparé l'*anhydride* de l'acide propionique en faisant agir sur cet acide le chlorure d'acétyle entre 120 et 155° [*Bull. Soc. Chim.*, **35**, 19, 1906].

L'acide propionique sous l'action de catalyseurs comme Zn à 590°, $CaCO^3$ à 530°, se décompose en donnant comme produit principal de la diéthylcétone, laquelle se détruit partiellement avec dégagement de CO et H^2 [Ipatief et Schulmann, *Journ. Soc. phys. chim. russe*, **36**, 764, 1904]. Sabatier et Senderens ont constaté une action catalytique du même genre lorsqu'on fait passer des vapeurs d'acide propionique sur du nickel divisé à 320° ou sur du cuivre divisé à 400° [*Ann. Chim. Phys.*, 1905].

Gaud a signalé le passage de l'acide propionique à l'acide lactique lorsqu'on chauffe longuement soit le propionate de cuivre en contact avec l'eau, soit l'alcool propylique avec la liqueur de Fehling [*C. R.*, **119**, 905, 1894]. L'anhydride propionique réagit sur l'acide formique pour donner l'anhydride mixte propionoformique [Béhal, *Bull. Soc. Chim.*, (3), **14**. 657. 1895].

PROPIONATES MÉTALLIQUES. — Renard et Gaze en ont décrit plusieurs : ceux *de baryum, de lithium, de magnésium, de potassium, de sodium, de zinc* cristallisent avec H^2O et sont solubles dans l'eau et l'alcool. Le potassium donne un sel acide.

Le *propionate de calcium* cristallise tantôt en aiguilles avec $3H^2O$, tantôt en lamelles avec H^2O. Le *propionate de strontium* renferme $6H^2O$, en perd 3 dans l'air sec et fond à 100°. Le *propionate de cobalt* renferme $3H^2O$; celui de *nickel*, $2H^2O$; celui de *cadmium*, $2H^2O$.

Le *cuivre* et le *plomb* donnent des sels neutres et basiques. Le *fer* un *sel ferreux* cristallisable et un *sel ferrique* amorphe. Le *sel de chrome* est une masse amorphe violet foncé.

Les *propionates d'aluminium, d'ammonium* sont incristallisables. Le *propionate mercurique* est anhydre et fond à 110°. Le *propionate mercureux* se décompose par l'eau en mercure et sel mercurique [Renard, *C. R.*, **104**, 913, 1887 ; — Gaze, *Bull. Soc. Chim.*, (3), **8**, 564, 1892].

Le *propionate de glucinium*, obtenu par Lacombe en traitant le carbonate de glucinium par l'acide propionique, fond à 119-120° et bout à 339-341° sous 760 mm. et à 221° sous 19 mm. Il est soluble dans les dissolvants organiques [*C. R.*, **134**, 772, 1902].

Propionates alcalins. — La chaleur de formation du sel de potassium solide est identique à celle de l'acétate. Il dégage 3^{Cal},02 en se dissolvant dans l'eau. En solution étendue, la chaleur de neutralisation est de 12^{Cal},95. Le sel de sodium dégage 3^{Cal},05 en se dissolvant dans l'eau et 12^{Cal},49 comme chaleur de neutralisation en solution étendue [Massol, *C. R.*, **112**, 1136, 1891].

Tanatar et Klimenko ont trouvé pour la chaleur de neutralisation en solution alcoolique pour la potasse $+ 8^{Cal}$,174, pour l'ammoniaque 11^{Cal},763 [*Zeit. physik. Chem.*, **35**, 94, 1900].

Tétrapropionate plombique, $(C^3H^5O^2)^4Pb$. — Il s'obtient en ajoutant du minium en poudre fine dans 10 à 12 fois son poids d'acide propionique [Colson, *C. R.*, **136**, 675, 1903].

Propionate d'uranyle et de potassium, $(C^3H^5O^2)^2UO^2C^3H^5O^2K$. — Tétraèdres réguliers jaunes, peu solubles et altérables par l'eau [Rimbach, *D. chem. G.*, **37**, 461, 1904].

Propionate d'uranyle et d'ammonium, $(C^3H^5O^2)^2UO^2C^3H^5O^2AzH^4 2H^2O$. — Tétraèdres plus solubles que les précédents et altérables par l'eau [*ibid.*].

ACIDE α-BROMOPROPIONIQUE (*acide bromo-2-propanoïque*), $CH^3 - CHBr - CO^2H$.

1° On l'obtient en faisant réagir le brome sur l'acide propionique bouillant, en présence du soufre. Le rendement est à peu près théorique [Genevresse, *Bull. Soc. Chim.*, (3), **7**, 366, 1892].

2° Il se forme dans l'oxydation du dibromure d'hexadiène [Duden et Lemme, *D. chem. G.*, **35**, 1335, 1902].

Il bout à 203°.5, à 124°; sous une pression de 18 mm. et à 95-96° sous une pression de 10 mm. [*Bull. Soc. Chim.*, (3), **14**, 357, 1895, et **28**, 520, 1902]. Weinig a décrit les *sels* de Mg, Ba, Pb, Cu et les *éthers méthylique, éthylique, isoamylique* [*Ann. Chem.*, **280**, 247, 1894]. Pour l'éther éthylique $[\alpha]_D = +7°,18$ [Walden, *D. chem. G.*, **29**, 1287, 1895]. Chauffé avec l'oxyde d'argent et l'eau, il donne du bromure d'argent et de l'acide éthylidénolactique [*D. chem. G.*, **18**, 222, 1885] (Cf. 1er Suppl., 1302).

ACIDE αβ-DIBROMOPROPIONIQUE, $CH^2Br - CHBr - CO^2H$. — On le prépare par oxydation de l'alcool propylique dibromé résultant lui-même de la bromuration de l'alcool allylique [Billmann, *Journ. f. prakt. Chem.*, **61**, 215, 1900]. Chauffé avec CO^3Ag^2, il donne l'acide bromolactique et l'acide glycérique [*D. chem. G.*, **18**, 222, 1885]. (Cf. 1er Suppl., 1302).

ACIDE ββ-DIBROMOPROPIONIQUE, $CHBr^2 - CH^2 - CO^2H$. — On le prépare par l'action de HBr sur l'acide β-bromacrylique. Il fond à 71°, se distinguant ainsi des isomères trouvés par Friedel et Tollens [Thomas-Mamert, *C. R.*, **118**, 652, 1894]. (Cf. 1er Suppl., 1302).

ACIDE ααβ-TRIBROMOPROPIONIQUE, $CH^2Br - CBr^2 - CO^2H$. — Niemilowicz l'a préparé en même temps que l'aldéhyde en traitant par HBr une solution de glycérine dans l'acide sulfurique. Il cristallise dans le sulfure de carbone en aiguilles incolores fusibles à 93°, présentant la double réfraction, solubles dans l'alcool et l'éther, peu solubles dans l'eau. Le *sel de sodium* $+ 2H^2O$ est très soluble dans l'eau. Le *sel de calcium* forme des aiguilles blanches et soyeuses. Le *sel ferrique* $(C^3H^2Br^2O^2)^3Fe$ cristallise en petites lamelles rouges hexagonales [*Bull. Soc. Chim.*, (3), **5**, 179, 1891] (Cf. 1er Suppl., 1302).

ACIDE TÉTRABROMOPROPIONIQUE, $CBr^3 - CHBr - CO^2H$. — Mabery et Robinson l'ont obtenu en chauffant l'acide p-dibromacrylique en tube scellé avec un léger excès de brome à 100° pendant 1 ou 2 heures. Prismes obliques fondant à 118-120°.

Sel de baryum $+ 1/2 H^2O$. Prismes aplatis dont la solution se décompose rapidement à l'ébullition. *Sel de calcium* $+ H^2O$. Prismes microscopiques moins solubles dans l'eau que le précédent. *Sel de potassium* $+ 2H^2O$. Aiguilles

très solubles dans l'eau et décomposables par la chaleur [*Bull. Soc. Chim.*, **42**, 355, 1882]. (Cf. 1er Suppl., 1302).

ACIDE α-CHLOROPROPIONIQUE, $CH^3 - CHCl - CO^2H$. — Iotsitch l'a obtenu en faisant agir ClOH sur l'α-dichloropropylène. Il bout à 187-188° sous 773 mm. $d_0^0 = 1,2812$; $d_0^{20} = 1,2588$ [*Journ. Soc. phys. chim. russe*, **33**, 354, 1901]. Simon le prépare en traitant le lactate de calcium par PCl^3 [*Bull. Soc. Chim.*, **36**, 813, 1906]. Welden a signalé un *acide chloropropionique droit* $CH^3CHCl - CO^2H$, obtenu en traitant le lactate de calcium par PCl^5, qui distille vers 105-110°. Le pouvoir rotatoire de son *éther méthylique* $[\alpha]_D = +19°,01$. Celui de l'*éther éthylique* $[\alpha]_D = +12°,86$ [*D. chem. G.*, **28**, 1287, 1895]. Le *chlorure de propionyle α-chloré* $CH^3 - CHCl - COCl$ s'obtient par l'action de PCl^3 sur l'acide α-chloropropionique. Il bout à 109-110°. $D = 1,2594$ [L. Henry, *C. R.*, **100**, 114, 1885]. Les aldéhydes grasses, avec difficulté, les aldéhydes aromatiques, avec de très bons rendements, se condensent avec l'α-chloropropionate d'éthyle pour former des éthers glycidiques αβ [Darzens, *C. R.*, **142**, 214, 1906].

ACIDE β-CHLOROPROPIONIQUE, $CH^2Cl - CH^2 - CO^2H$. — Larges lamelles fusibles à 37-38°, bouillant à 203-205° avec décomposition partielle [L. Henry, *C. R.*, **100**, 114, 1885]. Le *chlorure de propionyle β-chloré* $CH^2Cl - CH^2 - COCl$ s'obtient par l'action de PCl^3 sur l'acide; liqueur d'une odeur suffocante, $d = 1,3307$, qui bout à 143-145°; il réagit par sa fonction chlorure acide sur l'eau, l'alcool et l'ammoniaque [*ibid.*].

ACIDE α-DICHLOROPROPIONIQUE, $CH^3 - CCl^2 - CO^2H$. — Adam le prépare en traitant l'acide pyruvique par PCl^5 [*Bull. Soc. Chim.*, (3), **4**, 103, 1890]. Chauffé longuement en solution benzénique avec de l'argent en poudre, il donne un mélange d'acide dichloradipique et d'anhydride pyrocinchonique [Beckurts et Otto, *D. chem. G.*, **18**, 222, 1885] (Cf. 1er Suppl., 1302).

ACIDE β-DICHLOROPROPIONIQUE, $CHCl^2 - CH^2 - CO^2H$. — Otto le prépare en chauffant à 80-85° pendant 35 à 40 heures un mélange d'acide β-chloracrylique (2 gr.) et d'acide chlorhydrique à 40 0/0 (10 cc.). Cristaux prismatiques fusibles à 56°, solubles dans l'eau et les dissolvants organiques.

L'*amide* $C^3H^3Cl^2O^2AzH^2$ cristallise dans le chloroforme en aiguilles fusibles à 140°, solubles dans l'eau et l'alcool [*Bull. Soc. Chim.*, **49**, 701, 1888] (Cf. 1er Suppl., 1302).

ACIDE αβ-DICHLOROPROPIONIQUE, $CH^2Cl - CHCl - CO^2H$. — On l'obtient en chauffant à 100° l'acide α-monochloracrylique avec HCl [*D. chem. G.*, **18**, 222, 1885].

ACIDE CHLOROTRIBROMOPROPIONIQUE. — Mabery et Weber l'ont préparé en chauffant l'acide chlorobromacrylique en tubes scellés avec un léger excès de brome. Prismes obliques fusibles à 102-103°, solubles dans l'alcool et l'éther. Les auteurs en ont décrit les *sels* cristallisés *de baryum, de calcium, de potassium* et *d'argent* [*Bull. Soc. Chim.*, **40**, 301 et **42**, 355, 1883-1884].

ACIDE DIBROMO-DICHLOROPROPIONIQUE. — Il cristallise en prismes obliques fusibles à 110°, peu solubles dans l'eau, solubles dans l'alcool et l'éther [Mabery et Nicholson, *Bull. Soc. Chim.*, **44**, 502, 1885]. (Cf. 1er Suppl., 1302).

ACIDE α-IODOPROPIONIQUE, $CH^3 - CHI - CO^2H$. — Sernow l'obtient en additionnant de ICl à 65° une solution chloroformique de 1 mol. d'acide propionique et de 1 mol. 1/2 de PCl^5.

Sel de lithium $+ H^2O$. Il cristallise en aiguilles.
Sel de magnésium $+ 4 1/2 H^2O$. Aiguilles.
Sel de baryum. Masse gommeuse.
Sel de cuivre. Précipité vert et cristaux acicu-

laires décomposables par l'eau [D. chem. G., 36. 4392. 1903].

ACIDE α-CYANOPROPIONIQUE, $CH^3-CH(CAz)-CO^2H$. — Haller et Blanc l'ont obtenu en traitant par la potasse aqueuse l'éther cyanomalonique [Bull. Soc. Chim., (3). 25, 274, 1901]. (Cf. 1er Suppl., 1303).

ACIDE α-ACÉTYLPROPIONIQUE, $CH^3-CH(CO-CH^3)-CO^2H$. — Il bout à 224° sous 30 mm. [Rey-Menant, Bull. Soc. Chim., 25. 973, 1901].

ACIDE α-CHLORO-α-ACÉTYLPROPIONIQUE. — Il bout à 141° sous 45 mm. [ibid.].

ACIDE α-BROMO-α-ACÉTYLPROPIONIQUE. — Il bout à 150° sous 45 mm. [ibid.].

ACIDE β-NITROSOPROPIONIQUE (Oximidoformylacétique. $CH(AzOH)-CH^2-CO^2H$. — Petites aiguilles fusibles à 117-118°. très solubles dans l'eau et l'alcool, dédoublées par l'acide sulfurique étendu en hydroxylamine, CO^2 et CH^3CHO [Pechmann, Ann. Chem., 264, 261, 1891].

ACIDE α-AMINOPROPIONIQUE (Voyez α-alanine).

ACIDE β-AMINOPROPIONIQUE, $AzH^2CH^2-CH^2-CO^2H$. — Il a été décrit avec ses dérivés par Lengfeld et Streglitz [Bull. Soc. Chim.. (3), 10. 1104, 1893] (Voyez β-alanine). Les amines des acides α et β-aminopropionique ont été décrites par Franchimont et Friedmann [Bull. Soc. Chim., 36, 1091, 1906].

ACIDE α β-DIAMINOPROPIONIQUE. — On l'obtient par l'action de AzH^3 sur l'acide α β-dibromopropionique, mais il n'a pas été isolé à l'état de pureté [Klebs. D. chem. G., 26. 2264. 1893].

ACIDE THIOLPROPIONIQUE, $C^3H^5CO.SH$. — Weigert l'a préparé en faisant agir COS sur l'éthylbromure de magnésium [D. chem. G.. 36. 1007, 1903]. (Cf. 1er Suppl., 1303, où il est désigné sous le nom de sulfopropionique).

ACIDE α-SULFOPROPIONIQUE, $CH^3-CH(SO^3H)-CO^2H$. — Loven l'a obtenu en oxydant par l'eau de brome l'acide trithiodilactique. Son sel de baryum cristalliserait. d'après cet auteur, avec 1 1/2 H^2O et non 2H^2O. comme l'a écrit Kurbatow [Bull. Soc. Chim., (3). 10, 789, 1893]. Rosenthal a décrit les α-sulfopropionates de potassium + H^2O, d'ammonium + H^2O, de cadmium + 2 H^2O et d'argent [ibid.. 47. 193, 1887].

ACIDE β-SULFOPROPIONIQUE, $CH^3(SO^3H)-CH^2-CO^2H$.— Rosenthal l'a préparé en traitant le β-iodopropionate d'ammonium par le sulfate d'ammonium, puis par la baryte. ce qui donne le sel barytique d'où l'on sépare l'acide par SO^4H^2. Grands cristaux transparents. très solubles dans l'eau. assez solubles dans l'alcool, fusibles à 68-69° et commençant à se décomposer à 150° avec dégagement de SO^2. Il est réduit par l'étain et l'acide chlorhydrique en donnant l'acide thiolactique. PCl^5 le transforme en un chlorure liquide paraissant répondre à la formule $COCl-CHCl-CH^2-SO^2Cl$. lequel traité par l'alcool se convertit en éther $CO^2C^2H^5-CHCl-CH^2SO^3 C^2H^5$ qui se décompose à la distillation. Rosenthal a décrit plusieurs sels de cet acide qui correspondent à la formule $C^2H^4(CO^2)SO^3M_{...}$ ou $C^2H^4CO^2M_{...}SO^3M_{...}$. Ceux de potassium (neutre et acide). de sodium, de calcium. de cadmium cristallisent avec 1 mol. d'eau; ceux d'ammonium, de magnésium, de zinc. de manganèse avec 4H^2O; celui de strontium avec 5H^2O; ceux d'argent (neutre et acide) avec 1/2 H^2O. Le sel acide d'ammonium, les sels neutres de cuivre et de plomb sont anhydres [Rosenthal, Ann. Chem.. 233. 15-39, 1887].

ACIDE β-CAMPHOPROPIONIQUE,

$$C^8H^{14} \Big\langle {{CH-CH^2-CH^2-CO^2H} \atop {CO}}$$

— Il fond à 52-53°. Il est peu soluble dans l'eau, soluble dans l'alcool et l'éther $[α]_D = + 45°.35$ [Haller, C. R., 144, 13, 1905].

ÉTHERS PROPIONIQUES.

PROPIONATE ÉTHYLIQUE β-CHLORÉ, $CH^2Cl-CH^2-CO(OC^2H^5)$. — Il bout à 162-163°. D = 1,1160 [L. Henry, C. R., 100, 114, 1885].

PROPIONATE MÉTHYLIQUE β-CHLORÉ. $CH^2Cl-CH^2-CO(O.C^2H^5)$. — Il bout à 155-157° [ibid.].

PROPIONATE D'ÉTHYLE BICHLORÉ PRIMAIRE, $CH^2Cl-CH^2-CO-OCH^2-CH^2Cl$. — L. Henry l'a obtenu par l'action du chlorure de β-propionyle sur le glycol monochlorhydrique. Liquide incolore, peu odorant. insoluble dans l'eau. bouillant à 210-215°. D = 1.282 [ibid.].

PROPIONATE DE MÉTHYLE β-IODÉ, $CH^2I-CH^2-CO(OCH^3)$. — Liquide incolore. odeur éthérée, insoluble dans l'eau, qui bout à 188°. D = 1,8408 [ibid.].

PROPIONATE D'ÉTHYLE β-IODÉ. — Il bout à 198-200°. D = 1,707. Mêmes caractères que le précédent [ibid].

β-DICHLOROPROPIONATE D'ÉTHYLE. — Liquide incolore. qui bout à 171-175° [Otto, Ann. Chem., 239, 257, 1887].

ÉTHERS SULFOCYANOPROPIONIQUES. — Wheeler et Barnes les ont préparés en chauffant les dérivés halogénés, par exemple $CH^3-CHBr-CO^2H$, avec le sulfocyanate de potassium. Ils ont ainsi obtenu les éthers suivants :
Sulfocyanopropionate de méthyle $CH^3CH(SCAz)CO^2CH^3$. bouillant à 104-106° sous 15 mm.: d'éthyle. bouillant à 107-108° sous 15 mm.: d'isobutyle, bouillant à 130-131° sous 15 mm.: d'isoamyle. bouillant à 141° sous 15 mm. [Am. Journ., 24, 60, 1900; Bull. Soc. Chem.. (3), 24. 963, 1900].

β-CHLOROPROPIONATE D'AMYLE, $CH^2Cl-CH^2-CO^2C^5H^{11}$. — Obtenu par Hamonet [Bull. Soc. Chim.. 33, 517. 1905]. Liquide incolore, à odeur de fruits, qui bout à 109-110° sous 21 mm. $D_{18} = 1.024$.

β-AMYLOXYPROPIONATE D'AMYLE, $C^5H^{11}-O-CH^2-CH^2-CO^2-C^5H^{11}$. — Il bout à 140° sous 20 mm. et à 260-261° sous 760 mm. $D_{18} = 0.901$ [ibid.].

ACIDE β-AMYLOXYPROPANOÏQUE, $C^5H^{11}-O-CH^2-CH^2-CO^2H$. — Liquide incolore, sirupeux. très peu soluble dans l'eau, qui bout à 145-146° sous 15 mm. et à 251-252° sous 750 mm. Densité à 18° = 0,974 [ibid.].

Décembre 1906. J.-B. Senderens.

PROPIONITRILE (propane-nitrile, cyanure d'éthyle), CH^3CH^2CAz. — Purification. — Hanriot et Bouveault ont modifié le procédé de purification donné en 1869 par A. Gautier (voyez 1, 1063).

Le liquide brut, préparé par distillation sèche du mélange de cyanure et d'éthylsulfate de potassium, est rectifié avec une colonne Lebel-Henninger à 5 boules. Les portions passant au-dessous de 75° sont rejetées ; elles contiennent presque exclusivement de l'éther et de l'acide cyanhydrique ; puis on recueille les deux portions 75-85° et 85-92°. Dès qu'on a dépassé 92° on arrête la distillation et l'on traite, après refroidissement. le résidu de la distillation par l'anhydride phosphorique. Après une demi-journée de contact, le liquide est distillé au bain de chlorure de calcium; le liquide qui passe est du cyanure d'éthyle à peu près pur. On le rectifie et l'on prend la portion qui passe entre 96° et 98°. Quant à la portion 75-85° de la première distillation, on la traite par une solution concentrée de chlorure de calcium dans l'eau; on sépare la couche insoluble qu'on sèche sur le chlorure de calcium sec et on la joint, après l'avoir distillée, à la fraction suivante. On rectifie leur mélange comme devant, et l'on joint ce qui passe au-dessous de 92° à de nouveau produit brut, tandis que le résidu séché sur l'anhydride phosphorique donne une nouvelle quantité de propionitrile.

On obtient 15 0/0 du poids du sulfovinate employé, tandis que les méthodes anciennes ne donnaient qu'un rendement de 9 à 10 0/0 [*Bull. Soc. Chim.*, (3), **1**, 171, 1889].

D'après Nef, le propionitrile se formerait à partir de l'isocyanure d'éthyle, qui subit vers 230-235° une transposition moléculaire presque complète [*Ann. Chem.*, **280**, 291, 1894].

Propriétés. — Le propionitrile en solution éthérée est vivement attaqué par le sodium qui se substitue dans le groupe CH^2 et donne une poudre blanche $CH^3-CHNa-CAz$. Celle-ci, traitée par l'iodure d'éthyle, donne un liquide bouillant à 125° et possédant la composition et les propriétés d'un valéro-nitrile $CH^3.CH(CAz).C^2H^5$, et un autre corps liquide $C^8H^{13}AzO$ bouillant à 195°. En substituant le benzène à l'éther on n'obtient que ce dernier corps [Hanriot et Bouveault, *Bull. Soc. Chim.*, (3), **1**, 170, 1889]. Le propionitrile traité par H^2O^2 donne de la propionamide (voir ce corps). Le propionitrile dissout le chlorure d'aluminium anhydre en donnant une combinaison double de la forme $Al^2Cl^6,4C^2H^5CAz$. Cette combinaison cristallise en tables hexagonales altérables à l'air, fusibles à 58° et 60° et se décomposant vers 80°. L'eau régénère le nitrile. Si on répète la même expérience en présence du sulfure de carbone, on obtient le composé $Al^2Cl^6.2C^2H^5CAz$ sous la forme de cristaux altérables à l'air humide, fondant à 70-80° et qui par l'eau régénèrent le nitrile. Ces deux combinaisons chauffées au-dessus de 360° donnent une masse cristalline qui répond à la formule $Al^2Cl^6.C^2H^5CAz$ et qui fond à 95° [Perrier, *C. R.*, **120**, 1423, 1895].

Le propionitrile, laissé en contact avec une solution chlorhydrique de Cu^2Cl^2, est saponifié peu à peu et laisse déposer des cristaux qui sont un chlorure de cuivre ammoniacal [Rabaut, *Bull. Soc. Chim.*, (3), **19**, 786, 1898]. D'après Dupré, le propionitrile donnerait avec $NaSH$ en solution alcoolique un composé de la forme C^3H^5CSONa [*Bull. Soc. Chim.*, 1878], mais d'après Jorgensen [*J. f. prakt. Chem.*, **66**, 1902], ce sel ne serait que de l'hyposulfite de sodium provenant de l'oxydation de $NaSH$.

Le propionitrile, ajouté peu à peu à du benzyle délayé dans l'acide sulfurique concentré, donne une dissolution qui, traitée par l'eau, fournit un produit cristallisant dans l'alcool bouillant et ayant comme composition $C^{20}H^{22}Az^2O^3$ [Japp et Tresidder, *D. chem. G.*, **16**, 2552, 1883].

Le propionitrile, passant à l'état de vapeur avec de l'hydrogène sur le nickel réduit chauffé vers 200-230°, donne lieu à la formation des propylamines (mono, bi et tri) (Voyez PROPYLAMINES) [Sabatier et Senderens, *C. R.*, **140**, 482, 1905].

α-DICHLOROPROPIONITRILE (*dichloro-2.2-propane nitrile*), CH^3CCl^2CAz. — Quand on prend son poids moléculaire par la méthode de Raoult, il correspond non pas à CH^3CCl^2CAz mais à une formule triple. Aussi Otto, qui a découvert ce nitrile en 1860, propose de lui donner comme constitution

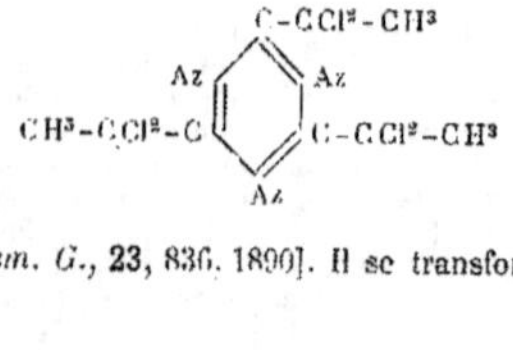

$$\underset{\displaystyle Az}{\overset{\displaystyle C-CCl^2-CH^3}{\bigcirc}}\ \ \text{(cycle)}\ \ \begin{matrix}C-CCl^2-CH^3\\ CH^3-CCl^2-C\quad\quad C-CCl^2-CH^3\\ Az\end{matrix}$$

[*D. chem. G.*, **23**, 836, 1890]. Il se transforme en monochloro-2-propane-nitrile trimère lorsqu'on décompose sa solution alcoolique par le zinc et l'acide acétique. Avec la poudre de zinc et en solution alcoolique chaude, il donne du cyanure triéthylique bouillant à 193-195° et une base $C^9H^{16}Az^2$ bouillant à 270°, ce qui confirmerait l'interprétation d'Otto [Traeger, *J. f. prakt. Chem.*, **50**, 446, 1894].

α-PROPIONYLPROPIONITRILE,

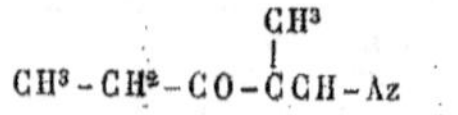

$$CH^3-CH^2-CO-\overset{\displaystyle CH^3}{\overset{\textstyle |}{C}}CH-Az$$

— Etudié par von Meyer, Hanriot et Bouveault. Il s'obtient à partir du dérivé condensé que fournit le sodium avec le propane nitrile. On a en effet :

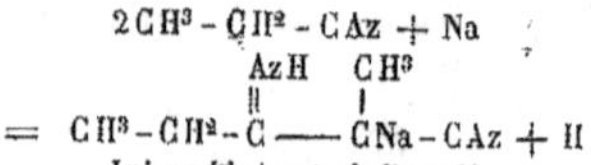

$$2\,CH^3-CH^2-CAz + Na$$
$$=\ CH^3-CH^2-\overset{\displaystyle AzH}{\overset{\textstyle \|}{C}}\!\!\!\text{———}\!\!\!\overset{\displaystyle CH^3}{\overset{\textstyle |}{C}}Na-CAz + H$$

Iminométhylpentanitrile sodé.

Ce dernier avec HCl et l'eau donne

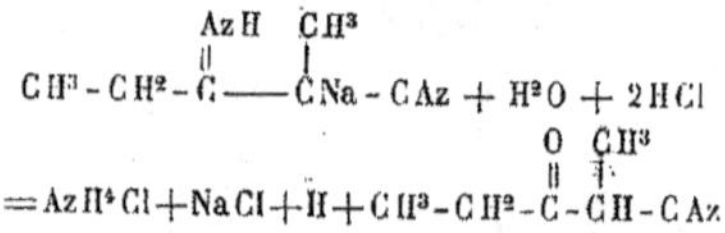

$$CH^3-CH^2-\overset{\displaystyle AzH}{\overset{\textstyle \|}{C}}\!\!\!\text{———}\!\!\!\overset{\displaystyle CH^3}{\overset{\textstyle |}{C}}Na-CAz + H^2O + 2HCl$$
$$= AzH^4Cl + NaCl + H + CH^3-CH^2-\overset{\displaystyle O}{\overset{\textstyle \|}{C}}-\overset{\displaystyle CH^3}{\overset{\textstyle |}{C}}H-CAz$$

[*Bull. Soc. Chim.*, (3), **1**, 177, 1889].

Il bout à 193°,5. L'ammoniaque régénère à froid l'imine primitive. L'acide chlorhydrique aqueux fournit à 150° de l'acide carbonique et de la pentanone. Il donne facilement avec la potasse un *dérivé potassé* qui, par le chlorhydrate d'hydroxylamine et un excès de potasse, donne le méthyléthylamidoisoxazol [Hanriot, *Bull. Soc. Chim.*, (3), **5**, 773, 1891].

D'après Otto et Tröger le propionitrile donne avec le chlorure de propionyle l'amide d'un acide qui serait probablement l'acide α-propionylpropionique [*D. chem. G.*, **22**, 1455, 1889].

αβ-DIBROMOPROPIONITRILE, $CH^2Br-CHBr-CAz$. — Moureu l'a obtenu par l'action du brome dissous sur le nitrile acrylique. Liquide insoluble dans l'eau, à vapeurs irritantes. $D_0 = 2,161$ [*Bull. Soc. Chim.*, (3), **9**, 425, 1893].

ACÉTOXYPROPIONITRILE, $CAz-CH^3-CH^2-O-CO-CH^3$. — Cet isomère du cyanacétate d'éthyle $CAz-CH^2-CO-O-CH^3-CH^3$ a été obtenu par L. Henry en faisant agir le chlorure d'acétyle sur le nitrile lactique. Tous deux sont des liquides peu odorants, insolubles dans l'eau, bouillant à 205-208°. La densité du premier est 1,0664 et celle du second 1,0770 [*C. R.*, **102**, 768, 1886].

α-ACÉTYLPROPIONITRILE, $CH^3-CH(COCH^3)-CAz$. — Il bout à 145-146°. Densité à 13°$=1,494$. Il donne un *dérivé sodé* [Rey-Menant, *Bull. Soc. Chim.*, (3), **25**, 973, 1901].

α-ACÉTYL-α-CHLOROPROPIONITRILE, $CH^3-CCl(COCH^3)-CAz$. — Il provient de l'action du chlore sur le dérivé précédent. Il bout à 95° sous 45 mm. [*ibid.*].

α-ACÉTYL-α-BROMOPROPIONITRILE. — Liquide jaune, qui bout à 122° sous 30 mm. [*ibid.*].

PROPANOL NITRILE (*nitrile hydracrylique*), CH^2OH-CH^2-CAz. — Obtenu par Moureu en faisant tomber goutte à goutte une solution aqueuse saturée de cyanure de potassium dans une solution alcoolique de monochlorhydrine du glycol [*Bull. Soc. Chim.*, (3), **9**, 425, 1893].

Décembre 1906.   J. B. Senderens.

PROPIONYLACÉTIQUE (ALDÉHYDE). — Son *dérivé sodé*, $CH^3 - CH^2 - CO - CHAz - CHO$, se prépare au moyen du formiate d'éthyle et du méthyléthylcarbonyle [Claisen et Stylos, *D. chem. G.*, 21. 1144. 1888].

Décembre 1906. .   J.-B. Senderens.

PROPIONYLACÉTOPHÉNONE. — Voyez Benzoylpropionylméthane.

PROPIONYLBENZOYLE. — Voyez Biacétyle.

PROPIONYLCARBINOL. — Voyez Acétol. 2e Suppl., 1. 26.

PROPIONYLE (CYANURE DE) (*butanone-2-nitrile*), $CH^3 - CH^2 - CO - CAz$. — Claisen et Moritz l'ont préparé en faisant chauffer à 100° le chlorure de propionyle avec du cyanure d'argent. Liquide incolore, semblable au cyanure d'acétyle, qui bout à 108-110°, se colore peu à peu en jaune et se décompose par l'eau en acide cyanhydrique et acide propionique [*D. chem. G.*, 13. 2121, 1880] (Cf. 1er Suppl., 1303).

Dicyanure de propionyle, $(CH^3 - CH^2 - CO - CAz)^2$. — Il se prépare par cristallisation fractionnée de la portion qui bout au-dessus de 180° dans la préparation du corps précédent. Liquide incolore, huileux, bouillant à 210-213°, plus léger que l'eau, doué d'une odeur alliacée rappelant le benzoate d'éthyle [*ibid.*].

Décembre 1906.   J.-B. Senderens.

PROPIONYLE (PEROXYDE DE), $C^2H^5CO - O - O - CO - C^2H^5$. — Clovez et Richmond l'ont préparé en faisant réagir BaO^2 en présence d'un peu d'eau à 0° sur une solution éthérée d'anhydride propionique. Liquide soluble dans les dissolvants usuels, décomposable vers 80° [*Am. Chem. Journ.*, 29, 179, 1903].

Décembre 1906.   J.-B. Senderens.

PROPIONYLFORMIQUE (ACIDE). Syn. : *Acide cétobutyrique, acide butanonoïque-2*, $CH^3CH^2 - CO - CO^2H$. — Claisen et Moritz l'ont préparé en traitant une molécule de cyanure de propionyle bien refroidi par la quantité d'acide chlorhydrique très concentré qui correspond à une molécule d'eau ; et lorsque tout est pris en masse, par de l'acide chlorhydrique de densité 1.10. On chauffe au bain-marie environ une heure. on épuise par l'éther, on sèche la solution éthérée sur le chlorure de calcium, et par distillation de l'éther, on obtient l'acide propionylformique souillé d'acide propionique, qu'on purifie par distillation fractionnée. 34 grammes de cyanure de propionyle donnent 17 gr. d'acide pur. C'est un liquide incolore légèrement huileux, soluble dans l'eau, l'alcool ou l'éther, doué d'une odeur pénétrante. Il distille sans décomposition à 74-78° sous la pression de 25 mm. Il se décompose à 160-170° [*Bull. Soc. Chim.*, 36. 335. 1881].

Van der Sleen a obtenu l'acide propionylformique en chauffant l'amide de l'acide vinylglycolique (buténolamide-1.3 $CH^2 = CH - CHOH - CO Az H^2$) avec HCl à 15 0/0. D'après ce chimiste, l'acide propionylformique fond à 31°.5-32° et bout à 85° sous 21 mm. et à 74° sous 15 mm. Il est très hygroscopique [*Bull. Soc. Chim.*, (3). 30. 114. 1903]. Chauffé longtemps en solution éthérée, il se transforme en un acide polymère $(C^4H^7O^3)^n$ (*acide dipropionylformique*?) cristallisant dans le benzène et fondant à 108-110° en perdant CO^2 [*ibid.*]. L'hydrogène naissant produit par l'amalgame de sodium transforme l'acide propionylformique en un acide qu'on peut extraire par l'éther. qui fond à 42-43° et dont les propriétés sont identiques à celles de l'acide α-oxybutyrique [Claisen et Moritz. *loc. cit.*].

Sel de baryum, $(C^4H^5O^3)^2Ba + 2.5H^2O$. —

Soluble dans 2 parties d'eau bouillante [*ibid.*].

Sel d'argent. $C^4H^5O^3Ag$. — Il cristallise dans l'eau bouillante et fournit, par action de C^2H^5I. l'éther éthylique, liquide à odeur agréable qui bout à 66-67° sous 16 mm. et dont la *phénylhydrazone* fond à 191-192° [*ibid.*].

Amide propionylformique (*butanonamide-2*), $CH^3 - CH^2CO - CO Az H^2$. — On l'obtient par l'action ménagée de l'acide chlorhydrique fumant sur le cyanure de propionyle. Prismes et lamelles fusibles à 116-117°, très solubles dans l'eau et l'alcool. moins solubles dans l'éther [Claisen et Moritz. *loc. cit.*].

Le *phénylhydrazone* cristallise dans le benzène ou l'alcool en aiguilles ou prismes fusibles à 142-142°.5 [Van der Sleen. *loc. cit.*].

L'*oxime*, $CH^3 - CH^2 - C(AzOH) - CO^2H$, cristallise dans l'eau et fond à 154° [*ibid.*].

Décembre 1906.   J.-B. Senderens.

PROPIOPHÉNONE (*phényléthylcétone, éthylbenzoyle, phénylpropanone. propylonephène*). $C^6H^5 - CO - CH^2 - CH^3$. — *Préparation*. 1° Nef l'a préparée en chauffant pendant 6 à 10 heures à 100° l'acétophénone avec une molécule 1/4 de CH^3I et 3 mol. 3/4 de potasse pulvérisée [*Bull. Soc. Chim.*, (3), 24, 639, 1900].

2° On obtient la propiophénone en faisant agir l'iodozincate d'éthyle sur le chlorure de benzoyle [Michael, *ibid.*, 26, 1068, 1901].

3° Beis a préparé la phényléthylcétone en traitant la benzamide par l'éthylbromure de magnésium [*C. R.*, 137, 575, 1903].

Propriétés — La propiophénone bout à 212°. Elle se condense avec l'éther succinique pour donner l'acide éthylidène-phénylpyrotartrique et deux acides éthylphénylitaconiques stéréoisomères [Stobbe et Niédenzu, *Ann. Chem.*, 321, 91. 1902].

Hexahydropropiophénone. $C^6H^{11} - CO - CH^3$. — Elle a été obtenue par Scharvin en faisant agir $Zn(C^2H^5)^2$ sur le chlorure d'hexahydrobenzoyle. Liquide réfringent à odeur agréable, bouillant à 195°. ne se combinant pas à SO^3NaH. Elle fournit une *oxime* qui cristallise en tables fusibles à 72-73° [*D. chem. G.*, 30, 2862, 1897].

Nitrosopropiophénone. $C^6H^4 - CO - C(=AzOH) - CH^3$. — Ce corps a été obtenu par Manasse en faisant agir le nitrite d'amyle sur la propiophénone. Il fond à 108-110°. Il est soluble dans l'eau et l'alcool [*D. chem. G.*, 22. 526, 1889].

P-Aminopropiophénone. $AzH^2 - C^6H^4 - CO - C^2H^5$. — Kunckell l'a préparée en ajoutant rapidement 25 à 30 gr. de chlorure d'aluminium pulvérisé à un mélange de 10 gr. d'acétanilide. 30 gr. de sulfure de carbone et 15 gr. de chlorure de propionyle. Elle cristallise en aiguilles fusibles à 140°. solubles dans l'eau et l'alcool.

Le *chlorhydrate* est en paillettes blanches fusibles à 198°, solubles dans l'eau, insolubles dans le benzène. Le *sulfate* est en paillettes blanches fusibles à 225°.

Le *dérivé acétylé* fond à 161°, il cristallise en aiguilles jaunâtres solubles dans l'eau, l'alcool et l'éther [Kunckell. *D. chem. G.*, 33, 2641. 1900].

Propionyl-p-aminopropiophénone. $C^2H^5 - CO - C^6H^4AzH - CO - C^2H^5$. — Chattaway l'a obtenue à partir de la dipropionanilide, $C^6H^5Az(CO - C^2H^5)^2$, qui s'isomérise quand on chauffe ce corps avec HCl ou mieux avec $ZnCl^2$; elle fond à 142°.

L'*acétyl-p-chloraminopropiophénone* fond à 75°. L'*acétyl-p-bromaminopropiophénone* fond à 115°. Chattaway. qui a décrit ces composés, a étudié d'autres du même genre [*Chem. Soc.*, 84, 386-398. 1904].

Diphénylpropiophénone $(C^6H^5)^2CH - CH^2 - CO - C^6H^5$. — Kohler l'a préparée par la méthode de Grignard au moyen de la benzylidène-acétophénone et du phénylbromure de magnésium. Aiguilles incolores, fusibles à 96°, solubles dans les dissolvants usuels. Son *hydrazone* fond à 137°. L'*oxime* fond à 131° [*Am. Chem. Journ.*, 34, 642, 1904]. Kohler et Héritage ont constaté la formation de la diphénylpropiophénone à partir de la benzoyltétraphénylpentanone [*Bull. Soc. Chim.*, 36, 1126, 1906].

La *bromodiphénylpropiophénone* $(C^6H^5)^2CH-CHBr-CO-C^6H^5$ fond à 94-95° [*ibid.*].

TRIPHÉNYLPROPIOPHÉNONE. — Préparée par Kohler et Héritage par action de C^6H^5MgBr avec l'α-phénylcinnamate de phényle. Aiguilles incolores fusibles à 182°, ne formant ni hydrazone ni oxime [*Am. Chem. Journ.*, 34, 568. 1905].

BENZYLIDÈNE-PROPIOPHÉNONE.—Liquide bouillant à 190-192° [*Bull. Soc. Chim.*, (3), 34, 77, 1905].

ACIDE PROPIOPHÉNONE-O-CARBONIQUE, $C^2H^5-CO-C^6H^4CO^2H$. — Cet acide s'obtient dans l'action des alcalis sur l'éthylidène–phtalide. Il donne, avec la phénylhydrazine, l'*éthylphénylphtalazone* fusible à 102°. Avec le glycocolle, l'acide *éthylidène–phtalimidylacétique*; avec l'amalgame de sodium, l'*éthylphtalide* qui fond à 12° [Gottlieb, *D. chem. G.*, 32, 958, 1899].

Décembre 1906.   J.-B. Senderens.

PROPIOPINACONE $(C^2H^5)^2C(OH).C(OH)(C^2H^5)^2$. — On la prépare par action du sodium en présence de l'eau sur la diéthylcétone. Elle bout à 200-120°, fond à 27-28°: elle est insoluble dans l'eau [Schramm. *D. chem. G.*, 16, 1583, 1883].   M. Delacre.

PROPYL.... — Pour les mots qui ne se trouvent pas ici à leur place alphabétique, voyez le mot qui suit ce préfixe.

PROPYLACÉTIQUE (ACIDE). — Voyez PENTANOÏQUES (ACIDES).

PROPYLACÉTYLACÉTIQUE (ACIDE). — Voyez ACÉTYLVALÉRIQUE (ACIDE).

PROPYLACÉTYLÈNE.—Voyez PENTINE-1.

PROPYLAMINES. — *Préparation.* — 1° Vincent a préparé les trois propylamines en chauffant au bain-marie 1 partie d'iodure de propyle avec 1,5 partie d'alcool saturé de gaz ammoniac. Par distillation fractionnée. on obtient une partie qui passe au-dessous de 78° et qui renferme la presque totalité de la monopropylamine, puis une seconde portion jusqu'à 150° contenant la plus grande partie des deux autres amines.

La première partie est traitée par l'oxalate d'éthyle, qui donne de la dipropyloxamide, d'où la potasse met en liberté la monopropylamine.

Le produit recueilli entre 78 et 150° est converti en chlorhydrate des deux amines puis additionné de nitrite de soude qui donne de la nitrosodipropylamine. On sature par l'acide sulfurique et on distille dans le vide. Il reste comme résidu du sulfate de tripropylamine pur. Le produit distillé renferme la nitrosodipropylamine qui, chauffée avec HCl concentré, donne du chlorhydrate de dipropylamine, lequel par la potasse caustique donne de la dipropylamine [*C. R.*, 103, 208, 1886].

2° Malbot préparait les propylamines en faisant réagir en vase clos à 140-165° pendant 12 heures le chlorure de propyle avec l'ammoniaque en proportions moléculaires. Il se forme deux couches: l'inférieure, qui ne renferme guère que de l'ammoniaque et son chlorure avec très peu d'amine primaire; la supérieure, qui renferme l'amine secondaire et l'amine tertiaire à l'état libre ainsi que l'excès de l'éther chlorhydrique [*C. R.*, 104, 63, 228, 366, 998; 1887].

Chancel a modifié le procédé de Malbot. Il traite également le chlorure de propyle par l'ammoniaque aqueuse en proportion sensiblement équimoléculaire, mais il met suffisamment d'alcool pour dissoudre le tout. A froid la réaction est très lente. A chaud, au contraire, elle est rapide. Si l'on chauffe en matras scellé une dizaine d'heures à 100-110°, le chlorure de propyle réagit complètement, et au lieu d'obtenir principalement de la tripropylamine comme Malbot, on obtient les trois bases à peu près dans les proportions suivantes: 45 0/0 de monopropylamine; 35 0/0 de dipropylamine; 20 0/0 de tripropylamine. Chancel isole la base primaire à l'état de dipropyloxamide; la base secondaire à l'état d'oxalate acide, et la base tertiaire à l'état de picrate acide [*Bull. Soc. Chim.*, (3), 7, 392 et 406, 1892].

3° Sabatier et Senderens préparent les trois propylamines en hydrogénant le propane-nitrile par leur méthode générale d'hydrogénation. Sur du nickel réduit, chauffé vers 200-230°, on dirige des vapeurs de propionitrile entraînées par un excès d'hydrogène. La réaction se manifeste aussitôt par une forte diminution de la vitesse du gaz sortant du tube à nickel. Les propylamines formées sont condensées dans un tube en U refroidi par de la glace. La distillation fractionnée divise le liquide recueilli en trois parties; l'une, la plus volatile, contient de la propylamine; la deuxième plus abondante est formée surtout de dipropylamine; la troisième, qui est en quantité à peu près égale à la première, contient la tripropylamine. Cette méthode très avantageuse s'applique à tous les nitriles forméniques et son mécanisme est le suivant:

La monopropylamine est obtenue par la réaction normale d'hydrogénation:

$$CH^3 - CH^2 - CAz + 2H^2 = CH^3 - CH^2 - CH^2AzH^2.$$

La dipropylamine résulte d'une réaction exercée par le nickel sur l'amine primaire avec séparation corrélative d'ammoniaque dont en effet des quantités importantes se trouvent dégagées; on a:

$$2 C^3H^7AzH^2 = (C^3H^7)^2Az + AzH^3.$$

La tripropylamine est produite par une réaction analogue:

$$(C^3H^7)^2AzH + C^3H^7AzH^2 = (C^3H^7)^3Az + AzH^3.$$

Les auteurs ont ainsi séparé, par simple fractionnement, 1 partie de monopropylamine, 8 parties de dipropylamine, 2 parties de tripropylamine [*C. R.*, 140, 486, 1905; *Ann. Chim. Phys.*, mars 1905].

4° En appliquant le procédé de Sabatier et Senderens aux aldoximes. Mailhe a préparé simultanément les amines primaire et secondaire avec une faible quantité d'amine tertiaire [*C. R.*, 140, 1693, 1905]. Il a obtenu un mélange de propylamine et de dipropylamine par la réduction de la propionamide en présence du nickel [*Bull. Soc. Chim.*, 35, 614, 1906].

MONOPROPYLAMINE (*aminopropane*). — On a vu comment elle se formait avec les autres amines. On peut la préparer isolément par la méthode de Sabatier et Senderens en hydrogénant le nitropropane [*C. R.*, 135, 226, 1902]. Elle bout à 49° sous 758 mm. [Vincent, *loc. cit.*] à 50° (Sabatier et Senderens). Elle donne avec le chlorure de nitrosyle du chlorure de propyle comme produit principal de la réaction:

$$C^3H^7AzH^2 + AzOCl = C^3H^7Cl + Az^2 + H^2O$$

[Solonina, *Journ. Soc. phys. chim. russe*, 30, 224 et 431, 1898].

β-BROMOPROPYLAMINE, $CH^3-CHBr-CH^2AzH^2$. — Elle se prépare en traitant l'allylamine ou l'isosulfocyanate d'allyle par l'acide bromhydrique de densité 1,49, en saturant ensuite de gaz HBr à froid, puis chauffant à 100° en vase clos. Avec la potasse elle donne l'isoallylamine $CH^3 - CH = CHAzH^2$. Celle-ci évaporée et additionnée d'un excès de HBr donne le *bromhydrate de bromo-propylamine* $CH^3 - CHBr - CH^2AzH^2HBr$ [Gabriel et Hirsch, *D. chem. G.*, **29**, 2747, 1896 ; Uedinck, *ibid.*, **32**, 967, 1899].

DIBROMO-2.3-PROPYLAMINE. $CH^2Br - CHBr - CH^2AzH^2$. — Obtenue par L. Henry en fixant le brome sur l'allylamine.

TRIBROMOPROPYLAMINE. — Le *chlorhydrate* de cette base a été préparé par Paal en traitant par le brome une solution fortement refroidie de chlorhydrate de bromallylamine [*D. chem. G.*, **24**, 3190, 1888].

β-CHLOROPROPYLAMINE (CHLORHYDRATE), $CH^3 - CHCl - CH^2 - AzH^2HCl$. — Préparé d'une façon analogue à la β-bromopropylamine ; cristaux déliquescents [Gabriel et Hirsch, *loc. cit.*].

β-IODOPROPYLAMINE (IODHYDRATE), $CH^3 - CHI - CH^2AzH^2HI$. — Poudre cristalline [*ibid.*].

γ-IODOPROPYLAMINE, $CH^2I - CH^2 - CH^2AzH^2$. — Frankel l'a obtenue en chauffant en tubes scellés la γ-iodopropylphtalimide avec HI.

Iodhydrate, tables incolores, fusibles à 166°.

Le *picrate* fond à 134-135°, le *chloroplatinate* cristallise en tables incolores [*D. chem. G.*, **30**, 2497, 1897].

DIPROPYLAMINE (*diaminopropane*), $(C^3H^7)^2AzH$. — On la sépare aisément des amines primaire et tertiaire dans la méthode de préparation de Sabatier et Senderens, par l'hydrogénation du propionitrile qui fournit cette amine en beaucoup plus grande proportion que les deux autres. Elle bout à 110° et sa densité $d_0^0 = 0,758$ [Sabatier et Senderens, *Ann. Chim. Phys.*, mars 1905]. Elle présente une forte odeur ammoniacale, brûle avec une flamme éclairante, et est légèrement soluble dans l'eau : 100 p. d'eau dissolvent $4^p,86$ de dipropylamine à 23° [Vincent, *C. R.*, **103**, 208, 1886]. Elle donne, avec le chlorure de nitrosyle, une nitrosamine et du chlorhydrate d'amine :

$$(C^3H^7)^2AzH + AzOCl = (C^3H^7)^2Az - AzO + HCl$$
$$(C^3H^7)^2AzH + HCl = (C^3H^7)^2AzH . HCl$$

[Solonina, *Journ. Soc. phys. chim. russe*, **30**, 224 et 431, 1898].

NITROSODIPROPYLAMINE. — Liquide jaune clair, ayant une odeur aromatique rappelant celle du foin, presque insoluble dans l'eau, $D_0 = 0,931$, bouillant à 205°,9 sous 758 mm. [Vincent, *C. R.*, **103**, 208, 1886].

DIPROPYLHYDROXYLAMINE, $(C^3H^7)^2AzOH$. — On l'obtient par l'action de H^2O^2 sur la dipropylamine, ou bien encore on obtient son *iodhydrate* en chauffant au bain-marie C^3H^7I avec l'hydroxylamine. Par la potasse on obtient la base qui bout entre 153-156° en se décomposant faiblement ; elle est soluble dans l'alcool et l'éther ; odeur de menthe ; elle fournit un *oxalate acide* cristallisé $(C^3H^7)^2AzOHC^2H^2O^4$ [Dunstan et Goulding, *Chem. Soc.*, **75**, 792, 1899].

MÉTHYLPROPYLAMINE,

$$\begin{matrix} C^3H^7 \searrow \\ CH^3 \nearrow \end{matrix} AzH$$

— Obtenue par la méthode de Baeyer et Caro, en traitant la nitrosométhylpropylaniline par la lessive de soude, qui la dédouble en quinone monoxime et méthylpropylamine. Liquide incolore à odeur ammoniacale, $D = 0,7204$, bouillant à 52-54°, très hygroscopique ; il brûle avec une flamme éclairante.

Le *chlorhydrate* cristallise en touffes blanches déliquescentes. Le *chloroplatinate*, aiguilles so-

lubles dans l'eau, fond à 200°. Le *chloraurate* cristallise en aiguilles [Stoermer et Lepel, *D. chem. G.*, **29**, 2110, 1896].

NITROSOMÉTHYLPROPYLAMINE,

$$\begin{matrix} C^3H^7 \searrow \\ CH^3 \nearrow \end{matrix} Az - AzO$$

— Liquide jaune à odeur camphrée, bouillant à 175-176°.

TRIPROPYLAMINE (*triaminopropane*),

$$\begin{matrix} C^3H^7 \searrow \\ C^3H^7 - Az \\ C^3H^7 \nearrow \end{matrix}$$

La tripropylamine bout à 156°. $D_0^0 = 0,773$ [Vincent, *loc. cit.* ; — Sabatier et Senderens, *loc. cit.*]. Elle ne possède qu'une faible odeur ammoniacale et brûle avec une flamme très éclairante. Traitée par l'iode en solution éthérée, elle donne un composé cristallisé en aiguilles rouges qui répond à la formule $(C^3H^7)^3AzHI^2$ [Norris et Franklin, *Am. Journ.*, **21**, 499, 1899]. Elle se combine avec l'iodure de méthylène pour donner

$$(C^3H^7)^3Az \begin{matrix} \swarrow I \\ \nwarrow CH^2I \end{matrix}$$

en tables rhombiques fusibles à 177°, solubles dans l'eau chaude [Scholtz, *D. chem. G.*, **35**, 3047, 1902].

TRIPROPYLOXAMINE, $(C^3H^7)^3Az = O$. — Dunstan et Goulding l'ont obtenue en traitant par H^2O^2 la tripropylamine. Base forte, très hygroscopique, à saveur amère.

Le *chlorhydrate*, $(C^3H^7)^3AzO . HCl$, soluble dans l'eau et l'alcool, insoluble dans l'éther, fond vers 90°. Le *picrate* fond à 129°. Le *chloroplatinate* $[(C^3H^7)^3AzO]^2H^2PtCl^6$, cristallise dans l'eau chaude en prismes orangés fondant à 174-175° [*Bull. Soc. Chim.*, (3), **24**, 239, 1900].

PROPYLAMINES (**ISO**) (*amino-2-propanes*), $CH^3 - CHAzH^2 - CH^3$. — *Préparation.* — 1° Tafel a préparé l'isopropylamine en dissolvant 1 p. d'acétone phénylhydrazine dans 16 p. d'alcool à 96 0/0. On ajoute $2^p,5$ d'acide acétique cristallisable et de l'amalgame de sodium en excès à 0.67 0/0, en ayant soin que la température ne dépasse pas 25°. La liqueur décantée est sursaturée par la soude et distillée. Le produit de la distillation additionné d'acide sulfurique jusqu'à réaction acide est évaporé. Le résidu sirupeux qui contient du sulfate d'aniline et du sulfate d'isopropylamine est mélangé avec un excès de potasse pulvérisée. On condense au moyen d'un mélange réfrigérant l'isopropylamine qui se dégage. On a un rendement de 70 0/0 d'isopropylamine pure bouillant à 31° [*D. chem. G.*, **19**, 1924, 1886] ;

2° Goldschmidt a obtenu l'isopropylamine en traitant l'acétoxime en solution alcoolique par l'amalgame de sodium à 2,5 0/0 [*D. chem. G.*, **20**, 728, 1887] ;

3° En appliquant à l'acétoxime le procédé d'hydrogénation de Sabatier et Senderens, c'est-à-dire en hydrogénant l'acétoxime $CH^3 - C(=AzOH)CH^3$, en présence du nickel divisé, chauffé vers 150-180°, Mailhe a obtenu un liquide qui donne par fractionnement 1/3 de produit bouillant à 32° constitué par l'amine primaire, *iso-propylamine* ; 2/3 d'un liquide bouillant à 84° formé par la *diisopropylamine*, et, enfin, une très petite quantité d'un liquide qui paraît être la *triisopropylamine* [*C. R.*, **144**, 114, 1905].

Propriétés. — On a donné ci-dessus les points d'ébullition de l'isopropylamine et de la diisopropylamine.

L'isopropylamine donne, avec le chlorure de nitrosyle, du chlorure d'isopropyle [Solina, *J.*

Soc. phys. chim. russe, 30, 431, 1898]. Par oxydation elle fournit l'acétoxime et un peu de propylpseudonitrol [Bamberger et Selignan, *D. chem. G.*, 1903].

DIISOPROPYLHYDROXYLAMINE, $(C^3H^7)^2AzOH$. — Elle s'obtient par l'action de l'iodure d'isopropyle sur l'hydroxylamine ; liquide incolore, bouillant entre 137-142° en se décomposant légèrement [Dunstan et Goulding, *Chem. Soc.*, 75, 1004, 1899]. Décembre 1906. J.-B. Senderens.

PROPYLAMINO-ACÉTIQUE (ACIDE), $CH^3-CH^2-CH^2-AzH-CH^2-CO^2H$. — F. Chancel a préparé ce corps par l'action de la monopropylamine sur le bromacétate d'éthyle. On chauffe ces deux corps dans un matras pendant 10 heures à 100-110°. Le produit de la réaction est traité par la baryte et celle-ci est ensuite exactement précipitée par l'acide sulfurique. On traite par l'oxyde d'argent pour précipiter HBr et l'excès d'oxyde dissous par l'acide amidé est enlevé par H^2S. On a ainsi une solution d'acide propylamino-acétique libre. Pour le purifier on fait le sel de cuivre qui, quoique très soluble, peut être obtenu cristallisé, et en le décomposant par H^2S on a l'acide pur que l'on précipite de sa solution concentrée par l'alcool et l'éther. Redissous ensuite dans l'alcool, il cristallise par évaporation lente.

L'acide propylamino-acétique se présente sous la forme d'aiguilles très solubles dans l'eau et l'alcool, insolubles dans l'éther. Par la chaleur il fond et se volatilise en se décomposant partiellement [*Bull. Soc. Chim.*, (3), 7, 408, 1892].

Chlorhydrate d'acide propylamino-acétique. — Grandes lames solubles dans l'eau et l'alcool.

Chloroplatinate. — Il ne cristallise qu'en présence d'un excès de chlorure de platine. Prismes d'un rouge orangé, fort solubles dans l'eau et l'alcool, renfermant 1 mol. H^2O qu'ils perdent à 100°.

Propylamino-acétate de cuivre. — Cristaux mamelonnés ou paillettes brillantes, très solubles dans l'eau et l'alcool [*ibid*]. Décembre 1906. J.-B. Senderens.

PROPYLBENZÈNES, $C^6H^5-C^3H^7$.

PROPYLBENZÈNE NORMAL, $C^6H^5.CH^2.CH^2.CH^3$ [voyez Dict. et 1er Suppl., art. PHÉNYLE (HYDRURE), 889]. *Modes de formation* [Heise, *D. chem. G.*, 24, 768 ; — Wispek et Zuber, *Ann. Chem.*, 281, 379 ; — Silva, *Bull. Soc. Chim.*, (2), 43, 318 ; — Anschütz et Romig, *D. chem. G.*, 18, 605 ; — Konowalow. *Journ. Soc. phys. chim. russe*, 27, 457 ; — Shukowki, *ibid.*, 27, 297 ; — Bamberger et Williamson, *D. chem. G.*, 27, 1477 ; — Bodroux, *C. R.*, 125, 155, 1901].

Propriétés physiques [E. Schiff, *Ann. Chem.*, 220, 93 ; — Altschul, *Zeit. phys. Chem.*, 11, 590 ; — R. Schiff, *Ann. Chem.*, 234, 319 et 344 ; — Landolt et Jahn, *Zeit. phys. Chem.*, 10, 300 ; — R. Schiff, *Lieb. Ann. Chem.*, 223, 68 ; — Schönrok, *Zeit. phys. Chem.*, 11, 785 ; — Eykman. *Rend.*, 12, 175 ; — Perkin, *Chem. Soc.*, 69, 1241 ; 77, 274 ; — Woringer, *Zeit. phys. Chem.*, 34, 263]. $D^4=0,8753$. Il bout à 158°,5. ($H=751^{mm},6$.)

Propriétés chimiques [Heise et Töhl, *Lieb. Ann. Chem.*, 270, 164 ; — Estreicher, *D. chem. G.*, 33, 437 ; — Etard, *Ann. Chim. Phys.*, (5), 22, 252]. — Le propylbenzène donne avec le chlorure de chromyle une poudre brune de formule $C^6H^5.CH^2.CH^2.CH(OCrCl^2OH)^2$ (Etard.)

DÉRIVÉS HALOGÉNÉS. — $C^6H^5.CHCl.CH^2.CH^3$. — Liquide bouillant à 200-205° avec décomposition. Traité par l'acétate d'argent, il donne l'acétate $C^6H^5.CH(OC^2H^3O)CH^2-CH^3$ [Errera, *D. chem. G.*, 16, 322].

$C^6H^5.CH^2.CHCl.CH^3$. — Liquide très stable bouillant à 219-220°. Traité à l'ébullition par la potasse alcoolique, il donne l'éther $C^6H^5.CH^2.CH(OC^2H^5)CH^3$.

$C^6H^4Br_{(2)}.C^3H^7$. — Obtenu mélangé à l'isomère para par bromuration directe du propylbenzène. Liquide bouillant à 221-223° [Schramm, *D. chem. G.*, 48, 1274].

$C^6H^4Br_{(4)}.C^3H^7$. — Liquide bouillant à 220° [R. Meyer, *J. prakt. Chem.*, (2), 34, 101].

$C^6Br^5.C^3H^7$. — Aiguilles fusibles à 96-97° [Tschitschibabin, *Journ. Soc. phys. chim. russe*, 26, 43].

$C^6H^5(CHBr)^2CH^3$. — Longues aiguilles fusibles à 66°,5 [Schramm, *loc. cit.*; — Rügheimer, *Ann. Chem.*, 172, 131 ; — Radziszewsky, *Jahresb.*, 1874, 393 ; — Perkin, *ibid.*, 1877, 382].

$C^6H^5.CBr^2.CH^2.CH^3$(?) [Schramm, *loc. cit.*]. — Liquide.

$C^6H^4Br_{(4)}.(CHBr)^2.CH^3$. — Prismes fondant à 61° [Schramm, *D. chem. G.*, 24, 1336 ; — Bodroux, *loc. cit.*].

Tétrabromopropylbenzène $C^9H^8Br^4$ [Fittig, Schäffner et König, *Ann. Chem.*, 149, 327].

$C^6H^3.(CHBr)^2.CH^2Br$. — Petites aiguilles fusibles à 124° [Grimaux, *Bull. Soc. Chim.*, 20, 120].

$C^6H^5.(CBr^2)^2.CH^3$. — Lamelles brillantes fusibles à 75° [Körner, *D. chem. G.*, 21, 276].

$C^6H^5.(CHBr)^2.CH^2Cl$. — Tables fusibles à 96°,5. Le *dérivé acétique* $C^6H^5(CHBr)^2CH^2(C^2H^3O^2)$ fond à 85-86° (Grimaux).

$C^6H^4I_{(4)}C^3H^7$. — Liquide bouillant à 250° [Louis, *D. chem. G.*, 46, 110].

DÉRIVÉ NITRÉ. — On ne connaît que le *nitrodibromo* $C^6H^5.CHBr.C(AzO^2)Br.CH^3$ [Priebs, *Lieb. Ann. Chem.*, 225, 362]. Prismes brillants fusibles à 77-78°,5.

DÉRIVÉS SULFONÉS. — L'acide parasulfonique décrit dans le Supplément représente en réalité le dérivé ortho, tandis que celui décrit comme orthodérivé représente l'acide parasulfonique.

$C^6H^4(SO^3H)_{(2)}.C^3H^7$ [R. Meyer et Baur, *Lieb. Ann. Chem.*, 249, 296 ; — Claus et Welzel, *J. prakt. Chem.*, (2), 41, 152]. — Ont été décrits : 1° les *sels de potassium* (cristallisant avec 0,5 H^2O), de *calcium* et de *nickel* ; 2° l'*amide* $C^6H^4(SO^2AzH^2)C^3H^7$, lamelles fondant, suivant les auteurs, à 110°, 104,5-105° ou 128° [Moody, *Chem. Soc.*, n° 203].

Le brome réagit sur le dérivé sulfonique en donnant un mélange d'o-bromopropylbenzène et d'acide bromopropylbenzène sulfonique.

$C^6H^4(SO^3H)_3C^3H^7$ [Moody, *loc. cit.*]. — Son *amide* fond à 57°.

$C^6H^4(SO^3H)_4C^3H^7$. — *Sel de nickel* [Claus, Welzel et Moody, *loc. cit.*]. L'*amide* fond à 109-110°.

DÉRIVÉS HYDROXYLÉS. — $C^6H^4(OH)_2.C^3H^7$ [Spica, *D. chem. G.*, 12, 295 ; — P. Frankland et Turner, *Chem. Soc.*, 43, 357]. — Il bout à 224°,6-226°,6. $D_0=0,9370$. Son *éther méthylique* bout à 207-209° (voyez 1er Suppl., PROPYLBENZÈNE et ci-dessus *dérivés sulfonés*).

$C^6H^4(OH)_3C^3H^7$. — Il bout à 228° [Ciamician et Silber, *D. chem. G.*, 23, 1162]. Son *éther méthylique* bout à 212-213°.

$C^6H^4(OH)_4C^3H^7$ (voyez 1er Suppl., PROPYLBENZÈNE et ci-dessus *dérivés sulfonés*) [Spica, *loc. cit.*; — Louis, *D. chem. G.*, 16, 109 ; — Klages, *D. chem. G.*, 32, 1438]. — Il bout à 230-232°,6. $D_4^0=1,089$. Son *éther méthylique* (propylanisol) bout à 212°,5-213°,5 ($H=728$) [Orndorff et Morton, *Am. Chem. Journ.*, 23, 196]. $D_4^{10,5}=0,946$. L'*acétate* $C^9H^{11}(OC^2H^3O)$ bout à 243-244° (Spica).

Un grand nombre de dérivés de substitution du propylanisol ont été décrits :

$CH^3.(CHCl)^2.C^6H^4(OCH^3)$. — Liquide se décomposant à l'ébullition [Darzens, *C. R.*, 124, 564].

$C^6H^2Cl.(CHCl)^2.C^6H^4(OCH^3)$.—Cristaux blancs fondant à 35° (Darzens).

$CH^3.(CHBr)^2.C^6H^4(OCH^3)$ (voyez aussi ANÉTHOL. 1ᵉʳ Suppl.) [Hell et Ginsthert. *J. prakt. Chem.*. (2). **52**. 198]. — Il fond à 67°. Traité par l'éthylate de sodium, il donne le *dérivé éthylique* $C^6H^3.CHBr.CH(OC^2H^5).C^6H^4(OCH^3)$, bouillant à 165-170° (H = 14 mm.): avec l'aniline. il donne le *dérivé* $C^6H^5.Az = C^3H^5.C^6H^3Br(OCH^3)$. poudre jaune fusible à 75°.

$CH^3.(CHBr)^2.C^6H^3Br(OCH^3)$ [Gärtner et Hell. *J. prakt. Chem.*, (2), **51**, 424: — Hell et Gunthert. *loc. cit.*: — Orndorff et Morton. *loc. cit.*]. — Tables tricliniques fondant à 102°: Hell et Gaab donnent pour point de fusion 112°.5 [*D. chem. G.*. **29**, 345].

$CH^3.(CHBr)^2.C^6H^2Br^2(OCH^3)$. — On connait 2 isomères [Hell et Gunthert. *loc. cit.*], l'un en fines aiguilles fusibles à 113-114°: l'autre en petits mamelons fondant à 89°. La combinaison

$$C^6H^5.Az \begin{cases} CH.C^6H^2Br^2(OCH^3) \\ CH.CH^3 \end{cases} \quad (?)$$

forme une poudre amorphe fusible à 82° et résulte de l'action de l'aniline sur le tétrabromopropylanéthol.

$CH^2Br.(CHBr)CH^2.C^6H^3Br(OCH^3)$ [Hell et Gaab. *loc. cit.*]. — Il fond à 62°,4.

$CH^2Cl.(CHBr)^2.C^6H^4(OCH^3)$. — Cristaux blancs fondant à 45° [Darzens, *loc. cit.*].

ISOPROPYLBENZÈNE $C^6H^5.CH(CH^3)^2$. — C'est le *cumène* dont un certain nombre de dérivés ont déjà été décrits (Dict., **1**, 1038; 1ᵉʳ Suppl.. **1**. 560: 2ᵉ Suppl.. **1**, 1484).

Propriétés physiques [Pisani et Paterno, *Jahresb.*. 1874, 389; — Altschul. *Zeit. phys. Chem.*. **11**. 590; — Landolt et Jahn. *ibid.*. **10**. 301: — Schönrock. *ibid.*. **11**. 785: — Perkin, *Chem. Soc.*. **69**, 1241, **77**. 279; — Woringer. *Zeit. phys. Chem.*. **34**. 263].

Propriétés chimiques [Heise et Töhl. *Ann. Chem.*. **270**. 159].

Préparation et mode de formation [Konowalow. *Journ. Soc. phys. chim. russe*. **27**. 457; — Radziewanowski, *D. chem. G.*. **28**. 1137].

DÉRIVÉS HALOGÉNÉS. — $C^6H^4Cl_{(2)}.C^3H^7$. — Liquide bouillant à 191° [Peratoner. *Gazz. chim. ital.*. **16**. 420].

$C^6Br^5.C^3H^7$. — Aiguilles fusibles à 97° [Fittig. Schœffer et König, *Ann. Chem.*. **149**. 326].

DÉRIVÉS NITRÉS. — *Mononitrocumène* $C^6H^4(AzO^2)(C^3H^7)$ [Pospectow. *Journ. Soc. phys. chim. russe*. **18**, 52: — Constam et Goldschmidt. *D. chem. G.*. **21**, 1157].

$C^6H^3.C(AzO^2)(CH^3)^2$. — Huile bouillant à 224° avec décomposition, à 150-152° sous 40 mm. [Konowalow. *Journ. Soc. phys. chim. russe*, **26**, 69: **27**. 418: *D. chem. G.*. **28**. 1856].

DÉRIVÉ SULFONÉ. — $C^6H^4(SO^2.AzH^2)_{(2)}(C^3H^7)$. — Il fond à 93-94° [Becke. *D. chem. G.*, **23**. 3195].

DÉRIVÉS HYDROXYLÉS. — Voyez CUMÉNOLS. 2ᵉ Suppl.. CUMOPHÉNOLS. 1ᵉʳ Suppl.

m-Cuménol paranitré. — Aiguilles jaune d'or fusibles à 47-48°, bouillant avec décomposition à 260-262°. Cazeneuve. qui a étudié ce composé. en a signalé un certain nombre de dérivés :

Sels de sodium (cristaux avec 2H²O). de *potassium* (H²O), de *chaux*. de *baryte*. de *cuivre* et d'*argent*. ces derniers anhydres.

Éther éthylique. — Liquide sirupeux.

Acétate $C^9H^{10}AzO^3.(C^2H^3O)$. — Tables jaunes hexagonales fusibles à 65°.

Par réduction, on obtient l'*amine* $C^3H^7.C^6H^3(AzH^2)(OH)$ en aiguilles microscopiques. fusibles à 122°. bouillant à 260°. dont le *chlorhydrate*, le *picrate* et les *dérivés acétylés* $(C^3H^7; C^6H^3(AzH.C^2H^3O)(OH)$ et $(C^2H^3O).C^6H^3(C^3H^7)(AzH.C^2H^3O)$ ont été décrits [*Bull. Soc. Chim.*, (3). **7**, 252-327 et **9**, 34]. Le *dérivé monoacétylé* fond à 95-96°, le *dérivé diacétylé* à 138-139°.

Le *métacuménol* lui-même a été obtenu par Jacobsen en cristaux fondant à 26°, bouillant à 278° [*D. chem. G.*, **11**, 1062].

p-Cuménol. — C'est le dérivé déjà mentionné, 1ᵉʳ Suppl. Il fond à 61°, bout à 228°,2-229°,2. Peratoner et Vitale [*Gazz. chim. ital.*, **68**, (1), 218] ont décrit le *dérivé chloré* $(C^3H^7)_{(1)}C^6H^3Cl_{(3)}(OH)_{(4)}$, liquide bouillant à 230-232° (H = 760ᵐᵐ) et son *éther méthylique* bouillant à 246°,7-248°,7 sous 759,4 mm. 1ᵉʳ Juin 1907. V. Thomas.

PROPYLBENZOÏQUES (ACIDES). — Les acides *isopropylbenzoïques* $(CH^3)^2CH.C^6H^4CO^2H$ ont été décrits précédemment (Dict.. **1**, 1042; 1ᵉʳ Suppl.. I, 562: 2ᵉ Suppl.. **1**. 1490). Nous ne nous occuperons ici que des acides *propylbenzoïques* $CH^3.CH^2.CH^2.C^6H^4CO^2H$ (Dict.. 1ᵉʳ Suppl., PROPYLBENZÈNE) [comp. aussi Kothe, *Ann. Chem.*. **248**. 63].

On ne connait que les isomères ortho et para.

ACIDE ORTHOPROPYLBENZOÏQUE. — *Modes de formation* [Gabriel et Michaelis, *D. chem. G.*, **11**, 1014; — Gottlieb. *ibid.*, **32**, 961]. Lamelles ou petites houppes fusibles à 58°, bouillant à 272° (H = 739). Ont été signalés les dérivés suivants :

Sels d'argent et de cuivre. Ce dernier cristallise avec 4H²O (Gottlieb). *Chlorure d'acide*. Liquide bouillant à 236° (Gottlieb). *Nitrile*. Huile bouillant à 227-229° (H = 758) (Gottlieb). *Éther éthylique*. Huile à odeur aromatique bouillant à 127-128° (Gottlieb).

Dérivé mononitré $C^6H^7.C^6H^3(AzO^2)CO^2H$. — Il fond à 116-118° [Giebe, *D. chem. G.*, **32**, 964].

Dérivé aminé. — Aiguilles fusibles à 157-158° résultant de la réduction du précédent (Gottlieb).

Amide. — Aiguilles fusibles à 127-128°; son *anilide* fond à 108-109°, la *propylbenzoylurée* fond à 171-172° (Gottlieb) et la *thioamide* $C^3H^7.C^6H^4.CS.AzH^2$ (Giebe) fond à 53-54°.

ACIDE PARAPROPYLBENZOÏQUE. — *Modes de formation* [H. Körner, *Ann. Chem.*, **216**. 228; — Widman, *D. chem. G.*, **21**, 2231; — R. Meyer, *J. prakt. Chem.*, (2), **34**, 102; — Francksen, *D. chem. G.*, **17**. 1229]. *Préparation* [Widman, *D. chem. G.*, **22**, 2278].

Ont été décrits les *sels de chaux* (crist. avec 3H²O), de *strontium* (2,5H²O), de *baryum* (2H²O) de *plomb* (2H²O), d'*argent* (anhydre).

Ont été également signalés les dérivés suivants :

Anilide. — Prismes fondant à 138° [Smith, *D. chem. G.*, **24**, 4034].

Nitrile. — Liquide bouillant à 227° [Francksen, *loc. cit.*].

o-Bromodérivé. — Longues aiguilles fusibles à 130-130°,5 [Fileti, *Gazz. chim. ital.*, **24**, (1), 10].

m-Bromodérivé. — Tables microscopiques fusibles à 108-109°.

m-Nitrodérivé [Korner, Widman. *loc. cit.*]. — Aiguilles fusibles à 113°; le *sel de chaux* cristallise avec 5H²O, celui de *baryte* avec 4H²O.

Acide m-sulfonique (Widman). — Extrêmement soluble dans l'eau ; le *sel de baryte* retient 1 mol. d'eau; le *chlorure d'acide*

$$C^3H^7.C^6H^3 \begin{cases} COCl \\ SO^2Cl \end{cases}$$

est en cristaux fondant à 42-43°; la *sulfamide*

$$C^3H^7.C^6H^3 \begin{cases} CO^2H \\ SO^2AzH^2 \end{cases}$$

fond à 212-213° [Remsen et Day. *Am. Chem. Journ.*. **5**. 158], 216-218° [Widmann. *D. chem. G.*, **22**, 2279].

Quelques sels de cet acide sulfamidé sont connus. Ce sont ceux de *calcium* ($6\,H^2O$), de *baryum* ($x\,H^2O$), d'*argent* (anhydre). Le *sel de cuivre* correspond à la formule $Cu(Ac)^2 + C^{10}H^{13}Az\,SO^4 + 2H^2O$. 1er juin 1907. V. Thomas.

PROPYLBUTYRYLACÉTIQUE (ACIDE). — Voyez NONYLIQUES (ACIDES).

PROPYLCÉTONE (DI-). — Voy. BUTYRONE.

PROPYLCHLOROFORME (ISO-) (*trichloroisobutane*). — Voyez 2e Suppl., art. BUTANE, 1, 798].

PROPYLCINNAMIQUES (ACIDES). — L'acide isopropylcinnamique et ses dérivés ont été décrits dans le 2e Suppl., CUMÈNE ACRYLIQUE (ACIDE).

L'acide propylcinnamique n'a été connu jusqu'à ces derniers temps qu'à l'état de *dérivé monochloré* $C^6H^5.CCl=C(C^3H^7).CO^2H$. Celui-ci prend naissance en traitant le propylbenzoylacétate d'éthyle

$$C^6H^5 - CO - CHC^3H^7 - CO^2 - C^2H^5$$

par un mélange de chlorure et d'oxychlorure de phosphore. Il se forme un mélange d'acide chloré et d'éther éthylique de cet acide.

L'acide chloré est en prismes fondant à 121°; son *éther éthylique* est liquide et bout à 247-249° (H = 300 mm.) [Perkin et Calman, *J. Chem. Soc.*, 49, 162].

Schrœter a obtenu l'acide en condensant la butyrophénone avec l'organo-magnésium de l'éther acétylacétique et distillant dans le vide le produit de la réaction. C'est un liquide huileux bouillant à 183-184° sous une pression de 14mm.

On se trouve vraisemblablement en présence de deux isomères, car par refroidissement énergique on obtient la solidification d'une partie de la masse. Les prismes obtenus fondent à 94°. Les *éthers méthyliques*, les *dérivés nitrés et bromés* sont huileux. On peut facilement transformer le mélange isomérique en composé solide, par dissolution dans l'acide sulfurique et précipitation par la glace [*D. chem. G.*, 40, 1589, 1907].
1er juin 1907. V. Thomas.

PROPYLE (OXYDE DE) (*propane-oxypropane*), $C^3H^7-O-C^3H^7$. — Pour le préparer, Krafft s'est servi de la méthode générale déjà décrite (voyez *Oxyde d'éthyle*, 2e Suppl., 3, 642]. On fait couler l'alcool propylique dans un acide sulfonique (benzène sulfonique, p-toluène-sulfonique, β-naphtalène-sulfonique) maintenu à 125°, et on recueille la partie distillée renfermant l'oxyde de propyle, l'eau et l'alcool décomposé, tandis que l'acide sulfoné est toujours régénéré [*D. chem. G.*, 26, 2829, 1893].

L'oxyde de propyle bout à 89°,5-90° sous 750 mm. Densité à 21°,2 = 0,7488 [*ibid.*]. Chauffé en présence de Al^2O^3, il se décompose en donnant très peu d'aldéhyde et beaucoup de propylène, environ 90 0/0 [Grégorief, *Journ. Soc. phys. chim. russe*, 33, 173, 1901].

OXYDE DE PROPYLE DICHLORÉ DISSYMÉTRIQUE, $CH^3-CHCl-CHCl-O-CH^2-CH^2-CH^3$. — Obtenu par Brochet dans la chloruration de l'alcool propylique à froid. Il se forme deux couches, dont l'inférieure est uniquement constituée par l'oxyde dichloré. C'est un liquide incolore, très mobile, d'une odeur caractéristique, qui distille à 80° sous 15 mm. et à 176° sous 762 mm., $D^{15}_4 = 1,129$, soluble dans les dissolvants organiques et le sulfure de carbone. Il a des propriétés réductrices; il est décomposé par l'eau bouillante [*Bull. Soc. Chim.*, (3), 15, 11, 1895].

OXYDE DE PROPYLE ET DE MÉTHYLE (*propane oxyméthane*, $(C^3H^5-O-CH^3$. — Il se produit facilement dans la méthode de Krafft, citée plus haut, en introduisant un mélange d'alcool propylique et d'alcool méthylique dans l'acide β-naphtalène-sulfonique chauffé à 122-126°. Il se fait en même temps dans cette réaction de l'oxyde de propyle et de l'oxyde de méthyle [*D. chem. G.*, 26, 2829, 1893].

CHLOROÉTHOXYPROPANE, $CH^2Cl-CH^2-CH^2-O-C^2H^5$. — Haworth et Perkin l'ont obtenu, mélangé de chlorure d'allyle, lorsqu'on chauffe une solution alcoolique de chlorobromopropane 1.3 avec le sodium et l'alcool, d'après l'équation $C^2H^5ONa + CH^2Cl-CH^2-CH^2Br = NaBr + C^2H^5O-CH^2-CH^2-CH^2Cl$. C'est un liquide bouillant à 132-134°, plus lourd que l'eau, d'odeur agréable [*Chem. Soc.*, 65, 591, 1893].

CHLOROMÉTHOXYPROPANE, $Cl(CH^2)^3-O-CH^3$. — Obtenu de la même manière que le précédent, il bout à 116-118° [*ibid.*].

OXYDE DE PROPYLE ET D'ÉTHYLE TÉTRACHLORÉ, $Cl^3C-CHCl-O-C^3H^7$. — Il bout à 199-200° sous 764 mm. [Vitoria, *Bull. Soc. Chim.*, (3), 34, 1334, 1905].

OXYDE DE MÉTHYLE ET D'ISOPROPYLE,

$$CH^3-O-CH\left\langle{CH^3 \atop CH^3}\right.$$

— Liquide d'odeur éthérée, qui bout à 32°,5 sous 777 mm. $D^{20}_{20} = 0,7347$ [L. Henry, *Rec. Pays-Bas*, 23, 324, 1904].

OXYDE D'ISOPROPYLE ET DE MÉTHYLE CHLORÉ, $CH^2Cl-O-C^3H^7$. — Il bout à 98-100° [Litterscheid, *Ann. Chem.*, 330, 108, 1904].

OXYDE DE MÉTHYLE ET D'ISOPROPYLE BICHLORÉ PRIMAIRE,

$$CH^2Cl-O-CH\left\langle{CH^2Cl \atop CH^3}\right.$$

— Il bout à 162-164° sous 763 mm. $D_{20} = 1,197$ [Stappers, *Rec. Pays-Bas*, 24, 256, 1905].

OXYDE D'ISOPROPYLE ET DE TERTIOPROPYLE. — Liquide insoluble dans l'eau, bouillant à 75-76° sous 768 mm. [*ibid.*].
Décembre 1906. J.-B. Senderens.

PROPYLÈNE (*propène*), $CH^3-CH=CH^2$. — *Préparation et modes de formation*. — 1° Le triméthylène chauffé vers 550° dans une cloche courbe se transforme presque entièrement en propylène [Tanatar, *Journ. Soc. phys. chim. russe*, 27, 133, 1895]. Ces résultats contestés par Volkof et Menschoutkine [*Bull. Soc. Chim.*, 1899] ont été confirmés par Berthelot [*C. R.*, 129, 483]. On sépare le triméthylène du propylène au moyen du brome qui d'après Tanatar [*D. chem. G.*, 1899] serait sans action sur le premier et absorberait complètement le second. Cependant, d'après Gustawson [*C. R.*, 128, 437] le triméthylène donne toujours avec le brome des quantités appréciables de bromure de propylène.

La transformation du triméthylène en propylène se fait à froid et rapidement à 100° en présence de la mousse de platine [Tanatar, *Zeit. physik. Chem.*, 41, 735, 1902];

2° Le propylène se forme en même temps que l'alcool propylique dans l'action de AzO^2H sur le carbamate de propyle [Thiele et Dent, *Ann. Chem.*, 302, 245, 1898]; il se forme aussi bien d'autres circonstances [*Bull. Soc. Chim.*, 33, 536; 34, 791, 1170, 1185, 1905; 36, 253, 683, 1906];

3° On obtient du propylène en enlevant HI à l'iodure d'allyle par l'oxyde de plomb. La déshydratation de l'alcool allylique et de ses éthers méthylique et allylique par P^2O^5 donne un mélange de propylène et d'éthylène [Béhal, *Bull. Soc. Chim.*, 48, 770, 1887];

4° Dans la préparation du propylène par le

couple zinc et cuivre sur la solution alcoolique d'iodure d'allyle, indiquée par Gladstone et Tribe. Il se forme des quantités notables de diallyle [Griner, *Bull. Soc. Chim.*, **48**, 770, 1887];

5° Claus [*D. chem. G.*, **18**, 2931, 1885] affirme que, contrairement à une assertion de Beilstein, on prépare le propylène en chauffant la glycérine avec la poudre de zinc lorsqu'on opère sur des quantités assez grandes (1 kilo de glycérine et 2 kilos de poudre de zinc) et qu'on chauffe rapidement et à une température élevée, quand le mélange a cessé de mousser. Comme produits accessoires, il se forme de l'acroléine, de l'alcool allylique et deux produits condensés qui par oxydation donnent l'acide propionique;

6° Une bonne préparation, d'après Ipatiew [*D. chem. G.*, **36**, 1990, 1903], du propylène pur consiste à diriger des vapeurs d'alcool propylique sur de l'alumine calcinée et chauffée à 360°. L'alcool isopropylique donne également à 560° du propylène pur.

À la place de l'alumine, Ipatiew a aussi employé un mélange d'argile et de graphite, à la température de 600° [*D. chem. G.*, 1902; *Bull. Soc. Chim.*, (3), **32**, 372-844, 1904];

7° Le propylène peut se préparer en faisant tomber goutte à goutte l'alcool propylique ou isopropylique sur PO^4H^3 sirupeux maintenu vers 220° [Newt, *Chem. Soc.*, **79**, 915, 1901];

8° M. Senderens prépare avec un rendement théorique le propylène par l'action catalytique des phosphates et silicates d'alumine sur les alcools propylique et isopropylique à 350° [*C. R.*, **144**, 1109, 1907].

Propriétés. — Le propylène brûle seul quand il est mêlé à du gaz tonnant dans la proportion de 8 à 10 0/0. Une addition de 11 à 12 0/0 de propylène à du gaz tonnant suffit à lui enlever son inflammabilité [Tanatar, *Zeit. physik. Chem.*, **35**, 340, 1900].

Le propylène fait explosion avec l'oxygène à 497° [V. Meyer et Münch, *D. chem. G.*, 1893]. Le propylène se combine avec l'acétylène, lorsqu'on chauffe ces deux gaz dans une cloche courbe pour donner un carbure liquide C^5H^8, du formène et une faible quantité de $C^{10}H^{16}$ [Berthelot, *C. R.*, **132**, 600, 1901]. Il s'unit à ClOH pour donner d'après Krassousky [*Journ. Soc. phys .chim. russe*, 1901] le composé CH^3-CHOH-CH^2Cl. Markownikoff, puis Tiffeneau, admettent également la fixation de OH sur le groupe le moins hydrogéné, tandis que L. Henry admet la formation simultanée de l'autre chlorhydrine CH^3-CHCl-CH^2OH. Le propylène, en présence du nickel réduit, s'hydrogène à la température ordinaire et se transforme totalement en propane. Si l'hydrogène demeure en excès, tout le propylène disparaît et il ne reste qu'un mélange d'hydrogène et de propane. Avec un excès de propylène, surtout au-dessus de 200°, il se forme des produits condensés à odeur pétrolique, à cause de la destruction du propylène, et en même temps il y a apparition de méthane et d'éthane avec dépôt de charbon. Le noir de platine agit sensiblement comme le nickel. Le cuivre divisé provoque l'hydrogénation du propylène, mais seulement à chaud; le propylène est exclusivement transformé en propane sans produits accessoires à la température de 260° et alors même que l'on élève cette température jusqu'à 360° [Sabatier et Senderens, *C. R.*, **134**, 1127 et *Ann. Chim. Phys.*, mars 1905].

Le propylène est absorbé par l'acide sulfurique pur dans la proportion de 860 vol. pour 1 vol. d'acide. Le sulfate de propylène $SO^4(C^3H^7)^2$ se sépare par l'action de l'eau sous forme d'une huile pesante qui se décompose. $C^3H^6 + SO^4H^2$

liquide dégage $+ 16^{Cal},5$; $C^3H^6 + Br^2$ liquide dégage $+ 29^{Cal},1$ [Berthelot, *Bull. Soc. Chim.*, (3), **11**. 872 et suiv., 1894].

α-CHLORO-PROPYLÈNE (CHLORO-1-PROPÈNE), $CHCl = CH - CH^3$. — On l'obtient par l'action de la chaleur sur l'α-chlorocrotonate de sodium; il bout à 33°.

ISO-α-CHLOROPROPYLÈNE. — Stéréoisomère du précédent résultant de l'action de la chaleur sur le dichlorure de l'acide α-chlorocrotonique: il bout à 36° et donne avec la potasse 49,9 0/0 d'allylène, tandis que le α-chloropropylène n'en fournit que 27 0/0. Wislicenus [*D. chem. G.*, **24**, 51 1888], leur attribue les constitutions suivantes:

$$\begin{array}{ccc} HC - CH^3 & & HC - CH^3 \\ \| & & \| \\ HC - Cl & \cdot & ClC - H \\ \alpha. & & \text{Iso } \alpha. \end{array}$$

DICHLORO-1.1-PROPÈNE, $CH^3 - CH = CCl^2$. — Obtenu par Valentin en chauffant à 100° le sel de sodium de l'acide trichloro-2.2.3-butyrique [*D. chem. G.*, **28**, 2661, 1895]. Il s'unit à ClOH pour donner l'acide α-chloropropionique et un mélange de *trichloro* et de *tétrachloropropylène* [Jotsitch, *Journ. Soc. phys. chim. russe*, 1901].

DICHLORO-1.2-PROPÈNE, $CH^3 - CCl = CHCl$. — Il a été préparé par Szenic et Taggesell [*D. Chem. G.*, **28**, 2665, 1895] en chauffant à l'ébullition le sel de sodium de l'acide trichloro-butyrique $CH^3 - CCl^2 - CHCl - CO^2H$ en passant par le composé suivant:

TRICHLORO-1.1.2-PROPÈNE, $CH^3CCl = CCl^2$.

TRICHLORO-3.3.3-PROPÈNE, $CCl^3 - CH = CH^2$. — Obtenu par Vitoria en déshydratant au moyen de P^2O^5 l'alcool trichloroisopropylique, il bout à 114-115° sous 757 mm. et fond à −30°. $D_{13} = 1,359$ [*Rec. Pays-Bas*, **24**, 265, 1904].

HEXACHLOROPROPÈNE. $CCl^2 = CCl - CCl^3$. — Préparé par Fritsch en traitant par KOH l'heptachloropropane, il bout à 209-210° et à 122-123° sous 50 mm. $D_4^{20} = 1,7652$ [*Ann. Chem.*, **297**, 312, 1897].

DICHLORO-1.1-MÉTHOXY-2-PROPÈNE, $CCl^2 = C(OCH^3)-CH^3$. — Liquide incolore, $D_{20} = 1,239$, qui bout à 126-127° sous 750 mm. et fond à −71° [Vitoria, *Bull. Soc. Chim.*, (3), **34**, 1134, 1905].

DICHLOROPROPOXYPROPÈNE, $CCl^2 = C(OC^3H^7)-CH^3$. — Il bout à 163-164° sous 764 mm., et fond à −90° [Vitoria, *loc. cit.*].

α-BROMOPROPYLÈNE, *bromo-1-propène*, $CHBr = CH - CH^3$. — Obtenu par Wislicenus [*D. chem. G.*, **24**, 51, 1888] par l'action de la chaleur sur l'acide α-bromocrotonique, il bout à 59-60°. En fixant Br^2 il donne le α-α-β-*tribromopropane*, lequel traité par la poudre de zinc donne l'α *bromopropylène* et surtout son stéréoisomère l'*iso-α-bromopropylène*, qui bout à 63-64°. Ces deux stéréoisomères auraient la même constitution que les α-chloropropylènes décrits plus haut.

DIBROMO-1.1-PROPÈNE, $CH^3 - CH = CBr^2$. — Obtenu par Valentin en chauffant le sel de sodium de l'acide tribromo-2.2.3-butyrique [*Bull. Soc. Chim.*, (3), **16**, 354, 1896].

TRIBROMO-1.2.3-PROPÈNE, $CHBr = CBr - CH^2Br$. — Préparé par Lespieau en partant du tétrabromure d'allène. Liquide incolore, irritant les yeux, distillant à 89-90° sous 10 mm., se décomposant lorsqu'on le distille à la pression ordinaire [*Bull. Soc. Chim.*, (3), **13**, 629, 1895].

TRIIODO-1.1-2-PROPÈNE, $CH^3 - CI = CI^2$. — On l'obtient en chauffant à 130° en tubes scellés un mélange d'eau et d'acide diiodocrotonique; il fond à 64° [Bruck, *D. chem. G.*, **26**, 843, 1893].

NITRO-3-PROPÈNE, $CH^2AzO^2 - CH = CH^2$. — On

peut le préparer en partant du bromure d'allyle. C'est un liquide incolore, d'odeur piquante, de saveur amère. Il bout à 130-131° et fait explosion au-dessus de cette température; il est insoluble dans l'eau, soluble dans l'alcool et l'éther [L. Henry, *Bull. Soc. Chim.*, (3), **49**, 155, 1898]. Askenasy et V. Meyer le préparent en traitant le sel de sodium du nitropropylène par SO^4H^2, épuisant par l'éther et évaporant ensuite la solution éthérée. Ils obtiennent ce *sel de sodium* en faisant un mélange à poids égaux de nitrite d'argent et de sable calciné et y ajoutant une solution de bromure ou mieux d'iodure d'allyle avec son volume d'éther et puis une solution alcoolique d'éthylate de sodium [*D. chem. G.*, **25**, 1701, 1892].

ACIDE PROPYLÈNE-1.2-DISULFONIQUE (*acide triméthylènedisulfonique*), $CH^3 - C(SO^3H) = CH(SO^3H)$ — Monari l'a obtenu en chauffant le bromure de propylène-1.2 avec une solution de sulfate d'ammonium, en traitant ensuite par l'hydrate de baryum et puis par SO^4H^2 étendu qui met en liberté l'acide [*Atti d. R. Ac. della Sc. di Turino*, **20**, 174, 1884].

ACIDE PROPYLÈNE-1.3-DISULFONIQUE $CH^2(SO^3H) - CH = CH(SO^3H)$. — On l'obtient en remplaçant dans l'opération précédente le bromure de propylène-1.2 par le bromure-1.3 [Monari, *loc. cit.* et *Bull. Soc. Chim.*, **44**, 507, 1885].

β-BIPROPYLÈNE, *méthyl-2.3-butadiène-1.3*,

$$\begin{matrix} CH^3 & & CH^3 \\ | & & | \\ CH^2 = C & \!\!\!-\!\!\! & C = CH^2 \end{matrix}$$

— Il provient de la déshydratation de la pinacone [Couturier, *Bull. Soc. Chim.*, (3), **4**, 30, 1890]. Décembre 1906.　　　　J.-B. Senderens.

PROPYLÈNE - DIAMINE (*diaminopropane 1.2*),

$$\begin{matrix} CH^3 & - & CH & - & CH^2 \\ & & | & & | \\ & & AzH^2 & & AzH^2 \end{matrix}$$

[Voir Dict., **2**, 1211].

Baumann a dédoublé la propylène-diamine en deux isomères optiques en partant du tartrate de cette base qui, mise en liberté par un excès d'alcali, est distillée dans un courant de vapeur d'eau et transformée ensuite en chlorhydrate. Celui-ci traité par la potasse donne une propylène-diamine qui bout à 118° et dont le pouvoir rotatoire spécifique à 24°,3 est — 20,957. Son *picrate* fond à 287° [*D. chem. G.*, **28**, 1176, 1895]. — Chauffée pendant 30 à 45 secondes avec quelques gouttes du réactif de Caro, la propylène-diamine se transforme en un acide hydroxamique facile à caractériser au moyen de $FeCl^3$ [Bamberger, *D. chem. G.*, **36**, 710, 1903]. — La propylène-diamine s'unit avec les aldéhydes et les acétones pour donner des produits condensés formés par l'union des deux composants avec perte de 1 ou 2 molécules d'eau [Strache, *D. chem. G.*, **21**, 2358, 1888]. L'acétophénone donne le dérivé

$$C^3H^6 \left(Az = C < {C^6H^5 \atop CH^3} \right)^2$$

huile rouge, distillant vers 350-370°. — De même la propylène-diamine se combine avec la phénanthrènequinone, l'éther acétylacétique, le dibenzyle [Strache, *loc. cit.*]. En faisant réagir la propylène-diamine en solution alcoolique sur l'oxalate de méthyle, on obtient la *propylénoramide*

$$C^3H^6 < {AzH - CO \atop AzH - CO}$$

Celle-ci, chauffée en présence d'une grande quantité d'eau, se transforme en acide *propylénoxamique*

$$C^3H^6 < {AzH - CO - CO^2H \atop AzH^2}$$

(*Ibid*). La propylène-diamine réagit vivement sur l'anhydride succinique pour donner une substance cristallisée, fusible à 98-100°, constituée par la *propylènesuccinimide*

$$C^2H^4 < {CO \atop CO} > Az - C^3H^6 - Az < {CO \atop CO} > C^2H^4$$

[*Bull. Soc. Chim.*, (3), **1**, 250, 1889].

PROPYLÈNE-DIPHÉNYLDIAMINE,

$$\begin{matrix} CH^3 & - & CH & - & CH^2 \\ & & | & & | \\ (C^6H^5)AzH & & & & AzH(C^6H^5) \end{matrix}$$

— Elle a été préparée par Trapensonzjanz en chauffant au bain d'huile à 130° un mélange d'aniline et de bromure de propylène, et en portant ensuite ce mélange durant une heure et demie à 160°. Après purification on obtient une huile épaisse, incolore, qui bout à 265° sous la pression de 60 mm. [*D. chem. G.*, **25**, 3271, 1892].

Le *chlorhydrate* se présente sous la forme de masses sphériques blanches qui deviennent rouges à l'air et qui fondent au voisinage de 100° en dégageant des gaz.

Le *chloroplatinate* est une poudre jaune [*loc. cit.* et *Bull. Soc. Chim.*, (3), **10**, 201, 1893].

PROPYLÈNE-DI-O-CRÉSYLDIAMINE,

$$\begin{matrix} CH^3 \\ | \\ CH - _{(1)}AzH(C^6H^4 - _{(2)}CH^3) \\ | \\ CH^2 - _{(1)}AzH(C^6H^4 - _{(2)}CH^3) \end{matrix}$$

— Cette base a été préparée en chauffant pendant une heure et demie un mélange d'orthotoluidine et de bromure de propylène. Elle bout à 250-255° sous la pression de 70 mm. et à 280° sous la pression de 120 mm. Traitée en solution éthérée par le chlorure d'acétyle, elle fournit la *propylène-diacétyl-di-o-crésyldiamine*, fusible à 101-102°, très soluble dans l'éther, l'alcool, la benzine, l'acide acétique, le sulfure de carbone, peu soluble dans l'éther de pétrole [Trapesonzjanz, *D. chem. G.*, **25**, 3271, 1892].

PROPYLÈNE-DI-P-CRÉSYLDIAMINE. — Huile jaunâtre, bouillant à 276-278° sous la pression de 48 mm. Avec le chlorure d'acétyle en solution benzénique elle fournit la *propylène-diacétyl-di-p-crésyldiamine* sous la forme de petits prismes fusibles à 113°,5-114°, très solubles dans les dissolvants usuels sauf l'éther de pétrole. Avec le chlorure de benzoyle, elle donne le *propylène-dibenzoyl-di-p-crésyldiamine* en cristaux fusibles à 151-152°, solubles dans les dissolvants usuels sauf la ligroïne et l'eau [Trapesonzjanz, *loc. cit.*].

PROPYLÈNE-DI-α-NAPHTYLDIAMINE,

$$\begin{matrix} CH^3 \\ | \\ CH - AzH - C^{10}H^7 \\ | \\ CH^2 - AzH - C^{10}H^7 \end{matrix}$$

— Trapesonzjanz l'a obtenue en chauffant pendant une heure et demie un mélange de α-naphtylamine et de bromure de propylène avec du carbonate de sodium sec. C'est une base brune dont l'aspect ressemble à celui de la colophane. Son *chlorhydrate* a été obtenu à l'état de cristaux fusibles à 218-220° [*D. chem. G.*, **25**, 3271. 1892].

PROPYLÈNE-DI-β-NAPHTYLDIAMINE. — Elle a été préparée d'une façon analogue à la base précédente par Trapesonzjanz qui n'a pu obtenir à l'état de pureté que son *chlorhydrate* lequel cristallise dans l'alcool et fond à 190-191° en se décomposant [*loc. cit.*].

PROPYLÈNE-DIACÉTYLDIAMINE (*propylène-diacétamide*),

$$CH^3$$
$$|$$
$$CH - AzH . CO . CH^3$$
$$|$$
$$CH^2 - AzH . CO . CH^3$$

— On la prépare en chauffant la propylène-diamine avec un grand excès d'anhydride acétique. Ce composé fond à 138-139°. Il est très soluble dans l'eau, l'alcool et le chloroforme [Strache, *D. chem. G.*, **21**, 2358, 1888].

PROPYLÈNE-DIBENZOYL-DIAMINE (*propylène-dibenzamide*),

$$CH^3$$
$$|$$
$$CH - AzH - CO . C^6H^5$$
$$|$$
$$CH^2 - AzH - CO . C^6H^5$$

— On l'obtient en chauffant la propylène-diamine avec le chlorure de benzoyl. Ce dérivé fond à 192-193°. Insoluble dans l'eau, il se dissout dans la benzine bouillante et dans l'alcool [Strache, *loc. cit.*].

PROPYLÈNE-DIACÉTYL-DIPHÉNYLDIAMINE,

$$CH^3$$
$$|$$
$$CH - Az \big\langle \begin{matrix} CO . CH^3 \\ C^6H^5 \end{matrix}$$
$$|$$
$$CH^2 - Az \big\langle \begin{matrix} CO . CH^3 \\ C^6H^5 \end{matrix}$$

— Cristaux fusibles à 146-147°, très solubles dans l'alcool chaud, l'éther, le chloroforme et la benzine, peu soluble dans le sulfure de carbone. Ce dérivé a été obtenu par Trapesonzjanz en traitant la propylène-diphényl-diamine par le chlorure d'acétyle à froid [*D. chem. G.*, **25**, 3271, 1892].

PROPYLÈNE-DIBENZOYL-DIPHÉNYLDIAMINE,

$$CH^3$$
$$|$$
$$CH - Az \big\langle \begin{matrix} CO . C^6H^5 \\ C^6H^5 \end{matrix}$$
$$|$$
$$CH^2 - Az \big\langle \begin{matrix} CO . C^6H^5 \\ C^6H^5 \end{matrix}$$

— Obtenue en traitant par du chlorure de benzoyle en excès une solution éthérée de propylène diphényldiamine. — Lames blanches fusibles à 136-137°, très solubles dans l'alcool, le chloroforme, la benzine, le sulfure de carbone, moins solubles dans l'éther, insolubles dans l'eau [Trapesonzjanz, *loc. cit.*].

PROPYLÈNE-DIBENZYLIDÈNE-DIAMINE,

$$C^3H^6 (Az = CH . C^6H^5)^2.$$

— Ce composé résulte de la condensation de la propylène-diamine avec l'aldéhyde benzoïque. C'est une huile jaunâtre, décomposable par la chaleur, insoluble dans l'eau, soluble dans l'alcool, l'éther et la benzine [Strache, *D. chem. G.*, **21**, 2358, 1888].

PROPYLÈNE-DI-*p*-TOLUÈNE-SULFAMIDE,

$$CH^3$$
$$|$$
$$CH - AzH - SO^2 . C^7H^7$$
$$|$$
$$CH^2 - AzH - SO^2 . C^7H^7$$

— Obtenue par Esch et Marckwald en traitant la propylène diamine en solution alcaline par le sulfochlorure de *p*-toluène, elle fond à 103-104°; se dissout dans l'alcool chaud et la benzine et a servi aux auteurs de point de départ pour la synthèse de la méthylpipérazine [*D. chem. G.*, **33**, 761, 1900].

CHROMOTRIPROPYLÈNE-DIAMINE (IODURE),

$$Cr[CH^3 - CH(AzH^2) - CH^2(AzH^2)]^3I + 1,3 H^2O.$$

— Pfeiffer et Haimann ont obtenu ce composé en chauffant au bain-marie le chlorure chromopyridique avec l'hydrate de propylène diamine jusqu'à formation d'une masse rougeâtre soluble dans l'eau et qu'on traite par KI. — Précipité cristallin jaune, soluble dans l'eau, insoluble dans les liquides organiques. La solution aqueuse donne avec l'acide picrique un précipité jaune, explosif; avec le bichromate de potassium un précipité jaune soluble dans un excès de réactif; avec le ferricyanure, un précipité vert [*D. chem. G.*, **36**, 1063, 1903].

Le *sulfocyanate de chromotripropylène-diamine* cristallise en aiguilles brillantes jaunes, se colorant en rouge à 100-120°.

Le *chromicyanure* $Cr(C^3H^{10}Az^2)^3(CrCy^6)$ est un précipité cristallin jaune, soluble dans l'eau.

Le *cobalticyanure* $Cr(C^3H^{10}Az^2)^3(CoCy)^6$ est en cristaux jaunes, solubles dans l'eau, se colorant en brun à 120°.

Le *chromosulfocyanure* $Cr(C^3H^{10}Az^2)^3(CrCy^6S^6)$ est un précipité cristallin brun, insoluble dans l'eau qui le décompose à l'ébullition, en se colorant en rouge foncé [*loc. cit.* et *Bull. Soc. Chim.*, (3), **32**, 367, 1904].

PROPYLÈNE-DIAMINE-1.3 (*triméthylène-diamine, diamino-1.3-propane*), $AzH^2 - CH^2 - CH^2 - CH^2 AzH^2$. — La préparation de la propylène-diamine par le bromure de triméthylène et une solution alcoolique d'ammoniaque (Fischer et Kock) a été exposée au 1er Suppl., p. 1589. Il reste à noter que lorsqu'on distille sur la potasse le produit de la réaction, il passe un mélange de triméthylène et d'ammoniaque. On chasse l'ammoniaque par une ébullition prolongée dans un appareil à reflux, puis on neutralise par HCl et on évapore à sec. Le chlorhydrate formé est ensuite décomposé par la potasse. On distille au bain d'huile et on sèche sur la potasse fondue [Fischer et Kock, *D. chem. G.*, **17**, 1799. 1884].

Lellmann et Wurthner préparent une solution de propylène-diamine en chauffant à 100° une molécule de bromure de triméthylène avec 20 molécules d'ammoniaque en solution alcoolique. En évaporant à sec au bain-marie on n'a que du bromhydrate de propylène-diamine lequel additionné de potasse et de chaux sodée et puis distillé donne une solution aqueuse à 30 0/0 de propylène-diamine qui passe de 105 à 135° [*Ann. Chem.*, **228**, 199; *Bull. Soc. Chim.*, **44**, 916, 1886].

La propylène-diamine a été obtenue par Keppler et V. Meyer en réduisant la dinitropropane-1.3 par l'amalgame de sodium et l'acide acétique. Pour la séparer de l'ammoniaque, les auteurs ont employé la méthode de Fischer et Kock [*D. chem. G.*, **25**, 2638, 1892].

Th. Curtius et Clem préparent la propylène-diamine à partir des éthers des acides glutarique et subérique en passant successivement par l'hydrazide, l'azide et l'uréthane. Ce dernier corps chauffé en tube scellé avec HCl concentré donne le chlorhydrate du diamino-1.3-propane qui par la potasse fournit la base que l'on extrait au moyen du chloroforme [*J. prakt. Chem.*, **62**, 189; *Bull. Soc. Chim.*, **26**, 566, 1901].

Blaise et Maire ont constaté la formation de propylène-diamine à partir des cétones vinylées [*Bull. Soc. Chim.*, (3), **35**, 199, 1906].

La propylène-diamine chauffée pendant 30 à 45 secondes avec quelques gouttes du réactif de Caro se transforme en un acide hydroxamique [Bamberger, *D. chem. G.*, **36**, 710, 1903].

La triméthylène-diamine s'unit à l'aldéhyde benzoïque et à l'acétophénone pour donner des liquides huileux non distillables qui n'ont pas été analysés et que les acides minéraux dédoublent facilement. Elle fournit avec la phénanthroquinone une poudre jaune cristallisée qui paraît correspondre à la formule $C^{26}H^{17}AzO^2$. Avec le dibenzyle, elle donne une masse rouge foncé qui fond vers 80° et qui n'a pas cristallisé.

En faisant réagir la triméthylène-diamine en solution alcoolique sur l'oxalate de méthyle on obtient la *triméthylène oxamide*,

$$C^3H^6 \begin{array}{l} AzH - CO \\ \ \ \ \ \ \ \ | \\ AzH - CO \end{array}$$

corps amorphe, insoluble dans l'alcool, l'éther et la benzine, et que l'eau bouillante transforme lentement en *acide triméthylène - oxamique* [H. Strache, *D. chem. G.*, **24**, 2358, 1888]. Chauffée avec le carbonate d'éthyle, la propylène-diamine donne la *triméthylène carbamide*

$$C^3H^6 \begin{array}{l} AzH \\ AzH \end{array} \!\!\! \Big\rangle CO$$

[E. Fischer et Koch, *Ann. Chem.*, **232**, 222, 1886]. Avec un excès de cyanate d'argent le chlorhydrate de propylène-diamine donne la *triméthylène dicarbamide* $C^3H^6(AzH - CO - AzH^2)^2$ [*loc. cit.* et *Bull. Soc. Chim.*, **47**, 195, 1887].

Lorsqu'on distille au bain de sable dans un ballon le chlorhydrate de propylène-diamine par fractions de 5 à 10 gr. on obtient un produit qui par rectification se sépare en trois portions :

La première, bouillant à 66-70°, constitue la *propylène-imine*.

La seconde, bouillant à 140-143°, constitue la β-*picoline*.

La troisième, bouillant à 148-151°, constitue la β'-*picoline* [Ladenburg et Sieber, *D. chem. G.*, **23**, 2727, 1890].

L'acide azoteux agissant entre 80 et 103° sur la propylène-diamine donne un hydrocarbure non saturé qui répondrait à la formule C^3H^4, de l'alcool allylique et du glycol triméthylénique [Demanioff, *Journ. Soc. phys. chim. russe*, n° 9, 1893].

β-Chlorotriméthylène-diamine (chlorhydrate) (*chloro-2-diamino-1.3-propane*),

$$\begin{array}{l} CH^2 - AzH^2 \\ \ \ | \\ CHCl \\ \ \ | \\ CH^2 - AzH^2 (HCl) \end{array}$$

— Il se produit en même temps que l'acide phtalique lorsqu'on fait agir à 180-200° l'acide chlorhydrique fumant sur la β-chlorotriméthylènediphtalimide. Ce sel fond à 216°; le *picrate* fond à 214°. La base libre est un liquide huileux [Gabriel et Michels, *D. chem. G.*, **25**, 3056, 1892].

Nitro-2-triméthylène-diamine. — Le dérivé tétraméthylé a été obtenu par L. Henry en partant de l'alcool diméthylaminométhylique et du nitrométhane. Paillettes blanches qui fondent à 56-57° [*Bull. Soc. Chim.*, (3), **36**, 50, 1906].

Triméthylène-phényl-diamine,

$$\begin{array}{l} CH^2 - AzH - C^6H^5 \\ \ \ | \\ CH^2 \\ \ \ | \\ CH^2 - AzH^2 \end{array}$$

— Obtenue par Balbiano en réduisant par le sodium, à l'ébullition, le phénylpyrazol en solution alcoolique. La base est précipitée du résidu à l'état d'oxalate d'où la potasse libère la triméthylène-phényl-diamine qui bout à 281-282°. Le *succinate* cristallise en lamelles blanches fusibles à 100-102° [*Bull. Soc. Chim.*, (3), **10**, 73, 1893].

Triméthylène - diphényl-diamine. — Obtenue par Hanssen en faisant agir le bromure de triméthylène sur l'aniline [*Bull. Soc. Chim.*, **48**, 451, 1887].

Triméthylène-p-crésyl-diamine,

$$CH^2 \begin{array}{l} CH^2 - {}_{(1)}AzH - C^6H^4 - {}_{(4)}CH^3 \\ CH^2 - AzH^2 \end{array}$$

— Frankel l'a préparée en faisant agir la p-toluidopropylphtalimide sur la p-toluidine. C'est un liquide à odeur ammoniacale, $D = 1,0253$. Elle bout à 283° sous 763 mm. Sa solution se colore en rouge par Fe^2Cl^6.

Le *chlorhydrate* cristallise en prismes fusibles à 217°. Le *chloroplatinate* fond à 205° [Frankel, *D. chem. G.*, **30**, 2497, 1897].

Triméthylène di-o-crésyl-diamine,

$$CH^2 \begin{array}{l} CH^2 - {}_{(1)}AzH - C^6H^4 - {}_{(2)}CH^3 \\ CH^2 - {}_{(1)}AzH - C^6H^4 - {}_{(2)}CH^3 \end{array}$$

— Scholtz l'a préparée par l'action du bromure de triméthylène sur l'o-toluidine. C'est une huile jaune, distillant sous 16 mm. entre 275 et 280° [*D. chem. G.*, **32**, 2251, 1899].

Diacétyltriméthylène-diamine (*triméthylène diacétamide*),

$$CH^2 \begin{array}{l} CH^2 - AzH - C^2H^3O \\ CH^2 - AzH - C^2H^3O \end{array}$$

— Hago et Majima ont préparé cette base en chauffant au bain d'huile un mélange de chlorhydrate de propylène-diamine avec l'acétate de sodium sec et en recueillant les portions qui distillent au-dessus de 270° sous 20 mm. Elle cristallise dans l'alcool en petits prismes fusibles à 101°. Elle est faiblement basique et donne un *oxalate* qui cristallise en aiguilles fusibles à 126° [*D. chem. G.*, **36**, 333, 1903]. Ces résultats ne s'accordent pas avec ceux de H. Strache qui avait préparé cette base en traitant la propylène-diamine par un grand excès d'anhydride acétique et d'après lequel cette base, très soluble dans l'alcool et le chloroforme, fondrait à 79° [*D. chem. G.*, **24**, 2358, 1888; *Bull. Soc. Chim.*, (3), **1**, 251 et **30**, 1129, 1889 et 1903].

Dibenzoyltriméthylène - diamine (*triméthylène-dibenzamide*),

$$CH^2 \begin{array}{l} CH^2 - AzH - CO - C^6H^5 \\ CH^2 - AzH - CO - C^6H^5 \end{array}$$

— Elle fond à 147-148°, est très soluble dans l'eau et le chloroforme. On l'obtient par l'action du chlorure de benzoyle sur la trimithylène-diamine [H. Strache, *D. chem. G.*, **24**, 2358, 1888].

Dibenzoyltriméthylènephényl-diamine,

$$CH^2 \begin{array}{l} CH^2 - Az \begin{array}{l} C^6H^5 \\ CO . C^6H^5 \end{array} \\ CH^2 - AzH - CO - C^6H^5 \end{array}$$

— Préparée par l'action du chlorure de benzoyle

sur le succinate de triméthylènephényl-diamine, en présence de la soude; lamelles blanches, fusibles à 96.5-97°,5 [Balbiano, *Bull. Soc. Chim.*, (3), **10**, 73, 1893].

DITHIONYLTRIMÉTHYLÈNE-DIAMINE,

$$CH^2 < \begin{matrix} CH^2 - Az = SO \\ CH^2 - Az = SO \end{matrix}$$

— Michaelis et Graentz l'ont obtenue en traitant par $SOCl^2$ (2 molécules) une solution éthérée de propylène-diamine. C'est un liquide jaune, à odeur aromatique piquante, soluble dans l'eau qui le décompose en propylène-diamine et acide sulfureux [*D. chem. G.*, **30**, 1009, 1897].

Décembre 1906.   J.-B. Senderens.

PROPYLÈNE-IMINE (*iminopropane, triméthylène-imine*),

$$CH^2 < \begin{matrix} CH^2 \\ CH^2 \end{matrix} > AzH$$

— 1° Howard et Marckwald partent, pour la préparer, de la *p-toluène-sulfotriméthylèneimide* qu'ils avaient obtenue précédemment [*D. chem. G.*, **34**, 3264, 1898] et qui répond à la formule

$$CH^3 - C^6H^4 SO^2 Az < \begin{matrix} CH^2 \\ CH^2 \end{matrix} > CH^2$$

On réduit cette sulfimide par le sodium en solution dans l'alcool amylique bouillant. Après un traitement par l'eau, la base reste en majeure partie dans la couche amylique que l'on agite avec l'acide sulfurique dilué jusqu'à neutralisation et d'où l'on enlève l'alcool par l'éther. Une distillation sur la potasse met en liberté la propylène-imine, qui est ensuite desséchée sur la potasse fondue et sur la baryte caustique et enfin distillée sur le sodium [*D. chem. G.*, **32**, 2031-2035, 1899];

2° La propylène-imine peut être obtenue à l'état impur d'autres manières. On l'obtient en chauffant le bromhydrate d'aminopropane avec une quantité limitée de lessive de soude :

$$CH^2Br - CH^2 - CH^2AzH^2 - HBr + 2NaOH$$

$$= 2NaBr + 2H^2O + CH^2 < \begin{matrix} CH^2 \\ CH^2 \end{matrix} > AzH$$

3° Cette base se forme à côté de la β-picoline et la β'-picoline lorsqu'on distille à sec le chlorhydrate de diaminopropane :

$$CH^2 < \begin{matrix} CH^2 - AzH^2 . HCl \\ CH^2 - AzH^2 . HCl \end{matrix}$$

$$= AzH^4Cl + CH^2 < \begin{matrix} CH^2 \\ CH^2 \end{matrix} > AzH - HCl$$

[Ladenburg et Sieber, *D. chem. G.*, **23**, 2727, 1890].

La propylène-imine est un liquide bouillant à 63° sous 748 mm., fumant à l'air, doué d'une odeur ammoniacale. $D_0^{20} = 0,8436$ [Howard et Marckwald, *loc. cit.*]. Elle est soluble dans l'eau et l'alcool; elle attire le gaz carbonique de l'air. Elle est peu stable vis-à-vis des acides. En évaporant au bain-marie une solution de son chlorhydrate, celui-ci se décompose en chloropropylamine et une base $C^6H^{14}Az^2$. Elle donne une urée avec l'isocyanate de potassium et une phénylthiourée avec l'isosulfocyanate de phényle. En mélangeant des solutions éthérées de propylène-imine et de sulfure de carbone, on obtient la *combinaison* $(CH^2)^3Az - CS - SHAzH(CH^2)^3$ sous la forme de cristaux blancs fusibles à 89°. Le chlorure de l'acide benzène-sulfonique donne, avec une solution alcaline de propylène-imine, la *sul-*

fimide $C^6H^4 - SO^2 Az(CH^2)^3$ fusible à 68° [Howard et Marckwald, *loc. cit.*].

Chloroplatinate de propylène-imine $[(CH^2)^3 AzH . HCl]^2 PtCl^4$. — Il fond à 200-203°.

Chloraurate. — Il fond à 192°.

Nitrosopropylène-imine,

$$CH^2 < \begin{matrix} CH^2 \\ CH^2 \end{matrix} > Az - AzO$$

— Liquide huileux, jaune, soluble dans l'eau en toutes proportions, qui bout à 196-197° [*Ibid.* et *Bull. Soc. Chim.*, (3), 1037, 1899].

AZ-PHÉNYLPROPYLÈNE-IMINE,

$$CH^2 < \begin{matrix} CH^2 \\ CH^2 \end{matrix} > Az - C^6H^5$$

— Elle se forme à côté de la diphényltriméthylène-diamine dans l'action du bromure de triméthylène sur l'aniline. Elle se présente sous la forme d'une huile incolore qui bout à 242-245°. Elle donne un *picrate* soluble dans l'eau [Scholtz, *D. chem. G.*, **32**, 2251, 1899].

BIS-TRIMÉTHYLÈNE-DIIMINE,

$$AzH < \begin{matrix} CH^2 - CH^2 - CH^2 \\ CH^2 - CH^2 - CH^2 \end{matrix} > AzH$$

— Elle s'obtient à partir de la triméthylène-diamide de l'acide p-toluène-sulfonique $CH^3 - C^6H^4 - SO^2 . Az(CH^2)^3 Az . SO^2 - C^6H^4 - CH^3$. Celle-ci, chauffée avec de la potasse alcoolique et du bromure de triméthylène, fournit avec des produits visqueux une petite quantité de *bis-triméthylène-di-p-toluène-sulfimide*

$$CH^3 - C^6H^4 - SO^2 . Az < \begin{matrix} CH^2 - CH^2 - CH^2 \\ CH^2 - CH^2 - CH^2 \end{matrix} > Az . SO^2 . C^6H^4CH^3$$

que l'on sépare par l'acétone et qui cristallise dans l'acide acétique. Cette sulfimide chauffée en vase clos à 180° avec de l'acide chlorhydrique étendu se dédouble en acide p-toluène-sulfonique et bis-triméthylène-diimine, qui fond à 14-15° et bout à 186-188°. Elle fume à l'air et possède une odeur légèrement ammoniacale [Howard et Marckwald, *D. chem. G.*, **32**, 2038, 1899]. Le *dérivé dibenzoylé* se présente sous la forme de cristaux blancs fusibles à 184°, solubles dans les liquides organiques, insolubles dans l'eau [*ibid.*]. Howard et Marckwald ont décrit le *chloroplatinate*, fusible vers 259° en se décomposant, soluble dans l'eau, peu soluble dans l'alcool; le *chloraurate*, peu soluble dans l'eau, se décomposant vers 216°; le *picrate*, fines aiguilles, peu solubles dans l'eau, fusibles vers 226° en se décomposant [*Bull. Soc. Chim.*, (3), **22**, 1039, 1899].

TRIMÉTHYLÈNE-ÉTHYLÈNE-DIAMINE (ou *diimine*),

$$CH^2 < \begin{matrix} CH^2 - AzH - CH^2 \\ | \\ CH^2 - AzH - CH^2 \end{matrix}$$

ou

$$AzH < \begin{matrix} CH^2 \text{———} CH^2 \\ CH^2 . CH^2 - CH^2 \end{matrix} > AzH$$

— Bleier a essayé de préparer ce corps, mais sans résultat satisfaisant, en faisant agir le bromure de triméthylène sur l'éthylène-diamine. Il a mieux réussi en traitant d'après le procédé d'Hinsberg 1 molécule d'éthylène-diamine par 2 molécules de sulfochlorure de benzène en présence d'une lessive de soude, ce qui a donné l'éthylène-dibenzène-sulfamide, laquelle chauffée au bain-marie avec addition successive de bromure de triméthylène en solution alcoolique a fourni la *dibenzène-sulfamide de triméthylène-*

éthylène, fusible à 148-149° et ayant la constitution suivante :

$$SO^2 - C^6H^5$$
$$CH^2 \Big\langle \begin{matrix} CH^2 - Az - CH^2 \\ CH^2 - Az - CH^2 \end{matrix}$$
$$SO^2 - C^6H^5$$

Ce dernier composé, chauffé 8 heures à 150-160° avec HCl concentré, donne le chlorhydrate de triméthylène-éthylène-diamine [*D. chem. G.*, 32, 1825, 1899].

Howard et Marckwald ont préparé la triméthylène-éthylène-diimine en partant de l'éthylène-di-p-toluène-sulfamide, sur laquelle ils font agir le bromure de triméthylène qui, en présence de la potasse alcoolique, donne la triméthylène-éthylène-di-p-toluène-sulfimide :

$$CH^3\text{-}C^6H^4\text{-}SO^2\text{-}Az \Big\langle \begin{matrix} CH^2 \text{——} CH^2 \\ CH^2\text{-}CH^2\text{-}CH^2 \end{matrix} \Big\rangle Az\text{-}SO^2\text{-}C^6H^4\text{-}CH^3$$

Ce composé, fusible à 151°, chauffé en vase clos avec HCl à 25 0/0, se dédouble en donnant le chlorhydrate de la triméthylène-éthylène-diimine [*D. chem. G.*, 32, 2038, 1899].

C'est une masse cristalline blanche qui fond à 42° en un liquide rouge et bout à 167° sous 764 mm. Bleier a décrit divers sels de cette base : *bromhydrate, picrate*, etc. [*loc. cit.*].

La *dinitrosoamine* fond à 92° et s'obtient par l'action du nitrite de soude sur le chlorhydrate [*Bull. Soc. Chim.*, (3), 22, 819 et 1040, 1899]. Décembre 1906.   J.-B. Senderens.

PROPYLÈNE-TRIAMINE-1.2.3 (*triamino-propane*-1.2.3),

$$CH^2 - AzH^2$$
$$CH - AzH^2$$
$$CH^2 - AzH^2$$

— Curtius et Hesse ont préparé ce corps à partir de l'acide tricarballylique, qu'ils ont transformé en hydrazide, puis en azide et enfin en uréthane. Celui-ci, chauffé avec HCl concentré, donne le chlorhydrate de triamino-propane d'où l'on isole par la potasse le triamino-propane que l'on extrait au moyen du chloroforme.

Le triamino-propane-1.2.3 est une base qui bout à la pression ordinaire avec une légère décomposition, et à 92-93° sous 9 mm. Elle forme une huile semblable à la glycérine.

Le *chlorhydrate*, + H^2O, cristallise en tables incolores dont le point de fusion n'est pas net et se place vers 250°. Le *chloroplatinate* est en aiguilles qui se décomposent sans fondre. Le *chloraurate* fond à 210-212°. Le *picrate*, + H^2O, forme de longues aiguilles qui ne fondent pas même à 270°.

Le *benzoyltriaminopropane* s'obtient en traitant le triaminopropane par le chlorure de benzoyle et la soude. Il cristallise dans l'alcool en petits cristaux qui fondent à 206-207°. Il est insoluble dans l'eau froide, un peu soluble dans l'eau bouillante, insoluble dans l'éther, soluble dans l'alcool [Curtius et Hesse, *Journ. f. prakt. Chem.*, 62, 232; *Bull. Soc. Chim.*, 26, 569, 1901].   Décembre 1906.   J.-B. Senderens.

PROPYLGLYCOLS. — Voyez PROPANEDIOLS

PROPYLHEXYLCARBINOL (*décanol-4*). — Voyez 2ᵉ Suppl., ALCOOLS DÉCYLIQUES, 3, 11.

PROPYLHEXYLCÉTONE C^3H^7-CO-$(CH^2)^5CH^3$. — Wagner l'a préparée par l'oxydation de l'alcool secondaire correspondant, le propylhexylcarbinol. Elle bout à 206-207° et cristallise à basse température en aiguilles fusibles à — 9°. Oxydée par le mélange chromique, elle donne des acides œnanthylique, propionique et d'autres acides mal définis [*J. prakt. Chem.*, (2), 44, 257, 1891].   J.-B. Senderens.

PROPYLIDÉNACÉTIQUE (ACIDE) (*acide pentène-2-oïque-1, acide α-β-penténoïque*) CH^3-CH^2-$CH=CH$-CO^2H. — On prépare cet acide en chauffant à 100° l'acide malonique avec l'aldéhyde propionique et son poids d'anhydride acétique. C'est un liquide incolore, doué d'une odeur crotonique, peu soluble dans l'eau, encore liquide à 15°. Sa densité est égale à 0,992. Il distille à 194-198° [Komnenos, *Ann. Chem.*, 248, 160; — Otto, *D. chem. G.*, 24, 2600; *Bull. Soc. Chim.*, 40, 472, 1883; (3), 8, 551, 1892].

Zincke et Küster ont obtenu l'acide propylidénacétique par l'action du chlore sur la pyrocatéchine ou l'o-amidophénol. Ils ont montré que cet acide est identique à celui de Komnenos et qu'il se distingue de l'acide éthylidène propionique parce que, traité par HBr, le dérivé bromé d'addition qui se forme bouilli avec de l'eau ne donne qu'une quantité très faible de valérolactone à côté de beaucoup d'acide oxyvalérianique [*D. chem G.*, 24, 908, 1891]. L'acide propylidénacétique est, en effet, isomère et se rapproche par ses propriétés de l'acide éthylidène-propionique (acide pentène-2-oïque-5 ou acide β-γ-penténique, voyez 2ᵉ Suppl., 3, 642). Un moyen facile d'après Otto de distinguer les deux acides est de les faire bouillir avec l'acide sulfurique étendu qui transforme l'acide éthylidène propionique en une lactone, la valérolactone, tandis que l'acide propylidénacétique, qui est un acide α-β, ne fournit pas de lactone [Otto, *D. chem. G.*, 24, 2600, 1891]. Mais, d'après A. Vielhaus, ces deux acides seraient transformés en lactones par ébullition avec l'acide sulfurique étendu, qui conduit à un seul et même résultat, la valérolactone, bouillant à 204-205°. La seule différence qu'on observe, c'est qu'avec l'éthylidènepropionique la transformation est beaucoup plus rapide et le rendement plus élevé qu'avec son isomère [*D. chem. G.*, 26, 915, 1893].

Contrairement encore à l'affirmation d'Otto, le propylidène-acétate de baryum se dissout dans l'alcool et c'est l'éthylidène-propionate de baryum qui est insoluble. Le premier est amorphe et le second cristallisé [*loc. cit.*]. L'acide propylidénacétique bout à 126-127° sous la pression de $62^{mm},5$, tandis que son isomère bout sous la même pression à 120-121°. Aucun de ces deux acides n'est transformé même partiellement en son isomère par la distillation. L'oxydation par le permanganate de potassium conduit aux mêmes résultats que par l'acide nitrique. Elle donne avec l'acide propylidène-acétique de l'acide oxalique et de l'acide propionique d'après l'équation : CH^3-CH^2-$CH=CH$-CO . OH + $4O$ = $C^2O^4H^2$ + CH^3-CH^2-CO^2H, tandis qu'avec l'acide éthylidène propionique il se forme de l'acide acétique et du CO^2 en même temps que de l'acide oxalique : CH^3-$CH=CH$-CH^2-CO.OH + $7O$ = $C^2O^4H^2$ + CH^3CO^2H + H^2O + CO^2 [*Bull. Soc. Chim.*, (3), 8, 551 et 40, 789, 1892, 1893].

D'après Otto, le dibromure de l'acide propylidène-acétique serait identique au dibromure de l'acide éthylidène-propionique, cristallisant l'un et l'autre en grandes aiguilles prismatiques fusibles à 64-65° [*D. chem. G.*, 24, 2600, 1891].

ACIDE PROPYLIDÈNE-DIACÉTIQUE (*acide β-éthylglutarique*),

$$CH^3 \cdot CH^2 - CH \Big\langle \begin{matrix} CH^2 - CO^2H \\ CH^2 - CO^2H \end{matrix}$$

— Komnenos l'a obtenu dans la préparation de l'acide propylidènacétique. dans les portions du produit passant de 240 à 300°. On soumet cette portion à la distillation dans la vapeur d'eau. On évapore ensuite le résidu au bain-marie et on le fait cristalliser dans le chloroforme, qui abandonne l'acide propylidène-diacétique en petits prismes fusibles à 66-67°. Cet acide est soluble dans l'eau, l'alcool. l'éther et le chloroforme [*Ann. Chem.*, **218**, 160. 1882].

Décembre 1906.   J.-B. Senderens.

PROPYLIQUE (ALCOOL) (*propanol*-1), $CH^3-CH^2-CH^2OH$. — *Modes de formation.* — 1° En faisant passer de l'aldéhyde propylique en vapeurs et de l'hydrogène vers 100-145° sur le nickel réduit, on obtient une transformation régulière et exclusive de cette aldéhyde en alcool propylique [Sabatier et Senderens, *C. R.*, **137**, 301, 1903];

2° L'alcool propylique se forme lorsqu'on traite l'alcool allylique par des copeaux d'aluminium et une solution de potasse. On a 15 0/0 de la quantité théorique [Spéransky, *J. Soc. phys. chim. russe*, **31**, 423, 1899];

3° Grignard et Tissier ont obtenu l'alcool propylique avec un rendement de 65 0/0 en traitant l'éthylbromure de magnésium par le trioxyméthylène sec [*C. R.*, **134**, 107, 1902];

4° Crismer a obtenu l'alcool propylique tout à fait pur en le déshydratant jusqu'à ce qu'il présente ce qu'il appelle la température critique de dissolution constante T. C. D. [*Bull. Soc. Chim.*, (3), **29**. 719, 1903];

5° Le triméthylène pur est absorbé par SO^4H^2 et le produit distillé avec H^2O donne l'alcool propylique pur [Tanatar, Wolkoff et Menschoutkine. *Bull. Soc. Chim.*, (3), **22**. 285, 1899].

Propriétés. — La chaleur de formation, d'après Berthelot, est $C^3 + H^8 + O = C^3H^8O$ liq. $+ 78^{Cal},6$ [*Bull. Soc. Chim.*, (3), **11**. 876, 1894]. Winssinger a confirmé l'existence de l'hydrate de l'alcool propylique niée par Pierre et Puchot [voy. Dict., **2**, 212]. La composition de cet hydrate serait $C^3H^8O + H^2O$: il bout à 87° [*Bull. Soc. Chim.*, **48**. 108. 1887]. En rectifiant l'alcool propylique un peu aqueux sur du chlorure de calcium. Göttig a obtenu le composé $CaCl^2+3C^3H^8O$, cristallisé en aiguilles qui tombent en déliquescence à l'air ordinaire et qui s'effleurissent sur l'acide sulfurique par perte d'alcool [*D. chem. G.*, **23**, 181, 1890]. L'alcool propylique en présence des métaux réduits. nickel à 150°, cuivre à 200°, donne exclusivement de l'aldéhyde [Sabatier et Senderens, *C. R.*, **136**, 921, 1903] (Voyez ALDÉHYDE PROPYLIQUE).

Quand on fait tomber goutte à goutte cet alcool sur du $ZnCl^2$ chauffé dans une cornue on obtient surtout du propylène exempt de triméthylène. mais mélangé d'un peu d'hydrate de propyle et d'hydrogène. L'alcool propylique s'échauffe au contact de SO^4H^2. et il se produit du propylène exempt de triméthylène [Berthelot. *C. R.* **129**. 483. 1899].

Chauffé à 600° en présence d'un mélange d'argile et de graphite il donne du propylène [Ipatiew. *D. chem. G.*, **35**. 1057, 1902]. Dirigé en vapeurs sur de l'alumine à 560° il donne du propylène pur [*ibid.*, **36**, 1990, 1903]. Il donne un meilleur rendement de propylène pur en passant vers 350° sur le phosphate ou le silicate d'alumine [Senderens, *C. R.*, **144**, 1109, 1907].

Passant également à l'état de vapeurs dans un tube de fer chauffé au rouge, il donne de l'aldéhyde et de l'acide propionique. du propylène et CO^2. L'emploi d'une spirale de platine permet de limiter l'oxydation à la formation de l'aldéhyde propionique et d'une petite quantité d'acétal [Trillat, *Bull. Soc. Chim.*, (3), **29**, 38, 1903].

L'alcool propylique s'unit à CO^2 pour donner un éther qui fond à — 60°. Si l'on opère en présence de l'eau on obtient une combinaison ternaire d'alcool. de CO^2 et H^2O [Hempel et Seidel, *D. chem. G.*, **31**, 2997, 1898]. L'alcool propylique donne avec l'amalgame d'aluminium un alcoolate $Al(OR)^3$ qui fond à 106-107°, bout à 250°,5 sous 16 mm.: $d^0_0 = 1,065$ [Tistchenko, *Journ. Soc. phys. chim. russe*, **31**, 483, 1899]. L'alcool propylique se combine avec le chloral pour donner un liquide $CCl^3-CHOH-OC^3H^7$ qui bout à 122° [Gabutti. *Bull. Soc. Chim.*, (3), **28**, 778, 1902]. L'alcool propylique donne avec le brome de l'aldéhyde propionique bibromée et du bromure de propyle [Etard, *C. R.*, **114**, 753, 1892]; avec le chlore, il donne de l'oxyde de propyle dichloré et un peu d'aldéhyde chloropropionique [Brochet, *Bull. Soc. Chim.*, (3), **15**, 10. 1896].

CHLORURE DE PROPYLE (*chloro*-1-*propane*), CH^3CH^2-CHCl. — Boedtker l'a obtenu avec un rendement de 85 0/0 en saturant l'alcool à 0° par HCl gazeux et en chauffant ensuite à 140-150° en tubes scellés [*Bull. Soc. Chim.*, (3), **24**, 844, 1901] [Voyez aussi PROPANE (DÉRIVÉS CLHORÉS)].

SULFURE ET MERCAPTAN PROPYLIQUES. — Winssinger a trouvé que le mercaptan propylique bout à 67-68° comme on l'admet, mais que le sulfure bout à 141°,5-142°,5 à la pression de 772 mm.. contrairement à Cahours qui a découvert ce sulfure et qui le fait bouillir à 130-135°. Lorsqu'on oxyde le mercaptan avec l'acide nitrique de densité 1,3, on obtient l'acide propylsulfonique [*Bull. Soc. Chim.*, **48**, 108, 1887].

OXYSULFURE DE PROPYLE. — Il a été obtenu par Wissinger en faisant réagir sur du sulfure de propyle l'acide nitrique de densité 1.2. C'est un corps inodore, cristallisé en longues aiguilles fusibles à 14°,5-15°, soluble dans l'eau, l'alcool et l'éther; il brûle avec une flamme éclairante. Il est facilement ramené à l'état de sulfure par H^2 naissant ou par $FeCl^2$. Il se combine avec le nitrate de calcium pour donner le composé $4[2(C^3H^7)^2SOCa(AzO^3)^2] + Ca(AzO^3)^2$, cristallisé et fusible vers 80° [*Bull. Soc. Chim.*, **48**, 108, 1887]. En oxydant l'oxysulfure par une solution concentrée et chaude de permanganate de potassium on obtient la *dipropylsulfone* en écailles transparentes solubles dans l'eau, l'alcool et l'éther [*ibid.*].

CHLORO-3-PROPANOL-1 (NITRATE), $CH^2Cl-CH^2-CH^2AzO^3$. — On l'obtient par éthérification du chloro-3-propanol, ou par l'action de AzO^3Ag sur le chloro-3-bromo-1-propane [L. Henry, *Bull. Soc. Chim.*, (3), **15**, 1224, 1896].

NITRO-2-PROPANOL-1, $CH^3-CH(AzO^2)-CH^2OH$. — L. Henry l'a préparé en faisant réagir le méthanol et le nitroéthane [*ibid.*, **17**, 461, 1897].

NITRO-3-PROPANOL-1. $CH^2AzO^2-CH^2-CH^2OH$. — Préparé par L. Henry en traitant l'iodo-3-propanol-1 par AzO^3Ag. Liquide bouillant à 140-145° sous 40 mm. $D_{13} = 1,175$ [*Bull. Soc. Chim.*, (3), **17**, 1035, 1897].

CHLORO-2-NITRO-2 PROPANOL-1, $CH^3-CCl(AzO^2)-CH^2OH$. — Obtenu par l'action du méthanal sur le chloro-1-nitro-1-éthane. Aiguilles fusibles à 13°,5 bouillant à 115° sous 44 mm. $D_{14} = 1,370$.

BROMO-2-NITRO-2-PROPANOL-1. — Obtenu de la même manière que le précédent. Aiguilles fusibles à 42° [*ibid.*].

AMINO-3-PROPANOL-1 (*propanolamine*-1.3). — Liquide de densité 1,021 à 12° bouillant à 187-188° sous 756 mm. [L. Henry, *Bull. Soc. Chim.*, (3), **26**, 383, 1901].

ALCOOL ACÉTOPROPYLIQUE, $(CH^3CO)-CH^2-CH^2-CH^2OH$. — Découvert par Lipp [*D. chem. G.*, **18**, 3275, 1890], il a été préparé par Colman et

Perkin Jun. en faisant bouillir avec de l'eau l'acide acétyltriméthylène-carbonique tant qu'il se dégage du gaz carbonique [*Bull. Soc. Chim.*, (3), **3**, 902, 1890].

PHOSPHATE TRIPROPYLIQUE, $PO^4(CH^2-CH^2-CH^3)^3$. — Signalé par Wissinger [*Bull. Soc. Chim.*, **48**, 108, 1887] qui l'obtenait en même temps que l'acide *monopropylphosphorique* en traitant l'alcool propylique par PCl^5 pour préparer le chlorure de propyle. Cavalier et Prost le préparent en traitant le phosphate d'argent par l'iodure de propyle. Liquide incolore, un peu soluble dans l'eau, bouillant à 138° sous 47 mm. [*Bull. Soc. Chim.*, (3), 23, 678, 1900].

Phosphates mono et bipropyliques. — Ils ont été obtenus simultanément par les auteurs précédents en faisant réagir l'anhydride phosphorique sur l'alcool propylique. On les sépare en formant les sels de baryum et de plomb [*loc. cit.*].

ALCOOL DIPROPYLIQUE, $C^6H^{14}O$. — Guerbet l'a obtenu en chauffant l'alcool propylique normal entre 220 et 230° avec son dérivé sodé :

$$2C^3H^8O + C^3H^7NaO$$
$$= C^6H^{14}O + C^3H^5NaO^2 + 2H^2.$$

Cet alcool est identique au méthyl-2-pentanol, décrit par Lieben et Zeisen [*Bull. Soc. Chim.*, (3), 27, 581, 1902].

ALCOOL ISOPROPYLIQUE (*propanol-2*), $CH^3-CHOH-CH^3$. — *Préparation.* — 1° Le meilleur procédé de préparation et le plus avantageux est celui qui a été indiqué par Sabatier et Senderens au moyen de leur méthode générale d'hydrogénation. Ce procédé consiste à faire passer de l'acétone en vapeur (propanone) avec un excès d'hydrogène dans un tube renfermant du nickel réduit et chauffé entre 115° et 125°. L'absorption de l'hydrogène par la propanone est totale et l'on recueille de l'alcool isopropylique sans aucune formation de pinacone. C'est tout au plus si l'alcool se trouve mêlé d'une petite portion d'acétone facile à séparer par distillation et qui, en repassant dans le tube à nickel, fournira de l'alcool isopropylique. On peut, dans cette opération, porter la température jusqu'à 180°, mais pas au-delà, parce que l'alcool isopropylique formé serait détruit par l'action catalytique du nickel [Sabatier et Senderens, *C. R.*, **137**, 301, 1903 ; *Ann. Chim. Phys.*, mars 1905];

2° L'alcool isopropylique se produit dans l'hydrogénation de l'acétol [Kling, *Bull. Soc. Chim.*, 29, 95, 1903].

Propriétés. — D'après Thorpe, les nombreux hydrates définis qui ont été mentionnés pour l'alcool isopropylique ne seraient que de simples mélanges d'alcool et d'eau dont la composition varie d'une façon continue avec les conditions des expériences [*Chem. Soc.*, 71 et 72, 920-925, 1897]. L'alcool isopropylique en présence des métaux divisés (nickel ou cuivre), à des températures inférieures à 200° pour Ni et 300° pour Cu, est converti en acétone [Sabatier et Senderens, *C. R.*, **136**, 983, 1900]. Il faut au contraire pour obtenir cette décomposition par la chaleur seule élever la température jusqu'à 840-850° [Ipatiew, *D. chem. G.*, 35, 1047, 1902]. La présence du fer ou du zinc abaisse cette température tandis que le cuivre et l'aluminium n'auraient aucune influence [Ipatiew, *Bull. Soc. Chim.*, (3), 30, 21, 1903]. L'alcool isopropylique oxydé catalytiquement donne de l'acétone avec un rendement de 16 0/0 de l'alcool mis en œuvre [Trillat, *Bull. Soc. Chim.*, (3), 29, 38, 1903]. Le chlore donne avec l'alcool isopropylique une acétone tétrachlorée $CH^2Cl-CO-CCl^3$ qui bout à 183° et qui, au contact de l'eau,

donne l'hydrate cristallisé $C^3H^2Cl^4O^4H^2O$, fusible à 46° [Brochet, *Bull. Soc. Chim.*, (3), **13**, 117, 1895]. Le brome donne du bromure d'isopropyle et de l'*acétylbromoforme* $CH^3CO-CBr^3$, bouillant à 255° avec décomposition [Etard, *C. R.*, **114**, 753, 1892]. L'alcool isopropylique donne avec $ZnCl^2$ et SO^4H^2 les mêmes résultats que l'alcool propylique normal (voyez propriétés de ce dernier).

ALCOOL ISOPROPYLIQUE TRICHLORÉ (*trichloro-1.1.1-propanol-2*, $CCl^3-CHOH-CH^3$. — L. Henry a obtenu ce composé par l'action du chloral anhydre sur l'iodure de magnésium méthyle. Il fond à 50-51° et bout à 161°,8 sous 773 mm. [*C. R.*, **138**, 205, 1904].

Son éther acétique, $CCl^3-CH(C^2H^3O^2)-CH^3$, est un liquide incolore, bouillant à 180-181° sous 766 mm. $D_{13}^3 = 1,353$. Solidifié, il fond à 8° [Vitoria, *Bull. Soc. Chim.*, (3), 34, 1334, 1905].

Éther nitrique, $CCl^3-CH(AzO^3)-CH^3$. — Liquide incolore, $D_{13} = 1,499$ [*ibid.*].

Bichlorophosphite d'isopropanol trichloré,

$$\genfrac{}{}{0pt}{}{CCl^3}{CH^3}\!\!>\!CH-O-PCl^2$$

— L. Henry l'a obtenu par l'action de PCl^3 sur le trichloropropanol. Liquide incolore bouillant à 140° sous 70 mm., à 223-224° sous 758 mm. $D_{20} = 1,587$. L'eau le décompose rapidement; le chlore et le brome donnent les deux composés suivants [*Bull. Soc. Chim.*, (3), 35, 180, 1906].

Chlorure d'isopropyle trichloré, $CCl^2-CHCl-CH^3$. — Liquide incolore, insoluble dans l'eau, bouillant à 152-153° sous 760 mm. $D_{20} = 1,473$.

Bromure d'isopropyle trichloré. — Il bout à 171-172°. $D_{20} = 1,775$ (L. Henry).

CHLORURE D'ISOPROPYLE (voyez PROPANE-*chloro-2-propane*).

NITRO-1-PROPANOL-2 (*alcool isopropylique mononitré*), $CH^3-CHOH-CH^2AzO^2$. — L. Henry le prépare en faisant un mélange équimoléculaire d'éthanal et de nitrométhane. C'est un liquide très soluble dans l'eau et les dissolvants organiques, qui fond à —20° et bout à 112° sous 30 mm. [*Bull. Soc. Chim.*, (3), 13, 999, 1895].

TRICHLORO-1.1.1-NITRO-3-PROPANOL-2, $CCl^3-CHOH-CH^2AzO^2$. — On l'obtient par l'action du chloral sur le nitrométhane. Petits prismes insolubles dans l'eau, solubles dans les dissolvants organiques, fondant à 42-43° [L. Henry, *Bull. Soc. Chim.*, (3), 13, 1223, 1896].

BROMO-1-NITRO-1-PROPANOL-2, $CH^3-CHOH-CHBr(AzO^2)$. — Maas l'a préparé en condensant le bromonitrométhane avec l'éthanal. Liquide incolore, caustique, à odeur irritante, peu soluble dans l'eau, bouillant à 149-150° sous 42 mm. $D_{10} = 1,899$. L'auteur a préparé l'*éther nitrique* $CH^3-CH(AzO^3)-CHBr(AzO^2)$ et l'*éther acétique* de cet alcool [*Rec. Pays-Bas*, 17, 384, 1899].

AMINO-1-PROPANOL-2, $CH^3-CHOH-CH^2AzH^2$. — Peeters l'a préparé en réduisant par le fer et l'acide acétique le nitro-1-propanol-2 de L. Henry. Liquide bouillant à 160° sous 750 mm. [*Rec. Pays-Bas*, 20, 8, 1901].

ISOPROPYLATE DE CHLORAL,

$$CCl^3CHOH-O-CH\!\!<\!\genfrac{}{}{0pt}{}{CH^3}{CH^3}$$

— Obtenu par Gabritti en mélangeant le chloral avec l'alcool isopropylique. Il bout à 108° [*Gazz. chim. ital.*, 31, 86, 1900].

ISOPROPYLATE D'ALUMINIUM, $Al(OC^3H^7)^3$. — Tistchenko l'a obtenu par l'amalgame d'aluminium et l'alcool isopropylique. Il fond à 118-118°,5, bout à 136°,5 sous 6 mm.; $d_0^o = 1,0533$ [*Journ. Soc. phys. chim. russe*, 31, 483 1899].

PHOSPHATE TRIISOPROPYLIQUE,

$$PO^4\left(CH<{CH^3 \atop CH^3}\right)^3$$

— Il se prépare par l'action du phosphate d'argent sur l'iodure d'isopropyle. Liquide incolore, d'odeur agréable, bouillant à 136° sous 68 mm. [Cavalier et Prost, *Bull. Soc. Chim.*, 23, 678, 1900].

ACIDE DIISOPROPYLPHOSPHORIQUE, $PO^4H(C^3H^7)^2$. — Il provient de la décomposition du précédent, quand on le fait bouillir dans un mélange d'eau et d'alcool [*ibid.*].

ACIDE MONOISOPROPYLPHOSPHORIQUE, $PO^4H^2C^3H^7$. — Il se produit dans la préparation du phosphate triisopropylique.

PHOSPHITE DIISOPROPYLIQUE. — L'alcool isopropylique donne ce composé avec PCl^3, moyennant un refroidissement suffisant, d'après l'équation :
$$PCl^3 + 3C^3H^7OH = PO^3H(C^3H^7)^2 + C^3H^7Cl + 2HCl.$$
C'est un liquide d'odeur assez agréable, soluble dans l'eau, l'alcool et l'éther, qui bout à 76-77° sous 10 mm., et à 188-189° sous 763 mm. en se décomposant un peu. L'auteur a préparé le *sel d'argent* $PO^3Ag(C^3H^7)^2$. Si la température s'élève dans la préparation du phosphite diisopropylique, il se décompose en donnant du propylène [Milobendzky, *Journ. Soc. phys. chim. russe*, 30, 330 et 730, 1898].

Décembre 1906.   J.-B. Senderens.

PROPYLIQUE (ALDÉHYDE) (*aldéhyde propionique, propanal*).

Préparation. — 1° Le meilleur mode de préparation consiste dans le procédé catalytique de Sabatier et Senderens. On fait passer à la température de 230 à 240° l'alcool propylique en vapeurs sur du cuivre réduit. La production de propanal a lieu sans complications, d'après l'équation : $CH^3 - CH^2 - CH^2OH = H^2 + CH^3 - CH^2 - CHO$. Le gaz dégagé est de l'hydrogène pur et l'on recueille dans un récipient refroidi le propanal mélangé d'une petite quantité d'alcool, dont il est facile de le séparer et que l'on fait repasser sur le cuivre. Il importe de ne pas trop dépasser la température de 280° car à 305° un vingtième de l'aldéhyde est détruit ; le quart est décomposé à 420° avec formation d'oxyde de carbone et d'éthane. L'emploi du nickel réduit n'est pas favorable pour cette préparation : l'alcool propylique donne lieu avec ce métal à une formation de propanal dès 185° ; mais déjà à cette température près d'un tiers de ce corps se trouve détruit. A 260° les trois quarts sont décomposés. A 360° la destruction est totale ; les gaz contiennent alors seulement de l'acide carbonique, du méthane et de l'éthane [Sabatier et Senderens, *C. R.*, 136, 738, 921, 1903] ;

2° L'acide formique donne, avec le composé organo-magnésien $MgIC^2H^7$, l'aldéhyde propionique [Zelinsky, *Journ. Soc. phys. chim. russe*, 36, 194, 1905] ;

3° L'aldéhyde propionique se forme, mêlée d'acétone, en faisant passer des vapeurs d'oxyde de propylène

$$CH^3 - CH<{\atop}>O \atop CH^2<$$

sur divers catalyseurs tels que Al^2O^3 à 300° [Ipatief et Léontovitch, *Journ. Soc. phys. chim. russe*, 34, 606, 1903].

Propriétés. — L'aldéhyde propylique chauffée avec le méthanal et la chaux éteinte donne la pentaglycérine (voyez ce mot) [Hosaeus, *Bull. Soc. Chim.*, (3), 12, 127, 1894]. Avec le nitrométhane, le propanal donne l'alcool nitrobutylique secondaire $CH^3 - CH^2 - CHOH - CH^2AzO^2$ [L. Henry,

C. R., 120, 1267, 1895]. En chauffant le propanal avec les alcools méthylique ou éthylique et l'acide acétique, Newbury et Barnum ont obtenu l'*éther propylidène-diméthylique* $CH^3 - CH^2 - CH(OCH^3)^2$ ou l'*éther propylidène-diéthylique* $CH^3CH^2 - CH(OC^2H^5)^2$ [*Am. chem. Journ.*, 12, 512, 1890]. Mis en contact avec l'acide sulfurique fumant, le propanal donne un *acide disulfoné* $CH^3 - C(SO^3H)^2 - CHO$ [Delépine, *Bull. Soc. Chim.*, (3), 27, 10, 1902]. Les alcalis condensent l'aldéhyde propionique en fournissant la méthyléthyl-acroléine. Le carbonate de potassium agit de même à chaud, tandis que lorsqu'on refroidit, il fournit l'aldol correspondant [Thalberg, *Mon. f. Chem.*, 19, 154, 1898]. Chauffé avec l'acide malonique et l'anhydride acétique, le propanal donne les acides *propylidène-acétique* et *propylidène-diacétique* (voyez ces composés) [Komnenos, *Ann. Chem.*, 218, 165, 1883]. L'aldéhyde propylique dissout le trichlorure de phosphore en donnant un liquide huileux qui, traité par l'eau, fournit de l'acide chlorhydrique et un acide phosphoré $C^3H^9PO^4$ fondant à 158-160° [Fossek, *Bull. Soc. Chim.*, 43, 25, 1885]. Avec l'éther acétylacétique et l'ammoniaque alcoolique, le propanal donne l'éther *hydroparvoline dicarbonique* $C^4AzH^2C^2H^5(CH^3)^2(CO^2C^2H^5)^2$ [Engelmann, *Ann. Chem.*, 231, 37, 1886]. Le propanal donne avec le glycol un liquide très fluide, incolore, à odeur analogue à celle du propanal, qui bout à 105-107° et qui aurait comme formule

$$\left.{CH^2 - O \atop CH^2 - O}\right> CH - CH^2 - CH^3$$

[Lochert, *Bull. Soc. Chim.*, 48, 718, 1887].

MÉTALDÉHYDE ET PARALDÉHYDE PROPIONIQUES. — Orndorff [*Am. chem. Journ.*, 12, 352, 1890] a obtenu ces composés en faisant passer du gaz chlorhydrique dans l'aldéhyde propionique refroidie par un mélange de glace et de sel.

La *métaldéhyde* propionique est une substance cristalline insoluble dans l'eau, soluble dans l'éther, le chloroforme et la benzine. Elle fond à 180° et se sublime légèrement. Chauffée avec l'acide sulfurique, elle se convertit rapidement en propanal ordinaire.

La *paraldéhyde* est un liquide incolore plus léger que l'eau. Elle bout à 85-86° sous 50 mm. et à 169-170° sous la pression normale sans décomposition, et se solidifie à — 20°. Densité à 0° = 0,9549. Elle se convertit en propanal quand on la chauffe avec les acides sulfurique et chlorhydrique. La détermination du poids moléculaire conduit à admettre la formule $(C^3H^6O)^3$. La métaldéhyde, qui aurait la même formule, est moins stable et lorsqu'on l'abandonne à l'air libre, elle se transforme en un mélange de paraldéhyde et de tétraldéhyde $(C^3H^6O)^4$. On peut leur attribuer les constitutions suivantes :

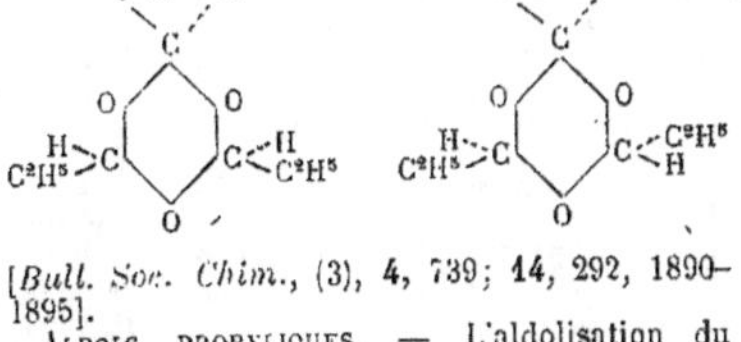

$$\begin{array}{c} C^2H^5 \quad H \\ C \\ O \qquad O \\ H \\ C< {H \atop C^2H^5} \\ O \end{array} \qquad \begin{array}{c} C^2H^5 \quad H \\ C \\ O \qquad O \\ {H \atop C^2H^5}>C \qquad C<{C^2H^5 \atop H} \\ O \end{array}$$

[*Bull. Soc. Chim.*, (3), 4, 739 ; 14, 292, 1890-1895].

ALDOLS PROPYLIQUES. — L'aldolisation du propanal se fait dans de très bonnes conditions par l'action du cyanure de potassium [Kohn, *Mon. f. Chem.*, 19, 1898]. Thalberg (*ibid.*, 144) l'a réalisée en traitant le propanal par le carbonate de potassium, en refroidissant. Il a obtenu ainsi un composé huileux de consistance épaisse, bouillant à 94-96° sous 23 mm. Son *oxime* bout à 140° sous 22 mm. La réduction le transforme en un glycol β primaire secondaire

$$CH^3 - CH - CHOH - CH^2 - CH^3$$
$$|$$
$$CH^2OH$$

bouillant à 125-126° sous 26 mm. [*Bull. Soc. Chim.*, (3), **20**, 752, 1898; **22**, 969, 1899]. L'aldol $C^6H^{10}O^3$ a été obtenu par Koch et Zerner en effectuant la condensation de l'aldéhyde propionique (1 mol.) avec la formaldéhyde (2 mol.) au moyen d'une solution saturée de carbonate de potassium. C'est un liquide épais, peu soluble dans l'eau et qui par l'amalgame d'aluminium en solution hydroalcoolique donne un composé cristallisé identique avec la pentaglycérine de Hosœus (voyez ALDÉHYDE PROPYLIQUE, *propriétés*) *Bull. Soc. Chim.*, (3), **28**, 478, 1902].

ALDÉHYDE β-BROMOPROPIONIQUE (*bromo-3-propanal*), $CH^2Br - CH^2 - CHO$. — Elle prend naissance par l'action du gaz bromhydrique sec sur l'acroléine bien refroidie. C'est une huile jaunâtre qui se décompose assez rapidement même dans le vide [Lederer, *Journ. f. prakt. Chem.*, (2), **42**, 384, 1890].

ALDÉHYDE αα-DIBROMOPROPIONIQUE (*dibromo-2-2-propanal*), $CH^3 - CBr^2 - CHO$. — Etard l'a obtenue en même temps que le bromure de propyle en versant lentement du brome dans l'alcool propylique en proportions équimoléculaires. Liquide incolore, irritant les yeux, bouillant à 135°. $D_{15} = 1,899$ [Etard, *C. R.*, **114**, 753, 1892].

ALDÉHYDE ααβ-TRIBROMOPROPIONIQUE (*tribromo-2.2.3-propanal*), $CH^2Br - CBr^2 - CHO$. — Piloty et Stock l'ont préparée en faisant agir le brome sur l'aldéhyde bromacrylique. Elle bout à 85°,5 sous 11 mm. et à 155° sous la pression normale en se décomposant. $D_{20} = 1.68$. Soluble dans les dissolvants organiques. Elle forme avec l'eau un hydrate $C^3H^3Br^3O + 2H^2O$ qui cristallise en tables blanches très hygroscopiques [*D. chem. G.*, **31**, 1385, 1898]. Cet hydrate avait été déjà décrit par Niemilowicz [*Mon. f. Chem.*, **11**, 87, 1890] qui l'avait obtenu en chauffant de l'acide bromhydrique avec de la glycérine dissoute dans 50 fois son poids d'acide sulfurique concentré, il est fusible à 61°,5, peu soluble dans l'eau et l'alcool, assez soluble dans l'éther et les acides dilués [*Bull. Soc. Chim.*, (3), **5**, 180, 1891].

ALDÉHYDE α-MONOCHLOROPROPIONIQUE (*chloro-2-propanal*), $CH^3 - CHCl - CHO$. — Elle avait été obtenue à l'état impur par Hubacher, en faisant tomber goutte à goutte, en refroidissant, du chlorure de sulfuryle dans de l'aldéhyde propionique [*Bull. Soc. Chim.*, (3), **5**, 1002, 1891]. Brochet l'a obtenue dans la chloruration de l'alcool propylique; elle résulte principalement de la décomposition par l'eau bouillante de l'oxyde de propyle dichloré formé dans cette chloruration. — Liquide incolore, odeur vive et piquante, rappelant celle du chloral, légèrement soluble dans l'eau, soluble dans les dissolvants organiques. $D_{15} = 1,182$ [*Bull. Soc. Chim.*, (3), **15**, 13, 1896].

α-CHLOROPANPANAL DIPROPYLIQUE, $CH^3 - CHCl - CH(OC^3H^7)^2$. — Résulte de l'action de l'eau sur l'oxyde de propyle dichloré. Liquide incolore, légère odeur, insoluble dans l'eau, soluble dans les dissolvants organiques. Bout à 203° sous 755 mm., n'a pas de pouvoir réducteur. $D_4^{15} = 0.990$ [Brochet, *Bull. Soc. Chim.*, (3), **15**, 15, 1896].

ALDÉHYDE DICHLORO-αα-PROPIONIQUE (*dichloro-2.2-propanal*), $CH^3 - CCl^2 - CHO$. — Obtenue par Spring et Tart en faisant passer du chlore

dans l'alcool propylique normal. Aiguilles fusibles à 111-112° [*Bull. Soc. Chim.*, **3**, 402, 1890].

ALDÉHYDE αββ-TRINITROPROPIONIQUE (*trinitro-2.3.3-propanal*), $CH(AzO^2)^2 - CH(AzO^2) - CHO$. — Se trouve à l'état de dérivé potassique dans le corps orangé obtenu par Hill et Sanger en faisant agir le nitrite de potassium sur l'acide mucobromique. L'acide chlorhydrique en solution éthérée met en liberté l'aldéhyde sous la forme d'un liquide jaunâtre qui se décompose rapidement [Torrey et Black, *Am. Journ.*, **24**, 452, 1900]. Décembre 1906.   J. B. Senderens.

PROPYLPHÉNYLACÉTIQUE (ACIDE). $C^6H^5 - CH(C^3H^7) - CO^2H$. — Rossolymo, en traitant à chaud pendant deux heures un mélange de 27gr,3 d'iodure de propyle avec 20 gr. de cyanure de benzyle et 79 gr. de soude caustique, a obtenu un liquide bouillant à 260-261° qui est le nitrile de l'acide propylphénylacétique. Ce nitrile saponifié par l'acide chlorhydrique, quand on le chauffe en sa présence à 180-190°, fournit l'acide correspondant qui cristallise dans la ligroïne en fines aiguilles. Il fond à 51-52°. Son *sel d'argent* répond à la formule $C^{11}H^{13}O^2Ag$; il est anhydre [*D. chem. G.*, **22**, 1235, 1889]. Juin 1907.   J. Layaux.

PROPYLPYRIDINES. — Voyez COLLIDINES.

PROTAGON. — Voy. NERVEUX (TISSU).

PROTALBIQUE (ACIDE). — Voy. LYSALBIQUE (ACIDE).

PROTAMINES. — (Voyez 1er Suppl., 1309). — Miescher a donné ce nom à une substance basique qui existe dans le sperme de saumon en combinaison avec l'acide nucléique, et Kossel a étendu plus tard cette dénomination à toute une famille de composés analogues que l'on peut extraire des spermes de poissons et que ce savant considère comme des matières albuminoïdes simplifiées ou encore comme représentant le noyau fondamental des matières albuminoïdes proprement dites. On connaît actuellement la *salmine* du saumon, la *clupéine* du hareng, la *sturine* de l'esturgeon, la *scombrine* du maquereau, la *cycloptérine* du Cyclopterus lampus, l'*accipensérine* de l'Accipenser stellatus. On a isolé aussi, mais peu étudié, les protamines de Silurus glanis (*silurine*), du brochet, de la truite et de Coregonus oxyrhinchus, de la carpe (*cyprinine*).

Préparation. — Miescher extrayait la protamine (du saumon) par de l'acide chlorhydrique étendu et la précipitait ensuite à l'état de chloroplatinate [*Arch. f. exp. Pathol.*, **37**, 100, 1896]. Il vaut mieux, avec Kossel, pratiquer l'extraction avec l'acide sulfurique à 1 0/0, précipiter le sulfate par l'alcool et le purifier en passant par le picrate. Goto a combiné la méthode de Miescher et celle de Kossel en précipitant le chloroplatinate en milieu méthylalcoolique [Kossel, *Zeit. physiol. Chem.*, **22**, 176, 1896; — Goto, *ibid.*, **37**, 94, 1903].

Propriétés. — Ce sont des corps nettement basiques, donnant des solutions aqueuses à réactions franchement alcalines, lévogyres et incoagulables à chaud. Leurs sels sont cristallisés. Les nitrates et les chlorures sont très solubles; les sulfates le sont moins. L'ammoniaque ne les précipite ni en présence, ni en l'absence de sels ammoniacaux (caractère distinctif d'avec les histones). Elles donnent toutes la réaction du biuret, même en l'absence d'alcali; mais celle d'Adamkiewicz est négative, ainsi que celle de Millon (sauf pour l'accipensérine). Tous les réactifs précipitant des matières albuminoïdes les précipitent aussi. Elles sont précipitées aussi par les acides nucléiques et possèdent de plus cette remarquable propriété de précipiter les solutions d'albumines ou de peptones en présence de l'ammoniaque [Kossel, *Zeit. physiol. Chem.*, **22**, 176. 1896; **25**, 165, 1898; — Kurajeff, *ibid.*, **26**, 524. 1899; — Goto, *ibid.*, **37**, 94, 1903; — Morkowin, *ibid.*, **28**, 313, 1899].

La pepsine ne les modifie pas, mais la trypsine les transforme en produits analogues aux peptones, les *protones* (salmones, clupéones, etc.) [Kossel, *ibid.*, **25**, 165, 1898; — Kossel et Mathews, *ibid.*, **25**, 190, 1898; — Goto, *loc. cit.*]. Ces corps ne sont pas encore bien déterminés. Les produits de l'hydrolyse complète des protamines par l'acide sulfurique étendu et chaud sont surtout des acides diaminés (jusqu'à 87 0/0 du poids de la protamine), de petites quantités d'acides monaminés (alanine, sérine, acide amino-valérianique, leucine, acide pyrolidine-carbonique, tyrosine, rarement du tryptophane) et de l'ammoniaque. Pour la salmine, la clupéine et la cyclopterine, les acides diaminés sont uniquement représentés par l'arginine (respectivement de 87.8 à 89.2, de 82.9 à 84.3 et 67,7 0/0 de l'azote total), tandis que la sturine donne les trois bases hexoniques, arginine, lysine, histidine (qui représentent respectivement 63.5, 8.4 et 11,8 0/0 de l'azote total). Les acides aminés sont pour la salmine, par exemple, la sérine, les acides amino-valérianique et pyrrolidine-carbonique (faisant respectivement 7.8, 4.3 et 11 0/0 de l'azote total). Seule la cyprinine fait exception par sa pauvreté en arginine (8,7 0/0 de l'azote total) et sa richesse en lysine (28.8 0/0) [Kossel, *loc. cit.* et *Zeit. physiol. Chem.*, **26**, 588, 1899; — Kossel et Kutscher, *ibid.*, **34**, 165, 1900; — Kossel et Dakin, *ibid.*, **40**, 565, 1903 et **41**, 407, 1904].

Les protamines diffèrent donc principalement des albuminoïdes par leur nature nettement basique, qui correspond évidemment à leur richesse considérable en arginine, et par l'absence de divers noyaux communs à presque tous les protéiques. Elles ne renferment, en effet, ni le noyau sulfuré de la cystine, ni aucun noyau hydrocarboné, ni enfin le complexe tyrosine (à l'exception cependant de la cyclopterine).

Nous donnons ci-après quelques indications sur les diverses protamines.

Salmine. — On a beaucoup discuté au sujet de sa formule. On admet aujourd'hui que le sulfate contient $C^{30}H^{37}Az^{17}O^6.2H^2SO^4 + H^2O$ et le chloroplatinate $C^{30}H^{37}Az^{17}O^6.4HCl2PtCl^4$. $[\alpha]_D = — 80°,86$ pour le sulfate [Goto, *Zeit. phys. Chem.*, **37**, 94, 1903; — Kossel, *ibid.*, **25**, 165, 1898]. *Clupéine.* — Kossel a trouvé pour le sulfate de cette base, la même formule et le même pouvoir rotatoire que pour la salmine. Goto l'écrit, au contraire, $C^{30}H^{62}Az^{14}O^9$, et soupçonne que le sperme de hareng contient deux clupéines. $[\alpha]_D = —83°,7$ (Kossel), $—85°,49$ (Kurajeff). — *Sturine.* D'après Kossel, son sulfate contient $4C^{36}H^{69}Az^{19}O^7.11SO^4H^2$, tandis que Goto écrit le chloroplatinate $C^{34}H^{71}Az^{17}O^9.4HCl.2PtCl^4$. $[\alpha]_D = —60°,0$ et $—58°,8$ pour le sulfate (Goto). — *Scombrine.* Elle renferme $C^{30}H^{60}Az^{16}O^6$ (Kurajeff) ou $C^{30}H^{72}Az^{16}O^8$ (Goto). $[\alpha]_D = —71°,81$ (Kurajeff), $—72°,2$ (Goto), pour le sulfate. Pour la *cyclopterine*, voyez Morkowin (*loc. cit.*), l'*accipenserine*, Kurajeff [*Zeit. phys. Chem.*, **32**, 197, 1901], et pour les autres protamines encore mal connues, signalées au début de cet article, Kurajeff [*loc. cit.*], Kossel [*Zeit. phys. Chem.*, **22**, 176, 1896], Kossel et Dakin [*ibid.*, **40**, 567, 1904].
E. Lambling.

PROTAMYRINE. — Voyez PROTÉLÉMIQUE (ACIDE).

PROTARGOL. — Préparation d'argent (8,3 0/0) et d'albumine analogue à l'argol. Soluble dans l'eau, elle ne précipite ni par les alcalis ni par les chlorures ni les sulfures.   M. Delacre.

PROTÉACINE. — Voyez LEUCODRINE.

PROTÉINE. — Ce mot a été créé par Mulder pour désigner, dans la théorie imaginée par ce savant, le radical commun à toutes les matières albuminoïdes (voyez Dict., **1**, 94). Plus tard il a été appliqué en Allemagne, au produit qui résulte de l'action des acides, et à celui qui résulte de l'action des alcalis sur les matières albuminoïdes, et que l'on considérait à tort comme identiques (voyez 1er Suppl., 1506). Actuellement, dans les publications anglaises ou américaines, ce mot sert souvent pour désigner l'ensemble des protéiques d'une ration, dans le sens où l'on se sert en France du mot « albumine » dans l'expression : les albumines d'une ration.   E. Lambling.

PROTÉIQUES (MATIÈRES). — Voy. ALBUMINOÏDES (MATIÈRES).

PROTÉLÉMIQUE (ACIDE), PROTÉLÉRÉSÈNE. — Voyez l'art. RÉSINES (ÉLÉMI).

PROTÉOSES. — Les protéoses sont une classe des substances albuminoïdes de transformation qui prennent naissance quand on fait agir sur les substances albuminoïdes naturelles, ou coagulées, le suc gastrique ou le suc pancréatique à une température convenable (40° par exemple), ou la vapeur d'eau surchauffée ou les acides ou les alcalis étendus à l'ébullition. Suivant l'albuminoïde qui lui a donné naissance, on donne à la protéose le nom d'albumose, de globulose, etc.

Les protéoses sont, en général, solubles dans l'eau, dans les solutions salines et ne sont pas coagulables; on les divise actuellement de la façon suivante :

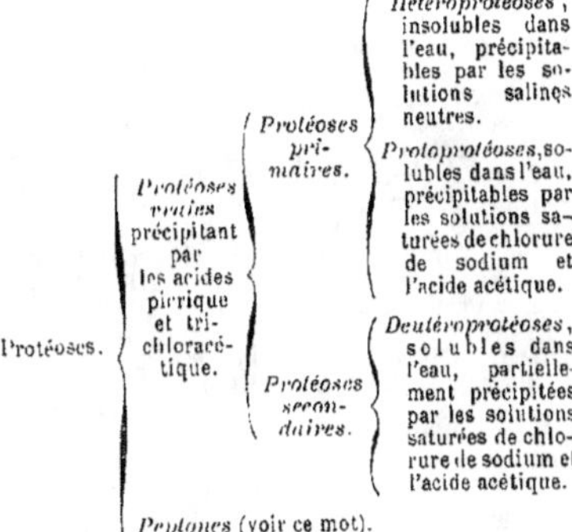

On rencontre les protéoses dans un grand nombre de produits naturels : dans le blé [Osborne et Voorhees, *Am. Chem. Journ.*, **15**, 468]; dans le pois, la lentille, la fève, la vesce [Osborne et Campbell, *Am. Chem. Journ.*, **20**, 348, 362, 393, 406, 410, 1898]; dans le suc de levure de Buchner [Wroblewski, *J. prakt. Chem.*, **64**, 1, 1901]. Effront a déterminé leur solubilité dans l'alcool [*Bull. Soc. Chim.*, (3), **24**, 676, 1899] et, en se basant sur cette propriété, a proposé un mode de dosage de ces matières [*Bull. Soc. Chim.*, (3), **24**, 680, 1899]. Mouneyrat a signalé la précipitation intégrale des protéoses par le chlorure et le bromure d'iode [*Bull. Soc. Chim.*, (3), **29**, 850, 1903]. 1er mai 1907. A. Hébert.

PROTO.... — Pour les mots qui ne se trouvent pas ici à leur place alphabétique, voyez le mot qui suit ce préfixe.

PROTOCATÉCHOUTANNIQUE (ACIDE). — C'est un anhydride de l'acide protocatéchique de formule $C^{28}H^{18}O^{15}$, tout à fait analogue, comme propriétés, au tannin, voyez la bibliographie à PROTOCATÉCHIQUE, V. Thomas.

PROTOCATÉCHIQUE (ACIDE), $C^6H^3(CO^2H)(OH)^2_{(3.4)}$.

Modes de formation. — [A. Miller, *Ann. Chem.*, 220, 116; — O. Emmerling et E. Abderhalden, *Centr. Blatt. f. Bakt. und Parasit.*, (II), 10, 337, 1903; — C. Grœbe et Hermann Kraft, *D. chem. G.*, 29, 794, 1906; — H. Beekurts et G. Frerichs, *Arch. d. Pharm.*, 243, 478, 1905 — L. Sostegni, *Gazz. chim. ital.*, 27, (3), 475, 1897; 32, (2), 17, 1902; brevets allemands 81 298, 80 747, 71 260.

Sels. — H. R. Procter et H. G. Bennet [*J. Soc. Chem. Ind.*, 25, 251, 1906] [$D_4 = 1,5415$ [Schröder, *D. chem. G.*, 42, 1612]. Conductibilité électrique : Ostwald [*Zeit. phys. Chem.*, 3, 250]. Constantes thermochimiques [Werner, *Bull. Soc. phys. chim. russe*, 18, 26; — Berthelot, *Ann. Chim. Phys.*, (6), 7, 175; — Massol, *Bull. Soc. Chim.*, (3), 23, 331]. Solubilité : Tiemann et Nagais, *D. chem. G.*, 10, 211.

L'acide cristallise avec une molécule d'eau qu'il perd à 105°. Il fond à 194-195° [Imbert, *Bull. Soc. Chim.*, (3), 23, 833]. Il coagule la gélatine [M. Nierenstein, *Collegium*, p. 45, 1906].

Dosage volumétrique [Imbert, *loc. cit.*; — Astruc, *C. R.*, 130, 37]. L'ammoniac donne une combinaison $C^7H^4O^4(AzH^4)^2$, peu stable, se détruisant déjà à l'air humide [Hesse, *Ann. Chem.*, 112, 57]. L'action du chlore sur une solution alcoolique d'acide conduit à une résine [Menke et Bentley, *Am. Chem. Soc.*, 20, 317].

L'oxydation électrolytique donne de l'acide catellagique (diprotocatéchique) $C^{14}H^6O^6$ [A. G. Perkin et Fr. M. Perkin, *Proc. Chem. Soc.*, 21, 212; voyez aussi *Proc. Chem. Soc.*, 21, 185]. Traité par l'anhydride acétique et l'acétate de sodium, l'acide se condense et donne l'acide 3.4-diméthoxycinnamique [V. H. Perkin et E. Schiess, *Proc. Chem. Soc.*, 19, 14, 1903].

Propriétés physiologiques. — Otto Neubauer et V. Falta, *Zeit. physiol. Chem.*, 42, 81, 1904; — Ernst Pribram, *Arch. f. exp. Pathol. u. Pharm.*, 51, 372, 1904].

Combinaison d'acide protocatéchique et d'acide p-oxybenzoïque $C^7H^6O^4.C^7H^6O^3 + 2H^2O$ [Hlasiwetz et Barth, *Ann. Chem.*, 134, 276].

ÉTHERS-SELS. — L'*éther méthylique* $(OH)^2 C^6H^3.CO^2CH^3$ est en aiguilles fusibles à 134°.5 [P. Meyer, *D. chem. G.*, 11, 129].

ÉTHERS-OXYDES. — Voyez articles VANILLINE et ISOVANILLINE, ACIDE VÉRATRIQUE, PIPÉRONAL et PIPÉRONILIQUE.

$(C^2H^5O)C^6H^3CO^2H.$ — Longues aiguilles à éclat argenté fusibles à 165-166° [Kölle, *Ann. Chem.*, 159, 145; — Herzig, *Mon. f. Chem.*, 5, 78; — Ostwald, *Zeit. phys. Chem.*, 3, 267; — Heinsch, *Mon. f. Chem.*, 15, 237]. Ont été signalés les sels de Na, K, Ca, Ba et Ag.

L'*éther* $(C^2H^5O)^2C^6H^3CO^2C^2H^5$ fond à 56-57° (Herzig).

DÉRIVÉ ACÉTYLÉ $C^2H^3O^2.C^6H^3(OH)CO^2H.$ — Aiguilles fusibles à 197-199° [Ciamician et Silber, *D. chem. G.*, 25, 1476]. Le *dérivé diacétylé* fond à 151-153° [Herzig, *Mon. f. Chem.*, 6, 872].

DÉRIVÉS HALOGÉNÉS. — Les dérivés chlorés ont été signalés par G. Mazzara. Ils prennent naissance par l'action du chlorure de sulfuryle sur les éthers-sels de l'acide protocatéchique.

$C^6H(OH)^2_{(3.4)}CO^2H_{(1)}Cl^2_{(2.5)}. + 3H^2O.$ — Ce dérivé fond à 220°. Son *éther méthylique* $(CO.OCH^3)$ est en petites aiguilles brillantes retenant 1 molécule H^2O, et fondant, après dessication, à 105°.

$C^6H(OH)^2_{(3.4)}CO^2H_{(1)}Cl^2_{(4.5)}.$ — Prismes brillants fondant a 239° avec décomposition. Son *éther méthylique* fond à 223-225° [*Gazz. chim. ital.*, 34, (I), 554, (II), 94, 1901; — A. Coppadoro, *Gazz. chim. ital.*, 32, (I), 537, 1902].

$C^6H^2(OH)^2_{(3.4)}CO^2H_{(1)}Br_{(5)}.$ — Petites aiguilles fusibles à 224°. Son *éther méthylique* $(CO.OCH^3)$ fond à 201-202° [Zincke et Franck, *Ann. Chem.*, 293, 187].

$C^6Br^3(CO^2H)(OH)^2.$ — Petites aiguilles fusibles à 205-206° (Zincke et Francke).

DÉRIVÉS NITRÉS ET AMINÉS. — On connaît les dérivés de l'acide vanillique et le dérivé mononitré du protocatéchate diéthylique. Ce dernier est en petites aiguilles fusibles à 165°. Par réduction, il donne l'*amino* correspondant en aiguilles fusibles à 89-90°. Son *chlorhydrate* est en lamelles fusibles à 220° [Einhorn et Pfyl, *Ann. Chem.*, 314, 50].

ANHYDRIDES PROTOCATÉCHIQUES. — Voyez Schiff [*D. chem. G.*, 15, 2589]; — P. Thibault [*Bull. Soc. Chim.*, (3), 34, 920]; — Hugo Schiff [*ibid.*, (3), 34, 1220, 1904].

Anilide. — Voy. H. Schiff (*loc. cit.*). *Combinaison avec la caféine.* [Brissemoret, *Bull. Soc. Ch.*, [3], 35, 316, 1906]. Juin 1907. V. Thomas.

PROTOCATÉCHIQUE (ALDÉHYDE).

Préparation et formation. a) A partir du pipéronal ou de ses dérivés [Fittig et Remsen, *Ann. Chem.*, 168, 97; — Schimmel, brevet allemand 165 727, 1905].

b) A partir de l'héliotropine [F. Fritsche et Cie, brevets allemands 162 822 et 166 359, 1905 et 1906].

c) A partir de la pyrocatéchine [Geigy et Cie, brevet allemand 105 798].

d) A partir de la m- ou de la p-oxybenzaldéhyde [Sommer, brevet allemand 155 731, 1904; — Baum, brevet allemand 82 078].

e) A partir de matières complexes [Wegscheider, *Mon. f. Chem.*, 3, 792; — J. Abel et M. Taveau, *Journ. of biolog. Chem.*, 1, 1, 1905; — Jobst et Koppe, *Ann. Chem.*, 199, 44].

Ce corps fond à 153-154° [Wegscheider, *Mon. f. Chem.*, 14, 382].

Sels de plomb [Wegscheider, *loc. cit.*].

Dosage volumétrique [Hans Meyer, *Mon. f. Chem.*, 24, 839].

ÉTHERS. — *Ethers méthyliques.* — Voyez VANILLINE.

Ether méthylénique. — Voyez PIPÉRONAL.

Ether éthylique $C^6H^2(OH)_4(OCH^3)_3(COH)_{(1)}.$ — Houppes fusibles à 77°,5 à odeur de vanille très accentuée (brevets allemands 90 395, 81 352, 85 196, 81 071].

Ether propylique-(3). — Il fond à 82° [brevet allemand 85 196].

Ether isobutylique-(3). — Il fond à 94° [brevet allemand 85 196].

Ether benzylique-(3). — Il fond à 113-114° [brevet allemand 82 816].

Ether benzylique-(4). — Lamelles fusibles à 122° [brevet allemand 82 816].

Ether méthyl-(3)-benzylique-(4). — Il fond à 63-64° [brevet allemand 65 937].

Ether éthyl-(3)-benzylique-(4). — Il fond à 57° [brevet allemand 85 196].

Ether propyl-(3)-benzylique (4). — Lamelles fusibles à 74° [brevet allemand 85 196].

Ether isobutyl-(3)-benzylique (4). — Aiguilles fusibles à 42°,5 [brevet allemand 85 196].

Dérivés sulfonés $(C^6H^5-SO^2.O)_{(3)}C^6H^3(OH)_4(COH).$ — Il fond vers 147° [brevet allemand 76 493].

$(C^6H^5SO^2.O)_{(4)}.C^6H^3(OH)_3.(COH)$. Cristaux fondant vers 110° [brevets allemands 76493 et 82747].

$[CH^3C^6H^4.SO^2-O]_4.C^6H^3(OH)_3.COH$. Cristaux fondant vers 118° [brevet allemand 76493].

Produits de condensation. — a). Avec l'indoxyle et l'acide indoxylique [Noelting. *Journ. Soc. chim. ind. Mülhouse.* **72**. 236, 1902].

b). Avec la cotarnine [C. Renz et M. Hoffmann *D. chem. G.*, **37**, 1962. 1904].

c). Avec l'oxyhydroquinone [C. Liebermann et S. Lindenbaum, *D. chem. G..* **37**, 2728. 1904].

d). Avec l'éther cyanacétique [Galeazzo Piccinini. *Ann. Chem.*, **333**, 283. 1904].

e). Avec l'acide cinnamique [C. Renz et K. Lœw. *D. chem. G.*, **36**. 4330. 1904].

f). Avec les amines aromatiques [C. Liebermann. *D. chem. G.*. **36**, 2913, 1903].

1er juin 1907. V. Thomas.

PROTOCÉTRARIQUE. — Voyez l'art. Lichens.

PROTOCOTÉINE. — L'hydrocotoïne du commerce. extraite de l'écorce de coto, renferme de la protocotéine, qui reste quand on a isolé le premier de ces corps à l'état pur. On la purifie par cristallisations dans l'alcool [Ciamician et Silber. *D. chem. G.*, **24**. 2977, 1891]. La protocotéine $C^{16}H^{14}O^6$ cristallise en prismes jaune clair. insolubles dans l'eau. solubles dans la plupart des solvants organiques. fusibles à 141-142°. On en a fait les *dérivés acétylé, méthylé, l'hydrazone.* les *dérivés dibromé* et *acétylbromé.*

L'oxydation de la protocotoïne a fourni aux mêmes auteurs [*D. chem. G.*, **25**. 1119, 1892] l'acétopipérone, et l'action de la potasse méthylique sur la protocotoïne a donné le corps $C^6H^2(OCH^3)^2(OH)CO.C^6H^3(OCH^3)(OH)$ qui, par l'iodure de méthyle et la potasse, a formé l'éther triméthylique de la vératroylphloroglucine.

De leur étude, Ciamician et Silber ont déduit pour la protocotéine la formule de constitution :

$$C^6H^2 \lessgtr {(OCH^3)^2 \atop OH}$$

$$CO.C^6H^3 \lessgtr {O \atop O} \gtrdot CH^2$$

Juin 1907. A. Hébert.

PROTOCURARINE, **PROTOCURIDINE**. — Voyez Protocurine.

PROTOCURINE $C^{20}H^{23}AzO^3$. — Le curare provenant du *Strychnos Castelnaei* contient la protocurine (fusible à 303°, action faible), la *protocuridine* ($C^{19}H^{21}AzO^3$, non toxique. fusible à 275°) et la *protocurarine* ($C^{19}H^{21}AzO^2.OH$. toxique puissant) [Bœhm, *Centr. Bl.*, II, 1079, 1897]. M. Delacre.

PROTONES. — Voy. l'art. Protamines.

PROTOPINE $C^{20}H^{17}AzO^5$ [Syn. : Macleyine]. — Cette substance se trouve en petite quantité dans l'opium; dans la racine de *Macleya cordata* [Eykman. *Rec. Pays-Bas*, **3**. 1821; dans la racine du *Chelidonium majus* [Selle. *D. chem. G.*, **23**, 698]. du *Bocrania cordata* [*Centr. Bl.*, 1905, II, 1682]. Cristaux fusibles à 207°, insolubles dans l'eau, difficilement solubles dans l'alcool. M. Delacre.

PROTOVERMICULITE (Min.) (König). — Variété de chlorite. L. Bourgeois.

PROZANE. — Thiele et Osborne ont donné ce nom au composé hypothétique $AzH^2.AzH.AzH^2$ [*D. chem. G.*, **30**, 2867. 1897]. Ils en ont préparé quelques dérivés : le *cyanure*

$$C.Az.Az=Az.AzH.C \lessgtr {AzH^2 \atop AzH}$$

obtenu par action du cyanure de potassium sur le nitrate de diazoguanidine: aiguilles jaunâtres.

Les acides minéraux transforment ce cyanure en *formamido–diazo–amino–formamidine*

$$AzH^2.CO.Az=Az.AzH.C \lessgtr {AzH \atop AzH^2} + H^2O$$

dont on a fait *l'éther éthylique* et les *acides sulfonés.* 1er mai 1907. A. Hébert.

PRULAURASINE $C^{14}H^{17}AzO^6$. — Glucoside cyanhydrique cristallisé retiré par Herissey [*C. R.*, **141**, 959. 1905] des feuilles de laurier-cerise et cristallisant d'un mélange d'éther acétique et d'éther en aiguilles fines et déliées, fusibles à 120-122°, solubles dans l'eau, dans l'alcool, insolubles dans l'éther. Il possède une saveur légèrement amère : son pouvoir rotatoire $[\alpha]_D = -52°,7$. Il est dédoublé par l'émulsine en acide cyanhydrique, glucose et aldéhyde benzoïque.

1er mai 1907. A. Hébert.

PRUNOSE. — Ce nom a été donné au sucre qui se forme par hydrolyse de la gomme de prunier [Garros, *Bull. Soc. Chim.*, **11**, 595, 1894]. Bien que ce sucre donne, avec le chloral, une combinaison différente de l'arabinochloralose [Hanriot, *Bull. Soc. Chim.*, **13**, 227, 1895]. Maquenne [*Sucres*, 312, 1905] pense qu'il est formé d'arabinose impur. P. Carré.

PSEUDO.... — Pour les mots qui ne se trouvent pas ici à leur place alphabétique, voyez le mot qui suit ce préfixe.

PSEUDO-ACIDES, PSEUDO-BASES ET PSEUDO-SELS. — Ces différents noms caractérisent des corps pour lesquels une étude plus approfondie de leurs propriétés a permis de reconnaître certains phénomènes particuliers, qui justifient l'épithète de pseudo- qui leur a été donnée par Hantzsch en 1899 (1). Du moins jusqu'à présent, ce sont les pseudo-acides qui ont été le plus étudiés, c'est par eux que nous commencerons cette étude.

PSEUDO-ACIDES. — Nous devons tout d'abord indiquer les procédés qui nous permettent de mettre en évidence les différences qui existent entre les pseudo-acides et les acides réels. Ces procédés de diagnose ont été indiqués presque tous par Hantzsch (1), et sont basés sur l'étude des phénomènes qui accompagnent la neutralisation, sur les valeurs de l'hydrolyse des sels des acides considérés, sur la variation de leur conductibilité avec la température, etc.; nous les passerons en revue successivement.

I. *Phénomène de neutralisation non instantanée.* — Si on ajoute à une solution d'un acide, comme l'acide acétique, la quantité correspondante de soude, et qu'on mesure la conductibilité du mélange aussitôt après qu'il a été effectué, on constate que cette conductibilité prend immédiatement la valeur qui correspond à la concentration de la solution d'acétate de soude obtenue. Il en est de même avec tous les acides réels, même les plus faibles ; le phénomène de neutralisation est instantané.

Prenons, au contraire, une solution $n/8$ de nitroéthane $C^2H^5AzO^2$, ajoutons-lui un volume égal de soude $n/8$ et mesurons la conductibilité ($t=0°$): nous obtiendrons les résultats suivants empruntés à un travail de Hantzsch et Weit (2). Les temps sont comptés en minutes :

Temps.	Conductibilités obtenues.
1	82 à 72
2	69 à 63
3	63 à 58
4	57 à 34
5	52,1
8	47,9
20	42,8
40	41,7
50	41,5

Nous voyons, par la conductibilité qui n'est devenue constante qu'au bout d'un temps relativement considérable, que la neutralisation n'est pas instantanée.

Il en est de même, d'ailleurs, de la réaction inverse, que nous obtenons quand, à la solution d'un sel, nous ajoutons un acide fort comme l'acide chlorhydrique. Les chiffres suivants, obtenus au moyen d'une solution $n/8$ du dérivé barytique du nitrométhane et de HCl, nous montrent que la réaction est également progressive :

Temps en minutes.	Conductibilités du mélange.
1	66,2
2	63,3
3	62,3
4	61,5
10	61,3
15	60,8
20	60,9

La conductibilité s'arrête, finalement, à la valeur 60,8 qui correspond à la conductibilité de la solution de chlorure de baryum formée à la température de l'expérience (0°).

Ces deux exemples nous montrent que nous sommes en présence de phénomènes plus complexes que ceux présentés par les acides ordinaires.

La neutralisation de l'acide et son ionisation s'accompagnent ici de transformations plus profondes : le nitroéthane, par exemple, a subi un changement de constitution et, avant d'être neutralisé, il a dû se transformer en un acide réel, auquel on peut donner la formule $CH^3CH = AzOOH$, correspondant au sel de sodium $CH^3CH = AzOONa$.

A cette seconde forme du corps nitré, et pour rappeler que c'est elle qui représente la vraie forme acide, Hantzsch et Jacobson (3) ont proposé de donner le préfixe *aci*. La formule $CH^3CH = AzOOH$ représente l'*aci*-nitroéthane : au nitrométhane CH^3AzO^2, correspond de même l'*aci*-nitrométhane $CH^2 = AzOOH$, au phénylnitrométhane $C^6H^5CH^2AzO^2$, l'*aci*-phénylnitrométhane $C^6H^5CH = AzOOH$, etc.

La neutralisation non instantanée et la réaction inverse qui correspond au retour à la forme ordinaire ou neutre, constituent le premier critérium de la pseudo-acidité ; il a été formulé ainsi par Hantzsch (1) :

« *Si on constate l'influence du temps sur la formation d'un sel, ceci prouve qu'il y a transposition moléculaire avant ou pendant la neutralisation ; le corps non dissocié et l'acide qu'il fournit n'ont pas la même constitution.* »

Cependant, il convient de faire remarquer que ce procédé de diagnose suppose que la réaction de transposition n'a pas une vitesse trop considérable ; s'il en est ainsi, on ne peut suivre la réaction, et c'est, par exemple, le cas du dinitroéthane dont l'isomérisation, même à zéro, demande moins d'une minute pour être complète.

Dans certains cas très rares, particulièrement nets, quand la solution pure du corps étudié n'est même pas acide au tournesol, si on constate cependant qu'elle neutralise une solution de soude, on peut diagnostiquer la pseudo-acidité ; il en est de même si la solution du sel de soude est neutre, et le demeure même quand on lui ajoute lentement de l'acide chlorhydrique étendu [Hantzsch (4)].

Il faut remarquer, avant de passer à un autre caractère, que la méthode de recherche basée sur l'étude de la conductibilité avait été déjà indiquée par A.-F. Hollemann (5), qui l'avait appliquée aux sels alcalins du m-nitrophénylnitrométhane :

$$\left(AzO^2C^6H^4 - CH = AzOOH \rightarrow AzO^2C^6H^4 - C\lessgtr \begin{array}{l} OH \\ AzOH \end{array} \right)$$

Le sel de soude de ce corps, traité par HCl, se conduisait comme un sel de pseudo-acide. Elle a été utilisée par A. Kling pour caractériser la pseudo-fonction acide de l'acétol (28).

II. *Phénomènes d'hydrolyse anormale.* — Nous avons vu à l'article HYDROLYSE quelle relation simple il y avait entre la constante de dissociation d'un acide et la valeur de l'hydrolyse dans ses sels alcalins. Inversement, on peut remonter de la valeur de l'hydrolyse à celle de la constante ; prenons, par exemple, un corps comme le dinitroéthane, et mesurons l'hydrolyse de son sel de sodium ; nous constaterons que cette hydrolyse est pratiquement nulle. La conclusion immédiate de cette constatation est que le dinitroéthane devrait avoir une constante k plus élevée que celle de l'acide acétique dont le sel de sodium est hydrolysé pour 0,015 0/0 ; il n'en est cependant rien, et la constante k du dinitroéthane, déterminée par des mesures de conductibilité, est plus faible que celle de l'acide acétique 18×10^{-6}. Il y a là une contradiction manifeste qui, pour Hantzsch (1), caractérise la pseudo-acidité :

« *Si le corps initial a une conductibilité nulle ou très faible et donne cependant un sel alcalin pas ou sensiblement pas hydrolysé, le sel a une autre constitution que le corps primitif, qui est par suite un pseudo-acide.* »

Dans la pratique, mais seulement pour les cas suffisamment nets, une expérience qualitative simple peut donner un renseignement utilisable. Si la réaction du sel de soude *au tournesol* est neutre, on peut en conclure que l'hydrolyse est plus faible que celle de l'acétate [Hantzsch, (6)], et la constante de dissociation du corps doit être plus grande que celle de l'acide acétique. La mesure directe de la constante permet de voir s'il en est ainsi, et par suite de conclure pour ou contre la pseudo-acidité.

Ce critérium doit d'ailleurs être employé avec prudence, ainsi que le fait remarquer Lunden (7), à cause de la difficulté pratique qu'il y a pour préparer synthétiquement une solution contenant le corps et la soude dans les rapports strictement nécessaires.

L'étude de cette méthode de diagnose a conduit Hantzsch (4) à préciser les conclusions que l'on peut tirer de la réaction ; il considère les trois cas suivants :

1° La réaction du corps est neutre (tournesol) :

a) Si, en même temps, la solution du sel alcalin est neutre, le corps est un pseudo-acide.

b) Si la solution du sel alcalin est alcaline, on détermine alors sa conductibilité aux dilutions usuelles, et si on observe que la différence $\Lambda_{1024} - \Lambda_{32}$ a la valeur normale, c'est-à-dire ne dépasse pas 12 à 13 unités, le sel n'est pas sensiblement hydrolysé et le corps primitif est un pseudo-acide.

2° La réaction du corps primitif est faiblement acide. On détermine alors sa constante de dissociation k. Si, d'après cette constante, l'acide est un acide faible, et si le sel alcalin est cependant neutre au tournesol, l'acide est un pseudo-acide ; si le sel alcalin possède une réaction alcaline on détermine alors sa conductibilité comme précédemment, et si la valeur $\Lambda = \Lambda_{1024} - \Lambda_{32}$ est normale (< 12 à 13) le corps est un pseudo-acide. Si elle est plus élevée, l'hydrolyse est probable, et dans le doute il convient de se livrer à une étude physico-chimique complète.

3° La réaction du corps primitif est nettement acide, et le sel alcalin n'est pas sensiblement hydrolysé : on est en présence d'un acide normal.

Dans le tableau suivant emprunté à un travail de Hantzsch et Barth (6), on trouvera quelques exemples d'application de cette méthode; les chiffres contenus dans la première partie du tableau montrent que l'accord est parfait pour les acides normaux entre la valeur de l'hydrolyse déterminée directement et celle déduite de la constante k.

Corps étudiés.	$k\ 10^{10}$	Hydrolyse du sel de sodium $(v = 32)\ (t = 25°)$	
		trouvée.	calculée d'après k.
		o/o	o/o
Acides ordinaires.			
Acide acétique...	180 000	0,0149	0,0146
— carbonique..	3 040	0,0113	0,112
— sulfhydrique.	570	—	0,26
— borique.....	17	—	1,50
— cyanhydrique	12	1,75	1,71
Phénol...........	1,3	5.32	5.29
Pseudo-acides.			
Isonitrosométhyl-phénylpyrazo-lone.........	24 000	<0,015	0,04
Isonitrosométhyl-pyrazolone .	22 000	id.	0.04
Isonitrosodicéto-hydrindène....	18 000	id.	0,05
o - Toluquinone-oxime........	3 500	id.	0.11
p-Quinone-oxime.	3 300	id.	0.12
Isonitrosothiohy-dantoïne	530	id.	0,26
Acide éthylnitro-lique	140	id.	0,52
Isatoxime........	3,8	0,37	4,61
Éthylisatoxime...	<1,3	0,37	>5,4
Isonitrosoacétone.	<1,3	1,19	>5,4

(0,015 correspond à l'acétate de soude)

Au point de vue théorique, ce procédé de diagnose a été attaqué par Kauffmann (8).

III. *Coefficients de température anormaux et chaleurs d'ionisation.* — Les conductibilités d'un électrolyte à deux températures sont reliées par une formule simple dans laquelle intervient le coefficient de température c. Celui-ci a pour expression, si on prend comme température 0° et $t°$:

$$c = \frac{1}{x_0} \cdot \frac{x_t - x_0}{t}.$$

Dans cette formule x_0 et x_t représentent les conductibilités à 0° et $t°$.

Si on détermine ce coefficient parallèlement pour un pseudo-acide et pour un acide ordinaire, on trouve que sa valeur est plus élevée dans le premier cas : J. Guinchard (9) a ainsi obtenu pour l'acide lévulique (acide normal) et l'acide violurique et l'oximido-oxazolone (pseudo-acides) les résultats suivants :

Valeur de c.

De :	Oximido-oxazolone.	Acide violurique.	Acide lévulique.
0 à 14°,5	—	0,0456	0,0297
0 à 25°	0,0742	0,0485	0,0283
0 à 35°,5	0,1060	0,0516	0.0277
0 à 54°,1	—	0,555	0,0249

Cette augmentation de c peut servir en première approximation de critérium [Hantzsch, (1)]; elle s'accompagne naturellement d'une variation rapide de la constante k, qui pour les corps précédents prend les valeurs suivantes [Guinchard, (9)] :

Valeur de $k.10^6$.

$t°$	Oximido-oxazolone.	Acide violurique.	Acide lévulique.
0°	8,0	14,4	21,1
25°	34,7	27,3	23,9
35°,5	58,6	33.3	22,9

On voit que, pour les deux pseudo-acides, la constante croît avec rapidité; le rapport $\dfrac{k_{3,55}}{k_0}$ a pour valeurs respectives 7.3 et 2,3, alors que pour les acides ordinaires il ne s'éloigne que peu de l'unité, ainsi que le montrent les chiffres suivants empruntés à Jahn [*Elektrochemie*, 167].

Acides.	Valeur du rapport.
Acétique........	$k_{40}/k_{10} = 1,03$
Propionique.....	id. $= 1,02$
Benzoïque......	id. $= 1.11$
o-Toluique......	$k_{30}/k_{10} = 0,82$
Salicylique......	id. $= 1,26$

La nitro-urée, le nitro-méthane, l'amidotétrazol ont de même donné à Bauer (10) des valeurs élevées pour le rapport des constantes à deux températures.

Ce caractère des pseudo-acides ne doit cependant pas être considéré comme absolument caractéristique, car certains corps, pour lesquels on ne voit guère de transposition possible, donnent également des valeurs élevées; c'est par exemple le cas de la résorcine et de l'acide azothydrique [Hantzsch, (4)].

La chaleur d'ionisation peut également fournir un critérium de la pseudo-acidité, ainsi que l'ont montré Abegg (11), P.-Th. Muller (12), P.-Th. Muller et Ed. Bauer (13), et Ed. Bauer (14). Elle est reliée, en effet, directement à la variation de la constante de dissociation par l'équation de van t'Hoff [*Leçons de Chim. Phys.*, 1re partie, 144] :

$$q = -\frac{2T^2}{k}\frac{dk}{dT} \quad \text{ou} \quad q = \frac{2T_1 T_2}{T_2 - T_1} \operatorname{Lg} \frac{k_2}{k_1},$$

k_1 et k_2 désignent les constantes aux températures T_1 et T_2.

Pour les acides ordinaires comme l'acide acétique la valeur de q ne dépasse pas en général 1000 petites calories; pour les pseudo-acides elle atteint des valeurs beaucoup plus élevées.

Pour l'acide violurique (à 17°,5), Abegg (11) calcule ainsi $q = -3700$, et pour l'oximidocyanacétate de méthyle, P.-Th. Muller, de la valeur $\dfrac{k_{35,5}}{k_0} = 2.33$ déduit $q = -3800$. Ces résultats ont d'ailleurs l'avantage d'être vérifiables par les méthodes thermochimiques usuelles, et l'accord des résultats obtenus est satisfaisant, ainsi que le montrent les résultats publiés par P.-Th. Muller et Ed. Bauer (13) pour l'isonitrosoacétylacétate d'éthyle

$$\underset{\underset{CH^3CO.C-COOC^2H^5}{\|}}{AzOH}$$

et l'isonitrosocyanacétate de méthyle

$$AzOH$$
$$\|$$
$$CAz-C-COOCH^3$$

On a, en effet.

t.	$CH^3COC\lessgtr{AzOH \atop COOC^2H^5}$		$CAzC\lessgtr{AzOH \atop COOCH^3}$	
	q déduit de $\dfrac{dk}{dT}$	q déduit des mesures thermochimiques.	q déduit de $\dfrac{dk}{dT}$	q déduit des mesures thermochimiques.
9	— 5150	—	— 4300	— 4600 à 1°
12,5	— 4930	— 4900	— 4390	—
17,5	— 4770	— 4700	— 4030	— 3900
20	— 4580	—	— 3800	—

La valeur thermochimique de q représente la différence entre la chaleur de neutralisation par la soude et la chaleur de dissociation de l'eau. Cette valeur est plus élevée pour les pseudo-acides que pour les acides ordinaires, car elle comprend l'effet thermique qui correspond à la transposition moléculaire.

IV. *Méthode optique différentielle de diagnose.* — On constate [Le Blanc et P. Rohland (15), P.-Th. Muller (16), (17)] que si on mesure la réfraction moléculaire de deux solutions l'une d'acide, l'autre de sel à la même concentration, la différence des valeurs obtenues ne dépasse pas la valeur 1,6 pour la raie D et les acides faibles organiques.

Si cette valeur de Δ est plus élevée, on peut considérer que le corps subit une transposition moléculaire au moment de son ionisation. Dans le tableau suivant on trouvera quelques exemples de ces valeurs anormales de Δ, empruntés à un travail d'Ed. Bauer (14).

Dans ce tableau, Δ_α correspond à la raie α de l'hydrogène.

Pour que ce procédé puisse s'appliquer, il est nécessaire, évidemment, que le pseudo-acide ne soit pas fortement ionisé dans sa solution même ; dans ce cas la valeur de Δ ne pourrait plus refléter la transposition moléculaire qui coïncide avec l'ionisation.

On doit remarquer en passant que, pour les corps qui possèdent à la fois une fonction pseudo-acide et une fonction acide normale, on peut, en opérant la neutralisation, obtenir d'abord la valeur de Δ normal qui correspond à la fonction acide ordinaire, puis celle qui correspond à la fonction pseudo. Pour l'acide isonitrosocyanacétique, on obtient ainsi pour la première molécule de soude $\Delta_D = 1,06$ et pour la seconde $\Delta_D = 4,34$. Pour ces acides isonitrosés, on peut représenter le changement de constitution qui accompagne l'ionisation par les formules :

$$R-C-CO-R'$$
$$\|$$
$$AzOH$$

Acide libre.

et

$$R-C\!\!-\!\!-\!\!C-R' \quad \text{ou} \quad R-C\!\!-\!\!-\!\!C-R'$$
$$\|\;/\;\diagdown OH \qquad \|\;\diagdown OH$$
$$Az-O\quad ONa \qquad O=Az\quad ONa$$

Forme *aci* et sel de sodium [Ed. Bauer (13)].

Ces résultats ont été obtenus en solution aqueuse, mais on peut également, s'il est nécessaire, utiliser des solutions alcooliques, et Ed. Bauer (14) a ainsi obtenu dans l'alcool absolu les résultats suivants qui montrent la pseudo-acidité de divers corps (on a joint à ces résultats ceux obtenus dans le même solvant avec l'isonitrosocyanacétate de méthyle sodé) :

Dérivés sodés (*solutions dans l'alcool absolu*)	Δ_α	Δ_D
Isonitrosocyanacétate de méthyle..	3,65	4,07
Malonate d'éthyle.	3,85	3,99
Cyanomalonate d'éthyle	4,96	5,35
Cyanacétate d'éthyle	5,93	6,19
Camphre cyané.	5,71	6,09

Pour le malonate d'éthyle[1], les deux formes

Corps.	Formules.	Δ_α	Δ_D
Isonitrosoacétone	$CH^3CO-CH=AzOH$	3,74	4,00
Isonitrosométhylacétone	$CH^3-CO-CH^3$ $\|$ $AzOH$	3,51	3,76
Isonitrosomalonate de méthyle	$AzOH=C=(COOCH^3)^2$	3,10	3,36
Isonitrosoacétylacétate d'éthyle.	$CH^3-CO-C-COOC^2H^5$ $\|$ $AzOH$	3,85	4,08
Camphre isonitrosé	$C^8H^{14}{\diagup{C=AzOH}\atop\diagdown{CO}}$	4,01	4,03
Isonitrosocyanacétate d'éthyle	$CAz-C-COOC^2H^5$ $\|$ $AzOH$	3,29	3,51

neutre et aci peuvent répondre aux formules :

$$CH^2\!\!<\!{COOC^2H^5 \atop COOC^2H^5} \quad \text{et} \quad CH\!\!<\!\!{C\!\!<\!\!{OC^2H^5 \atop OH \atop ONa} \atop COOC^2H^5}$$

Ether neutre.   Forme *aci* et sel de sodium.

La même méthode de diagnose appliquée à

1. C'est Michaël (34), en 1888, qui le premier admit que certains sels peuvent avoir une autre constitution que l'acide générateur ; l'éther acétylacétique et son sel de sodium représentent un autre exemple de cette différence de constitution admise aujourd'hui.

les phénols mono- et dihydroxylés a montré que ces corps se conduisent, au point de vue optique, comme des pseudo-acides [Ed. Bauer, (14)]. Il en est de même pour les acides oxybenzoïques para et méta; l'acide ortho est, au contraire, normal.

J.-W. Bruhl et H. Schraeder (19) ont employé une méthode analogue pour étudier les phénomènes de tautomérisation et d'isomérisation sur une des solutions: ils ont étudié entre autres les phénomènes d'énolisation présentés par les dérivés éthérés et salins de l'acide camphocarbonique et de l'acide acéto-acétique (20).

V. *Changement de coloration.* — Cette méthode est simplement qualitative et le critérium fondé sur son emploi a été ainsi formulé par Hantzsch:

« Quand le composé étudié est incolore et donne cependant des ions colorés et des sels alcalins colorés, on doit soupçonner sa pseudo-acidité. »

C'est le cas, par exemple, des dérivés nitrés comme le nitrométhane, le dinitroéthane, qui sont des liquides incolores et dont les sels sont cependant colorés en rouge fortement.

Comme ces corps nitrés ne sont pas dissociés dans leurs solutions aqueuses, celles-ci sont incolores, mais si on prend le nitroforme dont la fonction acide est plus forte, les solutions sont colorées. Cette coloration est d'ailleurs liée à l'ionisation, car elle ne se manifeste pas dans les solvants non ionisants ou de pouvoir ionisant très faible; dans l'éther sec, la solution du nitroforme est incolore. On peut d'ailleurs constater cette ionisation par la conductibilité électrique; pour les acides oximidés tels que les éthers isonitrosocyanacétiques, la conductibilité et la coloration jaune des solutions marchent de front [Ed. Bauer, (14)].

Avec l'acide violurique (oximidomésoxalylurée),

$$CO <{\substack{Az\,H\,CO \\ Az\,H\,CO}}> C = Az\,O\,H,$$

nous pouvons même avoir une vérification quantitative en préparant deux solutions au même titre en *ions* (isoioniques): la colorimétrie nous montre qu'elles sont au même temps également colorées [Donnan, (21)]; l'acide violurique n'est donc coloré qu'autant qu'il est ionisé.

Il faut sans doute attribuer à la même cause (pseudo-acidité) la coloration que prennent certains corps ayant un hydrogène acide tels que les éthers glutaconiques [Blaise, (22)], quand on les traite par l'éthylate de sodium [Muller, (23)].

En résumé, l'apparition d'une coloration dans les conditions indiquées, sans constituer un critérium aussi important que les précédents, permet néanmoins de soupçonner la pseudo-acidité d'un corps.

Les deux méthodes qui suivent sont également d'un usage restreint.

VI. *Conductibilité en solution alcoolique.* — On sait que l'addition croissante d'alcool à un électrolyte diminue sa conductibilité; Hantzch et Voegelen (24) ont constaté que la diminution était relativement moins rapide pour les pseudo-acides que pour les acides normaux. L'exemple suivant est caractéristique ($t = 25°$, $v = 60$).

On compare, bien entendu, deux acides dont la conductibilité initiale est aussi voisine que possible.

Ce procédé de diagnose ne doit être employé qu'avec précaution et en particulier dans le cas de pseudo-acides fortement dissociés: en solution aqueuse, il cesse de s'appliquer (Hantzch et Voegelen).

VII. *Action du gaz ammoniac en milieu non dissociant.* — Ce caractère peut être formulé ainsi [Hantzsch, (1)]:

« Si un corps qui donne facilement en milieu aqueux un sel ammoniacal ne le fait pas en l'absence d'eau, c'est qu'il ne contient pas l'atome d'hydrogène nécessaire, c'est un pseudo-acide. »

Il suffit, par suite, de faire passer un courant de gaz ammoniac sec dans la solution benzénique du corps à caractériser; les acides normaux, même les plus faibles, donnent dans ces conditions le sel ammoniacal qui se précipite. Avec les pseudo-acides, la réaction d'addition n'a pas lieu: Hantzsch (1) a ainsi étudié un grand nombre de corps.

Dans certains cas (formes énoliques de corps cétoniques), le dérivé ammoniacal peut être relativement soluble dans le benzène et, dans ce cas, il faut des expériences plus précises pour caractériser la pseudo-acidité [A. Hantzsch et F. Dollfus, (26)].

Les phénols mono- et divalents [Hantzsch, (4)] donnent avec l'ammoniac, dans ces conditions, des sels assez instables, et ce caractère est en contradiction avec celui tiré de leur réfraction moléculaire.

La même réaction a été appliquée à l'étude des oxyazoïques: A. Hantzsch et R.-C. Farmer (27) ont ainsi constaté que, en fait, tous les oxyazoïques des séries ortho et para à l'état libre sont des quinones-hydrazones. L'oxyazoïque $C^6H^5Az = Az\,C^6H^4OH$ est, en réalité, la quinone-phényl-hydrazone $C^6H^5Az\,H - Az = C^6H^4O$.

Ces quinone-hydrazones sont par suite des pseudo-acides et leurs sels alcalins se rattachent aux oxyazoïques vrais. Le sel de sodium du corps précédent est alors $C^6H^5Az = Az\,C^6H^4ONa$; il est à peine hydrolysé en solution aqueuse.

Les résultats obtenus par Ed. Bauer (14) avec cette méthode appliquée à l'acide violurique et aux acides isonitrosocyanacétiques montrent qu'elle est susceptible d'amener à des conclusions inexactes. Les corps précédents, nettement pseudo-acides, se précipitent cependant par $Az\,H^3$ dans le toluène.

Avant de passer à l'exposé des conclusions générales que l'on peut tirer des travaux actuellement publiés, nous signalerons encore un certain nombre de mémoires où sont traités des points spéciaux. Ces mémoires sont les suivants:

(29) A. Hantzsch et A. Veit (isonitrosés, nitroparaffines, dinitroparaffines, nitrocétones et dérivés du phénylnitrométhane). — (30) A. Hantzsch et A. Lucas (nitrocétones, nitroacétaphénone). — (31) A. Hantzsch et A. Rinkenberger (isonitroforme, dinitroéthane-alcoolate). — (32) A. Hantzsch et G. Oswald (isocyanoforme). — (33) A. Hantzsch et Pohl.

Conclusions générales et essais de théorie. — Par les exemples que nous avons donnés des

Alcool o/o dans la solution.	0	25	40	50	75	100
Acide violurique $k = 27.10^{-6}$	14,5	6,53	4,13	1,91	0,99	0,23
Acide lévulique $k = 24.10^{-6}$.	13.85	4,65	2,35	1,49	0,32	--

exceptions constatées dans l'emploi des procédés de diagnose que nous avons étudiés, on a pu déjà voir que ces méthodes n'ont rien d'absolu. Parmi ces caractéres de la pseudo-acidité, l'un ou l'autre peut faire défaut ; tout ce que nous pouvons dire à l'heure actuelle, avec P.-Th. Muller (23), c'est que :

« Etant donnés les différents critériums qui permettent de caractériser la pseudo-acidité d'un corps, nous pouvons, sans trop craindre d'erreur, déclarer normal tout acide auquel ne s'applique *aucun* d'entre eux ».

L'histoire des pseudo-acides nous donne un exemple caractéristique des difficultés que l'on peut rencontrer dans leur étude ; cet exemple est celui de l'acide cacodylique, $(CH^3)^2AsO^2H$, qui fut considéré d'abord comme un pseudo-acide d'après l'hydrolyse de son sel de sodium par Zawidzki (35) et dont la fonction acide est en réalité, ainsi que l'ont montré Hantzsch (36, 37), P.-Th. Muller et Ed. Bauer (38), probablement normale (voir aussi 39-40).

H. Lunden (7) a discuté les divers procédés de diagnose de Hantzsch et a conclu que, en dehors des nitrés gras, il n'y avait pas lieu d'admettre une isomérisation. Il attribue pour les autres pseudo-acides leurs propriétés à l'existence d'une fonction basique dans ces corps, ce qui en ferait des amphotères. Hantzsch (41), dans sa réponse, a montré que cette conclusion était exagérée et que, d'ailleurs, les méthodes indiquées gardaient toute leur valeur indépendamment de toute hypothèse sur la nature même des phénomènes étudiés.

Quelques essais de théorie et d'application des lois générales de la dissociation électrolytique aux pseudo-acides ont été faits par Zawidzki (42) et Kauffmann (8). Ils ont donné des résultats contradictoires et ceux de Kauffmann se sont montrés également en contradiction avec l'expérience.

D'après Kauffmann, en effet, même en tenant compte de tous les corps qui peuvent exister dans les solutions, ions, molécules neutres, hydrates, etc., les constantes de dissociation déterminées par conductibilité ou déduites des mesures d'hydrolyse n'en doivent pas moins être les mêmes. Il n'en est rien, comme on l'a vu précédemment, puisque c'est justement le désaccord entre ces deux valeurs qui caractérise les pseudo-acides.

La cause de cette contradiction entre des conclusions théoriques qui paraissent exactes et les constatations expérimentales est encore inconnue.

PSEUDO-BASES. — Les acides ne sont pas les seuls corps pour lesquels l'ionisation s'accompagne d'une transposition moléculaire ; certaines bases présentent également des phénomènes analogues qui ont été mis en lumière par Hantzsh et ses élèves (43-44).

Leur étude est beaucoup moins avancée que celle des pseudo-acides. Prenons, par exemple, la base du violet cristallisé : le chlorhydrate

$$[(CH^3)^2AzC^6H^4]^2 = C = C^6H^4 = Az \lessgtr \genfrac{}{}{0pt}{}{(CH^3)^2}{Cl}$$

traité par la soude donne la base

$$[(CH^3)^2.Az.C^6H^4]^2 = C = C^6H^4 = Az \lessgtr \genfrac{}{}{0pt}{}{(CH^3)^2}{OH}$$

Cette base est la base véritable quinonique ; elle est colorée, soluble et constitue un électrolyte fort. Peu à peu, cette base se transpose et donne la base carbonolique incolore, très peu soluble, $[(CH^3)^3AzC^6H^4]^3 \equiv C - OH$, qui représente la pseudo-base [Hantzsch et Oswald, (44)].

Cette transformation n'est, en général, pas instantanée et peut être suivie, comme le montrent les résultats suivants obtenus avec la base du vert brillant par la méthode de conductibilité. La transposition moléculaire correspond ici à la réaction :

$$(C^2H^5)^2Az.\genfrac{}{}{0pt}{}{C^6H^4}{C^6H^5} \gtrless C = C^6H^4 = Az \lessgtr \genfrac{}{}{0pt}{}{(C^2H^5)^2}{OH}$$

$$\longrightarrow [(C^2H^5)^2Az.\genfrac{}{}{0pt}{}{C^6H^4}{C^6H^5}]^2 \gtrless C(OH)$$

Les temps sont comptés en minutes à partir du moment où a été effectué le mélange du sel de la base (sulfate) avec la soude.

Temps.	Conductibilités.	Temps.	Conductibilités.
1 minute.	24,3	30 minutes.	9,6
2 —	19,6	65 —	7,0
5 —	14,6	90 —	6,6
10 —	13,8	210 —	5,4

Avec la flavinduline, même à zéro, la transposition est en pratique instantanée.

On a constaté des phénomènes analogues avec un grand nombre de bases ammoniées dérivées de la pyridine ou de la quinoléine (43), ou des alcaloïdes comme la cotarnine (43) ; le plus grand nombre des pseudo-bases appartient cependant aux matières colorantes (44) (auramine, vert brillant, p-rosaniline, rosinduline, etc., etc.).

Pour l'auramine, la réaction est un peu différente de celle que nous venons de voir ; elle correspond, en effet, à une déshydratation interne (44).

PSEUDO-SELS. — Nous avons vu que ce qui caractérise le plus nettement les pseudo-acides comme les pseudobases, c'est la transposition moléculaire qui accompagne l'ionisation. L'étude de certains sels de mercure a conduit H. Ley (46) à distinguer de même un sel normal et un pseudo-sel. Pour le dérivé mercuriel du nitroforme, on aurait ainsi dans un milieu non dissociant la constitution $(AzO^2)^3C\dfrac{Hg}{2}$ et en milieu dissociant

(eau, pyridine) la constitution $(AzO^2)^2C = AzOO\dfrac{Hg}{2}$;

ce dernier corps est le sel véritable dissociable en ions comme un sel ordinaire ; l'autre est un pseudo-sel. La même expression sert à caractériser des corps comme le cyanure de p-rosaniline [Hantzsch, (43-44)] qui subissent une transformation de même nature.

Ley (46) emploie également le même terme pour désigner des sels analogues au cyanure de mercure qui ne sont dissociés par l'eau ni hydrolytiquement, ni électrolytiquement ; il y a lieu d'admettre que ces sels doivent leurs propriétés particulières à l'existence d'un lien direct entre l'atome du métal et l'un des atomes (C, Az, S) de la molécule acide ; l'expression pseudo indique ici simplement que le métal n'est pas relié à l'oxygène comme dans les sels normaux.

Il est probable que les recherches physico-chimiques actuellement entreprises sur les sels organiques ne feront qu'étendre cette notion de pseudo-sels. Elles montrent que pour une série de sels d'un même métal la nature des liens varie avec l'acide employé ; c'est le cas, par exemple, des sels d'urane étudiés par Dittrich (47).

BIBLIOGRAPHIE. — *Pseudo-acides.* — (1) A. Hantzsch, *D. chem. G.*, 32, 575-600, 1899 ; — (2) A. Hantzsch et Veit, *D. chem. G.*, 32, 615, 1899 ; — (3) A. Hantzsch et Jacobsen, *D.chem. G.*, 38, 998, 1905 ; — (4) A. Hantzsch, *D. chem. G.*, 32, 3066, 1899 ; — (5) A.-F. Hollemann,

Rec. Pays-Bas, 14, 129, 1905; — (6) A. Hantzsch et Barth. *D. chem. G.*, 35, 210, 1902; — (7) H. Landen. *Z. f. ph. Ch.*, 54, 532, 1906; — (8) Kauffmann. *Z. f. ph. Ch.*, 47, 618, 1905; — (9) Guinchard, *D. chem. G.*, 32, 1723. 1899; — (10) Baur, *Z. f. ph. Ch.*, 23, 409, 1897; — (11) Abegg, *D. chem G.*, 33, 393 et 626, 1900; — (12) P.-Th. Muller et Ed. Bauer, *J. Ch. Ph.*, 2, 457, 1904; — (13) P.-Th. Muller et Ed. Bauer. *J. Ch. Ph.*, 2, 472, 1904; — (14) Ed. Bauer, Thèse de doctorat. Nancy, 1904; —(15) Le Blanc et P. Rohland, *Z. f. ph. Ch.*, 19, 264, 1896; — (16) P.-Th. Muller, *Bull. Soc. Chim.*, 23, 610, 1900; (17) *C. R.*, 134, 664, 1902; — (18) P.-Th. Muller et Ed. Bauer, *J. Ch. Ph.*, 1, 203, 1904; — (19) J.-W. Bruhl et H. Schræder, *J. f. ph. Ch.*, 50, 1, 1905; (20) *D. chem. G.*, 37, 2512 et 3943, 1904; — (21) Donnan. *Z. f. ph. Ch.*, 19, 478, 1896; — (22) Blaise, *Bull. Soc. Chim.*, 29, 1028, 1903; — (23) P.-Th. Muller, Les pseudo-acides. *Rev. gén. des Sciences*, 16, 417. 1905; — (24) A. Hantzsch et Wægelen, *D. chem. G.*, 35, 1001, 1902; — (25) A. Hantzsch et R.-C. Farmer. *D. chem. G.*, 32, 3111. 1899; — (26) A. Hantzsch et F. Dolffus, *D. chem. G.*, 35, 216, 1902; — (28) A. Kling, Thèse. Paris. 1905; — (29) A. Hantzsch et A. Veit, *D. chem. G.*, 32, 606. 1899; — (30) A. Hantzsch et A. Lucas. *D. chem. G.*, 32, 60, 1899; — (31) A. Hantzsch et A. Rinkenberger, *D. chem. G.*, 32, 628. 1899; — (32) A. Hantzsch et G. Oswald. *D. chem. G.*, 32. 641, 1899; — (33) A. Hantzsch et Pohl, *D. chem. G.*, 35, 2964, 1903; — (34) Michaël, *J. prakt. Chem.*, 37. 507, 1888; — (35) J. v. Zawidzki, *D. chem. G.*, 36. 3325. 1903; — (36) A. Hantzsch. *D. chem. G.*, 37, 1076, 1904; (37) *D. chem. G.*, 37, 2705, 1904; — (38) P.-Th. Muller et Ed. Bauer, *C. R.*, 138, 2089. 1904; — (39) J. Johnston. *D. chem. G.*, 37, 3625, 1904; — (40) J. v. Zawidzki. *D. chem. G.*, 37, 3625. 1904; — (41) A. Hantzsch. *Z. f. ph. Ch.*, 56, 57, 1906; — (42) J. v. Zawidzki, *D. chem. G.*, 37, 2298, 1904.

Pseudo-bases. — (43) A. Hantzsch et M. Kalb, *D. chem. G.*, 32. 3109. 1899; — (44) A. Hantzsch et Oswald, *D. chem. G.*, 33, 278. 1900.

Pseudo-sels. — (45) H. Ley et H. Kissel. *D. chem. G.*, 32, 1357, 1899; — (46) H. Ley. *Z. f. Ph. Ch.*, 30, 193-257, 1899; — (47) Dittrich. *Z. f. Ph. Ch.*, 29, 449, 1899.

C. Marie

PSEUDO-ACONINE $C^{25}H^{39}AzO^8$. — Voyez Pseudo-aconitine. — Elle cristallise bien avec 1 mol. d'acétone. Elle fond à 86-87°. La pseudo-aconine. comme l'aconine, contient 4 méthoxyles. H. Delacre.

PSEUDO-ACONITINE (voyez 2ᵉ Suppl., 95). — Freund et Niederfrofheim [*D. chem. G.*, 29. 852. 1896] ont complété l'étude de la scission de cette base décrite par Wright comme se faisant en acide vératrique et pseudo-aconine.

L'ébullition de la pseudo-aconitine avec l'eau donne :

$$C^{36}H^{49}AzO^{12} + H^2O = C^{34}H^{47}AzO^{11} + C^2H^4O^2.$$

Picropseudoaconitine.

Si l'ébullition se fait avec une solution alcaline, on a de plus :

$$C^{34}H^{47}AzO^{11} + H^2O$$

$$= C^{25}H^{39}AzO^8 + \text{(acide vératrique, } CH^3O, CH^3O, COOH)$$

Pseudo-aconine.　　　　Acide vératrique.

Il existe un rapprochement intéressant entre cette formule de la pseudo-aconine et celle de l'aconine $C^{25}H^{41}AzO^9$ [voyez Dunstan, *Chem. Soc.*, 87, 1620, 1636. 1650. 1905].

M. Delacre.

PSEUDO-ACONITINE (PICRO-) $C^{34}H^{47}AzO^{11}$. — Cristaux fusibles à 210° (voyez pseudo-aconitine).

PSEUDOBAPTIGÉNINE. — Voyez Pseudo-baptisine.

PSEUDO-BAPTISINE. — Merck a introduit dans le commerce. sous le nom de baptisine, un mélange de produits extraits du *Baptisia tinctoria*.

Gorter [*Arch. Pharm.*, 235, 494, 1897] en a isolé la pseudo-baptisine sous forme de combinaison avec l'alcool méthylique $C^{27}H^{30}O^{14} + 1,5 H^2O + CH^4O$.

Ce corps, bouilli avec de l'acide sulfurique à 10 0/0, se scinde en *pseudo-baptigénine* d'après l'équation :

$$C^{27}H^{30}O^{14} + 3H^2O$$

Pseudo-baptisine.

$$= C^{15}H^{10}O^5 + C^6H^{12}O^6 + C^6H^{14}O^6$$

Ps.-baptigénine.　　Glucose.　　Rhamnose.

La pseudo-baptigénine cristallise dans l'alcool méthylique; elle ne contient pas de méthoxyle; elle fournit un *dérivé monoacétylé*, $C^{15}H^9O^5$ (C^2H^3O), fusible à 173°. M. Delacre.

PSEUDOBROOKITE (Min.) (Koch). — Sorte particulière de fer titané, paraît être un ortho-titanate ferrique, $2Fe^2O^3 . 3TiO^2 = (TiO^4)^3Fe^2$. Petits cristaux brun foncé ou noir, éclat métallique ou adamantin, parfois translucides en lames très minces, trouvés dans des roches andésitiques au mont Arany, comitat de Hunyade, Hongrie, et au Riveau Grand, Mont Dore. Grands cristaux opaques, avec apatite, quartz, fer titané et tschermakite. à Havredal, Bamle, Norvège. Dureté = 6. Densité = 4,39.

Forme cristalline. — Prisme orthorhombique : $a : b : c = 0,88 : 1 : 0,89$. Faces : $g^1 m h^2 p e^{1/2}$ $(b^{1/2} b^{1/4} h^1) a_2 h^1 h^3 a^3$. Clivage : h^1.

L. Bourgeois.

PSEUDOCALCÉDONITE (Min.) (A. Lacroix). — Variété de calcédoine ou silice quartzeuse, se distinguant de ses congénères par les caractères optiques. Les fibres sont optiquement négatives suivant leur allongement comme celles de calcédoine vraie ou calcédonite de M. Lacroix. Mais, dans ces dernières, la biréfringence est variable d'un point à l'autre de la fibre, et le minéral est biaxe avec bissectrice aiguë *positive*; ces deux caractères se rencontrent encore dans la quartzine qui, par ses agrégats réguliers, peut former le quartz. Dans la nouvelle variété, la biréfringence est constante sur toute la longueur de la fibre, le minéral est encore biaxe, mais optiquement *négatif*. Densité = 2,75. Assez répandu en des roches très diverses; un des plus beaux échantillons vient des caillasses du lutétien supérieur avoisinant le Val-de-Grâce à Paris.

L. Bourgeois.

PSEUDOCAMPHORIQUE (ACIDE),

$$C^{10}H^{16}O^4 = C^8H^{14}(CO^2H)^2.$$

— Cet acide est un des produits de la fusion alcaline de l'acide camphorique dont il est un isomère.

On le trouve dans les acides non volatils qui se forment en nombre variable dans la réaction. Il fond à 119-120°. Son *anhydride* fond à 52-53° et son *dérivé anilidé* $CO^2H . C^8H^{14} . CO AzH C^6H^5$, à 208°. C'est un acide saturé qui, sous l'action de l'acide sulfurique concentré, ne donne point d'oxyde de carbone, mais fournit un *acide sulfoné* analogue à l'acide sulfocamphylique. Sa constitution est inconnue [A.-W. Crossley et W.-H. Perkin, *Chem. Soc.*, 73, 44, 1898].

Mars 1906.　　　　G. Blanc.

PSEUDOCUMÈNE. — Le pseudocumène ou triméthylbenzène - 1.3.4 a été obtenu dans la distillation des huiles de graissage, opérée sous une pression de 10 atmosphères [Krœmer et Spilker, *D. chem. G.*, 33, 2265]. En décomposant le naphte à chaud sous de fortes pressions, selon la méthode imaginée par Nikiforof, on a pu trouver dans la portion bouillant au-dessus de 180° du pseudocumène [Zélinski, *Journ. Soc. phys. chim. russe*, 34, 2].

La chaleur spécifique du pseudocumène augmente avec la température [Kourbatof, *Journ. Soc. phys. chim. russe*, **35**, 119].

Lorsqu'on soumet le pseudocumène à l'hydrogénation par l'acide iodhydrique à 250°, pendant 50 heures, on obtient du triméthylhexaméthylène-1.2.4 et du tétraméthylpentaméthylène (Markownikoff). L'hydrogénation pratiquée par l'hydrogène, en présence du nickel, conduit au triméthylhexaméthylène (Sabatier et Senderens).

Le pseudocumène oxydé par le mélange de bioxyde de manganèse, et d'acide sulfurique, fournit l'aldéhyde $C^6H^3(CH^3)^2_{(1.2)}COH_{(4)}$ [*C. R.*, **133**, 634].

Le chlorure de soufre réagit à froid sur le pseudocumène en présence du couple aluminium-mercure, en donnant du *sulfhydrate de pseudocumyle* fondant à 116°, en même temps que le *sulfure* $[C^6H^2(CH^3)^3]S$.

Le chlorure de sulfuryle SO^2Cl^2 n'attaque pas à froid le pseudocumène, mais il réagit en présence du chlorure d'aluminium. Le produit de la réaction, traité par l'ammoniaque alcoolique, donne la *pseudocumylsulfamide* $C^6H^2(CH^3)^3 SO^2.AzH^2$ fondant à 179°, mélangée de chloropseudocumène.

Le pseudocumène réagit sur le chlorure d'éthyloxalyle en donnant le *pseudocumylglyoxylate d'éthyle*, liquide incolore bouillant à 175° sous 10 mm. [*Bull. Soc. Chim.*, **17**, 370].

Fluoropseudocumène, $C^6H^2F(CH^3)^3$. — Il s'obtient par décomposition du dérivé diazoïque correspondant à l'aide d'acide fluorhydrique. C'es tune huile se concrétant à la température ordinaire en une masse qui fond à 26° et bout à 172° [Tühl, *D. chem. G.*, **25**, 1525].

Chloropseudocumène, $C^6H^2Cl(CH^3)^3$. — L'action de l'acide chlorhydrique sur le dérivé diazoïque du pseudocumène, l'action du chlorure de sulfuryle sur le pseudocumène en présence de chlorure d'aluminium, fournissent le chloropseudocumène sous forme d'une huile distillant à 208°. L'acide nitrique à froid le transforme en dérivé dinitré (Haller).

Bromopseudocumène, $C^6H^2Br(CH^3)^3$. — Il fond à 72°, bout à 233°.

Iodopseudocumène, $C^6H^2I(CH^3)^3$. — L'*iodure de diazopseudocumène* $C^6H^2(CH^3)^3Az=AzI.5H^2O$, obtenu par action de HI sur le chlorure de diazopseudocumène, se décompose à 0° en donnant des cristaux d'iodopseudocumène fondant à 370°, bouillant à 256° [Wilgerodt, *D. chem. G.*, **27**, 1904].

Iodosopseudocumène, $C^6H^2(CH^3)^3IO$. — On l'obtient par l'action d'une solution de carbonate de soude sur le chlorure d'iodosopseudocumène. C'est une poudre amorphe jaune clair (Wilgerodt).

Iodylpseudocumène, $C^6H^2(CH^3)^3IO^2$. — En traitant le même chlorure par une lessive de soude étendue, on obtient ce composé. Ce sont des aiguilles se détruisant à 210° avec détonation (Wilgerodt).

Chlorure d'iodosopseudocumène, $C^6H^2(CH^3)^3 ICl^2$. — Il s'obtient en faisant passer un courant de chlore dans la solution chloroformique refroidie d'iodosopseudocumène. Ce sont des prismes jaunes peu stables, fumant à l'air et se détruisant vers 67°.

Chlorodinitropseudocumène, $C^6H^2(CH^3)^3_{1.5.4}(AzO^2)^2_{(2.5)}.Cl_{(6)}$. — Le chloropseudocumène, traité à froid par de l'acide azotique de densité 1,48, en présence d'acide sulfurique concentré, se transforme en *dérivé dinitré*, qui cristallise en aiguilles fusibles à 205°. Par réduction, il donne le *paradiamidochloropseudocumène* $C^6H^2(CH^3)^3(AzH^2)_{(2.5)}.Cl_{(6)}$ fondant à 171°. Par oxydation, à l'aide du perchlorure de fer, sa solution se colore en violet, et donne des aiguilles jaune

orangé constituées par la quinone correspondante, la *chloropseudocumoquinone* fondant à 72° qui, réduite par l'acide sulfurique, donne une *hydroquinone* fusible à 202° [Nietzki et Schneider, *D. chem. G.*, **27**, 1426].

Diamido-p-pseudocumène, $C^6H(CH^3)^3(AzH^2)^2$. — On l'obtient en réduisant le dinitro-p-pseudocumène. Par oxydation, au moyen du perchlorure de fer, il donne la *pseudocumoquinone* fusible à 32°. Chauffée avec une solution aqueuse d'hydroxylamine, celle-ci fournit une *monoxime* fusible à 184° [Nietzki et Schneider, *D. chem. G.*, **27**, 1426].

Dipseudocumylamine, $[C^6H^2(CH^3)^3CH^2]^2AzH$. — Elle a été obtenue par réduction de la pseudocumylidène-aldazine au moyen de la poudre de zinc et de l'acide acétique en présence d'alcool (rendement 10 0/0) :

$$(CH^3)^2 C^6H^2 CH=Az - Az=CH C^6H^2(CH^3)^2$$
$$+ 3H^2=AzH^3 + [C^6H^2(CH^3)^3 CH^2]^2 AzH.$$

C'est une base cristallisant dans l'alcool en aiguilles blanches fusibles à 78°, insolubles dans l'eau. Le *sulfate acide* est en aiguilles fusibles à 189°, peu solubles dans l'eau froide. Le *chlorhydrate* fond à 226°; le *nitrate* est en aiguilles fondant à 203°. Le *nitrite* en aiguilles blanches, insolubles dans l'eau, peu solubles dans l'alcool. Il fond à 148° en se décomposant. Chauffé avec de l'alcool absolu, il se transforme peu à peu en *nitrosamine*, qui cristallise dans l'alcool en aiguilles jaunâtres fusibles à 85°, solubles dans l'éther, insolubles dans l'eau. La réduction de cette nitrosamine par la poudre de zinc, l'alcool et l'acide acétique, entre 10 et 15°, a fourni la *dipseudocumylhydrazine* $[C^6H^2(CH^3)^3CH^2]^2Az.AzH^2$, qui forme un *chlorhydrate* en aiguilles fusibles à 203°, peu solubles dans l'alcool, le benzène et l'eau à froid [Curtius et Franzen, *D. chem. G.*, **34**, 522, 1901].

ÉTHYLPSEUDOCUMÈNE. — L'éthylpseudocumène, obtenu au moyen du bromopseudocumène, de l'iodure d'éthyle et du sodium, est une huile bouillant à 206-208°, ou à 88° sous 13 mm.

Il fournit, par l'action du brome, un *dérivé dibromé* cristallisé en aiguilles fusibles à 218°.

L'acide sulfurique réagissant sur ce carbure donne un *dérivé sulfoné* soluble dans le benzène et qui cristallise en aiguilles fondant à 17°. Son *sel de cuivre* et son *sel de zinc* sont peu solubles, et cristallisés en belles lamelles [Auwers et Keil, *D. chem. G.*, **35**, 2250]. La *sulfamide* fond à 153°.

La chlorhydrine sulfurique réagissant sur l'éthylpseudocumène donne un *dérivé sulfoné* différent, dont la *sulfamide* fond à 86°.

PROPIONYLPSEUDOCUMÈNE. — Il a été obtenu en faisant agir 30 gr. de chlorure d'aluminium, 25 gr. de pseudocumène et 30 gr. de chlorure de propyle dans 100 gr. de ligroïne; c'est une huile bouillant à 154° sous 20 mm.

Le *propénylméthopseudocumène*, obtenu par l'acétopseudocumène sur l'iodure de propylmagnésium, est un liquide incolore bouillant à 234-236°, de densité 0,8992 [Klages, *D. chem. G.*, **35**, 2633].

ACÉTYLPSEUDOCUMÈNE. — L'acétylpseudocumène $C^6H^2(CH^3)^3_{(1.3.5)}(COCH^3)_{(4)}$, préparé par action du chlorure d'acétyle sur le pseudocumène en présence de $AlCl^3$, cristallise en prismes fondant à 10°, bouillant à 246°.

Oxydé par le permanganate, il fournit l'*acide pseudocumylglyoxylique* $C^6H^2(CH^3)^3CO.CO^2H$ qui, par oxydation, fournit l'acide $C^6H^2(CH^3)^3_{(1.2.6)}CO^2H_{(4)}$

L'acétylpseudocumène s'unit directement à l'acide phosphorique pour donner une combinaison moléculaire $C^{11}H^{14}O.PO^4H^3$, cristallisée en paillettes fondant à 113°, peu solubles dans l'éther froid.   Avril 1907.   A. Mailhe.

PSEUDOCUMÉNOL. — Le *pseudocuménol* (voyez 1er Supp., **1**, 565) a été obtenu comme produit secondaire de l'action de l'acide iodhydrique sur le pseudodiazocumène. Il fond à 71° et bout à 234° (Auwers).

Oxydé par le réactif de Caro, le pseudocuménol a été transformé en *triméthyl-3.4.6-quinol* et en *dipseudocuménol*

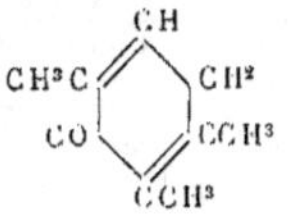

$$\begin{array}{c}
CH \\
CH^3C \quad\quad CH^2 \\
CO \quad\quad CCH^3 \\
CCH^3
\end{array}$$

fondant à 137°,5 [Auwers, *Bull. Soc. Chim.*, **28**, 600; — Bamberger, *D. chem. G.*, **36**, 2028].

Par action du brome dissous dans l'acide acétique sur le pseudocuménol dissous dans le même solvant, on obtient à la fois du *dibromopseudocuménol* $C^9H^{10}Br^2O$ et du *tribromopseudocuménol* $C^9H^9Br^3O$ bien cristallisé, fondant à 125°. Ce dérivé tribromé est insoluble dans les alcalis et ne possède pas les propriétés des phénols, ce qui indique l'absence d'un oxhydryle. Mais un atome de brome se distingue facilement des deux autres, par ce fait qu'il se laisse facilement remplacer par des groupes oxyforméniques tels que OCH^3. Le *méthoxydibromopseudocuménol* s'obtient, en effet, en chauffant pendant 5 minutes le dérivé tribromé avec le méthanol [Auwers et Maas, *D. chem. G.*, **32**, 22 et 3447].

Auwers a proposé, pour formule de constitution de ce dérivé tribromé, la suivante :

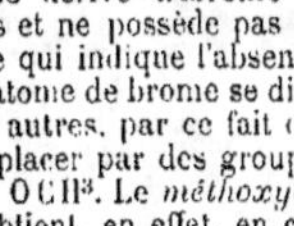

$$\begin{array}{c}
C-CH^3 \\
Br \quad\quad OBr \\
CH^3-C \quad\quad Br \\
C-CH^3
\end{array}$$

Zincke, au contraire, a proposé la formule :

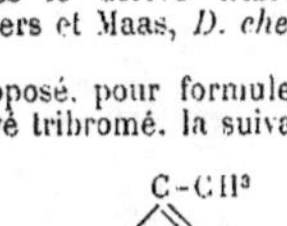

$$\begin{array}{c}
Br \quad CH^3 \\
C \\
BrC \quad\quad CCH^3 \\
CH \quad\quad CBr \\
CO
\end{array}$$

à laquelle Auwers s'est rallié.

Ce bromure de dibromopseudocuménol, traité par l'isobutyrate de potassium, fournit le *tribromo-isobutyrylpseudocuménol*

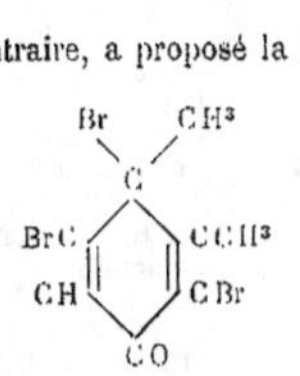

$$\begin{array}{c}
CH^3 \quad OC^4H^7O \\
C \\
BrC \quad\quad CCH^3 \\
CH \quad\quad CBr \\
CO
\end{array}$$

cristallisé en houppes fusibles à 113° [Auwers, *D. chem. G.*, **34**, 280].

En traitant le *tribromopseudocuménol* dans l'acide acétique par l'acide bromhydrique, on forme un *dibromopseudocuménol* fondant à 128°, et dont la constitution est différente du précédent, c'est le composé

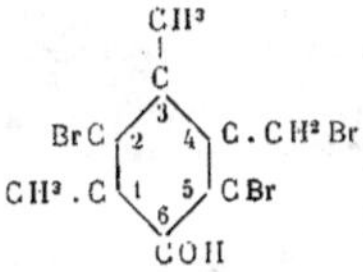

$$\begin{array}{c}
CH^3 \\
C \\
BrC \underset{2}{\overset{3}{|}} \quad \underset{4}{|} C.CH^2Br \\
CH^3.C \underset{1}{|} \quad \underset{5}{|} CBr \\
6 \\
COH
\end{array}$$

[Auwers, *D. chem. G.*, **32**, 3447].

Il a été obtenu aussi par l'action du brome sur le bromure du dérivé monobromé (Anselmino).

L'alcool méthylique à l'ébullition le transforme en *éther méthylique* $C^6(CH^2OCH^3)Br^2(CH^3)^2OH$ où Br est remplacé par le groupement OCH^3. Il est en lamelles fondant à 43°. Par action de l'acide acétique et de la poudre de zinc sur ce tribromure à l'ébullition, on prépare le *dérivé acétylé du dibromopseudocuménol* en prismes $C^6(CH^3)^2Br^2(CH^2O.OCH^3)OH$ fondant à 116° [Anselmino, *D. chem. G.*, **35**, 796]. Ce dérivé tribromé, saponifié par la potasse, fournit l'alcool *dibromooxypseudocumylique*, $C^6(CH^3)^2CH^2OH.Br^2.OH$, où Br est remplacé par OH. Il fond à 154°.

Oxydée au moyen de l'acide nitrique, la solution dans l'acide acétique du tribromopseudocumène, fondant à 128°, donne l'*oxytribromopseudocuménol* qui cristallise en prismes ou en feuillets fondant à 158°. La poudre de zinc en présence d'acide acétique le réduit en *dibromopseudocuménol*. L'anhydride acétique le transforme en *éther diacétique* $C^6(CH^3)^2Br^2(CH^2O.COCH^3)(OCOCH^3)$.

Le tribromopseudocuménol fond à 128°. Soumis à l'action du brome, il donne un mélange de *tétrabromopseudocuménol* et de *pentabromopseudocuménol* en cristaux fondant à 174°, que l'action du zinc et de l'acide chlorhydrique à froid ramène au dibromure primitif [Anselmino, *D. chem. G.*, **35**, 131].

ALCOOL OXYPSEUDOCUMYLIQUE, $C^6H^2(CH^3)^2CH^2OH.OH$. — On connaît deux alcools du pseudocuménol, l'un désigné sous le nom d'*alcool p-pseudocuménol*

$$\begin{array}{c}
C.CH^2OH \\
CH \underset{5}{\overset{6}{\diagup}} \overset{1}{\diagdown} CCH^3 \\
CH^3C \diagdown_4 \diagup_3 CH \\
C.OH
\end{array}$$

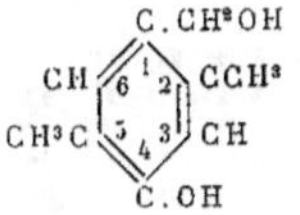

où CH^2OH et COH sont en position para, l'autre, l'*alcool m-pseudocuménol*

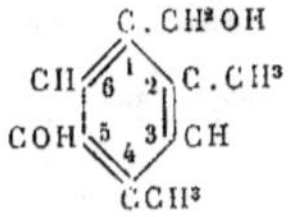

$$\begin{array}{c}
C.CH^2OH \\
CH \underset{5}{\overset{6}{\diagup}} \overset{1}{\diagdown} C.CH^3 \\
COH \diagdown_4 \diagup_3 CH \\
CCH^3
\end{array}$$

L'*alcool p-pseudocuménol* a été préparé : 1° en chauffant à 50°, en présence de chaux éteinte, de la formaldéhyde avec du pseudocuménol [Manasse, *D. chem. G.*, **27**, 2409]; 2° en dissolvant le p-xylénol dans la soude à 5 0/0, et le faisant digérer avec de la formaldéhyde. En neutralisant par l'acide acétique, on précipite l'oxyalcool. Il cristallise en tables rhomboïdales ou hexagonales fusibles à 165°. Par action du méthanol à 150°, on forme l'*éther méthylique* $C^6H^2(CH^3)^2OH(CH^2OCH^3)$, fondant à 101° [Auwers et Keil, *D. chem. G.*, **35**, 3844].

L'alcool m-pseudocuménol a été obtenu en traitant par l'amalgame de sodium le dibromo-m-pseudocuménol $C^6(CH^3)^2CH^2Br.CH.Br^2$. Il fond à la température de 153°. Le brome en excès le convertit en tribromopseudocuménol. Son *dérivé dibromé* fond à 154°, et donne un *éther diméthylique* fondant à 106° et un *éther diéthylique* fondant à 55°.

Avril 1907. A. Mailhe.

PSEUDOÉPHÉDRINE $C^{10}H^{15}O Az$. — Alcaloïde extrait de l'*Ephedra vulgaris*; très peu soluble dans l'eau froide, très soluble dans l'éther, d'où il se dépose en cristaux fusibles à 114-115°. Il donne un *dérivé nitrosé* fondant à 80-82°, un *dérivé dibenzoylé* fondant à 119-120°. On en a préparé le *chlorhydrate*, le *bromhydrate*, le *chloraurate*.

La pseudoéphédrine est toxique; elle agit comme mydriatique [Ladenburg et Olschlögel, *D. chem. G.*, 22, 1823, 1889].

Juin 1907. E. Rengade.

PSEUDOGAYLUSSITE (Min.). — Voyez NATROCALCITE, 2° Suppl., 5.

PSEUDOMÉSOLITE (Min.) (Winchell). — Zéolite, $Na^2O.2CaO.6SiO^2$, $10H^2O$, très voisine de la mésolite par sa composition, mais s'en distinguant par ses propriétés optiques qui indiquent un prisme de l'un des derniers systèmes, possédant deux clivages à peu près rectangulaires. Fibres radiées ou entrelacées irrégulièrement, dans l'anorthosite de Carlton Peak, Minnesota, Etats-Unis. Dureté = 4,55. Densité = 2,215. L. Bourgeois.

PSEUDOMORPHINE. — Voy. OXYDIMORPHINE.

PSEUDONATROLITE (Min.) (Grattarola). — Silicate hydraté d'aluminium et de calcium, plus siliceux et plus fusible que la mésotype, en fines aiguilles rhombiques dans la granulite de San Piero, île d'Elbe. L. Bourgeois.

PSEUDOPELLETIÉRINE. — Voyez GRANATONINE.

PSEUDO-PHELLANDRÈNE, PSEUDO-CARVESTRÈNE, PSEUDO-PINÈNE, PSEUDO-TERPÈNES. — Voyez TERPÉNIQUE.

PSITTACINITE (Min.) (Genth). — Vanadate de plomb et de cuivre hydraté, $3[Pb, Cu]O.2V^2O^5$, $9H^2O$. Croûtes microcristallines vert-perroquet, sur quartz, à Silver Star district, Montana, Etats-Unis. L. Bourgeois.

PSORONIQUE (ACIDE). — Voy. LICHENS.

PSYLLOSTÉARIQUE (ALCOOL). — Les larves d'une blatte, la *Psylla alni*, sécrètent une substance blanche qui, épuisée par l'éther, puis par le chloroforme, dépose un corps que Sundwick a d'abord dénommé *alcool psyllostéarylique* [*Zeit. physiol. Chem.*, 17, 425] et auquel il a reconnu la formule

$$C^{33}H^{66} {\Large<} {}^{O}_{O} {\Large>} C^{33}H^{66}$$

Ce corps donne avec l'acide bromhydrique concentré au-dessus de 200° un dérivé possédant la propriété de fixer jusqu'à 13 molécules d'eau et provenant du corps précédent par hydratation :

$$C^{33}H^{66} {\Large<} {}^{O}_{O} {\Large>} C^{33}H^{66} + H^2O = 2C^{33}H^{66} {\Large<} {}^{OH}_{OH}$$

Ce corps a été appelé *alcool psyllostéarique* [*Zeit. physiol. Chem.*, 25, 116]. De nouvelles recherches ont montré que la cire de psylla serait un éther-sel dédoublable par l'acide bromhydrique en *acide psyllostéarylique* $C^{32}H^{63}CO.OH$ en losanges fusibles à 94-95°, et en *alcool psyllostéarylique* $C^{33}H^{67}OH$ en écailles soyeuses fusibles à 68-70° et dont on a préparé l'*éther benzoïque* [Sundwik, *Zeit. physiol. Chem.*, 32,

355, 1901; voir aussi Holde, *D. chem. G.*, 38, 1247; 1905]. 1er mai 1907. A. Hébert.

PSYLLOSTÉARYLIQUES (ALCOOL ET ACIDE). — Voyez PSYLLOSTÉARIQUE.

PTÉROCARPINE. — (Voyez 1er Suppl., 1310; voyez aussi l'article HOMOPTÉROCARPINE). — La ptérocarpine a été étudiée de nouveau par Cazeneuve et Hugounenq [*Bull. Soc. Chim.*, (2), 48, 88; 50, 644, 1887 et 1888]. C'est un corps blanc, bien cristallisé, insoluble dans l'eau et l'alcool froid, soluble dans l'alcool et le sulfure de carbone bouillants, dans le chloroforme et un peu dans l'éther. Il fond à 152°, est fortement lévogyre et répond à la formule $C^{20}H^{16}O^7$: il est neutre aux réactifs et présente les mêmes réactions que l'homoptérocarpine dont il doit être un homologue inférieur, renfermant le même noyau fondamental et ne différant que par les radicaux de substitution. 1er mai 1907. A. Hébert.

PTILOLITE (Min.) (W. Cross et Eakins). — Minéral zéolitique, $[Ca, K^2, Na^2]O, Al^2O^3, 10SiO^2, 5H^2O$, en masses blanches formées de fines aiguilles enchevêtrées, dans une andésite de Green et Table Mountains, comté de Jefferson, Colorado.

PTOMAÏNES et LEUCOMAÏNES. — Voyez 1er Suppl., 1310. On sait que Selmi a donné le nom de *ptomaïnes* aux substances alcaloïdiques d'origine cadavérique; mais que c'est le très grand mérite de A. Gautier d'avoir établi, avant Selmi, ce fait capital, à savoir que ces alcaloïdes proviennent de la dislocation des matières protéiques sous l'influence des bactéries de la putréfaction. A. Gautier a montré, en outre, que des substances basiques analogues aux ptomaïnes prennent naissance pendant la vie au cours de la désintégration des matières protéiques. Ce sont les leucomaïnes. On n'insiste pas ici sur l'importance de cette double découverte, déjà mise en lumière dans l'article visé ci-dessus, sinon pour dire que les travaux qui ont paru depuis cette époque n'ont fait qu'en élargir encore la haute signification physiologique (voyez aussi le travail d'ensemble de A. Gautier, sur les *Alcaloïdes dérivés de la destruction bactérienne ou physiologique des tissus animaux. Acad. de Méd.*, 1866).

PTOMAÏNES. — A la suite des travaux fondamentaux de Gautier et de Selmi, de Gautier et Etard, de Bieger, etc..., on a d'abord continué à étudier les ptomaïnes résultant de la putréfaction banale de divers milieux, ou d'opérations comme la maturation des fromages, dans lesquelles il y a collaboration d'un grand nombre d'espèces bactériennes. Citons ici les ptomaïnes fournies par la destruction de la chair de diverses espèces animales : chair d'octopus [OEchsner de Conninck, *C. R.*, 112, 584, 1891; 117, 1097, 1894; 126, 651, 1898 et 129, 109, 1899]; viande de cheval ou viandes diverses, pancréas [S.-A. Garcia, *Zeit. phys. Chem.*, 17, 542, 555, 570 et 577, 1893; — Jescrich et Niemann, *Hyg. Rundsch.*, 3, 813, 1896; — Pareau et Hoffmann, *Jahresb. de Maly.*, 24, 646, 1894; — Gulewitsch, *Zeit. phys. Chem.*, 20, 287, 1894]; chair de poisson [Benysck, *Jahresb. de Maly*, 25, 604, 1905]; des déchets industriels d'os et de viande [G. Ponchet, *Mon. de Quesneville*, 1884, 253]; les ptomaïnes extraites de cadavres [Mecke et Wimmer. *Chem. Centralblatt*, 2, 111, 1898; — Mecke, *Zeit. öff. Chem.*, 5, 204, 1899] ou de fromages divers [Voyez Malenchini, *Jahresb. de Maly*, 23, 228, 1883; — Dokkum, *ibid.*, 24, 253, 1894; — Lepierre, *C. R.*, 118, 476, 1894; — Pflüger, *Jahresb. de Maly*, 24, 644, 1894; — Holst. *Centralbl. f. Bact.*, 20, 160, 1896; — V.-C. Vaughan et Perkin, *Arch. f. Hyg.*, 27, 328, 1896; — Weber, *Journ. Am. Chem. Soc.*, 12,

485, 1891], du maïs avarié [Gosio et Ferrati, *Jahresb. de Maly*. 27. 793. 1897], du riz avarié [Babés et Manicatido. *C. R.*, **131**, 201, 1900]. Au point de vue plus spécialement médico-légal, citons encore les ptomaïnes analogues à la strychnine, l'aconitine, la colchicine et la vératrine, isolées respectivement par Mecke et Wimmer [*loc. cit*], par Mecke [*loc. cit.*], par Salmelson [*Chemik. Zeitg.*, **19**. 1315. 1895], par Stüber [*Zeit. Unten. d. Nahrungs. u. Genussmitt.*, **6**. 1137, 1904].

Toutes ces ptomaïnes putréfactives, très intéressantes au point de vue hygiénique ou médico-légal, sont les produits de l'activité de plusieurs espèces, sans qu'on puisse les rapporter à aucune d'elles en particulier, ce qui diminue beaucoup leur intérêt physiologique. Au contraire, la détermination précise des modifications imprimées par chaque espèce bactérienne au milieu dans lequel elle végète, et notamment l'étude des alcaloïdes qu'elle engendre, devient de plus en plus l'un des caractères spécifiques importants en microbiologie. Dans cette direction nous devons citer l'étude des cultures de bacillus subtilis [Zuelzer, *Berl. klin. Woch.*. n° 4, 1891], de micrococcus tetrag. [Griffith, *C. R.*, **115**, 418, 1892], des microbes du choléra du porc ou du choléra asiatique [Schweinitz, *Journ. Am. Chem. Soc.*, **13**, 61. 1891; — F.-G. Novi, *Jahresb. de Maly*, **21**. 487, 1891; — G. Ponchet. *C. R.*. **100**, 220 et **101**, 510], des bacilles tuberculeux [Zuelzer, *Berl. klin. Woch.*, n° 4. 1891], du bacillus piscicidus agilis [N. Sieber. *Arch. des sc. biol. de Saint-Pétersbourg*, **3**, 226, 1894], de proteus vulgaris [T. Carbone, *Jahresb. de Maly*, **21**. 457. 1891]. Dans tous ces cas, des ptomaïnes ont pu être isolées.

Enfin, on a recherché aussi les ptomaïnes qui apparaissent dans le contenu intestinal, dans l'urine, dans le sang, etc..., chez des sujets atteints de maladies infectieuses. Mais on ignore dans quelle mesure les bases isolées ainsi proviennent de l'action directe du bacille sur le milieu qui lui est offert, ou de la réaction des cellules de l'organisme troublées dans leur chimisme. Citons ici les recherches de Nicati et Rietsch [*C. R.*, **99**, 928. 1884], de Villiers [*C. R.*. **100**, 91. 1884] sur le choléra; de Villiers, de Griffiths sur les bases que l'on trouve dans l'urine au cours de certaines maladies [*C. R.*, **100**, 1246. 1884 ; **114**. 496 et 1382. 1892 et **115**, 185 et 667, 1892].

On ne décrira pas ici toutes ces bases, dont un grand nombre n'ont encore été isolées et caractérisées que d'une manière très incomplète. On sait, d'ailleurs, que les bases ptomaïniques appartiennent à des familles chimiques très différentes (monoamines, diamines, bases névriniques, bases pyridiques et hydropyridiques), avec lesquelles plusieurs de ces bases ont été décrites dans cet ouvrage. Outre l'énumération des ptomaïnes actuellement connues, faites par A. Gautier [1er Suppl., 1310 et *Acad. de Méd.*, 1884]. citons la liste dressée un peu plus tard par Brieger [*Arch. de Virchow*, **115**, 453, 1889].

Une mention particulière doit être faite pourtant, quant à la *sepsine* (voyez 1er Suppl., 1310). 5 kg. de levure putréfiée ont fourni à E.-S. Faust 30 gr. de sulfate de sepsine, $C^5H^{14}O^2Az^2, SO^4H^2$, en aiguilles feutrées, très solubles dans l'eau, peu solubles dans l'alcool, insolubles dans l'éther. Évaporé à plusieurs reprises avec de l'eau, ce sel se transforme en sulfate de pentaméthylène-diamine et perd donc sa toxicité. La base libre est soluble dans l'eau et a une réaction alcaline. 20 milligr. du sulfate tuent en 4 heures un chien de taille moyenne [*Arch. exp. Path.*. **51**, 248. 1905].

Comme complément à l'étude des *procédés d'extraction* des ptomaïnes, voyez l'intéressante méthode de Hugounenq et Eyraud [*C. R.*, **113**, 145, 1891].

LEUCOMAÏNES. — A. Gautier a montré que les animaux supérieurs (mammifères) n'empruntent à l'air qu'une partie, environ les quatre cinquièmes, de l'oxygène que l'on retrouve dans l'ensemble de leurs sécrétions et des gaz qu'elles expirent. Le cinquième environ de cet oxygène provient donc de la destruction autonome des aliments et des tissus, c'est-à-dire que les tissus vivent en partie d'une vie sans air, semblable à celle des ferments anaérobies. Or, parmi les produits de l'activité de ces derniers, apparaissent d'une manière constante des ptomaïnes. On devait donc s'attendre à trouver aussi de tels corps dans les tissus et les excrétions des animaux. L'expérience a pleinement confirmé ces prévisions. En effet, des alcaloïdes analogues aux ptomaïnes, les leucomaïnes, existent dans les urines, dans la salive. Elles existent surtout en abondance dans le muscle, d'où A. Gautier en a retiré toute une série en 1886. Ce sont l'amphicréatine, la crusocréatine, la xanthocréatinine, la pseudoxanthine (voy. ces mots), les bases $C^{11}H^{24}Az^{10}O^5$ et $C^{12}H^{25}Az^{11}O^5$ [A. Gautier, *Bull. Soc. Chim.*. **48**, 16, 1887 ; *Bull. de l'Acad. de Méd.*. 1886].

Plus récemment, dans un travail qui se rattache étroitement au précédent, A. Gautier a étudié de plus près, avec Landi, le mécanisme de la vie aérobie du muscle détaché de l'organisme et maintenu à l'abri de tout germe, et il a suivi l'apparition des produits de cette *vie résiduelle* du muscle, image à peine altérée du travail chimique autonome de ce tissu pendant la vie d'ensemble [voy. au mot MUSCULAIRE (tissu), 2e Suppl.]. De fait, les leucomaïnes que l'on voit apparaître ici sont celles que l'on saisit pendant la vie même de l'animal. Ces bases naissent du dédoublement des matières albuminoïdes du muscle dont la quantité diminue parallèlement [A. Gautier et Landi, *C. R.*, **114**, 1045, 1154, 1312 et 1449]. Des leucomaïnes ont été trouvées encore dans la rate [E. Morelle, *Thèse de Méd.*, Lille, 1886]: dans les tissus, à la suite de brûlures par l'eau bouillante et les caustiques ou à la suite du vernissage de la peau [Tirelli, *Jahresb. de Maly*, **28**, 684, 1898 ; — Kijanizin, *Arch. de Virchow*, **131**, 436, 1893 ; — Ajello et Parcascandolo, *Jahresb. de Maly*, **28**, 688, 1898]; dans le sang (plasmaïnes) [R. Wurtz, *Thèse de Méd.*. Paris, 1889 ; — A. Gautier, *Cours de chimie biol.*, Paris, 1897, 227]; dans l'huile de foie de morue en dehors de toute putréfaction [A. Gautier et L. Mourgues, *Bull. Soc. Chim.*, (3), **2**, 313, 1889]; dans certaines tumeurs ou liquides kystiques [Boinet, *Soc. de Biol.*, **47**, 476, 1895 et **49**, 778, 1897]; dans le sérum des diabétiques [Lépine et Boulud, *C. R.*, **134**, 1341, 1903].

Les dédoublements qui donnent naissance à ces leucomaïnes et qui se passent donc en vie anaérobie, constituent sans doute de véritables *combustions internes*, c'est-à-dire que l'oxygène nécessaire à la combustion est emprunté à la molécule comburée elle-même. De telles combustions ont lieu chaque fois qu'un dédoublement détache d'une molécule des fragments — de l'acide carbonique par exemple — emportant avec eux la majeure partie de l'oxygène contenu dans cette molécule. Corrélativement les fragments restants, pauvres en oxygène ou même complètement désoxydés, représentent des produits de réduction. Les leucomaïnes sont précisément de tels corps que l'organisme oxyde ensuite ultérieurement au contact de l'oxygène apporté par la circulation. On ne saurait citer d'exemple plus frappant et plus intéressant d'une telle combustion interne que le dédoublement de l'ornithine, le produit d'hydrolyse de l'arginine, en putrescine ou tétraméthylène-diamine et en acide carbonique :

$$AzH^2 - CH^2 - CH^2 - CH^2 - CH(AzH^2) - CO^2H$$
$$= CO^2 + AzH^2 - CH^2 - CH^2 - CH^2 - CH^2 - AzH^2.$$

Ellinger a observé cette transformation sous l'influence des bactéries de la putréfaction [D. chem. G., 31, 3183, 1898], et cette réaction est en tout semblable au dédoublement bactérien de la tyrosine en acide carbonique et para-oxyphényléthylamine décrite par A. Gautier. On conçoit que dans les tissus les diastases intracellulaires puissent opérer le même genre de dédoublements, et qu'à l'état pathologique les bases ainsi formées puissent échapper à la combustion qui, à l'état normal, achève de les détruire. C'est bien ce que Lœwy et Neuberg [Zeit. physiol. Chem., 43, 338, 1904] ont constaté chez le cystinurique, chez qui la lysine et l'arginine (c'est-à-dire en définitive l'ornithine) ingérées reparaissent dans les urines respectivement sous la forme de cadavérine ou pentaméthylène-diamine et de putrescine, dont l'organisme du cystinurique est incapable d'achever la combustion.

C'est la confirmation éclatante de ce qu'écrivait A. Gautier en 1887, à propos du travail anaérobie d'une partie de nos tissus et des bases toxiques qui en résultent. « Nous résistons à cette auto-intoxication par deux mécanismes : l'élimination incessante du toxique et l'*oxydation*. Mais qu'une cause quelconque vienne à enrayer l'élimination ou l'activité respiratoire, les substances de la nature des leucomaïnes envahissent l'économie et les phénomènes pathologiques commencent ». E. Lambling.

PTYALINE. — Voyez SALIVE.

PUCHERITE (Min.) (Frenzel). — Orthovanadate de bismuth, VO⁴Bi. Très petits cristaux rouge hyacinthe, brun jaunâtre ou noirâtres, d'un vif éclat, à la mine Pucher, Schneeberg, Saxe, et à la mine Arme Hilfe, près Ullersreuth, Voigtland.

Caractères. — Soluble dans l'acide chlorhydrique avec dégagement de chlore, la solution rouge foncé verdit à l'air et dépose par addition d'eau un précipité jaunâtre. Au chalumeau, décrépite fortement. Dureté = 4. Densité = 6, 429.

Forme cristalline. — Prisme orthorhombique : $mm = 122°\,55'$: $a:b:c = 0,532:1:2,335$. Formes : $m\,p\,h^1a^1e_2g^1e_2(b^1/_3b^1/_2h^1/_2)$. Clivage : p.

L. Bourgeois.

PULÉGÈNE, PULÉGÉNIQUE (ACIDE), PULÉGOL. — Voyez PULÉGONE.

PULÉGONE, $C^{10}H^{16}O$.

I. PULÉGONE NATURELLE.

La pulégone, $C^{10}H^{16}O$, après avoir été entrevue par Kane en 1838 [Ann. Chem., 32, 286] et par Boutlerow [Jahresb., 1854, 594], a été isolée en 1891 par Beckmann et Pleissner [Ann. Chem., 262, 1] de l'essence de Menthe pouliot (*Mentha Pulegium*). Elle forme 70 à 80 0/0 de cette essence et se trouve dans la partie bouillant à 110-112° sous 20 mm. avec un peu de menthol (10 0/0 environ) et peut-être de l'α ou de la β-isopulégone [L. Tétry, *Bull. Soc. Chim.*, 27, 190, 1901]. On la rencontre aussi, d'après P. Genvresse et E. Chablay [C. R., 136, 387, 1903], dans les dernières portions, bouillant vers 220°, de l'essence de marjolaine. On l'obtient à l'état pur en la régénérant de son oxime par les acides ou de sa combinaison bisulfitique.

Constitution. — C'est une cétone α-β-éthylénique. Sa constitution

$$CH^3 - CH \begin{matrix} < CH^2 - CO \\ < CH^2 - CH^2 \end{matrix} > C = C \begin{matrix} < CH^3 \\ < CH^3 \end{matrix}$$

a été définitivement établie par Semmler [D. chem. G., 25, 35, 135, 1892] qui a réussi à la dédoubler par oxydation en acétone et acide β-méthyladipique, et confirmée par Wallach [Ann. Chem., 289, 337, 1896] qui a obtenu par l'acide formique ou la vapeur d'eau de l'acétone et de la β-méthylcyclohexanone.

PROPRIÉTÉS PHYSIQUES. — Elle bout à 212-216° (Beckmann et Pleissner) ; à 100-101° sous 15 mm. [Baeyer et Henrich, D. chem. G., 28, 652, 1895] ; à 110-112° sous 20 mm. (L. Tétry). Sa densité est de 0,9323 (B. et P.), de 0,9424 à 0° et de 0,9293 à 23° [Barbier, C. R., 114. 126, 1892]. Le pouvoir rotatoire $[\alpha]_D = +22°,89$ (B. et P.) ; $[\alpha]_D = +22°,94$ (B. et H.) ; $[\alpha]_D = +25°\,15'$ (Barbier).

Régénérée de son oxime, elle bout à 220-224° avec $d = 0,934$ et $n_D = 1,4836$, et de sa combinaison bisulfitique elle bout à 221-222° avec $d = 0,936$ et $n_D = 1,4846$ (Wallach).

La pulégone absorbe très peu l'énergie des oscillations électriques [P. Drude, D. chem. G., 30, 957, 1897]. Elle se colore rapidement en jaune même en vase clos et ne se solidifie pas à —10°.

PROPRIÉTÉS CHIMIQUES. — La potasse alcoolique résinifie plus ou moins la pulégone. La phénylhydrazine ne donne que des produits huileux altérables. La pulégone recolore la fuchsine décolorée par SO^2 et réduit la solution ammoniacale d'azotate d'argent (Beckmann et Pleissner).

Dédoublement. — La pulégone se dédouble en acétone et β-*méthylcyclohexanone*,

$$CH^3 - CH \begin{matrix} < CH^2 - CO \\ < CH^2 - CH^2 \end{matrix} > CH^2$$

sous l'influence de l'acide formique absolu et bouillant, ou mieux de l'eau sous pression à 250° (Wallach) ou encore avec l'acide sulfurique assez concentré [N. Zélinsky, D. chem. G., 30, 1532, 1897] (Voyez MÉTHYLCYCLOHEXANONE-1.3).

Le brome en solution acétique fournit un *dérivé d'addition* $C^{10}H^{16}OBr^2$, qui perd HBr et donne, à côté de β-méthylcyclohexanone, du tribromocrésol fondant à 81-82° [A. Klages, D. chem. G., 32, 2564, 1899]. Avec PCl⁵ on obtient le composé

$$CH^3 - CH \begin{matrix} < CH = CCl \\ < CH^2 - CH^2 \end{matrix} > C = C \begin{matrix} < CH^3 \\ < CH^3 \end{matrix}$$

bouillant à 101° sous 25 mm. avec $n_D = 1,49928$.

L'acide chlorhydrique s'unit à la pulégone en donnant l'*hydrochloropulégone*, fondant à 24°. L'acide bromhydrique sec, dirigé dans une solution de pulégone dans l'éther de pétrole, abandonne le *bromhydrate de pulégone* $C^{10}H^{17}OBr$ fondant à 40°,5 ; celui-ci fournit avec l'hydroxylamine le *composé* $C^{10}H^{17}BrAzOH$ fusible à 38° et se transformant facilement en pulégone-hydroxylamine fusible à 157°. L'oxyde d'argent ramène le bromhydrate à l'état de pulégone. Traité en solution alcoolique par le zinc en poudre, il donne un mélange de menthones isomères d'après Beckmann et Pleissner, et un mélange de menthone et de pulégone d'après Iotsitch [Journ. Soc. phys. chim. russe, 34, 98, 1901]. Avec l'hydrate d'oxyde de plomb, on obtient de la pulégone et de la β-méthylcyclohexanone ; mais avec le nitrate basique de plomb, il se forme de l'isopulégone (70 0/0) et de la pulégone (30 0/0) ; avec l'acétate basique de plomb, on revient à la pulégone. de même que par distillation avec la quinoléine [C. Harries et G. Rœder, *D. chem. G.*. **32**. 3368, 1899].

Réduction. — La réduction directe de la pulégone par le sodium et l'éther fournit du *menthol*, une résine soluble dans la soude et une résine insoluble renfermant vraisemblablement la *menthopinacone*.

Avec l'amalgame d'aluminium on obtient la *bis-pulégone* $C^{20}H^{34}O^2$, fusible à 118-119° et bouillant à 230-232° sous 18 mm. La même réduction en solution acide donne en même temps de la menthone et du menthol (C. Harries et Rœder).

Par la méthode de Sabatier et Senderens, la pulégone est transformée soit en *puléyomenthone*. soit en *puléyomenthols* (voir MENTHONES et MENTHOLS) (Haller et Martine).

Oxydation. — L'oxydation de la pulégone par MnO^4K en solution aqueuse fournit de l'acétone et de l'*acide β-méthyladipique* [J. Semmler, *loc. cit.*: — N. Speransky. *Bull. Soc. Chim.*, **28**, 503, 1902]. W. Markownikoff [*D. chem. G.*, **33**. 1908, 1900] aurait obtenu avec l'acide azotique de l'*acide α-méthyladipique* et de l'acide oxalique.

L'acide azotique ($d = 1,075$) réagit facilement vers 80° en donnant un produit cristallisé $C^{10}H^{16}(AzO^2)^2O$ se divisant en trois fractions. fusibles à 96-98°, à 84-86° ou 64-72° [M. Konovalof, *Bull. Soc. Chim.*, **32**. 1210. 1904].

L'acide nitreux donne naissance, à côté d'*iso-nitrosométhylcyclohexanone* $C^7H^{10}Az^2O^3$, à de la *bis-nitrosopulégone* $C^{20}H^{30}Az^2O^4$ qui se transforme : 1° par l'ammoniaque en *isonitrosopulégone* fondant à 122-127°,

$$CH^3-CH \diagup ^{C=(AzOH)-CO} _{CH^2 \underline{\quad\quad} CH^2} \diagup C=C \diagup ^{CH^3} _{CH^3}$$

dont l'*oxime* a pour composition $C^{10}H^{18}Az^2O^3$; 2° par HCl sec à 0° en *acide pulégone-bis-nitrosylique* $C^{10}H^{16}Az^2O^3$, fondant à 115-116° [A. Baeyer, *D. chem. G.*, **29**, 1078, 1896].

Oximes. — En réagissant sur la pulégone, l'hydroxylamine peut donner, suivant les conditions, trois sortes de composés : 1° l'*oxime normale*

$$CH^3. CH \diagup ^{CH^2-C(AzOH)} _{CH^2 \underline{\quad\quad} CH^2} \diagup C=C \diagup ^{CH^3} _{CH^3}$$

obtenue par Wallach [*Ann. Chem.*, **277**. 160, 1803 et **289**, 347, 1895], fusible à 118-119° et donnant par réduction une *pulégonamine* $C^{10}H^{17}AzH^2$. bouillant à 205-210° et fusible à 50° en attirant l'acide carbonique de l'air (*carbamide* fondant à 104-105°; *phénylcarbamide* fondant à 154-155°] :

2° un *produit d'addition*

$$CH^3-CH \diagup ^{CH^2-CO} _{CH^2-CH^2} \diagup CH-C(AzHOH) \diagup ^{CH^3} _{CH^3}$$

[Beckmann et Pleissner : — Harries et Rœder. *D. chem. G.*, **34**, 1809, 1898], fondant à 157°, [α]$_D$ = −83°,44. Le *chlorhydrate* fond à 117-118°. le *benzoate* à 137-138°, l'*acétate* à 149°, l'*oxalate* à 151-152° avec décomposition. Par oxydation il donne la *8-nitrosomenthone* et par réduction avec III, la *8-aminomenthone* ou *pulégone-amine* $C^{10}H^{18}OAzH$ (*chlorhydrate* fondant à 117°, *benzoate* fondant à 100°,5-101°). D'après Semmler [*D. chem. G.*, **37**, 950, 2282. 1904], cette base distille bien à 99-100° sous 10 mm. [α]$_D$ = + 18°.45 ; d_{20} = 0,962, n_D = 1,4757. Avec HBr la pulégone-hydroxylamine donne un *bromhydrate* fondant à 111°; elle se résinifie avec de l'acide chlorhydrique concentré mais avec l'acide à 20 0/0 on obtient l'*α-anhydropulégone-hydroxylamine* $C^{10}H^{17}$

AzO bouillant à 91° sous 8 mm., d_{20} = 0,9731, n_D = 1,4757, $α = +37°10'$ (*semicarbazone* fusible à 153-154°, *oxime* fusible à 181°. *picrate* fusible à 125-126°, *dérivé monobenzylidénique* à 105-106° [Semmler, *Cent. Bl.*, 1906, II, 1094].

3° Une *dioxime*

$$CH^3-CH \diagup ^{CH^2-C(=AzOH)} _{CH^2 \underline{\quad\quad} CH^2} \diagup CH-C(AzHOH) \diagup ^{CH^3} _{CH^3}$$

fusible à 118°. donnant par réduction le *3-8-diaminomenthane* bouillant à 118-121° [F. Semmler, *D. chem. G.*, **38**. 146, 1905]. Traité par l'acide nitreux, le sulfate de la base fournit un *glycol* $C^{10}H^{20}O^2$ bouillant à 147-148° sous 10 mm. qui peut être transformé en *isopulégone*;

4° Il faut ajouter enfin que Baeyer a préparé [*D. chem. G.*. **29**. 1082, 1896] un *hydrate de pulégone-dioxime* auquel Semmler attribue la formule :

$$CH^3-CH \diagup ^{C(=AzOH)-CO} _{CH^2 \underline{\quad\quad} CH^2} \diagup CH-C(AzHOH) \diagup ^{CH^3} _{CH^3}$$

Condensations diverses. — La semicarbazide ne fournit qu'une *semicarbazone normale* fusible à 172° [H. Rupe et P. Schlochoff, *D. chem. G.*. **36**. 4377, 1903].

La pulégone se combine dans l'organisme aux acides glycuroniques [H. Hildebrandt, *Zeit. phys. Chem.*. **36**, 452].

Avec l'éther acétylacétique en présence de $ZnCl^2$, elle fournit la *pulégène-acétone* $C^{13}H^{20}O$ bouillant à 148-153°, fusible à 72-73° (*oxime* fusible à 134-135°) [P. Barbier, *C. R.* **127**, 870, 1898]. Avec l'iodacétate d'éthyle et le zinc en poudre, elle donne le *pulégolacétate d'éthyle* $C^{14}H^{24}O^3$, bouillant à 142° sous 9 mm. [L. Tétry, *Bull. Soc. Chim.*, **27**, 601, 1901]. Avec l'éther malonique sodé, il se forme un *anhydride* $C^{13}H^{18}O^4$, fusible à 104° (éther diméthylique fondant à 49°, éther diéthylique bouillant à 209-210° sous 25 mm.) [D. Vorlaender et S. Gartner, *Ann. Chem.*, **304**, 1 : — Vorlaender, *D. chem. G.*, **33**, 3185, 1900].

Avec la benzaldéhyde, on obtient la *benzylidène-pulégone*, bouillant à 202-203°, qui donne par réduction le *benzylpulégol*, bouillant à 192-195° [O. Wallach, *Ann. Chem.*, **305**, 261; *D. chem. G.*. **29**, 1600, 1896].

ACIDE PULÉGÉNIQUE. — Le dibromure de pulégone $C^{10}H^{16}OBr^2$, traité par le méthylate de sodium. fournit un acide, l'*acide pulégénique* $C^{10}H^{16}O^2$, qui bout à 150-155° sous 15 mm. ; d = 1,007 : n_D = 1,48071 à 19° [O. Wallach, *Ann. Chem.*, **289**, 347, 1896; **300**, 262, 1898 ; **327**, 150, 1903]. Ce savant lui attribue la formule

$$\begin{array}{c} CH^3 \\ | \\ CH \\ \diagup \quad \diagdown \\ CH^2 \quad\quad CH-COOH \\ | \quad\quad\quad | \\ CH^3 \underline{\quad\quad} C=C(CH^3)^2 \end{array}$$

La *pulégénamide* $C^9H^{15}COAzH^2$ fond à 121-122°. le *nitrile* correspondant bout à 218-220°. L'acide pulégénique perd CO^2 à la distillation sous la pression ordinaire, en donnant le *pulégène* C^9H^{16}, bouillant à 138-140°, non saturé (*nitrosochlorure* fondant à 74-75°). Cet hydrocarbure s'obtient facilement, d'après MM. L. Bouveault et Tétry [*Bull. Soc. Chim.*, 27, 307, 1902]. en chauffant vers 200° l'acide avec de l'aniline: il se forme en même temps l'*anilide* fusible à 123°: la *p-toluide* fond à 143°.

Le nitrosochlorure perd HCl en donnant l'*oxime* [Eb. 120-125° sous 11 mm.] de la *pulégénone* $C^9H^{14}O$. Cette cétone bout à 189

190°; sa *semicarbazone* fond à 183-184°. Elle donne par réduction un *alcool* $C^9H^{18}O$, bouillant à 77-78° sous 15 mm.; la *dihydropulégénone* qui en dérive par oxydation, $C^9H^{16}O$, bout à 188-189° (*semicarbazone* fondant à 176-178°) [Wallach et Colmann, *Ann. Chem.*, 327, 125, 1903].

L'oxydation du pulégone par le permanganate à 5 0/0 fournit, en particulier, un acide céto-nique $C^9H^{16}O^3$, bouillant à 164° sous 15 mm. (*semicarbazone* fondant à 164°), identique à celui qui se forme dans l'oxydation de la carvénone [O. Wallach et Seldi, *ibid.*].

Lactonisation. — La solution méthylique d'acide pulégénique, saturée par de l'acide chlorhydrique, donne l'*hydrochloropulégénate de méthyle* $C^{10}H^{16}ClO^2C H^3$, bouillant à 113-116° sous 12 mm.; quant au *pulégénate de méthyle*, il bout à 89-90° sous 10 mm., et se forme par l'action du méthylate de sodium sur le composé précédent; cette réaction donne naissance en même temps à une *lactone* $C^{10}H^{16}O^2$ qui passe dans la solution alcaline, huile bouillant à 125-127° sous 15 mm., fondant à 30-31°, et à un *acide isomère de l'acide pulégénique*, bouillant à 145-147° sous 15 mm., dont l'*amide* fond à 152°. La même lactone se forme quand on fait bouillir l'acide pulégénique avec de l'acide sulfurique à 20 0/0; elle fond à 19° (Bouveault et Tétry).

MM. Bouveault et Tétry ont isolé une autre *lactone* $C^{10}H^{16}O^2$, qui se forme en même temps que l'acide pulégénique dans la réaction de Wallach. Elle bout à 128-130° sous 15 mm., fond à 79-80°, est insoluble dans le carbonate de soude.

D'après Semmler [*D. chem. G.*, 39, 2851, 1906], la lactone pulégénique obtenue par l'action de l'acide sulfurique concentré sur l'acide pulégénique bout à 121° sous 10 mm.; $d^{20} = 1,0182$; $n_D = 1,4606$. Elle donne par réduction un *glycol* $C^{10}H^{20}O^2$ bouillant à 137-140° sous 10 mm.

Si l'on ajoute à une solution aqueuse de pulégénate de K de l'hypobromite de K, on précipite une *lactone bromée*, huile lourde qui, chauffée avec de l'éthylate de Na, se transforme en une nouvelle lactone saturée, la *pulégénolide* $C^{10}H^{14}O^2$, bouillant à 128-131° sous 15 mm., à 265-268° à la pression ordinaire, et fondant à 44-45°. Chauffée avec une lessive de potasse, elle se dissout en formant l'*oxyacide* correspondant $C^{10}H^{16}O^3$, fusible à 95°.

PULÉNONE. — L'oxydation de l'acide pulégénique par MnO^4K à 4 0/0, en solution alcaline, fournit une *oxylactone* $C^{10}H^{16}O^3$, bouillant à 185° sous 20 mm., et fondant à 129-130°, très stable vis-à-vis des oxydants. Cette oxylactone se transforme par l'acide sulfurique concentré en une cétone saturée, la *pulénone* $C^9H^{16}O$, bouillant à 183°, $d = 0,8925$, $n_D = 1,44506$ à 21° (*semicarbazone* fondant à 169-170°, *oxime* fondant à 94°) [O. Wallach, *Ann. Chem.*, 300, 259, 1898; *Cent. Blatt.*, 1902, 1294].

La pulénone doit être considérée comme une *triméthyl-1-4-4-cyclohexanone-5*. L'*isoxime* fond à 96-97°. L'*alcool* correspondant, le *pulénol*, bout à 187-189°; il donne par déshydratation le *pulénène* C^9H^{16} (nitrosochlorure fondant à 88-89°).

L'oxydation de la pulénone fournit les acides $\alpha\alpha_1$-*triméthyladipique*, $\alpha\alpha$-*diméthyl-γ-acétylbutyrique* et *diméthylsuccinique* non symétrique [Wallach et Kempe, *Ann. Chem.*, 329, 82, 1903].

II. — ISOPULÉGONES.

Tiemann et Schmidt ont, au début de 1897, obtenu par condensation du citronellal en présence d'anhydride acétique, un alcool secondaire cyclique, l'*isopulégol* $C^{10}H^{18}O$; celui-ci fournit par oxydation une cétone isomère de la pulégone qu'ils ont appelée « *Isopulégone* », douée d'un faible pouvoir rotatoire droit.

C. Harries et G. Rœder [*D. chem. G.*, 32, 3357, 1899] ont ensuite démontré que ce produit était un mélange de deux cétones stéréoisomères, et ils ont préparé par l'action du nitrate de plomb sur l'hydrobromopulégone une isopulégone gauche, qu'ils ont désignée sous le nom d'*isopulégone α*, réservant la dénomination d'*isopulégone β* à la cétone qu'ils ont isolée de l'isopulégone synthétique de Tiemann et Schmidt. Ils ont, de plus, établi la formule de constitution de ces composés :

$$CH^3 - CH \Big\langle {CH^2 - CO \atop CH^2 - CH^2} \Big\rangle CH \quad C \Big\langle {CH^2 \atop CH^3}$$

1° α-ISOPULÉGONE. — On l'obtient en chauffant au bain-marie 250 gr. de bromhydrate de pulégone avec 500 gr. d'alcool méthylique et 300 gr. de nitrate basique de plomb (rendement 75 0/0). On la débarrasse de la pulégone par l'action de l'amalgame d'aluminium qui ne l'altère pas.

Brute, mais exempte de pulégone, elle bout à 102-104° sous 14 mm. $[\alpha]_D = -19°,5$. Régénérée de son oxime, elle bout à 98-100° sous 13 mm.; $d_{19°,8} = 0,9192$, $[\alpha]_D = -7°,8$.

L'*oxime* fond à 120-121°. La *semicarbazone* fond à 173-174°. L'α-isopulégone décolore immédiatement en solution acétique le permanganate étendu, mais elle ne se combine pas au bisulfite. En solution alcoolique elle se transforme par l'eau de baryte en pulégone droite avec $[\alpha]_D = +22°,5$. Elle se différencie nettement de la pulégone, car avec l'acide azoteux elle ne donne pas de dérivé nitrosé, et la liqueur ne se colore pas en bleu.

2° β-ISOPULÉGONE. — ISOPULÉGOL. — En adoptant pour le citronellal la formule de Bouveault et Barbier [*Bull. Soc. Chim.*, 23, 462], sa condensation en *isopulégol*, sous l'influence de l'anhydride acétique en autoclave à 180-200°, pendant 12 heures, s'explique par l'équation :

$$\begin{aligned} & {CH^3 \atop CH^3} {\Big\rangle} C - CH^2 - CH^2 - CH^2 - CH \cdot CH^2 - CHO \\ & \qquad\qquad\qquad\qquad\qquad\qquad\quad | \\ & \qquad\qquad\qquad\qquad\qquad\qquad\quad CH^3 \\ = & {CH^3 \atop CH^2} {\Big\rangle} C - CH \Big\langle {CHOH - CH^2 \atop CH^2 —— CH^2} \Big\rangle CH - CH^3. \end{aligned}$$

Cette réaction fournit un carbure dextrogyre et l'*éther acétique* de l'isopulégol. L'alcool correspondant bout à 91° sous 13 mm. $D_{17°,5} = 0,9154$, $[\alpha]_D = -2°,40'$, $n_D = 1,47292$; il a l'odeur du menthol. Il se montre stable vis-à-vis de l'hydrogène naissant, et ne peut être transformé directement en menthol [Tiemann et Schmidt, *D. chem. G.*, 29, 913, 1896; 30, 23, 1897].

Le citronellal du commerce en renferme environ 6 0/0 [F. Tiemann, *D. chem. G.*, 32, 825, 1899]. D'après M. Labbé [*Bull. Soc. Chim.*, 21, 707 et 1035], le citronellal pur se transformerait sous l'influence du temps en isopulégol bouillant à 205-207°, tandis que les essences fraîches de citronelle n'en renfermeraient pas.

Le *chlorure* bout à 85-90° sous 12 mm. et fournit par l'action du sodium en présence d'alcool absolu le Δ^{8-9} *menthène* $C^{10}H^{18}$, bouillant à 53-55° sous 14 mm. [Semmler et Rimpel, *D. chem. G.*, 39, 2583, 1906].

Le produit d'oxydation de l'isopulégol bout à 90° sous 12 mm., $[\alpha]_D = +10°,15'$, $d_{17°,5} = 0,9213$, $n_D = 1,469$. Il donne une *semicarbazone* fusible à 183° qui, d'après C. Harries et G. Rœder, se laisse facilement dédoubler en semicarbazone de l'α-isopulégone fusible à 173-174°, et en une *semicarbazone* fusible à 182-183° (dérivé β). On obtient de même l'oxime de l'α-isopulégone fusible à 120-121° et une *oxime* fusible à 143° (dérivé β). Il serait nécessaire de vérifier les propriétés physiques de la β-isopulégone régénérée de sa semicarbazone.

III. — ORTHO-ISOPULÉGONE.

Par condensation de la β-méthylcyclohexanone avec l'acétone en présence d'éthylate de sodium à 5 0 0. M. O. Wallach [*Ann. Chem.*, **300**, 267, 1898; *D. chem. G.*, **29**, 2955, 1896] a obtenu une cétone de formule

$$CH^2 \quad CH^3$$
$$\backslash\backslash \quad /$$
$$C$$
$$|$$
$$CH^3 - CH < \genfrac{}{}{0pt}{}{CH - CO}{CH^2 - CH^2} > CH^2$$

(*ortho-isopulégone*) qui, régénérée de sa semicarbazone, bout à 94-95° sous 14 mm., à 214-215° à la pression ordinaire, $d = 0,918$ et $n_D = 1,46732$ à 20°, dextrogyre.

La *semicarbazone* se présente sous deux modifications : l'une facilement soluble dans l'éther, fusible à 70-85°, l'autre peu soluble, fusible à 144°. L'*oxime* est une huile bouillant à 145° sous 15 mm.

La cétone fixe facilement Br et HBr, mais on ne peut la transformer en menthol par hydrogénation : elle se condense avec la benzaldéhyde et donne deux produits $C^{17}H^{20}O$ fusibles à 83-84° et à 95-105°.

Pulégol. — Wallach a désigné sous ce nom le produit de réduction par le sodium, en présence d'alcool et d'éther, de l'ortho-isopulégone précédente. Il a pour formule $C^{10}H^{17}OH$, bout à 103-104° sous 15 mm., et à 215° à la pression ordinaire : $d = 0,912$ et $n_D = 1,4792$ à 20°. Son odeur rappelle celle du terpinéol. Par déshydratation à l'aide de P^2O^5, il donne un *hydrocarbure* bouillant à 173-175°, $d_{18°} = 0,823$; $n_D = 1,4601$.

Mai 1906.   F. March.

PULÉNÈNE, PULÉNOL, PULÉNONE. — Voyez l'art. PULÉGONES, p. 94.

PULVIQUE (ACIDE). — Voyez l'art. LICHENS.

PURGÈNE. — On désigne sous ce nom la phtaléine du phénol, employée comme purgatif [voyez Auger, *Bull. Soc. Chim.* (Conf^{ces}), p. xxv, 1903].   E. Rengade

PURGIQUE (ACIDE). — Quand on traite la convolvuline par les bases, il se fait, à côté des acides convolvulique et méthyléthylacétique, un acide soluble dans l'éther appartenant au groupe des glucosides et qui a été nommé acide purgique. Par hydrolyse, cet acide donne un hexose non cristallisé et deux acides : l'un, liquide, ayant la composition de l'acide décylénique $C^{10}H^{18}O^2$: l'autre, celle de l'acide oxylaurique $C^{11}H^{22}(OH)COOH$. L'acide purgique doit être considéré comme un mélange de l'acide α-méthyl-β-oxybutyrique

$$CH^3 - CHOH - CH - COOH$$
$$|$$
$$CH^3$$

et de son anhydride : il constituerait un produit secondaire du dédoublement de la convolvuline et serait produit par l'action d'un excès de baryte sur l'éther de l'acide méthyléthylacétique [Kromer. *Arch. Pharm.*, **239**, 389, 1901].

1er mai 1907.   A. Hébert.

PURINES. — Les composés du groupe de l'acide urique, de la xanthine, de l'hypoxanthine... peuvent se rattacher à un même noyau, celui de la *purine*,

$$\begin{array}{ccc} {}_1Az = {}_6CH & & \\ | & | & \\ {}_2CH & {}_5C - {}_7AzH & \\ \| & \| & {\geqslant} {}_8CH \\ {}_3Az - {}_4C - {}_9Az & & \end{array} \quad \text{ou} \quad \begin{array}{ccc} {}_1Az = {}_6CH & & \\ | & | & \\ {}_9CH & {}_5C - {}_7Az & \\ \| & \| & {\geqslant} CH_8 \\ {}_3Az - {}_4Az - {}_9AzH & & \end{array}$$

L'acide urique devient alors la trioxy-2.6.8-purine ; la xanthine, la dioxy-2.6-purine ; la caféine, la triméthyl-1.3.7-dioxy-2.6-purine ; l'hypoxanthine, l'oxy-6-purine....

La synthèse et la transformation de ces différents corps les uns dans les autres ont été réalisées par E. Fischer, au moyen de quelques réactions générales que nous allons indiquer.

L'acide urique n'est pas attaqué par un mélange de perchlorure et d'oxychlorure de phosphore, mais l'urate de potassium est tout d'abord transformé en dichloro-2.6-oxy-8-purine, ce que l'on peut représenter par les équations suivantes :

$$\begin{array}{l} AzH - CO \\ | \quad\quad | \\ CO \quad\quad C - AzH \quad + 2PCl^5 \\ | \quad\quad \| \quad {\geq} CO \\ AzH - C - AzH \end{array}$$

$$= \begin{array}{l} AzH - C : Cl^2 \\ | \quad\quad | \\ Cl^2 : C \quad\quad C - AzH \quad + 2POCl^3 \\ | \quad\quad \| \quad {\geq} CO \\ AzH - C - AzH \end{array}$$

$$\begin{array}{l} AzH - C : Cl^2 \\ | \quad\quad | \\ Cl^2 : C \quad\quad C - AzH \\ | \quad\quad \| \quad {\geq} CO \\ AzH - C - AzH \end{array} = 2HCl + \begin{array}{l} Az = C . Cl \\ | \quad\quad | \\ Cl. C \quad\quad C - AzH \\ \| \quad\quad \| \quad {\geq} CO \\ Az - C - AzH \end{array}$$

Dichloro-1.6-oxy-8-purine.

Si l'on pousse plus loin l'attaque par le mélange de perchlorure et d'oxychlorure de phosphore, on obtient la trichloro-2.6.8-purine ; l'introduction du chlore en 8 se fait plus difficilement qu'en 2 ou en 6.

Ces réactions, qui ne s'effectuent qu'avec le sel de potassium de l'acide urique, sont au contraire faciles à réaliser directement avec les acides uriques alcoylés. Il y a toujours deux groupements oxygénés plus facilement attaqués que le troisième, et l'ordre de cette attaque dépend de la position des alcoyles. Il peut aussi arriver que l'action du réactif provoque l'élimination d'un groupement alcoylé.

Les mono- et les dioxypurines peuvent être transformées en dérivés halogénés par les mêmes réactions.

Les purines halogénées ainsi préparées sont le point de départ de la préparation d'un grand nombre de dérivés. Leurs atomes d'halogènes sont en effet facilement substituables par l'action de différents réactifs. C'est ainsi que la potasse les transforme en dérivés hydroxylés, qui peuvent subir la transposition cétonique,

$$\begin{array}{c} - Az \\ \| \\ - C - Cl \end{array} \longrightarrow \begin{array}{c} - Az \\ \| \\ - C - OH \end{array} \longrightarrow \begin{array}{c} - AzH \\ | \\ - CO \end{array}$$

L'ammoniaque fournit des **aminopurines**

$$\begin{array}{c} - Az \\ \| \\ - C - AzH^2 \end{array}$$

le sulfhydrate de potassium, des **thiopurines**

$$\begin{array}{c} - Az \\ \| \\ - C - SH \end{array}$$

L'acide iodhydrique et l'iodure de phosphonium remplacent le chlore par l'hydrogène; ce
remplacement se fait en général dans l'ordre
6.2.8 ou 8.6.2; tantôt c'est le chlore en position 6 qui est le plus facilement attaqué, dans
d'autres cas, c'est le chlore qui se trouve en 8.

Si l'on se rappelle les synthèses totales de
l'acide urique et de quelques autres dérivés puriques (voyez plus bas ACIDE URIQUE, XANTHINE...),
on peut dire que toutes les purines ont été
reproduites artificiellement.

La *constitution* des purines découle de leurs
synthèses, et de leurs transformations les unes
dans les autres au moyen des réactions précédemment indiquées.

Nous pouvons remarquer que les purines renferment en quelque sorte dans leur molécule un
noyau pyrimidique et un noyau imidazolique:

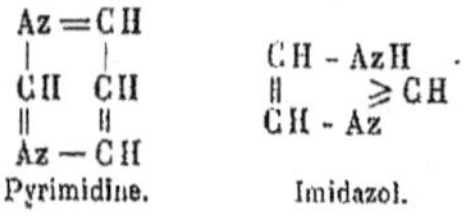

$$
\begin{array}{cc}
Az = CH & \\
| \quad | & CH - AzH \\
CH \quad CH & \| \quad \geq CH \\
\| \quad \| & CH - Az \\
Az - CH & \\
\text{Pyrimidine.} & \text{Imidazol.}
\end{array}
$$

En réalité on retrouve chez les purines certaines
propriétés des pyrimidines (réaction de l'alloxane), et des imidazols (insolubilité des sels
d'argent); parmi ces dernières l'une des plus caractéristiques est de s'unir aux diazoïques en solution alcaline, pour donner naissance à des dia-
zoaminés du type

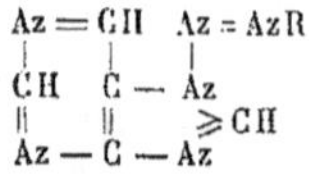

$$
\begin{array}{ccc}
Az = CH & Az = AzR & \\
| & | & | \\
CH & C - Az & \\
\| & \| & \geq CH \\
Az - C - Az & &
\end{array}
$$

Lorsque la position 7 est occupée (théobromine,
caféine...), cette réaction n'a plus lieu; elle
peut donc dans une certaine mesure servir à déterminer la constitution de certaines purines
[Burian, *D. chem. G.*, 37, 696, 1904].

Sur le mode de liaison des bases puriques
dans la molécule d'acide nucléinique, voyez
Burian [*D. chem. G.*, 37, 708; *Zeit. physiol.
Chem.*, 42, 297, 1904] et Stendel [*Zeit. physiol.
Chem.*, 42, 170].

Nous nous occupons seulement ici de la description chimique des purines. La physiologie
des purines sera traitée plus loin [Voir URIQUE
(ACIDE): PHYSIOLOGIE].

PURINE,

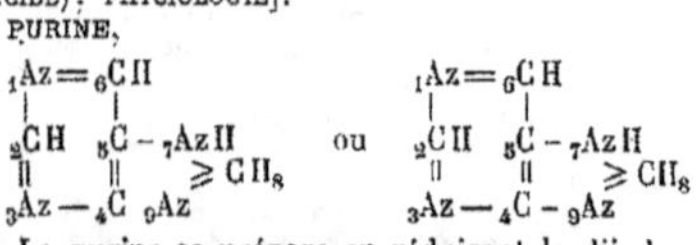

$$
\begin{array}{cc}
_1Az = _6CH & _1Az = _6CH \\
| \quad | & | \quad | \\
_2CH \quad _5C - _7AzH \quad ou & _2CH \quad _5C - _7AzH \\
\| \quad \| \quad \geq CH_8 & \| \quad \| \quad \geq CH_8 \\
_3Az - _4C \quad _9Az & _3Az - _4C - _9Az
\end{array}
$$

— La purine se prépare en réduisant la diiodo-
purine par la poudre de zinc et l'eau. Elle se
dépose sous la forme d'une *combinaison zincique* insoluble qu'on décompose par l'hydrogène
sulfuré; on la purifie ensuite par des traitements à l'acide azotique et par cristallisation
dans le toluène bouillant [Fischer, *D. chem. G.*,
31, 2550, 1898].

On l'obtient encore en chauffant à 210° le
dérivé formylé de la diamino-4.5-pyrimidine
[O. Isay, *D. chem. G.*, 39, 250, 1906].

Elle se présente en aiguilles blanches, fusibles
à 216-217°, solubles dans l'alcool, peu solubles
dans les autres solvants organiques. Son *nitrate*
se décompose vers 205°; son *picrate* fond à
208°. Elle peut également donner des sels métalliques; les *sels de sodium, de potassium* et *de
baryum* cristallisent en aiguilles très solubles
dans l'eau; le *sel d'argent* est un précipité ne

noircissant pas à la lumière. La purine résiste
assez bien aux oxydants et aux acides concentrés [Fischer, *D. chem. G.*, 34, 2550, 1898].

Diiodo-2.6-purine. — On l'obtient en réduisant la trichloropurine par l'acide iodhydrique et
l'iodure de phosphonium à 0°. Elle fond à 224°.
L'acide chlorhydrique, à 100°, la transforme en
xanthine [Fischer, *D. chem. G.*, 34, 2550, 1898].

Trichloro-2.6.8-purine, $C^5HCl^3Az^4 + 5H^2O$.
— On la prépare ainsi : on chauffe 4 heures, à
155°, 1 p. de dichloro-2.6-oxy-8-purine avec
70 p. d'oxychlorure de phosphore; on chasse
l'excès d'oxychlorure de phosphore dans le vide;
on lave le résidu à l'eau, et on le reprend par
5 p. d'éther; on distille l'éther et on fait cristalliser le résidu dans 60 p. d'eau bouillante [E.
Fischer, *D. chem. G.*, 30, 2221, 1897].

Elle cristallise en grosses lamelles, fusibles à
184-186° en se décomposant. Elle est soluble
dans 70 p. d'eau bouillante, très soluble dans
l'alcool et dans l'acétone. Par ébullition avec
l'acide chlorhydrique concentré elle régénère
la dichloro-2.6-oxy-8-purine. Sa réduction par
l'acide iodhydrique et l'iodure de phosphonium,
qui donne à 0° la diiodo-2.6-purine, fournit
aussi l'iodhydrate d'une base phosphorée $C^5H^9Az^4PO^3$, qui se rapproche vraisemblablement par
sa constitution des acides aminophosphoriques
[E. Fischer, *D. chem. G.*, 34, 2546, 1898]. Chauffée avec une molécule d'éthylate de sodium.
elle fournit la *dichloro-2.8-éthoxy-6-purine*,
fusible à 203-204° en se décomposant; avec un
excès d'éthylate de sodium, il se forme la
chloro-8-diéthoxy-2.6-purine, fusible à 205° en
se décomposant [E. Fischer, *D. chem. G.*, 30,
2233, 1897].

MÉTHYLPURINES. — Les méthylpurines peuvent se préparer à partir des acides méthyluriques correspondants par le processus suivant :
l'acide méthylurique chauffé à 140° avec l'oxychlorure de phosphore est transformé en phé-
nyloxydichloropurine, laquelle, sous l'action
d'un mélange de pentachlorure et d'oxychlorure
de phosphore, fournit une méthyl-trichloro-
2.6.8-purine. Cette dernière réduite par le zinc
et l'eau donne une méthylchloropurine que
l'acide iodhydrique transforme en méthyliodo-
purine; enfin la réduction de cette méthyliodo-
purine par le zinc et l'eau fournit la méthylpurine correspondante.

On peut aussi les préparer par condensation
d'une méthyl-diamino-4.5-pyrimidine avec l'acide
formique (voyez MÉTHYL-6-PURINE).

La chaleur de formation de la méthylpurine
est de — 47^{Cal},74 [Berthelot, *C. R.*, 130, 366,
1900].

MÉTHYL-6-PURINE,

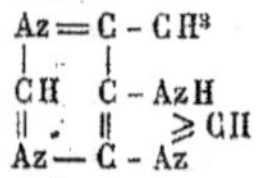

$$
\begin{array}{cc}
Az = C - CH^3 & \\
| \quad | & \\
CH \quad C - AzH & \\
\| \quad \| \quad \geq CH & \\
Az - C - Az &
\end{array}
$$

— Pour l'obtenir on chauffe la méthyl-6-diamino-
4.5-pyrimidine avec l'acide formique, ce qui
donne un *dérivé monoformylé* qui fond au-dessus de 200° en perdant une molécule d'eau et en
se transformant en méthyl-6-purine :

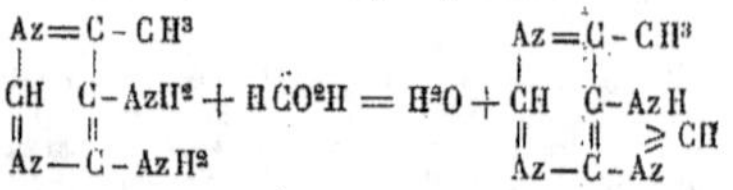

$$
\begin{array}{ccc}
Az = C - CH^3 & & Az = C - CH^3 \\
| \quad | & & | \quad | \\
CH \quad C - AzH^2 + HCO^2H = H^2O + CH \quad C - AzH \\
\| \quad \| & & \| \quad \| \quad \geq CH \\
Az - C - AzH^2 & & Az - C - Az
\end{array}
$$

Celle-ci cristallise dans le toluène en aiguilles
fusibles à 235-236° [Gabriel et Colman, *D. chem.
G.*, 34, 1234, 1901].

Méthyl-7-purine,

```
      Az = CH
      |     |
      CH   C - Az - CH³
      ‖    ‖   ≥ CH
      Az — C - Az
```

— On l'obtient en réduisant la méthyl-7-iodo-2-purine par le zinc et l'eau chaude. Elle fond à 181° [E. Fischer, *D. chem. G.*, **31**, 2550, 1898]. Son *chloromercurate* fond à 245°; son *iodométhylate* fond à 225-226°.

La *méthyl-7-chloro-2-purine*, qui résulte de la réduction de la méthyltrichloropurine par le zinc et l'eau, fond à 197-198°; son *chloromercurate* fond à 206-207°; elle est transformée par l'acide iodhydrique en *méthyl-7-iodo-2-purine*, fusible à 223° [E. Fischer, *loc. cit.*].

La *méthyl-7-dichloro-2.6-purine* se prépare en chauffant pendant 3 heures à 100° 10 gr. de théobromine avec 100 gr. d'oxychlorure de phosphore. Elle cristallise dans l'eau en aiguilles fusibles à 199-200°. L'éthylate de sodium la transforme en *méthyl-7-chloro-2-éthoxy-6-purine*, qui fond en se décomposant vers 240° [E. Fischer, *D. chem. G.*, **30**, 2402, 1897].

La *méthyl-7-trichloro-2.6.8-purine* se forme à côté de la méthyl-9-trichloro-2.6.8-purine quand on agite pendant 2 heures 1/2, 5 gr. de trichloropurine dissous dans 22cc,5 de soude normale, avec 3gr,5 d'iodure de méthyle [E. Fischer, *D. chem. G.*, **30**, 2224, 1897]. On l'obtient encore en faisant réagir le mélange de pentachlorure et d'oxychlorure de phosphore sur la diméthyl-3.7-chloro-6-dioxy-2.8-purine, sur la méthyl-7-dichloro-2.6-purine, sur la caféine, sur la théobromine [E. Fischer, *D. chem. G.*, **28**, 2488; **30**, 2402].

Elle cristallise dans l'alcool en fines aiguilles fusibles à 155-157°. L'éthylate de sodium la transforme en *méthyl-7-dichloro-2.6-éthoxy-8-purine*, fusible à 185-186° [E. Fischer, *D. chem. G.*, **30**, 1847].

Méthyl-8-purine,

```
      Az — CH
      |     |
      CH   C - Az
      ‖    ‖   ≥ C - CH³
      Az — C - Az H
```

— Elle a été obtenue en décomposant par la chaleur le dérivé acétylé de la diamino-4.5-pyrimidine. Elle cristallise en aiguilles fusibles à 265-266° [O. Isay, *D. chem. G.*, **39**, 250, 1906].

Méthyl-9-purine,

```
      Az = CH
      |     |
      CH   C - Az
      ‖    ‖   ≥ CH
      Az — C - Az - CH³
```

— La méthyl-9-purine se prépare en réduisant la méthyl-9-iodopurine par le zinc et l'eau; elle fond à 160-162° [E. Fischer, *D. chem. G.*, **31**, 2550, 1898].

La *méthyl-9-chloro-2(?)-purine*, obtenue en réduisant la méthyl-9-trichloropurine par le zinc et l'eau, fond à 134-135°. La *méthyl-9-iodopurine* correspondante fond à 171-172° [E. Fischer, *loc. cit.*].

La *méthyl-9-trichloro-2.6.8-purine*, qui se forme en même temps que la méthyl-7-trichloro-2.6.8-purine (voyez plus haut), peut en être séparée en profitant de sa moindre solubilité dans l'acétone. On la prépare en chauffant pendant 10 heures à 160-165° la méthyl-9-oxy-8-dichloro-2.6-purine avec 25 fois son poids d'oxychlorure

de phosphore. Elle fond à 177° [E. Fischer, *D. chem. G.*, **34**, 2568, 1898]. Avec l'alcoolate de sodium elle fournit la méthyl-9-dichloro-2.6-éthoxy-8-purine. fusible à 154° [E. Fischer, *D. chem. G.*, **30**, 1854, 1897].

Phényl-9-purine,

```
      Az — CH
      |     |
      CH   C - Az
      ‖    ‖   ≥ CH
      Az — C - Az - C⁶H⁵
```

— La phényl-9-purine a été préparée au moyen de l'acide phényl-9-urique, par le processus déjà indiqué pour les méthylpurines. Elle fond à 162-163° [E. Fischer et Lœben, *D. chem. G.*, **33**, 2278, 1900].

La *phényliodopurine* fond à 155-156°. La *phénylchloropurine* fond à 162-163°. La *phényltrichloropurine* fond à 210-211°.

MONOXYPURINES.

Oxy-2-purine. — Elle a été préparée en traitant la solution nitrique d'amino-2-purine par l'azotite de sodium,

```
          Az = CH
          |     |
   Az H²- C   C - Az H      + Az O²H
          ‖    ‖   ≥ CH
          Az — C - Az
```

```
                       Az = CH
                       |     |
   = H²O + Az² + HO - C   C - Az H
                       ‖    ‖   ≥ CH
                       Az — C - Az
```

```
          Az = CH
          |     |
   ou     CO   C - Az H
          |    ‖   ≥ CH
          Az H - C - Az
```

— Elle cristallise avec une molécule d'eau et devient anhydre vers 122°. En chauffant l'oxy-2-purine avec le zinc et l'acide chlorhydrique, sursaturant par la soude et agitant la liqueur à l'air, on obtient une coloration rouge, comme dans le cas de l'hypoxanthine [Tafel et Ach, *D. chem. G.*, **34**, 1170, 1901].

La *méthyl-3-oxy-2-purine* se forme quand on oxyde la méthyl-3-désoxyxanthine par l'eau de brome; elle cristallise en aiguilles blanches solubles dans l'eau [Tafel et Weinschenk, *D. chem. G.*, **33**, 3369, 1900].

La *méthyl-7-oxy-2-purine* se forme quand on décompose la méthyl-7-iodo-2-purine par la soude à 6 0/0 [E. Fischer, *D. chem. G.*, **31**, 2550, 1898], et dans l'oxydation de la désoxyhétéroxanthine [Tafel et Weinschenk, *loc. cit.*]. Elle cristallise avec 1 molécule d'eau; anhydre, elle fond à 323°.

La *diméthyl-3.7-oxy-2-purine* se trouve dans les produits d'oxydation de la désoxythéobromine. Elle cristallise avec 2 H²O; anhydre, elle fond à 256-257° [Tafel, *D. chem. G.*, **32**, 3194, 1899].

La *triméthyl-1.3.7-dioxy-2.6-dihydro-1.6-purine* se forme quand on oxyde la désoxycaféine par le bioxyde de plomb, par suite de l'isomérisation spontanée de l'hydrate de triméthyl-1.3.7-oxy-2-purine, qui prend naissance tout d'abord :

```
      CH³- Az — CH²
      |          |
      CO   C - Az - CH³   + O
      |    ‖   ≥ CH
      CH³- Az — C - Az
```

```
CH³-Az(OH)=CH          CH³-Az—CH.OH⌡
       |     |                |     |
  ==   CO    C-Az-CH³  →    CO   C-Az-CH³
       |     ‖  ≥CH            |    ‖  ≥CH
CH³-Az ————— C-Az          CH³-Az—C-Az
```

Cette dernière formule concorde avec la reproduction de cette base par méthylation de la diméthyl-3.7-oxy-2-purine, et aussi avec le fait que la base cristallisée ne fixe pas l'acide carbonique, et que la chaleur la transforme en caféine et désoxycaféine.

Elle cristallise avec $2H_2O$, et fond en se décomposant à 167°; son *chlorure* se décompose vers 225° et son *bromure* vers 260° [Baillie et Tafel, *D. chem. G.*, **32**, 3206, 1899].

OXY-6-PURINE, HYPOXANTHINE, *sarcine*,

```
AzH-CO              Az=C-OH
 |   |               |    |
CH   C-AzH    ou    CH    C-AzH
‖    ‖  ≥CH          ‖     ‖  ≥CH
Az — C-Az           Az — C-Az
```

La synthèse de l'hypoxanthine a été réalisée à partir de la thiourée et du cyanacétate d'éthyle, par l'intermédiaire de la diamino-4.5-oxy-6-thio-2-pyrimidine, et de la thiohypoxanthine (voyez celle-ci). La thiohypoxanthine chauffée avec l'acide azotique à 25 0/0 fournit l'hypoxanthine [Traube et Weber, *Ann. Chem.*, **331**, 64, 1904].

Le passage de l'acide urique à l'hypoxanthine a été réalisé par E. Fischer. L'acide urique est d'abord transformé en trichloropurine, ainsi qu'il a déjà été indiqué; celle-ci, traitée par la potasse normale (3 mol. à 100° pendant 3 heures), fournit la dichlorohypoxanthine ou dichloro-2.8-oxy-6-purine, qu'il suffit de traiter par l'acide iodhydrique (D = 1,96) en présence d'iodure de phosphonium pour la transformer en hypoxanthine : celle-ci a été identifiée avec l'hypoxanthine naturelle [E. Fischer, *D. chem. G.*, **30**, 555; **30**, 2228, 1897].

L'hypoxanthine se forme aussi quand on traite l'acide urique par le chloroforme et la lessive de soude [Sundwik, *Zeit. physiol. Chem.*, **23**, 477, 1900]; quand on réduit l'acide inosique par l'étain et l'acide chlorhydrique [Haiser, *Mon. f. Chem.*, **16**, 201, 1895].

L'hypoxanthine se dissout dans 69ᵖ,5 d'eau bouillante et dans 1415 p. d'eau à 19° [Fischer; voyez aussi Stutzer, *Zeit. anal. Chem.*, **31**, 503, 1892]. Sa chaleur de combustion moléculaire à pression constante est de 582^{Cal},69 [Berthelot, *C. R.*, **130**, 368, 1900]. Son *picrate* est peu soluble dans l'eau [Wulff, *Zeit. physiol. Chem.*, **17**, 505; — Bruhns, *ibid.*, **14**, 555; — Krüger et Salomon, *ibid.*, **26**, 362, 1903]. Elle forme avec l'adénine une combinaison équimoléculaire, $C^5H^4Az^4O + C^5H^5Az^5 + 3H^2O$ [Bruhns, *ibid.*, **14**, 564]. L'*hypoxanthinuréthane*, $C^5H^3Az^4O . CO^2C^2H^5$, fond à 185-190° [Kossel, *ibid.*, **16**, 3].

L'hypoxanthine, traitée par le brome, peut donner, suivant la proportion de brome, les deux composés $C^5H^3BrAz^4O + 2H^2O$ et $C^5H^3BrBr^4$ [Krüger, *Zeit. physiol. Chem.*, **18**, 449].

L'action des iodures alcooliques sur les dérivés métalliques de l'hypoxanthine a fourni une *diméthylhypoxanthine*, $C^7H^8Az^4O + 3H^2O$, cristallisée en aiguilles dans le chloroforme; une *diéthylhypoxanthine*, dont l'*iodoéthylate*, $C^5H^2Az^4O(C^2H^5)^2C^2H^5I$, forme des prismes brillants après cristallisation dans l'alcool; une *isoamylhypoxanthine*, $C^5H^4Az^4O C^5H^{11}$, et une *benzylhypoxanthine*, $C^5H^3Az^4O . CH^2 . C^6H^5$, fusible à 280° [Krüger, *ibid.*, **18**, 436, 1895].

La *dichloro-2.8-oxy-6-purine* ou *dichlorohypoxanthine* cristallise en aiguilles qui se décomposent au-dessus de 350° [E. Fischer, *D. chem. G.*, **30**, 2227, 1897].

MÉTHYL-7-OXY-6-PURINE, MÉTHYL-7-HYPOXANTHINE,

```
AzH-CO
 |   |
CH   C-Az-CH³
‖    ‖  ≥CH
Az —— C-Az
```

— L'iodhydrate de méthyl-7-hypoxanthine se forme en chauffant 3/4 d'heure à 70° 1 p. de méthyl-7-chloro-2-oxy-6-purine avec 8 p. d'acide iodhydrique (D = 1,06) [E. Fischer, *D. chem G.*, **30**, 2409]; on le décompose par le carbonate de plomb. La méthyl-7-hypoxanthine s'obtient aussi en traitant la méthyl-7-adénine par l'acide azoteux [E. Fischer, *D. chem. G.*, **34**, 113, 1898], et par ébullition de la méthyl-7-thio-6-purine avec l'acide azotique (D = 1,16) [E. Fischer, *D. chem. G.*, **34**, 438].

Elle cristallise dans l'alcool en fines aiguilles fondant vers 355° en se décomposant.

La *méthyl-7-chloro-2-oxy-6-purine* se prépare en agitant 10 gr. de méthyl-7-dichloro-2.6-purine, avec 100 cc. d'une solution bouillante de soude à 4 0/0. Elle se décompose sans fondre au-dessus de 310° [E. Fischer, *D. chem. G.*, **30**, 2406].

MÉTHYL-9-OXY-6-PURINE,

```
AzH-CO
 |   |
CH   C-Az
‖    ‖  ≥CH
Az —— C-Az-CH³
```

— On l'obtient en traitant la méthyl-9-adénine par l'acide azoteux; elle fond en se décomposant vers 390° [E. Fischer, *D. chem. G.*, **34**, 114].

DIMÉTHYL-1.7-OXY-6-PURINE, DIMÉTHYLHYPOXANTHINE,

```
CH³-Az—CO
        |   |
       CH   C-Az-CH³
       ‖    ‖  ≥CH
       Az—— C-Az
```

— On l'obtient en chauffant à 75-80° pendant 3 heures 1/2 la méthyl-7-oxy-6-purine avec l'eau, l'alcool méthylique et la soude [E. Fischer, *D. chem. G.*, **30**, D.R.P. 2411, 96925]; en méthylant l'hypoxanthine [E. Fischer, *D. chem. G.*, **30**, 2231]; par réduction de la diméthyl-1.7-dichloro-2.8-oxy-6-purine au moyen de l'acide iodhydrique [E. Fischer, *D. chem. G.*, **30**, 2231; D.R.P. 97673]; ou de la diméthyl-1.7-chloro-2-oxy-6-purine [Böhringer, D.R.P. 96925; *Centr. Bl.*, **236**, 1898 (II)].

Elle cristallise dans l'alcool en fines aiguilles fusibles à 251-253°.

La *diméthyl-1.7-chloro-2-oxy-6-purine* fond en se décomposant vers 270° [E. Fischer, *D. chem. G.*, **30**, 2407, 1897]; voyez aussi E. Fischer [*D. chem. G.*, **17**, 333, 1884].

La *diméthyl-1.7-dichloro-2.8-oxy-6-purine* s'obtient en chauffant à 80° 2 gr. de dichloro-2.8-oxy-6-purine avec 3 gr. d'iodure de méthyle et 19ᶜᶜ,8 de soude normale. Elle fond à 252-253° [E. Fischer, *D. chem. G.*, **30**, 2330].

La *phényl-2-oxy-6-purine* s'obtient en chauffant avec 8 à 10 fois son poids d'acide formique (d. = 1,2) la phényl-2-diamino-4.5-oxy-6-pyrimidine [Traube et Hermann, *Ann. Chem.*, **37**, 2267, 1904].

Oxy-8-purine,

```
Az = C H
       |
C H   C - Az H
‖     ‖    > C O
Az — C - Az H
```

— On la prépare en chauffant à 100° 1 p. de di-chloro-2.6-oxy-8-purine avec 10 p. d'acide iodhy-drique (D = 1,96) et de l'iodure de phosphonium ; ou encore en chauffant à 165° l'urée avec la dia-mino-4-5-pyrimidine. Elle cristallise dans l'eau en fines aiguilles fusibles à 317° [E. Fischer et Ach, *D. chem. G.*, 30, 2213, 1897], à 312° [O. Isay, *ibid.*, 39, 250, 1906].

La *dichloro-2.6-oxy-8-purine* s'obtient en chauffant à 165° 1 p. d'urate de potassium sec avec 1p,2 d'oxychlorure de phosphore ; on lave le produit à l'eau et on le fait bouillir avec 5 p. d'acide nitrique (D = 1,4) pendant une 1/2 heure. On purifie le corps obtenu par l'intermédiaire de son sel d'ammonium [E. Fischer et Ach, *D. chem. G.*, 30, 2209]. Elle se forme aussi par ébullition de 1 p. de trichloropurine avec 30 p. d'acide chlorhydrique à 20 0/0 [E. Fischer, *D. chem. G.*, 30, 2223, 1897].

Elle cristallise dans l'alcool en prismes mi-croscopiques, qui se décomposent sans fondre au-dessus de 350°. L'acide chlorhydrique con-centré, à 120°, la transforme en acide urique.

La *méthyl-6-oxy-8-purine* a été préparée en condensant l'urée avec la méthyl-6-diamino-4.5-pyrimidine :

```
Az = C - C H³
       |
C H   C - Az H²       Az H² \
‖     ‖           +           C O
Az — C - Az H²       Az H² /

                Az = C - C H³
                      |    ‖
=  2 Az H³  +   C H   C - Az H \
                ‖     |          C O
                Az — C - Az H /
```

Le *chlorhydrate* de méthyl-6-oxy-8-purine se sublime sans fondre vers 345° en se décompo-sant [Gabriel et Colman, *D. chem. G.*, 34, 1234, 1901].

La *méthyl-7-oxy-8-purine* se prépare en chauffant 10 à 15 min. à 100° 1 p. de méthyl-7-dichloro-2.6-oxy-8-purine avec 10 p. d'acide iodhydrique et de l'iodure de phosphonium. Elle fond à 258-259° [E. Fischer, *D. chem. G.*, 28, 2491 ; 32, 267].

La *méthyl-7-dichloro-2.6-oxy-8-purine* se forme quand on laisse en contact pendant 2 jours 1/2 à 0°, 10 gr. de dichloro-2.6-oxy-8-purine et 7 gr. de potasse dissous dans 40 cm³ d'eau, 40 cm³ d'alcool et 7 gr. d'iodure de méthyle [E. Fischer et Ach, *D. chem. G.*, 30, 2212, 1897] ; quand on chauffe 3 heures à 100° 1 gr. de méthyl-7-trichloro-2.6.8-purine avec 10 cm³ de lessive de soude normale [E. Fischer, *D. chem. G.*, 30, 1847] ; quand on chauffe 1 gr. de méthyl-7-dichloro-2.6-éthoxy-8-purine avec 16 cm³ d'acide chlorhydrique (D = 1,19) ; par ébullition de 1 p. de méthyl-7-trichloropurine avec 40 p. d'acide chlorhydrique à 20 0/0 [E. Fischer, *D. chem. G.*, 28, 2490, 1895].

Elle cristallise en fines aiguilles qui fondent en se décomposant à 268°. L'acide chlorhydrique à 130° la transforme en acide méthyl-7-urique. L'oxychlorure de phosphore réagit pour donner un composé, $C^{10}H^7Az^6OCl^3$, fusible à 281°, inso-luble dans les alcalis, et que l'acide iodhydrique et l'iodure de phosphonium convertissent en méthyl-7-oxy-8-purine [E. Fischer, *D. chem. G.*, 32, 267, 1899].

La *méthyl-9-oxy-8-purine* s'obtient en chauf-fant 1 p. de méthyl-9-dichloro-2-6-oxy-8-purine avec 20 p. d'acide iodhydrique fumant et de l'iodure de phosphonium. Elle cristallise en prismes fusibles à 233° [E. Fischer, *D. chem. G.*, 17, 332, 1884].

La *méthyl-9-dichloro-2.6-oxy-8-purine* a d'abord été obtenue en traitant l'acide méthyl-9-urique par le mélange de pentachlorure et d'oxychlorure de phosphore [E. Fischer, *D. chem. G.*, 17, 330]. Elle se forme aussi, par évapora-tion d'une solution de méthyl-9-trichloro-purine dans l'acide chlorhydrique à 20 0/0 [E. Fischer, *D. chem. G.*, 30 2224, 1897] ; par l'action du mélange de pentachlorure et d'oxychlorure de phosphore sur l'acide diméthyl-3.9-urique à 145-155° [E. Fischer, *D. chem. G.*, 32, 270, 1899] ; à côté d'une substance fusible à 297-300°,5, quand on fait bouillir la méthyl-9-trichloro-purine avec une solution normale d'alcali [E. Fischer, *D. chem. G.*, 30, 1858]. Elle cristallise dans l'alcool en fines aiguilles fusibles à 280-281°.

La *diméthyl-7.9-oxy-8-purine* résulte de l'ac-tion de l'acide iodhydrique et de l'iodure de phosphonium sur la diméthyl-7.9-dichloro-2.6-oxy-8-purine ; elle cristallise en aiguilles fusibles à 112°, et réagit comme un corps neutre [E. Fis-cher, *D. chem. G.*, 17, 334, 1884 ; 28, 2495, 1895].

La *diméthyl-7.9-dichloro-2.6-oxy-8-purine* se prépare en chauffant 3 heures à 140-150° l'acide triméthyl-3.7.9-urique avec 2 p. de pentachlorure et 4 p. d'oxychlorure de phos-phore [E. Fischer, *D. chem. G.*, 28, 2494, 1895]. Elle se forme aussi quand on fait réagir l'iodure de méthyle, en présence d'un alcali, sur la méthyl-7-dichloro-2.6-oxy-8-purine, sur la mé-thyl-9-dichloro-2.6-oxy-8-purine [E. Fischer, *D. chem. G.*, 30, 1848, 1855 ; 32, 270] et sur la dichloro-2.6-oxy-8-purine [E. Fischer et Ach, *D. chem. G.*, 30, 2211, D.R.P. 96854]. Elle fond à 187-188°. Elle est beaucoup moins stable aux alcalis que la dichloro-2.6-oxy-8-purine [E. Fischer, *D. chem. G.*, 34, 3271, 1898].

DIOXYPURINES.

Xanthine, dioxy-2.6-purine,

```
Az H - C O              Az — C - O H
 |       |               |     |
C O    C - Az H   ou  H O . C   C - Az H
 |      ‖   > C H        ‖     ‖   > C H
Az H - C - Az           Az — C - Az
```

— Le passage de l'acide urique à la xanthine a été réalisé par le processus suivant : L'acide urique est tout d'abord transformé en trichloropu-rine ; celle-ci, chauffée à 100° pendant 3 heures avec un excès d'éthylate de sodium, fournit la diéthoxy-2.6-chloro-8-purine (fusible à 209°, en se décomposant), laquelle chauffée avec l'acide chlorhydrique fumant ou bien avec l'acide iodhy-drique et l'iodure de phosphonium donne la dioxy-2.6-chloro-8-purine, ou chloro-8-xanthine. Il suffit de traiter celle-ci par l'acide iodhydrique et l'iodure de phosphonium pour obtenir la xan-thine [E. Fischer, *D. chem. G.*, 30, 2232, 1897] :

```
Az H - C O              Az = C Cl
 |      |                |     |
C O   C - Az H    →     C Cl  C - Az H
 |     ‖   > C O          ‖    ‖   ≥ C Cl
Az H - C - Az H         Az — C - Az

       Az = C O C² H⁵            Az = C O
             |     |                  |    |
→  C² H⁵ O - C   C - Az H    →   C O   C - Az H
             ‖    ‖   ≥ C Cl       ‖    ‖   ≥ C Cl
            Az - C - Az           Az — C - Az
```

$$Az = CO$$
$$\rightarrow \quad \begin{array}{cc} CO & C - AzH \\ \| & \| \quad {\geqq} CH \\ Az - C - Az \end{array}$$

Ce passage de l'acide urique à la xanthine a encore été réalisé par l'intermédiaire de la diiodo-2.6-purine [E. Fischer, *ibid.*, **31**, 2562, 1898].

La synthèse de la xanthine peut aussi être faite à partir de la cyanacétylurée. Celle-ci, sous l'influence des alcalis, se transforme en amino-4-dioxy-2.6-pyrimidine

$$AzH^2\text{-}CO\text{-}AzH\text{-}CO\text{-}CH^2\text{-}CAz \rightarrow \begin{array}{cc} Az = C - OH \\ \| & \| \\ HO\text{-}C & CH \\ \| & \| \\ Az - C - AzH^2 \end{array}$$

dont le dérivé nitrosé donne par réduction la diamino-4.5-dioxy-2.6-pyrimidine

$$\begin{array}{cc} Az = C - OH \\ \| & \| \\ HO - C & C - AzH^2 \\ \| & \| \\ Az - C - AzH^2 \end{array}$$

Ce composé chauffé à l'ébullition avec l'acide formique fournit un dérivé formylé en 5, qui ne se laisse pas transformer en xanthine ; mais cette transformation se fait bien quand on chauffe le sel de sodium à 230° [Traube, *D. chem. G.*, **33**, 3035, 1900] :

$$\begin{array}{cc} Az = C - OH \\ \| & \| \\ HO - C & C - AzH . COH \\ \| & \| \\ Az - C - AzH^2 \end{array} \rightarrow \begin{array}{cc} Az = C - OH \\ \| & \| \\ HO - C & C - AzH \\ \| & \| \quad {\geqq} CH \\ Az - C - Az \end{array}$$

Pour la synthèse de l'acide urique au moyen de l'acide cyanhydrique, comparez A. Gauthier [*Bull. Soc. Chim.*, (2), **42**, 142, 1884 ; (3), **19**, 244, 1898] ; E. Fischer [*D. chem. G.*, **30**, 3131, 1897].

La xanthine se forme quand on fait bouillir l'acide urique avec la lessive de soude et le chloroforme [Sundwik, *Zeit. physiol. Chem.*, **23**, 477, 1900].

La xanthine cristallise avec une molécule d'eau quand on la précipite lentement par l'acide acétique de ses solutions alcalines diluées ; elle perd cette molécule d'eau vers 125-130° [Horbaczewski, *Zeit. physiol. Chem.*, **23**, 226]. Sa chaleur de formation est de 96^{Cal},7 [Berthelot et André, *C. R.*, **218**, 957, 1899]. Spectre d'absorption [Dhéré, *C. R.*, **144**, 719, 1905]. Par réduction électrolytique de sa solution sulfurique elle fournit la *désoxyxanthine*

$$\begin{array}{cc} AzH - CH^2 \\ \| & \| \\ CO & C - AzH \\ \| & \| \quad {\geqq} CH \\ AzH - C - Az \end{array}$$

ou oxy-2-dihydro-1.6-purine, qui cristallise avec une molécule d'eau, devient anhydre à 107° et se décompose sans fondre au-dessus de 250° [Tafel et Ach, *D. chem. G.*, **34**, 1165, 1901].

Par oxydation ménagée au moyen du permanganate de potassium elle fournit de l'urée [Jolles, *D. chem. G.*, **33**, 1246, 1900]. Chauffée avec l'acide chlorhydrique concentré à 190°, elle se décompose en CO, CO², AzH³ et glycocolle [Krüger et Salomon, *Zeit. physiol. Chem.*, **21**, 171, 1898].

Elle se combine à l'acide p-diazobenzène sulfonique pour donner un corps cristallisé en ai-

guilles jaunes, infusibles à 265° [Burian, *D. chem. G.*, **37**, 696, 1904].

Le *xanthate de sodium*, C⁵H³Az⁴O²Na + H²O, cristallise en aiguilles facilement solubles dans l'eau [Balke, *J. prakt. Chem.*, **47**, 560, 1893]. L'insolubilité du *xanthate de cuivre* a été utilisée pour le dosage du cuivre [Rupp et Crauss, *D. chem. G.*, **35**, 4157, 1902].

La *bromoxanthine* ou *bromo-8-dioxy-2.6-purine* se forme quand on chauffe à 100° 1 p. de xanthine avec 5 p. de brome bien sec ; ou encore quand on traite la bromoguanine par l'acide azoteux. Elle forme une poudre cristalline qui se décompose sans fondre sous l'action de la chaleur [E. Fischer et Reese, *Ann. Chem.*, **221**, 443, 1885]. Elle est difficilement attaquée par les alcalis [E. Fischer, *D. chem. G.*, **28**, 2486, 1895 ; **31**, 3272, 1898].

ISOXANTHINE,

$$\begin{array}{cc} AzH - CO \\ \| & \| \\ CO & C - AzH \\ \| & \| \quad {\geqq} Az \\ AzH - C - CH \end{array}$$

— La méthyl-4-amino-5-pyrimidine, traitée par l'acide azoteux, fournit une combinaison que l'on peut considérer comme la diazo-isonitroso-méthyl-pyrimidine (I) ou comme la nitrosoisoxanthine (II) :

$$\begin{array}{cc} AzH - CO \\ \| & \| \\ CO & C - AzH^2 \\ \| & \| \\ AzH - C - CH^3 \end{array} \Longrightarrow \begin{array}{cc} AzH - CO \\ \| & \| \\ CO & C - Az = AzOH \\ \| & \| \\ AzH - C - CH = AzOH \end{array}$$
$$\text{I.}$$

$$\text{ou} \quad \begin{array}{cc} AzH - CO \\ \| & \| \\ CO & C - Az - AzO \\ \| & \| \quad {\geqq} Az \\ AzH - C - CH \end{array}$$
$$\text{II.}$$

La réduction de ce dernier par le chlorure stanneux fournit l'*isoxanthine*.

Elle cristallise dans l'eau chaude en fines aiguilles peu solubles dans l'eau froide [Behrend, *Ann. Chem.*, **245**, 223, 1888 ; — Wollers, *ibid.*, **323**, 279, 1902].

MÉTHYLXANTHINES. — *Méthyl-1-xanthine, méthyl-1-dioxy-2.6-purine,*

$$\begin{array}{cc} CH^3 - Az \longrightarrow CO \\ \| & \| \\ CO & C - AzH \\ \| & \| \quad {\geqq} CH \\ AzH - C - Az \end{array}$$

— La méthyl-1-xanthine a été retirée de l'urine [Krüger et Salomon, *Zeit. physiol. Chem.*, **24**, 380 ; **26**, 350, 1898]. C'est une poudre cristalline difficilement soluble dans l'eau, mais plus soluble cependant que la xanthine. Elle donne une bromométhyl-xanthine, stable jusqu'à 295°. Par méthylation elle fournit de la caféine et de la théophylline [Krüger, *D. chem. G.*, **33**, 3665, 1900].

Méthyl-3-xanthine, méthyl-3-dioxy-2.6-purine,

$$\begin{array}{cc} AzH - CO \\ \| & \| \\ CO & C - AzH \\ \| & \| \quad {\geqq} CH \\ CH^3 - Az \longrightarrow C - Az \end{array}$$

— La synthèse de la méthyl-3-xanthine a été faite d'une manière analogue à celle de la xanthine, à partir de l'acide méthyl-3-urique ou acide α-méthylurique [E. Fischer, et Ach. *D. chem. G.*, **34**, 1986, 1898; **32**, 2721] et aussi à partir de la méthylurée, par l'intermédiaire de la méthyldiaminodioxypyrimidine [Traube, *D. chem. G.*, **33**, 3035, 1900].

Elle cristallise dans l'eau en fines aiguilles brillantes, qui se décomposent sans fondre au-dessus de 360°. La réduction électrolytique de sa solution sulfurique fournit la *méthyl-3-désoxy-xanthine* ou *méthyl-3-oxy-2-dihydro-1.6-purine*.

$$\begin{array}{lll} AzH & - & CH^2 \\ | & & | \\ CO & & C-AzH \\ | & & \| \quad \geqq CH \\ CH^3-Az & - & C-Az \end{array}$$

qui cristallise avec 1 molécule d'eau; elle devient anhydre à 100° et se décompose à 210-220° [Tafel et Weinschenk, *D. chem. G.*, **33**, 3369, 1900].

La *méthyl-3-chloro-8-xanthine* se forme quand on chauffe l'acide α-méthyl-3-urique avec 8ᵖ.5 d'oxychlorure de phosphore à 140° pendant 5 à 6 heures [Fischer et Ach, *D. chem. G.*, **31**, 1982, 1898]. Elle se produit en même temps que la méthyl-3-dioxy-2.8-chloro-6-purine dans l'action de l'oxychlorure de phosphore sur l'acide ζ-méthylurique; en présence d'un excès d'oxychlorure de phosphore, il se forme seulement la méthyl-3-chloro-8-xanthine [E. Fischer et Ach. *D. chem. G.*, **32**, 2721, 1899].

Elle cristallise en prismes brillants qui se décomposent vers 340-345°. Chauffée avec l'acide chlorhydrique à 125°, elle régénère l'acide méthyl-3-urique.

HÉTÉROXANTHINE, *méthyl-7-xanthine*, *méthyl-7-dioxy-2.6-purine*,

$$\begin{array}{lll} AzH & - & CO \\ | & & | \\ CO & & C-Az-CH^3 \\ | & & \| \quad \geqq CH \\ AzH & - & C-Az \end{array}$$

La méthyl-7-xanthine a été obtenue en chauffant la méthyl-7-dichloro-2.6-purine avec l'acide chlorhydrique concentré à 120-125° pendant 3 heures, ou encore la méthyl-7-éthoxy-6-chloro-2-purine avec l'acide chlorhydrique concentré à 100° pendant quelques heures [E. Fischer, *D. chem. G.*, **30**, 2403, 2405, D.R.P. 98 638].

Elle se forme aussi quand on soumet la méthyl-7-amino-6-chloro-2-purine à l'action de l'acide chlorhydrique concentré pendant 6 heures à 120° [E. Fischer, *D. chem. G.*, **34**, 117, 1898]; ou bien encore la méthyl-7-oxy-6-chloro-2-purine [Böhringer, D.R.P. 96 925, *Centr. Bl.* (II), 951, 1898]; quand on traite la méthyl-7-guanine par l'acide azoteux [Krüger et Salomon, *Zeit. physiol. Chem.*, **26**, 391, 1903].

L'hétéroxanthine est une poudre cristalline [Balke, *J. prakt. Chem.*, **47**, 545, 1893] qui fond en se décomposant vers 380° [E. Fischer, *D. chem. G.*, **30**, 2403, 1897]. La réduction électrolytique de sa solution sulfurique la transforme en *méthyl-7-oxy-2-dihydro-1.6-purine* [Tafel et Weinschenk, *D. chem. G.*, **33**, 3374, 1900]. Oxydée par le permanganate de potassium, elle fournit de l'ammoniac et de la méthylamine [Jolles, *D. chem. G.*, **33**, 2120]. Chauffée avec l'acide chlorhydrique concentré à 180°, elle est décomposée en CO, CO^2, AzH^3 et sarcosine [Krüger et Salomon, *Zeit. phys. Chem.*, **21**, 173].

L'*hétéroxanthate de sodium*, $C^6H^3O^2Az^4Na + 5H^2O$, cristallise en prismes solubles dans

l'eau [Krüger et Salomon, *Zeit. physiol. Chem.*, **24**, 369; — E. Fischer, *D. chem. G.*, **30**, 2403]. Le *sulfate*, $C^6H^6O^2Az^4 . SO^4H^2$, est dissocié par l'eau [Boudzinsky et Gottlieb, *D. chem. G.*, **28**, 1113, 1895]. L'hétéroxanthine forme avec le nitrate d'argent une *combinaison* caractéristique plus soluble que la combinaison correspondante de la xanthine [Krüger et Salomon, *loc. cit.*].

PARAXANTHINE, *diméthyl-1.7-xanthine*, *diméthyl-1.7-dioxy-2.6-purine*,

$$\begin{array}{lll} CH^3-Az & - & CO \\ | & & | \\ CO & & C-Az-CH^3 \\ | & & \| \quad \geqq CH \\ AzH & - & C-Az \end{array}$$

— La synthèse de la paraxanthine a été effectuée d'une manière analogue à celle de la xanthine, à partir de l'acide diméthyl-1.7-urique [E. Fischer et Clemm, *D. chem. G.*, **34**, 2622, 1898; **30**, 2408]. On peut aussi l'obtenir en déméthylant la caféine [E. Fischer et Ach, *ibid.*, **39**, 423, 1906].

Elle fond à 298-299° (Fischer); à 289° [Pommerehne, *Arch. Pharm.*, **236**, 118]. Traitée par l'iodure de méthyle en présence des alcalis, elle est transformée en caféine.

Son *chloraurate*, $C^7H^8O^2Az^4HCl . AuCl^3 + 1/2H^2O$, fond à 227-228° [Pommerehne, *loc. cit.*]. Son *sel de sodium*, $C^7H^7O^2Az^4Na + 4H^2O$, est peu soluble dans la lessive de soude [E. Fischer, *D. chem. G.*, **30**, 2408].

La *diméthyl-1.7-dioxy-2.6-chloro-8-purine* fond à 284° [Fischer et Clemm, *loc. cit.*].

THÉOBROMINE, *diméthyl-3.7-dioxy-2.6-purine*, *diméthyl-3.7-xanthine*,

$$\begin{array}{lll} AzH & - & CO \\ | & & | \\ CO & & C-Az-CH^3 \\ | & & \| \quad \geqq CH \\ CH^3-Az & - & C-Az \end{array}$$

— La théobromine a été obtenue à partir de l'acide diméthyl-3.7-urique par le processus suivant : l'acide diméthyl-3.7-urique a été successivement transformé par les réactions déjà indiquées en diméthyl-3.7-dioxy-2.8-chloro-6-purine, diméthyl-3.7-dioxy-2.8-amino-6-purine, diméthyl-3.7-oxy-2-amino-6-chloro-8-purine, diméthyl-3.7-oxy-2-amino-6-purine; enfin celle-ci, traitée par l'acide azoteux, fournit la diméthyl-3.7-dioxy-3.6-purine ou théobromine [E. Fischer, *D. chem. G.*, **30**, 1845; D.R.P. 97 577]

La théobromine se forme encore par action de l'acide iodhydrique et de l'iodure de phosphonium sur la chlorothéobromine [E. Fischer et Ach, *D. chem. G.*, **34**, 1985, 1898]; quand on fait réagir l'iodure de méthyle en présence des alcalis sur la méthyl-3-xanthine [E. Fischer et Ach, *ibid.*, *G.*, **34**, 1987; D.R.P. 99122, 99123].

La théobromine se sublime sans décomposition vers 290-295° [Michael, *D. chem. G.*, **28**, 1632, 1895]. Pour la solubilité de la théobromine dans divers solvants, voyez [Süss, *Zeit. anal. Chem.*, **37**, 57, 1893; — Paul, *Arch. Pharm.*, **239**, 68; — François, *Centr. Blatt*, **66**, 1898, (II); — Göckel, *ibid.*, 402, 1897 (II); — Brissmoret, *ibid.*, 780, 1898 (I)]. Sa chaleur de combustion moléculaire de 846 calories [Matignon, *Ann. Chim. Phys.*, **28**, 380, 1893; — Berthelot et André, *C. R.*, **128**, 957, 1899]. Sa dissociation électrolytique a été étudiée par Paul [*Arch. Pharm.*, **239**, 48]. Spectre d'absorption [Hartley, *Chem. Soc.*, **87**, 1796, 1905].

La réduction électrolytique de sa solution sulfurique la transforme en *désoxythéobromine* ou *diméthyl-3.7-oxy-2-dihydro-1.6-purine*,

$$
\begin{array}{ccc}
AzH & - & CH^2 \\
| & & | \\
CO & & C - Az - CH^3 \\
| & & \| \quad \geqslant CH \\
CH^3 - Az & —— & C - Az
\end{array}
$$

qui cristallise avec $2H^2O$ et fond à 215° lorsqu'elle est anhydre [Tafel, *D. chem. G.*, 32, 3194, 1899].

La théobromine oxydée par le chlorate de potassium et l'acide chlorhydrique donne la méthylalloxane et l'acide diméthyl-3.7-oxyurique [Clemm, *D. chem. G.*, 34, 1450, 1898]. L'oxychlorure de phosphore à 140° la transforme en méthyl-7-dichloro-2.6-purine [E. Fischer, *D. chem. G.*, 30, 2402, 1897].

Son *sel de sodium* donne avec le formiate de soude une *combinaison*, $C^7H^7Az^4O^2Na + HCO^3Na + H^2O$, proposée comme diurétique [Hoffmann. la Roche et Cie, D.R.P. 172 932].

Recherche et dosage de la théobromine dans le cacao [Dekher, *Rec. Pays-Bas*, 22, 143, 1903; — Maupy, *Centr. Blatt.*, 1077, 1897 (I); — Betting, *Centr. Blatt.*, 916, 1897 (II); — Kanze, *Zeit. anal. Chem.*, 33, 22, 1894]; — Gérard, *J. Pharm. Chim.*, 23, 476, 1906].

La *chloro-8-théobromine* s'obtient en faisant réagir l'iodure de méthyle, en présence des alcalis, sur la méthyl-3-chloro-8-xanthine [E. Fischer et Ach, *D. chem. G.*, 31, 1984, 1898]; ou l'oxychlorure de phosphore sur l'acide diméthyl-3.7-urique [E. Fischer et Ach, *D. chem. G.*, 34, 1988]; ou encore en traitant la théobromine par le chlorure d'iode. Elle cristallise en fines aiguilles fusibles à 304°.

La *bromothéobromine*, $C^7H^7O^2Az^4Br$, obtenue par action du brome sur la théobromine, est une poudre cristalline [E. Fischer, *Ann. Chem.*, 215, 305, 1883; *D. chem. G.*, 31, 3272].

La *nitrothéobromine*, $C^7H^7(AzO^2)O^2Az^4$, se forme quand on chauffe doucement la théobromine avec l'acide nitrique; c'est une poudre cristalline jaune clair, fusible au-dessus de 270°; réduite par l'amalgame de sodium elle est transformée en *aminothéobromine* [Brunner et Leins, *D. chem. G.*, 30, 2585, 1897].

ACIDE THÉOBROMURIQUE,

$$
CO^2H - AzH - CO - Az(CH^3) - C = Az \quad
\begin{array}{c}
CO - Az(CH^3) \\
| \quad \geqslant CO \quad (?) \\
\end{array}
$$

— L'acide théobromurique se forme quand on traite la théobromine en suspension dans le chloroforme par un courant de chlore. Il cristallise dans l'eau en prismes fusibles vers 181° en se décomposant. Son *éther méthylique* fond à 199-200°; son *éther éthylique* fond à 212° [E. Fischer et Frank, *D. chem. G.*, 30, 2607, 1897]. Réduit par l'acide iodhydrique et l'iodure de phosphonium, il fournit l'*acide hydrothéobromurique*, $C^7H^{10}O^5Az^4 + H^2O$, qui, anhydre, fond vers 231°; son *éther éthylique* fond à 206-207°. L'*anhydride hydrothéobromurique*, $C^7H^8O^4Az^4 + H^2O$, qui se forme en même temps que l'acide correspondant, fond à 264° en se décomposant [E. Fischer et Frank, *D. chem. G.*, 30, 2610].

ACIDE THÉURIQUE, $C^5H^7O^4Az^3$. — Ce composé se forme par ébullition de l'acide hydrothéobromurique avec l'eau de baryte; il fond vers 254° [E. Fischer et Frank, *loc. cit.*].

PSEUDOTHÉOBROMINE, $C^7H^8O^2Az^2$. — La pseudothéobromine se forme en même temps que la théobromine, quand on traite le xanthate d'argent par l'iodure de méthyle. C'est un corps microcristallin plus soluble dans l'eau que la théobromine, mais moins soluble dans le chloroforme [Pommerehne, *Arch. Pharm.*, 236, 107].

HOMOLOGUES DE LA THÉOBROMINE. — Les homologues de la théobromine préparés en faisant réagir les iodures alcooliques sur le sel de potassium de la théobromine [van der Slooten, *Centr. Blatt.*, 284, 1897 (I)] ne sont pas identiques à ceux qui ont été obtenus par action des mêmes iodures sur le sel d'argent de la théobromine [Brünner et Leins, *D. chem. G.*, 30, 2584, 1897]. La première de ces réactions a fourni une *éthylthéobromine*, $C^7H^7(C^2H^5)Az^4O^2$, fusible à 164-165°; une *propylthéobromine* fusible à 136°, et une *isobutylthéobromine* fusible à 129-130°; tandis que la seconde a donné une *isobutylthéobromine* fusible au-dessus de 270°.

THÉOPHYLLINE, *diméthyl-1.3-dioxy-2.6-purine, diméthyl-1.3-xanthine*,

$$
\begin{array}{ccc}
CH^3 - Az & - & CO \\
| & & | \\
CO & & C - AzH \quad + \quad H^2O. \\
| & & \| \quad \geqslant CH \\
CH^3 - Az & - & C - Az
\end{array}
$$

— La synthèse de la théophylline a été réalisée d'une manière analogue à celle de la xanthine, à partir de la diméthylurée symétrique, par l'intermédiaire de la diméthyl-1.3-diamino-4.5-dioxy-2.6-pyrimidine [Traube, *D. chem. G.*, 33, 3035, 1900].

Elle a été préparée à partir de l'acide γ-diméthylurique: celui-ci, chauffé à 140° avec le mélange de pentachlorure et d'oxychlorure de phosphore, fournit la *chlorothéophylline* (fusible au-dessus de 300°), que l'acide iodhydrique en présence de l'iodure de phosphonium transforme en théophylline [E. Fischer et Ach, *D. chem. G.*, 28, 3139, 1895].

Elle se forme aussi par méthylation de la méthyl-1-xanthine [Kruger, *D. chem. G.*, 33, 3665, 1900]; par déméthylation de la caféine [E. Fischer et Ach, *ibid.*, 39, 423, 1906].

La théophylline cristallise dans l'eau en aiguilles fusibles à 264°. Oxydée par le permanganate de potassium elle fournit de l'urée, de la méthylamine et du gaz carbonique [Jolles, *J. prakt. Chem.*, 62, 61, 1900]. Le brome, à 100°, la transforme en *bromothéophylline*, $C^7H^7BrAz^4O^2$, fusible en se décomposant vers 315-320° [E. Fischer et Ach, *D. chem. G.*, 28, 3142, 1895].

CAFÉINE, *triméthyl-1.3.7-dioxy-2.6-purine, triméthyl-1.3.7-xanthine*.

— La caféine ayant déjà été traitée dans le 2° Suppl., nous nous bornerons à indiquer ici la formule de constitution qu'on doit lui attribuer par suite de ses relations avec les autres composés du groupe de la purine [E. Fischer, *D. chem. G.*, 30, 553; 32, 442, 1899]. C'est la formule anciennement proposée par Médicus:

$$
\begin{array}{ccc}
CH^3 - Az & - & CO \\
| & & | \\
CO & & C - Az - CH^3 \\
| & & \| \quad \geqslant CH \\
CH^3 - Az & - & C - Az
\end{array}
$$

Diméthyl-1.3-isobutyl-8-dioxy-2.6-purine. — Elle cristallise dans l'eau en aiguilles fusibles à 227° [Traube et Nithack, *D. chem. G.*, 39, 227, 1906].

Diméthyl-1.3-phényl-8-dioxy-2.6-purine, phényl-8-théophylline. — Elle a été obtenue en oxydant par le chlorure ferrique la diméthyl-1.3-dioxy-2.6-amino-4-benzilidène-amino-5-pyrimidine; elle n'est pas altérée à 300° [Traube et Nithack, *D. chem. G.*, 39, 227, 1906].

Diméthyl-1.3-phényl-8-benzyl-7-dioxy-2.6-

purine. — Elle fond à 221° en se décomposant [Traube et Nithack. *loc. cit.*].

Méthyl-3-phényl-8-benzyl-7-dioxy-2.6-purine. méthyl-3-phényl-8-benzyl-7 xanthine. — C'est un produit jaune obtenu en chauffant à 180° la méthyl-3-dioxy-2.6-amino-4-benzylidène-5-pyrimidine [Traube et Nithack, *loc. cit.*].

DIOXY-6.8-PURINE,

```
AzH - CO
 |      |
CH    C - AzH    + H²O
 ||    ||   >CO
Az — C - AzH
```

— La dioxy-6.8-purine se prépare en traitant l'amino-6-oxy-8-purine, en solution dans 16 p. d'acide chlorhydrique à 15 0/0. par 0°,7 d'azotite de soude à 40°. Elle cristallise dans l'acide chlorhydrique aqueux en lamelles brillantes qui se décomposent sans fondre au-dessus de 400° [E. Fischer, *D. chem. G.*, 30, 2218. 1897].

L'*amino-2-dioxy-6.8-purine* s'obtient en chauffant la bromoguanine, ou bien l'acide imino-pseudo-urique, avec l'acide chlorhydrique concentré. C'est une poudre cristalline qui se décompose sans fondre au-dessus de 380° [E. Fischer. *D. chem. G.*, 30. 570. 1897].

Méthyl-7-dioxy-6.8-purine,

```
AzH — CO
 |      |
CH    C - Az - CH³
 ||    ||   >CO
Az —— C - AzH
```

— La méthyl-7-trichloro-2.6.8-purine. chauffée à 40° avec l'alcoolate de sodium, fournit la *méthyl-7-chloro-2-diéthoxy-6.8-purine* fusible à 194-195°; celle-ci, agitée pendant 3 heures avec 10 p. d'acide iodhydrique (D = 1.96) et de l'iodure de phosphonium, fournit la méthyl-7-dioxy-6.8-purine qui brunit vers 400° [E. Fischer. *D. chem. G.*. 30. 1850. 1897].

Méthyl-9-dioxy-6.8-purine,

```
AzH - CO
 |      |
CH    C - AzH
 ||    ||   >CO
AzH - C - Az - CH³
```

— On l'obtient en réduisant par l'acide iodhydrique et l'iodure de phosphonium la *méthyl-9-dioxy-6.8-chloro-2-purine.*

Elle fond en se décomposant au-dessus de 390° [E. Fischer et Ach. *D. chem. G.*, 32, 250, 1899].

La *méthyl-9-dioxy-6.8-chloro-2-purine* a été préparée en décomposant la méthyl-9-amino-6-oxy-8-chloro-2-purine par l'acide azoteux. Elle cristallise avec 0,5H²O et fond en se décomposant à 310-320°.

Diméthyl-1.9-dioxy-6.8-purine,

```
CH³ - Az — CO
 |          |
CH        C - AzH
           ||   >CO
Az — C - Az - CH³
```

— La méthyl-9-dioxy-6.8-chloro-2-purine, condensée avec l'aldéhyde formique en présence de potasse diluée, fournit un sel de potassium peu soluble qu'on traite par l'iodure de méthyle à 80°: on entraîne ensuite à la vapeur d'eau jusqu'à ce qu'il ne passe plus d'aldéhyde formique. Il y a d'abord fixation d'un résidu oxyméthylénique en 7, puis méthylation en 9 et, enfin, élimination du groupement oxyméthylénique: et on obtient finalement la *diméthyl-1.-9-dioxy-6.8-chloro-2-purine* fusible à 291°, qu'il suffit

de réduire par l'acide iodhydrique et l'iodure de phosphonium pour obtenir la *diméthyl-1.9-dioxy-6.8-purine,* fusible à 360-362° [Fischer et Ach, *D. chem. G.*. 32, 259, 1899].

Diméthyl-7.9-dioxy-6.8-purine,

```
AzH - CO
 |     |
CH    C - Az - CH³
 ||    ||   >CO
Az —— C - Az - CH³
```

— La diméthyl-7.9-dichloro-2.6-oxy-8-purine traitée par l'éthylate de sodium fournit la *diméthyl-7.9-chloro-2-éthoxy-6-oxy-8-purine* fusible à 160°: celle-ci chauffée avec l'acide iodhydrique et l'iodure de phosphonium donne la *diméthyl-7.9-dioxy-6.8-purine,* cristaux fusibles sans se décomposer [E. Fischer, *D. chem. G.*, 17, 336, 1884].

La *diméthyl-7.9-dioxy-6.8-chloro-2-purine* obtenue en chauffant la diméthyl-7.9-dichloro-2.6-oxy-8-purine avec la potasse normale, fond à 312° [Fischer et Ach. *D. chem. G.*, 32, 252, 1899].

Triméthyl-1.7.9-dioxy-6.8-purine,

```
CH³ - Az — CO
 |          |
CH        C - Az - CH³
 |         ||   >CO
Az — C - Az - CH³
```

— On la prépare en traitant par l'iodure de méthyle. en présence des alcalis, la dioxy-6.2-purine [E. Fischer et Ach. *D. chem. G.*, 30, 2219], ou la méthyl-7-dioxy-6.8-purine, ou la diméthyl-7.9-dioxy-6.8-purine [E. Fischer, *D. chem. G.*, 30, 1852, 1897]. Elle cristallise dans l'alcool en fines aiguilles fusibles à 235-236°.

La *triméthyl-1.7.9-dioxy-6.8-chloro-2-purine,* qui s'obtient en méthylant la méthyl-9-dioxy-6.8-chloro-2-purine, fond à 251-252°. Chauffée à 110-112° avec l'acide chlorhydrique concentré, elle fournit de l'acide triméthylurique [E. Fischer et Ach, *D. chem. G.*, 32, 250, 1899].

Méthyl-3-dioxy-2.8-purine,

```
Az = CH
 |     |
CO    C = AzH
 |     ||   >CO
CH³ - Az - C - AzH
```

— L'acide ζ-méthylurique traité par l'oxychlorure de phosphore fournit la *méthyl-3-dioxy-2.8-chloro-6-purine,* se décomposant au-dessus de 300°, et que l'acide iodhydrique et l'iodure de phosphonium transforment en *méthyl-3-dioxy-2.8-purine,* qui cristallise avec 0.5 H²O [Fischer et Ach, *D. chem. G.*, 32, 2721, 1899].

Diméthyl-3.7-dioxy-2.8-purine,

```
Az = CH
 |     |
CO    C - Az - CH³
 |     ||   >CO
CH³ - Az - C - AzH
```

— On l'obtient comme la précédente à partir de l'acide diméthyl-3.7-urique, par l'intermédiaire de la *diméthyl-8.7-chloro-6-dioxy-2.8-purine* (se décomposant vers 280°). Elle cristallise dans l'eau en fines aiguilles fusibles vers 360-370° [E. Fischer, *D. chem. G.*, 28, 2487, 1895].

Triméthyl-3.7.9-dioxy-2.8-purine,

```
Az = CH
 |     |
CO    C - Az - CH³
 |     ||   >CO
CH³ - Az — C - Az - CH³
```

— Elle se prépare en traitant par l'iodure de méthyle, en présence d'un alcali, la méthyl-3-dioxy-2.8-purine [E. Fischer et Ach, *D. chem. G.*, **32**, 2721, 1899], ou la diméthyl-3.7-dioxy-2-8-purine [E. Fischer, *D. chem. G.*, **30**, 1853, 1897]. Elle cristallise dans l'alcool en aiguilles fusibles à 254°.

TRIOXYPURINES.

ACIDE URIQUE, *trioxy-2.6.8-purine*,

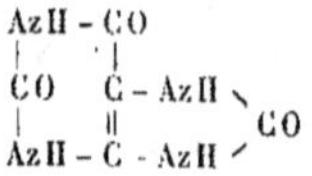

```
AzH - CO
 |     |
CO   C - AzH \
 |     ||       CO
AzH - C - AzH /
```

— La formule de constitution de l'acide urique a été vérifié par les synthèses suivantes :

1° Par condensation de l'éther acétylacétique avec l'urée, on obtient la méthyl-6-dioxy-2.4-pyrimidine (méthyluracile); celle-ci oxydée par l'acide nitrique fournit l'acide nitro-5-dioxy-2.4-pyrimidine-carbonique-6, corps instable qui perd CO^2 en donnant la nitro-5-dioxy-2.4-pyrimidine. Cette dernière, par réduction, donne à la fois l'amino-5-dioxy-2.4-pyrimidine et la trioxy-2.4.5-pyrimidine (acide isobarbiturique), laquelle oxydée par l'eau de brome se transforme en acide iso-dialurique. Enfin la condensation de l'acide iso-dialurique avec l'urée, en présence d'acide sulfurique, fournit l'acide urique [Behrend et Roosen, *Ann. Chem.*, **251**, 248, 1889].

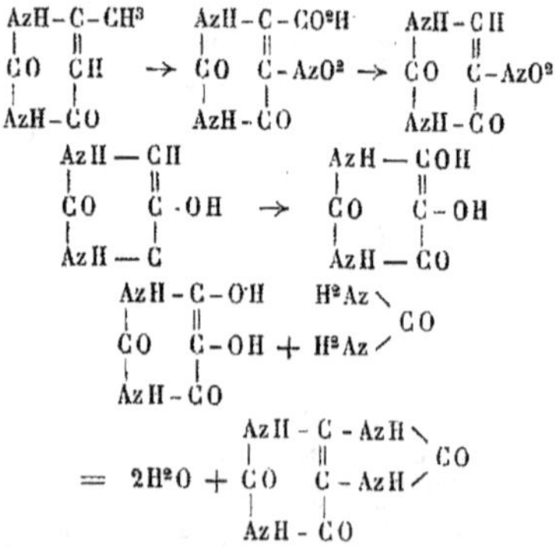

```
AzH - C - CH3        AzH - C - CO2H        AzH - C H
 |     ||              |     ||              |     ||
CO    CH     →        CO    C - AzO2   →    CO    C - AzO2
 |     |              |     |              |     |
AzH - CO             AzH - CO             AzH - CO


    AzH — C H                  AzH — C OH
     |     ||                   |     ||
    CO    C · OH       →       CO    C - OH
     |     |                    |     |
    AzH — C                    AzH — CO


        AzH - C - OH      H2Az \
         |     ||                CO
        CO    C - OH  +  H2Az /
         |     |
        AzH - CO


              AzH - C - AzH \
               |     ||        CO
  =  2H2O  +  CO    C - AzH /
               |     |
              AzH - CO
```

2° La condensation de l'urée avec l'acide malonique fournit l'acide barbiturique, dont le dérivé nitrosé constitue l'acide violurique. Celui-ci, par réduction, donne l'uramile qui se condense avec le cyanate de potassium pour conduire à l'acide pseudo-urique. La déshydratation de ce dernier, au moyen de l'acide oxalique ou de l'acide chlorhydrique à 20 0/0, fournit l'acide urique [E. Fischer et Ach, *D. chem. G.*, **28**, 2474, 1895; 30, 560; D.R.P. 94 283].

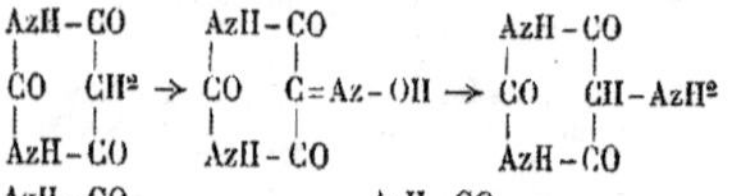

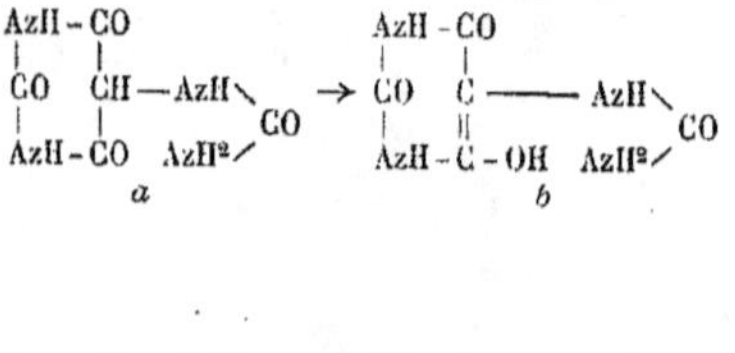

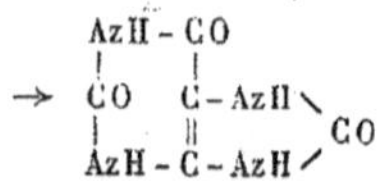

```
AzH - CO          AzH - CO              AzH - CO
 |    |            |    |                |    |
CO   CH2   →      CO   C = Az - OH  →   CO   CH - AzH2
 |    |            |    |                |    |
AzH - CO          AzH - CO              AzH - CO

AzH - CO                      AzH - CO
 |    |                        |    |
CO   CH — AzH \        →      CO   C ——— AzH \
 |    |          CO            |    ||          CO
AzH - CO  AzH2 /              AzH - C - OH  AzH2 /
        a                              b
```

L'acide urique donnant un dérivé tétraméthylé dans lequel les quatre méthyles sont fixés à l'azote, la déshydratation de l'acide pseudo-urique s'effectue donc bien suivant le schéma (b) tautomère du schéma (a) qui conduirait à

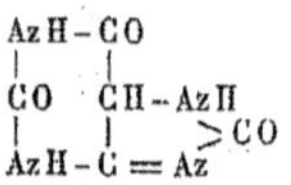

```
AzH - CO
 |    |
CO   CH - AzH
 |    |       > CO
AzH - C = Az
```

corps incapable de fournir un dérivé tétraméthylé à l'azote.

3° La cyanacétylurée,

$$AzH^2 - CO - AzH - CO - C Az,$$

sous l'influence des alcalis, se transforme en amino-4-dioxy-2.6-pyrimidine,

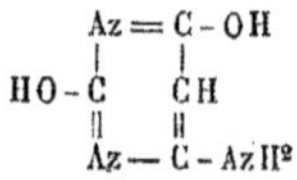

```
     Az = C - OH
      |     |
HO - C     CH
      ||    ||
     Az — C - AzH2
```

dont le dérivé nitrosé donne par réduction la diamino-4.5-dioxy-2.6-pyrimidine,

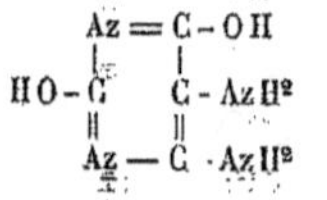

```
     Az = C - OH
      |     |
HO - C     C - AzH2
      ||    ||
     Az — C · AzH2
```

Celle-ci traitée par l'éther chlorocarbonique fournit l'uréthane

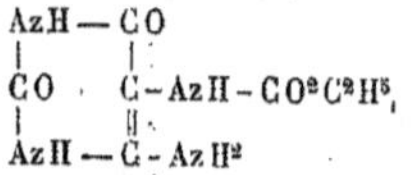

```
AzH — CO
 |    |
CO   C - AzH - CO2C2H5
 |    ||
AzH — C - AzH2
```

dont le sel de sodium, chauffé à 180-190°, perd une molécule d'alcool pour donner le sel de sodium de l'acide urique [Traube, *D. chem. G.*, **33**, 3035, 1900].

4° L'acide urique a encore été obtenu en chauffant la glycine avec l'urée à 200-230° [Horbackzewski, *Mon. f. Chem.*, **6**, 356, 1885]; et l'acide trichlorolactique avec l'urée [Horbackzewski, *Mon. f. Chem.*, **8**, 202, 1887].

Propriétés. — La solubilité de l'acide urique dans l'eau a fait l'objet de nombreuses déterminations, qui ne sont pas très concordantes, par suite sans doute de sa facile décomposition à chaud; voyez [His et Paul, *Zeit. f. physiol. Chem.*, **34**, 1, 64, 1900; — Blarez et Denigès, *Jahr. d. Chem.*, 696, 1887; — Jahns, *Arch. de Pharm.*, **221**, 511]. Sa chaleur de combustion moléculaire est de 461,4 Cal. [Matignon, *Ann. Chim. Phys.*, **28**, 350, 1893]; 450,5 Cal. [Stohmann et Langbein, *J. f. prakt. Chem.* **44**, 380, 1891]. La neutralisation apparente de l'acide urique a lieu pour 2 molécules de soude au tournesol, pour 1,5 à la phtaléine, et il est alcalin au méthylorange [Berthelot, *C. R.*, **132**, 1377, 1901]. Spectre d'absorption [Hartley, *Chem. Soc.*, **87**, 1796, 1905; Dhéré, *C. R.*, **141**, 719, 1905].

La réduction électrolytique de l'acide urique

en solution sulfurique fournit principalement la *purone*.

```
AzH — CH²
 |      |
 CO    CH - AzH \
 |      |         CO
AzH — CH - AzH /
```

cristaux très peu solubles dans l'eau et dans les alcalis, qui se décomposent au-dessus de 250°, et que les alcalis transforment en *isopurone* se décomposant vers 240°: l'isopurone se trouve aussi dans les produits de la réduction, en même temps qu'un autre produit $C^3H^8Az^4O^3$, qui est l'acide *désoxypseudourique* [Tafel, *D. chem. G.*, **34**. 258. 1181, 1901].

L'acide urique est oxydé beaucoup plus facilement que les corps xanthiques [Niemilowicz, *Zeit. f. physiol. Chem.*, **35**, 264, 1902].

L'oxydation par le permanganate de potassium en liqueur alcaline fournit d'abord l'*acide uroxanique*, qui est transformé en allantoïne par acidification [Sundwik, *Zeit. physiol. Chem.*, **20**, 396 ; **41**, 347, 1904] ; pour l'oxydation en solution ammoniacale, voyez Denické [*Ann. Chem.*, **349**, 269, 1906]. Behrend admet que l'oxydation manganique de l'acide urique, donnant naissance à l'allantoïne, se fait par l'intermédiaire d'un composé qui serait l'acide glycoluryloxycarbonique [*ibid.*, **333**, 141, 1904] ; pour l'oxydation manganique avec formation d'urée, comparez [Jolles, *D. chem. G.*, **33**, 1246. 2119, 3786. 1900 ; — Richter. *J. f. prakt. Chem.*, **67**. 274, 1903 : — Falta. *D. chem. G.*, **34**, 2674, 294. 1901 ; — Matrai. *Zeit. physiol. Chem.*, **35**, 205, 1902] ; l'acide urique, en solution dans la soude diluée, oxydé par l'eau oxygénée, fournit un produit considéré comme la tétracarbonimide [Scholtz, *D. chem. G.*, **24**. 4140, 1901] ; le persulfate d'ammonium le transforme en acide allanturique. urée et glycocolle [Hugounenq. *C. R.*, **132**, 1901] ; l'oxydation par l'acide iodique, qui a lieu conformément à l'équation

$$5C^5H^4Az^4O^3 + I^2O^5 + 10H^2O$$
$$= 5CO - CO - CO + 5CO^2Az^2H^4 + 5CO^2$$
$$\diagdown \quad + 5AzH^3 + I^2$$
$$AzH$$

peut-être utilisée pour le dosage de l'acide urique [Bouillet, *Bull. Soc. Chim.*, **25**. 251. 1901].

L'oxychlorure de phosphore réagit sur l'urate de potassium pour donner la dichloro-2.6-oxy-8-purine [E. Fischer, *D. chem. G.*, **30**. 2209, 1897]. Quand on chauffe l'urate de potassium avec le sulfhydrate d'ammonium, et qu'on traite le produit obtenu par l'acide nitrique dilué, on obtient l'acide *azurilique*. $C^4H^2O^3Az^5$. qui se décompose au-dessus de 275° [E. Fischer et Ach, *D. chem. G.*, **288**. 169. 1895].

L'acide urique peut s'unir à la formaldéhyde en différentes proportions [Weber, Pott et Tollens. *D. chem. G.*, **30**. 2514. 1897 ; — Böhringer. *D. R. P.*, 102 158; *Central Bl.*, 1261, 1899 (I)].

Urate de thorium. — [Martindale, *Pharm. Journ.*, **21**. 149, 1905].

Urate de méthylamine, $C^5H^4Az^4O^3$ CH^3AzH^2. — C'est une poudre blanche qui se décompose sans fondre sous l'action de la chaleur [Gibbs, *Journ. Amer. Chem. Soc.*, **28**, 1395. 1906].

Dosage de l'acide urique, voyez URINE.

ACIDES MONOMÉTHYLURIQUES. — Le nombre des acides monométhyluriques actuellement connus est supérieur au nombre d'atomes d'hydrogène remplaçables par des groupements méthyles dans l'acide urique; il faut donc admettre pour ces composés l'existence de stéréo-isomères, comparables aux dérivés fumariques et maléiques.

Acide méthyl-1-urique, méthyl-1-trioxy-2.6. 8-purine.

```
CH³ - Az — CO
 |           |
 CO         C - AzH \
 |           |         CO
AzH - C - AzH /
```

— On l'obtient en chauffant à 100° l'acide méthyl-1-pseudo-urique avec l'acide chlorhydrique à 20 0/0. Il cristallise en aiguilles qui charbonnent sans fondre au-dessus de 400° [E. Fischer, *D. chem. G.*, **30**, 3092; — Loeben. *Ann. Chem.*, **298**, 184, 1897].

Acides méthyl-3-urique, méthyl-3-trioxy-2. 6.8-purine,

```
AzH - CO
 |       |
 CO     C - AzH \
 |       |         CO
CH³ - Az — C - AzH /
```

—L'acide α, $C^6H^6O^3Az^4 + \frac{1}{2}H^2O$. se forme quand on chauffe la méthyl-3-chloro-8-xanthine avec l'acide chlorhydrique fumant, pendant 3 heures à 125° [E. Fischer et Ach, *D. chem. G.*, **31**, 1984]. Il se dissout dans 262 parties d'eau bouillante [v. Loeben, *Ann. Chem.*, **298**, 186, 1897]. Oxydé par le permanganate de potassium, il fournit l'α-méthylallantoïne [E. Fischer et Ach, *D. chem. G.*, **32**, 2745, 1899]; le chlorate de potassium et l'acide chlorhydrique le transforment en méthylalloxane [Andreasch, *Mon. f. Chem.*, **21**, 281, 1900].

L'acide δ, $C^6H^6O^3Az^4 + H^2O$. qui, d'après Fischer [*D. chem. G.*, **32**, 2721], est également méthylé en 3, serait d'après Behrend et Dietrich [*Ann. Chem.*, **309**, 260. 1899] un acide méthyl-1-urique. Il se forme : quand on soumet l'urée à l'action de l'acide méthylisodialurique et l'urée à l'action de l'acide sulfurique [v. Loeben, *ibid.*, **298**, 184, 1897]; à côté de l'acide ζ-méthylurique, par ébullition de la méthyl-3-chloro-6-dioxy-2. 8-purine avec les acides dilués [E. Fischer et Ach, *D. chem. G.*, **32**, 2741, 1899]. Il cristallise dans l'eau en prismes microscopiques qui perdent leur eau de cristallisation vers 150°. La réduction électrolytique de sa solution sulfurique le transforme en *méthyl-3-purine* [Tafel, *D. chem. G.*, **34**, 279, 1901].

L'acide ζ, $C^6H^6O^3Az^4 + H^2O$, se forme à côté du précédent, quand on méthyle l'urate de potassium en solution acétique à 100° [E. Fischer et Ach, *D. chem. G.*, **32**, 2726, 1899] ; quand on isomérise l'acide δ par l'acide chlorhydrique concentré à 100°. Il cristallise dans l'eau en prismes microscopiques qui se déshydratent vers 150°. Chauffé longtemps avec les alcalis il se transforme en acide δ. L'oxychlorure de phosphore le transforme en méthyl-3-chloro-6-dioxy-2.8-purine, tandis que les acides α et δ fournissent la méthyl-3-chloro-8-dioxy-2.6-purine ou méthyl-3-chloro-8-xanthine.

Acide méthyl-7-urique, acide-γ,

```
AzH — CO
 |       |
 CO     C - Az - CH³
 |       |       > CO
AzH — C - AzH
```

— Il a été obtenu en appliquant à la méthyl-7-trichloropurine les réactions déjà indiquées. Il cristallise dans l'eau chaude en fines lamelles qui se décomposent sans fondre vers 370-380° [E. Fischer, *D. chem. G.*, **30**, 563, 2492, 1897].

Acide méthyl-9-urique. acide-β,

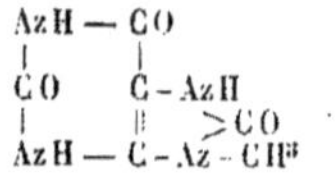

```
AzH — CO
 |      |
CO    C - AzH
 |      ‖    > CO
AzH — C - Az - CH³
```

— Il a été préparé, comme le précédent, au moyen de la méthyl-9-trichloropurine [E. Fischer, *D. chem. G.*, **30**, 2225 ; **32**, 2747, 1899].

ACIDES DIMÉTHYLURIQUES. — *Acide diméthyl-1.3-urique, acide-γ,*

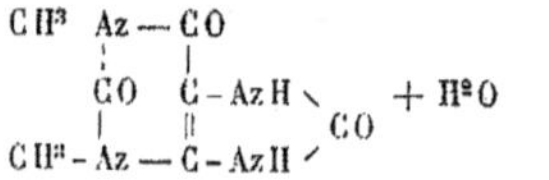

```
CH³  Az — CO
      |    |
     CO   C - AzH \
      |    ‖        CO   + H²O
CH³ - Az - C - AzH /
```

— On le prépare en déshydratant l'acide diméthyl-1.3-pseudo-urique par l'acide oxalique (à 170°), ou par ébullition avec l'acide chlorhydrique à 20 0/0 [E. Fischer, *D. chem. G.*, **26**, 2475 ; **30**, 560, 1897]. On l'obtient aussi en agitant pendant une heure 1 gr. d'acide méthyl-1-urique avec 1 cc. de soude normale et 0ᵍʳ,8 d'iodure de méthyle [E. Fischer, *D. chem. G.*, **30**, 3094] ; ou encore en chauffant l'uréthane de la diméthyl-1.3-diamino-4.5-dioxy-2.6-pyrimidine [Traube, *D. chem. G.*, **33**, 3035, 1900].

Il cristallise en aiguilles qui fondent vers 410° en se décomposant. Le mélange de pentachlorure et d'oxychlorure de phosphore le transforme en chlorothéophylline. Par réduction électrolytique de sa solution sulfurique il fournit la *diméthyl-1.3-purone*, fusible vers 240° [Tafel, *D. chem. G.*, **34**, 279, 1901].

Acide diméthyl-1.7-urique,

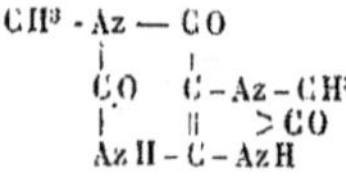

```
CH³ - Az — CO
      |    |
     CO   C - Az - CH³
      |    ‖    > CO
     AzH - C - AzH
```

— Il se forme en même temps que l'acide méthyl-1-urique quand on porte à l'ébullition pendant 2 heures 1 partie d'acide diméthyl-1.7-pseudourique avec 8 parties d'acide chlorhydrique à 20 0/0. Il cristallise dans l'eau en prismes microscopiques fusibles vers 390° [E. Fischer, *D. chem. G.*, **30**, 3096, 1897].

Acide diméthyl-9.7-urique.

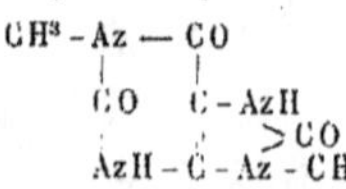

```
CH³ - Az — CO
      |    |
     CO   C - AzH
            > CO
     AzH - C - Az - CH³
```

— Il a été obtenu en chauffant 4 heures à 100° la diméthyl-1.9-dioxy-6.8-chloro-2-purine avec 5 parties d'acide chlorhydrique concentré. Il se décompose vers 400° [E. Fischer et Ach, *D. chem. G.*, **32**, 259, 1899].

Acide diméthyl-3.7-urique, acide-δ,

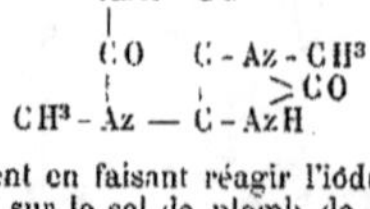

```
AzH - CO
 |    |
CO   C - Az - CH³
 |    |   > CO
CH³ - Az - C - AzH
```

— On l'obtient en faisant réagir l'iodure de méthyle à 170° sur le sel de plomb de l'acide méthyl-7-urique [E. Fischer, *D. chem. G.*, **30**, 564, 1897]. Il a aussi été préparé en partant de la bromothéobromine [E. Fischer, *ibid.*, **28**, 2482, 1895]. Il cristallise dans l'eau en très petites lamelles, qui se décomposent par la chaleur.

Acide diméthyl-3.9-urique, acide-α (voyez 1ᵉʳ Suppl., 1639),

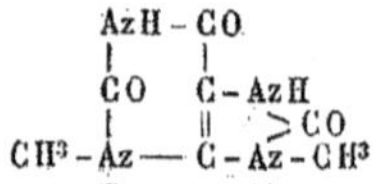

```
AzH - CO
 |    |
CO   C - AzH
 |    ‖   > CO
CH³ - Az — C - Az - CH³
```

— Le *sel de plomb* de l'acide méthyl-3-urique, chauffé 16 heures à 130-135° avec l'iodure de méthyle en solution éthérée, fournit l'acide-α-diméthylurique. Il cristallise avec une molécule d'eau [E. Fischer, *D. chem. G.*, **32**, 268, 1899].

Acide diméthyl-7.9-urique, acide-β (voyez 1ᵉʳ Suppl., 1638),

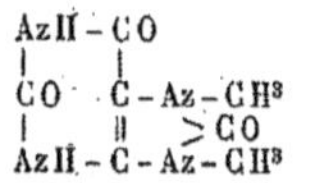

```
AzH - CO
 |    |
CO   C - Az - CH³
 |    ‖   > CO
AzH - C - Az - CH³
```

— Son *sel d'ammonium* est difficilement soluble dans l'eau chaude [E. Fischer, *D. chem. G.*, **28**, 2495, 1895].

ACIDES TRIMÉTHYLURIQUES. — *Acide triméthyl-1.3.7-urique, hydroxycaféine* (voyez CAFÉINE, 2ᵉ Suppl., 840),

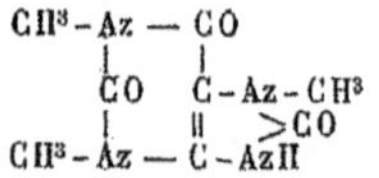

```
CH³ - Az — CO
      |    |
     CO   C - Az - CH³
      |    ‖   > CO
CH³ - Az — C - AzH
```

— La réduction électrolytique de sa solution sulfurique le transforme en *triméthyl-1.3.7-purone*, fusible à 209° et que la soude isomérise en *triméthylisopurone*, fusible à 211-212° [Tafel, *D. chem. G.*, **34**, 279, 1901].

Acide triméthyl-1.3.9-urique,

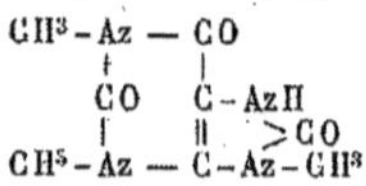

```
CH³ - Az — CO
      |    |
     CO   C - AzH
      |    ‖   > CO
CH³ - Az — C - Az - CH³
```

— On le prépare en chauffant 12 heures à 120° le sel de plomb de l'acide diméthyl-1.3-urique, avec parties égales d'iodure de méthyle et d'éther. Il cristallise dans l'eau en aiguilles fusibles vers 315-320°, en se décomposant [E. Fischer et Ach, *D. chem. G.*, **28**, 2478, 1895].

Acide triméthyl-1.7.9-urique,

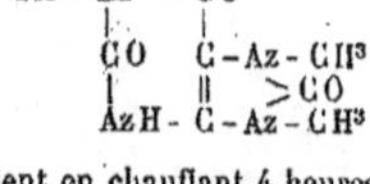

```
CH³ - Az — CO
      |    |
     CO   C - Az - CH³
      |    ‖   > CO
     AzH - C - Az - CH³
```

— On l'obtient en chauffant 4 heures à 110-115° la triméthyl-1.7.9-dioxy-6.8-chloro-2 purine avec l'acide chlorhydrique concentré [E. Fischer et Ach, *D. chem. G.*, **32**, 258, 1899]. Il cristallise dans l'eau en aiguilles brillantes fusibles vers 348°, en se décomposant.

ACIDE TÉTRAMÉTHYLURIQUE,

```
CH³ - Az — CO
      |    |
     CO   C - Az - CH³
      |    ‖   > CO
CH³ - Az — C - Az - CH³
```

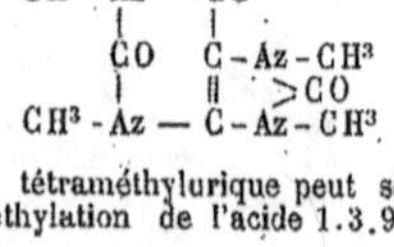

— L'acide tétraméthylurique peut se préparer par la méthylation de l'acide 1.3.9-triméthylurique [E. Fischer, et Ach, *D. chem. G.*, **28**, 2480, 1895]: de l'acide α-diméthylurique [Böhringer. D. R. P. 90309; *Centr. Bl.*, (1), 576, 1897]: des acides 5 et ζ méthyluriques [E. Fischer, et Ach, *D. chem. G.*, **32**, 2732, 2742, 1899]; de l'acide urique [E. Fischer, *ibid.*, **30**, 3009, 1897]; de l'hydroxycaféine [E. Fischer, *ibid.*, **30**, 569]. Il se forme aussi quand on chauffe la méthoxycaféine à 200° [Wislianus et Koober, *ibid.*, **35**, 1991, 1902].

Il cristallise dans l'eau en prismes monocliniques [Reuter, *ibid.*, **30**, 3010], fusibles à 228°. Par réduction électrolytique de sa solution sulfurique, il fournit la *tétraméthylpurone*, fusible à 170° [Tafel, *ibid.*, **34**, 279, 1901]. Les alcalis le transforment en *tétraméthyluréidine*, $C^8H^{14}Az^4O^2$, 165-161° [E. Fischer, *ibid.*, **30**, 3013; **31**, 3268, 1898]. Lorsqu'on fait réagir le chlore sur sa solution chloroformique, on obtient l'*acide oxytétraméthylurique*, fusible à 229° [E. Fischer, *ibid.*, **30**, 3012, 1897].

ACIDES ÉTHYLURIQUES. — L'*acide éthyl-9-urique* a été préparé par le procédé synthétique de Fischer, en condensant l'uramile avec l'isocyanate d'éthyle et en déshydratant l'acide éthylpseudourique formé. Il se décompose sans fondre au-dessus de 350°. Le mélange de pentachlorure et d'oxychlorure de phosphore le transforme, à 130-140°, en *éthyl-9-dichloro-2.6-oxy-8-purine*, fusible à 263-266°: celle-ci traitée par l'acide iodhydrique fumant fournit l'*éthyl-9-oxy-8 iodopurine*, fusible à 247-248°, que la poudre de zinc et l'alcool dilué transforment en *éthyl-9-oxy-8-purine*, fusible à 250-251° [Amstrong, *D. chem. G.*, **33**, 2308, 1900].

L'*acide diéthyl-1.3-urique*, obtenu en déshydratant l'acide diéthyl-pseudo-urique par l'acide chlorhydrique à 100°, se décompose vers 300° [Sembritzki, *D. chem. G.*, **30**, 1823, 1897].

La condensation de l'iodure d'éthyle avec l'acide éthylurique, en présence de la potasse, a fourni un *acide diéthylurique*, fusible en se décomposant vers 314°. La constitution de cet acide n'a pas été déterminée [Armstrong, *D. chem. G.*, **33**, 2308, 1900].

Acide triméthyl-1.3.7-éthyl-9-urique. — Cet acide se forme quand on chauffe l'éthoxycaféine à 240°:

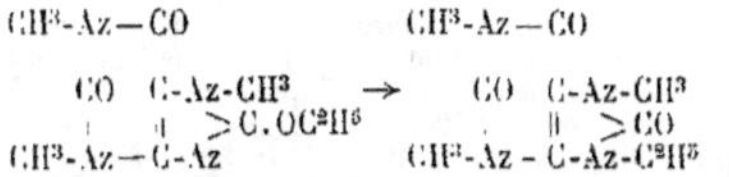

```
CH³-Az—CO                 CH³-Az—CO

CO   C-Az-CH³      →      CO   C-Az-CH³
 |   ‖ >C.OC²H⁵                 ‖ >CO
CH³-Az—C-Az              CH³-Az-C-Az-C²H⁵
```

— Il cristallise dans l'alcool en tables fusibles à 197° [Wislianus et Koober, *D. chem. G.*, **35**, 1991, 1902].

ACIDE PHÉNYL-9-URIQUE,

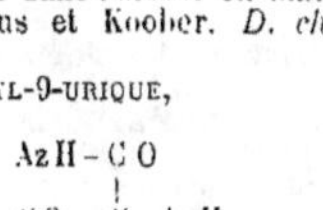

```
AzH-CO

CO    C-AzH
 |    ‖ >CO
AzH-C-Az-C⁶H⁵
```

— On le prépare en déshydratant l'acide phénylpseudo-urique par l'acide chlorhydrique à 20 0/0. Il cristallise avec H^2O, devient anhydre vers 130° et brunit sans fondre vers 320°. Traité par l'oxychlorure de phosphore à 140°, il fournit la *phényl-9-oxy-dichloropurine*, fusible à 323°, avec un peu de phényltrichloropurine [E. Fischer, *D. chem. G.*, **33**, 1701, 1900; — Fourneau, *ibid.*, **34**, 112, 1901]. La méthylation de l'acide phényl-9-urique a permis de préparer l'*acide triméthyl-1.3.7-phényl-9-urique*, fusible à 265-266° [E. Fischer, *ibid.*, **33**, 1701, 1900].

ACIDE PSEUDO-URIQUE,

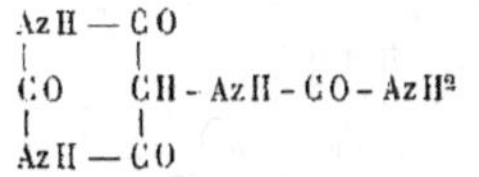

```
AzH — CO
 |      |
CO     CH - AzH - CO - AzH²
 |      |
AzH — CO
```

— L'acide pseudo-urique, obtenu par condensation de l'uramile avec l'urée, ou avec le cyanate de potassium, cristallise en petits prismes dont la chaleur de combustion moléculaire est de 454 Cal. [Matignon, *Ann. Chim. Phys.*, **28**, 378, 1893]. Nous avons vu que sa déshydratation fournit l'acide urique [E. Fischer, *D. chem. G.*, **18**, 2474; **30**, 560; D. R. P. 94283].

L'*acide méthyl-7-pseudourique*,

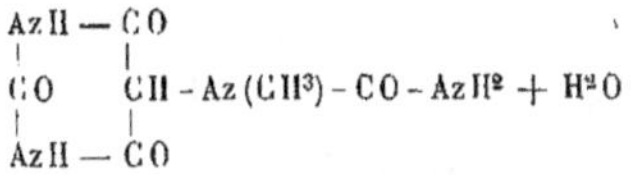

```
AzH — CO
 |      |
CO     CH - Az(CH³) - CO - AzH²  + H²O
 |      |
AzH — CO
```

obtenu par condensation du méthyl-7-uramile avec le cyanate de potassium, se dépose de sa solution aqueuse en petits cristaux brillants [E. Fischer, *D. chem. G.*, **30**, 562].

L'*acide diméthyl-1.3-pseudo-urique*, préparé comme les précédents au moyen du diméthyluramile, fond vers 210° [Techow, *D. chem. G.*, **27**, 3088, 1894].

L'*acide triméthyl 1.3.7-pseudo-urique* cristallise avec une molécule d'eau. Il fond partiellement vers 180-190°, sans que cependant il soit complètement liquéfié à 300° [E. Fischer, *D. chem. G.*, **30**, 566, 1897].

L'*acide diéthyl-1.3-pseudo-urique*, obtenu à partir du diéthyl-1.3-uramile, fond en se décomposant à 196° [Sembritzki, *ibid.*, **30**, 1893].

L'*acide phényl-2-pseudo-urique*, préparé en faisant réagir l'isocyanate de phényle sur l'uramile à 0° en solution alcaline, cristallise avec 0,5 H^2O [E. Fischer, *ibid.*, **33**, 1701, 1900].

ACIDE DÉSOXY-PSEUDO URIQUE, *acide tétrahydro-urique*,

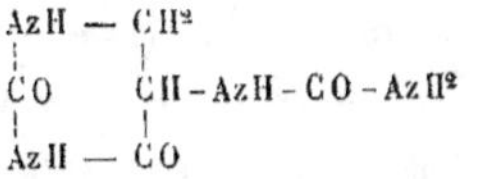

```
AzH — CH²
 |      |
CO     CH - AzH - CO - AzH²
 |      |
AzH — CO
```

ou

```
                   CH - AzH \
AzH² - CO - AzH - CH²  |     CO
                   CO - AzH /
```

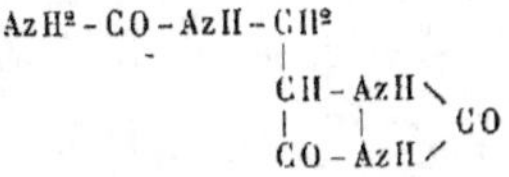

L'acide désoxypseudo-urique se forme quand on réduit électrolytiquement l'acide urique par un courant peu intense, et en présence d'acide sulfurique assez concentré (80 0/0). Il cristallise dans l'eau bouillante en lamelles fusibles à 212-213°. L'une des deux formules de constitution ci-dessus est rendue probable par ce fait que l'acide tétrahydrourique chauffé à 150° avec l'eau de baryte donne de l'acide α-β-diaminopropionique [Tafel, *D. chem. G.*, **34**, 258, 1181, 1901].

ACIDE ISOURIQUE,

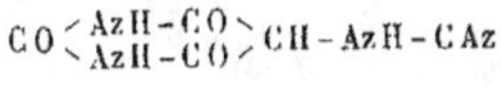

```
      / AzH - CO \
CO  <              > CH - AzH - C Az
      \ AzH - CO /
```

— Cet acide, obtenu en chauffant une solution aqueuse d'alloxantine avec la cyanamide, est une poudre jaune qui, chauffée avec l'acide chlorhydrique à 20 0/0, se transforme en acide urique [E. Fischer et Tullner, *D. chem. G.*, **35**, 2563, 1902]. Sa chaleur de combustion moléculaire est de 459^{Cal},4 [Malignon. *Ann. Chim. Phys.*, **28**, 377, 1893].

Acide iminopseudo-urique,

$$AzH = C \underset{AzH - CO}{\overset{AzH - CO}{\diagup}} CH - AzH - CO - AzH^2 + H^2O$$

— Cet acide se forme par ébullition de l'amino-malonylguanidine avec une solution aqueuse concentrée de cyanure de potassium [W. Traube, *D. chem. G.*, **26**, 2558, 1893]. Chauffé avec l'acide chlorhydrique concentré à 120°, il fournit l'amino-2-dioxy-6.8-purine [E. Fischer, *ibid.*, **30**, 571, 1897].

AMINOPURINES.

AMINO-2-PURINE, ISOADÉNINE, $C^5H^5Az^5 + H^2O$,

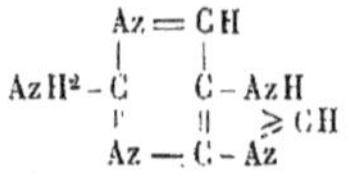

$$\begin{array}{ccc} Az & = & CH \\ | & & | \\ AzH^2 - C & & C - AzH \\ \shortparallel & & \shortparallel \quad \geqslant CH \\ Az & - & C - Az \end{array}$$

— Elle se forme par oxydation de la désoxyguanine [Tafel et Ach, *D. chem. G.*, **34**, 1170, 1901] ou encore par déshydratation (à 300°) du dérivé formylé de la triamino-2.4.5-pyrimidine [O. Isay, *ibid.*, **39**, 250, 1906].

Elle cristallise en aiguilles blanches.

La *méthyl-6-amino-2-purine* se prépare en déshydratant par la chaleur le dérivé formique de la méthyl-6-triamino-2.4.5-pyrimidine ; elle fond au-dessous de 300° [Gabriel et Colman, *D. chem. G.*, **34**, 1234, 1901].

La *méthyl-7-amino-2-purine*, qui se forme dans l'action de l'ammoniaque sur la méthyl-7-iodopurine, fond à 274° [E. Fischer, *D. chem. G.*, **34**, 2550, 1898].

AMINO-6-PURINE, ADÉNINE, $C^5H^5Az^5 + 3H^2O$,

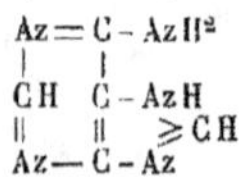

$$\begin{array}{ccc} Az & = & C - AzH^2 \\ | & & | \\ CH & & C - AzH \\ \shortparallel & & \shortparallel \quad \geqslant CH \\ Az & - & C - Az \end{array}$$

— Bien que l'adénine ait déjà été traitée dans ce Supplément (p. 110), il ne nous semble pas inutile d'y revenir, les travaux de Fischer ayant mis en évidence les relations de ce corps avec la purine.

La trichloropurine chauffée à 100° pendant 6 heures avec 10 parties d'ammoniaque concentré fournit la *dichloro-2.8-amino-6-purine*, ou *dichloro-2.8-adénine*, laquelle réduite par l'acide iodhydrique et l'iodure de phosphonium donne l'*adénine* [E. Fischer, *D. chem. G.*, **30**, 2239, 1897]. La diazotation de l'adénine, qui conduit à l'hypoxanthine, vient aussi confirmer la formule de constitution ci-dessus, ainsi que sa formation par oxydation de la thioadénine synthétique au moyen de l'eau oxygénée.

La *dichloro-2.8-adénine* peut encore se préparer en faisant réagir l'oxychlorure de phosphore à 140° sur la chloro-2-amino-6-oxy-8-purine [Fischer, *D. chem. G.*, **34**, 105, 1898]. Elle cristallise en aiguilles microscopiques qui se décomposent lentement au-dessus de 300°. Chauffée pendant 3 heures à 130° avec 1 molécule d'éthylate de sodium, elle est transformée en *chloro-8-amino-6-éthoxy-2-purine* [E. Fischer, *D. chem. G.*, **30**, 2245, 1897].

La *méthyl-7-amino-6-purine* ou *méthyl-7-adénine* s'obtient en chauffant à 70° 1 partie de méthyl-7-chloro-2-amino-6-purine ou de méthyl-7-dichloro-2.8-amino-6-purine avec 10 parties d'acide iodhydrique ($D = 1,96$). C'est une poudre cristalline fusible à 351° en se sublimant. L'acide azoteux la transforme en méthyl-7-hypoxanthine [E. Fischer, *D. chem. G.*, **34**, 111, 117, 1898].

La *méthyl-7-chloro-2-amino-6-purine* résulte de l'action de l'ammoniaque concentrée sur la méthyl-7-dichloro-2.6-purine. Elle fond à 275° avec dégagement gazeux. Les alcalis dilués et chauds la transforment en méthyl-7-guanine,

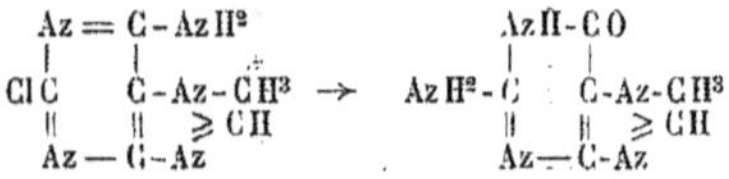

$$\begin{array}{ccc} Az = C - AzH^2 & & AzH - CO \\ | \quad\quad | & & | \quad\quad | \\ ClC \quad C - Az - CH^3 & \rightarrow & AzH^2 - C \quad C - Az - CH^3 \\ \shortparallel \quad\quad \shortparallel \geqslant CH & & \shortparallel \quad\quad \shortparallel \geqslant CH \\ Az - C - Az & & Az - C - Az \end{array}$$

Cette réaction pourrait être expliquée par une transposition moléculaire interne ; Fischer préfère admettre une rupture momentanée du noyau suivant :

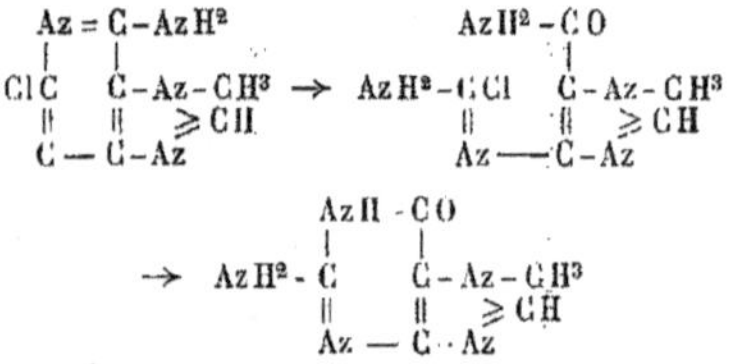

$$\begin{array}{ccc} Az = C - AzH^2 & & AzH^2 - CO \\ | \quad\quad | & & | \quad\quad | \\ ClC \quad C - Az - CH^3 & \rightarrow & AzH^2 - CCl \quad C - Az - CH^3 \\ \shortparallel \quad\quad \shortparallel \geqslant CH & & \shortparallel \quad\quad \shortparallel \geqslant CH \\ C - C - Az & & Az - C - Az \end{array}$$

$$\rightarrow \quad \begin{array}{c} AzH - CO \\ | \quad\quad | \\ AzH^2 - C \quad C - Az - CH^3 \\ \shortparallel \quad\quad \shortparallel \geqslant CH \\ Az - C - Az \end{array}$$

Pour démontrer cette hypothèse il a effectué la même transformation avec la *méthyl-7-méthylamino-6-chloro-2-purine* (fusible à 269°) et il a obtenu la diméthylguanine correspondante [*D. chem. G.*, **34**, 542, 1898].

La *méthyl-7-dichloro-2.8-amino-6-purine*, obtenue en faisant réagir l'oxychlorure de phosphore à 140° sur la méthyl-7-chloro-2-oxy-8-amino-6-purine, cristallise dans l'alcool en fines aiguilles qui se décomposent sans fondre sous l'action de la chaleur [E. Fischer, *ibid.*, **34**, 111, 1898].

La *méthyl-9-amino-6-purine* ou *méthyl-9-adénine* s'obtient en agitant 1 partie de méthyl-9-dichloroadénine ou méthyl-9-dichloro-2.8-amino-6-purine avec l'acide iodhydrique et l'iodure de phosphonium. Elle cristallise dans l'eau en gros prismes fusibles à 308-310° [E. Fischer, *ibid.*, **34**, 109, 1898].

La *méthyl-9-dichloro-2-8-amino-6-purine*, préparée par action de l'oxychlorure de phosphore sur la méthyl-9-chloro-2-amino-6-oxy-8-purine, fond à 260-261° en brunissant faiblement [E. Fischer, *ibid.*, **34**, 108, 1898]. Quand on la prépare en chauffant avec de l'ammoniac une solution alcoolique de méthyl-9-trichloropurine, il se forme en même temps la *méthyl-9-dichloro-2.6-amino-8-purine*, fusible à 314° en se décomposant [E. Fischer, *ibid.*, **32**, 267, 1899].

L'*éthyladénine*, $C^5H^4Az^5.C^2H^5$, a été obtenue par Krüger [*Zeit. f. physiol. Chem.*, **18**, 441, 1896] en chauffant pendant 12 heures à l'ébullition 5 gr. d'adénine, 80 cm³ d'alcool, 40 cm³ d'une solution d'éthylate de sodium à 5 0/0 de sodium et 12 gr. d'iodure d'éthyle. Krüger a préparé d'une manière analogue l'*isoamyladénine*, $C^5H^4Az^5.C^5H^{11}$, fusible à 148-150° ; la *benzyladénine*, fusible à 259° et la *dibenzyladénine* $C^5H^3Az^5(CH^2C^6H^3)^2$, fusible à 171°. La constitution de ces composés n'a pas été déterminée.

La *phényl-9-amino-6-purine* ou *phényl-9-adénine* a été préparée en réduisant par l'acide iodhydrique la *phényl-9-dichloro-2.8-amino-6-purine*, préparée elle-même en faisant réagir l'ammoniaque sur la phényltrichloropurine [Fourneau, *D. chem. G.*, **34**, 112, 1901] ; voyez aussi Traube et Hermann [*ibid.*, **37**, 2267, 1904].

Méthyl-7-amino-8-purine,

```
Az = C H
 |       |
C H    C - Az - C H³
 ‖      ‖      ≥ C - Az H²
Az  —  C - Az
```

— On l'obtient en réduisant la *méthyl-7-di-chloro-2-6-amino-8-purine*, qui résulte de l'action de l'ammoniaque alcoolique sur la méthyl-7-trichloro-2.6.8-purine [E. Fischer, *D. chem. G.*, **30**. 1857, 1897].

AMINOOXYPURINES. — *Amino-2-oxy-6-purine*, voyez GUANINE.

Amino-6-oxy-2-purine,

```
Az = C - Az H²
 |       |
C O    C - Az H
 |      ‖     ≥ C H
Az H - C - Az
```

— On la prépare en réduisant l'amino-6-chloro-8-éthoxy-2-purine par l'acide iodhydrique en présence d'un excès d'iodure de phosphonium. Sous l'action de la chaleur, elle charbonne sans fondre [E. Fischer, *D. chem. G.*, **30**, 2245, 1897].

La *diméthyl-3.7-amino-6-oxy-2-purine* se forme comme la précédente à partir de la diméthyl-3.7-amino-6-chloro-8-oxy-2-purine. Elle cristallise en aiguilles solubles dans 2 parties d'eau bouillante [E. Fischer, *ibid.*, **30**. 1843].

Amino-6-oxy-8-purine,

```
Az = C - Az H²
 |       |
C H    C - Az H
 ‖      ‖     ≥ C O
Az  —  C - Az
```

— On l'obtient en chauffant pendant 20 minutes la chloro-2-amino-6-oxy-8-purine avec l'acide iodhydrique (D = 1,96) et l'iodure de phosphonium. Elle cristallise en aiguilles microscopiques qui se décomposent sans fondre par la chaleur [E. Fischer et Ach, *D. chem. G.*, **30**, 2215, 1897].

La *chloro-2-amino-6-oxy-8-purine* se prépare en faisant bouillir pendant 3/4 d'heure la dichloro-2.8-amino-6-purine avec 20 parties d'acide chlorhydrique à 20 0/0 [E. Fischer, *D. chem. G.*, **30**. 2242], ou encore en chauffant 6 heures à 150° la dichloro-2.6-oxy-8-purine avec 25 parties d'alcool ammoniacal (1 vol. d'alcool saturé d'ammoniac à 0° et 1 vol. d'alcool absolu) [E. Fischer et Ach. *ibid.*, **30**, 2214, 1897]. Elle cristallise en fines aiguilles qui charbonnent sans fondre au-dessus de 360°.

La *méthyl-7-chloro-2-amino-6-oxy-8-purine* est obtenue en chauffant à 150° 10 gr. de méthyl-7-dichloro-2.6-oxy-8-purine avec 150 cm³ d'alcool ammoniacal saturé [E. Fischer, *ibid.*, **34**, 110]. Elle cristallise dans l'eau ammoniacale en lamelles sublimables, qui charbonnent sans fondre.

La *méthyl-9-chloro-2-amino-6-oxy-8-purine* s'obtient comme la précédente au moyen de la méthyl-9-dichloro-2.6-oxy-8-purine. Elle cristallise en aiguilles courtes et brillantes ; elle est plus soluble dans l'eau que son isomère méthylé en 7 [E. Fischer, *ibid.*, **34**, 107, 1898].

Quelques dérivés chlorés et aminés de la *phényl-9-purine* ont été préparés par Fourneau [*ibid.*, **34**. 112, 1901], en soumettant la phényl-trichloropurine aux réactions que E. Fischer avait appliquées à la trichloropurine.

AMINODIOXYPURINES. — *Amino-2-dioxy-6.8-purine*,

```
Az H - C O                    Az — C O
 |      |                       ‖     |
Az H²- C    C - Az H   ou   Az H²- C    C - Az H
 ‖      ‖    ≥ C O              |     ‖    ≥ C O
Az  —  C - Az H             Az H - C - Az H
```

— On la prépare en chauffant à 120° 1 partie d'acide iminopseudo-urique avec 3ᵍ,5 d'acide chlorhydrique (D = 1,19) [E. Fischer, *D. chem. G.*, 30, 570, 1897] ou en chauffant plusieurs jours 1 partie de bromoguanine avec 20 parties d'acide chlorhydrique. C'est une poudre cristalline qui se décompose sans fondre au-dessus de 380°.

Amino-6-dioxy-2.8-purine,

```
Az = C - Az H²
 |       |
C O    C - Az H
 |      ‖     ≥ C O
Az H - C - Az H
```

— On soumet l'amino-6-dichloro-2.8-purine à l'action de l'acide chlorhydrique à 125° et on fait cristalliser dans l'ammoniaque diluée. Elle forme une poudre cristalline qui charbonne sans fondre au-dessus de 370° [E. Fischer, *D. chem. G.*, 30, 2243].

La *méthyl-7-amino-6-dioxy-2.8-purine* se décompose sans fondre vers 320° [E. Fischer, *ibid.*, **34**, 115, 1898].

La *diméthyl-3.7-amino-6-dioxy-2.8-purine* qui résulte de l'action de l'ammoniaque sur la diméthyl-3.7-chloro-6-dioxy-2.8-purine, se décompose sans fondre sous l'action de la chaleur [E. Fischer, *ibid.*, 30, 1840, 1897].

La *phényl-9-amino-6-dioxy-2.8-purine* a été obtenue en soumettant la phényl-9-amino-6-oxy-8-chloro-2-purine à l'action de l'acide chlorhydrique [Fourneau, *D. chem. G.*, 34, 112, 1901].

Méthyl-7-amino-8-dioxy-2.6-purine,

```
Az H - C O
 |      |
C O    C - Az - C H³
 |      ‖     ≥ C - Az H²
Az H - C - Az
```

— C'est une poudre cristalline, obtenue en chauffant à 130° 1 partie de méthyl-7-amino-8-dichloro-2.6-purine avec 40 parties d'acide chlorhydrique (D = 1,19) [E. Fischer, *D. chem. G.*, 30, 1858, 1897].

THIOPURINES.

Les thiopurines se préparent en traitant les purines halogénées par le sulfhydrate de potassium. Elles peuvent aussi se former par réduction des oxypurines au moyen du sulfhydrate d'ammonium.

On les obtient synthétiquement par l'intermédiaire des thio-pyrimidines, préparées elles-mêmes en condensant la thiourée avec l'éther cyanacétique (voyez thio-2-hypoxanthine, p. 110), ou encore par condensation des pyrimidines avec la thiourée.

Méthyl-7-thio-2-purine,

```
Az = C H
 |       |
H S - C    C - Az - C H³
 ‖      ‖     ≥ C H
Az  —  C - Az
```

— Elle se forme quand on réduit la méthyl-7-oxy-2-purine par le sulfure d'ammonium. Elle fond en se décomposant à 255° [E. Fischer, *D. chem. G.*, **31**, 2550, 1898].

Méthyl-7-thio-6-purine,

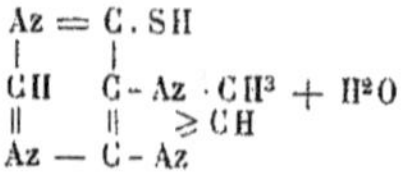

```
Az = C . SH
 |       |
CH    C - Az . CH³  + H²O
 ‖       ‖    ≥ CH
Az —   C - Az
```

— On la prépare en chauffant la méthyl-7-chloro-2-thio-6-purine avec 10 parties d'acide iodhydrique (D = 1,96) et de l'iodure de phosphonium. Elle cristallise dans l'eau en prismes fusibles à 310-311°; sa solution aqueuse possède une réaction acide [E. Fischer, *D. chem. G.*, **31**, 435, 1898].

L'iodure de méthyle, en présence des alcalis, la transforme en *méthyl-7-méthylthio-6-purine*,

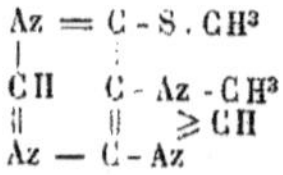

```
Az = C - S . CH³
 |       |
CH    C - Az - CH³
 ‖       ‖    ≥ CH
Az —   C - Az
```

qui cristallise dans l'eau en aiguilles fusibles à 212-213°; l'acide chlorhydrique à l'ébullition la décompose lentement avec formation de mercaptan méthylique CH³SH [E. Fischer, *D. chem. G.*, **31**, 437, 1898].

La *méthyl-7-chloro-2-thio-6-purine* a été obtenue en agitant pendant 1/4 d'heure 5 gr. de méthyl-7-dichloro-2.6-purine avec 50 cm³ d'une solution normale de sulfhydrate de potassium. Elle cristallise dans l'alcool en fines aiguilles qui se décomposent sans fondre quand on les chauffe [E. Fischer, *D. chem. G.*, **31**, 434].

Thio-8-purine. — On l'obtient en chauffant à 165° la diamino-4.5-pyrimidine avec la thiourée :

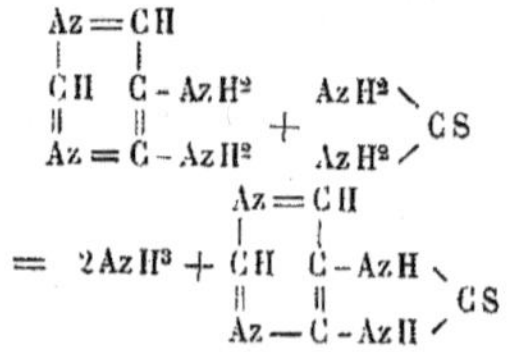

```
Az = CH
 |    |
CH   C - AzH²      AzH² \
 ‖    ‖         +         CS
Az = C - AzH²      AzH² /

               Az = CH
                |    |
= 2 AzH³ +     CH   C - AzH \
                ‖    ‖         CS
               Az — C - AzH /
```

Elle cristallise en aiguilles blanches, se décomposant vers 268° [O. Isay, *D. chem. G.*, **39**, 250, 1906].

Méthyl-6-thio-8-purine. — On l'obtient en condensant la thiourée avec la méthyl-6-diamino-4.5-pyrimidine. Elle se décompose vers 340° [Gabriel et Colman. *D. chem. G.*, **34**, 1234, 1901].

Méthyl-7-thio-8-purine. — Elle se forme à côté de la méthyl-7-thio-6-purine, quand on agite pendant 2 heures, à 0°, 4 gr. de méthyl-7-trichloro-2.6.8-purine avec 33 cm³ d'une solution normale de sulfhydrate de potassium; on précipite par l'acide chlorhydrique et on soumet le précipité à l'action de l'acide iodhydrique et de l'iodure de phosphonium. L'iodhydrate de méthyl-7-thio-6-purine cristallise le premier.

La méthyl-7-thio-8-purine cristallise dans l'eau en fines lamelles fusibles à 248-249°, un peu moins solubles dans l'eau chaude que la méthyl-7-thio-6-purine [E. Fischer, *D. chem. G.*, **31**, 441, 1898].

Thio-2-hypoxanthine, *oxy-6-thio-2-purine*,

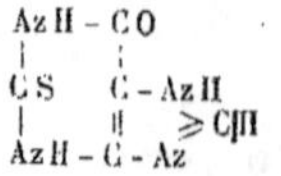

```
AzH - CO
 |
CS    C - AzH
 |     ‖   ≥ CH
AzH - C - Az
```

La synthèse en a été effectuée de la façon suivante :

La thiourée condensée avec l'acide cyanacétique en présence de l'éthylate de sodium conduit à l'amino-4-oxy-6-thio-2-pyrimidine,

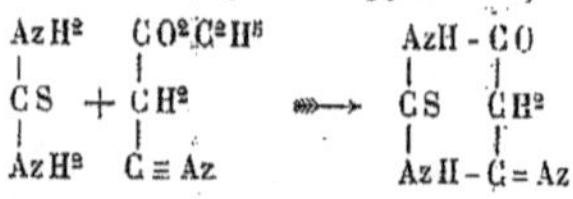

```
AzH²   CO².C²H⁵        AzH - CO
 |      |               |     |
CS  +  CH²      —→     CS    CH²
 |      |               |     |
AzH²   C ≡ Az          AzH - C = AzH
```

que l'acide azoteux transforme en un dérivé isonitrosé-5, lequel fournit par réduction la diamino-4.5-oxy-2-thiopyrimidine :

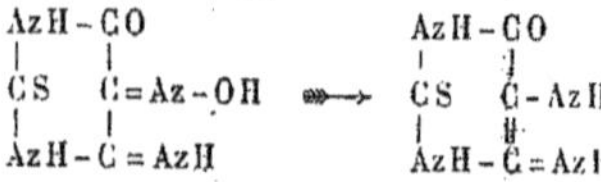

```
AzH - CO               AzH - CO
 |     |                 |     |
CS    C = Az - OH  —→   CS    C - AzH²
 |     |                 |     ‖
AzH - C = AzH           AzH - C = AzH²
```

Ce dernier corps chauffé à l'ascendant avec l'acide formique donne un dérivé monoformylé dont le sel de sodium se transforme par déshydratation à 250-255° en sel de sodium de la thiohypoxanthine.

La thiohypoxanthine cristallise en aiguilles à peine solubles dans les dissolvants usuels. Nous avons vu que l'acide azotique la transforme en hypoxanthine [Traube et Weber, *Ann. Chem.*, **331**, 64, 1904].

Méthyl-7-oxy-2-thio-6-purine,

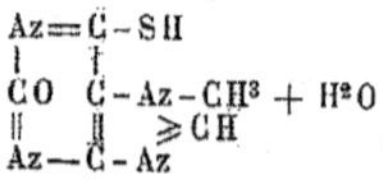

```
Az = C - SH
 |      |
CO    C - Az - CH³  + H²O
 ‖      ‖    ≥ CH
Az —  C - Az
```

— La méthyl-7-chloro-2-thio-6-purine traitée par l'éthylate de sodium fournit la méthyl-7-éthoxy-2-thio-6-purine, fusible à 234°, que l'acide chlorhydrique concentré transforme à 100° en méthyl-7-oxy-2-thio-6-purine fusible à 343° [E. Fischer, *D. chem. G.*, **34**, 439, 1898].

Méthyl-7-dithio-2.6-purine,

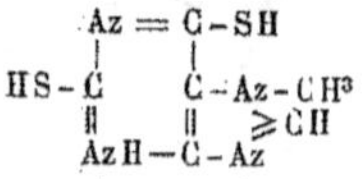

```
Az = C - SH
HS - C     C - Az - CH³
 ‖     ‖    ≥ CH
AzH — C - Az
```

— On l'obtient en faisant réagir le sulfhydrate de potassium sur la méthyl-7-dichloro-2.6-purine. Elle se décompose sans fondre sous l'action de la chaleur [E. Fischer, *D. chem. G.*, **31**, 440].

Dioxy-2.6-thio-8-purine,

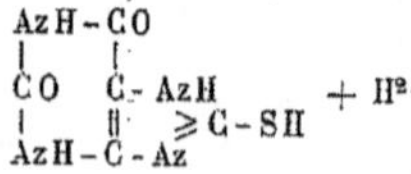

```
AzH - CO
CO    C - AzH
 |     ‖   ≥ C - SH   + H²O
AzH - C - Az
```

— On la prépare en chauffant 3 heures à 120° 3 gr. de bromo-8-dioxy-2-6-purine avec 75 cm³ d'une solution normale de sulfhydrate de potassium. Elle se décompose sans fondre sous l'action de la chaleur [E. Fischer, *D. chem. G.*, **34**, 445].

Trithio-2.6.8-purine (acide thionurique).

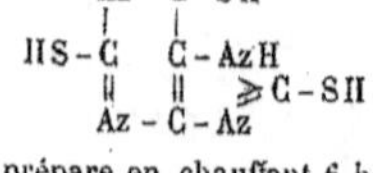

```
Az = C - SH
HS - C    C - AzH
 ‖     ‖   ≥ C - SH
Az - C - Az
```

— Elle se prépare en chauffant 6 heures à 100° 1 gr. de trichloro-2.6.8-purine avec 36 cm³ de sulfhydrate de potassium normal. C'est une poudre cristalline jaune, qui se décompose sans fondre par la chaleur [E. Fischer, *D. chem. G.*, 31. 444] et qui se dissout facilement dans les alcalis, ainsi que toutes les thiopurines.

Méthyl-7-trithio-2.6.8-purine;

```
Az - C = S H
     |
HS - C   C - Az · CH³   + H²O
     ‖   ‖   ≥ C - S H
     Az - C - Az
```

— Ce composé se prépare comme le précédent au moyen de la méthyl-7-trichloro-2.6.8-purine. C'est une poudre cristalline jaune soufre [E. Fischer. *D. chem. G.*, 34, 442].

ACIDES THIOPSEUDOURIQUES. — L'*acide γ-thiourique,*

```
Az H - CO
|
CO   CH - Az H - CS - Az H²
|
Az H - CO
```

se forme quand on chauffe l'acide isourique avec le sulfure d'ammonium à 45 0/0, à 100° et en vase clos. C'est une masse cristalline blanche, soluble dans l'eau, qui se décompose lentement avec formation de *thioxanthine.* Son *sel d'ammonium* se décompose vers 255° [Fischer et Tullner. *D. chem. G.*, 35, 2563, 1902].

L'*acide β-thiopseudourique;*

```
Az H - C - S H
|   ‖
CO   C - Az H - CO - Az H² + H²O
|   |
Az H - CO
```

résulte de la condensation du thiouramile avec le cyanate de potassium. Il cristallise en prismes facilement solubles dans l'eau [E. Fischer et Ach, *Ann. Chem.*, 288, 171].

L'*acide β-méthylthiourique,*

```
Az H - C - S - CH³
|   ‖
CO   C - Az H - CO - Az H²
|   |
Az H - CO
```

préparé comme le précédent au moyen du méthylthiouramile, cristallise dans l'eau en aiguilles, qui brunissent vers 290° [E. Fischer et Ach, *loc. cit*].

THIOADÉNINE, *amino-6-thio-2-purine,*

```
Az = C - Az H²
|   |
HS - C   C - Az H
‖   ‖   ≥ C H
Az - C - Az
```

— Elle s'obtient à l'état de sel de potassium en chauffant à 230° le sel de potassium de la monoformyltriaminothiopyrimidine. La thioadénine forme des croûtes cristallines jaunes peu solubles dans l'eau [Traube et Weber, *Ann. Chem.*, 331, 64, 1904].   Janvier 1907.   P. Carré.

PURONE. — Voyez l'art. PURINES, p. 105.

PURPURINE. — Voyez les articles ANTHRAQUINONE et GARANCE.

PURPUROGALLINE. [Dict.. 2. 1237 et 1er Suppl., 2, 1317]. — MM. Nietzki et Steinmann, [*D. chem. G.*, 20, 1277, 1887] ont attribué à la purpurogalline la formule $C^{18}H^{14}O^9$, au lieu de $C^{20}H^{16}O^5$. D'après MM. G. Perkin et Steven, [*Chem. Soc.*, 83, 193, 1903] elle aurait, au contraire. la composition $C^{11}H^8O^5$, et fondrait à 274-275° avec décomposition. Le *dérivé tétracétylé* fondrait à 182-184°.

Dans la préparation de la purpurogalline, si l'on dissout 20 gr. de pyrogallol dans 200 cc. d'alcool et qu'on verse dans le mélange refroidi 5 cc. d'acide acétique et 20 cc. de nitrite d'isoamyle, on obtient un composé $C^6H^4O^3$, en aiguilles fusibles à 206-208°.

Ce produit donne par réduction du pyrogallol et par l'eau bouillante de la purpuro galline [A. G. Perkin et Alec. Steven, *Chem. Soc.*, 89, 802, 1906].

La purpurogalline se produit à l'état pur dans l'oxydation électrolytique du pyrogallol. le mieux avec un électrolyte à 15 0/0 de SO^4Na^2 [A. et F. Perkin. *Chem. Soc.*, 85, 243, 1904]; ou bien par l'action de l'air sur la solution aqueuse en présence de la laccase [G. Bertrand, *C. R.*, 120, 269. 1895]. Elle se forme par l'action de AzO^2H sur l'acide gallique [Hooker, *D. chem. G.*, 20, 3260, 1887].

Par distillation avec le zinc en poudre, la purpurogalline donne du naphtalène (Nietzki et Steinmann). La potasse à 50 0/0 la convertit en deux composés isomères : la *purpurogallone* $C^{11}H^8O^5$. fusible à 262-264° (*dérivé anhydroacétylé* fondant à 174-176°), et l'*isopurpurogallone* fondant au-dessus de 300° (*dérivé anhydroacétylé* fondant à 280-282°; *éther tétraméthylique* fondant à 211-213°).

Par méthylation elle donne un *éther triméthylique* $C^{11}H^5O^2(OCH^3)^3$, fusible à 174-177° (*dérivé mononacétylé* fondant à 140-143°; *acide* fondant à 197-199°. et *anhydride* fondant à 164-166°); et un *éther tétraméthylique* fondant à 93-94°.

La *dibromopurpurogalline* $C^{11}H^6O^5Br^2$ fond à 204-206°. La *tribenzoylpurpurogalline* $C^{32}H^{20}O^8$ fond à 212-213° [A. G. Perkin et Steven; — A.-G. Perkin, *Proc. Chem. Soc.*, 21. 211. 1905; — A. et F. Perkin, *Chem. Soc.*, 85, 243, 1904].

ACIDE PURPUROGALLINE-CARBONIQUE — Cet acide se forme dans l'oxydation électrolytique de l'acide gallique avec un électrolyte d'acétate de Na et d'acide acétique. Aiguilles orangées fusibles au-dessus de 330° (A. et F. Perkin).   Janvier 1907.   F. March.

PURPUROGALLONE. — Voy. l'art. PURPUROGALLINES.

PURPUROXANTHINE [syn. *Xanthopurpurine*]. — Voyez l'art. ANTHRAQUINONE.

PUTRÉFACTION. — Le tableau du phénomène chimique de la putréfaction de matières animales tel que l'a tracé A. Gautier dans l'article PUTRÉFACTION du Dictionnaire (II, 1225) et du 1er Supplément (1318) n'a été modifié dans aucune de ses parties essentielles par les nouvelles acquisitions faites depuis cette époque. Nous n'aurons donc à ajouter ici qu'un certain nombre de renseignements complémentaires.

Tissier et Martelly [*Ann. Inst. Pasteur.* 16, 855, 1902] ont déterminé les espèces bactériennes qui se succèdent dans la putréfaction des viandes de boucheries. Prise à la boucherie aussi fraîche que possible, la viande de boucherie contient déjà tous les germes (une douzaine d'espèces) qui se multiplieront au fur et à mesure que le milieu leur deviendra favorable. Leur action se fait en deux phases : 1° *Phase des ferments mixtes protéolytiques et peptolytiques.* Ces organismes détruisent le sucre et attaquent l'albumine. Les albumoses produites d'abord sont en partie détruites, et l'ammoniaque par suite neutralise peu à peu la réaction d'abord acide du milieu, qui finit par devenir alcalin; 2° *Phase des ferments purs protéolytiques et peptolytiques* qui achèvent l'attaque de l'albumine et de ses dérivés ultimes. Au sujet des bactéries qui se développent dans le sang des cadavres, au cours de la putréfaction, voy. S. Ottolenghi [*Jahresb. de Maly*, 24, 184, 1894].

Parmi les antagonistes de la putréfaction des matières animales figurent la lumière [Richardson, *Chem. Centralbl.*, 1893, II, 61; *Journ. Chem. Soc.*, 63, 1109, 1896] et les hydrates de carbone. L'action de ces derniers est particulièrement intéressante. Les hydrates de carbone et spécialement la lactose empêchent la putréfaction des matières protéiques. Ils subissent, en effet, la fermentation lactique, et c'est la présence de quantités suffisantes de cet acide qui empêche le développement des bactéries de la putréfaction (Pour la bibliographie de cette question, voy. Simmitzki, *Zeit. physiol. Chem.*, 39, 99, 1903). Ainsi s'explique la remarquable résistance du lait à la putréfaction. Cet aliment s'aigrit, mais ne se putréfie pas parce que, dans les conditions ordinaires, les microbes producteurs d'acide lactique prennent toujours le dessus. Au contraire, le lait stérilisé, puis ensemencé d'une culture de *bac. putrificus* subit la décomposition putride [Bienstock, *Arch. f. Hyg.*, 39, 390, 1901; — Tissier et Martelly, *Ann. Inst. Pasteur*, 16, 897, 1902]. C'est aussi la fermentation lactique qui conserve la choucroute, les fourrages ensilés, etc., et qui explique l'action antiseptique exercée dans l'intestin par le régime lacté, etc.

En ce qui concerne les *produits de la putréfaction*, Berthelot et André ont étudié avec soin ceux que fournit la putréfaction du sang après 130 jours. Ils ont isolé CO^2 (mais pas d'azote, ni d'hydrogène), AzH^3, des acides gras volatils (surtout les acides propionique et butyrique) et des matériaux fixes azotés parmi lesquels ils ont analysé une substance brune contenant $C^{18}H^{24}Az^2O^3$, deux acides azotés, isolés à l'état de sels de baryte cristallisés renfermant $C^{85}H^{105}Ba^2Az^9O^{22}$ et $C^{31}H^{56}BaAz^6O^{16}$, une substance soluble dans l'alcool contenant $C^{18}H^{33}Az^3O^{10}$, et enfin d'autres substances azotées complexes, isolées sous la forme de sels alcalins. A la production de ces corps correspondait une fixation de $40^{gr},3$ d'eau pour $162^{gr},4$ de matières organiques contenues dans 1 litre de sang [*C. R.*, 114, 514, 1892; — Voy. aussi C. Th. Mörner, [*Jahresb. de Maly*, 26, 918, 1896].

L'un des premiers produits de la putréfaction est l'ammoniaque, qui apparaît longtemps avant que se manifeste toute odeur putride. Eber a indiqué un réactif très sensible et très commode pour saisir de la sorte le premier indice de putréfaction des denrées alimentaires [Eber, *Jahresb. de Maly*, 21, 463, 1891; — Glage, *Chem. Centralbl.*, 1899, I, 703]. Apparaissent ensuite les oxyacides aromatiques, puis l'indol et le scatol et enfin les phénols [Bachmann, *Diss. inaug.*, Marbourg, 1899, *Jahresb. de Maly*, 30, 186, 1900]. — Au sujet des produits odorants, voy. la *Revue critique* de Duclaux [*Ann. Inst. Pasteur*, 10, 59, 1896]. La production d'azote libre est plus abondante quand on ajoute des bactéries du sol [Gibron, *Am. chem. Journ.*, 15, 12, 1893].

Enfin, les diverses matières azotées présentent une résistance variable à l'attaque des bactéries. Dans le sang les globulines disparaissent plus vite que les albumines [Luzzatto, *Jahresb. de Maly*, 27, 852, 1897]; — E. P. Pick et J. Jaachim, *Wien. med. Woch.*, 1903, 1399]. Les alcaloïdes végétaux introduits dans les tissus animaux résistent, au contraire, pendant longtemps; la morphine notamment se retrouve encore après six mois [Th. Panzer, *Jahresb. de Maly*, 32, 135, 1902].

Pour la dégradation des *matières hydrocarbonées* par les micro-organismes, voy. à l'article FERMENTATION (Dict. 1. 1410; 1ᵉʳ Suppl. 807

et 2ᵉ Suppl., 4, 102). — Enfin [la destruction putréfactive des *graisses* débute par leur saponification. Celles-ci perdent ainsi leur insolubilité qui les rend si difficilement attaquables. Cette saponification est assurée par les lipases que secrètent beaucoup d'espèces bactériennes, et aussi par l'oxygène de l'air et par l'ammoniaque que produisent les fermentations protéolytiques. A ce moment le corps gras a perdu son caractère de substance rebelle à l'action des microbes et, sous l'influence de ces derniers, il achève rapidement de descendre l'échelle des destructions organiques [Duclaux, *Chim. biol.* in *Encyclopédie de Frémy*, 633; *Ann. Inst. Pasteur*, 1, 347; *Traité de microbiologie*, Paris, 4, 710, 1901].

E. Lambling.

PUTRESCINE [Syn. *Tétraméthylène-diamine*]. — Cette base a été trouvée parmi les produits de la putréfaction des cadavres humains, de la chair des poissons [Brieger, *Jahresb. de Maly*, 17, 585, 1887; — Bocklitch, *D. chem. G.*, 18, 1925, 1885]; dans l'urine et les fèces des cystinuriques [Von Udransky et Baumann, *Zeit. physiol. Chem.*, 13, 562, 1889]. Elle se forme aussi par l'action des bactéries de la putréfaction sur l'ornithine [Ellinger, *D. chem. G.*, 32, 3543, 1899] et par la digestion prolongée de la pepsine chlorhydrique sur les protéiques [Lawrow, *Zeit. physiol. Chem.*, 33, 312, 1901]. Enfin on l'obtient en introduisant du sodium dans une solution alcoolique de cyanure d'éthyle [Ladenburg, *D. chem. G.*, 19, 780, 1886; — Lellmann et Würthner, *Ann. Chem.*, 228, 229] ou dans une solution alcoolique de la dioxime de l'aldéhyde succinique $C^2H^4(CH=AzOH)^2$ [G. Ciamician et C. M. Zanetti, *D. chem. G.*, 22, 1698, 1889].

La putrescine est en cristaux fusibles à 23-24° (Ladenburg), à 27° [Kauffer, *Chem. Centralbl.*, 1901, I, 611], à odeur de pipéridine et attirant fortement CO^2. Elle se combine facilement à l'isocyanate de phényle pour donner l'*urée composée* $(CH^2)^4(AzH.CO.AzH-C^6H^5)^2$, en cristaux insolubles dans la plupart des dissolvants et fusibles vers 240°. Cette combinaison se prête à la séparation de la putrescine d'avec la cadavérine et les acides aminés [Lœwy et Neuberg, *Zeit. physiol. Chem.*, 43, 355, 1905]. Le *chlorhydrate* $(CH^2)^4(AzH^2)^2.2HCl$ est en tables. — Le *chloroplatinate* $C^4H^{12}Az^2.2HCl.PtCl^4$ en aiguilles jaunes. — Le *chloroaurate* $C^4H^{12}Az^2.2HCl.2AuCl^3+2H^2O$ est en tablettes jaunes hexagonales, fusibles vers 210°. — Le *picrate* est en aiguilles aplaties jaune verdâtre (Bocklisch, Ciamician et Zanetti). E. Lambling.

PYCNOCHLORITE (Min.) (J. Fromme). — Chlorite ayant à peu près la composition du clinochlore, mais plus riche en oxyde ferreux, en masses gris verdâtre. Matière compacte, formant filon avec calcite et quartz, dans un gabbro de Schmalehberg, vallée de Radau, Harz.

L. Bourgeois.

PYOCYANINE. — C'est le nom donné à la matière colorante du pus bleu, sécrétée par le bacille pyocyanique, et qui a été isolée d'abord par Fordos [*C. R.*, 51, 215] et étudiée ensuite par un grand nombre d'autres observateurs [Gessard, *Ann. de l'Inst. Pasteur*, 4, 88; 5, 61 et 737; 6, 801; — Girard, *D. Zeitschr. f. Chirurgie*, 1876; — Kunz, *Mon. f. Chem.*, 9, 361; — Boland, *Centralbl. f. Bakt.*, I, 25, 897]. Il se forme en même temps une substance fluorescente et un pigment rouge brun, en proportions variables selon la composition du milieu de culture (Gessard, Boland). La pyocyanine cristallise en aiguilles solubles dans le chloroforme et dans l'eau, et qui sont précipitées de leur solution chloroformique par l'éther. Ledderhose lui donne la formule $C^{14}H^{14}Az^2O$ [*Jahresb. de Maly*, **17**, 469] tandis que Kunz en fait un corps à la fois azoté et sulfuré. Abandonnée à la lumière solaire en solution chloroformique, la pyocyanine se transforme en pigment jaune, appelé par Fordos *pyoxanthine*, puis *pyoxanthose*, et résultant de l'action exercée sur la pyocyanine par le chlore que fournit la décomposition du chloroforme au soleil (Bohland). Les conditions de la production de la pyocyanine par le bacille pyocyanique ont fait l'objet de recherches très intéressantes au point de vue de la physiologie générale des microorganismes [Charrin et Roger, *Soc. de Biol.*, octobre 1887; — Arnaud et Charrin, *C. R.*, avril et mai 1891; — Charrin, *La maladie pyocyanique*, Paris, 1889].

E. Lambling.

PYOXANTHINE (syn. Pyoxanthose). — Voy. PYOCYANINE.

PYRACONINE. — D'après Dunstan et Carr [*Chem. Soc.*, **65**, 178], la pyraconitine se scinde par les alcalis en acide benzoïque et pyraconine :

$$C^{31}H^{41}AzO^{10} + H^2O = C^{24}H^{37}AzO^9 + C^7H^6O^2$$
Pyraconitine.   Pyraconine. Ac. benzoïque.

C'est une poudre amorphe soluble dans l'eau.

M. Delacre.

PYRACONITINE, $C^{31}H^{41}AzO^{10}$. — Elle se forme par fusion de l'aconitine qui perd une molécule d'acide acétique (Dunstan [et Carr). Prismes fondant à 167°,5. M. Delacre.

PYRAMIDON (syn. *Diméthylaminoantipyrine*). — Voyez l'art. PYRAZOLS, p. 157.

PYRANILPYROÏQUE (ACIDE). — Ce nom avait été donné par Reissert au composé qui prend naissance dans la décomposition de l'acide anilidopyrotartrique,

$$CH^3 - C \overset{\displaystyle < CO^2H}{\underset{\displaystyle \overset{|}{CH^2 - CO^2H}}{< AzH - C^6H^5}}$$

par la chaleur (à 170-180°) [*D. chem. G.*, **19**, 622, 1886; **21**, 1362, 1380, 1942, 3257, 1888; **22**, 2281]; cet acide pyranilpyroïque pourrait à son tour perdre une molécule d'eau pour donner la lactone pyranilpyroïque.

Anschütz montra que cette dernière était identique au citraconanile [*Ann. Chem.*, **246**, 115, 1888; *D. chem. G.*, **21**, 3252; **23**, 887, 2979, 1890]. Cette identité fut confirmée ensuite par Reissert, qui reconnut que son acide pyranilpyroïque était un mélange de citraconanile et de pyrotartranile [*D. chem. G.*, **24**, 314, 1891]. P. Carré.

PYRANTHINE. — Voyez l'art. PHÉNOL, **6**, 771.

PYRAZINES. — Voyez l'art. DIAZINES, **3**, 67.

PYRAZOLIDINE, 1.2-*pentadiazane*,

$$HAz \overset{\displaystyle CH^2 - CH^2}{\underset{\displaystyle AzH - CH^2}{< \;\; |}}$$

— On ne connaît pas la pyrazolidine, mais par contre ses dérivés aromatiques sont assez nombreux. On les prépare en faisant réagir la phénylhydrazine sodée, ou ses dérivés, sur le bromure de triméthylène :

$$C^6H^5 - AzNa - AzH.Na + Br - CH^2 - CH^2 - CH^2 - Br$$

$$= C^6H^5Az \overset{\displaystyle CH^2 - CH^2}{\underset{\displaystyle AzH - CH^2}{< \;\; |}} + 2NaBr.$$

Ce sont des huiles à fonction basique très nette; elles s'oxydent très facilement pour donner des pyrazolines, en perdant H^2. Aussi sont-elles des réducteurs assez énergiques.

1 - PHÉNYLPYRAZOLIDINE (formule précédente). — On prépare ce composé en ajoutant peu à peu 35^{gr},5 de bromure de triméthylène à une solution de 60 gr. de phénylhydrazine dans 250 cc. de benzène, additionnée de 8 gr. de sodium. Après une ébullition de 6 heures à l'ascendant, le mélange refroidi est agité plusieurs fois avec de l'eau pour enlever la phénylhydrazine. La phénylpyrazolidine est ensuite enlevée par agitation avec de l'eau acidulée d'acide chlorhydrique. La solution acide, sursaturée de soude et agitée à l'éther, cède la base à ce solvant. La phénylpyrazolidine est une huile incristallisable, bouillant à 160° sous 20 mm., et à 260° avec légère décomposition sous pression normale. Sa densité est 1,20 à 15°. Elle est insoluble dans l'eau, soluble dans les solvants neutres, alcool, etc.... Exposée à l'air, elle s'oxyde et fournit la phénylpyrazoline $C^9H^{10}Az^2$. Le brome, en solution chloroformique, la transforme en dibromophénylpyrazoline. On a préparé ses *chlorhydrate*, *bromhydrate*, *iodhydrate* et *picrate* [Michaelis et Lampe, *Ann. Chem.*, **274**, 317, 1893].

Les mêmes auteurs [*loc. cit.*] ont préparé de même les composés suivants :

1-*Phényl-2-méthylpyrazolidine*,

$$C^6H^5Az \overset{\displaystyle Az(CH^3) - CH^2}{\underset{\displaystyle CH^2 - CH^2}{< \;\;\; |}}$$

— Composé huileux bouillant à 175-180° sous 90 mm.

1-*Phényl-2-benzylpyrazolidine*,

$$C^6H^5Az \overset{\displaystyle Az(C^7H^7) - CH^2}{\underset{\displaystyle CH^2 - CH^2}{< \;\;\; |}}$$

— Huile bouillant à 225° sous 40 mm.

1-*Phényl-2-acétylpyrazolidine*,

$$C^6H^5Az \overset{\displaystyle Az(COCH^3) - CH^2}{\underset{\displaystyle CH^2 - CH^2}{< \;\;\; |}}$$

— Huile bouillant à 232° sous 110 mm., facilement soluble dans l'eau bouillante.

Diphénylpyrazolidine-semicarbazide,

$$C^6H^5Az \overset{\displaystyle Az(CO - AzH - C^6H^5) - CH^2}{\underset{\displaystyle CH^2 - CH^2}{< \;\;\; |}}$$

— Elle cristallise en belles lamelles brillantes fusibles à 114° et difficilement solubles dans l'eau froide.

Diphénylpyrazolidine-thiosemicarbazide,

$$C^6H^5Az \overset{\displaystyle Az(CSAzHC^6H^5) - CH^2}{\underset{\displaystyle CH^2 - CH^2}{< \;\;\; |}}$$

— Aiguilles brillantes fusibles à 165°, solubles dans l'alcool.

2-*Benzoyl-1-phénylpyrazolidine*,

$$C^6H^5Az \overset{\displaystyle Az(COC^6H^5)CH^2}{\underset{\displaystyle CH^2 - CH^2}{< \;\;\; |}}$$

— Lamelles fusibles à 79°, facilement solubles dans l'alcool.

1-*Phényl-4-benzylidène-pyrazolidine*,

$$C^6H^5Az \overset{\displaystyle AzH - CH^2}{\underset{\displaystyle CH^2 - C = CH - C^6H^5}{< \;\;\; |}}$$

— Ce composé est obtenu en faisant réagir à 150° l'aldéhyde benzoïque sur la phénylpyrazolidine. C'est une huile épaisse bouillant à 280-290° sous 10 mm. Les acides dilués la scindent en ses composants.

1-*Phényl-3-méthyldibromopyrazolidine*, C^{10} $H^{12}Az^2Br^2$. — Produit de l'action du brome, en solution chloroformique, sur la 1-phényl-5-méthylpyrazolone. Elle fond à 198° [Treuer, *Mon. f. Chem.*, **24**, 1116].

3.5-Diméthylpyrazolidine,

$$H\,Az \Big\langle {{Az\,H \text{———} CH(CH^3)} \atop {CH(CH^3)-CH^2}}$$

— En réduisant électrolytiquement la dioxime de l'acétylacétone en solution sulfurique vers 0°, on obtient cette diamine en même temps que du β-2.4-diaminopentane [Tafel et Pfeffermann, *D. chem. G.*, **36**, 221, 1903]. C'est une huile cristallisable à — 6°, bouillant à 42° sous 14 mm. et à 143° sous pression normale. C'est une base forte, diacide, réduisant la liqueur de Fehling et la solution ammoniacale d'argent. Elle colore en bleu violet une solution de sulfate de cuivre et se décompose partiellement par chauffage de cette solution. Le perchlorure de fer fournit un précipité brun. On en a préparé le *dichlorhydrate*, le *sulfate*, le *picrate*. Elle fournit, avec l'acétone, un *produit d'addition* $C^5H^{12}Az^2,C^3H^6O$ cristallisé en aiguilles très volatiles fusibles à 69°. On en a aussi préparé un *dérivé dibenzoylé* $(CH^3)^2C^3H^4Az^2(COC^6H^5)^2$ cristallisé en prismes fusibles à 205°.

Acide 4-phénylpyrazolidine-3.5-dicarbonique,

$$H\,Az \Big\langle {{CH(CO^2H)-CHC^6H^5} \atop {Az\,H \text{———} CHCO^2H}}$$

— L'*éther éthylique* est obtenu par réduction de la pyrazoline correspondante. Il bout à 280°: son *dérivé benzoylé* fond à 125° [E. Buchner et Perkel, *D. chem. G.*, **36**, 3774, 1903].

L'*acide libre*, obtenu par réduction à l'amalgame de la pyrazoline, fond à 228°, et son *dérivé benzoylé* à 280° (Buchner et Perkel).

2.3.4-*Triphényl-4-oxy-5-cétopyrazolidine-diiso-butyrolactone*,

$$H\,Az \Big\langle {{CO \text{———} C(C^6H^5)OCO} \atop {Az(C^6H^5)-C(C^6H^5)-C(CH^3)}}$$

— Japp et Michie [*Chem. Soc.*, **83**, 307, 1903] ont obtenu ce produit en chauffant à 100° avec de la phénylhydrazine l'acide αα-diméthyl-α'β-diphényl-α'β'-oxyglutarique. Tablettes fusibles à 182°. Les alcalis forment les sels de l'oxyacide que les acides retransforment en lactone.

1-*Phényl-3-méthyl-3-diéthylamino-4.5-dicéto-pyrazolidine*,

$$H\,Az \Big\langle {{\overset{\textstyle Az(C^2H^5)^2}{C(CH^3) — CO}} \atop {Az(C^6H^5)-CO}}$$

— On l'obtient en faisant bouillir avec de l'acide sulfurique alcoolique la 1-phényl-3-méthyl-3-diéthylamino-4-benzène-azo-5-éthoxypyrazolone, ou traitant celle-ci avec $Zn + HCl$ [Prager, *D. chem. G.*, **36**, 1452, 1903]. Elle fond à 67°. On connaît son *picrate*.   V. Auger.

PYRAZOLIDONES. — On les obtient surtout en condensant l'hydrazine ou la phénylhydrazine sur un acide non saturé, tel que l'acide acrylique :

$$C^6H^5Az\,H - Az\,H^2 + CH^2 = CH - CO^2H$$

$$= H\,Az \Big\langle {{CH^2 - CH^2 - CO} \atop {Az\,H \text{———} Az\,C^6H^5}}$$

Les oxydants les transforment facilement en pyrazolines correspondantes (Rothenburg).

En employant un acide non saturé dicarboxylé, on obtiendra une pyrazolidone monocarboxylée. Ex. :

$$HO^2C - CH = CH - CO^2H + C^6H^5Az\,H - Az\,H^2$$

$$= H\,Az \Big\langle {{HO^2C - CH - CH^2 - CO} \atop {Az\,H \text{———} Az - C^6H^5}}$$

3 (ou 5)-Pyrazolidone,

$$H\,Az \Big\langle {{CO — CH^2} \atop {Az\,H - CH^2}}$$

— L'hydrate d'hydrazine agit à froid sur l'acide acrylique en fournissant cette base liquide et bouillant à 134°. Elle est insoluble dans la soude, et se transforme en pyrazolone par oxydation [Rothenburg, *J. prakt. Chem.*, (2), **51**, 72, 1887].

1-*Phényl-5-pyrazolidone*,

$$C^6H^5Az \Big\langle {{CO — CH^2} \atop {Az\,H - CH^2}}$$

— La condensation de l'acide acrylique et de la phénylhydrazine a lieu en présence du toluène, à l'ébullition [Rothenburg, *D. chem. G.*, **26**, 2994, 1893; — Stolz, *ibid.*, **28**, 630, 1895]. On peut aussi condenser le β-iodopropionate d'éthyle avec la formyl-phénylhydrazine sodée et opérer à l'ébullition en solution xylénique. L'éther d'abord formé est saponifié par HCl à 100° [S. *loc. cit.*]. Elle est fusible à 78° et s'oxyde avec $FeCl^3$ en fournissant d'abord la phénylpyrazolone puis du bleu de pyrazolone.

1-*Phényl-3-pyrazolidone*,

$$C^6H^5Az \Big\langle {{CH^2 - CH^2} \atop {Az\,H - CO}}$$

— Ce produit se forme en même temps que le précédent, par traitement à l'alcoolate de sodium du β-phénylhydrazino-propionate d'éthyle asymétrique brut.

Le sel de sodium formé, précipité par l'éther, décomposé par l'acide acétique, fournit le produit fusible à 120°. L'acide azoteux le transforme en phénylpyrazolone; l'acide azotique en nitrophénylpyrazolone. On connaît son *chlorhydrate*. Le *dérivé acétylé* fond à 67° [Harries et Loth, *D. chem. G.*, **29**, 517, 1896; — voyez aussi Böhringer u. Söhne, D.R.P. 53 834].

1-*Phényl-5-méthyl-3-pyrazolidone*,

$$C^6H^5Az \Big\langle {{C(CH^3)H - CH^2} \atop {Az\,H \text{———} CO}}$$

— Lederer [*Journ. pr. Chem.*, (2), **45**, 88, 1892] l'a obtenue en chauffant à 100°, en présence d'acide sulfurique concentré, l'acide β-phényl-hydrazinobutyrique. Cristaux tabulaires, fusibles à 127°. AzO^2Na colore en carmin sa solution acide. $FeCl^3$ l'oxyde en 3-pyrazolone correspondante. Le *dérivé 2-acétylé* fond à 79° (L.).

1-*Phényl-3-méthyl-5-pyrazolidone*,

$$C^6H^5Az \Big\langle {{CO - CH^2} \atop {Az\,H - CH - CH^3}}$$

— Knorr et Duden l'ont obtenue en condensant, par chauffage à 150°, l'acide crotonique et la phénylhydrazine [*D. chem. G.*, **25**, 762, 1892] ou l'acide isocrotonique [*ibid.*, **26**, 108]; par traitement avec HCl à 100° du 3-phénylhydrazino-butyrate d'éthyle [Höchster Fw., D.R.P. 74858]; par réduction de l'acide β-phénylazobutyrique. avec $SnCl^2$ et HCl [Betram Prentice, *Journ. Chem. Soc.*, **85**, 1667, 1904]; lorsqu'on l'hydro-lyse, il donne l'acide 1.β-phénylhydrazinobuty-rique.

La base forme des aiguilles fusibles à 84°, bouil-lant à 321°; réduite, elle fournit la pyrazoline, puis la pyrazolidine correspondantes.

Dérivé nitrosé fusible à 55° [K. et D., *loc. cit.*, **26**, 105]. *Dérivé 2-acétylé* fusible à 126° (*id.*). *Dérivé 2-benzoylé* fusible à 162° (*id.*).

1-Phényl-2.3-diméthyl-5-pyrazolidone (hydro-antipyrine),

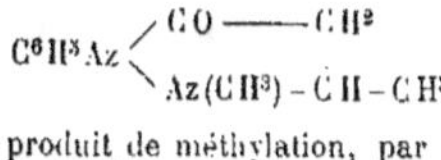

$$C^6H^5Az \Big\langle \begin{matrix} CO \text{——} CH^2 \\ | \\ Az(CH^3) - CH - CH^3 \end{matrix}$$

— C'est le produit de méthylation, par ICH^3 à 140°, de la pyrazolidone précédente. Elle cris-tallise en aiguilles fusibles à 107°; *picrate*; *iodo-méthylate*, décomposé vers 310° [K. et D., *id.*, **26**, 106 et D.R.P. 66602].

1-p-Ethoxyphényl-3-méthyl-5-pyrazolidone.

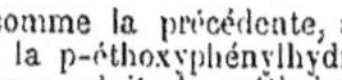

$$C^2H^3 - O - C^6H^4Az \Big\langle$$

— Obtenue comme la précédente, avec l'acide crotonique et la p-éthoxyphénylhydrazine. Elle fond à 88°. Son produit de méthylation est la *p-éthoxy-hydroantipyrine* et fond à 101° [H. Fw., D.R.P. 67213; 68713].

1-Phényl-3.3-diméthyl-5-pyrazolidone,

$$C^6H^5Az \Big\langle \begin{matrix} CO - CH^2 \\ | \\ AzH - C(CH^3)^2 \end{matrix}$$

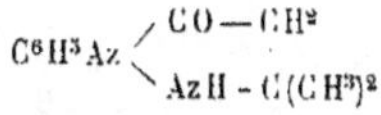

— On la prépare en chauffant lentement jus-qu'à 170° un mélange d'acide diméthylacrylique et de phénylhydrazine [Prentice, *Ann. Chem.*, 292, 285] ou en réduisant, au moyen de $SnCl^2$. l'acide β-phénylazo-isovalérianique [B. Prentice. *Journ. Chem. Soc.*, **85**, 1667, 1904]. Aiguilles fusibles à 75°. La baryte hydratée, à l'ébullition, la transforme par hydrolyse en acide β-benzène-azo-isovalérianique. *Sels* HCl. *Dérivé 2-nitrosé*, cristaux jaunes, très instables [P., *loc. cit.*].

1-Phényl-2.3.3-triméthyl-5-pyrazolidone.

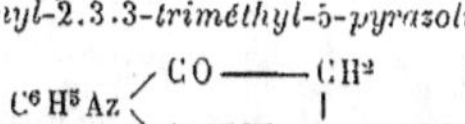

$$C^6H^5Az \Big\langle \begin{matrix} CO \text{——} CH^2 \\ | \\ Az(CH^3) - C = (CH^3)^2 \end{matrix}$$

— La pyrazolidone précédente, chauffée avec ICH^3, donne naissance à l'*iodhydrate* de cette base. C'est une huile dont on a préparé le *chlorhydrate* [P., *loc. cit.*]. Son *dérivé acétylé* fond à 105°.

Acide 1-phényl-5-pyrazolidone-3-carbonique.

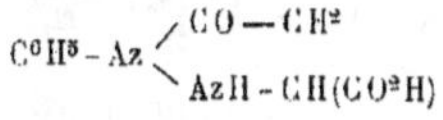

$$C^6H^5 - Az \Big\langle \begin{matrix} CO - CH^2 \\ | \\ AzH - CH(CO^2H) \end{matrix}$$

— Produit de condensation de molécules égales de phénylhydrazine et d'acide maléique. à 125°: on l'obtient aussi en chauffant à 100° avec HCl l'hydrazide phénylhydrazino succinique :

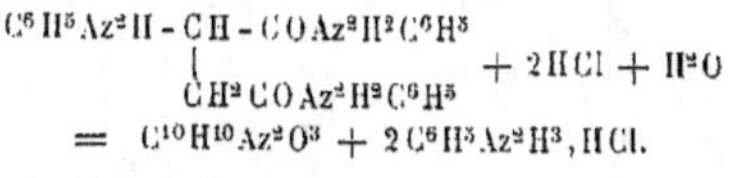

$$\begin{matrix} C^6H^5Az^2H - CH - COAz^2H^2C^6H^5 \\ | \qquad\qquad\qquad\qquad\quad + 2HCl + H^2O \\ CH^2COAz^2H^2C^6H^5 \end{matrix}$$

$$= C^{10}H^{10}Az^2O^3 + 2C^6H^5Az^2H^3, HCl.$$

Aiguilles fusibles à 201° en se décomposant. $FeCl^3$ l'oxyde en acide pyrazolone-carbonique

correspondant [Duden, *D. chem. G.*, **26**, 119, 1893].

1.5-Diphényl-4-oxy-3-pyrazolidone,

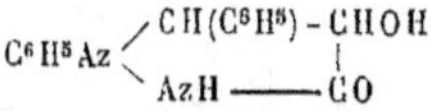

$$C^6H^5Az \Big\langle \begin{matrix} CH(C^6H^5) - CHOH \\ | \\ AzH \text{————} CO \end{matrix}$$

— Lames ou aiguilles fusibles à 173°,5, obtenues au moyen du phénylglycocollate de sodium et de la phénylhydrazine, à 100°. Chauffée dans le vide à 285° ou traité par $ZnCl^2$, elle se déshydrate en 1.5-diphényl-3-pyrazolone. Elle est acide; *sel de Na*, $4H^2O$. On a obtenu un *dérivé diacétylé* et un *dérivé 2-méthylé* fusible à 164°, au moyen de CH^3I sur le sel de sodium [F. Japp et W. Mayland, *J. Chem. Soc.*, **85**, 1490, 1904].

Phényl-oxybenzyl-oxypyrazolidone,

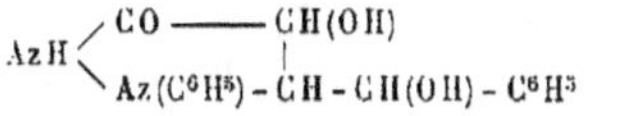

$$AzH \Big\langle \begin{matrix} CO \text{————} CH(OH) \\ | \\ Az(C^6H^5) - CH - CH(OH) - C^6H^5 \end{matrix}$$

— Aiguilles fusibles à 208° obtenues par Kopisch [*D. chem. G.*, **27**, 3111, 1984] en condensant la phénylhydrazone sur l'anhydride phénylbromo-dioxybutyrique. Juin 1906. V. Auger.

PYRAZOLINE, *1.2-pentadiazène-2*,

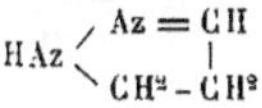

$$HAz \Big\langle \begin{matrix} Az = CH \\ | \\ CH^2 - CH^2 \end{matrix}$$

— Les composés du type pyrazoline s'obtiennent : 1° par l'action de l'acroléine sur une hydrazine :

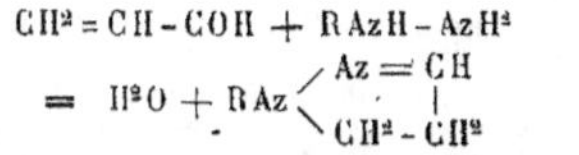

$$CH^2 = CH - COH + R\,AzH - AzH^2$$
$$= H^2O + R\,Az \Big\langle \begin{matrix} Az = CH \\ | \\ CH^2 - CH^2 \end{matrix}$$

2° par oxydation des pyrazolidines au moyen de l'oxyde de mercure; 3° par réduction des pyra-zols. des éthers d'oxypyrazols, des pyrazolidones, au moyen du sodium, en présence d'alcool.

Ces bases, oxydées, se transforment en pyra-zols en perdant H^2. Réduites par le sodium et l'alcool, elles se transforment en diamines grasses, par rupture de la chaîne pyrazolinique entre les 2 Az.

PYRAZOLINE,

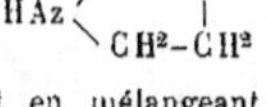

$$HAz \Big\langle \begin{matrix} Az = CH \\ | \\ CH^2 - CH^2 \end{matrix}$$

— On l'obtient en mélangeant des solutions éthérées d'acroléine et d'hydrazine, cette der-nière en léger excès. Après évaporation de l'éther, le résidu est repris par l'acide chlorhydrique; on sépare par cristallisation l'excès de chlorhy-drate d'hydrazine, puis on décompose le sel res-tant dans l'eau-mère par la potasse en présence d'éther. La base obtenue est liquide, bouillant à 144°. Elle est miscible à l'eau et à l'alcool. La potasse concentrée, à l'ébullition, la décompose. Le brome lui enlève 2H et la transforme en pyrazol $C^3H^4Az^2$. On en a préparé le *chlorhydrate* fusible à 130° et le *picrate* fusible à 130° [Curtius et Wirsing, *J. prakt. Chem.*, (2), **50**, 538, 1894].

1-Phénylpyrazoline,

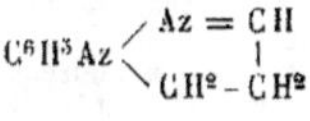

$$C^6H^5Az \Big\langle \begin{matrix} Az = CH \\ | \\ CH^2 - CH^2 \end{matrix}$$

— Cette base est préparée en faisant réagir l'acroléine sur la phénylhydrazine en solution éthérée. Après un jour de contact, on chasse l'éther, acidule le résidu par l'acide sulfurique dilué et distille la base dans un courant de vapeur d'eau [F. Fischer et Knœvenagel, *Ann. Chem.*, **239**, 197, 1887]. On l'obtient aussi par réduction du phénylpyrazol correspondant [Balbiano, *Gazz. chim. ital.*, **18**, 358, 1888], ou par oxydation, au moyen de l'oxyde de mercure, de la phénylpyrazolidine [Michaelis et Lampe, *D. chem. G.*, **24**, 3739, 1891]. Elle cristallise en grandes tables tricliniques fusibles à 52°, bouillant à 274°. Elle est soluble dans tous les solvants neutres. Le bichromate, en solution acide très diluée, la colore en bleu. Réduite par le sodium et l'alcool, la chaîne est rompue et il se forme de la triméthylène-phényldiamine $H^2Az.C^3H^6.AzHC^6H^5$. C'est une base très faible dont les sels sont très dissociés.

Dérivés. — *Isonitroso-1-phénylpyrazoline* $C^9H^8Az^2 = (AzOH)$. — On acidule à l'acide acétique une solution aqueuse de la base et de nitrite de sodium. Le produit obtenu cristallise en aiguilles rouge brique fusibles à 148° [Curtius et Wirsing, *J. prakt. Chem.*, (2), 50, 551].

Dibromophénylpyrazoline $C^9H^8Br^2Az^2$. — On l'obtient par l'action du brome sur la phénylpyrazoline en solution chloroformique. Par cristallisation dans l'alcool, on l'obtient en lamelles fusibles à 93°, très solubles dans les solvants ordinaires. La potasse alcoolique la transforme en bromoéthoxyphénylpyrazoline $C^9H^8BrAz^2OC^2H^5$ [Fischer, Knœvenagel, *loc. cit.*], qui se sépare de l'alcool en prismes fusibles à 66°, à peu près insolubles dans l'eau, et que l'acide chlorhydrique décompose à haute température en chlorure d'éthyle et bromooxyphénylpyrazol.

Benzal-1-phénylpyrazoline. — Dérivé a. Obtenu par chauffage de l'aldéhyde benzoïque et de la base, fusible à 235°. — Dérivé b. Obtenu par chauffage plus prolongé, poudre jaune d'ocre [Curtius et Wirsing, *J. prakt. Chem.*, (2), 50, 550, 1894].

Bis-phénylpyrazoline $C^{18}H^{20}Az^4$? — La 1-phénylpyrazoline, traitée en solution éthérée par le gaz chlorhydrique, laisse précipiter le chlorhydrate de cette base. Elle cristallise du benzène en aiguilles jaunes fusibles à 221° et insolubles dans l'eau [Curtius et Wirsing, *loc. cit.*].

1-Tolylpyrazoline,

$$CH^3-C^6H^4Az\left\langle\begin{array}{c}Az=CH\\|\\CH^2-CH^2\end{array}\right.$$

— *Dérivé ortho.* — On l'obtient par l'action de l'o-tolylhydrazine sur l'acroléine, en présence d'éther. Elle est liquide, bout à 271°. Elle est insoluble dans l'eau et très peu dans l'alcool. Le sodium, en présence d'alcool, la réduit avec rupture de la chaîne et formation de triméthylène-o-tolyldiamine.

Dérivé para. — On l'a obtenu comme le précédent, et de plus, par réduction de son pyrazol. Il cristallise en tables fusibles à 60°,5, bouillant à 282°, réductibles comme le précédent [Balbiano, *Gazz. chim. ital.*, **18**, 371, 1888].

5-Méthylpyrazoline,

$$HAz\left\langle\begin{array}{c}CH(CH^3)-CH^2\\|\\Az=\!=\!=\!=CH\end{array}\right.$$

— On l'obtient à l'état de maléate par l'action de l'acide maléique sur l'éthylidène-azine. Par décomposition de ce sel au moyen d'un alcali, on l'obtient sous forme d'huile bouillant à 73° sous 55 mm. Elle est miscible aux solvants neutres. On a décrit son *maléate*, son *dérivé benzoylé*, et une *combinaison* accessoire $C^{16}H^{26}O^6$ formée dans la réaction [Curtius et Zinkeisen, *J. prakt. Chem.*, (2), **58**, 327, 1898].

5 (3)-*Phénylpyrazoline,*

$$HAz\left\langle\begin{array}{c}CH^2-CH^2\\|\\Az=C-C^6H^5\end{array}\right.$$

— On l'a obtenue par chauffage d'un mélange d'aldéhyde cinnamique et d'hydrazine [Rothenburg, *J. prakt. Chem.*, (2), **52**, 53, 1895]. Huile. Par oxydation au brome, elle fournit le 5 (3)-phénylpyrazol [Buchner et Hachumian, *D. chem. G.*, **35**, 42, 1902]. L'acide chlorhydrique concentré, à chaud, la transforme en chlorhydrate de *bis-5-phénylpyrazoline.*

4-Phénylpyrazoline,

$$HAz\left\langle\begin{array}{c}CH^2-CHC^6H^5\\|\\Az=CH\end{array}\right.$$

— Obtenue en faisant bouillir avec HCl concentré le 4-phénylpyrazoline-3.5-dicarbonate d'éthyle [E. Buchner et Perkel, *D. chem. G.*, **36**, 3774, 1903; — B. et Dessauer, *ibid.*, **26**, 261, 1893]. Elle s'oxyde facilement à l'air en fournissant le pyrazol correspondant, fusible à 228°.

1.3-Diphénylpyrazoline,

$$C^6H^5Az\left\langle\begin{array}{c}CH^2-CH^2\\|\\Az=C-C^6H^5\end{array}\right.$$

— Produit de réduction au sodium de la solution alcoolique du pyrazol correspondant. Elle fond à 104° [Knorr et Duden, *D. chem. G.*, **26**, 114, 1893].

1.5-Diphénylpyrazoline,

$$C^6H^5Az\left\langle\begin{array}{c}CH(C^6H^5)-CH^2\\|\\Az=\!=\!=\!=CH\end{array}\right.$$

— Obtenue par réduction du pyrazol correspondant ou par distillation de l'hydrazone cinnamique [Knorr et Laubmann, *D. chem. G.*, **22**, 176, 1889; — Laubmann, *ibid.*, **21**, 1213, 1888]. Fusible à 137° [Knorr et Duden, *ibid.*, **26**, 112, 1893].

1-Phényl-3-méthylpyrazoline,

$$C^6H^5Az\left\langle\begin{array}{c}CH^2-CH^2\\|\\Az=C-CH^3\end{array}\right.$$

Ce composé a été obtenu par réduction de la pyrazolidone correspondante [Knorr et Duden, *D. chem. G.*, **26**, 108, 1893] ou du pyrazol correspondant [Knorr et Duden, *loc. cit.*; — Ach, *Ann. Chem.*, **253**, 56, 1889] ou du 5-éthoxypyrazol [Knorr, *ibid.*, **28**, 712, 1895] ou du 1-bromophényl-3-méthyl-5-chloropyrazol [Michaelis et Schwabe, *ibid.*, **33**, 2613, 1900]. Il fond à 74°, bout à 289° et fournit par oxydation chromique une base $C^{20}H^{22}Az^4$ fusible à 275° environ; il se dissout en rouge dans l'acide chlorhydrique [Knorr, *ibid.*, **26**, 102, 1893].

1-Phényl-5-méthylpyrazoline,

$$C^6H^5Az\left\langle\begin{array}{c}CH(CH^3)-CH^2\\|\\Az=\!=\!=\!=CH\end{array}\right.$$

— Obtenue par condensation de l'aldol ou de l'aldéhyde crotonique sur la phénylhydrazine [Trener, *Mon. f. Chem.*, **21**, 1111]. C'est une huile insoluble dans l'eau, bouillant à 130° sous 18 mm. Elle se polymérise facilement. Son polymère est une poudre blanche que la distillation ramène au monomère primitif. Dérivé *benzylidénique* fusible à 140° (Trener). *Iodéthylate* fusible à 130° (Trener).

1-Phényl-3.5-diméthylpyrazoline,

$$C^6H^5Az \left\langle \begin{array}{l} CH(CH^3) - CH^2 \\ \quad\quad\quad\quad | \\ Az =\!=\!= C - CH^3 \end{array} \right.$$

— C'est le produit de la réduction du pyrazol correspondant. On l'obtient aussi en chauffant l'éthylidène-acétone avec la phénylhydrazine et l'acide chlorhydrique concentré au bain-marie. C'est un liquide très oxydable, bouillant vers 290° avec une légère décomposition [Knorr, *D. chem. G.*, **20**, 1105, 1887].

1-Phényl-3-méthyl-4-éthylpyrazoline,

$$C^6H^5Az \left\langle \begin{array}{l} CH^2 - CHC^2H^5 \\ \quad\quad\quad | \\ Az = C - CH^3 \end{array} \right.$$

— Produit de réduction du 5-chloropyrazol correspondant. Liquide bouillant à 294° [Michaelis, Voss et Greiss, *D. chem. G.*, **34**, 1307, 1901]. On a préparé de même son *dérivé 1-nitrophénylique*, fusible à 121° [*loc. cit.*].

3-Méthyl-1.5-diphénylpyrazoline,

$$C^6H^5Az \left\langle \begin{array}{l} C(C^6H^5) - CH^2 \\ \quad\quad\quad | \\ Az =\!=\!= C - CH^3 \end{array} \right.$$

— La benzalacétone-phénylhydrazone, soumise à l'ébullition, se décompose en fournissant un mélange de cette base et du pyrazol correspondant [Knorr, *D. chem. G.*, **20**, 1098, 1887]. Ce pyrazol, réduit au sodium, en présence d'alcool, fournit aussi la pyrazoline [Knorr et Blank, *ibid.*, **18**, 934, 1885]. Prismes fusibles à 114°, bouillant vers 350°. Les solutions sont fluorescentes en bleu. Sa solution acide est colorée en bleu intense par le nitrite de sodium.

5-Méthyl-1.3-diphénylpyrazoline,

$$C^6H^5Az \left\langle \begin{array}{l} C(CH^3) - CH^2 \\ \quad\quad\quad | \\ Az =\!=\!= C - C^6H^5 \end{array} \right.$$

— Obtenue par réduction du pyrazol correspondant. Prismes fusibles à 109°. Sa solution acide est colorée en rouge carmin par le nitrite de sodium.

1.3.5-Triphénylpyrazoline,

$$C^6H^5Az \left\langle \begin{array}{l} CH(C^6H^5) - CH^2 \\ \quad\quad\quad\quad | \\ Az =\!=\!= C - C^6H^5 \end{array} \right.$$

— Obtenue par réduction du pyrazol correspondant ou par l'action de la phénylhydrazine sur la benzalacétophénone [Knorr et Laubmann, *D. chem. G.*, **21**, 1209, 1888]. Aiguilles fusibles à 135°. Le brome la transforme en un *dérivé tribromé* $C^{21}H^{15}Br^3Az^2$ fusible à 179°.

3.5.5-Triméthylpyrazoline,

$$HAz \left\langle \begin{array}{l} Az =\!=\!= C - CH^3 \\ \quad\quad\quad | \\ C(CH^3)^2 - CH^2 \end{array} \right.$$

— On l'obtient par l'action de l'hydrate d'hydrazine sur l'oxyde de mésityle, en présence d'éther et de baryte anhydre [Curtius et Wirsing, *J. prakt. Chem.*, (2), **50**, 546, 1894] ou mieux, en traitant par la potasse son maléate qui s'obtient par l'action de l'acétone sur le maléate d'hydrazine [Curtius et Försterling, *J. prakt. Chem.*, (2), **51**, 394, 1895]. Elle se produit aussi par l'action des acides non dissociés électrolytiquement, sur la diméthylcétazine [Frey et Hoffmann, *Monats.*, **22**, 760] ou par réduction de la mésityl-nitrimine au moyen de la poudre de zinc en présence d'eau [Harries, *Ann. Chem.*, **319**, 233,

236, 1901]. C'est une huile très réfringente à odeur pyrazolique, bouillant à 64° sous 23 mm. Elle fournit, par oxydation au permanganate, de l'acide pyruvique [C. et Z., *loc. cit.*]. On a décrit ses principaux sels, voyez H. C. et F. [*loc. cit.*].

5-Méthyl-3.5-diéthylpyrazoline,

$$HAz \left\langle \begin{array}{l} Az =\!=\!= C - C^2 - H^5 \\ \quad\quad\quad | \\ C(CH^3)(C^2H^5) - CH^2 \end{array} \right.$$

— On l'a préparée par l'action de l'acide maléique sur la méthyléthylcétazine. Elle est liquide, bout à 90-93° sous 20 mm. et s'oxyde à l'air [C. et Z., *loc. cit.*].

4.4-Diméthyl-5-isopropylpyrazoline,

$$HAz \left\langle \begin{array}{l} Az =\!=\!= CH \\ \quad\quad\quad | \\ CH(C^3H^7) - C(CH^3)^2 \end{array} \right.$$

— Elle se forme par isomérisation, au moyen d'acides, de l'isobutyraldazine [Franke, *Monats.*, **20**, 862]. C'est une huile d'odeur camphrée bouillant à 200°. *Sels et dérivés*, voyez Franke [*ibid.*, **19**, 533 et **20**, 858 et suivantes].

5-Méthyl-3.5-dipropylpyrazoline,

$$HAz \left\langle \begin{array}{l} Az =\!=\!= C - C^3H^7 \\ \quad\quad\quad | \\ C(CH^3)(C^3H^7) - CH^2 \end{array} \right.$$

— Obtenue avec la méthyl-propylcétazine [C. et Z., *loc. cit.*]. C'est une huile bouillant à 102° sous 14 mm.

5-Méthyl-3.5-dihexylpyrazoline,

$$HAz \left\langle \begin{array}{l} Az =\!=\!= C - C^6H^{13} \\ \quad\quad\quad | \\ C(CH^3)(C^6H^{13}) - CH^2 \end{array} \right.$$

— Obtenu par C. et Z. [*loc. cit.*], au moyen du bis-méthyle-hexylaziméthylène. C'est une huile incristallisable.

3.5.5-Triméthyl-1-phényl-pyrazoline,

$$C^6H^5Az \left\langle \begin{array}{l} C(CH^3)^2 - CH^2 \\ \quad\quad\quad | \\ Az =\!=\!= CCH^3 \end{array} \right.$$

— Produit de condensation de la phénylhydrazine avec l'oxyde de mésityle. C'est une huile jaune clair, volatile à la vapeur d'eau et distillant dans le vide. *Sel*, $PtCl^6H^2$ [E. Fischer et Knœvenagel, *Ann. Chem.*, **239**, 202, 1887].

ACIDES CARBOXYLÉS.

Les acides pyrazoline-carboniques sont obtenus presque exclusivement par la méthode de Buchner, en faisant réagir le diazoacétate d'éthyle sur les acides mono-, di- ou tribasiques non saturés. Ex. :

$$\begin{array}{l} Az\diagdown \\ \quad | \quad CH - CO^2C^2H^5 \\ Az\diagup \end{array} + \begin{array}{l} CH - CO^2R \\ || \\ CH - CO^2R \end{array}$$

$$= HAz \left\langle \begin{array}{l} CO^2C^2H^5 \\ | \\ CH - CHCO^2C^2H^5 \\ | \\ Az = C - CO^2R \end{array} \right.$$

Ils sont susceptibles de perdre, par chauffage modéré ou ébullition avec un acide, tout ou partie de leur CO^2 en fournissant la pyrazoline correspondante.

Acide pyrazoline-3.5-dicarbonique,

$$HAz \left\langle \begin{array}{l} Az =\!=\!= C - CO^2H \\ \quad\quad\quad | \\ CH(CO^2H) - CH^2 \end{array} \right.$$

— Cet acide cristallise en prismes fusibles à 242° en se décomposant. On l'obtient par saponification de son *éther diméthylique* obtenu par l'action du diazoacétate de méthyle sur l'acrylate de méthyle à 50° [Buchner et Pappendieck, *Ann. Chem.*, **273**, 232, 1892]. Son *sel d'argent* soumis à l'action de la chaleur fournit du pyrazol.

Acide pyrazoline-4.5-dicarbonique,

$$\mathrm{H\,Az} \diagup \overset{\textstyle Az = CH}{\underset{\textstyle HO^2C - CH - CH - CO^2H}{}}$$

— Son *éther diméthylique* seul a été préparé. On l'obtient par l'action du diazométhane sur le fumarate de méthyle [Pechmann, *D. chem. G.*, **27**, 1890, 1894], ou sur le maléate [voyez Pechmann et Burkard, *D. chem. G.*, **33**. 3590, 1900]. Il cristallise en tablettes rhombiques fusibles à 97° et décomposées par ébullition avec l'acide chlorhydrique.

Acide 4-phénylpyrazoline-3.5-dicarbonique,

$$\mathrm{H\,Az} \diagup \overset{\textstyle CH(CO^2H) - CH\,C^6H^5}{\underset{\textstyle Az = C - CO^2H}{}}$$

— On obtient ses éthers en chauffant les éthers diazo-acétiques avec les éthers cinnamiques [Buchner, *D. chem. G.*, **24**, 2641, 1888; **26**, 259, 1893]. On obtient l'acide en saponifiant ces éthers, ou encore, en traitant par la soude le phénylacétylpyrazoline-dicarbonate diéthylique [Buchner et Pappendieck, *D. chem. G.*, **28**, 223, 1895]. Il fond à 159° en se décomposant.

Sels. — Ca, 5 H²O; Ag²; phénylhydrazine². Son *éther diméthylique* fond à 105° (B.); l'*éther diéthylique* à 79° [B. et Dessauer, *D. chem. G.*, **26**, 259, 1893]; *éthers méthyl-éthylique,* voy. aussi Buchner et v. der Heide [*D. chem. G.*, **35**, 33, 1902]; (5)-*méthylique* fusible à 76° et (3)-*méthylique* à 107° (B.). Le *diamide* fond à 228° (B. et D.).

Acide 4-phényl-5-acétopyrazoline-3.5-dicarbonique,

$$\mathrm{H\,Az} \diagup \overset{\textstyle COCH^3}{\underset{\textstyle \overset{C(CO^2H) - CH - C^6H^5}{Az = C - CO^2H}}{}}$$

— Son *éther diméthylique* est formé en chauffant l'α-benzalacétylacétate de méthyle avec le diazoacétate de méthyle [Buchner et Schröder, *D. chem. G.*, **35**, 786, 1902]. Il fond à 103°. L'*éther diéthylique* s'obtient de même (B. et P.) et fond à 76°. La soude le décompose en fournissant l'acide précédent. Le brome le transforme en phénylpyrazol-dicarbonate d'éthyle (B. et S.).

Sa *phénylhydrazone* se décompose vers 155° (B. et P.; B. et S.).

Acide 4-phénylpyrazoline-3.5-dicarbonique,

$$\mathrm{H\,Az} \diagup \overset{\textstyle CO^2H}{\underset{\textstyle \overset{CH - CH - C^6H^5}{Az = C - CO^2H}}{}}$$

— Son *éther éthylique* s'obtient en condensant l'acide cinnamique sur le diazoacétate d'éthyle [E. Buchner et L. Perkel, *D. chem. G.*, **36**, 3774, 1903]. *Acide libre, sels* [*loc. cit.*]. La distillation sèche de l'éther éthylique le transforme en cis-1-phényl-trans-2.3-triméthylène-dicarbonate d'éthyle fusible à 175°.

Acide pyrazoline-3.4.5-tricarbonique,

$$\mathrm{H\,Az} \diagup \overset{\textstyle Az = C\,CO^2H}{\underset{\textstyle HO^2C - CH - CHCO^2H}{}}$$

— Cet acide cristallise en aiguilles incolores très instables. Il est obtenu par saponification de ses éthers. L'*éther triméthylique* se forme lorsqu'on porte à l'ébullition, à 75°, une solution ligroïnique de diazoacétate de méthyle et de fumarate ou maléate de méthyle [Buchner et Witter, *Ann. Chem.*, **273**, 239, 1893].

L'*éther triéthylique* est obtenu en chauffant le diazoacétate d'éthyle seul ou en présence d'un solvant [Buchner et v. d. Heyde, *D. chem. G.*, **34**, 347, 1901]. Le *sel d'argent* de cet acide se décompose par la chaleur en acide carbonique, argent et pyrazol. On en a préparé aussi l'*éther-amide diméthylique* et la *triamide* [B. et P., *loc. cit.*].

Acide 4-méthyl-5-acétopyrazoline-2.4-dicarbonique,

$$\mathrm{H\,Az} \diagup \overset{\textstyle Az = C - CO^2H}{\underset{\textstyle HO^2C - C(COCH^3) - CH - CH^3}{}}$$

— L'*éther diméthylique* de cet acide est obtenu en laissant longtemps en contact à température ordinaire un mélange équimoléculaire de diazoacétate et éthylidène-acétylacétate de méthyle. Il cristallise dans l'éther et fond à 85° [Buchner et Schröder, *D. chem. G.*, **35**, 789, 1902].

Acide 4-méthylpyrazoline-3.4.5-tricarbonique,

$$\mathrm{H\,Az} \diagup \overset{\textstyle CH(CO^2H) - C(CH^3)\,CO^2H}{\underset{\textstyle Az = C - CO^2H}{}}$$

— On ne connaît que son *éther triméthylique*, obtenu par condensation du citraconate et du diazoacétate de méthyle. Il cristallise dans l'éther en gros prismes fusibles à 86°. Chauffé dans le vide vers 190° il fournit le méthyl-triméthylène-tricarbonate de méthyle $C^{10}H^{14}O^6$ [Buchner et Dessauer, *D. chem. G.*, **27**, 877, 1894].

Acide pyrazoline-3.5-dicarboxyl-5-acétique,

$$\mathrm{H\,Az} \diagup \overset{\textstyle CO^2H - CH^2 \quad CO^2H}{\underset{\textstyle \overset{C - CH^2}{Az = C(CO^2H)}}{}}$$

— L'*éther triméthylique* de cet acide a été obtenu en laissant en contact, pendant plusieurs semaines, un mélange d'itaconate et de diazoacétate de méthyle. Il cristallise en aiguilles fusibles à 91°. Chauffé à 180° dans le vide, il se transforme en triméthylène-dicarboxyl-acétate triméthylique $C^7H^8O^6(CH^3)^3$ [B. et D., *loc. cit.*].

Acide pyrazoline-3.4.5-tricarboxyl-4-acétique,

$$\mathrm{H\,Az} \diagup \overset{\textstyle CH(CO^2H) - C \diagup \overset{CO^2H}{CH^2 - CO^2H}}{\underset{\textstyle Az = C - CO^2H}{}}$$

Éther tétraméthylique. — Ce composé existe sous deux formes; il s'obtient par condensation à 40° d'un mélange d'aconitate et de diazoacétate de méthyle. *Forme* α : cristaux fusibles à 104°, obtenus en faisant cristalliser le produit brut dans l'alcool méthylique; dissoute dans l'acide acétique, en présence d'HBr, elle se transforme en *forme* β : aiguilles fusibles à 153°. Les deux formes fournissent, par distillation dans le vide, le triméthylène-tricarboxyl-acétate tétraméthylique $C^{12}H^{16}O^8$. L'acide chlorhydrique concentré leur enlève 1 méthyle et donne naissance à l'*éther-acide triméthylique* fusible à 167° [Buchner et Witter, *D. chem. G.*, **27**, 873, 1894].

IMINOPYRAZOLINE.

1-*Phényl-3-p-tolyl-5-imino-pyrazoline*,

$$H\,Az \diagup \begin{matrix} C(Az\,H) - CH^2 \\ | \\ Az == C - C^6H^4CH^3 \end{matrix}$$

— C'est le produit qu'on obtient en fondant la phénylhydrazone du p-tolu-acétonitrile [Seidel, *J. prakt. Chem.*, (2), **58**, 144, 1898].

Lamelles fusibles à 169°. Elle donne un dérivé nitrosé fusible à 232° (S.) et un *composé* $C^{32}H^{27}Az^7$ fusible à 212°, sous l'influence de AzO^2H (S.).

PYRAZOLINES-CÉTONES.

4-*Phényl-5 (3)-acétylpyrazoline*,

$$H\,Az \diagup \begin{matrix} CH(COCH^3) - CH - C^6H^5 \\ | \\ Az === CH \end{matrix}$$

— Produit de condensation du diazométhane avec la benzalacétone. Aiguilles fusibles à 106°. Elle donne une *oxime*. Oxydée elle fournit l'acide 4-phényl-5-pyrazol-carbonique [E. Azzarello, *Att. Ac. Lincei*, (2), **14**, 229].

Bis-phénylpyrazoline-cétone-5,

$$\left[H\,Az \diagup \begin{matrix} CH - CH(C^6H^5) \\ | \\ Az = CH \end{matrix} \right]^2 = CO$$

— Produit de condensation de la dibenzalacétone avec le diazométhane. Elle fond à 170-174°.

En même temps se produit un *isomère-4*,

$$\left[H\,Az \diagup \begin{matrix} CH(C^6H^5) - CH - \\ | \\ Az === CH \end{matrix} \right] = CO$$

fusible à 215° [Azzarello, *loc. cit.*].
Juin 1906.   V. Auger.

PYRAZOLS. — Les chaînes fermées à 5 membres contenant 2 Az et 3 C devraient être désignées sous le nom de *pentadiazanes*; on aurait ainsi les isomères 1.2 et 1.5-pentadiazane. Mais l'emploi de cette notation ne s'étant pas encore généralisé, nous continuerons à employer les dénominations courantes, et nous étudierons d'abord la chaîne

$$H - Az \diagup \begin{matrix} C - C \\ \diagdown Az - C \end{matrix}$$
α-Pyrazolique.

ensuite la chaîne

$$H - Az \diagup \begin{matrix} C - C \\ | \\ \diagdown C - Az \end{matrix}$$

β-Pyrazolique ou glyoxalinique ou imidazolique.

Nous les noterons, en partant de l'Az H qui n'a pas de double liaison, et marqué 1, en notant 2.3.4.5, dans le sens des flèches.

Il est important de remarquer que, par suite d'un phénomène de tautomérie, les pyrazols possédant l'Az (1) reliés à H fournissent des dérivés substitués en 3 identiques aux 5 :

$$Az\,H \diagup \begin{matrix} CH = CH \\ | \\ Az = CR \end{matrix} = H\,Az \diagup \begin{matrix} CR = CH \\ | \\ Az = CH \end{matrix}$$

Cette migration n'a plus lieu lorsque H(1) est remplacé par un radical quelconque [Knorr, *Ann. Chem.*, **279**, 225, 1894]. De même les glyoxylines dont l'Az (1) est relié à H donnent des dérivés substitués en 4 identiques aux 5 :

$$H\,Az \diagup \begin{matrix} CH = C - R \\ | \\ HC = Az \end{matrix} = H\,Az \diagup \begin{matrix} CR = CH \\ | \\ CH = Az \end{matrix}$$

Pour éviter les confusions, nous réserverons le nom de pyrazols aux α-pyrazols, et le nom de glyoxalines aux β-pyrazols.

I. — α-PYRAZOLS.

Parmi les modes de préparation de ce groupe de composés citons : l'oxydation des pyrazolines; la distillation sèche des acides pyrazolone-carboxylés, qui perdent CO^2; la réduction des pyrazolones par distillation sur P^2S^5 ou sur la poudre de zinc, au rouge. Les chloropyrazols se forment très facilement par chauffage, vers 150° des pyrazolones avec $POCl^3$.

Les modes de synthèse les plus généraux sont :

La condensation de l'acétylacétone et de ses dérivés avec l'hydrazine ou la phénylhydrazine :

$$R - CO - CHR' - COR'' + R'''\,Az\,H - Az\,H^2$$
$$= \begin{matrix} R - C = CR' - C - R'' \\ | \quad\quad || \\ R''' - Az \text{------} Az \end{matrix}$$

La condensation des acétylphénylacétylènes avec l'hydrazine :

$$R - C \equiv C - COR' + H^2Az - Az\,H^2$$
$$= \begin{matrix} R - C = CH - C - R' \\ | \quad\quad || \\ H\,Az \text{------} Az \end{matrix}$$

(Moureu). La condensation de l'hydrazine avec l'aldéhyde acétyl-acétique sodée; l'action de la phénylhydrazine sur les aldéhydes maloniques substituées. On peut aussi obtenir les homologues des pyrazols en chauffant leur iodométhylate pour faire migrer le radical alcoolique de l'azote sur le carbone.

Les pyrazols se combinent avec les iodures alcooliques, ils fournissent pour la plupart des sels avec les acides, mais facilement dissociables.

PYRAZOL. 1.2-*pentadiazène-2.4*,

$$H\,Az \diagup \begin{matrix} CH = CH \\ | \\ Az == CH \end{matrix}$$

— Ce composé a été obtenu : par chauffage à 250° de l'acide pyrazol-3.4.5-tricarbonique [Buchner, *D. chem. G.*, **22**, 846, 1889; *Ann. Chem.*, **273**, 256, 1893] ou de l'acide 3.5-dicarbonique [Marchetti, *Gazz. chim. ital.*, **22**, (2), 362, 1892 : — Buchner et Pappendieck, *Ann. Chem.*, **273**, 237 et 251, 1893], ou de l'acide 4.5-dicarbonique [v. P. Seel, *D. chem. G.*, **32**, 2300, 1899] ou du pyrazoline-tricarbonate d'argent [Buchner, *Thèse*, 53]; par condensation de l'hydrate d'hydrazine avec l'épichlorhydrine en présence du chlorure de zinc, au bain-marie :

$$C^3H^5ClO + 2Az^2H^4$$
$$= C^3H^4Az^2 + H^2O + AzH^4Cl + AzH^3$$

[Balbiano, *D. chem. G.*, **23**, 1105, 1890]; par oxydation de la pyrazoline, en solution chloroformique, au brome [Curtius et Wirsing, *Journ. prakt. Chem.*, (2) **50**, 544, 1894]; par l'action du diazométhane sur l'acétylène, en solution éthérée à 0° [v. Pechmann, *D. chem. G.*, **34**, 2950, 1898]. La meilleure préparation consiste à polymériser l'éther diazoacétique en pyrazoline-bicarbonate triéthylique, à oxyder ce produit au brome et, après saponification de l'éther, chauffer à 240° l'acide pyrazol-3.4.5-tricarbonique [Buchner et von der Heide, *D. chem. G.*, **34**, 347, 1901].

Le pyrazol cristallise en longues aiguilles de sa solution éthérée; il fond à 70°, bout à 187°. Il se dissout facilement dans l'eau, et la solution est neutre. On a préparé beaucoup de sels que nous ne pouvons décrire ici [Buchner et Fritsch, *Ann. Chem.*, **273**, 257, 1893]. Ces sels sont formés de pyrazol et : $HgCl^2$; Ag; HCl; $PtCl^4, 2HCl$; $PtCl^2$; $AuCl^3, HCl$; $HAzO^3$; H^2SO^4; $C^2O^4H^2$; picrate.

Dérivés de substitution. — *4-Chloropyrazol.* — Knorr l'a obtenu par l'action de l'eau de chlore sur le pyrazol, et par distillation sèche de l'acide 4-chloropyrazol-3.5-dicarbonique. Il fond à 70° et bout à 220° [Knorr, *D. chem. G.*, **28**. 715 (Remarque), 1895].

4-Bromopyrazol. — Obtenu par l'action du brome sur le pyrazol [B. et F., *loc. cit.*] ou comme le précédent [K., *loc. cit.*]. Lamelles solubles dans l'eau, fusibles à 96°, bouillant à 255° environ.

4-Iodopyrazol. — Obtenu avec le pyrazol argentique et l'iode en solution éthérée [B. et F., *loc. cit.*] ou en traitant par AzO^2H et IK le dérivé 4-aminé correspondant [L. Knorr, *D. chem. G.*, **37**, 350, 1904]. Aiguilles fusibles à 108°,5.

4-Nitropyrazol. — Préparé, soit par nitration du pyrazol avec le mélange nitro-sulfurique (B et F.), soit directement par condensation du sulfate d'hydrazine avec le sel de sodium de l'aldéhyde nitromalonique [Hell et Torrey, *Am. Journ.*, **22**, 105, 1899]. Aiguilles fusibles à 162°, bouillant à 323°.

Acide pyrazol-sulfonique. — Préparé par Eppler par sulfonation du pyrazol [*Zeit. f. Krist.*, **29**, 233, 1898].

4-Nitro-5-chloropyrazol,

$$HAz \begin{cases} CCl = C(AzO^2) \\ \ | \\ Az = CH \end{cases}$$

— Obtenu par l'action de $POCl^3$ sur la pyrazolone correspondante. Aiguilles fusibles à 187° [Hill et Black, *Am. Chem. Journ.*, **33**, 292, 1905].

Tribromopyrazol, $C^3HAz^2Br^3$. — Obtenu en traitant par HBr, à 100°, le sel de sodium de la 4-nitro-5-pyrazolone. Aiguilles fusibles à 187°, se sublimant facilement. *Dérivé acétylé* [Hill et Black, *loc. cit.*].

Dérivés substitués en 1. — Préparés par Knorr [*loc. cit.*] au moyen des chlorures correspondants. *Acétylpyrazol,* bouillant à 156°; *pyrazoluréthane,* bouillant à 213°; *pyrazolurée,* fusible à 137°; *benzoylpyrazol,* bouillant à 281°.

1-Méthylpyrazol,

$$CH^3Az \begin{cases} CH = CH \\ \ | \\ Az = CH \end{cases}$$

— Obtenu par Buchner et Fritsch [*loc. cit.*] par l'action de l'iodure de méthyle sur le pyrazol argentique, à 128°, en présence d'éther. Huile bouillant à 127°. Son *iodométhylate* préparé avec un excès de CH^3I, fond à 190°.

1-Phénylpyrazol,

$$C^2H^5Az \begin{cases} CH = CH \\ \ | \\ Az = CH \end{cases}$$

— On l'obtient en condensant la phénylhydrazine et l'épichlorhydrine (comme le pyrazol) [Balbiano, *Gazz., chim.* **17**, 177, 1887]. Ou bien en soumettant à l'ébullition en solution benzénique un mélange de phénylhydrazine et 1.2-dichloropropanol-3. ou 1.3-dichloropropanol-2. ou 1.2.3-tribromopropane [Alvisi, *Gazz.*, (1), **22**, 159, 1892], ou par chauffage prolongé de l'acide phénylpyrazol tricarbonique [Knorr et Laubmann, *D. chem. G.*, **22**, 180, 1889] ou de l'acide dicarbonique [Claisen, *Ann. Chem.*, **295**, 320, 1897]. C'est une huile jaune d'or, cristallisable au-dessous de 0° et fusible à 11°. Son point d'ébullition est 247° [Balbiano, *Gazz.*, **18**, 357, 1888]; il est insoluble dans l'eau. Pour la préparation du produit et des sels, voyez Beilstein [4, 497]. *Iodométhylate* fusible à 179° [Balbiano et Marchetti, *Gazz.*, (1), **23**, 486]. *Iodéthylate* [Balbiano, *Gazz.*, **17**, 197, 1888].

Produits de substitution. — 1-*Phényl-4-chloropyrazol.* — Obtenu par l'action d'une solution de $NaClO$ à l'ébullition sur le pyrazol [Séverini, *Gazz.*, (1), **23**, 285, 1893]. Wolf et. Fertig [*Ann. Chem.*, **343**, 21, 1900] l'ont aussi obtenu par l'action de $POCl^3$ sur l'oxypyrazol correspondant. Aiguilles très volatiles fusibles à 75°.

1-*Phényl-5-chloropyrazol.* — Ce produit est obtenu par décomposition à chaud de son acide 2-carboxylé. Il fournit un *iodométhylate* fusible à 172° [Michaelis et Bindewald, *Ann. Chem.*, **320**, 28, 1902].

1-*Phényl-3.5-dichloropyrazol.* — Röhmer [*D. chem. G.*, **31**, 3009, 1898] l'a obtenu en chauffant 6 heures à 150° 1 mol. de phényl-3-oxy-5-pyrazolone avec 2 mol. de $POCl^3$. Il fond à 25° et bout à 170° sous 16 millimètres.

1-*Phényl-4-bromopyrazol.* — Il s'obtient, soit par décomposition de l'acide 3.5-dicarbonique correspondant [Balbiano, *D. chem. G.*, **23**, 1452, 1890], soit par bromuration directe du phénylpyrazol, en solution acétique [Balbiano, *Gazz.*, **19**, 128, 1889]. Lespiau [*C. R.*, **133**, 359, 1901] le prépare par condensation de l'aldéhyde bromomalonique avec la phénylhydrazine. Il cristallise de l'alcool en aiguilles fusibles à 81° et bout à 295° en se décomposant.

1-*Phényl-dibromopyrazol,* $C^9H^6Br^2Az^2$. — On en connaît deux, dont la place de l'halogène est mal déterminée. a). Par bromuration du phénylpyrazol en solution acétique [B., *loc. cit.*]; aiguilles fusibles à 84°; — b) en chauffant à 250° l'acide dibromopyrazol-carbonique [Balbiano et Séverini, *Gazz.*, (1), **23**, 359, 1893]; aiguilles fusibles à 74°.

1-*Phényl-tribromopyrazol,* $C^9H^5Br^3Az^2$. — Balbiano [*Gazz.*, **19**, 133, 1889] l'obtient par l'action du brome à chaud sur les dérivés bromés précédents. Aiguilles fusibles à 107°.

1-*Phényl-iodopyrazol.* — Ce produit a été obtenu par Séverini par l'action de l'hypoiodite de sodium sur le phénylpyrazol. Il fond à 76°,5.

1-*Phényl-4-nitropyrazol.* — On en a fait la synthèse en chauffant avec de l'alcool la mono ou la diphénylhydrazone de l'aldéhyde nitromalonique [Hill et Torrey, *Am. Journ.*, **22**, 104, 1899]. Prismes fusibles à 127°.

1-o-Tolylpyrazol,

$$o \cdot CH^3 - C^6H^4Az \begin{cases} CH = CH \\ \ | \\ Az = CH \end{cases}$$

— Obtenu au moyen de l'épichlorhydrine et de l'o-tolylphénylhydrazine, comme le dérivé phénylique [Balbiano, *Gazz. chim. ital.*, **18**, 368, 1888]. C'est une huile bouillant à 247°. Son *iodéthylate* fond à 99° [B., *loc. cit.*].

1-*p-Tolylpyrazol.* — Obtenu comme le dérivé ortho (B.). Cristaux tabulaires fusibles à 33°, bouillant à 259°. Le sodium réduit sa solution alcoolique en p-tolylpyrazoline, puis en triméthylène-p-tolyldiamine. *Iodéthylate,* prismes fusibles à 105° (B.).

Acides pyrazolbenzoïques,

$$HO^2C - C^6H^4Az \Big\langle \begin{array}{c} CH = CH \\ | \\ Az = CH \end{array}$$

Dérivé ortho obtenu par Balbiano [*Gazz. chim. ital.,* **19**, 123, 1889] par oxydation au permanganate de l'o-tolylpyrazol. Aiguilles fusibles à 139°. Son *éther éthylique* est une huile bouillant à 309° (B.). *Dérivé para.* Obtenu comme le précédent. Aiguilles fusibles à 265°. Son *éther éthylique* fond à 62°.

3-MÉTHYLPYRAZOL,

$$HAz \Big\langle \begin{array}{c} CH = CH \\ | \\ Az = C - CH^3 \end{array}$$

— Ce composé est, d'après Knorr [*Ann. Chem.,* **279**, 225, 1894] identique au 5-*méthylpyrazol*

$$HAz \Big\langle \begin{array}{c} C(CH^3) = CH \\ | \\ Az \!=\!=\!= CH \end{array}$$

(voyez plus loin) par suite du déplacement de la double liaison d'un azote sur l'autre avec migration de l'atome d'hydrogène. Il n'en est plus de même lorsque ce dernier est remplacé par des radicaux méthyle, phényle, etc.

1.3-DIMÉTHYLPYRAZOL,

$$CH^3Az \Big\langle \begin{array}{c} CH = CH \\ | \\ Az = C - CH^3 \end{array}$$

— On l'obtient par l'action de ICH³, en solution méthylique à 110°, sur le méthylpyrazol correspondant. C'est un liquide à odeur pyridique bouillant à 148° et qui, oxydé par le permanganate, fournit l'acide 1-méthylpyrazol-3-carbonique. *Iodométhylate* fusible à 256° [Jowett et Potter, *Chem. Soc.,* **83**, 467].

1-PHÉNYL-3-MÉTHYLPYRAZOL,

$$C^6H^5 - Az \Big\langle \begin{array}{c} CH = CH \\ | \\ Az = C - CH^3 \end{array}$$

— On peut le préparer par réduction : de la 5-pyrazolone correspondante, au moyen de la poudre de zinc au rouge [Knorr, *Ann. Chem.,* **238**, 199, 1887] ou du pentasulfure de phosphore à 200° (Andreocci); ce même réactif agit de même sur l'antipyrine; — des 5-chloro ou bromopyrazols avec HI ou Zn + HCl [Michaelis et Behn, *D. chem. G.,* **33**, 2606, 1900]; — par condensation de l'éther acétyl-pyridique et de la phénylhydrazine, et distillation sèche de l'acide phénylméthylpyrazolone-carbonique obtenu [Claisen et Stylos, *D. chem. G.,* **21**, 1143, 1888]; — par distillation sèche de l'acide 5-carbonique correspondant [Ach, *Ann. Chem.,* **253**, 55, 1889] ou de l'acide 4-carbonique à 210° [Balbiano et Severini, *Gazz. chim. ital.,* **23**, (1), 354, 1893] ou de l'acide 4.5-dicarbonique [Bülow, *D. chem. G.,* **33**, 3278, 1900]. Il se produit en même temps que son isomère 5-méthylé, par condensation de la phénylhydrazine sur le sel de sodium de l'aldéhyde acétylacétique, en présence d'acide acétique [Claisen et Roosen, *Ann. Chem.,* **278**, 274, 1894; — C. et S., *loc. cit.,* **24**, 1890, 1891]. Par distillation de la pyrazolidone correspondante avec P²S⁵ [Knorr et Duden, *D. chem. G.,* **25**, 766, 1892]. Ce composé cristallise en longues aiguilles fusibles à 37°; il bout à 255° sous 720 mm. Le sodium le réduit, en solution alcoolique, en pyrazoline correspondante. C'est une base très faible dont les sels sont facilement dis-

sociables: l'*iodométhylate* fond à 134° [C. et R., *loc. cit.*].

DÉRIVÉS SUBSTITUÉS PHÉNYLIQUES. — 1-*o-Bromophényl-3-méthylpyrazol.* — Obtenu par réduction à la poudre de zinc, en solution chlorhydrique, du dérivé 1.5-bromé correspondant [Schwabe, *D. chem. G.,* **33**, 2614, 1900]. Il fond à 94°, et son *iodométhylate* à 224°.

1-*Nitrophényl-3-méthylpyrazol.* — Longues aiguilles fusibles à 166°. Obtenu par nitration directe [Knorr et Macdonald, *Ann. Chem.,* **279**, 221, 1894].

1-*Aminophényl-3-méthylpyrazol.* — Obtenu par réduction du précédent au chlorure stanneux. Fusible à 99° (K. et M.).

1-*p-Sulfophényl-3-méthylpyrazol.* — Préparé par condensation de la p-sulfophénylhydrazine avec l'acétylacétaldéhyde [Cl. et R., *l. cit.,* 301]. Il se dissout facilement dans l'eau.

DÉRIVÉS SUBSTITUÉS DU NOYAU. — 1-*Phényl-3-méthyl-5-chloropyrazol,*

$$C^6H^5 - Az \Big\langle \begin{array}{c} CCl = CH \\ | \\ Az = C(CH^3) \end{array}$$

— Il s'en forme quelque peu, en même temps que beaucoup de son chlorométhylate, lorsqu'on chauffe l'antipyrine avec l'oxychlorure de phosphore à 158° [Michaelis et Röhmer, *D. chem. G.,* **31**, 2908, 1898; — Michaelis et Pasternack, *ibid.,* **32**, 2402, 1898] ou à l'ascendant [Michaelis et Behn, *D. chem. G.,* **33**, 2595, 1900] ou bien encore en faisant réagir POCl³ sur les dérivés : 5-acétoxy-, butyroxy-, benzoyloxy-, phénylméthylpyrazols [Michaelis et Bonder, *D. chem. G.,* **36**, 530, 1903]. C'est une huile bouillant à 261°, plus lourde que l'eau, volatile à la vapeur.

Son 2-*chlorométhylate,*

$$C^6H^5Az \Big\langle \begin{array}{c} CCl = CH \\ | \\ Az = C - CH^3 \\ CH^3 \quad Cl \end{array}$$

est le *chlorure d'antipyrine.* On a vu plus haut sa préparation; on peut l'obtenir avec l'iodométhylate et AgCl (M. et P.). Il cristallise d'un mélange d'alcool-éther avec 1 molécule H²O et fond à 117°, et à 224° anhydre. Chauffé fortement, il fournit CH³Cl et le méthylchloropyrazol précédent. Sa solution aqueuse traitée par la soude fournit de l'antipyrine, les sulfhydrates alcalins la transforment en thioantipyrine [Michaelis et Bindewald, *D. chem. G.,* **33**, 2873, 1900]. Le carbonate d'ammoniaque, à 200°, le transforme en iminoantipyrine, l'aniline en anilinopyrine [Michaelis et Gunkel, *D. chem. G.,* **34**, 723, 1901]. Le 2-*bromométhylate* fond à 256° et son *perbromure* à 136° (M. et P.). Le 2-*iodométhylate* cristallisé en aiguilles fournit un *periodure* fusible à 64° (M. et P.).

1-*p-Bromophényl-3-méthyl-5-chloropyrazol,*

$$p\text{-}Br - C^6H^4 - Az \langle$$

— On l'obtient par l'action de POCl³ sur la pyrazolone correspondante, à 160° [Michaelis et Schwabe, *D. chem. G.,* **32**, 2608, 1899]. Aiguilles fusibles à 82°, bouillant à 165° sous 11 mm., fournissant par réduction la phénylméthylpyrazoline correspondante.

Son *chlorométhylate* fond à 228°, le *bromométhylate* à 260° et l'*iodométhylate* à 254° (M. et Sch.).

1-*Nitrophényl-3-méthyl-5-chloropyrazols,*

$$AzO^2 - C^6H^4Az \langle$$

— Ils se préparent au moyen de la pyrazolone correspondante et $POCl^3$; le *dérivé ortho* est en aiguilles fusibles à 105°,5; le *dérivé méta* fond à 103°; le *dérivé para*, qu'on obtient aussi par nitration du chlorométhylpyrazol correspondant, fond à 101° [Michaelis et Behn, *D. chem. G.*, 33, 2596, 99, 1900].

o-p-Dinitrophényl-3-méthyl-5-chloropyrazol. — Obtenu par nitration avec l'acide nitrique fumant. Aiguilles fusibles à 181° [M. et B., *l. cit.*].

1-Nitrobromophényl-3-méthyl-5-chloro-pyrazol. — Obtenu en nitrant le dérivé bromochloré correspondant (M. et Sch.). Aiguilles fusibles à 115°.

1-Dinitrobromophényl-3-méthyl-5-chloropyrazol. — Préparé comme le précédent, en présence d'acide sulfurique. Il fond à 158° (M. et Sch.).

1-p-Aminophényl-3-méthyl-5-chloropyrazol. — On l'obtient par réduction du dérivé nitré au moyen du sulfure d'ammonium. Il cristallise avec $1H^2O$ et fond vers 77° [M. et B., *l. cit.*]. Son *dérivé acétylé* cristallise avec $2H^2O$ et fond à 80-85°. Son *iodométhylate* fond à 171° (M. et B.).

1-Aminobromophényl-3-méthyl-5-chloropyrazol. — Lamelles jaunes fusibles à 145°,5, obtenues au moyen du diazoïque de l'aminodérivé (Michaelis et Behn).

1-Phényl-3-méthyl-4.5-dichloropyrazol,

$$C^5H^5Az \begin{cases} CCl = CCl \\ \quad\quad | \\ Az = C - CH^3 \end{cases}$$

— Préparé par chloruration du phénylméthyl-5-chloropyrazol (M. et P.) ou par action de PCl^5 sur le phénylméthyl-4-benzoyl-5-chloropyrazol [Michaelis et Bender, *D. chem. G.*, 36, 524, 1903] ou par l'action de ce même réactif, à 120° sur le phénylméthyl-5-chloropyrazol (M. et P.). Aiguilles fusibles à 56°.

1-p-Chlorophényl-3-méthyl-4.5-dichloropyrazol. — Obtenu par chloruration prolongée du phénylméthyl-5-chloropyrazol (M. et P.). Aiguilles fusibles à 130°.

1-p-Bromophényl-3-méthyl-4.5-dichloropyrazol. — Obtenu en chauffant avec PCl^5 le dérivé bromo-5-chloré. Aiguilles fusibles à 134°,5 (M. et Sch.). Son *iodométhylate* fond à 236°.

1-Phényl-3-méthyl-4-bromopyrazol,

$$C^6H^5Az \begin{cases} CH = C - Br \\ \quad\quad | \\ Az = C - CH^3 \end{cases}$$

— Obtenu par bromuration en solution acétique du pyrazol correspondant [Michaelis et Behn, *D. chem. G.*, 33, 2606, 1900]. Liquide bouillant à 312°.

1-Phényl-3-méthyl-5-bromopyrazol,

$$C^6H^5Az \begin{cases} CBr = CH \\ \quad\quad | \\ Az = C - CH^3 \end{cases}$$

— Préparé par chauffage avec $POBr^3$ ou PBr^3 de la phénylméthyl-5-pyrazolone, ou par l'action de C^2H^5Br à 150° sur le phénylméthylchloropyrazol. Huile bouillant à 153° sous 15 mm. [M. et Behn, *D. chem. G.*, 33, 2603, 1900].

Son *chlorométhylate* fond à 214°. Le *bromométhylate*, préparé aussi par l'action de $POBr^3$ sur l'antipyrine ou de CH^3Br sur le phénylméthylbromopyrazol, fond à 218°; son *dibromure* fond à 146°. L'*iodométhylate* fond à 233° et fournit un *periodure* $C^{11}H^{12}Az^2Br^5$ qui fond à 57° (M. et Behn).

1-p-Bromophényl-3-méthyl-5-bromopyrazol,

$$p\text{-}Br - C^6H^4Az \lessgtr$$

— Obtenu par l'action de C^2H^5Br à 190° sur le p-bromophénylméthyl-5-chloropyrazol; il fond à 88° et se laisse réduire par Zn et HCl en bromophénylméthylpyrazol (M. et Sch.). Son *iodométhylate* fond à 259°.

1-Nitrophényl-3-méthyl-5-bromopyrazol,

$$AzO^2 - C^6H^4Az \lessgtr$$

— Obtenu par nitration; il fond à 104°,5 (M. et Behn).

1-Dinitrophényl-3-méthyl-5-bromopyrazol,

$$(AzO^2)^2 \, C^6H^3Az \lessgtr$$

— Obtenu comme le précédent, en aiguilles jaunâtres fusibles à 185°,5 (M. et B.).

1-Phényl-3-méthyl-4.5-dibromopyrazol,

$$C^6H^5 - Az \begin{cases} CBr = CBr \\ \quad\quad | \\ Az = C - CH^3 \end{cases}$$

— Préparé en bromant, en solution éthérée, le phénylméthyl-5-bromopyrazol. Il fond à 92° (M. et B.).

1-p-Bromophényl-4.5-dibromopyrazol,

$$p\text{-}Br - C^6H^4Az \lessgtr$$

— On peut l'obtenir par bromuration des 1-p-bromophényl-4 ou 5-bromopyrazols. Il est fusible à 151° (M. et Sch.).

1-Phényl-3-méthyl-4-bromo-5-chloropyrazol,

$$C^6H^5Az \begin{cases} CCl = CBr \\ \quad\quad | \\ Az = C - CH^3 \end{cases}$$

— Obtenu par bromuration du 5-chloro-dérivé. Il se fait d'abord un *perbromure* avec Br^2 en excès (fusible à 99°) qu'on décompose par la soude à chaud. Aiguilles fusibles à 56° (M. et P.). Son *iodométhylate* fond à 230° [M. et Bindewald, *Ann. Chem.*, 320, 24, 1902].

1-p-Bromophényl-3-méthyl-4-bromo-5-chloropyrazol,

$$p\text{-}Br - C^6H^4Az \lessgtr$$

— Préparé comme le précédent. Fusible à 143° (M. et Sch.).

1-Nitrophényl-3-méthyl-4-bromo-5-chloropyrazols,

$$AzO^2 - C^6H^4Az \lessgtr$$

— Les trois dérivés sont préparés par bromuration des nitrochloro-dérivés. *Ortho*, fusible à 123°. *Méta*, fusible à 170°. *Para*, fusible à 152° (M. et Behn).

1-Phényl-3-méthyl-5-iodopyrazol,

$$C^6H^5Az \begin{cases} CI = CH \\ \quad\quad | \\ Az = C - CH^3 \end{cases}$$

— Le phénylméthyl-5-chloropyrazol, chauffé avec C^2H^5I à 150° fournit un *iodoéthylate d'iodopyrazol*, fusible à 240°; AgCl le transforme en *chloréthylate* fusible à 222°, et ce dernier, à cette température, perd C^2H^5Cl et fournit l'iodo-

pyrazol huileux, distillable dans le vide [M. et
P., *loc. cit.*; — Michaelis, Voss et Greis, *D.
chem. G.*, **32**, 1306, 1899].

1-p-Nitro-phényl-3-méthyl-5-iodopyrazol,

$$p\text{-}AzO^2 - C^6H^4 - Az\big\langle$$

— On ne connaît que son *iodométhylate*, obtenu
par l'action de CH^3I à 125° sur le 5-chloropyra-
zol correspondant. Lamelles jaunes fusibles à 229°
(M. et Behn).

1-Phényl-3-méthyl-4-iodo-5-chloropyrazol,

$$C^6H^5Az\big\langle \begin{array}{l} CCl = CI \\ | \\ Az = C \cdot CH^3 \end{array}$$

— On a préparé son *iodométhylate*, par l'action
de ICH^3 à 120° sur le 4.5-dichloropyrazol correspondant. Il fond à 229° (M. et P.).

1-P-TOLYL-3-MÉTHYLPYRAZOL,

$$p\text{-}CH^3 - C^6H^4 - Az\big\langle \begin{array}{l} CH = CCH^3 \\ | \\ Az = CH \end{array}$$

— C'est le produit de la réduction du tolylmé-
thyl-5-chloropyrazol par IH et le phosphore
amorphe, à 180° [M. et Sudendorf, *D. chem. G.*,
33, 2618, 1900] ; il est fusible à 50°.

1-p-Tolyl-3-méthyl-5-chloropyrazol,

$$p\text{-}CH^3 - C^6H^4 - Az\big\langle \begin{array}{l} CCl = CH \\ | \\ Az = CH \end{array}$$

— On l'obtient comme le dérivé phénylique correspondant [M. et Su., *ibid.*, **33**, 2615, 1900].
Il fond à 30° et bout à 274°. HI lui enlève son
chlore. L'acide chromique l'oxyde en 1-p-car-
boxyphényl-3-méthyl-5-chloropyrazol.

1-Nitro-p-tolyl-3-méthyl-5-chloropyrazol,

$$(AzO^2)(CH)^3 C^6H^3Az\big\langle$$

— Obtenu par nitration, fusible à 87°. *Dérivé dinitré* p-tolyl...., fusible à 167° (M. et Su.).

1-p-Tolyl-3-méthyl-4.5-dichloropyrazol,

$$CH^3 - C^6H^4Az\big\langle \begin{array}{l} CCl = CCl \\ | \\ Az = C - CH^3 \end{array}$$

— Obtenu par chloruration du 5-chloro-dérivé.
Fusible à 57°.

1-p-Tolyl-3-méthyl-4-bromo-5-chloropyrazol.
— Obtenu par bromuration du 5-chloro-dérivé,
fusible à 66° (M. et Su.). Le *chlorométhylate* s'obtient par l'action de $POCl^3$ sur la p-tolypyrine, il
cristallise avec $1H^2O$ et fond à 232°. Le *bromométhylate* fond à 234° et l'*iodométhylate* à 245°.
L'oxyde d'argent humide les transforme en toly-
pyrine primitive.

*1-Nitro-p-tolyl-3-méthyl-4-bromo-5-chloro-
pyrazol,*

$$AzO^2(CH^3) C^6H^3 - Az\big\langle$$

— Obtenu par bromuration du chloropyrazol correspondant, ou par nitration du dérivé-bromé. Il
fond à 136° (M. et Su.).

*1-Tolyl-3-méthyl-5-iodopyrazol (iodoéthy-
late),*

$$CH^3 - C^6H^4 - Az\big\langle \begin{array}{l} CI = CH \\ | \\ Az = C - CH^3 \\ \diagup \diagdown \\ I \quad C^2H^5 \end{array}$$

— On le prépare avec le 5-chloropyrazol corres-

pondant qu'on chauffe à 150° avec l'iodure d'éthyle
(M. et Su.). Il fond à 231°.

1-O-TOLYL-3-MÉTHYL-5-CHLOROPYRAZOL,

$$CH^3 - C^6H^4Az\big\langle \begin{array}{l} CCl = CH \\ | \\ Az = C - CH^3 \end{array}$$

— Obtenu par l'action de $POCl^3$ à 150° sur la
pyrazoline correspondante [Michaelis et Eisenschmidt, *D. chem. G.*, **37**, 2228, 1904]. Cristaux
fusibles à 56°. On a préparé son *iodométhylate*
fusible à 232° ; son *chlorométhylate*, $2H^2O$,
fusible à 210°.

ACIDE 3-MÉTHYL-5-CHLOROPYRAZOL-1-PHÉNYL-O-
CARBONIQUE,

$$CO^2H - C^6H^4Az\big\langle \begin{array}{l} CCl = CH \\ | \\ Az = C - CH^3 \end{array}$$

— Obtenu par oxydation chromique du 1-o-tolyl-
dérivé correspondant. Aiguilles fusibles à 169°
[Michaelis et Eisenschmidt, *D. chem. G.*, **37**,
22 8, 1904].

2ACIDE 3-MÉTHYL-5-CHLOROPYRAZOL-1-PHÉNYL-
PARACARBONIQUE. — Obtenu comme le dérivé
ortho. Aiguilles fusibles à 208° qui, distillées sur
$Ba(OH)^2$, fournissent le phénylméthylchloropyrazol
[Michaelis et Sudendorf, *D. chem. G.*, **33**, 2618,
1900]. *Iodométhylate* fusible à 264°.
Éther éthylique, liquide bouillant à 271°. *Chlorure acide* fusible à 82°. *Anilide* fusible à 163°
(M. et Su.).

4-MÉTHYLPYRAZOL,

$$HAz\big\langle \begin{array}{l} CH = C - CH^3 \\ | \\ Az = CH \end{array}$$

— On l'obtient en distillant sur de la chaux
l'acide 3-carboxylé correspondant. C'est une
huile bouillant vers 205°. Son *sel double* avec
AzO^3Ag fond à 142°, son *picrate* à 142° [Pech-
mann et Burkard, *D. chem. G.*, **33**, 3593, 1900].

1-PHÉNYL-4-MÉTHYLPYRAZOL,

$$C^6H^5Az\big\langle$$

— L'iodométhylate du phénylpyrazol, chauffé
à 240-300°, se transforme en iodhydrate de cette
base, qui est liquide et bout à 265°. Oxydée au
permanganate, elle fournit l'acide carboxylé correspondant. Son *iodométhylate* fond à 160°
[Balbiano et Marchetti, *Gazz. chim. ital.*, **23**,
(1), 487].

1-Phényl-3.5-dichloro-4-méthylpyrazol,

$$C^6H^5 - Az\big\langle \begin{array}{l} CCl = C - CH^3 \\ | \\ Az = CCl \end{array}$$

— On l'obtient en chauffant à 150° avec PCl^5 la
1-phényl-4.4-diméthyl-3-chloro-5-pyrazolone.
C'est un liquide épais bouillant à 155° sous
16 mm. [Michaelis et Röhner, *D. chem. G.*, **31**,
3014, 1898].

*1-Phényl-3-méthoxy-4-méthyl-5-chloropy-
razol,*

$$C^6H^5Az\big\langle \begin{array}{l} CCl = C - CH^3 \\ | \\ Az = C - OCH^3 \end{array}$$

(Michaelis et Röhner). — On l'a préparé en
chauffant la 1-phényl-4.4-diméthyl-3-méthoxy-
5-pyrazolone avec PCl^5 à 125° ; il se forme en
même temps le dérivé 3-chloro-5-pyrazolone.
Aiguilles fusibles à 109°. L'eau chaude le trans-

forme en un *composé* $C^{11}H^{14}O^3Az^2$, fusible à 174° (Michaelis et Röhmer).

5-MÉTHYLPYRAZOL,

$$HAz \diagup \begin{matrix} C(CH^3)=CH \\ | \\ Az =\!=\!= CH \end{matrix}$$

identique avec le 3. — Ce composé peut être préparé : par distillation de l'acide 3-méthyl-pyrazolcarbonique [Marchetti, *Gazz. chim. ital.*, 22, (2), 364, 1892; — Knorr, D.R.P. 74619] ou de l'acide 3 (ou 5)-méthylpyrazol-4-carbonique [von Pechmann et Burkard, *D. chem. G.*, 33, 3598, 1900]; par condensation de l'acétate d'hydrazine et de l'aldéhyde acétylacétique sodée, en solution acétique [Rothenburg, *D. chem. G.*, 27, 955, 1894; *J. prakt. Chem.*, (2), 52, 49, 1895]; par condensation de la formylacétone sodée sur le sulfate d'hydrazine en présence de 1 mol. de soude concentrée [Knorr et Macdonald, *Ann. Chem.*, 279, 217, 1894]; par oxydation des amino-phényl- et du phényl-5 ou 3-méthylpyrazol avec le permanganate en solution sulfurique (Knorr et Macdonald). C'est une huile bouillant à 204°, d'odeur douce, volatile avec la vapeur d'eau, fournissant par oxydation au permanganate l'acide 3-pyrazolcarbonique. On a préparé ses *sels* : Ag; $HgCl^2$; $PtCl^6H^2$; $PtCl^4$; $AgAzO^3$; picrate.

Bromo-5-méthylpyrazol. — Obtenu par bromuration; fusible à 67° (Knorr et Macdonald).

4-Nitro-5-méthylpyrazol. — Préparé par nitration en présence d'acide sulfurique ou distillation sèche de l'acide carboxylé; prismes fusibles à 134°, bouillant à 325° (Knorr et Macdonald).

Acide 5-méthylpyrazol-4-sulfonique,

$$HAz \diagup \begin{matrix} C(CH^3)=C-SO^3H \\ | \\ Az =\!=\!= CH \end{matrix} .$$

— Obtenu par sulfonation avec de l'acide de Nordhausen, à 100° [Scholl, *Ann. Chem.*, 279, 230, 1894]. Fusible à 258° en se décomposant. Monoclinique [Tschimmer, *Zeit. f. Krist.*, 29, 230, 1898], très soluble dans l'eau.

1-PHÉNYL-5-MÉTHYLPYRAZOL,

$$C^6H^5-Az \diagup \begin{matrix} C(CH^3)=CH \\ | \\ Az =\!=\!= CH \end{matrix}$$

— On peut l'obtenir : par distillation sèche de l'acide 3.4-dicarboxylé correspondant [Knorr et Laubmann, *Ann. Chem.*, 278, 266, 1894] ou de l'acide 4-carboxylé [Bülow, *D. chem. G.*, 33, 3269, 1900]; par condensation de l'acétate de phénylhydrazine avec l'aldéhyde acétylacétique sodée (il se forme en même temps le dérivé 3-méthylique) [Claisen et Roosen, *Ann. Chem.*, 278, 290, 1894; 295, 315, 1897]. Liquide bouillant à 145° sous 19 mm. Son *chloroplatinate* fond à 198° [Bülow et Schlesinger, *D. chem. G.*, 32, 2891, 1899]. Son *iodométhylate* fond à 282°, son *iodoéthylate* à 208° [Claisen et Roosen, *loc. cit.*; — Stolz, *D. chem. G.*, 33, 264, 1900].

1-Nitrophényl-5-méthylpyrazol,

$$AzO^2 - C^6H^4Az \diagdown$$

— Obtenu par décomposition à 170° de son dérivé carboxylé; il fond à 161° et fournit, par réduction au chlorure stanneux, le *dérivé aminé* fusible à 201° [Knorr et Macdonald, *Ann. Chem.*, 279, 225, 1894].

1-Phényl-5-méthyl-3-chloropyrazol,

$$C^6H^5-Az \diagup \begin{matrix} C(CH^3)=CH \\ | \\ Az =\!=\!= C-Cl \end{matrix}$$

— Obtenu par l'action de $POCl^3$ à 210° sur la 3-pyrazolone correspondante. Liquide bouillant à 295° [Mayer, *D. chem. G.*, 36, 718, 1903].

1-P-TOLYL-5-MÉTHYLPYRAZOL,

$$CH^3 - C^6H^4Az \diagup \begin{matrix} C(CH^3)=CH \\ | \\ Az =\!=\!= CH \end{matrix}$$

— Il provient de la distillation sèche de l'acide 3.4-dicarboxylé correspondant. C'est une huile d'odeur forte, bouillant vers 275° [Bülow et Schlesinger, *D. chem. G.*, 33, 3365, 1900].

1-β-NAPHTYL-5-MÉTHYLPYRAZOL,

$$C^{10}H^7Az \diagup \begin{matrix} C(CH^3)=CH \\ | \\ Az =\!=\!= CH \end{matrix}$$

— Obtenu par distillation de l'acide 3.4-dicarboxylé (Bülow et Schlesinger). Il fond à 65° et bout à 325° environ.

3 (ou 5)-ÉTHYLPYRAZOL,

$$HAz \diagup \begin{matrix} C(C^2H^5)=CH \\ | \\ Az =\!=\!= CH \end{matrix}$$

— On ne connaît que son *dérivé 1-phénylique*

$$C^6H^5Az \diagdown$$

qui a été obtenu par l'action de la phénylhydrazine sur l'aldéhyde propionylacétique [Claisen et Stylos, *D. chem. G.*, 21, 1148, 1888]. C'est une huile bouillant à 275°.

1-PHÉNYL-5-PROPYLPYRAZOL,

$$C^6H^5Az \diagup \begin{matrix} C(C^3H^7)=CH \\ | \\ Az =\!=\!= CH \end{matrix}$$

— On l'a obtenu comme le précédent, avec l'aldéhyde butyrylacétique (C. et S.). C'est un liquide bouillant à 280°.

1-PHÉNYL-5-HEXYLPYRAZOL,

$$C^6H^5Az \diagup \begin{matrix} C(C^6H^{13})=CH \\ | \\ Az =\!=\!= CH \end{matrix}$$

— Préparé avec l'aldéhyde heptoylacétique. Liquide bouillant à 319° (C. et S.).

1-PHÉNYL-5-THIÉNYLPYRAZOL,

$$C^6H^5Az \diagup \begin{matrix} C^4H^3S \\ \diagup \\ C=CH \\ | \\ Az=CH \end{matrix}$$

— Obtenu par distillation de son acide carboxylé. Aiguilles fusibles à 54°, bouillant au-dessus de 300°. *Chloroplatinate. Iodéthylate* fusible à 174° [Salvatori, *Gazz. chim. ital.*, (2), 24, 277, 1891].

1.3-DIPHÉNYLPYRAZOL,

$$C^6H^5Az \diagup \begin{matrix} CH=CH \\ | \\ Az=C-C^6H^5 \end{matrix}$$

— Obtenu, soit de synthèse avec la benzoylacétaldéhyde et la phénylhydrazine [Knorr et Duden, *D. chem. G.*, 26, 114, 1893], soit par décomposition de l'acide 4.5-dicarboxylé correspondant, soit, enfin, par réduction de sa 5-pyrazolone, par chauffage de celle-ci avec P^2S^5 à 250° (K. et D.). Il cristallise en aiguilles fusibles à 85°, bouillant à 341° sous 270 mm.

4-Phénylpyrazol,

$$H Az \diagdown \begin{array}{c} CH = C(C^6H^5) \\ | \\ Az = CH \end{array}$$

— On l'obtient par décomposition des acides 3.5-dicarbonique et 5-carbonique; et par distillation du phénylpyrazolone-3.5-dicarbonate d'argent [Buchner et Dessauer, *D. chem. G.*, **26**, 260, 1893; — B. et Pappendieck, *ibid.*, **28**, 223, 1895; — Pechmann et Burckard, *ibid.*, **33**, 3596, 1900; — Knorr, *ibid.*, **28**, 700, 1895]. Il fond à 228°, il fournit par nitration un mélange de dérivés *mono* et *dinitré*. Ce dernier fond à 209° [Behaghel et Buchner, *D. chem. G.*, **35**, 314, 1902].

5 (ou 3)-Phénylpyrazol,

$$H Az \diagdown \begin{array}{c} C(C^6H^5) = CH \\ | \\ Az = CH \end{array}$$

— On l'obtient, soit par oxydation de sa pyrazoline, soit par décomposition de son acide 3 (5)-carboxylé à 150° [Buchner et Lehmann, *D. chem. G.*, **35**, 36, 1902; — B. et Hachumian, *ibid.*, 42; — Sjolemma, *Ann. Chem.*, **279**, 254, 1895], ou de son acide 3.4-dicarboxylé [Buchner et Fritzsch, *D. chem. G.*, **26**, 258, 1893]. Enfin, Knorr l'a obtenu de synthèse, par réaction de l'hydrazine sur la benzoylacétaldéhyde [*D. chem. G.*, **28**, 696, 1895]. Il cristallise en aiguilles fusibles à 78°, bouillant vers 312°.

Sels, HCl; $PtCl^6H^2, 2H^2O$. Picrate. — *Dérivé benzoylé*, fusible à 60° (Sj.).

Dérivé bromé, fusible à 116° [Wenglein, *D. chem. G.*, **28**, 698, 1895].

Dérivé nitré, fusible à 192°. *Dérivé dinitré*, fusible à 212°. *Sel de Na* [Wenglein, B. et H.]. *Carbonamide*,

$$Az H^2 C O Az \diagdown$$

fusible à 128° (W.). *Dérivé 1-méthylé*,

$$C H^3 Az \diagdown$$

bouillant à 281°, et son *iodométhylate* $C^{10}H^{10}Az^2.CH^3I$, fusible à 159° (W.).

5.(3)-Aminophénylpyrazol $H^2Az.C^6H^4.C^3H^3Az^2$. — Produit de réduction du nitro-5(3)-phénylpyrazol [Buchner et Hachumian, *D. chem. G.*, **35**, 39, 1902]. Aiguilles fusibles à 104°, bouillant à 295° sous 12 mm. *Sels* : chlorure, chloroplatinate, oxalate, picrate. *Dérivé tribromé*, fusible à 207°. *Diiodométhylate*, fusible à 211°. *Dérivé acétylé*, fusible à 207°. *Thiourée*, fusible à 202° en se décomposant. *Dérivé benzoylé*, fusible à 227°. *Dérivé benzylidénique*, fusible à 65° (B. et H.).

1 5-Diphénylpyrazol. — Obtenu par distillation des acides carboxylés correspondants [Knorr et Laubmann, *D. chem. G.*, **22**, 176, 1889; — Beyer et Claisen, *ibid.*, **20**, 2187, 1887], ou de la benzoylaldéhyde-phénylhydrazone [Claisen et Fischer, *D. chem. G.*, **21**, 1139, 1888], ou par chauffage à 220° de sa 3-pyrazolone avec P^2S^5 [Knorr et Duden, *D. chem. G.*, **26**, 109, 1893]. Il fond à 55° et bout à 340°. *Chloroplatinate*.

3.5-Diméthylpyrazol,

$$H Az \diagdown \begin{array}{c} C(CH^3) = CH \\ | \\ Az = C - CH^3 \end{array}$$

— Ce produit peut être obtenu par réduction du 1-phényl-3.5-diméthylpyrazol, en solution alcoolique, par le sodium; il y a formation de benzène et détachement du phényle [Marchetti, *Gazz. chim. it.*, (2), **22**, 371, 1892]; par l'action du sulfate d'hydrazine sur une solution alcaline de 2.4-pentane-dione [Zanetti, *ibid.*, (2), **23**, 311, 1893; — Rothenburg, *D. chem. G.*, **27**, 1097, 1894; *Journ. prakt. Chem.*, (2), **52**, 50, 1895; — Rosengarten, *Ann. Chem.*, **279**, 237, 1894]; par ébullition avec la soude concentrée du nitrate de 3.5-diméthylpyrazolcarbonamidine [Thiele et Dralle, *ibid.*, **302**, 294, 1898]. Cristaux tabulaires fusibles à 107°, bouillant à 218°. Constantes optiques, voy. Nasini et Carrara [*Gazz. chim. it.*, (1), **24**, 278, 1894]. Oxydé au permanganate, il fournit les acides méthylcarboxylé et dicarboxylé.

Sels : Ag; $Ag Az O^3$; $PtCl^6H^2$; $PtCl^2$; $PtCl^4$. Picrate.

Iodométhylate. — Obtenu par ICH^3 en excès sur le 3-méthylpyrazol, fusible à 252° [Knorr et Macdonald, *Ann. Chem.*, **279**, 230, 1894].

4-Nitroso-3.5-diméthylpyrazol,

$$Az H \diagdown \begin{array}{c} C(CH^3) = C - Az O \\ | \\ Az = C - CH^3 \end{array}$$

— Aiguilles bleues fusibles à 128°, obtenues par l'action de l'hydrazine sur la nitrosoacétylacétone [Wolff, *Ann. Chem.*, **325**, 193, 1902]. L'acide nitrique fournit le *dérivé 4-nitré*, fusible à 125° (W.).

Acide 3.5-diméthylpyrazol-4-sulfonique,

$$H Az \diagdown \begin{array}{c} C(CH^3) = C - SO^3H \\ | \\ Az = C - CH^3 \end{array}$$

— Obtenu par sulfonation; *sel de baryum* [Zschimmer, *Zeit. f. Krist.*, **29**, 231, 1898].

1-Carbonamide du 3.5-diméthylpyrazol,

$$H^2 Az - C O Az \diagdown$$

— Obtenue par l'action de la semicarbazide sur l'acétylacétone [Bouveault, *Bull. Soc. Chim.*, (3), **19**, 77, 1898; — Posner, *D. chem. G.*, **34**, 3980, 1901]. Elle fond à 109° (112° P.) et fournit avec une solution ammoniacale d'$Ag Az O^3$ le diméthylpyrazol argentique.

Carbonamidine du 3.5-diméthylpyrazol,

$$H^2 Az - C = Az H Az \diagdown$$

— On obtient son nitrate par condensation de la pentane-dione-2.4 avec le nitrate d'aminoguanidine, en solution aqueuse à l'ébullition [Thiele et Dralle, *Ann. Chem.*, **302**, 294, 1898].

C'est une base très soluble dans l'eau qui la transforme, à l'ébullition, en 3.5-diméthylpyrazol.

1.3.5-Triméthylpyrazol,

$$C H^3 Az \diagdown \begin{array}{c} C(CH^3) = CH \\ | \\ Az = C - CH^3 \end{array}$$

— Il se forme par distillation sèche de son iodométhylate [Knorr, *D. chem. G.*, **28**, 717, 1895], ou par condensation de la méthylhydrazine avec l'acétylacétone [Knorr, *Ann. Chem.*, **279**, 232, 1894]. Longues aiguilles à odeur d'iodoforme, fusibles à 37°, bouillant à 170°.

On a préparé des *sels* : $AuCl^3$; $PtCl^6H^2$. Picrate.

Iodométhylate. — Obtenu avec ICH^3 et le 3.5-diméthylpyrazol. Il cristallise du chloroforme avec 1 mol. de solvant. Chauffé longtemps à 260°, il se transforme en 1.3 4.5-tétraméthyl-pyrazol [Rosengarten, *Ann. Chem.*, **279**, 239, 1894].

4-*Nitro*-1.3.5-*triméthylpyrazol*,

$$CH^3 Az \diagup \begin{matrix} C(CH^3) = C - AzO^2 \\ | \\ Az \!=\!=\! C - CH^3 \end{matrix}$$

— Obtenu par nitration à 100°. Aiguilles fusibles à 57°, bouillant à 246° sous 202 mm.; il échange facilement son AzO^2 contre de l'iode, et fournit le *dérivé 4-iodé*, fusible à 75° [Knorr, *Ann. Chem.*, **279**, 235, 1894; *D. chem. G.*, **28**, 717, 1895].

1-ÉTHYL-3.5-DIMÉTHYLPYRAZOL,

$$C^2H^5 Az \diagup \begin{matrix} C(CH^3) = CH \\ | \\ Az \!=\!=\! C - CH^3 \end{matrix}$$

— Il s'obtient par l'action de l'iodure d'éthyle sur le diméthylpyrazol argentique [Balbiano, *Gazz. chim. it.*, (1), **23**, 524, 1893]. Aiguilles jaune rouge, fusibles à 173°.

1-PHÉNYL-3.5-DIMÉTHYLPYRAZOL,

$$C^6H^5 Az \diagdown$$

— On le prépare par fusion du dérivé carboxylique [Knorr, *D. chem. G.*, **20**, 1103, 1887]; par condensation de l'acétylacétone sur la phénylhydrazine [K., *loc. cit.*, et Combes, *Bull. Soc. Chim.*, **50**, 145, 1888]. Liquide bouillant à 146° sous 12 mm. Constantes optiques [Brühl, *D. chem. G.*, **26**, 808, 1883]. Il est volatil à la vapeur d'eau; ses vapeurs provoquent l'éternuement. Le sodium agissant sur la solution alcoolique détache le groupe phényle et forme du benzène, du diméthylpyrazol et son tétrahydrure [Marchetti, *Gazz. chim. ital.*, (2), **22**, 351, 1892].

Sels : $PtCl^6H^2$; $PtCl^4$ (Balbiano). L'*iodométhylate*, préparé par Knorr [*D. chem. G.*, **20**, 1104, 1887], fond à 190° en se décomposant. Son *dérivé 4-bromé*, préparé par bromuration en solution acétique, est une huile incolore [Balbiano, *D. chem. G.*, **23**, 1452, 1890].

1-*Phényl-3.5-diméthyl-4-nitrosopyrazol*,

$$C^6H^5 Az \diagup \begin{matrix} C(CH^3) = C - AzO \\ | \\ Az \!=\!=\! C - CH^3 \end{matrix}$$

— On l'obtient par condensation de la nitroso-acétylacétone sur le chlorhydrate de phénylhydrazine. Il cristallise en lamelles vert-malachite fusibles à 94° et facilement oxydées par AzO^3H en *dérivé nitré* fusible à 103° [Wolff, *Ann. Chem.*, **325**, 192, 1904].

1-*Tétrahydrophényl-3.5-diméthylpyrazol*,

$$CH^2 \diagup \begin{matrix} CH^2 - CH^2 \\ CH^2 - CH \end{matrix} \diagup C - Az \diagdown$$

— Il a été obtenu, comme on l'a vu plus haut, par Marchetti. Huile bouillant à 260°, fournissant à l'oxydation du diméthylpyrazol et de l'acide adipique ; *sels*, $PtCl^6H^2$; $HAzO^3$.

1-*p-Sulfophényl-3.5-diméthylpyrazol*,

$$HO^3S - C^6H^5 Az \diagdown$$

— Obtenu par condensation de la phénylhydrazine p-sulfonée avec l'acétylacétone [Claisen et Rooser, *Ann. Chem.*, **278**, 297, 1893]. Prismes peu solubles dans l'eau. Forme cristalline : [Högbom, *ibid.*, **278**, 298, 1893]; il fournit, par fusion avec la potasse, le *dérivé 1-p-oxyphénylique*,

$$OH - C^6H^4 Az \diagdown$$

fusible à 166° (C. et R.) dont l'*acétate* fond à 69°.

1-BENZHYDRYL-3.5-DIMÉTHYLPYRAZOL,

$$(C^6H^5)^2 = CH - Az \diagdown$$

— C'est le produit de condensation de l'acétylacétone avec la benzhydrylhydrazine. Aiguilles fusibles à 109° [Darapstky, *J. prakt. Chem.*, (2), **67**, 172, 1903].

4.5-DIMÉTHYLPYRAZOL,

$$HAz \diagup \begin{matrix} C(CH^3) = C - CH^3 \\ | \\ Az \!=\!=\! CH \end{matrix}$$

on ne connaît que son *dérivé 1-phénylique*,

$$C^6H^5 Az \diagdown$$

obtenu par Balbiano et Soverini [*Gazz. chim. ital.*, (1), **23**; 313, 1893] par condensation du méthylbutylonal $CH^3.CO.CH(CH^3).CHO$ et de la phénylhydrazine. C'est une huile bouillant à 278°.

1-PHÉNYL-3-MÉTHYL-4-ÉTHYL-5-CHLOROPYRAZOL,

$$C^6H^5 Az \diagup \begin{matrix} CCl = C - C^2H^5 \\ | \\ Az = C - CH^3 \end{matrix}$$

— On l'a préparé par l'action de $POCl^3$ sur la phénylméthyléthylpyrazolone correspondante [Michaelis, Voss et Greiss, *D. chem. G.*, **34**, 1306, 1901]. Il fond à 40°, bout à 285° et fournit par oxydation chromique l'acide 4-carboxylique correspondant. *Chloroplatinate*; *chlorométhylate*, fusible à 162; *bromométhylate*, à 197°; *iodométhylate*, à 176°. Par nitration on obtient le *dérivé nitré* fusible à 71°, qui, réduit, fournit le *dérivé aminé* fusible à 107° (M. V. et G.)

1-PHÉNYL-3-ÉTHYL-4-MÉTHYLPYRAZOL,

$$C^6H^5 Az \diagup \begin{matrix} CH = C - CH^3 \\ | \\ Az = C - C^2H^5 \end{matrix}$$

— Il s'obtient par condensation de l'aldéhyde propionylpropionique avec la phénylhydrazine [Claisen et Meyerowitz, *D. chem. G.*, **22**, 3276, 1889] ou par l'action du nitrite d'éthyle sur le dérivé 5-aminé [Bouveault, *Bull. Soc. Chim.*, (3), **4**, 648, 1890]. C'est une huile bouillant à 283°. Constantes optiques [Nazini et Carrara, *Gazz. chim. ital.*, (1), **24**, 279, 1894].

1-PHÉNYL-3-MÉTHYL-4-BENZYL-5-CHLOROPYRAZOL,

$$C^6H^5 Az \diagup \begin{matrix} CCl = C - C^7H^7 \\ | \\ Az = C(CH^3) \end{matrix}$$

— Obtenu par l'action de $POCl^3$ sur la pyrazolone correspondante [Michaelis, Voss et Greiner, *D. chem. G.*, **34**, 1307, 1901]. Il fond à 50° et fournit un *iodométhylate* fusible à 167°, qui, par traitement à la soude, se transforme en benzyl-antipyrine.

1-PHÉNYL-3-MÉTHYL-5-BENZYLPYRAZOL,

$$C^6H^5 Az \diagup \begin{matrix} C(CH^2C^6H^5) = CH \\ | \\ Az \!=\!=\! C(CH^3) \end{matrix}$$

— Obtenu par condensation de la phénylacétylacétone avec la phénylhydrazine [E. Fischer et Bülow. *D. chem. G.*, **18**. 2137, 1885]. Huile épaisse.

3-MÉTHYL-5-PHÉNYL-PYRAZOL (ou **5 m . 3 p**),

$$\text{H Az} \left\langle \begin{array}{l} C(C^6H^5) = CH \\ \quad\quad\quad\quad | \\ Az \!\!=\!\!=\!\! C - CH^3 \end{array} \right.$$

— Obtenu par union de l'hydrate d'hydrazine avec la benzoylacétone [Sjollema, *Ann. Chem.*, **279**, 248, 1894]; avec le phénylméthylisoxazol et l'ammoniaque alcoolique [Goldschmidt, *D. chem. G.*, **28**, 2952, 1895]; avec l'acétylphényl-acétylène et l'hydrazine [Moureu et Brachin, *C. R.*, **136**. 1264, 1903]. Fusible à 127°,5, bouillant à 327°.

Son *dérivé d'addition dibromé* fond à 205° (Sj.). *Dérivé 4-nitrosé*, obtenu de synthèse, avec l'isonitrobenzoylacétone et l'hydrazine [Wolff, *Ann. Chem.*, **325**, 194, 1902]: tablettes vertes, fusibles à 153°. *Dérivé 1-acétylé*, fusible à 143° (Sj.). *Diméthyl-iodométhylate*, fusible à 190° (Sj.). *Dérivé 4-bromé*, fusible à 93° (Sj.).

3-MÉTHYL-1.5-DIPHÉNYLPYRAZOL,

$$C^6H^5 Az \langle$$

— Obtenu par chauffage de son acide carboxylé à 250° [Knorr et Blank. *D. chem. G.*, **18**, 314, 1885; D.R.P. 33536: — *Fried.*, **1**, 209] ou par condensation de la benzoylacétone avec la phénylhydrazine [E. Fischer et Bülow, *D. chem. G.*, **18**, 2136, 1885]. Il fond à 63°, bout à 335°. *Chloroplatinate*, H²O. *Iodométhylate* fusible vers 187°. *Dérivé bromé* fusible à 75°. *Dérivés nitrés : ortho*, fusible à 95°: *para*, huileux; ces deux produits sont obtenus par chauffage de leurs acides carboxylés correspondants [Knorr et Jodicke, *D. chem. G.*, **18**, 2259, 1885]. *Dérivé trinitré*, obtenu par nitration directe du pyrazol; fusible à 177° [Knorr et Laubmann, *D. chem. G.*, **22**, 174, 1889].

3-PHÉNYL-5-MÉTHYL-PYRAZOL,

$$\text{H Az} \left\langle \begin{array}{l} C(CH^3) - CH \\ \quad\quad\quad\quad | \\ Az \!\!=\!\!=\!\! C - C^6H^5 \end{array} \right.$$

Carbonamide,

$$H^2Az - CO - Az \langle$$

— Obtenue par condensation de la benzoylacétone avec la semicarbazide [Posner, *D. chem. G.*, **34**, 3983, 1901]. Elle fond à 155°.

1.3-DIPHÉNYL-5-MÉTHYL-PYRAZOL,

$$C^6H^5 Az \langle$$

— Obtenu par décomposition de l'acide carboxylé correspondant [Knorr et Blank, *D. chem. G.*, **18**. 933. 1885] ou par distillation de la benzalacétone-phénylhydrazone [Knorr, *D. chem. G.*, **20**. 1098, 1887]. Il fond à 47° et bout à 365°. *Sels* : PtCl⁶H²; SnCl⁴H². *Iodométhylate*, fusible à 192° (K. et B.). *Dérivé 4-cyané*, obtenu avec l'α-cyanobenzoylacétone ou le dibenzoyldiacéto-nitrile et la phénylhydrazine [Burns, *J. prakt. Chem.* (2). **47**, 115, 1893], fusible à 188°. *Dérivé 1-p-sulfophénylique*,

$$p-SO^3H - C^6H^4 - Az \langle$$

— Obtenu avec la benzoylacétone et la phényl-hydrazine p-sulfonée [Claisen et Roosen, *Ann. Chem.*. **278**. 300, 1893]. Prismes. Il donne par fusion à la potasse le *dérivé 1-p-oxyphénylique*,

$$p-OH - C^6H^4 - Az \langle$$

fusible à 206°, dont l'*acétate* fond à 133° (C. et R.)

2-*Chlorométhylate de 1-phényl-3-méthyl-4-benzyl-5-chloropyrazol*. — Poudre hygroscopique, contenant 2H²O, fusible à 148°, obtenue par action de AgCl sur l'iodométhylate correspondant [Michaelis, *Ann. Chem.*, **339**, 117, 1905].

3-ÉTHYL-5-PHÉNYL-PYRAZOL,

$$\text{H Az} \left\langle \begin{array}{l} C(C^6H^5) = CH \\ \quad\quad\quad\quad | \\ Az \!\!=\!\!=\!\! C - C^2H^5 \end{array} \right.$$

— Prismes incolores, fusibles à 82°, bouillant à 206° sous 17 mm., obtenus par Moureu et Brachin [*C. R.*, **139**, 294, 1904] en faisant réagir sur l'hydrazine la β-oxycétone, $C^2H^5.CH=C(OH)-CO-C^6H^5$.

3-PROPYL-5-PHÉNYLPYRAZOL. — Obtenu par la même méthode [M. et B., *loc. cit.*]. Il fond à 68° et bout à 212-215° sous 20 mm.

3-ISOPROPYL-4-PHÉNYLPYRAZOL,

$$\text{H Az} \left\langle \begin{array}{l} CH = C - C^6H^5 \\ \quad\quad\quad\quad | \\ Az \!\!=\!\! C - CH(CH^3)^2 \end{array} \right.$$

— Obtenu en condensant l'isopropyloxyméthy-lène-benzylcétone avec l'hydrate d'hydrazine [Knorr, *D. chem. G.*, **28**, 699, 1895]; il fond à 100° et bout à 280° sous 260 mm.

3-*Oxyisopropyl-4-phénylpyrazol*,

$$\text{H Az} \left\langle \begin{array}{l} CH = C - C^6H^5 \\ \quad\quad\quad\quad | \\ Az \!\!=\!\! C - C(OH)(CH^3)^2 \end{array} \right.$$

— Obtenu par oxydation du précédent au per-manganate (K.). Il fond à 130°.

3-PHÉNYL-5-AMYLPYRAZOL (ou 5.3),

$$\text{H Az} \left\langle \begin{array}{l} C(C^5H^{11}) = CH \\ \quad\quad\quad\quad | \\ Az \!\!=\!\!=\!\! C - C^6H^5 \end{array} \right.$$

— On l'obtient par l'action soit de la semicar-bazide, soit de l'hydrazine, sur l'amylbenzoyl-acétylène, en solution alcoolique [Moureu et De-lange, *Bull. Soc. Chim.*, (3), **25**, 307, 1901; — M. et Brachin, *C. R.*, **136**, 1264, 1903]. Il fond à 76°.

1.3.4-TRIPHÉNYLPYRAZOL,

$$C^6H^5 Az \left\langle \begin{array}{l} CH = C - C^6H^5 \\ \quad\quad\quad\quad | \\ Az \!\!=\!\! C - C^6H^5 \end{array} \right.$$

— Obtenu par distillation de la 1.3.4.6-tétra-phényldihydropyridazine [Smith, *Ann. Chem.*, **289**, 332, 1895] ou de la phénylhydrazone de l'α-β-dibenzoylcinnamène [Japp et Tingle, *J. Chem. Soc.*, **71**, 1148, 1897]. Prismes fusibles à 185°.

3.5-DIPHÉNYLPYRAZOL,

$$\text{Az H} \left\langle \begin{array}{l} C(C^6H^5) = CH \\ \quad\quad\quad\quad | \\ Az \!\!=\!\!=\!\! C - C^5H^5 \end{array} \right.$$

Obtenu par l'action de l'hydrazine sur le di-benzoylméthane [Knorr et Duden, *D. chem. G.*, **26**, 115, 1893; — Wislicenus, *Ann. Chem.*, **308**, 254, 1899]; par ébullition de l'oxybenzalacéto-phénone avec la semicarbazide [Posner, *D. chem. G.*, **34**, 3984, 1901]; avec le benzoylphénylacétylène et l'hydrazine [Moureu et Brachin, *C. R.*, **136**, 1264, 1903]. Cristaux sublimables vers 200°, bouillant à 347° sous 175 mm. *Chlorhydrate.*

3-*Phényl-5-phényl-p-méthoxypyrazol,*

$$\text{H Az}\diagup\diagdown\begin{array}{l}\text{C}(C^6H^4OCH^3)=CH\\ \quad\quad\quad\quad\quad|\\ \text{Az}===C-C^6H^5\end{array}$$

— Obtenu par condensation du phénylanisoyl-acétylène avec la phénylhydrazine (M. et B). Aiguilles fusibles vers 165°.

1.3.5-Triphénylpyrazol,

$$C^6H^5\,\text{Az}\diagdown$$

— Obtenu avec le dibenzoylméthane ou le benzoylphénylacétylène et la phénylhydrazine (mêmes sources). Il fond à 137°. Il fournit, par les méthodes ordinaires, les dérivés suivants :

4-*Nitrosé* vert, fusible à 183°; *bromé,* fusible à 142°; *iodométhylate,* fusible à 176° [Knorr et Laubmann, *D. chem. G.*, **21**, 1207, 1888].

1.4.5-Triphénylpyrazol,

$$C^6H^5\,\text{Az}\diagup\diagdown\begin{array}{l}\text{C}(C^6H^5)=C-C^6H^5\\ \quad\quad\quad\quad|\\ \text{Az}===CH\end{array}$$

— Produit de condensation du dibenzoylstyrolène avec la phénylhydrazine [Japp et Klingemann, *J. Chem. Soc.*, **57**, 708, 1890], ou par distillation de son acide 3-carboxylé [Bischler, *D. chem. G.*, **26**, 1889, 1893]. Il fond à 212° et bout à 400°.

5 (ou 3)-Phényl-3 (ou 5)-benzylpyrazol,

$$\text{H Az}\diagup\diagdown\begin{array}{l}\text{C}(C^6H^5)=CH\\ \quad\quad\quad\quad|\\ \text{Az}===C-CH^2C^6H^5\end{array}$$

— Obtenu en faisant réagir la ω-phénacétyl-acétophénone sur le chlorhydrate de semicarbazide [Bülow et Grolowsky, *D. chem. G.*, **34**, 1485, 1901]. Il fond à 91°.

1.3 (ou 5)-Diphényl-5 (ou 3)-benzylpyrazol,

$$C^6H^5\,\text{Az}\diagdown$$

— Obtenu avec la phénylhydrazine; aiguilles fusibles à 76° (B. et G.).

3.4.5-Triméthylpyrazol,

$$\text{H Az}\diagup\diagdown\begin{array}{l}\text{C}(CH^3)=C-CH^3\\ \quad\quad\quad\quad|\\ \text{Az}===C-CH^3\end{array}$$

— Cette base s'obtient en condensant la méthyl-acétylacétone avec le sulfate d'hydrazine, en présence d'un alcali [Oettinger, *Ann. Chem.*, **279**, 244, 1894; — Rothenburg, *J. prakt. Chem.*, (2), **52**, 51, 1895]. Il cristallise en lamelles fusibles à 137° et bout à 233°. On a préparé les *sels* : HCl; 2HgCl²; PtCl⁶H²; Ag; AgAzO³; Picrate.

1-*Carbonamide* du 3.4.5-*triméthylpyrazol,*

$$\text{H}^2\text{Az CO Az}\diagdown$$

— Posner [*D. chem. G.*, **34**, 3982, 1901] l'obtient par condensation de la méthylacétylacétone avec la semicarbazide. Elle fond à 149° et fournit avec AgAzO³ le triméthylpyrazol argentique.

1.3.4.5-Tétraméthylpyrazol,

$$\text{C H}^3\,\text{Az}\diagdown$$

— Obtenu au moyen de la méthylacétylacétone

et de la méthylhydrazine [Knorr, *Ann. Chem.*, **279**, 235, 1893], ou bien encore par méthylation du dérivé précédent [OEttinger, *loc. cit.*]. C'est une huile qui cristallise au froid et bout à 192°; son *iodométhylate* fond vers 192°.

1-Phényl-3.4.5-triméthylpyrazol,

$$C^6H^5\,\text{Az}\diagdown$$

— On le prépare par condensation de l'acétate de phénylhydrazine avec la 3-méthylacétylacé-tone en solution alcoolique [Posner, *D. chem. G.*, **34**, 3982, 1901; — Knorr et Jochheim, *ibid.*, **36**, 1277, 1903], ou par action de SO^4H^2 concentré sur la 5-oxypyrazoline correspondante (K. et J.). *Sels* : HCl; PtCl⁶H²; AuCl⁴H. Picrate.

1-*Phényl-4.5-diméthyl-3-éthylpyrazol,*

$$C^6H^5-\text{Az}\diagup\diagdown\begin{array}{l}\text{C}(CH^3)=C-CH^3\\ \quad\quad\quad\quad|\\ \text{Az}===C-C^2H^5\end{array}$$

— La phénylhydrazine, condensée sur la 3-méthyl-2.4-hexane-dione $C^2H^5.CO.CH(CH^3).COCH^3$, fournit cette base huileuse, bouillant à 150° sous 75 mm. Le *chloroplatinate,* chauffé à 180°, laisse dégager du trioxyméthylène et du gaz chlorhydrique en laissant, comme résidu, le *sel* $[C^6H^5\,Az^2\,C^3(CH^3)(C^2H^5)]^2\,PtCl^2$ [Balbiano, *Gazz. chim. ital.*, (1), **23**, 323, 1893].

3.5-Diphényl-4-méthylpyrazol,

$$\text{H Az}\diagup\diagdown\begin{array}{l}\text{C}(C^6H^5)=C-CH^3\\ \quad\quad\quad\quad|\\ \text{Az}===C-C^6H^5\end{array}$$

— Produit de condensation de l'hydrazine avec le méthyldibenzoylméthane [Abell, *J. Chem. Soc.*, **79**, 931, 1901]; il fond à 223°.

3.5-Diméthyl-4-phénacylpyrazol,

$$\text{H Az}\diagup\diagdown\begin{array}{l}\text{C}(CH^3)=C-COC^6H^5\\ \quad\quad\quad\quad|\\ \text{Az}===C-CH^3\end{array}$$

— Produit de condensation du diacétylbenzoyl-éthane avec la phénylhydrazine [March, *C. R.*, **133**, 45, 1901; **134**, 844, 1902]; il fond à 88°. Son *dérivé* 1-*carbonamide,*

$$\text{H}^2\text{Az}-\text{CO Az}\diagdown$$

obtenu par condensation de la semicarbazide, fond à 263° (M.).

3.4.4.5-Tétraméthylpyrazol,

$$\text{H Az}\diagup\diagdown\begin{array}{l}\text{C}(CH^3)-C=(CH^3)^2\\ \quad\quad\quad\quad|\\ \text{Az}===C-CH^3\end{array}$$

Knorr et OEttinger [*Ann. Chem.*, **279**, 242, 1894] ont préparé ce composé par condensation de la diméthylacétylacétone avec le sulfate d'hydrazine, en présence de lessive de soude. Il fond vers 53° et bout à 243°.

NOYAUX PYRAZOLS CONDENSÉS.

4-Méthylène-bis-3.5-diméthylpyrazol, $CH^2(4)R^2$. — Obtenu au moyen de la méthylène-bisacétyl-acétone et de l'hydrazine [Rabe et Elze, *Ann. Chem.*, **323**, 110, 1884]. Cristaux rhombés, fusibles à 280°.

3-Di-1-phényl-5-méthylpyrazol,

$$\left[C^6H^5\,\text{Az}\diagup\diagdown\begin{array}{l}\text{C}(CH^3)=CH\\ \quad\quad\quad|\\ \text{Az}===C-\end{array}\right]^2$$

— Obtenu par condensation de la phénylhydrazinc avec une solution acétique de 2.4.5.7-octane-tétrone [Claisen et Roosen, *Ann. Chem.*, **278**, 295, 1893]. Aiguilles fusibles à 162°.

4-Bis-1-phényl-3-méthyl-5-méthoxypyrazolone,

$$\left[C^6H^5Az \diagdown\diagup \begin{array}{l} C(OCH^3)=C\text{——} \\ Az \!=\! C-CH^3 \end{array} \right]^2$$

— Ce produit s'obtient, en même temps que la bis-antipyrine, en traitant par ICH^3 et NaOH, la phénylméthylpyrazolone [Knorr, *D. chem. G.*. **28**, 714, 1895]. Il fond à 187°.

NOYAU BIPYRAZOLIQUE.

Chiffrage :

$$\begin{array}{ccccc} {}_{(1)}AzH & & & & AzH_{(6)} \\ & \diagup & \diagdown \; \diagup & \diagdown & \\ {}_{(2)}Az & & C & & Az_{(5)} \\ \| & & \| & & \| \\ {}_{(3)}HC & \!\!—\!\! & C & \!\!—\!\! & CH_{(4)} \end{array}$$

[Michaelis et Bender, *D. chem. G.*, **36**, 523, 1903].

3-MÉTHYL-1.4-DIPHÉNYL-BIPYRAZOL. — Obtenu par condensation du 3-méthyl-1-phényl-4-benzoyl-4-chloropyrazol sur l'hydrate d'hydrazine. Aiguilles fusibles à 232°. *2-Iodométhylate*, fusible à 221°. *Dérivé 4-bromé*. cristallisé. *Dérivé 4-nitré*. fusible au-dessus de 300°. *Dérivé 6-acétylé*. fusible à 174°. *Dérivé 6-benzoylé*, fusible à 166°.

3.6-DIMÉTHYL-1.4-DIPHÉNYL-BIPYRAZOL. — Obtenu avec le précédent, traité par ICH^3 et un alcoolate; aiguilles fusibles à 163°.

Son *iodométhylate* fond à 205°.

CÉTOPYRAZOLS.

Ces composés peuvent être obtenus par une méthode générale qui fixe un groupe $-COR$ sur le carbone (4), c'est-à-dire l'ébullition d'un pyrazol avec un chlorure acide.

On obtient aussi des dicétopyrazols par condensation du diazoanhydride des dicétones β avec les dicétones β. Ex. :

$$CH^3\cdot CO-C\diagup\!\!\!\begin{array}{l} Az \\ \| \\ Az \\ \diagdown COCH^3 \end{array} + CH^3CO.CH^2.COCH^3$$

$$= Az \diagup\!\!\!\begin{array}{l} \overset{OCCH^3}{|} \\ C=C-CH^3 \\ Az-C \diagup\!\!\!\begin{array}{l}COCH^3 \\ \cdots\cdots \\ COCH^3\end{array} \end{array}$$

Comme la condensation a lieu en présence d'alcali, un groupe $COCH^3$ est enlevé par saponification et l'on obtient une molécule d'acide et le dicétopyrazol

$$HAz \diagup\!\!\!\begin{array}{l} \overset{OCCH^3}{|} \\ C=CCH^3 \\ Az=C-COCH^3 \end{array}$$

Les cétopyrazols carboxylés peuvent être obtenus par une condensation analogue avec un diazoanhydride de dicétone β et un éther acétylacétique.

1-PHÉNYL-4-ACÉTOPYRAZOL,

$$C^6H^5Az \diagup\!\!\!\begin{array}{l} CH=C-COCH^3 \\ | \\ Az=CH \end{array}$$

— Obtenu en chauffant à 150° le phénylpyrazol

avec du chlorure d'acétyle. Il cristallise en aiguilles fusibles à 122° [Balbiano, *Gazz. chim. ital.*. **19**, 136, 1889]. Son *oxime* fond vers 130°; sa *phénylhydrazone* à 143° (Balbiano). Le brome, en solution acétique, fournit un *dérivé bromé* ($=CO.CH^2Br$) fusible à 131° [Séverini, *Beilstein*, **4**. 550].

1-PHÉNYL-5-MÉTHYL-4-ACÉTOPYRAZOL,

$$C^6H^5Az \diagup\!\!\!\begin{array}{l} C(CH^3)=C-COCH^3 \\ | \\ Az=CH \end{array}$$

— Produit de condensation de l'éthoxyméthylène-acétylacétone avec la phénylhydrazine, en solution éthérée et à 0°. Cristaux tabulaires, fusibles à 108° et bouillant à 333°. *Iodométhylate* fusible à 166°; *dérivé isonitrosé* ($-COCH=Az.OH$), obtenu avec le nitrite d'isoamyle en présence de soude alcoolique, fusible à 192° et se décomposant, avec un excès de soude, en acide cyanhydrique et acide phénylméthylpyrazol-4-carbonique [Claisen, *Ann. Chem.*, **295**, 320, 1897].

4-Méthyl-3 (ou 5)-acétopyrazol,

$$HAz \diagup\!\!\!\begin{array}{l} CH=C-CH^3 \\ | \\ Az=C-COCH^3 \end{array}$$

— On l'obtient par distillation sèche, dans le vide, du sel d'argent de l'acide 3-carboxylé correspondant. Il fond à 103° et bout à 160° sous 26 mm. Le permanganate alcalin l'oxyde en acide 4-méthylpyrazol-3-carbonique [Klages et Rönneburg, *D. chem. G.*, **36**, 1131, 1903].

1.5-Diphényl-3-acétopyrazol,

$$C^6H^5Az \diagup\!\!\!\begin{array}{l} C(C^6H^5)=CH \\ | \\ Az=C-COCH^3 \end{array}$$

— L'acide phénacylacétylacétique, en solution alcaline, est condensé sur le chlorure de diazobenzène [Bischler, *D. chem. G.*, **26**, 1890, 1893]. Aiguilles fusibles à 88°.

1-Phényl-4-benzoylpyrazol,

$$C^6H^5Az \diagup\!\!\!\begin{array}{l} CH=C-COC^6H^5 \\ | \\ Az=CH \end{array}$$

— Obtenu en chauffant à 245° le phénylpyrazol et du chlorure de benzoyle [Balbiano, *loc. cit.*]. Il fond à 122°. Son *oxime* fond à 153° et sa *phénylhydrazone* à 139°.

1-Phényl-3-méthyl-4-benzoyl-5-chloropyrazol,

$$C^6H^5Az \diagup\!\!\!\begin{array}{l} CCl=C-COC^6H^5 \\ | \\ Az=CH^3 \end{array}$$

— On le prépare en chauffant à 125° avec un excès de $POCl^3$ la phénylméthylbenzoyl-5-pyrazolone ou le 5-benzoyloxypyrazol correspondant. Cristaux tabulaires fusibles à 88°, bouillant à 245° sous 15 mm. Le pentachlorure de phosphore le transforme en phénylméthyl-4.5-dichloropyrazol [Michaelis et Bender, *D. chem. G.*, **36**, 524, 1903].

3.5-DIMÉTHYL-4-BENZOYLPYRAZOL,

$$HAz \diagup\!\!\!\begin{array}{l} C(CH^3)=C-COC^6H^5 \\ | \\ Az=C-CH^3 \end{array}$$

— Lorsqu'on chauffe le diméthylpyrazol avec le chlorure de benzoyle, à 260°, on obtient son *dérivé 1-benzoylé*

$$C^6H^5COAz\diagdown$$

fusible à 124°. Celui-ci, saponifié par l'alcool

sodé, fournit le produit cherché fusible à 60°. *Sels* : Ag [Balbiano et Marchetti, *Gazz. chim. ital.*, 24, (1), 8, 1894].

4-MÉTHYL-3.5-DIACÉTOPYRAZOL,

$$\text{H Az}\begin{cases}\text{C}(\text{COCH}^3)=\text{C}-\text{CH}^3\\[4pt]\text{Az}=\!=\!=\!=\text{C}-\text{COCH}^3\end{cases}$$

— Produit de la condensation de l'acétylacétone avec le diazoanhydride de l'acétylacétone, en présence de soude. Il cristallise de l'alcool dilué en aiguilles contenant $1\,H^2O$ et fond vers 75-90°; anhydre, il fond à 114°. Sa *dioxime* cristallise avec $1/2\,H^2O$ et fond à 217° [Wolff, *Ann. Chem.*, 325, 185, 1902].

4-PHÉNYL-3.5-DIACÉTOPYRAZOL,

$$\text{H Az}\begin{cases}\text{C}(\text{COCH}^3)=\text{C}-\text{C}^6\text{H}^5\\[4pt]\text{Az}=\!=\!=\!=\text{C}-\text{COCH}^3\end{cases}$$

— Produit de condensation de l'anhydride diazoacétylacétone sur la benzoylacétone en présence de soude [Wolff, *loc. cit.*]. Aiguilles fusibles à 134°.

4-MÉTHYL-3-ACÉTO-5-BENZOYLPYRAZOL,

$$\text{H Az}\begin{cases}\text{C}(\text{COC}^6\text{H}^5)=\text{C}-\text{CH}^3\\[4pt]\text{Az}=\!=\!=\!=\text{C}-\text{COCH}^3\end{cases}$$

— Il est obtenu en condensant, en présence de soude alcoolique, l'acétylacétone avec l'anhydride diazobenzoylacétone [Wolff, *loc. cit.*]. Aiguilles fusibles à 97°. Oxydé au permanganate, il fournit l'acide 5-benzoylpyrazol-3.4-dicarbonique.

ACIDE 4-MÉTHYL-5-ACÉTOPYRAZOL-3-CARBONIQUE,

$$\text{H Az}\begin{cases}\text{C}(\text{COCH}^3)=\text{C}-\text{CH}^3\\[4pt]\text{Az}=\!=\!=\!=\text{C}-\text{CO}^2\text{H}\end{cases}$$

— On l'obtient par condensation du diazoanhydride de l'acétylacétone et de l'éther acétylacétique, en présence de soude, ou par saponification de son éther éthylique [Wolff, *Ann. Chem.*, 325, 182, 1902; — Klages, *J. prakt. Chem.*, (2), 65, 391, 1902]. Il cristallise de l'eau avec 1 mol. de solvant; il fond à 234°. Le permanganate, en solution alcaline, le transforme en acide dicarboxylique.

Éther méthylique. — Aiguilles fusibles à 152°; obtenues comme le composé suivant.

Éther éthylique. — Produit de condensation de l'acétylacétone et du diazoacétate d'éthyle avec la soude très diluée, à 80° (Klages) ou par le procédé de Wolff [*loc. cit.*]. Aiguilles fusibles à 124°, bouillant à 202° sous 26 mm. On en a préparé une *semicarbazone* fusible à 220° et une *oxime* fusible à 165°. *Sel de sodium de l'éther éthylique*, aiguilles; traité par ICH^3, il fournit le *dérivé 1-méthylé*, fusible à 80°, dont *l'acide libre* fond à 186°. De même IC^2H^5 fournit le *dérivé 1-éthylé* fusible à 57°, dont *l'acide libre* fond à 168° [Klages et Rönneburg, *D. chem. G.*, 36, 1130, 1903].

ACIDE 4-ÉTHYL-5-ACÉTOPYRAZOL-3-CARBONIQUE ou 4-MÉTHYL-5-PROPIOPYRAZOL-3-CARBONIQUE, $C^8H^{10}O^3Az^2$. — Obtenu par condensation du diazoacétate d'éthyle et de la propionylacétone [Klages, *J. prakt. Chem.*, (2), 65, 392, 1902]. Fusible à 191°.

Éther éthylique, fusible à 59°.

ACIDE 5-BENZOYLPYRAZOL-3.4-DICARBONIQUE,

$$\text{H Az}\begin{cases}\text{C}(\text{COC}^6\text{H}^5)=\text{C}-\text{CO}^2\text{H}\\[4pt]\text{Az}=\!=\!=\!=\text{C}-\text{CO}^2\text{H}\end{cases}$$

— Obtenu au moyen de l'oxydation de l'acide 4-méthyl-3-carbonique correspondant [Wolff, *Ann. Chem.*, 325, 189, 1902]. Il fond à 220° en se décomposant.

ACIDES PYRAZOLS-CARBONIQUES.

La méthode la plus générale d'obtention de ces composés consiste dans l'oxydation ménagée, au moyen du permanganate, des pyrazols contenant un ou plusieurs groupes alcoylés ou des cétopyrazols. On peut aussi, par distillation ménagée des pyrazols di et tricarboniques, obtenir un départ de 1 ou $2\,CO^2$ et ainsi préparer les pyrazols monocarboxylés.

On peut obtenir de synthèse des acides pyrazol-carboniques par condensation des dérivés acylés de l'éther acétylacétique avec l'hydrazine ou la phénylhydrazine. Ainsi :

$$\begin{array}{c}\text{HC}-\text{COOC}^2\text{H}^5\\[2pt]\diagup\qquad\diagdown\\\text{CH}^3-\text{CO}\qquad\text{CO}-\text{R}\end{array}\;+\;\text{H}^2\text{Az}-\text{AzH}-\text{C}^6\text{H}^5$$

$$=\;\begin{array}{c}\text{C}-\text{CO}^2\text{C}^2\text{H}^5\\[2pt]\diagup\qquad\diagdown\\\text{CH}^3-\text{C}\qquad\text{C}-\text{R}\\[2pt]\|\qquad\quad|\\\text{Az}\!-\!\!-\!\!-\!\text{Az}-\text{C}^6\text{H}^5\end{array}\;+\;2\,\text{H}^2\text{O}$$

Certains acides pyrazol-dicarboniques et pyrazol-tricarboniques peuvent être obtenus par condensation d'un éther de l'anhydride diazoacétique avec un éther d'acide acétylénique mono- ou dicarboxylé. Ex. :

$$\begin{array}{c}\text{Az}\!-\!\!-\!\!-\text{CH}-\text{CO}^2\text{R}\\[2pt]\diagdown\;\diagup\\\text{Az}\end{array}\;+\;\begin{array}{c}\text{COOR}\quad\text{COOR}\\[2pt]|\qquad\quad|\\\text{C}=\!=\!=\text{C}\end{array}$$

$$=\;\text{H Az}\begin{cases}\begin{array}{c}\text{COOR}\quad\text{COOR}\\[2pt]|\qquad\quad|\\\text{C}=\!=\!=\text{C}\\[2pt]\qquad\qquad|\\\text{Az}=\!=\!=\text{C}-\text{COOR}\end{array}\end{cases}$$

ACIDE PYRAZOL-3 (ou 5)-CARBONIQUE,

$$\text{H Az}\begin{cases}\text{C}=\text{CH}\\[4pt]\text{Az}=\text{C}\,\text{CO}^2\text{H}\end{cases}$$

— On l'obtient par oxydation au permanganate du 3 (ou 5)-méthylpyrazol [Knorr et Macdonald, *Ann. Chem.*, 279, 231, 1894; D.R.P. 74619; *Fried.*, 3, 438. Voyez aussi Rothenburg, *Journ. prakt. Chem.*, (2), 52, 46, 1895]; par oxydation au brome du pyrazoline-3-carbonate d'éthyle, et saponification chlorhydrique de l'éther formé [v. Pechmann et Burkard, *D. chem. G.*, 33, 3595, 1900]; par oxydation au permanganate du 3-aminophénylpyrazol [Buchner et Hachumian, *ibid.*, 35, 41, 1902]. Il cristallise en prismes, se dissout assez facilement dans l'eau, fond vers 211° et se décompose quelques degrés au-dessus, en CO^2 et pyrazol. *Sels* : CuOH; Ag.

ACIDE 1-MÉTHYLPYRAZOL-3-CARBONIQUE,

$$\text{CH}^3\,\text{Az}\Big\langle$$

— Obtenu par oxydation du 1.3-diméthylpyrazol, au permanganate [Jowett et Potter, *Journ. Ch. Soc.*, 83, 469, 1903]. Il est fusible à 222°.

ACIDE 1-PHÉNYL-PYRAZOL-3-CARBONIQUE,

$$\text{C}^6\text{H}^5\,\text{Az}\Big\langle$$

— Préparé par oxydation du 1-phényl-3-méthylpyrazol, en solution alcaline, avec $KMnO^4$ ou par fusion de l'acide 3.5-dicarbonique correspondant [Claisen et Roosen, *Ann. Chem.*, 278, 277 et 294, 1894]. Aiguilles fusibles à 146°. *Sels* : Ag. *Éther méthylique*, fusible à 77°.

ACIDE PYRAZOL-4-CARBONIQUE,

$$HAz \begin{cases} CH = C - CO^2H \\ | \\ Az = CH \end{cases}$$

— Cet acide est obtenu : par distillation de l'acide pyrazol-3.4.5-tricarbonique [Buchner et Fritszch, *Ann. Chem.*, **273**, 253], ou, avec un faible rendement, par oxydation du 4-amino-phényl-pyrazol avec $KMnO^4$ [Behagel et Buchner. *D. chem. G.*, **35**, 35, 1902]. Il cristallise en prismes fusibles à 273°.

ACIDE 1-PHÉNYLPYRAZOL-4-CARBONIQUE,

$$C^6H^5Az \big\langle$$

— On l'obtient par distillation des acides correspondants 4.5-dicarboxylique [Claisen, *Ann. Chem.*, **295**, 319, 1897] ou tricarboxylique [Knorr et Laubmann, *D. chem. G.*, **22**, 180, 1889] ou par oxydation au permanganate alcalin des phénylpyrazols 4-méthyl- ou 4-glyoxylique (Balbiano). Il est très peu soluble dans l'eau, fusible à 220° et se sublime très facilement [W. Wislicenus et Bindemann, *Ann. Chem.*, **316**, 36, 1901].

Sels : - Ag. *Éther méthylique*, obtenu par distillation répétée, dans le vide, ou ébullition prolongée en solution toluénique, du phényl-hydrazone-formylacétate de méthyle [W. et B., p. 44]. Il fond à 129°. L'*éther éthylique*, préparé de même, fond à 97°.

ACIDE PYRAZOL-5-CARBONIQUE. — Identique au 3.

ACIDE 1-PHÉNYLPYRAZOL-5-CARBONIQUE,

$$C^6H^5Az \begin{cases} C(CO^2H) = CH \\ | \\ Az \!=\!=\!= CH \end{cases}$$

— Produit d'oxydation du 1-phényl-5-méthyl-pyrazol, par $KMnO^4$, en solution alcaline. Aiguilles peu solubles dans l'eau, fusibles à 183°. *Sel* d'Ag. Son *éther méthylique* est fusible à 67° [Claisen et Roosen, *Ann. Chem.*, **278**, 292, 1894].

ACIDE 3(ou 5)-MÉTHYLPYRAZOL-4-CARBONIQUE,

$$HAz \begin{cases} CH = C - CO^2H \\ | \\ Az = C - CH^3 \end{cases}$$

— On l'obtient par l'action du brome sur le 3-méthylpyrazoline-4.5-carbonate diméthylique, puis ébullition du produit avec l'acide chlorhydrique concentré. Il cristallise en prismes qui se décomposent à 228°, en se transformant en CO^2 et méthylpyrazol [v. Pechmann et Burkard, *D. chem. G.*, **33**, 3598, 1900].

ACIDE 1-PHÉNYL-3-MÉTHYLPYRAZOL-4-CARBONIQUE,

$$C^6H^5Az \big\langle$$

— Produit d'oxydation du 1-phényl-3.4-diméthylpyrazol [Balbiano et Severini, *Gazz. chim. ital.*, **23**, (1), 315, 325. 1883; — Balbiano, *ibid.*, (1), **28**, 287, 1888]. Bülow [*D. chem. G.*, **33**, 3269. 1900] l'obtient parmi les produits de distillation de l'acide 1-phényl-3-méthylpyrazol-4.5-dicarbonique. Il fond vers 193° et se décompose à 230° en CO^2 et phénylméthylpyrazol. *Sel* de chaux, $A.Ca.1.5H^2O$.

Acide 1-phényl-3-méthyl-5-chloropyrazol-4-carbonique,

$$C^6H^5Az \begin{cases} CCl = C - CO^2H \\ | \\ Az = C - CH^3 \end{cases}$$

— C'est le produit de l'oxydation chromique des : 1-phényl-3.4-diméthyl- et 1-phényl-3-méthyl-4-éthyl-5-chloropyrazol [Michaelis, Voss et Greiss, *D. chem. G.*, **34**, 1303 et 1307, 1901]. Il fond à 229° et se décompose plus haut, en perdant CO^2, et fournissant le phénylméthylchloro-pyrazol correspondant. Son *chlorure* $-COCl$ fond à 85°; son *amide* $-COAzH^2$, à 183°.

ACIDE 3-MÉTHYLPYRAZOL-5-CARBONIQUE,

$$HAz \begin{cases} C(CO^2H) = CH \\ | \\ Az \!=\!=\!= C - CH^3 \end{cases}$$

— Le 3.5-diméthylpyrazol, oxydé au permanganate, en solution alcaline, fournit cet acide en même temps que l'acide dicarboxylé [Marchetti, *Gazz. chim. ital.*, (2), **22**, 363, 1882; — Rothenburg. *D. chem. G.*, **27**, 1097, 1894, *Journ. prakt. Chem.*, (2), **52**, 50, 1895]. Knorr [*Ann. Chem.*, **279**, 217, 1894; D.R.P. 74619: *Fried.*, **3**, 938] traite par le sulfate d'hydrazine une solution alcaline, glacée d'acétone-oxalate d'éthyle sodé. Il est peu soluble dans l'eau, et fond à 236°, en se décomposant et fournissant CO^2 et du 3-méthylpyrazol. *Sels* :

$$= Ca, 3H^2O(M.); -Ag(R.); = Sr1,5H^2O; = Ba1,5H^2O$$

[Eppler, *Zeits. Krist.*, **30**, 141]. Son *éther éthylique* fond à 83° (K.).

ACIDE 1-PHÉNYL-3-MÉTHYLPYRAZOL-5-CARBONIQUE,

$$C^6H^5Az \big\langle$$

— On l'a obtenu en chauffant à 170°, avec HCl concentré, la phénylméthylhydroxypyridazone, ou son éther éthylique

$$C^6H^5Az \begin{cases} CO - C(OH) = CH \\ | \\ Az \!=\!=\!= C - CH^3 \end{cases}$$

[Ach, *Ann. Chem.*, **253**, 54, 1889]. Claisen et Roosen [*ibid.*, **278**, 288, 1893] en ont obtenu une petite quantité par l'action de la phénylhydrazine sur l'acide acétylpyruvique. Aiguilles fusibles à 190°. *Sels* d'Ag. *Éther méthylique* fusible à 66°. *Amide*, fusible à 181° (C. et R.).

ACIDE 4-MÉTHYLPYRAZOL-3-CARBONIQUE,

$$HAz \begin{cases} CH = C - CH^3 \\ | \\ Az = C - CO^2H \end{cases}$$

— On obtient son *éther méthylique*, fusible à 171°, en oxydant le 4-méthylpyrazoline-3-carbonate de méthyle. L'*éther éthylique*, obtenu de même, fond à 157°.

Ces deux éthers, traités par HCl concentré à l'ébullition, fournissent l'*acide* libre, fusible à 219° et volatil sans décomposition. Distillé sur de la chaux, il fournit le 4-méthylpyrazol [P. et B., *l. cit.*, 3592].

ACIDE 1-PHÉNYL-5-MÉTHYLPYRAZOL-3-CARBONIQUE,

$$C^6H^5Az \begin{cases} C(CH^3) = CH \\ | \\ Az \!=\!=\!= C - CO^2H \end{cases}$$

— L'acétylpyruvate d'éthyle se combine avec la phénylhydrazine en donnant son *éther éthylique* [Claisen et Roosen, *Ann. Chem.*, **278**, 278, 1893]; il en est de même lorsqu'on fait réagir le chlorure de diazobenzène sur l'acétoxyl-acétate d'éthyle sodé [Bischler. *D. chem. G.*, **26**, 1886, 1893]. Par ébullition avec HCl concentré on obtient l'acide. Wolff [*Ann. Chem.*, **317**, 18,

1901] l'obtient en faisant bouillir avec un carbonate alcalin la phénylhydrazone de la lactone α-cétoangélique.

Il cristallise, de la solution aqueuse, avec $1 H^2O$, et fond à 106°. Anhydre, il fond à 135° *Sels* : - Na; - Ag. *Éther méthylique*, fusible à 56°, bouillant à 256° sous 109 mm. *Amide*, fusible à 146° (C. et R.). *Dérivé p-nitro-1-phénylique*,

$$Az\,O^z - C^6H^4 - Az <$$

— On l'obtient par nitration directe de l'acide; il fond à 122° et se décompose plus haut en CO^2 et nitrophénylméthylpyrazol [Claisen et Macdonald, *Ann. Chem.*, **279**, 224, 1894].

ACIDE 1-PHÉNYL-5-MÉTHYLPYRAZOL-4-CARBONIQUE,

$$C^6H^3\,Az <\begin{array}{l} C(CH^3) = C - CO^2H \\ | \\ Az ====CH \end{array}$$

— On l'obtient par distillation ménagée de l'acide 3.4-dicarbonique [Stolz, *D. chem. G.*, **33**, 264, 1900 et Bülow, *ibid.*, 3269]; par oxydation du phénylméthylpyrazol correspondant [Balbiano, *Gazz. chim. ital.*, (1), **28**, 387, 1888]. Par chauffage du phénylhydrazide de l'oxyméthylène-acétylacétate d'éthyle, on obtient son éther éthylique [Claisen, *Ann. Chem.*, **295**, 312, 1897]; il en est de même lorsqu'on chauffe l'éthoxy-dérivé [Höchster Fwk., D.R.P. 79 086; *Fried.*, **4**, 1191]. On l'obtient aussi en traitant par la soude, à l'ébullition, l'isonitroso-1-phényl-5-méthyl-4-acétylpyrazol [Claisen, *ibid.*, 324]. Cet acide est fusible à 167°, très soluble dans l'eau bouillante : il se décompose à la distillation, en CO^2 et 1-phényl-5-méthylpyrazol. *Sels* : - Ag; = Ca, $2H^2O$. *Éther méthylique*, fusible à 71°; *éther éthylique*, fusible à 56° (C.).

ACIDE 1-P-TOLYL-5-MÉTHYLPYRAZOL-4-CARBONIQUE,

$$p\text{-}CH^3 - C^6H^4 - Az <$$

— Il s'en forme, en même temps que du tolylméthylpyrazol, par distillation de l'acide 3.4-dicarboxylique correspondant. Il est fusible à 200° [Bülow et Schlesinger, *D. chem. G.*, **33**, 3365, 1900].

ACIDE 4-PHÉNYLPYRAZOL-3 (ou 5)-CARBONIQUE,

$$H\,Az <\begin{array}{l} CH = C\,C^6H^3 \\ | \\ Az = C - CO^2H \end{array}$$

— Obtenu par oxydation du dérivé 4-isopropylique [Knorr, *D. chem. G.*, **28**, 700, 1895] ou par saponification de son *éther méthylique*, fusible à 190° et qu'on obtient par oxydation au brome de la pyrazoline correspondante [V. Pechmann et Burkard, *D. chem. G.*, **33**, 3596, 1900]. Lamelles fusibles vers 253° en perdant CO^2.

ACIDE 5(ou 3)-PHÉNYLPYRAZOL-3 (ou 5)-CARBONIQUE,

$$Az\,H <\begin{array}{l} C(C^6H^3) = CH \\ | \\ Az ====C - CO^2H \end{array}$$

— Ses éthers s'obtiennent par condensation du phénylacétylène avec les éthers diazoacétiques [Buchner et Lehmann, *D. chem. G.*, **35**, 36, 1902].

L'*acide* libre fond à 234°. L'*éther méthylique* à 182°; l'*éther éthylique* à 140°.

ACIDE 1.5-DIPHÉNYLPYRAZOL-CARBONIQUE,

$$C^6H^5\,Az <$$

— Obtenu par saponification de son éther éthylique. Il cristallise de l'alcool avec 1 mol. de solvant, et fond anhydre à 185°. A 250° il perd CO^2.

Éther éthylique. — Obtenu par l'action de la phénylhydrazine sur le benzoylpyruvate d'éthyle [Beyer et Claisen, *D. chem. G.*, **20**, 2185, 1887]. Bischler [*D. chem. G.*, **25**, 3144, 1892] l'obtient par condensation du phénacylacétylacétate d'éthyle sur le chlorure de diazobenzène. Prismes fusibles à 90°, bouillant à 400°.

ACIDE 3-MÉTHYL-5-PHÉNYLPYRAZOL-4-CARBONIQUE,

$$H\,Az <\begin{array}{l} C(C^6H^5) = C - CO^2H \\ | \\ Az ====C - CH^3 \end{array}$$

— On ne connaît que son *éther éthylique* obtenu par condensation du benzoylacétylacétate d'éthyle et hydrazine [Sjollema, *Ann. Chem.*, **279**, 251, 1894]. Aiguilles décomposées vers 265°. *Sels*, - Ag; = Ba.

ACIDES 1-TOLYL-5-PHÉNYLPYRAZOL-3-CARBONIQUES,

$$CH^3 - C^6H^4\,Az <\begin{array}{l} C(C^6H^3) = CH \\ | \\ Az ====C - CO^2H \end{array}$$

1-*o-Tolyl-*. — Produit de condensation du phénacylacétylacétate d'éthyle sodé, sur le chlorure de diazo-o-toluène [Bischler, *D. chem. G.*, **26**, 1884, 1893]. Cristaux jaune orangé, fusibles à 171°.

1-*p-Tolyl-*. — Préparé de même avec le chlorure de diazo-p-toluène. Prismes jaune clair fusibles à 195°.

ACIDE 3.5-DIMÉTHYLPYRAZOL-4-CARBONIQUE,

$$H\,Az <\begin{array}{l} C(CH^3) = C - CO^2H \\ | \\ Az ====C - CH^3 \end{array}$$

— Son *éther éthylique* est obtenu par condensation du diacétylacétate d'éthyle ou de l'éthylidène-acétylacétate d'éthyle, avec l'hydrazine; il cristallise de sa solution aqueuse avec $2H^2O$, fond à 60° et se volatilise facilement dans la vapeur d'eau. Anhydre, il fond à 96°. L'*acide* libre, obtenu après saponification, fond à 290° en se décomposant [Rosengarten, *Ann. Chem.*, **279**, 240, 1894].

ACIDE 1-PHÉNYL-3.5-DIMÉTHYLPYRAZOL-4-CARBONIQUE,

$$C^6H^5\,Az <$$

— Son *éther éthylique*, fusible à 69°, a été obtenu par Knorr en distillant dans le vide le produit de condensation de l'éthylidène-acétylacétate d'éthyle avec la phénylhydrazine, ou distillant sous 250 mm. celui de l'acétylacétate d'éthyle avec la phénylhydrazine [*D. chem. G.*, **20**, 1104, 1887]. On l'obtient aussi, entre autres produits, par l'action du chlorure d'acétyle sur l'acétylacétate d'éthyle-phénylhydrazone [Walker, *Am. Chem. Journ.*, **16**, 438, 1894; — Stolz, *D. chem. G.*, **28**, 633, 1895; — Knorr, *ibid.*, **28**, 704]. L'*acide*, obtenu après saponification de l'éther, cristallise de sa solution alcoolique en aiguilles fusibles à 197° et se décomposant plus haut en donnant le pyrazol correspondant. Il est insoluble dans l'eau. Oxydé au permanganate, il fournit un mélange des acides 3.4 et 4.5-dicarboxylés [Bülow, *D. chem. G.*, **33**, 3267, 1900].

ACIDE 3-MÉTHYL-5-PROPYL-PYRAZOL-4-CARBONIQUE,

$$H\,Az <\begin{array}{l} C(C^3H^7) = C - CO^2H \\ | \\ Az ====C - CH^3 \end{array}$$

— L'hydrazine agit sur le C-butyrylacétylacétate de méthyle en fournissant son *éther méthylique*. liquide bouillant à 179° sous 10 mm.

L'*acide libre* fond à 228° en se décomposant [Bongert, *C. R.*, **132**, 974, 1901 ; — Bouveault et Bongert, *Bull. Soc. Chim.*, (3), **27**, 1098, 1902].

ACIDE 3-MÉTHYL-1.5-DIPHÉNYLPYRAZOL-4-CARBONIQUE,

$$C^6H^5Az\diagup$$

— Son *éther éthylique*. fusible à 122°. est le produit de la condensation du benzoylacétylacétate d'éthyle sur la phénylhydrazine. L'*acide*, obtenu après saponification, est fusible à 205°. Il se décompose plus haut en perdant CO^2; il fournit par oxydation l'acide 3.4-dicarboxylé. *Sels*, - K; - Ag [Knorr et Blank, *D. chem. G.*, **18**, 313, 1885]. *Dérivé* (5)-*o-nitré*, obtenu par nitration directe de l'éther éthylique précédent ; fusible à 218°. Son *éther éthylique*. fusible à 146°, est obtenu par condensation de l'éther o-nitrobenzoylé.

Dérivé 5-p-nitré. — Obtenu comme le précédent par saponification de son *éther éthylique*. fusible à 128°, provenant de l'éther p-nitrobenzoylé [Knorr et Jödicke, *D. chem. G.*, **18**, 2260, 1885].

ACIDE 5-MÉTHYL-1.3-DIPHÉNYLPYRAZOL-4-CARBONIQUE,

$$C^6H^5Az\diagup\begin{matrix}C(CH^3)=C-CO^2H\\ |\\ Az=\!=\!=C-C^6H^5\end{matrix}$$

— Son *éther éthylique*, fusible à 110°. est obtenu par condensation de la phénylhydrazine avec le benzalacétylacétate d'éthyle [K. et B., *loc. cit.*, 932]. L'*acide* libre fond à 294° en perdant CO^2.

ACIDE 1.3.5-TRIPHÉNYLPYRAZOL-4-CARBONIQUE,

$$C^6H^5Az\diagup\begin{matrix}C(C^6H^5)=C-CO^2H\\ |\\ Az=\!=\!=C-C^6H^5\end{matrix}$$

— Obtenu par saponification du dérivé 4-cyané correspondant, avec un alcali, à 160° [Seidel, *J. prakt. Chem.*, (2), **58**, 153, 1898]. Aiguilles fusibles à 238°. Il perd à l'ébullition 1 CO^2. Son *nitrile* (4). C Az, a été obtenu par l'action du dibenzoyl- ou tribenzoylacétonitrile sur la phénylhydrazine. Il cristallise en aiguilles (S.).

ACIDE 1.4.5-TRIPHÉNYLPYRAZOL-3-CARBONIQUE,

$$C^6H^5Az\diagup\begin{matrix}C(C^6H^5)=C-C^6H^5\\ |\\ Az=\!=\!=C-CO^2H\end{matrix}$$

— On connaît son *éther éthylique*, fusible à 245° en perdant CO^2, qui a été obtenu en traitant par le chlorure de diazobenzène le désylacétylacétate de méthyle sodé [Bischler, *D. chem. G.*, **28**, 1888. 1895].

ACIDE 3.4-DIMÉTHYL-5-PROPYLPYRAZOL-4-CARBONIQUE,

$$Az\diagup\begin{matrix}C(C^3H^7)-C(CH^3)(CO^2H)\\ |\\ Az=\!=\!=C-CH^3\end{matrix}$$

— L'acétate d'hydrazine réagit, en présence d'alcool méthylique, sur le méthylbutyrylacétylacétate de méthyle en fournissant l'éther méthylique de cet acide. C'est un liquide bouillant à 157° sous 14 mm. Lorsqu'on essaie de le saponifier par un alcali, il se scinde en acide carbonique et pyrazol correspondant [B. et B., *loc. cit.*].

ACIDE 1-PHÉNYL-3-5-DIMÉTHYLPYRAZOL-4-ACÉTIQUE,

$$C^6H^5Az\diagup\begin{matrix}C(CH^3)=C-CH^2CO^2H\\ |\\ Az=\!=\!=C-CH^3\end{matrix}$$

— On obtient son *éther méthylique*, fusible à 95°, par condensation du ββ-diacétylpropionate de méthyle avec le chlorhydrate de phénylhydrazine, en présence d'acétate de sodium; son *éther éthylique*. fusible à 88°, de la même façon, et l'acide libre, par saponification de ces éthers. Il est fusible à 140°. *Sel* =Cu [March., *Ann. Chim. Phys.*, (7), **26**, 310, 1902 et *C. R.*, **130**, 1194, 1900].

ACIDE 1-CARBONAMIDE-3.5-DIMÉTHYLPYRAZOL-4-ACÉTIQUE (ÉTHER ÉTHYLIQUE),

$$H^2Az-CO\cdot\cdot Az\diagup$$

— March [*C. R.*, **132**, 698, 1901] l'a obtenu par condensation de la semicarbazide sur le ββ-diacétylpropionate d'éthyle.

ACIDE 1-PHÉNYLPYRAZOL-3 (ou 5)-PROPIONIQUE, $C^6H^5Az^2C^3H^2.CH^2CH^2CO^2H$. — On l'obtient par chauffage, à 210°, de l'acide monocarboxylé correspondant [W. Wislicenus, Goldstein et Münzesheimer, *D. chem. G.*, **31**, 625, 1898]. Aiguilles fusibles à 120°, bouillant à 235° sous 20 mm.; ses vapeurs attaquent les muqueuses et teignent un éclat de sapin, imbibé de HCl, en rouge cerise. *Sel d'Ag.*

ACIDE 1-PHÉNYL-3.5-DIMÉTHYLPYRAZOL-4-PROPIONIQUE,

$$C^6H^5Az\diagup\begin{matrix}C(CH^3)=C-CH^2CH^2CO^2H\\ |\\ Az=\!=\!=C-CH^3\end{matrix}$$

— Produit de condensation de la phénylhydrazine avec le γγ-diacétylbutyrate d'éthyle. Aiguilles fusibles à 135° [March, *Ann. Chim. Phys.*, (7), **26**, 339, 1901].

Acide 1-carbamylique…,

$$AzH^2COAz\diagup$$

— Cristaux fusibles à 115°, obtenus avec le chlorhydrate de semicarbazide [M., *loc. cit.*].

ACIDE 1-PHÉNYL-3.5-DIMÉTHYLPYRAZOL-4-MÉTHYLACÉTIQUE,

$$C^6H^5Az\diagup\begin{matrix}C(CH^3)=C-CH(CH^3)CO^2H\\ |\\ Az=\!=\!=C-CH^3\end{matrix}$$

— Obtenu en condensant la phénylhydrazine avec le ββ-diacétylpropionate d'éthyle [March, *ibid.*, 323].

ACIDE 1-PHÉNYLPYRAZOL-4-ÉTHYLONIQUE,

$$C^6H^5Az\diagup\begin{matrix}CH=C-CO-CO^2H\\ |\\ Az=CH\end{matrix}$$

— Sévérini [voy. *Beilstein*, **4**, 543] l'a obtenu en aiguilles fusibles à 168°, en oxydant le phényl-4-bromacétylpyrazol par le permanganate alcalin.

ACIDE 1-PHÉNYL-5-MÉTHYLPYRAZOL-4-ÉTHYLONIQUE,

$$C^6H^5Az\diagup\begin{matrix}C(CH^3)=C-CO-CO^2H\\ |\\ Az=CH\end{matrix}$$

— Obtenu par oxydation du phénylméthyl-4-acétylpyrazol avec le permanganate [Claisen, *Ann. Chem.*, **295**, 322, 1897]. Aiguilles fusibles à 166°. *Sels* : Ag. Sa *phénylhydrazone* fond à 207°.

Acides pyrazol-dicarboniques

ACIDE PYRAZOL-3.5-DICARBONIQUE,

$$H\,Az\begin{array}{l}\diagup\;C(CO^2H)=CH\\ \;\;|\\ \diagdown\;Az\!\!=\!\!=\!\!=C-CO^2H\end{array}$$

— On l'obtient par oxydation au permanganate : du 3-5-diméthylpyrazol [Marchetti, *Gazz. chim. ital.*, (2), 22, 360, 1892 ; (1), 23, 569, 1893 ; — Rothenburg, *D. chem. G.*, 27, 1098, 1894 ; *J. prakt. Chem.*, (2), 52, 47, 1895] ; de l'acide 3-méthylpyrazol-5-carbonique [Knorr, *Ann. Chem.*, 279, 218, 1894 ; D.R.P. 74619 ; — *Fried.*, 3, 938] ; de l'acide 3.5-dipyrazyléthane-3.5-dicarbonique [Gray, *D. chem. G.*, 33, 1223, 1900]. Par oxydation au brome du pyrazoline-3.5-dicarbonate de méthyle, on obtient son *éther méthylique* fusible à 151°, qu'il suffit de saponifier avec un alcali [Buchner et Pappendieck, *Ann. Chem.*, 273, 246, 1892]. Par condensation du diazoacétate de méthyle (3 mol.) avec l'α-β-dibromopropionate de méthyle : $3\,C^2H\,Az^2$ $O^2CH^3 + C^3H^3Br^2O^2CH^3 = Az^4 + 2\,CH^2BrCO^2CH^3$ $+ C^5H^2Az^2O^4(CH^3)^2$ (B. et P.). *L'acide libre* cristallise de la solution aqueuse avec $1\,H^2O$, en aiguilles fusibles à 289°, en se décomposant. *Sels* : $-Na,C^5H^4Az^2O^4,11\,H^2O$; $-K$; $-Ca,5\,H^2O$; $-Ba,4\,H^2O$; $=Ca,n\,H^2O$; $-Ag$ [Eppler, *Zeit. Krist.*, 30, 139].

ACIDE 1-PHÉNYLPYRAZOL-3.5-DICARBONIQUE,

$$C^6H^5Az\diagdown$$

— On l'obtient par oxydation au permanganate du 1-phényl-3.5-diméthylpyrazol [Balbiano, *D. chem. G.*, 23, 1449, 1893] ou de l'acide phényl-5-méthylpyrazol-3-carbonique [Claisen et Roosen, *Ann. Chem.*, 278, 286, 1893]. Il est fort peu soluble dans l'eau et fond, en se décomposant, à 266°, et en perdant son (5)CO^2.

Sels : $-(AzH^4)^2$; $-Pb$; $-Ag^2$. *Ether diméthylique*, fusible à 128°. *Diamide*, fusible à 190°.

Dérivé 4-bromé $C^{11}H^7BrAz^2O^4$, obtenu par Balbiano [*loc. cit.*], soit par bromuration directe de l'acide, soit par oxydation du phényldiméthylbromopyrazol. Il fond, en se décomposant, à 244°. *Sels* : $-(AzH^4)$; Pb.

ACIDE PYRAZOL-3.4-DICARBONIQUE (= 4.5),

$$H\,Az\begin{array}{l}\diagup\;CH=C\;CO^2H\\ \;\;|\\ \diagdown\;Az=C-CO^2H\end{array}$$

— On obtient cet acide, soit en chauffant l'acétate de picryldiméthylène-pyrazoline avec $HAzO^3$ dilué [V. Pechmann, *D. chem. G.*, 33, 630, 1900], soit en opérant de même avec le triacétyl-5.6-dioxy-1.4-dicétonaphtodihydropyrazol, ou avec le pyrazoline-4.5-dicarbonate de diméthyle, qu'on peut aussi oxyder avec le brome, et qui fournit son éther diméthylique [v. P. et Seel, *D. chem. G.*, 32, 2299, 1899]. Il cristallise, de l'acide nitrique dilué, en aiguilles contenant $2\,H^2O$, fusibles à 260° en se décomposant. La solution aqueuse bouillante, concentrée, se prend en masse gélatineuse par refroidissement. *Ether diméthylique* fusible à 141° (v. P. et S.).

ACIDE 1-PHÉNYLPYRAZOL-4.5-DICARBONIQUE,

$$C^6H^5Az\begin{array}{l}\diagup\;C(CO^2H)=C-CO^2H\\ \;\;|\\ \diagdown\;Az\!\!=\!\!=\!\!=CH\end{array}$$

— Claisen [*Ann. Chem.*, 295, 316, 1897] l'obtient par oxydation au permanganate de l'acide 1-phényl-5-méthylpyrazol-4-carbonique, en solution alcaline. Il fond à 216° en se décomposant.

Si on le distille rapidement, il perd $1\,CO^2$ en donnant l'acide 1-phénylpyrazol-4-carbonique : si l'on opère très lentement, il perd $2\,CO^2$ et donne le phénylpyrazol. Sur sa constitution voyez Balbiano [*Gazz. chim. ital.*, (1), 28, 388, 1898]. Claisen [*loc. cit.*] a préparé les dérivés suivants :

Ether diméthylique, fusible à 75° ; soumis, en solution alcoolique, à l'action du gaz ammoniac, il fournit la *carbonamide de l'éther monométhylique* $H^2Az.CO.C^9H^6Az^2CO^2CH^3$, fusible à 183°, puis la *diamide* $C^9H^6Az^2(COAzH^2)^2$, fusible à 254°. La *dianilide* est préparée par ébullition de l'éther diméthylique avec l'aniline. Lamelles fusibles à 205°.

ACIDE 1-PHÉNYLPYRAZOL-3.4-DICARBONIQUE,

$$C^6H^5Az\begin{array}{l}\diagup\;CH=C-CO^2H\\ \;\;|\\ \diagdown\;Az=C-CO^2H\end{array}$$

— Il a été obtenu par Balbiano et Sevérini [*Gazz. chim. ital.*, (1), 23, 311, 1893], par oxydation au permanganate du phényl-3.4-méthyléthylpyrazol. Il cristallise de la solution aqueuse en lamelles nacrées fusibles à 234°. Son *éther diméthylique* fond à 98° [Balbiano, *ibid.*, (1), 28, 386, 1898].

Acide 1-p-bromophényl-5-bromopyrazol-3.4-dicarbonique,

$$Br-C^6H^5Az\begin{array}{l}\diagup\;CBr=C-CO^2H\\ \;\;|\\ \diagdown\;Az=C-CO^2H\end{array}$$

— Obtenu par l'action du brome sur l'acide précédent. Il est fusible à 198° [B. et S., *ibid.*, (1), 25, 358, 1895].

ACIDE 1-PHÉNYL-3-MÉTHYLPYRAZOL-4.5-DICARBONIQUE,

$$C^6H^5Az\begin{array}{l}\diagup\;C(CO^2H)=C-CO^2H\\ \;\;|\\ \diagdown\;Az\!\!=\!\!=\!\!=C-CH^3\end{array}$$

— On l'obtient en même temps que l'isomère 3.4-dicarbonique précédent, par oxydation de l'acide 3.5-diméthyl-4-carbonique [Bulów, Knorr et Laubmann, *loc. cit.*] ; il fond à 202°, et perd à la distillation $1\,CO^2$ en fournissant l'acide 3-méthyl-4-carbonique ; en même temps, avec départ de $2\,CO^2$, il se produit aussi du pyrazol correspondant.

ACIDE 4-MÉTHYLPYRAZOL-3.5-DICARBONIQUE,

$$H\,Az\begin{array}{l}\diagup\;C(CO^2H)=C-CH^3\\ \;\;|\\ \diagdown\;Az\!\!=\!\!=\!\!=C-CO^2H\end{array}$$

— On l'a obtenu en oxydant l'acide 4-méthyl-5-acétopyrazol-3-carbonique [Wolff, *Ann. Chem.*, 325, 182, 1902 ; — Klages, *J. prakt. Chem.*, (2), 85, 391, 1902 ; — K. Rönneburg, *D. chem. G.*, 36, 1131, 1903]. Il cristallise, de sa solution aqueuse, en aiguilles contenant $1\,H^2O$; fond vers 315° en se décomposant ; fournit par oxydation au permanganate l'acide tricarboxylé correspondant. Le *sel d'argent* fournit à la distillation sèche le 4-méthylpyrazol.

Ether mixte éthylique glycolique,

$$H\,Az\begin{array}{l}\;CO^2CH^2CO^2H\\ \diagup\;C=C-CH^3\\ \;\;|\\ \diagdown\;Az=C-CO^2C^2H^5\end{array}$$

préparé par Wolff [*loc. cit.*] en traitant à chaud par HCl à 30 0/0, l'acide tétronique-azoacétylacétate d'éthyle. Il fond à 181° et se saponifie normalement aux alcalis.

Acide 1-phényl-5-méthylpyrazol-3.4-dicarbonique.

$$C^6H^5 \cdot Az \diagdown \diagup \begin{array}{l} C(CH^3) = C - CO^2H \\ \mid \\ Az \Large= C - CO^2H \end{array}$$

— Obtenu par oxydation de l'acide 3.5-diméthyl-4-carbonique correspondant [Bülow, *D. chem. G.*, **33**, 3267]: ou par saponification de son *éther diéthylique* fusible à 51°, et qu'on obtient en soumettant à l'ébullition avec de l'eau le benzène-azodiacétylsuccinate diéthylique, ou en chauffant cet éther dans le vide. On peut aussi faire directement bouillir l'éther ci-dessus avec la soude, et obtenir l'acide en solution alcaline [Bülow et Schlesinger, *D. chem. G.*, **32**, 2889, 1899]. Cet acide est fusible à 247°, et fournit par distillation ménagée l'acide 4-carbonique correspondant, en perdant $1 CO^2$ [Stolz, *D. chem. G.*, **33**, 263, 1900]. *Sels* : $-AzH^4$; $-Ag$.

Les indications données sur cet acide par Knorr et Laubmann [*D. chem. G.*, **22**, 177, 1889] correspondent à un mélange de différents isomères [Bü., St., *loc. cit.*].

Éther monoéthylique, fusible à 185°, provenant de la saponification ménagée de l'éther benzène-diacétylsuccinique, déjà cité plus haut (B. et S.).

Acide 1-tolyl-5-méthylpyrazol-3.4-dicarbonique.

$$p\text{-}CH^3 - C^6H^4 - Az \diagdown$$

— Obtenu, comme le précédent, avec le toluène-azodiacétylsuccinate d'éthyle, il fond à 246°. *Sel*, $-Ag$. Son *éther diéthylique* fond à 50° [Buchner et Schröder, *D. chem. G.*, **35**, 785, 1902].

Acide 1-β-naphtyl-5-méthylpyrazol-3.4-dicarbonique.

$$C^{10}H^7 Az \diagdown$$

— Obtenu comme les précédents. Il fond à 250°. *Sel* d'Ag. *Éther diéthylique* fusible à 82° [B. et Sch., *loc. cit.*].

Acide 1.3-diphénylpyrazol-4.5-dicarbonique,

$$C^6H^5 Az \diagdown \diagup \begin{array}{l} C(CO^2H) = C - CO^2H \\ \mid \\ Az \Large= C - C^6H^5 \end{array}$$

— Produit de l'oxydation de l'acide méthylcarboxylique correspondant [Knorr et Duden, *D. chem. G.*, **26**, 114, 1893]. Il fond vers 190° et se décompose vers 200-250° en perdant $2CO^2$. *Sel*, Ba.

Acide 4-phénylpyrazol-3.5-dicarbonique,

$$H Az \diagdown \diagup \begin{array}{l} C(CO^2H) = C - C^6H^5 \\ \mid \\ Az \Large= C - CO^2H \end{array}$$

— Obtenu par oxydation au ferricyanure de la pyrazoline correspondante [Buchner et Dessauer, *D. chem. G.*, **26**, 260, 1893; — Knorr, *ibid.*, **28**, 688, 1895] ou par saponification chlorhydrique de ses éthers [Buchner et v. d. Heide, *D. chem. G.*, **35**, 34, 1902]. Buchner et Behagel [*D. chem. G.*, **27**, 3247, 1894] l'ont aussi obtenu par l'action du diazoacétate d'éthyle sur le phényl-propiolate d'éthyle. Il cristallise dans l'eau, avec $2H^2O$; il fond vers 245° et perd plus haut CO^2. Son *éther méthylique* fond à 104°; son *éther éthylique*, à 96°. Tous deux sont obtenus par oxydation au brome des pyrazolines correspondantes (Bu. et Beh.). Voyez aussi Buchner et Schröder [*D. chem. G.*, **35**, 785, 1902].

Acide 5-phénylpyrazol-3.4-dicarbonique,

$$H Az \diagdown \diagup \begin{array}{l} C(C^6H)^5 = C - CO^2H \\ \mid \\ Az \Large= C - CO^2H \end{array}$$

— Obtenu par oxydation de l'acide 3-méthyl-phénylpyrazol-4-carbonique au permanganate [Sjollema, *Ann. Chem.*, **279**, 252, 1894] ou enfin par condensation des éthers phénylpropiolique et diazoacétique (en même temps que le précédent) [Bu. et Beh., *loc. cit.* et **26**, 257; — Knorr, *loc. cit.*]. Il fond, en se décomposant, à 235°. *Sel* de K.

Acide 1.5-diphénylpyrazol-3.4-dicarbonique,

$$C^6H^5 Az \diagdown$$

— Obtenu par oxydation de l'acide 3-méthyl-4-carbonique correspondant [Knorr et Laubmann, *D. chem. G.*, **22**, 175, 1889]. Il fond à 218°. *Sels*, AzH^4; $-Ca, 2H^2O$; Ba, H^2O.

Acide 1-phénylpyrazol-4-carbonique-5-acétique. — On ne connaît que son *éther diéthylique*,

$$C^6H^5 Az \diagdown \diagup \begin{array}{l} C(CH^2CO^2C^2H^5) = C - CO^2C^2H^5 \\ \mid \\ Az \Large= CH \end{array}$$

obtenu par condensation du formylglutaconate d'éthyle avec la phénylhydrazine. Prismes fusibles à 90°, bouillant à 232° sous 15 mm. et donnant la réaction des pyrazolines de Knorr [W. Wislicenus et Bindemann, *Ann. Chem.*, **316**, 32, 1901].

Acide 1-phényl-pyrazol-3-carbonique-5-propionique (ou 5 -c. 3 -p.),

$$C^6H^5 Az \diagdown \diagup \begin{array}{l} C = CH \\ \mid \quad CH^2CH^2CO^2H \\ Az = C - COOH \end{array}$$

— L'oxalolévulate d'éthyle se combine avec la phénylhydrazine en donnant son *éther éthylique* fusible à 84°. L'*acide libre* fond à 167° [Wislicenus, *D. chem. G.*, **21**, 2856, 1888]. Il perd $1CO^2$ à 210° [W. et Münzesheimer, *D. chem. G.*, **31**, 625, 1898].

Acides pyrazol-tricarboniques.

Acide pyrazol-3.4.5-tricarbonique,

$$H Az \diagdown \diagup \begin{array}{l} C(CO^2H) = C - CO^2H \\ \mid \\ Az \Large= C - CO^2H \end{array}$$

— On peut obtenir son *éther triéthylique* en traitant le pyrazoline-tricarbonate d'éthyle par le brome, en solution chloroformique [Buchner et von der Heide, *D. chem. G.*, **34**, 347, 1901]; son *éther triméthylique*, par condensation de l'acétylène-dicarbonate de méthyle avec le diazoacétate de méthyle [Buchner, *Dissertation*, p. 23], ou par condensation à 100° de ce dernier avec le bromomaléate diméthylique [Buch. et Fritzsch, *Ann. Chem.*, **273**, 254, 1893]. On l'obtient directement par oxydation au permanganate de l'acide 3.5-diméthyl-4-carbonique, ou du triméthylpyrazol [Rothenburg, *J. prakt. Chem.*, (2), **52**, 48, 1895]. Il cristallise en aiguilles fusibles avec décomposition vers 233°. *Sels*, $-Na$; $-K$; $-Ag$. *Éther triméthylique*, fusible à 118°: chauffé à 220° fournit un *anhydride-éther monoéthylique*,

$$CH^3 - CO^2 - C^3HAz^2 \diagdown \diagup \begin{array}{l} CO \\ CO \end{array} O$$

fusible à 70° et bouillant à 202° sous 30 mm.

L'*éther triéthylique* cristallise de sa solution aqueuse avec $2H^2O$ et fond alors à 71°. Anhydre, il est fusible à 91°.

Acide 1-phénylpyrazol-3.4.5-tricarbonique,

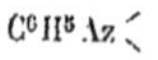

$$C^6H^5Az\big\langle$$

— Il cristallise de l'éther avec $1H^2O$; on l'obtient par oxydation de l'acide 5-méthyl-3.4-dicarbonique correspondant, avec le permanganate. Il fond à 184° et se décompose plus haut. *Sel,* –Ba, 1/2 H^2O [Knorr et Laubmann, *D. chem. G.*, **22**, 179, 1889].

OXYPYRAZOLS.

Les représentants de ce groupe sont peu nombreux. Les oxypyrazols contenant un groupe OH libre sont obtenus par départ du CO^2 de leurs dérivés carboxylés. Ceux-ci ne sont d'ailleurs pas susceptibles d'être obtenus par une méthode générale.

Les oxypyrazols contenant le groupe alcoyloxy : $=C-OR$, c'est-à-dire les éthers-oxydes, peuvent être préparés en condensant les éthers acétylacétiques avec la phénylhydrazine, en présence d'acide sulfurique (Knorr). Ex. :

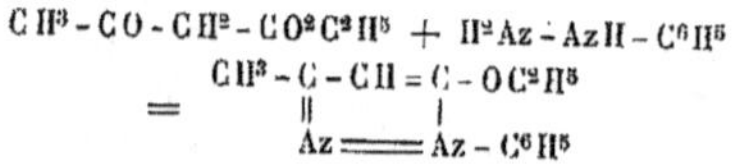

$$CH^3-CO-CH^2-CO^2C^2H^5 + H^2Az-AzH-C^6H^5$$
$$= \begin{array}{c} CH^3-C-CH=C-OC^2H^5 \\ \| \quad\quad\quad | \\ Az=\!=\!=Az-C^6H^5 \end{array}$$

Les oxypyrazols reliés au groupe acyle $=C-O^2C-R$, c'est-à-dire les éthers-sels, seront obtenus par l'action des chlorures d'acides correspondants sur la pyrazolone. Ex. :

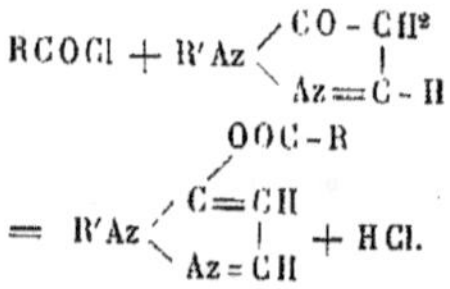

$$RCOCl + R'Az\begin{array}{c} \diagup CO-CH^2 \\ | \\ \diagdown Az=C-H \end{array}$$
$$= R'Az\begin{array}{c} \diagup \quad OOC-R \\ C=CH \\ | \quad\quad + HCl. \\ \diagdown Az=CH \end{array}$$

Enfin on a préparé quelques acétylpyrazols carboxylés par l'action d'un éther acylacétique $R.CO.CH^2CO^2R'$ sur le diazoanhydride de l'acétylacétone. Ex. :

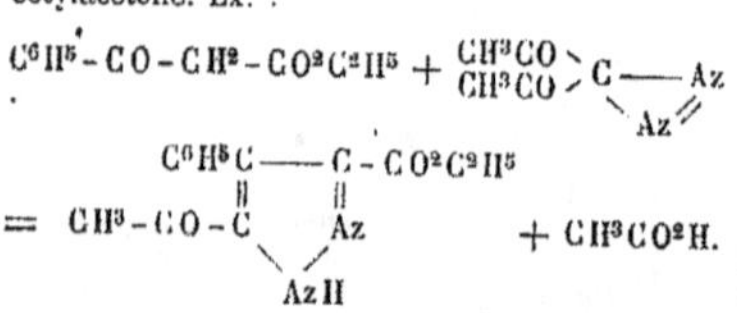

$$C^6H^5-CO-CH^2-CO^2C^2H^5 + \begin{array}{c} CH^3CO \\ \diagdown \\ CH^3CO \end{array}\!\!\begin{array}{c} \diagup C\!\!-\!\!-Az \\ \\ \diagdown Az \end{array}$$
$$= \begin{array}{c} C^6H^5C\!\!-\!\!-\!\!-C-CO^2C^2H^5 \\ \| \quad\quad \| \\ CH^3-CO-C \quad Az \quad\quad + CH^3CO^2H. \\ \diagdown \quad\diagup \\ AzH \end{array}$$

Il y a détachement d'un groupe CH^3CO, par hydrolyse, la condensation s'effectuant en présence d'un alcali (Wolff).

Traités par $POCl^2$, les oxypyrazols fournissent des chloropyrazols.

4-Oxypyrazol,

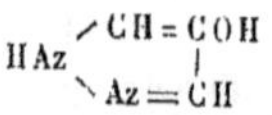

$$HAz\begin{array}{c} \diagup CH=COH \\ | \\ \diagdown Az=CH \end{array}$$

— Ce produit se forme par départ de CO^2 en chauffant l'acide 3-carboxylique correspondant [Wolff et Lüttringhaus, *Ann. Chem.*, **343**, 8, 1900]. Il cristallise en tablettes fusibles à 118°, solubles dans les principaux solvants neutres. On a décrit les principaux sels.

Dérivé 1.4-*dibenzoylé.* — Cristaux aiguillés fusibles à 109° (W. et L.).

1-Méthyl-4-oxypyrazol, $C^4H^6OAz^2$. — C'est une huile jaunâtre soluble dans l'eau, qu'on obtient par distillation sèche de l'*iodométhylate* correspondant. Ce dernier cristallise en aiguilles fusibles à 141°; il est obtenu par l'action de ICH^3 sur l'oxypyrazol primitif, à 120° [W. et L., *loc. cit.*]. *Dérivé benzoylé*, prismes fusibles à 89° (W. et L.).

1-Phényl-4-oxypyrazol,

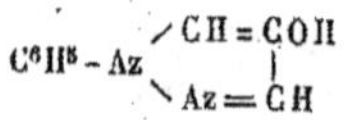

$$C^6H^5-Az\begin{array}{c} \diagup CH=COH \\ | \\ \diagdown Az=CH \end{array}$$

— En chauffant à 200-250° l'acide 3-carboxylique correspondant, Wolf et Fertig [*Ann. Chem.*, **343**, 17, 1900] l'ont obtenu fusible à 120°, bouillant vers 335° en se décomposant légèrement.

Le perchlorure de fer le colore en bleu; il réduit les sels d'argent et la liqueur de Fehling; $POCl^3$ le transforme en 4-chloropyrazol correspondant. On en a préparé quelques sels (W., F.). ICH^3 le transforme en *iodométhylate* que l'oxyde d'argent humide transforme en base d'ammonium correspondante (W., F.).

On a aussi préparé les dérivés *carbanilidé* et *benzoylé* à l'hydroxyle, le premier fond à 168°, l'autre à 78° (W., F.).

Le 1-phényl-4-oxypyrazol, traité par AzO^2H et l'acide sulfurique dilué, fournit le *dérivé* 5-*isonitrosé*,

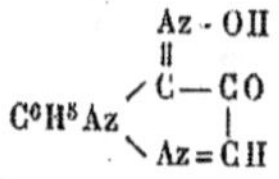

$$C^6H^5Az\begin{array}{c} \quad\quad Az\cdot OH \\ \quad\quad \| \\ \diagup C\!\!-\!\!CO \\ | \\ \diagdown Az=CH \end{array}$$

qui peut être considéré comme la 5-*monoxime de la* 1-*phényl*-4.5-*pyrazoldione* (W., F., *loc. cit.*].

1-Phényl-5-éthoxypyrazol,

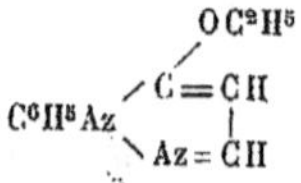

$$C^6H^5Az\begin{array}{c} \quad\quad OC^2H^5 \\ \diagup C=CH \\ | \\ \diagdown Az=CH \end{array}$$

— Obtenu par chauffage à 205° du dérivé 3-carboxylique correspondant [Walker, *Amer. chem. Journ.*, **14**, 584, 1892]. Gros cristaux fusibles à 35° qui fournissent, par chauffage avec l'acide chlorhydrique, la phénylpyrazolone correspondante.

1-Phényl-3-méthyl-5-méthoxypyrazol,

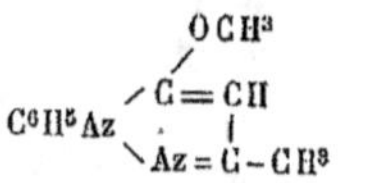

$$C^6H^5Az\begin{array}{c} \quad\quad OCH^3 \\ \diagup C=CH \\ | \\ \diagdown Az=C-CH^3 \end{array}$$

— On l'obtient au moyen de l'acétylacétate de méthyle et de la phénylhydrazine en présence d'acide sulfurique [Knorr, *D. chem. G.*, **28**, 713, 1895]; par l'action du diazométhane sur la 5-pyrazolone correspondante [Pechmann, *D. chem. G.*, **28**, 726, 1895]; par chauffage à 250° de son carboxylate de méthyle, en même temps que de l'antipyrine [Himmelbauer, *J. prakt. Chem.*, (2), **54**, 188, 1896]. C'est une huile bouillant à 180° sous 10 mm. Chauffée à 250°, elle se transforme en 1-phényl-2.3-diméthylpyrazolone [Stolz, D. R. P. 95643].

Iodométhylate de 1-*phényl-3-méthyl-5-mé-*

thoxypyrazol (pseudo-iodométhylate d'antipyrine),

$$C^6H^5Az \diagup \begin{matrix} C(OCH^3)=CH \\ | \\ Az(CH^3I)=CCH^3 \end{matrix}$$

— Knorr [*Ann. Chem.*, **293**, 17. 1896] l'obtient en chauffant CH^3I avec l'antipyrine ou le phényl-méthylméthoxypyrazol. Forme cristalline [Linck. *ibid.*, **293**, 19, 1896; — Zschimmer. *Zeit. f. Krist.*, **29**, 217, 1898]. Il fond vers 130° en se décomposant en CH^3I et antipyrine.

L'*iodéthylate* fond à 115° (K., L., Z.).

Dérivé 5-éthoxylé. — Obtenu avec l'acétylacétate d'éthyle, comme le précédent [K., *loc. cit.*; — Stolz. *D. chem. G.*, **28**, 632, 1895]; avec le 5-pyrazolone-carboxylate d'éthyle correspondant [H., *loc. cit.*]: par l'action du chlorure d'acétyle sur le phénylhydrazide-acétylacétate d'éthyle [Nef, *Ann. Chem.*, **266**, 76, 1891: — Freer, *Am. Chem. Journ.*, **14**, 417, 1892; — Walker, *ibid.*, **14**, 585, 1892: **16**, 437, 1894]; par l'action du chlorhydrate de phénylhydrazine sur l'acétylacétate d'éthyle, en même temps que la pyrazolone correspondante [Freer, *J. prakt. Chem.*, (2), **47**, 246, 1893; — K., *loc. cit.*]. Il cristallise en tables fusibles à 38°,5 bouillant vers 300°. L'acide chlorhydrique à 160° le transforme en 5-pyrazolone correspondante : l'iodure de méthyle à 115°, en antyridine. Réduit par le sodium et l'alcool, il se transforme en pyrazoline.

1-p-Oxyphényl-3-méthyl-5-éthoxypyrazol. — Stolz l'a obtenu [*D. chem. G.*, **28**. 637, 1895] en chauffant avec l'acide chlorhydrique le dérivé éthoxylé cité plus bas. Il cristallise en tablettes fusibles à 195°.

Dérivé éthoxylé,

$$C^2H^5-O-C^6H^4Az \diagup \begin{matrix} C(OC^2H^5)=CH \\ | \\ Az\!=\!=\!=C-CH^3 \end{matrix}$$

— Stolz [*loc. cit.*] le prépare en condensant la p-éthoxyphénylhydrazine et l'acétylacétate d'éthyle. L'acide chlorhydrique peut lui enlever successivement 1 et $2C^2H^5OH$. Le nitrite de soude versé dans sa solution chlorhydrique le transforme en *1-p-éthoxyphényl-3-méthyl-4-nitro-5-éthoxypyrazol*, fusible à 119°.

1-Phényl-3-méthyl-5-oxyéthoxypyrazol,

$$C^6H^5Az \diagup \begin{matrix} OCH^2-CH^2-OH \\ | \\ C=CH \\ | \\ Az=C-CH^3 \end{matrix}$$

— On l'obtient par l'action de l'éthylate de sodium sur un mélange de phénylméthylpyrazolone et d'alcool chloré [K., *loc. cit.* et D.R.P. 66610: — 74912]. Il cristallise avec $1H^2O$ en aiguilles fusibles à 61°. Anhydre, il fond à 54°. Son *iodométhylate* [Knorr, *Ann. Chem.*, **293**, 24, 1896] fond vers 130°.

Acide 1-phényl-3-méthylpyrazol-5-oxyacétique,

$$C^6H^5Az \diagup \begin{matrix} OCH^2CO^2H \\ | \\ C=CH \\ | \\ Az=C-CH^3 \end{matrix}$$

— Cet acide est obtenu en aiguilles fusibles à 158°, par saponification de ses éthers. L'*éther méthylique* fond à 78°; l'*éther éthylique* est obtenu par l'action du chloracétate d'éthyle sur la phénylméthylpyrazolone en présence d'alcoolate de sodium [Stolz, *Journ. prakt. Chem.*, (2), **55**, 157, 1897].

1-Phényl-3-méthyl-5-acétoxypyrazol,

$$C^6H^5Az \diagup \begin{matrix} C-(OCOCH^3)=CH \\ | \\ Az\!=\!=\!=C-CH^3 \end{matrix}$$

— Himmelbauer [*Journ. prakt. Chem.*, (2), **54**, 207, 1897] l'a obtenu en faisant réagir le chlorure d'acétyle sur la phénylméthylpyrazolone. C'est une huile jaune bouillant à 200° sous 10 mm. L'oxychlorure de phosphore le transforme en phénylméthyl-5-chloropyrazol, en détachant du chlorure d'acétyle [Michaelis et Bender, *D. chem. G.*, **36**. 530, 1903].

1-p-Acétaminophényl-3-méthyl-5-acétoxypyrazol,

$$CH^3COAzH\cdot C^6H^4-Az\diagdown$$

— On l'obtient par ébullition du dérivé aminé de l'antipyrine avec l'anhydride acétique. Lamelles fusibles à 160° [Höchster Fwk., D.R.P. 92990: *Friedl.*, **4**, 1193].

1-p-Éthoxyphényl-3-méthyl-5-acétoxypyrazol,

$$C^2H^5O-C^6H^4-Az\diagdown$$

— On le prépare en traitant par l'anhydride acétique la pyrazolone correspondante, en solution alcaline.

1-Phényl-3-méthyl-5-butyroxypyrazol,

$$C^6H^5Az \diagup \begin{matrix} C-(OCOC^3H^7)=CH \\ | \\ Az\!=\!=\!=C-CH^3 \end{matrix}$$

— Liquide huileux bouillant à 172° sous 8 mm., obtenu par traitement de la phénylméthylpyrazolone, en solution alcaline, par le chlorure de butyryle.

1-Phényl-5-benzoyl-3-méthylpyrazol,

$$C^6H^5Az \diagup \begin{matrix} O^2C^7H^7 \\ | \\ C=CH^3 \\ | \\ Az=C-CH^3 \end{matrix}$$

— On l'obtient par l'action de C^6H^5COCl sur le phénylméthylpyrazolone, en présence de soude, ou en chauffant le chlorure de benzoyle-antipyrine à 180° [Nef, *Ann. Chem.*, **266**, 125, 1891: — Himmelbauer, *Journ. prakt. Chem.*, (2), **54**, 202, 1896; — Knorr et Rabe, *Ann. Chem.*, **293**, 44, 1896]. Aiguilles fusibles à 76°. Son *chlorométhylate* est identique au chlorure de benzoyle-antipyrine [K. et R., *l. cit.*]: il fond à 130°. Son *iodométhylate* fond à 188° en se décomposant [Stolz, *Journ. prakt. Chem.*, (2). **55**, 152, 1897]. *Dérivé 4-bromé* [N., *l. cit.*], fusible à 82°,5.

1-Phényl-3-méthyl-5-phénylsulfoxypyrazol,

$$C^6H^5Az \diagup \begin{matrix} COSO^2C^6H^5=CH \\ | \\ Az\!=\!=\!=C-CH^3 \end{matrix}$$

— Obtenu comme les précédents, avec le chlorure de sulfobenzène (H.). Il fond à 92°.

Acide 1-phényl-3-4-diméthylpyrazol-5-oxyacétique. — On l'a obtenu comme le précédent, en partant de la phényl-diméthylpyrazolone [S., *loc. cit.*]. Il cristallise en aiguilles fusibles à 141°. Son *éther méthylique* fond à 55° (S.).

1-Phényl-3.4-diméthyl-5-méthoxypyrazol,

$$C^6H^5Az \diagup \begin{matrix} C(OCH^3)=C-CH^3 \\ | \\ Az\!=\!=\!=C-CH^3 \end{matrix}$$

— Knorr [*D. chem. G.*, **28**, 713, 1895] l'obtient

en condensant la phénylhydrazine et le méthyl-acétylacétate de méthyle en solution acide. Himmelbauer [*Journ. prakt. Chem.*, (2), **54**, 209, 1896] distille le 1-phényl-3.4-diméthyl-5-oxypyrazol-o-carbonate de méthyle; voyez aussi Stolz [*Journ. pr. Chem.*, (2), **55**, 148, 1897]. C'est une huile bouillant à 225° sous 225 mm. L'acide chlorhydrique, à 160°, la déméthyle et fournit la diméthylpyrazolone correspondante.

3.5-DIMÉTHYL-4-OXYPYRAZOL,

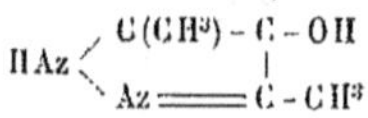

$$H Az \Big\langle \begin{matrix} C(CH^3) - C - OH \\ | \\ Az \!=\!=\! C - CH^3 \end{matrix}$$

— Obtenu par condensation du tricétopentane avec l'hydrazine en solution aqueuse. Il cristallise en aiguilles fusibles à 173°,5 [Röhmer et Sachs, *D. chem. G.*, **35**, 3313, 1902].

1-PHÉNYL-3-ÉTHYL-4-MÉTHYL-5-OXYPYRAZOL,

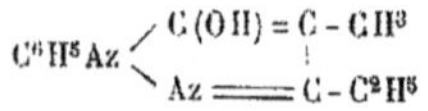

$$C^6H^5 Az \Big\langle \begin{matrix} C(OH) = C - CH^3 \\ | \\ Az \!=\!=\! C - C^2H^5 \end{matrix}$$

— Le nitrite de soude agit sur la solution acide du 5-aminopyrazol correspondant, en remplaçant AzH^2 par OH. Ce produit fond à 104° [Bouveault, *Bull. Soc. Chim.*, (3), **4**, 651, 1890].

3-MÉTHYL-5-PHÉNYL-4-OXYPYRAZOL,

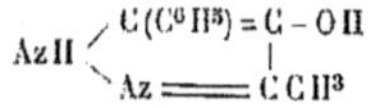

$$Az H \Big\langle \begin{matrix} C(C^6H^5) = C - OH \\ | \\ Az \!=\!=\! C CH^3 \end{matrix}$$

— Produit de condensation de la méthylphényl-tricétone avec l'hydrate d'hydrazine [S. et R., *loc. cit.*]. Aiguilles fusibles à 188°.

TRIPHÉNYL-BENZOYL-PYRAZOL, $(C^6H^5)^2C^3(C^7H^5O)$ $Az^2C^6H^5$. — Obtenu par chauffage du triphényl-pyrazol avec le chlorure de benzoyle, à 260° [Balbiano et Marchetti, *Gazz. chim. ital.*, (1), **24**, 12, 1894]. Il fond à 172°.

δ-LACTONE DU 3-MÉTHYL-4-CARBOXYMÉTHYLÈNE-ÉTHYL-5-OXYPYRAZOL,

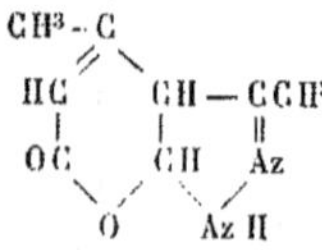

$$\begin{matrix} & CH^3 - C & \\ HC & CH - CCH^3 \\ | & | & || \\ OC & CH & Az \\ & O & Az H \end{matrix}$$

— Obtenue en chauffant ensemble, en présence de soude aqueuse, l'acétylacétate d'éthyle (2 molécules) et la 3-méthyl-5-pyrazolone. Il se produit d'abord un éther

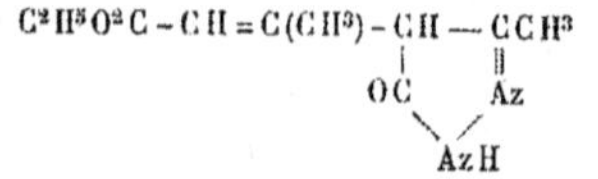

$$C^2H^5O^2C - CH = C(CH^3) - CH \!-\! CCH^3$$
$$\begin{matrix} | & || \\ OC & Az \\ & Az H \end{matrix}$$

qui, chauffé à son point de fusion, 186°, donne la lactone avec départ d'alcool [L. Wolff, *D. chem. G.*, **38**, 3036, 1905].

Dérivé 1-phénylique (1),

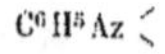

$$C^6H^5 Az \Big\langle$$

— Obtenu de même, avec la 1-phényl-3-méthyl-5-pyrazolone. Aiguilles fusibles à 145° [R. Stollé, *D. chem. G.*, **38**, 3023, 1905]. Le *produit intermédiaire*

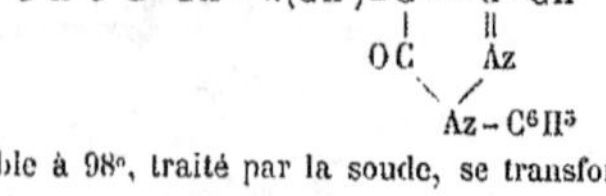

$$C^2H^5O^2C - CH^2 - C(CH^3) = C \!-\! C - CH^3$$
$$\begin{matrix} | & || \\ OC & Az \\ & Az - C^6H^5 \end{matrix}$$

fusible à 98°, traité par la soude, se transforme

en 1-*phényl-3-méthyl-4-isopropylidène-5-pyrazolone*.

On obtient de même, avec l'éthylacétylacétate d'éthyle et la méthylphénylpyrazolone, la δ-*lactone du 3-méthyl-1-phényl-4-α-carboxypropylidène-éthyl-5-oxypyrazol*,

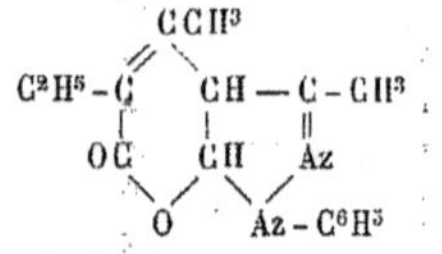

$$\begin{matrix} & CCH^3 & \\ C^2H^5 - C & CH - C - CH^3 \\ | & | & || \\ OC & CH & Az \\ & O & Az - C^6H^5 \end{matrix}$$

— Aiguilles fusibles à 142°.

ACIDE 4-OXYPYRAZOL-3-CARBONIQUE,

$$H Az \Big\langle \begin{matrix} CH = C - OH \\ | \\ Az = C - CO^2H \end{matrix}$$

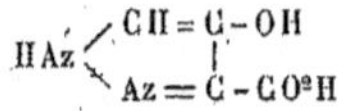

— On l'a préparé en chauffant avec un excès de soude le diazotétrone-sulfonate de sodium, puis acidulant la solution avec HCl. Il cristallise, de l'eau bouillante, en aiguilles contenant $1 H^2O$, fusibles vers 208° [Wolff et Lüttringhaus, *Ann. Chem.*, **343**, 6, 1900]. Son *dérivé monobenzoylé* (à l'OH) fond vers 211°. Son *dérivé tribenzoylé*

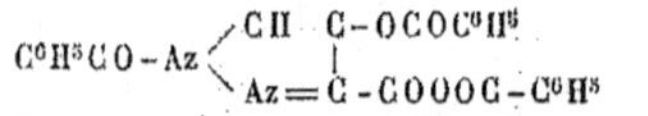

$$C^6H^5CO - Az \Big\langle \begin{matrix} CH \quad C - OCOC^6H^5 \\ | \\ Az = C - COOC - C^6H^5 \end{matrix}$$

fond à 137°, et s'obtient, en même temps que le précédent, en faisant réagir C^6H^5COCl sur une solution alcaline de l'acide (W. et L.).

ACIDE 1-PHÉNYL-4-OXYPYRAZOL-3-CARBONIQUE,

$$C^6H^5 Az \Big\langle$$

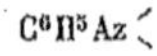

— Wolff et Fertig [*Ann. Chem.*, **343**, 13, 1900] l'obtiennent en faisant bouillir avec de la soude la dicétobutyrolactone-phénylhydrazone, ou mieux, la γ-bromoacétylacétate d'éthyle-phénylhydrazone. Il cristallise de l'eau avec 1/2 molécule de solvant, et fond alors à 130-140°. Anhydre, il fond à 154°. Il perd facilement CO^2 en donnant le phényl-4-oxypyrazol. Il s'unit aux sels de diazobenzène. *Sel* d'Ag. Son *dérivé 5-isonitrosé* (5) = AzOH cristallise en aiguilles rouges fusibles à 191° en se décomposant (W. et F.).

Éther éthylique, fusible à 85° (W. et F.).

Anhydride mixte (1-*Phényl-4-oxypyrazol-3-carbonyl-1-phényl-4-oxypyrazol*),

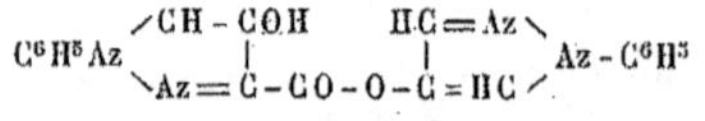

$$C^6H^5 Az \Big\langle \begin{matrix} CH - COH & HC = Az \\ | & | \\ Az = C - CO - O - C = HC \end{matrix} \Big\rangle Az - C^6H^5$$

— Ce composé, fusible à 177°, se forme, en même temps que le phényl-4-oxypyrazol, par chauffage de l'acide précédent (W. et F.).

ACIDE 4-PHÉNYL-5 (ou 3)-ACÉTOPYRAZOL-3 (ou 5)-CARBONIQUE,

$$H Az \Big\langle \begin{matrix} C(COCH^3) = C - C^6H^5 \\ | \\ Az \!=\!=\! C - CO^2H \end{matrix}$$

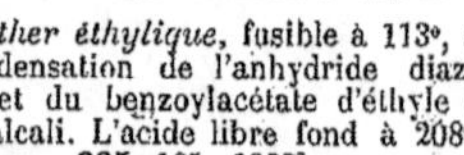

— Son *éther éthylique*, fusible à 113°, s'obtient par condensation de l'anhydride diazoacétyl-acétone et du benzoylacétate d'éthyle en présence d'alcali. L'acide libre fond à 208° [Wolff, *Ann. Chem.*, **325**, 185, 1902].

ACIDE 4-MÉTHYL-5 (ou 3)-BENZOYLPYRAZOL-3-(ou 5)-CARBONIQUE,

$$H Az \Big\langle \begin{matrix} C(COC^6H^5) = C - CH^3 \\ | \\ Az \!=\!=\! C - CO^2H \end{matrix}$$

— *L'éther éthylique.* fusible à 120°, est obtenu au moyen de l'anhydride diazobenzoylacétone et de l'acétylacétate d'éthyle. L'acide libre fond à 238°. Oxydé, il fournit l'acide 3-4-dicarboxylé (W.).

ACIDE 1-PHÉNYL-3.4-DIMÉTHYL-5-OXYPYRAZOL.-O-CARBONIQUE,

$$C^6H^5Az \diagup\diagdown \begin{array}{l} C(OCOCO^2H) = C - CH^3 \\ | \\ Az = C - CH^3 \end{array}$$

— On n'a préparé que son *éther méthylique*, huile indistillable, en faisant réagir la phényldiméthylpyrazolone sur le chloroformiate de méthyle. en présence de soude [Himmelbauer. *Journ. prakt. Chem.*, (2). **54**, 208, 1896].

AMINOPYRAZOLS.

On les obtient, soit directement par condensation d'une hydrazine avec un nitrile ou une acétone cyanée, soit en partant d'un acide pyrazolcarboxylé qu'on traite par la méthode de Curtius et transforme successivement en hydrazide. azide. uréthane, qu'on hydrolyse ensuite. On peut aussi réduire les nitro-pyrazols. Une méthode très générale consiste à traiter par $POCl^3$ les (4)-azoïques des (5)-pyrazolones. On obtient ainsi des (5)-chloro-(4)-azopyrazolones. Celles-ci, réduites par $SnCl^2$. fournissent les 4-amino-5-chloropyrazols. Si les chloroazopyrazols sont réduits en solution alcaline, ils se transforment alors en azopyrazols qui, réduits en solution acide, fournissent les 4-aminopyrazols.

4-AMINOPYRAZOL.

$$HAz \diagup\diagdown \begin{array}{l} CH = CAzH^2 \\ \\ Az = CH \end{array}$$

— Ce composé est obtenu par chauffage de l'isoxanthine avec une solution d'HCl à 190° [Wollers, *Ann. Chem.*, **323**, 281, 1902]. Base très instable, soluble dans l'eau, obtenue aussi par réduction du nitropyrazol correspondant. La *base libre* fond à 81° et se colore en violet à l'air. Elle peut être diazotée et copulée sur phénols et amines. *Sels : chlorhydrate, picrate. nitrate, sulfate. Dérivé dibenzoylé* fusible à 173° [L. Knorr, *D. chem. G.*, **37**, 3520, 1904].

5-AMINOPYRAZOL.

$$HAz \diagup\diagdown \begin{array}{l} C(AzH^2) = CH \\ | \\ Az = CH \end{array}$$

— L'acide pyrazol-5-carbonique. transformé par la méthode Curtius en éther, hydrazide, azide et uréthane, fusible à 153°, fournit cet aminopyrazol huileux bouillant à 282°. Sa solution aqueuse ne précipite pas par AzO^3H. ce qui le différencie du dérivé précédent (L. Knorr).

3.5-DIAMINOPYRAZOL.

$$HAz \diagup\diagdown \begin{array}{l} C(AzH^2) = CH \\ | \\ Az = C - AzH^2 \end{array}$$

— On l'obtient en partant de l'acide pyrazol-3.4-dicarbonique qu'on transforme en hydrazide, azide. uréthane. C'est un corps sirupeux très instable. Son *dérivé dibenzoylé* fond à 208° [L. Knorr, *D. chem. G.*, **37**, 3520, 1904]. Il est probable que le produit de la réaction de l'hydrate d'hydrazine sur le malonitrile en contient [Rothenburg, *D. chem. G.*, **27**, 690, 1894].

1-PHÉNYL-3-MÉTHYL-4-AMINO-5-CHLOROPYRAZOL,

$$C^6H^5Az \diagup\diagdown \begin{array}{l} CCl = C - AzH^2 \\ | \\ Az = C - CH^3 \end{array}$$

— Tables fusibles à 49°, obtenues par l'action de $SnCl^2$ sur un azoïque-4 du chloropyrazol correspondant [Meister, Lucius et Bruning, D.R.P. 153861].

1-PHÉNYL-5-AMINO-3.4-DIMÉTHYLPYRAZOL,

$$C^6H^5Az \diagup\diagdown \begin{array}{l} C(AzH^2) = C - CH^3 \\ | \\ Az = C - CH^3 \end{array}$$

— Obtenu par l'action de la phénylhydrazine sur le méthylacétonitrile. Huile bouillant à 310° [Vladesco, *Bull. Soc. Chim.*, (3), **6**, 815, 1891].

4-AMINO-1.3.5-TRIMÉTHYLPYRAZOL,

$$CH^3Az \diagup\diagdown \begin{array}{l} C(CH^3) = C - AzH^2 \\ | \\ Az = C - CH^3 \end{array}$$

— Produit de réduction à l'étain et HCl du dérivé 4-nitré correspondant [Knorr, *D. chem. G.*, **28**, 717, 1895]. Il fond à 103°. Son *dérivé diazoïque*, condensé sur la phénylméthylpyrazolone, donne une *combinaison* $C^{16}H^{18}Az^6O$, cristallisée en aiguilles orangées fusibles à 155° [Knorr, *loc. cit.*].

3-PHÉNYL-5-AMINOPYRAZOL ou *5-iminopyrazoline*,

$$HAz \diagup\diagdown \begin{array}{l} C(AzH^2) = CH \\ | \\ Az = C - C^6H^5 \end{array} \quad \text{ou} \quad HAz \diagup\diagdown \begin{array}{l} C(AzH) = CH^2 \\ \\ Az = C - C^6H^5 \end{array}$$

— Produit de la réaction du sulfate d'hydrazine sur la cyanacétophénone [Seidel, *J. prakt. Chem.*, (2), **58**, 150, 1898]. Cristaux fusibles à 125°.

1.3-DIPHÉNYL-5-IMINOPYRAZOLINE. — Obtenue avec la phénylhydrazine. Lamelles fusibles à 130° (Seidel). *Dérivé acétylé* fusible à 149°. L'acide nitreux fournit un composé $C^{30}H^{23}Az^7$, fusible à 217°, en même temps que le *dérivé 4-nitrosé*. prismes rouges fusibles à 207°.

1-PHÉNYL-3-MÉTHYL-5-ANILINOPYRAZOL,

$$C^6H^5Az \diagup\diagdown \begin{array}{l} C(AzHC^6H^5) = CH \\ | \\ Az = C - CH^3 \end{array}$$

— Produit par l'action de l'aniline sur le 5-chloropyrazol correspondant. Il fond à 80° et, par méthylation, fournit l'anilopyrine.

Le chlorure d'antipyrine traité avec la benzylamine fournit un produit de condensation : benzyliminopyrine. qui, par chauffage, perd CH^3I et se transforme en pseudobenzyliminopyrine, *1-phényl-3-méthyl-5-benzylméthylaminopyrazol*,

$$C^6H^5Az \diagup\diagdown \begin{array}{l} C\left(Az \diagup\diagdown {CH^3 \atop C^7H^7}\right) = CH \\ | \\ Az = C - CH^3 \end{array}$$

huile bouillant à 242° sous 20 mm.

De même, avec le chlorobenzylate de benzyliminopyrine. on obtient le *1-phényl-3-méthyl-5-dibenzylaminopyrazol*,

$$C^6H^5Az \diagup\diagdown \begin{array}{l} C(Az(C^7H^7)^2) = CH \\ | \\ Az = C - CH^3 \end{array}$$

ou *pseudodibenzyliminopyrine*, fusible à 106°, bouillant à 272° sous 18 mm.

1-*Phényl-3-méthyl-5-benzoylanilinopyrazol.*

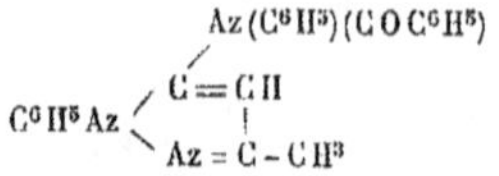

$$Az(C^6H^5)(CO\,C^6H^5)$$
$$C^6H^5Az \big\langle \begin{matrix} C = CH \\ | \\ Az = C - CH^3 \end{matrix}$$

— Produit fusible à 135°, bouillant à 200° sous 16 mm. et provenant de la distillation dans le vide du chlorobenzoylé dérivé, de l'anilopyrine.

1-PHÉNYL-3-MÉTHYL-4-BENZOYL-5-AMINOPYRAZOL,

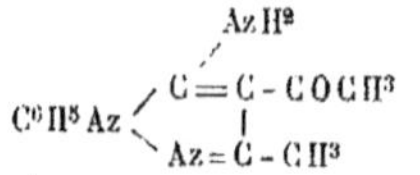

$$AzH^2$$
$$C^6H^5Az \big\langle \begin{matrix} C = C - COCH^3 \\ | \\ Az = C - CH^3 \end{matrix}$$

— Obtenu en condensant l'ammoniaque, à 160°, sur le dérivé correspondant 5-chloré [Michaelis et Bender, *D. chem. G.*, 36, 525, 1903]. Aiguilles fusibles à 153°.

Dérivé 5-aminodipropylique. — Obtenu comme le précédent avec la dipropylamine (Michaelis, Bender).

Dérivé 5-aminophénylé. — Préparé avec l'aniline. Aiguilles jaune verdâtre, fusibles à 171° (Michaelis, Bender).

1-β-NAPHTYL-3-MÉTHYL-5-ANILINOPYRAZOL,

$$AzH\,C^6H^5$$
$$C^{10}H^7Az \big\langle \begin{matrix} C = CH \\ | \\ Az = C - CH^3 \end{matrix}$$

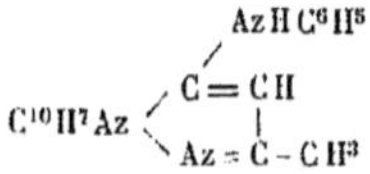

— Obtenu par chauffage du chlorure correspondant avec 2 mol. d'aniline ou par décomposition à chaud de l'iodhydrate de naphtylanilopyrine. Aiguilles fusibles à 122°. *Dérivé benzoylé*: aiguilles fusibles à 128° et bouillant à 265° sous 13 mm.

Dérivé 5-méthylé

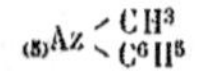

$$(5)Az \big\langle \begin{matrix} CH^3 \\ C^6H^5 \end{matrix}$$

ou *pseudo-β-naphtylanilopyrine* $C^{21}H^{10}Az^3$. — Obtenue, soit par l'action de l'aniline sur le chlorure de β-naphtylantipyrine, à 200°, soit par distillation de l'iodométhylate de β-naphtylanilopyrine. Elle fond à 113° et bout à 245° sous 12 mm.

1-β-*naphtyl-3-méthyl-5-α-naphtylaminopyrazol* (5) . $AzH(C^{10}H^7)(α)$. — Obtenu par distillation de l'iodométhylate de la naphtylopyrine correspondante. Il fond à 145°.

IMINOPYRAZOLS.

Michaelis [*Ann. Chem.*, 339, 117 à 193, 1905] propose de nommer *pyrines* les pyrazols alcoylés en (2) Az et substitués en (3) ou (5) C par des radicaux tels que : O, Se, S ou =AzH, =AzR. On aurait ainsi les *oxypyrines* (pyrazolones) thio et sélénopyrines et les iminopyrines.

Iminopyrines. — On connaît deux méthodes de préparation :

1° Traiter par un alcali un iodométhylate de 5-aminopyrazol.

2° Traiter un 5-chloropyrazol par l'ammoniaque ou une amine.

Ce sont des bases fortes s'unissant aux iodures alcoylés et aux chlorures d'acides pour donner des dérivés de pseudo iminopyrines.

Pour simplifier les dénominations, on nommera *iminopyrine* l'iminopyrine de l'antipyrine [Michaelis, *loc. cit.*].

1-PHÉNYL-2.3-DIMÉTHYL-5-IMINOPYRAZOL,

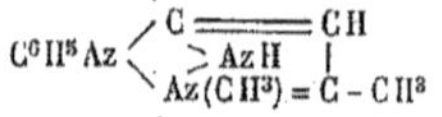

$$C^6H^5Az \big\langle \begin{matrix} C = CH \\ > AzH \quad | \\ Az(CH^3) = C - CH^3 \end{matrix}$$

ou

$$AzH$$
$$C^6H^5Az \big\langle \begin{matrix} C - CH \\ \| \\ Az(CH^3) - C - CH^3 \end{matrix}$$

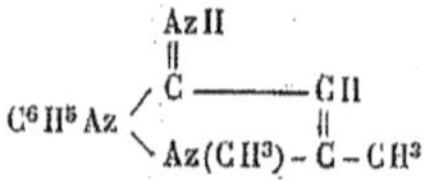

(*iminopyrine*). — On l'obtient en chauffant à 200° le chlorure d'antipyrine (5-chloropyrazol) avec le carbonate d'ammoniaque à 200° [Michaelis et Gunckel, *D. chem. G.*, 34, 726, 1901; — Stolz, *ibid.*, 36, 3279, 1903]. Elle cristallise en aiguilles fusibles à 116° et distille sans décomposition vers 333°.

Ethyliminopyrine (5) : $Az - C^2H^5$. — Obtenue avec l'éthylamine. Liquide bouillant à 315° [Michaelis, *Ann. Chem.*, 339, 117, 1905]. *Méthyliminopyrine* (Stolz).

4-*Benzyliminopyrine*,

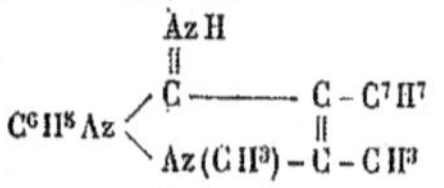

$$AzH$$
$$C^6H^5Az \big\langle \begin{matrix} C - C - C^7H^7 \\ \| \\ Az(CH^3) - C - CH^3 \end{matrix}$$

— Obtenue par une des méthodes générales, elle fond à 96°; elle fournit par distillation dans le vide, par migration d'un méthyle, la *pseudo-4-benzylaminopyrine*,

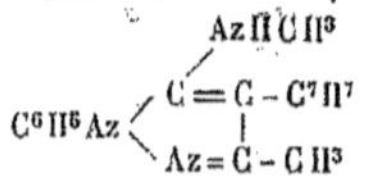

$$AzH\,CH^3$$
$$C^6H^5Az \big\langle \begin{matrix} C = C - C^7H^7 \\ | \\ Az = C - CH^3 \end{matrix}$$

fusible à 120°, bouillant à 236°.

L'iodométhylate de 4-benzyl-5-chloropyrazol, chauffé avec du carbonate d'ammoniaque à 210°, fournit le 1-*phényl-3-méthyl-4-benzyl-5-aminopyrazol*,

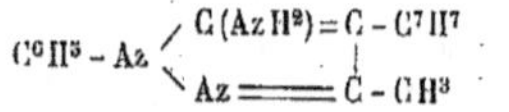

$$C^6H^3 - Az \big\langle \begin{matrix} C(AzH^2) = C - C^7H^7 \\ | \\ Az = C - CH^3 \end{matrix}$$

fusible à 77°, qui fournit avec CH^5I un *iodométhylate* identique avec l'iodhydrate de 4-benzyliminopyrine,

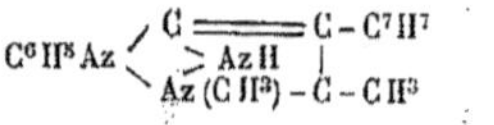

$$C^6H^5Az \big\langle \begin{matrix} C = C - C^7H^7 \\ > AzH \quad | \\ Az(CH^3) - C - CH^3 \end{matrix}$$

ANILOPYRINE,

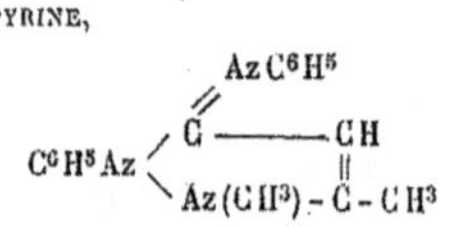

$$Az\,C^6H^5$$
$$C^6H^5Az \big\langle \begin{matrix} C - CH \\ \| \\ Az(CH^3) - C - CH^3 \end{matrix}$$

ou

$$C^6H^5Az \big\langle \begin{matrix} C = CH \\ > AzC^6H^5 \quad | \\ Az(CH^3) = C - CH^3 \end{matrix}$$

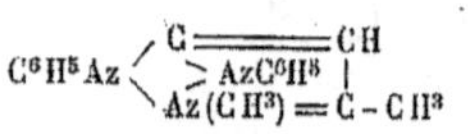

— On l'obtient avec le chlorure d'antipyrine et l'aniline, à 250° [Michaelis et Heppner, *D. chem. G.*, 36, 3271, 1903; — Michaelis et Gunckel], ou avec l'antipyrine et $POCl^3$ et l'aniline à 250° [Silberstein, D.R.P. 113384; — *Centr. Bl.*, (2), 654, 1900]. On l'obtient aussi en chauffant l'iodométhylate du 1-phényl-3-méthyl-5-anilinopyrazol (provenant du 5-chloropyrazol chauffé à 125° avec 2 mol. d'aniline). Il fond à 120-124° (Silberstein) et fournit avec l'acide nitrique des *dérivés nitrés* : $C^{12}H^{10}O^2Az^4$, fusible à 164°; $C^{12}H^8O^2Az^2$, fusible à 196° (Michaelis et Gunckel). *Iodométhylate*, $C^{17}H^{17}Az^3$, CH^3I, fusible à 174°. *Iodacétyl dérivé : chlorobenzoyl* et *iodobenzoyl-dérivés.*

p-Tolylopyrine $-Az.C^6H^4CH^3$. — Préparée comme la précédente. Aiguilles fusibles à 111°.

Benzyliminopyrine,

$$C^6H^5Az \begin{cases} & Az\,C^7H^7 \\ & \| \\ C &\!\!\!\!\!\!\!\!\!\!\!\!\!\!\!\! ———— CH \\ & \| \\ & Az(CH^3)-C-CH^3 \end{cases}$$

— Obtenue soit avec le chlorure d'antipyrine et la benzylamine, soit par addition de ICH^3 au phénylméthylbenzylaminopyrazol. C'est une huile bouillant à 228° sous 12 mm. dont on a préparé de nombreux *dérivés*. Entre autres le *dérivé iodométhylé*, prismes fusibles à 115°, étant chauffé, se décompose en CH^3I et fournit le 1-phényl-3-méthyl-5-méthylbenzylaminopyrazol.

Naphtiminopyrines,

$$C^6H^5Az \begin{cases} & Az\,C^{10}H^7 \\ & \| \\ C &\!\!\!\!\!\!\!\!\!\!\!\!\!\!\!\! ———— CH \\ & \| \\ & Az(CH^3)-C-CH^3 \end{cases}$$

— *β-Dérivé*. — Obtenu de même avec la β-naphtylamine et le chlorure d'antipyrine, à 125°. Cristaux tabulaires jaune vert, fusibles à 70°.

α-Dérivé. — Cristaux semblables aux précédents, fusibles à 161°.

1-Phényl-2.3.4-triméthyl-5-iminopyrine. — Base obtenue par l'action de AzH^3, à 150°, sur le 2-chlorométhylate de phényldiméthyl-5-chloropyrazol. De même on a obtenu la *1-phényl-2.3.4-triméthyl-5-méthyliminopyrine.*

1-β-Naphtyl-2.3-diméthyl-5-phényl-imino-pyrazol ou *1-β-naphtylanilopyrine* (Stolz),

$$C^{10}H^7Az \begin{cases} & Az\,C^6H^6 \\ & \| \\ C &\!\!\!\!\!\!\!\!\!\!\!\!\!\!\!\! ———— CH \\ & \| \\ & Az(CH^3)-C-CH^3 \end{cases}$$

— On l'a obtenu exactement comme l'anilopyrine, en partant de la β-naphtylchloroantipyrine. Lamelles jaunes fusibles à 182°. Son *chlorobenzoylate* fournit par distillation le dérivé benzoylé de l'anilinopyrazol. De même, l'*iodométhylate* distillé se transforme en 1-β-naphtyl-3.5-méthyl-anilinopyrazol.

1-β-Naphtyl-2.3-diméthyl-5-β-naphtylimi-nopyrazol, (5) = $Az\,C^{10}H^7$. — Base obtenue avec la précédente. Elle cristallise en aiguilles jaune foncé fusibles à 68°.

Isoiminopyrine (*1-phényl-2.5-diméthyl-3-iminopyrine*),

$$C^6H^5Az \begin{cases} & C(CH^3)=CH \\ & \| \\ & Az(CH^3)-C=AzH \end{cases}$$

— On l'obtient en traitant à 150°, par AzH^3, le chlorure d'isoantipyrine (2-chlorométhylate de 1-phényl-3-chloro-5-méthylpyrazol) [F. Stolz, *D. chem. G.*, 36, 3279. 1903].

1.3-Diphényl-4-p-chlorophénylpyrazolinimide,

$$\begin{array}{c} C^6H^5 - C = Az \\ | \qquad \qquad \diagdown Az\,C^6H^5 \\ Cl - C^6H^5 - CH - C = AzH \diagup \end{array}$$

— Obtenue en condensant la phénylhydrazine sur l'α-cyanodésoxybenzoïne [v. Walther et Hirschberg.

J. prakt Chem., (2). 67, 379, 1903]. Aiguilles fusibles à 149°.

Dérivé 1-p-bromé fusible à 144°.

THIO ET SÉLÉNOPYRAZOLS.

1-Phényl-3-méthyl-5-thiopyrazolone,

$$C^6H^5Az \begin{cases} & SH \\ & \diagup \\ & C = CH \\ & | \\ & Az = C - CH^3 \end{cases}$$

— On obtient ce composé en distillant le chlorobenzoylate de thiopyrine qui fournit, en perdant du CH^3Cl et aussi du C^6H^5COCl, un mélange de pseudothiopyrine et du *dérivé benzoylé* fusible à 93°. Celui-ci, saponifié à 120° par HCl, donne la *thiopyrazolone* cherchée cristallisée, fusible à 109°, distillant à 294° en se décomposant légèrement.

Elle fournit, avec ICH^3, un *iodométhylate* fusible à 192°; avec ICH^3 et un alcali, la pseudothiopyrine; avec le chlorure de diazobenzène la phénylméthyl-4-benzolazo-5-thiopyrazolone [Michaelis et R. Pander, *D. chem. G.*, 37, 2774, 1904].

1-Phényl-2.3-diméthyl-5-pyrazolthione (thio-antipyrine, 5-thiopyrine),

$$(1) \quad C^6H^5Az \begin{cases} & CS ———— CH \\ & \| \\ & Az(CH^3)-C-CH^3 \end{cases}$$

ou

$$(2) \quad C^6H^5Az \begin{cases} & C ———— CH \\ >S & | \\ & Az(CH^3)-C-CH^3 \end{cases}$$
(*Pseudoforme*).

— On l'obtient en traitant le chloro- ou iodométhylate de phénylméthyl-5-chloropyrazol par un sulfure alcalin alcoolique ou aqueux [Michaelis, D. chem. G., 33, 2873, 1900; Ann. Chem., 320, 4, 1902; D.R.P. 122 287, 1901], ou avec le phénylméthylchloropyrazol. dissous dans les sulfures alcalins et additionné de ICH^3, ou bien avec le thiosulfate de sodium et le chlorure d'antipyrine, au bain-marie [Michaelis, *Ann. Chem.*, 331, 197, 1904].

Cristaux incolores fusibles à 166°, assez solubles dans l'eau chaude.

La thiopyrine (1), distillée plusieurs fois, se transforme en modification (2), *pseudothiopyrine.*

Action physiologique. — [Robert et Stolzenburg, *Ann. Chem.*, 320, 9, 1902]. *Sels* : $A.HCl$; $A.HgCl^2$; $A.AuCl^4$; $A.AgAzO^3$; $A.H^2SO^4$.

Combinaison avec SO^3. — Molécule à molécule, en solution aqueuse. Lamelles jaunes fusibles à 90°, perdant facilement SO^2.

Dérivés ammoniums. Thiopyrine-iodométhylate. Iodopropylate. Iodoallylate. Iodobenzylate. — [M. et B., *Ann. Chem.*, 320; loc. cit. et M., 331; loc. cit.].

Dichlorure de thiopyrine, $C^{11}H^{12}AzCl^2S$. — Obtenu en dirigeant un courant de chlore dans une solution chloroformique de thiopyrine. Aiguilles jaune d'or, déliquescentes. Sa solution aqueuse évaporée laisse un sirop d'*oxychlorure* $C^{11}H^{12}Az^2Cl(OH)S$, que les alcalis ramènent à la thiopyrine primitive. Il en est de même pour le *dibromure*, rouge, fusible à 154°, et l'*oxybromure* [Michaelis et Bender, *loc. cit.*].

Trioxyde de thiopyrine,

$$C^6H^5Az \begin{cases} & C ———— CH \\ >SO^3 & | \\ & Az(CH^3)=C-CH^3 \end{cases}$$

— Obtenu par l'action des oxydants sur la thiopyrine (M. et B.), ou bien avec le chlorure d'antipyrine et SO^3Na^2 [Michaelis, *Ann. Chem.*, **331**, 197, 1904]. Longues aiguilles blanches décomposées vers 290°.

4-Bromothiopyrine. — Obtenue par l'action de KHS sur le dérivé 5-chloré-4-bromé correspondant. Prismes fusibles à 188° (M. et B.).

Pseudothiopyrine [forme (2)]. — Les halogénoalcoylates de thiopyrine, distillés, fournissent, avec départ de IR, la pseudoforme

$$C^6H^5-Az \begin{array}{c} SR \\ \diagup C = CH \\ \diagdown Az(CH^3I) = C - CH^3 \end{array}$$

$$= RI + C^6H^5Az \begin{array}{c} \diagup C = CH \\ > S \\ \diagdown Az(CH^3) = C - CH^3 \end{array}$$

On obtient encore la pseudothiopyrine par distillation répétée de la thiopyrine (1). Voyez Michaelis [*Ann. Chem.*, **331**, 197, 1904]. C'est une huile épaisse bouillant à 197° sous 30 mm. Elle ne se combine à l'iodure de méthyle qu'à chaud.

Homologues de la thiopyrine et de son trioxyde. — [Voyez Michaelis, *loc. cit.*, 1904; — Michaelis et Stein, *Ann. Chem.*, **320**, 32, 1902].

5-Sélénopyrine,

$$C^6H^5Az \begin{array}{c} \diagup CSe — CH \\ \diagdown Az(CH^3) - C - CH^3 \end{array}$$

— Obtenue comme la thiopyrine correspondante. Cristaux jaunes fusibles à 168°.

Sels : Composé + SO^2; A.HCl; A.SO^4H^2; A.HgCl^2; A.PtCl^6. *Iodométhylate, iodoéthylate.*

Dichlorure, $C^{11}H^{12}Az^2SOCl^2$. — Aiguilles jaunes solubles dans l'eau. *Tétrabromure*, aiguilles fusibles à 139°, perdant facilement 2Br, et donnant le *dibromure*, aiguilles orangées fusibles à 236°. *Diiodure*, fusible à 144°.

Trioxyde de sélénopyrine,

$$C^6H^5Az \begin{array}{c} \diagup C = CH \\ > SeO^3 \\ \diagdown Az(CH^3) = C - CH^3 \end{array}$$

— Obtenu comme le trioxyde de thiopyrine. Aiguilles contenant 1H^2O, fusibles vers 170°.

3-Thio- et sélénopyrines. — [Michaelis, *Ann. Chem.*, **331**, 197, 1904].

Nous observerons, comme pour les 5-thiopyrines, que deux formes peuvent exister : la *forme*

$$C^6H^5Az \begin{array}{c} \diagup C(CH^3) = CH \\ / S \\ \diagdown Az(CH^3) = C \end{array}$$

et la *pseudoforme*

$$C^6H^5Az \begin{array}{c} \diagup C(CH^3) = CH \\ \diagdown Az = C - S - CH^3 \end{array}$$

Le *trioxyde* sera

$$C^6H^5Az \begin{array}{c} \diagup C(CH^3) = CH \\ / SO^3 \\ \diagdown Az(CH^3) = C \end{array}$$

3-Thiopyrine. — Obtenue par traitement du 3-chlorure d'antipyrine par NaHS. Cristaux incolores fusibles à 136°. Elle fournit, avec CH^3I, un iodométhylate (pseudoforme) fusible à 168°.

Trioxyde de 3-thiopyrine. — Prismes fusibles à 285°, obtenus en oxydant par le chlore la solution aqueuse de la thiopyrine.

3-Pseudothiopyrine. — Huile épaisse obtenue par distillation sèche de la 3-thiopyrine, ou de son iodométhylate. Oxydée au permanganate, elle fournit le *composé* $CH^3SO^2.C-R$, *1-phényl-5-méthyl-3-dioxythiométhylpyrazol*, fusible à 105°.

On a obtenu, de même, la 3-*sélénopyrine*, lamelles jaunes fusibles à 168° et la *pseudo-3-sélénopyrine.*

3-PYRAZOLONES.

Les pyrazolones en position 3 sont jusqu'ici assez mal connues. On peut les obtenir par l'action de PCl^5 sur un mélange d'une acétylphénylhydrazine et d'éther acétylacétique. Cette réaction semble être générale (Michaelis).

On les obtient aussi par oxydation des pyrazolidones et pyrazolidinones correspondantes.

Ces 3-pyrazolones sont à la fois acides et basiques. Elles réagissent sur $POCl^3$ en fournissant les 3-chloropyrazols. Il est à noter que l'atome de H en (4) est mobile; ainsi, on obtient des 4-dérivés nitrosés jaunes. Les 3-pyrazolones ne donnent pas la réaction du bleu de pyrazol. Chauffées avec les iodures alcoylés, elles fournissent des produits d'addition correspondant à des 3-antipyrines (iso-antipyrines) [Michaelis, *Ann. Chem.*, **338**, 267, 1905].

Les 3-pyrazolones sont facilement substituables en position 4 par Cl, Br, AzO^2H. Ces derniers dérivés (4).AzO, sont verts, tandis que les isonitroso-3-pyrazolones sont rouges [A. Michaelis, *D. chem. G.*, **38**, 154, 1905].

1-Phényl-3-pyrazolone (*oxyphénylpyrazol*),

$$C^6H^5Az \begin{array}{c} \diagup CH = CH \\ \diagdown AzH - CO \end{array}$$

— On l'obtient en traitant par l'amalgame de sodium le bromooxyphénylpyrazol [Fischer et Knœvenagel, *Ann. Chem.*, **239**, 201, 1887]; en oxydant la phénylpyrazolidone correspondante [Böhringer et Söhne, D.R.P. 53834]; par l'action de la phénylhydrazine sur l'éther β-chlorolactique [Stolz, *D. chem. G.*, **27**, 407, 1894; — Rothenburg, *ibid.*, **26**, 2974, 1893; — Harries et Loth, *ibid.*, **29**, 519, 1896; — Peloger et Krauth, D.R.P. 71253; — *Friedländer*, 3, 945]. Ce composé, soluble dans le benzène et le chloroforme, cristallise en aiguilles fusibles à 154°. *Sels* [Harries et Loth, *loc. cit.*]. *Dérivé acétylé*, fusible à 63° (Harries et Loth). *Dérivé 4-nitré?* Aiguilles fusibles à 191° (Harries et Loth).

Bromooxyphénylpyrazol $C^9H^7BrAz^2O$. — On l'obtient par chauffage à 200° de la bromoéthoxyphénylpyrazoline avec l'acide chlorhydrique [Friedländer et Krauth, *loc. cit.*]. Il est à peu près insoluble dans l'eau et fond à 214°.

1-Phényl-4-méthyl-3-pyrazolone,

$$C^6H^5Az \begin{array}{c} \diagup CH = C - CH^3 \\ \diagdown AzH - CO \end{array}$$

— On obtient ce composé en chauffant le bromométhacrylate d'éthyle avec de la phénylhydrazine au bain-marie. Il se forme en même temps de la 5-pyrazolone correspondante [Fichter, Enzenauer et Vellenberg, *D. chem. G.*, **33**, 498, 1900]. Aiguilles fusibles à 145°. Son *dérivé 2-Az-acétylé* fond à 167° [*loc. cit.*]; son *dérivé nitré* fond à 124° (*ibid.*)

1-PHÉNYL-5-MÉTHYL-3-PYRAZOLONE,

$$C^6H^5Az \diagup\!\!\!\!\begin{array}{l} C(CH^3)=CH \\[2pt] \diagdown\ AzH\!\longrightarrow\!CO \end{array}$$

— Elle a été obtenue par oxydation avec FeCl³ de la pyrazolidinone correspondante [Lederer, *J. prakt. Chem.*, (2), **45**, 90, 1892]. Stolz [*J. prakt. Chem.*, (2), **55**. 164, 1897] l'a préparée en même temps que son isomère 3-méthyl-5-one, en chauffant à 100° avec PCl³ un mélange d'acétylacétate d'éthyle et d'acétylphénylhydrazine [Voyez aussi Mayer. *D. chem. G.*, **36**, 717, 1903]. Ce corps existe sous deux formes : *stable*, fusible à 167°; *instable*, fusible à 157°. Elle bout à 345°. On a préparé ses dérivés : *benzoylé*, fusible à 65°; *sulfoné*, fusible à 76°.

Dérivé 4-chloré, fusible à 261°. Obtenu par l'action de Cl ou PCl⁵ [Michaelis, *Ann. Chem.*. **338**. 267. 1905]. *Dérivé benzylidénique* C⁶H⁵CH =[R]². Poudre fusible à 270°. Par méthylation avec CH³I et CH³ONa. cette pyrazolone fournit le *1-phényl-5-méthyl-3-méthoxypyrazol* ou *pseudo-antipyrine*,

$$C^6H^5Az \diagup\!\!\!\!\begin{array}{l} C(CH^3)=CH \\[2pt] \diagdown\ Az\!=\!\!=\!\!=\!C\!-\!OCH^3 \end{array}$$

huile éthérée bouillant à 274° (Michaelis).

1.5-DIPHÉNYL-3-PYRAZOLONE,

$$C^6H^5Az \diagup\!\!\!\!\begin{array}{l} C(C^6H^5)=CH \\[2pt] \diagdown\ AzH\!\longrightarrow\!CO \end{array}$$

- Préparée par distillation de a phénylhydrazide cinnamique [Knorr. *D. chem. G.*, **20**. 1108, 1887]. Elle est fusible à 251° et P²S⁵ à 220° la réduit en 1.5-diphénylpyrazol. Son *dérivé 2-méthylique* obtenu par méthylation avec CH³I est fusible à 139° [Knorr et Duden, *ibid.*, **26**, 110, 1893].

1-PHÉNYL-5-BENZYL-3-PYRAZOLONE

$$C^6H^5Az \diagup\!\!\!\!\begin{array}{l} C(CH^2C^6H^5)=CH \\[2pt] \diagdown\ AzH\!\longrightarrow\!CO \end{array}$$

— Obtenue en chauffant ensemble le phénacétyl-malonate d'éthyle avec la phénylhydrazine, en solution acétique [Metzner, *Ann. Chem.*, **298**. 381. 1897]. Fusible à 132°.

1-PHÉNYL-2.5-DIMÉTHYL-3-PYRAZOLONE (*isoantipyrine*)

$$C^6H^5Az \diagup\!\!\!\!\begin{array}{l} C(CH^3)=CH \\[2pt] \diagdown\ Az(CH^3)\!-\!CO \end{array}$$

— Lederer [*loc. cit.*] l'a obtenue par méthylation de la pyrazolone précédente, au moyen de ICH³ et KOH. Elle est soluble dans les solvants neutres, cristallise en tablettes et fond à 113°.

5-PYRAZOLONES

$$HAz \diagup\!\!\!\!\begin{array}{l} CO\!-\!CH^2 \\[2pt] \diagdown\ Az\!=\!CH \end{array}$$

Modes de formation. — Par enlèvement de CO² aux pyrazolones carboxylées correspondantes. On effectue cette opération soit par distillation, soit par ébullition avec un acide minéral dilué.

Par oxydation des 5-pyrazolidones.

On peut aussi obtenir des pyrazolones homologues par alcoylation des pyrazolones.

Par synthèse. Le procédé le plus général consiste à faire réagir un éther d'acide acylacétique sur l'hydrazine ou une hydrazine monosubstituée. Ex. : acétylacétate d'éthyle + phénylhydrazine :

$$CH^3COCH^2COOC^2H^5 + H^2Az\!\longrightarrow\!AzHC^6H^5$$

$$= C^2H^5OH + H^2O + \ \begin{array}{l} CH^3\!-\!C\!-\!CH^2\!-\!CO \\[2pt] \quad \|\qquad\qquad | \\[2pt] \quad Az\!\longrightarrow\!AzC^6H^5 \end{array}$$

On voit qu'on peut varier à l'infini les produits de réaction quand on considère qu'il est possible de faire varier 4 groupes dans cette réaction. Voici un tableau qui indiquera les principales variations effectuées par les chimistes qui se sont occupés de cette réaction :

R	+	CO-C R'R"	-	COOC²H³	+	R AzH	--	Az H²	
H	—	HH	—			H	—		Knorr, 1896.
H	—	HH	—			C⁶H⁵	—		Wislicenus, 1889.
CH³	—	HH	—			H	—		Curtius, 1889.
CH³	—	HH	—			C⁶H⁵ (ou phényl substitué)			Knorr, 1884.
C⁶H⁵	—	HH	—			H	—		Curtius, 1894.
CⁿH²ⁿ⁺¹	—	HH	—			H / C⁶H⁵	—		Bouveault et Blaise. 1901.
CH³	—	HH	—			Az H²CO	—		Thiele, 1893.
CH³	—	HCH³	—			H	—		Rothenburg, 1895.
CH³	—	HCH³	—			C⁶H⁵	—		Knorr, 1884.
CH³	—	CH³CH³	—			C⁶H⁵	—		Knorr, 1887.
CH³	—	HCⁿH²ⁿ⁺¹	—			H	—		Locquin, 1902.
CⁿH²ⁿ⁺¹	—	HCⁿH²ⁿ⁺¹	—			H	—		

Rothenburg (1884) fait réagir sur une hydrazine un éther phénylpropiolique. Ex. :

$$C^6H^5\!-\!C\!\equiv\!C\!-\!CO^2C^2H^5 + C^6H^5AzH\!-\!AzH^2$$

$$= \ \begin{array}{l} C^6H^5\!-\!C\!-\!CH^2\!-\!CO \\[2pt] \quad \|\qquad\qquad | \\[2pt] \quad Az\!\longrightarrow\!Az\!-\!C^6H^5 \end{array}$$

Moureu et Lazennec (1906) obtiennent le même résultat avec les amides acétyléniques R−C≡C-AzH². Ils ont aussi donné une méthode nouvelle reposant sur l'action des éthers β-oxyacryliques R−C(OH)=CH . CO²C²H³ sur une hydrazine.

Propriétés. — Les pyrazolones sont à la fois acides et basiques, leur basicité provenant du groupe

$$Az \diagdown$$

et leur acidité d'un H mobile en position (4).

Soumises à la méthylation, l'azote (2) se méthyle et. comme il n'a pas d'H substituable. on admet qu'il y a migration de la double liaison. Ex. :

$$C^6H^5Az \diagup\!\!\!\begin{array}{c} CO-CH^2 \\ | \\ Az=C-CH^3 \end{array} + ICH^3 + NaOH$$

$$= C^6H^5Az \diagup\!\!\!\begin{array}{c} CO\!-\!-\!-\!-\!CH \\ \| \\ Az(CH^3)-C-CH^3 \end{array}$$

Au sujet des discussions auxquelles ces migrations ont donné naissance, voyez L. Knorr [*Ann. Chem.*, **328**, 62, 1903].

Par chauffage, le méthyle en Az(2) peut migrer et passer au C(4).

Si la méthylation est poussée plus loin, il y a méthylation en (4) et migration du $CH^3(2Az)$ avec formation de méthoxypyrazol.

Dans les pyrazolones où le C(4) est relié à 2H. ces 2H sont d'une extrême mobilité; ainsi, par oxydation ménagée, il y a formation de produits condensés en (4) (4). *bleus de pyrazols* (voyez ceux-ci). Les nitrites fournissent, en solution acide, des *dérivés isonitrosés*

$$_{(4)}C=AzOH$$

Le pentachlorure de phosphore enlève les 2H en donnant des *dichlorures*

$$_{(4)}C-Cl^2$$

Les chlorures de diazoïques fournissent des *azoïques*

$$_{(4)}CH-Az=Az-R$$

Les aldéhydes et les acétones fournissent, avec élimination d'eau, et suivant les conditions d'expérience, des *produits de condensation*

$$_{(4)}C=CH-R \quad \text{et} \quad _{(4)}C=CR^2$$

$$\text{ou} \quad \left[_{(4)}-C-H\right]^2 = CHR \quad \text{et} \quad \left[_{(4)}CH-\right]^2 = CR^2$$

Le pentasulfure de phosphore réduit les pyrazolones en pyrazols. L'oxychlorure de phosphore, à 150° environ, transforme les pyrazolones en (5)-*chloropyrazols* :

$$2RAz \diagup\!\!\!\begin{array}{c} CO-CH^2 \\ | \\ Az=CH \end{array} + POCl^3$$

$$= 2RAz \diagup\!\!\!\begin{array}{c} CCl=CH \\ | \\ Az=CH \end{array} + HCl + PO^3H.$$

PYRAZOLONE (1.2-*pentadiazène-one-5*),

$$HAz \diagup\!\!\!\begin{array}{c} CO-CH^2 \\ | \\ Az=CH \end{array}$$

— Ce produit est obtenu par ébullition de l'acide isopyrazolone-carbonique avec de l'eau [Ruhemann, *D. chem. G.*, 27, 1662, 1894; et 28. 988, 1895]. Knorr [*D. chem. G.*, 29, 253, 1896] le prépare en condensant l'éther formylacétique sodé sur l'hydrazine, et évaporant rapidement le produit acidulé par l'acide sulfurique. Il cristallise du toluène en aiguilles fusibles à 165°, solubles dans l'eau et l'alcool. Le perchlorure de fer le colore en rouge. Il fournit, sous

l'action du nitrite de soude et de l'acide sulfurique, un *dérivé isonitrosé*

$$HAz \diagup\!\!\!\begin{array}{c} CO-C=AzOH \\ | \\ Az=CH \end{array}$$

qui cristallise de l'eau avec $1/2H^2O$ et fond à 180° en se décomposant.

4-*Nitro-5-pyrazolone*,

$$HAz \diagup\!\!\!\begin{array}{c} CO-CHAzO^2 \\ | \\ Az=CH \end{array}$$

— Lorsqu'on condense la diacétyldialdoxime nitromalonique, sous l'influence de la soude 1/5° normale, au bain-marie, on obtient un *dérivé* (4)-*sodé* en belles aiguilles rouge orangée contenant $2H^2O$. La pyrazolone libre est fusible à 137°, un peu soluble dans l'eau, en fournissant une solution incolore; tous les sels sont colorés en rouge.

Composés d'addition di- et tribromés. Dérivé *acétylé* [H. B. Hill et O. F. Black, *Am. Ch. Journ.*, 33, 292, 1905].

1-PHÉNYL-5-PYRAZOLONE,

$$C^6H^5Az \diagup\!\!\!\begin{array}{c} CO-CH^2 \\ | \\ Az=CH \end{array}$$

— On l'obtient par ébullition de son dérivé 4-carboxylique avec l'eau [Ruhemann, Morrell, *Journ. Chem. Soc.*, 61, 799, 1892; — Claisen et Haase, *D. chem. G.*, 28, 38, 1895] ou par distillation du dérivé 3-carboxylique [Stolz, *D. chem. G.*, 28, 41, 1895]; en traitant par le perchlorure de fer la 1-phényl-5-pyrazolidone [Stolz, *D. chem. G.*, 28, 630, 1895]; en chauffant le 1-phényl-5-éthoxypyrazol avec l'acide chlorhydrique concentré [Stolz, *D. chem. G.*, 27, 407, 1894; — Höchster Farbwerke, D.R.P. 77301; *Fried.*, 4, 1191].

Petits cristaux tabulaires fusibles à 119°. Dérivé *isonitrosé*-4. Aiguilles orangées fusibles à 160° [Cl. H., *loc. cit.*].

1-*Phényl-3-chloro-5-pyrazolone*, $C^9H^7OAz^2Cl$.

— Obtenue par Michaelis et Röhmer [*D. chem. G.*, 31, 3008, 1898] par l'action de $POCl^3$ sur la 1-phényl-3-oxy-5-pyrazolone. Lamelles fusibles à 143°. Son *dérivé 4-isonitrosé*

$$C^6H^5Az \diagup\!\!\!\begin{array}{c} CO-C=Az-OH \\ | \\ Az=C-Cl \end{array}$$

cristallise de sa solution aqueuse, en aiguilles rouges contenant $2H^2O$, fusibles vers 147° en se décomposant.

1-PHÉNYL-2-MÉTHYL-5-PYRAZOLONE, $C^{10}H^{10}Az^2O$.

— On l'obtient, soit par méthylation de la phénylpyrazolone correspondante [Stolz, *D. chem. G.*, 28, 631, 1895], soit par chauffage à 200° du dérivé 3-carboxylique [Höchster Fwk., D.R.P. 69883 et 77301; *Fried.*, 3, 934 et 4, 1191].

3-MÉTHYL-5-PYRAZOLONE,

$$HAz \diagup\!\!\!\begin{array}{c} CO-CH^2 \\ | \\ Az=C-CH^3 \end{array}$$

— On a obtenu ce produit : par condensation de l'éther acétylacétique avec l'hydrate d'hydrazine [Curtius et Jay, *Journ. prakt. Chem.*, (2), 39, 52, 1889; — Knorr, *D. chem. G.*, 29, 253, 1896] ou l'anilide acétylacétique [Knorr, *D. chem. G.*, 25, 778, 1892] ou par chauffage de la semicarbazone de l'éther acétylacétique [Thiele et Stange, *Ann. Chem.*, 283, 30, 1894]; par l'action de l'hydrazine sur l'acide tétrolique, l'acide isonitrosoisobutyrique et la méthyloxazolone [Rothenburg, *Journ. prakt. Chem.*, (2), **51**, 59, 1895]. Il s'en forme aussi, en même temps que de l'hydrazide butyrique, en faisant agir l'O-butyrylacétylacétate de méthyle sur l'hydrazine [Bongert, *C. R.*, **132**, 975, 1901]. Ce composé cristallise de la solution aqueuse en prismes fusibles à 215°, sublimables. *Sels*, voyez Curtius [*Journ. prakt. Chem.*, (2), **50**, 510, 1894]. Son *dérivé 1-acétyle* fond à 140° (C.). *Dérivé 4-dibromé*, fusible à 182° [Rothenburg, *Journ. prakt. Chem.*, (2), **52**, 37, 1895]. *Dérivé 4-isonitrosé*

$$|HAz \diagup^{\textstyle CO - C = AzOH}_{\textstyle Az = C - CH^3}$$

obtenu par l'action de AzO^2 sur la méthylpyrazolone [C., *loc. cit.*]. Il cristallise en aiguilles jaunes fusibles à 194°. Knorr a obtenu, en faisant réagir l'hydrate d'hydrazine sur la nitrosoantipyrine un *produit (isomère?)* fusible à 230° en se décomposant [voyez Knorr et Müller, *Ann. Chem.*, **328**, 66, 1903; — Hantzsch et Barth. *D. chem. G.*, **35**, 225, 1902]. *Sel de sodium du dérivé isonitrosé*, pour son étude physicochimique, voyez Hugo Kaufmann [*Zeit. phys. Chem.*, **47**, 618, 1904].

1-PHÉNYL-3-MÉTHYL-5-PYRAZOLONE,

$$C^6H^5Az \diagup^{\textstyle CO = CH^2}_{\textstyle Az = C - CH^3}$$

— Ce dérivé a été traité sommairement dans l'article ANTIPYRINE [2e Suppl., **1**, 347].

Modes de formation. — En dehors de sa préparation par condensation de l'acétylacétate d'éthyle sur la phénylhydrazine, on a noté d'autres réactions qui en fournissent : Le 1-phényl-3-méthyléthoxypyrazol chauffé à 160° avec l'acide chlorhydrique concentré [Stolz, *D. chem. G.*, **38**, 632, 1895 et Knorr, *id.*, 711]; le benzène-azocrotonate d'éthyle $C^6H^5Az = Az - C(CH^3):CH.CO^2C^2H^5$ traité par le sulfure d'ammonium alcoolique [Bender, *D. chem. G.*, **20**, 2749, 1887]; l'acide monocarboxylique correspondant, qui perd CO^2 par distillation [Pechmann, *Ann. Chem.*, **261**, 172, 1891]; l'oxydation par $FeCl^3$, de la pyrazolidone correspondante [Knorr et Duden, *D. chem. G.*, **25**, 766, 1892]; le chauffage à 100° de 1 molécule de β-chlorocrotonate d'éthyle (ou iso-) avec 2 molécules de phénylhydrazine [Autenrieth, *D. chem. G.*, **29**, 1655, 1896]; la décomposition au-dessus de son point de fusion de l'acide 1-phényl-5-pyrazolone-5-acétique [von Pechmann, *Ann. Chem.*, **261**, 172, 1891 et Höchster Fwk., D.R.P. 32 277]; le chauffage prolongé, à 125°, de l'acide tétrolique, son sel de sodium ou ses éthers, avec de la phénylhydrazine [Krauth, D.R.P. 77 174 : *Fried.*, **4**, 1198]; l'action de la phénylhydrazine sur le O-butyrylacétylacétate de méthyle [Bongert, *C. R.*, **132**, 974, 1901].

Propriétés. — Prismes fusibles à 127°, bouillant à 287° sous 205 mm., à peu près insolubles dans l'eau. Elle s'unit avec les bases et avec les acides. Dans le premier cas l'union a lieu par substitution du métal à un H du (4)-CH^2. Il en sera de même pour le remplacement de cet hydrogène par un halogène ou un radical alcoolique.

Le perchlorure de fer l'oxyde en *bleu de pyrazol* $C^{20}H^{16}Az^4O^2$. — Soumise à l'action de ICH^3 et C^2H^5ONa, elle fournit des dérivés au C-(4), au Az-(2) et transformation du (5)-CO en $C(OCH^3) =$ [Knorr, *D. chem. G.*, **28**, 707, 1895]. A l'ébullition avec l'acide chlorhydrique concentré, elle fournit un peu de α-méthylindol

[Stolz, *loc. cit.*, 638]. Le diazométhane fournit un dérivé méthylé - $C(OCH^3) =$ en (5). L'acide nitreux la transforme en dérivé isonitrosé puis en dérivé nitré. PCl^5 la transforme en phénylméthyldichloropyrazolone [le (4)-CH^2 devient CCl^2]. $POCl^3$, à 150°, la transforme en 5-chloropyrazol correspondant [(5)-CO- devient (5)-$CCl=$] [Michaelis et Röhmer, *D. chem. G.*, **31**, 2908, 1898]. P^2S^5 la réduit en phénylméthylpyrazol. Elle se combine avec les aldéhydes et les cétones, avec départ d'eau et formation de colorants. Les phénols et les oxy-acides, forment seulement des produits d'addition avec l'antipyrine [Patein, *C. R.*, **124**, 234, 1897]. Elle se combine avec le chlorure de diazobenzène, avec la primuline diazotée [Höchster Farbwk., D.R.P. 117 575; voyez aussi D.R.P. 134 162]. Elle se condense encore avec la nitrosodiméthylaniline [Sachs et Barschall, *D. chem. G.*, **35**, 1438, 1902], avec les oxyaldéhydes et leurs éthers [Tambor, *D. chem. G.*, **33**, 864, 1900].

Sels. — Knorr [*Ann. Chem.*, **238**, 152, 1887]. HCl, H^2O; $PtCl^6H^2$, $4H^2O$; Ag et $^1/_2Ag$; $^1/_2Co$; sel d'éthylène-diamine.

DÉRIVÉS SUBSTITUÉS. — 1. DANS LE 1-PHÉNYLE. — On les obtient par condensation de l'acétylacétate d'éthyle avec les phénylhydrazines substituées dans le noyau.

1-*p-Bromophényl-3-méthyl-5-pyrazolone*,

$$p\text{-}Br - C^6H^4Az\diagdown$$

— On l'a obtenue en partant de la p-bromophénylhydrazine. Elle fond à 175° [Michaelis et Schwabe, *D. chem. G.*, **33**, 2607, 1900].

1-*Nitrophényl-3-méthyl-5-pyrazolone*,

$$AzO^2 - C^6H^4Az\diagdown$$

— Le *dérivé ortho* fond à 51° [Michaelis et Behn, *D. chem. G.*, **33**, 2599, 1900]. Le *dérivé méta* fond à 185° [M. et B.; Rougy, *Bull. Soc. Chim.*, (3), **21**, 596, 1899]. Le *dérivé para*, obtenu par nitration directe de la pyrazolone, fond à 218° en se décomposant [Höchster Fwk., D.R.P. 61 794 : *Fried.*, **3**, 926].

1-*Aminophényl-3-méthyl-5-pyrazolone*,

$$H^2Az - C^6H^4 - Az\diagdown$$

— Obtenue par réduction du dérivé précédent avec l'étain et l'acide chlorhydrique [H. F.; Fr., *id.*]. Elle est soluble dans l'eau, fusible à 161° et fournit un *dérivé diacétylé*, fusible à 220°. On peut remplacer les 2 H de H^2Az par $2CH^3$ [H. F., D.R.P. 97 011]. *Dérivé monoacétylé*, obtenu directement avec l'acétyl-p-aminophénylhydrazine [H. F., D.R.P. 92 990; *Fried.*, **4**, 1193]; il fond à 197°.

1-*p-Oxyphényl-3-méthyl-5-pyrazolone*,

$$OH - C^6H^4Az\diagdown$$

— On l'obtient en chauffant avec HCl, à 150°, le 5-éthoxypyrazol correspondant ou la p-éthoxyphénylpyrazolone correspondante. Elle fond à 230° [Stolz, *D. chem. G.*, **28**, 637, 1895]. *Méthoxy-dérivé*

$$CH^3O - C^6H^4Az\diagdown$$

obtenu avec la p-méthoxyphénylhydrazine : aiguilles fusibles à 138° [Riedel, D.R.P. 69 930; *Fried.*, (3), 943]. *Éthoxy-dérivé*, préparé comme le précédent [Stolz, *D. chem. G.*, **25**, 1664, 1892; voyez aussi Höchst. Fwk., D.R.P.

68 159; *Fried.*, **3**, 933] : il fond à 147°, et se laisse saponifier par HCl à 150° comme on l'a vu plus haut,

1-p-Acide phényloxyacétique-3-méthyl-5-pyrazolone,

$$HO^2C - CH - O - C^6H^4 - Az <$$

— Ce composé, fusible à 211°, est obtenu par condensation de la phénylhydrazine oxyacétique correspondante [Howard, *D. chem. G.*, 30, 2104, 1887].

Acide 1-p-sulfophényl-3-méthyl-5-pyrazolone,

$$SO^3H - C^6H^4Az <$$

— Cet acide, obtenu par Möllenhoff [*D. chem. G.*, **25**, 1941, 1892] par sulfonation directe de la pyrazolone avec l'acide fumant, ou par condensation directe de la p-sulfophénylhydrazine, cristallise de la solution aqueuse avec H^2O; il se décompose à 320°. Le chlorure de diazoenzène fournit un *dérivé phénylhydrazinique,*

$$SO^3HC^6H^4Az < \begin{matrix} CO - C = Az - AzH - C^5H^5 \\ | \\ Az = C - CH^3 \end{matrix}$$

(M.), cristaux jaune brun, fusibles en se décomposant vers 260°. Par traitement avec un excès de PCl^5, on obtient le *sulfochlorure dichloré,*

$$ClO^2S - C^6H^4Az < \begin{matrix} CO - C = Cl^2 \\ | \\ Az = C - CH^3 \end{matrix}$$

fusible à 130° et qui, traité par $2C^2H^5ONa$, échange les deux chlores du carbone-4 contre deux groupes oxéthyle. Le *composé dioxéthylé,*

$$ClO^2S - C^6H^4 - Az < \begin{matrix} CO - C = (OC^2H^5)^2 \\ | \\ Az = C - CH^3 \end{matrix}$$

cristallise en aiguilles rouges fusibles à 68° (M.).

Acide 3-méthyl-5-pyrazolone-1-phényl-o-carbonique,

$$CO^2H - C^6H^4 - Az < \begin{matrix} CO - CH^2 \\ | \\ Az = C - CH^3 \end{matrix}$$

— Lorsqu'on distille le 5-chloropyrazol correspondant, celui-ci perd HCl et fournit un *anhydride* fusible à 100° et bouillant à 345°, qui à l'ébullition donne l'*acide* libre fusible à 139° [Michaelis et Eisenschmidt, *D. chem. G.*, 37, 2228, 1904].

2. DANS LE NOYAU PYRAZOLIQUE :

1-Phényl-3-méthyl-4-dichloro-5-pyrazolone,

$$C^6H^5Az < \begin{matrix} CO - C = Cl^2 \\ | \\ Az = C - CH^3 \end{matrix}$$

— On la prépare par action du chlore ou du pentachlorure de phosphore sur la pyrazolone [Knorr, *Ann. Chem.*, **238**, 178, 1887] ou avec du chlorure de chaux et le chlorhydrate de la pyrazolone ou de la pyrazolidone [Knorr et Duden, *D. chem. G.*, 25, 766, 1892]. Ce composé fond à 61°; il est insoluble dans l'eau, et se laisse facilement réduire en pyrazoline primitive.

1-Phényl-3-méthyl-4-bromo-5-pyrazolone,

$$C^6H^5Az < \begin{matrix} CO - CHBr \\ | \\ Az = C - CH^3 \end{matrix}$$

— Obtenue par bromuration directe de la pyrazo-lone [K., *loc. cit.*] ou de la pyrazolidone (K. et D.). Elle fond à 129° et se transforme spontanément, en solution alcoolique, en bleu de pyrazol.

Dérivé 4-dibromé. — Obtenu comme le précédent. Il est fusible à 80°.

p-Bromophényl-3-méthyl-4-dibromo-5-pyrazolone,

$$p-BrC^6H^4Az < \begin{matrix} CO - CBr^2 \\ | \\ Az = C - CH^3 \end{matrix}$$

— Obtenue aussi bien avec la pyrazolone, la pyrazolidone ou la pyrazolone p-sulfonée [K.; K. et D.; — Möllenhof, *D. chem. G.*, 25, 1944, 1892]. Elle fond à 83°.

Dérivé tétrabromé, $C^{10}H^6Br^4OAz^2$. — Obtenu comme les précédents [M., *loc. cit.*]. Il fond à 134°.

1-Phényl-3-méthyl-4-isonitroso-5-pyrazolone,

$$C^6H^5Az < \begin{matrix} CO - C = AzOH \\ | \\ Az = C - CH^3 \end{matrix}$$

— On peut l'obtenir synthétiquement : par l'action de la phénylhydrazine sur les syn- ou anti-isonitrosoacétylacétate d'éthyle [Knorr, *Ann. Chem.*, **238**, 185, 1887; — Jovitschitsch, *D. chem. G.*, **28**, 2685, 1895]; ou par ébullition de la butane-dione-dicarbonylanilide-2-oxime-3-phénylhydrazone avec l'acide acétique [Knorr et Reuter, *D. chem. G.*, **27**, 1175, 1894]; par l'action de HCl en solution alcoolique, à 120° sur l'isonitroso-cyanacétone-phénylhydrazone [Walther, *J. prakt. Chem.*, (2), **55**, 141, 1897]. Elle se prépare aussi par nitrosation directe, avec AzO^2Na et un acide, de la pyrazolone ou de la pyrazolidone correspondante [Knorr et Duden, *loc. cit.*], ou de la 5-imino-pyrazolone (Walther). Elle cristallise en aiguilles orangées fusibles à 152° (J.), à 157° (K.). Un excès d'acide nitreux, ou l'acide nitrique l'oxydent en dérivé 4-nitré. C'est un acide fort; ses sels sont orangés. Etude physicochimique [Hantzsch et Barth, *D. chem. G.*, **35**, 222, 1902].

1-p-Bromophényl-3-méthyl-4-isonitroso-5-pyrazolone,

$$Br - C^6H^4Az <$$

— Fusible à 188° [Knorr et Müller, *Ann. Chem.*, **328**, 76, 1903].

1-Phényl-3-méthyl-4-nitro-5-pyrazolone,

$$C^6H^5Az < \begin{matrix} CO - CH - AzO^2 \\ | \\ Az = C - CH^3 \end{matrix}$$

— On a vu plus haut sa formation (Knorr: Knorr et Duden). Elle fond vers 129° et se laisse facilement réduire en 4-amino-dérivé.

1-p-Nitrophényl-3-méthyl-4-nitro-5-pyrazolone (acide picrolonique),

$$AzO^2C^6H^5Az <$$

— On l'obtient par nitration directe de la pyrazolone primitive [Bertram, *Dissert.*, Iéna, 1892: — voyez aussi Knorr, *D. chem. G.*, 30, 914, 1897]. Cristaux jaunâtres, fournissant avec les bases des sels bien cristallisés, les picrolonates, généralement peu solubles dans l'eau.

1-TOLYL-3-MÉTHYL-5-PYRAZOLONES,

$$CH^3C^6H^4 - Az < \begin{matrix} CO - CH^2 \\ | \\ Az = C - CH^3 \end{matrix}$$

— On les obtient par condensation des tolyl-hydrazines correspondantes [Knorr, *D. chem. G.*, 17, 549, 1884].

Dérivé ortho, fusible à 183°. Son *dérivé 2-méthylé* $C^{11}H^{11}Az^2OCH^3$ fond à 97°, et son *dérivé 2-éthylé* à 110°.

Dérivé para, fusible à 140°. Son *dérivé 2-méthylé* (*p-tolylpyrine*) fond à 137°. On peut aussi l'obtenir avec les halogène-méthylates du chloropyrazol correspondant, traités par un alcali alcoolique. ou Ag^2O [Michaelis et Su., *D. chem. G.*, 33. 2617, 1900]. On a préparé différents composés d'addition ou sels de la p-tolylpyrine, tels que : *Tolylpyrine-orthoforme* et *orthoforme nouveau* [Einhorn et Rupert, *Ann. Chem.*, 325, 319, 1902 et D. R. P. 126340]. Le *dérivé 2-éthylé* fond à 92° [Höchster Fwk.. D. R. P. 92009 ; — *Fried.*, 4. 1198].

1-P-MÉTHYLBENZYL-3-MÉTHYL-5-PYRAZOLONE.

$$CH^3 - C^6H^4 - CH^2 - Az\big\langle$$

— Ce produit est obtenu directement avec la p-méthylbenzylhydrazine et l'acétylacétate d'éthyle. Il fond à 155° [Curtius et Sprenger, *J. prakt. Chem.*. (2), 62, 110, 1900].

1-XYLYL-3-MÉTHYL-5-PYRAZOLONE,

$$(CH^3)^2 C^6H^3 - Az\big\langle$$

— Obtenue de même avec la 1.3.4-xylylhydrazine. Elle fond à 159°. *Sels*. chlorhydrate; ferrocyanure.
Son *dérivé 2-méthylé* (*xylyl-antipyrine*) fond à 113° et fournit un *dérivé nitrosé* vert [Klauber, *Monatsh.*, 12, 215].

1-PSEUDOCUMYL-3-MÉTHYL-5-PYRAZOLONE,

$$(CH^3)^3 \equiv C^6H^2 = Az\big\langle$$

— Obtenue comme la précédente, en chauffant à 140° [Haller, *D. chem. G.*, 18, 707, 1885]. Elle fond à 155° et fournit un *dérivé nitrosé*, aiguilles jaunes fusibles à 156°.
Par méthylation elle fournit le *dérivé 2-méthylé* (*pseudocumyl-antipyrine*) fusible à 106° (H.).

1-*Benzhydryl-3-méthyl-5-pyrazolone*,

$$(C^6H^5)^2 = CH - Az\big\langle$$

— Base obtenue par condensation de la benzhydrylhydrazine. Elle cristallise de l'alcool en prismes fusibles à 195°. Son *dérivé isonitrosé* cristallise en aiguilles jaunes décomposées à 182° [Darapski, *J. prakt. Chem.*, (2), 67, 172, 1903].

1-PHÉNYL-4-MÉTHYL-5-PYRAZOLONE,

$$C^6H^5Az\big\langle \begin{matrix} CO - CHCH^3 \\ | \\ Az = CH \end{matrix}$$

— Ce produit se forme. en même temps qu'un peu de phényl-méthyl-benzolazopyrazolone et d'acide bromométhacrylique, lorsqu'on traite la phénylhydrazine par l'acide citro-dibromopyrotartrique. ou bien encore en chauffant à 130° la phénylhydrazine et l'acide bromométhacrylique [Fichter, Enzenauer et Vellenberg. *D. chem. G.*, 33, 494, 1900]. Il cristallise en aiguilles fusibles à 210°? Le brome le transforme en *dérivé 3-bromé* fusible à 242° (F., E. et V.).
La 1-*phényl-2-méthyl-5-pyrazolone*, fusible à 148°, est identique avec la 1-*phényl-4-méthyl-5-pyrazolone*. Mise en présence de ICH^3, elle fournit le 1-*phényl-2.4-diméthyl-5-pyrazolone*. cristallisant avec $2H^2O$ et fusible à 125° [Stolz, *D. chem. G.*, 38. 3273, 1905].

1-PHÉNYL-3-ÉTHYL-5-PYRAZOLONE,

$$C^6H^5 - Az\big\langle \begin{matrix} OC - CH^2 \\ | \\ Az = C - C^2H^5 \end{matrix}$$

— Obtenue par Blaise [*C. R.*, 132, 979, 1901], par l'action de la phénylhydrazine sur le propionylacétate d'éthyle. Elle est fusible à 100°. Sa *carbonamide*,

$$H^2Az - COAz\big\langle$$

obtenue en remplaçant la phénylhydrazine par la semicarbazide, fond vers 197° (B.).

3-PROPYL-5-PYRAZOLONE,

$$HAz\big\langle \begin{matrix} CO - CH^2 \\ | \\ Az = C - C^3H^7 \end{matrix}$$

Bouveault et Bongert [*Bull. Soc. Chim.*, (3), 27, 1091, 1902] et Bongert [*C. R.*, 133, 165, 1901] la préparent par l'action de l'hydrazine sur l'éther butyrylacétique. Elle fond à 198°.

1-PHÉNYL-3-PROPYL-5-PYRAZOLONE,

$$C^6H^5Az\big\langle$$

— La phénylhydrazine, condensée avec le butyrylacétate de méthyle, fournit ce produit, en même temps que de l'acétylphénylhydrazine et de la bis-propylphénylpyrazolone [Bongert, *C. R.*, 132, 973, 1901; — Blaise, *C. R.*, 132, 979, 1901]. Il fond à 110° et bout vers 200° sous 10 mm.

3-ISOBUTYL-5-PYRAZOLONE,

$$HAz\big\langle \begin{matrix} CO - CH \\ || \\ Az = C - C^4H^9 \end{matrix}$$

— Lamelles fusibles à 239°. Préparée par Bouveault et Bongert [*loc. cit.*] en condensant l'hydrate d'hydrazine sur l'isovalérylacétate de méthyle.

3-AMYL-5-PYRAZOLONE,

$$HAz\big\langle \begin{matrix} CO - CH^2 \\ | \\ Az = C - CH^2 - (CH^2)^3 - CH^3 \end{matrix}$$

— Préparée au moyen des éthers caproylacétiques et de l'hydrate d'hydrazine [Bouveault et Bongert, *Bull. Soc. Chim.*, (3), 27, 1092, 1902; — Moureu et Delange, *C. R.*, 136, 754, 1903]. Lamelles fusibles à 195°.

3-HEXYL-5-PYRAZOLONE,

$$HAz\big\langle \begin{matrix} CO - CH^2 \\ | \\ Az = C - C^6H^{13} \end{matrix}$$

— Préparée par l'action de l'heptoxylacétate d'éthyle et l'hydrazine [M. et D., *loc. cit.*]. Fusible à 197°.

3-PHÉNYL-5-PYRAZOLONE,

$$HAz\big\langle \begin{matrix} CO - CH^2 \\ | \\ Az = C - C^6H^5 \end{matrix}$$

— Obtenue par chauffage d'une solution alcoolique de benzoylacétate d'éthyle et d'hydrazine [Curtius, *J. prakt. Chem.*, (2), 50, 515, 1894; — Rothenburg, *ibid.*. 54, 61, 1895; 52, 23, 1895], ou encore, par action de l'hydrazine sur l'acide phénylpropiolique, l'acide dihydrobenzoylacétique, la phényloxazolone (R.). Elle cristallise en lamelles fusibles à 236°. Oxydée au permanganate, elle se scinde en acide iminobenzoylformique. Par ébullition avec $FeCl^3$, elle produit du *bléu de phénylpyrazolone*,

$$\left[\mathrm{HAz} \begin{array}{l} \diagup \mathrm{CO-C}\!=\!=\!= \\ \diagdown \mathrm{Az}\!=\!\mathrm{C-C^6H^5} \end{array} \right]^2$$

[R., *ibid.*, **52**, 37].
Sels : HCl; –Na; =Ca.
On a préparé par les méthodes ordinaires les dérivés : *4-dibromo-3-phényl-5-pyrazolone* fusible à 189° (R.): *4-isonitroso-3-phényl-5-pyrazolone* fusible à 188° (R.); et ses éthers : *éthylique* fusible à 153°, *acétate* fusible à 82°, *benzoate* fusible à 142°.
1-Acétyl-3-phényl-5-pyrazolone,

$$CH^3CO-Az{<}$$

— Obtenue avec l'anhydride acétique. Lamelles fusibles à 122°. *Sel d'Ag* [C., R., *ibid.*, **52**, 31].
1-2-Diacétyl-3-phényl-5-pyrazolone,

$$\mathrm{CH^3COAz} \begin{array}{l} \diagup \mathrm{CO}\!-\!\!-\!\!-\!\mathrm{CH} \\ \hphantom{x}\| \\ \diagdown \mathrm{Az(COCH^3)-C-C^6H^5} \end{array}$$

— Obtenue comme la précédente, fusible à 86°.
1-Carbonamide-3-méthyl-5-pyrazolone,

$$\mathrm{H^2Az-CO-Az} \begin{array}{l} \diagup \mathrm{CO-CH^2} \\ \diagdown \mathrm{Az}\!=\!\mathrm{C-CH^3} \end{array}$$

— Produit de condensation de la semicarbazone de l'acétylacétate d'éthyle, en présence d'ammoniaque concentrée : $H^2AzCO\,Az\,H.Az=C(CH^3)CH^2$. $CO^2C^2H^3 = C^2H^5OH + C^5H^7Az^3O^2$ [Thiele et Stange, *Ann. Chem.*, **283**, 31, 1893]. Aiguilles fusibles à 192°.
3-Méthylpyrazolone-1-carbonyl-3-aminocrotonate d'éthyle, $C^2H^5O^2C . CH = (CH^3)C - AzHCOAzH^2$. — Produit de condensation de la semicarbazone de l'acétylacétate d'éthyle, dissoute dans le carbonate de soude dilué, en présence d'un excès d'acétylacétate d'éthyle.
Il fond vers 176°, en se décomposant (T. et S.).
Acide 3-méthylpyrazolone-1-propionique,

$$HO^2C - CH(CH^3) - Az{<}$$

— Produit de condensation de l'acide hydrazinopropionique avec l'acétylacétate d'éthyle. Il fond à 215° [Traube et Longinescu, *D. chem. G.*, **29**, 674, 1896].
Acide 3-méthylpyrazolone-1-isobutyrique,

$$HO^2C - C(CH^3)^2 - Az{<}$$

— Obtenu comme le précédent, avec l'acide hydrazinobutyrique [Thiele et Heuser, *Ann. Chem.*, **290**, 20, 1896]. Aiguilles fusibles à 263°.
1-MÉTHYL-3-PHÉNYL-5-PYRAZOLONE,

$$CH^3 - Az{<}$$

— Obtenue par méthylation de la précédente [R., *ibid.*, **52**, 34], fusible à 207°.
1.3-DIPHÉNYL-5-PYRAZOLONE,

$$C^6H^5Az{<}$$

— Obtenue avec le benzoylacétate d'éthyle et la phénylhydrazine [Knorr et Klotz, *D. chem. G.*, **20**, 2546, 1887; D.R.P. 42726; — *Fried.*, **1**, 212]. On peut aussi employer l'acide phénylpro-

piolique [Rothenburg, *D. chem. G.*, **27**, 784, 1894]. Cette pyrazolone fond à 137°. *Sels* : HCl: H^2SO^4. Les dérivés suivants ont été préparés comme d'ordinaire : *4-isonitroso-diphénylpyrazolone* (Ketk), rouge, fusible vers 198°; *1.3-diphényl-2-méthylpyrazolone*,

$$\mathrm{C^6H^5Az} \begin{array}{l} \diagup \mathrm{CO}\!-\!\!-\!\!-\!\mathrm{CH} \\ \hphantom{x}\| \\ \diagdown \mathrm{Az(CH^3)-C-C^6H^5} \end{array}$$

fusible à 150°. *Sels...* *et son dérivé bromé* fusible vers 110° (K. et K.).
1.4-DIPHÉNYL-5-PYRAZOLONE,

$$\mathrm{C^6H^5Az} \begin{array}{l} \diagup \mathrm{CO-CH-C^6H^5} \\ \hphantom{xx}| \\ \diagdown \mathrm{Az}\!=\!\mathrm{CH} \end{array}$$

— L'α et le β-formylacétate d'éthyle réagissent (le premier plus vivement) sur la phénylhydrazine en donnant cette pyrazolone fusible à 196° [Wislicenus, *D. chem. G.*, **20**, 2932, 1887; — Börner, *Chem. C. Bl.*, (1), 122, 1900].
1-Carbonamide-4-phényl-5-pyrazolone,

$$H^2AzCO - Az{<}$$

— Obtenue en chauffant la semicarbazone du formylphénylacétate de méthyle, à 170°. Aiguilles jaune clair, fusibles à 229°, se colorant en rouge avec $FeCl^3$ (Börner).
o-Méthoxyphénylphénylpyrazolone,

$$\mathrm{C^6H^5Az} \begin{array}{l} \diagup \mathrm{CO-CH^2} \\ \hphantom{xx}| \\ \diagdown \mathrm{Az}\!=\!\mathrm{C-C^6H^4OCH^3} \end{array}$$

— Tahara [*D. chem. G.*, **25**, 1307, 1892] l'a obtenue en condensant l'éther o-méthoxybenzoylacétylacétique sur la phénylhydrazine. Prismes fusibles à 114°.
4-BENZAL-5-PYRAZOLONE,

$$\mathrm{HAz} \begin{array}{l} \diagup \mathrm{CO-C}\!=\!\mathrm{CH-C^6H^5} \\ \hphantom{xx}| \\ \diagdown \mathrm{Az}\!=\!\mathrm{CH} \end{array}$$

— Produit de l'union de la pyrazolone avec l'aldéhyde benzoïque. Cristaux rouges fusibles à 200° [Knorr, *D. chem. G.*, 256; — Rothenburg, *J. prakt. Chem.*, (2), **51**, 46].
4-Benzal-1-phényl-5-pyrazolone,

$$C^6H^5Az{<}$$

— Aiguilles orangées fusibles à 170° [Claisen et Haase, *D. chem. G.*, **28**, 39, 1895].
1-PHÉNYL-2.3-DIMÉTHYL-5-PYRAZOLONE. ANTIPYRINE,

$$\mathrm{C^6H^5Az} \begin{array}{l} \diagup \mathrm{CO}\!-\!\!-\!\!-\!\mathrm{CH} \\ \hphantom{x}\| \\ \diagdown \mathrm{Az(CH^3)-C-CH^3} \end{array}$$

— On a vu sa préparation à l'article ANTIPYRINE (2ᵉ Suppl., **1**, 347). Nous citons ici ses sels et sels doubles.
Chlorhydrate, $C^{11}H^{13}OAz^2Cl$. — Cristaux tabulaires déliquescents fusibles à 159° [M. et Past, *D. chem. G.*, **32**, 2406, 1899; — Reychler, *Bull. Soc. Chim.*, (3), **27**, 612, 1902]: il cristallise du benzène avec $1C^6H^6$ (R.). *Chlorures doubles*, $A^2.HCl,HgCl^2$, lamelles fusibles à 106° [Ville et Astre, *C. R.*, **130**, 837, 1900]; $A^3.FeCl^3$, poudre orangée soluble dans l'eau (*ferropyrine*) [Schuyten, *Chem. Cent. Bl.*, (2), 37, 1899], employée comme hémostatique; $A^2.CuCl^2$, fusible à 145° [Schuyten, *ibid.*, (2), 37, 1899]; $A^2.PtCl^6H^2$ [Knorr, *Ann. Chem.*, **293**, 31, 1896]. — *Bromure*,

$A^2 . H Br . Hg Br^2$, fusible à 115° [V. et A.. *loc. cit.*. 1256]. *Iodures.* $A^2 . H^2O$. fusible à 177° [Knorr. *loc. cit.*]; $A^2 . H I . Hg I^2$. fusible à 120° [V. et A.. *loc. cit.*]. *Nitrites*, $A . Hg^2 (Az O^2)^2$, poudre rouge [Moulin. *Bull. Soc. Chim.*, (3), **29**. 202, 1903]; $A . Hg (Az O^2)^2$, poudre jaune explosive à 205° [*ibid.*]. *Nitrate.* $A . Hg (Az O^3)^2$, aiguilles [*ibid.*].

Picrate. — (Mol. à mol.). fusible à 188°.

Salicylate. — (Mol. à mol.), *salipyrine* [Patein et Dufau. *Bull. Soc. Chim.*. (3), **15**, 847. 1896].

Antipyrine et salicylates. — [v. Schuyten, *Chem. Centr. Blatt*, **2**. 38. 1899 et **2**. 484. 1901; — Bourgeois, *Rec. Pays-Bas*. **18**. 451].

m-Oxybenzoate. — Liquide. *p-Oxybenzoate* fusible à 80° (P. et D.).

Camphorates. — Neutre et acide [Ebert et Reuter. *Chem. Zeit.*. **25**. 44].

Crésylols-antipyrine. — (Mol. à mol.) [P. et D.. *loc. cit.*, 609]. dérivés o., m. et p.

Saligénine-antipyrine. — (Mol. à mol.) [P. et D.. *loc. cit.*. 849].

Antipyrine et pyrocatéchine. gaïacol. résorcine. hydroquinone. orcine. pyrogallol, phloroglucine (mol. à mol.) [P. et D.. *loc. cit.*].

Antipyrine-orthoforme; antipyrine-orthoforme nouveau: salipyrine-orthoforme: salipyrine-orthoforme nouveau [Einhorn et Ruppert. *Chem. Centr. Bl.*. (1), 78. 1902]. *Antipyrine-saccharine* (mol. à mol.) [Lumière. *Chem. Centr. Bl.*, (1), 1287, 1902]. *Chloralantipyrine* (hypnal) voy. 2e Suppl., **2**. 1078 et **5**. 648.

Butyrochloralantipyrine. $C^{15}H^{17}O^2Az^2Cl^3$. — [Calderato, *Chem. Centr. Bl*., **2**. 1387, 1902].

Nitroprussiate. ferrocyanure. ferricyanure d'antipyrine [Schuyten. *Chem. Centr. Bl.*, (2), 1362. 1901].

DÉRIVÉS DE SUBSTITUTION DE L'ANTIPYRINE. — I. DANS LE NOYAU PHÉNYLIQUE :

p-Bromoantipyrine.

$$p\text{-}Br - C^6H^4Az \big\langle$$

— Obtenue par méthylation de la pyrazolone correspondante ou par traitement à la potasse alcoolique des sels de méthylammonium du 5-chloropyrazol correspondant [Michaelis et Schwabe, *D. chem. G.*, **33**, 2610, 1900]. Elle fond à 122° et bout à 300° sous 9 mm. Sels : HCl; $Pt Cl^6 H^2$; ferrocyanure.

p-Aminoantipyrine,

$$p\text{-}H^2Az - C^6H^4Az \big\langle$$

— Son *dérivé acétylé*, fusible à 221°, est obtenu par méthylation de la pyrazolone correspondante; il fournit par saponification l'*amine* libre fusible à 210° [Höchst. Fwk.. D.R.P. 92990; — *Fried.*. **4**, 1193]. Le dérivé *diméthyl-p-amino-antipyrine* est obtenu de la même manière. mais en opérant la méthylation en présence d'alcool méthylique, avec un excès de CH^3I [H. F.. D.R.P. 97011; — *Fried., loc. cit.*].

1-p-Méthoxyantipyrine.

$$C H^3 O - C^6H^4Az \big\langle$$

— Ce produit est obtenu par méthylation de la pyrazolone correspondante [Riedel. D.R.P. 69930; — *Fried.*, **3**. 943]. Il fond à 83° et fournit un *dérivé nitrosé* cristallisé en aiguilles vertes.

1-p-Ethoxyantipyrine,

$$C^2H^5O - C^6H^4Az \big\langle$$

— Produit obtenu comme le précédent [Stolz, *D. chem. G.*, **25**, 1664, 1892] et aussi par dé-

composition à chaud de l'acide pyrazolone-5-acétique correspondant [Höchster Fwk., D.R.P. 68159 et 68240; — *Fried.*, **3**, 932]. Lamelles fusibles à 90°. *Sels* : salicylate [Altschul, *D. chem. G.*, **25**, 1852].

Acide antipyrine-1-p-sulfonique,

$$SO^3H - C^6H^4 - Az \big\langle$$

— Cet acide est facilement obtenu par l'action de l'acide fumant sur l'antipyrine [Möllenhof, *D. chem. G.*, **25**, 1951, 1892]. Son *sel de baryum*, amorphe, est vitreux.

II. DANS LE NOYAU PYRAZOLIQUE :

Antipyrine-4-bromée,

$$C^6H^5Az \Big\langle \begin{array}{l} CO \text{——} CBr \\ \ \ \ \ \ \ \ \ \ \| \\ Az(CH^3) - C - CH^3 \end{array}$$

— Obtenue directement avec le *dérivé d'addition 3.4-dibromé* (fusible à 150°) et l'eau. Elle cristallise en aiguilles peu solubles dans l'eau [Knorr, *Ann. Chem.*, **238**, 216, 1887].

4-Iodoantipyrine,

$$Az\ C^6H^5 \Big\langle \begin{array}{l} CO \text{——} CI \\ \ \ \ \ \ \ \ \ \ \| \\ Az(CH^3) - C - CH^3 \end{array}$$

— L'iode réagit sur l'antipyrine en présence d'acétate de sodium [Bougault, *Centr. Bl.*, **1**, 507, 1900]; mieux encore, on laisse réagir une solution alcoolique d'iode et de bichlorure de mercure sur l'antipyrine; on obtient d'abord un composé $(C^{11}H^{11}OAz^2I)^4$, $HgCl^2$, HgI^2, $2HCl$ fusible à 140° ou, avec moins de $HgCl^2$: $(C^{11}H^{11}OAz^2I)^2$, HgI^2, HCl, fusible à 130°. Ces composés, traités par une solution de Na^2CO^3 et KI, se scindent en fournissant l'iodoantipyrine, fusible à 169°.

4-Nitrosoantipyrine,

$$C^6H^5Az \Big\langle \begin{array}{l} CO \text{——} CAzO \\ \ \ \ \ \ \ \ \ \ \| \\ Az(CH^3) - C - CH^3 \end{array}$$

— Cristaux quadratiques. verts, obtenus par l'action de $NaAzO^2$ sur une solution acide concentrée d'antipyrine (Knorr). Elle détone à 120°, se laisse réduire facilement en dérivé 4-aminé et se scinde sous l'action des alcalis bouillants en 1-méthyl-2-phénylhydrazine. L'hydrate d'hydrazine, en solution alcoolique, la transforme en méthylphénylhydrazine et 4-isonitroso-3-méthyl-pyrazolone. La phénylhydrazine, dans les mêmes conditions, fournit la phénylhydrazone de la méthylphénylhydrazide isonitrosoacétylacétique [Knorr et Müller, *Ann. Chem.*, **328**, 66, 1903]. *Sels* : HCl [Knorr et Geuther, *ibid.*, **293**, 56, 1896].

4-Nitroantipyrine,

$$C^6H^5Az \Big\langle \begin{array}{l} CO \text{——} C - AzO^2 \\ \ \ \ \ \ \ \ \ \ \| \\ Az(CH^3) - C - CH^3 \end{array}$$

— Ce produit est obtenu par nitration directe de l'antipyrine ou de son dérivé nitrosé [Knorr, *loc. cit.*; *D. chem. G.*, **17**, 2039, 1884]. Il fond à 273° et se laisse facilement réduire en *dérivé aminé*.

1-PHÉNYL-2-ÉTHYL-3-MÉTHYL-5-PYRAZOLONE (HOMOANTIPYRINE),

$$C^6H^5Az \Big\langle \begin{array}{l} CO \text{——} CH \\ \ \ \ \ \ \ \ \ \ \| \\ Az(C^2H^3) - C - CH^3 \end{array}$$

— On l'obtient. entre autres produits, en chauffant vers 300° le phénylméthylpyrazolonecarbonate d'éthyle [Himmelsbauer, *J. prakt. Chem.*,

(2), 54, 191, 1896] ou par éthylation de la phénylméthylpyrazolone [Knorr, *Ann. Chem.*, 293, 3, 1896], ou bien enfin en chauffant le phényl-méthyl-5-éthoxypyrazol à 250° [Stolz, D.R.P. 95 643]. Il fond à 73°. *Sels* : $PtCl^6H^2$, $2H^2O$. *Dérivé nitrosé* vert, cristallin (Himmelsbauer).

1-Phényl-2-oxéthyl-3-méthyl-5-pyrazolone,

$$C^6H^5Az \diagup \genfrac{}{}{0pt}{}{CO \text{————} CH}{Az(CH^2 - CH^2OH) - \overset{\|}{C} - CH^3}$$

— Knorr [D.R.P. 74912 ; — *Fried.*, 3, 939] l'obtient par la phénylméthylpyrazolone sodée et la chlorhydrine éthylénique, en solution dans l'alcool, à l'ébullition. Base fusible à 143°. Son *dérivé nitrosé* se décompose à 137°. *Sels* : $PtCl^6H^2$; *picrate ; ferrocyanure. Acétate* (2) $CH^2.CH^2O^2C.CH^3$ fusible à 115°. *Benzoate* (2) $CH^2.CH^2O^2C.C^6H^5$ fusible à 182° [Knorr, *loc. cit.*].

1-PHÉNYL-2-BENZYL-3-MÉTHYL-5-PYRAZOLONE,

$$C^6H^5Az \diagup \genfrac{}{}{0pt}{}{CO \text{———} CH}{Az(CH^2C^6H^5) - \overset{\|}{C} - CH^3}$$

— Obtenue par benzylation de la phénylméthylpyrazolone. Cristaux aiguillés fusibles à 119°, très peu solubles dans l'eau.

3.4-DIMÉTHYL-5-PYRAZOLONE.

$$HAz \diagup \genfrac{}{}{0pt}{}{CO - CH - CH^3}{Az = C - CH^3}$$

— On peut l'obtenir soit en méthylant la 3-méthylpyrazolone avec ICH^3 et KOH, soit en condensant le méthylacétylacétate d'éthyle sur l'hydrazine [Rothenburg, *J. prakt. Chem.*, (2), 52, 40, 1895]. Bouveault et Bongert [*Bull. Soc. Chim.*, (3), 27, 1103, 1902] la préparent en faisant réagir le butyrylacétylacétate de méthyle sur l'acétate d'hydrazine. Elle cristallise en lamelles fusibles à 256°. Son *dérivé nitrosé* fond à 214° [Rothenburg, *loc. cit.*]. Son *dérivé diacétylé* fond à 44° [Rothenburg, *J. prakt. Chem.*, (2), 50, 229, 1894].

1-PHÉNYL-3.4-DIMÉTHYL-5-PYRAZOLONE, C^6H^5-AzR
— On l'obtient comme la précédente en employant la phénylhydrazine [Knorr et Blank, *D. chem. G.*, 17, 2050, 1884 ; *Ann. Chem.*, 238, 162, 1887]. On peut aussi chauffer à 200° l'acide phénylméthylpyrazolone-acétique [Knorr, *loc. cit.*]. Kritschenko [*D. chem. G.*, 28, 3203, 1895] l'obtient en chauffant à 200° *l'acide* $C^{12}H^{12}Az^2O^3$ provenant de la condensation de l'acide méthylacétone-dicarbonique et de la phénylhydrazine. C'est une poudre cristalline fusible vers 130°, à peine soluble dans l'eau. Chauffée vers 150° avec $POCl^3$, elle fournit le 5-chloropyrazol correspondant [Michaelis et Röhmer, *D. chem. G.*, 31, 3193, 1898].

Dérivé benzoylé. — Aiguilles fusibles à 99° [Nef, *Ann. Chem.*, 266, 129].

Acide 1-phényl-3.4-diméthyl-5-pyrazolone-sulfonique ? $SO^3H - C^6H^4 - AzR.$ — Walker [*Am. Chem. Journ.*, 16, 439, 1884] a obtenu ce composé, cristallisé en aiguilles, en traitant la phénylhydrazide du méthylacétylacétate d'éthyle par l'acide sulfurique, à — 15°.

Phényl-3-méthyl-4-oxyméthyl-5-pyrazolone,

$$C^6H^5Az \diagup \genfrac{}{}{0pt}{}{CO - CH - CH^2OH}{Az = C - CH^3}$$

— La phénylméthylalloxane-pyrazolone, traitée par la soude diluée à l'ébullition, perd $2CO^2$ et AzH^4 et fournit ce composé cristallisé qui, vers

280°, se transforme en *méthényl-bis-phénylméthylpyrazolone* $C^{21}H^{18}Az^4O^2$ [Pellizari, *Ann. Chem.*, 255, 233, 1889].

1-PHÉNYL-4.4-DIMÉTHYL-3-CHLORO-5-PYRAZOLONE.

$$C^6H^5Az \diagup \genfrac{}{}{0pt}{}{CO - C(CH^3)^2}{Az = C - Cl}$$

— On l'obtient en chauffant l'oxy-dérivé suivant avec $POCl^3$ à 150°. C'est une huile bouillant à 172° sous 22 mm. et se transformant sous l'action de PCl^5 en phényl-3.5-dichloro-4-méthylpyrazol [Michaelis et Röhmer, *D. chem. G.*, 31, 3013, 1898].

1-Phényl-4.4-diméthyl-3-méthoxy-5-pyrazolone (OCH^3 remplace Cl). — Ce composé provient de l'union de la phényl-3.5-pyrazoldione avec ICH^3 en présence de soude alcoolique [Michaelis et Röhmer, *loc. cit.*]. Lamelles fusibles à 70°, bouillant à 310°. On a vu plus haut ses réactions. La soude la transforme en une *combinaison* $C^{12}H^{16}O^3Az^2$ fusible à 178°, qui, chauffée, retourne au produit primitif.

3-MÉTHYL-4-ÉTHYL-5-PYRAZOLONE,

$$HAz \diagup \genfrac{}{}{0pt}{}{CO - CH - C^2H^5}{Az = C - CH^3}$$

— Lamelles fusibles à 190°, obtenues par Locquin [*C. R.*, 135, 110, 1902] en condensant l'éthylacétylacétate d'éthyle et l'hydrazine. Cet auteur a obtenu d'une manière analogue les composés suivants :

3-MÉTHYL-4-PROPYL-5-PYRAZOLONE. — Aiguilles fusibles à 212°.

3-MÉTHYL-4-ISOBUTYL-5-PYRAZOLONE. — Aiguilles fusibles à 237°.

3-MÉTHYL-4-AMYL-5-PYRAZOLONE. — Lamelles fusibles à 186°.

3-MÉTHYL-4-ISOAMYL-5-PYRAZOLONE. — Lamelles fusibles à 217°.

3-MÉTHYL-4-N-OCTYL-5-PYRAZOLONE. — Fusible à 182°.

3-MÉTHYL-4-SECOND.OCTYL-5-PYRAZOLONE. — Fusible à 137° [R. Locquin, *Bull. Soc. Chim.*, (3), 34, 760, 1904].

PHÉNYL-3-MÉTHYL-4-ÉTHYL-5-PYRAZOLONE,

$$C^6H^5Az \diagup \genfrac{}{}{0pt}{}{CO - CH - C^2H^5}{Az = C - CH^3}$$

— Ce composé, qui cristallise de la solution aqueuse avec $1H^2O$, a été obtenu par Knorr et Blank [*D. chem. G.*, 17, 2051, 1884] en chauffant à 140° la phénylhydrazine avec l'éthylacétylacétate d'éthyle. Il perd à 80° son eau d'hydratation et fond à 108° ; le nitrite de sodium le transforme, en présence d'acide sulfurique, en *bis-phénylméthyléthylpyrazolone* $C^{24}H^{26}Az^4O^2$, fusible à 160° [Knorr, *Ann. Chem.*, 238, 175, 1887].

3-PROPYL-4-MÉTHYL-5-PYRAZOLONE,

$$HAz \diagup \genfrac{}{}{0pt}{}{CO - CH - CH^3}{Az = C - C^3H^7}$$

— Obtenue par Bouveault et Bongert [*loc. cit.*] et Bongert [*C. R.*, 133, 166, 1901] par condensation du méthylbutyrylacétate de méthyle sur l'hydrazine. Aiguilles fusibles à 184°.

1-PHÉNYL-3-PROPYL-4-MÉTHYL-5-PYRAZOLONE,

$$C^6H^5Az \diagup$$

— Obtenue, comme la précédente, à l'aide de la

phénylhydrazine [Bouveault et Bongert. *loc. cit.*]. Fusible à 100° et bouillant à 200° sous 14 mm.

4-γ-Chloro-β-oxypropyl-3-méthyl-5-pyrazolone,

$$\mathrm{HAz}\left\langle\begin{array}{l}\mathrm{CO-CH-CH^2.CH(OH).CH^2Cl}\\ \qquad\quad |\\ \mathrm{Az=C-CH^3}\end{array}\right.$$

— Traube et Lehmann [*D. chem. G.*, **34**. 1981, 1901] l'ont obtenue par l'action de l'hydrate d'hydrazine sur la α-acéto-δ-chloro-γ-valérolactone. Elle fond à 150°,5.

3-Méthyl-4-allylpyrazolone,

$$\mathrm{HAz}\left\langle\begin{array}{l}\mathrm{CO-CH-C^3H^5}\\ \qquad\quad |\\ \mathrm{Az=C-CH^3}\end{array}\right.$$

— Obtenue par condensation de l'allylacétylacétate d'éthyle avec l'hydrate d'hydrazine [Rothenburg, *Journ. prakt. Chem.*, (2), **51**, 60, 1895]. Lamelles fusibles à 195°.

3-Propyl-4-éthyl-5-pyrazolone,

$$\mathrm{HAz}\left\langle\begin{array}{l}\mathrm{CO-CH-C^2H^5}\\ \qquad\quad |\\ \mathrm{Az=C-C^3H^7}\end{array}\right.$$

— Locquin l'a obtenue par condensation de l'éthylbutyrylacétate d'éthyle sur l'hydrazine [*C. R.*, **135**, 110, 1902]. Elle fond à 145°.

3-Amyl-4-éthyl-5-pyrazolone,

$$\mathrm{HAz}\left\langle\begin{array}{l}\mathrm{CO-CH-C^2H^5}\\ \qquad\quad |\\ \mathrm{Az=C-C^5H^{11}}\end{array}\right.$$

— Obtenue par Locquin au moyen de l'éthylcaproylacétate d'éthyle et de l'hydrazine [*loc. cit.*]. Lamelles fusibles à 136°.

1-Phényl-3-méthyl-4-isopropylène-5-pyrazolone,

$$\mathrm{C^6H^5Az}\left\langle\begin{array}{l}\mathrm{CO-C=C(CH^3)^2}\\ \qquad\quad |\\ \mathrm{Az=C-CH^3}\end{array}\right.$$

— On l'obtient, soit en faisant bouillir la phénylméthylpyrazolone avec de l'acétone [Knorr, *Ann. Chem.*,, **238**, 180, 1887], soit en condensant l'isopropylidène-acétylacétate d'éthyle avec la phénylhydrazine [Pauly, *D. chem. G.*, **30**, 484, 1897]. Aiguilles jaunes fusibles à 117°.

4-Méthyl-3-phényl-5-pyrazolone,

$$\mathrm{HAz}\left\langle\begin{array}{l}\mathrm{CO-CH-CH^3}\\ \qquad\quad |\\ \mathrm{Az=C-C^6H^5}\end{array}\right.$$

— Obtenue par méthylation de la 3-phénylpyrazolone [Rothenburg, *Journ. prakt. Chem.*, (2), **52**, 35, 1895]. Elle fond à 138°.

1-Phényl-3-méthyl-4-diphénylméthylène-5-pyrazolone,

$$\mathrm{C^6H^5Az}\left\langle\begin{array}{l}\mathrm{CO-C=C=(C^6H^5)^2}\\ \qquad\quad |\\ \mathrm{Az=C-CH^3}\end{array}\right.$$

— Obtenue par condensation de la phénylhydrazine sur le ββ-diphényl-α-acétylacrylate de méthyle [Klages et Fanto, *D. chem. G.*, **32**, 1425, 1899]. Aiguilles jaunes fusibles à 183°.

3-Méthyl-4-benzal-5-pyrazolone. — Poudre cinabre fusible à 204°, provenant de l'union des composants [Curtius, *J. prakt. Chem.*, (2), **50**, 514].

1-*Phényl-3-méthyl-4-benzal-5-pyrazolone*. — Poudre orangée, fusible à 106°,7 [Knorr, *Ann. Chem.*, **238**, 179].

Combinaisons de la 1-phényl-3-méthyl-5-pyrazolone avec les aldéhydes [Tambor, *D. chem. G.*, **33**, 865, 1900] (4) = CHR :

(4)-*Ortho-éthoxybenzalpyrazolone*, fusible à 142°; (4)-*méta éthoxy-*, fusible à 107°; (4)-*para-éthoxy-* fusible à 130°; (4)-*para-méthoxy-* fusible à 128°,5; (4)-*para-oxy-* fusible à 228°; (4)-*para-acétoxy-* fusible à 137°; (4)-*para-oxy-méta-méthoxy-* fusible à 169°; (4)-*para-diméthoxy-* fusible à 160°; (4)-*méta-para-méthylène-dioxy-* fusible à 167°; (4)-*méta-méthoxy-para-acétoxy-* fusible à 144°.

1-*p-Bromophényl-3-méthyl-4-benzalpyrazolone*. — Aiguilles rouges fusibles à 142° [Michaelis et Schwabe, *D. chem. G.*, **33**, 2608, 1900]. L'aldéhyde benzoïque fournit la *benzhydrylméthyl-4-benzalpyrazolone*, aiguilles jaune rouge, fusibles à 176° [Darapski, *Journ. prakt. Chem.*, (2), **67**, 175, 1903].

3-Méthyl-1.4-diphényl-5-pyrazolone,

$$\mathrm{C^6H^5Az}\left\langle\begin{array}{l}\mathrm{CO-CH-C^6H^5}\\ \qquad\quad |\\ \mathrm{Az=C-CH^3}\end{array}\right.$$

— Obtenue par chauffage de la phényl-acétylacétate d'éthyle-phénylhydrazone [Beckh, *D. chem. G.*, **31**. 3164, 1898]. Aiguilles fusibles à 196°.

1-Phényl-3-méthyl-4-benzyl-5-pyrazolone,

$$\mathrm{C^6H^5Az}\left\langle\begin{array}{l}\mathrm{CO-CH-C^7H^7}\\ \qquad\quad |\\ \mathrm{Az=C-CH^3}\end{array}\right.$$

— Obtenue avec la phénylhydrazone du benzylacétylacétate d'éthyle [Walker, *Am. Ch. Journ.*, **16**, 442, 1894]; par la benzylation, avec $C^6H^5CH^2Cl$ et NaOH, de la pyrazolone primitive [Himmelbauer, *Journ. prakt. Chem.*, (2), **54**, 205, 1896; — voyez aussi Michaelis, Voss et Greiner, *D. chem. G.*, **34**, 1308, 1901]. Elle fond à 135° et possède des propriétés basiques [Stolz, *Journ. prakt. Chem.*, (2), **55**, 152, 1897].

Acide sulfoné. (2)Az.SO^3H. — Obtenu par sulfonation directe. Ne fond pas même à 300° (W.).

Dérivé 2-méthylé (benzylantipyrine),

$$\mathrm{C^6H^5Az}\left\langle\begin{array}{l}\mathrm{CO\text{———}C-C^7H^7}\\ \qquad\qquad\ \ \|\\ \mathrm{Az(CH^3)-C-CH^3}\end{array}\right.$$

— Obtenu par traitement à la soude du phényldiméthylbenzylchloropyrazol correspondant (M., V. et G.). Aiguilles fusibles à 70°. *Chlorhydrate*.

3-Méthyl-4-éthylène-pyrazolone,

$$\mathrm{HAz}\left\langle\begin{array}{l}\mathrm{CO-C}\left\langle\begin{array}{l}\mathrm{CH^2}\\ \ |\\ \mathrm{CH^2}\end{array}\right.\\ \qquad\ |\\ \mathrm{Az=C-CH^3}\end{array}\right.$$

— Produit de la condensation de l'acétyltriméthylène-carbonate d'éthyle et de l'hydrazine [Rothenburg, *Journ. prakt. Chem.*, (2), **51**, 60, 1895]. Lamelles fusibles à 197°.

3.4-Triméthylène-pyrazolone,

$$\mathrm{HAz}\left\langle\begin{array}{l}\mathrm{CO-CH-CH^2}\\ \qquad\quad |\\ \mathrm{Az=C\text{—}CH^2}\end{array}\right\rangle\mathrm{CH^2}$$

— Obtenue par condensation du cyclopentanone-(2)-carbonate d'éthyle-(1) avec l'hydrate d'hydrazine [Dieckmann, *Ann. Chem.*, **317**, 60, 1901]. Lamelles fusibles vers 272°.

3.4-Tétraméthylène-5-pyrazolone,

$$\mathrm{AzH}\left\langle\begin{array}{l}\mathrm{CO-CH-CH^2-CH^2}\\ \qquad\quad |\qquad\qquad\ \ |\\ \mathrm{Az=C\text{—}CH^2-CH^2}\end{array}\right.$$

— Produit de condensation du β-cétohexaméthylène-carbonate d'éthyle sur l'hydrate d'hydrazine [Dieckmann, *Ann. Chem.*, **317**, 104, 1901]. Cristaux fusibles à 286°. Son *dérivé 1-phénylique*,

$$C^6H^5 - Az \diagdown$$

obtenu avec la phénylhydrazine, fond à 165° D.).

4-MÉTHYL-3.5-TÉTRAMÉTHYLÈNE-PYRAZOLONE,

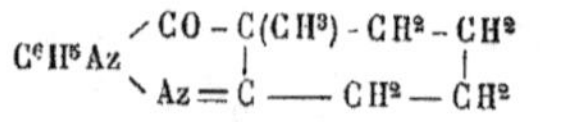

$$C^6H^5Az \diagup \begin{matrix} CO - C(CH^3) - CH^2 - CH^2 \\ | \qquad\qquad | \\ Az = C \text{——} CH^2 — CH^2 \end{matrix}$$

— On obtient cette base comme les précédentes, en condensant l'éther α-méthylique sur l'hydrazine (D.). Elle fond à 135°.

1-PHÉNYL-4.5-CAMPHO-3-PYRAZOLONE,

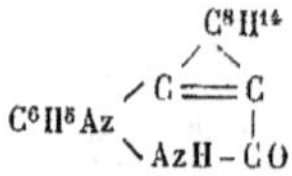

$$C^6H^5Az \diagup \begin{matrix} C^8H^{14} \\ \diagup \diagdown \\ C === C \\ | \\ AzH - CO \end{matrix}$$

— Produit de condensation du camphocarbonate d'éthyle sur la phénylhydrazine [Wahl, *D. chem. G.*, **32**, 1989. 1899]. Il fond à 285°.

Le chlorure de benzoyle réagit en donnant un *dérivé benzoylé* fusible à 115°, dont l'*iodométhylate* fond à 175°, et ce dernier, chauffé avec de la soude, se transforme en 1-*phényl-2-méthyl-4.5-campho-3-pyrazolone* fusible à 183°.

1-PHÉNYL-3.4-CAMPHO-5-PYRAZOLONE,

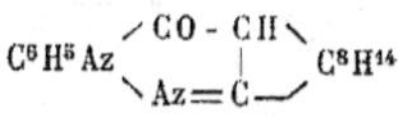

$$C^6H^5Az \begin{matrix} \diagup CO - CH \diagdown \\ | \qquad\qquad C^8H^{14} \\ \diagdown Az = C \diagup \end{matrix}$$

— Produit de condensation du camphocarbonate d'éthyle sur la phénylhydrazine en présence de PCl^3. Aiguilles fusibles à 152° [Wahl, *D. chem. G.*, **32**, 1990, 1899]; le chlorure de benzoyle fournit, en présence d'alcali, un *dérivé benzoylé* fusible à 122° dont l'*iodométhylate* fond à 170° en se décomposant [Wahl, *l. cit.*].

4-PHÉNYL-3-BENZYL-5-PYRAZOLONE,

$$HAz \begin{matrix} \diagup CO - CH - C^6H^5 \\ | \\ \diagdown Az = C - CH^2 C^6H^5 \end{matrix}$$

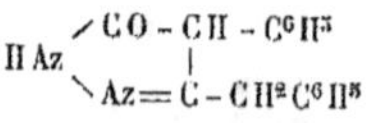

— Elle provient de la condensation du diphénylacétylacétate d'éthyle avec l'hydrazine [Volhard, *Ann. Chem.*, **296**, 10, 1897]. Elle fond à 172°. Son *dérivé 1-méthylé* fond à 238°.

1.4-DIPHÉNYL-2-BENZYL-5-PYRAZOLONE,

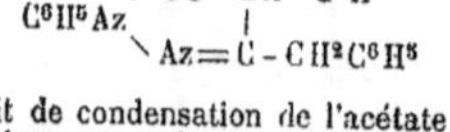

$$C^6H^5Az \begin{matrix} \diagup CO - CH - C^6H^5 \\ | \\ \diagdown Az = C - CH^2 C^6H^5 \end{matrix}$$

— Produit de condensation de l'acétate de phénylhydrazine avec l'amide phénacétophénylacétique [Walther et Schickler, *Journ. prakt. Chem.*, (2), **55**, 355, 1897]. Fond à 228°.

1.4-*Diphényl-3-benzyl-5-pyrazolone* (identique?). — Obtenue par condensation de la phénylhydrazine avec le diphénylacétylacétate d'éthyle (V.). Fusible à 231°. *Dérivé 2-méthylé* (V.).

4-BENZAL-3-PHÉNYL-5-PYRAZOLONE. — Préparée par union des composants [Rothenburg, *Journ. prakt. Chem.*, (2), **50**, 227, 1894; **52**, 26, 1895]. Rouge brun.

4-BENZAL-1.3-DIPHÉNYL-5-PYRAZOLONE. — Obtenue par union des composants; elle fond à 147° [Knorr et Klotz, *D. chem. G.*, **20**, 2548; D.R.P. 42726; *Fried.*, **1**, 212].

1-PHÉNYL-2.3.4-TRIMÉTHYL-5-PYRAZOLONE ou 4-MÉTHYLANTIPYRINE $C^{12}H^{14}Az^2O$. — On la prépare en méthylant avec ICH^3, soit l'antipyrine [Knorr, *Ann. Chem.*, **238**, 208], soit la pyrazolone diméthylée précédente, ou en traitant par la potasse alcoolique l'iodométhylate de 5-chloropyrazol correspondant [Voss et Greiner, *D. chem. G.*, **34**, 1301, 1901].

Himmelbauer en obtient une petite quantité en distillant le phényldiméthyl-5-oxypyrazolone-o-carbonate de méthyle [*Journ. prakt. Chem.*, (2), **54**, 210; — voyez aussi Stolz, *Journ. prakt. Chem.* (2), **55**, 148, 1897, 1896]. C'est un composé cristallisé, fusible à 83°, bouillant à 360°, facilement soluble dans les solvants neutres; sa solution aqueuse se colore en violet avec $FeCl^3$.

3.4.4-TRIMÉTHYLPYRAZOLONE,

$$HAz \begin{matrix} \diagup CO - C(CH^3)^2 \\ | \\ \diagdown Az = C - CH^3 \end{matrix}$$

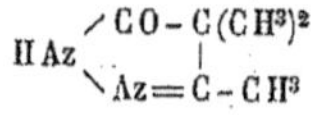

— Obtenue au moyen de l'éther diméthylacétylacétique et de l'hydrazine [Rothenburg, *Journ. prakt. Chem.*, (2), **52**, 43, 1895]. Elle fond à 269°. Son *dérivé acétylé* fond à 168° [Rothenburg, *ibid.*, (2), **50**, 230, 1894].

1-PHÉNYL-3.4.4-TRIMÉTHYLPYRAZOLONE,

$$C^6H^5Az \begin{matrix} \diagup CO - C(CH^3)^2 \\ | \\ \diagdown Az = C - CH^3 \end{matrix}$$

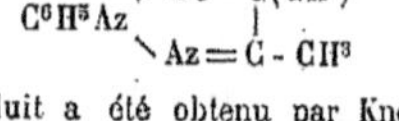

— Ce produit a été obtenu par Knorr [*Ann. Chem.*, **238**, 165, 1887], par méthylation de la 1-phényl-3-méthyl-5-pyrazolone, avec ICH^3 et $NaOCH^3$. On le prépare aussi avec la phénylhydrazine et l'éther diméthylacétylacétique (K.). Il fond à 56°, est insoluble dans l'eau, soluble dans les solvants neutres, et se transforme sous l'influence du sodium en présence d'alcool, en 5-oxypyrazoline correspondante [Knorr et Jocheim, *D. chem. G.*, **36**, 1275, 1903].

ACIDES PYRAZOLONE-CARBONIQUES.

Ces acides sont obtenus par des méthodes très variées, dont voici les principales : Oxydation des alcoyls-pyrazolones, surtout des pyrazolones méthylées. Condensation de l'hydrazine ou de la phénylhydrazine avec les éthers oxalacétiques (Wislicenus) :

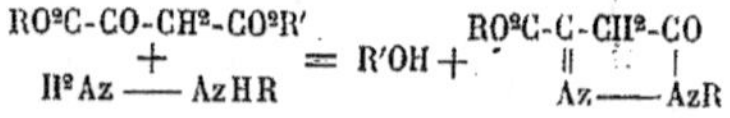

$$\begin{matrix} RO^2C-CO-CH^2-CO^2R' \\ + \\ H^2Az \text{——} AzHR \end{matrix} = R'OH + \begin{matrix} RO^2C-C-CH^2-CO \\ \| \qquad\quad | \\ Az \text{——} AzR \end{matrix}$$

Le CH^2 de l'éther peut être substitué en $- CHR -$. Si l'on emploie l'acétone dicarboxylée symétrique, on aura un dérivé acétique :

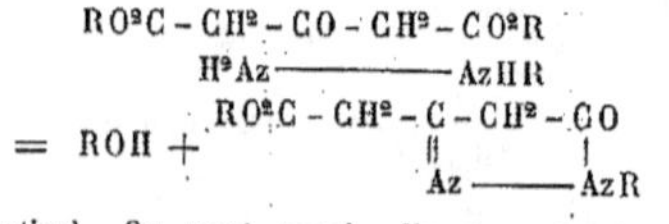

$$\begin{matrix} RO^2C - CH^2 - CO - CH^2 - CO^2R \\ H^2Az \text{——} AzHR \end{matrix}$$
$$= ROH + \begin{matrix} RO^2C - CH^2 - C - CH^2 - CO \\ \| \qquad\qquad | \\ Az \text{——} AzR \end{matrix}$$

(Curtius). On peut aussi, d'après ce même chimiste, condenser les hydrazines avec les éthers acétylsucciniques :

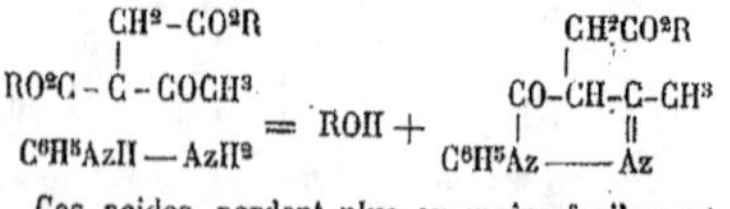

$$\begin{matrix} CH^2-CO^2R \\ | \\ RO^2C - C - COCH^3 \\ \\ C^6H^5AzH — AzH^2 \end{matrix} = ROH + \begin{matrix} CH^2CO^2R \\ | \\ CO-CH-C-CH^3 \\ | \qquad \| \\ C^6H^5Az \text{——} Az \end{matrix}$$

Ces acides perdent plus ou moins facilement CO^2 par la chaleur. Dans le cas d'acide contenant le groupe $-CO^2H$, on obtient une pyrazolone; dans le cas où le groupe acide est $-CH^2CO^2H$, il reste, après le départ de CO^2, le groupe méthyle. Ex. :

$$-C-CH^2CO^2H \;=\; CO^2 \;+\; -C-CH^3$$

Acide 1-phényl-3-méthyl-5-pyrazolone-2-carbonique,

$$C^6H^5Az \;\diagup\!\!\diagdown\; \begin{matrix} CO \text{———} CH \\ Az(CO^2H) - C(CH^3) \end{matrix}$$

— On ne connaît que ses *éthers* qu'on obtient par l'action des chloroformiates sur la phénylméthylpyrazolone dissoute dans un alcali [Himmelbauer, *J. prakt. Chem.*, (2), **55**, 180, 1897]. *Éther méthylique* fusible à 52°, décomposé vers 200°. *Éther éthylique* fusible à 28°.

Acide 5-pyrazolone-3-carbonique,

$$HAz \;\diagup\!\!\diagdown\; \begin{matrix} CO - CH^2 \\ Az = C - CO^2H \end{matrix}$$

— Il s'en forme très peu, en même temps que beaucoup d'acide pyruvique, lorsqu'on oxyde au permanganate la méthylpyrazolone correspondante [Rothenburg, *D. chem. G.*, **26**, 2053, 1893]; par condensation de l'acide oxalacétique sur l'hydrazine [Fenton et Jones, *Journ. Chem. Soc.*, **79**, 534, 1901]. Son *éther éthylique* s'obtient en faisant réagir l'hydrazine sur l'oxalacétate d'éthyle, l'acétylène-dicarbonate d'éthyle [Rothenburg, *D. chem. G.*, **26**, 1720, 1893], ou le chlorofumarate d'éthyle [Ruhemann, *Journ. Chem. Soc.*, **69**, 1394, 1896]. Il est peu soluble dans l'eau et se décompose au-dessus de 250°. *Sels* [Rothenburg, *J. prakt. Chem.*, (2), **51**, 48, 1895 et *D. chem. G.*, **26**, 416, 1893]. *Éther méthylique* fusible à 227° [R., *D. chem. G.*, **26**, 2056, 1893]. *Éther éthylique* [R., *J. prakt. Chem.*, *loc. cit.* et Ruhemann, *Journ. Chem. Soc.*, *loc. cit.*]. Il fond à 185°. *Amide* [R., *J. prakt. Chem.*, *loc. cit.*] fusible à 219° en se décomposant. *Hydrazide* [Rothenburg, *D. chem. G.*, **26**, 1720, 1893] fusible à 238°. *Benzalhydrazide*, obtenu par condensation de l'hydrazide précédent avec l'aldéhyde benzoïque [Rothenburg, *J. prakt. Chem.*, (2), **51**, 56]; aiguilles décomposables au-dessus de 250°.

Acide 4-isonitroso-5-pyrazolone-3-carbonique,

$$HAz \;\diagup\!\!\diagdown\; \begin{matrix} CO - C = Az - OH \\ Az = C - CO^2H \end{matrix}$$

— On l'obtient par introduction du gaz Az^2O^3 dans l'acide pyrazolone-carbonique suspendu dans l'alcool [Rothenburg, *loc. cit.*]. Il cristallise en lamelles jaune d'or, décomposées vers 215°. On a préparé les *éthers* : *méthylique* fusible à 200°; *éthylique* fusible à 182° [R., *loc. cit.*].

Acide 1-phényl-5-pyrazolone-3-carbonique,

$$C^6H^3Az \;\diagup\!\!\diagdown\; \begin{matrix} CO - CH^2 \\ Az = C - CO^2H \end{matrix}$$

— On obtient l'éther éthylique de cet acide en chauffant au bain-marie le phénylhydrazine-oxalacétate-diéthylique et de l'eau, ou son éther mixte méthyléthylique et de l'acide acétique, ou encore l'éther monoéthylique tout seul [Wislicenus, *Ann. Chem.*, **246**, 321 et 326, 1888 : — Wislicenus et Grossmann, *ibid.*, **277**, 382, 1893]. ou avec un acide ou un alcali [Buchner, *D. chem.*

G., **22**, 2931, 1889]. On l'obtient aussi directement, par oxydation avec $FeCl^3$, de l'acide phénylpyrazolidone-carbonique correspondant [Duden, *D. chem. G.*, **26**, 120, 1893], ou par ébullition de la phénylhydrazone-chlorocitrazine-amide avec l'acide chlorhydrique concentré [Ruhemann et Allhusen, *D. chem. G.*, **27**, 580, 1894], ou en chauffant, avec de l'eau, le phénylhydrazine-oxaloxyfumarate de potassium [R. A., *loc. cit.*]. On l'obtient encore par condensation de l'acide oxyfumarique avec le chlorhydrate de phénylhydrazine [Nef, *Ann. Chem.*, **216**, 231, 1893], ou de l'acide acétylène-dicarbonique et de la phénylhydrazine [Leighton, *Am. Chem. J.*, **20**, 679, 1898] ; par chauffage, à 150°, du phényl-5-éthoxypyrazol-3-carbonate d'éthyle avec HCl [Walker, *Am. Chem. J.*, **14**, 583, 1892]. Il cristallise en aiguilles fusibles vers 252°, et perdant facilement CO^2 à cette température. *Éther méthylique* fusible à 197° [W. et G., *loc. cit.*]. *Éther éthylique* fusible à 181° [W., *Ann. Chem.*, **246**, 321, 1888].

Acide 1-p-aminophényl-5-pyrazolone-3-carbonique,

$$H^2Az - C^6H^4Az \;\diagup\!\!\diagdown\; \begin{matrix} CO - CH^2 \\ Az = C - CO^2H \end{matrix}$$

— Obtenu par condensation de l'éther oxalacétique sur la p-acétylaminophénylhydrazine [voy. OEhler. *D. R. P.* 108634, 109914; et Höchster Farbw., *D. R. P.* 134162].

Acide 1-p-sulfophényl-5-pyrazolone-3-carbonique (acide sulfotartrazinogénique),

$$HO^3S - C^6H^4Az \;\diagup\!\!\diagdown\; \begin{matrix} CO - CH^2 \\ Az = C - CO^2H \end{matrix}$$

— Anschütz [*Ann. Chem.*, **294**, 232, 1896] l'obtient en condensant à l'ébullition l'éther oxalacétique avec l'acide phénylhydrazine-p-sulfonique, en présence d'une solution d'acétate de sodium ; l'*éther éthylique* obtenu est ensuite saponifié à la soude. On a décrit les principaux sels, et les sels de son éther monéthylique [A., *loc. cit.*].

Les Höchster Farbw. en ont préparé des azoïques [*D. R. P.* 117575, 134162].

Acide 1-phényl-2-méthyl-5-pyrazolone-3-carbonique,

$$C^6H^3Az \;\diagup\!\!\diagdown\; \begin{matrix} CO \text{———} CH \\ Az(CH^3) - C - CO^2H \end{matrix}$$

— Son *éther éthylique* est obtenu par l'action de ICH^3, à 150°, sur le phénylpyrazolone-carbonate d'éthyle correspondant. L'éther fond à 86° et fournit l'acide libre par saponification. Ce dernier, vers 200°, perd CO^2 en donnant la pyrazolone correspondante [Höchster Farbw., *D. R. P.* 69883 ; — *Fried.*, **3**, 933].

Acide 1-phényl-4-méthyl-5-pyrazolone-3-carbonique,

$$C^6H^3Az \;\diagup\!\!\diagdown\; \begin{matrix} CO - CH - CH^3 \\ Az = C - CO^2H \end{matrix}$$

— En chauffant le phénylhydrazine-méthyloxalacétate diéthylique à 120°, Arnold [*Ann. Chem.*, **246**, 331, 1888] a obtenu son *éther éthylique* fusible à 149°. L'*acide libre* fond à 221°, et cristallise en lamelles de sa solution alcoolique. Distillé dans le vide, il perd CO^2 et fournit la pyrazolone correspondante [Fichter, Enzenauer et Villenberg, *D. chem. G.*, **33**, 497, 1900].

ACIDE 1-PHÉNYL-4-BENZYL-5-PYRAZOLONÉ-3-CARBONIQUE,

$$C^6H^5Az \diagup \begin{matrix} CO - CH - CH^2 - C^6H^5 \\ | \\ Az = C - CO^2H \end{matrix}$$

— Son *éther éthylique* provient de la condensation de la phénylhydrazine avec le benzyloxalacétate d'éthyle [Wislicenus et Münzesheimer, *D. chem. G.*, **31**, 556, 1898]; il fond à 194°.

ACIDE 5-PYRAZOLONE-4-CARBONIQUE,

$$HAz \diagup \begin{matrix} CO \cdot CH - CO^2H \\ | \\ Az = CH \end{matrix}$$

— *L'éther éthylique* de cet acide est obtenu par condensation du dicarbonylglutaconate d'éthyle sur l'hydrazine [Ruhemann, *D. chem. G.*, **27**, 1660, 1894; — Ruhemann et Morrell, *ibid.*, **28**, 988, 1895] ou avec celle-ci condensée sur l'amino-éthylène-dicarbonate d'éthyle [R. et M., *ibid.*, **27**, 2747, 1894], ou sur l'hydrazodiméthylène-dimalonate d'éthyle [Ruhemann et Orton, *Journ. Chem. Soc.*, **67**, 1011, 1895]. C'est un composé insoluble dans l'eau froide, et décomposé à l'ébullition en CO^2 et pyrazolone. Son *éther éthylique* fond à 180° (R.).

ACIDE 1-PHÉNYL-5-PYRAZOLONE-4-CARBONIQUE,

$$C^6H^5Az \diagup \begin{matrix} CO - C - CO^2H \\ \| \\ AzH - CH \end{matrix}$$

— On obtient le sel d'ammoniaque de son éther éthylique par l'action de la phénylhydrazine sur l'éther tétréthylique de l'acide dicarboxylglutaconique [Ruhemann et Morrell, *J. Chem. Soc.*, **64**, 793, 1892], ou sur son dérivé benzylé ou méthylé [R., *ibid.*, **63**, 878, 1893]. Claisen et Haase [*D. chem. G.*, **28**, 36, 1895] obtiennent son éther éthylique en chauffant à 175° la phénylhydrazone de l'éthoxyméthylène-malonate d'éthyle. *L'acide libre* fond à 92° et se décompose déjà en CO^2 et pyrazolone phénylique. *Éther éthylique* fusible à 118°. Sels [C. et H., R. et M., *loc. cit.*].

1-PHÉNYL-3-MÉTHYL-5-PYRAZONONE-4-CARBONATE D'ÉTHYLE,

$$C^6H^5Az \diagup \begin{matrix} CO - CH - CO^2 - C^2H^5 \\ | \\ Az = C - CH^3 \end{matrix}$$

— On l'obtient, en même temps que la β-acétylphénylhydrazide, en condensant le diacétylmalonate d'éthyle sur la phénylhydrazine, en présence d'acide acétique [Schott, *D. chem. G.*, **29**, 1994, 1896; — Michael, *Am. Chem. J.*, **14**, 497, 1892]. Il cristallise d'un mélange d'alcool et d'éther en prismes fusibles à 120°.

ACIDE 1.4-DIMÉTHYL-5-PYRAZOLONE-4-CARBONIQUE.

$$CH^3 - Az \diagup \begin{matrix} CO - C \diagup^{CH^3}_{CO^2H} \\ | \\ Az = CH \end{matrix}$$

— On le prépare en saponifiant son éther éthylique, obtenu par méthylation du pyrazolone-4-carbonate d'éthyle [Ruhemann, *D. chem. G.*, **29**, 1018, 1896]. Il cristallise en aiguilles soyeuses fusibles à 222° en se décomposant. *L'éther éthylique* fond à 229°.

ACIDE 1-PHÉNYL-4-MÉTHYL-5-PYRAZOLONE-4-CARBONIQUE,

$$C^6H^5Az \diagup \begin{matrix} CO - C(CH^3) - CO^2H \\ | \\ Az = CH \end{matrix}$$

— Ruhemann et Morrell [*D. chem. G.*, **28**, 987, 1895] ont obtenu son *éther éthylique* en méthylant, avec CH^3I, le sel d'argent de l'éther 1-phényl-5-pyrazolone-4-carbonate de méthyle. L'éther fond à 71° et l'acide à 189°, en se décomposant [Ruhemann et Morrell, *Journ. Chem. Soc.*, **64**, 798, 1892].

1-PHÉNYL-3-BENZYL-5-PYRAZOLONE-4-CARBONATE D'ÉTHYLE,

$$C^6H^5Az \diagup \begin{matrix} CO - CH - CO^2 - C^2H^5 \\ | \\ Az = C - CH^2C^6H^5 \end{matrix}$$

— Produit de condensation du phénacétylmalonate d'éthyle avec la phénylhydrazine, ou avec cette dernière et le diphénacétylmalonate d'éthyle. Prismes fusibles à 126° [Schott, *D. chem. G.*, **29**, 1989, 1896].

ACIDE 1-PHÉNYL-3-MÉTHYL-5-PYRAZOLONE-2-ACÉTIQUE. — Obtenu par condensation du 1-phényl-3-méthyl-5-éthoxypyrazol avec l'iodoacétate d'éthyle. Lamelles fusibles à 206°, en se décomposant. Son *éther éthylique* fond à 118° [Stolz, *J. prakt. Chem.*, (2), **55**, 156, 1897].

ACIDE 5-PYRAZOLONE-3-ACÉTIQUE,

$$HAz \diagup \begin{matrix} CO - CH^2 \\ | \\ Az = C - CH^2 - CO^2H \end{matrix}$$

— On n'a pu préparer que son *éther éthylique*, au moyen de l'hydrate d'hydrazine et de l'acétone-dicarbonate d'éthyle [Curtius et Kufferath, *J. prakt. Chem.*, (2), **64**, 338, 1901]. Il cristallise de l'eau en lamelles fusibles à 190°. Il se décompose à la saponification. Son *hydrazide* est obtenu en employant un excès d'hydrazine [C. et K., *loc. cit.*, 343]; il fond à 183° en se décomposant. Il se combine aux aldéhydes : *benzalhydrazide*, $-CH^2COAzH - Az = CHC^6H^5$, fusible à 190°; *m-nitrobenzalhydrazide*, fusible à 145°; *cinnamylidène-hydrazide*, fusible à 145°; *o-oxybenzalhydrazide*, fusible à 200° [C. et K., *loc. cit.*, 345 et 6). *Dérivé 1-acétylé*; *éther éthylique*,

$$CH^3COAz \diagup \begin{matrix} CO - CH^2 \\ | \\ Az = C - CH^2CO^2C^2H^5 \end{matrix}$$

poudre cristalline fusible à 117°.

4-*Isonitroso-5-pyrazolone-3-acétate d'éthyle*.

$$HAz \diagup \begin{matrix} CO - C = Az - OH \\ | \\ Az = C - CH^2 - CO^2C^2H^5 \end{matrix}$$

— On l'obtient par l'action du gaz Az^2O^3 sur la solution aqueuse de l'éther correspondant. Il cristallise en lamelles jaune d'or fusibles à 115° [C. et K., *loc. cit.*]. 4-*Isonitroso-3-azide*,

$$HAz \diagup \begin{matrix} CO - C = AzOH \\ | \\ Az = C - CH^2 - COAz^3 \end{matrix}$$

obtenu avec le nitrite de sodium et le chlorhydrate de l'hydrazide. Il fond à 98° (C. et K.); très facilement décomposable et détonant à chaud. L'aniline le transforme en 3-*anilide*

$$HAz \diagup \begin{matrix} CO - C = AzOH \\ | \\ Az = C - CH^2 - COAzHC^6H^5 \end{matrix}$$

fusible à 165° en se décomposant (C. et K.).

4-Éthylisonitroso-5-pyrazolone-3-acétate d'éthyle,

$$\text{HAz} \begin{cases} CO - C = Az - OC^2H^5 \\ \quad\quad\quad | \\ Az = C - CH^2CO^2C^2H^5 \end{cases}$$

— Cet éther est obtenu par l'action de IC^2H^5 sur le sel d'argent du dérivé isonitrosé correspondant. Il cristallise en tablettes jaunes fusibles à 117°.

ACIDE 1-PHÉNYL-5-PYRAZOLONE-3-ACÉTIQUE,

$$C^6H^5Az \begin{cases} CO - CH^2 \\ \quad\quad | \\ Az = C - CH^2 - CO^2H \end{cases}$$

— On l'obtient par condensation de l'acide acétone-dicarbonique avec le chlorhydrate de phénylhydrazine [Pechmann et Jenisch, *D. chem. G.*, 24, 3253, 1891].

Il cristallise en aiguilles fusibles à 134° et se décompose au-dessus de cette température, en CO^2 et méthylpyrazolone correspondante. Son *éther éthylique*, préparé par Pechmann [*Ann. Chem.*, 261, 171, 1890] au moyen de l'acétone-dicarbonate d'éthyle et de la phénylhydrazine, fond à 85° [voyez aussi Höchster Farbw., D.R.P. 59126, 32277].

Acide 1-p-éthoxyphényl-5-pyrazolone-3-acétique,

$$C^2H^5OC^6H^4Az \begin{cases} CO - CH^2 \\ \quad\quad | \\ Az = C - CH^2CO^2H \end{cases}$$

— Les Höchster Farbwerke ont breveté sa préparation (D. R. P. 68159) au moyen de l'acide acétone-dicarbonique et de la p-éthoxyphénylhydrazine.

Il fond à 164° en perdant CO^2 et se transformant en pyrazolone.

3-MÉTHYL-5-PYRAZOLONE-4-ACÉTATE D'ÉTHYLE,

$$\text{HAz} \begin{cases} CO - CH - CH^2CO^2C^2H^5 \\ \quad\quad\quad | \\ Az = C - CH^3 \end{cases}$$

— Curtius [*J. prakt. Chem.*, (2), 50, 518, 1894] l'a obtenu par condensation de l'hydrazine sur une solution alcoolique d'acétylsuccinate d'éthyle, à 100°. Il cristallise en lamelles fusibles à 166°.

ACIDE 1-PHÉNYL-3-MÉTHYL-5-PYRAZOLONE-4-ACÉTIQUE,

$$C^6H^5-Az \begin{cases} CO - CH - CH^2 - CO^2H \\ \quad\quad\quad | \\ Az = C - CH^3 \end{cases}$$

— Il se prépare par saponification de son éther éthylique [Knorr et Blank, *D. chem. G.*, 17, 2052, 1884 et *Ann. Chem.*, 238, 163, 1887] ou par ébullition d'un mélange de phénylméthylpyrazolone avec de l'acide chloracétique, en présence de soude en excès [Himmelbauer, *J. prakt. Chem.*, (2), 54, 198, 1896]. L'*acide libre* cristallise de sa solution aqueuse en aiguilles soyeuses contenant $1H^2O$, fusibles à 178° et décomposées vers 200° en CO^2 et pyrazolone [Ruhemann et Hemmy, *Journ. Ch. Soc.*, 71, 332, 1897].

Sel de sodium obtenu par Michael [*Am. chem. Journ.*, 14. 514, 1892] en laissant en contact une solution alcoolique de phénylhydrazine avec l'éther acétylsuccinique sodé. *Éther éthylique*, cristaux fusibles à 138° obtenus par Knorr et Blank [*loc. cit.*] en chauffant à 150° le phényl-izine-acétylsuccinate d'éthyle. Il est soluble dans les alcalis [R. et H., *loc. cit.*].

ACIDE 1-PHÉNYL-4-MÉTHYL-5-PYRAZOLONE-3-ACÉTIQUE,

$$C^6H^5Az \begin{cases} CO - CH - CH^3 \\ \quad\quad\quad | \\ Az = C - CH^2CO^2H \end{cases}$$

— Petrenko et Ephrussi [*Ann. Chem.*, 289, 59, 1895; *D. chem. G.*, 28. 3, 203, 1895] ont obtenu cet acide par saponification de son éther éthylique, préparé avec le méthylacétone-dicarbonate d'éthyle et la phénylhydrazine, au bain-marie. L'*acide* fond à 169° en perdant CO^2 et se transformant en pyrazolone; l'*éther éthylique* est fusible à 130°.

ACIDE 1-PHÉNYL-3.4-DIMÉTHYL-5-PYRAZOLONE-4-ACÉTIQUE,

$$C^6H^5Az \begin{cases} CO - C \begin{cases} CH^3 \\ CH^2 - CO^2H \end{cases} \\ \quad\quad\quad | \\ Az = C - CH^3 \end{cases}$$

— On l'obtient en même temps que son isomère 2-acétique, en laissant bouillir 2 minutes un mélange de phényldiméthylpyrazolone et d'acide chloracétique avec un excès de soude [Himmelbauer, *J. prakt. Chem.*, (2), 54, 210, 1896]; de même avec le chloracétate d'éthyle [voyez Stolz, *J. prakt. Chem.*, (2), 55, 162, 1897]. Il fond à 102° et distille, non décomposé, à 200° sous 10 mm.

Éther méthylique, fusible à 143°, insoluble dans l'eau [S., *J. prakt. Chem.*, (2), 43, 162, 1891].

ACIDE 1-PHÉNYL-5-PYRAZOLONE-3-CARBONIQUE-4-ACÉTIQUE,

$$C^6H^5Az \begin{cases} CO - CH - CH^2 - CO^2H \\ \quad\quad\quad | \\ Az = C - CO^2H \end{cases}$$

— Wislicenus [*D. chem. G.*, 22, 888, 1889] l'a obtenu en aiguilles fusibles à 229°, par saponification de son *éther diéthylique*. Ce dernier provient de la condensation de l'oxalosuccinate triéthylique sur la phénylhydrazine et fond à 129°.

ACIDE 1-PHÉNYL-3-MÉTHYL-5-PYRAZOLONE-4-SUCCINIQUE,

$$C^6H^5Az \begin{cases} \quad\quad CH^2CO^2H \\ CO - CH - CH - CO^2H \\ \quad\quad\quad | \\ Az = C - CH^3 \end{cases}$$

— Son *éther diéthylique*, sirupeux, provient de la condensation de la phénylhydrazine sur l'α-acétyltricarballylate-triéthylique [Emery, *D. chem. G.*, 23, 3758, 1890]. L'acide libre fond à 211°.

1-PHÉNYL-3-MÉTHYL-5-PYRAZOLONE-4-ALLOXANE,

$$C^6H^5Az \begin{cases} CO - CH - C(OH) \begin{cases} COAzH \\ COAzH \end{cases} CO \\ \quad\quad\quad | \\ Az = C - CH^3 \end{cases}$$

— Obtenue par ébullition d'un mélange des composants [Pellizzari, *Ann. Chem.*, 255, 231, 1889]; longues aiguilles contenant $3H^2O$. La soude la décompose en AzH^3, CO^2, et *phénylméthylpyrazolone-tartronylimide*,

$$- CH - C(OH) \begin{cases} CO \\ CO \end{cases} AzH$$

[P., *loc. cit.*]; celle-ci, poudre amorphe très instable, se décompose à l'ébullition avec l'alcali, en donnant la phénylméthoxylpyrazolone.

L'acide chlorhydrique concentré transforme la pyrazolone-alloxane en *phénylméthylpyrazolone-malonylurée*,

$$-\overset{\textstyle|}{C}=C\Big\langle\begin{array}{l}CO-AzH\\CO-AzH\end{array}\Big\rangle CO$$

qui cristallise de l'alcool en aiguilles rouges fusibles à 250° [P., *loc. cit.*].

1-PHÉNYL-3-MÉTHYL-4-ACÉTYL-5-PYRAZOLONE.

$$C^6H^5Az\Big\langle\begin{array}{l}CO-CH-COCH^3\\ \qquad|\\ Az=C(CH^3)\end{array}$$

— Stolz l'a obtenue par ébullition de l'anhydride acétique avec la phénylméthylpyrazolone correspondante [Stolz, *J. prakt. Chem.*, (2), **55**, 154, 1897]; ce composé, inattaquable aux alcalis, est par contre ramené à ses composants par ébullition avec l'acide chlorhydrique.

1-PHÉNYL-3-MÉTHYL-4-ACÉTYL-5-PYRAZOLONE-4-ACÉTATE D'ÉTHYLE,

$$C^6H^5Az\Big\langle\begin{array}{l}CO-C\Big\langle\begin{array}{l}COCH^3\\CH^2-CO^2C^2H^5\end{array}\quad(?)\\ \ |\\ Az=C-CH^3\end{array}$$

— V. Meyer et Frassner [*J. prakt. Chem.*, (2), **65**, 533, 1902] l'ont obtenu fusible à 79° par condensation à chaud de l'éther diacétylsuccinique et de la phénylhydrazine.

OXYPYRAZOLONES.

1-PHÉNYL-2.3-DIMÉTHYL-4-OXY-5-PYRAZOLONE (*4-oxyantipyrine*),

$$C^6H^5Az\Big\langle\begin{array}{l}CO-------C-OH\\ Az(CH^3)-C-CH^3\end{array}$$

— On l'obtient, comme l'antipyrine, en méthylant l'oxypyrazolone correspondante. On peut aussi traiter par la potasse la 4-bromoantipyrine. Elle cristallise en aiguilles fusibles à 182°, donne un *chlorhydrate*, un *produit d'addition dibromé* $C^{11}H^{12}Br^2Az^2O^2$ fusible à 220°, et des *éthers*: *méthylique* fusible à 75°; *éthylique* fusible à 60°: *benzoïque* fusible à 139° [Pschorr, *Ann. Chem.*, **293**, 50, 1896].

1.3-DIPHÉNYL-4-OXY-5-PYRAZOLONE,

$$C^6H^5Az\Big\langle\begin{array}{l}CO-CHOH\\ \quad|\\ Az=C-C^6H^5\end{array}$$

— Obtenue par l'action de la phénylhydrazine sur la phénylpyrazoline-dione. Lamelles fusibles vers 204°. Par oxydation, elle redonne la dione primitive [Sachs et Becherescu, *D. chem. G.*, **36**, 1136, 1903]. Le *dérivé 2-méthylé*

$$C^6H^5Az\Big\langle\begin{array}{l}CO-------COH\\ \qquad\|\\ Az(CH^3)-C-C^6H^5\end{array}$$

fond à 321° et son *éther méthylique* à 155°. Le *dérivé benzoylé* fond à 190° et le *dérivé dibenzoylé*

$$C^6H^5Az\Big\langle\begin{array}{l}CO-------C\cdot OCOC^6H^5\\ \qquad\|\\ Az(COC^6H^5)-C-C^6H^5\end{array}$$

cristallise en aiguilles (S. et B.).

PYRAZOLDIONES.

On connaît les représentants des 2 diones possibles:

1° *Diones-3.5*,

$$HAz\Big\langle\begin{array}{l}CO-CH^2\\ \quad|\\ AzH-CO\end{array}$$

— Ces composés peuvent tout aussi bien être formulés comme des *oxypyrazolones*:

$$HAz\Big\langle\begin{array}{l}CO-CH^2\\ \quad|\\ Az=C-OH\end{array}$$

On les obtient par condensation de la phénylhydrazine avec les éthers maloniques:

$$CH^2\Big\langle\begin{array}{l}COOR\\COOR\end{array}+R'AzH-AzH^2$$

$$=2ROH+CH^2\Big\langle\begin{array}{l}CO-AzR\\ \quad|\\ CO-AzH\end{array}$$

Ces composés soumis à l'ébullition avec l'acétone fournissent des corps dans lesquels le $C(4)$ perd ses deux H remplacés par le résidu cétonique:

$$-\overset{\textstyle|}{C}H^2+CORR'=-\overset{\textstyle|}{C}=CRR'+H^2O$$

2° *Diones-3.4*. — On ne connaît qu'un représentant de ces dicétones. Il est obtenu par une oxydation indirecte des 2 H reliés au $(4)C$ dans une pyrazolone (5).

3.5-PYRAZOLDIONE (PENTA-1.2-DIAZANONE-3.5),

$$HAz\Big\langle\begin{array}{l}CO-CH^2\\ \quad|\\ AzH-CO\end{array}$$

Rothenburg [*J. prakt. Chem.*, (2), **54**, 76, 1895] l'a obtenue en condensant l'hydrate d'hydrazine sur le malonate acide d'éthyle. C'est une huile qui se colore en violet bleu par le perchlorure de fer.

1-PHÉNYL-3.5-PYRAZOLDIONE, $C^9H^8Az^2O^2$. — On l'obtient en dissolvant dans la potasse le phénylhydrazide du malonate acide d'éthyle [Burmeister et Michaelis, *D. chem. G.*, **24**, 1801, 1891 et **25**, 1506, 1892; — voyez aussi Michaelis et Röhmer, *D. chem. G.*, **31**, 3007, 1898]. Elle cristallise de l'alcool en lamelles fusibles à 192°, se combine directement avec 1 mol. de phénylhydrazine [Michaelis et Burmeister, *D. chem. G.*, **25**, 1512, 1892], avec les aldéhydes et les cétones: par l'action du chloroforme et de la potasse, on obtient des produits cristallisés étudiés par Ascher [*D. chem. G.*, **30**, 1019, 1897]. L'oxychlorure de phosphore la transforme en 1-phényl-3,5-dichloropyrazol. Il est probable que sa formule de constitution est celle d'une oxycétone,

$$C^6H^5Az\Big\langle\begin{array}{l}CO-CH^2\\ \quad|\\ Az=C-OH\end{array}$$

Dérivé 4-dibromé: obtenu par bromuration en solution chloroformique; aiguilles jaune d'or fusibles à 243° [A., *loc. cit.*]. *Dérivé 4-isonitrosé* [M. et B., *loc. cit.*]: aiguilles rouge foncé fusibles à 182°, solubles à chaud dans l'eau. *Semi-carbazide*: on l'obtient comme la pyrazoldione, au moyen du semi-carbazide du phénylhydrazide du malonate acide d'éthyle [M. et B., *loc. cit.*]; cristaux fusibles à 166°. *Dérivé 4-benzylidénique*: lamelles rouge foncé [M. et B.]. *Dérivé o-oxy-benzilidénique*: obtenu avec l'aldéhyde anisique [Asher, *D. chem. G.*, **30**, 1918, 1897]; aiguilles orangées fusibles à 246°.

4-Isopropylidène-1-phényl-3.5-pyrazoldione,

$$C^6H^5Az \begin{cases} CO - C = C(CH^3)^2 \\ \quad\quad\quad | \\ AzH - CO \end{cases}$$

La 1-phényl-3.5-pyrazoldione, traitée par l'acétone à l'ébullition fournit, ce composé qui cristallise en aiguilles jaunes fusibles à 164° [M. et B., *l. cit.*]. *Dérivé 2.4-dibenzoylé*, obtenu par l'action du chlorure de benzoyle sur la phénylpyrazoldione; il fond à 111° (M. et B.).

1-p-Tolyl-3.5-pyrazoldione,

$$CH^3 - C^6H^5 - Az \begin{cases} CO - CH^2 \\ \quad\quad | \\ AzH - CO \end{cases}$$

On l'obtient en laissant longtemps en contact le chloromalonate d'éthyle et la p-tolylhydrazine [Asher, *D. chem. G.*, 30, 1020, 1897]. Elle cristallise de l'alcool en lamelles fusibles à 204°. Asher [*loc. cit.*] a préparé les dérivés suivants : avec C^6H^5COCl : 1-p-tolyl-2.4-dibenzoyl-3.5-pyrazoldione fusible à 133°: avec C^6H^5COH : 1-p-tolyl-4-benzylidène-3.5-pyrazoldione fusible à 253°; avec CH^3COCH^3 : le *dérivé 4-isopropylidénique* fusible à 174°; avec le diazobenzène : le *dérivé 4-phénylhydrazonique* fusible à 234°; avec la p-tolylhydrazine : le *dérivé* $C^{17}H^{20}Az^4O^2$ fusible à 182°; avec le nitrite de sodium et l'acide sulfurique : le *dérivé 4-isonitrosé* cristallisant de l'acide acétique en aiguilles fusibles à 182°; avec le brome, 2 mol. : le *dérivé 4-dibromé* fusible à 174°.

1-Phényl-4-isopropylène-3.5-pyrazoldione,

$$C^6H^5Az \begin{cases} CO - C = C(CH^3)^2 \\ \quad\quad\quad | \\ AzH - CO \end{cases}$$

— Ce composé est préparé par ébullition de la phényl-3.5-pyrazoldione avec l'acétone [Michaelis et Burmeister, *D. chem. G.*, 25, 1510, 1892]. Aiguilles jaunes fusibles à 164°.

1.3-Diphényl-4-céto-5-pyrazolone,

$$C^6H^5Az \begin{cases} CO - CO \\ \quad\quad | \\ Az = C - C^6H^5 \end{cases}$$

— Sachs et Becherescu [*D. chem. G.*, 36, 1134, 1903] l'ont obtenue en scindant, au bain-marie, son p-diméthylaminoanile avec H^2SO^4 dilué. Elle cristallise de l'alcool en aiguilles jaune brun, contenant de ce solvant, qui s'échappe à 85°. Anhydre, elle est noire et fusible à 165°. *Dérivé bisulfitique. Hydrate* avec H^2O : aiguilles incolores perdant leur eau à 85°.

4-p-Diméthylaminoanile,

$$C^6H^5Az \begin{cases} CO - C = Az - C^6H^4Az(CH^3)^2 \\ \quad\quad | \\ Az = C - C^6H^5 \end{cases}$$

— Obtenu par l'action de la nitrosodiméthylaniline sur la 1.3-diphényl-5-pyrazolone. Aiguilles bleues fusibles à 218°,5. *4-Diamide* = Az . AzH² : obtenue avec la céto-pyrazolone et l'hydrazine : aiguilles rouge cinabre, fusibles à 100°. *4-Semicarbazone* = Az.AzH.COAzH² : lamelles rouges fusibles à 205°. *4-Monoxime* : aiguilles jaunes fusibles à 200° [S. et B., *l. cit*]. *Phénylhydrazone*.

Acide 4-céto-5-pyrazolone-3-carbonique,

$$HAz \begin{cases} CO - CO \\ \quad\quad | \\ Az = C - CO^2H \end{cases}$$

— Parmi les dérivés provenant de ce type, on connaît : *4-hydrazi-5-pyrazolone-3-carbonylhydrazide*,

$$HAz \begin{cases} CO - C = Az - AzH^2 \\ \quad\quad | \\ Az = C - COAzH - AzH^2 \end{cases}$$

précipité rouge feu, décomposé au-dessus de 250°, obtenu par l'action d'un excès d'hydrazine sur le 4-isonitroso-pyrazolone-3-carbonate d'éthyle [Rothenburg, *Journ. prakt. Chem.*, (2), 54, 54, 1895]. Le même auteur a préparé, par action de l'aldéhyde benzoïque sur ce composé, le *dérivé dibenzylidénique* cristallisé en aiguilles jaunes fusibles à 217°,5.

AMINO ET IMINO-5-PYRAZOLONES.

Tous les représentants de ce groupe contiennent leur résidu aminé ou iminé sur le C (4). On obtient facilement les aminopyrazolones par réduction des composés (4)C-nitrosés, nitrés, azoïques ou hydrazoïques, qui se préparent très facilement, comme on l'a vu à l'article 5-Pyrazolone. Ce groupe a deux représentants très intéressants au point de vue technique : le *pyramidon*, ou diméthylamino-(4)-antipyrine, et la *turtrazine*, sel de sodium de l'acide 4-carboxylé et de la 1-phényl-4-phénylhydrazone-5-pyrazolone.

1-Phényl-3-méthyl-4-amino-5-pyrazolone,

$$C^6H^3Az \begin{cases} CO - CH - AzH^2 \\ \quad\quad | \\ Az = C - CH^3 \end{cases}$$

— On l'obtient par réduction des dérivés 4-nitré ou nitrosé, ou d'un azoïque quelconque en 4 de cette pyrazolone. Cette amine, très instable, s'oxyde très rapidement à l'air en donnant l'acide rubazonique. *Sels* : HCl [Knorr, *Ann. Chem.*, 238, 189]. *Dérivé 4-benzylidénique*-Az = CHC⁶H³; obtenu par l'action de l'aldéhyde benzoïque sur l'amine; lamelles fusibles à 186°.

1-Phényl-2.3-diméthyl-4-amino-5-pyrazolone, (4-amino-antipyrine),

$$C^6H^5Az \begin{cases} CO \quad\quad\quad C - AzH^2 \\ \quad\quad\quad\quad || \\ Az(CH^3) - C - CH^3 \end{cases}$$

— Obtenu par réduction de la 5-nitroso-antipyrine, au moyen de poudre de zinc en solution acétique alcoolique. La base brute est d'abord transformée en dérivé benzylidénique, et celui-ci, après purification, est décomposé par l'acide chlorhydrique faible. La base libre cristallise en fortes aiguilles jaune pâle fusibles à 109°, très solubles dans l'eau, solubles dans le benzène [Knorr et Stolz, *Ann. Chem.*, 293, 56, 1896; D.R.P. 71261; *Fried.*, 5, 935]. *Sels* : HCl; H²SO⁴; picrate.

Dérivé 4-diméthylé (4-diméthylaminoantipyrine, 1-phényl-2.3-diméthyl-4-diméthylamino-pyrazolone), Pyramidon,

$$C^6H^5Az \begin{cases} CO \quad\quad\quad CAz \begin{smallmatrix} CH^3 \\ CH^3 \end{smallmatrix} \\ \quad\quad\quad\quad || \\ Az(CH^3) - C - CH^3 \end{cases}$$

— On l'obtient par traitement de l'aminoantipyrine par l'iodure de méthyle et une solution méthylalcoolique de potasse [K. et S., *l. cit.*, 66; D.R.P. 90959; *Fried.*, 4, 1194]. Les sels de la base quaternaire (4) -triméthylée, chauffés en solution aqueuse ou alcoolique, perdent CH^3 et se transforment en pyramidon [Höchster Fwk., D.R.P. 111724; *Chem. C. Bl.*, (2), 613, 1900]. Cristaux incolores fusibles à 108°, très solubles dans l'eau, l'éther et le benzène, cristallisant très bien d'un mélange d'acétate d'éthyle et de ligroïne. *Réactions* : sa solution est colorée en bleu par l'acide nitreux, qui au contraire donne une fugace coloration rouge avec l'aminoantipyrine [Hoffmann, *Chem. C. Bl.*, (1), 519, 1900]. $FeCl^3$ fournit une coloration violette; un hypochlorite à froid, ou H^2O^2 à 70°, provoquent une coloration bleue [Rodillon, *Chem. C. Bl.*, (1), 642, 903 : — voyez aussi Jolles, *Fréson. Zeit. anal. Ch.*, 37, 41]. *Action pharmacologique* [Filehne, *Chem. C. Bl.*, (2), 528, 1897; — Jaffé, *D. chem. G.*, 34, 2737, 1901; 35, 2891, 1902]. *Sels, chloromercurate* [Astre et Bécamel, *Bull. Soc. Chim.*, (3), 33, 1084, 1905; — Ebert et Reuter, *Chem. Zeit.*, 25, 44].

Camphorates, neutre et acide [Höchst. Fwk., D.R.P. 135729; *Chem. C. Bl.*, (2), 1229, 1902]. *Acétyl-salicylate*; *produit d'addition avec l'orthoforme* et *l'orthoforme nouveau* [Einhorn et Rupert, *Ann. Chem.*, 325, 320, 1902; D.R.P. 126340; *Chem. C. Bl.*, (1), 78, 1902]. Le pyramidon produit avec la liqueur de Nessler un précipité formé d'aiguilles jaune soufre, fusibles à 171°, $C^{13}H^{14}OAz^3, HgI^2, HI$ [Raikow et Külümow *Oster. Ch. Zeit.*, (2), 8, 445].

4-Triméthylamino-ammonium (base et sels), $(4).Az(CH^3)^3X.$ — Ils se produisent dans la méthylation de l'aminoantipyrine. Les *sels* chauffés perdent XCH^3 et donnent du pyramidon; la *base hydroxylée* se scinde en bétaïne et acétylméthylphénylhydrazine [Eb. et Re., *l. cit.*]. *Iodométhylate* fusible à 220°. On a aussi préparé, par les mêmes méthodes :

1-Phényl-2-éthyl-3-méthyl-4-amino-5-pyrazolone. — Fusible à 117° [Höchst. Fwk., D.R.P. 91504; *Fried.*, 4, 1195]. — Son *dérivé 4-amino-diméthylé*, fusible à 107°.

Diéthylaminoantipyrine. — Fusible à 95° (*id.*). *Dérivés* (4.AzH²) *acylés*. — Obtenus par chauffage des acides avec la base [K. et St., *l. cit.*].

Formylaminoantipyrine. — Fusible à 197°. *Acétylaminoantipyrine.* — Fusible à 197°. *Antipyrylméthane*, $-AzH-CO^2. C^2H^5.$ — Fusible à 206°. Obtenu avec $Cl.COOC^2H^5.$

Antipyrylurée, $-AzHCOAzH^2.$ — Au moyen du chlorhydrate de la base et du cyanate de potassium. Le pyramidon introduit dans l'organisme est transformé en cette urée [Jaffé, *l. cit.*]. Voyez aussi Lumière et Barbier [*Bull. Soc. Chim.*, (3), 33, 503, 1905].

Di-antipyrylthiourée,

$$-\!\!\begin{array}{c} AzH \\ AzH \end{array}\!\!\diagdown CS$$

— Obtenue par CS^2, en solution alcoolique.

Dibenzoylaminoantipyrine. — Fusible à 188°. *Combinaison*, $C^{17}H^{17}Az^3O^5.$ — Fusible à 170°. Obtenue avec l'acide pyruvique.

Combinaison $C^{17}H^{24}Az^3O^3.$ — Fusible à 159°. Obtenue avec l'acétylacétate d'éthyle.

Dérivés benzylidéniques. — Obtenus par action des aldéhydes [Kn. et St., *l. cit.*].

Benzylidène-aminoantipyrine, $-Az=CH.C^6H^5.$ — Lamelles fusibles à 173°, peu solubles dans l'alcool. *Dérivé métanitré* $-Az=CH.C^6H^4AzO^2$: aiguilles orangées fusibles à 213°. *Dérivé ortho-oxhydrylé* $-Az=CH.C^6H^4(OH)$: fusible à 194°.

Cinnaménylaminoantipyrine, $-Az=CH-CH=CH-C^6H^5.$ — Lamelles fusibles à 160°.

Antipyrylsemicarbazide. — Lorsqu'on fait réagir l'antipyrylurée sur l'hydrazine, on obtient ce produit fusible à 135°, sous forme de petits cristaux incolores. On a préparé les dérivés suivants sur le AzH² : *dérivé acétylé*, *dérivé acétoxylé*, *dérivé benzylidénique* [Lumière et H. Barbier, *Bull. Soc. Chim.*, (3), 33, 503].

α-1-Phényl-2.3-diméthyl-5-pyrazolonyl-4-imide de l'isatine,

$$C^6H^5Az\diagup\begin{array}{c} CO\!\!-\!\!-\!\!-\!\!C\!-\!Az=C\diagup\begin{array}{c}AzH\\CO\end{array}\diagdown C^6H^4\\ \| \\ Az(CH^3)-C-CH^3 \end{array}$$

— Cristaux bronzés fusibles à 269°, obtenus par ébullition d'une solution alcoolique de nitroso-antipyrine et d'acide indoxylique [Bechhole, *D. chem. G.*, 36, 4131, 1903].

1-TOLYL-2.3-DIMÉTHYL-4-AMINO-5-PYRAZOLONES,

$$CH^3C^6H^4Az\diagup\begin{array}{c} CO\!\!-\!\!-\!\!-\!\!C\!-\!AzH^2\\ \| \\ Az(CH^3)-C-CH^3 \end{array}$$

Ortho-tolyl. — Fusible à 118° [Höchst. Fwk., D.R.P. 92009; *Fried.*, 4, 1198].

Para-tolyl. — Fusible à 118°. *Dérivé 4-aminodiméthylé*, fusible à 105°.

Dérivé 4-aminodiéthylé. — Fusible à 85° [Höchst. Fwk., D.R.P. 92536, *Fried.*, 4, 1196].

1-TOLYL-2-ÉTHYL-3-MÉTHYL-4-AMINO-5-PYRAZOLONES. — *Dérivé ortho* : fusible à 129°; *para* : fusible à 124°.

ACIDE 1-PHÉNYL-4-BENZOYLAMINO-5-PYRAZOLONE-3-CARBONIQUE,

$$C^6H^5Az\diagup\begin{array}{c} CO-CH-AzHC^7H^5O\\ | \\ Az=C-CO^2H \end{array}$$

— Son *éther éthylique*, fusible à 195°, est obtenu par condensation de la phénylhydrazine sur l'oxalylhippurate diéthylique. L'*acide libre* cristallise en aiguilles fusibles à 185° en se décomposant [W. Wislicenus, *D. chem. G.*, 24, 1261, 1890].

ACIDE 2-P-SULFOPHÉNYL-4-AMINO-5-PYRAZOLONE-4-CARBONIQUE (ACIDE AMINOTARTRAZINOGÉNIQUE),

$$\begin{array}{c} HAz\diagup\begin{array}{c}CO-C-AzH^2\\ \| \\ SO^3H-C^6H^4\diagdown Az-C-CO^2H\end{array} \end{array}$$

— Produit de la réduction de la tartrazine. Petites aiguilles décomposées avant de fondre [Anschütz, *Ann. Chem.*, 306, 2, 1899]. *Sel de sodium*.

3-Phényl-4-amino-5-pyrazolone,

$$HAz\diagup\begin{array}{c} CO-CH-AzH^2\\ | \\ Az=C-C^6H^5 \end{array}$$

— Produit de réduction de l'isonitroso-dérivé correspondant.

Base très oxydable en *acide phénylpyrazol-rubazonique*. Ce dernier, en aiguilles pourpres, fond à 124° en se décomposant [Rothenburg, *J. prakt. Chem.*, (2), 52, 30, 1895]. Le *dérivé benzaldéhydique* de la base fond à 152° (R.).

4-HYDRAZIPYRAZOLONE-3-CARBONYLHYDRAZIDE,

$$HAz\diagup\begin{array}{c} CO-C=Az-AzH^2\\ | \\ Az=C-COAzH-AzH^2 \end{array}$$

— Ce corps est préparé comme le précédent, en employant une solution alcoolique de l'éther éthylique de l'acide isonitrosé [R., *loc. cit.*]. C'est un précipité rouge feu, qui ne fond pas : il fournit avec l'aldéhyde benzoïque un *dérivé benzylidénique* cristallisé en aiguilles fusibles à 218°.

1-PHÉNYL-3-CARBOXYLE-4-PHÉNYLHYDRAZONE-5-PYRAZOLONE,

$$C^6H^5Az\diagup\begin{array}{c} CO-C=Az-AzHC^6H^5\\ | \\ Az=C-CO^2H \end{array}$$

— La phénylhydrazine se combine avec l'acide

dioxytartrique en fournissant une phénylosazone, l'acide diphénylizine-dioxytartrique. La solution alcaline de cet acide, précipitée par l'acide acétique, fournit la pyrazolone cherchée [Knorr, *D. chem. G.*, **21**, 1204, 1888; — Ziegler et Locher, *D. chem. G.*, **20**, 839, 1887]. On peut aussi faire bouillir le sel ammoniacal de l'acide ci-dessus nommé avec l'eau, et l'on obtient le sel ammoniacal de pyrazolone [Anschütz, *Ann. Chem.*, **294**, 241, 1896]. On peut aussi saponifier son éther éthylique. Aiguilles brillantes, rouges, fusibles à 231° en perdant 1 CO². *Sel d'Ag* : précipité rouge cinabre.

Éther éthylique. — Obtenu par ébullition du diphénylizine-dioxytartrate d'éthyle avec l'acide acétique [Anschütz et Parlato, *D. chem. G.*, **25**, 1979, 1892], ou par condensation de la phénylhydrazine avec le dioxysuccinate d'éthyle à chaud (A. et P.), ou bien avec l'éthoxyloxalyl-acétatediéthylique et la phénylhydrazine, en solution acétique [W. Wislicenus et Scheidt, *D. chem. G.*, **24**. 4, 2124. 1891]. Aiguilles orangées fusibles à 153°.

Dérivé di-p-nitrophénylique,

$$\text{AzO}^2 - \text{C}^6\text{H}^4\text{Az} \Big\langle \begin{array}{l} \text{CO} - \text{C} = \text{Az} - \text{AzH C}^6\text{H}^4\text{AzO}^2 \\ \quad | \\ \text{Az} = \text{C} - \text{CO}^2\text{H} \end{array}$$

— Obtenu comme le précédent, avec la p-nitrophénylhydrazine [Gnehm et Benda, *Ann. Chem.*, 299, 107, 1897]. Cristaux orangés, fusibles à 240°. *Sels* : −Na, H²O ; =Ca; =Ba.4H²O; Ag.

Dérivé di-p-sulfophénylique (acide tartrazinique),

$$\text{HO}^3\text{S} - \text{C}^6\text{H}^4\text{Az} \Big\langle \begin{array}{l} \text{CO} - \text{C} = \text{Az} - \text{AzH C}^6\text{H}^4 - \text{SO}^3\text{H} \\ \quad | \\ \text{Az} = \text{C} - \text{CO}^2\text{H} \end{array}$$

— On connaît surtout bien son *sel trisodique*, la TARTRAZINE, préparée par l'action de la phénylhydrazine sulfonée en solution alcaline sur l'acide dioxytartrique [Ziegler et Locher, *D. chem. G.*, **20**, 840, 1887; D.R.P. 34 294; — *Fried.* **1**, 558; — Anschütz, *Ann. Chem.*, **294**, 226, 1896; — Gnehm et Benda, *ibid.*, 299, 127, 1897]; poudre orangée, facilement soluble dans l'eau, teignant la laine en jaune. Additionnée de HCl, la solution précipite le *sel acide* −Na³ en aiguilles jaune clair, peu solubles. La tartrazine, soumise à l'ébullition avec la poudre de zinc, en présence de chlorure de sodium, fournit l'acide aminotartrazinogénique (voyez plus haut, p. 158) [Anschütz, *Ann. Chem.*, **306**, 2]. *Autres sels* : =Ba.6H²O; sel acide −Ba.

Sel disodique de l'éther monoéthylique. (−CO²C²H⁵)Na² — Obtenu par Anschütz [*loc. cit.*, 236], en faisant réagir le sel de sodium de l'éther éthylique de l'acide tartrazinogénique-sulfoné, sur le p-diazobenzène sulfoné. Cristaux jaune clair, très solubles dans l'eau; *sel de baryum*, −Ba, jaune foncé.

Dérivé 1-p-sulfophényl-4-nitrophénylique.

$$\text{SO}^3\text{H C}^6\text{H}^4 - \text{Az} \Big\langle \begin{array}{l} \text{CO} - \text{C} = \text{Az} - \text{AzH C}^6\text{H}^4\text{AzO}^2 \\ \quad | \\ \text{Az} = \text{C} - \text{CO}^2\text{H} \end{array}$$

— On obtient son *sel de sodium* −Na,H²O, soit en traitant une solution de tartrazine par le chlorhydrate de p-nitrodiazobenzène, soit en condensant l'acide dioxytartrique successivement avec 1 mol. de nitro- et 1 mol. de sulfophénylhydrazine [Gnehm et Benda, *loc. cit.* et *D. chem. G.*, **29**, 2017, 1896]. Il cristallise en aiguilles jaunes et teint la laine en orangé, en bain acide. *Autres sels* : −Ba; −Ag².

Nous traitons ici successivement : 1° les composés contenant deux noyaux pyrazolones réunis en (4) par le groupement

$$\text{H}^2\text{C} \Big\langle$$

méthylénique seul ou substitué, et qu'on obtient en traitant les pyrazolones avec une aldéhyde ou une acétone; 2° ceux qui contiennent deux noyaux réunis par un troisième groupe plus ou moins complexe, soit une fois, en (4), soit 2 fois, en (3) et (4), soit 2 fois en (4);
3° les pyrazolones réunies directement l'une à l'autre par départ de H en (4), et qu'on nomme *bis-pyrazolones*;
4° celles qui sont réunies avec une double liaison par départ de 2H en (4); ce sont les *bleus de pyrazols.*

1° 4-MÉTHYLÈNE-BIS-3-MÉTHYL-5-PYRAZOLONE,

$$\text{CH}^2 \Big\langle \text{R}^2$$

— Obtenue par condensation du méthylène-diacétylacétate d'éthyle et de l'hydrate d'hydrazine [Rabe et Elze, *Ann. Chem.*, **323**, 97, 1902]. Elle fond à 326°.

Méthylène-bis-1-phényl-3-méthyl-5-pyrazolone, CH²=(R)² + 1 1/2 H²O. — Produit de condensation de la pyrazolone correspondante avec l'aldéhyde formique et HCl. Poudre amorphe [Pellizzari, *ibid.*, **255**, 249, 1889].

(4)-*Méthylène-bis-antipyrine (formopyrine),* CH²=[(4)R²] + H²O. — Produit de condensation de l'antipyrine avec CH²O et HCl [Pellizzari, *loc. cit.*; *Gazz. chim. ital.*, (2), **26**, 407, 1896]. — Schuftan, *D. chem. G.*, **28**, 1181, 1895; voyez aussi : Bartalini, *Ann. Chem.*, **255**, 247, 1889; — Muthmann, *D. chem. G.*, **29**, 1827, 1896; — Ferro, *Gazz. chim. ital.*, (2), **26**, 411, 1896; — Malcourt, *Bull. Soc. Chim.*, (3), **15**, 521, 1898; — Patein, *ibid.*, **17**, 1023, 1899]. On a préparé son *tétrabromure* (Schuftan) et son *tétraiodure* [Patein, *Bull. Soc. Chim.*, (3), **23**, 600, 1901]. *Sels* [Goguel, *Zeit. Krist.*, **27**, 543, 1897; — Ferro, *loc. cit.*, **32**, 527, 1902]. *Combinaisons avec les 3-diphénols* [Patein, *loc. cit.*, 602, 1901].

4-Méthylène-bis-3-phényl-5-pyrazolone, CH² =(4)R². — Obtenue en condensant l'hydrate d'hydrazine sur le méthylène-bis-benzoylacétate d'éthyle [Rabe et Elze, *Ann. Chem.*, **323**, 107, 1902]. Lamelles fusibles à 280°, en se décomposant.

Éthylidène-bis-3-méthylpyrazolone, CH³CH =(4)R². — Prismes fusibles à 255°, obtenus par Rosengarten [*Ann. Chem.*, **279**, 243, 1894]; ou par condensation de l'éthylidène-bis-acétylacétate d'éthyle avec l'hydrate d'hydrazine [Rabe et Elze, *ibid.*, **323**, 99, 1902].

Éthylidène-bis-antipyrine, CH³.CH =(4)R² + H²O. — Produit de condensation de l'antipyrine avec l'acétaldéhyde [Schuftan, *D. chem. G.*, **28**, 1184, 1895]. Elle fond à 110°; anhydre à 153°.

Isopropylène-bis-1-phényl-3-méthylpyrazolone, (CH³)² : C =(4)R². — Ce composé fusible à 138° est obtenu : soit en faisant bouillir molécules égales d'acétone et de phénylméthylpyrazolone, soit en laissant longtemps au repos la phénylméthylisopropylène-pyrazolone [Pauly, *D. chem. G.*, **30**, 484, 1897].

Isovaléral-bis-antipyrine, C⁴H⁹.CH =(4)R². — Produit de condensation de l'antipyrine avec l'aldéhyde isovalérique [Eccles, *Am. Chem. Soc.*, **24**, 1051, 1903]. Cristaux fusibles à 160°.

4-Benzylidène-bis-antipyrine —[Knorr, *Ann.*

Chem., **238**, 214, 1887]. Cristaux brillants fusibles à 201°.

Dérivé 4-o-oxybenzylidène. — Obtenu avec l'aldéhyde salicylique, fusible à 185° environ [Schuftan, *D. chem. G.*, **28**, 1187, 1895].

4-Benzylidène-di-1.3.5-phénylméthylpyrazolone, $C^6H^5CH=(4)R^2$. — Produit de condensation de l'aldéhyde benzoïque sur le phénylhydrazone-acétylacétate d'éthyle ou sur la pyrazolone en présence de HCl [Lachowictz, *Monatsh.*, **17**, 357]. Cristaux fusibles à 154°.

Dérivé 4-p-oxy-méthoxybenzylidène. — Obtenu avec la vanilline [l'ambor, *D. chem. G.*, **33**, 868, 1900]. Aiguilles jaunes fusibles à 209°.

Dérivé 4-m-p-méthylène-dioxybenzylidène. — Obtenu avec le pipéronal (T.). Aiguilles fusibles à 143°.

4-Benzylidène-1-phényl-4-méthyl-5-pyrazolone, $C^6H^5CH=(4)R^2$. — Obtenu comme les précédentes [Fichter, Enzenauer et Vellenberg, *D. chem. G.*, **33**, 499, 1900]. Poudre cristalline fusible à 220° environ, en se décomposant.

Benzylidène-bis-3-phényl-5-pyrazolone, $C^6H^5CH(4)R^2$. — On la prépare en condensant l'hydrate d'hydrazine avec le benzal-bis-benzoylacétate d'éthyle, en solution alcoolique [Rabe et Elze, *Ann. Chem.*, **323**, 108, 1902]. Amorphe, jaune. *Dérivé 1-phénylé* : obtenu avec l'aldéhyde benzoïque et la diphénylpyrazolone, ou en traitant la benzylidène-diphénylpyrazolone par AzH^3 [Knorr et Klotz, *D. chem. G.*, **20**, 2548, 1887 et *Friedl.*, **1**, 212]. Elle fond à 220°.

Dérivé 1-p-bromophénylé. — Obtenu en employant la p-bromophénylhydrazine [R. et E., *loc. cit.*]. Elle est fusible à 290° en se décomposant.

3-Dipyrazolone-cétone, $CO=R^2$. — On l'obtient en même temps que de la pyrazolone, par distillation sèche du pyrazolone-3-carbonate de calcium [Rothenburg, *J. prakt. Chem.*, (2), **51**, 58, 1895]. Huile épaisse bouillant à 204°.

Acide bis-(1-phényl-5-pyrazolone)-4-β-propionique, $CO^2H.CH^2.CH:(4)R^2$. — Son *éther éthylique*, fusible à 145°, est obtenu par ébullition de la solution toluénique de la phénylhydrazone du formylacétylacétate d'éthyle [Stolz, *D. chem. G.*; **28**, 632, 1895].

Acide diantipyrine-acétique, $CO^2H.CH=(4)A^2$. — Quand on traite l'antipyrine-tartronylimide par HCl, on obtient le *chlorhydrate* de ce composé. Par cristallisation dans l'eau, ce sel est dissocié et l'acide cristallise en prismes fusibles à 238° en se décomposant et donnant CO^2 et la méthylène-bis-antipyrine [Pellizzari, *Ann. Chem.*, **255**, 241, 1889]. On a préparé son *anilide* fusible à 237° (P.) et son *tétrabromure* fusible à 150° (P.).

2° 3(5)-DIPYRAZYLÉTHANE, $R(5)CH^2-CH^2(5)R$. — Cristaux fusiformes fusibles à 150°, obtenus par chauffage de l'acide 3(5)-pyrazolcarbonique [Gray, *D. chem. G.*, **33**, 1222, 1900].

Acide 3(5)-dipyrazyléthane-5(3)-dicarbonique, $R(5).CH^2.CH^2.(5)R$. — Son *éther diéthylique* est obtenu par condensation de l'acétonylacétone-dioxalate d'éthyle avec l'hydrate d'hydrazine, il fond à 199°. L'*acide* obtenu par saponification fond vers 310° en se décomposant et fournit, par oxydation, l'acide pyrazol-3.5-dicarbonique [Gray, *D. chem. G.*, **33**, 1222, 1900].

Naphtoquinone-2.3-bis-méthylphénylpyrazolone,

$$\text{naphtoquinone} \begin{cases} O \\ -(4)R \\ -(4)R \\ O \end{cases}$$

— Obtenue par condensation de la 2.3-dichloro-1.4-naphtoquinone et de la méthylphénylpyrazolone sodée-(4) [Michel, *D. chem. G.*, **33**, 2409, 1900]. Lamelles rouge clair fusibles à 292° en se décomposant.

Hexahydrobenzo-3.4-dipyrazolone,

$$HAz \underset{\diagdown Az=C-CH^2-CH-CO\diagup}{\overset{\diagup CO-CH-CH^2-C=Az\diagdown}{}} AzH$$

— Obtenue par condensation du succinylosuccinate d'éthyle avec l'hydrate d'hydrazine [Rothenburg, *J. prakt. Chem.*, (2), **51**, 64, 1895]. Prismes brun verdâtre fusibles à 257°. On en a préparé un *dérivé benzylidénique*; un *dérivé diméthylé* fusible à 250° (R.); un *dérivé diacétylé* fusible à 250°; et un *tétracétylé* fusible au-dessus de 250° (R., p. 67).

Dihydrobenzo-1.1.2.2-tétraméthyl-3.4-diisopyrazolone,

$$CH^3-Az \underset{\diagdown AzCH^3-C-CH^2-C——CO\diagup}{\overset{\diagup CO——C-CH^2-C-CH^3Az\diagdown}{}} Az-CH^3$$

— Obtenue par chauffage avec ICH^3 et CH^3OH de l'hexahydrobenzodipyrazolone à 170° [Rothenburg, *J. prakt. Chem.*, (2), **51**, 66, 1895]. Elle fond au-dessus de 250°.

Dioxybenzo-diphényl-dipyrazolone,

$$C^6H^5-Az \overset{\textstyle OH}{\underset{\textstyle OH}{\diamond}} Az-C^6H^5$$

— Par ébullition prolongée d'une solution alcoolique de dioxyquinone-dicarbonate d'éthyle avec la phénylhydrazine, on obtient le sel de phénylhydrazine de ce composé, qu'on traite ensuite par HCl. Poudre brun rouge, décomposée vers 125-150° [Böniger, *D. chem. G.*, **22**, 1291, 1889].

Hexaméthylène-dipyrazolone, $C^{21}H^{18}Az^4O^2$. — Produit de condensation obtenu en chauffant à 120° la méthyl-4.6-dicarboxéthyl-1.3-cyclohexane-dione avec la phénylhydrazine. Il fond à 315° [Knœvenagel, *D. chem. G.*, **27**, 2344].

Méthényl-bis-1-phényl-3-méthylpyrazolone,

$$\begin{array}{l} HC \overset{C——CO\diagdown}{\underset{C(CH^3)=Az\diagup}{|}} Az-C^6H^5 \\ CH^3C \overset{CH=CO\diagdown}{\underset{==Az\diagup}{}} Az-C^6H^5 \end{array}$$

— Obtenue en faisant bouillir avec la potasse un mélange de chloroforme et phénylméthylpyrazolone [Knorr, *Ann. Chem.*, **238**, 684, 1887]; on peut aussi employer l'acide formique [Stolz, *J. prakt. Chem.*, (2), **55**, 170, 1897], ou l'orthoformiate d'éthyle [Claisen, *Ann. Chem.*, **297**, 37, 1897], ou le trioxyméthylène [Pellizari, *ibid.*, **255**, 236, 1889]. Aiguilles orangées fusibles à 180°, solubles dans la soude.

Carbo-bis-1-phényl-3-méthyl-5-pyrazolone,

$$C \underset{(4)R}{\overset{(4)R}{\lessgtr}}$$

— Obtenue par l'action de $COCl^2$ sur la phénylméthylpyrazolone, ou en chauffant à 300° environ le phénylméthylpyrazolone-4-carbonate d'éthyle [Himmelbauer, *J. prakt. Chem.*, (2), **54**, 190. 1896]. Aiguilles fusibles à 235°.

4-Benzylidène-hexahydro-3.4-dipyrazolone. — On l'obtient par condensation de l'aldéhyde benzoïque avec l'hexahydrobenzo-3.4-dipyrazolone.

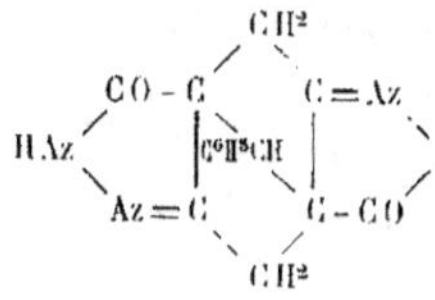

$$
\begin{array}{c}
CH^2 \\
CO-C \diagup \quad \diagdown C=Az \\
HAz \quad C^6H^5CH \quad AzH \\
Az=C \quad \diagdown \quad \diagup C-CO \\
CH^2
\end{array}
$$

[Rothenburg, *D. chem. G.*, **27**, 472, 1894]. Poudre jaune rouge ne fondant pas vers 280°.

3° BIS-PYRAZOLONES. — *3.3-Bis-1-phényl-pyrazolone*, $C^{18}H^{14}Az^4O^2$. — Ce produit est obtenu par ébullition acétique du bis-phénylhydrazone-kétipinate d'éthyle [Anschütz et Pauly, *D. chem. G.*, **28**, 68, 1895].

4-Bis-3-méthylpyrazolone,

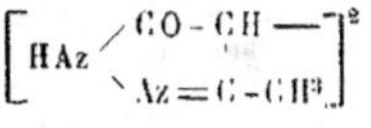

$$
\left[HAz \diagup \begin{array}{c} CO-CH\!-\!- \\ Az=C-CH^3 \end{array} \right]^2
$$

[Bülow, *D. chem. G.*, **35**. 4311, 1902]. Par l'action d'hydrate d'hydrazine sur le diméthyl-dihydropyridazine-carbonate d'éthyle [Bülow et v. Krafft, *D. chem. G.*, **35**, 4313, 1902], ou de ce réactif sur la 2-amino-2-hexène-5-one-3.4-dicarbonate d'éthyle [Knorr et Rabe, *D. chem. G.*, **33**. 3803, 1900], ou sur le diacétylsuccinate d'éthyle [Curtius, *J. prakt. Chem.*, (2), **50**. 520, 1894] ou le di-méthyl-pyridazine-dicarbonate d'éthyle [Bülow, *D. chem. G.*, **37**. 91, 1904]. Cristaux tabulaires décomposés vers 250°.

4-Bis-phényl-méthyl-pyrazolone,

$$
\left[C^6H^5Az \diagup \begin{array}{c} CO-C\!-\!- \\ \| \\ AzH-C-CH^3 \end{array} \right]^2
$$

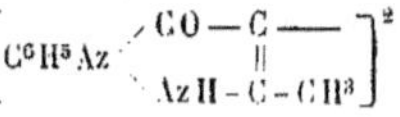

— On la prépare par oxydation de la phényl-méthylpyrazolone, et par conséquent il s'en forme par ébullition de l'acétylacétate d'éthyle ou sa phénylpyrazolone avec la phénylhydrazine [Knorr, *D. chem. G.*, **16**, 2597, 1882; **17**, 2044. 1883; *Ann. Chem.*, **238**. 168, 1887. Voyez encore Knorr et Bülow, *D. chem. G.*, **17**, 2059, 1884; — Bender, **20**, 2749, 1887; — Knorr, **22**, 160. 1889; — Sprague, *J. Chem. Soc.*, **59**, 339, 1891; — Autenrieth, *D. chem. G.*, **29**, 1658, 1896]. On l'obtient encore en chauffant avec la phénylhydrazine le dérivé dibenzoylé du di-acétylsuccinate d'éthyle (forme énolique) [Paal et Härtel, *D. chem. G.*, **30**, 1996, 1897], par l'action de la phénylhydrazine sur l'acétyl-malonate d'éthyle [Himmelbauer, *J. prakt. Chem.*, (2), **54**, 185. 1896], ou par électrolyse de la pyrazolone simple [Weems, *D. chem. G.*, **28**, refer., 452, 1895]. Cristaux décomposés par la chaleur sans fondre. ICH3 la transforme en bis-antipyrine. L'eau de brome et les oxydants fournissent du bleu de pyrazol. Son *dérivé diacétylé* fond à 133° (Autenrieth). Son *dérivé dibenzoylé* fond à 215° [Nef. *Ann. Chem.*, **266**, 130, 1891; — Autenrieth. *loc. cit.*]. *Dérivé di-benzène-sulfonique.* Aiguilles fusibles à 190° [Autenrieth, *loc. cit.*].

Bis-phényl-diméthyl-pyrazolone,

$$
\left[C^6H^5Az \diagup \begin{array}{c} CO-C\diagup^{CH^3} \\ Az=C-CH^3 \end{array} \right]^2
$$

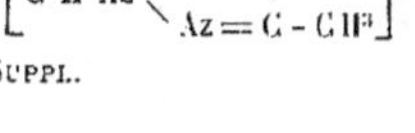

— Lorsqu'on traite la pyrazolone correspondante par le nitrite de sodium et l'acide sulfurique, il y a doublement de la molécule. Prismes fusibles à 164° [Knorr, *Ann. Chem.*, **238**, 174, 1887 et *D. chem. G.*, **17**, 2050, 1884].

4-Bis-1-phényl-3-éthyl-pyrazolone, $(4)R^2$. — Obtenue avec la phénylhydrazine et le propionyl-acétyl-acétate d'éthyle [Blaise, *C. R.*, **132**, 980, 1901]. Cristaux fusibles à 335°, fournissant par oxydation le bleu de pyrazol correspondant.

4-Bis-1-phényl-3-propylpyrazolone, $(4)R^2$. — C'est un produit secondaire qu'on obtient par l'action de la phénylhydrazine sur le C-butyryl-acétyl-acétate de méthyle [Bongert, *C. R.*, **132**, 973, 1901; — Blaise, *ibid.*, 980; — Bouveault et Bongert, *Bull. Soc. Chim.*, (3), **27**, 1095 1902]. Aiguilles fusibles à 346° en se décomposant.

Bis-antipyrine, $(4) R^2$. — On l'obtient facilement par méthylation du composé précédent [Knorr, *Ann. Chem.*, **238**, 210, 1887]. Cristaux fusibles à 245°, presque insolubles dans l'eau. *Sels* : chlorhydrate, picrate, chloroplatinate. Son *dérivé sulfoné* en 1-phényle est obtenu par sulfonation directe [Möllenhof, *D. chem. G.*, **25**, 1951, 1892]; il est très soluble dans l'eau.

Bis-1-phényl-3.4-diméthylpyrazolone,

$$
(4) \diagup\diagdown R^2
$$

— On l'obtient en traitant par le nitrite de soude la solution sulfurique de la phényldiméthylpyrazolone [Knorr, *Ann. Chem.*, **238**, 174, 1887]. Prismes fusibles à 164°, insolubles dans l'eau.

Bis-phényl-méthyl-éthyl-pyrazolone. — Obtenue comme la bis-antipyrine. Fusible vers 245° [Knorr, *D. chem. G.*, **17**, 2045, 1884].

1-Phényl-3-méthyl-pyrazol-(5.4)-1-phényl-3-méthyl-pyrazolone,

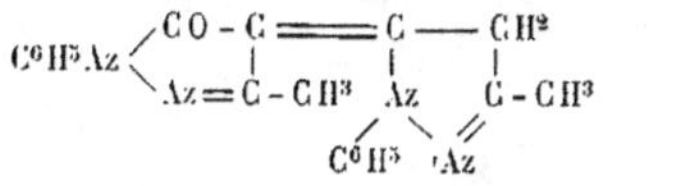

$$
C^6H^5Az \diagup \begin{array}{ccc}
CO-C & \!\!\!=\!\!\! & C — CH^2 \\
| & | & | \\
Az=C-CH^3 & Az & C-CH^3 \\
& C^6H^5 \quad Az &
\end{array}
$$

— Aiguilles brunes fusibles à 260°, obtenues en chauffant à 250°. dans un courant d'air, la 1-phényl-3-méthyl-5-pyrazolone [Mohr, *D. chem. G.*, **38**, 2578, 1905].

4° BLEUS DE PYRAZOL. — Ces composés sont obtenus, soit directement, par oxydation des pyrazolones dans lesquelles le $(4)C$ est relié à $2H$, $(-CH^2)$, soit par oxydation des bis-pyrazolones. On peut employer comme oxydants : $FeCl^3$, $PtCl^4$, AzO^2Na, etc. Ce sont des produits bleus, cristallins, insolubles dans l'eau et l'alcool, solubles dans le chloroforme et offrant beaucoup d'analogies avec le bleu d'indigo. Krüss [*Ann. Chem.*, **238**, 172, 1887] a trouvé que le spectre d'absorption de ces deux bleus étaient très voisins. Par réduction, les bleus de pyrazol redonnent la bis-pyrazolone intermédiaire.

Bleu de phénylpyrazolone,

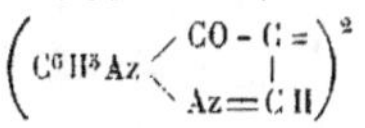

$$
\left(C^6H^5Az \diagup \begin{array}{c} CO-C= \\ | \\ Az=CH \end{array} \right)^2
$$

— Précipité bleu violet [Rothenburg, *J. prakt. Chem.*, (2), **52**, 37, 1895].

Bleu de pyrazol,

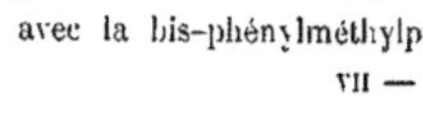

$$
\left(C^6H^5Az \diagup \begin{array}{c} CO-C\!=\!= \\ | \\ Az=C-CH^3 \end{array} \right)^2
$$

— Obtenu avec la bis-phénylméthylpyrazolone

[Knorr, *Ann. Chem.*, 238, 171, 1887; — Knorr
et Duden, *D. chem. G.*, 25, 765, 1892; — Krüss.
Ann. Chem., 238, 172, 1887].

*Bleus de pyrazol de la bis-éthylphénylpyra-
zolone et de la bis-propylphénylpyrazolone,*
voyez Blaise [*C. R.*, 132, 980, 1901].

NOYAU DIPYRAZOLONIQUE.

3.4-*Pyrazolono-pyrazolone,*

$$HAz \diagup \begin{matrix} Az = C - CO \\ | \\ CO - C = Az \end{matrix} \diagdown AzH$$

— L'acide (4) isonitrosé correspondant

$$HAz \diagup \begin{matrix} CO - C = AzOH \\ | \\ Az = C - COOH \end{matrix}$$

traité par l'hydrazine en excès, fournit ce produit, décomposable vers 126° [Rothenburg,
loc. cit.].

DÉRIVÉS AZOÏQUES.

Nous ne pouvons décrire ici, faute de place.
les dérivés azoïques des différentes bases étudiées.
On les prépare par les méthodes ordinaires.
c'est-à-dire soit en diazotant et copulant sur
phénols diamines tertiaires les amines primaires
possédant un groupe pyrazolique ou imidazolique, soit en opérant des condensations avec
l'hydrazine ou la phénylhydrazine sur des éthers
benzène-azoacétylacétiques, benzène-azoacétone-
dicarboniques, etc., ou en condensant un chlorure
de diazocarbure et une pyrazolone [Knorr, *Ann.
Chem.*, 238, 184, 1887]. Le groupe azo se fixe
en (4).

Parmi les principaux travaux exécutés en ce
sens, nous citerons : Curtius et Wirsing [*J.
prakt. Chem.*, (2), 50, 546, 1894]; Knorr [*D.
chem. G.*, 21, 1204, 1888]; Rothenburg [*J. prakt.
Chem.*, (2), 54, 47, 1895; *D. chem. G.*, 26, 2974,
1893 et 27, 784, 1894]; Stolz [*D. chem. G.*, 28.
630, 1895]; Bülow [*D. chem. G.*, 31, 3128, 1898;
32, 203, 1899]; Wedekind [*Ann. Chem.*, 295,
238, 1897]; Wolff et Festig [*ibid.*, 343, 16, 1900];
Pinnow et Wiskott [*D. chem. G.*, 31, 910, 1899].

Ces composés sont colorés du jaune orangé
au rouge vif, mais n'ont pas été utilisés avec
succès comme matières colorantes.

AZOPYRAZOLONES.

Les 4-azo-5-pyrazolones seraient de formule

$$- {}_{(5)}C(OH) = {}_{(4)}C - Az = AzR$$

c'est-à-dire de vrais azoïques. En effet, $POCl^3$
les transforme en azochloropyrazols

$$- CCl = C - Az = Az - R$$

Ces derniers peuvent, traités par IK, donner les
dérivés iodés correspondants; avec KHS, les
azothiopyrazols avec le groupe

$$- C(SH) = C - Az = AzR$$

enfin, par réduction acide, il y a scission du
groupe azoïque et formation de *chloroamino-
pyrazol*

$$- CCl = C - AzH^2 + H^2Az - R$$

tandis que sous l'influence des réducteurs
alcalins, on obtient des *azopyrazols*

$$- CH = C - Az = Az - R + HCl$$

Voyez Eibner [*D. chem. G.*, 36, 2687, 1903],
Michaelis et Leonhardt [*ibid.*, 3, 597], Meister
Lucius et Brüning [D.R.P. 153 861].

Les 3-pyrazolones, traitées par $R \cdot Az = AzCl$,
fournissent aussi des azoïques vrais, qui, transformés par $POCl^3$ en chloropyrazols, possèdent
alors un atome de Cl très solide. On a pu obtenir,
comme pour les 5-pyrazolones, les dérivés sulfurés du type (SH); (SCH^3); (SO^2CH^3); $(SCOC^6H^5)$;
(SCH^2CO^2H); $R^2 : S$ [A. Michaelis, *Ann. Chem.*,
288, 267].

II. — β-PYRAZOLS (GLYOXALINES).

La chaîne *glyoxaline* est représentée par

$$n\,HAz_{(1)} \diagup \begin{matrix} {}_{(5)}\overset{\alpha}{C}H = {}_{(4)}\overset{\beta}{C}H \\ | \\ {}_{(2)}\underset{\mu}{C}H = {}_{(3)}Az \end{matrix}$$

On lui donne encore le nom de *imidazol*. La
notation était à l'origine donnée par les lettres
grecques. Actuellement, on est d'accord pour
accepter les chiffres ci-dessus mentionnés.

L'addition de 2H, transformant une double
liaison en simple, fournit les dihydroglyoxalines ;
si les liaisons sont toutes simples, on obtient les
tétrahydroglyoxalines. Lorsque les carbones 4
et 5 font partie d'une autre chaîne fermée, si la
chaîne est benzénique, on donne au composé le
nom de *benzimidazol*. On pourra donc aussi
avoir des *naphtimidazols*. Ces composés à deux
noyaux sont ici traités après les glyoxalines.

Dans les glyoxalines, le carbone 2 peut porter
un oxygène et devenir un carbonyle, avec changement de la double liaison 2 = 3, qui devient
simple :

$$HAz \diagup \begin{matrix} CH = CH \\ | \\ CO - AzH \end{matrix}$$

Les composés formés se nomment 2-*glyoxalones*.
On pourrait aussi les formuler avec un oxhydryle
en 2 suivant :

$$HAz \diagup \begin{matrix} CH = CH \\ | \\ C(OH) = Az \end{matrix}$$

C'est cette forme tautomère qui est admise
comme représentant la formule des *thioglyoxalones*, soit

$$HAz \diagup \begin{matrix} CH = CH \\ | \\ C(SH) = Az \end{matrix}$$

Les *acides glyoxaline-carboniques* ne sont
guère représentés que par le type (4)CO^2H.
(5)CO^2H. Ceux-ci ont été préparés par Maquenne
en faisant réagir une aldéhyde, en présence
d'ammoniaque, sur l'acide dinitrotartrique. On a :

$$RCOH + \begin{matrix} AzO^2O - CH - CO^2H \\ | \\ AzO^2O - CH - CO^2H \end{matrix} + 4AzH^3$$

$$= RC \diagup \begin{matrix} Az - C - CO^2H \\ || \\ AzH - C - CO^2H \end{matrix} + 2AzO^2AzH^4 + 3H^2O$$

Ces acides, soumis à la distillation, perdent
$2CO^2$ et donnent les glyoxalines correspondantes.

Les *glyoxalones-(2)* s'obtiennent en traitant

par le cyanate de potassium une aminocétone primaire, dont le $Az\,H^2$ est séparé par un carbone du groupe CO. Ainsi :

$$H^2Az - C(R)H - CO - R' + CO\,AzH$$
$$= \quad \underset{CO \underline{\qquad} AzH}{\overset{HAz - C(R) = C - R'}{\diagdown \qquad |}} + H^2O.$$

Les *thioglyoxalones*-(2) s'obtiennent exactement de même, en employant le sulfocyanate de potassium :

$$H^2Az - C(R)H - CO - R' + AzCSH$$
$$= H^2O + \underset{C(SH) = Az}{\overset{HAz - C(R) = C - R'}{|}}$$

Ces thioglyoxalones, découvertes par Marckwald, offrent la propriété curieuse de se transformer en glyoxalines correspondantes, par oxydation modérée à l'acide azotique dilué.

Modes généraux de formation et propriétés. — Les *tétrahydroglyoxalines* sont formées par la condensation d'une aldéhyde avec une diamine primaire ou secondaire dont les deux Az sont séparés par deux C. Ex. :

$$R\,AzH - CH^2 - CH^2\,AzHR' + R'' - COH$$
$$= \underset{HC - R''}{\overset{R - Az - CH^2 - CH^2\,AzR'}{\diagdown \qquad \diagup}} + H^2O.$$

Ce sont des bases très peu stables. Les acides dilués les hydrolysent, avec retour aux composants.

Les *dihydroglyoxalines* ou glyoxalidines sont obtenues par distillation d'un chlorhydrate de diamine primaire du même type que la précédente, en présence d'un sel de soude d'un acide organique (Baumann). Ex. :

$$H^2Az - C(R)H - CH^2 - AzH^2 + R'CO^2H$$
$$= \underset{C - R'}{\overset{HAz - C(R)H - CH^2 - Az}{\diagdown \qquad \diagup}} + 2H^2O.$$

Les *glyoxalines*, comme l'indique leur nom, peuvent être obtenues en partant du glyoxal (Debus), qu'on condense avec une aldéhyde, en présence d'ammoniaque. Les homologues ont surtout été étudiés par Radsziszewski :

$$R - COH + 2AzH^3 + \overset{COH}{\underset{COH}{|}}$$
$$= R \cdot C \underset{Az \underline{\qquad} CH}{\overset{AzH - CH}{\diagup \quad |}} + 3H^2O.$$

On obtient aussi des glyoxalines en décomposant par la chaleur les acides glyoxaline-dicarboniques (Maquenne) ou en oxydant par l'acide nitrique les thioglyoxalones (Marckwald). On forme aussi des chloroglyoxalines par l'action du pentachlorure de phosphore sur les oxamides dialcoylées symétriques

$$\underset{CO - AzR'}{\overset{CO - AzR}{|}}$$

On peut obtenir les homologues de la glyoxaline alcoylés à l'azote (1) en formant un iodoalcoylate de l'alcaloïde sur l'azote (3), transformant celui-ci en hydrate d'ammonium quaternaire, et en le chauffant. Il part H^2O et le groupe alcoylé se fixe en Az (1).

TÉTRAHYDROGLYOXALINE (TÉTRAHYDROIMIDAZOL, 1.3-PENTADIAZANE).

$$H - Az \underset{CH^3 - AzH}{\overset{CH^2 - CH^2}{\diagup \quad | \quad \diagdown}}$$

— La 1.3-pentadiazane n'a pas encore été préparée : on n'en connaît que des dérivés aromatiques.

Diphényl-tétrahydroglyoxaline.

$$C^6H^5Az \underset{CH^2 - Az - C^6H^5}{\overset{CH^2 - CH^2}{\diagup \quad | \quad \diagdown}}$$

— Ce produit a été obtenu en laissant réagir à froid l'éthylène-diphényl-diamine sur l'aldéhyde formique, en solution alcoolique :

$$C^6H^5AzH \quad CH^2 - CH^2 - AzH - C^6H^5 + CH^2O$$
$$= H^2O + \underset{CH^2}{\overset{C^6H^5Az - CH^2 - CH^2 - AzC^6H^5}{\diagdown \qquad \diagup}}$$

Il cristallise, de l'alcool dilué, en lamelles fusibles à 124°. L'acide chlorhydrique l'hydrolyse, en solution éthérée, en régénérant les composants [Bischoff, *D. chem. G.*, **34**, 3255, 1898]. Les trois dérivés suivants ont été obtenus de façon analogue.

Bis-p-éthoxyphényl-tétrahydroglyoxaline, $C^3H^6Az^2(C^6H^4OC^2H^5)^2$. — Lamelles fusibles à 214° [B., *loc. cit.*].

m-Ditolyl-tétrahydroglyoxaline, $C^3H^6Az^2(C^6H^4.CH^3)^2$. — Prismes fusibles à 100°. *Dérivé para.* Cristaux tabulaires fusibles à 176° [Scholtz et Jaross, *D. chem. G.*, **34**, 1510, 1901].

1.3-Di-m-tolyl-2-méthyl-tétrahydroglyoxaline,

$$CH^3 - C^6H^4Az \underset{CH(CH^3) - Az - C^6H^4 - CH^3}{\overset{CH^2 \underline{\qquad} CH^2}{\diagup \qquad | \qquad \diagdown}}$$

— Produit de condensation de l'éthylène-di-n-tolyldiamine avec l'aldéhyde acétique, en présence d'alcool. Aiguilles fusibles à 83°. Il est facilement hydrolysé en ses composants par HCl [Scholtz et Jaross, *loc. cit.*].

1.3-Diphényl-2-imino-tétrahydroglyoxaline,

$$C^6H^5Az \underset{C(=AzH) - Az - C^6H^5}{\overset{CH^2 \underline{\qquad} CH^2}{\diagup \qquad | \qquad \diagdown}}$$

— On l'obtient en faisant agir à l'ébullition HCl sur la diphénylcyano-éthylène-diamine. Elle fond à 162° [W. Traube et Wedelstædt, *D. chem. G.*, **33**, 1385, 1900].

DIHYDROGLYOXALINE (DIHYDROIMIDAZOL, 1.3-PENTADIAZÈNE). — 4 ou 5-*Méthylglyoxalidine,*

$$HAz \underset{CH \underline{\qquad} Az}{\overset{CH(CH^3) - CH^2}{\diagup \qquad | \qquad \diagdown}}$$

— On la prépare en distillant avec du formiate de sodium le chlorhydrate de propylène-diamine [Baumann, *D. chem. G.*, **28**, 1179, 1895]. *Chloroplatinate* fusible à 167°.

3-Ethylglyoxalidine,

$$HAz \underset{C(C^2H^5) = Az}{\overset{CH^2 \underline{\qquad} CH^2}{\diagup \qquad | \qquad \diagdown}}$$

— Obtenue comme la précédente, par distillation du chlorhydrate d'éthylène-diamine avec du propionate de sodium. Huile cristallisant au-dessous de 0°, bouillant vers 146° sous 95 mm. *Sels :*

HCl, 5HgCl², PtCl⁶H², AuCl⁴H,' HBr; picrate [Klingenstein, *D. chem. G.*, 28, 1173, 1895].

2-Propyl-glyoxalidine,

$$C - (C^3H^7)$$

— Obtenue comme la précédente, en employant le butyrate de sodium. Huile cristallisable à froid, bouillant vers 136° sous 23 mm. *Sels :* HCl, 5HgCl², PtCl⁶H², AuCl⁴H, HBr; picrate; urate [K., *loc. cit.*].

5-Méthyl-2-éthyl-glyoxalidine,

$$HAz \begin{cases} CH(CH^3) - CH^2 \\ C(C^2H^5) = Az \end{cases}$$

— Baumann [*loc. cit.*] a obtenu cette base en distillant un mélange de propionate de sodium et de chlorhydrate de propylène-diamine. C'est une huile bouillant à 130° sous 62 mm. *Sels :* 5HgCl², PtCl⁶H², AuCl⁴H; picrate. *Dérivé benzoylé* fusible à 205° (B.).

2.5-Diméthyl-glyoxalidine,

$$HAz \begin{cases} CH(CH^3) - CH^2 \\ C(CH^3) = Az \end{cases}$$

— On obtient cette base en distillant un mélange de propylène-diamine avec 2 molécules d'acétate de sodium [Baumann, *D. chem. G.*, 28, 1177, 1895]. C'est un liquide soluble dans l'eau et bouillant à 125° sous 22 mm. *Sels :* 6HgCl², PtCl⁶H², AuCl⁴H. Picrate.

1-Phényl-2.4-diméthyl-glyoxalidine,

$$C^6H^5Az \begin{cases} CH(CH^3) - CH^2 \\ C(CH^3) = Az \end{cases}$$

— Le chlorhydrate d'aniline et l'allylacétamide, chauffés à 180°, fournissent un mélange de cette base et d'acétanilide. C'est une huile bouillant à 134° sous 12 mm. *Sels :* Chloroplatinate. [Cleyton, *D. chem. G.*, 28, 1666, 1895].

1-p-Tolyl-2.4-diméthyl-glyoxalidine,

$$p-CH^3 - C^6H^4 - Az \begin{cases} \end{cases}$$

— Huile bouillant à 145° sous 12 mm., obtenue de la même manière que la précédente [C., *loc. cit.*].

1.2-Diphényl-5-méthyl-dihydroglyoxalidine,

$$C^6H^5Az \begin{cases} CH(CH^3) - CH^2 \\ C(C^6H^5) = Az \end{cases}$$

— Cette base s'obtient en même temps que de la benzanilide, par chauffage à 210° de l'allyl-benzamide avec du chlorhydrate d'aniline [Clayton, *D. chem. G.*, 28, 1667, 1895] ou bien avec le chlorhydrate d'allylamine et la benzamide à 240° (C.). Fusible à 65° et bouillant à 192° sous 12 mm. *Chloroplatinate.*

Diphényl-dihydro-glyoxaline,

$$HAz \begin{cases} CH(C^6H^5) - CH^2 \\ C(C^6H^5) = Az \end{cases}$$

— Obtenue en chauffant à 240°, dans un courant de gaz HCl, le 1¹.1²-bis-benzoyl-aminoéthyl-benzène [Feist et Arnstein, *D. chem. G.*, 28, 3172, 1895]. Fusible à 78°.

PENTA-1.3-DIAZADIÈNE. 2.4-IMIDAZOL, GLYO-XALINE,

$$HAz_{(1)} \begin{cases} {}_{(5)}^{\alpha}CH = {}_{(4)}^{\beta}CH \\ {}_{(2)}CH = {}_{(3)}Az \end{cases}$$

— La glyoxaline a été préparée pour la pre-

mière fois par Debus. Cette réaction a été étudiée à nouveau par Liubawin [*J. Soc. phys. chim. russe*, 7, 254] et Wyss [*D. chem. G.*, 9, 1543, 1875 et 10, 1365, 1876]. Radziszewski traite un mélange de glyoxal et d'aldéhyde formique par l'ammoniaque [*D. chem. G.*, 15, 1495, 1882]. Maquenne décompose par la chaleur l'acide glyoxaline-dicarbonique (voyez celui-ci). Marckwald oxyde la thioimidazolone par l'acide nitrique dilué [*D. chem. G.*, 25, 2361, 1892]. Behrend et Schmitz [*Ann. Chem.*, 277, 338, 1893] recommandent de mélanger avec de l'aldéhyde formique le glyoxal brut sirupeux provenant de l'oxydation nitrique de l'aldéhyde; on ajoute de l'ammoniaque aqueuse, on agite et aussitôt que l'odeur de l'alcali persiste, on refroidit le mélange et le sépare par filtration de la glycosine précipitée. Le filtrat soumis à l'ébullition avec un lait de chaux jusqu'à disparition d'odeur d'ammoniaque est ensuite filtré, évaporé à sirop, précipité à l'alcool. On réduit, puis distille le filtrat alcoolique, en prenant ce qui bout au-dessus de 250°. Wallach [*D. chem. G.*, 15, 645, 1882] préfère évaporer à sec le produit mélangé de chaux et distiller la masse sèche dans de petites cornues.

Propriétés. — La glyoxaline cristallise en gros prismes fusibles à 89°, bouillant à 255°. Elle se dissout dans l'eau, l'alcool et l'éther. Sa réaction est fortement alcaline. L'acide chromique ne l'attaque pas; mais H²O² et aussi MnO⁴K la détruisent [Radziszewski, *D. chem. G.*, 17, 1289, 1884]. Le mélange nitro-sulfurique fournit une nitroglyoxaline? [Rung et Behrind, *Ann. Chem.*, 271, 30, 1892]. Le chlorure de benzoyle, en présence de soude, l'hydrolyse en acide formique et dibenzoyl-diaminoéthylène symétrique. *Sels :* HCl, H²SO⁴, ZnCl², PtCl⁶H², PtCl⁴, AuCl⁴H. Oxalate. *Dérivé tribromé*, C³HBr³Az². On l'obtient par l'action du brome sur une solution de glyoxaline [Wiss, *D. chem. G.*, 10, 1370, 1877]. Aiguilles insolubles dans l'eau, fusibles à 214°, à fonction acide. *Sel d'Ag.*

DÉRIVÉS SUBSTITUÉS A L'AZOTE : 1.1-MÉTHYLGLYO-XALINE,

$$CH^3Az \begin{cases} CH = CH \\ CH = Az \end{cases}$$

Préparation. — La glyoxaline traitée par ICH³ fournit un iodométhylate de méthylglyoxaline (fusible vers 200°) qui, transformé en base d'ammonium par Ag²O, puis distillé, fournit la méthylglyoxaline, en même temps que de l'ammoniaque et de la di- et tri-éthylamine [Goldschmidt, *D. chem. G.*, 14, 1845, 1881; — Wallach, *Ann. Chem.*, 214, 320, 1882; — Runge et Behrend, *ibid.*, 271, 35, 1892]. On peut aussi distiller directement l'iodométhylate sur la potasse sèche, mais non pas avec la lessive de potasse qui ne fournit que de la méthylamine (R. et B.). On peut aussi traiter par AzO³H le 1-méthyl-imidazol-2-mercaptan [Wohl et Marckwald, *D. chem. G.*, 22, 1359, 1889], ou réduire la méthyl-dibromoglyoxaline par l'amalgame de sodium [Wyss, *D. chem. G.*, 10, 1372, 1877] ou la méthylchloroglyoxaline par IH et le phosphore rouge, à 140° [Wallach, *Ann. Chem.*, 214, 310, 1882]. Enfin Jowett [*Soc.*, 83, 444] en a constaté la présence dans les produits de distillation de l'iso-pilocarpine avec la chaux sodée.

Propriétés. — C'est un liquide miscible à l'eau, cristallisant à — 6°, bouillant à 198°. Elle se combine facilement aux iodures alcoylés, mais ne se laisse pas benzoyler par le mélange C⁶H⁵COCl + NaOH [Pinner et Schwarz, *D. chem. G.*, 35, 2448, 1902]. *Sels :* HCl, PtCl⁶H², AuCl⁴H, (CAz)²Hg; picrate; ZnCl²;

ce sel double distillé sur la chaux fournit la 2-méthylglyoxaline.

Iodométhylate.

$$CH^3Az \diagup \begin{array}{c} CH = CH \\ | \\ CH = Az = (CH^3)I \end{array}$$

[Wallach, *loc. cit.*; — Rung et Behrend. *loc. cit.*; — Pinner et Schwartz. *loc. cit.*].

1-*Méthyl-chloroglyoxaline,* $C^4H^5ClAz^2$. — Produit de l'action de PCl^5 sur la diméthyl-oxamine symétrique :

$$C^2O^2(AzHCH^3)^2 + 2PCl^5 = C^4H^5ClAz^2 . HCl + 2POCl^3 + 2HCl$$

[Wallach et Böhringer. *Ann. Chem.*, **184**. 53. 1895. — Wallach. *ibid.*, **214**, 307. 1882]. C'est un liquide insoluble à l'eau. très alcalin. bouillant à 205°. *Sels* : HCl; $PtCl^6H^2$; $HAzO^3$; $AgAzO^3$: oxalate. Iodométhylate.

1-*Méthyl-tribromoglyoxaline,* $C^4H^3Br^3Az^2$. — Prismes fusibles à 89°. obtenus par l'action de l'eau de brome sur le sulfate de méthylglyoxaline [Wallach, *D. chem. G.*, **16**, 5, 37. 1883]. Wyss [*loc. cit.*] l'obtient en méthylant la tribromoglyoxaline argentique. L'amalgame de sodium la réduit en méthylglyoxaline.

1-Éthylglyoxaline.

$$C^2H^5Az \diagdown$$

— Obtenue par l'action de C^2H^5Br sur la glyoxaline [Wallach, *loc. cit.*]. ou par réduction de son dérivé tribromé (Wyss). Liquide bouillant à 210°. *Sel* : $PtCl^6$. *Dérivé tribromé* obtenu par Wyss par éthylation de la tribromoglyoxaline-argentique, ou par bromuration directe [Wallach, *loc. cit.*]. Cristaux tabulaires fusibles à 62°. *Iodométhylate* fusible à 75°.

1-Propylglyoxaline.

$$C^3H^7Az \diagdown$$

— Huile bouillant vers 221° [Wallach. *Ann. Chem.*, **214**, 321].

1-Isoamylglyoxaline,

$$C^5H^{11}Az \diagdown$$

— [W.. *loc. cit.*]. Bout vers 243".

1-Phénylglyoxaline,

$$C^6H^5Az \diagdown$$

— On l'a obtenue par traitement à 100° du phényl-imidazoyl-mercaptan par l'acide nitrique dilué [Wohl et Marckwald, *D. chem. G.*. **22**. 576, 1889] ou bien en traitant par AzO^2Na et HCl. la phényl-thio-dihydro-glyoxaline [E. Fischer et Hemsalz, *D. chem. G.*, **27**, 2206, 1894]. Cristaux fusibles à 13°. bouillant à 276°; insolubles dans l'eau. *Sels* : HCl; $PtCl^6H^2$; $AuCl^4H$; $AgAzO^3$; picrate.

1-Benzylglyoxaline,

$$C^6H^5CH^2 - Az \diagdown$$

— Obtenue par l'action de $C^6H^5CH^2Cl$ sur la glyoxaline. Fusible à 71°. bouillant à 310°. *Chloroplatinate* [Wallach, *D. chem. G.*, **16**, 539, 1883]. *Iodométhylate* [Rung et Behrend, *loc. cit.*; — Pinner et Schwartz, *loc. cit.*]. *Chlorobenzylate* [Wyss. *loc. cit.*].

1-p-Tolyl-glyoxaline,

$$p\text{-}CH^3 - C^6H^4 - Az \diagdown$$

— Obtenue en chauffant avec AzO^3H dilué la p-tolyl-thio-glyoxalone [Marckwald, *D. chem. G.* **25**, 2365, 1892].

Elle fond à 285° et possède une vive odeur de champignons. *Sels* : $PtCl^6H^2$; $AgAzO^2$; picrate. *Iodométhylate*. fusible à 90° (M.).

1-m-xylylglyoxaline,

$$(CH^3)^2 = C^6H^3 - Az \diagdown$$

— Base obtenue comme la précédente en partant de la m-tolyl-thio-glyoxaline (M.) *Sels*, $PtCl^6H^2$; picrate.

1-α-Naphtylglyoxaline,

$$C^{10}H^7 - Az \diagdown$$

— Comme la précédente (M.). Fusible à 62°; *Sels* : $PtCl^6H^2$. Picrate. *Iodométhylate*, fusible à 195° (M.).

Glyoxalines et chloracétate d'éthyle. — Composés, $C^3H^5O^2C . CH^2(Az^2C^3H^3) + Cl . CH^2CO^2C^2H^3$ et $C^2H^5O^2C . CH^2[Az^2C^3H^2(CH^3)] + Cl . CH^2CO^2C^2H^5$. — Obtenus par chauffage de la glyoxaline et de la méthylglyoxaline avec du chloracétate d'éthyle. Le premier composé est sirupeux, le second fond à 197° [Rung et Behrend, *Ann. Chem.*, **271**, 32]. On a préparé les *chloroplatinates*.

2 (ou μ)-Méthylglyoxaline (*glyoxal-éthyline, para-oxalméthyline*),

$$HAz \diagup \begin{array}{c} CH = CH \\ | \\ C(CH^3) = Az \end{array}$$

— *Préparation.* — Une solution brute de glyoxal est additionnée peu à peu d'aldéhyde ammonique jusqu'à ce qu'une nouvelle addition ne produise plus d'échauffement. On évapore, fractionne par distillation, prélève la partie bouillant à 260-270° et fait cristalliser dans le benzène [Radsziszewski, *D. chem. G.*, **15**, 2706 et **16**, 488, 1882]. L'acide méthyl-glyoxaline-dicarbonique, soumis à la distillation sèche, fournit aussi cette base [Maquenne, *Ann. Chim. Phys.*, (6), **24**, 524, 1891]; Wallach en obtient, en même temps que HCAz, en faisant passer l'oxaméthyline dans un tube chauffé au rouge [*D. chem. G.*, **16**, 542, 1883]. La distillation sèche des sels doubles de zinc des : 1-méthylglyoxaline; 1-éthyl-2-méthylglyoxaline ; 1-éthyl-2-méthyl-chloro-glyoxaline, avec de la chaux vive, a été aussi employée par Wallach [*Ann. Chem.*, **214**, 296, 1882].

La base pure fond à 136° et bout à 267°. Elle est très soluble dans l'eau. L'eau oxygénée la brûle en oxamide [Radsziszewski, *D. chem. G.*, **16**, 488, 1883].

Dérivé tribromé, $C^4H^3Br^3Az^2$. — Préparé directement [R., *D. chem. G.*, **15**, 2707], il cristallise de l'alcool et fond à 258°. Il est soluble dans les alcalis.

1.2-Diméthylglyoxaline,

$$CH^3Az \diagdown$$

— La méthylglyoxaline se combine avec ICH^3 en donnant cette base en même temps que son *iodométhylate* cristallisé. De même agit le méthylsulfate de sodium sur la méthylglyoxaline sodée [Jowatt et Potter, *J. Chem. Soc.*, **83**, 469, 1903]. La base est une huile bouillant à 205°, d'odeur opiacée. soluble dans l'eau. *Sel double* : chlorozincate. Son *dérivé chloré* $C^3H^7ClAz^2$ a été préparé par Wallach [*Ann. Chem.*, **134**, 71] en traitant par PCl^3 la méthyl-éthyl-oxamide. Il bout à 213°. *Sels*, HCl; $AuCl^4H$; $PtCl^6H^2$; $AgAzO^3$. *Iodométhylate*.

1-Éthyl-2-méthylglyoxaline (*oxaléthyline;*

oxaléthyl-éthyline; Az-éthyl-μ-méthyl-glyo-xaline),

$$C^2H^5Az\big\langle$$

— On obtient son bromhydrate par union de C^2H^5Br et de la 2-méthylglyoxaline [R. *ibid.*, **16**, 489]. Wallach [*Ann. Chem.*, **44**, 299, 1882] réduit par IH et P l'iodhydrate de chloro-méthyl-éthyl-glyoxaline $C^6H^9ClAz^2.HI$ à 140°. Liquide insoluble dans l'eau, bouillant à 213°, d'odeur forte, opiacée. Oxydée par le permanganate, elle fournit $AzH^3,C^2O^4H^2$. CH^3CO^2H. Avec H^2O^2, on obtient aussi de l'éthyloxamide [R., *D. chem. G.*, **17**, 1290, 1884; — W., *ibid.*, **16**, 544, 1883]. Passant dans un tube au rouge, elle donne HCAz et de la 2-éthylglyoxaline; son chlorozincate distillé sur CaO fournit C^2H^4 et de la 2-méthylglyoxaline. Son action sur l'organisme est semblable à celle de l'atropine [Schulz, *D. chem. G.*, **13**, 2353, 1880]. C'est une base forte.

Sels : HCl; $2HCl\,ZnCl^2$; $PtCl^6H^2$; $AgAzO^3$. *Iodométhylate* [Wallach. *Ann. Chem.*, **214**, 303, 1882]. *Periodure d'iodométhylate. Chlorobenzylate* [W., *id.*].

Chloro-méthyl-éthyl-glyoxaline (*chloroxaléthyline*) $C^2H^5.Az^2C^4H^4Cl$. — Ce produit est formé par condensation, avec départ de HCl, du chlorure $C^2Cl^4(AzHC^2H^5)^2$ provenant de l'action de PCl^4 sur la diéthyloxamide [Pirath, *D. chem. G.*, **12**, 1064, 1879. — Wallach. *Ann. Chem.*, **184**, 34]. Wallach [*ibid.*, **214**, 261, 1882] a constaté qu'il s'en formait un peu par l'action de PCl^5 sur la diéthyloxamide asymétrique, et sur la diéthyl-cyano-formamide $CAz-CO-Az(C^2H^5)^2$.

Liquide d'odeur opiacée bouillant à 218°, plus soluble dans l'eau à froid qu'à chaud. Le sodium lui enlève son chlore et le transforme en di-oxaléthyline, $C^{12}H^{28}Az^4$; l'acide iodhydrique et le phosphore le réduisent en méthyl-éthyl-glyoxaline décrite précédemment. L'eau a 300°, l'acide sulfurique à 230°, le permanganate, fournissent divers produits d'oxydation. L'acide chromique est sans action. *Sels* : $HCl+H^2O$; $2HCl, ZnCl^2$. Ce chlorozincate distillé sur CaO fournit du pyrrol et de la 2-méthylglyoxaline [W., *ibid.*, **214**, 294]; $HgCl^2$; $4HgCl^2$; $PtCl^6H^2$; HI, H^2O; I^2; $AgAzO^3$; oxalate acide. *Iodométhylate* fusible à 203°. *Bromoéthylate* [W., *loc. cit.*; — Bodewig, *D. chem. G.*, **24**, 738, 1891]. *Iso-chloroxaléthyline.* — Liquide bouillant à 222° [W., *id.*, 281].

Bromo-méthyl-éthyl-glyoxaline. — Wallach [*loc. cit.*, 282] l'a obtenue comme le dérivé chloré, en employant PBr^5.

Di-bromo-méthyl-éthyl-glyoxaline $C^6H^8Br^2Az^2$. — Obtenue par bromuration d'une solution de sulfate de la base. Fusible à 39° [Wallach, *D. chem. G.*, **16**, 537, 1883].

Chloro-bromo-méthyl-éthyl-glyoxaline, $C^6H^8ClBrAz^2$. — Obtenue par bromuration, en solution chloroformique, du chloro-dérivé W., *Ann. Chem.*, **214**, 283, 1882]. Masse cristalline, indistillable. *Sels* : $PtCl^6H^2$; $AgAzO^3$; HBr, Br^2; Br^2.

Iodo-méthyl-éthyl-glyoxaline, $C^6H^9IAz^2$. — Produit secondaire dans la réduction du chloro-dérivé par l'acide iodhydrique [W., *loc. cit.*, 300].

Dioxaléthyline, $C^{12}H^{18}Az^4$. — Huile bouillant vers 300°, provenant de l'action du sodium sur la chlorexaléthyline [W., *loc. cit.*, 297].

1.4 (ou 5) DIMÉTHYLGLYOXALINE,

$$CH^3Az\Big\langle \begin{array}{c} CH-C-CH^3 \\ | \quad \| \\ C=Az \end{array} \quad ou \quad CH^3Az\Big\langle \begin{array}{c} C(CH^3)=CH \\ | \quad \| \\ C\!=\!=\!=\!Az \end{array}$$

— Jowett [*Journ. Chem. Soc.*, **83**, 445, 1903]

a obtenu, en distillant sur la chaux sodée l'iso-pilocarpine, entre autres produits, une base (a) bouillant à 210-215°, présentant cette composition. Jowett et Potter [*Chem. Soc.*, **83**, 465, 1903] ont obtenu, par méthylation de la 4-(ou 5) méthylglyoxaline, une base bouillant à 203° qui fournit des sels : HCl; $PtCl^6H^2$; $AuCl^4H$; picrate, qui ont exactement les propriétés des sels provenant de la base (a). *Iodométhylate*, fusible à 156°.

Dérivé dibromé, $C^5H^8Az^2Br^2$. — Obtenu par bromuration de la base bouillant à 203°. Aiguilles fusibles à 127°.

1-PROPYL-2-MÉTHYL-GLYOXALINE,

$$C^3H^7Az\big\langle$$

— Son bromhydrate est formé par l'union du bromure de propyle et de la méthyl-glyoxaline. C'est une huile bouillant à 225° [Radsziszewski. *D. chem. G.*, **16**, 489, 1883].

4-(ou 5) MÉTHYLGLYOXALINE,

$$(a)HAz\Big\langle \begin{array}{c} CH=C(CH^3) \\ | \\ CH=Az \end{array}$$

(5) *par migration de la double liaison du* Az_3 *au* Az_1. — Gabriel et Pincus [*D. chem. G.*, **26**. 2205, 1893] l'ont obtenue huileuse, par l'action de $HAzO^3$ dilué sur le mercaptan correspondant. Jowett et Potter [*loc. cit.*] l'ont obtenue cristallisée fusible à 55°. Elle possède une odeur de poisson. *Sels* : $HAzO^3$; $PtCl^6H^2$; $AuCl^4H$ (G. et P.).

2-ÉTHYL-GLYOXALINE (ou μ....), *glyoxalopropyline*,

$$HAz\Big\langle \begin{array}{c} CH\!=\!=\!=\!CH \\ | \\ C(C^2H^5)=Az \end{array}$$

— Radsziszewski [*loc. cit.*] l'obtient en ajoutant de l'ammoniaque, jusqu'à odeur persistante, a un mélange de 100 gr. d'aldéhyde propionique dissoute dans 600 gr. d'eau, et de 300 gr. de glyoxal brut dilué de son poids d'eau. On laisse reposer, évapore, distille, et fait cristalliser le distillat dans un mélange de ligroïne, éther et benzène. On l'obtient aussi par les réactions de Wallach ou de Maquenne, comme la 2-méthylglyoxaline (voyez celle-ci). Elle cristallise en aiguilles fusibles à 80°, bouillant à 268°, solubles dans l'eau. *Chloroplatinate*, $PtCl^6H^2$.

1-MÉTHYL-2-ÉTHYLGLYOXALINE,

$$CH^3Az\big\langle$$

— [R., *loc. cit.*, 490].

1.2-DIÉTHYLGLYOXALINE,

$$C^2H^5Az\big\langle$$

— Liquide d'odeur opiacée très forte, bouillant à 220°. *Sel* : $2HCl.ZnCl^2$ (R.).

1-PROPYL-2-ÉTHYLGLYOXALINE,

$$C^3H^7Az\big\langle$$

— Obtenue par action du bromure de propyle sur l'éthylglyoxaline (R.), ou par réduction iodhydrique du chloro-dérivé [Wallach, *Ann. Chem.*, **214**, 314, 1882]. Huileuse, miscible à l'eau, bouillant à 213°. *Sels* : $2HClZnCl^2$; $PtCl^6H^2$. *Iodométhylate*.

Chloroéthylpropylglyoxaline. — Produit de l'action du PCl^5 sur la dipropyloxamide symétrique. Liquide bouillant à 236°, peu soluble dans l'eau. *Sels* : HI; $PtCl^6H^2$ [Wallach, *loc. cit.*, 312].

2-PROPYLGLYOXALINE (μ).

$$H Az \Big\langle {\overset{\textstyle CH = CH}{\underset{\textstyle C(C^3H^7) = Az}{\big|}}}$$

— On l'obtient par condensation du glyoxal avec l'aldéhyde butylique, en présence d'ammoniaque [Rieger. *Mon.*. **9**. 603]. ou bien en faisant passer la 1-propylglyoxaline dans un tube chauffé au rouge [Wallach. *D. chem. G.*, **16**. 543. 1883]. Liquide huileux. *Sels* : oxalate $+ 2 H^2 O$; $PtCl^6 H^2$.

1-MÉTHYL-2-PROPYLGLYOXALINE.

$$CH^3 Az \Big\langle$$

— Huile bouillant à 215°. obtenue par méthylation du composé précédent (R.). *Sel* : $PtCl^6 H^2$.
1-ÉTHYL-2-PROPYLGLYOXALINE. — Liquide bouillant à 220°. *Chloroplatinate.*
1.2-DIPROPYLGLYOXALINE. — Liquide bouillant à 227°. *Chloroplatinate.*
1-BUTYL-2-PROPYLGLYOXALINE. — (1)-*Butyle normal* bouillant à 243°. *Sels* : $2 HCl. CdCl^2$: $PtCl^6 H^2$. (2)-*Isobutyle* bouillant à 232°. *Sel* : $PtCl^6 H^2$.
1-ISOAMYL-2-PROPYLGLYOXALINE, bouillant à 251°. *Sel* : $PtCl^6 H^2$ [Rieger. *loc. cit.*].

2-ISOPROPYLGLYOXALINE (μ.

$$H Az \Big\langle {\overset{\textstyle CH = CH}{\underset{\textstyle C - [CH = (CH^3)^2] - Az}{\big|}}}$$

— Obtenue soit par décomposition de son acide dicarboxylé [Maquenne. *Ann. Chim. Phys.*. (6). **24**, 538]. soit par condensation du glyoxal avec l'aldéhyde isobutyrique et l'ammoniaque [Radsziszewski. *D. chem. G.*, **16**. 747. 1883]. Cette base cristallise en aiguilles fusibles à 129° (R.). 133° (M.). solubles dans l'eau. bouillant à 258° environ. *Sels* [Rieger. *loc. cit.*] : HCl; HBr; oxalate.

1-MÉTHYL-2-ISOPROPYLGLYOXALINE.

$$CH^3 Az \Big\langle$$

— Elle bout à 206°; elle donne un *iodométhylate* fusible à 245°.
1-PROPYL-2-ISOPROPYLGLYOXALINE. — Liquide bouillant à 226° (R.).
1-ISOAMYL-2-ISOPROPYL-GLYOXALINE. — Liquide bouillant à 247° (R.).
2-ISOBUTYLGLYOXALINE-(μ), *glyoxalisoamyline*,

$$(CH^3)^2 = CH \cdot CH^2 - Az \Big\langle {\overset{\textstyle CH = CH}{\underset{\textstyle CH = Az}{\big|}}}$$

— Radsziszewski et Szul. la préparent [*D. chem. G.*, **17**. 1291. 1884] par condensation de l'aldéhyde isovalérique avec le glyoxal et l'ammoniaque. Maquenne [*loc. cit.*] l'obtient en décomposant par la chaleur l'acide dicarboxylé correspondant. Aiguilles aplaties fusibles à 120° (R.) à 127° (M.). bouillant à 274°. *Sels* : HCl; $PtCl^6 H^2$; HBr; oxalate [Krentz. *Jahresb.*. 71. 1886]: le *dérivé dibromé* fusible à 158° et le *dérivé tribromé* fusible à 217° ont été préparés par bromuration directe de la glyoxaline correspondante [R. et S.. *loc. cit.*]. Ce dernier est ramené à l'état de dérivé dibromé par l'acide sulfureux.
1-MÉTHYL-2-ISOBUTYLGLYOXALINE.

$$CH^3 Az \Big\langle$$

— Fusible à 170°.
1-PROPYL-2-ISOBUTYLGLYOXALINE. — Liquide bouillant à 240°.

1.2-DIISOBUTYLGLYOXALINE. — Liquide bouillant à 240°.
1-ISOAMYL-2-ISOBUTYLGLYOXALINE. — Liquide bouillant à 260° (R. et S.). Son *dérivé chloré* $C^7 H^{10} Cl Az^2 . C^5 H^{11}$ est obtenu directement par l'action du PCl^5 sur la diisoamyloxamide [Wallach. *Ann. Chem.*. **214**. 316]. Liquide bouillant vers 269°. *Chloroplatinate.*

2-HEXYLGLYOXALINE.

$$H Az \Big\langle {\overset{\textstyle CH = CH}{\underset{\textstyle C(C^6 H^{13}) = Az}{\big|}}}$$

— Produit de condensation du glyoxal avec l'œnantholammoniaque [Radsziszewski, *D. chem. G.*, **16**, 748], ou par distillation de l'acide dicarboxylé correspondant [Maquenne. *loc. cit.*]. Pour la préparation. voyez Karez [*Mon.*. **8**, 218]. Elle cristallise en poudre micro-cristalline fusible à 50°: elle bout à 295°. *Sels* (K.) : $PtCl^6 H^2$; $PtCl^4 Br^2 H^2$; oxalate.

1-MÉTHYL-2-HEXYLGLYOXALINE,

$$CH^3 Az \Big\langle$$

— Obtenue par méthylation du produit précédent. Liquide bouillant à 262°. *Chloroplatinate*; *iodométhylate*. fusible à 124°.
1-ÉTHYL-2-HEXYLGLYOXALINE. — Liquide bouillant à 271°. *Chloroplatinate.*
1-PROPYL-2-HEXYLGLYOXALINE. — Liquide bouillant à 286°. *Chloroplatinate* [K., *loc. cit.*, 221].

2-PHÉNYLGLYOXALINE,

$$H Az \Big\langle {\overset{\textstyle CH = CH}{\underset{\textstyle C(C^6 H^5) = Az]}{\big|}}}$$

— On l'obtient en décomposant par la chaleur l'acide dicarboxylé correspondant [Maquenne, *Ann. Chim. Phys.*. (6). **24**. 534. 1891]. Elle fond à 148°, bout à 340°. *Sels* : $PtCl^6 H^2$; oxalate.

4-PHÉNYLGLYOXALINE,

$$H Az \Big\langle {\overset{\textstyle CH = C - C^6 H^5}{\underset{\textstyle CH = Az}{\big|}}}$$

— Obtenue par condensation du phénylglyoxal avec l'aldéhyde formique et l'ammoniaque [Pinner. *D. chem. G.*, **35**, 4, 135]. Lamelles fusibles à 129°. *Chloroplatinate*, $3 H^2 O$.

DÉRIVÉS DISUBSTITUÉS.

2.4-DIMÉTHYLGLYOXALINE,

$$H Az \Big\langle {\overset{\textstyle CH = C(CH^3)}{\underset{\textstyle C(CH^3) = Az}{\big|}}}$$

— Cette base a été obtenue par Künne [*D. chem. G.*. **28**. 2039. 1895], en chauffant le mercaptan correspondant avec le nitrite d'éthyle [voy. aussi Jaenicke. *D. chem. G.*, **32**, 1097, 1899]. Cristaux tabulaires fusibles à 117°. *Sels* $AuCl^4 H$; $Az O^3 H$.

5-MÉTHYL-4-ÉTHYLGLYOXALINE,

$$H Az \Big\langle {\overset{\textstyle C(CH^3) = C - C^2 H^5}{\underset{\textstyle CH = Az}{\big|}}}$$

— Obtenue par traitement au nitrite d'éthyle du

mercaptan correspondant [Gabriel et Posner, *D. chem. G.*, 27, 1039, 1894]. *Sels* : $AuCl^4H$. Picrate.

5-MÉTHYL-4-PROPYLGLYOXALINE,

$$HAz \begin{cases} C(CH^3) = C - C^3H^7 \\ \quad\quad\quad | \\ CH =\!=\!= Az \end{cases}$$

— Obtenue par l'action du nitrite d'éthyle sur le mercaptan correspondant [Künne, *loc. cit.*]. *Sels* : $AuCl^4H$. Picrate.

5-MÉTHYL-4-AMYLGLYOXALINE,

$$HAz \begin{cases} C(CH^3) = C - C^5H^{11} \\ \quad\quad\quad | \\ CH =\!=\!= Az \end{cases}$$

— Behr [*D. chem. G.*, 30, 1517, 1897] a préparé cette base en traitant le mercaptan correspondant par l'acide nitrique. Jowett [*Chem. Soc.*, 83, 447, 1903] l'a obtenue, mélangée d'autres bases, par distillation de l'isopilocarpine avec la chaux sodée. C'est un liquide bouillant vers 155° sous 10 mm. *Sels* : $PtCl^6H^2$; $AuCl^4H$; picrate.

5-MÉTHYL-4-ISOAMYLGLYOXALINE. — Obtenue comme la précédente, par Behr. *Sels* : AzO^3H; $PtCl^6H^2$; $AuCl^4H$.

2-MÉTHYL-5-PHÉNYLGLYOXALINE,

$$HAz \begin{cases} C(C^6H^3) = CH \\ \quad\quad\quad | \\ C(CH^3) =\!=\! Az \end{cases}$$

(*mésométhylphénylimidazol*, *phénylglyoxaléthyline*). — On l'a obtenue en chauffant le méthylphényloxazol avec l'ammoniaque alcoolique à 230° [Lewy, *D. chem. G.*, 21, 2195, 1888]. Aiguilles fusibles à 158°. *Sels* : HCl; $PtCl^6H^2, 2H^2O$.

4-MÉTHYL-5-PHÉNYLGLYOXALINE,

$$HAz \begin{cases} C(C^6H^5) = C - CH^3 \\ \quad\quad\quad | \\ CH =\!=\!= Az \end{cases}$$

— Obtenue par traitement du mercaptan correspondant avec l'acide nitrique dilué [Behr, *D. chem. G.*, 30, 1522, 1897]. Lamelles jaunes fusibles à 178°. *Sels* : $PtCl^6H^2$; $AuCl^4$; picrate.

2.4-DIPHÉNYLGLYOXALINE,

$$HAz \begin{cases} CH =\!=\!= C - C^6H^3 \\ \quad\quad\quad | \\ C(C^6H^5) = Az \end{cases}$$

— Obtenue par ébullition d'une solution chloroformique de benzamidine et de ω-bromoacétophénone [Kunckell, *D. chem. G.*, 34, 639, 1901]. Aiguilles fusibles à 193°. *Sels* : HCl; Ag. L'iodure d'éthyle fournit un 1.3-*éthyliodéthylate* fusible à 154°; un 3-*iodéthylate* fusible à 162°. et un *dérivé* 1-*éthylé* fusible à 194° [Kunckell et Donath, *D. chem. G.*, 24, 1831, 1901]. Voyez aussi les *dérivés phénacyliques* à l'azote, décrits par les mêmes auteurs.

2.5-DIPHÉNYLGLYOXALINE,

$$HAz \begin{cases} C(C^6H^5) = CH \\ \quad\quad\quad | \\ C(C^6H^5) = Az \end{cases}$$

— Préparée par chauffage à 300°, en tube scellé, du diphényloxazol avec l'ammoniaque [Minovici, *D. chem. G.*, 29, 403, 1894]. On obtient son *chlorhydrate* en saturant de HCl gazeux un mélange de phénylaminoacétonitrile et d'aldéhyde benzoïque (M.). Elle fond à 162°.

4.5-DIPHÉNYLGLYOXALINE,

$$AzH \begin{cases} C(C^6H^5) = C - C^6H^5 \\ \quad\quad\quad | \\ CH =\!=\!= Az \end{cases}$$

— Obtenue par condensation du benzile et de l'aldéhyde formique avec l'ammoniaque [Japp, *Journ. Chem. Soc.*, 54, 558, 1887; — Pinner, *D. chem. G.*, 35, 4137, 1902]. Elle fond à 227°. Modifications cristallines [Flescher, *Journ. Chem. Soc.*, 51, 559, 1887]. *Sels* : HCl; H^2SO^4.

Dérivé 1-*méthylé* fusible à 147° (P.).

DÉRIVÉS TRISUBSTITUÉS.

1.4.5-TRIMÉTHYLGLYOXALINE,

$$CH^3 - Az \begin{cases} C(CH^3) = C - CH^3 \\ \quad\quad\quad | \\ CH =\!=\!= Az \end{cases}$$

— La diméthylglyoxaline, traitée par $SO^2(OCH^3)^2$, donne le dérivé triméthylé [Hooper, Dickinson et Jowett, *J. Chem. Soc.*, 87, 405, 1905]. Le *dérivé bromé* (2) a été obtenu par l'action du brome.

2.4.5-TRIMÉTHYLGLYOXALINE,

$$HAz \begin{cases} C(CH^3) = C - CH^3 \\ \quad\quad\quad | \\ C(CH^3) = Az \end{cases}$$

— Pechmann l'a obtenue par condensation de la butane-dione $CH^3 - CO - CO - CH^3$ avec l'ammoniaque en solution concentrée [*D. chem. G.*, 24, 1415, 1888]. Elle cristallise en aiguilles fusibles à 133°, bouillant à 271° et possède une réaction alcaline. *Sels* : HCl; Ag; Cu; ce dernier s'obtient directement en traitant la butane-dione par une solution ammoniacale de chlorure cuivreux [Fittig, Daimler et Keller, *Ann. Chem.*, 249, 405, 1889].

DIMÉTHYLCINNAMYLIDÈNE-GLYOXALINE,

$$C^6H^5 - CH = CH - C \begin{cases} HAz \begin{cases} C(CH^3) = C - CH^3 \\ \quad\quad\quad | \\ =\!=\!= Az \end{cases} \end{cases}$$

— Le diacétyle se combine avec l'aldéhyde cinnamique, en présence d'ammoniaque, à 100°, et fournit cette base fusible à 201° [Wadsworth, *Chem. Soc.*, 57, 11, 1890].

4.5-DIMÉTHYL-2-PHÉNYLGLYOXALINE,

$$HAz \begin{cases} C(CH^3) =\!=\!= C - CH^3 \\ \quad\quad\quad | \\ C(C^6H^4OH) = Az \end{cases}$$

— Obtenue avec un mélange de diacétyle, aldéhyde benzoïque et ammoniaque [Wadsworth, *loc. cit.*]. Elle cristallise du benzène avec 1 molécule de solvant, et fond, anhydre, vers 230°. *Chloroplatinate*.

Dérivé 2-o-*oxyphénylique* (2) - C^6H^4OH. — Obtenu de même avec l'aldéhyde salicylique (Wadsworth). Aiguilles fusibles à 218°. Sa solution alcoolique est fluorescente en bleu. *Chloroplatinate*, $2H^2O$.

2-MÉTHYL-4.5-DIPHÉNYLGLYOXALINE,

$$HAz \begin{cases} C(C^6H^5) = C - C^6H^5 \\ \quad\quad\quad | \\ C(CH^3) =\!=\! Az \end{cases}$$

— Obtenue par condensation du benzile avec l'aldéhyde éthylique et l'ammoniaque [Japp et Wynne, *Chem. Soc.*, 49, 464, 1886]. Elle fond à 235°. *Chloroplatinate*, $2H^2O$. *Dérivé* 1-*éthylique* [Japp et Davidson, *Chem. Soc.*, 67, 44, 1895] obtenu soit par éthylation, soit par condensation à l'éthylamine. Prismes fusibles à 125°. *Iodéthylate* fusible à 163° (Japp et Daimler).

2-ISOBUTYL-4.5-DIPHÉNYLGLYOXALINE.

$$\mathrm{H\,Az}\begin{cases}\mathrm{C(C^6H^5)}\!=\!\!=\!\mathrm{C-C^6H^5}\\ \quad\quad\quad\quad\;|\\ \mathrm{C-CH^2-CH(CH^3)^2}=\mathrm{Az}\end{cases}$$

— Obtenue comme la précédente. avec l'aldéhyde isovalérique (Japp et Wynne). Elle fond a 223°. *Chloroplatinate.*

2.4-DIPHÉNYL-5-MÉTHYLGLYOXALINE,

$$\mathrm{H\,Az}\begin{cases}\mathrm{C(CH^3)}\!=\!\mathrm{C-C^6H^5}\\ \quad\quad\quad|\\ \mathrm{C(C^6H^5)}=\mathrm{Az}\end{cases}$$

— Obtenue par condensation de la 1²-bromo-propiophénone et de la benzamidine [Kunckell, *D. chem. G.*, **34**, 640, 1901]. Fusible à 215°. *Chlorhydrate.*

2-PHÉNYL-4-P-TOLYLIMIDAZOL.

$$\mathrm{H\,Az}\begin{cases}\mathrm{CH}\!=\!\!=\!\mathrm{C-C^6H^4CH^3}\\ \quad\quad\quad|\\ \mathrm{C(C^6H^5)}=\mathrm{Az}\end{cases}$$

— Obtenu avec la benzamidine et la chlorométhyl-p-tolylcétone (Kunckell). Fusible à 183°.

TRITOLYLGLYOXALINE.

$$\mathrm{H\,Az}\begin{cases}\mathrm{C(C^7H^7)}=\mathrm{C-C^7H^7}\\ \quad\quad\quad|\\ \mathrm{C(C^7H^7)}=\mathrm{Az}\end{cases}$$

— Produit de la réduction de la p-kyatoline par la poudre de zinc et l'acide acétique [Piepes et Poratynski, *Centr. Bl.*, II, 477, 1900]. Aiguilles fusibles à 235°.

ACIDES GLYOXALINE-CARBONIQUES.

ACIDE GLYOXALINE-4.5-DICARBONIQUE.

$$\mathrm{H\,Az}\begin{cases}\mathrm{C(CO^2H)}=\mathrm{C-CO^2H}\\ \quad\quad\quad|\\ \mathrm{CH}\!=\!\!=\!\mathrm{Az}\end{cases}$$

— Ce composé est obtenu par l'action d'une solution à 10 0/0 d'hexaméthylène-tétramine (aldéhyde formique et ammoniaque) sur l'acide nitro-tartrique, en présence d'un excès d'ammoniaque [Maquenne, *Ann. Chim. Phys.*, (6), **24**, 525, 1891]:

$$(\mathrm{AzO^3})^2\mathrm{C^4H^4O^4} + \mathrm{CH^2O} + 5\mathrm{AzH^3} = \mathrm{C^5H^2Az^2O^4AzH^4}$$
$$+ 2\mathrm{AzH^4AzO^2} + 3\mathrm{H^2O}.$$

Il s'en forme une faible quantité lorsqu'on oxyde le benzimidazol au permanganate [Bamberger et Berlé, *Ann. Chem.*, **273**, 338, 1893]. C'est une poudre cristalline, insoluble dans l'eau, et qui se décompose sous l'action de la chaleur en $\mathrm{CO^2}$ et glyoxaline. C'est un acide monobasique. *Sels :* — $\mathrm{AzH^4.H^2O}$; — K.

ACIDE 2-MÉTHYLGLYOXALINE-4.5-DICARBONIQUE.

$$\mathrm{H\,Az}\begin{cases}\mathrm{C(CO^2H)}=\mathrm{C-CO^2H}\\ \quad\quad\quad|\\ \mathrm{C(CH^3)}\!=\!\!=\!\mathrm{Az}\end{cases}$$

— Obtenu comme le précédent avec l'aldéhyde éthylique. Aiguilles à peu près insolubles dans l'eau, décomposées vers 300° en fournissant la 2-méthylglyoxaline. Sels : — AzH⁴; — K; =Ca: = Ba [Maquenne, *loc. cit.*].

ACIDE 2-ÉTHYLGLYOXALINE-4.5-DICARBONIQUE.

$$\mathrm{H\,Az}\begin{cases}\mathrm{C(CO^2H)}=\mathrm{C-CO^2H}\\ \quad\quad\quad|\\ \mathrm{C(C^2H^5)}\!=\!\!=\!\mathrm{Az}\end{cases}$$

— Préparé avec l'aldéhyde propionique. Aiguilles très peu solubles dans l'eau. Il se décompose comme les précédents par la chaleur (Maquenne).

ACIDE 2-ISOPROPYLGLYOXALINE-4.5-DICARBONIQUE

(2) — CH(CH³)². — Obtenu avec l'aldéhyde iso-butyrique et cristallisant en aiguilles (Maquenne).

ACIDE 2-ISOBUTYLGLYOXALINE-4.5-DICARBONIQUE (2). CH². CH . (CH³)². — Préparé avec l'aldéhyde isovalérique. Poudre cristalline à goût très sucré (Maquenne).

ACIDE 2-HEXYLGLYOXALINE-4.5-DICARBONIQUE (2) — C⁶H¹³. — Obtenu avec l'œnanthol. Lamelles peu solubles dans l'eau (Maquenne).

ACIDE PHÉNYLGLYOXALINE-DICARBONIQUE,

$$\mathrm{H\,Az}\begin{cases}\mathrm{C(CO^2H)}=\mathrm{C-CO^2H}\\ \quad\quad\quad|\\ \mathrm{C(C^6H^5)}\!=\!\!=\!\mathrm{Az}\end{cases}$$

— Produit de condensation de l'aldéhyde benzoïque avec l'acide nitrotartrique, en présence d'ammoniaque [Maquenne, *Ann. Chim. Phys.*, (6), **24**, 542, 1891]. Lamelles presque insolubles dans l'eau.

GLYOXALINE-CÉTONES.

BENZOYLPHÉNYLGLYOXALINE,

$$\mathrm{H\,Az}\begin{cases}\mathrm{C(C^6H^5)}\!=\!\!=\!\mathrm{CH}\\ \quad\quad\quad|\\ \mathrm{C(COC^6H^5)}=\mathrm{Az}\end{cases}$$

— L'ammoniaque réagit sur le phénylglyoxal en donnant cette base fusible à 280°, en même temps que beaucoup de 1.4-diphényl-3-oxypyrazine. L'iodure de méthyle fournit, par méthylation en présence de KOH, la *méthylbenzoylphénylglyoxaline* fusible à 168° et son *iodométhylate* [A. Pinner, *D. chem. G.*, **38**, 1531].

GLYOXALONES.

2-GLYOXALONE (μ-*imidazolone*),

$$\mathrm{H\,Az}\begin{cases}\mathrm{CH}=\mathrm{CH}\\ \quad\quad|\\ \mathrm{CO-AzH}\end{cases}$$

— Marckwald [*D. chem. G.*, **25**, 2, 357] a obtenu ce produit en chauffant l'acétalylurée en solution aqueuse, avec quelques gouttes d'acide sulfurique :

$$\mathrm{H^2Az.CO.AzH.CH^2CH(OC^2H^5)^2}$$
$$= \mathrm{C^3H^4Az^2O} + 2\mathrm{C^2H^5OH}.$$

Elle cristallise par refroidissement de la solution aqueuse et fond en se décomposant.

4-ISOPROPYLIMIDAZOLONE,

$$\mathrm{H\,Az}\begin{cases}\mathrm{CH}=\mathrm{C-CH(CH^3)^2}\\ \quad\quad|\\ \mathrm{CO-AzH}\end{cases}$$

— Obtenue en condensant le chlorhydrate de la 1-amino-3.3-diméthylacétone avec le cyanate de potassium. Cristaux fusibles à 220° [Conrad et Hock. *D. chem. G.*, **32**, 1202, 1899].

1-PHÉNYL-4-TÉTRAOXYBUTYL-2-GLYOXALONE (α-*tétraoxybutyl-Az-phényl-μ-oxyimidazol*),

$$\mathrm{C^6H^5-Az}\begin{cases}\mathrm{CH}=\mathrm{C-(CHOH)^3-CH^2OH}\\ \quad\quad|\\ \mathrm{CO-AzH}\end{cases}$$

— On l'obtient en chauffant le phénylisocyanate de glucosamine avec de l'acide acétique à 20 0/0. Elle est très peu soluble dans l'eau, cristallise en aiguilles et fond vers 210° [Steudel, *Zeit. physiol. Chem.*, **34**, 369].

4.5-DIMÉTHYL-2-GLYOXALONE (*diméthyl-μ-imidazolone*),

$$\mathrm{H\,Az}\begin{cases}\mathrm{C(CH^3)}=\mathrm{C-CH^3}\\ \quad\quad|\\ \mathrm{CO}\!-\!\!-\!\mathrm{AzH}\end{cases}$$

— Le chlorhydrate de 3-amino-2-butanone se condense avec le cyanate de potassium et fournit cette base cristallisée en lamelles. Elle se décompose lentement vers 250° [Künne, *D. chem. G.*, **28**, 2040, 1895].

5-MÉTHYL-4-ÉTHYL-2-GLYOXALONE,

$$HAz\left\langle\begin{array}{l}C(CH^3)=C-C^2H^5\\ \quad\quad\quad\quad |\\ CO\text{———}AzH\end{array}\right.$$

— Lamelles obtenues en traitant le chlorhydrate d'aminodiéthylcétone ou d'aminopropylméthylcétone par une solution de cyanate de potassium [Jaenicke, *D. chem. G.*, **32**, 1098].

5-MÉTHYL-4-PROPYL-2-GLYOXALONE,

$$HAz\left\langle\begin{array}{l}C(CH^3)=C-C^3H^7\\ \quad\quad\quad\quad |\\ CO\text{———}AzH\end{array}\right.$$

— Produit de condensation de la 3-amino-2-hexanone sur le cyanate de potassium [Künne, *loc. cit.*]. Elle cristallise en lamelles fusibles à 223°.

4.5-DIPROPYL-2-GLYOXALONE,

$$HAz\left\langle\begin{array}{l}C(C^3H^7)=C-C^3H^7\\ \quad\quad\quad\quad |\\ CO\text{———}AzH\end{array}\right.$$

— C'est le produit de la condensation de la butyroïne avec l'urée, en présence d'alcool absolu, à 150°. Elle cristallise en aiguilles fusibles vers 216° en se décomposant [Basse et Klinger, *D. chem. G.*, **31**, 1220].

4.5-DIISOPROPYL-2-GLYOXALONE. — Base obtenue de la même façon avec l'isobutyroïne. Cristaux aiguillés décomposés au-dessus de 300°.

4.5-DIISOBUTYL-2-GLYOXALONE,

$$HAz\left\langle\begin{array}{l}C(C^4H^9)=C-C^4H^9\\ \quad\quad\quad\quad |\\ CO\text{———}AzH\end{array}\right.$$

— Composé obtenu avec l'isovaléroïne, comme les dérivés 4.5-dipropyliques. Il cristallise en aiguilles fusibles à 182° (B. et K.).

5-MÉTHYL-4-ISOAMYL-2-GLYOXALONE (*méthylisoamyl-imidazolone*),

$$HAz\left\langle\begin{array}{l}C(CH^3)=C-CH^2-CH^2-CH=(CH^3)^2\\ \quad\quad\quad |\\ CO\text{———}AzH\end{array}\right.$$

— Obtenue par condensation de la 5-amino-2-méthyl-5-heptanone avec le cyanate de potassium. Aiguilles fusibles à 271° en se décomposant [Behr, *D. chem. G.*, **30**, 1520, 1897].

MÉTHYLPHÉNYLIMIDAZOLONE,

$$HAz\left\langle\begin{array}{l}C(C^6H^5)=C-CH^3\\ \quad\quad\quad\quad |\\ CO\text{———}AzH\end{array}\right.$$

— Produit fusible à 285°, obtenu en faisant réagir le cyanate de potasse sur le 1²-aminopropylonephène (Behr).

MÉTHYLMÉTATOLYLIMIDAZOLONE,

$$HAz\left\langle\begin{array}{l}C(CH^3)=C-CH^2-C^6H^4-CH^3\\ \quad\quad\quad |\\ CO\text{———}AzH\end{array}\right.$$

— Obtenue au moyen du cyanate de potasse et du 3²-amino-3-butylone-(3³)-toluène [Rijan, *D. chem. G.*, **31**, 2131, 1898]. Elle fond à 265°.

4-MÉTHYL-2-IMIDAZOLONE-5-CARBONATE D'ÉTHYLE,

$$HAz\left\langle\begin{array}{l}C(CH^3)=C-CO^2C^2H^5\\ \quad\quad\quad\quad |\\ CO\text{———}AzH\end{array}\right.$$

— Gabriel et Posner [*D. chem. G.*, **27**, 1144, 1894] ont préparé cet éther en évaporant une solution aqueuse de chlorhydrate d'α-aminoacétylacétate d'éthyle et de cyanate de potassium. Il cristallise en aiguilles fusibles à 221°.

2-PHÉNYL-4-BENZAL-5-GLYOXALONE,

$$HAz\left\langle\begin{array}{l}CO\text{———}C=CH-C^6H^5\\ \quad\quad\quad\quad\quad |\\ C(C^6H^5)=Az\end{array}\right.$$

— On l'obtient en faisant réagir le chlorhydrate de benzamidine sur le phénylpropiolate d'éthyle [Ruhemann et Cunnington, *Chem. Soc.*, **75**, 959, 1899]. Aiguilles jaunes fusibles à 274°.

THIO-GLYOXALONES.

THIO-μ (OU 2)-IMIDAZOLONE, 2-THIOGLYOXALONE,

$$HAz\left\langle\begin{array}{l}CH\text{====}CH\\ \quad\quad\quad |\\ C(SH)=Az\end{array}\right.$$

— On l'obtient facilement en évaporant un mélange de sulfocyanure de potassium et chlorhydrate d'aminoacétal et en chauffant le résidu à 140° [Marckwald, *D. chem. G.*, **25**, 2359, 1892]. Ce composé est soluble dans l'eau bouillante et dans l'alcool. Il fond vers 222° en se décomposant. Chauffé avec l'acide nitrique dilué, il fournit l'imidazol ou glyoxaline. *Sels* : PtCl⁴; Ag.

Ether méthylique (CH³S remplace HS). — Son *iodhydrate* se prépare par l'action de ICH³ sur la thio-2-imidazoline. Il fond à 139° et bout vers 251°. *Sels* : PtCl⁶H²; picrate.

1-MÉTHYLIMIDAZOLYL-μ-MERCAPTAN,

$$CH^3Az\left\langle\begin{array}{l}CH\text{====}CH\\ \quad\quad\quad |\\ C(SH)=Az\end{array}\right.$$

(*1-méthyl-2-thioglyoxalone*). — Obtenu par ébullition de la méthylacétalylthiourée avec l'acide chlorhydrique ou sulfurique dilué [Wohl et Marckwald, *D. chem. G.*, **22**, 1355, 1889]. Lamelles fusibles à 141°, bouillant vers 280° en se décomposant légèrement; l'acide nitrique dilué les transforme en 1-méthylglyoxaline. *Sels* : PtCl⁴; AuCl³; Ag. *Iodométhylate* fusible à 148°; il fournit un *dérivé nitré* C⁵H⁷Az²S(AzO²) fusible à 85° (Wohl et Marckwald).

1-PHÉNYLIMIDAZOLYLMERCAPTAN,

$$C^6H^5Az\left\langle\begin{array}{l}CH\text{====}CH\\ \quad\quad\quad |\\ C(SH)=Az\end{array}\right.$$

(*phényl-2-thioimidazolone*, *1-phénylthioglyoxalone*). — Wohl et Marckwald [*D. chem. G.*, **22**, 569, 1889] l'obtiennent en soumettant à l'ébullition en présence d'acide sulfurique à 30 0/0 l'acétalylphénylthiourée :

$$C^6H^5AzH.CS.AzH.CH^2.CH(OC^2H^5)^2$$
$$=C^6H^5Az^2S+2C^2H^5OH.$$

Longues aiguilles fusibles à 181°; HAzO³ dilué les transforme en phénylglyoxaline. CH³I fournit les *dérivés mono* et *diméthylés*. *Sels* : PtCl⁴; Ag. *Ether méthylique* (CH³S), préparé comme le précédent; il est fusible à 54°. *Sels* : AzO³H; HI; picrate [Wohl et Marckwald, *loc. cit.*]. *Dérivé nitré* C⁶H⁶(AzO²)Az²(SCH³), obtenu par l'action de HAzO³ dilué sur l'éther méthylique. Aiguilles jaunes fusibles à 116°. *Iodométhylate* C⁶H⁷Az²(CH³S)(CH³I), obtenu par l'action de ICH³ sur le mercaptan primitif. Cristaux fusibles à 177° (Wohl et Marckwald).

1-P-TOLYLTHIOIMIDAZOLONE,

$$CH^3-C^6H^4Az\left\langle\right.$$

— Obtenue par ébullition de l'acétalyl-p-tolylthiourée avec HCl dilué [Marckwald. *D. chem. G.*, 25, 2363, 1892]. Il cristallise en lamelles argentines fusibles à 205°. *Sels* : PtCl⁴. Son *éther méthylique* fond à 90°. et fournit un *iodométhylate* fusible à 162° (M.).

1-M-XYLYLTHIOIMIDAZOLONE.

$$(CH^3)^2 C^6H^3 Az <$$

— Obtenue comme la précédente (M.). Lamelles fusibles à 192°. Son *éther méthylique* est huileux; son *iodométhylate* fond à 170°.

1-α-NAPHTYLTHIOIMIDAZOLONE,

$$C^{10}H^7 Az <$$

— Comme le composé précédent. Cristaux fusibles à 242°. Son *éther méthylique* fond à 127° (M.).

α-MÉTHYLIMIDAZOLYL-μ-MERCAPTAN (4-MÉTHYL-2-THIOGLYOXALONE,

$$H Az < \begin{matrix} CH == C(CH^3) \\ | \\ C(SH) = Az \end{matrix}$$

— On l'a préparé en faisant bouillir une solution de sulfocyanure de potassium avec le chlorhydrate d'aminoacétone [Gabriel et Pinckus, *D. chem. G.*, 26, 2203, 1893]. Il cristallise en aiguilles fusibles vers 243°. et que l'acide nitrique dilué transforme en méthylglyoxaline.

MÉTHYLÉTHYLIMIDAZOLYL-μ-MERCAPTAN (5-MÉTHYL-4-ÉTHYL-1-THIOGLYOXALONE),

$$H Az < \begin{matrix} C(CH^3) = C - C^2H^5 \\ | \\ C(SH) = Az \end{matrix}$$

— Gabriel et Posner [*D. chem. G.*, 27, 1038, 1894] l'ont préparé comme le précédent, avec la 3-amino-2-pentanone et KCAzS. Jaenicke [*D. chem. G.*, 32, 1098, 1899] emploie l'aminodiéthylcétone. Elle cristallise en lamelles solubles dans l'eau : la solution est très amère. HAzO³ la transforme en méthyléthylglyoxaline.

MÉTHYLPROPYLIMIDAZOLYL-μ-MERCAPTAN,

$$H Az < \begin{matrix} C(CH^3) = C - C^3H^7 \\ | \\ C(SH) = Az \end{matrix}$$

— Composé qu'on obtient comme les précédents, en partant de la 3-aminohexanone [Künne, *D. chem. G.*, 28, 2042, 1895]. Aiguilles fusibles à 255°. Traité par le nitrite d'éthyle, il fournit la méthylpropylimidazolone (glyoxalone).

TÉTRAOXYBUTYLSULFHYDRYLIMIDAZOL (4-TÉTRAOXYBUTYL-2-THIOGLYOXALONE),

$$H Az < \begin{matrix} CH == C - (CHOH)^3 - CH^2OH \\ | \\ C(SH) = Az \end{matrix}$$

— On connaît deux composés appartenant à ce groupe : le *dérivé 1-allylique*,

$$C^3H^5 Az <$$

fusible à 138°. et le *dérivé 1-phénylique*,

$$C^6H^5 Az <$$

fusible à 208°. On les obtient en condensant la glucosamine avec l'allyl- ou le phénylsénévol en présence d'acétone [Neuberg et Wolff. *D. chem. G.*, 34, 3845, 1901].

4.5-DIMÉTHYL-2-THIOGLYOXALONE (DIMÉTHYL-IMIDAZOLYLMERCAPTAN).

$$H Az < \begin{matrix} C(CH^3) = C - CH^3 \\ | \\ C(SH) = Az \end{matrix}$$

— Préparée comme le dérivé précédent. avec la 3-amino-2-butanone [Künne, *D. chem. G.*, 28, 2038, 1895]. Cristaux aiguillés décomposables vers 270°, sans fondre. Le nitrite d'éthyle le transforme en diméthylimidazol correspondant.

4.5-DIPROPYL-2-THIOGLYOXALONES (α-β-DIPROPYL-μ-MERCAPTOIMIDAZOLS,

$$H Az < \begin{matrix} C(C^3H^7) = C - C^3H^7 \\ | \\ C(SH) = Az \end{matrix}$$

a) *Dérivé propylique normal*. obtenu en chauffant à 150° une solution alcoolique de butyroïne et de thio-urée. Aiguilles jaunes.

b) *Dérivé isopropylique*. — Obtenu de même avec l'isobutyroïne. Aiguilles jaunâtres [Basse et Klinger, *D. chem. G.*, 31, 1220, 1898].

4.5-DIISOBUTYL-2-THIOGLYOXALONE,

$$H Az < \begin{matrix} C(C^4H^9) = C - C^4H^9 \\ | \\ C(SH) == Az \end{matrix}$$

— Ce composé a été obtenu comme les précédents. en partant de l'isovaléroïne. Aiguilles décomposées au-dessus de 300° [B. et K., *loc. cit.*, 1223].

MÉTHYLAMYLIMIDAZOLYLMERCAPTAN.

$$H Az < \begin{matrix} C(C^5H^{11}) = C - CH^3 \\ | \\ C(SH) == Az \end{matrix}$$

— Obtenu en partant de la 3-amino-2-octanone [Behr, *D. chem. G.*, 30, 1516, 1897]. Il cristallise en aiguilles fusibles à 224°; l'acide azotique le transforme en méthylamylglyoxaline. Son *isomère isoamylique* est obtenu avec la 5-amino-2-méthyl-6-heptanone; il fond à 255° [Behr, *ibid.*, 1520].

MÉTHYLPHÉNYL-2-THIOGLYOXALONE,

$$H Az < \begin{matrix} C(CH^3) = C - C^6H^5 \\ | \\ C(SH) = Az \end{matrix}$$

— Composé obtenu en évaporant une solution de 1²-aminopropylonephène et de sulfocyanure de potassium [Behr, *ibid.*, 1522]. Prismes fusibles vers 300°.

MÉTHYL-M-XYLYL-2-THIOGLYOXALONE,

$$H Az < \begin{matrix} C(CH^3) = C - CH^2C^5H^4CH^3 \\ | \\ C(SH) == Az \end{matrix}$$

— Obtenue par traitement au sulfocyanure de potassium du chlorhydrate de 3²-amino-3-butylone-3²-toluène [Ryan, *D. chem. G.*, 34, 2131, 1898]. Fusible à 267°.

O-BENZYLÈNE-IMIDAZOLYLMERCAPTAN,

$$H Az < \begin{matrix} CH^2 —— \\ C === CC^6H^4 — \\ | \\ C(SH) == Az \end{matrix}$$

— Cette thioglyoxalone est obtenue en faisant réagir KCAzS sur le chlorhydrate de β-amino-α-hydrindone [Gabriel et Stelzner. *D. chem. G.*, 29, 2607, 1897]. Elle se décompose vers 280°.

3 -Phényl.-2-thiodihydro-1-aminoimidazol,

$$H^2Az \cdot Az \Big\langle \begin{matrix} CH = CH \\ | \\ CS - Az - C^6H^5 \end{matrix}$$

— On l'a obtenu en chauffant l'acétalylthiosemi-carbazide avec HCl concentré, à 100°. Il fond à 89°. *Chlorhydrate.*

III. — BENZIMIDAZOLS.

HYDROBENZIMIDAZOLS.

On ne connaît que peu de représentants de cette classe de composés.

Nous noterons ici les représentants de ces groupes ayant : 1° un noyau benzénique hydrogéné; 2° les liaisons azote-carbone simple.

Ce groupe 2 contient : un imidazol bromé; le groupe des dihydrobenzimidazolols, et des dihydrobenzimidazolones qui sont des urées d'o-diamines.

1° μ-(3)-Phényl-1-benzyl-hexahydrobenzimidazol,

$$C^6H^{10} \Big\langle \begin{matrix} Az - CH^2C^6H^5 \\ \geqslant C - C^6H^5 \\ Az \end{matrix}$$

— Produit de la condensation de 2 mol. d'aldéhyde benzoïque sur l'hexahydro-o-phénylène-diamine. Ce composé est fusible à 132°,5 [Einhorn et Bull, *Ann. Chem.*, 295, 217, 1897].

2-Méthyl-1.2-bromodihydrobenzimidazol,

— Backzinski et Niementowski [*Chem. Centr. Bl.*, (2), 940, 1902] ont obtenu, par l'action du brome sur le 2-méthylbenzimidazol, le bromhydrate du dérivé 1.2-x-tribromé fusible à 163°, le bromhydrate du dérivé 1.2-x-y-tétrabromé fusible au-dessus de 270°, et un bromhydrate 1.2-n-pentabromé. Ces composés sont très instables et retournent très facilement au type benzimidazol.

2.3-Dihydro-2-benzimidazolols. — Les benzimidazols fournissent, avec les iodures alcoylés, vers 60-100°, un mélange de dérivés mono- et dialcoylés et d'iodométhylates de ces derniers. Traités par les carbonates alcalins, ces iodométhylates fournissent, avec départ de CH³, le dérivé alcool en (2) :

$$R \Big\langle \begin{matrix} AzH \\ \geqslant CH \\ Az \end{matrix} \rightarrow R \Big\langle \begin{matrix} AzCH^3 \\ \geqslant CH \\ AzCH^3I \end{matrix} + H^2O$$

$$\rightarrow R \Big\langle \begin{matrix} AzCH^3 \\ \geqslant C \big\langle \begin{smallmatrix} H \\ OH \end{smallmatrix} \\ AzCH^3 \end{matrix} + IH$$

[O. Fischer, *D. chem. G.*, 34, 936, 1901 et 38, 320, 1905]. Ces alcools sont nommés *azolols.* Ils sont assez instables aux alcalis et régénèrent facilement, par hydrolyse, l'o-diamine,

$$\rightarrow R \Big\langle \begin{matrix} AzHCH^3 \\ AzHCH^3 \end{matrix} + HCO^2H.$$

Les *azolols méthylés* en 2

$$\geqslant C \Big\langle \begin{matrix} CH^3 \\ OH \end{matrix}$$

ont une stabilité plus grande vis-à-vis des alca-

lis, et s'hydrolysent seulement à l'ébullition avec ceux-ci (O. F.).

1.3-*Diméthyldihydrobenzimidazolol*,

$$\Big[\begin{matrix} Az(CH^3) \\ Az(CH^3) \end{matrix} \Big\rangle CHOH$$

— Ce composé s'obtient par l'action de NaOH sur son iodure d'azonium, ou en chauffant la diméthyl-o-phénylène-diamine avec l'acide formique à 140° [O. Fischer et Fusseneger, *D. chem. G.*, 34, 936, 1901]. Aiguilles fusibles à 75°. Les alcalis le scindent en ses composants, le permanganate l'oxyde en azolone. Son analogue, 1-*phényl-3-méthyldihydrobenzimidazolol*.

$$\Big[\begin{matrix} Az(C^6H^5) \\ Az(CH^3) \end{matrix} \Big\rangle CHOH$$

s'obtient comme le précédent [O. Fischer et Rigaud, *D. chem. G.*, 34, 4205, 1901]. Il fond à 168°. Il est scindé par les alcalis comme le précédent.

1.3-*Diméthyl-6-chlorodihydrobenzimidazolol*,

$$Cl \Big[\begin{matrix} Az(CH^3) \\ Az(CH^2) \end{matrix} \Big\rangle CHOH$$

— L'iodométhylate de chlorobenzimidazol, traité par la soude, fournit ce composé fusible à 106°, cristallisé en prismes. La potasse, à chaud, l'hydrolyse en l'o-amine correspondante [O. Fischer, *D. chem. G.*, 37, 552, 1904].

5 (ou 6)-*Nitro-diméthyl-dihydro-benzimidazolol*,

$$AzO^2C^6H^4 \Big\langle \begin{matrix} AzCH^3 \\ \geqslant CHOH \\ AzCH^3 \end{matrix}$$

— Cristaux fusibles à 128° en se décomposant, obtenus en traitant par Na²CO³ l'iodométhylate correspondant. Les alcalis l'hydrolysent facilement en diamine diméthylée et acide formique (O. Fischer).

1-3-*Diméthyl-m-dihydrotolimidazolol*,

$$CH^3 \Big[\begin{matrix} Az(CH^3) \\ Az(CH^2) \end{matrix} \Big\rangle CHOH$$

— Fusible à 110°. Obtenu comme le précédent [O. Fischer et Rigaud, *D. chem. G.*, 35, 1262, 1902].

Nitro-dihydro-xylimidazolol-1.3-*diméthylé*,

$$(AzO^2)(CH^3)^2C^6H^2 \Big\langle \begin{matrix} AzCH^3 \\ \geqslant CHOH \\ AzCH^3 \end{matrix}$$

— Le nitroxylimidazol fusible à 268°, traité par ICH³, fournit un méthyl-iodométhylate, fusible à 214°. Celui-ci traité par un alcali se transforme en azolol, cristaux orangés fusibles à 132° [O. Fischer, *D. chem. G.*, 34, 4, 203, 1901]. La potasse, à chaud, résinifie en partie l'azolol et fournit la nitroxylimidazolone,

$$\geqslant CO$$

1-3-*Diméthyl-4.6-diméthyl-dihydrobenzimidazolol*,

$$CH^3 \overbrace{}^{\displaystyle - Az(CH^3)\diagdown \atop \displaystyle - Az(CH^3)\diagup} CHOH \quad (CH^3)$$

— Fusible à 135°. Obtenu comme les précédents [O. F. et R.. *ibid.*, **34**. 4206].

Triméthyl-dihydrobenzimidazolol,

$$\diagup\!\!\!\diagdown \; {-Az(CH^3)\diagdown \atop -Az(CH^3)\diagup} \; C(CH^3)OH$$

— Obtenu, soit par l'action de la soude alcoolique sur le chlorométhylate du 1.3-diméthylbenzimidazol, soit par condensation de l'anhydride acétique sur l'o-phénylène-diamine diméthylée [O. F. et Fuss., *loc. cit.* et Pinnow et Sämann, *D. chem. G.*, **32**, 2185 et 2191. 1899]. Prismes fusibles à 165°.

6-*Nitro-1.2.3-triméthyl-dihydro-benzimidazolol*,

$$AzO^2 \diagup\!\!\!\diagdown \; {AzCH^3 \atop \diagdown Az CH^3} \; C(CH^3)OH$$

— Obtenu par la méthode ordinaire de condensation acétique. Cristaux fusibles à 175°, assez stables aux alcalis (O., F.).

1.3-*Dibenzyl-dihydrobenzimidazolol*,

$$\diagup\!\!\!\diagdown \; {AzC^7H^7 \atop AzC^7H^7} \; C(CH^3)(OH)$$

— La dibenzyl-o-phénylène-diamine soumise à l'action de l'acide acétique se condense avec lui, en donnant ce composé cristallisé en aiguilles fusibles à 153°, très stable vis-à-vis des alcalis [O. Fischer. *D. chem. G.*, **38**. 320, 1905].

1.2.3.6-*Tétraméthyl-dihydro-benzimidazolol*,

$$(CH^3)C^6H^3 < {Az\,CH^3 \atop Az\,CH^3} > C(CH^3)OH$$

— Ce produit est obtenu comme le 1.2.3-triméthylbenzimidazolol.
Il fond à 148° (O. F. et R.. *loc. cit.*].

Les iodométhylates de 1.3-diméthyl-2-méthyl-dihydrobenzimidazol-4-chloré ou 4-bromé, fournissent par traitement à la soude les *azolols* correspondants, que l'alcali bouillant hydrolyse complètement, en régénérant l'orthodiamine correspondante [O. Fischer, *D. chem. G.*, **38**, 320, 1905].

Nitro-1.2.3-triméthyl-dihydro-tolimidazol,

$$AzO^2(CH^3)C^6H^2 \; {\diagup Az CH^3 \atop \diagdown Az CH^3} \; C(CH^3)OH$$

— Obtenu par l'action de la soude à froid sur l'iodométhylate correspondant. Tables jaunes fusibles à 195°, hydrolysées par la soude à chaud en fournissant la diamine diméthylée (O. Fischer).

2-*o-Oxyphényl-1.2-dibenzyl-dihydrobenzimidazol*,

$$C^6H^4 < {Az-C^7H^7 \atop Az-C^7H^7} > CH-C^6H^4-OH$$

— Formé par action de l'aldéhyde salicylique sur la dibenzyl-o-phénylène-diamine. Aiguilles fusibles à 136°, très instables et facilement hydrolysées par les acides [O. Fischer, *D. chem. G.*. **38**, 320. 1905].

1.3-*Diméthyl-dihydro-1.2-naphtimidazolol*

$$\diagup\!\!\!\diagdown \; {-Az(CH^3)\diagdown \atop -Az(CH^3)\diagup} \; CHOH$$

— Produit de l'action des alcalis sur l'iodométhylate d'α-Az-méthyl-α-β-naphtimidazol [O. F. et Fus.. *loc. cit.*]. Prismes fusibles à 123°. La soude l'hydrolyse en naphtylène-urée correspondante.

BENZIMIDAZOLONES.

Ces composés doivent être considérés comme les *urées des o-diamines*.
Les azolones contenant un H relié à l'azote-(3) peuvent probablement offrir les deux formes tautomères :

$$1)\; C^6H^4 < {AzH \atop AzH} > CO \quad et \quad 2)\; C^6H^4 < {AzH \atop Az} > C-OH$$

dans la forme 1) ce sont des dihydrobenzimidazolones-2 et dans la forme 2) ce sont des benzimidazolols-2.
On les obtient par oxydation des benzimidazols, ou des benzimidazolols, ou bien encore en traitant l'o-diamine par le gaz phosgène.
Ces composés sont assez facilement hydrolysés par les alcalis.

BENZIMIDAZOLS.

Nous avons vu que, lorsque dans les glyoxalines les carbones 4 et 5 font partie d'un noyau benzénique, la chaîne double obtenue se nomme benzimidazol. On lui donne actuellement la notation suivante :

$$\diagup\!\!\!\diagdown \; {}^{7}_{6}\;{}_{5}\;{}^{4} \; {\diagup AzH_{(1)} \atop \diagdown\!\!\!- CH_{(2)} \atop \diagup Az_{(3)}}$$

On voit que nous ne pouvons pas obtenir de benzimidazolones. C'est tout au plus si l'on peut fixer sur le C(2) un oxygène, pendant que l'azote 3 reste relié avec une liaison simple suivant :

$$C^6H^4 < {AzH \atop AzH} > CO$$

c'est alors une hydrobenzimidazolone, ou mieux une o-phénylène-urée. On peut aussi obtenir des composés à fonction OH du même type, soit :

$$C^6H^4 < {AzH \atop AzH} > C < {H \atop OH}$$

Ces produits se nomment des *azolols*.
Si dans le noyau benzénique, il y a des groupes méthyl, diméthyl..., etc. on pourra nommer les produits formés, tolimidazols, xylimidazols, etc....

Modes de formation. — On peut dire que, malgré leur grand nombre, les imidazols sont tous formés par un seul procédé. C'est la condensation d'une ortho-diamine avec un acide, gras ou aromatique. La diamine pourra posséder un azote sous forme d'amine secondaire :

$$\diagup\!\!\!\diagdown \; {AzRH \atop AzH^2} \quad + \quad HO^2C-R'$$

$$= \; \diagup\!\!\!\diagdown \; {Az-R \atop Az} \diagdown C-R' \; + \; 2H^2O$$

Lorsque l'acide est de l'acide formique, le carbone (2) est relié à un atome d'hydrogène. La tendance à la formation de cette chaîne est si grande, qu'elle se forme directement, par réduction en milieu acide d'un nitro-anilide, quand le groupe nitré est voisin de l'anilide, tel que :

$$\text{AzH-CO-R} \qquad \text{AzO}^2$$

On les obtient encore, par une réaction assez peu nette, en condensant l'ortho-diamine avec une aldéhyde. Ces modes de formation si faciles font que les benzimidazols sont connus depuis longtemps, mais on les nommait autrement, et, d'après leur préparation, on écrivait : méthényl-, éthényl-, propényl-, benzényl-, etc., ortho-diamines. Ex. · éthényl-o-phénylène-diamine

$$\text{C}^6\text{H}^4 < {}^{\text{AzH}}_{\text{Az}} > \text{C} - \text{CH}^3$$

C'est sous ce nom qu'il faut les chercher dans la plupart des travaux exécutés jusque dans ces dernières années. Pour donner plus d'homogénéité à cet article, nous ne conservons que le nom le plus récent d'après la classification des benzimidazols.

On voit combien peut être grande la variété de ces composés, le noyau benzénique de l'ortho-diamine pouvant être substitué d'une façon quelconque, et l'acide, surtout s'il est aromatique, pouvant aussi être substitué par de nombreux radicaux.

O. Fischer a étudié l'action des iodures alcoylés sur les benzimidazols. Si l'on épuise l'action de ICH³, on obtient toujours un *iodométhylate* tel que :

$$\text{C}^6\text{H}^4 < {}^{\text{Az}-(\text{CH}^3)}_{\text{Az}-(\text{CH}^3)} > \text{CR}$$
$$\text{I}$$

Les alcalis font partir le groupement CH³I et fixent un OH sur le C(2). On obtient ainsi des *benzimidazolols*,

$$\text{C}^6\text{H}^4 < {}^{\text{Az}(\text{CH}^3)}_{\text{Az}(\text{CH}^3)} > \text{CR(OH)}$$

Ceux-ci, peu stables, sont facilement hydrolysés par les alcalis; on obtient alors l'acide primitif et l'ortho-diamine alcoylée :

$$\text{C}^6\text{H}^4 < {}^{\text{Az}(\text{CH}^3)\text{H}}_{\text{Az}(\text{CH}^3)\text{H}} + \text{R} - \text{CO}^2\text{H}.$$

BENZIMIDAZOL. (*méthényl-o-phénylène-diamine*),

$$< {}^{\text{AzH}}_{\text{Az}} > \text{CH}$$

— Ce produit s'obtient en condensant l'acide formique avec l'o-phénylène-diamine [Wundt, *D. chem. G.*, 11, 826, 1878]. On peut aussi employer l'anhydride mixte formique-acétique [Béhal, D.R. P. 115334] ou le chloroforme et la potasse [Grassi et Lombardi, *Gazz. chim. ital.*, (1), 25, 225, 1895], ou bien encore le chlorhydrate de dichlorométhyl-formamidine [Dains. *D. chem. G.*, 35, 2503, 1902]. Il cristallise de l'alcool en prismes rhombiques [Sadebeck, *Jahresb.*, 1878, 167], fond à 170° et distille au-dessus de 360°.

L'iodure de méthyle fournit, à 100°, le *dérivé 1-méthylé*; à 150°, l'iodure d'ammonium du *dérivé 1.3-méthylé* [O. Fischer et Fussenegger, *D. chem. G.*, 34, 936, 1901; — O. Fischer, *ibid.*, 38, 320, 1905]. Le chlorure de benzoyle, en présence d'alcali, le scinde en acide formique et dibenzoyl-o-phénylène-diamine. L'acide iodhydrique et le phosphore à 230° sont sans action [O. Fischer, *ibid.*, 22, 645, 1889]. Le diazobenzène en solution alcaline ne s'y combine pas [Bamberger, *Ann. Chem.*. 305, 298, 1899]. Le permanganate le transforme en acide oxalique et un peu d'acide glyoxaline-(benzimidazol)-4.5-dicarbonique. *Sels* : $-\text{HCl,H}^2\text{O}$; $=\text{PtCl}^6\text{H}^2$, $2\text{H}^2\text{O}$; $-\text{AuCl}^4\text{H}$; $-\text{Ag}$. Il fournit avec le chloral un *produit d'addition* $\text{C}^7\text{H}^6\text{Az}^2, \text{C}^2\text{HCl}^3\text{O}, \text{H}^2\text{O}$ fusible à 131° et cristallisant du benzène, en tablettes contenant de ce solvant, et fusibles à 75-81° [Bamberger, *Ann. Chem.*, 272, 373, 1892]. Le *dérivé 1-benzoylé*, obtenu par Bamberger et Berlé [*ibid.*, 273, 360, 1892] au moyen du chlorure de benzoyle, à 100°, est en aiguilles fusibles à 91°.

6-*Chlorobenzimidazol*,

$$\text{Cl} - \text{C}^6\text{H}_3 - {}^{\text{AzH}}_{\text{Az}} > \text{CH}$$

— C'est le produit de la condensation de la 2-chloro-o-phénylènediamine avec l'acide formique. Il cristallise en aiguilles fusibles à 125° [O. Fischer, *D. chem. G.*, 37, 552, 1904].

6-*Bromo-benzimidazol* (Br remplace Cl). — Obtenu de même; base fusible à 157° [O. F., *id.*, 38, 320]. L'iodure de méthyle fournit un 1-*méthyl-3-iodométhylate*.

Dibromobenzimidazol,

$$\text{C}^6\text{H}^2\text{Br}^2 < {}^{\text{AzH}}_{\text{Az}} > \text{CH}$$

— Obtenu par Buczynski et Niementowski [*Chem. C. Bl.*, (2), 940, 1902] par oxydation au permanganate du dibromo-2-styryl-benzimidazol. Cristaux jaunâtres fusibles à 339°.

Tétrabromo-benzimidazol,

$$\text{C}^6\text{Br}^4 < {}^{\text{AzH}}_{\text{Az}} > \text{CH}$$

— Obtenu de même, avec le tétrabromo-2-styrylbenzimidazol (B. et N.).

6-*Nitrobenzimidazol*,

$$\text{AzO}^2 - \text{C}^6\text{H}_3 - {}^{\text{AzH}}_{\text{Az}} > \text{CH}$$

— Obtenu par nitration du benzimidazol [Bamberger et Berlé, *Ann. Chem.*, 273, 340, 1893; — O. Fischer et Rigaud, *D. chem. G.*, 34, 4203, 1901]. Aiguilles fusibles à 203°. L'iodure de méthyle le transforme en 1-*méthyl-3-iodométhylate*, fusible à 259°.

1-MÉTHYL-BENZIMIDAZOL,

$$\text{C}^6\text{H}^4 < {}^{\text{Az} - \text{CH}^3}_{\text{Az}} > \text{CH}$$

— Obtenu soit par méthylation du benzimidazol, soit, plus facilement, par condensation de la méthyl-o-phénylènediamine avec l'acide formique. Il fond à 61° et bout à 278° [O. F., *loc. cit.*; voyez aussi O. F. et Fuss, *loc. cit.*; et F., *id.*, 38, 320, 1905].

1-Méthyl-5-chlorobenzimidazol,

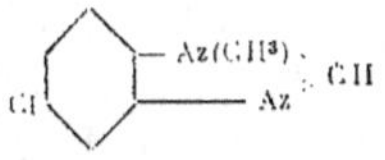

$$Cl \quad \text{—} \quad Az(CH^3) \diagdown\ CH \diagup Az$$

— Pinnow [*D. chem. G.*, **31**, 2985, 1898] l'a obtenu par réduction de la 4-chloro-2-nitro-diméthylaniline, avec Sn et HCl. C'est une huile bouillant vers 270°. On en a préparé un *chloromercurate*.

CHLORURE DE 1.3-DIMÉTHYLBENZIMIDAZOL.

$$C^6H^4 \diagup Az-CH^3 \diagdown CH \diagup Az \diagdown Cl \quad CH^3$$

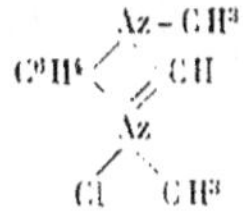

— Aiguilles cristallisant avec 1 H²O, fusibles à 240°, obtenu par l'action de AgCl sur l'iodure. *Iodure* obtenu par action de ICH³ à 140° sur le benzimidazol. Fusible à 144° [O. Fischer et Rigaud, *D. chem. G.*, **34**, 936 et 4203, 1901; — **35**, 1258, 1902; **38**, 320, 1905].

CHLORURE DE 1.3-DIBENZYL-BENZIMIDAZOL.

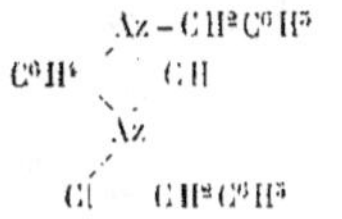

$$C^6H^4 \diagup Az-CH^2C^6H^5 \diagdown CH \diagup Az \diagdown Cl \quad CH^2C^6H^5$$

— Obtenu par addition du chlorure de benzyle au benzimidazol.

1-PHÉNYL-BENZIMIDAZOL.

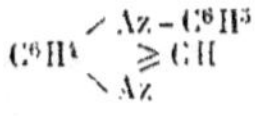

$$C^6H^4 \diagup Az-C^6H^5 \diagdown CH \diagdown Az$$

— Produit de condensation de l'acide formique avec l'o-amino-diphénylamine [O. F. et R., *loc. cit.*; — Bamberger et Lagutt, *D. chem. G.*, **31**, 1506, 1898]. Il cristallise en aiguilles fusibles à 97°. *Sels* : HCl HgCl²; = PtCl⁶H²; picrate; Son *3-iodométhylate* fond à 200°.

1-Phényl-6-bromo-benzimidazol

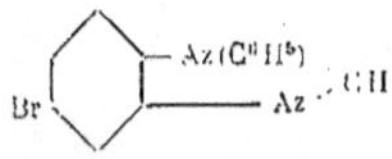

$$Br \quad \text{—} \quad Az(C^6H^5) \diagdown\ CH \diagup Az$$

— Obtenu par réduction de la 2-amino-5-bromodiphénylamine [Jacobson et Grosse, *Ann. Chem.*, **303**, 324, 1898]. Aiguilles fusibles à 110°. *Sels* : Nitrate, chloromercurate.

1-Phényl-6-iodo-benzimidazol (I remplace Br). — Préparé comme le précédent [Jacobson, Fertszch et Heubach, *Ann. Chem.*, **303**, 337, 1898]. Il fond à 161°.

1-Phényl-5-nitrophénylbenzimidazol.

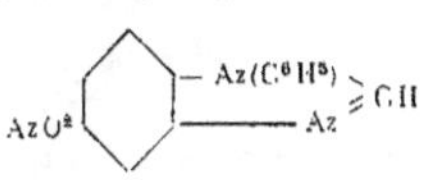

$$AzO^2 \quad \text{—} \quad Az(C^6H^5) \diagdown\ CH \diagup Az$$

— Obtenu par chauffage de son acide 2-carboxylique, ou par condensation de l'amino-nitrodiphénylamine, avec l'acide formique. Aiguilles fusibles à 160°. Par réduction, il fournit le *dérivé 5-aminé* fusible à 130°, dont le dérivé acétylé

fond à 170° [A. Reissert et G. Goll, *D. chem. G.*, **38**, 90, 1945].

1-Phényl-6-phénylformylamino-benzimidazol,

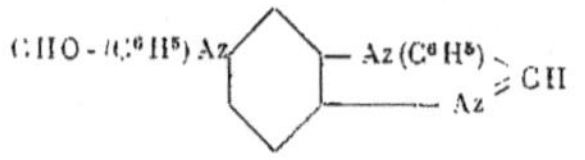

$$CHO-A(C^6H^5)Az \diagup\ \text{—} \quad Az(C^6H^5) \diagdown CH \diagup Az$$

— Produit de condensation du 2.4-diphényl-1.2.4-triaminobenzène avec l'acide formique [O. Fischer, *Ann. Chem.*, **286**, 178, 1895]. Aiguilles fusibles à 124°.

1-P-TOLYL-BENZIMIDAZOL,

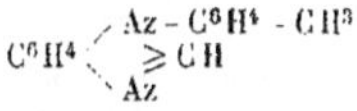

$$C^6H^4 \diagup Az-C^6H^4-CH^3 \diagdown CH \diagdown Az$$

— Obtenu de même avec le 2-amino-4-méthyldiphénylamine [Jacobson et Lischke, *Ann. Chem.*, **303**, 378, 1898]. C'est une masse épaisse visqueuse. Sels : 1 HCl, HgCl, HgCl²; picrate.

5 (ou 6)-MÉTHYLBENZIMIDAZOL OU M-TOLIMIDAZOL,

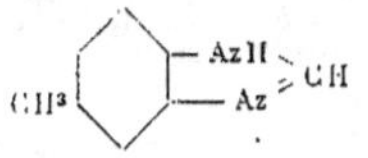

$$CH^3 \quad \text{—} \quad AzH \diagdown\ CH \diagup Az$$

— Ce composé est obtenu comme d'habitude par ébullition de la 3.4-toluylènediamine avec l'acide formique [Ladenburg, *D. chem. G.*, **10**, 1123, 1877; — Bamberger, *Ann. Chem.*, **273**, 321, 1893], ou avec le formiate d'éthyle ou la formiamide [Niementowski, *D. chem. G.*, **30**, 3064, 1897] ou par distillation de l'acide 2-carboxylique [Bamberger et Berlé, *loc. cit.*, 333]. Cette base fond à 114° [O. Fischer, *D. chem. G.*, **22**, 644, 1889], et s'oxyde au permanganate en acide 5-carboxylique. *Sels* : Ag; = PtCl⁶H².

1.6-DIMÉTHYLBENZIMIDAZOL,

$$CH^3 \quad \text{—} \quad Az \diagdown\ CH \diagup Az(CH^3)$$

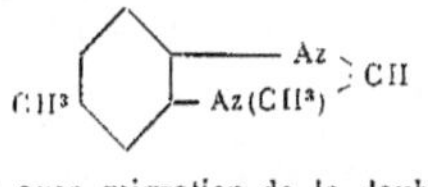

— Obtenu avec migration de la double liaison et de l'atome d'hydrogène relié à l'azote, par méthylation du tolimidazol avec ICH³ et CH³OH [O. F., *loc. cit.*], ou par action de l'aldéhyde formique sur le chlorhydrate de 3.4-toluylènediamine [O. Fischer et Wieszinski, *D. chem. G.*, **25**, 2711, 1892]. *Sels* : HgCl², PtCl⁶H², AuCl⁴H. Son *iodométhylate*, obtenu avec ICH³ à 150° [O. Fischer et Rigaud, *D. chem. G.*, **35**, 1261, 1902] fond à 227°. Le *chlorométhylate* fond à 275°.

1.5-DIMÉTHYLBENZIMIDAZOL,

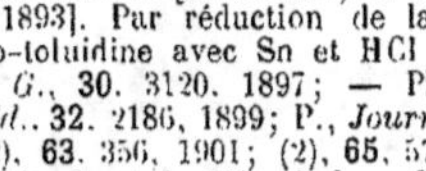

$$CH^3 \quad \text{—} \quad Az-CH^3 \diagdown\ CH \diagup Az$$

— Obtenu comme d'habitude avec la 4-méthyl, 3-4-toluylène-diamine [O. Fischer, *D. chem. G.*, **26**, 195, 1893]. Par réduction de la 3-nitro, diméthyl-p-toluidine avec Sn et HCl [Pinnow, *D. chem. G.*, **30**, 3120, 1897; — Pinnow e. Sœmann, *id.*, **32**, 2186, 1899; P., *Journ. prakt. Chem.*, (2), **63**, 356, 1901; (2), **65**, 579, 1902]; Fusible à 94°; bout à 301°. *Sels* : HCl, H²O-PtCl⁶H²; picrate; tartrate, 2 H²O, très peu soluble dans l'eau. *Iodométhylate*; *chlorométhylate* fusible à 229°.

1-Éthyl-6-méthyl-benzimidazol. — *Iodéthylate,*

$$C H^3 - C^6 H^3 \diagup^{Az - C^6 H^5}_{\diagdown Az} C H \quad | \quad C^2 H^5 \quad I$$

— Obtenu par éthylation directe du méthylbenzimidazol (O. F. R.). Il fond à 129°.

1-Phényl-6-méthylbenzimidazol,

$$C H^3 - C^6 H^3 \diagup^{Az - C^6 H^5}_{\diagdown Az} C H$$

— Obtenu avec la 2-amino-5-méthyl-diphénylamine et l'acide formique [Jacobson et Lischka. *Ann. Chem.,* **303**, 373, 1898]. Liquide. *Sels* : HgCl²; picrate.

Nitro-5 (ou 6)-tolimidazol. — Cristaux tabulaires fusibles à 241°. ICH³ le transforme en *iodométhylate de 1.3-diméthyldihydrotolimidazol,* fusible à 238°. La soude scinde ce dernier en régénérant la diamine diméthylée [O. Fischer, *D. chem. G.,* 38, 320, 1905].

5-Méthyl-6-amino-benzimidazol,

$$H^2 Az \ldots C^6 H \quad H^3 C \ldots Az - Az H \diagup C H$$

— Produit de condensation du 2.5-di-p-tolyl-2.4.5-triaminotoluène avec l'acide formique [Green, *D. chem. G.,* **26**, 2778, 1893]. Prismes fusibles à 120°. Chloroplatinate.

Pseudobutyl-nitro-benzimidazol,

$$(C^4 H^9)(Az O^2) C^6 H^2 \diagup^{Az H}_{\diagdown Az} C H$$

— Obtenu par ébullition du 5-nitro-3.4-diamino-pseudobutyl-benzène avec l'acide formique [Jedlicka, *Journ. prakt. Chem.,* (2), 48, 108, 1893]. Il fond à 261°.

4.6-Diméthylbenzimidazol,

$$C H^3 \diagup Az \diagdown C H \quad ou \quad - Az H \diagdown Az \diagup C H$$

— On obtient ce composé en faisant bouillir le 4.5-diamino-1.3-xylène avec l'acide formique [O. Fischer et Rigaud, *D. chem. G.,* **34**, 4205, 1901]. Il fond à 175°. *Sels* : HCl; PtCl⁶H²; picrate. *Dérivé Az-méthylé* : (1.4.6) ou (3.4.6) *triméthylé.* Obtenu par méthylation de la base avec CH³I. Prismes fusibles à 70°. *Iodométhylate* fusible à 279°.

Son *dérivé benzoylé,* fusible à 111°, est obtenu en traitant par NaAzO³ le chlorhydrate de benzoyl-amino-5-cuminoxylène [Mixter, *Am. Ch. Journ.,* 17, 453, 1895].

2-Méthyl-benzimidazol,

$$C^6 H^4 \diagup^{Az H}_{\diagdown Az} C - C H^3$$

(*Éthényl-o-phénylène-diamine*). — C'est le produit de condensation de l'o-phénylène-diamine avec l'acide acétique [Ladenburg, *D. chem. G.,* **8**, 677, 1875]. On l'obtient aussi : par chauffage de la diacétyl-o-phénylène-diamine. en présence d'acide oxalique [Manuelli et Galloni, *Gazz. chim. ital.,* **31**, 21. 1901]; par réduction

de l'o-nitrocétanilide ou de l'acétyl-p-bromo-o-nitranilide [Hübner, *Ann. Chem.,* **209**, 353, 1881]. Il s'en forme aussi lorsqu'on fait réagir l'aldéhyde éthylique sur l'o-phénylènediamine [Hinsberg et Funcke, *D. chem. G.,* **27**, 2189, 1894]; Bamberger et Berlé [*loc. cit.*] l'ont obtenu par distillation de l'acide 5-carboxylé correspondant. Cette base fond à 175°. *Sels* (Hübner) : HCl; PtCl⁶H², H²O; H²SO⁴; HAzO³; elle fournit de nombreux dérivés bromés (voyez plus bas) [Baczynski et Niemontowski, *Chem. C. Bl.,* (2), 940, 1902].

2-Méthyl-5-bromobenzimidazol,

$$Br - C^6 H^3 \diagup^{Az - C H^3}_{\diagdown Az} C - C H^3$$

— Produit de réduction de l'o-nitro-p-bromacétanilide [Remmers, *D. chem. G.,* **7**, 348, 1884]. Il fond à 206° (R.), 218° (B. et N.). *Sels* : HCl, H²O; PtCl⁶H²; AuCl⁶H,H²O; HAzO³.

2-Méthyl-4-bromobenzimidazol,

$$C^6 H^3 Br \diagup^{Az H}_{\diagdown Az} C - C H^3$$

— Obtenu par bromuration directe du méthylbenzimidazol, ou réduction partielle du dérivé 4.6-dibromé (B. et N.) par condensation de l'acide acétique avec la bromo-o-phénylène-diamine. L'iodure de méthyle fournit l'*iodométhylate de 1.2-diméthyldihydro-2-méthylbenzimidazol* (Fischer).

Le *dérivé 4-chloré* est obtenu de même; il fond à 203° [O. Fischer, *D. chem. G.,* **38**, 320, 1905]. Le zinc et l'acide acétique réduisent ces dérivés en remplaçant l'halogène par H (B. et N.).

2-Méthyldibromobenzimidazol. *Dérivé 4-6-dibromé,*

$$Br^2 C^6 H^2 \diagup^{Az H}_{\diagdown Az} C - C H^3$$

— Obtenu par bromuration du méthylbenzimidazol en différentes conditions (B. et N.). Il fond à 238°; on peut le réduire partiellement, en dérivé monobromé, ou le bromer plus complètement. *Sels* : HBr,3H²O; 2HAzO³; PtCl⁶H².

Dérivé 5.7-dibromé. — Obtenu par l'action de l'anhydride acétique sur le produit de réduction de la 4.6-dibromo-2-nitroacétanilide. Ce produit intermédiaire

$$Br \diagup Br \diagdown^{Az H}_{Az - O} C - C H^3$$

est fusible à 269°, et nommé par B. et N. [*loc. cit.*] *2-méthyl-5.7-dibromo-2.3-endooxydihydrobenzimidazol.* — Lamelles fusibles à 235°. *Sels* : HBr ; AzO³H.

2-Méthyl-4.6-x-tribromobenzimidazol,

$$Br^3 C^6 H \diagup^{Az H}_{\diagdown Az} C - C H^3$$

— Obtenu par bromuration du méthylbenzimidazol (B. et N.). Il fond vers 275°. *Sels* : HCl, H²O; AzO³H.

2-Méthyltétrabromobenzimidazol,

$$C^6 Br^4 \diagup^{Az H}_{\diagdown Az} C - C H^3$$

— Comme les précédents. Il fond à 317°. *Sels* : HCl; HAzO³ (B. et N.).

2-Méthyl-x-nitrobenzimidazol.

$$AzO^2 - C^6H^3 < {}^{AzH}_{Az} \gtrless C - CH^3$$

— Obtenu par condensation de la 4-nitro-o-phénylène-diamine avec l'anhydride acétique [Heim, *D. chem. G.*, **21**, 2307, 1888]. Cristaux jaune brun fusibles à 216°.

Dérivé 5 (ou 6)-nitré. — Obtenu par l'action de AzO^3H sur le 2-méthylbenzimidazol. Aiguilles fusibles à 219°. ICH^3 fournit l'iodométhylate de 1.2.3-triméthylnitrobenzimidazol. aiguilles jaunes fusibles à 287°. La soude le scinde facilement en régénérant l'o-diamine-diméthylée [O. Fischer, *D. chem. G.*, **38**, 320, 1905].

2-Méthyl-5.6-dinitrobenzimidazol,

$$(AzO^2)^2 = C^6H^2 < {}^{AzH}_{Az} \gtrless C - CH^3$$

— Préparé en faisant bouillir avec l'acide sulfurique dilué la diacétyl-3.5-dinitro-o-phénylène-diamine [Nietzki et Hagerbach, *D. chem. G.*, **30**, 543, 1903]. Aiguilles jaunes fusibles à 242°.

4 (7)-Amino-2-méthylbenzimidazol,

$$AzH^2 - C^6H^2 < {}^{AzH}_{Az} \gtrless C - CH^3$$

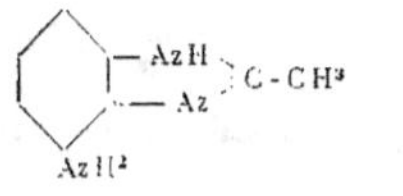

— Obtenu avec le 1.2.3-triaminobenzène et l'acide acétique : on obtient son *dérivé acétylé* qui cristallise avec $2H^2O$ de la solution aqueuse [Salkowski, *D. chem. G.*, **10**, 1692, 1877].

Dérivé 5-nitré. — Obtenu par ébullition avec l'acide sulfurique dilué du 1.2.3-triacétylaminobenzène-5-nitré [Nietzki et Hagenbach, *D. chem. G.*, **30**, 544, 1903]. Aiguilles rouges.

5 (6)-Amino-2-méthylbenzimidazol,

$$H^2Az - C^6H^2 < {}^{AzH}_{Az} \gtrless C - CH^3$$

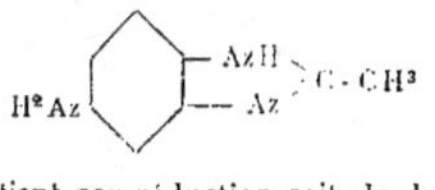

— On l'obtient par réduction soit de la 4-nitro-diacétyl-m-phénylène-diamine, soit de l'acétyl-2-4-dinitranilide [Hobrecker, *D. chem. G.*, **5**, 923, 1872; — Gallinek, *ibid.*, **30**, 1912, 1898]. Lamelles brillantes. *Sels* : Sulfate. picrate.

Nitroamino-2-méthylbenzimidazol,

$$(AzH^2)(AzO^2)C^6H^2 < {}^{AzH}_{Az} \gtrless C - CH^3$$

— Aiguilles rouges fusibles à 295°, obtenues en chauffant avec l'ammoniaque alcoolique la diacétyldinitro-p-phénylène-diamine [Biedermann et Ledoux, *D. chem. G.*, **7**, 1532, 1874; — Nietzki et Hagenbach, *ibid.*, *loc. cit.*].

1.2-DIMÉTHYLBENZIMIDAZOL,

$$C^6H^4 < {}^{Az - CH^3}_{Az} \gtrless C - CH^3$$

— Obtenu soit par méthylation directe de la base [O. Fischer, *D. chem. G.*, **25**, 2838, 1892], soit par l'action de l'anhydride acétique sur la méthyl-phénylène-diamine (O. F.) ou sur l'o-acétamino-diméthylaniline [Pinnow, *D. chem. G.*, **32**, 1669, 1899]. Aiguilles fusibles à 112°, bouillant à 290°. *Sels* : $PtCl^6H^2$; $AuCl^4H$ *Iodométhylate* fusible à 254° (O. F.). Le *chlorométhylate* [P. et S., *l. cit.*] cristallise avec $2H^2O$, et fond anhydre vers 228°.

1.2-Diméthyl-5-chlorobenzimidazol.

$$Cl - C^6H^3 < {}^{Az - CH^3}_{Az} \gtrless C - CH^3$$

— Obtenu par condensation de la 4-chloro-2-aminodiméthylaniline avec l'anhydride acétique à 150° [Pinnow, *D. chem. G.*, **31**, 2985, 1898]. Il fond à 131°. *Sels* : HCl^M; $HgCl^2$.

1.2-Diméthyl-5-aminobenzimidazol,

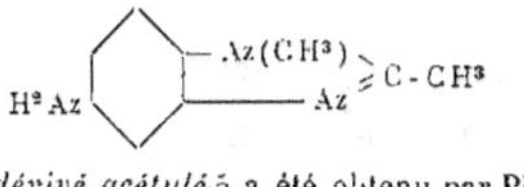

$$H^2Az - C^6H^2 < {}^{Az(CH^3)}_{Az} \gtrless C - CH^3$$

— Son *dérivé acétylé-5* a été obtenu par Pinnow et Pistor [*D. chem. G.*, **27**, 605, 1894] en faisant bouillir la 2.4-diaminométhylaniline avec l'anhydride acétique. Il fond à 238° et son *picrate* à 226°. La *base* [P. et P., *loc. cit.*; — Schuster et Pinnow, *D. chem. G.*, **29**, 1054, 1896] fond à 168°. *Sels* : chlorhydrate, picrate.

On a préparé un *dérivé nitré* fusible à 251° (S. et P.), et son *dérivé acétylé* fusible à 220° (S. et P.).

1-ÉTHYL-2-MÉTHYLBENZIMIDAZOL,

$$C^6H^4 < {}^{Az - C^2H^5}_{Az} \gtrless C - CH^3$$

— Obtenu par l'action de l'anhydride acétique avec l'o-éthylphénylènediamine, ou par réduction de l'acétyl-o-nitroéthylaniline [Hempel, *Journ. pr. Chem.*, (2), **44**, 166, 1890]. Il cristallise en tablettes fusibles à 179°. En traitant l'o-phénylène diamine par l'aldéhyde acétique. on obtient entre autres produits une *huile* bouillant à 257° et qui aurait la même composition? [Ilinsberg et Funcke, *D. chem. G.*, **27**, 2187, 1894]. Il en serait de même, en chauffant la monoéthyl-o-phénylène-diamine avec l'acide acétique à 170° (H.). Voyez aussi Brühl [*Zeit. Phys. Chem.*, **22**, 373, 1897]. *Sels* : HI. H^2O; $HAzO^3$.

1-PHÉNYL-2-MÉTHYL-5-CHLOROBENZIMIDAZOL,

$$Cl - C^6H^3 < {}^{Az - C^6H^5}_{Az} \gtrless C - CH^3$$

— Préparé comme le précédent, avec la 1-phényl-4-chlorophénylène-diamine [Ernst, *D. chem. G.*, **23**, 3425, 1890]. Il fond à 96°. *Sels* : $PtCl^6H^2$. Picrate.

5-Nitro-1-phényl-2-méthylbenzimidazol,

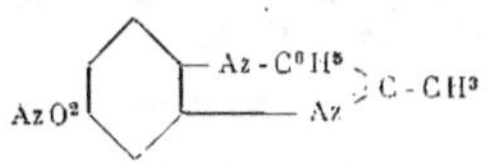

$$AzO^2 - C^6H^2 < {}^{Az - C^6H^5}_{Az} \gtrless C - CH^3$$

— Obtenu par ébullition avec HCl, de la 4-nitro-2-acétylaminodiphénylamine, ou par ébullition de l'amine avec l'anhydride acétique [O. Walther et Kessler. *J. prakt. Chem.*, (2), **69**, 40, 1904]. Aiguilles fusibles à 170°.

1-Phényl-2-méthyl-5-phénylaminobenzimidazol,

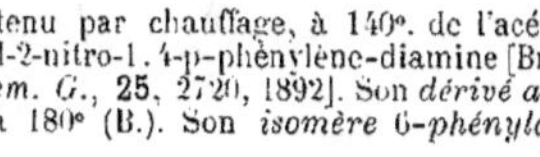

$$C^6H^5HAz - C^6H^2 < {}^{AzC^6H^5}_{Az} \gtrless C - CH^3$$

— Obtenu par chauffage, à 140°. de l'acétyl-diphényl-2-nitro-1.4-p-phénylène-diamine [Brunck. *D. chem. G.*, **25**, 2720, 1892]. Son *dérivé acétylé* fond à 180° (B.). Son *isomère 6-phénylaminé* est obtenu sous forme de *dérivé acétylé* fusible à 165°, par ébullition du 2.4-diphényl-1.2.4-triaminobenzène avec l'anhydride acétique [O. Fischer, *Ann. Chem.*, 286, 179, 1895]. La *base libre* forme des cristaux tabulaires fusibles à 115°.

1-α-*Naphtyl-2-méthyl-x-nitrobenzimidazol*,

$$AzO^2 - C^6H^3 \left\langle \begin{matrix} Az - C^{10}H^7_{(\alpha)} \\ \geqslant C - CH^3 \\ Az \end{matrix} \right.$$

— Obtenu par condensation de la nitroamino-phényl-β-naphtylamine avec l'anhydride acétique [Heim, *D. chem. G.*, 24, 592, 1888]. Aiguilles fusibles à 162°.

2-MÉTHYL-5 (ou 6)-ÉTHOXYBENZIMIDAZOL,

$$C^2H^5O - C^6H^3 \left\langle \begin{matrix} AzH \\ Az \end{matrix} \geqslant C - CH^3 \right.$$

— Obtenu avec l'o-aminophénétidine et l'acide acétique [G. Cohn, *D. chem. G.*, 32, 2240, 1905]. Fusible à 149°. Action physiologique [Bacyer et Co, *D. chem. G.*, 32, 2242]. Son *dérivé 1-méthylique* fond à 102° (G. C.).

2-MÉTHYLDIMÉTHOXYBENZIMIDAZOL,

$$(CH^3O)^2C^6H^2 \left\langle \begin{matrix} AzH \\ Az \end{matrix} \geqslant C - CH^3 \right.$$

— Produit de condensation du diaminovératrol avec l'anhydride acétique [Moureu, *C. R.*, 125, 33, 1897]. Il fond à 170°.

2-PHÉNOXYMÉTHYL-5 (ou 6)-ÉTHOXYBENZIMIDAZOL,

$$C^2H^5O - C^6H^3 \left\langle \begin{matrix} AzH \\ Az \end{matrix} \geqslant C - CH^2OC^6H^5 \right.$$

— C'est le produit de condensation de l'acide phénoxyacétique avec l'o-aminophénétidine [G. Cohn, *J. prakt. Chem.*, (2), 63, 188, 1901]. Il fond à 168°. *Sels* : HCl; H²SO⁴; picrate. G. Cohn a préparé de même les *dérivés analogues* suivants :

2-*p-Crésoxyméthyl*,

$$\geqslant C - CH^2O - C^6H^4 - CH^3$$

fusible à 146°.

2-*Thymoxyméthyl*,

$$\geqslant C - CH^2O - C^6H^3(C^3H^7)(CH^3)$$

fusible à 85°.

2-*Carvacroxyméthyl*, fusible à 125°.

2-*Naphtoxyméthyl*,

$$\geqslant C - CH^2O - C^{10}H^7$$

α fusible à 90°, β fusible à 164°.

2-*Gayacoxyméthyl*,

$$\geqslant C - CH^2O - C^6H^4OCH^3$$

fusible à 122°.

2-*Eugénoxyméthyl*,

$$\geqslant C - CH^2O - C^6H^3(C^3H^5)(OCH^3)$$

fusible à 75°.

1-ACÉTYL-2-MÉTHYLDIACÉTYLAMINOBENZIMIDAZOL,

$$(CH^3COAzH)^2 = C^6H^2 \left\langle \begin{matrix} Az(COCH^3) \\ \geqslant C - CH^3 \\ Az \end{matrix} \right. + H^2O.$$

— Produit de condensation du sulfate de tétra-minobenzène avec l'acétate de sodium et l'anhydride acétique [Nietzki et Schmidt, *D. chem. G.*, 22, 1650, 1889]. Aiguilles fusibles à 260°. Il perd, sous l'influence de HCl, son acétyle (1), et le *dérivé diacétylé* obtenu fond à 176° (N. et S.).

2.4-DIMÉTHYL-BENZIMIDAZOL,

$$\geqslant C - CH^3 \quad (AzH, Az)$$

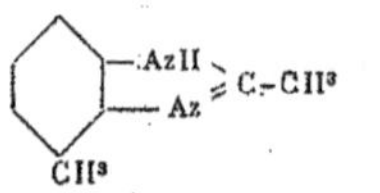

Dérivé 5.6.7-trichloré,

$$CH^3 - C^6Cl^3 \left\langle \begin{matrix} AzH \\ Az \end{matrix} \geqslant C - CH^3 \right.$$

— Séelis [*Ann. Chem.*, 237, 144, 1886] l'a obtenu en chauffant la trichloro-o-toluylène-diamine avec l'acide acétique. Aiguilles fusibles vers 305°.

Dérivé bromé,

$$CH^3C^6H^2Br \left\langle \begin{matrix} AzH \\ Az \end{matrix} \geqslant C - CH^3 \right.$$

— Produit de la réaction de l'acétyl-5-bromo-3-nitro-o-toluide [Niementowski, *D. chem. G.*, 25, 871, 1892]. Il fond à 245°. *Sels* : HCl, H²O; H Az O³.

2.5 (ou 2.6)-DIMÉTHYL-BENZIMIDAZOL,

$$CH^3 \left(\begin{matrix} AzH \\ Az \end{matrix} \geqslant C - CH^3 \right) = CH^3 \left(\begin{matrix} AzH \\ Az \end{matrix} \geqslant C - CH^3 \right)$$

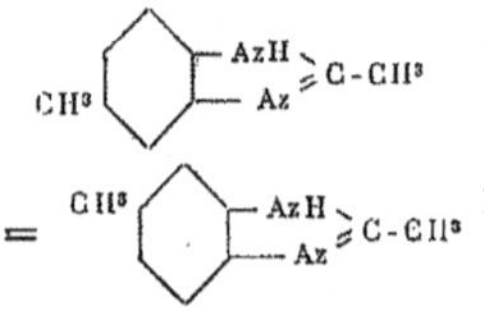

— On l'obtient par ébullition de la 3.4-toluylène-diamine avec l'acide acétique [Ladenburg, *D. chem. G.*, 8, 677, 1875] ou avec l'acétamide et le chlorhydrate de la base, à 180° [Niementowski, *ibid.*, 30, 3064, 1897]; par réduction du nitro-p-acétyltoluide [Horbecker, *ibid.*, 5, 920, 1872]; par l'action de l'aldéhyde acétique sur l'o-phénylène diamine [Hinsberg, *ibid.*, 20, 1589, 1887] ou en chauffant la 3.4-toluylènediamine avec l'acétylacétate d'éthyle; par distillation des chlorhydrates de ses dérivés méthylique ou éthylique en 1. ou 3. [Fischer et Rigaud, *ibid.*, 34, 4209, 1902 et 35, 1259, 1903]. Il fond à 203° [H., N., *loc. cit.*], distille à 360° [Nölting et Witt, *ibid.*, 17, 81, 1884]. *Sels* : Ag; Na; PtCl⁶H²; AzO³H.

Il donne des *produits d'addition* : avec le sulfite d'acétone [Bössneck, *D. chem. G.*, 21, 1909, 1888]; avec le chloral [Bamberger et Berlé, *Ann. Chem.*, 273, 368, 1893].

Dérivé acétylé (en 1). — Obtenu par l'action du chlorure d'acétyle sur le sel d'argent. Fusible à 241°.

Dérivé 1-méthylique, fusible à 140° [O. F. et R., *D. chem. G.*, 35, 1261, 1902]. *Sels*.

Dérivé 3-méthylique, fusible à 123°. Obtenu avec le 4-amino-3-méthyl-aminotoluène et l'acide acétique (O. F. et R.). *Sels*.

Halogéno-alcoylates du 1.2.5-triméthylbenzimidazol. Chlorométhylate, fusible vers 267° [Pinnow et Sœman, *D. chem. G.*, 32, 2182, 1899]. *Iodométhylate* (O. F. et R.). *Bromoéthylate*, fusible à 237° (P. et S.).

1-Chloro-2.5-diméthyl-benzimidazol.

$$CH^3 \overset{\displaystyle\diagup AzCl}{\underset{\diagdown Az}{\bigcirc}} C - CH^3$$

— Bamberger et Lorenzen [*Ann. Chem.*, **273**, 289, 1893] l'obtiennent en faisant réagir le chlorure de chaux sur la solution acétique de la base primitive. Aiguilles fusibles à 92°. Laissé en contact à froid avec le benzène, il se transforme en *x-chloro-2.5-diméthylbenzimidazol.*

$$CH^3 - ClC^6H^2 < {AzH \atop Az} > CCH^3$$

fusible à 223°. *Sels* : Ag; HCl; PtCl⁶H².

x-1-Dichloro-2.5-diméthylbenzimidazol,

$$CH^3 - ClC^6H^2 < {AzCl \atop Az} > C - CH^3$$

— Obtenu par l'action du chlorure de chaux sur la solution acétique du précédent (B. et L.).

Il fournit, par ébullition en solution benzénique, le *dichloro-2.5-diméthylbenzimidazol,*

$$(CH^3)Cl^2C^6H < {AzH \atop Az} > C - CH^3$$

fusible à 238°.

Trichloro-2.5-diméthylbenzimidazol,

$$(CH^3)Cl^3C^6 < {AzH \atop Az} > C - CH^3$$

— Obtenu en chlorant à fond la base primitive, avec le chlorure de chaux et HCl (B. et L.). Prismes fusibles à 305°. *Sels* : Ag; HCl; PtCl⁶H². Dissous dans l'acide acétique dilué, il fournit avec le chlorure de chaux le *tétrachloro-2.5-diméthyl-benzimidazol,*

$$(CH^3)Cl^3C^6 < {AzCl \atop Az} > C - CH^3$$

fusible à 310°.

x-Bromo-2.5-diméthylbenzimidazols,

$$(CH^3)C^6H^2Br < {AzH \atop Az} > C - CH^3$$

Dérivé 4 ou 6. — Obtenu par bromuration directe de la base primitive [Niementowski, *D. chem. G.*, **25**, 864, 1892]. Il fond à 216°. *Sels* : HCl; HBr; HAzO³.

Dérivé 7. — Obtenu soit par chauffage de la mono ou de la di-acétyl-5-bromo-3.4-toluylène-diamine, soit par réduction de la 5-bromo-3-nitro-p-acétyltoluidine [Hartmann, *D. chem. G.*, **23**. 1049, 1890]. Il fond à 198°.

Nitro-2.5-diméthylbenzimidazols,

$$AzO^2 \cdot CH^3 \cdot C^6H^2 < {AzH \atop Az} > C - CH^3$$

Dérivé α. — Obtenu par nitration directe de la base [Ladenburg, *D. chem. G.*, **8**, 677, 1875] ou par condensation, en présence d'acide sulfurique, de la diacétyl-nitro-3.4-toluylène-diamine [Bistrzycki et Leffers, *D. chem. G.*, **25**, 1993, 1892]. Aiguilles fusibles à 202°.

Dérivé β. — Obtenu par réduction de la dinitro-acétyltoluidine par le sulfure d'ammonium alcoolique [Bankiewicz, *D. chem. G.*, **24**, 2402, 1888]. Aiguilles fusibles à 246°. *Sels* : HCl.

Dinitro-2.5-diméthylbenzimidazol.

$$CH^3(AzO^2)^2C^6H < {AzH \atop Az} > C - CH^3$$

— Obtenu par condensation, en présence d'acide sulfurique, de la diacétyl-dinitro-toluylène-diamine (B. et L.). Prismes jaune citron, fusibles à 219°.

4-Bromo-nitro-2.5-diméthylbenzimidazol,

$$CH^3BrAzO^2C^6H < {AzH \atop Az} > C - CH^3$$

— Obtenu par nitration du dérivé 4-bromé (N.). Aiguilles jaunes, fusibles à 219°. *Sels* : HAzO³.

2-3-Oxy-nitro-2.5-diméthylbenzimidazol,

$$(CH^3)(AzO^2)C^6H^2 < {AzH \atop Az} > {C - CH^3 \atop O}$$

— Ce produit a été obtenu par Bankiewicz [*loc. cit.*] en traitant la dinitro-p-acétyl-toluidine avec une petite quantité de sulfure d'ammonium. Aiguilles vertes, fusibles à 256°, solubles en rouge dans les carbonates alcalins.

DÉRIVÉ 1-MÉTHYLIQUE,

$$CH^3C^6H^3 < {Az - CH^3 \atop Az} > C - CH^3$$

— Il a été obtenu par réduction du méthyl-m-nitro-p-acétyltoluide [Niementowski, *D. chem. G.*, **20**. 1878, 1887]; par ébullition du chlorhydrate de 4-méthyl-3.4-toluylène-diamine avec l'acide acétique et l'acétate de sodium [Bamberger et Wulz, *D. chem. G.*, **24**, 2083, 1891 et Fischer, *ibid.*, **26**, 196, 1893]; par méthylation directe de la base primitive [Bamberger et Lorenzen, *Ann. Chem*, **273**, 283, 1893]; par ébullition de la 3-amino-diméthyl-p-toluidine avec l'anhydride acétique [Pinnow, *D. chem. G.*, **28**, 3043, 1895]. Voyez aussi O. Fischer et Rigaud [*D. chem. G.*. **35**, 1261, 1902]. *Sels.*

Son *iodométhylate* fond à 221° (N., B. et L.), la *base hydrate d'ammonium* libre fond vers 135° et distille sans décomposition.

1 et 3-ÉTHYL-2.5-DIMÉTHYLBENZIMIDAZOLS.

1-Éthyl dérivé,

$$_{(5)}CH^3 - C^6H^3 < {AzC^2H^5 \atop Az} > C - CH^3$$

— On l'a obtenu par ébullition de la 4-éthyl-o-toluylène-diamine avec l'acide acétique [O. F. et R., *D. chem. G.*, **34**, 4208, 1901]. Il fond à 86°. *Sels.*

On l'a aussi préparé par action directe de l'iodure d'éthyle sur la base primitive [Hübner, *Ann. Chem.*, **210**, 351, 1881]. Hinsberg [*loc. cit.*] l'obtient comme produit secondaire dans l'action de l'aldéhyde acétique sur la 3.4-toluylène-diamine. Niementowski [*D. chem. G.*, **20**, 1884, 1887] l'obtient par réduction de l'éthyl-3-nitro-p-acétyl-toluidine. La base anhydre fond à 93°.

3-Oxyde du diéthyl-dérivé et ses sels.

$$(?)CH^3 - C^6H^3 < {Az \atop OH - Az = (C^2H^5)^2} > C - CH^3$$

— Hübner [*loc. cit.*. 376] a obtenu ces composés par l'action, à 200°, de l'iodure d'éthyle sur la base primitive. Le *periodure* fond à 111°, la *base ammonium* est cristallisée.

3-Éthyl-dérivé,

$$_{(5)}CH^3 - C^6H^3 < {Az \atop Az - C^2H^5} > C - CH^3$$

— Obtenu au moyen de la 3-éthyl-o-toluylène-diamine-3.4 (O. F. et R.). Cristaux prismatiques. *Sels.*

1-Benzyl-2.5-diméthylbenzimidazol,

$$CH^3-C^6H^3 < \genfrac{}{}{0pt}{}{Az-CH^2-C^6H^5}{\genfrac{}{}{0pt}{}{\geq C-CH^3}{Az}}$$

— Obtenu par l'action du chlorure de benzyle. en présence d'un alcali, sur la base primitive. Il fond à 144° [Bamberger et Lorenzen, Ann. Chem., 273, 285, 1893].

1-p-Tolyl-2.5-diméthylbenzimidazol,

$$CH^3-C^6H^3 < \genfrac{}{}{0pt}{}{Az-C^6H^4CH^3}{\genfrac{}{}{0pt}{}{\geq C-CH^3}{Az}}$$

— Obtenu par ébullition du 3-amino-4-toluidino-toluène avec un mélange d'acide et d'anhydride acétiques [O. Fischer, D. chem. G., 26, 187, 1893].

1-Acétate d'éthyle-2.5-diméthylbenzimidazol,

$$CH^3-C^6H^3 < \genfrac{}{}{0pt}{}{Az-CH^2CO^2C^2H^5}{\genfrac{}{}{0pt}{}{\geq C-CH^3}{Az}}$$

— On l'a obtenu par condensation du chloracétate d'éthyle sur le diméthylbenzimidazol. Il fond à 241° (B. et L.).

Dérivés-2-oxyméthyliques. — Préparés tous avec l'o-toluylène-diamine et les acides oxyacétiques correspondants [G. Cohn, J. prakt. Chem., (2), 63, 192, 1901].

2-Phénoxyméthyl-3 (ou 5)-méthylbenzimidazol,

$$CH^3C^6H^3 < \genfrac{}{}{0pt}{}{AzH}{Az} \geq C-CH^2OC^6H^5$$

fusible à 171°.

2-Gayacoxyméthyl-,

$$\geq C-CH^2O-C^6H^4OCH^3$$

fusible à 79°.

2-Eugénoxyméthyl-,

$$\geq C-CH^2O-C^6H^3(C^3H^5)OCH^3$$

fusible à 72°.

2-Méthyl-5-aminotolimidazol,

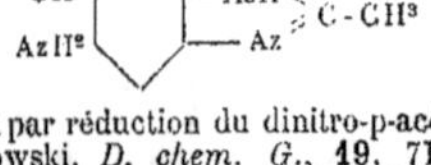

$$\begin{array}{l} CH^3 \quad\quad\; ---AzH \\ AzH^2 \quad\quad ---Az \end{array} \geq C-CH^3$$

— Obtenu par réduction du dinitro-p-acétotoluide [Niementowski, D. chem. G., 19, 719, 1886]. Cristaux tabulaires à 1 H²O [Haushofer, ibid., 720]. Son dérivé acétylé fond à 166° (N.).

1.2.5-Triméthyl-6-aminobenzimidazol,

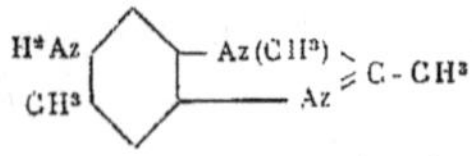

$$\begin{array}{l} H^2Az \quad\quad ---Az(CH^3) \\ CH^3 \quad\quad\quad\quad\; ---Az \end{array} \geq C-CH^3$$

— Le 2.5-diamino-4-diméthylaminotoluène, condensé par chauffage à 160° avec l'anhydride acétique, fournit le dérivé 6-acétylé fusible à 238°, qui, soumis à l'ébullition avec HCl concentré, fournit la base fusible à 237° [Pinnow et Matcovitch, D. chem. G., 34, 2517, 1898]. Son picrate fond à 265°.

1.2.5-Triméthyl-7-aminobenzimidazol,

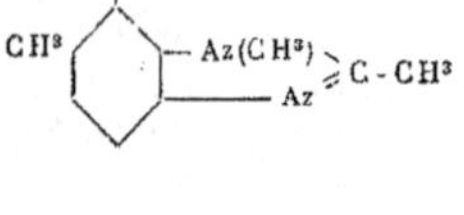

$$\begin{array}{l} AzH^2 \\ CH^3 \quad\quad ---Az(CH^3) \\ \quad\quad\quad\quad\; ---Az \end{array} \geq C-CH^3$$

— En traitant le 3.5-diamino-4-diméthyl-amino-toluène comme plus haut, on obtient le dérivé 7-acétylé fusible à 200°, la base fusible à 130° et son picrate fusible à 225°.

2.4-Diméthyl-7-méthylacétylaminobenzimidazol,

$$\begin{array}{l} Az(CH^3)(COCH^3) \\ \quad\quad ---AzH \\ \quad\quad ---Az \quad\; \geq C-CH^3 \\ CH^3 \end{array}$$

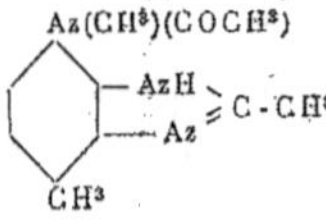

— Base obtenue par ébullition d'une solution acétique de 2-acétylamino-3-amino-4-acétylméthylaminotoluène. Aiguilles cristallisant de la solution aqueuse avec 3H²O, fusibles à 64°; anhydre, ce corps fond à 198° [Pinnow, D. chem. G., 34, 1133, 1901]. Il se forme en même temps dans cette réaction le :

1.2.5-triméthyl-4-acétylaminobenzimidazol,

$$\begin{array}{l} H^3C \quad\quad ---Az(CH^3) \\ \quad\quad\quad\quad\; ---Az \quad\; \geq C-CH^3 \\ AzHCOCH^3 \end{array}$$

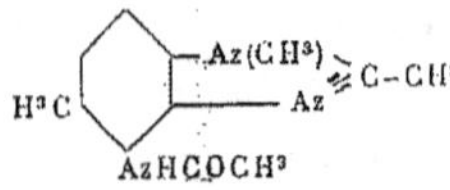

— Aiguilles fusibles à 218° [Pinnow, J. prakt. Chem., (2), 62, 518, 1900]; son iodométhylate fond à 232°. La base 4-aminée provenant de la saponification fournit un dichlorhydrate à 2H²O fusible au-dessus de 270°, et un tartrate.

1.2.5-Triméthyl-4-diméthylamino-7-nitrobenzimidazol,

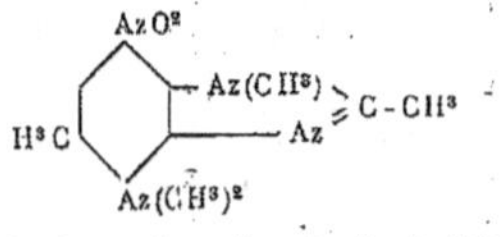

$$\begin{array}{l} AzO^2 \\ H^3C \quad\quad ---Az(CH^3) \\ \quad\quad\quad\quad\; ---Az \quad\; \geq C-CH^3 \\ Az(CH^3)^2 \end{array}$$

— Produit de condensation de l'anhydride acétique avec le 2-diméthylamino-3-amino-4-méthylamino-5-nitrotoluène. Lamelles jaunâtres à reflets bleus fusibles à 146° [Sommer, J. prakt. Chem., (2), 67, 570, 1903].

1-Acétyl-2-méthyl-diacétylaminotolimidazol,

$$(CH^3)(CH^3COAzH)^2C^6H < \genfrac{}{}{0pt}{}{Az(COCH^3)}{\genfrac{}{}{0pt}{}{\geq C-CH^3}{Az}}$$

— Produit de condensation du sulfate de tétraminotoluène avec l'acétate de sodium et l'anhydride acétique [Nietzki et Rösel, D. chem. G., 23, 349, 1890]. Aiguilles fusibles à 305° HCl lui enlève un groupe acétylé (le groupe 1?) et le produit diacétylé formé fond à 282° (N. et R).

2-Méthyl (xx'-méta)-diméthylbenzimidazol,

$$(CH^3)^2C^6H^2 < \genfrac{}{}{0pt}{}{AzH}{Az} \geq C-CH^3$$

— Produit de la réduction de l'acétyl-5-nitro-1.3.4 xylidine. Masse résineuse, distillable. Sels : HCl, HAzO³, PtCl⁶H² [Hobrecker, D. chem. G., 5, 922, 1872].

2-Méthyl-pseudobutyl-nitro-benzimidazol,

$$(C^4H^9)(AzO^2)C^6H^2 < \genfrac{}{}{0pt}{}{AzH}{Az} \geq C-CH^3$$

— Obtenu par ébullition du 5-nitro-3.4-diamino-pseudobutylbenzène avec l'acide acétique [Jedlicka, J. prakt. Chem., (2), 48, 108, 1893]. Lamelles fusibles à 258°.

2-Méthyl-aminocumylimidazol,

$$(AzH^2)(CH^3)^3\,C^6 \left\langle {}^{AzH}_{Az} \right\rangle C - CH^3$$

— Produit de la réduction de l'acétyl-dinitro-pseudocumidine. Prismes ou lamelles fusibles à 217°. *Sels,* HCl. PtCl⁶H² [Auwers, *D. chem. G.*, **18**, 2663, 1885].

2.4.5.6.7-*Pentaméthylbenzimidazol,*

$$(CH^3)^4 C^6 \left\langle {}^{AzH}_{Az} \right\rangle C - CH^3$$

— On a décrit son *chlorhydrate* + 2H²O obtenu par réduction du 6-nitro-5-acétylamino-1.2.3.4-tétraméthylbenzène [Töhl, *D. chem. G.*, **21**, 906, 1888].

2-Éthylbenzimidazol,

$$C^6 H^4 \left\langle {}^{AzH}_{Az} \right\rangle C - C^2 H^5$$

— On l'obtient par ébullition de l'o-phénylène-diamine avec l'acide propionique [Wundt, *D. chem. G.*, **11**, 829, 1878] ou par réduction de la propionyl-o-nitraniline [E. Smith, *Am. Ch. Journ.*, **6**, 172, 1884] ou par l'action de l'aldéhyde propionique sur l'o-phénylène-diamine [Hinsberg et Funcke, *D. chem. G.*, **27**, 2190, 1894]. Il fond à 170° (S.), à 178° (H. et F.). *Sels :* HCl; HgCl²; PtCl⁶H². 2H²O; Cr²O⁷H². Par bromuration, il fournit un *dérivé dibromé* C⁶H²Br².C³H⁵Az²H (E. S.).

1-PROPYL-2-ÉTHYLBENZIMIDAZOL.

$$C^6 H^4 \left\langle {}^{Az - C^3 H^7}_{Az} \right\rangle C - C^2 H^5$$

— On l'a obtenu en même temps que la base précédente, dans la réaction de Hinsberg et F. [*loc. cit.*]. Huile bouillant à 304°. Constantes [v. Brühl. *Zeit. Ph.Ch.*, **22**, 391, 1897]. *Sels :* HI, H²O.

MÉTHYL-2-ÉTHYL-BENZIMIDAZOL,

$$CH^3 C^6 H^4 \left\langle {}^{AzH}_{Az} \right\rangle C - C^2 H^5$$

— Obtenu par distillation de la dipropionyl-3.4-toluylène-diamine [Bistrzycki et Ulffers, *D. chem. G.*, **23**, 1879, 1890]. Aiguilles fusibles à 166°.

2-ISOPROPYL-MÉTHYLBENZIMIDAZOL,

$$(CH^3) C^6 H^3 \left\langle {}^{AzH}_{Az} \right\rangle C - CH(CH^3)^2$$

— On l'obtient en même temps que son dérivé isobutylique à l'azote (I), en faisant réagir l'aldéhyde isobutylique sur la 3.4-toluylène-diamine en présence d'acide acétique dilué [Hinsberg, *D. chem. G.*, **20**, 1589, 1887]. Aiguilles fusibles à 158°. *Tartrate.* 2H²O. peu soluble dans l'eau.

MÉTHYL-1-ISOBUTYL-2-ISOPROPYLBENZIMIDAZOL,

$$CH^3 - C^6 H^3 \left\langle {}^{Az - C^4 H^9}_{Az} \right\rangle C - CH(CH^3)^2$$

— Base huileuse dont on a vu plus haut la formation (II.).

2-ISOBUTYL-5 (OU 6)-ÉTHOXYBENZIMIDAZOL,

$$C^2 H^5 O - C^6 H^3 \left\langle {}^{AzH}_{Az} \right\rangle C - CH^2 CH(CH^3)^2$$

— G. Cohn [*D. chem. G.*, **32**, 2243, 1899] l'a obtenu par ébullition de l'éthoxy-3.4-diaminophénol avec l'acide isovalérianique. Il fond à 135°.

2-ISOBUTYL-5 (OU 6) MÉTHYLBENZIMIDAZOL,

$$CH^3 - C^6 H^3 \left\langle {}^{AzH}_{Az} \right\rangle C - CH^2 CH(CH^3)^2$$

— Produit de la réduction de la m-nitro-p-isovaléryl-toluidine [Hübner, *Ann. Chem.*, **209**, 365, 1881]. Prismes fusibles à 145°.

2-BENZYL-BENZIMIDAZOL,

$$C^6 H^4 \left\langle {}^{AzH}_{Az} \right\rangle C - CH^2 - C^6 H^5$$

— Obtenu par le chauffage à 140°, avec HCl, de la diphénacétyl-o-phénylène-diamine (v. W. et v. P.), ou en chauffant à 180° l'o-phénylène-diamine et l'acide phénylacétique. Aiguilles fusibles à 187°. *Sels.* HCl; PtCl⁶H²; HI. I²; AzO³H; *picrate.*

BENZYLIDÈNE-2-MÉTHYLTOLIMIDAZOL,

$$CH^3 - C^6 H^3 \left\langle {}^{AzH}_{Az} \right\rangle C - CH = CH - C^6 H^5$$

— Obtenu par condensation de l'aldéhyde benzoïque avec le tolimidazol correspondant [Bamberger et Berlé, *Ann. Chem.*, **273**, 315, 1893]. *Sels :* HCl; PtCl⁶H².

NITRO-BENZYLIDÈNE-MÉTHYLBENZIMIDAZOLS,

$$C^6 H^4 \left\langle {}^{AzH}_{Az} \right\rangle C - CH = CH - C^6 H^4 Az O^2$$

— On les obtient par condensation des aldéhydes correspondantes sur la diacétyl-o-phénylène-diamine [H. Rupe et Poraikoschitz, *Zeit. f. Farben u. Textilchemie*, (2), 449]. Ils fournissent par réduction les *amino-dérivés.*

Dérivé ortho nitré fusible à 215°. *Dérivé aminé* fusible à 213°.

Dérivé para fusible à 270°. *Dérivé aminé* fusible à 225°.

Dérivé méta fusible à 220°. *Dérivé aminé* fusible à 153°.

2-STYRYLDIBROMOBENZIMIDAZOL,

$$Br^2 C^6 H^2 \left\langle {}^{AzH}_{Az} \right\rangle C - CH = CH - C^6 H^5$$

— Produit de condensation du 2-méthyl-4.6-dibromobenzimidazol sur l'aldéhyde benzoïque [Baczynski et Niementowski, *Chem. C. Bl.*, (2), 940, 1902]. Aiguilles fusibles vers 184°.

Dérivé tétrabromé,

$$C^6 Br^4 \left\langle \right.$$

fusible vers 244°. préparé de même.

2-PHÉNYLBENZIMIDAZOL,

$$C^6 H^4 \left\langle {}^{AzH}_{Az} \right\rangle C - C^6 H^5$$

— On l'obtient par réduction de la benzoyl-o-nitraniline [Hübner, *Ann. Chem.*, **208**, 302, 1881]; par chauffage de la dibenzoyl-o-phénylène-diamine [Bamberger et Berlé, *ibid.*, **273**, 347, 1892] seule ou avec HCl [v. Walter et v. Pulawski, *J. prakt. Chem.*, (2), **59**, 251, 1899] ou par chauffage de l'o-phénylène-diamine avec l'acide benzoïque (W. et P.) ou de son chlorhydrate avec la benzoïne [Japp et Meldrum, *Journ. Chem. Soc.*, **75**, 1043, 1899]. Auwers et Meyenburg [*D. chem. G.*, **24**, 2386, 1891] l'obtiennent par l'action de 3 molécules de AzH²OH.HCl sur l'o-aminobenzophénone. La benzal-o-phénylène-diamine se transforme en cette base, par chauffage à 100° [Hinsberg et Koller, *D. chem. G.*, **29**, 1498, 1896]. Le phénylbenzimidazol fond à 280° (H.); à 291° (A. et M.). *Sels :* HCl;

$PtCl^4 3H^2O$; IH, H^2O; III, I^2; $HAzO^3H; SO^4, 1^1/_2 H^2O$; oxalate.

Dérivé 1-méthylé. — Fusible à 171° [O. Fischer, *D. chem. G.*, **25**, 2842, 1892].

Dérivé 1.2?-diméthylé. — Fusible à 152° [Hübner, *Ann. Chem.*, **210**, 355, 1881] et ses *sels*.

Dérivé 1-éthylé. — Fusible à 81° [Hübner, *D. chem. G.*, **9**, 776, 1876; — Howe, *Am. Ch. Journ.*, **5**, 421, 1883]. *Sels* (Howe).

Dérivé diéthylé. — Fusible à 132° [Hübner, *Ann. Chem.*, **210**, 358, 1881; — Howe, *l. c.*] et sels.

Dérivé 1-isoamylé. — (Hübner). *Sels.*

Dérivé diisoamylé. — Fusible vers 90° (Hübner).

Dérivé bromé,

$$Br - C^6H^3 <^{Az H}_{Az} > C - C^6H^5$$

— Obtenu par réduction de la benzoyl-p-bromo-o-nitraniline [Hübner. *D. chem. G.*, **8**, 564, 1875]. Il fond à 200°.

Dérivés nitrés.

1.2-*p-Dinitro-1-benzyl-2-phénylbenzimidazol,*

$$C^6H^4 <^{Az - CH^2 C^6H^4 AzO^2}_{Az} \geq C - C^6H^4 AzO^2$$

— On l'obtient par ébullition de la bis-p-nitro-benzal-o-phénylène-diamine avec l'acide acétique [Hinsberg et Funcke, *D. chem. G.*, **27**, 2192, 1894]. Il fond à 212°.5.

Dérivé méta. — Obtenu avec le chlorhydrate de 4-nitro-o-phénylène-diamine et la m-nitro-benzaldéhyde. Prismes fusibles à 283° [Pulawski et Walter, *D. chem. G.*, **32**, 908, 1899]. Il fournit par réduction au sulfure d'ammonium une *base* $C^{13}H^{12}OAz^4, H^2O$, fusible à 270°, dont le *dérivé acétylé* fond à 150°.

1-*m-Nitrobenzyl-2-m-nitrophényl-5 (ou 6)-nitrobenzimidazol,*

$$AzO^2 C^6H^4 <^{Az - CH^2 - C^6H^4 AzO^2}_{Az} \geq C - C^6H^4 AzO^2$$

—Prismes fusibles à 236°. On l'obtient en même temps que le précédent (P. et W.).

1-*Phényl-2-nitro-phényl-x-nitrobenzimidazol,*

$$AzO^2 - C^6H^3 <^{Az - C^6H^5}_{Az} \geq C - C^6H^4 AzO^2$$

Dérivé 2-méta. — Obtenu par chauffage de la 4-nitro-2-amino-phényl-aniline, et du chlorure de benzoyle m-nitré [Muttelet, *Bul. Soc. Chim.*, (3), **19**, 519, 1898]. Fusible à 219°.

Dérivé 2-para. — Préparé avec le chlorure de benzoyle p-nitré (M.). Fusible à 176°.

Mutelet (*l. cit.*) a préparé de même façon un grand nombre de dérivés nitrés de phénylbenzimidazol.

2-*Nitro-phénylbenzimidazols,*

$$C^6H^4 <^{Az H}_{Az} \geq C - C^6H^4 AzO^2$$

Dérivé para. — Obtenu avec la p-nitro-benzoyl-o-phénylène-diamine, ou la bis-p-nitro-benzoyl-phénylène-diamine, et HCl à 185° (v. W. et v. P.). Cristaux brun jaune.

Dérivé ortho. — Comme le précédent. Fusible à 263°.

Dérivé méta. — Fusible à 204°.

1-*Cyano-2-phénylbenzimidazol,*

$$C^6H^4 <^{Az - C Az}_{Az} \geq C - C^6H^5$$

— On l'obtient par l'action de l'iodure de cyanogène sur la base primitive [Howe, *Am. Chem. Journ.*, **5**, 415, 1883]. Cristaux tabulaires jaune citron, fusibles à 105°.

2-*Phényloxybenzimidazol,*

$$OH - C^6H^3 <^{Az H}_{Az} \geq C - C^6H^5$$

—Obtenu par réduction de la salicyl-o-nitraniline [Mensching, *Ann. Chem.*, **210**, 345, 1881]. Il fond à 222°. *Sels* : HCl, H^2O; $H^2SO^4, 4H^2O$. Son *dérivé 1-méthylé* fond à 164° [O. Fischer, *D. chem. G.*, **25**, 2843, 1892].

1-*Méthoxybenzyl-2-méthoxyphénylbenzimidazol,*

$$C^6H^4 <^{Az C H^2 C^6H^4 O CH^3}_{Az} \geq C - C^6H^4 O CH^3$$

— Obtenu par condensation de l'aldéhyde anisique avec l'o-phénylène-diamine [Rügheimer et Ladenburg, *D. chem. G.*, **11**, 1660, 1878]. Il fond à 129°.

1-*Benzyl-2-phényldiméthoxybenzimidazol,*

$$(CH^3O)^2 C^6H^2 <^{Az - CH^2 C^6H^5}_{Az} \geq C - C^6H^5$$

— Produit de condensation du chlorhydrate de vératrylène-diamine et de l'aldéhyde benzoïque [Moureu, *C. R.*, **125**, 33, 1897]. Aiguilles fusibles à 135°.

2-*p-Nitrophényl-1-p-nitrobenzoylamino-phényl-5-nitrobenzimidazol,*

$$AzO^2 \;[\!]\; ^{Az - C^6H^4 Az H CO C^6H^4 AzO^2}_{Az} \!/\!/ C - C^6H^4 AzO^2$$

— On l'obtient en chauffant à 200° avec du chlorure de benzyle paranitré la 2-amino-4-nitro-1-aminophényl-4-amine [O. Kym, *D. chem. G.*, **37**, 1070, 1904]. Cristaux jaunes fusibles vers 300°. Il fournit par réduction la *base triaminée*, avec départ du groupe nitrobenzoylé. Cette base fond à 224°; elle peut être diazotée et copulée sur phénols ou amines.

2-*Phényl-5 (6)-aminobenzimidazol,*

$$H^2 Az \;[\!]\; ^{- Az H}_{- Az} \geq C - C^6H^5$$

— On l'obtient par réduction du dérivé nitré de la benzényl-o-phénylène-diamine, c'est-à-dire du nitrobenzimidazol correspondant [Hübner, *Ann. Chem.*, **208**, 309, 1881] ou par réduction de la dinitro-2.4-benzoylanilide [Muttelet, *Bull. Soc. Chim.*, (3), **19**, 520, 1898; — voyez aussi Pinnow et Wiskott, *D. chem. G.*, **32**, 903, 1899; — Kym, *ibid.*, **32**, 2179, 1899; — Lauth, *Bull. Soc. Chim.*, (3), **17**, 619, 1897; *C. R.*, **124**, 1106, 1897]. Elle fond à 297° (Kym). *Sels* : — $2HCl$; $2HBr$; — $2AzO^3H$; — $H^2SO^4, 2H^2O$; picrate. *Dérivé 5 (6)-acétylé* fusible à 246° (Petw, Kym). *Dérivé benzoylé* fusible vers 214° [Ruhemann, *D. chem. G.*, **14**, 2653, 1881].

1-2-*Diphényl-5 (ou 6)-aminobenzimidazol,*

$$Az - C^6H^5$$

— Obtenu comme le précédent, par Muttelet

[*Bull. Soc. Chim.*, (3), **17**, 870, 1897]. Il fond à 191°. Son *chlorhydrate*, décomposé par AzH^3, fournit un *hydrate* fusible à 172°.

1-Tolyl-2-phényl-5 (6)-aminobenzimidazols,

$$Az - C^6H^4 \, CH^3$$

— *Dérivé ortho* fusible à 146°. *Dérivé para* fusible à 193° (Müttelet).

1-β-Naphtyl-2-phényl-5 (6)-aminobenzimidazol,

$$Az - C^{10}H^7$$

— Il fond à 166° (Müttelet).

1-Phényl-2-o-nitrophényl-6-anilinobenzimidazol.

$$C^6H^5 \, AzH - C^6H^3 \overset{Az - C^6H^5}{\underset{Az}{\diagdown}} \!\!\geqq C - C^6H^4 \, AzO^2$$

— Obtenu par condensation de l'aldéhyde benzoïque o-nitrée sur le 2.4-diphényltriaminobenzène [O. Fischer, *Ann. Chem.*, **286**, 181, 1895]. Aiguilles orangées fusibles à 210°.

2-Benzyl-2-phényl-5 (6)-aminobenzimidazol.

$$Az - CH^2 \, C^6H^5$$

(aminobenzaldéhydine). — On l'obtient par condensation de l'aldéhyde benzoïque avec le chlorhydrate de 1.2.4-triaminobenzène [Hinsberg et Koller. *D. chem. G.*, **29**, 1502, 1896]; par réduction du nitrobenzimidazol correspondant [Pinnow et Wiscott, *loc. cit.*]. Fusible à 192°. *Sels* : — $2HBr, 5H^2O$; picrate.

2-m-Aminophénylbenzimidazol. — Obtenu par réduction de la nitrobenzoyl-o-nitraniline [Miklaszewski et v. Niementowski, *loc. cit.*] ou de la m-nitrobenzényl-o-phénylène-diamine [Pinnow et Wiscott, *loc. cit.*]. Prismes jaunes fusibles vers 251°. *Sels* : — $2HCl$; — $HAzO^3$.

Dérivé 1-m-aminobenzylé.

$$Az - CH^2 - C^6H^4 - AzH^2$$

fusible à 194° [Pinnow et Wiscott, *D. chem. G.*, **32**, 907, 1899].

Dérivé acétylé — $AzHCOCH^3$. — Fusible à 288° (Miklaszewski et v. Niementowski; Pinnow et Wiscott).

Dérivé diacétylé du 1-m-aminobenzylé.

$$C^6H^4 \overset{Az - CH^2C^6H^4 \, AzHCOCH^3}{\underset{Az}{\diagdown}} \!\!\geqq C - C^6H^4 \, AzHCOCH^3$$

— Fusible à 219° (Pinnow et Wiscott).
Dérivé benzoylé. — Fusible à 139° (Miklaszewski et v. Niementowski).
Thio-urée. — Amorphe, fusible à 263° [Miklaszewski et v. Niementowski. *D. chem. G.*, **34**, 2961, 1901].

1-Phényl-2-o-oxyphényl-6-diméthylaminobenzimidazol,

$$(CH^3)^2 = Az - C^6H^3 \overset{Az - C^6H^5}{\underset{Az}{\diagdown}} \!\!\geqq C - C^6H^4 - OH$$

— Prismes incolores fusibles à 241° [Jacobson et Boyd, *Ann. Chem.*, **303**, 361, 1898].
1-Phényl-2-o-oxphényl-6-anilinobenzimidazol, $C^6H^5 \, AzH$.... — Fusible à 190° [O. Fischer, *loc. cit.*].

2-o-Aminophénylbenzimidazol,

$$C^6H^4 \overset{AzH}{\underset{Az}{\diagdown}} \!\!\geq C - C^6H^4 \, AzH^2$$

— Obtenu par chauffage de l'o-phénylène-dia-

mine avec l'o-aminobenzamide [Niementowski, *D. chem. G.*, 30, 3066, 1897 : **32**, 1465, 1477, 1899]. Préparation [Miklaszewski, *D. chem. G.*, **34**, 2957, 1901]. Prismes fusibles à 211°. *Sels* : — $2HCl$: $PtCl^6H^2$. *Dérivé acétylé* (Niementowski) fusible à 214°. *Dérivé benzoylé* (Niementowski) fusible à 251°. *Dérivé phénacétylé*... — $AzHCO$ $CH^2(C^6H^5)$ (Niementowski) fusible à 240°.

2-p-Aminophénylbenzimidazol. — Obtenu par réduction de la p-nitrobenzoyl-o-nitraniline [Lauth, *Bull. Soc. Chim.*, (3), **17**, 619, 1897; — voyez aussi Kym, *D. chem. G.*, **33**, 2848, 1900; — Miklaszewski et v. Niementowski, *ibid.*, **34**, 2959, 1901]. Fusible à 240°. *Sels* : — $2HCl$; $HAzO^3$.

1-Phényl-2-p-aminophénylbenzimidazol,

$$Az - C^6H^5$$

[Müttelet. *Ann. Chim. Phys.*, (7), **14**, 424, 1898]. — Fusible à 199°. *Sels* : — $HCl, 1\,1/4\,H^2O$; = $H^2SO^4, 1/2\,H^2O$.

1-p-Tolyl-2-p-aminophénylbenzimidazol,

$$Az - C^6H^4 - CH^3$$

[Miklaszewski, *loc. cit.*]. — Il cristallise avec $1/2\,C^2H^5OH$ en aiguilles fusibles à 188°. *Sels* : — $HCl\,1/2\,H^2O$: = H^2SO^4, H^2O.

Les trois amino-2-phénylbenzimidazols, traités successivement par $AzO^2Na + HCl$ et par le chlorure stanneux, donnent naissance aux *hydrazines* correspondantes

$$C^6H^4 \overset{AzH}{\underset{Az}{\diagdown}} \!\!\geq C - C^6H^4 \, AzH - AzH^2$$

[Miklaszewski et Niementowski, *D. chem. G.*, **34**, 2965, 1901].

Isomères ortho fusible à 182°; *méta* fusible à 245°; *para* fusible à 305°. Ils fondent en se décomposant. On en a préparé les *dérivés* : *pyruvique* (2) $AzH . Az = C(CH^3)CO^2H$; *benzaldéhydique* (2) $AzH . Az = CH . C^6H^5$; *acétophénonique* (2) $AzH\,Az = C(CH^3)(C^6H^5)$.

2-p-Aminophényl-5-aminobenzimidazol,

$$H^2Az \;\; \text{(benzène)} \overset{- AzH}{\underset{- Az}{\diagdown}} \!\!\geq C - C^6H^4 - AzH^2$$

— Obtenu par la réduction de l'o-p-dinitranilide p-nitrobenzoïque [Kym, *D. chem. G.*, **32**, 2180, 1899] ou en chauffant dans le vide à 250° le 1-p-aminobenzoylamino-2 4-diaminobenzène [D.R.P. 70862; — *Fried.*, **2**, 34]. Aiguilles fusibles à 236°. Par diazotation et copulation, on obtient des colorants tétrazoïques [voyez *Fried.*, **3**, 716].

Isomère 2-m-aminophénylé. — Obtenu de façon analogue [D.R.P. 68237; — *Fried.*, **3**, 711]. *Colorants tétrazoïques (ibid.).* On a obtenu son *dérivé* $Az(1) - CH^2 . C^6H^4(AzH^2)_{(3)}$ par réduction du 1-m-nitrobenzyl-2-m-nitrophényl-5 (ou 6)-nitrobenzimidazol [Pinnow et Wiscott, *D. chem. G.*, **32**, 909, 1899] et dont le *dérivé triacétylé* fond à 179°.

2-Tolylbenzimidazol,

$$C^6H^4 \overset{AzH}{\underset{Az}{\diagdown}} \!\!\geq C - C^6H^4 - CH^3$$

— Obtenu par l'action du chlorure de p-toluyle sur l'o-phénylène-diamine ou par réduction de la p-toluyl-o-nitraniline [Hübner. *Ann. Chem.*, **210**, 328, 1881]. On peut aussi chauffer à 170° la p-ditoluyl-o-phénylène-diamine avec HCl [Brückner, *ibid.*, **205**, 115, 1881]. Il fond à 268°. *Sels* : HCl; $HAzO^3$; H^2SO^4; $PtCl^6H^2$ (Brückner).

2-Phényltolimidazol,

$$CH^3 - C^6H^3 < {Az \atop Az} > C - C^6H^5$$

— On le prépare par réduction de la benzoyl-m-nitro-p-toluidine [Hübner, *Ann. Chem.*, **208**, 316, 1881]; par chauffage de la toluylène-diamine et de l'acétophénone [Ladenburg et Rügheimer, *D. chem. G.*, **12**, 951, 1879]; par distillation de la 3.4-dibenzoyltoluylène-diamine [Bistrzycki et Cybulski, *ibid.*, **24**, 633, 1891], ou avec la 3.4-toluylène-diamine et la benzamide [Niementowski, *ibid.*, **30**, 3064, 1897]. Il fond à 240°. *Sels* : HCl; H^2SO^4 (Hübner).
Dérivé 1-méthylé. — Fusible vers 300° [O. Fischer, *D. chem. G.*, **26**, 197, 1893].
Dérivé 1-?diméthylé. — Fusible à 144° [Hübner, *Ann. Chem.*, **210**, 368, 1881] et ses *sels*.
Dérivé 1-éthylé. — Aiguilles (O. Fischer).
Dérivé 1-?diéthylé. — Fusible à 153° (Hübner).
Dérivé 1-para-tolylique (1). $C^6H^4CH^3$. — Obtenu par chauffage d'un mélange de 4-amino-3-p-toluidinotoluène et d'aldéhyde benzoïque [Taüber, *D. chem. G.*, **25**, 1024, 1892]. Aiguilles fusibles à 185°.

2-o-*Chlorophényltolimidazol*,

$$CH^3 - C^6H^3 < {AzH \atop Az} > C - C^6H^4Cl$$

— Obtenu par distillation de l'o-chlorobenzoyl-3.4-toluylène-diamine [Schreib, *D. chem. G.*, **13**, 468, 1880].
2-o-*Oxyphényltolimidazol*, $-C^6H^4OH$. — Obtenu par condensation de la diamine avec l'aldéhyde salicylique [O. Fischer, *D. chem. G.*, **26**, 197, 1893]. Aiguilles fusibles à 180°. Niementowski [*D. chem. G.*, **31**, 317, 1898] en a préparé un *isomère* fusible à 241°.
2-*Phénylnitrotolimidazol*,

$$CH^3(AzO^2)C^6H^2 < {AzH \atop Az} > C - C^6H^5$$

— Obtenu par ébullition de la dibenzoylnitrotoluylène-diamine avec la potasse alcoolique. Aiguilles brunâtres fusibles à 222° [Bistrzycki et Œffers, *D. chem. G.*, **25**, 1995, 1892].
2-*Nitrophényltolimidazols*,

$$CH^3C^6H^3 < {AzH \atop Az} > C - C^6H^4AzO^2$$

— *Ortho*, cristaux jaune clair fusibles à 153°; *para*, aiguilles brunes; tous deux sont préparés avec les aldéhydes nitrosalicyliques (O. F.), ainsi que leurs *dérivés 1-éthyliques* : o- fusible à 170°; p- fusible à 176° (O. F.).
1-*Phénylaminotolimidazol*,

$$(CH^3)(AzH^2)C^6H^2 < {AzH \atop Az} > C - C^6H^5$$

— Par réduction de la dibenzoylnitro-2.4-toluylène-diamine, on obtient son *dérivé benzoylé* fusible vers 218° [Ruhemann, *D. chem. G.*, **14**, 2656, 1881].
2-o-*Amino-p-tolylbenzimidazol*,

— On l'obtient par condensation, à 200°, de molécules égales de chlorhydrate d'o-phénylène-diamine et amide 3-amino-p-toluique. Lamelles fusibles à 203°; *chlorhydrate* [Niementowski, *D. chem. G.*, **30**, 3068, 1897]. *Dérivé acétylé* fusible à 255° [N., *ibid.*, **32**, 1470, 1899]. *Dérivé benzoylé* fusible à 268° (N.).
2-*Aminotolylbenzimidazol*,

— Produit de réduction du benzoyldinitro-p-toluide, avec Sn et HCl [Kelbe, *D. chem. G.*, **8**, 877, 1875]. Aiguilles fusibles à 183°; *chlorhydrate*, *sulfate*.
1-o-*Aminophényl-5 (ou 6)-tolimidazol*,

— Obtenu par condensation, à 180°, du chlorhydrate de 3.4-toluylène-diamine avec l'o-aminobenzamide [Niementowski, *D. chem. G.*, **30**, 3068, 1897]. Lamelles fusibles à 189° [Voy. aussi N., *ibid.*, **32**, 1467 et 1483, 1899]. *Dérivé acétylé* fusible à 193°. *Dérivé pyruvique*, cristallisé avec $2H^2O$, fusible à 254° [N., **32**].
2-m-*Aminophényl-5-tolimidazol*,

— Produit de la réduction de la m-nitrobenzoyl-m-nitro-p-toluidine [Hübner, *Ann. Chem.*, **240**, 366, 1887]. Lamelles fusibles à 238° [Lellmann et Hailer, *D. chem. G.*, **26**, 2762, 1893]. *Nitrate*, *sulfate*.
Le *dérivé 2-p-aminophénylé* est obtenu par réduction de la m-nitrobenzoyl-m-nitro-p-toluidine [L. et H., *loc. cit.*].
2-p-Tolyltolimidazol,

$$CH^3 - C^6H^3 < {AzH \atop Az} > C - C^6H^4 - CH^3$$

— Obtenu par réduction de la toluyl-3-nitro-4-toluidine [Hübner, *Ann. Chem.*, **210**, 331, 1881]. Aiguilles. *Sels* : HCl; AzO^3H; H^2SO^4.
2-o-*Amino-p-tolyl-5-tolimidasol*,

— Prismes fusibles à 188°, obtenus par condensation du chlorhydrate de 3.4-toluylène-diamine, avec l'amide 3-amino-p-toluique [Niementowski, *D. chem. G.*, **30**, 3069, 1897].
2-Phényl-xylimidazols. *Dérivé* α,

$$(CH^3)^2C^6H^2 < {AzH \atop Az} > C - C^6H^5$$

— Obtenu par réduction de la benzoyl-5-nitroxylidine-1.3.4. Aiguilles fusibles à 195°.
Dérivé β. — Obtenu avec la benzoylnitroxylidine fusible à 178°, il cristallise en aiguilles fusibles à 215° [Hübner, *Ann. Chem.*, **208**, 320, 1881].
2-*Aminophényl-4.6-xylimidazol*,

— Produit de la réduction de a p-nitrobenzoyl

5-nitro-m-xylidine-1.3-4 [Lellmann et Hailer, *D. chem. G.*, **26**, 2763, 1893]. Aiguilles fusibles à 183°.

p-2-TOLYLXYLIMIDAZOL,

$$(CH^3)^2 C^6H^2 < \frac{AzH}{Az} > C - C^6H^4CH^3$$

— Obtenu par réduction de la p-toluylnitroxylidine [Bückner, *Ann. Chem.*, **205**, 125, 1881; — Hübner, *ibid.*, **240**, 333, 1881]. Il fond à 217°. *Sels* : HCl; H^2SO^4; AzO^3H.

2-PHÉNYL-5 (ou 6)-PHÉNYLBENZIMIDAZOL.

$$C^6H^5 - C^6H^3 < \frac{AzH}{Az} > C - C^6H^5$$

— Produit de réduction du benzoylnitro-p-aminobiphényle [Hübner, *Ann. Chem.*, **209**, 347, 1881]. Lamelles fusibles à 198°. *Sels* : HCl; H^2SO^4; $PtCl^6H^2$.

ACIDE 6-(ou 5)-BENZIMIDAZOLCARBONIQUE,

$$CO^2H \ \big< \begin{array}{l} -AzH \\ -Az \end{array} \big> CH$$

— Produit d'oxydation au permanganate alcalin du méthylbenzimidazol correspondant. Il ne fond pas même à 320° [Bamberger et Berlé, *Ann. Chem.*, **273**, 328, 1893].

ACIDE 7-(ou 4)-BENZIMIDAZOLCARBONIQUE,

$$\big< \begin{array}{l} -AzH \\ -Az \end{array} \big> CH \quad CO^2H$$

— Obtenu par oxydation de l'acide glyco-2.3-diaminobenzoïque, ou par action de l'acide formique sur l'acide 2.3-diaminobenzoïque. Il ne fond pas même à 360° [Schilling, *D. chem. G.*, **34**, 905, 1901].

ACIDE 2-MÉTHYLBENZIMIDAZOL-5-CARBONIQUE,

$$CO^2H \ \big< \begin{array}{l} -AzH \\ -Az \end{array} \big> C-CH^3$$

— Il provient de la réduction de l'acide 3-nitro-4-acétylaminobenzoïque, ou de l'acide 4-nitro-5-acétylaminobenzoïque [Kaiser, *D. chem. G.*, **18**, 2, 944, 1885]. On l'obtient aussi par oxydation ménagée du diméthylbenzimidazol correspondant [Bamberger et Berlé, *Ann. Chem.*, **273**, 324, 1893]. Il cristallise avec $1H^2O$ et fond, anhydre, à 302°. *Sels*, HCl, $1/2H^2O$; $PtCl^6H^2, 2H^2O$; Ag: K. *Conductibilité* [Bader, *Z. Phys. Chem.*, **6**, 316, 1890].

ACIDE MÉTHYLBENZIMIDAZOL-2-CARBONIQUE.

$$CH^3C^6H^3 < \frac{AzH}{Az} > C - CO^2H$$

— Bamberger et Berlé [*loc. cit.*] l'obtiennent par oxydation du méthyl-2-méthylbenzylidène-benzimidazol avec le permanganate. Hinsberg [*Ann. Chem.*, **237**, 358, 1886] l'obtient par ébullition de l'o-toluylène-diamine avec le glyoxylate de chaux. Il cristallise avec $1/2H^2O$ et fond vers 160° en se décomposant. *Sel d'argent.*

ACIDE 1-PHÉNYL-5-NITROBENZIMIDAZOL-2-CARBONIQUE.

$$O^2Az \ \big< \begin{array}{l} -Az(C^6H^5) \\ -Az \end{array} \big> C-CO^2H$$

— On obtient, par condensation de l'oxalate d'éthyle avec l'aminonitrodiphénylamine, des cristaux tabulaires fusibles à 150° de son *éther éthylique.*

L'*acide libre* fond au-dessus de 300°. Son *sel de Na* est jaune d'or. Chauffé à 150° avec HCl, il perd CO^2 [A. Reissel et G. Goll, *D. chem. G.*, **38**, 90, 1905].

ACIDE BENZIMIDAZOL-4.5 (ou 6.7)-DICARBONIQUE,

$$CO^2H \ \big< \begin{array}{l} -AzH \\ -Az \end{array} \big> CH \quad CO^2H$$

— On l'obtient en oxydant l'α-β-naphtimidazol au moyen de l'acide chromique en solution acétique. Il fond à 251° et donne, avec le phénol ou la résorcine et l'acide sulfurique, des produits de condensation colorés. *Sels* : Ag^2; AzH^4. Son *éther diméthylique* fond à 231°; son *anhydride* fond à 225°; son *anile*

$$\big< \begin{array}{l} CO \\ CO \end{array} \big> AzC^6H^5$$

cristallise en aiguilles [O. Fischer, *D. chem. G.*, **32**, 1314, 1899].

ACIDE BENZIMIDAZOL-2.4 (ou 2.7)-DICARBONIQUE,

$$CO^2H \ \big< \begin{array}{l} -AzH \\ -Az \end{array} \big> C-CO^2H$$

— Obtenu par oxydation des acides malto- et isomalto-2.3-diaminobenzoïques, et du produit de condensation de l'acide 2.3-diaminobenzoïque avec le sucre de lait [Schilling, *D. chem. G.*, **34**, 906, 1901]. Il ne fond pas encore à 360°.

ACIDE BENZIMIDAZOL-2-5 (ou 2-6)-DICARBONIQUE,

$$CO^2H \ \big< \begin{array}{l} -AzH \\ -Az \end{array} \big> C-CO^2H$$

— Produit d'oxydation de l'acide méthylbenzimidazol-2-carbonique [Bamberger et Berlé, *loc. cit.*]. Chloroplatinate.

ACIDE BENZIMIDAZOL-2-PROPIONIQUE,

$$C^6H^4 < \frac{AzH}{Az} > C - C^2H^4CO^2H$$

— Produit principal de la fusion d'un mélange équimoléculaire de chlorhydrate d'o-phénylène-diamine, acide succinique et carbonate de sodium. Prismes fusibles à 226° [R. Meyer et S. Meier, *Ann. Chem.*, **327**, 21, 1903].

ACIDE BENZIMIDAZOL-2-PHÉNYLCARBONIQUE,

$$C^6H^4 < \frac{AzH}{Az} > C - C^6H^4CO^2H$$

— On l'obtient par oxydation de la tolényl-o-phénylène-diamine, avec CrO^3 [Stoddard, *D. chem. G.*, **11**, 293, 1877; — Hanemann, *ibid.*, **10**, 1712, 1876; — Brückner, *Ann. Chem.*, **205**, 118, 1881; — Hübner, *ibid.*, **240**, 337, 1881]. Il cristallise, de l'eau, avec $11/2H^2O$. *Sels* : —K, $7H^2O$; $=Ca,5H^2O$; $=Ba,6H^2O$; —Ag. *Éther éthylique* fusible à 243° (St.).

ACIDE TOLIMIDAZOL—2-PHÉNYLCARBONIQUE,

$$CH^3 - C^6H^3 < \frac{AzH}{Az} > C - C^6H^4CO^2H$$

— Obtenu par condensation de la 3.4-toluylène-diamine et de l'acide phtalaldéhydique [Bistrzycki, *D. chem. G.*, **23**, 1043, 1890]. Il fond à 258°. On obtient, en employant la 5-bromo-3.4-toluylène-diamine, son *dérivé bromé* fusible à 267° (B.).

Acide tolimidazol-2-phényldiméthoxycarbonique,

$$CH^3\,C^6H^3 \big\langle \begin{smallmatrix} AzH \\ Az \end{smallmatrix} \big\rangle C - C^6H^2(OCH^3)^2 - CO^2H$$

— Obtenu par condensation de l'acide opianique sur la 3-4-toluylène-diamine; fusible à 237° [Bistrzycki, *ibid.*, 24, 627]. On obtient, avec la 5-bromo-3.4-toluylène-diamine, le *dérivé bromé* fusible à 240°.

BENZIMIDAZOLS DOUBLÉS.

Deux noyaux benzimidazols peuvent être unis, soit par l'intermédiaire d'un ou plusieurs atomes de carbone, soit directement; l'union a lieu toujours par le carbone 2.

Méthylène-bis-2-méthylbenzimidazol, $CH^2 = (6)$ $R^2 + H^2O$. — Produit de condensation du 3.4. 3'.4'-tétraaminodiphénylméthane avec l'anhydride acétique [S. Meyer et Rohmer, *D. chem. G.*, 33, 258, 1900]. Aiguilles fusibles anhydres à 285°. *Sels* : nitrate; chloroplatinate.

Méthylène-bis-2-éthylbenzimidazol, $CH^2 = (6)\,R^2$. — Produit de condensation du 3.4.3'.4'-tétraminodiphénylméthane avec l'acide propionique [S. Meyer et Rohmer, *loc. cit.*]. Prismes fusibles à 264°. *Sels* : nitrate; chloroplatinate.

2-Éthylène-di-benzimidazol. — Produit de condensation de l'anhydride succinique avec l'o-phénylène-diamine à 180° [Walter et Pulawski, *J. prakt. Chem.*, (2), 59, 257, 1899]. Amorphe, fusible à 310°. *Sels* : chlorhydrate; picrate; chloroplatinate.

2-Bis-m-aminobenzimidazol,

$$\Big(AzH^2 - C^6H^3 \big\langle \begin{smallmatrix} AzH \\ Az \end{smallmatrix} \big\rangle C - \Big)^2$$

— Produit de réduction de la tétranitrooxanilide [Gallinek, *D.R.P.* 74058; *Fried.*, 3, 35]. Aiguilles brillantes, fusibles bien au delà de 300°.

2-Bis-aminotolimidazol,

$$\Big(CH^3(AzH^2)C^6H^2 \big\langle \begin{smallmatrix} AzH \\ Az \end{smallmatrix} \big\rangle C - \Big)^2$$

— Obtenu par réduction du 2.4-tétranitrooxalo-o-toluide [Gallinek, *loc. cit.*]. Poudre cristalline fondant au delà de 300°.

Benzo-bis-2-méthylimidazol (*diéthényl-1.2. 3.5—tétraminobenzène*).

$$CH^3 - C \big\langle \begin{smallmatrix} HAz \\ Az \end{smallmatrix} \!\!-\!\!\!\bigcirc\!\!\!-\!\! \begin{smallmatrix} AzH \\ Az \end{smallmatrix} \big\rangle C - CH^3 + H^2O$$

— On l'obtient en traitant par un réducteur la diacétyl-4.6-dinitro-m-phénylène-diamine [Nietzki et Hagenbach, *D. chem. G.*, 20, 337, 1887]. Aiguilles fusibles au-dessus de 360°. *Sels* : chlorhydrate; sulfate.

Dérivé nitré fusible à 276°(Az. et H.). Aiguilles rouges.

Dérivé 1-méthylé. — Obtenu par réduction de la méthyl-éthényl-nitro-acétylamino-1.2-phénylène diamine [Schuster et Pinnow, *D. chem. G.*, 29, 1057, 1896]. Aiguilles fusibles au-dessus de 260°. *Sels* : A. 2HCl . 2HgCl². Fusible à 211°.

IMIDAZOL-AMIDINES.

Nous donnons ici les indications bibliographiques concernant ces chaînes à 3Az.

Benzényl-2-o-aminophénylbenzimidazol,

$$C^6H^4 \big\langle \begin{smallmatrix} C - C^6H^5 \\ Az \quad Az \\ C \end{smallmatrix} \big\rangle C^6H^4$$

[Niementowski, *D. chem. G.*, 32, 1478, 1899].

Phénéthyl-2-o-aminophénylbenzimidazol [*ibid.*].

Benzényl-o-amino-p-tolylbenzimidazol [*ibid.* 1482].

Propényl-2-o-aminophénylbenzimidazol et .... *tolimidazol.*

Éthényl-2-o-amino-p-tolylbenzimidazol et .... *tolimidazol.*

Méthényl-2-o-aminotolyltolimidazol.

Carbonyl-o-amino-p-tolyltolimidazol [*ibid.* 1489].

Éthényl-2-o-aminophénylbenzimidazol et .... *tolimidazol.*

Méthényl-2-o-amino-p-tolylbenzimidazol.

Carbonyl-2-o-aminophényltolimidazol.

Méthényl-2-o-aminophénylbenzimidazol.

Carbonyl-o-aminophénylbenzimidazol et *thiocarbonyl....*

AZIMIDES DES IMIDAZOLS (CHAÎNES À 4Az).

Azimide du (2)-o-amidophénylbenzimidazol,

Azimide du (2)-o-aminotolylbenzimidazol.
Azimide du (2)-o-aminophényltolimidazol.
Azimide du (2)-o-aminotolyltolimidazol.

Ces composés proviennent de l'action de $NaAzO^2 + HCl$ sur les aminotolimidazols correspondants. Ils sont jaunes, cristallisés en aiguilles.

NAPHTIMIDAZOLS.

α-β-NAPHTIMIDAZOL,

— On l'obtient par chauffage de la 1.2-naphtylène-diamine avec l'acide formique [O. Fischer et Wreszinski, *D. chem. G.*, 25, 2714, 1892; — Fischer, *ibid.*, 32, 1313, 1899]. Lamelles fusibles à 174°. *Sels* : HCl; = H^2SO^4; = $PtCl^6H^2$; — $AuCl^4H$; formiate. On en a préparé les dérivés α-Az-*méthylé*, fusible à 88°, α-Az-*éthylé*, fusible à 130°, β-Az-*éthylé*, fusible à 226°; α-*acétylé*, fusible à 153°; α-*benzoylé* fusible à 120° [O. Fischer; —Reindl et Fezer, *D. chem. G.*, 34, 933, 1901].

2-MÉTHYL-α-β-NAPHTIMIDAZOL,

$$CH^3C \big\langle$$

— Obtenu par réduction de son bromo-dérivé à l'amalgame de sodium [Prager, *D. chem. G.*, 18, 2161, 1885]; par réduction de la 2-nitro-α-acétylnaphtylamine [Lellmann et Remy, *D. chem. G.*, 19, 799, 1886] ou de la 1-nitro-β-acétylnaphtylamine [Liebermann et Jacobson, *Ann.*

Chem., **244**, 67, 1882] : par transposition de la 1-nitroso-β-éthylnaphtimide, sous l'influence de l'acide chlorhydrique alcoolique [O. Fischer et Hepp, *D. chem. G.*, **20**, 1249 et 2472, 1887] ; par chauffage du chlorhydrate de 1.2-naphtylène-diamine avec l'acide acétique et l'acétate de sodium (O. F., R. et F.).

Il fond à 169°. *Sels* : $HCl, 2H^2O$; $PtCl^6 H^2, 3H^2O$; $AuCl^4H$; H^2SO^4 ; picrate.

Dérivé Az-méthylé fusible à 141° [O. F. ; R. et F.].

Dérivés de substitution.

Dérivé 4-bromé, $C^{12}H^9BrAz^2$. — Il provient de la réduction de l'acétyl-4-bromo-2-nitro-α-naphtylamine (Prager.) Il fond à 229°.

Dérivé 4-bromo-x-nitré, $C^{12}H^8 Br Az^2 (AzO^2)$. — Obtenu par nitration du précédent. Aiguilles jaunes, fusibles à 242° (P.)

Dérivé 4-iodé, $C^{12}H^9Az^2I$. — Obtenu par remplacement de AzH^2 par I, après diazotation du dérivé 4-aminé. Fusible à 248° [Meldola et Phillips, *J. Chem. Soc.*, **75**, 1016, 1899].

Dérivé 4-sulfonique, $C^{12}H^{10}O^3Az^2S$. — Obtenu par condensation de la 1.2-naphtylène-diamine 4-sulfonée avec l'anhydride acétique ou le chlorure d'acétyle et l'acide acétique [Lange, D.R.P. 57 942 ; *Fried.*, **3**, 502].

Dérivé 3.4-orthoquinonique-1-phénylique (éthényl-3-amino-4-anilino β-naphtoquinone).

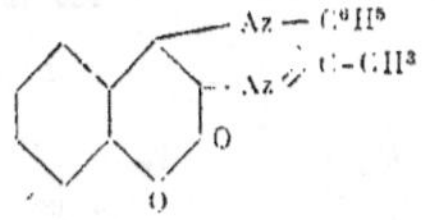

— Obtenu par ébullition de la 3-acétylamino-4-anilino-naphtoquinone avec l'anhydride acétique. Aiguilles grenat, fusibles à 305° [Kehrmann et Zimmerli, *D. chem. G.*, **34**, 2410, 1898].

2-Méthyl-β-β′-naphtimidazol.

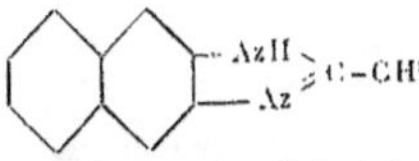

— Obtenu par condensation de la 2.3-naphtylène-diamine avec l'anhydride acétique [Friedländer et Zarzewski, *D. chem. G.*, **27**, 764, 1894]. Elle fond à 168°.

Les *phényl-naphtimidazols* sont préparés par des méthodes analogues. Leur description nous entraînerait trop loin, aussi nous contentons-nous d'indiquer ici les renvois bibliographiques.

2-Phényl-α-β-naphtimidazol.

Ebell, *Ann. Chem.*, **208**, 328, 1881 ; — Koll, *Ann. Chem.*, **263**, 314, 1891 ; — Meldola et Forster, *J. Chem. Soc.*, **59**, 705, 1891]. — Son *dérivé 1-phénylé* [O. Fischer, *D. chem. G.*, **25**, 2843, 1892] ; — son *dérivé 1-tolylique* [O. F., *loc. cit.*]. — Son *dérivé 1-benzylé* [Hinsberg et Koller, *D. chem. G.*, **29**, 1502, 1896]. — Son *dérivé 1-β-naphtylique* [Ris, *D. chem. G.*, **20**, 2626, 1887] ; — *dérivé 1-éthylé-2-p-nitré* [O. Fischer, *D. chem. G.*, **26**, 194, 1893] ; *dérivés 1-phénylé 2-nitré en ortho, méta, et para* [O. Fischer, *D. chem. G.*, **25**, 2830, 1892].

Dérivé 1-p-tolylique-2-m-nitrophénylé [O. F., *loc. cit.*] ; *dérivé 1-éthyl-2-o-oxyphénylé* [O. Fischer, *D. chem. G.*, **26**, 194, 1893].

Dérivé 1-phényl-2-o-oxyphénylé [O. Fischer, *D. chem. G.*, **25**, *loc. cit.*].

Dérivé 1-p-tolyl-2-o-oxyphénylé [*ibid.*].

Dérivé 1-phényl-2-phényl-p-isopropylé [*ibid.*].

Dérivé 2-phényl-o-carbonique [Bistrzycki, *D. chem. G.*, **23**, 1044, 1890].

Dérivé 2-phényl-dioxyméthyl-carbonique [Bistrzycki et Cybulski, *D. chem. G.*, **25**, 1986, 1892].

Méthylène-di-méthoxyphtalamidone,

[B. et C. [*loc. cit.*].

2-Méthyl-5-amino-α-β-naphtimidazols,

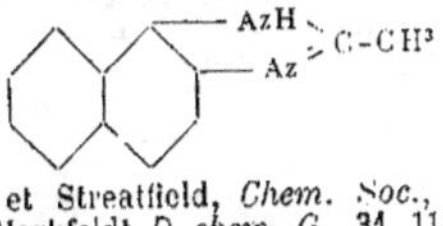

[Meldola et Streatfield, *Chem. Soc.*, **51**, 692, 1887 ; — Markfeldt, *D. chem. G.*, **34**, 1175, 1898], son *dérivé 5-acétylé* [M., *loc. cit.*] — Eynon, *Chem. Soc.*, **77**, 1459, 1900 ; — D.R.P. 98 141, 1898 ; — M. Phillips, *Chem. Soc.*, **75**, 1013, 1898 ; — Gallinek, *D. chem. G.*, **33**, 2315, 1900 ; — Meldola et Streatfield, *Ph. Chem. Soc.*, 227, 1900 ; — D.R.P. 112 713, 1900].

Juin 1906. V. Auger.

PYRÈNE. — La constitution du pyrène a été déterminée par Bamberger et Philipp [*D. chem. G.*, **19**, 1427, 1995, 3036, 1886 ; **20**, 365, 1887 ; *Lieb. Ann. Ch.*, **240**, 147, 1887]. Ces auteurs le représentent par l'un des schémas I ou II. Il donne par oxyda-

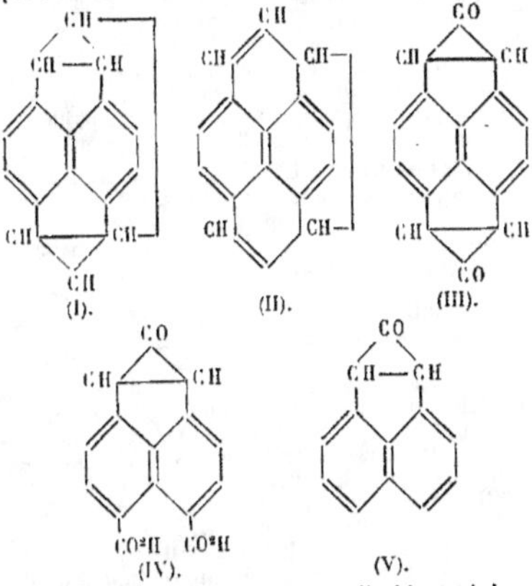

tion la pyrène-quinone (III), puis l'acide pyrénique (IV) dont le sel de chaux, distillé, conduit à la pyrène-cétone (V.). L'oxydation plus avancée de l'acide pyrénique donne l'acide naphtalène-tétra-carbonique.

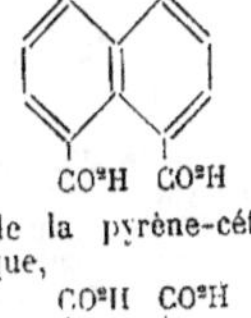

L'oxydation de la pyrène-cétone conduit à l'acide naphtalique,

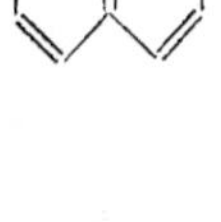

Le pyrène se dissout dans le trichlorure d'antimoine fondu en donnant une coloration verte [W. Smith, *D. chem. G.*, 12, 1421, 1879]. W. Smith et Davies ont étudié sa forme cristalline et déterminé sa densité de vapeur [*Chem. Soc.*, I, 413, 1880]. Goldschmiedt [*Mon. f. Ch.*, 2, 580, 1881] a préparé le *nitropyrène*, fusible à 148-149° et l'*aminopyrène*, paillettes quadratiques fusibles à 116°.

Goldschmiedt et Wegscheider [*Mon. f. Ch.*, 4, 237, 1883] ont préparé le *chloropyrène*, fusible à 118-119°, le *dichloropyrène*, fusible à 154-156°, le *trichloropyrène*, fusible à 256-257°, le *tétrachloropyrène*, fusible au-dessus de 330°, les acides *pyrènesulfonique* et *pyrènedisulfonique*, l'acide *pyrène-carbonique*, fusible à 267°, dont le *nitrile* fond à 149-150° et le *dinitrile pyrène-dicarbonique*. La perchloruration du pyrène a été étudiée par Merz et Weith [*D. chem. G.*, 16, 2878, 1885].

PYRÈNE-QUINONE [Bamberger et Philipp, *loc. cit.*; — Goldschmiedt, *Mon. f. Ch.*, 4, 310, 1883]. Aiguilles rouge brique fusibles à 282°; elle donne par réduction la *pyrène-hydroquinone*, dont le dérivé diacétylé fond à 166-167°. Goldschmiedt a préparé les *dérivés dibromé* et *tribromé*.

PYRÈNE-CÉTONE. — Tables jaune d'or fusibles à 142°, se dissolvant avec une coloration pourpre foncé dans l'acide chlorhydrique fumant (B. et P.).

ACIDE PYRÉNIQUE. — Paillettes jaune d'or se décomposant au-dessus de 250°, se transformant à 120° en anhydride. Cette transformation a lieu aussi sous l'influence de l'anhydride acétique bouillant. L'acide se transforme en imide sous l'action de l'ammoniaque aqueuse. L'*anhydride* est en prismes jaune d'or. L'*imide* en paillettes jaunes.   Janvier 1907.   R. Marquis.

PYRÉNOLINE, $C^{19}H^{11}Az$. — La pyrénoline est une base obtenue par Jahoda [*Mon. f. Ch.* 8, 442, 1887] en appliquant la synthèse de Skraup à l'amino-pyrène. 10 gr. de chlorhydrate d'amino-pyrène, 4 gr. de nitrobenzène, 40 gr. de glycérine et 19 gr. d'acide sulfurique concentré sont chauffés 2 heures à l'ébullition. On étend avec de l'eau, on entraîne le nitrobenzène à la vapeur, on ajoute de l'éther et on sursature avec du bicarbonate de sodium. La pyrénoline cristallise dans l'alcool en lamelles jaune d'or fusibles à 152-153°, assez peu solubles dans l'alcool, l'éther, le benzène, le chloroforme à froid; ces solutions sont fluorescentes. Le *chlorhydrate* $C^{19}H^{11}Az.HCl$ est en aiguilles jaune rouge fusibles à 270°; le *chloroplatinate* ne fond pas à 190°; le *sulfate* $C^{19}H^{11}Az.SO^4H^2,\frac{1}{2}H^2O$ fond vers 246°; le *picrate* se décompose au-dessus de 260°; l'*iodométhylate* est en aiguilles rouges, fusibles à 212°.   Janvier 1907. R. Marquis.

PYRIDANTHRILIQUE (ACIDE).

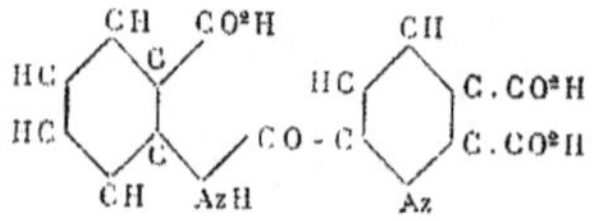

L'acide cyclothraustique $C^{17}H^{12}Az^2O^3$, qui est un des produits d'oxydation de l'*αα-biquinoléyle* (Voy. 1ᵉ Suppl., 741), s'oxyde encore en solution alcaline en donnant l'acide pyridanthrilique $C^{18}H^{10}Az^2O^7$. L'oxydation se fait par le permanganate de potassium. On acidule la liqueur par l'acide azotique, on la précipite par l'azotate d'argent et l'on décompose le précipité par l'acide chlorhydrique bouillant.

On obtient finalement de fines lamelles na-

crées, qui brunissent à 235° et fondent en se décomposant à 265-266°.

Par oxydation ultérieure, l'acide pyridanthrilique donne de l'acide isocinchoméronique et de l'acide anthranilique [Weidel et Strache, *Mon. f. Chem.*, 7, 280 à 308 et 8, 197 et *Bull. Soc. Chim.*, 1886 et 1888].   Avril 1907. A. Baud.

PYRIDAZINES. — Voyez DIAZINES, p. 67.

PYRIDINE-MUSCARINE. — La pyridine-choline s'obtient à l'état de chlorhydrate $C^5H^5Az(C^2H^4.OH)Cl$ en chauffant ensemble la pyridine et le chlorure d'éthylène. La base sous forme de chloroplatinate se transforme sous l'influence de l'acide nitrique en sel d'une base très toxique, la pyridine-muscarine $[C^5H^5Az.C^2H^3(OH)^2Cl]^2PtCl^4$.   M. Delacre.

PYRIDINE-PHTALIDE. — Voyez PYRIDINE.

β-PYRIDINE-TARTRONIQUE (ACIDE),

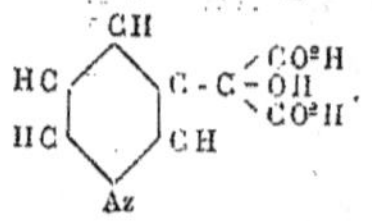

$$\begin{array}{c} CH \\ HC \diagup \diagdown C\!-\!C\!\!\begin{array}{l}\diagup CO^2H \\ -\,OH \\ \diagdown CO^2H\end{array} \\ HC \diagdown \diagup CH \\ Az \end{array}$$

— Il se forme en même temps que l'acide β-pyridinecarbonique dans l'oxydation de la pilocarpine [Hardy et Calmels, *Bull. Soc. Chim.*, 48, 228, 1887].

Le sel d'argent $Ag^2C^8H^5AzO^5$ est insoluble dans l'eau.   Juin 1907.   E. Baud.

PYRIDIQUES (BASES) ET DÉRIVÉS. — [Voyez Dict., II, 1231 et 1ᵉʳ Suppl., 2, 1321]. Depuis la publication du 1ᵉʳ Supplément les bases pyridiques et leurs dérivés ont été l'objet d'un nombre considérable de recherches.

Celles-ci seront exposées dans l'ordre suivant :
1° Bases pyridiques.
2° Oxypyridines et dérivés.
3° Pyridylalkines ou pyridylalcools.
4° Pyridylcétones et dérivés.
5° Acides pyridine carboniques et dérivés.
6° Aminopyridines.

I. — BASES PYRIDIQUES.

On représente les bases pyridiques par des formules semblables à celles que l'on a attribuées à la benzine :

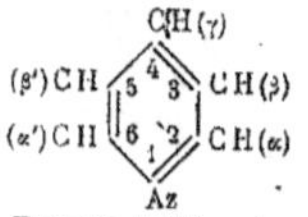

$$\begin{array}{ccc}
& CH\,(\gamma) & \\
(\beta')CH & \overset{5\;4\;3}{\diamond} & CH\,(\beta) \\
(\alpha')CH & \underset{6\;1\;2}{\diamond} & CH\,(\alpha) \\
& Az &
\end{array}
\qquad
\begin{array}{ccc}
& CH\,(\gamma) & \\
(\beta')CH & \diamond & CH\,(\beta) \\
(\alpha')CH & \diamond & CH\,(\alpha) \\
& Az &
\end{array}$$

Formule de Körner.    Formule de Riedel.

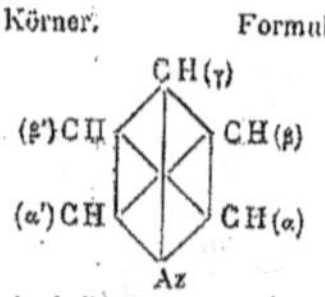

$$\begin{array}{ccc}
& CH\,(\gamma) & \\
(\beta')CH & \diamond & CH\,(\beta) \\
(\alpha')CH & \diamond & CH\,(\alpha) \\
& Az &
\end{array}$$

Formule de Bamberger et Pechmann.

L'existence des formes tautomères des dérivés phénoliques en ortho et en para par rapport à l'azote, conduisant à des cétones, nécessite la présence d'une liaison double en 1.2 ou 1.4, et fait rejeter la formule de Bamberger. Certaines synthèses appuient la formule de Körner, d'autres en nombre à peu près égal appuient celles de Riedel, de sorte qu'il n'y a pas de bonnes raisons pour adopter l'une plutôt que l'autre (Béhal).

Cependant, pour la commodité de l'écriture, je

ferai usage de celle de Körner. avec les lettres grecques pour désigner les positions.

On désigne aussi assez souvent ces positions par des chiffres comme cela est indiqué sur les schémas ci-dessus.

PROCÉDÉS GÉNÉRAUX DE FORMATION. — 1° Action de la chaleur sur les combinaisons ammoniacales des aldéhydes, seules ou en présence d'un excès d'aldéhyde.

La combinaison ammoniacale de l'aldéhyde acétique, par exemple. réagira suivant l'équation :

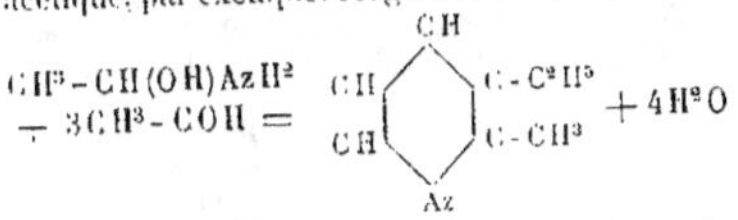

$$CH^3 - CH(OH)AzH^2 + 3CH^3 - COH = \text{(noyau pyridique)} + 4H^2O$$

Il y a d'abord vraisemblablement union de l'aldéhydate ammoniaque avec plusieurs molécules d'aldéhyde par aldolisation, puis fermeture de la chaîne par l'intermédiaire de l'atome d'azote.

2° Condensation des composés β-cétoniques avec les aldéhydes et l'ammoniaque (réaction de Hantzsch). C'est ainsi que deux molécules d'éther acétylacétique, réagissant avec une molécule d'aldéhyde acétique et une molécule d'ammoniaque, engendrent l'éther dihydrocollidine-dicarbonique. Celui-ci fournit par saponification l'acide qui, chauffé avec la chaux, perd $2CO^2$ et produit la dihydrocollidine; les oxydants transforment cette dernière base en une collidine. la triméthylpyridine symétrique (Voyez 2e Suppl., I. 58 et 1er Suppl.. 1323).

Cette méthode de synthèse est générale. L'acétaldéhyde peut être remplacée par ses homologues, par la benzaldéhyde, etc. L'éther acétylacétique peut être remplacé par un composé β-dicétonique tel que l'acétylacétone; la benzoylacétone, etc. [Beyer, D. chem. G., 24. 1662 et Bull. Soc. Chim., 1891]. Enfin le produit de la réaction est différent suivant les proportions relatives de l'éther acétylacétique et de l'aldéhyde.

Ainsi avec une seule molécule d'éther. une molécule d'ammoniaque et deux molécules d'aldéhyde on obtient, non plus une triméthylpyridine. mais une diméthylpyridine ou lutidine (Voyez 2e Suppl.. 58).

3° Action de l'hydroxylamine sur les dicétones dans lesquelles les groupes CO sont reliés à un groupe phényle :

$$C^6H^5 - CH \begin{cases} CH(C^6H^5) - CO - C^6H^5 \\ CH(C^6H^5) - CO - C^6H^5 \end{cases} + AzH^2 - OH$$

$$= C^6H^5 - C \begin{cases} C(C^6H^5) - C(C^6H^5) \\ C(C^6H^5) = C(C^6H^5) \end{cases} Az + 3H^2O.$$

4° Décomposition par la chaleur des oximes de certaines acétones possédant deux liaisons éthyléniques. La cinnaménylidène-acétoxime se décomposera en donnant la méthylphénylpyridine-αα' :

$$\text{(oxime)} = H^2O + \text{(méthylphénylpyridine)}$$

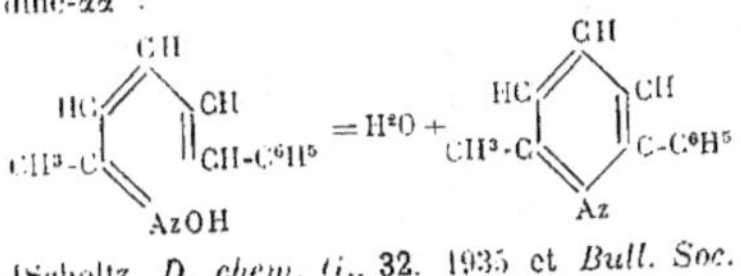

[Scholtz, D. chem. G., 32. 1935 et Bull. Soc. Chim., 1899].

6° Action des aldéhydes ou des acétones, ou des acides aldéhydiques ou acétoniques, sur le chlorhydrate d'ammoniaque [Plöch, D. chem. G., 20. 722 et Bull. Soc. Chim.. 48, 203, 1887].

7° Transformation pyrogénée des pyrrols substitués

L'az-méthylpyrrol et l'α-métylpyrrol donnent la pyridine. L'az-benzylpyrrol donne la phénylpyridine [Pictet, D. chem. G.. 38. 1946, 1905].

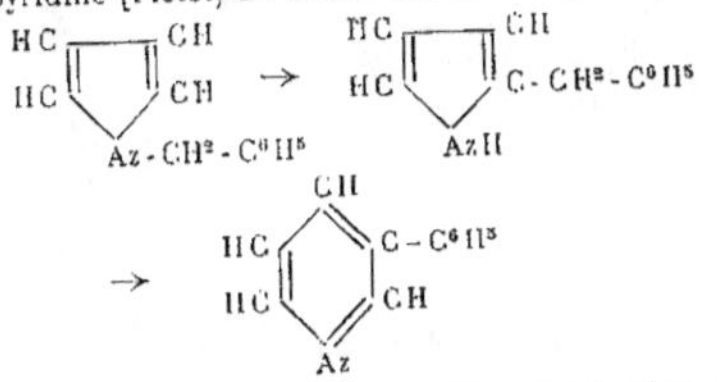

$$\text{(pyrrol)} \rightarrow \text{(pyrrol substitué)} \rightarrow \text{(phénylpyridine)}$$

Enfin. d'après Monari et Scoccianti [Gazz. chim. ital.. 25. 115 et Bull. Soc. Chim., 1895]. les produits de la torréfaction du café contiendraient des bases pyridiques.

8° Réduction des alkines par l'acide iodhydrique.

Il se formerait également des bases pyridiques dans le dédoublement de la caséine par l'acide chlorhydrique concentré [Cohn, D. chem. G., 29. 1784 et Bull. Soc. Chim., 1897].

Beaucoup d'autres réactions donnent naissance sinon directement aux bases pyridiques proprement dites, du moins au noyau pyridique. Ce sont notamment :

1° La condensation de l'éther malonique avec l'éther β-amino-crotonique :

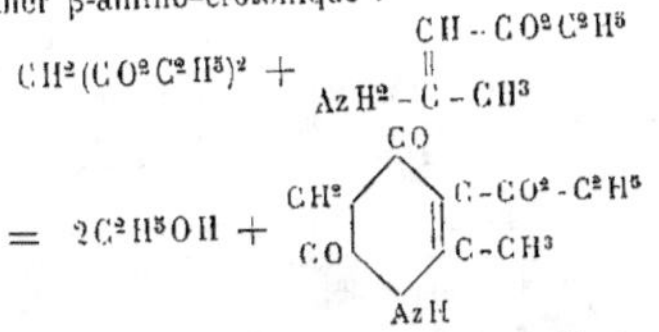

$$CH^2(CO^2C^2H^5)^2 + \begin{matrix} CH - CO^2C^2H^5 \\ \| \\ AzH^2 - C - CH^3 \end{matrix}$$

$$= 2C^2H^5OH + \text{(noyau pyridique)}$$

C'est une extension de la méthode de Hantzsch [Knœvenagel et Fries, D. chem. G., 31, 761-767 et Bull. Soc. Chim., 20, 570-571, 1898] :

2° L'action de l'ammoniaque sur les dérivés méthényliques des éthers cétoniques et des dicétones 1.2. Il se forme directement des dérivés pyridiques sans passer par la réaction de Hantzsch. Par exemple, par l'action de l'éther formique sur l'acétylacétone en présence d'anhydride acétique. on obtient d'abord la combinaison méthénylique qui se transforme par chauffage avec l'acétate d'ammoniaque en diacétyl-diméthylpyridine :

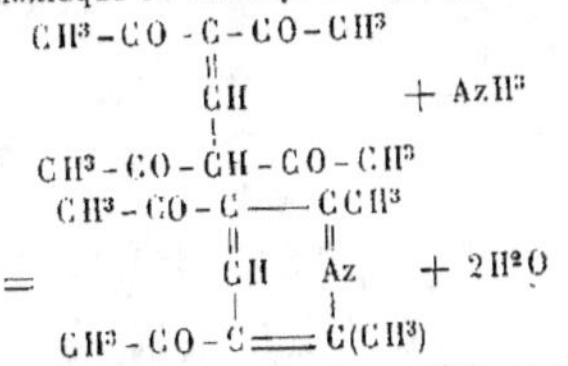

$$\begin{matrix} CH^3 - CO - C - CO - CH^3 \\ \| \\ CH \\ | \\ CH^3 - CO - CH - CO - CH^3 \end{matrix} + AzH^3$$

$$= \text{(noyau pyridique)} + 2H^2O$$

On a ainsi un procédé de synthèse peut-être aussi général que celui de Hantzsch et qui se traduit à partir de l'acide formique par le schéma suivant :

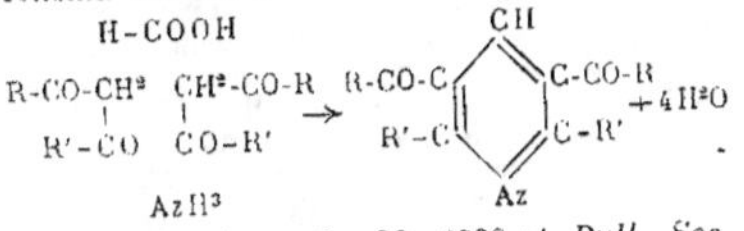

$$H - COOH$$

$$\begin{matrix} R - CO - CH^3 & CH^2 - CO - R \\ R' - CO & CO - R' \end{matrix} + AzH^3 \rightarrow \text{(noyau pyridique)} + 4H^2O$$

[Claisen, D. chem. G.. 26. 2729 et Bull. Soc. Chim., 12. 329, 1894]:

3° La condensation de l'ammoniaque avec les dérivés pyroniques [Guthzeit et Dressel, *Ann. Chem.*, 262, 89, 132 et *Bull. Soc. Chim.*, 1892].

4° La déshydratation des cétones ou des acides aminés 1.5 :

$$\text{(cycle: CH-C}^6\text{H}^5,\ \text{CH}^2,\ \text{CH}^2,\ \text{CH}^2,\ \text{COOH},\ \text{AzH}^2) = H^2O + \text{(cycle: CH-C}^6\text{H}^5,\ \text{CH}^2,\ \text{CH}^2,\ \text{CH}^2,\ \text{CO},\ \text{AzH})$$

La méthylaminohexanone donne

$$\text{(cycle: CH}^2,\ \text{CH}^2,\ \text{CH}^2,\ \text{CO-CH}^3,\ \text{CH}^3\text{-AzH}) = H^2O + \text{(cycle: CH}^2,\ \text{CH}^2,\ \text{CH},\ \text{C-CH}^3,\ \text{Az-CH}^3)$$

5° La condensation de l'éther caynacétique sodé avec l'éther éthoxyméthylène-malonique en solution alcoolique [Errera, *Gazz. chim. ital.*, 28, 268; *D. chem. G.*, 34, 1241 et *Bull. Soc. Chim.*, 1898].

Propriétés. — La chaleur de formation de la pyridine et de ses homologues peut être calculée approximativement au moyen de la formule

$$C^n H^{2n-3} Az = -51^{Cal},7 + 7 n^{Cal}.$$

L'accroissement régulier des chaleurs de combustion observé dans la série benzénique, 156 calories pour 1 CH^3, se retrouve dans la série pyridique.

La basicité des premiers termes est de l'ordre de celle de la paratoluidine [Coustam et White, *Am. chem. Journ.*, 29, 1 et *Bull. Soc. Chim.*, 32, 146, 1904].

Les bases pyridiques forment des sels bien définis et donnent facilement des composés d'addition. Elles se combinent à un très grand nombre de sels métalliques. Elles s'unissent aux chlorures, bromures et iodures alcooliques pour former des sels haloïdes d'ammoniums composés. Les hydroxydes correspondants sont peu stables et s'oxydent facilement en se transformant en pyridones.

Les bases pyridiques se condensent avec l'acide monochloracétique ou ses homologues pour former des bétaïnes :

$$\text{(noyau pyridine: C-CH}^3,\ \text{HC},\ \text{HC},\ \text{CH},\ \text{CH},\ \text{Az)} + CH^2Cl\text{-}COOH = \text{(noyau pyridine avec substituant } CH^2\text{-O-CO)}$$

Les bases pyridiques sont peu oxydables, et résistent d'ordinaire à l'action de l'acide nitrique ou de l'acide chromique. La pyridine n'est pas attaquée par le mélange chromique, l'α et la β-picoline sont oxydées légèrement, et la β-lutidine et les collidines sont facilement décomposées à chaud [OEchsner de Coninck, *C. R.*, 128, 682].

Le permanganate de potassium attaque les alkylpyridines en donnant des acides pyridine-carboniques, par transformation des chaînes latérales en groupements CO^2H.

Les bases pyridiques donnent beaucoup moins facilement que les carbures aromatiques des dérivés de substitution halogénés, nitrés, sulfonés.

Réactions. — Lorsqu'on chauffe, dans un tube à essais, quelques gouttes d'une base pyridique avec de l'iodure de méthyle, puis que l'on ajoute de la potasse et de l'eau de façon à faire une pâte épaisse et que l'on chauffe de nouveau, il se dégage une odeur piquante caractéristique [Hoffmann, *D. chem. G.*, 17, 1905 et *Bull. Soc. Chim.*, 1885].

Les combinaisons des bases pyridiques avec les chlorures, bromures ou iodures alcooliques, chauffées avec la potasse, donnent une coloration rouge caractéristique.

Dosage. — OEchsner de Coninck dose les bases pyridiques au moyen du sel de platine modifié : Pour obtenir ce sel, on ajoute à 140 gr. d'eau 3 à 5 gr. du chloroplatinate, on fait bouillir jusqu'à ce que la liqueur soit réduite au tiers. Le sel, qui s'était d'abord dissous à chaud, se précipite lorsque l'ébullition est arrêtée. On filtre la liqueur chaude qui renferme encore un mélange de sel modifié, de sel double et de chloroplatinate non décomposé. On laisse refroidir, on ajoute un excès d'eau, on fait bouillir de nouveau et l'on termine comme il vient d'être dit [*Bull. Soc. Chim.*, 44, 618, 1885].

On peut doser les bases pyridiques en les additionnant de chlorure ferrique, et versant ensuite dans le liquide de l'acide sulfurique normal, jusqu'à redissolution du précipité d'hydrate ferrique.

I. — PYRIDINE.

Préparation et formation. — On extrait d'ordinaire la pyridine du goudron de houille ou de l'huile animale de Dippel. On peut la purifier, finalement, en la transformant en chlorure double de mercure et de pyridine que l'on fait cristalliser dans l'eau bouillante, et d'où l'on isole la base par la potasse ou la soude.

Barthe enlève l'ammoniaque et les amines qui existent dans la pyridine commerciale en l'agitant avec du phosphate PO^4MgH. Il se forme du phosphate ammoniaco ou amino-magnésien [*Bull. Soc. Chim.*, 33, 651, 1905].

La pyridine se sèche bien sur l'anhydride phosphorique, avec lequel elle forme une gelée que l'on sépare facilement par décantation (Freundler).

La pyridine se forme encore :

1° Lorsqu'on dirige les vapeurs d'allyléthylamine sur l'oxyde de plomb chauffé au rouge (Kœnigs) :

$$AzH \begin{cases} CH^2\text{-}CH^3 \\ CH^2\text{-}CH=CH^2 \end{cases} + 30 = \text{(noyau pyridine: CH, CH, CH, CH, CH, Az)}$$

2° Quand on distille l'imide glutarique avec la poudre de zinc [Boedtker, *Thèse*] par une réaction qui rappelle la formation du pyrrol aux dépens de l'imide succinique :

$$CH^2 \begin{cases} CH^2\text{-}CO \\ CH^2\text{-}CO \end{cases} AzH + 2H = CH \text{(noyau: CH, CH, Az, CH, CH)} + 2H^2O ;$$

3° Par l'action de la chaleur rouge sur un mélange de vapeurs d'alcool éthylique et d'ammoniaque (Monari);

4° Par l'action de l'iodure de méthylène ou du chloroforme sur le pyrrol [Dennstedt et Zimmermann, *D. chem. G.*, 18, 3316, 1885; — Plancher, *Gazz. chim. ital.*, **30**, 558 et *Bull. Soc. Chim.*, 1902; — Plancher et Testoni, *Att. Ac. Lincei*, **10**, 304];

5° Par décomposition par la chaleur de la pentanone-oxime [Wallach, *Ann. Chem.*, **309**, 1 et *Bull. Soc. Chim.*, **24**, 261, 1900];

6° Par distillation du produit de l'action de l'ammoniaque sur le glucose, en même temps que des pyrazines [Braudes et Stochr, *J. prakt. Chem.*, **54**, 181 et *Bull. Soc. Chim.*, 1897].

7° En dirigeant sur du nickel réduit, chauffé à 250°, des vapeurs de pipéridine, cette dernière base est entièrement dédoublée en hydrogène et pyridine [P. Sabatier et A. Mailhe, *C. R.*, **144**, 784, 1907].

8° La pyridine se forme en petite quantité, dans la calcination des mélasses [Ost, *Zeit. f. angew. Ch.*, **19**, 609, 1906, et *Bull. Soc. Chim.*, **36**, 912].

Propriétés. — Densité : 0,9944 à 4° et 0.9855 à 15° [Perkin, *Chem. Soc.*, **55**, 701] et 0,97795 à 25° (Zadwidzki).

Point d'ébullition 114°.5 à 760 mm. [Kahlbaum, Températures d'ébullition]; 114° [Kahlenberg, *Phys. Chem.*, **5**, 215]; 115°,1-115°,3 [Zadwidzki, *Chem. Zeit.* **30**, 299, 1906].

Chaleur spécifique moléculaire liquide 33.0, (14 à 35°) [Colson, *Ann. Chim. Phys.*, (6), **19**, 471]; 34,09 (21 à 107°) [Louguinine, *C. R.*, **128**, 366, 1899]; 33,5 (16 à 98°) [Delépine, *Bull. Soc. Chim.*, **19**, 613, 1898].

Chaleur de dissolution dans l'eau : $+ 2^{Cal},12$ [Berthelot, *Ann. Chim. Phys.*, (6), **21**, 381, 1890]. $Q_t = 2,764 - 0,044\,(t\text{-}11)$ (E. Baud).

Chaleur de neutralisation : $+ 5^{Cal},10$ pour C^5H^5Az diss. $+$ HCl diss. (Berthelot).

Chaleur de vaporisation : $8^{Cal},01$ (Louguinine). $8^{Cal},57$ (Delépine). 8,216 (Kahlenberg).

Chaleur de combustion à l'état liquide à volume constant : $664^{Cal}.68$ (Delépine).

Chaleur de formation à l'état liquide. — $21^{Cal},1$ (Delépine).

Indice de réfraction, n_D à 25° $= 1,507$ (Zadwidzki).

Pouvoir rotatoire électromagnétique, — 8.819 [Schönrock, *Zeit. f. physik. Chem.*, **11**.785, 1893; — Perkin, *Chem. Soc.*, **69**, 1245, 1896].

La pyridine diminue le pouvoir rotatoire du glucose, de certaines bases et de certains sels [Milroy, *Zeit. physik. Ch.*, **50**. 443, 1904].

Constante diélectrique : — 12,4 à 20° (celle de l'air étant 1) [Schlundt, *Phys. Chem.*, **5**, 157].

La pyridine est employée comme dissolvant de certains sels métalliques, par exemple pour faire des électrolyses en milieu non aqueux.

La pyridine est neutre à la phénolphtaléine et monoacide à l'hélianthine [A. Astruc, *C. R.*, **129**. 1021. 1899].

L'hydrogénation en présence du nickel réduit chauffé entre 120 et 220° ne donne qu'une petite quantité d'amylamine qui se scinde à partir de 220° en pentane et ammoniac [Sabatier et Mailhe, *loc. cit.*].

Les sels de pyridine donnent, avec le ferrocyanure de potassium, un précipité jaune de ferrocyanure de pyridine. Le chlorure et le bromure d'iode précipitent la pyridine de ses solutions [Mouneyrat, *Bull. Soc. Chim.*, **29**, 1070, 1903].

On peut utiliser, pour doser la pyridine par pesée, sa combinaison avec le chlorure de cadmium qui est insoluble dans l'alcool [Lang, *D. chem. G.*, **21**, 1578, 1888].

François [*C. R.*, **137**, 324, 1903] recommande le dosage à l'état de chloraurate C^5H^5Az.HCl.AuCl³. À la solution aqueuse de pyridine contenant environ $0^{gr},1$ de base, on ajoute 20 à 30 gr. d'acide chlorhydrique, puis un excès de chlorure d'or et l'on évapore à sec; le résidu est lavé à l'éther sec, le chloraurate recueilli est calciné, et le résidu d'or est pesé.

Hydrates. — Deux hydrates liquides ont été signalés :

Le composé $C^5H^5Az + 3H^2O$, qui distille sans décomposition à 92-93° [Goldschmidt et Constam, *D. chem. G.*, **16**, 2977], et le composé $C^5H^5Az + H^2O$ [Henry, *Bull. Ac. roy. Belgique*, août 1894, **27**, 448].

M. Gouy [*Ann. Chim. Phys.*, (8), **9**, 75, 1906] a fait des mesures électrocapillaires pour des mélanges d'eau et de pyridine, et a construit la courbe des maxima électrocapillaires. Il a observé sur cette courbe un point singulier qui correspond à la composition $C^5H^5Az + 3H^2O$.

Par contre, ses expériences ne confirment pas l'existence de l'hydrate à 1 molécule d'eau.

Si l'on détermine les quantités de chaleur dégagées lorsqu'on ajoute à de la pyridine pure des quantités croissantes d'eau, on constate qu'il y a dégagement de chaleur jusqu'à addition de 60 H^2O pour une molécule de base. Si l'on construit la courbe, on n'observe pas de point anguleux net.

Cependant c'est vers 3 H^2O que le changement de direction est le plus accentué.

Si l'on détermine les points de fusion des mélanges d'eau et de pyridine, on constate que le point de fusion, qui est de — 35° pour la pyridine, s'abaisse à mesure que l'on ajoute de l'eau et passe par un minimum vers 1 H^2O, point qui correspond à un mélange eutectique, puis s'élève ensuite, d'abord très rapidement jusque vers 3 H^2O, puis plus lentement jusqu'à 0°.

Si l'hydrate à 3 H^2O existe à la température ordinaire, il est, par contre, en grande partie dissocié à l'ébullition.

Sa chaleur de formation : $1,499 - 0,024\,(t\text{-}12°,5)$ s'annule vers 75°. Sa densité de vapeur à 117° est 1.37 (théorie pour la dissociation complète : 1.15).

Lorsqu'on distille des solutions étendues de pyridine dans l'eau, la distillation commence à 94° et toute la pyridine passe au début. Si l'on distille des mélanges contenant moins de 3 H^2O pour une molécule de pyridine, il passe encore au début, à 94°, un mélange à 3 H^2O et ensuite il distille de la pyridine pure. C'est ce qui a lieu pour plusieurs mélanges de liquides miscibles et notamment pour le mélange d'eau et d'alcool isopropylique [E. Baud, Recherches inédites].

Sulfocyanure, $C^5H^5Az, HCAzS$. — Cristaux hygroscopiques [Grossmann et Hüseler, *Bull. Soc. Chim.*, 1906].

COMBINAISONS D'ADDITION. — 1° *Avec les composés inorganiques.* — La pyridine a une aptitude remarquable à former des composés d'addition.

Avec les sels métalliques elle peut donner deux sortes de combinaisons : dans les unes, la pyridine se fixe sur le sel à la façon de l'eau dans les hydrates salins, ou encore de l'ammoniac ou de l'alcool; dans les autres elle se combine à l'état de sel pour faire un sel double, tel que le chlorure double de platine et de pyridine $PtCl^4(C^5H^5Az.HCl)^2$. Elle forme aussi des combinaisons analogues avec certains composés métalloïdiques.

Lorsqu'on ajoute de la pyridine aux solutions aqueuses de sels métalliques il y a : ou bien précipitation du métal à l'état d'hydrate, c'est le cas du perchlorure de fer, du sulfate ferreux, du sulfate d'alumine, du chlorure et du sulfate chromique, ou bien, et c'est ce qui se produit le plus souvent, formation d'une combinaison de la base avec le sel métallique.

$ZnCl^2 . 2C^5H^5Az$. — Soluble dans l'eau bouillante qui l'abandonne en aiguilles soyeuses, soluble dans l'alcool. Sa solution dans l'acide chlorhydrique abandonne des cristaux ayant pour composition $2(C^5H^5AzHCl), ZnCl^2$.

$CuCl^2, 2C^5H^5Az$. — Aiguilles bleu vert, fondant à 180-190°. L'acide chlorhydrique les dissout et abandonne des cristaux ayant pour formule $CuCl^2(C^5H^5Az.HCl)^2$.

$Cu,SO^4C^6H^5Az + 3H^2O$. — Soluble en bleu intense dans un excès de pyridine.

$Cu^2Cl^2, 4C^5H^5Az$. — Cette combinaison se forme avec un grand dégagement de chaleur par l'action de la pyridine sur le chlorure cuivreux solide [Lang, *D chem. G.*, 21, 1578 et *Bull. Soc. Chim.*, 1888].

$CuSO^4, 4C^5H^5Az$. — Ce composé abandonne toute sa pyridine à 150-160° [Jörgensen, *J. f. Chem.*, (2), 33, 489-538 et *Bull. Soc. Chim.*, 1886].

$CdBr^2, 6C^5H^5Az$. — Soluble dans l'eau bouillante, qui abandonne par refroidissement le corps $CdBr^2, 5C^5H^5Az$. — $ZnBr^2, 2C^5H^5Az$. Ne perd pas de pyridine à 110°. — $NiBr^2, 4C^5H^5Az$. — $CuBr^2, 6C^5H^5Az$. — $Cu^2I^2, 4C^5H^5Az$. — $Cu^2Cy^2, 4C^5H^5Az$. Perd toute sa pyridine à 110° [R. Varet, *Bull. Soc. Chim.*, 5, 843, 1891].

$CdCl^2, 2C^5H^5Az$. — Forme des aiguilles microscopiques insolubles dans l'alcool.

$CdI^2, 2C^5H^5Az$. — Précipité soluble dans l'eau bouillante et cristallisant par refroidissement en longs prismes (Lang).

$HgCl^2, C^5H^5Az$. — N'est stable en solution qu'en présence d'un excès de chlorure mercurique.

Le nitrate mercureux donne, avec la pyridine, du mercure et du nitrate mercuricopyridique (Lang).

$HgI^2, 2C^5H^5Az$. — Ce composé qui fond à 97° se forme lorsqu'on dissout à chaud l'iodure mercureux dans la pyridine. Il y a en même temps dépôt de mercure. — $HgBr^2, 2C^5H^5Az$. — Ce composé se prépare comme le précédent. Il fond à 127°,5 [Groos, *Arch. d. Pharm.*, (3), 28, 73-78 et *Bull. Soc. Chim.*, 1890].

$2HgCl^2, C^5H^5Az.HCl$. — Ce chloromercurate, que l'on utilise pour purifier la base, cristallise en longues aiguilles par refroidissement de sa solution aqueuse chaude.

Il fond à 178° [Ladenburg, *Ann. Chem.*, 247, 5, 1888].

Grossmann et Hünseler ont préparé les sels doubles :

$HgCl^2, 2(C^5H^5Az.HCl)$; $HgBr^2, 2(C^5H^5Az.HBr)$; $HgI^2, 2(C^5H^5Az.HI)$; $Hg(SCAz)^2, C^5H^5Az$; $Co(CAzS)^2, 4C^5C^5Az$; $Co(CAzS)^3, 3(C^5H^5Az.SCAz)$; $ZnI^2, 2(C^5H^5Az, HI)$ [*Zeit. anorg. Ch.*, 46, 361, et *Bull. Soc. Chim.*, 36, 934, 1906].

La pyridine se combine au cyanure, à l'iodure et au bromure d'argent, molécule à molécule; elle ne se combine pas au chlorure d'argent.

L'affinité des sels haloïdes d'argent pour la pyridine diminue de l'iode au chlore, contrairement à ce qui a lieu pour l'ammoniaque [Varet, *loc. cit.*].

$CaCl^2, 3C^5H^5Az$. — Se forme avec dégagement de chaleur par l'action de la pyridine sur le chlorure de calcium anhydre (Lang).

$CoCl^2, 2C^5H^5Az$. — Fond à 192°. — $CoCl^2, 4C^5H^5Az$; $NiCl^2, 2C^5H^5Az$; $NiCl^2, 4C^5H^5Az$ (Reizeinsten, *Ann. Chem.*, 282, 267-280, 1894].

$PbBr^2, 2C^5H^5Az$; $8PbBr^2, 7C^5H^5Az$. — [Goebels, *D. chem. G.*, 28, 792].

BiI^3, C^5H^5Az; $2BiCl^3, 3C^5H^5Az$. — [Vanino et Hauser, *D. chem. G.*, 34, 416].

$TlCl^3, 3C^5H^5Az$; TlI^3, C^5H^5Az; $(TlCl^3)^2(C^5H^5AzHCl)^2$; $TlI^3(C^5H^5Az.HI)^3$; $AgCl(C^5H^5AzHCl)^2$. — [Renz, *D. chem. G.*, 35, 1954, 1902].

Jörgensen a obtenu un certain nombre de combinaisons de la pyridine avec des sels métalliques, auxquelles il attribue les formules suivantes :

Nitrate argentodipyrique $(Ag.2C^5H^5Az) AzO^3$. — Fusible à 87°, assez soluble dans l'eau et dans l'alcool, insoluble dans l'éther, et se décomposant à 110° en pyridine et azotate d'argent.

Nitrate argentotripyridique, $(Ag.3C^5H^5Az) AzO^3$.

Dithionate cuprodipyridique, $(Cu.4C^5H^5Az) S^2O^6$. — Il se forme par addition de pyridine, puis de dithionate de sodium à une solution aqueuse de sulfate de cuivre.

Chlorure platososemidipyridique,

$$Pt \underset{Cl}{\overset{C^5H^5Az-C^5H^5Az-Cl}{<}}$$

cristaux jaune de soufre;

Chlorure platosopyridique, $Pt(C^5H^5Az.Cl)^2$;

Chlorure platosodipyridique, $Pt(C^5H^5Az.Cl)^2 + 3H^2O$;

Chloroplatinite platosodipyridique,

$$Pt(C^5H^5Az-C^5H^5Az.Cl)^2, PtCl^2$$

Chlorure α-platosopyridinammonique,

$$Pt \underset{AzH^3-AzH^3-Cl}{\overset{C^5H^5Az-C^5H^5Az-Cl}{<}} + H^2O$$

Chlorure β-platosopyridinammonique,

$$Pt \underset{AzH^3-C^5H^5Az-Cl}{\overset{C^5H^5Az-AzH^3-Cl}{<}} + H^2O$$

[Jörgensen, *J. prakt. Chem.*, (2), 33, 489; *Bull. Soc. Chim.*, 46, 649, 1886].

François a préparé différents iodomercurates qui sont dissociés par l'eau avec production d'iodure mercurique et d'iodhydrate de pyridine [*C. R.*, 140, 861, 1905].

$CrCl^3, 2(C^5H^5Az.HCl), 3H^2O$ [Pfeiffer, *Zeit. anorg. Chem.*, 24, 284, 1900].

$2SbCl^5, 3(C^5H^5AzHCl)$; $2(C^5H^5AzHBr)SbBr^5$; $SbBr^3, 2(C^5H^5Az, HBr)$ [Rosenheim et Stellmann, *D. chem. G.*, 34, 3377, 1901].

$TiCl^6H^2, 2C^5H^5Az$; $TiCl^4, 6C^5H^5Az$ [Rosenheim et Schülte, *Zeit. anorg. Chem.*, 26, 239, 1901].

Ludwig Pincussohn a préparé un grand nombre de sels doubles parmi lesquels : $4PbCl^2, 3C^5H^5Az$; $Pb(AzO^3)^2, 2C^5H^5Az$; $Fe^2Cl^6, C^5H^5AzHCl, 3H^2O$; $3BaCl^2.C^5H^5Az, HCl + H^2O$; $MnCl^2, C^5H^5Az, HCl$; $3NiSO^4, 2C^5H^5Az, SO^4H^2, 10H^2O$; $Al^2(SO^4)^3, 4(C^5H^5AzSO^4H^2), 6H^2O$ [*Zeit. anorg. Chem.*, 14, 379-403, 1897].

On a obtenu des combinaisons de pyridine avec le bromure de thorium (Rosenheim), les chlorures de niobium, indium, iridium (Renz), avec l'acide chloromolybdique (Weinland et Knoll), les chlorures de manganèse, d'étain, de zirconium, de thorium, de plomb [Matthews, *Journ. Am. Chem. Soc.*, 20, 815, 1898]. M. Delépine a obtenu des iridosulfates de pyridine [*Bull. Soc. Chim.*, (3), 35, 800, 1906]. Le chlorure et le bromure d'aluminium donnent des combinaisons insolubles dans le sulfure de carbone [Lohler, *Am. Journ.*, 24, 385, 1900].

Le chlorhydrate de pyridine se combine avec le carboxychlorure platineux pour donner le composé $COPtCl^2, C^5H^5AzHCl$. Celui-ci en présence d'un excès de pyridine donne $COPtCl^2, C^5H^5Az$ et $(COPtCl.C^5H^5Az)^2$. On a préparé les composés bromés correspondants [Mylius et Foerster, *D. chem. G.*, 24, 2424, 3751]. Ainsi que les combinaisons $PdCl^2(C^5H^5Az)^2$ [Gutbier et Krell, *D. chem. G.*, 39, 616, 1906] et $PdCl^4, 2(C^5H^5Az.HCl)$ [Möhlau, *D. chem. G.*, 39, 861, 1906 et *Bull. Soc. Chim.*, 36, 1112]. La pyridine précipite le nitrate d'uranium en donnant un biuranate, $U^2O^8H^2.2C^5H^5Az + aq$ [Aloy, *Bull. Soc. Chim.*, **29**, 611, 1903].

Chloraurates. — Le chloraurate $C^5H^5Az.HCl.AuCl^3$, fusible à 304°, perd sous l'action de l'eau, rapidement à chaud et lentement à froid, de l'acide chlorhydrique et se transforme en $C^5H^5Az.AuCl^3$, jaune pâle.

Le chlorure d'or sec traité par la pyridine donne $(C^5H^5Az)^2AuCl^3$, rouge orangé [François, *C. R.*, **136**, 1557, 1903].

Les diverses combinaisons de pyridine avec le chlorure d'or se transforment toutes en chloraurate, $C^5H^5Az.HCl.AuCl^3$. Ce sel est insoluble dans l'éther et peut être séché à 100°, sans altération. Il peut servir à doser la pyridine (François).

Silicotungstate. $12TuO^3.SiO^2.2H^2O.4C^5H^5Az$ [G. Bertrand, *Bull. Soc. Chim.*, **21**, 434, 1899]. On a également préparé des combinaisons de pyridine avec les permanganates d'argent, de mercure, de cuivre, de cadmium, de nickel, de zinc [Klobb, *Bull. Soc. Chim.*, **94**, 613, 1893].

André a obtenu la combinaison $C^5H^5Az.SO^2$, en faisant agir l'anhydride sulfureux sur la pyridine. En présence de zinc on obtient le trithionate $(C^5H^5Az)^2S^3O^6H^2$, et en saturant la pyridine d'anhydride sulfureux, puis d'hydrogène sulfuré sec, il a obtenu le tétrathionate $(C^5H^5Az)^3S^4O^6H^2$ [*Bull. Soc. Chim.*, **23**, 663, 1900].

Morel a obtenu une combinaison très instable d'oxychlorure de carbone et de pyridine $(C^5H^5Az)^2COCl^2$, par mélange des solutions toluéniques [*Bull. Soc. Chim.*, **21**, 827, 1899].

Le chlorhydrate de pyridine forme des sels doubles avec chlorures de vanadium [Koppel et Kaufmann, *Zeit. anorg. Ch.*, **45**, 352, et *Bull. Soc. Chim.*, **36**, 898 et 899, 1906].

Le chloroiodure, $C^5H^5Az.ICl$, fond à 132° [Pictet et Krafft, *Bull. Soc. Chim.*, **7**, 73, 1892].

L'eau oxygénée donne avec l'acide chromique et la pyridine un beau sel bleu $CrO^5H.C^5H^5Az$ [Riesenfeld, *D. chem. G.*, **38**, 3380, 1905, et *Bull. Soc. Chim.*, **36**, 712].

La pyridine se combine à l'acide chlorosulfurique, et cette propriété a été utilisée pour préparer des sulfates acides de phénols [Verley, *Bull. Soc. Chim.*, **25**, 46, 1901].

Combinaisons d'addition avec les composés organiques. — La pyridine forme aussi un très grand nombre de produits d'addition avec les composés organiques.

Elle se combine à différents sels d'acides organiques tels que l'oxalate cuivrique, C^2O^4Cu, $2C^5H^5Az$ [Seubert et Rauter, *D. chem. G.*, **25**, 2821]; l'acétate de cuivre, $(C^2H^3O^2)^2Cu,C^5H^5Az$ [Foerster, *D. chem. G.*, **25**, 3416]; les acétates de cobalt et de nickel [Reitzenstein, *Zeit. anorg. Chem.*, **32**, 298, 1902].

Avec $MgICH^3$ en présence d'éther, la pyridine donne le composé

$$C^5H^3 \overbrace{\hspace{2cm}}^{} Az \cdots Az \overbrace{\hspace{2cm}}^{(C^2H^5)^2}_{O-MgI}$$

Le bromure de magnésium-phényle donne une combinaison analogue [Oddo, *Gazz. chim. ital.*, **34**, 420, et *Bull. Soc. Chim.*, 1906].

Avec la formaldéhyde, elle donne un produit cristallisé, $C^5H^5Az.CH^2O$, ou $C^5H^4Az-CH^2OH$ [Formanek, *D. chem. G.*, **38**, 944, 1905].

Avec l'acide oxalique, elle forme également une combinaison cristallisée, $C^5H^4Az.C^2O^4H^2$ [André, *Bull. Soc. Chim.*, **21**, 271, 1899].

La pyridine distillée avec les acides propionique, acétique, formique, fournit des liquides à

point d'ébullition fixe, incristallisables, décomposables par l'eau [André, *Bull. Soc. Chim.*, **19**, 53, 1898].

Avec l'oxyde d'éthylène, elle donne une résine; avec la chlorhydrine éthylénique elle fournit des cristaux qui se combinent au chlorure de platine pour former $(C^7H^{10}AzOCl)PtCl^4$ [Roethner, *Mon. f. Chem.*, **15**, 665; *Bull. Soc. Chim.*, 1895].

Avec la monochloracétone, elle donne

$$C^3H^5Az {\displaystyle {< {Cl \atop CH^2-CO-CH^3}}}$$

[Dreser, *Arch. der Pharm.*, **232**, 183]. Elle se combine à l'oxyde d'éthyle trichloré [*Bull. Soc. Chim.*, **36**, 806, 1906].

La pyridine se combine à l'aniline en présence de bromure de cyanogène en donnant une matière colorante rouge : le *bromure d'α—anilido—phényldihydropyridonium*.

$$\begin{array}{c} CH \\ HC \diagup \quad \diagdown CH \\ \| \qquad \qquad | \\ HC \diagdown \quad \diagup CH-AzH-C^6H^5 \\ H-Az-H \\ | \\ C^6H^5 \end{array}$$

fusible à 162°.

Les amines aromatiques primaires et secondaires donnent des composés analogues.

La pyridine se combine à l'α-dinitrochlorobenzène [Vongerichten, *D. chem. G.*, **32**, 2571], et à la bromacétophénone pour donner

$$C^6H^3Az {\displaystyle {< {Br \atop CH^2-CO-C^6H^5}}} + H^2O$$

fusible à 198° [Smidt et Ark, *Arch. der Pharm.*, **238**, 321].

Le carbonate de pentachlorophényle chauffé avec de l'alcool absolu et de la pyridine donne du *pentachlorophénate de pyridine*, fusible à 84-86° [Barral, *Bull. Soc. Chim.*, **23**, 816, 1900].

Les quinones donnent avec la pyridine des combinaisons colorées instables dont la constitution ne paraît pas très bien établie [Jackson et Clarke, *Am. Chem. Journ.*, **34**, 441, 1906].

Le *chloranile* s'unit à 2 molécules de pyridine avec dégagement de chaleur. Lorsqu'on ajoute à 3 mol. 1/2 de pyridine dans l'éther acétique bouillant 1 molécule de chloranile, il se forme un corps rouge, $C^5H^4Az-C^6Cl^2O^2-OH$.

Le *bromanile* fournit un composé analogue [Imbert, *C. R.*, **133**, 162, 233, 633, 937; *Bull. Soc. Chim.*, **19**, 1008, 1898].

On a encore obtenu des combinaisons de pyridine avec le *triphénylchloro* et le *triphénylbromométhane*: le *triphénylcarbinol* [Tchitchibabine, *Journ. Soc. phys. chim. russe*, **34**, 137; *D. chem. G.*, **35**, 4007; *Bull. Soc. Chim.*, 1903]; avec l'alcool *chlorométhylique*, $C^5H^5Az(CH^2OH)Cl$, combinaison qui se détruit à la distillation en aldéhyde formique et chlorhydrate de pyridine [de Hemmelmayr, *Mon. f. Chem.*, **12**, 533, 541]; avec le *tribromopseudocuménol*,

$$\begin{array}{c} C^6Br^2OH(CH^3)-CH^2-Az-C^5H^5 \\ | \\ Br \end{array}$$

fusible à 236° [Auwers, *D. chem. G.*, **28**, 2910, 1895]; avec les *bromures d'ortho* et *de métaxylène* [Halfpaap, *D. chem. G.*, **36**, 1672, 1903]; avec l'*acide monochloracétique* [Krüger, *D.*

chem. G., **23**, 2608, 1890]; avec le *bromure de trimèthylène* pour donner

$$C^5H^5Az < \genfrac{}{}{0}{}{CH^2 - CH^2 - CH^2}{Br} \genfrac{}{}{0}{}{}{Br} > Az - C^5H^5$$

fusible à 225-226°; avec le 2-*dinitrochlorobenzène* [Zincke, *Ann. Chem.*, **330**. 361, 1904]; avec le *bromure de dibromo-m-oxypseudocumyle* [Anselmino, *D. chem. G.*, **35**. 164].

Iodométhylate. — La pyridine réagit à la température ordinaire avec l'iodure de méthyle pour donner l'*iodure de méthylpyridinium*

$$C^5H^5Az < \genfrac{}{}{0}{}{CH^3}{I}$$

Ce corps cristallise en aiguilles jaunes fusibles à 117°, solubles dans l'eau, l'alcool, le chloroforme, l'acétone, insolubles dans l'éther, le benzène, le sulfure de carbone.

Chauffé à 300°, il se transforme en ses isomères : les iodhydrates d'α-méthylpyridine et de γ-méthylpyridine. Chauffé avec l'hydrate d'argent, il donne l'*hydroxyde* correspondant incristallisable et absorbant l'anhydride carbonique de l'air.

Iodéthylate. — Il se présente en tables à éclat argenté, fondant à 90°.5.

L'*iodopropylate* fond à 52-53°. L'*iodoisopropylate* fond à 114-115°. Il est déliquescent ainsi que son isomère [Prescott, *Chem. Soc.*, **18**, 91; *Bull. Soc. Chim.*, 1896].

Iodure d'isobutylpyridinium $C^6H^5Az . (CH^3)^2$ $CH . CH^2I$.

Chlorure d'isobutylpyridinium. — *Chloroplatinate* fusible à 220°.

Chlorure de butylpyridinium $C^5H^5Az.C^4H^9Cl$. — Il a été obtenu par l'action du chlorure d'argent sur l'iodure. *Chloroplatinate* fusible à 205° [Lippert, *Ann. Chem.*, **276**. 148, 199; *Bull. Soc. Chim.*, 1894].

Chlorométhylate de pyridine. — Il a été obtenu par chauffage de la pyridine saturée d'acide chlorhydrique avec l'alcool méthylique à 180°. Il cristallise dans l'alcool absolu et donne un *sel de platine* fusible à 186° et un *sel d'or* fusible à 253°.

Iodochlorure de chlorométhylate

$$C^5H^5Az < \genfrac{}{}{0}{}{CH^3}{Cl} + ICl.$$

— Il se forme par l'action du chlorure d'iode sur le chlorométhylate ou en traitant l'iodométhylate en solution aqueuse par un courant de chlore [Ostermayer, *D. chem. G.*, **18**, 591; *Bull. Soc. Chim.*, 1886; — Bally, *D. chem. G.*, **21**, 1772; *Bull. Soc. Chim.*, 1888]. Ce composé, additionné d'une solution de potasse et traité par un courant de chlore, a donné la combinaison C^5H^5Az . CH^3Cl, ICl^3. fusible à 179° (Bally).

Hydrate d'éthylpyridinium. — Il se forme dans l'action du sulfovinate de potassium sur le picolate de potassium. Le *chloromercurate d'éthylpyridinium* $C^7H^{10}Az . Cl, HgCl^2$ fond à 111°.5, le *chloroplatinate* à 193° et le *chloraurate* à 141°.

L'*hydrate de méthylpyridinium* se forme comme le précédent. Son *chloromercurate* fond à 158° [Meyer, *Mon. f. Chem.*, **15**, 164; *Bull. Soc. Chim.*, 1894].

La pyridine se combine aux chlorure, bromure et iodure de benzyle. Le *chlorobenzylate* donne un *chloroplatinate* fusible à 221° [Edinger, *J. f. Ch.*, **41**, 341]. La pyridine se combine aux chlorures de nitrobenzyle. Le *chlorure de paranitrobenzylpyridine*

$$C^7H^6(AzO^2) \genfrac{}{}{0}{}{}{Cl} > Az - C^6H^5$$

est en prismes jaunes fusibles à 183-185°. Le

dérivé *méta* fond à 70°. Le *dérivé ortho* fond à 76°. Par réduction, ils donnent les dérivés aminés correspondants [Lellmann et Pekrun, *Ann. Chem.*, **259**, 40-61, 1890; *Bull. Soc. Chim.*, 1891].

EMPLOI DE LA PYRIDINE DANS LES SYNTHÈSES ORGANIQUES. — Par suite de son aptitude à se combiner aux hydracides et à une foule de composés organiques, la pyridine peut faciliter par sa présence certaines réactions.

Elle peut enlever de l'acide chlorhydrique à des carbures aromatiques chlorés dans la chaîne latérale pour donner des carbures non saturés [Klages et Keil, *D. chem. G.*, **36**, 1632; *Bull. Soc. Chim.*, **32**, 676, 1904], ou aux chlorures d'acides pour donner de l'acide déhydracétique ou des composés analogues [Wedekind, *Lieb. Ann. Chem.*, **323**, 246, 1892; — Dennstedt et Zimmermann, *D. chem. G.*, **19**, 75, 1886]; de l'acide bromhydrique à l'acide bromosuccinique pour faire de l'acide maléique ou fumarique [Dubreuil, *Bull. Soc. Chim.*, **34**, 908, 1904]. Elle réagit violemment sur l'acide triméthyldibromobutyrique en solution éthérée; il y a formation de bromhydrate de pyridine et de diisopropényle [Courtot, *Bull. Soc. Chim.*, **35**, 972, 1906].

Dans d'autres réactions, elle joue un rôle comparable à celui du chlorure de zinc ou du chlorure d'aluminium.

Elle facilite l'éthérification d'un alcool ou d'un phénol par l'anhydride acétique [Verley et Bolsing, *D. chem. G.*, **34**, 3354; *Bull. Soc. Chim.*, **28**, 767, 1902]. Elle facilite la condensation de l'aldéhyde crotonique avec l'acide malonique [Dœbner, *D. chem. G.*, **33**, 2140; **34**, 53, 1901].

Les chlorures d'acides, en présence de pyridine, réagissent sur les dérivés sodés des éthers β-cétoniques en donnant des composés $-C(O.COR)$ $= CH . CO^2C^2H^5$ au lieu de $- CO . CH (COR)-$ $CO^2C^2H^5$. Il se produit dans ce cas un phénomène d'isomérisation [Claisen et Haase, *D. chem. G.*, **33**, 1242, 1900].

Bouveault et Wahl préparent les éthers nitreux par l'action du chlorure de nitrosyle sur les alcools en présence de pyridine anhydre distillée sur la baryte [*Bull. Soc. Chim.*, **29**, 1070, 1903].

La pyridine favorise la réaction de l'oxychlorure de carbone sur les acides ou les amides [Einhorn et Mettler, *D. chem. G.*, **35**, 3039, 1902].

La pyridine permet de préparer facilement des dérivés benzoylés. Il doit se faire d'abord une combinaison de chlorure de benzoyle et de pyridine qui est détruite avec formation de chlorhydrate de la base et d'un dérivé benzoylé. Minunni a pu isoler le dérivé pyridique [*Gazz. chim. ital.* **22**, 113]. La benzoylation s'effectue suivant l'équation :

$$X.H + C^5H^5.COCl + Pyr = PyrHCl + C^6H^5.COX$$

[Einhorn et Hollandt, *Ann. Chem.*, **304**, 95, 1898; — Freundler, *Bull. Soc. Chim.*, **31**, 617, 1904].

Enfin, on peut utiliser la propriété de la pyridine de former avec l'iode ou le brome des composés d'addition peu stables, pour opérer des iodurations ou des bromurations [Ortoleva, *Gazz. chim. ital.*, **29**, 503; — Piloty et Stock, *D. chem. G.*, **35**, 3093, 1902].

Sels. — L'*iodhydrate* $C^5H^5Az, HI . H^2O$ fond à 268°.

DÉRIVÉS HALOGÉNÉS. — Les halogènes réagissent à froid sur la pyridine pour former des *produits d'addition* peu stables.

Le *bromhydrate de dibromure* $C^5H^5AzBr^2$. HBr fond à 126°.

Trowbridge et Diehl [*Am. Chem. Journ.*, **19**, 322, 558, 1897] ont obtenu, en dirigeant dans une solution aqueuse d'iodhydrate de pyridine

pyridylcarbinol fusible à 128° [Dehnel, *D. chem. G.*, **33**, 3498 et *Bull. Soc. Chim.*, **26**, 795, 1901].

γ-Méthylpyridine (γ-picoline). — Cette base fut d'abord obtenue par Behrmann et Hofmann [*D. chem. G.*, **17**, 2696] en chauffant à 170-180° avec de l'acide iodhydrique et du phosphore l'acide dichloropyridine-γ-carbonique. Ce dernier corps provenait lui-même de l'action du perchlorure de phosphore sur l'acide citrazinique ou αα'-dioxypyridine-γ-carbonique. Elle prend naissance dans la distillation de l'isopilocarpine avec la chaux sodée [Jowett, *Chem. Soc.*, **77**, 857, 1900].

Elle se forme en même temps que l'isomère α par transformation moléculaire à 300° de l'iodure de méthylpyridinium [Lange, *D. chem. G.*, **18**, 3436, et *Bull. Soc. Chim.*, **46**, 162, 1886].

C'est une huile incolore à odeur de pyridine ayant pour densité 0,9742 à 0° (Ladenburg), bouillant à 142°,5-144°.5 (corr.).

Le *chloromercurate*, $C^6H^7Az.HCl + 2HgCl^2$ fond à 128-129° (Ladenburg, Lange).

Le *chloroplatinate* est anhydre, il fond à 231° en se décomposant.

Le *chloraurate* est très soluble dans l'eau, il fond à 205° (Ladenburg).

Dérivés chlorés. — α-*Chloro-γ-méthylpyridine.* — Elle se produit dans la décomposition par la chaleur de l'acide α-chloro-γ-méthylpyridine-carbonique [Aston et Collie, *Chem. Soc.*, **71**, 655, 1897].

Pentachloro-γ-méthylpyridine. — Elle a été obtenue par Sell et Dootson [*Chem. Soc.*, **71**, 1068] par l'action du perchlorure de phosphore sur l'acide citrazinique. Elle fond à 58°. L'acide sulfurique à 80 0/0 la transforme en acide dichloro-isonicotinique.

DIMÉTHYLPYRIDINES, ou LUTIDINES. — (Voyez 1ᵉʳ Suppl., 987). On donne aussi le nom de lutidines aux éthylpyridines. La théorie prévoit l'existence de 6 diméthylpyridines. Cinq sont connues.

Le goudron d'os contient les dérivés αα', αγ, αβ, et le goudron de houille les dérivés αα', αγ, βγ [Ladenburg et Roth, *D. chem. G.*, **18**, 913 et **18**, 1590; *Bull. Soc. Chim.*, **46**, 164, 1886]. A. Gauthier et Mourgues ont retiré de l'huile de foie de morue une dihydro-diméthylpyridine bouillant à 199° [*Bull. Soc. Chim.*, **2**, 215, 1889].

αα'-Diméthylpyridine (αα'-lutidine). — Collie a obtenu l'αα'-lutidine en partant de l'éther β-aminocrotonique et distillant sur la potasse l'éther lutidone-monocarbonique obtenu [*Chem. Soc.*, **59**, 172, 1891]. Il l'obtient encore en chauffant dans un courant d'hydrogène, la chlorolutidine avec de la poudre de zinc. Michaelis et Arend [*D. chem. G.*, **34**, 2283 et *Bull. Soc. Chim.*, 1901] distillent sur la poudre de zinc la γ-chloro-β-éthoxy-αα'-diméthylpyridine.

C'est un liquide incolore à odeur de menthe, ayant pour densité 0,942 à 0°, bouillant à 142° (Ladenburg et Roth), à 144-145° (Collie). On connaît deux *chloromercurates* : $C^7H^9Az.HCl, HgCl^2$ qui fond à 186° (Ladenburg et Roth) et $C^7H^9Az.HCl, 2HgCl^2$ [Mohler, *D. chem. G.*, **24**, 1006, 1880].

Le *chloroplatinate* fond à 210-212° (Collie).

β-*chloro-αα'-diméthylpyridine.* — On l'obtient par l'action de l'αα'-diméthylpyrrol et de l'éthylate de sodium sur le chloroforme :

$$C^6H^9Az + 2C^2H^5ONa + CHCl^3$$
$$= C^7H^8AzCl + 2NaCl + 2C^2H^5.OH.$$

Le *chloroplatinate* fond à 212°.

Le *dérivé bromé* s'obtient d'une façon analogue [Bocchi, *Gazz. chim. ital.*, **30**, 89].

γ-*Chloro-αα'-diméthylpyridine.* — Obtenue par chauffage de la γ-lutidone avec le perchlorure et l'oxychlorure de phosphore. Liquide bouillant à 178°. Le *chloroplatinate* se décompose à 225° sans fondre, le *chloromercurate* fond à 155°, le *picrate* à 150-156°.

La chlorolutidine en suspension dans l'eau donne avec l'azotate d'argent un précipité blanc soluble dans l'eau bouillante [Conrad et Epstein, *D. chem. G.*, **20**, 162, et *Bull. Soc. Chim.*, **48**, 199, 1887].

αγ-Diméthylpyridine (αγ-lutidine). — Elle s'obtient par distillation du pseudolutidostyrile [Hantzsch, *D. chem. G.*, **17**, 2908] ou de l'acide αγ-diméthylpyridine carbonique [Michael, *D. chem. G.*, **18**, 2025] ou de l'α'-chloro-αγ-diméthylpyridine (Collie) avec la poudre de zinc.

Liquide bouillant à 157° (Michael), ayant pour densité 0,949 à 0°, plus soluble dans l'eau à froid qu'à chaud.

Le *chloromercurate* $C^7H^9Az.HCl + 2HgCl^2 + 1/2H^2O$ fond à 132°, le *chloroplatinate* anhydre à 220°, le *picrate* à 179°.

Par condensation avec l'anhydride phtalique, elle donne la *phtalone*, poudre cristalline jaune fusible à 262° [Langer, *D. chem. G.*, **38**, 3704, 1905].

α-*Chloro-αγ-diméthylpyridine.* — Elle prend naissance dans l'action du perchlorure de phosphore sur le pseudolutidostyrile.

C'est un liquide bouillant à 213° [Collie, *Chem. Soc.*, **71**, 309].

αβ'-Diméthylpyridine (αβ'-lutidine). — L'acide benzylidène-lutidine-dicarbonique donne par oxydation l'acide lutidine-tricarbonique, et celui-ci distillé sur la chaux fournit la lutidine αβ' [Epstein, *Ann. Chem.*, **231**, 1 à 36 et *Bull. Soc. Chim.*, **46**, 435, 1886].

On l'obtient aussi par la méthode de Hantzsch [Epstein, *D. chem. G.*, **18**, 883].

Errera [*ibid.*, **34**, 3691] l'a préparée par condensation de la cyanacétamide sodée avec l'iodure de méthyle et l'éther éthoxyméthylène acétylacétique, et traitement du produit de condensation par l'acide chlorhydrique bouillant.

Elle se forme aussi lorsqu'on distille sur la poudre de zinc l'α-oxy-αβ'-diméthylpyridine.

Elle bout à 160°. Le *sel de platine* fond à 216°, le *sel d'or* à 119°, le *picrate* à 161°, le *bichromate* à 92°.

Elle fournit par oxydation l'acide isocinchoméronique.

Ahrens et Gorkow ont retiré du goudron de houille une diméthylpyridine qui paraît être le dérivé αβ'.

Elle donne un *picrate* fondant à 156-157° et un *chloroplatinate* fondant à 192-194° [*D. chem. G.*, **37**, 2062, 1904].

βγ-Diméthylpyridine (βγ-lutidine). — Liquide d'odeur non désagréable, bouillant à 164° (corr.) donnant par oxydation l'acide cinchoméronique.

Son *chloroplatinate* cristallise avec $2H^2O$ et fond en se décomposant à 205°. Le *chloraurate* fond à 160-162°. Le *chloromercurate* $C^7H^9Az.HCl, 2HgCl^2$ est peu soluble et sert à isoler la base des produits de la distillation du goudron de houille [Ahrens, *D. chem. G.*, **29**, 2996 et *Bull. Soc. Chim.*, **18**, 594, 1897].

ββ'-Diméthylpyridine (ββ'-lutidine). — On l'obtient par les méthodes générales de synthèse des bases pyridiques, par exemple par chauffage du propionaldéhyde d'ammoniac avec la propionaldéhyde [Dürkopf et Göttsch, *D. chem. G.*, **23**, 1113]. Dans l'oxydation de la ββ'-diméthyl-α-éthylpyridine (parvoline de Waage), le groupe C^2H^5 est brûlé et l'acide formé, perdant CO^2, donne la ββ'-diméthylpyridine.

C'est un liquide bouillant à 169-170°, ayant une densité de 0,9614 à 0°, plus soluble dans l'eau à froid qu'à chaud. Le *chloroplatinate* fond à 255-256°, le *chloraurate* à 149°, le *chloromercurate* à 170° (Dürkopf et Göttsch).

ÉTHYLPYRIDINES. — Les *éthylpyridines* ne se rencontrent ni dans le goudron de houille, ni dans le goudron d'os.

Elles se forment dans le dédoublement de quelques alcaloïdes.

α-ÉTHYLPYRIDINE. — L'*iodhydrate* de cette base est le principal produit de l'isomérisation de l'iodure d'éthylpyridinium à la température de 320°. Il se forme en même temps un peu de γ-éthylpyridine et de αγ-diéthylpyridine [Ladenburg, *Ann. Chem.*, 247, 13, 1888]. Le mélange est soumis à la distillation fractionnée et l'α-éthylpyridine séparée sous forme de chloraurate.

Elle se produit encore lorsqu'on distille le chlorhydrate de norhydrotropidine $C^7H^{13}AzHCl$ ou le chlorhydrate d'ecgonine $C^9H^{15}AzO^2HCl$ sur la poudre de zinc.

L'α-éthylpyridine ressemble à la pyridine; elle a une densité de 0,9498 à 0°, elle bout à 148°,5 (corr.) sous 752mm,5. Elle est peu soluble dans l'eau, mais dissout l'eau en quantité notable.

Le *chloraurate* fond à 121°, le *chloroplatinate* à 164°.

L'éthylpyridine donne par oxydation l'acide pyridine-α-carbonique.

Dérivés halogénés dans la chaîne latérale. — Ces dérivés prennent naissance lorsqu'on chauffe l'α-picolylalkine avec les hydracides en présence d'un peu de phosphore rouge.

Iodoéthylpyridine,

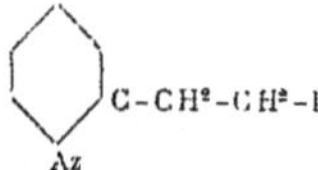

— Liquide jaune peu soluble dans l'eau, émettant des vapeurs irritantes. Le *picrate* fond à 111-112°.

Bromoéthylpyridine. — Liquide incolore, à odeur piquante, entraînable par la vapeur d'eau. Le *picrate* fond à 95-96° [Löffler, *D. chem. G.*, 37, 161, 1904].

β-ÉTHYLPYRIDINE. — Elle a longtemps été désignée sous le nom de β-*lutidine*.

Elle se forme dans le dédoublement de divers alcaloïdes.

C'est un liquide incolore d'odeur non désagréable, ayant à 0° une densité de 0,9585 (Stöhr); elle bout à 165°, elle est insoluble dans l'eau chaude [Stöhr, *J. prakt. Chem.*, (2), 43, 153, 1891].

Par oxydation au permanganate, elle donne l'acide pyridine-β-carbonique.

Le *chloroplatinate* fond à 208° en se décomposant. Le *chloromercurate* $C^7H^9Az.HCl$, $2HgCl^2$ fond à 131-132°; le *chloroplatinate* modifié $(C^7H^9Az)^2PtCl^4$, à 240-243°; le *chloraurate*, à 130-131°; le *picrate*, à 128-130° [Stöhr, *J. prakt. Chem.*, (2), 45, 20-47 et *Bull. Soc. Chim.*, 1892].

L'*iodéthylate* fond à 125° (Stöhr).

γ-ÉTHYLPYRIDINE. — Elle se forme, ainsi que nous l'avons vu, dans l'action de la chaleur sur l'iodure d'éthylpyridinium.

Elle accompagne la β-éthylpyridine dans les produits de la distillation de la cinchonine et de la brucine (OEschner, de Coninck).

C'est un liquide huileux à odeur désagréable, de densité 0,9522 à 8° et bouillant à 165°.

Le *chloroplatinate* fond à 208°, le *picrate* fond à 163°.

Par oxydation elle fournit l'acide pyridine-γ-carbonique.

BASES $C^8H^{11}Az$ (TRIMÉTHYLPYRIDINES, MÉTHYL-ÉTHYLPYRIDINES, PROPYLPYRIDINES). Voyez COLLIDINES, 2° Suppl., 2, 1252.

PARVOLINES (Voyez 1er Suppl., 1143).

A. Gautier a retiré des produits de la fermentation du scombre et de la viande de cheval, une parvoline huileuse à odeur de fleur d'aubépine, bouillant au-dessous de 200°, qui brunit et se résinifie à l'air en épaississant.

αβγβ'-TÉTRAMÉTHYLPYRIDINE. — Elle se forme en même temps que celle de Waage. Elle existe dans le goudron de houille [Ahrens, *D. chem. G.*, 28, 796]. Son point d'ébullition est de 233°. Son *chloromercurate* fond à 156°. Son *chloroplatinate* à 209-210°.

ββ'-DIMÉTHYL-α-ÉTHYLPYRIDINE. — C'est la parvoline de Waage [Dürkopf et Göttsch, *D. chem. G.*, 23, 1110]. Elle a été aussi obtenue par la condensation de l'acétamide avec la propionaldéhyde en présence d'anhydride phosphorique [Hesekiel, *D. chem. G.*, 18, 3097, 1885].

Liquide huileux à odeur aromatique forte, bouillant à 198-200° (corr.) sous 745mm,5. Le *chloroplatinate* fond à 188° [Köchlin, *Mon. f. Chem.*, 9, 645]. Le *chloraurate* $C^9H^{13}Az,HCl.AuCl^3$ est en cristaux jaune citron fusibles à 81-82°. Le *picrate* fond à 149°.

αα'-DIMÉTHYL-γ-ÉTHYLPYRIDINE. — L'acide parvoline-dicarbonique correspondant ou acide αα'-diméthyl-γ-éthylpyridine-ββ'-dicarbonique obtenu par la méthode de Hantzsch, distillé sur la chaux, fournit cette base.

C'est un liquide très réfringent, bouillant à 186°, ayant pour densité 0,916 à 14°, plus soluble dans l'eau à froid qu'à chaud (1 partie se dissout dans 73 parties d'eau à 0°). Sa solution aqueuse précipite beaucoup de solutions de sels métalliques, par exemple les sels de plomb, de zinc, de cuivre. Elle ne précipite pas les sels mercureux, ni l'azotate d'argent.

Le *chloroplatinate* fond à 210-211° [Engelmann, *Ann. Chem.*, 234, 37 à 71 et *Bull. Soc. Chim.*, 46, 438, 1886].

αγ-DIÉTHYLPYRIDINE. — Elle se forme en très petite quantité dans la décomposition à 290° de l'iodure d'éthylpyridinium [Ladenburg, *Ann. Chem.*, 247, 48].

L'éthylène naissant provenant de l'action des vapeurs d'alcool sur la poudre de zinc à chaud se combine à la pyridine pour former l'αγ-diéthylpyridine. On dirige le mélange de vapeurs d'alcool et de pyridine sur la poudre de zinc à 270-280°. Il y a en même temps production d'un peu d'α-éthylpyridine.

L'*αγ-diéthylpyridine* bout à 187-188°. Son *chloroplatinate* fond à 170-171°: il est peu soluble dans l'eau. Le *picrate* fond à 98-100° [Dennstedt. *D. chem. G.*, 23, 2562 et *Bull. Soc. Chim.*, 6, 331, 1891].

β-MÉTHYL-γ-PROPYLPYRIDINE. — On chauffe pendant 2 à 3 jours jusqu'à 190° de la propionaldéhyde, de l'acétamide et de l'anhydride phosphorique. Il se forme de la β-méthyl-γ-propylpyridine en même temps que de la parvoline de Waage [Hesekiel, *D. chem. G.*, 18, 3091].

αα'-DIMÉTHYL-γ-PROPYLPYRIDINE OU PROPYLLUTIDINE. — La réaction de Hantzsch appliquée à l'aldéhyde butyrique normale donne l'éther dihydropropyllutidine-dicarbonique, qui, par oxydation et saponification, donne l'acide que l'on distille sur la chaux et fournit la propyllutidine.

C'est une huile incolore, peu soluble dans l'eau, qui distille de 193° à 196° sous 718 mm.

Le chloroplatinate anhydre fond à 185° [Jaeckle, *Ann. Chem.*, 246, 32-52, et *Bull. Soc. Chim.*, 2, 121, 1889].

αα'-DIMÉTHYL-γ-ISOBUTYLPYRIDINE OU ISOBUTYLLUTIDINE. — On l'obtient par chauffage avec la chaux du sel de potassium de l'acide isobutyl-lutidine-dicarbonique.

Elle bout à 210-213°, elle est beaucoup plus soluble à chaud qu'à froid, possède une saveur amère et une odeur agréable, sa densité à 18° est 0.8961. Son *chloroplatinate* fond à 208°, en se décomposant [Engelmann, *Ann. Chem.*, **234**, 37 à 71 et *Bull. Soc. Chim.*, **46**, 440, 1886].

Rubidine, $C^{11}H^{17}Az$. — Cet isomère de la base précédente a été retiré du goudron de houille. Son point d'ébullition est de 230° et sa densité 1.017 à 22° (Thénius, 1861).

Viridine, $C^{12}H^{19}Az$. — Elle a été retirée du goudron de houille par Thénius. Son point d'ébullition est de 251° et sa densité 1024 à 22°.

$\alpha\alpha'$-Diméthyl-γ-hexyllutidine ou hexyllutidine, $C^5H^2Az(CH^3)^2.C^6H^{13}$. — Elle a été obtenue au moyen de la réaction de Hantzsch appliquée à l'œnanthol. Elle bout à 249-251° sous 716 mm. Elle possède une faible fluorescence bleue. Le *chloroplatinate* est anhydre et fond à 163° [Jäckle, *loc. cit.*].

Tridécyllutidine, $C^5H^2Az(CH^3)^2.C^{13}H^{27}$. On l'obtient par distillation avec la chaux sodée de l'acide tridécyllutidine dicarbonique [Krafft et Mai, *D. chem. G.*, **22**, 1578, 1889]. C'est une huile bouillant à 215°-217° sous 13 mm.

ALKYLPYRIDINES NON SATURÉES

Pyridyléthènes ou vinylpyridines, $C^5H^4Az.CH=CH^2$.

α-Vinylpyridine. — Elle résulte de la distillation en présence de potasse de l'α-picolyléthylalcine. On peut encore l'obtenir en remplaçant dans le procédé de synthèse du styrol, par Berthelot, au moyen du benzène et de l'éthylène, le benzène par la pyridine. Il se forme presque exclusivement de l'α-vinylpyridine et seulement un peu de l'isomère γ.

L'α-vinylpyridine est un liquide incolore, à odeur douceâtre, bouillant à 160° en se polymérisant. Par oxydation, elle fournit l'acide pyridine-α-carbonique. Réduite par le sodium et l'alcool, elle fournit l'α-éthylpipéridine [Ladenburg, *D. chem. G.*, **20**, 1643 et *Bull. Soc. Chim.*, **47**, 763, 1887].

Tétravinylpyridine, $C^5H(C^2H^3)^4Az$. — Elle se forme en même temps que la γ-éthylpyridine dans la décomposition par la chaleur de l'iodure d'éthylpyridinium. Elle est due à l'action de l'éthylène qui prend naissance dans la réaction, sur l'iodhydrate de pyridine. C'est une huile bouillant à 277°, ayant pour densité à 0° 1.0515 [Karau, *D. chem. G.*, **25**, 2776, 1892].

α-Allylpyridine (Voyez 2° Suppl., I, 182).

α-Pyridylisobutène, $C^5H^4Az-CH=C(CH^3)^2$. — On chauffe à 250-260° un mélange d'acétone, d'α-picoline et de chlorure de zinc.

Les bases obtenues sont fractionnées et la portion 190-230° précipitée par le chlorure de mercure donne un *chloromercurate* fusible à 144-145° d'où l'on retire la base bouillant à 200°. C'est un liquide huileux à fluorescence bleue, peu soluble dans l'eau, entraînable par la vapeur d'eau. Sa densité à 0° est 0.9715. Le *chlorhydrate* fond à 140-141°. Le *chloroplatinate* cristallise avec $2H^2O$, se déshydrate à 100° et fond en se décomposant à 163°. Le *chloraurate* fond à 135-137° et le *picrate* à 177° [Stöhr, *J. f. prakt. Chem.*, (2), **42**, 420-429, 1898].

α-Crotylpyridine, $C^5H^4Az-CH=CH.C^2H^5$. — Elle prend naissance dans la distillation sur la potasse solide de l'α-picolyléthylalcine. Elle bout à 204-207°, elle possède une forte odeur de conyrine. Le *chloroplatinate* fond à 140° [Matzdorff, *D. chem. G.*, **23**, 2709 et *Bull. Soc. Chim.*, **6**, 343].

α-Vinyl-β'-éthylpyridine. — Elle se produit par chauffage à 160-170°, avec HCl concentré, de l'α-méthyl-β'-éthylpyridylalcine,

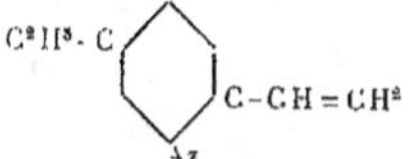

Cette base est très soluble dans l'eau, elle bout à 102° sous 19 mm. [Prausnitz, *D. chem. G.*, **25**, 2394 et *Bull. Soc. Chim.*, **8**, 1268, 1892].

α-Pyridyl-ω-trichloropropylène. — La trichlorométhylpicolylalcine, chauffée avec PCl^5, perd H^2O et donne le pyridyl-ω-trichloropropylène qui fond à 97° [Einhorn, *D. chem. G.*, **23**, 219].

PHÉNYLPYRIDINES.

— Le groupe phényle peut être introduit dans la pyridine de la même manière que les radicaux alcooliques et peut même s'y trouver conjointement avec eux.

Quand on oxyde les phénylpyridines par le permanganate en solution neutre ou alcaline, c'est le noyau pyridique qui est brûlé et l'on obtient surtout de l'acide benzoïque, tandis qu'en milieu acide, c'est le noyau pyridique qui est le plus stable et l'on obtient des acides pyridine-carboniques [Tchitschibabine, *D. chem. G.*, **37**, 1373].

α-Phénylpyridine. — Skraup et Cobenzl [*Mon. f. Chem.*, **4**, 436; *Bull. Soc. Chim.*, **40**, 557, 1883] l'ont préparée en distillant sur la chaux l'acide α-phénylpyridine-dicarbonique. On l'obtient encore en distillant sur la poudre de zinc l'α-phénylpyridone, obtenue elle-même à partir de la phénylcoumaline [Leben, *D. chem. G.*, **29**, 1673; *Bull. Soc. Chim.*, **18**, 503, 1897].

C'est une huile jaune brunissant à l'air, bouillant à 270°, douée d'une odeur agréable rappelant la diphénylamine. Elle est plus lourde que l'eau, insoluble dans ce liquide, soluble dans l'alcool et dans l'éther.

Le *chlorhydrate* est très soluble dans l'eau, mais non déliquescent. Le *chloroplatinate* $(C^{12}H^9Az)^2$, $2HCl.PtCl^4+2H^2O$, est presque insoluble dans l'acide chlorhydrique étendu, l'alcool et l'éther. Il fond à 204°. Le *picrate* fond à 175° (Leben) ou à 169-172° (Skraup et Cobenzl).

α-Phényl-α'-méthylpyridine. — On le prépare en décomposant par la chaleur l'oxime de la cinnaménylidène-diméthylcétone.

C'est une base huileuse, bouillant à 281°. Son *chloroplatinate* cristallise avec une molécule d'eau et fond à 200° en se décomposant. Il est insoluble dans l'eau froide. Le *chloraurate* fond à 150°, le *picrate* à 135° [Scholtz, *D. chem. G.*, **28**, 1726; *Bull. Soc. Chim.*, **16**, 301, 1896].

La base libre se combine aux aldéhydes benzoïque, nitrobenzoïque, au pipéronal, pour donner des alcines ou leurs produits de déshydratation [Thorausch, *D. chem. G.*, **35**, 415].

α-Phényl-$\alpha'\beta$-diméthylpyridine. — Préparée par décomposition de l'oxime de la méthylcinnamylidèneacétone, $C^6H^5-CH=C(CH^3)-CH=CH-CO-CH^3$.

C'est un liquide jaune bouillant à 287° [Scholtz, *D. chem. G.*, **32**, 1935].

β-Phénylpyridine. — Skraup et Cobenzl l'ont préparée de la même manière que l'isomère α en décomposant l'acide β-phénylpyridine dicarbonique. Ciamician et Silber [*D. chem. G.*, **20**, 191; *Bull. Soc. Chim.*, **47**, 815, 1887] ont obtenu cette base en chauffant en tubes scellés, à 160-170°, du pyrrol, du chlorure de benzylidène, du sodium et de l'alcool absolu :

$$C^4H^5Az + C^6H^5.CHCl^2 = 2HCl + C^4H^4C(C^6H^5)Az.$$

C'est un liquide incolore plus lourd que l'eau et insoluble dans ce solvant, soluble dans l'alcool, l'éther et les acides dilués et bouillant à 270° sous 748 mm. Son odeur rappelle à la fois celle de la pyridine et celle de la diphénylamine. Le *picrate* fond à 162° ; le *chloroplatinate* cristallise avec $3H^2O$ et est presque insoluble dans l'eau.

γ-PHÉNYLPYRIDINE. — On l'obtient par distillation de l'acide γ-phénylpyridine-tétracarbonique sur la chaux. Elle se produit aussi en petite quantité dans l'action du chlorure de diazobenzène sur la pyridine [Möhlau et Berger, *D. chem. G.*, 26, 2003, 1893].

Elle est cristallisée en lamelles brillantes, solubles dans l'eau, fusibles à 78°, bouillant à 275°. Son *picrate* fond à 195-196°. Elle a une odeur repoussante analogue à celle de la phénylcarbylamine.

γ-PHÉNYL-αα'-DIMÉTHYLPYRIDINE OU PHÉNYLLUTIDINE SYMÉTRIQUE. — Sa préparation a pour point de départ la condensation de l'aldéhyde benzoïque avec l'éther acétylacétique et l'ammoniac.

Elle fond à 55° et bout à 287°. Le *chlorhydrate* est en fines aiguilles qui ne fondent pas à 300°. Le *picrate* fond à 222°, le *nitrate* à 177° [Bally, *D. chem. G.*, 20, 2590 ; *Bull. Soc. Chim.*, 49, 575, 1888].

αα'-DIPHÉNYLPYRIDINE. — On l'obtient par distillation avec la chaux de l'acide αα'-diphénylpyridine-γ-carbonique ou par décomposition par la chaleur de l'oxime de la cinnamylène-acétophénone.

Elle fond à 81-82° et bout à 396°. Le *chloroplatinate* fond à 195°, le *sel d'or* à 203°, le *picrate* à 169°, l'*iodométhylate* à 203°.

La base libre est insoluble dans l'eau, soluble dans l'alcool [Paal et Strasser, *D. chem. G.*, 20, 2756, 1887 ; — Döbner et Kuntze, *Ann. Chem.*, 249, 109, 136, 1888 ; — Scholtz, *D. chem. G.*, 28, 1726 ; *Bull. Soc. Chim.*, 16, 302, 1582, 1896].

αα'-DIPHÉNYL-β-MÉTHYLPYRIDINE. — On l'obtient par décomposition par la chaleur de l'oxime de la méthylcinnamylidène-acétophénone, $C^6H^5-CH=C(CH^3)-CH=CH.CO.C^6H^5$. Elle bout à 254° sous 25 mm. [Scholtz, *D. chem. G.* 32, 1935, 1899].

αα'γ-TRIPHÉNYLPYRIDINE. — Newmann [*Ann. Chem.*, 302, 236] a obtenu ce corps par l'action de l'hydroxylamine sur la benzaldiacétophénone. Elle fond à 137°,5.

ββ'-DIMÉTHYL-αα'γ-TRIPHÉNYLPYRIDINE. — Elle a été préparée par chauffage du 2-phényl-1.3-diméthyl-1.3-dibenzoylpropane avec le chlorhydrate d'hydroxylamine [Abell, *Chem. Soc.*, 79, 928 ; *Bull. Soc. Chim.*, 26, 1168, 1901].

β-MÉTHYL-αα'γ-TRIPHÉNYLPYRIDINE. — Elle se prépare au moyen du chlorhydrate d'hydroxylamine sur le 1.3-dibenzoyl-2-phényl-1-méthylpropane [Duncombe et Abell, *Chem. Soc.*, 83, 360, 1901].

αα'ββ'-TÉTRAPHÉNYLPYRIDINE. — On l'obtient par chauffage à 150-165° du dibenzoyldiphénylpropane avec le chlorhydrate d'hydroxylamine. Elle est constituée par des prismes, fusibles à 233°,5, solubles dans un mélange de 9 parties d'alcool et 1 partie de benzène [Carpentier, *Ann. Chem.*, 302, 223 ; *Bull. Soc. Chim.*, 22, 155, 1899].

α-PARATOLYL-α'-PHÉNYLPYRIDINE. — La cétone, $CH^3-C^6H^4-CH=CH-CH=CH-CO-C^6H^5$,

produit de condensation de l'aldéhyde p-méthylcinnamique avec l'acétophénone, donne une oxime qui se transforme par la chaleur en α-p-tolyl-α'-phénylpyridine. On obtient le même produit en partant de la méthyl-p-tolylcétone et de l'aldéhyde cinnamique.

Elle fond à 89° et son *picrate* à 163° [Scholtz et Wiedmann, *D. chem. G.*, 36, 845, 1903].

BENZYLPYRIDINES, $C^5H^4Az.CH^2.C^6H^5$. — La pyridine chauffée avec le chlorure de benzyle donne l'α-*benzylpyridine*, tandis qu'avec l'iodure on obtient la γ-*benzylpyridine* [Tchitchibabine, *Journ. Soc. phys. chim. russe*, 33, 21 ; *Bull. Soc. Chim.*, 26, 639, 1901].

La β-BENZYLPYRIDINE s'obtient facilement par réduction de la β-benzoylpyridine par l'acide iodhydrique et le phosphore. Elle fond à 34° et bout à 286° sous 740 mm. Le *picrate* fond à 126° [Tchitchibabine, *Journ. Soc. phys. chim. russe*, 36, 26 ; *Bull. Soc. Chim.*, 31, 802, 1904].

Ces benzylpyridines sont transformées par le permanganate en benzoylpyridines.

ββ'-DIBENZYLPYRIDINE. — Elle se prépare en chauffant en tube scellé à 240-250° un mélange d'aldéhyde benzoïque et de benzoylpipéridine :

$$2C^6H^5.COH + C^5H^{10}Az.CO.C^6H^5 =$$
$$C^{19}H^{17}Az + C^6H^5CO^2H + H^2O + H^2.$$

C'est une base faible dont les sels sont dissociés par l'eau. Elle fond à 89° et bout au-dessus de 300°. L'acide chromique la transforme en dibenzoylpyridine.

Son *chlorhydrate* fond à 165°, l'*iodométhylate* à 137° [Rügheimer, *D. chem. G.*, 25, 2421 ; *Bull. Soc. Chim.*, 8, 1271, 1892 ; *Ann. Chem.*, 280, 36588 ; *Bull. Soc. Chim.*, 14, 232, 1895].

TRIBENZYLPYRIDINE. — Elle se prépare comme la dibenzylpyridine, mais en employant une plus grande quantité d'aldéhyde benzoïque.

C'est une base faible fusible à 278-280° [Rügheimer, *loc. cit.*].

NITROBENZYLPYRIDINES. — Se préparent comme les composés précédents, mais en remplaçant l'aldéhyde benzoïque par son dérivé paranitré.

XYLYL ET CUMINYLPYRIDINES. — Se préparent comme les composés précédents au moyen de l'aldéhyde toluique ou de l'aldéhyde cuminique [Rügheimer, *loc. cit.*].

STILBAZOLS. — On donne ce nom aux bases analogues aux styrylpyridines obtenues par condensation d'aldéhydes aromatiques avec des alkylpyridines, en présence de déshydratant.

α-STYRYLPYRIDINE (*o-stilbazol*, *α-pyridyléthène-phényle*). — Elle se forme lorsqu'on chauffe l'α-méthylpyridine avec l'aldéhyde benzoïque à 225°, en présence de chlorure de zinc :

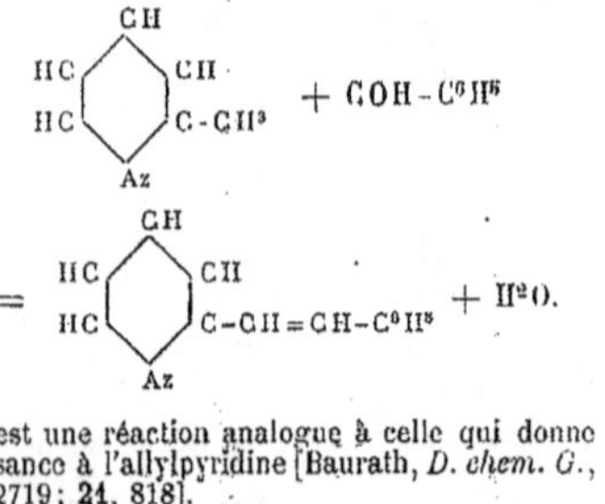

$$
\begin{array}{c}
\text{CH} \\
\text{HC} \diagup \diagdown \text{CH} \\
\text{HC} \diagdown \diagup \text{C-CH}^3 \\
\text{Az}
\end{array}
\; + \; \text{COH-C}^6\text{H}^5
$$

$$
= \;
\begin{array}{c}
\text{CH} \\
\text{HC} \diagup \diagdown \text{CH} \\
\text{HC} \diagdown \diagup \text{C-CH}=\text{CH-C}^6\text{H}^5 \\
\text{Az}
\end{array}
\; + \; \text{H}^2\text{O}.
$$

C'est une réaction analogue à celle qui donne naissance à l'allylpyridine [Baurath, *D. chem. G.*, 20, 2719 ; 24, 818].

L'o-stilbazol cristallise dans l'alcool dilué en aiguilles aplaties, fusibles à 91° et bouillant à 325° sous 750 mm. Il est insoluble dans l'eau et très soluble dans l'alcool. Il donne des sels bien cristallisés.

Le *chlorhydrate* anhydre fond à 177°; le *chloroplatinate* cristallise avec $2H^2O$ et fond à 181-188°.

Le stilbazol en solution sulfocarbonique, traité par le brome, donne un *dibromure* C^5H^4Az $-CHBr-CHBr-C^6H^5$, fondant à 166°.

m-Nitro-α-stilbazol. — Il s'obtient avec l'aldéhyde m-nitrobenzoïque et l'α-méthylpyridine. Il fond à 120° et donne un *chloroplatinate* fusible à 240°. Réduit par le fer et l'acide chlorhydrique il donne le *m-amino-α-stilbazol* [Schuftan, *D. chem. G.*, **23**, 2716 et *Bull. Soc. Chim.*, **6**, 342, 1891].

p-Nitro-α-stilbazol. — Il s'obtient comme le précédent. Il donne par réduction un *dérivé aminé* fusible à 138°, qui peut se diazoter et donner des colorants, avec le β-naphtol par exemple [Baumert, *D. chem. G.*, **39**, 2971, 1906].

o-Oxy-α-stilbazol. — Ce corps est le produit de la condensation de l'aldéhyde salicylique avec l'α-méthylpyridine en présence de chlorure de zinc. Il fond à 132°, et son *chloroplatinate* à 187° [Butter, *D. chem. G.*, **23**, 2697 et *Bull. Soc. Chim.*, **6**, 342, 1891].

p-MÉTHYL-α-STILBAZOL. $C^5H^4Az-CH=CH-C^6H^4$ $-CH^3$. — Produit de la condensation de l'aldéhyde p-toluique avec l'α-méthylpyridine, en présence de chlorure de zinc à 180°. Il fond à 82° [Diering, *D. chem. G.*, **35**, 2774 et *Bull. Soc. Chim.*, **30**, 943, 1903].

α'γ-DIMÉTHYL-α-STILBAZOL.

— Condensation de l'aldéhyde benzoïque avec la triméthylpyridine symétrique, en présence de $ZnCl^2$. Cette base fond à 218-219° et bout à 188° sous 60 mm. [Dubke, *D. chem. G.*, **27**, 79, 1894].

p-γ-DIMÉTHYL-α-STILBAZOL. — Condensation de l'aldéhyde p-toluique avec l'α-γ-lutidine. Il fond à 202° [Langer, *D. chem. G.*, **38**, 3704, 1905].

p-MÉTHYL-α'-PHÉNYL-α-STILBAZOL, $C^6H^5-C^5H^3Az$ $-CH=CH-C^6H^4.CH^3$. — Condensation de l'α-méthyl-α'-phénylpyridine avec l'aldéhyde p-toluique. Il fond à 113° [Diering, *loc. cit.*].

α'-Phényl-α-o-nitrostilbazol. — Condensation de l'α-phényl-α-méthylpyridine avec l'o-nitrobenzaldéhyde en présence du chlorure de zinc à 200°. Le composé obtenu fond à 62° et son *chlorhydrate* à 186°.

α'-Phényl-α-m-nitrostilbazol. — Il s'obtient de la même manière avec la m-nitrobenzaldéhyde. Il fond à 139° et son *chlorhydrate* à 216° [Thorausch, *D. chem. G.*, **35**, 415 et *Bull. Soc. Chim.*, **28**, 902, 1902].

α'-Phényl-α-p-méthoxystilbazol. — Condensation de l'aldéhyde anisique avec l'α-méthyl-α'-phénylpyridine en présence de chlorure de zinc. [Ollendorff, *D. chem. G.*, **35**, 2782 et *Bull. Soc. Chim.*, **30**, 943, 1903].

DIPHÉNYLPYRIDYLTRIMÉTHYLÈNE.

$C^6H^5-CH-CH-C^5H^4Az$
$CH-C^6H^5$

— Ce corps se produit dans la préparation de l'α-stilbazol. Il est peu soluble dans l'alcool. Il fond à 164°, et donne un *chlorhydrate* fusible à 180° [Ladenburg, *D. chem. G.*, **36**, 118, 1903].

γ-STYRYLPYRIDINE OU γ-STILBAZOL. — C'est le produit de la condensation de la γ-méthylpyridine avec la benzaldéhyde, en présence de chlorure de zinc à 220°. Il fond à 127°. Il est presque insoluble dans l'eau. Il se dissout dans l'alcool, l'éther, le chloroforme [Friedländer, *D. chem. G.*, **38**, 159, 1905].

p-MÉTHYL-γ-STILBAZOL. — Produit de la condensation de la γ-picoline avec l'aldéhyde p-toluique et $ZnCl^2$. Il fond à 101°. Il est soluble dans l'alcool et dans l'éther.

Le *chlorhydrate* est en cristaux jaunes fusibles à 120°. Le *chloromercurate* fond à 108° [During, *D. chem. G.*, **38**, 164, 1905].

m-Nitro-γ-stilbazol. — Se prépare au moyen de la m-nitrobenzaldéhyde et de la γ-méthylpyridine; aiguilles brunes fusibles à 138° [Friedländer, *D. chem. G.*, **38**, 2837, 1905].

p-Nitro-γ-stilbazol. — Il s'obtient par la p-nitrobenzaldéhyde et la γ-picoline. Il est en aiguilles jaunes fusibles à 118-119°. — Réduit par l'étain et l'acide chlorhydrique, il donne le *dérivé aminé* correspondant fusible à 138-139° qui peut être diazoté et donner des colorants [Baumert, *D. chem. G.*, **39**, 2971, 1906].

II. — OXYPYRIDINES

Le remplacement d'un ou plusieurs atomes d'hydrogène du noyau pyridique par un ou plusieurs oxhydryles engendre des alcalis-phénols, les *oxypyridines*.

Ces composés, dans certaines de leurs réactions, se comportent comme des *phénols*; ils forment des éthers, des combinaisons avec les alcalis, etc.

En d'autres circonstances, ils se comportent comme des *cétones* cycliques, dérivées d'une dihydro-pyridine; c'est ce qui les a fait désigner sous le nom de *pyridones* :

α-Oxypyridine.   α-Pyridone.

Ces oxybases peuvent donc intervenir dans les réactions sous deux formes tautomères, la forme phénolique et la forme cétonique.

Les oxybases libres ne sont d'ailleurs connues que sous la forme phénolique. La double forme ne s'observe que pour les dérivés α et γ, la β-oxypyridine n'est connue que sous la forme phénolique.

Les oxypyridines prennent naissance : 1° par le procédé général de préparation des phénols; fusion alcaline des acides pyridine-sulfoniques;

2° Par l'action d'un alcoolate alcalin sur une pyridine halogénée;

3° Par décomposition pyrogénée des acides pyridone-carboniques;

4° Diazotation des aminopyridines;

5° Déshydratation des aminoacides 1.5.

Les oxypyridines sont des bases faibles, leurs sels sont souvent décomposés par l'eau. Presque toutes sont colorées en rouge par le chlorure ferrique.

MONOXYPYRIDINES ET DÉRIVÉS. — α-OXYPYRIDINE (α-pyridone, pyridinol-2). — On l'obtient par distillation sèche de l'acide oxyquinoléique $(α'β')(CO^2H)^2=C^5H^2Az-OH(α)$ ou de son sel d'argent. On purifie le produit obtenu par cristallisation dans le benzène bouillant [Königs et Geigy, *D. chem. G.*, **17**, 589].

Elle se forme encore dans la décomposition de l'acide oxynicotinique $(β')CO^2H-C^5H^3Az-OH(α)$.

Elle résulte aussi de l'action de l'ammoniaque sur l'acide coumalique :

$$CH \Big\langle {}^{CH-CO}_{C=CH} \Big\rangle O + AzH^3$$
$$/$$
$$CO^2H$$

$$= H^2O + CO^2 + CH \Big\langle {}^{CH-CO}_{CH=CH} \Big\rangle AzH$$

L'oxypyridine α est donc la lactame δ-aminopentadiénoïque.

Elle cristallise en aiguilles fusibles à 107°. Elle bout à 281° et se dissout dans l'eau et la plupart des dissolvants. Son *chlorhydrate* est anhydre. Son *chloromercurate* fond à 191-192°.

La solution ammoniacale d'oxypyridine, additionnée de nitrate d'argent, fournit un précipité d'*α-oxypyridine argentique* $AgO-C^5H^4Az$, soluble dans un excès d'ammoniaque [Pechmann et Baltzer, *D. chem. G.*, 24, 3144, 1891].

α-Méthoxypyridine, $C^5H^4Az-O.CH^3$. — Le dérivé argentique, traité par l'iodure d'éthyle, donne l'éther-oxyde méthylique.

Celui-ci se produit aussi dans l'action du diazométhane CH^2Az^2 sur l'α-oxypyridine [Pechmann, *D. chem. G.*, 28, 1624; — H. Meyer, *Mon f. Ch.*, 26, 1311 et *Bull. Soc. Chim.*, 36, 607, 1906].

C'est une huile à odeur forte, dont le *chloromercurate* fond à 200°.

α-Éthoxypyridine, $C^5H^4Az-O-C^2H^5$. — C'est un liquide mobile, incolore, à odeur de pyridine, bouillant à 156°, et formant un *chloromercurate* fusible à 142°.

Az-méthyl-α-pyridone. — C'est l'isomère à forme cétonique de l'α-méthoxypyridine. Il résulte de l'action de l'iodure de méthyle sur l'α-oxypyridine à 100°. Il se forme aussi dans l'oxydation de l'iodure de méthylpyridinium par le ferricyanure de potassium.

C'est un liquide incolore, miscible à l'eau, presque inodore, et bouillant à 250°.

Son *chloromercurate* est en aiguilles fusibles à 127° [Decker, *J. prakt. Chem.*, 47, 28, 1893; — Pechmann et Baltzer, *loc. cit.*].

La *Az-éthyl-α-pyridone*, $C^5H^4O-Az.C^2H^5$, isomère de l'éthoxypyridine, se produit dans les réactions semblables à celles qui fournissent la az-méthyl-α-pyridone. C'est une huile bouillant à 246-248°, donnant un *chloromercurate* fusible à 112° et un *chloroplatinate* fusible à 105-108° (Decker, Pechmann et Baltzer).

βγβ'-Trichloro-α-oxypyridine. — On l'obtient par l'action de l'acide azoteux sur l'α-aminotrichloropyridine [Lell et Dootson, *Chem. Soc.*, 77, 771, 1900].

L'*α-oxy-α'-méthylpyridine* s'obtient par décomposition à 130° de l'acide β8'-dicarbonique correspondant. Elle fond à 157° [Errera, *Gazz. chim. ital.*, 34, 139].

ββ'-Dibromo-α-oxy-α' méthylpyridine.—Elle se produit par l'action de l'eau de brome sur la solution aqueuse de l'α-méthylpyridine. Elle fond à 239°.

α'-Oxy-αβ'-diméthylpyridine. — Elle se forme lorsqu'on traite par HCl à 150° l'α'-oxy-αβ'-diméthylpyridine-β-carbonate d'éthyle. Elle fond à 138°. Elle se colore en rouge par Fe^2Cl^6 [Errera, *D. chem. G.*, 34, 3691, 1901].

α'γ-Diméthyl-α-pyridone (*pseudolutidostyrile*, *mésitilène-lactame*),

$$CH^3$$
$$|$$
$$C$$
$$CH \overset{\diagup \diagdown}{\underset{\diagdown \diagup}{}} CH$$
$$CH^3-C \qquad CO$$
$$AzH$$

Elle résulte de l'action de l'ammoniac soit sur l'acide isodéhydracétique ou diméthylcoumalique, soit sur la mésitilène-lactone ou diméthylcoumaline.

Knœvenagel et Cramer l'ont obtenue par condensation de l'aminoacétylacétone avec l'éther malonique [*D. chem. G.*, 35, 2390, 1904].

Elle se forme en même temps que la γ-lutidone dans la distillation du β-aminocrotonate d'éthyle. Elle est cristallisée, fond à 180° et bout à 305°.

α'-Phényl-α-pyridone. — C'est le produit de l'action de la phénylcoumaline sur l'acétate d'ammoniaque.

Elle fond à 197°. Le perchlorure de phosphore la transforme en α-phényl-α-chloropyridine [Leben, *D. chem. G.*, 29, 1673].

α'-Phényl-βγ-diméthyl-α-pyridone. — Préparée par condensation de l'acétate d'ammoniaque avec l'acide diméthylbenzoylcrotonique. Elle fond à 166° [Bossi, *Gazz. chim. ital.*, 29, 1].

Az-phényl-α'-phényl-α-pyridone,

$$CH$$
$$CH \overset{\diagup \diagdown}{\underset{\diagdown \diagup}{}} CH$$
$$C^6H^5-C \qquad CO$$
$$Az$$
$$|$$
$$C^6H^5$$

La phénylcoumaline

$$CH$$
$$CH \overset{\diagup \diagdown}{\underset{\diagdown \diagup}{}} CH$$
$$C^6H^5-C \qquad CO$$
$$O$$

peut se combiner à 2 molécules d'aniline. Cette combinaison, dissoute dans l'acide chlorhydrique, abandonne des aiguilles de Az-phényl-α'-phényl-α-pyridine fusible à 145° [Leben, *D. chem. G.*, 29, 1673, 1896].

β-OXYPYRIDINE (*pyridinol-3*). — Cet isomère n'intervient dans les réactions que sous la forme phénolique. Il se prépare par les procédés généraux d'obtention des oxypyridines.

Les produits obtenus par l'action des bases aromatiques et de leurs chlorhydrates sur le furfurol se transforment par ébullition avec l'alcool ou l'acide acétique en sels de β-oxypyridinium, tels que

$$C^5H^4OAz \Big\langle {}^{Cl}_{C^6H^5}$$

[Zincke et Mulhausen, *D. chem. G.*, 38, 3824, 1905 et *Bull. Soc. Chim.*, 36, 669].

La β-oxypyridine cristallise en aiguilles jaunâtres fusibles à 124°,5; elle est sublimable sans altération. Par chauffage avec la poudre de zinc elle régénère la pyridine. Elle forme avec les acides des sels très solubles. L'*oxalate* fond à 175° et est peu soluble dans l'alcool absolu.

La β-oxypyridine ne donne qu'une seule sorte de dérivés alkylés [Fischer et Renouf, *D. chem. G.*, 17, 1896, 1884; — Weidel et Murmann, *Mon. f. Chem.*, 16, 753].

L'eau de brome la transforme en *bromhydrate de dibromooxypyridine*. Celui-ci dissous dans une solution de carbonate de sodium perd HBr et donne une *dibromooxypyridine* $C^5H^3Br^2AzO$ qui cristallise en fines aiguilles incolores se décomposant sans fondre vers 200° (Fischer et Renouf).

β-Méthoxypyridine. — Cristaux jaunes fusibles à 182° [Meyer, *loc. cit.*].

β-Éthoxypyridine, $C^2H^5.O-C^5H^4Az$. — Elle

se forme quand on fait bouillir l'oxypyridine β avec de la potasse alcoolique et du bromure d'éthyle.

C'est une huile oxydable à l'air, entraînable par la vapeur d'eau. Le *chloroplatinate* fond à 192° (Fischer, Renouf).

β-*Acétoxypyridine*. $C^2H^3O . O . C^5H^4Az$. — Cet éther acétique phénolique est fourni par l'action de l'anhydride acétique.

C'est une huile à odeur de menthe, bouillant à 210°, soluble dans l'eau et les acides et donnant des sels bien cristallisés. Fondue avec un grand excès de potasse, elle se transforme en dioxypyridine par une réaction analogue à celle qui donne naissance aux oxyanthraquinones (Fischer, Renouf, Kudernatsch).

Nitro-β-oxypyridines. — Elles ont été préparées par Weidel et Murmann [*D. chem. G.*, 16, 749 et *Bull. Soc. Chim.*, 16, 560, 1896] en traitant par l'acide azotique une dissolution refroidie d'acétoxypyridine dans l'anhydride acétique. Il se forme deux *mononitropyridines*, l'une fondant à 210-211° et l'autre à 295-298°, et une *dinitro-β-oxypyridine* fusible à 133°.

γ-*Chloro-β-éthoxy-αα'-diméthylpyridine*. — C'est le produit de l'action à froid de l'oxychlorure de phosphore sur l'éther amino-crotonique en solution benzénique :

$$2C^9H^{11}AzO^2 + POCl^3 = C^9H^{12}AzOCl + C^2H^5Cl + CO + AzH^4Cl + PO^3H.$$

C'est un liquide d'odeur poivrée bouillant à 132° sous 12 mm.

γ-OXYPYRIDINE (γ-*pyridone, pyridinol-4*). — Elle se produit dans la décomposition par la chaleur des acides γ-oxypyridine-carboniques, tels que l'acide oxypicolique ou l'acide aminochélidonique (γ)$OH - C^5H^2Az(CO^2H)^2(\alpha\alpha')$ [Haitinger et Lieben, *Mon. f. Chem.*, 6, 279-329 et *Bull. Soc. Chim.*, 45, 783, 1886].

Elle se forme aussi dans l'action de l'ammoniac sur la pyrone $C^5H^4O^2$ [Haitinger et Lieben, *Mon. f. Chem.*, 5, 363].

Elle cristallise en grandes tables monocliniques contenant $1H^2O$ et fondant à 66-67°. Elle perd cette eau dans l'air sec et le corps anhydre ne fond plus qu'à 148°,5. Elle est très soluble dans l'eau, très peu soluble dans le chloroforme, presque insoluble dans l'éther et dans le benzène. Elle bout à 350°.

Chauffée avec la poudre de zinc, elle régénère la pyridine.

Le perchlorure de fer colore sa solution en jaune rougeâtre.

Le *chloroplatinate* $(C^5H^5OAz, HCl)^2PtCl^4, 2H^2O$ est soluble dans l'eau. Anhydre, il fond vers 200°.

La γ-oxypyridine fournit deux sortes de combinaisons alkylées :

La γ-*méthoxypyridine*

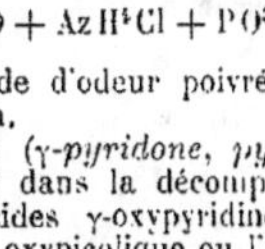

$$\begin{array}{c} C-OCH^3 \\ CH \diagup \diagdown CH \\ CH \diagdown \diagup CH \\ Az \end{array}$$

s'obtient par chauffage à 100° d'une solution méthylique de γ-chloropyridine avec du méthylate de sodium.

Elle est liquide, bout à 191° sous 738 mm., et possède une forte odeur de pyridine : elle est miscible à l'eau.

Chauffée en tube scellé, à 220°, elle se change en son isomère la méthylpyridone.

Az-méthyl-γ-pyridone. — (Voyez 2ᵉ Suppl., 1, 1056). Elle se forme quand on chauffe la γ-oxy-pyridine avec l'iodure de méthyle et de la potasse en solution dans l'alcool méthylique.

Elle est cristalline, fusible à 89°, très hygroscopique, dépourvue d'odeur. C'est une base faible.

Sous l'action du perchlorure de phosphore, l'az-méthyl-γ-pyridone et les az-alkyl-γ-pyridones en général se comportent différemment des dérivés α : les dérivés γ fixent 2Cl à la place de l'atome d'oxygène,

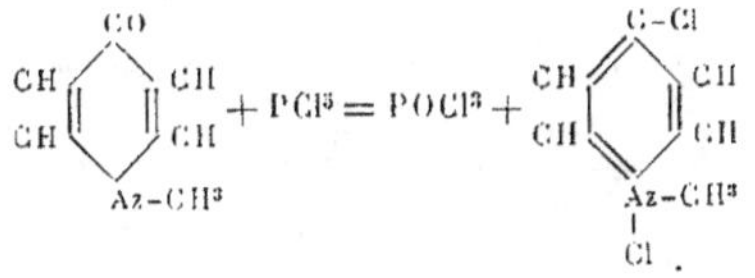

$$\begin{array}{c} CO \\ CH \diagup \diagdown CH \\ CH \diagdown \diagup CH \\ Az-CH^3 \end{array} + PCl^3 = POCl^3 + \begin{array}{c} C-Cl \\ CH \diagup \diagdown CH \\ CH \diagdown \diagup CH \\ Az-CH^3 \\ | \\ Cl \end{array}.$$

tandis que les dérivés α donnent l'α-chloropyridine [Fischer et Demeler, *D. chem. G.*, 32, 1307, 1899].

Az-phényl-γ-pyridone. — (Voyez 2ᵉ Supp., 1, 1056). Le perchlorure de fer produit dans sa solution aqueuse une coloration jaune.

Dibromopyridone. — (Voyez 2ᵉ Suppl., 1, 1056).

Dichloroxypyridine, $C^5H^3Cl^2AzO$. — Fusible à 178° [Königs et Geigy, *D. chem. G.*, 17, 1835, 1884].

αββ'-*Trichloro-az-méthyl-γ-pyridone*. — Préparée par chauffage de l'acide trichlorométhylpyridone-carbonique avec l'eau [Zincke et Fuchs, *Ann. chem.*, 267, 143, 1892]. Fusible à 222°).

αββ'-*Trichloro-az-phényl-γ-pyridone*. — En traitant le chloranile par le chlore, il se forme un produit d'addition dichloré qui fixe une molécule d'aniline pour donner le composé

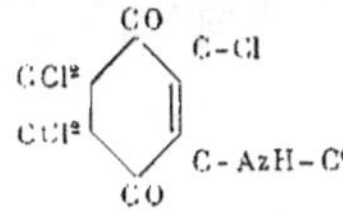

$$\begin{array}{c} CO \\ CCl^2 \diagup \diagdown C-Cl \\ CCl^2 \diagdown \diagup C-AzH-C^6H^5 \\ CO \end{array}$$

qui par chauffage avec les alcalis se transforme en acide trichlorophénylpyridone-carbonique

$$\begin{array}{c} CO \\ CCl \diagup \diagdown C-Cl \\ CCl \diagdown \diagup C-CO^2H \\ Az-C^6H^5 \end{array}$$

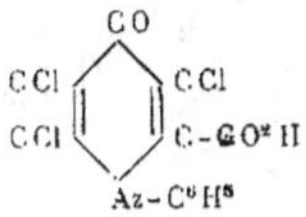

Celui-ci perd CO^2 par ébullition avec l'eau [Zincke, *D. chem. G.*, 33, 1334, 1900].

αα'-*Diméthyl-γ-oxypyridine ou γ-lutidone αα'*. — Elle s'obtient par action de l'acide azoteux sur la solution sulfurique de la γ-amino-αα'-lutidine ou par l'action de l'ammoniaque sur l'acide déhydracétique [Marckwald, *D. chem. G.*, 27, 1317, 1894 ; — Haitinger, *D. chem. G.*, 18, 452, 1885 ; — Miss Sedgwick et Collie, *Chem. Soc.*, 67, 399, 1895] : ou encore par décomposition de l'acide αα'-diméthyl-γ-pyridone-dicarbonique à 270-290° [Conrad et Guthzeit, *D. chem. G.*, 20, 154, 1887 ; — Collie, *Chem. Soc.*, 59, 172, 1891] : ou dans l'action de l'acide chlorhydrique à 150° sur l'éther αα'-diméthyl-γ-chloronicotique [Michaelis et Hanisch, *D. chem. G.*, 35, 3156, 1902].

Traitée par PCl⁵, elle se transforme en γ-*chloro-αα'-diméthylpyridine* fusible à 178°).

La γ-lutidone est très soluble dans l'eau, dans l'alcool, très peu dans l'éther, le benzène et le chloroforme. Elle cristallise de sa solution alcoolique avec $3H^2O$. Anhydre, elle fond à 225° et bout à 350°.

Le perchlorure de fer donne une coloration rouge brun.

Le *chloroplatinate* fond à 224-225°. Le *picrate* à 220° (Conrad et Guthzeit). La *phénylhydrazone* fond à 125° [Pétrenko, *J. f. prakt. Chem.*, **64**, 1901].

γ-Ethoxylutidine-αα'. — Obtenue par chauffage de la γ-chlorolutidine-αα' avec une solution alcoolique d'éthylate de sodium à 150-160°.

C'est une huile bouillant à 207° [Conrad et Epstein, *D. chem. G.*, **20**, 162, 1887].

Az-méthyl-γ-lutidone-αα'. — Préparée par décomposition de l'acide méthyllutidone-ββ'-dicarbonique.

Elle fond à 110°, se dissout dans l'eau et dans l'alcool et peu dans l'éther (Conrad et Guthzeit).

Az-phényl-γ-lutidone. — (Voyez 2° Suppl., **1**, 59).

αα'-Diphényl-γ-pyridone. — Préparée par chauffage à 160° de l'acide déhydrobenzoylacétique avec une solution alcoolique saturée d'ammoniac.

Elle fond à 267°; elle est insoluble dans l'eau et dans l'alcool froid [Feist, *D. chem. G.*, **23**, 3726, 1890].

DIOXYPYRIDINES. — Comme les monooxypyridines, elles peuvent se présenter sous deux formes : la forme phénolique et la forme cétonique.

La αα'-DIOXYPYRIDINE se forme lorsqu'on saponifie complètement l'éther αα'-dioxypyridine-ββ'-dicarbonique ou dioxynicotique. Il y a départ de $2CO^2$ [Errera, *D. chem. G.*, **31**, 1241, 1898].

On peut aussi hydrolyser le produit de l'action du cyanacétate d'éthyle sur l'acétoacétate d'éthyle [Thorpe, *Chem. Soc.*, **87**, 1669, 1905].

Sous sa forme cétonique, elle constitue la *glutaconimide*

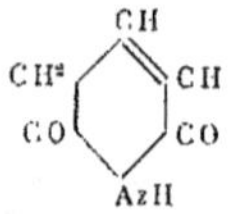

```
        CH
      /    \
  CH²        CH
  |          |
  CO         CO
      \    /
       AzH
```

produite dans l'action de l'acide sulfurique concentré vers 140° sur l'acide glutaconamique, sur la glutaconamide ou sur l'amide β-oxyglutarique :

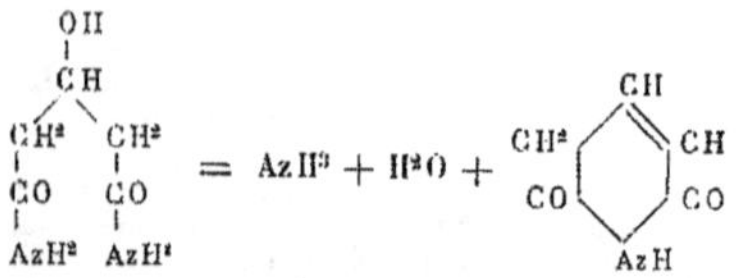

```
 OH
 |
 CH                              CH
CH²   CH²                     CH²    CH
|     |   = AzH³ + H²O +      |       |
CO    CO                     CO      CO
AzH²  AzH⁴                       AzH
```

C'est une base faible. Elle est cristallisée et fond à 195°.

Son *chlorhydrate* $C^5H^5O^2Az \cdot HCl + H^2O$ et son *sulfate* $(C^5H^5O^2Az)^2SO^4H^2 + 2H^2O$ sont décomposés par une grande quantité d'eau.

Comme phénol divalent, elle donne des combinaisons dimétalliques.

Traitée par le sodium et l'iodure de méthyle, elle se transforme en Az-méthyldioxypyridine-αα' $C^5H^4O^2Az \cdot CH^3$.

Les éthers de l'acide glutaconique, soumis à l'action de l'ammoniaque, engendrent des dérivés alkylés de la dioxypyridine. Tous ces composés se conduisent comme des métadiphénols et sont analogues à la résorcine; ils se condensent avec l'anhydride phtalique pour donner des phtaléines qui sont des substances colorées [Ruhemann, *D. chem. G.*, **26**, 1559, 1893]. Ils se colorent en jaune par le perchlorure de fer.

Errera [*D. chem. G.*, **33**, 2973; *Bull. Soc. Chim.*, 1901] a obtenu le *sel d'ammonium de la* αα'-*dioxy*-ββ'-*dicyanopyridine*

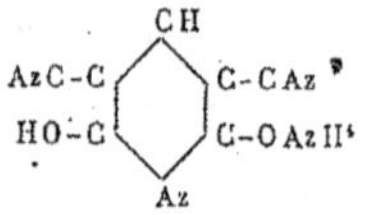

```
         CH
       /    \
 AzC-C        C-CAz
       |      |
 HO-C        C-OAzH⁴
       \    /
        Az
```

par condensation de l'éthylate de sodium avec le cyanacétamide et le chloroforme.

γ-PHÉNYL-β-BENZYL-αα'-DIOXYPYRIDINE. — Fusible à 175°; obtenue en chauffant avec l'ammoniaque l'éther phénylbenzylglutaconique :

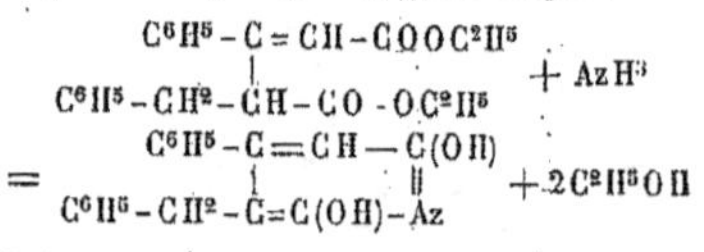

$$C^6H^5 - C = CH - COOC^2H^5$$
$$C^6H^5 - CH^2 - CH - CO - OC^2H^5 \quad + AzH^3$$

$$= \begin{array}{l} C^6H^5 - C = CH - C(OH) \\ C^6H^5 - CH^2 - C = C(OH) - Az \end{array} + 2C^2H^5OH$$

[Ruhemann, *Chem. Soc.*, **74**, 245, 1898].

β'-MÉTHYL-αβ-DIOXYPYRIDINE,

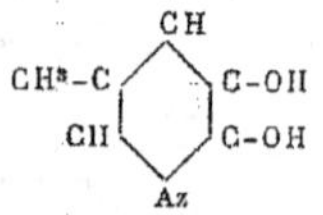

```
         CH
       /    \
 CH³-C        C-OH
       |      |
  CH          C-OH
       \    /
        Az
```

— Fusible à 201°. La condensation de l'éther oxalacétique avec la chloracétone en solution éthérée et l'ammoniac donne l'acide γ-carbonique correspondant que l'on décompose par la chaleur [Feist, *D. chem. G.*, **35**, 1545, 1902; *Bull. Soc. Chim.*, 1903].

αγ-DIOXYPYRIDINE. — Elle se produit quand on chauffe avec de l'acide chlorhydrique concentré l'acide αγ-dioxypyridine-β'-carbonique (Errera). Elle est en gros cristaux rhombiques fusibles à 265°. Elle est colorée en rouge brun par Fe^2Cl^6. C'est une base faible.

L'αγ-*diéthoxypyridine*

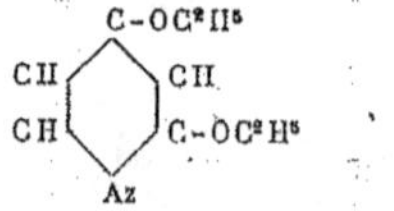

```
         C-OC²H⁵
       /    \
  CH          CH
  |            |
  CH          C-OC²H⁵
       \    /
        Az
```

distille à 231°; elle est volatile avec la vapeur d'eau.

αγ-*dioxy*-α'-*méthylpyridine* (αγ-*dioxy*-α-*picoline*). — (Voyez 2° Suppl. **2**, 1366).

On l'obtient en saponifiant l'éther dioxypicoline carbonique, préparé au moyen du malonate d'éthyle et du β-aminocrotonate d'éthyle [Knœvenagel et Fries, *D. chem. G.*, **31**, 767-776, 1898].

αβ'-DIOXYPYRIDINE,

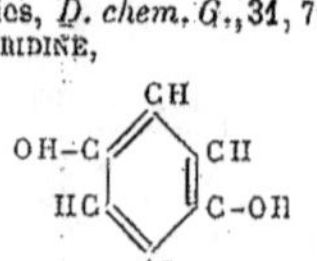

```
         CH
       /    \
 OH-C        CH
       |      |
  HC         C-OH
       \    /
        Az
```

— Elle se forme lorsqu'on oxyde la β-oxypyridine par fusion avec la potasse vers 300°.

Elle fond à 248° et se colore en bleu par Fe^2Cl^6.

Son *chlorhydrate* $C^5H^5O^2Az \cdot HCl + H^2O$ fond à 106°; anhydre, il fond à 154°. Son *dérivé monoacétylé* fond à 156° [Kudernatsch, *Mon. f. Chem.*, **18**. 613-629].

Elle a beaucoup d'analogie avec l'hydroquinone. Les agents d'oxydation la changent en pyrido-quinone

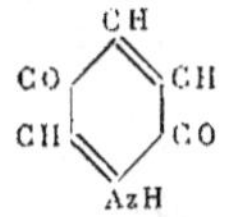

$$
\begin{array}{c}
CH \\
CO \quad\bigcirc\quad CH \\
CH \qquad CO \\
AzH
\end{array}
$$

qui se conduit comme une quinone; elle est hydrogénée par l'acide sulfureux et se combine à la phénylhydrazine.

Az-méthyl-β-γ-oxypyridone,

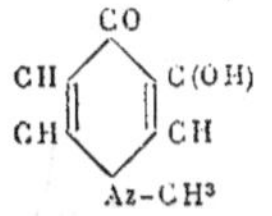

$$
\begin{array}{c}
CO \\
CH \quad\bigcirc\quad C(OH) \\
CH \qquad CH \\
Az-CH^3
\end{array}
$$

— Elle a été obtenue par Maquenne et Philippe par transformation de la ricinine [*Bull. Soc. Chim.*, **33**, 103, 1905].

ββ′-DIOXYPYRIDINE. — Elle résulte de la fusion potassique de l'acide pyridine-disulfonique correspondant. Elle est en aiguilles jaunes fusibles à 255° en s'altérant. Sa dissolution se colore en rouge intense par Fe^2Cl^6 [Königs et Geigy, *D. chem. G.*, **17**, 1836, 1884].

Weidel et Blau [*Mon. f. Chem.*, **6**, 651-667] l'obtiennent en chauffant la dibromopyridine d'Hofmann avec la potasse alcoolique. Elle fondrait d'après ces chimistes à 237-239° en se décomposant.

L'*éther monoéthylique* $C^5H^3Az(OH)(O \cdot C^2H^5)$ fond à 127-128°; l'*éther diéthylique* est un liquide huileux bouillant à 242-246° sous 750 mm. en se décomposant.

TRIOXYPYRIDINES. — La théorie prévoit l'existence de six isomères. On n'en connaît que trois. Ils forment des sels avec les acides et avec les bases.

αα′γ-TRIOXYPYRIDINE (*tricétopipéridine*).

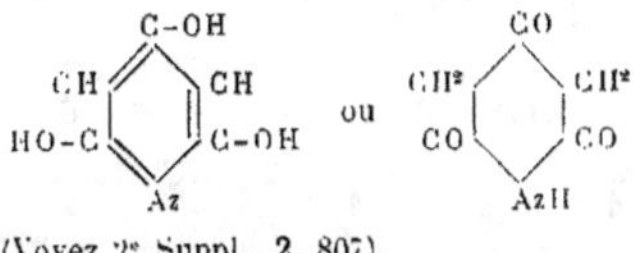

$$
\begin{array}{c}
C-OH \\
CH \quad\bigcirc\quad CH \\
HO-C \qquad C-OH \\
Az
\end{array}
\quad ou \quad
\begin{array}{c}
CO \\
CH^2 \quad\bigcirc\quad CH^2 \\
CO \qquad CO \\
AzH
\end{array}
$$

— (Voyez 2ᵉ Suppl., **2**, 807).

TRIOXYPICOLINE. — L'oxydation par le permanganate de l'αγ-dioxy-α′-picoline fournit une trioxypicoline fusible à 179° [Miss Sedgwick et Collie, *Chem. Soc.*, **67**. 399, 1895].

L'oxydation de l'αγ-dioxy-α′-picoline par l'acide azoteux donne une trioxypicoline en aiguilles violacées fusibles à 264°.

Elle se colore en bleu par Fe^2Cl^6 [Hess, *D. chem. G.*, **32**, 1985; *Bull. Soc. Chim.*, 1899].

αβ′γ-TRIOXYPYRIDINE. — Elle a été obtenue en réduisant à chaud la tétraoxypyridine par l'étain et l'acide chlorhydrique ou par l'acide iodhydrique. Elle se présente en tables rhomboïdales se sublimant sans altération. Elle a une réaction acide et décompose les carbonates (voyez 2ᵉ Suppl., **1**. 1366).

TÉTRAOXYPYRIDINE. — On ne connaît qu'une tétraoxypyridine ou acide oxypyromécazonique (voyez 1ᵉʳ Suppl., **2**, 1332).

Elle cristallise en fines aiguilles à 1 molécule d'eau. Sa solution est acide et décompose les carbonates. Cependant ses combinaisons avec les bases sont fort peu stables.

Le perchlorure de fer colore sa solution en violet.

III. — PYRIDYLALKINES.

Les pyridylalkines ou pyridylalcools prennent naissance par aldolisation des pyridines α-méthylées avec les aldéhydes, lorsqu'on chauffe les deux composés en présence de l'eau [Ladenburg, *D. chem. G.*, **22**, 2583; **24**, 1619, 1891; *Ann. Chem.*, 117] :

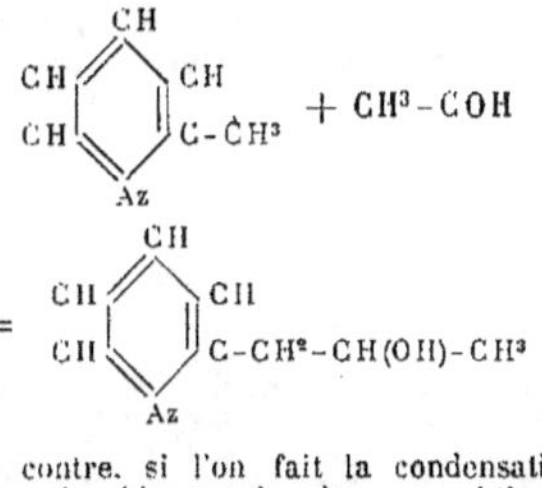

$$
\begin{array}{c}
CH \\
CH \quad\bigcirc\quad CH \\
CH \qquad C-CH^3 \\
Az
\end{array}
+ CH^3-COH
$$

$$
= \quad
\begin{array}{c}
CH \\
CH \quad\bigcirc\quad CH \\
CH \qquad C-CH^2-CH(OH)-CH^3 \\
Az
\end{array}
$$

Par contre, si l'on fait la condensation en présence de chlorure de zinc, on obtient des bases à chaîne latérale non saturée telles que les stilbazols.

Les pyridylalkines se forment encore par hydrogénation des pyridylcétones et par saponification des alkylpyridines halogénées dans la chaîne latérale :

$$
C^5H^4Az \cdot CH^2 \cdot CHBr \cdot CH^3 + H^2O
$$
$$
= HBr + C^5H^4Az \cdot CH^2 \cdot CH(OH) \cdot CH^3.
$$

α-PICOLYLALKINE (*α-éthylol-2-pyridine, méthylol-α-picoline*),

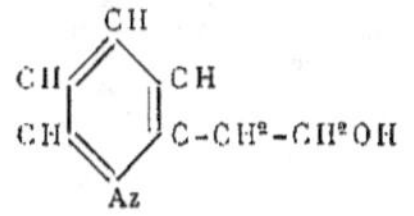

$$
\begin{array}{c}
CH \\
CH \quad\bigcirc\quad CH \\
CH \qquad C-CH^2-CH^2OH \\
Az
\end{array}
$$

— Elle se prépare en chauffant à 130-135° un mélange équimoléculaire de formaldéhyde à 40 0/0 et d'α-picoline [Lipp et Richard, *D. chem. G.*, **37**, 737, 1904].

L'α-picolylalkine constitue un liquide épais, incolore, de densité 1,111 à 0°, bouillant à 114°,5 sous 9 mm. Elle est soluble dans l'eau et dans l'alcool, peu soluble dans l'éther. Elle est très hygroscopique. L'oxydation la transforme en acide pyridine-α-carbonique. Sous l'action de la chaleur ou de l'acide chlorhydrique concentré, elle perd H^2O et se change en vinylpyridine.

Son *chloroplatinate* fond à 175°.

DIMÉTHYLOL-α-PICOLINE,

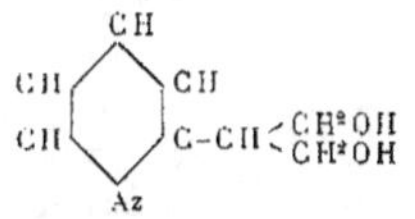

$$
\begin{array}{c}
CH \\
CH \quad\bigcirc\quad CH \\
CH \qquad C-CH \begin{array}{c} CH^2OH \\ CH^2OH \end{array} \\
Az
\end{array}
$$

— Elle se forme dans la préparation de l'α-picolylalkine et constitue même le produit principal de la réaction si l'on emploie deux molécules de formaldéhyde pour une d'α-picoline.

La diméthylol-α-picoline fond à 78°. Elle bleuit le tournesol. Elle forme un *chloromercurate* à

$6\,HgCl^2$, fusible à 161-162°. Lorsqu'on essaie de la distiller, elle perd H^2O et donne la *méthylène-méthylpicoline* $C^5H^4Az - C(= CH^2) - CH^2OH$.

Les éthers benzoïques de la diméthylolpicoline ont été préparés [Lipp et Richard, *D. chem. G.*, **37**, 737, 1904].

On peut séparer la diméthylolpicoline de la monométhylolpicoline à l'état de picrates. Le picrate de la dernière est le moins soluble et fond à 120°, tandis que celui de la première fond à 109° [Königs et Happe, *D. chem. G.*, **35**, 1343, 1902].

TRIMÉTHYLOL-α-PICOLINE. — Elle se forme en petite quantité dans la préparation des composés précédents. On obtient un rendement de 20 à 33 0/0 en partant du dérivé mono ou diméthylolé. La triméthylolpicoline est en aiguilles étoilées fusibles à 68° et se décomposant à 170° [Lipp et Zirngibl, *D. chem. G.*, **39**, 1045, et *Bull. Soc. Chim.*, 1907].

α-PYRIDYLMÉTHYLALKINE,

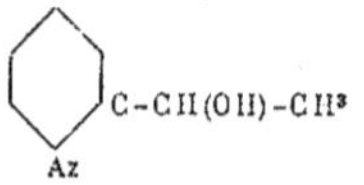

$$C-CH(OH)-CH^3 \quad (Az)$$

— Isomère de l'α-picolylalkine, obtenue par réduction de la méthyl-α-pyridylcétone au moyen de l'amalgame de sodium.

α-PICOLYLMÉTHYLALKINE (*α-propylol-2-pyridine*). — (Voyez 2e Suppl., **1**, 1374-1375).

α-PICOLYLTRICHLOROMÉTHYLALKINE. — (Voyez 2e Suppl., **1**, 1375).

α-PICOLYLÉTHYLALKINE,

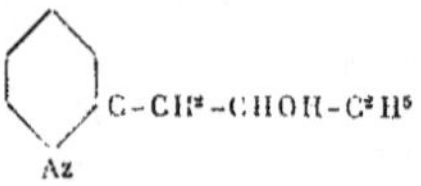

$$C-CH^2-CHOH-C^2H^5 \quad (Az)$$

— Elle se prépare par chauffage en tube scellé de l'α'-picoline avec l'aldéhyde propionique à 160-170°. C'est une huile incolore bouillant à 125-127° sous 18 mm. Le *chloroplatinate* fond à 154°. Distillée avec de la potasse solide elle donne par perte d'eau, l'α-crotylpyridine [Matzdorff, *D. chem. G.*, **23**, 2709, 1890].

La β-ÉTHYL-α-PICOLYLALKINE,

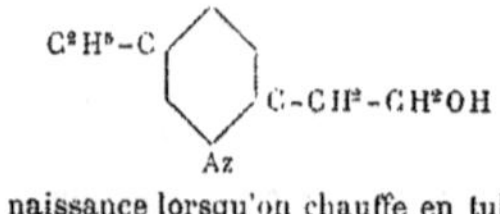

$$C^2H^5-C \quad\quad C-CH^2-CH^2OH \quad (Az)$$

prend naissance lorsqu'on chauffe en tube scellé l'α-méthyl-β'-éthylpyridine avec l'aldéhyde formique. Par déshydratation elle se transforme en β-vinyl-β'-éthylpyridine [Prausnitz, *D. chem. G.*, **25**, 2394, 1892].

γ-MÉTHYL-α-PICOLYLALKINE,

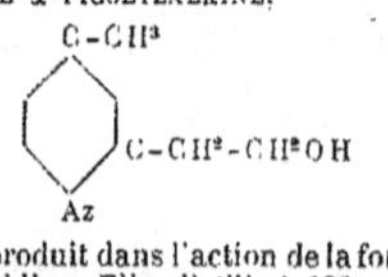

$$C-CH^3 \quad\quad C-CH^2-CH^2OH \quad (Az)$$

— Elle se produit dans l'action de la formaldéhyde sur l'αγ-lutidine. Elle distille à 131° sous 16 mm. [Engels, *D. chem G.*, **33**, 1087, 1900].

La PARANITROPHÉNYL-α-PICOLYLALKINE,

$$C-CH^2-CH(OH)-C^6H^4-AzO^2 \quad (Az)$$

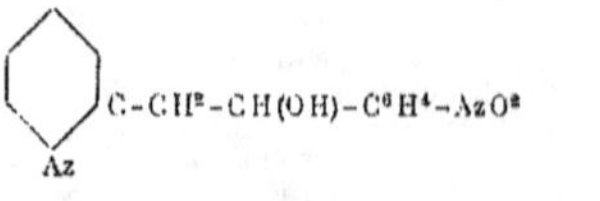

est le produit de l'union de la paranitrobenzaldéhyde avec l'α-picoline à 135°. Elle fond à 165°.

La réduction fournit le *dérivé aminé* correspondant [Knick, *D. chem. G.*, **35**, 1162, 1902].

β'-ÉTHYLPHÉNYL-α-PICOLYLALKINE,

$$C^2H^5-C \quad\quad C-CH^2-CH(OH)-C^6H^5 \quad (Az)$$

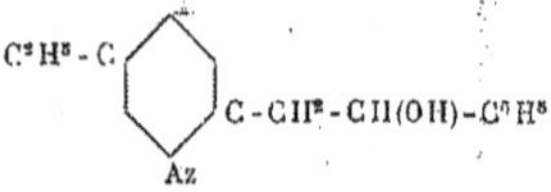

— (Benzaldéhyde et α-méthyl-β'-éthylpyridine). Fusible 88° [Castner, *D. chem. G.*, **34**, 1897].

Avec l'orthonitrobenzaldéhyde on obtient le *dérivé nitré* dans le groupe C^6H^5, fusible 110°.

α'-PHÉNYL-α-O-NITROPHÉNYL-α-PICOLYLALKINE. — $C^6H^5C^5H^3-Az-CH^2-CH(OH)-C^6H^4-AzO^2$. — Elle se prépare par l'α'-phényl-α-méthylpyridine et l'o-nitrobenzaldéhyde [Thorausch, *D. chem. G.*, **35**, 415, 1902].

α-LUTIDYLALKINE (*isopropylol-2-pyridine*),

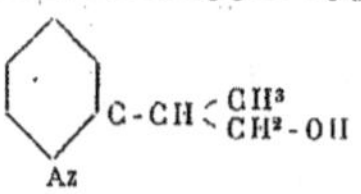

$$C-CH \begin{cases} CH^3 \\ CH^2-OH \end{cases} \quad (Az)$$

— Condensation de l'α-éthylpyridine avec la formaldéhyde (Voy. 2e Suppl., **1**, 1375].

α-PYRIDYLÉTHYLALKINE,

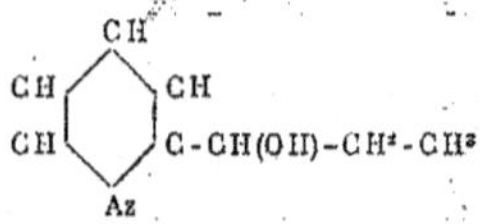

$$CH,\; CH,\; CH,\; CH,\; CH,\; C-CH(OH)-CH^2-CH^3 \quad (Az)$$

— Isomère de l'α-picolylméthylalkine obtenu par hydrogénation de l'α-pyridyléthylcétone; il distille vers 215°.

α'-PICOLYL-β-MÉTHYLALKINE,

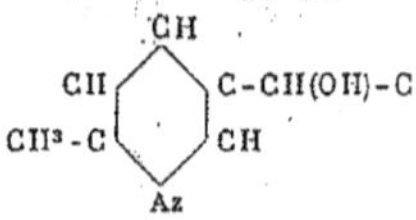

$$CH,\; CH \quad C-CH(OH)-CH^3 \quad CH^3-C \quad CH \quad (Az)$$

— Elle se forme par l'action de l'eau bouillante sur l'α'-méthyl-β-éthylpyridine bromée :

$$CH^3 . C^5H^3Az . CHBr . CH^3 + H^2O$$
$$= HBr + CH^3 . C^5H^3Az - CH(OH) - CH^3$$

[Knudsen, *D. chem. G.*, **28**, 1762, 1895]. Elle fond à 36° et bout à 253°.

Par oxydation elle donne la cétone correspondante.

p-ISOPROPYLPHÉNYL-α-PICOLYLALKINE, $C^5H^4Az - CH^2-CHOH-C^6H^4-C^3H^7$. — Fusible à 80°. Elle se prépare par l'aldéhyde cuminique et l'α-picoline. Elle perd de l'eau à 240° en donnant le stilbazol correspondant [Backe, *D. chem. G.*, **34**, 1893, 1901].

DIMÉTHYLOLPHÉNYL-α-PYRIDYLMÉTHANE,

$$\begin{array}{c} C^6H^5 \\ C^5H^4Az \end{array} C \begin{array}{c} CH^2OH \\ CH^2OH \end{array}$$

— Ce corps se produit lorsqu'on chauffe l'α-benzyl-pyridine avec l'aldéhyde formique en tubes scellés à 150°. Il fond à 106°,5 [Tchitchibabine, *J. prakt. Chem.*, **69**, 310, 1904]. Il se produit dans cette préparation du *phényl-1-α-pyridyl-1-éthylène*.

$$\begin{array}{c} C^6H^5 \\ C^5H^4Az \end{array} C = CH^2 \quad (\text{éb. } 293°).$$

PHÉNYL-PYRIDYLGLYCOL. (1-*phényl-α-pyridylé-thane-diol*) $C^6H^5-(CHOH)^2-C^5H^4Az$. — Il s'obtient en traitant le dibromure de stilbazol par l'oxyde d'argent fraîchement précipité. Il cristallise en feuillets blancs fusibles à 144°. Son *chlorhydrate* fond à 186° [Ladenburg et Kroener. D. chem. G., 36, 119, 1903].

IV. — PYRIDYLCÉTONES.

Les pyridylcétones sont des produits d'oxydation des alkines. Elles ont été obtenues par la méthode de Piria en distillant les sels de calcium des acides pyridine-carboniques avec le sel de calcium d'un acide gras [Engler, D. chem. G., 24, 2539, et 2525, 1891].

L'hydrogène naissant les transforme en pyridylalkines, puis en hydroalkines.

α-PYRIDYLMÉTHYLCÉTONE,

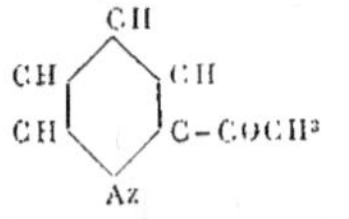

```
          CH
        /    \
     CH        CH
     CH        C-COCH³
        \    /
          Az
```

— Elle se prépare au moyen du pyridine-α-carbonate de calcium et de l'acétate de calcium. On la purifie en la transformant en phénylhydrazone.

C'est un liquide incolore, jaunissant à l'air, présentant une odeur très caractéristique. Il bout à 192°. Il est soluble dans l'alcool.

Son *oxime* fond à 120° et sa *phénylhydrazone* à 155° [Engler et Rosunoff. D. chem. G., 24, 2527 et Bull. Soc. Chim., 6, 965, 1891].

L'α-pyridylcétone condensée avec la benzaldéhyde ne fournit jamais l'aldol, mais une cétone non saturée, l'*α-pyridylcinnaménylcétone*, fusible à 75°. Avec 2 molécules de cétone on obtient la *benzaldiméthyl-α-pyridylcétone* $C^6H^5.CH(CH^2.CO.C^5H^4Az)^2$. L'orthonitrobenzaldéhyde donne l'aldol ou la cétone non saturée [Engler, D. chem. G., 35. 4061 et Bull. Soc. Chim., 30. 947. 1903].

PYRIDYL-β-MÉTHYLCÉTONE,

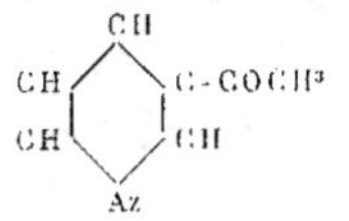

```
          CH
        /    \
     CH        C-COCH³
     CH        CH
        \    /
          Az
```

— On l'obtient par la méthode générale. C'est un liquide incolore bouillant à 220° et dont l'oxime fond à 112°.

α-PICOLYL-β-MÉTHYLCÉTONE,

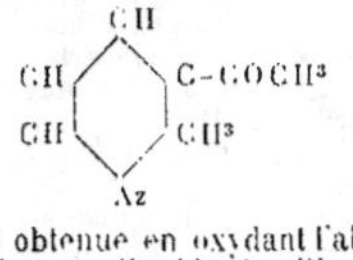

```
          CH
        /    \
     CH        C-COCH³
     CH        CH³
        \    /
          Az
```

— Elle a été obtenue en oxydant l'alkine correspondante. C'est un liquide bouillant à 233° et possédant une odeur aromatique. Son *oxime* fond à 182° [Knudsen. D. chem. G., 28, 1762 et 25, 2985].

PYRIDYL-α'-ÉTHYLCÉTONE,

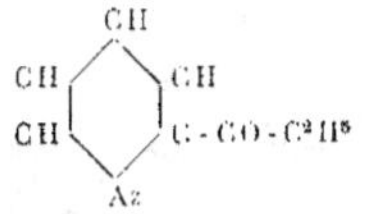

```
          CH
        /    \
     CH        CH
     CH        C-CO-C²H⁵
        \    /
          Az
```

— Elle se produit par distillation sèche d'un mélange de pyridine-α-carbonate de calcium et de propionate de calcium [Engler et Bauer, D. chem. G., 24, 2530. 1891].

On la purifie par transformation en oxime.

C'est un liquide incolore, à odeur particulière, bouillant à 205°. brunissant à l'air, presque insoluble. Son *oxime* fond à 106° et sa *phénylhydrazone* à 142° [Pinner, D. chem. G., 34, 4242].

Le *chlorhydrate* s'obtient en saturant par HCl la solution éthérée de la base; il fond à 149°. Le *chloraurate* et le *chloroplatinate* sont cristallisés. L'*iodométhylate* fond à 160°. le *chloroiodure* à 124°. Hydrogénée par l'amalgame de sodium et l'alcool, elle fournit d'abord une *pinacone*

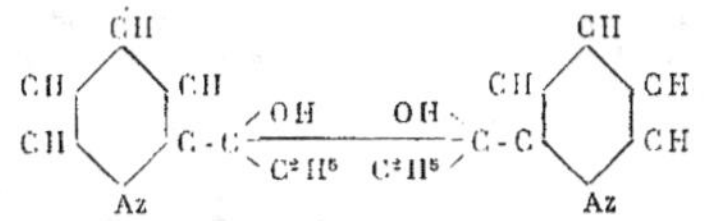

```
      CH                              CH
    /    \                          /    \
 CH        CH   /OH      OH\     CH        CH
 CH        C-C              C-C        CH
    \    / \ C²H⁵   C²H⁵ /    \    /
     Az                            Az
```

en aiguilles fusibles à 135°, puis par une action prolongée il se produit l'éthylpyridylalkine-α.

Quand on réalise l'hydrogénation en ajoutant du sodium en fils à une dissolution d'éthyl-α'-pyridylcétone dans l'alcool absolu ou dans l'alcool amylique, l'action est plus énergique et l'on obtient l'éthyl-α-pipérylalkine (Voy. 2° Suppl., 1371).

ÉTHYL-β-PYRIDYLCÉTONE,

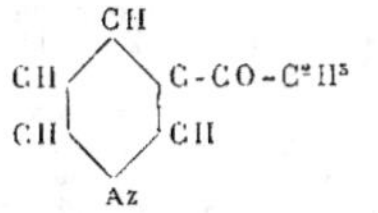

```
          CH
        /    \
     CH        C-CO-C²H⁵
     CH        CH
        \    /
          Az
```

— Elle se prépare au moyen des nicotate et propionate de calcium. On la purifie par transformation en hydrazone.

Cette cétone est constituée par un liquide incolore, brunissant à l'air, bouillant à 231°; soluble dans l'alcool, l'éther et les acides. L'*oxime* cristallise dans la ligroïne et fond à 115°. Le *chloromercurate* fond à 130°.

α-PROPYLPYRIDYLCÉTONE, $C^5H^4Az.CO.C^3H^7$. — On l'obtient au moyen des picolate et butyrate de calcium. On distille le produit brut et l'on recueille la fraction 216-218°.

Le *chloromercurate* fond à 78°; l'*iodométhylate* est très soluble et fond à 79°. L'*oxime* forme des cristaux incolores solubles dans l'éther de pétrole. fusibles à 48°. La *phénylhydrazone* fond à 72°. La *pinacone*. obtenue par réduction, cristallise dans l'alcool chaud en cristaux fusibles à 146° [Engler et Majmon, D. chem. G., 24, 2536, 1891].

On peut encore obtenir l'α-propylpyridylcétone en décomposant par l'acide chlorhydrique l'éther α-pyridoyléthylacétique [Pinner, D. chem G., 34, 4242. 1901].

β-PYRIDYLPROPYLCÉTONE, $C^5H^4Az-CO-C^3H^7$. — Elle se prépare par les nicotate et butyrate de calcium.

C'est une huile à peine colorée bouillant à 246-252°. Son *hydrazone* est soluble dans l'alcool et fond à 182°. Le *chloromercurate* fond à 176°; l'*iodoéthylate* à 192° [Engler, loc. cit.].

α-PYRIDYLPHÉNYLCÉTONE. $C^5H^4Az-CO.C^6H^5$, ou α-BENZOYLPYRIDINE. — Elle peut s'obtenir par oxydation de l'α-benzylpyridine en liqueur neutre par le permanganate [Tchitchibabine, Journ. Soc. Phys. chim. russe. 33, 21], par distillation sur la chaux des acides α-phénylpyridine-dicarboniques [Skraup et Cobenzl, Mon. f. Chem.,

4, 474], ou enfin par distillation sur la chaux de l'acide α-phénylène-pyridine-cétone-dicarbonique [Döbner et Peters, *D. chem. G.*, **23**, 1237, 1890].

C'est un liquide huileux distillant à 316°, base faible insoluble dans l'eau. Le *picrate* fond à 130° [Tchitchibabine, *Journ. Soc. phys. chim. russe*, **33**, 700].

α-Phénylpyridine-phénylène-cétone,

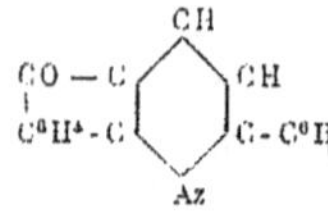

$$CO-C\underset{Az}{\overset{CH}{\underset{\displaystyle C^6H^4-C}{\bigcirc}}}\overset{CH}{\underset{C-C^6H^5}{}}$$

— Elle se produit dans la distillation sur la chaux de l'acide γ-carbonique correspondant [Bernthsen et Mettegang, *D. chem. G.*, **20**, 1208, 1887].

β-Phénylpyridylcétone ou β-*benzoylpyridine*,

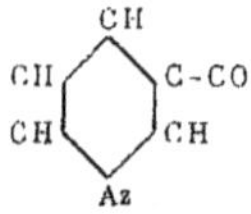

$$CH\underset{Az}{\overset{CH}{\underset{\displaystyle CH}{\bigcirc}}}\overset{C-CO-C^6H^5}{\underset{CH}{}}$$

— Produit de la décomposition à 150° de l'acide α-carbonique correspondant.

Elle fond à 128-129°. Elle est insoluble dans l'eau, très soluble dans l'alcool chaud. L'*oxime* obtenue avec 5 à 6 mol. d'hydroxylamine, fond à 141°. Avec 2mol,5 d'hydroxylamine on obtient une autre *oxime* qui fond à 162-163° [Jeiteles, *Mon. f. Chem.*, **17**, 515].

γ-Pyridylphénylcétone (γ-*benzoylpyridine*). — On l'obtient par décomposition à 260°, de l'acide β-carbonique correspondant ou par oxydation de la γ-benzylpyridine (Philips, Tchitchibabine). Elle fond à 67° et bout à 315°.

β-*Pyridyl-p-crésylcétone*,

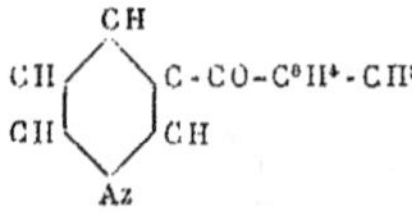

$$CH\underset{Az}{\overset{CH}{\underset{\displaystyle CH}{\bigcirc}}}\overset{C-CO-C^6H^4-CH^3}{\underset{CH}{}}$$

— Elle se prépare par distillation sur la chaux de l'acide β-p-toluylpicolique. Elle fond à 78° et son *oxime* à 167° (Just).

POLYCÉTONES.

α-Acétylacétylpyridine,

$$\underset{Az}{\bigcirc}C-COCH^2-COCH^3$$

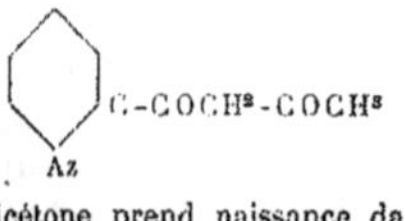

— Cette dicétone prend naissance dans l'action de l'acétone sur le picolate d'éthyle en présence d'éthylate de sodium.

Elle fond à 49-50°, bout à 139° sous 15 mm. Elle est insoluble dans l'eau froide, très soluble dans l'alcool, l'éther, le chloroforme.

Elle donne une *monoxime* et une *dioxime* [Micko, *Mon. f. Chem.*, **17**, 442].

La β-Acétylpyridine s'obtient par la condensation du nicotate d'éthyle avec l'acétone en solution dans l'éther absolu en présence de sodium.

Elle fond à 85° et distille à 171° sous 15 mm. Elle est très soluble dans les solvants organiques. Le *chlorhydrate* fond à 92° et le *chloropla-*

tinate à 174° [Ferenczy, *Mon. f. Chem.*, **18**, 673]. Elle ne donne qu'une *dioxime*.

ββ'-Diacétyllutidine. — On traite par l'ammoniaque la méthylènediacétyl-acétone, produit de condensation de la formaldéhyde avec l'acétylacétone, ce qui donne la dihydrodiacétyllutidine que l'on oxyde. On obtient un produit fusible à 72°.

ββ'-Diacétyl-γ-phényl-αα'-lutidine. — Elle a été obtenue par chauffage du dihydrure provenant de la condensation de la benzalacétylacétone sur l'aminoacétylacétone. Elle fond à 188° [Knœvenagel et Ruschhaupt, *D. chem. G.*, **31**, 1025, 1898].

γ-Acétylacétylpyridine. — C'est le produit de la condensation de l'éther isonicotinique avec l'acétone en présence d'éthylate de sodium. Elle fond à 62°, bout à 146° sous 18 mm., ne donne qu'un *monoxime* fusible à 164°,5 [Tescherne, *Mon. f. Chem.*, **22**, 615 et *Bull. Soc. Chim.*, **28**, 845, 1902].

α-Diphénylène-pyridine-diacétone,

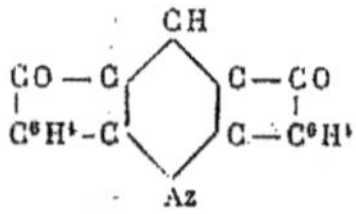

$$CO-C\underset{Az}{\overset{CH}{\underset{\displaystyle C^6H^4-C}{\bigcirc}}}\underset{C-C^6H^4}{\overset{C-CO}{}}$$

— Elle se prépare par condensation de l'indanedione avec l'éther orthoformique et l'ammoniaque [Errera, *Gazz. chim. ital.*, **32**, 330].

V. — ACIDES PYRIDINE-CARBONIQUES.

(Voyez 1er Suppl., **2**, 1322). — Ces acides sont tous solides, assez solubles dans l'eau et dans l'alcool, peu ou point solubles dans l'éther et le benzène.

Ils se combinent avec les bases et avec les acides, mais leur propriété basique s'atténue à mesure que croît dans la molécule le nombre des carboxyles. Les sels de la fonction amine des acides bibasiques sont déjà dissociés par l'eau et tout caractère basique a disparu dans l'acide pyridine-pentacarbonique.

Les composés pyridiques qui possèdent en α un groupe CO^2H se colorent en jaune rougeâtre sous l'influence du sulfate ferreux. Cette réaction est très générale [Skraup, *Mon. f. Chem.*, **7**, 210].

ACIDES PYRIDINE-MONOCARBONIQUES.

Ces acides fournissent par l'action des iodures alcooliques des iodoalkylates et des bétaïnes [Meyer, *Mon. f. Chem.*, **24**, 195, 1903].

Les chlorures de phosphore ne réagissent pas sur les acides pyridine-monocarboniques ou ne donnent que des traces de chlorures d'acides. Avec le chlorure de thionyle, au contraire, la chloruration se fait très bien [Meyer, *Mon. f. Chem.*, **22**, 109].

Acide pyridine-α-carbonique (*acide picolique, pyridine-méthyloïque-2*) [voyez 1er Suppl., **2**, 1283]. — Cet acide se produit lorsqu'on oxyde par le mélange chromique l'α-phénylpyridine [Skraup et Kobenzl, *Mon. f. Chem.*, **4**, 477].

L'hydrogénation par l'amalgame de sodium le dédouble en ammoniac et *acide oxysorbique*.

Lorsqu'on opère en liqueur très alcaline, il se forme de l'*acide z-oxyadipique* [Weidel, *Mon. f. Chem.*, **11**, 501-526].

Hydrogéné par la poudre de zinc et l'acide acétique, il donne l'α-picoline. Avec l'acide iodhydrique fumant à 270°, il y a formation d'α-picoline, d'anhydride carbonique et de pipéridine.

Le *chlorure d'acide* obtenu par le chlorure de thionyle fond à 220° (Meyer).

Éther méthylique (picolate de méthyle). — On le prépare en saturant de gaz chlorhydrique une solution d'acide picolique dans l'alcool méthylique. Il fond à 14° et bout à 232° [Engler, *D. chem. G.*, 27, 1784, 1894].

Éther éthylique (picolate d'éthyle). — Il se prépare en chauffant en autoclave le sel de potassium de l'acide picolique avec du sulfovinate de potassium dans l'alcool absolu [Meyer, *Mon. f. Chem.*, 15, 164].

C'est un liquide bouillant à 240° et cristallisant par refroidissement [Camps, *Bull. Soc. Chim.*, 1903]. Traité à 105-110° par une solution alcoolique d'ammoniac, il fournit l'*amide* $C^5H^4Az-CO-AzH^2$ fondant à 103°,5 (Meyer) ou à 107° (Engler).

Le *picolate de propyle* bout à 255°, celui d'*isoamyle* à 278° (Engler), celui d'*isobutyle* à 261°.

Acide β-monochloropicolique, $C^5H^3ClAz.CO^2H$. — On traite l'acide picolique par le perchlorure de phosphore à 250-270°. L'huile obtenue, chauffée avec de l'acide sulfurique à 80 0/0, perd de l'acide chlorhydrique et donne un mélange d'acides chloropicoliques.

En traitant par l'eau le produit de cette réaction, il se produit un dépôt cristallin qui abandonne au chloroforme de l'acide *monochloropicolique* et à l'acide chlorhydrique bouillant de l'acide *monochloroxypicolique*.

L'acide monochloropicolique est en aiguilles incolores, fusibles à 180° en se décomposant, peu solubles dans l'eau froide, très solubles dans l'eau bouillante, l'alcool, l'éther, le chloroforme.

L'acide monochloroxypicolique se décompose au-dessus de 315° sans fondre [Seyfferth, *J. prakt. Chem.*, (2), 34, 241-264, 1886].

Acide γ-chloropicolique. — On le prépare en oxydant la γ-chloropicoline par le permanganate de potassium [Sedgwick et Collie, *Chem. Soc.*, 67, 406, 1895]. Il fond à 194-195°.

Acide dichloropicolique. — Il se produit dans la décomposition par l'acide sulfurique à 80 0/0 de la pentachloropicoline :

$$C^5H^2Cl^2Az.CCl^3 + 2H^2O = C^6H^3Cl^2AzO^2 + 3HCl$$

[Ost, *J. prakt. Chem.*, (2), 27, 281].

Il fond à 180°. Il est peu soluble dans l'eau froide, soluble dans le chloroforme.

Acide βγβ'-trichloropyridine-α-carbonique. — Il se prépare par l'action de l'acide sulfurique sur l'hexachloropicoline.

Son *éther méthylique* fond à 84°, et donne par l'ammoniaque l'*amide trichloropyridine-carbonique* fusible à 184°, que l'hypobromite de potasse transforme en amine [Sell, *Chem. Soc.*, 87, 301, 799, 1905].

Acide dioxypicolique. — Voyez *Acide roménanique*, 2e Suppl., 1, 1366.

L'acide α'γ-dioxypicolique se prépare par l'oxydation de la α'γ-dichloropicoline.

L'acide *diéthoxypicolique* se prépare par l'action de l'éthylate de sodium sur l'acide dichloropicolique. Il fond à 271° [Miss Ledgwick et Collie, *Chem. Soc.*, 67, 399, 1895].

L'acide *dichloracétopicolique*,

$$C^5H^3Az \big\langle {}^{CO-CHCl^2}_{CO^2H}$$

a été obtenu en partant de la chloroxypyrindone. Chauffé avec de l'acide persulfurique, il est transformé en *lactone-β-dichloroxyvinylpicolique*,

$$C^5H^3Az \big\langle {}^{C=C=Cl^2}_{CO} \big\rangle O$$

fusible à 133°,5.

Cette lactone ou l'acide, chauffés avec de l'acide chlorhydrique concentré, fournissent la *lactone β-oxyméthylpicolique*

$$C^5H^3Az \big\langle {}^{CH^2}_{CO} \big\rangle O$$

ou *pyridine-phtalide*, qui se transforme par l'acide iodhydrique en acide β-méthylpyridine-α-carbonique.

L'*acide dichloracétopicolique* fournit par chloruration l'acide trichloracétopicolique

$$C^5H^2Az \big\langle {}^{CO.CCl^3}_{CO^2H}$$

fusible à 174° [Zincke et Winzheimer, *Ann. Chem.*, 290, 321 à 359, 1896].

L'*acide β-benzoylpicolique* se forme dans l'action de l'anhydride quinoléique sur le benzène, en présence du chlorure d'aluminium :

$$\text{(benzène)} \big\langle {}^{C-CO}_{C-CO} \big\rangle O + C^6H^6 = \text{(benzène)} \big\langle {}^{C-CO-C^6H^5}_{C-CO^2H}$$

Il fond à 147° en perdant CO^2 [Zeiteles, *Mon. f. Chem.*, 17, 505].

Acide β-paratoluylpicolique,

$$\big\langle {}^{C-CO-C^6H^4-CH^3}_{C-CO^2H}$$

— Il a été obtenu par l'action de l'anhydride quinoléique sur le toluène en présence de chlorure d'aluminium. Il fond à 166°.

Distillé sur la chaux, il se transforme en β-paracrésylpyridylcétone [Just, *Mon. f. Chem.*, 18, 452-460]. Par oxydation il donne l'*acide β-benzoyl-p-carbonique-picolique* [*Mon. f. Chem.*, 24, 981 ; — Fulda].

Éther pyridoylacétique. — Les éthers picoliques se condensent avec l'éther acétique, en présence d'éthylate de sodium, pour donner l'éther pyridoylacétique $C^5H^4Az-CO.CH^2-CO^2.C^2H^5$, qui fond à 234° en se décomposant [Pinner, *D. chem. G.*, 34, 4234, 1901].

Avec l'éther propionique on obtient l'*éther α-pyridoylméthylacétique*,

$$C^5H^4Az-CO-CH \big\langle {}^{CO^2-C^2H^3}_{CH^3}$$

ACIDE PYRIDINE-β-CARBONIQUE (*acide nicotique, nicotinique, nicotianique, pyridine-méthyloïque-3*) — Voy. 1er suppl., 2, 1076. Cet acide se produit dans l'oxydation de la β-phénylpyridine [Skraup et Cobenzl, *Mon. f. Chem.*, 4, 453], dans l'action ménagée de la chaleur sur divers acides pyridine-dicarboniques tels que l'acide cinchoméronique, l'acide isocinchoméronique, l'acide quinoléique et l'acide berbéronique.

Le *nitrile* s'obtient par la distillation du pyridine-β-sulfonate de sodium avec le cyanure de potassium [Fischer, *D. chem. G.*, 15, 63, 1882].

L'hydrogénation, par l'amalgame de sodium en liqueur fortement alcaline, le change en acide γ-oxy-α-méthylglutarique [Weidel, *Mon. f. Chem.*, 11, 503].

Le perchlorure de fer ne colore pas sa dissolution aqueuse.

Son *éther méthylique*, $C^5H^4Az\,CO^2CH^3$, fond à 38° et bout à 204°. Il se prépare comme le picolate de méthyle.

Son *éther éthylique* bout à 218°, et se solidifie au-dessous de 0°. L'*éther propylique* bout à 232°. L'*éther amylique* à 252°.

Le *chlorure nicotique* fond à 245° (Meyer).

L'*amide nicotique* se prépare en dirigeant lentement le gaz ammoniac dans une solution de l'éther méthylique dans l'alcool méthylique. Elle fond à 125°.

Le nicotate de potassium se combine à l'iodure de méthyle pour donner un iodure d'ammonium composé, l'iodure de méthylnicotyl-ammonium.

Celui-ci se transforme par l'hydrate d'argent en hydroxyde, et l'hydroxyde par perte d'eau donne une bétaïne [voyez 2° Suppl., 1, 674].

L'acide nicotique donne une *hydrazide* $C^5H^4 Az-CO-AzH-AzH^2$, fusible à 158°,5, que l'acide azoteux transforme en *azide* $C^5H^4Az-CO-Az^3$, fondant à 47°,5.

Cette azide, chauffée avec l'alcool absolu, se transforme en β-*pyridyluréthane* fusible à 86°,5 [Curtius et Mohr, *D. chem. G.*, **31**, 2493 et *Bull. Soc. Chim.*, **22**, 26, 1899].

Acide α'-chloronicotique. — Il se prépare par l'action de l'acide α'-oxynicotique sur le perchlorure de phosphore [Pechmann et Welsh, *D. chem. G.*. **17**, 2392, 1884].

Il fond à 199°. Traité par l'hydrate d'hydrazine, il donne l'hydrazide α'-hydrazinopyridine-β-carbonique $AzH^2-AzH-C^5H^3Az-CO-AzH-AzH^2$. Celle-ci, traitée par HCl, donne l'acide α'-hydrazino-β-carbonique, fondant à 283° [Marckwald et Rudzik, *D. chem. G.*, **36**, 1111, 1903].

Acide β-chloronicotique. — On l'obtient par chauffage de la β-chloroquinoléine avec l'acide azotique. Il fond vers 235° [Edinger, Lubberger [*J. prakt. Chem.*, (2), **54**, 352, 1896].

Acide dichloronicotique. — Il se forme dans l'action du perchlorure de phosphore sur l'acide nicotique [Seyfferth, *J. prakt. Chem.*, (2), **34**, 241-264, 1886].

Acide γ-bromonicotique. — On l'obtient par fusion de l'acide bromoquinoléique [Claus et Collischonn, *D. chem. G.*, **19**, 2768]. Il fond à 183° [Claus et Pychlau, *J. prakt. Chem.*, **47**, 414, 1893].

Acide α'-oxynicotique. — L'éther de l'acide coumalique, traité par l'ammoniac, donne l'acide oxynicotique (voy. 2° Suppl., 1, 1379). On dissout une partie d'éther coumalique dans l'ammoniaque froide à 15 0/0, on ajoute 6 parties de soude caustique et on fait bouillir quelques minutes. On précipite l'acide par HCl, et on le fait cristalliser dans l'acide acétique. On peut encore obtenir ce corps en fondant avec de la potasse l'acide quinoléique, ce qui donne d'abord l'acide oxyquinoléique qui se transforme, par chauffage avec de l'eau à 195°, en acide oxypyridine-monocarbonique [Königs et Geigy, *D. chem. G.*, **17**, 589, 1844].

Il fond à 303° en se décomposant. Il est peu soluble dans l'eau bouillante, insoluble dans l'éther, l'alcool, le chloroforme, le benzène. En solution sodique neutre, il précipite les sels de cuivre, de plomb, d'argent à froid, de baryum et de calcium à chaud. Distillé sur la poudre de zinc, il donne la pyridine.

L'hydrogène naissant, produit par le zinc et l'acide chlorhydrique, le transforme en acide nicotique [Pechmann et Welsh, *D. chem. G.*, **17**, 2384, 1884]. L'amalgame de sodium donne l'acide iso-α-méthylglutaconique et l'acide iodhydrique donne l'acide α-méthylglutaconique.

L'acide α'-*méthoxynicotique*,

$$\begin{array}{c} CH \\ CH \diagup\diagdown C-CO^2H \\ CH^3-O-C \diagdown\diagup CH \\ Az \end{array}$$

(Voy. 2° Suppl., 1379) peut s'obtenir en chauffant l'acide oxynicotique avec de la potasse, puis traitant la masse ainsi obtenue par l'alcool méthylique et l'iodure de méthyle à 100-110°, pendant 3 heures. Il cristallise en fines aiguilles contenant $1H^2O$ qui se dégage à 100°. L'acide anhydre fond à 237°. Il est insoluble dans l'eau froide, l'alcool, l'éther et l'acide acétique, soluble dans l'eau bouillante.

L'*acide α'-éthoxynicotique* se prépare en chauffant l'éther méthylique de l'acide α'-chloronicotique avec de la soude alcoolique. Il fond à 183° [Reissert, *D. chem. G.*, **28**, 119 et *Bull. Soc. Chim.*, **14**, 1510, 1895.

Acide phénoxynicotique. — Voy. 2° Suppl.. 1, 1379].

Acide monochloroxynicotique, $C^5H^2Cl(OH)Az$. — Il se forme dans l'action du perchlorure de phosphore sur l'acide nicotique. Il est en aiguilles blanches fusibles à 138°. Il forme des sels très solubles et incristallisables [Seyfferth, *loc. cit.*].

Acide α-acétonicotique,

$$\begin{array}{c} CH \\ CH \diagup\diagdown C-CO^2H \\ CH \diagdown\diagup C-COCH^3 \\ Az \end{array}$$

Lorsqu'on oxyde par le chlorure de chaux la quinoléine, on obtient la lactone de l'acide carbopyridylglycérique

$$\begin{array}{c} COOH \\ | \\ C \\ | \\ C \\ Az \quad CH(OH)-CH(OH)-COOH \end{array}$$

qui par chauffage avec l'eau à 140-150° donne l'acide acétonicotique [Rosenheim et Tafel, *D. chem. G.*, **26**, 1501, 1893].

L'*acide αα'-dioxypyridine-β-carbonique* ou *αα'dioxynicotique* s'obtient par saponification partielle de l'éther αα'-dioxypyridine-ββ'-dicarbonique de Errera. Le monoéther ainsi obtenu, soumis à l'ébullition en solution aqueuse, perd CO^2 et donne l'éther αα'-dioxypyridine-β-carbonique qui cristallise à 179°.

Errera a obtenu l'*acide αγ-dioxypyridine-β'-carbonique* à l'état d'éther dans la condensation de l'éther o-formique avec l'éther acétone-dicarbonique et l'ammoniac :

$$\begin{array}{c} CH^2-CO-OC^2H^5 \\ | \\ CO \\ | \\ C^2H^5-O-CO-CH^2 \end{array} + \begin{array}{c} C^2H^5O \\ C^2H^5O \end{array}CHOC^2H^5 \quad + H^2AzH$$

$$= 4\, C^2H^5OH + CO \begin{array}{c} CH^2\, CO \\ \diagup\diagdown \\ \diagdown\diagup \\ C\quad CH \\ | \\ CO^2-C^2H^5 \end{array} AzH$$

L'éther fond à 2[3° en se décomposant [*D. chem. G.*, **31**, 1682 et *Bull. Soc. Chim.*, **22**, 348].

Ruhemann a obtenu l'*acide α-oxy-α'-méthyl-γ-phénylpyridine-β-carbonique* par l'action de l'ammoniaque alcoolique sur le phénylméthyl-α-pyrone-carbonate d'éthyle. L'éther fond à 184° [*Chem. Soc.*, **75**, 411, 1899].

Acide γ-benzoylnicotique. — On l'obtient par l'action du benzène sur l'acide cinchoméronique en présence de chlorure d'aluminium.

Il perd CO_2 à 260° en donnant la γ-phénylpyridylcétone. Il se condense en présence d'acide sulfurique en donnant la β-anthrapyridine-quinone [Philips. *D. chem. G.*, **27**. 1923, 1894].

ACIDE PYRIDINE-γ-CARBONIQUE (*acide isonicotique, isonicotianique, pyridine-méthyloïque-4*). — Voy. 1er Suppl.. **2**, 965.

Réduit par l'amalgame de sodium, en liqueur alcaline. il se transforme en acide δ-oxyéthylsurcinique [Weidel, *Mon. f. Chem.*. **11**, 501, 526].

Le *chlorure isonicotique* fond à 250-270°.

L'*éther éthylique* est un liquide d'odeur agréable bouillant à 219°. et donnant un *chlorhydrate* fusible à 165° [Pinner. *D. chem. G.*, **34**. 4242, 1901].

Acides chloropyridine-γ-carboniques. — Le perchlorure de phosphore et l'oxychlorure de phosphore réagissant sur l'acide citrazinique donnent des acides *chlorooxy, dichloro, tétrachloronicotique* [Sell et Dootson, *Chem. Soc.*, **71**. 1068: *Bull. Soc. Chim.*. **20**, 44. 1898].

L'*acide dichloropyridine-γ-carbonique* fond à 210°.

L'*acide tétrachloropyridine-γ-carbonique*. chauffé avec de l'eau en tube scellé, se transforme en αβα'β'-tétrachloropyridine.

Acide αα'-dioxypyridine-γ-carbonique ou *acide citrazinique.* — Voy. 2e Suppl.

HOMOLOGUES DES ACIDES PYRIDINE-MONOCARBONIQUES. — La théorie prévoit l'existence de 10 acides *méthylpyridine-monocarboniques* ou *picoline-monocarboniques.*

On en connaît 6 (voy. 1er Suppl.. **2**, 1282).

L'ACIDE α-MÉTHYLPYRIDINE-γ-CARBONIQUE,

$$\begin{array}{ccc} & C-CO_2H & \\ CH & & CH \\ CH & & C-CH^3 \\ & Az & \end{array}$$

est l'acide] obtenu par Böttinger dans la décomposition de l'acide uvitonique. Il cristallise avec 1 H_2O. Il fond à 95° et se déshydrate à 100°.

Le *sel de calcium* donne facilement des solutions aqueuses sursaturées [Böttinger, *D. chem. G.*, **17**, 53 et 92, 1884].

Ladenburg et Scholtze [*D. chem. G.*, **33**, 1081], ont préparé cet acide par oxydation de l'αα'-lutidine par le permanganate à 50-60°.

Acide α'-chloro-α-méthylpyridine-γ-carbonique. — Il se prépare au moyen du β-aminocrotonate d'éthyle. Il est insoluble dans l'eau bouillante. Il fond à 214° [Aston et Collie. *Chem. Soc.*. **71**. 65, 1897].

L'*acide γ-chloro-γ-méthylpyridine-α-carbonique*, se produit en même temps que l'isomère précédent. Il fond à 98°.

L'ACIDE α-MÉTHYLPYRIDINE-β'-CARBONIQUE a été retiré des produits d'oxydation de la collidine de l'aldéhyde par le permanganate. Il cristallise en petits prismes fusibles à 207° [Ladenburg, Dürkopf].

Son *chloroplatinate* fond vers 240° en se décomposant et le *chloraurate* vers 202°.

ACIDE α-MÉTHYLPYRIDINE-α'-CARBONIQUE. — On en a préparé le *dérivé γ-chloré* par oxydation au permanganate de la γ-chloro-αα'-diméthylpyridine [Sedgwick et Collie, *Chem. Soc.*, **67**. 404. 1895]. Ce dérivé chloré fond à 93°,5.

L'ACIDE β-MÉTHYLPYRIDINE-α-CARBONIQUE (*acide β-méthylpicolique*) a été obtenu par chauffage de la lactone oxy-β-méthylpicolique avec l'acide iodhydrique et le phosphore à 150° [Zincke et

Wintzheimer. *Ann. Chem.*, **290**, 255, 1896]. Il fond à 111° et est très soluble dans l'eau. Le *chloroplatinate* est soluble dans l'eau; il cristallise avec 2 H_2O et fond à 192°.

L'ACIDE γ-MÉTHYLPYRIDINE-β-CARBONIQUE (*acide γ-méthylnicotique, acide homonicotianique*) [voyez 1er Suppl.. II, 1077] se produit par décomposition à 185° de l'acide γ-méthylpyridine-α-β-dicarbonique.

Chauffé à 100° avec la formaldéhyde, il donne la *lactone de l'acide triméthylolhomonicotique*

$$\begin{array}{c} (CH_2OH)^2 = C-CH_2-O \\ | \\ C \\ C-CO \\ Az \end{array}$$

fusible à 148° [Königs, *D. chem. G.*, **34**, 4336; *Bull. Soc. Chim.*, **28**. 901, 1902].

L'ACIDE β'-MÉTHYLPYRIDINE-β-CARBONIQUE (*β'-méthylnicotique*) a été préparé par Dürkopf et Göttsch en chauffant la β-méthylpyridine-β'-α'-dicarbonique avec l'acide et l'anhydride acétique. Il fond à 214-216° [*D. chem. G.*, **23**, 1111, 1890].

ACIDES DIMÉTHYLPYRIDINECARBONIQUES. — On en connaît quatre.

L'ACIDE α-γ-DIMÉTHYLPYRIDINE-β-CARBONIQUE (*α-γ-lutidine-3-carbonique*)

$$\begin{array}{ccc} & C-CH^3 & \\ CH & & C-CO_2H \\ CH & & C-CH^3 \\ & Az & \end{array}$$

se prépare par la réaction de Hantzsch appliquée à un mélange d'éther acétique, d'acétaldéhyde et d'acétaldéhydate d'ammoniaque (voyez 2e Suppl., I. 58). Il cristallise avec 2 H_2O.

Le *chlorhydrate* est en gros prismes fusibles à 166°. Le *chloroplatinate* cristallise avec 2 H_2O et fond à 216°.

Son *éther éthylique* est liquide et bout à 246° et forme un *chloroplatinate* fusible à 191° [Michael, *D. chem. G.*, **18**, 2022, 1885].

Son *amide* a été obtenue en distillant l'amide acétylacétique [Clairin et Meyer, *D. chem. G.*, **35**, 583. 1902].

ACIDE α-γ-DIMÉTHYLPYRIDINE-α'-CARBONIQUE (*α-γ-diméthylnicotique*). — Il se produit dans l'oxydation de la triméthylpyridine symétrique par le permanganate de potassium, en même temps que les acides dicarboniques.

Pour séparer l'acide monocarbonique, on traite la dissolution alcoolique des chlorhydrates par le chlorure de platine. Le chloroplatinate de l'acide dicarbonique se dépose le premier et la solution filtrée abandonne ensuite lentement des prismes rouges fusibles à 221° contenant l'acide monocarbonique à l'état de *chloroplatinate* $(C^8H^9AzO^2)^2PtCl^4 + 4C^2H^6O)$.

L'acide libre fond à 153°, il est très soluble dans l'eau et l'alcool. Il cristallise avec 1/2 H_2O [Altar, *Ann. Chem.*, **237**. 182-201; *Bull. Soc. Chim.*, 1887].

L'ACIDE α-α'-DIMÉTHYLPYRIDINE-β-CARBONIQUE (*acide α-α'-diméthylnicotique*) s'obtient en distillant dans un courant d'hydrogène l'acide α-α'-diméthylpyridine-β-β'-dicarbonique [Weiss, *D. chem. G.*, **19**. 1308, 1886]. Il fond à 160°. Le permanganate de potassium le transforme en acide pyridinetricarbonique. Ses sels sont très solubles dans l'eau.

L'éther α-α'-diméthyl-γ-chloropyridine-β-carbonique a été préparé par Michaelis et Hanisch [*D. chem. G.*, 3156] par condensation de l'éther aminocrotonique avec l'oxychlorure de phosphore.

L'éther α-α'-diméthyl-γ-pyridone-β-carbonique a été obtenu par Collie [*Chem. Soc.*, 59, 172] en décomposant par la chaleur le β-aminocrotonate d'éthyle. Il fond à 163° et distille entre 240 et 250°.

ACIDE β-β'-DIMÉTHYLPYRIDINE-α-CARBONIQUE. — On l'obtient par oxydation au permanganate de la β-β'-diméthyl-α-éthylpyridine [Durkopf et Göttsch, *D. chem. G.*, 23, 687, 1890]. Il se présente sous forme d'une masse cristalline fusible à 150-151°, très soluble dans l'eau et dans l'alcool.

ACIDE LUTIDINECARBONIQUE. — Canzoneri et Spica ont obtenu un cinquième acide diméthylpyridinecarbonique en condensant l'éther acétylacétique avec la formamide en présence de chlorure de zinc. Il fond à 220° en se décomposant [*Gazz. chim. ital.*, 14, 449].

ACIDE α-γ-α'-TRIMÉTHYLPYRIDINE-β-CARBONIQUE (*acide collidinecarbonique*). — Michael obtient son éther en décomposant par la chaleur l'éther acide collidinedicarbonique (voyez 2° Suppl., I, 58).

Le *collidinecarbonate d'éthyle* est une huile incolore à odeur faiblement aromatique distillant à 255-256°, de densité 1,0315 à 15°, soluble dans l'éther, l'alcool, le chloroforme, le benzène. Le *chloroplatinate* fond à 194° et l'*iodométhylate* à 128°.

L'*acide libre* est soluble dans l'eau, et cristallise avec $2H^2O$ qu'il perd au-dessous de 100°. Anhydre, il fond à 155°. C'est un acide faible. Le *sel de potassium* est déliquescent. Le *sel de calcium* est soluble.

Le *chlorhydrate* cristallise difficilement en aiguilles groupées en mamelons. Il est soluble dans l'eau et dans l'alcool.

Le *chloroplatinate* cristallise avec une molécule d'eau, il est peu soluble dans l'alcool et fond à 198° avec effervescence.

Méthylbétaïne (voyez 2° Suppl., I, 674) [Michael, *Ann. Chem.*, 225, 121-146, 1884].

ACIDES PHÉNYLPYRIDINEMONOCARBONIQUES.

L'ACIDE α'-PHÉNYLPYRIDINE-α-CARBONIQUE,

$$\begin{array}{c} CH \\ CH \quad\quad CH \\ C^6H^5-C \quad\quad C-CO^2H \\ Az \end{array}$$

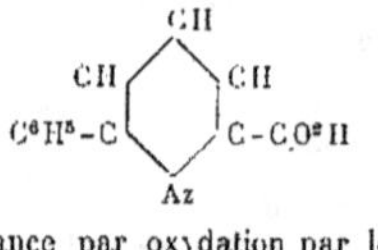

prend naissance par oxydation par le permanganate de l'α-méthyl-α'-phénylpyridine. Il fond à 109°. Il est très soluble dans l'alcool et dans l'acide chlorhydrique.

Acide α-phénylpyridine-phénylène-acétone-carbonique,

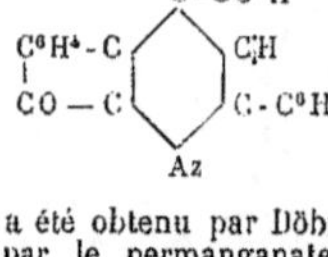

$$\begin{array}{c} C-CO^2H \\ C^6H^4-C \quad\quad CH \\ CO-C \quad\quad C-C^6H^5 \\ Az \end{array}$$

— Cet acide a été obtenu par Döbner et Kuntze en oxydant par le permanganate en solution alcaline l'acide phényl-α-naphtocinchoninique. Il se forme en même temps de l'acide tricarbonique. L'acide acétique faible ne dissout que ce dernier [*Ann. Chem.*, 249, 109-136 ; *Bull. Soc. Chim.*, 2, 569, 1889].

ACIDE α-α'-DIPHÉNYL-γ-CARBONIQUE. — Il se prépare en chauffant à l'abri de l'air l'éther diphénacylcyanacétique avec de la potasse alcoolique. Il fond à 278-279°. Il est très soluble dans le nitrobenzène bouillant [Klobb, *Bull. Soc. Chim.*, 30, 407 ; — Paal et Strasser, *D. chem. G.*, 20, 2756, 1887]. Ses sels alcalins précipitent les solutions de chlorure de calcium, de chlorure de baryum, de sulfate de zinc, de sulfate de cuivre, de sulfate ferreux, de sulfate de cobalt.

ACIDE α-α'-DIPHÉNYL-γ-PYRIDONE-β-CARBONIQUE,

$$\begin{array}{c} CO \\ CH \quad\quad C-CO^2H \\ C^6H^5-C \quad\quad C-C^6H^5 \\ AzH \end{array}$$

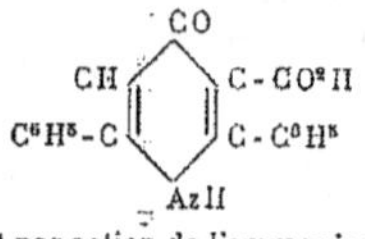

— Il s'obtient par action de l'ammoniac sur l'acide diphénylpyronecarbonique. Il fond à 237-240° [Feist, *D. chem. G.*, 23, 3726, 1890].

ACIDE β-PYRIDYLORTHOBENZOÏQUE (*acide β-phénylpyridinemonocarbonique*),

$$\begin{array}{c} CH \\ HC \quad\quad C_{(1)}-C^6H^4-CO^2H_{(2)} \\ HC \quad\quad CH \\ Az \end{array}$$

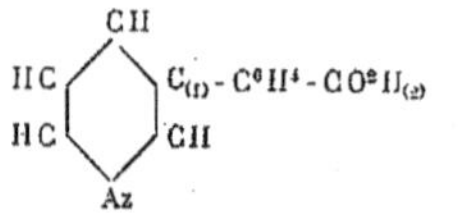

— Il se prépare par chauffage à 180-185° de l'acide dicarbonique correspondant.

Il se présente en aiguilles blanches peu solubles dans l'eau froide, assez solubles dans l'alcool, fusibles à 185° et distillant sans décomposition. Il donne avec le chlorure ferrique une coloration brune et avec l'acétate de cuivre un précipité violacé. L'oxydation par le mélange chromique le transforme en acide nicotique [Skraup et Cobenzl, *Mon. f. Chem.*, 4, 436].

Acide α-β-β'-trichloro-Az-phényl-γ-pyridone-α-carbonique,

$$\begin{array}{c} CO \\ Cl-C \quad\quad C-Cl \\ Cl-C \quad\quad C-CO^2H \\ Az \\ | \\ C^6H^5 \end{array}$$

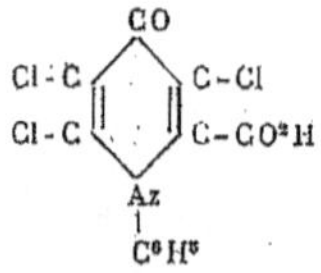

— On fait réagir l'aniline sur l'hexachloroparadicéto-R-hexène, puis on traite par la soude l'anilide formée et l'on précipite l'acide de son sel sodique par l'acide chlorhydrique. Il fond à 145°, en perdant de l'anhydride carbonique.

L'*acide β-β'-dichloro-Az-phényl-α'-oxy-γ-pyridone-α-carbonique*

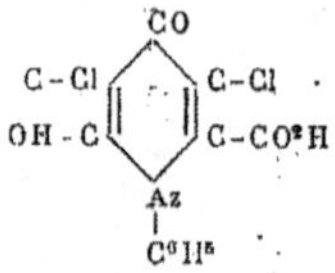

$$\begin{array}{c} CO \\ C-Cl \quad\quad C-Cl \\ OH-C \quad\quad C-CO^2H \\ Az \\ | \\ C^6H^5 \end{array}$$

s'obtient par l'action de la soude, à 100°, sur le précédent. Il fond à 206° [Collie, *Chem. Soc.*, 59, 172].

ACIDES PYRIDINE-DICARBONIQUES.

On connaît les 6 acides pyridine dicarboniques prévus par la théorie.

On les obtient par l'oxydation des alkylpyridines. Les acides orthodicarboniques se transforment en anhydrides sous l'action du chlorure de thionyle [Meyer, *Mon. f. Chem.*, **22**, 577].

ACIDE PYRIDINE-αβ-DICARBONIQUE (*pyridine-diméthyloïque 2.3. acide quinoléique*) [Voyez 1er Suppl., **2**, 1366].

Cet acide est fourni par l'oxydation par le permanganate de potassium en solution alcaline de l'acide orthoquinoléine sulfonique, de l'orthoxyquinoléine [Fischer et Renouf, *D. chem. G.*, **17**, 755 à 764, 1884], de l'acide oxyquinoléine carbonique [Lippmann et Fleissner, *Mon. f. Chem.*, **8**, 312] et en général des quinoléines substituées dans le groupe benzénique.

L'*éther diméthylquinoléique*, $C^5H^3Az(CO.OCH^3)^2$, s'obtient en saturant de gaz chlorhydrique la solution de l'acide quinoléique dans l'alcool méthylique. On le fait cristalliser dans un mélange bouillant de ligroïne et de sulfure de carbone. Il fond à 53°,5 [Enger, *D. chem. G.*, **27**, 1784, 1894].

L'*éther diéthylique* est liquide et bout à 280-285°. L'*éther dipropylique* bout au-dessus de 300°.

L'*anhydride quinoléique*,

$$CH \underset{CH}{\overset{CH}{\bigcirc}} \underset{C-CO}{\overset{C-CO}{\diagdown}} O \quad Az$$

se produit lorsqu'on chauffe l'acide avec l'anhydride acétique à 150° [Nœlting et Collin, *D. chem. G.*, **17**, 280 et *Bull. Soc. Chim.*, **43**, 440 1885]. Il cristallise en prismes incolores fusibles à 134°,5.

Analogue à l'anhydride phtalique par sa constitution, il l'est aussi par ses propriétés : chauffé à 120° avec du phénol et de l'acide sulfurique, il fournit un produit de condensation analogue à la phtaléine. Avec la résorcine il donne un composé analogue à la fluorescéine, la *fluorazéine*, qui sous l'action du brome se transforme en une sorte d'éosine [Nœlting et Collin. *loc. cit.*; — Bernthsen et Mettegang, *D. chem. G.*, **20**, 1208, 1887].

L'anhydride phtalique réagissant sur le benzène en présence du chlorure d'aluminium donne l'acide β-benzoylpicolique.

Les essais faits pour obtenir un composé analogue à l'anthraquinone sont restés sans résultat (Bernthsen et Mettegang).

En dissolvant l'anhydride quinoléique dans le benzène et traitant la solution par le gaz ammoniac on obtient le sel ammoniacal de l'*acide quinoléinamique*,

$$C^5H^3 \diagup {}_{(\alpha)}CO\,AzH^2 \atop {}_{(\beta)}CO-O\,AzH^4$$

Ce sel chauffé à 120-130° se transforme en *imide quinoléique*

$$C^5H^3Az \diagup {CO \atop CO} \diagdown AzH$$

qui fond à 230°. Cette imide fixe du gaz ammoniac pour former la *diamide*

$$C^5H^3Az \diagup {CO\,AzH^2 \atop CO\,AzH^2}$$

qui fond à 190° en régénérant l'imide [Philips, *D. chem. G.*, **27**, 839].

La diamide peut encore s'obtenir par l'action de l'ammoniaque sur les diéthers. Son point de fusion serait, d'après Engler, de 209°. Celui de l'imide serait de 227° [Engler, *D. chem. G.*, **27**, 1784, 1894].

L'imide chauffée avec l'aniline se transforme en phénylimide

$$C^5H^3Az \diagup {CO \atop CO} \diagdown Az-C^6H^5$$

fusible à 228° (Engler).

L'*acide β'-bromopyridine-αβ-dicarbonique* (*acide β'-bromoquinoléique*) se produit dans l'oxydation par le permanganate de la β-bromoquinoléine [Claus et Collischonn, *D. chem. G.*, **19**, 2767, 1886]. Il fond en se décomposant à 165°. Il est facilement soluble dans l'eau, l'alcool, l'éther et l'acétone.

ACIDE PYRIDINE-αγ-DICARBONIQUE (*pyridine diméthyloïque-2.4, acide lutidique*) [Voy. 1er Suppl., **2**, 289]. Cet acide peut s'obtenir par l'oxydation au permanganate de l'acide picoline-γ-carbonique [Böttinguer, *D. chem. G.*, **17**, 93; — Voges, *ibid.*, **18**, 3162], de l'αα-diméthyl-γγ-bipyridyle [Heuser, Stöhr, *J. prakt. Chem.*, (2), **44**, 409]. Il fond, d'après Voigt, à 240° [*Ann. Chem.*, **228**, 54].

ACIDE PYRIDINE αβ'-DICARBONIQUE (*pyridine diméthyloïque-2.5, acide isocinchoméronique*). — (Voyez 1er Suppl., **2**. 963 et 2e Suppl., I, 1149). Cet acide est un des produits d'oxydation de la quinine [Ramsay et Dobbie, *D. chem. G.*, **11**, 324].

Il se forme encore par chauffage de l'acide pyridine α.β.α'-tricarbonique à 160° [Weiss, *D. chem. G.*, **19**, 1311]; par oxydation de l'acide pyridanthrilique [Weidel, Sirache, *Mon. f. Chem.*, **7**, 290] ou de la collidine de l'aldéhyde [Dürkopf et Schlaugk, *Ann. Chem.*, **247**, 44, 1889], par le permanganate en solution alcaline.

Le sulfate ferreux produit dans sa solution aqueuse une coloration orangée.

L'*éther méthylique* se prépare par l'action de l'iodure d'éthyle sur le sel d'argent de l'acide (Ramsay). Il fond à 117°,5. Il est soluble dans l'eau, l'alcool et l'éther.

Le *chlorure d'acide*, $C^7H^3AzO^2Cl^2$, résulte de l'action du perchlorure de phosphore sur l'acide. Il fond à 61° et bout à 284°. Il est peu soluble dans l'eau et dans l'éther. Traité par le gaz ammoniac il se transforme en *amide* fusible à 296°, insoluble dans l'eau et dans l'éther, peu soluble dans l'alcool.

ACIDE PYRIDINE-βγ-DICARBONIQUE (*pyridine diméthyloïque-3.4, acide cinchoméronique*). [Voy. 1er Suppl., **1**, 498 et 1322 et 2e Suppl., **1**, 1148].

ACIDE PYRIDINE-ββ'-DICARBONIQUE (*pyridine-diméthyloïque-3.5, acide dinicotique*). — Il a été obtenu en décomposant partiellement par la chaleur l'acide pyridine αββ'-tricarbonique [Riedel, *D. chem. G.*, **16**, 1613; — Weber, *Ann. Chem.*, **241**, 12, 1887] ou l'acide pyridine αα'ββ'-tétracarbonique à 150°. On l'obtient plus simplement en faisant bouillir l'acide tétracarbonique avec de l'acide acétique [Hantzsch et Weiss, *D. chem. G.*, **19**, 284, 1886].

Il forme de petits prismes groupés en étoiles et fond à 323° en se décomposant. Chauffé avec précaution, il donne un sublimé d'acide nicotique.

L'acide dinicotique fournit avec les sels mercureux et argentiques des précipités qui deviennent cristallins à l'ébullition. Le précipité avec les sels de fer est presque blanc à froid et passe au rouge brun par ébullition. L'acétate de cuivre donne après une longue ébullition un précipité bleu, insoluble dans l'eau.

L'acide dissous dans la quantité à peine suffisante d'acide chlorhydrique et soumis à l'ébullition, donne un *chlorhydrate* $C^5H^3(CO^2H)^2Az.HCl+2H^2O$. Il se dépose par refroidissement de brillantes aiguilles qui régénèrent l'acide sous l'influence de l'eau bouillante (Hantzsch et Weiss).

L'*acide αα'-dichlorodinicotique* s'obtient par l'action du perchlorure de phosphore sur l'αα'-éthoxyoxypyridine-ββ'-dicarbonique à 240°. Il fond vers 230° en perdant de l'anhydride carbonique [Guthzeit et Dressel, *Ann. Chem.*, **262**, 126, 1892].

L'*éther γ-pyridone-ββ'-dicarbonique*

$$\text{C}^2\text{H}^5\text{-CO}^2\text{C} \underset{\text{AzH}}{\overset{\text{CO}}{\bigcirc}} \text{C-CO}^2\text{C}^2\text{H}^5$$

a été obtenu par Errera [*Gazz. chim. ital.*, **31**, 139] par la condensation de deux molécules d'éther orthoformique et d'une molécule d'éther acétone-dicarbonique. Il fond à 251°. Avec l'éther éthoxyméthylène-malonique et le cyanacétate d'éthyle sodé, on obtient l'éther *αα'-dioxypyridine-ββ'-dicarbonique* [Errera, *D. chem. G.*, **31**, 1241, 1898].

La *monoamide αα'-dioxypyridine-ββ'-dicarbonique* a été obtenue par Errera par condensation de la cyanacétamide avec le chloral [*Gazz. chim. ital.*, **31**, 783].

HOMOLOGUES DES ACIDES PYRIDINE-DICARBONIQUES.

ACIDE α-MÉTHYLPYRIDINE-ββ'-DICARBONIQUE (*acide méthyldinicotique*). — Il s'obtient par chauffage à 150° de l'α-méthylpyridine-ββ'α'-tricarbonique [Weber, *Ann. Chem.*, **241**, 9, 1887]. Il cristallise avec $1H^2O$ qui se dégage à 130°. Il fond à 244-250° en se décomposant.

Acide α'-oxy-α-méthylpyridine-ββ'-dicarbonique. — La condensation de la cyanacétamide sodée avec l'éther éthoxyméthylène acétylacétique donne le composé

$$\text{CAz-C} \underset{\text{Az}}{\overset{\text{CH}}{\bigcirc}} \text{C-CO}^2\text{-C}^2\text{H}^5$$
$$\text{Na-O-C} \qquad \text{C-CH}^3$$

qui par saponification donne l'acide oxydicarbonique fusible à 303° [Errera, *Gazz. chim. ital.*, **31**, 139].

ACIDE α-MÉTHYLPYRIDINE-α'γ-DICARBONIQUE (*acide uvitonique, acide α-picoline-α'γ-dicarbonique*). — Il se produit dans l'action de l'ammoniaque alcoolique sur l'acide pyruvique avec formation préalable d'acide iminopyruvique [Böttinguer, *Ann. Chem.*, **188**, 330 et **208**, 138; *D. chem. G.*, **17**, 53 et 92].

Il se produit encore dans l'oxydation de l'αγα'-triméthylpyridine par le permanganate de potassium [Altar, *Ann. Chem.*, **237**, 191, 1887]. Il constitue une poudre cristalline, fusible à 274° en s'altérant, peu soluble dans l'eau bouillante. Le sulfate ferreux colore sa dissolution en rouge violacé.

Le *sel de baryum* $\text{C}^8\text{H}^5\text{BaAzO}^4 + 2H^2O$ est amorphe ou cristallise en aiguilles microscopiques lorsqu'il se dépose lentement de sa solution. Le *sel de calcium* cristallise avec $6H^2O$. Le *sel de cuivre* est un précipité cristallin obtenu par double décomposition. Il renferme 3 1/2 à $4H^2O$. Il est très hygroscopique.

L'*éther éthylique* se prépare en chauffant le sel de potassium avec de l'iodure d'éthyle en solution alcoolique [Böttinguer, *D. chem. G.*, **17**, 95, 1884].

ACIDE β-MÉTHYLPYRIDINE-β'α-DICARBONIQUE. —

On oxyde la ββ'-diméthyl-α-éthylpyridine par le permanganate [Dürkopf et Schlaugk, *D. chem. G.*, **21**, 834]. On obtient une poudre cristalline fusible à 223°, peu soluble dans l'eau.

Chauffé avec l'acide acétique et l'anhydride acétique à 225°, cet acide perd CO^2 en position α' et donne l'acide β-méthylpyridine-β'-carbonique.

ACIDE-γ-MÉTHYLPYRIDINE-αβ-DICARBONIQUE (*acide méthylquinoléique*). — Il a été obtenu par oxydation de la lépidine [Voyez 1er Suppl., **2**, 979].

ACIDE α-γ-DIMÉTHYLPYRIDINE-ββ'-DICARBONIQUE (*acide αγ-diméthyldinicotique*). — Weber l'a obtenu par chauffage à 175° de l'acide αγ-diméthylpyridine tricarbonique [*Ann. Chem.*, **251**, 1 à 33, et *Bull. Soc. Chim.*, **49**, 1021, 1888]. Purifié par cristallisation dans l'eau, il se présente en belles aiguilles renfermant $2H^2O$. Il se déshydrate à 130° et fond en se décomposant à 255°. Le *sel de plomb* est un précipité gélatineux qui devient cristallin à chaud. Le *chlorhydrate* cristallise en aiguilles groupées en étoiles. Il renferme $1H^2O$ qui se dégage à 100°. Il perd son acide chlorhydrique à 140°. Le *chloroplatinate* $(\text{C}^9\text{H}^9\text{AzO}^4.\text{HCl})^2.\text{PtCl}^4$ fond au-dessus de 300°.

ACIDE αα'-DIMÉTHYLPYRIDINE-ββ'-DICARBONIQUE (*acide lutidine-dicarbonique*). — L'éther se prépare par oxydation au moyen de l'acide azoteux de l'éther hydroisopropyllutidine-dicarbonique [Engelmann, *Ann. Chem.*, **234**, 50, 1885]. Il y a enlèvement de 2 atomes d'hydrogène et du groupe isopropylique. On saponifie l'éther par la potasse alcoolique et l'on précipite l'acide de la solution de son sel de potassium par l'acide chlorhydrique.

On obtient encore l'éther hydrolutidine-dicarbonique en chauffant l'hexaméthylène-tétramine avec de l'éther acétylacétique et du chlorure de zinc en tube scellé, à 100° [Griess et Harrow, *D. chem. G.*, **24**, 2740, 1888]. Cet éther donne par saponification et oxydation par l'acide azoteux, l'acide lutidine-dicarbonique.

L'acide lutidine-dicarbonique cristallise en aiguilles feutrées contenant $1/2 H^2O$. Il fond à 316° (Weber). Il est très peu soluble dans l'eau froide, l'alcool et l'éther. Il se transforme par la chaleur en acide αα'-diméthylpyridine-β-carbonique, et par distillation sur la chaux en αα'-diméthylpyridine.

Le *chlorhydrate* cristallise avec $2H^2O$. Il se déshydrate à 100° et perd son acide chlorhydrique à 120° (Engelmann).

L'*éther monoéthylique*, obtenu en saponifiant l'éther diéthylique par la potasse alcoolique [Weiss, *D. chem. G.*, **19**, 1306, 1886], fond à 131°. Il est peu soluble dans l'eau froide. Par distillation, il perd CO^2 et donne l'αα'-diméthylpyridine-β-carbonate d'éthyle.

L'*éther diéthylique* fond à 73°, bout à 301-302°. Il se dissout facilement dans les dissolvants organiques usuels.

Le *picrate* fond à 118-119° [Engelmann, *loc. cit.*; — Schiff et Prosio, *Gazz. chim. ital.*, (2), **25**, 85]. L'*hydrazide* fond à 228° [Mohr, *D. chem. G.*, **23**, 1114, 1890].

Il existerait, d'après Schiff et Prosio, un isomère labile de cet éther qui prendrait naissance par l'action de l'acide chlorhydrique alcoolique sur l'éther dihydrolutidine-dicarbonique.

L'*acide γ-chloro-αα'-diméthylpyridine-ββ'-dicarbonique*

$$\text{CO}^2\text{H-C} \underset{\text{Az}'}{\overset{\text{C-Cl}}{\bigcirc}} \text{C-CO}^2\text{H}$$
$$\text{CH}^3\text{-C} \qquad \text{C-CH}^3$$

résulte de l'action du pentachlorure et de l'oxychlorure de phosphore sur l'acide γ-lutidone dicarbonique.

Il fond à 224° en se décomposant [Conrad et Epstein, *D. chem. G.*, **20**, 162, 1887].

Acide γ-lutidone-ββ'-dicarbonique. — On obtient l'*éther diéthylique* par l'action de l'ammoniaque sur l'éther diméthylpyrone dicarbonique. L'acide libre est insoluble dans l'eau froide et fond à 207° en perdant CO_2 [Conrad et Guthzeit, *D. chem. G.*, **20**, 154].

Palazzo [*Atti. r. accad. Linc.*, **14**, 156, 1905 et *Bull. Soc. Chim.*, **36**, 849] a obtenu ce corps par un procédé analogue.

ACIDE LUTIDINE-DICARBONIQUE. — Michaël [*Ann. Chem.*, **225**, 136] a obtenu un autre acide lutidine-carbonique fusible vers 245° en oxydant l'acide collidine-monocarbonique.

Il cristallise avec $1\,^1/_2\,H_2O$. Il se déshydrate à 120° et fond ensuite à 290°. Il est soluble dans l'eau et dans l'alcool. Le *chloroplatinate* cristallise avec $6H_2O$ qu'il perd à 120°. Anhydre, il fond à 290°.

ACIDE αγα'-TRIMÉTHYLPYRIDINE-ββ'-DICARBONIQUE (*acide collidine-dicarbonique*. — Cet acide se produit aisément et sert de point de départ à la préparation de nombreux corps de la série.

On prépare son *éther diéthylique* en oxydant par l'acide azoteux l'éther dihydrocollidine-dicarbonique obtenu par la méthode de Hantzsch [Voyez 2° Suppl., **1**, 57 et 58]. L'acide mis en liberté de l'éther est purifié par transformation en sel de plomb et décomposition de celui-ci par l'hydrogène sulfuré. Il cristallise en aiguilles peu solubles dans l'eau froide, dans l'alcool et dans l'éther. Il se volatilise vers 300° et ne fond que vers 360° sous pression.

Les sels ferriques colorent sa dissolution en rouge intense ; les sels ferreux sont sans action.

Le *sel de potassium* est peu soluble dans l'alcool. Sa solution aqueuse traitée par le brome donne de l'anhydride carbonique, de la dibromocollidine et du bromure de potassium.

L'*éther diméthylique* se prépare comme l'éther diéthylique par oxydation de l'éther diméthylique hydrocollidine dicarbonique. Il fond à 82° et bout à 286°. Son *chlorhydrate* cristallise avec $2H_2O$ et fond à 100°. Le *chloroplatinate* fond à 200° en se décomposant, le *chloraurate* à 104°.

L'*éther monoéthylique*, obtenu par saponification partielle du diéther, cristallise avec $2H_2O$. Anhydre, il fond à 157°. Il est soluble dans l'alcool, très soluble dans l'eau froide, très peu soluble dans l'éther. Son *chlorhydrate* fond à 178° en perdant de l'acide chlorhydrique.

L'*éther diéthylique* est un liquide huileux bouillant à 309°. Sa densité est 1,087 à 15°. Son *chloroplatinate* fond à 184° ; il est soluble dans l'eau, insoluble dans l'éther. L'*iodométhylate* fond à 140°.

ACIDE αβγ-TRIMÉTHYLPYRIDINE-α'β'-DICARBONIQUE (*acide triméthylquinoléique*). — Il se forme par oxydation du triméthylquinoléide.

Il fond à 194-195° et se transforme par oxydation en acide triméthylnicotique [Wolff, *Ann. Chem.*, **322**, 351, 1902].

ACIDE αα'-DIMÉTHYL-γ-ÉTHYLPYRIDINE-DICARBONIQUE (*acide parvoline-dicarbonique*),

$$C_2H_5$$
$$|$$
$$C$$
$$CO_2H-C\diagup\diagdown C-CO_2H$$
$$CH_3-C\diagdown\diagup C-CH_3$$
$$Az$$

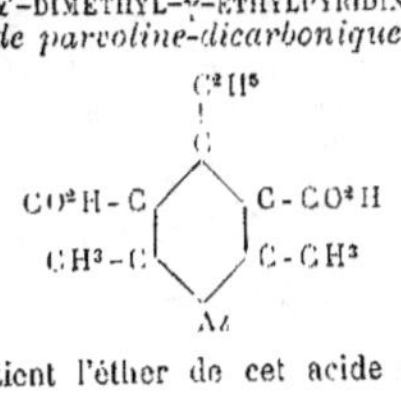

— On obtient l'éther de cet acide en oxydant

---

l'éther hydroparvoline dicarbonique qui résulte lui-même de la réaction de Hantzsch appliquée à l'aldéhyde propionique (Voyez 2° Suppl., **1**, 58). On saponifie l'éther parvoline dicarbonique par la potasse alcoolique à 100° ; on sature l'excès de potasse par l'anhydride carbonique, on évapore à sec, on reprend le résidu par l'alcool bouillant. Celui-ci abandonne par refroidissement le sel de potassium de l'acide.

On précipite la solution de ce sel par l'azotate d'argent et le précipité de ce sel d'argent est décomposé par l'hydrogène sulfuré.

L'acide fond à 289° en se décomposant. Il est assez soluble dans l'eau froide et dans l'alcool. Le *sel de baryum* cristallise avec $3H_2O$ et est très soluble dans l'eau. Le *chlorhydrate* cristallise avec $1H_2O$.

L'*éther diéthylique* est une huile épaisse bouillant à 305-308°. Il donne un *chloroplatinate* bien cristallisé fondant à 139°, peu soluble dans l'alcool [Engelmann, *Ann. Chem.*, **234**, 37-71, 1885].

ACIDE αα'-DIMÉTHYL-γ-PROPYLPYRIDINE-ββ'-DICARBONIQUE (*acide propyllutidine-dicarbonique*). — L'éther diéthylique de cet acide s'obtient en oxydant par l'acide azoteux l'éther dihydropropyllutidine dicarbonique qui résulte lui-même de la réaction de Hantzsch appliquée à l'aldéhyde butyrique normale (Voyez 2° Suppl., **1**, 58). Il cristallise avec $1H_2O$. Il fond à 211-212° et se déshydrate à 245°.

L'*éther diéthylique* est une huile bouillant à 308° sous $714^{mm},5$, formant un *chloroplatinate* fusible à 187° [Jäckle, *Ann. Chem.*, **246**, 36, 1888].

ACIDE αα'-DIMÉTHYL-γ-ISOBUTYLPYRIDINE-ββ'-DICARBONIQUE (*acide isobutyllutidine-dicarbonique*).

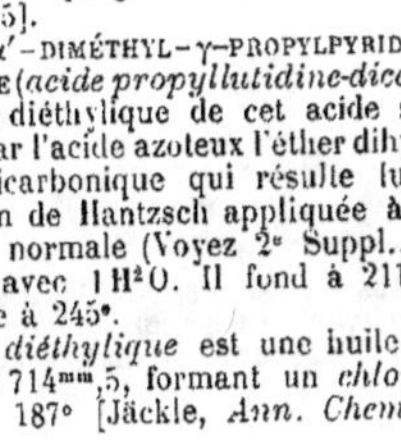

$$CH_2-CH(CH_3)_2$$
$$|$$
$$C$$
$$CO_2H-C\diagup\diagdown C-CO_2H$$
$$CH_3-C\diagdown\diagup C-CH_3$$
$$Az$$

— On obtient l'éther diéthylique en oxydant par l'acide azoteux la solution alcoolique de l'éther dihydroisobutyllutidine dicarbonique obtenu par la méthode de Hantzsch. On saponifie par la potasse. On sature l'excès de potasse par l'anhydride carbonique, on évapore à sec, on reprend le résidu par l'alcool bouillant. La solution alcoolique abandonne par refroidissement le sel potassique. Celui-ci est précipité par l'azotate mercureux et le sel mercureux décomposé par l'hydrogène sulfuré.

L'acide isobutyllutidine dicarbonique est peu soluble dans l'eau froide ; il cristallise avec $2H_2O$ qu'il perd à 120°. Anhydre, il fond à 273° en se décomposant. Distillé sur la chaux, il donne la diméthylisobutylpyridine [Engelmann, *loc. cit.*].

L'*éther monoéthylique* s'obtient en saponifiant le diéther par la potasse alcoolique. Le sel potassique du monoéther est traité par le chlorure mercurique et le précipité est décomposé par H_2S. On obtient des prismes fusibles à 135°, solubles dans l'eau et dans l'alcool.

L'*éther diéthylique* est une huile bouillant à 312-318°, donnant un *chloroplatinate* fusible à 207-208° avec décomposition (Engelmann).

ACIDE αα'-DIMÉTHYL-γ-HEXYLPYRIDINE-DICARBONIQUE (*acide hexyllutidine-dicarbonique*). — On obtient l'éther dihydrohexyllutidine-dicarbonique en appliquant la réaction de Hantzsch à l'œnanthol. On oxyde cet éther par l'acide azoteux, ce qui donne l'éther hexylpyridine-dicarbonique, huile donnant un *chloroplatinate* fusible à 141° [Jäckle, *Ann. Chem.*, 246, 39, 1889].

ACIDE αα'-DIMÉTHYL-γ-TRIDÉCYLPYRIDINE-ββ'-DICARBONIQUE (*acide tridécyllutidine, dicarbonique*),

$$C^{13}H^{27}\!-\!C$$
$$CO^2H\!-\!C \quad C\!-\!CO^2H$$
$$CH^3\!-\!C \quad C\!-\!CH^3$$
$$Az$$

— Il s'obtient par le même procédé que les acides précédents, en partant de l'éther dihydrotridécyllutidine-dicarbonique [Krafft, Mai, *D. chem. G.*, 22, 1758].

L'*éther diéthylique* bout à 265° sous 10 mm.

ACIDE γ-PHÉNYLPYRIDINE-ββ'-DICARBONIQUE (*acide phényldinicotique*),

$$C\!-\!C^6H^5$$
$$CO^2H\!-\!C \quad C\!-\!CO^2H$$
$$HC \quad CH$$
$$Az$$

— On le prépare en décomposant par la chaleur l'acide γ-phényltétracarbonique de Hantzsch qui perd $2CO^2$ en αα'. Il se présente sous forme de lamelles à reflets verdâtres cristallisant avec $1 H^2O$ et fondant à 245-246° en se décomposant.

Il donne avec les sels de cuivre un précipité bleu devenant cristallin à l'ébullition et ayant pour composition $C^5AzH^2(C^6H^5)(CO^2)^2Cu + 2H^2O$ [Weber, *Ann. Chem.*, 241, 1-33, 1887].

ACIDE β-PHÉNYLPYRIDINE-DICARBONIQUE. — Cet acide a été obtenu par Skraup et Cobenzl en oxydant la β-naphtoquinoléine par le permanganate de potassium :

$$\cdots \quad\xrightarrow{}\quad CO^2H,\ CO^2H,\ Az$$

L'acide est précipité de la solution de son sel potassique par l'acide chlorhydrique ou de son sel de plomb ou d'argent par l'hydrogène sulfuré. Il se présente en prismes fusibles à 207°, peu solubles dans l'eau froide, l'éther, le benzène, très solubles dans l'alcool et dans l'eau bouillante.

La solution aqueuse donne avec le sulfate ferreux une coloration orangée, avec le perchlorure de fer un précipité floconneux blanc jaunâtre, avec l'acétate de cuivre un précipité violacé soluble à chaud et cristallisant par refroidissement, soluble dans un excès d'acide et dans un excès de réactifs; l'azotate d'argent donne un précipité blanc très peu soluble; le sous-acétate de plomb et le chlorure mercurique donnent des précipités blancs devenant cristallins à l'ébullition.

Le *sel neutre de potassium*, $C^{13}H^7AzO^4K^2 + 3H^2O$ est une poudre cristalline blanche, très soluble dans l'eau, presque insoluble dans l'alcool.

Le *chlorhydrate* se dissout dans l'eau en se décomposant partiellement [Skraup et Cobenzl, *Mon.*, 4, 436].

L'*acide γ-p-chlorophényllutidine-dicarbonique*

$$C^6H^4\!-\!Cl$$
$$CO^2H\!-\!C \quad C\!-\!CO^2H$$
$$CH^3\!-\!C \quad C\!-\!CH^3$$
$$Az$$

s'obtient à l'état d'éther en condensant la parachlorobenzaldéhyde avec l'acétate d'éthyle et l'ammoniaque et oxydant par l'acide azoteux l'éther γ-p-chlorophényldihydrolutidine-dicarbonique.

L'*acide* fond à 274° et l'*éther* à 67° [Walther et Raetze, *J. prakt. Chem.*, 65, 258, 1902].

ÉTHER γ-BENZYLIDÈNE-LUTIDINE-DICARBONIQUE. $C^5Az(CH^3)^2(CH=CH-C^6H^5)(CO^2C^2H^5)^2$. — Il se prépare en appliquant la réaction de Hantzsch à l'aldéhyde cinnamique et oxydant le produit de la réaction.

L'*acide* cristallise avec $2H^2O$ et fond à 218-219°; anhydre, il fond à 241°. Il a une saveur amère [Epstein, *Ann. Chem.*, 234, 1 à 36, 1885].

ACIDE α-PHÉNYLÈNE-PYRIDINE-CÉTONE-DICARBONIQUE. — On l'obtient par oxydation de l'acide α-cinnaménYl-α-naphtocinchoninique par le permanganate de potassium à chaud, le groupe cinnamique étant brûlé :

$$CO,\ COOH,\ Az,\ COOH$$

[Döbner et Peters, *D. chem. G.*, 29, 1228, 1896].

ACIDES PYRIDINE-TRICARBONIQUES.

[Voy. 1er Suppl., 2, 1323]. — On connaît les six acides pyridine-tricarboniques prévus par la théorie.

ACIDE α-β-γ-PYRIDINE-TRICARBONIQUE (*acide carbocinchoméronique*). — Cet acide résulte de l'oxydation par l'acide nitrique de la cinchonine, de la quinine, de la quinidine, de la cinchonidine [Weidel, *Ann. Chem.*, 173, 101; — Hoogewerff et van Dorp, *ibid.*, 204, 81; — Ramsay et Dobbie, *Bull. Soc. Chim.*, 35, 189, 1902] et de l'acide β-lutidine monocarbonique [Michaël, *D. chem. G.*, 18, 2027, 1885]. L'oxydation de la papavérine par le permanganate le fournit également [Goldschmiedt, *Monats.*, 6, 372] ainsi que l'oxydation de la γ-méthylquinoléine ou lépidine.

Goldschmiedt traite par l'alcool le produit de l'oxydation de la papavérine par le permanganate, ce qui précipite le sel potassique de l'acide tricarbonique. Puis il décompose celui-ci par l'acide sulfurique. L'acide est transformé en sel de cuivre que l'on décompose par l'hydrogène sulfuré. L'acide cristallise en tables rhomboïdales contenant $1\ 1/2\ H^2O$ de cristallisation. Il se déshydrate à 115-120° et fond, lorsqu'il est anhydre, à 250°.

Il est soluble dans l'eau, peu soluble dans l'alcool ou l'éther. Le sulfate ferreux colore sa dissolution en rouge sang.

Par chauffage à 180°, il se transforme en acide pyridine β-γ-dicarbonique.

Le *sel de potassium* $C^8H^2AzO^6K^3 + 3H^2O$, est insoluble dans l'alcool.

Le *sel de calcium* $(C^8H^2AzO^6)^2Ca^3 + 14H^2O$ est peu soluble dans l'eau.

Le *sel de cuivre* $CuC^8H^3AzO^6 + 3 1/2 H^2O$ s'obtient en ajoutant l'acide à la solution de chlorure cuivrique.

Éther diméthylique. — Lorsqu'on sature de gaz chlorhydrique une solution d'acide tricarbonique dans l'alcool méthylique anhydre, le *chlorhydrate de l'éther diméthylique* $C^5H^2Az(CO^2CH^3)^2 . CO^2H, HCl$ se précipite; il fond à 177-178°.

La solution benzénique soumise à l'ébullition abandonne son acide chlorhydrique. L'*éther diméthylique* libre fond à 165-166°. On obtient de la même manière l'*éther diéthylique* fusible à 118° et dont le *chlorhydrate* fond à 142° [Rint. *Mon. f. Chem.*, **18**, 223].

Le chlorure de thionyle, réagissant sur l'acide α-β-γ-tricarbonique, donne l'*anhydride du chlorure d'acide*

$$\begin{array}{c}\text{C-COCl}\\ \text{CH} \diagup \diagdown \text{C-CO} \diagdown \\ \qquad\qquad\qquad O\\ \text{CH} \diagdown \diagup \text{C-CO} \diagup \\ \text{Az}\end{array}$$

et en réagissant sur l'éther diéthylique il donne l'*éther diéthylique du chlorure d'acide*

$$\begin{array}{c}\text{C-COCl}\\ \text{CH} \diagup \diagdown \text{C-COOC}^2\text{H}^5\\ \text{CH} \diagdown \diagup \text{C-COOC}^2\text{H}^5\\ \text{Az}\end{array}$$

Ce dernier composé permet d'obtenir les éthers neutres. L'*éther triéthylique* bout à 300-385° [Meyer, *Mon. f. Chem.*, **22**, 577].

Skraup a obtenu un *chlorure d'acide* bouillant à 205-206° sous 40 mm. par l'action du perchlorure de phosphore sur l'acide. Ce chlorure régénère l'acide par l'action de l'eau.

L'acide α-β-γ-pyridine tricarbonique chauffé avec un excès d'anhydride acétique perd CO^2 et donne l'anhydride cinchoméronique.

Au contraire l'action de l'anhydride acétique à 40° donne l'*anhydride carbocinchoméronique*

$$\begin{array}{c}\text{C-CO}\!\!-\!\!-\!\!-\text{O}\\ \text{HC} \diagup \diagdown \text{C-CO}\!\!-\!\!|\\ \qquad\qquad\qquad\quad\\ \text{HC} \diagdown \diagup \text{C-COOH}\\ \text{Az}\end{array}$$

Cet anhydride, chauffé avec un excès d'alcool méthylique, fournit un *éther monométhylique* fusible à 170° [Kirpal, *Mon. f. Chem.*, **26**, 53].

ACIDE α-β-β'-PYRIDINE TRICARBONIQUE (*acide carbodinicotique*). — Il est fourni par l'oxydation de l'acide quinoléine β-carbonique par le permanganate de potassium en solution alcaline [Riedel, *D. chem. G.*, **16**, 1615]; des alkylpyridines α-β-β' telles que la β-β'-diméthyl-α-éthylpyridine [Dürkopf et Schlaugk, *D. chem. G.*, **21**, 835 et 2707], ainsi que par l'oxydation de l'acide αα'-diméthylpyridine-ββ'-dicarbonique [Weber, *Ann. Chem.*, **241**, 1 à 33, 1887] qui donne l'acide tétracarbonique qui perd par la chaleur 1 molécule d'anhydride carbonique, et enfin par l'oxydation de l'acide α-méthyl-β-β'-dicarbonique. On sépare l'acide à l'état de sel d'argent ou de cuivre que l'on décompose par l'hydrogène sulfuré. L'acide cristallise avec 1 1/2 à 2 H^2O.

Il est peu soluble dans l'eau froide, soluble dans l'alcool. Il fond à 100° dans son eau de cristallisation en commençant à se décomposer. À 150°, il est entièrement transformé en acide dinicotique.

Le sulfate ferreux colore sa dissolution en rouge.

La solution ammoniacale de l'acide additionnée de chlorure de baryum donne un précipité blanc constitué par le *sel neutre de baryte* $(C^8H^2AzO^6)^2 Ba^3 + 5 H^2O$.

ACIDE α-β-α'-PYRIDINE-TRICARBONIQUE (*acide carboisocinchoméronique*). — Cet acide a été obtenu en oxydant l'acide α-α'-diméthyl-β-pyridine-carbonique par le permanganate [Weiss, *D. chem. G.*, **19**, 1300, 1888]. On le précipite par l'azotate d'argent et on décompose le sel d'argent par l'hydrogène sulfuré.

On peut encore l'obtenir en oxydant par le permanganate l'acide quinoléine-α-carbonique [Miller et Krämer, *D. chem. G.*, **24**, 1917, 1896].

Il se présente sous forme de lamelles cristallines contenant 2 molécules d'eau et fondant à 100° dans leur eau de cristallisation.

Il se décompose à 160° en anhydride carbonique et acide pyridine-α'-β-dicarbonique. Le sulfate ferreux colore sa dissolution en rouge carmin. Il est insoluble dans l'éther.

ACIDE α-γ-β'-PYRIDINE-TRICARBONIQUE (*acide berbéronique*) [voy. 2° Suppl., **1**, 668].

ACIDE α-γ-α'-PYRIDINE-TRICARBONIQUE (*acide trimésitinique, acide carbolutidique*). — Cet acide a été obtenu d'abord en oxydant l'acide uvitonique [Böttinger, *D. chem. G.*, **13**, 2048; *Ann. Chem.*, **229**, 248] et l'acide aniluvitonique [*D. chem. G.*, **14**, 134]; Voigt [*Ann. Chem.*, **228**, 31, 1885] l'a préparé par oxydation de l'α-γ-α'-triméthylpyridine par le permanganate.

Pour séparer les acides diméthylmonocarbonique et monométhyldicarbonique de l'acide tricarbonique, on éthérifie le mélange en faisant passer du gaz chlorhydrique dans la solution alcoolique. L'éther pyridine-tricarbonique est le seul solide et cristallisable.

L'acide cristallise en tables transparentes, contenant 2 H^2O. Il se déshydrate à 110° et fond en se décomposant à 227°.

Sauf les sels alcalins et le sel de magnésium, les sels neutres sont peu solubles ou insolubles dans l'eau. On les obtient au moyen de l'acide libre et des acétates métalliques correspondants.

L'*éther triéthylique* fond à 127°,5, il est peu soluble dans l'alcool froid. Chauffé à 160° avec de l'ammoniaque alcoolique, il fournit une *amide* cristallisée en aiguilles peu solubles dans l'eau et dans l'alcool, insoluble dans l'éther et fusibles à 280° (Voigt).

Acide β-β'-dibromopyridine-α-α'-γ-tricarbonique (voy. 2° Suppl., **1**, 1255).

ACIDE β-β'-γ-PYRIDINE-TRICARBONIQUE (*acide β-carbocinchoméronique*). — Ce composé a été obtenu à l'état de sel en décomposant par la chaleur le sel dipotassique de l'acide pyridine-pentacarbonique qui perd $2CO^2$ en α-α'.

On précipite la solution du sel dipotassique de l'acide cherché par l'azotate d'argent et l'on décompose le précipité argentique par l'hydrogène sulfuré.

L'acide cristallise en lamelles hexagonales contenant 3 H^2O. Il se déshydrate à 115° et fond ensuite à 261°. Il est peu soluble dans l'eau froide, assez soluble dans l'eau chaude.

C'est le seul acide tricarbonique que le sulfate ferreux ne colore pas en rouge [Weber, *Ann. Chem.*, **241**, 16, 1887].

HOMOLOGUES DES ACIDES PYRIDINE-TRICARBONIQUES.

ACIDE α-MÉTHYLPYRIDINE-β-β'-α'-TRICARBONIQUE (*acide α-méthylcarbodinicotique*). — Il se forme par oxydation de l'acide α-α'-diméthylpyridine-β-β′-dicarbonique par le permanganate de potassium en solution alcaline [Weber, *Ann. Chem.*, **241**, 61, 887]. L'oxydation terminée, la liqueur est acidulée par l'acide acétique, additionnée de chlorure de baryum, et le précipité floconneux de sel barytique est décomposé par l'acide sulfurique.

L'acide cristallise avec $1H^2O$. Il fond à 226° en se décomposant. Le *sel monopotassique* est un précipité cristallin qui se déshydrate à 105° et perd $2CO^2$ à 150°.

ACIDE γ-MÉTHYLPYRIDINE-α-β′-α′-TRICARBONIQUE (*acide picoline-tricarbonique*). — Cet acide s'obtient par oxydation du flavénol [Fischer et Besthorn, *D. chem. G.*, **16**, 71], par oxydation de l'acide triméthylquinoléinedicarbonique [Michael, *Ann. Chem.*, **225**, 140, 1884] ou de la diméthylquinoléine [Miller et Brunner, *D. chem. G.*, **24**, 1913].

L'acide se présente sous forme de flocons de fines aiguilles renfermant $2H^2O$. Il perd son eau à 100° et fond à 238° en se décomposant. Le *sel triargentique* est un précipité volumineux. Cet acide ne forme pas de chlorhydrate.

ACIDE γ-MÉTHYLPYRIDINE-β-β′-α-TRICARBONIQUE (*acide γ-méthylcarbodinicotine*). — Il se produit en même temps que l'acide tétracarbonique correspondant dans l'oxydation par MnO^4K de l'acide α-γ-diméthylpyridine-β-β′-dicarbonique [Weber, *Ann. Chem.*, **241**, 25, 1687]. On sépare les deux acides par cristallisation.

L'acide γ-méthyl-α-β-β′-tricarbonique cristallise avec 1 à $2H^2O$. Il jaunit à 204-205° et se détruit complètement à 259°.

ACIDE α-γ-DIMÉTHYLPYRIDINE-α′-β′-β′-TRICARBONIQUE (*acide α-γ-diméthylcarbodinicotique*). — Cet acide s'obtient en oxydant par le permanganate l'acide triméthylquinoléine-dicarbonique correspondant [Hantzsch, *Ann. Chem.*, **215**, 53]. Wolff [*ibid.*, **322**, 351, 1903] l'a obtenu en oxydant le triméthylquinolide.

ACIDE α-α′-DIMÉTHYLPYRIDINE-β-γ-β′-TRICARBONIQUE (*acide lutidinetricarbonique*). — Ce corps prend naissance par oxydation par MnO^4K à froid de l'acide benzylidène-collidinedicarbonique [Epstein, *Ann. Chem.*, **223**, 1-36] (Voyez 2ᵉ Suppl., **1**, 57). Il est insoluble dans l'éther, le benzène, le chloroforme, l'alcool. Il cristallise dans l'eau bouillante, en prismes solubles dans 560 parties d'eau froide et renfermant $1H^2O$ qui se dégage à 160°.

Il forme un *chlorhydrate* décomposable par l'eau.

Le *sel ammoniacal* donne des précipités dans la plupart des solutions métalliques. Le chlorure ferrique donne une coloration rouge qui s'accentue à chaud.

ACIDE α-α′-DIPHÉNYLPYRIDINETRICARBONIQUE,

$$\begin{array}{c} C-CO^2H \\ CO^2H-C \hspace{1em} CH \\ CO^2H-C^6H^4-C \hspace{1em} C-C^6H^5 \\ Az \end{array}$$

— Cet acide se forme en oxydant par le permanganate de potassium en solution alcaline l'acide α-naphtocinchoninique en même temps que l'acide α-phénylpyridinephénylène-acétone-monocarbonique. On les sépare par l'acide acétique faible qui ne dissout que le premier.

L'acide diphénylpyridinetricarbonique est en aiguilles incolores, fusibles à 250° avec dégagement d'anhydride carbonique.

Son sel ammoniacal précipite les solutions des sels d'argent, de plomb, de mercure, de fer, de cuivre.

ACIDES PYRIDINE-TÉTRACARBONIQUES.

On connaît les trois acides prévus par la théorie.

ACIDE α-β-γ-β′-PYRIDINE-TÉTRACARBONIQUE (*acide dicarbocinchoméronique*). — On l'obtient par oxydation de l'acide γ-méthylpyridine-α-β-β′-tricarbonique [Weber, *Ann. Chem.*, **241**, 22], de l'acide α-γ-diméthylpyridine-β-β′-dicarbonique. Il forme des prismes contenant 2 à $3H^2O$, se déshydratant à 115° et perdant 1 molécule d'anhydride carbonique à 160° pour donner l'acide β-γ-β′-tricarbonique.

Le sulfate ferreux le colore en rouge sombre.

ACIDE α-β-β′-α′-PYRIDINE-TÉTRACARBONIQUE. — Cet acide s'obtient par oxydation de l'acide α-α′-diméthylpyridine-β-β′-dicarbonique. Il cristallise avec $2H^2O$. Il perd $1H^2O$ à 105° et l'autre à 120°. Il est très soluble dans l'eau.

A 150°, il perd $2CO^2$ en αα′.

Le sulfate ferreux colore en rouge sa solution [Hantzsch et Weiss, *D. chem. G.*, **19**, 284; — Weber, *loc. cit.*].

Il précipite les sels de plomb, d'argent, de mercure au minimum, de cuivre. L'acide pyridine-tétracarbonique ne donne ni chlorhydrate, ni chloroplatinate.

ACIDE α-β-γ-α′-PYRIDINETÉTRACARBONIQUE. — C'est le produit de l'action du permanganate sur l'éther collidinemonocarbonique ou α-α′-γ-triméthylpyridine-β-carbonique. On précipite l'acide à l'état de sel de cuivre que l'on décompose par l'hydrogène sulfuré [Michael, *Ann. Chem.*, **225**, 121-146, 1884]. Le *sel de cuivre* $C^5HAz(CO^2)^4Cu^2 + 21/2H^2O$ est un précipité bleu vert pâle.

On obtient encore cet acide par oxydation du flavénol [Fischer et Täuber, *D. chem. G.*, **17**, 2925, 1884].

Il cristallise difficilement en fines aiguilles contenant $2H^2O$, très solubles dans l'eau. Il se déshydrate à 115° et fond à 227° en se décomposant.

ACIDE γ-MÉTHYLPYRIDINE-TÉTRACARBONIQUE (*acide γ-picoline tétracarbonique*). — Cet acide est le produit de l'oxydation par le permanganate de potassium de l'acide α-γ-α′-triméthylpyridine-dicarbonique [Hantzsch, *Ann. Chem.*, **215**, 57, 1887]. Il cristallise avec $2H^2O$. Il se déshydrate à 100° et fond ensuite à 199° en se décomposant. Son sel ammoniacal donne, avec le sulfate ferreux, une coloration rouge foncé.

ACIDE PYRIDINE-PENTACARBONIQUE.

— (Voyez 2ᵉ Suppl., **1**, 57). On le purifie par précipitation à l'état de sel d'argent et décomposition de celui-ci par l'hydrogène sulfuré [Weber, *Ann. Chem.*, **241**, 15, 1887].

Il cristallise de la solution éthérée avec $2H^2O$ et de la solution aqueuse avec $3H^2O$. Il se déshydrate à 120°.

Il se décompose sans fondre à 220° en donnant l'acide β-carbocinchoméronique ou acide β-β′-γ-pyridine-tricarbonique. Ses sels alcalins sont solubles dans l'eau, mais les acides minéraux précipitent de leurs solutions des sels acides peu solubles. L'acide libre traité par une solution de chlorure de baryum donne un précipité amorphe $Ba^5(C^{10}Az O^{10})^2 + 11H^2O$. Le *sel d'argent* a pour composition $Ag^4C^{10}HAz O^{10} + 2H^2O$.

VI. — AMINOPYRIDINES.

L'acide nitrique n'attaquant pas la pyridine pour donner directement des dérivés nitrés, les aminopyridines n'ont pu être obtenues par le procédé qui fournit les bases aromatiques.

On les a principalement obtenues par la méthode d'Hofmann : oxydation, par la solution alca-

line d'hypobromite, de l'amide de l'acide correspondant.

On peut aussi nitrer les acides pyridine-carbo-
nique, puis les réduire pour transformer le
groupe AzO^2 en AzH^2 et décomposer par la chaleur l'acide aminopyridine-carbonique obtenu.

Les α et les γ-aminopyridines ne se combinent
qu'avec une molécule d'acide chlorhydrique. Au
contraire, les bases β-aminées sont diacides. De
plus, les dérivés β. seuls, se diazotent facilement
et donnent des colorants par copulation [H. Meyer.
Mon. f. Chem., **26**. 1303, 1905 et *Bull. Soc.
Chim.*, **36**. 607].

α-AMINOPYRIDINE. — Elle se prépare au moyen
de l'amide picolique [Meyer, *Bull. Soc. Chim.*,
12. 1417, 1894 et *Mon. f. Chem.*, **15**, 164] ou de
l'acide α-amino-β-carbonique [Philips, *D. chem.
G.*, **27**. 839, 1894; — Marckwald, *ibid.*, **26**. 2187].

Fischer obtient l'α-aminopyridine avec un rendement quantitatif par l'action du chlorure de
zinc ammoniacal à 220° sur l'α-chloropyridine
[*D. chem. G.*, **32**, 1297, 1899].

L'α-aminopyridine est cristallisée, elle fond à
56° et bout à 204°. Elle est fortement alcaline,
mais se conduit cependant comme une base
monoacide.

Son *chlorhydrate* est déliquescent, le *chloroplatinate* fond à 227-228° (Meyer), à 231° [Marck-
wald, *D. chem. G.*, **26**. 1317. 1893], le *picrate*
à 216-217°.

L'*acétyl-α-aminopyridine* s'obtient par l'action de l'anhydride acétique à chaud. Elle fond à
71° [Camps, *Arch. der Pharm.*, **240**. 345].

La *benzoyl-α-aminopyridine*, $C^5H^4Az-AzH$.
$CO.C^6H^5$, fond à 165°.

Avec le sulfure de carbone l'α-aminopyridine
donne la *dipyridylsulfourée* $CS(AzH.C^5H^4Az)^2$,
fusible à 147° (Fischer). Avec l'éther chlorocarbonique, elle donne l'*α-pyridyluréthane*, fusible
à 105° (Camps).

α-*Anilidopyridine*. — Elle fond à 108° [Fischer.
D. chem. G., **32**, 1297].

α β β'-*Trichloro-α-aminopyridine*. — Elle a
été obtenue par Sell et Dootson [*Chem. Soc.*,
71. 1083] en chauffant l'acide αα'ββ'-tétrachlo-
ropyridine-carbonique avec de l'ammoniaque à
156° ou en traitant par le chlore sec le chlorhydrate d'aminopyridine [*Chem. Soc.*, **79**. 900.
1901]. Elle fond à 159-160°.

α-*Amino-β-cyano-α'γ-diméthylpyridine* [Moir,
Chem. Soc., **81**, 100].

β-AMINOPYRIDINE. — Elle se prépare comme
l'isomère précédent au moyen de l'amide nicotinique (Philips), ou par chauffage de l'acide β-
aminopyridine-γ-carbonique à 250° [Blumenfeld,
Mon. f. Chem., **16**. 707] ou du pyridyluréthane
avec l'acide chlorhydrique fumant [Curtius et
Mohr, *D. chem. G.*, **31**. 2493, 1898].

Elle forme des lamelles fusibles à 64°, bouillant à 252°. Distillée avec l'acide mucique, elle
donne le Az-β-pyridylpyrrol [Pictet et Crépieux,
D. chem. G., **28**, 1908, 1898].

Le *chlorhydrate* fond à 175° en se décomposant. Diazoté et traité par la résorcine, il donne
la *pyridine-azorésorcine*, matière colorante
brune fusible à 218°. Avec 1 mol. de AzO^2Na
pour 2 mol. de pyridine, on obtient la β-*diazo-
aminopyridine*, $C^5H^4Az-Az=Az-AzH-C^5H^4Az$,
fusible à 173-174° [Mohr, *D. chem. G.*, **30**, 2495,
1897].

Le *dérivé acétylé* de la β-aminopyridine fond
à 131° et bout à 326°.

La *bromo-β-aminopyridine* s'obtient avec la
β-aminopyridine dans l'action de l'hypobromite
sur l'amide nicotique. Elle fond à 100° [Pollak.
Monats., **16**, 59].

γ-AMINOPYRIDINE. — Le *chlorhydrate* de cette
base s'obtient en chauffant à 250° le chlorhy-

drate de l'acide γ-aminopyridine-β-carbonique
[Blumenfeld, *Monats.*, **16**. 718].
La base se prépare également au moyen de
l'amide isonicotinique. Elle fond à 141°.

Le *chlorhydrate* fond à 240°, le *dérivé acétylé*
à 150°, l'*uréthane* à 208°, la *phényl-γ-pyridyl-
thiourée* à 148° (Camps).

Le *chloroaurate* fond à 195-200° et le *chloroplatinate* à 190-200° (Blumenfeld).

La αα'β-*trichloro-γ-aminopyridine* s'obtient
en chauffant la glutazine avec un mélange de
PCl^5 et de $POCl^3$ [Stokes et Pechmann. *D. chem.
G.*, **19**. 2711. 1886]. Sell et Dootson l'ont également obtenu en chauffant à 130-140° avec de
l'ammoniaque la tétrachloro-γ-aminopyridine.
Elle fond à 157°.5 et donne un *chloromercurate*
fusible à 213-214° [*Chem. Soc.*, **77**, 1, 1900].

La *tétrachloro-γ-aminopyridine* se forme en
même temps que le dérivé trichloré précédent
au moyen de la glutazine. Sell et Dootson [*loc.
cit.*] l'ont obtenue par l'action de l'ammoniaque
alcoolique sur la pentachloropyridine. Elle fond
à 214-215° [*loc. cit.*].

La *trichlorooxy-γ-aminopyridine*

$$
\begin{array}{c}
C-AzH^2 \\
CCl \diagup \diagdown C-Cl \\
CCl \diagdown \diagup C-OH \\
Az
\end{array}
$$

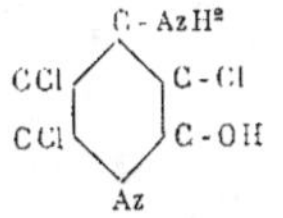

se forme dans la préparation de la trichloroami-
nopyridine par la glutazine. Elle fond à 282°. Son
éther éthylique fond à 83°.

La *dichlorodioxy-γ-aminopyridine* se forme
en même temps que le composé précédent. Elle
fond en se décomposant à 241°.

γ-AMINO-αα'-DIMÉTHYLPYRIDINE (γ-*aminoluti-
dine*). — Ce composé s'obtient en décomposant
par la chaleur l'acide γ-amino-αα'diméthyl-ββ'-
dicarbonique. Il fond à 186°. bout à 246°.
Il est monobasique [Marckwald, *D. chem. G.*,
27. 1317, 1893].

γ-PHÉNYLAMINOLUTIDINE. — Elle se forme par
chauffage à 190° de l'aniline avec la chlorolutidine. Elle bout à 337° [Conrad et Epstein, *D.
chem. G.*, **20**. 162, 1887].

DÉRIVÉS DIAZOÏQUES. — La β-aminopyridine
seule peut se diazoter directement. On peut
obtenir les autres diazoïques d'une façon indirecte en combinant l'hydrazine à l'α ou à la γ-chloropyridine et oxydant l'hydrazine obtenue
[Marckwald, *D. chem. G.*, **31**, 2496, 1898].

αγ-DIAMINO-α'ββ'-TRICHLOROPYRIDINE. — Action
de l'ammoniaque alcoolique sur l'α-aminotétra-
chloropyridine [Sell et Dootson, *Chem. Soc.*, **77**,
771, 1900].

ACIDES AMINOPYRIDINE-CARBONIQUES.

Les acides α et β aminés sont monobasiques
et peuvent être titrés acidimétriquement, tandis
que les dérivés β se comportent comme des bétaïnes et ne se prêtent pas à un dosage exact
[H. Meyer. *Mon. f. Chem.*, **26**, 1303, 1905].

ACIDE α-AMINOPYRIDINE-β-CARBONIQUE,

$$
\begin{array}{c}
CH \\
HC \diagup \diagdown C-CO^2H \\
AzH^2-C \diagdown \diagup CH \\
Az
\end{array}
$$

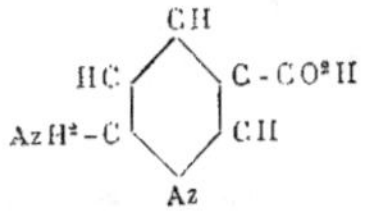

— C'est le produit de l'action de l'ammoniaque
concentrée à 170° sur l'acide α'-chloronicotique.
Il est cristallisé. Son *picrate* fond à 248°. Il se
transforme par la chaleur en α-aminopyridine.

L'acide azoteux le transforme en acide α'-oxy-nicotique. Le *nitrate* chauffé avec de l'acide sulfurique se transforme en un *dérivé β'-nitré* qui par réduction donne l'*acide $\alpha'\beta'$-diaminonicotique* qui ne fond pas à 300° [Marckwald, *D. chem. G.*, **27**, 1317, 1894].

ACIDE β-AMINOPYRIDINE-γ-CARBONIQUE. — Il se prépare par l'action de l'hypobromite de sodium sur l'amide cinchoméronique. Il fond à 308°. Son *éther éthylique* fond à 86-87° [Gabriel et Colmann, *D. chem. G.*, **35**, 2831, 1902].

ACIDE γ-AMIDOPYRIDINE-β-CARBONIQUE. — Il se produit lorsqu'on traite par les alcalis la cinchoméronazide

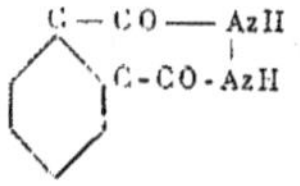

$$C-CO-AzH$$
$$C-CO-AzH$$

Il y a en même temps formation d'acide β-amino-γ-carbonique [Blumenfeld, *Mon. f. Chem.*, **16**, 693]. Juin 1907. E. Baud.

PYRIDYLACRYLIQUE ET DÉRIVÉS (ACIDE). — ACIDE α-PYRIDYLACRYLIQUE (*pyridine-propényloïque*),

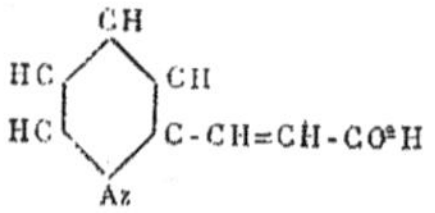

$$C^5H^4Az \cdot CH^2 \cdot CH(OH) \cdot CCl^3 + 4KOH$$
$$= C^5H^4Az \cdot CH=CH-CO^2K + 3KCl + 3H^2O.$$

— Il se produit lorsqu'on chauffe avec la potasse alcoolique la trichlorométhylpicolylalkine :

Il fond à 202°. Il est insoluble dans l'eau froide, très soluble dans l'alcool.

Il fixe HBr à 0° en solution acétique en donnant le bromhydrate de l'acide α-*pyridyl-β-bromopropionique* C^5H^4Az-$CHBr$-$CH^2 \cdot COOH$, HBr (fusible à 163°). — Réduit par l'acide iodhydrique, il donne l'acide α-*pyridylpropionique*. Avec le brome, il donne un *dibromure* fusible à 127°.

Le *chloraurate* fond à 194-195°, le *chloroplatinate* à 209°, l'*iodométhylate* à 219°, le *bromoéthylate* à 242°.

L'acide pyridylacrylique oxydé par MnO^4K donne l'*acide pyridylglycérique* qui fond à 189° $C^5H^4Az-CH \cdot (OH) \cdot CH(OH)-COOH$ [Einhorn, *D. chem. G.*, **23**, 219, 1890].

Le chlorure d'argent réagissant sur l'acide pyridyl-β-bromopropionique ne donne pas le dérivé chloré correspondant mais l'acide *pyridyl-β-lactique* par substitution de OH à Br.

Par l'action de la triméthylamine sur l'acide β-bromopropionique, il s'élimine HBr et 2 molécules se soudent pour former l'acide β-*pyridyltruxillique* [Feist, *Arch. Pharm.*, **240**, 178. 1887].

Acide $\alpha\alpha'$-picolylacrylique,

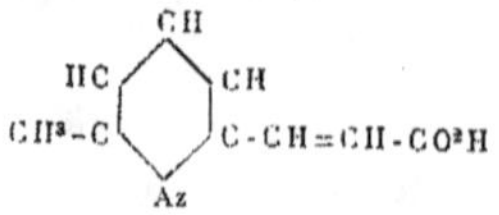

— Cet acide s'obtient en faisant bouillir avec la potasse alcoolique la lutidinechloral. Il fond à 169°. Son *chlorhydrate* fond à 234° et le *chloroplatinate* à 231° [Einhorn et Gilbody, *D. chem. G.*, **26**, 1414, 1893].

Acide $\alpha\alpha'$-phénylpyridylacrylique. — Lorsqu'on condense le chloral avec l'α'-phényl-α-méthylpyridine on obtient l'$\alpha\beta$-oxy-γ-trichloropropyl-α'-phénylpyridine $C^6H^5 \cdot C^5H^3Az-CH^2-CH(OH) \cdot CCl^3$ qui par l'action de la potasse donne l'acide α'-phénylpyridyl-α-acrylique dont le chloroplatinate fond à 204° [Ollendorf, *D. chem. G.*, **35**, 2782, 1902]. Juin 1907. E. Baud.

PYRIDYLLACTIQUES (ACIDES). — ACIDE α-PYRIDYL-α-LACTIQUE (*pyridine-2-propyloloïque*),

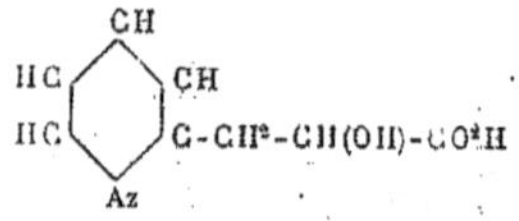

— Il se produit quand on traite par le carbonate de sodium en solution bouillante la trichlorométhylpicolylalkine obtenue en combinant le chloral à l'α-picoline [Einhorn, *Ann. Chem.*, **265**, 212, 1891]. On le précipite à l'état de sel de cuivre que l'on décompose par H^2S.

Il fond à 124°,5. Il se transforme à 140° en acide α-pyridylacrylique. Le *chloroplatinate* fond à 203°, le *chloraurate* à 177°, l'*éther méthylique* à 119° et le *dérivé benzoylé* à 179° [Einhorn, *D. chem. G.*, **23**, 219, 1890].

ACIDE α'-MÉTHYL-α-PYRIDYL-α-LACTIQUE,

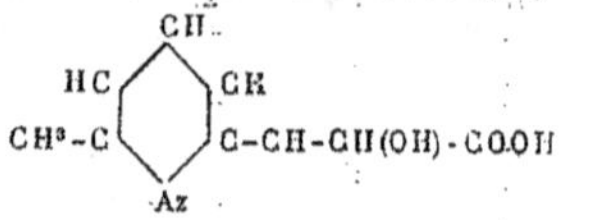

— Il résulte de l'action des carbonates alcalins en solution aqueuse à l'ébullition sur le α-α'-lutidinechloral $CH^3 \cdot C^5H^3Az \cdot CH^2 \cdot CH(OH) \cdot CCl^3$. On précipite l'acide à l'état de sel de cuivre que l'on décompose par H^2S.

Il bout à 156°. Le *sel de platine* fond à 185°. Le *sel d'or* anhydre à 143° [Einhorn et Gilbody, *D. chem. G.*, **26**, 1414].

ACIDE α-PYRIDYL-β-LACTIQUE (*pyridine-2'-propyloloïque*),

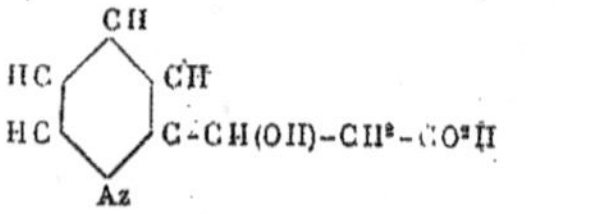

— Il se forme par l'action de la solution de carbonate de sodium sur l'acide α-pyridyl-β-bromopropionique qui résulte lui-même de la fixation de HBr sur l'acide pyridylacrylique.

Il fond à 86°. Son *chlorhydrate* fond à 145-146° et son *chloroplatinate* à 191° [Einhorn, *D. chem. G.*, **23**, 219, 1890].

ACICE β-PYRIDYL-α-LACTIQUE (*pyridine-3-méthoéthyloloïque*),

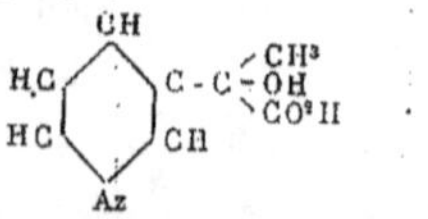

— Il est intéressant par les relations qu'il présente avec certains alcaloïdes.

Il a été obtenu par Hardy et Calmels par hydratation de la pilocarpine. Il se produit en même temps de la triméthylamine [*Bull. Soc. Chim.*, **48**, 227, 1887].

Cet acide constitue une masse gommeuse. Traité par le bromure de phosphore, il donne un éther bromhydrique, l'acide β-pyridyl-α-bromopropionique, fusible à 120° [Knudsen, *D. chem. G.*, **28**, 1762, 1895].

ACIDE α'-MÉTHYL-β-PYRIDYL-α-LACTIQUE.

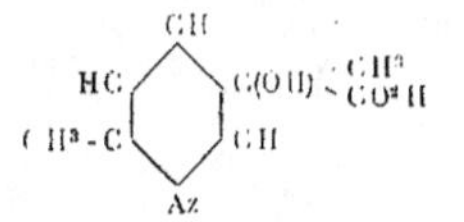

— Il a été obtenu en hydratant le nitrile correspondant fourni par l'acide cyanhydrique et la picolylméthylcétone. Il cristallise en lamelles fusibles à 159°, extrêmement solubles dans l'eau et dans l'alcool. C'est un acide assez fort qui décompose les carbonates à chaud. Le *chlorhydrate* fond à 190° et le *chloraurate* à 114° (Knudsen). Juin 1907. E. Baud.

PYRIMIDINES (Syn. β-*Diazines*). — Voyez l'art. DIAZINES, 2e Suppl., **3**, 67.

PYRINES. — Voyez l'art. PYRAZOLS.

PYRO.... — Pour les mots qui ne se trouvent pas ici à leur place alphabétique, voyez le mot qui suit ce préfixe.

PYROAMARIQUE (ACIDE). — (Voyez 1er Suppl., 1326). — L'acide désylènacétique, réduit d'une façon complète par l'acide iodhydrique et le phosphore amorphe, conduit à l'acide β-γ-diphénylbutyrique, identique à l'acide pyroamarique [Japp et Lauder, *Chem. Soc.*, **71**, 154, 1897] que Zinin considérait comme un acide thylbenzylbenzoïque.

1er mai 1907. A. Hébert.

PYROCATÉCHINE (*Phène-diol*-1.2), $C^6H^6O^2 = C^6H^4(OH)^2_{(1)(2)}$ (Voy. Dict., **2**, 1234). — *Etat naturel*. — On trouve de la pyrocatéchine dans l'urine, après avoir absorbé du benzène, du phénol ou des phénols sulfonés [Nenki Giacosa, *Zeit. physiol. Chem.*, **4**, 335, 1882; — Schmiedeberg, *H.*, **6**, 189, 1884; — Baumann et Preusse, *Zeit. physiol. Chem.*, **3**, 157, 1881].

On la rencontre également dans les végétaux fossiles, sa présence sert à caractériser l'origine végétale des fossiles [Börnstein, *D. chem. G.*, **35**, 4324, 1902].

Formation. — Elle se forme : 1° En même temps que le trichlorobenzène $C^6H^3Cl^3_{(1)(2)(4)}$, lorsqu'on chauffe en tube scellé à 200° une partie d'hexachlorobenzène $C^6H^6Cl^6$ avec 50 parties d'eau; la réaction est la même en partant du benzène hexabromé [Meunier, *Ann. Chim. Phys.*, (6), **10**, 266, 1887];

2° Dans les produits de distillation du dioxystyrol (3) (4) en fractionnant sous 12 mm. [Konig et Krauss, *D. chem. G.*, **30**, 1620, 1897];

3° En saponifiant l'orthophénylènediamine par HCl à 10 0/0 en tube scellé à 180° [J. Meyer, *ibid.*, **30**, 2569, 1897];

4° En oxydant le benzène à 45° par l'eau oxygénée et le sulfate ferreux; il se forme en même temps du phénol et de l'hydroquinone [Cross, Bevay, Heiberg, *ibid.*, **33**, 2018, 1900];

5° En oxydant le phénol avec l'acide persulfurique [Bamberger et Czerkis, *J. f. pr. Ch.*, (2), **68**, 486, 1903].

Préparations. — On chauffe 100 gr. de gaïacol (provenant d'un fractionnement de la créosote vers 200-205°) avec 150 gr. d'acide iodhydrique de densité 1,96. On maintient une heure à 60°, on ajoute à nouveau 75 gr. d'acide iodhydrique et on chauffe pendant une heure; le produit est versé dans 10 volumes d'eau froide et on extrait à l'éther; après évaporation on fera recristalliser la pyrocatéchine dans l'éther ou le benzène [Perkin, *Chem. Soc.*, **57**, 587, 1890].

On la prépare aussi : en traitant le gaïacol par le chlorure d'aluminium [Hartmann et Gattermann, *D. chem. G.*, **25**, 3532, 1892; D.R.P. 70718, *Frdl.*, III, 52];

En décomposant par un acide minéral la pyrocatéchine sulfonée-4, cette dernière obtenue par fusion alcaline de l'orthochlorophénol parasulfoné à 250° [Gilliard, Monnet et Cartier, D.R.P. 97099, *Central Blatt*, **2**, 522, 1898];

En chauffant sous pression l'ortho-chloro- ou bromophénol avec une lessive de soude de densité 1,53 [Merk, D.R.P. 84828, *Frdl.*, **4**, 114];

En fondant le phénol disulfoné avec la soude on obtient la pyrocatéchine monosulfonée; cette dernière chauffée vers 200° avec 50 0/0 d'acide sulfurique donne de la pyrocatéchine [Merk, D.R.P. 80817, *Frdl.*, **4**, 116].

Tobias la prépare en chauffant sous pression à 210° pendant 15 heures une solution aqueuse concentrée du sel de soude de la disulfo-pyrocatéchine (cette dernière obtenue à partir du phénol trisulfoné) D.R.P. 81209, *Frdl.*, **4**, 117].

On extrait aussi la pyrocatéchine des produits de distillation des schistes bitumineux [Gewerkschaft Messel, D.R.P. 68944, *Frdl.*, **3**, 844].

Propriétés physiques. — La pyrocatéchine cristallise dans l'éther ou la ligroïne [Bechenkamp, *Z. Kr.*, **33**, 599; — Nègri, *Gazz. chim. ital.*, **26**, I, 75, 1896]. Elle bout à 245° [Gräbe, *Ann. Chem.*, **254**, 296, 1889].

Cryoscopie [voyez Auwers, *Ph. Ch.*, **32**, 50, 1900]. Ebullioscopie [Voyez Efiso Mameli, *Gaz. Chim.*, **33**, I, 464, 1903]. Densité des solutions aqueuses [J. Traube, *D. chem. G.*, **31**, 1569, 1898]. Chaleur de dissolution et de neutralisation [Werner, *Soc. Chim. russe*, **18**, 28, 1886; — de Forcrand, *Ann. Chim. Phys.*, (6), **30**, 69, 1893]. Chaleur de réaction avec l'eau de Br [Berthelot et Werner, *Bull. Soc. Chim.*, **43**, 544, 1885]. Chaleur de combustion moléculaire 684°,9 [Stohmann, Langbein, *J. pr. Chem.*, (2), **45**, 305, 1892]. Pouvoir rotatoire magnétique à 15° : 12°,63 [Perkin, *Soc.*, **69**, 1185, 1895]. Vitesse d'absorption de l'oxygène [Lepetit, *Bull. Soc. Chim.*, (3), **23**, 627, 1900]. Bandes d'absorption du spectre [Atti, *R. Acc. Linc.*, (5), **12**, 87, 1903].

Réactions colorées de la pyrocatéchine. — Une solution aqueuse traitée par le perchlorure de fer en présence d'acétate de soude devient violette [Wislicenus, *Ann. Chem.*, **291**, 174, 1896].

Si on change de solvant, la coloration due au perchlorure de fer est modifiée [Traube, *D. chem. G.*, **31**, 1569, 1898].

Après avoir ajouté du bioxyde de sodium à une solution alcoolique absolue contenant la pyrocatéchine, on laisse en contact quelques minutes, puis on ajoute de l'eau, on observe alors des colorations successives : la liqueur devient rouge, puis vert et brune. Une goutte de cette solution évaporée sur porcelaine donne une tache brune [E. Pinerua Alvarez, *Chem. News*, **91**, 125, 1905].

La liqueur alcoolique se colore quand on la traite par le sodium [Kunz Krauss, *Arch. der Pharm.*, **236**, 544].

Propriétés chimiques. — L'azote réagit sur la pyrocatéchine sous l'influence des décharges électriques [Berthelot, *C. R.*, **126**, 622, 1898].

Une solution de pyrocatéchine précipite par le chlorure de calcium et l'ammoniaque; la résorcine et l'hydroquinone ne précipitent pas dans ces conditions [Bottinger, *D. chem. G.*, **28**, ref., 327, 1895].

Le sel de Pb de la pyrocatéchine en suspension dans une solution de chloroforme sec s'oxyde en présence de l'iode pour donner l'orthobenzoquinone $C^6H^4O^2$ [Jackson, Koch, *D. chem. G.*, **31**, 1458, 1898].

La solution iodée de pyridine agit sur la pyrocatéchine pour donner le composé C^6H^5Az-CO $-C^6H^4-COH$ qui fond à 243-245°. Ce produit est soluble dans la potasse en rouge et insoluble dans l'éther. Son *dérivé acétylé* fond à 205-207° [Giovani Ortolova, *Gazz.*, **32**, 1, 147, 1902].

En oxydant par l'oxyde d'argent en présence du sulfate de soude et de l'éther, on obtient de l'orthobenzoquinone en tables roses, décomposée vers 60-70°, insoluble dans la ligroïne et soluble dans les solvants ordinaires. Les auteurs l'ont caractérisée par la mise en liberté d'iode dans l'iodure de potassium [R. Willstätter et A. Pfannenstiel, *D. chem. G.*, **37**, 4744, 1904].

En fondant un mélange de pyrocatéchine, soufre, chlorure d'ammonium et soude caustique, Vidal a obtenu un colorant noir sulfuré [D.R.P., 84632, *Frdl.*, **4**, 1048].

Le nitrite d'éthyle réagit en produisant une coloration noire fugace [Rupe et Labhard, *D. chem. G.*, **30**, 2445, 1897].

Le sel disodé de la pyrocatéchine réagit sur le dichloracétol $CHCl^2CHO$ vers 200° avec formation de glyoxalorthophénylènediéthylacétal

$$C^6H^4 <^O_O> CH-CH(OC^2H^5)^2$$

[Hesse, *D. chem. G.*, **31**, 598, 1898].

Le même sel agit sur les éthers d'acide gras α-bromés pour donner le produit de réaction normal et une lactone [Bischoff, *D. chem. G.*, **33**, 1669, 1900].

La combinaison avec l'hexaméthylène-amine se charbone sans fondre vers 140° [Muscatos Tollens, *Ann. Chem.*, **272**, 281, 1892].

En chauffant la pyrocatéchine avec l'épichlorhydrine et la potasse en solution aqueuse, on obtient la combinaison

$$C^6H^4\left(OCH^2CH<^{CH^2}_O\right)^2$$

qui fond à 83° [Lindeman, *D. chem. G.*, **24**, 2149, 1891].

La combinaison avec l'alloxane $C^{10}H^8O^6Az^2$ cristallise dans l'eau en prismes compacts, elle se décompose à 200° [Böhringer et fils, D.R.P. 107720; *Centr. Blatt.*, **1**, 1113, 1900].

Le chlorure d'hippuryle réagit sur la pyrocatéchine au bain-marie pour donner la combinaison $C^6H^5-CO-AzH-CH^2-COO-C^6H^4-OH$ qui cristallise en feuillets incolores solubles dans l'alcool et la potasse. Elle fond à 134-136°. Elle est hydrolysée par les acides concentrés; par l'acide chlorhydrique dilué, elle se transforme en anhydro-hippuryle-pyrocatéchine fondant à 232° [E. Fischer, *D. chem. G.*, **38**, 2926, 1905].

En chauffant ensemble l'oxalate de diphényle et la pyrocatéchine, ou la pyrocatéchine sodée avec le chlorure d'éthyloxalyle, on obtient l'*oxalate de pyrocatéchine* $(COO)^2C^6H^4$ soluble dans l'alcool et fusible à 185° [Bischoff et A. von Hedenström, *D. chem. G.*, **35**, 3452, 1902].

Le chlorure d'aminoformyle AzH^2COCl réagit sur la pyrocatéchine en donnant l'*aminoformiate de pyrocatéchine* $(AzH^2COO)^2C^6H^4$ fondant à 178° [Gattermann, *Ann. Chem.*, **244**, 45, 1888].

Le chlorure de benzoyle donne en présence de pyridine du *monobenzoate de pyrocatéchine* $C^6H^5.C^6H^4OH$ qui fond à 130-131° et du *dibenzoate* $C^6H^4(C^7H^5O^2)^2$ fondant à 84° [Einhorn Holland, *Ann. Chem.*, **301**, 104, 1898; Döbner, *ibid.*, **240**, 261, 1881; — O. N. Witt et Mayer, *D. chem. G.*, **26**, 1076, 1893].

En présence du chlorure de benzoyldiazonium il se forme de l'éther orthooxydiphényle fondant à 105°, du dioxydiphényle et un isomère. La réaction est plus vive quand la pyrocatéchine contient un groupe phényle dans le noyau [James Norris, B. G. Macintire et Corse, *Centr. Blatt.*, **2**, 705, 1902].

Chauffée à 100° avec la phénylcarbonimide $C^6H^5-Az=CO$, elle donne la pyrocatéchine-phénylcarbamide $C^6H^4[AzH(C^6H^5)COO]^2$ qui cristallise dans l'alcool étendu et fond à 165° [Snape, *D. chem. G.*, **18**, 2429, 1885].

La pyrocatéchine traitée par le chlorure de picryle $C^6H^2(AzO^2)^3Cl$ donne naissance à l'orthodinitrophénylène-dioxyde

$$C^6H^4 <^O_O> C^6H^2(AzO^2)^2$$

[Hillyer, *Am. Soc.*, **23**, 125, 1900].

La solution alcoolique de pyrocatéchine, traitée par le chlorure de picryle en présence de soude anhydre au bain-marie, donne la dinitrophénoxozone

$$C^6H^4 <^O_O> C^6H^2(AzO^2)^2$$

fondant à 192° [Hillyer, *Am. Soc.*, **23**, 126, 1901].

Le *picrate* $C^6H^6O^2C^6H^3Az^3O^7$ se présente en un précipité orangé fondant à 122°. La résorcine et l'hydroquinone ne donnent pas de picrate [Gödike, *D. chem. G.*, **26**, 3044, 1894].

SELS DE LA PYROCATÉCHINE. — *Sels de sodium.* — Le *dérivé monosodé* $HO.C^6H^4.ONa$ et le *disodé* $C^6H^4(ONa)^2$ se préparent par l'action du sodium sur la pyrocatéchine en présence d'alcool absolu; la réaction est quantitative, elle se fait à chaud [De Forcrand, *Ann. Chim. Phys.*, (6), **30**, 66, 1893].

Sel de calcium, $C^6H^4O^2Ca$. — On l'obtient en précipitant la pyrocatéchine par le chlorure de calcium et l'ammoniaque.

Sels d'antimoine,

$$C^6H^4 <^O_O> Sb-OH$$

— Il se prépare en chauffant ensemble 50 gr. de pyrocatéchine et 100 gr. de chlorure d'antimoine en présence d'une solution saturée de chlorure de sodium; on sature par la soude jusqu'à précipitation, on filtre à chaud; la liqueur laisse déposer de petits cristaux insolubles dans l'eau et l'alcool, solubles dans la soude, l'acide chlorhydrique et les sels halogénés; ils sont stables à l'air, l'acide acétique les attaque [Causse, *Bull. Soc. Chim.*, (3), **7**, 245, 1892; *C. R.*, **125**, 955, 1897; *Ann. Chim. Phys.*, (7), **14**, 538, 1895]. On a également préparé : $C^6H^4-O^2-Sb-F$ cristallisé, $C^6H^4-O^2-Sb-Cl$ cristaux à coins arrondis qui se dissocient en présence d'un excès d'eau; $C^6H^4-O^2-Sb-Br$ plus facilement dissocié que le précédent; $C^6H^4-O^2-Sb-I$ coloré; $C^6H^4O^2SbOH$. SbOI précipité orange; $C^6H^4O^2SbOGOCH^3$ cristaux microscopiques insolubles dans les solvants neutres; $C^6H^4O^2SbO.CO.COOH$, insolubles dans l'eau et non dissociés. Tous ces composés ont été étudiés par Causse.

Sel de bismuth,

$$C^6H^4 <^O_O> Bi-OH$$

— C'est une poudre jaune obtenue par Richard [*Centr. Blatt.*, II, 629, 1900].

Sels doubles. — La pyrocatéchine donne des combinaisons cristallines stables faciles à isoler avec la soude, le carbonate de soude et le sulfite de soude, on obtient des composés tels que $C^6H^4OH.OMe$, $C^6H^4(OH)^2$ [Farb. Meister, Lucius, D.R.P. 164666, 1904].

ÉTHERS OXYDES DE LA PYROCATÉCHINE. — Sur l'éther diméthylique (vératrol) et l'éther monométhylique (gaïacol), consulter le 2° Suppl., 426.

Éther méthyléthylique. $CH^3OC^6H^4OC^2H^5$. — On le prépare en traitant le gaïacol par l'iodure d'éthyle en présence de la potasse [Tiemann et Korpe, *D. chem. G.*, **14**, 2017, 1881]. C'est un liquide bouillant à 213°; pouvoir de réfraction moléculaire [Eykmann, *R. Pays-Bas*, **12**, 277, 1894]; par nitration dans l'acide acétique, il donne deux dérivés nitrés isomères $C^6H^3(OCH^3)(OC^2H^5)AzO^2$, l'un fondant à 66-67°, l'autre à 100-102° [Wisinger, *Monatsh.*, **21**, 1008, 1900]. Le *dérivé bromé* sur l'éthyle $CH^3OC^6H^4OCH^2CH^2Br$, fond à 49° [M. Boscogrande, *R. Acc. Linc.* (5), **6**, II, 33].

Éther monoéthylique, $HO-C^6H^4-OC^2H^5$ (Guéthol). — On l'obtient, avec d'autres corps, par distillation sèche de l'éther diéthylique du protocatéchate de calcium [Heinisch, *Monatsh.*, **15**, 237, 1894]. On le prépare en laissant couler la solution diazotée de phénétidine $C^2H^5OC^6H^4.AzH^2$, dans l'acide sulfurique vers 130-140°, puis on entraîne à la vapeur d'eau [Kalle et Co, D.R.P. 97012; *Centr. Blatt*, **2**, 521, 1898]. Ces derniers ont trouvé qu'il fond à 28-29° et bout à 217°, tandis que Merk [D.R.P. 92651; *Frdl.*, **4**, 123] indique qu'il fond à 27-28° et bout à 214-216°, et qu'Heinisch donne comme point d'ébullition 240-241°.

Éther diéthylique, $C^6H^4(OC^2H^5)^2$. — Il se forme en traitant l'éther monoéthylique par l'iodure d'éthyle en présence de potasse; il fond à 43-45°; nitré en solution acétique il donne l'éther diéthylique de la nitropyrocatéchine 4 $C^6H^3(OC^2H^5)^2_{(1)(2)}AzO^2_{(4)}$, fondant vers 73-75° [Wisinger, *Monatsh. f. Chem.*, **21**, 1008, 1900; — Herzig et Zeisel, *ibid.*, **10**, 152, 1889].

Éther monopropylique, $HOC^6H^4OC^3H^7$. — Il bout à 226° [Merk, D.R.P. 92651; *Frdl.*, **4**, 123].

Éther monobutylique, $HOC^6H^4OC^4H^9$. — Il bout à 231-234° (Merk).

Éther monoisoamylique, $HOC^6H^4OC^5H^{11}$. — Il bout à 245-248° (Merk).

Éther méthylallylique, $CH^3OC^6H^4OC^3H^5$. — Liquide bouillant à 215° sous 378 mm. [Marfori, *Jahresb.*, 1196, 1890].

Éther méthylcétylique, $CH^3OC^6H^4OC^{16}H^{33}$. — Aiguilles fondant à 54° [Eykman, *Rec. Pays-Bas*, **12**, 273, 1894].

Éther méthylénique.

$$C^6H^4 <^O_O> CH^2$$

— Il a été préparé par l'action de l'iodure de méthylène sur le sel disodé de la pyrocatéchine en présence d'alcool absolu. C'est un liquide bouillant à 172-173°, Moureu [*Bull. Soc. Chim.* (3), **15**, 655, 1896; *An. Chim. Phys.*, (7), **18**, 103, 1899]. Le *dérivé aminé* $C^6H^3(AzH^2)_{(4)}(O^2CH^2)_{(1)(2)}$ fond à 45°, le *dérivé acétylé* de ce dernier fond à 135° [Rupe et Majewski, *D. chem. G.*, **33**, 3402, 1900].

Éther du glycol, ou éthane-pyrocatéchine,

$$C^6H^4 <^{O-CH^2}_{O-CH^2}$$

— On l'obtient en chauffant à 100° 27gr,5 de pyrocatéchine avec 35 gr. de potasse, mélangés de 4 cc. d'eau en présence de 60 gr. de bromure d'éthylène.

Huile bouillant à 216° sous la pression normale et à 124° sous 22 mm.; elle est miscible à l'alcool en toute proportion.

Elle n'est pas décomposée par l'acide iodhydrique ni le permanganate [Worländer, *Ann. Chem.*, **280**, 205, 1894; — Moureu, *C. R.*, **126**, 1426, 1898].

Elle est nitrée par l'acide azotique, attaquée par CrO^3 en sol. acétique.

Son *amine* bout à 162° sous 9 mm. On en a préparé divers sels: $C^8H^9O^2AzHCl$, se décomposant à 220°; $C^8H^9AzH^2PtCl^6$, qui fond à 213°; le *picrate* $C^8H^9O^2AzC^6H^3O^7Az^3$, décomposé à 180°; le *dérivé acétylé* fusible à 133°,5 [Moureu, *C. R.*, **126**, 1428, 1898; *Ann. Chim. et Ph.*, (7), **18**, 98, 1899].

Éther du propylène-glycol, $CH^3CH(OC^6H^4OCH^3)CH^2OC^6H^4OCH^3$. — Aiguilles fondant à 99° [Marfori, *Jahresb.*, 1197, 1890].

Éthène-dipyrocatéchine,

$$C^6H^4 <^O_O> CH-CH <^O_O> C^6H^4$$

— Moureu l'a obtenu en chauffant 1 molécule d'acétylène tétrabromé avec 2 molécules de pyrocatéchine en présence de 4 molécules de potasse dissoutes dans le quart de leur poids d'eau; il obtient des feuillets minces entraînables à la vapeur d'eau et fondant à 88-89°; ils se scindent à chaud par l'acide sulfurique étendu en pyrocatéchine et $C^8H^8O^4$.

Éther acétylénique, ou *éthène-pyrocatéchine.*

$$C^6H^4 <^{O-CH}_{O-CH}$$

— Il se forme en faisant bouillir le chlorure d'acétyle avec l'o-phénoxyacétal $HOC^6H^4OCH^2CH(OC^2H^5)^2$ ou l'éthoxyéthane-pyrocatéchine

$$C^6H^4 <^{OCH^2}_{OCHOC^2H^5}$$

[Ch. Moureu, *C. R.*, **128**, 559, 1889; *Ann. Chim. Phys.*, (7), **18**, 130, 1889]. On le prépare en agitant ensemble 3 p. de quinoléine avec 1 p. d'anhydride phosphorique et 1 p. d'o-oxyphénoxyacétaldéhyde, $COH.C^6H^4.O.CH^2.CHO$. C'est une huile colorée solide entre —20° et —16°, bouillant à 76° sous 13 mm.; en solution sulfocarbonique elle absorbe le brome pour donner le *composé d'addition dibromé* $C^6H^4(O-CH-Br)^2$, qui fond vers 103-104°; ce dernier est décomposé par l'eau à chaud avec formation d'acide bromhydrique, de glyoxal et de pyrocatéchine (Ch. Moureu).

Éther méthylacétylénique,

$$C^6H^4 <^{O-CH}_{O-C-CH^3}$$

— On en obtient en faisant agir la quinoléine sur l'o-oxyphénoxyacétone $HOC^6H^4OCH^2COCH^3$, en présence de l'anhydride phosphorique [Moureu, *C. R.*, **128**, 670, 1899; *Ann. Chim. Phys.*, (7), **18**, 134, 1899]. On le prépare en chauffant 1 molécule 1/2 d'éther o-formique avec 3 molécules de chlorure d'acétyle et d'o-oxyphénoxyacétone, qu'on maintient 1 heure au réfrigérant ascendant.

C'est une huile qui ne se solidifie pas à —30°, elle bout sous 18 mm. de 97 à 102°, et à 213-218 sous la pression normale. En solution sulfocarbonique elle donne un composé d'addition avec le brome.

Éthers dérivés aldéhydiques et cétoniques.

Orthooxyphénoxyacétal, $HOC^6H^4OCH^2CH$ $(OC^2H^5)^2$. — Il se prépare en chauffant à 175° une molécule de monochloracétal avec une molécule du sel monosodé de la pyrocatéchine ; c'est une huile qui se décompose à la distillation.

Pyrocatéchine-éthoxyéthane,

$$C^6H^4 \begin{cases} O-CH^2 \\ | \\ O-CH-OC^2H^5 \end{cases}$$

— On l'obtient en chauffant le précédent vers 210°-215°, c'est une huile facilement entraînée à la vapeur d'eau et qui bout à 247° [Moureu, *C. R.*, **126**, 1056, 1898 ; *Ann. Chim. Phys.*, (7), **18**, 118, 1899].

Orthophénylène-bisoxyacétal, $C^6H^4[OCH^2CH$ $(OC^2H^5)^2]^2$. — On l'obtient en même temps que l'orthooxyphénoxyacétal par la même réaction avec deux molécules de monochloracétal ; on le sépare par la distillation en un liquide huileux qui bout à 195-197° sous 9 mm. (Moureu).

Glyoxal-orthophénylènedié-thylacétal,

$$C^6H^4 \begin{cases} O \\ O \end{cases} CH-CH=(OC^2H^5)^2$$

— Il a été obtenu en chauffant pendant 16 heures à 200° le sel disodé de la pyrocatéchine avec le dichloracétal en présence d'alcool absolu.

Liquide clair, $D_{14} = 1,1252$, bouillant à 150° sous 22 mm. Il se décompose si on le distille à la pression ordinaire : il est entraîné par la vapeur d'eau ; chauffé avec l'acide sulfurique étendu il donne la combinaison $C^8H^8O^4$; avec l'acide concentré il se résinifie avec une coloration violet rouge intense [Moureu, *C. R.*, **127**, 325, 1899 ; — Ludewig, *J. prakt. Chem.*, (2), **61**, 362, 1900].

Orthooxyphénoxyacétone, $HO.C^6H^4O.CH^2.$ $CO.CH^3$. — Elle se forme en traitant au bain-marie le sel monosodé de la pyrocatéchine par la monochloracétone.

Elle se présente en aiguilles fondant à 98-99° qu'on peut distiller à 169-170° sous 46 mm. Très soluble dans l'eau chaude et peu à froid, facilement dans l'alcool et l'éther, elle réduit l'azotate d'argent en formant un miroir ; on n'a pas obtenu de combinaison avec le bisulfite de sodium [Moureu, *C. R.*, **128**, 433, 1899 ; *Bull. Soc. Chim.*, (3), **21**, 291 ; *Ann. Ch. Phys.*, (7), **18**, 122] ; le *dérivé acétylé* $CH^3.COO.$ $C^6H^4OCH^2CO.CH^3$ bout à 176-180° sous 19 mm.

L'*oxime* $HOC^6H^4OCH^2C(=Az-OH)CH^3$ fond vers 76-77°.

Si on chauffe pendant dix heures une molécule d'orthooxyphénoxyacétone avec une molécule un quart de chlorhydrate d'éther iminoformique $AzH=CH.OC^2H^5$. HCl en présence de cinq vol. d'alcool, on obtient le *méthyléthoxypyrocatéchine-éthane*

$$C^6H^4 \begin{cases} O-CH^2 \\ | \\ O-C \begin{cases} OC^2H^5 \\ CH^3 \end{cases} \end{cases}$$

Le produit de la réaction traité par l'eau, on extrait à l'éther, puis on fractionne dans le vide. Il bout à 124-125° sous 15 mm., il est décomposé par l'acide sulfurique étendu (Moureu).

Combinaison de la pyrocatéchine avec l'acétone. — Si l'on chauffe en tube scellé à 145° un mélange de 10 parties d'acétone, 21 gr. de pyrocatéchine, 60 gr. d'acide acétique et 55 gr.

d'acide chlorhydrique fumant, on obtient des cristaux insolubles dans l'eau qui fondent en se décomposant à 315° ; l'analyse donne la composition $C^{21}H^{20}(OH)^4$; ils s'oxydent avec l'acide azotique en donnant une oxyquinone avec perte de 4 atomes d'hydrogène [R. Faburi et T. Szosky, *D. chem. G.*, **38**, 2307, 1905].

Éther glycérique,

$$C^6H^4 \begin{cases} OCH^2 \\ OCH-CH^2OH \end{cases}$$

— On l'obtient en traitant l'alcool dibromopropylique α.β, $CH^2BrCHBrCH^2OH$, par le sel disodé de la pyrocatéchine.

Aiguilles blanches fondant à 89-90°, distillant à 283-286°. Son *éther acétique* bout à 185-188° sous 30 mm. [Moureu, *C. R.*, **126**, 1427, 1898].

Éther de la diglycide,

$$C^6H^4 \begin{cases} OCH^2CH \begin{cases} CH^2 \\ | \\ O \end{cases} \end{cases}^2$$

— Il se forme en chauffant pendant 10 heures, à 120°, 1 molécule de pyrocatéchine avec 2 molécules d'épichlorhydrine, en présence d'une solution aqueuse contenant 2 molécules de potasse. Cristaux solubles dans l'alcool et l'éther, fondant à 83-84° [Lindeman, *D. chem. G.*, **24**, 2149, 1891].

Éther phénylique, $C^6H^4(O.C^6H^5)^2$. — On l'obtient en chauffant en tube scellé à 220-240° 7 gr. de bibromobenzène$_{(1)(2)}$, 12 gr. de phénol, et 5 gr. de potasse en présence de poudre de cuivre.

Il cristallise dans l'éther et fond à 93°. [F. Ullmann et P. Sponagel, *Ann. Chem.*, **350**, 83, 1906].

ÉTHERS-SELS DE LA PYROCATÉCHINE. — ÉTHER SULFUREUX,

$$C^6H^4 \begin{cases} O \\ O \end{cases} SO$$

— Il a été obtenu par l'action du chlorure de thionyle $SOCl^2$ sur la pyrocatéchine ; on obtient ainsi un liquide bouillant vers 210-211° sous la pression ordinaire, et à 98-99° sous 16 mm. [Anchütz, Posth, *D. chem. G.*, **27**, 2752, 1894].

ÉTHERS PHOSPHOREUX. — *Pyrocatéchine-chlorophosphine,*

$$C^6H^4 \begin{cases} O \\ O \end{cases} P-Cl$$

— On l'obtient en chauffant pendant 12 heures 20 gr. de pyrocatéchine avec 200 gr. de trichlorure de phosphore pur, le produit de la réaction est fractionné dans le vide. Cristaux fondant à 130°, distillant à 140° sous 65 mm. Cet éther est rapidement décomposé par l'eau en pyrocatéchine, acide chlorhydrique et acide phosphoreux [Knauer, *D. chem. G.*, **27**, 2569, 1894].

Pyrocatéchine-phosphine, $(C^6H^4O^2)^3P^2$. — On l'obtient en même temps que la précédente par la réaction suivante :

$$3C^6H^4(OH)^2 + PCl^3 = 3HCl + (C^6H^4O^2)^3P^2.$$

C'est un liquide qui distille dans le vide au-dessus de 360° (Knauer) ; sous 1 mm. il distille à 202-203° [Anschütz et Post, *D. chem. G.*, **27**, 2752, 1894].

ÉTHERS PHOSPHORIQUES — *Oxyde de pyrocatéchine-phosphine,*

$$\left(C^6H^4 \begin{cases} O \\ O \end{cases}\right)^3 P^2O^2 \quad \text{ou} \quad (PO^4)^2(C^6H^4)^3$$

— Knauer l'obtient en chauffant pendant 18 heures

20 gr. de pyrocatéchine avec 200 gr. d'oxychlorure de phosphore. Le produit est fractionné dans le vide où il distille au-dessus de 360°.

Oxyde de pyrocatéchine-chlorophosphine,

$$C^6H^4 \underset{O}{\overset{O}{<\,>}} POCl$$

— Il est obtenu en traitant l'oxyde de pyrocatéchine phosphine à chaud par un excès d'oxychlorure de phosphore.

Il se présente en aiguilles fondant à 35°, bouillant à 162° sous 55 mm. : il est décomposé par l'eau en pyrocatéchine, acide chlorhydrique et acide phosphorique (Knauer).

Phosphate de pyrocatéchine, $OH.C^6H^4O.PO(OH)^2$. — Il se forme lorsqu'on chauffe la pyrocatéchine avec de l'anhydride phosphorique ; on obtient des aiguilles fondant à 139°, solubles dans l'eau et l'alcool, insolubles dans le benzène [Genvresse, *C. R.*, **127**, 523, 1898].

Phosphate de l'éther monoéthylique, $PO(OC^6H^4O.C^2H^3)^3$. — Cristaux colorés fondant à 131-132°, solubles dans l'alcool [Merck, *Centr. Blatt*, **1**, 706, 1899].

CARBONATE DE PYROCATÉCHINE, $CO^3C^6H^4$. — On l'obtient : 1° en traitant la pyrocatéchine par l'éther chloroformique $Cl.CO.O.R$, en présence de potasse [Beuder, *D. chem. G.*, **13**, 697, 1880].

2° Par distillation du carbonate double d'éthyle et de pyrocatéchine $HO.C^6H^4CO^3C^2H^5$ [Einhorn, *Ann. Chem.*, **300**, 142, 1898].

On le prépare en agitant une solution aqueuse de 73gr,3 de pyrocatéchine contenant 53gr,3 de soude caustique avec une solution de toluène, dans laquelle on a fait dissoudre 66 gr. d'oxychlorure de carbone : la concentration doit être de 20 0/0 environ [Einhorn, *Ann. Chem.*, **300**, 141, 1898 ; D.R.P. 72806 ; *Frdl.*, **3**, 854].

Il cristallise dans l'alcool absolu en grandes aiguilles fondant à 118-120°, et distille vers 225-230°.

Il se décompose par la chaleur en pyrocatéchine et ditolylurée.

Carbonate de l'éther éthylique. — On introduit de l'oxychlorure de carbone dans un mélange équimoléculaire de soude et d'éther monoéthylique de la pyrocatéchine, la réaction est complète quand l'alcalinité a disparu. On fait cristalliser dans l'alcool ; la combinaison fond à 81° [Einhorn, D.R.P. 72806 ; *Frdl.*, **3**, 854]. De la même manière on prépare :

Le carbonate de l'éther propylique, $CO(OC^6H^4O.C^3H^7)^2$, qui fond à 60°.

Le carbonate de l'éther isopropylique, qui fond à 49°.

Le carbonate de l'éther butyrique, $CO(OC^6H^4O.C^4H^9)^2$, fondant à 48°.

Le carbonate de l'éther isobutyrique, fondant à 51°.

Le carbonate de l'éther isoamylique, $CO(OC^6H^4O.C^5H^{11})^2$, fondant à 60°.

Carbonate de pyrocatéchine et d'éthyle ou *pyrocatéchine-monocarbonate d'éthyle,* $HO.C^6H^4(O.COOC^2H^5)$. — On l'obtient en chauffant pendant plusieurs heures le carbonate de pyrocatéchine et l'alcool [Einhorn, *Ann. Chem.*, **300**, 140, 1898] ; il s'en forme aussi en faisant tomber goutte à goutte une solution pyridique de pyrocatéchine dans l'éther chloroformique $Cl.CO.O.C^2H^5$.

Il cristallise en aiguilles dans le mélange alcool-éther ; il fond à 58°, il est dissous par les alcalis et reprécipité par les acides sans décomposition ; il est décomposé par la distillation en carbonate de pyrocatéchine et alcool.

Pyrocatéchine-bicarbonate de méthyle, $C^6H^4(CO^3CH^3)^2$. — Il se forme en traitant la pyrocatéchine par l'éther chloroformique en présence

de carbonate de calcium. Il cristallise en aiguilles dans l'alcool étendu et fond à 410° [Syniesky, *D. chem. G.*, **28**, 1875, 1895].

Pyrocatéchine-monocarbonate d'isoamyle, $HO.C^6H^4O.COOC^5H^{11}$. — Einhorn l'obtient en chauffant le carbonate de pyrocatéchine avec l'alcool isoamylique. Il cristallise en feuilles dans ce liquide, et fond à 153°.

Combinaisons du carbonate de pyrocatéchine avec les amines. — Chauffé avec la diéthylamine, il donne le *pyrocatéchine-carbonate de diéthylamine* fondant à 78° (Einhorn) $HOC^6H^4OCOAz(C^2H^5)^2$; chauffé avec l'éthylène-diamine, en présence d'alcool, il forme la *dipyrocatéchine carbonique éthylène-diamine,* $HOC^6H^4O.CO.AzHC^2H^2C^2H^2AzHCO.OC^6H^4OH$, qui cristallise en feuillets dans l'alcool absolu bouillant, et fond à 165°,5.

Le carbonate de pyrocatéchine réagit sur la salicylamine a 200°.

Chauffé à molécules égales avec l'aniline, il donne une substance soluble dans la soude étendue ; cette solution alcaline, précipitée par les acides étendus, donne la *pyrocatéchine carbonique aniline* $HOC^6H^4O.COAzHC^6H^5$, soluble dans l'alcool, l'éther et le benzène, fondant à 146° (Einhorn).

Chauffé avec précaution avec l'isoamylbenzylamine, il fournit la *pyrocatéchine carbonique isoamylbenzylamine* $HO.C^6H^4.OCO.Az(C^6H^{11})C^2H^2.C^6H^5$, qui cristallise dans la ligroïne et fond à 74° [E. Pfeiffer, *Ann. Chem.*, **310**, 222].

En le maintenant avec la p-phénétidine $C^2H^5OC^6H^4AzH^2$ à la température ordinaire, on obtient des feuillets solubles dans l'éther, le benzène et la ligroïne, $HOC^6H^4OCOAzH.C^6H^4OC^2H^5$, qui fondent à 146° [A. Einhorn et J. Sthinidlin, *D. chem. G.*, **35**, 3653, 1902].

Traitée par l'hydrazine, en présence d'alcool, il fournit deux combinaisons. Le produit de la réaction se prend en masse par refroidissement ; on le dissout dans une lessive de soude étendue et on précipite par l'acide chlorhydrique la *dipyrocatéchine carbonique hydrazine* $HOC^6H^4OCO AzH.AzH.CO.OC^6H^4.OH$, qui se présente en tables colorées après cristallisation dans l'alcool absolu, et fond à 207°.

La solution chlorhydrique contient le sel de la *monopyrocatéchine carbonique hydrazine* ; la base $HOC^6H^4OCOAzH.AzH^2$, cristallise en aiguilles et fond à 154° ; elle se décompose vers 240°, elle réduit le nitrate d'argent à froid et la liqueur de Fehling à chaud. Cette base donne, avec les aldéhydes, des combinaisons cristallisées, mais ne se combine pas avec les cétones ; le *dérivé acétylé* $C^9H^{10}O^4Az^2$, obtenu en traitant la base complexe par l'anhydride acétique, fond à 180°.

La monopyrocatéchine carbonique hydrazine, traitée par l'acétaldéhyde en présence d'alcool, donne une *combinaison éthylidénique* $HOC^6H^4OCOAzH-Az=CH.CH^3$, qui fond à 125° (Einhorn).

Formiate, oxalate, benzoate, picrate de pyrocatéchine : voir aux propriétés chimiques de la pyrocatéchine.

ACIDE PYROCATÉCHINE-GLYCOLIQUE,

$$HO-C^6H^4O-CH^2-COOH.$$

— Il se forme dans les conditions suivantes :

En traitant l'acide gaïacol-glycolique $CH^3OC^6H^4OCH^2COOH$ par l'acide chlorhydrique ou bromhydrique [Lederer, D.R.P. 108 241 ; *Centr. Blatt.*, **1**, 1116, 1900].

En chauffant l'éthane-dipyrocatéchine

$$C^6H^4 \underset{O}{\overset{O}{<\,>}} CH-CH \underset{O}{\overset{O}{<\,>}} C^6H^4$$

avec la pyrocatéchine en présence d'acide sulfurique étendu [Moureu, *C. R.*, **127**, 276, 1898; *Bull. Soc. Chim.*, (3), **21**, 102, 1899];

Par l'action de l'acide monochloracétique sur le sel monosodé de la pyrocatéchine (Moureu) [Majert, D.R.P. 57 336, 87 668; *Frdl.*, **4**, 1106, 1007];

En scindant la pyrocatéchine diglycolique $C^6H^4(OCH^2COOH)^2$ par une lessive de soude à chaud vers 160-170° (Majert).

Pour le préparer à l'état de pureté, Tobias hydrate à chaud l'anhydride correspondant (obtenu en distillant l'éther éthylique)[Tobias, D.R.P. 89 593; *Frdl.*, **4**, 1108].

Il cristallise dans l'eau en feuilles rhombiques, fondant à 131°; il est très soluble dans l'alcool et l'éther à chaud, peu soluble dans l'eau froide et l'acide acétique, presque insoluble dans l'éther de pétrole; il est peu entraîné par la vapeur d'eau.

La solution aqueuse passe au bleu avec le perchlorure de fer, la décoloration disparaît par la soude [Moureu, *Bull. Soc. Chim.*, (3), **21**, 107, 1899].

Il réduit lentement la solution ammoniacale de nitrate d'argent froide et immédiatement à chaud; par distillation, il donne l'*anhydride*. A 200° les alcalis mettent la pyrocatéchine en liberté.

Sels. — Ils ont été étudiés par Ludewig [*J. prakt. Chem.*, (2), **64**, 345, 1900].

$C^8H^7O^4.AzH^4$, fondant à 186°, très soluble dans l'eau, soluble dans l'alcool; peu soluble dans l'éther, insoluble dans le benzène.

$C^8H^7O^4Na, H^2O$, peu soluble dans l'eau froide, se décomposant vers 300°.

$C^8H^7O^4K$, très soluble dans l'eau.

$(C^8H^7O^4)^2Ca$, peu soluble dans l'eau.

$(C^8H^7O^4)^2Ba, H^2O$, peu soluble dans l'eau.

Le *sel d'aniline* fond à 125°, il est soluble dans l'eau et l'alcool, le *sel de toluidine* se présente en feuillets fondant à 75°.

Éther méthylique, $HO.C^6H^4.OCH^2COO.CH^3$. — Il cristallise avec H^2O, fond à 59°, il perd de l'eau si on le sèche sur l'acide sulfurique.

Éther éthylique, $HOC^6H^4O.CH^2COO.C^2H^3$. — Il se prépare en chauffant ensemble, en présence d'alcool, le sel monosodé de la pyrocatéchine avec le monochloracétate d'éthyle; on le fait cristalliser dans la ligroïne; il fond à 53° et bout sous 30 mm. à 155-156°. Si on le distille à la pression ordinaire il se transforme en *anhydride* [Carter Lawrence, *Chem. Soc.*, **77**, 1223, 1900; — Ludewig, *J. prakt. Chem.*, (2), **61**, 353]. La solution aqueuse donne une couleur verte avec $FeCl^3$.

Anhydride,

$$C^6H^4 \begin{cases} O - CH^2 \\ \quad\quad | \\ O - CO \end{cases}$$

— Il a été obtenu par distillation de l'éther éthylique ou de l'acide à la pression ordinaire. Il cristallise dans l'alcool en prismes; les auteurs ont trouvé des points de fusion variant de 54° à 57°; il se combine à l'ammoniaque, aux amines primaires et secondaires, il est sans action sur les amines tertiaires [Ludewig, *J. prakt. Chem.*, (2), **61**, 349, 1900; — Majert, D.R.P. 37 336; — Tobias, D.R.P. 89 593; *Friedl*, **4**, 1108; — Carter Lawrence, *Chem. Soc.*, **77**, 1223, 1900; — Ch. Moureu, *C. R.*, **127**, 277, 1898; *Bull. Soc. Chim.*, (3), **21**, 104, 1899].

Amide, $HOC^6H^4.OCH^2.COAzH^2$. — On la prépare en déshydratant par la chaleur le sel d'ammonium de l'acide pyrocatéchine-glycolique, ou en traitant l'anhydride fondu par le gaz ammoniac. Elle cristallise en gros prismes

dans l'alcool étendu, avec une molécule d'eau, et dans cet état elle fond à 108°; la substance anhydre fond à 130° (Ludewig).

Combinaisons avec les amines. — L'acide pyrocatéchine-glycolique réagit sur les amines aromatiques :

Avec l'aniline il donne l'*anilide* $HO.C^6H^4O.CH^2COAzH.C^6H^5$ qui cristallise dans l'alcool en aiguilles fondant à 161°, bouillant à 250°.

Avec la méthylaniline on obtient la *méthylanilide* $HO.C^6H^4.O.CH^2.CO.Az(CH^3)C^6H^5$ qu'on fait cristalliser dans le mélange benzène-ligroïne; elle fond à 95°. elle se distingue de la précédente par sa coloration bleu foncé en présence du perchlorure de fer (Ludewig).

La combinaison avec l'orthotoluidine $HO.C^6H^4.O.CH^2.CO.AzH.C^7H^7$ fond à 105°, bout à 220° (Ludewig).

On obtient un dérivé correspondant avec la paratoluidine : $HO.C^6H^4.O.CH^2.CO.AzH.C^7H^7$, fondant à 147° (Ludewig).

ACIDE PYROCATÉCHINE-DIGLYCOLIQUE, $C^6H^4(OCH^2.COOH)^2$. — Il se forme en même temps que l'acide pyrocatéchine-monoglycolique lorsqu'on traite l'acide monochloracétique par la pyrocatéchine [Moureu, *Bull. Soc. Chim.*, (3), **21**, 108, 1899]. On le fait cristalliser dans l'eau; le point de fusion indiqué par les auteurs varie de 172° à 178° (Carter Lawrence, Moureu).

Le *sel acide de potasse* fond à 263°.

Le *sel de baryum*, $C^6H^4(OCH^2COO)^2Ba, 1/2 H^2O$ est un précipité cristallisé, peu soluble dans l'eau.

Le *sel d'aniline* cristallisé dans le benzène fond à 250°, la chaleur le transforme en *anilide* (Carter Lawrence).

Éther éthylique, $C^6H^4(OCH^2COOC^2H^5)^2$. — Il est obtenu en traitant le sel disodé de la pyrocatéchine par le monochloracétate d'éthyle en solution alcoolique. C'est un liquide bouillant à 230-232° sous 30 mm. On le saponifie à chaud par l'acide chlorhydrique [Carter Lawrence, *Chem. Soc.*, **77**, 1223, 1900].

La *diamide*, $C^6H^4(OCH^2.CO.AzH^2)^2$, cristallise en aiguilles dans l'eau chaude et fond à 203° (Carter Lawrence).

PRODUITS DE SUBSTITUTION DE LA PYROCATÉCHINE. — *Monochloropyrocatéchine-4*, $C^6H^3Cl_{(4)}(OH^2)_{(1)(2)}$. — Elle se produit en traitant une molécule de pyrocatéchine par une molécule de chlorure de sulfuryle; elle cristallise en feuillets dans le benzène ou l'éther de pétrole et fond à 81° [Peratoner, *Gazz. chim. ital.*, **28**, 1-222, 1898].

Dichloropyrocatéchine-4.5, $C^6H^2Cl^2_{(4.5)}(OH)^2_{(1.2)}$. — On l'obtient en traitant la pyrocatéchine par deux molécules de chlorure de sulfuryle ou une molécule de ce dernier sur une molécule de monochloropyrocatéchine-4. Elle cristallise en aiguilles dans les mêmes solvants que le précédent; elle fond vers 105-106° et donne avec le pentachlorure de phosphore le tétrachlorobenzène fondant à 136° (Peratoner).

Trichloropyrocatéchine, $C^6HCl^3(OH)^2$. — On l'obtient en faisant agir une liqueur acétique de chlore sur une solution acétique de pyrocatéchine [Cousin, *Bull. Soc. Chim.*, (3), **13**, 719, 1895; *Ann. Chim. Phys.*, (7), **13**, 483, 1898]. Elle se présente en prismes fondant à 104-105°; sous le vide sulfurique elle garde une demi-molécule d'eau et fond ainsi à 134-135°.

Tétrachloropyrocatéchine, $C^6Cl^4(OH)^2$. — On en obtient par plusieurs méthodes :

1° En chlorant directement une solution alcoolique de pyrocatéchine. On enlève les résines par la potasse [Menk et Bentley, *Am. Soc.*, **20**, 317, 1898];

2° En chlorant à chaud une solution acétique

de pyrocatéchine [Zinke, *D. chem. G.*, **20**, 1779, 1887];

3° Par réduction de l'hexachlorocyclohexane-diol avec le chlorure stanneux en solution acétique [Zinke et Küster, *D. chem. G.*, **21**, 2729, 1888]; on la fait cristalliser dans l'alcool étendu : elle fond à 178° d'après Menk, à 194° d'après Zinke; elle est oxydée par un excès de chlore ou par l'acide azotique en tétrachloro-orthoquinone. Son *dérivé acétylé* fond à 190°.

Hexachlorodicétone.

$$Cl \underset{Cl}{\overset{Cl^2 \quad Cl^2}{\diagup\diagdown}} \overset{O}{\underset{O}{\diagdown\diagup}}$$

— Elle a été obtenue en même temps que la tétra-chloropyrocatéchine, en faisant arriver un excès de chlore dans une solution acétique de pyro-catéchine [Zinke et Küster. *D. chem. G.*, **21**, 2723, 1888]. Les mêmes savants l'ont aussi pré-parée par l'action d'un courant de chlore sur une solution contenant une partie de chlorhy-drate d'orthoaminophénol et dix parties d'acide acétique. On prépare le même produit en satu-rant de chlore la tétraorthoquinone [Zinke et Küster. *D. chem. G.*, **22**, 487, 1889].

L'hexachlorodicétone cristallise dans le mé-lange éther-ligroïne avec deux molécule d'eau; maintenue dans le vide, puis traitée par la ligroïne chaude, elle ne conserve qu'une molé-cule d'eau; distillée dans le vide, elle bout à 199° sous 60 mm; c'est alors une huile cristallisable anhydre [Zinke et Küster. *D. chem. G.*, **24**, 925, 1891].

Elle est réduite par le chlorure stanneux en tétrachloropyrocatéchine.

Si on la dissout dans la soude ou l'acétate de soude, elle se transforme en acide hexachloro-pentène-oxycarbonique.

Le pentachlorure de phosphore la transforme en pentachlorobenzène vers 250°. Chauffé vers 300°, il donne de l'hexachlorocétone-pentène, de l'anhydride carbonique et du perchlorobenzène.

Dibromopyrocatéchine-3.4 ou 4.5, $C^6H^2 Br^2_{(3.4)}(OH)^2$. — *Préparation.* — On dissout qua-tre atomes de brome dans l'acide acétique pour obtenir une liqueur à 10 0/0, puis on verse cette li-queur goutte à goutte dans la quantité théorique de pyrocatéchine étendue d'une solution froide de chloroforme et d'acide acétique. Il se sépare des prismes fondant à 92-93°. Le *dérivé acétylé* fond à 110° [Cousin, *Bull. Soc. Chim.*, (3), **13**, 720, 1895; *Ann. Chim. Phys.*, (7), **13**, 487, 1897].

Dibromopyrocatéchine-3.5, $C^6H^4 Br^2_{(3.5)}(OH)^2_{(1.2)}$. — Le dibromo-4.6-aminophénol-2 est diazoté pour donner le dibromoorthodiazo-phénol. Ce dernier, porté à l'ébullition en pré-sence de poudre de cuivre, donne la pyrocaté-chine dibromée-3.5. Elle fond à 58-60° et sa solution aqueuse passe au vert avec le perchlo-rure de fer (Cousin). Son *dérivé acétylé* fond à 95-96°.

Tétrabromopyrocatéchine, $C^6Cl^4(OH)^2$. — Voyez la préparation de la tétrachloropyrocaté-chine page 226 [Cousin, *Ann. Chim. Phys.*, (7), **13**, 497, 1898]. Elle fond à 193° [Zinke, *Bull. Soc. Chim.*, **20**, 1777, 1887].

Nitrosopyrocatéchine-5, $C^6H^3(AzO)_{(5)}(OH)^2_{(1.2)}$. — On n'a préparé que ses éthers (Voyez *Dict.*).

NITROPYROCATÉCHINES. — *Mononitropyrocaté-chine-3*, $C^6H^3(AzO^2)_{(3)}(OH)^2_{(1.2)}$. — Elle se pré-pare en versant lentement 4 cm³ d'acide azo-tique fumant dans une solution éthérée froide contenant 10 gr. de pyrocatéchine. Après 24 heures de contact on lave à l'eau; la couche éthérée est évaporée, le résidu est entraîné à la vapeur d'eau qui sépare le mononitro-2 volatil du mononitro-4 fixe; la solution aqueuse dis-tillée qui contient le mononitro-3 sera épuisée à l'éther. Le premier donnera le produit pur par évaporation. On le fait cristalliser dans l'alcool étendu en aiguilles fondant à 86°, solubles dans l'eau. Les alcalis le colorent en rouge jaune; avec la baryte on obtient un précipité rouge; l'acide azotique concentré le transforme en anhy-dride carbonique et acide oxalique [Weselsky, Benedikt, *Mon. f. Chem.*, **3**, 386, 1882].

Mononitropyrocatéchine-4, $C^6H^3(AzO^2)_{(4)}(OH)^2_{(1.2)}$. — Elle se sépare dans la préparation précédente. On l'obtient aussi par oxydation du paranitrophénol avec le persulfate de potassium en solution alcaline [*Chem. Fab. Schering*, D.R.P. 81 298; *Frdl.*, **4**, 121]. Aiguilles jaunes fondant à 168°, non volatiles, peu solubles dans le benzène, virant au rouge par les alcalis. L'é-ther *éthylénique* correspondant $C^6H^4(AzO^2)O^2C^2H^4$ fond à 121° [Vorländer, *Ann. Chem.*, **280**, 206, 1893].

Dinitropyrocatéchine-3.5, $C^6H^2(AzO^2)^2_{(3.5)}(OH)^2$. — On la prépare en traitant 10 gr. de diacétate de pyrocatéchine par 80 gr. d'acide azotique très concentré et froid; on dissout dans l'acide sulfurique froid et on précipite par l'eau. On fait cristalliser dans l'alcool de belles aiguilles jaunes fondant à 164°. La dinitropyrocatéchine se transforme en acide nitranilique par le mé-lange sulfonitrique froid. Le *diacétate* corres-pondant $C^6H^2(AzO^2)^2(CH^3CO)^2$ fond à 124° [Nietzki et Moll, *D. chem. G.*, **26**, 2183, 1893].

Ethers oxydes des nitropyrocatéchines. — Ils ont été étudiés par Wisinger [*Mon. f. Chem.*, **21**, 1008, 1428, 1900; — Moureu, *C. R.*, **126**, 1898].

Bromonitropyrocatéchine, $C^6H^2 Br_x(AzO^2)_{(3)}(OH)^2$. — On l'obtient en laissant plusieurs jours en contact un mélange de nitropyrocatéchines avec du brome; elle fond à 109-110°. En pré-sence de la nitropyrocatéchine-4 on obtient, en solution chloroformique, le dérivé correspondant $C^6H^2 Br_x(AzO^2)(OH)^2$ fondant à 138-139° [Cou-sin, *Ann. Chem.*, (7), **13**, 503, 1898].

AMINOPYROCATÉCHINES. — *Monoaminopyrocaté-chine-4*, $C^6H^3 AzH^2_{(4)}(OH)^2$. — Elle a été obtenue par Moureu en réduisant le mononitré correspon-dant [Moureu, *Soc. Chim.*, (3), **15**, 647, 1896].

Diaminopyrocatéchine-3.5. — On la prépare en réduisant par le chlorure stanneux en liqueur chlorhydrique le composé dinitré correspondant; le chlorhydrate traité par le gaz ammoniac donne la diaminopyrocatéchine$(OH)^2 C^6H^2(AzH)_{(2)}$ [Nietzki et Moll, *D. chem. G.*, **26**, 2184, 1893].

Nitroaminopyrocatéchine-5.3, $(AzH^2)_{(3)} C^6H^2(AzO^2)_{(5)}(OH)^2$. — Elle se forme en réduisant par le sulfure d'ammonium la pyrocatéchine dinitrée en 3.5. Elle est très soluble dans l'alcool; elle se décompose vers 220-221° [Meldola, Woolcott et Wray, *Chem. Soc.*, **69**, 1334, 1896].

Ethers oxydes des aminopyrocatéchines et leurs dérivés. — *Ether méthylénique*,

$$C^6H^3 AzH^2_{(3)} \underset{}{\overset{}{<}}\left(\overset{O}{\underset{O}{>}}CH^2\right)_{(1.2)}$$

— Il fond à 44-46°, bout à 144° sous 14 mm. On a fait son *chlorhydrate* $C^7H^7O^2,HCl$ [Rupe et Ma-jewski, *D. chem. G.*, **33**, 3403, 1899].

Ether éthylénique.

$$C^6H^3(AzH^2)_{(4)} \overset{\diagup O - CH^2}{\underset{\diagdown O - CH^2}{}}$$

— Il bout à 162° sous 9 mm., à 173° sous 19 mm.; insoluble dans l'eau. Son *chlorhydrate* se décompose à 220°; le *chloroplatinate*

$(C^8H^9O^2Az)^2H^2PtCl^6$, fond à 213° sans décomposition; le *picrate* $C^8H^9O^2AzC^6H^3O^7Az^3$ se décompose vers 180° [Moureu. *C. R.*, **126**, 1428, 1898].

Combinaison méthylénique-diaminée,

$$(CH^3O)^2C^6H^2 \overset{Az}{\underset{Az-C^6H^5}{\gtrless}} CH$$

— Elle fond à 106-107° [Jacobson, Jänicke, F. Meyer, *D. chem. G.*, **29**, 2687, 1896].

DÉRIVÉS SULFURÉS.

Thiopyrocatéchine, $OH.C^6H^4.SH$. — Elle se prépare :

1° En réduisant le sulfure de dioxyphényle $OHC^6H^4S.SC^6H^4OH$ par l'amalgame de sodium en présence de l'eau; on acidule par l'acide sulfurique et on distille l'huile formée après l'avoir séchée [Haitinger, *Mon. f. Chem.*, **4**, 170, 1883];

2° En traitant l'oxyphénylxanthogénate d'éthyle par le sulfure de sodium en solution alcoolique [Leuckart, *J. prakt. Chem.*, (2), **44**, 192, 1891];

3° En réduisant par la poudre de zinc et l'acide sulfurique étendu le trisulfure de dioxyphényle $(OHC^6H^4S)^2S$ [Purgotti, *Gazz. chim. ital.*, **22**, (2), 618, 1892].

Liquide à odeur forte, très réfrangible; il se solidifie en masse dans un mélange réfrigérant, puis fond vers + 6°. $D = 1.237$ à 0°. Il bout vers 216-217°; il est peu soluble dans l'eau, soluble dans l'éther.

La solution aqueuse se trouble avec le perchlorure de fer et prend une faible couleur violette qui passe au rouge vif par la soude; elle s'oxyde facilement à l'air en présence d'une solution alcaline en sulfure de dioxyphényle. Le sel de plomb est précipité en poudre jaune; la thiopyrocatéchine donne une réaction acide et décompose le carbonate de soude; elle attaque la peau.

Dioxythiobenzène $(OH.C^6H^4)^2S$. — On l'obtient en réduisant par le zinc en solution alcaline le parabromodioxythiobenzène $(OHC^6H^3Br)^2S$. Ce dernier est obtenu en traitant le parabromophénol par le chlorure de soufre en solution sulfocarbonique. Le dioxythiobenzène fond à 128-129° et se colore en bleu par le perchlorure de fer [Tassinari, *Gazz. chim. ital.*, **17**, 92, 1887]. Par oxydation il donne la sulfone correspondante $(OHC^6H^4)^2SO^2$ fondant à 186-187°.

Sulfure de dioxyphényle, $HO.C^6H^4.S.S.C^6H^4.OH$. — Il se prépare en chauffant pendant une heure vers 180-200° deux molécules de phénate de sodium sec avec un atome de soufre [Haitinger, *Mon. f. Chem.*, **4**, 170, 1883]. Le produit de la fusion est décomposé par l'acide sulfurique étendu, on distille tant que le distillat donne un précipité avec l'acétate de plomb. La liqueur distillée est neutralisée avec de la soude, puis concentrée jusqu'à sirop; elle est abandonnée à l'air où le sel de sodium cristallise. Ce sel est lavé à l'eau froide, puis on le fait cristalliser dans l'alcool étendu; ce dérivé sodé est ensuite traité par l'acide sulfurique étendu; on reprend le produit de cette réaction par l'éther. La liqueur éthérée donne le sulfure de dioxyphényle par évaporation. Si l'on traite le chlorure d'orthoanisol sulfoné, $CH^3.O.C^6H^4.SO^2Cl$, par le zinc et l'acide chlorhydrique, il est réduit en mercaptan, $CH^3OC^6H^4SH$, lequel oxydé par le perchlorure de fer donnera l'éther oxyde diméthylique du sulfure de dioxyphényle, $CH^3.O.C^6H^4.S.S.C^6H^4.O.CH^3$.

Le sulfure de dioxyphényle est une huile épaisse, peu odorante, qui commence à distiller au-dessus de 200° en se décomposant; il est insoluble dans l'eau, et réduit par l'amalgame de sodium ou la fusion alcaline en thiopyrocatéchine. Il précipite les solutions métalliques. Évaporé à sec et traité par l'acide sulfurique, il donne une coloration bleu vert.

Le *sel de sodium*, $C^{12}H^9S^2O^2Na + 6H^2O$, incolore, se dissout dans l'eau en jaune, perd 3 molécules d'eau à 100° et fond vers 120-130° en se décomposant.

Le *sel de potassium* $C^{12}H^9S^2O^2K.5H^2O$ perd 3 mol. d'eau à 100° et fond vers 120-130° en se décomposant.

Le sulfure de dioxyphényle dissous dans la potasse donne le *sel dipotassé*, qui cristallise en aiguilles soyeuses, mais ce sel sera décomposé par l'anhydride carbonique pour donner le sel monopotassé.

Le *sel de plomb* est un précipité jaune.

L'*éther diméthylique*, $CH^3.O.C^6H^4.S.S.C^6H^4.O.CH^3$, s'obtient en chauffant un mélange de 1 molécule de bisulfure de dioxyphényle sodé avec 2 molécules d'iodure de méthyle et 1 molécule de soude. Dissous dans l'alcool méthylique il donne des aiguilles fondant à 119°, se décomposant à la distillation. Oxydé par l'acide chromique en solution acétique il se transforme en orthoanisol sulfoné, $CH^3O.C^6H^4.SO^3H$.

Trisulfure de dioxyphényle,

$$S \overset{S_{(1)}-C^6H^4-OH_{(2)}}{\underset{S-C^6H^4-OH}{<}}$$

— On l'obtient en traitant une solution de chlorure d'orthodiazophénol par une solution aqueuse de sulfure de sodium. Il cristallise dans le benzène en aiguilles soyeuses fondant à 127°; il est très soluble dans l'alcool et l'éther, peu dans le benzène. Si on le traite par l'acide sulfurique étendu et la poudre de zinc, il est transformé en thiopyrocatéchine. Le *dérivé diacétylé* est amorphe $(C^2H^3O^2C^6H^4S)^2S$ [Purgotti, *Gazz. chim. ital.*, **22**, 1618, 1892].

Bisulfure de diphénylène

$$C^6H^4 \overset{S}{\underset{S}{<}} C^6H^4$$

— On l'obtient par plusieurs méthodes :

1° On chauffe ensemble pendant 30 heures des molécules égales de soufre et de sulfure de phényle [Kraft et Lyons, *D. chem. G.*, **29**, 436, 1896; — Genvresse, *Bull. Soc. Chim.*, (3), **15**, 409, 1896];

2° On agite à froid un mélange de 30 gr. de chlorure de soufre SCl^2 dissous dans le benzène (60 gr.) avec 20 gr. de chlorure d'aluminium dissous dans 120 gr. de benzène; on termine en chauffant vers 40-45° (Kraft et Lyons);

3° On traite par l'amalgame d'aluminium un mélange de benzène et de chlorure de soufre S^2Cl^2 [Cohen Skirow, *Chem. Soc.*, 75, 888, 1899].

4° On traite le sulfure de phényle par le chlorure de soufre SCl^2 en présence du chlorure d'aluminium et de benzène [Friedel et Kraft, *Ann. Chim. Phys.*, (6), **1**, 530, 1884];

5° On décompose vers 200-250° le diazosulfure de phénylène

$$C^6H^4 \overset{Az}{\underset{S}{<}} Az$$

[Jacobson et Ney, *D. chem. G.*, **22**, 910, 1889]. 6° On chauffe ensemble le benzène et le soufre en présence du chlorure d'aluminium [Friedel et Kraft, *An. Chim. Phys.*, (6), **14**, 438, 1888].

Il fond à 158-159° [Kraft et Kirschan, *D. chem. G.*, **29**, 443, 1896] et bout à 204° sous 11 mm et à 364-366° sous la pression normale; il est insoluble dans l'eau, soluble dans 400 parties d'alcool froid; assez soluble dans le benzène, l'éther et le sulfure de carbone. il se dissout sans décomposition dans l'acide sulfurique chaud avec une couleur violette.

Il s'oxyde par l'acide chromique en *sulfone* $C^{12}H^8S^2O^4$ qui fond à 241°. Chauffé avec l'acide azotique, on obtient une *sulfine*

$$C^6H^4 \Big\langle {SO \atop SO} \Big\rangle C^6H^4$$

fondant à 229°. L'amalgame de sodium ou le zinc et l'acide chlorhydrique sont sans action. Il se combine avec le brome pour donner un *tétrabromure* $C^{12}H^8S^2Br^4$.

Isobisulfure de diphénylène,

$$C^6H^4 \Big\langle {S \atop S} \Big\rangle C^6H^4$$

— Il se forme en même temps que le bisulfure normal quand on chauffe pendant 24 heures 500 gr. de benzène et 250 gr. de soufre en présence de chlorure d'aluminium. On en ajoute 50 gr. en trois fois. Après évaporation du benzène, on sublime des aiguilles fondant à 295°. Il est peu soluble dans le benzène et le chloroforme, insoluble dans l'acide acétique et le sulfure de carbone. Il donne une couleur vert émeraude avec l'acide sulfurique concentré. Il est oxydé par l'acide chromique en isosulfone correspondante

$$C^6H^4 \Big\langle {SO^2 \atop SO^2} \Big\rangle C^6H^4$$

fondant au-dessus de 360° [Genvresse, *Bull. Soc. Chim.*, (3), 17, 599, 1897].

ISODISULFURE DE TRIOXYPHÉNYLÈNE $C^6H^4O^3S^2$. — Il se prépare en chauffant pendant une journée à 120-125°, en tube scellé, 1 partie d'isobisulfure de diphénylène avec 10 parties d'acide sulfurique fumant contenant 30 0/0 d'anhydride SO^3. Il se dissout facilement dans l'eau et l'alcool en rouge, il est insoluble dans le benzène. La solution aqueuse est précipitée par le chlorure de sodium; il ne dégage pas d'acide carbonique en présence du carbonate de soude [Genvresse, *Bull. Soc. Chim.*, (3), 17, 602, 1897].

DIPHÉNYLÈNE-DISULFONE,

$$C^6H^4 \Big\langle {SO^2 \atop SO^2} \Big\rangle C^6H^4$$

— Elle se prépare en oxydant 10 parties de diphénylène-disulfine

$$C^6H^4 \Big\langle {SO \atop SO} \Big\rangle C^6H^4$$

par 12 parties d'acide chromique en liqueur acétique; on ajoute une deuxième fois 12 parties d'acide chromique et on chauffe 24 heures Friedel et Kraft, *Ann. Chim. Phys.*, (6), 14, 440. 1888; — Kraft et Lyons, *D. chem. G.*, 29, 442, 1896]; on l'obtient également en chauffant le bisulfure de diphénylène $C^6H^4S^2C^6H^4$ avec l'acide azotique fumant [Cohen et Skirrow, *Chem. Soc.*, 75, 889, 1899]. Elle fond à 321°. Chauffée avec du soufre, elle donne le sulfure avec perte de 4 atomes d'oxygène; chauffée avec du sélénium, elle donne le séléniure correspondant.

L'isodisulfone isomère a été obtenue par Genvresse en oxydant par l'acide chromique l'isodisulfure correspondant. Elle fond à 360°.

SULFURE DE PARABROMODIOXYBENZÈNE [OH $C^6H^3Br]^2S$. — Il est obtenu avec le parabromophénol que l'on traite par une solution sulfo-

carbonique de chlorure de soufre SCl^2 [Tassinary, *Gazz. chim. ital.*, 17, 91, 1887]. Il fond à 175° Réduit par le zinc en solution alcaline, il donne le dioxythiobenzène $(OH.C^6H^4)^2S$ fondant à 128°. Ce dernier oxydé donne la sulfone correspondante [Tassinary, *ibid.*, 19, 345, 1889].

SULFURE DE PHÉNYLÈNE DINITRÉ,

$$C^6H^3(AzO^2) \Big\langle {S \atop S} \Big\rangle C^6H^3(AzO^2)$$

— On le prépare en traitant 260 gr. de nitrobenzène par 145 gr. de chlorure de soufre S^2Cl^2 en présence de 20 gr. de chlorure d'aluminium. Il fond à 112° [Genvresse, *Bull. Soc. Chim.* (3), 15, 423, 1896].

PYROCATÉCHINES SULFONÉES. — *Pyrocatéchine monosulfonée-3,* $(OH)^2C^6H^3(SO^3H)_{(3)}$. — Elle se prépare par sulfonation directe avec l'acide sulfurique concentré de 40° à 100° ou en maintenant à froid pendant plusieurs jours 1 partie de pyrocatéchine avec 10 parties d'acide sulfurique concentré. On l'obtient également par fusion de l'orthochlorobenzène sulfoné avec la potasse. Ce produit refroidi et repris par l'eau est précipité par le sel marin [*Chem. Fab. Griesh. Elect.*, D.R.P. 137119, 1903]. Aiguilles hygrométriques fondant à 53°. Le *sel de potassium* se présente en aiguilles soyeuses fluorescentes insolubles dans l'alcool froid; le *sel de baryum*, peu soluble dans l'eau froide, cristallise avec 4 molécules d'eau [Cousin, *Bull. Soc. Chim.*, (3), 11, 103, 1894; *Ann. Chim. Phys.*, (7), 13, 511, 1898; — A. Hantzsch, *D. chem. G.*, 40, 1572, 1907].

Pyrocatéchine monosulfonée-4 $(OH)^2C^6H^3(SO^3H)_{(4)}$. — On la prépare en fondant avec la soude à 250° les dérivés orthohalogénés du phénol parasulfoné [Gilliard. Monnet, Cartier, D.R.P. 97099: *Cent. Bl.*, 521, 1898].

Pyrocatéchine disulfonée-3.5, $(OH)^2C^6H^2(SO^3H)^2_{(3)(5)}$. — Elle se prépare en chauffant une demi-heure, à 100°, 1 partie de pyrocatéchine avec 5 parties d'acide sulfurique fumant contenant 30 0/0 d'anhydride [Cousin, *Bull. Soc. Chim.*, (3), 11, 104, 1894]. Le même auteur l'obtient aussi en même temps que les deux monosulfonés dans les résidus de sulfonation [*Ann. Chim. Phys.*, (7), 13, 517, 1898].

Elle se prépare également par fusion du phénol trisulfoné avec la soude à 230-260° [Tobias, D.R.P., 81210; *Fdl.*, 4, 118]. Le *sel de potassium* cristallise avec 1 mol. d'eau.

HOMOLOGUES SUPÉRIEURS DE LA PYROCATÉCHINE.

La méthode générale pour les obtenir consiste à condenser par le chlorure de zinc à chaud un mélange de pyrocatéchine et de l'alcool dont on veut fixer le radical [Merck, D.R.P. 78882; *Frdl.*, 4. 115].

MÉTHYLPYROCATÉCHINES. — HOMOPYROCATÉCHINE $C^6H^3(CH^3), (OH)_3(OH)_4$. — On peut l'obtenir à partir du nitrocrésol-3.4, en transformant les groupes nitro en hydroxyle par la méthode ordinaire [Neville, Winter, *D. chem. G.*, 15, 2983. 1882]. On l'obtient également par distillation sèche de l'acide berbérinique $C^8H^8O^4$ $= CO^2 + C^7H^8O^3$ [Perkin, *Chem. Soc.*, 55, 90, 1889] ou de la suie de bois [Béhal, Desvigne, *Bull. Soc. Chim.*, (3), 9, 144, 1893]; par oxydation du paracrésol par le persulfate de potassium en solution alcaline [*Chem. Fab. Schering.*, D.R.P. 81298: *Frdl.*, 4, 121].

On l'a retirée de la créosote [Cousin, *Ann. Chim. Phys.*, (7). 13, 519, 1898].

L'homopyrocatéchine fond à 51°, bout à 210-215° sous 19 mm., à 251-252° (B. D.). Rotation magnétique 13°,27 à 30° [Perkin, *Chem. Soc.*, **69**, 1239, 1896]. Par l'iodure de méthyle, on obtient deux éthers mono et un éther diéthylique.

La solution de nitrate d'argent et la liqueur de Fehling sont réduites à froid (Cousin).

Éther méthylique-3. $C^6H^3(CH^3)_1(OCH^3)_3(OH)_4$. — On le trouve à l'état naturel dans l'essence des bois résineux [Ström, *Ann. Chem.*, **237**, 537, 1887].

On l'extrait dans la séparation du gaïacol de la créosote [Heyden, D.R.P. 56003: *Frdl.*, **2**, 562; — Kumpf, D.R.P. 87971: *Frdl.*, **4**, 119].

C'est une huile bouillant à 221-222°. $D = 1,112$ à 0° [Béhal et Choay, *Bull. Soc. Chim.*, (3), **11**, 704, 1894].

Il est miscible à l'alcool, à l'éther, au benzène, au chloroforme. Il se comporte en général comme le gaïacol (voyez 2ᵉ Suppl., p. 426).

Chauffé avec les alcalis ou l'acide iodhydrique fumant, on revient à l'homopyrocatéchine [Tiemann, Koppe, *D. chem. G.*, **14**, 2025, 1884]. Constante diélectrique [Drude, *Zeit. ph. Ch.*, **23**, 310, 1897; — Lowe, *Ann. de Phys. de Wiedemann*, **66**, 398].

Éther méthylique-4, $C^6H^3(CH^3)_1(OH)_3(OCH^3)_4$. — Il est obtenu à partir de l'éther méthylique de l'amidocrésol qu'on traite par l'acide azoteux.

Il fond à 37-38°, il bout à 185° (Simpson, Drude), en se décomposant partiellement. On peut l'entraîner à la vapeur d'eau; il est très soluble dans l'alcool, l'éther et le benzène [Limpach, *D. chem. G.*, **22**, 350, 1889; — Drude, *loc. cit.*]

Éther diméthylique (homovératrol). — Il se produit quand on traite le sel disodé de l'homopyrocatéchine par l'iodure de méthyle [Cousin, *Ann. Chim. Phys.*, (7), **13**, 524, 1898]. Il bout à 215-218° (Cousin), à 220° (Drude).

Éther éthylique-3, $C^6H^3CH^3_1(OC^2H^5)_3OH_4$. — Liquide qui bout sans décomposition vers 226-227° [Cousin, *Bull. Soc. Chim.*, (3), **9**, 158, 1893].

Éther éthylique-4, $C^6H^3(CH^3)(OH)(OC^2H^5)$. — On l'obtient en laissant couler une solution diazotée de l'éther du paraaminocrésol dans une solution sulfurique étendue à 140°. Il fond à 58° [Kall et Cⁱᵉ, D.R.P. 103146; *Cent. Bl.*, **2**, 502, 1899].

Éther diéthylique, $C^6H^3(CH^3)(OC^2H^5)^2$. — Il bout à 227-230° [Cousin. *Ann. Chem.*, (7), **13**, 527, 1898].

Trichlorohomopyrocatéchine, $C^6Cl^3{}_{2.5.6}(CH^3)_1(OH)_3(OH)_4,H^2O$. — Elle se forme quand on réduit la méthylpentachlorocyclohexène-dione

$$CH^3{-}CCl \Big\langle {CCl^2{-}CO \atop CCl{=}CCl} \Big\rangle CO,\ 2H^2O$$

par le chlorure d'étain en liqueur acétique [Bergmann, Francke, *Ann. Chem.*, **296**, 162, 1897]. Elle cristallise en aiguilles, elle perd son eau de cristallisation dans le vide sulfurique et fond à 179-180°; elle se volatilise en se décomposant. Si on l'oxyde par l'acide azotique on obtient une *combinaison quinonique* fondant à 97-98° (Cousin). L'*acétate* fond à 161° (B. et F.). On l'obtient en introduisant du chlore dans une solution de 5 gr. d'homopyrocatéchine dans 50 cc. d'acide acétique [Cousin, *Bull. Soc. Chim.*, (3), **11**, 735, 1894].

Tribromohomopyrocatéchine. $C^6Br^3(CH^3)(OH)(OH)$. — Elle cristallise dans l'acide acétique, en aiguilles soyeuses fondant à 162-164°; elle s'oxyde en donnant $C^7H^3Br^3O^2$, combinaison quinonique fondant à 117-118° (Cousin).

Nitrohomopyrocatéchine-5, $C^6H^2.(AzO^2)_5 CH^3_1.(OH)_3(OH)_4$. — On l'obtient en nitrant par 4 cc. d'acide azotique fumant 11 gr. d'homopyrocatéchine dissous dans 500 cc. d'éther. Ce

sont des feuillets jaune d'or qui fondent à 79-80°. On peut l'entraîner à la vapeur d'eau [Cousin, *Bull. Soc. Chim.*, (3), **9**, 53, 157, 1893; *Ann. Chim. Phys.*, (7), **13**, 540, 1898].

L'*éther diméthylique* fond à 56-58°; par oxydation au permanganate il donne l'acide nitrovératrique $C^6H^2.(AzO^2)_6(COOH)_4(OCH^3)_3(OCH^3)_4$.

Nitrohomopyrocatéchine-6, $C^6H^2(AzO^2)_6(CH^3)_1 (OH)_3(OH)_4$. — On l'obtient en mélangeant 5 gr. d'homopyrocatéchine dissous dans 150 cc. d'eau avec une solution chlorhydrique étendue contenant 18ᵍʳ,5 de nitrite de sodium.

Elle cristallise dans le benzène en aiguilles qui se décomposent vers 180°.

On a préparé un *sel de potasse* en aiguilles orangées $C^7H^6O^6Az.K,H^2O$ [Cousin, *Ann. Chim. Phys.*, (7), **13**, 545, 1898].

La nitrohomopyrocatéchine traitée par l'iodure de méthyle donne l'*éther diméthylique* fondant à 157° (Cousin).

Monothiohomopyrocatéchine, $(CH^3)_1C^6H^3(OH)_4 (SH)_3$. — On l'obtient par réduction de l'acide sulfinique correspondant $CH^3_1C^6H^3(OH)_4(SO^3H)_2$ avec la poudre de zinc et l'acide sulfurique étendu; il bout à 244-245° [Gattermann, *D. chem. G.*, **32**, 1149, 1899].

Etude cryoscopique [Auwers, *Zeit. Ph. Ch.*, **30**, 532, 1899].

Homopyrocatéchine sulfonée, $C^6H^2.(SO^3H) CH^3_1.(OH)_3(OH)_4$. — On la prépare en chauffant pendant 8 heures au bain-marie 10 gr. d'homopyrocatéchine avec 20 gr. d'acide sulfurique à 30 0/0 d'anhydride. Ce sont de grandes aiguilles déliquescentes fondant à 93-94°, très solubles dans l'alcool et l'éther.

Le *sel de potassium* cristallise avec 1 mol. d'eau. Le *sel de baryum* cristallise avec 3 mol. d'eau, il est peu soluble dans l'eau froide [Cousin, *Bull. Soc. Chim.*, (3), **11**, 104, 1894; *Ann. Chim. Phys.*, (7), **13**, 548, 1898].

Isohomopyrocatéchine $C^6H^3(CH^3)_1(OH)_2(OH)_3$. — Pour la préparer, on saponifie son éther méthylique par 6 parties d'acide chlorhydrique fumant, en tube scellé, à 160°; on chauffe pendant 8 heures. Le produit de la réaction est repris par l'eau et on l'extrait à l'éther après distillation du solvant et refroidissement.

On obtient ainsi des cristaux fondant à 47° et bouillant avec une légère décomposition à 238-240°, solubles dans l'eau froide, mieux dans les solvants organiques.

La solution aqueuse donne une coloration verte fugace avec le perchlorure de fer; avec l'ammoniaque la couleur passe au violet. L'acétate de plomb la précipite complètement [Limpach, *D. chem. G.*, **24**, 4136, 1892].

Éther méthylique, $C^6H^3.(CH^3)_1(O.CH^3)_2.(OH)_3$. — 20 gr. d'éther méthylique du méta-amidocrésol sont diazotés par la méthode ordinaire avec 9ᵍʳ,5 de nitrite de sodium. Le diazoïque est décomposé par un courant de vapeur d'eau prolongé. Au bout de 3 heures, on termine par un entraînement à la vapeur d'eau. On sépare une huile par extraction à l'éther. Après distillation et refroidissement, on obtient des cristaux fondant à 39°, bouillant à 209° (Limpach).

Éther éthylique, $C^6H^3(CH^3)(OC^2H^5)_2(OH)_3$. — Il se prépare comme le précédent en partant de l'éther éthylique du métaorthoaminophénol. Il bout à 214° (Limpach).

Dérivé trichloré $C^6Cl^3.(CH^3)_1(OH)_2(OH)_3$. — Il s'obtient en réduisant par le chlorure stanneux la méthylpentachlorocyclohexène-dione

$$CH^3CCl \Big\langle {CCl^2{-}CO \atop CCl{=}CCl} \Big\rangle CO$$

On le fait cristalliser dans l'acide acétique étendu.

Il fond vers 168°, il se dissout bien dans les solvants ordinaires.

Le *dérivé diacétylé* $C^6Cl^3(CH^3)_1(O.CH^3CO)_2$ $(O.CH^3CO)_3$ fond à 165° [Prentzell, *Ann. Chem.*, **296**, 184, 1897].

ÉTHYLPYROCATÉCHINE, $C^2H^5_1.C^6H^3.(OH)_3(OH)_4$. — Son *éther monométhylique* s'extrait de la créosote. Il fond à 108°; il est peu soluble dans l'éther [Béhal et Choay, *Bull. Soc. Chim.*, (3). **11**. 704, 1894; — Strom, *Arch. der Pharm.*. **237**. 538].

PROPYLPYROCATÉCHINE, $(C^3H^7)_1.C^6H^3.(OH)_3$ $(OH)_4$. — Si l'on méthyle l'eugénol

$$CH^2=CH-CH^2_{(1)}-C^6H^3 <^{OCH^3}_{OCH^3}$$

on obtient l'allylvératrol : ce dernier est traité par une solution de soude alcoolique, pour obtenir le propylène-vératrol plus facile à réduire; la réduction est faite par le sodium et l'alcool bouillant : enfin on déméthyle par l'acide iodhydrique pour obtenir la propylpyrocatéchine [Delange. *C. R.*, **130**, 659, 1900].

On peut l'obtenir aussi à partir du safrol

$$CH^2=CH-CH^2-C^6H^3 <^{O}_{O}> CH^2$$

par des réactions analogues.

Ce sont des cristaux blancs fondant à 60°, bouillant à 175–180° sous 30 mm., peu solubles dans l'eau.

La propylpyrocatéchine réduit l'azotate d'argent en solution ammoniacale à froid.

L'*éther diméthylique* $C^3H^7.C^6H^3(O.CH^3)$ $(O.CH^3)$ se prépare par réduction, avec le sodium, d'une solution dans l'alcool absolu de l'éther méthylique de l'isoeugénol : il bout à 246° [A. Ciamician, Silber, *D. chem. G.*, **23**, 1166, 1890].

Pour les dérivés voyez EUGÉNOL, SAFROL, ISO-EUGÉNOL, et ISOSAFROL.

DIBUTYLPYROCATÉCHINE TERTIAIRE $(C^4H^9)^2C^6H^2$. $(OH)_1(OH)^2$. — On l'obtient en traitant la pyrocatéchine par le chlorure de butyle tertiaire en présence de perchlorure de fer : on la fait cristalliser dans le benzène en aiguilles dorées fondant à 85–86°. Elle est insoluble dans l'eau, soluble dans les solvants ordinaires.

Le perchlorure de fer la colore en vert foncé [Gurewitsch, *D. chem. G.*, **32**, 2427, 1889].

DIISOAMYLPYROCATÉCHINE, $(C^5H^{11})^2C^6H^2.(OH)^2$. — On l'obtient en laissant pendant 5 jours à froid 3 gr. de pyrocatéchine dans 30 gr. d'acide acétique en présence de 5 gr. de triméthyléthylène et de 6 gr. d'acide sulfurique.

Ce sont des aiguilles fondant à 60°, très soluble dans l'alcool. La solution alcoolique se colore en vert par le perchlorure de fer et passe au bleu avec la soude [Königs et Mai, *D. chem. G.*, **25**. 2654, 1892].

TRIMÉTHYLPYROCATÉCHINE. $(CH^3)^3_{1,2,4}C^6H$. $(OH)_5.(OH)_6$. — Le *dérivé trichloré* s'obtient dans la réduction par le chlorure d'étain et l'acide acétique des produits de chloruration de l'orthodiaminopseudocumol. C'est un précipité ténu. On le fait cristalliser dans l'alcool étendu en fines aiguilles fondant à 131°.

Le *diacétate* fond à 162-163° [Hodes, *Ann. Chem.*, **296**, 217, 1897].

PROPÈNE-PYROCÉCATHINE, $CH^2=CH.CH^2.C^6H^3$ $(OH)(OH)$. — Ether méthylique (voyez EUGÉNOL).

VINYLPYROCATÉCHINE, $CH^2=CH_1C^6H^3(OH)_3$ $(OH)_4$. — On l'obtient en décomposant l'acide caféique à 200° [Kuntz, Krauss, *D. chem. G.*, **30**, 1618, 1897]. C'est une masse brune amorphe.

Chauffée à 138-143° sous 12 mm., il se forme de la pyrocatéchine.

La vinylpyrocatéchine en solution aqueuse donne avec l'eau de brome un précipité jaune brun soluble dans l'ammoniaque en rouge vif. Si on la traite par l'acide sulfurique concentré et froid on obtient un liquide orangé qui passe au carmin par addition d'eau (Kuntz, Krauss).

Janvier 1907.   Maurice Billy.

PYROCHLOROMÉCONIQUE (ACIDE). — Cet acide, de formule $C^5H^2ClO.OH + H^2O$, s'obtient quand on soumet à la distillation sèche l'acide chlorométonique desséché : il se dépose dans le récipient en longues aiguilles, peu solubles dans l'eau, solubles dans l'alcool et l'éther, fusibles à 174°. dont on a préparé le *sel de calcium* [Hilsebein, *J. prakt. Chem.*, (2), **32**, 129].

1er mai 1907.   A. Hébert.

PYROCINCHONIQUE (ACIDE)

$$\begin{array}{c} CH^3-C-CO^2H \\ \| \\ CH^3-C-CO^2H \end{array}$$

(*acide diméthylmaléique*). — Il se forme par l'action de l'argent sur l'acide α^2 dichloropropionique; il se forme en même temps de l'acide dichlorodiméthylsuccinique symétrique [Otto et Beckurts, *D. chem. G.*, **48**, 829]. L'*éther éthylique* se forme par l'action de l'argent sur l'éther de l'acide α-bromopropionique [Hell et Rothberg, *D. chem. G.*, **22**, 64]. L'acide se forme par l'action du brome sur les acides diméthylsuccinique anti ou para [Bischoff et Voit, *D. chem. G.*, **23**, 646; — Zelinski et Krapiwin, *D. chem. G.*, **22**, 653]; par l'action de la chaleur sur l'anhydride de l'acide βγ-dicarboxylvalérolactonique

$$\overbrace{CH^3-C-(CO^2H)-CH(CO^2H)-CH^2-CO}^{O}$$
$$= C^6H^6O^3 + CO^2 + H^2O$$

[Rach, *Ann. Chem.*, **234**, 44]; par la distillation de l'acide diméthylmalique sym. [Michael et Tissot, *J. prakt. Chem.*, (2), **46**, 300]; par l'action de la chaleur à 110° sur un mélange d'acide pyruvique, de succinate de soude et d'anhydride acétique [Fittig et Parker, *Ann. Chem.*, **267**, 204]; par l'action de la chaleur sur l'acide dicarbone-tétracarbonique $(CO^2H)^2C=C$ (CO^2H^2) [Bischoff, *D. chem. G.*, **29**, 1286, 1896].

L'anhydride pyrocinchonique, bouilli avec de la soude, s'hydrate en donnant un mélange d'acide méthylitaconique et d'acide méthylmésaconique (diméthylfumarique) [Fittig, *D. chem. G.*, **29**, 1843, 1896; *Ann. Chem.*, **304**, 158]. L'acide α-méthylparaconique distillé lentement donne un résidu d'anhydride pyrocinchonique [Fichter et Rudin, *D. chem. G.*, **37**, 1610, 1904].

$$CH^2-CH(COOH)-CH-CH^3 \longrightarrow \begin{array}{c} CH^3-C-CO \\ \| \quad\quad\quad > O \\ CH^3-C-CO \end{array}$$

Ethers diméthylique, diéthylique; *diamide* (forme fumaroïde et maléonoïde), *imide* [Molinari, *D. chem. G.*, **33**, 1408, 1900].

Anhydride pyrocinchonique; ses combinaisons avec la phénylène-diamine [Rossi, *Gazz. chim. ital.*, **34**, II, 442, 1905].   M. Delacre.

PYROCOLLE. — Voyez l'art. PYRROL, p. 252.

PYROCOMANE. — Voyez PYRONE.

PYROCRÉSOLS. — [Voyez 1er Suppl.]. Bott et Miller ont repris l'étude de l'α-pyrocrésol. Le chlore l'attaque en solution chloroformique pour donner un *dérivé trichloré* en aiguilles soyeuses fusibles à 225°. L'acide azotique donne un *dinitro* en cristaux fusibles avec décomposition vers 235°. L'étain et l'acide chlorhydrique le réduisent à l'état de *diaminopyrocrésol*.

L'α-tétranitropyrocrésol de Schwarz fournit également par réduction un dérivé tétraminé sous forme d'une poudre jaune verdâtre, fondant au-dessus de 300° [*Chem. Soc.*, 55, 52].

1er juin 1907. V. Thomas.

PYROGAÏACINE. — (1er Suppl.). L'étude de la résine de gaïac a été reprise par Herzig et Schiff [*Mon. f. Chem.*, 18, 714 et *D. chem. G.*, 30, 379]. La pyrogaïacine se produit, d'après Döbner et Lucker, par distillation sèche de l'acide gaïacinique (voyez aussi 2e Supp., GAÏAC, GAÏACINIQUE). D'après Herzig et Schiff, la pyrogaïacine représenterait un dérivé méthoxylé.

1er Juin 1907. V. Thomas.

PYROGALLAMINE. — Voyez l'art. PYROGALLOL, p. 234.

PYROGALLOL. — Syn. : ACIDE PYROGALLIQUE) [Voyez Dict., 2, 1236 et 1er Suppl., 2e partie, 1328].

FORMATION. — Le pyrogallol se produit en chauffant l'acide gallique avec de l'aniline [P. Cazeneuve, *C. R.*, 114, 1485, 1892]. Il se forme dans l'extraction par le benzène du tannin commercial [C. Hartwich et M. Winckel, *Arch. Pharm.*, 242, 462, 1904] ou dans la distillation de l'hématoxyline, à l'exclusion de la résorcine, contrairement à l'opinion de R. Meyer [W.-H. Perkin jun. et J. Yates. *Chem. Soc.*, 81, 235, 1902].

PROPRIÉTÉS PHYSIQUES. — Pur, il fond à 132° et non à 115° (P. Cazeneuve) et se sublime dans le vide à 105-106° [F. Krafft et H. Weinland, *D. chem. G.*, 29, 2241, 1896]. Spectre d'absorption [W. Hartley, J. Dobbie et A. Lauder, *Chem. Soc.*, 81, 929, 1902]. Chaleur de combustion : 639 cal. pour 1 mol. [C. Stohmann et Langbein, *J. prakt. Chem.*, (2), 45, 305]. Chaleur de neutralisation [Berthelot et Werner, *Bull. Soc. Chim.*, 43, 542, 1885; — Werner, *Journ. Soc. phys. chim. russe*, 18, 29; — De Forcrand, *Ann. Chim. Phys.*, (6), 30, 81]. Point de congélation des solutions aqueuses [W. Müller, *Bull. Soc. Chim.*, 32, 261, 1904].

PROPRIÉTÉS CHIMIQUES. — Le pyrogallol n'est pas attaqué par l'amalgame de sodium [J. Thiele et K. Jaeger, *D. chem. G.*, 34, 2837, 1901]. Il a une action paralysante faible sur l'activité catalytique du platine colloïdal [G. Bredig et R. Ikeda, *Zeit. Phys. Chem.*, 37, 1, 1901]. Acidité [de Forcrand, *C. R.*, 131, 36, 1900].

Il ne se combine pas à l'hydroxylamine [Bœyer. *D. chem. G.*, 19, 163, 1886].

Réactions colorées. — Une solution de pyrogallol en présence de sels, tels que SO^4Na^2, est colorée en pourpre par l'iode [Nasse, *D. chem. G.*, 17, 1166, 1884]. Sa solution alcoolique prend une couleur brun rougeâtre intense avec Na^2O^2 + $8H^2O$ [E. Alvarez, *Chem. News*, 91, 125, 1905]. Il donne également une réaction colorée avec les sels de calcium [Grandis et Mainini, *Centr. Bl.*, 1900, I, 1308]. En présence de vanilline et d'acide chlorhydrique, sa solution se colore en rouge (C. Hartwich et M. Winckel). Il donne une coloration vert de chrome avec le *sel fusible gris* (réactif obtenu en fondant du nitrate d'ammoniaque avec du nitrate de plomb et ajoutant de la litharge) [Mathieu Plessy, *Monit. Scient.*, (4), 3, 1244]. Le pyrogallol a été employé comme réactif de la propeptone par Axenfeld [*D. chem. G.*, 21, (R), 301, 1888].

Il décolore la solution acétique rouge de dinaphtopyranol [R. Fosse, *Bull. Soc. Chim.*, 29, 422, 1903] et réduit le bleu de barbaloïne [E. Schaer, *Bull. Soc. Chim.*, 24, 475, 1900].

Combiné avec de l'éther contenant des traces d'éthénol, $CH^2=CHOH$, il permet de caractériser l'acide vanadique en solution très étendue [Matignon, *Bull. Soc. Chim.*, 31, 212, 1904].

Oxydation. — Pouvoir absorbant d'oxygène [R. Lepetit, *Bull. Soc. Chim.*, 23, 629, 1900]. Une solution renfermant plus de $0^{gr},25$ de pyrogallol dans 10 cc. d'eau absorbe moins d'oxygène [Weyl et Zeitler, *Ann. Chem.*, 205, 264, 1880]. L'agitation à l'air d'une solution aqueuse de pyrogallol avec de l'eau de baryte donne un hexaoxydiphényle $[C^6H^2(OH)^3]^2$ fondant au-dessus de 200° [C. Harries, *D. chem. G.*, 35, 2954, 1902]. En solution alcaline, il n'agit que très lentement sur le peroxyde de diéthyle $C^2H^5O.OC^2H^5$ [A. Baeyer et Villiger, *D. chem. G.*, 33, 3387, 1900] et il réduit à l'état de Az^2O environ 80 0/0 de AzO en absorbant entièrement le reste pour former une combinaison de la nature d'un nitrile [C. Oppenheim, *D. chem. G.*, 36, 1744, 1903].

Oxydation en présence des sels de Mn [Trillat. *Bull. Soc. Chim.*, 34, 193, 809, 811, 1904], de substances alcalines [E. Schaer, *Arch. Pharm.*, 243, 198, 1905]. — Voyez aussi PURPUROGALLINE.

SELS. — Le *pyrogallate de potassium* fournit dans sa réaction avec un atome d'O libre un dégagement de chaleur de 56 cal. [Berthelot, *C. R.*, 133, 664, 1901].

Le sel ammoniacal $(OH)^2C^6H^3(OAzH^4)$ se forme par fixation directe de AzH^3 gazeux sur le pyrogallol en solution benzénique ou toluénique [A. Hantzsch, *D. chem. G.*, 32, 3066, 1899].

DÉRIVÉS HALOGÉNÉS. — L'action de SO^2Cl^2 sur le pyrogallol peut donner naissance au *monochloropyrogallol* fondant à 143° (*benzoate* fondant à 140°), au *dichloropyrogallol* fondant à 128° (*benzoate* fondant à 165°) ou au *trichloropyrogallol* [Peratoner, *Gazz. chim. ital.*, 21, (1), 225].

Le trichloropyrogallol $C^6Cl^3(OH)^3 + 3H^2O$ s'obtient encore : 1° en dirigeant un courant de chlore dans un mélange de 5 gr. de pyrogallol et $12^{cc},5$ d'acide acétique à 60 0/0 [Webster, *Chem. Soc.*, 45, 205]; 2° en additionnant de poudre de zinc une solution aqueuse de leucogallol ou de mairogallol [Hantzsch et Schniter, *D. chem. G.*, 20, 2035, 1887]; 3° par l'action du chlore sur une solution chloroformique d'acide gallique [Biétrix, *Bull. Soc. Chim.*, (3), 15, 906, 1896]. Anhydre, il fond à 175 ou 177°. Il se transforme en leucogallol en présence de CCl^4 saturé de chlore. Il donne des *sels de baryum*, de *cuivre*, un *triacétate* fondant à 125°, un *éther triméthylique* fondant à 54° [Bartolotti, *Gazz. chim. ital.*, 27, (1), 290].

Leucogallol. — (Voyez 1er Suppl., 2, 1330).
Mairogallol. — (Voyez 1er Suppl., 2, 1330).

Le *dibromopyrogallol* résulte de la décomposition par la chaleur de l'acide dibromogallique [Sisley, *Bull. Soc. Chim.*, 31, 661, 1904]. Le *tribromopyrogallol* $C^6Br^3(OH)^3$ se forme par l'action du brome sur le tannin en présence d'acide acétique (Webster). Son *éther triméthylique*, obtenu par l'action du brome sur l'éther triméthylique du pyrogallol, fond à 81°,5 [Will, *D. chem. G.*, 21, 607, 1888]. Il n'agit que comme réducteur sur la tétrabromo-o-quinone [C. Jackson et W. Koch, *Am. Chem. Journ.*, 26, 10, 1901]. L'*éther méthylique-méthylénique*

$$CH^2 {<}^{O}_{O}{>} C^6Br^3OCH^3$$

fond à 160° [Roser, *Ann. Chem.*, 254, 350, 1889; — Semmler, *D. chem. G.*, 24, 3822, 1891].

Xanthogallol. — Quand on chauffe le tribromopyrogallol avec du brome et de l'eau, on obtient le composé $C^{18}H^4Br^{14}O^6$, le *xanthogallol* [Stenhouse. *Ann. Chem.*, 177. 191. 1875]: il peut se former aussi le composé $C^{18}H^{14}Br^{12}O^{11}$ fondant à 79-80° [Theurer, *Ann. Chem.*. 245, 335, 1888]. Le *xanthogallol* fond à 122° et se sublime en partie à 130°: soluble dans l'éther. le benzène, il se décompose en dissolution dans l'alcool ou par ébullition avec l'eau. Avec l'aniline, il donne le *dérivé* $C^{18}H^{4}Br^{11}O^{6}$ ($AzHC^{6}H^{3}$,4 fondant à 204-205°; avec le carbonate de soude, il se transforme en un *acide xanthogallique* $C^{18}H^{7}Br^{11}O^{9}$. Le *trichloroxanthogallol* $C^{18}H^{4}Br^{11}Cl^{3}O^{6}$ fond à 104°: l'*éther méthylique* $C^{18}H^{4}Br^{11}Cl^{3}O^{3}(OCH^{3})^{6}$ fond à 86°. l'*éther éthylique* à 75°. L'*éther* $C^{18}H^{4}Br^{11}O^{3}(OCH^{3})^{6}$ fond à 113° (Theurer).

ÉTHERS. — *Ethers monométhyliques.* — L'éther $C^{6}H^{3}(OCH^{3})_{1}(OH)^{2}{}_{2.3}$ obtenu en chauffant à 230° l'acide $C^{6}H^{3}(OCH^{3})_{1}(OH)^{2}{}_{2.3}(COOH)_{4}$. bout à 146-147° sous 15-16 mm. et fond à 37-40° (*dérivé acétylé* fusible à 91-93°).

L'*éther* $C^{6}H^{3}(OH)^{2}{}_{1.3}(OCH^{3})_{2}$ s'obtient à côté du précédent par méthylation partielle du pyrogallol; il fond à 85-87° et bout à 154-155° sous 24 mm. (*dérivé diacétylé* fondant à 51-54°): quant à l'éther obtenu par Hoffmann et La Roche en fondant avec les alcalis caustiques l'acide gaïacolsulfonique, ce ne serait pas un dérivé du pyrogallol [J. Herzig et J. Pollak. *Mon. f. Chem.*, 25, 506 et 815, 1904]. L'éther ci-dessus se forme aussi par l'action de la chaleur sur l'acide méthylgallique $C^{6}H^{2}(OH)^{2}{}_{1.3}(OCH^{3})_{2}(CO^{2}H)_{5}$ et il donne avec l'anhydride phtalique une fluorescéine [C. Graebe et E. Martz. *D. chem. G.*, 36, 216. 1903].

Ether diméthylique (voyez 2e Suppl.. 2. 1329). — O. Rosauer [*Mon. f. Chem.*, 19, 557, 1898] l'isole des produits du goudron de hêtre en le transformant en *éther éthylcarbonique*, bouillant à 182-185° sous 15 mm. et fondant à 63-65°. Il bout lui-même à 140-141° sous 14 mm. Il se trouve aussi dans l'essence de Sheib; son *dérivé benzoylé* fond à 107-108° [Jeancard et Satie, *Bull. Soc. Chim.*. 31, 480, 1904]. Le *picrate* fond à 53° [Gödike. *D. chem. G.*, 26. 3045, 1893].

L'*éther diméthylique*-1.2, obtenu à l'aide de l'acide $C^{6}H^{2}(OH)_{3}(OCH^{3})^{2}{}_{1.2}(CO^{2}H)_{6}$, bout à 232-234° (J. Herzig et Pollak); son *dérivé benzoylé* fond à 55-57°.

L'*éther pyrogalloldiméthylique*-1.3 s'obtient le mieux à partir de l'acide syringique. Il fond à 54°.8 et bout à 262°.7 (*picrate*, aiguilles orangées fusibles à 61°) [C. Graebe et H. Hess, *Ann. Chem.*, 340. 232, 1905]. On l'obtient en chauffant sous pression avec les alcalis caustiques l'éther méthylique de l'acide triméthylgallique ou l'acide lui-même fondant à 55-56° [Brevet all. 162658, *Central Blatt*. 1905. I, 1062].

D'après C. Graebe et E. Martz [*D. chem. G.*, 36. 1031, 1903], l'éther diméthylique-1.3, chauffé avec du chloroforme et de la soude caustique, donne l'*aldéhyde syringique*

$$CH^{3}O\text{—}\big\langle\!\bigcirc\!\big\rangle,\ OH,\ CHO,\ CH^{3}O$$

fusible à 113°, qui se transforme par l'acide acétique et l'acétate de sodium en *acide sinapique* $C^{6}H^{9}O^{3}.CH{=}CH.CO^{2}H$.

Ether triméthylique. $C^{6}H^{3}(OCH^{3})^{3}$. — On l'obtient par l'action sur le pyrogallol ou sur son éther diméthylique de l'iodure de méthyle et de la potasse ou bien du sulfate de diméthyle. Il bout à 235° et fond à 47°. D'après Perkin [*Chem. Soc.*. 69. 1241] il bout à 241° (corr.) $d^{45}=1{,}1118$. Avec l'acide nitrique ($d=1{,}12$), il donne l'*éther diméthylique de la dioxyquinone* et les éthers

mono et *dinitropyrogalloltriméthyliques* qui peuvent être réduits : l'*amidotriméthylpyrogallol* fond à 114° [Will, *D. chem. G.*. 21, 607, 1888; — F. Ullmann. *Ann. Chem.*, 327, 104, 1903; — J. Herzig et J. Pollak]. Il est décomposé par l'acide iodhydrique [D. Boyd et J. Pitman, *Chem. Soc.*, 87, 1255, 1905]. Le *dérivé trichloré* fond à 54° [Bartoletti, *Gazz. chim. ital.*, 27. 1, 289, 1897].

Ether monoéthylique. — Il fond à 102-104° et non à 95° [A.-G. Perkin et C. Wilson, *Chem. Soc.*, 83. 129, 1903].

L'*éther 1.3-diéthylique* bout à 263-265° et fond à 79-80° [Basler Chemische Fabrik, *Cent. Blatt.*, 1905, I, 1062].

Ether triéthylique. — Il se produit à côté d'éther diéthylique de l'éthylpyrocatéchine et d'éther triéthylique de l'éthylpyrogallol en traitant 1 mol. de pyrogallol par 4 mol. de potasse et 6 mol. de $C^{2}H^{5}Br$. L'*acide sulfonique* s'obtient par sulfonation à froid; le *dérivé tribromé* fond à 38-39°, le *dérivé monobromé* fond à 103-104°, le *dérivé bromonitré* fond à 104°, le *dérivé bromodinitré* fond à 74° [W. Hirschel, *Mon. f. Chem.*, 23, 181. 1902].

Le *dérivé mononitré-5* fond à 74°; le *dérivé dinitré 5.6* fond à 93°; le *dérivé amidé-5* fond à 104° et donne l'*oxy-5-triéthylpyrogallol*-1.2.3 fondant à 105° [H. Schiffer, *D. chem. G.*, 25. 721, 1892].

Ethers acétiques. — Avec le chlorure d'acétyle en présence de pyridine on obtient toujours le *triacétate* du pyrogallol. Le *monoacétate* se forme en l'absence de pyridine et fond à 171° [Einhorn et Hollandt, *Ann. Chem.*, 304, 107; — Knoll et Cie, *Centr. Bl.*, 1899, II, 1037]. Le *diacétate* fond à 110-111°. Le triacétate se forme encore par l'action de l'anhydride acétique et de l'acétate de Na ou bien de l'anhydride acétique en présence d'acides minéraux [Lederer, *Cent. Bl.*, 1901, II, 903].

Ethers benzoïques. — Le *monobenzoate* fond à 140°: le *dibenzoate* fond à 100°; le *tribenzoate* fond à 89-90° [A. Einhorn et F. Hollandt, *loc. cit.*; — Skraup, *Mon. f. Chem.*, 10, 389, 1889].

Ether salicylique. — On l'obtient par l'action du salol sur le pyrogallol [Cohn, *J. prakt. Chem.*, 61, 549. 1900].

Phénylcinnamate, $C^{15}H^{11}O^{2}.C^{6}H^{3}(OH)^{2}$. — Il fond à 159° [M. Bakunine, *Gazz. chim. ital.*, 32, (1). 178, 1902].

Phénylcarbamate. — Il fond à 173° [Snape, *D. chem. G.*. 18, 2430. 1885].

Ethers du pyrogallol avec l'acide antimonieux. — Une solution de pyrogallol, saturée de chlorure de sodium, précipitée par une solution de chlorure d'antimoine saturée de chlorure de sodium, fournit soit un *éther acide* $C^{6}H^{3}(OH)(O^{2}.SbOH)$, soit un *éther neutre* $C^{6}H^{3}O^{3}Sb$ [Causse et Bayard, *Bull. Soc. Chim.*. (3), 7, 794, 1892].

PRODUITS DE SUBSTITUTION DU PYROGALLOL.

MÉTHYLPYROGALLOL. — L'éther *diméthylique*

$$OH,\ CH^{3}O\text{—}\big\langle\!\bigcirc\!\big\rangle\text{—}OCH^{3},\ CH^{3}$$

(voy. 2e Suppl., II, 1330) peut être isolé du goudron de hêtre par transformation en *éther éthylcarbonique* qui bout à 191° sous 15 mm. et fond à 111-117°. L'éther diméthylique, obtenu par saponification, bout à 145-146° sous 12 mm. et fond à 29-30° (Hoffmann indique 36°). L'acide iodhydrique le transforme en *méthylpyrogallol* fondant à 119° [O. Rosauer, *Mon. f. Chem.*, **19**, 557, 1898].

ÉTHYLPYROGALLOL. — L'*éther triéthylique* bout à 143-144° sous 15 mm. (Hirschel).

PROPYLPYROGALLOL. — L'*éther triméthylique* $C^6H^2(C^3H^7)(OCH^3)^3$ se forme par méthylation de l'éther diméthylique du propylpyrogallol qui se trouve dans le goudron de bois de hêtre; il bout à 164°. L'*éther diméthylique* a pour constitution $C^6H^2(C^3H^7)_1(OCH^3)^2_{3.5}(OH)_4$ [W. Will, *D. chem. G.*, **21**, 2025, 1888].

DIBUTYLPYROGALLOL, $(C^4H^9)^2C^6H(OH)^3$. — Il se forme par condensation du pyrogalloll avec le chlorure de butyle tertiaire en présence de Fe^2Cl^6 et fond à 119°; l'*éther triacétique* fond à 163° [L. Rozycki, *D. chem. G.*, **32**, 2428, 1899].

DIAMYLPYROGALLOL, $(C^5H^{11})^2C^6H(OH)^3$. — Obtenu par l'action de l'amylène sur le pyrogallol en présence d'acide sulfurique et d'acide acétique. il fond à 90° (*triacétate* fondant à 145°) [W. Kœnigs et C. Mai. *D. chem. G.*, **25**, 2656. 1892].

ACÉTYLPYROGALLOL. — Voyez GALLACÉTOPHÉNONE.

DIACÉTYLPYROGALLOL. — Voyez GALLODIACÉTOPHÉNONE.

ACÉTYLBENZOYLPYROGALLOL. — Voyez GALLACÉTOBENZOPHÉNONE.

BENZOYLPYROGALLOL. — Voyez GALLOBENZOPHÉNONE.

ALDÉHYDE DU PYROGALLOL. — L'*aldéhyde* $C^6H^2(CHO)_1(OH)^3_{2.3.4}$ fond à 161-162°; on l'obtient à l'état d'*oxime*, se décomposant à 204°, par l'action du fulminate de mercure sur le pyrogallol en solution saturée d'acide chlorhydrique gazeux [R. Scholl et E. Bertsch, *D. chem. G.*, **34**, 1441, 1901; — J. Ziegler, Brevet all. 114195].

Elle se forme aussi par l'action de l'acide cyanhydrique sur le pyrogallol en présence de $ZnCl^2$, de $AlCl^3$ ou sans ce chlorure [L. Gattermann et M. Köbner, *D. chem. G.*, **32**, 278, 1899].

Le *chlorhydrate de l'aldimide* $(OH)^3C^6H^2CH=AzH.HCl$ fond à 120°; la *phénylhydrazone* fond à 161° [Farbenfab. Baeyer, *Centr. Bl.*, 1900, I, 742].

CONDENSATIONS DIVERSES.

1° Le pyrogallol se combine avec l'éther chloroformique en présence de pyridine en donnant soit le *pyrogallol-dicarbonate d'éthyle* $C^6H^3(OH)(OCO^2C^2H^5)$, fondant à 83°, soit le *pyrogallol-tricarbonate d'éthyle* fondant à 58-60° [Einhorn et Hollandt, *Ann. Chem.*, **304**, 109, 1898].

Le *pyrogallol-tricarbonate de méthyle* est huileux [Syniewski, *D. chem. G.*, **28**, 1875, 1895];

2° Avec AzH^2COCl il donne un *carbamate* $(AzH^2CO^2)^3C^6H^3$, fondant à 178° [Gattermann, *Ann. Chem.*, **244**, 46, 1888];

3° Avec le chlorure benzène-sulfonique on obtient un *benzène-sulfonate* $(C^6H^5SO^2)^3C^6H^3$, fondant à 140-142° [Georgescu, *D. chem. G.*, **24**, 418, 1891]. Avec le chlorure d'hippuryle il donne des combinaisons cristallisées [E. Fischer, *D. chem. G.*, **38**, 2926, 1905];

4° Le chlorure de picryle, en présence d'éthylate de sodium, fournit avec le pyrogallol une *oxydinitrophénoxozone* $C^6H^3(OH)^2.O^2.C^6H^2(AzO^2)^2$, fusible à 258-258°,5 [H.-W. Hillyer, *Am. Chem. Journ.*, **26**, 361, 1901];

5° La condensation de 1 mol. d'anhydride succinique avec 2 mol. de pyrogallol, en présence de $ZnCl^2$, donne la *pyrogallolsuccinéine*,

$$\begin{array}{ccc} CH^2 & \!\!\!\!-\!\!\!\!- & C\big\langle{}^{C^6H^2(OH)^3}_{C^6H^2(OH)^3} \\ | & & | \\ CH^2 & \!\!\!\!-\!\!\!\!- & CO-O \end{array}$$

poudre rouge brun se décomposant à 180°. La même condensation effectuée molécule à molécule fournit le *digallacyle* $C^6H^2(OH)^3CO-CH^2-CH^2-CO.C^6H^2(OH)^3$ (*dérivé hexacétylé* fusible à 170-171°; *osazone* fusible à 206-207°) [G. v. Georgievics, *Mon. f. Chem.*, **20**, 460, 1899];

6° Avec $C^6H^5CCl^3$ il donne à 160° la *pyrogallolbenzéine* $C^{38}H^{24}O^{11}+5H^2O$, matière colorante violette (*dérivé tétracétylé* fusible à 208°, *dérivé tétrabenzoylé* fusible à 251°), se transformant par réduction en *hydropyrogallolbenzéine* $C^{19}H^{14}O^5+3H^2O$ [O. Döbner et A. Förster, *Ann. Chem.*. **257**, 60, 1890]. Si la condensation est effectuée en présence de solvants aqueux, on obtient la *trioxybenzophénone* fusible à 137-138° [*D. chem. G.*, **24**, (R), 378, 1891];

7° Avec l'acide salicylmétaphosphorique, le pyrogallol donne la *pyrogallolsalicyléine*, matière colorante rouge [Schultze, *D. chem. G.*, **29**. (R), 468, 1896];

8° Avec le chlorure dissymétrique de l'acide p-nitro-o-sulfobenzoïque, il fournit une *galléine* [W. Henderson, *Am. Chem. J.*, **25**, 1, 1901]. L'acide o-sulfo-p-toluylique donne vraisemblablement avec 2 mol. de pyrogallol la *p-méthylsulfone-galléine* $C^{20}H^{16}O^9S$, avec 4 mol. l'*hexapyrogallol-p-méthylsulfone-galléine* [J. Lyman, *D. chem. G.*, **28**, (R), 379, 1895];

9° En présence de $POCl^3$, $ZnCl^2$, $AlCl^3$, SO^4H^2, le pyrogallol se condense avec l'acide chloracétique en donnant la *gallochloracétophénone* fusible à 167 - 168° (voyez ce mot); avec l'acide bromacétique il donne de même la *gallobromacétophénone* fusible à 159° [Nencki, *D. chem. G.*, **26**, (R), 588, 1893; — S. Dzierzgowski, *D. chem. G.*, **26**, (R), 589, 1893]. En présence des alcalis on obtient au contraire l'*acide pyrogallolmonoglycolique* $C^6H^3(OH)^2(OCH^2COOH)$, fusible à 153-154° et son *dérivé diéthylique* fusible à 82-83°, l'*acide pyrogalloldiglycolique* et son *dérivé éthylique* $C^6H^3(OC^2H^5)(OCH^2COOH)^2$, fusible à 108-109° [*Centr. Bl.*, 1904, II, 1443];

10° Avec l'acide dichloracétique on obtient, en présence de $ZnCl^2$ ou $POCl^3$, l'*ω-dichloracétopyrogallol* $(OH)^3_{1.2.3}C^6H^2(COCHCl^2)_4$ fusible à 165-166° [H. Bruhns, *D. chem. G.*, **34**, 91, 1901];

11° Avec l'acide formique et $ZnCl^2$ il donne la *pyrogallamine* $C^{19}H^{14}O^9$ [Caro, *D. chem. G.*, **25**. 2675, 1892].

12° Le pyrogallol se condense en présence de SO^4H^2, $ZnCl^2$ ou $SnCl^4$, pour donner des oxycétones, avec les acides propionique, butyrique, valérianique, benzoïque, p-chlorobenzoïque, salicylique, m- et p-oxybenzoïques, α-toluylique, β-résorcylique, gallique, pyrogallol-carbonique [Bad. Anil. und Soda Fabr., *D. chem. G.*, **23**, (R), 43 et 188, 1890; — C. Graebe et Eichengrün, *Ann. Chem.*, **269**, 295], avec l'acide protocatéchique [Meister, Lucius et Brüning, *D. chem. G.*, **27**, (R), 226, 1894];

13° Avec l'acide glyoxylique il forme l'*acide β-dipyrogallolacétique*, amorphe [Böttinger, *Arch. d. Pharm.*, **232**, 704, 1895];

14° Il donne des matières colorantes azoïques avec les acides m- et p-diazobenzoïques [Brevet all. 66 975; *D. chem. G.*, **26**, (R), 419, 1893] avec les p-diazoamines et p-diazophénols, le p-amidophénol, l'acide p-amidosalicylique [Brevet all. 81 109 et 81 376; *D. chem. G.*, **28**, (R), 700, 1895], avec la mono et la dianidobenzophénone [*D. chem. G.*, **25**, (R), 455, 1892];

15° Avec l'acide benzène-sulfinique et $Cr^2O^7K^2$ il se transforme en *trioxydiphénylsulfone* $C^6H^2(SO^2C^6H^5)(OH)^3$ fusible à 188° [O. Hinsberg et A. Himmelschein, *D. chem. G.*, **29**, 2026, 1896];

16° *Condensation avec les aldéhydes et les cétones* (voy. 1er Suppl.). — Avec l'aldéhyde éthylique, en présence d'acide sulfurique, le pyrogallol donne une combinaison

$$C^6H^3(OH) <^O_O> CH.CH^3 + 2H^2O$$

(acétate fusible à 280°) [Causse, *Bull. Soc. Chim.*, (3), 3, 865, 1890].

La benzaldéhyde fournit des produits qui diffèrent suivant les conditions de l'opération : en présence d'acide chlorhydrique fumant ou d'acide sulfurique, on obtient un composé $C^{26}H^{20}O^6$ fusible au-dessus de 300° [*dérivé acétylé* en aiguilles fusibles au-dessus de 300°] [Michaël et Ryder, *D. chem. G.*, 19. 1389, 1886; — C. Liebermann et Lindenbaum. *D. chem. G.*, 37, 1171. 1904]. K. Hoffmann [*D. chem. G.*, 26, 1139, 1893] a au contraire obtenu en présence de $ZnCl^2$, à 130-135°, une matière colorante dont le *dérivé acétylé*, fusible à 178-182°, aurait pour formule $C^{23}H^{16}O^6$ et en présence d'acide chlorhydrique à 100° un dérivé du triphénylcarbinol qui ressemble aux dérivés de l'aurine,

$$C^6H^5 - C <^{C^6H^2(OH)^2}_{\overset{|}{\underset{O}{C^6H^2.OH}}}> O$$

Avec l'aldéhyde phtalique on obtient la *pyrogallylphtalide*

$$C^6H^4 <^{CO.O}_{CH - C^6H^2(OH)^3}$$

fondant à 175-177° [A. Bistrzycki et G. OEhlert. *D. chem. G.*, 27. 2638. 1894]; avec l'acétone. en présence d'acides chlorhydrique ou acétique. à 145°, le *composé* $C^{21}H^{24}O^6$ fondant à 260-265°, et avec la méthyléthylcétone le *composé* $C^{24}H^{30}O^6$ [R. Fabinyi et T. Széky. *D. chem. G.*, 38, 3527. 1905]. — Avec l'α-naphtoquinone le pyrogallol donne la *combinaison* $C^{16}H^{12}O^3$, fondant à 240-246° avec décomposition [Blumenfeld et Friedländer. *D. chem. G.*, 30. 1464, 1897].

En solution acétique. en présence d'acide chlorhydrique sec. il fournit des *dérivés du 1.4-benzopyranol* avec l'acétylacétone et la benzoylacétone [C. Bülow et H. Wagner, *D. chem. G.*, 34. 1189 et 1782. 1901]. avec la benzoylacétaldéhyde et avec le dibenzoylméthane [C. Bülow et W. v. Sicherer, *D. chem. G.*, 34, 3889 et 3916. 1901]. avec la phénylacétophénone [C. Bülow et H. Grotowsky. *D. chem. G.*, 35, 1799. 1902]. avec la 3.5-diméthoxybenzoylacétophénone [C. Bülow et G. Riess. *D. chem. G.*, 36, 3607. 1903]. avec la méthylacétylacétone [C. Bülow et I. Deiglmayr, *D. chem. G.*, 37. 1791. 1904]. avec la 2'.4'-diéthoxybenzoylacétone [C. Bülow et C. Sautermeister. *D. chem. G.*, 37, 4715. 1904].

17° L'éther acétylacétique fournit avec le pyrogallol. en présence d'un peu d'acide sulfurique. *l'anhydride de l'acide dioxyméthylcoumarique* $C^{10}H^{10}O^5$ (Nasse). Avec l'éther α-chloracétylacétique on obtient l'*α-chloro-β-méthyldaphnétine* fondant à 265° [H. v. Pechmann et E. Hanke. *D. chem. G.*, 34. 354, 1901]; avec l'éther benzoylacétique la *β-méthyldaphnétine* $C^{16}H^{10}O^4$. fusible à 190-192° [Kostanecki et C. Weber. *D. chem. G.*, 26. 2906. 1893].

18° Parmi les combinaisons avec les sucres, *l'arabinose-pyrogallol* $C^{11}H^{14}O^7$ se décompose vers 240°; le *glucose-pyrogallol* $C^{12}H^{16}O^8$ est une poudre amorphe [E. Fischer et Jennings, *D. chem. G.*, 27. 1361. 1894].

19° Quand on chauffe le pyrogallol à 110-130°, dans un courant d'hydrogène. avec $ZnCl^2$, il se forme un corps qui semble différer de l'*anhydropyrogallol* obtenu par C. Böttinger [*Ann. Chem.*, 202, 280], à l'aide de l'acide chlorhydrique fumant, à 160-180° (K. Hoffmann);

20° Le pyrogallol fournit des dérivés d'addition avec le cinéol : $C^{10}H^{18}O + C^6H^3(OH)^3$ [Baeyer et Villiger, *D. chem. G.*, 35. 1201, 1902]; avec l'antipyrine. *pyrogallol-monoantipyrine* $C^6H^3(OH)^3.C^{11}H^{12}Az^2O$, fusible à 77-78° [Patein et Dufau, *Bull. Soc. Chim.*, (3), 5, 1049, 1896]; avec l'hexaméthylènamine, *combinaison* $C^6H^2Az^4.2C^6H^3(OH)^3$ [Moschatos et Tollens, *Ann. Chem.*, 272, 283]; avec l'aniline, $2C^6H^5Az H^2.C^6H^3(OH)^3$, fusible à 55-56° [Mylius, *D. chem. G.*, 19. 1003, 1886].

Il se condense encore avec la formanilide, en présence de $POCl^3$, et en solution éthérée [O. Dimroth et Zœpprilz, *D. chem. G.*, 35, 993, 1902], avec l'alloxane [Böhringer et fils, *Central Blatt.* 2. 759, 1900]. avec l'hydrate de bismuthyle en fournissant le composé

$$C^6H^4(OH) <^O_O> BiOH$$

[Richard, *Journ. Pharm. Chim.*, (6), 12, 147, 1900]. Il ne donne pas de combinaison avec le tétrazoditolylsulfite de sodium [Seyewetz et Biot, *Bull. Soc. Chim.*, 27, 751, 1902].

ACIDE PYROGALLOL-CARBONIQUE.

Cet acide de formule $C^6H^2(OH)^3_{2-3-4}(CO^2H)_1 + H^2O$, fond à 206-208° quand on le chauffe rapidement, et à 215-220° quand on le chauffe lentement. L'acide anhydre est très peu soluble dans l'eau. Chauffé à 80-90° avec $POCl^3$, il se transforme en acide *dipyrogallolcarbonique* $C^{14}H^{10}O^9$, poudre jaune [H. Schiff. *D. chem. G.*, 24, (R.), 525, 1888]. Dissous dans l'acide sulfurique concentré, il donne avec des traces d'acide nitrique une coloration violette caractéristique [Nencki. *D. chem. G.*, 27. 2737. 1894].

Chaleurs de dissolution : $-6^{Cal}.3$; de neutralisation $+13^{Cal},04$ [G. Massol, *Bull. Soc. Chim.*, 23, 617. 1900].

Avec l'hydrate d'oxyde de bismuth il donne une *combinaison* $C^7H^5O^6Bi$. aiguilles jaunes se décomposant à 195-200° [P. Thibault. *Bull. Soc. Chim.*, (3), 29, 680, 1903].

ÉTHERS. — L'*acide* $C^6H^2(OCH^3)_4(OH)^2_{2-3}(COOH)_1$ fond à 204-206° [J. Herzig et Pollak. *Monatsh.*, 25, 506, 1904]. L'*acide* $C^6H^2(OCH^3)^2_{3-4}(OH)_2(COOH)_1$. fond à 169-172°, perd CO^2 à 200° en donnant l'éther diméthylique 1.2 du pyrogallol: l'*éther méthylique* correspondant $C^6H^2(OCH^3)^2_{3-4}(OH)_2(COOCH^3)_1$. fond à 75-78° [J. Herzig et Pollak. *D. chem. G.*, 36, 660, 1903]. L'*éther* $C^6H^2(OCH^3)^3_{2-3-4}(COOCH^3)_1$, bout à 281°; l'*acide* correspondant fond à 97-99°. L'*éther méthylique de l'acide pyrogallol-carbonique* $C^6H^2(OH)^3(COOCH^3)$ fond à 151-152° [W. Will, *D. chem. G.*, 24, 2020, 1888].

ACIDES PYROGALLOL-SULFONIQUES.

ACIDE MONOSULFONIQUE. — Quand on traite le pyrogallol par l'acide sulfurique, et qu'après avoir chauffé le mélange au bain-marie on sature à froid par le carbonate de calcium. on obtient un *sel de calcium* $[C^6H^2(OH)^3SO^3]^2Ca$. cristallisé avec $5H^2O$ ou avec $4H^2O$: si l'on fait la saturation à chaud, on obtient le sel

$$(OH)^2C^6H^2 <^{O - Ca - O}_{SO^3 - Ca - SO^3}> C^6H^2(OH)^2 + 2H^2O,$$

substance blanc grisâtre [M. Delage, *C. R.*, 131. 450, 1900]. *Sels* [*ibid.*, *C. R.*, 133, 297, 1901; 136, 760, 1903].

ACIDE DISULFONIQUE. — Prismes renfermant $4H^2O$. Sels [M. Delage, *C. R.*, **132**, 421 et **133**, 207, 1901; **136** 760, 1903]. Quand on ajoute au contact de l'air de la baryte, de la strontiane ou de la chaux à la solution d'un pyrogallol-mono- ou disulfonate de Ba, Sr, Ca, il se forme des substances colorées variant du bleu franc au violet, dérivés d'oxydation du sel employé [Delage, *C. R.*, **136**, 803 et 1202, 1903].
Janvier 1907.   F. March.

PYROMÉCAZONE. — Voyez PYROMÉCAZONIQUE (ACIDE).

PYROMÉCAZONIQUE (ACIDE). — Voyez 1er Suppl., 1331). — L'action de l'acide azoteux sur l'acide pyroméconique fournit un dérivé nitrosé $C^5H^3O^3.AzO + C^5H^4O^3$ qui, réduit par l'acide sulfureux, a donné un corps $C^5H^5AzO^4$, répondant à la composition d'une tétroxypyridine et qui a été nommé *acide oxypyromécazonique*. Une réduction plus profonde par l'acide iodhydrique donne l'*acide pyromécazonique* $C^5H^5AzO^3$ que l'oxydation ménagée transforme en une quinone $C^5H^3AzO^3$ qui a été désignée sous le nom de *pyromécazone*. Diverses considérations, qu'il serait trop long d'exposer ici, ont conduit Peratoner [*Atti d. Lincei*, **11**, 327, 1902] à attribuer à ces divers composés les constitutions suivantes :

AzOH	AzH	AzH
CH [ring] C-OH / CH [ring] C-OH, CO	CH [ring] C-OH / CH [ring] C-OH, CO	CH [ring] CO / CH [ring] CO, CO
Acide oxypyromécazonique.	Acide pyromécazonique.	Pyromécazone.

Voir aussi Meyer [*Monatsch. f. Chem.*, **26**. 1311, 1905]. 1er mai 1907.   A. Hébert.

PYROMÉCONIQUE (ACIDE), $C^5H^4O^3$. — Cet acide fond à 117° [Peratoner et Leoni, *Gazz. chim. ital.*, **24**, (2), 75, 1894]. Dans les mêmes conditions que l'acide méconique (voyez ce mot), l'acide pyroméconique donne 1 1/2 molécule d'acide formique, un peu d'alcool méthylique et de l'alcool acétolique. Sa scission serait représentée par l'équation :

$$CH—O—CH^2$$
$$\| \quad | \qquad + 3H^2O$$
$$CH-CO-CO$$

$$= HCO^2H + CH^2(OH)^2 + CH^3-CO-COH$$

L'aldéhyde pyruvique donnerait par les alcalis des produits gommeux de condensation et de l'alcool pyruvique; l'alcool méthylique aurait la même origine à partir de l'aldéhyde $CH^2(OH)^2$ [Peratoner, *Chem. Zeit.*, **21**, 40, 1897; — Peratoner et Leonardi, *Gazz. chim. ital.* **30**, (1), 539, 1900].

L'acide dissous dans C^6H^6 donne par le sodium le sel neutre $C^5H^3O^3Na$. celui-ci par CO^2 sous pression et HCl en présence de l'alcool donne l'éther de l'acide coménique fusible à 126° [Peratoner et Leoni, *Gazz. chim. ital.*, **24**, (2), 75, 1894].   M. Delacre.

PYROMELLIQUE (ACIDE) [Syn. : *Acide benzène-1.2,4.5-tétracarbonique*] — (Voyez Dict., **2**, 333, et 1er Suppl., **2**, 1004). Cet acide se forme encore dans l'oxydation du 1.2.4.5-tétraméthylbenzène par MnO^4K [Jacobsen, *D. chem. G.*, **17**, 2517, 1880]; dans la décomposition par la chaleur du saccharose [Maumené, *Bull. Soc. Chim.*, (3), **13**, 787, 1895; — Von Lippmann, *D. chem. G.*, **27**, 3408, 1894]; dans l'action de l'acide sulfurique sur le charbon de bois, le sucre et la cellulose [Giraud, *Bull. Soc. Chim.*, (3). **11**. 389. 1894; — A. Verneuil, *ibid.*, **25**. 686, 1901].

Cristaux tricliniques (Wyrouboff). — Chaleur de combustion [Stohmann, Kléber et Langbein, *J. prakt. Chem.*, (2), **40**, 143]. — Conductibilité électrique [Bethmann, *Zeit. Phys. Chem.*, **5**, 398].

L'*éther tétraméthylique* fond à 138° et bout sans décomposition [Baeyer, *Ann. Chem.*, **166**, 339]. L'*éther tétraéthylique* fond à 53°; chauffé avec du sodium et de l'éther acétique, il donne le sel de sodium du tétracétohydrindacène-dicarbonate d'éthyle [F. Ephraïm, *D. chem. G.*, **34**, 2779, 1901].

ACIDE DINITROPYROMELLIQUE, $C^6(AzO^2)^2(CO^2H)^4$. — Il se produit dans l'action de MnO^4K et CO^3K^2 sur l'acide dinitrodurylique. Il se décompose à 208-225°; l'*éther tétraméthylique* fond à 180°,6; l'*éther tétraéthylique* fond à 130° et donne par réduction les éthers de l'acide diaminopyromellique [Nef, *Ann. Chem.*, **237**, 20, **258**, 317].

ACIDE DIAMIDOPYROMELLIQUE, $C^6(AzH^2)^2(CO^2H)^4$. — L'*éther tétraméthylique* fond à 149°,6; l'*éther tétraéthylique* fond à 134° (*dérivé diacétylé* fondant à 149°). Par réduction ce dernier est transformé en *éther dihydrodiaminopyromellique* fondant à 212°, qui se forme aussi en fondant avec de l'acétate d'ammonium le p-dicétohexaméthylène-tétracarbonate d'éthyle. L'*éther diiminopyromellique* fond à 161° [Nef, *Am. Chem. Journ.*, **11**, 5; **12**, 379, 1890; — Muthmann, *Chem. Soc.*, **53**, 444].

ACIDE HYDROPYROMELLIQUE, $C^6H^6(CO^2H)^4 + 2H^2O$. — (Voy. Dict., **2**, 333). Le produit obtenu par réduction de l'acide pyromellique est un mélange d'acide hydropyromellique amorphe et d'acide isohydropyromellique en aiguilles fondant au-dessus de 200° en donnant de l'acide tétrahydrophtalique. L'*éther méthylique* fond à 156° [Baeyer, *Ann. Chem.*, **166**, 337 et **258**, 205, 1890].

ACIDE DIOXYPYROMELLIQUE [Syn.: *Hydroquinone-tétracarbonique*], $C^6(OH)^2(COOH)^4 + 0,5H^2O$. — On l'obtient par saponification de l'éther tétraéthylique. Il forme des aiguilles jaunes assez solubles dans l'eau, peu dans l'alcool. Avec le brome il donne du bromanile; avec le chlore, du chloranile; et avec AzO^3H fumant, de l'acide nitranilique. Quand on le chauffe à 350°, il se transforme en *dianhydride hydroquinone-tétracarbonique* $C^6(OH)^2(C^2O^3)^2$, prismes jaunes fluorescents (*dérivé diacétylé* en lamelles nacrées). La pyrazolone $C^{22}H^{14}O^6Az^4$ est une poudre jaune [Nef, *Ann. Chem.*, **237**, 32; **258**, 282; *Am. Chem. Journ.*, **12**, 379, 1890].

Éthers. — L'*éther tétraméthylique* $C^{10}H^2O^{10}(CH^3)^4$ fond à 207°; l'*éther oxyde diméthylique* fond à 135°; le *dérivé diacétylé* fond à 147°.

L'*éther tétraéthylique* s'obtient par réduction de l'éther quinone-tétracarbonique, ou bien en traitant par le brome l'éther dioxydihydropyromellique (Nef). On l'obtient encore par l'action de l'iode sur le dérivé sodé de l'éther acétone-dicarbonique ou sur le p-dicétohexaméthylène-tétracarbonate d'éthyle [von Pechmann et Wollmann, *D. chem. G.*, **30**, 2570, 1897]. Il cristallise sous deux formes, en aiguilles verdâtres ou en tables jaune clair : l'une fond à 133°, l'autre d'abord à 123-124°, puis à 128°,5 [Muthmann et Nef, *Chem. Soc.*, **53**, 449]. L'*éther oxyde diéthylique* fond à 95°; son *dérivé diacétylé* fond à 120° [Nef, *Am. Journ.*, **11**, 13]; le *dérivé dibenzoylé* fond à 157°.

ACIDE DIOXYDIHYDROPYROMELLIQUE [Syn.: *Acide p-dicétohexaméthylène-tétracarbonique*], $(OH)^2C^6H^2(CO^2H)^4$. — L'*éther tétraméthylique* fond à 175°, son *dérivé diacétylé* à 173°.

L'*éther tétraéthylique* se forme par hydrogénation de l'éther éthylique précédent, ou par l'action de l'eau sur une solution sulfurique d'éther diaminohydropyromellique et fond à 142-144°. Il est oxydé par le brome ou par l'iode en éther hydroquinone-tétracarbonique. Le *dérivé diacétylé* fond à 142°; le *dérivé dibenzoylé* fond à 135° (Nef; — Von Pechmann et Wollmann). Janvier 1907. F. March.

PYROMUCIQUE (ACIDE). — La méthode la plus avantageuse pour la préparation de l'acide pyromucique consiste dans l'oxydation manganique du furfurol, effectuée à froid [Volhard, *Ann. Chem.*, **264**, 379; — Freundler, *Bull. Soc. Chim.*, **17**, 610, 1897; — Frankland, Aston, *Chem. Soc.*, **79**, 515, 1901; — Pickard, Neville, *Chem. Soc.*, **79**, 847, 1901]. On obtient de l'acide pyromucique en traitant par un alcali le dibromure de l'acide dihydro-déhydromucique [A. S. Wheeler, *Am. Chem. Journ.*, **25**, 480, 1901].

L'acide pyromucique se dissout dans l'eau à raison de 2.7 p. 0,0 d'eau à 0° [Chavanne, *C. R.*, **133**, 167, 1901]; sa chaleur de neutralisation est de 14^{Cal}.47; sa constante de dissociation K = 0,0707 [Chavanne, *Thèse de Paris*, 9, 1904]. Il bout à 230-232° (Freundler).

Chauffé vers 275° en tube scellé, l'acide pyromucique se transforme presque quantitativement en furfurane [Freundler, *Bull. Soc. Chim.*, **17**, 613, 1897]. La distillation sèche des pyromucates alcalino-terreux donne du furfurane, de l'oxyde de carbone et un carbure non saturé C^3H^4, isomère de l'allène (Freundler).

Traité par un excès de brome en présence d'eau, l'acide pyromucique est converti en acide mucobromique. Quand on opère avec 3 mol. de brome pour 1 d'acide pyromucique, on peut isoler l'acide-aldéhyde bromomaléique [Hill et Allen, *Am. Chem. Journ.*, **19**, 650, 1897; — Fecht, *D. chem. G.*, **38**, 1272, 1905]. L'acide pyromucique donne avec l'isatine et l'acide sulfurique, à 80-95°, une coloration violette [Yoder et Tollens, *D. chem. G.*, **34**, 3461, 1901].

L'oxydation de l'acide pyromucique par l'eau oxygénée en présence de sulfate ferreux a été étudiée par Fenton et Jones [*Chem. Soc.*, **77**, 69, 1900].

Pyromucate d'éthyle. — On l'obtient avec un rendement de 82 0/0 par éthérification chlorhydrique [Leimbach, *J. prakt. Chem.*, **65**, 24, 1902; — Marquis, *Thèse de Paris*, 66, 1904]. Il fond à 34°, bout à 196°,75 (corr.) sous 759 mm (Marquis).

Il a été condensé avec divers composés organomagnésiens par Halle, Nally et Patter [*Am. Chem. Journ.*, **35**, 68, 1906.]

Chlorure de pyromucyle. — On l'obtient facilement et avec un bon rendement en employant le chlorure de thionyle [Baum, *D. chem. G.*, **37**, 2951, 1904]. Il fond à — 2° [Chavanne, *C. R.*, **134**, 1439, 1902]; Sur son emploi comme agent d'acylation, voir Baum [*loc. cit.*].

Anhydride pyromucique. — Il se forme par la méthode habituelle, ou bien en traitant le chlorure de pyromucyle par la pyridine, puis par l'eau. Aiguilles blanches fusibles à 73°, bouillant à 325° [Baum, *D. chem. G.*, **34**, 2505, 1901].

Nitrile pyromucique. — Il se forme quand on traite la furfuraldoxime par l'anhydride acétique [Douglas, *D. chem. G.*, **25**, 1313; — Pinner, *D. chem. G.*, **25**, 1415, 1892].

Pyromucamide. — Elle se forme par distillation de l'isosaccharate d'ammoniaque [Tiemann, Haarmann, *D. chem. G.*, **19**, 1277, 1886]. L'action de l'hypobromite de sodium a été étudiée par M. Freundler [*Bull. Soc. Chim.*, **17**, 422, 1897].

Méthylamide pyromucique. — Elle se forme en traitant l'iminopyromucate de méthyle par l'iodure de méthyle à 100°. Elle fond à 64°, bout à 250-253° [Wheeler, Atwater, *Am. Chem. Journ.*, **23**, 145, 1900].

Éthylamide. — Huile épaisse, bouillant à 258° (corr.) [Wallach, *Ann. Chem.*, **214**, 229, 1882].

Pyromucanilide. — Paillettes blanches fusibles à 123°,5 [Schiff, *Ann. Chem.*, **239**, 367, 1887]. Elle se forme par isomérisation de la benzoylfurfuranoxime [Marquis, *Bull. Soc. Chim.*, **23**, 35, 1900]; par action de l'acide pyromucique sur l'aniline [Leimbach, *loc. cit.*].

Pyromucyltoluides. — L'isomère ortho fond à 62°, le méta à 87°, le para à 107°,5 [Baum, *loc. cit.*]

Pyromucylhydrazide. — On la prépare en chauffant le pyromucate d'éthyle avec de l'hydrate d'hydrazine [Freundler, *loc. cit.*; — Leimbach, *loc. cit.*]. Prismes fusibles à 80°, solubles dans l'eau; le *chlorhydrate* fond à 178°, le *dérivé acétylé* fond à 153°,5, le *dérivé benzoylé* fond à 226°. La *dipyromucylhydrazide* fond à 232°. Sur les produits de condensation de l'hydrazide avec l'acétone, l'éther acétylacétique, l'aldéhyde benzoïque, voir Leimbach [*loc. cit.*].

Pyromucylphénylhydrazide. — Aiguilles fusibles à 144° [Zenoni, *Gazz. chim. ital.*, **20**, 520, 1890; — Baum, *D. chem. G.*, **34**, 2506, 1901; **37**, 2953, 1904].

Azide pyromucique. — Elle se forme par l'action du nitrite de sodium en solution acétique sur l'hydrazide [Freundler; Leimbach, *loc. cit.*]. Tables monocliniques fusibles à 62°,5, déflagrant vers 182-183°.

Acide pyromucylhydroxamique,

$$C^4H^3O - C \underset{AzOH}{\overset{OH}{\lessgtr}}$$

— On l'obtient en traitant le pyromucate d'éthyle par l'hydroxylamine en solution alcoolique. Il cristallise en aiguilles fusibles à 124°. Son *dérivé benzoylé* fond à 134° [Pickard, Neville, *Chem. Soc.*, **79**, 847, 1901; — voir aussi Rimini, *R. C. d. Lincei*, **10**, I, 359, 1901].

ACIDES PYROMUCIQUES SUBSTITUÉS.

Acide β-chloropyromucique.

$$\begin{array}{ccc} CH & \!\!-\!\! & C - Cl \\ \| & & \| \\ CH & & C - CO^2H \\ & \diagdown \quad \diagup & \\ & O & \end{array}$$

— On l'obtient en réduisant partiellement l'acide β-δ-dichloré par la poudre de zinc en solution ammoniacale. Il cristallise en tables ou prismes fusibles à 145-146°, solubles dans l'eau à raison de 0,8 0/0 à 19°,8. L'acide nitrique étendu l'oxyde en acide chlorofumarique. Traité par l'eau de brome, il donne l'acide chloromucobromique. Les *sels de calcium* et *de baryum* sont peu solubles dans l'eau. L'*éther éthylique* fond à 29-30° et bout à 217° sous 764 mm. [Hill, Jackson, *Am. Chem. Journ.*, **12**, 32, 1890].

Acide δ-chloropyromucique,

$$\begin{array}{ccc} CH & \!\!-\!\! & CH \\ \| & & \| \\ Cl - C & & C - CO^2H \\ & \diagdown \quad \diagup & \\ & O & \end{array}$$

— On le prépare en dirigeant du chlore dans le pyromucate d'éthyle chauffé à 145° jusqu'à augmentation de poids de 30 0/0, puis on verse dans la soude alcoolique très concentrée, le sel de sodium se précipite. Paillettes fusibles à 176-177°, peu solubles dans l'eau. Les *sels de calcium* et *de baryum* sont peu solubles. L'*éther éthylique* fond à 1-2°, bout à 216-218°. L'*amide* fond à 154-155° [Hill et Jackson, *loc. cit.*; — Hill et Sylvester, *Am. Chem. Journ.*, 32, 185, 1904].

Acide β-γ-dichloropyromucique. — Il se prépare en traitant par la potasse alcoolique le tétrachlorure du pyromucate d'éthyle. Il fond à 167-168°. L'eau de brome le transforme en acide mucochlorique; l'acide nitrique, en acide dichloromaléique. Les *sels de calcium* et *de baryum* sont peu solubles dans l'eau. L'*éther éthylique* fond à 63-64° [Hill et Jackson, *loc. cit.*; — Denaro, *Gazz. chim. ital.*, 16, 334, 1886].

Acide β-δ-dichloropyromucique. — Il se forme, en même temps qu'un troisième acide dichloré, quand on distille le tétrachlorure du pyromucate d'éthyle. Prismes fusibles à 155-156°, très peu solubles dans l'eau froide. L'eau de brome le transforme en acide chlorofumarique. L'*éther éthylique* fond à 2-3° et bout à 116-118° sous 16 mm. L'*amide* fond à 153-154° (Hill et Jackson).

Le troisième *acide dichloropyromucique* fond à 197-198°; son *éther éthylique* fond à 72-73° et bout à 122°.5 sous 16 mm.

Acide trichloropyromucique. — On l'obtient en traitant par la potasse alcoolique le tétrachlorure de l'éther chloropyromucique. Il fond à 172-173°. Traité par l'eau de brome, il donne du trichlorobromofurfurane et de l'acide dichloromaléique. L'acide nitrique donne de l'acide dichloromaléique. L'*éther éthylique* fond à 62-63°, l'*amide* fond à 160-161° [Hill et Jackson, *Am. Chem. Journ.*, 12, 119, 1890].

Acide β-bromopyromucique. — Il se forme par réduction à la poudre de zinc des acides dibromés [Hill, Sanger, *Ann. Chem.*, 232, 58, 1886]. Il fond à 128-129° [Voir aussi Canzoneri et Oliveri, *Gazz. chim. ital.*, 17, 43, 1887]. L'*éther éthylique* fond à 28-29°, bout à 235-236°. L'*amide* fond à 155-156°.

Acide δ-bromopyromucique. — Il se forme par l'action du brome sur l'acide pyromucique en solution acétique ou par action de la potasse sur le dibromure de l'éther pyromucique ou encore par action du brome en vapeur sur l'acide pyromucique [Hill, *D. chem. G.*, 16, 1131, 1883; — Schiff et Tassinari, *D. chem. G.*, 11, 842, 1840, 1878; — Canzoneri, Oliveri, *Gazz. chim. ital.*, 14, 173; — Hill et Sanger, *loc. cit.*]. Il fond à 183-184°. Il est fort peu soluble dans l'eau froide. Traité par le brome et l'eau, il donne les acides fumarique, dibromosuccinique, isodibromosuccinique et du tétrabromure de dibromofurfurane. L'*éther éthylique* fond à 17° et bout à 235°; l'*amide* fond à 144-145°.

Acide β-γ-dibromopyromucique. — Il se forme en même temps que le dérivé β-δ-dibromé quand on traite par la potasse alcoolique le tétrabromure de l'acide pyromucique. On sépare les deux isomères au moyen des sels de calcium. Lamelles fusibles à 191-192°, peu solubles dans l'eau froide. L'acide nitrique étendu l'oxyde en acides mucobromique et dibromomaléique; l'eau de brome le transforme en tétrabromofurfurane [Tönnies, *D. chem G.*, 11, 1088, 1878; — Canzoneri, Oliveri, *Gazz. chim. ital.*, 14, 177, 1884; — Hill et Sanger. *loc. cit.*]. L'*éther éthylique* fond à 67-68°; l'*amide* fond à 195-196°.

Acide β-δ-dibromopyromucique. — On le prépare aussi en traitant l'acide pyromucique par 3 mol. de brome, chauffant jusqu'à complet dégagement d'acide bromhydrique et traitant par l'eau bouillante. Il fond à 167-168°; l'acide nitrique le transforme en acide bromofumarique. L'*éther éthylique* fond à 57-58°, bout à 271-272°; le *bromure* fond à 45-46°; l'*amide* fond à 175-176° [Hill et Sanger, *D. chem. G.*, 17, 1759; Ann. Chem., 232, 73, 1886].

Acide tribromopyromucique. — Il se forme en traitant le tétrabromure de l'acide δ-bromopyromucique par la potasse alcoolique. Aiguilles fusibles à 218-219°, très peu solubles dans l'eau. L'acide nitrique étendu le transforme en acide dibromomaléique. L'*éther éthylique* fond à 104°. L'*amide* fond à 222-223° [Hill et Sanger, *loc. cit.*; — Hill et Palmer, *Am. Chem. Journ.* 10, 423, 1888].

Acide δ-chloro-β-γ-dibromopyromucique. — Il fond à 193-194°.

Acide β-γ-dichloro-δ-bromopyromucique. — Il fond à 185-186° [Hill et Jackson, *Am. Chem. Journ.*, 12, 123, 1890].

Acide nitropyromucique. — Il se forme : 1° par action du mélange sulfonitrique sur l'acide déhydromucique [Klinkhardt, *J. prakt. Chem.*, 25, 51, 1882]; 2° par oxydation chromique du nitrofurfurnitroéthylène [Priebs, *D. chem. G.*, 18, 1363, 1885]; 3° par action de l'acide azotique sur l'acide δ-sulfopyromucique [Hill et White, *Am. Chem. Journ.*, 27, 193, 1902]; 4° par nitration du pyromucate d'éthyle au moyen du mélange nitro-acétique; on obtient ainsi son éther éthylique [Marquis, *Bull. Soc. Chim.*, 32, 1277, 1904]. Prismes fusibles à 185° (corr.), peu solubles dans l'eau, très solubles dans l'éther. L'oxydation au bioxyde de sodium donne de l'acide fumarique (Marquis). Sur la constitution de cet acide voir Hill et White, et Marquis [*loc. cit.*].

L'*éther éthylique* fond à 101°; l'*éther méthylique* fond à 78°,5, le *chlorure* fond à 38°, l'*amide* fond à 161°, l'*anilide* fond à 180°, la *p-toluide* fond à 162° (Marquis). Sur les combinaisons que donne cet acide avec l'aniline et la p-toluide voir Hill et White [*loc. cit.*].

Acide β-sulfopyromucique. — On l'obtient en traitant l'acide δ-bromo-β-sulfoné en solution ammoniacale par la poudre de zinc.

Acide δ-sulfopyromucique. — Il se forme par sulfonation directe [Hill et Palmer, *Am. Chem. Journ.*, 10, 418, 1888; — Hill et White, *Am. Chem. Journ.*, 27, 194, 1902].

Acide β-sulfo-δ-chloropyromucique. — Par sulfonation de l'acide δ-chloré [Hill, Hendrixson, *Am. Chem. Journ.*, 15, 151, 1893]. La *diamide* fond à 212°. La *sulfamide* fond à 194-195°; elle donne par l'eau de brome du sulfamino-chloro-bromofurfurane, puis de l'acide sulfofumarique [Hill et Sylvester, *Am. Chem. Journ.*, 32, 185, 1904].

Acide δ-sulfo-β-chloropyromucique [Hill et Hendrixson, *loc. cit.*].

Acide sulfo-dichloropyromucique. — On connaît un acide δ-sulfoné-β-γ-dichloré et un autre de constitution inconnue [Hill et Jackson, *Am. Chem. Journ.*, 12, 116, 1890; — Hill et Hendrixson, *loc. cit.*].

Acide β-sulfo-δ-bromopyromucique. — Par sulfonation de l'acide δ-bromé [Hill et Palmer, *Am. Chem. Journ.*, 10, 409, 1888]. La *diamide* fond à 219-220°. La *sulfamide* fond à 190-191°; elle donne par l'eau de brome le sulfamino-dibromofurfurane, puis l'acide sulfofumarique.

Acide sulfo-β-γ-dibromopyromucique [Hill et Palmer, *loc. cit.*].

ACIDE ISOPYROMUCIQUE $C^5H^4O^3$. — M. Simon l'a préparé en distillant un mélange intime d'acide mucique et de bisulfate de potasse [*C. R.*, 130, 255, 1900]. M. Chavanne en a fait l'étude complète [*Thèse de Paris*, 1904]; il a montré que l'acide isopyromucique n'était pas un acide véritable, mais un composé carbinolique aux allures de phénol et que ses propriétés correspondaient à la constitution

$$C(OH) = CH - CH = CH$$
$$| \qquad | $$
$$CO \text{————————} O$$

L'acide isopyromucique fond à 92°, bout à 102° sous 15 mm., à 112° sous 20 mm., à 140° sous 65 mm. Il se sublime dès 100°. Solubilité dans l'eau à 0° : 4.5 0/0. Chaleur de neutralisation : + 10^{Cal}.4. Constante de dissociation K = 0.0000023. L'acide isopyromucique est altéré par les alcalis : il donne avec le chlorure ferrique une intense coloration verte. Il réduit à froid le permanganate, la liqueur de Fehling, l'azotate d'argent ammoniacal. L'eau de brome en excès et à chaud le transforme en acide mucobromique; employée à froid, elle conduit à deux composés. L'un $C^4H^4Br^2O^4$, qui se décompose à 104-105°, l'autre $C^4H^2Br^2O^2$, fusible à 34°, qui est peut-être la dialdéhyde dibromomaléique $CHO - CBr = CBr - CHO$.

Éther méthylique. — Par le sel de sodium et le sulfate diméthylique : il fond à 60°, bout à 130° sous 20 mm.

L'*éther éthylique* fond à 52°. — L'*éther benzylique* fond à 71°. — *Phosphate neutre*, par l'action du perchlorure de phosphore, prismes réfringents fusibles à 138°. — *Phosphate acide* $PO^4H(C^5H^3O^2)^2$. Il se forme par l'action de l'eau sur le phosphate neutre. Il fond anhydre à 154°, à 110° quand il contient 1 H^2O. — *Acétate d'isopyromucyle*. Il fond à 28°, bout à 152° sous 20 mm.; il se saponifie facilement. Chauffé à 210°, il donne un composé $C^{11}H^8O^4$ fusible à 103-104°. — *Benzoate*. Prismes fusibles à 85°. — *Pyromucate*. Aiguilles fusibles à 99°.

Acide bromisopyromucique. — Il se forme par l'action du brome en solution acétique. Il cristallise dans l'eau en aiguilles fusibles à 172°. Son *acétate* fond à 76°, son *benzoate* fond à 123°.

Acide iodisopyromucique. — Il se forme par l'action de l'iode et de l'oxyde jaune de mercure. Il fond à 150-151°. Il donne avec le chlorure ferrique la coloration verte caractéristique de l'acide isopyromucique.   Janvier 1907. R. Marquis.

PYROMUCURIQUE (ACIDE). — Lorsqu'on fait ingérer du furfurol à des chiens ou à des lapins, ce corps est éliminé en partie sous la forme d'une combinaison d'acide pyromucique et de glycocolle, analogue à l'acide hippurique, l'acide pyromucurique $C^7H^7AzO^4$, que l'éther enlève à l'urine et qui cristallise de l'eau en prismes ou en aiguilles fusibles à 165°. L'eau de baryte le décompose à l'ébullition en acide pyromucique et en glycocolle. — Le *sel de baryum* $(C^7H^6AzO^4)^2Ba$, 1 $^1/_2H^2O$ est en tablettes argentées. Le *sel d'urée* $C^7H^7AzO^4.CO Az^2H^4$, a été trouvé en grande quantité dans l'urine de chiens nourris de viande et à laquelle l'éther l'enlève difficilement. Cristaux fusibles à 120° [Jaffé et Cohn, *D. chem. G.*, 20, 2311, 1887].

E. Lambling.

PYRONE. — Nous ne nous occuperons ici que de la γ-pyrone et de ses dérivés. L'α-pyrone ayant déjà été décrite dans ce Supplément à l'article COUMALIQUE. Un certain nombre de dérivés de la γ-pyrone ont d'ailleurs été décrits également sous des noms divers. Nous les négligerons systématiquement et nous renverrons le lecteur aux articles DIMÉTHYLPYRONE, DIMÉTHYLPYRONE-CARBONIQUE, CHÉLIDONIQUE ou pyrone-dicarbonique, COMÉNIQUE ou oxypyrone-carbonique, COMANIQUE ou pyrone-carbonique, MÉCONIQUE ou oxypyrone-dicarbonique, PYROMÉCONIQUE ou oxypyrone.

PYRONE. — La pyrone

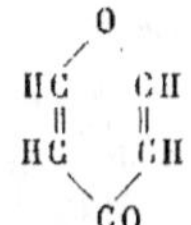

a été obtenue par Wilde [*Ann. Chem.*, **127**, 165, 1863], puis par Haitinger et Lieben [*Mon. f. Chem.* 5, 363, 1884] en chauffant l'acide chélidonique. Elle se forme aussi quand on chauffe l'acide pyrone-tétracarbonique avec de l'acide sulfurique à 25 0/0 [Peratoner et Strazzeri, *Gazz. chim. ital.*, 21, (I). 309. 1891] ou quand on distille l'acide comanique [Ost. *J. f. prakt. Chem.*, 29, 57, 1884]. Le meilleur procédé de préparation consiste à distiller l'acide chélidonique mélangé du double de son poids de cuivre en poudre [Willstätter Pummerer, *D. chem. G.*, 37, 3745, 1904].

La pyrone cristallise dans l'éther de pétrole ou le sulfure de carbone bouillants; elle fond à 32°,5 et bout à 210-215°, à 97° sous 13 mm. (W. et P.); à 105-106° sous 13 mm., n_D à 40°,3 = 1.52383, $d^{40,3}_4$ = 1.898 [Brühl, *D. chem. G.*, 24, 2450, 1891]. Elle est très soluble dans l'eau, ses cristaux sont déliquescents. Une des propriétés les plus intéressantes de la pyrone, propriété que partagent ses homologues supérieurs, est de former des sels avec les acides.

Sur la nature et la constitution de ces sels, voyez Collie et Tickle [*Chem. Soc.*, 75, 710, 1899]; Baeyer et Villiger [*D. chem. G.*, 34, 2698, 3612, 1901]; Werner [*ibid.*, 34, 3300, 1901]; Bülow et Sicherer [*ibid.*, 34, 3920, 1901]; Walker [*ibid.*, 34, 4115, 1901]; Walden [*ibid.*, 34, 4185, 1901]; Sackur [*ibid.*, 35, 1250, 1902]; Homfray [*Chem. Soc.*, 87, 1443, 1905].

Le *chlorhydrate* de pyrone, $C^5H^4O^2.HCl$, cristallise en prismes blancs fondant mal à 139°, solubles dans l'eau et dans l'alcool. Il perd environ un tiers de son acide quand il est exposé dans le vide sur la chaux sodée. L'*oxalate* $C^2H^2O^4.C^5H^4O^2$ cristallise en tables fusibles à 136°.5. Le *chloraurate* $AuCl^4H.3C^5H^4O^2$ fond à 116°.5. Le *picrate* $C^5H^4O^2.C^6H^3O^7Az^3$ fond à 129° (W. et P.). Le *chloroplatinate* a été décrit par Werner [*D. chem. G.*, 34, 3300, 1901].

La pyrone donne, en outre, des produits d'addition avec certains sels métalliques (W. et P.); avec le chlorure de calcium : $CaCl^2, 2C^5H^4O^2$; avec le chlorure mercurique : $HgCl^2.C^5H^4O^2$; avec le nitrate d'argent : $(C^5H^4O^2)^4,(AgAzO^3)^7$.

Quand on traite la pyrone, en solution dans l'alcool méthylique, par le méthylate de potassium et qu'on ajoute de l'éther, on obtient des cristaux du dérivé potassé de l'éther méthylique de la bis-oxyméthylène-acétone ; la réaction a lieu avec ouverture du noyau pyronique :

$$CH - O - CH \qquad \qquad KO - CH \qquad CH - OCH^3$$
$$|| \qquad \qquad || \; + KOCH^3 = \qquad || \qquad \qquad ||$$
$$CH - CO - CH \qquad \qquad CH - CO - CH$$

Cette ouverture du noyau a lieu d'ailleurs sous la simple action des alcalis : c'est ainsi qu'on obtient le dibenzoate de la bisoxyméthylène-acétone en traitant la pyrone par la soude, puis en ajoutant, peu après, du chlorure de benzoyle.

Par une réaction analogue à la précédente, on obtient l'hexaéthylacétal de la diformylacétone

$$(C^2H^5O)^2 = CH - CH^2 - C - CH^2 - CH = (OC^2H^5)^2$$
$$\diagup \qquad \diagdown$$
$$C^2H^5O \qquad \quad OC^2H^5$$

en traitant la pyrone par l'éther orthoformique en solution alcoolique très légèrement acidulée [Willstätter, Pummerer, *D. chem. G.*, **38**. 1461, 1905].

Monobromopyrone. — La pyrone est transformée par un très grand excès de brome, à chaud et en présence d'un peu d'iode ou de chlorure ferrique, en un mélange de perbromures que l'eau bouillante décompose en donnant un mélange de monobromopyrone et de dibromopyrone ainsi que de la pentabromacétone. La monobromopyrone

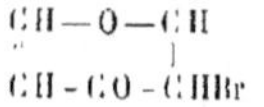

$$\text{CH—O—CH}$$
$$|$$
$$\text{CH-CO-CHBr}$$

cristallise dans la ligroïne en prismes fusibles à 114°.

Dibromopyrone,

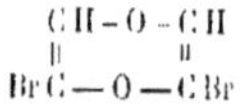

$$\text{CH—O—CH}$$
$$\|\qquad\|$$
$$\text{BrC—O—CBr}$$

— Elle cristallise dans l'eau bouillante en aiguilles fusibles à 157°,5 [Feist et Baum. *D. chem. G.*, **38**. 3562. 1905].

CONSTITUTION DE LA PYRONE. — La formule I.

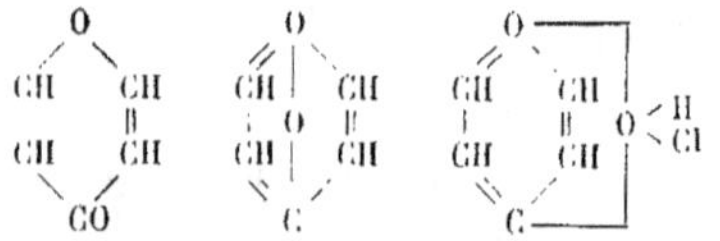

```
     O              O              O———┐
   /   \          ⫽ | \          ⫽ |   │
  CH    CH       CH | CH        CH |   │
   ‖    ‖          | O |          ‖ |   │   H
  CH    CH       CH | CH        CH |  O<
   \   /            \|/            \|   │   Cl
    CO               C              C———┘
    I.              II.            III.
```

proposée par Lieben et Haitinger [*D. chem. G.*, **16**. 1259, 1883; *Mon. f. Chem.*, **4**, 273, 339, 1883; **5**, 339, 1884; **6**. 279, 1885], rend compte des propriétés principales de la pyrone et de ses dérivés; elle se trouve vérifiée par la détermination de la réfraction moléculaire [Brühl, *D. chem. G.*, **24**, 2450, 1891]. Se fondant sur certains faits observés dans l'action du chlorure d'acétyle sur la diacétylacétone, Collie [*Chem. Soc.*, **85**. 971, 1904] a proposé la formule II qui tient compte de ce fait que la pyrone ne donne ni oxime ni hydrazone, et avec laquelle concorde la réfraction moléculaire du chlorhydrate de pyrone III [Homfray, *Chem. Soc.*, **87**. 1443, 1905]. Cependant, les récents travaux de Willstätter et Pummerer, exposés plus haut, viennent confirmer absolument la formule I de Lieben et Haitinger. Sur la constitution de la pyrone, voir encore Palazzo et Onorato [*Gaz. chim. ital.*, **35**. II, 476, 1905].

HOMOLOGUES DE LA PYRONE. — *Méthylpyrone.* — On l'obtient en traitant par CH³I le dérivé potassé, signalé plus haut, de l'éther méthylique de la bisoxyméthylène-acétone. Elle est en prismes quadrangulaires fusibles à 66°,5-67°,2. Elle distille à 108-113° sous 11-12 mm. (W. et P.).

Diméthyldiacétylpyrone,

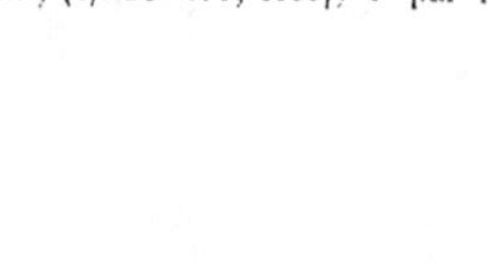

$$
\begin{array}{c}
\text{O}\\
/\ \ \ \backslash\\
\text{CH}^3\text{-C}\qquad\text{C-CH}^3\\
\|\\
\text{CH}^3\text{-CO-C}\qquad\text{C-CO-CH}^3\\
\backslash\ \ /\\
\text{CO}
\end{array}
$$

— Elle prend naissance : 1° par l'action de l'oxychlorure de carbone sur le sel de cuivre de l'acétylacétone [Thomas-Mamert et Lefèvre, *Bull. Soc. Chim.*, (2). **50**. 193, 1888]; 2° par l'action de l'oxychlorure de carbone sur la dithioacétylacétone [Vaillant, *Bull. Soc. Chim.*, **13**, 1094. 1895]; 3° en traitant la diacétylacétone disodée par le chlorure d'acétyle [Collie, *Chem. Soc.*, **86**, 971, 1904]. Elle est en aiguilles fusibles à 124°. Traitée par l'ammoniaque, elle donne la pyridone correspondante [Palazzo, Onorato, *Giorn. di Sc. Nat. et Ec.*, **25**, 217, 1905; *Gazz. chim. ital.*, **38**, II, 476, 1905].

Triméthylpyrone. — Elle se trouve dans les produits de l'action de l'iodure de méthyle sur la diacétylacétone disodée [Collie et Steele, *Chem. Soc.*, **77**, 961, 1900]. Elle fond à 78°. Son *chloroplatinate* a pour formule $(C^8H^{10}O^2)^2.PtCl^6. 2H^2O$.

Tétraméthylpyrone. — Elle se forme quand on fait bouillir avec de l'acide chlorhydrique la diméthyldiacétylacétone

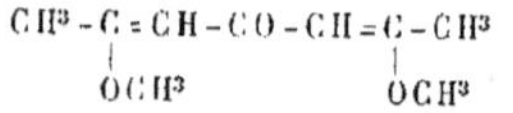

$$\text{CH}^3\text{-C}=\text{CH-CO-CH}=\text{C-CH}^3$$
$$|\qquad\qquad\qquad|$$
$$\text{OCH}^3\qquad\qquad\text{OCH}^3$$

Elle cristallise dans l'eau en formant un hydrate $C^9H^{12}O^2.H^2O$, qui fond à 63-64° et qui perd son eau facilement pour donner le produit anhydre, fusible à 92°. Elle bout à 245°. La tétraméthylpyrone ne précipite pas par la baryte; elle donne un *chlorhydrate* $(C^9H^{12}O^2)^2HCl + 2H^2O$ instable et un *chloroplatinate* $(C^9H^{12}O^2)^2H^2. PtCl^6, 2H^2O$ [Collie et Steele. *loc. cit.*]. Traitée en solution acétique par l'iode dissous dans l'acide iodhydrique, elle donne un *periodure* $(C^9H^{12}O^2)^2HI.I^2$ fusible à 126°-128°, peu stable [Collie et Steele, *Chem. Soc.*. **77**, 1114. 1900].

Walker [*D. chem. G.*, **34**, 4115, 1901] a trouvé que la basicité de la tétraméthylpyrone était du même ordre que celle de l'urée. Le chlorhydrate en solution $\frac{n}{10}$ à 35° est dissocié dans la proportion de 90 0/0; en solution à $\frac{4n}{10}$ à 34° il est dissocié à 74 0/0.

Diméthyléthylpyrone. — Elle se forme dans l'action de l'iodure d'éthyle sur la diacétylacétone disodée en même temps que la diméthyldiéthylpyrone. Elle fond à 58°, bout à 155-160° sous 35 mm., à 245-247° à la pression ordinaire.

Diméthyldiéthylpyrone. — Elle fond à 64°, bout à 185-190° sous 35 mm., à 275-278° à la pression ordinaire [Bain, *Chem. Soc.*, **89**. 1224, 1906].

Diphénylpyrone.

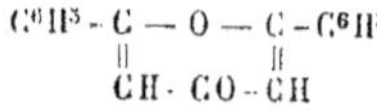

$$\text{C}^6\text{H}^5\text{-C—O—C-C}^6\text{H}^5$$
$$\|\qquad\qquad\|$$
$$\text{CH-CO-CH}$$

— Elle se forme quand on chauffe l'acide diphénylpyrone-carbonique ou quand on traite à 230-260°, l'acide déhydrobenzoylacétique par l'acide chlorhydrique. Elle fond à 139°. Elle donne avec l'acide sulfurique concentré une solution incolore ayant une fluorescence violette [Feist, *D. chem. G.*, **23**, 3734, 1890].

Diphényldiacétylpyrone. — Ce corps se forme quand on traite le benzoylacétonate de cuivre par l'oxychlorure de carbone. Il fond à 178-180°. Il est soluble dans les alcalis et dans les solutions d'hydrate de baryte; il ne forme pas de sel de cuivre, ne donne pas de coloration avec le chlorure ferrique [Vaillant, *Bull. Soc. Chim.*, **33**, 459, 1905].

ACIDES PYRONE-CARBONIQUES. — *Acide diméthylpyrone-dicarbonique,*

$$\text{CH}^3\text{-C—O—C-CH}^3$$
$$\|\qquad\qquad\|$$
$$\text{CO}^2\text{H-C-CO-C-CO}^2\text{H}$$

— L'*éther diéthylique* de cet acide a été préparé par Conrad et Guthzeit en traitant l'acétylacétate de cuivre par l'oxychlorure de carbone [*D. chem. G.*, **19**, 22, 1886; **20**, 151, 1887]; puis par Peratoner et Strazzeri [*Gazz. chim. ital.*, **21**, 292, 1891], en faisant agir le chlorure d'acétyle sur l'éther acétone-dicarbonique disodé :

$$C^2H^5-CO^2-CH-Na \qquad CH^3COCl$$
$$CO< \qquad\qquad +$$
$$C^2H^5-CO^2-CH-Na \qquad CH^3COCl$$

$$= \quad C^2H^5CO^2-C=C-CH^3$$
$$CO< \quad >O + 2NaCl + H^2O.$$
$$C^2H^5CO^2-C=C-CH^3$$

Il fond à 80°. Il est soluble dans le benzène, l'alcool, l'acide acétique, les acides sulfurique et chlorhydrique concentrés; il est presque insoluble dans l'eau. La solution aqueuse, qui à 20° contient 0P.8 d'éther pour 100 d'eau, devient acide à l'ébullition. Traité à l'ébullition par l'eau de baryte, cet éther se décompose en donnant de l'acétone, de l'acide malonique et de l'acide acétique (C. et G.). Chauffé avec 1 partie d'acide sulfurique et 2 parties d'eau, il donne la diméthylpyrone [Feist, *Ann. Chem.*, **257**, 253, 1390].

Traité par l'ammoniaque ou les bases primaires, il échange l'oxygène pyronique contre Az–R en donnant les éthers pyridoniques correspondants (C. et G.).

L'action de l'hydroxylamine a été étudiée par Palazzo [*Gazz. chim. ital.*, **34**, I, 458, 1904 et **36**, I, 596, 1906; *R. C. d. Linc.*, (1), **11**, 562, 1902; (2), **14**, 156, 244, 1905]. Elle donne naissance au composé

$$CH^3-C=\!=\!=Az\setminus$$
$$| \qquad\qquad\quad O$$
$$C^2H^5-CO^2-CH-CO/$$

La réduction de l'éther diméthylpyrone-dicarbonique par le zinc en poudre et l'acide chlorhydrique ou l'amalgame de sodium et l'acide acétique donne un produit huileux $C^{13}H^{18}O^6$. L'action de la semicarbazide donne naissance à une sorte de semicarbazide,

$$Az-CO-AzH-AzH^2$$
$$CH^3-C \qquad\quad C-CH^3$$
$$\quad\; || \qquad\qquad ||$$
$$C^2H^5-CO^2-C \qquad C-CO^2-C^2H^5$$
$$CO$$

fusible à 270° [Tortorici, *Gazz. chim. ital.*, **30**, I, 514, 1900].

Dérivés bromés. — Les deux dérivés bromés :

$$BrCH^2-C\!-\!O\!-\!C-CH^2Br$$
$$\qquad\quad || \qquad\quad ||$$
$$C^2H^5-CO^2-C-CO-C-CO^2-C^2H^5$$

et

$$Br^2CH-C\!-\!O\!-\!C-CHBr^2$$
$$\qquad\quad || \qquad\quad ||$$
$$C^2H^5-CO^2-C-CO-C-CO^2-C^2H^5$$

ont été obtenus par bromuration directe [Palazzo, *Giorn. di Sc. Nat. et Ec.*, **25**, 207, 1905; *Gazz. chim. ital.*, **35**, II, 465, 1905]. Le *dérivé bromé* fond à 126°; il a été préparé aussi par synthèse en condensant le sel de cuivre de l'éther acétylacétique γ-bromé avec l'oxychlorure de carbone.

Le dérivé *tétrabromé* fond à 142°. Tous deux sont transformés en éther diméthylpyrone-dicarbonique par réduction.

Acide pyrone-tétracarbonique. — Son éther éthylique a été préparé par condensation de

l'acétone-dicarbonate d'éthyle disodé avec le chlorure d'éthyloxalyle [Peratoner, Strazzeri, *Gazz. chim. ital.*, **21**, 300, 1891]. Il fond à 94°. Par saponification, il fournit l'acide chélidonique.

Acide diphénylpyrone-carbonique. — Voyez ce Suppl., **4**, 592.

Acide diphénylpyrone-dicarbonique,

$$C^6H^5-C\!-\!O\!-\!C-C^6H^5$$
$$\qquad\quad || \qquad\quad ||$$
$$CO^2H-C-CO-C-CO^2H$$

— Son *éther diéthylique* a été obtenu par Feist [*D. chem. G.*, **23**, 3736, 1890] en condensant le benzoylacétate de cuivre avec l'oxychlorure de carbone, et par Pechmann et Dunschmann [*Ann. Chem.*, **261**, 173, 1891] en condensant l'acétone-dicarbonate d'éthyle disodé avec le chlorure de benzoyle. Cet éther fond à 140° en se décomposant. Il n'est pas saponifiable, la baryte bouillante en dégage de l'acétophénone.

DÉRIVÉS DE LA TÉTRAHYDROPYRONE.

Les tétrahydropyrones ont été préparées, d'une part, par Petrenko-Kritschenko et ses élèves, en condensant l'acide acétone-dicarbonique avec deux molécules d'une aldéhyde en présence d'acide chlorhydrique, et décomposant l'acide ainsi formé :

$$CO^2H-CH^2-CO-CH^2-CO^2H$$
$$+$$
$$C^6H^5-CHO \qquad CHO-C^6H^5$$

$$= \; H^2O +$$
$$CO^2H-CH-CO-CH-CO^2H$$
$$\qquad\qquad | \qquad\qquad |$$
$$C^6H^5-CH\!-\!O\!-\!CH-C^6H^5$$

$$\longrightarrow \; CO^2 +$$
$$CH^3-CO-CH^2$$
$$\qquad | \qquad\qquad |$$
$$C^6H^5-CH-CO-CH-C^6H^5$$

d'autre part, par Vorlander, en condensant les acétones $R-CH^2-CO-CH^2R'$ avec deux molécules d'une aldéhyde en présence d'alcali. Les deux procédés sont, comme on le voit, très voisins.

Ether diméthyltétrahydropyrone-dicarbonique diéthylique. — Il fond à 102°, bout à 195-200° sous 68 mm. Il se colore en rouge par le chlorure ferrique [Petrenko-Kritschenko et Stanischewsky, *D. chem. G.*, **29**, 994, 1896]. L'*éther diisobutylique* bout à 218-233° sous 60 mm. [P.-K. et Arzibascheff, *D. chem. G.*, **29**, 2051, 1896].

Diphényltétrahydropyrone. — Elle fond à 131°. Chauffée avec de l'alcool et quelques gouttes d'acide chlorhydrique, elle donne de la dibenzylidène-acétone [P.-K. et Plotnikow, *D. chem. G.*, **30**, 2801, 1897; *Journ. Soc. phys. chim. russe*, **31**, 453, 1899]. Son *oxime* fond à 154°.

Diméthoxydiphényltétrahydropyrone. — On l'obtient à partir de l'aldéhyde méthylsalicylique et de l'acide acétone-dicarbonique. Elle fond à 173°. Traitée par l'anhydride acétique ou par l'alcool chlorhydrique, elle donne la diméthoxybenzylidène-acétone. Son *oxime* fond à 202°.

Diéthoxydiphényltétrahydropyrone. — Elle fond à 126°. Son *oxime* fond à 233° [Petrenko-Kritschenko, *D. chem. G.*, **31**, 1508, 1898; **32**, 809, 1899; *J. Soc. phys. chim. russe*, **31**, 453, 1899].

Dipropoxydiphényltétrahydropyrone. — Elle fond à 112-113°. Son *oxime* fond à 170° [Posniakow, *J. Soc. phys. chim. russe*, **33**, 667, 1901].

Les oximes des tétrahydropyrones précédentes donnent des combinaisons avec différents composés organiques, le benzène, le glycol, la glycérine, la quinoléine, etc. Voyez à ce sujet Petrenko-Kritschenko [*D. chem. G.*, **33**, 744, 854, 1900; *J. Soc. phys. chim. russe*, **34**, 901, 1899]; Petrenko-Kritschenko et Rosenzweig [*D. chem. G.*, **32**, 1744, 1899; *J. Soc. phys. chim. russe*, **34**, 560, 1899]; Posniakow [*loc. cit.*].

Diphényldiméthyltétrahydropyrone. — Elle se forme par condensation de la diéthylcétone avec 2 molécules d'aldéhyde benzoïque en présence de potasse alcoolique. Elle se forme aussi par condensation de la benzylidène-diéthylcétone avec l'aldéhyde benzoïque en solution alcaline. Elle fond à 106°, bout à 235-237° sous 20 mm. Traitée par le brome en solution chloroformique, elle donne un *dérivé dibromé* fusible à 144°.

Traitée par l'acide chlorhydrique en solution acétique, elle donne la dibenzylidène-diéthylcétone [Vorländer et Hobohm, *D. chem. G.*, **29**, 1352, 1836, 1896; — Vorländer et Wilcke, *D. chem. G.*, **31**, 1886, 1898].

D'après Japp et Maitland, le produit de l'action de l'acide chlorhydrique serait, non la dibenzylidène-diéthylcétone, mais la diphényldiméthylcyclopenténone

$$C^6H^5 - C - CH < ^{CH^3}_{}$$
$$\parallel \qquad\qquad CO$$
$$C^6H^5 - C - CH < _{CH^3}$$

[*Chem. Soc.*, **85**, 1473, 1904].

Diphényldiéthyltétrahydropyrone. — Liquide épais bouillant à 220° environ [Vorländer, *D. chem. G.*, **30**, 226¹, 1897].

p-Tolylphényltétrahydropyrone. — Elle se forme par condensation de la phénylacétone avec l'aldéhyde p-toluique. Elle fond à 153-154° [Goldschmidt, Crzmar, *Mon. f. Chem.*, **22**, 749, 1901].

Acide bis–phényléthylène-tétrahydropyrone-carbonique. — Il se forme par condensation de l'acide acétone-dicarbonique avec l'aldéhyde cinnamique. Il fond à 210-211°; son *éther éthylique* fond à 233°; son *dérivé bromé* fond à 280° [Coon. *Gazz. chim. ital.*, **30**. I. 1, 1899].

Janvier 1907.   R. Marquis.

PYRONINES. — Les pyronines sont des matières colorantes rouges de la série du diphénylméthane ou de celle du triphénylméthane, qui ont été introduites dans la technique par Leonhardt et Cⁱᵉ d'une part (D. R. P. 58 955 et 59 003, 1889), et les Farbenfabriken vorm. F. Bayer et Cⁱᵉ d'autre part (D. R. P. 54 190 et 62 574, 1889). Ces matières colorantes proviennent de la condensation des aldéhydes avec le m-diméthylaminophénol ou le m-diéthylaminophénol. Cette condensation se fait de la façon suivante :

$$R - CHO + \begin{array}{c} C^6H^4 < ^{AzR'^2}_{OH} \\ C^6H^4 < ^{OH}_{AzR'^2} \end{array}$$

$$= H^2O + R' - CH < \begin{array}{c} C^6H^3 < ^{AzR'^2}_{OH} \\ C^6H^3 < ^{OH}_{AzR'^2} \end{array}$$

Le produit obtenu est alors déshydraté et donne le composé

$$R' - CH < \begin{array}{c} C^6H^3 - AzR'^2 \\ \qquad\qquad > O \\ C^6H^3 - AzR'^2 \end{array}$$

qui est la leucobase d'une pyronine, et que l'oxy-

dation transforme en pyronine, dont le chlorhydrate a la formule

$$R - C < \begin{array}{c} C^6H^3 - AzR'^2 \\ \qquad\qquad > O \\ C^6H^3 = AzR^2 . Cl \end{array} . HCl$$

[Biehringer, *D. chem. G.*, **27**, 3299, 1894; — Möhlau et Koch, *D. chem. G.*, **27**, 2806, 1894; — Biehringer, *J. prakt. Chem.*, **54**, 217, 1896].

Pyronine proprement dite,

$$CH < \begin{array}{c} C^6H^3 - Az(CH^3)^2 \\ \qquad\qquad > O \\ C^6H^3 = Az(CH^3)^2Cl \end{array} . HCl + H^2O$$

— La condensation de l'aldéhyde formique avec le m-diméthylaminophénol se fait en solution alcoolique, le rendement en tétraméthyldiaminodioxydiphényluréthane est de 50 0/0. L'anhydrisation de ce dernier se fait en chauffant 3 heures au bain-marie, avec 5 p. d'acide sulfurique concentré. La leucobase

$$CH^2 < \begin{array}{c} C^6H^3 - Az(CH^3)^2 \\ \qquad\qquad > O \\ C^6H^3 - Az(CH^3)^2 \end{array}$$

cristallisée dans l'éther de pétrole, fond à 116°; elle est soluble dans l'éther, l'acétone, la ligroïne chaude.

L'oxydation de la leucobase se fait, soit en solution benzénique, au moyen du chloranile dissous dans le benzène, et dans ce cas la matière colorante se dépose en flocons volumineux qu'on dissout dans l'acide chlorhydrique étendu, soit en solution aqueuse par le nitrite de sodium en solution étendue. La base libre est soluble dans l'alcool, le chloroforme, l'acétone, le benzène chauds, peu soluble dans la ligroïne et l'éther. Les solutions dans l'alcool, le chloroforme et l'acétone sont rouges et possèdent une fluorescence jaune. Les solutions dans la ligroïne et l'éther sont jaunes et non fluorescentes, mais l'addition d'une goutte d'acide acétique provoque immédiatement la coloration rouge et la fluorescence.

La pyronine libre ne cristallise pas, mais son *chlorhydrate* forme de longs prismes bleu d'acier contenant 1 H²O.

La pyronine a été obtenue d'une autre façon par Scharwin, Naumof et Sandurin [*D. chem. G.*, **37**, 3620, 1904], en condensant le m-diméthylaminophénol avec l'anthraquinone, en présence d'acide sulfurique à 180°. Ils ont isolé la leucobase, dont le *dichlorhydrate* forme des tables incolores fondant à 223° en se décomposant.

La constitution de la pyronine a été démontrée par Biehringer [*J. prakt. Chem.*, **54**, 217, 1896] de la façon suivante :

La tétraméthyldiaminodiphénylméthane donne un *dérivé dinitré* (prismes rouges fondant à 190-191°). La réduction de celui-ci donne un *dérivé diaminé* fondant à 142°, que l'on peut obtenir aussi en condensant l'aldéhyde formique avec la m-phénylène-diamine, et dont la constitution

$$(CH^2)^2Az \quad\diagdown\diagup\quad AzH^2 \quad AzH^2 \quad\diagdown\diagup\quad Az(CH^3)^2$$
$$CH^2$$

est établie par ce fait, que l'action de l'acide chlorhydrique à 140° le transforme en dihydroacridine.

Ce dérivé diaminé se transforme, par diazotation, en un *dérivé dihydroxylé* qui est identique au produit de condensation de l'aldéhyde formique avec le m-diméthylaminophénol.

Pyronine méthylée.

$$CH^3 - C \lessgtr \begin{matrix} C^6H^3 - Az(CH^3)^2 \\ C^6H^3 = Az(CH^3)^2 \end{matrix} . Cl$$

[Möhlau. Koch, *loc. cit.*].

La condensation de l'aldéhyde acétique avec le m-diméthylaminophénol se fait en présence d'acide sulfurique ou d'acide chlorhydrique. Le tétraméthyldiaminodioxydiphénylméthane obtenu est chauffé au bain-marie avec de l'acide sulfurique concentré. L'oxydation de la leucobase se fait au moyen du nitrite de sodium ou du chlorure ferrique. La matière colorante cristallise dans l'alcool en une masse violet foncé fondant à 152°, soluble dans l'alcool, l'éther, l'acétone, soluble dans les acides étendus en rouge avec fluorescence jaune-rouge. D'après les Farbenfabriken vorm. Bayer (D. R. P. 59003), cette même matière colorante se forme quand on fond du m-diméthylaminophénol avec de la paraldéhyde et du chlorure de zinc.

Thiopyronine. — La thiopyronine est une matière colorante sulfurée qui se prépare en ajoutant du tétraméthyldiaminodiphénylméthane (60 gr.) à la solution de 60 gr. de soufre dans 600 gr. d'acide sulfurique à 25 0/0 d'anhydride, la température devant être maintenue entre 30 et 35°. Après un repos de 2 heures on verse dans 2 litres d'eau, on fait bouillir, on filtre et on ajoute une solution de chlorure de zinc à 40 0/0. Le *chlorozincate* de thiopyronine se dépose en paillettes rouges à reflets verts.

La thiopyronine précipite, par la soude, en flocons violets; le *chlorhydrate* cristallisé en aiguilles mordorées, fondant à 245° en se décomposant. La *leucobase*, qui s'obtient en réduisant le chlorozincate de thiopyronine en solution chlorhydrique, par le zinc en poudre, et précipitant par l'ammoniaque, peut cristalliser en paillettes incolores fondant à 103°.

L'oxydation manganique de la thiopyronine donne la 3.6-tétraméthyldiaminothioxanthone [Biehringer et Topaloff, *J. prakt. Chem.*, 65, 599, 1902]. Janvier 1907. R. Marquis.

PYRONONE. — M. Feist [*D. chem. G.*, 25, 315] a donné le nom de pyronone au noyau hypothétique (I). Dans cette nomenclature, l'acide

$$\begin{array}{ccc} O & & O \\ CH \quad CO & \quad CH^3-C \quad CO \\ | \quad | & \quad \| \quad | \\ CH \quad CH^2 & \quad CH \quad CH-COCH^3 \\ CO & \quad CO \\ I. & II. \end{array}$$

déhydracétique (II serait une méthylacétylpyronone. Voyez DÉHYDRACÉTIQUE. R. Marquis.

PYROPENTYLÈNE. — Voyez PENTADIÈNE (CYCLO-).

PYROPHANITE (Min.) (Hamberg). — Bititanate manganeux, $TiO^2.MnO = TiO^3Mn$, dans lequel un peu de silice remplace l'anhydride titanique, et qui renferme un peu d'oxydes ferrique et antimonieux à l'état de mélange isomorphe. Très minces lamelles hexagonales, d'un rouge foncé, transparentes, très brillantes, éclat adamantin, avec ganophyllite, dans un calcaire, à Harstigen, près Pajsberg, Wermland, Suède.

Caractères. — Peu attaquable aux acides. Dureté = 5. Poussière jaune d'ocre verdâtre. Densité = 4,537.

Forme cristalline. — Rhomboèdre : $a : c = 1 : 1.369$. Faces : $pe^1 d^1$. Clivages e^1 facile, a^4 moins facile. Isomorphe avec le corindon, l'hématite, l'ilménite, l'oxyde chromique, le sesqui-

oxyde de titane. Réfraction et dispersion fortes; double réfraction forte uniaxe négative.
L. Bourgeois.

PYROTARTRIQUE (ACIDE) [Syn. *Méthylsuccinique (acide)*] — Voyez SUCCINIQUE (ACIDE).

PYROTARTRIQUES (ACIDES ISO-) [Syn. *Éthyl-* et *Diméthylmaloniques (Acide)*]. — Voyez MALONIQUE (ACIDE).

PYROTÉRÉBIQUE (ACIDE), $C^6H^{10}O^2$. — (Voy. Dict. 2, 322 et Suppl., 1523). L'acide pyrotérébique a été obtenu dans la décomposition par la chaleur de l'acide α-α-diméthylglutaconique [W.-H. Perkin, *Chem. Soc.*, 81, 256, 1902; — E. Blaise et Courtot, *Bull. Soc. Chim.*, (3), 35, 151, 1906] et aussi dans l'action de la soude sur l'acide iododiméthylglutarique [E.-E. Blaise, *Bull. Soc. Chim.*, (3), 29, 1066, 1903].

Ces deux réactions anormales peuvent être ainsi représentées :

$$\begin{array}{ccccc} CO^2H & & H & & CH^3 \quad CH^3 \\ | & & | & & \diagdown \quad \diagup \\ CH^3-C-CH^3 & & CH^3-C-CH^3 & & C \\ | & \rightarrow & | & \rightarrow & \| \\ CH & & CH & & CH \\ \| & & \| & & | \\ CH & & CH & & CH^2 \\ | & & | & & | \\ CO^2H & & CO^2H & & CO^2H \end{array}$$

$$\begin{array}{c} CH^3 \\ | \\ CH^3-C \!\!-\!\!-\!\! CH-CH^2-CO^2H \\ | \qquad | \\ CO^2H \quad I \end{array}$$

$$\rightarrow \quad \begin{matrix} CH^3 \\ CH^3 \end{matrix} \!\!> C = CH - CH^2 - CO^2H$$

La *phénylhydrazide pyrotérébique* fond à 105°, l'*anilide* à 106° (B. et C.) et non à 153-154° comme l'indique Corcelli [*Gazz. chim. ital.*, 21, 273].

ISOCAPROLACTONE, $C^6H^{10}O^2$. — Cette lactone est le produit de l'isomérisation de l'acide pyrotérébique sous l'influence des acides étendus :

$$\begin{matrix} CH^3 \\ CH^3 \end{matrix} \!\!> C = CH - CH^2 - CO^2H$$

$$\rightarrow \quad \begin{matrix} CH^3 \\ CH^3 \end{matrix} \!\!> C - CH^2 - CH^2 - CO^2H$$

$$\rightarrow \quad \begin{matrix} CH^3 \\ CH^3 \end{matrix} \!\!> \overset{\displaystyle OH}{C} - CH^2 - CH^2 - CO$$

On la prépare en chauffant l'acide pyrotérébique avec de l'acide sulfurique à 50 0/0 [Fittig, Bredt, *Ann. Chem.*, 200, 58, 1880; — Fittig, Rühemann, *ibid.*, 226, 345, 1884]; en faisant réagir l'anhydride succinique et le zinc méthyle [Blaise, *Bull. Soc. Chim.*, (3), 21, 650, 1899]; en distillant le produit de la réaction de l'anhydride acétique sur un mélange d'acide malonique et d'aldéhyde isobutyrique [Braun, *Mon. f. Chem.*, 17, 213]; en chauffant l'anhydride diméthylglutarique avec de l'acide sulfurique [F. Tiemann, *D. chem. G.*, 29, 3021, 1896] ou avec du chlorure d'aluminium [H. Desfontaines, *Bull. Soc. Chim.*, (3), 27, 764, 1902] :

$$\begin{array}{c} CH^3 \\ CH^3 \end{array} \!\!> C - CH^2 - CH^2 - CO^2H$$
$$| \\ CO^2H$$

$$= CO + H^2O + \begin{matrix} CH^3 \\ CH^3 \end{matrix} \!\!> C - CH^2 - CH^2 - CO$$

Le traitement de l'anhydride diméthylcitraconique par l'eau à 190°; ou de l'acide diméthylitaconique par l'acide sulfurique à 20 0/0 à 175° fournit également de l'isocaprolactone (Ssemenow, *Cent. Bl.*, **1**, 780, 1899; — Fittig et Petkow, *Ann. Chem.*, **304**, 216, 1899]. Enfin on l'obtient en quantité notable en traitant l'éther lévulique par l'iodure de méthylmagnésium.

L'isocaprolactone bout à 207° ou à 95° sous 20 mm. (Bredt); $D_4^{16} = 1,0146$. Chauffée avec de l'ammoniaque alcoolique elle donne la γ-oxycapramide. Chauffée avec du cyanure de potassium à 270-280°, elle fournit finalement l'acide isopropylsuccinique par transposition moléculaire [Blaise, *C. R.*, **124**, 89, 1897] :

$$\begin{array}{l} \underset{CH^3}{\overset{CH^3}{>}} CH - CH^2 - CH^2 - \underset{|\underline{\quad\quad\quad\quad}}{CO} + CAzK \\ O \end{array}$$

$$= \underset{CH^3}{\overset{CH^3}{>}} CH - \underset{|}{CH} - CH^2 - CO^2K$$
$$ CAz$$

$$\rightarrow \underset{CH^3}{\overset{CH^3}{>}} CH - \underset{|}{CH} - CH^2 - CO^2H$$
$$ CO^2H$$

Traitée par le pentachlorure ou le pentabromure de phosphore, puis par l'alcool, elle donne les éthers γ-chloro ou bromocaproïques correspondants [W.-A. Noyes, *Am. Chem. Soc.*, 1900, **23**, 392].

OXYACIDE, $C^6H^{12}O^3$. — Il s'obtient par l'oxydation manganique de l'acide isobutylacétique [Bredt, *Ann. Chem.*, **208**, 59, 1881], ou en traitant avec précaution par un acide les dissolutions d'isocaprolactone dans les alcalis. Il est instable et se transforme rapidement à chaud en lactone. Son sel ammoniacal est cristallisé et fond à 127° [Ström, *J. prakt. Chem.*, (2), **48**, 222].

Mars 1906. G. Blanc.

PYROTRITARIQUE (ACIDE). — (Voyez 2° Suppl., p. 1334). L'acide pyrotritarique ou diméthylfurfurane-carbonique,

$$\begin{array}{c} CH - C - CO^2H \\ \| \| \\ CH^3 - C C - CH^3 \\ \diagdown \diagup \\ O \end{array}$$

se forme dans les circonstances suivantes :

1° Quand on chauffe peu de temps l'éther acétonylacétylacétique avec son volume d'acide chlorhydrique fumant [Paal, *D. chem. G.*, **17**, 2705, 1884];

2° Quand on distille l'acide méthronique [Fittig, Eyuern, *Ann. Chem.*, **250**, 189, 1889];

3° On obtient du pyrotritarate d'éthyle quand on chauffe le sel d'argent du carbopyrotritarate monoéthylique [Knorr, Cavallo, *D. chem. G.*, **22**, 154, 1889];

4° On obtient l'acide pyrotritarique en traitant par l'acide sulfurique concentré les deux lactones acétylangéliques isomères [Knorr, *Ann. Chem.*, **303**, 140, 1898].

L'acide pyrotritarique résiste à l'action de l'amalgame de sodium. Soumis à la distillation sèche, il donne du diméthylfurfurane et de l'uvinone [Paal, Dietrich, *D. chem. G.*, **20**, 1078, 1085, 1887]. Chauffé avec de l'eau à 150-160°, il se transforme en acétonylacétone [Paal, *loc. cit.*]. Soumis à l'action du perchlorure de phosphore à 160-170°, il donne un composé $C^7H^6Cl^2O^2$, liquide (Paal, Dietrich). L'action du brome en présence d'eau donne une cétone bromée [Böttinger, *D. chem. G.*, **17**, 317, 1884].

Le *pyrotritarate de méthyle* bout à 198°; l'*éther éthylique* bout à 214° (Knorr, Cavallo). Sur la constitution de l'acide pyrotritarique, voyez Paal [*D. chem. G.*, **20**, 1074, 1887]

Acide tétrabromopyrotritarique, $C^7H^4Br^4O^3$. — Il se forme par l'action du brome en vapeur sur l'acide pyrotritarique, à 15°. Cristallisé dans l'acide acétique, puis dans le chloroforme mélangé de ligroïne, il forme des aiguilles qui perdent du chloroforme à l'air en devenant mates. Maintenues dans l'eau mère, ces aiguilles se transforment en gros cristaux rhomboédriques. Il fond à 161-162°. L'amalgame de sodium le convertit en acide pyrotritarique. Traité à froid par les alcalis, il perd tout son brome à l'état de bromure alcalin; les bases organiques agissent de même. L'acide chlorhydrique et l'alcool ne l'éthérifient pas.

Traité par un excès de brome sec, l'acide tétrabromopyrotritarique donne un *tétrabromure* $C^7H^4Br^8O^3$. Celui-ci cristallise dans le chloroforme et la ligroïne en prismes fusibles à 179-180°. Il est très altérable par les alcalis; l'amalgame de sodium en solution acide le transforme en acide pyrotritarique.

Acide pentabromopyrotritarique. — Il se forme par l'action d'un excès de brome à 100°. Il cristallise dans le mélange chloroforme-ligroïne en rhomboèdres fusibles à 197° [Paal, Dietrich, *D. chem. G.*, **20**, 1078, 1887].

ACIDE ISOPYROTRITARIQUE. — Cet acide se trouve en petite quantité dans les produits de la distillation de l'acide tartrique avec le bisulfate de potasse. On l'isole en éthérifiant le mélange acide et fractionnant. Il cristallise dans l'alcool en prismes massifs fusibles à 164° après suintement à 158°, sublimables dès 110°, solubles dans l'éther et l'acide acétique.

C'est un acide faible, neutre à l'hélianthine, acide à la phtaléine et au tournesol; il fixe le brome, réduit le permanganate de potasse et l'azotate d'argent. Son *sel de potassium* $C^7H^7O^3K$. $2H^2O$ forme des lamelles onctueuses; il est alcalin à tous les indicateurs, sauf au bleu C4B.

L'acide isopyrotritarique donne avec les sels ferriques une coloration violette intense qui est due à la formation d'un sel $(C^7H^7O^3)^3Fe, 2H^2O$ qu'on peut isoler en cristaux rouge foncé. Ce sel se comporte comme un indicateur; sa solution étendue, qui est jaune orangé, vire au rose violacé par les acides et au jaune paille par les alcalis et les carbonates alcalins.

La constitution de l'acide isopyrotritarique n'a pas été déterminée. M. Simon pense que ce pourrait être un acide dihydrooxybenzoïque C^6H^4. $H^2(OH)CO^2H$ [*C. R.*, **134**, 586, 618, 1900; **135**, 437, 1902]. Janvier 1907. R. Marquis.

PYROXYLINE. — Voyez l'art. EXPLOSIFS.

PYRRHOARSÉNITE (Min.) (Igelström). — Arséniate manganoso-calcique, $(AsO^4)^2(Mn, Ca)^3$ avec un peu d'acide antimonique Sb^2O^3 (jusqu'à 6,5 0/0) et de magnésium, en grains d'une belle couleur rouge, avec hausmannite et braunite, etc., dans un calcaire cristallin, à Sjögrufvan, près Grythyttan, gouvernement d'Œrebro, Suède. Soluble dans les acides. Fusible au chalumeau en un globule noir. Réactions de l'arsenic et du manganèse. Dureté $= 4$. Poussière jaune vif. En général, optiquement isotrope.

L. Bourgeois.

PYRRODIAZOLS. — On a vu à l'article CHAÎNES FERMÉES, NOMENCLATURE (2° Suppl., 1043), que les pyrrodiazols présentent 4 cas d'isomérie. Nous les décrirons dans l'ordre suivant :

$$\begin{array}{cccc} \underset{Az-CH}{\overset{AzH}{\diagup\diagdown}} & \underset{CH-Az}{\overset{AzH}{\diagup\diagdown}} & \underset{CH-CH}{\overset{AzH}{\diagup\diagdown}} & \underset{Az-Az}{\overset{AzH}{\diagup\diagdown}} \\ Az \quad CH & Az \quad CH & Az \quad Az & CH \quad CH \end{array}$$

αβ-pyrrodiazol.   αβ'-pyrrodiazol (triazol).   αα'-pyrrodiazol (osotriazol).   ββ'-pyrrodiazol.

I. — αβ-PYRRODIAZOLS.

[Syn. : *Triazols*-1.2.3; *iminodiazols*]. Ces composés qui présentent avec les αα′-pyrrodiazols un exemple de tautomérie [O. Dimroth, *D. chem. G.*, **35**. 1038, 1902]. s'obtiennent en décomposant par la chaleur les acides carboniques-α′β′ correspondants.

αβ-PYRRODIAZOL.

$$AzH \diagup \begin{matrix} CH = CH \\ Az - Az \end{matrix}$$

— Huile bouillant à 208-209° sous 742 mm.; le *dérivé* ν-*benzoylé* fond à 111° [Bladin, *D. chem. G.*, **26**. 2738, 1893 : — O. Dimroth].

Le ν-*phényl*-αβ-*pyrrodiazol* fond à 56°; le *dérivé* ν-*nitré* à 204° (Michael); le *dérivé* α′-*méthylé* fond à 64° [Dimroth, *D. chem. G.*, **35**, 4041, 1902]. Le *dérivé* α′-*oxy* fond à 118-119°. Le να′-*diphényl*-αβ-*pyrrodiazol* fond à 113-114° (Michael).

Le νβ′-*diphényl*-α′-*amino*-αβ-*pyrrodiazol*, obtenu à partir du cyanure de benzyle, fond à 169°. Le ν-*phényl*-α′-*amino*-αβ-*pyrrodiazol* fond à 139° (Dimroth).

ACIDES αβ-PYRRODIAZOL-CARBONIQUES. — 1° *Acides monocarboniques.* — Les acides β′-monocarboniques, avec des substitutions à l'azote et en α′, se forment par l'action de l'acétate d'ammonium. de la semi-carbazide sur les diazoanhydrides des éthers acétylacétique et benzoylacétique [Wolff. *Ann. Chem.*, **325**, 129, 1902 : — Wolff et Hall, *D. chem. G.*, **36**. 3612. 1903]. ou bien par condensation de la diazobenzène-imide avec les éthers maloniques ou β-cétoniques. le cyanure de benzyle ou l'éther cyanacétique [O. Dimroth, *D. chem. G.*, 35, 1029. 1038. 4041. 1902]. Ces acides perdent facilement de l'acide carbonique en donnant les pyrrodiazols correspondants.

L'*acide* αβ-*pyrrodiazol*-β′-*carbonique* s'obtient par dédoublement à l'aide des alcalis du *trichloracétyl*-αβ-*pyrrodiazol* et fond à 215° [Zincke. Stoffel et Petermann, *Ann. Chem.*. **344**. 276, 1900].

L'*acide* ν-*phényl*-αβ-*pyrrodiazol*-α′-*carbonique*, fondant à 176°. se forme par oxydation du ν-phényl-α′-méthyl-αβ-pyrrodiazol fusible à 64° (Dimroth).

2° *Acides dicarboniques.* — L'*acide* αβ-*pyrrodiazol*-α′β′-*dicarbonique* a été préparé par Bladin [*D. chem. G.*, **26**. 545. 2736, 1893] en oxydant l'azimidotoluène par MnO⁴K: il fond à 200°. Les acides αβ-pyrrodiazol-α′β′-dicarboniques substitués s'obtiennent par l'action des azimides vrais sur les éthers à fonction acétylénique :

$$C^6H^5Az \diagdown \begin{matrix} Az \\ Az \end{matrix} \begin{matrix} C-CO^2R \\ + H \\ C-CO^2R \end{matrix} = C^6H^5Az \diagdown \begin{matrix} Az = Az \\ C - C-CO^2R \\ | \\ CO^2R \end{matrix}$$

[Michael. Luehn et Higbee. *Amer. J.*, **20**. 377. 1898].

αβ-PHÉNOPYRRODIAZOLS. — Les généralités sur ces composés se trouvent à l'article AZIMIDES (2° Suppl., I, 389).

II. — αβ′-PYRRODIAZOLS.

[Syn. : *Triazols*-1.2.4].

αβ′-PYRRODIAZOL. — L'αβ′-pyrrodiazol, ou triazol-1.2.4.

$$AzH \diagup \begin{matrix} Az = CH \\ | \\ CH = Az \end{matrix}$$

se forme : 1° par décomposition de l'acide pyrrodiazol-carbonique correspondant [Andreocci, *D. chem. G.*, **25**, 229. 1892; *Att. Ac. Lincei*, 289, 1892]: 2° par oxydation du ν-phényl-αβ′-pyrrodiazol [*ibid.*]; 3° en chauffant un mélange de formylhydrazide et de formamide [Pellizzari, *Att. Ac. Lincei*, (2), 67, 1894]; 4° à partir de la formylsemicarbazide [Freund et Meinecke, *D. chem. G.*, 29. 2485, 1896]; 5° par oxydation (Az²O³) de la dihydrotétrazine [Hantzsch et Silberrad, *D. chem. G.*. **33**, 58, 1900]; 6° par action du peroxyde d'azote sur le bisdiazométhane [Hantzsch et Lehman, *ibid.*, **33**, 3668, 1900]; 7° à partir de l'amide dihydrotétrazine-dicarbonique [Silberrad, *Chem. Soc.*, **81**, 598, 1902].

Il fond à 120°, distille à 260°; il est soluble dans l'eau et dans l'alcool; le *chlorhydrate* fond à 168-169°, le *nitrate* à 138° [Bladin, *D. chem. G.*, **25**. 745. 1892; — Hantzsch et Silberrad]. Le *chloro*-αβ′-*pyrrodiazol* fond à 167°,5.

Le β-*méthyl*-αβ′-*pyrrodiazol* s'obtient en oxydant par MnO⁴K le ν-phényl-β-méthyl-αβ′-pyrrodiazol (Andreocci).

L'α′β-*diméthyl*-αβ′-*pyrrodiazol* fond à 142°, bout à 258° sous 752 mm.; le *nitrate* se forme par action de AzO² sur la diméthyldihydrotétrazine [O. Silberrad, *Chem. Soc.*, 77, 1185, 1900].

L'α′β-*difurfuryl*-αβ′-*pyrrodiazol*, obtenu par l'action de l'anhydride acétique sur la difurfurylhydrazidine, fond à 185° [Pinner et Caro, *D. chem. G.*, **28**, 469. 1895; — Pinner, *Ann. Chem.*, **298**. 30. 1897].

α′β-*diphényl*-αβ′-*pyrrodiazol*, voyez Silberrad [*Chem. Soc.*, 77, 1185, 1900]. Le β-*phényl*-α′-*tolyl*-αβ′-*pyrrodiazol*, obtenu à l'aide de la benzoyltolénylhydrazidine, fond à 170° (Pinner et Caro). Le βα′-*ditolyl*-αβ′-*pyrrodiazol* fond à 248° [*ibid.*].

ν-PHÉNYL-αβ′-PYRRODIAZOL (1-*phényl*-1.2.4-*triazol*). — Ce composé.

$$C^6H^5Az \diagup \begin{matrix} Az = CH \\ | \\ CH = Az \end{matrix}$$

se forme : 1° à partir de l'acide carbonique correspondant [Bladin, *D. chem. G.*, **23**, 1812, 1890]; 2° par action de P²S⁵ sur la triazolone correspondante [Andreocci, *ibid.*, 25, 225, 1892] ou sur le ν-phényl-β-oxypyrrodiazol [Widmann, *ibid.*, **26**. 2615, 1893]; 3° par l'action de la formiamide sur la monoformylphénylhydrazide [Pellizzari, *Att. Ac. Lincei*. (2), 67, 1894] ou sur le chlorhydrate de phénylhydrazine [Pellizzari et Massa, *Gazz. chim. ital.*, **26**, II, 413, 1896]. Il fond à 47°, bout à 266°.

Le ν-*phényl*-α′-*méthyl*-αβ′-*pyrrodiazol* fond à 191° [Bamberger et de Gruyter, *D. chem. G.*, 26, 2394. 1894]. Le *dérivé* β-*acétylé*, formé à partir de l'acétylamidrazone acétylée, fond à 88-89°; le *dérivé* β-*benzoylé* fond à 55°,5. Le ν-*phényl*-β-*méthyl*-αβ′-*pyrrodiazol* se forme par action de P²S⁵ sur la triazolone (Andreocci) ou par méthylation de la benzène-azoacétaldoxime [Bamberger et Frei, *D. chem. G.*, **35**, 746, 1902].

Le ν-*phényl*-α′-*éthyl*-αβ′-*pyrrodiazol* est une huile incolore [Bladin, *D. chem. G.*, 25, 175, 1892] ainsi que le *dérivé* β-*propylé*. Le ν-*phényl*-α′-*propyl*-β-*chloro*-αβ′-*pyrrodiazol* bout à 326°,5. Le ν-*phényl*-α′-*isopropyl*-αβ′-*pyrrodiazol* fond à 58° [Astried Cleve, *D. chem. G.*, 29, 2676. 1896: 30, 2433, 1897]; le *dérivé* β-*chloré* fond à 56°. Le ν-*phényl*-α′-*butyl*-αβ′-*pyrrodiazol* bout à 289°; le *dérivé* β-*chloré* bout à 327°.

Le ν-*phényl*-α′-*phényléthyl*-αβ′-*pyrrodiazol* bout à 340-350° sous 45 mm.; le *dérivé* β-*chloré* fond à 112-113° [Astried Cleve].

Le $\nu\beta$-*diphényl-$\alpha\beta'$-pyrrodiazol* est résineux [Bladin, *D. chem. G.*, **22**, 801, 1889]. Le $\nu\alpha'$-*diphényl-$\alpha\beta'$-pyrrodiazol* fond à 91°; le *dérivé β-chloré* fond à 96° [Young, *Chem. Soc.*, **67**, 1068, 1895; — Astried Cleve].

Le ν-*phényl-α'-styrényl-$\alpha\beta'$-pyrrodiazol* fond à 119° (Astried Cleve).

Le $\nu\beta\alpha'$-*triphényl-$\alpha\beta'$-pyrrodiazol* se forme par l'action du sodium sur le benzonitrile en présence de phénylhydrazine. Il fond à 104° et distille sans décomposition. au-dessus de 360° (chlorhydrate fondant à 165°). On obtient de même les pyrrodiazols suivants : ν-*phényl-$\alpha'\beta$-o-tolyl*, fondant à 86°; ν-*phényl-$\alpha'\beta$-p-tolyl* fondant à 115°; ν-*phényl-$\alpha'\beta$-di (α) naphtyl* fondant à 75-78°; ν-*phényl-$\alpha'\beta$-di (β) naphtyl* fondant à 160° [Engelhardt, *J. prakt. Ch.*, **54**, 162, 1896; — V. Walther, *ibid.*, **67**, 445, 1903].

ν-o-Tolyl-$\alpha\beta'$-pyrrodiazol. — Ce composé fond à 67° et bout à 265° [Pellizzari et Massa, *Gazz. chim. ital.*, **26**, (2), 419, 1896]. Le *dérivé $\beta\alpha'$-p-tolylé* fond à 137° [V. Walther et Krumbiegel, *J. prakt. Ch.*, **67**, 481, 1903].

ν-p-Tolyl-$\alpha\beta'$-pyrrodiazol. — Il fond à 45°, bout à 270° (Pellizzari et Massa). Le *dérivé $\alpha'\beta$-diphénylé* fond à 108-109°; le *dérivé $\beta\alpha'$-di-p-tolylé* fond à 134° (V. Walther et Krumbiegel).

ν-Naphtyl-$\alpha\beta'$-pyrrodiazol. — Le dérivé (α) fond à 99°, le dérivé (β) à 110° (Pellizzari et Massa). Le ν-(β) *naphtyl-$\alpha'\beta$-diphényl-$\alpha\beta'$-pyrrodiazol* fond à 144° (Engelhardt).

L'action des anhydrides d'acides sur la bicyanophénylhydrazine ou la bicyano-p-tolylhydrazine fournit des dérivés tels que le *bis-ν-phényl-$\alpha\beta'$-pyrrodiazol* fusible à 277°.

$$C^6H^5Az \underset{\diagdown\,Az=C}{\overset{\diagup\,CH=Az}{\big|}}$$

$$C^6H^5Az \underset{\diagdown\,CH=Az}{\overset{\diagup\,Az=C}{\big|}}$$

(*dérivé β-méthylé* fondant à 222°; *dérivé β-éthylé* fondant à 186°,5; *dérivé β-phénylé* fondant à 257-258°) et le *bis-ν-p-tolyl-$\alpha\beta'$-pyrrodiazol* (*dérivé β-méthylé* fondant à 259-260°; *dérivé β-éthylé* fondant à 202-203°; *dérivé β-phénylé* fondant à 300°) [Bladin, *D. chem. G.*, **22**, 3116, 1889; **24**, 3064, 1888; — Fischer et Müller, *D. chem. G.*, **27**, 187, 1894].

β-Amino-$\alpha\beta'$-pyrrodiazols (ou *imidotriazolines*). — Le ν-*phényl-β-amino-$\alpha\beta'$-pyrrodiazol* se forme par condensation du chlorhydrate de phénylaminoguanidine avec le formiate de Na ou l'éther oxalique, ou bien par action de P^2S^5 sur le phényl-imidourazol [Cunéo, *Gazz. chim. ital.*, **29**, I, 12,89, 1898]. Il fond à 150°. L'action de la phénylhydrazine sur les acidyl-pseudothiourées donne des $\nu\alpha'$-*dialcoyl-β-amino-$\alpha\beta'$-pyrrodiazols* [Wheeler et Beardsley, *Am. Journ.*, **29**, 73, 1903]. Ont été obtenus de même les dérivés suivants : ν-*p-tolyl* fondant à 185°; ν-*o-tolyl* fondant à 122°; ν-*phényl-α'-méthyl* fondant à 186°; $\nu\alpha'$-*diphényl* fondant à 156°. Le $\nu\alpha'$-*diphényl-β-phénylamino-$\alpha\beta'$-pyrrodiazol* fond à 202°; le *dérivé β-tolylaminé* fond à 227-228°.

α'-Amino-$\alpha\beta'$-pyrrodiazols. — Ces composés se forment par l'action de la soude en présence d'alcool sur le nitrate d'acétylamidoguanidine [Thiele et Heidenreich, *D. chem. G.*, **26**, 2599, 1893], de CO^3Na^2 sur les amidoguanidines arylées, ou par l'action de la chaleur sur les acides carboniques correspondants [J. Thiele et Manchot, *Ann. Chem.*, **303**, 33, 1898].

L'α'-*amino-$\alpha\beta'$-pyrrodiazol* (*amidotriazol*),

$$AzH\overset{\overset{\textstyle AzH^2}{\big|}}{\underset{\diagdown\,Az=CH}{\overset{\diagup\,C=Az}{\big|}}}$$

fond à 159°; par oxydation il donne l'*azotriazol* $C^4H^4Az^8$, poudre jaune. Le *dérivé β-méthylé* fond à 148°, donne des sels avec les acides et les bases : le *picrate* fond à 225°. Le *diazométhylpyrrodiazol* correspondant peut être réduit en méthyltriazylhydrazine.

β-Oxy-$\alpha\beta'$-pyrrodiazols. — Le β-*oxy-$\alpha\beta'$-pyrrodiazol*,

$$AzH\underset{\diagdown\,CH=Az}{\overset{\diagup\,Az=C-OH}{\big|}}$$

fond à 232°, et se forme en chauffant avec SO^4H^2 dilué l'acide diazopyrrodiazolcarbonique avec formation intermédiaire d'acide oxypyrrodiazolcarbonique fusible à 205° [Manchot, *D. chem. G.*, **34**, 2444, 1898].

Young et Witham [*Chem. Soc.*, **77**, 224, 1900] ont obtenu des dérivés de formule

$$AzH\underset{\diagdown\,C=Az}{\overset{\diagup\,Az=C-OH}{\underset{\textstyle R}{\big|}}} \quad\text{ou}\quad Az\underset{\diagdown\,C-Az}{\overset{\diagup\,AzH-C-OH}{\underset{\textstyle R}{\big|}}}$$

Le *dérivé α'-phénylé*, par exemple, s'obtient par oxydation (Fe^2Cl^6) de la benzalsemicarbazone, ou bien par action de la benzaldéhyde sur l'azodicarbimide en présence de chlorure ferreux. Il fond à 321-322°. Le *dérivé α'-styrénylé* fond à 311-312°.

Les ν-*phényl-β-oxy-$\alpha\beta'$-pyrrodiazols*,

$$C^6H^5Az\underset{\diagdown\,CR=Az}{\overset{\diagup\,Az=C-OH}{\big|}}$$

se forment par l'action de la potasse sur les acidylphénylsemicarbazides. Le ν-*phényl-β-oxy-$\alpha\beta'$-pyrrodiazol* se forme encore par oxydation de l'α'-*styrényl-ν-phényl-β-oxy-$\alpha\beta'$-pyrrodiazol*, fusible à 287°, par MnO^4K, et fond à 273° [Widmann, *D. chem. G.*, **26**, 2613, 1893; **29**, 1953, 1896]. Le *dérivé α'-éthylé* fond à 191°; le *dérivé α'-propylé* à 160°; le *dérivé α'-isopropylé* à 242°; le *dérivé α'-isobutylé* à 164° (dérivé benzoylé fondant à 87°).

Le $\nu\alpha'$-*diphényl-β-oxy-$\alpha\beta'$-pyrrodiazol* fond à 290° (Widmann). Il se produit encore par oxydation (Fe^2Cl^6) d'un mélange de benzaldéhyde et de phénylsemicarbazide (*dérivé acétylé* fondant à 133°; *dérivé éthoxylé* fondant à 92° [Young, *Chem. Soc.*, **67**, 1084, 1895; **74**, 311, 1897]. D'après Wheeler et Jonhson, le *dérivé éthoxylé* fond à 85-86° et se forme par l'action de la phénylhydrazine sur le benzoylthiocarbamate d'éthyle [*Am. Journ.*, **24**, 189, 1900; **27**, 257, 1902]. Le *dérivé méthoxylé* fond à 88° [Astried Cleve. *D. chem. G.*, **29**, 2674, 1896].

Le ν-*m-nitrophényl-α'-phényl-β-oxy-$\alpha\beta'$-pyrrodiazol* fond à 235°; le *dérivé éthoxylé* fond à 96° [Young et Stockwell, *Chem. Soc.*, **73**, 372, 1898].

Le ν-p.tolyl-α'-*phényl-β-oxy-$\alpha\beta'$-pyrrodiazol* fond à 242° (*dérivé acétylé* fusible à 112-113°; *dérivé éthoxylé* fusible à 51-52°) (Young et Stockwell).

Le ν-(β)-*naphtyl-α'-phényl-β-oxy-$\alpha\beta'$-pyrrodiazol* fond à 274-275° (*dérivé acétylé* fusible à 195°) [*ibid.*].

Wheeler et Beardsley [*Am. Journ.*, **27**, 257. 1902] ont obtenu, par l'action de la phénylhydrazine sur les thiouréthanes substitués, des *β-oxypyrrodiazols*, tels que le *να'-diphényl-β-oxy-αβ'-pyrrodiazol* fondant à 290° et le *ν-p-tolyl-α'-phényl-β-oxy-αβ'-pyrrodiazol*, ou bien des *triazolylmercaptans* : le *ν-phényl-α'-méthyl-β-mercapto-αβ'-pyrrodiazol* fondant à 163-165°, le *να'-diphényl-β-mercapto-αβ'-pyrrodiazol*, fondant à 248-249°.

α'-OXY-αβ'-PYRRODIAZOLS. — Les composés de formule

$$C^6H^5 - Az \diagup^{Az\,=\,C\,.\,R}_{\diagdown\,C\,=\,Az}$$

OH

s'obtiennent en faisant réagir le chlorure d'urée sur les phénylhydrazines β-acidylées $C^6H^5 - AzH - AzH.COR$. Si R ne renferme qu'une chaîne grasse, il y a de plus formation d'une carbamide intermédiaire que les alcalis transforment en oxytriazol.

Le *ν-phényl-α'-oxy-αβ'-pyrrodiazol* fond à 179-181°; le *dérivé β-méthylé* fond à 163-164°, le *dérivé β-éthylé* est en aiguilles blanches; le *dérivé β-propylé* fond à 146°; le *dérivé β-propénylé* à 188°; le *dérivé β-phényléthylé* à 182-183°; le *dérivé β-hexahydrophényle* à 196-197° [Rupe et Labhardt, *D. chem. G.*, **33**, 233, 1900; — Rupe et Metz, *ibid.*, **36**, 1092, 1903; — Andreocci, *Gazz. chim. ital.*, **19**, 448. 1889].

Le *ν-méthyl-β-phényl-α'-oxy-αβ'-pyrrodiazol* fond à 218-219°; le composé *β-nitrophénylé* fond à 285°. Le *ν-méthyl-β-styrényl-α'-oxy-αβ'-pyrrodiazol* fond à 204-205° (Young et Oates).

α'β-DIOXY-αβ'-PYRRODIAZOLS. — Le *ν-phényl-α'β-dioxy-αβ'-pyrrodiazol* se forme par le chlorure d'urée et la phénylsemicarbazide; le *dérivé α'β-diéthoxylé* fond à 53° [Rupe et Labhardt; — Acree, *D. chem. G.*, **36**, 3139, 1903].

ACIDES DÉRIVÉS DE L'αβ'-PYRRODIAZOL. — L'*acide αβ'-pyrrodiazol α'-carbonique* se forme par oxydation de l'*α'-méthyl-αβ'-pyrrodiazol* (Andreocci) ou de l'acide aminophénylpyrrodiazolcarbonique (Bladin). Il fond à 137°.

L'*acide ν-phényl-αβ'-pyrrodiazol-α'-carbonique* obtenu à partir de l'acide phénylpyrrodiazoldicarbonique [Bladin, *D. chem. G.*, **23**, 1812, 3788, 1890; **25**, 742, 1892] ou par oxydation soit du phénylméthylpyrrodiazol (Andreocci), soit de son dérivé acétylé [Bamberger et de Gruyter, *D. chem. G.*, **26**, 2395, 2783, 1893], fond à 185°. L'*éther méthylique* fond à 116°, l'*éther éthylique* à 72°, l'*amide* à 194°, le *dérivé nitré* à 202°.

Le *dérivé β-méthylé* fond à 176° (Bladin); il se forme encore à partir de la formazylméthylcétone (Bamberger et de Gruyter); le *nitrile* correspondant fond à 108-109° [Bladin, *D. chem. G.*, **18**, 1545, 1885; **25**, 185, 1892].

Le *dérivé β-éthylé* fond à 144-145° (*nitrile* fusible à 37°,5, *éther méthylique* fusible à 41°, *amide* fondant à 152-152°,5).

Le *dér. β-isopropylé* fond à 135° (amide fondant à 127°,5, *éther méthylique* fusible à 75-76°).

Le *dér. β-propylé* fond à 160°,5-161°; le *dér. β-hexylé* fond à 126° (amide fondant à 82°; nitrile huileux) (Bladin).

Le *νβ-diphényl-α'-cyano-αβ'-pyrrodiazol* fond à 156° [Bladin, *D. chem. G.*, **22**, 797, 1889; **25**, 183. 1892]. L'*acide carbonique* correspondant se décompose à 172° (*éther méthylique* fondant à 159°). L'*acide ν-phényl-α'-oxy-αβ'-pyrrodiazol-β-carbonique* fond à 179-180° [Rupe et Labhardt, *D. chem. G.*, **33**, 283, 1900].

L'*acide α'-amido-αβ'-pyrrodiazol-β-carbonique* fond à 182° (*éther éthylique* fusible à 247°); il donne par diazotation l'*acide diazo-αβ'-pyrrodiazol-carbonique* détonant à 120-130° (Thiele et Manchot).

L'*acide ν-amidophényl-αβ'-pyrrodiazol-α'-carbonique* fond à 212° (Bladin).

L'*acide ν-phényl-αβ'-pyrrodiazol-α'β-dicarbonique* fond à 180° en se décomposant (*éther méthylique* fondant à 167°, *éther éthylique* fondant à 81°,5) (Bladin).

Les *acides β-oxy-αβ'-pyrrodiazol-ν-propanoïques α'-substitués* se forment par action de la potasse sur les acidylsemicarbazinopropanoates d'éthyle. L'*acide α'-méthylé* fond à 270-272°; l'*acide α'-éthylé* fond à 240-258°, l'*acide α'-phénylé* à 239°, etc. [Bailey et Acree, *D. chem. G.*, **33**, 1520, 1900; *Am. Journ.*, **28**, 386. 1902].

α'β'-DIHYDRO-αβ'-PYRRODIAZOLS. — L'*α'β-difurfuryl-α'β'-dihydro-αβ'-pyrrodiazol* s'obtient par oxydation à l'air d'une solution alcaline de furfurylhydrazidine et fond à 200°. Le *dérivé α'β-diphénylé*, obtenu de même, fond à 127° (*dérivé diacétylé* fusible à 93°). Le *dérivé α'β-ditolylé* fond à 161°; le *dérivé α'β-dinaphtylé* à 240° [Pinner, *D. chem. G.*, **30**, 1876, 1897; *Ann. Chem.*, **298**, 18. 1897].

L'*α'-phénylamino-β'-phényl-α'β'-dihydro-αβ'-pyrrodiazol* se forme par action de l'anhydride formique sur l'aminodiphénylguanidine et fond à 213°; le *dérivé β-méthylé* fond à 227-228°; le *dérivé β-phénylé* fond à 210° [Busch et Bauer, *D. chem. G.*, **33**, 1058, 1900; — Busch et Ulmer, *ibid.*, **35**, 1710, 1902].

DÉRIVÉS DIVERS. — [Voir Acree, *D. chem. G.*, **36**, 3139, 1903; — Wheeler et Austin, *Am. Journ.*, **24**, 424, 1900; — Hector, *J. prakt. Chem.*, **44**, 505, 1891; — Young et Eyre, *Chem. Soc.*, **79**. 54. 1901; — Busch et Opfermann, *D. chem. G.*, **37**, 2333, 1904; — Perkin, *Chem. Soc.*, **83**, 1217, 1903].

TRIAZYLHYDRAZINE. — Elle se forme par réduction de l'acide diazotriazolcarbonique. La combinaison benzylidénique fond à 225° (Manchot; — Thiele et Manchot).

URAZOLS. — Les urazols peuvent être considérés comme des dérivés des αβ'-pyrrodiazols.

1° **URAZOL** proprement dit. — L'urazol proprement dit a été obtenu par Thiele et Stange [*Ann. Chem.*, **283**. 41, 1894] en chauffant l'hydrazodicarbonamide à 160° dans un courant d'acide chlorhydrique sec: il se forme de même avec la dihydrazideiminodicarbonique [O. Diels, *D. chem. G.*, **36**, 736, 1903]. Il a pour formule

$$\begin{array}{c} AzH \\ \diagup^{\,\nu}\diagdown \\ CO_{\alpha'} \quad _{\alpha}AzH \\ |\quad_{\beta'}\;_{\beta}\;| \\ AzH\!-\!CO \end{array}$$

et fond à 244-245°; il précipite les sels d'argent et de cuivre, donne un *sel de sodium*, un dérivé *ν-méthylé* fondant à 216° et un dérivé *να-diméthylé* fondant à 167°, des dérivés mono, di et triacétylés [G. Cunéo, *Ann. di Chimica et di Pharm.*, **26**, 481, 1897].

2° **ν-PHÉNYLURAZOL.** — Le *ν-(1)-phénylurazol* a été préparé par Pinner [*D. chem. G.*, **20**, 2360, 1887; **21**. 1279. 1888] en chauffant le chlorhydrate de phénylhydrazine avec de l'urée. Il se forme encore par décomposition de l'acide phénylhydrazidooxalacétylhydroxamique [Thiele et Schleussner, *Ann. Chem.*, **295**. 170, 1897]; par l'action des alcalis sur la semicarbazide

$$C^6H^5Az \diagup^{AzH\,.\,CO\,AzH^2}_{\diagdown\,CO^2C^2H^5}$$

[Rupe et Labhardt, *D. chem. G*, **32**, 10, 1899]

et sur le phénylsemicarbazinodicarbonate d'é-thyle [Acree. *Am. Chem. Journ.*, **27**. 118. 1902]: par action de AzO^2H sur la phénylurazine [Busch et Heinrichs, *ibid.*. **33**. 455. 1900]: par l'action de l'hydrazodicarbonamide sur la phé-nylhydrazine [Purgotti et Vigano. *Gazz. chim. ital.*. **31**, 554]

Il fond à 262° (Pinner). à 254° (Acree). Le phé-nylurazol, comme le phénylthiourazol. présente un phénomène de tautomérie et. suivant les con-ditions dans lesquelles on opère. il réagit comme s'il avait tantôt la constitution I (Pin-ner. Busch). tantôt la constitution II (Acree), tantôt même la formule diénolique III (Wheeler et Johnson).

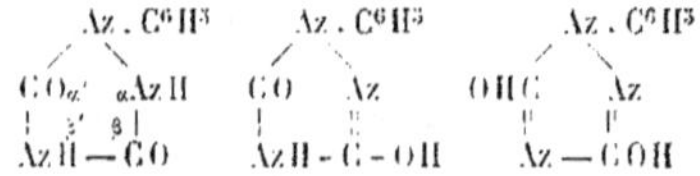

```
   Az . C⁶H⁵          Az . C⁶H⁵          Az . C⁶H⁵
   /      \           /      \           /      \
 COα'   αAzH        CO      Az         OHC      Az
  | 3'  3 |          |       ||          ||      ||
 AzH —— CO         AzH - C - OH        Az —— COH
    (I)                (II)               (III)
```

Il forme des sels mono et bibasiques. se com-porte comme un acide monobasique fort avec le tournesol. Il donne avec PCl^5 et $POCl^3$ le 1-phé-nyl-3.5-dichlorotriazol [Andréocci. *Lincei*. (5). **6**. 119. 223, 225]; avec P^2S^5. la 1-phényltria-zolthione, à côté d'autres dérivés [Pellizzari et Ferro, *Gazz. chim. ital.*. **28**, II, 541].

Avec l'anhydride acétique il donne un *dérivé v-acétylé* fondant à 175° et un *dérivé diacétylé* fondant à 169° [Cunéo. *Centr. Blatt.*. I. 39. 1898]. Avec CH^3COCl le sel d'argent fournit, d'après Acree [*D. chem. G.*. **35**. 560. 1902], un *dérivé o-monoacétylé.* tandis que Wheeler et et Johnson [*Amer. Chem. Journ.*. **29**. 24. 1903] ont obtenu un *dérivé o-diacétylé* fondant à 115°.

Dérivés alcoylés. — Par l'action de la soude sur les semicarbazides résultant de l'action des amines primaires sur les chlorures d'acides car-bazidocarboniques. Busch et Heinrichs [*D. chem. G.*. **34**. 2331, 1901] ont obtenu des *dialcoyl-urazols* de formule

```
        C⁶H⁵
         |
         Az
        /  \
     COα'   αAz
      |3'  3|
    R - Az —— COH
```

acides monobasiques forts, décomposant les carbonates alcalins et donnant un dérivé sodé. Le *dérivé méthylé* fond à 224°. le *dérivé éthylé* à 174°. le *dérivé benzylé* à 232°. le *dérivé phénylé* à 163°. le *dérivé p-tolylé* à 189-190°. tandis que le *v-p-tolyl-β'-phénylurazol* fond à 201°.

Voyez aussi Busch et Frey [*D. chem. G.*. **36**. 1362. 1903].

D'après Acree et aussi Wheeler et Beardsley [*Amer. Chem. Journ.*. **27**. 257. 1902], le *dérivé Az-méthylé-α* fondrait à 183°. le *dérivé Az-mé-thylé-β'* à 225°. le *dérivé éthoxylé-β* à 141°. D'après Busch [*D. chem. G.*. **35**. 671, 1562. 1595. 1902] le *dérivé Az-diméthylé-αβ'* fond à 93-95°.

Le *v-phényl-α-acétyl-β'-méthyl-urazol* fond à 95° ou 113-115° [Acree, *D. chem. G.*. **36**. 3139, 1903].

Le *v-p-chlorophényl-urazol* fond à 266° [Hewitt. *Chem. Soc.*. **59**. 212, 1891].

Phénylthiourazols. — Le *v-phényl-β-thio-urazol.* formé à partir de l'éther α-phényl-thiosemicarbazinocarbonique. fond à 195° et donne des sels bibasiques. L'*éther β-méthylique*

fond à 178°, l'*éther éthylique* fond à 138°. le *dérivé diméthylé-αβ'* à 95° [Acree, *D. chem. G.*. **36**, 3139, 1903].

L'action de $COCl^2$ sur les thiosemicarbazides αβ' disubstituées donne naissance à des dérivés du triazol qui se présentent dans certains cas sous deux modifications

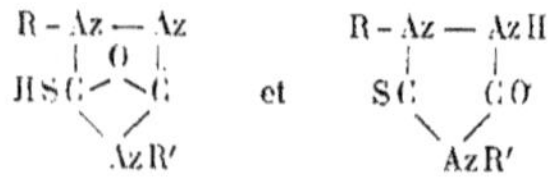

```
   R - Az — Az            R - Az — AzH
   |   O  |               |        |
  HSC     C       et      SC      CO
    \    /                  \     /
     Az R'                  Az R'
```

[Busch et Opfermann, *D. chem. G.*, **37**, 2333, 1904].

Voyez aussi Acree et Willcox [*D. chem. G.*. **37**. 184, 1904]; Busch et Grohmann [*ibid.*. **34**. 2320. 1901]; Busch [*D. chem. G.*. **35**. 973. 1902].

v-Phényl-β'-amino-urazols. — [Busch. *D. chem. G.*. **34**. 2311, 1901].

v-Phényl-β-imino-urazol. — Voyez Cunéo [*Gazz. chim. ital.*, **29**, 12, 1898].

Sur l'*α'β-diphénylimino-phényl-β'-urazol* ou *triphénylguanazol*, voyez Busch et Ulmer [*D. chem. G.*, **35**. 1716, 1902].

Urazo-guanazol, $C^4H^5Az^6O^2$. — Il se forme par l'action de l'urazol sur la dicyanodiamidine (G. Pellizari et Roncagliolo).

3° *v-*TOLYLURAZOLS. — Le *dérivé ortho.* ob-tenu en chauffant l'o-tolylhydrazine avec de l'urée. fond à 170°; le *dérivé para* fond à 274° [Pinner, *D. chem. G.*, **21**. 1221. 1888].

4° NAPHTYLURAZOLS. — Le *v-(α)-naphtyl-urazol*

```
   C¹⁰H⁷ - Az — Az
            |    ||
           CO    C - OH
             \  /
             AzH
```

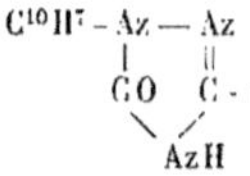

fond à 233-234°. Le *dérivé β'-aminé* fond à 201°. Le *v-(β)-naphtyl-urazol* fond à 28°; son *dérivé β'-aminé* fond à 265° [Busch et Grohmann, *D. chem. G.*. **34**, 2320, 1901].

5° IMINOURAZOL. — L'iminourazol

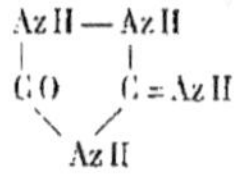

```
   AzH — AzH
    |      |
   CO    C = AzH
     \   /
     Az H
```

se forme : 1° Par action du chlorhydrate de di-cyanodiamidine sur celui d'hydrazine; 2° par action de l'urée sur le chlorhydrate d'amino-guanidine. Il fond à 285° [Pellizzari et Ronca-gliolo, *Gazz. chim. ital.*, **31**. I, 477, 1901].

III. — αα'-PYRRODIAZOLS.

(Syn. : *Osotriazols, osotriazones. triazols-1.2.5*). L'osotriazol proprement dit. *αα'-pyrro-diazol*, a été obtenu par Baltzer et Pechmann [*Ann. Chem.*. **262**. 320, 1891]. en chauffant l'acide β-carbonique correspondant au-dessus de 210°. Les dérivés v-phénylés se forment par ébullition des osotétrazones ou des osazones avec les acides étendus et par déshydratation des hydrazoximes à l'aide de PCl^5 ou de l'anhydride acétique [von Pechmann. *D. chem. G.*. **24**, 2756. 1888]. Ce sont des huiles neutres distillant sans décom-position.

αα'-PYRRODIAZOL.

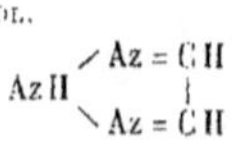

```
         / Az = CH
   Az H      |
         \ Az = CH
```

Il bout à 203-204° sous 715 mm. et fond à 22°,5;

il réagit comme une base et comme un acide faible. Le *dérivé v-benzoylé* fond à 100°.

v-PHÉNYL-αα'-PYRRODIAZOL. — Ce composé se forme encore par action des acides étendus sur la Az-diphénylosotétrazine [von Pechmann et Bauer. *D. chem. G.*. **33**. 644, 1900].

Le *v-phényl-β-méthyl-αα'-pyrrodiazol* bout à 149-150° sous 60 mm. $d=1,1071$ à 17°: il donne un *dérivé trinitré* fondant à 138° et un *acide monosulfonique* (v. Pechman). Le *dérivé β'-aminé* se forme par réduction ($SnCl^2 + HCl$) du phénylazométhyl-αα'-pyrrodiazol et fond à 83°,5 [Jagerspacher, *D. chem. G.*. **28**. 1286. 1895]. Le *v-phényl-ββ'-diméthyl-αα'-pyrrodiazol* fond à 35° et bout à 253-255° (*dérivé bromé* fondant à 152-153°). Le *v-phényl-β-méthyl-β'-éthyl-αα'-pyrrodiazol* fond au-dessous de 0° et bout à 270°: il donne un *dérivé dinitré* fondant à 113° (Baltzer et v. Pechmann). Le *v-phényl-β-méthyl-β'-phényl-αα'-pyrrodiazol* fond à 38° [Ponzio et Rossi, *Gazz. chim. ital.*, **30**. II. 454. 1900].

Le *v-phényl-β-amino-αα'-pyrrodiazol* fond à 70°.

Le *v-phényl-ββ'-diamino-αα'-pyrrodiazol* fond à 143°; le *picrate* fond à 153°. le *chlorhydrate* à 110°. le *dérivé monoacétylé* à 186°. le *dérivé diacétylé* à 206° [Thiele et Schleussner. *Ann. Chem.*, **295**, 138, 1897]. Il se transforme facilement par diazotation en *azimide* (voyez ce mot).

Le *v-ββ'-triphényl-αα'-pyrrodiazol* fond à 122° [Auwers et V. Meyer. *D. chem. G.*, **21**. 2806. 1888]. Le *dérivé mononitré* fond à 160-162°. le *dérivé trinitré* fond à 285-286° [H. Biltz et Weiss. *D. chem. G.*. **35**, 3524. 1902]. Le *dérivé ββ'-dinitré* se forme à partir de la nitrohydrazone-m-nitrobenzoïque [Bamberger et Pemsel, *D. chem. G.*. **36**, 92, 1903].

ACIDES αα'-PYRRODIAZOLCARBONIQUES. — *L'acide αα'-pyrrodiazol-β-carbonique* fond à 191°. Il dérive de l'action des alcalis sur la phénylhydrazone de la dinitroacétone : il se forme d'abord l'aldoxime du v-phényl-αα'-pyrrodiazol

$$C^6H^5Az \begin{cases} Az = CH \\ \;\; | \\ Az = C - CHAzOH \end{cases}$$

fondant à 115°, que l'on peut transformer en *aldéhyde* fondant à 70° et en *alcool* fondant à 67°, ou bien en *nitrile* fondant à 94°.5 et bouillant à 190-192° sous 60 mm. — L'*éther méthylique* fond à 89°. l'*éther éthylique* à 59°. La *β-thiamide* fond à 131-132° et donne par réduction une *amine* bouillant à 222-223° sous 100 mm. (Von Pechmann).

L'*acide v-phényl-β-méthyl-αα'-pyrrodiazol-β'-carbonique* fond à 198° (Baltzer et v. Pechmann), à 189° (Jagerspacher).

L'*acide v-aminophényl-αα'-pyrrodiazol-β-carbonique* fond à 252° (Baltzer et v. Pechmann).

L'*acide v-phényl-αα'-pyrrodiazol-ββ'-dicarbonique* fond à 255-256° (*ibid.*).

La réduction de l'acide 2.3-diphénylnitroamidosuccinique fournit un acide *αα'-diphényl-αα'-pyrrodiazoline-ββ'-dicarbonique* fondant à 65° [A. Reissert, *D. chem. G.*. **26**. 1765. 1893].

OXY-αα'-PYRRODIAZOLS. — Le *v-phényl-β-méthyl-β'-oxy-αα'-pyrrodiazol* fond à 140-142° (Jagerspacher). — Le *v-phényl-β-amino-β'-oxy-αα'-pyrrodiazol* fond à 181° et peut se transformer en *v-phényl-β'-oxy-αα'-pyrrodiazol* fondant à 124° (Thiele et Schleussner).

αβ-Oxy-αα'-pyrrodiazols substitués. — Par oxydation des hydrazoximes à l'aide du peroxyde d'azote ou de HgO, G. Ponzio [*Gazz. chim. ital.*.

28. I, 173. 1898; **29**, I, 283. 349, 1899; **30**, II, 459; 1900] a obtenu des dérivés de formule

$$C^6H^5Az \begin{cases} Az = C - R \\ \;\; | \\ Az - CH \\ \quad \diagdown\diagup \\ \quad\;\; O \end{cases}$$

Le *dérivé β'-méthylé* fond à 67°; le *dérivé β-méthyl-β'-éthylé* fond à 44° et donne par réduction le *v-phényl-ββ'-méthyléthyl-αα'-pyrrodiazol* bouillant à 283°; le *dérivé ββ'-diméthylé* fond à 92-93° (*dérivé bromé* fusible à 109-110°, *dérivé nitré* fusible à 232-233°): le *dérivé β-méthyl-β'-phénylé* fond à 83°; le *dérivé ββ'-diphénylé* fond à 169°.

IV. — ββ'-PYRRODIAZOLS.

1° Les formylthiosemicarbazides se transforment par la chaleur en *α-thiol-ββ'-pyrrodiazols*, qui fournissent avec H^2O^2 les *ββ'-pyrrodiazols*.
Le *β-β'-pyrrodiazol* ou *triazol-1.3.4*

$$AzH \begin{cases} CH = Az \\ \;\; | \\ CH = Az \end{cases}$$

fond à 119-120°; le *dérivé v-éthylé* fond à 196°; le *dérivé v-méthylé* fond à 90°; le *dérivé α'-méthylé* fond à 260°.
Le *v-allyl-α'-thiol-ββ'-pyrrodiazol* fond à 111° [Freund, *D. chem. G.*, **29**. 2484, 1896].
2° Les hydrazidines substituées se décomposent également par la chaleur en donnant des *ββ'-pyrrodiazols* [A. Pinner, *D. chem. G.*, **30**, 1878, 1897; *Ann. Chem.*, **297**, 255; **298**, 7, 1897; — Colmann, *D. chem. G.*, **30**, 2011, 1897].
Le *αα'-diphényl-ββ'-pyrrodiazol* fond à 192°. Il se forme encore, d'après Stollé et Thomae [*J. prakt. Chem.*, **73**, 287, 290, 1906], par l'action de AzH^3 sur le chlorure de dibenzoylhydrazine ou de PCl^3 sur la benzoylhydrazine. Il ne se produit pas par l'action du benzonitrile sur le sulfate d'hydrazine [Engelhardt, *J. prakt. Chem.*, **54**, 164, 1896].
L'*αα'-dibenzyl-ββ'-pyrrodiazol* fond à 147°; le *v-acétyl-α-méthyl-α'-(β)-naphtyl-ββ'-pyrrodiazol* fond à 135°. L'*α-naphtyl-α'-phényl-ββ'-pyrrodiazol* fond à 217°; l'*αα'-dinaphtyl-pyrrodiazol* fond à 222° (Pinner).
3° Le *v-phényl-ββ'-pyrrodiazol*

$$C^6H^5Az \begin{cases} CH = Az \\ \;\; | \\ CH = Az \end{cases}$$

se forme en chauffant la monoformylhydrazide avec de la formanilide, ou bien un mélange d'aniline et de diformylhydrazide. Il fond à 121°; le *dérivé αα'-diméthylé* fond à 237°. On obtient de même les *ββ'-pyrrodiazols v-tolylés, v-naphtylés*, etc. [G. Pellizzari et Massa, *Gazz. chim. ital.*, **31**. II. 105; — Pellizzari et Bruzzo, *ibid.*, **31**, II, 111; — Pellizzari et Alciatore, *ibid.*, **31**. II, 123. 1901].
Le *v-méthyl-α-phényl-ββ'-pyrrodiazol* fond à 112-113° [Young et Oates, *Chem. Soc.*, **79**, 659, 1901].
Le *vβ-diphényl-ββ'-pyrrodiazol-α-one-α'-mercaptan* se forme par action de $COCl^2$ sur la diphénylthiosemicarbazide (anti) [W. Marckwald, *D. chem. G.*, **32**, 1081, 1899].
Mai 1906.   F. March et Weimann.

PYRROL. — *Modes de formation.* — 1° Distillation de l'acide pyromucique avec du chlorure de zinc ammoniacal et de la chaux [Canzoneri, Oliveri, *Gazz. chim. ital.*, **16**, 487, 1886]; 2° pyrogénation de la diéthylamine dans un tube chauffé au rouge [Bell, *D. chem. G.*, **10**. 1868, 1877]; 3° oxydation de l'éthylallylamine par l'oxyde de plomb à 400-500° [Königs, *D. chem. G.*, **12**. 2344, 1879]; 4° hydrogénation de la succinimide par distillation sur la poudre de zinc ou par l'hydrogène en présence de mousse de platine [Bell, *D. chem. G.*, **13**, 877, 1880]; 5° distillation sèche du son avec de la chaux [Laycock, *Chem. News*, **78**. 210, 223, 1898]; 6° condensation de la dialdéhyde succinique avec l'ammoniaque en solution acétique [Harries, *D. chem. G.*, **34**, 1496. 1901]; 7° distillation sèche de l'histidine [Fränkel, *Sitzb. d. k. Akad. d. Wiss. in. Wien. Math. Nat. Kl.*. **112**. 1903].

Sur l'extraction du pyrrol de l'huile animale, voyez Ciamician et Dennstedt [*D. chem. G.*, **19**, 173, 1886].

Propriétés. — Le pyrrol bout à 130-131° [Ciamician, Dennstedt. *D. chem. G.*, **16**, 1536, 1883]; $d_4^{21} = 0,96694$; réfraction moléculaire, voyez Nasini et Carrara [*Gazz. chim. ital.*, **24**, 278, 1894], Brühl [*Zeit. physiol. Chem.*. **16**. 214, 1895]. Chaleur de combustion à volume constant: $576^{Cal},6$ [André Berthelot, *C. R.*, **128**. 968, 1899].

Le pyrrol est une base faible [Ciamician, Zanetti, *D. chem. G.*, **26**. 1711, 1893; — Bamberger, *ibid.*. **24**, 1758. 1891] dont on ne connaît de sels simples qu'un *picrate* [Liubawine. *Journ. Soc. phys. chim. russe*, **14**. 1883] et un *ferrocyanure* [Ciamician, Zanetti, *Gazz. chim. ital.*, **23**. 423; **24**. 373. 1895]. Il forme avec le cyanure de nickel ammoniacal un sel double : $Ni(C.Az)^2$. AzH^3. C^4H^5Az [K. A. Hofmann et Arnoldi, *D. chem. G.*, **39**. 339, 1906]. Traité par l'anhydride acétique, il donne un mélange de deux dérivés acétylés. l'un à l'azote. l'autre au carbone [Ciamician. Dennstedt. *D. chem. G.*, **16**, 2352, 1883]. Il n'agit pas sur l'isocyanate de phényle [Panche, Soncini, *Gazz. chim. ital.*. II, **32**, 447, 1902].

Le sodium ne transforme le pyrrol en dérivé sodé qu'à haute température, la soude solide est sans action [Ciamician, Dennstedt, *D. chem. G.*. **19**, 173. 1886].

Le pyrrol est facilement transformé en pyrroline, soit par réduction électrolytique [Dennstedt, D. R. P. 127086. 1902], soit au moyen de la poudre de zinc en solution chlorhydrique [Knorr, Rabe, *D. chem. G.*. **34**. 3497. 1901]. Il est transformé en pyrrolidine par hydrogénation en présence de nickel réduit, à 180-190° [Padoa, *Gazz. chim. ital.*, **36**, II, 317, 1906; *Atti Ac. Lincei*, (5), **15**. I, 219].

Le pyrrol potassé donne, avec le chloroforme, de la β-chloropyridine; sur le mécanisme de cette réaction, voyez Plancher et Testoni [*Atti. Ac. Lincei*, **10**, 304. 1901], Plancher et Carrasco, [*Att. Ac. Lincei*, **13**, I. 573. 1904; **14**, I, 162, 1905]. Chauffé avec du chloroforme et un alcali, le pyrrol est transformé en aldéhyde pyrrolique [Bamberger. Djierdjian, *D. chem. G.*, **33**, 536, 1900]. Chauffé avec de l'iodure de méthylène et du méthylate de sodium, il est transformé en pyridine [Ciamician, Zimmermann, *D. chem. G.*, **18**, 3316. 1885]. Dans les mêmes conditions, le chlorure de benzylidène conduit à la phénylpyridine [Ciamician et Silber, *D. chem. G.*, **20**, 192, 1887].

Le pyrrol est oxydé par les solutions d'hypochlorite ou d'hypobromite de sodium; il est transformé, dans le premier cas, en tétrachloropyrrol, acides dichloromaléique et dichloracétique; dans le second cas, en imide et acide dibromomaléiques [Ciamician et Silber. *D. chem. G.*. **17**. 1743. 1884; **18**. 1763, 1885]. Soumis à l'oxydation chromique, il donne la maléinimide [Plancher, Cattadori. *Att. Ac. Lincei*, **13**, I, 489, 1904; **14**, I, 214, 1905].

Distillé avec un alcool sur de la poudre de zinc chauffée à 270-280°, le pyrrol est transformé en alcoylpyrrol [Dennstedt, *D. chem. G.*, **23**, 2563, 1890; **24**, 2559, 1891; **25**, 3636, 1892]; avec l'alcool méthylique on obtient un mélange de méthylpyrrols 2 et 3, et du diméthylpyrrol.

Le pyrrol se condense avec l'acétone. En présence d'acide chlorhydrique on obtient un composé $C^{14}H^{18}Az^2$ [Baeyer, *D. chem. G.*, **19**, 2184, 1886; — Dennstedt, *ibid.*, **23**, 1370, 1890]. En présence du chlorure de zinc on obtient de l'isopropylpyrrol; cette réaction s'applique à d'autres cétones [Dennstedt et Zimmermann, *D. chem. G.*, **20**, 850, 2449, 1887]. L'acétonylacétone se condense avec le pyrrol en solution acétique, en présence d'acétate de zinc et à chaud, pour donner du diméthylindol 1.4,

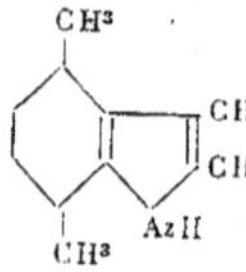

$$\begin{array}{c}
CH^3 \\
\diagup\diagdown \\
\mid \qquad \diagdown CH \\
\mid \qquad \diagup CH \\
\diagdown\diagup \\
CH^3 \qquad AzH
\end{array}$$

[Plancher, *D. chem. G.*. **35**. 2602, 1902; — Plancher et Caravaggi, *Att. Ac. Lincei*, **14**, I, 157, 1905].

Le pyrrol se combine avec le chlorure de diazobenzène pour donner. en solution acide, du pyrrolazobenzène. et en solution alcaline du pyrroldisazobenzène [Fischer, Hepp, *D. chem. G.*. **19**. 2252, 1896]. Il se combine avec l'alloxane [Ciamician, Magnaghi, *D. chem. G.*. **19**, 106, 1886; — Ciamician, Silber, *ibid.*. 1708].

L'action de l'hydroxylamine est particulièrement intéressante, elle provoque l'ouverture du noyau pyrrolique en donnant la dioxime de l'aldéhyde succinique [Ciamician, Dennstedt, **17**, 533, 1884; — Ciamician, Zanetti, *D. chem. G.*, **22**, 1968, 1889].

Agité avec une solution aqueuse d'isatine et de l'acide sulfurique étendu. le pyrrol donne un précipité bleu qui se dissout dans l'acide acétique et l'acide sulfurique concentré, avec une coloration bleu foncé [V. Meyer. *D. chem. G.*, **16**, 2974. 1883; — Ciamician, Silber, *D. chem. G.*. **17**. 142, 1884]. Liebermann et Häse ont étudié ce *bleu de pyrrol* [*D. chem. G.*, **38**, 2847, 1905].

Constitution du pyrrol. — Le pyrrol est représenté usuellement par la formule de Baeyer,

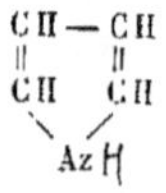

$$\begin{array}{ccc}
CH & — & CH \\
\| & & \| \\
CH & & CH \\
& \diagdown\diagup & \\
& AzH &
\end{array}$$

à côté de laquelle on peut placer les deux pseudoformes suivantes :

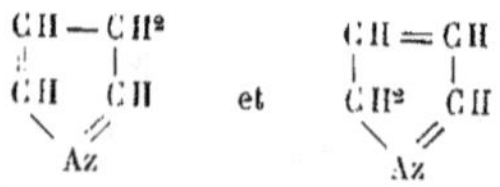

$$\begin{array}{ccc}
CH—CH^2 & & CH=CH \\
\| \quad\mid & & \mid \quad\mid \\
CH \quad CH & \text{et} & CH^2 \quad CH \\
\diagdown\diagup & & \diagdown\diagup \\
Az & & Az
\end{array}$$

[Ciamician, *D. chem. G.*, **37**. 4217, 1904]. Bamberger, *D. chem. G.*. **24**. 1758, 1891] a proposé une formule centrique,

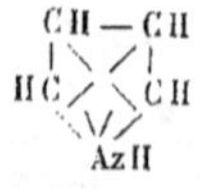

$$\begin{array}{c}
CH — CH \\
\mid \diagdown\diagup \mid \\
HC \diagup\diagdown CH \\
\diagdown\diagup \\
AzH
\end{array}$$

mais celle-ci a été combattue par Ciamician [*D.*

chem. G., **24**, 2122, 1891; **37**, 4253], qui ne reconnaît pas la pentavalence de l'azote dans le pyrrol et qui, en appliquant la théorie des valences partielles de Thiele, est arrivé à la formule suivante :

$$
\begin{array}{ccc}
CH & - & CH \\
\| & & \| \\
CH & & CH \\
& \diagdown \quad \diagup & \\
& Az &
\end{array}
$$

[*D. chem. G.*, **37**, 4255, 1904; *Gazz. chim. ital.*, **35**, II, 384, 1905. — Voyez aussi Ciamician, *Gazz. chim. ital.*, **16**, 46, 1886; *D. chem. G.*, **19**, 3028, 1886; — Ciamician et Angeli, *D. chem. G.*, **24**, 1350, 1891].

1-Acétylpyrrol,

$$
\begin{array}{l}
CH=CH \diagdown \\
\qquad\qquad Az-CO-CH^3 \\
CH=CH \diagup
\end{array}
$$

— Il se forme quand on traite le pyrrol par l'anhydride acétique, ou le pyrrol potassé par le chlorure d'acétyle. Liquide bouillant à 181-182° [Ciamician, Dennstedt, *D. chem. G.*, **16**, 2352, 1883; — Ciamician, Silber, *D. chem. G.*, **18**, 881, 1885].

1-Propionylpyrrol. — Il bout à 192-194° [Ciamician, Zimmermann, *D. chem. G.*, **20**, 1960, 1887].

1-Benzoylpyrrol. — Par le pyrrol potassé et le chlorure de benzoyle. Il bout à 276° (corr.) sous 715 mm. [Pictet, *D. chem. G.*, **37**, 2792, 1904].

Carbonylpyrrol,

$$
\begin{array}{l}
CH=CH \diagdown \qquad\qquad \diagup CH=CH \\
\qquad\quad Az-CO-Az \\
CH=CH \diagup \qquad\qquad \diagdown CH=CH
\end{array}
$$

— Il se forme quand on traite le pyrrol potassé par l'oxychlorure de carbone. Il fond à 62-63°, bout à 238° [Ciamician, Magnaghi, *D. chem. G.*, **18**, 415, 1885].

PYRROLS HALOGÉNÉS. — L'action des halogènes sur le pyrrol conduit directement aux dérivés tétrasubstitués. La chloruration progressive a été réalisée dans ces derniers temps par Mazzara, au moyen du chlorure de sulfuryle.

Le *chloropyrrol*, obtenu en traitant 10 grammes de pyrrol en solution éthérée par 25 grammes de SO^2Cl^2, est très instable, d'une odeur d'amandes amères [Mazzara, Borgo, *Gazz. chim. ital.*, **35**, II, 13, 19, 1905]. — Le *dichloropyrrol* est une huile brune instable [M. B., *ibid.*, **35**, I, 477, 1905]. — Le *trichloropyrrol*

$$
\begin{array}{ccc}
CH & - & CCl \\
\| & & \| \\
Cl-C & & C-Cl \\
& \diagdown \quad \diagup & \\
& AzH &
\end{array}
$$

obtenu en traitant 10 gr. de pyrrol par 73 gr. de SO^2Cl^2, peut être isolé par entraînement à la vapeur d'eau sous 100 mm.; il donne par oxydation la chloromaléinimide [M. B., *Gazz. chim. ital.*, **34**, I, 253, 414, 1904]. — Le *tétrachloropyrrol* se forme dans la réaction précédente; on l'obtient encore en traitant par la poudre de zinc et l'acide acétique le produit de l'action du perchlorure de phosphore sur la dichloromaléinimide [Ciamician, Silber, *D. chem. G.*, **16**, 3298, 1883; **17**, 555, 1884], ou bien en traitant le pyrrol par l'hypochlorite de sodium [Ciamician, Silber, *D. chem. G.*, **17**, 1743, 1884], ou encore en chlorant le pyrrol en solution alcoolique refroidie, dissolvant le produit dans un alcali et précipitant par l'acide sulfureux [D. R.P. 38423]. Il fond à 110°. — Le *pentachloropyrrol* est le produit de l'action de PCl^5 sur la dichloromaléinimide [Anschütz, Schröter, *Ann. Chem.*, **295**, 82, 1897]; il se forme aussi par action de SO^2Cl^2 sur le pyrrol [Mazzara, *Gazz. chim. ital.*, **32**, II, 30, 1902]. Liquide jaunâtre bouillant à 209°, à 142° sous 150 mm., à 90°.5 sous 10 mm.

Tétrabromopyrrol. — Il se forme par bromuration du pyrrol en solution alcoolique refroidie, dissolution du produit dans un alcali et précipitation par l'acide sulfureux [D. R. P. 38423; Plancher, Soncini, *Gazz. chim. ital.*, **32**, II, 465, 1902]. Aiguilles blanches ne fondant pas à 250°.

Chlorotribromopyrrol. — On fait passer des vapeurs de brome, entraînées par CO^2, dans le chloropyrrol. Cristaux prismatiques fusibles à 96-100°. Son dérivé Az-méthylé donne, par oxydation, la méthyldibromomaléinimide [Mazzara, Borgo, *Gazz. chim. ital.*, **32**, II, 313, 1902; **35**, II, 19, 1905].

Dichlorodibromopyrrol. — Lamelles roses fusibles à 100-113° [M. B., *Gazz. chim. ital.*, **32**, II, 313; **35**, I, 477, 1905].

Trichlorobromopyrrol. — Prismes monocliniques, se décomposant à 115° [Mazzara, *Gazz. chim. ital.*, **34**, II, 178, 1904; — Mazzara, Borgo, *Gazz. chim. ital.*, **34**, II, 125, 1904], donnant par oxydation la chlorobromomaléinimide.

Tétraiodopyrrol ou *iodol*. — Il se prépare en traitant le pyrrol potassé par l'iode, ou en traitant une solution alcaline de pyrrol par une solution d'iode dans l'iodure de potassium [Ciamician, *D. chem. G.*, **15**, 2582, 1882; **18**, 1766, 1885]. On peut l'obtenir aussi en traitant le tétrachloro- ou le tétrabromopyrrol par l'iodure de potassium en solution alcoolique (D. R. P. 38423). Aiguilles microscopiques jaune clair, se décomposant sans fondre à 140-150°. Il se dissout dans la potasse alcoolique en formant un sel de potassium. Il possède une action physiologique analogue à celle de l'iodoforme, dont il ne présente pas l'odeur.

Nitrosopyrrol,

$$
\begin{array}{ccc}
CH & - & C=AzOH \\
\| & & | \\
CH & & CH \\
& \diagdown \quad \diagup\diagup & \\
& Az &
\end{array}
$$

— Il a été obtenu en traitant le pyrrol par le nitrite d'amyle et l'éthylate de sodium. Le sel ainsi formé est jaune, cristallin; le nitrosopyrrol est très altérable et noircit rapidement [Spica, Angelico, *Gazz. chim. ital.*, **29**, II, 49, 1899]. Traité par l'hydroxylamine il donne un composé $C^4H^5O^2Az^3$, qui représente la trioxime

$$
\begin{array}{l}
CH-CH-C-CH=AzOH \\
\| \qquad\qquad \| \\
AzOH \qquad AzOH
\end{array}
$$

[Angelico, *Att. Ac. Lincei*, **14**, I, 699, 1905].

Nitropyrrol. — Angeli et Angelico [*Att. Ac. Lincei*, **12**, I, 344, 1903], en traitant le pyrrol par le nitrate d'éthyle et l'éthylate de sodium, ont obtenu le sel de l'acide pyrrolnitronique,

$$
\begin{array}{ccc}
CH & - & C=AzO^2Na \\
\| & & \\
CH & & CH \\
& \diagdown \quad \diagup\diagup & \\
& Az &
\end{array}
$$

fort instable et détonant quand on le chauffe.

Dinitropyrrol. — Il s'obtient en traitant la méthylpyrrylcétone par l'acide nitrique fumant ou l'acide α-pyrrolcarbonique par le même réactif [Ciamician, Silber, *D. chem. G.*, **18**, 1461, 1885; **19**, 1080, 1885]. Il fond à 125°; il est soluble dans l'eau bouillante, les alcalis, le carbonate de soude. Dans la seconde réaction il se forme un *dérivé dinitré* fusible à 173°.

3.4-Dibromodinitropyrrol. — Il se forme par nitration du dibromonitroacétylpyrrol ou de l'acide dibromopyrroldicarbonique [Ciamician, Silber, *D. chem. G.*, **20**, 2597, 1887]. Paillettes jaunes fusibles à 169°. Chauffé avec de l'acide sulfurique concentré, il donne de l'acide dibromomaléique.

Triiodonitropyrrol. — Il se forme quand on traite le tétraiodopyrrol en solution éthérée par l'acide azotique fumant et l'acide acétique. Aiguilles jaunes se décomposant par la chaleur. Il donne un *sel de potassium* rouge orangé.

Diiododinitropyrrol. — On l'obtient à partir du composé précédent, traité par l'acide nitrique et l'acide acétique. Paillettes jaunes fusibles à 190-192°. Il donne avec les alcalis des sels rouge orange [Cousin, *Journ. Pharm. Chim.*, **13**, 269, 1901].

DÉRIVÉS AZOÏQUES DU PYRROL. — Ces dérivés ont été préparés par Fischer et Hepp [*D. chem. G.*, **19**, 2251, 1886] en condensant le pyrrol avec les chlorures diazoïques. Plancher et Soncini [*Att. Ac. Lincei*, **10**, 299, 1901; *Gazz. chim. ital.*, **32**, II. 447, 1902] donnent à ces corps la formule I de préférence à la formule II, parce qu'ils se combinent à l'isocyanate de phényle pour former des urées, ce que ne fait pas le pyrrol lui-même.

$$CH-CH \qquad\qquad CH=CH$$
$$\| \quad\quad \| \qquad\qquad\qquad |\quad\quad |$$
$$CH \quad C-Az=Az C^6H^5 \qquad CH \quad C=Az-AzH C^6H^5$$
$$Az H \qquad\qquad\qquad\qquad Az$$
$$(II). \qquad\qquad\qquad\qquad (I).$$

Pyrrol-azobenzène. — La condensation a lieu en solution alcoolique en présence d'acétate de sodium. Aiguilles jaune citron fusibles à 62°. La combinaison avec l'isocyanate de phényle est en aiguilles orangées fusibles à 108-110° (P. S.).

Pyrrol-disazobenzène. — La condensation a lieu en solution alcaline. Il fond à 131° (F. H.).

Pyrrol-azo-p-toluène. — Aiguilles jaune clair fusibles à 82°.

Pyrrol-disazo-p-toluène. — Prismes rouges à reflets bleus fusibles à 179°.

Pyrrol-azonaphtalènes. — *Dérivé* α, paillettes fusibles à 103°. *Dérivé* β, paillettes bronzées fusibles à 101°.

Pyrrol-disazo-β-naphtalène. — Paillettes cuivrées fusibles à 228°.

Pyrrol-disazobenzène-β-naphtalène. — Paillettes rouge brique fusibles à 121°.

ACIDES PYRROLIQUES. — *Acide pyrrolcarbonique-2*,

$$CH-CH$$
$$\| \quad\quad \|$$
$$CH \quad C-CO^2H$$
$$Az H$$

— Il s'obtient en chauffant le pyrrol avec du carbonate d'ammoniaque et de l'eau à 130-140°, ou bien en chauffant le pyrrol avec du tétrachlorure de carbone et de la potasse alcoolique [Ciamician, Silber, *D. chem. G.*, **17**, 1150, 1437, 1894]. Il se forme encore par oxydation de l'aldéhyde pyrrolique au permanganate [Bamberger, Djierdjian, *D. chem. G.*, **33**, 541, 1900]. Prismes monocliniques [Brezina, *Mon. f. Chem.*, **1**, 286, 1880; — Negri, *Gazz. chim. ital.*, **26**, I, 71, 1896]

fusibles à 191°,5. Il donne avec l'acide nitrique fumant de l'α et du β-dinitropyrrol. Le sel de sodium, chauffé avec de l'iodure de méthyle et de l'alcool méthylique, fournit de la dihydroparvoline [Ciamician, Anderlini, *D. chem. G.*, **21**, 2856, 1888]. L'*éther méthylique* fond à 73°; l'*éther éthylique* fond à 39° et bout à 230-232° [Ciamician, Silber, *D. chem. G.*, **17**, 1152, 1884]. L'*hydrazide* fond à 231-232°, l'*azide* fond à 105° [Piccinini, Salmoni, *Gaz. chim. ital.*, **32**, I, 247, 1902].

Les *acides* α-*pyrrolcarboniques chlorés* ont été obtenus en traitant l'α-pyrrolcarbonate de méthyle par le chlorure de sulfuryle [Mazzara, Borgo, *Gazz. chim. ital.*, **35**, II, 104, 1905]. L'*éther dichloré* fond à 132-134°; l'*éther trichloré* à 189°. L'*acide monochloré* fond à 130°. L'*acide trichloré* a été obtenu, en outre, en traitant le perchloropyrocolle par la potasse [Ciamician, Danesi, *Gazz. chim. ital.*, **12**, 34, 1882].

L'*acide* 3.4-*dibromopyrrolcarbonique* provient de l'action de la potasse sur le tétrabromopyrocolle [Ciamician, Silber, *D. chem. G.*, **16**, 2388, 1883]; on l'obtient aussi par saponification de son amide. Il cristallise en paillettes contenant 1 aq., fusibles à 110°; anhydre, il fond à 158°. Son *amide* se forme par bromuration de l'amide pyrrolcarbonique, elle fond à 158° [Pictet, Khotinsky, *D. chem. G.*, **37**, 2798, 1904]. L'*acide tribromé* se décompose à 140-150°; son *éther méthylique* se forme dans l'action du brome sur l'éther pyrrolcarbonique, il fond à 209-210°; l'oxydation nitrique le transforme en dibromomaléinimide [Ciamician, Silber, *D. chem. G.*, **16**, 2388; **17**, 1153, 1884; **20**, 2605, 1887].

Acides nitropyrrolcarboniques. — On en connaît trois. L'un s'obtient en traitant le dinitropyrocolle par la potasse; il fond à 144-146° [Ciamician, Danesi, *Gazz. chim. ital.*, **12**, 40, 1882]. Les deux autres s'obtiennent par nitration du pyrrolcarbonate de méthyle: l'un d'eux fond à 217°, son *éther méthylique* fond à 197°; l'autre fond à 161°, son *éther méthylique* fond à 179°. Le *dinitropyrrolcarbonate de méthyle* s'obtient aussi par nitration directe, il fond à 115° [Anderlini, *D. chem. G.*, **22**, 2504, 1889].

Pyrocolle,

$$CH=C \text{———} CO \diagdown \quad \diagup CH=CH$$
$$| \qquad\qquad\quad\diagup Az \diagdown \quad Az \diagdown \qquad |$$
$$CH=CH \diagup \qquad \diagdown CO \text{———} C=CH$$

(voyez 2e Suppl., 1336). — Il se forme par distillation de l'acide pyrrolcarbonique avec l'anhydride acétique [Ciamician, Silber, *D. chem. G.*, **17**, 105, 1884]. Son *dérivé dinitré* se forme par l'action de l'acide nitrique fumant au bain-marie [Ciamician, Danesi, *Gazz. chim. ital.*, **12**, 39, 1882].

Pyrroylpyrrol,

$$CH-CH$$
$$\| \quad\quad \| \qquad\qquad \diagup CH=CH$$
$$CH \quad C-CO-Az \qquad |$$
$$\diagdown CH=CH$$
$$Az H$$

— Il se forme en chauffant le carbonylpyrrol à 250°. Il fond à 62-63° [Ciamician, Magnaghi, *D. chem. G.*, **18**, 1831, 1885].

Acide pyrrolcarbonique-3. — Il se forme quand on fond l'homopyrrol potassé brut avec de la potasse [Ciamician, *D. chem. G.*, **14**, 1055, 1881] ou quand on traite de la même façon l'isopropylpyrrol [Dennstedt, Zimmermann, *D. chem. G.*, **20**, 855, 1887].

Acide pyrroldicarbonique. — Il se forme par fusion alcaline de l'acide pyrrolcétone-dicarbonique [Ciamician, Silber, *D. chem. G.*, **19**,

1959. 1886]. Il noircit à 260° et se décompose en CO^2 et pyrrol. Son *éther méthylique* fond à 243°; son *éther diméthylique* fond à 132°; son *éther diéthylique* fond à 82°. *Dérivé dibromé* fusible à 222° [Ciamician. Silber, *D. chem. G.*, **20**, 2601. 1887].

Acide pyrrolcarbamique,

$$CH - CH$$
$$| \qquad |$$
$$CH \quad CH$$
$$\diagdown$$
$$Az - CO^2H$$

— Son *éther éthylique* se forme quand on traite le pyrrol potassé par le chloroformiate d'éthyle; il bout à 180°. Son *amide* fond à 165-166° [Ciamician, Dennstedt, *D. chem. G.*, **15**, 2579; — Ciamician, Magnaghi, *ibid.*, **18**. 416. 1885].

Acide pyrrylglyoxylique,

$$CH - CH$$
$$| \qquad |$$
$$CH \quad C - CO - CO^2H$$
$$\diagdown \quad \diagup$$
$$Az\,H$$

— On l'obtient par oxydation du pseudoacétylpyrrol. Il fond en se décomposant à 74-76°. Son *éther méthylique* fond à 70-72° [Ciamician, Dennstedt, *D. chem. G.*. **16**, 2350; **17**, 2949; — Angeli, *Gazz. chim. ital.*, **22**, II. 7. 1892].

Acide pyrroylpyruvique,

$$CH - CH$$
$$| \qquad \|$$
$$CH \quad C - CO - CH^2 - CO \cdot CO^2H$$
$$\diagdown \quad \diagup$$
$$Az\,H$$

— On obtient son *éther éthylique* en condensant le pseudoacétylpyrrol avec l'oxalate d'éthyle en présence d'éthylate de sodium. Cet éther fond à 122-123°; traité par le carbonate de soude, il donne un *anhydride* $C^8H^5AzO^3$; traité par l'aniline, il donne un *dérivé anilé*

$$C^5H^4Az - CO - CH^2 - C \diagup^{CO^2C^2H^5}_{\diagdown Az\,C^6H^5}$$

fusible à 114-115°; il réagit aussi avec l'hydroxylamine [Angeli, *D. chem. G.*, **23**. 1794; 2157; *Gazz. chim. ital.*, **22**. II. 25, 1892].

Acide acétylpyrrolcarbonique 2.5,

$$CH - CH$$
$$| \qquad |$$
$$CH^3 - CO - C \quad C - CO^2H$$
$$\diagdown \quad \diagup$$
$$Az\,H$$

— On l'obtient en traitant l'éther pyrrolcarbonique par l'anhydride acétique à 250-260°. Il fond à 186°. Son *éther méthylique* fond à 113°. Son *anhydride*, ou *diacétylpyrocolle*, fond à 225° [Ciamician, Silber, *D. chem. G.*, **17**. 1156, 1884; — Anderlini, *Gazz. chim. ital*, **19**, 354, 1889; — Angeli, *Gazz. chim. ital.* **22**, II, 7, 1892]. *Dérivé dibromé* [Ciamician, Silber, *D. chem. G.*, **20**. 2603, 1887].

Acide carbopyrrylglyoxylique,

$$C^4H^3Az \diagup^{CO^2H}_{\diagdown CO - CO^2H}$$

— Il se forme par oxydation du diacétylpyrrol ou de l'acide méthylpyrrylcétone-carbonique. Son *éther diméthylique* fond à 144-145° [Ciamician, Silber, *D. chem. G.*, **19**, 1957, 1886].

Acide pyrrol-2.5-dipropionique. — Il se forme par action de l'ammoniaque sur l'acide acétonyl-

lévulique. Il fond à 166° [Kehrer, *D. chem. G.*, **35**, 2009. 1902].

ALDÉHYDE α-PYRROLIQUE. — Elle s'obtient en appliquant au pyrrol la réaction de Reimer (action du chloroforme et de la potasse). Elle cristallise en prismes fusibles à 45°. Sa *phénylhydrazone* fond à 139-139°,5; sa *nitrophénylhydrazone* fond à 182°,5-183°; son *oxime* fond à 164°,5. Elle donne par oxydation l'acide α-pyrrolcarbonique [Bamberger, Djierdjian, *D. chem. G.*, **33**, 536, 1900].

CÉTONES PYRROLIQUES. — *Pyrrylméthylcétone* ou *2-acétylpyrrol,*

$$CH - CH$$
$$\| \qquad \|$$
$$CH \quad C - CO - CH^3$$
$$\diagdown \quad \diagup$$
$$Az\,H$$

— Elle se forme, soit quand on chauffe le pyrrol avec l'anhydride acétique [R. Schiff, *D. chem. G.*, **10**. 1501, 1877; — Ciamician, Dennstedt, *ibid.*, **16**, 2348; **17**, 2945, 1884], soit par distillation de l'acétylpyrrolcarbonate de potassium avec du carbonate de potassium [Ciamician, Silber, *D. chem. G.*, **19**, 1963, 1886]. Cristaux monocliniques fusibles à 90°, bouillant à 220°, solubles dans l'eau, l'alcool, l'éther. Traitée par l'amalgame de sodium, elle donne la méthylpyrrylpinacone. Elle se combine à l'aldéhyde benzoïque pour donner la pyrrylcinnamylcétone, au benzile pour donner l'acide diphénylpyrroylpropionique [Angeli, *D. chem. G.*, **23**, 1355, 1890]. Son *oxime* fond à 145-146°; sa *phénylhydrazone* fond à 146-147° [Ciamician, Dennstedt, *D. chem. G.*, **17**, 2944, 1884]. Traitée par le brome, la pyrrylméthylcétone donne un *dérivé bromé* fusible à 107-108°, un *dérivé dibromé* fusible à 143-144°, un *dérivé tribromé* fusible à 170° et un *dérivé pentabromé* fusible à 200° [Ciamician, Silber, *D. chem. G.*, **18**, 1765, 1885; **20**, 2605, 1887; — Ciamician, Dennstedt, *ibid.*, **16**, 2354, 1883].

La nitration de la pyrrylméthylcétone donne trois produits. Deux *dérivés mononitrés*, dont l'un fond à 165° et l'autre à 197°, et un *dérivé dinitré* fusible, hydraté, à 106-107° et, anhydre, à 114°. Il se forme en même temps du dinitropyrrol [Ciamician, Silber, *D. chem. G.*, **18**, 1457, 1885]. La réduction du dérivé mononitré fusible à 197° donne une *aminopyrrylméthylcétone* (Ciamician, Silber). On connaît, en outre, deux *dibromonitropyrrylméthylcétones*, l'une fusible à 175°, l'autre fusible à 206° [Ciamician, Silber, *D. chem. G.*, **18**, 1460, 1885; **20**, 2596, 1887].

La sulfonation de la pyrrylméthylcétone donne un *dérivé monosulfonique* [Ciamician, Silber, *D. chem. G.*, **18**, 879, 1885].

Méthylpyrrylpinacone. — Elle fond, hydratée à 98°, anhydre à 120° [Dennstedt, Zimmermann, *D. chem. G.*, **19**, 2204, 1886].

Pyrryléthylcétone. — Par l'action de l'anhydride propionique sur le pyrrol. Elle fond à 52°, bout à 222-225° [Dennstedt, Zimmermann, *D. chem. G.*, **20**, 1761, 1887].

Dipyrrylcétone. — On l'obtient en traitant le pyrrol potassé par l'oxychlorure de carbone, ou en chauffant le carbonylpyrrol à 250°. Elle fond à 160° [Ciamician, Magnaghi, *D. chem. G.*, **18**, 419, 1829, 1885].

Pyrrylphénylcétone ou *2-benzoylpyrrol.* — On l'obtient en traitant le pyrrol par l'anhydride benzoïque et le benzoate de sodium à 200-240° [Ciamician, Dennstedt, *D. chem. G.*, **17**, 2955, 1884] ou bien en faisant passer dans un tube chauffé au rouge les vapeurs du 1-benzoylpyrrol [Pictet, *D. chem. G.*, **37**, 2792, 1904]. Cette cétone fond à 77-78°; son *oxime* fond à 147° (Pictet).

Pyrrylcinnamylcétone. — Elle fond à 141-142° [Ciamician, Dennstedt, *D. chem. G.*, 17, 2947, 1884].

Diacétylpyrrol-2.5. — On l'obtient en traitant le 1-acétylpyrrol ou la pyrrylméthylcétone par l'anhydride acétique à 250°. Il fond à 161-162°. On en a préparé les dérivés nitré et dibromé [Ciamician, Dennstedt, *D. chem. G.*, 17, 2953, 1884; — Ciamician, Silber, *ibid.*, 18, 882, 1467, 1828, 1885; 19, 1078, 1957, 1886; 20, 2595, 1887]. Le *dipropionylpyrrol-2.5* fond à 116-117° [Dennstedt, Zimmermann, *D. chem. G.*, 20, 1761, 1887].

HOMOLOGUES DU PYRROL ET DÉRIVÉS.

On connaît un certain nombre de méthodes générales qui permettent d'obtenir les homologues supérieurs du pyrrol ou leurs dérivés. 1° L'action des iodures alcooliques sur le pyrrol potassé donne les pyrrols Az-alcoylés [Liubawin, *D. chem. G.*, 2, 100, 1869; — Ciamician, Dennstedt, *ibid.*, 15, 2581, 1882; 17, 2951, 1884; — Bell, *ibid.*, 10, 1866, 1877; — Zanetti, *ibid.*, 22, 2518, 1889]. — 2° Ces derniers sont obtenus aussi par distillation sèche des mucates d'amines primaires (1er Suppl., 1336). — 3° Les pyrrols Az-alcoylés sont transformés en pyrrols α-alcoylés lorsqu'on les fait passer dans un tube chauffé au rouge [Pictet, *D. chem. G.*, 37, 2792, 1904]. — 4° Les c-alcoylpyrrols se forment quand on distille sur de la poudre de zinc chauffée à 270-280° un mélange de pyrrol et d'un alcool (voyez *Propriétés*). — 5° Ils se forment aussi par condensation des aldéhydes ou des cétones avec le pyrrol en présence de chlorure de zinc [Dennstedt et Zimmermann, *D. chem. G.*, 19, 2189, 1886; 20, 850, 2449, 1887]. — 6° L'action de l'ammoniaque sur les composés γ-dicétoniques donne des pyrrols 2.5-disubstitués [Knorr, *D. chem. G.*, 19, 46, 1886]. — Sur le mécanisme de cette réaction, voir Borsche et Fels [*D. chem. G.*, 39, 3877, 1906]. 7° L'action des acétones α-chlorées sur les éthers β-cétoniques donne des composés pyrroliques [Hantzsch, *D. chem. G.*, 23, 1474, 1890; — Feist, *ibid.*, 35, 1537, 1902]. — 8° De même, la réduction d'un mélange d'éther β-cétonique et de son dérivé isonitrosé ou d'isonitrosocétone [Knorr, *Ann. Chem.*, 236, 317, 1886; *D. chem. G.*, 35, 2998, 1902; — Feist, *loc. cit.*]. — 9° Enfin, on obtient encore des dérivés pyrroliques par condensation de l'éther aminocrotonique avec les α-dicétones ou les alcools α-cétoniques [Feist, *loc. cit.*].

Publications générales sur les dérivés pyrroliques : Ciamician, *Il pirrolo ed i suoi derivati*, Rome, 1888; *Ueber die Entwicklung der Chemie des Pyrrols im letzen Vierteljahrhundert*, *D. chem. G.*, 36, 4200, 1904.

1-MÉTHYLPYRROL

$$\text{CH} - \text{CH}$$
$$\overset{4}{\big|} \qquad \overset{3}{\big|}$$
$$\text{CH}_5 \qquad {}_2\text{CH}$$
$$\diagdown \qquad \diagup$$
$$\text{Az} - \text{CH}^3$$

— Action de l'iodure de méthyle sur le pyrrol potassé [*D. chem. G.*, 17, 2951]. Il bout à 112-113°; à 112-112°,5 sous 720 mm.; $d_4^{16} = 0,9146$, $n_b^{17} = 1,4805$. Soumis à l'action de la chaleur rouge, il donne du 2-méthylpyrrol et de la pyridine [Pictet, *D. chem. G.*, 37, 2792, 1904; 38, 1946, 1905]. Les *dérivés chlorés* et *chlorobromés* s'obtiennent par méthylation des dérivés corres-

pondants du pyrrol [Mazzara, Borgo, *Gazz. chim. ital.*, 34, I, 253, 482, 1904; 35, I, 477; II, 19, 1905].

Acide 1-méthylpyrrol-2-carbonique. — Il fond à 135° [Bell, *D. chem. G.*, 11, 1814, 1878]. Sa *méthylamide* se forme par distillation du mucate de méthylamine [Bell, *ibid.*, 10, 1866, 1877]; elle fond à 89-90°. Ses *dérivés bromés* ont été préparés par Pictet et Khotinsky [*D. chem. G.*, 37, 2798, 1904].

Acide 1-méthylpyrrolglyoxylique. — Il fond à 141-141°,5 [Varda, *D. chem. G.*, 21, 2872, 1888].

1-Méthyl-diacétylpyrrol. — Il fond à 133-134° [Ciamician, Silber, *D. chem. G.*, 20, 1368, 1887].

2-MÉTHYLPYRROL. — Il se trouve dans l'huile d'os d'où Ciamician et Silber l'ont extrait [*D. chem. G.*, 19, 173, 1408, 1886]. Il se forme quand on distille du pyrrol et de l'alcool méthylique sur du zinc chauffé [Dennstedt, *D. chem. G.*, 24, 2659, 1891] ou bien en chauffant le chlorhydrate de méthylpyrrolidine avec de la poudre de zinc dans un courant d'hydrogène [Testoni, Mascarelli, *Gazz. chim. ital.*, 33, II, 267, 1903]. On le prépare par action de la chaleur rouge sur les vapeurs du 1-méthylpyrrol [Pictet, *D. chem. G.*, 37, 2792, 1904]. On l'obtient encore en traitant l'aldéhyde lévulique par l'ammoniaque, puis par l'acide acétique étendu bouillant [Harries, *D. chem. G.*, 34, 44, 1898]. Il bout à 144°,5-146°,5 sous 717 mm., $d_4^{15} = 0,9446$, $n_b^{14} = 1,50353$ (Pictet). Son *dérivé Az-acétylé* bout à 197° [Ciamician, Silber]. Le 2-méthylpyrrol se condense avec l'anhydride phtalique pour donner un corps $C^{13}H^9AzO^2$ [Dennstedt, Zimmermann, *D. chem. G.*, 19, 2201, 1891]. Chauffé avec de l'acide acétique et de l'acétate de zinc, il donne du 2.4-diméthylindol [Plancher et Ciusa, *Att. Ac. Lincei.*, (5), 15, II, 447, 1906].

Acide 2-méthylpyrrol-carbonique. — Il fond à 169°,5 [Ciamician, *D. chem. G.*, 14, 1056, 1881].

Acide 2-méthylpyrrol-3.4.5-tricarbonique. — Son éther se forme par condensation de l'éther aminocrotonique avec l'éther dicétosuccinique. Il fond à 104° [Feist, *D. chem. G.*, 35, 1558, 1902].

2-Méthylpyrrylméthylcétone-5. — Par l'action de l'anhydride acétique sur le 2-méthylpyrrol. Elle fond à 85-86°, bout à 240° [Ciamician, Silber, *D. chem. G.*, 19, 1409; 20, 2604, 1887].

3-MÉTHYLPYRROL. — Il bout à 142-143° sous 742 mm.,7 [Ciamician, *D. chem. G.*, 14, 1054, 1881].

Acide 3-méthylpyrrolcarbonique. — Il fond à 142°,4 (Ciamician).

1-ÉTHYLPYRROL. — Action du pyrrol potassé sur l'iodure d'éthyle [Ciamician et Zanetti, *D. chem. G.*, 22, 659, 1889]. Densité à 10° = 0,9042, à 16° = 0,8881 et non à 6° : 1er Suppl., 1336].

Acide 1-éthylpyrroldicarbonique. — Il fond à 78°. Son *éthylamide*, obtenue par distillation du mucate d'éthylamine, fond à 43-44° et bout à 269-270° [Bell, *D. chem. G.*, 10, 1863, 1877].

Acide 1-éthylpyrroldicarbonique. — Il se décompose à 250°, sa *diéthylamide* fond à 229-230° (Bell).

1-Éthyldiacétylpyrrol. — Il fond à 58-59° [Zanetti, *D. chem. G.*, 22, 2516, 1889].

2-ÉTHYLPYRROL [Dennstedt, *D. chem. G.*, 23, 2563, 1890; — Zanetti, *Gazz. chim. ital.*, 21, II, 167, 1891].

3-ÉTHYLPYRROL. — Par distillation sur la poudre de zinc chauffée à 270-280° d'un mélange de pyrrol et d'alcool (Dennstedt). Par condensation du pyrrol et de l'aldéhyde acétique en présence du chlorure de zinc [Dennstedt, Zimmermann, *D. chem. G.*, 19, 2190]. Il bout à 163-165°. Son *dérivé Az-acétylé* bout à 220-230° (D., Z.).

3-Éthylpyrrylméthylcétone. — Elle fond à 47°, bout à 249-250° (D., Z.).

ACIDE 1.2-DIMÉTHYLPYRROL-2'-CARBONIQUE ou *Az-méthylpyrrylacétique.* — Son éther éthylique se forme par l'action de l'éther diazoacétique sur le pyrrol ou le 1-méthylpyrrol, il bout à 230-240°. L'acide fond à 113-114° [Piccinini, *Att. d. Lincei.* 8, I, 314, 1899].

2.3-DIMÉTHYLPYRROL. — Il se trouve dans l'huile animale ; il bout à 165° [Dennstedt, *D. chem. G.,* 22, 1926, 1889].

2.4-DIMÉTHYLPYRROL. — Il se forme par distillation des acides diméthylpyrrolcarboniques [Knorr. *Lieb. Ann. Chem.,* 236, 326, 1886]; par distillation de l'éther aminocrotonique [Collie. *Chem. Soc.,* 67. 220, 1895]; par la réduction d'un mélange d'acétylacétone et d'isonitrosoacétone [Knorr, Lange. *D. chem. G.,* 35. 3008, 1902]. — Il bout à 165° (corr.) sous 743 mm. [Knorr, Rabe, *D. chem. G.,* 34. 3494, 1901]. — Oxydé par le mélange chromique, il donne l'imide citraconique [Plancher, Cattadori, *Gazz. chim. ital.,* 33, I, 402, 1903]. Réduit par le zinc et l'acide acétique. il donne une base $C^{12}H^{15}Az$ [Plancher. *D. chem. G.,* 35, 2606, 1902]. Chauffé avec de l'acide acétique et de l'acétate de zinc, il donne un produit de condensation en aiguilles fusibles à 74° [Plancher et Tornani, *Gazz. chim. ital.,* 35, I, 461, 1905]. Traité par l'hydroxylamine, il donne l'oxime de l'aldéhyde α-méthyllévulique. Action du bromoforme [voyez Bocchi, *Gazz. chim. ital.,* 30, I, 95, 1900].

Dérivé nitrosé. — Il donne avec l'hydroxylamine une trioxime [Angelico, Calvello, *Gazz. chim. ital.,* 34, I, 38, 1904].

2.4-*Diméthylpyrrol-azobenzène.* — Il fond à 119°; son phénylcarbamate fond à 70-71° [Plancher, Soncini, *Atti d. Lincei.* 10, 299, 1901].

Acide 2.4-diméthylpyrrol-3-carbonique. — Il fond à 183°. Son *éther éthylique* se forme par distillation du monoéther diméthylpyrrol-dicarbonique [Knorr, *Ann. Chem.,* 236, 325, 1886] et par réduction d'un mélange d'éther acétylacétique et d'isonitrosoacétone [K., Lange. *D. chem. G.,* 35, 3007, 1902]; il fond à 75-76°. bout à 225-230° sous 110 mm. Combinaisons avec les aldéhydes [Feist. *D. chem. G.,* 35, 1647. 1902]. Son *anilide* fond à 80° (K.). — 2.4-*Tétraméthylpyrrocolle* et dérivés [voyez Magnanini. *D. chem. G.,* 21, 2877, 1888; 22, 36. 1889].

Acide 2.4-diméthylpyrrol-5-carbonique [Magnanini, *D. chem. G.,* 21, 38. 1888].

Acide 2.4-diméthylpyrrol-dicarbonique. — Il se décompose vers 260°. Son *éther diéthylique* se forme par réduction d'un mélange d'éthers acétylacétique et isonitrosoacétylacétique [Knorr, *loc. cit.*], il fond à 134-135°. Anhydride et dérivés. voyez Magnanini [*loc. cit.*].

Acide 2.4-diméthylpyrrol-2'.4'.3.5-tétracarbonique ou acide pyrroldiacétique-dicarbonique. — Il fond à 220°. Son *éther* se forme par réduction d'un mélange d'éther acétone-dicarbonique et de son dérivé nitrosé; il fond à 113-113°.5 [Feist, *loc. cit.*].

2.4-*Diméthylpyrrylméthylcétone-3.* — Elle fond à 139-140° [Zanetti, Lévi. *Gazz. chim. ital.,* 24. I. 549. 1894]; à 137° [Knorr. Lange, *loc. cit.*].

2.4-*Diméthylpyrrylméthylcétone-5.* — Elle fond à 122-123° [Magnanini. *D. chem. G.,* 21, 2867. 1888: — Zanetti, *Gazz. chim. ital.,* 23, II. 310, 1893].

2.4-*Diméthyl-2.5-diacétylpyrrol.* — Il fond à 136° (Zanetti).

Acide 2.4-diméthylpyrryl-3-méthylcétone-5-carbonique. — Il fond à 208-210°. Son *éther éthylique* fond à 143° [Zanetti. Lévi, *Gazz. chim. ital.,* 24, I, 547].

Acide 2.4-diméthylpyrryl-5-méthylcétone-3-carbonique. — Il fond à 252-254°; son *éther*

éthylique fond à 142-143° [Zanetti. Lévi, *loc. cit.*; — Magnanini, *D. chem. G.,* 24, 2865, 1888].

2.5-DIMÉTHYLPYRROL. — On le trouve dans l'huile animale [Ciamician, Weidel, *D. chem. G.,* 13, 78, 1880]. Il se forme par distillation de l'acide correspondant [Knorr, *D. chem. G.,* 18, 1565, 1885], par l'action de l'ammoniaque sur l'acétonylacétone [Paal, *D. chem. G.,* 18, 2254, 1885]. Il bout à 165° sous 752 mm., à 169° [Knorr, Rabe, *D. chem. G.,* 34, 3492, 1901]; $d^{19°,8} = 0,93532$ [Nasini, Carrara, *Gazz. chim. ital.,* 24, I, 278, 1894]. — Action du zinc et de l'acide acétique [Zanetti, Cimatti, *D. chem. G.,* 30. 1588, 1897; — Plancher. *ibid.,* 35. 2606, 1902; — Plancher et Tornani. *Gazz. chim. ital.,* 35. I. 461, 1905]. — Action du chloroforme [Bocchi, *Gazz. chim. ital.,* 30. I. 89, 1900]. — *Dérivé benzène-azoïque,* fusible à 135° [Plancher. Soncini, *Atti Ac. Lincei.* 10. 299. 1901; *Gazz. chim. ital.,* 32, II, 447. 1902; — Castellana, *Atti Ac. Lincei,* 14, II, 242. 1905; *Gazz.,* 36, II, 48. 1905]. — *Dérivé Az-aminé,* fusible à 23° [Bülow. *D. chem. G.,* 35. 4311. 1902].

Acide 2.5-diméthylpyrrol-3-carbonique. — A partir du monoéther dicarbonique [Knorr, *D. chem. G.,* 18. 1565. 1885]. Par la chloracétone, l'éther acétylacétique et l'ammoniaque [Hantzsch, *D. chem. G.,* 23. 1474. 1890; Korschun, *J. Soc. phys. chim. russe,* 37. 35, 1805]. Il se décompose à 210-213°. — Son *éther éthylique* fond à 117-118° [Korschun et Ossipof. *Journ. Soc. phys. chim. russe,* 34, 59, 1902; 35. 630, 1903]. — L'*éther méthylique* fond à 119°.5 [Korschun, *D. chem. G.,* 37, 2196. 1904]. — *Dérivé aminé-1* [voyez Korschun. *loc. cit.,* 2183 et *J. Soc. phys. chim. russe,* 37, 16, 1905]. — Combinaisons avec les aldéhydes [voyez Feist, *D. chem. G.,* 35, 1647. 1902].

Acide 2.5-diméthylpyrroldicarbonique. — L'éther de cet acide s'obtient par condensation de l'éther diacétylsuccinique avec l'ammoniaque. L'acide fond à 250-251°. son *éther diéthylique* fond à 99° [Knorr, *D. chem. G.,* 18, 302, 1559; *Ann. Chem.,* 236. 303. 1886; — Knorr, Rabe, *ibid.,* 33. 3803, 1900; — Paal, Härtel, *ibid.,* 30. 1995. 1897]. — *Dérivé Az-aminé* [Bülow, *D. chem. G.,* 35. 4311, 1902; 37, 2697, 1904; 38. 2366. 1905], son *éther diéthylique* fond à 101-102°. — *Dérivé Az-phénylhydrazidooxalaminé* [Bülow. *D. chem. G.,* 37, 2424. 1904].

Acide 2.5-diméthylpyrrol-2'.4-dicarbonique. — Son éther éthylique fond à 168° [Nef, *Ann. Chem.,* 266. 85. 1891].

2.5-*Diméthylacétylpyrrol.* — Il fond à 94° [Magnanini. Scheidt. *Gazz. chim. ital.,* 22. I. 446. 1892; — Magnanini, *ibid.,* 23. I, 465; — Magnanini, Bentivoglio, *ibid.,* 24. I, 436. 1894].

2.5-*Diméthyldiacétylpyrrol.* — Il fond à 180-181° [Zanetti, *ibid.,* 23, II, 307, 1893].

PROPYLPYRROLS. — Les isomères 1 et 2 se forment dans l'action de l'iodure de propyle sur le pyrrol pota-sé. Ils bouillent à 145°.5 et 160-180° [Zanetti. *D. chem. G.,* 22, 2518, 1889].

ISOPROPYLPYRROL. — Par condensation du pyrrol avec l'acétone. Il bout à 173-175°. Son *dérivé acétylé* bout à 222-224° [Dennstedt, Zimmermann. *D. chem. G.,* 20, 850, 1887].

1.2.5-TRIMÉTHYLPYRROL. — Il bout à 169° sous 746 mm. L'*acide dicarbonique* correspondant s'obtient par condensation de l'éther diacétylsuccinique avec la méthylamine; il se décompose à 258-260°; l'*éther diéthylique* fond à 72° [Knorr, *D. chem. G.,* 18, 303; *Ann. Chem.,* 236, 303, 1886].

Acide 1.2.5-triméthylpyrrol-1'-carbonique. — Par condensation de l'aminoacétate d'éthyle avec l'acétylacétone. Il fond à 130-131° [E. Fischer. *D. chem. G.,* 34. 439, 1901].

2.3.5-Triméthylpyrrol. — Par saponification de l'éther triméthylpyrrolcarbonique. Huile bouillant à 75-76° sous 14-15 mm., à 180° sous 768 mm.

Acide 2.3.5-triméthylpyrrolcarbonique. — Son *éther éthylique* s'obtient en traitant l'éther diacétylbutyrique par l'ammoniaque; il fond à 101°,5-102°,5; son *éther méthylique* fond à 124-125° [Korschun, *D. chem. G.*, **38**, 1125, 1905].

1-Éthyl-2.5-diméthylpyrrol. — Son *dérivé* β-*éthoxylé*

$$CH \equiv C \underset{CH = C}{\overset{}{\Big|}} \begin{matrix} CH^3 \\ Az - CH^2 - CH^2OC^2H^5 \\ CH^3 \end{matrix}$$

se forme par condensation de l'alcool amino-éthylique avec l'acétonylacétone. Il bout à 225-226° sous 751 mm. [Knorr et Meyer, *D. chem. G.*, **38**, 3129, 1905].

Diéthylpyrrols. — On en connaît deux. L'un, qui est Az-éthylé, se trouve dans les produits de l'action de l'iodure d'éthyle sur le pyrrol potassé; il bout à 165-175° [Zanetti, *Gazz. chim. ital.*, **19**, 294, 1889]. L'autre se forme par distillation du pyrrol et de l'alcool sur la poudre de zinc; il bout à 185-187° [Dennstedt, *D. chem. G.*, **23**, 2563, 1890].

2.5-Méthylisopropylpyrrol. — Par action de l'ammoniaque sur la cétone $CH^3 - CO - CH^2 - CH^2 - CO - CH(CH^3)^2$ [Tiemann, Semmler, *D. chem. G.*, **30**, 434, 1897; — Tchougaef, Schlésifger, *J. Soc. phys. chim. russe*, **36**, 190, 1904]. Il bout à 83° sous 13ᵐᵐ,3, $d_4^0 = 0,9269$, $d_4^{20} = 0,9108$, $n^{16,8}_D = 1,4998$ (T., S.); $d^{20} = 0,051$, $n_D = 1,4988$ (Tiemann, Semmler).

Isoamylpyrrol. — Il bout à 180-184°, $d_{10} = 0,8786$ [Bell, *D. chem. G.*, **10**, 1866, 1877].

Triéthylpyrrol. — Il bout à 200-205° [Dennstedt, *D. chem. G.*, **23**, 2563, 1890].

1-Phénylpyrrol. — Il se forme par distillation du saccharate d'aniline [Altmann, *D. chem. G.*, **14**, 933, 1881], du mucate d'aniline [Pictet, Steinmann, *D. chem. G.*, **34**, 2529, 1902]. Il fond à 62°, bout à 234° [Pictet, Crépieux, *D. chem. G.*, **28**, 1905, 1895].

Dérivé tétrachloré. — Fusible à 93° [Anschütz, Beavis, *Ann. Ch.*, **293**, 30, 1896]. Combinaisons avec l'aldéhyde benzoïque [Feist, *D. chem. G.*, **35**, 1647, 1902].

Dérivé benzène-azoïque. — Fusible à 117° [Fischer, Hepp, *D. chem. G.*, **19**, 2256, 1886].

Acide 1-phénylpyrrol-2-carbonique. — Il se forme dans la distillation du mucate d'aniline, à l'état d'anilide. Il fond à 166°; son *éther méthylique* fond à 88°, son *éther éthylique* à 289°; l'*anilide* fond à 136°.

Acide 1-phénylpyrrol-2.5-dicarbonique. — On chauffe le mucate d'aniline à 240°. Il fond à 235-240° en se décomposant [Pictet, Steinmann, *D. chem. G.*, **34**, 2529, 1902].

2-Phénylpyrrol. — On fait passer le 1-phénylpyrrol dans un tube chauffé au rouge. Il fond à 129°, bout à 271-272° sous 726 mm. [Pictet, Crépieux, *loc. cit.*].

Acide 2-phénylpyrroldicarbonique-4.5. — Il fond à 250° [Borsche, Spannagel, *Ann. Chem.*, **331**, 298, 1904].

Acide 2-phénylpyrrylpropionique. — Il fond à 140-141° [Kehrer, *D. chem. G.*, **35**, 2009, 1902].

2-Phényl-3-acétylpyrrol. — Il fond à 239-240°; son *oxime* fond à 213-215° [Schiff, Gigli, *D. chem. G.*, **31**, 1307, 1898].

2-Phényl-3-benzoylpyrrol. — Il fond à 250-252° (Schiff, Gigli).

2-Phényl-3-phénacylpyrrol. — Il fond à 140° [Klobb, *C. R.*, **130**, 1255, 1900; *Bull. Soc. Chim.*, **23**, 527, 1900].

1-Benzylpyrrol. — Il bout à 247° sous 705 mm.;

à 138-139° sous 27 mm. [Ciamician, Silber, *D. chem. G.*, **20**, 1369, 1887]; à 245-246° [Pictet, *ibid.*, **38**, 1946, 1905]. Chauffé au rouge dans un tube, il donne de la β-phénylpyridine (P.).

1-Tolylpyrrols. — Le *dérivé ortho* bout à 246°; le *dérivé para* fond à 82° et bout à 252° (corr.) sous 728ᵐᵐ,5 [Pictet, *D. chem. G.*, **37**, 2792, 1904; — voyez aussi Lichtenstein, *ibid.*, **14**, 933, 1881].

2-Tolylpyrrols. — Le *dérivé ortho* bout à 284°; le *dérivé para* fond à 153° et bout à 294° (Pictet).

2.5-Phénylméthylpyrrol. — Par l'acétophénone-acétone et l'ammoniaque [Paal, *D. chem. G.*, **18**, 370, 1885; — Angelico, Calvello, *Gazz. chim. ital.*, **31**, II, 13, 1901]. Il fond à 101°. Son *dérivé nitrosé* brunit à 160°, ne fond pas à 240° (A., C.). Son *dérivé benzène-azoïque* fond à 120° [Plancher, Soncini, *Atti d. Lincei*, **10**, 299, 1900]. L'*acide 2.5-phénylméthylpyrrol-4-carbonique* fond à 190° [Lederer, Paal, *D. chem. G.*, **18**, 2593, 1885]; son *éther éthylique* fond à 120°. L'*acide 2.5-phénylméthylpyrrol-3-carbonique* fond à 155°; son *éther éthylique* fond à 81° [Borsche, Fels, *D. chem. G.*, **39**, 3877, 1906].

2.5-Phénylméthyl-4-acétylpyrrol. — Il fond à 177-178° [March, *C. R.*, **134**, 844, 1902].

3.5-Phénylméthylpyrrol. — On ne connaît que ses dérivés. L'*acide phénylméthylpyrrol-4-carbonique* fond à 115°. Son *éther éthylique* fond à 105°. Le *phénylméthylpyrrol-4.5'-dicarbonate de méthyle* fond à 126°. Le *phénylméthyl-4-acétylpyrrol* fond à 151°; le *phénylméthyl-4-benzoylpyrrol* fond à 231° [Knorr, Lange, *D. chem G.*, **35**, 2998, 1902].

1-Phényl-2.5-diméthylpyrrol. — Il fond à 51-52°, bout à 244° sous 756 mm. [Knorr, *Ann. Chem.*, **236**, 305, 1886]. Son *dérivé o-hydroxylé* fond à 95° [Paal, Schneider, *D. chem. G.*, **19**, 558, 1887].

Acide 1-phényl-2.5-diméthylpyrrolcarbonique. — Il fond à 205° [Feist, *D. chem. G.*, **35**, 1547, 1902]. Combinaisons avec les aldéhydes [Feist, *ibid.*, 1647].

Acide 1-phényl-2.5-diméthylpyrroldicarbonique. — Il se décompose à 224°; son *éther éthylique* fond à 37-38° (Knor). *Dérivé p-acétylé* [Bulow, Nottbohm, *D. chem. G.*, **36**, 392, 1903]; son *éther éthylique* fond à 114°.

Acide 2-phényl-1.5-diméthylpyrrol-4-carbonique. — L'*éther éthylique* fond à 112° [Lederer, Paal, *D. chem. G.*, **18**, 2594, 1885].

1-p-Tolyl-2.5-diméthylpyrrol. — Il fond à 45-46°, bout à 225° sous 744 mm. [Knorr, *Ann. Chem.*, **236**, 309, 1886].

Acide 1-p-tolyl-2.5-diméthylpyrrol-dicarbonique. — Il se décompose à 250°; son *éther éthylique* fond à 67° [Knorr, *loc. cit.*; — Bulow List, *D. chem. G.*, **35**, 191, 1902]. *Dérivés m-* et *o-aminés*, voyez Knorr; Bulow et List [*loc. cit.*].

Acide 1-o-tolyl-2.5-diméthylpyrroldicarbonique. — Il fond à 203-204° (Bulow, List).

2-Phényl-1-allyl-5-méthylpyrrol. — Il fond à 52°, bout à 277-278° [Lederer, Paal, *D. chem. G.*, **18**, 2595, 1885].

2.5-Diphénylpyrrol. — Il se forme à partir de l'acide pyrroldibenzoïque [Baumann, *D. chem. G.*, **20**, 1490, 1887]; en traitant le diphényldinitrosacyle par la phénylhydrazine [Hollemann, *D. chem. G.*, **20**, 3361; **21**, 2837, 1888]; en traitant le diphénacyle par l'ammoniaque [Kapf, Paal, *D. chem. G.*, **21**, 3061, 1888]. Il fond à 143°,5. Son *dérivé nitrosé* fond à 204° [Angelico, Calvello, *Gazz. chim. ital.*, **31**, II, 10, 1901; — Angelico, *Atti d. Lincei*, **14**, I, 699, 1905]. Son *dérivé aminé-3* fond à 187-188°, son *dérivé diazoïque* fond à 122° [Angelico, *Atti d. Lincei*, **14**, II, 167, 1905].

Acide 2.5-diphénylpyrrolcarbonique-3. — Il fond à 216° (Kapf. Paal).

Acide 2.5-diphénylpyrrol-3.4-dicarbonique. — Son éther diéthylique fond à 151-152° [Knorr, Schmidt. *Ann. Chem.*. 293. 107, 1896; — Paal, Härtel, *D. chem. G.*, 30, 1998, 1897].

Acide 2.5-diphénylpyrrol-4'.4"-dicarbonique ou *pyrroldibenzoïque.* — Il fond à 230-232° [Gabriel, *D. chem. G.*. 19, 240]; pour ses dérivés Az-substitués, voyez Baumann [*D. chem. G.*, 20. 1847. 1887].

1.5-Diphényl-2-méthylpyrrol. — Il fond à 84°. L'*acide 3-carbonique* correspondant à 226°, son *éther éthylique* fond à 100° [Lederer, Paal, *D. chem. G.*, 18, 2595. 1885].

4.5-Diphényl-2-méthylpyrrol. — L'éther éthylique de l'*acide 3-carbonique* correspondant fond à 202° [Knorr, Lange. *D. chem. G.*, 35, 2998, 1902: — Feist, *ibid.*, 1558]. *Dérivé 3-acétylé*, voyez Knorr et Lange.

2.5-p-Ditolylpyrrol. — Il fond à 197° [Hollemann. *Rec. Pays-Bas*, 6. 73, 1887].

1.2.5-Triphénylpyrrol. — Il fond à 231° [Baumann, *D. chem. G.*. 20, 1491; — Kapf, Paal. *ibid.*. 21. 3062, 1888]. L'*acide 3-carbonique* correspondant fond à 273°, l'éther éthylique fond à 169-170° (Kapf, Paal).

1-Tolyl-2-phényl-5-méthylpyrrol. — Le *dérivé ortho* fond à 44°; le *dérivé para* fond à 91°. Des acides 3-carboniques correspondants. l'*ortho* fond à 199°. le *para* fond à 227° [Lederer. Paal. *D. chem. G.*, 18, 2596, 1885].

2.3.5-Triphénylpyrrol. — Par la désylacétophénone et l'ammoniaque [Smith, *Chem. Soc.*. 57. 645. 1890; — Angelico. Calvello. *Gazz. chim. ital.*, 34. II. 6, 1901; — voyez aussi Japp et Tingle, *Chem. Soc.*. 71, 1146, 1897]. Il fond à 140-141°. Son *dérivé nitrosé* fond à 125° (A.. C.). Son *dérivé aminé* fond à 184-185° [Angelico, *Atti d. Lincei*, 14. I, 699; II, 167, 1905].

1-Tolyl-2.5-diphénylpyrrol. — L'*ortho* fond à 114°, le *para* fond à 201°. Des *acides 3-carboniques* correspondants. l'*ortho* fond 226-227°, le *para* à 205-206° [Paal, Braikoff, *D. chem. G.*. 22. 3088, 1889: — Voyez aussi Baumann, *D. chem. G.*. 20, 1492. 1887].

1-m-Xylyl-2.5-diphénylpyrrol.. — Il fond à 144-149°. L'*acide 3-carbonique* correspondant fond à 253-254° (Paal. Braikoff).

5-Mésityl-2.3-diphénylpyrrol. — Il fond à 188° [Smith, *Am. Chem. Journ.*, 22, 255, 1899].

1-Naphtylpyrrol. — Le *dérivé* α fond à 42°, le *dérivé* β fond à 107°.

2-Naphtylpyrrol. — Le *dérivé* β fond à 155° [Pictet. *D. chem. G.*. 37. 792. 1904].

1-Naphtyl-2.5-diméthylpyrrols. — Le *dérivé* α fond à 123°, le *dérivé* β fond à 71°. Des *acides 3-4-dicarboniques* correspondants, le *dérivé* α se décompose à 244°. éther éthylique fusible à 91-92°. le *dérivé* β se décompose vers 160°, éther éthylique fusible à 124° [Knorr, *Ann. Chem.*, 236, 306, 1886].

1-Naphtyl-2-phényl-5-méthylpyrrols. — Le *dérivé* α fond à 74°. le *dérivé* β fond à 52°. Des *acides 3-carboniques* correspondants. le *dérivé* α fond à 244°, le *dérivé* β à 249° [Lederer, Paal, *loc. cit.*].

1-Camphyl-2.5-diméthylpyrrol. — Voyez Bulow [*D. chem. G.*, 38. 189. 1905].

Pyridylpyrrol. — Le *dérivé* 1 est un liquide bouillant à 231°. Dans un tube chauffé au rouge, il se transforme dans le *dérivé* 2. fusible à 72° [Pictet. *C. R.*, 137. 860. 1903].

Tripyrrol. — Le chlorhydrate se forme quand on traite une solution éthérée de pyrrol par le gaz chlorhydrique sec [Dennstedt. Zimmermann.

D. chem. G., 21, 1478, 1888; — Dennstedt, Voigtländer, *D. chem. G.*, 27, 478, 1894].

Janvier 1907.   R. Marquis.

PYRROLIDINES. — Les pyrrolidines sont des tétrahydropyrrols. Elles prennent naissance, d'une façon générale, par hydrogénation des composés possédant le noyau

$$\begin{array}{l} C-C \diagdown \\ \quad\quad\ Az\,H \\ C-C \diagup \end{array}$$

pyrrols, pyrrolines, pyrrolones, pyrrolidones, succinimides. On peut les obtenir aussi en chauffant les chlorhydrates des tétraméthylène-diamines substituées.

Pyrrolidine.

$$\begin{array}{c} CH^2 - CH^2 \\ |\ _4\quad _3\ | \\ CH^2{}_5 \quad {}_2CH^2 \\ \diagdown \quad \diagup \\ {}_1 \\ Az\,H \end{array}$$

— La pyrrolidine peut s'obtenir : 1° En hydrogénant le pyrrol en présence de nickel réduit, à 180-190° [Padoa, *Gazz.*, 36, II, 317, 1906]; 2° Par réduction de la pyrroline au moyen de l'acide iodhydrique et du phosphore rouge [Ciamician, Magnaghi, *Gazz. chim. ital.*, 15, 483, 1885]; 3° Par réduction du cyanure d'éthylène par le sodium et l'alcool [Ladenburg. *D. chem. G.*, 19, 782, 1886]: 4° Par distillation sèche du chlorhydrate de tétraméthylène-diamine [Ladenburg, *D. chem. G.*. 20, 442, 1887]; 5° En réduisant la succinimide par le sodium et l'alcool bouillant [Ladenburg, *D. chem. G.*. 20, 1225, 1887]; d'après Schlinck [*D. chem. G.*, 32, 947, 1899], cette méthode donne de fort mauvais rendements, de même que la réduction de la pyrrolidone dans les mêmes conditions: 6° En traitant la δ-chlorobutylamine $ClCH^2\text{-}CH^2\text{-}CH^2\text{-}CH^2\text{-}AzH^2$ par la potasse [Gabriel, *D. chem. G.*, 24, 3234, 1891; —.Schlinck, *loc. cit.*; 7° Par distillation sèche du chlorhydrate d'ornithine [Schulze, Winterstein, *D. chem. G.*, 32, 3191. 1899].

La pyrrolidine a été trouvée par M. A. Pictet parmi les alcaloïdes du tabac [*Arch. der Pharm.*, 244, 375, 1906; *Conférence de la Soc. Chim.*, 1906].

La pyrrolidine est un liquide incolore, fumant à l'air, d'une odeur de pipéridine, bouillant à 87°.5-88°.5; $d_{22°.5} = 0.852$ (Gabriel); $d_0 = 0,879$ $d_{10} = 0.871$ (Petersen). Elle est miscible à l'eau. Elle donne des sels bien cristallisés. Le *chloroplatinate* est assez soluble dans l'eau; le *chloraurate* fond à 206° en se décomposant (Lad.). L'*iodure double de cadmium* $(C^4H^9Az.HI)^2CdI^2$, cristallise en paillettes fusibles à 200-202° (Petersen). en aiguilles soyeuses fusibles à 217-219° (Gabriel): l'*iodobismuthate*, $3(C^4H^9Az.HI).2BiI^3$ est un précipité rouge presque insoluble dans l'eau (Lad.). Le *picrate* fond à 111-112° (Gabriel). La *méthylthiourée* fond à 117°; l'*éthylthiourée* fond à 91°; l'*allylthiourée* fond à 70°; la *phénylthiourée* fond à 148°.5 [Schlinck, *loc. cit.*].

Nitrosopyrrolidine,

$$\begin{array}{l} CH^2 - CH^2 \diagdown \\ | \quad\quad\quad\quad Az - Az\,O \\ CH^2 - CH^2 \diagup \end{array}$$

— Elle se forme par l'action du nitrite de potassium sur la solution acide de pyrrolidine. Huile jaune, soluble dans l'eau, bouillant à 214° (Petersen).

2-Ethoxypyrrolidine. — Son *dérivé benzène-sulfonylé* se forme par action du chlorure benzènesulfonique sur l'acétal γ-aminobutyrique en solution hydroalcoolique. Il cristallise en aiguilles blanches fusibles à 76-78° [Vohl, Schaefer et A. Thiele, *D. chem. G.*, **38**, 4157, 1905].

1-MÉTHYLPYRROLIDINE, $CH^3Az(CH^2)^4$. — Elle s'obtient : 1° Par réduction de la méthylpyrroline [Ciamician et Magnaghi, *loc. cit.*]; 2° Par distillation de l'acide hygrique ou méthylpyrrolidine-carbonique [Liebermann, Cybulski, *D. chem. G.*, **28**, 582, 1895]; 3° On la trouve dans les produits d'oxydation de la nicotine par l'oxyde d'argent [Pictet, *D. chem. G.*, **38**, 1951, 1905]. Elle est liquide et bout à 81-83°. Elle est soluble dans l'eau. Son *chloroplatinate* fond à 233°; son *chloraurate* fond à 218°: son *picrate* fond à 218° [Ciamician et Piccinini, *D. chem. G.*, **30**, 1791, 1897]. Elle donne avec l'iodure de méthyle un *iodométhylate* déliquescent, cristallisé en aiguilles, qui, chauffé avec de la potasse solide donne la base : $CH^2=CH-CH^2-CH^2-Az(CH^3)^2$ (Ciamician, Magnaghi).

2-MÉTHYLPYRROLIDINE. — Elle se forme quand on chauffe la 1-2-diméthylpyrrolidine à 220° dans un courant de gaz chlorhydrique [Ladenburg, Mugdan, Brzosiovicz, *Ann. Chem.*, **279**, 354, 1894]. Le meilleur procédé de préparation consiste à réduire la 2-méthylpyrrolidone par le sodium en excès et l'alcool amylique [Tafel, *D. chem. G.*, **20**, 249, 1887; — Tafel et Neugebauer, *ibid.*, **22**, 1865, 1889; — Fenne et Tafel, *ibid.*, **31**, 906, 1898]. La 2-méthylpyrrolidine se forme encore quand on réduit la 2-méthylpyrrolidone par l'étain et l'acide chlorhydrique [Mascarelli, Testoni, *Gazz. chim. ital.*, **33**, 312, 1903]. Elle est liquide et bout à 95°,5-96°,05 sous 744 mm.; $d_{20}^{20}=0,84$ (F. et T.).

Le *chlorhydrate* est très déliquescent, il se dissocie partiellement au bain-marie. Chauffé avec 15 parties de poudre de zinc dans un courant d'hydrogène, il donne du diméthylpyrrol [Mascarelli, Testoni, *Gazz. chim. ital.*, **33**, 267, 1903]. Le *chloroplatinate* se décompose à 206-207° quand on le chauffe rapidement. Le *chloraurate* $C^5H^{11}Az.HCl.AuCl^3$ fond à 158-161° (F. et T.), le point de fusion de 212° donné par Ladenburg paraît inexact. L'*oxalate* $(C^5H^{11}Az)^2.C^2H^2O^4$ se ramollit à 165° et fond à 178-179° (F. et T.).

3-MÉTHYLPYRROLIDINE. — Oldach l'a obtenue en distillant le chlorhydrate de β-méthyltétraméthylène-diamine [*D. chem. G.*, **20**, 1657, 1887; — voyez aussi Euler, *J. prakt. Ch.*, **57**, 131, 1898]. Elle est liquide et bout à 103-105°; $d_4^0=0,8654$. Son *chloroplatinate* fond à 194-195° (E.). Son *chloraurate* fond à 170°: son *picrate* fond à 105° (O.).

1.2-DIMÉTHYLPYRROLIDINE. — Elle se forme : 1° Quand on chauffe à 220° le diméthylamino-1-chloro-4-pentane (chlorhydrate de diméthylpipéridine) dans un courant de gaz chlorhydrique [Merling, *Ann. Chem.*, **264**, 312, 1891; — Ladenburg, M. et B., *loc. cit.*; — Fenner et Tafel, *loc. cit.*]; 2° En réduisant la diméthylpyrroline-1-2 par l'étain et l'acide chlorhydrique [Hielscher, *D. chem. G.*, **34**, 280, 1898]; 3° Par distillation de son chlorométhylate [Fenner et Tafel; Willstätter, *D. chem. G.*, **33**, 377, 1900].

C'est un liquide bouillant à 86-89°, $d_{20}=0,8299$, d'après Hielscher, bouillant à 96-96°,5 d'après Fenner et Tafel. Il a une odeur de pipéridine. Son *chloroplatinate* fond à 223-224° en se décomposant. Son *chloraurate* fond à 179-180° (W.), à 215-217° (Merling).

L'*iodométhylate* de 1.2-*diméthylpyrrolidine* s'obtient en réduisant l'iodométhylate du dérivé bromé-2' (Willstätter) ou bien en traitant la 2-méthylpyrrolidine par l'iodure de méthyle [Fenner et Tafel, *loc. cit.*, 909]; il ne fond qu'au-dessus de 300°. Le *chlorométhylate* s'obtient en chauffant au bain-marie le diméthylamino-1-

chloro-4-pentane (chlorhydrate de diméthylpipéridine) (F. et T.), ou bien en traitant l'iodométhylate par le chlorure d'argent (W.). Il cristallise en prismes; son *chloroplatinate* $(C^7H^{10}Az)^2PtCl^6$ se décompose vers 250°, son *chloraurate* se décompose vers 290°, il est peu soluble dans l'eau, soluble dans l'acétone (F. et T.).

Bromo-2'-diméthylpyrrolidine-1-2. — Son *bromométhylate*

$$
\begin{array}{ccc}
CH^2 & - & CH^2 \\
| & & | \\
CH^2 & & C-CH^2Br \\
& \diagdown \diagup & \\
& Az-Br & \\
& \diagup \diagdown & \\
CH^3 & & CH^3
\end{array}
$$

se forme quand on traite par le brome le diméthylamino-1-pentane-5 (diméthylpipéridine) en solution chloroformique [Willstätter, *D. chem. G.*, **17**, 2139, 1884; **19**, 2628, 1886]. Il est en tables quadratiques fusibles à 232°. Le *chlorométhylate* fond à 224-225°. L'*iodométhylate* fond à 218-219° (W.).

Iodo-2'-diméthylpyrrolidine-1-2. — Son *iodométhylate* s'obtient par action de l'iode en solution alcoolique sur la diméthypipéridine [Ladenburg, *Ann. Chem.*, **247**, 58, 1888; — Willstätter, *loc. cit.*]. Il cristallise en prismes ou en tables hexagonales fusibles à 211-212° en se décomposant. Chauffé avec un alcali, il donne l'iodométhylate de 1-méthyl-2-méthylène-pyrrolidine (voyez plus bas) (W.).

1-3-DIMÉTHYLPYRROLIDINE. — Cette base n'a pas été isolée; son *iodométhylate* a été obtenu par Euler [*loc. cit.*] en traitant la 3-méthylpyrrolidine par l'iodure de méthyle en solution alcoolique et en présence de potasse. Il est déliquescent. Distillé avec de la potasse solide, il donne la base $CH^2=C(CH^3)-CH^2-CH^2-Az(CH^3)^2$ ou $(CH^3)^2Az-CH^2-CH(CH^3)-CH=CH^2$.

2-4-DIMÉTHYLPYRROLIDINE. — Elle se prépare par réduction de la pyrroline correspondante [Knorr, Rabe, *D. chem. G.*, **34**, 3498, 1901]. Elle est liquide, bout à 115-117° sous 753 mm., $d_4^{20}=0,8297$, $n_D^{20}=1,4325$. Son *chloroplatinate* fond vers 210°, son *picrate* fond à 116-117°, son *picrolonate* fond à 227°.

2.5-DIMÉTHYLPYRROLIDINE. — Elle se forme : 1° Quand on réduit par l'amalgame de sodium en solution acétique la diphénylhydrazone de l'acétonylacétone [Tafel, *D. chem. G.*, **22**, 1858, 1889]; 2° Quand on distille le chlorhydrate du diaminohexane-2-5 [Tafel, Neugebauer, *D. chem. G.*, **23**, 1546, 1890]; 3° Quand on chauffe à 100° l'amino-2-chloro-5-hexane [Merling, *Ann. Chem.*, **264**, 328, 1891]. Elle est liquide et bout à 106-108° sous 746 mm.; $d^{120}=0,8185$, réfraction moléculaire 50,97 [Eykmann, *D. chem. G.*, **25**, 3071, 1892]. Son *chlorhydrate* fond à 188-190° (T. et N.). Elle donne un *chloraurate normal*, $C^6H^{13}Az.HCl.AuCl^3$, fusible à 96-100° et un *chloraurate anormal*, $(C^6H^{12}Az.HCl)^2AuCl^3$, fusible à 102-104° [Tafel, Fenner, *D. chem. G.*, **32**, 3226, 1899]. Le *dérivé nitrosé* bout à 135° sous 60 mm. (T. et N.).

MÉTHYL-1-MÉTHYLÈNE-2-PYRROLIDINE. — Son *bromométhylate* et son *iodométhylate* se forment par action de la potasse sur les dérivés correspondants de la iodo-2'-diméthyl-1-2-pyrrolidine [Willstätter, *D. chem. G.*, **33**, 373, 1900].

1.2.4-TRIMÉTHYLPYRROLIDINE. — Elle s'obtient par distillation de son chlorométhylate. Elle est liquide et bout à 111-113°; $d_{18}=0,790$. Le *chloroplatinate* fond à 179-180°. Le *chloraurate* fond à 98-99°. Le *chlorométhylate* se forme quand on chauffe avec de la soude le chlorhydrate de diméthylamino-1-méthyl-2-chloro-4-pentane [Jacobi, Merling, *Ann. Chem.*, **278**, 9, 1893].

1.2 5-Triméthylpyrrolidine. — Elle se forme quand on traite la diméthylpyrrolidine-2.5 par l'iodure de méthyle en solution éthérée. On l'obtient aussi en chauffant le chlorométhylate qui se forme quand on porte à 100° le diméthylamino-2-chloro-5-hexane [Tafel, Neugebauer, *D. chem. G.*, **23**. 1548. 1890; — Merling, *Ann. Chem.*, **264**, 334, 1891]. Elle se forme encore quand on réduit la triméthylpyrroline-1.2.5 par l'acide iodhydrique et le phosphore [Knorr, Rabe, *D. chem. G.*, **34**, 3500, 1901]. Liquide bouillant à 115-116° sous 750 mm., à 113-117° (corr.) sous 741 mm. (K., R.); $d_4^{7} = 0.8149$; réfraction moléculaire : 58,63 [Eykmann, *D. chem. G.*, **25**, 3071. 1892]. Le *picrate* fond à 163° environ, le *picrolonate* fond vers 193° (K., R.). L'*iodométhylate* se décompose vers 400° (M.), fond à 310° en se décomposant (K., R.).

2.3.5-Triméthylpyrrolidine. — On obtient son chlorhydrate en chauffant au bain-marie l'amino-2-méthyl-3-chloro-5-pentane. Elle bout à 126-128°: $d_{18} = 0,816$. Le *chloroplatinate* fond à 205-206° en se décomposant [Jacobi, Merling, *Ann. Chem.*, **278**, 13, 1893].

2.2.5.5-Tétraméthylpyrrolidine. — *Dérivé aminé-3.*

$$CH - CH - AzH^2$$
$$(CH^3)^2 = C \qquad C = (CH^3)^2$$
$$AzH$$

— Il se forme quand on traite par l'hypobromite de potassium l'amide tétraméthylpyrrolidine-carbonique. C'est un liquide incolore bouillant à 174° (corr.) sous 731 mm.; son *chloroplatinate* cristallise avec $3H^2O$ et se décompose à 215°; son *picrate* fond à 242°; son *carbamate* fond à 142-145°; elle donne deux thiocarbamates, l'un fusible à 142-144°, l'autre à 170°; son *dérivé acétylé* fond à 70°, bout à 155° sous 16 mm., son *dérivé diacétylé* fond à 166-167°. Traité par l'acide nitreux, ce dérivé aminé donne la tétraméthylpyrroline [Pauly, *Ann. Chem.*, **322**, 77, 1902].

Dérivé hydroxylé-3. — Il se forme par réduction de la tétraméthylpyrrolidone-3 [Pauly, Bohm. *D. chem. G.*, **34**, 2291; — Pauly, *loc. cit.*]. Tables rectangulaires fusibles à 71°, bouillant à 90°,8-91°,4 sous 11^{mm},5. Le *dérivé o-benzoylé* est une huile dont le *chlorhydrate* fond à 216°.

1-Propylpyrrolidine. — *Dérivé γ-phénoxylé,*

$$CH^2 - CH^2 \diagdown$$
$$\qquad\qquad Az - CH^2 - CH^2 \cdot CH^2 - OC^6H^5$$
$$CH^2 - CH^2 \diagup$$

— Il se forme en chauffant la pyrrolidine avec l'α-γ-chlorophénoxypropane. Huile bouillant à 288°,5; son *chloroplatinate* fond à 160-161° [Schlinck, *D. chem. G.*, **32**, 956, 1899].

Dérivé γ-bromé. — On l'obtient en chauffant le dérivé γ-phénoxylé avec de l'acide bromhydrique. Son *picrate* fond à 128° (Schlinck).

1-Butylpyrrolidine. — Elle se forme d'après Blaise et Houillon par distillation sèche du chlorhydrate d'octométhylène-diamine. La synthèse en a été faite à partir de la phénylhydrazone de l'acide β-valérylpropionique. Son *chloroplatinate* fond à 123°, son *chloraurate* à 89°, l'*urée* correspondante à 152° [*C. R.*, **142**, 1541, 1906].

5-Propyl-1.2-diméthylpyrrolidine. — Son *iodométhylate* se forme par l'action des alcalis sur la base qui résulte de l'addition de l'acide

iodhydrique à la diméthylconiine. Il fond à 220°; il est actif avec une rotation de 5°,2 en solution à 10 0/0 [Mugdan, *Ann. Chem.*, **298**, 135, 141, 1897].

1-Hexylpyrrolidine. — Elle se forme en petite quantité par distillation sèche de la decaméthylène-imine. Son *chloroplatinate* fond à 117°, son *chloraurate* à 85°, l'*urée* correspondante à 146° [Blaise, Houillon, *C. R.*, **143**, 362, 1906].

1-Phényl-2-méthylpyrrolidine. — Elle se forme en chauffant le dibromopentane-1.4 avec de l'aniline en solution alcoolique. Huile bouillant à 134° sous 25 mm. Le *picrate* fond à 105°.

Dérivé m-nitré. — Se forme au moyen de la m-nitraniline. Aiguilles rouges fusibles à 140° [Scholz, Friemelit, *D. chem. G.*, **32**, 850, 1899].

1-Benzylpyrrolidine. — On l'obtient en traitant la pyrrolidine par le chlorure de benzyle. Liquide limpide, bouillant à 237°, attirant l'eau et l'acide carbonique de l'air. Le *chloroplatinate* fond vers 156°; le *chloraurate* à 120°; le *picrate* fond à 128°. L'*iodométhylate* est gélatineux, le *picrate* correspondant fond à 119°, le *chloraurate* à 90°,5, le *chloroplatinate* à 183-184°.

Dérivé p-nitré. — Il s'obtient en chauffant la pyrrolidine avec le chlorure de p-nitrobenzyle. Liquide indistillable. *Picrate* fusible à 151-153°, *chloroplatinate* fusible à 160°, *chloraurate* fusible à 155°.

Dérivé o-nitré. — Huile indistillable. *Picrate* fusible à 152°; *chloraurate* fusible à 160° [Schlinck, *D. chem. G.*, **32**, 947, 1899].

2-p-Tolylpyrrolidine. — [Katzenellenbogen, *D. chem. G.*, **34**, 3839, 1901]. Son *picrate* fond à 150°.

1-p-Tolyl-2-méthylpyrrolidine. — Elle s'obtient en chauffant le dibromopentane-1-4 avec la p-toluidine en solution alcoolique. Huile bouillant à 147-149° sous 20 mm. Le *picrate* fond à 117° [Scholtz, Friemelit, *D. chem. G.*, **32**, 850, 1899].

ACIDES PYRROLIDINE-CARBONIQUES.

Acide pyrrolidine-2-carbonique ou proline,

$$CH^2 - CH - CO^2H$$
$$\qquad\qquad > AzH$$
$$CH^2 - CH^2$$

— On a trouvé cet acide parmi les produits d'hydrolyse d'un certain nombre de matières albuminoïdes; ainsi, il se forme par hydrolyse chlorhydrique de l'oxyhémoglobine [Fischer, Abderhalden, *Zeit. physiol. Chem.*, **36**, 268, 1902]; de la corne [Fischer, Dorpinghaus. *ibid.*, **36**, 462]; de l'ovalbumine, de la gélatine [Fischer, *ibid.*, **33**, 412; — Levenne, Aders, *ibid.*, **35**, 74]; de la sérumalbumine (1,04 0/0), de l'oxyhémoglobine de cheval, de l'édestine [Abderhalden, *Zeit. physiol. Chem.*, **37**, 484, 495, 499, 1903]; de la zéïne [Langstein, *ibid.*, **37**, 508]; par hydrolyse barytique de l'ovalbumine [Morel, Hugounenq. *Bull. Soc. Chim.*, **35**, 455, 1906]; par digestion gastrique de l'hémoglobine de cheval [Salaskin, Kovalewsky. *ibid.*, **38**, 567, 1903; *Journ. Soc. phys. chim. russe*, **35**, 421, 1903]; par hydrolyse de la caséine (0,23 0/0), de la fibroïne (0,3 0/0) [Fischer, *Zeit. physiol. Chem.*, **39**, 155, 1903]; par digestion pepsique de la caséine [Fischer, Abderhalden, *ibid.*, **40**, 215, 1903]; par hydrolyse sulfurique de la salmine [Kossel, *ibid.*, **40**, 311, 1903; — Abderhalden, *ibid.*, **41**, 55, 1904]; de la vitelline [Hugounenq. *Bull. Soc. Chim.*, **35**, 20, 1906]; par dédoublement trypsique de la gélatine [Levenne, *ibid.*, **44**, 99]; par hydrolyse chlorhydrique de la thymohistone (1,46 0/0) [Abderhalden, Rona, *ibid.*, **41**,

278, 1904]; de l'élastine (1,74 0/0) [Abderhalden, Schittenhelm, *ibid.*, **41**, 293]; par autolyse du pancréas [Levenne, *ibid.*, **44**, 393]; par hydrolyse de la clupéine et de la salmine [Kossel, Dakin, *ibid.*, **41**, 407]; de la caséine [Siegfried, *ibid.*, **43**, 46, 1904]; d'un certain nombre d'albuminoïdes végétaux : voir Schulze et Winterstein [*Zeit. physiol. Chem.*, **45**, 38, 1905] et Winterstein et Pantanelli [*ibid.*, **45**, 61, 1905], Abderhalden et Herrick [*ibid.*, **45**, 479] Abderhalden et Samuely [*ibid.*, **44**, 277], Abderbalden et Babkin [*ibid.*, **47**, 354, 1906].

La synthèse de l'acide α-pyrrolidine-carbonique a été faite par Fischer [*D. chem. G.*, **34**, 458, 1901] en chauffant l'acide γ-phtaliminopropyl-bromomalonique avec de l'ammoniaque à 100°, évaporant, et traitant le résidu par l'acide chlorhydrique concentré à 100°. Willstaetter et Ettlinger [*D. chem. G.*, **33**, 1164, 1900; **35**, 620, 1902; *Ann. Chem.*, **326**, 91, 1903] l'ont obtenu à à partir de la diamide pyrrolidine-2.2-dicarbonique (voir plus bas). Sœrensen [*Bull. Soc. Chim.*, **33**, 1054, 1905] l'a préparé à partir de l'acide α-amino-δ-oxyvalérique.

Fischer l'a obtenu encore en réduisant l'acide oxypyrrolidine-α-carbonique par l'acide iodhydrique et le phosphore [*D. chem. G.*, **35**, 2664, 1902].

Il cristallise en aiguilles contenant une quantité variable d'eau. Il fond anhydre, à 203-203°,5 (W.) et se décompose à 205° (F.) en donnant du carbamate de pyrrolidine. Il est soluble dans l'eau et l'alcool, peu soluble dans le chloroforme, l'acétone, insoluble dans l'éther. Il décolore le permanganate en solution alcaline, réduit le chlorure d'or à chaud et la solution d'oxyde d'argent. *Sel de cuivre* en paillettes bleues, peu solubles dans l'eau froide.

Chlorhydrate fusible à 158-159°; *chloraurate* fusible à 160-162° (W., E.); *picrate* fusible à 135-137° [Alexandrow, *Zeit. physiol. Chem.*, **46**, 17, 1905]. L'*éther éthylique* bout à 75-76° sous 11 mm. (W., E.). Le *carbanilate* fond à 170°, son anhydride fond à 118° [Fischer, *D. chem. G.*, **34**, 459, 1901]. Le *dérivé β-naphtalène-sulfoné* fond à 138° [Fischer, Bergell, *D. chem. G.*, **35**, 3779, 1902]. *Dérivé bromiso-caproylé* [Fischer, Abderhalden, *D. chem. G.*, **37**, 3071, 1904].

Les données précédentes se rapportent à l'acide racémique. L'*acide actif*, gauche, se trouve à côté du racémique dans les produits d'hydrolyse de la caséine, etc. [Fischer, *Zeit. physiol. Chem.*, **33**, 166, 412; **35**, 227; — Levenne, Aders, *ibid.*, **35**, 74; — Fischer, Dorpinghaus, *ibid.*, **36**, 462]. Il fond à 203-206°; $[\alpha]_D^{20} = -77°,4$ en solution aqueuse (c=7,39), —46°,53 en solution chlorhydrique, —83°,48 en solution alcaline. Son *picrate* fond à 153-154° [Alexandrow, *loc. cit.*].

Prolylalanine,

$$CH^2 - CH^2$$
$$|\qquad\quad|$$
$$CH^2\quad CO - AzH - CH \begin{cases} CH^3 \\ CO^2H \end{cases}$$
$$\diagdown\ \diagup$$
$$AzH$$

— Elle s'obtient en condensant le chlorure de l'acide α-δ-dibromovalérique avec l'alanine, et chauffant la dibromovalérylalanine obtenue avec de l'ammoniaque à 100°. Paillettes fusibles à 225-230° [Fischer, Suzuki, *D. chem. G.*, **37**, 2842, 1904].

ACIDES OXY-PYRROLIDINE-2-CARBONIQUES. — Un acide oxypyrrolidine-carbonique actif a été obtenu par Fischer [*D. chem. G.*, **35**, 2660, 1902] dans l'hydrolyse de la gélatine. Il est en tables rhombiques, très solubles dans l'eau, peu solubles dans l'alcool, se décomposant vers 270°; $[\alpha]_D^{20} = -81,04$ (c=9,328) en solution aqueuse. Réduit par l'acide iodhydrique et le phosphore rouge, cet acide donne l'acide pyrrolidine-2-carbonique. Son *carbanilate* fond vers 170°; son *dérivé β-naphtalène-sulfoné* fond à 91-92°, il cristallise avec 1 H²O [Fischer, Bergell, *loc. cit.*].

Le même acide a été obtenu par Abderhalden [*Zeit. physiol. Chem.*, **37**, 484, 499, 1903] dans les produits d'hydrolyse de l'oxyhémoglobine de cheval, et de l'édestine.

Leuchs [*D. chem. G.*, **38**, 1937, 1905] a obtenu, en traitant par l'ammoniaque la δ-chloro-α-bromo-γ-valérolactone, deux acides γ-oxypyrrolidine-carboniques

$$HO - CH - CH^2$$
$$|\qquad\quad|$$
$$CH^2\quad CH - CO^2H$$
$$\diagdown\ \diagup$$
$$AzH$$

isomères. L'acide *a* fond à 261° (corr.), son *dérivé β-naphtalène-sulfoné* fond à 183-184°. L'acide *b* fond à 250° (corr.), son *dérivé di-β-naphtalène-sulfoné* fond à 181-182°.

ACIDE PYRROLIDINE-2.2-DICARBONIQUE. — [Sa *diamide* se forme quand on traite l'éther α-δ-dibromopropylmalonique par l'ammoniaque. Elle fond à 162-162°,5; par saponification chlorhydrique, elle donne l'acide pyrrolidine-2-carbonique [Willstaetter, *D. chem. G.*, **33**, 1164, 1900; — Willstaetter et Ettlinger, *D. chem. G.*, **35**, 620, 1902; *Ann. Chem.*, **326**, 101, 1903].

ACIDE MÉTHYL-1-PYRROLIDINE-2-CARBONIQUE. — Voyez HYGRIQUE (ACIDE).

ACIDE MÉTHYL-1-PYRROLIDINE-2.2-DICARBONIQUE. — En traitant l'éther α-δ-dibromopropylmalonique par la méthylamine on a d'abord le *diéther* de cet acide, qui bout à 130°,5-131°,5 sous 13 mm., puis la *diméthylamide*, monoclinique, fondant à 122°,5-123°, *chloraurate* fusible à 181°.

La saponification partielle alcaline de cette diméthylamide donne la *monométhylamide* fusible à 173°; la saponification acide donne la méthylamide hygrique. L'*éther éthylique* de la monométhylamide fond à 199°.5-200° [Willstaetter, Ettlinger, *Ann. Chem.*, **326**, 91, 1903]

ACIDE MÉTHYL-1-PYRROLIDINE-2.5-DICARBONIQUE. — Par action de la méthylamine sur l'éther α-α'-dibromadipique. Prismes hexagonaux fusibles à 273-274°, *chlorhydrate* fusible à 261-262°, *éther diméthylique* fusible à 35-36°, bouillant à 140° sous 17 mm. [Willstaetter, Lessing, *D. chem. G.*, **35**, 2067, 1902].

ACIDE MÉTHYL-2-PYRROLIDINE-2.5-DICARBONIQUE. — Par action de l'ammoniaque sur l'éther α.α'-dibromo-β-méthyladipique. Aiguilles fusibles à 239° [Willstaetter, Sicherer, *D. chem. G.*, **32**, 1291].

ACIDE MÉTHYL-1-PYRROLIDINE-2.2.5.5-TÉTRACARBONIQUE. — La tétraméthylamide se forme par action de la méthylamine sur l'éther α.α'-dibromobutanetétracarbonique. Elle fond à 230° [Willstaetter, Lessing, *loc. cit.*].

ACIDE TÉTRAMÉTHYL-2.2,5.5-PYRROLIDINE-3-CARBONIQUE. — Il fond à 220° en se décomposant; son *chlorhydrate* se décompose à 234°, son *chloroplatinate* à 216°. Son *éther méthylique* est liquide, il bout à 206° (corr.) sous 760 mm., $d_{24} = 0,958$; son *éther éthylique* bout à 217° sous 748 mm. [Pauly, Hultenschmidt, *D. chem. G.*, **36**, 3351, 1903].

Son *amide* se forme : 1° par réduction de l'amide tétraméthylpyrroline-carbonique [Pauly, Rossbach, *D. chem. G.*, **32**, 2008, 1899]; 2° par action de l'ammoniaque sur le dibromure de triacétonamine [P., H., *loc. cit.*]. Elle fond à 129-

130°, bout à 157° sous 13 mm., son *chloraurate* fond à 210°, son *picrate* à 189°, son *dérivé nitrosé* à 229°.

ACIDE PENTAMÉTHYL-1.2.2.5.5-PYRROLIDINE-3-CARBONIQUE. — Par méthylation de l'acide précédent (P., H.). Il fond à 129°. son *éther méthylique* bout à 218° sous 760 mm. Son *amide* fond à 142-144° [P., R., *loc. cit.*].

ACIDE TÉTRAMÉTHYL-2.2.5.5-OXY-3-PYRROLIDINE-3-CARBONIQUE. — Son *nitrile* se forme en traitant le chlorhydrate de tétraméthylpyrrolidone par le cyanure de potassium [Pauly, Bœhm, *D. chem. G.*, **34**, 2290, 1901]. Il fond à 138°. L'*acide* qui en dérive par saponification est soluble dans l'eau, son *chlorhydrate* fond à 226°

Janvier 1907.   R. Marquis.

PYRROLIDONES. — Les pyrrolidones sont des céto-tétrahydropyrrols. On en connaît deux séries isomères, les α-pyrrolidones et les β-pyrrolidones, dérivées respectivement des schémas I et II :

$$
\begin{array}{ccc}
CH^2 - CH^2 & & CH^2 - CO \\
| \quad\quad | & & | \quad\quad | \\
CH^2 \quad CO & & CH^2 \quad CH^2 \\
\diagdown \diagup & & \diagdown \diagup \\
AzH & & AzH \\
I. & & II.
\end{array}
$$

α-PYRROLIDONES.

Les α-pyrrolidones peuvent être envisagées, ainsi qu'il résulte de leur mode général de formation, comme les anhydrides internes (lactames) des acides γ-aminés.

PYRROLIDONE. — Le composé le plus simple de la série, la pyrrolidone

$$
\begin{array}{l}
CH^2 - CH^2 \diagdown \\
\quad\quad\quad\quad AzH \\
CH^2 - CO \diagup
\end{array}
$$

se forme par déshydratation de l'acide γ-aminobutyrique, chauffé au-dessus de son point de fusion [Gabriel, *D. chem. G.*, 22, 3338, 1889], ou bien en décomposant le chlorhydrate du γ-aminobutyrate d'éthyle par la potasse [G. Fischer, *D. chem. G.*, **34**, 433, 1901]. Tafel et Stern l'ont obtenue, avec un rendement de 60 0/0, en réduisant électrolytiquement la succinimide en solution dans l'acide sulfurique à 50 0/0 [*D. chem. G.*, 33, 2224, 1900].

La pyrrolidone est solide, cristallisée et fond à 24°,6 (T. et S.), 25-28° (G.). Elle bout à 250°,5 sous 742 mm., à 133° sous 12 mm. (F.). Sa densité est de 1,12 à 20°, de 1,116 à 2°, de 1,097 à 40°. Elle est soluble dans tous les liquides organiques et dans l'eau, avec laquelle elle forme un hydrate fusible à 30° (T. et S.), à 35° (G.), contenant 1 Aq. Elle donne des précipités divers avec les réactifs généraux des alcaloïdes. En évaporant une solution aqueuse de pyrrolidone avec de l'oxyde jaune de mercure, on obtient des aiguilles blanches de la *combinaison mercurique* $(C^4H^6AzO)^2Hg$, H^2O. Celle-ci est soluble dans l'eau, l'alcool, l'éther ; elle perd son eau à 100° et fond vers 218° en se décomposant (T. et S.). Le *chloraurate* de pyrrolidone $(C^4H^7OAz)^2$ HCl, AuCl³ fond à 82° [Gabriel, Maas, *D. chem. G.*, 32, 1271, 1899].

La pyrrolidone, chauffée avec de l'acide chlorhydrique ou avec un alcali, est transformée en acide γ-aminobutyrique.

Dérivé acétylé. — Il se prépare par l'action de l'anhydride acétique bouillant, il est liquide et bout à 231° sous 737 mm.

Dérivé bromé. — La bromopyrrolidone se prépare en traitant la pyrrolidone à 0° par du brome, puis par de la potasse à 20 0/0. Elle cristallise en lamelles fusibles à 95°. Ses réactions très vives avec les alcalis, l'aniline, les nitrites alcalins, permettent de supposer qu'elle est bromée à l'azote (T. et S.).

Dérivé nitrosé. — Il se forme quand on traite la pyrrolidone, dissoute dans l'acide chlorhydrique étendu, à 0°, par le nitrite de sodium. C'est une huile jaunâtre devenant solide vers —100°, que la potasse décompose en azote et γ-butyrolactone [Gabriel, *D. chem. G.*, 38, 2405, 1905].

Thiopyrrolidone, C^4H^7AzS. — Elle se prépare en chauffant la pyrrolidone (3 gr.) avec du trisulfure de phosphore $(2^{gr},4)$ à 150°. Elle cristallise en aiguilles incolores fusibles à 114° [Tafel. Lavaczeck, *D. chem. G.*, 38, 1592, 1905].

HOMOLOGUES DE LA PYRROLIDONE. — Nous emploierons, dans ce qui suit, la numération suivante :

$$
\begin{array}{c}
{}_{(3)}CH^2 - CH^2{}_{(4)} \\
| \quad\quad | \\
{}_{(2)}CH^2 \quad CO \\
\diagdown \diagup \\
AzH \\
{}_{(1)}
\end{array}
$$

Méthylpyrrolidone-2. — Cette pyrrolidone a été obtenue en distillant l'acide γ-aminovalérique, préparé lui-même par réduction de la phénylhydrazone de l'acide lévulique. Il est d'ailleurs inutile d'isoler l'acide aminé, et l'on peut déshydrater le produit brut de la réduction. La méthylpyrrolidone fond à 37° et bout à 248° sous 743 mm. Son *chlorhydrate* fond à 110°. Elle donne un *dérivé nitrosé* huileux qui, par la potasse, se transforme en acide γ-oxyvalérique. Réduite par le sodium et l'alcool amylique, la méthylpyrrolidone est transformée en méthylpyrrolidine [Tafel, *D. chem. G.*, 19, 2414, 1886 ; — Tafel et Neugebauer, *D. chem. G.*, 22, 1865, 1889]. Elle donne, par l'anhydride acétique, un *dérivé acétylé*, liquide, à odeur poivrée, bouillant à 224-226° [Tafel, Senfter, *D. chem. G.*, 27, 2313, 1894].

Une *méthylpyrrolidone* de constitution inconnue a été obtenue par Wolffenstein en oxydant la pipéridine par l'eau oxygénée [*D. chem. G.*, 25, 2779, 1892].

Diméthylpyrrolidone-1.2. — Elle s'obtient en méthylant la méthylpyrrolidone-2 à l'iodure de méthyle. C'est une huile d'odeur faible bouillant à 215-217° (corr.) sous 743 mm (Tafel et Senfter).

Diméthylpyrrolidone-4.4. — Elle a été obtenue par Blaise [*Bull. Soc. Chim.*, 21, 323, 545, 1899] en saponifiant le chlorhydrate de l'éther γ-aminodiméthylbutyrique. Elle forme des lamelles nacrées fusibles à 65-67°.

Éthylpyrrolidone-1. — Elle se prépare par réduction électrolytique de l'acétylpyrrolidone. Elle bout à 217-220° sous 750 mm. [Tafel et Stern, *loc. cit.*].

Isopropylpyrrolidone-1. — Obtenue par réduction électrolytique de l'isopropylsuccinimide, elle constitue un liquide incolore bouillant à 221°-222° sous 736 mm. Elle est soluble en toutes proportions dans l'eau, l'alcool, etc. L'acide phosphomolybdique la précipite en jaune et l'acide phosphotungstique en blanc (T. et S.).

Isopropylidène-4-diméthyl-2.2-pyrrolidone. — Pauly et Hultenschmidt l'ont obtenue en décomposant par la chaleur l'acide tétraméthyl-pyrrolidine-β-carbonique.

Elle cristallise dans l'éther en tables minces fusibles à 121°. Son *dibromure* fond à 148°.

Isopropylidène-4-triméthyl-1.2.2-pyrrolidone. — Elle se forme comme le composé précédent, à partir de l'acide pentaméthylpyrrolidine-β-carbonique. Elle est liquide et bout à 127-128° sous 15 mm. Ses solutions acides sont dissociées par l'eau [Pauly, Hultenschmidt, *D. chem. G.*, **36**, 3351, 1903].

Phénylpyrrolidone-1. — Elle a été obtenue par électrolyse du succinanile en solution sulfurique [Tafel et Baillie, *D. chem. G.*, **32**, 68, 1899].

Diphénylpyrrolidone-2.3. — Elle se forme par réduction de la pyrrolone correspondante. Elle fond à 207° [Klingemann, *Ann. Chem.*, **269**, 31, 1892].

Triphénylpyrrolidone-2.2.4. — Elle s'obtient par réduction de la pyrrolone correspondante. Elle fond à 201° [Japp et Klingemann, *D. chem. G.*, **22**, 2385, 1889; *Chem. Soc.*, **57**, 682, 1890].

Tétraphénylpyrrolone-2.3.4.4. — Elle fond à 237° [Klingemann et Laycock, *D. chem. G.*, **24**, 513, 1891; *Chem. Soc.*, **59**, 140, 1891].

β-PYRROLIDONES.

La *tétraméthyl-β-pyrrolidone*.

$$CH^2 - CO$$
$$(CH^3)^2 = C \qquad C = (CH^3)^2$$
$$AzH$$

a été préparée en traitant par l'hypobromite de potassium l'amide tétraméthylpyrroline-carbonique :

$$CH = C - CO - AzH^2$$
$$(CH^3)^2 = C \qquad C = (CH^3)^2$$
$$AzH$$

C'est un liquide volatil avec la vapeur d'eau, bouillant à 175° sous 740 mm. Elle forme un *chlorurate* fusible à 178°, un *picrate* fusible à 226°, un *dérivé nitrosé* fusible à 75°,5-76°, une *cyanhydrine* fusible à 138°, une *oxime* fusible à 172°. Par réduction, elle donne la β-oxytétraméthylpyrrolidine.

Le *dérivé-Az-méthylé* de la base précédente se forme à partir de l'amide Az-méthyl-tétraméthylpyrroline-carbonique. Il est solide, fond à 43°, bout à 187-188° sous 755 mm. Son *oxime* fond à 104° [Pauly, *Ann. Chem.*, **322**, 77, 1902; — Pauly et Bœhm, *D. chem. G.*, **34**, 2289, 1901].

ACIDES PYRROLIDONE-CARBONIQUES.

ACIDE PYRROLIDONE-α-CARBONIQUE,

$$CH^2 - CH^2$$
$$CO \qquad CH - CO^2H$$
$$AzH$$

— On connaît de cet acide les trois isomères, droit, gauche et racémique.

Acide droit. — On l'obtient en chauffant l'amide correspondante avec 1/2 molécule d'eau de baryte. Il fond à 162°: il est soluble à 13° dans 2,1 parties d'eau. Pour la solution de 6ᵍʳ,36 d'acide dans 50 cm³ d'eau on a $[\alpha]_D = + 7°$. Chauffé avec un excès de baryte, il donne de l'acide glutamique (α-aminoglutarique). L'*amide* se prépare en traitant l'éther *d*-glutamique par l'ammoniaque alcoolique. Elle est en aiguilles fusibles à 165°, $[\alpha]_D = + 41°.29$ [Menozzi, Appiani, *Gazz. chim. ital.*, 24, I, 373, 1894].

Acide gauche. — Il se forme quand on chauffe l'acide *d*-glutamique à 150-160°. Ses propriétés sont les mêmes que celles de l'acide droit, sauf le pouvoir rotatoire : $[\alpha]_D = - 7°,21$. L'acide *l*-pyrrolidone-α-carbonique a été rencontré parmi les produits d'hydrolyse de diverses matières albuminoïdes : caséine [E. Fischer, *Zeit. f. physiol. Ch.*, 33, 151, 1901; 35, 227, 230, 1902]. ovalbumine [E. Fischer, *ibid.*, 33, 412, 1901], gélatine [Fischer, Levenne, Aders, *ibid.*, 35, 70, 1902], corne [Fischer, Dorpinghaus, *ibid.*, 36, 462, 1902].

L'*amide* se forme comme l'amide *d* (M. et A.).

Acide racémique. — Il se forme quand on chauffe l'acide glutamique à 180-190° [Huitinger. *Mon. f. Ch.*, 3, 228, 1882; — Anderlini, *Gazz. chim. ital.*, 19, 100, 1889]; quand on chauffe les acides *d* ou *l* à 180° ou qu'on mélange ces deux acides en quantités équivalentes; quand on chauffe l'amide racémique avec 1/2 molécule de baryte [Menozzi, Appiani, *Gazz. chim. ital.*, 24, I, 387, 1894]. Il constitue des prismes monocliniques fondant à 182°-183°, solubles dans 19 parties d'eau à 13°,5. Il se décompose quand on le chauffe en acide carbonique et pyrrol. Son *sel d'argent* est cristallisé, il fond à 176-180° [Menozzi, Appiani, *Gazz. chim. ital.*, II, 22, 107, 1892].

HOMOLOGUES DE L'ACIDE PYRROLIDONE-α-CARBONIQUE. — Les acides de la forme

$$CH^2 - CH^2$$
$$CO \qquad C < \begin{matrix} CH^3 \\ CO^2H \end{matrix}$$
$$Az - R$$

ont été préparés par Kühling, en condensant les amines primaires avec la cyanhydrine du lévulate d'éthyle :

$$CH^3 - C < \begin{matrix} OH \\ CAz \end{matrix} CH^2 \cdot CH^2 - CO^2C^2H^3 + AzH^2R$$

$$= H^2O + C^2H^5OH + CO \qquad C < \begin{matrix} CH^3 \\ Az \end{matrix}$$
$$Az - R$$

le nitrile qui prend ainsi naissance est ensuite saponifié.

L'*acide α-méthylpyrrolidone-α-carbonique*. obtenu par action de l'ammoniaque, n'a pas été isolé ; son *nitrile* fond à 141°, son *amide* fond à 161°.

L'*acide Az-phénylé* fond à 183° [Kühling, *D. chem. G.*, 22, 2364, 1889; 23, 708, 1890].

Sur l'*acide Az-éthylé* voyez Kühling [*D. chem. G.*, 23, 709, 1890]. Sur les acides Az-p- et m-tolylés, α- et β-naphtylés, o-, m- et p-xylylés, voyez Kühling [*D. chem. G.*, 38, 1215, 1905].

Acide diphényl-1.4-pyrrolidone-carbonique-5. — Il se forme en chauffant l'acide dicarbonique-5.5 au-dessus de 180°. Il fond à 147°.

Acide diphényl-1.4-pyrrolidone-dicarbonique-5.5. — On obtient son *éther diméthylique* en condensant le cinnamate de méthyle avec l'éther anilinomalonique et l'éthylate de sodium. Cet éther fond à 130°. L'*acide* fond à 178° [Conrad, Reinbach, *D. chem. G.*, 35, 519, 1902].

Acide méthyl-1-pyrrolidone-acétique-2 ou *ecgonique*. — La synthèse de cet acide a été faite en chauffant l'acide β-bromadipique avec de la méthylamine en solution benzénique. L'*éther méthylique* est liquide et bout à 165-170° [Willstaetter, Hollander, *Ann. Chem.*, 326, 78, 1903].

Acide phényl-5-céto-3-pyrrolidone-carbonique-4.

$$CO - CH - CO^2H$$
$$CO \quad CH - C^6H^5$$
$$AzH$$

— Il se forme par condensation de l'éther oxalacétique avec l'aldéhyde benzoïque et l'ammoniaque. Il se décompose vers 185°. Sa *phénylhydrazone* fond à 172-173°; son *oxime* fond, hydratée à 100°, anhydre à 150° [Simon, Conduché, *C. R.*, **138**, 977, 1904. Voyez aussi *C. R.*, **139**, 211, 1904]. Janvier 1907. R. Marquis.

PYRROLINES. — Les pyrrolines sont des dihydropyrrols. Elles s'obtiennent par réductions ménagées des pyrrols, soit au moyen de la poudre de zinc en solution acétique, soit électrolytiquement en solution sulfurique

PYRROLINE. — Ciamician [*D. chem. G.*, **34**, 3952, 1901] lui attribue la constitution

$$CH = CH$$
$$|\ ^4 \quad ^3\ |$$
$$CH^2_5 \quad _2CH^2$$
$$_1$$
$$AzH$$

On l'obtient par réduction du pyrrol [Ciamician, Dennstedt. *D. chem. G.*, **16**, 1536, 1883; — Ciamician, Magnaghi, *Gazz. chim. ital.*, **15**, 481, 1885; — Knorr, Rabe. *D. chem. G.*, **34**, 3491. 1901; — Dennstedt, D.R.P. 127 086, 1902]. C'est un liquide bouillant à 90-91°, fumant à l'air, hygroscopique, extrêmement soluble dans l'eau; $d^{20}_4 = 0,9097$. $n^{20}_D = 1,4664$. Elle attire l'acide carbonique de l'air. Réduite par l'acide iodhydrique à 240°, la pyrroline donne un peu de pyrrolidine et du butane. Le *chlorhydrate* de pyrroline $C^4H^7Az.HCl$ fond à 173-174°, il est déliquescent; le *chloroplatinate* $(C^4H^7Az.HCl)^2$ $PtCl^4$ cristallise dans l'eau en prismes tricliniques (C. et D.); le *chloraurate* $C^4H^7Az.HCl.AuCl^3$ fond à 152°; le *picrate* fond à 156°, il cristallise en prismes rhombiques [Anderlini et Negri, *D. chem. G.*, **22**, 2512, 1889]; le *picrolonate*, $C^4H^7Az.C^{10}H^8O^5Az^4$, est en plaques rhombiques fusibles à 260° en se décomposant.

Nitrosopyrroline, $C^4H^6 - Az - AzO$. — Elle se forme par l'action du nitrite de sodium en solution sulfurique (C. et D.) Elle cristallise dans la ligroïne en aiguilles fusibles à 37-38°, très solubles dans l'eau, l'alcool et l'éther.

Benzoylpyrroline. — Elle se prépare en chauffant le chlorhydrate de pyrroline avec le chlorure de benzoyle. Liquide bouillant à 160-161° sous 2 mm. environ [Anderlini. *D. chem. G.*, **22**, 2514. 1889].

1-MÉTHYLPYRROLINE. — On l'obtient en réduisant le 1-méthylpyrrol par le zinc en poudre et l'acide acétique [Ciamician et Magnaghi, *loc. cit.*; *D. chem. G.*, **18**, 2089, 1885]. C'est un liquide d'odeur ammoniacale, bouillant à 79°-80°, soluble dans l'eau. Le *chloroplatinate* a été décrit par Le Valle [*Gazz. chim. ital.*, **15**, 490, 1885]; le *chloraurate*, $C^5H^9Az.HCl.AuCl^3$, fond à 190-191° [Ciamician. Piccini, *D. chem. G.*, **30**, 1790, 1897].

L'*iodométhylate* de 1-méthylpyrroline se forme par action de l'iodure de méthyle sur la pyrroline (C. et D.) ou sur la méthylpyrroline (C. et M.). Il fond à 246° en se décomposant; il est très soluble dans l'eau, presque pas dans l'alcool. Traité par l'oxyde d'argent, il donne une base très alcaline, décomposable par la distillation. Le *chloroplatinate* de cette base cristallise en aiguilles orangées.

2-MÉTHYLPYRROLINE,

$$CH^2 - CH$$
$$CH^2 \quad C - CH^3$$
$$AzH$$

— Elle se forme par l'action de l'ammoniaque alcoolique sur la méthyl-γ-bromopropyl-cétone : $CH^3 - CO - CH^2 - CH^2 - CH^2 - Br$ [Hielscher, *D. chem. G.*, **34**, 277, 1898]. Elle constitue un liquide à odeur pyridique bouillant à 50-51° sous 110-116 mm., à 95-97° sous 760 mm. en se décomposant partiellement : $d_{22} = 0,8995$. Le *chloraurate* est en aiguilles fusibles à 108°; le *chloroplatinate* fond à 141-142°. Réduite par l'étain et l'acide chlorhydrique, la 2-méthylpyrroline se transforme en méthylpyrrolidine. Traitée par l'iodure de méthyle, elle donne un *iodométhylate* fusible à 260° en se décomposant [Mascarelli, Testoni, *Gazz. chim. ital.*, **33**, 312, 1903].

1.2-DIMÉTHYLPYRROLINE. — On la prépare, soit en traitant la méthyl-γ-bromopropylcétone par la méthylamine (Hierschel), soit en traitant par la potasse l'iodométhylate de la 2-méthylpyrroline. C'est un liquide incolore bouillant à 53-54° sous 93-96 mm., $d_{22} = 0,9333$, d'une odeur pyridique. Elle est réduite par l'étain et l'acide chlorhydrique en diméthylpyrrolidine. Le *chloraurate* fond à 159°; le *chloroplatinate* fond à 172-173°.

Dérivé bromé. — Son *bromhydrate* se forme par action du brome en solution acétique sur la diméthylpyrroline : il constitue des lamelles jaune orangé fusibles à 116° (M. et T.).

2.4-DIMÉTHYLPYRROLINE. — Elle s'obtient en réduisant le diméthylpyrrol correspondant [Knorr et Rabe, *loc. cit.*]. Liquide bouillant à 121° sous 752 mm. (corr.), $n^{20}_D = 1,4493$, $d^{20}_4 = 0,8554$. Le *chloroplatinate*, aiguilles jaunes, fond à 185°; le *picrate* fond à 102-104°; le *picrolonate* fond à 225°. Le *chloroplatinate* du *chlorométhylate* fond à 251°.

2.5-DIMÉTHYLPYRROLINE (Knorr et Rabe). — Liquide d'odeur basique, soluble dans l'eau, bouillant à 106° sous 763 mm., $d^{20}_4 = 0,8369$, $n^{20}_D = 1,4401$. Le *chloroplatinate* est en prismes orangés fusibles à 198°; le *chloraurate* fond à 68-69°; le *picrate* fond à 105°; le *picrolonate* fond à 130°.

1.2.5-TRIMÉTHYLPYRROLINE. — Par réduction du triméthylpyrrol-1.2.5 (Knorr et Rabe). Liquide bouillant à 110-115°, $d^{20}_4 = 0,8131$, $n^{20}_D = 1,4365$. Le *chloroplatinate* fond vers 150°; le *chloraurate* fond vers 115°, le *picrate* fond à 195-205°; le *picrolonate* se décompose vers 180-190°; l'*iodométhylate* fond vers 272° en se décomposant.

2.2.5.5-TÉTRAMÉTHYLPYRROLINE,

$$CH = CH$$
$$(CH^3)^2 = C \quad C = (CH^3)^2$$
$$AzH$$

— Elle se forme 1° quand on traite par le nitrite de sodium une solution chlorhydrique de la 3-amino-2.2.5.5-tétraméthylpyrrolidine [Pauly, *Ann. Chem.*, **322**, 77, 1902]; 2° quand on décompose par la chaleur l'acide tétraméthylpyrroline-carbonique [Pauly, Hultenschmidt, *D. chem. G.*, **36**, 3371, 1903]. C'est un liquide incolore bouillant à 114-116°, d'une odeur à la fois de pyridine et de menthol, peu soluble dans l'eau. Elle réduit le permanganate en solution acide. Le *chloroplatinate*, tables prismatiques orangées, fond à 200° en se décomposant. Le *picrate* fond en se décomposant à 255-256°.

2-ÉTHYLPYRROLINE. — On l'obtient par réduction électrolytique de l'éthylpyrrol [Dennstedt, *loc. cit.*]. C'est un liquide peu soluble dans l'eau, d'une odeur caractéristique. Le *chloroplatinate* est en aiguilles fusibles à 170°.

2-PHÉNYLPYRROLIDINE. — Elle se forme quand on traite le diéthylacétal de l'aldéhyde β-benzylaminopropionique par l'acide chlorhydrique fumant. Son *chlorhydrate* fond à 240° [Wohl, Wohlberg, *D. chem. G.* **34**, 1922, 1901].

1-BENZYLPYRROLINE. — Elle s'obtient en traitant la pyrroline par le chlorure de benzyle. Elle est liquide et bout à 150°. Son *chloraurate* fond à 111° [Anderlini, *loc. cit.*].

ACIDES PYRROLINE-CARBONIQUES.

Acide oxy-phénylpyrroline-carbonique,

$$C^6H^5\text{-}Az \begin{cases} CH^2\text{-}C\text{-}CO^2H \\ \parallel \\ CH^2\text{-}C\text{-}OH \end{cases} \quad \text{ou} \quad C^6H^5\text{-}Az \begin{cases} CH^2\text{-}CH^2 \\ | \\ C = C\text{-}OH \\ | \\ CO^2H \end{cases}$$

— On obtient son éther éthylique en chauffant le β-phénylglycinopropionate d'éthyle

$$C^6H^5\text{-}Az \begin{cases} CH^2 - CH^2 - CO^2C^2H^5 \\ CH^2 - CO^2C^2H^5 \end{cases}$$

avec de l'éthylate de sodium en milieu benzénique. *L'acide* fond à 143-144°. *L'éther éthylique* fond à 60-70°, il est soluble dans le carbonate de sodium, se combine à la phénylhydrazine en donnant un produit fusible à 160-161°; il donne une coloration violette avec le perchlorure de fer [Mouilpied, *Chem. Soc.*, **87**, 435, 1905].

Acide 2.2.5.5-tétraméthylpyrroline-3-carbonique,

$$(CH^3)^2 = C \begin{cases} CH = C\text{-}CO^2H \\ | \qquad | \\ C = (CH^3)^2 \end{cases} AzH$$

— On l'obtient en saponifiant son amide par l'acide chlorhydrique fumant à 130°. C'est une poudre cristalline fondant à 300°, moins soluble dans l'eau chaude que dans l'eau froide. Le *chloraurate* $C^9H^{15}O^2Az.HCl.AuCl^3$ fond à 185°. *L'éther méthylique* bout à 201° (corr.) sous 740 mm. *L'éther éthylique* bout à 212° sous 740 mm. [Pauly, Rossbach, *D. chem. G.*, **32**, 2011; — Pauly, Bœhm, *ibid.*, **33**, 922, 1900].

L'amide [Pauly, Rossbach, *D. chem. G.*, **32**, 2000, 1899; — Pauly, *D. chem. G.*, **31**, 672, 1898; *Ann. Chem.*, **322**, 97, 1902] s'obtient en traitant par l'ammoniaque aqueuse le bromhydrate de dibromotriacétonamine. Elle cristallise dans le benzène en prismes fusibles à 180-181°. L'hypobromite de potassium la transforme en tétraméthylpyrrolidone. Son *dérivé nitrosé* fond à 201°. Son *dérivé acétylé* fond à 256-256°,5. Le *perbromure du bromhydrate* fond à 201°.

La *méthylamide*, obtenue en traitant le bromhydrate de dibromotriacétonamine par la méthylamine, cristallise dans l'éther en aiguilles fusibles à 80°, bouillant à 150° sous 10 mm.; son *chloraurate* fond à 190°.

La *diméthylamide* fond à 45°, bout à 125° sous 15 mm. La *benzylamide* fond à 71°. La *pipéridide* fond à 74° et bout à 170° sous 19 mm.

Acide 1.2.2.5.5-pentaméthylpyrroline-3-

carbonique. — Son *amide* se forme par méthylation de l'amide précédente, elle fond à 104°; son iodhydrate fond à 221-222°. La *méthylamide* fond à 108-109°.   R. Marquis.

PYRROLONES. — Le nom de pyrrolone a été donné par Japp et Klingemann [*D. chem. G.*, **22**, 2884, 1889] au noyau

$$\begin{array}{ccc} CH^2 & - & CH \\ | & {\scriptstyle 3} \quad {\scriptstyle 4} & \parallel \\ CO_2 & {\scriptstyle 5} & CH \\ & \diagdown \quad \diagup & \\ & \overset{1}{A}zH & \end{array}$$

dont on ne connaît que des dérivés de substitution.

DÉRIVÉS DE LA PYRROLONE. — La méthode générale qui permet d'obtenir ces composés consiste à faire réagir les amines primaires ou l'ammoniaque, soit sur les acides γ-cétoniques :

$$C^6H^5\text{-}CH\text{-}CO\text{-}C^6H^5 + AzH^2C^6H^5$$
$$CH^2\text{-}CO^2H$$
$$= C^6H^5\text{-}C = C\text{-}C^6H^5 \begin{cases} \\ \diagup Az\text{-}C^6H^5 + 2H^2O \\ \end{cases}$$
$$CH^2\text{-}CO$$

soit sur les lactones non saturées qui dérivent de ces mêmes acides par déshydratation :

$$(C^6H^5)^2 = C \begin{cases} CH = C\text{-}C^6H^5 \\ | \qquad \diagdown O \\ C \!\!-\!\! CO \end{cases} + AzH^3$$
$$= H^2O + (C^6H^5)^2 = C \begin{cases} CH = C\text{-}C^6H^5 \\ \diagdown AzH \\ C \!\!-\!\! CO \end{cases}$$

M. Klobb a obtenu des pyrrolones Az-phénylées en traitant les acides γ-cétoniques par l'isocyanate de phényle. C'est là une réaction tout à fait analogue à la précédente, puisque, dans une première phase, se forme l'anilide de l'acide mis en jeu.

Enfin, certaines γ-dicétones non saturées, telles que l'α-β-dibenzoylstyrolène et l'α-β-dibenzoylstilbène, fournissent des pyrrolones quand on les chauffe avec de l'ammoniaque ou une amine primaire. Ainsi, le dibenzoylstilbène,

$$C^6H^5\text{-}CO\text{-}C = C\text{-}CO\text{-}C^6H^5$$
$$C^6H^5 \qquad C^6H^5$$

traité par l'ammoniaque, conduit à la tétraphénylpyrrolone

$$C^6H^5\text{-}C \!\!-\!\! C(C^6H^5)^2$$
$$C^6H^5\text{-}C \qquad CO$$
$$\diagdown \quad \diagup$$
$$AzH$$

par suite d'une migration moléculaire qui déplace un groupement phényle.

Diphénylpyrrolone-4.5. — Elle se forme par action de l'ammoniaque alcoolique à 150° sur la diphénylcrotolactone. Elle cristallise en aiguilles fusibles à 188-189°.

On obtient son *dérivé Az-phénylamidé,*

$$C^6H^5\text{-}C = C\text{-}C^6H^5 \begin{cases} \\ \diagup Az\text{-}AzHC^6H^5 \\ \end{cases}$$
$$CH^2\text{-}CO$$

en traitant l'acide désylacétique par la phénylhydrazine. Ce dérivé cristallise en prismes orthorhombiques fusibles à 110°; il possède une fluorescence bleue. Réduit par le sodium et l'alcool il donne de l'aniline et la diphénylpyrrolidone [Klingemann, *Ann. Chem.*, **269**, 131, 1892].

Diphényl-1.5-méthyl-3-pyrrolone. — On l'obtient en traitant l'acide α-méthyl-β-benzoylpropionique, soit par l'isocyanate de phényle, soit par l'aniline. Elle cristallise en prismes incolores fondant à 128-129°. Chauffée avec de l'acide chlorhydrique fumant, elle régénère l'acide méthylbenzoylpropionique et l'aniline [Klobb, *Bull. Soc. Chim.*, **19**, 395, 995, 1898; **23**, 512, 1900].

Triphénylpyrrolone-1.4.5. — On la prépare en faisant agir l'aniline sur l'acide désylacétique. Elle cristallise dans l'acide acétique en aiguilles fondant à 189-190° [Klingemann, *Ann. Chem.*, **269**, 131, 1892].

Triphénylpyrrolone-3.3.5. — Elle se forme dans l'action de l'ammoniaque sur la triphénylcrotolactone. Elle fond à 221°. Par oxydation, elle donne le dérivé hydroxylé-4 fondant à 163° [Japp et Tingle, *Chem. Soc.*, **71**, 1138, 1897].

Triphényl-3.3.5-méthyl-1-pyrrolone. — Elle se forme par action de la méthylamine sur la triphénylcrotolactone. Elle est dimorphe, l'une des variétés fond à 138-139°, l'autre à 143°. Toutes deux donnent le même *dérivé bromé* fusible à 153°.

Triphényl-3.3.5-éthyl-1-pyrrolone. — Dimorphe, elle fond à 122° et 119°. *Dérivé bromé* fusible à 142°.

Triphényl-3.3.5-propyl-1-pyrrolone. — Elle fond à 104°.

Triphényl-3.3.5-allyl-1-pyrrolone. — Elle fond à 110-112° [Japp et Klingemann, *Chem. Soc.*, **57**, 662, 1890].

Tétraphénylpyrrolone-1.3.3.5. — Elle se forme dans l'action à 150-180° de l'aniline sur l'acide diphénylbenzoylpropionique. Elle cristallise sous deux formes, l'une hexagonale, fondant à 123-124°, l'autre clinorhombique, fondant à 133-134° [Klobb, *Bull. Soc. Chim.*, **24**, 757, 1889; **23**, 523, 1900].

Tétraphénylpyrrolone-3.3.4.5. — Elle se forme soit quand on traite l'α-β-dibenzoylstilbène par l'ammoniaque alcoolique, à 200°, soit quand on traite, dans les mêmes conditions, la tétraphénylcrotolactone. Elle fond à 207°. Par réduction, elle donne naissance à la tétraméthylpyrrolidone.

Tétraphényl-3.3.4.5-méthyl-1-pyrrolone. — La tétraphénylcrotolactone, sous l'action de la méthylamine, engendre la méthylamide benzoyltriphénylpropionique, $C^6H^5 - CO - CH(C^6H^5) - C(C^6H^5)^2 - CO - AzH.CH^3$. Celle-ci, par distillation sèche, donne la tétraphénylméthylpyrrolone, fusible à 158°. Ce corps prend encore naissance, mais sous une forme fusible à 161°, dans l'action de la méthylamine sur l'α-β-dibenzoylstilbène [Klingemann, Laycock, *D. chem. G.*, **24**, 510, 1891; *Chem. Soc.*, **59**, 140, 1891].

Diphényl-1.5-phénacyl-3-pyrrolone. — Elle se forme quand on fait agir, à 150-170°, de l'aniline sur l'acide $(C^6H^5 - CO - CH^2)^2 = CH - CO^2H$. Elle cristallise en aiguilles fusibles à 140° [Klobb, *Bull. Soc. Chim.*, **23**, 527, 1900].

Acides pyrrolone-carboniques. — En chauffant l'éther phénylacétylsuccinique à 130-140° avec de l'ammoniaque, Weltner [*D. chem. G.*, **18**, 793, 1885] a obtenu l'amide phényl-3-méthyl-5-pyrrolone-carbonique-4

$$AzH^2 - CO - C \underline{\qquad} CH^2$$
$$CH^3 - C \qquad CO$$
$$AzH$$

fondant à 264°. Reprenant cette réaction, Emery [*Ann. Chem.*, **260**, 137, 1890] a montré que

l'action de l'ammoniaque alcoolique, à froid, sur l'éther acétylsuccinique donnait un corps

$$CH^3 - C \Large= C - CH^2 - CO^2C^2H^5$$
$$AzH^2 \quad CO^2C^2H^5$$

qui, chauffé à 145°-150°, se transforme en *éther méthyl-5-pyrrolone-carbonique-4*. Cet éther fond à 133-134°, bout à 195° sous 12 mm.; son *dérivé acétylé* fond à 141°. Le même éther acétylsuccinique fournit avec différentes amines primaires grasses : l'*éther méthyl-5-éthyl-1-pyrrolone-carbonique-4* fondant à 75-76°, bouillant à 165° sous 14 mm.; l'*éther propylé-1*, fondant à 50°, bouillant à 172° sous 14-15 mm.; l'*éther isobutylé-1*, fondant à 68°, bouillant à 175° sous 15 mm.; l'*éther amylé-1*, fondant à 51-52°, bouillant à 180° sous 16 mm.

L'éther méthylacétylsuccinique conduit à l'*éther diméthyl-3.5-pyrrolone-carbonique-4*, fondant à 127° et l'éther phénylacétylsuccinique conduit à l'*éther phényl-3-méthyl-5-pyrrolone-carbonique-4*, fondant à 127-128°.

Janvier 1907. R. Marquis.

PYRRONE. — Voyez DIPYRRYLCARBONYLE.

PYRROTRIAZOLS [Syn. : Tétrazols et isotétrazols]. — Voyez pour la nomenclature, art. CHAÎNE FERMÉE (2° Suppl., **1**, 1043). La théorie prévoit pour les pyrrotriazols deux isomères

$$
\begin{array}{ccc}
& AzH & \\
Az & \diagup\diagdown & CH \\
\| & & \| \\
Az & \underline{\qquad} & Az
\end{array}
\quad et \quad
\begin{array}{ccc}
& AzH & \\
Az & \diagup\diagdown & Az \\
\| & & \| \\
Az & \underline{\qquad} & CH
\end{array}
$$

On ne connaît qu'un seul pyrrotriazol, le tétrazol, qui présente un exemple de tautomérie, car il se forme aussi bien à partir du dérivé v-phénylé liquide, dérivant de la première formule, que par oxydation du dérivé α'-phénylé qui correspond à la seconde [Freund et Paradies, *D. chem. G.*, **34**, 3110, 1901]; aussi les dérivés du tétrazol sont-ils décrits, tantôt comme des $\alpha\alpha'\beta$-pyrrotriazols et tantôt comme des $\alpha\beta\beta'$-pyrrotriazols.

TÉTRAZOL.

Ce composé

$$AzH \diagup\begin{array}{l} Az = CH \\ | \\ Az = Az \end{array}$$

se forme par décomposition et oxydation à l'aide du permanganate de l'acide aminophénylpyrrotriazol-carbonique [Bladin, *D. chem. G.*, **25**, 1412, 1892], ou de la di-p-oxydiphénylpyrrotriazoline-bétaïne [Pechmann et Wedekind, *D. chem. G.*, **28**, 1693, 1895], ou bien par réduction du diazopyrrotriazol [Thiele et Ingle, *Ann. Chem.*, **287**, 242, 1895].

Il fond à 155°, se sublime; chauffé avec HCl, il se décompose en CO^2, AzH^3 et Az^2. Il donne des sels [Groth, *Ann. Chem.*, **287**, 247, 1895].

v-PHÉNYL-$\alpha\alpha'\beta$-PYRROTRIAZOL. — On l'obtient à partir de l'acide carbonique correspondant [Bladin, *D. chem. G.*, **18**, 2911, 1885; — Wedekind, *ibid.*, **31**, 948, 1898] ou de la phényl-4-thiosemicarbazide (Freund et Paradies). Base faible.

Le *v-phényl-α-mercapto-$\alpha\beta'\beta$-pyrrotriazol*, obtenu à l'aide de la v-phényl-β-thiopyrrotriazoline, fond à 147-150° (éther méthylique fondant à 84°) et fournit par oxydation l'acide sulfonique, le *v-phényl-α'-oxy-$\alpha\beta'\beta$-pyrrotriazol* fusible à 188° [Freund et Hempel, *D. chem. G.*,

28, 80, 1895], et le *v-phényl-αβ'β-pyrrotriazol* fondant à 65-66° (Freund et Paradies).

Le *v-phényl-αα'β-pyrrotriazol-β'-nitrile* se forme en traitant par AzO^2K une solution sulfurique de phénylhydrazine dicyanée et fond à 56° [Bladin, *D. chem. G.*, 18, 1549, 1885]. Avec AzH^2OH il donne la phényltétrazénylamidoxime fondant à 176-177°,5, et par saponification l'*acide correspondant*.

Ce dernier se forme par oxydation de l'aminodiphénylpyrrotriazol (Wedekind). Il fond à 137-138°; l'*éther méthylique* fond à 116°, l'*éther éthylique* à 74°, l'*amide* à 167°,65-168°,5, le *dérivé nitré* à 175° avec décomposition, le *dérivé aminé* fond à 196° [Bladin. *D. chem. G.*, 25, 1411, 1892; 22, 1755, 1889].

Le *vβ-diphényl-αα'β-pyrrotriazol* fond à 106-107°: le *dérivé p-nitré* en β fond à 199-200°; le *dérivé β-oxyphénylé* fond à 190-191° [Wedekind, *D. chem. G.*, 29. 1854, 1896; 30, 450, 1897; 34. 477, 947, 1898].

α'-PHÉNYL-α-β-β'-PYRROTRIAZOL. — Ce composé formulé

$$AzH \diagup \begin{array}{l} C(C^6H^5) = Az \\ \quad\quad | \\ Az =\!=\!= Az \end{array}$$

se forme par réduction de l'*acide benzényldioxytétrazotique* par l'amalgame de sodium [Lossen, *Ann. Chem.*, 263, 101, 1890; — Lossen et Statuis, *ibid.*, 298, 91, 1897] ou bien par l'action de AzO^2H sur la benzénylhydrazidine [Pinner, *Ann. Chem.*, 297, 248, 1897]. Il fond à 212-213° [Hecht, *ibid.*, 263, 102, 1891]. Il donne des sels; son *éther méthylique* fond à 40° (Lossen et Statuis); le *dérivé α'-bromé* fond à 265°; le *dérivé α'-nitré* se présente sous deux modifications fondant, l'une à 145° (Lossen et Statuis), l'autre à 219° [Pinner et Gradenwitz, *Ann. Chem.*, 298, 50, 1897].

Le *v-oxy-α'-phényl-α-β-β'-pyrrotriazol* ou *acide benzényloxytétrazotique*

$$OH\text{-}Az \diagup \begin{array}{l} C(C^6H^5) = Az \\ \quad\quad | \\ Az =\!=\!= Az \end{array} + H^2O$$

s'obtient par réduction de l'*acide benzényldioxytétrazotique* $OH . Az=Az-C(C^6H^5)=Az-AzO$, soit par $Zn + SO^4H^2$ [Lossen et Gromberg, *Ann. Chem.*, 297, 348, 1897], soit par l'amalgame de sodium [Lossen et Fuchs, *ibid.*, 298, 55, 1897]. Il fond à 175° avec décomposition; forme cristalline (Hecht). L'*éther méthylique* fond à 40" [Voyez aussi Lossen et Miéran, *ibid.*, 263. 82; — Neubert. *ibid.*, 263, 88, 1891].

Dérivés divers.

Le *v-oxy-β'-benzyl-α-α'-β-pyrrotriazol* ou *acide phénéthylène-oxy-tétrazotique* fond à 135°. L'*acide dioxytétrazotique* correspondant se forme par l'action de l'acide sulfurique sur le nitrite de la phénylacétamide [Lossen et Kammer, *Ann. Chem.*, 298, 81, 1897]. L'*acide phénylglycolényloxytétrazotique*

$$OH\text{-}Az \diagup \begin{array}{l} Az = C\text{-}CHOH\text{-}C^6H^5 \\ \quad\quad | \\ Az = Az \end{array}$$

fond à 142° [Bogdahn et Lossen. *Ann. Chem.*, 298, 88; 297, 373, 1897].

α'-TOLU-α-β-β'-PYRROTRIAZOL ou α'-TOLUYLTÉTRAZOL. — Ce composé

$$AzH \diagup \begin{array}{l} C(C^6H^4CH^3) - Az \\ \quad\quad | \\ Az =\!=\!= Az \end{array}$$

s'obtient par diazotation de la p-tolénylhydrazi-

dine. Il fond à 234°. La réduction du tolényldioxytétrazotate de K fournit un isomère fondant à 248° [Pinner, *Ann. Chem.*, 298, 8; — Lossen et Kirsdinich, *ibid.*, 298, 105, 1897]. Le *v-oxy-α'-tolu-α-β-β'-pyrrotriazol* ou *acide p-tolényloxytétrazotique* fond à 172° en se décomposant (*éther méthylique* fondant à 44°) [Lossen et Schneider, *ibid.*, 298, 67, 1897].

α'-ANISYL-α-β-β'-PYRROTRIAZOL ou *α''-anisyltétrazol*. — Ce composé fond à 228° (*dérivé méthylé* fondant à 93°, *dérivé éthylé* à 62°, *dérivé nitré* à 203°, *dérivé aminé* à 223°) [Lossen et Colman, *Ann. Chem.*, 298, 108, 1897].

α'-ISOPROPYLPHÉNYL-α-β-β'-PYRROTRIAZOL. — Il fond à 189° [Colman, *D. chem. G.*, 30, 2010, 1897].

α'-(β)-NAPHTYL-α-β-β'-PYRROTRIAZOLS. — Ce composé

$$AzH \diagup \begin{array}{l} C(C^{10}H^7) - Az \\ \quad\quad | \\ Az =\!=\!= Az \end{array}$$

fond à 203° avec décomposition (*éther méthylique* fondant à 112°) [Pinner, *D. chem. G.*, 30, 1881, 1897; *Ann. Chem.*, 298, 38, 1897]. *Acide naphtényldioxytétrazotique* (Lossen et Grabowski).

α'-AMINO-α-β-β'-PYRROTRIAZOL ou *α'-aminotétrazol*. — On l'obtient en chauffant le nitrate de diazoguanidine avec de l'acétate de sodium, par dédoublement par l'eau du cyanure de diazoguanidine ou bien dans la préparation de ce dernier à l'aide de l'acide cyanhydrique et du nitrate. Il fond à 203° [Thiele, *Ann. Chem.*, 270, 55, 1892; — Baur, *Zeit. phys. Chem..* 23, 411, 1897; — Thiele et Ingle, *Ann. Chem.*, 287, 233, 1895; — Thiele et Osborne, *Ann. Chem.*, 305, 64, 1899]. Traité par une solution de Az^2O^3 dans $CHCl^3$, il fournit du *diazotétrazol*, explosif,

$$Az \begin{array}{l} \diagup Az = Az \\ \quad\quad | \\ \diagdown C = Az \\ \;| \quad\quad | \\ Az = Az \end{array}$$

[Thiele et Marais, *Ann. Chem.*, 273, 147, 1892-93]. Le permanganate de potassium en solution alcaline le transforme en *azotétrazol* $HAz^4C-Az=Az-CAz^4H$, instable, dont les sels se dédoublent par les acides en donnant de la tétrazylhydrazine. L'*hydrazotétrazol* est une poudre blanche explosive [Thiele, *Ann. Chem.*, 303, 57, 1898].

TÉTRAZYLHYDRAZINE. — Par diazotation l'*α'-amino-α-β-β'-pyrrotriazol* donne la *tétrazylhydrazine*

$$AzH \diagup \begin{array}{l} C(AzH - AzH^2) - Az \\ \quad\quad | \\ Az =\!=\!= Az \end{array}$$

fondant à 199° avec décomposition. Elle se combine avec les aldéhydes, avec l'éther acétylacétique, donne un *dérivé triacétylé* fondant à 192°, la *tétrazylsemicarbazide* fondant à 211-212°, la *diazotétrazolimide*, etc. [Thiele et Marais; — Thiele, *Ann. Chem.*, 303, 57, 62, 1898; — Thiele et Ingle].

Le *v-phényl-β'-p-aminophényl-α-α'-β-pyrrotriazol* fond à 156°. Par oxydation, il donne l'acide *phénylpyrrotriazolcarbonique* [Wedekind, *D. chem. G.*, 31, 946, 1898].

Enfin par l'action de AzO^2H sur les aminoguanidines substituées, Busch et Bauer [*D. chem. G.*, 33, 1058, 1900] ont obtenu des pyrrotriazols de formule

$$AzH \diagup \begin{array}{l} C(= Az . R) - Az - R \\ \quad\quad | \\ Az =\!=\!= Az \end{array}$$

Janvier 1907.   F. March et Weimann.

PYRUVIQUE (ACIDE). — L'acide pyruvique se forme quand on oxyde l'acide lactique par le permanganate de potassium [Beilstein et Wiegand. *D. chem G.*, **17**, 840, 1884], ou par l'eau oxygénée en présence d'un sel ferreux [H. Fenton et Jones, *Chem. Soc.*. **77**. 69, 77, 1900]. On le rencontre dans les produits d'oxydation de l'acétone par l'eau oxygénée [Pastureau, *C. R.*, **140**, 1591. 1905]; de l'acide malique [Fenton et Jones. *loc. cit.*]; des acides itaconiques substitués [H. Stobbe, *Ann. Chem.*. **308**. 67, 114, 1899]; de l'isobutylidénacétone [Franke et Kohn, *Mon. f. Chem.*, **20**, 876, 1899]; de la menthénone [C. Harries, *D. chem. G.*. **34**, 1924, 1901]. Il s'obtient aussi par action de l'oxyde d'argent sur l'acide $\alpha.\alpha$ dibromopropionique [Beckurts et Otto, *D. chem. G.*, **18**, 235, 1885; — W. Lossen, *Ann. Chem.*. **342**, 112, 1905]; et par hydrolyse des matières protéiques [K. Mœrner, *Zeit. physikal. Chem.*, **42**, 121, 1904].

Préparation. — On chauffe au bain d'huile à 230° un mélange intime de 350 gr. d'acide tartrique et de 550 gr. de bisulfate de potassium; il distille de l'acide pyruvique aqueux qui est rectifié par distillation dans le vide [Erlenmeyer, *D. chem. G.*, **14**, 321. 1881; — Döbner, *Ann. Chem.*, **242**, 269, 1887; — Simon, *Bull. Soc. Chim.*. **13**. 335, 1895].

Propriétés. — L'acide pyruvique fond à 13°,6 [Simon. *loc. cit.*] et bout à 65° sous 10 mm. Conductibilité électrique [Ostwald. *J. f. prakt. Chem.*, **32**, 330, 1885]. Pouvoir réfringent [Brühl, *Zeit. f. prakt. Chem.*, **50**, 540, 1894; — Müller et Bauer. *Bull. Soc. Chim.*, **27**. 4. 1902]. Pouvoir rotatoire magnétique [Perkin, *Chem. Soc.*, **61**. 836, 1892]. Chaleur de dissolution et chaleur de neutralisation [Simon, *Bull. Soc. Chim.*. **9**, 112. 1893; — Massol, *Bull. Soc. Chim.*. **33**. 335, 1905]. Action des décharges électriques obscures en présence d'azote [Berthelot, *C. R.*, **126**, 688, 1898].

L'acide pyruvique se transforme. avec le temps. en un acide bibasique $C^6H^6O^5$, fusible à 116-117° [Wolff, *Ann. Chem.*. **305**. 156. 1899]. Oxydé par MnO^4K [Perdrix, *Bull. Soc. Chim.*. **23**, 649, 1900], ou par H^2O^2 [Hollemann. *Rec. des Pays-Bas*. **23**. 169. 1904], il fournit du CO^2 et de l'acide acétique. Il est décomposé par l'acide sulfurique étendu, à 150°, pour donner du CO^2 et de l'aldéhyde acétique [Beilstein et Wiegand. *D. chem. G.*, **17**. 840. 1884]. Action du Cl et de PCl^5 [Seissl. *Ann. Chem.*. **249**. 298, 1889]. L'ammoniac en solution alcoolique le transforme en acide imidopyruvique $CH^3(=AzH)-CO^2H$ [Böttinger. *Ann. Chem.*. **208**. 135, 1881]. L'hydrazine fournit le dérivé

$$CH^3-C(CO^2H){<}^{AzH}_{}|_{AzH}$$

fusible à 115-117° [Curtius et Lang, *J. f. prakt. Chem.*, **44**, 555, 1891].

L'hydrogène sulfuré forme avec l'acide pyruvique un composé $C^6H^8SO^6$ [Böttinger, *Ann. Chem.*, **188**. 325, 1877]. fusible à 94°. regardé par Jong comme étant l'*acide α-mercaptodilactique,*

$$CH^3-C(OH)-CO^2H$$
$$S$$
$$CH^3-C(OH)-CO^2H$$

[*Rec. des Pays-Bas*. **24**. 295. 1902]; quand on sature par H^2S la solution aqueuse d'acide pyruvique, on obtient de l'acide α-thiolactique [Löven, *J. f. prakt. Chem.*, **29**, 376, 1884; **47**, 174, 1893].

La combinaison bisulfitique de l'acide pyruvique. traitée par l'acide chlorhydrique ($D=1,14$), fournit l'α-γ-lactone de l'acide α-céto-γ-oxybutane-α-γ-dicarbonique

$$CO^2H{>}_{CH^3}C\overline{}O$$
$$CH^2-CO-CO$$

fusible à 115-116° [de Jong, *Rec. des Pays-Bas*, **20**, 81; **21**, 191; **22**, 281, 1901-1903].

L'acide pyruvique se condense avec les carbures C^nH^{2n-6}, sous l'influence d'un grand excès d'acide sulfurique concentré, à basse température, pour donner des acides $C^nH^{2n-16}O^2$ [Böttinger, *D. chem. G.*. **14**, 1595, 1881]: $C^3H^4O^3+2C^6H^6=CH^3-C:(C^6H^5)^2-CO^2H+H^2O$

Il se condense d'une manière analogue avec les phénols [Böttinger, *D. chem. G.*, **16**, 2071, 1883].

Avec la paraformaldéhyde il se forme le tétraméthylène-1.3-dioxalyle, et un acide fusible à 284-286° [Kaltwasser, *D. chem. G.*, **29**, 2281, 1896]. Avec l'acétone il fournit l'acide acétonedipyruvique, $C^9H^{10}O^5$ [Dœbner, *D. chem. G.*, **31**, 681, 1898].

Il réagit sur l'acide glyoxylique et l'ammoniac pour former l'acétylglycocolle [E. Erlenmeyer, *D. chem. G.*. **36**, 2525, 1903]. Condensé avec l'uréthane. il fournit l'*acide diuréthane pyruvique*

$$CH^3{>}C{<}^{AzH-CO^2C^2H^5}_{AzH-CO^2C^2H^5}$$
$$CO^2H$$

fusible à 138-139°; *éther éthylique* fusible à 109° [Simon. *C. R.*, **133**, 535, 1901; **142**, 790, 892. 1906].

La réaction de l'urée sur l'acide pyruvique qui a donné à Grimaux l'homoallantoïne ou pyruvile se passe en deux phases: dans la première il se forme de l'*acide homoallantoïque*

$$CH^3{>}C{<}^{AzH-CO-AzH^2}_{AzH-CO-AzH^2}$$
$$CO^2H$$

infusible et décomposable vers 155° [Simon. *C. R.*, **133**. 587; **136**, 506, 1901]. Combinaison de l'urée et de l'acide pyruvique dans l'organisme [Wiener, *Beitr. Chem. Physiol. u. Path.*. **2**, 42, 1902]. L'aminoguanidine fournit l'*acide aminoguanidinepyruvique*. [Wedekind et Bronstein, *Ann. Chem.*, **307**, 293, 1899].

L'acide hippurique condensé avec l'acide pyruvique fournit un composé $C^{12}H^9O^4Az$ [Hofmann, *D. chem. G.*, **19**. 2555, 1886], auquel Erlenmeyer et Arbenz [*Ann. Chem.*, **337**, 302, 1904] ont attribué la constitution

$$CH^3{>}_{CO^2H}C=C\underset{CO\rule{2em}{0.4pt}O}{\overset{Az}{<\!\!>}}C-C^6H^5$$

L'acide pyruvique en solution éthérée réagit sur l'aniline pour donner les anilides pyruvique et uvitonique et un composé fusible à 188-190° [Simon, *Bull. Soc. chim.*, **13**, 336, 1895]; les autres amines primaires se comportent d'une façon analogue; cependant l'α-naphtylamine ne réagit pas. La benzylidène-aniline fournit le *diphényldicétodihydropyrrol* [R. Schiff et Gigli, *D. chem. G.*, **31**, 1310. 1898]. Avec la diaminoquinoxaline on obtient l'*oxyméthylpyrazinophénazine*, fusible au-dessus de 300° [O. Hinsberg et E. Schwantes, *D. chem. G.*, **36**, 4039, 1903]. Condensation : avec le p-aminophénol et avec son éther méthylique [Giuffrida et Chimienti. *Gazz. chim. ital.*, **34**, 261, 1904]; avec les isodiphényloxyéthylamines *d. l* et *r* [Erlenmeyer et Arnold, *Ann. Chem.*, **337**. 329, 1904].

La réaction de l'aldéhyde formique et des bases aromatiques sur l'acide pyruvique fournit des *acides hydroglauconiques*, tels que

$$CH\left[C^6H^3\diagup\begin{matrix}AzH\!\!-\!\!-\!\!-\!\!-CH\!-\!CH^3\\ |\\ C(CO^2H)\!=\!CH\end{matrix}\right]^3$$

ou leurs produits d'oxydation, les *acides glauconiques* [Dœbner, *D. chem. G.*, **31**, 686; **33**, 677, 1900].

L'aldéhyde benzoïque condensée avec l'acide pyruvique en présence d'acide chlorhydrique a fourni l'*α-oxo-β-benzylidène-γ-phénylbutyrolactone*, $C^{17}H^{20}O^3$, fusible à 167° [Erlenmeyer, *D. chem. G.*, **32**, 1450, 1899]; sous l'influence de l'éthylate de sodium, on obtient à côté du produit précédent le sel sodique d'un composé $C^{27}H^{20}O^6$ [Erlenmeyer, *D. chem. G.*, **34**, 817, 1901].

Condensation de l'aldéhyde benzoïque et des amines aromatiques avec l'acide pyruvique; voyez Dingler [*Ann. Chem.*, **311**, 147, 1900]; — Wilgerodet Jablowski [*D. chem. G.*, **33**, 2918, 1900]; — Sachs et Steinert [*D. chem. G.*, **37**, 1733, 1901]. Condensation avec l'undécanal et la β-naphtylamine [Dœbner, *D. chem. G.*, **27**, 352, 1894]; — Blaise et Guérin, *Bull. Soc. Chim.*, **29**, 1205, 1903]. — Condensation avec : l'aldéhyde cinnamique [Erlenmeyer, *D. chem. G.*, **37**, 1318, 1904]; avec les trois xylènes [Bistrzycki et Reintke, *ibid.*, **38**, 839, 1905].

Réactions de l'acide pyruvique. — L'acide pyruvique dissous dans une solution de potasse donne avec le nitroprussiate de sodium une coloration violette; si l'on remplace la potasse par l'ammoniaque on obtient une coloration bleue violette caractéristique, qui vire au rouge foncé par la potasse et au bleu par l'acide acétique [Simon, *C. R.*, **125**, 534, 1897]. L'α et le β-naphtol ($0^{gr},02$ à $0^{gr},05$ dissous dans 1 cmc SO^4H^2) donnent avec l'acide pyruvique une coloration rouge [E. Alwarez, *Chem. News*, **91**, 209, 1905].

SELS. — En solution aqueuse concentrée, les pyruvates se transforment spontanément en *parapyruvates*; cette transformation est accélérée par le baryte, la potasse, le cyanure de potassium [Wolff, *Ann. Chem.*, **305**, 156, 1899]; c'est ainsi que le pyruvate de baryum fournit le *parapyruvate* insoluble, $(C^6H^6O^6Ba)^3 + 12H^2O$, lequel se dissout dans l'eau bouillante en se transformant en *métapyruvate* que l'on peut précipiter à l'état amorphe par l'alcool à 99°; les transformations inverses, avec retour au pyruvate, peuvent être réalisées en solution aqueuse plus étendue,

$$\text{Pyruvate}\ \underset{b}{\overset{a}{\rightleftharpoons}}\ \text{Métapyruvate}\ \underset{b}{\overset{a}{\rightleftharpoons}}\ \text{Parapyruvate}$$

$a =$ transformation par ébullition, par condensation spontanée, ou s'effectuant au moyen d'un agent condensateur, en solution de plus en plus concentrée. $b =$ transformation par ébullition en solution diluée [de Jong, *Rec. Pays-Bas*, **19**, 365; **20**, 299, 1901-1902].

Le *pyruvate d'ammonium*, en solution aqueuse, se transforme d'abord en *acide α-céto-γ-aminobutane-α-γ-dicarbonique*, CH^3-$C(AzH^2)(CO^2H)$-CH^2CO-CO^2H; après un temps plus long la liqueur devient brune et il se dépose des cristaux fusibles à 255°, constitués par le sel : $C^8H^6O^4Az(AzH^3) + C^8H^5O^4Az(AzH^4)^2$ [de Jong, *Rec. Pays-Bas*, **23**, 131, 1904]. Lorsqu'on sature une solution concentrée d'acide pyruvique par le carbo-

nate d'Am, on obtient le sel d'Am de l'acide *α-acétylaminopropionique*, fusible à 132-133° [de Jong, *Rec. Pays-Bas*, **19**, 259, 1901].

Pyruvate de potassium, électrolyse [H. Hofer, *D. chem. G.*, **32**, 650, 1900].

Pyruvates alcalino-terreux, $(C^3H^3O^2)^2Ca$; $(C^3H^3O^3)^2Ba + H^2O$; $(C^3H^3O^3)^2Ba + 2H^2O$ [Brezina, *Mon. f. Chem.*, **6**, 471, 1885; —Jowanowitsch, *Mon. f. Chem.*, **6**, 441]. — $(C^3H^3O^3)^2Ba + 4H^2O$ [de Jong, *Rec. Pays-Bas*, **25**, 229, 1906].

Pyruvate de Pb, $(C^3H^3O^3)^2Pb + H^2O$ [de Jong, *Rec. Pays-Bas*, **21**, 299, 1902].

Combinaisons avec les sulfites [Böttinger, *D. chem. G.*, **15**, 892, 1882; — de Jong, *Rec. Pays-Bas*, **24**, 299, 1902]. Avec la *triéthylphosphine*, il forme une combinaison $(C^2H^5)^3PO$, $2CH^3$-CO-CO^2H, fusible à 75-77° [Pickart et Kenyon, *Chem. Soc.*, **89**, 262, 1906].

ÉTHERS PYRUVIQUES. — *Pyruvate d'éthyle*, CH^3-CO-$CO^2C^2H^5$. — On le prépare en faisant bouillir pendant une heure 1 molécule d'acide pyruvique cristallisable avec 1 molécule d'alcool, et on distille dans le vide [Simon, *Bull. Soc. Chim.*, **13**, 477, 1895]; il bout à 66° sous 18-20 mm; $D_{14} = 1,08$ [Simon, *loc. cit.*; — Stende, *Ann. Chem.*, **264**, 25, 1891; voyez aussi Genvresse, *Bull. Soc. Chim.*, **9**, 377, 1893]. Spectre d'absorption [Stewart et Baly, *Chem. Soc.*, **89**, 489, 1906]. Réduit par la méthode de Bouveault et Blanc, il ne donne pas de produits définis [*Bull. Soc. Chim.*, **31**, 1215, 1898]. Traité par PCl^5, il fournit un mélange de tri- et de tétrachloropropionate d'éthyle [Scissl, *Ann. Chem.*, **249**, 300, 1889]. Il se condense avec le mercaptan pour donner le mercaptol, CH^3-C: $(SC^2H^5)^2$-$CO^2C^2H^5$, huile jaune, qui, par oxydation, fournit la diéthylsulfone correspondante, CH^3-C: $(SO^2C^2H^5)^2$-$CO^2C^2H^5$, fusible à 62° [T. Posner, *D. chem. G.*, **32**, 2801, 1899]. Sa solution alcaline donne avec la naphtoquinone sulfonique (1.2) une coloration vert grisâtre qui devient rouge par addition d'acide acétique [Ehrlich et Herter, *Zeit. physiol. Chem.*, **41**, 379, 1904]. La *cyanhydrine* du pyruvate d'éthyle bout à 105-105°,5 sous 19 mm. [Ultée, *D. chem. G.*, **39**, 1856, 1906].

Pyruvate d'isoamyle, $C^3H^3O^3, C^5H^{11}$. — C'est un liquide distillant à 185°-186° sous 14 mm. $D_{17} = 0,978$ [Simon, *Bull. Soc. Chim.*, **13**, 481, 1895]. Condensé avec $CH^3.Mg.I$, il conduit à l'*α-oxyisobutyrate d'isoamyle* qui bout à 195-198° sous 733 mm. [Grignard, *C. R.*, **135**, 627, 1902].

Pyruvate d'amyle (lév.). — Il bout à 185-186°; 85-86° sous 16 mm. $D_{15} = 0,984$; $α_D = -3°,25$; $n_D = 1,42062$ [Simon, *Bull. Soc. Chim.*, **11**, 765, 1894].

Pyruvate d'octanol-4. — Il bout à 108-110° sous 10 mm. [Bouveault et Locquin, *C. R.*, **140**, 1700, 1905].

Pyruvate de dodécanol-6. — Il distille à 150-152° sous 10 mm. [Bouveault et Locquin, *loc. cit.*].

Pyruvate de l'α octanediol-4.5. — Il bout à 152-155° sous 10 mm. [Bouveault et Locquin, *Bull. Soc. Chim.*, **35**, 646, 1906].

Pyruvate d'allyle, $C^3H^3O^3, C^3H^5$. — Liquide, bout à 165°, 65° sous 14 mm. [Simon, *loc. cit.*]

Pyruvate de menthyle. — Liquide, bout à 136-140° sous 22 mm., $D = 0,9917$, $α_D = 181°,7$ [Cohen et Whiteley, *Chem. Soc.*, **79**, 1305, 1901]. Le *pyruvate de l. menthyle* distille à 131-132° sous 10 mm. $α_D^{19} = -92°,8$ [Mac Kenzie, *Chem. Soc.*, **87**, 1373, 1905].

Pyruvate de l. bornyle. — C'est une huile incolore distillant à 143-144° sous 18 mm. $α_D^{19} = -52°,4$ [Mac Kenzie et Wren, *Chem. Soc.*, **89**, 688, 1906].

Pyruvate de dihydrorhodinol. — Il bout à 140-

145° sous 13 mm. [Bouveault et Blanc. *Bull. Soc. Chim.*, **31**, 1209, 1904].

Pyruvate de l'alcool α.-campholytique. — Il bout à 143-144° sous 14 mm. Le *pyruvate de l'alcool* β-dihydrocampholytique bout à 140-142° sous 17 mm. [Blanc, *C. R.*, **142**, 284, 1906].

Pyruvate de glycérine, $C^3H^3O^3.C^3H^7O^2$. — Les sels métalliques de cet éther se forment quand on fait agir à froid les bases sur la pyruvine, $C^3H^3O^3.C^3H^5O$ [Erhart, *Mon. f. Chem.*, **6**, 513, 1885]; la pyruvine se forme quand on chauffe l'acide pyruvique avec la glycérine et le bisulfate de K [Böttinger, *Ann. Chem.*, **263**, 247, 1891]; elle fond à 82° et bout à 240-241°.

Pyruvate d'acétol, $C^3H^3O^3 - CH^2 - CO - CH^3$. — Il fond à 152-153° [Henry, *C. R.*, **137**, 1398, 1904].

PYRUVANILIDE, $C^3H^3 - CO - CO - AzHC^6H^5$. — Ce composé se forme : par action de l'aniline sur la combinaison pyridique de l'anhydride diacétyltartrique [Wohl et Oesterlin, *D. chem. G.*, **34**, 1139, 1901]; par oxydation du phényl-1-méthyloxy-5-triazol-1.2.3 [Dimroth, *D. chem. G.*, **35**, 4041, 1902].

OXIME DE L'ACIDE PYRUVIQUE. *acide oximido-propionique*, $CH^3 - C(=AzOH) - CO^2H$. — On l'obtient en faisant agir l'hydroxylamine sur l'acide pyruvique [V. Meyer et Janny, *D. chem. G.*, **15**, 1527, 1885]; en chauffant 6 jours à 60° l'acide α-bromopropionique avec l'hydroxylamine [Hantzsch et Wild, *Ann. Chem.*, **289**, 297, 1895]. Elle se décompose à 177-178°, avec un violent dégagement gazeux [Miller et Plöchl, *D. chem. G.*, **26**, 1551, 1893]. Conductibilité électrique [Hantzsch et Miolati, *Zeit. phys. Chem.*, **10**. 7. 1892]. — Walden, **10**. 651]. Les vapeurs nitreuses la transforment dans l'acide nitrolique correspondant [Ponzio, *Gazz. chim. ital.*, **33**, 308, 1903]. Chauffée avec l'anhydride acétique. elle donne de l'acétonitrile [Hantzsch, *D. chem. G.*, **24**, 50, 1891]. L'*acétate*. $CH^3 - C(Az - CO^2CH^3) - CO^2H$, fond à 60° en se décomposant [Hantzsch, *D. chem. G.*, **24**, 51, 1891].

Éther méthylique, $CH^3 - C(=AzOH) - CO^2CH^3$. — Il fond à 68-69°; bout à 122-123°. sous 14 mm. [Lepercq, *Bull. Soc. Chim.*, **11**. 299. 1894; — Bouveault et Locquin, **31**, 1062, 1904]. L'*acétate*, $CH^3 - C(=Az - CO^2CH^3) - CO^2 - CH^3$, fond à 42° et bout à 126° sous 14 mm. : le *butyrate* bout à 153-155° sous 16 mm. : le *benzoate* fond à 102° et bout à 190° sous 11 mm., partiellement décomposé [Locquin, *Bull. Soc. Chim.*, **31**. 1070. 1904].

Éther éthylique. $CH^3 - C(=AzOH) - CO^2.C^2H^5$. — Il fond à 94°, bout à 213° [Ebert, *Ann. Chem.*, **229**. 62. 1885; — Bergreen, *D. chem. G.*, **20**, 533, 1887; — Lepercq, *Bull. Soc. Chim.*, **9**, 630; **11**, 296. 886, 1894].

L'ammoniac le transforme en l'amide. $CH^3 - C(=AzOH) - CO^2AzH^2$, fusible à 174-175° [Hantzsch et Urbahn. *D. chem. G.*, **28**, 760, 1895]; à 176-177° [Whiteley, *Chem. Soc.*, **77**. 1040. 1900].

SEMICARBAZONE. — L'*éther méthylique*. $CH^3 - C(Az - AzH - COAzH^2) - CO^2CH^3$. fond à 100° [Bailey, *Am. Chem. Journ.*, **28**. 386, 1902].

L'*éther éthylique*, fond à 206° [Thiele et Bailey, *Ann. Chem.*, **303**, 87. 1898]; à 202°.5 [Scheuble et Lœbl, *Mon. f. Chem.*, **25**, 1081, 1904].

L'*éther propylique* fond à 80° [Bailey, *loc. cit.*].

L'*éther butylique secondaire* fond à 151°,5 [Scheuble et Lœbl, *loc. cit.*].

L'*éther méthyléthyl-éthylique* fond à 151°.5 [Scheuble et Lœbl, *Mon. f. Chem.*, **25**, 1081, 1904].

L'*éther phénylpropylique* fond à 143° [Bouveault et Blanc, *Bull. Soc. Chim.*, **31**. 1209. 1904].

Éther de l'octanol-4. — Il fond à 96° [Bouveault et Locquin, *C. R.*, **140**, 1700, 1905].

Éther du dodécanol-6. — Il fond à 93-94° [Bouveault et Locquin, *loc. cit.*].

Éther du dihydrorhodinol. — Il fond à 124° [Bouveault et Blanc, *loc. cit.*].

Éther de l'alcool α-campholytique. — Il fond à 137°, l'*éther de l'alcool* β-dihydrocampholytique fond à 158° [Blanc, *C. R.*, **142**, 284, 1906].

Semicarbazone de l'amide pyruvique. — Elle fond à 230° [Thiele et Bailey, *loc. cit.*].

Semicarbazone du nitrile pyruvique. — Elle fond à 215° (Thiele et Bailey).

PHÉNYLHYDRAZONE, $CH^3 - C(=Az - AzH - C^6H^5) - CO^2H$. — Par action de la phénylhydrazine sur l'acide pyruvique, il se forme deux phénylhydrazones isomères fusibles à 184°, et à 140-141° [Simon, *Bull. Soc. Chim.*, **23**, 884, 1900]; l'hydrazone fusible à 184° se forme aussi : dans la décomposition de l'hydrazone oxalacétique [Fenton et Jones, *Chem. Soc.*, **79**, 91, 1901; **81**, 1140, 1902]; par saponification du nitrile correspondant [Favrel, *C. R.*, **132**, 183, 1901]. Au-dessus de son point de fusion elle se décompose en CO^2 et diacétylbisphénylhydrazone, $CH^3C(:Az^2HC^6H^5).C(:Az^2HC^6H^5).CH^3$ [Fischer et Jourdan, *D. chem. G.*, **16**, 2241; **17**, 578, 1885; — Behrend et Tryller, *Ann. Chem.*, **283**, 227, 1894]. Action de l'acide chlorhydrique, voyez Ruhemann [*D. chem. G.*, **27**, 1273, 1894]; de Jong [*Ann. Chem.*, **319**, 21, 1901].

Éther éthylique, $CH^3 - C(=Az - AzHC^6H^5) - CO^2C^2H^5$. — Il existe également sous deux formes isomères, fusibles à 118-120° et à 31-32° [Simon, *loc. cit.*]; voyez aussi Fischer [*loc. cit.*]; Japp et Klingemann [*Ann. Chem.*, **247**, 208, 1888]; Favrel [*C. R.*, **132**, 1336, 1901; *Bull. Soc. Chim.*, **31**. 150, 1904].

L'*éthylamide*. $CH^3 - C(:Az^2HC^6H^5) - CO - AzH - C^2H^5$, fond à 164° [Nef, *Ann. Chem.*, **280**, 300, 1894].

Chlorophénylhydrazones, $CH^3.C(:Az^2H.C^6H^4Cl) - CO^2H$. — Le dérivé *orthochloré* fond à 188° [Hewitt, *Chem. Soc.*, **59**, 281]: son *éther éthylique*, à 68° [Hewitt, *Chem. Soc.*, **63**, 868]. Le dérivé *métachloré* fond à 163° et son *éther éthylique*, à 82°. Le dérivé *parachloré* fond à 190°: son *éther éthylique* à 138° [Hewitt, *loc. cit.*].

Parabromophénylhydrazone. — Elle fond à 182° [Balbiano, *D. chem.*, *G.*, **30**, 290, 1897].

Paranitrophénylhydrazone. — Elle fond à 220° [Fischer et Ach, *Ann. Chem.*, **253**, 64, 1889; — Hyde. *D. chem. G.*, **32**, 1810, 1899].

Salicylhydrazone, $CH^3 - C[:Az^2H - C^6H^3(OH)(CO^2H)] - CO^2H$. — Elle fond à 205° [Zahn, *J. prakt. Chem.*, **61**, 532, 1900].

Hydrazone de l'anilide pyruvique, $CH^3 - C(Az^2H.C^6H^5) - CO.AzHC^6H^5 + H^2O$. — Elle fond à 100-105°, mais perd déjà de l'eau à 70°; anhydre, elle fond à 176° [Smith, *Am. Chem. Journ.*, **16**, 386, 1894].

Hydrazone de la toluidide pyruvique. — Elle fond à 204° [Smith. *loc. cit.*].

Hydrazone de la nitrosophénylhydrazide pyruvique,

$$CH^3 - C(=Az^2HC^6H^5) - C \lessgtr \begin{matrix} OH \\ Az - Az(AzO) - C^6H^5 \end{matrix}$$

— Elle fond à 128-129°, la *p-nitrophénylhydrazone* fond à 147-148°; la *nitrosophénylhydrazide pyruvique*,

$$CH^3 - CO - C \lessgtr \begin{matrix} OH \\ Az - Az(AzO) - C^6H^5 \end{matrix}$$

fond en se décomposant à 85-85°,5 [Bamberger et Greb, *D. chem. G.*, **34**, 539, 1901].

MÉTHYLPHÉNYLHYDRAZONE, $CH^3-C[:Az-Az(C^6H^5)(CH^3)]-CO^2H$. — Elle se ramollit à 70°, et fond à 78° [E. Fischer et Kazel, D. chem. G., 16, 2245, 1883].

DIPHÉNYLHYDRAZONE, $CH^3-C[:Az-Az(C^6H^5)^2]CO^2H$. — Elle fond à 145° [Fischer et Hesse, D. chem. G., 17, 567, 1884].

P-TOLYLHYDRAZONE, $CH^3-C(:Az-AzH-C^6H^4CH^3)-CO^2H$. — Elle fond à 158-160° [Raschen, Ann. Chem., 239, 224, 1887]; à 162° [Japp et Klingemann, ibid., 247, 215.1888]. L'éther éthylique fond à 106-107° [Favrel, C. R., 132, 326, 1901].

Bromo-3-p-tolylhydrazone. — Elle fond à 175° [Hewitt et Pope, Chem. Soc., 73, 179, 1898]; l'éther éthylique fond à 84-85°.

Nitro-3-p-tolylhydrazone. — Elle fond en se décomposant à 203°; son éther éthylique fond à 140° [Pope et Hird, Chem. Soc., 79, 1141, 1901].

MÉTHYL-P-TOLYLHYDRAZONE, $CH^3-C[:Az-Az(CH^3)(C^6H^4CH^3)]-CO^2H$. — Elle fond à 83°,5 [Hegel, Ann. Chem., 232, 215, 1886].

ETHYL-P-TOLYLHYDRAZONE, $CH^3-C[:Az-Az(C^2H^5)(C^6H^4-CH^3)]-CO^2H$. — Elle cristallise dans l'éther en fines aiguilles [Hegel, loc. cit.].

P-XYLYLHYDRAZONE, $CH^3-C[:Az\ AzH-C^6H^3(CH^3)^2]-CO^2H$. — Elle fond à 164°, son éther éthylique, à 50° [Plancher et Caravaggi, Att. Ac. Lincei, 24, 157, 1905].

PSEUDOCUMINYLHYDRAZONE, $CH^3-C[:Az-AzH-C^6H^2(CH^3)^3]-CO^2H$. — Elle fond à 148° [Ruhemann, Chem. Soc., 57, 55, 1890].

HEPTYLHYDRAZONE, $CH^3-C(:Az-AzH-C^7H^{15})-CO^2H$. — Elle fond à 57-58° [Kijner, Journ. Soc. phys. chim. russe, 31, 872, 1899].

BENZYLHYDRAZONE, $CH^3-C(:Az-AzH-CH^2-C^6H^5)-CO^2H$. — Elle fond à 104° [Curtius, J. prakt. Chem., 62, 83, 1901]. La méthyl-4-benzylhydrazone fond à 77-78°. La triméthyl-2.4.5-benzylhydrazone, $C^6H^2(CH^3)^3_{2.4.5}]-CO^2H$, fond à 91-92°.

QUINYLHYDRAZONE, $CH^3-C(:Az-AzH-AzC^9H^6)-CO^2H$. — Le chlorhydrate fond à 201° [Knuepel, Ann. Chem., 310, 75, 1899].

NAPHTYLHYDRAZONES, $CH^3-C(:Az-AzH-C^{10}H^7)-CO^2H$. — Le dérivé α fond à 159° [Fischer, Ann. Chem., 332, 240, 1886]; son éther éthylique fond à 100° [Schlieper, ibid., 239, 231, 1887]. Le dérivé β fond à 166°, avec dégagement de CO^2; chauffé avec le chlorure de zinc il donne du β-naphtindol, $C^{12}H^9Az$; l'éther éthylique fond à 131° [Schlieper, ibid., 236, 176, 1887].

α-KÉPIDYLHYDRAZONE, $CH^3-C(:Az-AzH-Az-C^{10}H^8)-CO^2H$. — Elle cristallise avec 3 H^2O; anhydre elle fond à 215° [Marckwald et Chain, D. chem. G., 33, 1895, 1900].

γ-QUINALDINE-HYDRAZONE, $CH^3-C(:Az-AzH-Az-C^{10}H^{11})-CO^2H$. — Elle fond à 197° [Marckwald et Chain, loc. cit.].

ACIDE CHLOROPYRUVIQUE, $CH^2Cl-CO-CO^2H$. — Sa phénylhydrazone fond à 199-300° [Peratoner et Strazzeri, Gazz. chim. ital., 24, 290, 1891].

ACIDE DICHLOROPYRUVIQUE, $CHCl^2-CO-CO^2H + 1/2 H^2O$. — Il se forme quand on fait agir l'hypochlorite de soude sur l'acide trichlorodiacétylglyoxylique, $C^6H^3Cl^3O^5$; il forme des aiguilles fusibles à 78-79° [Hantzsch, D. chem. G., 22, 2851, 1889].

ACIDE DICHLOROBROMOPYRUVIQUE, $CCl^2Br-CO-CO^2H + 3H^2O$. — Il se forme quand on fait réagir le brome sur le précédent; il fond à 120° [Hantzsch, loc. cit.].

CYANOPYRUVATE D'ÉTHYLE, $CAz-CH^2-CO-CO^2C^2H^5$. — Sa phénylhydrazone fond à 102-103° [Fleischauer, J. prakt Chem., 47, 281, 1893]; chauffée avec l'anhydride acétique, elle se transforme en un isomère fusible à 128°.

HOMOLOGUES DE L'ACIDE PYRUVIQUE.

Les acides homopyruviques peuvent s'obtenir par l'intermédiaire des oximes de leurs éthers, à partir des éthers acétylacétiques-α-substitués.

D'après V. Meyer, l'acide nitreux réagit sur ces derniers selon les deux équations suivantes :

$$CH^3-CO-\underset{R}{CH}-CO^2C^2H^5 \; + \; AzO^2H$$
$$= CH^3-CO^2H \; + \; \begin{matrix} R-C-CO^2C^2H^5 \\ \| \\ Az-OH \end{matrix} \qquad (I)$$

$$CH^3-CO-\underset{R}{CH}-CO^2C^2H^5 \; + \; AzO^2H$$
$$= C^2H^6 \; + \; CO^2 \; + \; \begin{matrix} CH^3-CO-C-R \\ \| \\ Az-OH \end{matrix} \qquad (II)$$

Quand on opère en solution acide, la réaction (I) se produit seule [Bouveault et Locquin, C. R., 135, 179, 295, 1902].

La nitrosation des éthers-β-cétoniques α-substitués en liqueur acide fournit des oximes homopyruviques, $R'-C(Az=OH)-CO^2R''$, avec un rendement de 85 0/0 au moins [Locquin, Bull. Soc. Chim., 31, 547, 1904].

ACIDE MÉTHYLPYRUVIQUE, acide propionylformique, $CH^3-CH^2-CO-CO^2H$. — On le prépare en saponifiant le cyanure de propionyle, $CH^3-CH^2-CO-CAz$ [Claisen et Moritz, D. chem. G., 13, 2121, 1880]. Il se forme dans l'oxydation de l'acide méthylmésaconique [Fittig et Dannenberg, Ann. Chem., 331, 88, 1904]; quand on décompose l'éther méthyloxalacétique par l'acide sulfurique étendu [Arnold, ibid., 246, 333, 1888]; quand on décompose par l'acide chlorhydrique le produit de condensation de l'acide hippurique avec l'acide pyruvique [Erlenmeyer, D. chem. G., 35, 2483, 1902].

L'acide méthylpyruvique est une huile qui bout à 74-78° sous 25 mm., $D_{17°,5} = 1,2$.

Réduit par l'amalgame de sodium, il donne l'acide-α-oxybutyrique; le sel de baryum cristallise avec une molécule d'eau. Oxime fusible à 154° [Hantzsch et Wild, Ann. Chem., 289, 297, 1895]; à 151° [Wleügel, D. chem. G., 15, 1057, 1882]; conductibilité électrique [Hantzsch et Miolati, J. f. physik. Chem., 10, 8, 1892].

Son hydrazone fond à 144-145° [Fittig et Dannenberg, loc. cit.].

Éther méthylique, $C^4H^5O^3.CH^3$. — L'oxime fond à 61° [Lepercq, Bull. Soc. Chim., 11, 884, 1894].

Éther éthylique, $C^4H^5O^3.C^2H^5$. — Il se forme quand on oxyde l'α-oxybutyrate d'éthyle par le permanganate de potassium [Aristow et Domaniow, Journ. Soc. phys. chim. russe, 19, 267, 1888]; c'est un liquide qui bout à 74-77° sous 25 mm.; $D_{20} = 1,0087$. Oxime fusible à 51° [Lepercq, loc. cit.]; à 58° [Bouveault et Locquin, C. R., 135, 179, 1902].

ACIDE DIMÉTHYLPYRUVIQUE, acide isobutylformique, $(CH^3)^2=CH-CO-CO^2H$. — On le prépare en saponifiant l'éther correspondant par l'eau à 140-150°; il distille à 65-67° sous 10 mm. et fond à 31° [Bouveault et Wahl, Bull. Soc. Chim., 25, 1036, 1901]; voyez aussi Brunner [Mon. f. Chem., 15, 761, 1894]; — Kohn [Mon. f. Chem., 19, 522, 1898]. Oxime fusible à 163-165° (B. et W.); phénylhydrazone fusible à 129° [Brünner, *Mon. f. Chem.*, **15**, 761, 1894]; à 137° [Kohn, *ibid.*, **19**, 522, 1897].

L'*éther éthylique*, $(CH^3)^2 = CH-CO-CO^2C^2H^5$, se prépare en réduisant par l'amalgame d'aluminium le nitrodiméthylacrylate d'éthyle-α, et décomposant par l'acide chlorhydrique le dérivé aminé formé [Wahl, *Bull. Soc. Chim.*, **25**, 612, 1901]. L'ammoniac réagit sur cet éther ainsi que sur l'acide correspondant, pour donner un composé $C^9H^{18}Az^2O^2$, fusible à 198°, et non pas l'amide diméthylpyruvique [Wahl, *C. R.*, **132**, 1124, 1901].

ACIDE ÉTHYLPYRUVIQUE, *acide butylformique*, $CH^3-CH^2-CH^2-CO-CO^2H$. — On l'obtient en saponifiant le cyanure de butyryle; dans l'oxydation de l'acide éthylmésaconique [Fittig et Dannenberg, *Ann. Chem.*, **331**, 88, 1904]. C'est un liquide distillant à 150° sous 82-84 mm. [Moritz, *Chem. Soc.*, **39**, 17, 1880]. Sa *phénylhydrazone* fond à 114-115°; son *oxime* fond à 143-144°,5 [Fürth, *D. chem. G.*, **16**, 2180, 1883]; conductibilité électrique [Hantzsch et Miolati, *Zeit. physik. Chem.*, **10**, 9, 1892].

ACIDE MÉTHYLÉTHYLPYRUVIQUE,

$$\frac{CH^3}{C^2H^5} > CH-CO-CO^2H$$

— Il fond à 30°,6 et bout à 90° sous 20 mm.; sa *méthylphénylhydrazone* fond à 130° [Mehus, *Mon. f. Chem.*, **26**, 497, 1905].

ACIDE ISOBUTYLPYRUVIQUE, $(CH^3)^2 = CH-CH^2-CH^2-CO-CO^2H$. — Il fond à 160° en se décomposant. L'*éther éthylique* bout à 105° sous 18 mm., et son *oxime* bout à 114° sous 12 mm. [Bouveault et Locquin, *C. R.*, **135**, 179, 1902]. Voyez aussi Fittig et Kaehlbrandt [*Ann. Chem.*, **305**, 60].

ACIDE MÉTHYLHEXYLPYRUVIQUE. — Il fond à 88-89°; l'*oxime du méthylexylpyruvate d'éthyle* bout à 177° sous 16 mm. (Bouveault et Locquin).

ACIDE TRIMÉTHYLPYRUVIQUE, $(CH^3)^3 \equiv C-CO-CO^2H$. — On l'obtient en oxydant la pinacoline par le permanganate de potassium en liqueur alcaline [Glückmann, *Mon. f. Chem.*, **10**, 771, 1889]. Il se forme aussi par oxydation du p-butylphénol tertiaire [Anschütz et Rauff, *Ann. Chem.*, **327**, 201, 1903]. Il cristallise en petits prismes fusibles à 87-89°; il distille à 189° sous 747mm,4. Le *sel de calcium* cristallise avec 3 H^2O. La *phénylhydrazone* fond à 157-158° [Glückmann, *loc. cit.*].

L'*éther éthylique* distille à 68° sous 15 mm. $D = 0.97$; sa *phénylhydrazone* fond à 43° [Carlinfaut, *Gazz. chim. ital.*, **29**, 269, 1899].

ACIDE PHÉNYLPYRUVIQUE, $C^6H^5-CH^2-CO-CO^2H$. — On l'obtient en décomposant l'acide benzoyliminocinnamique par la lessive de soude ou par l'acide chlorhydrique étendu à 120° :

$$C^6H^5.CO.Az \diagdown\!\!\diagup \begin{array}{l} CH-C^6H^5 \\ | \\ CH-CO^2H \end{array} + 2H^2O$$

$$= C^9H^8O^3 + C^6H^5.CO.OH$$

[Plochl, *D. chem. G.*, **16**, 2817; — Erlenmeyer, *Ann. Chem.*, **271**, 165, 1892]. On peut encore décomposer l'éther phényloxalacétique, $(CO^2C^2H^5)-CH(C^6H^5)-CO-CO^2C^2H^5$, par l'acide sulfurique à 10 0/0 [Wislicenus, *D. chem. G.*, **20**, 592, 1887]; ou l'acide phénylglycidique,

$$C^6H^5-\overset{\displaystyle\frown O\frown}{CH-CH}-CO^2H$$

par l'acide chlorhydrique [Erlenmeyer, *D. chem. G.*, **33**, 302, 1900].

L'acide phénylpyruvique fond à 154-155°. Ruhemann et Stapleton [*Chem. Soc.*, **77**, 241, 1900] le considèrent comme étant l'acide α-oxycinnamique. Avec l'ammoniac il donne l'amide de la phénacétylphénylamine, $C^{17}H^{18}O^2Az^2$ [Erlenmeyer, *D. chem. G.*, **30**, 2977, 1897]; chauffé avec les acides minéraux il se transforme en une *oxolactone*, $C^{17}H^{14}O^3$ [Erlenmeyer, *D. chem. G.*, **35**, 1935, 1902].

Oxime. — Elle se décompose à 159-160° [Erlenmeyer, *Ann. Chem.*, **274**, 167, 1892; — Knopp et Hœssli, *D. chem. G.*, **39**, 1477, 1906]. La *phénylhydrazone* fond à 160-161° [Wislicenus, *D. chem. G.*, **20**, 593, 1887].

L'*oxime de l'éther éthylique* fond à 57-58° [Dieckmann et Gröneweld, *D. chem. G.*, **33**, 600, 1900].

L'*acide p.méthoxyphénylpyruvique* fond à 186°, sa *phénylhydrazone* fond à 154 [Erlenmeyer et Wittemberg, *Ann. Chem.*, **337**, 294, 1904].

Acides nitrophénylpyruviques. $AzO^2-C^6H^4-CH^2-CO-CO^2H$. — Le dérivé o-nitré se ramollit à 115° et fond à 121°; sa *phénylhydrazone* fond à 148-149° [Reissert, *D. chem. G.*, **30**, 1038, 1897]. Le *dérivé p-nitré* fond à 194° [Reissert, *D. chem. G.*, **30**, 1047].

Acide phénylcyanopyruvique, $(C^6H^5)(CAz):CH-CO-CO^2H$. — Il fond à 213°, son *oxime* fond à 119-120° [Erlenmeyer, *D. chem. G.*, **31**, 2222; **33**, 2592, 1900].

ACIDES TOLYLPYRUVIQUES, $CH^3-C^6H^4-CH^2-CO-CO^2H$. — L'*oxime* du dérivé *méta* fond à 139° [Ryan, *D. chem. G.*, **31**, 2130, 1898].

Acides nitrotolylpyruviques, 1° $(AzO^2)_4(CH^3)_3(C^6H^3)_1-CH^2-CO-CO^2H$. — Il fond à 193° [Reissert et Scherk, *D. chem. G.*, **31**, 388]; 2° $(AzO^2)_3(CH^3)_4C^6H^3_1-CH^2-CO-CO^2H$. — Il fond à 145°; sa *phénylhydrazone* fond à 170° [Reissert, *D. chem. G.*, **30**, 1050].

ACIDE BENZYLPYRUVIQUE, $C^6H^5-CH^2-CH^2-CO-CO^2H$. — On l'obtient par ébullition de l'éther benzyloxalacétique avec 6 fois son poids d'acide sulfurique normal [Wislicenus et Münzesheimer, *D. chem. G.*, **31**, 555, 3134, 1898]; ou en décomposant l'acide α-oxy-β-benzylidène-propionique par la soude à 5 0/0 [Fittig et Petkow, *Ann. Chem.*, **299**, 28, 1897].

Il cristallise dans l'eau avec 1 1/2 H^2O; il fond à 40° (F. et P.); 48-50 (W. et M.). Les sels de Ca et de Ba cristallisent avec H^2O. Sa *phénylhydrazone* fond à 144-145° [Fittig et Petkow, *loc. cit.*]. Juin 1907. P. Carré.

PYRUVIQUE (ALDÉHYDE). — Voyez MÉTHYLGLYOXAL.

Q

QUARTÉXYLIQUE (ACIDE). — Voyez ISOCROTONIQUE (ACIDE).

QUARTZINE (Min.) (Michel-Lévy et Munier-Chalmas). — Variété de quartz en cristaux naissants, formés de lamelles fibreuses avec quartz et calcédoine, dans des orbicules, à Longpont, Seine-et-Oise, et diverses localités du crétacé supérieur de la Haute-Garonne. D'après M. Wallerant [*Bull. Soc. Min.*, **20**, 52], la quartzine est une silice cristallisée, anorthique à symétric limite ternaire, optiquement biaxe, densité 2,576. Suivant le mode d'association de ses fibres, elle peut former, tantôt la calcédoine, tantôt la quartzine proprement dite, tantôt la lutécite ; par voie d'empilement régulier ternaire et hélicoïdal de ses lamelles, elle constitue le quartz. — L. Bourgeois.

QUASSINE, $C^{32}H^{40}O^{10}$ (?). — Pour son extraction du bois de quassia amara, voir Oliveri et Denaro [*Gazz. chim. ital.*, 14, 1, 1884].

La quassine fond à 210-211° ; 100 p. d'eau en dissolvent 0,2529 à 22°. Chauffée avec l'acide sulfurique à 4 0/0, elle est transformée en *quasside*, $C^{32}H^{40}O^9$, fusible à 192-194°. L'anhydride acétique en présence de l'acétate de sodium la transforme en un *anhydride*, $C^{32}H^{38}O^8$, fusible à 150-158° [Oliviert et Denaro, *loc. cit.*]. Le pentachlorure de phosphore fournit un *dérivé chloré*, $C^{32}H^{29}Cl^5O^8$, fusible à 119-120° [Oliveri et Denaro, *Gazz. chim. ital.*, 15, 8, 1885]. L'action du brome donne le *tribromoquasside*, $C^{32}H^{37}Br^3O^8$, fusible vers 155°. La quassine, chauffée à 250-280° avec PHI, fournit du tétraméthylbenzène 1.2.3.5, un carbure $C^{15}H^{16}$, bouillant à 220-240°, et d'autres corps [Oliveri, *Gazz. chim. ital.*, 17, 575, 1886]. Elle est décomposée par l'acide chlorhydrique concentré en chlorure de méthyle et *acide quassique*, $C^{30}H^{38}O^{10} + H^2O$, qui cristallise dans l'alcool en prismes fusibles à 244-245° ; ce dernier donne une *oxime*, $C^{30}H^{40}Az^2O^{10}$, fusible à 228-230° et une *phénylhydrazone*, $C^{42}H^{50}Az^4O^8$, qui se décompose sans fondre vers 250° [Oliveri, *Gazz. chim. ital.*, 18, 169, 1887]. — P. Carré.

QUÉBRACHINE. — Voyez Aspidospermine.

QUÉBRACHITE. — Voyez Inosite.

QUERCÉTINE, $C^{15}H^{10}O^7$ (Voyez Dict. et 1er Suppl.). — *Préparation*. — L'écorce de quercitron convenablement broyée est lavée avec une solution de sel, puis extraite avec une solution diluée d'ammoniaque ; on précipite, dans cette solution, la quercétine par l'acide sulfurique étendu [Perkin, *Journ. Chem. Soc.*, 67, 646].

État naturel et modes de formation divers. — Perkin et Hummel [*Jour. Chem. Soc.*, 69, 1295, 1568], Perkin [*ibid.*, 71, 1135, 1199], Dunstan et Henry [*ibid.*, 73, 219], Perkin et Pilgrun [*ibid.*, 73, 273], Perkin et Newbury [*ibid.*, 75, 837], Perkin [*ibid.*, 77, 424], Schmidt [*Chem. Centr. Blatt*, II, 1901, 121], Schmith [*Journ. Chem. Soc.*, 73, 699], Perkin et E. Phipps, [*Proc. Chem. Soc.*, 19, 284, 1903].

Propriétés. — La quercétine retient $2H^2O$ qu'elle abandonne vers 130°. Elle fond à 313-314° avec décomposition [Kostanecki, *D. chem. G.*, 37, 1402, 1903].

Par ébullition avec une solution de potasse, elle se dédouble en phloroglucine et acide protocatéchique. Il y a en même temps formation d'acide glycolique.

Ses propriétés acides peu accentuées sont mises en évidence par la formation des sels $C^{15}H^9O^7K$, $C^{15}H^9O^7Na$ et $(C^{15}H^9O^7)^2Zn$; les deux premiers correspondent aux sels décrits par Hlasiwetz [Perkin, *Journ. Chem. Soc.*, 75, 438].

Comme l'ont montré Perkin et Pate, la quercétine est susceptible de se combiner aux acides : $C^{15}H^{10}O^7.HCl$, $C^{15}H^{10}O^7.HBr$, $C^{15}H^{10}O^7.SO^4H^2$ [*Journ. Chem. Soc.*, 67, 647 ; 69, 1441 ; 69, 1295].

Dérivé halogéné, $C^{15}H^8O^7Br^2$. — C'est le dérivé tétrabromé de Liebermann. Belles aiguilles jaunes fusibles à 236-237°. Avec l'acétate de potassium ce dibromo donne un *sel potassique* $C^{15}H^7O^7Br^2K$ [Perkin, *Journ. Chem. Soc.*, 75, 438 ; Herzig, *Mon. f. Chem.*, 15, 685 ; 16, 866].

Dérivés acétylés. — $C^{15}H^7O^7(C^2H^3O)^3$. — Aiguilles blanches fusibles à 167-169° [Perkin, *Chem. Soc.*, 75, 449].

$C^{15}H^6O^7(C^2H^3O)^4$. — Aiguilles soyeuses fusibles à 193-194° [Perkin. Kostanecki, *D. chem. G.*, 37, 1402].

$C^{15}H^5O^7(C^2H^3O^4)^5$. — Aiguilles fusibles à 193-194° [Herzig, *Mon. f. Chem.*, 5, 88 ; 6, 890 ; — Liebermann, *D. chem. G.*, 17, 1682 ; — Schunck, *Journ. Chem. Soc.*, 67, 31]. Son *dérivé dibromé* fond à 218°, son *dérivé tribromé* à 251-253° [Herzig, *Mon. f. Chem.*, 6, 870].

Dérivé benzoylé, $C^{15}H^6O^7(C^7H^7O)^4$. — Aiguilles fusibles à 239° [Kürstein, *Arch. Pharm.*, 229, 246 ; Dunstan et Henry, *Journ. Chem. Soc.*, 73, 219].

De l'ensemble de ces propriétés, Perkin a conclu pour la quercétine la formule de constitution

$$\text{OH} \underset{\overset{|}{\text{OH}}}{\overset{4}{\underset{2\ \ 6}{3\ \ 5}}}\!\begin{array}{c} \overset{\cdot}{O}-C-\underset{6'\ 5'}{\overset{2'\ 3'}{1'\ \ \ 4'}}\text{OH} \\ \parallel \qquad\quad \overset{|}{\text{OH}} \\ CO-C(OH) \end{array}$$

C'est donc un dérivé de la flavone [Perkin, *loc. cit.*, et *Journ. Chem. Soc.*, 81, 469 ; 75, 439]. Cette constitution a été vérifiée par la synthèse qu'en ont faite St. v. Kostanecki et J. Tambor [*D. chem. G.*, 37, 792, 1402, 1904].

ÉTHERS. — *Méthylique* (3). — C'est la *rhamnétine* que l'on rencontre sous forme de glucoside dans les graines de Perse. Ses propriétés acides sont moins accentuées que celles de la quercétine ; son *sel potassique* a pour formule $(C^{16}H^{12}O^7)(C^{16}H^{11}O^7)K$; sa *combinaison avec l'acide sulfurique* $C^{16}H^{12}O^7.SO^4H^2$. Cette dernière est en aiguilles prismatiques [Perkin, *Chem. Soc.*, 67, 651 ; 75, 439].

Constitution [Perkin, *Chem. Soc.*, 81, 469].

Dérivé tribenzoylé (?) fondant à 210-212°.

Dérivé tripropionylé (?) fondant à 158-162° [Liebermann et Hoffmann, *Ann. Chem.*, 196, 313].

Éther méthylique (3') (*isorhamnétine*). — Il existe dans le *Cheiranthus Cheiri* et l'Asbarg (*Delphinium Zalil*), plante tinctoriale de l'Inde [G.-A. Perkin, L.-J. Hummel et J.-A. Pelgrun, *Chem. Soc.*, 69, 1566 ; 73, 267]. Aiguilles jaunes.

Éther méthylique (?). — Cet isomère de la rhamnétine et de l'isorhamnétine existe dans les *Tamaris gallica* et *africana* [Perkin et Wood, *Journ. Chem. Soc.*, 73, 379]. Aiguilles jaunes. Il donne un *dérivé acétique* fondant à 169-171°.

Éther diméthylique (3 3'). — C'est la *rhamnazine* décrite par Perkin et ses collaborateurs [*Journ. Chem. Soc.*, 67, 496 ; 67, 651 ; 74, 819 ; 75, 539 ; 81, 469]. Aiguilles jaunes, fusibles à 214-215°.

De l'acide acétique, la rhamnazine cristallise avec une molécule de solvant ; son *dérivé triacétylé* fond à 154-155° ; son *dérivé tribenzoylé* à 204-205°. Son *dérivé dibromé* se décompose sans fondre vers 250°.

Éther triméthylique. — Il fond à 154° [N. Waliaschko, *Arch. Pharm.*, 242, 225, 1904].

Éther tétraméthylique. — Longues aiguilles fusibles à 156-159°. — Son *dérivé acétylé* fond à 167-169° [Herzig, *Mon. f. Chem.*, 5, 83 ; 9, 540 ; 6, 889 ; — Liebermann et Hoffmann, *Ann. Chem.*, 196, 317 ; — Perkin, *Journ. Chem. Soc.*, 81, 471].

L'*éther pentaméthylique* cristallise avec 1 molécule d'eau ; il perd son eau à 105° et fond à 148°.

L'*éther triéthylique* fond à 123-124° (N. Waliaschko).

Éther tétraéthylique. — Longues aiguilles fusibles à 120-122°. Son *dérivé acétylé* fond à

151-153°, son *dérivé dibromé* à 169-173°, son *dérivé dibromo-acétylé* à 154-157° [Herzig, *Mon. f. Chem.*, **15**, 685; **16**, 317].

Rhamnétine-quercétine(?). — Voy. Herzig [*Mon. f. Chem.*, **10**, 561].

Relation entre la constitution de la quercétine et de ses dérivés avec leur pouvoir colorant : A. G. Perkin [*Soc. Chem. Ind.*, **22**, 600. 1903].

ISOQUERCÉTINE. — St. v. Kostanecki et Fr. Rudse ont obtenu un isomère de la quercétine par la méthode qui avait servi à l'un de ces savants pour préparer la quercétine synthétique :

QUERCÉTINE

Condensation de { éther diméthylique de la phloroacétophénone + aldéhyde vératrique. →

2'-oxy-4'.6'.3.4-tétraméthyloxychalkone.

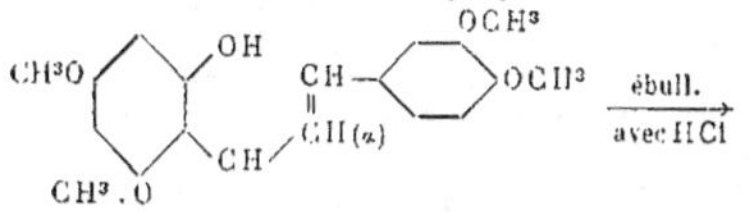

3'.4'.3.4-tétraméthoxyflavone.

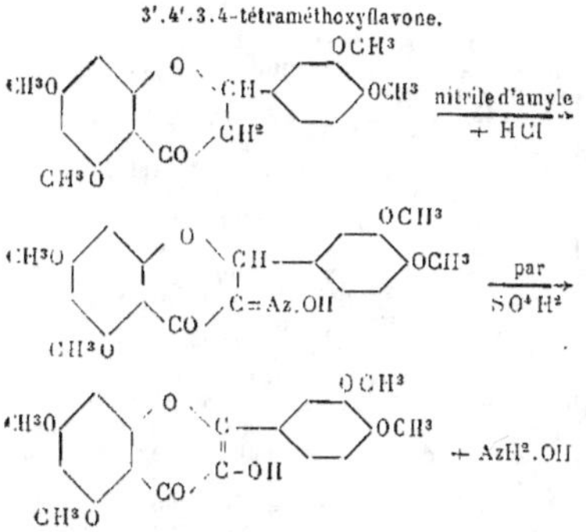

ISOQUERCÉTINE.

Condensation de { éther diméthylique de la gallacétophénone + aldéhyde vératrique →

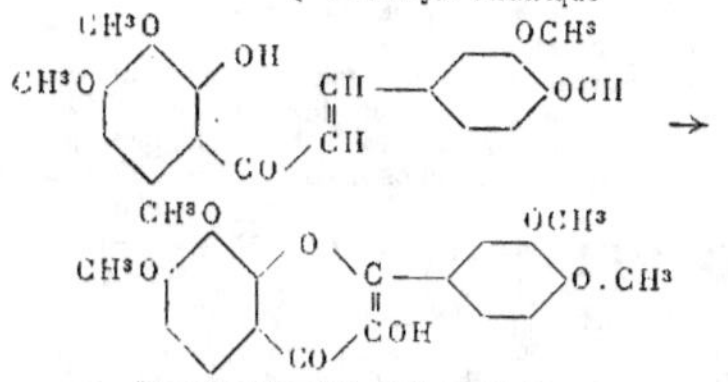

Isoquercétine (éther tétraméthylique).

Cet éther est en aiguilles jaunes fondant à 217°.

L'*acétate* $C^{24}H^{20}O^8$ est en aiguilles fondant à 176°. La saponification de l'éther tétraméthylique conduit à l'isoquercétine, qui cristallise en aiguilles semblables aux aiguilles de fisétine. Ces aiguilles retiennent $1H^2O$ et fondent avec décomposition à 308°. Par suite de l'existence de 2 groupes (OH) en ortho, ce flavonol est un colorant tirant énergiquement sur mordant.

Le tétraacétoflavonol-acétate $C^{15}H^5O^2(O.CO.CH^3)^5$ est en aiguilles fusibles à 172-173° [St. v. Kostanecki et Fr. Rudse, *D. chem. G.*, **38**, 955, 1905].

1er juin 1907.   V. Thomas.

QUERCINE. — Composé isolé par Vincent et Delachanal [*Bull. Soc. Chim.*, (2), **48**, 113, 1887] dans la cristallisation des dernières eaux-mères de la quercite obtenue en partant du gland de chêne. C'est un alcool hexatomique, se rapprochant de l'inosite, mais en différant par divers caractères; il se présente sous forme de prismes hexagonaux hydratés, s'effleurissant à l'air, de formule $C^6H^6(OH)^6$, solubles dans l'eau, insolubles dans l'alcool, fusibles à 340°, donnant des solutions optiquement inactives et fournissant un *dérivé hexacétylé* fondant à 301°.

1er juillet 1907.   A. Hébert.

QUERCITANNIQUE (ACIDE). — (Voyez Dict., 2, 2e partie, 1280). — L'étude des acides tanniques des écorces de chêne a conduit les divers auteurs qui s'en sont occupés à des résultats assez discordants, qui ont été résumés par Etti dans un de ses mémoires [*Mon. f. Chem.*, **4**, 512]. Etti a démontré [*Mon. f. Chem.*, **1**, 262] que la matière tannique existe dans l'écorce de chêne sous deux formes différentes : l'acide quercitannique et son anhydride, le *phlobaphène*; ces résultats ont été confirmés par Lowe [*Zeit. anal. Chem.*, **20**, 208].

Böttinger avait obtenu [*Ann. Chem.*, **202**, 269; *D chem. G.*, **14**, 1598] du glucose dans le dédoublement de l'acide quercitannique par les acides dilués; Oser était arrivé aux mêmes conclusions [*Wien. Akad. Ber.*, 181, 1876]; mais Etti prétend que ce sucre proviendrait de la lévuline contenue dans l'écorce de chêne [*D. chem. G.*, **14**, 1826].

Le même auteur maintient pour la composition de l'acide quercitannique la formule $C^{17}H^{16}O^9$ qui donnerait successivement, par déshydratation, le phlobaphène $C^{34}H^{30}O^{17}$ et les anhydrides $C^{34}H^{28}O^{16}$, $C^{34}H^{26}O^{15}$ et $C^{34}H^{24}O^{14}$. Il pense que l'acide quercitannique serait un éther triméthylique de l'acide gallylgallique.

Enfin Etti [*loc. cit.*] a aussi isolé de diverses écorces de chêne un acide quercitannique $C^{20}H^{20}O^9$ qui donnerait également quatre anhydrides correspondant à ceux de l'acide en C^{17}.

1er juillet 1907.   A. Hébert.

QUERCITE, *cyclohexane-pentol*, $C^6H^{12}O^5$. — La quercite fond à 234° [Böttinger, *D. chem. G.*, **14**, 1598, 1881]. Sa chaleur de combustion moléculaire sous pression constante est de 709Cal,8 [Berthelot et Recoura, *Ann. Chim. Phys.*, **13**, 340, 1888]; 704Cal,4 [Stohmann et Langbein, *J. f. prakt. Chem.*, **45**, 305, 1892]. Elle ne devient pas acide au contact du borax [Lambert, *C. R.*, **408**, 1016, 1889]. Elle ne réduit pas la liqueur de Fehling et ne se combine pas à la phénylhydrazine [Raymann, *Bull. Soc. Chim.*, **47**, 668, 1887]. Elle fournit de l'iodoforme par action de l'iode en présence de la potasse [Rayman, *loc. cit.*; — Kiliani et Scheibler, *D. chem. G.*, **22**, 517, 1889].

L'acide azotique (D = 1,39), à une température de 20 à 30°, oxyde la quercite avec formation d'acide mucique et d'acide trioxyglutarique actif; à chaud la quercite est transformée en acide oxalique [Kiliani et Scheibler, *D. chem. G.*, **22**, 517, 1889].

Le permanganate de potassium, en solution à 1 0/0, fournit à froid différents corps parmi lesquels on a caractérisé l'anhydride carbonique, l'acide oxalique et l'acide malonique; la présence de ce dernier fournit un argument sérieux en faveur de la formule adoptée par Prunier (voir 1er Suppl., 1341); elle justifie en effet la présence d'un CH^2 dans la chaine de la quercite. L'eau de brome oxyde la quercite, avec formation d'un *composé* $C^6H^8O^5$, qui est probablement une dicétone, car il fournit une *osazone*, $C^{18}H^{20}Az^4O^3$

[Kiliani et Scheibler, *D. chem. G.*, **29**, 1762, 1896].

L'étude des produits de réduction de la quercite par l'acide iodhydrique confirme la structure cyclique attribuée à ce composé [Canonnikoff, *J. f. prakt Chem.*, **32**, 499, 1885].

Pentaphényluréthane, $C^6H^7(CO^2AzHC^6H^5)^5$; masse amorphe soluble dans le benzène, fusible entre 120 et 140° [Tesmer, *D. chem. G.*, **18**, 2606, 1885]. Juin 1906. P. Carré.

QUINACÉTOPHÉNONE. — Voyez Acétylbenzène.

QUINACRIDINE.

$$C^{20}H^{12}Az^2 =$$

— La quinacridine se forme en même temps qu'une base isomère, de l'acridine et un peu d'aniline et de quinoléine, par la distillation d'un mélange d'oxyquinacridone et de poudre de zinc dans un courant d'hydrogène.

On fait cristalliser le produit obtenu dans le benzène. Il constitue de petites lamelles fusibles à 221°. Il est peu soluble dans l'alcool, soluble dans le benzène, l'éther acétique et l'éther ordinaire.

La solution éthérée possède une fluorescence bleue [Niementowski, *D. chem. G.*, **29**, 81, 1896].

Oxyquinacridine. — Ce composé prend naissance par chauffage à 120° de 2 molécules d'aldéhyde o-aminobenzoïque avec une molécule de phloroglucine [Niementowski, *D. chem. G.*, **39**, 385 et *Bull. Soc. Chim.*, (4), **2**, 296, 1907].

Quinacridone. — Elle se prépare en chauffant au bain-marie une solution d'acide phénylène-dianthranilique dans de l'acide sulfurique concentré. Elle est en aiguilles brillantes, jaunes, fusibles à 184°, solubles en jaune dans l'acide sulfurique avec une intense fluorescence vert-bleu [Ullmann et Maag, *D. chem. G.*, **39**, 1693; et *Bull. Soc. Chim.*, **36**, 1391, 1906].

Oxyquinacridone,

$$C^6H^4 \genfrac{}{}{0pt}{}{AzH}{CO}\!\big\rangle\, C^6H(OH)\, \genfrac{}{}{0pt}{}{CO}{AzH}\!\big\rangle\, C^6H^5$$

— On chauffe pendant une vingtaine de minutes, à 215°, un mélange d'acide anthranilique et de phloroglucine.

Elle n'est pas décomposée à la température de 370°.

Elle est insoluble dans les acides, les alcalis et l'alcool.

Chauffée pendant 20 heures avec l'acétate de sodium et l'anhydride acétique, elle donne un *dérivé acétylé* amorphe, décomposable au-dessus de 360°.

Chauffée avec l'acide azotique fumant, elle se transforme en *trinitrooxyquinacridone* qui se décompose à 275°, est insoluble dans l'alcool et soluble dans les alcalis.

Tétrahydroquinacridine. — Elle se prépare en chauffant la quinacridine avec de l'alcool et de l'amalgame de sodium.

Elle se présente en feuillets jaune d'or, fusibles 272°. Elle est insoluble dans l'eau, les acides et les alcalis, peu soluble dans l'alcool. Elle se dissout dans le benzène en donnant une solution jaune à fluorescence verte.

Août 1907. E. Baud.

QUINALDINE (Syn. : α-*Méthylquinoléine*). — Voyez l'art. Quinoléine.

QUINALIZARINE. — Voyez l'art. Anthraquinone, 2e Suppl., **4**, 333.

QUINANISOL (Syn. : *Méthoxyquinoléine*). — Voyez l'art. Quinoléine.

QUINAZOLS (Syn. : *Isindazols*). — Voyez l'art. Indazols.

QUINAZOLINES. — Voyez l'art. Phénodiazines.

QUINÈNE, $C^{20}H^{22}Az^2O$. — Il se prépare comme le cinchène (2e Suppl., 1145) en substituant la quinine à la cinchonine.

L'analogie est complète entre le quinène et le cinchène, ainsi que le montre le tableau suivant :

$C^9H^6Az.C^{10}H^{15}(OH)Az$	$C^9H^5(OCH^3)Az.C^{10}H^{13}(OH)Az$
Cinchonine.	Quinine.
$C^9H^6Az.C^{10}H^{16}ClAz$	$C^9H^5(OCH^3)Az.C^{10}H^{15}Cl$
Chlorure de cinchonine.	Chlorure de quinine.
$C^9H^6Az.C^{10}H^{14}Az$	$C^9H^5(OCH^3)Az.C^{10}H^{14}Az$
Cinchène.	Quinène.
$C^9H^6Az.C^{10}H^{12}(OH)$	$C^9H^2(OCH^3)Az.C^{10}H^{12}(OH)$
Apocinchène.	Apoquinène.

Le quinène se forme de même lorsqu'on substitue à la quinine la quinidine [*D. chem. G.*, **18**, 1223, 1885].

Préparation. — [*D. chem. G.*, **17**, 1989, 1884]. Il fond à 81-82° et contient $2H^2O$. Il perd cette eau par dessiccation en devenant résineux. A l'air, il s'hydrate en devenant cristallin. Le quinène donne avec l'acide sulfurique un sel soluble. La base, en se dissolvant dans l'acide sulfurique dilué, donne une fluorescence verte.

Apoquinène, $C^{18}H^{17}AzO^2$. — On chauffe le quinène avec HBr (dens. 1,49) à 190°. Le bromhydrate est purifié par le charbon animal et cristallisé dans l'alcool. On met la base en liberté par CO^3Na^2. La base libre est cristallisée dans l'alcool à 50 0/0. 24 gr. de quinène ont donné 5 gr. d'apoquinène pur et une autre base fusible à 177-178°.

L'apoquinène fond en se décomposant à 246°; c'est un isomère de l'oxyapocinchène (Suppl., 1146). Il est très peu soluble dans l'eau, le benzène, l'éther, le chloroforme; soluble dans l'alcool, la soude diluée et HCl dilué. Dans un excès d'acide minéral le sel se précipite en partie. Le *sulfate* est peu soluble. Les solutions acides et alcalines sont jaunes.

Le quinène donne naissance au méroquinène (voyez ce mot) par action de l'eau à 200° [Kœnigs, *D. chem. G.*, **33**, 2672, 1890] et même par une solution d'acide phosphorique [*ibid.*, **37**, 903, 1894]. M. Delacre.

QUINHYDRONE, $C^6H^4O^2$, $C^6H^6O^2$ (Dict., **4**, 1312). — La quinhydrone fond à 171° [Klinger et Standke, *D. chem. G.*, **24**, 1341, 1891]; d'après Jackson et OEnslager [*Am. Chem. Journ.*, **18**, 1, 1896 et *D. chem. G.*, **28**, 1614, 1895], elle se décomposerait entre 163 et 170°. Chaleur de formation [Berthelot, *Ann. Chim. Phys.*, (6), **7**, 204, 1886]. La quinhydrone est décomposée par l'eau et le benzène à chaud [Liebermann, *D. chem. G.*, **10**, 1615]; elle est d'ailleurs dissociée dans ses solutions [Biltris, *Bull. Acad. roy. Belg.*, (3), **35**, 44, 1898; — Torrey et Hardenberg, *Am. Chem. Journ.*, **33**, 167].

La quinhydrone, traitée par l'anhydride acétique, fournit une seule molécule de diacétate d'hydroquinone [Hesse, *Ann. Chem.*, **200**, 248]. Traitée par le mélange HCl + KI, elle libère une quantité d'iode correspondant à $C^6H^4O^2$; de même par l'action de $I + CO^3KH$, elle se comporte comme 1 molécule de $C^6H^6O^2$ [Valeur, *Ann. Chim. Phys.*, (7), **21**, 546, 1901].

Jackson et Grindley [*Am. Chem. Journ.*, **17**, 579, 1895] la considèrent comme un hémiacétal et lui attribuent la constitution

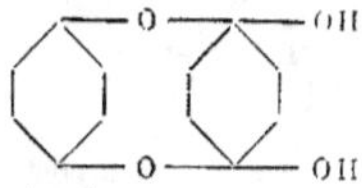

Chloroquinhydrones [Ling et Backer, *Chem. Soc.*, **63**, 1316, 1896].

1er Janvier 1906. Amand Valeur.

QUINIDINE. $C^9H^5(OCH^3)Az - C^{10}H^{15}(OH)Az$. [Syn. *Conquinine*].

Isomère de la quinine; l'isomérie tient à la situation de l'hydroxyle: en effet, le chlorure que l'on obtient au moyen de PCl^5 est différent de celui qu'on prépare au moyen de la quinine, mais les deux chlorures différents donnent naissance au même quinène [Comstock et Königs, *D. chem. G.*, **18**, 1219, 1885].

Données thermochimiques [Berthelot et Gaudichow, *C. R.*, **136**, 128, 1903].

Addition de SO^2 à la quinidine [Kœnigs et Schönevald, *D. chem. G.*, **35**, 2980, 1902].

M. Delacre.

QUININE. — I. Constitution de la quinine et de la cinchonine. — Nous avons vu à l'article Méroquinène quelles relations unissent la quinine et la cinchonine, relations qui sont les mêmes que celles existant entre l'acide quininique et l'acide cinchoninique. La constitution du méroquinène nous a conduit à ce résultat, que la quinine et la cinchonine sont formées par la combinaison d'un résidu quinoléique (acide cinchoninique ou quininique) et d'un résidu pyridique (méroquinène) :

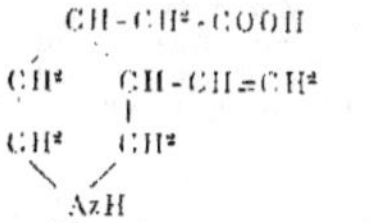

Méroquinène.

Ac. cinchoninique.

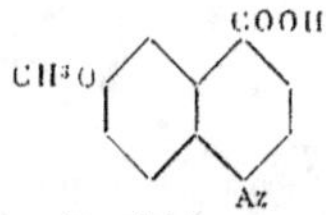

Ac. quininique.

Étude du cinchène. — Le chlorhydrate de cinchonine, traité successivement par PCl^5 et par KOH, donne :

$$C^{19}H^{21}(OH)Az^2 \longrightarrow C^{19}H^{21}ClAz^2 \longrightarrow C^{19}H^{20}Az^2$$

Cinchonine. Cinchène.

(Voyez aussi Cinchène, 2e Suppl., II, 1145 et Cinchonine, *ibid.*, 1158).

Le cinchène donne par oxydation le même produit que la cinchonine: c'est l'acide cinchoninique, preuve que l'hydroxyle de cet alcaloïde se trouve dans le résidu méroquinène :

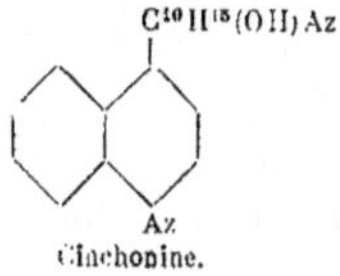

Cinchonine.

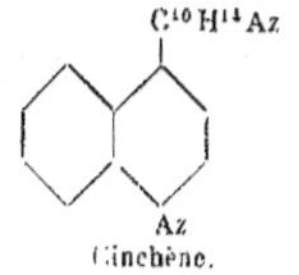

Cinchène.

Le cinchène, chauffé à 170° avec l'acide phosphorique, se scinde comme la cinchonine elle-même d'après l'équation :

$$C^{19}H^{20}Az^2 + 2H^2O = C^{10}H^9Az + C^9H^{15}AzO^2$$

Lépidine. Méroquinène

Le cinchène, chauffé à 180-200° avec HCl, donne :

$$C^{19}H^{20}Az^2 + H^2O = AzH^3 + C^{19}H^{18}(OH)Az$$

Apocinchène.

$$-C^{10}H^{14}Az \qquad -C^{10}H^{12}(OH)$$

Cet apocinchène répond à une formule voisine de la suivante :

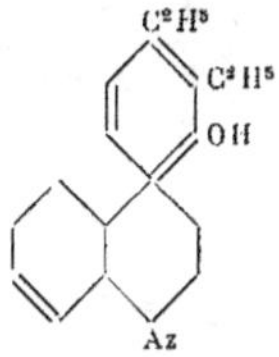

En effet, son hydroxyle est phénolique; il donne des éthers; l'oxydation de son éther éthylique donne :

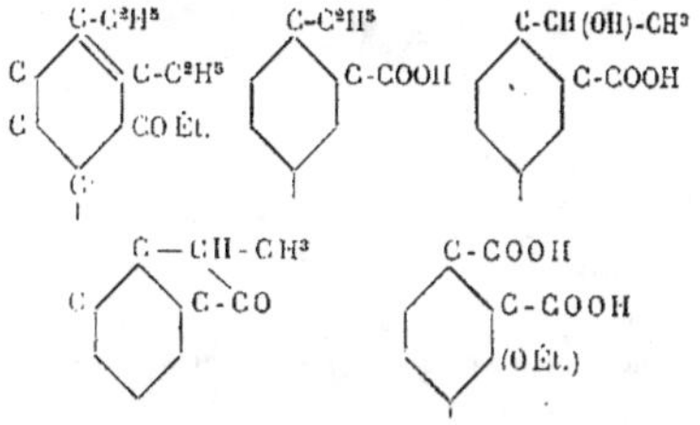

En éliminant les deux carboxyles de ce dernier acide, on arrive à

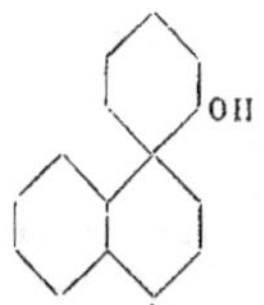

dont la synthèse, sous forme d'éther méthylique, a été réalisée comme suit : L'éther méthylique de l'oxybenzoylacétone ortho est condensé avec l'aniline d'après la méthode de Beyer

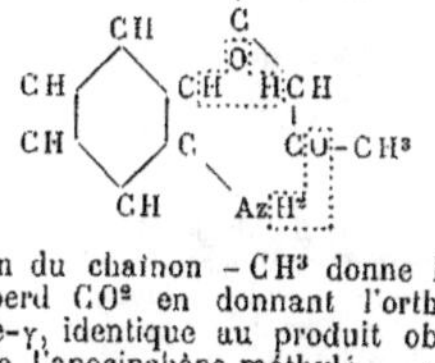

l'oxydation du chaînon $-CH^3$ donne l'acide et celui-ci perd CO^2 en donnant l'ortho-anisol-quinoléine-γ, identique au produit obtenu par scission de l'apocinchène méthylé.

La conclusion de cette étude du cinchène est que la cinchonine contient, à côté du résidu quinoléine, un résidu phénylé. Cette conclusion paraît contredite par celle qui découle de l'étude du méroquinène (voyez ce mot). Celle-ci nous avait conduit à penser que la molécule cinchodine était formée par la réunion des deux restes quinoléine et pyridine.

On a cherché à mettre d'accord ces deux résultats en admettant qu'il existe, lié à la quinoléine, un résidu qui peut, suivant les cas, donner soit une chaîne pyridique, soit une chaîne benzénique. On a rattaché cette hypothèse à l'étude suivante :

Étude de la cinchotoxine. — Miller et Rohde [*D. chem. G.*, 27, 1187, 1279 ; 28, 1056] ont constaté que la cinchonine, qui n'agit pas sur la phénylhydrazine dans les conditions ordinaires, donne une azone lorsqu'on la soumet à une ébullition prolongée en milieu acétique. Il y a isomérisation de la cinchonine en une base nouvelle, la cinchotoxine, et on suppose qu'il y a transformation de $C(OH)$ en CO :

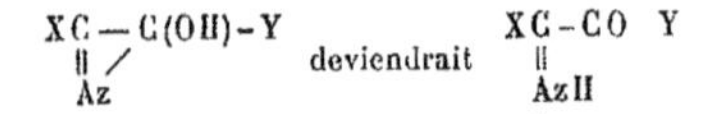

$$XC-C(OH)-Y \qquad \text{deviendrait} \qquad XC-CO\ Y$$
$$\underset{Az}{\|} \qquad\qquad\qquad\qquad\qquad \underset{AzH}{\|}$$

Sous toutes réserves on pourrait attribuer à la cinchonine une formule du genre de la suivante :

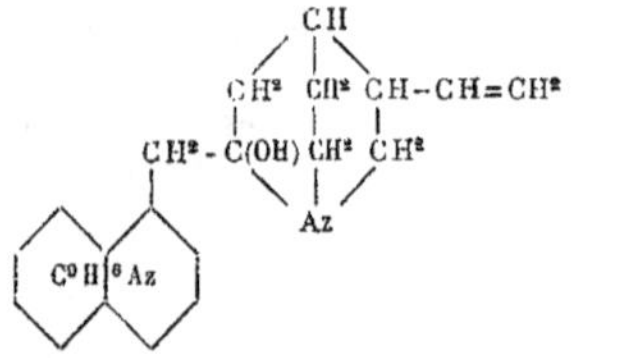

$$C^{10}H^{21}(OH)Az^2 = C^9H^6Az- + -C^{10}H^{15}OHAz$$

La transformation du cinchène en apocinchène pourrait se comprendre comme suit :

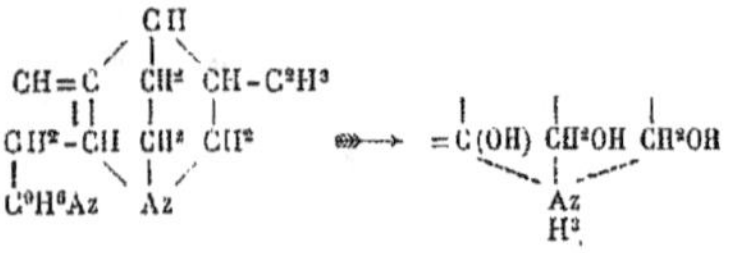

ou

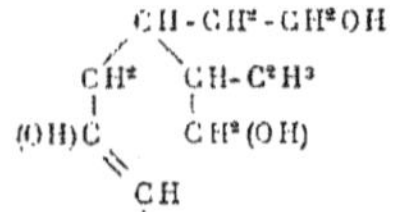

Ce produit hypothétique donnerait aisément naissance à l'un des apocinchènes entre lesquels on peut encore hésiter :

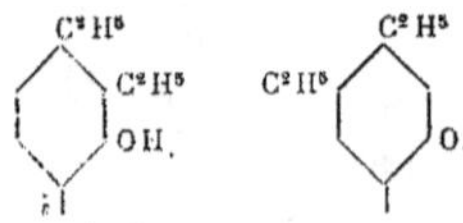

Dans la formule de la cinchotoxine telle que l'avaient admise Miller et Rohde. le $-CO-$ se trouvait entre deux chaînons $-CH^2-$. On pouvait donc s'attendre à obtenir au moyen du nitrite d'amyle un dérivé diisonitrosé résultant de l'attaque des deux chaînons $-CH^2-$. Ce dérivé prévu n'a pu être obtenu et les auteurs en ont conclu [*D. chem. G.*, 23, 3214, 1900] qu'on

devait plutôt admettre dans la cinchotoxine le groupement

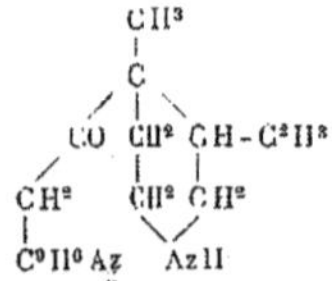

$$
\begin{array}{c}
CH^3 \\
| \\
C \\
\diagup\ |\ \diagdown \\
CO\quad CH^2\ CH-C^2H^3 \\
\diagup\qquad |\qquad | \\
CH^2\quad CH^2\ CH^2 \\
|\qquad\qquad \diagdown\ \diagup \\
C^9H^6Az\qquad AzH
\end{array}
$$

II. Essais et dosage de la quinine. — Hyde [*J. Am. Chem. Soc.*, 19, 331, 1897]; Uille *Arch. Pharm.*, 241, 54, 1903]; Altan [*Cent. Blatt.*, II, 307, 1903]; Sperling [*Cent. Blat.*, II, 633, 1903]; Léger [*J. chim. et pharm.*, (6), 19, 281, 427, 1904]; Christensen [*D. chem. G.*, 37, 1596, 1904]; Vigneron [*J. chim. et pharm.*, (6), 21, 180, 1905]; Duneau [*Journ. Pharm.*, 20, 438, 1906].

III. Dérivés de la quinine. — *Glycérophosphate neutre de quinine*,

$$C^3H^9O^6P.C^{20}H^{24}O^2Az^2 + 10H^2O$$

[Falières, *Bull. pharm. Bordeaux*, I, 22, 1898].
Glycérophosphate basique de quinine,

$$C^3H^9O^6P.2C^{20}H^{24}O^2N^2 + 7H^2O.$$

[Guédras, *Mon. scient.*, (4), 13, 577, 1899 ; — Moncour, *J. pharm. chim.*, (6), 7, 384, 1898 ; — Prunier, *J. pharm. chim.*, (6), 12, 272, 1900 ; — Carré, *Bull. Soc. Chim.*, (3), 31, 803, 1904].

Acétylquinine. — On l'obtient en chauffant la quinine avec l'acétate de phényle ou de nitrophényle [Zimmer et Cie, *Cent. Blatt.*, I, 548, 1902]. De la même manière on prépare la *benzoylquinine.*

Cinnamylquinine. — On l'obtient avec la quinine et le chlorure de cinnamyle [Kalle et Cie, *Cent. Blat.*, I, 1382, 1902] ; elle fond à 235-236°.

Salicylquinine. — Fusible à 140°.

Anisoylquinine. — Fusible à 87-88°.

Phosphorylquinine. — Fusible à 260° ; elle forme des sels avec les acides. Par la réaction de l'hérapathite, elle donne un précipité jaune :

$$6C^{20}H^{24}Az^2O^2 + POCl^3$$
$$= (C^{20}H^{23}Az^2O^2)^3PO + 3C^{20}H^{24}Az^2O^2,HCl.$$

Chlorocarbonate de quinine,

$$CO\diagdown^{C^{20}H^{23}Az^2O^2}_{Cl}$$

— [Zimmer et Cie, *Cent. Blat.*, I, 838, 1897 ; I, 600, 1901] par l'action du $COCl^2$ sur la quinine sèche ou en suspension dans le benzène, le toluène, etc. :

$$COCl^2 + 2C^{20}H^{24}Az^2O^2 = CO\diagdown^{C^{20}H^{23}Az^2O^2}_{Cl}$$
$$+ C^{20}H^{24}Az^2O^2.HCl$$

Cristaux incolores fusibles à 187-188°, donnant la réaction de la thalléoquinine.

Quinine-carbonate d'éthyle,

$$CO\diagdown^{OC^2H^5}_{C^{20}H^{23}Az^2O^2}$$

— Par l'action du chlorocarbonate d'éthyle sur la quinine ; fusible à 95°, peu soluble dans l'eau [Zimmer et Cie, *Cent. Blatt.*, I, 1140, 1897 ; autres dérivés, I, 236, 652, 1901].

Éther diquinine-carbonique,

$$CO\diagdown^{C^{20}H^{23}Az^2O^2}_{C^{20}H^{23}Az^2O^2}$$

(*aristoquinine*). — Par l'action de $COCl^2$ sur la

quinine en présence de pyridine [Zimmer et Cie, *Cent. Blatt.*, I, 219, 1900]. Fusible à 186°,5. La solution aqueuse est très stable : par les acides ou les alcalis elle régénère la quinine. Avec H^{2}SO^4. fluorescence bleu-vert; elle ne donne pas la réaction de l'hérapathite mais bien celle de la thalléoquinine. Une série de sels ont été décrits :

$$CO<\begin{matrix}C^{20}H^{23}Az^2O^2\\C^{20}H^{23}Az^2O^2\end{matrix}, H^2SO^4$$

etc. [Eichengrün, *Cent. Blatt.*, II, 1387, 1902].
Anilide de l'acide quinine-carbonique,

$$CO<\begin{matrix}OC^{20}H^{23}Az^2O\\AzH.C^6H^5\end{matrix}$$

— Par l'action de C^{6}H^5.AzCO sur la quinine [Zimmer et Cie, *Cent. Blat.*, II. 404, 1900].
Phénétidide correspondante,

$$CO<\begin{matrix}OC^{20}H^{23}Az^2O\\AzH.C^6H^4(OC^2H^5)\end{matrix}$$

par l'action de

$$CO<\begin{matrix}OC^2H^5\\AzH.COCl\end{matrix}$$

sur la quinine.   M. Delacre.

QUININIQUE (ACIDE). — *Acide p-méthoxy-quinoléine-γ-carbonique,* en allemand *chininsäure.*
Constitution. — Voyez 1er Suppl., 1349. L'acide quininique correspond à la p-méthoxy-quinoléine dont la synthèse a été exécutée par la méthode de Skraup au moyen de la para-anisidine.
Dérivés indoalcoylés. — Claus et Stohr [*Ann. Chem.*, 276, 267, 1893].
Ethers composés. — Hirsch [*Mon. f. Chem.*, 17. 327. 1896]; Kœnigs et Schönevald [*D. chem. G.*, 35, 2980, 1902].   M. Delacre.

QUINIQUE (ACIDE), C^{7}H^{12}O^6 (en all. *chinasäure*). *acide hexahydrotétroxybenzoïque.*
Dérivés acétylés. — Erwig et Kœnigs [*D. chem. G.*, 22. 1458, 1889].
Acide racémique et acide droit. — Lippmann [*D. chem. G.*, 34, 1159, 1901].
Combinaison avec l'urée. — [*Cent. Blatt.*, II. 961, 1901].
L'acide quinique se transforme par fermentation en acide protocatéchique (*Cent. Blat.*, I. 1190, 1983). Pouvoir rotatoire de l'acide quinique [*Zeit. phys. Chem.*, 44, 457. 1903; *D. chem. G.*, 38, 801, 1905].   M. Delacre.

QUINISATIQUE (ACIDE). Az H$^2_{(2)}$ C^{6}H$^4_{(1)}$ CO-CO-CO^{2}H [Syn : *acide o-amidobenzoyl-glyoxylique*].
Ce composé s'obtient [Baeyer et Homolka, *D. Chem. G.*, 16, 2209, 1883] en oxydant le β-γ-dioxycarbostyrile

$$C^6H^4<\begin{matrix}C(OH)=C(OH)\\\underline{\hspace{2em}}Az===\end{matrix}>C(OH)$$

par le chlorure ferrique en liqueur chlorhydrique; il se fait au début une coloration vert-brun et on chauffe à 70-80° jusqu'à ce qu'on obtienne une liqueur rouge qui cristallise à froid; les cristaux jaunâtres sont lavés à l'eau froide puis cristallisés dans l'eau chaude; leur composition correspond à C^{9}H^{7}AzO^4 et les auteurs l'appellent *acide quinisatique,* en même temps qu'ils nomment son anhydride interne *quinisatine,* parce que ces deux composés sont, à l'égard de la quinoléine, ce que l'acide isatique et l'isatine sont à l'indol.
Cet acide, soluble dans l'eau à chaud et à froid. donne des *sels alcalins* solubles et un *sel d'argent* vert-jaune insoluble; sa solution aqueuse bouillie se colore en rouge pour se décolorer à

froid par suite d'une anhydrisation suivie d'hydratation. Sa réduction par le zinc et l'acide acétique à chaud donne une poudre bleu indigo insoluble dans l'eau, l'éther et le chloroforme, mais soluble dans l'alcool, et il se fait en outre un composé soluble dans l'eau et que le chloroforme extrait de cette solution.
L'acide quinisatique cristallisé, chauffé quelque temps à 120-125°, se colore en rouge sans changer de forme cristalline; il y a eu perte d'eau (théorie 9,40 0/0, trouvé 9,51 0/0) et formation de quinisatine; cette anhydrisation peut se faire de trois manières différentes d'où résultent trois formules possibles pour la quinisatine (II, III, IV).

$$C^6H^4-CO-CO-CO^2H\qquad C^6H^4-CO-C-CO^2H$$
$$\diagdown\qquad\qquad\qquad\qquad\diagdown\ \ \diagup$$
$$Az H^2\qquad\qquad\qquad\qquad Az$$
$$\text{I.}\qquad\qquad\qquad\qquad\qquad\text{II.}$$

$$C^3H^4-CO-CO-CO\qquad C^6H^4-CO-CO$$
$$\diagdown\quad\ \ \diagup\qquad\qquad\qquad\diagdown\qquad\diagup$$
$$Az H\qquad\qquad\qquad\qquad Az====C(OH)$$
$$\text{III.}\qquad\qquad\qquad\qquad\text{IV.}$$

La formule (II) qui en fait un acide n'a pu être établie directement, car l'*éther éthylique* de l'acide quinisatinique, huile jaune, se résinifie très rapidement à l'air. Les tentatives pour obtenir un sel de sodium de la quinisatine ne réussissent pas non plus; avec de l'éthylate de sodium, on a de suite une coloration rouge, puis presque instantanément dépôt d'un composé en aiguilles bleu indigo différent de la quinisatine.
Mais la quinisatine-oxime donne avec le chlorhydrate d'hydroxylamine [Baeyer et Homolka, *D. chem. G.*, 17, 985, 1884] un *dérivé nitrosé* qui, cristallisé dans un mélange d'eau et d'alcool, fond à 208° et a toutes les propriétés du nitroso-γ-oxycarbostyrile; et de plus la quinisatine-oxime se transforme en quinisatine et β-γ-dioxycarbostyrile, ce qui établit une étroite analogie entre la quinisatine-oxime et l'isatoxime; il en résulte qu'au moment de l'anhydrisation, c'est l'oxygène de ω et non celui de α qui entre en jeu et que par suite la quinisatine est un composé quinoléique et non indolique; enfin des deux formes lactame (III) ou lactame (IV), la dernière peut vraisemblable.
Mai 1906.   P. Lemoult.

QUINITE, C^{6}H^{12}O^2, *cyclohexane-diol-1.4,*

$$CHOH<\begin{matrix}CH^2\ \ CH^2\\ \ \\CH^2\ \ CH^2\end{matrix}>CHOH$$

— La quinite se prépare en réduisant la cyclohexane-dione-1.4 par l'amalgame de sodium à 3 0/0; il faut éviter que la liqueur ne devienne alcaline [Baeyer, *Ann. Chem.*, 278, 88, 1894].
Cette réduction donne naissance aux deux isomères stéréochimiques cis et cistrans, qui sont facilement séparés par cristallisation fractionnée. Baeyer considère le moins soluble comme le dérivé *cistrans*; il fond à 143-145°; son *diacétate,* C^{6}H^{10}(C^{2}H^{3}O^2)^2, fond à 102-103° et distille à 244°
L'acide bromhydrique transforme la quinite cistrans en un *dibromure,* C^{6}H^{10}Br^2, fusible à 113-114°. Le *diiodure* correspondant, réduit par le zinc et l'acide acétique. donne le cyclohexane; il est décomposé par la potasse alcoolique, ainsi que le dibromure, avec formation de dihydrobenzène C^{6}H^8. L'action ménagée de l'acide iodhydrique peut fournir une *monoiodhydrine,* C^{6}H^{10}(OH)I, huileuse.
La quinite *cis* fond à 89-90°; son *diacétate*

fond à 34-36° et distille à 244°; son *bromure* est huileux.

Les deux quinites, oxydées par l'acide chromique, fournissent de la quinone [Baeyer, *loc. cit.*; *D. chem. G.*, 25, 1037, 1892; 26, 229, 1893].

DIMÉTHYLQUINITE, *diméthyl-1.4-cyclohexane-diol-2.5*,

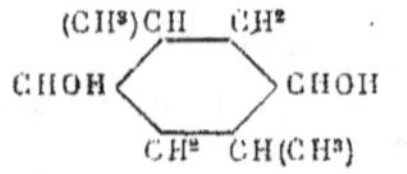

$$(CH^3)CH \quad CH^2$$
$$CHOH \diagdown \diagup CHOH$$
$$CH^2 \quad CH(CH^3)$$

— La diméthylquinite, obtenue par réduction de la diméthylcyclohexane-dione, est un sirop incristallisable. L'acide bromhydrique la transforme en une *dibromhydrine*, $C^6H^8(CH^3)^2Br^2$, qui est décomposée par la quinoléine avec formation de dihydroparaxylène bouillant à 133-134° [Baeyer, *D. chem. G.*, 25, 2122, 1892].   P. Carré.

QUINIZARINE (Syn. : 1.4-*Dioxyanthraquinone*). — Voyez l'art. ANTHRAQUINONE, 2° Suppl., 1, 328.

QUINOLÉIQUES, ISOQUINOLÉIQUES (BASES) ET DÉRIVÉS. — Les bases quinoléiques, de même que les bases pyridiques, ont été l'objet, durant ces dix dernières années, d'un nombre considérable de recherches.

Les différents composés quinoléiques et isoquinoléiques seront étudiés dans l'ordre suivant :

1° Bases quinoléiques (sels, combinaisons d'addition, dérivés halogénés, dérivés nitrés, dérivés sulfonés, etc.).
2° Bases hydroquinoléiques.
3° Bases isoquinoléiques et hydroisoquinoléiques.
4° Oxyquinoléines.
5° Oxyisoquinoléines.
6° Quinoléine-quinones.
7° Quinoléylalcools.
8° Quinoléylphénols.
9° Quinoléylaldéhydes et quinoléylcétones.
10° Acides quinoléine-carboniques.
11° Acides isoquinoléine-carboniques.
12° Quinoléylacides.
13° Aminoquinoléines.

BASES QUINOLÉIQUES.

(Voyez Dict., 2, 1299 et 1er Suppl., 2, 1351 et 1341).

Généralités. — Les noms donnés anciennement aux homologues de la quinoléine (lépidines, cryptidines, etc.) tendent de plus en plus à faire place à des dénominations plus précises à mesure que l'on connaît mieux la constitution de ces corps.

La formule la plus usitée pour la quinoléine et ses homologues est celle de Körner, et les notations généralement adoptées sont indiquées ci-contre :

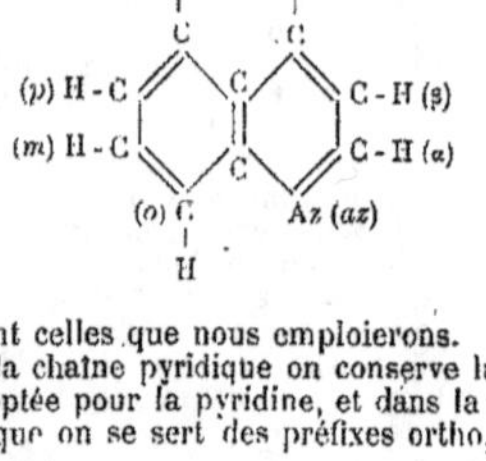

$$(a)\,H \qquad H\,(\gamma)$$
$$(p)\,H-C \diagup{}^{C} \diagdown C-H\,(\beta)$$
$$(m)\,H-C \diagdown{}_{C} \diagup C-H\,(\alpha)$$
$$(o)\,C \qquad Az\,(az)$$
$$H$$

Ce sont celles que nous emploierons.

Dans la chaîne pyridique on conserve la notation adoptée pour la pyridine, et dans la chaîne benzénique on se sert des préfixes ortho, méta,

para et ana. C'est, à peu de chose près, la nomenclature proposée par M. Bouveault (2° Suppl., 1, 1053).

On peut aussi numéroter les sommets de 1 à 8 en commençant par l'azote.

Enfin, parfois, on emploie les notations : az ou n, Py 1, Py 2, Py 3, pour la chaîne pyridique et Bz 1, Bz 2, Bz 3 et Bz 4 pour la chaîne benzénique en commençant par le groupe CH voisin de l'azote.

Modes de formation. — Les amines aromatiques possédant un groupe aldéhydique ou cétonique en position 5 par rapport à l'aminogène se déshydratent en donnant un composé quinoléique.

C'est par le même mécanisme que les ortho-amino-aldéhydes aromatiques se condensent en présence de soude avec les cétones pour donner des quinoléines alkylées dans le noyau pyridique :

$$C^6H^4 \diagdown {}^{(1)}_{(2)}{}^{CHO}_{AzH^2} + CH^3-CO-CH^3$$
$$\Longrightarrow C^6H^4 \diagup{}^{CH=CH-CO.CH^3}_{\diagdown\,AzH^2}$$
$$\Longrightarrow C^6H^4 \diagup{}^{CH=CH}_{}\diagdown\,{}_{Az=C-CH^3}$$

La réaction de Dœbner et Miller (condensation des anilines avec les aldéhydes en présence d'acide chlorhydrique) donne également des quinoléines alkylées dans la chaîne pyridique [*D. chem. G.*, 16, 2472 et *Bull. Soc. Chim.*, (2), 42, 601, 1884].

Par contre, la réaction de Skraup appliquée aux homologues de l'aniline donne des quinoléines alkylées dans la chaîne benzénique.

D'après Blaise et Maire [*Bull. Soc. Chim.*, 35, 453, 1906], il serait inexact de formuler, comme on le fait habituellement, la réaction de Skraup de la manière suivante :

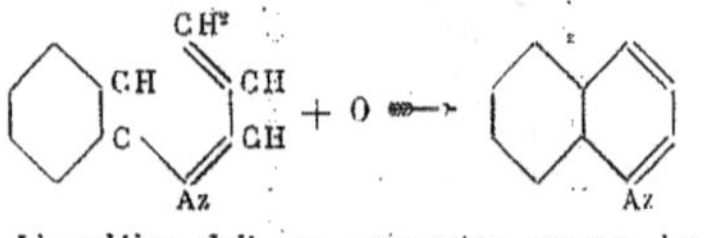

$$\begin{array}{c} CH^2 \\ CH \diagup \diagdown CH \\ | \qquad | \\ C \diagdown \diagup CH \\ Az \end{array} + O \Longrightarrow \begin{array}{c} \\ Az \end{array}$$

L'acroléine doit se comporter comme les alcoylvinylcétones, qui fixent très facilement sur la double liaison les amines grasses ou phénoliques, et l'on doit représenter la formation de la quinoléine par les équations suivantes :

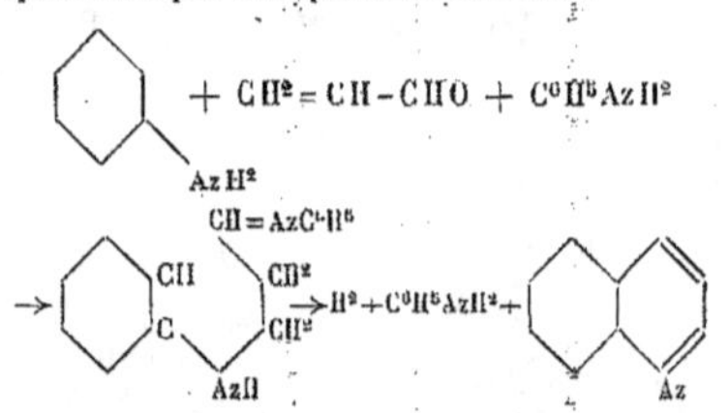

$$\begin{array}{c} AzH^2 \end{array} + CH^2=CH-CHO + C^6H^5AzH^2$$

$$CH=AzC^6H^5$$
$$\begin{array}{c} CH \\ C \diagdown \diagup CH^2 \\ AzH \end{array} \rightarrow \begin{array}{c} CH^2 \\ CH^2 \end{array} \rightarrow H^2+C^6H^5AzH^2+ \begin{array}{c} \\ Az \end{array}$$

La chaîne ne se ferme donc pas par oxydation mais par élimination d'aniline.

On peut aussi admettre qu'il y a hydrolyse du groupe $-CH=Az-C^6H^5$ avec formation d'aniline et régénération de la fonction aldéhydique, puis fermeture de la chaîne par élimination d'eau.

Si l'on condense l'aldéhyde crotonique avec l'aniline, suivant la méthode de Skraup, on doit obtenir, d'après le schéma habituel, de la γ-méthylquinoléine, tandis qu'on obtient de l'α-méthylquinoléine conformément à l'hypothèse de Blaise et Maire. Il n'y a donc pas de différences essentielles entre la méthode de Skraup et celle de Dœbner et Miller qui, toutes deux, reposent sur le même mécanisme fondamental.

On obtient encore des quinoléines par l'action des iodures alcooliques, du chloroforme, ou du bromoforme sur les indols en présence de potasse alcoolique :

$$C^6H^4 {<}_{AzH}^{CH} {>} C - CH^3 + CHCl^3$$

$$= 2HCl + C^6H^4 {<}_{Az = C - CH^3}^{CH = C - Cl}$$

[Magnanini, *D. chem. G.*, **20**, 2608, 1887 ; — Fischer et Steche, *Ann. Chem.*, **242**, 348 et *Bull. Soc. Chim.*, (3), **1**, 667, 1889 ; — Ferratini, *D. chem. G.*, **26**, 1811 et *Bull. Soc. Chim.*, (3), **12**, 35, 1894].

Propriétés. — Les quinoléines sont le plus souvent liquides ; elles distillent à températures élevées, ont des odeurs pénétrantes et désagréables, sont peu solubles dans l'eau, très solubles dans l'alcool et dans l'éther.

Elles sont très stables vis-à-vis des agents d'oxydation. Les acides azotique et chromique n'attaquent guère que les chaînes latérales. Le permanganate de potassium brûle au contraire le noyau benzénique.

Lorsqu'on traite un mélange d'iodures de quinoléinium par la potasse on obtient des matières colorantes bleues peu stables, les *cyanines* (Voyez 2ᵉ Suppl., **1**, 1553).

Les quinoléines fournissent de nombreuses réactions d'addition.

Les quinoléines alkylées dans la chaîne pyridique, et particulièrement les alkylquinoléines α et γ, se condensent très aisément avec les aldéhydes soit pour donner des alkylquinoléines non saturées :

$$\text{[quinoléine]} \ C\text{-}CH^3 + C^6H^5\text{-}COH$$

$$= H^2O + \text{[quinoléine]} \ C\text{-}CH = CH\text{-}C^6H^5$$

soit pour donner des quinoléylalcools :

$$\text{[quinoléine]} \ C\text{-}CH^3 + CH^2O$$

$$= \text{[quinoléine]} \ C\text{-}CH^2\text{-}CH^2OH$$

Dans la quinaldine ou α-méthylquinoléine, les trois H du CH³ sont remplaçables par des groupes méthylol CH²OH.

Il en est de même dans l'ω-benzylquinaldine $C^9H^6Az.CH^2.CH^2.C^6H^5$ pour les deux H du CH² fixé au noyau pyridique.

Dans la γ-méthylquinoléine ou lépidine, au contraire, deux H du groupe CH³ seulement sont remplaçables, et dans la benzyllépidine, une seule substitution est possible.

La β-méthylquinaldine fournit un dérivé diméthylolé et la β-méthyl-α-éthylquinaldine fournit un dérivé monométhylolé.

La substitution carboxylée en β favorise au contraire la condensation. C'est ainsi que l'acide quinaldine-β-carbonique fournit un dérivé triméthylolé [Kœnigs, *D. chem. G.*, **34**, 4322, 1901 et *Bull. Soc. Chim.*, **28**, 899 1902].

Certaines quinoléines réagissent aussi avec l'anhydride phtalique pour former des *quinoléine-phtalones* colorées. Les quinoléines substituées en γ ne fournissent pas de phtalones [Eibner, *D. chem. G.*, **37**, 3605, 1904].

Chaleur de formation. — M. Delépine conclut de mesures thermiques que, dans les différentes réactions qui donnent naissance aux bases quinoléiques, il se produit un très grand dégagement de chaleur.

Par exemple, la formation de la quinoléine au moyen de l'aldéhyde o–aminocinnamique

$$C^6H^4 {<}_{AzH^2}^{CH = CH \cdot CHO}$$

$$= C^6H^4 {<}_{Az = CH}^{CH = CH} \text{liq.} + H^2O \text{liq.}$$

dégage $+ 24^{Cal},4$.

L'exothermicité de cette réaction est due à la formation de l'eau ; les bases elles-mêmes ayant une chaleur de formation négative.

Par contre, la fixation d'hydrogène sur les bases quinoléiques, qui se produit dans certaines synthèses, est exothermique.

Les chaleurs de formation négatives des quinoléines expliquent les polymérisations et les additions que l'on peut réaliser avec elles [Delépine, *Bull. Soc. Chim.*, **19**, 403, 1898].

QUINOLÉINE.

(Voyez Dict., **2**, 1299 et 1ᵉʳ Suppl., **2**, 1351).

Modes de formation et de préparation. — 1° Condensation de l'aldéhyde orthoaminocinnamique sous l'influence de la chaleur [Bayer et Drewsen ; Berthelot et Jungfleisch, *Traité de chimie organique*] :

$$C^6H^4 {<}_{AzH^2}^{CH = CH - COH} = C^6H^4 {<}_{Az = CH}^{CH = CH} + H^2O$$

2° Chauffage du glyoxal avec l'orthotoluidine en présence d'une solution de soude caustique [Kulisch, *Monats.*, **15**, 277 et *Bull. Soc. Chim.*, **13**, 1414, 1894] :

$$C^6H^4 {<}_{AzH^2}^{CH^3} + {}^{COH}_{COH} = C^6H^4 {<}_{Az = CH}^{CH = CH} + 2H^2O$$

3° Chauffage de la méthylacétanilide $C^6H^5\text{-}Az(CH^3)\text{-}CO.CH^3$ avec le chlorure de zinc anhydre à 290° [Pictet et Fert, *D. chem. G.*, **23**, 1903].

4° La quinoléine se forme à côté de la pseudophénanthroline par le chauffage de l'aminoazobenzol avec la glycérine et l'acide sulfurique concentré [Lellmann et Lippert, *D. chem. G.*, **24**, 2623, 1891].

5° Knüppel prépare la quinoléine par la méthode de Skraup, en employant comme oxydant l'acide arsénique.

On chauffe 76 gr. d'acide arsénique avec 145 gr. d'acide sulfurique, 50 gr. d'aniline et 155 gr. de glycérine pendant 2 heures 1/2. La masse est ensuite délayée dans l'eau, traitée par une lessive de soude et distillée dans un courant de vapeur d'eau. Le distillat additionné d'un excès d'acide chlorhydrique est traité par l'azotite de sodium, puis neutralisé par la soude, et la quinoléine est entraînée par un courant de vapeur d'eau [*D. chem. G.*, **29**, 704, 1896].

On peut encore purifier la quinoléine en la transformant en tartrate acide ou sulfate acide, sels qui cristallisent facilement.

Propriétés physiques. — La température d'ébullition de la quinoléine est, d'après Kahlbaum, de 238° sous la pression de 760 mm., de 132° sous 40^{mm}54, de 118°,2 sous 20^{mm},18, de 104°,8 sous 9^{mm},2 [Kahlbaum, *Température d'ébullition et pression*].

Son pouvoir rotatoire magnétique est de 20,86 à 16° [Perkin, *Chem. Soc.*, **69**, 1214, 1896].

Neutralisation :

$$C^9H^7Az_{liq.} + HCl_{diss.\ en\ excès} \ldots + 6^{Cal},8$$

[Colson, *Ann. Chim. Phys.*, (6), **19**, 411, 1890].

$$C^9H^7Az_{liq.} + HCl_{diss.} \ldots + 5^{Cal},46$$
$$C^9H^7Az_{diss.} + HCl_{diss.} \ldots + 6^{Cal},46$$

[Delépine, *Bull. Soc. chim.*, **19**, 403, 1898].

Chaleur de combustion à vol constant pour

$$C^9H^7Az_{liq.} = 1122^{Cal},3$$

Chaleur de formation moléculaire — 32^{Cal},8 (Delépine).

6 parties de quinoléine se dissolvent dans 1000 parties d'eau à 10°.

La quinoléine, d'après Walden, conduit le courant électrique et paraît subir la dissociation électrolytique en donnant des cathions bivalents [*Zeit. phys. Chem.*, **43**, 385-464, 1903].

Sa constante diélectrique est 8.8 [Schlundt, *phys. Chem.*, **5**, 157, 1901].

La quinoléine, comme les amines primaires aromatiques, est neutre à la phénolphtaléine et monoacide à l'hélianthine [A. Astruc, *C. R.*, **129**, 1021, 1899].

Propriétés chimiques. — Le chlorure de soufre réagit sur la quinoléine pour donner des produits chlorés et une combinaison sulfurée, le *thioquinanthrène.*

Le chlorure de benzoyle réagit sur la quinoléine en présence de soude en donnant de l'aldéhyde o-benzoylaminocinnamique [Reissert, *D. chem. G.*, **38**, 3415 et *Bull. Soc. Chim.*, **36**, 1388, 1906]. Le nickel réduit chauffé à 270° transforme la quinoléine en méthylindol [Padoa et Carughi, *Bull. Soc. Chim.*, (4), **2**, 996, 1907].

Comme la pyridine, la quinoléine peut enlever 1 molécule d'hydracide à certains composés organiques halogénés.

C'est ainsi que l'acide chlorocamphorique perd HCl [Bredt, Houben, Lévy, *D. chem. G.*, **38**, 1286, 1902].

Les éthers d'acides α-bromés de la série grasse, traités par la quinoléine, donnent des acides non saturés en α et β et leurs isomères en βγ [Rupe, Ronus et Lotz, *D. chem. G.*, **35**, 4265-4272, 1902].

Le nitrile $C^6H^5Cl^6,CAz$ se transforme par perte d'acide chlorhydrique en nitrile α β α'-trichlorobenzoïque $C^6H^2Cl^3,CAz$ [Matthews, *Chem. Soc.*, **79**, 43, 1901].

L'acide monobromosuccinique se transforme en acide fumarique [Simon et Dubreuil, *C. R.*, **132**, 418, 1901].

La diméthylbromobutyrolactone est transformée en isoprène avec dégagement d'acide bromhydrique [Blaise et Courtot, *Bull. Soc. Chim.*, **35**, 992, 1906].

La quinoléine peut aussi produire certaines condensations, soit en provoquant la formation d'un hydracide, soit en formant avec l'un des produits de la réaction une combinaison d'addition.

Elle produit la condensation de l'éther cyanacétique avec le chlorure de benzoyle pour former l'éther cyanobenzoylacétique [Michael et Eckstein, *D. chem. G.*, **38**, 50-53, 1905].

L'anhydride mixte formoacétique est décomposé à chaud en présence de quinoléine en oxyde de carbone et acide acétique [Béhal, *Bull. Soc. Chim.*, **23**, 749, 1900].

La quinoléine précipite certains hydrates métalliques de la solution de leurs sels. Jefferson a appliqué la quinoléine à la séparation des terres rares. Il a pu séparer l'oxyde de thorium de celui de néodymium, la quinoléine ne précipitant que le premier de ces oxydes [*J. Am. Chem. Soc.*, 540-562, 1903].

Sels. — D'après Eckstein, le point de fusion du *chlorhydrate* indiqué généralement (94°) se rapporte à l'hydrate à 1/2 H²O.

Cet hydrate ne perd pas d'eau sur l'acide sulfurique et n'est déshydraté que par un chauffage prolongé à 100°.

Le *chlorhydrate anhydre* fond à 134°. Il s'hydrate à l'air humide. Il donne avec l'acide chlorhydrique des combinaisons instables qu'on obtient en faisant passer le gaz sec dans une solution éthérée refroidie. Le sel obtenu $(C^9H^7Az.HCl)^2, HCl$ fond à 82° [Eckstein, *D. chem. G.*, **39**, 2135 et *Bull. Soc. Chim.*, (4), **2**, 749, 1907].

Le *sulfate acide* C^9H^7Az, SO^4H^2, cristallise aisément et ne se dissout que dans 50 parties d'eau à 18°.

Le *perchromate* $C^9H^7Az . CrO^5H$ s'obtient en mélangeant les solutions éthérées refroidies de quinoléine et d'acide perchromique [Wiede, *D. chem. G.*, **31**, 3139, 1899].

Chloromolybdate, $MoOCl^2 . OH - C^9H^7Az . 2H^2O$ [Weinland et Knoll, **37**, 569-573, 1904].

Titanosulfocyanate $(C^9H^7Az)^2 . H^2TiO(SCAz)^4, 4H^2O$ [Rosenheim et Cohn, *Zeit. anorg. Chem.*, **28**, 167, 1901].

COMBINAISONS AVEC LES COMPOSÉS ANORGANIQUES. — Les sels métalliques et certains corps métalloïdiques se combinent soit aux sels de quinoléine pour former des sels doubles, soit à la quinoléine libre pour former des produits d'addition analogues aux hydrates ou aux composés ammoniés.

$(C^9H^7Az . HF)^2, SiF^4$ [Comey et Jackson, *Am. Chem. Journ.*, **10**, 176, 1886].

$C^9H^7Az . HCl . SbCl^3$ [Schiff, *Ann. Chem.*, **131**, 112, 1864].

$3(C^9H^7Az . HCl), 2SbCl^5$ [Rosenheim et Stellmann, *D. chem. G.*, **34**, 3377, 1901].

$VOCl^2, 2(C^9H^7Az . HCl)+4,5H^2O$; $VOCl^2, 4(C^9H^7Az . HCl) + 2,5H^2O$ [Koppel, Goldmann et Kaufmann, *Zeit. anorg. Chem.*, **45**, 345 et *Bull. Soc. Chim.*, **36**, 899, 1906].

$BiCl^3 . C^9H^7AzHCl$; $BiCl^3, 2(C^9H^7AzHCl)$; $BiCl^3, 3(C^9H^7Az . HCl)$ [Schiff, *D. chem. G.*, **34**. 804, 1901; — Vanino et Hauser, *D. chem. G.*, **33**, 2271, 1900 et **34**, 416, 1901].

$C^9H^7Az . HCl . SnCl^2$, fusible à 127°.

$(C^9H^7Az . HCl)^2 . SnCl^4$ [Borsbach, *D. chem. G.*, **23**, 431, 1890].

$(C^9H^7Az . HCl)^2 . TiCl^4$ [Rosenheim et Schütte, *Zeit. anorg. Ch.*, **26**, 239, 1901].

$(C^9H^7Az . HCl)^2 . HgCl^2 + 2H^2O$ [Borsbach, *loc. cit.*].

$C^9H^7Az . HCl, 10C^9H^7Az, 5HgCl^2$, fusible à 143° [Pesci, *Gazz. chim. ital.*, **25**, 401].

$C^9H^7Az . HCl . MnCl^2$ [Borsbach, *loc. cit.*].

$C^9H^7Az . HCl . FeCl^3$, fusible à 150° (Borsbach).

$InCl^3, 4(C^9H^7Az . HCl)$ [Renz, *Zeit. anorg. Ch.*, **36**, 100-118, 1903].

AgCl(C⁹H⁷Az.HCl). — Aiguilles blanches décomposées par l'eau [*D. chem. G.*, **35**, 1954, 1902].

TlCl³(C⁹H⁷Az.HCl)³; TlI³(C⁹H⁷Az.HI)² [Renz, *D. chem. G.*, **35**, 1110, 1902].

ThCl⁴(C⁹H⁷Az.HCl)² [Rosenheim, Samter et Davidson. *Zeit. anorg. Ch.*, **35**, 424-453, 1903].

C⁹H⁷.HCl.CO.PtCl². fusible à 166° [Mylius et Förster, *D. chem. G.*, **24**, 2430, 1891].

Chloraurates. — Le *chloraurate normal* C⁹H⁷Az.HCl.AuCl³ se forme en solution aqueuse. Il est stable et on peut le faire recristalliser dans l'alcool et dans l'eau.

Il fond à 235-238° et se décompose vers 260°.

Le *chloraurate anormal* (C⁹H⁷Az.HCl)²AuCl³ se forme en solution alcoolique ou lorsqu'on traite le sel normal par du chlorhydrate de quinoléine ou du gaz chlorhydrique. Il fond vers 180° et se décompose vers 260° [Fenner et Tafel, *D. chem. G.*, **32**, 3220, 1899].

(C⁹H⁷Az.HBr)².PbBr⁴; (C⁹H⁷AzHI)²PbI⁴ [Classen et Zaborski. *Zeit. anorg. Ch.*, **4**, 107, 1893].

(C⁹H⁷Az.HCl)².UO²Cl [Borsbach, *loc. cit.*].

C⁹H⁷Az.BiCl³; C⁹H⁷Az.BiI³ [Vanino et Hauser, *D. chem. G.*, **34**, 416, 1901].

(C⁹H⁷Az)³.ThCl³ [Renz, *D. chem. G.* **35**, 1110, 1902].

(C⁹H⁷Az)³.ThCl³ [Goebbeis, *D. chem. G.*, **28**, 794, 1895].

C⁹H⁷Az.CdCl²; C⁹H⁷Az.CdBr²; (C⁹H⁷Az)².CdI² [Borsbach, *loc. cit.*].

C⁹H⁷Az.HgCl². — Précipité cristallin obtenu par le mélange des solutions alcooliques des composants [Hofmann, *Ann Chem.*, **47**, 83, 1843].

(C⁹H⁷Az)².HgCl². — Insoluble dans l'eau froide, il fond vers 200° en se décomposant [Pesci. *Gazz. chim. ital.*, **25**, 399, 1895].

(C⁹H⁷Az)².HgCl².PtCl⁴. — Précipité amorphe aune fondant à 140-141° en se décomposant.

C⁹H⁷AzHgBr², fusible à 204°.

C⁹H⁷AzHgI², fusible à 186° [Borsbach, *loc. cit.*].

(C⁹H⁷Az)².Hg(AzO³)².2H²O. — Fond à 183-184° en se décomposant; (C⁹H⁷Az)², HgSO⁴.

(C⁹H⁷Az)².Hg(C²H³O²)²+2H²O; C⁹H⁷Az, Hg(C²H³O²)²; (C⁹H⁷Az)².HgC²O⁴ [Pesci, *loc. cit.*].

BiCl³, C⁹H⁷Az; BiI³.C⁹H⁷Az [Vanino et Hauser. *D. chem. G.*, **34**, 416, 1901].

CoCl².2C⁹H⁷Az [Reizenstein. *Ann. Chem.*, **282**, 276, 1894; — Borsbach. *loc. cit.*].

CoCl².4C⁹H⁷Az; 2CoCl².5C⁹H⁷Az; CoCl², C⁹H⁷Az [Reizenstein, *loc. cit.* et *Zeit. anorg. Ch.*, **11**, 256, 1895].

(C⁹H⁷Az)²CuCl²; (C⁹H⁷Az)⁴CuCl² [Lachowicz, *Mon. f. Chem.*, **10**, 889, 1890].

ZrCl⁴.2C⁹H⁷Az; PbCl⁴.2C⁹H⁷Az; ThCl⁴. C⁹H⁷Az [Matthews. *J. Am. Chem. Soc.*, **20**, 815, 839, 1898].

IrCl⁴.C⁹H⁷Az; ReCl²(C⁹H⁷Az)²+2H²O; TlCl³.2C⁹H⁷Az; TlI³.C⁹H⁷Az; UCl⁴.C⁹H⁷Az.

AuCl³.C⁹H⁷Az. — Se forme par addition de quinoléine à une solution éthérée de chlorure d'or [Renz. *Zeit. anorg. Ch.*, **36**, 100-118, 1903].

PdCl²(C⁹H⁷Az)², PdBr²(C⁹H⁷Az)² [Gutbier et Krell. *D. chem. G.*, **39**, 616 et *Bull. Soc. Chim.*, **36**, 1112, 1906].

Le chlorure et le bromure d'aluminium donnent avec la quinoléine des combinaisons insolubles dans le sulfure de carbone [Kohler, *Am. Chem. Journ.*, **24**, 385, 1900].

La quinoléine forme avec les sulfocyanures cuivrique et cuivreux des combinaisons plus stables que celles formées par la pyridine. Le sulfocyanure cuivrique se combine à 2 mol. de base et le sel cuivrique à 4 molécules. Cette dernière combinaison est en aiguilles jaune d'or qui perdent 2 mol. de base à 100° ou dans l'alcool absolu [Litterscheid. *Arch. d. Pharm.*, **240**, 386, 390, 1902].

Grossmann et Hunseler ont obtenu des composés d'addition de la quinoléine avec les sulfocyanures de cuivre, argent, cadmium, zinc, manganèse, fer, nickel, mercure [*Zeit. anorg. Ch.*, **46**, 361, 1907].

COMBINAISONS DE LA QUINOLÉINE AVEC LES ÉTHERS HALOÏDES ET AUTRES COMPOSÉS ORGANIQUES. — Les sels d'ammoniums composés formés par la quinoléine et les éthers haloïdes, traités par l'oxyde d'argent, donnent des hydroxydes d'ammoniums composés.

Ceux-ci se transforment par oxydation en milieu alcalin en alcalis-cétones cycliques, les α-quinolones :

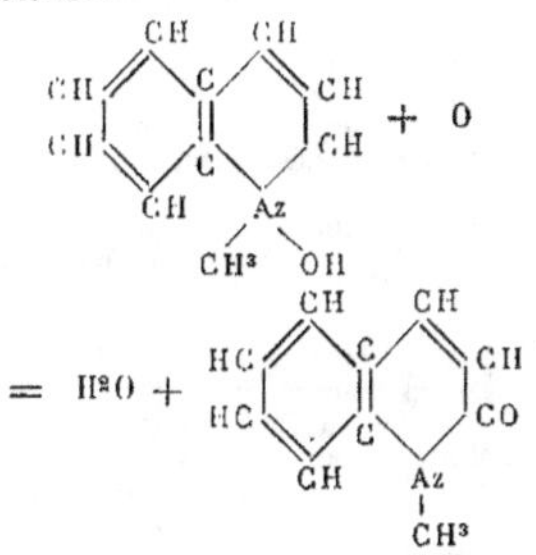

$$\text{[formule développée : noyau quinoléique (CH, C, Az, CH}^3\text{, OH)]} + O = H^2O + \text{[méthylquinolone : HC, C, Az, CH}^3\text{, CO]}$$

Chlorométhylate, C⁹H⁷Az.CH³Cl+H²O. — On chauffe la quinoléine avec de l'acide chlorhydrique concentré à 160° [Ostermayer, *D. chem. G.*, **18**, 593, 1885]. Il fond à 126° et se déshydrate à 140°.

Sa combinaison avec le chlorure d'iode C⁹H⁷Az.CH³Cl.ClI fond à 112°. Son *chloroplatinate* fond à 230° en se décomposant.

Son *chloraurate* est peu soluble, il fond à 205°.

Le *chlorométhylate* en solution alcoolique donne avec le brome C⁹H⁷Az.CH³.Br³ (Ostermayer).

Le *picrate* fond à 164°.

Chloréthylate, C⁹H⁷Az.C²H⁵Cl.H²O. — Il fond à 92°.5, et donne un *chloroplatinate* fusible à 226°.

Brométhylate, C⁹H⁷Az.C²H⁵Br.H²O. — Il fond à 80° [Claus et Tosse, *D. chem. G.*, **16**, 1278, 1883].

Iodométhylate. — L'action de l'iodure de méthyle sur la quinoléine peut devenir violente si l'on opère sur de grandes quantités de matière. L'hydrate C⁹H⁷Az.CH³I.H²O fond à 72° et le produit anhydre à 133° [Marckwald et Meyer, *D. chem. G.*, **33**, 1884, 1900].

Hydroxyde de méthylquinoléinium, C⁹H⁷Az.CH³OH. — Le produit primaire de l'action des alcalis sur l'iodométhylate de quinoléine est un hydrate d'ammonium qui se transpose aussitôt en une oxydihydrobase

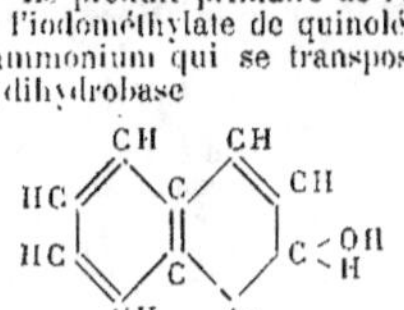

$$\text{[formule développée : HC, C, Az, CH}^3\text{, C}\substack{OH\\H}\text{]}$$

que l'oxydation transforme ensuite en méthylquinolone.

Le précipité obtenu par l'action des alcalis sur l'iodométhylate est un mélange de l'oxydihydrométhylquinoléine et de son produit d'oxydation [Decker, *D. chem. G.*, 1902, **35**, 2588 et 1903, **36**, 1205, 1215].

Chauffé dans un courant d'hydrogène, l'hydroxyde se transforme rapidement en Az-méthyl-α-quinolone, et l'hydrogène produit se porte sur une autre partie de la base et la transforme en méthyldihydroquinoléine.

L'hydroxyde se combine à l'acide cyanhydrique en donnant un produit instable fusible à 86° [Hantzsch et Kalb, *D. chem. G.*, **32**, 3109, 1899].

Iodéthylate. — Il fond à 178° [Spalteholz, *D. chem. G.*, **16**, 1851; — Clauss et Tosse, *loc. cit.*]. Prismes jaunes fusibles à 156-157° [Miethe et Rook, *D. chem. G.*, **37**, 2008, 1904].

Chauffé à 290°, il donne les iohydrates des éthylquinoléines α et γ, comme cela se produit pour les bases pyridiques.

L'*hydroxyde d'éthylquinoléinium* est une huile fortement alcaline.

Chloropropylate, $C^9H^7Az \cdot C^3H^7Cl \cdot H^2O$. — Il se prépare par l'action du bromure de propyle et du chlorure d'argent sur la quinoléine. Il fond vers 95°, se déshydrate à 135° et fond ensuite à 145°.

Il forme un *bibromure* $C^9H^7Az \cdot C^3H^7Cl \cdot Br^2$ fusible à 84-85°, un *biiodure* fusible à 61-62° [Claus et Collischonn, *D. chem. G.*, **19**, 2504, 1886].

Le *bromopropylate* $C^9H^7Az \cdot C^3H^7Br + 2H^2O$ se prépare par l'action du bromure de propyle et de l'alcool sur la quinoléine à 100° en tube scellé. Il fond à 66°.

Il perd $1H^2O$ à 100°. Cristallisé dans l'alcool absolu, il est anhydre et fond à 148°.

Il est insoluble dans l'éther, très soluble dans le chloroforme.

Traité en solution chloroformique par le chlore, il donne un *dichlorure* $C^9H^7Az \cdot C^3H^7Br \cdot Cl^2$ fusible vers 60°. Il donne aussi un *dibromure* $C^9H^7Az \cdot C^3H^7Br^3$, fondant à 93° [Claus et Collischonn, *D. chem. G.*, **19**, 2504, 1886].

Le bromopropylate en solution alcoolique additionné d'iode donne un *diiodure*, $C^9H^7Az \cdot C^3H^7BrI^2$, fondant à 60°.

Iodopropylate, $C^9H^7Az \cdot C^3H^7I$. — Il fond à 145°. Il donne les composés :

$C^9H^7Az \cdot C^3H^7I \cdot ICl^2$; $C^9H^7Az \cdot C^3H^7ICl^4$; $C^9H^7Az \cdot C^3H^7I \cdot CHCl^3$; $C^9H^7Az \cdot C^3H^7IBr^2$; $C^9H^7Az \cdot C^3H^7I \cdot Br^4$; $C^9H^7Az \cdot C^3H^7I \cdot I^2$; $C^9H^7Az \cdot C^3H^7I \cdot I^4$ [Claus et Collischonn, *loc. cit.*].

Chlorobenzylate. — Le *bibromure*, $C^9H^7Az \cdot C^7H^7Cl \cdot Br^2$, fond à 91-92°.

$C^9H^7Az \cdot C^7H^7Br \cdot Cl^2$ (fond à 80°.)

$C^9H^7Az \cdot C^7H^7Br \cdot Br^2$ (fond à 100°).

$C^9H^7Az \cdot C^7H^7Br \cdot I^2$ (fond à 109-110°).

Le *chlorobenzylate* fond avec boursoufflement vers 170° en un liquide rouge foncé [Reychler, *Bull. Soc. Chim.*, **29**, 135, 1903].

Combinaison avec le sulfate diméthylique. — Méthysulfate de méthylquinoléine [Ullmann, *Ann. Chem.*, **327**, 104, 120, 1903].

Nitrate de méthylquinoléinium, $C^9H^7Az \cdot CH^3 \cdot AzO^3$ (fond à 84°) [Decker, *D. chem. G.*, **38**, 1274, 1280, 1905].

Combinaisons avec les chlorures d'acides. — La quinoléine anhydre se combine au chlorure d'acétyle, en tube scellé à froid, au bout d'un temps assez long. La combinaison est cristalline. Il en est de même pour le chlorure de benzoyle. Cette dernière combinaison bout à 105° sous 12 mm. En présence d'humidité il y a formation de chlorhydrate de quinoléine et de l'anhydride de l'acide correspondant [Eckstein, *D. chem. G.*, **39**, 2135 et *Bull. Soc. Chim.*, (4), **2**, 749, 1907].

La quinoléine forme avec le bromure du tribromo-1.3.4-xylénol la combinaison $OH - C^6Br^3(CH^3)CH^2Br - C^9H^7Az$, qui fond à 232° [Auwers et Ziegler, *D. chem. G.*, **29**, 2353].

La quinoléine se combine au bromure de cyanogène en donnant un produit d'addition qui s'isomérise et se transforme en une *bromohydrocyanamide* $C^9H^7Br \cdot Az \cdot CAz$ [Von Braun, *D. chem. G.*, **33**, 1438, 1900].

La bromacétophénone $C^6H^5 \cdot CO \cdot CH^2Br$ en solution éthérée donne avec la quinoléine le *composé* $C^9H^7Az(CH^2 \cdot CO \cdot C^6H^5) \cdot Br$, soluble dans l'eau, très peu soluble dans l'éther et le benzène. Oxydé par le permanganate de potassium, il se transforme en *acide formylphénacylanthranilique* $CO^2H - C^6H^4 - Az(CHO) \cdot CH^2 \cdot CO C^6H^5$ [Bamberger, *D. chem. G.*, **20**, 3340, 1887].

Combinaison avec la chlorhydrine de la glycérine, $C^9H^7Az \cdot Cl \cdot CH^2 - CHOH - CH^2OH$. — On l'obtient par chauffage des composants à 140°. Elle cristallise en feuillets fusibles à 170°. Le *chloroplatinate* est en tables jaunes fusibles à 283°; le *chloraurate* fond à 101°; le *chloromercurate* à 115°; le *picrate* à 120° [Bienenthal, *D. chem. G.*, **33**, 3500, 1900].

Bromure de p-xylylène-diquinoléinium. — Combinaison de la quinoléine avec le bromure de xylylène. Aiguilles violettes fusibles à 306°, peu solubles dans l'alcool, solubles dans le chloroforme. Le *chloroplatinate* fond à 257° et le *chloraurate* à 242° [Manoukian, *D. chem. G.*, **34**, 2082, 1901].

Le *bromure de m-xylylène-diquinoléinium* fond à 276°. Le *chloroplatinate* fond vers 230° [Halfpaap, *D. chem. G.*, **36**, 1672-1682, 1903].

Combinaison avec l'oxyde d'éthyle diiodé symétrique. — Le composé à 1 mol. de quinoléine fond à 176°; le composé à 2 mol. fond à 254° en se décomposant [Sand, *D. chem. G.*, **34**, 1385, 1901].

Combinaison avec l'oxyde d'éthyle trichloré. [Oddo et Mameli, *Bull. Soc. Chim.*, **36**, 806, 1906].

Combinaison avec le chloracétate d'éthyle. — Oxydée par le permanganate, elle donne de l'indigo [Decker et Kopp, *D. chem. G.*, **39**, 72 et *Bull. Soc. Chim.*, **36**, 964, 1906].

Combinaison avec le triphénylcarbinol, $(C^6H^5)^3 - C \cdot OH$, C^9H^7Az. — Elle fond à 52° [Tschitschibabin, *D. chem. G.*, **35**, 4007, 1902].

Combinaisons avec les composés mixtes organo-magnésiens. $(C^9H^7Az)^2 \cdot CH^2 \cdot MgI$, $O(C^2H^5)^2$, $(C^9H^7Az)^2 - C^6H^5 \cdot MgBr$ [Oddo, *Gazz. chim. ital.*, **34**, 420-429, 1904].

Action des acides monobromo et dibromosuccinique.

La quinoléine avec l'acide bromosuccinique en solution alcoolique donne le *fumarate monoquinoléique* par élimination d'acide bromhydrique. Ce corps fond à 153°, il est peu soluble dans l'alcool froid, assez soluble dans l'alcool chaud, presque insoluble dans l'eau.

En solution aqueuse on obtient le *malate monoquinoléique* décomposable à 152-153° [Dubreuil, *Bull. Soc. Chim.*, **31**, 910-911, 1904].

Avec l'acide dibromosuccinique en solution alcoolique il se forme le *dibromosuccinate diquinoléique*, $CO^2H \cdot CHBr - CHBr - CO^2H (C^9H^7Az)^2 + 2H^2O$.

En solution aqueuse, il se forme, par suite du départ de $2HBr$, de l'*acétylène-dicarbonate monoquinoléique*, insoluble dans l'alcool même bouillant, peu soluble dans l'eau et décomposable à 210° [Dubreuil, *Bull. Soc. Chim.*, **31**, 914, 1904].

Combinaisons avec la quinone. — L'iodhydrate de quinoléine donne avec la quinone le composé $C^6H^4O^2 \cdot C^9H^7Az$, HI en aiguilles jaunes fusibles à 224°.

Le chlorhydrate donne le corps $C^6H^4O^2$, C^9H^7Az.

HCl, aiguilles jaunes fusibles à 145° [Ortoleva, *Gazz. chim. ital.*, **33**, 164-168, 1902].

Quinophtalone sodique,

$$C^6H^4 \underset{\searrow C-O\,Na}{\overset{\diagup CO}{\underset{\diagup}{>}} C-C^9H^6Az}$$

— On l'obtient par le mélange des solutions alcooliques des composés. Elle est en aiguilles rouge brique. Le *dérivé potassique* s'obtient de même [Eibner et Merkel, *D. chem. G.*, **37**, 3006, 1904; — Eibner et Hofmann, *D. chem. G.*, **37**, 3018, 1903].

DÉRIVÉS HALOGÉNÉS. — (Voyez 1er Suppl., **2**, 1354).

PRODUITS D'ADDITION, C^9H^7Az. HBr. Br^2 [Claus et Collischonn, *D. chem. G.*, **19**, 2766, 1886].

C^9H^7Az. ClI, fondant à 159°,5 [Pictet et Krafft, *Bull. Soc. Chim.*, **7**, 73, 1892].

C^9H^7Az. ClI. HCl, fondant à 118°, donne avec l'ammoniac une combinaison explosive C^9H^7Az AzH^{2}I [Dittmar, *D. chem. G.*, **18**, 1613, 1885].

C^9H^7Az. I^2 [Berthelot et Jungfleisch, *Traité de Chim. organique*, **2**, 605].

PRODUITS DE SUBSTITUTION. — Les quinoléines halogénées dans le noyau benzénique se produisent en appliquant la réaction de Skraup aux anilines halogénées.

La *métachloraniline* donne simultanément la métachloroquinoléine et l'anachloroquinoléine qui constituent des composés très stables.

Les quinoléines chlorées dans la chaîne pyridique se forment moins facilement. Elles se préparent le plus souvent par l'action du perchlorure de phosphore sur les oxyquinoléines.

β-Chloroquinoléine. — Elle est liquide et bout à 256°, elle se produit dans l'action du chlorure de soufre SCl^2 sur la quinoléine en même temps qu'une trichloroquinoléine [Edinger, *D. chem. G.*, **29**, 2457, 1896]. Elle est entraînable par la vapeur d'eau et est très hygroscopique.

Le *chlorhydrate* fond en se décomposant à 210°.

Le *chloroplatinate* $(C^9H^6ClAz. HCl)^2$. PtCl^4 + 2H^{2}O fond au-dessus de 300°.

Le *sulfate* acide C^9H^6ClAz. SO^{4}H^2 fond à 148-150°; le *bichromate* à 118-119°.

L'*iodométhylate* se sublime à 276° [Edinger et Lubberger, *J. f. prakt. Ch.*, (2), **54**, 348, 1896].

γ-Chloroquinoléine. — Elle se forme lorsqu'on diazote la γ-aminoquinoléine en solution chlorhydrique [Wenzel, *Mon. f. Chem.*, **15**, 459, 1894; — Claus et Frobenius, *J. f. prakt. Chem.*, **56**, 181-204, 1897].

Elle fond à 34° et bout à 260-261° sous 744 millimètres de pression. Elle est peu soluble dans l'alcool et dans l'éther.

Elle se transforme par chauffage avec l'aniline en chlorhydrate de γ-anilidoquinoléine.

Le *chloroplatinate* $(C^9H^6ClAz. HCl)^2$: PtCl^4 + 2H^{2}O fond à 278-279° en se décomposant. Il est peu soluble dans l'eau froide.

Le *chloraurate* C^9H^6ClAz. HCl. AuCl^3 fond à 242-244° et est peu soluble dans l'eau.

L'*iodométhylate* fond à 250° en se décomposant.

Dichloroquinoléine. — La quinoléine chauffée avec du chlorure de soufre donne une *ortho-para-dichloroquinoléine* en aiguilles blanches, fusibles à 103-104°.

Tétrachloroquinoléine. — Elle se forme en même temps que le dérivé précédent.

Elle fond à 121° [Edinger, *J. f. prakt. Chem.*, **56**, 273, 1897].

α-Bromoquinoléine. — On l'obtient par l'action du bromure de phosphore sur la méthylquinolone à 120-140°.

Elle fond à 48° [Fischer, *D. chem. G.*, **32**, 1297, 1899].

β-Bromoquinoléine. — Elle se produit par chauffage du sel C^9H^7Az. HBr. Br^2 [Claus et Collischonn, *D. chem. G.*, **19**, 2763, 1886].

Elle se forme à côté d'une tribromoquinoléine dans l'action du bromure de soufre S^{2}Br^2 sur la quinoléine [Edinger, *D. chem. G.*, **29**, 2459, 1896].

Elle fond à 25°. Son *chlorhydrate* se sublime facilement sans fondre. Le *nitrate* fond à 207° [Decker, *D. chem. G.*, **38**, 1274-1280, 1905].

Le *brométhylate* cristallise dans l'alcool et retient 2 mol. d'alcool qu'il perd à 100°. Il fond ensuite à 216° [Claus et Tornier, *D. chem. G.*, **20**, 2873, 1887].

γ-Bromoquinoléine. — Elle se forme lorsqu'on diazote la γ-aminoquinoléine en solution bromhydrique [Claus et Frobenius, *J. f. prakt. Chem.*, **56**, 181-204, 1897].

Anabromoquinoléine. — On l'obtient en même temps que la *métabromoquinoléine* par la méthode de Skraup appliquée à la m-bromaniline [Claus et Tornier, *loc. cit.*].

Elle fond à 52°, bout à 280°.

Cette bromoquinoléine peut aussi s'obtenir au moyen de l'a-bromo-p-amino-quinoléine, par diazotation, réduction de diazoïque et décomposition de l'hydrazine. Son point de fusion est, d'après Meigen, de 48° [*Journ. f. prakt. Chem.*, **73**, 248 et *Bull. Soc. Chim.*, (4), **2**, 483, 1907].

Le *chlorhydrate* cristallise avec 1H^{2}O et fond en se décomposant à 225°. Il est facilement soluble dans l'eau.

Le *chloroplatinate* est très peu soluble dans l'eau et dans l'alcool.

Le *brométhylate* fond à 290°.

Para-bromoquinoléine. — Elle fond à 18-19° et bout à 278° [Claus et Tornier, *D. chem. G.*, **20**, 2874, 1887].

Le *chlorhydrate* C^9H^6BrAz. HCl + H^{2}O fond en se décomposant à 213°. Il est facilement soluble dans l'eau.

Le *sulfate* acide C^9H^6BrAz. SO^{4}H^2 + H^{2}O fond à 176°; l'*iodométhylate* à 278° [Claus et Rheinhard, *J. f. prakt. Ch.*, (2), **49**, 525, 1894]; le *chlorométhylate* à 238°.

Le *nitrate* fond vers 228° [Decker *D. chem. G.*, **38**, 1274-1280, 1905].

Métabromoquinoléine. — Elle se forme en même temps que le dérivé ana.

Elle fond à 34° et bout à 290° [Claus et Tornier, *loc. cit.*]. Le point de fusion d'après Vis serait de 52° [Vis, *J. f. prakt. Chem.*, (2), **39**, 314, 1889].

L'*iodométhylate* fond à 240°, le *brométhylate* à 214°.

Orthobromoquinoléine. — Elle se prépare par la réaction de Skraup [Claus et Tornier; — Claus et Howitz, *J. f. prakt. Chem.*, (2), **48**, 151, 1893].

Elle est liquide et bout à 302-304°.

Le *chlorhydrate*, C^9H^6BrAz. HCl + H^{2}O, fond en se décomposant à 166°.

Le *chloroplatinate* cristallise avec 3H^{2}O. Le sel anhydre fond à 252°.

L'*iodométhylate* fond à 280-281°.

γ-o-Dibromoquinoléine. — Elle se forme par chauffage du sel C^9H^6BrAz. PBr. Br^2 à 200° (Claus et Tornier). Le *chlorhydrate* fond à 141-142°, le *sulfate* à 205°.

a-p-Dibromoquinoléine. — Elle se prépare par la réaction de Skraup, ou au moyen de la parabromoamaminoquinoléine, par remplacement de AzH^2 par du brome. Elle fond à 135°. Le *chlorhydrate* fond à 144° [Claus et Geisler, *J. f. prakt. Chem.*, (2), **40**, 381, 1889; — Claus et Zuschlag, *J. f. prakt. Chem*, (2), **40**, 464, 1889].

Meigen prépare ce dérivé en nitrant par l'acide azotique fumant la p-bromo-quinoléine, réduisant le dérivé nitré ainsi obtenu et remplaçant Az H² par du brome.

Son point de fusion serait de 80-81° [*J. f. prakt. Chem.*, **73**, 248 et *Bull. Soc. Chim.*, (4), **2**, 483, 1907].

L'*iodométhylate* fond à 302° en se décomposant [Claus, *J. f. prakt. Chem.*, (2), **53**, 27, 1896].

a-m-Dibromoquinoléine (Claus et Geisler). — Elle fond à 110°. Son *chlorhydrate* fond à 158° [Claus et Setzer, *J. f. prakt. Chem.*, (2), **53**, 403, 1896].

L'*iodométhylate* fond à 287° [Claus et Amelburg, *J. f. prakt. Chem.*, (2), **50**, 29, 1894].

a-o-Dibromoquinoléine. — On l'obtient par la méthode de Skraup ou par chauffage de l'a-bromoquinoléine anasulfonique avec K Br à 300° [Claus et Vis, *J. prakt. Chem.*, (2), **40**, 384, 1889] ou encore au moyen de l'o-bromo-a-aminoquinoléine par remplacement de Az H² par Br (Claus et Howitz) ou enfin au moyen de l'a-bromo-o-aminoquinoléine (Claus et Setzer). Elle fond à 127-128°.

Le *chlorhydrate* fond à 190-192°.

L'*iodométhylate* est en aiguilles rouges et se décompose à 166° [Decker, *D. chem. G.*, **38**, 1144, 1155, 1905].

m-p-Dibromoquinoléine. — On l'obtient par la méthode de Skraup. Elle fond à 68-69° (Claus et Geisler).

p-o-Dibromoquinoléine. — Elle fond à 100-101° (Claus et Geisler).

m-o-Dibromoquinoléine. — Fusible à 112° (Claus et Vis).

β-a-p-Tribromoquinoléine. — On l'obtient par chauffage de la p-bromoquinoléine-a-sulfonique avec le brome [Claus et Reinhard, *J. prakt. Chem.*, (2), **49**, 538, 1894]; ou par chauffage du perbromure correspondant C⁹H⁵Br²Az.HBr.Br² [Claus, *J. f. prakt. Chem.*, (2), **53**, 28, 1896]; ou au moyen de la β-a-dibromo-p-aminoquinoléine [Claus et Schnell, *J. f. prakt. Chem.*, (2), **35**, 116, 1896]. Elle fond à 149°.

β-a-o-Tribromoquinoléine. — Elle se prépare par les mêmes procédés que le composé précédent. Elle fond à 168-168°,5 [Claus et Heermann, *J. f. prakt. Chem.*, (2), **42**, 335, 1890; — Claus et Wolf, *ibid.*, (2), **51**, 493, 1895].

β-p-m-Tribromoquinoléine. — Fusible à 116°,5 [Claus, *ibid.*, (2), **53**, 37, 1896].

β-p-o-Tribromoquinoléine. — Fusible à 169°,5 [Claus et Heermann; Claus et Küttner, *D. chem. G.*, **19**, 2885, 1886].

γ-a-m-Tribromoquinoléine. — Fusible à 125-126° [Claus et Ammelburg, *loc. cit.*].

γ-p-o-Tribromoquinoléine. — C'est le composé qui paraît avoir été obtenu par Lubavin [Voyez 1ᵉʳ Suppl., 2. 1301]. Il fond à 165° (Claus et Geisler).

a-p-m-Tribromoquinoléine. — Fusible à 124° [Claus, *J. f. prakt. Chem.*, (2), **53**, 37, 1896].

a-p-o-Tribromoquinoléine. — Fusible à 158° [Claus et Ammelburg, Claus et Setzer, Claus et Coroselli, *J. f. prakt. Chem.*, (2), **51**, 481, 1895].

a-m-o-Tribromoquinoléine. — Fusible à 280°.

p-m-o-Tribromoquinoléine. — Fusible à 84°.

a-o-Tribromoquinoléine. — On traite l'o-nitrométhylquinolone par un excès de bromure de phosphore à 150°.

Elle fond à 165°. Elle est soluble dans le benzène et peu soluble dans l'alcool [Decker et Stavropoulos, *J. f. prakt. Chem.*, **68**, 100, 103, 1903].

β-a-p-o-Tétrabromoquinoléine. — On chauffe avec un excès de brome la p-bromoquinoléine (a ou o) sulfonique (Claus et Reinhard).

Elle fond à 205°.

γ-Bromo-para-chloroquinoléine, C⁹H⁵Cl Br Az. — Elle se forme par chauffage, à 180-190°, du bromure C⁹H⁶Cl.Az.HBr.Br² [Claus et Schedler, *J. f. prakt. Chem.*, **249**, 357, 1894].

Elle fond à 168°.

Iodoquinoléines. — On connaît les 7 monoiodoquinoléines possibles :

α. Fusible à 52-53°.
β. Fusible à 62-63°.
γ. Fusible à 100°.
ana. Fusible à 100°.
p. Fusible à 88°.
m. Fusible à 103°.
o. Fusible à 136°.

L'*a-iodoquinoléine* se prépare en chauffant l'a-chloroquinoléine avec l'acide iodhydrique et du phosphore à 140-150° [Friedländer et Weinberg, *D. chem. G.*, **18**, 1531, 1885].

Le *dérivé β-iodé* se prépare par ioduration directe.

Les autres dérivés se préparent en traitant par l'iodure cuivreux l'aminoquinoléine correspondante dissoute dans l'acide sulfurique concentré [Claus et Frobenius, *J. f. prakt. Chem.*, **56**, 181, 204, 1897].

Istrati a préparé une monoiodoquinoléine fusible à 101° (γ ou a) par l'action de l'iode sur une solution sulfurique de quinoléine.

Il obtint en même temps une *diiodoquinoléine* fusible à 164-165° [*C. R.*, **127**, 520, 1898].

La diiodaniline symétrique soumise à la réaction de Skraup se transforme en *m-a-diiodoquinoléine*, en aiguilles blanches fusibles à 132° :

La quinoléine traitée par l'iode et l'acide sulfurique à 50 0/0 de SO³ donne une *triiodoquinoléine* fusible à 189° [Edinger et Schumacher, *D. chem. G.*, **33**, 2086, 1900].

La réaction de Skraup appliquée à la triiodaniline donne la m-p-a-triiodoquinoléine, qui cristallise dans l'alcool en aiguilles blanches fusibles à 102° [Willgerodt et Arnold, *D. chem. G.*, **34**, 3343, 1901].

DÉRIVÉS NITRÉS. — On ne connaît que des quinoléines nitrées dans le noyau benzénique.

Les mononitroquinoléines ana et ortho s'obtiennent simultanément par la nitration directe de la quinoléine par le mélange d'acide sulfurique et d'acide nitrique.

Les dérivés para et méta s'obtiennent par la réaction de Skraup appliquée à la para ou à la métanitraniline.

a-Nitroquinoléine. — [Claus et Kramer, *D. chem. G.*, **18**, 1243, 1885]. La nitration du nitrate de méthylquinoléinium donne les dérivés nitrés ana et ortho, ce dernier en faible quantité [Decker, *D. chem. G.*, **38**, 1274-1280, 1905].

Le *nitrate d'a-nitrométhylquinoléinium* fond à 160-170°.

Decker, en appliquant la réaction de Skraup à la métanitraniline, avec l'acide arsénique comme oxydant, a obtenu 75 à 85 0/0 d'*ananitroquinoléine* et 15 à 25 0/0 de *métanitroquinoléine* [*J. prakt. Chem.*, **63**, 573; *Bull. Soc. Chim.*, **26**, 1152, 1901].

L'a-nitroquinoléine desséchée sur SO⁴H² fond à 72°.

L'oxydation par l'acide hypochloreux la transforme en a-nitrocarbostyrile. L'électrolyse de sa solution sulfurique donne l'o-oxy-a-aminoquinoléine.

Le *nitrate d'a-nitroquinoléine* fond à 75-80° [Claus et Setzer, *J. prakt. Chem.*, (2), **53**, 320, 1896].

p-Nitroquinoléine. — Knüppel la prépare par la méthode de Skraup en employant comme oxydant l'acide arsénique [*D. chem. G.*, **29**, 705, 1895].

m-Nitroquinoléine. — Elle a été obtenue par Decker en même temps que le dérivé ana. Claus et Strebel appliquent la méthode de Skraup à la métanitraniline en employant comme oxydant l'acide picrique. Ils emploient 30 gr. de m-nitraniline, 42 gr. de glycérine, 8 gr. d'acide picrique et 42 gr. d'acide sulfurique [*D. chem. G.*, **20**, 3095, 1887].

La m-nitroquinoléine fond à 132-133°. Elle est très peu soluble dans l'alcool froid, très soluble dans l'éther.

Le *chlorhydrate* fond avec dégagement de gaz à 225°. L'*iodométhylate* fond en se décomposant à 232° [Claus et Massau, *J. prakt. Chem.*, (2), **48**, 172, 1893].

o-Nitroquinoléine [Knüppel, *loc. cit.*]. — Outre la nitration directe de la quinoléine, l'ortho-nitroquinoléine peut encore s'obtenir par le chauffage de l'acide quinoléique o-sulfonique avec l'acide azotique à 160° [Claus et Küttner, *D. chem. G.*, **19**, 2887, 1886] ou par chauffage de l'aldéhyde 3-nitrométhoxy-2-cinnamique avec l'ammoniaque alcoolique à 130° :

$$C^6H^3 - OCH^3 \genfrac{}{}{0pt}{}{\diagup Az\,O^2}{\diagdown CH = CH - COH} \quad + \quad Az\,H^3$$

$$= \quad C^6H^3 - OCH^3 \genfrac{}{}{0pt}{}{\diagup Az\,O^2}{\diagdown CH = CH - CH \genfrac{}{}{0pt}{}{\diagup Az\,H^2}{\diagdown OH}}$$

$$\longrightarrow \quad CH^4O + H^2O + Az\,O^2 - C^6H^3 \genfrac{}{}{0pt}{}{\diagup Az = CH}{\quad | \quad}{\diagdown CH = CH}$$

[Miller et Kinzelin *D. chem. G.*, **22**, 1716, 1889].

L'ortho-nitroquinoléine fond à 88-89°. Elle est peu soluble dans l'eau froide, assez soluble dans l'alcool et l'éther, très soluble dans le benzène.

Les iodures alcooliques ne réagissent pas sur les o-nitroquinoléines, mais le sulfate diméthylique donne avec elles un produit d'addition que l'on peut facilement transformer en iodométhylate.

L'*iodométhylate* d'o-nitroquinoléine se décompose dès 100° en abandonnant de l'iodure de méthyle [Decker, *D. chem. G.*, **33**, 2275, 1899; **36**, 261, 1903].

Le *méthylsulfate* d'o-nitrométhylquinoléinium $C^9H^6(AzO^2)Az.CH^3.SO^4.CH^3$ se prépare en chauffant à 160° le mélange des composants. Le *picrate* du méthylsulfate fond à 176°.

L'*éthylsulfate* s'obtient de même. Oxydé par le ferricyanure, il donne l'*o-nitro-az-éthyl-a-quinolone* fusible à 96° [Decker, *D. chem. G.*, **38**, 1144-1155, 1905].

Le *nitrate de méthyl-o-nitroquinoléinium* fond à 84°.

a-m-Dinitroquinoléine. — Elle se prépare au moyen de la 3.5-dinitraniline. Elle fond à 179° [Claus et Hartmann, *J. prakt. Chem.*, (2), **53**, 209, 1896] ou à 175° [Kauffmann et Decker, *D. chem. G.*, **39**, 3648 et *Bull. Soc. Chim.*, (4), **2**, 448, 1907]. Elle est très soluble dans l'alcool, l'éther et le chloroforme.

a-o-Dinitroquinoléine. — Elle se produit à côté de l'a-nitroquinoléine dans la nitration de la quinoléine [Claus et Kramer, *loc. cit.*; — Claus et Hartmann]. Elle fond à 182°. Elle est très peu soluble dans l'eau chaude, très soluble dans le chloroforme.

p-o-Dinitroquinoléine. — Elle fond à 144°

(Claus et Hartmann). On peut l'obtenir par oxydation au moyen du mélange chromique de la dinitrotétrahydroquinoléine [von Dorp, *Rec. Pays-Bas*, **23**, 301-324, 1904]. Elle se produit encore en même temps qu'une nouvelle dinitroquinoléine, fusible à 185°, en chauffant la p-nitroquinoléine en tube scellé à 130-140° avec la quantité théorique d'azotate de potassium et d'acide sulfurique.

Enfin, la nitration de l'o-nitroquinoléine par le mélange d'acide azotique et d'acide sulfurique donne aussi de la p-o-dinitroquinoléine [Kauffmann et Decker, *loc. cit.*].

Elle donne avec le sulfate diméthylique à 160° un *méthylsulfate*.

L'*iodométhylate* se décompose à 172°; il donne par oxydation la *méthylquinolone* correspondante fusible à 185° [Decker, *D. chem. G.*, **38**, 1144-1155, 1905].

DÉRIVÉS NITRÉS ET HALOGÉNÉS. — *a-Chloro-o-nitroquinoléine*. — On l'obtient par l'action du perchlorure de phosphore sur la nitrométhylquinolone. Elle fond à 152°. Elle est soluble dans le benzène et le chloroforme [Decker et Stavropoulos, *J. prakt. Chem.*, **68**, 100-103, 1903].

a-Chloro-o-nitroquinoléine. — Elle se prépare par nitration de l'a-chloroquinoléine et fond à 184° [Claus et Junghanns, *J. prakt. Chem.*, (2), **48**, 256, 1893].

p-Chloro-a-nitroquinoléine. — Elle fond à 129°. Elle se prépare comme le dérivé précédent ou par la méthode de Skraup appliquée à la 4-chloro-3-nitraniline [Claus et Schedler, *J. prakt. Chem.*, (2), **49**, 359, 1894].

p-Chloro-o-nitroquinoléine. — Elle fond à 158°. Mêmes procédés de préparation.

m-Chloro-o-nitroquinoléine. — Elle fond à 138° [La Coste, *D. chem. G.*, **18**, 2941, 1885].

o-Chloro-a-nitroquinoléine. — Elle fond à 145° [Claus et Schöller, *J. prakt. Chem.*, (2), **48**, 145, 1893].

a-m-Dichloro-o-nitroquinoléine. — Elle fond à 168°.5 [Claus et Ammelburg, *J. prakt. Chem.*, (2), **51**, 418, 1895].

β-Bromo-p-nitroquinoléine. — Elle fond à 165° [Claus et Schnell, *J. prakt. Chem.*, **53**, 109, 1896].

γ-Bromo-a-nitroquinoléine. — Elle fond à 136-137° [Claus et Setzer, *J. prakt. Chem.*, (2), **53**, 392, 1896].

γ-Bromo-o-nitroquinoléine. — Elle fond à 124° [Claus et Decker, *J. prakt. Chem.*, (2), **39**, 301, 1889].

a-Bromo-o-nitroquinoléine. — Elle fond à 146° [Claus et Vis, *J. prakt. Chem.*, (2), **38**, 392, 1888].

p-Bromo-a-nitroquinoléine. — Elle fond à 133° [Claus et Zuschlag, *J. prakt. Chem.*, (2), **40**, 463, 1889].

p-Bromo-o-nitroquinoléine. — Elle fond à 170° [Claus et Reinhard, *J. prakt. Chem.*, (2), **49**, 527, 1894].

o-Bromo-a-nitroquinoléine. — Elle fond à 137-138° (Claus et Hartmann).

o-Bromo-p-nitroquinoléine. — Elle fond à 164°.

β-Bromo-a-m-dinitroquinoléine. — Elle fond à 161° (Claus et Hartmann).

β-Bromo-a-o-dinitroquinoléine. — Elle fond à 152°.

β-Bromo-p-o-dinitroquinoléine. — Elle fond à 120° (Claus et Hartmann).

On a préparé de même plusieurs *dibromonitroquinoléines* et deux *tribromonitroquinoléines* [Welter, *J. prakt. Chem.*, (2), **43**, 502, 1891; — Claus et Welter, *J. prakt. Chem.*, (2), **42**, 243, 1890; — Claus et Caroselli, *J. prakt. Chem.*, (2), **54**, 486, 1895].

COMBINAISONS SULFURÉES. — Le chlorure

de soufre forme avec la quinoléine le *thioqui-nanthrène*

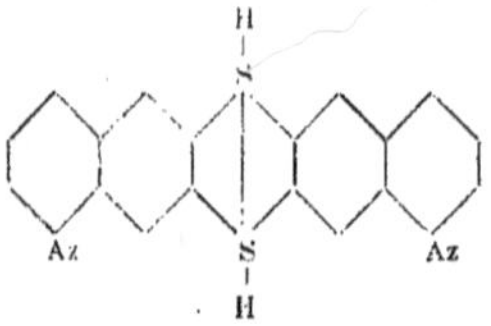

H
|
S
Az   Az
S
|
H

fusible à 305° et sublimable dans le vide sans altération [Edinger, *J. prakt. Chem.*, **56**, 273-283, 1897].

Il forme un *tétranitrate* avec l'acide azotique, un *disulfate* avec l'acide sulfurique, le soufre paraissant fonctionner comme élément basique.

On obtient le même thioquinanthrène lorsqu'on traite l'o-toluquinoléine par le chlorure de soufre ; il se sépare $2 CH^3$ [Edinger et Ekeley, *D. chem. G.*, **35**, 96, 1902].

ACIDES SULFONIQUES. — (Voyez 1er Suppl., 2, 1354).

Acide a-quinoléine-sulfonique,

SO^3H
HC — CH
HC — CH
CH   Az

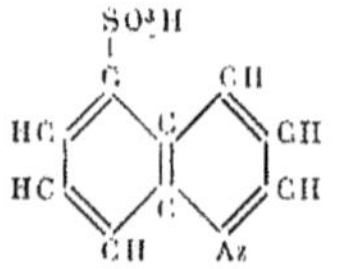

— Il se forme en même temps que le dérivé ortho lorsqu'on traite la quinoléine par l'acide sulfurique à 170°.

Il cristallise avec $1 H^2O$. Son sel de calcium est très soluble dans l'eau. On peut encore obtenir cet acide par chauffage d'un mélange d'acide méta-sulfanilique, de nitrophénol, de glycérine et d'acide sulfurique [Lellmann et Lange, *D. chem. G.*, **20**, 1446, 1887 ; — Leppla, *D. chem. G.*, **20**, 1447, 1887 ; — La Coste et Valeur, *D. chem. G.*, **20**, 95, 1887].

L'*acide orthoquinoléine-sulfonique* s'obtient en même temps que le précédent. Cet acide ainsi que son *sel de calcium* sont peu solubles dans l'eau.

La différence de solubilité des sels de calcium des acides ana et ortho est utilisée pour les séparer.

Acide paraquinoléine-sulfonique. — Les acides ana et ortho, chauffés avec de l'acide sulfurique à 300°, se transforment en l'isomère para [Georgievics, *Mon. f. Chem.*, **8**, 577, 639, 1887 ; — Lellmann et Reusch, *D. chem. G.*, **22**, 1391, 1889].

On peut aussi obtenir l'acide paraquinoléine-sulfonique en appliquant la réaction de Skraup à l'acide para-sulfonique [Knüppel, *D. chem. G.*, **29**, 707, 1896].

Il est peu soluble dans l'eau froide et dans l'alcool. Il ne fond pas à 260°. Il cristallise avec $1/2 H^2O$.

Acide métaquinoléine-sulfonique. — Il se forme dans l'action de l'acide sulfurique fumant (à 10-20 0/0 de SO^3) au-dessous de 130°. Il est plus soluble dans l'eau que l'isomère ortho et l'isomère ana [Claus, *J. f. prakt. Chem.*, (2), **37**, 261, 1888]. Chauffé avec l'eau de brome, il se transforme en di et tribromoquinoléine.

Son *amide* fond à 119°.

Acides quinoléine-disulfoniques. — En chauffant les acides monosulfoniques ortho et ana pendant 18 heures à 250° avec de l'acide sulfurique fumant, on obtient deux acides disulfo-

niques dits α et β [La Coste et Valeur, *D. chem. G.*, **19**, 996, 1886 ; **20**, 98, 3199, 1887].

Dérivés halogénés et sulfonés. — On a préparé un certain nombre de ces dérivés par l'action de l'acide sulfurique fumant sur les quinoléines halogénées [Claus et Schedler, *J. prakt. Chem.*, (2), **49**, 372, 1894 ; — Claus et Kayser, *ibid.*, (2), **48**, 283, 1893 ; — Claus et Schöller, *ibid.*, (2), **48**, 148, 1893 ; — Claus et Schweisser, *ibid.*, (2), **40**, 451, 1889 ; — Claus et Würtz, *ibid.*, (2), **40**, 458, 1889 ; — Claus et Reinhard, *ibid.*, (2), **49**, 533, 1894].

L'*acide p-chloro-quinoléine-a-sulfonique* est peu soluble dans l'eau chaude. Il donne par réduction l'acide tétrahydroquinoléine-a-sulfonique.

L'*acide m-chloro-quinoléine-o-sulfonique* est cristallisé. Il se décompose vers 350°, sans fondre. Il est très peu soluble dans l'eau froide, insoluble dans l'alcool et dans l'éther. Par réduction par l'étain et l'acide chlorhydrique, il donne l'acide tétrahydroquinoléine-o-sulfonique. Son chlorure d'acide fond à 137° (Claus et Kayser) et son amide à 122°.

L'*acide o-chloroquinoléine-a-sulfonique* est cristallisé et très peu soluble dans l'eau froide.

L'*acide β-bromoquinoléine-o-sulfonique* s'obtient en même temps que l'acide β-bromo-a-sulfonique. L'eau de brome le transforme en tribromoquinoléine.

Son *chlorure d'acide* $C^9H^5BrAz.SO^2Cl$ fond à 130°, son *amide* à 213° et son *éther éthylique* à 100°.

L'*acide β-bromo-a-sulfonique* se décompose sans fondre, au-dessus de 300°. Son *chlorure d'acide* fond à 82° et son *amide* à 255°.

MÉTHYLQUINOLÉINES.

— Les 7 méthylquinoléines prévues par la théorie sont connues. Ce sont des liquides à odeur pénétrante, peu solubles dans l'eau, très solubles dans l'alcool et dans l'éther.

α-MÉTHYLQUINOLÉINE ou QUINALDINE (voyez 1er Suppl., 2, 1341),

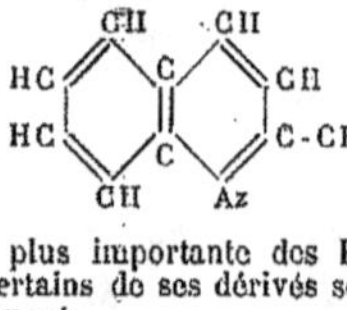

CH — CH
HC — C — CH
HC — C — $C-CH^3$
CH   Az

— C'est la plus importante des Py-méthylquinoléines. Certains de ses dérivés sont employés industriellement.

Son iodhydrate prend naissance lorsqu'on chauffe avec la potasse l'iodure de méthylquinoléinium, par transposition moléculaire.

Elle se produit en petite quantité dans la décomposition spontanée à la lumière d'une solution benzénique de nitrosobenzène et d'aldéhyde acétique [Bamberger, *D. chem. G.*, **35**, 1606, 1902].

On peut encore l'obtenir en chauffant l'acétaldéhyde avec une solution alcoolique de chlorhydrate d'aniline et chauffant avec le chlorure de zinc le produit de la réaction, ou en fondant avec $ZnCl^2$ l'éthylacétanilide à 250-260° [Pictet et Bunzl, *D. chem. G.*, **22**, 1848, 1889] ou enfin en oxydant par l'acétate mercurique la tétrahydroquinaldine [Tafel, *ibid.*, **27**, 825, 1894].

Propriétés. — La quinaldine forme des sels en général très solubles dans l'eau.

Son point d'ébullition est, d'après Delépine, de 246 à 248°. Sa chaleur de combustion moléculaire à volume constant est de $1286^{Cal},27$. Sa chaleur de formation moléculaire à l'état liquide est de $-33^{Cal}.75$. Sa chaleur de neutralisation est : base liquide $+$ H Cl$_{gaz}$ = sel solide ... $+27^{Cal}.57$ [Delépine. *Bull. Soc. Chim.*, **19**. 404, 1898].

La quinaldine réagit sur l'acide bromosuccinique en solution alcoolique en donnant un *fumarate bibasique* en cristaux blancs solubles dans l'eau et dans l'alcool et fondant à 104°, tandis que dans les mêmes conditions la quinoléine donne un fumarate monobasique.

En solution aqueuse on obtient un *bromosuccinate monoquinaldique* instable $CO^2H.CHBr$ $CH^2.CO^2H$, $C^{10}H^9Az$, fusible à 57°, très soluble dans l'eau et dans l'alcool.

Avec l'acide dibromosuccinique en solution alcoolique, on obtient le *dibromosuccinate monoquinaldique*, fusible à 133° en se décomposant, peu soluble dans l'alcool froid, assez soluble dans l'alcool chaud, presque insoluble dans l'eau.

En liqueur aqueuse, il y a formation de *bromomaléate monoquinaldique* $CO^2H.CBr=CH.CO^2H.C^{10}H^9Az$, fusible à 130° en se décomposant, assez soluble dans l'eau et dans l'alcool [Dubreuil. *Bull. Soc. Chim.*, **31**, 908-920, 1904].

La quinaldine se condense avec les aldéhydes (voyez : GÉNÉRALITÉS SUR LES BASES QUINOLÉIQUES et plus loin ALKYLQUINOLÉINES NON SATURÉES et QUINOLÉYLALCOOLS). Avec le chloral elle donne la trichloro-α-oxypropylquinoléine

$$\begin{array}{c}CH \quad CH \\ HC \quad C \quad CH \\ HC \quad C \quad C-CH^2-CH(OH)-CCl^3 \\ CH \quad Az\end{array}$$

La quinaldine chauffée avec le soufre donne une base $C^{20}H^{16}Az^2 + H^2O$ fusible à 164° [Miller. *D. chem. G.*, **24**, 2828, 1888].

D'après Eibner et Merkel il se forme, dans l'action de l'anhydride phtalique sur la quinaldine, deux quinophtalones : l'une fusible à 239°, l'autre à 186° [*D. chem. G.*, **35**, 2297, 2301, 1902].

La condensation de la quinaldine avec l'aldéhyde benzoïque fournit la *benzylidène-diquinaldine* $C^6H^5.CH(CH^2-C^{10}H^6Az)^2$ dont le *chlorhydrate* fond à 156° en se décomposant et dont le *chloroplatinate* cristallise avec $6H^2O$ et fond à 110-117° [Kœnigs, *D. chem. G.*, **32**, 3599, 1900].

Le *chloromercurate de quinaldine* fond à 165°.5 [Pictet et Bunzl. *loc. cit.*].

Le *picrate* fond à 191°, il est peu soluble dans l'eau et dans l'alcool froid.

La quinoléine se combine à la formamide pour donner le corps $C^{10}H^9Az\,CHO.AzH^2$ fusible à 76° [Clève. *D. chem. G.*, **29**, 76, 1896].

L'*iodométhylate de quinaldine* est très soluble dans l'eau, insoluble dans l'éther. Il est en cristaux jaune citron fusibles à 195° [Döbner et Miller. *D. chem. G.*, **16**, 2468, 1883; — Berntsen et Hess. *D. chem. G.*, **18**, 33, 1885].

Iodoéthylate [Miethe et Book. *D. chem. G.*, **37**, 2008, 1904].

L'*iodopropylate* fond à 166-167° en se décomposant; il est très soluble dans l'eau, peu soluble dans l'alcool froid.

L'*iodisobutylate* fond à 172° et l'*iodisoamylate* à 140-145° [Möller. *Ann. Chem.*, **242**, 308, 1887].

La quinoléine se combine à l'acide aldéhydophtalique pour former la *phtalidylquinaldine*

$$C^9H^6Az-CH^2-CH\left\langle\begin{array}{c}O\\C^6H^4\end{array}\right\rangle CO$$

On chauffe les composants à 100° avec un peu de Zn Cl². Le produit obtenu fond à 104°.

Il se forme en même temps la *diphtalidylquinaldine*

$$C^9H^6Az-CH\left(O\left\langle\begin{array}{c}CO\\CH\end{array}\right\rangle C^6H^4\right)^2$$

fusible à 192°, peu soluble dans l'alcool, insoluble dans l'éther et dans l'acide acétique [*D. chem. G.*, **29**, 189, 1896].

DÉRIVÉS HALOGÉNÉS. — β-*Chloroquinaldine*. — On traite l'indol par le méthylate de sodium et le chloroforme en refroidissant [Magnanini, *D. chem. G.*, **20**, 2609, 1887]. Le rendement est de 8 0.0 [Kœnigs et Stockhausen, *D. chem. G.*, **34**, 2554, 1902].

On l'obtient encore en chauffant le chlorhydrate d'aniline avec l'hydrate de butylchloral, du chlorure de zinc et de l'acide chlorhydrique [Busch et Kœnigs, *D. chem. G.*, **24**, 3693, 1891]. Elle fond à 71-72° Elle est très soluble dans l'eau, l'alcool et l'éther.

γ-*Chloroquinaldine*. — Elle se prépare par l'action de POCl³ à 130° ou 140° sur la γ-oxyquinaldine. Elle fond à 42-43° [Conrad et Limpach. *D. chem. G.*, **20**, 952, 1887]. Elle bout en se décomposant à 270°.

La chloroquinaldine humide se décompose par la chaleur avec formation d'une matière colorante bleu-violet $C^{30}H^{22}ClAz^3.2HCl$.

Par l'action de l'eau à 220°, elle se décompose en HCl et oxyquinaldine.

Elle est peu soluble dans l'eau, soluble dans l'alcool, l'éther, le chloroforme et le sulfure de carbone.

Trichloroquinaldine. — Elle se forme en même temps que la γ-monochloroquinaldine dans l'action de PCl⁵ sur la γ-oxyquinaldine. Elle fond à 102° [Conrad et Limpach. *D. chem. G.*, **21**, 1983, 1888].

β-*Bromoquinaldine*. — Elle se prépare par l'action du bromoforme et du méthylate de sodium sur le méthylindol [Magnanini, *D. chem. G.*, **20**, 2610, 1887].

Elle fond à 78°. Chauffée avec l'acide iodhydrique et le phosphore, elle se transforme en quinaldine.

Le *picrate* est peu soluble et fond à 224-225°.

Iodoquinaldine. — Elle se prépare par chauffage de la quinaldine avec l'oxyde mercurique, l'iode et une solution concentrée d'iodure de potassium à 160-170° [La Coste. *D. chem. G.*, **18**, 785, 1885]. Elle fond à 73-74°. Son *chloroplatinate* est très peu soluble dans l'eau froide.

DÉRIVÉS NITRÉS. — La nitration de la quinaldine se fait bien lorsqu'on évite un excès d'acide azotique et que l'on opère au-dessous de $+4°$.

Il se forme l'*ananitroquinoléine* dont l'*iodométhylate* fond à 201° et le *picrate* à 151°.5 [Decker et Remfry, *D. chem. G.*, **38**, 2773, 2777, 1905].

La base libre fond à 82°. On peut encore l'obtenir en chauffant à 150° avec de l'acide sulfurique (à 10 0/0 de SO³) l'acide α-nitro-β-carbonique [Claus et Momberger, *J. f. prakt. Chem.*, **56**, 873, 1897].

La *paranitroquinaldine* se produit dans la décomposition par les alcalis de l'oxime de l'aldéhyde o-amino-méta-nitrobenzoïque. Elle fond à 173-174°. Soumise à la réaction de Perkin elle fournit le *p-nitrocarbostyrile* fusible à 277° [Cohn et Springer. *Mon. f. Chem.*, **14**, 87, 100, 1903].

L'*orthonitroquinaldine* s'obtient par l'action de l'acide sulfurique à 10 0/0 de SO³ à 150° sur l'acide o-nitro-β-carbonique (Claus et Momberger).

γ-*Chloro-β-nitroquinaldine*,

$$\mathrm{C^6H^2(CH)(CH)\cdot C(C{-}Cl)(C{-}AzO^2)(C{-}CH^3)(Az)}$$

— On chauffe à 120° la β-nitro-γ-oxyquinaldine avec PCl^5 et $POCl^3$. Elle fond à 93–94° [Conrad et Limpach, *D. chem. G.*, **24**, 1891, 1888].

β-MÉTHYLQUINOLÉINE. — Elle prend naissance par chauffage d'un mélange d'aldéhyde propionique, d'aldéhyde formique et d'acide chlorhydrique [Miller et Kinkelin *D. chem. G.*, **20**, 1916, 1887] :

$$\mathrm{C^6H^4{<}^{H}_{AzH^2} + COH{-}H + COH{-}CH^2{-}CH^3}$$

$$= \mathrm{C^6H^4(CH)(CH)\cdot C(C{-}CH^3)(CH)(CH)(Az)} + 2H^2O + H^2$$

Elle peut encore s'obtenir en décomposant par la chaleur l'acide β-méthylquinoléine-carbonique ou l'acide β-méthylcinchoninique [Miller, *D. chem. G.*, **23**, 2258, 1890].

Elle bout à 255° et cristallise par le froid en aiguilles prismatiques fusibles vers 14°.

Elle ne donne pas de produits de condensation avec les aldéhydes comme le font ses isomères α et γ [Kœnigs et Bischkopff, *D. chem. G.*, **34**, 4327, 1901].

Le *chloraurate* fond à 145°. Il est peu soluble dans l'eau froide. Le *picrate* fond à 187°, l'*iodométhylate* à 221° et l'*iodisoamylate* a 215° [Dœbner et Miller, *D. chem. G.*, **18**, 1642-1643, 1885].

γ-MÉTHYLQUINOLÉINE (*lépidine, quinolépidine, iridoline*). — Voyez Dict., 2, 214 et 1er Sup., 2, 978.

Beyer l'a préparée synthétiquement par la condensation du méthylol avec l'acétone et le chlorhydrate d'aniline [*J. f. prakt. Chem.*, (2), **33**, 418, 1886].

Elle se forme aussi lorsqu'on chauffe au rouge l'oxylépidine avec la poudre de zinc [Knorr, *Ann. Chem.*, **236**, 94, 1886]. On peut encore l'obtenir au moyen du cinchène (voyez 2e Suppl., **1**, 1145) ou en chauffant avec de la poudre de zinc dans un courant d'hydrogène le chlorhydrate d'acide tétrahydrocinchoninique [Weidel, *Mon. f. Chem.*, **3**, 75, 1882].

Sa densité est 1,0995 à 0° et 1,0862 à 20° [Krakau, *Journ. Soc. phys. chim. russe*, **17**, 362, 1885].

Elle est peu soluble dans l'eau et miscible en toutes proportions avec l'alcool, l'éther, le benzène et la ligroïne. Le *chloroplatinate* fond à 226-230° (Knorr). Le *chloraurate* fond en se décomposant à 188-190°, le *sulfate acide* à 228-229° (Krakau), le *picrate* à 212-213°.

L'*iodométhylate* fond à 173-174°, il s'oxyde à l'air. L'*iodoéthylate* fond à 158-160°.

La lépidine donne lieu à de nombreuses condensations avec les aldéhydes [Königs, *D. chem. G.*, **32**, 3599, 1900]. Avec l'aldéhyde benzoïque elle donne la *benzylidène-dilépidine* $C^6H^5.CH$ $(CH^2.C^9H^6Az)^2$.

Lorsqu'on traite par la potasse des mélanges d'iodalcoylates de quinoléine et de lépidine, il se produit des matières colorantes bleues appelées cyanines (voyez 2e Suppl., **1**, 1553).

α-*Chlorolépidine*. — Elle se forme lorsqu'on chauffe l'α-oxylépidine avec 1 partie 1/2 de perchlorure de phosphore et un peu d'oxychlorure à 136-140° [Knorr, *Ann. Chem.*, **236**, 98, 1886]. Le produit est alcalinisé par la soude et distillé avec de l'eau.

L'α-chlorolépidine fond à 59° et bout à 296° (corr.). Elle est facilement entraînable par la vapeur d'eau. Elle est insoluble dans l'eau, très soluble dans l'alcool, l'éther et le chloroforme. Son *éther éthylique* s'obtient par l'action de la potasse alcoolique. L'acide iodhydrique et le phosphore à 170° la transforment en lépidine. Par l'action de l'eau à 200°, elle se décompose en acide chlorhydrique et oxylépidine.

Chauffée avec l'acide anthranilique, elle donne une *combinaison* $C^{17}H^{12}Az^2O$ [Ephraïm, *D. chem. G.*, **25**, 2710, 1892].

β(?)-*Chlorolépidine*,

$$\mathrm{C^6H^4{<}^{C(CH^3)=C{-}Cl}_{Az=\!=\!=CH}}$$

— Elle prend naissance dans l'action du scatol sur le chloroforme et l'éthylate de sodium [Magnanini, *D. chem. G.*, **20**, 2612, 1887]. Elle fond à 54-55°,2. Le *chloraurate* fond à 164° et le *picrate* qui est très peu soluble fond à 208-208°,5.

La β-*bromolépidine* se prépare de même. Elle fond à 59°. Son *picrate* fond à 214-215° en se décomposant.

Nitrodibromolépidine $AzO^2.C^9H^5Az.CHBr^2$. — La nitrolépidine en solution acétique bouillante est traitée par le brome en présence d'acétate de sodium.

Le *dérivé dibromé* fond à 114-115°. Avec un excès de brome, on obtient une *nitrotribromolépidine*, tribromée dans le groupe méthylé, $AzO^2 - C^9H^5Az - CBr^3$, fusible à 150-160° [Königs, *D. chem. G.*, **34**, 2364, 1898 et *Bull. Soc. Chim.*, **22**, 119, 1899]. Chauffée avec l'acétate de plomb, elle est transformée en acide nitrocinchoninique.

o-*Nitrolépidine*. — Fusible à 126-127° [Busch et Königs, *D. chem. G.*, **22**, 2687, 1889].

BZ-MÉTHYLQUINOLÉINES. — Elles s'obtiennent principalement par la méthode de Skraup, appliquée aux 3 toluidines.

La métatoluidine donne à la fois la *métaméthylquinoléine* et l'*anaméthylquinoléine*. On sépare ces bases en profitant de l'inégale solubilité de leurs sulfates acides (Voyez 1er Suppl., 2, 978).

L'ANAMÉTHYLQUINOLÉINE bout à 250°.

PARAMÉTHYLQUINOLÉINE ou *paratoluquinoléine*. — On peut l'obtenir en chauffant le para-azotoluène avec la glycérine et l'acide sulfurique [Lellmann et Lippert, *D. chem. G.*, **24**, 2633, 1891] ou par oxydation de la paraméthyltétrahydroquinoléine par l'acétate mercurique [Tafel, *D. chem. G.*, **27**, 825, 1894].

L'oxydation par le permanganate la transforme en acide quinoléine-paracarbonique [Georgievics, *Monats.*, **12**, 309, 1891]. Avec l'acide hypochloreux on obtient le méthylchlorocarbostyrile.

$C^{10}H^9Az.CHl.HCl$ est en cristaux jaune rougeâtre fusibles à 112° [Dittmar, *D. chem. G.*, **18**, 1616, 1885].

$ZnCl^2,2C^{10}H^9Az$ fond à 229° [Bamberger et Berlé, *Ann. Chem.*, **273**, 366, 1893]. Le *chloroplatinate* cristallise avec $2H^2O$, il est très peu soluble dans l'eau chaude.

L'*iodhydrate* fond à 186° [Möller, *Ann. Chem.*, **242**, 307, 1887]. Il est très soluble dans l'eau.

$C^{10}H^9Az.SO^4H^2+H^2O$, assez soluble dans l'eau, peu soluble dans l'alcool.

Le *picrate* fond à 229°.

Toluquinoléine-chloral, $C^{10}H^9Az + CCl^3 \cdot COH + H^2O$. — Elle fond à 79°. Elle est soluble dans l'alcool, peu soluble dans la ligroïne [Bamberger et Berlé, *loc. cit.*].

La *paratoluquinoléine* donne avec le chlorure de soufre S^2Cl^2 un *paratoluthioquinanthrène* fusible à 316° et dont les sels sont décomposés par l'eau.

Avec SCl^2 on obtient en même temps la *dichloroparatoluquinoléine* fusible à 80-81° et la *trichloroparatoluquinoléine* fusible à 159° [Edinger et Ekeley, *J. prakt. Chem.*, **66**, 209, 1902].

α-Chloroparatoluquinoléine. — Elle se prépare par l'action du perchlorure et de l'oxychlorure de phosphore sur la paratoluquinolone. Elle est peu soluble dans l'eau et fond à 116° [Fischer, *D. chem. G.*, **32**, 1297, 1899].

α-β-γ-Trichloroparatoluquinoléine. — Elle se forme par l'action de PCl^5 sur l'amide formée par la paratoluidine et l'acide malonique $CH^3 - C^6H^4 - AzH - CO - CH^2 - CO^2H$ [Rügheimer et Hoffmann, *D. chem. G.*, **47**, 740, 1884 et **18**, 2979, 1885]. Elle fond à 134°. Elle est entraînable par la vapeur d'eau.

Elle est insoluble dans l'eau, soluble dans l'alcool et dans l'éther.

Elle forme un *iodométhylate*.

La paratoluquinoléine, traitée par le brome ou l'iode en présence d'acide sulfurique fumant, donne une *dibromo* ou une *diiodo-p-toluquinoléine* fusibles toutes deux à 135-136°.

Par l'action de $^2Br^2$ sur la p-toluquinoléine, il ne se forme pas de base sulfurée mais une *monobromotoluquinoléine* en aiguilles incolores fusibles à 84-85° [Fischer, *D. chem. G.*, **32**, 1297, 18. 9].

Amonitroparatoluquinoléine. — Elle se produit par la nitration au moyen du mélange nitrosulfurique [Decker, *D. chem. G.*, **38**, 1274-1280, 1905]. On peut aussi l'obtenir par la réaction de Skraup appliquée à l'o-nitroparatoluidine avec l'acide picrique comme oxydant [Nölting et Trautmann, *D. chem. G.*, **23**, 3655, 1890].

Elle fond à 116-117°. Elle est très soluble dans l'alcool.

o-Nitro-p-toluquinoléine. — Elle se prépare de même au moyen de la 3-nitroparatoluidine $(CH^3_{(1)}AzH^2_{(4)})$. Elle fond à 122° et se dissout dans l'alcool (Nölting et Trautmann).

La diiodoquinoléine fournit un *dérivé mononitré* fusible à 133° (Fischer).

Acide p-toluquinoléine-o-sulfonique. — On l'obtient par la réaction de Skraup appliquée à la p-toluidine-3-sulfonique [Fischer et Wittmack, *D. chem. G.*, **17**, 441, 1884]. Il est très peu soluble dans l'eau.

Acide p-toluquinoléine-a-sulfonique. — On traite la toluquinoléine par l'acide sulfurique fumant à 33 0/0 d'anhydride à la température de 210-220° [Lellmann et Ziemssen, *D. chem. G.*, **24**, 21.9, 1891].

m-MÉTHYLQUINOLÉINE (ou *m-toluquinoléine*). — Elle bout à 259°,7 sous 747 mm. Sa densité à 0° est 1,0839 [Brühl, *Zeit. ph. Ch.*, **22**, 391, 1897].

Le *chloroplatinate* $(C^{10}H^9Az.HCl)^2 + 2H^2O$ fond à 223-224°, il est très peu soluble dans l'eau froide. Le *picrate* est en prismes microscopiques fusibles à 237°. Le *chromate* est très peu soluble.

Chloro-m-toluquinoléine. — Elle se prépare par la réaction de Skraup appliquée à la 4-chloro-m-toluidine $(CH^3, - AzH^2_{(4)})$.

Elle fond à 49° [Gattermann et Kaiser, *D. chem. G.*, **18**, 2604, 1885]. Le *picrate* fond à 172°.

o-MÉTHYLQUINOLÉINE (*o-toluquinoléine*). — Elle se prépare soit par la réaction de Skraup,

soit par oxydation de l'o-méthyltétrahydroquinoléine par l'acétate mercurique [Tafel, *loc. cit.*; — Knüppel, *D. chem. G.*, **29**, 705, 1896].

Elle est très peu soluble dans l'eau.

Le *sulfate acide* est en prismes solubles dans l'eau, très peu solubles dans l'alcool. Le *picrate* fond à 200°. Il est peu soluble dans l'alcool. L'*iodométhylate* est très peu soluble dans l'éther. Le *nitrate* fond à 72°.

α-Chloro-o-toluquinoléine. — On traite l'Az-méthyl-o-toluquinolone par PCl^3 et $POCl^3$. Il y a élimination de chlorure de méthyle.

L'α-chlorotoluquinoléine fond à 61° et bout à 286° sous la pression de 734 mm. [Fischer, *D. chem. G.*, **35**, 3674, 1902].

α-β-γ-Trichlorotoluquinoléine. — On traite l'α-β-dichloro-γ-oxy-o-toluquinoléine par PCl^5 et $POCl^3$ à 125°. On l'obtient aussi en petite quantité en traitant par PCl^5 l'amide formée par l'acide malonique et l'o-toluidine [Rügheimer et Hoffmann, *D. chem. G.*, **18**, 2985, 1885].

p-Bromotoluquinoléine. — Réaction de Skraup appliquée à la 5-bromo-o-toluidine $(AzH^2_{(2)})$ [Alt, *Ann. Chem.*, **252**, 322, 1889]. Elle fond à 59°, bout à 289-290°, se dissout dans l'alcool et dans l'éther.

ω-Iodo-o-toluquinoléine,

$$
\begin{array}{c}
\quad CH \qquad CH \\
HC \diagup \qquad C \qquad \diagdown CH \\
HC \diagdown \qquad \qquad \diagup CH \\
\quad C \qquad Az \\
\quad | \\
\quad CH^2I
\end{array}
$$

— On l'obtient en chauffant avec l'iodure de méthyle l'ω-bromo-o-toluquinoléine.

Elle constitue des aiguilles incolores fusibles à 84°. Oxydée par l'acide azotique, elle se transforme en aldéhyde [Howitz, *D. chem. G.*, **35**, 1273, 1902].

Diiodo-o-toluquinoléine. — On traite la toluquinoléine par l'iode et l'acide sulfurique à 50 0/0 d'anhydride.

Elle fond à 171° [Edinger et Schumacher, *D. chem. G.*, **33**, 2886, 1900].

a-Nitro-o-toluquinoléine. — Elle se produit par l'action du mélange nitrosulfurique sur la toluquinoléine ou par la réaction de Skraup appliquée à la 4-nitro-o-toluidine [Decker, *D. chem. G.*, **38**, 1274-1280, 1905; — Nölting et Trautmann, *D. chem. G.*, **23**, 3673, 1890].

Elle fond à 93°. Chauffée en solution très concentrée avec de la potasse, elle donne une matière jaune, puis verte et enfin rouge fuchsine.

Paranitro-o-toluquinoléine. — Réaction de Skraup appliquée à la 5-nitro-o-toluidine $(AzH^2_{(2)})$

Elle fond à 129° [Lellmann et Ziemssen, *D. chem. G.*, **24**, 2116, 1891].

Bz-Nitro-α-chloro-o-toluquinoléine. — L'α-chloro-o-toluquinoléine traitée par le mélange sulfonitrique se transforme en une Bz-nitrochlorotoluquinoléine fusible à 148°, donnant des sels jaunes à fluorescence rouge [Fischer, *D. chem. G.*, **35**, 3674, 1902].

o-Toluquinoléine p-sulfonique. — Elle se prépare au moyen de l'o-toluidine 5-sulfonique.

o-Toluquinoléine a-sulfonique. — On la prépare au moyen de l'o-toluidine 4-sulfonique. 1000 p. d'eau dissolvent 2^g,024 d'acide à la température de 18°,8 [Lellmann et Ziemssen, *loc. cit.*].

On connaît un troisième acide o-toluquinoléique-sulfonique obtenu en traitant la base par l'acide sulfurique fumant à 30 0/0 d'anhydride à 210-220° (Lellmann et Ziemssen).

DIMÉTHYLQUINOLÉINES.

La théorie fait prévoir l'existence de 21 de ces composés, 12 ont été préparés par les méthodes générales.

α-β-DIMÉTHYLQUINOLÉINE (β-*méthylquinaldine*). — On chauffe à 80-85° 1 mol. d'aldéhyde tiglique ou diméthylacroléine avec 4 mol. de chlorhydrate d'aniline et 4 mol. d'acide chlorhydrique [Rohde, *D. chem. G.*, 20, 1912, 1887; 22, 269, 1889].

On l'obtient aussi en petite quantité par chauffage d'un mélange d'acétaldéhyde, de propionaldéhyde, d'aniline et d'acide chlorhydrique à 100° en tube scellé (Rohde).

Eliasberg et Friedländer l'obtiennent en traitant une solution concentrée d'o-aminobenzaldéhyde par un léger excès de méthyléthylcétone et une lessive de soude [*D. chem. G.*, 25, 1754, 1892].

Ciamician et Silber [*D. chem. G.*, 38, 3818 et *Bull. Soc. Chim.*, 36, 1100, 1906] ont constaté sa formation dans l'action de la lumière sur un mélange d'alcool propylique et de nitrobenzène.

Elle se produit encore lorsqu'on chauffe avec la chaux sodée l'acide

$$C^6H^4 \left\langle \begin{array}{l} C = C - CH^2 - CO^2H \\ \quad\quad | \\ \quad\quad CO^2H \\ Az = C - CH^3 \end{array} \right.$$

[Engelhardt, *J. f. prakt. Chem.*, 57, 467-468, 1898].

Elle fond à 67°,5 et bout à 261° sous une pression de 729 mm. Elle est assez soluble dans l'eau, soluble dans l'éther et la ligroïne, très soluble dans l'alcool.

La β-méthylquinaldine ne peut fixer que 2 mol. d'aldéhyde formique, tandis que la quinaldine en fixe 3 [Kœnigs et Stockhausen, *D. chem. G.*, 35, 2554, 1902].

Le *chlorhydrate* $C^{11}H^{11}Az.HCl + 2H^2O$ est très soluble dans l'eau et dans l'alcool.

Le *chloroplatinate* noircit à 230°.

Le *sulfate acide* $C^{11}H^{11}Az.SO^4H^2 + H^2O$ fond à 235°, le *picrate* à 225°.

L'*iodométhylate* $C^{11}H^{11}Az.CH^3I + 1 1/2H^2O$ fond à 218° (Rohde).

α-γ-DIMÉTHYLQUINOLÉINE. — (Voyez *Acétylacétone*, 2° Suppl., 1, 69). On l'obtient par l'action d'une lessive de soude sur un mélange d'o-aminoacétophénone et d'acétone [Fischer, *D. chem. G.*, 19, 1037, 1886]. On la prépare encore en saturant de gaz chlorhydrique un mélange de paraldéhyde et d'acétone, laissant reposer 2 jours, et chauffant ensuite la matière avec une solution d'aniline dans l'acide chlorhydrique [Beyer, *J. prakt. Chem.*, (2), 33, 401, 1886].

Cette diméthylquinoléine se produit aussi par chauffage de l'acétone avec du chlorhydrate d'aniline, et un peu de chlorure d'aluminium anhydre [Riehm, *Ann. Chem.*, 238, 4, 1887].

Elle bout à 264-265°, elle a pour densité 1,0611 à 15°.

L'oxydation par l'acide chromique la transforme en acide aniluvitonique, et l'oxydation par le permanganate alcalin en acide picoline-tricarbonique.

Le *chloroplatinate* fond à 229°, le *sulfate acide* à 225-228°, la *phtalone* à 237-238°.

α-p-DIMÉTHYLQUINOLÉINE (*p-méthylquinaldine*). — Elle se prépare par la réaction de Döbner et Miller : chauffage en tube scellé de la paraldéhyde avec la p-toluidine et l'acide chlorhydrique [Döbner et Miller, *D. chem. G.*, 16, 2470].

Elle fond à 60°, et bout à 266-267°

L'oxydation par le mélange chromique la transforme en acide α-méthylquinoléine-p-carbonique.

Le *chloroplatinate* est insoluble dans l'eau froide. L'*iodométhylate* fond à 236-237°, il est soluble dans l'eau, peu soluble dans l'alcool froid, insoluble dans l'éther [Möller, *Ann. Chem.*, 242, 311, 1887].

La p-méthylquinaldine se condense avec les aldéhydes aromatiques par chauffage à 150-170° avec un peu de chlorure de zinc [Gasda, *D. chem. G.*, 38, 3699 et *Bull. Soc. Chim.*, 36, 1253, 1906].

La *p-méthylquinophtalone*

$$C^{11}H^9Az \left\langle \begin{array}{c} CO \\ CO \end{array} \right\rangle C^6H^4$$

fond à 203°.

α-m-DIMÉTHYLQUINOLÉINE (*m-méthylquinaldine*). — Elle se prépare par la méthode de Döbner et Miller, appliquée à la m-toluidine. Elle bout à 264-265° et fond à 61°.

α-o-DIMÉTHYLQUINOLÉINE (*o-méthylquinaldine, o-toluquinaldine*). — Elle se prépare comme la précédente. Elle est liquide et bout à 252°. Elle est peu soluble dans l'eau, soluble dans l'alcool et dans l'éther [Eibner et Peltzer, *D. chem. G.*, 33, 3460, 1900].

Le mélange chromique oxyde le CH^3 en ortho, et donne l'acide α-méthylquinoléine-o-carbonique.

Le *chloroplatinate* est très peu soluble dans l'eau [Miller, *D. chem. G.*, 23, 2259, 1890].

L'*iodométhylate* fond à 221° [Möller, *loc. cit.*].

L'*iodoéthylate* fond à 228-229°; le *picrate* à 180° [Eibner, *D. chem. G.*, 34, 2450, 1901].

L'o-méthylquinaldine se condense avec les aldéhydes benzoïque et nitrobenzoïques par chauffage à 150-155°. Les aldéhydes propionique et isobutyrique ont donné des produits non cristallisables [Hoffmann, *D. chem. G.*, 38, 3709 et *Bull. Soc. Chim.*, 36, 1255, 1906].

β-γ-DIMÉTHYLQUINOLÉINE. — Elle se prépare par distillation de l'α-oxy-β-γ-diméthylquinoléine sur la poudre de zinc [Knorr, *Ann. Chem.*, 254, 362, 1889]. Elle fond à 65°, et distille à 290°. Le *chloraurate* fond à 177°. Le *chloroplatinate* se décompose à 234-240°. Le *picrate* fond à 205°, l'*iodométhylate* à 190-191°.

α-*Chlorodiméthylquinoléine*. — Préparée par PCl^5 et l'α-oxydiméthylquinoléine; fusible à 131°.

γ-p-DIMÉTHYLQUINOLÉINE. — Distillation sur la poudre de zinc du γ-p-diméthylcarbostyrile [Knorr, *loc. cit.*].

Miller la prépare en saturant de gaz chlorhydrique un mélange de p-formaldéhyde et d'acétone, et chauffant ce produit avec du chlorure de zinc et du chlorhydrate de p-toluidine [*D. chem. G.*, 23, 2265, 1890].

C'est une huile bouillant à 280° sous une pression de 754 mm. (Knorr), ou à 273-274° (Miller), peu soluble dans l'eau, soluble dans l'alcool et dans l'éther. Le *chloroplatinate* se décompose à 231° et le *chloraurate* à 192°

γ-m-DIMÉTHYLQUINOLÉINE. — Préparée par distillation du γ-m-diméthylcarbostyrile sur la poudre de zinc [Knorr, *loc. cit.*].

Huile rougeâtre bouillant à 283° sous la pression de 750 mm.

γ-o-DIMÉTHYLQUINOLÉINE. — Elle se prépare comme la base précédente. C'est un liquide huileux bouillant à 273-274° sous une pression de 751 mm., très peu soluble dans l'eau, soluble dans l'alcool et dans l'éther. Le *chloroplatinate* se décompose vers 220°.

a-o-DIMÉTHYLQUINOLÉINE,

$$\begin{array}{ccc} & CH^3 & \\ & | & \\ & C & CH \\ HC & C & CH \\ HC & & CH \\ & C & Az \\ & | & \\ & CH^3 & \end{array}$$

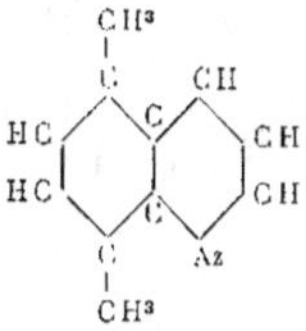

— Elle a été préparée par la réaction de Skraup, appliquée au sulfate de 1.4.2-xylidine [Lellmann et Alt, *Ann. Chem.*, **237**, 308, 1887; — Berend. *D. chem. G.*, **18**, 3165, 1885]. Elle fond à 4 ou 5°, et bout à 265° sous la pression de 736 mm. Sa densité à 21° est 1,070.

Oxydée par l'acide azotique à 170°, elle se transforme en acide o-méthylquinoléine-anacarbonique.

Elle forme un *bichromate* fusible à 149°.

Acide a-o-diméthylquinoléine-m-sulfonique. — On l'obtient par la méthode de Skraup, appliquée à l'acide 1.4.2-xylidine-6-sulfonique [Nölting et Frühling, *D. chem. G.*, **21**, 3156, 1888].

Acide a-o-diméthylquinoléine-p-sulfonique. — Il se prépare au moyen de l'acide 1.4.2-xylidine-5-sulfonique.

p-o-DIMÉTHYLQUINOLÉINE. — Elle se prépare au moyen de la 1.3.4-xylidine [Berend, *D. chem. G.*, **17**, 2716, 1884].

Elle est liquide et bout à 268-269° (corr.) (D = 1,0665 à 4°). Elle est identique à la cryptidine de la xylidine-acroléine.

Dissoute dans l'acide sulfurique concentré, et traitée par le mélange nitrosulfurique, elle donne un *dérivé ananitré* que l'on peut aussi obtenir en chauffant un mélange de 6-nitro-1.3.4-xylidine, de glycérine, d'acide sulfurique et d'acide picrique [Nölting et Trautmann. *D. chem. G.*, **23**, 3681, 1890].

Cette *ananitrodiméthylquinoléine* fond à 107-108° et se dissout dans l'alcool.

Acide p-o-diméthylquinoléine-sulfonique. — Cet acide se forme lorsqu'on traite la base par l'acide sulfurique fumant à 160-170°. Il fond à 165-166° (Berend)

p-α (ou p-γ)-DIMÉTHYLQUINOLÉINE. — Elle a été préparée en partant de la 1.2.4-xylidine (Berend). Elle est liquide et bout à 273-274°.

ÉTHYLQUINOLÉINES.

α-ÉTHYLQUINOLÉINE. — On l'obtient en même temps que l'isomère γ, dans le chauffage de l'iodéthylate de quinoléine [Reher, *D. chem. G.*, **19**, 2996, 1886].

On soumet le produit de la réaction à l'entraînement par la vapeur d'eau, le distillat est épuisé par l'éther et la solution saturée est fractionnée. On peut encore l'obtenir en chauffant avec la chaux sodée l'acide γ-carbonique ou cinchoninique correspondant [Döbner, *Ann. Chem.*, **242**, 273, 1887].

Elle est liquide et bout à 256°,6-258°,6 (corr.) (Reher). Elle est peu soluble dans l'eau, soluble dans l'alcool, l'éther, le chloroforme, le sulfure de carbone.

Oxydée par le mélange chromique, elle donne l'acide quinaldique, et par le permanganate en solution acide, l'acide propionyl-o-aminobenzoïque.

Le *chloromercurate* fond à 118°.

Le *chloroplatinate* fond avec effervescence à

190°. Il cristallise avec $2\,H^2O$, qu'il perd à 100°. Il est peu soluble dans l'eau.

Le *chloraurate* fond à 142°, le *picrate* à 147°: ce dernier est plus soluble dans l'eau.

β-ÉTHYLQUINOLÉINE. — Elle se produit dans la décomposition par la chaleur de l'acide β-éthylquinoléine-α-carbonique [Kahn, *D. chem. G.*, **18**, 3370, 1885]. Elle est liquide et bout à 265° sous la pression de 718 mm. L'oxydation par le mélange chromique la transforme en acide quinoléine-β-carbonique.

Le *chloroplatinate* est très peu soluble dans l'eau froide, insoluble dans l'alcool. Le *picrate* fond à 163°.

γ-ÉTHYLQUINOLÉINE. — Elle prend naissance en même temps que l'isomère α [Reher, *loc. cit*].

Elle est liquide et bout à 271-274°. Le *chlorozincate* est en aiguilles fusibles à 195°. Le *chlomercurate* fond à 154°, il est peu soluble dans l'eau froide. Le *chloroplatinate* fond avec dégagement gazeux à 204°. L'*azotate* fond à 115°. L'*iodométhylate* fond à 149°.

La base libre, traitée par l'acide sulfurique fumant à 265°, donne un acide *monosulfonique* qui ne fond pas à 315°, se dissout dans l'eau chaude, peu dans l'eau froide, et pas du tout dans l'alcool.

Blaise et Maire ont obtenu, par condensation de l'éthylvinylcétone avec l'aniline, une γ-éthylquinoléine qui diffère de celle de Reher, cette dernière étant probablement impure [*Bull. Soc. Chim.*, **35**, 454, 1906].

TRIMÉTHYLQUINOLÉINES.

On a étudié 7 de ces bases.

α-β-γ-TRIMÉTHYLQUINOLÉINE. — Voyez 2° Supp., art. ACÉTYLACÉTONE, **1**, 60.

α-β-p-TRIMÉTHYLQUINOLÉINE. — Elle se prépare par l'action de 4 mol. de p-toluidine sur l'aldéhyde tiglique (1 mol.), et 8 mol. d'acide chlorhydrique [Miller, *D. chem. G.*, **22**, 2268, 1889].

Elle fond à 86-88°, bout à 285°. Elle est peu soluble dans la ligroïne et le benzène, assez soluble dans l'éther. Dans l'oxydation par le mélange chromique, c'est le CH^3 en para qui est transformé en carboxyle.

Le *picrate* fond en se décomposant à 212°.

α-γ-p-TRIMÉTHYLQUINOLÉINE. — Voy. 2° Supp., **1**, 89.

Elle peut s'obtenir en saturant de gaz chlorhydrique un mélange d'acétone et de paraldéhyde, et chauffant ensuite celui-ci avec de la p-toluidine et de l'acide chlorhydrique concentré [Pfitzinger, *J. prakt. Chem.*, (2), **38**, 41, 1888].

Le *chlorhydrate* $C^{12}H^{13}Az\,.\,HCl + 2H^2O$ ne fond pas à 240°. Il est très soluble dans l'eau et dans l'alcool.

Le *chloroplatinate* $(C^{12}H^{13}Az\,.\,HCl)^2\,.\,PtCl^4 + 2H^2O$ est très peu soluble dans l'eau, insoluble dans l'alcool et l'éther.

α-γ-o-TRIMÉTHYLQUINOLÉINE. — Voyez 2° Supp., **1**, 69.

α-p-m-TRIMÉTHYLQUINOLÉINE (o-*diméthylquinaldine*). — Elle se prépare par la 1.2.4-xylidine, l'acétaldéhyde et l'acide chlorhydrique [Merz, *D. chem. G.*, **17**, 1158, 1884].

α-p-o-TRIMÉTHYLQUINOLÉINE (m-*diméthylquinaldine*). — Elle se prépare par la 1.3.4-xylidine et la paraldéhyde [Panajotow, *D. chem. G.*, **20**, 32. 1887; — Miller et Plöchl, *D. chem. G.*, **29**, 1472, 1895].

Elle est en prismes monocliniques fusibles à 46° et bouillant à 260° sous la pression de 719 mm. Elle est facilement entraînable par la vapeur d'eau. Elle est insoluble dans l'eau, très soluble dans l'alcool, l'éther, la ligroïne.

Chauffée avec l'anhydride phtalique et le chlorure de zinc, elle fournit la diméthylquinophtalone. Elle s'unit au chloral pour donner la combinaison $C^{14}H^{12}Cl^3Az$.

Le *chloroplatinate* $(C^{12}H^{13}Az.HCl)^2 PtCl^4 + 2H^2O$, est peu soluble dans l'eau et dans les acides concentrés. Le *picrate* fond à 185°.

γ-*Chlorodiméthylquinaldine.* — On chauffe la γ-oxydiméthylquinaldine avec du perchlorure et un peu d'oxychlorure de phosphore à 130° [Conrad et Limpach, *D. chem. G.*, 24, 527, 1888].

Elle fond à 114° et bout à 297-298°. Elle est très soluble dans l'alcool, l'éther et le benzène.

Nitrodiméthylquinaldine. — On chauffe la diméthylquinaldine avec de l'acide azotique fumant et de l'acide sulfurique [Panajotoff, *D. chem. G.*, 20, 351, 1887. Le produit obtenu fond à 92°. Il se dissout facilement dans l'éther et le chloroforme.

o-p-a-TRIMÉTHYLQUINOLÉINE. — Cette base prend naissance par la réaction de Skraup, appliquée à la pseudo-cumidine.

Le brome en solution acétique la transforme en un *dibromure* qui réagit sur l'iodure de potassium en mettant l'iode en liberté.

L'étain et l'acide chlorhydrique donnent un tétrahydrure [Wikander, *D. chem. G.*, 33, 646, 1900].

MÉTHYL-ÉTHYLQUINOLÉINES.

α-MÉTHYL-β-ÉTHYLQUINOLÉINE. — On n'a préparé que le dérivé γ-hydroxylé.

β-MÉTHYL-α-ÉTHYLQUINOLÉINE. — Elle se prépare par condensation d'une molécule d'aniline avec 2 molécules de propionaldéhyde [Döbner et Miller, *D. chem. G.*, 17, 1714, 1884] ou par la réaction de la diéthylcétone sur une solution aqueuse d'o-aminobenzaldéhyde en présence de quelques gouttes de lessive de soude [Eliasberg et Friedländer, *D. chem. G.*, 25, 1755, 1892] ou encore par distillation sur la poudre de zinc de l'acide méthyléthylacroléinanthranilique ou de l'acide β-méthyl-α-éthylquinoléine-orthocarbonique [Niementowski et Orzechowski, *D. chem. G.*, 28, 2815, 1895].

Cette base fond à 56-57° et bout à 268-269° sous la pression de 711 mm. Elle est peu soluble dans l'eau, soluble dans l'alcool, l'éther et le benzène.

L'oxydation par le mélange chromique transforme le groupe éthyle en carboxyle. Le *chloroplatinate* cristallise avec $2H^2O$ et fond à 238° en se décomposant.

p-MÉTHYL-α-ÉTHYLQUINOLÉINE (α-*éthyl-p-toluquinoléine*). — Elle s'obtient par distillation de l'acide p-méthyl-α-éthylquinoléine-β-carbonique [Harz, *D. chem. G.*, 18, 3395, 1885].

Elle fond à 59-60° et bout à 270° sous la pression de 718 mm. Elle est très soluble dans l'éther et la ligroïne.

L'oxydation par le mélange chromique porte sur le groupe CH^3.

Le *chloroplatinate* est peu soluble dans l'eau froide. Le *picrate* fond à 244-245° et est très peu soluble dans l'eau.

o-MÉTHYL-β-ÉTHYLQUINOLÉINE. — On n'a préparé que quelques dérivés oxygénés et halogénés.

γ-MÉTHYL-β-ÉTHYLQUINOLÉINE (β-*éthyllépidine*). — Elle a été obtenue en transformant l'aminoéthyllépidine en dérivé hydrazinique et décomposant celui-ci par le sulfate de cuivre. Son *chloroplatinate* fond à 200° et le *picrate* à 202° [Byvanck, *D. chem. G.*, 31, 2143, 1898].

PROPYLQUINOLÉINES.

α-PROPYLQUINOLÉINE. — On chauffe l'o-aminobenzaldéhyde avec la méthylpropylcétone et une lessive de soude à 10 0/0 [Tonella, *Beilstein's Handbuch. org. Ch.*, IV, 334, 1899] ou bien on distille sur la chaux sodée l'acide α-propylquinoléine-γ-carbonique.

α-ISOPROPYLQUINOLÉINE. — On chauffe au rouge avec de la chaux sodée l'acide γ-carbonique correspondant [Döbner, *Ann. Chem.*, 242, 299, 1887]. On l'obtient aussi en petite quantité par la réaction de Miller appliquée à un mélange d'acétaldéhyde, d'isobutyraldéhyde et d'aniline [Miller, *D. chem. G.*, 20, 1909, 1887]. C'est une huile bouillant à 255°. Son *picrate* fond à 150°.

β-ISOPROPYLQUINOLÉINE. — Elle a été obtenue par distillation sèche de l'acide β-isopropylquinoléine-α-carbonique. Elle cristallise dans un mélange réfrigérant et fond ensuite à + 10°. Elle bout à 275-280° sous la pression de 715 mm. Elle est soluble dans l'alcool, l'éther et le benzène. Son *chloroplatinate* est peu soluble dans l'eau [Spady, *D. chem. G.*, 18, 3383, 1885].

γ-PROPYLQUINOLÉINE. — On l'obtient par réduction par l'acide iodhydrique et le phosphore du γ-quinoléylpropane-diol.

Son *chloroplatinate* fond à 204°, le *picrate* à 172-173°, l'*iodométhylate* à 173°.

On obtient par réduction de la chlorallépidine une *propylquinoléine* qui semble différer de la précédente. Son *chloroplatinate* fond à 196°, le *picrate* à 198°, le *chlorhydrate* à 156-157° [Königs, *D. chem. G.*, 31, 2364; *Bull. Soc. Chim.*, 22, 119, 1898].

m-ISOPROPYLQUINOLÉINE (*cumoquinoléine*). — Elle se prépare par chauffage de la chlorocumoquinoléine avec de l'acide acétique saturé à froid d'acide iodhydrique [Widman, *D. chem. G.*, 19, 267, 1886]. On traite le produit par l'anhydride sulfureux, puis par la soude et on le distille.

Le *chloroplatinate* fond à 219-220° et est très peu soluble dans l'eau froide. Le *picrate* fond à 205-206° et l'*iodométhylate* à 200°.

m-*Isopropyl-α-chloroquinoléine* (*chlorocumoquinoléine*). — Ce dérivé chloré s'obtient en chauffant l'α-oxycumoquinoléine avec du perchlorure et un peu d'oxychlorure de phosphore à 130-140°.

TÉTRAMÉTHYLQUINOLÉINES.

α-α-p-o-TÉTRAMÉTHYLQUINOLÉINE (a-p-ó-*triméthylquinaldine*). — On l'obtient par la réaction de Döbner et Miller appliquée à la pseudo-cumidine et la paraldéhyde [Döbner et Miller, *D. chem. G.*, 17, 1710, 1884]. Elle fond à 20°, bout à 297-300°, est insoluble dans l'eau, soluble dans l'alcool et dans l'éther.

TÉTRAMÉTHYLQUINOLÉINE. — Cet isomère a été obtenu par Einhorn dans la préparation de la quinaldine par la paraldéhyde et l'aniline [*D. chem. G.*, 18, 3144, 1885]. Elle bout à 256-273°.

TÉTRAMÉTHYLQUINOLÉINE. — Cette troisième tétraméthylquinoléine, qui est méthylée dans le noyau pyridique et dans le noyau benzénique, a été obtenue par Levin et Riehm par condensation de l'acétone avec la 1.3.4-xylidine [*D. chem. G.*, 19, 1394, 1886]. Elle fond à 84°, bout à 284-285° et se dissout dans l'éther.

β-p-DIMÉTHYL-α-ÉTHYLQUINOLÉINE. — Elle se prépare par la réaction de Döbner et Miller appliquée à la p-toluidine et la propionaldéhyde. Elle fond à 54° et bout à 287-288° sous la pression de 720 mm. Le *picrate* fond à 177° [Harz, *D. chem. G.*, 18, 3384, 1885].

β-ÉTHYL-α-PROPYLQUINOLÉINE. — Elle se prépare par la butyraldéhyde normale et l'aniline. C'est un liquide bouillant à 291° sous la pression de 720 mm. [Döbner et Miller, *D. chem. G.*, 17, 1718, 1884; — Kahn, *D. chem. G.*, 18, 3361, 1885].

ÉTHYLISOPROPYLQUINOLÉINE. — Elle fond à 54°, et bout à 294° sous la pression de 713 mm. [Miller et Kinkelin, *D. chem. G.*, **20**, 1939].

β-p-o-TRIMÉTHYL-α-ÉTHYLQUINOLÉINE. — Elle se prépare par la 1.3.4-xylidine et la propionaldéhyde. Elle fond à 62° et bout à 291° [Waldbott, *D. chem. G.*, **23**, 2270, 1890].

β-ISOPROPYL-α-ISOBUTYLQUINOLÉINE. — On l'obtient par l'isovaléraldéhyde et l'aniline. Elle bout à 295° sous pression de 709 mm. [Spady, *D. chem. G.*, **18**, 3373, 1885; — Miller, *D. chem. G.*, **24**, 1726, 1891].
Ciamician et Silber [*D. chem. G.*, **38**, 3818, 1906] l'ont obtenue par l'action de la lumière sur un mélange de nitrobenzène et d'alcool amylique.

β-AMYL-α-HEXYLQUINOLÉINE. — On l'obtient au moyen de l'œnanthol et de l'aniline. Elle bout à 355° [Döbner et Miller, *D. chem. G.*, **17**, 1719, 1894; — Niemenstowski et Orzeckowski, *D. chem. G.*, **28**, 2820, 189.]. On a préparé un *dérivé mononitré* fusible à 109° et un *dérivé monosulfoné* qui ne fond pas à 290°.

β-m-DIMÉTHYL-α-ÉTHYLQUINOLÉINE. — Elle se prépare par la m-toluidine et la propionaldéhyde [Harz, *loc. cit.*]. Elle fond à 40-41°, bout à 288-292°. Le *picrate* fond à 219-220°.

β-o-DIMÉTHYL-α-ÉTHYLQUINOLÉINE. — Elle se pré are par l'o-toluidine et la propionaldéhyde. Elle fond à 44°, bout à 279-280° sous la pression de 717 mm. Le *picrate* fond à 187°.

DIÉTHYLQUINOLÉINE. — Elle se produit dans le chauffag de l'iodéthylate de quinoléine en même temps que les α et γ-monoéthylquinoléines. Elle est liquide et bout à 283° (corr.) [Reher, *D. chem. G.*, **19**, 3001, 1886].

α-ISOBUTYLQUINOLÉINE. — Chauffage avec la chaux sodée de l'acide γ-carbonique correspondant. Cette base est liquide et bout à 270-271°. Son *picrate* fond à 161° [Döbner, *Ann. Chem.*, **242**, 282, 1888].

PHÉNYLQUINOLÉINES.

On connaît les trois Py-phénylquinoléines prévues par la théorie et seulement deux Bz-phénylquinoléines.

α-PHÉNYLQUINOLÉINE. — Elle se forme lorsqu'on chauffe l'aniline avec l'aldéhyde cinnamique et l'acide chlorhydrique à 200° [Döbner et Miller, *D. chem. G.*, **16**, 1665, 1883] ou lorsqu'on chauffe un mélange d'aniline, d'aldéhyde cinnamique, de nitrobenzène et d'acide sulfurique [Murmann, *Mon. f. Chem.*, **25**, 621-631, 1904]. Elle s'obtient encore par l'action de l'o-aminobenzaldéhyde sur l'acétophénone [Friedländer et Gohring, *D. chem. G.*, **16**, 1835, 1883]; par la réduction par le chlorure stanneux et l'acide chlorhydrique de l'o-nitrobenzylidène-acétophénone [Goldschmidt, *D. chem. G.*, **28**, 986, 1895]; par le chauffage de l'acétophénone avec la formanilide [Pictet et Barbier, *Bull. Soc. Chim.*, (3), **13**, 26, 1885]; ar chauffage des oxyphénylquinoléines avec la poudre de zinc [Just, *D. chem. G.*, **19**, 1466, 1886; — Weidel, Georgievics, *Mon. f. Chem.*, **9**, 151, 1888]; par distillation sur la chaux sodée des acides carboniques correspondants.

Elle fond à 86° et distille sans décomposition au-dessus de 300° [Knorr, *Ann. Chem.*, **245**, 379, 1888].

Elle est peu soluble dans l'eau, soluble dans l'éther. Le *chloroplatinate* est peu soluble. Le *bichromate* fond vers 145°; le *chloraurate* $(C^{15}H^{11}Az.HCl)^2$, $AuCl^3$ à 240° et le *chloraurate* $C^{15}H^{11}Az.HCl.AuCl^3$ à 160°, l'*iodométhylate* à 197°.

Oxydée par MnO^4K, la base se transforme en acide benzoylanthranilique $C^6H^5.CO.AzH-C^6H^4-CO^2H$.

γ-Chloro-α-phénylquinoléine. — On chauffe un mélange de α-phényl-γ-quinolone avec PCl^5 et $POCl^3$ [Knorr et Fertig, *D. chem. G.*, **30**, 938, 1897]. Elle fond à 63-64°.

m-Nitro-α-phénylquinoléine,

$$\begin{array}{c} CH \quad\quad CH \\ \diagdown\!/ \quad C \quad \backslash\!/ \\ HC \quad\quad\quad\quad\quad CH \\ | \quad\quad\quad\quad\quad | \\ HC \quad\quad\quad\quad\quad C-C^6H^4\cdot AzO^2 \\ \diagup \quad C \quad \diagdown\!\diagup \\ CH \quad\quad Az \end{array}$$

— Elle se prépare au moyen de l'aldéhyde m-nitrocinnamique, l'aniline et l'acide sulfurique. Elle fond à 124° [Miller et Kinkelin, *D. chem. G.*, **18**, 1902, 1885].

En chauffant la phénylquinoléine avec un mélange d'acide sulfurique et d'acide pyrosulfurique, on obtient simultanément l'*acide p-sulfonique*

$$C^6H^4 \begin{cases} CH=CH \\ \quad\quad | \\ Az=C-C^6H^4-SO^3H \end{cases}$$

et l'*acide m-sulfonique* [Murmann, *Mon. f. Chem.*, **13**, 60, 1892].

β-PHÉNYLQUINOLÉINE. — On l'obtient dans l'action de l'aldéhyde o-aminobenzoïque sur l'aldéhyde phénylacétique en présence de soude [Friedländer et Gohring, *D. chem. G.*, **16**, 1836, 1883].
C'est un liquide huileux solidifiable par le froid. Son *chlorhydrate* fond à 93°. Son *bichromate* est peu soluble.

γ-PHÉNYLQUINOLÉINE. — Elle se produit par la décomposition à 180-190° de l'acide γ-phénylquinaldique [Königs et Nef, *D. chem. G.*, **19**, 2430, 1886].
Elle fond à 62°. Elle forme de très beaux sels. Les dissolutions étendues du *sulfate* et du *chlorhydrate* présentent une fluorescence bleu violet.
Certains de ses dérivés se produisent dans la destruction des alcaloïdes des quinquinas.
Le *chlorhydrate* fond à 96-97°, le *chlorocadmiate* à 121-122°, le *chloromercurate* à 198°, le *chloroplatinate* anhydre à 244° [Königs et Meimberg, *D. chem. G.*, **28**, 1039, 1895; — Königs et Jaeglé, *ibid.*, **28**, 1049]. Le *sulfate* fond à 195-196° et le *picrate* à 224°.
La nitration de la γ-phénylquinoléine par l'acide azotique (D=1,5) à 0° donne 3 *mononitrodérivés* [Königs et Nef, *D. chem. G.*, **20**, 624, 1887]. Le *dérivé α* fond à 187°, le *dérivé β* à 117-118° et le *dérivé γ* à 135°.
On connaît un *dérivé nitré* dans le groupe phényle : $C^9H^6Az-C^6H^4-AzO^2$, que l'on a obtenu par la réaction de la p-nitrophénylnitrosamine avec la quinoléine en présence d'acide acétique [Kühling, *D. chem. G.*, **29**, 168, 1896]; il fond à 158-160°.

p-PHÉNYLQUINOLÉINE. — C'est le produit de la réaction de Skraup appliquée au p-aminobiphényle [La Coste et Sorger, *Ann. Chem.*, **230**, 8, 1885].

Elle fond à 110-111° et bout à 260° sous la pression de 77 mm. Elle est très peu soluble dans l'eau et soluble dans l'alcool. Le *bichromate* fond à 136°.

Son *dérivé mononitré* fond à 173° et le *dérivé dinitré* à 208°.

L'action de l'acide sulfurique fumant sur la p-phénylquinoléine donne l'*acide α-sulfonique*, qui fond au-dessus de 310°, et l'*acide β-sulfonique*, qui ne fond pas à 300°.

o-Phénylquinoléine. — On la prépare comme le dérivé para, au moyen de l'ortho-aminobiphényle.

α-Méthyl-γ-phénylquinoléine (γ-*phénylquinaldine*). — Elle se forme par condensation de l'o-aminobenzophénone avec l'acétone sous l'influence d'une lessive alcaline diluée [Geigy et Königs, *D. chem. G.*, 18, 2406, 1885] :

$$C^6H^4 \langle \begin{array}{l} CO - C^6H^5 \\ Az\,H^2 \end{array} + \begin{array}{l} CH^3 \\ | \\ CO - CH^3 \end{array}$$

$$= C^6H^4 \langle \begin{array}{l} C(C^6H^5) = CH \\ | \\ Az \rule[0.5ex]{1.5em}{0.4pt} C - CH^3 \end{array}$$

On la produit encore en chauffant l'acétophénone avec la paraldéhyde, l'aniline et l'acide chlorhydrique dans une réaction équivalente à la précédente [Beyer, *J. prakt. Chem.*, (2), 33, 420, 1886] ou en chauffant avec l'acide sulfurique la benzoylacétonanilide [Beyer, *D. chem. G.*, 20, 1771, 1387]. Bulow et Issler l'ont obtenue en chauffant avec la poudre de zinc l'α-méthyl-γ-phényl-m-oxyquinoléine [*D. chem. G.*, 36, 2447, 1903].

Elle fond à 99°; elle est peu soluble dans l'eau. Les solutions étendues de ses sels présentent une fluorescence bleue. Son *iodométhylate* fond à 205° en se décomposant.

β-Méthyl-α-phénylquinoléine. — On chauffe l'aldéhyde α-méthylcinnamique avec de l'aniline et de l'acide chlorhydrique [Miller et Kinkelin, *D. chem. G.*, 19, 527, 1886].

Elle fond à 52-53° et bout au-dessus de 300°. Elle est insoluble dans l'eau, très soluble dans l'alcool, l'éther, le benzène, la ligroïne. Le *picrate* fond à 202°.

γ-Méthyl-α-phénylquinoléine (*flavoline*). — (Voyez 2e Supp., 4, 156).

p-Méthyl-α-phénylquinoléine. — On l'obtient par distillation sur la chaux sodée de l'acide p-méthyl-α-phénylcinchoninique [Döbner et Giesecke, *Ann. Chem.*, 242, 298, 1887]. Elle fond à 68°.

o-Méthyl-α-phénylquinoléine. — Elle se prépare comme la base précédente par l'acide cinchoninique correspondant. Elle fond à 50°.

α-Tolylquinoléine, $C^9H^6Az - C^6H^4\,CH^3$ (*pseudoflavoline*). — (Voyez 2e Supp., 4, 158).

Benzylquinoléine, $C^9H^6Az - CH^2 . C^6H^5$. — Elle s'obtient par chauffage de la benzoyltétrahydroquinoléine avec la benzaldéhyde [Rügheimer et Kronthal, *D. chem. G.*, 28, 1321, 1895]. Le *picrate* fond à 161°,5.

La base libre cristallise dans la ligroïne.

α-Benzyl-β-phénylquinoléine. — On l'obtient par fusion avec la chaux sodée de l'acide cinchoninique ou γ-carbonique correspondant. Elle donne un *chloroplatinate* fusible à 208° [Engelhardt, *J. f. prakt. Chem.*, 57, 467-488, 1898].

Fluorène-quinoléine. — Cette base prend naissance par la réaction de Skraup appliquée à l'α-aminofluorène.

Elle fond à 134°,5 et bout à 390-400°.

Sa solution chlorhydrique colore un copeau de sapin en rouge. L'oxydation la transforme en *fluorénone-quinoléine* fusible à 191° [Diels et Staehlin, *D. chem. G.*, 35, 3275, 1902].

ALKYLQUINOLÉINES NON SATURÉES.

Les alkylquinoléines non saturées se préparent, le plus souvent, par condensation des aldéhydes avec les α ou γ-alkylquinoléines.

α-Vinylquinoléine (α-*éthénylquinoléine*), $C^9H^6Az - CH = CH^2$. — On chauffe avec une solution de potasse l'acide quinoléylbromopro-

pionique $C^9H^6Az . CHBr . CH^2 . CO^2H$ [Einhorn et Lehnkering, *Ann. Chem.*, 246, 172, 1888].

Elle s'obtient encore en chauffant avec l'acide chlorhydrique fumant et de l'acide acétique le quinoléyléthanol [Methner, *D. chem. G.*, 27, 2691, 1894].

Elle est liquide.

Son *chloroplatinate* se décompose vers 182°.

α-Allylquinoléine, $C^9H^6Az - CH = CH - CH^3$. — On chauffe la quinaldine avec la paraldéhyde à 210° [Eisele, *D. chem. G.*, 20, 2043, 1887].

Cette base est liquide et bout à 249-253°.

Le *chloroplatinate* est insoluble dans l'alcool.

α-Benzylidène-quinaldine, $C^9H^6Az - CH = CH - C^6H^5$. — Ce corps s'obtient en chauffant à 120°, avec un peu de chlorure de zinc, un mélange de quinaldine et d'aldéhyde benzoïque [Wallach et Wüsten, *D. chem. G.*, 16, 2008, 1883], ou par la distillation de l'acide α-cinnaménylcinchoninique [Döbner et Peters, *D. chem. G.*, 22, 3008, 1889].

Il fond à 100°. Il est insoluble dans l'eau et soluble dans l'alcool, le sulfure de carbone et le chloroforme.

L'oxydation par le mélange chromique donne de l'acide benzoïque et de l'acide quinaldique.

La base fixe directement 2 atomes de brome pour former un *dibromure* fusible à 173-174°, ou 2 atomes d'hydrogène pour donner la *quinaldyl-stilbazoline*, qui constitue une huile jaunâtre distillant à 229-230° sous la pression de 20 mm [von Grabski, *D. chem. G.*, 35, 1956-1958, 1902 et *Bull. Soc. Chim.*, 28, 907].

La *m-nitrobenzylidène-quinaldine* s'obtient comme le composé précédent, en remplaçant dans la préparation la benzaldéhyde par la m-nitrobenzaldéhyde. Elle fond à 139° [Wartanian, *D. chem. G.*, 23, 3645, 1890]. L'*o-nitrobenzylidène-quinaldine* fond à 103°. Son *chlorhydrate* fond à 253°, son *chloroplatinate* à 223° et son *chloraurate* à 241° [Lœw, *D. chem. G.*, 36, 1666 et *Bull. Soc. Chim.*, 32, 520, 1904].

La *p-nitrobenzylidène-quinaldine* s'obtient de même et fond à 164-165° [Bulach, *D. chem. G.*, 20, 2047, 1887 et 22, 285, 1889].

On prépare des benzylidène-quinaldines nitrées dans le noyau quinoléique en condensant en présence d'un peu de chlorure de zinc les nitro-quinaldines avec l'aldéhyde benzoïque ou l'aldéhyde p-toluique.

La réduction de ces dérivés nitrés par le sulfhydrate d'ammoniaque ou par l'étain et l'acide chlorhydrique donne les benzylaminoquinaldines correspondantes [Schmidt, *D. chem. G.*, 38, 3715 et *Bull. Soc. Chim.*, 36, 1256, 1906].

γ-Benzylidène-lépidine, $C^9H^6Az - CH = CH - C^6H^5$. — Elle se prépare comme les composés précédents [Döbner et Miller, *D. chem. G.*, 18, 1646, 1885].

Elle fond à 92°. Elle est peu soluble dans l'eau, soluble dans l'éther [Heymann et Königs, *D. chem. G.*, 24, 2172, 1888]. L'*o-nitrobenzylidène lépidine* fond à 162°. La *p-nitrobenzylidène-lépidine* fond à 221° [Lœw, *loc. cit.*].

p-Méthylquinaldyl-α-stilbazol. — On l'obtient par la condensation de l'aldéhyde p-toluique avec la quinaldine. Son *chlorhydrate* est en aiguilles jaunes qui commencent à se ramollir à 115° pour fondre complètement à 218°.

Par réduction, il donne la *stilbazoline* correspondante qui est une huile jaunâtre qui distille à 249-250° sous la pression de 25 mm. et dont le chlorhydrate fond à 229°.

p-Isopropylquinaldyl-α-stilbazol, $C^9H^6Az - CH = CH - C^6H^4 - CH(CH^3)^2$. — Ce composé s'obtient au moyen de l'aldéhyde cuminique et de la quinaldine. Il est en aiguilles incolores fusibles à 102°. Il forme des sels difficilement solubles dans l'eau.

Le *chlorhydrate* est constitué par des aiguilles jaunes qui se ramollissent à 68° et fondent à 186°. Le *chloroplatinate* fond à 229-230°, le *chloromercurate* a 207-208° et le *picrate* à 212°.

Le stilbazol fournit avec le brome un produit d'addition fusible à 151°, et par réduction de sa solution alcoolique par le sodium, la *stilbazoline* correspondante dont le *chlorhydrate* est en aiguilles incolores fusibles à 192° [Von Grabski, *D. chem. G.*, **35**, 1956-1958 et *Bull. Soc. Chim.*, **28**. 907, 1902].

La *cinnamylidène - quinaldine*, $C^{19}H^{15}Az$, obtenue par l'aldéhyde cinnamique et la quinaldine, fond à 117°.

La combinaison formée par l'*aldéhyde protocatéchique* et la *quinaldine* est en lamelles jaune d'or fusibles à 249°. Son *chlorhydrate* est en aiguilles rouges fusibles à 295°.

La combinaison de l'aldéhyde protocatéchique avec la lépidine donne un *chlorhydrate* rouge fusible vers 240° et un *chloroplatinate* fusible à à 215° [Renz et Lœw, *D. chem. G.*, **36**, 4330-4332, 1903].

La *cuminylidène - lépidine*, $C^{9}H^{6}Az - CH = CH - C^{6}H^{4} - C^{3}H^{7}$, s'obtient par condensation de l'aldéhyde cuminique avec la lépidine en présence du chlorure de zinc. Elle fond à 200-210°.

Le *chloroplatinate* fond à 242° et le *chloraurate* à 178° [Lœw, *D. chem. G.*, **36**, 1666 et *Bull. Soc. Chim.*, **32**, 520, 1904].

α-BENZYLIDÈNE-p-MÉTHYLQUINALDINE, $C^{10}H^{8}Az - CH = CH - C^{6}H^{5}$. — C'est le produit de la condensation de la p-méthylquinaldine avec la benzaldéhyde. Elle fond à 60° et distille à 266-267°.

On a préparé les produits de condensation de la p-méthylquinaldine avec la m-nitrobenzaldéhyde, la p-oxybenzaldéhyde et l'aldéhyde paratoluique [Gasda, *D. chem. G.*, **38**, 3699 et *Bull. Soc. Chim.*, **36**. 1253, 1906].

α-BENZYLIDÈNE-O-MÉTHYLQUINALDINE. — C'est le produit de la condensation de l'o-méthylquinaldine avec la benzaldéhyde. Elle fond à 72°. Ses *dérivés mononitrés* s'obtiennent au moyen des nitro-benzaldéhydes [Hoffmann, *D. chem. G.*, **38**, 3709 et *Bull. Soc. Chim.*, **36**, 1255, 1906].

BASES HYDROQUINOLÉIQUES

(Voyez 1er Supp., p. 1360).

DIHYDROQUINOLÉINES. — Lorsqu'on traite par une lessive de soude chaude les hydrates de quinoléylammonium, il se forme simultanément une α-quinolone et une Az-alkyldihydroquinoléine :

$$2\,C^6H^4 \Big\langle {}^{CH=CH}_{Az=CH} {}^{|}_{\diagup\diagdown}{}_{CH^3\ OH}$$

$$= C^6H^4 \Big\langle {}^{CH=CH}_{Az-CO}{}^{|}_{|}{}_{CH^3} + C^6H^4 \Big\langle {}^{CH=CH}_{Az-CH^2}{}^{|}_{|}{}_{CH^3} + H^2O$$

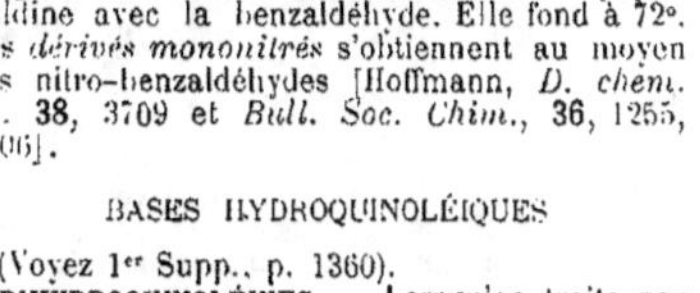

Les alkyldihydroquinoléines se produisent encore dans l'action de l'indol ou d'un alkylindol sur un iodure alcoolique dissous dans l'alcool correspondant (Ciamician) :

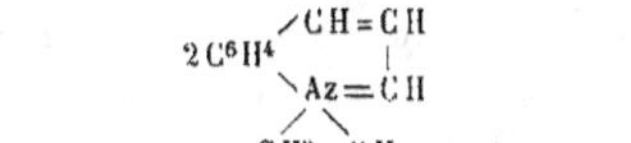

$$C^6H^4 \Big\langle {}^{CH}_{AzH} \Big\rangle CH + 4\,CH^3I$$

$$= 4\,HI + C^6H^4 \Big\langle {}^{C(CH^3)=CH}_{Az(CH^3)-CH-CH^3}$$

Az-α-γ-TRIMÉTHYL-DIHYDROQUINOLÉINE. — On l'obtient comme il vient d'être dit. C'est un liquide bouillant à 244°. L'hydrogène naissant la change en triméthyltétrahydroquinoléine.

Son *iodhydrate* chauffé dans un courant de gaz carbonique se dédouble en CH^3I et triméthylindol Az-α-β.

Elle présente dans beaucoup de réactions les caractères de l'indol.

PY-TÉTRAMÉTHYL-DIHYDROQUINOLÉINE. — Elle se forme dans l'action de CH^3I sur la dihydroquinoléine. L'*iodhydrate* fond à 227-228° [Piccinini, *Gazz. chim. ital.*, **28**, 187, 1898].

TÉTRAHYDROQUINOLÉINE. — Know et Klotz l'ont obtenue en traitant par le sodium une solution alcoolique de carbostyrile [*D. chem. G.*, **19**, 3302, 1886].

Elle se produit encore dans l'électrolyse de la quinoléine en solution sulfurique [Ahrens, *D. chem. G.*, **29**, 1123, 1896].

L'hydrogène naissant se fixe sur le noyau pyridique. Cette réaction est exothermique.

La tétrahydroquinoléine bout à 248° sous la pression de 755 millimètres, c'est-à-dire à une température plus élevée que la quinoléine qui est cependant moins hydrogénée.

Elle est plus soluble dans l'eau que la quinoléine. Sa chaleur de combustion à volume constant est de $1226^{Cal},6$; sa chaleur de formation moléculaire à l'état liquide est $+ 0^{Cal},4$ [Delépine, *Bull. Soc. Chim.*, **19**, 404, 1898].

C'est une base aussi forte que l'aniline.

L'acétate mercurique la change en quinoléine; l'iode lui enlève également 4 atomes d'hydrogène [Schmidt, *Arch. de Ph.*, **237**, 561, 1899; — Lellmann et Reusch., *D. chem. G.*, **22**, 1389, 1889].

Sous l'action de l'acide iodhydrique et du phosphore à 230°, elle donne l'hexahydroquinoléine, puis la décahydroquinoléine et, à la température de 300°, le propylbenzène et le propylhexahydrobenzène [Bamberger et Williamson, *D. chem. G.*, **27**, 1477, 1894].

La tétrahydroquinoléine donne avec le chlorure de l'acide benzène-sulfonique l'amide $C^6H^4(CH^2)^3Az - SO^2 - C^6H^5$, fusible à 54-55° [Hinsberg. *Journ. Soc. phys. chim. russe*, **35**, 623, 1903].

Cazeneuve et Moreau ont préparé l'*uréthane phénylique de la tétrahydroquinoléine* en chauffant cette base avec le carbonate de phényle. Le produit obtenu

$$CO \Big\langle {}^{Az\,C^9H^{10}}_{O.\ C^6H^5}$$

fond à 51-52° et distille sans décomposition vers 300°. Il est très peu soluble dans l'eau, soluble dans l'alcool, l'éther, le chloroforme, le benzène.

Ils ont préparé de même l'*uréthane phénylique orthochlorée*, l'*uréthane gaïacolique*, les *uréthanes naphtoliques* α et β [*Bull. Soc. Chim.*, **24**, 11, 1899].

L'iodure d'allyle en solution alcoolique réagit sur la tétrahydroquinoléine en donnant l'*iodallylate* fusible à 140-141°.

A sec, on obtient l'*iodhydrate de tétrahydroquinoléine* fusible à 170° [Wedekind, *D. chem. G.*, **38**, 436-440, 1905].

Il se fait aussi en même temps un peu d'*Az-allyltétrahydroquinoléine*.

Le bibromure d'éthylène se combine à la température de 100° à la tétrahydroquinoléine pour former l'*éthylène-bis-tétrahydroquinoléine*, fusible à 146-147° [Wedekind, *D. chem. G.*, **36**, 3796-3801, 1903].

Lorsqu'on chauffe la tétrahydroquinoléine avec une solution de méthanal à 40 0/0, on obtient deux composés isomères $C^{20}H^{22}Az^2$. L'un, fusible à 61-62°, paraît être le *ditétrahydroquinoléine-méthane* [Weermann, *Rec. Pays-Bas*, **25**, 260, et *Bull. Soc. Chim.*, (4), **2**, 240, 1907].

Dérivés halogénés. — *Monobromotétrahydroquinoléine.* — On obtient, par addition d'une solution acétique de brome à une solution acétique d'acétyltétrahydroquinoléine, du *bromhydrate d'acétylbromotétrahydroquinoléine*, en aiguilles jaune-rouge fusibles à 125°. Traité par la soude, ce corps donne l'*acétylbromotétrahydroquinoléine*, fusible à 60°. Le *sel de platine* cristallise avec $4H^2O$ et fond à 188°.

L'acétylbromotétrahydroquinoléine bouillie avec de l'acide chlorhydrique à 20 0/0 se transforme en *bromotétrahydroquinoléine*, en cristaux blancs fusibles à 32-35° [Kunckell et Théopold, *D. chem. G.*, **38**, 848-850, 1905].

La *nitrosamine* ou *Az-nitrosotétrahydroquinoléine* se transforme sous l'action de l'acide sulfurique ou de l'acide chlorhydrique en dérivé paranitrosé [Fischer et Hepp, *D. chem., G.*, **20**, 1251, 1887].

La *p-nitrosotétrahydroquinoléine* est en cristaux bleu d'acier fusibles à 134°, solubles en vert dans l'éther. Traitée en solution acétique par l'azotite de sodium, elle donne un *dérivé dinitrosé* [Ziegler, *D. chem. G.*, **21**, 864, 1888] fusible à 98°.

Nitrosotétrahydroquinoléines. — Il se forme par l'action de l'anhydride azoteux sur la tétrahydroquinoléine en présence d'eau ou d'alcool, un mélange du *dérivé paranitronitrosé*, fusible à 154-55°, et du *dérivé orthonitronitrosé*, fusible à 99-100°.

La *paranitrotétrahydroquinoléine*, fusible à 163-164° et l'*orthonitrotétrahydroquinoléine*, fusible à 82-83° s'obtiennent par l'action de l'acide chlorhydrique sur les dérivés nitrosés précédents [Stoermer, *D. chem. G.*, **31**, 2523, 1898].

La p(?)-nitrotétrahydroquinoléine s'obtient par la décomposition de son uréthane en solution alcoolique par C^2H^5ONa; elle fond à 159° [van Dorp, *Rec. Pays-Bas*, **23**, 301-324, 1904].

Acide tétrahydroquinoléine-a-sulfonique. — Il fond à 315°. Il a été obtenu par réduction par $Sn+HCl$ de l'acide o-bromoquinoléine-a-sulfonique ou de l'acide quinoléine-a-sulfonique [Claus, *J. prakt. Chem.*, (2), **55**, 232, 1897; — Lellmann et Lange, *D. chem. G.*, **20**, 3087, 1887; — Lepla, *ibid.*, **20**, 3088, 1887].

Acide tétrahydroquinoléine-o-sulfonique. — Il a été obtenu par réduction de l'acide quinoléine-o-sulfonique ou de ses dérivés ana ou méta-bromés [Claus et Günther, *J. prakt. Chem.*, (2), **55**, 94, 1897]. Il donne par fusion avec la potasse l'o-oxyquinoléine.

α-Naphtoyltétrahydroquinoléine. — Il se forme dans l'action du chlorure de l'acide naphtoïque sur la tétrahydroquinoléine en présence d'alcali. Il fond à 115° [Braun, *D. chem. G.*, **38**, 179-181, 1905].

Az-Méthyltétrahydroquinoléine (*kaïroline*),

$$C^6H^4 \begin{cases} CH^2 \text{——} CH^2 \\ \quad\qquad\qquad | \\ Az(CH^3) \text{–} CH^2 \end{cases}$$

— Feer et Königs l'obtiennent en ajoutant de l'étain à une solution chlorhydrique d'iodométhylate de quinoléine [*D. chem. G.*, **18**, 2388, 1885]. On concentre la solution, on y ajoute un excès de soude et on la soumet à la distillation avec l'eau. Le distillat est agité avec de l'éther, la solution éthérée est séchée sur de la potasse et enfin distillée.

Elle bout à 130-131° sous la pression de 77 mm. Sa densité est 1,022 à 20° [Brühl, *Zeit. f. phys. Chem.*, **22**, 391, 1897].

Traitée par l'acide azoteux, elle donne un *dérivé nitrosé* (Feer et Königs) en lamelles vertes, très soluble dans l'alcool, l'éther et le benzène. La kaïroline en solution acide très étendue donne avec l'azotite de sodium une coloration rouge orangé caractéristique. Avec le chlorure d'aluminium et l'oxychlorure de carbone, elle se colore en bleu intense.

Ses sels sont très déliquescents. Son *sulfate* a été employé en thérapeutique comme antipyrétique.

Le sel obtenu par l'action de l'acide chlorhydrique concentré à 160°, $C^9H^{11}Az\ CH^3Cl$, fond vers 100° [Ostermayer, *D. chem. G.*, **18**, 595, 1885; — Ladenburg, *D. chem. G.*, **28**, 1172, 1895].

Le *chloroplatinate* fond en se décomposant à 177°. Le *picrate* fond à 125°.

Nitrokaïroline. — On dissout la kaïroline dans l'acide sulfurique et on y ajoute une solution d'azotate de potassium dans l'acide sulfurique. La nitrokaïroline fond à 93-94° (Feer et Königs).

La *dinitrokaïroline* se prépare par le mélange de solutions acétiques de kaïroline et d'acide azotique fumant.

Az-Ethyl-β-méthyldihydroquinoléine. — On chauffe l'éthylméthylindol avec de l'iodure de méthyle.

Liquide bouillant à 254-255° sous 750 mm. [Fischer et Steche, *Ann. Chem.*, **242**, 363, 1887].

Az-βγ-Diméthyldihydroquinoléine. — On chauffe le 2-méthylindol avec l'iodure de méthyle et l'alcool méthylique. C'est un liquide bouillant à 243-244° sous 746 mm.

Diéthyldihydroquinoléine. — On chauffe le 2-méthylindol avec l'iodure d'éthyle et de l'alcool absolu [Fischer et Steche, *loc. cit.*; — Ciamician, Boeris et Plancher, *D. chem. G.*, **29**, 2476, 1896].

Az-ααβ-γ-Pentaméthyldihydroquinoléine. — Elle se prépare par l'action de CH^3I sur la triméthyldihydroquinoléine [Zatti et Ferratini, *D. chem. G.*, **23**, 2305, 1890].

Méthyltétrahydroquinoléines. — α-Méthyltétrahydroquinoléine (*tétrahydroquinaldine*). — On l'obtient en réduisant, par $Sn+HCl$, l'α ou la β-dinitrosoéthylidène-aniline [Eibner, *D. chem. G.*, **29**, 2980, 1896].

C'est un liquide à odeur agréable bouillant à 253°. Sa chaleur de combustion à volume constant est de 1380Cal,56, et sa chaleur de formation + 9Cal,4 [Delépine, *Bull. Soc. Chim.*, **19**, 405, 1898].

Elle constitue un composé racémique et se dédouble en ses composants actifs par cristallisation du tartrate acide. Sa formule contient en effet, un carbone asymétrique [Ladenburg, *D. chem. G.*, **27**, 77, 1894].

L'acétate mercurique la transforme en quinaldine.

Son *picrate* fond à 187-188° [Fischer et Steche, *Ann. Chem.*, **242**, 358, 1887].

Elle donne par l'acide azoteux un *nitroso-dérivé* qui est une huile jaunâtre, insoluble dans l'eau, soluble dans l'alcool et le benzène [Möller, *Ann. Chem.*, **242**, 314, 1887].

Nitronitrosotétrahydroquinaldine. — Fusible à 152-153°.

Nitrotétrahydroquinaldine. — Cristaux brun-rouge fusibles à 130-132° [Stoermer, *D. chem. G.*, **31**, 2523, 1898].

γ-Méthyltétrahydroquinoléine (*tétrahydrolépidine*). — On l'obtient par l'action du sodium sur une solution alcoolique d'oxylépidine [Knorr et Klotz, *D. chem. G.*, **19**, 3300, 1886].

p-Méthyltétrahydroquinoléine (*tétrahydro-p-toluquinoléine*). — Réduction par $Sn+HCl$ de la p-méthylquinoléine. Elle fond à 38°, et bout à 262°,3 sous 712 mm. [Bamberger et Wulz, D. chem. G., 24, 2067, 1891].

Le *nitroso-dérivé* fond à 65°.

On a préparé son *dérivé monosulfonique* [Lellmann et Ziemssen, D. chem. G., 24, 2120, 1891].

Par l'action de Az^2O^3, elle donne l'*o-nitro-nitrosotétrahydro-p-toluquinoléine*, fusible à 122°. Il se forme en même temps l'*o-nitrotétrahydro-p-toluqu noléine*, qui fond à 104° [Stoermer, *loc. cit.*].

o-MÉTHYLTÉTRAHYDROQUINOLÉINE (*tétrahydro-o-toluquinoléine*). — Réduction de l'o-méthylquinoléine par $Sn + HCl$ [Ziegler, *D. chem. G.*, 21, 866, 1888; — Bamberger et Wulz]. Chauffage de l'o-toluidine avec le 1.3-chlorobromopropane [Pinkur, *D. chem. G.*, 25, 2805, 1892].

Elle est liquide et bout à 255-257° sous la pression de 717 mm. Son *chlorhydrate* fond à 214°.

La *nitrosamine* ou Az-nitroso-dérivé fond à 51° et le dérivé *p-nitrosé* à 140° (Ziegler).

La *p-nitronitrosotétrahydro-o-toluquinoléine* fond à 100-102 [Stoermer, *D. chem. G.*, 31, 2523, 1898].

Az-MÉ HYLTÉTRAHYDRO-O-TOLUQUINOLÉINE.—Elle se forme par la réduction par $Sn + HCl$ de l'iodo-méthylate d'o-toluquinoléine. Elle bout à 238-240°. Le *chloroplatinate* se décompose à 223°. Le *picrate* fond à 160° [Freund, *D. chem. G.*, 37, 22-23°, 1904].

αβ-DIMÉTHYLTÉTRAHYDROQUINOLÉINE. — Réduction par le sodium de la solution alcoolique de αβ-diméthylquinoléine [Ferratini, *Gazz. chim. ital.*, (2), 23, 112, 1894]. Liquide bouillant à 254-255°.

La *nitrosamine* fond à 111°.

αγ-DIMÉTHYLTÉTRAHYDROQUINOLÉINE. — Elle bout à 254-256°. Elle se prépare comme la précédente.

La *nitrosamine* fond à 92-92°,5.

γγ-DIMÉTHYLTÉTRAHYDROQUINOLÉINE,

$$C^6H^4 \Big\langle \begin{array}{l} C(CH^3)^2 - CH^2 \\ \;\;|\;\;\;\;\;\;\;\;\;\;\; | \\ AzH \!\!-\!\!-\!\!-\!\! CH^2 \end{array}$$

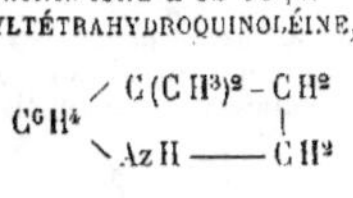

— Elle bout à 234-235° (Ferratini).

α-p-DIMÉTHYLTÉTRAHYDROQUINOLÉINE.— Liquide bouillant à 267° [Döbner et Miller, *D. chem. G.*, 16, 2471, 1883].

α-o-DIMÉTHYLTÉTRAHYDROQUINOLÉINE. — Elle bout à 260-262° (Döbner et Miller).

a-o-DIMÉTHYLTÉTRAHYDROQUINOLÉINE. — Elle bout à 271° [Berend, *D. chem. G.*, 18, 3165, 1885].

p-o-DIMÉTHYLTÉTRAHYDROQUINOLÉINE. — Elle bout à 272-273° sous 720 mm. [Bamberger et Wulz, *D. chem. G.*, 24, 2075, 1891].

ÉTHYLTÉTRAHYDROQUINOLÉINE. — Elle se produit dans l'électrolyse de l'acétyltétrahydroquinoléine [Baillie et Tafel, *D. chem. G.*, 32, 6878, 1899].

On a préparé de même en réduisant les quinoléines correspondantes par $Sn + HCl$:

L'*a-o-diméthyltétrahydroquinaldine* [Panajotow, *D. chem. G.*, 20, 34, 1887];

La *β-méthyl-α-éthyltétrahydroquinoléine* [Döbner et Miller, *D. chem. G.*, 17, 1716, 1885];

L'*x-propyltétrahydroquinoléine* [Tonella, *Beilstein's Handbuch org. Ch.*, 209, 1884];

La *β-p-diméthyl-x-éthyltétrahydroquinoléine* [Harz, *D. chem G.*, 18, 3887. 1885];

La *β-o-diméthyl-x-éthyltétrahydroquinoléine* (Harz);

La *diéthyltétrahydroquinoléine* [Ciamician et Plancher. *D. chem. G.*, 29, 2488, 1896];

La *tétraméthyl* et la *pentaméthyltétrahydro-quinoléine* [Zatti et Ferratini, *Gazz. chim. ital.*, 19, 3 6, 1892];

La *β-p-o-triméthyl-x-éthyltétrahydroquino-léine* [Waldbott, *D. chem. G.*, 23, 2272, 1890];

La *tétrahydroamylhexylquinoléine* [Döbner et Miller, *D. chem. G.*, 17, 1720. 1884].

α-PHÉNYLTÉTRAHYDROQUINOLÉINE. — Elle bout à 341-344° [Döbner et Miller, *D. chem. G.*, 19, 1198, 1886].

γ-PHÉNYLTÉTRAHYDROQUINOLÉINE. — Elle fond à 74° [Königs et Meimberg, *D. chem. G.*, 28, 1042, 1895]. La *nitrosamine* fond à 72°.

p-PHÉNYLTÉTRAHYDROQUINOLÉINE. —[La Coste et Sorger, *Ann. Chem.*, 230, 21, 1885]. Le *picrate* fond à 165°.

γ-PHÉNYLTÉTRAHYDROQUINALDINE. — Le *chlorhydrate* fond à 221° et le *dérivé nitrosé* à 97-98° [Königs et Meimberg, *loc. cit.*].

HEXAHYDROQUINOLÉINES et DÉCAHYDRO-QUINOLÉINES.

Sous l'influence de l'acide iodhydrique et du phosphore rouge a 240°, il se fixe de l'hydrogène sur la chaîne benzénique en même temps que sur la chaîne pyridique et l'on obtient l'hexahydro-quinoléine et la décahydroquinoléine, cette dernière dominant en quantité. Il se forme aussi du propylhexahydrobenzène.

L'HEXAHYDROQUINOLÉINE,

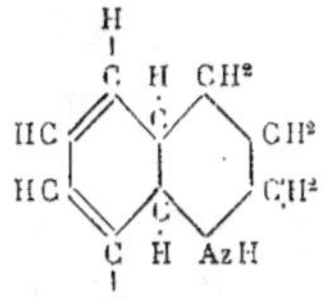

est un liquide à odeur de quinoléine, bouillant à 226° sous la pression de 720 mm. Le *chlorhydrate* fond à 170° [Bamberger et Lengfeld, *D. chem. G.*, 23, 1144, 1890]. Elle ne présente pas de réaction alcaline, mais donne cependant avec les acides minéraux des sels cristallisés.

Le *phényluréthane*, $C^9H^{12}Az.CO.AzH.C^6H^5$. fond à 159-161° [Tietze, *D. chem. G.*, 27, 1479, 1894].

DÉCAHYDROQUINOLÉINE,

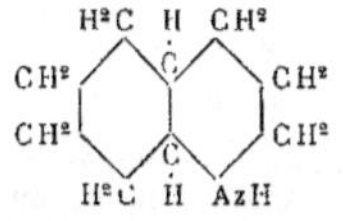

— Ce corps joue dans la série quinoléique le rôle de la pipéridine dans la série pyridique. On la sépare de l'hexahydroquinoléine obtenue en même temps au moyen de l'acide acétique dilué. qui la dissout facilement et laisse au contraire à l'état insoluble la majeure partie de l'hexahydro-dérivé.

Elle cristallise en prismes fusibles à 48°,5 et bouillant à 204° sous la pression de 714 mm. Son odeur est intense et rappelle celle de la conine.

Elle est fortement alcaline, absorbe l'anhydride carbonique de l'air et fume au contact des vapeurs acides.

Elle présente les propriétés des amines secondaires grasses. Ses sels cristallisent bien et sont solubles dans l'eau.

Elle donne avec la benzoquinone et les autres quinones des combinaisons colorées [Bamberger et Langfeld, *loc. cit.*; — Bamberger et Williamson, *D. chem. G.* 27, 1465, 1894].

La décahydroquinoléine se dissout dans l'eau chaude et dans l'alcool.

Elle réduit la solution ammoniacale d'azotate d'argent.

Le *chlorhydrate* fond en se décomposant à 275°,5-276°. Le *chloroplatinate* fond en se décomposant à 207°-207°,5, il est soluble dans l'eau. Le *chloraurate* fond à 96°; le *picrate* à 151-152°.

La *chlorimide* $C^9H^{16}Az.Cl$, fusible à 125°,5, s'obtient en traitant par une solution de chlorure de chaux la solution de chlorhydrate de décahydroquinoléine dans l'acide acétique.

La *nitrosamine* $C^9H^{16}Az.AzO$ est pâteuse; elle est peu soluble dans l'eau, soluble dans l'alcool.

Az-MÉTHYLDÉCAHYDROQUINOLÉINE, $C^9H^{16}Az-CH^3$. — On l'obtient en chauffant la décahydroquinoléine avec une solution aqueuse de méthylsulfate alcalin. Elle est huileuse, alcaline et bout à 205° sous la pression de 721 mm.

Son *chloraurate* fond à 109°.

Le *méthyluréthane* $C^9H^{16}.Az-CO^2.CH^3$ est une huile bouillant à 277-277°,5 sous 712 mm.

BASES ISOQUINOLÉIQUES.

ISOQUINOLÉINE,

(a) CH   CH (γ)
(p) HC   C   CH (β)
(m) HC   C   Az (az)
(o) CH   CH (a)

— L'isoquinoléine a été découverte en 1885 par Hoogewerff et van Dorp dans la quinoléine brute du goudron de houille. Elle a été isolée au moyen de cristallisations fractionnées des sulfates acides [*Rec. Pays-Bas*, **4**, 125; **5**, 305; et *Bull. Soc. Chim.*, **48**, 445, 1887].

Elle est à la tête d'une classe importante de composés parmi lesquels se placent certains alcaloïdes de l'opium, la papavérine et la narcotine, ainsi que l'hydrastine de l'hydrastis canadensis.

Elle se forme par réduction au moyen de l'acide iodhydrique de la dichloroisoquinoléine [Gabriel, *D. chem. G.*, **19**, 2361, 1886]; par chauffage de l'homophtalimide

$$CH^2-CO \diagdown$$
$$C^6H^4-CO \diagup Az\,H$$

avec la poudre de zinc dans un courant d'hydrogène [Le Blanc, *D. chem. G.*, **21**, 2299, 1888]; ou en dirigeant la vapeur de benzylidène-éthylamine $C^2H^5-Az=CH.C^6H^5$ à travers un tube chauffé au rouge [Pictet et Popovici, *D. chem. G.*, **25**, 734, 1892]; ou par distillation sur la poudre de zinc de l'isocarbostyrile ou de l'acide isocarbostyrile-carbonique [Zincke, *D. chem. G.*, **25**, 1497, 1892; — Bamberger et Kitschelt, *D. chem. G.*, **25**, 1147, 1892].

On peut encore l'obtenir par l'action de l'acide sulfurique fumant sur la benzylaminoacétaldéhyde [Fischer, *D. chem. G.*, **26**, 764, 1893]; par chauffage de l'aldoxime cinnamique avec P^2O^5 [Bamberger et Goldschmidt, *D. chem. G.*, **27**, 1955, 2795, 1894]; par chauffage de la benzylidène-acétonoxime avec de la terre d'infusoires et de l'anhydride phosphorique [Goldschmidt, *D. chem. G.*, **28**, 818, 1895]; par l'action de l'acide sulfurique à 160° sur le benzylidène-aminoacétal

$$C^9H^5-CH=Az\cdots CH^2-CH(OC^2H^5)^2$$
$$= 2C^2H^5-OH + C^6H^4 \diagup CH=CH \diagdown CH=Az$$

[Pomeranz, *Mon. f. Chem.*, **14**, 118, 1893 et **15**,

301, 1894]. Enfin lorsqu'on traite l'hippuramide par le perchlorure de phosphore, on obtient la trichlorisoquinoléine que l'acide iodhydrique change en isoquinoléine :

$$C^6H^5 \diagup^{AzH^2-CO-CH^2} \diagdown_{CO \underline{\quad\quad} AzH} \Longrightarrow C^6H^5 \diagup^{CCl=CCl} \diagdown_{CCl=Az}$$

Préparation. — On dissout dans l'alcool la quinoléine brute du goudron de houille, on ajoute de l'acide sulfurique et l'on fait cristalliser. Le sulfate acide d'isoquinoléine qui est peu soluble cristallise le premier. On le décompose par la soude et on soumet la masse à la distillation fractionnée.

Les portions bouillant entre 236 et 243° sont de nouveau changées en sulfate acide que l'on purifie par cristallisation fractionnée dans l'alcool, jusqu'à ce que le sel fonde à 206°. On en extrait ensuite la base.

Propriétés. — L'isoquinoléine est un liquide incolore à odeur de quinoléine qui cristallise par le froid et fond ensuite à + 24°,6.

Elle bout à 240°,5, c'est-à-dire un peu plus haut que la quinoléine. Elle bout à 142° sous la pression de 40 mm. Sa densité est à 21° de 1,099 [Brühl, *Zeit. f. ph. Chem.*, **22**, 391, 1897].

Cette base tertiaire présente des propriétés alcalines assez marquées et attire l'anhydride carbonique de l'air.

L'étain et l'acide chlorhydrique la transforment en tétrahydroisoquinoléine.

Oxydée par MnO^8K en liqueur acide, elle produit l'acide orthophtalique et l'acide cinchoméronique, de l'ammoniaque et de l'acide oxalique, l'une ou l'autre de ses chaînes étant brûlée.

En liqueur neutre il se produit de la phtalimide, $C^6H^4(CO)^2AzH$ [Goldschmidt, *Mon. f. Chem.*, **9**, 676, 1888].

Sous l'action du potassium, l'isoquinoléine fixe l'oxygène de l'air et donne l'isocarbostyrile.

Comme la quinoléine, l'isoquinoléine donne lieu à de nombreuses combinaisons d'addition.

Sels. — L'isoquinoléine est une base monoacide; elle forme des sels bien cristallisés. Ceux-ci fondent à des températures plus élevées que les sels correspondants de quinoléine.

Le *chloroplatinate* $(C^9H^7Az.HCl)^2.PtCl^4+2H^2O$ fond en se décomposant à 263°, il est peu soluble dans l'eau froide.

Le *picrate* est peu soluble dans l'eau et dans l'alcool, il fond à 222-223°,5.

L'*iodométhylate* $C^9H^7Az.CH^3I+H^2O$ est en aiguilles jaunes fusibles à 159° [Claus et Edinger, *J. f. prakt. Chem.*, (2), **38**, 492, 888]. Il est très soluble dans l'eau, l'alcool et l'éther.

L'*iodoéthylate* fond à 148°. Il est en lamelles jaune d'or.

Le *chlorobenzylate* $C^9H^7Az.C^6H^5.CH^2.Cl$ est très soluble dans l'eau et l'alcool.

Les hydroxydes correspondants, oxydés par le ferricyanure de potassium, donnent des alkylisoquinolones, telles que la Az-méthylisoquinolone.

Oxydés par MnO^4K, ces hydroxydes donnent des Az-alkylphtalimides telles que

$$C^6H^4 \diagdown^{CO}_{CO} \diagup Az.CH^3$$

qui sont caractéristiques de l'isoquinoléine.

Composés d'addition. — L'isoquinoléine se combine aux sulfocyanures cuivreux et cuivrique [Litterscheid, *Arch. d. Pharm.*, **240**, 386, 390, 1902].

Elle se combine à l'éther monochloracétique et à l'éther monobromacétique. Ces combinaisons chauffées avec le chlorure d'argent se transposent et forment des bétaïnes [Iblder, *Arch. d. Ph.*, **240**, 504, 1902].

Elle forme avec la bromacétophénone une combinaison $C^9H^7Az + C^6H^5.CO.CH^2Br$ fusible à 205° [Goldschmiedt, *Mon. f. Chem.*, **9**, 680, 1888]. Elle donne avec l'anhydride phtalique une *isoquinophtalone* dont le dérivé sodé est identique à la quinophtalone sodée [Eibner et Merkel. *D. chem. G.*, **37**, 3006-3011, 1903].

Dérivés halogénés. — Traitée en solution bromhydrique par le brome, l'isoquinoléine donne des cristaux rouges de *bromhydrate de dibromure* $C^9H^7Az.Br^2.HBr$ (fusible à 130-135°).

Le *dibromure* libre $C^9H^7Az.Br^2$ se forme quand on ajoute du brome à une solution chloroformique d'isoquinoléine. Il fond à 82° [Edinger et Bossung *J. prakt. Chem.*, (2), **43**, 191, 1891].

β-*Chlorisoquinoléine,*

— On chauffe la dichlorisoquinoléine à 150-170° avec de l'acide iodhydrique et du phosphore [Gabriel, *D. chem. G.*, **19**, 1656 et 2356, 1886] ou bien encore on réduit la dichlorisoquinoléine en solution acétique par $Sn + HCl$.

Elle fond à 47-48° et bout à 280-281° (752 mm.). Elle se dissout facilement dans les acides.

o-*Chlorisoquinoléine.* — On traite par l'acide sulfurique concentré le produit de condensation de l'o-chlorobenzaldéhyde avec l'aminoacétal (Pomeranz). Elle fond à 55°.

α-γ-*Dichlorisoquinoléine,*

— Ce composé s'obtient par chauffage à 170°, de l'oxyisocarbostyrile avec l'oxychlorure de phosphore.

Il se présente sous forme de cristaux fusibles à 89°. Il est entraînable par la vapeur d'eau [Gabriel et Colmann, *D. chem. G.*, **33**, 980, 1900].

α-β-*Dichlorisoquinoléine,*

— On chauffe l'homophtalimide avec l'oxychlorure de phosphore à 150-170° :

[Gabriel, *D. chem. G.*, **19**, 1655 et 2355, 1886]. Elle fond à 122-123° et bout à 305-307°. Elle se sublime lentement à 100°. Elle est soluble dans le chloroforme, l'éther et le benzène

Trichlorisoquinoléine. — On l'obtient par l'action de SCl^2 sur l'isoquinoléine à 150°. Elle fond à 124° [*J. prakt. Chem.*, **56**, 273, 1897].

Py-Bromisoquinoléine. — Elle se forme par chauffage du chlorhydrate d'isoquinoléine avec du brome [Edinger et Bossung. *J. prakt. Ch.*, (2),

43, 191, 1891] ou par chauffage du chlorhydrate de dibromure.

Elle fond à 40° et bout à 280-285°.

L'*iodométhylate* fond à 233°.

o-*Bromisoquinoléine.* — Elle a été obtenue par l'action du brome sur l'o-nitroisoquinoléine. Elle fond à 80°.5 [Claus et Hoffmann, *J. prakt. Ch.*, (2), **47**, 262, 1893].

Dibromisoquinoléine. — On l'obtient en remplaçant AzH^2 par Br dans l'α-bromaminoisoquinoléine (Edinger et Bossung). Elle fond à 183°.

α-*Iodisoquinoléine.* — On obtient son *iodhydrate* par action de l'anhydride sulfureux sur l'iodhydrate de diiodisoquinoléine.

Elle fond à 99°. Elle est peu soluble dans l'eau, soluble dans l'alcool.

Traitée par l'iode et l'acide sulfurique à 50 0/0, elle se transforme en *triiodisoquinoléine* fusible à 253°, comme produit principal, et *diiodisoquinoléine* fusible à 151° [Edinger et Schumacher, *D. chem. G.*, **33**, 2886, 1900; — Edinger, *J. prakt. Ch.*, (2), **51**, 205, 1895].

La *tétraiodisoquinoléine* s'obtient en mélangeant les solutions sulfocarboniques d'iode et d'isoquinoléine. Elle se présente en cristaux bleu foncé fusibles à 130°, très solubles dans l'alcool et l'acétone, peu solubles dans l'éther et le sulfure de carbone.

Enfin Edinger a obtenu une iodisoquinoléine fusible à 98° en diazotant l'α-aminoisoquinoléine en présence d'acide iodhydrique.

Dérivés nitrés. — On a préparé une α ou o-nitroisoquinoléine fusible à 110° [Claus et Hoffmann; — Fartner. *Monats.*, **14**, 146, 1893] et une *dinitroisoquinoléine* fusible à 238°,5, ainsi que deux bromonitroisoquinoléines.

ALKYLISOQUINOLÉINES.

Les alkylquinoléines s'obtiennent par des réactions calquées sur les réactions génératrices de l'isoquinoléine.

α-MÉTHYLISOQUINOLÉINE,

— Cette base résulte de l'action de l'acide sulfurique sur la combinaison de l'acétophénone avec l'aminoacétal [Pomeranz, *Monats.*, **15**, 304, 1894] :

$$C^6H^5 - CO - CH^3 + (C^2H^5O)^2 = CH.CH^2 - AzH^2$$

On l'obtient aussi en chauffant au rouge, avec la poudre de zinc, la *papavéroline*, un produit de l'action de l'acide iodhydrique sur la papavérine [Krauss, *Monats.*, **11**, 360, 1890]. Elle est liquide et bout à 248°. Sa densité à 20° est 1,0768.

Son *sulfate acide* constitue des prismes fusibles à 246-247°.

β-MÉTHYLISOQUINOLÉINE,

— Elle a été obtenue en réduisant par la poudre

de zinc dans un courant d'hydrogène le β-méthylisocarbostyrile [Gabriel et Neumann, *D. chem. G.*, **25**, 3570, 1892], ou en chauffant à 170-180° la β-méthyl-α-chlorisoquinoléine avec de l'acide iodhydrique et du phosphore.

C'est une masse cristalline fusible à 68° et bouillant à 240°.

Son *chloroplatinate* $(C^{19}H^9Az \cdot HCl)^2 PtCl^4 + H^2O$ fond vers 195° avec boursouflement.

β-*Méthyl-α-chloroquinoléine*. — On chauffe le méthylisocarbostyrile avec $POCl^3$.

C'est une masse cristalline fondant à 35-36° et bouillant à 280-281° (Gabriel et Neumann).

β-*Méthyl-α-γ-dichlorisoquinoléine*,

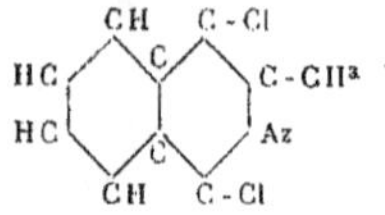

$$CH{-}C{-}Cl,\ HC{-}C{-}CH^3,\ HC{-}Az,\ CH{-}C{-}Cl$$

— Cristaux fusibles à 95° et bouillant à 312°, obtenus en petite quantité dans la préparation de la méthylchloroxyisoquinoléine.

γ-Méthylisoquinoléine. — Cette base s'obtient en distillant sur la poudre de zinc la diméthylhomophtalimide

$$(CH^3)^2{=}C\!\!-\!\!CO{\searrow}\ \ \ AzH\ \ \ C^6H^4{-}CO\nearrow$$

dans un courant d'hydrogène [Le Blanc, *D. chem. G.*, **21**, 2300, 1888].

C'est un liquide bouillant à 256°.

Le *chloro platinate* est peu soluble. A l'état anhydre, il fond à 253°,5.

α-β-*Dichloro-γ-méthylisoquinoléine*. — On l'obtient en même temps que la méthylchloroxyisoquinoléine en chauffant à 195° avec $POCl^3$ l'α-méthylhomo-o-phtalimide

$$C^6H^4{<}\genfrac{}{}{0pt}{}{CH(CH^3)}{CO{-}AzH}{>}CO$$

[Gabriel, *D. chem. G.*, **20**, 2504, 1887]. Elle fond à 101-102°.

p-Méthylisoquinoléine. — Elle se prépare en dissolvant dans l'acide sulfurique le p-méthylbenzylidène-aminoacétal $CH^3.C^6H^4.CH{=}Az.CH^3.CH(OC^2H^5)^2$ et ajoutant $POCl^5$ [Pomeranz, *Monats.*, **18**, 3, 1885]. Elle fond à 83° et bout à 263-264°. La *p-méthylisoquinophtalone* fond à 237°.

o-Méthylisoquinoléine. — Elle se prépare comme la base précédente. Elle est liquide et bout à 258°. Le *picrate* fond à 204-205° et la *quinophtalone* à 235° [Erbner et Hoffmann, *D. chem. G.*, **37**, 3011-3018, 1904].

β-Éthylisoquinoléine. — On réduit par l'acide iodhydrique et le phosphore l'α-chlo o-β-éthylquinoléine [Damerow, *D. chem. G.*, **27**, 3237, 1894].

On peut encore l'obtenir en chauffant sur la poudre de zinc le β-éthylisocarbostyrile.

Elle est liquide et bout à 255-256° sous la pression de 752 mm. Le *chloroplatinate* fond en se décomposant à 180°.

α-*Chloro-β-éthylisoquinoléine*. — On chauffe le β-éthylisocarbostyrile avec $POCl^3$ (Damerow).

γ-Éthylisoquinoléine. — On l'obtient par chauffage de son dérivé dichloré avec HI et P [Gabriel, *D. chem. G.*, **20**, 1207, 1887].

β-Propylisoquinoléine (bout à 271°) [Albahary, *D. chem. G.*, **29**, 2397, 1896].

β-Isopropylisoquinoléine (bout à 265°) [Lehmkukl, *D. chem. G.*, **30**, 893, 1897].

β-Isobutylisoquinoléine (bout à 278°, sous 745 mm.) (Lehmkuhl).

β-Isobutylisoquinoléine (fond à 138-139°) (Lehmkuhl).

β-Benzylisoquinoléine,

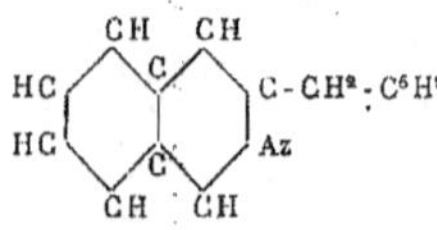

$$CH{-}CH,\ HC{-}C{-}CH^2{-}C^6H^5,\ HC{-}Az,\ CH{-}CH$$

— Cette base se forme en même temps que l'isomère γ par l'action de la benzaldéhyde sur la benzoyltétrahydroisoquinoléine.

Les deux isomères sont séparés par l'intermédiaire de leurs sulfates, celui du dérivé β étant moins soluble dans l'eau que celui du dérivé γ.

La β-benzylquinoléine fond à 104°. Elle bout à 311° sous la pression de 23 mm.

γ-Benzylisoquinoléine. — Elle bout à 238° sous 23 mm.

α-Benzylisoquinoléine. — Elle bout à 228° sous la pression de 23 mm. [Rugheimer, *Ann. Chem.*, **328**, 236 334, 1906 et *Bull. Soc. Chim.*, **34**, 1189, 1905].

α-Phénylisoquinoléine. — On obtient cette base par condensation de la benzophénone avec l'aminoacétal en présence d'acide sulfurique [Pomeranz, *Monats.*, **18**, 5, 1897]. Elle fond à 87-88°.

β-Phénylisoquinoléine. — On l'obtient par réduction de β-phénylisocarbostyrile par la poudre de zinc ou de la β-phényl-α-chlorisoquinoléine par l'acide iodhydrique [Gabriel, *D. chem. G.*, **18**, 3477, 1885]; — Gabriel et Neumann, *D. chem. G.*, **25**, 3573, 1892].

HYDROISOQUINOLÉINES.

Aucune dihydroquinoléine n'a été isolée, mais on connaît des dihydroalkylisoquinoléines.

La dihydro-α-méthylisoquinoléine se forme quand on déshydrate à chaud, par l'anhydride phosphorique ou le chlorure de zinc, la phényléthylacétamide :

$$C^6H^5{<}\genfrac{}{}{0pt}{}{CH^2{-}CH^2}{CH^3{-}CO}{>}AzH$$
$$= C^6H^4{<}\genfrac{}{}{0pt}{}{CH^2{-}CH^2}{C(CH^3)^2{=}Az}{} + H^2O.$$

Elle est huileuse et bout vers 240°.

Tétrahydroisoquinoléine,

$$CH{-}CH^2,\ CH{-}C{-}CH^2,\ CH{-}C{-}AzH,\ CH{-}CH^2$$

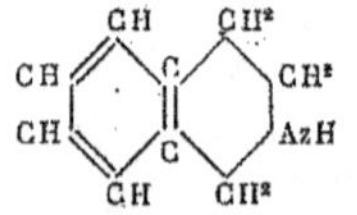

— On l'a obtenue en hydrogénant par l'étain et l'acide chlorhydrique l'isoquinoléine. Les 4 atomes d'hydrogène se fixent sur le noyau pyridique [Hoogewerff et van Dorp, *Rec. Pays-Bas*, **5**, 310 et *Bull. Soc. Chim.*, **48**, 445 1887 — Ferratini, *Gazz. chim. ital.*, (2), **22**, 425, 1892]. On peut aussi opérer la réduction par l'alcool et le sodium [Bamberger et Dieck, *ann. D. chem. G.*, **26**, 1209].

Elle est liquide et bout à 232-233°. L'iode lui enlève 4 atomes d'hydrogène. Elle absorbe le gaz carbonique de l'air et constitue une base plus forte que la tétrahydroquinoléine. Elle rappelle à ce point de vue la pipéridine.

Elle donne avec l'acide azoteux, une *nitrosamine*,

$$C^6H^4 \diagup \begin{matrix} CH^2 - CH^2 \\ | \\ CH^2 - Az - AzO \end{matrix}$$

fusible à 53°.

Combinée à l'iodure de méthyle, elle forme un *iodométhylate* cristallisé en lamelles brillantes fusibles à 89°.

C'est par la tétrahydroisoquinoléine que la berbérine, la narcotine et l'hydrastine se rattachent à l'isoquinoléine.

Az-Méthyltétrahydroisoquinoléine ou *isokaïroline*. — Ce corps s'obtient par hydrogénation, au moyen de Sn + HCl, de l'iodométhylate d'isoquinoléine.

On obtient de la même manière l'*Az-éthyltétrahydroisoquinoléine* et l'*Az-benzyltétrahydroisoquinoléine*.

La première s'unit à l'iodure de benzyle et la deuxième à l'iodure d'éthyle pour former le même produit [Wedekund et Œchslen, *D. chem. G.*, **34**, 3986-3993; — Ferratini, *Gazz. chim. ital.*, (2), **23**, 410, 1893].

Tétrahydroisoquinoléytthiosulfocarbamate de méthyle. — On traite par CH³I une solution sulfocarbonique de tétrahydroisoquinoléine.

La combinaison, C⁹H¹⁰Az.CS.SCH³, fond à 70° [Delépine, *Bull. Soc. Chim.*, **27**, 588, 1902].

Iodhydrate de tétrahydroisoquinoléine-Az-acétate d'éthyle. — Il se forme en traitant par C²H⁵I le tétrahydroquinoléine-acétate d'éthyle [Wedeking, *D. chem. G.*, **38**, 436, 1905 et *Bull. Soc. Chim.*, **36**, 377, 1906].

TÉTRAHYDRO-β-MÉTHYLISOQUINOLÉINE. — Cette base se prépare en réduisant par l'acide iodhydrique et le phosphore la β-méthyl-γ-oxy-α-chloroisoquinoléine C'est une huile bouillant à 237°. Sa *nitrosamine* fond à 78°.

OXYQUINOLÉINES.

(Voyez 1ᵉʳ Supp., **2**, 1356). Les oxyquinoléines dans lesquelles l'oxhydryle OH est introduit dans le noyau pyridique, ou Py-oxyquinoléines, présentent, comme les oxypyridines, la propriété d'entrer dans les réactions sous deux formes tautomères. la forme hydroxylée et la forme cétonique, c'est-à-dire de fonctionner soit comme phénols. soit comme cétones.

On envisage le plus souvent comme normaux les dérivés phénoliques, et l'on nomme pseudo-dérivés les combinaisons fournies par les composés cétoniques.

Les oxyquinoléines n'existent probablement à l'état de liberté que sous la forme phénolique, et les pseudo-dérivés ne sont connus qu'à l'état d'éthers :

α-Oxyquinoléine
ou carbostyrile.

Éther-oxyde méthylique
de l'α-oxyquinoléine.

Az-Méthyl-α-quinolone ou éther méthylique
du pseudocarbostyrile.

Les β-oxyquinoléines n'existent que sous la forme phénolique, comme cela a lieu dans la série pyridique.

Les Az-alcoylquinolones traitées par PCl⁵ ou PBr⁵ donnent une quinoléine halogénée, et le radical alcoolique est éliminé à l'état de dérivé chloré ou bromé [Fischer, *D. chem. G.*, **31**, 609, 1898 et **32**, 1297, 1899].

Les Py-oxyquinoléines prennent principalement naissance par condensation de l'aniline avec les acides β-cétoniques (voy. ACIDE ACÉTYL-ACÉTIQUE, 2° Suppl., **1**, 60).

α-OXYQUINOLÉINE (*carbostyrile*). — (Voyez 1ᵉʳ Suppl., **2**, 1356). Le carbostyrile se forme lorsqu'on oxyde la quinoléine par l'acide hypochloreux [Erlenmeyer et Rosenhek, *D. chem. G.*, **18**, 3295. 1885; — Einhorn et Lauch, *D. chem. G.*, **19**, 53, 1886], c'est-à-dire par une dissolution de chlorure de chaux en présence d'acide borique. Il se produit encore dans la diazotation de l'aminocarbostyrile (E. Fischer).

Propriétés. — Le carbostyrile cristallise dans l'alcool en gros prismes; l'eau chaude le laisse déposer en aiguilles soyeuses contenant 1 H²O.

Le tribromure de phosphore le réduit à 200° et donne de la quinoléine [Stœrmer, *D. chem. G.*, **36**, 3986-3992, 1903].

α-Oxydihydroquinoléine,

— Elle fond à 163°. C'est la lactame de l'acide aminohydrocinnamique. Elle prend naissance quand on cherche à produire celui-ci par réduction de l'acide o-nitrophénylpropionique ou o-nitrohydrocinnamique.

Le dérivé Az-éthylé résulte de l'action de C²H⁵I et de KOH sur l'oxydihydroquinoléine α. C'est une huile à odeur agréable, soluble dans HCl concentré [Berthelot et Jungfleisch, *Traité de Chimie organique*, **2**, 799, 1904].

DÉRIVÉS HALOGÉNÉS. — *Az-Chloroxyquinoléine (Az-chlorocarbostyrile).* — Ce composé se forme lorsqu'on traite la quinoléine par une solution de chlorure de chaux en présence d'acide borique [Einhorn et Lauch, *Ann. Chem.*, **243**, 343, 1888], ou lorsqu'on sature de gaz carbonique une solution alcaline de carbostyrile, additionnée d'hypochlorite de sodium.

Il fond à 112°. Il se dissout dans les alcalis et dans les acides. Il régénère le carbostyrile sous l'action des alcalis à chaud, de l'oxyde d'argent, de l'anhydride sulfureux, du cyanure de potassium.

Il se transforme par chauffage avec l'alcool ou l'éther acétique en p-chlorocarbostyrile.

α-Chlorocarbostyrile. — On chauffe le dichlorocarbostyrile avec de l'alcool absolu ou une lessive de soude [Einhorn et Lauch, *loc. cit.*]. Il fond à 287°.

p-Chlorocarbostyrile. — On chauffe l'Az-chlorocarbostyrile avec de l'alcool.

Le p-chlorocarbostyrile est sublimable et fond à 262-263°.

L'acide hypochloreux le transforme en *dichlorocarbostyrile* fusible à 145°.

p-Bromocarbostyrile. — On traite la p-bromoquinoléine par le chlorure de chaux et l'acide borique. Le corps obtenu fond à 269° [Welter, *J. prakt. Chem.*, (2), **43**, 498, 1891].

m-Bromocarbostyrile. — Il se prépare comme le dérivé précédent. Il fond à 228° (Welter).

γ-Iodocarbostyrile. — Il a été préparé par l'action de l'acide iodhydrique sur l'acide o-amino-phénylpropiolique [Baeyer et Blœhm, *Beilstein's Handbuch org. Ch.*, IV, 282]. Il fond à 276°.

o-Dibromocarbostyrile. — Ce corps s'obtient en chauffant avec HCl concentré l'α-o-tribromo-quinoléine [Decker et Stavropoulos, *J. prakt. Chem.*, **68**, 100-103, 1903].

DÉRIVÉS NITRÉS. — Il ne peut y avoir que quatre Bz-nitrocarbostyriles, et l'on en avait décrit sept. Decker a montré que :

1° L'*o-nitrocarbostyrile* est identique au dérivé δ de Pollitz et de Miller et Kinkelin [*D. chem. G.*, **22**, 1711, 1889]. Il fond à 168°; il peut encore s'obtenir en chauffant à l'ébullition avec de l'acide chlorhydrique l'α-chloro-o-nitroquino-léine [Decker et Stavropoulos, *J. prakt. Chem.*, **68**, 100-103, 1903].

2° Le *m-nitrocarbostyrile*, qui fond à 340°, est identique au dérivé α obtenu par Friedländer et et Latzarus, par chauffage de l'acide α-nitro-o-aminocinnamique avec l'acide chlorhydrique à 150° [*Ann. Chem.*, **229**, 243, 1885] ;

3° Le *p-nitrocarbostyrile* fondant à 280° est identique avec l'isomère γ, de Friedländer et Latzarus (nitration du carbostyrile par le mé-lange nitrosulfurique) ;

4° L'*a-nitrocarbostyrile*, fondant à 304°, est identique avec l'isomère ε, de Claus et Setzer [*J. prakt. Chem.*, (2), **53**, 392, 1896], obtenu par l'action de l'acide hypochloreux sur l'a-nitro-carbostyrile [Decker, *J. prakt. Chem.*, **64**, 85, 1901 et *Bull. Soc. Chim.*, **28**, 287, 1902].

Dinitrodihydrocarbostyrile. — Ce corps se forme lorsqu'on chauffe à 150°, avec de l'acide chlorhydrique à 10 0/0, l'acide dinitroaminocar-boxéthyle-phénylpropionique. Il fond à 177° [van Dorp, *Rec. des Pays-Bas*, **23**, 301-324 et *Bull. Soc. Chim.*, **34**, 228, 1905].

ÉTHERS. — Les *éthers-oxydes* de la forme phénolique s'obtiennent notamment par l'action des iodures alcooliques sur les combinaisons mé-talliques du carbostyrile.

Les *pseudo-dérivés* sont alcoylés à l'azote. Ils dérivent de l'α-quinolone et par suite du dihy-drocarbostyrile

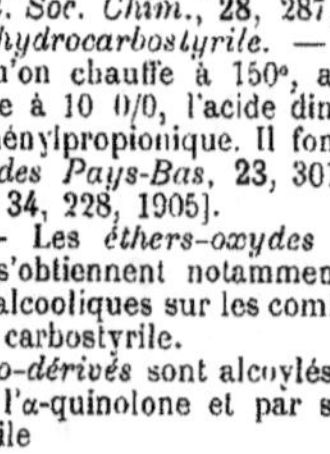

$$\begin{array}{c}\text{CH} \quad \text{CH}\\ \text{HC} \quad \text{C} \quad \text{CH}\\ \text{HC} \quad \quad \text{CH}^2\\ \text{CH} \quad \text{Az}\\ | \\ \text{H}\end{array}$$

Ils résultent de l'action des iodures alcooliques sur le carbostyrile libre. Ils résistent à l'action de l'acide chlorhydrique qui décompose, au con-traire, les éthers phénoliques en chlorure alcoo-lique et α-oxyquinoléine.

Az-Méthylpseudocarbostyrile ou *Az-méthyl-α-quinolone*. — On obtient ce corps en chauffant l'oxyquinoléine α avec l'iodure de méthyle et la soude alcoolique.

Il y a d'abord formation d'un hydrate d'am-monium qui se transpose en oxydihydrobase

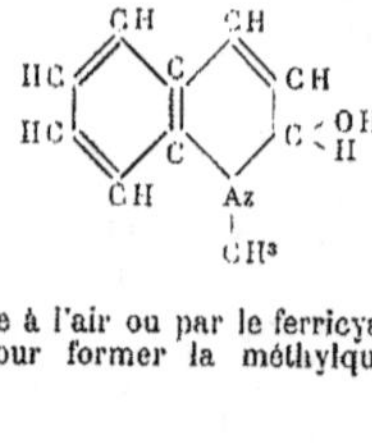

$$\begin{array}{c}\text{CH} \quad \text{CH}\\ \text{HC} \quad \text{C} \quad \text{CH}\\ \text{HC} \quad \quad \text{C} \cdot \text{OH}\\ \quad \quad \text{H}\\ \text{CH} \quad \text{Az}\\ | \\ \text{CH}^3\end{array}$$

qui s'oxyde à l'air ou par le ferricyanure de po-tassium pour former la méthylquinolone. On peut aussi oxyder directement l'iodométhylate par le ferricyanure de potassium.

Le corps obtenu cristallise en fines aiguilles fusibles à 74° et bouillant à 324°, en s'altérant, sous 728 mm. [Decker, *D. chem. G.*, **35**, 2588-2593, 1902 ; — Friedländer et Müller, *D. chem. G.*, **20**, 2009, 1887].

Il est facilement soluble dans l'alcool, l'acétone et le chloroforme.

Hydrogéné par l'alcool et le sodium, il se change en Az-méthyldihydroquinoléine. Le *chlor-hydrate* de méthyl-α-quinolone fond à 112°, le *chloromercurate* à 189° et se dissoùt difficilement dans l'eau. Le *chloroplatinate* est également peu soluble.

γ-*Chlorométhylpseudocarbostyrile*,

$$\begin{array}{c}\text{CH} \quad \quad \text{C-Cl}\\ \text{HC} \quad \text{C} \quad \text{CH}\\ \text{HC} \quad \text{C} \quad \text{CO}\\ \text{CH} \quad \text{Az}\\ | \\ \text{CH}^3\end{array}$$

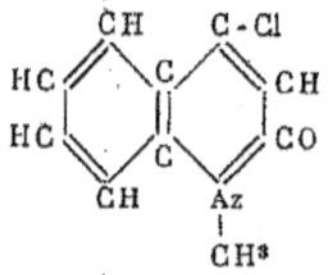

— Ce corps s'obtient par l'action de la soude sur une solution de γ-chlorocarbostyrile et d'iodure de méthyle dans l'alcool méthylique [Friedländer et Müller, *D. chem. G.*, **20**, 2013, 1887].

β-*Bromo-Az-méthyl-α-quinolone*. — Ce corps se forme par l'action d'une solution alcaline de ferricyanure sur l'iodométhylate de β-bromoqui-noléine. Il fond à 140° [Decker, *J. prakt. Chem.*, (2), **45**, 161-200, 1892 et *Bull. Soc. Chim.*, **8**, 871, 1892].

m-Bromo-Az-méthyl-α-quinolone. — Elle s'obtient de même au moyen de l'iodométhylate de la m-bromoquinoléine. Elle fond à 173°.

p-Bromo-Az-méthyl-α-quinolone. — Elle fond à 145°.

a-Bromo-Az-méthyl-α-quinolone. — Elle fond à 146-147°.

La p-bromo-Az-méthylquinolone, traitée par PCl⁵, donne l'α-chloro-p-bromoquinoléine [Fischer, *D. chem. G.*, **35**, 3674, 1902].

a-Nitro-Az-méthyl-α-quinolone. — Ce com-posé s'obtient en oxydant, par une solution alca-line de ferricyanure, l'iodométhylate de a-nitro-quinoléine (Decker), ou en chauffant à 200-250° l'a-nitrocarbostyrile avec une lessive de soude, de l'iodure de méthyle et du benzène [Claus et Setzer, *J. prakt. Chem.*, (2), **53**, 397, 1896]. Il fond à 167° et se dissout dans l'éther et le ben-zène.

L'*o-nitrométhylquinolone* se prépare de même que l'isomère précédent, ou bien encore par addition de sulfate de méthyle à l'o-nitroquino-léine et oxydation du produit d'addition par le ferricyanure de potassium en solution alcaline. Il cristallise dans le benzène ou dans l'alcool en aiguilles jaunes fusibles à 124° [Decker et Sta-vropoulos, *J. prakt. Chem.*, **68**, 100-103, 1903 ; Decker, *J. prakt. Chem.*, **64**, 85, 1901 et *Bull. Soc. Chim.*, **28**, 287-288, 1902].

La *m-nitrométhylquinolone* fond à 199° et la *p-nitrométhylquinolone* à 222°.

La nitration de l'Az-méthylquinolone par l'acide azotique ($d = 1,5$) et l'acide sulfurique donne le dérivé para fondant à 222°.

Par une nitration énergique on arrive à une *trinitrométhylquinolone* fondant à 208-210°, en aiguilles jaunes solubles dans le benzène et le xylène [Decker, *J. prakt. Chem.*, **64**, 85, 1901]. En nitrant la *m-nitrométhylquinolone*, on obtient un trinitro-dérivé différent fusible à 249°.

On a préparé par les mêmes procédés que les dérivés mononitrés précédents la γ-*bromo-a-*

nitro-Az-méthylquinolone, fusible à 232°, et la *p-bromo-a-nitro-Az-méthylquinolone*, fusible à 203°.

Az-Éthyl-α-quinolone ou *az-éthylpseudocarbostyrile*. — On l'obtient en même temps que l'éthylcarbostyrile au moyen du carbostyrile, de l'éthylate de sodium et de l'iodure d'éthyle [Friedländer et Weinberg, D. chem. G., 18, 1529, 1885]. Ce corps fond à 55° et bout à 316-318°.

Lorsqu'on triture dans l'obscurité les cristaux d'Az-éthyl-α-quinolone, on observe une lumière bleue. Cette triboluminescence n'appartient pas aux autres quinolones [Decker, D. chem. G., 33, 2277, 1899].

L'*a-nitroéthylquinolone* a été obtenue par Decker, en traitant le nitrate d'éthylquinoléinium par le mélange nitrosulfurique, précipitant par un alcali, puis oxydant par le ferricyanure. Elle fond à 135° [D. chem G., 33, 2275, 1899].

L'*o-nitroéthylquinolone* fond à 93°, la *méta* à 168° et la *para* à 183° [Decker et Stavropoulos, loc. cit.; — Decker, loc. cit.].

Decker a obtenu une *trinitro-Az-éthyl-α-quinolone* par la nitration de la quinolone au moyen du mélange nitrosulfurique. Ce corps fond à 224°.

Il a obtenu un autre dérivé trinitré fusible à 237° en nitrant la m-nitroéthylquinolone.

γ-OXYQUINOLÉINE (*kynurine*). — Voyez 2° Suppl., KYNURINE.

Bz-OXYQUINOLÉINES. — Les *oxyquinoléines-Bz* sont toutes connues; on les nomme aussi *quinophénols* ou *oxybenzoquinoléines*.

On les produit en appliquant à un aminophénol la réaction de Skraup, ou celle de Döbner et Miller pour la synthèse des bases quinoléiques. On les obtient aussi en traitant par la potasse en fusion les acides quinoléine-monosulfoniques. En présence des alcalis fondus, elles s'oxydent et donnent des dioxyquinoléines.

o-OXYQUINOLÉINE. — Voyez 1er Suppl., 2, 1357 (quinophénol).

L'orthoxyquinoléine sodique NaO-C⁹H⁶Az, soumise dans un autoclave à l'action du gaz carbonique sous pression, fixe CO^2 et se change en sel de sodium de l'acide *o-oxyquinoléine carbonique*, par une réaction qui rappelle la production de l'acide salicylique (Schmitt et Engelmann).

L'orthoxyquinoléine forme avec l'aseptol ou acide phénol-o-sulfonique la combinaison

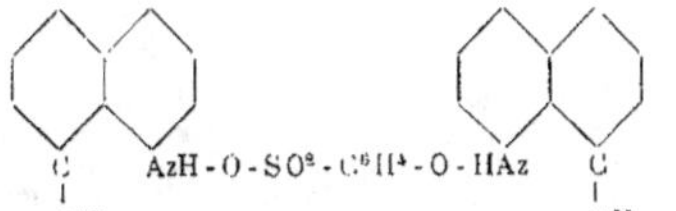

$$\text{C} \;|\; \text{OH} \qquad AzH-O-SO^2-C^6H^4-O-HAz \qquad \text{C} \;|\; \text{OH}$$

employée comme antiseptique sous les noms de *diaphtérine* et d'*oxyquinaseptol*.

L'*iodométhylate* s'obtient par l'action de CH³I et de l'alcool méthylique à 100° [Lippmann et Fleissner, Mon. f. Chem., 10, 665, 1889]. Il se décompose à 143°. Il est très peu soluble dans l'alcool absolu, insoluble dans l'éther.

Le *sulfate neutre*, (C⁹H⁷AzO)².SO⁴H², s'obtient en abandonnant au repos un mélange de 10°.6 d'acide sulfurique à 65°.5. 29 p. d'orthoxyquinoléine et 100 p. d'alcool à 96°. Il se sépare une poudre cristalline jaune, très soluble dans l'eau et insoluble dans l'éther absolu. Ce sel fond à 177°,5. Il peut être employé comme antiseptique et antifermentescible [Brev. fr., 366 100, Franz Fritzsche et Cie; — Rev. Chim. Ind., 15 nov. 1906].

Le *brométhylate*, C⁹H⁷AzOC²H⁵Br + 1 1/2 H²O

est en prismes jaunes fusibles à 72° et se déshydratant à 166° [Claus et Howitz, J. f. prakt. Chem., (2), 47, 426, 1893].

Le *chlorobenzylate* OH C⁹H⁶Az.C⁶H⁵.CH²Cl + 1/2 H²O fond après déshydratation à 182°.

L'*hydroxyde* d'o-oxyméthylquinoléinium constitue des prismes orangés.

L'o-oxyquinoléine chauffée avec l'α-chloroquinoléine donne une sorte d'éther-oxyde, l'*α-quinoléylorthoxyquinoléine* [Cohn, Mon. f. Chem., 17, 668, 1896].

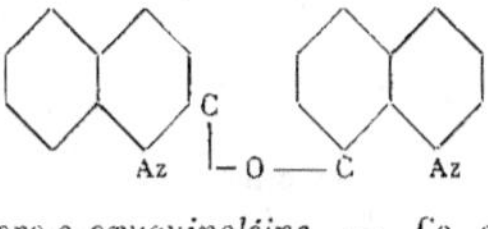

a-Chloro-o-oxyquinoléine. — Ce composé s'obtient par l'action du chlore sur une solution acétique d'o-oxyquinoléine [Hebebrand, D. chem. G., 21, 2979, 1888] ou par chauffage de l'acide o-quinoléine-a-sulfonique avec le perchlorure de phosphore à 170° [Claus et Giwartovsky, J. f. prakt. Ch., (2), 54, 389, 1896].

L'a-chloro-o-oxyquinoléine fond à 129-130°. Son *chlorhydrate* fond à 253°.

a-m-m-Trichloro-o-quinolone,

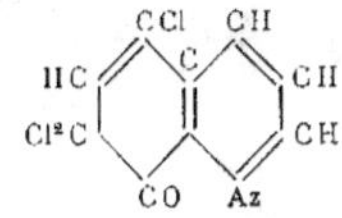

— Le *chlorhydrate* de ce composé s'obtient en même temps que l'a-chloro-o-oxyquinoléine.

a-Bromo-o-oxyquinoléine. — On l'obtient en même temps que l'a-m-dibromo-o-oxyquinoléine par l'action du brome sur une solution acétique d'o-oxyquinoléine [Claus et Howitz, J. f. prakt. Chem., (2), 44, 444, 1891]. Elle se forme aussi par chauffage à 180° avec de l'acide chlorhydrique de l'a-bromo-o-éthoxyquinoléine [Claus et Howitz, J. f. prakt. Chem., (2), 56, 390, 1897]. Elle fond à 124°.

a-m-Dibromo-o-oxyquinoléine. — Ce corps s'obtient encore par chauffage d'une solution acétique d'acide o-oxyquinoléine-carbonique [Schmitt et Engelmann, D. chem. G., 20, 2694. 1887]; par diazotation de la a-m-dibromo-o-aminoquinoléine [Claus et Howitz, J. f. prakt. Chem., (2), 52, 540]; l'action du brome sur une solution acétique bouillante d'o-éthoxyquinoléine [Claus et Howitz, J. f. prakt. Chem., 56, 390, 1897]; ou enfin par bromuration de la m-bromo-o-oxyquinoléine [Claus et Giwartovsky, J. f. prakt. Chem., (2), 54, 379, 1896]. Cette dibromooxyquinoléine fond à 196°.

La *m-bromo-o-oxyquinoléine* s'obtient en chauffant l'acide m-bromo-o-oxyquinoléine-a-sulfonique avec de l'acide sulfurique. Elle fond à 138°.

La *m-bromo-o-méthoxyquinoléine* s'obtient en traitant le corps précédent par la soude et CH³I. Elle fond à 78°. La *quinolone* correspondante fond à 75° [Howitz et Witte, D. chem. G., 38, 1260, 1905].

a-Nitroso-o-oxyquinoléine (*quinoléine-quinone-oxime*). On prépare ce corps par l'action de l'azotite de sodium en présence d'acide chlorhydrique ou d'acide acétique sur l'orthoxyquinoléine [Lippmann et Fleissner, Mon. f. Chem., 10, 794, 1889; — Kostanecki, D. chem. G., 24, 152, 1891].

Il se présente sous forme d'aiguilles jaunes qui brunissent vers 220°. Il se transforme par l'action de l'hydroxylamine en quinoléine-a-o-dioxime $C^9H^5Az=(AzOH)^2$.

a-Nitro-o-oxyquinoléine. — Elle prend naissance par oxydation du composé précédent par l'acide nitrique, ou par chauffage à 200° de l'acide nitro-o-oxyquinoléine-carbonique [Schmitt et Engelmann, *D. chem. G.*, 20, 2693, 1887].

Elle fond à 173°. Son *éther méthylique* fond à 151°,5 et son *éther éthylique* à 128° [Vis, *J. f. prakt. Chem.*, (2), 48, 26, 1893].

La réduction de cette nitro-oxyquinoléine ou du composé nitrosé précédent engendre l'a-amino-o-oxyquinoléine dont certains dérivés ont reçu des applications en thérapeutique (Voyez plus loin aux AMINOQUINOLÉINES).

DÉRIVÉS SULFONIQUES. — *Acide orthoxyquinoléine-anasulfonique*. — On obtient cet acide lorsqu'on traite l'orthoxyquinoléine par l'acide sulfurique fumant et froid ou par l'acide sulfurique concentré et chaud [Claus et Posselt, *J. f. prakt. Chem.*, (2), 44, 33], ou lorsqu'on chauffe avec de l'eau le sel sodique de l'acide m-iodo-o-oxyquinoléine-a-sulfonique [Claus et Baumann, *J. f. prakt. Chem.*, (2), 55, 470].

Il cristallise en grandes aiguilles brillantes contenant $2H^2O$ et se décomposant à 270°. Il fournit des dérivés de substitution halogénés contenant l'halogène en position méta.

Avec le brome en solution acétique on obtient la *m-bromo-o-oxyquinoléine-a-sulfonique*; avec PBr^5 on a le *dérivé dibromé a-m* et le *dérivé tribromé β-a-m* de l'o-oxyquinoléine.

Avec le chlore on obtient la *m-chloro-o-oxyquinoléine-a-sulfonique* et la *m-a-dichloro-o-oxyquinoléine* et avec PCl^5 à 170°, la *a-chloro-oxyquinoléine*. L'acide azotique donne la *m-a-dinitro-o-oxyquinoléine*.

Le *sel monosodique* $Na.C^9H^6AzSO^4 + H^2O$ est en gros cristaux très solubles dans l'eau. Il cristallise à 0° avec $3H^2O$. Le *sel disodique* $Na^2C^9H^5AzSO^4 + 2H^2O$ est insoluble dans l'alcool. Le *sel monocalcique* est peu soluble dans l'eau.

Le *quinosol* qui est vendu comme un oxyquinoléine-sulfonate de potassium est en réalité un mélange de sulfate d'o-oxyquinoléine et de sulfate de potassium [Brahm, *Zeit. phys. Chem.*, 28, 439, 1899].

Introduit dans l'économie, il est éliminé par l'urine à l'état d'acide o-oxyquinoléine-glycuronique.

Acide m-iodo-o-oxyquinoléine-a-sulfonique (lorétine). — Quand on dissout à chaud l'acide sulfonique avec des quantités équivalentes de carbonate alcalin et d'iodure alcalin, puis qu'on ajoute peu à peu une dissolution de chlorure de chaux et qu'après refroidissement on neutralise par l'acide chlorhydrique, il se sépare une poudre cristalline orangée, à peu près insoluble dans l'eau qui est le sel de calcium de l'*acide orthoxyquinoléine-anasulfonique-méta-iodé*.

Un excès d'acide chlorhydrique met en liberté l'acide lui-même

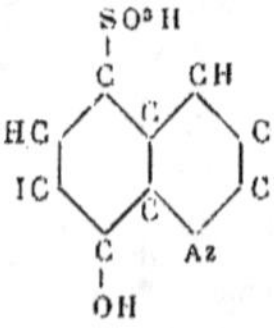

$$\begin{array}{c} SO^3H \\ | \\ C \qquad CH \\ HC \diagup \diagdown C \diagup \diagdown CH \\ IC \diagdown \diagup \diagdown \diagup CH \\ C \qquad Az \\ | \\ OH \end{array}$$

Celui-ci constitue de fines aiguilles jaune-rougeâtre à éclat vitreux, inodores, peu solubles dans l'eau, l'alcool et l'éther, solubles sans altération dans l'acide sulfurique concentré. Il fond vers 270° en perdant de l'iode. Ses sels alcalins cristallisent facilement.

$Mg(C^9H^5IAzSO^4)^2 + 7H^2O$ est soluble dans l'eau.

$MgC^9H^4IAzSO^4 + 5H^2O$ est très peu soluble.

$Ca(C^9H^5IAzSO^4)^2 + 2 1/2 H^2O$ est le précipité cristallisé qu'on obtient dans la préparation.

$CaC^9H^4I,AzSO^4$ est insoluble dans l'eau froide.

Le perchlorure de fer se colore en vert intense sous l'influence de la lorétine ou de ses sels.

L'acide a été proposé sous le nom de *lorétine* comme succédané de l'iodoforme [Claus et Baumann, *J. prakt. Chem.*, 55, 457-481, 1897].

Les antiseptiques désignés sous les noms d'*argentol* et d'*hydrargyroseptol* sont les sels d'argent et de mercure d'un acide isomère du précédent : l'acide *orthoxyquinoléine-métasulfonique*.

o-Ethyloxytétrahydroquinoléine,

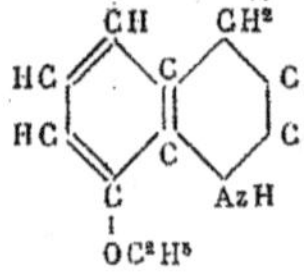

$$\begin{array}{c} CH \qquad CH^2 \\ HC \diagup \diagdown C \diagup \diagdown CH^2 \\ HC \diagdown \diagup \diagdown \diagup CH^2 \\ C \qquad AzH \\ | \\ OC^2H^5 \end{array}$$

— Son *dérivé nitrosé* cristallise en prismes fusibles à 113°. Ses sels sont peu solubles dans l'eau, excepté le sulfate. Le *dérivé acétylé* obtenu par l'action de l'anhydride acétique, constitue une huile jaunâtre bouillant à 307° sans décomposition [Fischer et Renouf, *D. chem. G.*, 17, 755, 764, 1884].

m-OXYQUINOLÉINE (*métaquinophénol*). — Voyez 1er Suppl.

p-OXYQUINOLÉINE (*paraquinophénol*). — Ce corps peut s'obtenir par la fusion alcaline de l'acide paraquinoléine-sulfonique [Happ, *D. chem. G.*, 17, 191, 1884].

La p-oxyquinoléine se dissout dans les alcalis en donnant une liqueur jaune.

Chauffée avec l'α-chloroquinoléine, elle donne l'*α-oxyquinoléyl-p-oxyquinoléine*

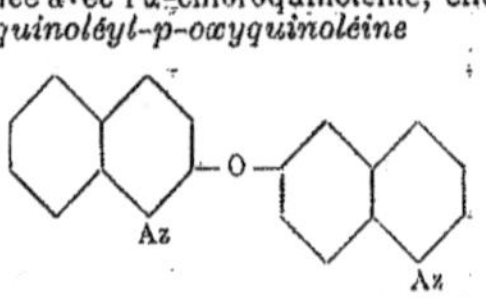

$$\begin{array}{c} \diagup \diagdown \diagup \diagdown \\ | \qquad | \qquad | \qquad \\ \diagdown \diagup \diagdown \diagup \!-O-\! \diagup \diagdown \diagup \diagdown \\ Az \qquad\qquad\qquad Az \end{array}$$

fusible à 120° [Cohn, *Mon. f. Chem.*, 17, 670].

Lorsqu'on fait passer un courant de chlore dans une solution glacée de p-oxyquinoléine, on obtient un précipité blanc, fusible à 58°, qui est l'*a-dichloro-p-cétoquinoléine* :

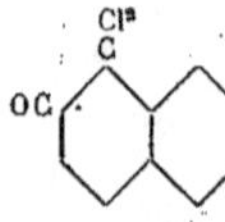

$$\begin{array}{c} Cl^2 \\ C \\ OC \diagup \diagdown \diagup \diagdown \\ \diagdown \diagup \diagdown \diagup \end{array}$$

[Fuhner, *D. chem. G.*, 38, 2713, et *Bull. Soc. Chim.*, 36, 1191, 1906].

L'*a-chloro-p-éthoxyquinoléine* s'obtient en faisant bouillir l'a-chloro-p-oxyquinoléine avec du bromure d'éthyle et de la soude alcoolique [Howitz et Witte, *D. chem. G.*, 38, 1260, 1905]. Elle cristallise en aiguilles jaunes contenant $1H^2O$ et fondant à 75°.

Les haloalcoylates de la p-oxyquinoléine donnent par action des alcalis ou de l'oxyde d'argent, des hydrates d'ammonium quaternaires

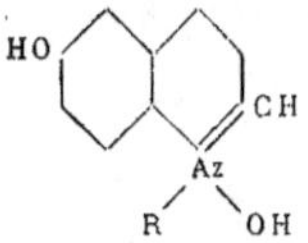

qui sont insolubles dans l'éther et se distinguent des bases quinoléinium telles que

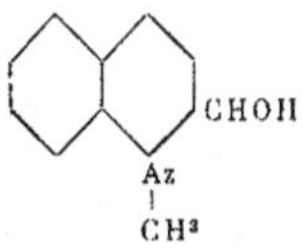

en ce qu'elles ne sont pas transformables par le ferricyanure en quinolones.

Au contraire les iodométhylates des alcoyl-oxyquinoléines fournissent avec les alcalis des bases quinoléinium solubles dans l'éther et que l'oxydation transforme en quinolones.

La *p-méthoxy-az-méthyl-α-quinolone* se forme quand on verse une solution chaude d'iodométhylate de p-méthoxyquinoléine dans du ferricyanure. Elle fond à 75°.

La *p-éthoxy-az-éthyl-α-quinolone* s'obtient de même en partant du brométhylate de p-éthoxyquinoléine. Elle fond à 84° [Howitz et Bar-locher, *D. chem. G.*, 36, 456, 1903].

L'*α-chloro-p-éthoxy-az-méthylquinolone* s'obtient en versant la solution aqueuse de l'iodométhylate d'α-chloro-p-éthoxyquinoléine dans une solution alcaline de ferricyanure de potassium [Howitz et Witte, *loc. cit.*].

a-Nitroso-p-oxyquinoléine. — L'action de l'azotite de sodium sur une solution chlorhydrique de p-oxyquinoléine fournit un dérivé isonitrosé

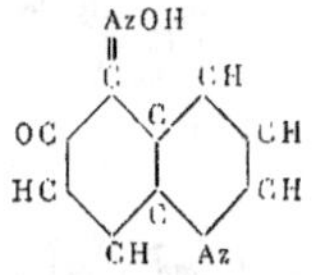

cristallisé en aiguilles jaune d'or, insolubles dans l'eau, peu solubles dans l'éther, solubles dans les alcalis avec coloration verte [Mathëus, *D. chem. G.*, 21, 1886, 1888].

Cette monoxime forme avec l'hydroxylamine une dioxime ; la *quinoléinedioxime* C⁶H² = (Az OH)² . C³H³Az [Kostanecki et Reicher, *D. chem. G.*, 24, 157, 1891].

Oxydé par l'acide azotique, le composé isonitrosé est changé en dérivé nitré, l'*ana-nitro-paraoxyquinoléine* (Mathëus).

L'*éther éthylique* de ce dérivé nitré, qui peut s'obtenir en chauffant avec l'acide azotique la p-éthoxyquinoléine, fond à 110° [Grimaux, *Bull. Soc. Chim.*, (3), 15, 23, 1896].

L'ana-nitro-para-oxy-quinoléine réduite par l'étain et l'acide chlorhydrique produit l'ana-amino-para-oxyquinoléine.

L'*iodométhylate* d'a-bromo-p-oxyquinoléine fond à 156-158° en se décomposant [Howitz et Barlocher, *D. chem. G.*, 38, 887, 892, 1905].

p-Méthyloxyquinoléine (paraquinanisol). — On peut préparer ce corps directement sans passer par l'oxyquinoléine.

On chauffe à 140-150° dans un appareil distillatoire émaillé, muni d'un réfrigérant ascendant,

un mélange composé de 1 kilog. de paraminophénol, 0ᵏ,8 de paranitroanisol, 5 kilog., de glycérine et 2 kilog. d'acide sulfurique concentré. On élève la température avec précaution pour terminer la réaction. Elle est achevée après 2 ou 3 heures. On fait bouillir la masse avec de l'eau pour chasser les produits nitrés non transformés, on la sature avec de la soude et on la soumet à la distillation dans un courant de vapeur d'eau. La paraméthoxyquinoléine est entraînée. On la purifie par transformation en chlorhydrate, puis en chromate, ce dernier sel étant peu soluble.

La paraméthoxyquinoléine est un liquide huileux ayant une légère odeur de quinoléine, soluble dans l'eau. Les solutions aqueuses de ses sels présentent une fluorescence bleue semblable à celle des sels de quinine [Trillat, *Les Produits chimiques employés en médecine*, 352].

La paraméthoxyquinoléine sert à préparer la thalline par hydrogénation.

Lorsque dans la préparation du quinanisol au moyen de l'oxyquinoléine, on emploie 2 molécules d'iodure de méthyle, on obtient l'*iodométhylate* en lamelles jaunes contenant 1 molécule d'eau de cristallisation et fondant à 235-240° en se décomposant.

Le *chlorométhylate* contient également 1 H²O et fond à 234°. Traité par l'oxyde d'argent, il fournit l'*hydroxyde* correspondant, très soluble dans l'eau et très alcalin et formant des aiguilles rouges [Claus et Howitz, *J. prakt. Chem.*, 36, 438-444, 1897].

La *p-éthyl-oxy-quinoléine* ou *quinéthol* est liquide et bout à 292° [Grimaux, *loc. cit.*].

α-Chloro-p-oxyquinoléine. — On obtient le chlorhydrate par l'action du chlore gazeux sur une solution refroidie d'oxyquinoléine dans l'acide acétique.

Il fond à 198° [Zincke et Müller, *Ann. Chem.*, 264, 211, 1891].

Le *dérivé acétylé* C⁹H⁵ClAz . C²H³O fond à 102° [Zincke et Müller].

p-OXYTÉTRAHYDROQUINOLÉINE,

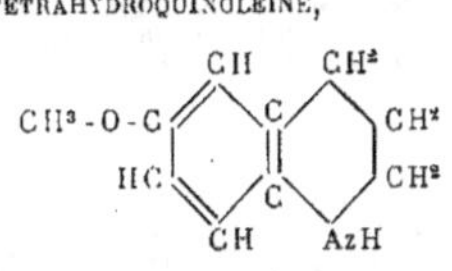

— Elle fond à 148°.

Son *éther méthylique (thalline, tétrahydro-paroquinanisol)* s'obtient en réduisant par l'étain et l'acide chlorhydrique la p-méthoxyquinoléine [Skraup. *Monats.*, 6, 767, 1885].

Ce corps cristallise dans l'éther de pétrole en octaèdres à base rhombe. Il fond à 43° et bout à 283° et présente une légère odeur de coumarine.

Il est difficilement entraînable par la vapeur d'eau, peu soluble dans l'eau froide et la ligroïne, très soluble dans l'alcool, l'éther et le benzène.

Il forme, avec les acides minéraux ou organiques, des sels cristallisables, mais est neutre aux réactifs colorés.

On l'emploie en thérapeutique comme antipyrétique généralement à l'état de sulfate, sous le nom de *thalline*. Ce nom a pour origine la coloration verte donnée par le perchlorure de fer dans les solutions de la base ou de ses sels.

Le *sulfate de thalline* (C¹⁰H¹³AzO)²SO⁴H² + 2H²O cristallise dans l'alcool en longues aiguilles incolores; il perd son eau de cristallisation dans une atmosphère sèche. Il se dissout dans 5 parties d'eau et 100 parties d'alcool à froid, il est presque insoluble dans le chloroforme et dans l'éther [Flückiger, *Jahr. Chem.*, 931, 1886].

Le *chlorhydrate* est en fines aiguilles anhydres. Le *tartrate* $C^{10}H^{13}AzO . C^4H^6O^6$ [Liweh, *Jahr. Chem.*. 931, 1886] constitue des tables fusibles dans 10 p. d'eau à 15°. Le *picrate* fond à 162°.

La fabrication de la thalline a lieu en 2 phases : 1° la préparation de la paraméthoxyquinoléine ou p quinanisol qui se fait comme cela a été indiqué précédemment ; 2° la transformation de cette base en thalline.

On chauffe au bain-marie pendant 8 à 10 heures le chlorhydrate de paraméthoxyquinoléine avec de l'étain et de l'acide chlorhydrique. On reconnaît que la réaction est achevée lorsque la combinaison stannique de la nouvelle base commence à se déposer et que celle-ci n'est pas dissoute par un chauffage prolongé.

Par refroidissement, la combinaison se dépose sous forme de beaux cristaux blancs; en traitant le sel stannique par le zinc on le transforme en sel zincique qui cristallise à froid sous forme d'aiguilles blanches. On décompose cette combinaison par la soude et l'on obtient la base libre qui se sépare sous forme d'huile qui se concrète par refroidissement.

On peut aussi fabriquer la thalline en hydrogénant la paraoxyquinoléine et méthylant ensuite par $CH^3I + NaOH$ [Trillat, *loc. cit.*].

ANA-OXY-QUINOLÉINE. — Ce corps s'obtient en chauffant avec de la potasse l'acide quinoléine-a-sulfonique [Riemenschmid, *D. chem. G.*, 16, 721, 1833 ; — Lellmann, *D. chem. G.*, 20, 2174, 1887] ; en diazotant l'a-aminoquinoléine ; en chauffant pendant 4 à 5 heures avec de l'acide chlorhydrique concentré la a-aminoquinoléine [Claus et Howitz, *J. prakt. Chem.*, (2), 47, 432, 1893 ; — Kraup, *Monats.*, 5, 533, 1884].

L'a-oxyquinoléine fond à 224°. Elle n'est pas entraînable par la vapeur d'eau. Elle est très soluble dans une solution de soude et peu soluble dans l'éther.

Son *chlorhydrate* fond à 240°.

Son *chloroplatinate* $(C^9H^7AzO \; HCl)^2, PtCl^4 + H^2O$ fond à 230° en se décomposant.

L'*iodométhylate* fond à 224°.

La *p-bromo-a-oxyquinoléine* s'obtient en diazotant la p-bromo-a-aminoquinoléine [Claus et Cäsar, *J. prakt. Chem.*, (2), 53. 338, 1896]. Elle fond à 162°.

Acide a-oxyquinoléine-o-sulfonique. — Cet acide s'obtient en traitant par l'acide sulfurique fumant l'a-oxyquinoléine [Claus, *J. prakt. Chem.*, (2), 53, 339, 1896]. Il est en aiguilles jaune d'or qui fondent après déshydratation vers 300°.

Acide p-iodo-a-oxyquinoléine-o-sulfonique (lorénite). — Cet isomère de la lorétine s'obtient par l'action de l'iode sur l'acide a-oxyquinoléine-o-sulfonique Claus et Kaufmann, *J. prakt. Chem.*, (2), 55, 534. 1897).

Il se présente sous forme d'aiguilles ou de feuillets jaunes qui se décomposent au-dessus de 210°.

Le *sel de sodium* est très soluble dans l'eau.

HOMOLOGUES DES MONOXYQUINOLÉINES.

γ-MÉPHYL-α-OXYQUINOLÉINE (*γ-méthylcarbostyrile, lépidone*) [Voy. ACIDE ACÉTYL-ACÉTIQUE, 2ᵉ Suppl., 1, 60].

Ce composé s'obtient par chauffage de l'acide α-oxylépidine-o-carbonique [Reissert, *D. chem. G.*, 24, 8.5, 1891] ; par l'action de l'acide sulfurique concentré sur l'anilide de l'acide β méthylaminocrotonique [Knorr et Taufkirch, *D. chem. G.*, 25, 772, 1892]. Il se forme encore en même temps que a γ-oxy-α-méthyl-quinoléine dans

l'action d'une lessive de soude, à chaud, sur l'acétyl-orthoamino-acétophénone :

$$C^6H^4 \begin{cases} AzH - CO \\ \quad\quad\; | \\ CO \quad CH^3 \\ | \\ CH^3 \end{cases} \longrightarrow C^6H^4 \begin{cases} AzH - CO \\ \quad\quad\; | \\ C = CH \\ | \\ CH^3 \end{cases}$$

$$\longrightarrow C^6H^4 \begin{cases} Az = C - OH \\ \quad\quad | \\ C = CH \\ | \\ CH^3 \end{cases}$$

L'acétophénone donne une réaction analogue [Camps, *Arch. d. Pharm.*, 237, 659, 1899, et *D. chem. G.*, 32, 228, 1899].

La lépidone se forme aussi dans la décomposition à 250° de l'acide quinolone-acétique [Besthorn et Garben, *D. chem. G.*, 33, 3439, 1900], et en petite quantité à côté de la α-γ-diméthyl-quinazoline, par chauffage de l'acétyl-o-amino-acétophénone avec l'ammoniaque alcoolique à 150° [Bischler et Howell, *D. chem. G.*, 26, 1398, 1893].

La lépidone cristallise en petites aiguilles fusibles à 233° et distillant à 270° sous la pression de 17 millimètres.

Elle est très peu soluble dans l'eau froide, l'éther, le chloroforme, le benzène et la ligroïne ; soluble dans l'alcool chaud [Knorr, *Ann. Chem.*, 236, 83, 1886]. Le sulfure de phosphore la transforme en thiolépidine.

Son *éther méthylique* ou *γ-méthyl α-méthoxyquinoléine* s'obtient par l'action du méthylate de sodium sur l'α-chlorolépidine (Knorr),

Il est liquide et bout à 276° (corr.).

Son *pseudo éther méthylique*, ou *Az-méthyllépidone* est le produit de l'action de l'éther acétylacétique sur la méthylaniline. Il fond à 131°.

Méthyllépidone (*diméthyl-pseudocarbostyrile*). — Ce composé s'obtient par chauffage de l'α-oxylépidone avec le méthylate de sodium et l'iodure d'éthyle à 100° (Knorr).

Il fond à 130-132° et bout à 290° sous la pression de 250 millimètres.

Le perchlorure de phosphore le transforme en *violet de lépidone* $C^{33}H^{27}Az^3O^2, 2HCl$ [Reissert, *D. chem. G.*, 25, 122, 1892].

La *brométhyllépidone* se forme lorsqu'on traite par l'eau de brome la solution aqueuse de méthyllépidone (Knorr).

O-MÉTHYL-α-OXYQUINOLÉINE (*o-méthylcarbostyrile*). — Ce composé se forme par ébullition prolongée avec les alcalis de l'α-chloro o-toluquinoléine [Fischer, *D. chem. G.*, 35, 3674, 1902].

β-PHÉNYL-α-CARBOSTYRILE. — On chauffe au bain-marie pendant 5 heures l'o-aminobenzaldéhyde avec le phénylacétate de sodium séché à 130°. On obtient encore ce composé en diazotant l'α-amino-β-phénylquinoléine. Il est en aiguilles fusibles à 235°.

On obtient de même le β-p-nitrophényl-α-carbostyrile en diazotant l'α-amino-β-p-nitro-phénylquinoléine [Pschorr, *D. chem. G.*, 34, 1289, 1898].

β-Naphto-a-oxy-γ-lépidine (voyez ACIDE ACÉTYLACÉTIQUE, 2ᵉ Suppl., 1, 60).

a-Nitro-β-chloro-a-oxy-Az-méthyldihydro-(Az-α)-quinoléine. — Aiguilles jaunes fusibles à 120-130° [Decker, *D. chem. G.*, 36 1208-1215, 1903].

a-Nitro-Az-méthyl-a-quinolone. — Elle fond à 165°. Elle se forme par l'oxydation au ferricyanure de l'iodométhylate de 'ana-nitro-quinaldine [Decker et Remfry, *D. chem. G.*, 38, 2773-2777, 1905].

α-Méthyl-β-oxyquinoléine (β-oxyquinaldine).
— La condensation de la chloracétone avec
l'o-aminobenzaldéhyde, en présence de soude
étendue, ne fournit pas la β-chloroquinaldine,
mais la β-oxyquinaldine. Elle se colore en jaune
à 240° et fond à 260°.

Ses dissolutions présentent une fluorescence
bleue. Le perchlorure de fer en milieu alcoolique
produit une coloration rouge que les acides
détruisent.

Le *chlorhydrate* fond à 265°. Le *chloroplatinate* cristallise avec $2H^2O$ et fond à 208-212°.

La β-*éthoxyquinaldine*, obtenue par l'action
de la potasse et de l'iodure d'éthyle, fond à 69-70°
[Königs et Stockhausen, *D. chem. G.*, 35, 2554,
1902].

α-Méthyl-γ oxyquinaldine (γ-oxyquinaldine).
— Elle s'obtient en même temps que l'oxylépidine [Camps, *loc. cit.*].

Elle prend aussi naissance par condensation
interne de l'éther β-anilidocrotonique, produit
de l'action de l'aniline sur l'éther a-éthylacétique
[Conrad et Limpach, *D. chem. G.*, 20, 947, 1887].

Son *picrate* fond à 200°; son *iodométhylate*
$C^{10}H^9AzO . CH^{3}I + H^2O$ se déshydrate à 100° et
fond ensuite à 201°.

Elle donne deux dérivés méthyliques isomères :
la γ-*méthoxy-α-méthylquinoléine* ou γ-méthoxyquinaldine

$$
\begin{array}{ccc}
& CH & C-OCH^3 \\
HC & & CH \\
HC & & C-CH^3 \\
& CH & Az
\end{array}
$$

bouillant à 298° et qu'on obtient en chauffant la
γ-chloroquinaldine avec l'éthylate de sodium et
l'alcool méthylique à 130° (Conrad et Limpach),
et la Az-*méthylquinaldone*

$$
\begin{array}{ccc}
& CH & CO \\
HC & & CH \\
HC & & C-CH^3 \\
& CH & Az \\
& & | \\
& & CH^3
\end{array}
$$

qui bout à 175°. Celle-ci prend naissance par
chauffage à 315° de la γ-méthoxyquinaldine
(Conrad et Limpach) ou par chauffage de l'iodométhylate de la γ-oxyquinaldine avec l'oxyde
d'argent, ou enfin par l'action du bicarbonate de
soude sur une solution concentrée et chaude de
chlorométhylate de γ-oxyquinaldine (Conrad et
Eckhardt).

Elle se dissout facilement dans l'eau et dans
l'alcool et difficilement dans l'éther.

Sa solution aqueuse est colorée en rouge intense par le perchlorure de fer. Les solutions de
ses sels donnent avec le chlorure de mercure un
précipité fusible à 187°.

γ-*Oxy-α-éthylquinoléine*. — Ce composé a été
obtenu par Camps par la méthode qui lui a
fourni la lépidone, c'est-à-dire par condensation
interne de la propionyl-o-aminoacétophénone.

γ-*Oxy-α-p-diméthylquinoléine* (*-oxy-p-
méthylquinaldine*). — Elle s'obtient par chauffage
de l'éther acétylacétique avec la p-toluidine.
Elle cristallise avec $1H^2O$, se déshydrate à 100°
et fond ensuite à 275°.

γ-*Oxy-α-o-diméthylquinoléine* (o-méthyl-γ-
oxyquinaldine). — Elle s'obtient comme le composé précédent en remplaçant la p-toluidine par
l'o-toluidine [Conrad et Limpach, *D. chem. G.*,

24, 524, 1888]. Elle cristallise avec $1H^2O$, qu'elle
perd à 100°, et fond à l'état anhydre à 260°.

γ-*Oxy-α-o-p-triméthylquinoléine* (γ-oxy-o-
p-diméthylquinaldine). — (Voyez 2° Suppl., 1,
59).

γ-*Oxy-α-o-p-a-tétraméthylquinoléine* (γ-
oxy-o-p-a-triméthylquinaldine). — (Voyez
2° Suppl., 1, 59).

γ-*Oxy-α-propylquinoléine*. — C'est le produit
de la condensation interne de la butyryl-o-amino-
acétophénone [Camps, *Arch. Pharm.*, 237, 659,
1899].

a-*Oxy-p-toluquinoléine*. — On l'obtient par
l'action de l'acide azoteux sur l'a-amino-p-tolu-
quinoléine (Nölting et Trautmann).

a-*Oxy-o-nitro-m-toluquinoléine*. — Ce corps
s'obtient par oxydation par le ferricyanure d'une
solution alcaline du dérivé o-nitrosé correspondant [Nölting et Trautmann, *D. chem. G.*, 23,
3662, 1890].

a-*Oxy-p-nitro-o-toluquinoléine*. — Elle fond
à 181-182°.

a-*Oxy-p-o-diméthylquinoléine*. — Elle se prépare par l'action de l'acide azoteux sur l'a-amino-
diméthylquinoléine (Nölting et Trautmann).

a-*Oxy-α-γ-diméthylquinoléine*. — Elle fond
à 200°. Elle se forme en petite quantité en même
temps que l'isomère méta-oxy dans la condensation du m-aminophénol avec l'acétylacétone
[Bulow et Issler, *D. chem. G.*, 36, 4013-4019,
1903].

Para-oxy-α-méthylquinoléine (para-oxyqui-
naldine). — (Voyez 1er Suppl., 2, 1343).

La γ-chloro-para-oxyquinaldine s'obtient par
chauffage de la γ-oxy-p-méthoxyquinaldine avec
PCl^5 [Conrad et Limpach, *D. chem. G.*, 24, 1651,
1888].

γ-*Oxy-p-méthoxyquinaldine*. — (Voyez
2° Suppl., 1, 59).

p-*Oxy-γ-méthylquinoléine* (p-oxylépidine). —
On chauffe avec de la soude l'acide lépidine-
p-sulfonique [Busch et Königs, *D. chem. G.*,
23, 2684, 1890]. Le composé obtenu est en
petites aiguilles fusibles à 216-218°.

Les m-oxyquinoléines se forment par condensation du m-aminophénol avec les dicétones 1.3
[Bulow et Issler, *D. chem. G.*, 36, 4013, 4019,
1903].

m-*Oxy-α-chlorolépidine*. — Ce composé prend
naissance lorsqu'on traite par l'azotite de sodium
une solution sulfurique de chlorolépidine. Il se
forme en même temps de la dioxylépidine. On sépare les deux corps par l'éther, qui ne dissout
que le premier. Aiguilles jaunes fusibles à 214-
215° en se décomposant [Besthorn et Byvanck,
D. chem. G., 31, 796, 1898].

α-γ-*Diméthyl-m-oxyquinoléine*. — La condensation du m-aminophénol avec l'acétylacétone
donne l'acétylacétone-m-oxyanile $HO-C^6H^4 - Az$
$= C(CH^3) - CH = C(OH)$. CH^3 qui, traité en solution
acétique par le gaz chlorhydrique, donne la
diméthyloxyquinoléine fusible à 218°. Il se fait
en même temps un peu de l'isomère ana-oxy
[Bulow et Issler, *D. chem. G.*, 36, 4013-4019,
1903].

m-*Oxy-α-méthyl-γ-phénylquinoléine*. — On
l'obtient par condensation du m-aminophénol
avec la benzoylacétone en solution acétique. Il
se forme un anilide

$$
\begin{array}{c}
CH^3 \\
| \\
HO-C^6H^4 - Az = C - CH^2 . CO - C^6H^5
\end{array}
$$

que l'on traite par l'acide sulfurique concentré
à froid.

La base libre fond à 262°. Le *chloroplatinate*
fond à 218-220°. Le *picrate* à 208° [Bulow et

Issler, *D. chem. G.*, **36**, 2447, 1903; *Bull. Soc. Chim.*, **32**, 803-804, 1904].

m-Oxy-α-éthyl-γ-phénylquinoléine. — On l'obtient de même que les composés précédents au moyen de la propionylacétophénone et le métaminophénol. Elle fond à 251°.

m-Oxy-α-propyl-γ-phénylquinoléine. — Elle se prépare de même par la butyrylacétophénone.

α-γ-Diphényl-m-oxyquinoléine. — Elle se prépare de même au moyen du dibenzoylméthane. Elle fond à 272° [Bulow et Issler, *D. chem. G.*, **36**, 4013-4019, 1903; *Bull. Soc. Chim.*, **32**, 804-805, 1904].

o-Oxy-γ-méthylquinoléine (*o-oxylépidine*). — On chauffe avec un mélange de potasse et de soude l'acide lépidine o-sulfonique [Busch et Königs, *D. chem. G.*, **23**, 2686, 1890]. Le corps obtenu fond à 141°. Il est insoluble dans l'alcool froid, soluble dans le chloroforme, l'acétone et le benzène. Il est entraînable par la vapeur d'eau. La solution aqueuse se colore en vert par le perchlorure de fer.

o-Oxy-p-méthylquinoléine (*o-oxy-p-toluquinoléine*). — On traite par l'acide azoteux l'o-amino-p-toluquinoléine (Nölting et Trautmann), ou bien on fond avec de la potasse l'acide p-toluquinoléine-o-sulfonique.

L'o-oxy-p-toluquinoléine fond à 95-96°. Elle possède une odeur de vanille.

Son *dérivé ananitrosé* se décompose à 200° et est très peu soluble dans l'alcool.

Acide o-oxy-m-iodo-p-méthylquinoléine-α-sulfonique (*méthylloréline*) $CH^3.C^9H^3I(OH)Az.SO^3H + H^2O$. — On prépare ce corps en sulfonant l'o-oxy-p-méthylquinoléine et traitant par l'iode le dérivé sulfonique obtenu [Claus et Kaufmann, *J. prakt. Chem.*, (2), **55**, 526, 1897].

1000 parties d'eau en dissolvent environ 1 partie. Il est peu soluble dans l'alcool, insoluble dans l'éther et le benzène. L'acide azotique le transforme en dinitro-oxyméthylquinoléine.

Le *sel dipotassique* est très soluble dans l'eau. Le *sel de calcium neutre* est un précipité cristallin.

o-Oxy-m-méthylquinoléine (*o-oxy-métatoluquinoléine*). — Ce corps se prépare en chauffant le chlorhydrate de l'amino-m-crésol avec la glycérine, l'acide picrique et l'acide sulfurique [Nölting et Trautmann, *D. chem. G.*, **23**, 3663, 1890]. Il fond à 72-74°. Il donne avec le chlorure ferrique une coloration vert foncé.

Il donne avec l'acide azoteux un *dérivé ananitrosé* qui se décompose sans fondre vers 200° et se transforme par l'oxydation au moyen du ferricyanure en *dérivé ana-nitré* fusible à 192-193°.

DIOXYQUINOLÉINES ET HOMOLOGUES.

On connaît 13 dioxyquinoléines. Ce sont des corps peu alcalins, solubles dans les acides minéraux concentrés mais séparables de la dissolution par addition d'eau.

α-γ-Dioxyquinoléine (*γ-oxycarbostyrile*). — Ce composé peut s'obtenir en réduisant par l'étain et l'acide chlorhydrique une solution alcoolique de l'éther diéthylique de l'acide o-nitrobenzoylmalonique [Bischoff, *D. chem. G.*, **22**, 387, 1889].

L'éther α-éthylique du γ-oxycarbostyrile se produit aussi dans la réaction précédente [Bischoff, *Ann. Chem.*, **251**, 378, 1889]. Cet éther fond à 228°.

Le *β-nitroso-γ-oxycarbostyrile*, obtenu par l'action de l'acide azoteux sur le γ-oxycarbostyrile, est en petits prismes jaune orangé fusibles à 208° [Bæyer et Homolka, *D. chem. G.*, **17**, 985, 1884; — Bischoff, *loc. cit.*].

γ-Oxy-Az-méthylpseudo-carbostyrile,

$$\begin{array}{ccc} CH & CO & \\ HC-C-CH^2 & \\ HC-C-CO & \\ CH & Az & \\ & CH^3 & \end{array}$$

— Ce corps se forme par chauffage du γ-méthoxy ou éthoxy-pseudo-carbostyrile avec de l'acide chlorhydrique étendu à la température de 120° [Friedländer et Müller, *D. chem. G.*, **20**, 2014, 1887]. Il est en petites aiguilles fusibles à 259-260° facilement solubles dans l'eau.

Son *dérivé nitrosé* est en aiguilles rouges et se décompose à 188°.

Le *γ-méthoxy-Az-méthylpseudo-carbostyrile*

$$\begin{array}{ccc} CH & C-OCH^3 & \\ HC-C-CH & \\ HC-C-CO & \\ CH & Az & \\ & CH^3 & \end{array}$$

s'obtient par chauffage du γ-chlorométhyl-pseudo-carbostyrile avec le méthylate de sodium [Friedländer et Müller, *D. chem. G.*, **20**, 2013, 1887]. Il fond à 68°.

Le γ-éthoxy-Az-méthylpseudo-carbostyrile fond à 87°,5.

α-p-Dioxyquinoléine (*p-oxycarbostyrile*). — Ce composé s'obtient par chauffage de l'acide p-aminooxycinnamique avec de l'acide chlorhydrique concentré à 160° [Gattermann, *D. chem. G.*, **27**, 1936, 1894]. Il fond au-dessus de 300°.

Son *éther p-méthylique* se prépare par fusion de la p-méthoxy-α-γ-dioxydihydroquinoléine [Eichengrünn et Einhorn, *Ann. Chem.*, **262**, 179, 1891]. Il fond à 218°.

La *p-oxy-Az-méthyl-α-quinolone* se forme par saponification de l'éther éthylique par l'acide iodhydrique. Elle fond à 228° et son *iodhydrate* à 215-220°.

La *p-éthoxy-Az-méthyl-α-quinolone* se prépare par l'oxydation de l'iodométhylate d'éthoxyquinoléine en milieu alcalin par le ferricyanure de potassium. Cristaux incolores fusibles à 116°. Elle donne un *chlorhydrate* fusible à 150°.

La *p-méthoxy-Az-éthyl-α-quinolone* s'obtient comme le composé précédent en partant de l'iodéthylate de méthoxyquinoléine. Elle fond à 207-208° et son *chlorhydrate* à 215-216° [Decker et Engler, *D. chem. G.*, **36**, 1169-1177, 1903].

α-o-Dioxyquinoléine (*o-oxycarbostyrile*). — On chauffe l'o-oxyquinoléine avec de la soude et de l'eau. Il y a oxydation par l'air comme dans la préparation des oxyanthraquinones [Diamant, *Mon. f. Chem.*, **16**, 761, 1895].

Elle est en feuillets peu solubles dans l'eau, fusibles au-dessus de 260°.

Le chlorure ferrique la colore en vert sale. On obtient son dérivé a-m-dichloré en chauffant avec de l'alcool méthylique la trichlorocétoquinoléine.

L'o-oxy-Az-méthylquinolone est en paillettes blanches fusibles à 286°.

L'o-oxy-Az-éthylquinolone se prépare en traitant le sel sodique de l'o-oxyquinoléine par l'iodure d'éthyle, ce qui donne l'iodéthylate de l'éthoxyquinoléine que l'on oxyde par le ferricyanure et que l'on saponifie. Elle fond à 202-203° [Decker et Engler, *D. chem. G.*, **36**, 1169-1177, 1903].

β-γ-DIOXYQUINOLÉINE. — On chauffe à 200° avec de l'acide chlorhydrique concentré la β-γ-dibromoquinoléine [Claus et Howitz. *J. prakt. Chem.*, (2), **50**, 236. 1894]. La dioxyquinoléine ainsi obtenue fond à 340°.

p-γ-DIOXYQUINOLÉINE. — On prépare son *éther diméthylique* en chauffant à 140° avec le méthylate de sodium la γ-chloro-p-méthoxyquinoléine [Hirsch, *Mon. f. Chem.*, **17**, 338, 1896]. La dioxyquinoléine libre est en cristaux microscopiques qui brunissent sans fondre à 230°.

a-DIOXYQUINOLÉINE. — Lellmann [*D. chem. G.*, 2174] a obtenu une ana-dioxyquinoléine en fondant avec de la potasse l'acide quinoléine-ana-sulfonique ou l'a-oxyquinoléine.
Elle est en grandes aiguilles brun verdâtre ne fondant pas à 320°. Elle est assez soluble dans l'eau.

α-DIOXYQUINOLÉINE. — La Coste et Valeur [*D. chem. G.*, **19**, 997, 1886 et **20**, 1820, 1887] ont obtenu cette dioxyquinoléine en chauffant à 260° avec de la potasse l'α-quinoléine-disulfonate de potassium.
Elle fond à 130-136°. Elle est insoluble dans l'eau et les alcalis, très peu soluble dans le chloroforme, le sulfure de carbone et le benzène, assez soluble dans l'alcool, l'éther et les acides.
Le *chlorhydrate* $C^9H^7AzO^2, HCl + H^2O$, fond à 254-256°, en se décomposant, et se dissout dans l'eau.
Le *chloroplatinate* est insoluble dans l'eau.
Le *picrate* fond en se décomposant à 227-237°.

β-DIOXYQUINOLÉINE? — Elle s'obtient comme la dioxyquinoléine précédente, au moyen de l'acide β-quinoléine-disulfonique [La Coste et Valeur, *D. chem. G.*, **20**. 3200, 1887].

DIOXYQUINALDINES. — γ-o-DIOXY-α-MÉTHYLQUINOLÉINE (*γ-o-dioxyquinaldine*). On a préparé son *éther monométhylique*

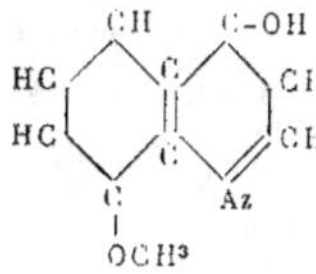

```
        CH        C-OH
   HC                  CH
   HC                  CH
        C        Az
        |
       OCH3
```

en chauffant à 260° le produit de condensation de l'éther acétylacétique avec l'o-anisidine [Conrad et Limpach, *D. chem. G.*, **21**, 1654, 1888].
Cet éther cristallise avec $1H^2O$, qu'il perd à 100°, et fond ensuite à 229°.

m-p-DIOXY-α-MÉTHYLQUINOLÉINE (*m-p-dioxyquinaldine*). — On a préparé son *éther méthylénique*

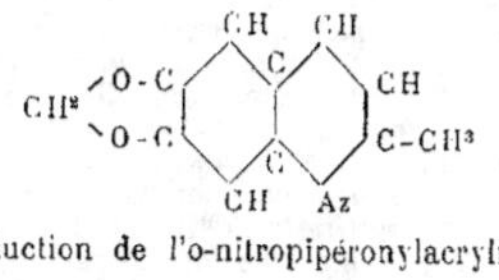

```
           CH     CH
CH2   O-C            CH
      O-C            C-CH3
           CH    Az
```

par réduction de l'o-nitropipéronylacrylméthylcétone

$$CH^2 <^O_O> C^6H^3(AzO^2)CH = CH.CO.CH^3$$

[Haber, *D. chem. G.*, **24**, 623, 1891]. Cet éther se présente sous forme d'aiguilles fusibles à 12°. Il est peu soluble dans l'éther, assez soluble dans l'alcool.

m-Oxy-p-méthoquinaldine. — Cet éther se forme dans la réduction, par Sn + HCl, de l'acétonylnitroméconine. Son *chlorhydrate* est peu soluble dans l'eau [Book, *D. chem. G.*, **35**, 1498-1502, 1902].

γ-m-DIOXY-α-MÉTHYLQUINOLÉINE (*γ-m-dioxyquinaldine*). — On obtient ce composé en chauffant pendant 3 heures, au bain-marie, molécules égales de métaminophénol et d'éther acétylacétique, et chauffant à 250-260° l'éther oxyphénylaminocrotonique ainsi obtenu.
La dioxyquinaldine γ-m constitue des aiguilles blanches qui se décomposent sans fondre au-dessus de 300°, se dissolvent dans les alcalis dilués et les acides concentrés.
Le chlorure ferrique colore en violet sa solution alcoolique.
Le *dérivé diacétylé*, fondant à 232°, est en aiguilles blanches solubles dans l'alcool [von Pechmann et Schwarz, *D. chem. G.*, **32**, 3699, 1899].

α-m-DIOXYQUINOLÉINE (*oxylépidone*). — Elle se forme avec d'autres produits dans l'action de l'éther acétylacétique sur le m-aminophénol, en présence de chlorure de zinc. On la purifie par dissolution dans l'acide chlorhydrique fumant et cristallisation du chlorhydrate.
La base libre cristallise dans l'alcool faible. Le *dérivé acétylé* fond vers 250-254° [von Pechmann et Schwarz, *loc. cit.*].
Cette oxylépidone se forme encore dans la décomposition par la chaleur de l'acide oxyquinolone-acétique [Besthorn et Garben, *D. chem. G.*, **33**, 3448, 1900].
Elle prend naissance en même temps que la chlorooxylépidine, lorsqu'on diazote l'amino-chlorolépidine [Besthorn et Byvanck, *D. chem. G.*, **34**, 796, 1898].

TRIOXYQUINOLÉINES.

β-γ-DIOXY-AZ-MÉTHYL-PSEUDOCARBOSTYRILE,

```
          CH        C-OH
   HC            C       C-OH
   HC            C       CO
          CH         Az
                      |
                     CH3
```

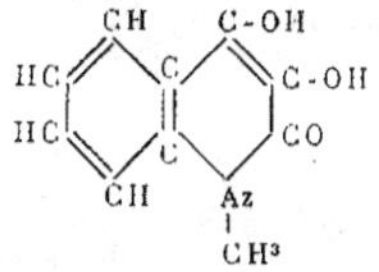

— Ce composé se prépare en chauffant avec le chlorure stanneux le nitroso-γ-oxyméthylpseudocarbostyrile [Friedländer et Müller, *D. chem. G.*, **20**, 2015, 1887] :

$$C^{10}H^8(AzO)AzO^2 + H^4 = C^{10}H^9AzO^3 + AzH^3.$$

Il se décompose sans fondre vers 200°. Il est peu soluble dans l'eau, le chloroforme et le benzène. Sa solution alcoolique, traitée par le chlorure ferrique, donne la *méthylpseudoquinisatine*,

```
          CO ——— CO
C6H4 <                |
          Az(CH3)-CO
```

fusible à 120-122°.

α-o-(?)-TRIOXYQUINOLÉINE. — Cette trioxyquinoléine a été obtenue en chauffant à 380° l'o-oxyquinoléine ou l'α-o-dioxyquinoléine avec de la soude et un peu d'eau [Diamant, *Mon. f. Chem.*, **16**, 768, 1895]. Elle est peu soluble dans l'alcool.
L'action de l'anhydride acétique la transforme en *dérivé diacétylé* fusible à 225-228°.

m-CHLORO-o-p-a-TRIOXYQUINOLÉINE (*m-chloro-p-oxyquinoléine-hydroquinone*),

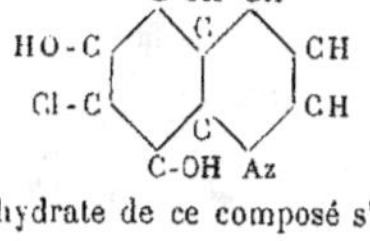

```
          C-OH CH
   HO-C        C       CH
   Cl-C        C       CH
          C-OH     Az
```

— Le chlorhydrate de ce composé s'obtient par

l'action du chlorure stanneux, en présence d'acide acétique et d'acide chlorhydrique, sur la chloroxyquinoléine-quinone ou sur l'hydrate de la m-m-dichloro-o-p-a-tricétoquinoléine [Zincke et Winzheimer, *Ann. Chem.*, 290, 337, 1896].

La chlorotrioxyquinoléine se présente sous forme de feuillets gris d'argent fusibles vers 225°. Elle cristallise avec $1 H_2O$.

A l'état anhydre, elle constitue une poudre rouge brique, très peu soluble dans l'alcool.

HYDRATE DE m-m-DICHLORO-o-p-a-TRICÉTOQUINO-LÉINE,

$$(OH)^2 C \quad Cl^2-C \quad | \quad CO \quad C \quad C \quad CO \quad Az$$

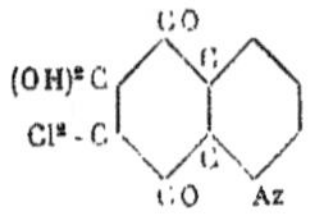

— Le chlorhydrate s'obtient avec un peu du composé libre, en dirigeant un courant de chlore dans de l'acide acétique tenant en suspension de la chloroxyquinoléine-q inone.

OXYHYDROQUINOLÉINES. — Voy. 1er Suppl., 2, 1361.

a-OXYTÉTRAHYDROQUINOLÉINE,

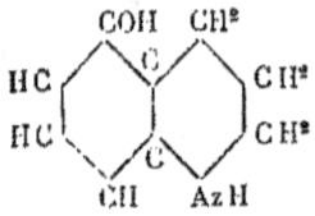

$$HC \quad HC \quad COH \quad CH^2 \quad C \quad CH^2 \quad CH^2 \quad C \quad CH \quad Az H$$

— On obtient ce composé en traitant par l'étain et l'acide chlorhydrique l'a-oxyquinoléine [Riemerschmied, *D. chem. G.*, 16, 723, 1 83]. Il est cristallisé et fond à 116-117°. Il est facilement soluble dans l'alcool et l'éther. Son *éther éthylique* fond à 73°.

OXYISOQUINOLÉINES

Les isoquinoléines hydroxylées dans le noyau pyridique, de même que les Py-oxyquinoléines, entrent dans les réactions sous deux formes : la forme phénolique et la forme cétonique.

α-OXYISOQUINOLÉINE (*isocarbostyrile, isoquinolone*. — Cette base a été obtenue en décomposant par la chaleur l'acide isocarbostyrile-carbonique [Bamberger et Kittscheldt, *D. chem. G.*, 25, 1145, 1892].

Elle se forme également quand on chauffe l'isoquinoléine avec du potassium, au contact de l'air, et qu'on traite par l'alcool le produit de la réaction [Fernau, *Mon. f. Chem.*, 14, 60, 1893].

Elle prend encore naissance par chauffage prolongé de l'isocoumarine avec l'ammoniaque alcoolique à 120-130° [Bamberger et Frew, *D. chem. G.*, 27, 208, 1894] :

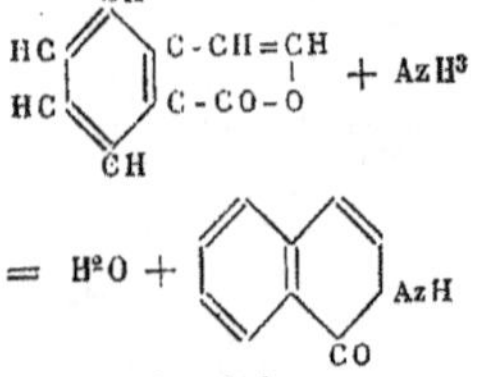

$$HC \quad HC \quad CH \quad C-CH=CH \quad | \quad C-CO-O \quad CH \quad + \quad Az H^3$$

$$= \quad H^2O \quad + \quad [\text{noyau isoquinolone}] \quad Az H \quad CO$$

Isoquinolone.

L'isocarbostyrile cristallise en tables fusibles à 208-209° et se sublime en aiguilles; il est peu soluble dans l'eau froide, assez soluble dans l'eau chaude et l'alcool, soluble dans les acides minéraux; il se dissout aussi dans les alcalis concentrés, mais l'eau le précipite de la dissolution.

C'est une base faible. Distillé sur la poudre de zinc, il donne l'isoquinoléine. L'oxychlorure de phosphore le transforme en α-chlorisoquinoléine [Gabriel et Colman, *D. chem. G.*, 33, 980, 1900].

Son éther-oxyde méthylique, l'α-*méthoxyisoquinoléine* s'obtient par l'action de l'iodure de méthyle sur le sel d'argent de l'α-oxyisoquinoléine. C'est une huile bouillant à 240° et donnant un *chloromercurate* fusible à 156°.

Le composé tautomère correspondant ou *Az-méthylisoquinolone* s'obtient en traitant l'isocarbostyrile par la potasse, l'alcool méthylique et l'iodure de méthyle (Fernau), ou en décomposant par la chaleur l'acide Az-méthylisocarbostyrile-β-carbonique [Bamberger et Frew, *D. chem. G.*, 27, 205, 1894] ou, enfin, par l'oxydation par le ferricyanure en solution alcaline, de l'iodométhylate d'isoquinoléine [Decker, *J. prakt. Chem.*, (2), 47, 37, 1893]. Il fond à 40° et bout à 315° sous la pression de 720 mm. Le brome le transforme en dibromure.

Bromo-Az-méthylisocarbostyrile. — On traite par le brome, une solution chloroformique d'Az-méthylisocarbostyrile (Bamberger et Frew). Ce corps est en aiguilles fusibles à 132°.

Nitro-Az-méthylisoquinolone. — Ce corps s'obtient en oxydant par le ferricyanure une solution alcaline d'iodométhylate d'isoquinoléine [Decker, *J. prakt. Chem.*, (2), 47, 41, 1893]. Il fond vers 120°. Il est soluble dans l'alcool, l'éther et le benzène.

Az-Éthylisoquinolone. — Elle s'obtient en décomposant par la chaleur l'acide Az-éthylquinolon-β-carbonique (Bamberger et Frew). C'est une huile bouillant à 310-311° sous la pression de 721 mm. Elle est très soluble dans l'alcool et l'éther.

Az-Phénylisoquinolone. — Elle se prépare de même, par la décomposition de l'acide carbonique correspondant. Elle fond à 117°,5 et se sublime en aiguilles.

Elle est très soluble dans l'alcool, peu soluble dans l'éther et le benzène (Bamberger et Frew).

Les *bz-oxyisoquinoléines* peuvent être obtenues en partant de l'isoquinoléine, par des méthodes semblables à celles qui fournissent les bz-oxyquinoléines.

o-OXYISOQUINOLÉINE. — Ce composé est fourni par l'action de l'acide azoteux ou de l'acide chlorhydrique fumant à 275° sur l'o-aminoisoquinoléine [Claus et Howitz, *J. prakt. Chem.*, (2), 47, 426, 1893], ou par fusion avec la soude de l'acide isoquinoléine-o-sulfonique [Claus et Raps, *J. prakt. Chem.*, (2), 45, 244, 1892].

L'o-oxyisoquinoléine cristallise en prismes courts fusibles à 230° et se sublime en petites aiguilles. Elle est insoluble dans le benzène et la ligroïne et soluble dans l'alcool.

Elle donne un *chlorhydrate* bien cristallisé de couleur jaune soufre, fondant à 207°.

Le *chloroplatinate* $(C^9 H^7 AzO.HCl^2, PtCl^4 + 2H^2O)$, se présente sous forme d'aiguilles jaune orangé, qui se décomposent sans fondre à 300°.

L'*iodométhylate* d'o-oxyisoquinoléine fond à 239°. L'*iodéthylate* cristallise avec $2H^2O$; à l'état anhydre, il fond à 275°. Le *brométhylate* $C^9 H^7 AzO.C^2 H^5 Br + 2H^2O$ fond après déshydratation à 200°.

L'*hydroxyde d'éthylolisoquinoléinium* cristallise en grandes aiguilles jaune citron. Le *chlorobenzylate* $C^9 H^7 AzO.C^9 H^6.CH^2 Cl + 2H^2O$, fond après déshydratation à 202°.

L'*hydroxyde* correspondant est en prismes rouge grenat, fusibles à 72° [Claus et Gutzeit, *J. prakt. Chem.*, (2), 52, 10, 1895].

m-Oxyisoquinoléine. — Elle a été obtenue en traitant par l'acide sulfurique à froid le m-oxy-benzylidène aminoacétal :

$$(C^2H^5 \cdot O)^2 = CH^2 - \underset{|}{CH^2}$$
$$HO_{(3)} - C^6H^4_{(1)} - CH = Az$$
$$= 2C^2H^5 . OH + OH - C^6H^3 \begin{smallmatrix} \diagup CH = CH \\ | \\ \diagdown CH = Az \end{smallmatrix}$$

[Fritsch, *Ann. Chem.*, **286**, 12, 1895].

Elle est cristallisée, fond à 227°, se dissout difficilement dans l'alcool.

Le *chloroplatinate* fond à 252°.

L'*éther méthylique* ou *m-méthoxyisoquino-léine* s'obtient par une réaction analogue, au moyen du m-méthoxybenzylidène-aminoacétal.

Il est cristallisé et fond à 49°. Il est soluble dans l'alcool. Ses solutions acides étendues présentent une fluorescence bleu violet.

Son *chlorhydrate* fond à 221°, son *picrate* à 194-195°.

L'*éther éthylique* fond vers 8° et bout à 199° sous la pression de 50 mm. de mercure. Les solutions acides présentent une fluorescence bleu violet. Son *chlorhydrate* fond à 223°, son *picrate* à 202°.

α-*Chloro-β-oxyisoquinoléine*. — Ce corps a été obtenu par Gabriel par chauffage de l'homo-phtalimide avec PO Cl³ à 170° [Gabriel, *D. chem. G.*, **19**, 2355, 1886]. Il fond à 196°.

β-*Chloro-α-oxyisoquinoléine*. — On obtient ce composé en même temps que son *éther éthylique* en chauffant la dichlorisoquinoléine avec de la soude alcoolique à 100°. Il fond à 219° [Gabriel. *loc. cit.*].

Chloroxyisoquinoléine (fond à 238°). — Cette chloroxyisoquinoléine a été obtenue par Fortner [*Monats.*, **14**, 163, 1893] en traitant l'isoquinoléine par le chlorure de chaux en présence d'acide borique.

HOMOLOGUES DES MONOXYISOQUINOLÉINES.

α-*Oxy-β-méthylisoquinoléine*,

CH   CH
HC   C   C-CH³
HC   C   Az
CH   C
|
OH

— On a préparé son *éther méthylique* par l'action du méthylate de sodium sur l'α-chloro-β-méthylisoquinoléine [Neumann, *D. chem. G.*, **27**, 830, 1894]; il fond à 32° et bout à 25x°.

L'*éther éthylique* bout à 266°.

Le β-méthylisocarbostyrile libre s'obtient en réduisant par l'acide iodhydrique le β-méthyl-γ-oxyisocarbostyrile. Il fond à 210° [Gabriel et Colman, *D. chem. G.*, **33**, 984, 1900].

α-*Oxy-β-éthylisoquinoléine* (β-*éthylisocarbo-styrile*) — Ce corps s'obtient par l'action de l'acide iodhydrique à 200 sur le β-éthyl-γ-oxy-isocarbostyrile.

La β-*méthyl-γ-oxy-α-chloroisoquinoléine* s'obtient par l'action de l'oxychlorure de phosphore sur le méthyloxyisocarbostyrile anhydre. Elle fond à 163° [Gabriel et Colman, *loc. cit.*]

La β-*éthyl-γ-oxy-α-chloro isoquinoléine* fond à 125° [Ulrich, *D. chem. G* . **37**. 1685-1696, 1904].

β-*Isopropyl-α-oxyquinoléine* (β *isopropyliso-carbostyrile*). — Pour préparer ce corps, on chauffe avec de l'eau et de l'acide sulfurique

l'isopropyl-γ-cyanisocarbostyrile [Lehmkuhl, *D. chem. G.*, **30**. 892, 1897]. Il fond à 186°.

Pour obtenir le β *isopropyl-γ-cyanisocarbos-tyrile*,

$$C^6H^4 \begin{smallmatrix} \diagup C . (C Az) = C - CH(CH^3)^2 \\ | \\ \diagdown CO \text{———} Az H \end{smallmatrix}$$

on traite par une lessive de soude le cyanure de pseudodiisobutyryl-o-cyanobenzyle.

β-*Isobutyl-α-oxyquinoléine* (β-*isobutylisocar-bostyrile*). — Ce produit s'obtient en chauffant avec de l'eau et de l'acide sulfurique, l'isobutyl-cyanisocarbostyrile (Lehmkuhl).

Il fond à 138-139°.

α-*Oxy-β-phénylisoquinoléine*. — Son *éther éthylique* s'obtient en chauffant la β-phényl-α-chlorisoquinoléine avec l'alcoolate de sodium [Gabriel, *D. chem. G.*, **19**, 835, 1886]. Il fond à 45-46°.

o-*Tolyl-isocarbostyrile*,

$$C^6H^4 \begin{smallmatrix} \diagup CH = C - C^6H^4 - CH^3 \\ | \\ \diagdown CO - Az H \end{smallmatrix}$$

— Ce corps se présente sous forme de tables microscopiques fusibles à 179° On l'obtient par traitement de l'o-tolylisocoumarine par l'ammoniaque alcoolique à 100°.

L'oxychlorure de phosphore la transforme en un *dérivé α-chloré* fusible à 67°.

La réduction par l'acide iodhydrique et le phosphore donne l'o-tolyl-β-isoquinoléine [Bethmann, *D. chem. G.*, **32**, 1159, 1899 et *Bull. Soc. Chim.*, **22**. 643, 1899].

DIOXYISOQUINOLÉINES.

m-p-Dioxyisoquinoléine. — L'*éther diméthy-lique* de cette dioxyquinoléine a été obtenu dans la destruction de l'un des alcaloïdes de l'opium, la papavérine [Goldschmiedt, *Monats.*, **7**, 494, 1886].

Cet alcaloïde, oxydé par le permanganate de potassium, se transforme en papavéraldine, laquelle fondue avec la potasse se dédouble en acide vératrique et diméthoxyisoquinoléine

CH   CH
CH³-O-C   C   CH
CH³-O-C   C   Az
CH   CH

Cet éther est une huile épaisse.

Il fournit un *chlorhydrate* cristallisé avec 3 H²O, très soluble dans l'eau.

La diméthoxysoquinoléine, oxydée par le permanganate en solution alcaline, est changée en acide métahémipinique ou acide 4.5-diméthoxy-benzène-1 2-dicarbonique, par destruction de la chaîne pyridique, et en acide cinchoméronique ou β-γ-pyridine-dicarbonique par destruction de la chaîne benzénique.

Le *picrate* de cet éther diméthylique fond à 219° [Goldschmiedt, *Monats.*, **8**, 522 1887 et **9**, 344, 1888].

L'*éther méthylénique*,

$$CH^2 \begin{smallmatrix} \diagup O \\ \diagdown O \end{smallmatrix} C^9H^5 Az$$

prend naissance par l'action de l'acide sulfurique sur le pipéronalaminoacétal

$$CH^2 \begin{smallmatrix} \diagup O \\ \diagdown O \end{smallmatrix} C^6H^3 - CH = Az - CH^2 \cdot CH(OC^2H^5)^2$$

[Fritsch, *Ann. Chem.*. **286**, 15, 1895]

Il fond à 124°. Il bout sans décomposition à 215° sous la pression de 50 mm.

Sa solution dans les acides étendus présente une fluorescence verte.

α.γ-Dioxyisoquinoléine (γ-oxyisocarbostyrile),

$$C^6H^4 \diagup \begin{matrix} C(OH) = CH \\ | \\ CO \text{——} AzH \end{matrix}$$

— Ce corps se prépare en chauffant avec de l'acide sulfurique à 50 0/0 l'éther β-carbonique correspondant.

L'acide azotique fumant le transforme en phtalonimide

$$C^6H^4 \diagup \begin{matrix} CO - CO \\ | \\ CO - AzH \end{matrix}$$

fusible à 224°.

Le γ-oxyisocarbostyrile se condense avec l'anhydride phtalique à 240°, pour former le *composé*

$$C^6H^4 \diagup \begin{matrix} CO - C = C \diagup_{O}^{C^6H^4} \diagdown CO \\ | \\ CO - AzH \end{matrix}$$

en aiguilles rouges fusibles à 315-316°.

Le γ-oxyisocarbostyrile se condense à 170°, en présence de pipéridine, avec la benzaldéhyde pour donner le *benzylidène-isocarbostyrile*.

$$C^6H^4 \diagup \begin{matrix} CO - AzH \\ | \\ CO - C = CH . C^6H^5 \end{matrix}$$

fusible à 193-194°.

L'oxydation, par l'eau oxygénée ou par le bichromate de potassium, d'une solution chlorhydrique tiède d'oxyisocarbostyrile, donne du *carbindigo*

$$C^6H^4 \diagup\text{———}_{CO-AzH}^{CO\text{———}} \diagup C = C \diagdown_{AzH-CO}^{\text{———}CO\text{———}} \diagdown C^6H^4$$

[Gabriel et Colman, *D. chem. G.*, **35**, 2421, 2430, 1902 et *Bull. Soc. Chim.*, **30**, 72, 73, 1903].

Le γ-oxyisocarbostyrile est une poudre cristalline brunissant vers 200°. Réduit par l'acide iodhydrique et le phosphore à 190°, il donne l'isocarbostyrile.

On peut encore obtenir le γ-oxyisocarbostyrile par l'action de l'acide bromhydrique sur le γ-*oxyisocarbostyrile-β-carbonate d'éthyle*, qui provient lui-même de la réaction du méthylate de sodium sur l'éther phtalylglycocollique [Gabriel et Colman, *D. chem. G.*, **33**, 980, 1900].

β-*Méthyl-γ-oxy-isocarbostyrile*. — Ce composé s'obtient par l'action du méthylate de sodium sur l'éther α-phtalimidopropionique. Il cristallise avec $1H^2O$, fond vers 180°, se déshydrate et fond ensuite, à l'état anhydre, vers 270° [Gabriel et Colman, *D. chem. G.*, **33**, 980, 1900].

m-*Méthyl-γ-oxyisocarbostyrile*. — Lorsqu'on chauffe l'éther m-méthylphtalylglycinique avec du méthylate de sodium, il se produit une transposition moléculaire, et on obtient le m-méthyl-γ-oxyisocarbostyrile-β-carbonate de méthyle. Cet éther, chauffé avec de l'acide sulfurique à 50 0/0, perd CO^2 et se transforme en m-méthyl-γ-oxyisocarbostyrile.

Ce corps est constitué par des cristaux rouges peu solubles dans l'eau chaude et l'acetone, plus solubles dans l'alcool. Chauffé à 160-170° avec de l'oxychlorure de phosphore, il se transforme en m-*méthyl-γ-chlorisocarbostyrile*.

Le méthylisocarbostyrile, oxydé en solution chlorhydrique par le bichromate de potassium,

donne des cristaux rouges de *diméthylcarbindigo* [Findeklee, *D. chem. G.*, **38**, 3542 et *Bull. Soc. Chim.*, **36**, 1251; 1906].

β-*Ethyl-γ-oxy-isocarbostyrile*,

$$C^6H^4 \diagup \begin{matrix} C(OH) = C - C^2H^5 \\ | \\ CO \text{——} AzH \end{matrix}$$

— Il s'obtient par l'action du méthylate de sodium sur l'α-phtalimidobutyrate d'éthyle [Gabriel et Colman, *loc. cit.*].

β-*Isopropyl-γ-oxyisocarbostyrile*. — Il se prépare par chauffage de l'α-bromisovalérate d'éthyle avec la phtalimide potassée à 180°, et en traitant par le méthylate de sodium l'éther obtenu. Il fond à 207°. Il est soluble dans l'acide acétique et l'alcool bouillant.

Le β-*isobutyl-γ-oxy-isocarbostyrile* a été préparé de même à partir de la leucine. Il cristallise en aiguilles fusibles à 173°, solubles dans l'alcool [Ulrich, *D. chem. G.*, **37**, 1685-1696, 1904 et *Bull. Soc. Chim.*, **32**, 1215, 1904].

β-*Phényl-γ-oxyisocarbostyrile*. — On chauffe le nitrile phénylglycolique avec de l'ammoniaque alcoolique, puis on saponifie par l'acide chlorhydrique le nitrile aminophénylacétique ainsi obtenu.

L'acide résultant de cette réaction est chauffé avec l'anhydride phtalique à 165°, ce qui donne la phtalylphénylglycine

$$C^8H^4O^2 - Az - CH \diagdown_{C^6H^5}^{CO^2H}$$

Ce corps chauffé avec le méthylate de sodium donne le sel de sodium du β-phényl-γ-oxyisocarbostyrile.

Le β-phényl-γ-oxyisocarbostyrile fond à 256° et se dissout dans l'alcool.

Son *éther méthylique* fond à 240°.

Traité par l'oxychlorure de phosphore celui-ci se transforme en β-*phényl-γ-méthoxy-α-chloro-isoquinoléine* fusible à 103°,5, soluble dans l'alcool.

Le β-*phényl-γ-éthoxyisocarbostyrile* fond à 183° et la β-*phényl-γ-éthoxy-chlorisoquinoléine* fond à 83°,5.

m- ou p-*Oxyisocarbostyrile*. — Ce composé a été obtenu par réduction au moyen de l'acide iodhydrique et du phosphore de la α.γ.m- ou p-trioxyisoquinoléine. Il fond à 270° et se dissout dans l'alcool et les alcalis. L'oxychlorure de phosphore la transforme en dichlorisoquinoléine fusible à 96° [Kusel, *D. chem. G.*, **37**, 1971-1979, 1904].

Le Bz-*éthoxy-β-phénylisocarbostyrile*,

$$C^2H^5 - O - C^6H^4 \diagup \begin{matrix} CH = C - C^6H^5 \\ | \\ CO - AzH \end{matrix}$$

s'obtient par chauffage de l'isocoumarine avec l'ammoniaque.

Il fond à 161°. L'oxychlorure de phosphore le transforme en dérivé α-chloré [Onnertz, *D. chem. G.*, **34**, 3735-3747, 1901].

TRIOXYISOQUINOLÉINES.

α-γ-m- (ou p-) Trioxyisoquinoléine. — On saponifie par l'acide bromhydrique l'éther m (ou p)-éthoxy-α-oxyisocarbostyrile-β-carbonique.

Cette trioxyisoquinoléine est soluble dans les alcalis. Réduite par l'acide iodhydrique et le phosphore, elle est transformée en oxyisocarbostyrile m ou p.

L'éther *éthoxyoxyisocarbostyrile-carbonique* s'obtient en traitant l'anhydride β-éthoxyphtalique par le glycocolle, ce qui donne l'acide β-éthoxyphtalylaminoacétique

$$C^2H^5 - O - C^6H^3 < \genfrac{}{}{0pt}{}{CO}{CO} > Az - CH^2 - CO^2H$$

qui se transforme par chauffage avec l'éthylate de sodium en éther éthoxy-m- ou p-oxyisocarbostyrile-β-carbonique fusible à 233° [Kusel, *D. chem. G.*, **37**, 1971-1979, 1904 et *Bull. Soc. Chim.*, **32**, 1217, 1904].

Diméthoxybenzylisoquinolone. — Ce composé a été obtenu par Decker et Klausre en oxydant par un courant d'air une solution aqueuse et alcaline de benzylisopapavérine à 1 0/0. Il fond à 167° [*D. chem. G.*, **37**, 520-521, 1904].

β-Méthyl-α-γ-p-trioxyisoquinoléine. — La condensation de l'anhydride-β-éthoxyphtalique avec l'alanine fournit de l'*acide β-éthoxyphtalylamino-α-propionique* fusible à 146°.

On fait l'éther éthylique de cet acide par l'action du gaz chlorhydrique sur sa solution alcoolique. Cet éther fond à 78°. Soumis à l'action de l'éthylate de sodium, il donne le *β-méthyl-p-éthoxy-γ-oxyisocarbostyrile* insoluble dans l'éther et la ligroïne.

Par saponification au moyen de l'acide iodhydrique, on obtient la *β-méthyltrioxyisoquinoléine* libre qui se décompose vers 240° et cristallise en lamelles solubles dans l'alcool, l'acétone, l'acide acétique et l'eau bouillante [Kusel, *loc. cit.*].

QUINOLÉINES-QUINONES.

Outre l'*α-o-quinoléine-quinone*, décrite dans le 1er Suppl., **2**, 1359, on a préparé une *α-p-quinoléine-quinone*

en oxydant par le chlorure ferrique une solution dans l'acide sulfurique étendu de chlorhydrate de a-amino-p-oxyquinoléine [Mathëus, *D. chem. G.*, **21**, 1888, 1887].

Le *chlorhydrate* est en aiguilles rouge orangé. La quinoléine-quinone libre est très instable.

L'*o-m-dichloro-quinoléine-quinone (a-p)* s'obtient par l'action du chlore sur une solution acétique d'a-amino-p-oxyquinoléine [Zincke et Wiederhold, *Ann. Chem.*, **290**, 366, 1896]. Elle fond à 180°. Elle est assez soluble dans le chloroforme, dans l'acide acétique chaud et dans l'alcool.

La solution de carbonate de sodium la transforme partiellement en m-chloroquinoléine-quinone. Elle se dissout dans les alcalis avec une coloration verte et formation de α-β-dichloropyrindone.

La réduction par le chlorure stanneux la transforme en o-m-dichloro-a-p-dioxyquinoléine. Elle forme des combinaisons avec l'aniline et avec l'o-phénylène-diamine.

Le *chlorhydrate* fond à 199-200°.

QUINOLÉYLALCOOLS.

Les α et γ-alkylquinoléines peuvent, de même que l'α-picoline et la γ-picoline, se combiner aux aldéhydes.

En présence de chlorure de zinc anhydre, il se forme des alkylquinoléines non saturées telles

que la benzylidènequinaldine, produit de condensation de l'aldéhyde benzoïque avec la quinaldine. Au contraire, en milieu aqueux, il y a production de quinoléylalcools ou quinoléinealkines.

Les 3 atomes d'hydrogène du groupe méthyle de la quinaldine peuvent être remplacés par des groupes —$CH^2 . OH$:

$$C^9H^6AzCH^3 + CH^2O = C^9H^6Az . CH^2 . CH^2 . OH$$
$$C^9H^6AzCH^3 + 2CH^2O = C^9H^6Az . CH . (CH^2OH)^2$$
$$C^9H^6AzCH^3 + 3CH^2O = C^9H^6Az . C(CH^2OH)^3.$$

α-QUINOLÉYLÉTHANOL, $C^9H^6Az . CH^2 . CH^2 . OH$ (*méthylol-α-méthylquinoléine* ou *quinaldine-alkine*). — Il s'obtient facilement en chauffant au bain-marie, pendant 14 heures, un mélange de quinaldine (20 gr.), d'aldéhyde formique à 40 0/0 (18 gr.) et d'alcool à 50° (20 gr.).

Il se forme en même temps un peu d'α-quinoléylpropanediol, que l'on sépare grâce à sa faible solubilité dans l'éther.

L'α-quinoléyl-éthanol fond à 94-95°. Il est soluble dans l'éther et l'éther acétique. Son *picrate* est en aiguilles jaunes qui fondent à 165°. Le *chloraurate* fond à 134-135°, le *chloroplatinate* à 209° [Methner, *D. chem. G.*, **27**, 2689, 1894].

β-MÉTHYL-α-QUINOLÉYLPROPANOL (*méthylol-α-éthyl-β-méthylquinoléine*),

— C'est le produit de la condensation de la formaldéhyde avec l'α-éthyl-β-méthylquinoléine. Il fond à 87-88°.

L'*iodocadmiate* fond en se décomposant à 157-160°. Le *chloroplatinate* fond à 200-205° en se décomposant [Kœnigs et Bischkopff, *D. chem. G.*, **34**, 4327, 1901].

γ-MÉTHYL-α-QUINOLÉYLÉTHANOL (*méthyloldiméthylquinoléine*). — Ce corps se prépare en traitant par l'aldéhyde formique une solution alcoolique d'α-γ-diméthylquinoléine.

Il fond à 98°; son *chlorhydrate* fond à 194°. Son *chloroplatinate* est en aiguilles orangées fusibles à 211° et le *picrate* fond à 165° [Königs et Mengel, *D. chem. G.*, **37**, 1322, 1337, 1904].

Chloral-α-γ-diméthylquinoléine,

— Cette combinaison s'obtient en chauffant les composants en solution dans l'acétate d'amyle à 130-140°.

Elle fond à 126°. Le *chlorhydrate* fond à 154° et est peu soluble dans l'eau (Königs et Mengel).

α-QUINOLÉINEPROPANEDIOL (*diméthylolquinaldine*),

— Ce composé prend naissance lorsqu'on chauffe à 100°, en vase clos, pendant 40 heures, la quinaldine (10 p.) avec la formaldéhyde du commerce (10 p.).

Elle constitue des prismes fusibles à 116-117°, solubles dans les dissolvants organiques, sauf l'éther, et dans l'eau bouillante.

Le *chlorhydrate* est déliquescent. Le *nitrate* cristallise en aiguilles solubles dans l'alcool, le *picrate* fond à 146-147°. Le *chloroplatinate* cristallise avec $2H^2O$, il est soluble dans l'eau, fond à 90° et se décompose vers 155-160°.

Les oxydants transforment le quinoléylpropanediol en acide quinaldique. Le phosphore et l'acide iodhydrique le transforment en α-propylquinoléine [Kœnigs, *D. chem. G.*, **32**, 223, 231, 1899 et *Bull. Soc. Chim.*, **22**, 417, 1899].

β-*Chloro-α-quinoléylpropanediol* (*diméthylol-β-chloroquinaldine*). — Il a été obtenu par l'action de la formaldéhyde à 100° pendant 100 heures, sur la β-chloroquinaldine. Il est en aiguilles jaunes fusibles à 122-123°.

Le *chloroplatinate* cristallise avec $2H^2O$. A l'état anhydre, il fond à 173° [Kœnigs et Stockhausen, *D. chem. G.*, **35**, 2554, 1902].

β-MÉTHYL-α-QUINOLÉYLPROPANEDIOL (*diméthylol-β-méthylquinaldine*),

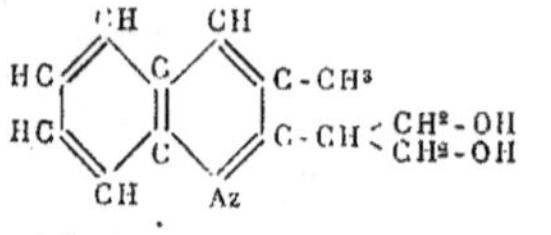

— On obtient ce corps par chauffage de la β-méthylquinaldine avec la formaldéhyde. Il cristallise avec une molécule d'eau et fond à 85-86°. A l'état anhydre, il fond à 106-108° et se décompose au-dessus avec dégagement d'aldéhyde formique.

Son *chloroplatinate* fond à 193° en se décomposant.

L'acide azotique transforme la diméthylol-méthylquinaldine en acide β-méthylquinoléine-α-carbonique [Kœnigs et Stockhausen, *D. chem. G.*, **34**, 4330, 4336, 1901].

γ-MÉTHYL-α-QUINOLÉYLPROPANEDIOL (*diméthylol-α-γ-diméthylquinoléine*). — On obtient ce corps en chauffant en tubes scellés, au bain-marie, la α-γ-diméthylquinoléine avec l'aldéhyde formique.

Il se présente sous forme d'aiguilles fusibles à 140°. Le *chlorhydrate* fond à 194°.

Le *chloroplatinate* fond à 172° en se décomposant [Kœnigs et Mengel, *loc. cit.*].

α-QUINOLÉYLBUTANEDIOL (*diméthylol-α-éthylquinoléine*),

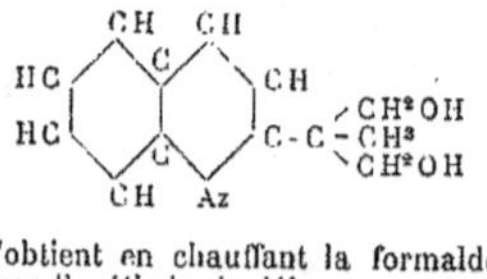

— On l'obtient en chauffant la formaldéhyde à 40 0/0 avec l'α-éthylquinoléine.

Il fond à 95-96° et son *chlorhydrate* à 178-179° [Kœnigs et Bischkopff, *loc. cit.*].

α-QUINOLÉYLBUTANETRIOL (*triméthylolquinaldine*),

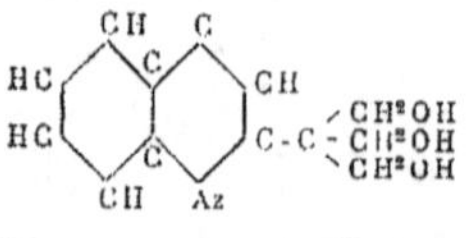

—On prépare ce corps en chauffant en vase clos à 100°, pendant 40 heures, 1 molécule de quinoléylpropanediol avec 2 molécules de formal-

déhyde. Il forme des paillettes blanches fusibles à 143°, peu solubles dans l'éther et le benzène, solubles dans les autres solvants organiques.

Le *chlorhydrate* est cristallisé et fond à 143°-146°. Le *chloraurate* $C^{13}H^{15}AzO^3.HCl.AuCl^3.H^2O$ fond à 86° et le *chloraurate* anhydre à 122-123°.

Les oxydants le transforment en acide quinaldique.

L'acide iodhydrique et le phosphore donnent non pas la butylquinoléine, mais l'isopropylquinoléine [Kœnigs, *D. chem. G.*, **32**, 223, 231 et *Bull. Soc. Chim.*, **22**, 417, 1899].

γ-QUINOLÉYLÉTHANOL (*méthylol-lépidine*),

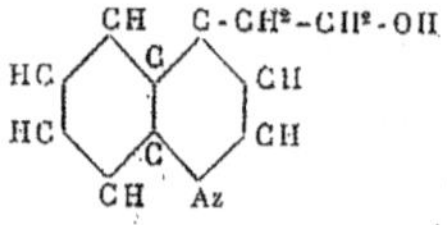

— La lépidine chauffée avec le formol fournit un mélange de γ-quinoléyléthanol et de γ-quinoléylpropanediol. On sépare le premier de ces corps à l'état de *picrate* fusible à 155-157°. Le *chlorhydrate* fond à 146° et le *chloroplatinate* à 200-202° [Kœnigs, *D. chem. G.*, **31**, 2364, 1898].

γ-QUINOLÉYLPROPANEDIOL (*diméthylollépidine*). — C'est le produit de la condensation de 2 molécules de formaldéhyde avec 1 molécule de lépidine. Il est en tables incolores fusibles à 128-129°. Son *chlorhydrate* fond à 172°, le *chloroplatinate* à 200-202°, le *picrate* à 171°.

Oxydée par l'hypobromite de potassium ou l'acide azotique, la diméthylollépidine donne l'acide cinchoninique.

Chauffée à 190°, elle se décompose avec formation de trioxyméthylène.

Chauffée avec l'acide bromhydrique fumant, elle se transforme en *mono* et *dibromhydrine*. On obtient de même une *mono* et une *diiodhydrine*.

La réduction par l'acide iodhydrique et le phosphore donne a. γ-propylquinoléine [Kœnigs, *loc. cit.*].

MÉTHYLOLBENZYLLÉPIDINE, C^9H^6Az - $CH(CH^2OH)$. $CH^2.C^6H^5$. — On chauffe la benzyllépidine avec du formol au bain-marie, en tube scellé. On obtient des prismes fusibles à 150°. Le *chloroplatinate* fond à 234°.

MÉTHYLOLBENZYLQUINALDINE. — Ce corps se forme en même temps que la *diméthylolbenzylquinaldine* par l'action du formol sur la benzylquinaldine.

La base méthylolée fond à 113-114° et la base diméthylolée à 141-142°.

o-*Oxyquinoléylméthanol.* — Ce composé s'obtient en traitant l'ooxyquinoléine par la formaldéhyde et une solution de soude. Il est peu soluble dans l'alcool et se colore en vert par le chlorure ferrique [Manasse, *D. chem. G.*, **27** 2412, 1894 et **35**, 3844, 3847, 1902].

QUINOLÉYLPHÉNOLS.

γ-QUINOLÉYLPHÉNOL,

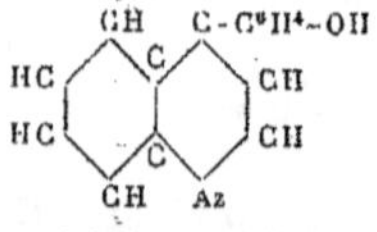

— Ce corps s'obtient par l'action de l'acide bromhydrique sur le quinoléylphénétol. Il fond à 207-208°. Son *chlorhydrate* fond à 260° et le *bromhydrate* à 274°. Distillé sur la poudre de zinc, il donne de la quinoléine et peut-être de la γ-phénylquinoléine.

Le *γ-quinoléylphénétol*, $C^9H^6Az - C^6H^4 - O - C^2H^5$ se forme lorsqu'on décompose par la chaleur le sel d'argent de l'acide éthylhomoapocinchénique qui perd de l'anhydride carbonique à 285°. Le quinoléylphénétol est en aiguilles incolores fusibles à 80-81°.

α-QUINOLÉYLPHÉNOL. — On traite par l'azotite de sodium une solution chlorhydrique de p-amino-α-phénylquinoléine [Weidel. *Mon. f. Chem.*, 8, 127, 1887] ou bien on chauffe avec de la potasse l'acide α-phénylquinoléine parasulfonique [Marmann, *Mon. f. Chem.*. 13, 63, 1892].

L'α-quinoléylphénol est cristallisé et fond à 237-238°. Il se décompose par ébullition à l'air. Il est insoluble dans l'eau, soluble dans l'alcool bouillant, dans la potasse et dans l'acide chlorhydrique.

Chauffé avec la poudre de zinc, il se transforme en α-phénylquinoléine. Son *dérivé acétylé* fond à 123° et son *dérivé nitré* à 151°.

α-QUINOLÉYLCRÉSOL (*pseudoflavénol*). — Voyez 2e Suppl., 4, 159.

α-LÉPIDYLPHÉNOL (*flavénol*). — Voyez 2e Sup., 4. 157.

p-ANISYLIDÈNE-QUINALDINE.

$$C - CH = CH - C^6H^4 - O - CH^3 \qquad (Az)$$

— L'aldéhyde anisique se condense avec la quinaldine à 180° en présence de chlorure de zinc pour donner ce composé fusible à 126°. Le *chlorhydrate* fond à 208°, le *chloroplatinate* à 254°.

La réduction par le sodium et l'alcool absolu donne l'*ω-p-méthoxybenzyltétrahydroquinaldine*, $C^9H^{10}Az - CH^2 - CH^2 - C^6H^4 - O - CH^3$ fusible à 71° [Bialou, *D. chem. G.*, 35, 2786, 1902].

QUINOLÉYLALDÉHYDES.

Ces corps résultent du remplacement d'un atome d'hydrogène du groupe hydrocarboné d'une aldéhyde par le radical quinoléyle.

α-QUINOLÉYLMÉTHANAL (*α-quinoléineméthylal*).

$$\begin{array}{ccc} & CH & CH \\ HC & C & CH \\ HC & C & C - CHO \\ & CH & Az \end{array}$$

— On a obtenu ce composé par oxydation de l'acide quinoléyl-α-acrylique au moyen du permanganate [Miller et Spady, *D. chem. G.*, 18, 3404, 1885]. Il fond à 70-71°. Il est peu soluble dans l'eau et la ligroïne, facilement soluble dans l'alcool, le benzène et les acides. Il réduit la solution ammoniacale d'hydrate d'argent.

La *combinaison phénylhydrazinique* fond à 196°.

Nitro-γ-quinoléylméthanal. — La nitrolépidine traitée par le brome donne un dérivé dibromé dans le groupe CH^3. Celui-ci traité par l'acétate d'argent et l'acide acétique à 60 0/0 fournit la nitro-γ-quinoléylformaldéhyde $AzO^2 - C^9H^5Az - CHO$ qui est une poudre cristalline jaune fusible à 375° [Königs, *D. chem. G.*, 31, 2364, 1898 et *Bull. Soc. Chim.*. 22, 119, 1899].

α-QUINOLÉYLÉTHANAL (*α-quinoléine-éthylal, α-quinoléylacétaldéhyde*), $C^9H^6Az.CH^2 - CHO$. — On oxyde par le permanganate de potassium, une solution benzénique du sel sodique de l'acide α-quinoléyl-α-oxypropionique [Einhorn, *D. chem. G.*, 18, 3467, 1885; 19, 908, 1886]. On

peut aussi obtenir cette aldéhyde en chauffant l'acide quinoléyloxypropionique avec du benzène ou en chauffant à 110° le sel de sodium de cet acide avec de l'acide sulfurique concentré [Einhorn et Shermann, *Ann. Chem.*, 2:7.38.1895].

Cette aldéhyde est cristallisée, elle fond à 103-104°. Elle se condense avec l'o-aminobenzaldéhyde en présence de soude pour donner le az-α-biquinolyle.

Le *picrate* de l'α-quinoléyléthanal fond à 212°. La phénylhydrazine donne une *combinaison* qui fond à 198°.

γ-Oxy α-méthylquinoléyl-β-méthanal (*γ-oxy-β-quinaldinaldéhyde*).

$$\begin{array}{ccc} CH & & C-OH \\ HC & C & C-CHO \\ HC & C & C-CH^3 \\ CH & & Az \end{array}$$

— Ce composé se forme dans l'action de la γ-oxyquinaldine sur le chloroforme en présence de potasse [Conrad et Limpach, *D. chem. G.*, 21, 1972, 1888]. Il se présente sous forme de feuillets jaunes qui fondent à 273° en se décomposant. Il est très peu soluble dans l'eau, soluble dans l'alcool bouillant, dans la soude étendue et dans l'acide chlorhydrique concentré.

Le *chlorhydrate* est décomposé par l'eau.

Le *chloroplatinate* est un précipité cristallin, jaune orangé, qui fond en se décomposant à 215-220°.

La *combinaison phénylhydrazinique* forme des aiguilles jaunes peu solubles dans l'eau chaude, solubles dans l'alcool bouillant.

Dans la préparation de l'oxyquinaldinaldéhyde, il se forme un corps de formule $C^{31}H^{23}Az^3O^3$ ou $CH(C^9H^4Az.CH^3.OH)^3$ qui doit être considéré comme le produit de la condensation d'une molécule d'oxyquinaldinaldéhyde avec 2 molécules d'oxyquinaldine. On le sépare grâce à son insolubilité dans la potasse.

Il fond à 192° et se dissout dans le benzène chaud.

α-MÉTHYL-p-QUINOLÉYL-MÉTHANAL (*p-quinaldine-aldéhyde*. — On oxyde par le permanganate de potassium une solution refroidie d'acide quinaldinacrylique dans l'acide chlorhydrique étendu additionnée de benzène [Miller et Kinkelin, *D. chem. G.*. 18, 3237, 1885]. Le corps ainsi obtenu est cristallisé et fond à 106°; il est peu soluble dans la ligroïne et dans l'eau chaude, il est très soluble dans l'alcool, l'éther, le benzène et les acides.

Le *dérivé phénylhydrazinique* $C^{10}H^8Az.CH = Az - Az H C^6H^5$ est en prismes jaune d'or fusibles à 160°.

Par chauffage prolongé de la quinaldine et de la p-quinaldinaldéhyde à 150°, on obtient un *produit de condensation*

$$Az \qquad C - CH = CH - C \qquad C - CH^3 \qquad (Az)$$

fusible au-dessus de 300°, soluble dans l'aniline et la quinaldine.

α-MÉTHYL-m-QUINOLÉYL-MÉTHANAL (*m-quinaldine-aldéhyde*). — On dissout le chlorhydrate d'acide quinaldylacrylique dans une solution étendue de carbonate de sodium, on y ajoute du benzène, on refroidit le mélange à 0° et on verse une solution de permanganate de potassium [Eckardt, *D. chem. G.*, 22, 277, 1889]

La m-quinaldinaldéhyde cristallise avec 1 1/2

H^2O qu'elle perd sur l'acide sulfurique. Elle fond, à l'état anhydre, à 61°. Elle est soluble dans l'alcool, le benzène, l'éther et l'acétone, peu soluble dans la ligroïne et dans l'eau chaude, soluble dans les acides minéraux étendus.

L'oxyde d'argent la transforme en acide α-méthylquinoléine m-carbonique.

Son *chloroplatinate* fond à 211°, est peu soluble dans l'alcool chaud et dans l'acide chlorhydrique. Son *picrate* fond en se décomposant à 182°.

p-o-DIMÉTHYL-α-QUINOLÉYLMÉTHANAL. — On traite par le permanganate de potassium une solution refroidie de chlorhydrate d'acide p-o-diméthylquinoléylacrylique dans le carbonate de sodium en présence du benzène [Panajotow, *D. chem. G.*, 23, 1471, 1890]. Le corps ainsi obtenu fond à 107°, il est peu soluble dans l'eau froide et la ligroïne, soluble dans l'alcool et l'éther.

TRIMÉTHYL-QUINOLÉYL-MÉTHANAL. — Ce corps s'obtient par l'oxydation au moyen du chlorure de chromyle de la tétraméthylquinoléine [Einhorn, *D. chem. G.*, 18, 3145, 1885]. Il fond à 73-74° lorsqu'il contient $3H^2O$. Anhydre, il fond à 101°,5. Il réduit la solution ammoniacale d'oxyde d'argent.

Harz a obtenu une *aldéhyde* $C^{13}H^{13}AzO$ en petite quantité, en même temps que l'acide méthyléthylquinoléine-carbonique, en oxydant par l'acide chromique la β-p-diméthyl-α-éthylquinoléine [*D. chem. G.*, 18, 3397, 1885]. Elle fond à 56-57° et bout au-dessus de 300°.

γ-*Oxy-α-a-p-o-tétraméthylquinoléylméthanal.* — On a obtenu cette aldéhyde en traitant une solution de γ-oxytétraméthylquinoléine par le chloroforme en présence de soude [Conrad et Limpach, *D. chem. G.*, 21, 1976, 1888].

o-QUINOLÉYLMÉTHANAL (*o-quinoléylformaldéhyde*). — L'ω-iodo-o-toluquinoléine bouillie avec de l'acide azotique de densité 1,25 à 1,30 jusqu'à ce qu'il ne se dégage plus d'iode fournit le nitrate d'une quinoléine-aldéhyde d'où l'on isole l'aldéhyde par la soude.

Cette aldéhyde cristallise dans l'alcool en longues aiguilles blanches fusibles à 95°, solubles dans l'alcool et dans l'éther, entraînables par la vapeur d'eau.

Son *sel de platine* fond vers 250°. Elle se combine au bisulfite de soude, à l'hydrazine, à l'hydroxylamine. Le mélange chromique la transforme en acide [Howitz, *D. chem. G.*, 35, 1273, 1902].

a-*Nitro-o-quinoléylméthanal*, $AzO^2-C^9H^5Az-CHO$. — On nitre l'ω-bromo-o-toluquinoléine par un mélange d'acide sulfurique concentré et d'acide azotique, puis on chauffe le dérivé nitré obtenu, dissous dans l'alcool, avec une solution aqueuse d'iodure de potassium. Le brome est remplacé par de l'iode et l'a-nitro-ω-iodo-o-toluquinoléine, traitée par l'acide azotique, est transformée en aldéhyde, fusible à 146° [Howitz et Nother, *D. chem. G.*, 39, 2705 et *Bull. Soc. Chim.*, (4), 2, 753, 1902].

Enfin Königs a obtenu une quinoléylaldéhyde en oxydant par l'acide azoteux l'éther éthylique de l'apocinchène [*J. prakt. Chem.*, 64, 1, 1900].

QUINOLÉYLCÉTONES.

β-MÉTHYL-α-OXYQUINOLÉYLCÉTONE (*acétylcarbostyrile*),

$$\begin{array}{ccc}
 & CH \quad CH & \\
HC & \diagdown C \diagup & C-CO-CH^3 \\
HC & \diagup C \diagdown & C-OH \\
 & CH \quad Az &
\end{array}$$

— Cette cétone a été obtenue en chauffant à 160° l'o-aminobenzaldéhyde avec l'éther acétylacétique [Friedländer et Gohring, *D. chem. G.*, 16. 1838, 1883].

Elle fond à 232°. Elle se dissout dans les solutions étendues de soude. Elle ne se combine pas aux acides.

α-MÉTHYL-β-MÉTHYLQUINOLÉYLCÉTONE (*α-méthyl-β-éthylone-quinoléine, β-acétylquinaldine*)

$$\begin{array}{ccc}
 & CH \quad CH & \\
HC & \diagdown C \diagup & C-CO-CH^3 \\
HC & \diagup C \diagdown & C-CH^3 \\
 & CH \quad Az &
\end{array}$$

— Ce composé se prépare en chauffant l'ortho-aminobenzaldéhyde avec l'acétylacétone en présence d'une lessive de soude.

Il est cristallisé, fond à 64° et bout à 306°. L'*oxime* fond à 143° [Eliasberg et Friedländer, *D. chem. G.*, 25, 1756, 1892].

α-MÉTHYLQUINOLÉYL-p-MÉTHYLCÉTONE (*p-acétylquinaldine*). — Ce corps fond à 92° et bout à 319° [Behrend et Thomas, *D. chem. G.*, 25, 2548, 1892]. Il forme un *picrate* fusible à 209° et une *phénylhydrazone* fusible à 193°.

γ-BUTYLDIONEQUINOLÉINE (*γ-acétacétylquinoléine*),

$$C^6H^4 \diagup^{\textstyle C(CO-CH^2-CO-CH^3)=CH}_{\textstyle Az=\!=\!=\!=\!=\!=\!=\!=CH}$$

— Weidel a obtenu ce composé en chauffant à 100° de l'éther cinchoninique (100 gr.) récemment distillé avec de l'acétone (30 gr.), du benzène (30 gr.) et du méthylate de sodium (11^{gr},5 de Na).

Cette dicétone cristallise en longues aiguilles fusibles à 64.65°. Elle bout à 206° sous la pression de 17 mm. Elle est soluble dans l'alcool, l'éther, le benzène, dans les acides étendus et dans les alcalis. Avec l'ammoniaque alcoolique, elle donne l'aminoacétacétylquinoléine.

Le *chlorhydrate* de butyldionequinoléine est en aiguilles jaune soufre fusibles à 180°. Le *chloroplatinate* fond à 192° en se décomposant, l'*iodométhylate* à 190° et l'*oxime* à 170-171° [Weidel, *Mon. f. Chem.*, 17, 402, 1896].

α-*Oxy-γ-méthylquinoléyl-β-méthylcétone* (*α-oxy-γ-méthyl-β-acétylquinoléine*). — C'est le produit de la condensation de l'o-aminoacétophénone avec l'éther acétylacétique. Il fond à 267° [Camps, *Arch. Pharm.*, 240, 135-146, 1902].

α-MÉTHYL-p-BENZOYLQUINOLÉINE. — On chauffe avec la paraldéhyde une solution chaude de p-aminobenzophénone dans l'acide chlorhydrique fumant [Hinz, *Ann. Chem.*, 242, 323, 1887]. Le corps ainsi obtenu fond à 67-68°.

α-MÉTHYL-o-BENZOYLQUINOLÉINE. — Ce composé se prépare comme le précédent. Il fond à 107-108° [Geigy et Königs, *D. chem. G.*, 18, 2406, 1885].

α-*Oxy-β-benzoyl-γ-méthylquinoléine.* — C'est le produit de la condensation de l'o-aminoacétophénone avec l'éther benzoylacétique. Il fond à 264° [Camps, *loc. cit.*].

BENZOYLTÉTRAHYDROQUINALDINE. — Il existe trois isomères optiques : le droit, le gauche et le racémique [Adriani, *Zeit. phys. Chem.*, 33, 453, 1900].

ACIDES QUINOLÉINE-CARBONIQUES.

(Voyez 1er Suppl., 2, 1362). Les acides quinoléine-monocarboniques se forment par oxydation des quinoléines monoalcoylées.

Lorsque l'oxydation porte sur une quinoléine polyalkylée au moyen de l'acide chromique, elle donne soit un acide alcoylquinoléine-carbonique, soit un acide quinoléine-polycarbonique.

Dans les Py-alcoylquinoléines, le groupe alcoylé à poids moléculaire le plus élevé est oxydé le premier; à poids moléculaires égaux, c'est le groupe en position γ qui est attaqué le plus aisément, puis le groupe en β et enfin celui en α.

L'oxydation des alcaloïdes des quinquinas fournit aussi des acides quinoléine-carboniques.

On les obtient encore par la méthode générale de Skraup, c'est-à-dire en chauffant un acide aminobenzoïque avec la glycérine et l'acide sulfurique, générateurs de l'acroléine :

$$Az\,H^2 - C^6\,H^4 - C\,O^2\,H + C^3\,H^4\,O$$
$$= C^9\,H^6\,Az - C\,O^2\,H + H^2\,O + H^2.$$

La réaction de Dœbner, c'est-à-dire la condensation effectuée en liqueur alcoolique entre l'acide pyruvique, une aldéhyde et une amine aromatique primaire, fournit des acides alcoylquinoléine-monocarboniques :

$$C^6H^4 < {Az\,H^2 \atop H} + C\,O\,H\,.\,R + C\,O < {C\,O^2\,H \atop C\,H^3}$$
$$= C^6H^4 < {\overset{\displaystyle C\,O^2\,H}{C = C\,H} \atop Az = C\,R} +$$

On obtient les nitriles des acides quinoléine-monocarboniques lorsqu'on traite le sel d'un acide quinoléine-monosulfonique par le cyanure de potassium :

$$S\,O^2\,K^2 - C^6\,H^3 < {C\,H = C\,H \atop Az = C\,H} + C\,Az\,K$$
$$= S\,O^3\,K^2 + C\,Az - C^6\,H^3 < {C\,H = C\,H \atop Az = C\,H}$$

Ces nitriles, hydratés à chaud par l'acide chlorhydrique en vase clos, fournissent les acides correspondants.

Les sels des acides α-carboniques donnent avec le sulfate ferreux une coloration rouge orangé [Skraup, *Mon. f. Chem.*, 7, 213, 1886].

ACIDE QUINOLÉINE-α-CARBONIQUE (*acide quinaldique*). — Cet acide se forme par l'oxydation au moyen du permanganate de potassium du biquinolyle α-α ou de l'acide cyclothraustique [Weidel et Strache, *Mon. f. Chem.*, 7, 299, 1886] ou par l'oxydation à chaud par le mélange chromique d'une solution dans l'acide sulfurique étendu de benzylidène-quinaldine [Miller et Krämer, *D. chem. G.*, 24, 1915, 1891].

Il s'obtient encore par oxydation du dérivé méthylolé de la quinaldine par l'acide azotique. Il fond à 156° en commençant à se décomposer.

Son *amide* fond à 132° et son *éther méthylique* à 85° [Besthorn et Ibele, *D. chem. G.*, 39, 2329 et *Bull. Soc. Chim.*, (4), 2, 750, 1907].

Le *chlorure de l'acide quinaldique* s'obtient par l'action du chlorure de thionyle sur l'acide. Il cristallise dans la ligroïne, et fond à 97-98°.

Dissous dans la benzine et traité par 2 molécules de quinoléine, il se colore en rouge. On obtient la même matière colorante lorsqu'on chauffe l'acide quinaldique avec l'anhydride acétique. Tous les acides α-carboniques se comportent de même [Besthorn et Ibele, *D. chem. G.*, 38, 2127-2129, 1905; *Bull. Soc. Chim.*, 36, 105, 1906].

En chauffant l'acide quinaldique avec l'anhydride acétique, il perd de l'anhydride carbonique et fournit une matière rouge, qui, bouillie avec de l'acide bromhydrique, donne de l'acide qui-

naldique et de la quinoléine [Besthorn et Ibele, *D. chem. G.*, 37, 1236, 1904].

ACIDE QUINOLÉINE-β-CARBONIQUE. — Il s'obtient par oxydation de la β-méthylquinoléine au moyen du mélange chromique [Döbner et Miller, *D. chem. G.*, 18, 1644, 1885] ou par oxydation de la β-éthylquinoléine [Riedel, *D. chem. G.*, 16, 1613, 1883].

L'*acide* α-*chloroquinoléine*-β-*carbonique* prend naissance par l'action du perchlorure de phosphore sur l'acide α-carbostyrile-β-carbonique. Il est cristallisé et fond à 200° en se décomposant en anhydride carbonique et chloroquinoléine.

Par chauffage prolongé avec la potasse alcoolique, il se transforme en carbostyrilcarbonate d'éthyle [Friedländer et Göhring, *D. chem. G.*, 17, 460, 1884].

Oxydé par le permanganate, l'acide β-quinoléine-carbonique fournit l'acide α-β-β'-pyridine-tricarbonique.

ACIDE QUINOLÉINE-γ-CARBONIQUE (*acide cinchoninique*). — (Voyez 2e Suppl., 2, 1158; 1er Suppl., 2, 1363).

ACIDE QUINOLÉINE-a-CARBONIQUE. — C'est l'acide décrit dans le 1er Supplément sous le nom d'acide ô ou m-carbonique.

Il prend naissance lorsqu'on décompose à 275° l'acide a-o-quinoléine-dicarbonique [Skraup et Brunner, *Mon. f. Chem.*, 7, 153].

Il se forme aussi en même temps que la m-quinoléine carbonique lorsqu'on chauffe le chlorostannate de l'acide 3-aminophtalique avec l'acide 3-nitrophtalique, la glycérine et l'acide sulfurique [Tortelli, *Gazz. chim. ital.*, 16, 370, 1886].

Il est insoluble dans l'éther, le sulfure de carbone, le benzène, très peu soluble dans l'alcool, soluble dans les acides étendus et les alcalis.

Son *dérivé o-bromé* s'obtient en chauffant à 160° l'acide 4-bromo-3-aminobenzoïque avec du nitrophénol, de la glycérine et de l'acide sulfurique [Lellmann et Alt, *Ann. Chem.*, 237, 313, 1887]. C'est une poudre fusible à 215°, insoluble dans l'eau, peu soluble dans le chloroforme et l'éther, plus soluble dans l'alcool chaud et surtout dans l'acide acétique bouillant.

L'acide quinoléine-a-carbonique paraît exister sous une autre forme fusible à 338°. Cet *acide pseudo-quinoléine-ana-carbonique* a été obtenu par Lellmann et Alt [*loc. cit.*] en chauffant pendant 5 heures à 160° un mélange de 10 gr. d'acide m-aminobenzoïque, de 6 gr. de nitrobenzine, de 17 gr. de glycérine et de 14 gr. d'acide sulfurique.

Son nitrile se forme par l'action du cyanure de potassium sur le sel de sodium de l'acide quinoléine-ana-sulfonique [Lellmann et Lange, *D. chem. G.*, 20, 1449, 1887].

Le *nitrile* $C^{10}H^6Az^2 + 1\,1/2\,H^2O$ est en aiguilles fusibles à 70° [Lellmann et Reusch, *D. chem. G.*, 21, 397, 1888].

ACIDE QUINOLÉINE-p-CARBONIQUE. — C'est l'acide désigné sous le nom de ϵ-quinoléine-carbonique dans le 1er Supplément.

Contrairement à ses isomères ortho et méta, il réagit facilement avec l'iodure de méthyle ou l'iodure d'éthyle en fournissant une méthyl ou une éthylbétaïne.

Son *nitrile* fond à 135°, il donne avec l'hydroxylamine la *quinoléine-p-méthénylamidoxime* $C^9H^6Az\,.\,C(Az\,O\,H)\,.\,Az\,H^2$ fusible à 105°, soluble dans l'alcool et l'éther, peu soluble dans l'eau chaude.

L'*éther éthylique* $C^9H^6Az\,.\,C(Az\,.\,O\,C^2\,H^5)Az\,H^2$, obtenu par l'action de l'éthylate de sodium sur l'amidoxime, est cristallisé et fond à 85° [Biedermann, *D. chem. G.*, 22, 2763, 1889].

ACIDE QUINOLÉINE-m-CARBONIQUE. — Cet acide s'obtient en très petite quantité à côté de l'isomère ana lorsqu'on chauffe un mélange d'acide aminobenzoïque, de nitrobenzine, de glycérine et d'acide sulfurique a 140° [Skraup et Brunner, *Mon. f. Chem.*, 7, 519, 1886].

Il se forme encore lorsqu'on chauffe une solution acétique de β-biquinolyline avec la quantité théorique d'acide chromique [Fischer et Leo, *D. chem. G.*, 17, 1901, 1884. 19, 2473, 1886]; lorsqu'on oxyde par le mélange chromique à 150° la m-méthylquinoléine [Skraup et Brunner, *Mon. f. Chem.*, 7, 142, 1886].

Il se produit en même temps que le dérivé ana et l'acide quinoléine-dicarbonique lorsqu'on chauffe le chlorostannate d'acide 3-aminophtalique avec l'acide 3-nitrophtalique, la glycérine et l'acide sulfurique [Tortelli, *loc. cit.*]. Il est cristallisé et fusible à 248°.

Au-dessus de son point de fusion, il se décompose en quinoléine et anhydride carbonique. Il se sublime en flocons laineux.

Il est peu soluble dans l'eau froide, sa solution n'est pas colorée par le sulfate ferreux. Il est insoluble dans l'éther, très peu soluble dans le benzène, soluble dans l'alcool.

ACIDE QUINOLEINE-o-CARBONIQUE (*acide η-quinoléine-carbonique*). — Cet acide se produit, en même temps que l'acide quinoléine-a-carbonique, par la décomposition à 270-280° de l'acide quinoléine-a-o-dicarbonique [Skraup et Brunner, *Mon. f. Chem.*, 7, 153, 1886]. Il se forme aussi par oxydation de l'aldéhyde correspondante par le mélange chromique. Il fond à 183° [Howitz, *D. chem. G.*, 35, 1273-1275, 1902]. Il constitue des aiguilles fusibles à 186-187°,5, sublimables, très solubles dans l'eau froide et dans l'alcool, solubles dans les acides et dans les alcalis.

L'acide libre n'est pas coloré par le sulfate ferreux et légèrement coloré en jaune par le chlorure ferrique.

Le *sel ammoniacal* donne, avec le chlorure ferrique, des flocons bruns et, avec le sulfate ferreux une coloration rouge foncé [Georgievics, *Mon. f. Chem.*, 12, 311, 1891].

Le *sel acide de calcium* est cristallisé en petites aiguilles, il est plus soluble que le sel correspondant de l'acide para-carbonique.

Le *sel de cuivre* est un précipité bleu qui se forme lorsqu'on ajoute de l'acétate de cuivre à une solution de l'acide. Il est insoluble dans l'eau.

Le *chlorhydrate* $C^{10}H^7AzO^2 . HCl$ de l'acide quinoléine o-carbonique est en prismes jaunâtres, assez solubles dans l'eau froide, insolubles dans l'alcool. Le *chlorhydrate basique* $(C^{10}H^7AzO^2)^2 . HCl$ est en grands prismes tricliniques. Il se dépose par ébullition de la solution du chlorhydrate neutre.

Le *nitrile* $C^9H^6Az . CAz$ est en petites aiguilles fusibles à 84° [Lellmann et Reusch, *D. chem. G.*, 22, 1391, 1889].

ACIDE α-MÉTHYLQUINOLÉINE-β-CARBONIQUE (*acide quinaldine-β carbonique*). — Il s'obtient à l'état d'éther éthylique par l'action de l'éther acétylacétique sur l'o-aminobenzaldéhyde [Friedländer et Göhring. *D. chem. G.*, 16, 1836, 1883; Hantzsch, *ibid.*, 19, 37, 1886] :

$$C^9H^4 \Big\langle {}^{COH}_{AzH^2} \;+\; {}^{CH^2-CO^2-C^2H^5}_{|\;\;\;\;\;\;\;\;\;\;CO-CH^3}$$

$$= C^9H^4 \Big\langle {}^{CH=C-CO^2 . C^2H^5}_{|\;\;\;\;\;\;\;\;\;\;Az=C-CH^3} \;+\; 2H^2O.$$

L'acide prend naissance dans l'oxydation de la α-β-diméthylquinoléine par le mélange chromique [Rohde, *D. chem. G.*, 22, 267, 1889].

L'éther éthylique est saponifié par chauffage à 150° avec de l'acide chlorhydrique concentré pendant 4 à 5 heures [Claus et Steinitz, *Ann. Chem.*, 282, 117, 1894]. L'acide libre fond à 234°, il se décompose ensuite en anhydride carbonique et α-méthylquinoléine. Il est insoluble dans l'eau et peu soluble dans les autres solvants. Il se combine à l'acide chlorhydrique et donne un chloroplatinate.

L'*éther méthylique* $C^{11}H^8AzO^2 . CH^3$ s'obtient par l'action du sel d'argent sur l'iodure de méthyle ou par l'action de l'éther méthy acétylacétique sur l'aminobenzaldéhyde [Claus et Steinitz, *Ann. Chem.*, 282, 115, 1894]. Il fond à 72°.

L'*éther méthylique de l'acide méthylène-quinaldinium β-carbonique*, $CH^2=Az . C^{10}H^8 . CO^2 . CH^3$, s'obtient par l'action de l'oxyde d'argent sur l'iodométhylate du quinaldine-β-carbonate de méthyle.

Le *chlorométhylate* de l'acide quinaldine-β-carbonique s'obtient par chauffage du chlorométhylate de l'éther quinaldine-carbonique avec l'acide chlorhydrique concentré. Il fond à 230° en se décomposant, il est peu soluble dans l'eau froide et dans l'alcool absolu, soluble dans l'eau chaude.

L'*éther éthylique* de l'acide quinaldine-β-carbonique est cristallisé et fond à 71°. Il est insoluble dans l'eau. Il fournit un *iodométhylate* qui noircit vers 200° et fond à 208° [Claus et Steinitz, *ibid.*, 282, 110] et un *iodéthylate* qui fond à 236° en se décomposant.

L'*éther propylique* de l'acide quinaldine-β-carbonique fond à 51°.

L'*éther benzylique* $C^{11}H^8AzO^2 . CH^2 . C^6H^5$ fond à 82°.

La nitration de l'éther éthylique fournit deux dérivés mononitrés :

L'*acide o-nitroquinaldine-β-carbonique*, obtenu par saponification de l'éther à 100°, en tube scellé, forme des lamelles jaunes fusibles à 196°. Le *chlorhydrate* de cet acide fond à 204°. L'*éther éthylique* fond à 137°. Celui-ci réduit par le fer et l'acide acétique donne l'éther *o-aminoquinoléine-β-carbonique*, que la diazotation en solution chlorhydrique transforme en éther o-chloroquinaldine-β-carbonique.

L'*acide o-chloroquinaldine-β-carbonique* est en aiguilles jaunes fusibles à 216°.

L'*acide ana-nitroquinaldine-β-carbonique* est en aiguilles jaunes fusibles à 126°. L'*éther éthylique* correspondant fond à 126°.

AMIDE QUINALDINE-β-CARBONIQUE. — Le chauffage de l'éther avec l'ammoniaque alcoolique ne donne rien. Il faut abandonner à froid pendant six mois l'éther mélangé à l'ammoniaque.

Il y a toujours à côté de l'amide une forte proportion de sel ammoniacal. [Claus et Momberger, *J. prakt. Chem.*, 56, 873-890, 1897].

ACIDE α-MÉTHYLQUINOLÉINE-γ-CARBONIQUE (*acide aniluvitonique*). — (Voyez 2° Suppl., 1, 282).

ACIDE β-MÉTHYLQUINOLÉINE-α-CARBONIQUE (*acide β-méthylquinaldique*) — Il a été obtenu en oxydant par le mélange chromique une solution de β-méthyl-α-éthylquinoléine dans l'acide sulfurique étendu [Miller et Döbner, *D. chem. G.*, 17, 1715, 1884; 18, 1641, 1885].

Il est cristallisé et fusible à 141°. Il se décompose à 16° en anhydride carbonique et β-méthylquinoléine. Son *sel de cuivre* est peu soluble dans l'eau.

On peut encore obtenir cet acide en oxydant par l'acide azotique le β-méthyl-α-quinoléylpropanol [Königs et Stockhausen, *D. chem. G.*, 34, 4330 4336, 1901].

ACIDE β-MÉTHYLQUINOLÉINE-γ-CARBONIQUE (*acide β-méthylcinchoninique*). — Il se prépare en oxydant par le mélange chromique la β-γ-diméthylquinoléine [Miller, *D. chem. G.*, 23, 2257, 1890].

Il fond à 254°. Il est peu soluble dans l'acétone, insoluble dans l'éther, la ligroïne et le benzène.

ACIDE γ-MÉTHYLQUINOLÉINE-α-CARBONIQUE (*lépidine α-carbonique*). — Il s'obtient par oxydation par l'acide azotique du lépidyléthanol ou méthylol-α-γ-diméthylquinoléine. Il cristallise de sa solution aqueuse en cristaux jaunes contenant 1 1/2 H^2O. Ces cristaux se déshydratent à 105° et fondent ensuite à 154° en dégageant de l'anhydride carbonique [Königs et Stockhausen, *loc. cit.*].

ACIDE α-MÉTHYLQUINOLÉINE-p-CARBONIQUE (*quinaldine-p-carbonique*). Voyez 1er Suppl., 2, 1344. — On peut obtenir cet acide en oxydant par le mélange chromique l'α-p-diméthylquinoléine [Miller, *D. chem. G.*, 23, 2264, 1890].

ACIDE α-MÉTHYLQUINOLÉINE-m-CARBONIQUE (*quinaldine-m-carbonique*). — On obtient ce corps en oxydant par l'oxyde d'argent la quinaldine-m-aldéhyde [Eckhardt, *D. chem. G.*, 22, 281, 1889] ou la α-m-diméthyl-quinoléine par le mélange chromique [Miller, *loc. cit.*, 2263; — Rist, *D. chem. G.*, 23, 3484, 1890].

Le *nitrile* s'obtient au moyen de la m-amino-quinaldine [Rist, *loc. cit.*] ou par chauffage de l'α-méthylquinoléine-m-sulfonate de sodium avec du cyanure de potassium [Richard, *D. chem. G.*, 23, 3489, 1890]. Il cristallise avec 2H^2O qu'il perd sur l'acide sulfurique. Il fond après déshydratation à 104°. Il est très soluble dans l'alcool, l'éther, le benzène et l'eau chaude.

ACIDE α-MÉTHYLQUINOLÉINE-o-CARBONIQUE (*quinaldine-o-carbonique*). — On peut l'obtenir par oxydation de l'α-o-diméthylquinoléine par le mélange chromique [Miller, *D. chem. G.*, 23, 2259, 1890]. Voyez 1er Suppl., 2, 1344.

ACIDE γ-MÉTHYLQUINOLÉINE-p-CARBONIQUE (*lépidine-p-carbonique*). — Il se forme par oxydation de la γ-p-diméthylquinoléine par le mélange chromique [Miller, *loc. cit.*, 2265]. Il fond vers 260° en se décomposant.

ACIDE o-MÉTHYLQUINOLÉINE-α-CARBONIQUE. — On l'obtient en chauffant à 170° l'α-o-diméthylquinoléine avec de l'acide azotique (à 22 0/0) [Lellmann et Alt, *Ann. Chem.*, 237, 310].

Il fond à 286°. Chauffé avec la chaux, il donne l'o-méthylquinoléine.

ACIDE α-ÉTHYLQUINOLÉINE-γ-CARBONIQUE.

$$CH \quad C\text{-}CO^2H$$
$$HC \quad\quad\quad CH$$
$$HC \quad\quad\quad C\text{-}C^2H^5$$
$$CH \quad Az$$

— Cet acide prend naissance par l'action de l'aniline, dissoute dans l'alcool absolu, sur une solution de propionaldéhyde et d'acide pyruvique également dans l'alcool absolu [Döbner, *Ann. Chem.*, 242, 270, 1887].

L'acide obtenu cristallise avec 2H^2O, il se déshydrate sur l'acide sulfurique et fond à 173°. Il est peu soluble dans l'eau froide, soluble dans l'alcool et l'éther.

Chauffé avec la chaux sodée, il donne l'α-éthylquinoléine.

ACIDE β-ÉTHYLQUINOLÉINE-α-CARBONIQUE. — Cet acide s'obtient en oxydant par le mélange chromique une solution de β-éthyl-α-propylquinoléine dans l'acide sulfurique étendu [Kahn, *D. chem. G.*, 18, 3368, 1885]. On le purifie en le transformant en sel de cuivre. Il fond à 148° en se décomposant en anhydride carbonique et β-éthylquinoléine. Il est peu soluble dans l'éther, plus soluble dans l'eau. Il forme un *picrate* fusible à 153°.

ACIDE α-β-DIMÉTHYLQUINOLÉINE-p-CARBONIQUE. — Cet acide s'obtient par oxydation de l'α-β-p-triméthylquinoléine au moyen du mélange chromique [Miller, *loc. cit.*, 23, 2269]. Il fond en se décomposant vers 270°.

Il donne par distillation sèche l'α-β-diméthylquinoléine. Il est peu soluble dans l'eau et dans l'alcool.

ACIDE α-p-DIMÉTHYL-γ-CARBONIQUE (*diméthylcinchoninique*). [Voyez 2e Suppl., 1, 1161].

On peut l'obtenir par la condensation de l'acide pyruvique avec la p-toluidine [Simon, *Ann. Chim. Phys.*, (7), 9, 474, 1896].

ACIDE α-o-DIMÉTHYL-γ-CARBONIQUE (*o-tolyluvitonique*). — Simon l'a obtenu par condensation de l'acide pyruvique avec l'o-toluidine [*loc. cit.*]. Il fond à 252°.

ACIDE α-o-DIMÉTHYLQUINOLÉINE-p-CARBONIQUE. — On obtient ce corps en oxydant par l'acide chromique l'α-p-o-triméthylquinoléine en solution dans l'acide sulfurique étendu [Panajotow, *D. chem. G.*, 20, 38, 1887]. Distillé avec la chaux, il donne l'α-o-diméthylquinoléine. Le picrate fond à 221°, il est peu soluble dans l'eau, soluble dans l'alcool.

ACIDE p-o-DIMÉTHYLQUINOLÉINE-γ-CARBONIQUE (*p-o-diméthylquinaldique*) — On oxyde par l'acide chromique la p-o-diméthylquinophtalone en suspension dans l'eau [Panajotow, *D. chem. G.*, 28, 1513, 189].

Il fond en se décomposant. Il est peu soluble dans l'eau et dans l'alcool.

ACIDE α-a-DIMÉTHYLQUINOLÉINE-β-CARBONIQUE. — On obtient l'éther éthylique en chauffant l'éther acétophénone acétylacétique avec l'ammoniaque [Lederer et Paal, *D. chem. G.*, 18, 2593, 1880] :

$$CH^3.COCH(CO^2.C^2H^5).CH^2.CO.C^6H^5$$
$$+ AzH^3 = C^{14}H^{15}AzO^2 + 2H^2O.$$

Cet éther éthylique saponifié par la potasse alcoolique donne le sel potassique de l'acide. L'acide libre se décompose et fond à 190°. Il est très soluble dans le benzène, l'acide acétique et l'alcool chaud.

L'*éther éthylique* fond à 120°.

ACIDE α-PROPYLQUINOLÉINE-γ-CARBONIQUE. — On traite la butyraldéhyde par une solution d'acide pyruvique et par une solution d'aniline dans l'alcool absolu [Tonella, *Handbuch org. Chem. Beilstein*, 4, 358]. Cet acide fond à 152°,5.

ACIDE β-ISOPROPYLQUINOLÉINE-α-CARBONIQUE. — On obtient cet acide en oxydant par l'acide chromique la β-isopropyl-α-isobutylquinoléine dissoute dans l'acide sulfurique étendu [Spady, *D. chem. G.*, 18, 3379, 1885]. Il fond à 188-189°. Il est insoluble dans l'eau chaude, peu soluble dans l'éther, assez soluble dans l'alcool chaud.

ACIDE p-MÉTHYL-α-ÉTHYLQUINOLÉINE-γ-CARBONIQUE (*p-méthyl-α-éthylcinchoninique*). — Cet acide se prépare en chauffant une solution alcoolique de p-toluidine avec de l'acide pyruvique, de la propionaldéhyde et du chlorure de zinc [Miller, *D. chem. G.*, 23, 2266, 1890].

Il fond en se décomposant à 246°. Il est peu soluble dans l'eau froide et dans l'alcool.

ACIDE α-ISOPROPYLQUINOLÉINE-γ-CARBONIQUE (*α-isopropylcinchoninique*). [Voyez 2e Suppl., 1, 1162].

ACIDE β-MÉTHYL-α-ÉTHYLQUINOLÉINE-o-CARBONIQUE. — On oxyde par le mélange chromique la β-o-diméthyl-α-éthylquinoléine [Miller, *D. chem. G.*, 23, 2268, 1890]. On peut aussi obtenir cet acide en chauffant l'acide propylidénanthranilique à 100° [Niementowski et Orzechowski, *D. chem. G.*, 28, 2814, 1895].

Ce composé fond à 221°. Il est insoluble dans l'eau froide, peu soluble dans l'alcool, l'acétone et le benzène, insoluble dans l'éther, soluble dans les acides et les alcalis.

ACIDE p-MÉTHYL-α-ÉTHYLQUINOLÉINE-β-CARBONIQUE. — Cet acide s'obtient en oxydant par le mélange chromique la β-p-diméthyl-α-éthylquinoléine [Harz, *D. chem. G.*, **18**, 3393, 1885]. On le purifie par transformation en sel de cuivre et décomposition de celui-ci par l'hydrogène sulfuré. Il cristallise avec 1 H^2O; desséché sur l'acide sulfurique, il fond à 142-143°.

Il se décompose par la distillation en anhydride carbonique et p-méthyl-α-éthylquinoléine. *Son éther éthylique* fond en se décomposant vers 180°.

ACIDE TRIMÉTHYLQUINOLÉINE-CARBONIQUE. — On l'obtient par oxydation de l'aldéhyde correspondante par l'oxyde d'argent [Einhorn, *D. chem. G.*, **18**, 3415, 1885]. Il fond à 224°.

ACIDE α-ISOBUTYLQUINOLÉINE-γ-CARBONIQUE (α-*isobutylcinchoninique*). — [Voy. 2° Suppl., **1**, 1162].

ACIDE-β-p-DIMÉTHYL-α-ÉTHYLQUINOLÉINE-O-CARBONIQUE. — On l'obtient par oxydation par le mélange chromique de la β-p-o-triméthyléthylquinoléine dissoute dans l'acide sulfurique étendu. Il fond à 182-183°. Il est soluble dans l'eau et dans l'alcool, peu soluble dans le chloroforme et le benzène, insoluble dans l'éther.

ACIDE β-AMYL-α-HEXYLQUINOLÉINE-O-CARBONIQUE. — On l'a obtenu par chauffage de l'acide heptylidène-anthranilique avec l'acide chlorhydrique ou la potasse [Niementowski et Orzechowski, *loc. cit.*].

Il fond à 69°. Il est insoluble dans l'eau froide, soluble dans les acides concentrés et dans les alcalis. Il se décompose par la chaleur en anhydride carbonique et β-amyl-α-hexylquinoléine. Le *chlorhydrate* fond à 200°.

Les acides phénylquinoléine-carboniques s'obtiennent par la méthode de Döbner, c'est-à-dire par la réaction d'une aldéhyde aromatique sur l'acide pyruvique et l'aniline ou un de ses homologues.

ACIDE α-PHÉNYLQUINOLÉINE-γ-CARBONIQUE (α-*phénylcinchoninique*). — [Voyez 2° Suppl., **1**, 1162].

ACIDE γ-PHÉNYLQUINOLÉINE-α-CARBONIQUE. — Cet acide s'obtient en oxydant par l'acide chromique la γ-phénylquinaldine-phtalone [Königs et Nef, *D. chem. G.*, **19**, 2429, 1886].

On peut aussi le préparer par l'action de l'acide chlorhydrique, du nitrobenzène et de l'aniline sur l'acide benzoylacrylique [Königs et Jaeglé, *D. chem. G.*, **28**, 1049, 1895].

Il est en cristaux jaunes fusibles à 171°, peu solubles dans les solvants neutres.

Il se combine aux bases et aux acides.

Le *chloroplatinate* fond à 233-234° en se décomposant.

ACIDE γ-PHÉNYLQUINOLÉINE-β-CARBONIQUE. — Il s'obtient à côté de l'acide phénylquinoléine dicarbonique par oxydation de la phénylacridine par le permanganate de potassium en solution acide [Claus et Nicolaysen, *D. chem. G.*, **18**, 2706, 1885].

ACIDE p-MÉTHYL-α-PHÉNYLQUINOLÉINE-γ-CARBONIQUE (*p-méthyl-α-phénylcinchoninique*). — [Voyez 2° Suppl., **1**, 1162].

ACIDE O-MÉTHYL-α-PHÉNYLQUINOLÉINE-γ-CARBONIQUE. — Il se prépare par la méthode de Döbner.

ACIDES QUINOLÉINE-DICARBONIQUES ET HOMOLOGUES.

ACIDE QUINOLÉINE-α-β-DICARBONIQUE (*Acide acridinique*). — [Voy. 1er Suppl., 1365].

ACIDE QUINOLÉINE-α-γ-DICARBONIQUE. — Il a été obtenu en oxydant par le permanganate une solution alcaline d'acide α-cinnaménylcinchonique, produit de condensation de l'acide pyruvique avec l'aniline et l'aldéhyde cinnamique

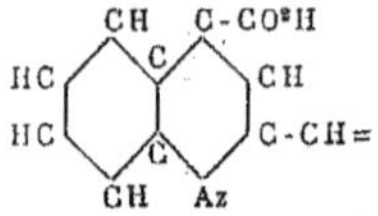

$$\text{HC}\begin{array}{c} \text{CH} \quad \text{C-CO}^2\text{H} \\ \text{C} \\ \text{HC} \qquad \text{CH} \\ \text{C-CH}=\text{CH-C}^6\text{H}^5 \\ \text{C} \\ \text{CH} \quad \text{Az} \end{array}$$

[Döbner et Peters, *D. chem. G.*, **22**, 3009, 1889].

Il fond en se décomposant à 246°. Il est peu soluble dans l'eau froide, l'alcool et l'éther, insoluble dans le chloroforme, la ligroïne et le benzène.

ACIDE QUINOLÉINE-α-p-DICARBONIQUE. — On l'obtient comme le précédent en oxydant par le mélange chromique l'acide α-benzylidène-quinoléine-p-carbonique [Miller, *D. chem. G.*, **23**, 2261, 1890]. Il fond en se décomposant à 275-280°.

ACIDE QUINOLÉINE-a'-O-DICARBONIQUE. — Il s'obtient en chauffant à 170° l'acide aminotéréphtalique avec le nitrophénol, la glycérine et l'acide sulfurique [Skraup et Brunner, *Monats.*, **7**, 149, 1886].

Il cristallise en longues aiguilles qui contiennent 2 H^2O. Il se déshydrate à 100° et fond à 269°. Il se décompose vers 275° en anhydride carbonique, acide quinoléine-anacarbonique et acide quinoléine-orthocarbonique.

Il n'est pas coloré par le sulfate ferreux ni par le chlorure ferrique.

Il forme un *chlorhydrate* $C^{11}H^7AzO^4,HCl$. $+ 1\,1/2\,H^2O$ qui est une poudre cristalline insoluble dans l'acide chlorhydrique et que l'eau décompose.

ACIDE QUINOLÉINE-α-DICARBONIQUE. — La Coste et Valeur ont obtenu le *nitrile* de cet acide en chauffant avec du cyanure de potassium l'α-quinoléine disulfonate de potassium [*D. chem. G.*, **20**, 99, 1887]. L'*acide* libre fond à 269°. Il est peu soluble dans l'alcool, l'éther, le chloroforme et le benzène.

ACIDE α-MÉTHYLQUINOLÉINE-γ-p-DICARBONIQUE. — On chauffe un mélange d'acide p-aminobenzoïque, d'acide pyruvique, d'acétaldéhyde et d'alcool absolu [Miller, *loc. cit.*].

L'acide obtenu forme un *sel de cuivre*, Cu. $C^{12}H^7AzO^4$, qui est un précipité cristallin vert clair.

ACIDE α-MÉTHYLQUINOLÉINE-β-γ-DICARBONIQUE — L'éther acétone-dicarbonique en se condensant avec l'acide isatique devrait donner un acide tricarbonique :

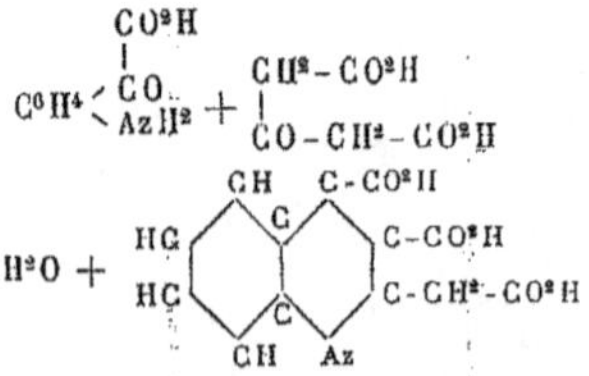

$$C^6H^4 \!\!<\!\! \begin{array}{c} \text{CO}^2\text{H} \\ | \\ \text{CO} \\ \text{AzH}^2 \end{array} + \begin{array}{c} \text{CH}^2-\text{CO}^2\text{H} \\ | \\ \text{CO}-\text{CH}^2-\text{CO}^2\text{H} \end{array}$$

$$= 2H^2O + \text{HC}\begin{array}{c} \text{CH} \quad \text{C-CO}^2\text{H} \\ \text{C} \\ \text{HC} \qquad \text{C-CO}^2\text{H} \\ \text{C-CH}^2-\text{CO}^2\text{H} \\ \text{C} \\ \text{CH} \quad \text{Az} \end{array}$$

mais il se dégage une molécule d'anhydride carbonique et l'on obtient l'acide quinaldine β-γ-dicarbonique [Engelhardt, *J. prakt. Chem.*, **57**, 467-488, 1898].

ACIDE p-α-DIMÉTHYLQUINOLÉINE-β-γ-DICARBONIQUE. — Il s'obtient par la condensation de l'acide isatique avec l'éther acétylacétique [Engelhardt, *loc. cit.*]. Il fond à 233°-234°.

ACIDE α-β-DIMÉTHYLQUINOLÉINE-β-γ-DICARBONIQUE. — Il s'obtient par la condensation de l'acide lévulique avec l'acide isatique :

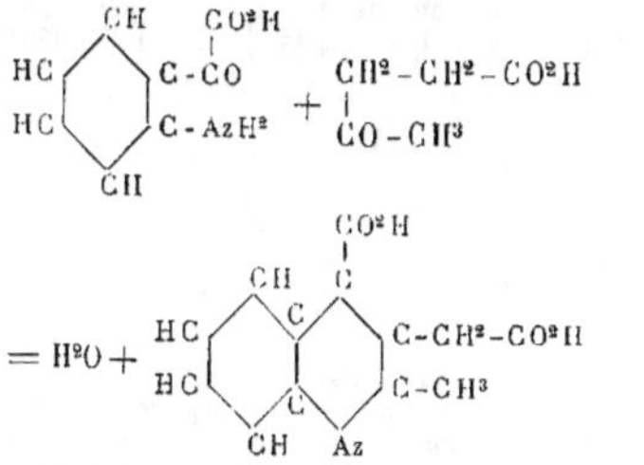

$$C^6H^4 \begin{cases} CH \\ HC \\ HC \\ CH \end{cases} \begin{matrix} C-CO \\ C-AzH^2 \end{matrix} + \begin{matrix} CH^2-CH^2-CO^2H \\ CO-CH^3 \end{matrix}$$

$$= H^2O + C^6H^4 \begin{matrix} C-CH^2-CO^2H \\ C-CH^3 \end{matrix}$$

(Engelhardt).

ACIDE α-ÉTHYLQUINOLÉINE-γ-p-DICARBONIQUE. — C'est le produit de la condensation de l'acide p-aminobenzoïque avec l'acide pyruvique et la propionaldéhyde en présence d'alcool absolu [Miller, *loc. cit.*].

ACIDE α-PHÉNYLQUINOLÉINE-γ-o-DICARBONIQUE. — Il s'obtient par condensation de la benzaldéhyde avec l'acide pyruvique et l'acide anthranilique en solution alcoolique [Döbner et Fettback, *Ann. Chem.*, 281, 2, 1894].

Il est en aiguilles microscopiques qui fondent en se décomposant au-dessus de 300°.

Il est peu soluble dans l'alcool, insoluble dans l'éther.

ACIDE α-PHÉNYLQUINOLÉINE-β-γ-DICARBONIQUE. — On l'obtient en condensant l'acide isatique avec l'éther benzoylacétique.

Il est peu soluble dans l'eau, plus soluble dans l'alcool. Il cristallise avec $2H^2O$ et fond à 193-194° [Engelhardt, *loc. cit.*].

ACIDE QUINOLÉINE-TRICARBONIQUE.

On ne connaît qu'un acide quinoléine-tricarbonique $C^9H^4Az(CO^2H)^3$, qui a été obtenu par oxydation de la méthylacridine $C^{14}H^{11}Az$ au moyen du permanganate de potassium.

Il est très soluble dans l'eau. Son *sel ammoniacal* précipite par le chlorure de baryum.

ACIDES OXYQUINOLÉINE-CARBONIQUES.

Ce sont des alcalis-acides-phénols. Certains se forment par l'action de la potasse en fusion sur un acide quinoléine-carbonique, d'autres se produisent par voie synthétique.

ACIDE-α-OXYQUINOLÉINE-β-CARBONIQUE (*acide carbostyrile-β-carbonique*),

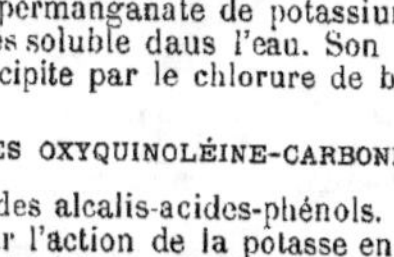

$$C^6H^4 \begin{matrix} C-CO^2H \\ C-OH \end{matrix}$$

— Il résulte de la condensation de l'acide malonique avec l'orthoaminobenzaldéhyde à 120° :

$$C^6H^4 \begin{matrix} COH \\ AzH^2 \end{matrix} + \begin{matrix} CH^2-CO^2H \\ CO^2H \end{matrix}$$

$$= C^6H^4 \begin{matrix} CH=C-CO^2H \\ Az=C-OH \end{matrix} + 2H^2O$$

[Friedländer et Gohring, *D. chem. G.*, 17, 459, 1884].

On l'obtient aussi par l'action du sulfate fer-

reux sur une solution ammoniacale d'acide o-nitro-benzalmalonique [Stuart, *J. Chem. Soc.*, 53, 143] :

$$C^6H^4(AzO^2)-CH=C(CO^2H)^2+H^6$$
$$= C^{10}H^7AzO^3 + 3H^2O.$$

Il fond au-dessus de 320°. Il est peu soluble dans l'éther et dans l'eau chaude, plus soluble dans l'acide acétique et l'alcool.

La solution se colore en rouge-brun par le chlorure ferrique.

Le perchlorure de phosphore le transforme en acide α-chloroquinoléine-carbonique.

Son *sel d'argent*, décomposé par la chaleur, donne de l'anhydride carbonique et du carbostyrile.

L'*éther éthylique* s'obtient en traitant l'acide α-chloroquinoléine-β-carbonique par la potasse alcoolique. Il fond à 133°.

Il se décompose par la chaleur en anhydride carbonique et éther du carbostyrile.

Le *nitrile* ou β-*cyanopseudocarbostyrile*

$$C^6H^4 \begin{matrix} CH=C-CAz \\ AzH-CO \end{matrix}$$

s'obtient en chauffant de 160° à 190° 1 molécule d'o-aminobenzaldéhyde avec 1 molécule d'éther cyanacétique [Guareschi, *Handbuch org. Chem. Beilstein*, 4, 360].

Il fond à 329-331° en se décomposant.

Il est insoluble dans l'éther, très peu soluble dans l'eau et le chloroforme, soluble dans une solution chaude de potasse.

ACIDE γ-OXYQUINOLÉINE-CARBONIQUE (*acide kynurénique*). — Voyez 2e Suppl., 6, 175.

ACIDE α-OXYQUINOLÉINE-γ-CARBONIQUE (*acide oxycinchoninique*). — Voyez 1er Suppl., 2, 1364 et 2e Suppl., 1, 1161.

On obtient des acides oxyquinoléine-carboniques lorsqu'on condense les acides o-aminophénylglyoxyliques substitués.

On obtiendra, par exemple, l'acide oxycinchonique d'après l'équation suivante :

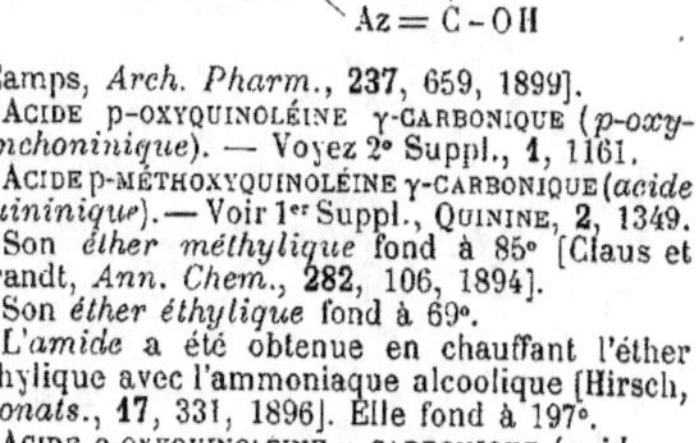

$$C^6H^4 \begin{matrix} CO \quad CH^3 \\ AzH-CO \end{matrix} \longrightarrow C^6H^4 \begin{matrix} C=CH \\ AzH-CO \end{matrix}$$

$$\longrightarrow C^6H^4 \begin{matrix} C=CH \\ Az=C-OH \end{matrix}$$

[Camps, *Arch. Pharm.*, 237, 659, 1899].

ACIDE p-OXYQUINOLÉINE γ-CARBONIQUE (*p-oxycinchoninique*). — Voyez 2e Suppl., 1, 1161.

ACIDE p-MÉTHOXYQUINOLÉINE γ-CARBONIQUE (*acide quininique*). — Voir 1er Suppl., QUININE, 2, 1349.

Son *éther méthylique* fond à 85° [Claus et Brandt, *Ann. Chem.*, 282, 106, 1894].

Son *éther éthylique* fond à 69°.

L'*amide* a été obtenue en chauffant l'éther éthylique avec l'ammoniaque alcoolique [Hirsch, *Monats.*, 17, 331, 1896]. Elle fond à 197°.

ACIDE o-OXYQUINOLÉINE-γ-CARBONIQUE (*acide o-oxycinchoninique*). — Voyez 2e Suppl., 1, 1160.

ACIDE p-OXYQUINOLÉINE-CARBONIQUE. — On peut obtenir cet acide en chauffant un mélange de soude, de tétrachlorure de carbone, d'eau et d'alcool [Lippmann et Fleissner, *Monats.*, 8, 322, 1887].

On l'obtient plus facilement par un procédé qui rappelle la préparation de l'acide salicylique, en traitant par l'anhydride carbonique le dérivé potassique de la p-oxyquinoléine.

On ne peut remplacer dans cette réaction le sel de potassium par le sel de sodium [Schmitt et Altschul, *D. chem. G.*, 20, 2695, 1887].

L'acide libre est cristallisé et fond à 200°. Vers 204°, il se décompose en anhydride carbonique et p-oxyquinoléine.

Sa solution est colorée en rouge par le chlorure ferrique.

ACIDE O-OXYQUINOLÉINE-CARBONIQUE. — On traite l'o-oxyquinoléine par le tétrachlorure de carbone et la potasse en présence d'alcool [Lippmann et Fleissner, *D. chem. G.*, 19, 2468, 1886 et *Monats.*, 8, 311, 1887].

L'acide obtenu est une poudre jaune fusible à 280°, peu soluble dans l'eau bouillante, dans l'alcool, l'éther, insoluble dans l'acide acétique, la ligroïne et le benzène.

Il donne par la distillation sèche l'o-oxyquinoléine.

La solution aqueuse n'est pas colorée par le sulfate ferreux, mais le chlorure ferrique y produit une coloration verte.

Traité par l'eau de brome, en solution acide, il donne de l'anhydride carbonique et la dibromoxyquinoléine fusible à 193°.

Réduit par l'étain et l'acide chlorhydrique, il se transforme en dérivé tétrahydrogéné.

ACIDE O-OXYQUINOLÉINE-CARBONIQUE. — Ce deuxième acide o-oxyquinoléine carbonique se prépare en chauffant sous pression, à 140-150°, le sel de sodium sec de la o-oxyquinoléine avec l'anhydride carbonique [Schmitt et Engelmann, *D. chem. G*, 20, 1217. 2690, 1887].

Il cristallise en prismes jaunes contenant 1 H^2O. Il se déshydrate à 100° et fond en se décomposant vers 237°. Il est peu soluble dans l'eau froide, l'alcool et le benzène.

Sa solution aqueuse se colore en rouge violacé par le chlorure ferrique. Il donne par l'étain et l'acide chlorhydrique un tétrahydrodérivé. Chauffé avec l'acide azotique, il donne une dinitrooxyquinoléine.

L'*acide bromoxyquinoléine-carbonique* s'obtient à côté de la bromoxyquinoléine, par chauffage de l'acide o-oxyquinoléine-carbonique avec le brome et l'acide acétique. Il fond à 234°.

L'*acide nitrooxyquinoléine-carbonique*, $OH.$ $C^9H^4(AzO^2)Az.CO^2H$, s'obtient en chauffant le nitrate de l'acide o-oxyquinoléine-carbonique avec l'acide acétique.

ACIDE O-OXYQUINOLÉINE-CARBONIQUE. — Ce troisième acide o-oxyquinoléine-carbonique a été obtenu en chauffant l'acide dithioxyquinoléine-carbonique, $C^{10}H^7AzOS^2$, avec une solution aqueuse de potasse [Lippmann et Fleissner, *Mon.*, 9, 300, 1888].

Il fond à 256°. Il est insoluble dans l'éther, le chloroforme et le benzène, mais se dissout assez facilement dans l'eau et dans l'alcool.

Sa solution aqueuse se colore en rouge intense par le chlorure ferrique.

L'*acide dithiooxyquinoléine-carbonique*, OH $-C^9H^5Az.CS^2H$, s'obtient en chauffant en tube scellé à 100° un mélange d'o-oxyquinoléine, de xanthogénate de potassium et d'alcool absolu (Lippmann et Fleissner).

On le purifie en le transformant en *sel de baryum* peu soluble dans l'eau.

L'acide est cristallisé, de couleur jaune brun, et fond en se décomposant à 180°. Il est peu soluble dans l'eau, l'alcool, le sulfure de carbone et le benzène. Sa solution aqueuse se colore en rouge brun par le chlorure ferrique.

ACIDE γ-OXY-α-MÉTHYLQUINOLÉINE-β-CARBONIQUE (*acide oxyquinaldine-β-carbonique*). — On obtient cet acide en oxydant par une solution alcaline de permanganate l'aldéhyde correspondante [Conrad et Limpach, *D. chem. G.*, 24, 1975, 1888], ou en condensant par chauffage à 130° l'acide anthranilique avec l'éther acétylacétique [Niementowski, *D. chem. G.*, 27, 1400, 1864] :

$$C^6H^4 {<}^{CO^2H}_{AzH^2} + {\overset{CH^2 \cdot CO^2 - C^2H^5}{\underset{CO - CH^3}{|}}}$$

$$= C^6H^4 {<}^{\overset{OH}{\underset{C = C - CO^2H}{|}}}_{Az = C - CH^3} + C^2H^5 - OH + H^2O.$$

Il est insoluble dans l'eau bouillante, l'éther et le benzène. On peut le faire cristalliser dans l'alcool. Il fond à 245° en se décomposant en anhydride carbonique et γ-oxyquinaldine.

α-OXY-γ-MÉTHYLQUINOLÉINE-β-CARBONIQUE. — On a préparé le *nitrile* ou β-cyanolépidone en chauffant l'o-aminoacétophénone avec l'éther cyanacétique [Guareschi, *Handbuch org. Chem. Beilstein*, 4, 365].

ACIDE O-OXY-α-MÉTHYLQUINOLÉINE-α-CARBONIQUE (*acide o-oxyquinaldine-α-carbonique*). — Son *sel potassique* prend naissance par fixation d'anhydride carbonique sur le sel potassique desséché de l'o-oxyquinaldine [König, *D. chem. G.*, 21, 883, 1888]. L'acide est en longues aiguilles jaune d'or. Il cristallise avec 1 molécule d'eau, qu'il perd à 120°. Il fond ensuite à 207° en se décomposant en anhydride carbonique et o-oxyquinaldine.

ACIDE α-OXY-γ-MÉTHYLQUINOLÉINE-O-CARBONIQUE (*acide α-oxylépidine-o-carbonique*). — On l'a obtenu en oxydant par le permanganate de potassium une solution sulfurique de la α_1-céto-γ_1-méthyljuloline

$$\begin{array}{c} CH^2 \\ CH^2 \\ CH^2 \\ CH^3-C \quad Az \\ CO \\ CH \end{array}$$

[Reissert, *D. chem. G.*, 24, 853, 1891]. Il fond en se décomposant à 312°,4 (corr.).

ACIDE β-NITRO-γ-OXYDIMÉTHYLQUINALDINE-CARBONIQUE,

$$CO^2H - C^6H(CH^3)^2 {<}^{C(OH) = C - AzO^2}_{Az = C - CH^3}$$

— Cet acide s'obtient en chauffant avec de l'acide azotique la γ-oxy-α-a-p-o-tétraméthylquinoléine [Conrad et Limpach, *D. chem. G.*, 21, 529, 1888].

Il est insoluble dans l'alcool et dans l'éther.

ACIDE AZ-MÉTHYL-α-QUINOLONE-γ-CARBONIQUE,

$$C^6H^4 {<}^{C(CO^2H) = CH}_{Az(CH^3) - CO}$$

— Il s'obtient par l'action de la soude sur le chlorométhylate de l'acide cinchoninique. Il fond à 246° [Roser, *Ann. Chem*, 282, 366, 1894].

ACIDE α-γ-DIOXYQUINOLÉINE-β-CARBONIQUE. — On a préparé son *éther diéthylique*

$$C^6H^4 {<}^{Az = C - OC^2H^5}_{C(OH) = C - CO^2 - C^2H^5}$$

en ajoutant du zinc à une solution d'éther

o-nitrobenzoylmalonique, et saturant celle-ci de gaz chlorhydrique [Bischoff, *Ann. Chem.*, **251**, 364 1889].

Cet éther fond à 107°. Sa solution alcoolique est colorée en rouge violacé par le chlorure ferrique.

ACIDE P-MÉTHOXYMÉTHYLQUINOLONE-γ-CARBONIQUE,

$$CH^3 - O - C^6H^3 \diagup \begin{matrix} C\,(CO^2H) = CH \\ | \\ Az\,(CH^3) —— CO \end{matrix}$$

— On obtient ce composé en traitant par la soude le chlorométhylate de l'acide quininique. Il fond au-dessus de 290° [Roser, *Ann. Chem.*, **282**, 367, 1894].

ACIDE TRIMÉTHYLOLQUINALDINE-β-CARBONIQUE. — L'acide quinaldine-β-carbonique se condense avec la formaldéhyde, et fournit la *lactone* de l'acide triméthylolquinaldine-β-carbonique

$$C^6H^4 \diagup \begin{matrix} CH = C —— CO —— O \\ |\qquad\qquad | \\ Az = C - C\,(CH^2OH)^2 - CH^2 \end{matrix}$$

Elle cristallise avec $1\,H^2O$. Anhydre, elle fond à 167-168° [Königs et Stockhausen, *D. chem. G.*, **34**, 4330-4336, 1901].

ACIDE γ-OXY-α-PHÉNYLQUINOLÉINE-β-CARBONIQUE,

$$C^6H^4 \diagup \begin{matrix} C\,(OH) = C - CO^2H \\ | \\ Az ==== C - C^6H^5 \end{matrix}$$

— L'éther éthylique s'obtient par chauffage à 150° de l'éther anilbenzénylmalonique [Just, *D. chem. G.*, 18, 2633, 1885; 19, 1462, 1886] :

$$(CO^2.C^2H^5)^2 = CH - C\,(C^6H^5) = Az.C^6H^5$$
$$= C^{16}H^{10}AzO^3.C^2H^5 + C^2H^5OH.$$

L'acide libre fond à 232°. Il est insoluble dans l'eau froide et l'éther, peu soluble dans l'alcool bouillant, assez soluble dans l'acide acétique.

L'*éther éthylique* fond à 262°.

ACIDE p-OXY-α-PHÉNYLQUINOLÉINE-γ-CARBONIQUE (*p-oxy-α-phénylcinchoninique*). — On l'a obtenu par chauffage du p-aminophénol avec l'acide pyruvique, la benzaldéhyde et l'alcool absolu [Döbner et Fettbach, *Ann. Chem.*, **281**, 11, 1894; — Claus et Bran lt, *ibid.*, **282**, 99, 1894].

Il cristallise dans l'acide chlorhydrique étendu avec $1\,H^2O$. Il fond au-dessus de 300°. Il est insoluble dans le chloroforme, le benzène et la ligroïne, peu soluble dans l'alcool.

Son *éther méthylique* fond à 148°.

ACIDE O-OXY-α-PHÉNYLQUINOLÉINE-γ-CARBONIQUE (*o-oxy-α-phénylcinchoninique*). — Il se prépare comme le précédent au moyen de l'o-aminophénol. Il fond à 247°.

L'*acide o-méthoxy-α-phénylcinchoninique* s'obtient par le même procédé, en remplaçant l'aminophénol par l'o-anisidine [Döbner, *Ann. Chem.*, **249**, 107, 1888]. Il fond à 216°. Il est insoluble dans l'eau et dans l'éther.

ACIDE α-O-OXYPHÉNYLQUINOLÉINE-γ-CARBONIQUE (*α-o-oxyphénylcinchoninique*),

$$C^6H^4 \diagup \begin{matrix} C\,(CO^2H) = CH \\ | \\ Az ==== C - C^6H^4 - OH \end{matrix}$$

— On l'obtient en chauffant au bain-marie une solution alcoolique d'acide pyruvique, d'aldéhyde salicylique et d'aniline [Döbner, *Ann. Chem.*, **249**, 100, 1888].

Il est en aiguilles jaune brun, fusibles à 238°. Il se dissout dans l'alcool, le chloroforme, le benzène et l'acide acétique. Il est insoluble dans l'eau.

γ-p-OXYPHÉNYLQUINOLÉINE-α-CARBONIQUE,

$$C^6H^4 \diagup \begin{matrix} C^6H^4 - OH \\ | \\ C = CH \\ | \\ Az = C - CO^2H \end{matrix}$$

— On dissout le dérivé benzylidénique de l'α-méthyl-γ-p-méthoxyphénylsulfonique-quinoléine dans une solution étendue de soude, et on ajoute une solution de permanganate de potassium à 1 0'0 [Besthorn et Jaeglé, *D. chem. G.*, 27, 912, 1894].

L'acide obtenu se présente sous forme d'aiguilles jaune vif, qui fondent à 234° en dégageant de l'anhydride carbonique

Il est insoluble dans l'éther et le benzène.

ACIDE γ-O-OXYPHÉNYLQUINOLÉINE-α-CARBONIQUE. — Il s'obtient comme le précédent. Il est en cristaux jaune orangé fusibles à 243° en se décomposant [Besthorn, Banzhaf et Jaeglé, *D. chem. G.*, 27, 3039, 1894].

ACIDE γ-OXY-p-MÉTHYL-α-PHÉNYLQUINOLÉINE-β-CARBONIQUE,

$$CH^3 - C^6H^3 \diagup \begin{matrix} C\,(OH) = C - CO^2H \\ | \\ Az ==== C - C^6H^5 \end{matrix}$$

— On obtient son éther éthylique en chauffant à 160° le produit de condensation de la c-chlorobenzylidène-p-toluidine CH^3-C^6H^4-Az=C.Cl–C^6H^5, avec l'éther malonique sode [Just, *D. chem. G.*, 19, 1542, 1886].

L'acide libre se décompose à 250°. Il est insoluble dans l'eau, l'alcool et l'éther, soluble dans l'acide chlorhydrique et l'acide acétique. L'*éther éthylique* fond à 236°.

ACIDE γ-OXY-O-MÉTHYL-α-PHÉNYLQUINOLÉINE-β-CARBONIQUE. — Il s'obtient comme le précédent. L'*éther éthylique* fond à 208°,5.

ACIDE QUINOLÉINE-PHÉNÉTOLDICARBONIQUE,

$$C^9H^6Az - C^6H^3 \lessgtr \begin{matrix} O - C^2H^5 \\ (CO^2H)^2 \end{matrix}$$

— Cet acide a été obtenu en oxydant la lactone éthyloxyapocinchénique. Il fond vers 236° en se décomposant [Königs, *J. prakt. Chem.*, 61, 1, 1900].

ACIDES HYDROQUINOLÉINE-CARBONIQUES

ACIDE Az-α-DIHYDROQUINOLÉINE-γ-CARBONIQUE,

$$C^6H^4 \diagup \begin{matrix} C\,(CO^2H) = CH \\ | \\ AzH —— CH^2 \end{matrix}$$

— On a préparé le dérivé méthylé à l'azote ou *acide méthyldihydrocinchoninique* en traitant le chlorométhylate de l'acide cinchoninique par une lessive concentrée de soude [Roser, *Ann. Chem.*, **282**, 261, 189].

ACIDE HYDROCARBOSTYRILE-β-CARBONIQUE,

$$C^6H^4 \diagup \begin{matrix} CH^2 - CH - CO^2H \\ | \\ AzH - CO \end{matrix}$$

— On obtient l'*éther éthylique* par l'action de la poudre de zinc sur une solution alcoolique d'éther o-nitrobenzylmalonique saturée de gaz chlorhydrique [Reissert, *D. chem. G.*, 29, 665, 1896].

Acide méthoxy-dioxy-dihydroquinaldine-carbonique,

$$CH_3-O-C,\ HO-C,\ CO_2H-C,\ C,\ C,\ CH,\ Az,\ CH(OH),\ CH_2,\ C-CH_3$$

— On obtient cet acide par réduction au moyen de l'étain et de l'acide chlorhydrique de l'acétonyl-nitroméconine obtenue dans l'action de l'acétone sur l'acide nitropianique. Il est soluble dans l'eau bouillante et fond à 212° [Book, *D. chem. G.*, 35, 1498-1502, 1902].

Acide tétrahydroquinoléine-α-carbonique. — Son *éther éthylique* ou *tétrahydroquinoléine-uréthane* a été obtenu par l'action de l'éther chlorocarbonique Cl.CO².C²H⁵ sur la tétrahydroquinoléine.

C'est un liquide très réfringent bouillant à 168°,5 sous la pression de 12 mm. Il se solidifie dans un mélange réfrigérant et fond ensuite à 27°.

Ce corps traité par l'acide azotique donne le *dérivé paranitré* fusible à 78°,5 [Van Dorp, *Rec. Pays-Bas*, 23, 301-324, 1904].

Acide tétrahydroquinoléine-γ-carbonique (*acide tétrahydrocinchoninique*). Voy. 1ᵉʳ Suppl., 2, 1364 et 2ᵉ Suppl., 1, 1160. — Les sels de potassium des acides ortho, méta, para et anatétrahydroquinoléine-carbonique traités par l'iodure de méthyle donnent des dérivés méthylés à l'azote : les *acides kairoline-carboniques*.

L'acide tétrahydroquinoléine-o-carbonique fond à 163° et son dérivé nitrosé se décompose vers 124°. L'action de la potasse et de l'iodure de méthyle le transforme en *acide kairoline-o-carbonique* fusible à 218-219°.

Le *dérivé éthylé* correspondant fond à 163-164°.

L'acide tétrahydroquinoléine-m-carbonique fond à 189° et son *dérivé nitrosé* se décompose à 191°.

L'*acide kairoline-m-carbonique* fond à 185° et le *dérivé éthylé* correspondant à 163-164°.

L'acide tétrahydroquinoléine-p-carbonique fond à 170° et son *dérivé nitrosé* à 181°.

L'*acide kairoline-p-carbonique* fond à 124° et le *dérivé éthylé* correspondant à 200° [Fischer et Endres, *D. chem. G.*, 35, 2611, 1902].

Acides tétrahydro-o-oxy-quinoléine-carboniques. — On obtient un de ces acides en réduisant par l'étain et l'acide chlorhydrique l'acide α-oxyquinoléine-carbonique [Lippmann et Fleissner, *Monats.*, 8, 316, 1887].

Il fond en se décomposant vers 265°. Il est peu soluble dans l'eau et dans l'alcool, insoluble dans l'éther, le chloroforme et le benzène. Le sulfate ferreux et le chlorure ferrique le colorent en rouge. Il réduit l'azotate d'argent.

Son *dérivé nitrosé* fond en se décomposant à 195°.

Schmitt et Engelmann ont obtenu un autre acide tétrahydro-o-oxyquinoléine-carbonique fusible à 237° [*D. chem. G.*, 20, 1219, 1887]. Le *dérivé méthylé à l'azote* obtenu par l'action de l'iodure de méthyle et de l'alcool méthylique fond à 211°.

Enfin Lippmann et Fleissner ont préparé un troisième isomère, fusible à 222°, par digestion prolongée de l'acide tétrahydrooxyquinoléine-carbonique avec l'étain et l'acide chlorhydrique [*Monats.*, 9, 304, 1888].

Acide homohydrocinchoninique (Voy. 2ᵉ Suppl., 1, 1160).

ACIDES ISOQUINOLÉINE-CARBONIQUES.

Les acides Bz-isoquinoléine-carboniques ont été obtenus au moyen de leurs nitriles que forme le cyanure de potassium avec les acides isoquinoléinesulfoniques.

Acide isoquinoléine-a (ou o)-carbonique. — On obtient le *chlorhydrate* de cet acide par chauffage du nitrile avec de l'acide chlorhydrique concentré à 155° [Jeiteles, *Monats.*, 15, 810, 1894]. Il est cristallisé et fond en se décomposant à 272°. Il est très peu soluble dans l'eau. L'*azotate* C¹⁰H⁷AzO² . AzO³H + H²O fond à 219° en se boursouflant. Le *picrate* fond à 212°.

Le *nitrile* C⁹H⁶Az . C Az s'obtient en distillant l'isoquinoléinesulfonate de baryum ou de sodium avec le cyanure de potassium, dans un courant d'hydrogène. Il est cristallisé et fond à 135°. Il peut être sublimé. Il se dissout dans les acides étendus.

Acide isocarbostyrile-β-carbonique,

$$C_6H_4\!\!<\!\!\begin{array}{l}CH=C-CO_2H\\ |\\ CO-AzH\end{array}$$

— On chauffe l'acide isocoumarine-carbonique avec l'ammoniaque, et on précipite l'acide de la solution par l'acide chlorhydrique étendu [Bamberger et Kitschelt, *D. chem. G.*, 25, 1143, 1892; — Zincke, *ibid.*, 25, 1496].

Il fond en brunissant à 320°.

Il peut être sublimé. Il se décompose au-dessus de son point de fusion en anhydride carbonique et isocarbostyrile.

Il est peu soluble dans l'alcool, l'éther et le chloroforme. Distillé avec la poudre de zinc, il donne l'isoquinoléine. L'*acide Az-méthylisocarbostyrile-β-carbonique*

$$C_6H_4\!\!<\!\!\begin{array}{l}CH=C-CO_2H\\ |\\ CO-Az-CH_3\end{array}$$

se prépare en chauffant à 100°, pendant 2 heures, l'acide isocoumarine-carbonique avec une solution aqueuse concentrée de méthylamine [Bamberger et Frew, *D. chem. G.*, 27, 204, 1894]. Il fond à 238°.

L'*acide Az-éthylisocarbostyrile-β-carbonique* fond à 202°.

Acide Az-phényl-iso-carbostyrile-β-carbonique. — On l'obtient en chauffant l'acide isocoumarine-carbonique avec un excès d'aniline (Bamberger et Frew). Il fond à 265°. Il est peu soluble dans l'éther et le benzène, assez soluble dans l'alcool.

Acide dioxy-isoquinoléine-carbonique. — Cet acide se prépare en chauffant avec de l'acide iodhydrique l'acide diméthoxyisoquinoléine-carbonique [Goldschmiedt, *Monast.*, 8, 522, 1887]. C'est une poudre jaune clair qui fond à 221° en se décomposant.

Il est très peu soluble dans l'eau. Le sulfate ferreux le colore en rouge orangé et le chlorure ferrique en violet.

L'*acide diméthoxyisoquinoléine-carbonique*, $(CH_3O)^2-C^9H^4Az.CO^2H$, se forme par oxydation de la papavérine par le permanganate de potassium [Goldschmiedt, *Monats.*, 6, 964, 1885]. Il fond à 205° en se décomposant. Il est peu soluble dans l'eau froide, soluble dans l'eau chaude et dans l'alcool.

Le chlorure ferrique colore sa solution en rouge orangé. Il se combine à l'acide chlorhydrique et aux bases.

Les combinaisons qu'il forme avec les bases sont des précipités gélatineux.

QUINOLÉYLACIDES

Ces corps doivent être considérés comme dérivant des acides gras par remplacement d'un atome d'hydrogène du radical hydrocarboné par le radical quinoléyle.

Ils ne diffèrent donc pas essentiellement des acides quinoléine-carboniques proprement dits qui peuvent être considérés comme dérivant de l'acide formique.

ACIDE α-QUINOLÉYLACÉTIQUE,

$$
\begin{array}{c}
\text{CH} \quad \text{CH} \\
\text{C} \\
\text{HC} \diagup \diagdown \text{CH} \\
\text{HC} \diagdown \diagup \text{C-CH}^2\text{-CO}^2\text{H} \\
\text{C} \\
\text{CH} \quad \text{Az}
\end{array}
$$

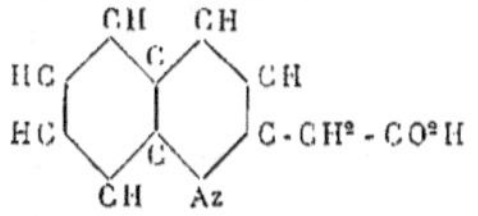

— On oxyde par une solution de permanganate à 4.5 0/0 une solution d'α-quinoléyl-α-lactate de sodium $C^9H^6Az . CH^2 . CH(OH)-CO^2Na$ [Einhorn et Sherman, *Ann. Chem.*, **287**, 39, 1895].

On obtient encore cet acide en chauffant, pendant 2 heures, l'α-quinoléylacétaldéhyde avec de l'oxyde d'argent et de l'alcool.

Il fond à 274-275° et peut être sublimé. Son *sel d'argent* donne par distillation la quinoléine. Son *sel neutre de calcium* est insoluble dans l'eau et dans l'alcool. Son *chloroplatinate* est soluble dans l'eau. Son *éther méthylique* fond à 72° et son *éther éthylique* à 67°.

Acide quinolone-γ-acétique,

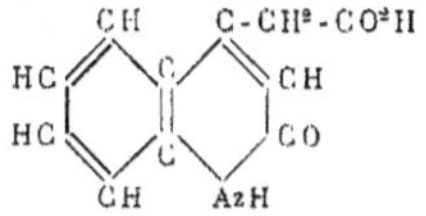

$$
\begin{array}{c}
\text{CH} \quad \text{C-CH}^2\text{-CO}^2\text{H} \\
\text{C} \\
\text{HC} \diagup \diagdown \text{CH} \\
\text{HC} \diagdown \diagup \text{CO} \\
\text{C} \\
\text{CH} \quad \text{AzH}
\end{array}
$$

— On obtient cet acide par l'action de l'acide sulfurique à 80 0/0 sur la mono ou la dianilide de l'éther acétonedicarbonique ou sur l'anilide de l'éther β-phénylaminoglutaconique. Il fond à 205-206° en se décomposant.

Par diazotation de l'aminolépidone, on obtient un acide m-oxy-α-quinolone-γ-acétique [Besthorn et Garben, *D. chem. G.*, **33**, 3439, 1900].

Acide α-quinoléylpropionique. — Cet acide s'obtient en réduisant par l'étain et l'acide chlorhydrique ou par l'acide iodhydrique et le phosphore l'acide α-quinoléylacrylique, ou en oxydant par le permanganate de potassium l'α-quinoléylpropanol [Einhorn et Shermann, *loc cit.*]

Il fond à 122-123°. Il est soluble dans l'alcool, l'éther, le chloroforme et l'acétone, insoluble dans l'eau et la ligroïne. Le *chloroplatinate* fond à 197° en se décomposant.

L'*amide* fond à 149°, se dissout dans l'eau, l'alcool et le benzène. Elle est insoluble dans la ligroïne.

Acide α-quinoléyl-bromopropionique. — Son bromhydrate prend naissance quand on chauffe l'acide quinoléineacrylique dans un tube scellé à 100° avec de l'acide acétique saturé d'acide bromhydrique [Einhorn et Lehnkering, *Ann. Chem.*, **246**, 167, 1888].

Acide tétrahydroquinoléyl-α-propionique. — Lorsqu'on réduit l'acide quinoléylacrylique par le sodium et l'alcool absolu, il se forme un tétrahydrodérivé qui est caractérisé par sa tendance à former un *anhydride interne*

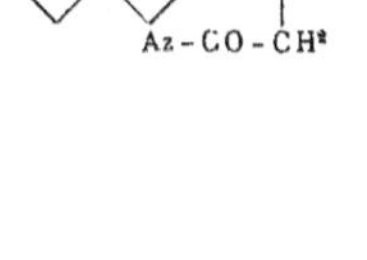

$$
\begin{array}{c}
\text{CH}^2 \\
\diagup \diagdown \\
\diagdown \diagup \text{CH}^2 \\
\text{CH-CH}^2 \\
| \\
\text{Az-CO-CH}^2
\end{array}
$$

Cet anhydride s'obtient lorsqu'on décompose à chaud le sel de sodium de l'acide par l'acide chlorhydrique. Il fond à 116°.

Dissous dans l'acide sulfurique, il donne avec le bichromate de potassium une coloration violette [Kœnigs, *D. chem. G.*, **33**, 218, 1900].

ACIDE QUINOLÉYL-γ-PROPIONIQUE. — Königs et Muller l'ont obtenu par réduction de l'acide quinoléyl-γ-acrylique par l'acide iodhydrique et le phosphore.

Il fond à 203° et se dissout difficilement dans l'eau froide.

Son *sel de cuivre* est en cristaux bleu violet peu solubles dans l'eau.

Réduit par le sodium et l'alcool absolu, il se transforme en un *acide tétrahydroquinoléyl-γ-propionique* fusible à 218° et donnant une *nitrosamine* en cristaux jaunes fusibles à 122°.

Il donne la réaction de Liebermann [Königs et Muller, *D. chem. G.*, **37**, 1337-1340, 1904].

ACIDE α-QUINOLÉINE-α-OXYPROPIONIQUE (*acide α-quinoléyl-α-lactique, α-quinoléylpropanol-2-oïque*),

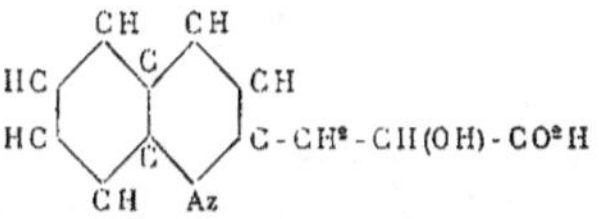

$$
\begin{array}{c}
\text{CH} \quad \text{CH} \\
\text{C} \\
\text{HC} \diagup \diagdown \text{CH} \\
\text{HC} \diagdown \diagup \text{C-CH}^2\text{-CH(OH)-CO}^2\text{H} \\
\text{C} \\
\text{CH} \quad \text{Az}
\end{array}
$$

— On obtient cet acide en chauffant avec de la soude alcoolique le quinaldine-chloral ou quinoléyltrichloropropanol :

$$C^9H^6Az . CH^2-CH(OH) . CCl^3 + 4NaOH$$
$$= C^{12}H^{10}AzO^3Na + 3NaCl + H^2O$$

[Einhorn, *D. chem. G.*, **18**, 3465, 1885 et **19**, 906, 1886].

Il est en cristaux jaune orangé qui fondent à 124° en se décomposant.

Oxydé par le permanganate de potassium, il donne l'α-quinaldéhyde $C^{11}H^9AzO$.

Le *sel de sodium* chauffé avec de l'acide sulfurique concentré à 110° donne l'α-quinoléylacétaldéhyde ; oxydé du sel de sodium par le permanganate, il donne le sel de l'acide quinoléylacétique, se combine avec les bases et les acides.

ACIDE α-QUINOLÉYL-β-OXYPROPIONIQUE (*acide α-quinoléyl-β-lactique, α-quinoléylpropanol-1-oïque*),

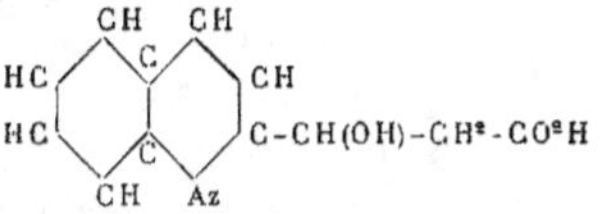

$$
\begin{array}{c}
\text{CH} \quad \text{CH} \\
\text{C} \\
\text{HC} \diagup \diagdown \text{CH} \\
\text{HC} \diagdown \diagup \text{C-CH(OH)-CH}^2\text{-CO}^2\text{H} \\
\text{C} \\
\text{CH} \quad \text{Az}
\end{array}
$$

— On l'obtient en saponifiant à froid l'acide α-quinoléyl-β-bromopropionique $C^9H^6Az-CHBr .. CH^2-CO^2H$. Einhorn et Lehnkering [*Ann. Chem.*, **246**, 176, 1888] le purifient en le transformant en sel d'argent que l'on décompose par l'hydrogène sulfuré.

Il fond à 176°. Il est soluble dans l'alcool, l'éther acétique, insoluble dans le chloroforme, le sulfure de carbone, la ligroïne et le benzène. Le *chlorhydrate* fond à 187°. Le *chloroplatinate* fond à 218°, en se décomposant.

L'*éther méthylique* s'obtient par l'action de l'alcool méthylique et du gaz chlorhydrique sur l'acide. Il est cristallisé et fond à 62°. Il est soluble dans l'alcool, insoluble dans la ligroïne.

L'*anhydride* s'obtient en même temps que l'acide par l'action de la quantité calculée de soude sur le bromhydrate d'acide α-quinoléylbromopropionique. Il fond à 83° et se décompose à 100°. Il se dissout dans l'alcool absolu, l'éther, le benzène. Il est insoluble dans la ligroïne.

L'*amide* $C^9H^6Az.CH(OH).CH^2.CO-AzH^2$ s'obtient par l'ammoniaque alcoolique sur l'anhydride ou par l'action de l'ammoniaque à froid sur le bromhydrate de l'acide quinoléyl-β-bromo-propionique. Elle fond à 151-152° (Einhorn et Lehnkering).

ACIDE α-QUINOLÉYL-PYRUVIQUE (*quinoléyl-propanonoïque*) $C^9H^6Az-CH^2.CO.CO^2H$. — On obtient le *sel de sodium* en chauffant la quinaldine avec l'éther diéthyloxalique et l'éthylate de sodium [Wislicenus, *D. chem. G.*, 30, 1479, 1897]. Il est en petites aiguilles rouges à reflets bleus. Il se décompose au-dessus de 170°.

ACIDE QUINOLÉYL-α-ACRYLIQUE (*quinoléyl-propénoïque*),

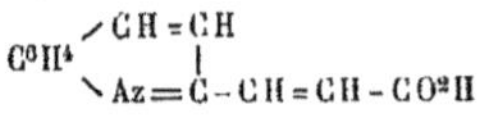

$$C^9H^4 \diagup \begin{matrix} CH=CH \\ | \\ Az=C-CH=CH-CO^2H \end{matrix}$$

— On obtient cet acide non saturé en chauffant la chloralquinaldine avec du carbonate de potassium :

$$C^9H^6Az.CH^2-CH(OH)-CCl^3 + H^2O$$
$$= C^{12}H^9AzO^2 + 3HCl$$

[Miller et Spady, *D. chem. G.*, 18, 3403, 1885; 19, 132, 1886] ou de la potasse alcoolique [Einhorn et Shermann, *Ann. Chem.*, 287, 277. 1895; — Einhorn et Lehnkering, *Ann. Chem.*, 246, 164, 1888]. Il fond en se décomposant à 193°. Il se combine à l'acide bromhdrique.

Réduit par l'étain et l'acide chlorhydrique, il se transforme en acide α-quinoléyl-propionique et en alcool α-quinoléyl-propylique.

L'oxydation par le permanganate donne l'acide α-quinoléylglycérique et le quinoléyl-méthanal.

Le *sel de baryum* de l'acide quinoléylacrylique est très peu soluble dans l'eau.

Son *éther éthylique* fond à 73° et son *amide* à 175-176° (Einhorn et Shermann).

ACIDE QUINOLÉYL-γ-ACRYLIQUE. — Cet acide s'obtient en traitant par la potasse alcoolique la chlorallépidine. Il est cristallisé et fond à 250°, en se décomposant.

Il est très peu soluble dans l'eau, peu soluble dans l'alcool. Le *chlorhydrate* et le *sulfate* sont peu solubles. Le *chloroplatinate* est en aiguilles jaunes à 1 1/2 H²O [Königs et Muller, *D. chem. G.*, 37, 1337-1340, 1904 et *Bull. Soc. Chim.*, 34, 722, 1905].

ACIDE γ-MÉTHYLQUINOLÉYL-α-ACRYLIQUE (*acide lépidyl-α-acrylique*). — Il s'obtient par l'action de la potasse alcoolique sur la chloral-α-γ-diméthyl-quinoléine. C'est une poudre jaune amorphe très peu soluble dans l'eau, fusible vers 214°. Le *chloroplatinate* fond à 300°. L'oxydation le transforme en oxalate d'acide lépidine-α-carbonique [Königs et Mengel, *D. chem. G.*, 37, 1322-1337, 1904].

ACIDE α-MÉTHYLQUINOLEYL-m-ACRYLIQUE (*quinaldylacrylique-m*),

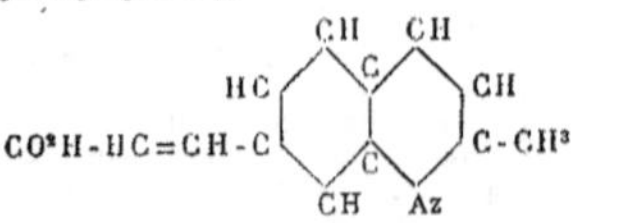

$$CO^2H-HC=CH-C \diagup \begin{matrix} CH & CH \\ C & \\ | & | \\ C & \\ CH & Az \end{matrix} \diagdown C-CH^3$$

— Il se forme lorsqu'on chauffe à 150° le chlorhydrate de l'acide m-aminocinnamique avec de la paraldéhyde et de l'acide chlorhydrique concentré [Eckhardt, *D. chem. G.*, 22, 272,

1889]. Il est cristallisé; il fond à 246°, en se décomposant. Il est très peu soluble dans l'éther, le chloroforme, la ligroïne, plus soluble dans l'alcool, l'acétone et le benzène. Oxydé par le permanganate, il se transforme en α-méthylquinoléylméthanal. Il forme un *picrate* fusible à 151°.

ACIDE α-MÉTHYLQUINOLÉYL-p-ACRYLIQUE (*acide quinaldyl-p-acrylique*). — Il s'obtient par le même procédé que le précédent avec l'acide p-aminocinnamique [Miller et Kinkelin, *D. chem.*, *G.*, 18, 3235, 1885].

Il se décompose à 245°. Il est très peu soluble dans l'alcool froid. Il se transforme par oxydation au moyen du permangagate en α-méthylquinoléyl-p-méthanal.

ACIDE p-o-DIMÉTHYLQUINOLÉYL-α-ACRYLIQUE,

$$(CH^3)^2C^6H^2 \diagup \begin{matrix} CH=CH \\ | \\ Az=C.CH=CH-CO^2H \end{matrix}$$

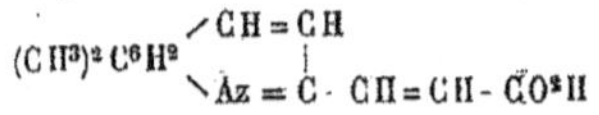

— On obtient ce corps en chauffant la chloral-p-o-diméthylquinaldine avec une solution de carbonate de potassium. Il se décompose à 180° [Panajotow, *D. chem. G.*, 20, 42, 1887].

ACIDE α-QUINOLÉYLGLYCÉRIQUE (*α-quinoléyl-propanedioloïque*) $C^9H^6Az-CH(OH)-CH(OH)-CO^2H + 3H^2O$. — Cet acide prend naissance par l'oxydation de l'acide quinoléylacrylique au moyen du permanganate de potassium [Einhorn et Sherman, *Ann. Chem.*, 287, 35, 1895]. Il se décompose de 100 à 150°.

Il est peu soluble dans l'eau chaude, insoluble dans l'alcool absolu, le benzène, le chloroforme et l'éther.

Il réduit la solution ammoniacale d'azotate d'argent. Son *éther méthylique* fond à 141° et son *éther éthylique* à 107-108°.

AMINOQUINOLÉINES.

Les quinoléines aminées dans la chaîne benzénique, ou Bz-aminoquinoléines, sont obtenues en réduisant les Bz-nitoquinoléines. Les quinoléines aminées dans le noyau pyridique, ou Py-aminoquinoléines, se préparent moins facilement.

α-AMINOQUINOLÉINE,

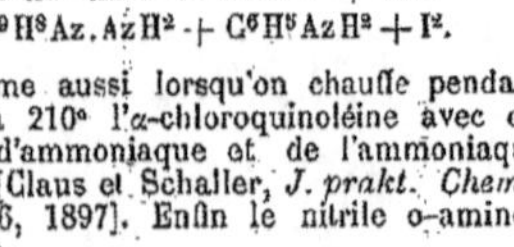

$$\begin{matrix} & CH & CH & \\ HC & C & CH \\ HC & & C-AzH^2 \\ & CH & Az & \end{matrix}$$

— Cette base prend naissance par chauffage à 180° de l'α-phénylhydrazoquinoléine avec de l'acide iodhydrique et du phosphore rouge [Ephraïm, *D. chem. G.*, 24 2819, 1891] :

$$C^9H^6Az-AzH-AzH.C^6H^5 + 2HI$$
$$= C^9H^8Az.AzH^2 + C^6H^5AzH^2 + I^2.$$

Elle se forme aussi lorsqu'on chauffe pendant 6 heures à 210° l'α-chloroquinoléine avec du carbonate d'ammoniaque et de l'ammoniaque concentrée [Claus et Schaller, *J. prakt. Chem.*, (2), 56, 206, 1897]. Enfin le nitrile o-amino-cinnamique

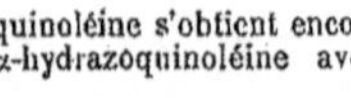

$$C^6H^4 \diagup \begin{matrix} CH=CH-CAz \\ AzH^2 \end{matrix}$$

se transpose par ébullition avec l'éthylate de sodium en α-aminoquinoléine [Pschorr, *D. chem. G.*, 31, 1297, 1898 et *Bull. Soc. Chim.*, 20, 777, 1898].

L'α-aminoquinoléine s'obtient encore par ébullition de l'α-hydrazoquinoléine avec du zinc

[Marckwald et Meyer, *D. chem. G.*, 33, 1885, 1900].

Elle est cristallisée en fines aiguilles anhydres, fusibles à 129° (corr.). Elle est soluble dans l'alcool, l'éther, le chloroforme. très soluble dans l'eau chaude, presque insoluble dans l'eau froide.

Elle se décompose sous l'action de la potasse en solution concentrée, en ammoniaque et carbostyrile.

Le *picrate* est peu soluble et se décompose vers 250-258°. Le *chloraurate* fond à 263°.

L'*iodométhylate* s'obtient par l'action de la potasse alcoolique sur l'iodométhylate de l'α-iodoquinoléine [Roser, *Ann. Chem.*, 282, 380), 1894] ou par le chauffage à 100° de l'α-aminoquinoléine avec l'iodure de méthyle [Claus et Schaller, *loc. cit.*]. Il cristallise en prismes fusibles à 245°. Il se dissout facilement dans l'eau chaude et dans l'alcool.

Le *chlorométhylate* $AzH^2.C^9H^6Az - CH^3Cl + H^2O$ fond à 265°. Il est très soluble dans l'eau, peu soluble dans l'alcool.

L'*iodéthylate* $C^9H^8Az^2.C^2H^5I$ fond à 232°.

α-*Quinoléylhydrazine* $C^9H^6Az.AzH.AzH^2$. — Elle se forme en même temps qu'un peu d'hydrazoquinoléine dans l'action de l'hydrate d'hydrazine sur l'α-chloroquinoléine à 160°.

Elle fond à 134-135°, réduit l'azotate d'argent ammoniacal et la liqueur de Fehling. Elle se combine à la benzaldéhyde. La *semicarbazide* obtenue au moyen du cyanate de potassium fond à 202°.

L'α-quinoléylhydrazine, chauffée avec l'acide formique, se transforme en naphtotriazol, et avec l'azotite de sodium en naphtotétrazol.

α-*Hydrazoquinoléine*, $C^9H^6Az - AzH - AzH - C^9H^6Az$. — Elle fond à 229°. L'acide azoteux la transforme en α-*azoquinoléine* en feuillets rouges, fusibles à 230-231° [Marckwald et Meyer, *D. chem. G.*, 33, 1885, 1900].

α-*Méthylaminoquinoléine*. — On a préparé l'*iodométhylate* $CH^3AzH - C^9H^6Az.CH^3I + H^2O$ en agitant l'iodométhylate d'α-aminoquinoléine avec l'iodure de méthyle et une lessive de soude [Roser, *Ann. Chem.*, 282, 383, 1894]. Le composé ainsi obtenu est cristallisé et fond à 160°. Il se dissout facilement dans l'eau et dans l'alcool.

α-*Diméthylaminoquinoléine*. — On a préparé l'*iodométhylate* $(CH^3)^2Az - C^9H^6Az.CH^3I + H^2O$ en traitant par l'iodure de méthyle le composé précédent ou faisant réagir la diméthylamine sur l'iodométhylate de l'α-iodoquinoléine. Il est cristallisé et fond à 197°. Il se dissout dans l'eau et dans l'alcool chauds.

α-*Phénylaminoquinoléine*,

$$
\begin{array}{c}
CH \quad CH \\
HC \underset{\displaystyle C}{\overset{\displaystyle C}{\diagup\!\!\diagdown}} CH \\
HC \diagdown\!\!\diagup C - AzH - C^6H^5 \\
CH \quad Az
\end{array}
$$

— Elle se prépare en chauffant l'α-chloroquinoléine avec l'aniline à 200° [Friedländer et Weinberg, *D. chem. G.*, 18, 1532, 1885] ou l'α-quinoléyldiphénylurée avec l'acide chlorhydrique concentré 200° [Goldschmidt et Meissler, *D. chem. G.*, 23, 277, 1890]. Elle fond à 98° et distille presque sans décomposition au-dessus de 300°. Elle se dissout dans les acides minéraux étendus.

L'*iodométhylate* s'obtient par l'action de l'aniline sur l'iodométhylate d'α-iodoquinoléine [Roser, *Ann. Chem.*, 282, 378, 1894]. Il fond à 118-119°.

L'*iodométhylate d'acétylaminoquinoléine* $AzH(C^2H^3O) - C^9H^6Az.CH^3I$ se produit par chauf-

fage de l'iodométhylate d'α-aminoquinoléine avec l'anhydride acétique (Roser). Il fond à 213° et se dissout dans l'eau.

α-*Quinoléyldiphénylurée*,

$$
CO
\begin{cases}
AzH - C^6H^5 \\
Az
\begin{cases}
C^6H^5 \\
C^9H^6Az
\end{cases}
\end{cases}
$$

— On l'obtient en chauffant le carbostyrile avec la phénylcarbonimide ou isocyanate de phényle $CO.Az - C^6H^5$ avec un peu de benzène à la température de 200° [Goldschmidt et Meissler, *loc. cit.*].

Elle fond à 150°. Elle se décompose, sous l'action de l'acide chlorhydrique concentré à 200°, en anhydride carbonique. aniline et phénylaminoquinoléine.

γ-AMINOQUINOLÉINE. — Cette base a été obtenue par Hoogewerff et van Dorp en oxydant par l'hypobromite de sodium l'amide cinchonique :

$$C^9H^6Az - CO - AzH^2 + O$$
$$= CO^2 + C^9H^6Az - AzH^2$$

[*Rec. Pays-Bas*, 10, 145; — Claus et Frobenius, *J. prakt. Chem.*, (2), 56, 181, 1897].

Il se forme en même temps de la bromo-γ-aminoquinoléine [Wenzel, *Mon. f. Chem.*, 15, 457, 1894].

Elle cristallise avec $1H^2O$ qu'elle perd à 100°. Hydratée, elle fond à 70°, et anhydre à 154°.

Elle est très peu soluble dans le sulfure de carbone et la ligroïne, très soluble dans le chloroforme. Elle est monoacide. Le *chlorhydrate* ne fond pas à 300°. Il est très soluble dans l'eau. Le *chloroplatinate* $(C^9H^8Az^2HCl)^2.PtCl^4 + 2H^2O$ est un précipité jaune qui fond à 269°, en se décomposant.

L'*iodométhylate* est très soluble et fond à 224°.

La γ-*phénylaminoquinoléine*

$$
C^9H^4
\begin{cases}
C(AzH - C^6H^5) = CH \\
\quad\quad\quad\quad\quad | \\
Az \!=\!=\!=\!=\! C - OC^2H^5
\end{cases}
$$

s'obtient à l'état de chlorhydrate par l'action de l'aniline à 120° sur la γ-chloroquinoléine [Ephraïm, *D. chem. G.*, 26, 2229, 1893].

Elle est cristallisée et fond à 198°.

Elle forme un *chlorhydrate* cristallisé fusible à 204°, insoluble dans l'eau froide [Claus et Frobenius, *loc. cit.*].

La γ-*acétaminoquinoléine* $C^9H^6Az - AzH(C^2H^3O)$ s'obtient en chauffant la γ-aminoquinoléine avec l'acide et l'anhydride acétique [Claus et Frobenius, *loc. cit.*].

Dérivés halogénés. — L'amine diazotée en solution chlorhydrique se transforme en γ-chloroquinoléine.

En faisant la diazotation en solution bromhydrique il se fait, en même temps que la γ-bromoquinoléine, de la β-*bromo-γ-aminoquinoléine* fusible à 202-203°. En solution iodhydrique, on obtient uniquement l'iodaminoquinoléine qui cristallise avec $1H^2O$. Hydratée, elle fond à 110-120°; anhydre, elle fond à 197°.

Dérivés nitrés. — Le *dérivé β-nitré* s'obtient par l'action de l'acide azotique fumant sur le sulfate de γ-aminoquinoléine. Il se décompose à 207°.

Le *dérivé dinitré* s'obtient avec un mélange de 8 gr. d'acide azotique ($d = 1,5$) et de 25 gr. d'acide sulfurique. Il se décompose à 203° (Claus et Frobenius).

γ-Anilino-α-éthoxyquinoléine,

$$C^6H^4 \begin{cases} C - (AzH - C^6H^5) = CH \\[4pt] Az =\!=\!=\!=\!=\!= C - O - C^2H^5 \end{cases}$$

— Cette base résulte de la réaction de l'aniline sur la γ-chloro-α-éthoxyquinoléine. Elle ne fond pas à 270°.

γ-Amino-p-méthoxyquinoléine. — On a obtenu ce corps en traitant la quininamide par une solution d'hypobromite de potassium [Hirsch, *Mon. f. Chem.*, 17, 333, 1896].

Il fond à 120°. Son *chloroplatinate* fond à 230° en se décomposant.

a-AMINOQUINOLÉINE. — On l'obtient en chauffant à 300° l'α-oxyquinoléine avec du chlorure de zinc ammoniacal [Riemerschmied, *D. chem. G.*, 16, 725, 1883] ou en réduisant par l'étain et l'acide chlorhydrique l'α-nitroquinoléine [Claus et Setzer, *J. prakt. Chem.*, (2), 53, 400, 1896]. Elle fond à 109-110°. Elle peut être sublimée presque sans décomposition. Elle est peu soluble dans l'eau froide, soluble dans l'alcool et l'éther.

Traitée par le brome en solution acétique, elle donne un *dérivé dibromé.* Elle se condense avec la benzaldéhyde et l'acide pyruvique pour donner un acide quinophénylquinoléine-carbonique.

Chauffée avec le nitrobenzène, la glycérine et l'acide sulfurique, elle donne la phénanthroline.

L'*a-acétylaminoquinoléine* $C^9H^6Az.AzH.C^2H^3O$ fond à 178°.

La *p-chloro-a-aminoquinoléine* se produit par la réduction de la p-chloro-a-nitroquinoléine par le chlorure stanneux [Claus et Schedler, *J. prakt. Chem.*, (2), 49, 363, 1894]. Elle est en longues aiguilles jaune clair, fusibles à 115-116° et contenant $1H^2O$. Déshydratée, elle fond à 132-136°.

Le *chlorhydrate* $C^9H^7ClAz^2.HCl$ est rouge sang et fond à 217°. Le *chloroplatinate* fond à 250° en se décomposant.

L'*o-chloro-a-aminoquinoléine* s'obtient en réduisant l'o-chloro-a-nitroquinoléine par le chlorure stanneux [Claus et Schöller, *J. prakt. Chem.*, (2), 48, 146, 1893]. Elle fond à 152°. Elle est soluble dans l'alcool et dans l'éther.

La *p-bromo-a-aminoquinoléine* s'obtient de même en réduisant par une solution chlorhydrique de chlorure stanneux la p-bromo-a-nitroquinoléine dissoute dans l'alcool.

Elle fond à 165°.

On obtient d'une façon analogue l'*o-bromo-a-aminoquinoléine* [Claus et Howitz, *J. prakt. Chem.*, (2), 48, 154, 1894] fusible à 136°, la *p-m-dibromo-o-aminoquinoléine* fusible à 250° [Clauss et Setzer, *loc. cit.*], et la *p-o-dibromo-a-aminoquinoléine* [Claus et Geissler, *J. prakt. Chem.*, (2), 40, 379, 1889; — Claus et Caroselli, *ibid.* (2), 51, 479, 1895]. On peut encore obtenir cette dernière par l'action d'une solution chloroformique de brome sur l'a-aminoquinoléine ou la p-bromo-a-aminoquinoléine (Claus et Caroselli) ou par l'action du brome sur une solution acétique d'a-aminoquinoléine (Claus et Setzer). Le *chlorostannate* de p-o-dibromo-aminoquinoléine fond à 325-330° en se décomposant. Le *bromhydrate* fond à 235° en se décomposant.

La *γ-p-o-tribromo-a-aminoquinoléine* se prépare par la réduction de la γ-p-o-tribromo-a-nitroquinoléine [Claus et Welter, *J. prakt. Chem.*, (2), 42, 244, 1890].

Elle est en aiguilles jaunes, fusibles à 196°. Elle se dissout dans l'alcool, l'éther et le chloroforme.

L'*a-amino-α-oxyquinoléine (a-amino-carbostyrile)* se prépare en réduisant par le chlorure stanneux l'a-nitrocarbostyrile (Claus et Setzer). Elle fond à 250°.

Le *γ-amino-carbostyrile* a été obtenu par Friedländer et Lazarus [*Ann. Chem.*, 229, 246, 1885] en réduisant par l'étain et l'acide chlorhydrique le γ-nitrocarbostyrile. Il ne fond pas à 320°. Il est peu soluble dans l'acide acétique. Son *éther méthylique*, obtenu au moyen de l'éther du nitrocarbostyrile, fond à 193° [Feer et Königs, *D. chem. G.*, 18, 2397, 1885].

L'*a-amino-p-oxyquinoléine* s'obtient en même temps que l'acide sulfanilique par l'action d'une solution chlorhydrique de chlorure stanneux sur la p-benzène-sulfonique-azo-p-oxyquinoléine [Mathéus, *D. chem. G.*, 21, 1645, 1888] ou par la réduction de l'a-nitroso ou de l'a-nitro-p-oxyquinoléine [Mathéus, *D. chem. G.*, 21, 1887, 1888; — Altschul, *D. chem. G.*, 21, 2255, 1888].

Elle cristallise avec $2H^2O$ qu'elle perd à 100°. Elle fond ensuite à 185°. Elle est peu soluble dans l'éther, le chloroforme, le benzène, soluble dans l'alcool absolu, dans les alcalis et dans les acides dilués. Le chlorure ferrique la transforme en quinoléine-quinone.

Son *éther éthylique* $AzH^2 - C^9H^5Az - O.C^2H^5 + H^2O$ s'obtient par la réduction du dérivé nitré correspondant [Vis, *J. pr. Chem.*, (2), 48, 29, 1893; — Grimaux, *Bull. Soc. Chim.* (3), 15, 25, 1896]. Il forme des aiguilles jaunes qui fondent à 76°, et après déshydratation à 115-116°.

L'*a-amino-o-oxyquinoléine* s'obtient en chauffant l'o-oxyquinoléine-a-azo-benzène sulfonique avec une solution chlorhydrique de chlorure stanneux [Fischer et Renouf, *D. chem. G.*, 17, 1643, 1884] ou en réduisant de même l'a-nitroso-o-oxyquinoléine [Lippmann et Fleissner, *Mon. f. Chem.*, 10, 796, 1889; — Kostanecki, *D. chem. G.*, 24, 1155] ou enfin par électrolyse d'une solution sulfurique d'a-nitroquinoléine [Gattermann, *D. chem. G.*, 27, 1939, 1884].

Cette base est cristallisée, elle fond à 143°. Oxydée par le mélange chromique, elle donne la quinoléine-quinone, et par le permanganate de potassium en solution alcaline, l'acide pyridinedicarbonique.

L'*éther méthylique* $AzH^2 - C^9H^5Az - O.CH^3 + H^2O$ fond à 76°. Anhydre, il fond à 155-156° [Vis, *loc. cit.*].

L'*éther éthylique*, obtenu par réduction du dérivé nitré correspondant, cristallise avec $1H^2O$ et fond à 70°. Quand il est anhydre il fond à 114°.

La *dichloro-a-amino-o-oxyquinoléine* $AzH^2.C^9H^3Cl^2Az.OH$ s'obtient en réduisant par l'étain et l'acide chlorhydrique l'a-nitroso-o-oxyquinoléine. Elle se décompose à 160° [Lippmann et Fleissner, *loc. cit.*].

L'a-amino-o-éthoxyquinoléine, chauffée à l'ébullition avec de l'acide acétique cristallisable et de l'anhydride acétique, se transforme en *a-acétamino-o-éthoxyquinoléine*

$$CH^3 - CO - AzH - C \qquad CH$$

— Ce corps cristallise dans l'eau en aiguilles incolores, fort peu solubles dans l'eau froide, solubles dans l'alcool froid, fusibles à 155°, donnant avec les acides minéraux des sels très solubles, avec les acides organiques des sels peu solubles.

Cette alcalamide a d'abord été employée en thérapeutique comme antithermique et antinévra-gique, sous le nom de *phénacétoquinoléine*, puis, sous celui plus répandu d'*analgène*. Il est remplacé aujourd'hui par l'amide benzoïque cor-respondante, qui est dépourvue de saveur et pré-sente les mêmes propriétés thérapeutiques. On donne, à ce dernier corps, le nom d'analgène ou de *benzanalgène*

Cette *a-benzoylamino-o-éthoxyquinoléine*,

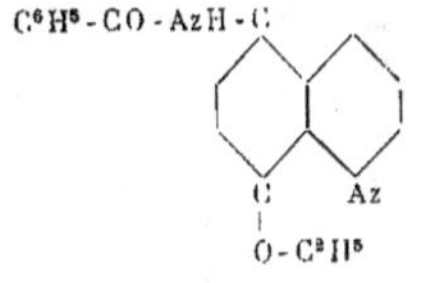

$$C^6H^5-CO-AzH-C$$

$$C \qquad Az$$

$$O-C^2H^5$$

se prépare par l'action du chlorure de ben-zoyle sur l'o-amino-o-éthoxyquinoléine. Elle se dépose de l'alcool chaud en petits cristaux incolores, inodores, fusibles à 208°, insolubles dans l'eau.

Les solutions de ses sels sont colorées. Intro-duit dans l'économie, le benzanalgène s'élimine par les urines sous forme d'urate d'amino-éthoxyquinoléine qui colore l'urine en rouge.

Les *dérivés méthoxylés* correspondants pos-sèdent des propriétés physiologiques semblables. Il en est de même de ceux fournis par la p-oxy-quinoléine [Berthelot et Jungfleisch, *Traité de Chim. org.*, 794 ; — Vis, *J. prakt. Chem.*, (2), **45**, 543, 1892].

p-AMINOQUINOLÉINE. — Voy. 1er Suppl., **2**, 1354.

On peut l'obtenir en réduisant la p-nitroqui-noléine par le fer et l'acide acétique [Claus et Schnell. *J. prakt. Chem.*, (2), **53**, 119, 1896] ; en chauffant la p-oxyquinoléine avec du chlorure de zinc ammoniacal à 270-280° [Ziegler, *D. chem. G.*, **21**, 863, 1888] ; en chauffant pendant plusieurs heures, avec de l'eau, le chlorhydrate de p-nitrosotétrahydroquinoléine (Ziegler) ou, enfin, en réduisant la p-nitroquinoléine en solu-tion alcoolique par le fer en poudre, en présence de chlorure de calcium ou de magnésium.

Dans cette dernière préparation, il se dépose par refroidissement des aiguilles orangées d'*azo-quinoléine* fusible à 248° [Knueppel, *Ann. Chem.*, **310**, 75, 1899].

La p-aminoquinoléine cristallise avec $2H^2O$, qu'elle perd sur l'acide sulfurique. A l'état an-hydre elle fond à 114°.

Traitée en solution chloroformique par l'hy-pobromite de sodium, cette base donne une *hydroazine* qui s'oxyde facilement en *azine*

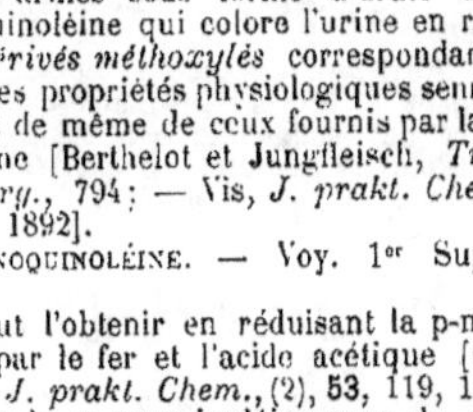

$$Az \qquad Az \qquad Az$$

[Meigen et Nottebohm, *D. chem. G.*, **39**, 744 et *Bull. Soc. Chim.*, **36**, 1106, 1906].

Le *dichlorhydrate* $C^9H^8Az^2,2HCl$ constitue des prismes qui se dissolvent très facilement dans l'eau avec une coloration jaune intense.

Le *monochlorhydrate*, qui s'obtient par l'ac-tion de la base sur le dichlorhydrate, cristallise dans l'alcool en aiguilles jaune d'or fusibles à 250° (Knueppel).

L'*iodométhylate* fond à 199° (Claus et Schnell).

La p-aminoquinoléine se condense avec la benzaldéhyde et l'acide pyruvique pour former l'acide quino-p-a-α-phénylquinoléine-γ-carbo-nique [Willgerodt et Jablowski, *D. chem. G.*, **33**, 2918, 1900].

Le chlorure de thionyle $SOCl^2$ donne avec la p-aminoquinoléine, en même temps que le monochlorhydrate, le composé $C^9H^6Az-AzSO$ ou *thionyle-p-aminoquinoléine* que l'on fait cristalliser dans l'éther de pétrole. Il est en aiguilles jaune soufre fusibles à 64-65°, décom-posables par l'eau avec dégagement d'anhydride sulfureux.

L'anhydride sulfureux sec, sur la solution éthérée de l'aminoquinoléine, donne l'acide p-aminoquinoléine-thionamique, $C^9H^6Az-AzH$ $-SO^2H$, fusible à 124°.

La *p-acétaminoquinoléine* $C^9H^6Az-AzH$ $-C^2H^3O$ s'obtient par l'action de l'anhydride acétique sur la base dissoute dans l'acide acé-tique. Elle fond à 138°. Elle est soluble dans l'alcool, peu soluble dans l'eau froide et dans l'éther. Son *chlorhydrate* est très soluble dans l'eau, insoluble dans l'alcool.

La *p-benzoylaminoquinoléine* fond à 169°.

La *p-quinoléine-uréthane* $C^9H^6Az-AzH-CO^2$ $-C^2H^5$ résulte de l'action de l'éther chlorocar-bonique $COCl.OC^2H^5$ sur l'aminoquinoléine. Elle fond à 168°.

La *quinoléine-p-azo-diméthylaminobenzène* $C^9H^6Az-Az^2-C^6H^4-Az(CH^3)^2$ a été obtenue par l'action de la diméthylaniline en solution acé-tique sur la p-azoquinoléine et l'acide chlorhy-drique [Knueppel, *Ann. Chem.*, **310**, 75, 1899].

La β-*bromo-p-aminoquinoléine* s'obtient en réduisant par le fer et l'acide acétique le dérivé nitré correspondant [Claus et Schnell, *J. prakt. Chem.*, (2), **53**, 112, 1896]. Elle fond à 106° et se dissout facilement dans l'alcool et dans l'eau chaude.

L'α-*bromo-p-aminoquinoléine* se prépare par l'action du brome sur une solution acétique de p-aminoquinoléine. L'hydrate à $2H^2O$ fond à 83° et la base anhydre à 127°. Ce corps avait déjà été obtenu par Claus et Schnell qui l'avaient considéré comme un dérivé métabromé [Meigen, *J. prakt. Chem.*, **73**, 248 et *Bull. Soc. Chim.*, (4), **2**, 483, 1907].

La β-a-*dibromo-p-aminoquinoléine* s'obtient par l'action du brome sur la β-bromo-p-amino-quinoléine dissoute dans l'acide acétique. Elle fond à 146° et forme un bromhydrate fusible à 210°.

L'a-o-*dibromo-p-amino-quinoléine* s'ob-tient par réduction du dérivé nitré correspondant [Claus et Geissler, *J. prakt. Chem.*, (2), **40**, 377, 1889 ; - Claus et Wolf, *J. prakt. Chem.*, (2), **54**, 491, 1895]. Elle fond à 162°. Elle se dis-sout dans l'alcool, l'éther, le chloroforme et le benzène.

Claus et Schnell ont préparé une troisième *dibromo-p-aminoquinoléine*, en traitant par le brome une solution acétique de p-aminoquino-léine ou de m-bromo-p-aminoquinoléine. Elle fond à 170°.

p-Diméthylaminoquinoléine. — (Voyez 1er Supp.) Knueppel la prépare par la méthode de Skraup, en employant l'acide arsénique comme oxydant [*D. chem. G.*, **29**, 706, 1896]. Traitée par l'alcool méthylique et l'acide chlor-hydrique, elle fournit un *chlorométhylate* $C^{11}H^{12}Az^2.CH^3Cl+H^2O$, fusible à 244° [Oster-mayer, *D. chem. G.*, **18**, 596, 1885].

p-Amino-az-méthyl-α-quinolone. — On l'ob-tient par réduction d'une solution alcoolique de p-nitrométhylquinolone par le sulfure d'ammo-nium. Elle cristallise dans le benzène en cris-taux jaunes fusibles à 165°. Elle est assez soluble dans l'alcool, peu soluble dans l'eau. Elle possède une odeur caractéristique. Le *chlorhydrate* est très soluble dans l'eau et fond à 277°, et le *dérivé acétylé* fond à 280° [Decker et Engler, *D. chem. G.*, 36, 1169-1177, 1903].

m-AMINOQUINOLÉINE. — Elle résulte de la réduction de la m-nitroquinoléine par le chlorure stanneux [Claus et Stiebel, *D. chem. G.*, 20, 3096, 1887; — Claus et Massau, *J. prakt. Chem.*, (2), 48, 174, 1893]. Elle cristallise en longues aiguilles fusibles à 189°. Elle n'est pas entraînable par la vapeur d'eau.

Son *chloroplatinate* $(C^9H^8Az^2 \cdot HCl)^2, PtCl^4$ fond vers 228° en se décomposant.

La *m-diméthylaminoquinoléine* se prépare par la méthode de Skraup, au moyen de la diméthyl-m-phénylène-diamine, avec la glycérine, l'acide arsénique et l'acide sulfurique [Knueppel, *D. chem. G.*, 29, 707, 1896].

C'est une huile jaune bouillant à 310°, qui se dissout dans l'alcool avec une coloration jaune vert intense.

o-AMINOQUINOLÉINE. — On l'obtient en réduisant l'o-nitroquinoléine par l'étain et l'acide chlorhydrique, ou par le fer et l'acide chlorhydrique [Königs, *D. chem. G.*, 12, 450, 1879; — Claus et Setzer, *J. prakt. Chem.*, (2), 53, 400, 1896]; en chauffant l'o-méthoxyquinoléine avec le chlorure de zinc ammoniacal à 180° [Bedall et Fischer, *D. chem. G.*, 14, 2573, 1881; — Claus et Kramer, *ibid.*, 18, 1245, 1885].

Elle fond à 70° et distille avec la vapeur d'eau. Elle est assez soluble dans l'eau. Sa solution sulfurique, additionnée de bichromate de potassium, se colore en rouge sang.

L'*o-acétylaminoquinoléine* fond à 103° [Claus et Setzer, *J. prakt. Chem.*, (2), 53, 404, 1896].

L'*a-chloro-o-aminoquinoléine* s'obtient par l'action du chlorure stanneux sur l'a-chloro-o-nitroquinoléine [Claus et Junghanns, *J. prakt. Chem.*, 48, 258, 1893].

Elle fond à 69° et se dissout facilement dans l'alcool. Elle forme un *chloroplatinate* qui fond à 160° en se décomposant.

La *p-chloro-o-aminoquinoléine* s'obtient par la réduction du dérivé nitré correspondant [Claus et Scheider, *J. prakt. Chem.*, (2), 49, 308, 1894]. Elle fond à 73°. Son *chlorhydrate* est jaune et fond à 208°, son *iodométhylate* est jaune orangé et fond à 178°.

La *m-chloro-o-aminoquinoléine* s'obtient de la même manière que le composé précédent [Claus et Kayser, *J. prakt. Chem.*, (2), 48, 277, 1893]. Elle fond à 114° et se dissout facilement dans l'alcool. Son *chlorhydrate* est rouge et fond à 221°.

La *a-m-dichloro-o-aminoquinoléine* s'obtient en chauffant la a-m-dichloro-o-nitroquinoléine avec de la poudre de zinc, de l'eau et de l'acide acétique [Claus et Ammelburg, *J. prakt. Chem.*, (2), 54, 419, 1895]. Elle fond à 125°. Elle est très soluble dans l'alcool et l'éther. Elle se dissout dans les acides minéraux dilués avec une coloration rouge. Elle est entraînable par la vapeur d'eau.

Le *chlorhydrate* fond à 183°, en se décomposant. Le *chloroplatinate* se décompose vers 230°. L'*iodométhylate* fond à 154°.

La *γ-bromo-o-aminoquinoléine* s'obtient par réduction du dérivé nitré correspondant. Elle fond à 107° [Claus et Howitz, *J. prakt. Chem.*, (2), 48, 158, 1893].

L'*a-bromo-o-aminoquinoléine* se prépare de même [Claus et Vis, *J. prakt. Chem.*, (2), 40, 386, 1889 et 48, 269, 1893]. Elle fond à 104°.

La *p-bromo-o-aminoquinoléine* est en cristaux jaune orangé fusibles à 76-77°. Son *chlor-*

hydrate fond à 236-237° [Claus et Reinhard, *J. prakt. Chem.*, (2), 49, 529, 1894].

La *m-bromo-o-aminoquinoléine* fond à 62° (Claus et Vis).

La *a-m-dibromo-o-aminoquinoléine* s'obtient par réduction du dérivé nitré correspondant ou par l'action du brome sur la solution acétique de l'o-aminoquinoléine [Claus et Ammelburg, *J. prakt. Chem.*, (2), 50, 34, 1894; — Claus et Setzer]. Elle fond à 127° et est volatile avec la vapeur d'eau. Elle se dissout dans l'alcool, l'éther et le chloroforme. Son *chlorhydrate* est en cristaux rouges fusibles à 191°. Son *bromhydrate* est fusible à 265° et insoluble dans l'acide acétique froid.

La *m-p-dibromo-o-aminoquinoléine*, obtenue par réduction du dérivé nitré correspondant par le chlorure stanneux, fond à 68° [Claus, *J. prakt. Chem.*, (2), 53, 34, 1896].

L'*a-nitro-o-aminoquinoléine* s'obtient en réduisant par le sulfure d'ammonium une solution alcoolique d'a-o-dinitroquinoléine [Claus et Hartmann, *J. prakt. Chem.*, (2), 53, 201, 1896]. Elle fond à 184°.

La *p-nitro-o-aminoquinoléine* s'obtient par un procédé analogue. Elle est en aiguilles rouge vif fusibles à 194°. Elle forme un *iodométhylate* fusible à 176°.

L'*a-m-dinitro-o-aminoquinoléine* s'obtient en chauffant à 180° l'a-m-dinitro-o-oxyquinoléine avec de l'ammoniaque concentrée et de l'alcool [Claus et Dewitz, *J. prakt. Chem.*, (2), 53, 546, 1896]. Elle fond à 187-188°. Elle ne se combine pas aux acides.

L'*o-amino-a-oxyquinoléine* a été obtenue par l'électrolyse d'une solution d'o-nitroquinoléine dans l'acide sulfurique [Gatterman, *D. chem. G.*, 27, 1960, 1894].

L'*o-amino-p-oxyquinoléine* se produit en même temps que de l'acide sulfanilique, par l'action du chlorure stanneux sur la p-benzène-sulfonique-azo-a-oxyquinoléine [Mathäus, *D. chem. G.*, 24, 1645, 1888]. Elle se forme aussi par réduction de la nitroso ou de la nitrooxy-quinoléine [Mathäus, *D. chem. G.*, 24, 1887, 1888; — Altschul, *D. chem. G.*, 24, 2255, 1888]. Elle cristallise avec $2H^2O$ et se déshydrate à 100°. Elle verdit et fond vers 185°. Elle est peu soluble dans l'éther, le chloroforme et le benzène. Elle se dissout aisément dans l'alcool absolu, les alcalis et les acides dilués.

Le chlorure ferrique la transforme en quinoléine-quinone.

β-AMINO-α-MÉTHYLQUINOLÉINE (β-*aminoquinaldine*),

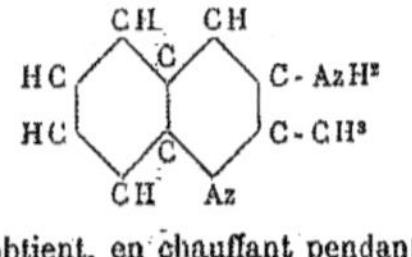

$$HC \underset{CH}{\overset{CH}{\underset{C}{\underset{C}{\bigcirc}}}} \overset{CH}{\underset{Az}{\overset{C}{\bigcirc}}} \begin{matrix} C \cdot AzH^2 \\ C \cdot CH^3 \end{matrix}$$

— Elle s'obtient, en chauffant pendant 3 heures à 180-210°, la β-amino-γ-oxyquinaldine avec de l'acide acétique et de l'acide iodhydrique [Conrad et Limpach, *D. chem. G.*, 21, 1980, 1888]. Elle est liquide et bout à 270°.

La β-*amino-γ-oxyquinaldine*,

$$HC \underset{CH}{\overset{CH}{\underset{C}{\underset{C}{\bigcirc}}}} \overset{C \cdot OH}{\underset{Az}{\overset{C}{\bigcirc}}} \begin{matrix} C \cdot AzH^2 \\ C \cdot CH^3 \end{matrix}$$

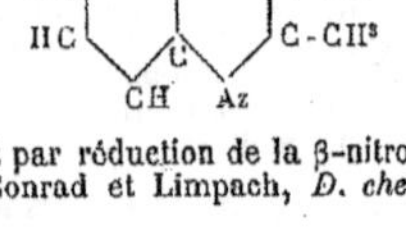

se produit par réduction de la β-nitro-γ-oxyquinaldine [Conrad et Limpach, *D. chem. G.*, 20,

950, 1887]. Elle se combine en solution alcaline avec le p-diazobenzène-sulfonique pour former le composé $OH-C^{10}H^7Az-Az^2-C^6H^4-SO^3H$, que le chlorure stanneux transforme en acide sulfanilique et aminooxyquinaldine.

Elle se décompose à 225° sans fondre. Elle se dissout dans l'alcool et dans l'eau.

L'acide azoteux donne l'anhydride de la diazooxyquinaldine

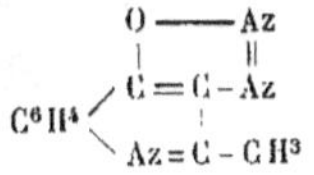

$$\begin{array}{c} O \longrightarrow Az \\ | \qquad || \\ C^6H^4 \diagup C=C-Az \\ \diagdown Az = C - CH^3 \end{array}$$

γ-Amino-α-méthylquinoléine (γ-*aminoquinaldine*). — Elle se prépare en réduisant la γ-phénylhydrazinoquinaldine par la poudre de zinc et l'acide chlorhydrique [Ephraim, *D chem. G.*, 26. 2228, 1893].

Elle fond à 168° (Ephraim) et bout à 233° [Marckwald, *Ann. Chem.*, 279, 18, 1894]. Le *chloroplatinate* fond à 223° en se décomposant.

La γ-*phénylaminoquinaldine* s'obtient par l'action de l'aniline à 190° par la γ-chloroquinaldine [Conrad et Limpach, *D. chem. G.*, 20, 953, 1887]. Elle fond à 150-151°.

Elle donne, par chauffage avec la glycérine, le nitrobenzène et l'acide sulfurique, l'α-méthyl-γ-quinoquinoléine.

La β-*nitro-γ-aminoquinaldine* s'obtient en chauffant la β-nitro-γ-chloroquinaldine avec de l'ammoniaque à 180-200° [Conrad et Limpach, *D. chem. G.*, 21. 1982, 1888]. Elle est en aiguilles jaunes fusibles à 201°.

La γ-*quinaldylhydrazine*

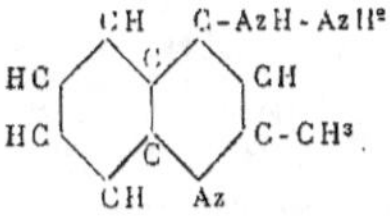

$$\begin{array}{c} CH \quad C-AzH-AzH^2 \\ HC \diagup \diagdown C \diagup \diagdown CH \\ HC \diagdown \diagup C \diagdown \diagup C-CH^3 \\ CH \quad Az \end{array}$$

s'obtient en chauffant la γ-chloroquinaldine avec l'hydrate d'hydrazine à 150°. Elle fond à 117-118°.

Le *picrate* fond à 130° et le *dérivé benzylidénique* à 161-162° [Marckwald et Chain, *D. chem. G.*, 33, 1895, 1900].

m-Amino-α-méthylquinoléine (m-*aminoquinaldine*). — Elle résulte de l'action du chlorure stanneux sur la m-nitroquinaldine [Döbner et Miller, *D. chem. G.*, 17, 1702, 1884; — Gerdeiss n, *D. chem. G.*, 22, 246, 1889]. Elle cristallise avec 1 molécule d'eau qu'elle perd à 100°. Elle fond ensuite à 104°. Sa solution éthérée présente une fluorescence bleu vert.

α-Amino-γ-méthylquinoléine (α-*aminolépidine*). — Elle prend naissance par l'action de l'ammoniaque alcoolique sur l'α-chlorolépidine à 200-230° [Klotz, *Ann. Chem.*, 245, 382, 1888] ou par la réduction de l'α-*hydrazolépidine* $C^{10}H^8Az-AzH-AzH-C^{10}H^8Az$. Elle se transforme par l'acide azoteux en α-azolépidine fusible à 235° [Marckwald et Chain, *D. chem. G.*, 33, 1895, 1900].

L'α-*lépidylhydrazine*

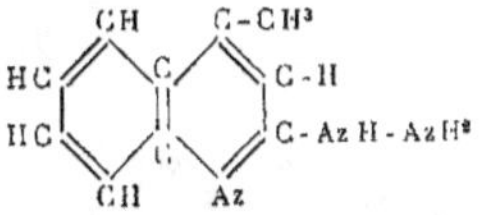

$$\begin{array}{c} CH \quad C-CH^3 \\ HC \diagup \diagdown C \diagup \diagdown C-H \\ HC \diagdown \diagup C \diagdown \diagup C-AzH-AzH^2 \\ CH \quad Az \end{array}$$

s'obtient par l'action de l'hydrate d'hydrazine sur l'α-chlorolépidine Le *dérivé benzylidénique* $C^{10}H^8Az-AzH-Az=CH-C^6H^5$ fond à 150°.

Dans la préparation de la lépidylhydrazine, il se forme un peu d'*hydrazoquinoléine* en cristaux jaunes fusibles à 265-270°.

L'α-*lépidylsemicarbazide* fond à 215° [Marckwald et Chain, *D. chem. G.*, 33, 1895, 1900].

Elle est soluble dans l'eau chaude, l'alcool et le benzène, peu soluble dans l'éther.

o-Amino-α-méthylquinoléine (o-*aminoquinaldine*). — Elle s'obtient au moyen de l'o-nitroquinaldine. Elle fond à 56°. Elle est volatile avec la vapeur d'eau. Elle est peu soluble dans l'eau, très soluble dans l'alcool et dans l'éther.

p-Amino-γ-méthylquinoléine (α-*aminolépidine*). — Elle a été obtenue par Königs [*D. chem. G.*, 23, 2671, 1890] en chauffant l'oxycinchène $C^{19}H^{20}Az^2O$ avec du chlorhydrate d'ammoniaque et du chlorure de zinc ammoniacal.

On purifie la base en la transformant en bitartrate.

On peut aussi la préparer par chauffage de la p-oxylépidine avec du chlorure de zinc ammoniacal et du chlorhydrate d'ammoniaque [Busch et Königs, *D. chem. G.*, 23, 2685, 1890]. Elle fond à 169°, se dissout facilement dans l'alcool et le chloroforme, difficilement dans l'eau chaude et dans l'éther. Sa solution éthérée présente une fluorescence b eue intense.

m-Amino-γ-méthylquinoléine (m-*aminolépidine*). — On a préparé le dérivé α-chloré ou α-*chloro-m-aminolépidine* par l'action de l'oxychlorure de phosphore sur le chlorhydrate d'amino-α-oxylépidine [Besthorn et Byvanck, *D. chem. G.*, 31, 799, 1898]. Il fond à 142-143°. Il est très peu soluble dans l'eau chaude, assez soluble dans l'alcool. Ses solutions sont fluorescentes.

La m-*amino-α-oxylépidine* ou m-aminolépidone s'obtient en chauffant l'éther acétonedicarbonique et la métaphénylène-diamine à 100° en tube scellé. Il se forme d'abord de l'éther m-aminoquinolone-γ-acétique.

On peut aussi obtenir la m-aminooxylépidine en partant de l'éther acétylacétique et de la métaphénylène-diamine [Besthorn et Byvanck, *D. chem. G.*, 31, 798, 1898; 33, 3448, 1900]:

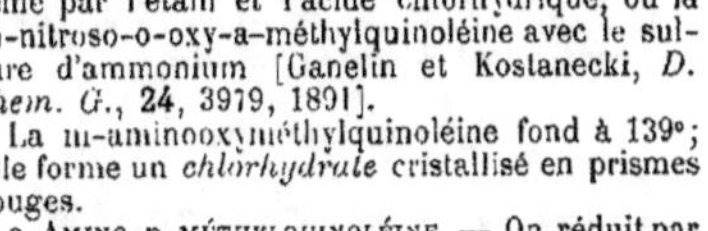

$$\begin{array}{ccc} CH \quad CO-CH^3 & & CH \quad C-CH^3 \\ HC \diagup \diagdown C \diagup \diagdown CH^3 & \longrightarrow & HC \diagup \diagdown C \diagup \diagdown CH \\ AzH^2-C \diagdown \diagup C \diagdown \diagup CO & & AzH^2-C \diagdown \diagup C \diagdown \diagup C-OH \\ CH \quad AzH & & CH \quad Az \end{array}$$

La m-amino-α-oxylépidine est en prismes fusibles à 270°, peu solubles dans l'eau.

m-Amino-a-méthylquinoléine. — On a préparé la m-*amino-o-oxy-a-méthylquinoléine* en réduisant la m-benzène-azo-o-oxy-a-méthylquinoléine par l'étain et l'acide chlorhydrique, ou la m-nitroso-o-oxy-a-méthylquinoléine avec le sulfure d'ammonium [Ganelin et Kostanecki, *D. chem. G.*, 24, 3979, 1891].

La m-aminooxyméthylquinoléine fond à 139°; elle forme un *chlorhydrate* cristallisé en prismes rouges.

a-Amino-p-méthylquinoléine. — On réduit par le fer et l'acide acétique la a-nitro-p-méthylquinoléine [Nölting et Trautmann, *D. chem. G.*, 23, 3657, 1890]. Elle fond à 145° et se dissout dans l'alcool.

Son *dérivé acétylé* fond à 160°.

L'a-*amino-o-oxy-p-méthylquinoléine* a été obtenue par Gattermann par l'électrolyse d'une solution de a-nitrométhylquinoléine dans l'acide sulfurique [*D. chem. G.*, 27, 1941, 1894]. Elle est cristallisée et fond à 123°.

o-Amino-p-méthylquinoléine. — On dissout la o-nitro-p-méthylquinoléine dans l'alcool, on ajoute de l'ammoniaque et l'on dirige dans la solution de l'hydrogène sulfuré [Nölting et Trautmann, *D. chem. G.*, **23**, 3670, 1890]. Elle fond à 63° et se sublime sans décomposition.

Son *dérivé acétylé* fond à 92°.

L'*a - chloro - o - amino - p - méthylquinoléine* s'obtient en réduisant par l'étain et l'acide chlorhydrique l'o-nitro-p-méthylquinoléine.

Elle cristallise en longues aiguilles fusibles à 129-130°:

a-Amino-o-méthylquinoléine. — Elle s'obtient en réduisant par le fer et l'acide acétique la a-nitro-o-méthylquinoléine (Nölting et Trautmann). Elle fond à 143°. Chauffée avec la glycérine, l'acide sulfurique et l'acide picrique, elle donne la méthylphénanthroline. Son *dérivé acétylé* fond à 187°.

m-Amino-o-méthylquinoléine. — Elle résulte de la décomposition par la chaleur de l'acide m-amino-o-méthylquinoléine-a-carbonique [Marckwald, *Ann. Chem.*, **274**, 360, 1893]. Elle fond à 129°. Elle se dissout dans l'alcool, l'éther, l'acétone et le benzène.

L'acide *m-amino-o-méthylquinoléine-a-sulfonique* s'obtient par chauffage de l'acide 2.6-diaminotoluène-4-sulfonique avec le nitrobenzène, la glycérine et l'acide sulfurique (Marckwald).

α-Amino-o-méthylquinoléine (α-*amino-o-toluquinoléine*). — Elle a été obtenue par Fischer par l'action du chlorure de zinc ammoniacal sur l'α chlorotoluquinoléine [*D. chem. G.*, **35**, 3674, 1902].

a ou m-Amino-α-γ-diméthylquinoléine. — (Voyez Acétylacétone, 2° Suppl., **1**, 70).

m-Amino-x-o-diméthylquinoléine. — Elle a été obtenue par distillation de l'acide m-amino-α-o-diméthylquinoléine-a-carbonique (Marckwald). Elle fond à 104° et est peu soluble dans l'eau froide.

L'acide *m-amino-α-o-diméthylquinoléine-a-sulfonique* s'obtient en chauffant le 2.6-diaminotoluène-4-sulfonique avec de l'acide chlorhydrique et de la paraldéhyde.

m-Amino-γ-p-diméthylquinoléine. — On a préparé le dérivé α-hydroxylé ou *m-amino-α-oxy-p-méthyllépidine* en chauffant la toluylènediamine avec l'éther acétylacétique. Elle fond au-dessus de 300°. Ses solutions présentent une fluorescence bleue [Besthorn et Byvanck, *D. chem. G.*, **31**, 798, 1898].

p-Amino-a-o-diméthylquinoléine. — On chauffe le 2.5-diamino-p-xylène avec du nitrobenzène, de la glycérine et de l'acide sulfurique [Marckwald, *D. chem. G.*, **23**, 1021, 1890]. Elle fond à 175° et se sublime sans décomposition. Elle est insoluble dans l'eau, peu soluble dans l'alcool, plus soluble dans le chloroforme, l'éther et le benzène.

Son *dérivé acétylé* fond à 212°.

Elle se combine au phénylsénévol pour former a phényldiméthylquinoléylthiourée

$$CS \Big\langle {{AzH - C^6H^5} \atop {AzH - C^{10}H^{10}Az}}$$

fusible à 158°.

a-Amino-p-o-diméthylquinoléine. — Elle s'obtient en réduisant le dérivé nitré correspondant [Nölting et Trautmann, *D. chem. G.*, **23**, 3682, 1890]. Elle fond à 91°.

a-Amino-α-γ-o-triméthylquinoléine. — (Voyez Acétylacétone, 2° Suppl., **1**, 70).

Aminométhyléthylquinoléine. — Hanriot et Bouveault ont obtenu cette base en chauffant l'α-propionylpropionitrile avec l'aniline :

$$C^6H^9AzO + C^6H^5 - AzH^2 = C^{12}H^{14}Az^2 + H^2O.$$

Elle est liquide et bout à 316° [*Bull. Soc. Chim.*, (3), **1**, 552, 1889].

Bz-amino-γ-méthyl-β-éthylquinoléine (*amino-β-éthyllépidine*). — Elle a été obtenue en réduisant par l'acide iodhydrique et le phosphore la Bz-amino-α-chloro-β-éthyllépidine. Elle donne un *iodhydrate* fusible à 276°. La base libre fond à 81°.

La *Bz-amino-α-chloro-β-éthyllépidine* résulte de l'action de l'oxychlorure de phosphore sur le chlorhydrate de Bz-amino-α-oxy-β-éthyllépidine. Elle cristallise dans la ligroïne et fond à 138°.

La *Bz-amino-α-oxy-β-éthyllépidine*

$$AzH^2 - C^6H^4 \Big\langle {{C = C - C^2H^5} \atop {Az = C - OH}}^{\displaystyle CH^3}$$

résulte de la condensation de la m-phénylène-diamine avec l'éther acétylacétique. Elle se dissout dans l'alcool avec fluorescence bleue.

L'acide *Bz-amino-β-éthyl-γ-méthylquinoléine-sulfonique* s'obtient en traitant l'amino-éthyllépidine par l'acide sulfurique fumant. Il est en aiguilles fusibles au-dessus de 300° [Byvanck, *D. chem. G.*, **31**, 2143, 1898].

Amino-β-p-diméthyl-α-éthylquinoléine. — On prépare cette base en traitant la nitro-diméthyléthylquinoléine par une solution chlorhydrique de chlorure stanneux [Harz, *D. chem. G.*, **18**, 3392, 1885]. Elle fond à 148-149°. Elle est très soluble dans l'alcool et l'éther.

m-Amino-β-amyl-α-hexylquinoléine. — Elle s'obtient par réduction du dérivé nitré correspondant [Miller et Gerdeissen, *D. chem. G.*, **24**, 1738, 1891].

Aminotriméthylquinoléine. — (Voyez 2° Suppl., **1**, 70).

Aminophénylquinoléines. — Il y a à distinguer celles dans lesquelles le groupe AzH^2 est uni au radical phényle et celles dans lesquelles le groupe AzH^2 est lié directement au noyau quinoléique.

α-m-Aminophénylquinoléine,

$$C^6H^4 \Big\langle {{CH = CH} \atop {Az = C_{(1)} - C^6H^4_{(3)} - AzH^2}}$$

— Elle s'obtient en réduisant par l'étain et l'acide chlorhydrique le dérivé nitré correspondant [Miller et Kinkelin, *D. chem. G.*, **18**, 1904, 1885]. Elle fond à 120°. Elle est très peu soluble dans l'eau froide, soluble dans l'alcool, l'éther et le benzène.

C'est une base diacide. Les sels neutres sont incolores, les sels basiques sont jaunes.

La *p-méthoxy-α-m-aminophénylquinoléine*

$$CH^3 - O - C^6H^3 \Big\langle {{CH = CH} \atop {Az = C - C^6H^4 - AzH^2}}$$

s'obtient en réduisant par le chlorure stanneux le dérivé nitré correspondant [Miller et Kinkelin, *D. chem. G.*, **20**, 1920, 1887]. Elle fond à 127°.

p-Aminophénylquinoléine,

$$AzH^2 - C^6H^4 - C \ \text{(noyau)} \quad Az$$

— Elle s'obtient en même temps que la p-amino-phényloxyquinoléine en chauffant dans un lent courant d'oxygène un mélange de chlorhydrate d'oxyquinoléine, de chlorhydrate d'aniline et d'aniline en présence d'amianto platinée [Weidel et Georgievics, *Mon. f. Chem.*, **9**, 139, 1888; — Lang, *ibid.*, **9**, 141, 1888].

Elle fond à 182°. Elle est insoluble dans l'eau, soluble dans l'alcool chaud.

La solution dans l'acide sulfurique additionnée d'acide azotique se colore en violet, puis en bleu. L'oxydation par le permanganate donne l'acide α-oxynicotinique.

α-p-AMINOPHÉNYLQUINOLÉINE,

$$C^6H^4 \diagdown \begin{array}{c} CH = CH \\ | \\ Az = C_{(1)} - C^6H^4_{(\omega)} - Az H^2 \end{array}$$

— On l'obtient par chauffage du chlorhydrate de quinoléine avec l'aniline à 180-190° [Jellinck, *Mon. f. Chem.*, **7**, 351, 1886]. On peut aussi l'obtenir en dirigeant un courant d'oxygène sur un mélange de chlorhydrate de quinoléine, d'aniline et d'amiante platinée [Weidel, *Mon. f. Chem.*, **8**, 123, 1887]. Elle fond à 138°. Elle est très peu soluble dans l'eau froide, assez soluble dans l'eau chaude, très soluble dans l'alcool.

L'oxydation par l'acide azotique la transforme en p-oxyphénylquinoléine, nitroxyphénylquinoléine et dioxyphénylquinoléine. L'*iodométhylate* fond à 120° en se décomposant. Le *dérivé acétylé* obtenu par chauffage avec l'anhydride acétique fond à 189°.

α-p-*Aminophényl-p-oxyquinoléine*,

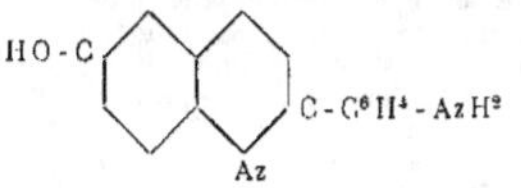

$$HO-C \diagup \overset{\frown}{} \diagdown C - C^6H^4 - AzH^2 \atop Az$$

— Elle se produit dans la préparation de la p-aminophénylquinoléine [Weidel et Georgievics, *loc. cit.*]. Elle est cristallisée, brunit à 250° et fond vers 294° en se décomposant.

Elle est insoluble dans l'eau, soluble dans les acides et les alcalis.

m-AMINO-α-PHÉNYLQUINOLÉINE. — On a préparé le *dérivé diméthylé*

$$(CH^3)^2Az - C^6H^3 \diagdown \begin{array}{c} Az = C - C^6H^5 \\ | \\ CH = CH \end{array}$$

par décomposition de l'acide m-diméthylamino-α-phénylcinchoninique [Döbner et Ferber, *Ann. Chem.*, **281**, 23, 1894]. Le *picrate* est un précipité rouge fusible à 180°.

α-AMINO-β-PHÉNYLQUINOLÉINE. — Cette base prend naissance par chauffage de l'o-acétamino-benzaldéhyde avec le cyanure de benzyle et l'éthylate de sodium [Pschorr, *D. chem. G.*, **31**, 1293, 1898]. On l'obtient aussi par transposition du nitrile α-phényl-o-aminocinnamique en solution alcaline ou acide :

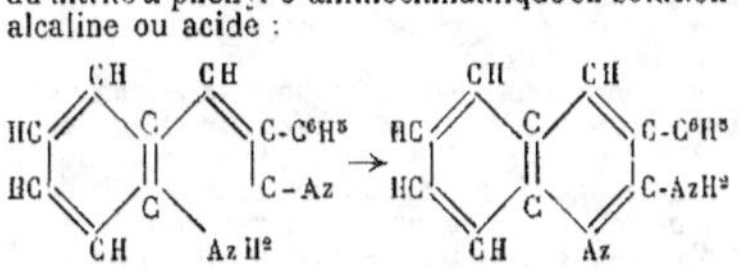

On obtient le même corps lorsqu'on cherche à réduire par l'étain et l'acide chlorhydrique le nitrile α-phényl-o-nitrocinnamique [Pschorr et Wolfes, *D. chem. G.*, **32**, 3399, 1899]. Elle fond à 156° (corr.) et bout presque sans décomposition au-dessus de 360°. Son *picrate* fond à 234°.

L'α-*amino-β-para-nitrophénylquinoléine* a été obtenue par Pschorr en chauffant avec de la soude une solution alcoolique du nitrile o-acétamino-α-p-nitrophénylcinnamique

$$AzH(C^2H^3O) - C^6H^4 - CH = C(C^6H^4AzO^2) - CAz.$$

On condense le cyanure de para-nitrobenzyle avec l'o-acétaminobenzaldéhyde, ce qui produit le composé

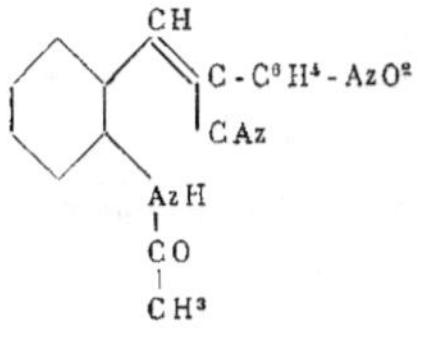

qui se transpose par la soude en donnant

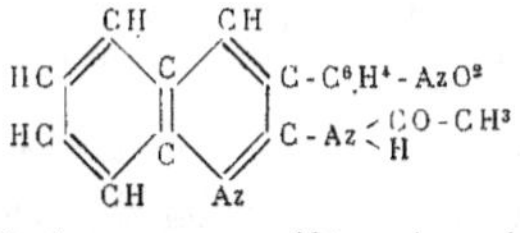

Ce dernier corps, saponifié par la soude alcoolique, donne l'α-amino-β-p-nitrophénylquinoléine fusible à 258°.

AMINO-γ-PHÉNYLQUINOLÉINES. — Königs et Nef ont obtenu, par réduction de l'α et de la β-nitro-γ-phénylquinoléine par l'étain et l'acide chlorhydrique, deux aminophénylquinoléines. Le *dérivé α* fond à 150° et sa solution éthérée présente une fluorescence bleu violacé. Le *dérivé β* fond à 198°.

p-AMINO-γ-PHÉNYLQUINOLÉINE,

$$AzH^2 - C \diagup \overset{\frown}{} \overset{C - C^6H^5}{\diagdown} \atop Az$$

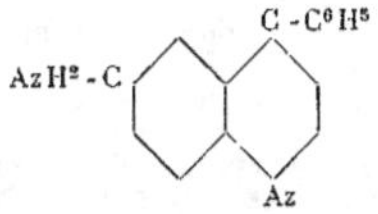

— Elle se produit par chauffage prolongé de la tétrahydro-γ-phényl-p-nitrosoquinoléine avec de l'acide chlorhydrique [Königs et Meimberg, *D. chem. G.*, **28**, 1044, 1895]. On la purifie par transformation en *sulfate*. Elle fond à 205°. Sa solution éthérée présente une fluorescence bleu violacé intense. Son *chloroplatinate* fond à 260° et son *picrate* à 233°.

β-MÉTHYL-α-M-AMINOPHÉNYLQUINOLÉINE,

$$C^6H^4 \diagdown \begin{array}{c} CH = C - CH^3 \\ | \\ Az = C_{(1)} - C^6H^4_{(3)} - Az H^2 \end{array}$$

— Elle s'obtient en réduisant par l'étain et l'acide chlorhydrique le dérivé nitré correspondant [Miller et Kinkelin, *D. chem. G.*, **19**, 533, 1886] . Elle cristallise difficilement et fond à 115°.

Elle est très soluble dans l'alcool et le benzène, assez soluble dans l'éther. Le *chlorhydrate* est très soluble dans l'eau.

γ-MÉTHYL-α-O-AMINOPHÉNYLQUINOLÉINE [Voyez *isoflavaniline*, 2ᵉ Suppl., **4**, 158].

γ-MÉTHYL-α-P-AMINOPHÉNYLQUINOLÉINE [Voyez *flavaniline*, 2ᵉ Suppl., **4**, 158].

α-AMINOTOLYLQUINOLÉINE [Voyez *pseudoflavaniline*, 2ᵉ Suppl., **4**, 158].

α-PHÉNYLAMINO-γ-MÉTHYLQUINOLÉINE,

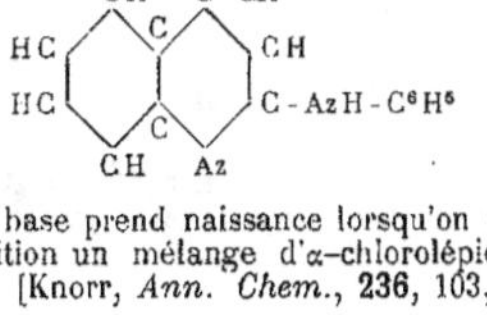

— Cette base prend naissance lorsqu'on chauffe à l'ébullition un mélange d'α-chlorolépidine et d'aniline [Knorr, *Ann. Chem.*, **236**, 103, 1886].

Elle fond à 129-130°. Elle n'est pas entraînable par la vapeur d'eau.

α-γ-DIAMINOQUINOLÉINE.

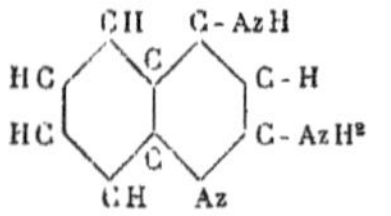

On a préparé le *dérivé diphénylé* ou *dianilino-quinoléine*

$$C^9H^4 \diagup \begin{array}{c} C(AzH - C^6H^5) = CH \\ \diagdown Az = C - AzH - C^6H^5 \end{array}$$

en chauffant l'α-γ-dichloroquinoléine avec de l'aniline à 120° [Ephraïm, *D. chem. G.*, 26, 2230, 1893]. Elle fond à 149°.

α-m-DIAMINOQUINOLÉINE. — On prépare cette base en chauffant le chlorhydrate de l'a-m-diamino-p-oxyquinoléine avec de l'acide iodhydrique et du phosphore [Claus et Dewitz, *J. prakt. Chem.*, (2), 53, 544, 1896]. L'*iodhydrate* fond à 215-216°.

L'*a-m-diamino-o-oxyquinoléine* s'obtient par réduction du dérivé dinitré correspondant au moyen de l'étain et de l'acide chlorhydrique. Son *trichlorhydrate* est en aiguilles brun foncé. Il perd une molécule d'acide chlorhydrique à 80°.

α-o-DIAMINOQUINOLÉINE. — On l'obtient en chauffant le dérivé dinitré correspondant avec du chlorure stanneux [Claus et Kramer, *D. chem. G.*, 18, 1247, 1885].

Elle cristallise en aiguilles jaunâtres fusibles à 156°.

p-o-DIAMINOQUINOLÉINE. — Elle se prépare comme les composés précédents.

Elle fond à 162-163°. Elle n'est pas sublimable. Elle est soluble dans l'eau et dans l'alcool.

β-γ-DIAMINOQUINALDINE,

$$C^6H^4 \diagup \begin{array}{c} C(AzH^2) = C - AzH^2 \\ \diagdown Az = C - CH^3 \end{array}$$

Elle s'obtient en réduisant par l'étain et l'acide chlorhydrique la β-nitro-γ-aminoquinaldine [Conrad et Limpach, *D. chem. G.*, 21, 1983, 1888].

α-β-DIAMINO-PHÉNYLQUINOLÉINE. — Elle se prépare par réduction du dérivé dinitré correspondant obtenu en partant du 4-2'-α-cyano-stilbène. Le *chlorhydrate* cristallise avec 1 H²O et se décompose à 250° [Freund, *D. chem. G.*, 34, 3104, 1901].

a-m-o-TRIAMINOQUINOLÉINE. — Elle résulte de la réduction par le chlorure stanneux de l'a-m-dinitro-o-aminoquinoléine [Claus et Dewitz, *J. prakt. Chem.* (2), 53, 547, 1896]. Elle ne fond pas à 350°.

Elle forme un *trichlorhydrate* $C^9H^{10}Az^4$, 3 HCl cristallisé.

PYRIDYL-QUINOLÉINES.

m'-PYRIDYL-m-QUINOLÉINE,

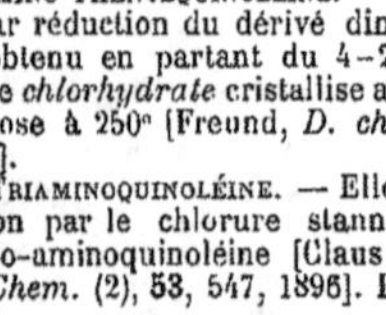

— On obtient ce composé par la distillation sèche du sel d'argent de l'acide pyridyl-quino-

léine-carbonique [Fischer et Loo, *D. chem G.*, 19, 2475, 1886]. Il fond à 104°.

γ-PYRIDYLQUINALDINE. — Elle s'obtient par chauffage avec l'acide sulfurique de l'anilide de la dicétobutylpyridine :

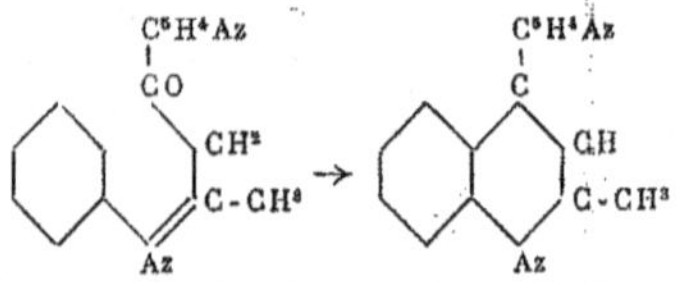

Elle cristallise dans la ligroïne et fond à 101-102°.

ACIDES AMINO-QUINOLÉINE-CARBONIQUES.

ACIDE a-AMINO-α-MÉTHYLQUINOLÉINE-β-CARBO-NIQUE,

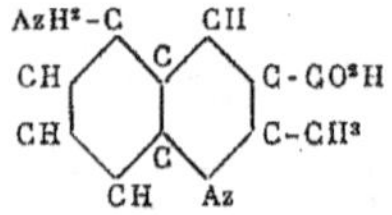

— On a préparé l'*éther éthylique* par réduction du dérivé nitré correspondant par le fer et l'acide acétique. Cet éther fond à 110°.

L'*acide libre* est en aiguilles jaune orangé qui fondent à 275°, en se décomposant [Claus et Momberger, *J. prakt. Chem.* (2), 56, 387, 1897].

ACIDE o-AMINO-α-MÉTHYLQUINOLÉINE-β-CARBO-NIQUE. — Il s'obtient par réduction du dérivé nitré correspondant. Il fond à 230° en se décomposant. Il est insoluble dans l'eau et très soluble dans l'alcool.

L'*éther éthylique* fond à 99° (Claus et Momberger).

ACIDE m-AMINO-o-MÉTHYLQUINOLÉINE-a-CARBO-NIQUE. — On l'obtient en chauffant un mélange d'acide 2.6-diamino-4-toluique avec du nitro-benzène, de la glycérine et de l'acide sulfurique [Marckwald, *Ann. Chem.*, 274, 357, 1893]. Il est en cristaux jaune soufre qui se décomposent sans fondre vers 270° en donnant de l'anhydride carbonique et de l'aminométhylquinoléine.

Il est très peu soluble dans l'eau froide et dans l'alcool, plus soluble dans l'acide acétique.

ACIDE m-AMINO-α-o-DIMÉTHYLQUINOLÉINE-a-CARBONIQUE. — Cet acide se prépare en chauffant un mélange d'acide 2.6-diamino-4-toluique, de paraldéhyde et d'acide chlorhydrique concentré à 100° [Marckwald, *loc. cit.* 274, 361]. Il est en aiguilles jaune d'or peu solubles dans l'alcool, l'éther et le benzène.

Le *monochlorhydrate* est très soluble dans l'eau, insoluble dans l'alcool.

ACIDE m-AMINO-α-PHÉNYLQUINOLÉINE-γ-CARBONI-QUE. — On a préparé le *dérivé diméthylé* ou *acide diméthylamino-α-phénylcinchoninique* par chauffage d'un mélange de m-aminodiméthylaniline, d'acide pyruvique, de benzaldéhyde et d'alcool absolu [Döbner et Ferber, *Ann. Chem.*, 281, 21, 1894].

Il est en aiguilles rouge orangé fusibles à 275° avec décomposition, insolubles dans l'éther, le chloroforme, le benzène et le sulfure de carbone.

AMINO-o-OXYQUINOLÉINE-CARBONATE DE MÉ-THYLE, $C^9H^4Az(CO^2CH^3)(OH)AzH^2$. — Cristaux fusibles à 146°, solubles dans l'alcool, l'acétone, peu solubles dans l'eau, l'éther, le benzène [Einhorn, *Ann. Chem.*, 311, 34-36, 1900].

AMINOTÉTRAHYDROQUINOLÉINES.

p-Amino-tétrahydroquinoléine,

$$\text{AzH}^2\text{-C} \underset{\text{HC} \quad \text{CH}}{\overset{\text{CH} \quad \text{CH}^2}{\diamond}} \text{CH}^2 \; \text{CH}^2 \; \text{AzH}$$

— On obtient cette base en réduisant par l'étain et l'acide chlorhydrique la p-nitroso-tétrahydroquinoléine ou la p-aminoquinoléine [Ziegler, *D. chem. G.*, **21**, 863, 1888]. Elle fond à 97°. Elle est très soluble dans l'eau.

La solution aqueuse se colore en violet par le chlorure ferrique et la coloration devient verte par addition d'acide chlorhydrique.

Le *chlorhydrate* est cristallisé et fond à 245°. L'*oxalate* fond à 168°, le *picrate* à 176°.

L'*az-méthylaminotétrahydroquinoléine* ou *aminokairoline* s'obtient par réduction de la nitrokairoline par le chlorure stanneux [Feer et Königs, *D. chem. G.*, **18**, 2391, 1885].

La *p-diméthylamino-hydroquinoléine* a été obtenue à l'état de chlorométhylate en réduisant par l'étain et l'acide chlorhydrique la p-diméthylaminoquinoléine, et traitant la base obtenue par l'alcool méthylique et l'acide chlorhydrique à 180° [Ostermayer, *D. chem. G.*, **18**, 597, 1885]. Ce *chlorométhylate* fond à 220°.

p-Aminotétrahydro-o-toluquinoléine. — On obtient ce corps en réduisant par l'étain et l'acide chlorhydrique la p-nitroso tétrahydro-o-toluquinoléine [Ziegler, *D. chem. G.*, **21**, 866, 1888] ou en traitant la tétrahydro-o-méthylquinoléine-p-azobenzène-sulfonique [Bamberger et Wulz, *D. chem. G.*, **24**, 205, 1891]. Le *di-chlorhydrate* ne fond pas à 310°.

o-Aminotétrahydroquinaldine,

$$\underset{\text{HC} \quad \text{C} \quad \text{Az}}{\overset{\text{CH} \quad \text{CH}^2}{\text{HC} \quad \text{C} \quad \text{CH}^2 \quad \text{CH-CH}^3}} \quad \text{Az}\!=\!\text{C-CH}^3$$

— On a préparé un dérivé de cette base, le *méthyltétrahydroquinaldinimidazol*, en chauffant la tétrahydro-o-aminoquinaldine avec de l'acide acétique, de l'anhydride acétique et de l'acétate de sodium sec.

Ce corps fond à 110°, il est très soluble dans l'eau chaude et dans l'alcool.

o-Aminotétrahydro-p-méthylquinoléine. — Cette base s'obtient en réduisant par la poudre de zinc et la soude la tétrahydro-p-méthyl-quinoléine-o-azobenzène-p-sulfonique [Bamberger et Wulz, *D. chem. G.*, **24**, 2071, 1891].

Le *méthyl-p-méthyltétrahydroquinimidazol*,

$$\underset{\text{CH} \quad \text{C} \quad \text{Az}}{\overset{\text{C} \quad \text{CH}^2}{\text{CH}^3\text{C} \quad \text{C} \quad \text{CH}^2 \quad \text{CH}^2}} \quad \text{Az}\!=\!\text{C-CH}^3$$

se prépare par l'action de l'acide acétique, de l'anhydride acétique et de l'acétate de sodium sec sur l'o-aminotétrahydro-o-méthyl-quinoléine. Il fond à 163° et bout vers 360°.

Il est assez soluble dans l'eau chaude, très soluble dans l'alcool et le chloroforme.

AMINOISOQUINOLÉINES.

a ou o-Aminoisoquinoléine,

$$\text{AzH}^2\text{-C}^6\text{H}^3 \begin{array}{c} \diagup \text{CH}=\text{CH} \\ \diagdown \text{CH}=\text{Az} \end{array}$$

— On obtient cette base par réduction de la nitroisoquinoléine par l'étain et l'acide chlorhydrique [Claus et Hoffmann, *J. prakt. Chem.*, (2), **47**, 261, 1893; — Fortner, *Monat.*, **14**, 159, 1893]. Elle fond à 128°.

Le *chlorhydrate* fond en se décomposant vers 220°. L'*iodométhylate* fond à 228°, le *chlorométhylate* à 288°, l'*iodéthylate* à 210°.

L'*α-bromaminoisoquinoléine* C^9H^5 Br Az. AzH^2 s'obtient par la réduction de l'α-bromonitroisoquinoléine par le chlorure stanneux [Edinger et Bossung, *J. prakt. Chem.*, (2), **43**, 198, 1891]. Elle fond à 136°.

L'*iodométhylate* fond à 243°.

α-Amino-β-phénylisoquinoléine,

$$\underset{\text{C}}{\overset{\text{CH}}{\diamond}} \begin{array}{c} \text{C-C}^6\text{H}^5 \\ \text{Az} \end{array} \quad \text{C-AzH-C}^6\text{H}^5$$

— On a préparé le dérivé phénylé dans le groupe AzH^2, ou *α-phénylamino-β-phényl-isoquinoléine*, en chauffant l'α-chloro-β-phénylisoquinoléine avec de l'aniline [Ephraïm, *D. chem. G.*, **25**, 2709, 1892]. Ce composé cristallise en aiguilles fusibles à 126°. Le *picrate* fond à 202°.

γ-Amino-β-phénylisoquinoléine,

$$\text{C}^6\text{H}^4 \begin{array}{c} \diagup \text{C(AzH}^2)=\text{C-C}^6\text{H}^5 \\ \diagdown \text{CH}=\!=\!\text{Az} \end{array}$$

— Ce corps se prépare en traitant la phényl-chloronitro-isoquinoléine par l'acide iodhydrique [Gabriel. *D. chem. G.*, **19**, 834, 1886].

Il cristallise en aiguilles jaunes très solubles dans l'éther et la ligroïne, solubles dans l'alcool.

Août 1907.   E. Baud.

QUINOLONES. — Voyez l'art. QUINOLÉIQUES (BASES).

QUINOLS. — Les quinols ont été découverts par Bamberger [*D. chem. G.*, **33**, 3607, 1900]. Ce sont des alcools cétoniques cycliques dérivant du corps hypothétique

$$\underset{(3)\text{CH} \quad \text{CH}(5)}{\overset{(1)\text{H} \quad \text{OH}(4)}{\text{C}}} \atop (2)\text{CH} \quad \text{CH}(6) \atop \text{CO}(1)$$

et répondant à la formule générale :

$$\text{O}=\text{C}^6\text{H}^4 \begin{array}{c} \diagup \text{R} \\ \diagdown \text{OH} \end{array}$$

On les obtient : 1° par l'action des composés organo-magnésiens de Grignard sur les p-quinones (la quinone ordinaire exceptée).

La toluquinone et l'iodure de méthyle-magnésium donnent ainsi le 4.6-diméthylquinol :

$$C^6H^3(CH^3)O^2 + CH^3MgI$$
$$\longrightarrow CO < {}^{C(CH^3)=CH} _{CH=====CH} > C < {}^{OH} _{CH^3}$$

[Bamberger et Blangey, D. chem. G., 36, 1625, 1903];

2° Par l'action du réactif de Caro sur les phénols p-substitués : le paracrésol fournit ainsi le méthylquinol :

$$OH - C^6H^4 - CH^3 + HO - OH$$
$$= {}^{HO} _{HO} > C^6H^4 < {}^{CH^3} _{OH} \longrightarrow H^2O + O = C^6H^4 < {}^{CH^3} _{OH}$$

[Bamberger, D. chem. G., 36, 1424, 2028, 1903];

3° Par l'action de l'acide sulfurique sur les arylhydroxylamines p-substituées; ainsi, avec la p-tolylhydroxylamine, on a intermédiairement un iminoquinol, puis le p-méthylquinol :

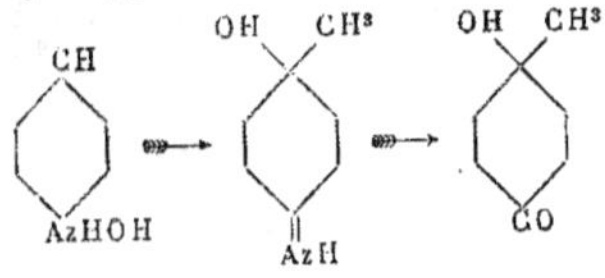

[Bamberger, D. chem. G., 35, 1426, 3886, 1902];

4° Par l'action de l'acide azotique à chaud sur les phénols polyhalogénés : le tétrachloro-p-crésol fournit ainsi le 2.3.5.6-tétrachloro-4-méthylquinol :

$$C^6Cl^4(CH^3)(OH) \longrightarrow O = C^6Cl^4 < {}^{CH^3} _{OH}$$

D'après Zincke [D. chem. G., 28, 3122 et 34, 256] il se formerait à froid un dérivé nitré

$$O = C^6H^4 < {}^{CH^3} _{AzO^2}$$

qui est détruit à chaud.

Les quinols ont un caractère acide faible vis-à-vis des alcalis. Tous sont facilement réduits par la poudre de zinc ou l'acide bromhydrique [Auwers, D. chem. G., 35, 443] :

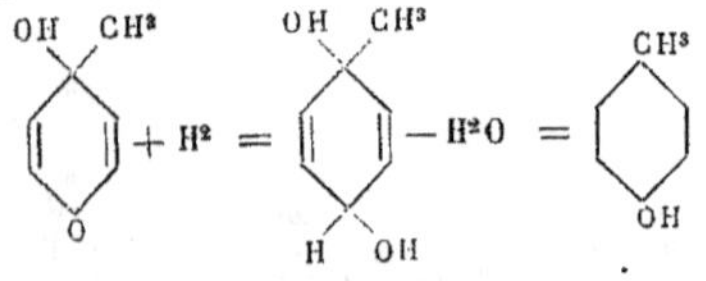

C'est l'inverse de la préparation.

PBr⁵ produit aussi cette réduction, un atome de brome remplace l'oxhydryle, et l'acide bromhydrique formé réduit en donnant le phénol.

Bamberger a étudié la transformation des quinols en hydroquinones, sous l'influence de l'acide sulfurique [D. chem. G., 33, 3607, 1900].

Le même auteur a indiqué des réactions qui permettent de caractériser les quinols [D. chem. G., 35, 1426, 1902]. Ils réagissent sur la phénylhydrazine avec formation d'homologues du benzène-azo-benzène; ainsi, avec le toluquinol on obtient le toluène-azo-benzène :

$$O = C^6H^4 < {}^{CH^3} _{OH} + C^6H^5 - AzH = AzH^2$$
$$= 2H^2O + CH^3 - C^6H^4 - Az = Az$$
$$| \atop C^6H^5$$

La semicarbazide réagissant sur le toluquinol donne la p-tolylazocarbonamide :

$$O = C^6H^4 < {}^{CH^3} _{OH} + CO < {}^{AzH-AzH^2} _{AzH^2}$$
$$= CH^3 - C^6H^4 - Az = Az - CO \cdot AzH^2.$$

Zincke [Ann. Chem., 320, 145-231] a étudié la pentabromotoluoxycétone, obtenue par l'action de l'acide azotique sur le tétrabromoparacrésol. Ce produit perd une molécule d'acide bromhydrique, en présence du carbonate de soude, en donnant un oxyde d'éthylène :

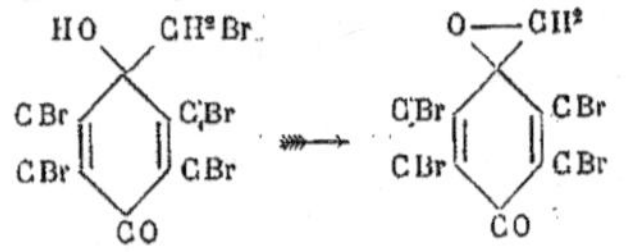

Les principaux termes sont :

Le méthylquinol et ses dérivés : tétrachloré (2.3.5.6) [Zincke, D. chem. G., 28, 3122], dibromé (2.6) [Auwers, D. chem. G., 35, 459] et tétrabromé [D. chem. G., 34, 255].

L'éthylquinol et ses dérivés [Zincke, D. chem. G., 34, 256].

Le 2.4-diméthylquinol [Bamberger et Brady, D. chem. G., 33, 3648].

Le mésitylquinol [Bamberger, Rising, 33, 3636]. Janvier 1907. Amand Valeur.

QUINOMÉTHANE. — Le quinométhane

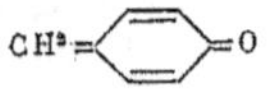

$$CH^2 = \langle \rangle = O$$

est inconnu, mais quelques dérivés ont été décrits.

Diphénylquinométhane, $(C^6H^5)^2C = C^6H^4 = O$. — Il s'obtient en décomposant à 180-200° le p-méthoxytriphénylchlorométhane $(C^6H^5)^2CCl$. $C^6H^4 - OCH^3$; il se dégage du chlorure de méthyle. Petites tables fusibles à 167-168°, solubles dans l'acide acétique, le chloroforme, l'acétone et le benzène. Par ébullition avec du zinc et de l'acide acétique il fournit le p-oxytriphénylméthane [Bistrzycki et C. Herbel, D. chem. G., 36, 2333, 1903; Baeyer et Villiger, ibid., 36, 2792, 1903].

Il réagit sur l'iodure de magnésium-éthyle avec formation de p-oxytriphényléthane.

Dibromoquinométhane,

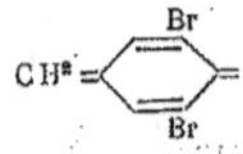

$$CH^2 = \langle \overset{Br}{\underset{Br}{}} \rangle = O$$

— On l'obtient, soit par dédoublement de l'acide dibromo-p-oxytriphénylacétique au moyen de l'acide sulfurique [Bistrzycki et C. Herbst, D. chem. G., 34, 3073, 1901], soit par bromuration du p-oxytriphénylcarbinol en solution acétique [Auwers et O. Scheerter, ibid., 36, 3236, 1903]. Il fond à 232°. 1ᵉʳ juin 1907. V. Thomas.

QUINONE, $C^6H^4O^2$. — On connaît deux quinones correspondant au benzène, ou benzoquinones : l'o-quinone et la p-quinone (quinone proprement dite).

O-QUINONE (O-BENZOQUINONE),

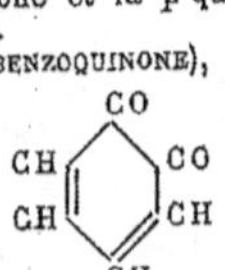

— Jackson et Koch [Am. Chem. Journ., 26,

10, 1901], en traitant le sel de plomb de la pyro-catéchine par l'iode en solution dans le chloro-forme bouillant, ont obtenu une solution chloro-formique d'o-quinone d'où ils n'ont pu extraire ce composé.

Willstætter et Pfannenstiehl [D. chem. G., **37**, 4744, 1904] ont préparé l'o-benzoquinone à l'état libre, en agitant à la température ordi-naire la pyrocatéchine en solution dans l'éther anhydre, avec de l'oxyde d'argent soigneuse-ment desséché; la liqueur éthérée est filtrée puis évaporée rapidement.

L'o-quinone cristallise en feuillets rouge pâle solubles dans le chloroforme et l'acétone, inso-lubles dans l'éther de pétrole. Elle est inodore et non volatile. Elle met en liberté l'iode de KI acidulé. SO^2 la réduit en pyrocatéchine; l'acide chlorhydrique la transforme en chloropyrocaté-chine, le brome en tétrabromopyrocatéchine. Elle réagit sur l'aniline pour donner de la pyro-catéchine et l'anile de la *dianilino-p-quinone*, $C^6H^2O(AzH - C^6H^5)^2(Az - C^6H^5)$, formé par suite d'une transposition moléculaire. L'o-quinone s'unit à l'acide benzène-sulfinique en solution chloroformique pour donner le composé $C^6H^3(OH)^2SO^2C^6H^5$ (Jackson et Koch). — *Dioxime*, $C^6H^4(AzOH)^2$ [Zincke et Schwartz, *Ann. Chem.*, **307**, 39, 1899].

Tétrachloro-o-quinone, $C^6Cl^4O^2$ [Zincke, *D. chem. G.*, **20**, 1779, 1887; — Cousin, *C. R.*, **129**, 967, 1899]. C'est une poudre cristalline rouge fusible à 129-130° [Zincke et Küster, *D. chem. G.*, **21**, 2730].

Tétrabromo-o-quinone, $C^6Br^4O^2$. — Fusible à 150-151° [Stenhouse, *Ann. Chem.*, **177**, 197: — Zincke, Cousin, Jackson et Koch]; *aniline-dia-nilinodibromo-o-benzoquinone*, $C^6Br^2O^2$(AzH-C^6H^5)$^2 C^6H^3AzH^2$, fusible à 123°; *dianilino-dibromo-o-benzoquinone*, $C^6Br^2O^2$(AzH - C^6H^5)^2, fusible à 160°; *dianilino-dibromo-o-benzoqui-none-monoéthylhémiacétal* $C^6Br^2O^2$(AzH - C^6H^5)$^2 C^2H^5OH$ [Jackson et Porter, *D. chem. G.*, **35**, 3581, 1902; *Am. Chem. Journ.*, **30**, 518, 1903; **31**, 89, 1904].

L'*o-quinone-diimide*, $C^6H^4(AzH)^2$, se formerait d'après Willstætter et Pfannenstiehl [*D. chem. G.*, **38**, 2348, 1905] par oxydation de l'o-phény-lène-diamine au moyen de Ag^2O ou PbO^2 au sein de l'éther anhydre.

P-QUINONE (QUINONE ORDINAIRE). — Voyez Dict., **2**, (2), 1306 et 1er Suppl., **2**, 1366.

ÉTAT NATUREL. — La quinone ordinaire se rencontre dans le venin du *Julus terrestris* (Béhal et Physalix). Elle est aussi produite par un champignon saprophyte, le *Streptotrix chromogenes*, aux dépens des matières orga-niques du sol (Beijerinck). Elle se forme encore, d'après Emmerling, dans la fermentation de l'herbe fraîche.

Formation. — La quinone prend naissance dans l'oxydation des acides p-sulfanilique et phénol-p-sulfonique (Cohn), du noir d'aniline, de l'arbutine (Strecker), de la bétite (v. Lippmann) des feuilles de café et d'*ilex aquafolium* (Stenhouse) et aussi par action de la chaux sur le quinide, anhydride de l'acide quinique isolé par von Lippmann des feuilles de betterave. Elle résulte encore de l'hydratation du chlorhy-drate de quinone-diimide par les acides (Will-stætter et Mayer), de l'oxydation de l'hydroqui-none par l'iode en présence du bicarbonate de potassium ou par l'acide iodique (Valeur) et de l'action de l'iode sur le sel de plomb de l'hydro-quinone (Jackson et Koch).

Préparation. — On prépare la quinone : 1° par oxydation électrolytique du benzène (Kempf); 2° par oxydation de l'aniline ou de l'hydroquinone, soit par $SO^4H^2 + Cr^2O^7Na^2$ en solution aqueuse froide (Nietzki, Seyda, Schniter) ou $SO^4H^2 + MnO^2$ (Clark), soit par voie électro-lytique en opérant en présence d'un sel de man-ganèse (Bœhringer); 3° en décomposant par l'acide sulfurique étendu de 2°,5 d'eau, l'indo-phénol du phénol ordinaire (Bayrac).

Constitution. — (Voyez QUINONES).

Propriétés. — La benzoquinone cristallise dans l'eau en longs prismes monocliniques. Chaleur de combustion, 656^{Cal},8 (Berthelot et Recoura), 658^{Cal},4 (Valeur). La quinone est un non-électrolyte (Farmer et Hantzsch).

Une solution éthérée de quinone reste inal-térée à la lumière rouge; au contraire, à la lumière bleue, il se forme de la quin-hydrone; les solutions dans l'alcool et la glycérine se comportent de même (Ciamician et Silber).

Chauffée à 160°, en tube scellé, seule ou avec de l'eau, la quinone fournit de la quin-hydrone, de l'hydroquinone et d'autres produits (Scheid).

Le potassium réagit sur la quinone, en solu-tion éthérée ou benzénique, en donnant la *quinhydrone bipotassique* $C^6H^3K(OH)O - O - C^6H^3K(OH)$ (Astre).

En faisant agir une solution alcoolique de potasse sur une solution éthérée très étendue de quinone, Astre a obtenu le composé $C^6H^3KO^2$. H^2O. En traitant la quinone par 3 molécules de potasse, en solution dans l'alcool absolu, puis saturant d'oxygène à 70-75°, le même auteur a obtenu le *dérivé bipotassique peroxydé de la benzoquinone* $C^6K^2O^6$.

La quinone fixe le chlore et le brome, en don-nant des produits d'addition.

L'acide bromhydrique réagit sur la quinone en donnant d'abord de la quinhydrone, puis les hydroquinones mono et dibromées (Sarauw).

La quinone est réduite par l'acide iodhy-drique, avec mise en liberté d'iode, et par $SnCl^2 + HCl$ (Apitzsch et Metzger).

L'acide cyanhydrique à l'état naissant réagit sur la quinone, en donnant naissance à de l'hy-droquinone et à de la dicyanohydroquinone (Thiele et Meisenheimer). Action de l'acide azothydrique (Escales).

La quinone, traitée à chaud par PCl^3, fournit un produit que l'eau décompose en donnant de la chlorohydroquinone et de la dichlorohydro-quinone (Scheid).

Par l'action de l'acide sulfurique à 50 0/0, la benzoquinone fournit un produit de condensation bleu violet (Liebermann). L'acide sulfurique fumant (à 40 0/0 de SO^3) fournit l'*acide qui-none-sulfonique* $C^6H^3(SO^3H)O^2$ (Schultz et Stähle).

L'acide nitrique de densité $D = 1,4$ l'oxyde, avec production d'anhydride carbonique, d'acide oxalique et aussi vraisemblablement de dinitro-phénol (Sertini).

L'acide azoteux liquide réagit avec une explo-sion violente sur la quinone; si l'on fait passer les vapeurs provenant de l'attaque de As^2O^3 par AzO^3H dans une solution éthérée de qui-none, on obtient de la *quinone-nitranilique* (Schmidt),

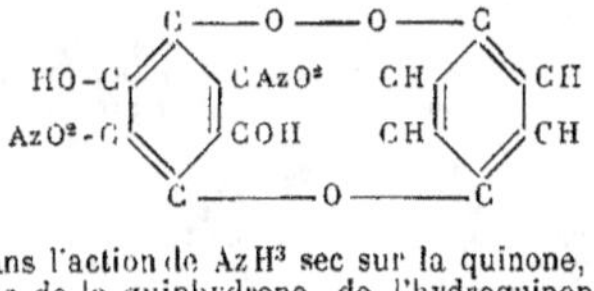

$$\begin{array}{ccc}
& C \!-\!\!-\! O \!-\!\!-\! O \!-\!\!-\! C & \\
HO\text{-}C \diagup\!\!\diagdown C AzO^2 & & CH \diagup\!\!\diagdown CH \\
AzO^2\text{-}C \diagdown\!\!\diagup COH & & CH \diagdown\!\!\diagup CH \\
& C \!-\!\!-\! O \!-\!\!-\! C &
\end{array}$$

Dans l'action de AzH^3 sec sur la quinone, il se forme de la quinhydrone, de l'hydroquinone et un composé noir $C^{12}H^9O^4$; si l'on opère en présence de $CHCl^3$, on obtient un corps brun $C^6H^5AzO^2$ (Hebebrand et Zincke).

L'hydroxylamine libre réduit la quinone er hydroquinone avec formation d'azote et de protoxyde d'azote (Valeur). Avec le chlorhydrate d'hydroxylamine, au contraire, on obtient la quinone-monoxime et la quinone-dioxime.

Le sulfure jaune d'ammonium réduit à froid la quinone en hydroquinone.

Ciamician et Silber ont étudié l'action de la quinone sur diverses substances hydroxylées, sous l'influence prolongée de la lumière solaire. Dans ces conditions, on obtient avec l'alcool ordinaire, de l'aldéhyde et de l'hydroquinone, avec l'alcool isopropylique de l'acétone et de l'hydroquinone: avec la glycérine, l'érythrite, la mannite, la dulcite, le glucose : de la quinhydrone et respectivement du glycérose, du mannose, du dulcitose et du glucosone. L'acide formique fournit dans les mêmes conditions de l'anhydride carbonique et de l'hydroquinone.

La quinone réagit sur les alcools en présence de $ZnCl^2$ avec formation de 2.5-dialcoyloxyquinone et d'hydroquinone (Knœvenagel et Rückel). Chauffée avec le benzhydrol, en solution alcoolique ou acétique, elle donne naissance au *benzoquinone-bis-diphénylméthane*, $C^6H^2O^2[CH(C^6H^5)^2]^2$ fusible à 238° (Möhlau et Klopfer).

La quinone réagit sur le mercaptan éthylique avec production de quinhydrone, et aussi vraisemblablement de sulfaldéhyde (Tarbouriech).

Elle s'unit directement au phénol, au thiophénol, au pyrogallol, pour donner des combinaisons colorées peu stables analogues à la quinhydrone. Elle ne se combine point néanmoins aux p-diphénols correspondant à des quinones à poids moléculaires plus élevés tels que les hydrotoluquinone, hydrothymoquinone, hydrochloranile, mais les transforme en les quinones correspondantes, en passant elle-même à l'état d'hydroquinone [Valeur ; — Biltris, *Chem. Centr.*, I, 887, 1898 ; — Trœgert et Eggert, *Journ. f. prakt. Chem.*, 53, 478].

Elle s'unit au naphtol sodé en donnant le sel de sodium $C^6H^4O^2(C^{10}H^7O\,Na)^2$ [Jackson et OEnslager, *Am. Chem. Journ.*, 18, 1 ; *D. chem. G.*, 28, 1614, 1895].

En condensant les phénols avec la benzoquinone en solution acétique, et en présence de quelques gouttes de SO^4H^2, on obtient des produits de condensation stables et non colorés : la résorcine fournit ainsi l'*éther-1.4.3'-trioxydiphénylique*, et l'α-naphtol, l'*éther dioxyphénylnaphtylique* (Blümenfeld et Friedländer).

En soumettant à l'action de la lumière solaire un mélange d'acétaldéhyde et de benzoquinone, on obtient l'*acétohydroquinone* $CH^3-CO-C^6H^3(OH)^2$; avec la benzaldéhyde, il se forme le *monobenzoate de dioxybenzophénone* (Klinger et Kolvenbach).

L'anhydride acétique réagit énergiquement sur la quinone avec formation de résines et de *diacétate d'hydroquinone* (Buschka, Sarauw) ; mais si l'on opère en présence d'une petite quantité d'acide sulfurique, on obtient le *triacétate d'oxyhydroquinone* $C^6H^3(O-CO-CH^3)^3$ (Thiele).

Chauffée avec le chlorure d'acétyle, la quinone fournit les diacétates d'hydroquinone, de chlorhydroquinone et de dichlorhydroquinone.

L'acide benzène-sulfinique réagit sur la quinone, en donnant la *phényle-p-dioxyphényle-sulfone*, $C^6H^5-SO^2-C^6H^3(OH)^2$ (Hinsberg).

L'urée réagit à 140-150°, en tube scellé, sur la quinone, en donnant naissance à un *composé* $C^7H^6Az^2O^2$ (Grimaldi).

La quinone s'unit au diazométhane, en donnant le *dicétobenzo-bis-dihydropyrazol*,

$$Az \genfrac{}{}{0pt}{}{CH-CH}{AzH-CH} \left\langle \begin{matrix} CO \\ \\ CO \end{matrix} \right\rangle \genfrac{}{}{0pt}{}{CH-CH}{CH-AzH} Az$$

(v. Pechmann et Seel).

La quinone contracte des combinaisons moléculaires avec les o et p-nitranilines (Hebebrand). En chauffant la quinone et l'o-nitraniline en présence d'acide acétique, on obtient la dinitrodianilinoquinone $C^6H^2O^2(AzH-C^6H^4AzO^2)^2$.

La quinone réagit sur l'acide o-aminobenzoïque ; en opérant en solution alcoolique, on obtient l'*acide quinone-o-aminobenzoïque* $C^6H^3O^2(AzH-C^6H^4CO^2H)$ et l'*acide quinone-di-o-aminobenzoïque* $C^6H^2O^2(AzH-C^6H^4-CO^2H)^2$; en milieu acétique, il se forme en outre le *composé* $C^6H^4O(AzH-C^6H^4-CO^2H)^2$ $(=Az-C^6H^4-CO^2H)$ (Ville et Astre). Les réactions des acides m- et p-aminobenzoïques sont de même ordre (Astre).

La phénylhydrazine réagit sur la quinone en donnant de l'hydroquinone et de la diphényltétrazone (Farmer et Hantzch) ; la méthylphénylhydrazine et la benzylphénylhydrazine se comportent de même ; au contraire, si l'on emploie le chlorhydrate de β-benzoylphénylhydrazine, on obtient la quinone-monobenzoylphénylhydrazone (Mac-Pherson).

La quinone s'unit à la formylhydrazine en donnant le formylazobenzène $HO-C^6H^4-Az=Az-CHO$ (Borsche et Ockinga). Elle réagit sur le chlorhydrate de semicarbazide, en donnant un mélange de quinone-mono et di-semicarbazones (Thiele et Barlow).

Réaction. — Une solution aqueuse de quinone additionnée de 1 à 2 gouttes d'une solution alcoolique d'hydrocérulignone se colore en jaune rougeâtre avec séparation d'aiguilles d'un bleu d'acier de cérulignone (Liebermann).

Dosage. — (Voyez QUINONES).

Produits d'addition de la quinone avec les sels de pyridine et de quinoléine. — Ortoleva a décrit des produits d'addition de la quinone avec le fluorhydrate et le nitrate de pyridine, le chlorhydrate et l'iodhydrate de quinoléine.

Produit d'addition avec l'acide picrique, $C^6H^4O^2.C^6H^2(AzO^2)^3OH$ (Bruni et Tornani).

Produits d'addition aux thiophénols (Posner).

Quinone-monosemicarbazone, $AzH^2-CO-AzH-Az=C^6H^4=O$. — Aiguilles jaunes fusibles à 172° ; *quinone-disémicarbazone*, $[AzH^2-CO-AzH-Az=]^2C^6H^4$, poudre cristalline rouge fusible à 243° (Thiele et Barlow).

Benzoylphénylhydrazone, $O=C^6H^4=Az(C^6H^5)(CO-C^6H^5)$. — Fusible à 171° (Mac-Pherson).

Quinone-amidoguaniline, $(AzH^2)(AzH)C-AzH-Az=C^6H^4=O$. — Fusible à 208-215° (décomposition) ; *quinone-bis-amidoguanidine*, $C^6H^4=Az-AzH-C(AzH)(AzH^2)$, aiguilles rouges fusibles à 250° (décomposition) (Thiele et Barlow).

BIBLIOGRAPHIE. — Astre [*C. R.*, 121, 326, 530, 559, 1895 ; *Bull. Soc. Chim.*, 13, 1037-1070 ; 15, 1025, 1027, 1896. — Astre et Stovignon [*Bull. Soc. Chim.*, 15, 1029, 1896]. — Apitzsch et Metzger [*D. chem. G.*, 37, 1676, 1904]. — Bayrac [*Bull. Soc. Chim.*, 11, 1129, 1894]. — Beijerinck [*Arch. néerland. Sc. exact. et nat.*, 326, 1900]. — Béhal et Physalix [*Bull. Soc. Chim.*, 25, 88, 1901] — Berthelot [*C. R.*, 126, 677, 1898.] — Berthelot et Recoura [*Ann. Chim. Phys.*, (6), 13, 312, 1888] — Buschka [*D. chem. G.*, 14, 1327; 1881]. — Böhringer [*Chem. Centr.*, 1, 285, 1901]. — Blümenfeld et Friedländer [*D. chem. G.*, 30, 2568, 1897]. — Borsche et Ockinga [*Ann. Chem.*, 340, 85, 1905]. — Bayer [*Chem. Centr.*,

1901, I,236]. — Bruni et Tornani [*Lincei*, (5), 14, I, 154].
— Ciamician et Silber [*D. chem. G.*, 33, 2911, 1901; 34,
1530, 1901; 35, 3593, 1902; *Gazzetta chim. ital.*, 16, 111;
32, (2), 535, 1902; *Lincei*, (5), 10, I, 93, 1901]. — Cohn
[*Ann. Chem.*, 309, 233, 1899]. — Clark [*Am. Chem.
Journ.*, 14, 555, 1892]. — Emmerling [*D. chem. G.*, 30,
1870, 1897]. — Escales [*Chem. Zeit.*, 29, 31, 1905]. — Farmer et Hantzsch [*D. chem. G.*, 32, 3089, 1899]. — Friedländer [*ibid.*, 28, 1386, 1857]. — Grimaldi [*Lincei*, 129,
1894; *Gazz. chim. ital.*, (1), 25, 79, 1895]. — Goldschmidt, *D. chem. G.*, 17, 213, 1884]. — Haber et Russ
[*Zeit. phys. Chem.*, 47, 257, 1904]. — Henniges [*Jahresb.*,
367, 1882]. — Hintze [*ibid.*, 777, 1882]. — Hesse [*Ann.
Chem.*, 200, 240, 1879; 220, 367, 1883]. — Hebebrand
et Zincke [*D. chem. G.*, 16, 1556, 1883]. — Hinsberg
[*D. chem. G.*, 36, 107, 1903]. — Hebebrand [*D. chem.
G.*, 15, 1976]. — von Heyden [*Chem. Centr.*, 1901, I, 1028].
— Jakson et Oenslager [*D. chem. G.*, 28, 1614, 1895].
Jackson et Koch [*ibid.*, 31, 1458; *Am. Chem. Journ.*,
26, 20]. — Knapp et Schmitz [*Ann. Chem.*, 210, 178,
1881]. — Klinger et Kolvenback [*D. chem. G.*, 31,
1214, 1898]. — Kempf [*Chem. Centr.*, 1901, I, 348]. —
Knœvenagel et Bückel [*D. chem. G.*, 34, 3993, 1901].
— Liebermann [*D. chem. G.*, 10, 1615 et 18, 967, 1896].
— Levy et Schultz [*Ann. Chem.*, 210, 143, 1881]. —
von Lippmann [*D. chem. G.*, 34, 1159, 1901]. — Lei-
cester [*Chem. Centr.*, 1897, I, 62]. — Möhlau et Klopfer
[*D. chem. G.*, 32, 2147, 1899]. — Nietzki [*D. chem. G.*,
10, 1934; 19, 1468, 1886; *Ann. Chem.*, 215, 127, 1882].
— Nasini et Anderlini [*Gazz. chim. ital.*, (1), 24, 160,
1894]. — Ortoleva [*Gazz. chim. ital.*, 33, 164, 1902]. —
Pherson [*D. chem. G.*, 28, 2414, 1895; *Am. Chem.
Journ.*, 22, 366, 377, 1899]. — von Pechmann et
Seel [*D. chem. G.*, 32, 2292, 1899]. — Possner [*Ann.
Chem.*, 336, 85, 1904]. — Sevda [*D. chem. G.*, 16, 687,
1883]. — Schniter [*ibid.*, 20, 2283, 1887]. — Sarauw
[*Ann. Chem.*, 209, 99, 129, 1881]. — Schröder [*D. chem.
G.*, 13, 1075, 1880]. — Scheid [*Ann. Chem.*, 218, 227,
1883]. — Schmidt [*D. chem. G.*, 33, 3246, 1900]. —
Schultz et Stähle [*J. prakt. Chem.*, (2), 69, 334, 1904]. —
Schaer [*Zeit. f. Biol.*, 37, 326]. — Sertini [*Gazz. chim.
ital.*, 32, I, 322, 1902]. — Thiele [*D. chem. G.*, 31,
1247, 1898]. — Thiele et Meisenheimer [*D. chem. G.*,
33, 675, 1900]. — Tarbouriech [*Bull. Soc. Chim.*, 25, 314,
1901]. — Valeur [*Ann. Chim. Phys.*, (7), 21, 475;
C. R., 125, 872. — Ville et Astre [*C. R.*, 120, 684, 878,
1895]. — Willgerodt [*D. chem. G.*, 20, 2470, 1887]. —
Willstaetter et Mayer [*D. chem. G.*, 37, 1494, 1904].

DÉRIVÉS HALOGÉNÉS. — **A.** PRODUITS D'ADDI-
TION. — *Dichlorure*, $C^6H^4O^2Cl^2$, fusible à 146°
[Clark, *Am. Chem. Journ.*, 14, 556, 1892;
Peratoner et Genco, *Gazzetta*, 24, (II), 384, 1894].
Tétrachlorure, $C^6H^3O^2Cl^4$ (Clark). *Bromures*
[Sarauw, *Ann. Chem.*, 209, 111, 1881; — Nef, *J.
prakt. Chem.*, (2), 42, 182, 1890].

B. PRODUITS DE SUBSTITUTION. — QUINONES
CHLORÉES. — *Monochloroquinone*, $C^6H^3ClO^2$. —
On l'obtient par oxydation de l'o-chloro-p-ami-
nophénol par le mélange chromique [Kollrepp,
Ann. Chem., 234, 14, 1886]. Chaleur de combustion, 618^{Cal},2 (Valeur); HCl la transforme en
2.5-dichlorhydroquinone ou en un mélange de
2.3- et de 2.5-dichlorhydroquinone, suivant qu'on
opère en solution chloroformique ou éthérée
(Peratoner et Genco). Elle se combine à la p-nitraniline mais non aux o- et p-nitroanilines.
La *2-chloroquinone-chlorimide*,

$$C^6H^3Cl \begin{matrix} \diagup Az\,Cl \\ | \\ \diagdown O \end{matrix}$$

fond à 87° [Kollrepp, *Ann. Chem.*, 234, 16, 1886;
C. R., 1, 386, 1902]. $ClAz = C^6H^3Cl = AzCl$, fond à
82-83° [Cohn, *C. R.*, 1, 752, 1902]. La *chloro-
quinone-monoxime*, $OC^6H^3Cl = AzOH$, fond à
141° (décomp.) [Kehrmann, *D. chem. G.*, 21,
3316, 1888]. — Bridge, *Ann. Chem.*, 277, 100,
1893]. *Chloroquinone-dioxime*, $HOAz = C^6H^3Cl
= AzOH$ [Kehrmann et Grab, *Ann. Chem.*, 303,
10, 1898].
Dichloroquinones, $C^6H^2Cl^2O^2$. — 2.3-*Dichloro-
quinone*. — Elle résulte de l'oxydation de l'hydroquinone correspondante; elle fond à 96° (Pera-

toner et Genco). — *2.5-Dichloroquinone*. On
l'obtient par oxydation de la 1.5-dichlorhydroqui-
none et de la 2.5-dichloraniline; elle fond à 161°
[Kehrmann et Grab, *Ann. Chem.*, 303, 1; —
Hantzsch et Schniter, *D. chem. G.*, 20, 2279,
1887; — Möhlau, *D. chem. G.*, 19, 2010, 1886;
— Ling, *Chem. Soc.*, 61, 608, 1892; — Kehrmann, *D. chem. G.*, 21, 3319, 1888].
2.6-Dichloroquinone. — Elle se forme dans
l'action de SO^4H^2 sur la dichloroquinone-dinitro-
phénylimide [Reverdin et Crépieux, *Bull. Soc.
Chim.*, 29, 1054, 1903]; l'oxydation de la 2.6-di-
chlorophénylène-diamine en fournit également
[Levey, *D. chem. G.*, 16, 1446]. On l'obtient
avec un rendement théorique dans l'oxydation
du 2.4.6-trichlorophénol [Kehrmann et Tiesler,
J. prakt. Chem., (2), 40, 481, 1889; — Ling,
Chem. Soc., 61, 559, 1892]. On peut aussi oxyder
le 2.6-dichloro-p-aminophénol par le mélange
chromique [Kollrepp, *Ann. Chem.*, 234, 14, 1886].
La 2.6-dichloroquinone cristallise dans l'alcool en prismes fusibles à 120°. Chaleur de
combustion, 580^{Cal},4 (Valeur); sa *combinaison
avec la m-nitraniline* $C^6H^2Cl^2O^2 + C^6H^4(AzO^2)$
AzH^2 fond à 112° (Niemeyer).
2.6-Dichloroquinone-chlorimide,

$$C^6H^2Cl^2 \begin{matrix} \diagup Az\,Cl \\ | \\ \diagdown O \end{matrix}$$

fusible à 67-68° [Kollrepp, *Ann. Chem.*, 234, 18,
1886]. — *2.6-Dichloroquinone-monoxime*, $OC^6H^2
Cl^2 = AzOH$ [Kehrmann, *D. chem. G.*, 21, 3318,
1883]. — *2.6-Dichloroquinone-2'.4'-dinitrophényl-
imide*, $C^6H^2Cl^2O = Az$ $C^6H^3(AzO^2)^2$, fusible à 219-
220° [Reverdin et Crépieux, *Bull. Soc. Chim.*,
29, 1054, 1903].

TRICHLOROQUINONE, $C^6HCl^3O^2$. — Elle prend
naissance dans l'action du chlorure de chromyle
sur le benzène [Carstanjen, *D. chem. G.*, 2, 633]
et dans l'action du chlorure de chaux sur une
solution fortement acide de p-amidophénol
[Schmidt et Andresen, *J. prakt. Chem.*, (2), 23,
436, 1881]. Elle se forme encore dans l'action de
$HCl + ClO^3Na$ sur l'éther dinitrophénylique du
m-chloro-p-aminophénol en milieu acétique
[Reverdin et Dresel, *Bull. Soc. Chim.*, 31, 1880,
1904], et aussi par l'action de SO^4H^2 sur la trichloroquinone-dinitrophénylimide (Reverdin et
Crépieux).
On prépare la trichloroquinone en traitant
l'acide phénolsulfonique par $HCl + ClO^3Na$
[Knapp et Schultz, *Ann. Chem.*, 210, 174, 1881];
on réduit par SO^2 le mélange de tri- et de
tétrachloroquinone ainsi obtenu, dans des conditions de dilution où la première, seule, reste en
solution, et l'on oxyde celle-ci par le mélange
chromique. On peut encore oxyder le trichloro-
p-amidophénol en solution chlorhydrique par
l'hypobromite de soude [Andresen, *J. prakt.
Chem.*, (2), 28, 422, 1883]. Chaleur de combustion 548^{Cal},8 (Valeur).
La trichloroquinone, traitée par AzO^3H, fournit de la chloropicrine; chauffée avec de l'acide
chlorhydrique concentré, elle se transforme en
tétrachlorohydroquinone; le chlorure d'acétyle à
160-18.° la convertit de même en diacétate de
tétrachlorhydroquinone. Elle donne naissance,
par action de la potasse aqueuse, à l'acide chloranilique. Traitée par le phénate de potassium,
elle fournit la *monochlorodiphénoxyquinone*
$C^6HCl(OC^6H^3)^2O^2$ [Jackson et Grindley, *Am.
Chem. Journ.*, 17, 663, 1895].
Elle réagit sur l'aniline en donnant, suivant
les conditions, l'anilinotrichloroquinone, la dia-
nilinodichloroquinone et la chlorodianilinoqui-
none. Avec l'acide o-aminobenzoïque elle fournit

l'acide *dichloroquinone-di-o-aminobenzoïque* $C^6Cl^2O^2(AzH - C^6H^4CO^2H)^2$ [Astre, *Bull. Soc. Chim.*, **15**, 1027, 1896]; elle réagit également sur l'acide o-aminocinnamique, en donnant les acides *trichloroquinone-o-amino-cinnamique* $C^6Cl^3O^2 - AzH - C^6H^4 - CH = CH - CO^2H$, *dichloroquinone-di-o-aminocinnamique* $C^6Cl^2O^2$ $(AzH - C^6H^4 - CH = CH - CO^2H)^2$ et *dichloroquinone-di-o-amino-cinnamique-o-imidocinnamique* $C^6Cl^2O(Az - C^6H^4 - CH = CH - CO^2H)(AzH - C^6H^4 - CH = CH - CO^2H)^2$ [Astre et Stevignon, *Bull. Soc. Chim.*, **15**, 1029, 1896].

Par l'action de l'α-benzoylphénylhydrazine sur la trichloroquinone, on obtient l'α-benzoylphénylhydrazine-trichloroquinone [Pherson et Fischer, *Am. Soc.*, **22**, 1410, 1899].

Composé d'addition avec la m-nitraniline, $C^6HCl^3O^2 + 2C^6H^4(AzO^2)AzH^2$. — Il fond à 108° [Niemeyer, *Ann. Chem.*, **228**, 325, 1885].

Trichloroquinone-chlorimide,

$$C^6Cl^3H \diagup \begin{matrix} Az - Cl \\ | \\ O \end{matrix}$$

— Elle fond à 118° [Schmitt et Andresen, *J. prakt. Chem.*, (2), **23**, 438; **24**, 429 et **28**, 434, 1883]. *Trichloroquinone-diméthylanilimide,*

$$C^6HCl^3 \diagup \begin{matrix} Az - C^6H^4 Az(CH^3)^2 \\ | \\ O \end{matrix}$$

[Schmitt et Andresen, *loc. cit.*, **24**, 435]. La *trichloroquinone-p-chlorophénylimide* $ClC^6H^4 - Az = C^6HCl^3 = O$, fond à 143° [Jacobson, *Centr. Blatt.*, **2**, 36. 1898]. La *trichloroquinone-dinitrophénylimide* $(AzO^2)^2C^6H^3 - Az = C^6HCl^3 = O$ fond à 216° [Reverdin et Deletra, *Bull. Soc. Chim.*, **31**, 635, 1904].

TÉTRACHLOROQUINONE (CHLORANILE), $C^6Cl^4O^2$. — Le chloranile se forme dans l'oxydation du pentachlorophénol par $KClO^3 + HCl$, l'acide azotique, l'eau régale, le persulfate d'ammoniaque [Barral, *Bull. Soc. Chim.*, **13**, 418, 423, 1895; **27**, 271, 375, 1902].

L'hexachlorophénol C^6Cl^6O, chauffé avec de l'eau à 150-160°, en tube scellé, ou à des températures moins élevées avec les acides sulfurique, chlorhydrique ou azotique, fournit du chloranile. L'acide sulfurique de Nordhausen réalise cette transformation dès la température ordinaire [Barral, *Bull. Soc. Chim.*, (3), **11**, 708, 1894].

Le chloranile prend également naissance dans l'action de l'acide nitrique fumant sur le p-bichlorure de benzène (Barral).

Bouveault [*Bull. Soc. Chim.*, **27**, 354, 1902] prépare le chloranile en saturant de HCl une solution acétique de chloranile commercial (mélange de tri- et de tétrachloroquinone), et oxydant par AzO^3H la tétrachlorohydroquinone ainsi obtenue. Elbs et Brunnschweiler [*J. prakt. Chem.*, (2), **52**, 560, 1895] font réagir HCl $+ ClO^3Na$ sur l'aniline. Witt et Tœche-Mittler [*D. chem. G.*, **36**, 4390, 1904] font agir le même réactif sur la dichloro-p-phénylène-diamine (rendement 90 0/0).

Le chloranile fond à 285-286°; sa chaleur de combustion est de 519^{Cal}. Chauffé à 180° avec PCl^5, le chloranile fournit du chlorure de Julin C^6Cl^6; mais en chauffant à 135-140° pendant 3 jours, on obtient du p-bichlorure de benzène-hexachloré C^6Cl^8 [Barral, *Bull. Soc. Chim.*, **11**, 925, 1894]. Le chloranile est réduit à chaud par les acides chlorhydrique et bromhydrique concentrés en tétrachlorohydroquinone [Lévy et Schultz, *D. chem. G.*, **13**, 1430, 1880; — Sarauw, *Ann. Chem.*, **209**, 125, 1881]. Traité par une

solution chaude de nitrite de sodium il fournit l'acide nitranilique [Nef, *D. chem. G.*, **20**, 2028]. Par l'action du méthylate de sodium, il fournit d'abord le composé $C^6Cl^4O^2.CH^3ONa$, puis le *dichlorodiméthoxyquinone-diméthylhémiacétal* [Jackson et Torrey, *Am. Chem. Journ.*, **20**, 427, 1898]. Le phénol sodé réagit sur la tétrachloroquinone en donnant, suivant les proportions, la *tétraphénoxyquinone* $C^6O^2(OC^6H^5)^4$, ou la *diphénoxydichloroquinone* $C^6Cl^2O^2(OC^6H^5)^2$ [Jakson et Grindley, *ibid.*, **17**, 579, 1895].

Le chloranile réagit sur la cyanamide, en donnant le *composé* $CAz^2 = CCl^2(OK)^2 = CAz^2$ [Imbert, *C. R.*, **126**, 1879, 1898].

Il s'unit à la m-nitraniline en donnant le *produit d'addition* $C^6Cl^4O^2 + 2C^6H^4(AzO^2)AzH^2$ [Niemeyer, *Ann. Chem.*, **228**, 326, 1885]. Chauffé en solution benzénique avec l'isoamylamine, il donne naissance à la *dichlorodiisoamylaminoquinone* $C^6Cl^2(AzH - C^5H^{11})^2O^2$ [Jackson et Torrey, *Am. Chem. Journ.*, **20**, 395, 1898]. Le chloranile oxyde la diméthylaniline en hexaméthyl-p-rosaniline [Meister, Lucius et Bruning, *D. chem. G.*, **18**, 212, 1885]. Il réagit sur la pyridine et sur la β-picoline, mais non sur l'α-picoline [Imbert, *C. R.* **133**, 162, 1901]. Action sur l'acide sulfanilique [Imbert et Pagès, *Bull. Soc. Chim.*, **19**, 575, 1898].

QUINONES BROMÉES. — MONOBROMOQUINONE, $C^6H^3BrO^2$. — [Sarauw, *Ann. Chem.*, **209**, 106, 1881]. Elle fond à 55-56°. *Monoxime* [Kehrmann, *D. chem. G.*, **21**, 317, 1888).

2.5-DIBROMOQUINONE, $C^6H^2Br^2O^2$. — [Sarauw, *Ann. Chem.*, **209**, 113, 1881; — Jackson et Calhane, *Am. Chem. Journ.*, **28**, 451, 1903; **31**, 209, 1904].

2.6-*Dibromoquinone*, $C^6H^2Br^2O^2$. — Elle fond à 188° [Heinichen, *Ann. Chem.*, **253**, 286, 1889; — Thiele et Eichwede, *D. chem. G.*, **33**, 673, 1900]. — *Monoxime* [Forster et Robertson, *Chem. Soc.*, **79**, 687, 1900; — Bridge, *Ann. Chem*, **277**, 102, 1893; — Fischer et Hepp, *D. chem. G.*, **21**, 674, 1888; — Kehrmann, *ibid.*, **3318**, 1888]. — 2.6-*Dibromoquinone-chlorimide,*

$$C^6H^2Br^2 \diagup \begin{matrix} Az\,Cl \\ | \\ O \end{matrix}$$

fusible à 78° [Möhlau, *D. chem. G.*, **16**, 2845, 1883; — Friedländer et Stange, *D. chem. G.*, **26**, 2262, 1893]. — 2.6-*Dibromoquinone-phénolimide,*

$$C^6H^2Br^2 \diagup \begin{matrix} Az - C^6H^4OH \\ | \\ O \end{matrix}$$

[Möhlau, *loc. cit.*].

Böhmer [*J. prakt. Chem.*, (2), **24**, 464, 1881] a décrit une dibromoquinone de constitution indéterminée.

TÉTRABROMOQUINONE (*bromanile*), $C^6Br^4O^2$. — Le bromanile se forme dans l'action du brome en excès sur la quinone ou l'hydroquinone [Sarauw, *Ann. Chem.*, **209**, 126, 1881], ou sur les acides salicylique, p-oxybenzoïque et anisique en milieu acétique [Schunck et Marchlewski, *Ann. Chem.*, **278**, 348, 1894]; sur la coumarine et l'acide coumarinique [Simonis et Wenzel, *D. chem. G.*, **33**, 421, 1900].

Il prend encore naissance dans l'action de l'eau bouillante sur le bromure de tribromophénol [Kastle, *Am. Chem. Journ.*, **27**, 31, 1902; — Auwers et Büttner, *Ann. Chem.*, **302**, 133, 142, 1898], et dans l'action de l'acide nitrique dilué sur la tribromoacétanilide en solution acétique [Bentley, *Am. Chem. Journ.*, **20**, 472, 1898].

Le bromanile se forme également en petite

quantité dans la bromuration du dibromoacétyl-aminophénol [Robertson, *Chem. Soc.*, **81**. 1475. 1902].

On le prépare : 1° par l'action du brome sur l'hydroquinone en solution acétique [Ling. *Chem. Soc.*, **64**. 568, 1892];

2° Par l'action de l'acide nitrique concentré sur le 1.3.5-tribromobenzène [Losanitsch, *D. chem. G.*, **15**, 374, 1882];

3° En faisant agir successivement le brome, puis l'acide nitrique sur la p-phénylène-diamine [Graebe et Weltner, *Ann. Chem.*, **263**, 33, 1891].

La tétrabromoquinone cristallise en feuillets jaunes, fond à 300°, et se sublime en cristaux jaunes. Elle est insoluble dans l'eau, soluble dans l'alcool bouillant. Ses propriétés sont analogues à celles du chloranile. Elle est réduite par HI en tétrabromohydroquinone. Chauffée avec une solution alcoolique d'éthylate de sodium, elle fournit la *dibromodiéthoxyquinone* $C^6O^2Br^2(OC^2H^5)^2$, fusible à 139°. Le phénol sodé réagit sur le bromanile en donnant la *diphénoxydibromoquinone* $C^6Br^2O^2(OC^6H^5)^2$ (Jackson et Grimen). Traité par une solution aqueuse et bouillante de cyanamide, en présence de potasse, il fournit la *dicyaniminodibromodioxyquinone-dipotassique* $C Az^2 = C Br^2(OK) = C Az^2 + 2H^2O$ [Imbert, *C. R.*, **126**, 529, 1898]. Action sur la pyridine [Imbert, *C. R.*, **133**, 164, 1901].

2.5-Chlorobromoquinone. $C^6H^2ClBrO^2$. — [Lévy et Schultz. *Ann. Chem.*, **210**. 260, 1881] — Nef. *Am. Chem. Journ.*, **13**, 424. 1891; — Nef et Clark. *ibid.*, **14**. 562. 1892; — Fock. *Jahresb.*, 777. 1882; — Schultz. *D. chem. G.*, **15**, 656. 1882].

2.6-Chlorobromoquinone. — [Garzino, *D. chem. G.*, **25**, 120. 1882; — Ling, *Chem. Soc.*, **64**, 562, 1892; — Nef et Clark. *loc. cit.*].

2.5-Dichloro-3-bromoquinone. — [Ling, *loc. cit.*]. *2.6-Dichloro-3-bromoquinone* [Ling, *loc. cit.*].

Dichlorodibromoquinones, $C^6Cl^2Br^2O^2$. — [Ling. *loc. cit.*; — Lévy, *D. chem. G.*, **16**, 1447. 1883; — Hantzsch et Schniter. *ibid.*, **20**, 2280. 1887; — Liweh, *Jahresb.*, 1670, 1886 et **18**. 2367. 1885].

Trichlorobromoquinone. $C^6Cl^3BrO^2$. — [Ling et Baker. *Chem. Soc.*, **61**. 592, 1887].

DIIODOQUINONES. $C^6H^2I^2O^2$. — *2.5-Diiodoquinone.* Elle fond à 157-159°. — *2.6-Diiodoquinone* [Seifert, *J. prakt. Chem.*, (2), **28**, 438. 1883; — Willgerodt. *D. chem. G.* **34**. 3351. 1901; — Kehrmann et Messinger. *D. chem. G.*, **26**. 2377, 1893; — Kehrmann, *J. prakt. Chem.*, (2), **37**, 336. 1888], fondant à 178-179°.

2.6-Diiodoquinone-chlorimide,

$$C^6H^2I^2 {\nearrow O \atop \searrow AzCl}$$

(Seifert).

NITROQUINONE. $C^6H^3(AzO^2)O^2$. — [Kehrmann et Idzwosky. *D. chem. G.*, **32**, 1065, 1899].

DÉRIVÉS NITROHALOGÉNÉS. — *2.6-Dichloro-3-nitroquinone,* $C^6HCl^2(AzO^2)O^2$.

2.6-Dibromo-3-nitroquinone, $C^6HBr^2(AzO)O^2$ [Guareschi et Daccomo, *D. chem. G.*, **18**, 171, 1885]. *2.6-chlorobromo-3-nitroquinone,* $C^6HClBr(AzO^2)O^2$ [Garzino, *Gazz. chim. ital.*, (2), **25**, 121. 1895].

DÉRIVÉS AMINÉS. — AMINOQUINONE, $C^6H^3(AzH^2)O^2$. — Kehrmann et Bahatrian [*D. chem. G.*, **31**, 2399, 1898] ont obtenu le *dérivé acétylé de l'aminoquinone*, fusible à 142°, en oxydant le diacétylaminophénol-1.4.2 par l'acide chromique en milieu sulfurique.

Diimide. — L'*aminodiphénylquinone-diimide.* $AzH^2-C^6H^3(Az-C^6H^5)^2$ prend naissance dans l'oxydation de l'aniline. Elle cristallise dans l'acétone-alcool en prismes d'un rouge bleuâtre fusibles à 167° [Bornstein, *D. chem. G.*, **34**, 1268, 1901].

5-Chloro-2-acétaminoquinone, $C^6H^2O^2Cl(AzH-CO-CH^3)$. — Elle fond à 174-175°.

5-Bromo-2-acétaminoquinone $C^6H^2ClO^2$ $(AzH-CO-CH^3)$. — Elle fond à 183-185° [Kehrmann et Bahatrian].

3.6-Dichloro-2-anilinoquinone $C^6HCl^2O^2$ $(AzH-C^6H^5)$. — Elle fond à 186°.

3.5-Dichloro-2-anilinoquinone $C^6HCl^2O^2$ $(AzH-C^6H^5)$. — Elle fond à 154°.

3.5.6-Trichloroanilinoquinone, $C^6Cl^3H(AzH C^6H^5)O^2$. — Niemeyer [*Ann. Chem.*, **228**, 333, et 335. 1885].

DIAMINOQUINONES, $C^6H^2(AzH^2)^2O^2$. — *2.5-Diaminoquinone* [Kehrmann et Betsch, *D. chem. G.*, **30**. 2100. 1897]. *2-Amino-5-anilinoquinone* $C^6H^2(AzH^2)(AzHC^6H^5)O^2$ (Kehrmann et Bahatiran).

Tétraméthyldiaminoquinone, $C^6H^2[Az(CH^3)^2]^2O^2$. — [Kehrmann, *D. chem. G.*, **23**, 905, 1890; — Mylius. *ibid.*, **18**. 467. 1885].

3.6-Dinitro-2.5-diaminoquinone $(AzH^2)^2C^6(AzO^2)^2O^2$. — [Nietzki, *D. chem. G.*, **20**, 2115, 1887].

2.5-Dianilinoquinone (quinone-anilide), $C^6H^2(AzH-C^6H^5)^2O^2$. — [Niemeyer, *Ann. Chem.*, **228**, 331, 1885: — O. Fischer et Hepp., *D. chem. G.*, **21**, 2618. 1888; — Nietzki et Schmidt, *ibid.*].

3-Chloro-2.5-dianilinoquinone. — [Niemeyer, *loc. cit.*; — Kehrmann, *D. chem. G.*, **22**, 1655, 1889; **23**, 899, 1890].

3-Nitro-2.5-dianiloquinone, $C^6H(AzO^2)(AzH-C^6H^5)^2O^2$. — [Kehrmann et Idzwoska, *D. chem. G.*, **32**, 1067. 1899].

Dichloroquinone-bis-o-aminobenzoïque (Acide). $C^6Cl^2O^2(AzH-C^6H^4-CO^2H)^2$. — [Ville et Astre. *Bull. Soc. Chim.*, **13**, 746, 1895; *ibid.*, **15**. 1027, 1896].

Dichloroquinone-bis-aminocinnamique. — [Astre, *ibid.*, **15**. 1030, 1896].

Di-o-nitro-2.5-dianiliquinone, $C^6H^2O^2(AzH-C^6H^4AzO^2)^2$. — [Leicester, *D. chem. G.*, **23**, 2794. 1890].

Dianiloquinone-anile,

$$(C^6H^5-AzH)^2 C^6H^2 {\nearrow O \atop \searrow Az-C^6H^5}$$

— [Zincke et Hagen, *D. chem. G.*, **18**, 787, 1885; — O. Fischer et Hepp, *D. chem. G.*, **21**, 675, 1888; — Kohler, *ibid.*, **24**. 910, 1888; — Diesbach, *Ann. Chem.*, **273**, 118. 1893; — Schunk et Marchlewski, *D. chem. G.*, **25**, 3574, 1892; — Jackson et Koch. *ibid.*, **31**, 1457, 1898 et *Am. Chem. Journ.*, **26**, 33].

3.6-Dichloro-2.5-bisisoamylaminoquinone, $C^6Cl^2O^2(AzH-C^5H^{11})^2$.

3.6-Dichloro-2.5-bis-diisoamylaminoquinone $C^6Cl^2O^2[Az(C^5H^{11})^2]^2$. — [Jackson et Torrey, *D. chem. G.*, **30**, 531, 1897; et *Am. Chem. Journ.*, **20**, 416, 1898].

Dichloro-bis-p-sulfanilinoquinone. — [Imbert et Pagès, *Bull. Soc. Chim.*, **19**, 575, 1898].

2.6-Diaminoquinone. — [Nietzki et Hagenbach, *D. chem. G.*, **30**, 542, 1897; — Bamberger, *ibid.*, **16**, 2402, 1883; — Nietzki et Preusser, *ibid.*, **19**. 2247. 1886; **29**, 797, 1896].

DÉRIVÉS IMIDÉS. — QUINONE-MONOIMINE, $O = C^6H^4 = AzH$. — Elle s'obtient par oxydation du p-amidophénol par l'oxyde d'argent en milieu éthéré. Elle forme des cristaux blancs très altérables, charbonnant instantanément en dégageant des vapeurs brunes [Willstætter et Pfannenstiehl, *D. chem. G.*, **37**, 4605, 1904]. Voyez INDOPHÉNOLS.

Quinone-chlorimide,

$$C^6H^4 \diagup^{AzCl}_{\diagdown O}$$

— On l'obtient par l'action de l'hypochlorite de potassium sur le chlorhydrate de p-amidophénol en présence d'éther [Meyer, *D. chem. G.*, **36**, 2978, 1903]; par l'action de ClOH sur l'aniline [Bamberger et Tschirner, *D. chem. G.*, **34**, 1523, 1898] ou le p-nitrophénol [Fogh, *D. chem. G.*, **24**, 890, 1888]. Elle cristallise en cristaux jaunes fondant à 85°.

La *quinone-phénylimide*,

$$C^6H^4 \diagup^{O}_{\diagdown Az-C^6H^5}$$

fond à 98°; *quinone-p-tolylimide*

$$C^6H^4 \diagup^{O}_{\diagdown Az-C^6H^4-CH^3}$$

[Bandrowski, *Monat.*, **9**, 134, 1888].

QUINONE-DIIMIDE, $C^6H^4(AzH)^2$. — Willstætter et Mayer [*D. chem. G.*, **37**, 1494, 1904] l'ont obtenue en traitant la quinone-dichlorimide $C^6H^4(AzCl)^2$ par HCl sec en milieu éthéré absolu; il se forme un dichlorhydrate $C^6H^4(AzCl^2H)^2$ que l'on décompose par AzH³ sec. On peut également la préparer, en oxydant par l'oxyde d'argent la p-phénylène-diamine en solution éthérée (Willstætter et Pfannenstiehl). La quinone-diimide se forme encore dans l'oxydation de la phénylène-diamine par le PbO^2 [Erdmann, *D. chem. G.*, 57, 2906, 1904].

La quinone-diimide cristallise en aiguilles blanches présentant l'odeur de la quinone. Elle se décompose à 50-60°, souvent avec explosion. Elle réagit sur les phénols avec formation d'indophénols et sur les amines tertiaires avec formation d'indamines colorées. Elle est réduite par le chlorure stanneux en p-phénylène-diamine et par le bisulfite de sodium en acides p-phénylène-diamine-sulfonique et p-amidophénolsulfonique.

Son dichlorhydrate se colore à 200°; il est assez stable à l'abri de l'humidité; chauffé avec les acides, il donne de la quinone et de l'ammoniaque.

Quinone-dichlorodiimide, $ClAz=C^6H^4=AzCl$. — Obtenue par l'action du chlorure de chaux sur la p-phénylène-diamine [Krause, *D. chem. G.*, **12**, 47], elle se décompose avec explosion à 124°. Elle se combine à l'éthyl-β-naphtylamine, pour donner le dérivé β-amidé de l'éthylnaphtophénazonium [Schaposchnikof, *Journ. Soc. phys. chim. russe*, **30**, 546, 1898; et **32**, 198, 1900].

2.5-Dianilinoquinone-dianile(dianilinoquinone-diimide, azophénine), $(C^6H^5AzH)^2C^6H^2(Az-C^6H^5)^2$. — Voyez 2° Suppl., **1**, 393.

DÉRIVÉS OXHYDRYLÉS DE LA P-QUINONE. —
MONOXYQUINONE, $C^6H^3(OH)O^2$. — On connaît ses dérivés méthylés et éthylés; *méthoxyquinone*, $C^6H^3(OCH^3)O^2$, fusible à 140° [Mülhäuser, *Ann. Chem.*, **207**, 251, 1881; — Will, *D. chem. G.*, **24**, 605, 1888; — Bechhold, *D. chem. G.*, **22**, 2381, 1889; — Heinrich et Rhodius, *D. chem. G.*, **35**, 1475, 1902]; *dioxime*, $CH^3O.C^6H^3(AzOH)^2$ [Best, *Ann. Chem.*, **255**, 187, 1890].

Ethoxyquinone, $C^6H^3(OC^2H^5)O^2$ [Will et Pukall, *D. chem. G.*, **20**, 1132, 1887; — Kietaibl, *Monats.*, **19**, 536, 1898].

2-5-DIOXYQUINONE, $C^6H^2(OH)^2O^2$. — [Löwy, *D. chem. G.*, **19**, 2387, 1886; — Nietzki et Schmidt, *ibid.*, **21**, 2374, 1888; — Kehrmann, *ibid.*, **23**, 903, 1890; — Diepolder, *ibid.*, **32**, 3523, 1899; — Kehrmann et Bahatrian, *ibid.*, **34**, 2402, 1898; — Knœvenagel et Bückel, *ibid.*, **34**, 3995, 1901]. *Dioxime*, $C^6H^2(OH)^2(AzOH)^2$; *éther diméthylique*, $C^6H^2(OCH^3)^2O^2$ [Nietzki et Schmidt, Will, *D. chem. G.*, **24**, 608, 1888; — Ciamician et Silber, *ibid.*, **26**, 786, 1893; — Nietzki et Rechberg, *ibid.*, **23**, 1216, 1890]. *Ether diéthylique*, $C^6H^2(OC^2H^5)^2O^2$ [Nietzki et Rechberg, *loc. cit.*; — Brezina, *Mon. f. Chem.*, **22**, 346, 1901]. *Ether dipropylique* [Knœvenagel et Bückel].

6-*Chloro*-2.5-*dioxyquinone*, $C^6HCl(OH)^2O^2$ [Kehrmann et Tiesler, *J. prakt. Chem.*, (2), **40**, 484, 1889 et **41**, 89, 1890]; *chlorodiphénoxyquinone*, $C^6HCl(OC^6H^5)^2O^2$ [Jackson et Grindley, *Am. Chem. Journ.*, **17**, 655, 1895].

3.6-*Dichloro*-2.5-*dioxyquinone (acide chloranilique)*, $C^6H^2Cl^2(OH)^2O^2$ (voyez Dict., **4**, 1310).

L'acide chloranilique se forme dans la décomsition du dichlorodiméthoxyquinone-diméthyldiacétylacétal, $C^6Cl^2(OCH^3)^4(O-CO-CH^3)^2$ par l'acide sulfurique étendu [Jackson et Torrey, *Am. Chem. Journ.*, **20**, 249, 1898].

Préparation. — [Grœbe, *Ann. Chem.*, **263**, 24, 1891].

Propriétés. — L'acide chloranilique fond en tube scellé à 283-284° [Michael, *D. chem. G.*, **28**, 1631, 1895]; conductibilité électrique [Barth, *D. chem. G.*, **25**, 837, 1892]. Chaleur de combustion, 486 Cal,2 [Valeur, *Ann. Chim. Phys.*, (7), **21**, 507, 1901; — Cofetti, *Gazz. Chim. ital.*, **30**, (II), 238, 1900; — Fiorini, *ibid.*, **31**, I, 35, 1901]. Traité par le chlore en présence d'iode, l'acide chloranilique fournit de la pentachloracétone et de l'acide oxalique [Levy et Jedlicka, *Ann. Chem.*, **249**, 80, 1888]; avec l'iode en milieu alcalin, il donne de l'iodoforme (Jackson et Torrey).

La constitution de l'acide chloranilique est démontrée par ce fait que, par l'action des alcalis sur la 2.6-dichloro-3.5-dibromoquinone ou de la 2.5-dichloro-3.6-dibromoquinone, on obtient le même acide chlorobromanilique.

Ethers diméthyliques, $C^6Cl^2(OCH^3)^2O^2$. — [Kehrmann, *J. prakt. Chem.*, (2), **40**, 370, 1888]; *dichlorodiméthoxyquinone - diméthylhémiacétal*, $(CH^3O)^2C^6Cl^2O^2 + 2CH^3OH$ [Jackson et Grindley, *Am. Chem. Journ.*, **17**, 600, 1895; — Jackson et Torrey, *ibid.*, **20**, 407, 1898]. *Ethers diéthyliques*, $C^6Cl^2(OC^2H^5)^2O^2$ (Kehrmann); *dichlorodiéthoxyquinone - diéthylhémiacétal*, $(C^6H^5O)^2C^6Cl^2O^2 + 2C^6O^5OH$; *dichlorodiéthoxyquinone-tétréthylacétal*, $(C^2H^5O)^2C^6Cl^2(OC^2H^5)^2$ (Jackson et Grindley); *dichloro-diisoamyloxyquinone-diisoamylacétal* [Jackson et Oonslager, *Am. Chem. Journ.*, **18**, 7, 1896]. *Ethers diisoamylique et dibenzylique* [Jackson et Oenslager, *Am. Chem. Journ.*, **18**, 12, 1826]; *diphénylique* (Jackson et Grindley).

3.6-*Dibromo*-2.5-*dioxyquinone (acide bromanilique)*, $C^6Br^2(OH)^2O^2$. — [Sarauw, *Ann. Chem.*, **209**, 115, 1881; — Salzmann, *D. chem. G.*, **20**, 1997, 1887; — Hantzsch, *D. chem. G.*, **20**, 1303, 1887; — Grœbe et Welltner, *Ann. Chem.*, **263**, 35, 1891; — Hantzsch et Schniter, *D. chem. G.*, **20**, 2040 et **21**, 2438, 1888; — Levy et Jedlicka, *Ann. Chem.*, **249**, 81, 1888; — Cofetti, *Gazz. chim. ital.*, **30**, II, 238, 1900; — Fiorini, *ibid.*, **31**, I, 35, 1901; — Descomps, *Bull. Soc. Chim.*, **21**, 368, 1899]. *Sels* [Landolt, *D. chem. G.*, **35**, 852, 1902; — Ling, *Chem. Soc.*, **64**, 574, 1892; — Pope, *Chem. Soc.*, **64**, 586, 1892]. — *Ether diéthylique*, C^6Br^2

$(OC^2H^5)^2O^2$ fusible à 139° [Bentley, *Am. Chem. Journ.*, **20**, 479, 1898]. *Éther diphénylique*, $C^6Br^2(OC^6H^5)^2O^2$, fusible à 266-267° [Jackson et Grindley, *Am. Chem. Journ.*, **17**, 651, 1895].

6-Chloro-3-bromo-2.5-dioxyquinone (acide chlorobromanilique). $C^6ClBr(OH)^2O^2 + H^2O$. — [Krause, *D. chem. G.*, **12**, 54, 1879; — Levy, *ibid.*, **18**, 2370, 1885; — Levy et Schultz, *Ann. Chem.*, **210**, 163, 1881; — Ling, *Chem. Soc.*, **51**, 785, 1887; — Hantzsch, *D. chem. G.*, **22**, 2829, 1889; — Kehrmann et Tiesler, *J. prakt. Chem.*, **40**, 486, 1889; — Pope, *Chem. Soc.*, **61**, 584, 1892; — Ling et Baker, *ibid.*, **61**, 591.

6-Chloro-3-iododioxyquinone. $C^6ClI(OH)^2O^2$ [Kehrmann et Tiesler, *loc. cit.*]. *3-nitro-2.5-dioxyquinone*, $C^6H(AzO^2)(OH)^2O^2$ [Nietzki et Schmidt, *D. chem. G.*, **22**, 1661, 1889; — Kehrmann et Idzkowska, *ibid.*, **32**, 1071, 1899].

3.6-Dinitro-2.5-dioxyquinone (acide nitranilique), $C^6(AzO^2)^2(OH)^2O^2$. — On l'obtient : 1° dans l'action de Az^2O^3 sur une solution éthérée et humide d'hydroquinone [Nietzki, *Ann. Chem.*, **215**, 138, 1882]; ou d'acide dioxyquinone-téréphtalique [Levy, *D. chem. G.*, **19**, 2385, 1886]; 2° dans la nitration de l'hydroquinone [Nietzki et Benckiser, *D. chem. G.*, **18**, 499, 1885]; de l'acide hydroquinone-dicarbonique [Hermann, *Ann. Chem.*, **211**, 342, 1882]; du dioxyquinone-téréphtalate acide de sodium [Hantzsch, *D. chem. G.*, **19**, 2399, 1886]; du triacétate d'oxyhydroquinone [Thiele et Jœger, *D. chem. G.*, **34**, 2838, 1901]; 3° en chauffant le chloranile préalablement humecté d'alcool, avec une solution concentrée de nitrite de sodium [Nef, *D. chem. G.*, **20**, 2028, 1887 et *Am. Chem. Journ.*, **11**, 17, 1889].

L'acide nitranilique cristallise en tables jaunes retenant de l'eau de cristallisation; anhydre, il détone à 170° sans fondre. Il est très soluble dans l'eau et l'alcool, insoluble dans l'éther. Constante d'affinité [Coffetti, *Gazz. chim. ital.*, **30**, II, 237, 1900]. Conductibilité électrique [Barth, *D. chem. G.*, **25**, 837]. Sa solution aqueuse se décompose spontanément avec production des acides cyanhydrique et oxalique. L'acide nitranilique est réduit par $SnCl^2 + HCl^2$ en nitroaminotétroxybenzène $C^6(AzO^2)(AzH^2)(OH)^4$.

2-6-Dioxyquinone. $C^6H^2(OH)^2O^2$. — *Éthers mono et diméthyliques* [Pollack et Ganz, *Monats.*, **23**, 947, 1902; — Gadamer, *D. chem. G.*, **30**, 2333, 1897; — Weidel et Pollak, *Monast.*, **24**, 33, 1900]; *éther diéthylique*, $C^6H^2(OC^2H^5)^2O^2$, fusible à 118-122° (Weidel et Pollak).

Trioxyquinone, $C^6H(OH)^3O^2$. — On l'obtient en chauffant à 140-150° avec de l'acide chlorhydrique étendu le chlorhydrate d'aminodiiminorésorcine :

$$C^6H(OH)^2(AzH^2)(AzH)^2 + 3H^2O$$
$$= C^6H(OH)^3O^2 + 3AzH^3$$

[Merz et Zetter, *D. chem. G.*, **12**, 2040].

Elle se présente sous la forme d'écailles à reflets cuivrés ou d'une poudre amorphe presque noire; elle est insoluble ou peu soluble dans la plupart des solvants organiques usuels, mais se dissout avec coloration brune dans les alcalis et leurs carbonates. Elle fournit un *triacétate*, un *tribenzoate* et un *sel triargentique*.

6-Chlorotrioxyquinone-3-éthyléther, $C^6Cl(OH)^2(OC^2H^5)ClO^2$, fusible à 166-167° [Kehrmann, *J. prakt. Chem.*, (2), **43**, 265, 1891]. — *Bromotrioxyquinone*, $C^6Br(OH)^3O^2$ [Merz et Zetter, *loc. cit.*].

Tétraoxyquinone, $C^6(OH)^4O^2$. — La tétraoxyquinone s'obtient par oxydation de l'inosite au moyen de l'acide azotique [Maquenne, *Ann. Chim. Phys.*, (6), **12**, 112, 1887]; par oxydation de l'hexaoxybenzène au moyen de l'air [Nietzki et Benckiser, *D. chem. G.*, **18**, 507, 1837, 1885; — Lerch, *Ann. Chem.*, **124**, 28]. Elle forme des cristaux d'un bleu noir, infusibles, solubles dans l'alcool et l'eau chaude, peu solubles dans l'éther et l'eau froide. Elle fonctionne comme un acide bibasique faible et fournit un *sel de sodium* $C^6(OH)^2(ONa)^2O^2$ cristallisé en aiguilles vertes à reflets métalliques. La tétraoxyquinone, chauffée avec le chlorure d'acétyle à 100°, fournit un dérivé diacétylé $(CH^3-CO-O)^2C^6O^2(OH)^2$ [Nietzki et Kehrmann, *D. chem. G.*, **20**, 3152, 1887]. Avec le chlorure d'acétyle et le zinc elle fournit l'hexacétate d'hexaoxybenzène $C^6(C^2H^3O^2)^6$. Elle s'oxyde en présence de 4 mol. de potasse, en se transformant en acide rhodizonique.

Cette solution alcaline évaporée à l'air fournit de l'acide croconique et de l'acide oxalique.

Par oxydation nitrique, la tétraoxyquinone est convertie en perquinone.

Dérivé tétrabenzoylé, $C^6O^2(C^7H^5O)^4$ [Maquenne, Nietzki et Kehrmann, *loc. cit.*].

Éther diphénylique (acide diphénoxyanilique), $C^6(OC^6H^5)^2(OH)^2O^2$. — Il résulte de l'action de la soude à 25 0/0 sur la tétraphénoxyquinone; il fond vers 275° [Jackson et Grindley, *Am. Chem. Journ.*, **17**, 647, 1895].

Diphénoxydiméthoxyquinone, $C^6(OC^6H^5)^2(OCH^3)^2O^2$, fusible à 171°. *Diphénoxydiéthoxyquinone*, $C^6(OC^6H^5)^2(OC^2H^5)^2O^2$, fusible à 128°.

Tétraphénoxyquinone, $C^6(OC^6H^5)^4O^2$. — Elle s'obtient en traitant le chloranile par le phénate de sodium (Jackson et Grindley).

Tétraéthylthioquinone, $C^6(SC^2H^5)^4O^2$ (Grindley et Sammis, *Am. Chem. Journ.*, **19**, 290, 1897].

1.2-Dioxydiquinoyle (acide rhodizonique),

$$\begin{array}{c} CO \\ CO \diagup \diagdown COH \\ CO \diagdown \diagup COH \\ CO \end{array}$$

(Voyez Dict., **4**, 1358). — L'acide rhodizonique se forme par réduction de la perquinone au moyen d'une solution aqueuse de SO^2 à 40-50° [Nietzki et Benckiser, *D. chem. G.*, **18**, 513, 1885]. Son sel disodique s'obtient également en dissolvant la perquinone dans la soude étendue.

L'acide rhodizonique forme des cristaux incolores; conductibilité électrique [Coffetti, *Gazz. chim. ital.*, **30**, II, 244, 1900]. Il est très peu stable. Le chlore ou l'acide azotique l'oxydent en acide leuconique $C^5H^8O^9$. Les solutions alcalines sont jaune rougeâtre; évaporées à l'air elles fournissent de l'acide croconique. Il se condense avec la phényl-o-phénylène-diamine en donnant, entre autres produits, la trioxyphénylaposafranone [Kehrmann et Duret, *D. chem. G.*, **34**, 2440, 1901]. Le *rhodizonate de sodium* $C^6O^6Na^2$ cristallise dans l'eau en aiguilles violettes, se transformant au contact de la liqueur mère en octaèdres à reflet vert [Nietzki et Benckiser, *D. chem. G.*, **18**, 1840, 1885]; il est soluble dans l'eau, insoluble dans l'alcool; il fournit de la perquinone par oxydation nitrique.

Rhodizonate d'aniline [Nietzi et Schmidt, *D. chem. G.*, **21**, 1855, 1888].

Composé $C^6H^2O^6$. — Astre [*C. R.*, **121**, 559, 1895] a décrit les composés $C^6K^2O^6$ et C^6KHO^6.

Perquinone (triquinoyle), $C^6O^6 + 8H^2O$. — La perquinone ou triquinoyle se forme dans l'oxydation par le chlore ou l'acide azotique, de l'hexaoxybenzène, la tétraoxyquinone ou l'acide rhodizonique [Lerch, *Ann. Chem.*, **124**, 34], ou encore dans l'action de l'acide azotique (D = 1,4) sur le diaminophènetétrol-1.2.4.5 ou la diiminodioxyquinone [Nietzki et Benckiser, *D. chem. G.*, **18**, 504, 1842, 1885].

Le triquinoyle forme des aiguilles microscopiques fusibles vers 95° en perdant CO^2. Il est insoluble dans l'eau froide, l'alcool et l'éther. Il est réduit par SO^3 en acide rhodizonique et par $Sn\,Cl^2$ en hexaoxybenzène. Il oxyde l'acide iodhydrique avec mise en liberté d'iode.

Chauffé avec de l'eau, il se décompose avec formation de CO^2 et d'acide croconique.

QUINONE-MONOXIME (*p-benzoquinone-monoxime*) $O = C^6H^4 = Az - OH$. — La quinone-monoxime est identique au p-nitrosophénol (voyez ce mot, 1er Suppl., 2, 1170) [Bridge, *Ann. Chem.*, **277**, 79, 87, 1893].

Elle se forme dans l'action du chlorhydrate d'hydroxylamine sur la quinone [Goldschmidt, *D. chem. G.*, **17**, 213, 1884] et dans l'action de H^2O^2 sur le phénol, en présence d'un sel d'hydroxylamine [Wurster, *D. chem. G.*, **20**, 2632, 1887]. Elle prend aussi naissance, à côté d'autres produits, dans l'action de la soude sur le nitrosobenzène [Bamberger, *D. chem. G.*, **33**, 1939, 1955, 1900].

Préparation par nitrosation du phénol [Bridge, *loc. cit.*].

Purifiée par cristallisation dans le toluène et l'éther, elle cristallise en paillettes blanches neutres; elle commence à se décomposer vers 124°. D'après Farmer et Hantzsch [*D. chem. G.*, **32**, 3101, 1899], sa solution aqueuse renfermerait à la fois les deux formes tautomériques : nitrosophénol et quinonoxime. La forme oxime n'existerait qu'à l'état solide et incolore. La quinonoxime se comporte comme un non-électrolyte [Hantzsch et Dollfus, *D. chem. G.*, **35**, 226, 1902]. Chaleurs de combustion et de formation [Valeur, *Bull. Soc. Chim.*, **19**, 515, 1898].

L'action du diazométhane ou de CH^3I et de la potasse sur le nitrosophénol fournit l'Az-p-dioxydiphénylglyoxime et l'éther méthylique de la quinonoxime; le nitrosophénol se comporte donc à la fois comme un dérivé nitrosé vrai et comme un dérivé isonitrosé [v. Pechmann et Seel, *D. chem. G.*, **34**, 296, 1898; — voyez aussi Borsche, *Ann. Chem.*. **312**, 211; *D. chem. G.*, **32**, 2935; — Tortorici, *Gazz. chim. ital.*, **27**, II, 574].

Méthylquinonoxime $C^6H^4O = Az\,O\,CH^3$. Elle fond à 83°. — *L'éthylquinonoxime* fond à 30°. — La *benzylquinonoxime* fond à 63°,5. — *L'acétylquinonoxime* $C^6H^4O = Az - O - CO - CH^3$ fond à 107°. — La *benzoylquinonoxime* $C^6H^4O = Az - O - CO - C^6H^5$ fond à 172-174° (Bridge).

Quinonoxime-semicarbazone $Az\,H^2 - CO - Az\,H - Az = C^6H^4 = Az\,OH$. — Décomposition vers 238°.

QUINONE-DIOXIME $C^6H^4 (= Az - OH)^2$. — On la prépare en faisant agir en milieu chlorhydrique le chlorhydrate d'hydroxylamine sur le p-nitrosophénol [Nietzki et Gutterman, *D. chem. G.*, **24**, 429, 1888; — Lobry, *Rec. Pays-Bas*, **13**, 109, 1894]. Elle se forme encore dans l'action du chlorhydrate d'hydroxylamine sur la quinone, l'hydroquinone [Nietzki et Kehrmann, *D. chem. G.*, **20**, 614, 1887], la p-nitrosoaniline [O. Fischer et Hepp, *D. chem. G.*, **24**, 685] ou la benzyl-p-nitrosoaniline [Böddinghaus, *Ann. Chem.*, **263**, 304, 1891] et dans l'action de Az H² O H sur la p-nitrosodiphénylamine [Wohl, *D. chem. G.*, **36**, 4135, 1903].

La quinone-dioxime cristallise en longues aiguilles jaune d'or se décomposant à 240°. Elle est soluble dans l'ammoniaque concentrée. La quinone-dioxime n'est pas conductrice; elle

détruit peu à peu dans ses solutions avec formation d'un *anhydride*

$$C^6H^4 \leqq \begin{matrix} Az \searrow \\ Az \nearrow \end{matrix} O$$

qui se présente sous la forme d'une poudre rouge détonant sans fondre au-dessus de 300° [Farmer et Hantzsch, *D. chem. G.*, **32**, 3101, 1899]. L'acide nitrique l'oxyde en p-dinitrophénol; il en est de même de Az^2O^4 [Tortorici, *Gazz. chim. ital.*, **30**, I, 532, 1900].

Kehrmann [*D. chem. G.*, **27**, 217; *Ann. Chem.*, **279**, 27], par l'action de l'anhydride acétique sur la quinone-dioxime, a obtenu deux dérivés acétylés stéréoisomères : l'un (syn-dérivé) soluble dans le benzène, fond à 147°, l'autre (anti-dérivé) fond à 190° en se décomposant. Ces deux acétylquinone-dioximes régénèrent la même quinone-dioxime par saponification au moyen des alcalis. Janvier 1906. Amand Valeur.

QUINONES (voyez Dict., **4**, 1311).

Définition. — On désigne sous le nom de quinones des composés dérivant des hydrocarbures aromatiques, par le remplacement de 2 atomes d'hydrogène par 2 atomes d'oxygène dans un noyau benzénique. Cette substitution peut se faire en ortho (o-quinones) ou en para (p-quinones). On connaît ainsi les o- et p-quinones dérivées du benzène et du naphtalène :

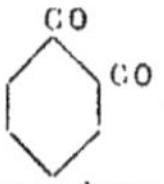

o-Benzoquinone.

p-Benzoquinone (quinone ordinaire).

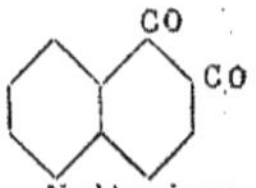

o-Naphtoquinone (β-naphtoquinone).

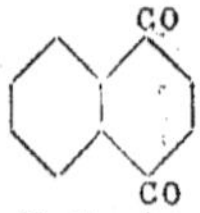

p-Naphtoquinone (α-naphtoquinone).

Ces composés dérivent des o- et p-diphénols par oxydation et les régénèrent par réduction, sans que cette réduction fournisse d'alcools secondaires.

Par extension, le mot quinones s'applique encore à certains composés dicétoniques colorés (anthraquinone, camphoquinone, etc.) qui ne répondent pas aux conditions citées plus haut.

Les p-quinones sont généralement colorées en jaune: elles possèdent une odeur forte et sont volatiles avec la vapeur d'eau. Les o-quinones sont inodores et non volatiles. Les premières ont un pouvoir oxydant très marqué; chez les secondes, ce caractère est peu net ou fait défaut.

Chez les p-quinones elles-mêmes, le pouvoir oxydant, mesuré par la quantité de chaleur dégagée par la fixation de H^2 sur une quinone déterminée, décroît à mesure que s'élève le poids moléculaire [A. Valeur, *Ann. Chim. Phys.*, (7), **24**, 470, 1900].

Les p-quinones sont souvent appelées *quinones vraies*, par opposition aux o-quinones qui se conduisent en véritables dicétones. L'o-benzoquinone (voyez ce mot) possède cependant des propriétés oxydantes qui la rapprochent des p-quinones.

Nous ne nous occuperons ici que des p-quinones ou quinones vraies.

Constitution. — Les p-quinones paraissent

posséder à la fois les formules oxydique et dicétonique attribuées respectivement par Græbe et Fittig à la quinone ordinaire :

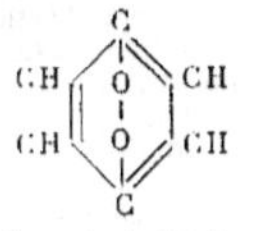

Formule de Græbe. 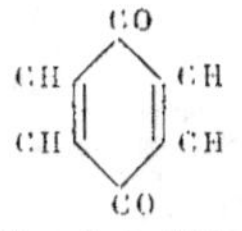　　Formule de Fittig.

Le rôle oxydant de ces substances, la formation de p-diphénols par réduction, la non-formation d'oximes et d'hydrazones par action directe de l'hydroxylamine et des hydrazines s'accordent bien avec la formule de Græbe. La propriété de donner une dioxime est au contraire expliquée par la formule de Fittig.

L'action de PCl^5 à 180-200° sur le chloranile a fourni à Græbe du benzène hexachloré, mais en opérant à 135-140°, on obtient, comme l'a montré Barral [*Bull. Soc. Chim.*, **11**, 925, 1894]. le p-bichlorure de benzène hexachloré

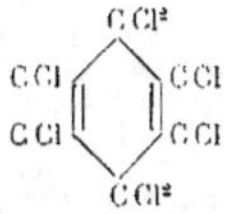

fait qui établit la nature dicétonique du chloranile et par suite de la quinone.

La formation des quinones par hydratation des indophénols [Bayrac. *Bull. Soc. Chim.*, (3), **11**, 1129; *Ann. Chim. Phys.*, (7). **10**. 18]. l'action des organo-magnésiens [Bamberger et Blangey. *D. chem. G.*, **36**, 1625. 1903] et la formation des hémi-acétals de Jackson et Torrey [*Am. Chem. Journ.*, **20**, 427, 1898] sont encore des arguments en faveur de la formule de Fittig.

Les p-quinones paraissent donc réagir, suivant les circonstances. sous deux formes tautomériques distinctes.

Formation et préparation. — Les p-quinones se forment :

1° Dans l'oxydation des carbures aromatiques. des phénols [Bœdtker. *Bull. Soc. Chim.*, **34**. 971. 1904], des p-diphénols, des p-aminophénols ou de leurs dérivés acétylés [Kehrmann et Matis. *D. chem. G.*, **34**, 2413. 1898], des p-diamines. L'oxydation du m-xylénol par l'anhydride chromique fournit la 3.5.3'.5'-tétraméthyldibenzoquinone O = C^{6}H^2(CH^3)^2 = C^{6}H^2(CH^3)^{2}O [Auwers et v. Markovits, *D. chem. G.*, **38**, 226, 1905].

2° Dans l'action des éthers halogénés sur la p-benzoquinone en présence de FeCl^3. Le chlorure de butyle tertiaire fournit ainsi la dibutylquinone C^{6}H^2(C^{4}H^9)^{2}O^2 [Gurewitch, *D. chem. G.*. **32**. 2424, 1899].

3° Dans la décomposition des indophénols par l'acide sulfurique étendu de 2,5 parties d'eau :

$$O = C^6H^4 = Az - C^6H^4 - Az(CH^3)^2 + H^2O$$
$$= C^6H^4O^2 + C^6H^4(AzH^2)Az(CH^3)^2$$

[Bayrac, *Bull. Soc. Chim.*, (3), **11**, 1129, 1894].

4° Dans la condensation des α-dicétones de la forme CH^3 — CO — CO — R par la soude étendue; le diacétyle fournit ainsi la xyloquinone : 2CH^3 — CO — CO — CH^3 = (CH^3)^2. C^{6}H^{2}O^2 + 2H^{2}O [v. Pechmann. *D. chem. G.*. **21**, 1417].

Propriétés (voyez p-quinone). — Les quinones s'unissent aux halogènes en donnant des produits d'addition. La quinone ordinaire fixe 2 et 4 atomes d'halogène, en donnant des di- et tétrahalogénures [Nef, *J. prakt. Chem.*, (2). **42**, 182;

— Clark, *Am. Chem. Journ.*, **14**. 553]; les quinones monosubstituées fixent 2 atomes seulement; quant aux polysubstituées, elles ne fournissent plus de dérivés d'addition [Peratoner et Genco, *Gazz. chim. ital.*, **24**, II, 386; — Oliveri et Tortorici, *Gazz. chim. ital.*, **27**, II, 572].

Les p-quinones oxydent l'hydroxylamine libre, mais fournissent par l'action de AzH^{2}OH.HCl des monoximes identiques aux nitrosophénols et des dioximes.

Les hydrazines alcoylées secondaires, l'amidoguanidine et la semicarbazide, à l'état de sels ou de dérivés acidylés, se condensent avec les quinones pour donner des produits qui se conduisent comme possédant tantôt le groupement R — Az = C^{6}H^4 = O et tantôt le groupe oxyazoïque R — Az = Az — C^{6}H^{4}OH [Thiele et Barlow, *Ann. Chem.*, **302**, 311, 1898]. Cependant, d'après Pherson [*D. chem. G.*, **28**, 2414; *Am. Chem. Journ.*, **22**, 364, 1899]. les p-oxyazoïques seraient différents des quinone-hydrazones. Suivant Farmer et Hantzsch [*D. chem. G.*, **32**. 3089, 1899], les quinone-hydrazones posséderaient réellement la constitution indiquée par leur nom; mais leurs sels correspondraient à la forme tautomérique oxyazoïque.

Les quinones se condensent avec les hydrazides en donnant des composés p-oxyazoïques, par exemple HO — C^{10}H^6 — Az = Az — CO — R [Borsche et OEkinga, *Ann. Chem.*, **340**, 85, 1905].

Les p-quinones réagissent sur les benzhydrols avec élimination d'eau ; le résidu du benzhydrol se fixe en ortho par rapport à l'oxygène quinonique. Si les deux positions ortho sont libres, deux résidus se fixent à la fois [Möhlau. *D. chem. G.*, **34**. 2351, 1898]. Cette condensation est spéciale aux p-quinones, à l'exclusion des o-quinones. Elle se produit avec les alcools purement aromatiques et secondaires seulement [Möhlau et Klopfer, *D. chem. G.*, **32**, 2146, 1899].

L'action de l'aniline, si nette avec la quinone ordinaire, est tout à fait différente avec la durènequinone. En tube scellé à 220°, elle la réduit simplement en hydrodurène-quinone; à froid, au contraire, elle polymérise cette quinone comme le fait une solution alcoolique alcaline [Rugheimer et Hankel, *D. chem. G.*, **29**, 2171, 2176].

Les quinones traitées par l'anhydride acétique, en présence de SO^{4}H^2 fournissent les dérivés triacétylés des monoxyhydroquinones correspondantes :

$$C^6H^4O^2 + 2(CH^3 — CO)^2O = C^6H^3(O — CO — CH^3)^3$$
$$+ CH^3CO^2H.$$

Les deux naphtoquinones fournissent ainsi le même triacétate de 1.2.4-trioxynaphtalène (Thiele).

Les quinones forment avec les mono et polyphénols des combinaisons colorées peu stables. En ce qui concerne les p-diphénols, la combinaison n'est possible qu'entre une quinone à poids moléculaire plus faible que le p-diphénol qu'on lui oppose; dans le cas contraire, une réaction préalable s'opère. Par exemple, la benzoquinone opposée à la thymohydroquinone l'oxyde en thymoquinone, en se transformant elle-même en hydroquinone : thymoquinone et hydrobenzoquinone se combinent ensuite (A. Valeur).

En condensant les phénols et les quinones à haute température ou en présence de SO^{4}H^2 en milieu acétique. on obtient des produits de condensation non colorés [Blumenfeld et Friedländer, *D. chem. G.*, **30**, 1464, 2563].

Les composés organo-magnésiens de Grignard réagissent sur les quinones, en donnant des quinols. La toluquinone, par exemple, fournit avec CH^3MgI le composé

$$C^6H^3(CH^3)O < {}^{OMgI}_{CH^3}$$

que l'eau décompose avec formation de diméthyl-quinol

$$C^6H^3(CH^3)O < {}^{OH}_{CH^3}$$

La p-benzoquinone fait exception à la règle [Bamberger et Blangey, *D. chem. G.*, **36**, 1625, 1903].

Le diazométhane s'unit aux quinones en donnant des dérivés cétodihydropyrazoliques. L'α-naphtoquinone fournit ainsi le dicétonaphtodihydropyrazol

$$Az < {}^{CH-CH}_{AzH-CH} \cdots {}^{CO}_{CO}$$

[v. Pechmann et Seel, *D. chem. G.*, **32**, 2292, 1899].

Les quinones et surtout leurs dérivés halogénés se combinent au sodomalonate d'éthyle, en donnant des composés fortement colorés et très peu stables [Liebermann, *D. chem. G.*, **34**, 2903, 1898].

PRODUITS D'ADDITION. — Les quinones substituées fournissent des produits d'addition à molécules égales avec la diméthylaniline [Jackson et Clarke, *D. chem. G.*, **37**, 176, 1904, 617].

POLYMÉRISATION. — Certaines quinones sont susceptibles de se polymériser. La thymoquinone, sous l'influence de la lumière ou des alcalis, se polymérise en dithymoquinone (Liebermann) dont la constitution serait

$$ {}^{C^3H^7}_{CH^3} > C^6H^4 - O - O - C^6H^4 < {}^{C^3H^7}_{CH^3}$$

ou d'après Logodzinski et Nateesen

$$O = C^6H^3(CH^3)(C^3H^7) < {}^{O}_{O} > C^6H^2(CH^3)(C^3H^7) = O$$

Pour la durène-quinone, qui se polymérise de même sous l'influence des alcalis, le polymère obtenu répondrait, d'après Rugheimer et Dankel, à la constitution $C^6O^2(CH^3)^3CH^2 - O - C^6(CH^3)^4OH$.

DOSAGE. — Les p-quinones dérivées du benzène et de ses homologues peuvent être dosées, en titrant par l'hyposulfite de soude la quantité d'iode mise en liberté, quand on fait agir un poids donné de quinone, sur une solution d'iodure de potassium fortement acidulée par l'acide chlorhydrique [A. Valeur, *C. R.*, **129**, 552, 1899; *Bull. Soc. Chim.*, (3), **23**, 58].

Janvier 1906.   Amand Valeur.

QUINOPHÉNOL (Syn. : *Oxyquinoléine*). — Voyez QUINOLÉIQUES (BASES).

QUINOPHTALINES. — Les quinophtalines constituent les dérivés iminés des quinophtalones.

L'α-quinophtaline a été obtenue par Eibner et Lange (Voyez QUINOPHTALONE) en traitant la quinophtalone par l'ammoniac alcoolique. Elle constitue des prismes rouge grenat fondant à 305°. La phénylhydrazine fournit une *combinaison* fondant à 165°. L'aniline donne l'*anilquinophtalone*.

Son *chloroplatinate* est en aiguilles jaunes fusibles à 278° $(C^{18}H^{12}OAz^2)2HCl.PtCl^4$.

L'*isomère* β s'obtient en chauffant molécules égales de quinaldine et de chlorure de zinc à 130°, et ajoutant au mélange 1 mol. de phtalimide. Petits cristaux jaunes fondant à 213°.

Le brome fournit un mélange des dérivés tri et monobromés (?). Le *dérivé monobromé*, le moins soluble, fond à 56-59°.

Eibner et Hoffman ont réussi à obtenir un *perbromure* rouge, insoluble par l'action du brome sur une solution de β-quinophtaline en présence de chloroforme. La liqueur d'où se sépare ce perbromure laisse déposer des aiguilles incolores fusibles à 78°; ces aiguilles sont constituées par un tétrabromure. Les alcalins à chaud fournissent de l'acide quinoyl-acétophénone-o-carbonique

$$C^6H^4 < {}^{CO.CH^2.C^9H^6Az}_{CO^2H}$$

[*D. chem. G.*, **37**, 3018, 1904].

Ces deux quinophtalines isomères correspondent aux deux formules :

$$C^6H^4 < {}^{CO}_{ {}^{>AzH}_{C=CH.C^9H^6Az} } \qquad C^6H^4 < {}^{C=AzH}_{ {}^{>O}_{C=CH.C^9H^6Az} }$$

$$\beta \qquad\qquad \alpha$$

HOMOLOGUES SUPÉRIEURS.

p-Tolu-α-quinophtaline. — Obtenue par l'action de l'ammoniaque en solution alcoolique sur la p-tolu-α-quinophtalone. Elle constitue de fines aiguilles fusibles à 270-271°, solubles à chaud dans le chloroforme et l'acide acétique. L'acide chlorhydrique la convertit en phtalone; l'aniline en aniltoluquinophtalone.

p-Tolu-β-quinophtalone. — Elle se prépare comme son homologue inférieur; belles lamelles dorées fondant à 209° [Eibner et Simon, *D. chem. G.*, **34**, 2303, 1901].

1er juin 1907.   V. Thomas.

QUINOPHTALONE,

$$C^6H^4 < {}^{C=CH.C^9H^6Az}_{ {}^{>O}_{C=O} }$$

— Ce composé résulte de la condensation de la quinaldine (2 mol.) avec l'anhydride phtalique (1 mol.) vers 200° en présence d'un agent de condensation (ZnCl², par exemple) [Jacobsen et Reimer, *D. chem. G.*, **16**, 513, 1082, 1883; — Traub, *ibid.*, **16**, 878, 1883; — Eibner et Lange, *Ann. Chem.*, **315**, 303, 1901]. Le produit brut peut être purifié par transformation en sel de soude [Eibner, Brevet 158 761, 12 décembre 1903]. Lorsqu'elle est pure, la quinophtalone se présente sous forme d'aiguilles jaunes fusibles à 239-240° [Eibner et Merkel, *D. chem. G.*, **35**, 2297, 1902]. Ces aiguilles sont insolubles dans l'eau, un peu solubles dans l'alcool. C'est une matière colorante qui se trouve dans le commerce sous le nom de *jaune de quinoléine à l'alcool*.

L'acide,

$$C^6H^4 < {}^{CO.CH^2.C^9H^6Az}_{CO^2H}$$

se décompose sous l'action de la chaleur (155°) ou en présence d'acide sulfurique, en donnant aussi de la quinophtalone [Eibner et Hoffmann, *D. chem. G.*, **37**, 3011, 1904].

DÉRIVÉ DISULFO. — C'est le produit normal de sulfonation de la quinophtalone, très employé pour la teinture sur laine et soie, sous le nom de *jaune de quinoléine soluble à l'eau*.

DÉRIVÉS MÉTALLIQUES. — Les sels s'obtiennent facilement par traitement de la quinophtalone avec les alcoolates alcalins en milieu alcoolique.

Sel de Na, $C^{18}H^{10}O^2AzNa$. Aiguilles rouge orangé. — *Sel de K*, $C^{18}H^{10}O^2AzK$.

La constitution de ces sels est très vraisemblablement

$$C^6H^4 \diagup\!\!\!\!\genfrac{}{}{0pt}{}{}{}\substack{CO \\ \geqq C \,.\, C^9H^6Az \\ C\,.\,OM}$$

DÉRIVÉS BROMÉS. — [Eibner et Lange. *loc. cit.*; — Eibner et Merkel, *D. chem. G.*, **35**. 1656, 1902]. On connaît des dérivés d'addition et des dérivés de substitution. Les dérivés d'addition perdent facilement du brome sous les influences les plus diverses (traitement à l'eau. à l'alcool; action de la chaleur).

Dibromure,

$$C^6H^4 \substack{CBr - CBrH\,.\,C^9H^6Az \\ O \\ CO} \quad (?)$$

— On l'obtient par bromuration de la quinophtalone par le brome en présence d'acide acétique (Eibner, Lange). Flocons blancs jaunissant rapidement et facilement décomposables sous l'action de la chaleur. Traité par l'alcool, il fournit le monobromoquinophtalone.

Monobromoquinophtalone,

$$C^6H^4 \substack{C = CBr\,.\,C^9H^6Az \\ O \\ CO}$$

— On le prépare facilement en traitant le tétrabromure par l'alcool ou l'ammoniaque fondant à 179°. Lamelles jaunâtres solubles dans le chloroforme. le benzène et l'alcool chaud, peu solubles dans l'éther.

Tétrabromure. — C'est le terme le plus avancé de bromuration de la quinophtalone en présence de chloroforme ou d'acide acétique. Il correspond vraisemblablement à la formule

$$C^6H^4 \substack{C = CBr\,.\,C^9H^6Az \substack{H \\ Br} \\ O \\ CO} \quad Br = Br$$

Il est en cristaux prismatiques fondant à 235°, et perdant très facilement du brome, en régénérant soit la monobromoquinophtalone, soit la quinophtalone elle-même [Eibner et Merkel. *D. chem. G.*, **35**, 1656. 1902].

Perbromure, $C^{18}H^{11}O^2AzBr^6$. — La bromuration du bromhydrate de monobromoquinophtalone (dibromure) conduit au dérivé tétrabromé, mais si on effectue la bromuration de la monobromoquinophtalone elle-même, on obtient un *dérivé hexabromé.* Il est en cristaux rouge grenat, perdant facilement du brome.

Tribromure (?) fondant à 228° (Eibner et Lange).

DÉRIVÉS NITRÉS. — Ils se forment par l'action des vapeurs nitreuses ou du peroxyde d'azote sur les solutions acétiques de quinophtalone. On obtient ainsi, suivant les conditions de l'expérience, un dérivé mono ou dinitré. Le *dérivé mononitré* $C^{18}H^{10}O^4Az^2$ est en aiguilles jaunes fondant à 140°. Le *dérivé dinitré* paraît être un dérivé d'addition $C^{18}H^{11}O^2Az + Az^2O^4$ (?): il forme une poudre cristalline blanche fondant à 133°.

Anilquinophtalone,

$$C^6H^4 \substack{C = CH\,.\,C^9H^6Az \\ O \\ C = Az\,.\,C^6H^5}$$

— On l'obtient par condensation de la quinophtalone et de l'aniline en présence de chlorure de zinc [Eibner et Lange, *loc. cit.*]. On peut remplacer la quinophtalone par l'α-quinophtaline. Elle forme des aiguilles rouge grenat fusibles à 232°, très solubles dans le chloroforme, peu solubles dans l'alcool. L'acide sulfurique la

dédouble à chaud en régénérant la quinophtalone.

Monophénylhydrazone, $C^{24}H^{17}OAz^3$. — Aiguilles ou lamelles d'un rouge foncé, fusibles à 206°, faciles à obtenir en chauffant l'anilquinophtalone avec un excès de phénylhydrazine.

ISOQUINOPHTALONE. — Cet isomère se produit en même temps que la quinophtalone ordinaire. On l'obtient en chauffant vers 160° un mélange de quinaldine et d'anhydride phtalique (Eibner et Merkel). Cristaux jaune soufre fondant à 186°, solubles dans le chloroforme et le benzène, peu solubles dans l'alcool, insolubles dans l'éther. Chauffé vers 240-250°, il se transforme en quinophtalone. L'aldéhyde benzoïque, l'acide sulfurique fumant effectuent également cette isomérisation.

L'ammoniac alcoolique donne de la phtalamide, l'aniline de la phtalanile, la phénylhydrazine de la phtalylphénylhydrazine. Comme la quinophtalone, cet isomère donne des dérivés métalliques. Le *dérivé sodé* est identique à celui obtenu à partir de la quinophtalone [Eibner et Merkel, *D. chem. G.*, **37**, 3006, 1904]. Les alcalis aqueux transforment par contre cette isoquinophtalone en *acide cétonique*

$$C^6H^4 \substack{CO\,.\,CH^2\,.\,C^9H^6Az \\ CO^2H}$$

Le chlorure de diazobenzène, en présence d'alcali, fournit un *dérivé formazylique*

$$\substack{C^6H^3 - Az = Az \\ C^6H^5 - AzH - Az} \geqq C\,.\,C^9H^6Az$$

en aiguilles rouge brun, fusibles à 185°. Ces deux réactions caractérisent la série iso.

La phénylhydrazine fournit la *phtalazone*

$$C^6H^4 \substack{C \substack{CH^2\,.\,C^9H^6Az \\ Az} \\ CO\,.\,Az - C^6H^5}$$

en aiguilles incolores fusibles à 155°.

L'hydroxylamine donne un composé $C^{18}H^{14}O^3Az^2$ en aiguilles jaunâtres fusibles à 145°. Le nitrite de soude donne un *isonitroso*, $C^{18}H^{12}O^4Az^2$ en aiguilles fusibles à 205° [Eibner et Hoffmann, *D. chem. G.*, **37**, 3011, 1904].

Il est probable que cette isoquinophtalone représente la quinophtalone symétrique

$$C^6H^4 \substack{CO \\ CO} CH\,.\,C^9H^6Az$$

[Voyez aussi Eibner, *D. chem. G.*, **37**, 3605, 1904].

Dibromure, $C^{18}H^{11}O^2AzBr^2$ (?) [Eibner et Merkel, *D. chem. G.*, **35**, 2300]. Il s'obtient par l'action du brome sur l'isoquinophtalone en présence de chloroforme. Il fond à 200°.

Perbromure. — Plus récemment Eibner et Hoffmann [*D. chem. G.*, **37**, 3018, 1904] ont pu obtenir un *perbromure rouge* facile à transformer en un *dérivé monobromé* $C^{18}H^{10}O^2AzBr$ bien cristallisé en aiguilles jaunes fusibles à 275°. Chauffé avec de l'ammoniac, ce dérivé perd du brome et régénère l'isoquinophtalone.

HOMOLOGUES SUPÉRIEURS DE LA QUINOPHTALONE. — Un certain nombre d'homologues ont été décrits, mais seule la p-toluquinophtalone a été étudiée avec soin.

P-TOLUQUINOPHTALONE,

$$CH^3 - \text{[noyaux]} - CH = C^8H^4O^2, \; Az$$

— On l'obtient comme la quinophtalone, mais en

partant de la p-méthylquinaldine-6. [Jacobsen et Reimer; Eibner et Simon, *D. chem. G.*, **34**, 2303, 1901]. Longues aiguilles jaune d'or fusibles à 203°, teignant la laine et la soie à la façon du jaune de quinoléine.

Le *dérivé monobromé*, $C^{10}H^{12}O^2AzBr$, s'obtient en bromant la toluquinophtalone en présence d'acide acétique. Aiguilles fusibles sans décomposition à 159-160°, facilement solubles dans le benzène et le chloroforme. En ajoutant à une solution alcoolique de dérivé monobromé une lessive de soude, on obtient le sel de sodium de la toluquinophtalone sous forme de poudre rougeâtre.

En bromant plus énergiquement en présence de chloroforme, on obtient un *tribromure* en prismes jaune orangé fondant à 233-234° ($C^{19}H^{12}O^2AzBr^3$). Il se transforme facilement en dérivé monobromé, ou même en toluquinophtalone qui se sépare sous forme de bromhydrate.

Tétrabromure, $C^{19}H^{13}O^2AzBr^4$. Tout à fait comparable à son homologue inférieur (Eibner et Merkel, Eibner et Simon).

p-Aniltoluquinophtalone. — Fines aiguilles d'un rouge grenat, fusibles à 233°.

TOLUQUINOPHTALONE,

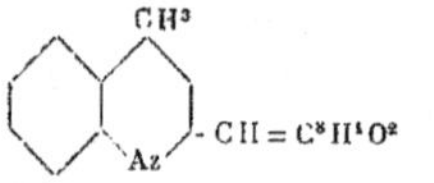

$$CH^3 \qquad -CH = C^8H^4O^2 \qquad Az$$

— On l'obtient en chauffant la diméthylquinoléine-2.4 avec l'anhydride phtalique en présence de chlorure de zinc à 210°. Aiguilles jaunes fusibles à 200°.

o-p-Diméthylquinophtalone. — Poudre jaune fondant à 290°.

o-p-Anatriméthylquinophtalone. — Elle fond à 294°.

β-NAPHTOQUINOPHTALONE. — Elle fond à 326° [Eibner, Brevet 158761, 28 fév. 1905].

HOMOLOGUES SUPÉRIEURS DE L'ISOQUINOPHTALONE. — Ces produits s'obtiennent en chauffant les quinaldines homologues avec l'anhydride phtalique.

Eibner et Hermann [*D. chem. G.*, **37**, 3011, 1904] ont signalé les composés suivants :

o-Méthylisoquinophtalone. — Aiguilles jaunes, fusibles à 235°.

p-Méthylisoquinophtalone. — Cristaux jaunes orthorhombiques fondant à 237°.

o-p-Diméthylisoquinophtalone. — Aiguilles jaunes fusibles à 231°.

o-p-Anatriméthylisoquinophtalone. — Aiguilles jaunes fusibles à 236°.

β-Naphto-isoquinophtalone. — Aiguilles jaunes fusibles à 273°. V. Thomas.

QUINOQUINOLÉINES ET DÉRIVÉS. — Ces corps résultent de la juxtaposition d'une chaîne pyridique au noyau quinoléique.

ACIDE a-p-QUINO-α-MÉTHYLQUINOLÉINE-γ-CARBONIQUE,

$$C-CH^3 \qquad Az \qquad C-CO^2H \qquad Az$$

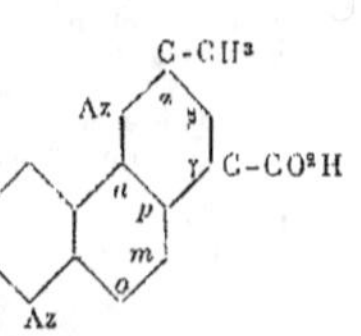

— Cet acide s'obtient par condensation de la paraldéhyde avec la α-aminoquinoléine et l'acide pyruvique. Il fond à 309-310°.

ACIDE a-p-QUINO-α-PHÉNYLQUINOLÉINE-γ-CARBONIQUE,

$$C-C^6H^5 \qquad Az \qquad C-CO^2H \qquad Az$$

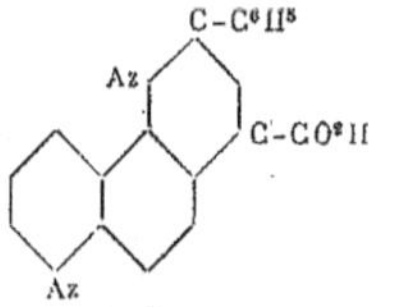

— Il se forme par condensation de l'α-aminoquinoléine avec la benzaldéhyde et l'acide pyruvique. Il fond à 355°.

L'*éther méthylique* fond à 158°, l'*éther éthylique* à 116°.

L'*acide orthonitré* fond à 285°, l'*acide orthoaminé* à 302-303°, l'*acide orthochloré* à 278° et l'*acide orthobromé* à 287°.

a-p-QUINO-α-PHÉNYLQUINOLÉINE. — Cette base dérive de l'acide précédent par perte d'une molécule d'anhydride carbonique. Elle fond à 129°. Son *dérivé orthonitré* fond à 218°, son *dérivé o-aminé* à 232° et son *dérivé sulfoné* se décompose vers 250°.

ACIDE p-a-QUINO-α-MÉTHYLQUINOLÉINE-γ-CARBONIQUE,

$$CO^2H-C \qquad C-CH^3 \qquad Az \qquad Az$$

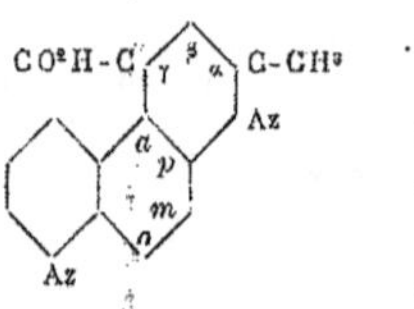

— C'est le produit de la condensation de la paraldéhyde avec la p-aminoquinoléine et l'acide pyruvique.

Il fond à 88°. L'*iodométhylate* $C^{13}H^{10}Az^2.2CH^3I$ fond à 257° et l'*iodéthylate* à 239°.

ACIDE a-a-QUINO-α-PHÉNYLQUINOLÉINE-γ-CARBONIQUE. — On l'obtient en remplaçant dans la réaction précédente la paraldéhyde par la benzaldéhyde. C'est une poudre cristalline jaune fusible à 290°, soluble dans les alcalis et les acides concentrés.

L'*éther méthylique* fond à 158° et l'*éther éthylique* à 146°.

Son oxydation par le permanganate donne l'*acide α-γ-dicarbonique* correspondant fusible à 248° qui, par fusion avec la soude, se transforme en p-a-quino-α-phénylquinoléine.

p-a-QUINO-α-PHÉNYLQUINOLÉINE. — Cette base, obtenue comme il vient d'être dit, fond à 183°. Elle forme un *chloroplatinate* fusible à 242°. Elle se nitre en position ortho et le corps obtenu fond à 281° et donne par réduction un *dérivé aminé* fusible à 222° [Willgerodt et Jablonski, *D. chem. G.*, **33**, 2918, 1900 et *Bull. Soc. Chim.*, **26**, 180, 1901].

ACIDE α-QUINOQUINOLONE-β-CARBONIQUE (*acide cétodihydroquinoquinoléine-β-carbonique*),

$$CO^2H-C \qquad CO \qquad Az \qquad AzH$$

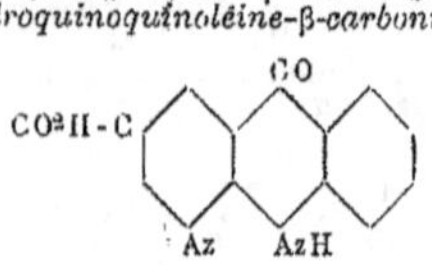

— Cet acide se forme en même temps que l'acide α-quinoquinolone-β-carbonique-o-carboxyanilide par chauffage à 175° d'un mélange d'acide α'-chloropyridine-β-carbonique (α-chloronicotique) avec l'acide anthranilique [Reissert, *D. chem. G.*, **28**, 123, 1895].

Il cristallise en aiguilles jaune vif qui fondent à 318-319° en se décomposant. Il se dissout dans les solutions étendues des acides minéraux. Il se décompose par la chaleur en anhydride carbonique et α-quinoquinolone.

L'*éther méthylique* obtenu en partant de l'éther chloronicotique fond à 176°.

L'*acide* α-*quinoquinolone*-β-*carbonique*-*o*-*carboxyanilide*

$$CO^2H-C^6H^4-AzH-CO\left\langle\begin{array}{c}CO\\Az\quad AzH\end{array}\right.$$

est amorphe et fond à 336°. Il est insoluble dans l'alcool.   Août 1907.   E. Baud.

QUINOTERPÈNE $(C^{10}H^{16})^n$. — Voyez Suppl., 1370 [Liebermann, *D. chem. G.*, **17**, 868, 1884].

QUINOVINE. — Voyez Suppl., 1369 [Liebermann, *D. chem. G.*, **17**, 868, 1884].

QUINOVITE. — Voyez Suppl., 1370 [E. Fischer et Liebermann, *D. chem. G.*, **26**, 2416, 1893].

La quinovite n'a pas les caractères d'un sucre : elle est pour ainsi dire sans action sur la liqueur de Fehling et ne donne pas d'osazone avec l'acétate de phénylhydrazine. Chauffée avec les acides dilués, elle se scinde en donnant la *quinovose*, qui présente tous les caractères des sucres (voyez ce mot).   M. Delacre.

QUINOVOSE. $CH^3.(CHOH)^4.CHO$. — Ce corps se prépare en chauffant 1 heure 1/2 à 100° 1 partie de quinovite avec 3 p. d'acide sulfurique à 5 0/0. C'est un sirop très soluble dans l'eau et l'alcool, presque insoluble dans

l'éther anhydre. Il réduit la liqueur de Fehling. L'ébullition avec l'acide chlorhydrique à 12 0/0 le transforme en 2.5-méthylfurfurol [E. Fischer et Liebermann, *D. chem. G.*, **26**, 2418, 1893].
     Janvier 1908.   E. Rengade.

QUINOXALINES. — Voyez l'art. PHÉNODIAZINES.

QUINOXAZINE. — Voyez DIPHÉNOFURODIHYDROAZINES, 2e Suppl., **3**, 261.

QUITÉNINE, $C^{19}H^{22}Az^2O^4$. — Voyez Suppl., 1348.

L'oxydation de la quinine donne de la quinite et de l'acide formique [Skraup, *Mon. f. Chem.*, **10**, 39, 1889].

Le point de fusion de la quiténine n'est pas net (240 à 285°). Par oxydation elle donne de l'acide quininique, de l'acide tricarbopyridique et de l'acide cincholéponique.

Avec le chlorure d'acétyle, elle donne le *chlorhydrate* amorphe d'une base amorphe.

$C^{19}H^{22}Az^2O^4.2HBr$, aiguilles contenant 1 à $1\frac{1}{2}H^2O$.

$C^{19}H^{21}Az^2O^4.C^7H^5O$, poudre jaunâtre fusible à 85°.

$C^{19}H^{21}Az^2O^4.C^2H^5$, par HCl sur la solution alcoolique : fusible à 198°.

$C^{19}H^{21}Az^2O^4.C^2H^5.C^2H^5I$ par action de C^2H^5I sur le précédent; fusible à 210°.   M. Delacre.

QUITÉNOL, $C^{18}H^{20}Az^2O^4 + H^2O$. — La quiténine bouillie avec HI perd de l'iodure de méthyle en donnant le quiténol. Celui-ci cristallise de l'eau chaude. Il se décompose sans fondre au-dessus de 270°; il donne la réaction de la quinine avec l'eau de chlore et l'ammoniaque [Bucher, *Mon. f. Chem.*, **14**, 598, 1894].
     M. Delacre.

R

RADIOACTIVITÉ (RADIOCHIMIE), SUBSTANCES RADIOACTIVES, RADIUM. — Sommaire :

I. HISTORIQUE. GÉNÉRALITÉS.
II. THÉORIE GÉNÉRALE DE LA RADIOACTIVITÉ.
III. ÉTUDE CHIMIQUE DES SUBSTANCES RADIOACTIVES.
IV. RADIOACTIVITÉ GÉNÉRALE DE LA MATIÈRE. RADIOACTIVITÉ DU SOL, DES SOURCES ET DE L'ATMOSPHÈRE.
V. ÉNERGIE DÉVELOPPÉE DANS LES TRANSFORMATIONS RADIOACTIVES.
VI. CONCLUSIONS.
VII. BIBLIOGRAPHIE GÉNÉRALE.

I. HISTORIQUE. GÉNÉRALITÉS. — a) *Premières recherches sur la radioactivité*. — Certains corps, dits *radioactifs* [Curie, *C. R.*, **127**, 175, 1898] émettent un rayonnement particulier, complexe [Becquerel, *C. R.*, 1896, *passim*], qui possède la propriété d'impressionner les plaques photographiques à l'abri de la lumière. Ce rayonnement traverse toutes les substances solides, liquides et gazeuses, à condition que l'épaisseur en soit suffisamment faible; sous son influence, les gaz deviennent conducteurs de l'électricité [A. Righi, *C. R. de l'Académie de Bologne*, 9 février 1896; — Benoist et Hurzumescu, *C. R.*, **122**, 235, 1896; — Dufour, *Archives des sciences physiques et naturelles*, Genève, **1**, 111, 1896].

Les recherches de Becquerel [*loc. cit.*], Elster et Geitel [*Beibl.*, **21**, 455], Mme Curie [*Revue générale des sciences*, 1899], d'abord effectuées sur l'uranium, ont prouvé que ce rayonnement est spontané et constant, et que la lumière n'a aucune action sur son intensité. Mme Curie [*C. R.*, **126**, 1101, 1897] et Schmidt [*Wied. Ann.*, **75**, 141, 1898] ont montré que le thorium possédait les mêmes propriétés.

b) *Intensité du rayonnement des corps radioactifs. Sa mesure*. — On la mesure par la conductibilité acquise par l'air sous l'action des substances radioactives [Mme Curie, *Ann. Chim. Phys.*, (7), **30**, 105, 1903; — A. Righi, *Théorie moderne des phénomènes physiques*, 1re édition française, p. 49]. L'expérience montre que l'épaisseur de la couche du composé d'urane employé a peu d'influence sur la conductibilité, pourvu qu'elle soit continue [Mme Curie, *loc. cit.*, 111]; l'absorption des rayons uraniques par la matière qui les émet est donc très forte, puisque les rayons venant des couches profondes ne peuvent pas produire d'effet notable. Au contraire, dans le cas du thorium, le phénomène dépend de l'épaisseur de la couche active [Mme Curie, *loc. cit.*, 112; — Owens, *Phil.*

Mag., 48, 361, 1899; — Rutherford, *Phil. Mag.*, 49, 161, 1900].

Pour les méthodes et appareils de mesure de la radioactivité, cf. Chéneveau [*Le Radium*, 1, 180, 1904]. Sur les électroscopes [*Le Radium*, 2, 217, 1905 et 3, 156, 1906]. Sur l'électromètre à quadrants, cf. Moulin [*Le Radium*, 4, 145 et 188] et Langevin et Moulin [*ibid.*, 218].

c) *Nouvelles recherches sur la radioactivité.* — Becquerel [*C. R.*, 122, 1086], ayant observé que tous les composés de l'uranium sont radio-actifs, et que l'uranium métallique l'est à un degré plus grand que ses sels, en a conclu que la radioactivité de ces corps était due à la présence de l'uranium. Les expériences de Mme Curie l'ont également conduite à considérer la radio-activité comme une propriété atomique [*Ann. Chim. Phys.*, (7), 30, 114, 1903]; il y avait donc lieu de rechercher si d'autres corps simples ne possédaient pas une propriété analogue.

En étudiant, à l'aide de la méthode indiquée plus haut, un grand nombre de substances chimiques définies et de minéraux, Mme Curie a constaté [*loc. cit.*, 116] que certains de ces derniers [*pechblende* (oxyde d'uranium), *chalcolite* (phosphate de cuivre et d'uranium), *autunite* (phosphate d'uranium et de calcium)] avaient une activité égale ou supérieure à celle de l'uranium métallique, tandis que les mêmes composés, obtenus par synthèse (la chalcolite, par ex.) possèdent un rayonnement normal [*loc. cit.*, 118]; ces minéraux contiennent donc une ou plusieurs substances (radium, actinium, etc...) plus actives que l'uranium et le thorium, et que M. et Mme Curie et leurs collaborateurs ont réussi à isoler de la pechblende de Joachimsthal (Bohême).

Sur l'étude des gisements radifères, cf. J. Danne [*Le Radium*, 2, 33, 1905].

II. Théorie générale de la radioactivité. — a) *Idées modernes sur la constitution de l'atome.* — L'ensemble de ces recherches a permis de montrer l'existence d'un certain nombre d'éléments qui, contrairement aux définitions actuellement admises, ne possèdent pas de caractère stable [uranium, thorium, actinium, radium). D'après les nouvelles conceptions, déduites des phénomènes d'ionisation des gaz, on est amené à considérer l' « atome chimique » comme formé d'un grand nombre de corpuscules rattachés l'un à l'autre par de puissantes forces de nature électrique (Rutherford).

Ces corpuscules formant l'atome constituent deux catégories bien distinctes : 1° *Les corpuscules positifs* α; 2° *les corpuscules négatifs* β, surtout désignés sous le nom d'*électrons négatifs*. La masse des corpuscules α et leur diamètre sont de l'ordre de ceux des atomes ordinaires (il y aurait une cinquantaine de ces corpuscules dans un atome de radium). La masse des *électrons négatifs* est beaucoup plus petite (environ 1/2000 de la masse de l'atome d'hydrogène), et l'atome lui-même serait formé par la réunion d'un nombre égal de corpuscules α et β [Rutherford, *Radioactivity*, 2° édition 1905; — Cf. Grüner, *Arch. des Sc. phys. et naturelles*, Genève, 1, 6, 1907].

Rutherford admet que l'atome comprend « un certain nombre d'électrons négatifs animés d'un mouvement très rapide autour d'une partie fixe, positive, formée d'un assemblage de corpuscules positifs et négatifs dans lequel les premiers prévalent pour un nombre égal à celui des électrons satellites » [Cf. Rutherford, *loc. cit.*, et A. Righi, *Arch. des Sc. phys. et naturelles*, Genève, 1, 250, 1907].

Une telle hypothèse permet d'expliquer sim-

plement un certain nombre de phénomènes déjà bien connus expérimentalement, ceux de spectroscopie en particulier :

Le spectre d'un *corps simple* est souvent formé d'un très grand nombre de raies, dont chacune correspond à un mouvement vibratoire de périodicité différente. Il est plus naturel d'admettre que ces mouvements vibratoires complexes résultent des vibrations de petits corpuscules dont l'ensemble constitue l'atome, que de supposer l'atome formé d'une particule unique, animée d'un mouvement vibratoire d'une complexité telle qu'on pourrait le décomposer en plusieurs centaines de mouvements composants de périodicité différente [Cf. C.-E. Guye, *J. Chimie physique*, Genève, 1, 568, 1904]. Les expériences de Zeemann sur le dédoublement des raies d'un spectre sous l'influence d'un champ magnétique intense, montrent l'indépendance relative des électrons négatifs et la liberté de leurs mouvements [Zeemann, *Phil. Mag.* (5), 43, 226, 1897; — Cf. Étude générale par A. Righi, *Mém. de l'Acad. de Bologne*, (5), VIII, 263, 1900].

b) *Désagrégation de l'atome.* — Un *atome*, constitué comme il vient d'être dit, pourra se *désagréger* : une ou plusieurs particules α se détachent de l'atome, avec une certaine vitesse initiale, et il peut en être de même des électrons négatifs β. Si le départ des deux séries de corpuscules est simultané, ceux-ci se sépareront rapidement grâce à leur vitesse et à leur « portée » très différentes [A. Righi, *loc. cit.*, 259].

Cette désagrégation ou « dégradation » est nécessairement accompagnée d'un *rayonnement particulier*, constitué par le départ continuel de corpuscules qui quittent à chaque instant l'atome considéré; c'est précisément ce « bombardement » qui donne aux substances radioactives les propriétés qui les caractérisent. Un corps radioactif est donc un corps dont les « atomes chimiques » se désagrègent, et l'étude du rayonnement qui en résulte constitue un des moyens d'investigation les plus précieux que l'on possède à l'heure actuelle pour distinguer entre elles les diverses substances radioactives.

La majeure partie qui subsiste de l'atome primitif constituera un atome nouveau, plus petit que celui dont il dérive; *le poids atomique de la nouvelle substance ainsi formée sera donc plus faible que celui du corps dont elle provient.* Si ce nouvel atome est également instable, comme cela semble se produire dans la plupart des cas, il émettra à son tour un rayonnement, et donnera naissance à un troisième atome plus petit que lui; et les modifications atomiques se reproduiront ainsi, jusqu'à ce que l'on obtienne des atomes stables dans la suite de ces transformations.

c) *Rayonnement des corps radioactifs.* — L'action d'un champ magnétique sur ce rayonnement permet de l'étudier [Mme Curie, *Ann. Chim. Phys.*, (7), 30, 145, 1903] :

1° *Rayons* α. — Dans un champ magnétique intense, certains rayons sont légèrement déviés de leur trajet rectiligne, et la déviation se fait de la même manière que dans le cas des « rayons-canaux » de Goldstein; ce sont les *rayons* α, constitués par des ions positifs [Mme Curie, *loc. cit.*; — Strutt, *Phil. Trans.*, 196, 525, 1901; — Rutherford, *Phil. Mag.*, 177, 1903; — H. Becquerel, *C. R.*, 136, 431, 1903; — Rutherford, *Radioactivity*].

Ce rayonnement α est composé de corpuscules qui semblent être les mêmes dans toutes les substances radioactives, et dont la masse a été considérée par divers savants comme correspondant à celle d'un atome d'hélium.

Sur la nature des corpuscules α, voir II, e : Dégagement d'hélium par les substances radioactives [Ramsay, *Le Radium*, **4**. 388 et suivantes, 1907 ; — G.-A. Blanc, *ibid.*. 430 ; — O. Hahn, *Zeits. Elektr.*, **13**. 713, 1907]. Leur vitesse initiale est de 15 000-20 000 kilom. par seconde, ce qui leur donne la propriété de pénétrer dans tous les corps (Cf. loi de Bragg. *Le Radium*, **3**. 199. 1906) ; mais comme la masse des corpuscules α est de même ordre de grandeur que celle des atomes des corps qu'ils rencontrent, la pénétration est très faible ($0^{mm},1$ dans l'aluminium). Même dans l'air, la distance sur laquelle les corpuscules α produisent les phénomènes d'ionisation. qui permettent de les reconnaître. est assez petite (quelques centimètres) ; mais elle varie suffisamment, selon la substance qui les a émis, pour permettre de distinguer par ce procédé les divers corps radioactifs qui émettent des particules α [Bragg et Kleemann. *Phil. Mag.*, avril 1906, 466 ; — Cf. Étude complète du rayonnement α par Ewers, *Jahrbuch der Radioactivität*, **3**. 291, 1906 ; — Expression mathématique du rayonnement : Rutherford, *Phil. Mag.* (6), **12**, 134 et 348, 1906].

Toutefois, il existe une *vitesse critique* au-dessous de laquelle les rayons α ne se manifestent plus à nous, et il se peut que certains corps, inactifs en apparence, possèdent néanmoins un rayonnement de cette nature.

2° *Rayons β.* — Les rayons β sont fortement déviés en sens inverse des rayons α [Mme Curie, *loc. cit.*] ; ils sont constitués par des électrons négatifs possédant une vitesse énorme, qui peut devenir voisine de celle de la lumière. La faible masse des corpuscules qui forment ce rayonnement leur donne un pouvoir de pénétration puissant (3 mm. dans le plomb) ; leurs propriétés et leurs effets permettent de les comparer aux rayons cathodiques [Cf. P. Curie, *Journ. Chim. Phys.*, Genève, **1**. 414, 1903].

3° *Rayons γ.* — Ces rayons conservent leur allure rectiligne dans un champ magnétique ou électrique, et se comportent comme les rayons de Rœntgen ; comme ceux-ci. ils n'ont pu être ramenés à une émission corpusculaire. et sont dus probablement à des mouvements de pulsation très rapides dont le siège se trouve dans l'atome radioactif lui-même, et qui se propagent dans l'éther sous forme d'un rayonnement pénétrant (20 centimètres dans le fer). Ils accompagnent généralement les rayons β et semblent leur être proportionnels.

4° *Rayons δ.* — Ce groupe de rayons. découvert par J.-J. Thomson, est dû à des électrons négatifs. Leur vitesse (3250 kilom. par seconde) les fait souvent appeler *rayons β lents*. La discussion qui s'est élevée à leur sujet, n'est pas encore close [Cf. Grüner, *Arch. Sc. Phys. et naturelles*, Genève. **1**, 346, 1907].

5° *Diverses formes du rayonnement.* — Toutes les substances radioactives n'ont pas un rayonnement complet (α. β, γ) : certaines n'émettent que des rayons α, d'autres des rayons β et γ. Chacun de ces rayonnements correspond à une modification de l'atome radioactif, qui se trouve, par ce fait même, tranformé en un atome plus petit. Toutefois il peut se produire des modifications sans aucun rayonnement : il semble que ce soit le cas de l'actinium qui ne possède pas de rayonnement sensible ; la source de sa radioactivité réside dans le *radioactinium*, qui est un produit de *transformation intratomique* de l'actinium.

Le thorium, qui paraissait également ne posséder aucun rayonnement propre [Ramsay-Hahn, *Le Radium*, **3**, 173, 1906], semble émettre en réalité des particules α, ainsi que Hahn l'a récemment démontré par des considérations indi-

rectes [*D. chem. G.*, 11 juillet 1907 et *Le Radium*. **4**, 360, 1907].

d) *Vitesse de désagrégation des corps radioactfs.* — Il semble actuellement que la manière dont l'atome se détruit puisse être regardée comme une des propriétés caractéristiques de l'élément considéré : chaque corps radioactif a une certaine *vitesse de désagrégation* qui peut servir à le déterminer [Cf. P. Curie, *J. Chim. Phys.*, Genève, **1**, 409, 1903].

L'étude de cette question [Cf. Curie et Danne, *Soc. Chim. Phys.*, Paris, 17 mars, 1905 ; — Rutherford, *Radioactivity*, 1905 ; — Grüner, *Arch. Sc. Phys. et naturelles*, Genève, 1907, **1**, 16, et 329] est fondée sur l'hypothèse que le nombre des atomes qui se transforment dans l'unité de temps est proportionnel à la quantité d'atomes non transformés. Le rayonnement propre d'une substance radioactive diminue donc avec le temps, suivant une loi exponentielle de la forme :

$$I = I_0 \, e^{-\lambda t}$$

I_0 étant l'intensité du rayonnement à l'instant initial, et I sa valeur au temps t ; λ est la *constante de désactivation*, qui a une valeur précise pour chaque élément radioactif.

En pratique, on substitue à cette constante une autre quantité que l'on nomme la *constante de temps* T ; T représente le temps que met l'activité I à atteindre la moitié de sa valeur initiale $I_0 \left(T = \frac{1}{\lambda} \log \text{nat } 2 \right)$.

La constance de λ et de T pour une même substance fournit une méthode d'analyse des éléments radioactifs : il suffit de déterminer la constante de désactivation d'un corps radioactif A, pour déterminer avec certitude l'élément qui s'y trouve contenu. Cette détermination est simple dans le cas où le corps A donne naissance à un corps B dépourvu d'activité ; si au contraire B est radioactif, son rayonnement viendra masquer celui de A ; mais le calcul permet d'étudier le rayonnement complexe que l'on obtient ainsi, et de déterminer le rayonnement propre de chaque substance active qui constitue le mélange [Cf. Curie et Danne, *loc. cit.* ; — Grüner, Théorie mathém. du cas général, *Arch. Sc. Phys. et naturelles*, Genève, 1907, **1**, 329]. Sur l'*Équilibre radioactif* [Grüner, *loc. cit.*, 334, et A. Righi, *ibid.*. 252].

e) *Dégagement d'hélium par les substances radioactives.* — Au cours des transformations radioactives, il se forme souvent de petites quantités d'hélium [Ramsay et Soddy, *Phys. Zeitsch.*, 615, 1903 ; — Curie et Dewar, *C. R.*, 19, 1904]. Ce gaz se rencontre d'ailleurs dans les minéraux radioactifs, et les travaux de Rutherford ont permis de supposer que l'hélium provient des particules qui constituent le rayonnement α [Rutherford, *Phil. Mag.*, (6), **12**, 348, 1906 ; — Grüner, *Arch. Sc. Phys. et natur.*, Genève, 1907, **1**, 349]. Sur la formation d'hélium à partir du thorium et de l'actinium [Ramsay, *Le Radium*, **4**, 291, 1907] Sur l'état dans lequel l'hélium existe dans les minéraux [Travers, *Nature*, 12 janvier 1905 et *Le Radium*, **2**, 62, 1905 ; — Cf. Jaquerod et Perrot, *C. R.*, 144, 135, 1907].

Toutefois Greinacher [*Natürwiss. Rundschau*, **21**, 51 et 52, 1906] n'est pas parvenu, jusqu'à présent, à trouver de l'hélium dans les gaz produits par le polonium, et les recherches récentes de Ramsay sur la dégradation des éléments [Cf. *Journ. Chim. Phys.*, Genève, 5, 647, 1907] ont montré que la formation d'hélium à partir de l'émanation du radium dépend essentiellement des conditions expérimentales (Voir plus loin, V, *Energie développée dans les transformations* *radioactives*). Si des recherches ultérieures viennent confirmer ces résultats, il sera nécessaire de modifier les idées de Rutherford sur la nature des corpuscules α.

f) *Classification des corps radioactifs.* — Les considérations précédentes permettent de diviser les substances radioactives en deux groupes :

1° *Les éléments radioactifs proprement dits*, dont la désagrégation s'effectue très lentement (leur constante de temps se chiffre par siècles). Une très petite quantité d'un tel élément nous semble par conséquent une source inépuisable de rayonnement. Tels sont actuellement : l'uranium, le thorium, l'actinium, le radium.

2° *Les produits de transformations successives* de ces éléments. Ce sont également des *éléments* chimiques ; ils ont leur poids atomique ; ils se présentent sous forme de gaz condensables aux basses températures (*émanations*), ou de corps solides (*activités induites*), qui peuvent être précipités avec d'autres substances, séparés par électrolyse et sublimés ; mais ils diffèrent essentiellement des éléments du 1er groupe par leur courte durée. Leur constante de temps est de quelques mois, parfois même de quelques jours ou de quelques secondes ; elle atteint rarement plusieurs années. Les atomes qui les constituent sont remplacés par ceux de l'élément suivant, et ainsi de suite, jusqu'à ce que l'atome formé soit stable, et cesse par là d'être radioactif [Cf. Rutherford, *Radioactivity*, et Grüner, *Arch. Sc. phys. et natur.*, 1907, I, 14][1].

III. ÉTUDE CHIMIQUE DES SUBSTANCES RADIOACTIVES. — a) *Méthodes générales ; éléments radioactifs.* — La méthode générale de recherche et d'isolement des substances radioactives est fondée sur leur radioactivité même. Le principe de la méthode [Mme Curie, *Ann. Chim. Phys.*, (7), 30, 118, 1903] consiste à mesurer l'activité d'un produit ; on effectue sur lui une séparation chimique ; on mesure la radioactivité de tous les produits obtenus, ce qui permet de se rendre compte si la substance active est restée intégralement avec l'un d'eux, ou si elle s'est partagée, et dans quelles proportions le partage a eu lieu. (Pour avoir des nombres comparables, on mesure l'activité des substances à l'état solide et bien desséchées).

En fait, les procédés ordinaires de l'analyse chimique permettent de répartir la radioactivité d'un minéral entre plusieurs groupes de métaux (bismuth, plomb, terres rares, uranium, baryum), et les premières recherches effectuées pour isoler les substances radioactives ont conduit à admettre l'existence des éléments actifs suivants : *uranium, thorium, actinium* (que l'on a récemment identifié avec l'*émanium* de Giesel), *radium, polonium* (ou radiotellure), *radioplomb* [Cf. Curie, *Journ. Chim. Phys.*, Genève, I, 410, 1903 ; — Debierne, *C. R.*, 3 octobre 1904].

Les nombreuses recherches effectuées depuis 1903 ont conduit à réduire le nombre des éléments actifs proprement dits : le *polonium*, les *radioplombs* ont pu être identifiés avec certains produits de transformation du radium, et ne constituent plus à proprement parler des *éléments radioactifs*, mais ils n'en demeurent pas moins des substances chimiques parfaitement distinctes de l'élément radioactif dont ils proviennent, d'autant plus intéressantes qu'il est relativement facile d'en préparer des quantités appréciables. Les *éléments radioactifs* proprement dits seraient par conséquent : l'*uranium*, le *thorium*, l'*actinium* et le *radium*. Beaucoup plus nombreux sont leurs produits de transformation actuellement connus.

Toutefois cette division ne semble devoir être que provisoire : la proportionnalité constatée entre les quantités d'uranium et de radium contenus dans un grand nombre de minéraux radioactifs [Boltwood, *Le Radium*, 1, 45, 1904 ; — Rutherford et Boltwood, *Am. Chem. Journ.*, juillet et août 1905 ; *Le Radium*, 3, 197, 1906 ; — Cf. Soddy et Mackenzie, *Phil. Mag.*, 14, 272, 1907] montre l'existence d'un lien de parenté entre ces deux éléments, et des recherches récentes de Boltwood [*Le Radium*, 4, 97, 1907] ont conduit à considérer l'actinium comme un produit intermédiaire entre l'uranium et le radium. Toutefois Rutherford a montré que la formation de radium observée par Boltwood dans une solution d'actinium était due, non pas à l'actinium lui-même, mais à une substance encore inconnue qui s'y trouvait mélangée [*Nature*, 76, 126, 1907]. Boltwood est parvenu à isoler cette substance [*Am. Chem. Journ.*, 24, 370, 1907], qui possède un rayonnement α et β, et suit les propriétés du thorium ; il l'a désignée provisoirement sous le nom d'*ionium* [*Le Radium*, 4, 357, 1907].

b) *Étude des éléments radioactifs et de leurs transformations.* — 1° *Uranium* (poids atomique = 238,42 pour Ag = 107,88). — Pour la partie chimique, voyez l'art. URANIUM. Crookes a, le premier, séparé de l'uranium ordinaire une substance considérablement plus active que le métal et qu'il a nommée *uranium-X* [*Proc. Roy. Soc.*, 56, 409 1900]. Sa méthode consiste à ajouter du carbonate d'ammonium à une solution de sel d'urane ; il se forme un précipité soluble dans un excès de carbonate d'ammonium, mais il reste un résidu très faible, constitué par l'uranium-X, qui possède un rayonnement complet α, β, γ. L'uranium, débarrassé de l'uranium-X, n'émet plus que des rayons α ; avec le temps, il donne de nouveau des rayons β et γ, dont l'intensité va en croissant peu à peu, et, il est possible, au bout d'un certain temps, d'en retirer une nouvelle quantité d'uranium-X. Ce dernier est donc produit de façon continue par l'uranium.

L'uranium-X perd peu à peu sa radioactivité, et se transforme en une autre substance restée inconnue jusqu'à présent, car elle ne possède pas de radioactivité sensible [Eve, *Phil. Mag.*, (6), 11, 586, 1906 ; — Moore et Schlundt, *Phil. Mag.*, (6), 12, 393 et *Le Radium*, 3, 332, 1906]. Sur le rayonnement de l'uranium-X [Levin, *Phys. Zeits.*, 8, 585, 1907 ; — cf. Grüner, *Arch. Sc. phys. et natur.*, Genève, 1907, I, 21]. Sur la transformation de l'uranium en actinium et en radium [cf. Boltwood et Rutherford, *Radium*, 3, 197, 1906 et 4, 97, 1907 ; — F. Soddy et Mackenzie, *Phil. Mag.*, 14 août 1907, 272].

2° *Thorium* (poids atomique = 232,5). — Pour la partie chimique voyez l'article THORIUM. De nombreux travaux ont conduit à l'idée que le thorium était un corps dépourvu de radioactivité [Cf. L. Bloch, *Le Radium*, 3, 172, 1906], et que son activité était due à la présence du *radiothorium* (et du *mésothorium* ; — voir plus

---

1. En résumé, les trois notions qui se trouvent à la base de l'étude des phénomènes radioactifs sont : celle de l'*atome*, celle de l'*éther* et celle de l'*électron*.

L'*atome* est la plus petite quantité de matière qui puisse exister à l'état d'individualité chimique (nous connaissons actuellement environ 80 atomes différents, dont le rapport pondéral à l'atome d'oxygène (poids atomique) a été déterminé ; nous connaissons en outre un certain nombre d'atomes radioactifs (environ 25) qui sont autant d'individus chimiques distincts.

L'*électron* est la plus petite quantité d'électricité négative qui puisse exister à l'état libre ; nous ne connaissons qu'une seule espèce d'électrons, qui se retrouve la même dans tous les corps.

L'*éther* est le milieu universel qui propage à distance toutes les perturbations que l'on y crée [Cf. F. Soddy et L. Bloch, *Le Radium*, 3, 193, 1906].

loin), produit de transformation du thorium. Toutefois Hahn a montré récemment que cet élément possède en réalité un rayonnement α et β [*Le Radium*, 4, 360, 1907].

L'étude du rayonnement du thorium [Ramsay, *Le Radium*, 2, 320, 1905; — Hahn, *Phys. Zeitschrift*, 7, 412 et 456, 1906; — von Lerch, *Phys. Zeitschrift*, 7, 913, 1906; — Ève, *Phil. Mag.*, (6), 11, 586, 1906; — Hahn, *D. chem. G.*, mars et juillet 1907; — Boltwood, *Am. Journ.*, 24, 93, 1907; etc.] a montré l'existence d'une série de produits de transformation de cet élément, dont les propriétés physiques, chimiques et radioactives sont distinctes les unes des autres. Ce sont, dans l'ordre de leur formation : *mésothorium, radiothorium, thorium-X, émanation du thorium, thorium-A, thorium-B, thorium-C, produit final* non radioactif, inconnu. Pour leurs propriétés Cf. Bloch, [*loc. cit.*] et Grüner [*Arch. des Sc. phys. et naturelles*, Genève. 1, 20, 1907]; — Hahn et Boltwood, *loc. cit.*, 1907].

3° *Actinium* (poids atomique inconnu). — L'actinium a été découvert par Debierne dans la pechblende, au groupe des terres rares [*C. R.*, 130, 906 et 131, 593, 1900]. Il est inconnu à l'état de pureté, ainsi que ses sels.

Il se rapproche beaucoup du thorium par la série des produits auxquels il donne naissance : on connaît actuellement le *radioactinium* [Hahn, *Phys. Zeitsch.*, 7, 557 et 885, 1906], l'*actinium-X* [Godlewski, *Nature*, janv. et juil. 1905; — *Jahrbuch d. Radioaktivität*, 3, 134, 1906; *Le Radium*, 3, 298 et 328, 1906; 4, 139 et 194, 1907], d'où provient l'*émanation* de l'actinium; l'*actinium-A*, l'*actinium-B* [Godlewski, *loc. cit.*; — Ève, *Phil. Mag.*, (6), 11, 586, 1906; — Levin, *Phys. Zeitsch.*, 7, 513 et 812, 1906]. Les expériences de Meyer et Schweidler sur l'*actinium-C* et l'*actinium-D* ne sont pas décisives [*Wied Annal.*, 166, 1906]. — Cf. Wiener [*D. chem. G.*, 116 (2a), 315, 1907].

Sur l'électrolyse des produits de l'actinium [Levin, *Phys. Zeits*, 1er mars 1907].

4° *Radium* (poids atomique = 226,4). — Au contraire des sels d'actinium, certains sels de radium (chlorure, bromure) ont été obtenus très purs.

Le radium a été découvert par M. et Mme Curie et M. Bémont [*C. R.*, décembre 1898] dans la pechblende de Joachimsthal, où il accompagne le baryum en quantités extrêmement faibles. (Il est nécessaire de traiter plusieurs tonnes de résidus d'urane pour obtenir quelques décigrammes de chlorure de radium pur).

Le principe de la méthode consiste à isoler le baryum radifère à l'état de sulfate, que l'on transforme en chlorure. On sépare ensuite les deux chlorures par cristallisations fractionnées dans l'eau, puis dans l'acide chlorhydrique étendu [M. et Mme Curie, Cf. *Ann. Chim. Phys.*, (7), 30, 124, 1903]. Chaque opération chimique est suivie de l'examen radioactif de toutes les portions séparées dans la réaction.

Traitement de la pechblende pour l'extraction du radium [M. et Mme Curie, *loc. cit.*]. — La pechblende broyée est grillée avec du carbonate de sodium; la masse obtenue est lavée à l'eau chaude, puis à l'acide sulfurique étendu. La solution contient l'uranium; le résidu insoluble, qui sert à l'extraction du radium, contient principalement des sulfates de plomb et de calcium, de la silice, de l'alumine et du fer. On y trouve en outre de petites quantités de la plupart des métaux. Quant au radium, il accompagne le baryum sous forme de sulfate insoluble.

On fait bouillir ce résidu avec une solution concentrée de soude; l'acide sulfurique combiné à Pb, Al, Ca, passe en grande partie à l'état de

sulfate de sodium, qu'on enlève par lavages à l'eau.

La partie insoluble est désagrégée par l'acide chlorhydrique. La solution obtenue contient le *polonium* et l'*actinium*, et le radium reste dans le résidu. Ce dernier est traité par une solution concentrée et bouillante de carbonate de soude. Les sulfates restants sont ainsi transformés en carbonates. On lave à l'eau, et on traite par l'acide chlorhydrique, qui dissout le baryum et le radium. La solution est précipitée par l'acide sulfurique; on obtient ainsi 10 à 20 kilogr. de sulfate brut de baryum radifère par tonne de résidus traités. Son activité est environ 30 fois plus grande que celle de l'uranium métallique.

Le sulfate brut est bouilli avec Na^2CO^3; la masse qui en résulte est traitée par HCl. La solution obtenue est traitée, suivant les méthodes ordinaires de l'analyse, par H^2S, puis par l'ammoniaque. La solution filtrée est additionnée de carbonate de soude, et le précipité alcalino-terreux est redissous dans l'acide chlorhydrique.

On obtient ainsi 8 kilogr. de *chlorure de baryum radifère*[1] dont l'activité est environ 60 fois plus grande que celle de l'uranium métallique. Pour en extraire le chlorure de radium pur, on le soumet à une longue série de cristallisations fractionnées dans l'eau, puis dans l'eau chlorhydrique. Le chlorure de radium ayant la plus faible solubilité, les cristaux déposés sont plus actifs que la solution surnageante [Cf. Mme Curie, *Ann. Chim. Phys.*, (7), 30, 131, 1903].

Les cristaux qui se déposent sont d'abord incolores, mais lorsque la proportion de radium devient suffisante, ils deviennent jaunes, orangés et même roses. Le maximum de coloration est obtenu pour une certaine concentration en radium, et l'on peut ainsi contrôler les progrès du fractionnement [Mme Curie, *loc. cit.*, 134].

Giesel a proposé de remplacer les chlorures par les bromures, dont le fractionnement donne de très bons résultats. La précipitation par l'alcool d'une solution de chlorure de baryum radifère donne des résultats moins réguliers [Mme Curie, *loc. cit.*, 135]; le chlorure de radium se précipitant d'abord, on peut utiliser cette méthode pour éliminer les dernières traces de chlorure de baryum qui peuvent l'accompagner.

On obtient ainsi 2 à 3 décigrammes de chlorure de radium pur par tonne de résidus traités. L'activité de ce sel est environ 10^6 fois plus grande que celle du minerai dont on l'a extrait [Mesure de l'activité, Cf. Mme Curie, *loc. cit.*, 136].

Sur la séparation électrolytique du radium des sels de baryum radifères [Marckwald, *D. chem. G.*, 37, 88, 1904; — Coehn, *ibid.*, 811-819; — Berthier, *Le Radium*, 1, 48, 1904].

Spectre du radium. — Le radium possède un spectre caractéristique, dont l'aspect général rappelle celui des métaux alcalinoterreux [Demarçay, *C. R.*, 127, 1218, 1898; 129, 716, 1899; 131, 258, 1900; — Runge, *Wied. Ann.*, 10, 403, 1903]. L'intensité de certaines raies du radium est de l'ordre des raies les plus intenses actuellement connues, en particulier les raies $\gamma = 0\mu\,46\,830$ dans le bleu, et $\lambda = 0\mu\,38\,147$ dans l'ultraviolet. Cette dernière est caractéristique du radium, et commence à être visible dans les substances radifères dont l'activité est égale à 50 fois celle de l'uranium, ce qui prouve que l'examen électrique des substances radioactives est environ 10^0 fois

---

1. Le chlorure de baryum ordinaire du commerce n'est pas radioactif [Mme Curie, *loc. cit.*, 143].

plus sensible que leur étude spectroscopique; on a pu ainsi étudier la plupart des substances radioactives, que l'on ne peut déceler actuellement au spectroscope.

Le spectre de flamme du radium a été étudié par Giesel [*Zeit.phys. Chem.*, 15 septembre 1902]. Les sels de radium colorent la flamme en rouge.

Sur l'analyse spectrale de la lumière propre émise par des cristaux de bromure de radium [W. Huggins et Lady Huggins, *Proc. Roy. Soc.*, 725, 156 et 409, 1904; — F. Himstedt et G. Meyer, *Le Radium*, 2, 385, 1905].

Propriétés des sels de radium. — [Mme Curie, *Ann. Chim. Phys.*, (7), 30, 145, 1903; — P. Curie, *Journ. Chim. Phys.*, Genève, 1, 1903].

La plupart des propriétés des sels de radium ne peuvent être séparées de l'étude du rayonnement de ces sels (voyez ci-dessous *Rayonnement du radium*). Leur aspect est celui des sels de baryum et leurs propriétés chimiques sont analogues. Aussi Mme Curie a-t-elle, dès le début, rattaché le nouvel élément aux métaux alcalino-terreux [*loc. cit.*]. L'étude du spectre du radium a conduit au même résultat. [Voir ci-dessus Runge et Precht, *Phil. Mag.*, avril 1903; — W. Sutherland, *Le Radium*, 1, 144, 1904].

Sur l'analogie des sels de baryum et de radium au point de vue cristallographique, voir F. Rinne [*Jahrbuch d. Radioaktivität*, 1906, 239].

Le chlorure de radium est moins soluble que le chlorure de baryum (procédé de fractionnement). Les sels de radium sont tous lumineux à l'obscurité, ainsi que leurs solutions, et se colorent avec le temps.

Le chlorure de radium pur est paramagnétique [Curie, *Soc. Chim.*, Paris, 3 avril 1903].

Poids atomique du radium. — Mme Curie l'a déterminé en transformant un poids connu de chlorure de radium anhydre en chlorure d'argent. Le chlorure employé ne donnait plus les raies du baryum au spectroscope [*Ann. Chim. Phys.*, (7), 30, 137-141; *C. R.*, 145, 424, 1907 et *Le Radium*, 4, 349, 1907]. La valeur trouvée ($RaCl^2$) est $Ra = 226.4$ pour $Ag = 107.93$ et $Cl = 35.450$.

Situation du radium dans la classification des éléments [W. Sutherland, *Le Radium*, 1, 143, 1904; — Runge et Precht, *Phil. Mag.*, 14, 176].

Rayonnement du radium. — Ses effets. — [Mme Curie, *Ann. Chim. Phys.* (7), 30, 145]. Le rayonnement du radium produit des phénomènes de coloration (verre, porcelaine, sels haloïdes alcalins, minéraux divers) [P. Curie, *J. Chim. Phys.*, 1, 425, 1903; — M. Berthelot, *C. R.*, 143, 477, 1906; — Bordas, *C. R.*, 145, 800, 1907; 146, 21, 1908 et surtout D. Berthelot, *C. R.*, 145, 818, 1907].

Il transforme le phosphore blanc en phosphore rouge; il provoque des phénomènes de fluorescence (platinocyanure de baryum, sels d'uranium, diamant, blende, etc.) et de thermoluminescence (fluorine, etc.) [Cf. Becquerel, *Congrès de physique*, Paris, 1900, 47; — P. Curie, *Journ. Chim Phys.*, 1, 409, 1903]; il communique aux liquides et aux gaz une certaine conductibilité électrique [Mme Curie, *loc. cit.*, 186; — Cf. Tommasina, *C. R.*, *passim*, 1902]; il provoque la condensation de la vapeur d'eau sursaturée. Enfin le radium est le siège d'un dégagement de chaleur continuel[1] [Mme Curie, *loc. cit.*, 194; P. Curie, *Journ. Chim. Phys.*, 1, 425: Cf. Grüner, *Arch. Sc. phys. et naturelles*, Genève, 1907, 1, 1 à 20, passim.].

Le rayonnement du radium permet d'obtenir des radiographies [Mme Curie, *loc. cit.* 198].

Sur l'étude du rayonnement du radium, voir L. Matout [*Le Radium*, 1, 6, 1904].

Effets physiologiques produits par le radium; radiumthérapie. — Le maintien d'un tube contenant du radium, pendant quelques minutes, au contact de l'épiderme, provoque au bout d'une quinzaine de jours une plaie qui peut mettre plusieurs mois à guérir. Le rayonnement du radium agit sur les centres nerveux et peut déterminer la paralysie et la mort. Sous son influence, le développement de certaines bactéries semble arrêté. Les tissus détruits par le radium se reforment à l'état sain dans certains cas [Cf. Becquerel et Curie, *C. R.* 132, 1289, 1901; — Danisz, *C. R.*, 136, 461, 1903; — Bohn, *C. R.*, 27 avril et 4 mai 1903; — Mme Curie, *Ann. Chim. Phys.*, (7), 30, 200, 1903: — Aschkriass et Gaspari, *Arch. für die ges. physiol.*, 86, 1901 et *Ann. Physik.*, 6, 570, 1901]. Voir également, sur le pouvoir bactéricide du radium [Goldberg, *Le Radium*, 2 146]. Sur la diminution de virulence des bactéries sous l'influence du radium [Werner, *Le Radium*, 2, 383].

Ces expériences ont été l'origine d'un certain nombre d'applications médicales du radium, dont l'ensemble constitue la *radiumthérapie.*

Les études générales de A. Darier [*Le Radium*. 1, 77, 1904], A. Béclère [*Le Radium*, 2, 49, 1905], E.-S. London [*loc. cit.*, 393], et surtout celles de P. Oudin [*Le Radium*, 3, 260, 1906], montrent nettement les différences qui existent au point de vue médical, entre l'emploi des rayons X et celui du radium; mais les résultats souvent contradictoires obtenus avec le radium, dans des circonstances analogues, par divers expérimentateurs[2], ne permettent pas encore de tirer une conclusion définitive du grand nombre d'observations effectuées jusqu'à présent. Il semble toutefois que le traitement par le radium des lésions peu étendues en surface et peu étendues en profondeur, ait parfois conduit à des résultats satisfaisants [Voir A. Béclère, P. Oudin, *loc. cit.*].

Émanation, radioactivité induite. — Les gaz, laissés au contact d'un sel de radium solide ou en solution, deviennent radioactifs. Cette radioactivité persiste si l'on aspire le gaz, et le récipient qui le contient devient lumineux à l'obscurité et radioactif. Cette activité diminue peu à peu suivant une loi exponentielle [Mme Curie, *loc. cit.*, 294]; elle peut être condensée dans l'air liquide [Rutherford et Soddy, *Phil. Mag.*, 561, 1903] et se comporte en général comme un gaz (Cf. Ramsay, *J. Chem. Soc.*, 1907 passim) : on lui a donné le nom d'*émanation* (Voir plus loin : *Propriétés de l'émanation*).

Les corps solides, mis en présence du radium, acquièrent également, en même temps que des propriétés électriques nouvelles, une radioactivité temporaire, nommée *radioactivité induite* [M. et Mme Curie, *C. R.*, 1899. Mme Curie, *Ann. Chim. Phys.*, (7), 30, 289, 1903]. Un phénomène analogue a été constaté pour

---

1. Rutherford a montré que ce dégagement de chaleur était dû en grande partie à l'*émanation du radium* voir plus loin V).

2. Il suffit de rappeler les essais de traitement de la RAGE effectués par G. Tizzoni et G. Bongiovanni [Cf. *Le Radium*, 2, 333 et 3, 57 et 158] et par Jirnov [*loc. cit.*, 28], *dont les résultats ont paru satisfaisants à leurs auteurs*, et ceux de Calabrese [*Le Radium*, 3, 58] et de Danysz [*loc. cit*, 158], *qui n'ont pu reproduire aucun des phénomènes signalés par Tizzoni et Bongiovanni.*

Voir également les essais de traitement du CANCER [Rehns, *Le Radium*, 1, 169; — Braunstein, Repman, *Le Radium*, 2, 145; — London, 412; — Exner, *Deuts. Zeits Chir.*, 75, 1905]; — du GOITRE EXOPHTALMIQUE [Abbe, *Le Radium*, 2, 145; — Stegmann, 3, 159]; — du LUPUS [Danlos, Hallopeau et Gadaud, *Soc. de dermatologie*, Paris, 1901 et 1902, passim, ; — Cf. Rehns, *Le Radium*, 1, 206, 1904].

le thorium [Rutherford, *Phil. Mag.*, 1900] et l'actinium [Debierne, *C. R.*, 1900].

Ces propriétés sont facilement explicables par l'étude des *transformations du radium*.

Transformations du radium: propriétés de l'émanation. — Le premier produit de transformation du radium est l'*émanation*, qui possède les propriétés des gaz du groupe de l'argon [Traubenberg, *Phys. Zeit.*, 130, 1904]. L'*émanation* est condensable à —150° [Rutherford et Soddy, *Phil. Mag.*, 561, 1903]; elle se transforme à son tour en une substance solide (radium-A), qui se dépose sur les corps ambiants, surtout s'ils sont électrisés négativement [M. et Mme Curie, *C. R.*, **129**, 1889. *passim*]. Le Radium A constitue la radioactivité induite.

W. Ramsay et Cameron ont étudié les diverses propriétés de l'émanation [*J. Chem. Soc.*, **91**, 1266, 1907; Cf. *Le Radium*, **4**, 388 et 394] (voir ci-dessous *Énergie développée dans les transformations radioactives*).

Ramsay et Soddy [*Proc. Roy. Soc.*, 1904, 73, 346] ont montré que, à température constante, la valeur du produit P. V de l'émanation est pratiquement constante pendant la durée d'une expérience (loi de Mariotte). Mais l'augmentation de volume observée par élévation de température est supérieure aux indications de la loi de Gay-Lussac. Dès le début de ces recherches, Ramsay a constaté, que pendant l'heure qui suit la première mesure du volume de l'émanation, ce dernier décroît de moitié. La seule explication plausible de ce fait, après les minutieuses recherches de Ramsay et Cameron [*Radium*, **4**, 401] est de considérer l'émanation, au moment de sa formation, comme un gaz monoatomique (Em_1), qui devient ensuite diatomique (Em_2) en prenant un volume deux fois moindre. Les anomalies observées dans la dilatation de l'émanation permettent de supposer qu'une élévation de température produit une dissociation du corps Em_2.

Les transformations successives du radium seraient alors :

$$Ra \rightarrow Em_1 \rightarrow Em_2 \rightarrow Ra-A \rightarrow \ldots$$

La densité de l'émanation, rapportée à $0 = 16$, est environ 100 (mesurée par diffusion à travers un tampon poreux). Son poids moléculaire est donc voisin de 200 [P. Curie et J. Danne, *C. R.*, **136**, 1314, 1903; — Rutherford et Brooks, *Phil. Mag.*, 7, 11, 1902; — Makower, *ibid.*, **9**, 56, 1904; *Zeits. Elektr. Chem.*, **13**, 373, 1907 et *Le Radium*, **4**, 388, 1907]. On considère ce gaz comme le terme le plus élevé de la série de l'hélium.

Voir également : sur le dégagement d'émanation par le radium à diverses températures [Kolowrat, *C. R.*, **145**, 1907]. Sur un appareil producteur d'émanation [*Le Radium*, **3**, 156].

Curie et Danne [*Soc. de Phys.*, Paris, 17 mars 1905] ont montré que le *radium-A* se transforme en *radium-B*, qui donne le *radium-C* [Cf. V. Lerch, *Ann. der Phys.*, **20**, 345, 1906. — Schmidt, *Ann. der Phys.*, **24**, 609, 1906]. On connaît également le *radium-D*, le *radium-E*, que l'on a récemment dédoublé en deux éléments E_1 et E_2 : le radium-E_2 se transforme en *radium-F*, plus connu sous le nom de *polonium* (voyez ci-dessous) [Cf. Étude générale sur les radiums D, E, F, Meyer et Schweidler, *Jahrbuch der radioactivität*, **3**, 395, 1906].

Les *radioplombs* décrits par divers auteurs sont des mélanges de radium D, E, F [Cf. Meyer et Schweidler, *loc. cit.*. — Elster et Geitel, *Wied. Ann.*, **69**, 1899. — F. Giesel, *D. chem. G.*, **33**, 3561, 1901. — Hoffmann et Strauss, *D. chem. G.*, **33**, 3126. — B. Szilard, *C. R.*, **146**, 116, 1908].

Polonium (radium-F). — Il a été découvert par Mme Curie dans le bismuth actif extrait de la pechblende [*Ann. Chim. Phys.*, (7), **30**, 119 et 127, 1903]. D'abord considéré comme un élément radioactif distinct, il semble établi aujourd'hui que le polonium est un produit de transformation du radium (radium F) [Strutt, *Nature*, 27 octobre 1904], de même que le *radiotellure* de Markwald, qui lui est identique [Markwald, *Phys. Zeitsch.*, **4**, 51, 1902].

L'enrichissement du bismuth en substance active peut s'effectuer par l'un des procédés suivants :

1° Sublimation des sulfures dans le vide. Le sulfure actif est le plus volatil.

2° Précipitation des solutions nitriques par l'eau. Le sous-nitrate précipité est plus actif que le sel qui reste dissous.

3° Précipitation par H_2S des solutions chlorhydriques très acides. Le sulfure précipité est beaucoup plus actif que celui qui reste en solution.

4° En plongeant une baguette de bismuth pur dans une solution chlorhydrique de bismuth extrait de la pechblende. La baguette se recouvre d'un dépôt très actif.

5° En ajoutant du chlorure d'étain à une solution chlorhydrique de bismuth actif. On obtient un dépôt très actif dont le mode de formation l'a fait rapprocher du tellure par Markwald [Cf. Nouvelles recherches sur la concentration du polonium, Razet, *Le Radium*, **4**, 135, 1907].

Le polonium ou radium-F perd peu à peu son activité [Sur le rayonnement du Polonium, voir Kucera, *Le Radium* **4**, 75, 1907]; il se transforme en un produit qui ne possède pas de rayonnement sensible, et dont la nature nous est encore inconnue. Toutefois les recherches de Boltwood [*Radium*, IV, 97, 1907] permettent de supposer que le produit final des transformations du radium est peut-être le plomb (poids atomique = 206.9). Soddy admet encore une certaine radioactivité dans le plomb, et il pense que ses transformations successives peuvent conduire jusqu'à l'argent. Hoffmann et Strauss, dans des recherches antérieures, ont trouvé dans le radioplomb un élément voisin du ruthénium dont il diffère par quelques propriétés chimiques [*D chem.*, *G.*, **34**, 907, 1901], et que l'on a parfois considéré comme le produit final des transformations du radium [Cf. Meyer et Schweidler, *Jahrb. der Radioactiv.*, III, 395, 1906].

c) *Nomenclature des substances radioactives actuellement connues.* — Le tableau suivant contient les éléments radioactifs actuellement connus, ainsi que les substances qui en dérivent; celles-ci ont été inscrites dans l'ordre de leurs transformations successives. A côté de chaque substance se trouve portée sa constante de temps T, ainsi que la nature de son rayonnement [Cf. Grüner, *Arch. Sc. phys. et natur.*, Genève, 1907, 1, 21 et suiv.; — A. Righi, *Arch. Sc. phys. et natur.*, I, 260].

Substance radioactive.	T	Rayonnement.
Uranium	environ 10^8 années	α
Uranium-X	22 jours	β, γ
Produit final inconnu	—	—
Thorium	environ 10^9 années	α
Mésothorium	inconnu	β
Radiothorium	1737 jours	α
Thorium-X	4 jours	α
Émanation du thorium	54 secondes	α
Thorium A	10,6 heures	β
Thorium B	1 heure	α, β, γ
Thorium C	quelques secondes	α, β, γ
Produit final inconnu	—	—

Substance radioactive.	T	Rayonnements.
Actinium	inconnu	—
Radioactinium	19,5 jours	α
Actinium-X	10,2 jours	α
Emanation de l'actinium.	3,9 secondes	α
Actinium A	36 minutes	—
Actinium B	2 minutes	α, β, γ
Actinium C (?)	inconnu	inconnu.
Actinium D (?)	inconnu	inconnu.
Produit final inconnu	—	—
Radium	{ 1300 ans / 246 ans	α
Emanation-1 (Em_1)	inconnu	—
Emanation-2 (Em_2)	3,8 jours	α
Radium A	3 minutes	α
Radium B	26 minutes	β, γ
Radium C	19 minutes	α, β, γ
Radium D	environ 40 ans	—
Radium E	6 jours	β, γ
Radium F	143 jours	α
Produit final inconnu	—	—
Ionium (?)	inconnu	α, β

IV. RADIOACTIVITÉ GÉNÉRALE DE LA MATIÈRE. — RADIOACTIVITÉ DU SOL ET DE L'ATMOSPHÈRE. — Campbell a montré que Pb, Cu, Al, Sn, Ag ont un pouvoir ionisateur [*Phil. Mag.*, (6), 9,530, 1905; *Jahrb. der Radioactivität*, 2, 434, 1906]. Elster et Geitel ont trouvé, qu'au moins pour le plomb, cette activité était due à la présence d'une très faible quantité de substance radioactive de la famille du radium [*Phys. Zeitsch.*, 7, 841, 1906]. Des expériences ultérieures démontreront s'il en est de même dans le cas des autres métaux. Il semble néanmoins peu probable que la désagrégation radioactive soit une propriété d'un petit nombre de substances; mais elle serait extrêmement lente et petite pour la plupart des autres corps, et c'est cette idée qui a conduit à chercher les moyens de l'accélérer par des procédés physiques [Cf. Le Bon, *C. R.*, 1897, *passim*; — Becquerel, *loc. cit.*; — J.-J. Thomson, *Phil. Mag.*, (6), 10, 584, 1905]. C'est dans ce but que, tout récemment, Ramsay et Spencer ont entrepris une série de recherches sur les modifications chimiques et électriques de la matière sous l'action d'agents divers (lumière ultra-violette [*Phil. Mag.*, (6), 12, 397, 1906], etc.) (voir ci-dessous V).

Ramsay et Cameron [*J. Chem. Soc.*, 1907, *passim*; *Le Radium*, 4, 388, 1907] ont également étudié l'action de l'énergie considérable développée dans la tranformation du radium (de l'émanation en particulier). Sur ce point, voir plus bas : V. (*Énergie développée dans les transformations du radium*).

Voir également :

Radioactivité générale de la matière, R.-J. Strutt [*Le Radium*, 1, 81, 1904].

Radioactivité générale des éléments chimiques [Campbell, *Le Radium*, 3, 33, 1906].

Radioactivité des métaux alcalins [Campbell et Wood, *Le Radium*, 4, 202, 1907].

Sur la répartition de la radioactivité dans le sol [H. Geitel, *Le Radium*, 2, 193 et 225, 1905] (importante bibliographie); — [Strutt, *Le Radium*, 3, 161 et 266, 1906; — Eve, *Phil. Mag.*, (6), 12, 189, 1906 et *Le Radium*, 3, 363, 1906; — Mache et Rimmer, *Phys. Zeitsch.*, 7, 617, 1906; — Cf. Elster et Geitel, *Phys. Zeitsch.*, *passim*, et *Arch. Sc. phys. et natur.*, Genève, 1904 et 1905].

Sur les relations entre la radioactivité et la chaleur terrestre [Strutt, *Le Radium*, 3, 161, 1906; — Blanc, *Le Radium*, 4, 434, 1907].

Sur la radioactivité de l'atmosphère et de l'eau de certaines sources [Curie, *J. Chim. phys.*, Genève, 1, 449, 1903; — A. Laborde, *Le Radium*, 1, 1, 1904; — Boltwood, *Am. Journ.*, novembre 1904; — Gockel, *Physik. Zeits.*, 1er oct. 1904 et 15 octobre 1907; — P. Curie et Laborde, *Le Radium*, 3, 195, 1906; — Elster et Geitel, *Phys. Zeits.*, *passim*; — J. de Sury, *Thèse de doctorat*, Fribourg (Suisse), 1907]; etc.

Sur la composition chimique des mélanges gazeux radioactifs qui se dégagent des sources thermales [Moureu, *C. R.*, 139, 852, 1904 et 142, 44, 1906].

Sur la radioactivité de diverses sources minérales [voir *Le Radium* et *Phys. Zeits.*, *passim*.

V. ÉNERGIE DÉVELOPPÉE DANS LES TRANSFORMATIONS RADIOACTIVES. — Rutherford a montré que la plus grande partie de la chaleur émise par le radium est due à la désintégration de l'émanation, qui émet 75 calories environ par gramme de radium et par heure : la chaleur totale émise pendant la vie d'un centimètre cube d'émanation est de l'ordre de 7 millions de calories-gramme, alors que la chaleur qui résulte de l'explosion de 1 cm³ de gaz tonnant ($2H^2 + O^2$) n'est que de 3 calories environ. La quantité de chaleur développée par la désintégration de l'émanation est donc $2,5 \cdot 10^6$ fois plus considérable que celle qui résulte de la combinaison de l'hydrogène et de l'oxygène. De toutes les substances connues, l'émanation possède la plus grande énergie potentielle. Les recherches de Ramsay et de ses collaborateurs ont été effectuées dans le but d'étudier ses effets [*Nature*, 18 juillet 1907, 267; *Journ. Ch. Soc.*, 1907, *passim*; *Le Radium*, 4, 291 et 388, 1907]:

Ramsay et Soddy [*Proc. Roy. Soc.*, 72, 204, 1903 et 73, 346, 1904], puis Curie et Dewar (voir ci-dessus II) ont constaté que l'émanation du radium produit spontanément de l'*hélium*: Ramsay [*Nature*, 1907, 267] a montré qu'en présence de l'eau, le produit de transformation de l'émanation est le *néon* (une trace d'hélium peut être caractérisée). Si on remplace l'eau par une solution de sulfate de cuivre, il n'y a pas production d'hélium : le gaz inerte obtenu est l'*argon*[1], accompagné peut-être d'une trace de néon.

Dans ce dernier cas, la solution, débarrassée du cuivre, donne le spectre du sodium et du calcium, ainsi que la raie rouge du *lithium*.

Cette dernière observation a été répétée quatre fois par Ramsay [2 fois avec $CuSO^4$, 2 fois avec $Cu(AzO^3)^2$] avec des précautions minutieuses, et toujours avec le même résultat. Des expériences « à blanc », faites dans des conditions identiques avec le nitrate de cuivre, le nitrate de plomb et l'eau, n'ont donné aucune trace de lithium; il semble donc que la présence du lithium soit due à la « dégradation » du cuivre, sous l'influence de l'émanation, et à sa transformation dans le 1er élément de son groupe.

Les sels de thorium ont fourni à Ramsay un résultat analogue : il semble qu'il se forme dans ce cas, sous l'influence de l'émanation, de petites quantités d'anhydride carbonique. Le carbone est le premier terme de la série du thorium [*J. Chem. Soc.*, octobre 1907].

L'ensemble de ces phénomènes est explicable, si l'on tient compte de l'énorme quantité d'énergie produite dans la transformation spontanée de l'émanation. La forme sous laquelle cette énergie est dépensée peut être modifiée selon les circonstances : si l'émanation est seule, elle donne naissance à l'hélium ($He = 4$); si la distribution de l'énergie est modifiée par l'eau, le

1. Ces expériences, d'une extrême délicatesse, représentent un labeur considérable : il suffit de rappeler que les opérations effectuées ont porté sur des quantités *d'émanation de l'ordre du millimètre cube*.

gaz inactif obtenu est le néon ($Ne = 20$); en présence du sulfate de cuivre, la dégradation de l'émanation s'arrête à l'argon ($Ar = 40$) tandis que le cuivre est dégradé dans le 1er terme de son groupe, le lithium.

Il est probable que le sodium, dont la présence a été constatée en même temps que celle du lithium, a la même origine que lui; mais la preuve n'a pu en être faite, car il entre dans la composition des récipients de verre ayant servi aux expériences.

Ces résultats montrent que si l'on donne à l'énergie disponible dans *l'émanation* un travail à effectuer (décomposition de H^2O, de $CuSO^4$, etc.), une partie considérable de cette énergie est absorbée par ce travail; la dégradation de l'émanation ne se fait plus jusqu'au premier terme de la famille des gaz nobles, — *l'hélium*, — et le terme final de cette dégradation est d'autant plus rapproché de l'émanation que le travail demandé à l'énergie disponible dans cette dernière est plus considérable [Ramsay, *J. chim. phys.*, Genève, 5, 652, 1907].

La dégradation des *éléments* semble donc suivre certaines lois, énoncées par Ramsay :

1° L'hélium et les particules α ne sont pas identiques.

2° L'hélium formé à partir de *l'émanation* est le résultat de la dégradation de la lourde molécule qui constitue l'émanation par le bombardement des particules α.

3° La dégradation de l'émanation se fait par degrés, en passant vraisemblablement par les divers termes de la famille à laquelle elle appartient.

4° Il en est de même de la dégradation des éléments étrangers mis en présence de l'émanation : la formation du Lithium (et du Sodium) à partir du cuivre, et du carbone à partir du Thorium en sont les premières démonstrations.

VI. Conclusions. — Les connaissances actuelles sur la radioactivité permettent de distinguer quatre éléments radioactifs bien déterminés : *uranium, thorium, actinium, radium*. Chacun d'eux donne un certain nombre de produits de transformation, qui se distinguent les uns des autres par leur constante de temps et certains rapports chimiques et électrochimiques.

Toutefois ces *rapports chimiques* ne doivent pas être confondus avec les « propriétés chimiques » d'un corps usuel : dans le cas des substances radioactives, on a affaire en général à des quantités infiniment petites de matière, et les propriétés qu'elles présentent ainsi (solubilité dans l'ammoniaque, par exemple) ne seraient plus applicables, dans bien des cas, à des quantités finies de substance [Godlewski, *Radium*, 3, 298, 1906].

Parmi les éléments radioactifs, l'uranium est celui qui possède le poids atomique le plus élevé (238.4) ; viennent ensuite le thorium (232,5) et le radium (226) ; quant au poids atomique de l'actinium, il n'a pas encore été déterminé. Des recherches récentes de Boltwood relatives à la transformation de l'actinium en radium (voir ci-dessus III. a) avaient permis de supposer que le poids atomique de cet élément est compris entre ceux de l'uranium et du radium, mais les derniers travaux de Rutherford et de Boltwood lui-même n'ont pas confirmé ces résultats. Il semble néanmoins qu'il doive exister des relations assez étroites entre les divers éléments radioactifs ou leurs produits de transformation [Boltwood. *Le Radium*, 4, 357, 1907; etc.]

Ces produits de transformations successives sont autant d'individus chimiques distincts, et l'ensemble des phénomènes observés permet de considérer la radioactivité comme une propriété « atomique » de ces éléments : l' « atome chimique », que la chimie ne peut détruire (et qui mérite par suite son nom au point de vue chimique actuel), est susceptible de se désagréger dans le cas des substances radioactives, avec émission de particules électrisées et d'une quantité énorme d'énergie

Sur les autres hypothèses proposées pour expliquer la radioactivité [J. Stark, *Jahrbuch d. Radiaktivität*, 1904, 2e fasc.; et *Le Radium*, 1, 193]. Relations entre la radioactivité et la gravitation [Sagnac, *Ann. Chim. Phys.*, (7), 26, 62].

Il règne encore une grande incertitude sur la nature du dernier terme, *stable*, obtenu dans la suite de ces transformations; il se pourrait que ce fut le plomb, car Boltwood a observé la présence de ce métal dans tous les minéraux radioactifs, en quantité généralement proportionnelle à la quantité de radium contenu dans le minéral [Cf. Blanc, *Le Radium*, 4, 435, 1907]. Mais on n'a encore constaté aucun fait *décisif*, qui permette de confirmer ou de contredire les nombreuses hypothèses émises à ce sujet.

Enfin, les récentes expériences de Ramsay et de ses collaborateurs montrent la possibilité d'utiliser la quantité considérable d'énergie mise en liberté dans les phénomènes radioactifs : les effets remarquables constatés (dégradation du cuivre, du thorium) donnent une importance nouvelle au problème de la production artificielle de la désintégration radioactive.

Les recherches sur la *pyroradioactivité* [Th. Tommasina. *Arch. Sc. phys. et natur.*, Genève, (4), 17, 589, 1904], l'étude de l'action des hautes températures sur l'émanation du radium [Makower, *Proc. Roy. Soc.*, 77, A, 1906; — Makower et Russ, *Le Radium*, 4, 235, 1907], les expériences de J.-J. Thomson sur la décharge des gaz raréfiés [J.-J. Thomson, *Phil. Mag.* et *Le Radium, passim*; — Cf. Blanc, *Le Radium*, 4, 435, 1907] etc., semblent indiquer la possibilité de provoquer ou de hâter les phénomènes de radioactivité ou de désagrégation radioactive [Cf. Soddy, *The Electrician*, 23 mars 1906 et *Le Radium*, 3, 146, 1006].

Toutefois, si la découverte de la radioactivité et celle de la désagrégation de la matière, qui en est la conséquence, ne permettent plus de considérer l'*atome chimique* comme immuable et indivisible, il est facile de voir que les lois naturelles solidement établies subsistent néanmoins; mais il est désormais nécessaire de considérer l' « atome » comme formé de la réunion d'un grand nombre de particules. Tantôt cet assemblage est stable, tantôt, et c'est le cas des substances radioactives, l'atome ainsi constitué subira une désagrégation partielle dont il est possible de mesurer la vitesse.

Une telle conception des phénomènes de radioactivité n'infirme pas encore les lois fondamentales de la chimie. chaque atome conservant actuellement son individualité au point de vue strictement « chimique »; seules les hypothèses sur la constitution de l'*atome chimique* se trouvent modifiées, mais la notion de *poids atomique* subsiste; nous avons vu que leur connaissance peut contribuer au classement des différents corps radioactifs dans leur ordre de désagrégations successives.

VII. Bibliographie générale. — H. Becquerel : Sur le rayonnement de l'uranium et sur diverses propriétés du rayonnement des corps radioactifs, *Congrès de physique*, Paris 1900, 3, 47]. — M. et Mme Curie : Les nouvelles substances radioactives, *Congrès de physique*, Paris 1900. 3, 79]. — Mme Curie : Recherches sur les substances radioactives. *Thèse de doctorat*, Paris, 1903 et *Ann. Chim. Phys.*, (7), 30, 1903; — P. Curie.

Recherches récentes sur la radioactivité ; *J. de Chim. hys.*, Genève, 1, 409, 1903 ; — Soddy, *Radioactivity*, Londres, 1904 ; — Rutherford, *Radioactivity*, 2e édit., Cambridge, 1905 ; — H. Abraham et P. Langevin, *Ions, électrons, corpuscules.* Paris, 1905 (2 vol.) ; — Soddy, *Der gegenwärtige Stand der Radioaktivität* [*Jahrb. der Radioaktivität*, 3, 1, 1906 et *Le Radium*, 3, 193, 1906] ; — P. Grüner, *Die radioaktiven Substanzen und die Theorie des Atomzerfalles*, Berne, 1906 ; — A. Righi, *La théorie moderne des phénomènes physiques*, 1re édit. française, Paris, 1906. 3e édit. italienne, Bologne, 1907. — A. Righi : Les transformations atomiques des corps radioactifs [*Archives des sciences physiques et naturelles*, Genève, 1907, 1, 247]. — P. Grüner : La désagrégation radioactive de la matière [*Archives des sciences physiques et naturelles.* Genève, 1907, 1, 5, 114, 329] ; — C. R. de la 14e assemblée générale de la Bunsen-Gesellschaft [*Zeits. f. Elektrochemie*, 13, 369 à 406, 1907 ; — Ramsay, *J. Chem. Soc.*. 1907, *passim* et *Le Radium*, 4, 291 et 388, 1907 ; — O. Hahn, *Zeits. f. Elektroch.*, 13, 713, 1907 ; — G.-A. Blanc, *Le Radium*, 4, 430, 1907 ; — Rutherford, *Radioactive Umwandlungen*, Braunschweig, 1907 ; — Ramsay. *J. Chim. Phys.*, 5, 647, 1907 ; — A. Righi, *Le nuove vedute sull' intima struttura della materia*, Bologne, 1907.

Voir également *Le radium* (Paris) ; — *Journal de chimie physique* (Genève) : Index bibliographique par Briner et Renard ; — *Jahrbuch d. Radioaktivität und Electronik* (Leipzig) ; — *Phys. Zeit.*, (Leipzig), etc. Janvier 1908. Georges Baume.

RAFAÉLITE (Min.) (Arzruni), — Voyez Paralaurionite. Les cristaux de rafaélite proviennent de la mine de San Rafael, Sierra Gorda, Chili, avec galène, quartz, célestine, et se distinguent de la paralaurionite par leur couleur rouge violacée. Faces : $h^1 p a^1 a^2 a^1/_2 a^1/_3 a^3 o^1/_2 m g^2 g^1$ $(d^1 b^1/_2 g^1)$, $(d^1 d^1/_2 g^1/_2)$. L. Bourgeois.

RAFFINOSE (*mélitose*), $C^{18}H^{32}O^{16} + 5H^2O$. — Le raffinose a été trouvé : dans la manne de l'Eucalyptus Gunii [Passmore, *Journ. Trans.*, 717, 1891] ; dans les tourteaux de coton (sous le nom de *gossypose*) [Ritthausen, *J. f. prakt. Chem.*, 29, 351, 1884 ; — Böhm, *J. f. prakt. Chem.*. 30, 37, 1884 ; — Tollens, *D. chem. G.*, 18, 26, 1885 ; — Scheibler, *D. chem. G.*, 18, 1779] ; dans les germes du blé [Richardson et Crampton, *D. chem. G.*, 19, 1180, 1886 ; — Schulze et Frankfürt, *D. chem. G.*, 27, 64, 1894] ; et dans l'orge [O. Sullivan, *Chem. Soc.*, 49, 58, 1886]

Le raffinose rencontré dans les mélasses provient de la betterave, d'où on a pu en retirer directement 0,01 à 0,02 0/0 ; sa présence n'est pas due à des réactions secondaires de la chaux ou de la strontiane sur le saccharose [Stone et Baird, *Am. Chem. Journ.*, 19, 116, 1897 ; — von Lippmann, *D. chem. G.*, 18, 3087, 1885 ; — Beythieu, Pakus et Tollens, *Zeit. Ver. f. Rüb. Ind.*, 39, 917 ; — Herzfeld, *Deutsche Zuck. Ind.*, 19, 202 ; *Zeit. Ver. Rübenzuck. Ind.*, 751, 1906]. — Cech, *Oesterr. Zuck. Ind.*, 26, 1889]. Le sucre retiré autrefois de l'Eucalyptus d'Australie, et désigné sous le nom de *mélitose*, a été identifié avec le raffinose des mélasses [Tollens, *D. chem. G.*, 18, 26, 1885 ; — Rischbiet et Tollens, *D. chem. G.*, 18, 2611].

Préparation. — On le retire généralement des mélasses de sucrerie. Pour le séparer du saccharose, on peut profiter de ce que le raffinosate de strontium est plus soluble que le saccharate correspondant, et de ce que le raffinose est moins soluble dans l'alcool que le saccharose [Scheibler, *D. chem. G.*, 18, 1409, 1885].

Lindet effectue cette séparation en utilisant la solubilité du raffinose dans l'alcool méthylique, qui en dissout 11e,4 tandis qu'il ne dissout que 0e,4 de saccharose à la température ordinaire [*C. R.*, 110, 795, 1890].

La formule moléculaire du raffinose a été vérifiée par la cryoscopie [Tollens et Mayer, *D. chem. G.*, 21, 1566, 1888 ; — Brown et Morris, *Chem. Soc.*, 53, 610, 1888] et par la mesure de la concentration nécessaire à la plasmolyse des cellules épidermiques du Tradescantia discolor [de Vries, *C. R.*, 106, 751, 1888]. L'hydrolyse du raffinose montre que ce sucre est une combinaison triple de glucose, de lévulose et de galactose ordinaire ; d'où le nom de *mélitriose* proposé par Scheibler [*D. chem. G.*, 22, 1678, 1889].

Propriétés. — Le raffinose cristallise en petites aiguilles fusibles à 80°, lorsqu'il est hydraté, et à 118-119° lorsqu'il est anhydre [Loiseau, *C. R.*, 82, 1058] ; il peut aussi, par cristallisation dans l'alcool faible, former des cristaux lamelleux qui renferment 6 molécules d'eau [Berthelot, *C. R.*, 109, 548, 1889]. Il se déshydrate dans le vide vers 70-80° [Rischbieth et Tollens, *D. chem. G.*, 18, 2611, 1885]. La chaleur de combustion moléculaire du raffinose est de 2026Cal,1 [Berthelot et Matignon, *C. R.*, 111, 11, 1890], 2019Cal,7 [Stohmann et Langbein, *J. f. prakt. Chem.*, 45, 305, 1892].

Il ne présente pas la multirotation ; $\alpha_D = + 104°$ [Scheibler, Tollens, *loc. cit.*], 105°,5 [Schulze et Franckfurt, *D. chem. G.*, 27, 64, 1894], 117°,4 [Ritthausen. *loc. cit.*], 118° [Kanonnikoff, *D. chem. G.*, 24, 971]. Il peut former des combinaisons moléculaires instables avec certains sucres réducteurs ; Berthelot pense que le composé qu'il avait anciennement décrit sous le nom de *mélitose* [*C. R.*, 41, 392] est un produit du même ordre constitué par une combinaison moléculaire de raffinose et d'*eucalyne* [*C. R.*, 103, 533, 1886] ; le pouvoir rotatoire de ce mélitose est $\alpha_D = + 88°$.

Lorsqu'on soumet le raffinose à une hydrolyse ménagée (*inversion faible*) il fournit du *lévulose* et du *mélibiose* [Scheibler, *D. chem. G.*, 18, 1779, 1885 ; — Scheibler et Mittelmeier, *D. chem. G.*, 22, 1678, 3118, 1889 ; — Beythieu et Tollens, *Ann. Chem.*, 255, 214, 1889] ; le mélibiose peut à son tour être dédoublé en *glucose* et *galactose*, de sorte que finalement (*inversion forte*) on obtient un mélange de trois sucres [Tollens et Hædicke, *Ann. Chem.*, 238, 308 ; — Tollens et Gans, *D. chem. G.*, 21, 2148 ; — Scheibler et Mittelmeier, *loc. cit.* ; — Rischbieth et Tollens, *loc. cit.*]. Le raffinose, chauffé à 120-130° avec la glycérine aqueuse, est hydrolysé [Donath, *J. f. prakt. Chem.*, 49, 546, 1894]. Ces deux phases de l'hydrolyse sont particulièrement faciles à constater lorsqu'elle est réalisée sous l'influence de l'acide citrique [*Bull. Assoc. Chim. Sucr. et Dist.*, 23, 1143, 1906].

L'hydrolyse du raffinose par l'eau bouillante est retardée par la poudre de palladium [Sulc, *Zeit. f. physikal. Chem.*, 33, 47, 1900].

L'oxydation du raffinose par l'acide azotique fournit de l'acide mucique [Rischbieth et Tollens, *loc. cit.*] et de l'acide saccharique [Tollens et Gans, *loc. cit.*].

Les alcalis n'attaquent pas sensiblement le raffinose ; par une ébullition de plusieurs jours avec la strontiane il fournit un peu d'acide lactique [Tollens et Beythieu, *Ann. Chem.*, 255, 222, 1890]. Il se combine aux bases pour donner des *raffinosates* :

Les *raffinosates de sodium*, $C^{18}H^{31}O^{16}Na$ et $C^{18}H^{31}O^{16}Na + NaOH$, sont amorphes [Tollens et Beythieu, *D. chem. G.*, 23, 1047, 1889].

Le *raffinosate tricalcique*, $C^{18}H^{32}O^{16}, 3CaO + 2H^2O$, devient anhydre à 100° [Lindet, *Bull. Soc. Chim.*, 3, 413, 1890].

Le *raffinosate bistrontique*, $C^{18}H^{32}O^{16}, 2SrO + H^2O$, devient anhydre à 80° ; il précipite moins rapidement que le dérivé correspondant du saccharose [Tollens et Beythieu, *loc. cit.*].

On connaît également les *raffinosates de baryte*, $C^{18}H^{32}O^{16}BaO$ et $C^{18}H^{32}O^{16}, 2BaO$; et le *raffinosate triplombique*, $C^{18}H^{32}O^{16}$, $3PbO$ [Tollens et Beythieu, *loc. cit* : — Pfeiffer et Langen, *D. chem. G.*, **21**, 158, 1888; — Koydl, *Zeit. f. angew. Chem.*, 309, 1892].

Caractères et dosage. — Le raffinose ne réduit pas la liqueur de Fehling. Il donne, ainsi que tous les lévulosides, une coloration rouge quand on le chauffe avec l'acide chlorhydrique et la résorcine [Seliwanoff, *D. chem. G.*, **20**, 181, 1887]; avec l'α-naphtol et l'acide sulfurique pur il donne une coloration violette [Weinberg, *Chem. Zeit.*, **9**, 131; — Pinoff, *D. chem. G.*, **38**, 3308, 1905].

Lorsqu'il n'est pas accompagné de saccharose, le raffinose peut être dosé au polarimètre; dans le cas contraire on est obligé de recourir en même temps à l'inversion et au titrage à la liqueur de Fehling [Crevdt, *D. chem. G.*, **19**, 3115, 1886; — Herzfeld, *Zeit. Ver. f. Rüb. Zuck. Ind.*, 722, 1887; — 203, 1890; 150, 1892; — Gérard, *ibid.*, 735, 1891; — Lindet, *C. R.*, **109**, 115, 1889; — Bau, *Wochensch. Braueerei*, **15**, 389]. Voyez aussi [Pfyl et Linne, *Zeit. f. Unters. Nahr.*, **10**, 104, 1905; — H. Pellet, *Bull. Assoc. Chim. Sucr. et Dist.*, **23**, 1140, 1906].

Le mélange de raffinose et de saccharose peut se doser par les procédés optiques en déterminant son pouvoir rotatoire avant et après hydrolyse par l'acide citrique; on a en effet :

$$\alpha = 40 \, \frac{66,5}{100} \, x + 40 \, \frac{104,5}{100} \, y$$

$$\alpha_1 = -40 \, \frac{19,85}{95} \, x + 40 \, \frac{53}{100} \, y$$

x étant la proportion de saccharose, y celle de raffinose, α le pouvoir rotatoire avant l'hydrolyse, α_1 le pouvoir rotatoire après l'hydrolyse [Pieraerts, *Bull. Ass. Chim. Sucr. et Dist.*, **23**, 1261, 1906].

Raffinose endécanitrique, $C^{18}H^{21}O^{5}(AzO^{3})^{11}$. — Il fond entre 55 et 65° : $\alpha_D = +94°,9$ [Will et Lenze, *D. chem. G.*, **31**, 68, 1898].

Raffinose endécacétique, $C^{18}H^{21}O^{5}(C^{2}H^{3}O^{2})^{11}$. — Il fond à 100°; $\alpha_D = +91°,2$ [Scheibler et Mittelmeier, *D. chem. G.*, **23**, 1438, 1890].

Raffinose dodécacétique, $C^{18}H^{20}O^{4}(C^{2}H^{3}O^{2})^{12}$. — Il se ramollit à la chaleur de la main : $\alpha_D = +100°,3$ [Tanret, *Bull. Soc. Chim.*, **13**, 261, 1895].

Fermentation du raffinose. — Les levures hautes, qui ne renferment pas de mélibiase, ne réalisent qu'une fermentation incomplète du raffinose; le résidu est constitué par du *mélibiose* (Berthelot lui a donné le nom d'*euralyne*) [Scheibler, *D. chem. G.*, **22**, 3121, 1889; — Loiseau, *C. R.*, **109**, 614, 1889; — Bau, *Wochens. Brauerei*, **15**, 389; — Berthelot, *C. R.*, **109**, 548]. Les levures basses, qui sont capables de dédoubler le mélibiose, produisent une fermentation totale.

Fermentation mannitique [Gayon et Dubourg, *Ann. Inst. Past.*, **15**, 7, 1901]; par le pneumocoque [Frankland, Stanley et Frew, *Chem. Soc.*, **59**, 253, 1891]. Juin 1907.   P. Carré.

RALSTONITE (Min.) (Brush). — Fluoaluminate de sodium, magnésium et calcium hydraté, $3[Na^{2},Mg,Ca]F^{2}.4Al^{2}F^{6}.6H^{2}O$, voisin de la cryolite. Petits octaèdres réguliers ou cubo-octaèdres incolores ou jaunâtres, accompagnant la thomsénolite. Dureté = 4,5. Densité = 2,4 à 2,6.   L. B.

RAMALIQUE, RANGIFORMIQUE (ACIDES). — Voy. l'art. LICHENS.

RANDITE (Min.) (König). — Carbonate d'uranyle et de calcium hydraté voisin de la zippéite, en incrustations jaune-citron sur le granite des environs de Philadelphie. Soluble dans les acides. Dureté = 2 à 3.   L. Bourgeois.

RANOVINE. — Voy. l'art. ŒUF.

RAPHANOL (ou **RAPHANOLIDE**). — Corps extrait par Moreigne [*Bull. Soc. Chim.*, (3), **15**, 798, 1896] du *raphanus niger* ou radis noir par entraînement à la vapeur d'eau qui sépare à la fois l'essence et le nouveau composé qui se dépose en partie du liquide distillé.

Le raphanol est solide, blanc, léger, d'aspect nacré, insoluble dans l'eau, les alcalis, les acides, soluble dans les autres solvants organiques; il fond à 62° et commence à se décomposer à partir de 300°; il répond à la formule $C^{29}H^{58}O^{4}$ et renfermerait une fonction lactone et deux fonctions alcool. Le même auteur aurait retrouvé le raphanol dans le radis rouge, le navet, la rave, et sans doute dans le cresson de fontaine, le *cochlearia officinalis* et la giroflée.

1er juillet 1907.   A. Hébert.

RAPIQUE (ACIDE). — Reiner et Will [*D. chem. G.*, **20**, 2385, 1887] ont trouvé que l'huile de navette renferme trois acides différents dont un liquide qu'ils ont appelé acide rapique (de *brassica rapa*) et qu'ils ont séparé à l'état de sel de zinc; il serait isomère de l'acide ricinoléique $C^{18}H^{34}O^{3}$ et se décomposerait par la potasse caustique en dégageant de l'oxygène.

D'après Zellner [*Mon. f. Ch.*, **17**, 309], l'acide rapique traité par l'acide iodhydrique naissant, puis hydrogéné, a fourni de l'acide stéarique et serait isomère, non pas de l'acide ricinoléique, mais de l'acide oléique $C^{18}H^{34}O^{2}$.

1er juillet 1907.   A. Hébert.

RASPITE (Min.) (C. Hlawatsch). — Tungstate de plomb, $TuO^{4}Pb$, dimorphe de la stolzite ou schéelitine, peut-être isomorphe avec le wolfram. Cristaux brunâtres ou jaunes, éclat adamantin, sur stolzite, avec galène, limonite, psilomélane, à Broken Hill, Nouvelle Galles du Sud. Dureté = 2,5 à 3.

Forme cristalline. — Prisme clinorhombique : $a : b : c = 1,3493 : 1 : 1,1112$; $\beta = 72°14'$. Aplatissement sur h^{1} et allongement suivant ph^{1}. Faces : $h^{1}pg^{1}e^{1}$, traces de a^{1}. Macles h^{1}. Clivage h^{1} parfait.   L. Bourgeois.

REDDINGITE (Min.) (Brush et Dana). — Phosphate trimanganeux hydraté, $(PO^{4})^{2}Mn^{3},3H^{2}O$, dans lequel un peu de fer remplace souvent le manganèse. Petits cristaux et masses compactes, à éclat vitreux, incolores ou rose pâle, à Branchville, Connecticut. Soluble dans les acides. Dureté = 3 à 3,5. Densité = 3,102 à 3,204.

Forme cristalline. — Prisme orthorhombique : $a : b : c = 0,8676 : 1 : 0,9485$. Formes voisines de celles de la scorodite : $b^{1/2}.(b^{1}b^{1/3}h^{1/2})$ et g^{1}, $b^{4/3}$, $b^{3/4}$, $b^{2/7}$.   L. Bourgeois.

RÉSACÉTÉINE. — (Voy. Supp., 1370). *Préparation* [Carl Bülow, *D. chem. G.*, **36**, 730, 1903]. *Dérivé triacétylé.* — Il fond à 239-240° [Comparez Razinski, *J. prakt. Chem.*, (2), **26**, 58]. Tables rouges à éclat doré.

Picrate, $C^{26}H^{12}O^{4},C^{6}H^{3}O^{7}Az^{3}+H^{2}O$. — Aiguilles brun rouge.

La fusion alcaline la dédouble avec formation d'acétofluorescéine $C^{24}H^{18}O^{5}$, de résacétophénone, de résorcine et d'acide acétique, ce qui a conduit Bülow à lui attribuer la formule

$$(OH)C \underset{CH}{\overset{CH}{\underset{\displaystyle \|}{\big|}}} C \overset{O}{\underset{\displaystyle CH^{2}}{\underset{\|}{C}}} C-C^{6}H^{3}(OH)^{2}$$

Par condensation de la 2'.4'-diéthoxybenzoyl-acétone avec la phloroglucine, le pyrogallol et l'oxyhydroquinone on obtient des résacétéines hydroxylées

$$(OH)C\ldots CH \ldots O \ldots C-C^6H^3(OC^2H^5)^2,\quad CH \ldots C \ldots CH,\quad C \ldots (OH) \quad CH^2$$

I.

$$(OH)C\ldots C(OH)\ldots O\ldots C-C^6H^3(OC^2H^5)^2,\quad CH\ldots C\ldots CH,\quad CH\ldots C\quad CH^2$$

II.

$$(OH)C\ldots CH\ldots O\ldots C-C^6H^3(OC^2H^5)^2,\quad (OH)C\ldots C\ldots CH,\quad CH\ldots CH\quad CH^2$$

III.

correspondant à l'éther diéthylique de la résacétéine

$$(OH.)C\ldots CH\ldots O\ldots C-C^6H^3(OC^2H^5)^2,\quad CH\ldots C\ldots CH,\quad CH\quad C=CH^2$$

signalé par Carl Bülow et Const. Sautermeister [*D. chem. G.*, 37, 354, 1904].

En remplaçant, dans la préparation de la résacétéine, la résorcine par la gallacétophénone, on obtient la *gallacétéine*, dont l'éther triméthylique est isomérique de l'hématéine [Carl Bülow et G. Schmid, *D. chem. G.*, 39, 850, 1906].

Éther diéthylique de la résacétéine, $C^{20}H^{20}O^4$. — Aiguilles rouges fusibles à 77-81°; son *picrate* est en aiguilles jaune d'or se décomposant vers 235°, son *sulfate* $C^{20}H^{20}O^4, SO^4H^2 + 2H^2O$ fond vers 215-217° avec décomposition; son *chloroplatinate* $(C^{20}H^{20}O^4)^2PtCl^6H^2$ est en aiguilles jaune orangé; son *chlorhydrate* fond à 235°; le *dérivé nitrosé* est en cristaux à éclat bronzé fondant à 170-178°; le *dérivé diacétylé* est en tables hexagonales rouge grenat fondant entre 228° et 242°. Par traitement aux agents réducteurs $(Zn + CH^3CO^2H$ par ex.), cet éther diéthylique fixe $2H$ en donnant

$$OH.C\ldots C\ldots O\ldots C-C^6H^3(OC^2H^5)^2,\quad CH\ldots C\ldots CH,\quad CH\quad CH-CH^3$$

IV.

substance amorphe fusible entre 127° et 147°. Cette substance donne un *dérivé acétylé* amorphe fondant entre 100-118°. Son *chlorhydrate* chauffé avec HCl dans des conditions déterminées se transforme en résacétéine.

Oxyrésacétéine, formule I. — Aiguilles brun rouge foncé fusibles à 170-186°. Son *chlorhy-* drate est en aiguilles rouge orangé, son *picrate* en aiguilles orangées commençant à fondre à 216°; son *chloroplatinate* forme une poudre cristalline brun clair.

Oxyrésacétéine, formule II. — Aiguilles noir violacé retenant 1 mol. d'eau, fusibles à 196-201° avec décomposition; son *chlorhydrate*, en aiguilles rouge foncé, fond à 229-233°; son *picrate* forme un précipité rouge cristallin se décomposant vers 215°; son *sulfate* est en aiguilles rouge foncé fondant à 236-242°; son *dérivé diacétylé* est en tables orangé rougeâtre.

Oxyrésacétéine, formule III. — Tables quadratiques d'un rouge grenat fusibles à 198-211°; son *chlorhydrate* est en aiguilles dorées, fusibles à 210-230°; son *picrate* fond entre 195-208° avec décomposition; son *sulfate* est en aiguilles brunes fusibles à 204-214°; son *dérivé diacétylé*, en aiguilles rouge sombre fusibles à 235-250°.

GALLACÉTÉINE,

$$OH\ldots OH\ldots O\ldots C\ldots OH,\quad CH\quad OH\quad OH,\quad C=CH^2$$

— Son *chlorhydrate* est en aiguilles brunes irisées. Sa solution additionnée d'ammoniaque laisse précipiter la gallacétéine libre en aiguilles brunes se décomposant très facilement vers 210°. Le chlorhydrate teint la laine chromée en rouge violet.

Le *chlorhydrate de l'éther triméthylique* est en prismes rouge grenat fondant à 200-202°; son *sulfate*, en aiguilles fusibles à 115-124° avec décomposition; son *picrate*, en houppes d'aiguilles rouges fondant à 215°. L'*éther triméthylique* est en aiguilles d'un noir violacé fusibles à 183-184°.

1er juin 1907. V. Thomas.

RÉSACÉTOPHÉNONE. — Voy. l'art. ACÉTYLBENZÈNE, p. 79.

RÉSAZINE (*Rétèneguinoxaline*). — Voy. l'art. PHÉNODIAZINES, p. 752.

RÉSAZURINE. — Voy. l'art. DIPHÉNOFURODIHYDROAZINES, p. 264.

RÉSÈNES. — Produits d'oxydation de certains alcools ou produits de constitution térébénique, et dont on rencontre divers types dans plusieurs gommes ou résines ou dans les plantes dont elles proviennent. On a signalé notamment le résène $C^{54}H^{90}O^6$ dans le *fabiana imbricata* (solanée de l'Amérique du Sud) où il constitue le produit d'oxydation du fabianol $C^{54}H^{90}O^4$ [Kunz-Krause, *Arch. Pharm.*, 237, 1, 1899]; le résène $C^{21}H^{36}O^2$, insoluble dans l'alcool, dans la térébenthine du Jura (*picea vulgaris*); un autre résène dans la térébenthine de Bordeaux (*pinus pinaster*) [Tschirch et Bruning, *Arch. Pharm.*, 238, 616 et 630, 1900]; un résène $C^{20}H^{32}O$ dans la résine de dammar oriental [Tschirch et Koch, *Arch. Pharm.*, 240, 202, 1902]. Voyez l'art. RÉSINES. 1er juillet 1907. A. Hébert.

RÉSINES. — Voyez Dict., II, 2e partie, 1325. Etant données les notions qui ont été fournies sur les résines dans le Dictionnaire, nous reprendrons les contributions à l'étude des principales résines qui n'ont pas encore trouvé place à leur rang alphabétique dans ce second supplément.

Acaroïdées. — Les acaroïdées renferment deux résines : une jaune et une rouge. La résine jaune est constituée : 1° par 4 à 5 0/0 d'acides libres : paracoumarique et cinnamique; 2° par 7 à 8 0/0 de ces mêmes acides combinés au tannol (*xanthorésinotannol* de formule $C^{43}H^{45}O^9$. OH); 3° par 1 à 2 0/0 de *styracine* et d'éther phénylpropylique de l'acide cinnamique, d'aldéhyde et de vanilline ; 4° par 80 0/0 de *xanthorésinotannol*, le reste étant formé d'impuretés.

La résine rouge comprend : 1° 1 0/0 d'acide paracoumarique libre, 2 0/0 d'acides paracoumarique et benzoïque combinés à l'*érythrorésinotannol* $C^{40}H^{30}O^9.OH$; 0,6 0/0 d'aldéhyde paraoxybenzoïque et 85 0/0 d'*érythrorésinotannol* [Hildebrand, *Arch. Pharm.*, **234**, 698, 1896].

Aldéhyde. — En chauffant l'aldéhyde avec de l'acétate de sodium en vase clos à 100°, ou en la traitant par la potasse alcoolique, on obtient une résine qui, par réduction par la poudre de zinc, donne naissance à divers carbures : éthylbenzène, méta et paraéthyltoluène et méthylnaphtalène. Oxydée par l'acide nitrique, cette même résine donne de l'acide isophtalique et de l'acide carbonique, et par action de la potasse fondante, elle donne des acides oxyisophtalique et oxytoluique et du métaxylénol [Ciamician, *Mon. f. Chem.*, **1**, 193, 1881].

Asa fœtida. — Polasek a étudié la résine de la gomme-résine *asa fœtida* [*Arch. Pharm.*, **235**, 125, 1897]. La portion principale, soluble dans l'éther, est constituée par l'éther férulique de l'*asarésinotannol* $C^{24}H^{34}O^5$, alcool-résine dont on a pu obtenir les *dérivés benzoylé* $C^{24}H^{33}O^5(C^6H^5CO$ et *acétylé* $C^{24}H^{33}O^5.CH^3.CO$. Cette gomme-résine possède la composition suivante :

Résine soluble dans l'éther (férulate d'asarésinotannol)	61,40
Résine insoluble dans l'éther (asarésinotannol libre)	0,60
Gomme	25,10
Huile éthérée (essence d'asa fœtida)	6.70
Vanilline	0,06
Acide férulique libre	1,28
Humidité	2.36
Impuretés	2.50
	100,00

Bakou. — La résine minérale de Bakou, vraisemblablement analogue à l'ozocérite, et qu'on rencontre abondamment dans l'île de Tscheleken, dans la mer Caspienne, fond à 79° et possède la densité 0,903. Par distillation, on obtient 81.8 0/0 d'un mélange d'huile et de paraffine fondant à 54°.

La paraffine purifiée fond à 79° et possède pour densité 0.93917 : on l'a appelée *leken* pour rappeler son origine [Beilstein et Wisgand, *D. chem. G.*, **16**, 1547, 1884].

Benjoin. — Voyez 2ᵉ Suppl., **1**, 412. Ludy a étudié en détail des résines de benjoin de différentes origines [*Arch. Pharm.*, **231**, 43, 461, 500, 1893].

Les parties non entraînées par la vapeur d'eau dans le benjoin de Sumatra sont constituées par trois résines α, β, γ qu'on sépare par l'emploi successif du carbonate de sodium et de l'éther. La résine γ, soluble dans le premier véhicule, est une poudre amorphe, rougeâtre, inodore et insipide ; la résine α, soluble dans l'éther, est blanche et amorphe ; la résine β résiduelle est une poudre jaune.

La résine γ est constituée par le mélange des éthers cinnamiques de deux acides, le *benzorésinol* et le *résinotannol* qu'on sépare par addition de potasse concentrée qui précipite le premier corps ou par traitement de la solution alcoolique du benjoin par un lait de chaux et épuisement de résidu à l'alcool dissolvant seulement la combinaison calcique du benzorésinol.

Le *benzorésinol* est constitué par une poudre blanche, électrisable par frottement, insoluble dans l'eau et la ligroïne, soluble dans la plupart des autres solvants neutres, dans l'acide acétique et l'ammoniaque. L'alcool aqueux le dépose en prismes fondant à 274° en brunissant ; il est difficilement sublimable et se dissout dans l'acide sulfurique en se colorant en rouge carmin ; la solution est fluorescente et présente des bandes d'absorption caractéristiques.

Le benzorésinol répond à la formule $C^{16}H^{26}O^2$; il donne un *dérivé potassé* en aiguilles blanches $C^{16}H^{25}O^2K$, des *dérivés bromés*. En traitant une solution acétylique par le méthylate de potassium et l'iodure de méthyle, on obtient un *éther méthylique* $C^{16}H^{25}O^2.CH^3$, aiguilles fusibles à 174° ; de la même façon, on a l'*éther éthylique*, aiguilles fusibles à 157-158° et l'*éther isobutylique*, aiguilles brillantes fondant à 210°.

Le *résinotannol* est une poudre brun clair, soluble dans l'alcool, l'acétone, l'acide acétique, la potasse diluée et l'ammoniaque ; il est soluble en rouge brun dans l'acide sulfurique, en jaune dans l'acide azotique ; la solution hydro-alcoolique précipite par le chlorure ferrique, l'acétate de plomb et le bichromate de potassium. Le résinotannol se décompose au-dessus de 200°, et possède la formule $C^{18}H^{20}O^4$. On en a préparé le *dérivé potassique*, poudre brune soluble dans l'eau, les *dérivés bromés*, l'*éther éthylique* $C^{18}H^{11}O^4.C^2H^5$, poudre jaune.

Le benjoin de Sumatra renfermerait, d'après Ludy :

Parties ligneuses	12 à 15 0/0
Éthers cinnamiques du benzorésinol	5,2
Éthers cinnamiques du résinotannol	64,5
Acide cinnamique	30,3
Vanilline	1
Acide benzoïque	traces

Le *benjoin de Siam* renferme aussi du *benzorésinol* et un alcool analogue au résinotannol, le *siarésinotannol*, combinés à l'acide benzoïque. Le *siarésinotannol* est une poudre brune, soluble en rouge brun dans l'acide sulfurique, de formule $C^{12}H^{14}O^3$, donnant un *dérivé potassique* $C^{12}H^{13}O^3K+H^2O$, poudre brunâtre, et un *dérivé acétylé* $C^{12}H^{13}O^3.COCH^3$, poudre jaune.

Les benjoins de Siam et de Palembang (Sumatra) ne renferment que de l'acide benzoïque, tandis que ceux de Penang et de Sumatra renferment généralement en plus des quantités variables d'acide cinnamique (Ludy).

Voyez aussi, sur les benjoins, Jacobsen [*Arch. Pharm.*, (3), **22**, 366, 1884] et Schmidt [*ibid.* **234**, 95, 1993].

Jus de betteraves. — Andrlik et Votocek ont isolé du jus de betteraves une résine de formule $C^{22}H^{36}O^2+H^2O$, dextrogyre, fusible à 300° [*Zeit. f. Zuckerind., in Bœmen*, **20**, 248]. E.-O. von Lippmann a obtenu de la même provenance une matière résineuse fondant à 278°, de pouvoir rotatoire $[α]_D = +65°$, donnant par l'acide nitrique l'acide isophtalique, et par fusion à la potasse l'acide protocatéchique [*D. chem. G.*, **31**, 674, 1898].

Cade. — Cathelineau et Hausser ont isolé de l'huile de cade [*Bull. Soc. Chim.*, (3), **19**, 577, 1898 ; **21**, 378, 1899 ; **23**, 557, 1900] une résine brun foncé que l'éther sépare en deux parties, la partie insoluble se présentant en cristaux microscopiques, de formule $C^{12}H^{11}O^3$, solubles dans l'eau par une longue ébullition, dans l'alcool, le chloroforme, l'acide acétique.

Canada. — (Voyez 2ᵉ Suppl., **1**, 412). Tschirch et Bruning [*Arch. de Pharm.*, **238**, 487, 1900] ont constaté que le baume résineux de l'*abies canadensis* (baume du Canada) renferme des acides résineux libres. Par agitation avec le carbonate d'ammonium, on a l'*acide canadique*

$C^{19}H^{34}O^2$, précipitable par les sels de plomb. L'agitation avec le carbonate de sodium donne l'*acide canadolique* $C^{19}H^{28}O^2$ cristallisé, se rapprochant de l'acide abiétique, et les *acides α et β-canadinoliques* $C^{19}H^{30}O^2$ amorphes. Le baume du Canada renferme encore une résine $C^{21}H^{40}O$, une huile éthérée et des traces d'acide succinique.

Caoutchouc. — Dans le caoutchouc se trouvent diverses résines qui préexistent ou qui prennent naissance par oxydation à l'air; les premières, décrites par Spiller, sont solubles dans l'alcool, les secondes, étudiées par Burghardt, y sont insolubles.

Terry a étudié les résines provenant de divers caoutchoucs qui renferment des principes acides qui absorbent la potasse et des composés non saturés qui fixent du brome [Spiller, *Journ. Chem. Soc.*, 2° série, **3**, 44; — H. L. Terry, *Soc. Chem. Ind.*, 173, 1889].

Copahu. — Voyez 2° Suppl., **1**, 412. Les baumes de Copaïva et d'Illyrie présentent une grande analogie avec les baumes résineux des conifères et renferment aussi un mélange de *résènes*, d'*acides résineux* et de substances amères. Kéto, qui a étudié ces produits [*Arch. de Pharm.*, **239**, 548, 1901] a pu isoler du baume Para, comme acides résineux cristallisés : l'*acide paracopaïvique* $C^{20}H^{32}O^3$, fondant à 145-148°, soluble dans le carbonate d'ammonium; l'*acide homoparacopaïvique* $C^{18}H^{28}O^3$, fusible à 111-112°, insoluble dans le carbonate d'ammonium. Le baume de Macaraïbo a donné un *acide β-métacopaïvique* $C^{16}H^{24}O^3$ ou $C^{22}H^{32}O^4$, fusible à 89-90°, un *acide illinurique* $C^{20}H^{28}O^3$ fondant à 128-129°, dimorphe, lévogyre, renfermant deux liaisons éthyléniques, formant un sel de baryum caractéristique $(C^{20}H^{27}O^3)^2Ba + 4H^2O$. Cet acide illinurique peut s'extraire également du baume d'Illyrie.

Franz Utz [*Chem. Centr.*, **1**, 709, 1906] a déterminé l'indice de réfraction de divers échantillons de résine de *Copaïba Balsam*; et van Itallie et Nieuwland [*Arch. Pharm.*, **244**, 161, 1906] ont étudié la résine de *copaïba Balsam* de Surinam.

Copal. — La distillation sèche de la résine de copal fournit une huile fluorescente épaisse renfermant du *pinène* $C^{10}H^{16}$ distillant à 163°, et du *dipentène* passant à 175° [O. Wallach et Th. Reindorff, *Ann. Chem.*, **271**, 308, 1892].

D'après Bottler [*Chem. Soc.*, **90**, (1), 300, 1906] les copals appartiendraient à la classe des résines ou oléorésines acides.

Coffignier a étudié [*Bull. Soc. Chim.*, (3), **35**, 762, 1906] l'action du phénol et du naphtalène sur les copals et a constaté qu'ils sont dissous à 260-290° en vase fermé par les solvants indiqués dans les meilleures conditions.

Enfin Karl Dieterich [*Chem. Centr.*, **2**, 1430, 1905] a étudié un nouveau copal fossile, le copal de Java, qui diffère sensiblement des autres copals.

Dacryodes hexandra. — L'oléorésine brute du *dacryodes hexandra*, traitée par un courant de vapeur d'eau, se scinde en une huile essentielle formée de pinène et de sylvestrène gauches et en une substance cristalline $C^{26}H^{44}O$, probablement identique à l'acide illicique de Personne.

Dammar (Voyez 2° Suppl., **2**, 1). — Glimmann a extrait de la résine de Dammar [*Arch. de Pharm.*, **234**, 585, 1896] l'*acide dammarolique* $C^{56}H^{80}O^8$ bibasique, dont il a préparé les *sels de potassium, de cuivre*, les *dérivés benzoylé et acétylé*; et deux substances: l'*α-résène* $C^{11}H^{17}O$ fondant à 65° et le *β-résène* $C^{31}H^{52}O$ fusible à 200°.

Le même auteur donne pour composition de la résine de Dammar :

Acide dammarolique,	23,00
Eau	2,50
Cendres	3,50
Impuretés	8,00
α-résène, soluble dans l'alcool	40,00
β-résène, insoluble dans l'alcool, soluble dans le chloroforme,	22,50
Pertes (essence, etc.)	0,05
	100,00

Doona zeylanica Thw. — Cette résine se présente en morceaux transparents, incolores ou verdâtres, de densité 1,1362, dont les dissolvants neutres ont permis d'isoler trois résines : la *résine α*, qu'on extrait aux alcools éthylique, puis méthylique, est une masse jaune, inodore, insipide, fusible à 115°, de composition $C^{24}H^{39}O^2$, soluble en rouge grenat dans l'acide sulfurique; la *résine β*, qu'on isole par traitement du résidu précédent à l'éther, est une masse jaune, fusible à 150-160°, de composition $C^{24}H^{39}O$; la *résine γ*, qu'on prépare par traitement du résidu final à l'éther de pétrole, est cassante, incolore et répond à la composition $C^{31}H^{49}O$ [E. Valenta, *Mon. f. Chem.*, **12**, 98, 1891].

Élémi. — La résine élémi, épuisée par l'alcool, lui abandonne l'α et la *β-amyrine* (voyez ce mot), sur les propriétés desquelles est revenu Vesterberg [*D. chem. G.*, **23**, 3186, 1890].

Wallach et Reindorff ont constaté [*Ann. Chem.*, **271**, 308, 1892] que l'élémi donné par

Types d'élémi	Manille (*Canarium commune*) Résine molle.	Manille (*Canarium commune*) Résine dure.	Yucatan (*Amyres elemifera*).	Afrique (*Boswellia freriana*).	Brésil (*Protium heptaphyllum*).
Manamyrine	20 à 25	20 à 25	»	»	»
Huile essentielle	20 à 25	7 à 8	8 à 10	15 à 20	»
Bryoïdine	0,8 à 1	0,8 à 1	»	»	»
Acide α-manélémique	5 à 6	5 à 6	»	»	»
Acide β-manélémique	8 à 10	8 à 10	»	»	»
Manélérésène	30 à 35	30 à 35	»	»	»
Cendres et matière amère	1 à 2	1 à 2		»	
Impuretés	5 à 6	15 à 20	4 à 5	»	7,0
Yucamirine	»	»	10 à 15	»	»
Yucélérésène	»	»	60 à 70	»	»
Afamyrine	»	»	»	20 à 25	»
Acide afélémique	»	»	»	8 à 10	»
Résène	»	»	»	40 à 45	»
Protamyrine	»	»	»	»	30,0
Acide protélémique	»	»	»	»	25,0
Protélérésène	»	»	»	»	38,0

distillation sèche du dipentène et du phellandrène droit.

Enfin Tschirch et Cremer donnent la composition de différents types d'élémi [*Arch. de Pharm.*, **240**, 293, 1902].

Vesterberg, reprenant la question [*Chem. Soc. abstr.*, (1), 289, 1892. — *D. chem. G.*, **39**, 2467, 1706], a constaté que l'élémi de Manille fournit, outre l'amyrine, deux substances cristallisées fusibles à 216-217° et à 170-180°, et donnant le même *acétate* $C^{30}H^{48}(OC^2H^3O)^2$ fondant à 196°; et une autre substance, la *bréine* $C^{30}H^{48}(OH)^2$ (?) se rapprochant de l'amyrine.

Gaïac. — (Voyez 2ᵉ Suppl., 3, 425). J. Herzig et F. Schiff avaient entrepris [*Mon. f. Chem.*, **18**, 714, 1898], en même temps que Dœbner, l'étude de la résine de gaïac: ils ont isolé l'*acide gaïcorésinique*, donnant un *dérivé diacétylé* $C^{18}H^{18}(OCH^3)^2(OC^2H^3O)^2$ fusible à 108-110°, et un *dérivé dibenzoylé*, fusible à 132-135°; ils attribuent à l'acide la formule $C^{20}H^{26}O^4$. Chauffé à 140° en tube scellé avec une solution acétique d'acide chlorhydrique, ce corps donne l'*acide norgaïcorésinique*, de formule $C^{18}H^{22}O^4$, tétraphénol fournissant un *dérivé tétracétylé* fondant à 100-102°.

La distillation de l'acide gaïcorésinique donne naissance à du gaïacol et à de la *pyrogaïacine* $C^{13}H^{14}O^2$ fondant à 180-183°, donnant des *dérivés mono-acétylé* et *benzoylé* et décomposable par la poudre de zinc en un hydrocarbure $C^{12}H^{12}$, nommé *gaïène*.

Paul Richter [*Arch. Pharm.*, **244**, 90, 1906] a isolé de la résine de *guaïacum* de l'aldéhyde tiglique, du gaïacol, du crésol, du pyrogaïacol et un corps $C^{19}H^{20}O^8$, fusible à 107°, cristallisant à la longue et donnant un *dérivé dibenzoylé*.

La même résine donnait aussi l'*acide gaïaconique*, dédoublable en *acide β* $C^{21}H^{26}O^5$ fondant à 127° et donnant un *dérivé dibenzoylé* et en *acide α* $C^{22}H^{26}O^6$, ou $C^{22}H^{24}O^6$, fondant à 73° et donnant un *dérivé tribenzoylé*.

Galbanum. — A. Knit [*Arch. de Pharm.*, **237**, 256, 1899] n'a pu tirer de cette résine l'*acide galbanique*, décrit par Hirschsohn; mais, de même que la résine de sumbul, elle a donné à l'analyse de l'ombelliférone.

Kauri-Copal. — Tschirch et Niederstadt [*Arch. de Pharm.*, **239**, 151, 1901] ont isolé de la résine du *dammara australis* des acides résineux libres, dont la majeure partie est amorphe.

Par agitation avec le carbonate d'ammonium, on obtient l'*acide kaurinique* cristallisé $C^{10}H^{16}O^2$, se comportant vis-à-vis des bases comme un acide monobasique; par agitation avec une solution de carbonate de sodium, on isole deux acides amorphes, homologues du précédent, les *acides α et β kauroliques* $C^{12}H^{20}O^2$, ne se distinguant l'un de l'autre que par leur action sur la solution alcoolique d'acétate de plomb. En agitant la résine avec de la potasse, on obtient deux acides résineux amorphes: l'*acide kaurinolique* $C^{16}H^{24}O^2$, dont le sel de plomb est insoluble dans l'alcool, et l'*acide kauronolique* $C^{12}H^{24}O^2$, dont le sel de plomb est soluble dans l'alcool. Enfin le kauri-busch-copal renferme encore un corps de nature résineuse, le *kaurorésène*, non étudié.

La composition quantitative du kauri-copal est la suivante:

Acide kaurinique	1,5 0/0
Acides α- et β-kauroliques	48 à 50
Acides kaurinolique et kauronolique	20 à 22
Huile éthérée	12,5
Résine	12,2
Substance amère	0,5 à 1

Larix decidua. — A. Tschirch et G. Weigel

[*Arch. de Pharm.*, **238**, 390, 1900] ont tiré de cette résine:

Acide laricinolique	4	à 5
Acides larinoliques α et β	55	à 60
Huile éthérée	15	à 22
Résine	14	à 15
Acide succinique	0,1	à 0,12

Le premier acide a pour formule $C^{20}H^{30}O^2$ et le second $C^{18}H^{26}O^2$.

Manila-copal. — A. Tschirch et M. Koch ont étudié [*Arch. de Pharm.*, **240**, 202, 1902] deux échantillons de résine manila-copal fournie par le *vateria indica* (diptérocarpées). Le premier échantillon, mou, de couleur mate, a fourni par agitation avec le carbonate d'ammonium l'*acide mancopalinique* $C^8H^{12}O^2$ cristallisé, et l'*acide mancopalénique* $C^8H^{14}O^2$ amorphe. Avec le carbonate de sodium, on sépare les deux *acides α et β-mancopaloliques*, $C^{10}H^{16}O^2$, de points de fusion voisins (88-92° et 86-90°), de même solubilité, de même pouvoir rotatoire, de mêmes réactions colorées, mais donnant un sel de plomb soluble dans l'alcool pour l'α, insoluble pour le β. La résine étudiée possédait la composition:

Acides mancopalinique et mancopalénique	4,00
Acides α et β-mancopaloliques	75,00
Résène $C^{20}H^{32}O$	12,00
Huile éthérée	6,00
Eau	2,00
Acide succinique et impuretés	1,00
	100,00

Le second échantillon de résine, dure, d'éclat brillant, renferme:

Acides α- et β-mancopaloliques	80,00
Résène $C^{20}H^{32}O$	12,00
Huile éthérée	5,00
Eau	2,00
Acide succinique et impuretes	1,00
	100,00

Mastic. — Les constantes du mastic en larmes ont été données par Ch. Coffignier [*Bull. Soc. Chim.*, (3), **27**, 554, 1902].

Mélèze. — Cette résine contient des acides caféique et férulique, de la vanilline et du *laricirésinol* qu'on a obtenu en belles aiguilles incolores, fondant à 169°, de composition $C^{19}H^{22}O^6$, contenant deux groupes méthoxyle, deux oxhydryles phénoliques et deux oxhydryles alcooliques. On a préparé les *dérivés tri* et *tétracétylé*, *diméthylé* et *diéthylé*. En saponifiant par la potasse l'un des dérivés acétylés, on régénère un *isomère du laricirésinol* [Bamberger et Landsiedl, *Mon. f. Ch.*, **18**, 481, 1897; **20**, 647, 1899].

Oliban. — La distillation de l'oliban fournit 7 0/0 environ d'une huile dont la 10ᵉ partie est formée de *pinène* [O. Wallach et Th. Reindorff, *Ann. Chem.*, **271**, 308, 1892].

Opoponax. — Baur a isolé de l'opoponax [*Arch. de Pharm.*, **233**, 209, 1895] un *panarésène α*, $C^{32}H^{54}O^4$, un *panarésène β*, $C^{32}H^{52}O^8$, un *panarésinotannol* $C^{34}H^{50}O^8$ et un produit de décomposition de ceux-ci, le *chironol* $C^{28}H^{48}O$. Les premiers corps sont séparés par leurs différences de solubilité dans les solvants organiques.

A. Knit [*Arch. de Pharm.*, **237**, 256, 1899] a trouvé comme composition de la résine d'opoponax: l'*acide férulaïque*, l'*oporésinotannol* $C^{12}H^{13}O^2(OH)$, une gomme, une essence, de la vanilline, de la bassorine et des éthers des deux premiers corps cités.

Palissandre. — Le bois de palissandre donne

une résine fondant vers 95°, d'un beau noir brillant, soluble dans l'alcool, qui a été étudiée par A. Terreil et A. Wolff [*Bull. Soc. Chim.*, (2), **33**, 435, 1880].

Pin noir. — Bamberger et Landsiedl [*Mon. f. Chem.*, **15**, 505; **18**, 481, 1897] ont extrait de cette résine le *pinorésinol* $C^{19}H^{20}O^6$ donnant des *dérivés diacétylé, diméthylé, diéthylé*, et que l'acide nitrique et le brome transforment en *dinitrogaïacol* et en *bromure de dibromopinorésinol* $C^{19}H^{18}O^6Br^4$.

Pinus palustris. — Cette résine renferme : l'*acide palabiénique* $C^{13}H^{20}O^2$ amorphe, monobasique; l'*acide palabiétinique* $C^{20}H^{30}O^2$, cristallisé monobasique, fusible à 160°; les *acides α et β-palabiétinoliques* $C^{16}H^{24}O^2$, amorphes; un résène, une huile éthérée, une substance résinoïde [Tschirch et Koritschoner, *Arch. d. Pharm.*, **240**, 568, 1902].

Pinus silvestris. — Tschirch et Niederstadt [*Arch. d. Pharm.*, **239**, 167, 1901] ont extrait de cette résine l'*acide silvénolique* amorphe $C^{14}H^{20}O^2$, monobasique; les *acides α et β silvinoliques* amorphes $C^{15}H^{26}O^2$ et $C^{14}H^{24}O^2$; un *silvorésène*, une essence et de l'acide succinique.

Sagapenum. — Ce baume possède la formule suivante :

Résine soluble dans l'éther	56,8 0/0
Huile essentielle	5,8
Eau	3,5
Gomme	23,3
Impuretés	10,6

La saponification en est extrêmement longue; elle donne naissance à de l'ombelliférone et à du *sagarésinotannol* $C^{24}H^{28}O^5$ dont on a préparé les *dérivés acétylé et benzoylé* [Hohenadel, *Arch. d. Pharm.*, **233**, 259, 1895].

Sandaraque. — A. Balzer a donné les caractères de cette résine [*Arch. d. Pharm.*, **234**, 289, 1895]; elle renferme :

Acide sandaracolique	85,00 0/0
Acide callitrolique	10,00
Eau	0,56
Cendres	0,10
Impuretés	1,50
Pertes	2,84

Le premier acide correspond à la formule $C^{44}H^{65}O^5 \cdot COOH$ et renferme un oxhydryle et un méthoxyle; le second acide a pour composition $C^{65}H^{84}O^8$ et est monobasique.

T. A. Henry [*Chem. Soc.*, **79**, 1144, 1901] a isolé de la résine de sandaraque un acide $C^{20}H^{30}O^2$ isomère avec l'acide d-pimarique de Vesterberg et qui a été nommé *i-pimarique*, et un autre acide $C^{30}H^{48}O^5$ qui est probablement le principal constituant de l'acide callitrolique.

Enfin Coffignier a donné les caractères de la résine de sandaraque [*Bull. Soc. Chim.*, (3), **27**, 552, 1902].

Sang-dragon. — K. Bœtsch [*Mon. f. Chem.*, **1**, 609, 1860], distillant cette résine en présence de poudre de zinc, a obtenu du toluène, de l'éthylbenzène, du styrol et diverses huiles légères. Dieterich a donné [*Arch. d. Pharm.*, **234**, 401, 1896] la composition de la résine de sang-dragon de Java et de Sumatra :

Dracoalbane	2.5 0/0
Dracorésène	13,58
Résine rouge, mélange d'éthers	56,86
Résine insoluble dans l'éther	0,33
Phlobaphènes	0,03
Résidu	18,40
Cendres	8,30

Le *dracoalbane* est une résine blanche, de formule $C^{20}H^{40}O^4$; le *dracorésène* $C^{20}H^{44}O^2$ est jaune et fond à 74°. La résine rouge renferme du *dracorésinotannol* $C^8H^9O.OH$ dont le même auteur a fait l'étude; enfin les *phlobaphènes* sont des produits d'oxydation ou de dédoublement des tannins.

Sapin. — La résine de sapin, comme celle de pin noir, est séparée par l'éther en deux portions : la résine α soluble et la résine β insoluble. La première renferme de l'*abiétate* et du *paracoumarate de pinorésinol*; la seconde contient du *pinorésinotannol* $C^{30}H^{30}O^6(OCH^3)^2$ [Bamberger et Landsiedl, *Mon. f. Chem.*, **18**, 481, 1897].

Scammonée. — Voyez Spirgatis [*Arch. d. Pharm.*, **232**, 241 et 482, 1894].

Térébenthine. — Voyez *Colophane.*

Thapsia. — Résine jaune, renfermant de l'*acide caprylique normal* $C^{18}H^{16}O^2$, de l'*acide thapsique* $C^{16}H^{30}O^4$ et une substance neutre, non azotée, douée de propriétés vésicantes.

L'*acide thapsique* se présente en lamelles blanches, fusibles à 123-124°, solubles dans l'alcool, dont on a préparé les sels de potassium de baryum, d'argent, l'anhydride et l'anilide, et qui peut être considéré comme de l'acide dicaprylique [Canzoneri, *Gazz. chim. ital.*, **13**, 514, 1884].

Xanthorrhœa. — On connaît deux sortes de xanthorrhœa, une jaune et une rouge. La première renferme de l'*acide paraoxycinnamique* (*paracoruanique*), des acides benzoïque et cinnamique et de l'*aldéhyde paroxybenzoïque.* La résine rouge ne renferme pas d'acides benzoïque ni cinnamique [Bamberger, *Mon. f. Chem.*, **14**, 333, 1893].

ESSENCES DE RÉSINE. — Huiles légères prenant naissance dans la distillation sèche de la résine et étudiées par divers auteurs [Armstrong et Tilden, Kelbe, Tilden, *D. chem. G.*, **13**, 1548, 1827, 1604, 1880]. Elles renfermeraient de l'aldéhyde isobutyrique, de l'heptane, un carbure de l'ordre des terpènes, enfin du térébenthène.

HUILES DE RÉSINE. — On obtient par distillation sous pression de ces produits du cymène et des cymènes méthylés, du phénanthrène et du méthylphénanthrène, du méthane, de l'hydrogène et du coke [Kræmer et Spilker, *D. chem. G.*, **33**, 2265; **32**, 3614, 1900].

ANALYSE DES RÉSINES. — Schmidt et Erban indiquent pour l'analyse des résines [*Mon. f. Chem.*, **7**, 655; *Zeit. f. angew. Chem.*, **35**, 1889] l'emploi des constantes suivantes : chiffre de l'acide, chiffre de de Köttstorfer, titre de Hübl, usage des divers solvants neutres et de l'acide acétique.

Mauch préconise [*Arch. d. Pharm.*, **240**, 113, 1902] l'emploi de l'hydrate de chloral pour séparer diverses résines; enfin Coffignier [*Bull. Soc. Chim.*, (3), **27**, 550] a étudié les constantes d'un grand nombre de résines.

Tschirch et Faber ont fait des recherches expérimentales sur la production de l'écoulement résineux chez quelques abiétinées [*Arch. d. Pharm.*, **239**, 249, 1901, **243**, 81, 1905].

Sur les solubilités des résines dans divers véhicules, voir Andès [*Chem. Soc. Abstr.*, (1), **90**, 154, 1906]; et Bottler [*Chem. Zeit.*, **30**, 215, 1906]. 1ᵉʳ juillet 1907. A. Hébert.

RÉSOCYANINE (syn. *β-méthylombelliférone*). — Voy. OMBELLIFÉRONE.

RÉSORCÉINE. — Voy. l'art. ORCÉINE.

RÉSORCINE (*métadioxybenzène, métadiphénol*) $C^6H^4(OH)_{(1)}(OH)_{(3)}$ (Voyez Dict., et le 1ᵉʳ Suppl.).

On peut obtenir la résorcine en chauffant en tube scellé à 180° la métaphénylènediamine avec l'acide chlorhydrique à 10 0/0 [J. Meyer, *D. chem. G.*, **30**, 2569, 1897].

Pour la préparation de laboratoire, consulter Genvresse [*Bull. Soc. chim.*, (3), **15**, 409, 1896].

Pour la préparation industrielle, voyez Mulhauser [*Dingler's Pol. Journ.*, **263** et *Zeit. f. Chem. Ind.*, **2**, 1, 1887].

Propriétés physiques. — La résorcine bout à 280° [Gräbe, *Ann. Chem.*, **254**, 296, 1889].

100 gr. de résorcine à 15° se dissolvent dans 62 gr. d'alcool à 90 0/0 [Grünhut, *Pharm. Cent. H.*, **40**, 329].

1 gr. de résorcine se dissout dans 435 cc. de benzène à 24° [Merz et Strasser, *J. pr. Chem.*, (2), **66**, 111, 1902; — Rothmund, *Zeit. Ph. Ch.*, **26**, 457, 1898].

Densité des solutions aqueuses [J. Traube, *D. chem. G.*, **31**, 1569, 1898 et R. Schiff, *Ann. Chem.*, **223**, 264, 1884].

Chaleur de combustion de la molécule de résorcine, 683100 calories gr. [Stohman, Langbein, *J. pr. Chem.*, (2), **45**, 305, 1892].

Chaleur de neutralisation, voyez Werner [*Soc. ch. russe*, **18**, 27, 1886] et de Forcrand [*An. Chim. Phys.*, (6), **30**, 69, 1893].

Cryoscopie des solutions de résorcine, voyez Auwers [*Zeit. ph. Ch.*, **32**, 51, 1900], Hantzch *D. chem. G.*, **32**, 3066, 1899], Ch. Philp et S. Chmith [*Chem. Soc.*, **87**, 1752, 1905] et W. Bancroft [*Chemistry*, **10**, (5), 319, 1906].

Ebullioscopie des solutions de résorcine, voyez Effiso Mameli [*Gaz. chim. ital.*, **33**, 1, 764, 1903].

Bandes d'absorptions des solutions dans l'ultra-violet [Magini, *R. att. de Rome*, (5), **12**, II, 87, 1903]; — E. Baby et E. Ewhank, *Chem. Soc.*, **87**, 1347, 1905].

Pouvoir absorbant de la peau pour les solutions de résorcine [Schwenkenbecher, *Phys. Abt.*, **121**, 1904].

Propriétés chimiques de la résorcine. — Chauffée en tube scellé vers 260° avec l'ammoniaque et le soufre, elle donne un colorant brun sulfuré très solide [Vidal, DRP. 107729 et *C. Bl.*, 1055, 1900].

Elle réagit sur l'oxychlorure de sélénium $SeOCl^2$ [Michaelis, Kunkell. *D. chem. G.*, **30**, 2825, 1897] et sur le tétrachlorure de sélénium [Rust, *ibid.*, **30**, 2832, 1897].

Si l'on chauffe ensemble un mélange de résorcine, d'ammoniaque et d'eau oxygénée, on obtient le *lakmoïde* [Wurster, *ibid.*, **20**, 2938, 1887].

L'azote attaque la résorcine sous l'influence de l'effluve électrique [Berthelot, *C. R.*, **126**, 622, 1898].

La solution aqueuse de résorcine précipite par le nitrate mercurique [Cremer, *Zeit. f. Biol.*, **36**, 121].

La résorcine donne des sels doubles avec les sels de mercure; ces composés sont très instables, particulièrement en présence d'alcalis. Avec le bichlorure de mercure on obtient $C^6H^2(OH)^2(HgCl)^2$ [Dimroth et Metzger, *D. chem. G.*, **35**, 2853, 1902].

Avec l'acétate de mercure dissous dans l'acide acétique et la résorcine, on obtient un composé jaune intense

$$CH^3COO-Hg-C^6H^3 {\Large\langle} {}^O_O {\Large\rangle} Hg$$

que la chaleur décompose sans fusion [Al. Leys, *J. Pharm. et Ch.*, (6), **21**, 388, 1905].

Si l'on chauffe la résorcine en présence du chlorure de zinc fondu de 140 à 180°, on obtient de petites masses d'ombelliférone ou oxycoumarine

Il se forme en même temps un corps cristallisé de composition $C^{14}O^3H^{12}$ qui fond vers 263° [Grimaux, *Bull. Soc. Chim.*, (3), **13**, 900, 1895]. dont on a préparé l'acétate $C^{14}H^{10}O^3(C^2H^5O^2)^2$ qui fond à 150° et le benzoate fondant à 180° [R. Meyer et K. Marx, *D. chem. G.*, **49**, 1450, 1907].

Les éthers des acides bromés se combinent très facilement avec la résorcine disodée [Bischoff, *D. chem. G.*, **33**, 1676, 1900].

Avec l'éther acétylacétique monosodé il se forme de la β-méthylombelliférone

$$(OH)^2C^6H^3C(CH^3)=CH-CO \diagdown$$
$$(OH)^2C^6H^3C(CH^3)=CH-CO \diagup O$$

Avec l'éther méthylformylacétique sodé $H.CO.CH(CH^3)COONa$, on obtient un isomère de la méthylombelliférone [Michael, *D. chem. G.*, **29**, 1794, 1896 et **38**, 1098, 1905].

La résorcine se combine avec le formaldéhydate d'ammonium [Speiez, DRP 99570; *C. Bl.*, 462, 1899].

La résorcine gonfle l'amidon comme l'eau bouillante, la solution diluée est transparente [Lindet, *Bull. Soc. Chim.*, (3), **35**, 101, 1907]. La solution de résorcine à 1 0/0, additionnée de 3 0/0 de CO^3Na^2, rend la gélatine insoluble dans l'eau bouillante au bout de 45 jours [Lumière et Seyewetz, *Bull. Soc. Chim.*, (3), **35**, 601, 1906].

On prépare des couleurs de résorcine en faisant réagir cette dernière sur les nitrosodialkylanilines sulfonées ou la nitrosomonobenzylaniline sulfonée, voyez Bayer et Cie, DRP 59034, 62174 [*Frdl.*, **3**, 371].

On a préparé aussi des colorants azoïques par copulation sur résorcine [Bayer, DRP 88846, *Frdl.*, **4**, 844; — Kalle et Cie, DRP 109610, *C. Bl.*, 299, 1900].

Pour les matières colorantes azoïques, nitrosées ou carboxylées, consulter aussi Bayer et Cie, [DRP 71442, *Frdl.*, **3**, 631].

La résorcine ne se combine pas à l'hydroxylamine [Baeyer, *D. chem. G.*, **19**, 163, 1885]; elle se combine à la phénylhydrazine en présence de benzène [Hans Liebig, *J. f. pr. Chem.*, **72**, 105, 1905].

Si l'on chauffe la résorcine avec le chlorure d'hippuryle $C^6H^5.CO.AzH.CH^2.COCl$, on obtient l'*α-hippuryle-résorcine* $C^6H^5CO.AzH.CH^2.COO.C^6H^6.OH$ fondant à 144°; le résidu de la préparation traité par la soude étendue et précipité par l'acide sulfurique donne la *β-hippuryle-résorcine* fondant à 274°; il reste la *di-hippuryle-résorcine* [Emile Fischer, *D. chem. G.*, **30**, 2926, 1905].

On condense la résorcine sur le chlorure de pyromucyle pour obtenir la *dipyromucyle-résorcine* fondant à 128° [Baum. *D. ch. G.*, **37**, 2949, 1904].

La résorcine donne un composé d'addition avec le cinéol $C^6H^6O^2 + C^{10}H^{18}O$ qui s'effleurit dans le vide; il fond vers 80-85° [Baeyer et Willigier, *C. Bl.*, (1), 311, 1902; *D. chem. G.*, **32**, 1549, 1899].

La résorcine se combine à l'éthylacétylacétone [C. Bulöw et Deiglmayr, *D. chem. G.*, **37**, 4528, 1904].

Elle se condense sur le benzyle en présence d'alcali caustique ou de carbonate; la réaction s'effectue en 20 minutes en chauffant à 150°; on obtient $C^{40}H^{30}O^6$ et 4 mol. de résorcine condensées sur 8 mol. de benzyle $C^{78}H^{54}O^{10}$. En chauffant les deux corps seuls, on en obtient également. L'auteur a isolé sept substances des produits de la réaction [Hans Liebig, *D. chem. G.*, **36**, 3046, 1903; *J. f. prakt. Chem.*, (2), **72**, 105, 1905 et (2), **74**, 345, 1906].

La résorcine se condense avec l'acide mandélique pour donner la lactone

$$C^6H^5-CH(CO)C^6H^3(O)OH$$

qui se dissout dans les alcalis avec une coloration orange [Bistrzycki et Flatan, *D. chem. G.*, **28**, 989, 1895].

En chauffant doucement le chlorure de benzyle avec la résorcine on obtient un produit rouge difficilement soluble, il fond au-dessus de 320°.

Le produit de condensation acétylé $C^{26}H^{18}O^4$ donne une fluorescence verte avec une solution alcoolique de potasse [Pawleski, *D. chem. G.*, **31**, 310, 1898].

La condensation de l'acide phénylacétique avec la résorcine donne la *di-oxydésoxybenzoïne* $C^6H^5.CH^2.CO.C^6H^2(OH)^2$ qui fond à 104° [Finzi, *Mon. f. Chem.*, **26**, 1219, 1905].

La résorcine fondue avec une phtaléine quelconque donne la réaction de la fluorescéine [Z. Meyer et H. Pfotenhauer, *D. chem. G.*, **38**, 3958, 1905].

Réactions colorées de la résorcine. — On oxyde une solution alcoolique anhydre de résorcine avec du bioxyde de sodium, après 5 minutes de contact on ajoute de l'eau, on observe une coloration jaune pâle qui passe au vert foncé [Pinerua Alvarez, *Chem. News*, **91**, 125, 1905].

Une liqueur alcoolique de résorcine se colore quand on la traite par le sodium [Kunz, Krauss, *Ann. Chem.*, **236**, 545, 1887].

Si l'on verse une solution éthérée de résorcine dans une liqueur ammoniacale de chlorure de zinc et qu'on additionne d'alcool et d'HCl, on obtient une liqueur éthérée rouge et le réactif devient bleu (réact. sensible au 1/100 000°) [Carrebio, *Bull. chim. ph.*, 1906].

Si l'on chauffe au bain-marie un mélange de résorcine et nitrite de sodium, après avoir acidulé à l'acide sulfurique, et si l'on ajoute ensuite un excès d'ammoniaque et de l'huile de fusel, on obtient une matière colorante rouge fluorescente [Bindschedler, *Mon. f. Chem.*, **5**, 168, 1885].

En chauffant avec le nitrite de soude en présence de bisulfate de potassium et de sulfate de calcium, on obtient une solution vert chrome, il se dépose des gouttes rouges à la partie supérieure du tube [Bornträger, *Frdl.*, **29**, 573, 1891].

Si l'on chauffe le sel disodé de la résorcine avec le chloroforme, il se produit une coloration rouge [Reuter, *Frdl.*, **30**, 718, 1892].

COMBINAISONS DE LA RÉSORCINE AVEC LES BASES. — *Résorcinate d'ammonium*, $C^6H^4(O.AzH^4)^2$. — Sel déliquescent, qui s'altère en présence de l'air, où il se colore en vert puis en bleu indigo [Baker, DRP 40372, *Frdl.*, **1**, 564]. Maintenu à l'air en présence de soude et d'ammoniaque, il donne une orcine que les acides précipitent en flocons rouge brun à éclat métallique.

Résorcinates de sodium.

$$C^6H^4 <^{OH}_{ONa} \qquad et \qquad C^6H^4 <^{ONa}_{ONa}$$

— Chaleurs de combinaisons et de dissolution, voyez de Forcrand [*An. Chim. Ph.*, (6), **30**, 69, 1893].

Résorcinate d'aluminium chloré, $C^6H^4(O-Al=Cl^2)^2$. — On le prépare facilement en introduisant 2 gr. de chlorure d'aluminium dans une solution chaude contenant 1 gr. de résorcine dans 8 ou 10 gr. de sulfure de carbone.

C'est une huile brune épaisse facilement soluble dans le sulfure de carbone chaud ; elle se décompose à l'air humide ou par l'eau en résor-

cine et oxychlorure d'aluminium [Claus, Mercklin, *D. chem. G.*, **18**, 2934, 1885].

Combinaison avec l'hexaméthylène-amine, $C^6H^6O^2.C^6H^{12}Az^4$. — Aiguilles qui se décomposent sans fondre vers 190-200° [Moschatos, Tolens, *Ann. Chem.*, **272**, 281, 1892].

Alloxanerésorcine, $C^{10}H^8O^6Az^2$. — Cristaux formés dans l'éther acétique, se décomposant sans fondre au-dessus de 200° [Böhringer et fils, DRP 107720, 113722 ; *Cent. Bl.*, **1**, 1113, 1900 et **2**, 795, 1900].

Dialloxanerésorcine, $C^{14}H^{10}O^{10}Az^4$, H^2O. — Se prépare à partir de la résorcine et de l'alloxane ; elle est soluble dans l'eau chaude et se décompose lentement au-dessus de 200° [Bohringer et fils, DRP 114904 ; *C. Bl.*, 1091, 1900].

PRODUITS DE CONDENSATION DE LA RÉSORCINE.

RÉSORCINE-MELLITÉINE. — L'acide mellitique $C^6(COOH)^6$ condensé avec la résorcine à 160° donne la *tétrarésorcine-mellitéine* $C^{36}H^{22}O^{16}$ poudre brune décomposée sans fusion au-dessus de 300°. Avec excès de résorcine on obtient le composé jaune $C^{48}H^{30}O^{18}$ dont on a fait une série de sels métalliques.

Avec l'acide pyromellitique on a préparé la *dirésorcine pyromellitéine* $C^{23}H^{12}O^9$ poudre jaune qui fond au-dessus de 300° [O. Silberrad, *J. chem. Soc.*, **39**, 1787, 1906].

RÉSORCINE - BENZÉINE $[(OH)^2.C^6H^3.OH.C^6H^6.COH.C^6H^3]^2O$. — Il s'en forme quand on combine la résorcine au benzyle à 200°, en présence de SO^4Na^2 ; il se fait aussi des éthers oxydes [H. v. Liebig, *J. f. prakt. Chem.*, (2), **72**, 3, 1905]. On la prépare en chauffant 1 mol. de trichlorobenzène avec 2 mol. de résorcine à 180-190°. Ce produit repris par l'eau chaude est dissous dans la soude. La solution est précipitée par l'acide acétique et le précipité mis à cristalliser dans un mélange d'alcool et d'acide acétique.

2° On l'obtient aussi en chauffant 8 ou 10 heures à 180° 20 gr. de résorcine avec 10 gr. d'acide benzoïque en présence de 5 gr. de chlorure de zinc ou d'anhydride phosphorique [Cöhn, *J. f. prakt. Chem.*, (2), **48**, 387, 1893].

Dans la solution alcool-acide acétique, elle cristallise en feuillets bruns avec reflets bleus. Elle est insoluble dans l'eau, l'éther, le benzène, assez soluble à froid et très soluble dans l'alcool chaud. La solution alcaline étendue est vert jaune fluorescente ; elle se décompose vers 130° en $C^{38}H^{26}O^7$; la solution alcoolique de résorcine benzoïne est réduite par le zinc et l'acide chlorhydrique en tétraoxytriphénylméthane $[(OH)^2C^6H^3]^2=CH-C^6H^5$; elle ne donne pas de combinaison bisulfitique.

La résorcine-benzéine traitée par le pentachlorure de phosphore donne un *chlorure* fondant à 149°. Ce chlorure se condense avec les amines grasses (diméthylamine, diéthylamine, etc.) et les amines aromatiques pour donner des matières colorantes variant du rouge au violet et appelées *rosindamines* [Höchster, D.R.P. 51348, 52030 et *Frdl.*, **2**, 64].

Résorcine-benzéine dibromée, $C^{19}H^{12}O^4Br^2$. — On peut l'obtenir en traitant la résorcine-benzéine dissoute dans l'acide acétique par 2 mol. de brome en solution acétique (2 vol.). L'opération se fait en présence de quelques gouttes d'acide bromhydrique fumant. C'est une poudre rouge, peu soluble à froid dans l'alcool et l'acétone, insoluble dans l'éther, le chloroforme, le benzène, le sulfure de carbone. Chauffée à 250° elle n'est pas décomposée [Cöhn, *J. f. prakt. Chem.*, (2), **48**, 395, 1893].

Résorcine-benzéine tétrabromée $C^{19}H^{10}O^4Br^4$.

— On la prépare comme la résorcine dibromée avec les quantités théoriques de brome et de résorcine-benzéine ; cristallisée dans l'aniline, elle donne des aiguilles brunes à reflets bleus, dans l'acide acétique ce sont des feuillets à reflets verts se ramollissant vers 290-300° ; elle est peu soluble dans l'alcool et dans la soude étendue [Cöhn, *J. f. prakt. Chem.*, (2), **48**, 392, 1893].

Résorcine-benzéine pentabromée $C^{19}H^9O^4Br^5$. — Sa préparation est analogue aux précédentes : elle cristallise en aiguilles brunes dans l'acide acétique (Cöhn).

Résorcine-benzéine dinitrée.

$$C^6H^5C\left\{\begin{array}{l}C^6H^2-(AzO^2)\,OH\cdot O\\C^6H^2-(AzO^2)(OH)^2\end{array}\right.$$

— On l'obtient en nitrant dans un mélange réfrigérant 4 gr. de résorcine-benzéine par 50 cc. d'acide azotique de densité 1,52. Elle cristallise dans l'acide acétique en aiguilles rouge brun ; elle déflagre sans fondre au-dessus de 250° (Cöhn).

RÉSORCINE-PHÉNYLACÉTÉINE.

$$C^6H^5CH^2-C\left\{\begin{array}{l}C^6H^3(OH)^2\\C^6H^3\langle\begin{array}{l}OH\\O\end{array}\end{array}\right.$$

— Pour l'obtenir on chauffe, pendant 8 ou 10 heures à 170-180° ; 50 gr. de résorcine avec 30 gr. d'acide phénylacétique et 20 gr. de chlorure de zinc : on la fait cristalliser dans le mélange alcool acide acétique où elle se dépose en poudre cristalline brune à reflets verts : elle fond à 266-268° ; elle se dissout facilement dans l'aniline et dans la pyridine : la solution alcaline étendue possède une fluorescence verte intense [Cöhn, *J. f. prakt. chem.*, (2), **48**, 397, 1893].

Le *dérivé acétylé* $C^{20}H^{14}O^4(CH^3CO)^2$ cristallise en aiguilles soyeuses dans l'acide acétique : il fond en se décomposant vers 150°.

Résorcine-phénylacétéine tétrabromée.

$$C^6H^5CH^2C\left\{\begin{array}{l}C^6HBr^2(OH)^2\\C^6HBr^2\langle\begin{array}{l}OH\\O\end{array}\end{array}\right.$$

— On l'obtient en versant une solution contenant 2 cc. de brome et 5 cc. d'acide acétique dans une liqueur préparée avec 10 cc. d'acide acétique et 3 grammes de résorcine-phénylacétéine.

C'est une poudre cristalline jaune fondant à 236°, elle se dissout assez facilement dans l'aniline et la pyridine, très difficilement dans l'alcool (Cöhn).

Résorcine-phénylacétéine pentabromée $C^{20}H^{11}Br^5O^4$. — Elle se prépare comme la précédente : elle cristallise en aiguilles rouges (Cöhn).

Résorcine-phénylacétéine tétranitrée.

$$C^6H^5CH^2C\left\{\begin{array}{l}C^6H(AzO^2)^2(OH)^2\\C^6H(AzO^2)^2OH\\\hline O\end{array}\right.$$

— Pour l'obtenir on nitre dans un mélange réfrigérant une molécule de résorcinephénylacétéine par l'acide azotique de densité 1,52. C'est une poudre cristalline jaune, assez soluble dans l'alcool, peu soluble dans l'acide acétique, insoluble dans la ligroïne et le benzène [Cöhn, *J. f. prakt. Chem.*, (2). **48**. 403, 1893].

RÉSORCINE-CINNAMYLÉINE.

$$C^6H^5-CH=CH-C-C^6H^3\left\{\begin{array}{l}C^6H^3(OH)^2\\OH\\\hline O\end{array}\right.$$

— On l'obtient en chauffant pendant 6 à 8 heures, vers 180°, 22 gr. de résorcine et 15 gr. d'acide cinnamique en présence de 5 gr. de chlorure de zinc. Le produit pur s'obtient à partir du chlorhydrate, c'est une poudre brune amorphe qui passe au vert à 100°. Elle se dissout facilement dans l'acide acétique bouillant.

Le *chlorhydrate* $C^{21}H^{16}O^4.HCl$ se produit en traitant la solution acétique par l'acide chlorhydrique concentré. C'est une poudre cristalline brune ou violette qui brunit au-dessus de 200° sans fondre [Cöhn, *J. f. prakt. Chem.*, (2), **48**, 406, 1893].

Résorcine-cinnamyléine hexabromée $C^{21}H^{12}O^4.Br^6$. — Elle se forme en bromant la résorcine cinnamyléine dans l'acide acétique anhydride, elle se présente en poudre cristalline ou en aiguilles à reflets métalliques. (Cöhn).

ÉTHERS OXYDES DE LA RÉSORCINE.

ÉTHER MONOMÉTHYLIQUE,

$$C^6H^4\left\langle\begin{array}{l}O-CH^3\\OH\end{array}\right.$$

— Pour le préparer on chauffe un mélange à parties égales de résorcine et d'alcool méthylique en présence de bisulfate de potassium, on maintient en tube scellé pendant 10 heures à 180° [Merz Strasser, *J. f. prakt. Chem.*, (2), **64**, 109, 1900]. Il bout vers 243-244°, il se volatilise au bain-marie ; il est peu soluble dans l'eau froide. Cryoscopie, consulter Auwers [*Zeit. ph. Ch.*, **32**, 51, 1899].

Si on traite l'éther monométhylique en solution benzénique par l'acide azoteux, on obtient le *dérivé mononitrosé* correspondant [F. Henrich et Otto Rhodius, *D. chem. G.*, **35**, 1475, 1902].

ÉTHER DIMÉTHYLIQUE, $C^6H^4(OCH^3)^2$. — On le prépare en faisant couler une solution de résorcine dans l'alcool méthylique sur du β-naphtalène-sulfoné à 140-145° [Kraft, Roos, DRP 76574 et *Frdl.*, **4**, 19 ; — R. Schiff, *D. chem. G.*, **19**, 562, 1885]. Densité a 4° 1,0705. Point d'ébullition 217°. Pouvoir rotatoire magnétique 15°, 11′ à 14° cent. [A. Blom et Tambor, *D. ch. G.*, **38**, 3589, 1905 ; — Perkin, *Chem. Soc.*, **69**, 1240, 1896]. Chaleur de combustion moléculaire, 1022000 cal. [Stohman, Rodatz, *J. f. pr. Chem.*, (2), **35**, 27, 1887].

ÉTHER MONOÉTHYLIQUE,

$$C^6H^4\left\langle\begin{array}{l}OH\\OC^2H^5\end{array}\right.$$

— Il se forme en même temps que le diéthylique quand on traite le sel monosodé de la résorcine par l'iodure d'éthyle. Il se prépare de la façon suivante : on dissout 75 gr. de résorcine dans 200 gr. d'éther absolu, on y ajoute une liqueur d'éthylate de sodium obtenue en dissolvant 16 gr. de sodium dans 250 cc. d'alcool absolu. Après le mélange l'excès d'alcool et d'éther est distillé dans le vide. On ajoute à froid 125 gr. d'iodure d'éthyle, on chauffe au bain-marie jusqu'à réaction neutre (4 heures environ). Pour séparer l'éther monoéthylique, on étend d'eau qui dissout la résorcine et on entraîne à la vapeur d'eau ; le distillat contenant le mono et le diéther est traité par la potasse qui sépare ce dernier, on obtient un rendement de 38 0/0.

Liquide coloré en jaune faible, se fonçant à la lumière ; il bout vers 246-247°, il est très peu soluble dans l'eau et facilement soluble dans l'éther, l'alcool et le benzène.

L'acide azotique le nitre en donnant trois isomères [Kietaibl, *Mon. f. Chem.*, **19**, 537, 1898].

Éther méthyléthylique,

$$C^6H^4 <^{O\,CH^3}_{O\,C^2H^5}$$

— Il se prépare en chauffant vers 160-170° l'éther monométhylique de la résorcine avec le sulfate acide d'éthyle en présence de potasse. C'est un liquide bouillant à 216° [Spitz, *Mon. f. Chem.*, 5, 489, 1885].

Éther méthylpropylique,

$$C^6H^4 <^{O\,CH^3}_{O\,C^3H^7}$$

— Il se prépare comme le précédent en partant du sulfate acide de propyle; c'est un liquide bouillant vers 226° [Spitz, *Mon. f. Chem.*, 5, 489, 1885].

Éther méthylisobutylique,

$$C^6H^4 <^{O\,CH^3}_{O\,CH(CH^3)^2}$$

— Il se prépare comme le précédent, il bout à 234° (Spitz).

Éther méthylisoamylique,

$$C^6H^4 <^{O\,CH^3}_{O-CH^2CH(CH^3)^2}$$

— Préparé comme les précédents, il bout à 236-237° (Spitz).

Éther diisoamylique,

$$C^6H^4 = (O\,C^6H^{11})^2$$

— Il fond à 47° [Costa, *Gazetta*, 19, 496, 1889].

Éther oxyde résorcinique,

$$O <^{C^6H^4OH}_{C^6H^4OH}$$

— On l'obtient en chauffant 1 mol. de résorcine disulfonée avec 2 mol. de résorcine vers 190° [Hazura et Julius, *Mon. f. Chem.*, 5, 191, 1885].

Éther phénylique, $C^6H^4(O\,C^6H^5)^2$. — Pour l'obtenir on chauffe à 200-220° un mélange de 18gr,8 de phénol, 8gr,4 de potasse, 11gr,8 de méta-dibromobenzène et 0gr,1 de poudre de cuivre. Prismes fondant à 61°,5 solubles dans l'éther [F. Ullmann et P. Sponagel, *Ann. chem.*, 350, 83, 1906].

Tétranitrodiphénylrésorcine-2.4, $C^6H^4[O.C^6H^3(AzO^2)^2_{(2.4)}]^2$. — Elle se prépare en laissant en contact une solution alcoolique de résorcine avec le chlorodinitrobenzène-2.4 en présence d'éthylate de sodium. On obtient des feuillets cristallisant dans l'acide acétique, fondant à 184°. Chauffée avec l'aniline, elle donne la dinitrodiphénylamine-2.4 [Nietzki, Schündelen, *D. chem. G.*, 24, 3586, 1891].

Pentanitrodiphénylrésorcine, $C^{18}H^9O^2(AzO^2)^5$. — On l'obtient en traitant à froid la tétranitrodiphénylrésorcine par l'acide azotique fumant. Le produit pur fond à 68°; chauffé avec l'aniline il donne la dinitrodiphénylamine-2.4 (Nietzki).

Hexanitrodiphénylrésorcine, $C^{18}H^8O^2(AzO^2)^6$. — Elle se forme en traitant à chaud la tétranitrodiphénylrésorcine par l'acide azotique fumant; elle fond à 220°; chauffée avec l'aniline elle donne la même réaction que les précédents (Nietzki).

Éther trichlorovinylique. $C^6H^4[O-C(Cl)=CCl^2]^2$. — Il s'obtient par l'action du pentachlorure de phosphore sur le diacétate de résorcine; il se présente en longs prismes solubles dans l'alcool, fondant à 53-54° [Michael, *Am. Journ.*, 9, 210, 1887].

ÉTHERS SELS DE LA RÉSORCINE.

Éther sulfureux, $HO.C^6H^4.O.SO^2H$. — Il s'obtient en chauffant la résorcine avec une solution de bisulfite de sodium [Hans Th. Bucherer, *J. f. prakt. Chem.*, (2), 69, 49, 1904].

Éther monosulfurique, $CH^3O.C^6H^4.OSO^3.C^2H^5$. — Ce composé se prépare par l'action du chlorosulfate d'éthyle sur le monorésorcinate de méthyle. C'est une huile bouillant à 218° et entraînable à la vapeur d'eau [Bayer et Cie, DRP 75456, *Frdl.*, 4, 1112].

Résorcine benzène-sulfonée, $C^6H^4(SO^3C^6H^5)^2$. — On la prépare en traitant par le chlorure de benzène sulfoné la résorcine dissoute dans la soude diluée; elle cristallise dans l'alcool en aiguilles fondant à 69-70° [Georgescu, *D. chem. G.*, 24, 417, 1891].

Éther phosphoreux. — *Résorcine dichlorophosphine*, $C^6H^4(O\,PCl^2)^2$. — On la prépare en chauffant pendant 10 heures 25 gr. de résorcine avec 250 gr. de trichlorure de phosphore; le produit brut est fractionné dans le vide. C'est un liquide fumant à l'air, qui bout à 240° sous 15 mm, $D = 1,569$ à 18°; il est décomposé par l'eau en résorcine et acide phosphoreux [Knauer, *D. chem. G.*, 27, 2566, 1894].

Éthers phosphoriques. — *Résorcine dioxychlorophosphine*, $C^6H^4(O.POCl^2)^2$. — On l'obtient en chauffant pendant 12 heures 40 gr. de résorcine avec 160 gr. d'oxychlorure de phosphore. Le produit est ensuite fractionné dans le vide; c'est une huile bouillant à 216° sous 75 mm. $D = 1,643$ à 15°; elle fume à l'air; elle est décomposée par l'eau en résorcine, acide chlorhydrique et acide phosphorique; avec l'alcool elle donne un éther $C^6H^4[O.PO.(O\,C^2H^5)^2]^2$, ce dernier produit n'est pas distillable, on le maintient sous la cloche à vide, en présence de soude et d'acide sulfurique; l'eau le décompose en résorcine, alcool et acide phosphorique [Knauer, *D. chem. G.*, 27, 2567, 1894].

Phosphate de résorcine, $PO(O\,C^6H^4OH)^3, H^2O$. — On l'obtient en chauffant la résorcine avec le pentachlorure de phosphore en excès, puis on décompose le produit brut par l'eau; cristallisé, il fond à 75° [Secretant, *Bull. Soc. Chim.*, (3), 15, 333, 1896].

Éthers sels de la résorcine avec les acides organiques. — *Éther ortho-acétique*, $CH^3C\equiv(O.C^6H^4OH)^3$. — On l'obtient en faisant bouillir pendant 8 jours une solution aqueuse contenant 3 molécules de résorcine, 3 molécules de soude et 1 molécule de méthylchloroforme $CH^3C.Cl^3$. C'est un produit couleur jaune d'œuf fondant en se décomposant vers 155-159°; il se dissout facilement dans l'alcool, l'éther, l'acide acétique, il est insoluble dans le benzène [Heiber, *D. chem. G.*, 24, 3684, 1891].

Éther monoacétique, $CH^3COO-C^6H^4-OH$. — Il se prépare en traitant la résorcine par l'anhydride acétique ou le chlorure d'acétyle à froid; il se présente en sirop, bouillant à 283°, très soluble dans les alcalis étendus [Knoll et Cie, DRP. 103 857, *C. Bl.*, 948, 1899].

Diacétate de résorcine, $(CH^3COO)^2C^6H^4$. — Si on chauffe le diacétate en présence de soufre et de sulfure de potassium vers 200-250°, on obtient un colorant brun sulfuré [Heinrich, Byk, DRP. 145 909, 1902. Déshydraté par le chlorure de zinc fondu à 120°, il se transforme en mono- et diacétorésorcine 1.5.2.4; la diacétorésorcine chauffée avec les iodures alcoylés donne les éthers correspondants [J. Eykman, *Chem. Weekblad*, (2), 59, 1905].

Carbonate de résorcine,

$$C\,O <^{O}_{O}> C^6H^4$$

— Pour l'obtenir, on fait passer un courant d'oxychlorure de carbone dans une solution froide contenant 30 gr. de résorcine dissoute dans,

250 gr. de pyridine. On agite et on arrête l'opération après avoir ajouté 25 gr. de phosgène
$CO Cl^2$.

C'est une poudre amorphe, peu soluble dans
les dissolvants ordinaires ; elle fond à 190° en se
décomposant.

Bicarbonate de résorcine,

$$C^6H^4 {<}{\,O CO - OH \atop \,O CO - OH}$$

— On prépare son *éther éthylique* $C^6H^3(CO^3 C^2H^5)^2$, en traitant le sel de sodium de la résorcine par le chloroformiate d'éthyle $Cl.COOC^2H^5$
en solution alcoolique. C'est une huile épaisse
bouillant à 298-302° [A. Wallac, *Ann. Chem.,*
226, 84, 1885].

L'*éther méthylique* $C^6H^4(CO^3CH^3)^2$ est analogue au dérivé isomère de la pyrocatéchine,
il cristallise en aiguilles dans l'alcool étendu
[Synieski, *D. chem. G.,* **28**, 1874, 1895].

Carbamate de résorcine, $C^6H^4(CO - OAzH^2)^2$.
— On l'obtient en traitant l'amid chlorure de
formyle $AzH^2CO Cl$ par la résorcine, sous forme
d'aiguilles fondant à 194° [Gattermann, *Ann.
Chem.,* **244**, 45, 1888].

Phénylcarbamate de résorcine, $(C^6H^5 AzH.
COO)^2C^6H^4.$ — On l'obtient en chauffant à 100°
la phénylcarbonimide $CO = Az - C^6H^5$ avec la résorcine ; on fait cristalliser dans l'alcool.

Il se présente en cristaux fondant à 164°, insolubles dans la ligroïne, facilement solubles dans
l'alcool, l'éther et le chloroforme [Snape, *D.
chem. G.,* **18**, 242, 1885].

o-Tolylcarbamate de résorcine, $(CH^3.C^6H^4
-AzH.COO)^2C^6H^4$ — On l'obtient dans les
mêmes conditions que le précédent, en chauffant à 120° l'o-tolylcarbonimide avec la résorcine. Feuillets fondant à 153-154° [Gattermann et
Gantzler, *D. chem. G.,* **25**, 1088, 1892].

Carbamates de résorcine substitués,

$$CO {<}{\,-\!\!-\!\!- O_{(1)} -\!\!-\!\!- \atop \,AzH_{(2\,ou\,6)}}{>} C^6H^3 - (OC^2H^5)_{(3)}$$

— On le prépare en chauffant 1 gr. d'urée avec
2 gr. de chlorhydrate du monoéther éthylique de
l'aminorésorcine.

Aiguilles fondant à 150-151°, très peu solubles
dans les solvants organiques [Kietaibl, *Mon. f.
Chem.,* **19**, 543, 1898].

Avec l'éther de l'aminorésorcine 6 ou 2, on
obtient un isomère de ce composé qui fond à
125° (Kietaibl).

Allophanate de résorcine, $OH C^6H^4 COO.AzH
CO.AzH^2.$ — Il s'obtient en introduisant des
vapeurs d'acide cyanhydrique dans une solution
de résorcine dans l'éther absolu [Traube, *D.
chem. G.,* **22**, 1579, 1889] ; il fond sans décomposition vers 120°, il est peu soluble dans l'eau,
l'alcool et l'éther.

Benzoate de résorcine. — La résorcine traitée
par le chlorure de benzoyle en solution dans la
pyridine donne un peu de monobenzoate et principalement du dibenzoate [Einhorn, *Ann. Chem.,*
304, 104, 1898].

COMBINAISONS DE LA RÉSORCINE AVEC LES
ALDÉHYDES. — ACÉTAL DE LA RÉSORCINE,

$$CH^3CH {<}{\,O - C^6H^4OH \atop \,O - C^6H^4OH}$$

— On prépare ce composé en chauffant au
bain-marie un mélange de 50 gr. de résorcine
dissoute dans 500 cc. d'eau contenant 10 o/o
d'acide sulfurique On y verse, toutes les 5 minutes, 5 cc. d'une solution contenant 10 o/o d'aldéhyde et 10 o/o d'acide sulfurique. Lorsqu'on
a ajouté 300 cc. de la solution d'aldéhyde il se

sépare des cristaux ; on abandonne ensuite la
réaction pendant plusieurs jours.

On l'obtient également en faisant réagir le
chlorure d'éthylidène CH^3CHCl^2 sur le dérivé
potassé de la résorcine ; on chauffe en tube
scellé à 120° [Fosse et Ettinger, *C. R.,* **130**,
1195, 1900 ; *Bull. Soc. Chim.,* (3), **23**, 518, 1889].

Ces auteurs ont trouvé qu'en chauffant cet acétal
avec l'acide sulfurique étendu, on n'obtient ni
aldéhyde, ni résorcine, mais une masse rouge
soluble dans les alcalis.

Cet acétal se présente en cristaux jaunes qui
se décomposent avant de fondre en donnant de
la résorcine ; ils sont solubles dans l'alcool où ils
s'altèrent ; ils sont insolubles dans l'eau, l'éther
absolu, le chloroforme, le benzène.

Chauffés à 120°, ils donnent une poudre rouge
de composition $C^{28}H^{26}O^7$, qui se dissout dans
l'éther absolu et cristallise en prismes bruns.
Si on sature une solution alcoolique de l'acétal
de la résorcine par un courant de gaz ammoniac,
il s'en fixe 2 molécules ; en chauffant l'acétal en
présence de soude on précipite de la résorcine ;
même résultat par l'action de la poudre de zinc
à 300°, dans un courant d'hydrogène. Le *dérivé
diacétylé* $C^{14}H^{12}O^4(CH^3CO)^2$, préparé avec l'anhydride acétique à 100-140°, fond vers 282° [Causse,
Ann. Chim. et Ph., (7), **1**, 99, 1894].

Résorcine et aldéhyde. — On verse une petite
quantité d'aldéhyde dans une solution de 10 gr.
de résorcine et 20 gr. d'alcool absolu, on ajoute
quelques gouttes d'HCl concentré, on laisse
réagir quelques heures et on verse dans l'eau,
on obtient un précipité amorphe ou cristallisé.
Par ce moyen on peut séparer les aldéhydes des
cétones [Michaël, Ryder, *Am,* **9**, 134, 1889].

Résorcine et chloral. — Les savants ne sont
pas d'accord sur les produits de la réaction : un
travail d'ensemble serait utile pour déterminer
définitivement dans quelles conditions les auteurs
ont raison.

Causse dissout 100 gr. de résorcine dans
1000 cc. d'eau, il ajoute 50 gr. d'hydrate de
chloral et 20 gr. de bisulfate de sodium ; le
mélange est abandonné à la température ordinaire.

Il se dépose des aiguilles soyeuses incolores,
altérées à 250°, avec production d'acide chlorhydrique :

$$CCl^3CHO + 2C^6H^4(OH)^2$$
$$= \underset{\underset{\textstyle CCl^3}{|}}{OH - C^6H^4 - O - CH - OC^6H^4 - OH} + 3HCl$$

$$\underset{\underset{\textstyle CCl^3}{|}}{OH - C^6H^4 - O - CH - OC^6H^4 - OH} + 2H^2O$$

$$= 3HCl + \underset{\underset{\textstyle COOH}{|}}{OH - C^6H^4 - O - CH - O - C^6H^4 - OH}$$

par déshydratation on obtient une lactone

$$\underset{\underset{\textstyle COOH}{|}}{OH - C^6H^4 - O - CH - OC^6H^4 - OH}$$

$$= H^2O + \underset{\underset{\textstyle CO}{|}}{OH - C^6H^4 - O - CH - OC^6H^4}$$

Le dérivé acétylé de l'acide contient deux
groupes acétyles,

$$\underset{\underset{\textstyle COOH}{|}}{(CH^3CO)O - C^6H^4 - O - CH - O - C^6H^4 - O(CH^3CO)}$$

il fond à 262°. Ces résultats vérifiés par l'analyse

prouvent la présence de *deux hydroxyles* dans la constitution de l'acide (Causse, *Bull. Soc. Chim.*, (3), 3, 861, 1890).

Hewitt et Pope ont contesté ces résultats : le dépôt cristallin est manifesté au bout d'un mois si on opère au-dessous de 10°, et au bout de 12 heures à l'ébullition.

La cristallisation dans l'alcool donne directement la lactone. Les réactions sont expliquées de la façon suivante :

$$CCl^3 CHO, H^2O + 2 C^6H^4(OH)^2$$
$$= \begin{array}{c}(OH)^2 - C^6H^3 CH - C^6H^3(OH)^2 \\ | \\ CCl^3 \end{array} + H^2O$$
$$\begin{array}{c}(OH)^2 C^6H^3 CH C^6H^3(OH)^2 \\ | \\ CCl^3 \end{array} + H^2O$$
$$= \begin{array}{c}(OH)^2 C^6H^3 CH - C^6H^3(OH)^2 \\ | \\ COOH \end{array} + 3 HCl$$

puis par déshydratation la lactone obtenue sera :

$$(OH)^2 - C^6H^3 - CH - C^6H^3 - OH$$
$$| \quad\diagup$$
$$CO$$

Ces savants ont acétylé leur lactone, et ont fixé 3 groupements acétyle, résultat vérifié par l'analyse; ce dérivé fond à 160°, leur acide contiendrait donc 4 *hydroxyles au lieu de 2*, comme celui de Causse.

La lactone donne, avec la soude, une couleur rouge vif fluorescente, analogue à la phtaléine.

Sur cette dernière partie du travail, Michaël et Claisen avaient déjà obtenu des résultats identiques [Hewitt et Pope, *Chem. Soc.*, 69, 1217, 1896; 71, 1004, 1897; — Classen, *Ann. Chem.*, 237, 263, 1888; — Michaël et Comey, *Am. Journ.*, 5, 350, 1884 et 7, 134, 1887].

COMBINAISONS DE LA RÉSORCINE AVEC LES SUCRES. — ARABINORÉSORCINE, $C^{11}H^{14}O^6$. — On mélange une solution froide de 5 gr. d'arabinose et de $3^{gr},7$ de résorcine avec 6 gr. d'eau chlorhydrique, on fait arriver du gaz jusqu'à précipitation de la résorcine. On refroidit à 10° et on continue à ajouter du gaz chlorhydrique jusqu'à saturation. Cela fait, on laisse agir pendant 15 heures au-dessous de 10°, et on verse le tout dans 10 fois son poids d'alcool absolu. L'arabinorésorcine reste à peu près insoluble, on peut ajouter ensuite un peu d'éther au filtrat, ce qui précipite les traces de la substance dissoute.

On obtient ainsi une poudre amorphe, soluble dans l'eau, très peu soluble dans l'alcool, l'éther, le chloroforme, le benzène.

Ce produit en présence de lessive de soude bouillante n'est pas décomposé; il ne donne pas de phénylhydrazone; sa solution aqueuse se colore en bleu violet par le perchlorure de fer, la liqueur de Fehling produit une coloration intense rouge violette [E. Fischer, Jenning, *D. chem. G.*, 27, 1356, 1894].

GLUCORÉSORCINE, $C^{12}H^{16}O^7$. — On prépare ce composé en saturant par le gaz chlorhydrique une solution aqueuse concentrée et froide contenant 1 molécule de glucose et 1 molécule 1/2 de résorcine. Il se précipite une poudre amorphe qui, traitée par l'acide chlorhydrique étendu et chaud, se scinde en glucose et résorcine; traitée par la liqueur de Fehling, elle produit une coloration rouge violette intense [E. Fischer, Jenning, *loc. cit.*].

TRIRÉSORCINE, $HO - C^6H^4 - O.C^6H^4 - O C^6H^4 - OH$ $2,5 H^2O$. — On prépare facilement son chlorhydrate en chauffant, pendant 72 heures à 85°,

4 gr. de résorcine avec 5 cc. d'acide acétique glacial et 4 cc. d'HCl fumant [Hesse, *Ann. Chem.*, 289, 62, 1895]. On le décompose par une ébullition prolongée avec l'eau.

La trirésorcine cristallise dans l'alcool bouillant en prismes rouge bleuâtre anhydres à 120°, se décomposant par la chaleur sans fondre, très peu solubles dans l'eau froide, l'alcool, l'éther et le chloroforme, (les solutions ont une fluorescence vert intense), très solubles dans les alcalis.

La trirésorcine teint le coton, la laine, la soie en jaune.

Chlorhydrate, $C^{18}H^{14}O^4$, HCl, H^2O. — Il cristallise en prismes rouges dans l'acide acétique bouillant, presque insolubles dans l'éther, la ligroïne, le chloroforme, très solubles dans l'alcool bouillant. La solution aqueuse a une fluorescence verte.

Bromhydrate, $4 C^{18}H^{14}O^4$, $5 H Br$. — Il cristallise dans l'acide acétique bouillant en prismes couleur fleur de pêcher fusibles en se décomposant, presque insolubles dans l'eau froide.

Le *dérivé diacétylé* $C^{18}H^{12}O^6(C^2H^3O)^2$ s'obtient en chauffant pendant plusieurs heures la trirésorcine avec l'anhydride acétique en excès à 85° (Hesse). Il cristallise dans l'alcool en petites écailles jaune rouge, fondant à 260-270° où se décomposant.

Monobromotrirésorcine, $C^{18}H^{13}O^4Br$. — Le bromhydrate se forme en ajoutant du brome à une solution de trirésorcine dans CH^3COOH bouillant [Hesse, *Ann. Chem.*, 289, 66, 1895].

Poudre cristalline brunâtre, très peu soluble dans l'eau bouillante, presque insoluble dans l'éther et le benzène, la solution aqueuse possède une fluorescence vert intense. Le *bromhydrate* $C^{18}H^{13}O^4Br,HBr,H^2O$ cristallise en écailles brunâtre, très peu solubles dans l'acide acétique bouillant et l'eau.

Tétrabromotrirésorcine, $C^{18}H^{10}O^4Br^4$. — Son bromhydrate se forme en même temps que l'heptabromo-trirésorcine en faisant tomber le brome goutte à goutte dans une solution bouillante de trirésorcine dans l'acide acétique [Hesse, *Ann. Chem.*, 289, 66, 1895].

On le lave avec de l'acide acétique, on le décompose ensuite par la soude qui sépare la tétrabromorésorcine.

Ce corps forme des fragments rouge noir à éclat métallique, très peu solubles dans l'eau bouillante, avec une coloration violette, très facilement solubles dans l'alcool, les alcalis et l'acide acétique bouillant qu'il colore en pourpre.

Le *bromhydrate* $2 C^{18}H^{10}O^4Br^4, 5 H Br$ est une poudre cristalline brunâtre à éclat métallique, très soluble dans l'eau bouillante et les alcalis en violet pourpre; chauffé à l'ébullition, il perd de l'acide bromhydrique en donnant le composé $2 C^{18}H^{10}O^4Br, H Br$.

Heptabromotrirésorcine, $C^{18}H^7O^4Br^7, 2 H^2O$. — On l'obtient en même temps que la tétrabromorésorcine, quand on introduit du brome dans la solution acétique bouillante de trirésorcine. Elle se présente en un produit carmin, insoluble dans l'eau, très soluble en jaune dans l'éther, le chloroforme, l'alcool, l'acide acétique; elle vire au violet par les alcalis [Hesse, *Ann. Chem.*, 289, 69, 1895].

ACIDE RÉSORCINE-GLYCOLIQUE, $OH.C^6H^4.O.CH^2COOH$. — Il se prépare en chauffant la résorcine sodée et l'éther monochloracétique en solution alcaline, la réaction terminée on acidule la masse restée alcaline pour précipiter le produit.

Il cristallise dans l'eau avec 1/3 de molécule d'eau et fond à 157-158°; cristallisé dans le toluène il fond à 158-159°; le *sel d'argent* $C^8H^7O^4Ag$ cristallise dans l'eau [Carter Lawrence, *Chem. Soc.*, 77, 1225, 1900]. On a préparé l'*anilide* $OH.C^6H^4.O.CH^2CO.AzHC^6H^5$ qui fond vers 125°.

Éther méthylique, $CH^3.O.C^6H^4.O.CH^2. COOH$. — Il s'obtient par l'action de l'éther monométhylique de la résorcine sodée sur le monobromacétate d'éthyle en solution alcoolique [Giboldy, *Perkin Jun.*, *Proc. Chem. Soc.*, n° 223]; il fond à 119°.

Éther éthylique, $C^2H^5OC^6H^4.OCH^2.COOH$. — On le prépare comme le précédent, il bout à 185° sous 25 mm. (Giboldy).

ACIDE RÉSORCINE-DIGLYCOLIQUE,

$$C^6H^4 < {O-CH^2-COOH \atop O-CH^2-COOH}$$

— Il se prépare en traitant le sel disodé de la résorcine par le monochloracétate d'étuyle en solution alcoolique, puis saponifiant l'éther formé. On obtient des aiguilles cristallisant dans l'acide acétique ou l'eau et fondant à 195°. Les *sels de baryum* et *de calcium* cristallisés sont très peu solubles dans l'eau chaude. Le *sel d'aniline* cristallise dans le benzène et fond à 137° [Carter Lawrence, *Chem. Soc.*, 77, 1225, 1900].

L'*éther diéthylique*,

$$C^6H^4 < {O-CH^2-COO-C^2H^5 \atop O-CH^2-COO-C^2H^5}$$

se prend en aiguilles fondant à 42° et bouillant à 228° sous 220 mm. Chauffé avec l'ammoniaque étendue, il donne la combinaison $AzH(CO.CH^2OC^6H^4O.CH^2COO.C^2H^5)^2$ fondant à 43° (Carter Lawrence).

La *dianmide*, $C^6H^4(OCH^2.CO.AzH^2)^2$, se présente en aiguilles qui cristallisent dans l'eau et fondent à 107°.

La *dianilide*, $C^6H^4(O.CH^2.CO.AzH.C^6H^5)^2$ cristallise dans le benzène et fond à 169° (Carter Lawrence).

ACIDE RÉSORCINE-DILACTIQUE,

$$C^6H^4 < {OCH(CH^3)COOH \atop OCH(CH^3)COOH}$$

— On le prépare en traitant l'éther correspondant par la potasse en solution aqueuse alcoolique. Ce sont des aiguilles qui cristallisent dans l'eau avec une molécule et demie d'eau. Il fond à 226-227°. Il est très soluble dans l'acide acétique [Bischoff, *D. chem. G.*, 33, 1678, 1900].

Éther diéthylique de l'acide résorcine-dilactique, $C^6H^4[OCH(CH^3)COO.C^2H^5]^2$. — Il se prépare en traitant le dérivé disodé de la résorcine par l'éther de l'acide α-bromopropionique vers 160°; on le fait cristalliser dans l'éther, il fond à 72°,5, il est peu soluble dans l'alcool méthylique et très soluble dans la ligroïne (Bischoff).

ACIDE RÉSORCINE DI-α-OXYBUTYRIQUE, $C^6H^4[O.CH(C^2H^5)COOH]^2$ (homologue supérieur du précédent). — Il se prépare dans les mêmes conditions, c'est une huile qui bout à 210-230° sous 150 mm. Le *sel de calcium* neutre se présente en poudre blanche avec 3 H^2O. L'*éther diéthylique* correspondant est une huile bouillant à 230-240° sous 55 mm. (Bischoff).

Acide résorcine dioxyisobutyrique, $C^6H^4[O-C(CH^3)^2-COOH]^2$ isomère du précédent.

Petites aiguilles fondant à 95-100°. L'*éther diéthylique* correspondant bout à 208-209° sous 4 mm. (Bischoff).

ACIDE RÉSORCINE DI-α-OXYISOVALÉRIQUE $C^6H^4[OCH(C^3H^7)COOH]^2$ — Il se prépare par analogie avec les précédents. C'est une huile bouillant à 230-240° sous 85 mm. (Bischoff). L'*éther*

diéthylique correspondant bout à 200-206° sous 20 mm.

TRICHLORORÉSORCINE, $C^6HCl^3(OH)^2$. — On l'obtient en réduisant par une solution concentrée de chlorure stanneux la pentachlorocyclohexènedione-2.4,

$$CCl - CO - CCl^2$$
$$\| \qquad\qquad |$$
$$CH - CCl^2 - CO$$

La trichlororésorcine forme des aiguilles fondant à 83°, très solubles dans l'alcool et l'éther [Zincke, *D. chem. G.*, 23, 3776, 1890].

Elle se combine à la nitrosodiméthylaniline en donnant un produit d'addition $C^6HCl^3(OH)^2 + C^6H^4(AzO)Az(CH^3)^2$. Ce sont des cristaux bruns violets peu solubles dans le benzène et fondant à 120° [Edeleanu, Enescu, *Bull. Bucharest* 4, 18; — H. Torrey et A. Gibson, *Am. Journ.*, 35, 246, 1906].

Le *dérivé diacétylé* de la trichlororésorcine $C^6H.Cl^3.(O.CH^3CO)^2$ fond à 116° (Zincke).

TÉTRACHLORORÉSORCINE, $C^6Cl^4(OH)^2$. — Elle se forme en réduisant l'hexachlorocyclohexènedione-4.6 par le chlorure stanneux en liqueur acétique. Elle cristallise dans l'eau en longues aiguilles fondant à 147°; elle est facilement soluble dans l'alcool, l'éther, le benzène [Zincke et Fuchs, *D. chem. G.*, 25, 2089, 1892].

L'*éther dipropylique* $C^6Cl^4(O.C^3H^7)^2$ se prépare en faisant passer un courant de chlore dans une solution acétique de résorcinate de propyle; c'est un liquide facilement soluble dans l'alcool, l'éther, l'acide acétique, il se décompose vers 100° [Kariof, *D. chem. G.*, 13, 1678, 1880].

Le *dérivé diacétylé* de la tétrachlororésorcine fond à 145° (Zincke et Fuchs).

Pentachloro-1.3.3 5.5-cyclohexènedione-2.4,

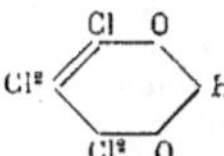

— On la prépare en saturant de chlore une solution chloroformique de résorcine à 15 0/0. Prismes plats cristallisant dans le chloroforme, fondant à 95°,2 et bouillant à 160° [Zincke, *D. chem. G.*, 23, 3777, 1890].

MONOBROMORÉSORCINE-4 $C^6H^3Br_{(4)}(OH)^2$. — Elle se prépare en chauffant pendant vingt-quatre heures une partie d'acide dioxybenzoïque bromé-2.4 avec 50 parties d'eau [Zeheuter, *Mon. f. Chem.*, 8, 293, 1887]. On acidule la solution aqueuse avec de l'acide sulfurique et on extrait à l'éther. La liqueur éthérée sera portée à l'ébullition en présence d'une solution de carbonate d'ammonium, puis lavée, séchée et distillée. Le résidu soluble dans l'eau sera précipité par quelques gouttes d'acétate de plomb, la liqueur filtrée débarrassée du plomb par un courant d'hydrogène sulfuré sera agitée avec l'éther qui en séparera la bromorésorcine pure. L'évaporation donne des cristaux fondant à 91°, se sublimant en se décomposant, très solubles dans l'eau et l'éther, peu solubles dans l'alcool, le chloroforme, le benzène et la ligroïne.

La solution aqueuse traitée par le perchlorure de fer se colore en bleu violet; en ajoutant de l'ammoniaque la couleur passe au vert Chauffée à 250° en tube scellé avec de l'eau, la bromorésorcine perd son brome sous forme d'acide bromhydrique; si on la traite par le chlorure d'étain en solution alcaline chaude, il se forme de l'acide dioxybenzoïque-2.4.

L'*éther dipropylique* fond à 70-71°, puis se sublime.

DIBROMORÉSORCINE, $C^6H^2Br^2(OH)^2$. — Mélanger une solution étendue de résorcine dans le sulfure de carbone avec une solution de brome dans le même solvant et refroidir. On sépare ensuite la résorcine non décomposée et on fait cristalliser dans l'eau en longues aiguilles fondant à 110-112°, sublimables vers 120-130° dans un courant d'hydrogène sans décomposition; la dibromorésorcine est assez soluble dans l'eau froide, très soluble dans l'eau chaude, l'alcool et l'éther. La solution aqueuse traitée par le perchlorure de fer produit une coloration bleue; si on chauffe avec le chlorure stanneux en solution alcaline, on obtient l'acid· dioxybenzoïque-2.4 [Zeheuter, *Mon. f. Chem.*, 8, 296, 1887].

L'*éther diéthylique* $C^6H^2Br^2(O.C^2H^5)^2$ s'obtient en même temps que deux dérivés bromés en faisant tomber du brome goutte à goutte dans une solution acétique de résorcinate d'éthyle [Herzig, Zeizel, *Mon. f. Chem.*, 11, 303, 1890]. Il fond vers 100-101°.

TRIBROMORÉSORCINE-2.4.6, $C^6HBr^3(OH)^2$. — Le dérivé sodé cristallise avec deux molécules d'alcool, il se précipite quand on traite une solution de tribromorésorcine dans l'éther absolu par l'éthylate de sodium; les cristaux noircissent rapidement [Jackson, Dunlap, *Am. Journ.*, 18, 126, 1896].

2 molécules de tribromorésorcine se combinent avec 1 mol. de p-nitrosodiméthylaniline pour donner des cristaux verts fondant à 115° [H.-A. Torrey et A. Gibson, *Ann. Chem.*, 35, 246, 1906].

L'*éther diéthylique* $C^6HBr^3(O.C^2H^5)^2$ se prépare en chauffant vers 100° l'éther diéthylique de la dibromorésorcine avec du brome. Il fond à 68-69°, il est très soluble dans le sulfure de carbone et le benzène, assez soluble dans le chlorofrmie et la ligroïne.

Si on le dissout dans l'acide azotique fumant il forme l'éther diéthylique de la tribromonitrorésorcine (Jackson, Dunlap).

Le *dérivé diacétylé* $C^6HBr^3(O.CH^3CO)^2$ s'obtient en chauffant à 100° le chlorure d'acétyle avec la tribromorésorcine [Jackson, Dunlap, *Am. Journ.*, 18, 131, 1896]. Si on le dissout dans l'acide azotique il donne le *dérivé dinitré* correspondant.

L'éther diéthylique dissous dans l'acide azotique fumant forme une combinaison dinitrée [Jackson, Dunlap, *Am. Journ.*, 18, 122, 1896].

DIIODORÉSORCINE IODÉE, $OHC^6H^2I^2.OI$. — Pour l'obtenir on mélange une solution alcaline de résorcine avec une solution d'iode dans KI, il se forme un précipité du sel $OK-C^6H^2I^2.OI$. On acidule le produit et on extrait à l'éther, il est facilement soluble dans l'alcool [Messinger, Vortmann. *D. chem. G.*, 22, 2320, 1899; — Bayer et Cⁱᵉ, D.R.P., 52, 828; — *Frdl.*, 2, 508; — Carlswell, *D. chem. G.*, 27; *Ref.*, 84, 1894; — voir aussi E. Orlow, *C. Bl.*, 1907. 1194].

NITROSORÉSORCINE, $C^6H^3AzO(OH)^2$. — Pour préparer le sel monosodé $C^6H^3(AzO)(OH)(ONa)$ on mélange une molécule d'éthylate de sodium avec une molécule de résorcine en solution alcoolique afin d'avoir une liqueur très concentrée, puis on y verse en agitant une molécule de nitrite d'isoamyle; le précipité obtenu est broyé et lavé à l'éther. On fait cristalliser le sel de sodium dans l'acétone [Walter, *D. chem. G.*, 17, 407, 1884].

Le *sel de potassium*, $C^6H^3.AzO(OH)(OK).H^2O$, cristallise dans l'alcool étendu, se sépare en poudre jaune de la solution acétonique, il est très soluble dans l'eau, peu soluble dans l'alcool et insoluble dans l'éther.

Le *sel de plomb*,

$$C^6H^3(AzO) {<}^{O}_{O}{>} Pb,$$

est un précipité rouge. Le *sel d'argent* se présente en fins cristaux bruns.

ÉTHERS OXYDES DE LA NITROSORÉSORCINE. — *Éthers monoéthyliques* 1° $(AzO)_{(4)}C^6H^3(OH)_{(1)}(OC^2H^5)_{(3)}$. — On le prépare par l'action de l'acide azoteux sur l'éther monoéthylique de la résorcine; il se forme en même temps d'autres produits nitrosés. L'éther nitrosé-4 cristallise en aiguilles jaune clair qui se foncent vers 160-170°.

Le *sel de sodium* $AzO(C^6H^3)(ONa)(OC^2H^5)$ se présente en croûtes vertes. En solution aqueuse il précipite l'azotate d'argent en jaune orangé. Avec le bichlorure de mercure on obtient un précipité rouge cerise [Kietaibl, *Mon. f. chem.*, 19, 548, 1897].

2° $(AzO)_{(6)}C^6H^3.(OH)_{(4)}(OC^2H^5)_{(3)}$. Il s'est formé en même temps que le précédent par l'action de l'acide azoteux sur le monorésorcinate d'éthyle; ce sont des aiguilles vertes fondant à 130°,5 (Kietaibl). Dans le benzène il se dépose un mélange de cristaux vert foncé et jaune, on sépare la masse jaune qu'on fait cristalliser dans l'alcool en feuillets dorés, les cristaux verts deviennent jaunes après les avoir chauffés à 120°.

Sous la forme tautomère $C^6H^3(O)(AzOH)(OC^2H^5)$ le sel est jaune et fond à 146° [Henrich, *D. chem. G.*, 32, 3423, 1899; *J. f. pr. Chem.*, 70, 313, 1904].

Le *sel de potassium*, $(AzO)C^6H^3(OK)(OC^2H^5)$, cristallise en aiguilles vert olive, sa solution aqueuse donne une coloration rouge brune à l'azotate d'argent; le bichlorure de mercure donne un précipité rouge cerise.

L'éther réduit par le chlorure stanneux en solution chlorhydrique donne le dérivé aminé correspondant $AzH^2.C^6H^3(OH)(OC^2H^5)$; le chlorhydrate cristallise en prismes incolores déliquescents, le perchlorure de fer le colore en violet, la potasse et l'ammoniaque en brun (Kietaibl).

3° $(AzO)C^6H^3OH.OC^2H^5$ (on ne connaît pas la position du groupe AzO).

Il s'obtient comme les précédents par l'action de l'acide azoteux sur le monorésorcinate d'éthyle.

Aiguilles jaunes fondant à 102°, facilement solubles dans le benzène, l'éther et l'alcool.

De même que le précédent cet éther est réduit par le chlorure stanneux en liqueur chlorhydrique pour donner l'amine correspondante; le *chlorhydrate* soluble dans l'eau n'est pas coloré par le perchlorure de fer, la potasse le colore en rouge (Kietaibl).

Le *sel de sodium* $AzOC^6H^3ONaOC^2H^5$ est une poudre cristallisée rouge foncé; le *sel d'argent* est un précipité rouge brun, le *sel de mercure* un précipité rouge cerise [Kietaibl, *Mon. f. Chem.*, 19, 544 et Kraus, *ibid.*, 12, 373, 1891].

En même temps que ces trois dérivés nitrosés on obtient la combinaison $C^{16}H^{18}O^5Az^2$, se présentant en aiguilles jaunes et fondant à 176° (Kietaibl). Elle est très soluble dans l'eau bouillante et les solvants organiques.

Éther diéthylique de la mononitrosorésorcine $AzO.C^6H^3(O.C^2H^5)^2$. — Il se forme en même temps que l'éther monoéthylique quand on traite à froid une partie d'éther diéthylique de la résorcine dissous dans 10 parties d'acide acétique par le gaz chlorhydrique à saturation et qu'on ajoute 2 molécules de nitrite de sodium. On séparera le produit pur de l'éther monoéthylique par la lessive de soude. Ce sont des cristaux insolubles dans les alcalis, qui se décomposent par la chaleur en présence d'alcool [Kraus, *Mon. f. Chem.*, **12**, 373, 1891].

Matières colorantes formées dans la préparation de la nitrosorésorcine. — Les eaux mères déposent des croûtes qu'on peut dissoudre dans l'ammoniaque, cette solution est ensuite précipitée par l'acide chlorhydrique puis on épuise à l'éther, on obtient finalement une matière colorante verte de composition $C^{18}H^{15}AzO^6$ qui passe au violet fluorescent avec les alcalis. le résidu insoluble se dissout en violet sale dans les alcalis [Bruner Robert, *D. chem. G.*, **18**, 374, 1885].

DINITROSORÉSORCINE-2.4 $(AzO)^2 C^6H^2(OH)^2 + H^2O$. — Elle est employée comme matière colorante pour teindre le coton sous le nom de *chorine ou vert solide* [*Act. Ges. f. Anil. Fab.*, D.R.P., 66 786; *Frdl.*, **3**, 807; — Kostannecki, *D. chem. G.*, **22**, 1345, 1889].

Elle cristallise avec de l'eau et déflagre à 125° (Kost).

En présence d'hyposulfite elle donne un colorant brun [Fendall, D.R.P. 54615; *Frdl.*, **12**, 225].

NITRORÉSORCINE VOLATILE,

— Pour la préparer on introduit 22 gr. de résorcine dans 150 gr. de SO^4H^2 fumant $D=1.875$, on chauffe au bain-marie, il se dépose d'abord de l'acide disulfonique 2.4. on agite constamment et on ajoute un mélange de $12^{gr},6$ d'AzO^5H $D=1.52$ et 40^{gr} SO^4H^2 $D=1.875$; après contact de 12 heures on verse dans l'eau et on entraîne à la vapeur d'eau. La nitrorésorcine cristallise dans l'alcool et fond à 85°. Réduite par l'étain et HCl elle donne l'amino correspondant: par le fer et l'acide acétique elle donne surtout la benzoylamidorésorcine $C^6H^3.(OH)^2.AzH.CO.C^6H^5$ fondant à 187° [H. Kauffmann et E. Pay, *D. chem. G.*, **39**, 323, 1906].

NITROSONITRORÉSORCINE $C^6H^2.(AzO)_4(AzO^2)_4(OH)_{1.3}$ — On l'obtient en introduisant dans une solution froide d'acide sulfurique étendu : une solution aqueuse contenant une molécule de nitrorésorcine-2, une molécule de soude sous forme de lessive à 10 0/0 et une molécule de nitrite de soude. On fait cristalliser la nitrosonitrorésorcine dans l'alcool, elle déflagre sans fondre au-dessus de 200°, elle se colore en vert intense par le perchlorure de fer [De la Harpe et Reverdin, *D. chem. G.*, **21**, 1405, 1888].

TRIBROMONITRORÉSORCINE $C^6Br^3_{(2.4.6)}AzO^2(OH)^2$.

Éther diméthylique. $C^6H.Br^3AzO^2(O.CH^3)^2$. — Il se prépare en laissant en contact pendant un jour 10 gr. de tribromotrinitrobenzène avec du méthylate de sodium préparé avec 1.5 de sodium dissous dans l'alcool méthylique absolu. Il cristallise dans l'alcool en prismes; il est très peu soluble dans la ligroïne, il fond à 126° [Jackson, Warren, *Am. Journ*, **13**, 188, 1890].

Éther diéthylique. $C^6HBr^3AzO^2(OC^2H^5)^2$. — Il se prépare comme le précédent en remplaçant l'alcool méthylique par de l'alcool éthylique (Jackson, Warren). On l'obtient aussi en dissolvant l'éther de la tribromorésorcine dans l'acide azotique fumant [Jackson. Dunlap, *Am. Journ*, **18**, 122, 1896]; il fond à 101°. Si on le chauffe avec l'éthylate de sodium, il y a départ de deux atomes de brome.

Éther diacétique. $C^6H.Br^3AzO^2.(CH^3CO)^2$ — Il se forme quand on dissout le diacétate de tribromorésorcine dans l'acide azotique fumant. Il est facilement soluble dans l'éther, le chloroforme et le benzène: on le fait cristalliser dans l'alcool, il fond à 161° (Jackson, Dunlap).

Diquinoyltrioxime $O=C^6H^2=(AzOH)^3$. — Pour la préparer on chauffe pendant deux heures une molécule et demie de chlorhydrate d'hydroxylamine avec une molécule de dinitrosorésorcine en solution alcoolique (Nietzky et Blumenthal). Ce sont des cristaux jaune brun qui déflagrent vers 250°. On les réduit par le chlorure stanneux et l'acide chlorhydrique en triaminophénol-2.4.5 $OH.C^6H^2.(AzH^2)^3$. L'oxydation par l'acide azotique donne le tétranitrophénol.

Le sel d'ammonium $C^6H^4O^4Az^3AzH^4$ cristallise en aiguilles jaunes. *Le sel de fer* se prépare en traitant l'anhydride par le sulfate ferreux, on obtient un précipité cristallin vert qui cristallise dans l'éther acétique [Nietzki, Blumenthal, *D. chem. G.*, **30**, 181, 1897].

Le dérivé diacétylé $C^{10}H^9O^6Az^3$ se prépare en traitant la diquinoyltrioxime par dix fois son poids d'anhydride acétique (Nietzky, Blumenthal). Cristaux incolores fondant à 142°, facilement solubles dans l'eau bouillante et l'alcool. Ce dérivé diacétylé chauffé avec l'anhydride acétique donne *l'anhydride de la diquinoyltrioxime*; ce dernier composé cristallise dans l'alcool étendu; il se présente en houppes cristallines incolores qui fondent à 181°.

Diquinoyltétroxime $C^6H^2(AzOH)^4$. — Elle se prépare avec la dinitrorésorcine et l'hydroxylamine en solution alcaline froide [Kehrmann, Messinger, *D. chem. G.*, **23**, 2816, 1890]. Elle est oxydée par l'hypochlorite de sodium en tétranitrosobenzène. Par l'acide azotique en dinitroso-2.3-benzoquinonedioxime-1.4 [Nietzki, Geise, *D. chem. G.*, **32**, 505, 1899].

DINITRORÉSORCINE-2.4, $C^6H^2(AzO^2)^2(OH)^2$. — Pour la préparer, on traite la nitroso-résorcine-2.4 par l'acide azotique froid de densité 1,3 [Kostanecki, Feinstein, *D. chem. G.*, **21**, 3122, 1888]. On l'obtient aussi en hydratant à chaud le dinitrodiméthylaminophénol par la lessive de soude étendue [Lippmann, Fleissner, *Mon. f. Chem.*, **6**, 814, 1885] :

$$(CH^3)^2 Az C^6H^2(AzO^2)^2 OH + H^2O$$
$$= AzH(CH^3)^2 + C^6H^2(AzO^2)^2(OH)^2.$$

Les mêmes auteurs l'obtiennent encore en traitant par la lessive de potasse le dinitro-2.4-aminophénol-3 [Lippmann, Fleissner, *ibid.*, **7**, 98, 1887].

Aiguilles jaunes fondant à 142°.

Sel de potassium, $C^6H^2(AzO^2)^2(OK)^2, \frac{1}{2}H^2O$. — Aiguilles jaunes, insolubles dans l'alcool absolu, très solubles dans l'eau.

Sel de baryum, $C^6H^2(AzO^2)^2O^2Ba$. — Petites aiguilles jaunes presque insolubles dans l'eau froide.

Sel d'argent, $C^6H^2(AzO^2)^2(OAg)^2$. — Précipité rouge clair (Lippmann et Fleissner).

Éther diméthylique, $C^6H^2(AzO^2)^2(O.CH^3)^2$. — On le prépare en chauffant le tribromodinitrobenzène-1.2.3 avec l'éthylate de sodium. On obtient des prismes fondant à 169° [Jackson, Warren, *Am. Journ.*, **13**, 179, 1891; **32**, 297, 1904; — Jackson et Koch, *ibid.*, **21**, 511, 1899]. L'éther diéthylique fond à 133°.

DINITRORÉSORCINE-4.6, $C^6H^2(AzO^2)^2(OH)^2$. — Elle donne une coloration bleue avec la solution de SO^3HNa [Binder, D.R.P., 65 049; *Frdl.*, 3805.

Éther monoéthylique. — Il se rencontre dans les produits de réaction provenant de l'éthylate de sodium sur le tribromo-2.4.6-dinitrophénol-

1.3 à froid [Jackson et Koch, *Am. Journ.*, **21**, 525, 1899]; il fond à 77°; le *sel de calcium* séché à 100° cristallise avec $2H^2O$.

Éther diéthylique, $C^6H^2(AzO^2)^2(OC^2H^5)$. — On le prépare en traitant à 100° l'éther diéthylique de la dibromorésorcine par l'acide azotique fumant [J. Dunlap, *Am. Journ.*, **18**, 122, 1896].

Aiguilles fondant à 126°, peu solubles dans la ligroïne, facilement solubles dans le chloroforme.

CHLORODINITRORÉSORCINE-2.4, $C^6HCl_3(AzO^3)^2_{2.4}(OH)^2_{1.3}$.

— Son *éther diéthylique*, $C^6H(Cl)'AzO^2)^2(OC^2H^5)^2$, s'obtient en traitant une solution de 10 gr. de trichlorodinitrobenzène-1.3.5, dissous dans 30 gr. de benzène, par une liqueur contenant $2^{gr},6$ de sodium dissous dans 65 centilitres d'alcool absolu. Le produit cristallise dans le benzène en donnant un produit d'addition, il est peu soluble dans l'alcool froid, l'éther, le sulfure de carbone, il fond à 160° [Jackson, Lamar, *Am. Journ.*, **18**, 668, 1896].

CHLORODINITRORÉSORCINE-4.6,

$$C^6H(Cl)_{(2)}(AzO^2)^2_{(4.6)}(OH)^2_{(1.3)}.$$

— On l'obtient : 1° en agitant une solution de dinitrorésorcine-4.6 dans l'acide acétique contenant du chlore [Kermann, *J. f. prakt. Chem.*, (2), **40**, 495, 1889]; 2° en traitant le chlorodioxiquinone par l'acide azotique de densité 1.3 [Tiesler, Kohrmann, *J. f. prakt. Chem.*, (2), **41**, 90, 1800].

La chlorodinitrorésorcine cristallise dans l'alcool en prismes jaunes fondant à 181–182°.

BROMODINITRORÉSORCINE-2.4, $C^6HBr_{(5)}(AzO^2)_{(2.4)}(OH)^2$.

Éther diéthylique. — Il se forme avec d'autres produits en traitant par l'éthylate de sodium à 70° le tribromo-2.4.6-dinitrobenzène-1.3. Ce sont des aiguilles blanches fondant vers 92°. La lumière les brunit; il se dissout facilement dans le benzène, l'éther, le chloroforme, l'acide acétique, il est insoluble dans l'eau. Chauffé avec l'éthylate de sodium il donne l'éther de la dinitrophloroglucine $C^6H(AzO^2)^2(OC^2H^5)^3$ avec départ du brome [J. Koch, *Am. Journ.*, **21**, 520, 1899].

BROMODINITRORÉSORCINE-4.6,

$$C^6HBr_{(2)}(AzO^2)^2_{(4.6)}(OH)^2.$$

— On l'obtient en traitant la tribromorésorcine par l'acide azotique fumant [Jackson, Dunlap, *Am. Journ.*, **18**, 130, 1896].

BROMODINITRORÉSORCINE-4.6, $C^6HBr_{(2)}(AzO^2)_{(4.6)}(OH)^2$. — L'*éther diéthylique* se forme en traitant le trichlorobromodinitrobenzène $C^6Cl^3_{1.3.5}Br_2(AzO^2)^2_{4.6}$ par l'éthylate de sodium. Il se présente en aiguilles très solubles dans le benzène, solubles dans l'alcool bouillant, peu solubles à froid : il fond à 81–82° [Gazzolo, *Am. Journ.*, **22**, 59, 1900].

BROMODINITRORÉSORCINE-4.6, $C^6HBr_{(5)}(AzO^2)_{(4.6)}(OH)^2$. — Pour sa constitution consulter Koch [*Am. Journ.*, **21**, 520, 1901].

Éther diméthylique, $C^6HBr(AzO^2)^2(O.CH^3)^2$. — On l'obtient en laissant en contact deux ou trois jours 20 gr. de tribromodinitrobenzène-1.3.5 dissous dans 40 cc. de benzène et 90 cc. d'alcool méthylique absolu en présence d'une solution de méthylate de sodium dans l'alcool méthylique absolu, préparée avec $3^{gr},4$ de sodium [Jackson, Warren, *Am. Journ.*, **13**, 178, 1891]. Il cristallise en prismes dans l'acide acétique et fond à 237–238°.

Éther diéthylique, $C^6HBr(AzO^2)^2(OC^2H^5)^2$. — Il se prépare comme l'éther diméthylique en remplaçant l'alcool méthylique par de l'alcool éthylique. On le fait cristalliser dans l'alcool en aiguilles jaunes; il fond à 184°, il est insoluble

dans le sulfure de carbone et la ligroïne; chauffé avec l'éthylate de sodium il y a départ du brome (Jackson, Warren).

Éther diphénylique, $C^6HBr(AzO^2)^2(O.C^6H^5)^2$. — Il fond à 117°.

BROMODINITRORÉSORCINE-4.5,

$$C^6HBr_{(2)}(AzO^2)^2_{(4.5)}(OH)^2_{(1.3)}.$$

— Elle se forme en même temps que l'éther du tribromonitrophénol quand on traite le tribromo-2.4.5-dinitrobenzol-1.4 par l'éthylate de sodium [J Gallivan, *Am. Journ.*, **18**, 346, 1896; **20**, 189, 1898]. On la fait cristalliser dans le chloroforme en larges tables fondant à 67°. Elle est insoluble dans la ligroïne froide, très soluble dans l'éther, l'alcool et le benzène.

Sel de baryum, $C^6HBr(AzO^2)^2O^2Ba$. — Insoluble dans l'alcool, soluble dans l'eau froide, très soluble à chaud.

TRINITRORÉSORCINE (*acide oxypicrique, acide styphnique*) $C^6H.(AzO^2)^3_{(2.4.6)}(OH)^2_{(1.3)}$. — Elle se forme en traitant la dinitrorésorcine-4.6 par l'acide azotique et l'acide sulfurique [Kostanecki, Feinstein, *D. chem. G.*, **21**, 3121, 1888]; en traitant la dinitrorésorcine-2.4 par l'acide azotique étendu ou en nitrant par l'acide azotique ($D = 1,4$) une solution sulfurique concentrée de dibutylrésorcine $(C^4H^9)^2C^6H^2.(OH)^2$ [Gurewitsch, *D. chem. G.*, **32**, 2425, 1899], ou par nitration de la baptigénine ou de la baptisine $C^{14}H^9O^3(OH)^3$ [Gorter, *Ann. Chem.*, **235**, 318, 1886]. Elle mousse vers 168° sans fondre.

Sels : $C^6HAz^3O^8K^2,H^2O$. — Cristaux jaune orange, difficilement solubles dans l'eau, ne perdant pas leur eau de cristallisation à 100° [Graebe, *ibid.*, **254**, 296, 1889], devenant anhydres à 120° [Lippmann Fleissner, *Mon. f. Chem.*, **6**, 817, 1885].

L'*éther diéthylique*, $C^6H(AzO^2)^3(OC^2H^5)^2$, se combine à l'hydrate d'hydrazine [Purgotti, *G. chim. ital.*, **25**, 2, 500, 1895].

Acide trinitrorésorcine-diglycolique,

$$(AzO^2)^3C^6H \begin{cases} OCH^2-COOH \\ OCH^2-COOH \end{cases}$$

— On l'obtient en chauffant l'acide résorcineglycolique avec l'acide azotique fumant, puis on étend avec son volume d'eau; il cristallise dans l'eau en prismes jaunes et fond à 174°. Chauffé avec la lessive de potasse à 140° il donne l'acide styphnique [Carter, Lawrence, *Chem. Soc.*, **77**, 1226, 1900].

AMINORÉSORCINES. — *Diméthylamine-résorcine*, $C^6H^4(OH)^2AzH(CH^3)^2$. — Elle s'obtient en mélangeant des solutions équimoléculaires de résorcine et de méthylamine en présence d'éther. On précipite par la ligroïne. Ce sont des prismes fondant à 82°. On obtient des réactions identiques avec d'autres amines [F. Baeyer et Cie, *Br.*, 141102, 1903].

MONOAMINORÉSORCINES-2, $(AzH^2)_{(2)}C^6H^3(OH)^2$.

Éther diéthylique, $AzH^2.C^6H^3(OC^2H^5)^2$. On l'obtient en réduisant l'éther diéthylique de l'orthobenzène-azorésorcine $C^6H^5Az.Az.C^6H^3(OC^2H^5)^2$ par le chlorure d'étain en solution chlorhydrique.

Elle se présente en feuillets brillants fondant à 124°, insolubles dans l'eau, solubles dans l'alcool et l'éther. Le *chlorhydrate* $HCl,AzH^2C^6H^3(OC^2H^5)^2$ est cristallisé, il se carbonise sans fondre par la chaleur, se dissout dans l'eau, il est coloré en brun sale par le chlorure de platine [Pukall, *D. chem. G.*, **20**, 1148, 1886].

Si l'on fait passer un courant d'air pendant deux heures dans une solution aqueuse d'aminorésorcine, on obtient un composé cristallisé rouge brun fondant à 207°. On explique la réaction par l'équation :

$$2\,C^{10}H^{15}O^2.Az + O^6$$
$$= C^{18}H^{20}O^3Az^2 + C^2H^5OH + 2H^2O.$$

Ce produit est insoluble dans l'eau et les alcalis, très soluble dans l'alcool bouillant et l'éther, il se sublime partiellement sans décomposition; la solution de soude chaude ne l'attaque pas.

Éther dinitrophénylique, $C^6H^3(AzO^2)^2AzH.C^6H^3(OH)^2$. — Il se présente en aiguilles brunes qu'on obtient par l'action de l'amino-résorcine en solution alcoolique sur le chlorodinitrobenzène-2.4 en présence d'acétate de sodium: il fond à 183° [Nietzki et Schündelen, *D. chem. G.*, **24**, 3589, 1891].

MONOAMINORÉSORCINE-4, $AzH^2_{(4)}C^6H^3(OH^2_{1.3}$. — Fondue avec le soufre et les sulfures alcalins, elle est transformée en colorant brun teignant directement le coton [Vidal, DRP. 102 069, *Cent. Blatt*, 1230, 1899].

Éther monométhylique, $AzH^2.C^6H^3(OCH^3)(OH)$. — Il se prépare comme le précédent en partant de l'éther monométhylique du para-benzène-azorésorcine; il fond à 137-138° (Bechold).

Éther diméthylique, $AzH^2.C^6H^3(OCH^3)^2$. — Il se prépare en réduisant une solution alcoolique de l'éther de la para-benzène-azo-résorcine par le chlorure stanneux en solution chlorhydrique.

Il fond à 39-40°. Il est entraîné par la vapeur d'eau, il se dissout bien dans l'alcool, l'éther, le benzène; la solution alcoolique est colorée en vert émeraude par le perchlorure de fer; l'acide chromique l'oxyde en méthoxyquinone, $CH^3O.C^6H^3O^2$. Le *chlorhydrate* $HCl.AzH^2.C^6H^3(OCH^3)^2$ se sublime vers 110°, il fond à 224° sans se décomposer [Bechold, *D. chem. G.*, **22**, 2378, 1889]. Le *dérivé acétylé* $CH^3CO.AzH.C^6H^3(OCH^3)^2$, préparé avec le chlorhydrate précédent et l'anhydride acétique, fond vers 115-116°. On le fait cristalliser dans l'alcool étendu.

Éther monoéthylique, $AzH^2.C^6H^3.(OH)(OC^2H^5)$. — Il se prépare : 1° comme le précédent en réduisant l'éther monoéthylique du para-benzène-azorésorcine en solution alcoolique par le chlorure stanneux et l'acide chlorhydrique; 2° par réduction de l'éther de la nitrosorésorcine correspondante avec le chlorure stanneux en solution chlorhydrique [Kietaibl, *Mon. f. Chem.*, **19**, 551, 1898]. Il fond à 148°; le *chlorhydrate* cristallise en aiguilles incolores, sa solution se colore rapidement à l'air en violet [Will et Pukal, *D. chem. G.*, **20**, 1135, 1887]. Le perchlorure de fer le colore en violet, le bichromate de potasse l'oxyde en éthoxyquinone.

Éther diéthylique, $AzH^2_{(4)}.C^6H^3(OC^2H^5)^2$. — Il se prépare en réduisant une solution alcoolique de l'éther diéthylique du para-benzène-azo-résorcine $C^6H^5-Az=Az-C^6H^3(OC^2H^5)^2$ par le chlorure stanneux en solution chlorhydrique: l'étain est éliminé en saturant par un courant d'hydrogène sulfuré; la liqueur privée d'étain est saturée par la soude et épuisée à l'éther, ensuite la solution éthérée est évaporée à sec au bain-marie, puis on purifie le résidu par un entraînement à la vapeur d'eau, on continue jusqu'à ce qu'il ne passe plus d'aniline dans le distillat.

Le résidu non entraîné est dissous dans l'éther et saturé avec de l'acide chlorhydrique concentré qui précipite le sel de l'amine.

Pour obtenir la base libre on décomposera par la soude dans une atmosphère réductrice.

On obtient ainsi des aiguilles fondant à 32°, distillant entre 250° et 252°. Les sels sont très solubles dans l'eau et s'oxydent très facilement à l'air. Le mélange chromique l'oxyde en éthoxyquinone $C^6H^5O.C^6H^2O^2$.

En saturant la solution éthérée de la base par du gaz chlorhydrique on obtient un sel très instable. Ce chlorhydrate est précipité en brun par le chlorure de platine, il se forme un sel double fondant à 169°,5 $C^{10}H^{15}AzO^2(HCl), 1/2\,PtCl^4, H^2O$ [Will, Pukall, *D. chem. G.*, **20**, 1127, 1887].

Le *dérivé acétylé* $AzH(CH^3CO)C^6H^3(OC^2H^5)^2$ est obtenu en traitant un sel de l'amine par l'anhydride acétique, il cristallise en aiguilles et fond à 120° (Will et Pukall).

Si on traite 5 gr. de chlorhydrate de l'éther diéthylique dissous dans 20 gr. d'eau par une solution étendue de perchlorure de fer, on obtient la réaction suivante :

$$2\,AzH^2.C^6H^3(OC^2H^5)^2 + O^2$$
$$= C^{18}H^{21}O^5.Az + AzH^3 + C^2H^6O.$$

La combinaison est cristallisée; elle fond à 170° et se sublime avec décomposition partielle; elle est insoluble dans l'eau, les acides, les alcalis étendus, peu soluble dans l'éther, plus facilement dans l'alcool chaud ou l'acide acétique dans lequel elle se colore en bleu. On la réduit facilement par l'hydrogène sulfuré ou le chlorure stanneux. Chauffée avec l'alcool en présence d'acide sulfurique étendu elle fournit de l'éther de l'aminorésorcine. L'acide chromique l'oxyde en éther éthylique de l'oxyquinone $C^2H^5OC^6H^3O^2$ [Will, Pukall, *D. chem. G.*, **20**, 1129].

MONOAMINORÉSORCINE-5 (*phloramine*), $AzH^2_{(5)}C^6H^3(OH)^2$.

Préparation. — On l'obtient en laissant en contact pendant deux ou trois jours 10 gr. de phloroglucine anhydre et 45 cc. d'une solution saturée d'ammoniaque à 0°. On maintient dans un courant d'hydrogène pour éviter l'oxydation; la réaction terminée on distille dans le vide.

Propriétés physiques. — Le produit se présente en aiguilles soyeuses fondant à 146-152°, il est peu soluble dans l'eau froide et presque insoluble dans l'éther, il se dissout bien dans l'alcool.

Propriétés chimiques. — Par une longue ébullition d'une solution aqueuse il se décompose en ammoniaque et phloroglucine. Il s'oxyde très rapidement à l'air. Le *chlorhydrate* cristallise avec 1 mol. d'eau. Le *nitrate* est stable à 100°, il cristallise en feuillets bronzés; le *sulfate* en aiguilles avec $2H^2O$.

Le *dérivé triacétylé* $AzH.(CH^3CO)C^6H^3(O.CH^3CO)^2$ est une poudre cristalline presque insoluble dans la ligroïne et fondant à 119-121° [Pollak, *Mon. f. Chem.*, **14**, 422. 1893].

DIAMINORÉSORCINE-2.4. $C^6H^2(AzH^2)^2_{(2.4)}(OH)^2_{(1.3)}$. — On l'obtient en réduisant la nitroso-nitrorésorcine par l'étain et l'acide chlorhydrique [De la Harpe et Reverdin, *D. chem. G.*, **21**, 881, 1888].

Elle se combine avec SO^2Na pour donner l'hydrosulfite de diamidorésorcine $(OH_{(1)}.(AzH^2)_{(2)}C^6H^2.(AzH^2)_{(4)}.(OH.SO^2H)_{(3)}$ [L. Lumière et A. Seyewetz, *Bl. Soc. Chim.*, (3), **33**, 67, 1905].

DIAMINORÉSORCINE-4.6, $C^6H^2.(AzH^2)_{(4.6)}(OH)^2$. — On l'obtient en réduisant la résorcine-diazobenzène précipitée par l'étain et l'acide chlorhydrique. Il se produit en même temps de l'aniline [Kostanecki, *D. chem. G.*, **21**, 3116, 1888].

La diamidorésorcine se forme également quand on réduit par le chlorure d'étain et l'acide chlorhydrique l'oxyhydroxylaminoquinoneoxime [Nietzki, Schmith, *D. chem. G.*, **22**, 1656, 1889; — Kehrmann. *ibid.*, **30**, 2096, 1897].

Dérivé triacétylé, $AzH(CH^3CO)\,AzH(CH^3CO)C^6H^2(O.CH^3CO)OH$ — Aiguilles fondant à 225°. Par oxydation il donne l'acétamino-oxy-quinone, $AzH(CH^3CO).C^6H^2.OH.O^2$.

Dérivé tétracétylé, $(AzHCH^3CO)^2C^6H^2(O.CH^3CO)^2$. — On l'obtient en chauffant le chlorhydrate de diamino-résorcine avec l'anhydride acétique en présence d'acétate de sodium. Il fond à 180° [Kehrmann, Betsch, *D. chem. G.*, 30, 2102, 1897].

2-Chloro-4.6-diaminorésorcine, $(OH)^2 C^6 HCl (AzH^2)^2$. — On la prépare en traitant la chlorodinitrorésorcine correspondante par HCl et $SnCl^2$ (Kermann), et par l'action de la chlorodioxyquinonedioxime sur $SnCl^2 + HCl$ [Kehrmann, Tiesler, *J. pr. Chem.*, (2), 41, 90].

DIIMINORÉSORCINE, $(OH)^2 = C^6 H^2 (AzH)^2$ ou $O . (OH)_{(3)} . C^6 H^2 . (AzH)(AzH^2)$. — C'est une poudre violette qui se décompose vers 310-315°.

Traitée par l'acide sulfurique, puis étendue d'eau, elle donne une coloration rouge fuchsine qui résiste à chaud [Kehrmann, Betsch, *D. chem. G.*, 30, 2100, 1897].

Chloraminooxyquinonimide, $C^6 HCl(AzH^2)^2 O^2$. — On oxyde le chlorhydrate de la 1-chloro-2-diaminorésorcine 4.6 avec $FeCl^3$, ou par un courant d'air en solution ammoniacale. On obtient des aiguilles bleu violet. La soude étendue et chaude les transforme en chlorodioxyquinone [Kehrmann, *J. pr. Chem.*, 2, 40, 496, 1889].

Éther diéthylique de la dibromoaminorésorcine, $AzH^2 . C^6 HBr^2 (OC^2 H^5)^2$. — On l'obtient par contact du brome et de l'éther de la 4-aminorésorcine 4, les deux dissous dans $CH^3 COOH$.

Aiguilles brunes fusibles à 112° [Will, Pukall, *D. chem. G.*, 20, 1126, 1887].

Éther diméthylique de l'anilidodinitrorésorcine, $AzH(C^6 H^5) C^6 H(AzO^2)^2 (OCH^3)^2$. — Il s'obtient en chauffant à 100° un excès d'aniline avec l'éther de la bromodinitrorésorcine. Aiguilles jaunes fusibles à 196° [Jackson, Warren, *Am. Journ.*, 13, 177, 1891].

Nitrodiiminorésorcine-4.6,

$$(OH)(AzH^2)(AzO^2) C^6 H \begin{cases} O \\ | \\ AzH \end{cases}$$

— Pour la préparer, on introduit 10 gr. d'$AzO^3 H$ de densité 1,4 dans un mélange de 10 gr. de sulfate d'aminorésorcine 4.6 dans l'acide acétique. On obtient des aiguilles jaunes. La potasse chaude les décompose en ammoniaque et nitrodioxyquinone [Nietzki, Schmidt, *D. chem. G.*, 22, 1659, 1889].

Éther de la chloro-α-pentarésorcine-dichroïne, $C^{66} H^{48} Cl AzH^3 O^{16}$ [Brunner, Chuit, *D. chem. G.*, 21, 2479, 1888].

Son *dérivé octoacétylé* est rouge et amorphe.

Éther de la bromo-α-tétrarésorcine-dichroïne, $C^{48} H^{36} Br Az^2 O^{13}$. — On l'obtient en chauffant ensemble, au bain-marie, 15 gr. de résorcine dans 70 cc. d'eau avec 60 cc. d'HBr et 20 cc. d'$AzO^3 H$ [Brunner, Chuit, *D. chem. G.*, 21, 2480, 1888].

Son *dérivé hexaacétylé* fond à 120°.

AZO DÉRIVÉS DE LA RÉSORCINE (*résasurine, résorufine*, etc.). — Voyez l'art. DIPHÉNOFURODIHYDROAZINES, 2° supp., 3, p. 260 et suiv.

DÉRIVÉS SULFURÉS DE LA RÉSORCINE.

SULFHYDRATE DE m-PHÉNÉTOL ou *m-thiophénétol*, $(C^2 H^5 O).C^6 H^4 (SH)$. — Il s'obtient en réduisant, par la poudre de zinc et l'acide sulfurique étendu, le chlorure de m-phénétol sulfoné (voy. Dict.). C'est un liquide bouillant à 238-239°. Par quelques gouttes d'acide sulfurique, et en chauffant, il devient jaune, rouge, vert et bleu [Delisle, Lagai, *D. chem. G.*, 23, 3394, 1890].

Sulfure de m-phénétol. $C^2 H^5 O.C^6 H^4. S.S. C^6 H^4.OC^2 H^5$. — Il se forme en mélangeant 1 molécule de m-thiophénétolate de sodium avec 1 molécule d'iode en solution alcoolique [Delisle, Schwalm, *D. chem. G.*, 25, 2983, 1892], ou en chauffant l'éther acétylacétique du thiophénétol. Il fond à 43° (Delisle).

Thiophénétolacétylacétate d'éthyle, $CH^3 CO.$

$CH(SC^6 H^4.OC^2 H^5) COOC^2 H^5$. — Il se forme en traitant le m-thiophénétolate de sodium par l'acétyl-monochloracétate d'éthyle [Delisle, Schwalm, *D. chem. G.*, 25, 2983, 1892]. C'est une huile qui se décompose spontanément.

THIORÉSORCINE, $C^6 H^4 (SH)^2_{(1.3)}$. — Elle se prépare en réduisant par le zinc et l'acide chlorhydrique le chlorobenzène-disulfoné 1 3 [Bourgeois, *Rec. trav. chim. des Pays-Bas*, 18, 444, 1899]. Elle bout à 116°,4 sous $10^{mm},8$, à 132° sous 20 mm., à 176°,5 sous 100 mm.

Éther diméthylique, $C^6 H^4 (S.CH^3)^2$. — Il s'obtient en traitant le thiorésorcinate de plomb par l'iodure de méthyle [Obermeyer, *D. chem. G.*, 20, 2927, 1887].

PHÉNYLÈNE-DIÉTHYLSULFONE, $C^6 H^4 (SO^2 C^2 H^5)^2$. — Elle a été obtenue en traitant le m-benzènedisulfinate de potassium par le bromure d'éthyle en présence d'alcool à 100°; belles tables soyeuses fondant à 142°, non décomposées par la lessive de soude chaude [Otto, *J. f. pr. Chem.*, (2), 36, 449, 1887].

Phénylène-éthylène-disulfone,

$$C^6 H^4 \genfrac{<}{>}{0pt}{}{SO^2}{SO^2} C^2 H^4$$

— Elle se forme en traitant le m-benzène-disulfonate de potassium par le bromure d'éthylène en solution alcoolique (Otto). Petits cristaux insolubles dans l'eau, l'alcool, l'éther, le benzène, le sulfure de carbone, très solubles dans la lessive de potasse chaude.

RÉSORCINE DISULFURÉE,

$$(OH)^2 C^6 H^2 \begin{cases} S \\ | \\ S \end{cases} (?)$$

— Elle a été obtenue en chauffant 1 molécule de résorcine en solution aqueuse avec 3 molécules de soude et 3 molécules de soufre [Lange, *D. chem. G.*, 24, 263, 1888]. On précipite la liqueur alcaline par l'acide chlorhydrique. Consulter aussi Lange [D.R.P. 41514, *Frdl.*, 1, 581; 58878, 3, 875]. C'est une poudre jaune se charbonnant sans fondre, elle est facilement soluble dans les solutions alcalines et les sulfites.

ACIDE RÉSORCINE PHÉNYLTHIOCARBAMIQUE, $C^6 H^4 (S.CO-AzHC^6 H^5)^2$. — Il s'obtient en chauffant 1 molécule de résorcine avec 2 molécules de phénylcarbonimide $C^6 H^5 - Az = CO$ à 100° [Snape, *Chem. Soc.*, 69, 100, 1896]; il cristallise en aiguilles dans l'acide acétique et fond à 178-179°; il est insoluble dans l'alcool froid.

TÉTRAMÉTHOXYDIPHÉNYLTHIO-URÉE,

$$CS[AzH_{(4)} - C^6 H^3 (OCH^3)^2]^2$$

— On l'obtient en même temps que le diméthoxyphénylsénévol en chauffant, pendant 12 heures, une solution alcoolique de chlorhydrate de l'éther aminorésorcinique (4) avec 1 molécule de potasse et un excès de sulfure de carbone, on distille l'alcool et CS^2, on purifie le résidu en le lavant avec de l'alcool chaud; le produit est peu soluble dans les solvants ordinaires, il fond à 159-160° [Béchold, *D. chem. G.*, 22, 2380, 1889].

DIMÉTHOXYPHÉNYLSÉNÉVOL, $CS = AzC^6 H^3 (OCH^3)^2$. — On l'obtient comme le précédent, ou avec la thio-urée en présence d'acide chlorhydrique concentré, et au bain-marie (Béchold). Pour le purifier on le distille dans un courant de vapeur d'eau; il se présente en feuillets jaunes à éclat métallique fondant à 57°.

THIOCARBODIAMINORÉSORCINE,

$$SH-C \genfrac{<}{>}{0pt}{}{O}{Az} C^6 H^2 \genfrac{<}{>}{0pt}{}{O}{Az} C-SH$$

— Il s'en forme en même temps que la carbanildiaminorésorcine quand on chauffe pendant 8 heures à 150-155° la résorcine diazobenzène (10 gr.) avec du sulfure de carbone (20 ou 30 gr.); on retire le produit par extraction à la soude étendue, on précipite la solution alcaline par l'acide chlorhydrique : pour le purifier on recommence plusieurs fois la dissolution et la reprécipitation; on obtient ainsi une poudre amorphe fondant en se décomposant vers 270°. Elle se combine à l'aniline vers 180° pour donner la carbanildiaminorésorcine qui fond à 270° [Jacobson et Schenke. *D. chem. G.*, **22**, 3239, 1889].

Diéthoxythiobenzaniline-2.4 $(C^2H^5O)^2_{(2.4)}C^6H^3$. $(CSAzH.C^6H^5)_{(1)}$. — Elle fond à 121° [Gattermann. *J. prakt. Chem.*, (2), **59**, 581]. Elle cristallise dans l'alcool en aiguilles jaunes.

RÉSORCINES SULFONÉES. — RÉSORCINE MONOSULFONÉE $SO^3H.C^6H^3(OH)^2$. — On l'obtient en sulfonant la résorcine par l'acide sulfurique à 66° Bé et à froid.

Le *sel de baryum* $Ba[SO^3C^6H^3(OH)^2]$ est peu soluble dans l'alcool [Darzens, Dubois, *Bull. Soc. Chim.*, (3), **7**, 713, 1892].

Diiodorésorcine monosulfonée $SO^3H.C^6H^2I^2(OH)^2$. — On l'obtient en traitant par l'iode et l'acide iodique la résorcine monosulfonée; le *sel de potassium* $SO^3K.C^6H^2I^2(OH)^2$, est une poudre cristalline soluble dans 5 parties d'eau [Darzens, Dubois, *Bull. Soc. Chim.*, (3), **7**, 71, 1892].

RÉSORCINE DISULFONÉE $(SO^3H)^2C^6H^2(OH)^2$ [A. Hantzsch, *D. chem. G.*, **40**, 1572, 1907].

Nitrorésorcine disulfonée $(SO^3H)^2C^6H(AzO^2)$ $(OH)^2$. — Le *sel de potassium* s'obtient en oxydant la nitrorésorcine disulfonée de potassium par l'eau oxygénée ou le permanganate de potassium. Il cristallise en jaune d'or; il donne avec le chlorure ferrique une coloration rouge foncé [Ulzer, *Mon. f. Chem.*, **9**, 1129, 1888].

Nitrosorésorcine disulfonée $(SO^3H)^2.C^6H.(AzO).(OH)^2$. — Le *sel de potassium* est obtenu en faisant tomber goutte à goutte une solution de 20 gr. de nitrite de potassium dans 50 cc. d'eau sur une liqueur de résorcine-disulfonate de potassium (100 gr.) dans 400 cc. d'eau en présence de 15 cc. d'acide acétique [Ulzer, *Mon. f. Chem.*, **9**, 1127, 1888].

Ce sel $(SO^3K)^2C^6HAzO(OH)^2$, séché sur l'acide sulfurique, est très soluble dans l'eau chaude et insoluble dans l'alcool.

Aminorésorcine disulfonée $(SO^3H)^2.C^6H.(AzH^2)(OH)^2$. — Elle se prépare en réduisant par l'étain et l'acide chlorhydrique la nitrorésorcine disulfonate de potassium précédent. On la fait cristalliser dans l'eau en aiguilles soyeuses qui se décomposent sans fondre à 240°; elle est assez soluble dans l'eau. Le sel de potasse cristallise dans l'eau en fines aiguilles [Ulzer, *Mon. f. Chem.*, **9**, 1130, 1888]. Elle est employée à la préparation de matières colorantes diazoïques du violet au bleu foncé [Badisch. *Anil.*, D.R.P. 104498; *C. Bl.*, **2**. 924, 1899].

HOMOLOGUES SUPÉRIEURS DE LA RÉSORCINE.

MÉTHYLRÉSORCINE-1.2.4 (*crésorcine*) C^6H^3. $(CH^3_{(1)}.(OH)_{(2)}(OH)_{(4)}$. — On l'obtient en chauffant le toluène-disulfoné-2.4 avec la potasse [Nölting, *D. chem. G.*, **19**, 136, 1886].

Elle cristallise en masse dans la ligroïne; elle fond à 103-104° et bout à 267-270°.

Chaleur de neutralisation [de Forcrand. *Bull. Soc. Chim.*, (3), **11**, 383, 1894]. Fondue avec l'anhydride phtalique elle donne une substance fluorescente.

Dinitrosocrésorcine $C^6H(AzO)^2_{(3.5)}.(CH^3)_{(1)}$ $(OH)_{(2)}(OH)_{(4)}$. — Elle s'obtient en nitrosant la crésorcine par l'acide azoteux [Kostanecki D. chem.

G., **20**, 3135, 1887]; on peut aussi l'obtenir par réaction du diméthyl-2-aminocrésol-4 sur l'acide azoteux [Leonardt et Cie, D.R.P. 78924; *Friedl.*, **3**, 60]. Elle cristallise dans l'alcool et déflagre à 160°. Elle est insoluble dans l'éther et le benzène.

Dinitrocrésorcine $C^6H(AzO^2)^2_{(3.5)}.(CH^3)_{(1)}$ $(OH)_{(2)}(OH)_{(4)}$. — Elle se prépare à froid par l'action de l'acide azotique (40 gr.) sur la crésorcine (10 gr.). On peut aussi l'obtenir en oxydant la dinitrosocrésorcine par l'acide azotique [Kostanecki, *D. chem. G.*, **20**, 3136, 1887].

On la fait cristalliser dans l'alcool étendu; elle fond à 90°.

Dithiocrésorcine $C^6H^3(CH^3)_{(1)}(SH)_{(2)}(SH)_{(4)}$. — Elle fond à 36-37° et bout à 263° [Klason, *D. chem. G.*, **20**, 355, 1887].

MÉTHYLRÉSORCINE-1.3.5 $CH^3_{(1)}C^6H^3(OH)_{(3)}(OH)_{(5)}$. — Voyez ORCINE.

ÉTHYLRÉSORCINE $C^2H^5_{(1)}.C^6H^3.(OH)_{(3)}(OH)_{(5)}$. — Son *éther diéthylique* est obtenu avec d'autres corps en traitant à 100° la résorcine par l'iodure d'éthyle en présence d'une solution de potasse. C'est un liquide bouillant à 146-151° sous 20 mm. [Herzig, Zeissel, *Mon. f. Chem.*, **11**, 299, 1890].

Si l'on traite cet éther par le nitrite de sodium à molécule égale, puis par de l'acide chlorhydrique goutte à goutte, on obtient l'*éther monométhylique de la nitroéthylrésorcine*. Il cristallise en prismes jaunes dans le benzène; il se décompose sans fondre vers 150° [Krauss, *Mon. f. Chem.*, **11**, 378, 1890]; en le réduisant par l'étain et l'acide chlorhydrique, on obtient l'amino correspondant (Krauss).

DIBUTYLRÉSORCINE (*tertiaire*) $(C^4H^9)^2C^6H^2$. $(OH)^2_{(1.3)}$. — Elle se prépare en traitant la résorcine (11 gr.) par le chlorure ou l'iodure de butyle tertiaire (17 gr.) en présence du chlorure d'aluminium ou du chlorure de fer (2 gr.); on opère dans une atmosphère de CO^2 [Gurewitsch, *D. chem. G.*, **32** 2424, 1899; *J. phys. chim. russe*, **34**, 622, 1902]. On l'obtient également par saponification de l'éther monobutylique correspondant avec la lessive de soude à 5 0/0.

Elle cristallise avec 2 molécules d'eau qu'elle perd quand on la sèche sur l'acide sulfurique; elle fond à 116-118°; elle est insoluble dans l'eau et facilement soluble dans les solvants ordinaires; il s'en dissout environ 3 0/0 dans le benzène à 13°; par nitration, elle se transforme en trinitrorésorcine.

Le *dérivé monoacétylé* fond à 135°. Le *dérivé diacétylé* à 139°.

Éther monobutylique $(C^4H^9)^2.C^6H^2(OC^4H^9)OH$. — On l'obtient aussi par réaction de la résorcine sur le chlorure de butyle en présence du perchlorure de fer. Il cristallise dans l'alcool étendu, il fond à 99°. Le *diacétate* $(C^4H^9)^2C^6H^2(O.CH^3CO)^2$, est en cristaux fondant à 138°, insolubles dans l'eau [Gurewitsch, *D. chem. G.*, **32**, 2425, 1899].

DIISOAMYLRÉSORCINE $(C^5H^{11})^2C^6H^2(OH)^2$. — Pour l'obtenir on laisse en contact pendant un jour 20 gr. de triméthyléthylène dans 20 cc. d'acide sulfurique refroidi auquel on ajoute une solution de 10 gr. de résorcine dans 100 gr. d'acide acétique; on fait cristalliser dans la ligroïne. Le produit fond à 89°. Il est très soluble dans l'alcool [Königs Mai, *D. chem. G.*, **25**, 2653, 1892]; le *diacétate* $(C^5H^{11})^2C^6H^2(O.CH^3CO)^2$ fond à 89°.

DIAMYL (TERTIAIRE)-RÉSORCINE, $(C^5H^{11})^2C^6H^2(OH)^2$. — Elle se prépare en traitant la résorcine par le chlorure d'amyle tertiaire en présence de perchlorure de fer. Elle cristallise en aiguilles dans l'acide acétique et fond à 67°; elle est insoluble dans l'eau, facilement soluble dans l'alcool, l'éther et le benzène chaud; le *diacétate* $(C^5H^{11})^2C^6H^2(O.CH^3CO)^2$ fond à 87-88° [Gurewitsch, *D. chem. G.*, **32**, 2426, 1899].

TRIMÉTHYLRÉSORCINE (*mésorcine*), $(CH^3)^3_{(1.3.5)}$ $C^6H(OH)_{(2)}(OH)_{(4)}$. — Pour l'obtenir on traite une solution chlorhydrique d'aminomésitol $(CH^3)^2$ $C^6H(AzH^2).OH$, par 1 mol. de nitrite de sodium, puis on chauffe la solution pour décomposer le diazo [Knecht, *Ann. Chem.*, **215**, 1883]. Elle fond à 149-150° et bout à 274-275°. Le *diacétate* fond à 63°.

Son *éther méthylique* est obtenu en même temps que d'autres substances en traitant l'orcine par l'iodure de méthyle en présence de potasse et d'alcool méthylique; il fond à 156° [Krauss, *Mon. f. chem.*, **12**, 203, 1891].

TRIÉTHYLRÉSORCINE $(C^2H^5)^3C^6H(OH)(OH)$. — Son *éther monoéthylique* s'obtient en chauffant à plusieurs reprises une solution alcoolique de résorcine avec de l'iodure d'éthyle en présence de potasse [Herzig, Zeizel, *Mon. f. Chem.*, **11**, 298, 1890]. C'est un liquide bouillant de 160 à 169° sous 14 à 20 mm.; il est miscible à l'alcool en toute proportion. Chauffé avec l'acide chlorhydrique à 20 0/0 pendant douze heures, il se scinde en *triéthylrésorcine* qui cristallise dans l'alcool et fond à 180-183°. Elle est soluble dans l'alcool, l'éther, la ligroïne.

La triéthylrésorcine donne un *dérivé monoacétylé* fondant à 63-65° [Vochlin, *Mon. f. chem.*, **11**, 309, 1890], qui cristallise dans la ligroïne.

Juillet 1907. M. BILLY.

RÉSORCYLIQUE (ACIDE α) $C^6H^3(COOH)_{(1)}$ $(OH)_{(3)}(OH)_{(5)}$ (Voyez Sup., 1387). Il se présente en prismes ou aiguilles fondant à 225-227° [Hopfgartner, *Mon. f. Chem.*, **14**, 698, 1893].

Pouvoir conducteur électrique [Ostwald, *Phys. Chem.*, **3**, 251, 1889,].

Propriétés chimiques. — L'acide α-résorcylique s'oxyde en présence du persulfate de potassium et de l'acide sulfurique ou par le courant électrique en donnant une matière colorante jaune [*Bad. Anil.*, D.R.P. 85 390, *Frdl.*, **4**, 360].

L'acide α-résorcylique traité par une nitroso-dialkyl-aniline donnera une couleur oxazinique [*Bad. An.*, D.R.P. 57 938 et *Frdl.*, **3**, 370].

Avec l'acide aminobenzoïque il donne des couleurs azoïques [Bayer et Cie, D.R.P. 60 500, *Frdl.*, **3**, 620].

Le résorcylate de sodium attaque la mono-chloracétone en solution alcoolique pour donner $C^6H^3(COO.CH^2.COCH^3)_{(1)}(OH)_{(3)}(OH)_{(5)}$; ce corps fond à 97° et cristallise avec une molécule d'eau. Le produit anhydre fond à 134° [Fritsch, D.R.P. 73 700, *Frdl.*, **3**, 970]. Son *éther méthylique* $C^6H^3(COO.CH^2.COCH^3)(OC^2H^5)^2$ fond à 65° (Fritsch).

Éther méthylique du résorcylate de méthyle $C^6H^3.(COOCH^3)_{(1)}OH_{(3)}(OCH^3)_{(5)}$. — Il se forme en même temps que l'éther diméthylique quand on traite l'acide α-résorcylique par l'iodure de méthyle en présence de potasse. On extrait ensuite le produit à l'éther en présence de lessive de potasse. C'est un liquide épais bouillant en se décomposant vers 315° [H. Meyer, *Mon. f. Chem.*, **8**, 430, 1887].

Éther oxyde diméthylique de l'acide α-résorcylique $C^6H^3.(COOH)_{(1)}(OCH^3)_{(3)}(OCH^3)_{(5)}$. — Par distillation sèche il donne l'éther diméthylique de la résorcine [Meyer, *Mon. f. Chem.*, **8**, 436, 1887]. Il fond à 175-176°.

Éther oxyde diméthylique du résorcylate de méthyle $C^6H^3(COO.CH^3)(OCH^3)(OCH^3)$. — Ses cristaux fondent à 81° et distillent à 298° (Meyer).

Éther diméthylique du résorcylate d'éthyle $C^6H^3(COOC^2H^5)(OCH^3)^2$. — Il fond à 26-27° et distille à 199-200° sous 50 mm. [Fritsch, *Ann. Chem.*, **296**, 351, 1897]

Composé d'addition avec la diméthylamine et les résorcylates d'alkyle [Voyez Bayer et Cie, D.R.P. 141 105, 1903],

Éther diéthylique $C^6H^3(COO.C^2H^5)(OC^2H^5)^2$. — Il fond vers 19-20° et distille à 212° sous 50 mm. (Fritsch).

ACIDE α-RÉSORCYLIQUE DICHLORÉ 2.4 ou 2.6 $C^6HCl^2(COOH)(OH)^2$. — Il se produit en même temps que l'acide trichloré quand on fait passer un courant de chlore dans une solution acétique d'acide α-résorcylique; on sépare les deux composés par leurs dérivés acétylés que l'on traite par le mélange benzène-ligroïne. Il se sépare le composé dichloré. Il fond à 202°. Il est très peu soluble dans la ligroïne et facilement soluble dans l'alcool [Zincke Fuchs, *D. chem. G.*, **25**, 2687, 1892]. Le *dérivé diacétylé* $C^6H^3Cl^2(COOH)$ (OCH^3CO^2) fond à 179°.

ACIDE α-RÉSORCYLIQUE TRICHLORÉ $C^6Cl^3(COOH)$ $(OH)^2$. — On l'obtient en même temps que le dichloré (voyez la préparation précédente); il cristallise en fines aiguilles fondant à 192°; il est facilement soluble dans l'alcool, l'éther, le benzène (Zincke Fuchs). Son *dérivé diacétylé* $C^6Cl^3(COOH)(OCH^3CO)^2$ fond à 207° et l'*éther sel* correspondant $C^6Cl^3(COO.CH^3)(OCH^3CO)^2$ fond à 116° (Zincke-Fuchs).

Acide α-résorcylique tribromé $C^6Br^3(COOH)$ $(OH)^2$. — Il s'obtient en chauffant pendant 3 heures l'acide α-résorcylique avec l'acide bromhydrique, il fond à 187-189° [Hertzig, *Mon. f. Chem.*, **19**, 91, 1898].

ACIDE α-RÉSORCYLIQUE MONONITRÉ-4. — *Éther oxyde diméthylique* $C^6H^3(AzO^2)_{(4)}(COOH)(OCH^3)^2$. — Il s'obtient en faisant chauffer sans bouillir l'éther diméthylique avec l'acide azotique étendu, on le fait cristalliser dans l'eau en aiguilles jaunes fondant à 225°, il se sublime en aiguilles partiellement décomposées; il est peu soluble dans l'eau, facilement dans l'alcool bouillant et l'acide acétique.

Sel de plomb, $[C^6H^2(AzO^2)^2(OCH^3)^2COO]Pb$, prismes jaunes peu solubles dans l'eau.

Sel de cuivre $(C^9H^5O^6Az)^2Cu, 2,5H^2O$ soluble dans l'eau.

Sel d'argent $C^9H^8O^6AzAg$ peu soluble dans l'eau froide, soluble à chaud [Meyer, *Mon. f. Chem.*, **8**, 431, 1887].

Éther sel $C^6H^2.(AzO^2)(COO.C^2H^5)(OCH^3)^2$. — Il cristallise dans l'alcool ou l'éther en cristaux blancs fondant à 130° [Einhorn Pfyl, *Ann. Chem.*, **344**, 62, 1900].

ACIDE α-RÉSORCYLIQUE MONAMINÉ-4. — *Éther diméthylique* $C^6H^3(AzH^2)(COOH)(OCH^3)^2$. — Il se prépare en réduisant par l'étain et l'acide chlorhydrique le dérivé nitré correspondant; il cristallise en feuillets fondant à 182° en se décomposant; il est peu soluble dans l'eau et plus dans l'alcool; avec la glycérine il donne un dérivé quinoléïque. Le *sel de cuivre* cristallisé avec 2 mol. d'eau est plus soluble dans l'eau, le *chlorydrate* $C^9H^{11}O^4Az.HCl$ est peu soluble dans l'eau froide et l'alcool [Meyer, *Mon. f. Chem.*, **8**, 432, 1887].

L'*éther sel éthylique* $C^6H^2.(AzH^2)(COO.C^2H^5)$ $(OCH^3)^2$ cristallise en aiguilles dans l'éther, il fond à 49-50°. Sa solution aqueuse donne une coloration violette avec le perchlorure de fer [Einhorn Pfyl, *Ann. Chem.*, **344**, 62, 1900].

ACIDE β-RÉSORCYLIQUE $C^6H^3(COOH)_{(1)}(OH)_{(2)}$ $(OH)_{(4)}$, ou $C^6H^3(OH)_{(1)}(OH)_{(3)}(COOH)_{(4)}$. — On peut l'obtenir par oxydation du morin $C^{15}H^{10}O^7$ (extrait du bois jaune) avec l'acide azotique [Benedickt et Hazura, *Mon. f. Chem.*, **5**, 170, 1885].

Pour le préparer on chauffe 20 gr. de résorcine brute avec 100 gr. de bicarbonate de potasse et 200 gr. d'eau au bain-marie pendant 1 heure et demie, on termine par une ébullition rapide, on refroidit, puis on sature avec l'acide chlorhydrique, on extrait à l'éther et on évapore la solution éthérée. Pour purifier le produit on le dissout dans une solution alcaline, on précipite par l'acide chlorhydrique et on épuise le tout à l'éther; par évaporation, on obtient des aiguilles cristallisant avec $3 H^2O$ [Bistrzcki, Kostanecki, *D. chem. G.*, **18**, 1985, 1885]. K. Brünner chauffe la résorcine avec du bicarbonate de soude et de la glycérine à 135° [*Ann. Chem.*, **351**, 330, 1907].

Propriétés physiques. — L'acide β–résorcylique anhydre fond à 204-206°. Il se décompose en résorcine et anhydride carbonique. Chaleur de décomposition 634 c. [Stohman, Kleber, Leingbein, *J. f. prakt. Chem.*, (2), **40**, 132, 1889]. Conductibilité électrique voyez Ostwald [*Phys. Chem.*, **3**, 349, 1889]. L'acide β–résorcylique anhydre fond à 213°.

Propriétés chimiques. — Chauffé avec les iodures alcoylés en présence de l'alcool correspondant il donne l'éther oxyde correspondant [M. Gregor, *Mon. f. Chem.*, **16**, 882, 1895].

Traité par l'acétaldéhyde en présence d'acide chlorhydrique concentré, il donne une combinaison $C^{18}H^{16}O^8$ qui se décompose par la chaleur sans fondre [Kahl, *D. chem. G.*, **31**, 150, 1898]. L'acide β–résorcylique sert à préparer des matières colorant azoïques [Kinzlberger et Cie, D.R.P. 81 501, *Frdl.*, **4**, 786].

Sels. — Sel de zirconium $(C^7H^4O^4)^3K^2Zr.4H^2O$. Précipité cristallin très soluble dans l'eau [Alf. Mandl, *Zeit. an. Chem.*, **37**, 252, 1903].

Sel de baryum, $(C^7H^5O^4)^2Ba,7H^2O$. — Prismes facilement solubles dans l'eau [Benedik, Ilazura, *Mon. f. Chem.*, **5**, 170, 1885]. *Sel de bismuth* $C^7H^5O^2Bi$ [P. Thibaut, *Bull. Soc. Chim.*, (3), **34**, 37, 1904].

NITRILE $C^6H^3(C Az).(OH)(OH)$. — Il s'obtient en chauffant son dérivé diacétique avec la lessive de soude; il cristallise en prismes dans l'alcool, il fond à 172°, il se dissout dans l'eau, l'alcool et l'éther [Marcus, *D. chem. G.*, **24**, 3651, 1891].

Le *dérivé diacétylé*, $C^6H^3(.CAz).(OCH^3CO)^2$ se forme quand on fait bouillir pendant 2 heures la β–résorcylaldoxime avec l'anhydride acétique. Il fond à 72°; il est facilement soluble dans l'alcool, l'éther, le chloroforme et le benzène (Marcus).

β–RÉSORCYLALDOXIME,

$$OH - C^6H^2 \left(C < {}^{Az-OH}_{AzH^2} \right)(OH)^2$$

— C'est le produit qu'on obtient quand on maintient pendant 7 ou 8 heures le nitrile β–résorcylique avec l'acide azotique; il cristallise dans l'alcool et fond en brunissant à 166°; il est soluble dans l'alcool et l'éther (Marcus).

ÉTHERS OXYDES. — *Éther monométhylique*-2, $C^6H^3(COOH)_{(1)}(OH)_{(4)}(OCH^3)_{(2)}$. — Sur sa constitution, consulter Gregor [*Mon. f. Chem.*, **16**, 891, 1895].

Éther monométhylique-4, $C^6H^3(COOH)_{(1)}OH_{(2)}.(OCH^3)_{(4)}$. — Sur sa constitution, consulter Gregor. On l'obtient en chauffant à 100° une molécule d'acide β–résorcylique dissoute dans l'alcool méthylique avec 2 molécules d'iodure de méthyle en présence de 2 molécules de potasse [Kostanecki, Tambor, *D. chem. G.*, **28**, 2309, 18 8].

Éther monoéthylique-4, $C^6H^3.(COOH)_{(1)}(OH)_{(2)}(OC^2H^5)_{(4)}$. — Sur sa constitution, consulter Gregor et Perkin [*Chem. Soc.*, **67**, 996, 1895].

Il se forme en oxydant, par une action de 15 gr. de permanganate de potassium, une liqueur alcaline (soude étendue) contenant 10 gr. de l'éther oxyde monoéthylique de la résacétophénone [Kostanecki et Tambor, *D. chem. G.*, **28**, 2307, 1895].

Pour le préparer on introduit 250 gr. d'iodure d'éthyle dans une solution chauffée à 100° contenant 40 gr d'acide β–résorcylique et 90 gr. de potasse caustique dans une liqueur alcoolique; on mélange bien puis, après 3 ou 4 heures, on ajoute 90 gr. de potasse et 100 gr. d'iodure de méthyle jusqu'à réaction neutre et on chauffe [Gregor, *Mon. f. Chem.*, **16**, 882, 1895].

L'éther se présente en aiguilles solubles dans l'eau fondant à 15,°.

La solution est précipité en rose par le pentachlorure de fer, elle passe au violet.

Distillé avec l'anhydride acétique il donne l'éther éthylique de l'isoeuxanthone

$$OH - C^6H^3 < {}^{CO}_{O} > C^2H^3O - C^2H^5$$

Sel de sodium, $C^6H^3(COONa)(OH)(OC^2H^5),H^2O$.
Sel de potassium $C^9H^9O^4K$, les deux cristallisés en écailles; *sel de baryum* avec $1,5 H^2O$ en aiguilles.
Sel de plomb $(C^9H^9O^4)^2Pb,8H^2O$ précipité.
Sel d'argent $C^9H^9O^4Ag.10H^2O$ précipité [Gregor, *Mon. f. Chem.*, **17**, 226, 1896].

Éther éthylique du monorésorcylate d'éthyle. $C^6H^3.(COOC^2H^5)(OH)(O.C^2H^5)$. — On le prépare en traitant le sel de potassium de l'éther éthylique par l'iodure d'éthyle en présence d'alcool; il cristallise dans l'alcool en aiguilles et fond à 45° (Gregor); Perkin indique 53°. Il est peu coloré par le perchlorure de fer. Il est insoluble dans la lessive de soude étendue; si on insiste il se saponifie [Gregor, *Mon. f. Chem.*, **16**, 882, 1895. — Perkin, *Chem. Soc.*, **67**, 996, 1895].

Éther diéthylique, $C^6H^3(COOH)(OC^2H^5)^2$. — On peut l'obtenir en oxydant à chaud l'acide diéthoxyphénylglyoxylique-2.4 par le permanganate en solution acide. Il cristallise en écailles dans le benzène; on a préparé le *sel d'argent* [Gregor, *Mon. f. Chem.*, **16**, 882, 1895].

Éther méthylique du dérivé glycolique $C^6H^3(COOH)_{(1)}(O.CH^3)_{(4)}(OCH^2COOH)_{(1)}$. — Il se forme en même temps que d'autres produits par oxydation de la triméthylbrasiline.

Le produit pur fond à 175°. Si on le chauffe avec de l'eau en tube scellé à 200°, il perd une molécule d'anhydride carbonique pour donner l'éther méthylique de résorcine-acétique $(CH^3O)C^6H^4(O.CH^2COOH)$ [Gilbody, Perkin et Yates, *Proc. Chem. Soc.*, **16**, 105, 1900].

Acide β–résorcylique dibromé, $C^6H.Br^2_{(3.5)}(COOH)_{(1)}(OH)^2_{(2X4)}$. — Sur sa constitution et sa préparation voyez [R. Meyer, Conzetti, *D. chem. G.*, **32**, 2106, 1899].

ACIDE β–DITHIORÉSORCYLIQUE, $C^6H^3(OH)_{(4)}(OH)_{(2)}(CSSH)_{(1)}$. — On l'obtient en chauffant vers 100° la résorcine avec le xanthogénate de potassium $CS^2KOC^2H^5$ en présence d'un peu d'alcool [Lippmann, Fleissner, *Mon. f. Chem.*, **9**, 305, 1886; — Lippmann, *ibid.*, **10**, 617, 1889].

Il s'en produit également quand on traite la résorcine à 100° par le sulfocarbonate de potassium CS^3K^2 [Przibram, Glücksmann, *ibid.*, **13**, 626, 1892].

On le prépare en chauffant pendant un ou deux jours au bain-marie 40 gr. de résorcine avec 30 gr. de sulfure de carbone, on ajoute une liqueur de sulfure de sodium préparée avec 160 gr. de lessive de soude à 6,25 0/0 qu'on a saturée d'hydrogène sulfuré, puis de nouveau 160 gr. de lessive de soude. Pour précipiter le produit exempt de sulfure de carbone on ajoute de l'acide chlorhydrique, on sépare le précipité qu'on dissout à l'aide du bicarbonate de soude, la solution est épuisée à l'éther qui enlève CS^2 [Schall, *J. f. prakt. Chem.*, (2), **54**, 415, 1896].

L'acide β-dithiorésorcylique se présente en petites aiguilles jaunes fondant vers 150-155° en se décomposant (Lippmann). On le fait aussi cristalliser dans l'alcool méthylique à 40°, Schall a trouvé qu'il fond alors a 139°.

Il se dissout dans l'eau bouillante avec dégagement d'hydrogène sulfuré; il est peu soluble dans le toluène bouillant. Si on le fait bouillir avec la lessive de soude il donne de l'acide β-résorcylique (Lippmann).

Réduit en solution alcaline par la poudre de de zinc ou l'amalgame de sodium, il donne le tétraoxibiphényle. La réduction par la poudre de zinc en solution acétique donne la crésorcine $C^6H^3CH^3_{(1)}OH_{(2.4)}$ (Schall).

ACIDE AMINO β-RÉSORCYLIQUE. — Ce composé est obtenu par réduction du nitro correspondant avec l'étain et l'acide chlorhydrique.

Il cristallise en prismes fondant à 19 i°, il est insoluble dans l'eau froide, peu soluble à chaud. Après la fusion, il sublime en violet, il teint la fibre de coton en solution alcaline [Hemmelmayr, *Mon. f. Chem.*, 25, 26, 1904 et *ibid.*, 26, 185, 1905].

ACIDE β-RÉSORCYLIQUE NITRÉ-5, $C^6H.(OH)_{(2)}$ $(OH)_{(4)}.(COOH)_{(1)}.AzO^2_{(5)}$. — Pour le préparer on chauffe 20 gr. d'acide β-résorcylique avec 100 gr. d'acide azotique D=1,4 jusqu'à ce que la réaction soit amorcée, puis aussitôt on étend d'eau : on obtient un précipité cristallin qu'on fait cristalliser dans l'eau ; les eaux mères contiennent de l'acide styphnique. Feuillets jaunes fondant à 215°.

Sels. $C^7H^4O^6AzNa^2$; $C^7H^3AzNa^3$ rouge brun.

Sel de baryum avec 3 et $10H^2O$. *L'éther méthylique* fond à 165° [Hemmelmayr, *Mon. f Chem.*, 25, 21, 1904].

Acide dinitrorésorcylique-3.5, $C^6(OH)_{(2)}$ $(OH)_{(4)}.(COOH)_{(1)}(AzO^2)_{(3)}(AzO^2)_{(5)}$. —Aiguilles jaunes pâles se ramollissant à 180° et fondant à 205° en se sublimant.

Sel d'ammonium, cristaux jaunes qui déflagrent à chaud.

Sel de potassium, précipité cristallin ; *sel de baryum*, $2H^2O$, aiguilles jaunes ; *sel d'argent*, aiguilles jaunes [Franz Hemmelmayr, *Mon. f. Chem.*, 26, 185, 1905].

Juillet 1907.   Maurice Billy.

RÉSORUFAMINE, RÉSORUFINE. — Voy. l'art. DIPHÉNOFURODIHYDROAZINES, p. 262-263.

RESPIRATION. — Voyez Dict., 2, 1331. — Étant donnée la place très restreinte réservée à cet article, on ne pourra exposer ici que très sommairement, et souvent on devra se contenter de poser les problèmes qui ont été soulevés en ce qui concerne la respiration, depuis la rédaction de l'article visé ci-dessus. La bibliographie aussi ne pourra être donnée que pour les principaux résultats, puisque la seule indication de tous les mémoires à consulter utilement aurait suffi pour remplir toute la place accordée à cette étude.

I. LES ÉCHANGES GAZEUX RESPIRATOIRES DANS LES POUMONS. — On continue à admettre, en général, que dans les échanges gazeux respiratoires l'oxygène et l'acide carbonique marchent toujours dans un sens qui est déterminé uniquement par les différences de tension de ces gaz dans l'air alvéolaire et dans le sang. C'est la *théorie* purement *physique* de la respiration. Toutefois, nous verrons que la théorie d'une intervention active de la membrane pulmonaire dans ce phénomène a été soutenue de divers côtés (*Théorie de la sécrétion gazeuse*).

Absorption de l'oxygène. — Les conditions de ce phénomène seraient exactement déterminées si l'on connaissait : 1° la tension de l'oxygène dans l'air alvéolaire; 2° la tension de ce gaz dans le sang veineux arrivant au poumon; 3° la marche de la dissociation de l'oxyhémoglobine, ou ce qui revient au même, la marche de la formation de ces composés à partir de l'hémoglobine et de l'oxygène.

1° La composition de l'air alvéolaire n'est pas exactement connue. Le procédé employé par Bert, à cause de l'aspiration violente exercée sur le contenu alvéolaire, augmente évidemment la proportion d'acide carbonique recueillie, et diminue, par conséquent, celle de l'oxygène. En réalité, il faut se contenter d'évaluations approchées, comme celle que fournit la classique expérience de Gréhant (voyez l'article du Dictionnaire), ou les déterminations de Wolffberg et Nussbaum (voyez plus loin). Ces auteurs ont trouvé, en effet, dans l'air des alvéoles chez le chien, environ 3,84 0/0 de CO^2. Si l'on veut admettre que l'air alvéolaire contient à peu près autant d'azote que l'air expiré, on trouve pour l'oxygène, par différence, environ 16.0/0, soit une tension de 124 mm. de mercure. Ce résultat est en accord suffisant avec les déterminations de Ch. Bohr [*Bull. de l'Acad. roy. danoise*, 1889], qui a trouvé chez le chien, dans l'air puisé au niveau de la bifurcation de la trachée, une moyenne de 16,36 0/0 (de 13,25 à 18,52) d'oxygène. On conçoit d'ailleurs que ces résultats doivent varier très rapidement avec le rythme et la profondeur des inspirations, et l'on peut admettre finalement que la tension de l'oxygène dans les alvéoles oscille autour de 114 mm. de mercure.

2° La tension de l'oxygène dans le sang veineux du chien a été trouvée en moyenne égale à 22 millimètres de mercure. Dans le sang artériel elle peut dépasser largement 100 mm., comme on le verra plus loin. Cette tension mesure la concentration de l'oxygène physiquement dissous dans le plasma, c'est-à-dire de *cette fraction de l'oxygène qui malgré sa petitesse* (voir plus loin) *est au point de vue du mécanisme de la respiration la plus importante*. C'est elle qui par sa tension est le facteur déterminant des échanges gazeux. En effet les cellules des tissus empruntent l'oxygène, non à l'hémoglobine des globules, mais au plasma sanguin qui les baigne, et c'est la tension, c'est-à-dire la concentration, de l'oxygène dissous dans ce liquide qui mesure l'abondance plus ou moins grande avec laquelle le sang pourvoit les tissus en oxygène. Dans le poumon, c'est encore cette tension qui par l'écart qui la sépare de la tension de l'oxygène alvéolaire est le facteur capital, les partisans de la théorie purement physique disent : le facteur unique, du phénomène de l'absorption de l'oxygène par le sang.

Au contraire, la masse bien plus considérable de l'oxygène chimiquement combiné à l'hémoglobine n'intervient dans ces opérations que comme une *réserve* à laquelle s'alimente sans cesse, à mesure qu'elle est consommée, la fraction physiquement dissoute. L'intérêt que présente l'étude de la dissociation de l'oxyhémoglobine, c'est qu'elle montre *quel est le lien de mutuelle dépendance qui existe entre ces deux fractions de l'oxygène du sang*.

3° La dissociation de l'oxyhémoglobine a été étudiée à l'article HÉMOGLOBINE (voyez 2° Suppl., 5, 43), mais les résultats de Hüfner, réunis dans le tableau de la page 44, doivent être corrigés d'après les nouvelles déterminations faites par ce savant, à l'aide d'une technique plus perfectionnée, et après élimination d'un certain nombre de causes d'erreur [Hüfner, *Arch. f. Phys.*, 1901, Suppl., 187]. Ajoutons que, d'après V. Henri

[*Soc. de Biol.*, **56**, 339, 341, 342, 1904] l'équation de dissociation dont est parti Hüfner ne serait pas exacte. Chr. Bohr qui a fait avec ses élèves des déterminations par une méthode plus précise est arrivé à des résultats qui diffèrent sensiblement de ceux de Hüfner. On ne les reproduira pas ici, car les choses ne se passent certainement pas dans le sang à globules intacts comme dans les dissolutions d'oxyhémoglobine.

Il est plus intéressant de donner ici les résultats obtenues par Krogh [*Skand. Arch. f. Phys.*, **16**, 3.0, 1904] avec le sang (de cheval) *en nature*, agité à 37° avec des atmosphères à tensions d'oxygène variant de 0 à 150 mm. (valeur approximative de la tension de l'oxygène dans l'air atmosphérique) :

Tensions de l'oxygène (en millimètres de mercure).	100 cc. de sang contiennent[1] (en centimètres cubes)	
	Oxygène combiné à l'hémoglobine.	Oxygène dissous dans le plasma.
10	6,0	0,020
20	12,9	0,041
30	16,3	0,061
40	18,1	0,081
50	19,1	0,101
60	19,5	0,121
70	19,8	0,141
80	19,9	0,162
90	19,95	0,182
150	20,0	0,303

Il est clair que lorsque du sang artériel à 20 cc. d'oxygène pour 100 cc. devient du sang veineux à 12 cc. d'oxygène pour 100 cc. par exemple, la petite quantité d'oxygène dissoute dans le plasma (0^{cc}.18 0'0) n'a pas suffi à cette consommation, et qu'elle a dû être renouvelée un grand nombre de fois. Ce renouvellement s'est fait aux dépens de la réserve d'oxygène combiné dans l'oxyhémoglobine, cette dernière se dissociant avec production d'oxygène libre, chaque fois que la tension de ce gaz dans le plasma tend à s'abaisser. Inversement quand le sang redevient artériel en passant par le poumon, c'est par l'intermédiaire de l'oxygène physiquement dissous que se refait la provision d'oxygène combiné.

On voit donc que la petite quantité d'oxygène dissoute dans le plasma et à laquelle on attachait autrefois si peu d'importance joue en réalité le rôle prépondérant (Ch. Bohr). C'est le plasma qui reçoit l'oxygène au niveau des poumons et c'est lui qui cède ce gaz aux cellules. Mais il en dissout une si faible proportion qu'il ne pourrait en recevoir et ensuite en céder qu'une quantité qui serait tout à fait insuffisante. C'est pourquoi nous le trouvons complété dans ce rôle par l'adjonction de ce réservoir d'oxygène combiné, et à cet état beaucoup plus soluble, que représentent les globules. Mais c'est par l'*intermédiaire du plasma* que ce réservoir se remplit au niveau du poumon, et qu'il se vide au niveau des tissus, et l'alternance de ces deux phénomènes est réglé par la *tension de l'oxygène dans le plasma*. Quand cette tension augmente, le réservoir se remplit; quand elle diminue, le réservoir se vide.

De ce qui précède, il résulte que doser *la quantité d'oxygène* contenue dans un volume donné de sang, c'est mesurer la grandeur de la réserve d'oxygène dont dispose ce sang pour alimenter son plasma en oxygène; et déterminer la *tension de l'oxygène* dans ce sang, c'est mesurer la concentration de ce gaz dans le plasma, c'est-à-dire l'abondance plus ou moins grande avec laquelle ce gaz est offert aux tissus. Or, c'est là ce qu'il importe surtout de connaître. Ces deux grandeurs ne varient pas proportionnellement. Quand du sang artériel à 19,9 0/0 d'oxygène combiné (on peut négliger ici la fraction dissoute), passe à l'état de sang veineux à 12,9 0/0 d'oxygène, la provision d'oxygène disponible n'a baissé que de 40 0/0, mais le tableau ci-dessus montre que la tension est tombée de 90 à 20, soit presque au cinquième de sa valeur. Toutefois la réserve en oxygène, dont la grandeur dépend de la richesse en oxyhémoglobine, a son importance aussi, car pour une même tension primitive de l'oxygène, la chute de tension provoquée par la consommation d'une même quantité d'oxygène est moins grande dans un sang plus riche que dans un sang moins riche en oxyhémoglobine [Ch. Bohr, *Nagel's Handb. d. Physiol.*, **1**, 1re partie, 63 et 84; Brunswick, 1905].

Rappelons enfin une belle expérience de Haldane qui montre bien que les globules jouent uniquement ce rôle de porteurs d'une réserve d'oxygène. On fait respirer à des rats une atmosphère assez riche en oxyde de carbone pour que pratiquement toute l'hémoglobine des globules soit immobilisée pour la respiration à l'état d'hémoglobine oxycarbonée. Or, ces animaux continuent à vivre à condition que la tension de l'oxygène qu'ils respirent soit portée à deux atmosphères, soit donc à une valeur dix fois plus forte que dans l'air ordinaire. La quantité d'oxygène physiquement dissous dans le plasma, devenue ainsi dix fois plus grande, a suffi aux besoins des tissus [Haldane, *Journ. of physiol.*, **18**, 201, 1896].

4° Dans la respiration pulmonaire on constate que l'oxygène passe de l'air alvéolaire, où sa tension est d'environ 114 mm., dans le sang veineux, où sa tension n'est que de 22 mm. environ. Le sens du phénomène est conforme à ce que nous apprend la physique, quant aux échanges gazeux à travers une membrane perméable aux gaz. Mais cette explication purement physique des phénomènes de la respiration n'est complète que si l'on démontre, en outre, que ces échanges s'arrêtent aussitôt que l'équilibre est établi, pour les deux gaz entre le sang et l'air alvéolaire, et que jamais l'oxygène, par exemple, n'acquiert dans le sang artériel une tension *supérieure* à celle qu'il possède dans l'air alvéolaire. Or, cette démonstration n'est pas faite. Bohr fait remarquer, avec raison, que l'on cite toujours ici les classiques expériences faites dans le laboratoire de Pflüger par Wolffberg, Strassburg et Nussbaums, mais qu'en examinant de près les résultats de ces essais, on n'y trouve pas la démonstration que d'autres auteurs ont prétendu en faire sortir plus tard. En ce qui concerne, en effet, l'oxygène, on voit clairement aujourd'hui que les tensions de ce gaz, mesurées à cette époque par Strassburg [*Arch. de Pflüg.*, **6**, 96, 1872], pour le sang artériel, sont manifestement trop faibles (à peine 30 mm.), et qu'il est impossible de faire état de ces résultats pour ou contre la théorie purement physique de la respiration pulmonaire. Cette théorie ne repose, finalement, que sur la considération des tensions de l'acide carbonique, et l'on verra plus loin que, de ce côté, elle n'est pas mieux établie.

Ch. Bohr avance, au contraire, en ce qui concerne l'oxygène, des expériences très bien conduites, tendant à démontrer que chez le chien la tension de l'oxygène dans le sang artériel peut être supérieure à la tension de ce gaz, —

[1] Les volumes d'oxygène dissous dans le plasma ont été calculés d'après le coefficient de solubilité de l'oxygène dans le plasma à 38° (0,023) et en admettant que le plasma occupe les deux tiers du volume du sang.

mesurée *en même temps*, ce qui est une condition indispensable, — dans l'air pris au niveau de la bifurcation des deux bronches. Comme cet air est nécessairement un peu plus riche en oxygène (et un peu moins riche en acide carbonique) que l'air alvéolaire, il représente une limite extrême que l'air alvéolaire ne dépasse certainement jamais. Or, voici deux d'entre les résultats obtenus par Bohr :

Tension de l'oxygène
(en millimetres de mercure)

Dans l'air de la bifurcation.	Dans le sang artériel.
127	144
110	122

Le passage de l'oxygène de l'air alvéolaire dans le sang ne s'est donc pas arrêté au moment où l'équilibre de tension a été réalisé entre les deux milieux. Il s'est continué sous l'influence d'une force qui ne peut être que l'action sécrétante propre à la glande pulmonaire. L'étude de l'acide carbonique conduit à des conclusions analogues (voyez plus loin). Enfin, Bohr s'est efforcé de réunir d'autres preuves de l'existence de sécrétions gazeuses, notamment dans la respiration pulmonaire de la grenouille, comparée à la respiration cutanée, et dans la « sécrétion » de l'oxygène par l'épithélium de la vessie natatoire des oissons, dont les gaz contiennent souvent jusqu'à 80 0/0 d'oxygène [Bohr, *Skand. Arch. f. Physiol.*, 2, 236, 1890; — Haldane et Smith, *Journ. of Physiol.*, 20, 497, 1896 et 22, 231, 1897; — Bohr, *Nagel's Hand. d. Physiol.*, 1, 1re part., 163, Brunswick, 1905 et *C. R.*, 114, 1560, 1892].

Élimination de l'acide carbonique. — Ici, encore, la doctrine classique consiste à tout expliquer par des phénomènes purement physiques. La tension de l'acide carbonique dans le sang artériel du chien est en moyenne de 2,8 0/0 d'atmosphère, d'après Strassburg. Elle est aussi de 2,8 0/0 dans l'air expiré chez le même animal, d'après Wolffberg. La concordance est donc parfaite, et on l'invoque comme démontrant le parfait équilibre qui s'est établi entre l'air et le sang au moment où ils quittent le poumon. Mais Bohr fait remarquer, avec raison : 1° que de telles déterminations ne peuvent être rapprochées que si elles ont été faites sur le même *animal*, et *en même temps* sur le sang et sur l'air; 2° que ces résultats ont varié en réalité de 2,3 à 3,8 0/0 chez Strassburg, et de 2,0 à 2,9 0/0 chez Wolffberg, et que la concordance toute fortuite des moyennes ne prouve rien, par conséquent [Strassburg, *Arch. de Pflüg.*, 6, 77, 1872; — Wolffberg, *ibid.*, 4, 487, 1871].

Des résultats d'un autre ordre, considérés jusqu'à présent comme démonstratifs, paraissent succomber aussi sous les critiques de Ch. Bohr. Ce sont les suivants : Si la théorie physique est conforme aux faits, l'acide carbonique d'un lobule pulmonaire, dans lequel la ventilation est supprimée, doit se mettre finalement en équilibre de tension avec le sang veineux du cœur droit. Cette expérience a été réalisée au moyen du cathéter pulmonaire de Pflüger par Wolffberg et Nussbaum [Wolffberg, *Arch. de Pflüg.*, 4, 465, 1871 et 6, 23, 1872; — Nussbaum, *ibid.*, 7, 296, 1873]. On sait que cet instrument consiste en une sonde de faible calibre, que l'on peut pousser jusqu'à une division bronchique sans gêner la ventilation du reste du poumon. L'appareil est construit de telle façon qu'on puisse à ce moment, en pressant sur une poire, produire tout près de l'extrémité de la sonde la dilatation d'une enveloppe en caoutchouc, et obturer ainsi le conduit bronchique en question. Lorsqu'on suppose que l'air du lobule ainsi isolé s'est mis en équilibre de tension avec les gaz du sang, on aspire cet air et on en fait l'analyse. Ici encore, les moyennes ont été, à la vérité, très concordantes, mais Chr. Bohr a fait voir que si l'on compare les résultats un à un, en ne tenant compte que des expériences où la mesure des tensions a été faite simultanément sur le même animal, on trouve chez Wolffberg, par exemple, en centièmes d'atmosphère :

Tension de l'acide carbonique.

Dans l'air du lobule.	Dans le sang du cœur droit.
2,5	4,1
3,6	2,4
4,6	4,9

Les résultats de Nussbaum présentent les mêmes irrégularités, c'est-à-dire que les deux observateurs ont trouvé la tension de l'acide carbonique dans l'air du lobule, tantôt sensiblement égale, tantôt inférieure, tantôt enfin *supérieure* à la tension de ce gaz dans le sang. Ces constatations plaident donc aussi nettement pour que contre la théorie physique.

Finalement, il faut donc reconnaître avec Chr. Bohr, que les expériences sur lesquelles on a appuyé jusqu'à présent cette théorie ne sont nullement démonstratives.

En faveur de la théorie de la sécrétion gazeuse, Bohr cite, au contraire, en ce qui concerne l'acide carbonique, des résultats qui sont le pendant de ceux qui ont été donnés plus haut pour l'oxygène :

Tension de l'acide carbonique.

Dans l'air de la bifurcation.	Dans le sang artériel.
16,6	10,1
35,6	17,4

Le passage de l'acide carbonique du sang dans l'air alvéolaire ne s'est donc pas arrêté au moment où l'équilibre de tension a été réalisé entre les deux milieux; il s'est continué sous l'influence de l'action sécrétante de la glande pulmonaire.

Jusqu'à présent, la plupart des physiologistes continuent à s'en tenir à la théorie purement physique de la respiration. Mais comme les critiques que L. Frédéricq a opposées à Ch. Bohr laissent intactes la plus grande partie des expériences de ce savant et que les résultats produits par Bohr et sans cesse fortifiés par lui depuis 15 ans n'ont pas été l'objet d'aucune réfutation, on doit conclure à tout le moins que le problème d'une sécrétion gazeuse par le poumon s'impose à l'attention des physiologistes [Bohr, *Skand. Arch. f. Physiol.*, 2, 236, 1890; — L. Frédéricq, *Centralbl. f. Physiol.*, 7, 33, 1893; *Arch. d. Biol.*, 14, 109, 1896; — Bohr, *Nagel's Hand d. Physiol.*, 1, 1re partie, 145, Brunswick, 1905].

En ce qui concerne la question tant agitée d'un dégagement d'azote par le poumon, voyez pour la bibliographie Lambling [*Encyclop. de Frémy, Le sang et la respiration*, Paris, 1895, 315]. Julyet Bergonié et Sigalas ont soutenu qu'il y a, au contraire, absorption d'azote au cours de la respiration [*C. R.*, 105, 380 et 675, 1887].

LES ÉCHANGES GAZEUX RESPIRATOIRES ENTRE LE SANG ET LES TISSUS. — Ici se pose d'abord une question préjudicielle, qui est celle du *siège des combustions organiques*. Les matériaux combustibles fournis par les tissus sont-ils déversés dans le sang pour y être brûlés, ou bien l'oxygène passe-t-il du sang dans les tissus pour y comburer ces matériaux, l'acide carbonique produit marchant ensuite, en sens inverse, des tissus vers le sang ? On ne peut donner ici que la conclusion de ce débat, à savoir que les combustions organiques se passent certainement au niveau des tissus. C'est l'opinion adoptée aujourd'hui par tous les physiologistes, les éléments figurés du sang prenant d'ailleurs une part à ce phénomène comme tous les autres éléments cellulaires de l'organisme. Pour la bibliographie très copieuse, voyez Lambling [loc. cit., 317]. Ajoutons que Bohr et Henriques ont fourni des expériences très démonstratives tendant à établir que les tissus et surtout le muscle abandonnent des produits encore oxydables qui, portés par le sang au poumon, subiraient là la combustion totale. Que de telles substances prennent naissance dans nos tissus, c'est ce que nous ont appris les belles recherches de A. Gautier sur la vie anaérobie particulièrement intense du muscle (voyez ce mot). Corrélativement, on constate que dans le muscle isolé et irrigué par circulation artificielle le quotient respiratoire baisse pendant le travail, tandis que pour le reste de l'organisme, il n'est pas modifié ou il est augmenté. Or, ce résultat s'explique bien par la production dans le muscle de produits intermédiaires combustibles dont l'oxydation s'achèverait ailleurs [Bohr et Henriques, *Arch. de Physiol.*, 1897, 590; *Skand. Arch. f. Physiol.*, 5, 232, 1896].

Dans ce phénomène de la respiration au niveau des tissus, on constate encore que l'oxygène et l'acide carbonique marchent chacun dans le sens des tensions décroissantes. On a vu que celle de l'oxygène dans le sang artériel peut atteindre 113 mm., et plus encore. Au contact des tissus, ce gaz a une tension certainement beaucoup moindre, comme le démontrent les faibles quantités d'oxygène contenues dans la lymphe (0°°,04-0,10 0/0 cc.), et l'absence totale d'oxygène dans a bile et dans l'urine, liquides qui se sont formés et qui ont circulés *au contact des tissus* [Hoppe-Seler, *Zeit. phys. Chem.*, 1, 121, 1877]. L'exception présentée à cet égard par la salive de la corde du tympan s'exp ique par la rutilance du sang veineux au sortir de la glande. Au surplus, ce que A. Gautier nous a appris sur la vie anaérobie des tissus et les produits de *réduction* que cette vie engendre, démontre aussi que la tension de l'oxygène au niveau des cellules doit être très faible ou nulle. On conçoit donc qu'au contact des tissus il y ait dissociation de l'oxyhémoglobine et déplacement de l'oxygène du sang vers les tissus. Inversement, la tension de l'acide carbonique dans les tissus est certainement supérieure à celle que Strassburg [loc. cit.] a mesurée pour ce gaz dans le sang artériel, à savoir 20 mm. de mercure environ. Strassburg s'est assuré de ce fait en introduisant, chez le chien, de l'air dans une anse intestinale vidée et liée aux deux bouts, puis en analysant cet air après 30 m., à un moment où la muqueuse ne présentait encore aucun signe d'inflammation. Il a trouvé ainsi une tension moyenne de 58^{mm},52 de mercure. Un essai tonométrique, fait avec un liquide d'hydrocèle, a donné à Strassburg une tension en CO_2 de 45^{mm},6. Il suit de là que l'acide carbonique doit marcher des tissus vers le sang des capillaires. Toutefois, ces constatations ne démontrent pas que la différence des pressions soit le seul facteur du phénomène. Il faudrait, comme il a été dit plus haut pour la respiration pulmonaire, démontrer que le phénomène s'arrête sitôt que l'équilibre de tension est atteint.

GRANDEUR DES ÉCHANGES GAZEUX RESPIRATOIRES. — La *technique* des recherches sur la grandeur des échanges respiratoires s'est beaucoup perfectionnée. On peut, avec Laulanié, ranger les appareils employés en deux grands groupes, selon qu'ils permettent d'étudier la totalité des échanges gazeux (respiration pulmonaire et cutanée) ou seulement la respiration pulmonaire.

Les appareils du 1er groupe ont tous un organe commun qui est la *chambre respiratoire* dans laquelle se trouve placé l'animal ou l'homme en expérience. Ils diffèrent par ce fait que l'atmosphère de cette chambre n'est pas renouvelée, ou bien qu'elle est renouvelée, et par des moyens chimiques ou mécaniques. De là trois méthodes. — A. *Méthode du confinement.* On détermine par l'analyse l'altération qu'a fait subir l'animal à l'atmosphère confinée dans laquelle il a été placé pendant un certain temps, et on en déduit les quantités d'oxygène absorbé et d'acide carbonique éliminé. C'est la méthode employée par Lavoisier, Spallanzani, Hirn, Chauveau. Laulanié a réfuté les objections qui ont été soulevées contre elle. — B. *Méthode du renouvellement chimique de l'atmosphère.* Cette méthode, inaugurée aussi par Lavoisier, a reçu sa forme classique entre les mains de Regnault et Reiset. L'oxygène consommé est restitué au fur et à mesure à l'atmosphère de l'enceinte, et l'acide carbonique produit est absorbé par de la potasse. Cet appareil a été perfectionné par Seegen et Nowack, Regnard et Jolyet, Bergonié et Sigalas, L.-G. de Saint-Martin, Laulanié. — C. *Méthode du renouvellement mécanique de l'atmosphère.* L'enceinte qui contient l'animal est traversée par un courant d'air dont le débit est connu et dont les altérations sont déterminées par l'analyse. Mais comme la masse d'air qui traverse l'appareil est très considérable et ne pourrait être analysée en totalité, des dispositifs spéciaux permettent la récolte continue et proportionnelle d'un échantillon de cet air, qui est soumis seul à l'analyse. Cet appareil réalisé en grand pour la première fois par Pettenkofer et Voit, à Munich, a été perfectionné par Sonden et Tigerstedt, par Atwater et Rosa, par Jaquet et surtout par Laulanié.

Dans les appareils du 2e groupe, l'air est en général mis en mouvement par le sujet lui-même qui respire dans un masque ou à l'aide d'embouts spéciaux. Citons ici les appareils de Speck, de Zuntz et Geppert, de Richet et Hanriot. Dans ce dernier, par une ingénieuse association de compteurs, la mesure des échanges respiratoires est fournie par la simple lecture de trois compteurs. Dans ce groupe rentre aussi l'ancienne méthode d'Andral et Gavarret; mais ici le sujet respire dans un courant d'air sollicité par des ballons vides d'air. — Le lecteur trouvera une très bonne description de ces méthodes dans : Laulanié [*Éléments de physiol.*, 2e éd., Paris, 379, 1905]. Pour la bibliographie voyez l'exposé d'ensemble de Jaquet [*Der respiratorische Gaswechsel* in Asher et Spiro, *Ergebnisse der Physiol.*, Biochemie, 2e année, Wiesbaden, 457, 1903].

En ce qui concerne les *résultats* obtenus à l'aide de ces méthodes, on n'indiquera ici que la nature des problèmes qui ont été abordés :

1° *Composition de l'air expiré.* Ici se pose le problème toujours en suspens de l'élimination d'un surplus d'azote (voy. plus haut) et celui de substances toxiques par le poumon normal. — 2° *Influence du sexe, de l'âge.* On s'est demandé notamment si l'âge exerce une influence propre, indépendante de celle qui tient à la grandeur de la surface de refroidissement (surface du corps) par rapport au poids. — 3° *Influence du jeûne et des repas*. Il s'agit principalement d'expliquer ici la hausse considérable des échanges respiratoires après le repas, et que les uns rapportent uniquement au travail digestif, les autres soutenant ce travail ne rend compte que d'une partie de cette hausse. Les repas riches en albumine, notamment, produisent une augmentation difficilement explicable par le seul travail digestif. — 4° *Influence du repos et du travail*. On s'est demandé ici si l'influence du sommeil se confond avec celle du repos musculaire, et l'on a étudié l'influence qu'exercent sur la grandeur des échanges respiratoires, les diverses conditions du travail, la fatigue, l'exercice préalable (dressage), etc.... — 5° *Part que prend le travail respiratoire lui-même aux échanges gazeux respiratoires*. — 6° *Influence des fonctions sexuelles, du système nerveux, du sommeil hibernal*. — 7° *Influence de la température*. Ici se pose une question très importante qui est celle du mécanisme de la régulation de la thermogénèse. Lorsqu'on refroidit suffisamment un individu par un bain froid, par exemple, on constate une hausse sensible de la quantité d'oxygène absorbé et d'acide carbonique exhalé, qui témoigne que l'organisme a augmenté ses combustions pour résister au refroidissement. On doit se demander ici si l'intensité des phénomènes chimiques dont les cellules sont le siège, s'est directement adaptée au besoin de chaleur créé par le refroidissement (théorie de la régulation chimique), ou bien si la hausse observée s'explique par le frisson et le tremblement qui s'empare de l'individu refroidi, c'est-à-dire si elle est due à un travail musculaire. C'est cette dernière explication qui a prévalu. D'autre part, en ce qui concerne l'influence des températures élevées, se pose l'intéressante question de la polypnée thermique (Ch. Richet). — 8° *Influence de la lumière*. Ce problème d'une influence directe de la lumière sur la grandeur des échanges respiratoires est toujours controversé. — 9° *Influence de la dépression*. Ici se place la discussion des nombreuses observations qui ont été faites sur l'influence des climats d'altitude, des ascensions en ballon, les causes du mal des montagnes. Bornons-nous à noter ici que Mosso a essayé d'expliquer les accidents du mal des montagnes, non par la théorie classique du manque d'oxygène dans le sang, de l'*anoxhémie*, laquelle se heurte à de nombreuses difficultés, mais par le manque d'acide carbonique, par l'*acapnie*, mais cette explication a dû être abandonnée. — 10° *Influence de l'augmentation de pression de l'oxygène*. Cette augmentation peut être réalisée en employant, soit l'air comprimé, soit de l'air à la pression ordinaire, mais enrichi en oxygène. Sur ce point on admet, en général, avec Regnault et Reiset, que l'intensité des combustions respiratoires n'est pas augmentée. — 11° *Variations du quotient respiratoire avec la nature des aliments consommés et leurs destinées dans l'organisme*. — 12° *Echanges gazeux pathologiques*. Ces échanges ont été étudiés chez le fiévreux, l'obèse, le diabétique, le goutteux, dans les cas de maladie de Basedow, chez les anémiques (anémie spontanée et anémie expérimentale par saignée), chez les cachectiques, les tuberculeux, les malades atteints d'affections de la respiration et la circulation. — 13° *Influence des poisons et des médicaments*. Ont été étudiés surtout l'iode et les préparations thyroïdiennes, l'alcool, l'opium, le salicylate de sodium, la quinine, l'antipyrine. — Pour la bibliographie qui est extrêmement étendue, nous renvoyons le lecteur aux traités de physiologie et à l'exposé d'ensemble fait récemment par Jaquet [*Der respiratorische Gaswechsel* in Asher et Spiro, *Ergebnisse der Physiol.*, Biochemie, Wiesbaden, 2° année, 457, 1903]. Pour la question de la physiologie de l'alpinisme, voyez dans le même volume (p. 612) l'exposé de Cohnheim (*Physiologie des Alpinismus*) et l'ouvrage de Mosso [*Travaux du laboratoire scientifique international du Mont-Rose*, Turin, 1905].

E. Lambling.

RÉTAMINE $C^{15}H^{26}Az^2O$. — Dans le Retama sphærocarpa. Cristaux fondant à 162°. Base fortement réductrice, sans action physiologique nette [Battandier et Malosse, *C. R.*, **125**, 360, 450, 1897]. M. Delacre.

RÉTÈNE (*méthyl-8-isopropyl-5-phénanthrène*),

$$C^{18}H^{18} =$$

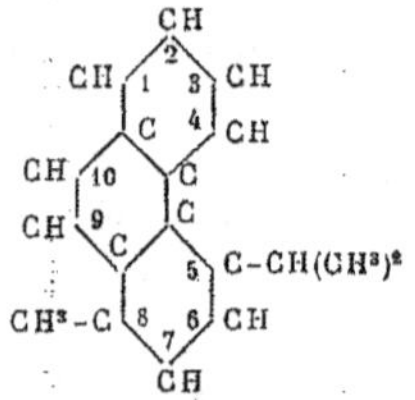

— Le rétène peut se préparer au moyen de la colophane ou de l'huile brute de résine. On sait que ces substances sont riches en acide abiétique et renferment aussi du tétrahydrorétène; elles fournissent du rétène par distillation avec le 1/3 de leur poids de soufre [Vesterberg, *D. chem. G.*, 36, 4000, 1903; *Act. Ges. f. Chem. Ind.*, D. R. P. 43 802].

Le rétène se forme aussi par distillation de l'abiétène avec le soufre [Easterfield et Baglay, *Chem. Soc.*, 95, 1238, 1904]; en opérant sous pression réduite on obtient un bon rendement.

Propriétés. — Le rétène fond à 99° [Easterfield et Baglay, *loc. cit.*] et distille à 135° dans le vide (0 mm.) [Krafft et Weilandt, 29, 2241, 1896]. Son pouvoir réfringent a été étudié par Chilesotti [*Gazz. chim. ital.*, 30, 159, 1900]. Sa chaleur de combustion moléculaire à volume constant est 2321^{Cal},7 [Berthelot et Recoura, *Ann. Chim. Phys.*, 13, 298, 1888].

Le rétène passant avec l'hydrogène dans un tube chauffé au rouge fournit des quantités notables d'anthracène. Traité par l'amalgame de sodium ou bien par l'acide iodhydrique ($D=1,68$) à 200°, il n'est pas altéré. Par oxydation, au moyen du mélange chromique, il fournit la rétène-quinone, $C^{18}H^{16}O^2$, de l'acide phtalique et de l'acide acétique; l'acide chromique en solution acétique fournit de la rétène-quinone et deux acides $C^{16}H^{16}O^3$ et $C^{18}H^{18}O^2$. La fusion avec les alcalis et le permanganate en solution alcaline n'altèrent pas le rétène.

Le *picrate* du rétène fond à 197° [Vesterberg, *D. chem. G.*, 36, 4000, 1903].

TÉTRAHYDRORÉTÈNE, $C^{18}H^{22}$. — On l'obtient en chauffant une solution de rétène dans l'alcool amylique avec du sodium. C'est une huile épaisse distillant à 280° sous 50 mm. [Bamberger et Lodter, *D. chem. G.*, 20, 3075, 1887].

DODÉCAHYDRORÉTÈNE, $C^{18}H^{30}$. — On l'obtient en chauffant 12 à 16 heures à 250-260°, 1 p. de rétène avec 5 à 6 p. d'acide iodhydrique ($D=1,7$) et 1 p. 1/4 de phosphore rouge [Liebermann et Spiegel, *D. chem. G.*, 22, 780, 1889]; ou bien encore en chauffant 25 gr. de fichtelite avec 27 gr. d'iode à 150°, et ensuite à 200° [Bamberger et Strasser, *D. chem. G.*, 22, 3365, 1889]. Le dihydroabiétène obtenu en réduisant l'abiétène par l'acide iodhydrique et le phosphore à 240° paraît identique au dodécahydrorétène [Easterfield et Baglay, *Chem. Soc.*, 85, 1238, 1904].

C'est une huile brunâtre fluorescente distillant à 336° (L. Sp.); 224-225° sous 38 mm. (B. Str.). Il est facilement soluble dans l'éther, le chloroforme, le sulfure de carbone et le benzène, peu soluble dans l'alcool et dans l'acide acétique à froid.

L'*acide décahydrorétène-carbonique* serait l'acide abiétique qui se retire de la colophane par distillation. En effet, la distillation sèche de l'acide abiétique fournit un carbure, l'abiétène $C^{18}H^{28}$, que la réduction par l'acide iodhydrique et le phosphore transforme en dihydroabiétène ou dodécahydrorétène [Easterfield et Baglay, *Chem. Soc.*, 85, 1238, 1904].

ACIDE RÉTÈNE-DICARBONIQUE. $C^{16}H^{16}(CO^2H)^2$. — Cet acide se forme lorsqu'on soumet à l'ébullition, avec l'amalgame de sodium, une solution alcoolique de rétène-quinone. C'est une résine très instable; il a été caractérisé par son *sel d'argent* $C^{18}H^{16}O^4Ag^2$, qui forme un précipité insoluble [Bamberger et Hooker, *Ann. Chem.*, 229, 129, 1885].

ACIDE RÉTÈNE-GLYCOLIQUE, $C^{16}H^{16} : C(OH).CO^2H$. — Pour le préparer, on dissout tout d'abord 10 gr. de rétène dans l'acide sulfurique concentré, on précipite par l'eau, et on soumet le précipité lavé et encore humide à l'ébullition, pendant 1/4 d'heure, avec une solution de soude à 16 0/0. On isole l'acide formé en le précipitant par l'acide chlorhydrique, et on le purifie en le transformant en sel de baryum dont la solution est précipitée à 0°, d'abord par un courant d'acide carbonique, ensuite par l'acide chlorhydrique.

Cet acide donne, avec les sels de cuivre, un précipité vert pâle légèrement soluble dans l'eau chaude, et avec les sels d'argent un précipité floconneux $C^{18}H^{17}O^3Ag$, facilement soluble dans l'eau chaude. L'acide chromique le transforme de nouveau en rétène-quinone [Bamberger et Hooker, *Ann. Chem.*, 229, 132, 1885].

RÉTÈNE-HYDROQUINONE (*méthyl-8-isopropyl-5-dioxy-9.10-phénanthrène*),

$$CH$$
$$CH \quad CH$$
$$C \quad CH$$
$$OH-C$$
$$OH-C \quad C$$
$$C \quad C-CH(CH^3)^2$$
$$CH^3-C \quad CH$$
$$CH$$

— Une solution de 0^{gr},5 de rétène-quinone dans 60 cmc. d'alcool est chauffée pendant 1 heure à 60-70° avec une solution aqueuse saturée de gaz sulfureux en vase clos. On précipite par l'eau et on filtre dans une atmosphère de gaz carbonique.

La rétène-hydroquinone cristallise en tables facilement solubles dans l'alcool et dans les alcalis. Elle s'oxyde très facilement pour régénérer la rétène-quinone. Si on la maintient sous l'eau, elle se transforme en rétène-quinhydrone brune, insoluble dans les alcalis avec lesquels elle donne une coloration d'un vert de chrome.

RÉTÈNE-QUINONE,

$$CH$$
$$CH \quad CH$$
$$CH$$
$$CO \quad C \quad C$$
$$CO$$
$$C \quad C-CH(CH^3)^2$$
$$CH^3-C \quad CH$$
$$CH$$

(*Dioxyrétistène*, du 1er Supp.). — A une solution chaude de 10 gr. de rétène dans 35 cmc. d'acide acétique, on ajoute lentement une solution froide de 19 gr. d'acide chromique dans 100 cmc. d'acide acétique. Ensuite on porte à l'ébullition une heure ou deux, on laisse refroidir et on lave la rétène-quinone qui se dépose avec de l'alcool à 80 0/0, jusqu'à ce que celui-ci s'écoule avec une teinte jaune orangé [Bamberger et Hooker, *Ann. Chem.*, 229, 117. 1885].

La rétène-quinone fond à 197-197°,5; elle se sublime en partie sans décomposition. Sa chaleur de combustion moléculaire à pression constante est de 215^{Cal},8 [Valeur, *Bull. Soc. Chim.*, 19, 514, 1898]. Sa solution alcoolique, additionnée de quelques gouttes d'alcali, prend une coloration rouge bordeaux, qui disparaît par agitation à l'air. Oxydée par le permanganate, elle fournit de l'acide oxyisopropyldiphénylène-cétocarbonique, $C^{17}H^{14}O^4$, de l'acide diphénylène-cétodicarbonique $C^{15}H^8O^5$, de la rétène-cétone $C^{17}H^{16}O$, de l'acide oxalique et d'autres substances [Bamberger et Hooker, *Ann. Chem.*, 229, 149, 1885].

Traitée par un léger excès de brome, elle fournit la *dibromorétène-quinone* $C^{18}H^{14}B.^2O^2$, prismes rouge orangé fusibles à 250-252°, très peu solubles dans l'alcool, solubles dans le chloroforme [Bamberger et Hooker, *Ann. Chem.*, 229, 120, 1885].

Par l'action d'une solution alcoolique d'ammoniaque sur la solution chloroformique de rétène-quinone, on obtient la *rétène-quinone-imide*,

$$C^{16}H^{16} \diagup \begin{matrix} C=AzH \\ | \\ CO \end{matrix}$$

prismes jaune d'or fusibles à 109-111°, facilement solubles dans les solvants usuels, solubles dans les acides forts avec une coloration violet foncé.

La *rétène-quinone-oxime*

$$C^{16}H^{16} \diagup \begin{matrix} C=Az-OH \\ | \\ CO \end{matrix}$$

s'obtient en maintenant un à deux jours à 30-40° une solution alcoolique de rétène-quinone avec une solution aqueuse de 2 molécules de chlorhydrate d'hydroxylamine et 1 molécule de soude. Elle cristallise dans l'alcool en aiguilles jaune d'or fusibles à 128°,5 [Bamberger et Hooker, *Ann. Chem.*, 229, 122, 1885]. Sous l'influence du chlorure de l'acide benzène-sulfonique en présence de pyridine, elle subit une transposition moléculaire et fournit l'*acide cyanométhylisopropyldiphényl-o-carbonique* fusible à 195° [A. Werner et A. Piguet, *D. chem. G.*, 37, 4314, 1904].

La *monophénylhydrazone*

$$C^{16}H^{16} \diagup \begin{matrix} C=Az-AzH-C^6H^5 \\ | \\ CO \end{matrix}$$

cristallise en fines aiguilles d'un rouge orangé,

brillantes, fusibles à 159°,5-160°,5, solubles dans la ligroïne bouillante, le benzène, l'acétone, l'éther [Bamberger et Grob, *D. chem. G.*, 33, 533, 1901; voyez aussi Petrenko-Kritschenko et Eltchaninoff, *Journ. Soc. chim. russe*, 33, 374, 1901].

La rétène-quinone a reçu quelques applications pour la préparation de matières colorantes, par condensation avec divers acides arylhydrazinosulfoniques [*Act. Ges. f. Chem. Ind.* Rheinau D. R. P. 46 746]. Juin 1907. P. Carré.

RÉTÈNE-FLUORÈNE,

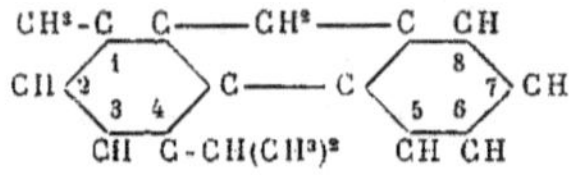

$$\text{CH}^3\text{-C} \quad \text{C} \longrightarrow \text{CH}^2 \longrightarrow \text{C} \quad \text{CH}$$

(l'anneau de gauche portant les positions 1, 2, 3, 4 ; C—C central ; l'anneau de droite portant les positions 8, 7, 5, 6)

$$\text{CH} \quad \text{C-CH(CH}^3)^2 \qquad \text{CH} \quad \text{CH}$$

(*méthyl-1-isopropyl-4-fluorène*). — On le prépare en réduisant la rétène-cétone par la poudre de zinc, ou en chauffant cette cétone avec l'acide iodhyrique et le phosphore à 150° [Bamberger et Hooker, *Ann. Chem.*, 229, 142, 1885]. Elle cristallise dans l'alcool en lamelles fusibles à 96°,5-97°. Fondue, ou en solution dans l'alcool, elle possède une fluorescence violette. Traitée par l'acide nitrique de densité 1,43 elle fournit le *dinitrorétène-fluorène* $C^{16}H^{14}(AzO^2)^2CH^2$, qui cristallise dans l'acide acétique en aiguilles jaune paille, fusibles vers 245° après s'être colorées en brun à 2 0°.

RÉTÈNE-FLUORÈNE-CÉTONE, *rétène-cétone*, $C^{16}H^{12}$- CO-C^6H^4. — Elle se forme en faible quantité quand on traite la rétène-quinone par le permanganate, ou bien l'acide rétène-glycolique par le mélange chromique [Bamberger et Hooker, *Ann. Chem.*, 229, 136, 1885] Pour la préparer, on distille un mélange de 1 p. de rétène-quinone avec 9 p. d'oxyde jaune de plomb.

La rétène-cétone cristallise dans l'alcool en prismes épais fusibles à 90° [OEbbecke, *Ann. Chem.*, 229, 139, 1885], solubles dans l'éther, le chloroforme, le benzène et la ligroïne; elle est volatile avec la vapeur d'eau. Elle réagit facilement sur la phénylhydrazine, mais elle ne réagit pas sur l'hydroxylamine.

La réduction de sa solution alcoolique par l'amalgame de sodium ou par le zinc et l'acide chlorhydrique fournit l'alcool secondaire correspondant, l'*alcool rétène-fluorénylique* $C^{16}H^{12}$-$CHOH$-C^6H^4. Ce dernier cristallise dans l'alcool en aiguilles brillantes fusibles à 133-134°. Son *acétate* $C^{17}H^{17}$. $C^2H^3O^2$ fond à 70-71° [Bamberger et Hooker, *Ann. Chem.*, 229, 141, 1885]. Juin 1907. P. Carré.

RÉTICULINE. — Cet albumoïde constitue par ses fibres une partie de la substance de soutien des glandes lymphatiques. On le trouve aussi dans la rate, la muqueuse intestinale, le rein, le foie, les vésicules pulmonaires. Il est insoluble dans l'eau, les alcalis et les acides étendus; la pepsine chlorhydrique ou la trypsine ne l'attaquent pas. Tebb a soutenu que ce corps n'est que du collagène impur [Siegfried, *Jahresb. de Maly*, 22, 14, 1892; — C. Tebb, *ibid.*, 29, 482, 1899]. E. Lambling.

RÉTININDOL. — Voy. l'art. OXINDOL, 634.

RÉTINOL. — Voy. ROSOLÈNE.

RETZIANE (Min.) (Sjögren). — Arséniate basique de manganèse, de calcium, etc., hydraté, en cristaux orthorhombiques, dans les cavités du calcaire manganésifère de la mine de Moss, Nordmark, Suède. Couleur brune, éclat vitreux, presque gras, translucide; pas de clivage. Densité = 4,15. L. Bourgeois.

RÉUNIOL. — Voy. l'art. TERPÉNIQUE (SÉRIE).

RÉVERTOSE. — Nom donné par Hill à un biose qui se forme par la réversion du glucose sous l'action de la levure. Son *osazone* cristallise en aiguilles [Hill, *Chem. Soc.*, 83, 578, 1903]. P. Carré.

RHABDOPHANE (Min.) (Lettsom). Syn. *Scovillite*. — Phosphate hydraté de didyme, erbium, etc., $R^2O^3.P^2O^5, 2H^2O$, en rognons fibreux brun jaune, voisin de la xénotime, optiquement uniaxe, de Cornouailles. Soluble dans l'acide chlorhydrique. Infusible au chalumeau, réactions du didyme. Dureté = 3,5. Densité = 3,94-4,01. L. Bourgeois.

RHAGITE (Min.) (Weisbach). — Arséniate de bismuth hydraté, $5Bi^2O^3.2As^2O^5, 8H^2O$. Sphérolites microcristallins, d'un vert pâle, à éclat cireux, avec walpurgine et minerais d'urane, à la mine Weisser Hirsch, près Schneeberg, Saxe. Soluble dans l'acide chlorhydrique, difficilement dans l'acide nitrique. Dans le tube, donne de l'eau et décrépite. Fusible sur le charbon. Dureté = 5. Densité = 6,82. L. Bourgeois.

RHAMNAZINE, RHAMNÉTINE. — Voy. QUERCÉTINE.

RHAMNINASE, RHAMNINITE. — Voy. l'art. RHAMNINOSE.

RHAMNINOSE, $C^{18}H^{32}O^{14}$. — Le rhamninose est un sucre qui se prépare en hydrolysant la xanthorhamnine par la *rhamninase* (ferment retiré des fruits du rhamnus infectoria).

Ses principales réactions conduisent à le regarder comme un *saccharotriose* qui, en s'hydratant sous l'influence des acides étendus, se dédouble en 2 molécules de rhamnose et 1 molécule de galactose [Tanret, *C. R.*, 129, 726, 1899].

Son poids moléculaire a été vérifié par la cryoscopie [Tanret, *Bull. Soc. Chim.*, 23, 99, 1900; voyez aussi Ponsot, *ibid.*, 23, 145, 1900].

Le rhamnose est soluble dans l'eau en toutes proportions. Il est lévogyre, $[\alpha]_D = -41°$, sans birotation. Il se ramollit à 135° et fond à 140° en se décomposant.

Son *éther octacétique* se ramollit à 95°.

Lorsqu'on réduit le rhamninose par l'amalgame de sodium, il fixe 2 atomes d'hydrogène pour donner la *rhamninite* $C^{18}H^{34}O^{14}$, qui, par hydrolyse, fournit 2 molécules de rhamnose et 1 molécule de dulcite.

Le rhamninose, oxydé par l'eau de brome, est transformé en *acide rhamninotrionique*, $C^{18}H^{32}O^{15}$, lequel s'hydrolyse sous l'influence des acides étendus en donnant 2 molécules de rhamnose et 1 molécule d'acide galactonique [Tanret, *Bull. Soc. Chim.*, 24, 1012, 1065, 1899]. Juin 1907. P. Carré.

RHAMNINOTRIONIQUE (ACIDE). — Voy. RHAMNINOSE.

RHAMNITE, *hexanepentol* $1.\dfrac{2.3}{4}.5,$

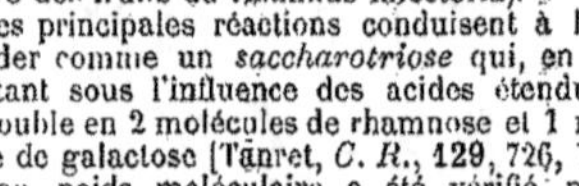

$$\text{CH}^2\text{OH} - \overset{\displaystyle \text{OH}}{\underset{\displaystyle \text{H}}{\text{C}}} - \overset{\displaystyle \text{OH}}{\underset{\displaystyle \text{H}}{\text{C}}} - \overset{\displaystyle \text{H}}{\underset{\displaystyle \text{OH}}{\text{C}}} - \text{CHOH} - \text{CH}^3$$

— La rhamnite s'obtient en hydrogénant le rhamnose par l'amalgame de sodium, à basse température, et en maintenant la liqueur légèrement acide.

Après cristallisation dans l'acétone, la rhamnite fond à 121° (Fischer), 122-123° [Vignon et Gérin, *Bull. Soc. Chim.*, 27, 31, 1901]; elle distille à la pression ordinaire en se décomposant partiellement; elle est très soluble dans l'eau et dans l'alcool, peu soluble dans l'acétone. Son pouvoir rotatoire est $\alpha_D = + 10°.7$ [Fischer et Tafel, *D. chem. G.*, 21, 1657, 1888; — Fischer et Piloty, *ibid.*, 23, 3102].

Le *diformal* de la rhamnite, $C^6H^{10}O^5(CH^2)^2$, se présente en aiguilles fusibles à 138–139°, sublimables. $\alpha_D = + 9°$. Traité par le chlorure de benzoyle en présence de la soude, il fournit un *dérivé monobenzoylé*, $C^6H^9O^4(CH^2)^2(C^7H^5O^2)$, fusible à 136-137° [Weber et Tollens, *D. chem. G.*, 30, 2510, 1897].

La *rhamnite pentanitrée*, $CH^3-(CHAzO^3)^4-CH^2(AzO^3)$, est une pâte blanche incristallisable [Vignon et Gerin, *loc. cit.*]. P. Carré.

RHAMNOCHRYSINE. — Voy. l'art. suivant.

RHAMNOCITRIN. — Les fruits du rhamnus cathartica renferment des substances jaunes qui sont, le *rhamnocitrin*, la *rhamnolutine* et la *rhamnochrysine*; la rhamnochrysine paraît être un produit d'oxydation du rhamnocitrin [Tschirch et Polacco, *Arch Pharm.*, 238, 459, 1900]. Juin 1907. P. Carré.

RHAMNOHEPTONIQUE (ACIDE), *octane-hexoloïque-2·$\frac{4.5}{3.6}$·7*,

$$\begin{array}{c}
\ \ \ \ \ \ H \ \ \ OH \ \ OH \ \ H \\
\ \ \ \ \ \ | \ \ \ \ | \ \ \ \ | \ \ \ \ | \\
CO^2H-CHOH-C-C-C-C-CHOH-CH^3 \\
\ \ \ \ \ \ | \ \ \ \ | \ \ \ \ | \ \ \ \ | \\
\ \ \ \ \ \ OH \ \ H \ \ \ H \ \ \ OH
\end{array}$$

— Cet acide résulte de l'hydratation du nitrile obtenu en fixant l'acide cyanhydrique sur le rhamnohexose.

La *lactone rhamnoheptonique* se ramollit à 158° et fond à 160°: elle est très soluble dans l'eau, moins soluble dans l'alcool: $[\alpha]_D = + 55°,6$.

La *phénylhydrazide*, $C^8H^{15}O^7 \cdot Az^2H^2C^6H^5$, cristallise dans l'eau en fines aiguilles blanches, fusibles en se décomposant un peu au-dessus de 215° [Fischer et Piloty, *D. chem. G.*, 23, 3102, 1890]. Juin 1907. P. Carré.

RHAMNOHEPTOSE, *méthylheptose*, *octane-hexotal-2·$\frac{4.5}{3.6}$·7*,

$$\begin{array}{c}
\ \ \ \ \ \ H \ \ \ OH \ \ OH \ \ O \\
\ \ \ \ \ \ | \ \ \ \ | \ \ \ \ | \ \ \ \ | \\
CHO-CHOH-C-C-C-C-CHOH-CH^3 \\
\ \ \ \ \ \ | \ \ \ \ | \ \ \ \ | \ \ \ \ | \\
\ \ \ \ \ \ OH \ \ H \ \ \ H \ \ \ OH
\end{array}$$

— Ce composé se prépare en réduisant la lactone rhamnoheptonique par l'amalgame de sodium.

C'est un sirop très soluble dans l'eau et dans l'alcool, qui jusqu'à présent n'a pas cristallisé; son pouvoir rotatoire a été trouvé voisin de + 8°,4.

La *phénylhydrazone*, $C^{14}H^{22}Az^2O^6$, forme des aiguilles incolores fusibles vers 200° en se décomposant.

La *phénylosazone*, $C^{20}H^{26}Az^4O^5$, cristallise en aiguilles jaunes fusibles vers 200° en se décomposant [Fischer et Piloty, *D. chem. G.*, 23, 3102, 1890]. Juin 1907. P. Carré.

RHAMNOHEXITE, *heptane-hexol-1·$\frac{3.4}{2.5}$·6*,

$$\begin{array}{c}
\ \ \ \ \ \ H \ \ \ OH \ \ OH \ \ H \\
\ \ \ \ \ \ | \ \ \ \ | \ \ \ \ | \ \ \ \ | \\
CH^2OH-C-C-C-C-CHOH-CH^3 \\
\ \ \ \ \ \ | \ \ \ \ | \ \ \ \ | \ \ \ \ | \\
\ \ \ \ \ \ OH \ \ H \ \ \ H \ \ \ OH
\end{array}$$

— La rhamnohexite se prépare en réduisant le rhamnohexose de la lactone-α-rhamnohexonique par l'amalgame de sodium.

Elle cristallise en petits prismes incolores fusibles à 173°, solubles dans les alcools méthy-lique et éthylique; $[\alpha]_D = + 14°$ [Fischer et Piloty, *D. chem. G.*, 23, 3102, 3827, 1890].
Juin 1907. P. Carré.

RHAMNOHEXONIQUES (ACIDES) $C^7H^{14}O^7$. — 1° ACIDE α, *acide heptane-pentoloïque-$\frac{3.4}{2.5}$·6, acide rhamnose-carbonique*,

$$\begin{array}{c}
\ \ \ \ \ \ H \ \ \ OH \ \ OH \ \ H \\
\ \ \ \ \ \ | \ \ \ \ | \ \ \ \ | \ \ \ \ | \\
CO^2H-C-C-C-C-CHOH-CH^3 \\
\ \ \ \ \ \ | \ \ \ \ | \ \ \ \ | \ \ \ \ | \\
\ \ \ \ \ \ OH \ \ H \ \ \ H \ \ \ OH
\end{array}$$

— Cet acide s'obtient en appliquant au rhamnose la réaction de Kiliani (fixation de l'acide cyanhydrique et hydratation du nitrile formé).

La *lactone-α-rhamnohexonique* cristallise en fines aiguilles qui se ramollissent à 162° et fondent à 168° [Fischer et Tafel, *D. chem. G.*, 21, 1657, 2173, 1888]; à 169° [Will et Peters, *ibid.*, 21, 1813]; elle est très soluble dans l'eau et dans l'alcool, peu soluble dans l'éther; $[\alpha]_D = + 83°,8$ [Fischer et Piloty, *D. chem. G.* 23, 3102].

La réduction de cette lactone par l'acide iodhydrique fournit l'acide heptylique normal. L'oxydation par l'acide nitrique la transforme en acide mucique; ce qui confirme la formule attribuée à ce composé [Fischer et Tafel, *loc. cit.*]. Elle ne se combine pas à l'aldéhyde formique [Weber et Tollens, *D. chem. G*, 30, 2510, 1897].

Le *sel de brucine* fond à 120-123° [Fischer et Morell, *D. chem. G.*, 27, 382, 1894]; il a été préparé aussi les sels de *calcium*, de *baryum* et de *cadmium*.

La *phénylhydrazide*, $C^7H^{13}O^6Az^2H^2(C^6H^5)$ fond en se décomposant vers 210° [Fischer et Morell, *loc. cit.*: — Fischer et Passmore, *D. chem. G.* 22, 2728, 1889].

2° ACIDE β, *acide heptane-pentoloïque-$\frac{2.3.4}{5}$·6*,

$$\begin{array}{c}
\ \ \ \ \ \ OH \ \ OH \ \ OH \ \ H \\
\ \ \ \ \ \ | \ \ \ \ | \ \ \ \ | \ \ \ \ | \\
CO^2H-C-C-C-C-CHOH-CH^3 \\
\ \ \ \ \ \ | \ \ \ \ | \ \ \ \ | \ \ \ \ | \\
\ \ \ \ \ \ H \ \ \ H \ \ \ H \ \ \ OH
\end{array}$$

— L'acide α-rhamnohexonique, en solution aqueuse, chauffé à 150–155° en présence de pyridine, se transforme partiellement en un isomère, l'*acide β-rhamnohexonique*, qui résulte de l'inversion du groupe asymétrique·2 [Fischer et Morell, *D. chem. G.*, 27, 382, 1894].

La *lactone-β-rhamnohexonique* cristallise en petites lamelles incolores fusibles vers 134-138°, très solubles dans l'eau et dans l'alcool, $[\alpha]^{20} = + 43°,3$. Chauffée à 150° avec la pyridine, elle est partiellement ramenée à la forme α.

Le *sel de brucine* fond à 114-118°.

La *phénylhydrazide* fond en se décomposant vers 170° [Fischer et Morell, *loc. cit.*]. Juin 1907. P. Carré.

RHAMNOHEXOSES, *méthylhexoses*, $C^7H^4O^5$. — Le *dérivé α* ou *heptane-pentolal-$\frac{3.4}{2.5}$·6*,

$$\begin{array}{c}
\ \ \ \ \ \ H \ \ \ OH \ \ OH \ \ H \\
\ \ \ \ \ \ | \ \ \ \ | \ \ \ \ | \ \ \ \ | \\
CHO-C-C-C-C-CHOH-CH^3 \\
\ \ \ \ \ \ | \ \ \ \ | \ \ \ \ | \ \ \ \ | \\
\ \ \ \ \ \ OH \ \ H \ \ \ H \ \ \ OH
\end{array}$$

s'obtient en réduisant la lactone-α-rhamnohexonique. Il cristallise en prismes fusibles à 180-181°; il est peu soluble dans l'alcool absolu. $[\alpha] = — 61°,4$. Sa *phénylhydrazone* est très soluble dans l'eau.

Sa *phénylosazone* forme de fines aiguilles jaunes très solubles dans l'eau, fusibles en se décomposant vers 200° [Fischer. *D. chem. G.*, 23, 930, 1890; — Fischer et Piloty, *D. chem. G.*, 23, 3102, 3827].

Le *dérivé* β, ou *heptane-pentolal-*$\frac{2.3.4}{5}$.6,

$$CHO-\overset{\overset{\textstyle OH}{|}}{\underset{\underset{\textstyle OH}{|}}{C}}-\overset{\overset{\textstyle OH}{|}}{\underset{\underset{\textstyle H}{|}}{C}}-\overset{\overset{\textstyle OH}{|}}{\underset{\underset{\textstyle H}{|}}{C}}-\overset{\overset{\textstyle H}{|}}{\underset{\underset{\textstyle OH}{|}}{C}}-CHOH-CH^3$$

a été signalé par Fischer dans la réduction de la lactone-β-rhamnohexonique. Son osazone est identique à celle du dérivé α [Fischer et Morell, *D. chem. G.*, 27, 382, 1894]. P. Carré.

RHAMNOLUTINE. — Voy. l'art. RHAMNOCITRIN.

RHAMNONIQUE (ACIDE), *acide isodulcitonique*, *acide hexane-tétroldioïque-*$\frac{2.3}{4}$.5,

$$CO^2H-\overset{\overset{\textstyle OH}{|}}{\underset{\underset{\textstyle H}{|}}{C}}-\overset{\overset{\textstyle OH}{|}}{\underset{\underset{\textstyle H}{|}}{C}}-\overset{\overset{\textstyle H}{|}}{\underset{\underset{\textstyle OH}{|}}{C}}-CHOH-CH^3$$

— L'acide rhamnonique se prépare en oxydant le rhamnose par l'eau de brome [Will et Peters, *D. chem. G.*, 21, 1813; — Rayman, *ibid.*, 21, 2046, 1889; — Fischer et Herborn, *ibid.*, 29, 1961, 189·; — Scheele et Tollens, *Ann. Chem.*, 271, 68, 1892].

La *lactone rhamnonique*, $C^6H^{10}O^5$, fond à 148° (Will et Peters); à 140-142° (Rayman); à 150-152° (Schneele et Tollens); elle est très soluble dans l'eau et dans l'alcool. Son pouvoir rotatoire est $[\alpha]_D = -39°,06$ (Rayman); — 37°,46 (Schneele et Tollens). Le pouvoir rotatoire de l'acide rhamnonique est inférieur à celui de sa lactone; il augmente avec la température, pour diminuer de nouveau par refroidissement; ces variations sont dues aux équilibres qui s'établissent entre les deux composés, acide et lactone (Schneele et Tollens).

La réduction par le phosphore rouge et l'acide iodhydrique fournit un acide gras non déterminé en une lactone qui distille vers 210° [Will et Peters, *loc. cit.*].

La dégradation de l'acide rhamnonique par l'eau oxygénée et l'acétate ferrique permet de passer du rhamnose au méthyltétrose [Raff, *D. chem. G.*, 35, 2360, 1902].

Le *sel de strontium*, $(C^6H^{11}O^6)^2Sr + 7H^2O$, est cristallin. Le *sel de brucine* fond à 126°.

Le *formal*, $C^6H^8O^5(CH^2)$, fond à 178-180°; $[\alpha]_D = -85°,4$ [Weber et Tollens, *D. chem. G.*, 30, 2510, 1897].

La *phénylhydrazide*, $C^6H^{11}O^5Az^2H^2(C^6H^5)$, fond en se décomposant vers 186-190° [Fischer et Morell, *D. chem. G.*, 27, 382, 1894].

Le *nitrile tétracétylrhamnonique*, $CH^3-(CH. C^2H^3O^2)^4-CAz$, obtenu par ébullition de l'oxime du rhamnose avec un mélange d'anhydride acétique et d'acétate de sodium, fond à 69-70°. Traité par une solution ammoniacale d'argent, il perd une molécule d'acide cyanhydrique et conduit au méthyltétrose [Fischer, *D. chem. G.*, 29, 1377, 1896].

ACIDE ISORHAMNONIQUE, *acide hexane-tétroloïque-*$\frac{3}{2.4}$.5,

$$CO^2H-\overset{\overset{\textstyle OH}{|}}{\underset{\underset{\textstyle H}{|}}{C}}-\overset{\overset{\textstyle OH}{|}}{\underset{\underset{\textstyle H}{|}}{C}}-\overset{\overset{\textstyle H}{|}}{\underset{\underset{\textstyle OH}{|}}{C}}-CHOH-CH^3$$

—L'acide isorhamnonique se prépare en isomérisant l'acide rhamñonique, par l'action de la pyridine aqueuse à 150°.

La *lactone-isorhamnonique*, $C^6H^{10}O^5$, cristallise en tables fusibles vers 152-154°. Immédiatement après sa dissolution $[\alpha]_D = -62°$; après 24 heures, $[\alpha]_D = -5°,2$; ce changement est dû à l'hydratation de la lactone.

Le *sel de brucine* fond à 165-167°.

La *phénylhydrazide*, $C^{12}H^{18}Az^2O^5$, fond à 152°; elle est très soluble dans l'eau [Fischer et Herborn, *D. chem. G.*, 29, 1961, 1896].

Juin 1907. P. Carré.

RHAMNOOCTONIQUE (ACIDE), *acide nonane-heptoloïque-*$2.3.\frac{5.6}{4.7}$.8,

$$CO^2H-(CHOH)^2-\overset{\overset{\textstyle H}{|}}{\underset{\underset{\textstyle OH}{|}}{C}}-\overset{\overset{\textstyle OH}{|}}{\underset{\underset{\textstyle H}{|}}{C}}-\overset{\overset{\textstyle OH}{|}}{\underset{\underset{\textstyle H}{|}}{C}}-\overset{\overset{\textstyle H}{|}}{\underset{\underset{\textstyle OH}{|}}{C}}-CHOH-CH^3$$

— Cet acide s'obtient en appliquant au rhamnoheptose la réaction de Kiliani.

La *lactone rhamnooctonique* cristallise en aiguilles incolores fusibles à 171-172°; $[\alpha]_D = -50°,8$.

La *phénylhydrazide rhamnooctonique*, $C^9H^{17}O^8Az^2H^2(C^6H^5)$, cristallise en fines aiguilles blanches, peu solubles dans l'eau, fusibles en se décomposant vers 220° [Fischer et Piloty, *D. chem. G.*, 23, 3102, 1891]. P. Carré.

RHAMNOOCTOSE. — Lorsqu'on réduit la lactone rhamnooctonique par l'amalgame de sodium, il se forme un sucre réducteur qui est probablement le *rhamnooctose*; ce sucre donne une osazone insoluble dans l'eau, fusible vers 216° [Fischer et Piloty, *D. chem. G.*, 23, 3102, 1891]. Juin 1907. P. Carré.

RHAMNOSE, *isodulcite*, *hexane-tétrolal-*$\frac{2.3}{4}$.5 (voyez 1er Suppl., 964),

$$CHO-\overset{\overset{\textstyle OH}{|}}{\underset{\underset{\textstyle H}{|}}{C}}-\overset{\overset{\textstyle OH}{|}}{\underset{\underset{\textstyle H}{|}}{C}}-\overset{\overset{\textstyle OH}{|}}{\underset{\underset{\textstyle OH}{|}}{C}}-CHOH-CH^3$$

— Le rhamnose se rencontre dans les produits de l'hydrolyse : de la fisétine [Schmidt, *D. chem. G.*, 19, 1734, 1886]; de la franguline [Thorpe et Miller, *Chem. Soc.*, 61, 1, 1892; — Schwabe, *Chem. Zeit.*, 12, 229]; de l'hespéridine [Will, *D. chem. G.*, 18, 1311; 20, 1186; — Tanret, *Bull. Soc. Chim.*, 49, 1, 20, 1888]; de la datiscine [Schunck et Marchlewski, *Ann. Chem.*, 277, 261; 278, 349, 1893]; de la rutine [Schunck, *Chem. Soc.*, 53, 262, 1889]; de la strophantine [Arnaud, *C. R.*, 126, 346, 1208 1898]; du méthylstrophantobioside [Feist, *D. chem. G.*, 33, 2091, 1899]; de la myricétine [Perkin, *Chem. Soc.*, 81, 203, 1902]. de la robinine [Perkin, *Chem. Soc.*, 81, 473; — Valiaschko, *Journ. Soc. phys. chim. russe*, 36, 421, 19904]; de l'acocanthérine [Faust, *Arch. f. expér. Path.*, 48, 272, 1902]; de la solanine [Zeisel et Wittmann, *D. chem. G.*, 36, 3554, 1903; — Votoceck et Vondracek, *ibid.*, 36, 4372; — Witthmann, *Mon. f. Chem.*, 36, 445, 1905].

Préparation. — Le rhamnose se prépare facilement au moyen des résidus de la fabrication industrielle de l'extrait de quercitron; on les fait bouillir avec de l'acide sulfurique à 10 0/0 et on neutralise par le carbonate de baryum; la liqueur filtrée concentrée à sirop laisse dépser le rhamnose cristallisé avec un rendement de 8 à

10 0/0 [Raymann, *Bull. Soc. Chim.*, 47, 668, 1887]. On peut aussi le retirer du bois jaune ou de la graine d'Avignon [Maquenne, *Ann. Chim. Phys.*, 23, 76, 1891].

Constitution. — Ce sucre fut tout d'abord rangé dans la classe des mannites, sous le nom d'*isodulcite*, avec la formule $C^6 H^{14} O^6$; on a montré depuis que l'isodulcite n'était pas un isomère des hexites, mais l'hydrate d'un sucre aldéhydique. $C^6 H^{12} O^5$; son nom fut changé en celui de *rhamnose*, qui rappelle son origine et ses analogies avec le glucose [Rayman et Kruis, *Bull. Soc. Chim.*, 48, 632, 1887; — Fischer et Tafel, *D. chem. G.*, 20, 1088; 21, 1657, 1888]. Son poids moléculaire a été vérifié par la cryoscopie [Brown et Morris, *Chem. Soc.*, 53, 610, 1888]. L'ébullioscopie de ses solutions alcooliques fournit des nombres trop élevés, probablement par suite de la formation d'alcoolates [Paizek et Sule, *D. chem. G.*, 26, 1408, 1893].

La représentation du rhamnose par une chaîne linéaire est justifiée par ce fait que l'acide α-rhamnohexonique, qui en dérive par la réaction de Kiliani, fournit l'acide heptylique normal par réduction iodhydrique. L'existence d'un groupement aldéhydique également indiqué par la réaction précédente, est confirmée par la formation d'acide rhamnonique $C^6 H^{12} O^6$, quand on oxyde le rhamnose par l'eau de brome, et par ce fait que le rhamnose distillé avec un acide minéral étendu donne une grande quantité de méthylfurfurol [Maquenne, *C. R.*, 109, 603, 1889; — Fischer et Tafel, *D. chem. G.*, 21, 2173, 1888].

La configuration stéréochimique du rhamnose est partiellement indiquée par l'oxydation nitrique qui le transforme en acide *l*-trioxyglutarique, et par l'oxydation des deux acides rhamnohexoniques qui fournit les acides mucique et *l*-talomucique; ces réactions nécessitent l'arrangement $\frac{2.3}{4}$ des trois premiers groupes asymétriques; quant au quatrième, il répond peut-être à l'arrangement $\frac{2.3}{4.5}$; cette disposition permettrait en effet d'expliquer facilement la formation d'acide lactique racémique par l'action de certains ferments sur le rhamnose [Tate. *Chem. Soc.*, 63. 1263, 1893; — Winther, *D. chem. G.*, 28, 3000, 1895]. Dans ce cas la configuration dans l'espace du rhamnose serait identique à celle du *l*-mannose.

Propriétés physiques. — Le rhamnose hydraté forme des cristaux clinorhombiques [Websky, *D. chem. G.*, 18, 1317, 1885], fusibles à 87-88° [Tanret, *C. R.*, 122, 86, 1896]; 90°,9 [Rayman, *Bull. Soc. Chim.*, 47, 668, 1887]; 93° [Will, *D. ch m. G.*, 18, 1311; — Gernez, *C. R.*, 124, 1150]. Il commence à se déshydrater vers 85°; anhydre. il cristallise dans l'acétone en aiguilles fusibles à 122-126° [Fischer, *D. chem. G.*, 28, 1145; 29, 324, 1896]; 108° [Tanret, *Bull. Soc. Chim.*, 15, 546, 1896].

Le rhamnose hydraté est lévogyre, en solution aqueuse fraîche $[\alpha]_D = -7°,14$ (Tanret); [voyez aussi Schnecle et Tollens. *Ann. Chem.*, 271, 61; — Jacobi, *ibid.*, 272, 170, 1892; — Gernez, *C. R.*, 119, 63; 124, 1150, 1895]; et dextrogyre dans ses solutions anciennes, $[\alpha]_D = 9°,1$ (Tanret); [voyez aussi Schnecle et Tollens; Jac bi. *loc. cit.*; — Parizek et Sule, *D. chem. G.*, 26, 1408; — Will, *D. chem. G.*, 20, 294; — Gernez, *loc. cit.*; — Rayman et Kruis, *loc. cit.*].

Le rhamnose anhydre, immédiatement après sa dissolution. donne $[\alpha]_D = +11°$ à 16° [Tanret, *Bull. Soc. Chim.*, 15, 195, 349, 546, 1896; — voyez aussi Fischer, *D. chem. G.*, 29, 324]; la rotation redevient peu à peu identique à celle du rhamnose ordinaire. La dissolution du rhamnose dans divers alcools présente un pouvoir rotatoire lévogyre compris entre — 10° et — 11°, probablement par suite de la formation d'alcoolates lévogyres dissociables par l'eau; l'*amylate*, $C^6 H^{13} O^5 (O C^5 H^{11})$, a été isolé [Rayman, *D. chem. G.*, 21, 2046, 1888]; dans l'alcool isopropylique le pouvoir rotatoire est le même qu'en solution aqueuse [Sule, *D. chem. G.*, 27, 594, 1894]. Le pouvoir rotatoire est augmenté par la présence des sels d'uranium [Grossmann, *Zeit. Ver. Rübenzuck. Ind.*, 1058, 1905].

Tanret a montré que le rhamnose existe comme le glucose sous trois formes tautomères.

La variété α est le rhamnose ordinaire $[\alpha]_D = -7°$; il se transforme sous l'action de l'eau ou de la chaleur en son isomère β, qui cristallise anhydre ou avec une demi-molécule d'eau.

Le *rhamnose-β* donne immédiatement après sa dissolution $[\alpha]_D = +10°,1$; c'est la forme habituelle du rhamnose en solution dans l'eau pure. Lorsqu'il est anhydre il ne se modifie pas, mais le contact de l'air humide suffit à le transformer en rhamnose-α.

Le *rhamnose-γ* se forme quand on chauffe le rhamnose-β à 90°; il est anhydre; son pouvoir rotatoire immédiat, qui est $[\alpha]_D = +22°,8$, diminue peu à peu jusqu'à $+10°,1$; une trace d'alcali suffit à le transformer de nouveau en rhamnose-β [Tanret, *Bull. Soc. Chim.*, 13, 625; 15, 195, 349, 1896].

Chaleur de combustion moléculaire du rhamnose, 718^{Cal},5 [Stohmann et Langbein, *J. prakt. Chem.*, 45, 305, 1892; — Berthelot, *Ann. Chim. Phys.*, 6 5, 1895].

Propriétés chimiques. — La réduction du rhamnose par l'amalgame de sodium donne la rhamnite. Oxydé par l'eau de brome il fournit l'acide rhamnonique [Fischer et Herborn, *D. chem. G.*, 29, 1961, 1896]; l'acide azotique le transforme en acide *l*-trioxyglutarique [Will et Peters, *D. chem. G.*, 22, 1697, 1889]; avec les hypoiodites alcalins il fournit un peu d'iodoforme [Raymann, *Bull. Soc. Chim.*, 47, 668, 1887].

Par ébullition avec les acides étendus le rhamnose donne du méthylfurfurol [Raymann, *loc. cit.*; — Maquenne, *C. R.*, 109, 603; — Votocek, *D. chem. G.*, 30. 1195, 1897; — Weibel et Zeisel, *Mon. f. Chem.*, 16, 283, 1895].

Caractères et dosage. — Le rhamnose réduit la liqueur de Fehling un peu moins énergiquement que le glucose ordinaire [Will, *D. chem. G.*, 18, 1311, 1885]. On le caractérise par sa transformation en méthylfurfurol, après l'avoir séparé de ses isomères au moyen de l'alcool absolu dans lequel il est plus soluble [Maquenne, *loc. cit.*]. Le dosage se fait avec la liqueur de Fehling.

Rhamnoses acétylés. — L'anhydride acétique transforme le rhamnose en un mélange de *mono-*, *di-* et *triacétines*; en présence de l'acétate de sodium il se forme la *tétracétine* $C^6 H^8 O (C^2 H^3 O^2)^4$; ces composés sont incristallisables [Raymann, *loc. cit.*].

Rhamnoses benzoylés. — Le chlorure de benzoyle en présence de la soude fournit un produit cristallisé. qui est probablement un mélange d'éthers *tri* et *tétrabenzoïque* [Raymann, *loc. cit.*].

Rhamnose tétranitrique, $C^6 H^8 O (Az O^3)^4$. — Ce composé, obtenu par nitration du rhamnose, forme des cristaux rhombiques fusibles à 135°, $[\alpha]_D = -68°,4$ [Will et Lenze, *D. chem. G.*, 34, 68, 1898].

Le rhamnose se combine aux alcools, aux aldéhydes et à l'acétone sous l'influence de l'acide chlorhydrique pour donner les dérivés suivants :

Le *rhamnoside méthylique*, $C^6H^{11}O^5(CH^3)$, fusible à 108-109°; $[\alpha]_D = -62°$ [Fischer, *D. chem. G.*, 26, 2400; 28, 1145, 1895].

Le *rhamnoside diméthylique* n'a pu être purifié; sa *phénylhydrazone* fond à 159-160°; sa condensation avec l'alcool méthylique fournit le *diméthyl-α-méthylrhamnoside* fusible à 53-55°, distillant à 158-161° sous 19 mm.

Le *rhamnoside tétraméthylique* distille à 112° sous 11 mm.; $\alpha_D^{20} = -62°,18$. Chauffé à 100° avec l'acide chlorhydrique, il est transformé en *triméthylrhamnose* $C^6H^9O^2(OCH^3)^3$ dont la *phénylhydrazone* fond à 126-128° [Purdie et Young, *Chem. Soc.*, 83, 1114, 1906].

Le *rhamnoside éthylique*, $C^6H^{11}O^5(C^2H^5)$, est un sirop incristallisable [Fischer, *loc. cit.*].

Le *rhamnoside amylique*, $C^6H^{11}O^5(C^5H^{11})$ + H^2O, est également sirupeux [Raymann, *D. chem. G.*, 21, 2046].

Le *rhamnose éthylmercaptal* fond à 135-137° [Fischer, *D. chem. G.*, 27, 673].

Le *rhamnose éthylène-mercaptal*, $C^6H^{12}O^4$ $(S^2C^2H^4)$, fond à 169° [Lawrence, *D. chem. G.*, 29, 547].

Le *rhamnose benzylmercaptal*, $C^6H^{12}O^4(SC^7H^7)^2$, fond à 125° [Lawrence, *loc. cit.*].

Le *formal*, $C^6H^{10}O^4(CH^2)$, fond à 76°; $[\alpha]_D = -18°$ [L. de Bruyn et Ekenstein, *Rec. Pays-Bas*, 22, 159, 1903].

L'*acétone rhamnoside*, $C^9H^{16}O^5$, fond à 90-91°; $[\alpha]_D = +17°,5$ [Fischer, *D. chem. G.*, 28, 1145, 1895].

L'*acétone-rhamnoside diméthylique*, $C^9H^{14}O^3$ $(OCH^3)^2$, bout à 121-124° sous 22 mm. $\alpha_D^{20} = -33°,43$ en solution dans l'alcool méthylique [Purdie et Young, *Chem. Soc.*, 89, 1114, 1906].

Rhamnosamine, $C^6H^{10}O^4AzH^3$. — Ce composé n'existe qu'à l'état de combinaison avec l'alcool méthylique, $2C^6H^{10}O^4AzH^3 + CH^4O$, fusible à 116°, $[\alpha]_D = +38°$, et avec l'alcool éthylique, $2C^6H^{10}O^4AzH^3 + C^2H^6O$, fusible à 80°, $[\alpha]_D = +28°$; ces dérivés perdent peu à peu de l'alcool et de l'ammoniac [L. de Bruyn et van Leent, *Rec. Pays-Bas*, 14, 134, 1895].

L'*oxime du rhamnose*, $C^6H^{12}O^4(AzOH)$, fond à 127-128°; $[\alpha]_D = +13,06$ [Jacobi, *D. chem. G.*, 24, 696, 1891; — Fischer, *D. chem. G.*, 29, 1377].

La *semicarbazone*, $C^7H^{15}Az^3O^5 + 1/2\ H^2O$, fond à 183°; elle donne $[\alpha]_D = +75°$ immédiatement après sa dissolution, et $[\alpha]_D = +50°$ après 120 heures [Maquenne et Goodwin, *Bull. Soc. Chim.*, 31, 1077, 1904].

La *rhamnodiazine*, $C^{18}H^{32}Az^2O^3$, se produit lorsqu'on fait réagir l'ammoniaque et l'éther acétylacétique sur le rhamnose en solution dans l'alcool méthylique; elle fond à 186° [Raymann, *loc. cit.*].

L'*anilide* du rhamnose, $C^6H^{12}O^4Az(C^6H^5)$, fond à 118° [Raymann, *D. chem. G.*, 21, 2046, 1888].

La *phénylhydrazone*, $C^{12}H^{18}Az^2O^4$, forme des lamelles incolores solubles dans 80 p. d'eau à 15° [Tanret, *Bull. Soc. Chim.*, 27, 395, 1902], fusibles à 159° [Maquenne, *Sucres*, 382, 1900]; à 154-156° [Bieler et Tollens, *Ann. Chem.*, 258, 110, 1890]; $[\alpha]_D = +54°,2$ [Jacobi, *Ann. Chem.*, 272, 170, 1882; — Fischer et Tafel, *D. chem. G.*, 20, 2566, 1887].

L'*o-nitrophénylhydrazone* fond à 162°, $[\alpha]_D = -59°$. La *m-phénylhydrazone* fond à 156°, $[\alpha]_D = -21°,4$ [Ekenstein et Blanksma, *Rec. Pays-Bas*, 32, 33, 1905]. — La *p-nitrophénylhydrazone* fond à 186°, $[\alpha]_D = +21°,4$ [Ekenstein et Blanksma, *Rec. Pays-Bas*, 22, 434, 1903].

La *méthylphénylhydrazone* fond à 124°;

$[\alpha]_D = -0°,3$ [L. de Bruyn et Ekenstein, *Rec. Pays-Bas*, 15, 225, 1896].

L'*éthylphénylhydrazone* fond à 123°; $[\alpha]_D = -11°,6$.

L'*allylphénylhydrazone* fond à 135°; elle est à peu près inactive.

L'*amylphénylhydrazone* fond à 99°; $[\alpha]_D = -6°,4$ [L. de Bruyn et Ekenstein, *loc. cit.*].

La *diphénylhydrazone* fond à 134° [Stahel, *Ann. Chem.*, 258, 242, 1890].

La *benzylphénylhydrazone* fond à 121°; $[\alpha]_D = -6°,4$ en solution méthylique.

La *β-naphtylhydrazone* fond à 170°; $[\alpha]_D = +8°,4$ en solution méthylique [L. de Bruyn et Ekenstein, *loc. cit.*].

La *phénylrhamnosazone*, $C^{18}H^{22}Az^4O^3$, fond en se décomposant vers 180° [Fischer, *D. chem. G.*, 20, 1088; 22, 87, 1889]; à 190-192° (Bertrand); $[\alpha]_D = +1°,24$ [Neuberg, *D. chem. G.*, 32, 3384, 1899]. La *p-nitrophénylrhamnosazone* fond en se décomposant à 208° [Feist, *D. chem. G.*, 33, 2098, 1900].

FERMENTATION. — Le rhamnose n'est pas altéré par la levûre de bière. Il peut subir la fermentation lactique [Tate, *Chem. Soc.*, 63, 1263, 1893].

ISORHAMNOSE, *hexane-tétrolal* $\dfrac{3}{2.4} \cdot 5$,

$$CHO - \underset{\underset{OH}{|}}{\overset{\overset{H}{|}}{C}} - \underset{\underset{H}{|}}{\overset{\overset{OH}{|}}{C}} - \underset{\underset{OH}{|}}{\overset{\overset{H}{|}}{C}} - CHOH - CH^3$$

— On l'obtient par réduction de la lactone isorhamnonique. C'est un sirop très soluble dans l'eau; $[\alpha]_D = -30°$ environ.

Sa *phénylhydrazone* cristallise difficilement; sa *phénylosazone* est identique à celle du rhamnose.

L'*éthylmercaptal*, $C^6H^{12}O^4(SC^2H^5)^2$, fond à 97-98° [Fischer et Herborn, *D. chem. G.*, 29, 1961, 1896].   Juin 1907.   P. Carré.

RHAMNOSONE, *hexane-triol* $\dfrac{3}{4} \cdot 5$*-one-2-al*,

$$CHO - CO - \underset{\underset{H}{|}}{\overset{\overset{OH}{|}}{C}} - \underset{\underset{OH}{|}}{\overset{\overset{H}{|}}{C}} - CHOH - CH^3$$

— La rhamnosone se prépare en dédoublant la phénylrhamnosazone par l'acide chlorhydrique concentré [Fischer, *D. chem. G.*, 22, 87, 1889]. Elle se forme aussi quand on oxyde le rhamnose par l'eau oxygénée en présence d'un sel ferreux [Morrell et Crofts, *Chem. Soc.*, 77, 1219; 83, 1284, 1904]. C'est un sirop incristallisable. Juin 1907.   P. Carré.

RHAPONTINE. — Voyez l'art. RHÉINE.

RHÉINE. — Voyez Dict. 2, 2° partie, 1353.

O. Hesse, en traitant la rhubarbe de Chine par divers solvants [*Ann. Chem.*, 309, 32, 1899], a obtenu, outre l'acide chrysophanique, une résine et un dépôt de *rhéine*, de *rhubarbérone* et d'*émodine* (voyez ce mot).

La *rhéine* a pour formule $C^{15}H^{10}O^6$, fond à 262-265° est peu soluble dans l'alcool et fournit un *dérivé diacétylé*.

La *rhubarbérone*, $C^{15}H^{10}O^5$, cristallise dans l'alcool chaud en lamelles jaunes fusibles à 212°, peu solubles dans l'éther et l'acide acétique, insolubles dans l'eau, solubles à chaud dans le carbonate de sodium avec une couleur pourpre, transformables par l'acide iodhydrique en *rhubarberhydranthrone* $C^{15}H^{12}O^4$, lamelles microscopiques jaunes. fusibles à 215-220°, peu solubles dans l'alcool, l'éther, le benzène.

D'après le même auteur, les rhubarbes d'Autriche et d'Angleterre ne contiennent ni émodine, ni rhéine, ni rhubarbérone. mais un nouveau principe, la *rhaponticine* $C^{21}H^{21}(OCH^3)O^8$, soluble dans le carbonate de sodium. cristallisant en prismes jaunâtres, fusibles à 235° en se décomposant, peu solubles dans l'eau, l'alcool, le benzène et donnant un *dérivé tétracétylé*.

Les formules attribuées par Hesse à la rhubarbérone et à la rhéine, ainsi qu'à l'acide chrysophanique et à l'émodine ont été contestées par Liebermann [*Ann. Chem.*, 310, 364, 1900].

Tschirch et Heuberger [*Arch. d. Pharm.*, 230, 596, 1902] ont établi que la rhéine serait un produit de dédoublement des anthraglucosides renfermées dans les rhubarbes de Chine, que sa formule serait $C^{15}H^8O^6$ et qu'elle serait un éther méthylénique d'une tétraoxyanthraquinone.

Les tannoglucosides, contenus dans les mêmes rhubarbes. constitueraient l'*acide rhéotannique* qui, d'après Gilson [*Bull. Assoc. belg. Chim.*, 17. 89. 1903; *C. R.*. 136. 385, 1903], serait un mélange complexe d'où il aurait isolé deux glucosides cristallisés de l'acide gallique : la *glucogalline* et la *rhéotétrarine*. Le premier de ces corps, $C^{13}H^{16}O^{10}$, se dédouble par hydrolyse en acide gallique et glucose; le second, $C^{32}H^{32}O^{12}$, cristallise en tables incolores fusibles à 204-205°. en se décomposant; il se dédouble par hydrolyse en d-glucose, acides gallique et cinnamique et en une nouvelle substance aldéhydique. la *rhéosmine* $C^{12}H^{10}O^2$. Cette dernière matière se présente en aiguilles rhombiques, fondant à 79°,5, peu solubles dans l'eau, solubles dans l'alcool, l'acétone, l'éther, les alcalis.

1er juillet 1907. A. Hébert.

RHÉOSMINE. RHÉOTANNIQUE (ACIDE). RHÉOTÉTRARINE. — Voyez l'art. RHÉINE.

RHINACANTHINE. — Voyez 1er Suppl., 1391.

RHIZOCARPIQUE, RHIZONIQUE (ACIDES). — Voy. l'art. Lichens.

RHODAMINES. — Voy. l'art. FLUORESCÉINE.

RHODINAL (chlorhydrate de paramidophénol). — Voy. l'art. PHÉNOL.

RHODINAL, RHODINOL. — Voyez TERPÉNIQUE (Série).

RHODIUM. — ETAT NATUREL. — La sperrylite, minerai de platine arsénié trouvé dans le Canada. contient du rhodium [Wells, *Jour. Chem. Soc.*, 56, 471, 1889].

Extraction. — Voyez IRIDIUM.

PROPRIÉTÉS PHYSIQUES. — Chauffé au four électrique, le rhodium entre en ébullition; les vapeurs condensées donnent de petits cristaux [Moissan. *C. R.*. 142, 194, 1906; *Bull. Soc. Chim.*, (3). 35, 272, 1906].

L'influence du champ magnétique sur le spectre du rhodium a été étudiée par Purvis [*Proc. Chem. Soc.*, 21, 241, 1905 : *Proc. Cambridge Phil. Soc.* (8), 6, 325, 1906].

Le rhodium colloïdal a été obtenu par des procédés semblables à ceux qui permettent d'obtenir l'iridium [Lottermoser, *Ueber anorg. Kolloïde*, Stuttgart, 1901; — Gutbier et Hofmeier, *J. prakt. Chem.*, (2), 71, 452, 1905]. Il colore en brun la perle du borax [Donau, *Monatshefte Chem.*, 25, 913, 1904].

PROPRIÉTÉS CHIMIQUES. — La mousse de rhodium n'absorbe pas l'hydrogène [Quenessen, *C. R.*, 139, 795, 1904].

Le rhodium n'est pas attaqué à froid par l'acide chlorhydrique en présence de l'air; mais

chauffé avec de l'acide chlorhydrique et de l'oxygène en tube scellé. il est attaqué dès 150° [Matignon, *C. R.*, 137, 1051, 1903].

Le noir de rhodium provoque des réactions analogues à celles du palladium hydrogéné [Hoppe-Seyler. *D. chem. G.*, 16, 117, 1883].

APPLICATIONS. — M Le Chatelier a proposé l'emploi du couple thermo-électrique platine-platine rhodié [*C. R.*, 102, 819, 1886].

ALLIAGES DE RHODIUM. — *Rhodium et bismuth*. — [Rössler, *Chem. Zeit.*, 24, 733, 1900].

Rhodium et étain. — [Debray, *C. R.*, 104, 1470 et 1577, 1887].

Rhodium et plomb. — [Debray, *C. R.*, 104, 1577, 1887 ; — Roberts-Austen, *Phil. Trans.*, 187-A, 383, 1896].

Rhodium et cuivre. — [Debray, *C. R.*, 104, 1577, 1887].

Rhodium et argent. — [Rössler, *Chem. Zeit.*, 24, 733, 1900].

Rhodium et or. — [Rössler, *ibid.*].

Rhodium et platine. — [Barus, *Phil. Magaz.*, (5), 34, 376, 1892; — Matthey, *Proc. Roy. Soc.*, 54, 447, 1892; — Dewar et Fleming, *Phil. Magaz.*, (5), 34, 326. 1892; — Holborn et Henning, *Monatsber. preüss. Akad.*, 936, 1902].

CHLORURES DE RHODIUM. — *Sesquichlorure anhydre*, Rh^2Cl^6. — On l'obtient en chauffant le chlorure chloropurpuréorhodique dans un courant de chlore [Jörgensen, *J. prakt. Chem.*, (2), 27, 433, 1883].

Un meilleur procédé consiste à traiter par le chlore à la température de 440° l'alliage de rhodium et d'étain $RhSn^3$ [Leidié, *C. R.*, 106, 1076, 1888; — *Ann. Chim. Phys.*, (6), 17, 265, 1889].

On peut encore chauffer à 440° dans un courant de chlore sec le chlorure double de rhodium et de potassium, ou celui de rhodium et de sodium, ou celui de rhodium et d'ammonium, préalablement desséchés à 100°-105° [Leidié, *C. R.*, 129, 1249, 1899].

Sesquichlorure hydraté, $Rh^2Cl^6, 8H^2O$. — Le meilleur procédé pour l'obtenir consiste à attaquer le rhodium par le chlore en présence d'un excès de sel marin. On dissout ensuite le produit de l'attaque dans l'eau. Après addition d'acide chlorhydrique, refroidissement et séparation des cristaux de sel marin déposés, on obtient par évaporation le sesquichlorure de rhodium hydraté [Leidié, *C. R.*, 129, 1249, 1899].

Bichlorure. — D'après Leidié, le corps obtenu en attaquant un sulfure de rhodium par le chlore n'est pas un composé défini [*Ann. Chim. Phys.*, (6), 17, 259, 1889].

OXYDES DE RHODIUM. — *Protoxyde*. — Les expériences de Berzélius, de Wilm et de Claus ont été reprises par Leidié [*Ann. Chim. Phys.*, (6), 17, 280, 1889]. D'après cet auteur, les corps que l'on obtient soit en oxydant le rhodium, soit en décomposant son sesquioxyde par la chaleur, ne correspondent à aucune formule simple.

Bioxyde hydraté. — Quand on électrolyse une dissolution dans laquelle le rhodium est combiné à l'acide oxalique, on recueille au pôle positif un dépôt vert foncé qui se dissout dans l'acide chlorhydrique avec dégagement de chlore et est par conséquent un peroxyde de rhodium [Joly et Leidié, *C. R.*, 112, 793, 1891].

SULFURES DE RHODIUM. — *Protosulfure*. — D'après Leidié, ce corps ne serait probablement pas un composé défini [*Ann. Chim. Phys.*, (6), 17, 282, 1889].

Sesquisulfure, Rh^2S^3. — On le prépare par voie sèche en chauffant à 360° dans un courant d'hydrogène sulfuré le sesquichlorure de rhodium anhydre; par voie humide, en faisant agir dans certaines conditions l'hydrogène sulfuré sur une solution de sesquichlorure de rhodium [Leidié, *Ann. Chim. Phys.*, (6), 17, 283, 1889].

Sulfhydrate de sulfure, $Rh^2S^3, 3H^2S$. — Quand l'hydrogène sulfuré réagit sur un sel de rhodium, il se forme tout d'abord un sulfhydrate de sulfure qui n'est stable qu'en présence d'un excès d'hydrogène sulfuré [Leidié, *Ann. Chim. Phys.*, (6), 17, 286, 1889].

D'après Lecoq de Boisbaudran, il existerait deux sesquisulfures de rhodium analytiquement différents [*C. R.*, 96, 152, 1883]. Mais l'un est un mélange d'oxyde et de sulfure [Leidié].

RHODIUM ET CARBONE. — Chauffé au four électrique avec du charbon, le rhodium fond, dissout du carbone et donne par refroidissement un lingot contenant des cristaux de graphite; le rhodium ne fournit pas de carbure [Moissan, *C. R*, 123, 16, 1896].

SULFATE DE RHODIUM, $(SO^4)^3Rh^2$. — On le prépare en dissolvant le sesquioxyde de rhodium dans l'acide sulfurique concentré; la dissolution, renfermant un excès d'acide sulfurique, est évaporée d'abord à feu nu jusqu'à consistance sirupeuse, puis dans une étuve à vapeur de soufre [Leidié, *Ann. Chim. Phys.*, (6), 17, 301, 1889].

Le sulfate de rhodium se forme encore dans l'action de l'acide sulfurique sur les chlorures doubles de rhodium [Leidié, *Ann. Chim. Phys.*, (6), 17, 263].

Sulfate basique de rhodium. $(SO^4)^3Rh^2, Rh^2O^3$. — En faisant bouillir le sulfate neutre avec de grandes quantités d'eau, on obtient une poudre jaune citron, qui desséchée à 440° a pour formule $(SO^4)^3Rh^2, Rh^2O^3$ [Leidié, *Ann. Chim. Phys.*, (6), 17, 304, 1889].

RHODITES. — *Hexarhodite de potassium*, $(RhO^2)^6K^2O$. — On l'obtient en chauffant à 440° dans le vide l'azotite double de rhodium et de potassium. Le résidu, traité par l'eau, laisse une poudre qui, lavée et séchée, a pour formule $(RhO^2)^6K^2O$.

Ortorhodite de sodium. $(RhO^2)^8Na^2O$. — On le prépare comme l'hexarhodite de potassium, à l'aide de l'azotite de rhodium et de sodium.

Dodécarhodite de baryum, $(RhO^2)^{12}BaO$. — On le prépare comme les deux composés précédents [Joly et Leidié, *C. R.*, 127, 103, 1898].

SELS DOUBLES DE RHODIUM ET DE POTASSIUM. — *Chlorure de rhodium hexapotassique*, $Rh^2Cl^6, 6KCl, 3H^2O$. — On l'obtient en décomposant l'azotite de rhodium et de potassium $(AzO^2)^6Rh^2, 6AzO^2K$ par l'acide chlorhydrique concentré et bouillant [Leidié, *C. R.*, 111, 106, 1890]

Chlorure de rhodium tétrapotassique, $Rh^2Cl^6, 4KCl$. — Il prend naissance quand on dissout dans l'eau le chlorure précédent [Leidié, *C. R.*, 111, 106, 1890].

On peut aussi l'obtenir en employant le procédé indiqué par Berzélius, qui lui a assigné à tort deux molécules d'eau de cristallisation [Leidié, *Ann. Chim. Phys.*, (6), 17, 271, 1889].

Sulfure de rhodium et de potassium, $Rh^2S^3, 3K^2S$. — Pour le préparer, on chauffe en vase clos à la température de 100° une dissolution de chlorure double de rhodium et de potassium avec un excès d'une solution concentrée de monosulfure de potassium [Leidié, *Ann. Chim. Phys.*, (6), 17, 300, 1889].

Aluns de rhodium. — Piccini et Marino ont obtenu les aluns de rhodium en octaèdres réguliers, présentant parfois les facettes du dodécaèdre rhomboïdal et du cube, en dissolvant du sesquioxyde de rhodium dans l'acide sulfurique étendu et ajoutant une quantité de sulfate alcalin plus faible que celle qui correspond à la for-

mule de l'alun. Ils ont obtenu les aluns de rhodium et de cæsium, de rhodium et de rubidium, de rhodium et de potassium, de rhodium et d'ammonium, de rhodium et de thallium [*Zeits. anorg. Chem.*, 27, 62, 1901].

Azotite de rhodium et de potassium, $(AzO^2)^6Rh^2, 6AzO^2K$. — On le prépare en ajoutant à une solution bouillante de sesquichlorure de rhodium de l'azotite de potassium jusqu'à ce que la dissolution soit décolorée et qu'elle commence à se troubler. On laisse refroidir; puis on lave le précipité et on le sèche [Leidié, *C. R.*, 111, 106, 1890].

Oxalate de rhodium et de potassium, $(C^2O^4)^6Rh^2K^6, 9H^2O$. — Pour le préparer on sature par du sesquioxyde de rhodium une solution bouillante d'oxalate acide de potassium et on abandonne la liqueur à l'évaporation dans le vide sec [Leidié, *Ann. Ch. Ph.*, (6), 17, 305, 1889].

Rhodicyanure de potassium, $Rh^2Cy^{12}K^6$. — Le meilleur procédé pour l'obtenir consiste à dissoudre du sesquioxyde de rhodium dans la potasse et à verser la solution dans un excès d'acide cyanhydrique étendu. On laisse cristalliser dans le vide sec, et après avoir séparé quelques cristaux de cyanure de potassium qui se déposent en premier lieu, on obtient le rhodicyanure [Leidié, *C. R.*, 130, 87, 1900].

SELS DOUBLES DE RHODIUM ET D'AMMONIUM. — *Chlorures de rhodium et d'ammonium.* — En traitant par l'eau le chloronitrate de rhodium et d'ammonium et abandonnant la solution à l'évaporation, on obtient le composé $Rh^2Cl^6, 6AzH^4Cl, 3H^2O$ [Leidié, *Ann. Ch. Ph.*, (6), 17, 273, 1889]. D'après Wilm, ce sel ne se forme seul qu'en liqueur concentrée. En présence d'une grande quantité d'eau, il se forme aussi le chlorure $Rh^2Cl^6, 4AzH^4Cl, 2H^2O$ [*Zeits. anorg. Chem.*, 2, 51 et 63, 1892].

Chlorures de rhodium et de méthylammonium [Vincent, *C. R.*, 101, 322, 1885].

Alun de rhodium et d'ammonium [Piccini et Marino, *Zeits. anorg. Chem.*, 27, 62, 1901].

Azotite de rhodium et d'ammonium $(AzO^2)^6Rh^2, 6AzO^2AzH^4$. — On l'obtient par double décomposition en traitant le nitrite de rhodium et de sodium par le chlorure d'ammonium [Leidié, *C. R.*, 111, 106, 1890].

Chloronitrate de rhodium et d'ammonium, $Rh^2Cl^6, 6AzH^4Cl, 2AzO^3AzH^4$ — On l'obtient en ajoutant à une dissolution de sesquichlorure de rhodium de l'eau régale et un grand excès de chlorure d'ammonium [Leidié, *Ann. Ch. Ph.*, (6), 17, 277, 1889].

Oxalate de rhodium et d'ammonium $(C^2O^4)^6Rh^2(AzH^4)^6, 9H^2O$. — On l'obtient comme l'oxalate de rhodium et de potassium [Leidié, *Ann. Ch. Ph.*, (6), 17, 309, 1889].

SELS DOUBLES DE RHODIUM ET DE BARYUM. — *Chlorure de rhodium et de baryum*, $Rh^2Cl^6, 3BaCl^2$. — Il se forme quand on attaque par l'acide chlorhydrique l'azotite double de rhodium et de baryum [Leidié, *C. R.*, 111, 106, 1890].

Azotite de rhodium et de baryum, $Rh^2(AzO^2)^6, 3[(AzO^2)^2Ba], 12H^2O$. — On le prépare comme le sel de potassium correspondant [Leidié, *C. R.*, 111, 106, 1890].

Oxalate de rhodium et de baryum $(C^2O^4)^6Rh^2Ba^3, 6H^2O$. — On l'obtient par double décomposition entre le chlorure de baryum et l'oxalate de rhodium et de potassium [Leidié, *Ann. Ch. Ph.*, (6), 17, 310, 1889].

CHLORURES DOUBLES FORMÉS AVEC LE PLOMB, L'ARGENT ET LE MERCURE. — Ce ne sont pas des combinaisons, mais plutôt des espèces de laques formées par du chlorure de plomb, du chlorure d'argent, du chlorure mercureux ayant entraîné dans leur précipitation des quantités variables de rhodium [Leidié, *Ann. Ch. Ph.*, (6), **17**, 276, 1889].

DÉRIVÉS AMMONIÉS DU RHODIUM. — La constitution de ces composés a été élucidée par Jörgensen, qui a montré leur parallélisme avec les combinaisons ammoniacales du chrome et du cobalt.

Les composés ammoniés du rhodium peuvent être divisés en trois groupes :

I. Dérivés purpuréorhodiques : $(X^2.Rh^2.10AzH^3)Y^4$;

II. Dérivés roséorhodiques : $(Rh^2.10AzH^3.2H^2O)X^6$;

III. Dérivés lutéorhodiques : $(Rh^2.12AzH^3)X^6$;

X et Y représentant des éléments ou des groupements monovalents.

La pyridine donne aussi des composés avec le rhodium ; ce sont les dérivés dichlorotétrapyridinerhodiques $[Cl^4.Rh^2.8(C^5H^5Az)]X^2$.

I. *Composés purpuréorhodiques.* — Les composés purpuréorhodiques se subdivisent eux-mêmes d'après la nature de l'élément ou radical X en :

1° Composés chloropurpuréorhodiques $(Cl^2.Rh^2.10AzH^3)X^4$.

2° Composés bromopurpuréorhodiques $(Br^2.Rh^2.10AzH^3)X^4$.

3° Composés iodopurpuréorhodiques $(I^2.Rh^2.10AzH^3)X^4$.

4° Composés nitritopurpuréorhodiques $(2AzO^2.Rh^2.10AzH^3)X^4$.

5° Composés nitratopurpuréorhodiques $(2AzO^3.Rh^2.10AzH^3)X^4$.

Pour les composés chloro, bromo et iodopurpuréorhodiques, voy. le 1er Supplément.

Composés nitritopurpuréorhodiques ou xanthorhodiques [Jörgensen, *J. prakt. Chem.*, (2), **34**. 410, 1886].

Tous ces composés se préparent à partir de l'azotate $(2AzO^2.Rh^2.10AzH^3)AzO^3)^4$. — Pour obtenir l'azotate nitritopurpuréorhodique, on fait bouillir avec de la soude une solution de chlorure chloropurpuréorhodique, ce qui transforme ce chlorure en chlorure roséorhodique. Dans le liquide refroidi, on dissout de l'azotite de sodium ; puis on ajoute de l'acide azotique étendu. L'azotate nitritopurpuréorhodique se précipite, on le lave à l'acide azotique étendu et à l'alcool, et on le sèche.

Quand on traite la dissolution de chlorure nitritopurpuréorhodique par de l'oxyde d'argent récemment précipité, il se forme du chlorure d'argent et la dissolution prend des propriétés alcalines énergiques. Elle se comporte comme une dissolution d'hydrate nitritopurpuréorhodique ; mais cet hydrate n'a pas été isolé. On a décrit : l'*azotate*. le *chlorure*, le *bromure*. le *fluosilicate*, le *chloroplatinate*, le *dithionate*, le *sulfate neutre*, le *sulfate acide*, l'*oxalate*.

Composés nitratopurpuréorhodiques [Jörgensen. *J. prakt. Chem.*, (2), **34**, 406, 1886].

On les prépare à partir de l'azotate $(2AzO^3.Rh^2.10AzH^3)(AzO^3)^4$, qu'on obtient lui-même soit en chauffant à 100° l'azotate roséorhodique, soit en ajoutant de l'acide azotique à la solution d'azotate roséorhodique, chauffant au bain-marie et laissant refroidir. On a décrit l'*azotate*, le *chlorure*. le *dithionate*.

II. *Composés roséorhodiques.* — [Jörgensen, *J. prakt. Chem.*, (2), **34**. 394, 1886].

L'eau que renferment ces composés est de l'eau de constitution et non de l'eau de cristallisation : on ne peut chasser cette eau sans que le sel roséorhodique se transforme en sel purpuréorhodique. L'azotate d'argent déplace à froid tout le chlore du chlorure roséorhodique, tandis

qu'il n'en déplace que les deux tiers dans le chlorure chloropurpuréorhodique.

Les sels roséorhodiques prennent naissance quand on chauffe les sels purpuréorhodiques avec de la soude ; inversement, chauffés à 100°, ils se transforment en sels purpuréorhodiques.

On a décrit : le *chlorure*. le *bromure*, le *chloroplatinonitrate*, le *sulfate*. le *chloroplatinosulfate*, l'*azotate neutre*, l'*azotate acide*, l'*orthophosphate*, le *pyrophosphate sodique*, le *cobalticyanure*. L'*hydrate* n'est connu qu'en solution.

III. *Composés lutéorhodiques* [Jörgensen, *J. prakt. Chem.*, (2), **44**, 48 et 63, 1891].

On obtient le chlorure lutéorhodique en chauffant le chlorure chloropurpuréorhodique à 100° en vase clos avec un grand excès d'ammoniaque. De même en chauffant longtemps à 110° le pyrophosphate sodico-roséorhodique, on obtient du *pyrophosphate sodico-lutéorhodique*. Les deux sels ainsi formés servent de point de départ pour la préparation des composés lutéorhodiques.

On a décrit : le *chlorure*, le *bromure*, le *sulfate*, l'*azotate neutre*, l'*azotate acide*, le *phosphate*. le *pyrophosphate sodique*. L'*hydrate* n'a été obtenu qu'en solution.

Les 6 atomes ou radicaux X se prêtent aux doubles décompositions comme ceux des composés roséorhodiques.

Dérivés dichlorotétrapyridinerhodiques. — Voy. 1er Supplément.

CARACTÈRES DES SELS DE RHODIUM. — Une réaction très sensible des sels de rhodium est la suivante · à une solution de chlorure double de rhodium et d'ammonium, on ajoute de l'hypochlorite de sodium ; il se fait un précipité jaunâtre ; si on verse de l'acide acétique, on voit le précipité se redissoudre et le liquide prendre une teinte orangée, puis se décolorer en donnant un précipité grisâtre et passer enfin à une teinte bleu céleste très intense [Demarçay, *C. R.*, **101**, 951, 1885].

Une autre réaction sensible et caractéristique a été indiquée par Alvarez : à une solution diluée d'un sel de rhodium, on ajoute un excès de soude et on fait agir sur le liquide le gaz produit par la réaction à froid de l'acide chlorhydrique sur le chlorate de potassium. Le liquide presque incolore devient rouge, puis laisse déposer un léger précipité vert qui se dissout en donnant une belle couleur bleue due à la formation de perrhodate de sodium [*C. R.*, **140**, 1341, 1905].

DOSAGE. — Le rhodium peut être dosé avec une grande précision par électrolyse dans les combinaisons qui ne renferment pas d'autres métaux que les métaux alcalins [Joly et Leidié, *C. R.*, **112**, 703, 1891].

POIDS ATOMIQUE. — Les meilleures déterminations reposent sur la réduction par l'hydrogène du chlorure chloropurpuréorhodique bien exempt d'iridium [Jörgensen, *J. prakt. Chem.*, (2, **27**, 486, 1883 ; *Zeit. anorg. Chem.*, **34**, 82, 1903 ; — Seubert et Kobbé, *Ann. Chem.*, **260**, 314, 1890].

La Commission internationale des poids atomiques a adopté le nombre 103 pour $0 = 16$ [*Bull. Soc. Chim.*, (4), **1**, 1, 1907].

Juin 1907.   A. Bouzat.

RHODIZITE (Min.). — Voyez Dict., 2, 1358. D'après M. Damour, ce n'est pas un borate de calcium simple, mais un borate d'aluminium, potassium et sodium, avec un peu de chaux et de fer, $R^2O.2Al^2O^3.3Bo^2O^3$. Anomalies optiques, comme dans la boracite.   L. Bourgeois.

RHODIZONIQUE (ACIDE). — Voy. l'art. QUINONE.

RHODODENDRINE. — Les feuiles de *Rhododendron chrysanthum* contiennent les glucosides *éricoline* [Thal, *Pharm. Zeit. russe*, 209, 1883], *andromédotoxine* [Eykman, *Abstr. Chem. Soc.*, 349, 1883; — Plugge, *ibid*, 644, 1889] et *rhododendrine* en même temps que du *rhododendrol*, produit de décomposition de la rhododendrine et ressemblant au camphre [Archangelski, *Chem. Centr.*, (2), 594, 1901].

La rhododendrine, $C^{16}H^{22}O^7$, fond à 187-187°,5, est soluble dans l'eau et l'alcool, n'a pas d'action pharmacologique et se dédouble par les acides en sucre et en rhododendrol $C^{10}H^{19}O^2$, aiguilles incolores fusibles à 79°,5-80° et sublimables.   1ᵉʳ juillet 1907.   A. Hébert.

RHODOLITE (Min.) (Hidden et Pratt). — Variété de grenat, $5(Mg^{2}/_{3}, Fe^{1}/_{3})O, Al^{2}O^{3}, 3SiO^{2}$, intermédiaire entre l'almandin et le pyrope. Cailloux plus ou moins roulés, avec nombreux minéraux, dans le lit du ruisseau de Mason's Branch, près Franklin, comté de Màcon, Caroline du Nord. Couleur rose pâle, tirant sur le violet; belle gemme. Densité = 3,837.   L. Bourgeois.

RHODOPHOSPHITE (Min.) (Igelström). — Minéral de composition $20(PO^{4})^{2}R^{3} + 4(CaCl^{2}, CaF^{2}) + SO^{4}Ca$, où R est du calcium prédominant, du manganèse et du fer. Masses rougeâtres amorphes, dans le gneiss, à Horrsjöberg, Wermland, Suède.   L. Bourgeois.

RHODOSPERMINE. — Voy. PHYCOÉRYTHRINE.

RHODOTILITE (Min.) (Flink). — Bisilicate de manganèse et de calcium hydraté, $SiO^{3}[Mn,Ca]$, $1/2H^{2}O$, sans doute identique avec l'inésite. Masses radiées, roses, éclat soyeux, avec rhodonite et grenat, à la mine Har-lig, près Pajsberg, Norvège. Aisément attaquable aux acides; dans le tube, donne de l'eau et brunit. Dureté = 4 à 5. Densité = 3,0295. Prisme anorthique, d'après les propriétés optiques.   L. Bourgeois.

RHUBARBERONE. Voy. l'art. RHÉINE.

RIBONIQUE (ACIDE), *acide pentane-tétroloïque* $\dfrac{0}{2.3.4}\cdot 5$,

$$CO^{2}H - \overset{\overset{\textstyle H}{|}}{\underset{\underset{\textstyle OH}{|}}{C}} - \overset{\overset{\textstyle H}{|}}{\underset{\underset{\textstyle OH}{|}}{C}} - \overset{\overset{\textstyle H}{|}}{\underset{\underset{\textstyle OH}{|}}{C}} - CH^{2}OH$$

— L'acide ribonique s'obtient en isomérisant l'acide arabonique par la méthode générale de Fischer, c'est-à-dire en chauffant ce dernier vers 130° avec la pyridine aqueuse.

La *lactone ribonique* cristallise en prismes fusibles vers 72-76°, très solubles dans l'eau et dans l'alcool, insolubles dans l'éther; $[\alpha]_D = -18°$.

Chauffée à 130-135° avec la pyridine, elle est partiellement ramenée à l'état d'acide arabonique.

Le *ribonate de cadmium*, $(C^{5}H^{9}O^{6})^{2}Cd$, cristallise en fines aiguilles solubles dans l'eau. Les sels de Ca, Ba, Pb, Hg n'ont pas cristallisé.

La *phénylhydrazide*, $C^{11}H^{16}Az^{2}O^{5}$, fond à 162-164° [Fischer et Piloty, *D. chem. G.*, 24, 4214, 1891].   Juin 1907.   P. Carré.

RIBOSE, *pentane-tétrolal* $\dfrac{0}{2.3.4}\cdot 5$,

$$CHO - \overset{\overset{\textstyle H}{|}}{\underset{\underset{\textstyle OH}{|}}{C}} - \overset{\overset{\textstyle H}{|}}{\underset{\underset{\textstyle OH}{|}}{C}} - \overset{\overset{\textstyle H}{|}}{\underset{\underset{\textstyle OH}{|}}{C}} - CH^{2}OH$$

— Le ribose, obtenu par la réduction de la lactone ribonique au moyen de l'amalgame de sodium, est un sirop incristallisable. Chauffé avec un acide fort dilué il fournit du furfurol, comme tous les pentoses. L'oxydation nitrique le transforme en acide trioxyglutarique inactif.

Sa *phénylhydrazone*, $C^{11}H^{16}Az^{2}O^{4}$, fond en se décomposant à 154-155°; la *p-bromophénylhydrazone*, $C^{11}H^{15}BrAz^{2}O^{4}$, fond à 164-165°.

Sa *phénylhydrazone* est identique à l'arabinosazone ordinaire [Fischer et Piloty, *D. chem. G.*, 24, 4214, 1891].   Juin 1907.   P. Carré.

RICIDINE $C^{12}H^{13}Az^{3}O^{3}$ (Schulze). — Dans les sommités étiolées du Ricinus communis; d'après Evans, est identique à la ricinine. Schulze et Winterstein [*Centr. Bl.*, 1, 262, 1905] ont reconnu son identité avec la ricinine $C^{8}H^{8}Az^{2}O^{2}$.   M. Delacre.

RICINÉLAÏDIQUE (ACIDE),

$$C^{6}H^{13}.CH(OH).CH^{2}.CH$$
$$\|$$
$$H.C.C^{7}H^{14}.CO^{2}H$$

— [Walden, *D. chem. G.*, 27, 3471, 1894]. On le prépare en chauffant à 55°, 500 gr. d'huile pour rouge brute, de l'huile de ricin, avec 200 cc. d'acide azotique, on ajoute peu à peu 15 gr. d'$AzO^{3}K$, et on dissout dans 200 cc. d'eau; on chauffe de nouveau pendant 10 minutes à 100° [Mangold, *Mon. f. Chem.*, 15, 308, 1894].

On l'obtient facilement en traitant par l'acide azoteux l'acide ricinoléique mélangé d'une petite quantité d'$AzO^{3}H$. On presse fortement le produit de la réaction et on fait cristalliser dans l'éther [Walden, *D. chem. G.*, 27, 3471, 1894].

L'acide ricinélaïdique, qui est un isomère de l'acide ricinoléique, cristallise dans l'alcool en aiguilles fusibles à 52°. En le distillant dans le vide, il donne l'acide $C^{18}H^{32}O^{2}$. Il fournit par oxydation, au moyen de $MnO^{4}K$, l'acide β-isotrioxystéarique, $C^{18}H^{33}O^{2}.(OH)^{3}$.   A. Bouchonnet.

RICININE $C^{17}H^{18}Az^{4}O^{4}$, ou $C^{16}H^{16}Az^{4}O^{4}$ (Evans), $C^{8}H^{8}Az^{2}O^{2}$ (Maquenne et Philippe). — Elle constitue, à côté de la *ricine*, le principe toxique de la graine de ricin. Pour la préparation, voyez Maquenne et Philippe [*C. R.*, 138, 506, 1904] et Schulze et Winterstein [*Centr. Bl.*, 1, 262, 1905]. Cristaux tabulaires fusibles à 194 ou à 201°,5 corr. (M. et P.), solubles dans l'eau, l'alcool, l'éther; se sublimant sans décomposition.

Par saponification au moyen de KOH, la ricinine perd 1 molécule d'alcool méthylique par molécule de produit [*C. R.*, 138, 506, 1904]; par précipitation avec HCl, il se sépare l'acide ricinique. La ricinine est donc l'éther méthylique de l'acide ricinique (voyez ce mot).   M. Delacre.

RICINIQUE (ACIDE) $C^{7}H^{6}Az^{2}O^{2}$ (Maquenne et Philippe). — Voy. RICININE.

Chauffé avec de l'acide chlorhydrique à 150°, il se scinde d'après l'équation

$$C^{7}H^{6}Az^{2}O^{2} + 2H^{2}O = AzH^{3} + CO^{2} + C^{6}H^{7}AzO^{3}$$

Ac. ricinique.   Méthyloxypyridone.

Cette réaction avait conduit Maquenne et Philippe à adopter les formules suivantes :

Méthyloxypyridone.   Acide ricinique.

$$C - AzH$$
$$CH \quad C$$
$$CH^3 - C \quad C - CO^2CH^3$$
$$Az$$

Ricinine.

Cependant la méthyloxypyridone ne réagit ni sur l'hydroxylamine ni sur la phénylhydrazine. Traitée notamment par le pentachlorure de phosphore [Maquenne et Philippe, *C. R.*, **139**, 841, 1904], elle donne la dichloropyridine et celle-ci par Hl la pyridine. Le groupe CH^3 de la méthyloxypyridone est donc fixé sur l'azote; elle répond par suite à la formule suivante. dont on peut déduire la constitution de l'acide ricinique et de la ricinine :

$$CO \qquad\qquad C = Az$$
$$CH \quad C(OH) \qquad CH \quad C$$
$$CH \quad CH \qquad CH \quad C - CO^2H$$
$$AzCH^3 \qquad\qquad AzCH^3$$

Méthyloxypyridone. — Acide ricinique.

M. Delacre.

RICINIQUE (ACIDE). — L'acide ricinique, qui est un isomère de l'acide ricinoléique, a été longtemps confondu avec ce dernier.

Préparation. — Quand on chauffe dans le vide le sel neutre de Ba de l'acide ricinoléique, il passe une huile qui, après rectification, n'est formée que de méthylhexylcétone $CH^3.CO.C^6H^{13}$. Le résidu est le sel de Ba de l'acide ricinique. On le décompose par HCl et on fractionne l'acide libre dans le vide [Krafft, *D. chem. G.*, **21**, 2736, 1888].

Propriétés. — L'acide ricinique constitue des lamelles brillantes fusibles à 81°; il bout à 252° sous 15 mm., en se décomposant un peu. Avec AzO^3H, il donne surtout de l'acide œnanthique et un acide fumant à 100-101° On connaît le ricinate de Ba et le ricinate d'Ag.

Juillard a isolé, en partant des huiles pour rouge, de l'huile de ricin, l'acide diricinique bibasique,

$$O < {C^{17}H^{32}CO^2H \atop C^{17}H^{32}CO^2H}$$

et l'acide ricinique monobasique.
Juin 1907.

A. Bouchonnet.

RICINISOLIQUE (ACIDE) ou ACIDE RICINOLIQUE. — Hazura et Grüssne prétendent que l'acide ricinoléique brut est un mélange de deux acides isomériques de la formule $C^{18}H^{34}O^3$ donnant, par oxydation, l'un l'acide trioxystéarique, l'autre l'acide isotrioxystéarique, et qu'on peut appeler acides *ricinolique* et *ricinisolique*; le second de ces deux acides existe dans l'huile de ricin, en proportion sensiblement double de son isomère [*Mon. f. Chem.*, **9**, 475, 1888].

RICINOLÉIQUE (ACIDE) ou ACIDE RICINOLIQUE, $CH^3(CH^2)^5.CHOH.CH^2.CH = CH(CH^2)^7.CO^2H$. — [Goldsobel, *D. chem. G.*, **27**, 3121, 1894; — Juillard. *Bull. Soc. Chim.*, (3), **13**, 246, 1895]. Il constitue une masse cristalline, lamelleuse, dure, inodore, fusible à 17°, à 4-5° d'après Juillard. Il est très soluble dans l'alcool et l'éther, insoluble dans l'eau; ses solutions ont une réaction acide [Krafft, *D. chem. G.*, **21**, 2721, 1888].

Il se transforme déjà peu à peu, à la température ordinaire, sans agents de condensation, en acides polyriciniques [H. Meyer, *Arch. d. Pharm.*, **235**, 186, 1898].

Quand on le distille en présence de soude en excès, on recueille de l'alcool octylique et de la méthylhexylcétone; dans le résidu il y a du sébaçate de sodium.

Quand on distille l'acide ricinoléique dans un espace raréfié, il se forme de l'acide ricinique et de la méthylhexylcétone

Phénylhydrazide de l'acide ricinoléique. — [Walden, *D. chem. G.*, **27**, 3471]. En présence d'acide azoteux, il se transforme en son isomère l'acide élaïdique. Oxydé par l'acide azotique, il donne un mélange d'acide azélaïque, d'acide oxalique et d'acide œnanthique [Juillard, *Bull. Soc. Chim.*, (3), **6**, 641, 1891].

Oxydé par MnO^4K, il produit beaucoup d'acide azélaïque; en liqueur alcaline, cet oxydant fournit deux acides trioxystéariques isomères $C^{18}H^{36}O^5$, fusibles à 111-142° [Hazura et Grüssne, *Mon. f. Chem.*, **9**, 476, 1888]. On a fondé sur ce fait l'hypothèse que l'acide ricinoléique est un mélange de deux isomères, l'acide ricinoléique, proprement dit, et l'acide ricinisoléique.

Traité par HBr, il donne de l'acide stéarique dibromé, $C^{18}H^{33}BrO^2$, qui, réduit par $HCl + Zn$, donne l'acide stéarique $C^{18}H^{36}O^2$.

Comme l'acide ricinoléique bibromé ne donne par réduction que l'acide stéarique, la formule la plus vraisemblable pour l'acide ricinoléique est bien $CH^3.(CH^2)^5.CHOH.CH^2.CH = CH(CH^2)^7 CO^2H$ [Kasanezky, *Journ. Soc. phys. chim. russe*. **32**, 149, 1900; *J. prakt. Chem.*, **62**, 363, 1900].

L'acide ricinoléique se combine à SO^4H^2, pour donner un acide sulforicinoléique qui joue (à l'état de mélange) un rôle dans certaines opérations industrielles (teinture pour le mordançage) [Juillard, Saget, *Bull. Soc. Chim.*, (3), **27**, 21, 1902].

L'huile de blé contient un peu d'acide ricinoléique [Valté et Gibson, *Ann. Chem. Soc.*, **79**, 1, 1901].

Walden [*D. chem. G.*, **36**, 781, 1903] a étudié les éthers méthylique, éthylique, propylique, butylique des acides ricinoléique, acétylricinoléique et propionylricinoléique.

L'*éther éthylique* de l'acide ricinoléique bout à 258° sous 13 mm.; l'*éther éthylique* de l'*acide acétylricinoléique* bout à 255° sous 13 mm.; l'*éther éthylique* de l'*acide propionyltricinoléique* bout à 265° sous 13 mm.

Dérivé acétylé, $C^{18}H^{33}(C^2H^3O)^3$. — Il s'obtient en chauffant à 100° 6 gr. d'acide ricinoléique avec 3 gr. d'anhydride acétique [Djew, *J. prakt. Chem.*, (2), **39**, 3939]. Sirop soluble dans l'alcool et l'éther.

Ricinoléine, $C^3H^5(C^{18}H^{33}O^3)^3$. — La triricinoléine constitue la plus grande partie de l'huile de ricin. Pour l'obtenir on chauffe, pendant 6 heures, à 230°, 42 gr. de glycérine avec 200 gr. d'acide ricinoléique [Juillard, *Bull. Soc. Chim.*, (3). **13**, 244, 1895].

Meyer [*Arch. d. Pharm.*, **235**, 189, 1898] chauffe, à 280-300°, 200 gr. d'acide ricinoléique avec 42 gr. de glycérine sèche (pendant qu'on fait passer un courant de CO^2) jusqu'à ce qu'il ne se dégage plus de vapeurs.

Huile épaisse. presque incolore, neutre, très purgative; miscible à l'alcool absolu et à l'acide acétique, très peu soluble dans la ligroïne.

Après 2 heures d'ébullition, avec 3 p. de toluène, il se forme les anhydrides $C^{57}H^{102}O^8$ et $C^{114}H^{206}O^{17}$.

L'acide azotique n'engendre pas la ricinélaïdine comme l'huile de ricin naturelle. Elle se polymérise facilement, et alors son poids spécifique s'élève.

Juillard [*Bull. Soc. Chim.*, (3), **25**, 5, 1901], en faisant réagir l'acide oxalique déshydraté sur la glycérine, a obtenu des éthers dont la constitution est différente suivant la durée de la réaction, la température et les proportions des matières réagissantes.

L'acide triricinoléine-monoxalique aura pour formule :

$$C^3H^5 \begin{cases} C^8H^{32}O.CO.CO^2H \\ C^8H^{32}OH \\ C^8H^{32}OH \end{cases}$$

Juin 1907. A. Bouchonnet.

RICINOSTÉAROLÉIQUE (ACIDE), CH^3.$(CH^2)^5$.$CHOH.CH^2.C\equiv C.(CH^2)^7.CO^2H$. — Goldsobel [*D. chem. G.*, 27, 3122, 1894] l'a préparé en traitant l'acide ricinoléique, maintenu en suspension dans l'eau, par le brome.

Mangold [*Mon. f. Chem.*, 15, 3475, 1894] en a obtenu en chauffant pendant 8 heures à l'ébullition 1 p. d'huile de ricin saturée de brome avec 9 p. de potasse.

Il cristallise généralement sous forme de mamelons fusibles à 50°. Il se comporte avec AzO^3H concentré comme l'huile de ricin (il donne surtout de l'acide azélaïque).

Avec HCl, il donne l'acide *ricinostéaroxylique* $C^{18}H^{34}O^4$, ou acide cétooxystéarinique. A. B.

RICKARDITE (Min.) (W. E. Ford). — Tellurure cuproso-cuivrique, $Cu^2Te.2CuTe$, masses lenticulaires de couleur pourpre, cassure inégale, sur tellure, dans un filon contenant pyrite, tellure, petzite, berthiérite, soufre et roscoélite (?), à la mine Good Hope, Vulcan, Colorado. Aisément fusible. Dureté = 3,5. Poussière pourpre. Densité = 7,54. L. Bourgeois.

RIEBECKITE (Min.) (Sauer). — Variété d'amphibole ferrifère et sodifère, voisine de l'arfvedsonite, dans un granite de l'île de Socotra.

RINKITE (Min.) (Lorenzen). — Silico-titanate fluorifère de calcium, cérium, lanthane, didyme, sodium, en cristaux clinorhombiques, aplatis suivant h^1, vitreux, brun jaunâtre, de Kangerdluarksuk, Groenland. Dureté = 5. Densité = 3,46. L. Bourgeois.

RIVOTITE (Min.) (Ducloux). — Matière qui serait formée de 49 0/0 anhydride antimonique, 21 anhydride carbonique, 39 oxyde cuivrique, 1,18 oxyde d'argent; masses compactes amorphes, friables, vert jaunâtre ou grisâtre, dans un calcaire, à la Serra de Cadi, province de Lerida, Catalogne. Fait effervescence et se dissout partiellement dans les acides; au chalumeau, décrépite en colorant la flamme en vert. Dureté = 3,5 à 4. Densité = 3,6. L. Bourgeois.

ROBIGÉNINE. Voy. l'art. ROBININE.

ROBININE. — Voyez ROBININE. Dict., II, 2° partie, 1367.

Glucoside extrait des fleurs du *Robinia Pseudacacia*, par Zweiger et Drouke [*Annal. Supp.*, 4, 263, 1861], fusible à 196-197°, de formule $C^{33}H^{42}O^{20}$ [Perkin, *Chem. Soc.*, 473, 1902], cristallisant avec $8H^2O$, décomposable par les acides dilués en une matière colorante $C^{15}H^{10}O^6, H^2O$, se rattachant au campherol et en deux sucres : glucose et rhamnose [Perkin, *loc. cit.*; — Schmidt, *Chem. Centr.*, 2, 121, 1901].

D'après Valiaschko [*Journ. Soc. phys. chim. russe*, 36, 421, 1904; — *Bull. Soc. Chim.*, (3), 34, 348, 1905] la robinine se présenterait sous la forme d'une poudre cristalline jaunâtre, insipide, peu soluble dans l'eau et l'alcool, fondant à 195°, de formule $C^{33}H^{40}O^{19}$ et dédoublable en rhamnose, galactose et *robigénine*, matière colorante jaune $C^{15}H^{10}O^6$ d u groupe de la flavone.

1er juillet 1907. A. Hébert.

RÖBLINGITE (Min.) (Penfield et Foote). — Silicate-sulfite de plomb et de calcium hydraté, $5SiO^2.2SO^2.2PbO\ 7CaO, 5H^2O$, avec un peu de manganèse, strontium, potassium, sodium.

Masses compactes blanches, formées de cristaux prismatiques microscopiques enchevêtrés, trouvées avec grenat, sphène, zircon, willémite, etc., dans les veines d'une éclogite, au puits Parker, Franklin Furnace, mines de zinc de New-Jersey. La composition attribuée à ce minéral est singulière à plus d'un titre; mais ce n'est pas un simple mélange renfermant de la wollastonite.

Caractères. — Fait gelée aux acides, même très étendus, avec production d'acide sulfureux. Très fusible au chalumeau, colore d'abord la flamme en bleu pâle. Donne de l'eau dans le tube. Réactions du plomb, du soufre, du manganèse. Densité = 3,433. L. Bourgeois.

ROCCELLARIQUE, ROCCELLIQUE (AC.), ROCCELLÉINE. — Voy. l'art. LICHENS.

ROGERSITE (Min.) (L. Smith). — Niobate hydraté d'yttrium, en enduits blancs, sur euxénite et samarskite, de la Caroline du Nord.

RÖPPPERITE (Min.) (Brush). — Variété de péridot renfermant du fer, du manganèse, du zinc, du magnésium, trouvée à Stirling, New-Jersey. Densité = 4,08. L. Bourgeois.

ROSAGININE. — L'écorce du laurier-rose (*nerium oleander*) renferme deux glucosides : la *rosaginine* et la *nériine* [Pieszczek. *Arch. d. Pharm.*, (3), 28, 352]. La première s'isole après épuisement de l'écorce pulvérisée à l'éther de pétrole par traitement à l'alcool qui le dépose sous forme de mamelons cristallins. C'est une poudre cristalline presque incolore, presque insoluble dans l'eau, l'éther de pétrole, l'éther, le chloroforme, soluble dans l'alcool, dédoublable par l'acide chlorhydrique en glucose et résine. Ce glucoside fond à 171°; il présente des propriétés toxiques extrêmement marquées.

1er juillet 1907. A. Hébert.

ROSAMINES ET ROSAMINOLS. — On donne le nom de rosamines aux phénylpyronines,

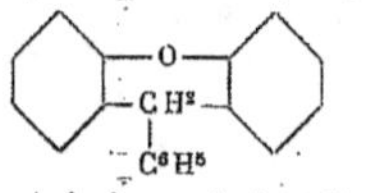

$$C^6H^5 \text{ (phénylpyronine)}$$

le nom de rosaminols ou de benzéines aux dérivés hydroxylés des rosamines.

Les rosamines sont des matières colorantes ressemblant beaucoup aux rhodamines, donnant sur fibres des nuances rouges plus ou moins violacées, sans intérêt industriel. On les obtient par quelques réactions simples qui sont :

1° Action du phénylchloroforme sur les dialkylmétaamidophénols :

$$C^6H^5.CCl^3 + 2C^6H^4{<}^{Az(CH^3)^2}_{OH}$$

$$= C^6H^5.C{<}^{Az(CH^3)^2}_{Cl}\begin{pmatrix}O\end{pmatrix} + 2HCl + H^2O$$

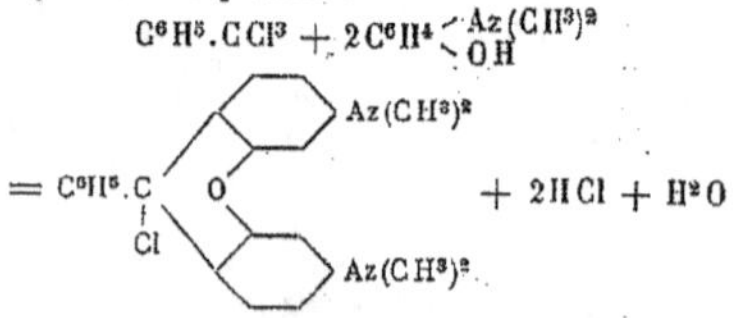

2° Action de l'aldéhyde benzoïque sur le diméthylmétaamidophénol :

$$C^6H^5.CHO + 2C^6H^4{<}^{Az(CH^3)^2}_{OH}$$

$$= C^6H^5.CH\begin{pmatrix}O\end{pmatrix}^{Az(CH^3)^2}_{Az(CH^3)^2} + H^2O$$

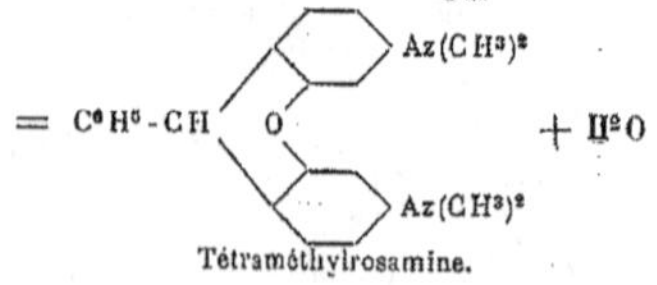

Tétraméthylrosamine.

Un petit nombre seulement de colorants de ce groupe sont connus ;

Tétraméthylrosamine. — Sa *chlorhydrine* est en aiguilles rouge noir à reflets d'acier, l'*oxaline* en aiguilles vertes, le *nitrate* en aiguilles d'un bleu métallique; le *chloroplatinate* forme un précipité rouge foncé [Brevet allem. 51 348; Heumann et Roy, *D. chem. G.*, **22**, 3001, 1889].

Diphénylrosamine,

$$C^6H^5-CCl \quad O \quad \begin{array}{l} AzHC^6H^5 \\ \\ AzHC^6H^5 \end{array}$$

[Voyez aussi Brevet allem. 52 030].

Si, dans le procédé de préparation 2, on remplace l'aldéhyde benzoïque par des aldéhydes à fonction phénol, on obtient des oxyrosamines. C'est ainsi que l'aldéhyde protocatéchique fournit une dioxyrosamine rouge teignant en rouge violet les mordants d'alumine, en violet grisâtre les mordants de fer [C. Liebermann, *D. chem. G.*, **35**, 2301, 1902].

Rosaminols. — Le seul représentant bien connu de la classe des rhodaminols est la benzéine-résorcine de Dœbner (voy Dict. 1er Suppl. Benzéine-résorcine)

$$C^6H^5-C \begin{array}{l} OH \\ O \\ OH \end{array} \begin{array}{l} OH \\ \\ OH \end{array}$$

Ces rosaminols traités par PCl^5 remplacent leurs deux groupes OH par deux atomes de chlore, et ces dérivés chlorés traités par les amines grasses secondaires fournissent les rosamines.

La *benzéine-pyrogallol* constitue une matière colorante bleue, la *benzéine-α-naphtol* une matière colorante se dissolvant en vert dans les alcalis.   1er juin 1907.   V. Thomas.

ROSANILINE. — Voy. l'art. Triphénylméthane.

ROSCOÉLITE (Min.) (Genth). — Sorte de mica brun très vanadifère (20 0/0 de V^2O^5), en petites masses contournées, clivables en lamelles rectangulaires, verdâtres mêlées de brun, très dichroïques. Densité $= 2,94$.   L. Bourgeois.

ROSENBUSCHITE (Min.) (Brögger). — Silicate-zirconate-titanate fluorifère et anhydre de calcium et de sodium; cristaux aciculaires, groupés radialement, ressemblant à de la mésotype, avec wöhlérite, etc., dans la syénite éléolithique de Skudesundskär, près Barkevik, à Bratholmen, à l'île OEvre Arö, Norvège.

Caractères. — Aisément attaquable par l'acide chlorhydrique. Au chalumeau, colore fortement la flamme en jaune et fond très facilement. Dureté $= 5$ à 6. Densité $= 3,31$.

Forme cristalline. — Prisme clinorhombique : $a:b:c = 1,1637:1:0,9776$; $\beta = 78° 13'$. Faces h^1, p, $a^{1/2}$ prédominantes, parfois h^0. Clivages p parfait, h^1 moins facile. $a^{1/2}$ imparfait. Isomorphe avec la wollastonite et la pectolite.

L. Bourgeois.

ROSÉOL. — En saponifiant l'éther acétique de la partie liquide (éléoptène) de l'essence de rose de Bulgarie. Markownikoff et Reformatsky ont isolé [*J. prakt. Chem.*, nouv. série, **48**, 293; *Soc. phys. chim. de St-Pétersbourg*, **9**, 1892] un alcool $C^{10}H^{20}O$ auquel ils ont donné le nom de roséol.

Cette substance, oxydée par le permanganate de potassium, se transforme en un liquide sirupeux de constitution $C^{10}H^{19}(OH)^3$ fournissant un éther triacétique. Le roséol en solution dans la ligroïne, déshydraté par l'anhydride phosphorique, donne un carbure $C^{10}H^{18}$ liquide et oxydable, bouillant à 180-185° et d'odeur camphrée; par réduction à l'acide iodhydrique, le roséol se transforme en carbure $C^{10}H^{22}$ bouillant à 158-159°; par oxydation par le mélange chromique, on obtient une substance aldéhydique à odeur de citron; enfin le roséol fixe deux atomes de brome.

La réfraction moléculaire démontre dans la formule du roséol une seule double liaison. Voy. aussi Terpénique (série).

1er juillet 1907.   A. Hébert.

ROSHYDRAZINE. — Ce nom a été donné par J. Ziegler au produit de réduction par l'étain et l'acide chlorhydrique du diazoïque de la rosaniline. Il se forme dans des conditions déterminées de concentration un précipité de cristaux à reflets verts, solubles dans l'eau en rouge plus bleuté que celui de la fuchsine. La roshydrazine réagit sur les aldéhydes, les acétones, etc. [*D. chem. G.*, **20**, 1557, 1887] Décembre 1906. M. Delépine.

ROSINDULINES, ROSINDULONES. — Voy. les art. Diazines, p. 112 et suivantes, et Eurrhodines, p. 688.

ROSO-INDOLS. — Ce nom a été donné par Fischer et Wagner aux composés qu'ils obtiennent par la condensation de chlorure de benzoyle avec le pr 2-méthylindol et ses analogues; ces substances sont des matières colorantes dont les leuco-dérivés s'obtiennent en remplaçant le chlorure acide par la benzaldéhyde [*D. chem. G.*, **20**, 815, 1887].

Le *diméthylroso-indol* $C^{25}H^{20}Az^2$ s'obtient en chauffant au bain-marie parties égales des composants avec $ZnCl^2$; la réaction est vive et donne une masse mordorée, qu'on lave à l'eau froide, puis épuise à l'eau bouillante qui enlève le chlorhydrate du corps formé et le dépose cristallisé à froid; on obtient la base par un alcali; elle cristallise dans l'alcool en prismes orangés. Ce roso-indol fond à 270° et donne avec les acides des colorants d'un beau rouge; la leucobase obtenue par réduction (Zn et HCl) fond à 247-248° et régénère le colorant quand on la traite par le chlorure ferrique et l'acide acétique. Les auteurs attribuent à cette leucobase la formule suivante

$$\begin{array}{c} CH^3 \\ \diagdown \\ C—AzH \\ \diagup\diagup \qquad \diagdown \\ C————C^6H^4 \\ C^6H^5-CH \qquad \qquad \mid \\ \diagdown \qquad \diagup C^6H^4 \\ C—AzH \\ \diagup \\ CH^3 \end{array}$$

en raison des analogies que ce colorant présente avec ceux du triphénylméthane.   P. Lemoult.

ROSOLÈNE ou **RÉTINOL.** — (Voyez Dict., 2e partie, 1351). — Produit provenant de la distillation fractionnée de la colophane, de couleur jaune pâle, d'odeur presque nulle, de formule $C^{16}H^{16}$, insoluble dans l'eau et l'alcool, soluble dans l'éther, le sulfure de carbone, les huiles essentielles. Sa densité est de 0,95; il renferme divers corps : térébène, colophène, résine modifiée, crésylol et phénol, créosote, etc.; mais son principe immédiat dominant est le rétinol proprement dit, $C^{16}H^{16}$, bouillant à 240°, de densité 0,9.

Le prix peu élevé du rosolène pourrait le recommander oomme antiseptique et, dans certains cas, comme succédané de la vaseline [Serrant, *C. R.*, **104**, 953, 1885].

1er juillet 1907. A. Hébert.

ROSOLIQUE (ACIDE). — Voyez l'art. TRIPHÉNYLMÉTHANE.

ROTTLÉRINE. — (Voyez Dict., **2**, 2e partie, 1370). — La rottlérine, isolée par Anderson du Kamala. a été retrouvée par Perkin, par Merk et par Garcin sous les noms de *malatosine* et de *kamaline*; Bartolotti a établi que ces produits constitueraient un seul et même corps [*Gazz. chim. ital.*, **24**, 1].

La rottlérine est soluble dans les alcalis et les carbonates alcalins, insoluble dans l'eau, soluble dans l'alcool : elle donne pour son poids moléculaire des résultats discordants, mais la formule d'Anderson $C^{11}H^{10}O^3$ est confirmée par l'analyse du *dérivé dibenzoylé* et de l'*hydrazone*. Perkin [*Chem. Soc.*, **67**, 230], par action de l'acide nitrique sur la rottlérine, a obtenu les acides para et ortho-nitrocinnamiques, paranitrobenzoïque et la paranitrobenzaldéhyde, et, par l'analyse des dérivés métalliques de la rottlérine, a été amené à conclure pour cette dernière à la formule $C^{33}H^{30}O^9$, renfermant une fonction carboxyle. Par fusion avec la potasse, le même auteur a obtenu les acides acétique et benzoïque et la phloroglucine [*Chem. Soc.*, **75**, 825, 1899]; il a aussi constaté que les solutions alcooliques de rottlérine, traitées par un acétate alcalin, donnent des sels monométalliques [*Chem. Soc.*, **75**, 433, 1899].

Hans Telle [*Arch. Pharm.*, **244**, 441, 1906] examinant la rottlérine extraite d'un spécimen de Kamala, a retrouvé la même composition; il a constaté qu'elle fondait à 203-204°, et qu'elle donnait par l'action de la baryte, de l'éther méthylique, de la phloroglucine, des résines, en même temps qu'elle était transformée en un isomère rouge ou brun violet, la ψ-*rottlérine*, fusible à 235°.

1er juillet 1907. A. Hébert.

ROUMANITE (Min.) (Helm). — Résine fossile, sulfurifère, ressemblant tout à fait à l'ambre jaune, renfermant 81,64 0/0 de carbone, 9,65 d'hydrogène, 7,56 d'oxygène et 1,15 de soufre, trouvée en plusieurs points de la Roumanie, notamment dans le district de Ruseo et à Bohosa. Dureté = 2,5 à 3. Densité = 1.05 à 1,10. Fusible à 300°. Inattaquable par l'acide azotique à froid. Les dissolvants suivants en dissolvent respectivement : alcool 6,6 parties, éther 14,4, chloroforme 11,8 et benzène 14,2.

ROWLANDITE (Min.) (Hidden et Hillebrand). — Silicate complexe de terres rares, voisin de la gadolinite, $Si^4R'''^4M''F^2O^{14}$, où R est surtout de l'yttrium, etc., et M du fer. Masses vert bouteille à vert gris foncé, assez transparentes, isotropes, vif éclat vitreux, cassure conchoïdale, trouvées avec gadolinite et yttrialite dans le comté de Llano, Texas. Souvent recouvert d'une croûte brun rouge brique, par suite d'altération superficielle. Fait gelée aux acides. Dureté = 6. Densité = 4,515. L. Bourgeois.

RUBAZONIQUE (ACIDE). — Acide produit dans l'oxydation de la phénylméthylaminopyrazolone et qui constitue l'acide purpurique de la série pyrazolique (voyez l'art. α-PYRAZOLS, p. 157). Knorr attribue a l'acide rubazonique la constitution suivante :

$$C^6H^5Az \diagup \overbrace{\quad}^{} \diagdown CO \quad OC \diagup \overbrace{\quad}^{AzC^6H^5} \diagdown Az$$
$$CH^3.C \underline{\qquad} CH.Az=C \underline{\qquad} C.CH^3$$

L'acide rubazonique est soluble dans la plupart des solvants organiques, dans les alcalis; par réduction au sulfhydrate d'ammonium ou au mélange de zinc et d'acide acétique, il donne un leucodérivé incolore reprenant rapidement sa couleur au contact de l'air; il fond à 184°.

Avec la phénylhydrazine, il donne une cétopyrazolone fusible à 155°; il se décompose à chaud en solution alcaline en laissant passer sa coloration du rouge au jaune par suite de la production d'acide phénylhydrazinacétylglyoxylique.

Jaffé a retrouvé [*D. chem. G.*, **34**, 2737, 1901] l'acide rubazonique dans le pigment rouge de l'urine des individus ayant absorbé du pyramidon (diméthylaminoantipyrine); ce dernier, en passant par l'organisme vivant, perd les 3 CH^3 rattachés aux 2 Az tandis que ceux rattachés au carbone demeurent intacts.

Pröscher a préparé [*D. chem. G.*, **35**, 1436, 1902] un dérivé méthylé de l'acide rubazonique en condensant la nitrosoantipyrine avec la phénylméthylpyrazolone en solution alcoolique au bain-marie. L'*acide méthylrubazonique* est insoluble dans l'eau, l'éther, le benzène, les acides, soluble dans le chloroforme, l'alcool, l'éther acétique et les alcalis avec une couleur rouge pourpre; bouilli avec l'acide sulfurique étendu, il se dédouble en amidoantipyrine et phénylméthylcétopyrazolone; il doit posséder la constitution suivante :

$$C^6H^5.Az \diagup \overset{Az(CH^3)-C.CH^3}{\underset{CO \underline{\quad} C \underline{\quad} Az}{\parallel}} \quad \overset{CH^3-C=Az}{\underset{C-CO}{\mid}} \diagdown Az.C^6H^5$$

Bouveault et Wahl ont constaté [*Bull. Soc. Chim.*, (3), **34**, 771, 1904, et **33**, 481, 1905] que l'acide rubazonique prenait aussi naissance par chauffage des monophénylhydrazones des dicétobutyrates en solution acétique.

1er juillet 1907. A. Hébert.

RUBBADINE. — Voy. l'art. PHÉNOL (*Sulfite acide*), p. 758.

RUBÉANHYDRIQUE (ACIDE). — Voy. l'art. CYANHYDRIQUE (ACIDE), p. 1551.

RUBÉRYTHRIQUE (ACIDE). — (Voyez Dict., **2**, 2e partie, 1370). — L'acide rubérythrique a été extrait de nouveau de la garance par Liebermann et Bergami [*D. chem. G.*, **20**, 2241, 2247, 1887]; il cristallise en aiguilles soyeuses, jaune citron, fusibles à 258-260°, identiques à l'acide de Rochleder et à l'acide rubianique de Schunck. Il possède la formule $C^{26}H^{28}O^{14}$ et donne par hydrolyse de l'alizarine et du glucose; sa constitution serait exprimée par les formules :

$$C^{14}H^6O^2 \diagdown_{\diagup}^{} {}^{O.C^6H^7O.(OH)^4}_{O.C^6H^7O.(OH)^4}$$

ou

$$C^{14}H^6O^2 \diagdown_{\diagup}^{} {}^{O.C^{12}H^{14}O^3(OH)^7}_{OH}$$

L'acide rubérythrique donne un *dérivé octacétylé* et un *dérivé heptabenzoylé* [Schunck et Marchlewski, *Chem. Soc.*, **65**, 182].

1er juillet 1907. A. Hébert.

RUBIADINE (Voyez Dict., RUBIADINE et GARANCE). — Elle existe sous forme de glucoside dans la garance. Ce glucoside est en aiguilles jaune citron fondant avec décomposition à 270° ; il a pour formule $C^{21}H^{20}O^9$ et pour constitution

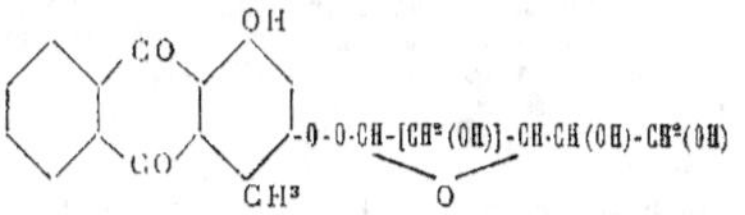

$$\text{(noyau anthraquinonique)} - O - O - CH - [CH^2(OH)] - CH \cdot CH(OH) - CH^2(OH)$$

Son *dérivé pentacétylé* fond à 237°. Par dédoublement, il donne du glucose et de la rubiadine [Schunck et Marchlewski, *Journ. Chem. Soc.*, 63, 969, 1137].

La rubiadine est en aiguilles fusibles à 290°, insolubles dans l'eau bouillante, le sulfure de carbone et l'eau de chaux, solubles dans l'alcool, l'éther et le benzène.

Par oxydation, elle fournit de l'acide phtalique. C'est une dioxyméthylanthraquinone de formule

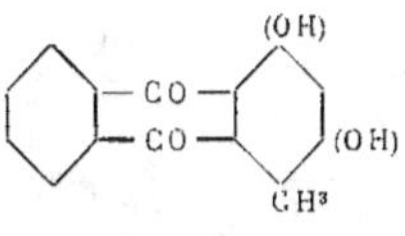

$$\text{(structure : anthraquinone)}\quad CO\ /\ CO,\ (OH),\ (OH),\ CH^3$$

[Schunck et Marchlewski, *loc. cit.*, et *J. Chem. Soc.*, 65, 182]. 1er juin 1907.   V. Thomas.

RUBIDINE. — Voy. l'art. Pyridiques (Bases), p. 199.

RUBIDIQUE (ACIDE). — Voy. l'art. Lichens.

RUBIDIUM. — (Voyez Dict., 2, 1372 ; Suppl., 1400) — *État naturel.* — Hartley et Ramage ont trouvé du rubidium dans certains minerais de fer et dans certaines météorites [*J. Chem. Soc.*, 71, 533, 1897]. On peut l'extraire des eaux mères des salines d'Orb [Siebert, *Pharm. Centr. H.*, 46, 368, 1905].

Purification. — Pour séparer le rubidium du cæsium, Muthmann [*D. chem. G.*, 26, 1019 et 1425. 1893] précipite ce dernier en liqueur chlorhydrique au moyen du chlorure stannique, qui produit $2CsCl, SnCl^4$, comme l'avait indiqué Sharples [*J. Am. Soc.*, (2), 47. 178], puis il fait une seconde purification au moyen du trichlorure d'antimoine, selon Godefroy.

On peut facilement séparer le chlorure de rubidium du chlorure de potassium, s'il n'en contient pas plus de 3 0/0, en précipitant le rubidium à l'état de chlorure double plombique $PbCl^4, 2RbCl$ [Erdmann et Köthner, *Ann. Chem.*, 294. 71, 1896].

Préparation. — On obtient facilement le métal, d'après Beketoff, en réduisant l'hydrate RbOH par des feuilles d'aluminium dans un appareil en fer chauffé au four Perrot ; la moitié du rubidium reste à l'état d'aluminate [*Bull. Ac. St-Pétersb.*, nouv° série. 1, 117, 1889].

Erdmann et Köthner préconisent la réduction de l'hydrate par le magnésium dans un courant d'hydrogène [*Ann. Chem.*, 294. 55, 1899]. Graëfe et Eckart [*Zeit. anorg. Chem.*, 22. 158, 1899] réduisent le carbonate par le magnésium.

A la place de ces procédés, qui nécessitent l'emploi d'appareils spéciaux, à une température très élevée, et ne donnent qu'un assez mauvais rendement, il est bien préférable d'employer la méthode indiquée par Hackspill [*C. R.*, 141, 106, 1905] consistant à réduire le chlorure de rubidium par la tournure de calcium, dans le vide. L'opération s'effectue très facilement dans une nacelle en fer placée dans un tube en verre d'Iéna chauffé sur une simple grille à gaz, et

le rendement est presque quantitatif. Il est toutefois nécessaire, pour avoir un métal bien pur, de le redistiller dans le vide à basse température (vers 200°) afin d'éliminer des traces de métaux volatils, de zinc principalement, contenus dans le calcium commercial [E. Rengade, *Ann. Chim. Phys.*, (8), 11, 405, 1907]. Le rubidium se conserve facilement sans altération dans l'huile de vaseline. Pour l'utiliser, on le lave à l'éther de pétrole, on le sèche dans un courant de gaz carbonique et on le filtre, après l'avoir fondu, dans un entonnoir effilé. Pour en avoir un échantillon parfaitement pur et brillant, on le distille dans le vide de la trompe à mercure [Rengade, *loc. cit.*, 3 8]. On pourrait aussi décomposer l'hydrure RbH en le chauffant dans le vide au-dessus de 300° [Moissan, *C. R.*, 136, 587, 1903].

Propriétés physiques. — Le rubidium est un métal d'un blanc très légèrement jaunâtre. Sa dureté est 0.3 [Rydberg, *Zeits. phys. Chem.*, 33, 353, 1900] ; sa densité 1,532, ce qui donne comme volume atomique 55,8 [Th.-W. Richards et Brink, *J. Am. Chem. Soc.*, 29, 117, 1907]. Il fond à 38°.5 d'après Erdmann et Köthner [*loc. cit.*], qui donnent comme densité à 15° $d_{15} = 1.522$. Changement de volume pendant la fusion, $0^{cc},01657$ pour 1 gr. [Eckart, *Wied. Ann.*, (4), 1, 790, 1900]. Il bout sous 760 mm. à 696° [O. Ruff et O. Johanssen, *D. chem. G.*, 38, 3601, 1905]. Sa vapeur possède une assez grande viscosité. Sa tension de vapeur est encore appréciable à la température ordinaire et même à 0° (E. Rengade).

La diffusion du rubidium dans le mercure a été étudiée par V. Wogau [*Ann. d. Phys.*, (4), 23, 345, 1907]. Sa compressibilité, par Richards [*Zeit. Electr.*, 13. 519, 1907].

La conductibilité électrique du rubidium métallique a été déterminée par Hackspill [*Thèse*, Paris. 1907]. Mobilité de l'ion Rb dans les solutions aqueuses [Kohlrausch, *Zeit. Electr.*, 13, 333, 1907].

Le spectre du rubidium a été étudié dans ces dernières années par : [A. de Gramont, *C. R.*, 126, 1513, 1898 : — H Ramage, *Proc. Roy. Soc.*, 70. 303, 1902 : — Goldstein, *D. phys. G.*, 5, 321, 1907] et pour la partie infra-rouge par Lehmann [*Ar. Weiss. Phot.*, 2, 216 ; *Phys. Zeit.*, 5, 823, 1904].

Propriétés chimiques. — Voyez plus loin *rubidium et oxygène*.

Propriétés physiologiques des sels de rubidium. — [Rabuteau, *Éléments de chimie minérale*, 4 9, Paris, 1885 ; — Lander, Brunton et Cash. *Proc. Roy. Soc.*, 226, 1883 ; — Richet, *C. R.*, 101, 667 et 707, 1885 et 102, 57, 1886 ; — E. Overton, *Pflügers Arch.*, 105, 176, 1904].

Poids atomique. — L'analyse du chlorure et du bromure a donné à Archibald [*Chem. Soc.*, 85, 776, 1904] la valeur moyenne Rb = 85,485.

Valence. — Le rubidium est habituellement monovalent, comme les autres alcalins. Cependant il donne facilement avec les halogènes des combinaisons du type RbX^3 et même RbX^5 (Wells) ; Abegg a même montré l'existence du composé RbI^9 en présence de benzène.

Hydrure de rubidium. — Il a été obtenu par Moissan [*C. R.*, 136, 587, 19 3] en chauffant à 300° le métal dans un courant d'hydrogène, sous une pression un peu supérieure à la pression atmosphérique. Il se sublime à cette température sur les parois plus froides du tube de verre où se fait la préparation en aiguilles prismatiques incolores, de densité 2 environ, ne conduisant pas l'électricité. Il se dissocie dans le vide vers 300°.

Il s'enflamme dans le fluor, le chlore, le brome, l'oxygène à la température ordinaire; au contact de l'iode. en chauffant légèrement. Le soufre en fusion produit une vive incandescence. L'azote est absorbé avec formation d'un mélange d'amidure et d'azoture. Le phosphore et l'arsenic à chaud l'attaquent sans incandescence; le bore et le silicium sont sans action.

L'eau réagit violemment avec dégagement d'hydrogène. Avec l'anhydride carbonique parfaitement sec, il ne se produit pas de réaction à froid. En chauffant légèrement il se forme du formiate. L'anhydride sulfureux sous pression réduite est absorbé avec production d'hydrosulfite [Moissan, *C. R.*, **136**, 587 et *Bull. Soc. Chim.*, **29**, 444 et 448, 1903]. L'ammoniac gazeux ou liquide le transforme lentement en amidure [Moissan; — O. Ruff et Geisel, *D. chem. G.*, **39**, 828, 1906].

FLUORURE DE RUBIDIUM. — Obtenu par Chabrié et Bouchonnet [*C. R.*, **140**, 90, 1905] en chauffant le fluorhydrate de fluorure avec CO^3Am^2 en excès. Voyez aussi Eggeling et Meyer [*Zeit. anorg. Chem.*, **46**, 174, 1905] qui ont préparé des sels doubles avec un grand nombre de fluorures métalliques et métalloïdiques.

Le *fluorhydrate de fluorure* $RbF.HF$ a été préparé par Chabrié et Bouchonnet [*loc. cit.*] sous la forme de trémies ou de tables très déliquescentes. Eggeling et Meyer [*loc. cit.*] admettent également les combinaisons $RbF,2HF$ et $RbF,3HF$.

CHLORURE DE RUBIDIUM. — Erdmann le prépare en traitant l'alun de fer par la chaux et le chlorure d'ammonium [*Ann. Chem.*, **232**, 3, 1886]. Sa densité est 2,706 à 22°,9 [Young Buchanan, *Proc. Chem. Soc.*, **24**, 122, 1905]. Sous l'action des rayons du radium, il devient bleu verdâtre [W. Ackroyd, *Chem. Soc.*, **85**, 812, 1904]. Solubilité à 1°, 76,38 ; à 7°, 82,89 (Erdmann). La conductibilité moléculaire de ses solutions aqueuses a été déterminée par Boltwood [*Zeit. phys. Chem.*, **22**, 132, 1897]; la cryoscopie, par W. Biltz [*ibid.*, **40**, 185, 1902]; la réfraction moléculaire, par Doumer [*C. R.*, **110**, 41, 1890].

BROMURE $RbBr$. — $D_{23} = 3,210$ [Young Buchanan, *loc. cit.*].

Tribromure $RbBr^3$; *chlorobromures* $RbClBr^2$, $RbCl^2Br$ [Wells, *Am. J. Sc.*, (3), **43**, 475, 1892].

IODURE RbI. — Erdmann [*Ann. Chem.*, **232**, 3, 1886] le prépare en traitant l'alun de rubidium par l'iodure de calcium en présence de chaux :

$$2\,RbAl(SO^4)^3 + 3\,Ca(OH)^2 + CaI^2$$
$$= 2\,RbI + 4\,CaSO^4 + 2\,Al(OH)^3.$$

Sa densité à 24°.3 est de 3,428 d'après Young Buchanan [*loc. cit.*] qui a trouvé comme indice de réfraction 1,6262 et comme solubilité 137,5 à 6°,9 et 152 à 17°4. Il est presque insoluble dans le bromure d'arsenic [Walden, *Zeit. anorg. Chem.*, **29**, 371, 1902] et insoluble dans le cyanogène liquide [Centnerschwer, *Journ. Soc. phys. chim. russe*, **33**, 545, 1901]. Solubilité de SO^2 dans les solutions aqueuses [Walden et Centnerschwer, *Zeit. phys. Ch.*, **42**, 432, 1903].

Le *triiodure* RbI^3 et les composés trihalogénés $RbICl^2$, $RbIBrCl$ ont été obtenu par Wells, Wheeler et Penfield [*Am. J. Sc.*, (3), **43**, 475, 1892].

La *tétrachloroiodure* $RbICl^4$ se forme en traitant par le chlore une solution aqueuse de RbI. Il est en lamelles monocliniques jaunes assez solubles dans l'eau en donnant une solution très oxydante [Erdmann, *loc. cit.*; — Wells et

Wheeler, *Am. Journ. Sc.*, (3), **44**, 42, 1892]; il est presque insoluble dans le bromure d'arsenic [Walden, *loc. cit.*].

Periodures. — L'étude des tensions de vapeur de l'iode dissous dans le benzène en présence de RbI permet de conclure à l'existence des trois périodures RbI^3, RbI^7 et RbI^9 [Abbeg, *Zeit. anorg. Chem.*, **50**, 403, 1906].

RUBIDIUM ET OXYGÈNE. — Le rubidium est attaqué immédiatement par l'oxygène même parfaitement sec à la température ordinaire [Erdmann et Köthner, *Ann. Chem.*, **294**, 55, 1899] pourvu que la surface du métal soit parfaitement brillante [E. Rengade, *Ann. Chim. Phys.*, (8), **11**, 405, 1907] Avec de faibles proportions d'oxygène, le protoxyde formé se dissout dans l'excès de métal auquel il communique une teinte de plus en plus rouge. En même temps le point de fusion s'abaisse, il s'élève ensuite graduellement pour une oxydation plus avancée, qui donne successivement le bioxyde Rb^2O^2, le trioxyde Rb^2O^3 et enfin le tétroxyde Rb^2O^4 [Rengade, *loc. cit.*].

PROTOXYDE Rb^2O. — Il avait été préparé par Bekétoff en combinant le métal à la quantité théorique d'oxygène et chauffant au rouge dans un creuset d'argent fermé le produit de la réaction. La masse ainsi obtenue contenait beaucoup d'argent [*Bull. Ac. St-Pétersb.*, nouv[le] série, **1**, 117 et 173, 1889].

De plus, l'existence d'une combinaison définie ne pouvait être affirmée dans ces conditions. E. Rengade a préparé le protoxyde parfaitement pur et bien cristallisé en oxydant incomplètement le rubidium et distillant ensuite l'excès de métal dans le vide de la trompe à mercure, dans un appareil en verre. L'oxyde primitivement dissous dans l'excès de métal cristallise en octaèdres transparents, d'un jaune très pâle, devenant jaune d'or à 280°, rougeâtres à température plus élevée, se décomposant vers 400° avec sublimation de métal. Leur densité est de 3,72 à 0° [E. Rengade, *loc. cit.*, 410]. Ils sont sans action sur la lumière polarisée. La lumière solaire les décompose rapidement avec mise en liberté de métal (expériences inédites).

L'hydrogène réduit le protoxyde à 250° avec formation du mélange équimoléculaire $RbOH$ + RbH. Le fluor, le chlore, l'iode, le soufre réagissent vivement à une température peu élevée. L'ammoniac liquéfié produit un mélange d'hydrate et d'amidure avec formation transitoire de rubidium ammonium. L'eau réagit avec violence [*loc. cit.*, 411]. La formation d'hydrate dissous à partir de l'oxyde anhydre dégage 80 Cal.; comme d'autre part le rubidium métallique dégage au contact d'un excès d'eau 47[Cal],25, on en conclut, pour la chaleur de formation du protoxyde à partir des éléments, la valeur 83,5 [E. Rengade, *C. R.*, **146**, 129, 1908].

Hydrate $RbOH$. — On l'obtient pur, d'après de Forcrand, en chauffant progressivement jusqu'à 135°, dans un creuset d'argent, la rubidine commerciale, dont la composition correspond très sensiblement à la formule $RbOH + H^2O$. Si l'on élève la température jusqu'à 400°, l'oxygène de l'air est absorbé avec formation de peroxydes.

Chaleur de dissolution : $RbOH + Aq = 14^{Cal},264$ à 15°; $RbOH,H^2O + Aq = 3^{Cal},702$ à 15° [de Forcrand, *C. R.*, **142**, 1252, 1906].

La constante diélectrique de $RbOH$ a été déterminée par Dewar et Fleming [*Proc. Roy. Soc.*, **62**, 250, 1897].

Action de B^2O^3 sur $RbOH$ [Guertler, *Zeit. anorg. Chem.*, **40**, 225, 1904].

BIOXYDE DE RUBIDIUM Rb^2O^2. — Il se produit en faisant réagir *rapidement* l'oxygène sur le rubidium-ammonium dissous dans un excès d'ammoniac liquéfié, et en s'arrêtant à la décoloration de la solution. On l'obtient ainsi sous la forme d'un précipité cristallin d'un blanc légèrement rosé. On peut aussi le préparer en combinant le rubidium placé dans une nacelle d'aluminium avec la quantité théorique d'oxygène, et élevant la température jusqu'à la fusion de la masse (vers 600°). Après refroidissement on obtient ainsi une matière cristallisée, d'un blanc jaunâtre, dont la densité à 0° est de 3,65. Il est décomposé par l'eau avec formation d'eau oxygénée [E. Rengade, *loc. cit.*, 413].

TRIOXYDE Rb^2O^3. — Il se produit dans la dissociation par la chaleur du tétroxyde Rb^2O^4, ce qui démontre son existence comme combinaison définie. C'est une masse d'un noir mat, même sous une faible épaisseur, dont la densité est de 3,53 à 0° et qui fond vers 470°. Il se volatilise dès 550°. L'eau le décompose avec dégagement d'oxygène et formation d'eau oxygénée [E. Rengade, *loc. cit.*, 414].

TÉTROXYDE Rb^2O^4. — Cet oxyde avait été déjà préparé sous forme d'une masse cristalline jaune foncé, par Erdmann et Köthner [*Ann. Chem.*, **294**, 55, 1899], en oxydant le rubidium en présence d'un excès d'oxygène. Contrairement à l'affirmation de ces savants, il est très facilement dissociable. Il commence à perdre de l'oxygène dès 500°, c'est-à-dire au-dessous de son point de fusion (situé vers 600-650°), en formant le trioxyde noir Rb^2O^3.

Il se produit aussi, sous forme d'une poudre jaune serin, en faisant agir un excès d'oxygène sur le bioxyde de rubidium en suspension dans l'ammoniac liquéfié [E. Rengade, *loc. cit.*].

OZONATE DE RUBIDIUM. — Ce composé, qui dériverait d'un acide ozonique O^4H^2 [Bæyer et Villiger, *D. chem. G.*, **35**, 3038, 1902], se produit dans l'action de l'ozone sur $RbOH$ ou en solution concentrée. D'après Manchot et Kampschulte [*ibid.*, **40**, 4984, 1907], il est distinct du peroxyde Rb^2O^4.

IODATE DE RUBIDIUM IO^3Rb. — Précipité cristallin obtenu en traitant CO^3Rb^2 par I^2O^5 à molécules égales. Solubilité 2,1 à 23° [Wheeler et Penfield. *Am. Journ.*, (3), **46**, 133, 1893]. Il est isomorphe avec le sel d'ammonium et fortement biréfringent [A. Ries, *Zeit. Krist.*, **44**, 243, 1905].

On a obtenu les *iodates acides* : IO^3Rb, IO^3H précipité cristallin, en traitant le chlorure de rubidium par une solution chaude d'acide iodique, et $IO^3Rb, 2IO^3H$ en faisant réagir sur l'iodate neutre l'acide iodique ou l'acide chlorhydrique [Wheeler et Penfield, *loc. cit.*].

Difluoiodate IO^2F^2Rb [Weinland et Lauenstein, *Zeit. an. Chem.*, **20**, 30, 1899].

Tétrafluoiodate $IO^2F^2Rb, IO^2F^2H + 2H^2O$. — [Weinland et Köppen, *ibid.*, **22**, 256, 1900].

$IO^3H, RbCl$. — Aiguilles monocliniques incolores, provenant de la décomposition à l'air humide de $RbCl^2I$ [Wheeler et Penfield, *loc. cit.*].

Sélénioiodates $I^2O^5, 2SeO^3, 2Rb^2O + H^2O$ et $3I^2O^5, 2SeO^3, 2Rb^2O, 5H^2O$. — [Weinland et Barttlingck, *D. chem. G.*, **36**, 1397, 1903].

SULFURES DE RUBIDIUM. — Les sulfures de rubidium ont été étudiés dans un travail d'ensemble, parallèlement à ceux de cœsium, par Biltz et Wilke Dorfurt [*D. chem. G.*, **38**, 120, 1905; *Zeit. anorg. Chem.*, **48**, 297, 1906 et **50**, 67, 1907].

Les auteurs préparent d'abord, en traitant l'hydrate par l'hydrogène sulfuré, une solution de sulfure que l'on débarrasse des impuretés (carbonate et polysulfures) au moyen de traitements répétés à l'alcool et à l'éther. On obtient, par évaporation dans le vide sulfurique, une

masse blanche de *monosulfure hydraté* Rb^2S, $4H^2O$ très déliquescent. Le *sulfhydrate* $RbSH$ se prépare en prenant les mêmes précautions. Il forme des cristaux confus d'un blanc brillant.

Le rubidium forme un grand nombre de polysulfures, que l'on peut caractériser comme composés définis, soit en étudiant les courbes de fusibilité des mélanges de pentasulfure et de soufre, de bisulfure et de pentasulfure, ou de tétra et de pentasulfure [*Zeit. an. Chem.*, **48**, 297, 1906], soit en désulfurant le pentasulfure chauffé dans un creuset de platine dans un courant d'azote (trisulfure) ou d'hydrogène (bisulfure) [*ibid.*, **50**, 67, 1906].

BISULFURE Rb^2S^2. — Masse jaune rougeâtre très hygroscopique, fusible vers 420°, se volatilisant vers 950°.

Bisulfure hydraté Rb^2S^2, H^2O. — Cristaux quadratiques brillants, d'un blanc de neige, obtenus en évaporant dans le vide la solution du précédent.

TRISULFURE Rb^2S^3. — Masse rouge hygroscopique, fondant à 213°, se volatilisant dans un courant d'azote entre 900 et 1000°.

Trisulfure hydraté RbS^3, H^2O. — Lamelles jaunes obtenues par évaporation d'une solution du trisulfure anhydre.

TÉTRASULFURE Rb^2S^4. — On l'obtient en fondant ensemble du soufre et les sulfures précédents, ou par voie humide avec le monosulfure et du soufre. C'est une masse rouge fondant au-dessus de 160°.

SULFURE Rb^4S^9. — Petits cristaux rouges très instables, se formant dans l'évaporation lente de la solution aqueuse du tétrasulfure. Il est douteux qu'ils représentent un composé défini.

PENTASULFURE Rb^2S^5. — On l'obtient en faisant bouillir en solution aqueuse les quantités théoriques de sulfhydrate, d'hydrate et de soufre dans une atmosphère d'hydrogène. Par refroidissement il se dépose des cristaux rouge foncé très nets, en prismes orthorhombiques me^1, $D = 2,618$, fondant à 223-224°, noircissant au-dessus de 170°, mais reprenant leur couleur rouge par refroidissement. Ils sont très solubles dans l'alcool à 70 0/0.

HEXASULFURE Rb^2S^6. — Il est caractérisé par un maximum dans la courbe de fusion des mélanges de sulfure et de soufre correspondant à la teneur de 53-54 0/0 en ce métalloïde, à partir de laquelle cesse la miscibilité du soufre et des sulfures fondus. Il est rouge foncé.

HYDROSULFITE DE RUBIDIUM $S^2O^4Rb^2$. — Obtenu par H. Moissan en faisant réagir l'anhydride sulfureux sur l'hydrure RbH.

HYPOSULFITE $S^2O^3Rb^2 + 2H^2O$. — C'est un corps blanc, très hygroscopique, très soluble dans l'eau, préparé par Meyer et H. Eggeling [*D. chem. G.*, **40**, 1351, 1907] par double décomposition entre CO^3Rb^2 et S^2O^3Ba. L'iode le transforme quantitativement en *tétrathionate* $S^3O^6Rb^2$, prismes hygroscopiques relativement stables, dont la solution aqueuse subit la dissociation électrolytique d'une manière presque totale.

Difluodithionate $S^2O^3F^2Rb^2, 3H^2O$. — [Weinland et Alfa, *D. chem. G.*, **31**, 123, 1898].

SULFATE NEUTRE SO^4Rb^2. — Erdmann le prépare en traitant l'alun de rubidium par un lait de chaux [*Ann. Chem.*, **232**, 3, 1886]. Il fond à 1074°; point de transformation à 657° [Hüttner et Tammann, *Zeit. an. Chem.*, **43**, 215, 1905]. Pour la densité et la cristallographie, voyez Linck [*D. chem. G.*, **33**, 2284, 1900] et Tutton, [*Chem. Soc.*, **83**, 1049, et *Zeit. Kryst.*, **24**, 1, 1893]. Pour la solubilité dans l'eau, voyez Doumer [*C. R.*, **110**, 41, 1890] et Etard [*C. R.*, **106**, 740, 1888].

Octosulfate $8SO^3, Rb^2O$. — Préparé par Weber [*D. chem. G.*, **17**, 2499, 1884] en traitant le sulfate neutre par l'anhydride sulfurique.

La chaleur le transforme en *pyrosulfate* $S^2O^7Rb^2$.

Difluodisulfate $S^2O^7Rb^2$, $RbF, HF + H^2O$. — [Weinland et Alfa, *D. chem. G.*, **34**, 223, 1898].

Persulfate $S^2O^8Rb^2$. — Il a été préparé par Foster et Smith [*Am. chem. Journ.*, **21**, 934, 1899] par électrolyse d'une solution sulfurique de sulfate. On peut aussi le préparer par double décomposition à partir du persulfate d'ammonium [Marshall, *Am. chem. Journ.*, **22**, 48, 1900]; il est isomorphe avec le sel d'ammonium, isodimorphe avec celui de potassium.

Bromure de sélénium et de rubidium $SeBr^4$, $2RbBr$. — Cristaux rouges [Lenher, *Am. Chem. Soc.*, **20**, 555, 1898].

Chlorosélénite $2SeO^2$, $RbCl + 2H^2O$. — [Muthmann et Schäfer, *D. chem. G.*, **26**, 1008, 93].

Séléniate acide SeO^4RbH. — Cristaux hygroscopiques [Norris et Klingmann, *Am. Chem. Journ.*, **26**, 318, 1901].

Difluoséléniate $Se^2O^7F^2Rb^3H + H^2O$. — [Weinland et Alfa, *loc. cit.*]. *Sélénioiodates* I^2O^5, $2SeO^3$, $2Rb^2O$, H^2O et $3I^2O^5$, $2SeO^3$, $2Rb^2O$, $5H^2O$ [Weinland et Barttlingck, *D. chem. G.*, **36**, 1397, 1903].

Tellurate $TeO^4Rb^2 + 3H^2O$. — Cristaux prismatiques solubles dans 10 p. d'eau froide. Le *bitellurate* $TeO^4RbH + 1/2H^2O$ n'est pas isomorphe du biséléniate [Norris et Klingmann, *loc. cit.*].

Difluotellurate $TeO^3F^2Rb^2$, $3H^2O$. — [Weinland et Alfa, *loc. cit.*].

Iodotellurate $2TeO^3$, Rb^2O, $I^2O^5 + 6H^2O$. — [W. et Prause, *D. chem. G.*, **33**, 1015, 1900; — von Sustschinsky, *Zeit. Kryst.*, **35**, 276, 1902].

Azoture (azothydrate) de rubidium $RbAz^3$. — Fines aiguilles quadratiques très solubles dans l'eau, peu dans l'alcool, se décomposant avec explosion quand on les chauffe [Dennis et Benedickt, *Am. Chem. Soc.*, **20**, 226, 1898; *Zeit. an. Chem.*, **17**, 18, 1898].

Amidure de rubidium $RbAzH^2$. — Titherley [*Proc. Chem. Soc.*, **175**, 46, 1896] l'a préparé en chauffant le métal dans l'ammoniac. C'est une masse fondue à texture cristalline; il est décomposé par l'eau en hydrate et ammoniaque. Il se forme aussi par l'action de l'ammoniac sur l'hydrure [Moissan, *loc. cit.*], dans la décomposition spontanée du rubidium ammonium [H. Moissan, O. Ruff, E. Rengade, *loc. cit.*] et dans l'action de l'ammoniac liquéfié sur le protoxyde Rb^2O (Rengade). Il réagit sur le bioxyde Rb^2O^2 avec explosion et formation de rubidium métallique : $Rb^2O^2 + RbAzH^2 = 2RbOH + Rb + Az$ [Rengade, *loc. cit.*].

Rubidium-ammonium. — H. Moissan l'a préparé en faisant réagir l'ammoniac sur le métal à basse température. La combinaison ne se produit qu'au-dessous de — 3° à la pression ordinaire [*C. R.*, **136**, 1177, 1903]. L'oxygène le transforme en bioxyde Rb^2O^2, sur lequel peut du reste, réagir le métal ammonium en excès avec formation d'amidure et d'hydrate. Aussi est-il nécessaire, si l'on veut préparer par ce procédé les oxydes supérieurs de rubidium, de conduire le plus rapidement possible la première partie de l'opération, sinon les oxydes sont mélangés d'hydrate et d'amidure ou de ses produits d'oxydation [E. Rengade, *Ann. Chim. Phys.*, (8), **11**, 406, 1907]. L'acétylène transforme le rubidium-ammonium en acétylure acétylénique (voy. ce mot).

D'après Otto Ruff et Geisel le rubidium-ammonium n'existerait pas plus que les autres métaux ammoniums [*D. chem. G.*, **39**, 828, 1906]. Mais M. Joannis ayant maintenu ses premières conclusions en ce qui concerne le potassammonium et le sodammonium [*Ann. Chim. Phys.*, (8), **11**, 101, 1907], les expériences d'Otto Ruff ne paraissent pas infirmer sérieusement l'existence du rubidium-ammonium.

Azotates acides de rubidium, AzO^3Rb, AzO^3H et AzO^3Rb, $2AzO^3H$. — Le premier de ces corps fond à 62°, il forme des lamelles octaédriques. La second est en aiguilles fusibles à 39-40° L'azotate AzO^3Rb, $5AzO^3H$ décrit par Ditte [*C. R.*, **89**, 576, 1879] n'a pu être reproduit [Wells et Metzger, *Am. Journ.*, **26**, 271, 1901].

Phosphates de rubidium. — Ils ont été étudiés par v. Berg [*D. chem. G.*, **34**, 4181, 1901].

Phosphate monobasique, PO^4H^2Rb. — Gros prismes quadratiques incolores.

Phosphate bibasique, $PO^4HRb^2 + H^2O$. — La solution concentrée du sel ne cristallise pas. En y ajoutant un excès d'ammoniaque, on précipite un phosphate ammoniacal qui, maintenu dans le vide sulfurique, perd AzH^3 et laisse le phosphate bibasique cristallisé.

Phosphate tribasique, $PO^4Rb^3 + 4H^2O$. — Prismes courts très hygroscopiques.

Pyrophosphate, $P^2O^7Rb^2$. — Masse fondue très hygroscopique, obtenue en calcinant le phosphate bibasique.

Métaphosphate, PO^3Rb^2. — Poudre blanche obtenue dans la calcination du phosphate monométallique.

Fluophosphate, $PO^3Rb, HF + H^2O$ [Weinland et Alfa, *D. chem. G.*, **34**, 123, 1898].

Séléniophosphate, P^2O^5, $2SeO^3$, $2Rb^2O + 3H^2O$ [Weinland et Barttlingck, *ibid.*, **36**, 1397, 1903].

Tellurophosphate, P^2O^5, TeO^3, $1,5Rb^2O + 5,5H^2O$ [Weinland et Prause, *ibid.*, **33**, 1015, 1900].

Métaarsénite de rubidium, AsO^2Rb. — Poudre blanche amorphe insoluble dans l'alcool [Bouchonnet, *C. R.*, 641, 1907].

Arséniate monobasique, AsO^4RbH^2. — On le prépare, d'après Bouchonnet, en fondant parties égales de As^2O^3 et AzO^3Rb, reprenant par l'eau et évaporant la solution dans le vide; ou bien en neutralisant par l'acide arsénique au méthylorange une solution de carbonate de rubidium et évaporant dans le vide.

Cristaux anhydres en tables dans le premier cas, en aiguilles soyeuses dans le second, très solubles dans l'eau mais non hygrométriques.

Chauffé, ce sel se transforme en métaarséniate au rouge sombre; au rouge vif il se volatilise As^2O^3 [*C. R.*, **144**, 641, 1907].

Arséniate bibasique, AsO^4Rb^2H, H^2O. — Lamelles blanches très solubles dans l'eau mais non hygroscopiques, absorbant lentement l'acide carbonique de l'air (Bouchonnet).

Arséniate tribasique, AsO^4Rb^3, $2H^2O$. — Lamelles blanches très hygrométriques, se déshydratant à 100°, absorbant l'acide carbonique de l'air (Bouchonnet).

Pyroarséniate, $As^2O^7Rb^4$. — Obtenu par décomposition au-dessus de 150° de l'orthoarséniate dimétallique. Au rouge sombre il se transforme en *métaarséniate* AsO^3Rb, masse cristalline d'un blanc laiteux, que l'on peut également obtenir par calcination de l'orthoarséniate monobasique [Bouchonnet, *loc. cit.*].

Sélénioarséniate, As^2O^5, $2SeO^3$, $2Rb^2O + 3H^2O$ [Weinland et Bartlingck, *D. chem. G.*, **36**, 1397, 1903].

Chlorures de rubidium et d'arsenic. — $2AsCl^3$, $3RbCl$, cristaux hexagonaux jaune clair, transformés par un acide étendu en As^2O^3, $RbCl$ [Wheeler, *Am. Journ. Sc.*, (3), **46**, 88, 1893]. Le même auteur a préparé les composés de formules analogues *bromés* et *iodés*.

CHLORURES DE RUBIDIUM ET D'ANTIMOINE — On en a décrit un très grand nombre : $SbCl^3$, $RbCl$; $SbCl^3$, $6RbCl$; $2SbCl^3$, $RbCl + H^2O$ [Remsen et Saunders, *Am. Chem. Journ.*, **14**, 152, 1892 ; — Wheeler, *loc. cit.*] ; $7SbCl^3$, $16RbCl$; $10SbCl^3$, $23SbCl$ [Remsen et Saunders, *loc. cit.*] ou mieux pour ce dernier $3SbCl^3$, $7RbCl$ [Wells et Foote, *J. Am. Chem. Soc.*, (4), **3**, 456, 1881]. — L'antimoine fonctionne comme tétravalent dans les composés $SbCl^6Rb^2$, octaèdres microscopiques noirs, violets en lames minces, décomposés par l'eau, et $SbCl^6Rb^2$, $2SbCl^6Rb^3$, paillettes hexagonales brunes [Weinland et Schmid, *D. chem. G.*, **38**, 1080, 1905]. L'antimoine pentavalent donne $SbCl^6Rb$, lamelles orthorhombiques jaunes verdâtres [Weinland et Feige, *D. chem. G.*, **36**, 244, 1903].

BROMURES D'ANTIMOINE ET DE RUBIDIUM, $2SbBr^3$, $3RbBr$ et $10SbBr^3$, $23RbBr$ [Wheeler, *loc. cit.*]. — $SbBr^6Rb$, tables hexagonales noires [Weinland et Feiger, *loc. cit.*].

IODURES D'ANTIMOINE ET DE RUBIDIUM, $2SbI^3$, $3RbI$ (Wheeler). — SbI^3. $SbOI$, $2RbI$.

CHLORURES DE RUBIDIUM ET DE BISMUTH, $BiCl^3$, $RbCl$, $4H^2O$. — $BiCl^3$, $3RbCl$; $BiCl^3$, $6RbCl$ [Remsen, *loc. cit.*].

HYPOSULFITES DOUBLES DE BISMUTH ET DE RUBIDIUM, $(S^2O^3)^3BiRb^3$, $1/2H^2O$, jaune, et $(S^2O^3)^3BiRb^3$, H^2O brun [Hauser, *Zeit. an. Chem.*, **45**, 1, 1903].

ACÉTYLURE ACÉTYLÉNIQUE DE RUBIDIUM, C^2Rb^2, C^2H^2. — Cristaux transparents très hygroscopiques fondant au-dessus de 300°, obtenus par Moissan [*C. R.*, **136**, 1217 et 1522, 1903 ; *Bull. Soc. Chim.*, **31**, 551, 1904] en faisant passer de l'acétylène dans du rubidium ammonium dissous dans un excès d'ammoniac. On peut aussi l'obtenir en faisant réagir l'acétylène sur l'hydrure de rubidium RbH. Il est attaqué par F, Cl, Br, I, O légèrement chauffés, par le soufre fondu, mais n'attaque pas le silicium et le bore, ce qui le distingue de l'acétylure de cæsium. Il réagit avec incandescence sur CO^2 légèrement chauffé. Il se décompose dans le vide à 300° en donnant le carbure.

CARBURE DE RUBIDIUM, C^2Rb^2. — Obtenu par décomposition du précédent. Il prend feu à froid au contact des halogènes. L'oxygène sec est sans action. Par contre, le silicium et le bore légèrement chauffés donnent une vive incandescence. Il réduit les oxydes de fer et de chrome, CO^2, SO^2, AzO légèrement chauffés. Il est réduit à son tour par le calcium métallique avec volatilisation de rubidium. Avec l'eau il donne de l'acétylène.

CARBONATE DE RUBIDIUM, CO^3Rb^2. — Il commence à se dissocier dans le vide un peu au-dessous de 740° [Lebeau, *Bull. Soc. Chim.*, **31**, 214, 1904]. Du reste sa volatilité jusqu'à 400° est sensiblement nulle [Lebeau, *ibid.*, **35**, 5, 1906] contrairement aux affirmations de Wittorf [*Zeit. an. Chem.*, **39**, 187, 1904]. D'après ce dernier auteur, il est décomposé par la silice au rouge.

PERCARBONATE. $C^2O^6Rb^2$. — Poudre blanche hygroscopique préparée par électrolyse du carbonate [Constant et von Hausen, *Zeit. Electr.*, **3**, 137 ; — von Hausen, *ibid.*, **3**, 399, 1897].

SULFOCYANATE DE RUBIDIUM, $CySRb$. — Longues aiguilles semblables au sel de potassium [Grossmann, *D. chem. G.*, **35**, 2665, 1902].

BORATES. — Le *borate anhydre* $B^4O^7Rb^2$, obtenu en solution alcoolique, forme un précipité cristallin. Le *borate hydraté* $B^4O^7Rb^2$, $6H^2O$ est en cristaux rhombiques [Reissig et Reisschler, *Zeit. an. Chem.*, **4**, 166, 1893].

FLUOBORATE, BF^4Rb. — Très petits cristaux rhombiques incolores obtenus en ajoutant à une solution d'acide fluorhydrique à 35 0/0 de l'acide borique, puis du carbonate de rubidium en quantité suffisante. On obtient des cristaux plus gros en évaporant très lentement les eaux mères de la préparation précédente [Zambonini, *Zeit. Krist.*, **41**, 53, 1905].

CHLOROSTANNATE, Rb^2SnCl^6. — Cristaux cubiques [E. Biron, *Journ. Soc. phys. chim. russe*, **36**, 489, 1904].

RUBIDIUM ET CALCIUM. — *Sulfate double* SO^4Rb^2, $2SO^4Ca$, $3H^2O$ [Ditte, *C. R.*, **84**, 86 1877]. Même sel anhydre, et sulfate SO^4Rb^2, SO^4Ca, H^2O, voyez d'Ans et Zeh [*D. chem. G.* **40**, 4912, 1907].

RUBIDIUM ET BARYUM. — *Dithionate double* $2S^2O^6Rb^2$, $S^2O^6Ba + H^2O$ [Bodlænder, *Chem. Zeit.*, **14**, 1140, 1890].

RUBIDIUM ET MAGNÉSIUM. — *Hyposulfite double*, $S^2O^3Rb^2$, S^2O^3Mg, $6H^2O$ [J. Meyer et H. Eggeling, *D. chem. G.*, **40**, 1351, 1907].

Sulfates doubles. — $2SO^4Mg$, SO^4Rb^2, obtenu par fusion des composants [Mallet, *Chem. Soc.*, **77**, 216, 1900] et SO^4Mg, SO^4Rb^2 [Mallet, *ibid.*, **84**, 1546, 1902].

Phosphate double, PO^4MgRb, $6H^2O$. — Précipité cristallin indécomposable par l'eau bouillante [Erdmann et Köthner, *Ann. Chem.*, **294**, 71, 1896].

Carbonate double, $(CO^3)^2MgRbH + 4H^2O$, efflorescent [Erdmann et Köthner].

RUBIDIUM ET ALUMINIUM. — *Sulfate double (alun).* — Solubilité [J. Locke, *Am. Chem. Journ.*, **26**, 232 et **27**, 455 ; *Zeit. an. Chem.*, **33**, 58, 1902].

Alun sélénique [Fabre, *C. R.*, **105**, 114, 1887].

RUBIDIUM ET INDIUM. — Voyez INDIUM.

RUBIDIUM ET COBALT. — *Sulfates doubles cobalteux* : 1° SO^4Co, SO^4Rb^2, $6H^2O$, monoclinique [Tutton, *Chem. Soc.*, **69**, 344, 1896 ; — Hove et O'Neals, *Am. Chem. Soc.*, **20**, 759, 1898 ; — Rosenbladt, *D. chem. G.*, **19**, 178, 1886 ; — Perrot, *Arch. Sc. Phys. Nat.*, (3), **25**, 669]. 2° SO^4Co, SO^4Rb^2, $12H^2O$; solubilité [J. Locke, *loc. cit.*].

Alun cobaltique. — Cristaux bleus, peu solubles [Howe et O'Neal, *loc. cit.*].

Cobaltinitrite, $Co^2(AzO^2)^{12}Rb^3 + H^2O$. — Sel jaune citron moins soluble que celui de potassium (1/19 800 à 17°) [Rosenbladt, *D. chem. G.*, **19**, 2531, 1886].

RUBIDIUM DE FER. — *Ferrate* [Eidmann et Mœser, *D. chem. G.*, **36**, 2290, 1903].

Chlorure double, Fe^2Cl^6, $4RbCl + 2H^2O$, rouge [Neumann, *Ann. Chem.*, **244**, 329, 1888] ; tables rhombiques de densité 2,897 [B. Grossner, *Zeit. f. Krist.*, **40**, 69, 1904].

Bromures doubles, Fe^2Br^6, $4RbBr + 2H^2O$ et $FeBr^2$, Fe^2Br^6, $RbBr$, $3H^2O$ [Walden, *Zeit. an. Chem.*, **7**, 731, 1894].

Alun $(SO^4)^3Fe^2$, $SO^3Rb^2 + 24H^2O$. — Solubilité [Locke, *loc. cit.* ; — Biltz et Wilke-Dörfurt, *Zeit. an. Chem.*, **48**, 797, 1905].

Alun sélénique. — Cristaux violets fondant à 40-45° dans leur eau de cristallisation, se déshydratant à 100° ; $d_{15} = 2,1308$; $n_D = 1,507$. Les solutions aqueuses concentrées sont rouge vineux [Roncagliolo, *Gazz. chim. ital.*, **35**, II, 553, 1906].

RUBIDIUM ET MANGANÈSE. — *Fluorure double*, MnF^6Rb^2. — Tables hexagonales [Weinland et Lauenstein, *Zeit. an. Chem.*, **20**, 40, 1899].

Chlorure double, $MnCl^6Rb^2 + 2H^2O$. — Il contient 2 et non 3 molécules d'eau comme l'avait publié Godefroy [Saunders, *Am. Chem. Journ.*, **15**, 127, 1892].

Sulfates doubles manganeux. — SO^4Mn, SO^4Rb^2 et $2SO^4Mn$, SO^4Rb^2 [Wyrouboff, *Bull. Soc. Min.*, **14**, 233, 1891 ; voy. aussi F. Mallet, *Chem. Soc.*, **84**, 1546, 1902]. — SO^4Mn, SO^4Rb^2, $6H^2O$, $d = 2,49$ (série magnésienne) [Tutton,

Chem. Soc., 63, 337, 1893; — Perrot, *Arch. Sc. Phys. Nat.*, 29, 18]. — SO^4Mn, SO^4Rb^2, $2H^2O$ [Wyrouboff, *loc. cit.*].

Alun manganique. — Obtenu en mélangeant des solutions de sulfate de rubidium et d'acétate manganique en liqueur sulfurique [Christensen, *Zeit. anorg. Chem.*, 27, 321, 1901].

RUBIDIUM ET CHROME. — *Chlorure* $Cr(OH^2)^4$ Cl^5Rb^2 [Werner et Gubser, *D. chem. G.*, 34, 1579, 1901].

Alun sulfurique et *alun sélénique* [Petterson, *Acta Soc. Scient. Upsal*, (3), 9].

RUBIDIUM ET MOLYBDÈNE. — *Chlorure double de molybdényle*, $MoOCl^3$, $2RbCl$ [Nordenskjöld, *D. chem. G.*, 84, 1572, 1901].

RUBIDIUM ET PLOMB. — *Chlorure, bromure et iodure doubles*, $2PbX^2$, PbX [Wells, *Zeit. ann. Chem.*, 4, 335, 1894].

Chlorure double, $PbCl^2$, $2RbCl$. — Obtenu par fusion du composé suivant.

Chlorure double plombique, $PbCl^4$, $2RbCl$. — Poudre jaune préparée en ajoutant une solution de RbCl à une solution de $PbCl^2$ saturée de chlore [Erdmann et Köthner, *Ann. Chem.*, 295, 71, 1896].

Hyposulfite double, $2S^2O^3Rb^2$, S^2O^3Pb, $2H^2O$. — Aiguilles blanches difficilement solubles dans l'eau froide, se décomposant peu à peu en solution avec dépôt de PbS [J. Meyer et H. Eggeling, *D. chem. G.*, 40, 1351, 1907].

RUBIDIUM ET CUIVRE. — *Sulfures doubles*, $RbCuS^4$ et $Rb^2Cu^3S^{10}$ [Biltz et Herms, *D. chem. G.*, 40, 974, 1907].

Hyposulfites doubles, $S^2O^3Cu^2 + (1, 2$ ou $3) S^2O^3Rb^2 + 2H^2O$. — Les deux premières sont jaunes, le troisième blanc, plus stable [Meyer et Eggeling, *loc. cit.*].

Cyanures doubles. — $Rb^2Cu^3(CAz)^5$, lamelles octaédriques; $RbCu(CAz)^2$, cristaux orthorhombiques [Grossmann et von der Forst, *Zeit. an. Chem.*, 43, 94, 1905].

RUBIDIUM ET CADMIUM. — *Chlorures doubles :* Les seuls existants sont d'après Rimbach [*D. chem. G.*, 35, 1298, 1902], et contrairement aux indications de Godefroy, les composés RbCl, $CdCl^2$ et $4RbCl$, $CdCl^2$.

Sulfocyanate double, $(CyS)^2Cd$. $2CbSRb + 2H^2O$. — Lamelles hexagonales [Grossmann, *D. chem. G.*, 35, 2655, 1902].

RUBIDIUM ET MERCURE. — *Amalgame* étudié par Kurnakow et Shukowski [*Zeit. an. Chem.*, 52, 416, 1907].

Chlorures doubles. — Il en existe cinq : RbCl, $5HgCl^2$; — RbCl, $4HgCl^2$, H^2O; — RbCl, $HgCl^2$, H^2O; — $3RbCl$, $2HgCl^2$, $2H^2O$; — $2RbCl$, $HgCl^2$, H^2O. Les sels $2RbCl$, $HgCl^2$, $2RbCl$. $HgCl^2$, H^2O et RbCl, $HgCl^2$ décrits par Godefroy [*Arch. Pharm.*, (3), 12, 477] n'ont pu être obtenus à 25° [Foote et Lévy, *Am. Chem. Journ.*, 36, 236, 1906].

Iodobromure, HgI^2, $2RbBr$ [Grossmann, *D. chem. G.*, 36, 1600, 1903].

Iodures doubles, HgI^2, $2RbI$. — Aiguilles orthorhombiques jaune pâle, et HgI^2, $2RbI$, grandes tables jaunes [Grossmann, *D. chem. G.*, 37, 1258, 1904].

Sulfocyanates doubles, $Hg(SCAz)^2$, $RbSCAz$, aiguilles blanches, et $Hg(SCAz)^2$, $2RbSCAz$, $\frac{1}{2}H^2O$, grandes tables clinorhombiques. — *Sulfocyanate-cyanure*, $HgCy^2$, $RbSCy$, aiguilles incolores [Grossmann, *loc. cit.*].

RUBIDIUM ET ARGENT. — *Iodure double*, AgI, $2RbI$. — Cristaux rhombiques blancs décomposables par l'eau [Wells, Wheeler et Penfield, *Am. J. Sc.*, (3), 44, 155, 1892].

Hyposulfite double, $2S^2O^3Rb^2$, $S^2O^3Ag^2$, $3H^2O$ — Aiguilles soyeuses non hygroscopiques, assez stables à la lumière et à l'air, peu solubles dans l'eau froide, se décomposant à chaud [Meyer et Eggeling, *loc. cit.*]. Les mêmes auteurs ont préparé les sels doubles ammoniacaux $S^2O^3Rb^2$, $S^2O^3Ag^2$, AzH^3 et $3S^2O^3Rb^2$, $4S^2O^3Ag^2$, AzH^3.

Sulfocyanates triples de Rb, Ba *et* Ag [Wells, *Am. Chem. Journ.*, 30, 184, 1903].

RUBIDIUM ET PLATINE. — La combinaison du chlorure de rubidium avec l'acétylacétate de platine forme de longues aiguilles jaunes de formule $Pt(Ac)^2$, $RbCl$ [A. Werner, *D. chem. G.*, 34, 2584, 1901].

RUBIDIUM ET RHODIUM. — *Alun.* — Octaèdres jaunes [Piccini et Marino, *Zeit. an. Chem.*, 27, 62, 1901].

RUBIDIUM ET IRIDIUM. — *Alun*, cristaux jaune foncé fondant à 108–109° [Marino, *Zeit. an. Chem.*, 42, 213, 1904].

Dosage. — Le rubidium se dose facilement à l'état de chlorure, à la condition de ne pas calciner à trop haute température pour éviter la volatilisation (E. Rengade). Lorsqu'on a des solutions très diluées de chlorure à concentrer, on perd un peu de sel pendant l'évaporation, d'après Bailey [*Chem. Soc.*, 65, 445, 1894].

Janvier 1908.   E. Rengade.

RUBIGINE. — Lorsqu'on injecte chez le chien du sang en nature dans une cavité séreuse ou dans le tissu cellulaire, le fer de ce sang s'accumule dans les ganglions lymphatiques du territoire injecté, dans la rate, dans la moelle et dans le foie sous la forme de grains caractéristiques, de couleur orangée, constitués par un hydrate $2Fe^2O^3$, $3H^2O$, identiques à un pigment bien connu des histologistes (pigment du diabète bronzé, de la cirrhose pigmentaire, etc.). Lapicque, qui a caractérisé ce pigment et déterminé les conditions expérimentales de son apparition, a proposé de l'appeler *rubigine* (*Thèse de la Fac. des Sciences de Paris*, 1897).

E. Lambling.

RUBIJERVINE. — Voy. JERVINE.

RUBRITE (Min.) (Darapsky). — Sulfate basique ferrico-magnésien hydraté, ayant la composition $2(Fe^2O^3.2SO^3)$, $3SO^4Mg$, $30H^2O$, en cristaux rouge foncé formant des octaèdres orthorhombiques ou clinorhombiques, très friables, éclat vitreux, trouvés près de la rivière Loa, désert d'Atacama.   L. Bourgeois.

RUFIGALLIQUE (ACIDE). — Voy. l'art. ANTHRAQUINONE, p. 334.

RUFINDANE ET DÉRIVÉS. — Gilbody et W.-H. Perkin ont montré que la tétraméthylhématoxyline fournit par oxydation au mélange chromique un corps de formule $C^{20}H^{20}O^7$, la tétraméthoxyhématoxylone [*Proc. Chem. Soc.*, 15, 27, 1899; voyez HÉMATOXYLINE, 2e Suppl., p. 21].

Ce composé, d'après les recherches de Kostanecki et de Rost, ne se comporterait pas en réalité à la façon d'une cétone, mais à la façon d'un diol. Ce diol dériverait d'une substance mère hypothétique $C^{16}H^{12}O$

substance mère qu'il sont désignée sous le nom de *rufindane* [*D. chem. G.*, 36, 2202, 1903].

Les travaux récents sur la brésiline et l'hématoxyline paraissent confirmer pour ce corps les formules de constitution de Kostanecki

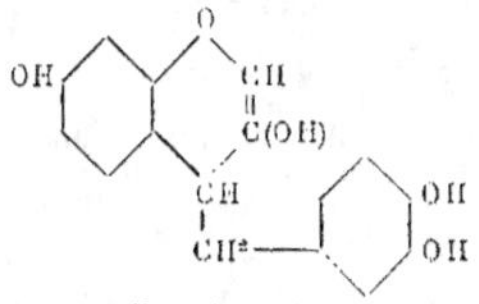

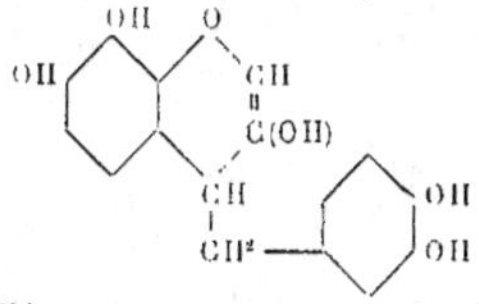

$$OH \quad \overset{O}{\diagdown}\ CH \parallel C(OH) \quad CH \quad CH^2 - \quad OH \quad OH$$

$$OH \quad OH \quad \overset{O}{\diagdown}\ CH \parallel C(OH) \quad CH \quad CH^2 - \quad OH \quad OH$$

[Voyez HÉMATOXYLINE, 2e Suppl., 23]. Ces corps dériveraient donc du carbure hypothétique

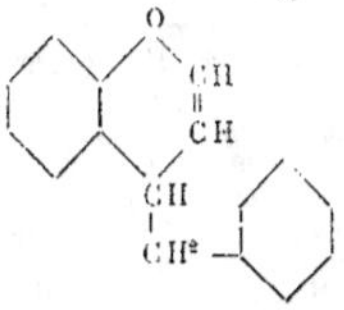

$$\overset{O}{\diagdown}\ CH \parallel CH \quad CH \quad CH^2 -$$

ou *rufène*.

Par oxydation, les dérivés du rufène se transforment en dérivés du rufindane par perte de 2 atomes d'hydrogène :

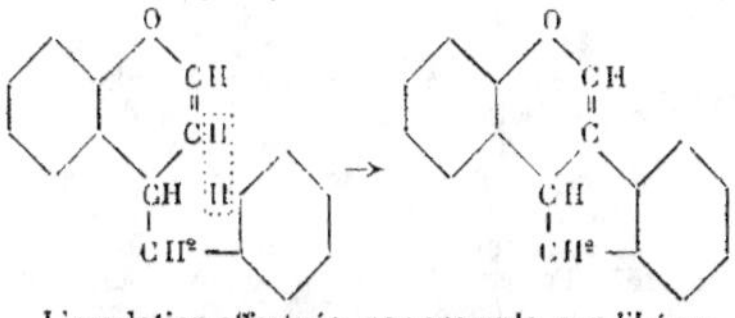

$$\overset{O}{\diagdown}\ CH \parallel CH \quad CH \quad CH^2 - \quad \rightarrow \quad \overset{O}{\diagdown}\ CH \parallel C \quad CH \quad CH^2 -$$

L'oxydation effectuée, par exemple, sur l'hématoxyline avec le mélange chromique, donne le tétroxyrufindane-diol. La brésiline conduirait de même à des trioxyrufindanediols

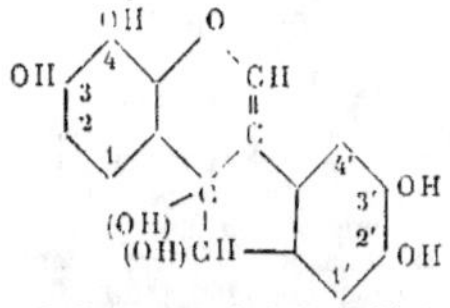

$$OH \overset{4}{\underset{3}{\diagdown}} \quad \overset{O}{\diagdown}\ CH \parallel C \quad (OH) \quad (OH)CH - \quad OH \quad OH$$

Ces oxyrufindane-diols dérivés de l'hématoxyline et de la brésiline ont déjà été décrits dans le 2e Suppl., art. HÉMATOXYLINE, sous le nom de *brésilone* et *hématoxylone*.

Par suite de l'existence des 2 groupes OH des deux fonctions alcool, ces oxyrufindane-diols sont susceptibles, dans certaines conditions, de perdre les éléments de l'eau et de créer dans leur molécule une nouvelle fontion alcool éthylénique :

$$OH \overset{4}{\underset{3}{\diagdown}} \quad \overset{O}{\diagdown}\ CH \parallel C \quad (OH)C - \quad OH \quad OH$$

Aux oxyrufindane-diols correspond donc une série parallèle d'oxyrufindénols.

Ces oxyrufindénols ont déjà été décrits sous les noms de déhydrobrésiline, déhydrobrésilone, déhydrohématoxyline et déhydrohématoxylone. On peut donc écrire le tableau de correspondance des termes :

$C^{16}H^{14}O^5$ .... Brésiline.....	$C^{16}H^{12}O^6$ ..... brésilone, 2'.3' 3 trioxyrufindane-diol.	$C^{16}H^{10}O^5$. déhydrobrésiline, déhydrobrésilone[1], 2'.3'.3 trioxyrufindénol.
$C^{16}H^{14}O^6$ .... Hématoxyline.	$C^{16}H^{12}O^7$ ..... hématoxylone, 2'.3'.3 4 tétroxyrufindane-diol.	$C^{16}H^{10}O^6$. déhydrohématoxyline, déhydrohématoxylone[1], 2'.3'.3.4 tétroxyrufindénol.

Lorsqu'on cherche à passer des oxyrufindane-diols aux oxyrufindénols par déshydratation en milieu sulfurique, les oxyrufindénols, qui normalement sembleraient devoir prendre naissance, s'isomérisent en donnant de nouveaux composés dérivant non plus du rufindane, mais d'un carbure isomérique, facile du reste à préparer, de formule

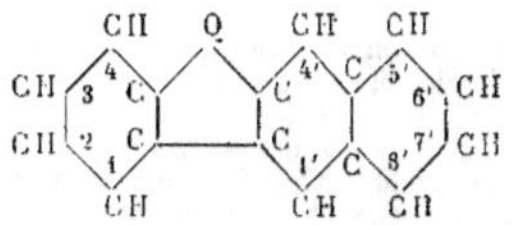

$$CH \quad O \quad CH \quad CH \\ CH \overset{4}{\underset{3}{\diagdown}} C \quad C \overset{4'}{\underset{}{}} C \overset{5'}{\underset{6'}{}} CH \\ CH \overset{2}{\underset{1}{\diagdown}} C \quad C \quad C \overset{1'}{\underset{8'}{}} \overset{7'}{} CH \\ CH \quad CH \quad CH$$

et auquel Kostanecki a donné le nom de *brasane*.

Toutes ces formules ne sont pas encore indiscutées, mais elles sont tout au moins faciles à défendre car elles représentent, à notre avis, la meilleure des représentations schématiques des propriétés des corps qu'elles symbolisent. Nous mentionnerons toutefois les formules proposées par Herzig et Pollak pour les oxyrufindanediols. Suivant ces savants, l'oxydation des dérivés du rufène conduirait à la formation d'un des deux noyaux :

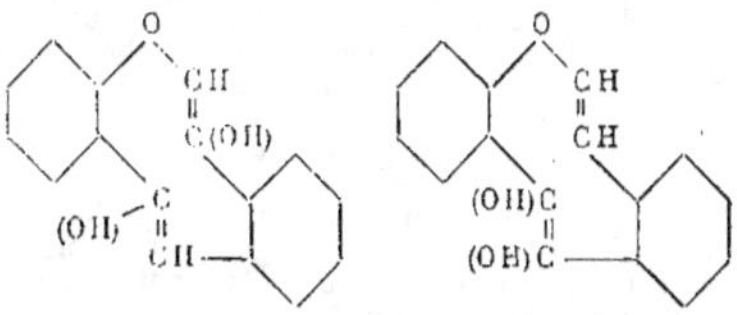

$$\overset{O}{\diagdown}\ CH \parallel C(OH) \quad (OH) \overset{C}{\underset{CH}{\parallel}} - \qquad \overset{O}{\diagdown}\ CH \parallel CH \quad (OH)C \overset{}{\underset{(OH)C}{\parallel}} -$$

[*Mon. f. Chem.*. **25**, 871, 1904].

Nous passerons ici rapidement en revue les trois séries de composés :

Oxyrufindane-ols, Oxyrufindène-ols, Brasane et dérivés, en nous bornant à renvoyer à l'article HÉMATOXYLINE pour la plupart des corps qui déjà y sont mentionnés sous un autre nom.

I. — OXYRUFINDANE-OLS.

2'.3'.3 - Triméthoxyrufindane-diol. — Ce composé n'est autre que la triméthoxybrésilone décrite par Gilbody et W.-H. Perkin [voyez HÉMATOXYLINE. 2e suppl., 21].

La triméthylbrésilone obtenue par Herzig et Pollak dans l'oxydation de la triméthylbrésiline par le mélange chromique en milieu acétique [*Mon. f. Chem.*, **23**, 165, 1902] diffère certainement de celle des chimistes anglais. Elle fond

---

1. Les termes déhydrobrésilone et déhydrohématoxylone, quelles que soient du reste les formules de constitution adoptées pour la brésiline et l'hématoxyline, devraient être supprimés ou remplacés tout au moins par des termes plus réguliers, anhydrobrésilone et anhydrohématoxylone par exemple.

entre 150-160°. Soumise à l'action ménagée de l'acide sulfurique, elle donne un isomère fondant à 170-173°, que l'anhydride acétique en présence d'acétate de sodium transforme en dérivé acétylé (fusible à 183°) du triméthoxybrasane.

Pour simplifier nous désignerons le composé de Gilbody et W.-H. Perkin par α, le dérivé fondant à 150-160° par β et le dernier par γ.

Traités par l'anhydride acétique les deux composés α et γ conduisent au même dérivé acétique fusible à 174-176° : l'*acétoxyméthoxyrufindénol*. Par contre le β dérivé conduit à l'acétoxyméthoxybrasane par traitements successifs à l'acide sulfurique, à l'alcool et aux agents acétylants.

Quelle est la nature de l'isomérie existant entre ces trois brésilones? C'est un point encore obscur. Il est vraisemblable que pour expliquer cette isomérie, on est en droit de faire intervenir l'existence de formes tautomères, car de ces trois triméthoxylbrésilones, l'une au moins, la forme β, paraît jouer le rôle de cétone. Avec le chlorhydrate d'hydroxylamine elle donne un composé cristallisé fondant à 203-205° et dont la formule brute $C^{19}H^{19}O^6Az$ correspond à celle d'une *oxime*. Cette oxime (?) fournit un *dérivé monoacétylé* en feuillets blancs fusibles à 179-182° [Herzig et Pollak, *D. chem. G.*, 36, 398, 1903].

Le dérivé α lui-même, traité par un grand excès de phénylhydrazine, est susceptible de donner un corps en aiguilles jaunes fusible à 239-242°, correspondant à la formule d'une *hydrazone* $C^{25}H^{22}O^4Az^3$.

Les deux dérivés acétylés des triméthoxybrésilones (fondant respectivement à 176 et 183°, paraissent appartenir à deux séries bien différentes. Car, traités par la potasse et l'iodure de méthyle, ces deux dérivés fournissent deux tétraméthoxy-déhydrobrésilines isomériques : l'une le tétraméthoxyrufindène fusible à 165°[1], l'autre la tétraméthoxybrasane fusible à 156-159°[1] [Herzig et Pollak, *D. chem. G.*, 37, 631, 1904]. Si on effectue directement la méthylation en partant de la β-triméthoxybrésilone, on obtient également deux tétraméthoxydéhydrobrésilines isomériques. L'une est identique au composé fondant à 165°, mais le deuxième isomère représente une troisième forme fusible à 130-135° [Herzig et Pollak, *Mon. f. Chem.*, 23, 165, 1902].

De ces trois formes de triméthoxybrésilone, l'une d'entre elles, la forme γ, représente peut-être un dérivé du brasane renfermant l'un des deux groupements I ou II.

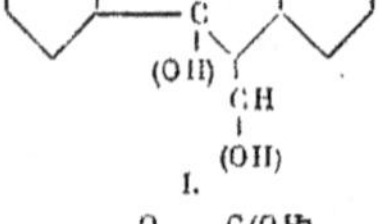

I.

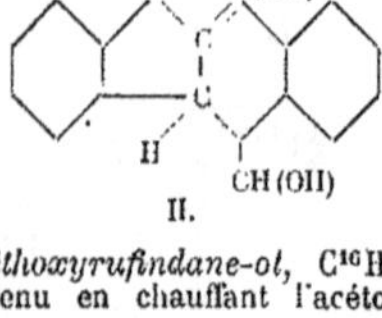

II.

Tétraméthoxyrufindane-ol, $C^{16}H^8O^2(OCH^3)^4$ (?) — Obtenu en chauffant l'acétotriméthoxy-

1. Par suite d'une erreur typographique à l'article HÉMATOXYLINE, le texte porte 136-139° et 155° au lieu de 156-159° et 165°.

brasane (point de fusion 183-185°) avec l'iodure de méthyle et la potasse. Cristaux blancs fondant à 82-83° [Herzig, Pollak et Galitzenstein, *Mon. f. Chem.*, 25, 871, 1904].

Monobromotriméthoxybrésilone. — On l'obtient par oxydation (mélange chromique) de la monobromotriméthoxybrésiline. Aiguilles fusibles à 225° avec décomposition, fournissant facilement un *dérivé nitré*. L'anhydride acétique donne le *dérivé monoacétylé* du *monobromotriméthoxyrufindénol*, fondant à 271-274° [Herzig et Pollak, *D. chem. G.*, 36, 398, 1903; — Kostanecki et Lampe, *D. chem. G.*, 35, 1667, 1902].

3.4.2'3' - Tétraméthoxyrufindane - diol. — C'est la tétraméthoxyhématoxylone de Gilbody et W.-H. Perkin [*Proc. Chem. Soc.*, 15, 27 et 241. Voyez 2e suppl., art. HÉMATOXYLINE]; point de fusion 190-195° [*Chem. Soc.*, 81, 1060, 1902]; point de fusion donné art. HÉMATOXYLINE, 183-186°.

Ce composé réagit à la façon de la β-triméthoxybrésilone sur le chlorhydrate d'hydroxylamine. On obtient une *oxime* (?) $C^{20}H^{20}O^6 = Az.OH$ dont le *dérivé acétylé* fond à 179-183°.

Avec la phénylhydrazine, le 3.4.2'3'-tétraméthoxyrufindane-diol semble réagir à la façon de l'α-triméthoxybrésilone; il n'en est rien : on observe un dégagement d'oxygène et la formation exclusive d'aiguilles blanches fusibles à 170-175° de formule $C^{16}H^8O(OCH^3)^4$ [comp. HÉMATOXYLINE, 2e suppl., 21]; il ne se produit pas de phénylhydrazone.

Par acétylation (anhydride acétique et acétate de soude), le tétraméthoxyrufindane-diol donne un dérivé anhydro-acétylé qui par saponification conduit au 3.4.3'2'-tétraméthoxyrufindène-ol. Par contre l'acide sulfurique concentré conduit à l'isomère correspondant de la série du brasane.

Tétraméthoxyrufindane-diol (?). — Un composé isomère du 3.4.2'3'-tétraméthoxyrufindane-diol a été isolé par Herzig et Pollak des produits d'oxydation de la tétraméthoxybrésiline. En se plaçant dans des conditions expérimentales déterminées, on obtient de grandes quantités de cet isomère dont les cristaux fondent à 165-167°. Par acétylation ce composé fournit un dérivé acétylé (fondant à 193-196°) : l'*acétoxy-anhydrotétraméthoxyhématoxylone* [Herzig et Pollak, *D. chem. G.*, 37, 631, 1904].

II. — OXYRUFINDÈNE-OLS.

3.2'3'-Triméthoxyrufindénol. — C'est la triméthoxydéhydrobrésiline. Elle existe sous deux formes différentes correspondant l'une au composé de Gilbody et Perkin (point de fusion 198°), l'autre au composé de Herzig et Pollak. Les deux corps donnent le même *dérivé acétylé* (point de fusion 174-176°) [*Mon. f. Chem.*, 23, 165, 1902]. Par ébullition à l'acide iodhydrique, l'un est déméthylé et donne le dérivé suivant :

3.2'3'-Trioxyrufindénol. — Aiguilles brillantes retenant une molécule d'eau, noircissant au-dessus de 250°, fondant avec dégagement gazeux vers 315°. Il se dissout dans les lessives de soude : la solution incolore s'altère à l'air et devient rapidement rouge brunâtre. L'acide sulfurique le dissout en donnant une liqueur orange. Le chlorure ferrique colore en vert les solutions alcooliques. L'acide iodhydrique ne l'attaque pas. Il fournit un *dérivé acétylé* en aiguilles fondant à 239-240°.

Tétraméthoxyrufindène. — C'est la tétraméthoxydéhydrobrésiline de point de fusion 165°. On l'obtient en partant du dérivé acétylé de l'éther triméthylique précédemment décrit.

Tétraméthoxyrufindène. — Cet isomère s'obtient par l'action de l'iodure de méthyle et de la potasse sur la β-triméthoxybrésilone. Il fond à 130-135° [Herzig et Pollak, *loc. cit.*].

2'3'.3.4-Tétraméthoxyrufindénol. — S'obtient par traitement à l'ébullition du tétraméthoxyrufindane-diol avec l'anhydride acétique et l'acétate de soude, puis saponification du dérivé acétylé formé.

Oxytétraméthoxyrufindène-ol. — C'est la déhydrotétraméthoxyhématoxyline (2° Suppl., HÉMATOXYLINE, p. 21).

Pentaméthoxyrufindène-ol. — C'est la déhydropentaméthoxyhématoxyline (HÉMATOXYLINE, p. 21). Son point de fusion est de 168-170° et non de 160-163°.

III. — BRASANE ET DÉRIVÉS.

Brasane, $C^{16}H^{10}O^4$. — Il s'obtient par distillation du tétraoxybrasane ou mieux du trioxybrasane avec la poudre de zinc. Lamelles fusibles à 202°, solubles dans l'alcool en donnant des solutions bleues verdâtres fluorescentes. Les solutions dans l'acide sulfurique concentré sont incolores : chauffées, ces solutions se colorent en bleu, puis en rouge [Kostanecki et Lloyd, *D. chem. G.*, 36, 2193, 1903).

Tétroxybrasane-3.6'.7'.(1' ou 4'). — Les deux triméthoxybrésilones provenant de l'oxydation de la triméthylbrésiline et fondant respectivement à 191 et 165° ne se comportent pas de la même façon vis-à-vis des réducteurs. La première perd facilement de l'eau et le produit de déshydratation (déhydrotriméthoxybrésilone) traité par l'acide iodhydrique conduit à un composé $C^{16}H^{10}O^5$. C'est le 3.2'3'-trioxyrufindène-ol décrit un peu plus haut [Bollina Kostanecki et J. Tambor, *D. chem. G.*, 35, 1675, 1902].

Par contre la triméthoxybrésilone (point de fusion 165°) donne par traitement à l'acide iodhydrique un composé $C^{16}H^{10}O^4$ en lamelles fusibles à 350°, avec formation transitoire du corps $C^{16}H^6O(OH)^4$ (soit $C^{16}H^{10}O^5$) isomère du 3.2'.3'-trioxyrufindène-ol.

Ce composé constitue le tétroxybrasane 3.6'.7' (1' ou 4'). Traité par l'acide iodhydrique, il donne le composé $C^{16}H^{10}O^4$ (trioxybrasane).

Le tétroxybrasane fournit un dérivé tétracétylé en aiguilles fusibles à 208-209° et que l'acide chromique transforme en 3.6'.7'-triacétobrasane-quinone. Les solutions dans l'acide sulfurique concentré sont orangées et possèdent une fluorescence verte; cette réaction est caractéristique du tétroxybrasane et de ses éthers.

Éther tétraméthoxy-3'6'7' (1' ou 4') $C^{20}H^{18}O^5$. — Aiguilles fondant à 158° : identique avec la tétraméthoxyhydrobrésiline (point de fusion 156-159°) [Kostanecki et Lloyd, *D. chem. G.*, 36, 2193, 1903; — Herzig et Pollak, *Mon. f. Chem.*, 23, 177, 1902].

Acétoxytriméthoxybrasane. $C^{21}H^{18}O^6$. — Obtenu par dissolution de la β-triméthoxybrésilone dans l'acide sulfurique concentré et acétylation du produit formé. Il fond à 183-185° [Herzig et Pollak, *Mon. f. Chem.*, 23, 165, 1902].

(1' ou 4') Oxy (3.6'7') triméthoxybrasane. — Cristaux fondant à 220° : le sulfate diméthylique le transforme en dérivé tétraméthoxy [Kostanecki et Lloyd, *loc. cit.*]. Par oxydation au moyen d'acide chromique, on obtient la 3.6'.7'-triméthoxybrasane-quinone.

3.6'7'-Trioxybrasane. — Il s'obtient par réduction du dérivé tétraoxy au moyen de l'acide iodhydrique : lamelles fondant à 350°. La solution dans la soude est incolore mais présente une belle fluorescence bleue; son *dérivé triacétylé* fond à 245° [Bollina, Kostanecki et Tambor, *loc. cit.*]. Son éther triméthylique est en lamelles fusibles à 244-246°, insolubles dans l'alcool; les

cristaux se colorent par SO^4H^2 concentré successivement en bleu, en violet puis en vert (Kostanecki et Lloyd).

3.1'4'6'7'-Pentacétoxybrasane. — On l'obtient en réduisant au moyen du zinc, de l'anhydride acétique et de l'acétate de sodium la triacétoxybrasane-quinone (voyez ci-dessous). Aiguilles fondant à 268°.

3.6'.7'-Triméthoxy-1'4'-diacétoxybrasane. — Par réduction et acétylation de la triméthoxybrasane quinone (voyez ci-dessous). Aiguilles fusibles à 254-255°.

3.1'.4'.6'.7'-Pentaméthoxybrasane. — Obtenu par traitement du dérivé précédent par le sulfate diméthylique. Prismes fusibles à 167°.

(1' ou 4')-Oxy-3.4.6'.7'-tétraméthoxybrasane. — C'est le produit que fournit le 3.4.2'.3'-tétraméthoxyrufindanol sous l'action de l'acide sulfurique. Lamelles fusibles à 218°, se dissolvant en rouge dans l'acide sulfurique concentré. Son *dérivé monoacétylé* est en aiguilles groupées en rosettes fondant à 196°. Le sulfate diméthylique le transforme en pentaméthoxybrasane.

L'acide chromique en milieu acétique conduit à la 3.4.6'.7'-tétraméthoxybrasane-quinone. Par distillation avec la poudre de zinc, ce composé donne de grandes quantités de naphtaline.

3.4 (1' ou 4').6'7'.-Pentaméthoxybrasane. — Aiguilles fusibles à 174°.

3.4.6'.7'-Tétraméthoxy-1'4'-diacétoxybrasane. — On l'obtient par réduction en milieu acétique de la 3.4.6'.7'-tétraméthoxybrasanequinone [Kostanecki et A. Rost, *D. chem. G.*, 36, 2202, 1903].

3.6'7'-Triméthoxybrasane-quinone,

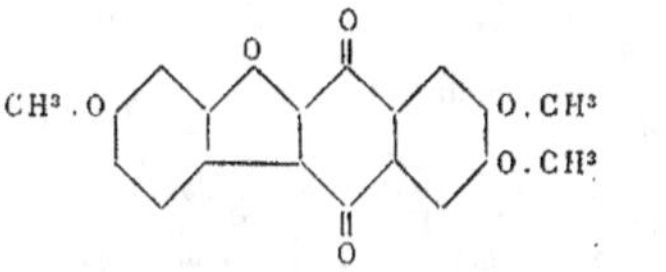

$$CH^3.O \quad \cdots \quad O.CH^3 \quad O.CH^3$$

— Elle résulte de l'oxydation du (1' ou 4')-oxy-3'6'7'-triméthoxybrasane. Aiguilles rouge orangé fondant à 260° ; les solutions dans l'acide sulfurique concentré sont vertes [Kostanecki et Lloyd, *loc. cit.*].

3.6'.7'-Triacétoxybrasane-quinone. — Elle résulte de l'oxydation du tétraacétoxybrasane. Aiguilles jaunes microscopiques, fusibles à 281°.

3.4.6'7'-Tétraméthoxybrasane-quinone. — Produit d'oxydation du (1' ou 4')-oxy-3.4.6'.7'-tétraméthoxybrasane. Aiguilles d'un rouge bordeaux, fusibles à 264°.

BIBLIOGRAPHIE. — W.-H. Perkin, *D. chem. G.*, 36, 840, 1903; — Herzig et Pollak, *ibid.*, 31. 2319, 3713 et 3915, 1905; 36, 398, 1220, 2193, 2199 et 2202, 1903; 37, 631. 1904; 38, 2166, 1905; *Monatsh. f Chem.*, 25, 871. 1904; 23, 165. 1902; —Gilbody et Perkin, *J. Chem Soc.*, 84, 1057, 1902; —Kostanecki et ses collaborateurs, *D. chem. G.*, 35, 2608, 1902; 1667 et 1675, 1902.

1er janvier 1907.   V. Thomas.

RUFOL (Syn. β-dioxyanthracène). — Voy. l'art. ANTHRACÈNE.

RUMICINE. — (Voyez Dict., 4, 900). — Matière extraite de la racine de *Rumex nepalensis* (voyez son extraction à l'art. NÉPALINE).

La rumicine cristallise par refroidissement de la solution acétonique en cristaux lamelleux d'un brun verdâtre qui, par purification dans un mélange de benzène et de pétrole léger, sont d'un jaune d'or et ont pour composition $C^{15}H^{10}O^4$, comme l'acide chrysophanique; mais ils fondent à 186-188°; la rumicine est soluble dans l'alcool chaud et le chloroforme; elle se dissout dans la potasse avec une couleur pourpre, disparaissant peu à peu sous l'influence de l'acide carbonique atmosphérique qui précipite la rumicine. Elle donne par l'action de l'acide iodhydrique le même produit que le soi-disant acide chrysophanique du lichen, c'est-à-dire la chrysophanhydranthrone $C^{15}H^{12}O^3$ [O. Hesse, *Ann. Chem.*, 291, 305]. 1er juillet 1907. A. Hébert.

RUTHÉNIUM. — EXTRACTION. — Voyez IRIDIUM.

La séparation du gallium et du ruthénium a été étudié par Lecoq de Boisbaudran [*C. R.*, 96, 1839, 1883].

PROPRIÉTÉS PHYSIQUES. — Le ruthénium fond et se volatilise au four électrique; la température d'ébullition est comprise entre celle du platine et celle de l'osmium; le métal condensé sur un tube froid présente des cristaux microscopiques [Moissan, *C. R.*, 142, 189, 1906; — *Bull. Soc. Chim.*, (3), 35, 272, 1906].

Le ruthénium pulvérulent obtenu en réduisant le bioxyde par l'hydrogène a pour densité 12,002; le même métal fondu a pour densité 12,063 (Violle) [Joly, *C. R.*, 116, 430, 1893].

L'influence d'un champ magnétique sur le spectre du ruthénium a été étudiée par Purvis [*Proc. Chem. Soc.*, 21, 241, 1905; *Proc. Cambridge Phil. Soc.*, (8), 6, 325, 1906].

Le ruthénium a été obtenu à l'état colloïdal [Castoro, *Zeit. anorg. Chem.*, 41, 131, 1904; — Gutbier et Hofmeier, *J. prakt. Chem.*, (2), 71, 452, 1905].

PROPRIÉTÉS CHIMIQUES. — Le ruthénium en poudre est attaqué par le fluor au-dessous du rouge sombre et fournit un fluorure volatil dont la vapeur est fortement colorée et très dense [Moissan, *Ann. Chim. Phys.*, (6), 24, 249, 1891].

Le chlore attaque le ruthénium à 360° en formant du sesquichlorure; mais la réaction est incomplète. Elle est complète quand on opère dans un mélange de chlore et d'oxyde de carbone [Joly, *C. R.*, 114, 291, 1892].

Le ruthénium est attaqué lentement à la température ordinaire par un mélange d'acide chlorhydrique et d'oxygène. En tube scellé à 125°, la chloruration est complète après quelques heures [Matignon, *C. R.*, 137, 1051, 1903].

Chauffé dans l'air au rouge vif, le ruthénium se transforme superficiellement en bioxyde [Debray et Joly, *C. R.*, 106, 100, 1888].

Quand on électrolyse de l'eau acidulée avec des électrodes en ruthénium, les gaz de l'électrolyse sont absorbés par le ruthénium [Cailletet et Collardeau, *C. R.*, 119, 830, 1894].

APPLICATIONS. — On a proposé l'emploi du ruthénium pour les filaments de lampes à incandescence [Fritz, Blau, Vienne, Brevet 132428, 1901].

ALLIAGES DE RUTHÉNIUM. — *Ruthénium et étain, ruthénium et zinc, ruthénium et plomb, ruthénium et cuivre* [Debray, *C. R.*, 104, 1472, 1577 et 1667, 1887].

COMBINAISONS DU RUTHÉNIUM AVEC LE CHLORE, LE BROME ET L'IODE. — *Bichlorure* $RuCl^2$. — On ne peut pas obtenir ce composé en chauffant le ruthénium dans un courant de chlore [Gutbier et Trenkner, *Zeit. anorg. Chem.*, 45, 166, 1905].

Sesquichlorure Ru^2Cl^6. — Le ruthénium divisé chauffé à 360° dans un mélange de chlore et d'oxyde de carbone se transforme en une poudre brune de sesquichlorure.

La dissolution que l'on obtient en attaquant le peroxyde de ruthénium par l'acide chlorhydrique renferme non le chlorure libre, mais un chlorhydrate de chlorure qui se transforme en chlorure vers 200° [Joly, *C. R.*, 114, 291, 1892].

Tétrachlorure. — L'existence de ce corps est

mise en doute par Gutbier et Trenkner [*Zeit. anorg. Chem.*, 45, 177, 1905].

Sesquibromure Ru^2Br^6. — On le prépare en faisant agir l'acide bromhydrique sur le peroxyde de ruthénium, ou en évaporant un mélange de sesquichlorure de ruthénium et de bromure de potassium et en reprenant le résidu par l'alcool, ou encore à partir du ruthénium [Gutbier et Trenkner, *Zeit. anorg. Chem.*, 45, 178, 1905].

Sesquiiodure Ru^2I^6. — Il se forme dans l'action de l'iodure de potassium sur le sesquichlorure de ruthénium [Gutbier et Trenkner, *Zeit. anorg. Chem.*, 45, 181, 1905].

COMBINAISONS DU RUTHÉNIUM AVEC L'OXYGÈNE. — *Bioxyde* RuO^2. — Le ruthénium se transforme en bioxyde quand on le chauffe dans un courant d'oxygène; une partie du bioxyde formé est entraînée hors de la nacelle par volatilisation apparente; cette volatilisation provient de ce qu'il se forme aux températures élevées du peroxyde qui se détruit par abaissement de température [Debray et Joly, *C. R.*, 106, 100, 1888]. Les cristaux de bioxyde de ruthénium sont quadratiques [Dufet, *Bull. Soc. Min.*, 11, 144, 1888].

Oxyde intermédiaire Ru^4O^9. — Chauffé avec de l'eau dans un appareil à reflux, le peroxyde de ruthénium laisse déposer des écailles brillantes, noires, qui, desséchées dans le vide à 100°, ont pour composition $Ru^4O^9, 2H^2O$ et qui sont complètement déshydratées à 360° [Debray et Joly, *C. R.*, 106, 328, 1888].

Acide hyporuthénique $Ru^2O^6H^2$. — Le peroxyde de ruthénium est décomposé par l'eau à la température ordinaire avec perte d'oxygène et formation du corps Ru^2O^5, Aq [Debray et Joly, *C. R.*, 106, 330, 1888; — Joly, *C. R.*, 113, 693, 1891].

Peroxyde RuO^4. — Le peroxyde de ruthénium étant décomposé par l'eau, il faut pour le conserver le dessécher avec soin: pour cela on le distille dans le vide sur du chlorure de calcium. Il fond à 25°,5 en donnant un liquide rouge orangé; sa densité de vapeur à 100° et sous la pression de 106 mm. est égale à 5,77. Vers 108°, il se décompose avec explosion en donnant du bioxyde [Debray et Joly, *C. R.*, 106, 328, 1888].

Il est réduit avec explosion par l'alcool [Lewis Howe, *Chem. News*, 78, 269, 1898].

Il a été utilisé dans les recherches histologiques [Ranvier, *C. R.*, 105, 145, 1887].

Oxychlorure $Ru^2(OH)^2Cl^4$. — Quand on distille la liqueur bleue formée par dissolution du sesquichlorure de ruthénium dans l'alcool à 95°, elle abandonne un produit noir qui, séché à l'étuve vers 150°, a pour composition $Ru^2(OH)^2Cl^4$ [Joly, *C. R.*, 114, 291, 1892].

TRISULFURE DE RUTHÉNIUM. — On le prépare en faisant passer de l'hydrogène sulfuré dans une solution de chlororuthénate de potassium à 0°, puis séchant le précipité dans une atmosphère de gaz carbonique [Antony et Lucchesi, *Gazz. chim. ital.*, 30, II, 539, 1901].

SILICIURE DE RUTHÉNIUM $RuSi$. — A sa température de fusion, le ruthénium se combine avec facilité au silicium pour donner un siliciure de formule $RuSi$, de densité 5,40, parfaitement cristallisé, possédant une grande dureté et très stable en présence de la plupart des réactifs [Moissan et Manchot, *C. R.*, 137, 229, 1903].

RUTHÉNITES, HYPORUTHÉNATES, RUTHÉNATES, PERRUTHÉNATES. — *Ruthénite de baryum* RuO^3Ba [Joly, *C. R.*, 113, 694, 1891].

Hyporuthénates de potassium. — $K^2O, 6Ru^2O^5$. — Ce composé se forme quand on chauffe à 440° le perruthénate de potassium [Joly, *C. R.*, 113, 694, 1891].

$K^2O, 3Ru^2O^5$. — L'azotite double $(AzO^2)^4Ru^2O, 8AzO^3K$ se décompose quand on le chauffe à 440°

dans le vide; en traitant le produit de la décomposition par l'eau bouillante, on obtient un corps noir de composition $K^2O, 3Ru^2O^3$ [Joly et Leidié. *C. R.*, **118**, 468, 1894].

Hyporuthénate de sodium $Na^2O, 3Ru^2O^3$ [Joly, *C. R.*, **113**. 694, 1891].

Ruthénate de potassium $RuO^4K^2 + H^2O$. — Le peroxyde de ruthénium fondu se dissout dans une solution de potasse en formant, si les proportions sont convenables, du ruthénate de potassium: on obtient des cristaux en concentrant la liqueur dans le vide; ces cristaux sont orthorhombiques.

La dissolution du ruthénate de potassium subit par la dilution ou en présence des acides dilués des transformations qui rappellent le caméléon minéral.

Par double décomposition, on obtient les ruthénates insolubles de calcium. de strontium. de baryum. d'argent [Debray et Joly. *C. R.*. **106**, 1494. 1888; — Dufet, *Bull. Soc. Min.*, **11**. 215, 1888].

Perruthénate de potassium RuO^4K. — Le meilleur moyen pour obtenir ce sel pur consiste à traiter le peroxyde de ruthénium par une lessive de potasse à la température de 60° environ; il se forme par refroidissement des cristaux que l'on maintient dans le vide sec jusqu'à dessiccation complète; ces cristaux sont quadratiques [Debray et Joly, *C. R.*, **106**, 1494, 1888; — Dufet, *Bull. Soc. Min.*. **11**, 215, 1888].

Perruthénate de sodium $RuO^4Na + H^2O$ [Debray et Joly. *C. R.*, **106**, 1494, 1888].

Sulfate de ruthénium, $(SO^4)^2Ru$. — On l'obtient en décomposant le ruthénate de baryum par l'acide sulfurique.

En faisant réagir le gaz sulfureux sur le sulfate de ruthénium, on obtient le dithionate de ruthénium S^2O^6Ru [Antony et Lucchesi, *Gazz. chim. ital.*, **28**, II, 139, 1898 et **30**, II, 71, 1900].

Sels doubles de ruthénium et de cæsium, de ruthénium et de rubidium [Lewis Howe, *Journ. Am. Chem. Soc.*, **16**, 388, 1894; **23**, 775, 1901; **26**, 543 et 942, 1904; — Lewis Howe et Cambell, *ibid.*, **20**, 29, 1898].

Chlorures, bromures de ruthénium et de potassium [Lewis Howe, *Journ. Am. Chem. Soc.* **26**, 543 et 942, 1904; — Miolati et Taguiri, *Gazz. chim. ital.*, (2), **30**. 511, 1901].

Chlorures, bromures de ruthénium et d'ammoniums substitués [A. Gutbier et H. Zwicker, *D. chem. G.*, **40**, 690, 1907].

Ruthénocyanures. — *Ruthénocyanure de potassium* $RuCy^6K^4, 3H^2O$ [Dufet, *C. R.*, **120**, 377, 1895; — Lewis Howe, *Journ. Am. Chem. Soc.*, **26**. 543 et 942. 1904].

Ruthénocyanures de calcium, de baryum et de potassium, de magnésium [Lewis Howe et Campbell. *Journ. Am. Chem. Soc.*, **20**. 29, 1898].

Sulfite de ruthénium et de potassium, de ruthénium et de sodium [Miolati et Tagiuri, *Gazz. chim. ital.*, (2). **30**, 511, 1901].

Azotites doubles. — *Azotites de ruthénium et de potassium.* — Par l'action de l'azotite de potassium sur la solution de sesquichlorure de ruthénium, on obtient l'azotite double $(AzO^2)^6Ru^2$. $4AzO^2K$ qui cristallise dans le système orthorhombique.

En liqueur alcaline et en présence d'un excès d'azotite de potassium, il se forme le composé $(AzO^2)^4Ru^2O, 8AzO^2K$.

Azotite de ruthénium et de sodium $(AzO^2)^6Ru^2$. $4AzO^2Na + 4H^2O$ [Joly et Vèzes. *C. R.*, **109**, 667, 1889; — Joly et Leidié. *C. R.*, **118**, 468, 1894; — Dufet, *Bull. Soc. Min.*, **12**, 466, 1889; **15**, 206, 1892].

Composés ammoniacaux d'addition. — *Sesquichlorure de ruthénium ammoniacal*, Ru^2Cl^6 $(AzH^3)^7$. — Le sesquichlorure de ruthénium anhydre absorbe le gaz ammoniac en donnant le composé d'addition $Ru^2Cl^6(AzH^3)^7$ [Joly, *C. R.*, **115**, 1299, 1892].

Sesquibromure de ruthénium ammoniacal, $Ru^2Br^6(AzH^3)^7$. — *Sesquiiodure de ruthénium ammoniacal*, $Ru^2I^6(AzH^3)^7$ [Gutbier et Trenkner, *Zeit. anorg. Chem.*, **45**, 182, 1905].

Oxychlorure de ruthénium ammoniacal (rouge de ruthénium), $Ru^2(OH)^2Cl^4(AzH^3)^7 + 3H^2O$. — Par l'action de la dissolution d'ammoniaque sur le sesquichlorure de ruthénium, on obtient de petits cristaux bruns de formule $Ru^2(OH)^2Cl^4$ $(AzH^3)^7 + 3H^2O$. La dissolution de ce sel est rouge par transparence avec des reflets violets par réflexion; son pouvoir tinctorial est comparable à celui des plus riches matières colorantes organiques [Joly, *C. R.*, **115**, 1299, 1892].

Le rouge de ruthénium est le meilleur réactif des composés pectiques et de la plupart des gommes et des mucilages [Mangin, *C. R.*, **116**, 653, 1893; — F. Tobler, *Z. wiss. Mikrosk.*, **23**, 182, 1906]. Il est aussi employé en bactériologie [Nicolle et Cantacuzène, *Ann. Institut Pasteur*, **7**, 331. 1893].

L'acide chlorhydrique concentré donne avec les dissolutions de l'oxychlorure ammoniacal un précipité brun de *chlorhydrate*, $Ru^2(OH)^2Cl^4(AzH^3)^7$ $HCl + 3H^2O$ [Joly, *C. R.*, **115**. 1299, 1892].

Composés nitrosés. — *Chlorure de ruthénium nitrosé*, $Ru(AzO)Cl^3 + Aq$. — En chauffant la dissolution de sesquichlorure de ruthénium avec un grand excès d'acide azotique et faisant bouillir ensuite avec de l'acide chlorhydrique, on obtient une dissolution rouge framboise qui, évaporée à l'étuve à 120°. donne des cristaux de formule $RuAzOCl^3.H^2O$. Ces cristaux se dissolvent lentement dans l'eau froide. et la dissolution abandonnée dans le vide à la température ordinaire laisse déposer un hydrate à 5 molécules d'eau [Joly, *C. R.*, **108**, 854, 1889; — Dufet, *Bull. Soc. Min.*, **12**, 466, 1889].

Ce sel avait été considéré par Claus comme le chlorure $RuCl^4$.

Bromure, iodure de ruthénium nitrosé, $Ru(AzO)Br^3 + Aq$, $Ru(AzO)I^3 + Aq$ [Joly, *C. R.*, **108**. 854, 1889].

Sesquioxyde de ruthénium nitrosé, $Ru^2(AzO)^2$ $O^3 + 2H^2O$. — Les dissolutions du sesquichlorure nitrosé additionnées d'alcali et portées à l'ébullition laissent déposer un précipité qui, lavé et séché, a pour composition $Ru^2(AzO)^2O^3 + 2H^2O$ [Joly, *C. R.*, **108**, 854, 1889].

Chlorure de ruthénium nitrosé et de potassium $Ru(AzO)Cl^3.2KCl$. — Le composé auquel Claus avait donné la formule $RuCl^4, 2KCl$ a en réalité pour formule $RuAzOCl^3.2KCl$ et est, par conséquent, un chlorure de ruthénium nitrosé et de potassium [Joly, *C. R.*, **107**, 994, 1888; — Lewis Howe, *Am. Chem. Soc.*, **16**, 338, 1894]. Les cristaux appartiennent au système orthorhombique [Dufet, *Bull. Soc. Min.*, **14**, 206, 1891].

La constitution des solutions aqueuses a été étudiée par Lind [*Am. Chem. Soc.*, **25**, 928, 1903].

Chlorure de ruthénium nitrosé et d'ammonium. — *Chlorure de ruthénium nitrosé et de sodium.* — *Bromures et iodures doubles de ruthénium nitrosé* [Joly, *C. R.*, **107**, 994, 1888; — Lewis Howe, *Am. Chem. Soc.*, **16**, 338, 1894; — Dufet, *Bull. Soc. Min.*, **14**, 206, 1891].

Chlorure, bromure ammoniacal de ruthénium nitrosé et d'argent [Brizard, *Bull. Soc. Chim.*, (3), **13**, 1092, 1895].

Produits de réduction des combinaisons nitrosées. — Brizard a étudié la réduction des composés du ruthénium nitrosé, en liqueur alcaline par l'aldéhyde formique, en liqueur acide par le chlorure stanneux [*C. R.*, **122**, 730, 1890 ; *C. R.*, **129**, 216, 1890 ; *Ann. Chim. Phys.*, (7), **21**, 311, 1900].

Oxychlorure d'hydrure de ruthénium nitrosé. $Ru^2H^2.AzO.OH.Cl^4,2H^2O$. — Ce corps s'obtient par l'action ménagée de la potasse sur le chlorure complexe $Ru^2H^2.AzO.Cl^3,2HCl,3KCl$. Le précipité séché à l'étuve vers 100-110° est une poudre brun clair de formule $Ru^2H^2AzO.OH.Cl^2,2H^2O$.

Hydrate d'hydrure de ruthénium nitrosé, $Ru^2H^2.AzO.(OH)^3,Aq$. — On prépare ce composé par l'action de la potasse sur l'oxychlorure précédent, ou sur le chlorhydrate d'hydrure de ruthénium nitrosé, ou sur le chlorure complexe $Ru^2H^2.AzO.Cl^3,2HCl,3KCl$ (voir plus bas).

Chlorhydrate d'hydrure de ruthénium nitrosé, $Ru^2H^2.AzO.Cl^3,2HCl$. — On le prépare en dissolvant dans l'acide chlorhydrique soit l'oxychlorure, soit l'hydrate précédent.

Dérivé ammoniacal du chlorhydrate d'hydrure de ruthénium nitrosé.

Chlorhydrate d'hydrure de ruthénium nitrosé et de potassium, $Ru^2H^2.AzO.Cl^3,2HCl,3KCl$. — La solution dans la potasse de l'hydrate de ruthénium nitrosé est réduite à l'ébullition par l'aldéhyde formique ; il se forme une liqueur brune qui est un mélange de plusieurs hydrates. On précipite ces hydrates en neutralisant la liqueur par l'acide chlorhydrique : on les lave à l'eau bouillante et on les dissout dans l'acide chlorhydrique. La solution additionnée de chlorure de potassium laisse déposer des cristaux de chlorure double $Ru^2Cl^6,4KCl$ et du composé $Ru^2H^2.AzO.Cl^3,2HCl,3KCl$.

Brizard a encore décrit les sels doubles formés : par le chlorhydrate d'hydrure de ruthénium nitrosé avec le bromure de potassium, avec le chlorure d'ammonium, avec le chlorure d'argent ; par le bromhydrate d'hydrure de ruthénium nitrosé avec le bromure de potassium.

Azotite d'hydrure de ruthénium et de potassium, $Ru^2H^2(AzO^2)^4,3AzO^2K,4H^2O$. — Il se forme par l'action de l'azotite de potassium sur le chlorhydrate d'hydrure de ruthénium nitrosé et de potassium.

Azotite d'hydrure de ruthénium et d'ammonium. — *Azotite d'hydrure de ruthénium et d'argent* [Brizard, *C. R.*, **122**, 730, 1890 ; *C. R.*, **129**, 216, 1899 ; *Ann. Chim. Phys.*, (7), **21**, 311, 1900].

Combinaisons ammoniacales nitrosées. — L'étude de ces composés a été reprise par Joly [*C. R.*, **108**, 1300, 1889 ; *C. R.*, **141**, 969, 1890], qui a montré que les corps décrits par Claus renferment le groupement AzO relié au ruthénium et sont par conséquent des combinaisons de ruthénium nitrosé.

Les combinaisons ammoniacales du ruthénium nitrosé préparées par Claus et par Joly comprennent :

1° Les composés du ruthénnitrosoammonium ; 2° les composés du ruthénnitrosodiammonium. La série des composés du ruthénnitrosoammonium n'est représentée que par l'hydrate $RuAzO.(OH)^3(AzH^3)^2 + H^2O$ que Claus appelait hydrate de ruthénammonium.

Les composés de ruthénnitrosodiammonium se subdivisent en composés hydroxylés et en composés symétriques.

Composés hydroxylés du ruthénnitrosodiammonium. — Ces composés sont ceux qui ont été appelés par Claus composés du ruthéndiammonium. Ils renferment le groupement divalent

$$OH - Ru.AzO \begin{smallmatrix} \diagup AzH^3 - AzH^3 - \\ \diagdown AzH^3 - AzH^3 - \end{smallmatrix}$$

Leur étude cristallographique a été faite par Dufet [*Bull. Soc. Min.*, **12**, 466, 1889].

Composés symétriques du ruthénnitrosodiammonium. — Ces corps ont été préparés par Joly. Ils renferment le groupement trivalent :

$$-Ru.AzO \begin{smallmatrix} \diagup AzH^3 - AzH^3 - \\ \diagdown AzH^3 - AzH^3 - \end{smallmatrix}$$

Le chlorure, par exemple, a pour formule :

$$Cl - Ru.AzO \begin{smallmatrix} \diagup AzH^3 - AzH^3 - Cl \\ \diagdown AzH^3 - AzH^3 - Cl \end{smallmatrix}$$

Joly a décrit le *trichlorure* $Ru.AzO.Cl^3(AzH^3)^4$.

Le *chloroplatinate de trichlorure* $Ru.AzO.Cl^3(AzH^3)^4,PtCl^4$.

Le *tribromure* $Ru.AzO.Br^3(AzH^3)^4$.

Le *triiodure* $Ru.AzO.I^3(AzH^3)^4$.

L'*azotate* $Ru.AzO.(AzO^3)^3(AzH^3)^4$.

Le *sulfate neutre* $(Ru.AzO)^2(SO^4)^3(AzH^3)^8 + 10H^2O$.

Le *sulfate acide* $2[(RuAzO)^2(SO^4)^3(AzH^3)^8] + SO^4H^2 + Aq$.

Analyse. — Le ruthénium peut être dosé à l'état de métal provenant de la réduction d'un de ses composés dans un courant d'hydrogène [Brizard, *Ann. Chim. Phys.*, (7), **21**, 318, 1900].

Le ruthénium est séparé à l'état de peroxyde qui, dissous dans l'acide chlorhydrique, donne du sesquichlorure. Ce sesquichlorure est réduit par le magnésium ; le métal mis en liberté est lavé, séché, chauffé dans l'hydrogène et pesé [Leidié et Quenessen, *Bull. Soc. Chim.*, (3), **29**, 805, 1903].

Poids atomique. — Joly a donné comme poids atomique du ruthénium, 101,4, en prenant $H = 1$ [*C. R.*, **107**, 994, 1888 ; *C. R.*, **108**, 946, 1889]. La Commission internationale des poids atomiques a adopté le nombre 101,7 ($O = 16$) [*Bull. Soc. Chim.*, (4), **1**, 1, 1907].

Juin 1907. A. Bouzat.

RUTINE ou **SOPHORINE**. — (Voyez Dict., **2**, 2ᵉ partie, 1383 ; 1ᵉʳ Suppl., 1432). — Les matières colorantes jaunes extraites du *Sophora japonica* et de la rue des jardins ont été identifiées à la suite des travaux de Stein [*J. prakt. Chem.*, **58**, 399 ; **85**, 351 ; **88**, 280], de Spiess et Sostmann [*Arch. Pharm.*, **122**, 75], de Forster [*D. chem. G.*, **15**, 214], de E. Schunck [*Chem. Soc.*, **30**, 1895]. Ce dernier leur attribue la formule $C^{27}H^{32}O^{16}$; l'action des acides étendus les hydrolyserait en donnant de la *sophorétine* [Forster, *loc. cit.*], semblable à la quercétine, mais qui en diffère par certaines propriétés physiques et que Wischo a appelé isoquercétine [*Chem. Centr.*, (2), 591, 1896] ; comme sucres, on obtiendrait du rhamnose et du dextrose [Schmidt et Waljaschko, *Chem. Centr.*, (2), 121, 1901] ou deux molécules de rhamnose [Schunck, *Chem. Soc.*, **53**, 264, 1888]. Perkin a préparé la rutine monopotassée $C^{27}H^{31}O^{16}K$ [*Chem. Soc.*, 440 ; 1899]. 1ᵉʳ juillet 1907. A. Hébert.

S

SABADINE, SABADININE. — Voy. l'art.
Cévadille.

SABINÈNE, SABINOL, ETC. — Voy. l'art.
Terpénique (Série).

SACCHARÉINES. — Les saccharéines sont
des corps qui résultent de la condensation de la
saccharine avec les phénols; ils ont été ainsi
nommés par suite de leurs analogies avec les
phtaléines. La condensation avec le phénol ordinaire se fait d'après l'équation :

$$C^6H^4 {<}{\textstyle{CO \atop SO^2}}{>} AzH + 2C^6H^5OH$$

$$= H^2O + C^6H^4 \diamond {C {<} {\textstyle{C^6H^4OH \atop C^6H^4OH}} \atop AzH} \diamond SO^2$$

pour donner la *saccharéine du phénol*, soluble
en rouge dans les alcalis, décolorée par les
acides.

Les saccharéines sont des colorants peu stables en présence d'un excès d'alcali; mais quand
on les hydrolyse par les acides concentrés on
obtient par suite du changement du groupe
SO²-AzH, en SO²-O, des colorants dont la
solidité peut surpasser celle des rhodamines.
Les saccharéines décrites jusqu'ici sont les suivantes :

Saccharéine de la résorcine. — (Condensation
de 18 gr. de saccharine avec 22 gr. de résorcine,
en présence de 2ᵍʳ,2 de Al²Cl⁶, à 200-220°, pendant 7 heures) :

$$C^6H^4 \diamond {C {<} {\textstyle{C^6H^3 - OH \atop C^6H^3 - OH}} \atop AzH} \diamond SO^2$$

Elle cristallise dans l'alcool en paillettes saumon, fusibles à 265-267°, solubles dans les alcalis
dilués avec coloration jaune et fluorescence
verte. Son *dérivé triacétylé* est une poudre cristalline jaune fusible vers 286°. Elle forme aussi
des dérivés bromé et iodé, non analysés, qui sont
solubles dans les alcalis avec une belle coloration
rouge.

Saccharéine du diéthylmétamidophénol. —
(200 gr. de saccharine chauffés 36 heures à
165° avec 100 gr. de diéthylmétamidophénol) :

$$C^6H^4 \diamond {C {<} {\textstyle{C^6H^3 - Az(C^2H^5)^2 \atop C^6H^3 - Az(C^2H^5)^2}} \atop AzH} \diamond SO^2$$

Elle cristallise dans le benzène; elle est incolore et fond à 243°; le *chlorhydrate* et le *sulfate* forment des cristaux à reflets métalliques
verts. Le *dérivé Az-monoacétylé* est une poudre
cristalline incolore fusible à 230-232°; le *dérivé
Az-éthylé* fond à 220-222°
Les saccharéines du diméthyl-, du monoéthyl-
et du monophényl-métamidophénol peuvent
s'obtenir comme la précédente [Monnet et

Kœtscht, *Bull. Soc. Chim.*, **17**, 691 et 1030,
1897; — Sisley, *Bull. Soc. Chim.*, **17**, 821].
Janvier 1908. P. Carré.

SACCHARIFICATION. — Cette dénomination est généralement employée pour désigner
l'ensemble des transformations hydrolytiques su-
bies par l'amidon sous l'influence des diastases
contenues dans le malt ou sous l'influence des
acides. Depuis l'apparition de l'article *Amidon*
dans ce Dictionnaire (2ᵉ Suppl., **1**, 221), la
question de la saccharification de l'amidon a
donné lieu à un nombre considérable de mémoires qu'il est impossible de résumer brièvement, vu leur étendue, et dont nous devons nous
borner à donner la bibliographie, nous conten-
tant de résumer les travaux les plus récents. Ces
travaux ont trait principalement à l'étude de la
réaction la plus favorable à la saccharification
par l'extrait de malt, et à l'étude des produits de
cette saccharification.

Kjeldahl a reconnu le premier (1879) que la
saccharification de l'empois d'amidon par l'extrait de malt est favorisée par l'addition d'une
faible quantité d'acide. Fernbach a montré, quelques années plus tard, que la réaction optima est
la neutralité au méthylorange, que l'acide ajouté
est favorable tant qu'il est employé à la transformation de corps alcalins à ce réactif (essentiellement des phosphates secondaires) en corps
neutres, et qu'il devient gênant dès qu'il reste à
l'état de liberté. Maquenne et Roux ont reconnu
également que c'est le voisinage de la neutralité
à l'orangé qui représente l'optimum, mais ils
ont ajouté encore à cette notion le fait des plus
importants que ce n'est pas seulement la vitesse
de la réaction qui est influencée, mais encore
la nature de ses produits, attendu que, quand la
réaction est optima, on arrive à 50° à la transformation presque intégrale de l'amidon en maltose. Ce fait a été d'ailleurs confirmé par des
expériences de Fernbach et de Wolff.

Maquenne a observé que si on abandonne
aseptiquement à lui-même de l'empois d'amidon,
il se trouble peu à peu par suite de la formation
d'un corps analogue à l'amylocellulose de Naegeli et de Brown et Morris. Cette production
d'amylocellulose a été désignée ensuite par Maquenne et Roux sous le nom de *rétrogradation*.
Ils ont désigné le corps insoluble et insacchari-
fiable formé sous le nom d'*amylose*, et le considèrent comme une forme de condensation particulière de l'amidon, l'amidon naturel étant
constitué en majeure partie, pour ces savants,
par de l'amylose à divers états de condensation,
depuis l'amylose soluble à 100° jusqu'à l'amylose
qui ne peut se dissoudre dans l'eau qu'à 150°.
Toutes ces amyloses sont caractérisées par la
propriété de se colorer en bleu intense par l'iode
et de se transformer intégralement et instantanément à 50° en maltose, lorsqu'elles sont en
solution, sous l'influence de l'extrait de malt.
Pour ces mêmes savants, il y a, à côté de l'amylose, dans les amidons naturels, une autre
substance, l'*amylopectine*, qui donne aux empois leur viscosité, qui ne se colore pas par
l'iode et que l'extrait de malt ne transforme que
lentement en maltose en passant par le terme
dextrine.

Fernbach et Wolff ont décrit, sous le nom de *coagulation* de l'amidon, un phénomène produit par l'*amylocoagulase*, diastase présente dans le malt et dans un grand nombre de céréales, germées ou non, phénomène qui ressemble beaucoup à la rétrogradation de Maquenne, mais s'en distingue en ce que, au lieu d'être lent, il est presque instantané. Ils ont montré, en outre, que l'extrait d'orge, qui transforme l'amylose avec autant de rapidité que l'extrait de malt, est incapable de maltosifier, à 45°, les dextrines les plus résistantes, c'est-à-dire celles qui proviendraient de l'amylopectine.

Bibliographie. — Kieldahl [*C. R. Lab. de Carlsberg*, 1879]. — Lintner et Düll [*D. chem. G.*, 26, 2533; *Zeitsch. f. d. ges. Braurd.*, 17, 339; *D. chem. G.*, 28, 1522]. — Lintner [*Chem. Zeit.*, 21, 737 et 752]. — Ling [*Journ. fed. Inst. of Brewing*, 4, 187]. — Ling et Baker [*Chem. Soc.*, 67, 702; 71, 508]. — Scheibler et Mittelmeier [*D. chem. G.*, 26, 2930]. — Mittelmeier [*Chem. Centr.*, II, 1897, 1010]. — Brown et Morris [*Chem. Soc.*, 67, 709]. — Brown, Morris et Millar [*Chem. Soc.*, 71, 72 et 115]. — Brown et Millar [*Chem. Soc.*, 76, 336, 286 et 309]. — Brown et Glendinning [*Chem. Soc.*, 81, 388]. — Hamburger [*Pfluger's Arch.*, 60, 543]. — Ulrich [*Chem. Zeit.*, 19, 1573]. — Bülow [*Pfluger's Arch.*, 62, 131]. — Prior [*Centralbl. Bakt.*, II, 2, 211]. — [Johnson [*Chem. Soc.*, 73, 490]. — Syniewski [*D. chem. G.*, 30, 2415; *Ibid.*, 31, 1791; *Ann. Chem.*, 309, 282; 324, 212]. — Foerstew [*Chem. Zeit.*, 21, 41]. — Wroblewski [*D. chem. G.*, 30, 2108]. — Pottevin [*D. chem. G.*, 126, 1218; *Ann. Inst. Pasteur*, 13, 665] — Petit [*C. R.*, 126, 1176]. — Baker [*Chem. Soc.*, 81, 1177]. — Effront [*C. R.*, 120, 1281]. — Dierssen [*Zeit. ang. Chem.*, 10, 122]. — Fernbach [*Ann. de la Brass. et de la Dist.*, 1899, 409, 433 et 457; *C. R.*, 138, 428]. — Fernbach et Hubert [*C. R.*, 131, 293]. — Maquenne [*C. R.*, 137, 88, 797 et 1266; 138, 49, 213 et 375; *Bull. Soc. Chim.*, (3), 29, 1218; *Ann. Chim. Phys.*, (8), 2, 109]. — Fernbach et Wolff [*C. R.*, 137, 718; *Ann. Inst. Pasteur*, 18, 615; *C. R.*, 138, 819; 139, 127; 140, 95, 1067, 1403, 1547; 142, 1216; 143, 363 et 380; 144, 645; 145, 81 et 261]. — Maquenne, Fernbach et Wolff [*C. R.*, 138, 49]. — Maquenne et Roux [*C. R.*, 140, 1303; 142, 124, 1059 et 1387]. — Roux [*C. R.*, 140, 440, 943, et 1259; *Bull. Soc. Chim.*, (3), 33, 471]. — Boidin [*C. R.*, 137, 1081].

Janvier 1908. A. Fernbach.

SACCHARINE, *sulfimide benzoïque* (Voyez 2ᵉ Suppl¹, 1, 561),

$$C^6H^4 < {}^{CO}_{SO^2} > AzH$$

Préparation. — Le toluène traité par l'acide sulfurique fumant fournit un mélange d'ortho et de parasulfotoluène, avec une proportion d'ortho d'autant plus grande que l'on opère à température plus basse; on les sépare de l'excès d'acide sulfurique en passant par les sels de Ca qui sont eux-mêmes transformés en sel de Na; ces derniers traités par le PCl⁵ fournissent un mélange d'ortho et de parachlorosulfotoluène, le dérivé para est solide, l'ortho est liquide et est séparé par turbinage.

On peut préparer directement ces dérivés sulfonés en faisant agir la chlorhydrine sulfurique en excès sur le toluène.

L'orthochlorosulfotoluène est transformé en sulfamidotoluène par le gaz ammoniac ou par le carbonate d'ammonium. Le sulfamidotoluène oxydé par une solution étendue de permanganate fournit la saccharine à l'état de sel de K; pendant cette oxydation il faut avoir soin de neutraliser l'alcalinité de la liqueur :

$$C^6H^5 - CH^3 + SO^4H^2 = H^2O + C^6H^4 < {}^{CH^3}_{SO^3H}$$

$$C^6H^4 < {}^{CH^3}_{SO^3Na} + PCl^5$$
$$= NaCl + POCl^3 + C^6H^4 < {}^{CH^3}_{SO^2Cl}$$

ou

$$C^6H^5 - CH^3 + SO^2 < {}^{OH}_{Cl} = H^2O + C^6H^4 < {}^{CH^3}_{SO^2Cl}$$

$$C^6H^4 < {}^{CH^3}_{SO^2Cl} + 2AzH^3$$
$$= AzH^4Cl + C^6H^4 < {}^{CH^3}_{SO^2AzH^2}$$

$$C^6H^4 < {}^{CH^3}_{SO^2AzH^2} + 3O = H^2O + C^6H^4 < {}^{CO^2H}_{SO^2AzH^2}$$

$$C^6H^4 < {}^{CO^2H}_{SO^2AzH^2} = H^2O + C^6H^4 < {}^{CO}_{SO^2} > AzH$$

[Fahlberg, Remsen, *D. chem. G.*, 12, 469, 1879; — Backett et Hayes, *Am. Chem. Journ.*, 9, 405, 1887; — Börnstein, *D. chem. G.*, 21, 3396; — Gautter, *ibid.*, 32, 309; — List, DRP. 35211; — Sandoz, DRP. 113720; *Centr. Bl.*, 1900, 794].

L'oxydation du sulfamidotoluène se fait aussi par voie électrolytique; l'appareil employé par Heyden [DRP. 35211, Frd., 1, 592; 4, 1262] se compose de deux chambres séparées par un diaphragme; dans le compartiment anodique on met une solution de 10 p. de sulfamidotoluène dans 100 p. de lessive de soude à 4 0/0, et dans le compartiment cathodique une solution de potasse à 15 0/0; le courant à l'anode a une densité de 5490 amp. au mq., à la cathode D = 8600 amp. par mq., sous 5 volts. Pendant l'électrolyse on ajoute de temps en temps de la lessive de soude, pour éviter la formation d'amide. L'électrolyse terminée, on précipite la saccharine par l'acide chlorhydrique.

La saccharine peut aussi s'obtenir :

Par ébullition du chlorure, $C^7H^4O^3Cl^2S$ (obtenu par l'action de PCl⁵ sur le sel de Na de l'acide o-sulfobenzoïque) avec l'ammoniaque aqueuse [List et Stein, *D. chem. G.*, 31, 1656, 1898]; ce chlorure peut réagir suivant les deux formes tautomériques

$$C^6H^4 < {}^{CCl^2}_{SO^2} > O \quad \text{et} \quad C^6H^4 < {}^{COCl}_{SO^2Cl}$$

Lorsqu'on chauffe longtemps à 115° l'acide o-sulfaminobenzoïque [F. R. Wilson, *Am. Chem. Journ.*, 30, 353, 1903]; ou par l'action des carbonates alcalins sur l'o-sulfamidobenzoate d'éthyle, ou de l'ammoniaque aqueuse sur le chlorosulfobenzoate de phényle [List et Stein, *loc. cit.*]:

Par agitation avec un excès d'ammoniaque aqueuse de chlorosulfobenzoate d'éthyle [Baeyer et Cⁱᵉ, DRP. 96125];

Au moyen de la benzaldéhyde-o-sulfonée : celle-ci traitée par PCl⁵ fournit le chlorure,

$$C^6H^4 < {}^{CHCl}_{SO^2} > O$$

lequel chauffé avec AzH³ en autoclave donne l'amide

$$C^6H^4 < {}^{CH(AzH^2)}_{SO^2} {-\!\!-\!\!-} > O$$

ce dernier composé oxydé par un courant d'air conduit à la saccharine [Gilliart, Monnet et Cartier, DRP. 94448; *Centr. Bl.*, 1898, 140];

Par oxydation de la diamide du sulfure de diphényle-o-o-dicarbonique $(C^6H^4-COAzH^2)^2S$, par le permanganate [Bindschodler, DRP. 80713].

On a aussi essayé d'utiliser directement le mélange des acides o- et p-sulfoniques obtenus par la sulfonation du toluène [Fahlberg, DRP. 103298, *Centr. Bl.*, 1898; DRP. 64624; *Frdl.*, 3, 900; — Barge, DRP. 96106; *Centr. Bl.*, 1898, 1223; — Jaffé et Darmstädter, DRP. 87287; *Frd.*, 4, 1267].

Propriétés. — La saccharine cristallise dans l'acétone en prismes monocliniques [Pope, *Chem. Soc.*, **67**, 986, 1895]; 100 p. d'eau en dissolvent $0^p,2305$ à 25° [Mosso, *Jahr. d. Ch.*, 1887, 2585]; sa conductibilité électrique a été déterminée par Hantzsch et Vœgelen [*D. chem. G.*, **34**, 3142, 1901]. Elle accélère la décomposition du nitrite d'Am en Az et H^2O [Herbert et Veley, *Chem. Soc.*, **83**, 736, 1903]. Elle est facilement hydrolysée par la soude à 3 0/0 pour former l'acide o-sulfamino-benzoïque, fusible à 159° [F. D. Wilson, *Am. Chem. Journ.*, **30**, 353, 1903]. PCl^5 la transforme, à 120-140°, en chlorure d'o-cyano-benzène-sulfonyle, fusible à 67°,5 [Walker et Smith, *Chem. Soc.*, **89**, 350, 1906]. Chauffée avec l'alcool méthylique, à 170°, elle fournit l'éther méthylique de l'acide sulfamidobenzoïque [Hoogewerff et van Dorp, *Rec. Pays-Bas*, **18**, 365]. Elle donne par condensation avec les phénols des corps colorés, analogues aux phtaléines et nommés saccharéines (voy. ce mot) [Mounet et Kotscheff, *Bull. Soc. Chim.*, **17**, 690, 1897]. L'urée de la diphénylhydrazine donne le composé

$$C^6H^5 - AzH - AzH \diagdown \atop C^6H^5 - Az - AzH \diagup CO$$

$$\Big| \atop C^6H^4 \diagup CO \atop \diagdown SO^2 AzH^2$$

fusible à 98° [Defournel, *Bull. Soc. Chim.*, **25**, 605, 1901].

Un assez grand nombre de sels minéraux de la saccharine ont été préparés par Defournel [*Bull. Soc. Chim.*, **25**, 323, 1902; voyez aussi Moulin, *ibid.*, **25**, 533; — Auld, *Journ. Chem. Soc.*, **91**, 1045, 1907], par double décomposition entre le saccharinate de Na et différents sulfates métalliques, ou en traitant les carbonates correspondants par la saccharine: il a décrit les sels suivants (A représentant le radical saccharine): AzH^5A (*sucramine*) fusible vers 150°; $LiA.3H^2O$; $MgA^2.5H^2O$; $CaA^2, 11H^2O$; $SrA^2, 2H^2O$; $ZnA^2, 6H^2O$; $CdA^2, 2H^2O$; HgA^2; PbA^2; $MnA^2, 4H^2O$; $FeA^2, 7H^2O$; $CoA^2, 5H^2O$; $NiA^2, 5H^2O$; $CuA^2, 4H^2O$. Sels d'alcaloïdes [Voyez Fahlberg et List. DRP. 35 923; *Frdl.*, **1**, 594].

L'*éthylsaccharine* (2e Suppl., **1**, 561) réagit sur les dérivés organo-magnésiens pour donner des composés du type

$$C^6H^4 \diagup C(R^2) - OH \atop \diagdown SO^2 AzH - R'$$

[Sachs et Ludwig, *D. chem. G.*, **37**, 385, 3252, 1904].

Recherche et dosage de la saccharine. — Pour rechercher la saccharine dans un vin, dans une bière, on acidule 100 cmc de liqueur par SO^4H^2, on extrait 3 fois avec 50 cmc d'un mélange à parties égales d'éther ordinaire et d'éther de pétrole; on ajoute à l'extrait quelques gouttes de lessive de soude et on évapore à siccité, le résidu est chauffé 1/2 heure au bain de paraffine à 250°; la saccharine est transformée en salicylate de Na. On reprend par l'eau, on acidule par SO^4H^2 et on extrait à l'éther; on évapore, on reprend par l'eau et on ajoute quelques gouttes de perchlorure de fer qui donne la coloration violette de l'acide salicylique dans le cas où il se trouve de la saccharine. Ce procédé permet de caractériser $0^{gr},005$ 0/0 de saccharine ajoutée au vin.

Si la matière étudiée renferme en même temps de l'acide salicylique on sépare la saccharine en profitant de ce que son sel K est presque insoluble dans l'alcool, tandis que le salicylate est soluble.

On a proposé beaucoup d'autres réactions pour caractériser la saccharine: Börnstein [*Zeit. Anm. Ch.*, **27**, 165, 1888] traite le résidu où doit se trouver la saccharine par la résorcine en présence d'acide sulfurique; il se forme un produit de condensation fluorescent.

Leys ajoute un sel cuivrique en présence d'H^2O^2; il se produit une coloration brune intense [*C. R.*, **132**, 1056, 1901].

Pour la recherche de la saccharine, voyez aussi [Morpurgo, *Centr. Bl.*, 1897, (2), 531; — Herzfeld et Wolf, *Centr. Bl.*, 1898, (2), 396; — Hasterlick, *Chem. Zeit.*, **23**, 266; — Riegler, *Ph. Centr.*, **41**, 563; — Reid, *Am. Chem. Journ.*, **21**, 461, 1899; — Truchon, *Ann. Ch. Anal. appl.*, **5**, 48, 1900; — Spica, *Gazz. chim. ital.*, **31**, 41, 1901; — Wantes, *Bull. Ass. Ch. Belg.*, **2**, juin 1894; — Boucher et Boungue, *Bull. Soc. Chim.*, **29**, 411, 1903; — Mahler, *Chem. Zeit.*, **29**, 32, 1905; — Kay et Chace, *J. Amer. Soc.*, **26**, 1627 1904; — Tagliavini, *Bull. Chim. Farm.*, **46**, 645, 1907].

La saccharine du commerce est souvent mélangée de son isomère para et de sulfonamides.

Pour doser la saccharine, on détermine la quantité d'AzH^3 produite par l'hydrolyse réalisée à l'aide de l'acide chlorhydrique dilué. La réaction du mélange sur $KI + IO^3K$ fournit la quantité de saccharine et d'acide p-sulfamidobenzoïque. On aura donc ce dernier par différence [Remsen et Burton, *Am. Chem. Journ.*, **44**, 403; — Emmet Reid, *ibid.*, **21**, 461; — C. Proctor, *Chem. Soc.*, **87**, 242, 1905].

DÉRIVÉS DE LA SACCHARINE. — *Az-Chlorosaccharine*,

$$C^6H^4 \diagup CO \diagdown \atop \diagdown AzH \diagup AzCl$$

— Elle se forme par l'action du chlore sur le dérivé iodé de la saccharine en solution aqueuse froide. Elle cristallise en prismes fusibles à 152° [Chattaway, *Chem. Soc.*, **87**, 1882, 1905].

Az-Oxyméthylsaccharine,

$$C^6H^4 \diagup CO \diagdown \atop \diagdown SO^2 \diagup Az - CH^2OH$$

— Elle s'obtient en chauffant 5 gr. de saccharine avec 50 cmc d'une solution à 10 0/0 de formaldéhyde; elle cristallise dans l'alcool en prismes fusibles à 225° en se décomposant partiellement; elle réduit le nitrate d'Ag ammoniacal, seulement en présence des alcalis [Maselli, *Gazz. chim. ital.*, **30**, 34, 1900].

Az-Bromoéthylsaccharine,

$$C^6H^4 \diagup CO \diagdown \atop \diagdown SO^2 \diagup AzC^2H^4Br$$

— Elle se forme avec un peu d'éthylène-bis-saccharine quand on chauffe plusieurs heures le saccharinate de Na avec un excès de bromure d'éthylène et un peu d'alcool, à 170°, en tube scellé, ou 40-50 heures à l'ascendant; elle cristallise dans l'alcool en aiguilles fusibles à 96° [Eckenroth et Korppen, *D. chem. G.*, **29**, 1051, 1896].

Az-Oxéthylsaccharine,

$$C^6H^4 \diagup CO \diagdown \atop \diagdown SO^2 \diagup Az - CH^2 - CH^2OH$$

— Elle résulte de l'action de la soude sur la précédente; elle cristallise dans l'alcool en aiguilles fusibles à 183° [Eckenroth et Korppen, *D. chem. G.*, **30**, 1266].

Az-Phénoxéthylsaccharine,

$$C^6H^4 \diagup CO \diagdown \atop \diagdown SO^2 \diagup Az - CH^2 - CH^2OC^6H^5$$

— Elle se forme par l'action de l'oxyde de phényle et d'éthyle bromé sur le saccharinate de Na ; elle cristallise dans l'alcool, et fond à 81-82° [E. K., *D. chem. G.*, **30**, 1261].

Az-Mercaptoéthylsaccharine,

$$C^6H^4 < {CO \atop SO^2} > Az\,C^2H^4SH$$

— Elle résulte de l'action d'une solution alcoolique de K^2S sur la bromoéthylsaccharine ; elle cristallise en aiguilles blanches fusibles à 170° [Eckenroth, *loc. cit.*].

Az-Acétoxylsaccharine,

$$C^6H^4 < {CO \atop SO^2} > Az - CH^2 \cdot CO - CH^3$$

— On chauffe 6 heures à 100°, 1 mol. de saccharinate de Na avec 1 mol. de monochloracétone ; elle cristallise dans l'alcool et fond à 143° ; sa *phénylhydrazone* fond à 166°.

Az-Méthylène-bis-saccharine,

$$\left(C^6H^4 < {CO \atop SO^2} > Az \right)^2 CH^2$$

— On chauffe à 40° une solution de saccharine dans l'acide sulfurique à 70 0/0, avec une solution de formaldéhyde à 40 0/0 ; c'est une poudre fusible vers 290°, très peu soluble dans les solvants usuels [Eckenroth et Korppen, *D. chem. G.*, **30**, 1226].

Az-Éthylène-bis-saccharine,

$$\left(C^6H^4 < {CO \atop SO^2} > Az - CH^2 - \right)^2$$

— Ce composé, obtenu en même temps que la bromoéthylsaccharine, fond à 245-246° après cristallisation dans l'acide acétique.

Az-Phénylsaccharine,

$$C^6H^4 < {CO \atop SO^2} > Az - C^6H^5$$

— Elle résulte de l'action de l'aniline sur le dichlorure de l'acide sulfobenzoïque,

$$C^6H^4 < {COCl \atop SO^2Cl}$$

Elle cristallise dans l'alcool en aiguilles fusibles à 190°,5 [Remsen et Coats, *Am. Chem. Journ.*, **17**, 320, 336 et 338, 1895 ; — List et Stein, *D. chem. G.*, **31**, 1658, 1898].

Anile de la Az-phénylsaccharine,

$$C^6H^4 < {C\,(=Az - C^6H^5) \atop SO^2 \underline{\qquad}} > AzC^6H^5$$

— On fait réagir $POCl^3$ ou P^2O^5 sur la dianilide o-sulfobenzoïque [Remsen et Hunter, *Am. Chem. Journ.*, **18**, 811, 1896] ; elle se forme aussi à côté de l'anilide de la pseudosaccharine, quand on fait réagir un excès d'aniline sur le chlorure de l'acide o-cyanosulfobenzoïque [Jesurum, *D. chem. G.*, **26**, 2292] ; elle cristallise dans l'acétone en prismes monocliniques jaune citron fusibles à 182°,5.

L'*Az-picrylsaccharine* se forme par l'action du chlorure de picryle sur le saccharinate de Na, à 220° [Eckenroth et Korppen, *D. chem. G.*, **30**, 1669].

Az-Tolylsaccharines,

$$C^6H^4 < {CO \atop SO^3} > Az - C^6H^4 \cdot CH^3$$

— Elles se préparent comme la phénylsaccharine ; le *dérivé ortho* fond à 172-175° ; le *dérivé méta* fond à 147°,5 et le *dérivé para* fond à 195°,5 [Remsen et Coates, *Am. Chem. J.*, **17**, 327].

Az-Benzylsaccharine,

$$C^6H^4 < {CO \atop SO^2} > Az\,CH^2C^6H^5$$

— On chauffe 20 heures un mélange de chlorure de benzyle et de saccharinate de Na ; elle cristallise dans l'alcool et fond à 118° [Eckenroth et Korppen, *D. chem. G.*, **29**, 1048].

L'*Az-p-nitrobenzylsaccharine* s'obtient comme la précédente, au moyen du p-nitrochlorure de benzyle ; elle cristallise dans l'alcool en aiguilles jaunes fusibles à 175-176° [E. K., *loc. cit.*].

Az-Acétylsaccharine,

$$C^6H^4 < {CO \atop SO^2} > Az - CO - CH^3$$

— Elle se forme par l'action de l'anhydride acétique sur le saccharinate de Na ; elle cristallise dans l'alcool en lamelles fusibles à 193° [E. K., *loc. cit.*].

Saccharine Az-formiate d'éthyle,

$$C^6H^4 < {CO \atop SO^2} > Az \cdot CO \cdot OC^2H^5$$

— On fait réagir le saccharinate de Na sur le chloroformiate d'éthyle. Elle fond à 136° [Eck. et Korpp., *D. chem. G.*, **30**, 1267].

La *saccharine Az-acétate de méthyle*, obtenue de même avec le saccharinate de Na et le chloroacétate de méthyle, fond à 118° [E. et K., *loc. cit.*].

La *saccharine Az-acétate d'éthyle* fond à 104°.

Az-Benzoylsaccharine,

$$C^6H^4 < {CO \atop SO^2} > Az \cdot CO \cdot C^6H^5$$

— Elle cristallise dans l'alcool en aiguilles fusibles à 165° [E. et K., *loc. cit.*].

p-Bromosaccharine. — Elle se forme par l'action de AzH^3 sur le chlorure de l'acide p-bromo-o-sulfobenzoïque.

L'*Az-phényl-p-bromosaccharine,*

$$C^6H^3Br < {CO \atop SO^2} > Az - C^6H^5$$

obtenue en faisant réagir l'aniline sur le chlorure symétrique de l'acide p-bromo-o-sulfobenzoïque, cristallise en aiguilles fusibles à 184°,5.

L'*anile de l'Az-p-bromo-phénylsaccharine* fond à 199-200°.

L'*anilide,*

$$C^6H^3Br < {C\,(AzH.C^6H^5)^2 \atop SO^2} > O$$

n'est pas fondue à 300° [W. M. Blanchard, *Am. Chem. Journ.*, **30**, 485, 1903].

PSEUDOSACCHARINE,

$$C^6H^4 < {C\,(OH) \atop SO^2 \underline{\quad}} > Az$$

— On connaît les dérivés suivants de la pseudosaccharine :

Chlorure de pseudosaccharine,

$$C^6H^4 < {CCl \atop SO^2} > Az$$

— On l'obtient en chauffant 2 heures à 180° 1 mol. de saccharine avec 2 mol. de PCl^5 [Jesurum, *D. chem. G.*, **26**, 2296, 1893] ; comparez Walker et Smith [*Chem. Soc.*, **89**, 350, 1906] et Chattaway [*Chem. Soc.*, **87**, 1882, 1905]. Il se forme aussi quand on fait passer un courant de chlore dans une solution aqueuse de saccharine [Maselli, *Gazz. chim. ital.*, 30, 534, 1900]. Il cristallise dans le benzène en aiguilles fusibles à 143-145°; à 149° d'après Fritsch [*D. chem. G.*, 29, 2295, 1896]; il se sublime dans un courant de CO^2. L'eau le décompose immédiatement en HCl et saccharine. Il réagit sur les alcools méthylique et éthylique pour former la *méthoxy-pseudosaccharine*

$$C^6H^4 < {}^{C(OCH^3)}_{SO^2} \underset{}{\geq} Az$$

fusible à 182-183°, et l'*éthoxypseudosaccharine* fusible à 217-218° [Jesurum, *loc. cit.*], ou à 225° d'après Maselli [*Gazz. chim. ital.*, 30, 538].
Pseudosaccharinamide,

$$C^6H^4 < {}^{C(AzH^2)}_{SO^3} \underset{}{\geq} Az$$

— On fait passer un courant de gaz ammoniac (2 mol.) dans une solution benzénique du chlorure de pseudosaccharine: elle se forme aussi quand on chauffe l'amide de l'acide o-cyanobenzène-sulfonique avec l'ammoniaque aqueuse. Elle cristallise dans l'eau en aiguilles qui ne fondent pas encore à 300° [Jesurum, *D. chem. G.*, 26, 2296, 1893]; d'après Bradshard [*Am. Chem. Journ.*, 35, 335, 1906], elle fond à 297°.
Anilide de la pseudosaccharine,

$$C^6H^4 < {}^{C(AzHC^6H^5)}_{SO^2} \underset{}{\searrow} Az$$

— Elle se rencontre dans la préparation de l'anile de l'Az-phénylsaccharine: elle se forme encore quand on chauffe le chlorure de l'acide o-cyano-benzène-sulfurique avec un excès d'aniline à 150°. Elle cristallise dans l'alcool en tables non fondues à 300° [Jesurum, *loc. cit.*].

Janvier 1908. P. Carré.

SACCHARINES. — L'action prolongée de la chaux sur les hexoses fournit des *lactones-alcools polyatomiques*, auxquelles on a donné le nom de *saccharines*.

SACCHARINE ou *méthyl-2-pentane-triol-2.3.5-olide-1.4*

$$CH^3 - C(OH) - CHOH - CH - CH^2OH$$
$$\underset{CO \text{———— } O}{|\qquad\qquad\qquad |}$$

— Les préparations de Peligot et de Kiliani ont été indiquées (1er Suppl., 1402). Pour expliquer la formation de la saccharine. Nencki et Lieber [*J. prakt. Chem.*, 26, 1, 1882], ainsi que Kiliani [*D. chem. G.*, 17, 1302, 1884], admettent que la molécule de glucose (ou de lévulose) se scinde d'abord en acide lactique et aldéhyde glycérique, composés qui s'associent de nouveau par une sorte d'aldolisation:

$$CO^2H - CHOH - CH^3 + CHO - CHOH - CH^2OH$$

$$= \underset{CO \text{———— } O}{CH^3 - C(OH) - CHOH - CH - CH^3OH} + H^2O$$

Propriétés. — D'après Schnelle et Tollens [*Ann. Chem.*, 274, 61, 1892], le pouvoir rotatoire de la saccharine, tout d'abord égal à $+94°,2$, se fixe au bout d'un certain temps à 88°,7; en présence d'acide acétique il devient à 106°,5 [Cusenier, *Bull. Soc. Chim.*, 38, 512, 1882]. Conductibilité électrique [voyez Walden, *D. chem. G.*, 24, 2025, 1891]. Chaleur de combustion moléculaire sous pression constante, 656Cal,9 [Stohmann et Langbein, *J. prakt. Chem.*, 45, 305, 1892].
Chauffée avec HCl elle ne donne pas d'acide

lévulique [Heermann et Tollens, *D. chem. G.*, 18, 1333, 1885]. Par réduction au moyen de l'amalgame de Na, elle fournit un sucre à chaîne arborescente (peut être identique avec le rhamnose) qui n'a pas encore été complètement étudié [Scheibler, *D. chem. G.*, 16, 3010, 1883; — Fischer, 22, 2204 et 23, 930]. L'action ménagée de AzO^3H (D = 1,375) donne un acide bibasique, l'*acide saccharinique* $C^6H^{10}O^7$ qui, à 100°, se transforme avec perte d'eau en une lactone $C^6H^8O^6$ (*saccharine*). Avec l'iode et la soude la saccharine donne un peu d'iodoforme [Heermann et Tollens, *loc. cit.*].
Le cyanate de phényle, chauffé à 165° avec la saccharine, fournit un *dérivé phénylcarbamique* $C^6H^7O^2(CO^2AzHC^6H^5)^3 + COAzC^6H^5$; aiguilles soyeuses fusibles à 230-240°, en se décomposant, peu solubles dans l'alcool, très solubles dans l'aniline; il est décomposé par la baryte à 160°, en CO^2, aniline et saccharinate de Ba [Tesmer, *D. chem. G.*, 18, 2606, 1885]. L'aldéhyde formique, en présence d'HCl (D = 1,19), donne un *acétal formique* $C^{12}H^{14}O^{10}(CH^2)^3$, aiguilles fusibles à 139-140°, solubles dans l'alcool, $[\alpha]_D = -22°,8$ [Weber et Tollens, *Ann. Chem.*, 299, 316, 1898]. La *phénylhydrazide* $C^6H^{11}O^5Az^2H^2(C^6H^5)$, forme des aiguilles fusibles à 164-165°, solubles dans l'eau et dans l'alcool [Fischer et Passmore, *D. chem. G.*, 22, 2728, 1889].

ISOSACCHARINE ou *méthylol-2-pentanediol-2.5-olide-1.4*,

$$CH^2OH - C(OH) - CH^2 - CH - CH^2OH$$
$$\underset{CO \text{———— } O}{|\qquad\qquad\qquad |}$$

— L'isosaccharine, obtenue tout d'abord par Cusenier, est préparée par Kiliani de la façon suivante :
On agite de temps à autre, pendant 6 semaines, une solution de 1 kilogr. de sucre de lait dans 9 litres d'eau avec 450 gr. de chaux éteinte; l'excès de chaux est précipité à l'état de carbonate par CO^2; la liqueur concentrée à 2 litres laisse ensuite déposer l'isosaccharinate de Ca peu soluble; ce dernier est purifié par des lavages à l'eau froide (rendem. 170 gr.); il est décomposé par l'acide oxalique, la liqueur séparée de l'oxalate de Ca, et évaporée, laisse cristalliser l'isosaccharine qui est lavée avec de l'alcool absolu [Kiliani, *D. chem. G.*, 18, 631, 1885].
L'isosaccharine a été rencontrée dans les produits d'oxydation des oxycelluloses par AzO^3H, ou par Br en présence de CO^3Ca [Faber et Tollens, *D. chem. G.*, 32, 2589, 1899]. Elle se forme, mélangée de cellulose et d'acide dioxybutyrique, quand on chauffe l'oxycellulose avec de l'eau de chaux au bain-marie [Murumow, Sack et Tollens, *D. chem. G.*, 34, 1427, 1901].
Propriétés. — Le pouvoir rotatoire de l'isosaccharine, qui est de 63°, peut atteindre 73°,8 en présence d'acide acétique. Conductibilité électrique [voyez Walden, *D. chem. G.*, 24, 2025]. L'isosaccharine ne donne pas d'acide lévulique sous l'influence des acides minéraux [Wehmer et Tollens, *D. chem. G.*, 19, 707, 1886]. Réduite par P et HI, elle fournit l'*α-méthyl-valérolactone*, avec une faible quantité d'une autre lactone fusible à 137° [sel de baryum $(C^6H^{21}O^3)^2Ba$], de constitution indéterminée [Kiliani, *loc. cit.*]. Oxydée par l'acide nitrique concentré, elle est transformée en acide *dioxypropionyltricarbonique* ou *pentane-diol-2.4-dioïque-méthyloïque-2*, décomposé par la chaleur en CO^2 et *acide α-γ-dioxyglutarique* ou *pentane-diol-2.4-dioïque*. La formation de cet acide tricarbonique, qui se décompose en don-

nant de l'acide dioxyglutarique, et la production d'α-méthylvalérolactone par réduction, démontrent la constitution attribuée à l'isosaccharine [Kiliani, *D. chem. G.*, 18, 631 et 2514, 1885 ; 38, 3624, 1905].

L'isosaccharine, chauffée à 110-115°, avec 3 p. d'aniline, donne l'*anilide isosaccharinique* $C^6H^{11}O^5(AzHC^6H^5)$, fusible à 165° [Sorokin, *J. prakt. Chem*, 37, 318, 1888]. L'action du cyanate de phényle à 165° fournit le *dérivé phénylcarbamique* $C^6H^7O^2.(C O^2AzHC^6H^5)^3 + CO Az(C^6H^5)$, fusible à 181° [Tesmer, *D. chem. G.*, 18, 2606, 1885].

MÉTASACCHARINE ou 2.5.6-OLIDE-1.4. — La constitution probable de l'acide métasaccharinique est la suivante :

$$CH^2OH - CHOH - CHOH - CH^2 - CHOH - CO^2H$$

[Kiliani et Lœffler, *D. chem. G.*, 38, 2667, 1905].

La m-saccharine a été trouvée par Kiliani dans les produits de l'action de la chaux sur le sucre de lait, à côté de l'isosaccharine [*D. chem. G.*, 16, 2625 ; 18, 642 et 1555, 1885] ; c'est en réalité un produit de transformation du galactose.

Pour la préparer on dissout 1 p. de galactose dans 10 p. d'eau, on ajoute 1/2 p. de chaux éteinte, et on abandonne le mélange pendant un mois en l'agitant de temps à autre ; on précipite ensuite l'excès de chaux par CO^2, on filtre et on concentre ; après plusieurs jours le m-saccharinate de Ca cristallise, tandis que le p-saccharinate reste dans les eaux-mères [Kiliani et Sanda, *D. chem. G.*, 26. 1649 ; — Kiliani et Naegell, *ibid.*, 35, 3528, 1902].

Propriétés. — Elle forme des cristaux orthorhombiques, très solubles dans l'eau et dans l'alcool, d'une saveur amère, qui se ramollissent à 35° et fondent à 141-142° ; $[\alpha]_D = -48°,4$ (Kiliani), 46°,9 [Schneele et Tollens, *Ann. Chem.*, 271, 61, 1892].

Oxydée par AzO^3H, vers 50°, elle fournit un acide trioxyadipique $C^6H^{10}O^7$, fusible à 146° en se décomposant. Réduite par HI concentré, à l'ébullition, elle donne l'acide adipique normal $C^6H^{10}O^4$ [Kiliani, *D. chem. G.*, 18, 642, 1255] ; l'HI, en présence de P rouge, elle donne la caprolactone (hexanolide-1.4) $C^6H^{10}O^2$, bouillant à 220°.

Le *m-saccharinate de chaux*, $(C^6H^{11}O^6)^2Ca + 2H^2O$, oxydé par H^2O^2 conduit au *m-saccharopentose* $C^5H^{10}O^4$, fusible à 95° [Kiliani et Naegell, *loc. cit.*]. Le rendement est plus élevé (36 0/0) lorsqu'on oxyde le *sel de Ba* [Kiliani et Lœffler, *D. chem. G.*, 38, 2667, 1905].

Ce sel cristallise avec $4H^2O$, le *sel de Cu* avec $2H^2O$.

Le *dérivé phénylcarbamique,*

$$C^6H^7O^2(CO^2AzHC^6H^5)^3 + CO Az(C^6H^5),$$

fond à 210° [Tesmer, *D. chem. G.*, 18, 2606, 1885].

La *phénylhydrazide* $C^{12}H^{18}Az^2O^5 + H^2O$ cristallise en lamelles jaunâtres, fusibles à 100·105°, en se décomposant [Kiliani et Sanda, *loc. cit.*].

PARASACCHARINE,

$$CH^2OH - CH^2 - C(OH) - CHOH - CH^2$$
$$| \qquad\qquad\qquad\qquad\qquad |$$
$$CO \text{———————} O$$

— On retire la parasaccharine des eaux-mères de la préparation de la métasaccharine ; Kiliani et Naegell [*D. chem. G.*, 35, 3528, 1902] séparent ces deux composés en profitant de leurs différences de solubilité dans l'alcool.

Elle se présente sous la forme d'un sirop incristallisable. L'acide iodhydrique bouillant la

transforme en α-éthylbutyrolactone [Kiliani et Sanda, *D. chem. G.*, 26, 1649]. Elle ne donne pas de phénylhydrazide. Son *sel de Ba* cristallise avec $4H^2O$ et fond à 87°. Oxydée par AzO^3H concentré, elle donne l'acide oxycitrique. Oxydée par AzO^3H dilué elle donne la lactone d'un acide bibasique $C^6H^{10}O^7$ [Kiliani et Lœffler, *D. chem. G.*, 37, 3612, 1904]. Sels de baryum et de quinine [Kiliani, Lœffler et Matthes, *D. chem. G.*, 40, 2999, 1907].   Janvier 1908.   P. Carré.

SACCHARINIQUE (ACIDE) voy. l'art. SACCHARINES.

SACCHARIQUES (ACIDES). — 1° ACIDE D-SACCHARIQUE, ou *acide hexane-tétroldioïque* $\dfrac{2.4.5}{3}$,

$$CO^2H - \overset{\overset{\textstyle OH}{|}}{\underset{\underset{\textstyle H}{|}}{C}} - \overset{\overset{\textstyle H}{|}}{\underset{\underset{\textstyle OH}{|}}{C}} - \overset{\overset{\textstyle OH}{|}}{\underset{\underset{\textstyle H}{|}}{C}} - \overset{\overset{\textstyle OH}{|}}{\underset{\underset{\textstyle H}{|}}{C}} - CO^2H$$

— Pour préparer cet acide on oxyde 100 gr. d'amidon délayé dans 100 cmc. d'eau par 500 cmc. d'AzO^3H (D = 1,15), à une température de 70° ; on sature ensuite par le carbonate de K à chaud, et on sursature d'acide acétique ; par refroidissement il se dépose 18 à 20 gr. de saccharate monopotassique, qu'on purifie par une nouvelle cristallisation dans l'eau chaude ; on le transforme ensuite en sel d'Ag qu'on décompose par HCl ; la solution acide, après évaporation à consistance sirupeuse, dépose des cristaux de lactone saccharique [Sohst et Tollens, *Ann. Chem.*, 245, 1, 1888].

L'acide saccharique se forme aussi : dans l'oxydation de l'acide glycuronique [Thierfelder, *D. chem. G.*, 19, 3148, 1886], de l'acide gulonique [Fischer et Piloty, *D. chem. G.*, 24, 527, 1891], du maltose [Herzfeld, *Ann. Chem.*, 220, 335, 1883], du raffinose, et en général de tous les composés capables de fournir du glucose par hydratation [Gans et Tollens, *Ann. Chem.*, 249, 215, 1889], du cellose [Maquenne et Goodwin, *Bull. Soc. Chim.*, 31, 857, 1904] ; de l'évernine [Müller, *Zeit. physiol. Chem.*, 45, 265, 1905] ; dans l'hydrolyse de l'acide nucléique par l'hydrate de baryte [Alsberg, *Arch. f. exp. Path.*, 51, 239] ; dans la transformation de l'acide glycuronique dans l'organisme [Meyer, *D. chem. G.*, 34, 492, 1901].

La présence de l'acide saccharique a été signalée dans la moelle du maïs et du sureau [Tollens, *D. chem. G.*, 34, 3963, 1901].

Propriétés. — L'acide saccharique n'a pu être obtenu cristallisé ; sa solution sirupeuse laisse déposer des cristaux de *lactone* $C^6H^8O^7$, fusible à 130-132° [Shost et Tollens, *loc. cit.*]. En solution aqueuse le pouvoir rotatoire de cette lactone diminue peu à peu ; on a tout d'abord $[\alpha]_D = +37°,9$, après plusieurs semaines, $[\alpha]_D = +22°,5$ [Herzfeld, *Ann. Chem.*, 220, 355, 1884] ; le pouvoir rotatoire de l'acide saccharique libre, tout d'abord de 8 à 9°, augmente jusqu'à la même limite $+22°,5$ [Sohst et Tollens, *loc. cit.*], il s'établit donc un équilibre entre l'acide saccharique et la lactone. La lactone saccharique, traitée par les bases, donne des sels de l'acide saccharique.

Oxydé par MnO^4K, l'acide saccharique fournit de l'acide oxalique et de l'acide tartrique droit [Fischer et Crossley, *D. chem. G.*, 27, 394, 1894]. L'eau oxygénée, en présence d'une trace de SO^4Fe, le détruit pour donner des produits non déterminés [Fenton et O. Jones, *Chem. Soc.*, 77, 69, 1900].

Réduite par l'amalgame de Na, la lactone se

transforme successivement en acide glycuronique et en acide gulonique [Fischer, *D. chem. G.*, **22**, 2204; **23**, 930 et **24**, 521, 1891].

La décomposition de l'acide saccharique par HCl, ou HBr, fournit de l'acide déhydromucique, avec de l'acide pyromucique, du CO^2, et de faibles quantités d'oxyde de phénylène, et peut-être de furfurane [Sohst et Tollens, *loc. cit.*; — Hill, *D. chem. G.*, **32**, 1221, 1899; — Hill, *Am. Journ.*, **25**, 439, 1901]. Sa transformation dans l'organisme a été étudiée par P. Mayer *Zeit. f. Méd.*, **27**, fasc. 1 et 2, 1903].

Pour les sels déjà connus de l'acide saccharique, voyez Sohst et Tollens [*Ann. Chem.*, **245**, 1, 1888]; — Herzfeld [*Ann. Chem.*, **220**, 335, 1884]; Lippmann [*D. chem. G.*, **26**, 3057, 1893].

La *lactone diacétylsaccharique* $C^6H^4O^4(C^2H^3O^2)^2$, fusible à 188°, obtenue tout d'abord par Baltzer [*Ann. Chem.*, **149**, 241], a été préparée de nouveau par Maquenne [*Bull. Soc. Chim.*, **48**, 719, 1887], en faisant agir l'acide sulfurique concentré sur un mélange de saccharate acide de potassium et d'anhydride acétique.

L'aldéhyde formique peut donner : 1° un *dérivé monométhylénique* $C^6H^8O^8.CH^2$, fusible à 144-146°, *lactone* fusible à 176-178°, $[\alpha]_D = +117°,5$, sel de Na cristallisé avec $2,5H^2O$, sel de $K + H^2O$, sel d'Am $+ 2H^2O$, sels de Ca, Ba et $K + 4H^2O$, sel de $Zn + 3H^2O$; *éther monoéthylique* $C^7H^9O^8(C^2H^5)$, fusible à 192-194° [Henneberg et Tollens, *Ann. Chem.*, **292**, 40, 1896]; 2° un *dérivé diméthylénique*, fusible à 103°, $[\alpha]_D = +102°$ [L. de Bruyn et Ekenstein, *Rec. Pays-Bas*, **4** et **5**, 310, 1902]; un *dérivé triméthylénique*

$$CO \underline{\quad} CH-CH \underline{\quad} CH-CH \underline{\quad} CO$$
$$O-CH^2-O \quad O-CH^2-O \quad O-CH^2-O$$

liquide huileux, $[\alpha]_D = +62$ [L. de Bruyn et Ekenstein, *Rec. Pays-Bas*, 331, 1901].

Le *dérivé benzylidénique* fond à 315°, $[\alpha]_D = +84°$ [Hill, *D. chem. G.*, **32**, 1221, 1899].

La *diphénylhydrazide saccharique*, $C^6H^8O^6$ $Az^4H^4(C^6H^5)^2$, fond vers 210° [Maquenne, *Bull. Soc. Chim.*, **48**, 719, 1887].

Le *dérivé tétracétylé de l'héminitrile saccharique* a été obtenu en faisant réagir l'anhydride acétique et CH^3CO^2Na sur la glycuronoxime [Neuberg, *D. chem. G.*, **33**, 3315, 1900].

2° ACIDE L-SACCHARIQUE, *acide hexane-tétroldioïque*, $\dfrac{3}{2.4.5}$,

$$CO^2H-C-C-C-C-CO^2H$$

— Il se prépare en oxydant par $AzO^3H (D = 1,15)$ l'acide *l*-gluconique.

Sel de K, $C^6H^9O^8K$. — Aiguilles incolores peu solubles dans l'eau : *sel de Ca*, $C^6H^9O^8Ca + 4H^2O$. *Diphénylhydrazide*, lamelles jaunâtres, fusibles vers 213-214° [Fischer, *D. chem. G.*, **23**, 2611; **24**, 528, 1890-1891].

3° ACIDE *i*-SACCHARIQUE. — Le *sel de K* s'obtient en faisant cristalliser ensemble les composants actifs. La *diphénylhydrazide* fond vers 209-210° [Fischer, *loc. cit.*].

ACIDE ISOSACCHARIQUE,

$$C^6H^8O^7 = CO^2H-CH \begin{matrix} CHOH-CHOH \\ \quad \\ CH-CO^2H \end{matrix}$$
$$\diagdown O \diagup$$

(Formule probable).

— On l'obtient en oxydant la glucosamine par $AzO^3H (D = 1,2)$ [Tiemann, *D. chem. G.*, **17**, 241 et **27**, 118, 1894].

Il forme de beaux cristaux rhombiques très solubles dans l'eau et dans l'alcool, fusibles à 185°; $[\alpha]_D = +46°,1$ à 20° [Wegscheider, *D. chem. G.*, **19**, 1260]; il présente la multirotation [Tiemann, *D. chem. G.*, **27**, 118]. Chauffé à 200° dans un courant de CO^2, il se transforme en acide pyromucique [Tiemann, *D. chem. G.*, **17**, 241; **19**, 1257]. Une longue ébullition avec l'eau le transforme partiellement en *acide norisosaccharique*. HI et le P rouge, à 150° donnent de l'acide adipique normal; HCl gazeux à 200°, l'acide oxalique, le PCl^5 conduisent à l'acide déhydrosuccinique [Tiemann, *loc. cit.*].

Les *sels* sont difficiles à préparer, car les bases les transforment en norisosaccharates; Tiemann, en déshydratant ces derniers de 110 à 150°, a réussi à préparer les sels de K, Am, Ca, Sr, Ba et Pb.

L'*isosaccharate d'éthyle*, $C^4H^6O^3(CO^2C^2H^5)$, fond à 101°.

L'*acide diacétylisosaccharique*,

$$C^4H^4O(C^2H^3O^2)^2(CO^2H)^2;$$

fond à 174°.

Le *diacétylisosaccharate d'éthyle*,

$$C^4H^4O(C^2H^3O^2)^2(CO^2C^2H^5)^2,$$

fond à 49°.

L'*amide isosaccharique*, $C^4H^6O^3(COAzH^2)^2$, fond à 226°, $[\alpha]_D = +7°$.

L'*anilide isosaccharique*,

$$C^4H^6O^3(COAzHC^6H^5)^2,$$

fond à 231°.

Ces composés s'obtiennent par déshydratation des dérivés correspondants de l'acide norisosaccharique [Tiemann, *D. chem. G.*, **27**, 118, 1894].

ACIDE NORISOSACCHARIQUE, $C^6H^{10}O^8$. — La structure de ce composé n'est pas encore connue. Il se différencie des autres acides tétroldioïques en ce qu'il ne donne pas de lactone par déshydratation mais l'acide isosaccharique, qui paraît appartenir au groupe du furfurane [Tiemann, *D. chem. G.*, **27**, 118, 1894]. Il a été caractérisé dans les produits d'oxydation du corps réducteur que fournit l'hydrolyse de la pseudo-mucine des kystes ovariques [Neuberg et Heymann, *Ch. Phys. u. Path.*, **2**, 201, 1902]. Il n'est connu qu'à l'état de sels ou d'éther; l'acide libre se transforme immédiatement en acide isosaccharique.

Tiemann et Haarmann [*D. chem. G.*, **19**, 1257; **27**, 118], en traitant l'acide isosaccharique par les bases, ont obtenu les sels suivants : $C^6H^9O^8K + \frac{1}{2}H^2O$; $C^6H^8O^8K^2$; $C^6H^6O^8(AzH^4)^2$; $C^6H^8O^8$ Ca (Sr ou Ba) $+ H^2O$; $C^6H^8O^8Mg + 2H^2O$; $C^6H^8O^8$ $Zn + 3H^2O$; $C^6H^8O^8Pb + 2H^2O$; $C^6H^8O^8Cu + 3H^2O$; $C^6H^8O^8Ag^2$.

Le *norisosaccharate de méthyle*, $C^6H^8O^8$ $(CH^3)^2$, fond à 51°. Le *norisosaccharate d'éthyle*, $C^6H^8O^8(C^2H^5)^2$, fond à 73°, $[\alpha]_D = +35°,5$; il s'obtient par l'action de HCl gazeux sur l'isosaccharate de Ca en suspension dans l'alcool absolu.

L'*acide diacétylnorisosaccharique*, $C^4H^6O^2$ $(C^2H^3O^2)^2(CO^2H)^2$, fond à 174°. L'*acide tétracétylnorisosaccharique*, $C^4H^4(C^2H^3O^2)^4(CO^2H)^2$, fond à 101°.

L'*éther tétracétylnorisosaccharique*, C^4H^4 $(C^2H^3O^2)^4(CO^2C^2H^5)^2$, fond à 47° [Tiemann et Haarman, *loc. cit.*].   P. Carré.

SACCHAROSE, $C^{12}H^{22}O^{11}$. — Le saccharose

répond probablement à la formule de constitution [Fischer, *D. chem G.*, **26**, 2400, 1893]

$$CH^2OH - CHOH - CH - (CHOH)^2 - CH$$
$$CH^2OH - CH - (CHOH)^2 - C - CH^2OH$$

La présence du saccharose a été signalée dans les plantes suivantes : les graines d'orge germé [O. Sullivan, *Chem. Soc.*, **49**, 58, 1886; — Lindet, *Bull. Soc. Chim.*, **11**. 18 et 29, 836]; les germes de blé [Richardson et Crampton, *D. chem. G.*, **19**, 1180, 1886]; les graines d'avoine, de seigle, de sarrasin, de chanvre, de maïs, de pois, de soleil, de vesce [Schulze et Frankfurt, *D. chem. G.*, **27**, 62, 1893]; de haricot [Manwell, *Am. Chem. J.*, **12**, 265, 1890]; de soja hispida [Stingl et Morowski, *Mon. f. Chem.*, **7**, 176]; d'arachide [Burkhard, *N. Z. Rub. Ind.*, **17**, 206]; de café [Stenhouse, *Chem. Soc.*, **9**, 33; — Ewell, *Am. Chem. J.*, **14**. 473, 1892]; les pommes de terre très jeunes ou gelées [Schulze, *Land. Vers.*, **34**, 408; — Müller-Thurgau, *Landw. Jahr.*, 909, 1885]: les graines du petit-houx [Dubut, *C. R.*, **133**, 942, 1901]; les fruits du paris quadrifolia [Kromer, *Arch. d. Pharm.*, **239**, 393, 1901]; les rhizomes de fougère [Andersen, *Zeit. phys. Ch.*, **29**, 423, 1900]; la racine de gentiane [Bourquelot et Hérissey, *C. R.*, **131**, 750, 1900]; l'agave americana [*Am. Chem. J.*, **17**, 368, 1895]; les bananes sèches [Niederstaedt, *Chem. Zeit.*, 218, 1891]; les feuilles de viburnum [Bourquelot et Danjou, *C. R. Soc. Biol.*, janv. 1906, 83: — Kastle et Clark, *Am. Chem. Journ.*, **30**, 422, 1903]; les plantes de la famille des Caprifoliacées [Danjou, *Arch. der Pharm.*, **245**, 206, 1907]; les semences du Pinus cembra, du Corylus avelana, du Soja hispida [Schulze, *Zeit. physiol. Ch.*, **52**, 404, 1907].

Les embryons d'orge peuvent former du saccharose quand on les maintient pendant quelques jours dans une solution de glucose à 4 0/0 [*Z. Ver. f. Rüb. Ind.*, 133, 1898].

La teneur variable des feuilles de betterave a été étudiée par Lindet [*Bull. Soc. Chim.*, **23**, 544, 1900]; il a aussi reconnu que le saccharose prend naissance dans les pommes au moment de la maturation [*Bull. Soc. Chim.*, **11**, 18, 1894].

Préparation (voy. SUCRE, INDUSTRIE). — La synthèse du saccharose, par union du glucose et du lévulose, n'a pas encore été effectuée; les essais tentés dans ce sens n'ont pas donné de résultat [Colley et Wachowitch, *Bull. Soc. Chim.*, **34**, 326, 1880].

Propriétés physiques. — D'après Herzfeld [*Z. Ver. f. Rüb. Ind.*, **52**, 147] et Aulard (829, 1891), les sels de Ca peuvent provoquer la cristallisation du sucre dans cet aspect particulier connu des fabricants sous le nom de sucre pointu. La dissolution du sucre dans l'eau est accompagnée d'une contraction [Wohl, *D. chem. G.*, **30**, 455, 1897]; et d'une absorption de chaleur de 0^{cal},95 par molécule [Brown et Pickering, *Chem. Soc.*, **71**, 756, 1897; — Jattner, *Zeit. phys. Chem.*, **38**, 76, 1901]. La solubilité du saccharose dans l'eau dépend de la proportion de sucre interverti qui l'accompagne [Pellet et Fribourg, *Bull. Assoc. Chim. Sucr.*, **24**, 304, 1906; — Girol, *ibid.*, **25**, 120, 1907]. Solubilité dans un mélange d'eau et d'acétone [Herz et Knoch, *Zeit. anorg. Chem.*, **41**, 315, 1904]. Viscosité des solutions [Getman, *Journ. Chim. Phys.*, **5**, 344, 1907]. La cryoscopie de ses solutions aqueuses donne de bons nombres [Raoult, *Ann. Ch. Ph.*, **28**, 133, 1883; *Bull. Soc. Chim.*, **21**, 611, 1899; —Tollens et Mayer, *D. chem. G.*, **21**, 1556, 1888; — Brown et Morris, *Chem. Soc.*, **53**, 610, 1888; — Chroustchoff, *C. R.*, **130**, 26, 1900; — E. H. Loomis, *Zeit. phys. Ch.*, **32**, 578, 37, 407, 1901; — W. A. Roth, *Zeit. phys. Ch.*, **43**, 539, 1903; — Jones et Getman, *Am. Chem. Journ.*, **32**, 308, 1904]. La pression osmotique des solutions aqueuses a été déterminée par Ewan [*Zeit. phys. Ch.*, **31**, 22, 1900], puis par Morse, Frajer et Lovelace [*Am. Chem. J.*, **34**, 1; 37, 324, 558, 1907]; elle est normale vers 20-25°; au voisinage de 0°, elle est plus élevée que la pression gazeuse calculée aux mêmes températures, ainsi que pour le glucose. La pression osmotique des solutions dans les mélanges d'alcool éthylique et d'eau a été déterminée par Barlow [*Chem. Soc.*, **89**, 162, 1906]. Le pouvoir rotatoire du saccharose a fait l'objet d'un grand nombre de déterminations [Tollens, *D. chem. G.*, **17**, 1751, 1884; — Landolt, *D. chem. G.*, **21**, 191, 1899; — Nasini et Villavechia, *Gass. Chim. ital.*, **22**, 97, 1892; — Mascart et Bénard, *Ann. Ch. Phys.*, **17**, 125, 1899; — Gillot, *Bull. Acad. R. Bel.*, 834, 1904]; les nombres trouvés sont voisins de 66°,5. Il diminue légèrement quand la concentration des solutions augmente, et aussi quand la température s'élève [Wiley, *Am. Chem. Soc.*, **21**, 568, 1899; — Schœnrock, *Zeit. phys. Ch.*, **34**, 87, 1900]. Les alcalis libres, ainsi que les bases alcalino-terreuses, diminuent le pouvoir rotatoire du saccharose [Thomsen, *D. chem. G.*, **14**, 1647, 1883; — Farnstciner, *D. chem. G.*, **23**, 3570, 1890; — Herles, *Z. Ver. f. Rüb. Ind.*, 985, 1898]; l'ammoniaque, les amines et la glucine augmentent le pouvoir rotatoire [Ost, *Z. Ver. fr. Rüb. Ind.*, **5**, 42; — Wilcox, *Phys. Chem.*, **6**, 339, 1902; — Rosenheim et Itzig, *D. chem. G.*, **32**, 3424, 1899]. Le pouvoir rotatoire d'une solution de saccharose dans la pyridine décroît plus rapidement que celui d'une solution aqueuse, quand la température s'élève [Wilcox, *Phys. Chem.*, **5**, 587, 1901; — Solty, *Chemistry*, **9**, 769, 1905]. Influence de l'acétate basique de plomb [Bates et Blake, *J. Am. Chem. Soc.*, **29**, 286, 1907]. Rotation magnétique, voyez Perkin, *Chem. Soc.*, **81**, 177, 1902]. Conductibilité électrique, voyez : Lindet [*Bull. Soc. Chim.*, **31**, 477, 1904]; Kahlenberg [*Phys. Chem.*, **5**, 339, 1901]; Rudorf [*Zeit. phys. Ch.*, **42**, 257, 1903]; Samis [*Journ. physik. Chem.*, **10**, 593, 1906]. Viscosité des solutions [H. Pellet et Ch. Fribourg, *Bull. Assoc. Chim. Sucr. et Dist.*, **24**, 666, 1906]. Chaleur de combustion moléculaire, 1355 Cal. [Berthelot et Vieille, *C. R.*, **102**, 1284, 1886]; 1352 Cal. [Stohmann et Langbein, *J. f. prakt. Chem.*, **45**, 305, 1895]; chaleur de formation, 352 Cal. Voyez aussi Richards, Henderson et Frevert [*Zeit. physikal. Chem.*, **59**, 532, 1907].

Propriétés chimiques. — Quand on chauffe le sucre pour le transformer en *caramel*, il y a production d'un peu d'acétone [Stone, *Chem. News*, 70, 117, 1894]. Von Lippmann [*D. chem. G.*, **26**, 3057, 1893] a trouvé dans les produits de décomposition du sucre par la chaleur du diméthylfurfurane, de la pyrocatéchine, de l'acide protocatéchique, de l'acide trioxybutyrique et de l'acide trioxyglutarique. D'après Sabanejeff [*Journ. Soc. phys. chim. russe*, 23, 1893], la cryoscopie et l'analyse de la combinaison barytique du caramel assigneraient à ce dernier la formule $C^{125}H^{188}O^{90}$. A une température plus élevée la décomposition du sucre peut fournir des acides formique, acétique et propionique, de l'acétone, de l'aldéhyde formique, du furfurol [Schiff, *D. chem. G.*, **20**, 540, 1887; — Trillat,

Bull. Soc. Chim., **32**, 1254, 1904]. Par distillation sèche avec de la chaux, le saccharose fournit la métacétone de Frémy, et différents corps, parmi lesquels se trouve de l'isophorone [Pinner, *D. chem. G.*, **15**, 1727, 1883]; la *métacétone* est un mélange complexe dans lequel se trouve surtout des dérivés du furfurane [Fischer et Laycock, *D. chem. G.*, **22**, 101, 1889].

L'*inversion* du saccharose, qui ne se produit pas à l'ébullition avec l'eau distillée pure, est réalisée par la présence de certains métaux en poudre (Pt, Pd) [Rayman et Sulc, *Centr. Bl.* (1), 219, 1897; 608, (1), 1898; *Zeit. phys. Chem.*, **33**, 17, 1900; — Lindet, *Bull. Soc. Chim.*, **29**, 1107, 1903; — Plzak et Husek, *Zeit. physik. Chem.*, **47**, 733, 1904; — Voudracek, *ibid.*, **50**, 560, 1905].

Pour l'hydrolyse par les acides, voyez Ostwald [*J. f. prakt. Chem.*, **29**, 385; **31**, 307, 1885]; Spohr [*J. f. prakt. Chem.*, **32**, 32, 1885]; Koral [*J. f. prakt. Chem.*, **34**, 109]; — Kablukow et Zacconi [*Journ. Soc. phys. chim. russe*, 546, 1891]; Donath [*J. f. prakt. Chem.*, **49**, 546, 1894]; Bordt [*Z. Ver. f. Rüb. Ind.*, 703, 1894]; Euler [*Zeit. phys. Chem.*, **32**, 348, 1900]; Deussen [*Zeit. f. anorg. Chem.*, **44**, 300, 1905]; Prinsen-Geerligs [*Z. Ver. f. Rüb. Ind.*, 297, 1894]; Speranski [*Journ. Soc. phys. chim. russe*, **23**, 147]; Uhrech [*D. chem. G.*, **13**, 1696; **15**, 2457 et 1687, 1882; **16**, 762; **17**, 495 et 2165; **20**, 1836; **22**, 318]; Trévor [*D. chem. G.*, **25**, 847, 1892]; V. Lippmann [*D. chem. G.*, **34**, 3747; **33**, 3650]; Cohen [*Zeit. phys. Chem.*, **37**, 69, 1901]; Antonio Morello [*Gazz. chim. ital.*, **30**, 257, 1900]; Kullgren [*Zeit. Phys. Chem.*, **41**, 407; **43**, 701, 1903]; Magnani et Venturi [*Gazz. chim. ital.*, **33**, 177, 1902]; Watts et Tempony [*Centr. Bl.*, (1), 1462, 1905]; Quériault [*Journ. Ph. Ch.*, **20**, 407, 1904]; Hemptinne [*Zeit. phys. Ch.*, **34**, 669, 1900]; Mellor et Bradshaw [*Zeit. physik. Chem.*, **48**, 353, 1984]; Dussein [*Zeit. anorg. Chem.*, **44**, 300, 1905]; Sutherst [*Chem. News.* **92**, 185, 1905]; Plotnikow [*Zeit. physik. Chem.*, **51**, 603, 1905]; Armstrong et Whimper [*Proc. Roy. Soc.*, **79**, 564, 1907].

Pour l'action hydrolysante des sels, voyez : Prinsen-Geerligs [*Centr. Bl.*, (1), 711, 1899]; Kahlenberg, Davis et Fowler [*Am. Chem. J.*, **21**, 1, 1899]; Long [*Am. Chem. J.*, **18**, 693; **19**, 683]; Lunden [*Zeit. physik. Chem.*, **49**, 189, 1904]; Cochran [*J. Am. Chem. Soc.*, **29**, 555, 1907].

De tous les composés minéraux, l'acide chlorhydrique est l'agent d'hydrolyse le plus actif; il suffit de 5 millièmes pour produire une interversion totale du sucre après une heure de chauffe à 100°. L'ordre des métaux dont les sels intervertissent le plus facilement le sucre serait le même que celui de leur ionisation; pour un même métal, l'énergie hydrolysante diminue comme celle de l'acide.

L'hydrolyse du sucre sous l'influence des ferments solubles (*invertines* ou *sucrases*) a fait également l'objet de nouvelles recherches; voyez : Tamann [*Zeit. phys. Chem.*, **16**, 271, 1895]; O. Sullivan [*Centr. Bl.*, (2), 222, 1892]; Hiepe [*Ann. Inst. Past.*, **11**, 348]; Brown et Héron [*Lieb. Ann. Chem.*, **204**, 228, 1880]; Miura [*Zeit. biol.*, **32**, 226]; Simaeck [*Centr. f. physiol.*, 209, 1903]; — Alexenfeld [*ibid.*, 268, 1903]; — Rohemann et Nagano [*Pflüger's Arch. Phys.*, **45**, 533, 1904]; — Büchner et Meisenheimer [*Zeit. phys. Chem.*, **40**, 167, 1903]; — Victor Henri [*ibid.*, **39**, 194, 1901]; — Bourquelot [*C. R.*, **136**, 762, 1903]; — Kalanthar [*Zeit. phys. Chem.*, **26**, 88, 1899].

La phénylhydrazine peut aussi réaliser l'in-

terversion du sucre [Fischer, *D. chem. G.*, **17**, 579, 1884].

Chaleur d'inversion, $2^{Cal},639$ à $58°,5$ [Petit, *C. R.*, **134**, 111, 1902]. Le sucre interverti, lévogyre à la température ordinaire, devient inactif à 86° [88° d'après Wiley, *Am. Chem. Journ.*, **18**, 81, 1896], puis dextrogyre à 160°. Ce fait, après avoir été l'objet de nombreuses controverses [Tuchsmidt, *Journ. f. prakt. Chem.*, **2**, 235; — O'Sullivan, *Chem. Soc.*, **64**, 408, 1892; — Gubbe, *D. chem. G.*, **18**, 2207, 1885; — Ost, *D. chem. G.*, **24**, 1636, 1891; — Kanonnikoff, *Journ. Soc. phys. chim. russe*, 367, 1891], a été expliqué par Jungfleisch et Grimbert [*C. R.*, **108**, 144; **109**, 869, 1889]; il est dû à l'altération du lévulose au contact des acides forts et même de l'eau pure, avec formation de corps dextriniques [Vohl, *D. chem. G.*, **23**, 2084, 1890].

Le sucre interverti par le gaz carbonique est un mélange à parties égales de glucose et de lévulose [Lippmann, *D. chem. G.*, **13**, 1822, 1880; — Brown, Morris et Millar, *Chem. Soc.*, **71**, 275, 1897; — Raoult, *C. R.*, **14**, 1517, 1882].

Les oxydants, lorsqu'ils sont acides, donnent avec le saccharose les produits d'oxydation du glucose et du lévulose. Avec l'eau de brome, il se forme de l'acide gluconique [Herzfeld, *Ann. Chem.*, **220**, 335, 1883]; avec l'eau oxygénée, en présence d'une trace de SO^4Fe, il y a formation de glucosone [Morell, Crofts, *Chem. Soc.*, **77**, 1219, 1900]. L'acide chromique et le permanganate de K détruisent complètement la molécule du sucre avec production d'acides carbonique, formique, acétique et malique [Heyer, *D. chem. G.*, **15**, 2244, 1882] et aussi de substances furfurogènes [Cross, Bevan et Readle, *D. chem. G.*, **26**, 2520, 1893]. Dans les produits de décomposition du sucre par la potasse fondue on trouve aussi de l'acétol [Emmerling et Loges, *D. chem. G.*, **16**, 836, 1883]. Les bases alcalino terreuses ne transforment pas le sucre en raffinose [Beythieu, Barcus et Tollens, *Ann. Chem.*, **255**, 222, 1889].

Les acides, après avoir hydrolysé le saccharose, peuvent détruire ses produits de dédoublement; en outre des acides formique et lévulique et des substances brunes de nature ulmique, Tollens [*D. chem. G.*, **14**, 1950, 1881] a trouvé des produits réducteurs de nature aldéhydique; l'acide lévulique provient surtout de la destruction du lévulose [Conrad et Guthzeit, *D. chem. G.*, **18**, 439; **19**, 2569, 1886].

L'acide sulfurique dilué, à 100°, fournit des substances brunes, que Fausto Sestini [*Gazz. chim. ital.*, **10**, 121, 240 et 355; **12**, 292, 1882] considère comme un mélange d'*acide sacchulmeux*, d'*acide sacchulmique*, $C^{11}H^{10}O^4$ et de *sacchulmine*, $C^{44}H^{38}O^{13}$. Il ne se forme que peu de furfurol [Mylius, *D. chem. G.*, **21**, 33, 1888; — Stone et Tollens, *Ann. Chem.*, **249**, 227, 1889; — de Chalmot, *Am. Chem. J.*, **15**, 28, 1893]. Il se produit un peu d'acide pyromellique [Giraud, *Bull. Soc. Chim.*, **11**, 389, 1894], mélangé d'acide mellique [von Lippmann, *D. chem. G.*, **27**, 3408, 1894]. L'acide chlorosulfurique forme des dérivés sulfonés et chlorosulfonés du glucose et du lévulose [Claesson, *D. chem. G.*, **12**, 2018, 1879].

Avec l'acide bromhydrique il y a formation de bromoéthylfurfurol [Fenton et Gostling, *Chem. Soc.*, **79**, 361, 1901].

L'action du mélange sulfonitrique, à froid, fournit la *saccharose octonitrique*, $C^{14}H^{12}O^3(AzO^3)^8$ [Sobrero, *C. R.*, **24**, 247; — Carey Lea, *Bull. Soc. Chim.*, **10**, 415; — Elliot, *Am. Chem. J.*, **4**, 147, 1882]; ce composé obtenu à l'état de pureté par Will et Lenze [*D. chem. G.*,

31, 68, 1868] fond vers 28-29°; $[\alpha]_D = +52°,2$.

Les produits décrits sous le nom de saccharoses mono, tétra, hexa et heptacétiques ne sont probablement que des éthers gluconiques, car aucun d'eux ne peut régénérer le saccharose par saponification. Le seul dérivé acétylé bien défini est le *saccharose octoacétique*, $C^{12}H^{14}O^3(C^2H^3O^2)^8$, cristallisé en fines aiguilles fusibles à 67° [Herzfeld et Niedschlag, *Chem. Zeit.*, 139, 1887]. Voir aussi Tanret, *Bull. Soc. Chim.*, 13, 261, 1895; — Kœnigs et Knorr, *D. chem. G.*, 34, 4343, 1901].

L'acétylation par l'anhydride acétique en présence d'acide sulfurique conduit au pentacétylglucose [Skraup, *D. chem. G.*, 32, 4213, 1899].

Le chlorure de benzoyle, en présence de soude à 10 0/0, peut fournir un *saccharose hexabenzoïque* $C^{12}H^{16}O^5(C^7H^5O^2)^6$, amorphe, fusible à 109° [Baumann, *D. chem. G.*, 19, 3218, 1886; — Skraup, *Mon. f. Chem.*, 10, 389], et un *saccharose heptabenzoïque*, $C^{12}H^{15}O^4(C^7H^5O^2)^7$, fusible à 89° [Panormow, *Journ. Soc. phys. chim. russe*, 375, 1891].

L'iodure de méthyle, en présence d'oxyde d'argent, donne une huile neutre qui est dédoublée par hydrolyse en *glucose tétraméthylé* et en un sirop incristallisable, probablement le lévulose méthylé correspondant [Purdie et Irvine, *Chem. Soc.*, 83, 1021, 1903]. Le glucose tétraméthylé, chauffé avec le benzène contenant 0,33 0/0 d'HCl, fournit l'anhydride d'un *diglucose octométhylé*, distillant à 180-190° sous 14 mm.; $[\alpha]_D = 135°,9$ [Pardie et Irvine, *Chem. Soc.*, 87, 1022, 1905].

Le saccharose chauffé 15 jours avec de l'alcool méthylique saturé d'HCl fournit de l'α-méthylglucoside [Fœrg, *Mon. f. Chem.*, 24, 597, 1903]. Il peut se combiner avec les aldéhydes et les acétones [Schiff, *Ann. Chem.*, 244, 19, 1888], avec le phénol [Tollens, *Chem. Zeit.*, 77, 1887].

La transformation du sucre dans l'organisme a été étudiée par Cotton [*Bull. Soc. Chim.*, 21, 978, 1899]; son assimilation par les plantes, par Mazé et Perrier [*C. R.*, 139, 470, 1904].

Le sucre empêche la putréfaction du sang [Salkowski, *Zeit. phys. Chem.*, 27, 237, 1899].

Saccharates (*sucrates*). — Les saccharates alcalins sont de la forme $C^{12}H^{21}O^{11}M$; les saccharates alcalino-terreux ont une composition légèrement différente, en ce sens qu'ils sont formés à partir du sucre et de la base sans élimination d'eau; aussi certains auteurs ont-ils considéré ces derniers comme des produits d'addition, tandis que les premiers seraient des produits substitués [Stromeyer, *Arch. Pharm.*, (3), 25, 229]. D'après Maquenne [*Sucres*, 677, 1900], cette anomalie tient à ce que le métal n'est uni au sucre, dans ses combinaisons alcalino-terreuses, que par une seule valence; la formule du sucrate monocalcique serait alors $C^{12}H^{21}O^{11}(CaOH)$ et renfermerait encore un H basique: l'existence d'un sucro-carbonate de Ca confirme cette manière de voir.

La présence du sucre dans une liqueur peut retarder et rendre incomplète la précipitation des sels métalliques par l'AzH^3, la potasse [Grothe, *J. prakt. Chem.*, 92, 175; — Grimaux, *Bull. Soc. Chim.*, 49, 206, 1888; — Strohmeyer, *Arch. Pharm.*, (3), 25, 229]. C'est aussi par suite de ses propriétés légèrement acides que le sucre attaque certains métaux [Klein et Berg, *Ann. Chim. Phys.*, 11, 5, 1887], et qu'il retarde la saponification par les bases [Madsen, *Zeit. phys. Chem.*, 36, 200, 1901; — Kullgrenn, *ibid.*, 37, 613, 1901]; il n'influence pas l'hydrolyse par es acides [Coppadoro, *Gass. chim. ital.*, 31, 425, 1901].

$C^{12}H^{21}O^{11}$Na ou K [voyez Tollens, *Ann. Chem.*, 210, 285, 1882].

$C^{12}H^{22}O^{11}$CaO, $2H^2O$ [Lippmann, *D. chem. G.*, 16, 2764, 1883]. $C^{12}H^{22}O^{11}.2CaO$; $C^{12}H^{22}O^{11}.3CaO$ [Stromeyer, *Chem. Zeit.*, 91, 1887].

$C^{12}H^{22}O^{11},CaO + 3C^{12}H^{22}O^{11}$ [Petit, *C. R.*, 116, 823, 1893; — voyez aussi Lippmann, *D. chem. G.*, 26, 3057, 1893; — Sélivanoff, *Journ. Soc. phys. chim. russe*, 34, 13, 1902; — Weisberg, *Bull. Soc. Chim.*, 21, 773, 1899; 23, 740, 1900; — Cavalier, *Bull. Soc. Chim.*, 25, 903, 1901].

Sucro-carbonate de Ca [Loiseau, *C. R.*, 97, 1139, 1883].

$C^{12}H^{22}O^{11}SrO.5H^2O$ et $C^{12}H^{22}O^{11},SrO$ [Scheibler, *D. chem. G.*, 15, 2945; 16, 984, 1883].

Sucrates de fer [Evers, *D. chem. G.*, 27, 474; — Schmidt, *Arch. Pharm.*, 137, 1888; — Grimaux, *Bull. Soc. Chim.*, 42, 206, 1884].

L'oxyde de Hg fournit le *mercabide* $C^3Hg^6O^4H^2$ [Hoffmann, *D. chem. G.*, 33, 1328, 1900].

Le sulfocyanure forme les combinaisons : $C^{12}H^{22}O^{11},AzH^4CAzS,1,5H^2O$; $C^{12}H^{22}O^{11},KCAzS + H^2O$; $C^{12}H^{22}O^{11},NaCAzS + H^2O$; $C^{12}H^{22}O^{11}Ba(CAzS)^2 + 2H^2O$. L'iodure de Na fournit le composé $C^{12}H^{22}O^{11},NaI.2H^2O$ [Gauthier, *C. R.*, 138, 638, 1904].

Recherche et dosage. — Le meilleur moyen de reconnaître le saccharose [Maquenne, *Sucres*, 1900, 685] consiste à le transformer en combinaison barytique ou strontique, qu'on décompose ensuite par un courant de CO^2; il suffit ensuite d'évaporer et d'ajouter au sirop un excès d'alcool pour avoir une cristallisation de saccharose pur; on ne s'expose pas ainsi à confondre le saccharose avec d'autres polyglucosides, comme cela peut arriver si on se base uniquement sur l'essai à la liqueur de Fehling du sucre interverti [voy. aussi Bourquelot, *C. R.*, 133, 690, 1901]. Pour les réactions colorées des phénols en présence des acides, voyez Müller et Ohlmer [*Deutsch. Zuckerind.*, 419, 1892], Séliwanoff [*D. chem. G.*, 20, 181, 1887], Cayaux [*Ph. Centr.*, 19, 441].

Il ne réagit pas sur la fuchsine sulfureuse [Williers et Fayolle, *C. R.*, 119, 75, 1894].

Le dosage du saccharose s'effectue toujours au polarimètre; la méthode anciennement mise au point par Clerget [*Ann. Chim. Phys.*, (3), 26, 175] n'a pas subi de modifications importantes. On s'est surtout préoccupé de la rendre plus rapide; on emploie pour cela le tube saccharimétrique Pellet à analyse continue; celui-ci porte un ajutage à chaque bout, ce qui permet de le remplir et de le vider sans le déplacer. Pour un dosage très exact, il faudrait tenir compte de ce que le sucre incristallisable diminue le pouvoir rotatoire du sucre cristallisable auquel il est mélangé [Carimantrand, *Bull. Soc. Chim.*, 33, 795, 1905]. Voyez aussi Lindet [*C. R.*, 109, 115, 1889], Reichardt et Bittmann [*Z. Ver. p. Rüb Zuckerind*, 32, 764], Creydt [*D. chem. G.*, 19, 3115, 1886], Gubbe [*D. chem. G.*, 18, 2207], Meissl [*Z. Ver. f. Rüb. Zuckerind.*, 29, 1034, 1881], Herzfeld, Preuss et Gerken [*Z. Ver. f. Rüb. Zuckerind.*, 39, 714], Jodlbower [*Z. Ver. f. Rüb. Zuckerind.*, 37, 308], Weber et Mac Pherson [*Am. chem. Journ.*, 17, 312, 1895], Dowzard [*Chem. Soc.*, 9, 1898-99; 75, 371, 1899], Brühns [*Zeit. anal. Chem.*, 38, 73, 1899], Terwooren [*Chem. Centr.*, (II), 156, 1904], Rüber [*Zeit. anal. Chem.*, 40, 97, 1901], Carimantrand [*Bull. Soc. Chim.*, 27, 827, 1902; 33, 795, 1905], Weil [*C. R.*, 134, 115, 1902], Buisson [*Bull. Ass. Chim. Sucr.*, 21, 1233, 1904], Rémy [*ibid.*, 22, 116, 1904], H. et L. Pellet [*ibid.*, 22, 744, 1905], Dupont [*ibid.*, 22, 753], Ekenstein [*Rec. Pays-Bas*, 24, 33, 1905].

Fermentation (voy. 2e Suppl., 102); voyez

aussi Laborde [*C. R.*, **129**, 344, 1899], Büchner et Rapp [*D. chem. G.*, **32**, 2086, 1899], Albert [*D. chem. G.*, 2372, 1899], Grimbert [*Bull. Soc. Chim.*, **25**, 415, 1901], Gayon et Dubourg [*Ann. Inst. Past.*, **15**, (7), 1901], Macfayden, Morris et Rowland [*D. chem. G.*, **33**, 2764, 1900], Rey-Pailhade [*Bull. Soc. Chim.*, **23**, 666, 1900], Büchner et Rapp [*D. chem. G.*, **34**, 1523, 1901], Brown [*Chem. Soc.*, **81**, 373, 1902], Büchner et Spitta [*D. chem. G.*, **35**, 1703, 1902], Rist et Khoury [*Ann. Inst. Past.*, **16**, 65, 1902], Browne [*Am. Chem. Soc.*, 16, 1903], Sieber [*Zeit. phys. Chem.*, **39**, 485, 1903], Armstrong [*Chem. News*, **93**, 48, 1906], Desmots [*C. R.*, **138**, 381, 1904], D. Emmerling [*D. chem. G.*, **37**, 3535, 1904], Buchner et Antoni [*Zeit. physik. Chem.*, **44**, 206, 1905]. Janvier 1908. P. Carré.

SACCHULMEUX (ACIDE), SACCHUL-MINE, SACCHULMIQUE (ACIDE). — Voyez l'art SACCHAROSE.

SAFRANINES. — Voy. art. DIAZINES, 2ᵉ Suppl., 129 et suiv., et art. EURRHODINES, 680.

SAFROL (*Shikimol*), $C^{10}H^{10}O^2$

$$C^6H^3 \begin{cases} CH^2-CH=CH^2 & (1) \\ O \\ O \end{cases} CH^2 \begin{matrix} (3) \\ (4) \end{matrix}$$

— Ce composé a été découvert par Grimaux et Ruotte dans l'essence de sassafras. (Voyez Dict., **1**, 2ᵉ partie, *Essence de sassafras*, 1282). Eykmann l'a retiré de l'*illicium religiosum* (en japonais *Shikimi-noki*) d'où le nom de *Shikimol* qu'il lui a donné; et comme il constata que par oxydation ce shikimol donnait l'acide pipéronylique

$$C^6H^3 \begin{cases} CO^2H \\ O \\ O \end{cases} CH^2$$

il en déduisit la constitution du safrol ou du shikimol qui est celle de la formule posée plus haut [*Rec. Pays-Bas*, **4**, 32 et *Bull. Soc. Chim.*, **44**, 459, 1885]. Poleck, qui avait d'abord admis une autre constitution [*D. chem. G.*, **17**, 1940, 1884], se rangea ensuite à la formule d'Eykmann [*D. chem. G.*, **19**, 1094, 1886]. Cette formule a été confirmée par Moureu dans sa synthèse de l'isosafrol (Voy. ce corps).

D'après Goulding [*Chem. Soc.*, **83**, 1093, 1903] le safrol existe dans la proportion de 40 à 50 0/0 dans l'huile volatile de l'écorce de *cinnamomum pedatinervium* de Fiji. Miller l'a constaté mêlé à beaucoup d'autres produits dans l'essence d'*asarum arifolium* [*Arch. Pharm.*, **240**, 371, 1902]. Oswald avait cru reconnaître la présence du safrol dans l'*essence de badiane de Chine*; mais d'après Tardy il ne s'y trouverait pas, tandis qu'au contraire il l'a rencontré dans l'*essence de badiane du Japon* [*Bull. Soc. Chim.*, **28**, 569 et 989, 1902]. Poweer et Lees ont constaté la présence du safrol dans l'essence de laurier de Californie [*Chem. Soc.*, **85**, 629, 1904].

Préparation et propriétés. — On a vu plus haut qu'on le retirait de l'*essence de sassafras* ou de l'*illicium religiosum*. Dans la distillation de l'essence de sassafras, Schiff [*D. chem. G.*, **17**, 1746, 1884] recueille la portion qui passe de 228 à 235°, laquelle refroidie à 25° abandonne le safrol sous la forme de cristaux incolores, très réfringents, fusibles à 8°. A la température ordinaire, c'est un liquide à odeur forte et caractéristique. Il est neutre, inactif, soluble dans l'alcool, l'éther et la lessive de soude. Il bout à 232° et ce n'est qu'à partir de 320° qu'il se décompose en se résinifiant (Schiff). Na, HCl, PCl⁵, les solutions concentrées de potasse, AzH³, H² naissant sont sans action sur lui ou l'attaquent à

peine (Schiff). L'acide nitrique fumant, l'acide chromique l'attaquent énergiquement. L'acide nitrique étendu de 5 fois son poids d'eau le transforme en une résine rouge avec formation de gaz carbonique et d'acide oxalique [Schiff, *loc. cit.*]. L'oxydation par le permanganate de potassium a été tentée par divers auteurs. Poleck, en oxydant le safrol avec une solution de permanganate à 4 0/0, a obtenu du pipéronal, de l'acide pipéronylique, des acides carbonique, formique, acétique et oxalique sans acide propionique [*D. chem. G.*, **24**, 2861, 1888]. D'après Schiff, une solution chaude et moyennement concentrée de permanganate de potassium décompose le safrol en CO^2, acide formique, acétique et un produit d'oxydation intermédiaire $C^8H^6O^2$, neutre, soluble dans l'eau chaude, l'alcool et l'éther, fusible à 59° et se décomposant vers 120° [*D. chem. G.*, **17**, 1746, 1884]. Tiemann, en chauffant vers 70 à 80° le safrol avec 2 fois 1/2 de son poids de MnO^4K à 1,5 0/0, l'a vu se transformer en *méthylènedioxybenzylglycol* $C^6H^3(O^2CH^2)CH^2$ $-CHOH-CH^2OH$, qui cristallise en aiguilles blanches, fusibles à 82-83°, solubles dans l'eau bouillante, l'éther, l'acétone et le chloroforme, moins dans l'alcool et la benzine, presque insolubles dans la ligroïne. En chauffant vers 70 à 80° le safrol avec MnO^4K en solution dans l'acide acétique étendu, Tiemann a obtenu l'acide *homopipéronylique* qui fond à 127-128°, et qui par l'action de l'acide nitrique fumant donne un *dérivé mononitré* fusible à 188° [*D. chem. G.*, **24**, 2879, 1891]. D'après Wagner, dans cette oxydation qu'il avait signalée avant Tiemann, il se forme, indépendamment du glycol correspondant, du pipéronal, de l'acide pipéronylique et des acides gras [*D. chem. G.*, **24**, 3488, 1891]. Le safrol donne par réduction la *propylméthanal-pyrocatéchine* [Delange, *Bull. Soc. Chim.*, (4), **23**, 244, 1900]. Chauffé avec un alcoolate, par exemple avec l'amylate de sodium et un petit excès d'alcool amylique, le safrol se transforme en isosafrol [Gassmann, *C. R.*, **124**, 244, 1900]. Cette transformation en isosafrol est facile lorsque, comme l'ont montré Grimaux et Ruotte, et plus tard Eykmann, on fait bouillir le safrol avec la potasse alcoolique.

ISOSAFROL,

$$C^6H^3 \begin{cases} CH=CH-CH^3 & (1) \\ O \\ O \end{cases} CH^2 \begin{matrix} (3) \\ (4) \end{matrix}$$

— On a vu que le safrol est facilement converti en isosafrol par ébullition avec la potasse alcoolique. Moureu a réalisé la synthèse de l'isosafrol et établi définitivement la constitution de ce corps et de son isomère. Dans les formules attribuées à ces deux composés, le safrol est envisagé comme un dérivé allylique, et l'isosafrol comme un dérivé propénylique de la méthylène-pyrocatéchine

$$C^6H^4 \begin{cases} O \\ O \end{cases} CH^2$$

La meilleure raison à invoquer est la transformation sous l'influence de la potasse alcoolique du safrol bouillant à 232° en isosafrol bouillant à 248°. C'était là une pure manière de voir qu'il importait de ratifier par une synthèse directe telle que Moureu l'a effectuée. Ce savant est parti du pipéronal

$$C^6H^3 \begin{cases} CHO \\ O \\ O \end{cases} CH^2$$

qui, chauffé pendant 6 heures au réfrigérant à reflux avec un mélange d'anhydride propionique et de propionate de sodium, a donné tout d'abord l'acide *méthylène-homocaféique*

$$C^6H^3 - {O \atop O} > {CH^2 \atop CH = C - CO^2H}$$
$$\qquad\qquad |$$
$$\qquad\qquad CH^3$$

qu'on peut encore écrire

$$CH^2 < {O \atop O} > C^6H^3 - CH = C - CO^2H$$
$$\qquad\qquad\qquad\qquad |$$
$$\qquad\qquad\qquad\qquad CH^3$$

c'est-à-dire l'acide *méthène-dioxyphénylméthyl-propènoïque*. Mais, à la température de l'expérience, cet acide perd du CO^2, et Moureu a obtenu, à côté d'un produit solide qui est l'acide non altéré, une huile qui, purifiée par entraînement dans un courant de vapeur d'eau, distille à 248°,5-250°,5 et présente tous les caractères physiques et chimiques de l'isosafrol qui est par conséquent la *propénylméthylène-pyrocatéchine*. Si l'on procède par voie d'exclusion, le safrol sera l'*allyl-méthylène-pyrocatéchine* [*Bull. Soc. Chim.*, (3), 15, 546 et 656, 1896]. Mameli a fait une nouvelle synthèse de l'isosafrol par l'action de l'iodure de magnésium-éthyle sur le pipéronal [*Gazz. chim. ital.*, 34, (II), 409, 1904].

L'isosafrol est encore liquide à 18° et bout à 246-248°. Tandis que le safrol n'est pas attaqué par le sodium et l'alcool, l'isosafrol est réduit à l'état de dérivé propylique en fixant H^2. Il y a de plus saponification du groupement (O^2CH^2), de sorte que l'isosafrol fournit le *m-propylphénol* et de l'alcool méthylique [Ciamician et Silber, *D. chem. G.*, 23, 1159, 1890]. La potasse alcoolique agit sur ce même groupe oxyméthylène pour donner un corps phénolique qui se laisse aisément éthérifier par l'iodure de méthyle en donnant le composé $C^6H^3(C^3H^5)(O.CH^3)(OCH^2-OCH^3)$ qui bout à 285° et qui par MnO^4K en solution alcaline fournit l'acide isovanillique [Ciamician et Silber, *D. chem. G.*, 25, 1470, 1892]. L'acide nitreux donne avec l'isosafrol un corps dont la formule simple est $C^{10}H^{10}Az^2O^5$, insoluble dans presque tous les dissolvants et se décomposant à chaud [Angeli, *Bull. Soc. Chim.*, (3), 8, 814; 16, 869; 24, 285]. En versant une solution de nitrite de Na sur des couches superposées de SO^4H^2 étendu et d'une solution d'isosafrol dans la ligroïne, on obtient le *nitrite d'isosafrol*, d'où l'on peut extraire le β-*nitroisosafrol*, cristaux fus. à 98°, auquel correspondent une *oxime* et une *cétone* qui bout à 156° [Wallach, *Bull. Soc. Chim.*, (3), 34, 1476, 1905]. L'action du permanganate de potassium sur l'isosafrol a donné à Wagner un glycol fusible à 101-102° [*D. chem. G.*, 24, 3488, 1891]. En faisant agir le MnO^4K en solution alcaline, Ciamician et Silber ont transformé l'isosafrol en acide pipéronylique et en un autre acide plus soluble dans l'eau de formule $C^9H^6O^5$ qui cristallise en aiguilles d'un jaune clair et dont les sels sont incolores. Il aurait pour formule

$$C^6H^3 - {O \atop O} > {CO - CO^2H \atop CH^2}$$

et serait par conséquent l'acide *dioxyméthylène-phénylglyoxylique* [*D. chem. G.*, 23, 1159, 1890].

En oxydant l'isosafrol par l'oxyde jaune de mercure et l'iode en solution alcoolique, Bougault a obtenu l'aldéhyde et l'acide correspondants

$$R.CH < {CHO \atop CH^3} \quad \text{et} \quad RCH < {CO^2H \atop CH^3}$$

[*Bull. Soc. Chim.*, (3), 23, 643, 1900 et 25, 856, 1901].

DIBROMOISOSAFROL,

$$C^6H^3 - {O \atop O} > {CHBr - CHBr - CH^3 \atop CH^2}$$

— Il a été obtenu pour la première fois par Eykman [*D. chem. G.*, 23, 855, 1890] dans l'action du brome sur l'isosafrol. Le *dérivé méthylé* $(CH^2O^2)=C^6H^3-CH(OCH^3)-CHBr-CH^3$ prend naissance par l'ébullition du composé précédent avec l'alcool méthylique; de même pour le *dérivé éthylé*. L'un et l'autre sont convertis en une cétone par l'action du méthylate de sodium. L'*oxime* de cette cétone $(CH^2O^2)C^6H^3-C(AzOH)-CH^2-CH^3$ fond à 101-102° [Sond, Erb et Ford, *Bull. Soc. Chim.*, 30, 143, 1903]. La cétone ci-dessus $(CH^2O^2)C^6H^3-CO-CH^2-CH^3$, que Wallach et Pond avaient déjà obtenue en traitant le dibromo-isosafrol par l'alcool sodé et distillant dans la vapeur d'eau, fond à 39° et bout à 153-154°. Elle est identique à la cétone d'Angeli à laquelle il attribue à tort la formule $(CH^2O^2)C^6H^3-CH^2-CO-CH^3$ [*D. chem. G.*, 28, 2714, 1895].

DIBROMURE DE BROMOISOSAFROL,

$$C^6H^2Br - {O \atop O} > {C^3H^5Br^2 \atop CH^2}$$

— On l'obtient en traitant l'isosafrol par le brome en solution dans CS^2. Ce composé cristallise dans le pétrole bouillant en aiguilles incolores fusibles à 109-110°, qui perdent HBr par ébullition avec l'eau ou l'alcool [Ciamician et Silber, *D. chem. G.*, 23, 1159, 1890].

DIBROMURE DU DIBROMOISOSAFROL. — Il se produit par addition de 30 gr. d'isosafrol à 130 gr. de brome; il cristallise dans la benzine en aiguilles fusibles à 130°, en même temps que se forme un composé fusible à 197-198° [Paul Hœring, *D. chem. G.*, 38, 3464, 1905].

Le même auteur a décrit les composés suivants [*loc. cit.*] :

α-*Méthoxy-β-bromodihydrosafrol*. — Huile incolore, bouillant sous 11 mm. à 166-169°.

α-*Ethoxy-β-bromodihydrosafrol*. — Liquide qui bout sous 8 mm. à 175-178°.

α-*Ethoxy-β-bromodihydrobromoisosafrol*. — Fond à 60-61°.

α-*Méthoxy-β-bromodihydrodibromoisosafrol*. — Fond à 111°.

α-*Ethoxy-β-bromodihydrodibromoisosafrol*. — Fond à 89°.

Ether propénylique dérivé de l'isosafrol,

$$(CH^2O^2)=C^6H^3-C(OC^2H^5)=CH-CH^3$$

bouillant à 143-145° sous 19 mm. Traité par HCl à 20 0/0 se transforme en α-cétone.

α-*Oxy-β-bromodihydroisosafrol*. — Huile indistillable.

α-*Oxy-β-bromodihydrobromoisosafrol*. — Fond à 89°.

α-*Oxy-β-bromodihydrodibromoisosafrol*. — Masse vitreuse.

α-*Acétoxy-β-bromodihydrobromoisosafrol*. — Fond à 71-73°.

α-*Acétoxy-β-bromodihydronitroisosafrol*. — Fond à 113°.

α-*Bromo-β-acétoxydihydrobromoisosafrol*. — Fond à 128-131°.

α-*Bromo-β-acétoxydihydrodibromoisosafrol*. — Fond à 130-132°.

OXYDE DE L'ISOSAFROL,

$$CH^2O^2=C^6H^3-CH-CH-CH^2.$$
$$\qquad\qquad\qquad \backslash\ /$$
$$\qquad\qquad\qquad O$$

— Il bout à 140° sous 9 mill. Le *bromure* correspondant bout à 169-173° sous 11 mm.: le *dibromure* fond à 134-135° [P. Hœring, *D. chem. G.*, **38**, 3477-3488, 1905 et *Bull. Soc. Chim.*, (3), **36**, 464-468. 1906].

ACÉTATE D'α-OXY-β-BROMODIHYDROBROMOISOSAFROL.

$$C^6H^2Br < \begin{matrix} CH(O.COCH^3) - CHBr - CH^3 \\ O \\ O \end{matrix} > CH^2$$

— Il prend naissance par l'action d'une solution d'acétate de potassium dans l'acide acétique glacial sur le dibromure de bromoisosafrol. Aiguilles incolores, fusibles à 73-74° [Pond et Siegfried, *Bull. Soc. Chim.*, **32**, 65. 1904]. Voyez plus haut les composés de ce genre obtenus par Hœring.

BENZOATE D'α-OXY-β-BROMODIHYDROBROMOISOSAFROL,

$$C^6H^2Br < \begin{matrix} CH(O.COC^6H^5) - CHBr - CH^3 \\ O \\ O \end{matrix} > CH^2$$

— On l'obtient par l'action du dérivé bromé dissous dans la pyridine sur le chlorure de benzoyle. Aiguilles fusibles à 142-143° [Pond et Siegfried, *loc. cit.*].

ISOSAFROLCÉTONE. — Voy. ci-dessus DIBROMO-ISOSAFROL.

Décembre 1906.   J.-B. Senderens.

SAGARÉSINOTANNOL. — Le baume de *sagapenum* saponifié pendant des mois avec l'acide sulfurique dilué, se dédouble en ombelliférone et en un alcool, le sagarésinotannol $C^{24}H^{28}O^5$, poudre brune, soluble dans l'alcool, l'éther, l'acétone, les acides acétique et sulfurique, insoluble dans le chloroforme, le benzène, la ligroïne, le sulfure de carbone. Ce corps donne des *dérivés acétylé, benzoylé, bromé, iodé*; l'acide azotique au bain-marie le transforme en *acide styphnique* $C^6H(AzO^2)^3(OH)^2$ [Hohenadel, *Arch. Pharm.*, **233**, 259, 1895]. Octobre 1907.   A. Hébert.

SALACÉTOL. — Ether salicylique de l'acétol [voyez SALICYLIQUE (ACIDE), p. 427] employé comme antiseptique [Auger, *Bull. Soc. Chim.*, (3), **29**, 16, 1903].   F. Rengade.

SALAZINIQUE (ACIDE). — Voy. l'art. LICHENS.

SALICINE. — Voy. Dict., **2**, 2e partie, 1390; 1er Suppl., p. 1408]. — Michael a essayé de réaliser la synthèse de ce corps [*D. chem. G.*, **15**, 1922] par l'action de l'acétochlorhydrose sur le salicylate disodique: il a obtenu un corps dédoublable par hydrolyse en dextrose et acide salicylique et qui paraît être un anhydride du glucoside de ce dernier acide.

La calorimétrie de la salicine la fait répondre à la neutralisation de la fonction phénolique de la saligénine [Berthelot, *Bull. Soc. Chim.*, (2), **45**, 74, 1886].

Schmidt a pu obtenir [*Arch Pharm.*, **235**, 536] les dérivés monohalogénés de la salicine et en a fait l'étude.

La solubilité de la salicine a été déterminée par Dott [*Chem. Centr. Bl.*, (1), 731, 1907]; son hydrolyse par les acides a été suivie par Noyes et Hall [*Zeit. physikal. Chem.*, **18**, 240, 1895]; l'action des ferments et notamment de l'émulsine a été étudiée par Tammian [*Zeit. physikal. Chem.*, **18**, 426. 1895] et par Henri et Lalou [*C. R.*, **136**, 1693, 1903]. Enfin la variation de la salicine dans divers *Salix* et *Populus* a fait l'objet d'un travail de Jowett et Potter [*Pharm. J.*, (4), **15**, 157, 1902] et sa constitution a été étudiée par Irvine et Rose [*Chem. Soc.*, **89**, 814, 1906]. Octobre 1907.   A. Hébert.

SALICINE (BENZOYL-) (syn. *Populine*).
— On l'obtient synthétiquement en faisant réagir le chlorure de benzoyle sur une solution aqueuse de salicine rendue alcaline. On épuise à l'éther et fait cristalliser dans l'alcool [Dobbin et White, *Pharm. J.*, (5), **19**, 233, 1905].   J. Leroide.

SALICINE (PENTAMÉTHYL-). — La synthèse en a été faite par J.-C. Irvine et R.-E. Rose [*Chem. Soc.*, **89**, 812, 1907] d'abord en alcoylant la salicine, ensuite en chauffant ensemble la saligénine et le tétraméthylglucose.
Décembre 1907.   J. Leroide.

SALICYLAMINE. — Voy. l'art. BENZYLAMINE. 2e Suppl., 1. 614.

SALICYLIQUE (ACIDE),

$$C^6H^4 < \begin{matrix} COOH_{(1)} \\ OH_{(2)} \end{matrix}$$

— *Etat naturel et modes de formation.* — Le salicylate de méthyle se rencontre dans un grand nombre de plantes et d'essences. Heinrich Walbaum [*J. prakt. Chem.*, **68**, 285, 1904] en a trouvé 8 0/0 dans l'essence de Cassie romaine; l'essence d'enfleurage des fleurs de tubéreuse en renferme [Hesse, *D. chem. G.*, **36**, 1459, 1903]. Powers et Lees [*Chem. Soc.*, **18**, 192, 1902] l'ont trouvé dans l'essence de rose; les chimistes de la maison Schimmel dans l'essence de ylang-ylang [*Journ. de Schimmel*, avril 1903]. Les feuilles de la coca de Java [Van Romburg, *Rec. Pays-Bas*, **15**, 425, 1893], les bulbes et les feuilles de la jacinthe et de la tulipe [A.-B. Griffiths, *Proc. Chem. Soc.*, 1889, 122]; les Violacées [Desmoulières, *Journ. Pharm. Chim.*, (6), **19**, 121, 1904]; les plantes du genre Polygala [Van Romburg, *loc. cit.*; — Bourquelot, *C. R.*, **119**, 802, 1894] renferment cet éther. Il existe à l'état de glucoside vraisemblablement identique à la gaulthérine dans ces dernières [Bourquelot, *C. R.*, **122**, 1002, 1898]. Portes et Desmoulières [*Am. Chim. analy. appliq.*, 6, 401, 1901] l'ont rencontré dans les fraises; F.-W. Traphagen et Burque [*J. chim. Am.*, 242, 1902] dans un grand nombre de fruits, les raisins en particulier; Jablin-Gonnet [*Ann. Chim. analy appl.*, 8, 371, 1903] dans les merises. Enfin H. Luz [*Arch. Pharm.*, **233**, 540, 1895] a trouvé cet éther en étudiant la gomme ammoniaque.

Le styrax oriental chauffé avec de la potasse [Tschirch et Van Itallie, *Arch. Pharm.*, **239**, 506, 1901]; l'orthocrésylphosphate de potasse oxydé par le permanganate [Heimann et Königs, *D. chem. G.*, **19**, 3306, 1886]; l'acide monochlorobenzoïque et la pipéridine; l'acide monobromobenzoïque et l'ammoniaque chauffés en présence de cuivre en poudre [Ulmann et H. Kipper, *D. chem. G.*, **38**, 2120, 1905] donnent de l'acide salicylique.

Préparation de l'acide salicylique. — Suivant Schmitt [*J. prakt. Chem.*, (2), **34**, 397, 1865], il y a formation, dans le procédé de Kolbe, de phénylcarbonate de sodium

$$CO < \begin{matrix} OC^6H^5 \\ ONa \end{matrix}$$

composé très hygroscopique qui donne au contact de l'eau du phénol, de l'acide carbonique, du phénate et du bicarbonate de sodium. Ce composé chauffé à 120° perd du gaz carbonique et laisse du phénate alcalin, mais si on élève rapidement la température à 190-200° il n'y a pas perte d'acide carbonique, du phénol distille et il reste du salicylate disodique.

Le mécanisme de cette synthèse a été étudié à nouveau [Lobry de Bruyn et S. Tijmstra, *Rec. Pays-Bas*, **23**, 385, 1904; — S. Tijmstra, *D.*

chem. G., **38**, 1375, 1905]. Le carbonate double de phényle et de sodium possède déjà à 85° une tension de dissociation supérieure à une atmosphère et il est impossible de le préparer à 120-130°, il est donc difficile d'admettre qu'il se transpose à 180° pour donner du salicylate de sodium. Il est plus simple de penser qu'à une température élevée le phénate fixe directement l'acide carbonique pour donner un isomère ortho de l'acide salicylique. S. Tijmstra a obtenu cet isomère en chauffant une journée en vase clos à 110-120° le carbonate double de Schmitt.

C'est une poudre rose, soluble dans l'eau, peu soluble dans les alcalis et dans l'acétone. Sa tension de dissociation après une journée de chauffage à 180° est voisine de 1 atmosphère : au bout de deux jours, dans les mêmes conditions, le salicylate neutre de sodium donne seulement 534 mm. Ce sel de sodium chauffé à 150° dans du pétrole donne un dégagement gazeux ; à 230°, dans le même milieu, le salicylate neutre de sodium n'est pas modifié. Ce phénate de sodium orthocarboxylé fixe facilement le gaz ammoniac que le salicylate n'absorbe pas, enfin l'acétone le transfome en salicylate de sodium.

Suivant l'auteur, l'acétone agit alors sous sa forme tautomère

$$CH^2 = C \underset{CH^3}{\overset{OH}{<}}$$

et il y ionisation de la façon suivante :

$$C^6H^4 \underset{COOH}{\overset{ONa}{<}} \longrightarrow C^6H^4 \underset{COOH}{\overset{O}{<}} + Na,$$

$$CH^2 = C \underset{CH^3}{\overset{OH}{<}} \longrightarrow CH^2 = C \underset{CH^3}{\overset{O}{<}} + H,$$

$$CH^2 = C \underset{CH^3}{\overset{O}{<}} + Na \longrightarrow CH^2 = C \underset{CH^3}{\overset{ONa}{<}}$$

$$C^6H^4 \underset{COOH}{\overset{O}{<}} + H \longrightarrow C^6H^4 \underset{COOH}{\overset{OH}{<}}$$

ensuite se passe la réaction

$$C^6H^4 \underset{COOH}{\overset{OH}{<}} + CH^2 = C \underset{CH^3}{\overset{ONa}{<}}$$

$$= CH^2 = C \underset{CH^3}{\overset{OH}{<}} + C^6H^4 \underset{CO^2Na}{\overset{OH}{<}}$$

Brünner [*Ann. Chem.*, **354**, 313, 1907] a critiqué l'interprétation des faits expérimentaux donnée par Tijmstra. Le phénate de sodium orthocarboxylé répond selon lui à la formule

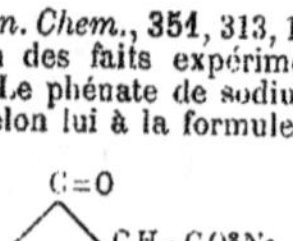

On a breveté, comme méthode industrielle également, un procédé qui consiste à chauffer à 130-160° du phénol, du carbonate de potasse et de l'acide carbonique ; il y a formation de salicylate de potassium et de vapeur d'eau [S. Marasse, *Deutch. Patent*, **73**, 279, 1893].

Purification. — Industriellement on transforme l'acide brut de synthèse, toujours coloré, en sel de chaux qu'on fait cristalliser et qu'on décompose ensuite. Au laboratoire on peut le purifier en le dissolvant dans la glycérine et en précipitant par l'eau ; le phénol qui l'accompagne reste dissous dans l'eau glycérineuse.

Propriétés. — L'acide salicylique fond à 155°,

sa solubilité dans l'eau a déjà été indiquée [1er Suppl., 1409]. 100 gr. de benzine en dissolvent 0gr,97, 100 cc. d'acétone 31gr,2, 100 cc. d'éther 23gr,4 [Walker et Wood, *Chem. Soc.*, **74**, 618, 1898]. Les solutions aqueuse, benzénique, acétonique distillées entraînent cet acide [Lincoln, *Phys. Chim.*, **4**, 7, 15, 1900]. Dans le vide cathodique, l'acide salicylique se sublime à 75-76° [Kraft et Wieland, *D. chem. G.*, **29**, 2441, 1896].

Sa chaleur de combustion moléculaire est de 730^{Cal},8 [Berthelot et Recoura, *Bull. Soc. Chim.*, (2), **48**, 700, 1887]. La chaleur de formation à partir des éléments de 138^{Cal},8 [Delépine et Rivals, *Bull. Soc. Chim.*, (3), **24**, 939, 1899]. La détermination du poids moléculaire par cryoscopie présente des anomalies [L. Traube, *D. chem. G.*, **34**, 1566, 1896].

Chauffé rapidement, l'acide salicylique donne du salol ; ce procédé est connu industriellement sous le nom de procédé de Riedel.

Réduit en milieu amylique par le sodium, il donne de l'acide pimélique [A. Einhorn et R. Willstätter, *D. chem. G.*, **27**, 331, 1894] ; il y a formation d'abord d'acide tétrahydrosalicylique, puis sans doute de son tautomère, l'acide cétohexaméthylène-carbonique, qui par hydratation donne l'acide pimélique :

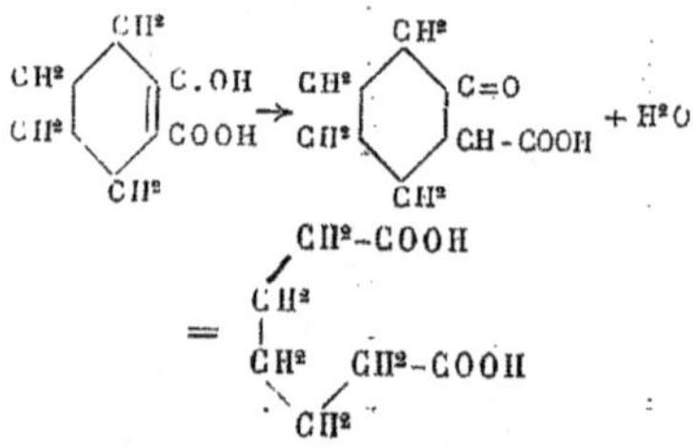

Chauffé à 70° avec du trichlorure de phosphore, l'acide salicylique donne un composé $C^7H^4ClPO^3$ fusible à 36-37° et qui bout à 127° sous 13 mm. ; ce corps traité par le pentachlorure de phosphore fixe 2 atomes de chlore ; traité par l'eau il donne de l'acide salicylique et de l'acide phosphoreux ; il semble répondre à la formule

$$C^6H^4 \underset{O}{\overset{COO}{<}} > PCl$$

[Anschutz et O. Emery, *Ann. Chem.*, **239**, 301, 1887].

Avec le pentachlorure de phosphore, l'acide salicylique donne un peu d'oxychlorure de phosphore et du trichlorophosphate de salicyle $C^7H^4PCl^3O^3$ qui distille à 168° sous 11 mm. et qui bout à 285-295° sous la pression normale presque sans décomposition ; il répond à la formule

$$C^6H^4 \underset{POCl^2}{\overset{COCl}{<}}$$

[Anschutz et Moore, *Ann. Chem.*, **239**, 314, 1887]. Ce trichlorophosphate chauffé avec un excès de pentachlorure donne un liquide réfringent bouillant à 173-179° sous 11 mm., il est décomposé par l'eau en acide chlorhydrique et acide salicylorthophosphorique déjà décrit par Chassanowitch [*D. chem. G.*, **20**, 1164, 1887],

$$C^6H^4 \underset{PO^4H^2}{\overset{CO^2H}{<}}$$

Chauffé avec de l'acide oxalique anhydre il remplace 2 atomes de chlore par de l'oxygène et donne $C^7H^4ClPO^4$ [Anschutz et O. Emery, *loc. cit.*].

Tétrasalicylide. — Ce corps se forme lorsqu'on chauffe une solution d'acide salicylique dans le toluène ou le xylène avec de l'oxychlorure de phosphore [Anschutz, *D. chem. G.*, **25**, 3506, 1881]; on verse dans l'eau glacée et on lave ensuite à l'eau alcaline : le résidu insoluble est cristallisé dans le chloroforme. On obtient la combinaison

$$\left(C^6H^4 {<}_{O}^{CO} \right)^4 . 2CHCl^3$$

Le tétrasalicylide fond à 261°, il est peu soluble dans les solvants usuels. Il y sans doute formation de

$$C^6H^4 {<}_{OPOCl^2}^{COOH}$$

puis départ d'oxychlorure de phosphore et condensation entre 4 molécules. Anschutz lui assigne la formule suivante

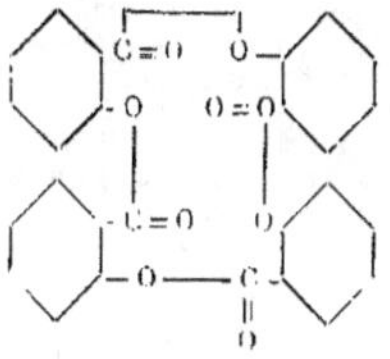

L'oxychlorure de carbone réagit sur l'acide salicylique pour donner le disalicylide déjà décrit et qui chauffé avec du phénol ou du gaïacol donne le salol ou le gaïacol-salol [Einhorn et H. Pfeifer, *D. chem. G.*, **34**, 2951. 1901].

Acide dithiosalicylique. — Henderson [*Am. Chem. Journ.*, **24**, 206, 1899] l'a obtenu en traitant l'acide diazobenzoïque-ortho en solution dans l'acide sulfureux par une solution d'acide sulfureux tenant en suspension de la poudre de cuivre: il répond à la formule $CO^2H-C^6H^4-S-S-C^6H^4-CO^2H$.

Salicylates. — Un grand nombre ont déjà été décrits. Les salicylates d'ammonium et de sodium dissolvent les oxydes métalliques, et d'une semblable solution l'hydrogène sulfuré précipite le fer, alors que l'alumine reste dissoute. La solution d'hydrate de cuivre dans le salicylate de soude donne par un grand excès d'alcali le salicylate cuproso-sodique cristallisé [Wolff, *Zeit. anal. Chem.*, **40**, 459. 1901].

Duvek a montré que les alcools terpéniques se dissolvent dans le salicylate de sodium. Charabot et Hébert [*Bull. Soc. Chim.*, **25**, 885, 956. 1901] ont appliqué cette remarque pour doser les alcools terpéniques dans les essences Darzens et Armingeat [*Bull. Soc. Chim.*, **25**, 995, 1901] ont critiqué cette méthode. Long [*Zeit. anal. Chem.*, **33**, 193, 1894] a proposé l'emploi du salicylate de soude pour l'extraction et le dosage des essences.

Salicylates alcalinoterreux. — Hugo Milone [*Gazz. chim. ital.*, **15**, (1), 219. 1885] a préparé les salicylates normaux de calcium, de baryum et de strontium; ils cristallisent avec 2 molécules d'eau.

Salicylates de manganèse, de zinc et de magnésium. — Les deux premiers cristallisent avec 2 molécules d'eau, le sel de magnésium avec 4 molécules. Suivant Corradi [*Bull. Chim.*

Pharm., **44**, 483, 1905], ce dernier se décompose en magnésie et acide salicylique.

Salicylates de mercure. — Grandval et Lajaux [*C. R.*, **117**, 44, 1894] ont préparé le salicylate normal

$$\left(C^6H^4 {<}_{OH}^{CO^2}\right)^2 Hg$$

Par l'eau il se décompose en acide salicylique et salicylate basique, il est soluble dans les solvants du bichlorure de mercure. Le salicylate basique

$$C^6H^4 {<}_{O}^{CO^2} {>} Hg$$

est soluble dans les alcalis, le mercure y est dissimulé. Suivant Buroni [*Gazz. chim. ital.*, (2), **32**, 305. 1902] le salicylate neutre se transforme lentement à froid en sel basique. D'après Buroni [*loc. cit.*] et Dimroth [*D. chem. G.*, **35**, 2853, 1902] ce sel basique doit être considéré comme l'anhydride de l'acide mercuricosalicylique

$$C^6H^3 - CO {<}_{Hg}^{OH} {>} Hg$$

Salicylate de bismuth. — Paul Thibaut [*Bull. Soc. Chim.*, (3), **25**, 794, 1901] a préparé le salicylate neutre bien cristallisé en chauffant au bain-marie des quantités équimoléculaires d'acide et d'oxyde de bismuth jaune cristallisé. Vanino et Hauser [*Zeit. anorg. Chem.*, **28**, 210, 1901] ont montré que la mannite empêche la précipitation par l'eau des sels de bismuth et ont préparé par ce moyen le salicylate neutre de ce métal. Causse [*Bull. Soc. Chim.*, (3), **11**, 1185. 1894] a montré que lorsqu'on traite une solution acétique d'acide salicylique par une solution nitrique d'azotate de bismuth il se forme de fines aiguilles de nitrosalicylate de bismuth dérivé de l'acide nitro-5. Brissemoret [*Bull. Soc. Chim.*, (3), **35**, 316, 1906] a décrit un salicylate de caféine et de sodium. Enfin Schuyten [*Bull. acad. Roy. Belg.*, (3), **34**, 933, 1896 et **36**, 172, 1898; *Bull. assoc. chim. belges*, 1901] a décrit des salicylates doubles d'antipyrine et de métaux.

ÉTHERS DE L'ACIDE SALICYLIQUE. — SALICYLATE DE MÉTHYLE,

$$C^6H^4 {<}_{OH_{(2)}}^{CO^2CH^3_{(1)}}$$

Nous ne reviendrons pas sur sa préparation. Goldschmidt et Scholz [*D. chem. G.*, **40**, 642, 1907] ont montré que le sel de sodium du salicylate de méthyle est plus faiblement dissocié par l'eau que le phénate de sodium. Il se combine à l'acide molybdique et au chlorure de thorium [Rosenheim et Hertzmann, *D. chem. G.*, **30**, 710. 1905]. Son *phényluréthane* fond à 96° [Lambling, *Bull. Soc. Chim.*, (3), **27**, 871, 1902]. Smith [*Chem. News*, **62**, 289, 1891] a préparé les éthers nitrés 3 et 5 en faisant réagir les vapeurs nitreuses sur le salicylate de méthyle. Einhorn [*Ann. Chem.*, **311**, 34, 1900] a montré que les oxyéthers aromatiques acylés orthonitrés donnent par réduction des acylés à l'azote :

$$C^6H^4 - CO^2.CH^3_{(1)} {<}_{AzO^2_{(3)}}^{OCOCH^3_{(2)}} \quad \text{donne} \quad C^6H^3 - CO^2CH^3 {<}_{AzH.COCH^3}^{OH}$$

fusible à 90°.

Le salicylate de méthyle donne : avec l'iodure

de méthylmagnésium l'orthopseudopropényl-phénol

$$OH - C^6H^4 - C < \begin{matrix} CH^2 \\ CH^3 \end{matrix}$$

[Béhal et Sommelet, *Bull. Soc. Chim.*, 3, 25, 276, 1901]; avec l'iodure d'éthyle-magnésium l'alcool diéthylsalicylique

$$C^6H^4 \begin{matrix} C < \begin{matrix} C^2H^5 \\ C^2H^5 \end{matrix} \\ OH \\ OH \end{matrix}$$

fusible à 57° [Mounié, *Bull. Soc. Chim.*, 29, 351, 1903].

SALICYLATE D'ÉTHYLE. — Il a déjà été étudié. Son dérivé sodé traité par l'eau de brome donne un *dérivé dibromé*

$$C^6H^2 \begin{matrix} CO^2C^2H^5_{(1)} \\ OH_{(2)} \\ Br_{(3)} \\ Br_{(4)} \end{matrix}$$

fusible à 100-101°.

Le brome réagissant directement sur l'éther donne le *dérivé métabromé* fusible à 49-50° [Freer, *J. prakt. Chem.*, 47, 236, 1893].

ÉTHERS SALICYLIQUES DE LA GLYCÉRINE. — *Éther glycérine-monosalicylique.*

$$\begin{matrix} CH^2OH \\ | \\ CH - CO^2 - C^6H^4 - OH \\ | \\ CH^2 - OH \end{matrix}$$

Taubner [*D. chem. G.*, 34, 1765, 1901] le prépare en chauffant 40 heures au bain-marie un mélange de 100 parties d'acide, 300 de glycérine et 12 d'acide sulfurique à 60 0/0. On neutralise par la soude et épuise à l'éther; aiguilles fusibles à 76°, solubles à 1 0/0 dans l'eau et saponifiables par les alcalis.

Éther dichlorhydrine-salicylique,

$$\begin{matrix} CH^2Cl \\ | \\ CH - CO^2 - C^6H^4 - OH \\ | \\ CH^2Cl \end{matrix}$$

— [Göttig, *D. chem. G.*, 24, 508, 1891; — Fritsch, *D. chem. G.*, 24, 779, 1891]. Il s'obtient en faisant passer un courant d'acide chlorhydrique sec dans un mélange de 1 p. d'acide et 2 p. de glycérine chauffé au bain-marie. Lorsque l'absorption cesse on reprend par l'eau et on fait cristalliser dans l'éther l'huile insoluble. Cristaux fusibles à 45°.

Éther glycérine-trisalicylique,

$$\begin{matrix} CH^2 - CO^2 - C^6H^4 - OH \\ | \\ CH - CO^2 - C^6H^4 - OH \\ | \\ CH^2 - CO^2 - C^6H^4 - OH \end{matrix}$$

— [Fritsch, *loc. cit.*]. On le prépare en chauffant à 180-200° 2 mol. de salicylate de soude avec 1 mol. d'éther dichlorhydrine-salicylique, on reprend par l'eau, épuise à l'éther et fait cristalliser. Masse cristalline fusible à 79°. L'éther benzoyldisalicylique fond à 95°, tous deux sont insolubles dans l'eau et solubles dans les solvants.

ÉTHER MÉTAXYLIQUE. — G. Haalpaaf [*D. chem. G.*, 36, 1672, 1903] l'a obtenu en traitant le salicylate de soude par le métaxylène bromé; c'est un corps très instable.

SALICYLATE DE PHÉNYLE (*Salol*),

$$C^6H^4 < \begin{matrix} CO^2C^6H^5 \\ OH \end{matrix}$$

— Nencki [*D. chem. G.*, 22, 267, 1889] l'a obtenu en chauffant à 120-130° un mélange de 2 molécules d'acide salicylique, 2 molécules de phénol, 1 molécule d'oxychlorure de phosphore :

$$2C^6H^4 < \begin{matrix} OH \\ COOH \end{matrix} + 2C^6H^5OH + POCl^3$$

$$= PO^3H + 3HCl + 2C^6H^4 < \begin{matrix} OH \\ CO^2C^6H^5 \end{matrix}$$

Le produit de la réaction est broyé et lavé à l'eau légèrement alcaline, puis à l'eau; on fait cristalliser dans l'alcool. L'oxychlorure peut être remplacé par le tri ou le pentachlorure de phosphore ou par le chlorure de thionyle. Nencki [*Deutsch. Patent.*, 43, 713, 1887], Hoffmann et Schœntensack [*Deutsch. Patent.*, 38, 184, 1886] le préparent en traitant par l'oxychlorure de carbone un mélange de salicylate et de phénate de sodium; Maroussia Bakounine [*Gazz. chim. ital.*, 30, (II), 340, 1900], en chauffant avec de l'anhydride phosphorique un mélange d'acide salicylique et de phénol. Le procédé de Riedel que nous avons signalé est aussi employé. Le salol forme de petits cristaux blancs fusibles à 43°; il bout à 172-173° sous 12 mm.; il est insoluble dans l'eau, les acides ne l'attaquent pas, mais les alcalis le saponifient très rapidement; il est employé comme antiseptique.

Acide salol orthophosphinique. — Chauffé avec du pentachlorure de phosphore, le salol donne le dérivé

$$C^6H^4 < \begin{matrix} OPCl^4 \\ CO^2C^6H^5 \end{matrix}$$

Tétrachlorophosphine.

cristallisé, fusible à 44°, soluble dans l'eau et dans les alcalis; l'action prolongée de la chaleur donne de l'oxychlorure et l'orthochlorobenzoate de phényle. La tétrachlorophosphine traitée par l'acide sulfureux à 130° donne l'oxychlorophosphine

$$C^6H^4 < \begin{matrix} CO^2C^6H^5 \\ OPOCl^2 \end{matrix}$$

fusible à 71° et bouillant à 125-135° sous 13 mm. La solution benzénique de ce corps traitée par l'eau donne l'acide salol-orthophosphinique

$$C^6H^4 < \begin{matrix} CO^2H \\ OP(OH)^2 \end{matrix}$$

qui cristallise avec 1 molécule d'eau; hydraté il fond à 62° et anhydre à 88°; l'eau bouillante le dédouble en salol et acide orthophosphorique; l'acide chlorhydrique donne du phénol et de l'acide salicylorthophosphinique [Michaelis et Kerkoff, *D. chem. G.*, 34, 2172, 1898; — Kerkoff, *Apot. Zeit.*, 16, 591, 1901].

Le salol chauffé au bain-marie avec de l'acide sulfurique donne de l'acide salicylsulfonique et du phénol sulfonique [G. Cohn, *J. prakt. Chem.*, 68, 544, 1900]. Chauffé avec du carbonate de soude, le salol donne de l'acide carbonique, du phénol, de l'acide phénoxyorthobenzoïque, de l'orthophénoxybenzoate de phényle [Fosse, *Bull. Soc. Chim.*, (3), 29, 715, 1891].

HOMOLOGUES DU SALOL. — La méthode de préparation du salol a été appliquée aux phénols homologues. Nencki [*C. R.*, 108, 254, 1889] a préparé les salols des trois crésols; le salol de l'orthocrésol fond à 35°, celui du méta à 74°, celui du para à 39°.

Salol des diphénols. — Michaelis [*Am. Chem.*

Journ., **5**. 81, 1883] a décrit la disalicylrésorcine fusible à 111°; chauffée avec l'oxychlorure de phosphore à 120°. elle donne une masse cristalline fusible à 256° : c'est la métaoxyxanthone. Il se forme en même temps l'orthooxyxanthone [W. Baumeister, *D. chem. G.*. **26**, 79. 1893]. La disalicylhydroquinone $C^6H^4(CO^2 - C^6H^4OH)^2$ donne par distillation la 2-oxyxanthone et la xanthone [Baumeister, *loc. cit.*]. L'acide salicylique et l'acide orsellique donnent avec l'anhydride acétique l'oxyméthylxanthone. qu'on obtient aussi à partir de l'orcine [Michaelis. *loc. cit.*]

Salols des naphtols — Le *satol de l'α-naphtol* ou alphol fond à 85°; le *satol du β-naphtol* ou bétol, fusible à 95°, chauffé donne la naphtylxanthone [Graebe, *D. chem. G.*. **29**. 2619. 1886]. Le *salol du 2.3-méthoxynaphtol* fond à 138° [Engelhardt, *J. prakt. Chem.*. **65**. 536, 1902].

Salols et éthers salicyliques divers. — On a décrit : un *salicylate de phénacétine*

$$C^6H^4 < {}^{COO}_{OH} . C^6H^3 < {}^{OC^2H^5_{(1)}}_{AzHCOCH^3_{(4)}}$$

employé en thérapeutique; un *salicylate d'oxyphénacétine* et un de *bromophénacétine* [O. Hinsberg, *Ann. Chem.*, **305**. 279. 1901]: un *salicylate d'acétol*, obtenu en faisant réagir la monochloracétone sur le salicylate de sodium [Bitsch. *Riferate*, 914. 1893]. Une *salicylacétophénone* [Voswinckel, *Pharm. Cent.*, 103-105] obtenue à partir de la bromacétophénone et du salicylate de sodium, fondant à 114-115°; ce corps donne une oxime fusible à 97°, une phénylhydrazone fusible à 133°. Draggendorf [*Arch. Pharm.*, **223**. 613. 1885] a donné toute une série de réactions colorées permettant de reconnaître la plupart de ces corps.

Éthers acides — Les acides méthoxy et éthoxysalicyliques ont déjà été décrits.

Acide salicylique oxyacétique,

$$C^6H^4 < {}^{OCH^2 - CO^2H}_{COOH}$$

[Auwers et Haymann, *D. chem. G.*, **37**, 2795, 1894]. — On le prépare en chauffant au bain-marie pendant 14 heures une solution alcoolique de 13 parties de salicylate de méthyle. 24 parties d'éther monochloracétique et 3.5 parties de sodium; l'alcool est chassé, on neutralise après avoir repris par l'eau et épuisé à l'éther. Le résidu huileux obtenu par distillation de l'éther est repris par un alcali, puis précipité par l'acide sulfurique. L'acide fond à 191-192°. Bischoff [*D. chem. G.*, **33**, 1398, 1900] a préparé de la même façon :

L'*acide salicylique oxypropionique*, fondant à 137-138°; son *éther méthylique* qui bout à 175° sous 20 mm.

L'*acide salicylique oxybutyrique*, fus. à 130°: son *éther méthylique* bouillant à 199-201° sous 17 mm.

L'*acide salicylique isobutyrique*, fus. à 108-109°; son *éther méthylique* bouillant à 170-175° sous 16 mm.

Acide phénylsalicylique,

$$C^6H^4 < {}^{OC^6H^5}_{COOH}$$

— Graebe [*D. chem. G.*, **21**, 501, 1888] l'a obtenu en traitant le salol chauffé à 280-300° par le sodium; il reprend par l'alcool pour éliminer l'excès de sodium, dissout ensuite dans l'eau et précipite par un acide. Le rendement est de 25 0/0. Ulmann et Marguerite Zlokatow [*D. chem. G.*, **38**, 2111, 1905] le préparent plus facilement en ajoutant 8 gr. de phénol à 13 gr. d'une solution à 4,6 0/0 de sodium dans l'alcool méthylique; on chasse l'alcool et on chauffe pendant 5 minutes avec 5 gr. d'orthochlorobenzoate de potasse et 0,1 gr. de poudre de cuivre à 180-190°. Le rendement est de 90 0/0.

Propriétés. — L'acide phénylsalicylique forme des paillettes brillantes fusibles à 113° et distillant à 355° sous la pression normale.

Chauffé avec de l'anhydride acétique, le phénol est déplacé et il y a formation d'acide acétylsalicylique

$$C^6H^4 < {}^{OCOCH^3_{(2)}}_{CO^2H_{(1)}}$$

L'ammoniaque alcoolique agit de la même manière [Eckenroth et Wolf. *D. chem. G.*, **26**. 1463, 1893]. L'acide sulfurique le transforme en xanthone

$$C^6H^4 < {}^{O}_{CO} > C^6H^4$$

[Arbenz, *Ann. Chem.*, **257**, 76, 1893]. Le pentachlorure de phosphore donne une huile décomposée par l'eau en acide chlorhydrique et xanthone; l'acide iodhydrique donne directement ce corps; le sel d'ammonium fond en se décomposant à 130° et donne de l'oxyde de phényle.

Acides α et β-naphtylsalicyliques,

$$C^6H^4 < {}^{OC^{10}H^7}_{CO^2H}$$

— Eckenroth et Wolf [*loc. cit.*] ont décrit ces deux acides.

Acide benzoylsalicylique,

$$C^6H^4 < {}^{CO^2C^6H^5_{(2)}}_{CO^2H_{(1)}}$$

— On l'obtient en traitant le dérivé sodé du salicylate de méthyle par le chlorure de benzoyle; cet éther fond à 87° [Sinpricht, *Ann. Chem.*, **290**, 164, 1897].

Éthers salicyliques phénylsulfureux. — Georgesco [*Bull. Soc. Scient. Bucharest*, **6**, 668, 1899] a préparé ces corps en faisant réagir les sulfochlorures benzéniques sur le salicylate de méthyle sodé. L'acide salicylique phénylsulfureux fond à 128-130°.

Diéthers de l'acide salicylique — La plupart des diéthers alkylés ont déjà été décrits. On peut y rattacher le *phénylsalol*

$$C^6H^4 < {}^{OC^6H^5}_{CO^2C^6H^5}$$

qui fond à 109° [Arbeuz, *loc. cit.*].

Éthers salicylique acylés. — L'*acétylsalol*

$$C^6H^4 < {}^{OCO - CH^3}_{CO^2C^6H^5}$$

fond à 97°: le *benzoylsalol*

$$C^6H^4 < {}^{OCOC^6H^5}_{CO^2C^6H^5}$$

fond à 81-82° [Purgotti et Monti, *Gazz. chim. ital.*, **34**, (I), 267, 1904]. On les obtient en traitant le salol par les chlorures d'acides correspondants.

Dérivés anilidés de l'acide salicylique — *Salicylanilide*,

$$C^6H^4 < {}^{OH}_{COAzHC^6H^5}$$

— Limpricht [*D. chem. G.*, **22**, 2907, 1889] l'a obtenue en chauffant un mélange d'acide et d'aniline; on la prépare encore en déplaçant le phénol du salol par l'aniline à chaud. Aiguilles fusibles à 134°. Le salicylate de méthyle et l'aniline chauffés ensemble donnent de la monométhyl-aniline et du phénol, mais la réaction n'est pas générale [Tingle, *Am. Chem. Journ.*, 24, 278, 1900].

Salicyl β-naphtylide. — On la prépare de la même manière, l'α-naphtylamine ne donne pas de combinaison [Boetlinger, *Arch. Pharm.*, 234, 185, 1896]. La *salicyphénétidine*

$$C^6H^4 < \begin{matrix} OH \\ CO - AzH - C^6H^4O - C^2H^5 \end{matrix}$$

et la *salicylbenzidide*

$$C^6H^4 < \begin{matrix} OH \\ CO\,AzH - C^6H^5 - C^6H^5\,AzH^2 \end{matrix}$$

se préparent en chauffant les amines correspondantes avec du salol.

DÉRIVÉS DE SUBSTITUTION DE L'ACIDE
SALICYLIQUE.

DÉRIVÉS CHLORÉS. — *Acide monochloro-3-salicylique,*

$$C^6H^3 < \begin{matrix} CO^2H_{(1)} \\ OH_{(2)} \\ Cl_{(3)} \end{matrix}$$

— Varnholt [*J. prakt. Chem.*, 36, 16, 1888] l'a obtenu en chauffant de l'acide carbonique sec et l'orthochlorophénate de sodium en autoclave, et en décomposant ensuite le sel de soude par un acide. Il fond à 178°, est sublimable sans altération et entraînable par la vapeur d'eau; il donne une coloration rouge avec le chlorure ferrique. Son *sel de sodium* et son *sel de baryum* cristallisent avec 3 molécules d'eau. Son *éther méthylique* fond à 83° et bout à 259-260° sous la pression normale.

Acide monochloro-4-salicylique,

$$C^6H^3 < \begin{matrix} CO^2H_{(1)} \\ OH_{(2)} \\ Cl_{(4)} \end{matrix}$$

— Varnholt [*loc. cit.*] l'a obtenu par la même méthode, mais en partant du métachlorophénate de sodium. Il l'a obtenu aussi en chauffant en tube scellé avec de l'acide azotique de densité 1,1 le chloronitrotoluène-1.2.4. Il se forme l'acide nitrochlorobenzoïque fusible à 139°; réduit, cet acide donne l'amine correspondante; on passe au phénol en diazotant et faisant bouillir ensuite avec de l'eau.

Cet acide forme des aiguilles fusibles à 207°, il est entraînable par la vapeur d'eau et ne se sublime pas sans décomposition.

Acide monochloro-5-salicylique,

$$C^6H^3 < \begin{matrix} CO^2H_{(1)} \\ OH_{(2)} \\ Cl_{(5)} \end{matrix}$$

— On le prépare comme ses 2 isomères, mais à partir du parachlorophénate de sodium; il a déjà été décrit par Huebner. Mazarra [*Gazz. chim. ital.*, 29, (I), 340, 1899] l'a obtenu en faisant réagir le chlorure de sulfuryle sur le salicylate d'éthyle.

Aiguilles fusibles à 168°, entraînables par la vapeur d'eau et sublimables sans décomposition. Il donne un *sel de sodium* et un *sel de baryum* à 3 molécules d'eau. Son *éther méthylique* fond à 48° et bout à 249° avec décomposition partielle.

Acide dichloro-3.5-salicylique,

$$C^6H^2 < \begin{matrix} CO^2H_{(1)} \\ OH_{(2)} \\ Cl_{(3)} \\ Cl_{(5)} \end{matrix}$$

— J. Hecht [*Am. Chem. Journ.*, 12, 502] a montré que les acides de Cahours et de Smith étaient identiques. R. Tarugi [*Gazz. chim. ital.*, 30, (II), 240, 1900] l'a préparé en faisant passer un courant de chlore dans une solution alcaline d'acide salicylique. Il fond à 214°, se sublime avec décomposition partielle. Chauffé avec de la chaux, il donne le dichlorophénol-1.2.4.

Acide dichloro-5.6-salicylique,

$$C^6H^2 < \begin{matrix} CO^2H_{(1)} \\ OH_{(2)} \\ Cl_{(5)} \\ Cl_{(6)} \end{matrix}$$

— Il a été obtenu en traitant par l'hypochlorite de potassium une solution de salicylate disodique; il se forme en même temps le monochloré-5. Aiguilles fusibles à 223°; il est soluble dans les solvants; chauffé avec de l'alcool et de l'acide chlorhydrique, il ne s'éthérifie pas [Lassar Cohn et F. Schutze, *D. chem. G.*, 38, 3294, 1905].

Acide monobromo-3-salicylique,

$$C^6H^3 < \begin{matrix} CO^2H_{(1)} \\ OH_{(2)} \\ Br_{(3)} \end{matrix}$$

— Il a été décrit par Huebner. Lellmann et Grothmann [*D. chem. G.*, 17, 2724, 1884] ont obtenu, en traitant par les vapeurs nitreuses une solution alcoolique d'acide bromoaminosalicylique, un *dérivé bromé* fusible à 219-220° auquel ils donnent la constitution 1.2.3.

Acide monobromo-5-salicylique,

$$C^6H^3 < \begin{matrix} CO^2H_{(1)} \\ OH_{(2)} \\ Br_{(5)} \end{matrix}$$

— Robertson [*Chem. Soc.*, 81, 1475, 1902] l'a obtenu en versant une solution acétique de brome dans une solution acétique d'acide salicylique contenant un peu d'iode; le dibromé 3.5 se forme en même temps; on les sépare par cristallisation fractionnée dans l'acide acétique. Le dibromé, moins soluble, se sépare d'abord. Il cristallise en aiguilles fusibles à 164-165°. Le *dérivé acétylé*

$$C^6H^3BrAz < \begin{matrix} OCOCH^3 \\ COOH \end{matrix}$$

fond à 168°.

Acide 3.5-dibromosalicylique,

$$C^6H^2 < \begin{matrix} CO^2H_{(1)} \\ OH_{(2)} \\ Br_{(3)} \\ Br_{(5)} \end{matrix}$$

— On l'obtient dans la préparation donnée par Robertson [*loc. cit.*]; il se forme lorsqu'on fait réagir l'acide bromhydrique sur l'acide bromo-3-diazo-5-salicylique [Lellmann et Grothmann, *loc. cit.*]. Il forme de longues aiguilles qui fondent à 229°; il est peu soluble dans l'eau et soluble dans l'alcool. L'*acide phénylsalicylique* correspondant

$$C^6H^2Br^2 < \begin{matrix} OC^6H^5 \\ CO^2H \end{matrix}$$

fond à 129°. Lassar Cohn et F. Schultze [*loc. cit.*] ont obtenu un *monobromé-6* et un *dibromé-5.6* en faisant réagir l'hypobromite de soude sur le salicylate disodique; ces deux produits fondent à 161° et à 227°; ils semblent donc identiques au monobromo-3 et au dibromo-3.5.

Acide monoiodosalicylique. — Deux acides monoiodés ont été décrits; on leur assigne la constitution 1.2.3 et la constitution 1.2.5, mais leurs points de fusion diffèrent de deux degrés;

on les obtient dans la même préparation et on les sépare par cristallisations fractionnées; ils doivent donc être identiques.

Acide-3.5-*diiodosalicylique*. — Il a déjà été décrit, il fond à 220-230°. Messenger et Vortmann [*D. chem. G.*, **23**, 2755, 1886] ont décrit un produit fondant à 165°, sans doute

$$C^6H^3I\left\langle\begin{array}{l}OI\\CO^2H\end{array}\right.$$

Acide mononitro-3-salicylique,

$$C^6H^3\left\langle\begin{array}{l}CO^2H_{(1)}\\OH_{(2)}\\AzO^2_{(3)}\end{array}\right.$$

— C'est l'acide α de Huebner (voyez Suppl.). Il fond à 125°, le salol correspondant fond à 150-151° et le dérivé acétylé de ce salol à 118° [Knibel, *loc. cit.*].

Acide mononitro-5-salicylique,

$$C^6H^3\left\langle\begin{array}{l}CO^2H_{(1)}\\OH_{(2)}\\AzO^2_{(5)}\end{array}\right.$$

— Il a déjà été signalé et se forme en même temps que le nitré (3) dans la préparation de Huebner. On l'obtient encore en faisant réagir l'aldéhyde nitromalonique sur l'éther acétylacétique [Hill Soch et G. Oenlager, *Am. Chem. Journ.*, **24**, 1, 1900] :

$$CO\diagdown\!\!\begin{array}{l}CH^3\\COOH\diagup CH^2\end{array} + \begin{array}{l}CHO\\CHO\end{array}\!\!\diagup C.HAzO$$

$$= HC\diagdown\!\!\begin{array}{c}CH=CH\\ \\C-CH\end{array}\!\!\diagup C.AzO^2 + 2H^2O$$
$$COOH$$

Il fond à 228°.

Acide mononitro-4-salicylique,

$$C^6H^3\left\langle\begin{array}{l}CO^2H_{(1)}\\OH_{(2)}\\AzO^2_{(4)}\end{array}\right.$$

— Seidel [*D. chem. G.*, **34**, 4351, 1901] l'a obtenu en décomposant par l'eau l'acide métadiazonitrobenzoïque

$$\begin{array}{c}Az=Az_{(2)}\\C^6H^3-CO_{(1)}\\AzO^2_{(4)}\end{array}$$

Il fond à 235°. Le *salol* correspondant fond à 101°: le *dérivé acétylé* de ce salol à 95°.

Acide 3.5-dinitrosalicylique,

$$C^6H^2\left\langle\begin{array}{l}CO^2H_{(1)}\\OH_{(2)}\\AzO^2_{(3)}\\AzO^2_{(5)}\end{array}\right.$$

— On le prépare en fondant avec la potasse l'acide dinitrochloro-benzoïque fusible à 119° [Cohn, *Mon. f. Chem.*, **22**, 385, 1901]. Il forme des tablettes épaisses brillantes qui fondent à 173°; il est soluble dans l'eau froide, difficilement dans l'acide sulfurique et dans l'acide chlorhydrique, les solutions se colorent en rouge par le chlorure ferrique. Le *salol* correspondant fond à 183° et son *dérivé acétylé* à 118°. Le *salol* de l'*orthonitrophénol*

$$C^6H^2\left\langle\begin{array}{l}CO^2_{(1)}-C^6H^4-AzO^2_{(2)}\\AzO^2_{(3)}\\AzO^2_{(5)}\\OH_{(2)}\end{array}\right.$$

fond à 100°, celui *du paranitrophénol*

$$C^6H^2\left\langle\begin{array}{l}CO^2_{(1)}-C^6H^4-AzO^2_{(4)}\\AzO^2_{(3)}\\AzO^2_{(5)}\\OH_{(2)}\end{array}\right.$$

fond à 183° [Knibel, *loc. cit.*].

Acide bromo-3-nitro-5-salicylique,

$$C^6H^2\left\langle\begin{array}{l}CO^2H_{(1)}\\OH_{(2)}\\AzO^2_{(4)}\\Br_{(3)}\end{array}\right.$$

— Il a été préparé à partir de l'acide aminonitro-3.5-salicylique qu'on transforme en dérivé diazoïque, puis en dérivé bromé [Lellmann et Grothmann, *loc. cit.*]. On peut aussi faire réagir le brome en solution acétique sur le nitro-5-salicylique. Il fond à 222°: il est soluble dans l'eau chaude, l'alcool et l'éther. Son *sel de calcium* cristallise avec 6 molécules d'eau, son *sel de baryum* avec 4 molécules.

Acide bromo-5-nitro-3-salicylique,

$$C^6H^2\left\langle\begin{array}{l}COOH_{(1)}\\OH_{(2)}\\Br_{(3)}\\AzO^2_{(5)}\end{array}\right.$$

— Il se prépare par nitration du bromé-5 [Lellmann et Grothmann, *loc. cit.*]. On laisse reposer deux heures puis on verse dans 5 volumes d'eau, essore et fait cristalliser dans l'eau. Ce corps contient une molécule d'eau de cristallisation. Anhydre il fond à 175°; chauffé à 210° avec de l'eau, il perd de l'acide carbonique.

Acide nitro-5-iodo(?) salicylique. — On l'obtient en faisant réagir l'iode et l'oxyde de mercure sur une solution alcoolique d'acide nitro-5-salicylique [Weselsky, *Ann. Chem.*, **174**, 108, 1874]. L'iodo-5-salicylique donne par nitration un dérivé fusible à 204°.

Acide amino-3-salicylique,

$$C^6H^4\left\langle\begin{array}{l}COOH_{(1)}\\OH_{(2)}\\AzH^2_{(3)}\end{array}\right.$$

— Cet acide a déjà été décrit (Dict., II° partie, 1408), il donne un *chlorhydrate* qui fond en se décomposant à 150°. La base libre fond à 235°, elle est peu soluble dans l'alcool. L'*acide diazosalicylique* correspondant forme des aiguilles jaunes fusibles à 155°. Si on traite l'acide amino-3-salicylique par l'acide monochloracétique, il donne le *salicylylglycocolle*

$$C^6H^3\left\langle\begin{array}{l}CO^2H_{(1)}\\OH_{(2)}\\AzH-CH^2-CO^2H_{(3)}\end{array}\right.$$

fusible à 200° qui perd facilement de l'eau pour donner l'*anhydride interne*

$$C^6H^3\left\langle\begin{array}{l}CO^2H\\O---CO\\ |\\AzH-CH^2\end{array}\right.$$

fusible à 175°. L'oxychlorure de carbone donne la *disalicylurée*

$$CO\left\langle\begin{array}{l}AzH-C^6H^3\langle^{OH}_{COOH}\\AzH-C^6H^3\langle^{OH}_{COOH}\end{array}\right.$$

[Oscar Zahn, *J. prakt. Chem.*, **64**, 532, 1901].

Acide amino-5-salicylique,

$$C^6H^4\left\langle\begin{array}{l}COOH_{(1)}\\OH_{(2)}\\AzH^2_{(5)}\end{array}\right.$$

— Il se prépare soit par réduction du nitré, ce

qui a déjà été indiqué (Dict. 2e partie, 1408), soit par réduction électrolytique de l'acide métanitrobenzoïque en milieu sulfurique [Gattermann, *D. chem. G.*, **26**, 1850, 1893], soit par réduction au moyen de l'étain et de l'acide chlorhydrique de l'acide benzène-azosalicylique. Dans cette dernière préparation le rendement est de 70 0/0 [A. Fischer, F. Schaar-Rosemberg, *D. chem. G.*, **32**, 81, 1899]. Cet acide chauffé perd de l'acide carbonique et donne du paramidophénol. Goldsberg [*J. prakt. Chem.*, **382**, 1912, 1881] a décrit ses sels qui sont facilement décomposables par l'eau. Son *éther méthylique* fond à 96°. Einhorn et Hollard [*Ann. Chem.*, **301**, 95, 1897] ont préparé le *dérivé* Az-*acétylé* de cet éther

$$C^6H^4 \begin{cases} AzH - CO - CH^3 \,_{(5)} \\ OH \,_{(3)} \\ CO^2 - CH^3 \,_{(1)} \end{cases}$$

en le mettant en solution dans la pyridine et l'acide acétique cristallisable et en faisant passer un courant d'oxychlorure de carbone.

ACIDE SALICYLIQUE SULFONIQUE. — (Voyez Dict. et 1er Suppl). G. Pisanello [*Gazz. chim. ital.*, **18**, (I), 346, 1888] l'a obtenu en traitant le salicylate de méthyle par la chlorhydrine sulfurique, un excès de chlorhydrine à 180° donne l'*acide disulfosalicylique* fusible à 145-146°. Wiedland et Kieppeker [*Ann. Chem.*, **296**, 50, 1901] ont décrit une combinaison cristallisée du sel de potasse et d'acide fluorhydrique. Richard Stein [*Medical Record*, **3**, 88, 1897] a proposé d'employer l'acide salicylique sulfonique pour doser l'albumine dans l'urine, il se forme une combinaison insoluble, qui n'est pas décomposée à l'ébullition et sur laquelle les acides libres sont sans effet.

Anschutz [*Ann. Chem.*, **346**, 286, 1906], en faisant réagir le pentachlorure de phosphore d'une façon ménagée sur les acides salicyliques substitués, a obtenu les chlorures d'acides correspondants. L'acide salicylique dans les mêmes conditions ne donne que des dérivés phosphorés et chlorés.

RECHERCHE ET DOSAGE DE L'ACIDE SALICYLIQUE DANS LES PRODUITS ALIMENTAIRES. — Les propriétés antiseptiques de l'acide salicylique l'ont fait employer dans la conservation des produits alimentaires.

Comme médicament il a joui d'une grande vogue, il a même servi sans succès d'ailleurs à combattre les maladies des vers à soie [Cech, *Bull. Soc. Chim.*, 2e série], il a trouvé des partisans et des détracteurs, mais en fin de compte son emploi comme agent de conservation a été proscrit.

Sa recherche présente donc un intérêt particulier, intérêt d'autant plus grand qu'on a prouvé nettement l'existence de l'acide salicylique normalement dans certains vins; fait qui a provoqué une étude approfondie des méthodes de dosage et de leur sensibilité.

On peut doser l'acide salicylique colorimétriquement, volumétriquement ou par pesée.

Méthodes colorimétriques. — Dans les méthodes colorimétriques, on emploie comme terme de comparaison la coloration violette produite par le chlorure ferrique ou par l'alun de fer [Sidney Harvey, *The analyst*, **30**, 124, 1905] ou encore comme le fait Spica [*Gazz. chim. ital.*, **33**, (II), 482, 1903] on transforme l'acide salicylique en acide picrique qu'on titre colorimétriquement au moyen de la coloration rouge qu'il donne avec le cyanure de potassium.

La première de ces méthodes a donné lieu à de nombreuses critiques. Un grand nombre de corps peuvent masquer ou faire disparaître complètement la coloration violette. Suivant Konovaloff [*Journ. Soc. phys. chim. russe*, **36**, 1062,

1904] l'acide salicylique donne avec le chlorure ferrique 2 colorations, une violette soluble dans l'eau, une rouge soluble dans l'éther. Desmoulières [*J. Arch. Pharm.*, (6), **16**, 241, 1904] et Rosenthaler [*Arch. Pharm.*, **242**, 568, 1904] ont montré que par agitation avec du chloroforme l'acide salicylique est enlevé et que la coloration violette disparaît; l'acide acétique l'atténue, l'acide citrique la fait complètement disparaître. Il importe donc de faire le titrage sur une solution ne contenant que l'acide salicylique. Voici comment on l'extrait des différents produits alimentaires.

Recherche dans le vin. — On peut épuiser le vin avec différents solvants : l'éther est le plus mauvais car il dissout des quantités considérables d'eau; il a été remplacé par le mélange éther et ligroïne suivi d'un second épuisement à la benzine. L'emploi du sulfure de carbone et du chloroforme (Wiegert et Rössler), ou de la benzine seule en faisant 2 épuisements (Villiers, Magnier de la Source, Rocques et Fayolle) a été aussi proposé.

Ferreira da Silva [*Bull. Soc. Chim.*, (3), **23**, 726], qui a appelé le premier l'attention sur la coloration très faible que donnent certains vins non fraudés avec le chlorure ferrique, a comparé les différentes méthodes au point de vue de la sensibilité.

Méthode officielle allemande (mélange éther ligroïne) $\frac{1}{200000}$.

Méthode officielle allemande modifiée (2e traitement à la benzine) $\frac{1}{100000}$.

Méthode autrichienne (Wiegert et Rössler) au sulfure de carbone $\frac{1}{100000}$.

Méthode autrichienne (Wiegert et Rössler) au chloroforme $\frac{1}{100000}$.

Méthode du laboratoire municipal de Paris avec 2e traitement à la benzine $\frac{1}{33000}$.

La plus sensible de ces méthodes permettra donc de reconnaître 0gr,5 par hectolitre de vin. La solution ainsi obtenue est débarrassée de son solvant par évaporation, reprise ensuite par l'eau. On peut aussi, ce qui est préférable, agiter avec une solution alcaline qui enlève l'acide salicylique, on neutralise exactement et on titre l'acide salicylique colorimétriquement; la solution ne doit pas contenir plus de 1 mgr. d'acide par centimètre cube.

Recherche dans le lait et le beurre. — Rémont [*Bull. Soc. Chim.*, (2), **58**, 547, 1882] propose d'agiter le lait avec 2 à 3 centimètres cubes d'acide sulfurique, et d'ajouter ensuite 20 centimètres cubes d'éther. Après repos on prend 10 centimètres cubes de la solution éthérée et on évapore à sec; le résidu est repris par de l'alcool à 40 0/0, la solution filtrée dans un tube est titrée au chlorure ferrique. Breustedt [*Arch. Pharm.*, **237**, 170, 1889] propose de chauffer le lait au bain-marie avec du sulfate de cuivre et un peu de potasse. Il précipite ainsi la caséine qui entraîne le beurre, le sérum est additionné d'un peu d'acide chlorhydrique et épuisé à l'éther, l'acide salicylique est dosé dans le résidu.

Recherche dans l'urine. — Mozzo [*Att. Ac. Lincei*, (2), **133**, 141, 1889] traite l'urine à chaud par l'acétate de plomb et l'ammoniaque; l'acide salicylique et l'acide salicylurique restent dans le précipité, l'acide hippurique est dans la solution. On traite le précipité plombique par l'acide sulfurique ou le bicarbonate de soude, filtre, agite le filtrat avec de l'éther acétique, chasse le solvant et entraîne à la vapeur d'eau l'acide salicylique; l'acide salicylurique reste comme résidu.

Recherche de l'acide salicylique en présence des acides des plantes. — R. Hefelmann [*Zeit.*

f. offentlich. Chem., **3**, 171, 1897] a proposé d'épuiser par un solvant, d'évaporer et d'entraîner par la vapeur d'eau : il titre ensuite l'eau entraînée. W. Schmietz-Dumont [*Zeit. f. offent. Chem.*, **9**, 21. 1903] conseille d'évaporer lentement à sec et d'épuiser au chloroforme au Soxhlet ou d'amener à un petit volume et de mettre à digérer avec du chloroforme à plusieurs reprises sans agiter. On enlève ainsi l'acide salicylique et une grande quantité d'autres acides. Si l'épuisement a été fait à chaud, l'acide lactique et l'acide succinique se séparent par refroidissement. On évapore lentement la solution chloroformique, l'acide formique et l'acide acétique sont entraînés. Le résidu, s'il contient de l'acide benzoïque, est dissous dans de la soude demi-normale, acidulé par l'acide acétique et additionné à chaud de chlorure ferrique qui précipite l'acide benzoïque ; le précipité est séparé ; on acidule par l'acide phosphorique et épuise au chloroforme ; le solvant est distillé. l'acide titré dans le résidu. Vitali [*Chim. Pharm. Bologne*, octobre 1906] remplace le chloroforme par le toluène pour la recherche de l'acide salicylique dans les conserves de tomates.

Transformation en acide picrique. — Pour éviter toutes ces opérations, Spiria [*loc. cit.*] a proposé de transformer l'acide salicylique en acide picrique en chauffant au bain-marie avec de l'acide azotique de densité 1,4. Il extrait à l'éther, ou fait bouillir avec de la laine en milieu légèrement acide, de manière à fixer l'acide picrique. La laine placée ensuite en milieu alcalin abandonne l'acide à la solution. Il est titré colorimétriquement par la coloration rouge qu'il donne avec le cyanure de potassium. Carlo Montanari a indiqué qu'il fallait chauffer très longtemps, sinon il ne se forme que de l'acide dinitro-salicylique.

Méthodes volumétriques. — Messinger et Vortmann [*D. chem. G.*, **23**, 2755, 1890] transforment l'acide salicylique en acide diiodosalicylique iodé et titrent l'iode en excès par l'hyposulfite de soude :

$$C^6H^4 <_{CO^2Na}^{OH} + 3NaOH + I^6$$

$$= C^6H^2I^2 <_{CO^2Na}^{OI} + 3NaI + 3H^2O.$$

Fever [*Chem. Zeit.*, **20**, 820. 1896] transforme l'acide salicylique en tribromophénol bromé, il traite ensuite par l'iodure de potassium qui donne du tribromophénate de potasse, du bromure de potassium et de l'iode libre ; connaissant la quantité de brome introduite et la quantité employée d'iodure de potassium, l'auteur déduit l'acide salicylique.

Telle [*J. Pharm. Chim.*, (6), **13**, 49, 1901] traite une solution acide d'acide salicylique additionnée d'une quantité connue de bromure de potassium par de l'hypochlorite de soude titré ; il y a mise en liberté de brome et formation d'acide dibromosalicylique ; la teinte jaune que prend la liqueur lorsqu'il y a un excès de brome indique la fin de la réaction. Bonamarline [*Rev. intern. des falsif.*, **19**, 40, 1906] emploie la méthode de Telle pour séparer l'acide salicylique et la saccharine. Les acides salicyliques bromés sont complètement insolubles dans l'eau, la saccharine y est soluble ; elle est extraite de la solution à l'éther, après avoir mis le brome en liberté par l'acide sulfurique.

Enfin Barthe [*Bull. Soc. Chim.*, (3), **11**, 596, 1894] a montré qu'on pouvait mettre en liberté l'acide salicylique des salicylates et évaporer à sec au-dessous de 60° sans avoir de pertes et par conséquent doser acidimétriquement l'acide

salicylique libre. On peut en outre doser dans la même liqueur la base contenue combinée à l'acide chlorhydrique, au moyen d'une solution titrée d'azotate d'argent.

ACIDE ISOSALICYLIQUE. — Brunner [*J. prakt. Chem.*, **65**, 304, 1902] a obtenu, en traitant l'acide salicylique par l'eau régale dans certaines conditions, un acide isomère de l'acide salicylique fusible à 154° qui, par l'hydrogène naissant, redonne l'acide salicylique ordinaire : plus tard il est revenu sur cette première note [*Chem. Zeit.*, **38**, 1904].

En outre les sels de soude de l'acide salicylique semblent capables de se tautomériser [Tymstra, *loc. cit.* ; —Traube, *loc. cit.*]

MÉTHYLSALICYLCÉTONE, (*acide acétyl-salicylique*)

$$\begin{array}{c} OH \\ \bigcirc\!\!\!-COOH \quad (?) \\ COCH^3 \end{array}$$

— Bialobrzesky et Necke [*D. chem. G.*, **30**, 1176, 1897] l'ont préparée en chauffant 100 parties de chlorure d'acétyle, 80 parties d'acide salicylique et 100 parties de chlorure ferrique ; il se forme d'abord l'acide salicylique acylé,

$$C^6H^4 <_{CO^2H}^{OCO-CH^3}$$

mais si on porte la température à 110° il y a transposition et formation de cétone ; le produit impur est coloré en jaune, on le décolore avec un peu de permanganate. Il forme des aiguilles fusibles à 210°, il est soluble dans les solvants usuels, il donne une coloration rouge avec le chlorure ferrique ; ses sels sont bien cristallisés, son *oxime* fond à 175° et sa *phénylhydrazone* à 212°. Sa constitution est incertaine.

PHÉNYLSALICYLCÉTONE,

$$C^6H <_{\substack{OH_{(2)} \\ COOH_{(1)}}}^{COC^6H^5_{(3)}}$$

— [Limpricht, *Ann. Chem.*, **290**, 164, 1897]. Ce corps se prépare en faisant réagir le chlorure d'aluminium sur une solution sulfocarbonique de salicylate de méthyle et de chlorure de benzoyle en quantités équimoléculaires ; on distille le sulfure de carbone, reprend par l'eau et saponifie ensuite par la soude alcoolique, l'acide est précipité par l'acide chlorhydrique et purifié par cristallisation dans l'alcool ; il fond à 207-208°. Le *salol* a été préparé. Avec la chaux il donne la paraoxybenzophénone, ce qui établit sa constitution.

ACIDE SALICYLHYDROXAMIQUE,

$$C^6H^4 <_{\substack{OH_{(2)} \\ COAzH(OH)_{(1)}}}$$

— Jeanrenaud [*D. chem. G.*, **22**, 1273, 1889] l'a préparé en faisant réagir le chlorhydrate d'hydroxylamine sur le salicylate de méthyle en présence d'un excès de soude en solution étendue, il acidule ensuite et l'acide salicylhydroxamique cristallise ; le rendement est quantitatif. Cristaux incolores rougissant à l'air, fondant à 169°, solubles dans l'eau chaude et les solvants organiques. Les solutions aqueuses se colorent en rouge. L'acide est sublimable.

Les sels ont été décrits. Hantzch et H. Desch [*Ann. Chem.*, **323**, 1, 1902] ont préparé le *sel* de fer $C^7H^5O^3AzFeOH$. Traité par le chlorure de thionyle, il donne l'*oxycarbanile*

$$C^6H^4 < {Az \atop O} > C.OH$$

[Marquis, *C. R.*, **143**, 1163, 1907].

SALYCILAMIDE,

$$C^6H^4 < {COAzH^2_{(1)} \atop OH_{(2)}}$$

— Spilker [*D. chem. G.*, **22**, 2767, 1889] la prépare en chauffant en vase clos à 100° une partie de salicylate de méthyle avec 3 à 4 parties de solution aqueuse ammoniacale, il purifie par cristallisation dans l'eau; le produit très pur fond à 138°.

Propriétés. — Dissoute dans 60 fois son poids d'alcool à 35 0/0 et traitée par 60 parties d'amalgame de sodium en liqueur acide à 0°, elle donne 40 0/0 de saligénine [A. Hutchinson, *D. chem. G.*, **24**, 173, 1891].

Chauffée dans un courant d'acide chlorhydrique gazeux, elle donne de l'ammoniac et de la *disalicylamide* $OH-C^6H^4-COAzH-CO-C^6H^4-OH$ qu'on obtient encore en chauffant un mélange de salicylamide et de salol. Ce corps forme des aiguilles jaunes fusibles à 197-198°, insolubles dans l'eau, solubles dans les solvants et les alcalis.

L'acide chlorhydrique donne la combinaison cristallisée $2C^6H^4OH.COAzH^2HCl$. Par chauffage avec de l'aldéhyde benzoïque en présence d'acide chlorhydrique, il y a formation de 2-phényl-1.3-benzoxazone

$$C^6H^4 {\diagup CO-AzH \atop \diagdown O - CH - C^6H^5}$$

fusible à 169° [Keane et Nichols, *Chem. Soc.*, **91**, 264, 1907].

Dibromosalicylamide,

$$C^6H^2Br^2_{(3)} < {COAzH^2 \atop OH}$$

— On fait réagir un excès de brome sur une solution aqueuse concentrée et chaude de l'amide, le dibromé précipite, on le purifie par cristallisation dans l'alcool. Aiguilles fusibles à 183° [Spilker, *loc. cit.*].

Carbonylsalicylamide,

$$CO < {OC^6H^4-COAzH^2 \atop OC^6H^4 \quad COAzH^2}$$

— On l'obtient en faisant passer un courant d'oxychlorure de carbone dans une solution pyridique de l'amide [Einhorn et Messler, *D. chem. G.*, **35**, 3647, 1902]; en faisant réagir l'oxychlorure de carbone sur une solution alcaline de salicylamide; en chauffant 6 heures à 250° du carbonate de phényle et de la salicylamide [Einhorn et Schmidlin, *D. chem. G.*, **35**, 3653, 1902].

Benzoyl-o-salicylamide,

$$C^6H^5CO-C^6H^4-COAzH^2.$$

— On fait réagir le chlorure de benzoyle sur une solution alcaline de salicylamide. Elle fond à 144°; elle est très instable et se transforme lentement par les alcalis en son isomère stable

$$C^6H^5-COO-C^6H^4-C=AzH$$
$$|$$
$$OH$$

fusible à 208° [Titherley et Hicks, *J. Chem. Soc.*, **37**, 1207, 1905]. D'après K. Auwers [*D. chem. G.*, **38**, 3255, 1905] le produit fusible à 208° est l'Az benzoylé; il y a des exemples de semblables transpositions.

Az-méthylol-salicylamide,

$$OH-C^6H^4-CO-Az < {CH^2-OH \atop H}$$

— On prépare ce corps en chauffant ensemble 10 gr. de salicylamide, 5 gr. de carbonate de potasse et 6 gr. d'aldéhyde formique. Il fond à 128-130°; traité par l'acide chlorhydrique gazeux il donne la *méthylène-salicylamide* $OH-C^6H^4-COAz=CH^2$ [Einhorn et Schupp, *Ann. Chem.*, **343**, 206, 1906].

Az-benzoylsalicylamide,

$$C^6H^4 < {OH \atop COAzHCOC^6H^5}$$

— On la prépare en traitant la salicylamide en solution dans la pyridine par la quantité correspondante de chlorure de benzoyle; c'est le produit de Gerhardt et Chiozza [Einhorn et Schupp, *loc. cit.*].

Benzoyl-Az-benzoyl-o-salicylamide, $C^6H^5.COO.C^6H^4.COAzH.CO.C^6H^5.$ — Même préparation, mais en doublant la quantité de chlorure de benzoyle. Elle fond à 126-128°.

Az-benzoylpipéridine-salicylamide. — On l'obtient en ajoutant de la pipéridine à une solution alcoolique d'Az-benzoylsalicylamide [Einhorn et Schupp, *loc. cit.*].

SALICYLTHIOAMIDE, $OH-C^6H^4-CSAzH^2$. — Spilker [*loc. cit.*] la prépare en chauffant à feu nu un mélange de 14 parties de salicylamide et de 2 parties de P^2S^5. On dissout la masse froide dans le moins d'alcool possible, à chaud, on ajoute 20 volumes d'eau bouillante et on filtre; la thioamide cristallise par refroidissement; elle fond à 117-110°. Avec l'eau de brome elle donne un *dibromé* fusible à 230°.

SALICÉNYLAMIDOXIME,

$$C^6H^4 {< {OH \atop C-AzH^2} \atop AzOH}$$

— On la prépare en chauffant à reflux une solution alcoolique de salicylthioamide, de chlorhydrate d'hydroxylamine et de carbonate de soude, on distille l'alcool et neutralise, l'oxime se dépose, on la purifie par cristallisation dans le benzène. Elle fond à 98-99°, est soluble dans les solvants et les alcalis; son *chlorhydrate* fond à 176°. Le *sel disodique* répond à la formule :

$$C^6H^4 {< {ONa \atop C=AzNa} \atop AzH^2}$$

Dibromosalicénylamidoxime,

$$C^6H^2Br^2 {< {OH \atop C-AzH^2} \atop AzOH}$$

— On l'obtient à partir de la dibromothiosalicylamide et du chlorhydrate d'hydroxylamine; elle fond à 180°.

Salicénylamidoximesulfonique. — On dissout 1 p. d'oxime dans 10 p. d'acide sulfurique à 150°, on étend ensuite avec 10 volumes d'alcool à 50° et évapore au bain-marie, le dérivé sulfoné cristallise, il se décompose à 250°.

Benzoyl-Az-salicénylamidoxime.

$$OH - C^6H^4 - C <{AzOCOC^6H^5 \atop AzH^2}$$

— Elle fond à 173°.

Acétyl-Az-salicénylamidoxime.

$$OH - C^6H^4 - C <{AzO - COCH^3 \atop AzH^2}$$

— Elle fond à 117°.

Benzénylsalicénylazoxime.

$$OH - C^6H^4 - C <{AzO \atop Az} > C C^6H^5$$

— Elle se forme par l'action de la vapeur d'eau sur l'oxime-Az-benzoylée en suspension dans le toluène à 20 0/0 d'oxychlorure de carbone. Flocons bleus fusibles à 128°.

Éthénylsalicénylazoxime.

$$OH - C^6H^4 - C <{AzO \atop Az} > C - CH^3$$

— On l'obtient en faisant bouillir l'oxime Az acétylée 2 heures avec de l'anhydride acétique. Elle fond à 77°.

Benzoyl-o-benzoyl-Az-salicénylamidoxime.

$$C^6H^5COO - C^6H^4 - C - AzH^2 \atop \| \atop AzOCOC^6H^5$$

— On traite l'oxime par le chlorure de benzoyle et l'éthylate de sodium. Elle fond à 177°.

Benzoyl-o-salicénylazoxime-benzényle,

$$C^6H^5COO - C^6H^4 - C <{AzO \atop Az} > C - C^6H^5$$

— Elle se prépare par la même méthode. Elle fond à 120°.

Acétyléthénylsalicénylazoxime.

$$CH^3COO - C^6H^4 - C <{AzO \atop Az} > C - CH^3$$

— On l'obtient à partir du chlorure d'acétyle par la même méthode. Elle fond à 74°.

Éthylsalicénylamidoxime,

$$OH - C^6H^4 - C - AzH^2 \atop \| \atop AzOC^2H^5$$

— On chauffe l'iodure d'éthyle et l'oxime en présence d'éthylate de sodium. Huile bouillant à 278° sous la pression normale, à 220° sous 150 mm.; par l'acide chlorhydrique et le nitrite de soude on obtient le *chlorure de salicényléthoxime* $OH-C^6H^4$ $CAzOC^2H^5Cl$, qui bout à 178° sous 20 mm.

La *salicényluramidoxime* et la *salicénylphényluramidoxime* fondent respectivement à 148 et à 119°. Tous ces corps ont été décrits par Spilker [*loc. cit.*].

Salicénylamidoxime-carbonate d'éthyle,

$$OH - C^6H^4 - C - AzH^2 \atop \| \atop AzOCO^2C^2H^5$$

— Miller [*D. chem. G.*, **22**, 790, 1889] l'a obtenu en faisant réagir une solution chloroformique de carbonate d'éthyle sur une solution chloroformique d'oxime. Elle fond à 96°.

Miller a également décrit l'acide salicénylazoxime-propénylique

$$OH - C^6H^4 - C <{AzO \atop Az} > C - CH^2 - CH^2 - CO^2H$$

qui fond à 116-117°.

2e SUPPL.

NITRILE SALICYLIQUE (2) $OH-C^6H^4CAz(1)$. — On peut le préparer en faisant bouillir l'oxime salicylique avec de l'anhydride acétique ; on obtient en même temps le dérivé acétylé, le rendement est de 10 0/0. Suivant A. Spilker [*loc. cit.*], le meilleur procédé pour le préparer consiste à chauffer dans le vide la thioamide. O. Anselmino [*D. chem. G.*, **36**, 580, 1903] l'a obtenu en décomposant par la chaleur la salicylphénylhydrazone :

$$OH - C^6H^4 - C - H \atop \| \atop Az \cdot AzH - C^6H^5} \longrightarrow {OH - C^6H^4 C Az \atop + \atop AzH^2 - C^6H^5}$$

C'est un corps blanc fusible à 98°.

Dissous dans une lessive alcaline à 12 0/0 de soude, et agité avec une solution toluénique de phosgène, il donne le *carbonate,*

$$CO <{O - C^6H^4 - CAz \atop O - C^6H^4 - CAz}$$

aiguilles blanches fusibles à 116°. Hydraté par l'acide sulfurique, ce carbonate donne de la *carbonylsalicylamide*

$$CO <{O - C^6H^4 - COAzH^2 \atop O - C^6H^4 - COAzH^2}$$

et de la salicylamide [Einhorn et G. Haas, *D. chem. G.*, **38**, 3627, 1905].

Nitrile 5 bromosalicylique.

$$C^6H^3 <{OH_{(2)} \atop CAz_{(1)} \atop Br_{(5)}}$$

— On l'obtient en déshydratant l'oxime bromée correspondante ; il fond à 158-159°.

Nitrile 3.5-dibromosalicylique. — On l'obtient dans l'action du brome sur l'o-cyanophénol au bain-marie. Prismes aciculaires fusibles à 167-168°.

Nitrile nitro-6-salicylique,

$$C^6H^3 <{AzO^2_{(6)} \atop OH_{(2)} \atop CAz_{(1)}}$$

— On l'obtient en faisant réagir le cyanure de potassium sur une solution alcoolique de m-dinitrobenzène [Auwers et Walker, *D. chem. G.*, **34**, 3037, 1898]; il fond à 207-208°.

Nitrile nitro-3-bromo-5-salicylique,

$$C^6H^2 <{AzO^2_{(3)} \atop Br_{(5)} \atop OH_{(2)} \atop CAz_{(1)}}$$

— Pour l'obtenir on traite le nitrile bromé-5 par l'acide azotique fumant; il fond à 119-120°.

Nitrile polysalicylique. — Il a été déjà décrit par Grimaux; on l'obtient en déshydratant la salicylamide qu'on chauffe à 270°, on le purifie par cristallisation dans la nitrobenzène. Il fond à 296-299° [Miller, *loc. cit.*].　　　　J. Leroide.

SALICYLIQUE (ALCOOL) (*Saligénine*),

$$C^6H^4 <{CH^2OH_{(1)} \atop OH_{(2)}}$$

— *Synthèses de la saligénine.* — La salicylamide en solution alcoolique réduite par l'amalgame de sodium donne la saligénine [Hutchinson, *Chem. Soc.*, (9), **111**, 57, 1890]: rendement 40 0/0. L'alcool o-aminobenzylique diazoté et chauffé avec de l'eau en donne également [Paal et Senninger, *D. chem. G.*, **27**, 1084, 1894]. Le phénol en milieu alcalin chauffé en présence de poudre de zinc et d'aldéhyde formique donne un mélange d'alcools o- et p-oxy-benzoïques [O. Manasse, *D. chem. G.*, **27**, 2409, 1894].

Propriétés. — La saligénine cristallise en tables rhomboédriques, elle fond à 90° et se sublime déjà à 100°. Sa chaleur de formation à partir des éléments est de 90^{Cal},1. Sa chaleur de combustion moléculaire à poids constant est de 846 Cal. [Berthelot et Rivals, *Ann. Pharm. Chim.*, (7), 30, 1896]. Sa chaleur de dissolution + 3^{Cal},18, sa chaleur de neutralisation de + 6^{Cal},22: la fonction alcool n'exerce pas d'influence sur la chaleur de neutralisation [Berthelot, *Ann. Chim. Phys.*, (6), 7, 171, 1876].

La saligénine entraînée par l'oxygène sous pression réduite sur une spirale de fil de platine chauffée donne l'aldéhyde; avec la mousse elle donne directement l'acide [Trillat, *Bull. Soc. Chim.*, 29, 45, 1903].

Son *sel de potasse* cristallise avec 3 molécules d'eau qu'il perd à 120° dans le vide, il est soluble dans l'alcool [Rivals, *Ann. Phys. Chim.*, (7), 12, 557, 1897].

L'ammoniaque alcoolique chauffée à 140-150° avec la saligénine donne 40 0/0 d'oxybenzyl-amine fusible à 168°; en chauffant à 180-200° il se forme une base faible fondant entre 180 et 200°, c'est la *salirétazine* [Paal et Senninger, *D. chem. G.*, 27, 1799, 1894].

Les diamines aromatiques donnent des corps du type

$$\begin{array}{c} R - Az H^2 \\ | \quad\quad + H^2O. \\ O H - C^6 H^4 C H^2 - Az H \end{array}$$

L'o-phénylène-diamine, chauffée à 140° avec la saligénine, ou en tubes scellés en solution alcoolique à 180°, donne un produit fusible à 157°, dont le *dérivé diacétylé* fond à 162°, le *triacétylé* à 133° [Paal et Reckleben, *D. chem. G.*, 28, 934, 1895].

ÉTHERS DE LA SALIGÉNINE. — Wolfes, Pschoor et Buchow [*D. chem. G.*, 33, 162, 1900] ont préparé divers éthers de la saligénine.

L'*éther chlorhydrique de la méthylsaligénine* s'obtient en traitant ce corps par l'acide chlorhydrique à froid, deux couches se forment, on épuise à l'éther, lave la solution éthérée et sèche sur le chlorure de calcium; on recueille la portion passant à 110-112° sous 11 mm., qui cristallise par refroidissement. Cristaux à 6 pans qui fondent à 29-30°.

Éther saligénine-méthyléthylique,

$$C^6 H^4 \begin{cases} CH^2O C^2 H^5 \\ O C H^3 \end{cases}$$

— On l'obtient en chauffant 1 heure au bain-marie 1 molécule d'o-méthoxychlorure de benzyle avec 1 molécule 1/2 d'éthylate de sodium en solution alcoolique à 5 0/0; l'éther est un liquide incolore réfringent qui bout à 230-232° sous 754 mm.

DÉRIVÉS DE SUBSTITUTION. — *Bromo-5-saligénine*,

$$C^6 H^3 \begin{cases} Br_{(5)} \\ CH^4 O H_{(1)} \\ O H_{(2)} \end{cases}$$

— Auwers et G. Bussner [*Ann. Chem.*, 302, 131, 1870] l'obtiennent en ajoutant à une solution de 10 p. de saligénine dans 500 p. d'eau, 13 p. de brome dissous dans 200 p. d'eau; il se précipite un peu de dibromé et le monobromé reste dissous. On épuise à l'éther et on fait cristalliser. Aiguilles fusibles à 107-108°.

Dibromo-3-5-saligénine,

$$C^6 H^2 \begin{cases} Br^2_{(3.5)} \\ CH^2 O H_{(1)} \\ O H_{(2)} \end{cases}$$

— Ce corps se forme en petite quantité dans la réaction précédente, mais il vaut mieux pour l'obtenir décomposer le bromhydrate de dibromosaligénine. Aiguilles fusibles à 89°.

Bromhydrate de monobromoanhydrosaligénine,

$$Br - C^6 H^3 \begin{cases} Br \quad CH^2 \\ \diagup \quad \diagdown O \\ H \end{cases}$$

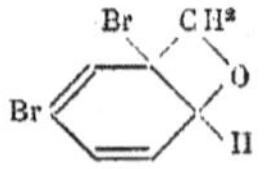

— On l'obtient en faisant réagir le brome en solution sulfocarbonique sur la saligénine dissoute dans le même solvant, on reprend par l'eau, sèche la solution sur le chlorure de calcium et évapore à froid. Aiguilles fusibles à 98°, qui donnent par réduction le monobromo o-crésol. L'aniline et la pipéridine réagissent sur ce corps. Avec l'aniline on obtient la monobromo-5-oxy-2-benzylamine O H - C^6 H^3 Br - C H^2 - Az H, C^6 H^5.

Bromhydrate de dibromoanhydrosaligénine,

$$Br - C^6 H^2 \begin{cases} Br \quad CH^2 \\ \diagup \quad \diagdown O \\ Br \quad\quad H \end{cases}$$

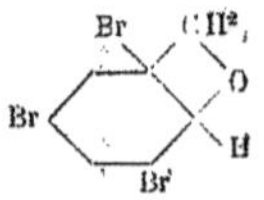

— On l'obtient comme le précédent, mais en doublant la quantité de brome employé; on a ainsi des aiguilles fusibles à 116-118°. Ce corps, par réduction, donne le 3-5-dibromo-o-crésol. Chauffé avec l'acétone il donne la dibromosaligénine, avec l'alcool méthylique le dibromocrésolate de méthyle.

Saligénine monoiodée. — J. Seidel [*J. prakt. Chem.*, 57, 204, 1897] a préparé une saligénine monoiodée en faisant réagir l'iode et l'oxyde de mercure sur une solution hydroalcoolique de saligénine; elle fond à 138°.

Saligénine diiodée. — On l'obtient dans la même préparation. Aiguilles fondant à 106°; la constitution de ces corps n'est pas connue.

Acide saligénine-glycolique $CH^2OH-C^6H^4 -O-CH^2-CO^2H$. — [Bignelli, *Gazz. chim. ital.*, 24, 257, 1891]. On le prépare en chauffant des quantités équimoléculaires d'acide monochloracétique et de saligénine avec la quantité suffisante de soude pour fixer l'acide chlorhydrique mis en liberté; il constitue des cristaux brillants qui fondent à 120° et sont solubles dans l'eau. Si on chauffe à 108-110° il perd de l'eau et donne une substance caramélée fusible à 140°, sans doute

$$C^6 H^4 \begin{cases} CH^2 - CO^2 - CH^2O \\ O CH^2 - CO - CH^2 \end{cases} C^6 H^4$$

SALICYLIQUE (ALDÉHYDE),

$$C^6 H^4 \begin{cases} CHO_{(1)} \\ O H_{(2)} \end{cases}$$

— *État naturel et modes de formation* (voyez suppl. du Dict., 2, 1412). Wicke a signalé l'existence de l'aldéhyde salicylique dans les racines du Crepis fœtida [*Ann. Chem.*, 30, 123, 1842].

L'oxydation par l'acide sulfurique et le bioxyde de manganèse de l'éther orthocrésylphénylsulfureux

$$C^6 H^4 \begin{cases} C H^3 \\ O S O^2 C^6 H^5 \end{cases}$$

donne l'éther phénylsulfureux de l'aldéhyde salicylique

$$C^6 H^4 \begin{cases} CHO \\ O S O^2 C^6 H^5 \end{cases}$$

On décompose cet éther par l'acide sulfurique étendu et on sépare l'aldéhyde insoluble.

Purification. — L'aldéhyde est souvent accompagnée de phénol. On peut, pour l'en débarrasser, la transformer en salicylhydramide qu'on fait cristalliser plusieurs fois et qu'on décompose par l'acide chlorhydrique étendu. La fabrique Von Heyden [*Deutch. Pat. Kl.*, **12**, 124 129] a breveté un procédé qui consiste à agiter le mélange des deux corps avec une solution de naphthionate de baryum qui se combine à l'aldéhyde. La combinaison est séparée et décomposée par l'acide sulfurique étendu.

Propriétés. — L'aldéhyde salicylique est une huile incolore, d'odeur agréable, de saveur âcre et brûlante; refroidie à — 20°, elle donne de gros cristaux fusibles à + 1° [Delépine et Rivals, *Bull. Soc. Chim.*, (3), **21**, 941, 1904]. Sa densité à 13°,5 est de 1,1731 (Piria), elle bout à 196°,5 sous la pression ordinaire, à 190,70 sous 760 mm., à 195,60 sous 740 mm., à 194,95 sous 720 mm. [Louguinine, *Journ. de chim. phys.*, **2**, 6, 1903]. Sa chaleur spécifique moyenne de 20° à 195° est de 0,4540. La chaleur latente de vaporisation de 74,89 Calories (Louguinine). Sa chaleur de combustion moléculaire de 807,3 Calories [Berthelot et Rivals, *Ann. Chim. Phys.*, (3), **7**, 33, 1894]. Sa chaleur de formation à partir des éléments 59,5 Calories [Berthelot et Rivals, *ibid.*]. L'aldéhyde salicylique est légèrement soluble dans l'eau, soluble en toutes proportions dans l'alcool et l'éther.

Propriétés chimiques. — O. Harries [*D. chem. G.*, **24**, 3175, 1891] a réduit l'aldéhyde salicylique au moyen du zinc et de l'acide acétique, il a obtenu des produits différents suivant la température à laquelle a opéré. Au-dessus de 100°, il se forme un produit cristallisé fusible à 116°; lorsqu'au contraire l'opération a lieu au bain-marie, on obtient un isomère qui fond à 67–68°. Ces deux corps peuvent se séparer par cristallisation fractionnée dans l'alcool; par ébullition avec l'acide acétique le produit fusible à 67–68° donne l'isomère fusible à 116°, ce dernier bout à 220° sous 30 mm. L'auteur admet que l'aldéhyde réagit sur l'alcool formé pour donner la dioxyhydrobenzoïne qui perd ensuite de l'eau et donne

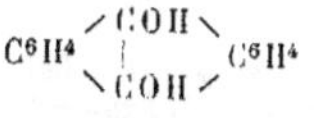

$$C^6H^4 \underset{\diagdown\ COH\ \diagup}{\overset{\diagup\ COH\ \diagdown}{|}} C^6H^4$$

Lorsqu'enfin la réduction est faite rapidement et à température élevée il se forme le dioxystilbène (2) $OH - C^6H^4 - CH_{(1)} = CH_{(1)} - C^6H^4 - OH$ (2) fondant à 95°.

L'oxygène de l'air transforme l'aldéhyde salicylique en acide. Si on expose à la lumière un mélange de nitrobenzine et d'aldéhyde, il y a également oxydation [Ciamician et Silber, *D. chem. G.*, **38**, 2640, 1905]. La potasse alcoolique est sans action, mais la potasse fondante donne de l'acide salicylique [Bertagnini et Cannizaro, *Ann. Chem.*, **22**, 188, 1837]. Le chlore donne avec une solution acétique aqueuse d'aldéhyde l'heptachloro–cétotétrahydrobenzol

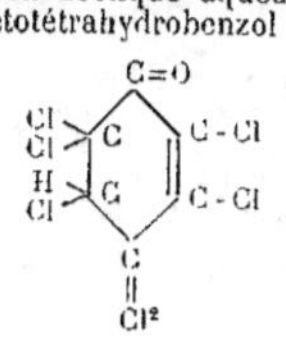

$$\begin{array}{c} C=O \\ \overset{Cl}{\underset{Cl}{Cl}}\diagup C \diagdown\ C-Cl \\ \overset{H}{\underset{Cl}{}}\diagup C \diagdown\ C-Cl \\ C \\ Cl^2 \end{array}$$

qui fond à 98°, et en même temps un peu de chloranile [H. Bilz, *D. chem. G.*, **37**, 4015, 1904]. Sous l'influence de l'étincelle électrique l'aldéhyde salicylique absorbe de petites quantités d'azote [Berthelot, *Ann. Chim. Phys.*, (7), **7**, 61, 1899].

Les dérivés chlorés du phosphore donnent l'éther phosphorique du chlorure de benzylidène orthohydroxylé

$$O = P \begin{cases} O\,C^6H^4 - CHCl^2 \\ O\,C^6H^4 - CHCl^2 \\ O\,C^6H^4 - CHCl^2 \end{cases}$$

[Stuart, *Journ. Chem. Soc.*, **1**, 402, 1888]. L'oxychlorure de phosphore donne un produit de condensation qui sera décrit plus loin. Les dérivés bromés du phosphore agissent d'une façon particulière, ils donnent de l'aldéhyde bromée [Henry, *D. chem. G.*, **2**, 275, 1869]. L'oxychlorure de carbone donne avec une solution alcaline d'aldéhyde le *carbonate*

$$CO \begin{cases} O\,C^6H^4\,CHO \\ O\,C^6H^4\,CHO \end{cases}$$

dont la *dioxime* fond à 121–122°. Si l'aldéhyde est agitée avec la solution de gaz phosgène dans le toluène, il y a formation d'un *dérivé chloré* fusible à 88–89° [A. Einhorn, et G. Haas, *D. chem. G.*, **58**, 3627, 1905].

Lorsqu'on fait passer un courant d'hydrogène sulfuré dans une solution froide d'aldéhyde dans l'alcool chlorhydrique, il se forme une combinaison cristalline $(OHC^6H^4 - CHS)^3 . 3C^2H^5OH$ qui fond à 210° et qui chauffée donne facilement le dioxystilbène [Knopp, *Ann. Chem.*, **272**, 343, 1894].

Le chlorure de cyanogène réagit à 120° pour donner de l'aldéhyde chlorée [Beilstein et Renecke, *Ann. Chem.*, 136–170, 1865].

Le cyanure d'ammonium donne une matière cristallisée fusible à 168° et répondant à la formule $C^{20}H^{21}Az^3O^3$. M. Ville [*Ann. Chim. Phys.*, (6), **23**, 329, 1891] a décrit deux combinaisons d'aldéhyde salicylique et d'acide hypophosphoreux. M. Perrier [*C. R.*, **122**, 195, 1896] une combinaison avec le chlorure d'aluminium. MM. Rosenheim et Davidsohn [*Zeit. f. anorg. Chem.*, **35**, 424, 1898] une combinaison avec le chlorure de thorium. Le trichloro et le tribromoacétate de potasse donnent des corps du type $(CX^3CO^2)^2HK(C^6H^4OH - CHO)^2$; enfin l'acide molybdique donne le corps

$$MoO^2 \begin{cases} O\,C^6H^4\,CHO \\ O\,C^6H^4\,CHO \end{cases}$$

Condensations avec les phénols. — L'aldéhyde méthylsalicylique condensée avec la méthoxy-5-oxy-3-acétophénone donne la diméthoxyflavonone

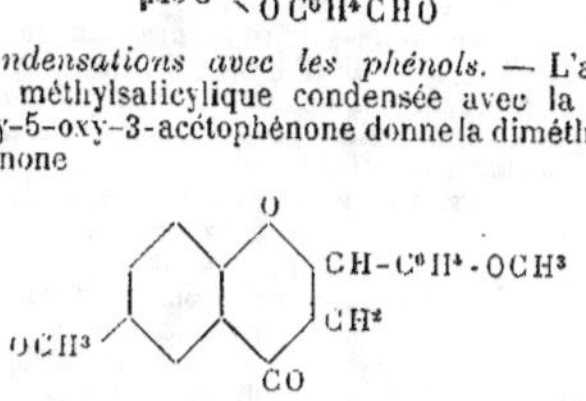

$$CH - C^6H^4 - OCH^3$$

[Kostanecki et A. Kalschkowsky, *D. chem. G.*, **37**, 23, 46, 1904]. Avec l'oxyhydroquinone elle donne l'oxyhydrophényltétraoxyfluorone

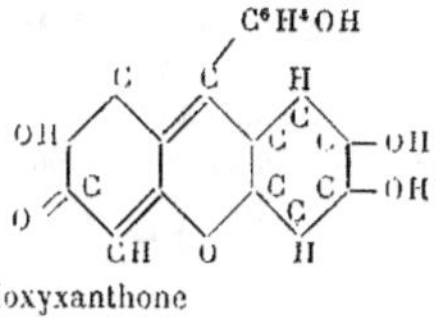

et une dioxyxanthone

$$C^6H^4 \begin{cases} O \\ CH^2 \end{cases} C^6H^2(OH)^2$$

[Liebermann et Lindenbaum, *D. chem. G.*, 37, 2738, 1904].

Combinaisons avec les amines. — Un grand nombre de ces combinaisons ont été décrites aussi bien avec les amines aromatiques et les amines cycliques. Elles peuvent souvent fixer de l'acide chlorhydrique à basse température, mais elles sont décomposées à chaud en aldéhyde et en amine par ce réactif. Voici les principales :

Salicylidène-aniline.

$$C^6H^4 {<}^{CH=Az}_{\ OH}\ C^6H^5$$

— Elle fixe de l'acide chlorhydrique à froid et le sel obtenu peut être traité par un alcali pour donner la base correspondante [O. Dimroth et R. Zœppritz, *D. chem. G.*, 35, 984, 1902]; l'acide cyanhydrique se fixe également [Haarmann, *D. chem. G.*, 6, 329, 1875].

Chauffée avec du chlorure de zinc, elle donne de l'acridine (Möhlau). Avec l'anhydride phosphorique elle donne de la phénylacridine et un corps non azoté. L'acide sulfurique l'hydrolyse en donnant une aldéhyde sulfonée formant un sel avec la phénylhydrazine [Blau, *Mon. f. Chem.*, 18, 123, 1897].

Les combinaisons avec la métatoluylène-diamine et la paraphénylène-diamine sont fluorescentes [Vanni, *Ann. Chem.*, 259, 319, 1890].

Salicylidène-phényl-α_1-β_1-naphtylène-diamine,

$$C^{10}H^6 {<}^{AzH}_{\ Az}{>} CH-C^6H^4OH$$
$$|$$
$$C^6H^5$$

— Elle fond à 130° [O. Fischer, *D. chem. G.*, 25, 2754, 1892].

Salicylidène-paramidophénol,

$$C^6H^4 {<}^{OH}_{CH=Az_{(1)}-C^6H^4_{(4)}OH}$$

— Il fond à 135° [Haegle, *D. chem. G.*, 25, 2754, 1892].

Salicylidène-orthoamidobenzylol,

$$C^6H^4 {<}^{OH}_{CH=Az_{(2)}-C^6H^4-CH^2OH_{(1)}}$$

— Il fond à 117° [Paal et Laubenheimer, *D. chem. G.*, 25, 2971, 1892].

La *salicylidène-paramidoacétophénone* OH-C^6H^4-$CH_{(1)}$=Az-C^6H^4CO-$CH^3_{(4)}$ fond à 116°.

On a préparé également la *salicylidène-aminoguanidine*, la *disalicylidène-bispipéridine*, la *salicylidène-fenchylamine.*

Combinaisons avec les amides. — La formiamide, l'acétamide, la benzamide se combinent à l'aldéhyde-salicylique, mais les composés qu'on obtient avec élimination d'eau sont amorphes, solubles seulement dans les alcalis; les acides ne les hydrolysent pas. M. Cébrian [*D. chem. G.*, 34, 1592, 1898] assigne à ces corps la formule

$$C^6H^4 {<}^{O}_{CH=Az}{>}C{<}^{OH}_{R}$$

il propose d'appeler *coumarazine* le noyau

$$C^6H^4 {<}^{O}_{CH=Az}{>}C{<}^{OH}$$

Par oxydation ces coumarazines donnent la *coumarazone*

$$C^6H^4 {<}^{O-CO}_{CH-Az-}$$

L'auteur a préparé par la formiamide l'oxy-

coumarazine et par l'acétamide et la benzamide la méthyl et la phénylcoumarazine.

COMBINAISONS AVEC L'URÉE.

Salicylidène-diurée,

$$OH-C^6H^4-CH {<}^{AzH-COAzH^2}_{AzH-COAzH^2}$$

— Schiff l'a obtenue cristallisée avec 1 mol. d'eau qu'elle perd facilement en devenant beaucoup plus stable [*Ann. Chem.*, 151, 186, 1869].

En chauffant à 110° un mélange de 3 molécules d'urée et de 1 d'aldéhyde, M. Causse [*Bull. Soc. Chim.*, (3), 17, 674, 1898] a obtenu une combinaison d'urée et de salicylidène-diurée

$$OHC^6H^4-CH {<}^{AzH-COAzH^2}_{AzH-COAzH^2}, AzH^2-CO-AzH^2$$

qui chauffée à 120–130° donne de l'acide cyanurique, de l'ammoniac et la salicylimide,

$$C^6H^4 {<}^{CH=AzH}_{\ OH}$$

Chauffée avec de l'alcool absolu et de l'acétylacétate d'éthyle, la salicylidène-diurée donne l'uramidosalicylcrotonate d'éthyle et l'uramidosalicylbutyrate d'éthyle,

$$CH^3$$
$$|$$
$$C=Az-COAz=CH-C^6H^4OH$$
$$|$$
$$CH^2-CO^2C^2H^5$$

et

$$CH^3$$
$$|$$
$$C-AzH-COAz=CH-C^6H^4-OH$$
$$\|$$
$$CH-CO^2-C^2H^5$$

L'uramidobutyrate d'éthyle se transforme en son isomère lorsqu'on laisse le mélange des cristaux en contact avec l'eau mère. Par saponification et précipitation par un acide il se forme

$$CH^3$$
$$|$$
$$C-AzH-COAz=CH-C^6H^4$$
$$|$$
$$CH^2————O$$

[Béginelli, *D. chem. G.*, 24, 2963, 1891].

Combinaison avec la dithiooxamide. — [Ephraïm, *D. chem. G.*, 24, 1028, 1891]. Il se forme une combinaison très stable, soluble dans les alcalis, non décomposée par les acides; il semble que la réaction se fasse de la façon suivante :

$$S=C-AzH^2 \quad CHO-C^6H^4OH$$
$$| \qquad\qquad + $$
$$S=C-AzH^2 \quad CHO-C^6H^4OH$$
$$= 2H^2O + 2C{<}^{S}_{Az}{>}CH-C^6H^4-OH$$

Combinaison avec l'acide hippurique. — Le mécanisme de cette synthèse a déjà été donné (2° Suppl., 3, 130). D'après Erlenmeyer junior et W. Stadlin [*Ann. Chem.*, 237, 283, 1900], on peut supposer d'abord la réaction :

$$OH-C^6H^4-CHO+H^2=C-AzH-CO-C^6H^5$$
$$|$$
$$COOH$$
$$= H^2O + OH-C^6H^4-CH=CAz-CO-C^6H^5$$
$$|$$
$$COOH$$

Il y a ensuite perte d'eau et formation de benzoylaminocoumarine,

$$OH-C^6H^4-CH$$
$$\|$$
$$COOH-C-AzH-COC^6H^5$$

$$= H^2O + O \Big\langle \begin{array}{l} C^6H^4-CH \\ CO—C-AzHCOC^6H^5 \end{array}$$

fusible à 170-171°.

Il se forme en même temps le dérivé acétylé d'une Az lactone

$$CH^3-COOC^6H^4-CH=C \Big\langle \begin{array}{l} Az=C-C^6H^5 \\ CO-O \end{array}$$

fusible à 154-155°.

Traitée par la soude, la benzoylaminocoumarine donne l'acide orthohydroxyphénylpyruvique $OH-C^6H^4-CH^2-CO-COOH$.

Condensation avec l'acétone et l'ammoniac. — [Wadsworth, *J. Chem. Soc.*, **1**, 8, 1890]. Il y a formation d'orthophénoxydiméthylglyoxaline.

$$\begin{array}{l} CH^3-C-AzH \\ \| \qquad\qquad \rangle CC^6H^4-OH \\ CH^3-C—Az \end{array}$$

fusible à 218°.

Condensation avec le benzyle et l'ammoniac. — D'après Japp et Hooker [*D. chem. G.*, **17**, 1402, 1904], on a la réaction :

$$OH-C^6H^4-CHO \qquad CO-C^6H^5$$
$$+ \qquad\qquad + 2AzH^3$$
$$OH-C^6H^4-CHO \qquad CO-C^6H^5$$

$$= 2H^2O + \begin{array}{l} OH-C^6H^4-CH-AzH-CO-C^6H^5 \\ OH-C^6H^4-CH-AzH-CO-C^6H^5 \end{array}$$

Le *dérivé diacétylé* correspondant fond à 225-227°.

CONDENSATIONS AVEC LES ACIDES BIBASIQUES.

Condensation avec l'acide malonique. — [Stuart, *J. Chem. Soc.*, **49**, 365, 1886]. Lorsqu'on chauffe parties égales d'aldéhyde, d'acide malonique et d'acide acétique, on obtient une masse d'acide coumarine-carbonique, qui lavé à l'eau, à l'acide acétique et cristallisé dans le chloroforme fond à 187°; chauffé à 200° il donne de la coumarine.

Condensation avec l'acide succinique. — Fittig [*D. chem. G.*, **18**, 2525, 1885] a obtenu la *dicoumarine*,

$$C^6H^4 \Big\langle \begin{array}{l} O—CO \\ CH=C \end{array}$$
$$|$$
$$C^6H^4 \Big\langle \begin{array}{l} CH=C \\ O—CO \end{array}$$

Condensation avec l'acide tartrique. — [H.-C. Brown, *J. Chem. Soc.*, **1**, 285, 1886]. Il y a formation d'*acide coumarine-propionique*, fusible à 171°.

CONDENSATIONS AVEC LES ÉTHERS.

Condensation avec l'éther bromopropionique. — [Baïdakowski, *Journ. Soc. phys. chim. russe*, **37**, 902, 1903]. Lorsqu'on chauffe molécules égales des deux corps avec de la pou-

dre de zinc, il y a formation d'*α-méthylcoumarine*,

$$C^6H^4 \Big\langle \begin{array}{l} O — CO \\ CH=C-CH^3 \end{array}$$

Condensation avec le malonate d'éthyle. — [Knœwenagel et Arnolt, *D. chem. G.*, **37**, 2593, 1898]. En présence de chlorhydrate d'aniline il y a formation d'*éther coumarine carbonate d'éthyle*,

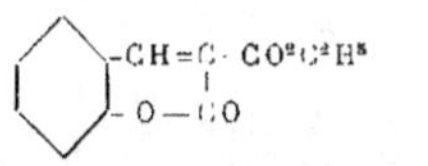

$$\begin{array}{l} -CH=C\cdot CO^2C^2H^5 \\ -O—CO \end{array}$$

Condensation avec l'éther acétone-dicarbonique. — En faisant réagir molécules égales des deux corps en présence de pipéridine il y a formation de *coumarine-cétone-acétate-d'éthyle*

$$C^6H^4 \Big\langle \begin{array}{l} O — CO \\ CH=C-COCH^2-CO^2C^2H^5 \end{array}$$

fusible à 105° et d'*acide coumarine-carbonique*.

Si on emploie 2 mol. d'aldéhyde pour 1 mol. d'éther, il y a formation de *dicoumarine-cétone* qui fond à 236° :

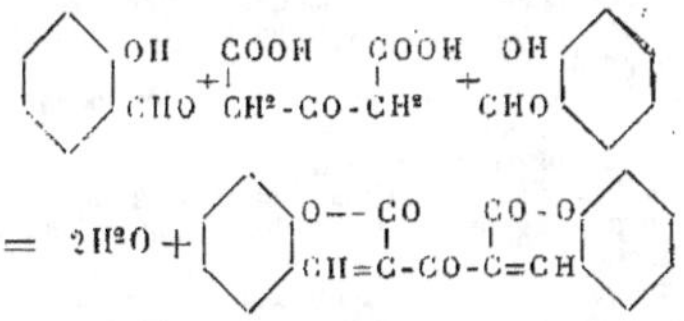

$$\begin{array}{cc} OH \quad COOH & COOH \quad OH \\ + & + \\ CHO \quad CH^2-CO-CH^2 & CHO \end{array}$$

$$= 2H^2O + \begin{array}{l} O—CO \qquad CO-O \\ CH=C-CO-C=CH \end{array}$$

[Knœwenagel et Langensiepen, *D. chem. G.*, **37**, 4492, 1904].

Condensation avec l'éther benzoylacétique. — En présence de pipéridine il y a formation de *benzoylcoumarine*,

$$C^6H^4 \Big\langle \begin{array}{l} O — CO \\ CH=C-COC^6H^5 \end{array}$$

aiguilles blanches fusibles à 130°. Chauffé avec les alcalis ce corps donne de l'aldéhyde salicylique et un peu de coumarine [Knœwenagel et R. Arnolt, *D. chem. G.*, **37**, 4490, 1904].

Condensation avec l'éther cyanacétique. — [Knœwenagel et R. Arnolt, *loc. cit.*]. En présence de pipéridine, 1 mol. d'aldéhyde réagit sur 2 mol. d'éther pour donner le *salicylidène-dicyanacétate d'éthyle* qui fond à 139-140°

$$OH-C^6H^4-CH \Big\langle \begin{array}{ll} CH < & CAz \\ & CO^2C^2H^5 \\ CH < & CO^2C^2H^5 \\ & CAz \end{array}$$

Ce composé saponifié donne par ébullition avec un acide minéral l'*anhydride de l'acide β-oxyphénylpropane-α α-γ-tricarbonique*

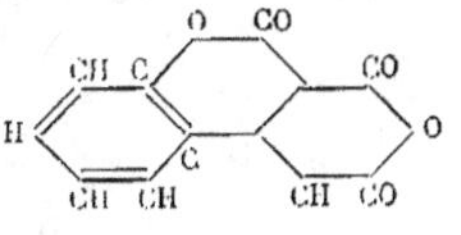

fusible à 186°.

Condensation avec l'aldéhyde homopipéronylique. — [Kostanecki et Sulser, *D. chem. G.*,

38, 94, 1905]. Il y a formation d'acide méthoxy-3-dioxyméthylène-3.4-stilbène-β-carbonique

$$CH^3O - C^6H^4 - CH = C - C^6H^3 < {O \atop O} > CH^2$$
$$| \atop COOH$$

DÉRIVÉS DE SUBSTITUTION DE L'ALDÉHYDE SALICYLIQUE.

Aldéhyde-5-chlorosalicylique. — Bilz et Stepf [*D. chem. G.*, 37, 4023, 1904] la préparent en faisant passer un courant de chlore sec dans une solution de l'aldéhyde dans l'acide acétique cristallisable. Purifié par cristallisation dans l'alcool, ce corps fond à 99°,5 ; sa *phénylhydrazone* fond à 148°.

Aldéhyde-3.5-dichlorosalicylique. — On l'obtient comme la précédente, mais en faisant passer un excès de chlore ; cristallisée dans le chloroforme elle fond à 95°.

Les dérivés bromés ont déjà été décrits.

Aldéhydes iodosalicyliques. — La position de l'iode sur le noyau n'est pas déterminée. Seidel, [*J. prakt. Chem.*, 57, 206, 1899] a préparé un *dérivé monoiodé*, fusible à 52-53°, et un *diiodé*, fusible à 108°. En traitant une solution alcoolique d'aldéhyde par l'iode et l'oxyde de mercure, l'aldéhyde diiodée est entraînée par la vapeur d'eau.

Les coumarines monoiodée et diiodée correspondantes ont été préparées [*J. prakt. Chem.*, 59, 105, 1900].

Dérivés mononitrés. — Il se forme un mélange d'aldéhyde nitrée-3 et d'aldéhyde nitrée-5 lorsqu'on chauffe au bain-marie 1 p. d'aldéhyde et 3 p. d'acide nitrique étendu de 2 vol. d'eau : on peut également verser lentement 1p,5 d'acide azotique fumant dans une solution d'1 p. d'aldéhyde dans 5 p. d'acide acétique, en refroidissant extérieurement avec de la glace, on porte ensuite le mélange à 45-50°, on laisse refroidir et verse dans l'eau glacée. Il y a deux méthodes pour séparer les isomères. On peut traiter le mélange par le bisulfite de soude qui donne une combinaison avec le nitro-5 seulement [Tage, *D. chem. G.*, 20, 2609, 1887], ou bien prendre 100 p. du produit brut de la nitration en milieu acétique, dissoudre dans 270 p. d'eau contenant 25 p. de soude et laisser reposer 12 heures. On dissout le dépôt cristallin dans la plus petite quantité possible d'eau bouillante. Par refroidissement le sel de soude de l'aldéhyde nitrée-5 cristallise [Miller, *D. chem. G.*, 20, 1928, 1887].

L'*aldéhyde nitrée-3* fond à 109-110°, son *éther méthylique* à 102°, son *dérivé acétylé* à 110°.

L'*aldéhyde nitrée-5* fond à 126°, l'*éther méthylique* à 120°, le *dérivé acétylé* à 112°.

SALICYLALDOXIME,

$$C^6H^4 < {OH \atop CH = AzOH}$$

Lach [*D. chem. G.*, 16, 1782, 1882] la prépare en traitant une solution de 20 gr. d'aldéhyde dans 30 gr. d'alcool par une solution concentrée de 15 gr. de chlorhydrate d'hydroxylamine additionnée de la quantité de soude nécessaire ; après 24 heures de repos on acidule, épuise à l'éther et fait cristalliser dans un mélange de benzène et de ligroïne. Aiguilles fusibles à 37°, ne distillant pas sans décomposition. Chauffée avec du chlorure d'acétyle, la salicylaldoxime donne la salicylamide ; avec de l'anhydride acétique elle donne le dérivé acétylé du nitrile salicylique [L. Claisen et Stock, *D. chem. G.*, 24, 138, 1891].

Oxamidobenzoylsalicyladoxime,

$$C^6H^4 < {CH = AzOCO - C^6H^5 \atop OH}$$

— On l'obtient en traitant avec précaution l'oxime par le chlorure de benzoyle, il y a formation de chlorhydrate de l'oxime, puis dissolution, et à 60° de l'acide chlorhydrique se dégage ; on laisse refroidir et épuise à l'éther. Cristaux fusibles à 117°.

Benzoylsalicylaldoxime $C^6H^5 - COO - C^6H^4 - CH = AzOH$. — Elle se prépare à partir de la benzoylaldoxime, elle fond à 63°.

Dibenzoylsalicylaldoxime,

$$C^6H^4 < {OCOC^6H^5 \atop CH = AzOCO - C^6H^5}$$

— On l'obtient en agitant 1 mol. d'oxime en solution dans la soude avec 6 mol. de chlorure de benzoyle, on purifie par cristallisation dans l'alcool. Elle fond à 126° et donne ensuite le nitrile salicylique benzoylé.

Oximidobenzylsalicylaldoxime,

$$C^6H^4 < {CH = AzOC^7H^7 \atop OH}$$

— On l'obtient en faisant réagir la benzylhydroxylamine sur l'aldéhyde salicylique. Traitée par le chlorure de benzoyle cette oxime donne la *benzoylbenzylsalicylamide*

$$C^6H^4 < {CO AzH - C^7H^7 \atop OCOC^6H^5}$$

fusible à 134°, et qui par saponification donne la *benzylsalicylamide*

$$C^6H^4 < {CO AzH - C^7H^7 \atop OCOC^6H^5}$$

fusible à 134°. D'une manière analogue, le chlorure d'acétyle et l'anhydride acétique donnent l'*acétylbenzylsalicylamide*

$$C^6H^4 < {CO AzH C^7H^7 \atop OCOCH^3}$$

fusible à 102°.

Benzoyl-o-oximidobenzylsalicylaldoxime,

$$C^6H^4 < {CHAz = OC^7H^7 \atop OCO - C^6H^5}$$

— On l'obtient en traitant la benzoylsalicylaldéhyde par la benzylhydroxylamine. Aiguilles fusibles à 150°. Le chlorure de benzoyle donne la *benzoyl-o-benzylsalicylamide*. Si on emploie la soude et le chlorure de benzoyle on obtient la *dibenzoyl-Az-β-benzylhydroxylamine*

$$C^6H^5 - CO - C^6H^4CO - Az - C^7H^7$$
$$| \atop COC^6H^5$$

[F. Beckmann, *D. chem. G.*, 26, 2621, 1893].

Bone [*D. chem. G.*, 26, 1265, 1893] a préparé la 5-*nitro* et la 3.5-*dinitrosalicylaldoxime*.

Goldschmitt [*D. chem. G.*, 22, 3802, 1889] a préparé la *dicarbanalidosalicylaldoxime*

$$C^6H^4 < {CHAzO - CO AzH - C^6H^5 \atop OCO - AzH - C^6H^5}$$

fusible à 115°, en traitant l'oxime par l'isocyanate de phényle.

SALICYLSEMICARBAZONE,

$$C^6H^4 < {OH \atop CH = Az - AzH - CO AzH^2}$$

— On l'obtient en agitant 12 heures une émulsion de 10 p. d'aldéhyde dans 120 p. d'eau avec 120 p. de la solution de sulfate de semicarbazide de Thiele. Elle forme des aiguilles fusibles à 229° avec décomposition. Par déshydratation elle donne une amidine indazolique [Barsche et Bolster. *D. chem. G.*, **34**, 2094, 1901]:

$$C^6H^4 < \begin{matrix} OH \\ CH = Az - AzH \end{matrix} > \begin{matrix} H^2Az \\ \end{matrix} > CO$$

$$= H^2O + C^6H^4 \begin{matrix} Az - CO\,AzH^2 \\ \geqslant \\ CH \end{matrix}$$

Chauffée avec de l'aniline elle donne de l'oxybenzalazine et de la diphénylurée symétrique [Borsche, *D. chem. G.*, **34**, 4297, 1901].

Salicylhydramide, hydrosalicylamide $C^{21}H^{18}Az^3$. — On a longtemps représenté ce corps par le schéma $(OH-C^6H^4)^3-Az^2$, cependant ce corps ne semble posséder qu'une seule fonction phénol. MM. Delépine et Rivals [*Bull. Soc. Chim.*, (3), **25**, 941, 1901] ont proposé de le représenter par la formule

$$\begin{matrix} C^6H^4 - CH = Az \\ | \\ O \quad H \\ | \\ O \quad H \\ | \\ C^6H^4 - CH = Az \end{matrix} \Big\rangle CH - C^6H^4 OH$$

qui cadre avec l'hypothèse d'une seule fonction phénol libre.

La salicylhydramide cristallise en aiguilles jaunes fusibles à 167°, et est décomposée assez rapidement par les acides et par les alcalis. Déjà à froid elle est dissociée par l'eau, enfin l'aldéhyde formique déplace l'aldéhyde salicylique de ce composé. M. Delépine [*loc. cit.*] en a préparé des sels normaux, et montré que la nouvelle formule permettait une interprétation exacte de la composition de ces corps.

Salicylhydrazone, o-oxybenzalazine,

$$OH - C^6H^4 - CH \begin{matrix} Az \\ | \\ Az \end{matrix} CH - C^6H^4 - OH$$

— On l'obtient en agitant une solution aqueuse de sulfate d'hydrazine avec de l'aldéhyde salicylique [Curtius et Jay, *J. prakt. Chem.*, **39**, 48, 1896]. Aiguilles brillantes fusibles à 205°, insolubles dans l'eau, peu solubles dans l'alcool bouillant.

SALICYLPHÉNYLHYDRAZONE,

$$C^6H^4 < \begin{matrix} OH \\ CH = Az - AzH - C^6H^5 \end{matrix}$$

— Cette hydrazone existe sous deux formes stéréoisomères. Si à une solution de 18 gr. d'aldéhyde dans 200 cc de ligroïne on ajoute 16 gr. de phénylhydrazine, dans 50 cc d'éther, il se dépose d'abord une hydrazone fondant à 104-105°, plus difficilement soluble que l'hydrazone ordinaire fondant à 142° et qui, cristallisée dans l'alcool, donne cette dernière. On peut représenter ces deux isomères de la façon suivante :

$$\begin{matrix} C - C^6H^4 - OH & \quad & OH - C^6H^4 - C \\ \| & & \| \\ C^6H^5 - AzH - Az & & C^6H^5 - AzH - Az \\ \text{Hydrazone ordinaire } \alpha & & \text{Hydrazone } \beta \\ \text{fusible à 142°.} & & \text{fusible à 104-105°.} \end{matrix}$$

Chauffées, ces hydrazones ne perdent pas d'eau pour donner un phénylisoindazol [Biltz, *D. chem. G.*, **27**, 2288, 1894].

La variété α distille sans décomposition à 234°

sous 18 mm.; si on la chauffe à 294° elle se décompose en donnant du benzène, de l'ammoniaque, de l'o-cyanophénol, le sel ammoniacal $AzH^4 - O - C^6H^4C\,Az$, et le dérivé anilidé de ce dernier $CAz \cdot C^6H^4 - O\,AzH \cdot C^6H^5$. Ceci confirme encore la constitution anti- de l'α-hydrazone [Anselmino, *D. chem. G.*, **36**, 590, 1903].

Ces deux hydrazones par oxydation donnent les ozazones correspondantes.

L'α-hydrazone donne l'α-ozazone fondant à 227-228° :

$$\begin{matrix} OH - C^6H^4 - C - H & \qquad & H - C - C^6H^4 - OH \\ \| & & \| \\ Az - AzH - C^5H^5 & & C^6H^5 AzH - Az \end{matrix} + O$$

$$= H^2O + \begin{matrix} OH - C^6H^4 - C \underline{\qquad\qquad} C - C^6H^4 - OH \\ \| \qquad\qquad\qquad \| \\ Az - AzH\,C^6H^5 \quad C^6H^3 AzH - Az \end{matrix}$$

$$\alpha \text{ ozazone (syn).}$$

La β-hydrazone donne la β-ozazone qu'on prépare aussi en chauffant l'α-ozazone à 150° ou en la faisant bouillir dans le nitrobenzène; elle fond à 281-282°.

Il n'est pas possible de régénérer les dicétones qui correspondent à ces ozazones [H. Biltz, *Ann. Chem.*, **305**, 167, 1899].

Les hydrazones des nitroaldéhydes ont été décrites également [Biltz, *loc. cit.*].

MM. Minuti et Carta Satta [*Gazz. chim. ital.*, **29**, (II), 427, 1899] ont oxydé la phénylhydrazone par le nitrite d'amyle en solution alcoolique. Ils ont obtenu une masse cristalline fusible à 210°

$$\begin{matrix} OH - C^6H^4 - CH = Az. - Az - C^6H^5 \\ | \\ C^6H^5 - AzH - Az = C - C^6H^4 - OH \end{matrix}$$

Ce corps donne un dérivé tribenzoylé. Notons qu'il a été décrit un nombre considérable de phénylhydrazones obtenues à partir des phénylhydrazines substituées.

SALICÉNYLACÉTYLACÉTONE $OH - C^6H^4 - CH = CH$ $CO - CH^2 CO\,CH^3$. — Elle se forme lorsqu'on fait réagir molécules égales d'aldéhyde et d'acétylacétone en présence de pipéridine, à froid; elle fond à 85°. Si la condensation a lieu à chaud il se forme une masse fusible à 108° et répondant à la formule $C^{15}H^{16}O^2$.

PARASALICYLE, $C^{14}H^{10}O^3$. — Ce composé se forme lorsqu'on traite l'aldéhyde salicylique par l'oxychlorure de phosphore ou par l'oxychlorure de carbone. M. Rivals [*Ann. Chim. Phys.*, (7), **12**, 560, 1897] a montré que ce corps se forme en même temps que l'acétosalicyle de Perkin dans l'action du chlorure d'acétyle sur l'aldéhyde salicylique. Sa chaleur de formation à partir de l'aldéhyde montre qu'on ne peut pas le considérer comme un anhydride; de plus il n'a pas les caractères d'un alcool. On peut admettre que le corps formé a d'abord la formule $CHO - C^6H^4 - O - C^6H^4 CHO$ (Perkin), puis qu'ensuite il se transforme en lactone n'ayant pas de caractère aldéhydique.   Décembre 1907.   J. Leroide.

SALICYLRÉSORCINE. — Voy. l'art. BENZOPHÉNONE.

SALIGÉNINE. — Voy. SALICYLIQUE (ALCOOL).

SALINIGRINE. — Ce glucoside a été rencontré à côté de la salicine, dans l'écorce du Salix discolor [Jowet, *Chem. Soc.*, **77**, 707, 1904]. Jowet et C. Poter [*Pharmaceutical Journal*, (4), **15**, 157, 1904] ont préparé l'extrait aqueux de l'écorce qu'ils ont déféqué puis évaporé à sec; en reprenant par l'alcool, ils ont obtenu des cristaux solubles dans l'alcool, l'eau, l'acétone, et fusibles à 195°. Par hydrolyse, la salinigrine donne du glucose droit et de la m-oxybenzaldéhyde; ce glucoside est moins soluble dans l'alcool que la salicine. L'écorce fraîche en contient 1 0/0. Octobre 1907. A. Hébert.

SALIPYRINE. — Salicylate d'antipyrine $C^{11}H^{12}Az^2O \cdot C^7H^6O^3$, obtenu par fusion de l'acide avec l'antipyrine et cristallisation de la masse refroidie dans l'alcool dilué.

Cristaux fusibles à 92°, solubles dans 200 p. d'eau à 15°, dans 25 à 100°. La solution se colore en violet par le perchlorure de fer en solution diluée; une trop grande quantité de réactif donne une coloration brune. M. Delacre.

SALIRÉTAZINE, voy. l'art. SALICYLIQUE (ALCOOL), p. 434.

SALITANNOL $C^{14}H^{10}O^7$. — Produit de condensation entre l'acide gallique et l'acide salicylique sous l'influence de $POCl^3$. Poudre amorphe.
M. Delacre.

SALIVE. — Voyez Dict., II, 1412 et 1er Suppl., 1413. — On doit à F. Hammerbacher une nouvelle analyse de salive mixte de l'homme avec analyse complète des cendres [*Zeit. physiol. Ch.*, 5, 302, 1881]. L'alcalinité de la salive mixte de l'homme oscille entre 0,002 et 0,048 avec une moyenne de 0,015 0/000 de NaOH. L'abaissement Δ du point de congélation va de 0°,07 à 0°,34 (moyenne 0°,20), la teneur en NaCl oscillant entre 0,046 et 0,28 0/00 (moyenne 0,16 0/00) [Cohn, *Deutsche med. Woch.*, 1900. 68 et 81]. Pour la recherche et le dosage du sulfocyanate, voyez von Solera [*Jahresb. de Maly*. 2, 258, 1877 et 8. 235, 1878; — Munk, *Arch. de Virchow*, 69, 350, 1877].

La salive naturelle neutralisée agit plus énergiquement que la salive naturelle. L'action est encore plus rapide quand on ajoute assez d'acide chlorhydrique pour saturer toutes les matières protéiques, mais 0.03 pour 0/00 de cet acide arrêtent déjà la saccharification, parce qu'il y a destruction de la ptyaline. La présence de peptones favorise la saccharification [Chittenden et Griswold, *Jahresb. de Maly*, 11, 268, 1881; — Chittenden et Smith, *ibid.*, 15, 256, 1885; — Nylen, *ibid.*, 12, 241, 1882; — Langley, *ibid.*, 11, 295, 1881]. Notons que cette question de l'action de HCl sur la digestion salivaire a perdu de son intérêt depuis qu'il est établi par les belles recherches de Grützner que l'action de la ptyaline peut se poursuivre dans l'estomac pendant plusieurs heures à l'abri de toute intervention du suc gastrique [Grützner, *Arch. de Philgen*, 106, 463, 1905].

Les produits de la saccharification salivaire de l'amidon ou du glycogène sont le maltose, l'isomaltose et un peu de glucose [Kulz et Vogel, *Zeit. f. Biol.*, 31, 108, 1894]. Il est certain, au surplus, que toute la question de la saccharification de l'amidon par la salive ou le suc pancréatique est à reprendre, depuis les belles recherches de Maquenne sur la composition de l'amidon naturel [voyez au mot PANCRÉATIQUE (SUC)].

La salive contient aussi une oxydase indirecte [Dupouy, Thèse de méd., Bordeaux, 1899] et peut-être une diastase glycolitique [Slowtzow, *Jahresb. de Maly*. 29, 901. 1899].
E. Lambling.

SALMINE. — Voy. l'art. PROTAMINES.

SALMONUCLÉIQUE (ACIDE). — Voy. l'art. NUCLÉOALBUMINES.

SALOCOLLE. — Salicylate de phénocolle

$$C^6H^4 \begin{cases} OC^2H^5 \\ AzH(C^2H^2O \cdot AzH^2) \end{cases} \cdot C^7H^6O^2$$

Poudre cristalline à saveur douceâtre.
M. Delacre.

SALOL. — Voy. l'art. SALICYLIQUE (ACIDE).

SALOPHÈNE. — Voy. l'art. PHÉNOL (AMINO-4).

SALVÈNE. — Voy. l'art. TERPÈNES.

SALVONE. — Ce constituant de l'huile de sauge serait, d'après Wallach, identique à la tanacétone, à la thuyone et à l'absinthone, mais Seyler émet un doute à ce sujet [*D. chem. G.*, 35, 650, 1902]. A. Hébert.

SAMANDARINE, SAMANDARIDINE. — Faust a extrait [*Chem. Centr.*, (II), 1213, 1898; (II), 718, 1899] du *Salamandra maculosa* une certaine quantité de la samandarine de Zubski; elle n'a pu donner de dérivés cristallisés, sauf le sulfate $(C^{20}H^{40}OAz^2)^2, H^2SO^4$. C'est un poison du système nerveux central.

Il est accompagné d'un autre alcaloïde, la *samandaridine*, dont le sulfate $(C^{20}H^{31}OAz^2)^2, SO^4H^2$ cristallise en tables rhombiques et possédant la même action physiologique.
Octobre 1907. A. Hébert.

SAMARIUM. — Voy. l'art. TERRES RARES.

SAMBUNIGRINE. — Guignard [*C. R.*, 141, 16, 1905] a constaté l'existence dans le sureau noir d'un composé fournissant de l'acide cyanhydrique et abondant surtout dans les feuilles, qui donnent 0 gr. 010 de cet acide pour 100 parties de folioles; ce glucoside serait dédoublé par une enzyme existant dans les mêmes plantes. Guignard et Houdas [*C. R.*, 141, 236, 1905] auraient caractérisé ce glucoside pour de l'amygdaline.

D'autre part, Bourquelot et Danjou [*C. R.*, 141, 59, 598, 1905] ont retrouvé ce glucoside dans les feuilles de sureau et l'ont isolé par extraction à l'éther acétique. Cette sambunigrine, ainsi qu'ils l'ont désignée, cristallise en aiguilles incolores, de saveur finalement amère, soluble dans l'eau, l'alcool, fusible à 151-152°, de pouvoir rotatoire $[\alpha]_D = -76°3$, de formule $C^{14}H^{17}AzO^6$ et donnant par hydrolyse avec l'émulsine du glucose, de l'acide cyanhydrique et de l'amygdaline. Octobre 1907. A. Hébert.

SANDARACOLIQUE (ACIDE). — A. Balzer, étudiant la résine de sandaraque [*Arch. Pharm.*, 234, 289, 1896], en a isolé par fractionnement un acide spécial, l'acide sandaracolique $C^{44}H^{65}O^5COOH$, fusible à 152° quand il est amorphe et à 140° lorsqu'il est cristallisé, donnant des *dérivés monoacétylé* et *monobenzoylé*, renfermant un groupe méthoxyle, se transformant en carbures benzéniques par distillation sur la poudre de zinc, oxydable par l'acide nitrique en acides oxalique et picrique et en un composé $C^{40}H^{48}O^{13}$ non étudié.

L'acide sandaracolique serait contenu à la teneur de 85 0/0 dans la sandaraque.
Octobre 1907. A. Hébert.

SANG. — Voyez Dict., II, 1414 et 1er Suppl., 1415.

COMPOSITION DU SANG. — On doit à Abderhalden de nouvelles analyses très complètes du sang de divers animaux domestiques. Pour les méthodes, voyez les mémoires originaux [E. Abderhalden, *Zeit. physiol. Chem.*, 23, 521 et 25, 65]. Ces analyses sont réunies avec celles de Bunge et de C. Schmidt, dans l'ouvrage de Bunge [*Lehr. d. Physiol.*, 2, 284 et 286, Leipzig, 1905. — Voyez aussi Lambling, *Le sang et la respiration* in *Encyclopédie chim. de Frémy, Chim. des liq. et tissus de l'org.*, Paris, 1895].

COAGULATION DU SANG. — Nous résumons ci-après, en suivant l'exposé qu'en a fait Arthus, la position actuelle du problème de la coagulation.

Production de la fibrine aux dépens du fibrinogène. — La fibrine sort du fibrinogène du plasma, qui disparaît entièrement par le fait de la coagulation, mais le poids de fibrine produite ne représente jamais que 60 à 70 0/0 du poids du fibrinogène. Comme le sérum contient après la coagulation une globuline nouvelle, la fibrino-globuline de Hammarsten, qui fait défaut dans le plasma, on admettait en général que par le fait de la coagulation, il y a dédoublement du fibrinogène en fibrine et en cette globuline. Mais cette interprétation est aujourd'hui très contestée et on incline à admettre que la fibrino-globuline préexiste dans le plasma, mélangée au fibrinogène [Huiskamp, *Zeit. physiol. Chem.*, **44**, 182].

Ferment de la fibrine. — L'agent qui provoque la transformation du fibrinogène en fibrine est une diastase, le *ferment de la fibrine* (fibrinferment, thrombine, plasmase), que l'on précipite en traitant du sang défibriné par plusieurs volumes d'alcool. Après plusieurs semaines de contact, le précipité, desséché à basse température, puis broyé avec de l'eau, fournit une solution qui coagule un liquide contenant du fibrinogène, et non spontanément coagulable comme le liquide d'hydrocèle (A. Schmidt). Le sang circulant ne contient pas cette diastase. Celle-ci provient des globules blancs, ce qui est établi sans contestation par un grand nombre d'expériences ; mais, tandis que les physiologistes enseignent en général que c'est la destruction anatomique des leucocytes qui met en liberté le ferment de la fibrine. Dastre et Arthus soutiennent que les globules blancs ne sont nullement l'élément fragile et vulnérable que suppose la théorie ci-dessus et qu'ils produisent la diastase par un phénomène d'*excrétion osmotique* — Arthus dit même : par une *sécrétion physiologique*. Quant à la cause qui provoque la mise en liberté du ferment, elle est d'ordre mécanique (contact avec une surface autre que la paroi du vaisseau sain) ou d'ordre chimique (substances encore inconnues fournies par les tissus, par les lèvres de la plaie par exemple). Cette dernière influence est tout à fait prépondérante dans la coagulation du sang des oiseaux. Retiré directement des veines, sans contact avec les tissus, ce sang reste liquide pendant huit jours et plus, tandis que la moindre trace de tissu ou de suc de tissu de l'animal provoque une coagulation immédiate (Delezenne).

Nécessité de l'intervention des sels de chaux. — Arthus et Pagès ont démontré que la présence des sels de chaux dissous dans le plasma est une condition essentielle de la coagulation. En effet, le sang additionné de 1 0/0 d'oxalates d'alcalis ne se coagule plus parce que les sels de chaux du plasma ont été précipités à l'état d'oxalate de calcium. Si l'on rajoute au sang ainsi décalcifié des traces de sels de chaux, ce sang redevient spontanément coagulable. Cette chaux n'est nécessaire ni à la formation de la fibrine aux dépens du fibrinogène, ni à la séparation de la fibrine formée, car des solutions de fibrinogène et de ferment de la fibrine, exemptes l'une et l'autre de sels de chaux précipitables par les oxalates, donnent néanmoins par leur mélange un caillot de fibrine. La chaux intervient au moment de la production du ferment de la fibrine. En effet, un sang oxalaté au sortir des vaisseaux, soumis à la centrifugation, fournit un plasma oxalaté non spontanément coagulable. Ce plasma ne contient donc pas de ferment de la fibrine, car on vient de voir que s'il en contenait, la présence de l'oxalate n'empêcherait nullement ce ferment de produire la coagulation du fibrinogène. Ce plasma se coagule, au contraire, par addition de sels de chaux. Il contenait donc une substance capable de se transformer en ferment de la fibrine sous l'influence des sels de chaux, soit donc un *proferment de la fibrine* ou *prothrombine* (Pekelharing, Hammarsten).

Notons ici que le plasma fluoré, obtenu par centrifugation du sang additionné de fluorure de sodium au sortir de la veine, n'est pas un plasma décalcifié, car il ne se coagule pas par addition de sels de chaux. S'il ne se coagule pas spontanément, c'est parce qu'il ne contient pas de ferment de la fibrine, sans doute pour cette raison que le fluorure, arrêtant toutes les manifestations de la vie cellulaire, a supprimé la production du ferment ou du proferment par les leucocytes. Additionné de sérum naturel ou fluoré, le plasma fluoré se coagule (Arthus).

En résumé, la coagulation est produite par la succession des phénomènes que voici : sous l'influence d'excitants mécaniques ou chimiques, les globules blancs abandonnent au plasma une prodiastase, que les sels de chaux dissous dans le plasma transforment en ferment de la fibrine. Sous l'action de cette diastase, le fibrinogène disparaît et le caillot de fibrine se produit.

Substances anticoagulantes. — D'après A. Schmidt, les globules blancs, et en général toutes les cellules, contiennent à la fois des substances insolubles dans l'alcool, de l'ordre des nucléoprotéides, qui empêchent la coagulation, et des substances solubles dans l'alcool, différentes du ferment de la fibrine et qui hâtent la coagulation. Pendant la vie, c'est l'influence des premières qui est prépondérante ; après la mort, l'action des secondes l'emporte. Les substances empêchantes paraissent plus spécialement localisées dans certains organes, notamment le poumon, et les substances favorisantes dans d'autres, comme les viscères abdominaux. Ainsi, lorsque chez le chien on limite la circulation au cœur, aux gros vaisseaux et aux poumons (obturation de l'aorte thoracique, ligature des carotides et des sous-clavières, sauf un tronc artériel qui, chez cet animal, verse son sang dans la veine jugulaire), le sang perd, au bout de peu de temps, sa coagulabilité (Pawlow). Le même résultat est obtenu en excluant, au contraire, les viscères abdominaux de la circulation (Bohr).

L'injection intraveineuse d'albumoses (peptones du commerce) rend le sang incoagulable. Ce résultat est dû à la production d'une substance qui rend le sang incoagulable, car l'addition de ce sang ou de son plasma à du sang normal empêche la coagulation de ce sang. Cette substance se forme dans les intestins (Contejean) et dans le foie (Gley et Pachon), car l'injection d'albumose pratiquée après destruction ou extirpation du foie reste sans effet, et la circulation artificielle, à travers le foie, d'un sang additionné d'albumose fournit à la sortie de l'organe un sang à propriétés anticoagulantes énergiques (Delezenne). Pour la bibliographie, voyez dans l'*Encyclopédie chim. de Frémy* le travail de Lambling, cité plus haut, et pour les travaux plus récents l'étude d'ensemble de Morawitz, *Die Chemie der Blutgerinnung, in Ascher et Spiro, Ergebnisse der Physiol.*, Biochemie, 4ᵉ année, Wiesbaden, 1905, 307, où se trouve réunie une bibliographie complète de 490 mémoires.

LES ÉLÉMENTS FIGURÉS DU SANG. — *Perméabilité des globules rouges.* — Bien que la concentration moléculaire du plasma soit à chaque instant modifiée par une arrivée ou une soustraction de molécules dissoutes, l'expérience montre que le point de congélation des globules et du plasma est le même, c'est-à-dire que ces deux constituants du sang sont isotoniques l'un vis-à-vis de l'autre, à quoi l'on pouvait s'attendre. Cet état de choses implique évidemment, entre les globules et le plasma, la production d'échanges constants, dont on a commencé à étudier les lois. Pour les méthodes, voyez Hamburger (*Osmotischer Druck und Jonenlehre in den med.*

Wissenschaften, I, 210, Wiesbaden, 1902 et V. Henri (*Cours de chimie physique*, Paris, 1906. 1er fasc., 116). Les résultats obtenus, encore contestés en partie, ne peuvent être exposés ici.

Hémolyse. — Si l'on agite quelques gouttes de sang défibriné avec une solution de sel marin à 1 0/0, on constate que les globules se déposent au fond d'un liquide tout à fait incolore. Si l'on dilue ensuite progressivement la solution saline, on finit par trouver une concentration pour laquelle le liquide surnageant commence à être teinté en rouge. On dit alors qu'il y a *hémolyse*. Ce phénomène est dû à ce fait que des solutions suffisamment hypotoniques par rapport aux globules provoquent la sortie et la dissolution de l'hémoglobine d'un certain nombre de globules qui, moins résistants que les autres, sont gonflés au point qu'ils éclatent. Hamburger a fondé sur cette réaction une méthode pour déterminer la concentration de la solution saline isotonique avec un liquide donné (un sérum par exemple). Si l'on augmente encore la dilution de la solution de sel, toute la matière colorante finit par entrer en dissolution. On dit alors que les globules sont dissous et que le sang est « laqué ». En réalité, les globules sont simplement décolorés et on peut les isoler par certains artifices.

En général, l'hémolyse du sang des mammifères ne commence qu'avec une solution de chlorure de sodium contenant un peu moins de 0,6 0/0 de sel, tandis que le sérum est isotonique avec une dissolution de sel marin à 0,9 0/0 environ. Il est donc inexact d'appeler, comme on le fait quelquefois, la solution de sel marin à 0,6 0/0 *solution physiologique*, et de croire qu'elle laisse le globule intact, parce qu'elle ne lui enlève pas de matière colorante. En réalité, une telle solution gonfle fortement le globule, qui reste, au contraire, intact dans la solution à 0,9 0/0. Celle-ci est donc la véritable solution physiologique.

Outre cette hémolyse, dont le mécanisme semble être plutôt d'ordre physique, on en observe une autre, produite par des corps très divers, qui agissent en petites quantités et comme des poisons du protoplasme. Ainsi se comportent l'éther, le chloroforme, les alcalis, les acides biliaires, la saponine, etc., et aussi un grand nombre de toxines spéciales (hémolysines) engendrées par des micro-organismes divers, ou par des animaux (serpents, crapauds, abeilles, araignées). Le pouvoir hémolytique de ces lysines est parfois très considérable. Ainsi, une araignée porte-croix de 1gr,4 fournit un extrait pouvant produire l'hémolyse de 2lit,5 de sang de lapin. Certains sérums sanguins sont naturellement hémolytiques vis-à-vis du sang d'autres espèces animales. Enfin l'injection à un animal *a*, d'espèce A, de globules rouges d'une espèce B, provoque l'apparition, dans le sérum de *a*, d'une hémolysine qui dissout les hématies d'un animal d'espèce B [Bordet, *Ann. Inst. Pasteur*, 9, 462 et 11, 1898; — voyez aussi Duclaux, *Traité de microbiologie*, 2, 732, Paris, 1899].

Matières colorantes des globules rouges. — Voyez 2e Suppl. au mot HÉMOGLOBINE.

Autres matériaux des globules rouges. — On sait que les globules rouges contiennent de la *lécithine*, peut-être en combinaison avec le pigment. On a saisi des relations entre la teneur en lécithine des globules et l'hémolyse par les venins de serpents [Kyes, *Berl. klin. Wochenschr.*, 1902, 886 et 918; — Kyes et Sachs, *ibid.*, 1903, n° 2-4; — Kyes, *ibid.*, 1903, 956 et 982]. L'*acide glycuronique*, qui existe dans le sang sous la forme de conjugués à hydrolyse plus ou moins facile, est surtout localisé dans les globules

[Lépine et Boulud, *C. R.*, **136**, 1037 et **142**, 196; — voyez aussi plus loin].

PLASMA ET SÉRUM. — *Matières protéiques.* — Pour la préparation et les propriétés du fibrinogène et de la fibrine, voyez 2e Suppl., 4, 130; pour la sérum-albumine, 2e Suppl., 1, 127, et pour la sérum-globuline, 2e Suppl., 4, 705.

Lorsqu'on fait à un animal des saignées successives et qu'on lui réinjecte chaque fois ce sang, après qu'on l'a défibriné, on constate que le sang prélevé par de nouvelles saignées ne reste incoagulable que pendant quelques heures. Le fibrinogène s'est donc reformé dans quelque organe. Celui qui intervient ici, sinon seul, du moins d'une façon prépondérante, c'est le foie. En effet, après ablation de cet organe, ou après sa destruction par des substances toxiques (phosphore, chloroforme), le sang ne contient plus que très peu de fibrinogène et est devenu incoagulable [Dastre, *Soc. de Biol.*, 45, 71 et *Arch. de Physiol.*, 25, 169; — Doyon, Morel et Kareff, *ibid.*, 58, 493].

La *sérum-albumine* est probablement un mélange de plusieurs albumines [K. Oppenheimer, *Arch. f. Physiol.*, 1903, 201]. La *sérum-globuline* a été de même fractionnée en *fibrino-globuline*, en *globuline* et *pseudo-globuline* [Fuld et Spiro, *Zeit. physiol. Chem.*, 31, 139; — Porges et Spiro, *Beitr. chem. Physiol.*, 3, 277]. On doit à Moll d'intéressantes observations sur la transformation de la sérum-albumine en sérum-globuline sous l'influence des alcalis et sur l'augmentation de la sérum-globuline dans le sang au cours de l'immunisation [*Beitr. chem. Physiol.*, 4, 563 et 578]. Sur la régénération des matières albuminoïdes du sérum après la saignée, voyez Morawitz [*Ibid.*, 7, 153] et sur leur formation à partir des protéiques ingérés, Abderhalden et Samuely [*Zeit. physiol. Chem.*, 46, 193].

Autres constituants organiques. — Lorsqu'on a éliminé du sang toutes les matières albuminoïdes coagulables, on constate que le filtrat contient encore de l'azote. Ce *reste azoté* est constitué par les matières extractives azotées (urée, acide urique, créatinine, corps xanthiques, etc.). On y trouve aussi, d'après Bergmann et Langstein, et d'autres observateurs, des albumoses, surtout primaires, et un débat très vif s'est engagé autour de cette question à cause des théories sur l'absorption digestive des albumines qui s'y rattachent [Bergmann et Langstein, *Beitr. chem. Physiol.*, 6, 27, 1904].

Le sérum sanguin contient des substances qui réduisent la liqueur de Fehling et que l'on évalue ordinairement en glucose. Lépine et Boulud ont montré par une série d'intéressantes recherches que cette question des *substances réductrices* du sang est bien plus compliquée qu'on ne le croyait. Le sang total contient en effet : 1° du glucose dextrogyre (Harriot); 2° des corps non réducteurs, sans doute des hydrates de carbone, pouvant fournir du sucre réducteur sous certaines influences, notamment par passage du sang dans les poumons ou les capillaires (sucre virtuel de Lépine et Boulud); 3° des conjugués glycuroniques lévogyres, dont les uns réduisent la liqueur de Fehling directement et sont dosés avec le glucose, et dont les autres ne réduisent qu'après hydrolyse en présence d'un acide et au-dessus de 100°. L'acide glycuronique des conjugués stables, le seul qu'on puisse doser exactement, représente souvent de 20 à 30 0/0 de la quantité totale des matières réductrices. Toutes ces substances sont en mutations incessantes dans le sang et leurs proportions respectives varient donc sans cesse [pour la bibliographie de cette question, voyez Lépine et

Boulud, *Journ. de physiol. et de pathol. gén.*, 7. 775].

On trouve aussi dans le sérum de la *glycérine* [Nicloux, *Journ. de Physiol. et de Path. gén.*, 5. 803 et 827], de la *bilirubine*, ce qui constituerait une véritable cholémie normale [voyez les recherches de Gilbert et de ses élèves, *Soc. de Biol.*, 55, 584 et 847; 56, 872 et 58. 250] et des *diastases*. Le sérum contient, en effet, une amylase, une maltase (Bourquelot et Gley), une diastase glycolytique (Lépine et Barral), une diastase stéatolytique, la lipase de Hanriot, qui ne dédoublerait que la monobutyrine et d'autres éthers analogues, mais non les graines naturelles (Arthus, Doyon et Morel); enfin, le sang renferme des oxydases qui adhèrent notamment à la fibrine (N. Sieber) et qui proviennent sans doute des leucocytes (Portier). On y trouve aussi des antidiastases et notamment une antichymosine, une antipepsine et une antitrypsine.

Matières minérales du sérum. — Ces matières, et surtout le chlorure de sodium, constituent les facteurs prépondérants de la *tension osmotique* du sérum ou du plasma. Ainsi un sérum de cheval présentait un abaissement cryoscopique de $\Delta = -0°,527$, soit donc une concentration osmotique de $0,527 : 1,85 = 0,284$ moles (molécules $+$ ions) par litre. Or, sur ces 0.284 moles, 0,229 soit 81 0/0 étaient de nature minérale, et 0,158 soit 56 0/0 étaient fournis par le chlorure de sodium. Notons encore que sur ces 0,284 moles, il y en avait 0,206, soit 72 0/0, qui étaient représentés par des ions Na, Cl, CO^3, ce qui fait ressortir l'importance de l'ionisation dans le maintien et sans doute dans la régulation de la tension osmotique [cité d'après Cohen, *Physikal. Chem. für Aerzte.* Leipzig, 1901. 204].

On sait que l'*alcalinité de titration* du sang total chez l'homme équivaut à peu près à celle d'une solution de soude à 2 gr. de $NaOH$ par litre. L'*alcalinité ionique*, mesurée à l'aide de la pile de concentration à électrodes gazeuses, équivaut à peu près à celle de l'eau pure, c'est-à-dire que le sang est pratiquement neutre [Foa, *Soc. de Biol.*, 58, 1000]. E. Lambling.

SANGUINARINE $C^{20}H^{15}AzO^4 + H^2O$. $C^{19}H^{12}AzO^3(OH^3)$, H^2O. — (Dict., 1431). R. Fischer [*Arch. Pharm.*, 239. 421. 1901] a confirmé la formule de König [*Arch. Pharm.*, 234. 145. 161]. Aiguilles fusibles à 213°. M. Delacre.

SANOFORME. — Diiodosalicylate de méthyle [Meyer, *Bull. Soc. Chim.*, (3), 29, 16. 1903]. M. Delacre.

SANTAL. — (Voy. Dict., 2, 2ᵉ partie, p. 1433: 1ᵉʳ Suppl., p. 1417). Cazeneuve et Hugounenq ont séparé [*Bull. Soc. Chim.*, (2). 48. 86, 1887] de l'ancienne ptérocarpine de Cazeneuve un autre corps, l'homoptérocarpine, soluble dans le sulfure de carbone et qui est contenu à la teneur de 5 gr. par kilogr. de santal, la ptérocarpine étant obtenue à la teneur de 1 gr. par kilogr.

Soden et Müller [*Pharm. Zeit.*, 44. 258], Schimmel [*D. chem. G.*, avril 1899], Guerbat [*Bull. Soc. Chim.*, (3). 23, 217, 1900] ont étudié la composition de l'essence de santal des Indes orientales. Ce dernier auteur a pu en isoler :

1° Deux carbures sesquiterpéniques $C^{15}H^{24}$, les *santalènes* α et β.

2° Un mélange d'alcools sesquiterpéniques correspondant vraisemblablement aux carbures précédents; ce sont les *santalols* α et β.

3° Une aldéhyde $C^{15}H^{24}O$, le *santalol*.

4° Un acide de formule $C^{15}H^{24}O^2$, l'*acide santalique*.

5° Un acide de formule $C^{10}H^{14}O^2$, l'*acide térésantalique*.

6° Des composés odorants en petites quantités.

Pour les propriétés de ces différents composés, voyez l'article TERPÉNIQUE (SÉRIE).

Dans l'essence de santal des Indes occidentales, Deussen [*Arch. Pharm.*, 238, 184, 1900; 240, 288, 1901] aurait trouvé des cadinènes et deux alcools sesquiterpéniques $C^{15}H^{23}OH$ et $C^{15}H^{23}OH$.

Thomas [Brevet anglais 875, 20 janvier 1887, Manchester] a extrait la matière colorante du bois de santal par traitement à l'alcool méthylique ou aux solutions alcalines chaudes; la matière, reprécipitée par un acide, est rendue soluble dans l'eau par traitement à l'acide sulfurique; elle pourrait alors s'appliquer comme les autres couleurs dérivées du goudron de houille.

Le santalol, absorbé dans l'organisme, passe dans l'urine à l'état d'acide glycuronique conjugué [Hildebrandt, *Zeit. physiol. Chem.*, 36, 441, 1902]. A. Hébert.

SANTALÈNE ET DÉRIVÉS (SANTALOLS, etc.). — Voyez TERPÉNIQUE (Série).

SANTALOL. — Voyez TERPÉNIQUE (SÉRIE).

SANTOGÉNINE $C^{30}H^{36}O^9$. — Trouvée dans l'urine de chien après ingestion de santonine [Jaffé, *Jahrs. über Thierchemie*, 1890]. Les alcalis la transforment en *acide santogénique*. M. Delacre.

SANTOLIQUE (ACIDE). — L'oxime de l'acide santonique (form. I) ne donne pas de dérivé pernitrosé avec $HAzO^2$, mais l'*anhydride de l'acide hydroxame-santolique* (form. II).

Ce corps, insoluble dans les carbonates alcalins, donne la réaction de l'hydroxylamine, se colore en violet par $FeCl^3$ (acides hydroxamiques) et donne par scission avec H^2SO^4 dilué de l'hydroxylamine et l'acide santolique bibasique (form. III) :

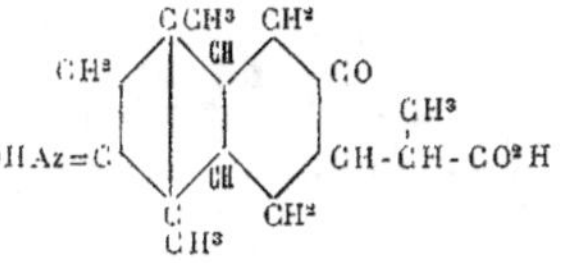

(I) Oxime de l'acide santolique.

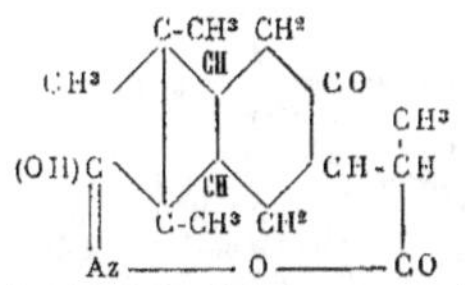

(II) Anhydride de l'acide hydroxame santolique.

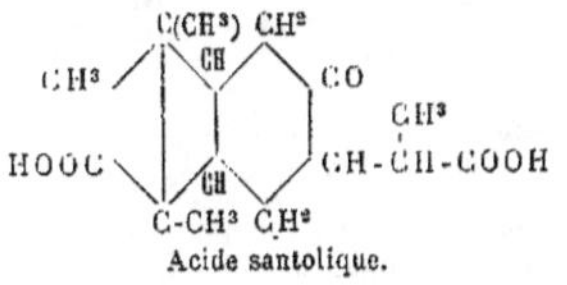

(III) Acide santolique.

L'acide santolique donne deux dérivés azotés avec l'hydroxylamine, dont l'un est une oxime [Francesconi et Ferulli, *Gazz. chim. ital.*, 33, I, 188, 1903].

Cristaux fusibles à 166-167°, peu solubles dans l'eau, solubles dans les carbonates alcalins. Les éthers méthylique et éthylique sont des huiles. M. Delacre.

SANTONEUX (ACIDE) $C^{15}H^{20}O^3$ (voyez Suppl., 1418). — Les propriétés qui ont été indiquées de l'acide santoneux trouvent leur représentation dans la formule suivante :

$$CH^3$$
$$CH^2$$
$$HC \quad CH^2$$
$$CH^3$$
$$OHC \quad CH\text{-}CH\text{-}COOH$$
$$CH^2$$
$$CH^3$$

Acide santoneux-d. — On le prépare par réduction de la santonine au moyen de $SnCl^2$. On l'obtient aussi par réduction de la lévodesmotroposantonine [Andreocci, Bertolo, *D. chem. G.*, **34**, 3132, 1898], par séparation, au moyen de la cinchonine, de l'acide racémique [Alessandrello, *Gazz. chim. ital.*, **29**, I, 479]. $[\alpha]_D = +74°,5$. Description des dérivés (voyez Andreocci).

Acide santoneux-l (acide isodesmotroposantoneux). — On l'obtient par réduction de l'isodesmotroposantonine [Andreocci, *Gazz. chim. ital.*, **23**, II, 488] ou par séparation du racémique (Alessandrello); $[\alpha]_D = -74°,30$. Description des dérivés [Andreocci, *Gazz. chim. ital.*, **25**, I, 515].

Acide santoneux-r (acide isosantoneux). — Par réduction de la desmotroposantonine *r*. Inactif. Se sépare sous forme de sel de cinchonine (Alessandrello). Description des dérivés [Andreocci, *Gazz. chim. ital.*, **29**, I, 479].

Acide disantoneux par $FeCl^3$ sur l'acide santoneux (Andreocci).

Acide desmotroposantoneux. — Par réduction de la desmotroposantonine au moyen de la poudre de zinc [Andreocci, *Gazz. chim. ital.*, **23**, II, 477]. Dérivés [Andreocci, *Gazz. chim. ital.*, **25**, I, 531].

Acide didesmotroposantoneux $C^{30}H^{38}O^6$ par $FeCl^3$ sur le précédent [Andreocci, *D. chem. G.*, **28**, II, 394].

On connaît encore d'autres isomères de l'acide santoneux : l'acide hyposantonique (voyez *Santonique*) et deux acides hyposantoniniques (voyez *Santoninique*). M. Delacre.

SANTONINE $C^{15}H^{18}O^3$ (anhydride santoninique).

La santonine se dissout dans les alcalis sous forme de santoninate; par ébullition il y a transformation en santonates.

L'*acide santonique* $C^{15}H^{20}O^4$ traité par HI donne l'*acide santoneux* $C^{15}H^{20}O^3$ que l'on avait considéré primitivement comme résultat d'une simple transformation de

$$\begin{array}{c} -CO \\ -CH \end{array} \!\!>\! O \quad \text{en} \quad \begin{array}{c} -COOH \\ -CH^2 \end{array}$$

En fait, cette transformation de l'acide santonique en acide santoneux s'accompagne de l'énolisation du chaînon cétonique de l'acide santonique.

L'*acide santoneux*, sous l'influence de la potasse, se dédouble quantitativement :

$$C^{15}H^{20}O^3 = C^3H^6O^2 + C^{12}H^{12}O + H^2$$
Ac. santoneux. Diméthyl-naphtol.

Ce naphtol donne un diméthyl-naphtalène qui par oxydation donne de l'acide phtalique; on en conclut que le groupe OH et les deux CH^3 du diméthylnaphtol sont du même côté dans l'acide *santoneux*.

L'oxydation de l'acide santonique donne l'acide *para* diméthylphtalique. Ces faits trouvent leur explication dans la formule suivante

$$C\text{-}CH^3 \quad CH^2$$
$$CH^2 \quad C \quad CH\text{---}O$$
$$CO \quad CH\text{-}CH\text{-}CO$$
$$C\text{-}CH^3 \quad CH^2 \quad CH^3$$

qui rend également compte de la déshydratation aisée de l'acide santoninique et de l'énolisation dans la formation de l'acide santoneux :

$$\begin{array}{c} CH^2 \\ | \\ CO \end{array} \quad \text{deviendrait} \quad \begin{array}{c} HC \\ || \\ OH\text{-}C \end{array}$$

Bertolo admet [*Gazz. chim. ital.*, **32**, II, 371, 1902] que tous les dérivés de la santonine dans lesquels cette transformation a eu lieu donnent par fusion avec la potasse, comme produit principal, le para-diméthylnaphtol (fusible à 135-136°).

D'après le même chimiste, les dérivés de la santonine dans lesquels le groupe cétonique est réduit en groupe méthine $-CH=CH-$ (hyposantonine) donnent par fusion avec la potasse à 360° les rendements tout à fait théoriques d'un hydrocarbure correspondant au paradiméthylnaphtol, le paradiméthylnaphtalène.

Enfin, tous les dérivés qui, comme la santonine, contiennent le groupement cétonique $-CH^2-CO-$, ne donnent pas fusion avec la potasse ni le diméthylnaphtol, ni la diméthylnaphtaline, mais une substance qui n'est pas encore bien déterminée.

La santonine se combine à l'hydroxylamine, pour donner une *oxime* fusible à 216-217°, $C^{15}H^{19}AzO^3$ [Cannizaro, *D. chem. G.*, **18**, 2746; — Gucci, *D. chem. G.*, **19**, 369; — Klein, *D. chem. G.*, **26**, 412].

La santonine se combine à la phénylhydrazine.

Santoninamine, $C^{15}H^{21}AzO^2$, par réduction de l'oxime, fusible à 96° [Gucci et Grassi, *Gazz. chim. ital.*, **22**, I, 3; — Francesconi, *ibid.*, **29**, II, 204]; combinaison de la santonine avec l'acide nitrique $C^{15}H^{18}O^3.HAzO^3$. La fraction cétone est transformée en

$$-C \!\!\begin{array}{c} \diagup OH \\ \diagdown O-AzO^2 \end{array}$$

[Andreocci, *Cent. Blatt.*, I, 169, 1897].

Composés chlorés et bromés de la santonine [Klein, *D. chem. G.*, **25**, 3317; Wedekind et Koch, *ibid.*, **28**, 429, 1905].

Desmotroposantonine : voyez SANTONIQUE (ACIDE DESMOTROPO-).

Isodesmotroposantonine : voyez SANTONIQUE (ACIDE ISODESMOTROPO-).

Lévodesmotroposantonine : voyez SANTONIQUE (ACIDE LÉVODESMOTROPO).

ISOSANTONINE. — (Valente; appelée par Francesconi méta-santonine); par l'action de H^2SO^4 sur l'acide santonique [Francesconi, *Gazz. chim. ital.*, (II), **25**, 461, 1896]. Elle fond à 137-138° :

$$C\text{-}CH^3 \quad CH^2$$
$$CH^2 \quad C \quad CH\text{---}O$$
$$CO \quad CH\text{-}CH\text{-}CO$$
$$C\text{-}CH^3 \quad CH^2 \quad CH^3$$
Santonine.

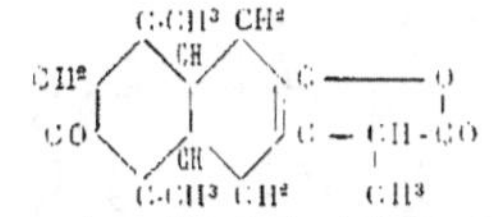

Isosantonine (métasantonine de Francesconi).

[Francesconi, *Gazz. chim. ital.*, **29**, (II), 181, 1897].

Oxime. — Fusible à 220°, cristallise dans l'eau chaude avec 1 mol. d'eau; ne donne pas d'amine par réduction (différence avec l'oxime de la santonine). M. Delacre.

SANTONINIQUE (ACIDE) (voyez Dict., 1436),

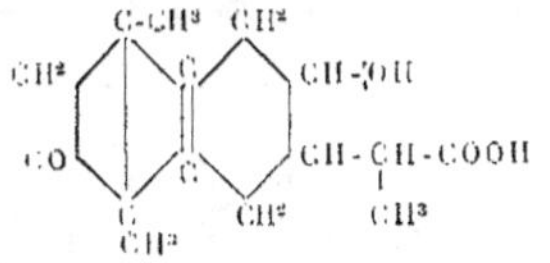

— Cette constitution est déduite de celle de la santonine (voyez ce mot).

SANTONINIQUE (ACIDE HYPO).

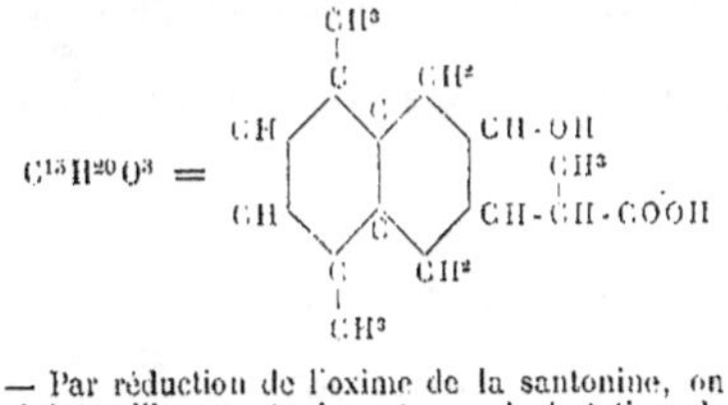

$$C^{15}H^{20}O^3 =$$

— Par réduction de l'oxime de la santonine, on obtient l'hyposantonine et par hydratation de celle-ci l'acide [Gucci et Grassi, *Gazz. chim. ital.*, **22**, I, 13].

ACIDE ISOHYPOSANTONINIQUE. — Par isomérisation de l'acide précédent ou de son anhydride, on obtient l'acide iso- ou l'anhydride qui lui correspond. M. Delacre.

SANTONINIQUE (ACIDE PHOTO). $C^{30}H^{42}O^9$. — Il se forme par l'action de la lumière en présence de potasse sur l'acide santoninique et d'autant mieux qu'il y a plus de potasse.

Éther diéthylique, $C^{34}H^{50}O^9$, fusible à 132°.

L'action de l'anhydride acétique donne un dérivé monoacétylé de la dilactone photosantoninique. $C^{32}H^{40}O^8$ (fusible à 199-201°) [Francesconi et Maggi, *Gazz. chim. ital.*, **33**, II, 65, 1903].

SANTONIQUE (ACIDE) $C^{15}H^{20}O^4$. — Voyez Suppl., 1419.

L'action de l'anhydride acétique donne un *monoacétate* (fusion 197-198°) qui régénère par saponification l'acide santonique; en prolongeant l'action en présence d'acétate on arrive à un *diacétate* $C^{15}H^{18}O^2(C^2H^3O^2)^2$, fusible à 207°, mais qui donne par saponification l'acide m-santonique correspondant à l'isosantonine (m-santonine de Francesconi) [Francesconi, *Gazz. chim. ital.*, **25**, II, 461, 1896].

Oxime, $C^{15}H^{21}AzO^4$. — Préparée en chauffant à l'ébullition pendant plusieurs heures dans l'alcool l'acide avec le chlorhydrate d'hydroxylamine et CO^3Ca; fusible à 186-187°. Les acides la scindent en acide santonique et AzH^3O [Francesconi, *D. chem. G.*, **22**, I, 186]. Voyez ACIDE SANTOLIQUE.

Dioxime, $C^{15}H^{24}Az^2O^4$. — Obtenue par ébullition pendant plusieurs jours du chlorhydrate

d'hydroxylamine (20 à 30 mol.) avec l'acide dissous dans les alcalis; fusible à 120-125°.

Phénylhydrazone. $C^{21}H^{26}O^3Az^2$, fusible à 174°, par l'action de l'acétate de phénylhydrazine (2 mol.) sur l'acide (1 mol.) en solution aqueuse [Francesconi, *Gazz. chim. ital.*, **29**, II, 181, 1897].

Hydrazone, $C^{30}H^{40}Az^2O^6$. — Elle cristallise dans l'éther et fond à 206-207°.

Semi-carbazone, $C^{16}H^{23}O^4Az^3$, fusible à 183-185° [Francesconi et Ferulli, *Gazz. chim. ital.*, **33**, I, 188, 1903].

ACIDE MÉTASANTONIQUE. — Ce stéréoisomère de l'acide santonique.

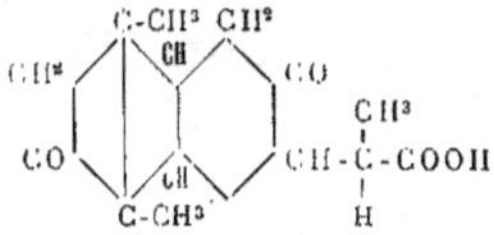

Acide santonique.

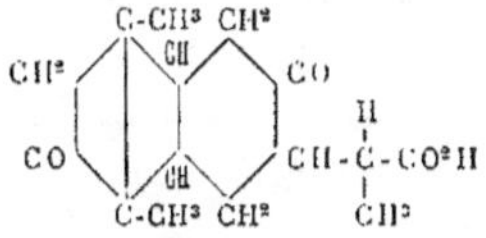

Acide métasantonique.

se forme par l'action de l'acide acétique sur l'acide santonique.

Le *monoacétate*, fusible à 202-203°, se prépare par ébullition de l'acide méta avec l'anhydride monoacétique.

Le *diacétate*, $C^{15}H^{18}O^4(C^2H^3O)^2$, fusible à 207°, s'obtient par l'action de l'anhydride acétique et d'acétate sur l'acide santonique [Francesconi; *Gazz. chim. ital.*, **25**, II, 461, 1896].

Dioxime de l'acide métasantonique $C^{15}H^{22}O^4Az^2$, fusible à 115-120°.

ACIDE PARASANTONIQUE. — Fusible à 170° [Francesconi, *Gazz. chim. ital.*, **25**, II, 46]. Il ne se combine pas avec l'hydroxylamine et ne donne pas de dérivé acétylé avec l'anhydride acétique (voyez *Acide santonique*).

ACIDE ISOSANTONIQUE. — On l'obtient en traitant le santonide par HCl [Francesconi, *Gazz. chim. ital.*, **25**, II, 471].

Il fond à 152°, ne se combine pas à AzH^3O. Chauffé avec l'anhydride acétique, il régénère le santonide mais sans donner de dérivé acétylé.

Francesconi résume dans le tableau suivant les relations expérimentales qui existent entre l'acide santonique et ses isomères para, méta et iso [*Atti R. Acad. Lincei*, (5), **12**, 204, 1903].

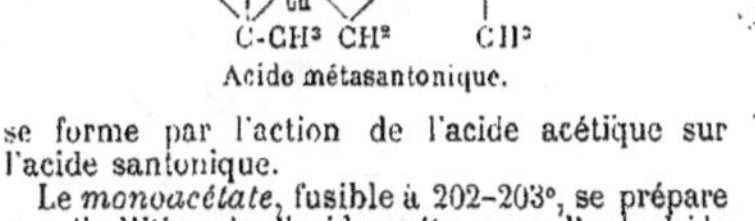

à 180°   KOH ou HCl
Ac. santonique → Santonide ⇄ Ac. isosantonique
                                    anh. acét.

                          KOH ou HCl
Ac. m-santonique → p-Santonide ⇄ Ac. p-santonique
à 260-300°   anh. acét.

ACIDE DESMOTROPOSANTONIQUE.

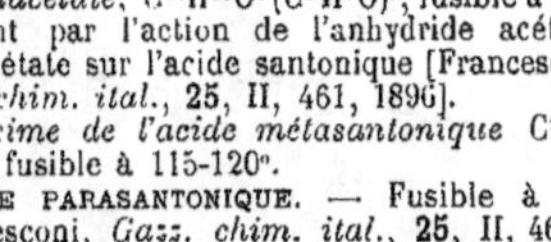

— On l'obtient par solution de la desmotroposantonine dans l'eau de baryte; il se transforme aisément en son anhydride.

ANHYDRIDE (*Desmotroposantonine*). — On l'obtient par l'action de HCl fumant au repos sur la santonine.

Aiguilles brillantes fondant à 260°, ne se combinant pas avec la phénylhydrazine. Elle donne des éthers, méthylique. etc., et un acétate. Elle ne contient plus de fonction cétone et possède une chaîne aromatique; par l'acide nitrique elle donne un *dérivé nitré* qui se comporte comme un nitrophénol [Andréocci, *Gazz. chim. ital.*, 25, (I), 472; *Att. R. Acad. dei Lincei*, (5), 5, 309, 1897].

ACIDE ISODESMOTROPOSANTONIQUE. — On l'obtient en chauffant l'isodesmotroposantonine à 200° avec 1 partie de KOH et 1 partie d'eau. $[\alpha]_D = +127°,9$ dans l'alcool pour $c = 1,32$. A 100°, même en présence de l'eau, il se transforme en anhydride (fusible à 187-188°).

ACIDE LÉVODESMOTROPOSANTONIQUE. — Par hydratation de l'anhydride, lequel se forme par action de l'acide sulfurique dilué sur la santonine à 56-60°.

L'*anhydride* fond à 194°: $[\alpha]_D^{28} = -139°,4$ (en sol. alcoolique à environ 2 0/0) [Andréocci, Bertolo, *D. chem. G.*, 34, 3131].

ACIDE HYPOSANTONIQUE $C^{15}H^{20}O^3$. — Par action du nitrite de soude sur l'éther éthylique de l'acide santonique [Francesconi, *Gazz. chim. ital.*, 22, I, 192]. M. Delacre.

SANTONIQUE (ACIDE DÉHYDROPHOTO-) $C^{15}H^{20}O^4$. — Par l'action de HCl sur la solution alcoolique de l'acide photosantonique, on l'obtient à l'état d'éther diéthylique.

On connaît un acide inactif (fusible à 132°) et un actif (fusible à 138°,5-139°) [Villavecchia, *D. chem. G.*, 18, 2862; — Cannizzaro et Gucci, *Gazz. chim. ital.*, 23, I, 289].

SANTONIQUE (ACIDE ISOPHOTO). — Il se forme à côté de l'acide photosantonique par l'action du soleil sur une solution acétique de santonine [Cannizzaro et Fabris, *D. chem. G.*, 19, 2260].

Francesconi et Venditti, dans une étude complète qu'ils ont faite [*Gazz. chim. ital.*, 32, I, 281, 1902] de la constitution des acides photosantonique, isophotosantonique et déhydrophotosantonique en même temps que de l'acide pyrophotosantonique (voyez 1er Suppl., 1420), résument l'état de la question par le tableau qui suit:

Ac. pyrophotosantonique ⟶ Ac. photosantonique ⟶ Ac. déhydrophotosantonique

Santonine ⟶ Intermédiaire ⟶ Ac. diméthylphtalide-carbonique

Ac. déhydro-oxy-isophotosantonique ⟵ Ac. isophotosantonique

Santonine.

Intermédiaire.

Ac. photosantonique.

Ac. déhydro-oxy-isophotosantonique.

Ac. isophotosantonique.

Ac. pyrophotosantonique.

Ac. déhydrophotosantonique.

Ac. diméthylphtalide-carbonique.

SANTONIQUE (ACIDE TRICÉTO-), $C^{15}H^{14}O^7$

[Francesconi, *Gazz. chim. ital.*, 29, II, 181]. — Par bromuration de l'acide santonique en présence de l'eau. L'auteur en a préparé une *dioxime* et l'*anhydride* de cette dioxime. M. Delacre.

SANTONONE $C^{30}H^{34}O^4$. — On l'obtient par réduction de la santonine $C^{15}H^{18}O^3$ au moyen de la poudre de zinc en solution acétique [Grassi, *Gazz. chim. ital.*, 22, II, 126]. Fusible à 223°. Les alcalis la transforment en acide santononique.

Isosantonone. — Elle s'obtient par l'action de H^2SO^4 sur une solution alcoolique d'acide santononique. Elle s'hydrate par la baryte en acide isosantononique. M. Delacre.

SANTONONIQUE (ACIDE) $C^{30}H^{38}O^6$. —

Voyez SANTONONE. Constitution d'après Francesconi :

```
        C-CH³   CH²
    CH                CHOH                 ┐
                                           │ 2
  —C                  CH-CH-COOH           ┘
        C-CH³   CH²          CH³
```

ACIDE ISOSANTONONIQUE. — Voyez *Santonone* (189-).

ACIDE BISDIHYDROSANTONONIQUE $C^{30}H^{34}O^4$:

```
        C-CH³   CH²
    CH        C        CH²                 ┐
                                           │ 2
  —C                   C-CH-CO²H           ┘
        C-CH³   CH²          CH³
```

— Par l'action de HCl sur une solution de santonone dans l'alcool méthylique. Donne un éther diméthylique [Grassi, *Gazz. chim. ital.*, **23**. I, 60].

L'oxydation a donné à Grassi et Tormachio [*Gazz. chim. ital.*. **30**, II, 123] successivement les composés suivants :

```
          C-CH³                 C-CH³
  CO²H-C           C ——— C           C-CO²H
  CO²H-CH=CH-C        CH   CH        C-CH=CH-CO²H
          C-CH³                 C-CH³
```

(I) Acide bis-p-diméthyl-o-carbocinnamique.

```
          C-CH³                 C-CH³
  CO²H-C           C ——— C           C-CO²H
  CO²H-C              CH   CH        C-CO²H
          C-CH³                 C-CH³
```

(II) Acide bis-paradiméthylphtalique.

SANTORÈNE. — Voyez l'art. SANTORONIQUE (ACIDE).

SANTORIQUE (ACIDE) $C^{13}H^{18}O^8$. — Par oxydation de la santonine avec le permanganate [Francesconi, *Gazz. chim. ital.*, **22**, I, 197; **23**. II, 457; **29**, II, 181]

```
                 CH³
                  |
  CO²H - C - CH - CH² - COOH
                  |
  CO²H - C - CH - CH² - CH² - COOH
                  |
                 CH²
```

Il donne un *anhydride* $C^{13}H^{16}O^7$ et un *dianhydride* $C^{13}H^{14}O^6$. Ces deux anhydrides, en s'hydratant par l'eau, donnent un isomère de l'acide primitif.

SANTORONE. — Voy. SANTORONIQUE (ACIDE).

SANTORONIQUE (ACIDE) $C^{10}H^{16}O^6$. — Chauffé à 280-300° avec KOH solide, l'acide santorique perd CO^2 et de l'acide acétique, en donnant l'acide santoronique fusible à 125-126° :

```
              H
  CO²H - C - C   CH² - CH² - CO²H
             CH³  CH² - CH² - CO²H
```

Chauffé avec la soude à 400°, il fournit la *santorone*

```
      CH²                        H   C
  CH²       CO              CH²     >   CO
  H                                 H
   >C       CH²       ou    C²H⁵>C        CH²
  C²H⁵                      C²H⁵
      CH²                        CH²
```

La santorone, qui donne une oxime et une semi-carbazone, est réduite par HI en donnant le *santorène*, qui serait l'hexahydro-éthyl-benzène.
M. Delacre.

SAPHORINE. — (Voyez 1er Suppl., 1421).

SAPIOLITE (Min.) (Chester). — Variété fibreuse de magnésite, $2MgO.3SiO^2,4H^2O$, d'Utah, Californie. L. Bourgeois.

SAPOCRININE. — Voy. PANCRÉATIQUE (SUC).

SAPOGÉNINE. — Voy. l'art. SAPONINE.

SAPONARÉTINE. — Voyez l'art. SAPONARINE.

SAPONARINE, $C^{21}H^{24}O^{12}$. — Glucoside extrait par G. Barger [*Chem. News*, **90**, 183, 1904] de la *Saponaria officinalis*. Il est insoluble dans l'eau et la plupart des solvants organiques, soluble dans les alcalis dilués et la pyridine aqueuse d'où il cristallise en aiguilles avec $2H^2O$, fondant après déshydratation à 231° en se décomposant.

Les solutions alcalines, neutralisées par un acide, contiennent la saponarine à l'état de pseudosolution et se colorent par l'iode en bleu violet intense, par le perchlorure de fer en rouge brun.

Les acides étendus dédoublent la saponarine en glucose et *saponarétine* $C^{15}H^{14}O^7$, matière colorante voisine ou isomère de la vitexine (voy. ce mot) obtenue dans les mêmes circonstances par Perkin.

La saponarétine se décompose sans fondre au-dessus de 100°. Vers 130-160°, elle perd d'abord de l'eau en donnant $C^{15}H^{12}O^6$, 1,2H^2O, mais se décompose ensuite complètement [Barger, *Chem. Soc.*, **89**, 1210, 1906]. E. Rengade.

SAPONINE ET SES DÉRIVÉS. — Voyez Dict., 1437, Suppl., 1421. Depuis cet article, on a à enregistrer principalement des résultats plutôt pharmacologiques sur l'origine et l'existence des produits de ce groupe. Nous signalerons principalement sur cette question complexe [Kobert, *Beitrage zur Kenntnis der Saponensubstanzen*, *Stuttgart*, 1904].

Saponine. — [Chauliaguet, Hébert et Heim. *C. R.*, **124**, 1368, 1897; — Bonsma, *Central Blatt*. 2. 470, 1902; — P. Hoffmann, *D. chem. G.*, **36**, 2722. 1903; — Rosenthales, *Arch. Pharm.*, **241**, 614, 1904; **243**, 247 et 496, 1905].

Saporubrine. — [Schultz, *Central Blatt*, **1**, 302, 446. 1897], retirée de la *Saponaria rubra*, se scinde en sapogénine et glucose.

Sapogénine. — [Plzak, *D. chem. G.*, **36**, 1761, 1903].

Oxysapogénine, $C^{14}H^{22}O^3$. — Dans les feuilles de l'*Herniara hirsuta* se trouve un glucoside qui se scinde en oxysapogénine. Aiguilles insolubles dans l'eau ne fondant pas à 290° [Barth et Herzig, *Mon. f. Chem.*, **10**, 172].
M. Delacre.

SAPORUBRINE. — Voyez l'art. SAPORINE.

SAPOTINE, $C^{29}H^{52}O^{20}$. — Ce glucoside se trouve dans les graines de l'*Achras sapota*; on extrait par le benzol, on distille et on épuise le résidu par l'alcool. Aiguilles microscopiques fusibles à 240°. Elle se scinde par l'eau acidulée en glucose et *sapotirétine* $C^{17}H^{32}O^{10}$, amorphe, soluble dans l'alcool, insoluble dans l'eau [Michaud, *Am. Chem. Journ.*, **13**, 572].
M. Delacre.

SAPOTIRÉTINE. — Voy. l'art. SAPOTINE.

SARCINE. — Voy. HYPOXANTHINE.

SARCIQUE, SARCOPHOSPHORIQUE (ACIDE). — Voy. MUSCULAIRE (TISSU).

SARCOSINE. — Voyez Dict., II, 1442 et

1er Suppl., 1422. La sarcosine fond à 210-215° en se transformant en anhydrides et en se décomposant en partie en CO_2 et diméthylamine [Mylius, *D. chem. G.*, **17**, 286, 1884]. Sa chaleur de combustion moléculaire est de 401[Cal],2 [Stohmann et Langbein, *Journ. prakt. Ch.*, (2), **44**, 380]. Chauffée à 210° avec de l'acide urique, elle donne par union des deux molécules et perte d'une molécule d'eau un *acide sarcosine-urique* $C^8H^9Az^5O^4$, très stable, que l'eau à 150° sépare en ses deux composants [Mylius. *D. chem. G.*, **17**, 517, 1884]. Sa solution aqueuse traitée par CO_2, puis par de la chaux, donne un *sarcosine-carbonate de Ca*, $C^4H^5AzO^4Ca$ [Siegfried. *Zeit. physiol. Ch.*, **44**, 85, 1905]. En solution aqueuse elle fixe à 80-90° l'oxyde d'éthylène et donne l'*acide oxéthylaminoacétique* [E. et L. Knorr, *Ann. Chem.*, **307**, 1899]. Elle donne une réaction colorée avec la quinone [Wurster, *Jahresb. de Maly*, **19**, 79, 1889]. Pour les *sels*, voyez Lüdecke, *Jahresb. d. Chem.*, **1866**. 1310]. *Éther éthylique.* Liquide huileux [E. Fischer. *Chem. Centralbl.*, **1901**, I, 171].
E. Lambling.

SATIVIQUE. — Voy. LINOLÉIQUE (ACIDE).

SAVONS. — Depuis l'article paru dans le Dictionnaire, (2, 1444), les procédés de fabrication usités en savonnerie ont subi des modifications nombreuses chimiques et mécaniques.

Le progrès le plus important est la connaissance plus générale et plus complète des processus chimiques de cette fabrication et la substitution des procédés scientifiques et rationnels aux procédés empiriques, basés sur des recettes ou des secrets plus ou moins justifiés. De là une orientation nouvelle dans cette industrie dans laquelle il ne faut toutefois pas s'attendre à des perfectionnements sensationnels tant que les substances employées à laver seront des composés de corps gras et d'alcalis.

Tous les progrès tendent à une meilleure utilisation des matières premières, une amélioration de la qualité ou de l'aspect des produits fabriqués, à obtenir une composition spéciale ou nouvelle répondant à des buts ou besoins particuliers, et à une production plus économique et plus lucrative que certains fabricants cherchent parfois à réaliser, il faut bien le reconnaître, par des falsifications blâmables.

Comme toutes les industries, la savonnerie doit se prémunir contre la fraude sur les matières premières; elle plus que beaucoup d'autres, puisque ces matières, étant d'un prix très élevé, la falsification est très lucrative pour qui la pratique autant qu'onéreuse pour qui la subit; de là encore la nécessité d'un contrôle scientifique rigoureux et indiscutable qui est venu modifier l'aspect de cette industrie et lui a fait prendre place dans les grandes industries chimiques, et une place importante si on en juge par le développement de certaines usines colossales et par l'ensemble des produits fabriqués.

D'autre part, la fabrication du savon est devenue, dans certains cas, une industrie annexe permettant aux fabricants d'huiles, par exemple, d'écouler leurs corps gras et résidus, aux fabricants d'alcalis d'écouler à bon compte leurs soudes ou leurs potasses. De là est résulté un avilissement sensible des prix qui contribue aussi à rendre la situation économique de cette industrie aléatoire.

Le procédé à la « grande chaudière » a partout gagné du terrain. Les différentes phases de l'opération sont encore, comme naguère, l'empâtage, la cuisson, le relargage et la liquidation. Néanmoins, on a beaucoup simplifié ce procédé, soit dans le mode de cuisson, soit en réduisant la durée des opérations.

La cuisson à la vapeur s'est partout généralisée, et spécialement à la vapeur libre, dont l'emploi remplace les agitateurs mécaniques; on l'utilise également en la combinant avec le chauffage à feu nu qui conserve ses partisans pour la liquidation du savon. Les savons du genre dit « à froid » se fabriquent en moins grande quantité qu'autrefois, en raison de la supériorité des savons à la grande chaudière et de la possibilité de récupérer la glycérine en adoptant ce dernier procédé.

On cherche beaucoup à substituer à la récupération de la glycérine, par évaporation simple des lessives usées de savonnerie[1], le procédé qui consiste à déglycériner préalablement les corps gras et à *salifier* ensuite les acides gras qui en résultent. Beaucoup de savonniers pourtant se montrent encore adversaires de ce nouveau mode de fabrication, parce qu'ils prétendent qu'il y aurait inconvénient à employer pour les savons de toilette les acides gras au lieu des corps gras neutres, à cause de la couleur, de la conservation et de l'odeur des savons obtenus. Toutefois, ce système a beaucoup de partisans aussi et les procédés de déglycérination sont nombreux; les plus importants sont : 1° le chauffage en autoclave où les corps gras sont traités par de l'eau à 6-8 kilos, soit en présence de zinc en poudre, de magnésie ou de chaux; 2° l'ébullition avec les acides étendus ou avec un acide sulfo-gras aromatique dans des cuves en bois sans pression. Ce dernier procédé est dû à M. Twitchell et est extrêmement intéressant; 3° la fermentation avec le ferment contenu en abondance dans la graine de ricin, soit en milieu acide, soit en milieu neutre avec un activeur catalysant. Comme les précédents procédés, elle a ses avantages et inconvénients. Un grave inconvénient résultait de l'emploi de la graine entière avec toutes ses impuretés. M. Nicloux le premier y a remédié en se servant du ferment « isolé » par le traitement de la graine au moyen de l'huile de coton; mais ce procédé est coûteux à cause de l'emploi de l'huile, véhicule dont la récupération totale n'est pratiquement pas possible. M. Boulez (communication à la Société industrielle du Nord de la France, 16 mars 1904), au lieu de faire usage d'un véhicule cher comme l'huile de coton, s'est servi de l'eau sans valeur pour « purifier » le ferment, quoiqu'il était admis qu'elle était nuisible à son activité. Les résultats obtenus par M. Boulez ont été confirmés par les travaux faits en même temps et brevetés par MM. Connstein et Hoyer qui avaient été avec M. Wartemberg les promoteurs de ce procédé de déglycérination à la graine de ricin dans l'industrie; 4° la saponification calcaire comme on le faisait autrefois en stéarinerie avec la chaux vive; mais le savon de calcium obtenu, au lieu d'être décomposé par l'acide, est transformé en savon alcalin par double décomposition avec le

1. Voir pour les indications bibliographiques : Glaser. D.R.P. 48851 ou *D. chem. G.*, **22**, 847, Ref., 1889 ; — Preston, Rose et Aubry; D.R.P. 39945 ou *D. chem. G.*, **20**, 488, Ref., 1887; — Lingey et Viandet, D.R.P. 40101 ou *D. chem. G.*, **20**, 611, Ref., 1887; — Glaser. D.R.P. 50438 ou *D. chem. G.*, **23**, 222, Ref., 1890; — Glaser, D.R.P. 53500 ou *D. chem. G.*, **24**, 229, Ref., 1891; — Hebner, *Journ. Soc. Ind.*, 8-4-9 ou *D. chem. G.*, **22**, 605, Ref., 1889; — von Ruymbecke, D.R.P. 86563 ou *D. chem. G.*, **29**, 535, Ref., 1896; — Clolus, D.R.P. 16665 ou *D. chem. G.*, **15**, 402, 1882; — Depouilly et Droux, D.R.P. 17299 ou *D. chem. G.*, **15**, 548, 1882; — Thomas, *Engl. Pat.*, 2462 ou *D. chem. G.*, **15**, 1353, 1882; — O'Farrel, *Engl. Pat.*, 3284 ou *D. chem. G.*, **15**, 1097, 1882; — Brochon, D.R.P. 21586 ou *D. chem. G.*, **16**, 983, 1883; — Clolus, *Engl. Pat.*, 681 ou *D. chem. G.*, **14**, 2606, 1880; — Jaffé, D.R.P. 17469 ou *D. chem. G.*, **15**. 1097, 1882.

carbonate de sodium : ce dernier procédé a été essayé par l'auteur il y a plus de quinze ans.

Cette déglycérinisation préalable aurait pour le fabricant non seulement l'avantage de lui fournir une glycérine relativement pure et par suite d'un écoulement facile, avec un meilleur rendement et une dépense moindre, mais encore celui de lui procurer une nouvelle économie par l'emploi des carbonates alcalins remplaçant en tout ou en partie les alcalis caustiques. Toutefois ce procédé de saponification n'a pas toujours donné, suivant les opérateurs, de résultats entièrement satisfaisants et ne s'est pas encore généralisé pour la fabrication des produits de bonne qualité.

Une fois le savon fabriqué, il doit encore subir, s'il est destiné à devenir savon de toilette, de nombreuses manipulations, et c'est ici que s'est trouvé réalisé un progrès des plus importants. Le séchage mécanique, qui doit être cité avant tout, a marqué une étape sérieuse : la substitution du travail mécanique au travail manuel qui occupait dans la savonnerie une main-d'œuvre importante et onéreuse. L'appareil employé est la broyeuse-sécheuse continue, inventée en 1890 par MM. A. et E. Descressionnières [D.R.P. 55065 ou *D. chem. G.*, 24, 543, Ref. 1891] et qui le premier substitua aux « mises à sécher » et aux séchoirs encombrants une mécanique de petites dimensions qui refroidit et sèche le savon régulièrement, automatiquement, et avec une main-d'œuvre réduite. Cette machine est employée spécialement pour les savons de toilette, car ce sont eux surtout qui jusqu'ici sont vendus après dessiccation, mais son emploi tend à se généraliser car on se préoccupe de remplacer pour les savons industriels et savons de ménage les produits humides par des produits secs qui offrent aux transactions commerciales une bien plus grande sécurité : on conçoit, en effet, qu'avec des produits humides, la fraude par excès d'eau est tentante et la limite honnête facile à franchir.

La sécheuse Descressionnières n'exige que quelques minutes pour sécher un savon ; tandis que par le procédé des mises, des séchoirs à la main et des raboteuses d'autrefois, il fallait, pour le refroidissement, d'abord plusieurs jours suivant la température ambiante et plusieurs encore pour le séchage à l'étuve. Cette machine se compose d'une série de cylindres C_1, C_2... C_8 dont le premier C_1 lèche le savon qui arrive liquide dans une trémie A ; une lame métallique R parallèle aux génératrices et dont on peut, au moyen de vis, régler la distance au cylindre, donne lieu à un premier laminage qui détermine l'épaisseur de la nappe liquide et par suite le débit de la machine. Un certain nombre de ces cylindres sont creux et refroidis par un courant d'eau intérieur, de manière à donner à la pâte un commencement de solidification et en faciliter le laminage. Chaque cylindre cède au suivant qui tourne plus vite que lui le savon qui le garnit jusqu'au dernier cylindre C_8 qui est râclé par un couteau denté D transformant ainsi le savon encore chaud et pâteux en rubans qui tombent sur une série de tabliers métalliques en mouvement. Ceux-ci, disposés en cascade, amènent le savon jusque sur le dernier tablier T_5 qui le conduit à l'extérieur en S. Depuis l'entrée jusqu'à la sortie, ces rubans de savon sont soumis à l'action d'un courant d'air chaud : ce résultat est obtenu par le moyen d'un ventilateur V et d'une série de tuyaux de vapeur B. Tabliers et calorifères sont enfermés dans une chambre étanche. Si minces que soient les rubans ou copeaux de savon, l'influence du courant d'air

est encore insuffisante pour les sécher rapidement de part en part. La section de ces rubans montre, en effet, une partie externe déjà racornie et partiellement séchée et un noyau moins consistant et moins sec. Aussi, dans le double but d'activer le séchage et d'augmenter l'homogénéité du produit, les inventeurs disposent-ils à l'intérieur du séchoir et entre deux tabliers consécutifs, un ou plusieurs broyeurs qui, en brisant la croûte des rubans de savon exposé à l'action du courant d'air les parties intérieures insuffisamment séchées.

Pour les savons de toilette, après le séchage, on incorpore, si cela n'a pas été fait dans le savon liquide, les produits nécessaires à la couleur et au parfum au moyen de mélangeurs et malaxeurs de formes diverses. Comme autrefois, le savon est ensuite broyé dans des broyeurs à cylindres, puis il passe dans des appareils à

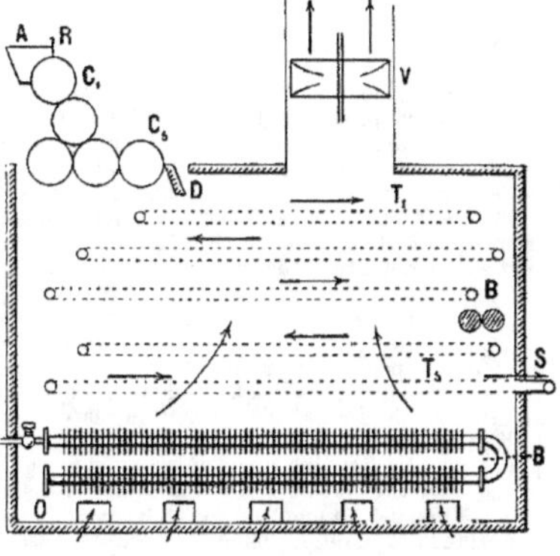

Fig. 1.

« peloter » ou boudineuses où il reçoit une compression suffisante pour le rendre compact et homogène ; il en sort sous forme de boudins de sections variées que l'on moule définitivement dans des presses mécaniques ; il ne reste plus qu'à l'orner et à l'empaqueter au goût du moment.

Pour le savon en barres, il faut mentionner l'emploi depuis quelques années d'appareils dont l'invention a marqué, elle aussi, un progrès important ; ils ont pour but de refroidir et solidifier la pâte ; celle-ci, liquide, est introduite dans des cadres en métal entre lesquels circule un courant d'eau froide ; des dispositifs variés permettent d'extraire le savon solidifié. La fabrication du savon de ménage ou en barres s'arrête à peu près là et n'exige plus que l'emploi de découpeuses mécaniques ou manuels ou de presses si le savon doit être moulé.

Pour le savon mou, la fabrication n'a guère varié ; ce produit a toujours de nombreux consommateurs dans certaines régions, et c'est surtout dans sa fabrication que l'on emploie, jusqu'à maintenant, les corps gras déglycérinés ; la plupart des usines un peu importantes ont adopté l'un ou l'autre des procédés indiqués ci-dessus pour la déglycérinisation.

Sur la nature, la constitution et le rôle du savon, on a beaucoup discuté ; mais cette question est loin d'être élucidée, bien qu'elle présente au point de vue de l'usage, contrairement à ce que l'on croit d'habitude, un très réel intérêt. Le savon étant une combinaison d'alcalis et d'acides gras divers, il n'est pas évident *a priori* que chacun de ces acides a la même valeur que ses voisins et que les divers mélanges que l'on peut réaliser avec eux sont équivalents ; il serait même bien extraordinaire qu'il en soit ainsi et la pratique industrielle a montré le contraire ; on sait, en effet, que l'industrie exige, pour des cas déterminés, des savons dans lesquels varient, suivant ces cas, sinon la nature, du moins les proportions des divers acides, ce qui prouve que ces mélanges ne sont pas équivalents.

Du reste, tous les acides gras ne donnent pas avec un même alcali des savons d'égale valeur détergente : un sel d'acide stéarique pur a une valeur très inférieure, tandis que le même sel d'acide oléique a une réelle valeur et que le mélange du stéarate et de l'oléate a une valeur détergente qui n'est pas due uniquement à la teneur en oléate, puisqu'elle est supérieure à celle qui correspondrait à cette teneur, le stéarate ayant pris une certaine valeur dans le mélange. Dans un grand nombre de cas, la quantité de stéarate alcalin est considérablement plus forte que celle du savon d'oléine, et le mélange est très détergent.

Pour expliquer ces faits, on peut faire intervenir soit la plus grande solubilité de l'un ou l'autre des sels, soit le degré de dissociation de ces sels, soit d'autres causes encore ; l'auteur de cet article pense que la valeur d'un savon est liée à la facilité avec laquelle il s'ionise dans le milieu où il est utilisé. Cette facilité d'ionisation est tellement grande que les savons peuvent exister longtemps à l'état de « solution solide », et — phénomène que l'auteur a constaté depuis de nombreuses années déjà, — à cet état, l'acide carbonique peut se combiner à la soude et libérer l'acide gras ; tandis que, lorsque cet état de solution solide a cessé d'exister et que la « cristallisation » s'est faite, cette carbonatation n'est plus possible, à moins que l'on ne fasse revenir le savon à cet état de « solution solide ». Cette constatation est, au point de vue industriel, d'une importance capitale et donne l'explication aussi, dans une certaine mesure et pour certains cas, de la cause de la rancidité des savons, question qui a été étudiée par l'auteur également et attribuée par lui à la dissociation du savon par l'eau et la fixation sur l'acide oléique libre des éléments de l'eau, en donnant des composés saturés, et peut-être auto-oxydation [Boulez, *Bull. Soc. Chim., Bull. du Congrès de Chim. de Liége*, 1905].

Si j'ai mis le mot « cristallisation » entre guillemets, c'est parce qu'il a ici une signification spéciale et marque qu'il ne s'agit pas de cristallisation ordinaire, ni de simple solidification du savon, mais de l'état de stabilité dans lequel se trouve le savon liquide au bout d'un certain temps de solidification. Cet état tient de la cristallisation, parce qu'en effet la dureté du savon est modifiée si l'on vient à ce moment à lui faire subir à la presse ou autrement une pression, un écrasement, et il ne revient à sa dureté primitive, ou état de « cristallisation », qu'après un temps plus ou moins long, s'il y revient, suivant que la pression s'est fait sentir plus ou moins profondément.

Le savon se dissocie donc facilement et reste longtemps dissocié, même étant solide et à une température relativement basse, et ce n'est qu'au bout d'un certain temps que cette dissociation cesse. Cristallise-t-il dans le sens ordinaire du mot, à ce moment ? Sa constitution chimique n'est en tous cas pas la même.

Il est utile de mentionner encore un progrès que l'auteur a introduit en savonnerie : le contrôle chimique de la liquidation du savon ; il est surprenant que ce contrôle n'ait pas été réalisé plus tôt, car c'est la phase de la fabrication qui a certainement le plus d'importance ; de sa réussite dépend celle de toute l'opération ; la conduite de la liquidation était, et est même encore fréquemment, abandonnée à la routine et à l'expérience du maître savonnier ; il n'a que l'œil et le goût pour juger de la mise au point de la liquidation et, malgré l'expérience la plus consommée, des erreurs se produisent souvent. Il faut attribuer le retard de l'application de l'analyse chimique à la liquidation à ce que le processus de cette opération était mal connu ; depuis une douzaine d'années, l'auteur est parvenu à utiliser l'analyse à cette partie de la fabrication et un très grand nombre de savonneries, parmi les plus importantes, surtout à l'étranger, ont adopté son mode opératoire. Il ne reste plus aucune incertitude pour la mise au point de la liquidation. Le moyen consiste à déterminer dans un échantillon de la pâte qui a reçu, suppose-t-on, tout ce qu'il fallait pour effectuer la liquidation, à déterminer, dis-je, soit l'alcali libre, soit le sel marin, ou même la densité ; d'après cela, suivant le mode de liquidation adopté, on ajoute ce qui manque à la cuite, ou on retranche par dilution aqueuse l'excès qu'il pourrait y avoir, de manière à rétablir la proportionnalité qui doit exister entre les différents éléments. On voit, d'après ceci, sur quelles considérations théoriques l'auteur s'est appuyé pour instituer son mode de contrôle.

Ce contrôle a, comme il a été dit ci-dessus, une très grande importance, car si, pour certains savons de ménage, on peut, sans inconvénient ou sans trop d'inconvénient, liquider avec une quantité notable d'alcali libre ou de sels et obtenir un savon de bel aspect marchand, il n'en est pas de même pour les savons de toilette qui doivent être neutres et très purs. Par une liquidation convenable, contrôlée analytiquement, il est toujours possible d'atteindre ce but sans que rien ne soit livré au hasard et il est facile de fabriquer des savons liquidés avec plus ou moins d'alcali libre, de sels, ou complètement exempts d'excès, c'est-à-dire chimiquement purs ou même de composition spéciale. Les analyses doivent se faire, pour ne pas perdre de temps, au début de la liquidation, et enfin pendant et à la fin du temps de repos pour savoir si le savon est réellement tel qu'on le désire.

Des tentatives ont été faites pour utiliser en savonnerie les hydrocarbures des pétroles ; elles n'ont d'intérêt qu'à la condition que les acides gras ou les savons obtenus soient à un prix inférieur aux matières premières actuelles, ou soient doués de propriétés spéciales. Jusqu'à maintenant, on n'avait pas signalé dans les savons de toilette, la présence de savons d'origine pétrolifère ; l'auteur a eu l'occasion de trouver en mélange dans un savon de toilette un produit provenant du pétrole ; il n'avait pas d'odeur, était soluble dans les solvants usuels des corps gras, se séparait avec les acides gras, se combinait à la soude et pouvait être confondu avec un savon d'acide gras, de telle sorte que la fraude est très difficile à déceler ; c'est une combinaison d'acides sulfonaphténiques et d'alcalis, mais évidemment on ne peut la considérer que comme une falsification très dangereuse puisqu'elle est difficile à soupçonner.

Le champ inexploré des études sur les acides gras et les savons est extrêmement vaste. La variété de ces acides, la complexité de leur constitution, leur viscosité qui s'étend à leurs sels alcalins, leur facile altérabilité qui va dans certains cas jusqu'à l'instabilité, ont laissé dans ce domaine beaucoup de points obscurs qui devraient être étudiés minutieusement pour compléter ce que l'on sait déjà et ce qu'on a appris sur ces sujets depuis que la savonnerie est entrée. comme je l'ai dit au début, dans une voie scientifique d'où l'empirisme doit être banni.

Parmi les principales questions à étudier intéressant immédiatement la savonnerie. il semble qu'on puisse citer : 1° L'influence de la concentration d'une solution de savon sur le pouvoir détergent et la détermination de la concentration optimum; 2° la détermination du pouvoir détergent des sels solubles des principaux acides gras, tels que : acide oléique, acide stéarique. acide palmitique. linoléique, linolique, ricinoléique, laurique, oxystéarique, tétraoxystéarique purs.

Peut-on les grouper suivant qu'ils proviennent des acides non saturés ou des oxyacides ou d'une autre manière? On verrait aussi comment chacun de ces acides se comporterait à la liquidation.

Telle est, esquissée dans l'espace qui m'est réservé, la situation actuelle de la fabrication du savon dont l'avenir est pour un moment encore sans doute lié aux progrès faits dans l'industrie des corps gras et dans celle des alcalis; tout perfectionnement se produisant dans ces industries ayant sa répercussion en savonnerie qui est aussi le débouché le plus important pour l'industrie des matières ou huiles essentielles. Inutile. me semble-t-il, d'insister sur le rôle considérable du savon dans la vie moderne : c'est un produit utile, agréable et indispensable. et le mot de Liebieg reste vrai : « Le peuple le plus civilisé est celui qui consomme le plus de savon. »

Victor Boulez.

A côté des perfectionnements signalés ci-dessus, et qui sont acquis maintenant à l'industrie savonnière, un grand nombre d'autres ont été proposés et peut-être appliqués dans des cas particuliers; ils sont relatifs aux matières premières nouvelles que l'on a essayé d'employer: aux nouveaux traitements essayés sur les anciennes matières premières; aux substances incorporées dans les savons pour leur donner des propriétés spéciales: ou aux appareils qu'on a imaginés pour faciliter la fabrication (ces derniers perfectionnements seront seulement signalés par une indication bibliographique).

Parmi les matières premières nouvelles, il faut signaler : 1° Les fruits à huile comme ceux du palmier. que l'on grille à 120° et que l'on broie; le brai ainsi obtenu est décomposé par les alcalis concentrés et chauffé à 100° en présence d'eau; après saponification, on dilue le produit et on colle ; le résidu lavé est pressé ; la liqueur évaporée donne un savon brut. ou bien elle est seulement concentrée et additionnée de sel [Liebreich, D.R.P. 21 585 ou D. chem. G., 16, 983, 1883]; 2° les huiles de coco, de palme et les résidus d'huile d'olive qu'on traite par une lessive alcaline à 40° Baumé [Osterberg Gracter. D.R.P. 16 480 ou D. chem. G., 15, 98, 1882]; 3° l'huile de coton ou ses résidus de fabrication [Wesson. Chem. Ind., 62, 595 ou Bull. Soc. Chim., 2, 1216, 1907] qui donnent des savons ou des acides gras peu colorés quand on les traite par un peu d'eau tiède, puis par de la soude: le savon obtenu dissous dans le maximum d'eau est décoloré par l'eau de chlore, ou le chlorure de chaux, ou le permanganate. ou le chlorate de potassium, ou bien encore MnO^2 ou $Cr^2O^7K^2$: les acides sont extraits ensuite [Longmore, D.R.P. 29 447 ou D. chem. G., 17, 624, Ref. 1884]; 4° les huiles minérales qu'on dissout dans les carbures élevés $C^{50}H^{8n}$ ou leurs produits d'oxydation. de manière à avoir une masse fondant vers 30°; ce mélange est ajouté

au savon ordinaire, préalablement dissous et le tout est chauffé [Cathrein, D.R.P. 62 556 ou D. chem. G., 25. 706, Ref. 1892; D.R.P. 62 706 ou D. chem. G., 25, 706. Ref. 1892; Gross, D.R.P. 79 784 ou D. chem. G., 28, 573, Ref. 1895]; 5° le résinate de sodium, qui donne des savons durs quand on le traite par le chlorure de sodium en présence de beaucoup de carbonate; il se fait une masse fluide épaisse ou presque sèche, qu'on sépare de la liqueur-mère; les meilleures proportions sont : CO^3Na^2, 48 parties et 100 p. de résinate de sodium contenant seulement 40 0/0 d'eau [Rœdiger, D.R.P. 45 960 ou D. chem. G., 22, 155, Ref. 1889; — Klimsch, D.R.P. 83 481 ou D. chem. G., 28, 954. Ref. 1895; — Rödiger, D.R.P. 50817 ou D. chem. G., 23, 477, Ref. 1890]; 6° l'huile de poisson sulfurée, obtenue en chauffant avec du soufre de l'huile de poisson, est saponifiée par un alcali à la manière ordinaire [Seibels, D.R.P. 56 065 ou D. chem. G., 24, 510, Ref. 1891]; 7° les pétroles et carbures analogues que l'on oxyde au moyen des alcalis, alcalino-terreux ou carbonates alcalins à haute température. ou bien par l'air chaud ou froid avec ou sans pression (après addition de matières inertes : terre d'infusoires, NaCl, SO^4Na^2) en présence de sels de cuivre, ou bien encore par du chlorure de chaux faiblement chauffé; ces acides sont ensuite salifiés [Schaal, D.R.P. 32 705 ou D. chem. G., 18, 680, Ref. 1885; — Green, Eng. P. 26 820 ou D. chem. G., 45, 1779, 1882]. Voir à ce sujet Padé et Dubois [Bull. Soc. Chim., 45, 161. 1886]; Gavalowsky et Kusy [D.R.P. 7338 ou D. chem. G., 12, 2392, 1879].

Parmi les nouveaux traitements appliqués aux matières premières courantes, il convient de signaler : 1° La saponification des graisses par l'électrolyse dans des appareils à diaphragmes, après avoir mis ces graisses en contact avec une liqueur concentrée de sel marin: il se fait de la soude et du chlore et par suite une saponification qui donne de la glycérine et un gaz doué de propriétés actives qui peut être employé pour le blanchiment [Rotondi, Ding. polyt. Journ., 257, 24 ou Bull. Soc. Chim., 45, 110, 1886]; 2° la saponification des graisses végétales par de la vapeur d'eau à 130-180° et injection d'un courant d'air chaud ou froid à la surface du liquide; les acides gras entraînés sont recueillis dans l'eau ou dans les alcalis qui les transforment en savons [Burghardt. Engl. P. 5191 ou D. chem. G., 14, 2716, 1881]; 3° la saponification par un alcali fondu des graisses ou des résines: la saponification exige environ un quart d'heure et donne des savons durs [Enrich, D.R.P. 51 496 ou D. chem. G., 23, 526. Ref. 1890: — Dalton, D.R.P. 18 204 ou D. chem. G., 15, 1354, 1882:— Schlicht, D.R.P. 73 602 ou D. chem. G., 27, 479, Ref. 1894]; 4° la saponification des graisses et résines par de l'eau, du sel marin et de l'ammoniaque: le savon ammoniacal obtenu se sépare par suite de la présence du sel [Whitelaw, Chem. News, 22, 152 ou Bull. Soc. Chim., (2), 25, 384, 1876]: 5° la centrifugation du produit précipité par le sel qui donne un savon plus dur [D.R.P. 29 290 ou D. chem. G., 17, 514, 1884]: M. Bock [C. R.. 80. 1142 ou Bull. Soc. Chim.. (2), 24, 236, 1875] a fait la critique des divers modes de décomposition des corps gras (SO^4H^2, chaux, eau) et propose : 1° acidification pour désorganiser les enveloppes cellulaires; 2° décomposition par cet acide de la graisse ainsi mise à nu; 3° ébullition avec des oxydants pour décolorer (MnO^4K et SO^4H^2). Le rendement en acides purs est presque théorique.

Les substances que l'on incorpore volontairement aux savons pour en modifier les propriétés sont extrêmement nombreuses et variées [C.

Alpers, *Chem. Ind.*, **26**. 595 ou *Bull. Soc. Chim.* (4), **2**, 1215, 1907] ; par exemple : 1° de l'alun à raison de 50 0/0 [Lombardon, *D. chem. G.*, **9**, 649, 1876] ; 2° de l'acide succinique qu'on introduit en ajoutant aux matières premières de l'ambre et en saponifiant le tout [Thummel, D.R.P. 1893 ou *D. chem. G.*, **11**, 1704, 1878] ; 3° de la stéarine (3 0/0) et de l'acide stéarique (2 0/0) qui sont additionnés après saponification et qui concourent à la formation des savons de toilette [Higgins, D.R.P. 17770 ou *D. chem. G.*, **15**, 1087, 1892] ; 4° un mélange de térébenthine, citrate d'ammoniaque et soufre qu'on incorpore vers 30° ou 40° aux savons ordinaires, ce qui leur donne la propriété d'être employés pour laver les habits de laine [Scherb, D.R.P. 58005 ou *D. chem. G.*, **25**, 142, Ref. 1892] ; 5° de l'oxyde d'argent, qui s'incorpore à raison de 0,3 0/0 Ag^2O et donne des savons dont la solution est fortement fluorescente en brun vert [Bornträger, *Pharm. Centr. Bl.*, **5**, 62, 1892 ou *D. chem. G.*, **25**, 153, Ref. 1892] ; 6° de l'ammoniaque ou des sels ammoniacaux qui augmentent l'efficacité des savons et qu'on maintient dans ces savons, d'où ils tendent à être chassés par les alcalis, soit en les employant sous forme de sels dont les acides forment avec la soude des sels hydratés [Rödiger, D.R.P. 89180 ou *D. chem. G.*, **29**, 1025, Ref. 1896], ou avec le pétrole [Henton, E.P. 28054 ou *D. chem. G.*, **29**, 535, Ref. 1896] ; voir aussi Angelbio [*D. chem. G.*, **29**, 894, Ref. 1896] ; 7° du soufre qu'on incorpore sous forme combinée en chauffant ce corps a 120-130° avec des acides gras ou résineux, ou des graisses ou des huiles, dérivés de carbures non saturés pour favoriser l'introduction du soufre ; on salifie les thioacides ou on saponifie les thiograisses ainsi obtenues à basse température, car à chaud, il y aurait élimination du soufre ; ces savons sont employés contre les affections de la peau [Riedel, D.R.P. 71190 ou *D. chem. G.*, **26**, 1025, Ref. 1893] ; 8° des composés du phosphore qu'on introduit en décomposant à 80°, par du phosphate de sodium, les savons ammoniacaux obtenus en décomposant des graisses par l'ammoniaque sous pression [Trabert, D.R.P. 72921 ou *D. chem. G.*, **27**, 321, Ref. 1894 ; — Funk et Elze, D.R.P. 1247 ou *D. chem. G.*, **14**, 1138, 1878] ; 9° des molybdates alcalins [Buttingham, D.R.P. 71180 ou *D. chem. G.*, **27**, 95, Ref. 1894] ; 10° du chlorate de potassium dissous à raison de 7 p. pour 112 p. de savon et qui est destiné à fournir de l'oxygène [Mackay et Sellers, Engl. P. 934 ou *D. chem. G.*, **12**, 309, 1889] ; 11° de l'iodure mercurique destiné à agir comme antiseptique, en ajoutant au savon encore fluide ce sel dissous dans l'iodure de potassium, ou du phénolate de mercure dissous dans la soude, ou du cyanure ; l'iodomercurate n'est pas décomposé par les alcalis comme l'est le sublimé corrosif que l'on ajoute fréquemment aux savons [Thomson, D.R.P. 49119 ou *D. chem. G.*, **22**, 848, Ref. 1889] ; 12° des produits tinctoriaux, en ajoutant au savon encore tiède le colorant dissous dans l'alcool en présence d'alun [S. Andersen, *Nouv. P.* 4617 ou *D. chem. G.*, **29**, 818, Ref. 1896] ; 13° des antiseptiques minéraux ou organiques, ou des substances destinées à augmenter le pouvoir du savon, comme par exemple du peroxyde de sodium (à raison de 0,5 0/0) dissous dans l'eau froide ; le savon maintenu à 60° se solidifie de suite et retient l'oxygène [Blummer, *D. chem. G.*, **29**, 894, Ref. 1896] ; ou bien encore en ajoutant une solution alcoolique ou térébenthique de camphre, en présence de carbonate d'ammonium 1 à 5 0/0 et de borax 10 0/0 [Cooper et Christ, Engl. P. 945 ou *D. chem. G.*, **12**, 309, 1879] ; ou bien encore en ajoutant du CO^3Na^2, de la résine, du chlorure de chaux, du camphre, du

phénol, de la gomme, ce qui donne un savon dur qu'on peut pulvériser [Dixon, Engl. Pat. 2655 ou *D. chem. G.*, **11**, 1139, 1878] ; 14° des composés peu définis, comme ceux qu'apporte la sciure de frêne qui donne un excellent savon pour dégraissage, d'après Feverabendt [*Dingl. polyt. J.*, **223**, 111. Voir aussi W. Dreyfus, *Bull. Soc. Chim.* (4), **2**, 1217].

Afin de diminuer l'action des alcalis des savons sur la peau ou sur les objets à laver, on leur ajoute souvent des sels ammoniacaux [Wight, Engl. Pat. 14681 ou *D. chem. G.*, **18**, 468, Ref. 1895], ou bien on emploie du sulfoléate d'ammonium qu'on ajoute aux matières premières pour savons ; les corps ainsi obtenus sont neutres et se décomposent par le bichlorure de mercure [Kirchman, D.R.P. 35847 ou *D. chem. G.*, **25**, 229, Ref. 1887] ; ou bien encore on transforme l'alcali libre ordinairement en bicarbonate [Mangoldt, D.R.P. 38468 ou *D. chem. G.*, **20**, 158, Ref. 1887].

Knobloch [D.R.P. 74176 ou *D. chem. G.*, **27**, 534. Ref. 1894] prépare un savon spécial pour rouge turc, en faisant agir des composés de l'aluminium sur l'acide sulforicinique ou ses sels, ce qui donne des sels d'aluminium qu'on traite ensuite par les alcalis, ou bien encore en chauffant sous pression de l'alumine avec du sulforicinate de sodium jusqu'au moment où une tête prélevée se solidifie à froid.

Parmi les appareils, citons : 1° Obtention des savons de toilette durs [A. et E. Descressonnières, D.R.P. 55065 ou *D. chem. G.*, **24**, 543, Ref. 1891 ; — Kratzenberg, D.R.P. 78751 ou *D. chem. G.*, **28**, 403, Ref. 1895] ; 2° mise en morceaux [Wheen et Brown, D.R.P. 71016 ou *D. chem. G.*, **27**, 38, Ref. 1894 ; — Schönfeld, D.R.P. 59587 ou *D. chem. G.*, **25**, 255, Ref.] ; 3° chaudières pour ébullition [Nasswitz, D.R.P. 60676 ou *D. chem. G.*, **25**, 403, Ref. 1892] ; 4° chauffage par l'air surchauffé [Graeger, D.R.P. 61332 ou *D. chem. G.*, **25**, 536, Ref. 1892] ; vóy. BIBLIOGRAPHIE, C. Engler et Dieckhoff [*Arch. Pharm.*, **230**, 561 ou *D. chem. G.*, **26**, 244, Ref. 1893].

Production des savons dans la région marseillaise.

	Marbrés.		Unicolores.	
1850	60 000 000	kgr.	5 000 000	kgr.
1866	50 000 000	—	5 000 000	—
1878	48 500 000	—	38 500 000	—
1888	25 000 000	—	60 000 000	—
1893	33 000 000	—	84 000 000	—

En 1898, la France a produit au total 300 millions de kilogs, dont 140 environ pour la région marseillaise. Comme on le voit, les savons unicolores sont en faveur marquée [Haller, *Rapports de l'Exposition de* 1900, classe 87, t. II, p. 341].

Action de l'eau sur les savons. — L'action de l'eau sur les sels alcalins des acides gras, déjà étudiée par Chevreul, a été reprise par Krafft et ses collaborateurs. Chevreul avait démontré le dédoublement par l'eau bouillante du stéarate de sodium en bistéarate et acide libre. Krafft et Kern [*D. chem. G.*, **23**, 1747 et 1775 ou *Bull. Soc. Chim.*, (3), **14**, 84-1895] ont repris le même travail et l'ont étendu aux palmitates et aux oléates ; quand on chauffe une même quantité de palmitate avec des quantités croissantes d'eau, on voit apparaître des gouttes huileuses qui sont constituées par de l'acide pur, mis en liberté.

Krafft et Wigelow [*D. chem. G.*, **28**, 2566, 1895 ou *Bull. Soc. Chim.*, (3), **16**, 107, 1896] ont montré que la dissolution d'une petite quantité d'acide gras (stéarique, palmitique, etc....) suivie de la dilution de la liqueur claire ainsi obtenue provoque une dissociation en acide libre et alcali libre. La dissociation n'est pas complète et se trouve limitée comme à l'ordinaire par la tendance inverse à la recombinaison, mais on peut la rendre totale en enlevant l'acide au moyen d'un dissolvant approprié, par exemple le toluène. Si, ayant laissé en contact les produits de la dissociation, dont l'acide en gouttes huileuses à chaud, on vient à refroidir, ces gouttes disparaissent et il se fait un précipité cristallin de sel acide d'autant plus acide que la dilution est plus grande. Quant à cette précipitation, elle se fait toujours à une température inférieure au point de fusion de l'acide; avec du palmitate de sodium à 1 gr. dans 100 cc. d'eau à 98°, la précipitation se fait vers 46°-45°; avec 500 cmc. d'eau, elle a lieu à 52°; avec 1 lit., à 53°. Les mêmes faits s'observent avec les sels des acides oléique et élaïdique; il faut seulement avoir soin de n'employer que de l'eau bouillie car la présence de l'anhydride carbonique fausserait les résultats par la combinaison de ce corps avec les alcalis libérés par dissociation.

Les mêmes auteurs [*D. chem. G.*, **28**, 2573. 1895 ou *Bull. Soc. Chim.*, (3), **16**, 107, 1896] ont tenté de déterminer par ébullioscopie la grandeur moléculaire et le degré de dissociation des savons en solution aqueuse; les valeurs trouvées pour le poids moléculaire sont anormales: au-dessous d'une certaine concentration le nombre trouvé est plus petit que le nombre théorique: donc il y a dissociation; au delà, la tension d'ébullition est à peine augmentée et le nombre trouvé est souvent deux fois plus élevé et même plus encore, que le nombre attendu. Toutefois ceci n'a pas lieu pour les sels alcalins d'acides inférieurs à l'acide caproïque inclus; mais à partir des nonoates, les anomalies se manifestent pour les concentrations de 2 0/0 et au delà.

Enfin si on ajoute à du palmitate de sodium dissous du palmitate de sodium cristallisé, celui-ci devient gélatineux avant de se dissoudre et par suite les savons se comportent comme des colloïdes et quand on examine la tension de vapeur de la solution, au lieu de trouver des tensions de plus en plus élevées pour des concentrations de plus en plus élevées, on observe le point d'ébullition de la solution.

L'amidon et la dextrine donnent des phénomènes analogues et en outre Krafft et Strütz [*D. chem. G.*, **29**, 1328, 1896 ou *Bull. Soc. Chim.*, (3), **16**, 1840, 1896], s'étant demandé si les anomalies des stéarates, oléates... alcalins ne doivent pas être attribués uniquement à leur poids moléculaire élevé, ont constaté en effet avec des corps de fonctions très diverses, comme le chlorhydrate d'hexadécylamine, le palmitate de méthylamine ou les matières colorantes, que ces corps de poids moléculaire élevé se comportent comme les savons et ont des propriétés de colloïdes.

A l'appui des phénomènes de dissociation mentionnés ci-dessus, on peut citer l'expérience suivante de Brenemann [*Chem. News*, **64**, 153 ou *D. chem. G.*, **23**, 559, Ref. 1890] : on prépare une liqueur alcoolique claire de savon, on lui ajoute de la phénolphtaléine et on la met dans une éprouvette cylindrique avec de l'eau contenant aussi ce réactif; la couche de séparation des deux liquides se colore en rouge.

Afin d'éviter l'altération des liqueurs de savon pour essais hydrotimétriques, Dibbin [*Chem. News*, **44**, 303 ou *Bull. Soc. Chim.*, **37**, 528, 1882], l'attribuant à la décomposition des acides gras libres, prépare ses liqueurs en dissolvant le savon dans de l'alcool méthylique dilué de deux volumes d'eau et en ajoutant un excès d'ammoniaque; la conservation est assurée pour longtemps.

Propriétés dissolvantes et solubilité des savons. — On sait que les savons de pétrole contiennent généralement des huiles de pétrole non combinées puisque la distillation les enlève facilement. Livache, qui a observé la présence de ces huiles, l'attribue à l'existence dans les savons de l'acide mélissique contenu dans la cire que l'on ajoute à ces savons, car un mélange d'acide mélissique et de pétrole se dissout intégralement dans l'eau [*C. R.*, **87**, 249, 1879 ou *Bull. Soc. Chim.*, **32**, 666, 1879].

D'autre part, on sait que les acides gras des savons sont solubles dans le benzène et l'alcool; les mesures ont été faites pour le premier corps à 12° et pour le second dans l'intervalle 0-126°; ces derniers résultats se présentent par une formule analogue à celle de Nordenskjöld :

$$\lg S = a + bt + ct^2.$$

Il en est de même pour la solubilité des graisses [Dubors et Podé, *Bull. Soc. Chim.*, (2), **44**, 187 et 602, 1885].

Formation naturelle d'un savon. — Friedel [*Bull. Soc. Chim.*, (3), **17**, 1012, 1897] a signalé un cas de formation naturelle de savon; étudiant l'enduit trouvé sur des aiguilles métalliques recueillies dans les fouilles d'Abydos, il constata que c'est un savon calcaire formé suivant le processus ordinaire aux dépens du calcaire et de l'acide gras qui entrait dans la composition de la matière grasse provenant du fard où elle était associée précisément au carbonate de calcium.

Les savons dans l'organisme. — Hoppe-Seyler [*Zeit. f. physiol. Chem.*, **8**, 503 ou *D. chem. G.*, **18**, 121, 1885] a annoncé la présence de savons alcalins dans le sang et le chyle [voyez également Lebedeff, *D. chem. G.*, **17**, 81, Ref. 1884 et Röhrig et Zawilstei]; pour démontrer ce fait, on précipite ces liqueurs par 3 ou 4 fois leur volume d'alcool fort en maintenant vers 55°; le sirop ainsi obtenu est épuisé plusieurs fois à l'éther exempt d'alcool et d'eau, puis le résidu est repris par l'alcool absolu et évaporé à 55°; le composé résultant donne la réaction des savons alcalins. Le précipité obtenu par l'acétate de plomb, étant traité par l'éther, peut être séparé en acides oléique, palmitique et stéarique; le mélange de ces deux derniers corps ainsi obtenu en partant du sérum de cheval fond à 55°,2 et se solidifie à 52°. Pour la détermination quantitative, les savons peuvent être additionnés de sel et extraits au moyen d'éther alcoolique; ou bien on peut encore libérer les acides par HCl, les séparer par l'éther et les transformer en sels de baryum. Dans le sérum de cheval, de chien, on trouve de 0,05 à 0,12 0/0 d'acides gras; et dans le sérum d'un homme atteint de pneumonie, 0,062 d'acides gras (avec 0,1818 0/0 de graisse, 0,216 0/0 de cholestérine et 0,3506 0/0 de leucine). La méthode de séparation des acides gras et des graisses que l'auteur préconise et emploie a été exposée dans *Handb. d. phys. chem. An.*, **5**, 114.

J. Munk [*Arch. phys.*, 1890; Suppl., **116**, 141 ou *D. chem. G.*, **24**, 772, Ref. 1893], ayant injecté à des lapins des sels de sodium des acides palmitique et stéarique, a observé un abaissement des fonctions du cœur et une diminution des échanges gazeux, s'élevant de 1/2 à 1/10 de la valeur habituelle.

Dosage des savons et falsifications. — On a indiqué pour le dosage des savons un grand nombre de méthodes, qui d'ailleurs varient avec le but que l'on se propose et la substance que l'on veut surtout évaluer.

1° La méthode Meister [*D. chem. G.*, **7**, 1742, 1874 ou *Bull. Soc. Chim.*, (2), **23**, 569, 1875] consiste à opérer sur 100 gr. de savon qu'on dissout dans 1000 cmc. d'eau ; les divers essais se font ensuite sur des échantillons de 50 ou 100 cmc. Pour avoir le résidu sec, en évapore à la température de 130-140° dans un ballon taré, placé dans un courant d'air sec ; pour les acides gras, on les met en liberté par de l'acide chlorhydrique, on les enlève par le sulfure de carbone et la solution est évaporée en présence d'hydrogène pour éviter l'oxydation de l'acide oléique : on titre ensuite avec de l'éosine ou mieux du tournesol comme indicateur.

Si l'on a à comparer rapidement deux savons, on emploie une liqueur neutre d'azotate de baryum titrée contre un savon-type et qu'on ajoute peu à peu aux liqueurs à essayer de manière à ce que celles-ci ne donnent plus de mousse ; on peut encore, et ceci est préférable, employer du nitrate de plomb au 1/10 et on reconnaît la fin de la réaction par du papier à l'iodure de potassium qui donne une tache jaune.

2° Une méthode d'analyse plus complète est donnée par les *Chem. News*, 35, 2 [ou *Bull. Soc. Chim.*, (2), 28, 142, 1877] ; la prise d'échantillon est de 60 à 80 gr. qu'on dissout dans un litre d'eau et dont on prélève 50 cc. pour chaque essai :

Alcali total : est évalué au moyen d'acide titré, en présence d'éosine comme indicateur, ce colorant est précipité avec l'acide gras et la liqueur doit être incolore.

Alcali libre : on précipite le savon par le sel marin, on sépare et on dose à nouveau l'alcalinité de la liqueur restante.

Acides gras : sont extraits par le sulfure de carbone après acidulation et on élimine ensuite le solvant puis on pèse ; dans le cas de l'acide oléique, on peut se contenter de mesurer le volume que l'on multiplie par 0,9 pour avoir son poids.

Eau : est évaluée par dessiccation poussée jusqu'à 120°.

Matières minérales et matières grasses non saponifiées : on dissout le savon sec dans l'alcool fort et on filtre à chaud ; les matières minérales restent sur filtre et peuvent être pesées. La solution alcoolique évaporée en présence d'eau donne le savon soluble plus les graisses insolubles.

3° R. Bauer [*J. prakt. Chem.*, (2), 35, 88 ou *D. chem. G.*, 20, 119, Ref. 1887] dose les acides gras des savons en les chauffant en présence de glycérine, puis en les traitant par l'alcool ; la liqueur claire est titrée par l'acide chlorhydrique. On ajoute ensuite de l'acide en excès et on enlève, avec une pipette, la partie grasse qui se sépare ; on porte sur un verre de montre garni de perles en verre, on sèche et on pèse jusqu'au moment où on a un poids constant.

4° B. Schultze [*Zeit. anal. Chem.*, 26, 27 ou *D. chem. G.*, 20, 401, Ref. 1887] dose les acides gras en décomposant les savons par l'acide sulfurique, au lieu d'HCl, extrayant par l'éther et lavant à l'eau ; on ajoute à l'éther quelques gouttes de chlorure de baryum, pour précipiter l'acide minéral entraîné, puis après filtration on évapore le solvant et on continue à la manière ordinaire.

5° L'emploi du méthyl-orange dans le dosage des acides du savon par emploi de liqueurs acides minérales titrées ne donne pas de bons résultats parce que le virage manque de netteté ; une partie du savon est enveloppé dans des gaines d'acides gras et cela donne des résultats trop faibles ; la teneur en alcali libre calculée d'après celle des acides est également faussée [Wilson, *Chem. News*, 1855, 285 ou *Bull. Soc. Chim.*, (3), 14, 1090, 1895].

L'emploi de la phtaléine du phénol est aussi critiquable [R Hirsch. *D. chem. G.*, (3), 35, 2874,

1902 ; — Schmatolla, *ibid.*, (4), 35, 3905, 1902 et A. Kanitz, *ibid.*, 1, 400, 1867].

6° Wilson [*Chem. News*, 64, 205 ou *D. chem. G.*, 25, 86, Ref. 1892 ou *Bull. Soc. Chim.*, (3), 8, 540, 1892] a donné une méthode pour le dosage des alcalis combinés dans les savons ; on dose d'abord l'alcali total avec une solution acide décime ; on décompose par l'acide sulfurique un poids déterminé de savon et on sépare les acides en chauffant au bain-marie ; on refroidit et on filtre puis on lave à trois reprises avec 250 cc. d'eau bouillante ; on amène le volume de la liqueur à 1 litre et on en titre 500 cmc. par une liqueur décime d'alcali en présence de méthylorange. Quand l'acide minéral est saturé, on ajoute de la phtaléine du phénol et on titre les acides gras que l'on évalue en acide caprylique ; les acides gras insolubles sont séchés, pesés, dissous dans l'alcool et dosés par une liqueur alcoolique d'alcali décinormale. La somme des alcalis, diminuée de la quantité correspondante aux acides, donne l'alcali libre.

7° Le dosage des alcools dans le savon présente une certaine importance dans le commerce des savons transparents ; ceux-ci, fabriqués ordinairement à l'aide d'alcools, sont soumis à des droits assez élevés en raison de l'emploi d'alcool tandis que d'autres savons également transparents importés d'Allemagne sont envoyés chez nous avec la qualification « savons sans alcool ». La recherche de l'alcool peut se faire de la manière suivante : on place dans une cornue fermée de 200 cmc. environ, 50 gr. de savon finement divisé et 30 cc. d'acide sulfurique qu'on agite jusqu'à dissolution du savon ; on remplit alors d'eau, ce qui élimine les acides gras qui se solidifient. La liqueur aqueuse inférieure est séparée, neutralisée presque entièrement et distillée. La première portion, environ 25 cmc. est filtrée et soumise à la recherche de l'alcool d'après Riche et Bardy [*D. chem. G.*, 9, 638, 1876], c'est-à-dire en le transformant en aldéhyde par MnO^4K et recherchant cette dernière par le bisulfite de rosaniline. Les essences que peut contenir le savon sont oxydées par le permanganate, mais cela n'a pas d'influence sur la formation d'aldéhyde.

8° Les savons contiennent parfois aussi du sucre de canne ; Wilson [*Chem. News*, 64, 28 ou *Bull. Soc. Chim.*, (3), 8, 639, 1892] recommande, pour caractériser cette substance, de dissoudre le savon dans l'eau, et de faire par l'action de SO^4Mg un sucre magnésien insoluble ; dans la liqueur filtrée, le savon est recherché par la méthode ordinaire au polarimètre ; la teneur en sucre peut atteindre 20 à 30 0/0 dans les savons de toilette.

9° Pour doser la résine qui se trouve parfois aussi dans les savons et qui par suite accompagne des acides gras solides et l'acide oléique, Barfœd [*Zeit. f. anal. Chem.*, 14, 20 ou *Bull. Soc. Chim.*, (2), 24, 322, 1875] décompose ces savons par HCl, lave à l'eau et dissout dans la soude étendue (d = 1,1 étendue six fois) en léger excès ; on évapore au bain-marie, pulvérise et sèche à 100°. On dose la totalité des acides sur une partie aliquote, une autre partie aliquote est traitée par de l'alcool absolu et chauffée à 80°, le flacon étant fermé : le savon de résine et une partie du savon à acide gras se dissolvent ; on refroidit, ajoute de l'éther (5 fois le volume de l'alcool), agite et laisse reposer 24 heures. Le savon résineux reste dissous tandis que le savon d'acide gras se précipite presque complètement. On décante la liqueur, on chasse le solvant et on détermine la résine par l'acide chlorhydrique ; la solubilité de l'oléate de sodium n'étant que 1/100 de celle du résinate de sodium, et en outre 1 partie de ce corps exigeant 7°,9 du mélange alcool

(1 vol.) éther (5 vol.) pour se dissoudre, on voit que la méthode de séparation est, dans la pratique, très suffisante.

Quant à la méthode de Twitchell : éthérification des acides par l'alcool et l'acide chlorhydrique puis séparation des résines par la potasse alcoolique diluée, elle donne des résultats trop faibles pour la teneur en résine [Evans et Beach, *Am. Chem. Journ.*, 17, 59 ou *Bull. Soc. Chim.*, (3), 14. 510, 1895].

Ur On incorpore aussi assez fréquemment aux savons du phénol et d'autres antiseptiques : Khlopine [*Journ. Soc. russe*, 28. 782, 1896 ou *Bul. Soc. Chim.*, (3), 18. 604. 1897] dose le phénol en l'entraînant par la vapeur d'eau après avoir décomposé le savon par l'acide sulfurique ; il passe à la distillation, outre le phénol, des acides organiques volatils, ce qui rend inexact le dosage par la méthode Koppenhaas, ou la pesée, ou la méthode colorimétrique, mais on arrive à des résultats satisfaisants en ajoutant au distillat du carbonate de sodium et extrayant à l'éther qui entraîne le phénol seul : quand on opère avec un savon à 3 0/0 de phénol, on retrouve de 2,7 à 2.8 0/0 de ce corps.

Frésenius et Makin [*Zeit. anal. Chem.*, 35, 324 ou *D. chem. G.*, 29, 1009, Ref. 1896] préfèrent pour ces dosages la méthode de Ch. Low. Le savon est dissous dans l'eau chaude et la liqueur est précipitée par le sel marin ajouté jusqu'à saturation ; le précipité est séparé par filtration et on ajoute au liquide clair du brome ; les auteurs améliorent encore la méthode en entraînant le phénol par un courant de vapeur d'eau traversant la liqueur savonneuse acidulée par SO^4H^2 : la différence entre les deux méthodes peut atteindre parfois 2 à 3 0/0.

Deux savons phénoliques ont donné

$$\text{et}\quad \left.\begin{array}{l}1,503\\1,665\end{array}\right\}\text{ par la nouvelle méthode}$$

$$\left.\begin{array}{l}3.38\\3,51\end{array}\right\}\text{ par l'ancienne.}$$

Du savon préparé avec 1,738 0/0 de phénol a donné 1,643 0/0 ; la méthode s'applique aussi aux poudres désinfectantes carboliques.

Moreschini donne [*Bull. Soc. Chim.*, (3), 20. 270, 1898] les résultats relatifs aux dosages de savons où il a déterminé les acides gras volatils, les acides organiques fixes, l'acidité totale et l'indice d'iode. Dans le cas des savons de résine, on élimine ce corps par la méthode Tivitchell avant de faire la détermination de l'indice d'iode.

Parmi les falsifications du savon, les plus fréquentes sont l'addition de matières riches en eau comme l'alumine précipitée, ou de manière solubles ou insolubles dans l'eau (gypse, craie, argile, phosphate de calcium, etc....) ; on détermine ces substances en dissolvant le savon dans l'alcool et pesant le résidu séché [Springmuhl, *Chem. Centralbl.*, 7, 63 et 79 ou *Bull. Soc. Chim.*, (2). 25. 569, 1876]. Voyez également G. Halphen [*Bull. Soc. Chim.*, (3). 13. 703, 1895] ; — Gawalosky [*Zeit. anal. Chem.*, 22, 30 ou *D. chem. G.*, 16. 258. 1883] ; — Loviton [*Bull. Soc. Chim.*, 44, 613, 1883] et R. Henriques [*Z. f. angew. Chem.*, 721, 1891 ou *D. chem. G.*, 29. 189, 1895].

Sur la constitution des savons. — Voir J. Lewkowitsch [*Chem. Ind.*, 26. 593 ou *Bull. Soc. Chim.*, (4), 2, 1213 et *Zeitsch. für anorg. Chem.*, 20, 951 ou *Bull. Soc. Chim.*, (4), 2, 1223. 1907] et Merklen [*Études sur la constitution des savons, dans ses rapports avec la fabrication*, Marseille. 1906]. Juin 1907. P. Lemoult.

SAXATIQUE (ACIDE). — Voy. l'art. LICHENS.

SCANDIUM. — Voy. TERRES RARES.

SCATOCYAMINE [Voyez Marchlewsky, *Anz. Akad. Wiss. Krakau*, 1903, 638 ; 1904, 276].
V. Thomas.

SCATOL. — Voy. l'art. INDOL.

SCHIFF (BASES DE). — Voy. l'art. IMIDES.

SCHIKIMÈNE, etc. — Voy. SHIKIMÈNE, etc.

SCHIRMERITE (Min.) (Genth). — Sulfobismuthite d'argent et de plomb, $3[Ag^2, Pb]S . 2Bi^2S^3$, voisin de la klaprothine ; masses grises, finement grenues, très fusibles, de la mine Treasury, Colorado. Densité $= 6,737$.

SCHISTES (HUILES DE). — Voyez l'art. PÉTROLES.

SCHIZOLITE (Min.) (Christensen). — Variété manganésifère de pectolite (12.9 0/0 de MnO), cristaux rose à brun, dans la syénite éléolithique de Julianehaab, Grœnland. Densité $= 3,089$.

SCHRAUFITE (Min.) (Von Schröckinger). — Résine fossile, $C^{11}H^{16}O^2$, masses arrondies, rouge hyacinthe, trouvées dans un grès ardoisier à Wamma, Bukowine, et au Liban. Dureté $= 2$ à 3. Densité $= 1$ à 1.2. L. Bourgeois.

SCHUNGITE (Min.) [(de Inostranzeff). Syn. *Graphitoïde* (Lauer)]. — Variété amorphe de charbon dans des roches gneissiques, gouvernement d'Olonetz, Russie, et Erzgebirge, Saxe.

SCOMBRINE. — Voy. l'art. PROTAMINES.

SCOPARINE. — Voy. Dict., 2. 2ᵉ partie, p. 1456.

La scoparine de Stenhouse doit être purifiée dans l'alcool à 70°, l'alcool plus aqueux abandonnant en même temps une masse poisseuse et l'alcool plus concentré la transformant en une modification insoluble.

La scoparine fond d'une façon mal définie au-dessus de 200° ; sa composition répond à la formule $C^{20}H^{20}O^{16} + 4,5H^2O$; elle est soluble dans l'eau bouillante et l'alcool et jouit de propriétés acides qui lui permettent de décomposer les carbonates et de se combiner aux métaux. L'acide iodhydrique lui enlève un groupe méthoxyle en donnant un composé $C^{19}H^{14}O^8$, très altérable, surtout par oxydation.

La scoparine réduit la liqueur de Fehling et le nitrate d'argent ammoniacal ; elle donne un *dérivé monoacétylé* et un *dérivé éthylé* et sa formule serait $C^{19}H^{16}O^8(OH)(OCH^3)$; l'acide sulfurique la transforme en une substance $C^{20}H^{16}O^8 + 2,5H^2O$ colorable, comme la scoparine, en brun violet par le chlorure ferrique. L'alcool bouillant transforme la scoparine en une poudre cristallisée isomère ou polymère fusible à 234-235°, qui constitue la modification insoluble de Stenhouse et régénérant la forme soluble par l'action des alcalis [Goldschmidt et von Hemmelmayer, *Mon. f. Chem.*, 14, 202].

Perkin a constaté [*Chem. Soc.*, 75, 433, 1899] que la scoparine ne décompose pas les acétates alcalins. Octobre 1907. A. Hébert.

SCOPOLAMINE $C^{17}H^{21}AzO^4$ et **SCOPOLINE** $C^{18}H^{13}AzO$. — La scopolamine est un alcaloïde qui a d'abord été appelé hyoscine ; le corps décrit au 1ᵉʳ Suppl., 939, est un mélange contenant de la scopolamine. Entre O. Hesse et E. Schmidt ont eu lieu une série de polémiques sur le nom à attribuer à cette substance.

Ladenburg la découvrit (en 1880) dans les eaux-mères de la préparation de l'hyosciamine et l'appela hyoscine ; Eykman trouva dans le Scopolia japonica (en 1884) un alcaloïde qu'il appela *scopoléine*, et reconnut sa parenté avec l'hyosciamine et l'hyoscine [*Rec. Pays-Bas*, 3, 169].

Schmidt [*Arch. Pharm.*, 228, 139 et 435 1890]

retrouva ce même alcaloïde dans le Scopolia atropoïdes à côté d'hyosciamine et d'atropine, et lui donna le nom de *scopolamine*.

Schmidt proposa dès l'abord la suppression du nom d'hyoscine, parce que la formule attribuée par Ladenburg à cette base qu'il considérait comme isomère de l'atropine était fausse; elle est, non $C^{17}H^{23}AzO^3$, mais $C^{17}H^{21}AzO^4$; la base est non amorphe, mais cristallisable [*Arch. der Pharmazie*, **230**, 207, 1892]. Ladenburg n'en voulut pas convenir [*D. chem. G.*, **25**, 2388, 1892]; Schmidt rétorqua ses allégations [*ibid.*, 2601]. En même temps O. Hesse confirma aussi la formule en O^4 [*Ann. Chem.*, **276**, 84, 1893]. Par la suite, Schmidt montra que la scopolamine qui est active, et dont le pouvoir rotatoire est variable [*D. chem. G.*, **29**, 2009, 1896], peut être rendue inactive si on décompose son bromhydrate par l'oxyde d'argent [*Arch. Pharm.*, **232**, 409, 1892]. O. Hesse déclara alors que cette annulation du pouvoir rotatoire était due à un dédoublement hydrolytique, et qu'on pouvait l'obtenir par l'action décomposante des alcalis [*D. chem, G.*, **29**, 1775, 1896]; toutefois on trouve dans la scopolamine commerciale un isomère inactif, l'*atroscine*.

D'après E. Schmidt, l'atroscine de O. Hesse n'était autre que son *i*-scopolamine [*Arch. Pharm.*, **236**, 47, 1898]. Pour Hesse, au contraire, le nom de scopolamine aurait dû être rayé de la littérature, car c'est un mélange contenant de l'atroscine [*Ann. Chem.*, **303**, 75, 1898], et celle-ci n'est pas l'*i*-scopolamine [*Sudd. Apoth. Zeit.*, **38**, 191]; du Datura blanc, on retire aussi une hyoscine que l'oxyde d'argent ne transforme pas en atroscine comme le fait l'hyoscine de scopolia [O. Hesse, *Ann. Chem.*, **303**, 149-165, 1898].

J. Gadamer a donné une solution heureuse et définitive à ces vives et longues polémiques en montrant que l'*i*-scopolamine, retirée du Scopolia et l'*atroscine* issue de l'Hyosciamus, sont simplement les hydrates différents d'une seule et même base. Entre autres, en mêlant de l'atroscine à un peu d'alcool, ajoutant de l'eau jusqu'à trouble, puis projetant un cristal d'*i*-scopolamine, on transforme la première (à $2H^2O$) en la seconde (à $1H^2O$) [*Arch. Pharm.*, **236**, 382, 1898; *Ann. Chem.*, **310**, 352, 1900; *J. prakt. Chem.*, (2), **64**, 566, 1901]. Il proposa de supprimer le nom d'atroscine, devenu inutile. Voyez aussi H. Kimzkrause [*J. prakt. Chem.*, (2), **64**, 569, 1901].

Enfin, J. Gadamer a précisé les conditions de dédoublement ou de racémisation de la scopolamine par les alcalis; en solution aqueuse c'est le premier effet qu'on constate; en solution alcoolique le second [*Arch. Pharm.*, **239**, 294, 1901].

D'après L. Merck l'hyoscine de la jusquiame est identique, au pouvoir rotatoire près, à celle des racines de Scopolia [*Sc. Chem. Ind.*, **16**, 515].

Pour A. Pinner [*Centr. prakt. Augenheilk.*, **20**, 1; *Apoth. Zeit.*, **13**, 93], les solanées renferment deux groupes d'alcaloïdes : 1° $C^{17}H^{23}AzO^3$ et 2° $C^{17}H^{21}AzO^4$, c'est-à-dire hyoscine ou scopolamine active transformable par les alcalis en scopolamine inactive, dite atroscine. La scopolamine commerciale contient souvent le produit inactif accompagné d'hyosciamine et d'atropine.

On a trouvé la scopolamine dans les plantes déjà citées et dans le Datura alba [Fr. Brown, *Pharm. J. and. Trans.*, (4), 3, 197], la racine de Mandragore [O. Hesse, *J. prakt. Chem.*, (2), **64**, 274; — H. Thomas et M. Wentzel, *D. chem. G.*, **34**, 1023]; les graines de jusquiame, de belladone, de datura, de Duboisia myoporoïdes, [Schmidt, *Arch. Pharm.*, **230**, 207], des Datura metel, quercifolia, arborea [*ibid.*, **243**, 303; **244**, 66, 1906], fastuosa [*Ibid.*, *Apoth. Zeit.*, **20**, 669, 1905].

On peut la doser dans ces drogues [*Archiv. Pharm.*, **243**. 303, 309, 328, 1905; *Apoth. Zeit.*. **21**, 662, 1906, etc.].

En raison des discussions rapportées plus haut, les constantes de la scopolamine et de ses dérivés ont été répétées un nombre de fois invraisemblable.

L'étude chimique de la scopolamine est peu avancée. A. Ladenburg et F. Roth ont montré que l'hyoscine pouvait être dédoublée à l'instar de l'atropine en acide tropique, et une base différente de la tropine qu'ils crurent isomère et appelèrent pseudo-tropine [*D. chem. G.*, **17**, 151, 1884]. E. Schmidt montra que cette base n'était pas isomère et l'appela *scopoline* [*Arch. Pharm.*, **230**, 207, 1892]; Hesse a aussi employé le nom d'*oscine* [*Ann. Chem.*, **271**, 100, 1892].

SCOPOLAMINE ACTIVE (*hyoscine*) [$B=C^{17}H^{21}AzO^4$] $C^{17}H^{21}AzO^4$, H^2O, fusible à 59°, devenant facilement amorphe, incristallisable [E. Schmidt. *Arch. Pharm.*, **230**, 207]; $[\alpha]_D = -13°,7$ dans l'alcool [O. Hesse, *Ann. Chem.*, **274**, 100]: $[\alpha]_D = -33°,1$, libre [O. Hesse, *J. prakt. Chem.*. (2), **64**, 353, 1892]. Elle serait fusible à 56°. $[\alpha]_D = -4°,30$ (eau); $-1°,37$ (alcool) [W. Luboldt, *Arch. Pharm.*, **236**, 11].

B.HCl, $2H^2O$, fusible à 197° [O. Hesse, *J. prakt. Chem.*, (2), **64**, 353]; — B.HBr, $3H^2O$. corps bien cristallisé [E. Schmidt, *Arch. Pharm.*, **230**, 207], fusible à 181° [O. Hesse, *Ann. Chem.*, **274**, 100]; $[\alpha]_D = -25°,43'$ [E. Schmidt, *Arch. Pharm.*, **230**, 207]; $-22°,5$ [O. Hesse, *Ann. Chim.*, **271**, 100]; $-14°,58$, soluble dans 67 p. d'eau [W. Luboldt, *Arch. Pharm.*, **236**, 11]; $[\alpha]_D$ plus fort dès la dissolution que plus tard [O. Hesse, *J. prakt. Chem.* (2), **66**, 194]; formant d'autres hydrates à 1/2, 1, $2H^2O$ et pouvant être anhydre [O. Hesse, *J. prakt. Chem.*, (2), **64**, 353].

$B^2.SO^4H^2$; — B.HI. Fusible à 197° [O. Hesse, *J. prakt. Chem.*, (2), **64**, 353].

B.AuCl⁴H. — Fond à 212-214° [E. Schmidt, *Arch. Pharm.*, **230**, 207]; 198° [O. Hesse, *Ann. Chem.*, **274**, 100]; — B.HBr, AuCl³; fond à 215° [H. Jowett, *Chem. Soc.*, **71**, 679].

Picrate. — Fusible à 187-188° [E. Schmidt. *Arch. Pharm.*, **232**, 409].

B.CH³I, fusible à 215° [E. Schmidt, *Arch. Pharm.*, **232**, 409], à 208°, $[\alpha]_D = -13°,8$ [O. Hesse, *J. prakt. Chem.*, (2), **64**, 353]: B.CH³Cl.AuCl³, fusible à 145-146°; — B.C²H⁵I, fusible à 185-186°; — B.C²H⁵Cl, AuCl³, fusible à 102-103°; — B.C⁶H⁵COCl, AuCl³, fusible à 161°; — (B.C⁶H⁵COCl)².PtCl⁴, fusible à 199-200° [E. Schmidt, *Arch. Pharm.*, **232**, 409].

Il existe un dérivé acétylé [E. Schmidt, *Arch. Pharm.*, **230**, 207] sirupeux, dont le chloraurate fond à 148° [O. Hesse, *J. prakt. Chem.*, (2), **64**, 353].

SCOPOLAMINE INACTIVE (*atroscine*) [$B=C^{17}H^{21}AzO^4$]. — Anhydre, fusible à 82-83°, soluble dans 38 p. d'eau [O. Hesse, *Ann. Chem.*, **303**, 75; *D. chem. G.*, **29**, 1776; *J. prakt. Chem.*. (2), **64**, 353; **66**, 194].

B.H^2O. — Fusible à 56-57° [O. Hesse]; à 55-56°, E. Schmidt, *Arch. Pharm.*, **232**, 409].

B.$2H^2O$. — Fusible à 36-37° (O. Hesse).

B.HCl; — B.AuCl⁴H. Fusible à 201-202°; B.HBr, $1/2H^2O$; $1H^2O$ et $3H^2O$; fond anhydre à 181°; — B.HI fond à 192° (O. Hesse).

B.CH³I. Fond à 202°; — B.CH³Br fond à 207°; B.CH³Cl⁴Au, à 146°; B.C²H⁵I fond à 170°; B.C²H⁵Cl⁴Au à 124°. L'*acétylatroscine* est un sirop dont le chloraurate fond à 140°. O. Hesse,

Ann. Chem., **303**, 75; *D. chem. G.*, **29**, 1776; *J. prakt. Chem.*, (2), **64**, 353; **66**, 194.

On prépare la scopolamine inactive en plaçant le bromhydrate de la base active dans l'alcool avec de la soude pendant 10 heures (O. Hesse).

SCOPOLINE (*oscine*). — Elle résulte du dédoublement de la scopolamine active ou inactive :

$$C^{17}H^{21}AzO^4 + H^2O = C^8H^{13}AzO^2 + C^9H^{10}O^3.$$

C'est une base inactive, bien cristallisée en rhomboèdres, fusible à 106° [Ladenburg et Roth, *loc. cit.*], à 104°,5 [O. Hesse, *Ann. Chem.*, **271**, 100], à 109° [W. Luboldt, *loc. cit.*], à 110° [E. Schmidt, *Arch. Pharm.*, **230**, 207], bouillant à 242°, formant des sels.

B.HCl.H²O; — B.HBr; — B.HI; — B².SO⁴H²; — B.C⁸H⁸O³, fusible à 112° [W. Luboldt, *loc. cit.*].

B².PtCl⁶H², H²O, fusible à 210-212° [O. Hesse, *J. prakt. Chem.*, (2), **66**, 194], à 228-230° [E. Schmidt, *Arch. Pharm.*, **230**, 207; — Ladenburg, *Ann. Chem.*, **276**, 345], soluble dans 8 p. d'eau à 12°. — B.AuCl⁴H, fond à 201-202° [O. Hesse, *Ann. Chem.*, **276**, 84], 223-225° [E. Schmidt, *Arch. Pharm.*, **230**, 207]; — B.CH³Cl fusible à 228° [O. Hesse, *Ann. Chem.*, **271**, 100]; — (B.CH³Cl)²PtCl⁴ fond à 200-202° [O. Hesse, *Ann. Chem.*, **271**, 100].

La scopoline donne des scopoléines comme la tropine, mais elle ne se laisse pas transformer en cétone comme les tropines [R. Willstätter, *D. chem. G.*, **29**, 1578, 1896].

Elle contient un méthyle à l'azote; elle n'est pas hydrogénée par l'acide iodhydrique à 140° et ne réagit pas sur la phénylhydrazine ni l'hydroxylamine [O. Hesse, *J. prakt. Chem.*, (2), **64**, 353].

W. Luboldt n'a pas observé non plus de réaction à 150-160° avec l'acide iodhydrique de densité 1.7 [*loc. cit.*], tandis que Schmidt à 150°, après 3 ou 4 heures avec l'acide de densité 1.9, a obtenu le corps $C^8H^{14}O^2AzI$, HI fusible à 196°, et à 190-200° après 6 heures, l'*hydroscopolidine* $C^8H^{13}Az$. Le *chloraurate* de cette base fond à 204-206°.

E. Schmidt n'a pas non plus obtenu de réaction avec l'hydroxylamine, la phénylhydrazine, la semicarbazide, l'aminoguanidine, l'aldéhyde benzoïque [*Arch. Pharm.*, **243**, 559]. L'iodure de méthyle, suivant Luboldt, ne donne rien, alors que d'après Schmidt il donne une *méthylscopoline* fusible à 60-70°, dont le *chloraurate* fond à 154°.

Le permanganate de baryum donne une *scopoligénine* $C^7H^{11}AzO^2$, fusible à 205-206°, dont le *chloraurate* fond à 235-236°. L'iodure de méthyle régénère la scopoline (Luboldt). Le brome en vapeur donne du *bromhydrate de scopoline* et *de scopoligénine*. La scopoligénine distillée sur la poudre de zinc donne un peu de pyridine (E. Schmidt).

L'acide bromhydrique à 130°, pendant 6 heures, donne le corps $C^8H^{14}AzO^2Br$, HBr, fusible à 202°.

La base $C^8H^{14}AzO^2Br$ forme un dérivé diacétylé dont le *chloraurate* fond à 187°; son produit de réduction ou *hydroscopoline* $C^8H^{13}AzO^2$ donne un *dérivé bibenzoylé* dont le *chloraurate* fond à 200-201°. Le *chloraurate d'hydroscopoline* fond à 200-201° (Schmidt).

Oxydée par l'acide chromique dans les conditions où la tropine donne l'acide tropique, la scopoline est en grande partie inaltérée; une autre partie donne scopoligénine, gaz carbonique, méthylamine et une base non oxygénée à 6 atomes de carbone, dont les chloraurate et chloroplatinate correspondent à ceux du chlorométhylate de pyridine. L'oxygène de la scopoline ne serait donc pas dans le noyau pyridique [E. Schmidt, *Apoth. Zeit.*, **20**, 669, 1905; et *Arch. Pharm.*, **243**, 559, 1905].

L'eau oxygénée donne le corps $C^8H^{13}AzO^3$ dont le chlorhydrate fond à 132-135°; l'oxydation chromique donne un sulfométhylate pyridique à côté de norscopoline.

SCOPOLÉINES. — On a appelé ainsi les combinaisons avec élimination de 1 mol. d'eau de la scopoline et des acides.

L'*acétylscopoline* (ou acétylscopoléine) est en cristaux blancs fusibles à 53°; son *chloraurate* fond à 195-197° [E. Merck, *D. chem. G.*, **28**, R. 520; — E. Schmidt, *Arch. Pharm.*, **230**, 207].

La *benzoylscopoline* (benzoyloscine de Hesse) fond à 59° [O. Hesse, *Ann. Chem.*, **271**, 100], son chloraurate à 188° (E. Merck).

La *salicylscopoléine* et ses sels, chlorhydrate, bromhydrate, sulfate, chloraurate, chloroplatinate; les *phénylglycolylscopoléine* (homoscopolamine) et *tropylscopoléine* et leurs *sels* sont des corps amorphes. On ne peut les préparer par la méthode de Ladenburg employée pour les tropéines, mais seulement au moyen des anhydrides d'acides [W. Luboldt, *Arch. Pharm.*, **236**, 33, 1898].

Action physiologique de l'hyoscine [Kobert, Sohrt et Walther, *Chem. Zeit.*, **1887**, 537; *Arch. f. experim. Path. und Pharmak.*, **22**, 396-429]. Action physiologique de l'atroscine [*D. chem. G.*, **29**, 1781]. Il ne s'agit ici que des premiers mémoires sur cette question.

Juin 1907.   M. Delépine.

SCOPOLÉINES, SCOPOLIDINE (HYDRO-), SCOPOLIGÉNINE. — Voy. l'art. SCOPOLAMINE.

SCOPOLÉTINE. — Voy. l'art. ESCULÉTINE.

SCOVILLITE (Min.) (Brush.) — Voyez RHABDOPHANE, 2ᵉ Suppl. Sur limonite et pyrolusite, à la mine Scoville, Salisbury, Connecticut.   L. B.

SCYMNOL. — La bile de certains squales (*Scymnus borealis*) contient deux acides sulfoconjugués que l'ébullition avec la baryte dédouble en acide sulfurique et respectivement en α-scymnol, $C^{27}H^{46}O^5$ ou $C^{32}H^{54}O^6$, corps blanc cristallisé, fusible à 100-101° et un β-scymnol, $C^{29}H^{50}O^5$, qui est amorphe [Hammarsten, *Zeit. physiol. Ch.*, **24**, 322, 1898].

E. Lambling.

SÉBACÉIQUE (ACIDE OXY-). — Lorsqu'on fait bouillir un sel de l'acide dibromosébacique avec une base et de l'eau, tout le brome se sépare. Il se forme un acide dans lequel 1 atome de brome et 1 atome d'hydrogène ont disparu à l'état d'acide bromhydrique et 1 atome de brome est remplacé par un oxhydryle. Cet acide a été appelé par Claus et Steinkauler [*D. chem. G.*, **20**, 2882, 1887] acide oxysébacéique; c'est en somme un isomère de l'acide oxysébacique.

Il est très soluble dans l'eau chaude et l'alcool, et fond à 143°.

Juin 1907.   A. Bouchonnet.

SÉBACIQUE (ACIDE), $CO^2H.(CH^2)^8.CO^2H$.

Préparation. — 1° L'éther diéthylique se forme quand on électrolyse une solution aqueuse du sel de potassium du subérate monoéthylique [Brown, Walker, *Ann. Chem.*, **261**, 121, 1890].

Il se forme de l'acide sébacique :

2° Quand on laisse rancir l'acide oléique et l'acide subérique [Scala, *Central Blatt*, I, 439, 1898];

3° En chauffant à 200° l'acide 2.9-diméthylique-décane-dioïque [Haworth, Perkin, *Chem. Soc.*, **65**, 600, 1894];

4° Par oxydation ménagée des acides oxystéariques-10 et 11 [Shukoff et Schestakoff, *J. prakt. Chem.*, **67**, 414, 1903] et des acides cétostéariques [*Journ. Soc. phys. chim. russe*, **35**, 1, 1903 ; **33**, 625, 1901 ; **32**, 272, 1900] ;

5° Par oxydation de l'acide undécylénique [Thoms, Fendler, *Arch. Pharm.*, **238**, 690, 1900 ; — Egorof, *Journ. Soc. phys. chim. russe*, **36**, 201, 1904].

6° Dans la pyrogénation de la gomme laque, en même temps que de l'acide oléique et de l'acide caproïque [Étard et Vallée, *C. R.*, **140**, 1603, 1905] ;

Cristaux légers, fondant à 164°, bouillant à 273° sous 50 mm. et 243°,5 sous 15 mm. [Krafft, Nordlinger, *D. chem. G.*, **22**, 818, 1889 ; — Krafft, Weilandt, *D. chem. G.*, **29**, 1326, 1896 ; — Krafft, *D. chem. G.*, **39**, 2193, 1906]. Il se dissout dans 1000 fois son poids d'eau à la température ordinaire [Lamouroux, *C. R.*, **128**, 999, 1899 ; — Oeschner de Coninck et Raynaud, *Bull. Soc. Roy. de Belgique*, 887, 1903].

Éther diméthylique. — Il fond à 36° [Meyer, *Mon. f. Chem.*, **22**, 415, 1901]. La réduction du sébate de méthyle donne le décane-diol-1.10 [Bouveault et Blanc, *Bull. Soc. Chim.*, **31**, 1208, 1904].

Monoéthyléther, $C^{10}H^{17}O^4(C^2H^5)$. — Quand on électrolyse le sel de K de cet éther, on obtient l'acide octodécane-dioïque et l'acide nonénoïque $CH^2=CH.(CH^2)^6.CO^2H$ [Brown, Walker, *Ann. Chem.*, **274**, 62, 1894 ; — Walker, *Chem. Soc.*, **61**, 713, 1892].

Diéthyléther, $C^{10}H^{16}O^4(C^2H^5)^2$. — Poids spécifique, 0,96824 à 15° ; 0,9605 à 25° [Perkin, *Chem. Soc.*, **45**, 518, 1883 ; — Eyckmann, *Rec. Pays-Bas*, **12**, 276, 1893 ; — Meyer, *Ann. Chem.*, **347**, 17, 1906].

Éther dibutylique normal, $C^{10}H^{16}O^4(C^4H^9)^2$. — Liquide bouillant à 344-345° ; poids spécifique 0,9329 à 15° [Gehring, *Chem. Soc.*, **52**, 801, 1887]. Il donne avec le chlore, à la lumière solaire, le composé $C^{10}Cl^{16}O^4(C^4Cl^9)^2$.

Éther diamylique, $C^{10}H^{16}O^4(C^5H^{11})^2$. — [Walden, *Journ. Soc. phys. chim. russe*, **30**, 767, 1898]. Vitesse de saponification [Hjelt, *D. chem. G.*, **31**, 1846, 1898].

ANHYDRIDE, $C^{10}H^{16}O^3$. — Auger [*Ann. Ch. Ph.*, (6), **22**, 363, 1891] l'a obtenu en faisant réagir le chlorure de sébacyle sur le sébaçate de sodium. Gros cristaux solubles dans le benzène, fusibles à 78° [Voerman, *Rec. Pays-Bas*, **23**, 265, 1905 ; — Anderlini, *Lincei*, 293, 1er sem. 1894 ; — Blaise, *Bull. Soc. Chim.*, (3), **35**, 666, 1906].

CHLORURE, $C^{10}H^{16}O^2Cl^2$. — Liquide bouillant à 220° sous 75 mm. et à 203° sous 30 mm. (Auger). *Perchlorure sébacique* : $C^{10}Cl^{16}O^4$. Réduction du chlorure sébacique [Scheuble, *Mon. f. Chem.*, **24**, 618, 1903].

DÉRIVÉS HALOGÉNÉS. — *Éther perchlorodibutylique normal*, $C^{10}Cl^{16}O^4(C^4Cl^9)^2$. — Préparé par Gehring [*Chem. Soc.*, **52**, 801, 1887] en faisant passer pendant longtemps un courant de Cl, à la lumière solaire, dans l'éther dibutylique normal $C^{10}H^{16}O^4(C^4H^9)^2$. Il fond à 172°, bout à 200° et se sublime facilement en prismes hexagonaux.

Acide 2.9-dibromosébacique, $CO^2H.CHBr - C^6H^{12} - CHBr.CO^2H$. — [Claus, Steinkauler, *D. chem. G.*, **20**, 2882, 1887 ; — Auwers, Bernhardi, *D. chem. G.*, **24**, 2232, 1891]. — Obtenu par Weger [*D. chem. G.*, **27**, 1212, 1894] en faisant réagir le brome et le phosphore sur l'acide sébacique. Longs cristaux, fusibles à 136°, très solubles dans l'alcool, l'éther et le benzène. Traité par les alcalis bouillants, il donne l'acide oxysébaçique. En le faisant bouillir avec l'oxyde d'argent, il se transforme en acide dioxysébacéique [Claus, *J. prakt. Chem.*, (2), **54**, 337, 1895].

On connaît les *sels* de K, Na, Ca, Ba, Pb, Ag,

ainsi que l'*éther diméthylique* (Claus, Steinkauler).

Acide tétrabromosébacique. — Obtenu par Weger [*D. chem. G.*, **27**, 1214, 1894] en chauffant pendant deux semaines 100 gr. d'acide sébacique avec 225 gr. de PBr³ et 500 gr. de Br. Feuillets solubles dans l'alcool, fusibles à 105° ; très solubles dans l'éther et l'acide acétique. — $Na^2C^{10}H^{12}O^4Br^4 + 9H^2O$.

ACIDE $\alpha\alpha_1$-DIAMINO-SÉBACIQUE, $COOH-CHAzH^2 - (CH^2)^6 - CHAzH^2 - COOH$. — On l'obtient en partant de l'acide dibromosébacique que l'on chauffe en vase clos à 120° avec de l'ammoniaque et du carbonate d'ammonium.

Il se présente en écailles brillantes à aspect gras, formées par l'association d'aiguilles microscopiques. Se décompose à 300° ; soluble dans les alcalis et les acides [Neuberg, *Zeit. physiol. Chem.*, **45**, 92, 1905].

On connaît les sels de cuivre, d'argent et l'*éther diéthylique*.

AMIDE SÉBACIQUE, $C^8H^{16}(COAzH^2)^2$. — Petits cristaux fusibles à 208° [Phookan, Krafft, *D. chem. G.*, **25**, 2552, 1892], peu solubles dans l'eau froide, davantage dans l'eau bouillante, très solubles dans l'alcool bouillant [Solonina, *Journ. Soc. phys. chim. russe*, **28**, 558, 1896 ; — Aschen, *D. chem. G.*, **31**, 2350, 1898].

La réduction de l'amide sébacique, au moyen du sodium et de l'alcool amylique, donne le décanediol [Scheuble, *Mon. f. Chem.*, **24**, 618, 1903].

Acide sébamique, $AzH^2.CO.C^6H^{16}.CO^2H$. — Il fond à 170° [Étuix, *Ann. Ch. Ph.*, (7), **9**, 403, 1896].

Diphénylsébaçamide. — Elle fond à 134° [Gehring, *C. R.*, **104**, 1451, 1887].

NITRILE SÉBACIQUE, $C^8H^{16}(CAz)^2$. — Il se forme quand on distille 100 p. d'acide sébacique avec 208 p. de PCl⁵ [Krafft, Phookan, *D. chem. G.*, **25**, 2252, 1892]. Liquide bouillant à 199-200° sous 15 mm.

ANILIDE SÉBACIQUE, $C^{10}H^{16}O^2(AzH.C^6H^5)^2$. — Bénech [*C. R.*, **130**, 921, 1900] la prépare en chauffant 1 p. d'acide sébacique avec 2 p. d'isocyanate de phényle. Elle fond à 198° [Pellizari, *Gazz. chim. ital.*, **15**, 553, 1885 ; — Gehring, *Jahr. Chem.*, 1839, 1887].

Dinitranilide sébacique, $C^{10}H^{16}O^2(AzH.C^6H^4.AzO^2)^2$. — Elle fond à 116° [Gehring, *Jahr. Ch.*, 1839, 1887].

Dihydraside sébacique. — On l'obtient en traitant l'éther éthylique par l'hydrate d'hydrazine. Lamelles rhombiques fusibles à 184-185°.

Dibenzal-dihydraside sébacique,

$$(CH^2)^8 = (COAzHAz = CH.C^6H^5)^2.$$

— Elle fond à 158-159°.

Hydrazide sébacique secondaire symétrique,

$$(CH^2)^2 \begin{cases} CO.AzH \\ \ \ | \\ CO.AzH \end{cases}$$

— Elle fond à 142° [Steller, *J. prakt. Chem.*, **62**, 212, 1901].

ACIDE OXYSÉBACIQUE (*décanoldioïque*), $CO^2H.CH(OH)C^7H^{14}CO^2H$. — On connaît 2 isomères de cet acide, qui se forment quand on traite l'acide bromosébacique par de la lessive de soude [Weger, *D. chem. G.*, **27**, 1216, 1894].

ACIDE DIOXYSÉBACIQUE, $CO^2H.CH(OH).C^6H^{12}.CH(OH).CO^2H$ [Claus, Steinkauler, *D. chem. G.*, **20**, 2888, 1887 ; — Weger, *ibid.*, **27**, 1215, 1894 ; — Baeyer, *ibid.*, **30**, 1962, 1897].

Il se forme quand on maintient pendant 3 heures à l'ébullition de l'acide dibromosébacique avec de l'eau de baryte ou avec de l'eau et de l'oxyde d'argent. Il fond à 124°. L'acide azotique l'oxyde et donne de l'acide adipique et de l'acide oxalique. On connaît les sels de sodium et de baryum [Neuberg, *Zeit. phys. Chem.*, **44**, 147, 1904].

Juin 1907.   A. Bouchonnet.

SÉBAMIDO-BENZOÏQUE (ACIDE). — Voy. Benzam-sébacique (acide).

SÉCALOSE. — Voy. β-Lévuline.

SÉDANOLIDE. — En traitant les portions à point d'ébullition élevé de l'essence de céleri par la potasse, Ciamician et Silber ont obtenu, entre autres produits [*D. chem. G.*, **30**, 492, 1897], les *acides sédanonique* et *sédanolique*, ce dernier donnant facilement un anhydride, la *sédanolide*.

L'*acide sédanolique* $C^{12}H^{20}O^3$, est en cristaux blancs fusibles à 88-89°, bouillant à 183-185°, insolubles dans l'eau, solubles dans l'alcool et l'éther, se transformant facilement dans son anhydride, la sédanolide. Sa constitution serait la suivante :

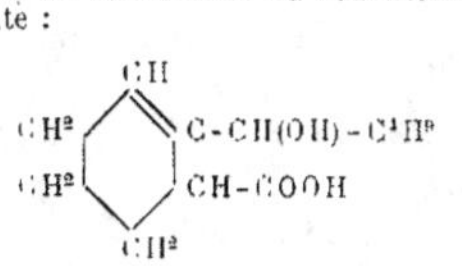

$$\begin{array}{c} CH \\ CH^2 \diagup \diagdown C-CH(OH)-C^4H^9 \\ CH^2 \diagdown \diagup CH-COOH \\ CH^2 \end{array}$$

Par réduction, il donne l'*acide o-oxyamyl-hexahydrobenzoïque*, longues aiguilles fusibles à 131° et se transformant avec facilité en olide :

$$C^6H^{10} \diagup CH(OH)C^4H^9 \diagdown COOH \longrightarrow C^6H^{10} \diagup CH-C^4H^9 \diagdown \diagup O \diagdown CO$$

Par oxydation, l'acide sédanolique donne les acides valérianique, glutarique, succinique et oxalique. Une oxydation ménagée donne l'acide orthoxyamylbenzoïque dont l'anhydride est la butylphtalide, à odeur de sédanolide ou de céleri.

La *sédanolide* est une huile épaisse, à odeur de céleri, bouillant à 185°; par action du cyanure de potassium elle forme un nitrile, puis par saponification l'*acide hydrosédanolide-carbonique*

$$C^6H^9(COOH) \diagup CH-C^4H^9 \diagdown \diagup O \diagdown CO$$

dont on a préparé le sel d'argent [Ciamician et Silber, *D. chem. G.*, **30**, 1419, 1427, 1897].

L'*acide sédanonique* $C^{12}H^{18}O^3$ est en cristaux blancs fusibles à 113°, et constitue un acide cétonique non saturé de formule

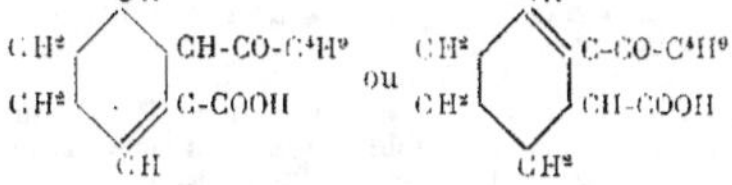

$$\begin{array}{c} CH^2 \\ CH^2 \diagup \diagdown CH-CO-C^4H^9 \\ CH^2 \diagdown \diagup C-COOH \\ CH \end{array} \quad ou \quad \begin{array}{c} CH \\ CH^2 \diagup \diagdown C-CO-C^4H^9 \\ CH^2 \diagdown \diagup CH-COOH \\ CH^2 \end{array}$$

Par réduction, il donne le même corps que l'acide sédanolique qui serait son alcool. Par oxydation, il se transforme en acides valérique, glutarique et oxalique. Ces faits indiqueraient que l'acide sédanonique est l'acide o-valéryl-Δ'-tétrahydrobenzoïque [Ciamician et Silber, *D. chem. G.*, **30**, 1419, 1424, 1897].

L'acide sédanonique donne une *hydrazone* en aiguilles fusibles à 130-135°, une *oxime* en cristaux blancs presque insolubles dans l'eau, fusibles à 128°. Ce dernier corps, par l'action de l'acide sulfurique, donne un produit de transpo-

sition, l'acide Δ²-*n*-butylamine-tétrahydrophtalique

$$C^6H^8 \diagup CO-AzH-C^4H^9 \diagdown COOH$$

[Ciamician et Silber, *D. chem. G.*, **30**, 501, 1897].   Octobre 1907.   A. Hébert.

SÉDANOLIQUE (ACIDE). SÉDANONIQUE (ACIDE). — Voy. Sédanolide.

SÉKISAMINE. $C^{34}H^{36}Az^2O^6$. — A côté de la lycorine, dans les bulbes du *Lycoris radiata*. Cristaux prismatiques, fusibles à 200°.

SÉLÉNANTHRÈNE. — Voy. l'art. Thianthrène.

SÉLÉNAZOLS. — On ne connaît que quelques β-sélénazols, correspondant aux β-thiazols (voy. ce mot), de formule

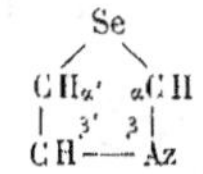

$$\begin{array}{c} Se \\ CH_{\alpha'} \quad \alpha CH \\ | \quad 3' \quad 3 \quad | \\ CH \text{——} Az \end{array}$$

et formés par l'action de la séléniobenzamide sur les acétones halogénées.

1° L'*α-phényl-β'-méthyl-β-sélénazol*, correspondant à l'acétone monochlorée, bout à 282-283° sous 737 mm. L'acide α'-carbonique correspondant fond à 206-207° [G. Hofmann, *Ann. Chem.*, **350**, 316, 1889].

3° L'*α-β' (α-μ)-diphényl-β-sélénazol* fond à 99°.

α-AMINO-β-SÉLÉNAZOLS. — Ces composés se forment par l'action de la sélénurée sur les éthers ou les cétones halogénés.

1° L'*α-amino-β-sélénazol*, fourni par l'éther dichloré, fond à 121° (*dér. acétylé* fusible à 210°).

2° L'*α-amino-β'-méthyl-β-sélénazol* fond à 79-80° (*dér. acétylé* fondant à 220°).

3° L'*α-amino-β'-phényl-β-sélénazol* fond à 132° (Hofmann).

αβ'-DIOXYSÉLÉNAZOL. — Ce composé, $C^3H^3O^2AzSe$, se forme par l'action de l'eau sur la *sélénhydantoïne* fusible à 190°, ou bien de la sélénurée sur l'acide chloracétique en présence d'eau. Il fond à 147° (Hofmann).

α-MÉTHYL-β-SÉLÉNAZOLINE, C^4H^7AzSe. — On l'obtient en traitant le chlorhydrate de diamido-éthyldisélénine par l'acétate de Na et l'anhydride acétique, puis par PCl^5. Elle bout à 160-162° sous 752 mm. (le *picrate* fond à 158-159°) [W. Michels, *D. chem. G.*, **25**, 3048, 1892].

Mai 1906.   F. March et Weimann.

SÉLÉNÉTINES. — Voy. Sélénium (Composés organiques).

SÉLÉNIOCYANATES. — Voyez Dict., 2, 1459 et 1er Supp., 1424.

Séléniocyanate de potassium. — Le chlore, en agissant sur ce sel, donne d'abord un composé rouge rubis, le séléniocyanate double de potassium et de sélénium $(CAzSe)^3SeK,H^2O$; puis le séléniocyanure de sélénium $(CAzSe)^2Se$. Celui-ci, chauffé, se décompose, entre autres produits, le séléniure de cyanogène $(CAz)^2Se$. La solution alcoolique du sel double se décompose en donnant du sélénium et le corps $C^3Az^3Se^3K$ [A. Verneuil, *Bull. Soc. Chim.*, (2), **46**, 193, 1886]. L'iode ne donne que le premier corps $(CAzSe)^3SeK,H^2O$ [*ibid.*, **41**, 18, 1884].

W. Muthmann et Schröder ont donné des conditions nouvelles de préparation du séléniocyanate de potassium et du perséléniure de cyanogène [*D. chem. G.*, **33**, 1765, 1900].

$Pt(AzSe)^6K^2$. — Tables hexagonales rouge

grenat foncé. On a aussi décrit un sel d'or [J.-W. Clarke et L. Dudley, *D. chem. G.*, **11**, 1325, 1878].

Dérivés organiques : A. *De radicaux monovalents.* — $CH^3.Se.CAz$. — Liquide jaune pâle, d'odeur intense, persistante, insoluble dans l'eau, bouillant à 158°; on connaît un *séléniocyanurate de méthyle* en cristaux fusibles à 174° [H. Stotte, *D. chem. G.*, **19**, 1577, 1886].

$C^2H^5.Se.CAz$. — Huile jaunâtre bouillant à 172° [H. Wheeler et H. Merriam, *Am. Chem. Soc.*, **23**, 283, 1901].

B. *De radicaux bivalents.* — Ils sont aussi préparés par action des éthers bihalogénés sur le séléniocyanate de potassium; le bromure de butylène donne seulement $C^3Az^3Se^4K$; la potasse alcoolique les transforme en biséléniures R^2Se^2 ou

$$R \underset{Se-Se}{\overset{Se-Se}{\diagup\diagdown}} R$$

$C^2H^4.(SeCAz)^2$. — Voy. 1er Suppl., 1424. Biséléniure fondant à 130°,5.

C^3H^6 trim. $(SeCAz)^2$. — Fond à 51°. Biséléniure fondant à 54°,5.

C^3H^6 prop. $(SeCAz)^2$. — Fond à 66° [L. Hagelberg, *D. chem. G.*, **23**, 1083, 1890].

C. *De radicaux divers.* — Tels sont les corps décrits par Fierichs [*Arch. Pharm.*, **241**, 177, 222, 1903] résultant de l'action du séléniocyanate de potassium sur de nombreux composés chloracétiques, et ceux décrits par M. Simon [*Mon. f. Chem.*, **26**, 959, 1905] à partir des composés α-chloro-propioniques. Juin 1907. M. Delépine.

SÉLÉNIOPHÉNOL, $C^6H^5.SeH$. — Le séléniophénol se prépare en décomposant par l'acide chlorhydrique dilué et froid, le produit qui résulte de la fixation du sélénium sur le phénylbromure de magnésium :

$$Mg \underset{Se-Br}{\overset{C^6H^5}{\diagup\diagdown}} + HCl = MgClBr + C^6H^5SeH.$$

Il se produit en même temps du diséléniure de phényle [Taboury, *Bull. Soc. Chim.*, **29**, 763, 1903]. Le sel de sodium, C^6H^5SeNa, s'obtient en chauffant une solution alcoolique de diséléniure de phényle (6 gr.) avec le sodium (4gr,5) [Krafft et Lyons, *D. chem. G.*, **27**, 1763, 1894].

Le séléniophénol est un liquide qui bout à 183°, D = 1,5057 à 0°. Il s'oxyde à l'air en se transformant en diséléniure de phényle.

Le *séléniophénol-p-chloré*, C^6H^4ClSeH, fond à 55°. Le *séléniophénol-p-bromé* fond à 75-77°.

Le *bensoate* du *p-méthoxyséléniophénol*, $CH^3.OC^6H^4Se.CO.C^6H^5$, fond à 97°.

Le *p-éthoxyséléniophénol*, $C^2H^5O.C^6H^4SeH$, est un liquide distillant à 156-158° sous 24 mm. Son *benzoate* fond à 94-95° [Taboury, *Bull. Soc. Chim.*, **35**, 668, 1906].

Le *séléniure de méthyle et de phényle*, $CH^3.Se.C^6H^5$, obtenu en faisant réagir l'iodure de méthyle sur le séléniophénate de sodium, distille à 200-201° [Pope et Neville, *Chem. Soc.*, **81**, 1552, 1902].

Le *séléniure de phényle*, $(C^6H^5)^2Se$, se prépare en chauffant la diphénylsulfone avec le sélénium aussi longtemps qu'il se dégage du gaz sulfureux. C'est une huile qui bout à 301-302°; à 167° sous 16mm,5 [Chabrié, *Ann. Chim. Phys.*, **20**, 223, 1890; — Krafft, Lyons et Verster, *D. chem. G.*, **26**, 2817; **27**, 1761, 1894].

Ce composé fixe le brome pour former un dibromure, $(C^6H^5)^2SeBr^2$, fusible à 140° [Krafft et Verster, *D. chem. G.*, **26**, 2818, 1893]. Le *dichlorure*, $(C^6H^5)^2SeCl^2$, fond à 179-180°.

Le *diséléniure de phényle*, $(C^6H^5)^2Se^2$, se forme en même temps que le monoséléniure quand on con-

dense le benzène avec le tétrachlorure de sélénium en présence du chlorure d'aluminium [Krafft et Kaschan, *D. chem. G.*, **29**, 431, 1896]; ou encore quand on chauffe pendant 2 jours le séléniure de phényle avec le sélénium [Chabrié, *Ann. Chim. Phys.*, **20**, 228, 1890; — Krafft et Lyons, *D. chem. G.*, **27**, 1762, 1894]. On le prépare en décomposant le produit d'addition du sélénium ou phénylbromure de magnésium par l'acide chlorhydrique dilué et froid [Taboury, *Bull. Soc. Chim.*, **29**, 763 1903].

Il fond à 62-63°,5 et bout à 202-203° sous 11 mm.; à la pression ordinaire il se décompose en sélénium et séléniure de phényle.

Le *séléniure de p-chlorophényle*, $(C^6H^4Cl)^2Se$, fond à 95-96° [Krafft et Lyons, *D. chem. G.*, **27**, 1764, 1894]; à 94° [Taboury, *Bull. Soc. Chim.*, **35**, 668, 1906].

Le *diséléniure de p-chlorophényle*, $(C^6H^4Cl)^2Se^2$, fond à 85-86° [Taboury, *Bull. Soc. Chim.*, **35**, 668, 1906].

Le *séléniure de p-bromophényle*, $(C^6H^4Br)^2Se$, fond à 115°,5 [Chabrié, *Ann. Chim. Phys.*, **20**, 242, 1890; — Krafft et Lyons, *loc. cit.*], à 114-115° [Taboury, *Bull. Soc. Chim.*, **35**, 668, 1906].

Le *diséléniure de p-bromophényle* fond à 107-108° [Taboury, *loc. cit.*].

Le *séléniure de chlorophényle et d'oxyphényle*, $OH.C^6H^4.Se.C^6H^4Cl$, se forme quand on laisse en contact, pendant 12 heures, le séléniure de phényle avec l'eau oxygénée additionnée d'acide chlorhydrique; il se présente en cristaux fusibles à 145° [Chabrié, *Ann. Chim. Phys.*, **20**, 242, 1890].

Le *diséléniure de p-éthoxyphényle* $(C^2H^5O)C^6H^4Se^2$ fond à 65° [Taboury, *loc. cit.*].

Le *séléniure de diméthylaniline*, $[C^6H^4Az(CH^3)^2]^2Se$, se prépare en faisant réagir le chlorure de sélényle sur la diméthylaniline à froid; il fond à 114°; le *sulfate* fond à 55°, le *picrate* fond à 135° [Godschaux, *D. chem. G.*, **24**, 765, 1891].

Le *séléniure de diéthylaniline*, $[C^6H^4Az(C^2H^5)^2]^2Se$, fond à 83°; le *chlorhydrate* fond à 73° et le *picrate* fond à 135° [Godchaux, *loc. cit.*].

Le TELLURURE DE PHÉNYLE, $(C^6H^5)^2Te$, se forme quand on chauffe le mercure phényle avec le tellure à 230°, dans une atmosphère de gaz carbonique. C'est un liquide bouillant à 182-183° sous 16mm,5 [Krafft et Lyons, *D. chem. G.*, **27**, 1769, 1894].

Son pouvoir réfringent a été déterminé par Pellini et Menin [*Gazz. chim. ital.*, **30**, 472, 1900]. Janvier 1908. P. Carré.

SÉLÉNIOURÉES. — Voy. l'art. URÉES.

SÉLÉNIUM (Min.). — Enduits gris de plomb, rouges par transparence, en petits éclats trouvés à Culebras, Mexique. Dureté = 2. Densité = 4,3.

SÉLÉNIUM. — *État naturel.* — Guichard a signalé sa présence dans la *molybdénite* [*Bull. Soc. Chim.*, (3), **23**, 147, 1900].

Extraction. — La maison Billaut (Paris), qui produit la presque totalité du sélénium consommé en France, l'extrait des résidus du traitement des pyrites de Hautmont (Nord), titrant environ 15 0/0. Les boues sont traitées par l'eau régale qui transforme le sélénium en acide sélénieux; celui-ci est réduit par le gaz sulfureux et le sélénium précipité est lavé, fondu et coulé dans des moules. En ce moment, cette maison étudie l'extraction du sélénium des boues aurifères et argentifères provenant de la purification électrolytique du cuivre (usines de Dives), et qui titrent 7 0/0 de métalloïde.

D'après Divers [*Chem. News*, **44**, 229, 1881], l'acide sulfurique des fabriques impériales d'Ozaka est si riche en sélénium qu'il pourrait constituer une source industrielle de ce corps.

Borntrager [*Dingl. Journ.*, **248**, 505, 1883], en faisant arriver dans la tour de Glover de l'acide sulfurique exempt de produits nitreux, a pu obtenir la réduction totale de l'anhydride sélénieux par le gaz sulfureux. L'acide sulfurique qui s'en écoule est alors rendu trouble par du sélénium rouge.

La boue rougeâtre que laisse déposer cet acide contient jusqu'à 12 0/0 de métalloïde; on l'en retire par distillation à l'abri du contact de l'air et on le débarrasse des anhydrides arsénieux et sélénieux qui le souillent par lavage à la soude. Jouve [*Bull. Soc. Chim.*, (3). **25**. 489, 1901] prétend que même l'acide sulfurique pur du commerce renferme toujours des traces de sélénium. Littmann [*Zeit. f. anorg. Chem.*, **19**, 1039 et 1081, 1906] a étudié la recherche, le dosage et l'extraction de ce métalloïde dans l'acide sulfurique et les boues sélénifères.

Purification. — Divers et Shimosé [*Chem. News*, **51**. 199. 1885] indiquent une méthode qui permet de débarrasser complètement le sélénium du tellure et d'en séparer la presque totalité du soufre.

On le dissout dans l'acide sulfurique concentré et bouillant qui l'oxyde, on réduit ensuite l'acide sélénieux en résultant par un courant de gaz sulfureux. Le précipité rouge est séparé par filtration, lavé à l'eau, à l'alcool, puis séché sur des plaques de porcelaine poreuse. Ainsi purifié, le sélénium ne donne plus les réactions du tellure et ne renferme que des traces de soufre.

Hugot [*Ann. Chim. Phys.*, (7), **21**, 34, 1900] dissout le sélénium du commerce dans de l'acide azotique, évapore à sec, sublime l'anhydride sélénieux qui en résulte et, après dissolution dans l'eau, en précipite les traces d'acide sulfurique par l'eau de baryte. Après filtration la liqueur, additionnée d'acide chlorhydrique, est réduite par le gaz sulfureux.

États allotropiques. — Les propriétés physiques du sélénium variant avec ses modifications allotropiques, nous allons d'abord passer en revue les faits nouveaux concernant celles-ci.

Saunders [*The journal of the physic. Chemistry*, **4**. 423, 1900], dans un important travail, confirme l'existence de trois formes du sélénium auxquelles correspondent diverses variétés.

1° Le sélénium *liquide* soluble dans le sulfure de carbone, comprenant trois variétés solides à la température ordinaire : le *sélénium vitreux*, le *sélénium amorphe* (électro-négatif et électro-positif), le *sélénium colloïdal* ou soluble.

2° Le sélénium *cristallisé rouge* monoclinique soluble dans le sulfure de carbone, comprenant deux variétés.

3° Le *sélénium cristallisé gris* rhomboédrique ou *sélénium métallique* insoluble dans le sulfure de carbone; forme la plus stable au-dessous de 217°.

Sélénium liquide. — Sa stabilité a été étudiée par Lehmann [*An. Ph. Chem. Wiedm.*, **62**, 280, 1897]. Le Chatelier [*C. R.*, **129**, 282, 1899] et Saunders; ce dernier conclut que la variété vitreuse serait stable jusqu'à 60-80°.

La solubilité de la *variété vitreuse* dans le sulfure de carbone serait à peu près nulle d'après Schutzemberger [*Chimie générale*, **4**, 483, 1884], mais l'action de la lumière l'augmenterait (Saunders). Retgers [*Zeit. anorg. Chem.*, **3**, 343, 1893] a étudié sa solubilité dans l'iodure de méthylène. Hugot [*loc. cit.*] montre qu'elle est nulle dans l'ammoniac liquéfié anhydre.

Petersen [*Zeit. phys. Chem.*, **8**. 612, 1891] prétend qu'il n'est pas possible d'obtenir du *sélénium vitreux* absolument pur.

Toepler [*An. Ph. Chem. Wiedm.*, **53**, 343, 1894] étudie son changement de volume pendant la fusion.

Borntrager [*Polyt. Ding.*, **242**, 55, 1881] et Bidwell [*Chem. News*, **51**, 261 et 310, 1885] ont indiqué de nouveaux procédés d'obtention de la *variété amorphe*. Saunders a étudié l'action d'une série de composés liquides sur cette variété; les uns sont sans action, d'autres la transforment en la forme cristalline rouge, d'autres enfin en la forme cristalline grise.

La *variété colloïdale* a été obtenue par Schulze [*J. prakt. Chem.*, (2), **32**, 390, 1885] dans l'action de l'acide sélénieux sur l'acide sulfureux; il admet la formation préalable des acides séléniotrithionique et diséléniotrithionique instables; Muthmann [*D. chem. G.*, **20**, 940, 1887] partage cet avis. Gutbier [*Zeit. anorg. Chem.*, **32**, 106, 1902] réduit l'acide sélénieux par l'hydrazine ou l'acide hypophosphoreux. Biltz [*D. chem. G.*, **37**, 1095, 1904] constate que c'est un hydrosol négatif, précipité de ses solutions par les hydrosols positifs. OEchsner de Coninck et Chauvenet [*C. R.*, **141**, 1234, 1905] l'obtiennent en réduisant l'acide sélénieux par le glucose; J. Meyer [*Zeit. anorg. Chem.*, **54**, 43, 1903], par l'hydrosulfite. C. Paal et C. Koch [*D. chem. G.*, **38**, 526, 1905] préparent un *sélénium colloïdal* très soluble en précipitant une solution de protalbate ou de lysalbate de sodium par une solution d'acide sélénieux, réduisant alors par l'hydrate d'hydrazine ou un sel d'hydroxylamine, dissolvant le précipité dans le carbonate de soude et enfin dialysant la liqueur. Muller et Nowakowsky [*D. chem. G.*, **38**, 3779, 1905] électrolysent de l'eau à l'aide d'un fil de platine à l'anode et d'une lame de platine recouverte de sélénium fondu à la cathode et obtiennent une liqueur rouge dont le temps ou l'addition d'un électrolyte précipitent du sélénium.

Sélénium rouge cristallisé. — Muthmann [*loc. cit.*] a isolé deux formes monocliniques distinctes ayant des degrés de stabilité différents; l'une a une couleur rouge ($a : b : e = 1,63495 : 1 : 1,6095$), l'autre a un éclat semi-métallique plus prononcé ($a : b : e = 1,5916 : 1 : 1,1352$).

Sélénium métallique gris. — Fabre [*Ann. Chim. Phys.*, (6), **10**, 472, 1887] le prépare par décomposition de l'hydrogène sélénié à l'air humide. Muthmann [*loc. cit.*], par sublimation du sélénium, a obtenu des cristaux rhomboédriques. Petersen [*loc. cit.*] a constaté que cette forme se dissout légèrement dans le sulfure de carbone. Saunders [*loc. cit.*] prétend que les variétés *métallique grise* et *cristalline grise*, admises par certains auteurs, n'en font qu'une de densité voisine de 4,8.

Propriétés physiques. — *Chaleur de transformation.* — Elle a été mesurée par Fabre [*Ann. Chim. Phys.*, (6), **10**, 472, 1887] qui trouve 5Cal,58 pour le passage du *sélénium vitreux* au *sélénium métallique* et 5cal,34 pour le passage du *sélénium amorphe* au *sélénium métallique*; par une méthode indirecte, il confirme ces résultats. Petersen [*Zeit. phys. Chem.*, **8**, 612, 1891], en se servant des résultats de Thomsen, calcule que la chaleur de transformation du *sélénium amorphe* en sélénium cristallisé rouge ne serait que de 1Cal,05, se rapprochant de celle que l'on déduit des données expérimentales de Regnault.

Poids spécifiques. — Petersen [*loc. cit.*] donne comme densité du sélénium *métallique* 4,63. Saunders [*loc. cit.*] prétend que cette forme, quelle que soit son origine, a toujours une densité voisine de 4,8; la *forme cristallisée rouge* aurait pour densité 4,44 à 4,47 et la *forme liquide* la densité moyenne 4,27.

Conductibilité calorifique. — Elle croîtrait,

d'après Bellati et Lussana [*Gazz. chim. ital.*, **17**, 391, 1887], sous l'influence de la lumière.

Conductibilité électrique. — Obach [*Nature*, **22**, 496, 1880] signale que la lumière phosphorescente modifie cette conductibilité. Blondlot [*C. R.*, **91**, 882, 1880], Moser [*Ph. Mag.*, (5), **12**, 212, 1881], Fritts [*Am. Journ. Sc.*, (3), **26**, 465, 1883], Schuller [*Ann. Ph. Chem. Wiedm.*, **18**, 319, 1883], Bidwell [*Chem. News*, **51**, 261 et 310, 1883], Huselius [*Journ. Soc. phys. chim. russe.* **15**, 125 et 146, 1884], Kalisher [*Ann. Ph. Chem. Wiedm.*, **31**, 101, 1887], Ujanin [*An. Ph. Chem. Wiedm.*, **34**, 241, 1888], Bidwell [*Ph. Mag.* (5), **34**, 250, 1891] étudient les conditions qui font varier cette conductibilité. Perreau [*C. R.*, **129**, 956, 1899] montre que les rayons X agissent comme la lumière. D'après Himstedt [*Ann. der Phys.*, 1901] et Bloch [*C. R.*, **132**, 914, 1901] les rayons émanés du radium agissent de même, mais plus lentement. Dussaud [*C. R.*, **135**, 790, 1902] base la transmission des images à longue distance sur cette variation de conductibilité. L'année suivante Korn [*C. R.*, **136**, 1190, 1903] publie également sur cette question.

D'après Griffiths [*C. R.*, **136**, 647, 1903], certaines substances minérales diminuent sa résistance électrique. Van Aubel [*C. R.*, **136**, 929 et 1189, 1903] montre que les corps radioactifs et les corps attaqués par l'ozone agissent comme la lumière. Robert Marc [*Zeit. anorg. Chem.*, **37**, 459, 1903] étudie la façon dont se comporte le sélénium sous l'action de la lumière et de la chaleur. En 1906 ce même auteur publie [*D. chem. G.*, **39**,697, 1906] une étude sur la résistance électrique des formes allotropiques du sélénium.

Point d'ébullition. — D. Berthelot [*C. R.*, **134**, 705, 1902] le place entre 685° et 694°, soit en moyenne vers 690°.

Krafft [*D. chem. G.*, **36**, 1690, 1903] a déterminé le point d'ébullition du sélénium dans le vide cathodique; il distille vers 380°, mais cette température dépend de la hauteur des vapeurs au-dessus du sélénium; ainsi Krafft et Merz [*D. chem. G.*, **36**, 4344, 1903] ont noté que, sous 58 mm. de hauteur de vapeur, l'ébullition avait lieu à 310°.

Densité de vapeur. — Biltz [*Zeit. phys. Chem.*, **19**, 385, 1896], en déterminant cette densité, a démontré qu'à 1750-1800°, la molécule de sélénium était biatomique; d'après Szarvasy [*D. chem. G.*, **30**, 1244, 1897] il en serait également ainsi entre 950-1050°.

Chaleurs de fusion et de volatilisation. — De Forcrand, en établissant la relation $\dfrac{(l+s)\mathrm{M}}{\mathrm{T}} = 30$, calcule que $l+s$ est voisin de 29190^{cal} [*C. R.*, **133**, 513, 1901].

Spectre. — De Gramont [*C. R.*, **127**, 866, 1898] a reconnu que trois des raies vertes attribuées au sélénium appartiennent en réalité au cuivre et se retrouvent dans le spectre de la clausthalite. Runge et Paschen [*An. Ph. Chem. Wiedm.*, (1), **64**, 641, 1897], Eder et Valenta [*Sitz. Akad. Wien.*, **67**, 97, 1900], Exner et Huschek [*Sitz. Akad. Wien.*, **110**, 964, 1901], G. Berndt [*Ann. der Physik.*, **12**, 1115, 1903] se sont également occupés de cette question [consulter encore le *Traité de spectroscopie* de Kayser, **1**, 327, 1901].

Magnétisme et réfraction atomique. — Meyer [*Mon. f. Chem.*, **20**, 369, 1899] donne comme valeur du magnétisme atomique : $K = -0,001 \cdot 10^{-6}$.

Zoppelari [*Gazz. chim. ital.*, **24**, 396, 1894] a étudié la réfraction atomique.

Propriétés chimiques. — Le sélénium, à froid,

se combine directement au fluor (Moissan, *Le Fluor*). Le chlorure de soufre est décomposé par ce métalloïde [Krafft et Steiner, *D. chem. G.*, **34**, 560, 1901], ce qui confirme les données thermiques.

A température élevée, il décompose également l'hexafluorure de soufre (Moissan et Lebeau). L'eau oxygénée le transforme en acide sélénique (Fonzes-Diacon). Avec le soufre, il forme des combinaisons d'existence et de formule encore discutées.

Fabre a démontré par l'étude des chaleurs de formation [Thèse doctorat, Paris 1887] que les séléniures étaient moins stables que les sulfures correspondants. Le grillage modéré, qui transforme les sulfures en sulfates, donne des sélénites avec les séléniures (Fonzes-Diacon).

Les composés du sélénium sont détruits par les moisissures avec dégagement de scatol [Rosenheim, *Chem. News*, **86**, 10, 1901].

Poids atomique. — La Commission internationale avait adopté, en 1898, le poids atomique 79,1. Mais à la suite des travaux de Lenher [*Journ. Am. Chem. Soc.*, **20**, 555, 1898] qui, par la transformation du sélénite d'argent en chlorure et réduction de ce dernier, trouve les valeurs 79,263 et 79,369, ensuite, par la réduction du bromure double de sélénium et d'ammonium à l'aide de l'hydroxylamine, les valeurs 79,226 et 79,367; et des travaux de J. Meyer [*D. chem. G.*, **35**, 1591, 1902] qui électrolyse le sélénite d'argent en présence de cyanure de potassium et pèse l'argent en résultant, ce qui lui fournit une valeur moyenne de 79,22, la Commission internationale a adopté, en 1903, le poids atomique 79,2 (O = 16).

Valence. — Dans certains composés organiques il jouerait, d'après Pope et Neuville [*Chem. Soc.*, **81**, 1552, 1902], le rôle d'élément hexavalent. Bertal [*Chem. Zeit.*, **31**, 347, 1907] compare la stabilité des composés du S et du Se et en déduit que ce dernier doit être tétravalent dans l'acide sélénieux.

Usage. — L'industrie emploie de grandes quantités de sélénium pour la coloration des verres en violet faible; pour cet usage il est livré soit à l'état de sélénium vitreux, soit à l'état de sélénites alcalins qui sont réduits pendant la fabrication du verre.

ACIDE SÉLÉNHYDRIQUE. — *Préparation.* — Le séléniure d'aluminium est décomposé par l'eau avec dégagement de ce gaz; le séléniure d'aluminium est obtenu en provoquant la combinaison d'un mélange intime, fait en proportions convenables, des deux éléments pulvérisés, à l'aide d'un ruban de magnésium que l'on enflamme [Fonzes-Diacon, *C. R.*, **132**, 1314, 1901]. On l'obtient pur et sec en décomposant ce séléniure dans une cloche à gaz pleine de mercure, par de l'eau privée d'air; un excès de séléniure absorbe toutes traces d'humidité.

Pozzi-Escot [*Bull. Soc. Chim.*, (3), **27**, 349, 1902] a observé la formation de ce gaz dans l'action d'une *hydrogénase* sur le sélénium.

Pélabon [*Ann. Chim. Phys.*, (7), **25**, 565, 1902 et *C. R.*, **124**, 360, 1897] a étudié les états d'équilibre qui s'établissent dans l'action de l'hydrogène sur le sélénium et les séléniures métalliques à diverses températures.

Gutbier et Rohn [*Zeit. anorg. Chem.*, **34**, 448, 1903] ont signalé qu'il prend naissance dans l'ébullition prolongée de l'acide sélénieux en présence d'une solution alcaline d'acide hypophosphoreux. D'après Muller et Nowanowsky [*D. chem. G.*, **38**, 3779, 1905], il se formerait dans l'électrolyse de l'eau, sous un courant de 220 volts, à l'aide d'une cathode de platine recouverte de sélénium fondu.

Propriétés. — L'hydrogène sélénié se solidifie à — 68° d'après Olszewski [*Bull. Acad. Cracovie*. 57. 1890]: à — 64° d'après de Forcrand et Fonzes-Diacon [*Ann. Chim. Phys.*, (7), **26**, 247. 1902]. Il se volatilise à — 41° (Olszewski): à — 42° (de Forcrand, Fonzes-Diacon) et sa densité à l'état liquide a été trouvée de 2,12 à cette température.

Les tensions de vapeur de ce gaz à diverses températures, déterminées d'abord par Olszewski, l'ont été ensuite par de Forcrand et Fonzes-Diacon qui ont trouvé les valeurs :

T....	0°	18°	52°	100° (Temp. critique).
P....	6at.6	8at.6	21at,5	47at.1 (Press. crit.).

correspondant à une courbe beaucoup plus régulière. L'application de la formule de Clapeyron à ces résultats donne $4^{Cal}.67$ comme chaleur de volatilisation moléculaire de ce gaz. Sa solubilité est un peu plus faible que celle de l'hydrogène sulfuré: il se combine à l'eau en formant un hydrate solide dont la tension à 8° est d'une atmosphère: sa chaleur de formation, calculée d'après la formule de Clapeyron, serait voisine de $+ 16^{Cal}.82$.

La stabilité de l'hydrogène sélénié est assez grande: il ne se décompose que très lentement sous l'influence de la lumière.

Fabre [*Doctorat*, Paris, 1887], par des mesures directes, a trouvé que ce gaz se forme avec absorption de $24^{Cal}.56$ à partir du sélénium métallique et de $18^{Cal}.90$ à partir du sélénium vitreux. Pelabon [*C. R.*, **116**, 1292, 1893], par le calcul, trouve une valeur voisine de $—17^{Cal}.38$, alors que de Forcrand [*C. R.*, **133**, 513, 1901], en tenant compte de la chaleur de volatilisation et de fusion du sélénium, pense qu'elle est voisine de $—4^{Cal}.805$ et estime que, par suite des modifications moléculaires éprouvées par cet élément, cette chaleur de formation pourrait bien être positive comme le laisse supposer sa synthèse directe et sa stabilité assez grande.

Le sélénium, d'après Pelabon [*C. R.*, **116**, 1292, 1893], absorbe d'assez grandes quantités d'hydrogène sélénié: ce gaz se dissoudrait à froid dans l'oxychlorure de carbone [Besson, *C. R.*, **122**, 140, 1896]; à 230° il se forme du chlorure de sélénium.

FLUORURE DE SÉLÉNIUM SeF^4. — Le fluor attaque à froid le sélénium [Moissan. *Le fluor*]. Ce corps se formerait dans l'action du sélénium sur l'hexafluorure de soufre [Moissan et Lebeau, *Bull. Soc. Chim.*, (3), **27**, 251, 1902]. Moissan et Dewar [*Bull. Soc. Chim.*, (3), **29**, 430, 1903] ont constaté qu'à — 187° il se produit, au contact du sélénium et du *fluor liquide*, une flamme accompagnée d'une détonation qui entraîne la rupture de l'appareil. Prideaux [*Chem. Soc.*, **89**, 316 et 312, 1906], par combinaison directe des éléments à basse température, a obtenu un gaz auquel il attribue la formule SeF^6: Lebeau [*C. R.*, **144**, 1042, 1907] pense que le corps décrit par Prideaux serait un oxyfluorure qui aurait pris naissance au contact du verre: en opérant dans le cuivre il n'a pu obtenir que le composé SeF^4.

CHLORURES DE SÉLÉNIUM. — *Protochlorure*, Se^2Cl^2. — Ce corps, d'après Ramsay [*Bull. Soc. Chim.*, (3), **3**, 783, 1890], commence à distiller vers 130°, mais il se décompose alors en ses éléments. Chabrié [*Bull. Soc. Chim.*, (3), **3**, 245 et 677, 1890], estime, d'après sa densité de vapeur, que le protochlorure répond encore à la formule Se^2Cl^2 à 360°.

Sa chaleur de formation serait de $22^{Cal}.15$, d'après Thomsen, à partir du *sélénium amorphe*. Petersen [*Zeit. phys. Chem.*, **8**, 612, 1891]

trouve. à partir du *sélénium vitreux*, 24 à 25^{Cal}: à partir du *sélénium rouge cristallisé*, $20^{Cal}.75$: à partir du *sélénium métallique gris*, $20^{Cal}.0$: à partir du *sélénium cristallisé gris* $19^{Cal}.95$.

TÉTRACHLORURE DE SÉLÉNIUM. — Chabrié en a obtenu de beaux cristaux par sublimation en tube scellé dans le chlore et a constaté qu'il se dissocie vers 360°: il admet, comme Clausnizer, qu'il se dédouble alors en chlore et protochlorure. alors que Ramsay et Evans [*J. Chem. Soc.*, **45**, 62, 1884] avaient émis l'opinion qu'il se décomposait en ses éléments.

TRICHLOROBROMURE DE SÉLÉNIUM, $SeCl^3Br$. — Evans et Ramsay [*loc. cit.*] l'ont obtenu en faisant réagir le chlore sur une solution sulfocarbonique de protobromure de sélénium, sous la forme d'un corps cristallisé jaune brun que la chaleur décompose en brome et tétrachlorure.

TRIBROMOCHLORURE DE SÉLÉNIUM, $SeBr^3Cl$. — Il prend naissance dans l'action du brome sur une solution sulfocarbonique de protochlorure de sélénium. sous la forme de cristaux jaune orangé, que la chaleur et la lumière décomposent (Evans et Ramsay).

OXYDES DE SÉLÉNIUM. — SOUS-OXYDE. — C'est à ce composé que serait dû, d'après Berzelius, l'odeur de chou pourri que dégage le sélénium en brûlant à l'air. Lenher [*J. Am. Chem. Soc.*, **20**, 55, 1898] n'a pu parvenir à l'isoler et Rahtke [*D. chem. G.*, **36**, 600, 1503], remarquant que cette odeur ne se produit que lorsqu'on le chauffe à l'aide d'une flamme renfermant du charbon, l'attribue à la formation d'une trace de séléniure de carbone.

ANHYDRIDE ET ACIDE SÉLÉNIEUX. — L'anhydride se formerait, d'après Moissan et Lebeau [*Bull. Soc. Chim.*, (3), **27**, 251, 1900], dans la réaction des vapeurs de sélénium sur l'oxyfluorure de soufre. Lamb [*Am. Chem. Journ.*, 30, 209, 1903] signale sa formation dans l'action du chlorure d'acétyle sur l'acide sélénique. Miolati et Mascetti [*Gazz. chim. ital.*, **31**, (I), 105, 1901] ont déterminé ces variations de conductibilité de l'acide sélénieux progressivement saturé par des bases. D'après Michaëlis et Landmann [*Ann. Chem.*, **241**, 150, 1887] sa formule de constitution serait établie par ce fait que l'oxychlorure de sélénium, en réagissant sur l'alcoolate de sélénium, donne le même éther que celui qui se forme dans l'action du sélénite d'argent sur l'iodate d'éthyle.

OEchsner de Coninck [*C. R.*, **142**, 571, 1906] a déterminé les densités de différentes solutions aqueuses de SeO^2; la solubilité de cet anhydride dans différents véhicules organiques; les réactions de l'acide azotique, de l'acide sulfurique. du chlorure de platine, de l'hydrazine et de l'hydroxylamine sur ce composé. Ces recherches confirment des résultats déjà connus.

Les sélénites sont réduits par le charbon ou l'hydrogène à l'état de séléniures à l'exception des sélénites alcalino-terreux et de magnésium qui se décomposent en oxyde et sélénium (Fonzes-Diacon). Bartal [*Chem. Zeit.*, **31**, 347, 1907] compare la stabilité des composés du S et du Se et en déduit que ce dernier est tétravalent dans l'acide sélénieux

$$O = Se \begin{cases} OH \\ OH \end{cases}$$

Chabrié et Lapicque [*Bull. Soc. Chim.*, (3), **3**, 246, 1890] ont établi que la toxicité de l'acide sélénieux était de 3 milligr. par kilogramme d'animal.

ACIDE SÉLÉNIQUE. — Metzner [*Ann. Chim.*

Phys., (7), **15**, 203, 1898] n'a pu parvenir à en isoler l'anhydride qui se formerait, à partir de SeO^2, avec absorption de $14^{Cal},7$. Lamb [*Am. Chem. Journ.*, **30**, 209, 1903] n'a pu déshydrater l'acide sélénique ni par l'anhydride phosphorique, ni par l'acide chlorique, ni par le chlorure d'acétyle.

Metzner a indiqué deux nouveaux procédés à grands rendements pour la préparation de cet acide ; il oxyde l'acide sélénieux par l'acide permanganique ou électrolyse le séléniate de cuivre pur. Par concentration dans le vide et refroidissement à l'aide du chlorure de méthyle, cet auteur a pu obtenir l'acide sélénique normal SeO^4H^2, cristallisé, fondant à 57°. — Glauser [*Chem. Zeit.*, n° 50, 1907] par l'électrolyse d'une solution azotique d'acide sélénieux, le transforme intégralement en acide sélénique. Miolati et Marcotti [*loc. cit.*] ont étudié les variations de conductibilité électrique des solutions de cet acide.

Cameron et Macallan [*Chem. News*, **59**, 219, 1889] ont isolé l'hydrate solide SeO^4H^2,H^2O que Metzner a pu obtenir en aiguilles transparentes fusibles à 15° ; d'après ces auteurs l'acide sélénique dissout le soufre en bleu, le sélénium en vert, le tellure en rouge.

L'acide bromhydrique, d'après Gooch et Scoville [*Zeit. anorg. Chem.*, **10**, 256, 1895] le réduit comme l'acide chlorhydrique, alors qu'il se combine à l'acide fluorhydrique [Weinland et Alfa [*Zeit. anorg. Chem.*, **24**, 43, 1899]. A chaud. il dissout l'or [Lenher, *Journ. Am. Chem. Soc.*, 354, 1902].

Les séléniates offrent les plus grandes analogies, au point de vue de leur cristallisation, avec les sulfates [H. Tutton, *Chem. Soc.*, **83**, 1049, 1903 et **87**, 1123, 1905].

ACIDE PERSÉLÉNIQUE. — Dennis et Brown [*J. Am. Chem. Soc.*, **23**, 358, 1901] auraient obtenu du perséléniate de potassium impur, par l'électrolyse d'une solution de séléniate de potassium additionnée d'acide sélénique libre ; d'après F. Müller [*D. chem. G.*, **36**, 462, 1903], l'électrolyse des séléniates ne donnerait qu'un léger dépôt de sélénium sans perséléniate.

OXYCHLORURE DE SÉLÉNIUM. — Cameron et Macallan [*loc. cit.*] l'ont obtenu en chauffant un mélange de chlorure de sodium et d'anhydride sélénieux.

SULFURES DE SÉLÉNIUM. — Gerichten [*D. chem. G.*, **7**, 26, 1874), attribue au précipité jaune citron que donne l'acide sulfhydrique dans une solution d'acide sélénieux, la formule SeS^2. Divers et Shimosé [*Chem. News*, **54**, 24, 1885], dans les mêmes conditions, obtiennent ce même composé, mais, en traitant un sulfite par l'acide sélénhydrique, il se forme le composé Se^2S ; ils en concluent que ces soi-disant sulfures ne sont que des mélanges. Ringer [*Zeit. anorg. Chem.*, **32**, 183, 1902] partage cet avis ; il obtient, en chauffant des mélanges de soufre et de sélénium en proportions variables, des cristaux mixtes, monocliniques comme le soufre ou rhomboédriques comme le sélénium suivant que l'un ou l'autre de ces éléments prédomine dans le mélange. Rathke [*D. chem. G.*, **36**, 594, 1903] maintient pourtant l'existence de sulfures à composition définie.

Gutbier [*Zeit. anorg. Chem.*, **32**, [292, 1902], après avoir signalé la préparation d'un sulfure de sélénium colloïdal, revient sur la question et, avec Lohmann [*Zeit. anorg. Chem.*, **42**, 525, 1904 et **43**, 384, 1905] démontre que les pseudo-combinaisons SeS^2 et Se^2S ne sont que des mélanges dont la composition varie avec les conditions de l'expérience ; la totalité du soufre peut en être éliminé par le benzène et le sulfure de carbone. Ces auteurs n'ont pu reproduire le sulfure isolé par Ditte.

SULFATE D'ACIDE SÉLÉNIEUX, $SeSO^3$. — Metzner [*Ann. Chim. Phys.*, (7), **15**, 203, 1898] l'a obtenu cristallisé en aiguilles par dissolution de l'anhydride sélénieux dans l'acide sulfurique saturé d'anhydride.

ACIDE SÉLÉNIOTRITHIONIQUE, $S^2SeO^6H^2$. — Schulzer [*J. prakt. Chem.*, (2), **32**, 390, 1885] a signalé la formation de cet acide quand on fait réagir une solution d'acide sulfureux sur une solution d'acide sélénieux ; il se décomposerait spontanément et sous l'influence des acides. en SO^2 et Se.

ACIDE SÉLÉNIOPENTATHIONIQUE, $S^4SeO^6H^2$. — D'après Norris et Fay [*J. Am. Chem. Soc.*, **23**, 119, 1900] le sel de sodium de cet acide prend naissance quand on traite par une solution d'hyposulfite une solution d'acide sélénieux.

CARACTÈRES ET ANALYSE. — Schlagdenhaufen et Pagel [*J. Pharm. Ch.*, (6), **44**, 261, 1900] décèlent le sélénium en solution sulfurique par la coloration *vert bleu* que prend cette liqueur au contact de la codéine. Jouve [*Bull. Soc. Chim.*, (3), **25**, 489, 1901] signale qu'un courant de gaz acétylène passant dans de l'acide sulfurique sélénifère lui communique une coloration rouge, sensible au cent millième. Steel [*Chem. News*, **86**, 135, 1902] recherche le sélénium dans le soufre en oxydant par l'acide azotique, évaporant, reprenant par l'acide chlorhydrique et réduisant par le chlorure stanneux.

Jannasch [*D. chem. G.*, **31**, 2377, 1898] dose le sélénium, à l'état d'acide sélénieux, en le précipitant en milieu chlorhydrique par le sulfate d'hydrazine ou le chlorhydrate d'hydroxylamine.

Norris et Fay [*J. Am. Chem. Soc.*, **23**, 119, 1900] emploient une méthode volumétrique basée sur l'emploi d'une solution décinormale d'hyposulfite de sodium en liqueur neutre : à 0°, il se formerait du tétrathionate de sodium, avec mise en liberté de sélénium ; on dose l'excès d'hyposulfite à l'aide d'une liqueur titrée d'iode.

Beckurts [*Arch. Pharm.*, **240**, 656, 1902] le dose dans les composés organiques en les détruisant par l'acide azotique en présence d'azotate d'argent, puis titrant le sélénite d'argent formé par le sulfocyanate de potassium en présence d'alun.

Gutbier et Rohn [*Zeit. anorg. Chem.*, **34**, 448, 1903] précipitent le sélénium d'une solution aqueuse d'acide sélénieux par l'acide hypophosphoreux à chaud.

Pellini [*Gazz. chim. ital.*, **33**, 515, 1903] sépare le sélénium du tellure, en solution, à l'état d'acides sélénieux et tellureux, par addition d'abord d'une solution saturée de tartrate acide d'ammonium, puis d'une solution de sulfate d'hydrazine ; le sélénium est précipité en totalité, le tellure reste en dissolution.

Pellini et Spelta [*Gazz. chim. ital.*, **33**, (II), 89, 1903] appliquent au dosage de l'acide sélénieux la réaction de Purgot : $Az^2H^4 + SeO^2 = Se + 2H^2O + Az^2$ et mesurent le volume d'azote dégagé.   Mai 1907.   H. Fonzes-Diacon.

SÉLÉNIUM (COMPOSÉS ORGANIQUES). Nous n'étudierons ici que les dérivés organiques du sélénium de la série grasse. Les noyaux contenant cet élément et les urées séléniées seront étudiées à part.

SÉLÉNIURE D'ÉTHYLE (Voyez Dict. et Suppl.), $Se(C^2H^5)^2$. — Pour les propriétés optiques, consulter Toppelarri [*Gazz. chim. ital.*, **24**, II, 398, 1894]. Si on fait agir l'acétate d'argent sur le bromoséléniure d'éthyle, on obtient le bromoséléniure de triéthyle [Carrara, *Gazz. chim. ital.*, **24**, II, 177, 1894].

BISÉLÉNIURE DE TRIMÉTHYLÈNE,

$$CH^2 \begin{cases} CH^2Se \\ | \\ CH^2Se \end{cases}$$

— Il se forme quand on verse le cyanoséléniure de triméthylène dans une solution de soude alcoolique (Hagelberg). Il fond à 54°,5, il est insoluble dans l'éther, l'iodure de méthyle et le bromure de méthylène.

BISÉLÉNIURE D'ÉTHYLÈNE, $(C^2H^4)^2Se^2$. — On l'obtient en versant le cyanoséléniure d'éthylène dans une solution de potasse alcoolique [Hagelberg, *D. chem. G.*, 23, 1092, 1890]; poudre fondant à 130°,5 peu soluble dans le benzène et l'acide acétique, insoluble dans l'alcool et l'éther. Pour les propriétés optiques, voyez Zoppellari [*Gazz. chim. ital.*, 24, II, 398, 1894].

BISÉLÉNIURE DE DIAMIDOÉTHYLE,

$$\begin{array}{l} AzH^2 - CH^2 - CH^2 - Se \\ \quad\quad\quad\quad\quad\quad\quad | \\ AzH^2 - CH^2 - CH^2 - Se \end{array}$$

— Il se produit quand on chauffe en tube scellé à 180° et pendant 3 heures 10 gr. d'acide diéthyl-β-diséléniure-diphtalamique avec 40 cc. d'acide chlorhydrique concentré [Coblentz, *D. chem. G.*, 24, 2135, 1891].

Le *chlorhydrate* $C^4H^{12}Az^2Se^2, 2HCl$ fond à 188°.

Le *picrate* $C^4H^{12} . Az^2 . Se^2, 2C^6H^2(AzO^2)^3OH$ cristallise dans l'alcool en aiguilles orangées, fondant à 178°.

BISÉLÉNIURE DE DIAMIDOPROPYLE.

$$\begin{array}{l} AzH^2 - (CH^2)^3 - Se \\ \quad\quad\quad\quad\quad\quad | \\ AzH^2 - (CH^2)^3 - Se \end{array}$$

— Il s'obtient dans les mêmes conditions que le précédent en portant de l'acide dipropyldisélénio-diphtalamique (Coblentz).

Le *chlorhydrate* avec 2HCl cristallise et fond à 270°; le *picrate* fond à 165°, il est rouge orangé.

SÉLÉNÉTINES. — IODURE DE TRIMÉTHYLSÉLÉNÉTINE IODÉE $(CH^3)^2 = Se = I, I^2$. — On l'obtient en chauffant en tube scellé à 180° le sélénium avec l'iodure de méthyle. Le produit fond à 38°, il est soluble dans l'éther acétique; par l'eau il se décompose en hydrogène sulfuré et triméthyl-sélénétine [A. Scott, *Proc. Chem. Soc.*, 20, 156, 1904.

SÉLÉNÉTINE ACTIVE,

$$\begin{array}{l} CH^3 \searrow \quad \nearrow Br \\ \quad\quad Se \\ C^6H^5 \nearrow \quad \searrow CH^2COOH \end{array}$$

— Pour l'obtenir on prépare d'abord le diséléniure de phényle en chauffant 44 gr. de diphénylsulfone $C^6H^5SO^2C^6H^5$ avec 16 gr. de sélénium, puis on rectifie dans le vide.

Le diséléniure de phényle en solution alcoolique additionné de sodium fournit le *phénylséléniure de sodium* C^6H^5SeNa. Ce dernier, traité par l'iodure de méthyle, donne le *séléniure de méthylphényle* $CH^3SeC^6H^5$ qui bout à 200°.

Pour obtenir le *bromure de méthylphénylsélénétine*

$$\begin{array}{l} CH^3 \searrow \quad \nearrow Br \\ \quad\quad Se \\ C^6H^5 \nearrow \quad \searrow CH^2COOH \end{array}$$

on traite le produit précédent par l'acide monobromoacétique. On le fait cristalliser dans l'éther alcool; il fond à 111°. On obtient ainsi le composé racémique inactif. Pour le dédoubler on traite la solution aqueuse chaude par le d-bromocamphre-sulfonate d'argent, on sépare AgBr par filtration, puis on évapore la solution; après

une série de cristallisations fractionnées dans l'alcool absolu, on obtient une partie moins soluble, le d-bromocamphre-sulfonate de d-phénylméthyl-sélénétine, qui se dépose en tables rectangulaires et fond à 168°.

La rotation moléculaire est + 330°,8 pour la raie D; celle de l'ion bromocamphre est + 270°. Le pouvoir rotatoire de l'ion *phénylméthylsélénétine* est + 60°,8.

La partie soluble cristallisée fond à 151°, c'est l'isomère gauche; dans les mêmes conditions que le précédent, son pouvoir rotatoire est de — 60°,4.

La sélénétine donne des composés d'addition : $(CH^3)(C^6H^5) = Se = (Cl)(CH^2COOH + \frac{1}{2}PtCl^4$ fondant à 171°, actif; $(CH^3)(C^6H^5) = Se = (Cl)(CH^2COOH) + HgI^2$, qui fond à 141° [W. J. Pope et A. Neville, *Chem. Soc.*, 48, 198, 1552, 1902].

DIÉTHYSÉLÉNÉTINE,

$$(C^2H^5)^2 = Se \begin{cases} OH \\ CH^2 - COOH \end{cases}$$

— On obtient ce composé en traitant le bromure $C^6H^{13}O^2BrSe$ par le séléniure d'éthyle en présence d'acide monobromoacétique [Carrara, *Gazz. chim. ital.*, 24, II, 174, 1894]. Ce bromure obtenu est décomposé par l'oxyde d'argent. Ce sont des cristaux déliquescents à réaction acide, voyez pour leur conductibilité électrique [Carrara et Rossi, *Lincei*, (5), 6, (II), 212].

Sels, $(C^6H^{13}O^2SeCl)^2 . PtCl^4$. Prismes orangés. — $C^6H^{13}O^2SeBr$, cristaux déliquescents, fondant à 74°, c'est le composé obtenu avant le traitement à l'oxyde d'argent.

ACIDE SÉLÉNIOGLYCOLIQUE,

$$Se \begin{cases} CH^2 - COOH \\ CH^2 - COOH \end{cases}$$

— Pour la conductibilité électrique consulter Loven [*Pharm. Chem.*, 19, 456, 1896].

ACIDE SÉLÉNIODILACTIQUE. — On traite le sel de potassium de l'acide α-bromopropionique par une solution de séléniure de potassium; on décompose le sel obtenu par l'acide sulfurique et on extrait à l'éther :

$$CH^3 - CHBr - COOK + K^2Se$$
$$= \left(\begin{array}{l} CH^2 - CH^2 - \\ | \\ COOK \end{array} \right)^2 Se + 2KBr$$

Il cristallise dans l'eau sous deux formes isomériques : prismes droits, fondant à 145-146°; ou rhomboèdres, fondant à 106-107°.

On connaît $C^6H^8O^4SeBa$ (deux formes : cristalline ou amorphe); $(C^6H^8O^4Se)Ag^2$ (même remarque). *Amide* $C^6H^8O^2(AzH^2)^2$, deux formes cristallines correspondant aux deux acides [Nils Coos, *D. chem. G.*, 35, 4109, 1902].

COMPOSÉ SÉLÉNIÉ DE LA MANNITE,

$$O \begin{cases} CH^2 - CH \overset{OSeO}{\rule{2cm}{0.4pt}} CH \\ \quad\quad\quad\quad\quad\quad\quad\quad | \\ CH^2 - CH \underset{OSeO}{\rule{2cm}{0.4pt}} CH \end{cases}$$

— Quand on chauffe une molécule de mannite avec deux molécules de chlorure de sélényle à 120° en tube scellé, on obtient une huile jaune soluble dans l'eau et l'alcool; la solution aqueuse évaporée jusqu'à 150° donne par refroidissement de longues aiguilles fondant vers 90° [C. Chabrié et A. Bouchonnet, *C. R.*, 136, 373, 1903].

ACIDE SÉLÉNIOCYANHYDRIQUE, $CAzSeH$. — Réfraction [Zoppellari, *Gazz. chim. ital.*, 24, II, 400, 1894].

SÉLÉNIOCYANACÉTAMIDE $CAzSeCH^2 . CO . AzH^2$. — Prismes fondant à 123° [Furich, *Arch. d. Pharm.*, 241, 177, 1903].

SÉLÉNIOCYANATE D'ÉTHYLE, $SeCy.C^2H^5$. — Il se prépare par l'action du séléniocyanate de potassium sur le bromure d'éthyle.

C'est une huile d'odeur désagréable, bouillant à 172° sous 741 mm. [S. Reformatsky, *Journ. Soc. phys. chim. russe*, (3), **33**, 235, 1901].

ACIDE SÉLÉNIOCYANACÉTIQUE, $CAz.Se.CH^2.COOH$ — Pour l'obtenir on prend une solution d'une molécule d'acide monochloracétique qu'on neutralise par le carbonate de potassium; on y introduit une molécule de sulfoséléniure de potassium $CAzSeK$. On chauffe quelques minutes et on essore le produit formé.

On le fera recristalliser dans l'alcool, on le reprendra par l'acide sulfurique étendu, et on extraira à l'éther [G. Hoffmann, *Ann. Chem.*, **250**, 300, 1889].

Ce sont des aiguilles fondant à 84-85°, très solubles dans l'eau, l'alcool et l'éther, très peu dans le chloroforme ou la ligroïne. C'est un corps instable; il est attaqué par l'acide chlorhydrique.

Sel de baryum, aspect gommeux, soluble dans l'eau.

ACIDE SÉLÉNIOCYANACÉTYLACÉTIQUE, $CH^3CO.CH(CAzSe)COOH$. — L'*éther éthylique*, $CH^3CO.CH.(CAzSe)COO.C^2H^5$, s'obtient quand on traite l'éther monochloracétylacétique par le séléniocyanure de potassium en présence d'alcool; c'est une huile brune [G. Hoffmann, *Ann. Chem.*, **250**, 297, 1889].

ACIDE SÉLÉNIOCYANOPROPIONIQUE $CH^3CHAzSe COOH$. — Il se prépare en décomposant le sel de potassium par SO^4H^2 étendu et en extrayant à l'éther. Huile incristallisable.

Sel de potassium. — Il s'obtient par l'action de $CAzSeK$ sur l'acide α-chloropropionique.

Éthers méthylique et éthylique. — Liqueurs d'odeur détestable [M. Simon, *Mon. f. Chem.*, **26**, 959, 1905].

SÉLÉNIOCYANACÉTONE, $CH^3.CO.CH^2.Se.CAz$. — Ce composé se forme quand on traite la chloracétone par le séléniocyanure de potassium en solution alcoolique. C'est une huile jaune, très odorante [G. Hoffmann, *Ann. Chem.*, **250**, 296, 1889].

SÉLÉNIODICHLORACÉTONE, $(CH^3CO.CH^2)^2SeCl^2$. — On l'obtient en traitant l'acétone par le tétrachlorure de sélénium en solution éthérée. Elle se présente en aiguilles blanches, fondant à 82°; est peu soluble dans l'éther; elle attaque très violemment les muqueuses [Michaelis et Winkel. *D. chem. G.*, **30**, 2826, 1897].

Janvier 1908.   Maurice Billy.

SÉLÉNODIAZOLS. — Le αα'-*diphényl-*ββ'-*sélénodiazol* fond à 156° [*D. chem. G.*, **37**, 2551].

Le α'β-*diphényl-*αβ'-*sélénodiazol* fond à 85° [*Cent. Blatt.*, (II), 601, 1901].

Mai 1906.   F. March et Weimann.

SÉLÉNOXÈNE. — Syn. : *Diméthylsélénophène*,

$$CH^3-C\underset{\diagdown\ \diagup}{\overset{\displaystyle CH-CH}{}\ Se}\ C-CH^3$$

— Ce composé se forme par l'action P^2Se^5 sur l'acétonylacétone à 180°; liquide incolore bouillant à 153-155°, donnant avec l'isatine et SO^4H^2 une belle coloration rouge carmin; il présente également la réaction de Laubenheimer [C. Paal, *D. chem G.*, **18**, 2255, 1885]. Réfraction [Zoppellari, *Gazz. chim. ital.*, **24**, (II), 396, 1894].

Mai 1906.   F. March.

SÉLIGMANITE (Min.) (Baumhauer). — Sulfarsénite de composition $3[R^2.R'']S.As^2S^3$,

semblable à celle de la bournonite, sauf remplacement de l'antimoine par de l'arsenic, dans la dolomie de Binnen. Prisme orthorhombique, isomorphe avec la bournonite, $a:b:c = 0,92804 : 1 : 0,87568$. Faces : $h^1,g^2,p,m,h^3,g^3,g^2,h^3/_2,a^1,e^1, b^1/_2,a_3,b^1,a_1/_3,e_1/_7$. Macles, *m*.   L. Bourgeois.

SEL MARIN ET SEL GEMME (INDUSTRIE). — *Centres de production.* — L'industrie de la soude a eu un tel développement qu'elle a activé la production du sel des diverses contrées. Dans d'autres, la production a été poussée à l'excès et l'on a été réduit à l'exportation. C'est ainsi que l'Allemagne exporte du sel dans les régions les plus éloignées [*J. Soc. Arts*, 1897].

Le sel marin est actuellement l'un des produits les plus importants de l'exportation du Portugal; il va en Norvège, en Suède, en France et en Hollande. Le sel obtenu est principalement employé dans la préparation des poissons. Les quantités exportées varient de 110 000 à 170 000 tonnes par an et le prix de la tonne varie entre 5 et 6 fr.

En Espagne, la production du sel est également considérable [*Chem. Ind.*, **42**, 1903].

En automne 1895, on a découvert de riches gisements de sel à Bardymkul, dans la région de Ferghana (Turkestan). Les ingénieurs ont estimé ce gisement à 500 000 tonnes environ. La masse est désagrégée à la dynamite; le sel est mis en sacs et transporté par chameaux jusqu'à Samarkand, d'où on fait toutes les expéditions [*J. Soc. Arts*, 1897]. Le sel de Bardymkul est d'excellente qualité.

En Angleterre, on n'a découvert aucun gisement nouveau, si ce n'est la captation du sel lors des sondages pour charbon qui ont été faits dans l'île de Man [*J. Soc. Arts*, 1114, 1897].

En 1905, un syndicat s'est formé pour l'exploitation du sel que renferme le lac de Neroly, qui se trouve à 300 milles à l'ouest d'Adélaïde (Australie). On en extrait plus de 200 000 tonnes par an.

Enfin, en Sicile, l'exploitation du sel a été aussi activement poussée pendant ces dernières années.

Sur la répartition du sel marin suivant les altitudes, voyez Müntz [*C. R.*, 23 février 1891].

Nouveau procédé d'extraction du chlorure de sodium des eaux salées [Marcheville, Daguin, Brevet n° 372854, *Rev. Chim. ind.*, p. 183, juillet 1907].

Ce procédé est basé sur les deux faits suivants :

1° Le sel est sensiblement plus soluble à chaud qu'à froid, bien que la variation de solubilité avec la température ne soit pas aussi manifeste qu'avec la plupart des autres sels solubles dans l'eau.

2° Le gypse est au contraire moins soluble à chaud qu'à froid; une solution de gypse faite à froid précipite partiellement par échauffement.

Ce qui précède est encore exact si les deux sels coexistent dans une solution aqueuse; ce qui est le cas des eaux de sondages.

Il en résulte qu'une solution aqueuse saturée à froid et renfermant à la fois du sel et du sulfate de calcium ne sera plus saturée de chlorure de sodium si on la chauffe et, qu'en outre, cet échauffement lui fera perdre du sulfate de calcium qui se déposera.

La solution non saturée de sel pourra donc, à chaud, perdre par évaporation une certaine proportion d'eau, sans pour cela qu'il se produise de cristallisation du chlorure de sodium dissous; ce départ d'eau étant naturellement accompagné d'un nouveau dépôt de gypse.

La solution obtenue par cette concentration à

chaud, amenée ensuite dans des cristallisoirs à l'air libre, donne alors par refroidissement et par évaporation un dépôt de sel pur, sans gypse (puisque ce dernier est plus soluble à froid qu'à chaud).

La solution refroidie, ayant déposé du sel, est susceptible de perdre à nouveau de l'eau par concentration à chaud sans qu'il s'effectue de dépôt de sel, mais en abandonnant au contraire une nouvelle proportion de gypse. Un nouveau retour de la solution au cristallisoir permettra ensuite d'augmenter la proportion de sel pur déposé primitivement et ainsi de suite.

La séparation du sel et du gypse, en apparence discontinue, peut être rendue continue au moyen d'un dispositif spécial, indiqué par l'auteur.

Industrie du sel gemme dans le Kansas (Etats-Unis). — Le gisement se trouve suivant les lieux de 210 à 270 m. sous terre et s'étend sur une épaisseur de 90 m. Le mode d'exploitation est hydraulique : on creuse des puits que l'on noie d'eau; la solution ainsi obtenue est évaporée soit naturellement, soit au moyen de tuyaux de vapeur; les cuves sont en ciment et les tuyaux en fonte.

La solution salée, au sortir du puits, passe dans un premier bac décanteur-filtreur d'où elle sort clarifiée pour passer dans deux cuves chauffées très légèrement et où se séparent encore d'autres impuretés.

L'évaporation proprement dite commence seulement à la 4e cuve et se poursuit de cuve en cuve jusqu'à commencement de cristallisation.

Les dernières cuves sont munies de raclettes métalliques facilitant la cristallisation; la température durant l'évaporation est maintenue à 107-110°; les cristaux sont ensuite lavés et laissés exposés à l'air; cette exposition est de 60 jours, au bout desquels le produit obtenu est très blanc [Crane, *Mines and Minerals*, oct., 137, 1904].

Industrie du sel au Venezuela. — Le Venezuela produit depuis quelques années plus de 18000 tonnes de sel marin par an; il le retire des marais salants. Les divers bassins ont des longueurs variant de 1,2 à 2 kil. pour une largeur de quelques centaines de mètres et une profondeur moyenne de 1 m. Ils sont séparés de la mer par une bande de terrain ayant également quelques centaines de mètres, traversée par des canaux pour l'introduction d'eau de mer. La cristallisation a lieu en janvier et février; c'est en mars et avril qu'on recueille le sel; la couche ayant environ 10 centim. d'épaisseur. Il est vrai que le sel ainsi obtenu est de couleur foncée; cependant il est de bonne qualité.

Fabrication du sel de cuisine et du sel de table. — La Société « Salinen Direction Lunebourg » [Brevet allemand n° 318202 du 29 janv., 19 juin, 9 sept. 1902] a indiqué un procédé pour la fabrication du sel de cuisine, par évaporation dans le vide. On précipite les sels de calcium par le sulfate de magnésium, puis on évapore, centrifuge, lave l'eau salée et à la vapeur.

Hirzel [Brevet 232741 du 11 sept. et 11 déc. 1893] décrit un procédé basé sur le refroidissement de l'eau salée. On part de ce fait que la courbe de solubilité du sel de cuisine, qui est à peu près horizontale au-dessus de 15°, décroît fortement au-dessous de 0° et qu'à cette température il se sépare des quantités notables de sel marin hydraté, de formule $NaCl, 2H^2O$. Si l'on refroidit davantage la solution jusqu'à ce que l'on arrive à la congélation de l'eau saturée, soit environ à —22°, il se produit outre l'hydrate à $2H^2O$, un autre chlorure de sodium hydraté ayant pour formule $NaCl + 10 H^2O$. Le premier

hydrate se liquéfie au contact de l'air en donnant un résidu de sel commun non hydraté; le second se dissout au contraire en donnant une solution limpide.

Après avoir séparé le premier hydrate, on le fait sécher, puis on sature le liquide épuisé par du chlorure de sodium et on continue ainsi de suite. Pour sécher le sel, on l'expose dans un courant d'air chaud.

Goddin [Brevet allemand 102758 du 1er déc. 1897] isola le sel marin de ses dissolutions en employant aussi un froid intense pour provoquer la séparation des sels dissous. Voyez aussi Kosmann [Brevet allemand 12917, 25 mai et 16 déc. 1895].

Mac-Nab [Brevet anglais n° 223611, avril et 19 nov. 1892] sépare le sel gris du chlorure de magnésium par la force centrifuge et en y ajoutant de l'eau salée.

Graham Forster [Brevet allemand 134233 du 24 mai 1901] a indiqué un procédé pour obtenir le sel marin à l'état granulé et non hygroscopique. Le sel impur est évaporé en vase clos sous pression et les vapeurs salines amenées dans une chambre beaucoup plus froide où elles se condensent rapidement.

On peut encore préparer du sel non hygrométrique par la méthode de Bang et Ruffin [Brevet n° 226148 du 3 déc. 1892 et 20 fév. 1893].

Onglet et Ballert [Brevet n° 217340 du 10 nov. 1891 et du 10 fév. 1892] préparent un sel de table en combinant le sel ordinaire avec la farine, pour empêcher l'absorption de l'humidité.

On peut encore séparer du sel ordinaire les sels déliquescents, tels que le chlorure de calcium et le chlorure de magnésium qu'il suffit de précipiter par le carbonate ou le sulfate de sodium [Weddell, Brevet n° 311178 du 25 mai et du 6 oct. 1901].

Agglomération du sel; empaquetage en briquettes. — Plusieurs procédés ont été décrits :

1° le sel de roche est mouillé et additionné de 1 0/0 de magnésie; le mélange est comprimé dans des moules et séché à 80-100° [Reinde, Brevet allemand 151131 du 18 fév. 1903];

2° On humecte légèrement la surface des grains de sel avec 5 0/0 d'eau pour du sel fin ordinaire et 10 0/0 pour du sel très fin, puis on soumet à une pression suffisante de 100 à 300 kilogr. par cq. pendant 5 minutes à une demi-heure suivant la finesse du sel à obtenir [Le Chatelier, Brevet n° 243808 du 2 déc. 1894 et du 3 avril 1895];

3° On fait une dissolution très concentrée de sel marin, puis on y ajoute une solution mucilagineuse faite de la façon suivante : on fait bouillir des plantes marines, fucus et autres, avec 100 p. d'eau; quand la décoction est suffisante, on passe, puis on mélange avec le sel. Lorsque le mélange est bien homogène, on évapore à sec et l'on met dans des formes dont le fond est formé d'un tissu de crin. On laisse égoutter dans ces formes, non seulement pour dépouiller le sel marin de l'excès d'eau qu'il contient, mais encore du chlorure de magnésium et du chlorure de calcium. Lorsque la masse est solidifiée, on achève la dessiccation à l'étuve [Gouts et Chernier, Brevet n° 227443, 26 janv. et 21 avril 1893];

4° Aux Indes néerlandaises, où on tire le sel des marais salants des Iles Sampang, Pomekasan et Somenep, on a adopté le moulage du sel en briquettes, empaquetées dans un carton imperméable à l'eau; ce carton est peint extérieurement avec un vernis à base d'asphalte.

La dessiccation préalable est réalisée au moyen d'essoreuses et un appareil spécial permet d'obtenir des poids de 1, 5, 10 et 25 kilogr. de sel.

Cette préparation de briquettes de sel s'effectue au moyen de presses hydrauliques travaillant jusqu'à 200 atmosphères. Le sel est alors ramené à un volume moitié moindre de celui qu'il occupe à l'état de grains. On peut expédier ainsi le sel sous une enveloppe de papier imperméable, sans dessiccation ultérieure, bien qu'il soit préférable d'enlever une partie des 6 à 7 0/0 d'humidité qu'il renferme encore [*L'Industrie*, Bruxelles: *Berg und hüttermannisches Jahrbuch der K. K. Bergacademien*, 1897].

Juillet 1907.   A. Bouchonnet.

SEMICARBAZIDES. — Voy. les art. CARBAZIDES et HYDRAZIDES.

SEMICARBAZONES. — Les semicarbazones R.CH : Az.AzH.CO.AzH² et RR'C : Az.AzH.CO.AzH² sont les produits de condensation de la semicarbazide avec les aldéhydes ou les cétones. Celles qui étaient connues lors de la rédaction de l'article HYDRAZINE ont été citées (2ᵉ Suppl, 5, 271).

Baeyer a conseillé de préparer les semicarbazones des cétones (terpéniques) en dissolvant le chlorhydrate de semicarbazide dans le moins d'eau possible, avec la dose correspondante d'acétate de potassium en solution alcoolique, puis en ajoutant la cétone; on additionne ensuite d'alcool et d'eau pour avoir une solution limpide, et abandonne un temps variable au repos. La fin de l'opération est reconnue à ce que l'eau précipite une combinaison entièrement cristallisée [*D. chem. G.*, 27, 1915, 1894]. MM. L. Bouveault et Locquin préfèrent employer la semicarbazide elle-même; on évite ainsi les inconvénients résultant de l'emploi d'un sel de semicarbazide souvent souillé d'hydrazine. Ils ont en même temps indiqué comment on pouvait régénérer la semicarbazide des semicarbazones [*Bull. Soc. Chim.*, (3), 33, 162, 1905].

L'action de l'acétate de semicarbazide sur les imines aldéhydiques (bases de Schiff) engendre les semicarbazones [H. Ott, *Mon. f. Chem.*, 26, 335, 1905].

L'action de la semicarbazide sur les divers types cétoniques a été indiquée antérieurement [*loc. cit.*]. Ajoutons : 1° que les α-dicétones donnent à froid une monosemicarbazone, à chaud une disemicarbazone et une oxytriazine

$$R - C = Az - C \, . \, OH \qquad R - C = Az - CO$$
$$ | \qquad || \qquad \text{ou} \qquad | \qquad |$$
$$R' - C = Az - Az \qquad\qquad R - C = Az - AzH$$

[H. Bilz et collaborateurs. *Ann. Chem.*, 339, 243-294. 1905]; 2° que les β-dicétones donnent un carbamylpyrazol

$$AzH² - CO - Az \text{――――} Az$$
$$ | \qquad\qquad ||$$
$$R - C = CH - C - R'$$

[L. Bouveault, *Bull. Soc. Chim.* (3), 19, 77, 1898]; 3° que les cétones éthyléniques α-β fournissent parfois des semicarbazylsemicarbazones [H. Rupe et P. Schlochoff, *D. chem. G.*, 36, 4377, 1903]; 4° que les aldéhydes et acétones acétyléniques forment des semicarbazones facilement transformables en carbamylpyrazols [Ch. Moureu et R. Delange, *Bull. Soc. Chim.*, (3), 31, 1337, 1904].

Voyez aussi : semicarbazones proprement dites [J. Thiele et O. Stange, *Ann. Chem.*, 283, 1]; semicarbazones des cétones cycliques [N. Zélinsky, *D. chem. G.*, 30, 1541; *Bull. Soc. Chim.*, (3), 20, 127]; des isonitrosocétones et acidyldinitrocarbures [G. Ponzio, *Gazz. chim. ital.*, 34, I, 410].

Les semicarbazones sont généralement cristallisées, même dans les cas où les hydrazones, ou autres dérivés, s'obtiennent difficilement. Au hasard, on peut citer la formation des semicarbazones cristallisées de l'azélaone ou cyclooctanone [K. Hans Derlon, *D. chem. G.*, 31, 1957, 1898], de la pseudo-ionone [F. Tiemann, *ibid.*, 808] et surtout des éthers pyruviques, ce qui permet de transformer les alcools en composés ayant un point de fusion net [L. Bouveault, *C. R.*, 138, 984, 1904]. Les semicarbazones des sucres sont généralement hydratées, à pouvoir multirotatoire de sens inverse de celui des sucres constituants; elles fondent mal [L. Maquenne et Goodwin, *Bull. Soc. Chim.*, (3), 31, 1075, 1904].

Les thiosemicarbazones (voy. ce mot) ont sur les semicarbazones l'avantage de se combiner avec Cu, Ag, Hg en donnant des précipités insolubles [C. Neuberg et W. Neimann, *D. chem. G.*, 35, 2049, 1902].

A leur point de fusion, ou un peu au-dessus, certaines semicarbazones (aldéhydes aromatiques, cyclones), donnent un vif dégagement d'azote avec formation d'*azine*. Cette décomposition peut même avoir lieu en solution aqueuse [Scholtz, *D. chem. G.*, 26, 610, 1893; — F. Kipping, *Proceed. Chem. Soc.*, 16, 63, 1900]. Le mécanisme, dans ce dernier cas, serait [S. Young et E. Wilham, *ibid.*, 16, 73] :

$$R = Az - AzH - CO - AzH² + H²O$$
$$= R = Az - AzH - CO² - AzH⁴$$
$$= R = Az \quad AzH² + CO² - AzH³;$$
$$2R = Az - AzH² = R = Az - Az = R + Az²H⁴.$$

Les semicarbazones sont facilement dédoublées par les acides. Chauffées avec l'aniline, elles donnent des aldazines; il se forme en outre un peu de carbamide [W. Borsche, *D. chem. G.*, 34, 4297, 1901]. Les semicarbazones aromatiques se transforment toutefois par l'aniline en phénylsemicarbazones et ammoniaque, avec une netteté suffisante pour que l'on ait intérêt à les changer en ces dernières semicarbazones, moins solubles et plus faciles à purifier :

$$(Ar) C = Az - AzH - CO - AzH⁴ + AzH²C⁶H⁵$$
$$= (Ar) C = Az - AzH - CO - AzH - C⁶H⁴ + AzH³.$$

La réaction est plus compliquée avec les cétones non saturées [W. Borsche et C. Merkwtz, *D. chem. G.*, 37, 3177, 1905; — W. Borsche, *ibid.*, 38, 831, 1905].

Dosage de l'azote hydrazinique des semicarbazones [E. Rimini, *Att. Ac. Lincei*, (5), 12, II, 376, 1903].   Juin 1907.   M. Delépine.

SÉMININE. — Voy. PARAMANNANE.

SÉMINOSE. — Voy. MANNOSE.

SÉMIOXAMAZIDE AzH².CO.CO.AzH.AzH². — Elle a été préparée par W. Kerp et K. Unger [*D. chem. G.*, 30, 585, 1897] en faisant réagir l'hydrazine de 10 gr. de sulfate sur 9 gr. d'oxaméthane. La semioxamazone de l'amide glyoxylique AzH².CO.CH : Az.AzH.CO.CO.AzH² prend naissance dans l'action des acides étendus sur la diamide de l'acide 1.2.4.5-tétrazine-3.6-dicarbonique [Curtius, Darapsky et Müller, *D. Chem. G.*, 39, 3410, 1906]. Elle cristallise en paillettes brillantes, fusibles avec décomposition vers 220-221°, solubles dans l'eau, les acides et les alcalis. Elle est réductrice.

On connaît C²O²Az³H⁵,HCl : (C²O³Az³H⁵)²SO⁴H²; un sel d'argent instable; C²O²Az³H⁴CuCl,HCl; (C²O²Az³H⁴)²Cu²,H²O.

Chauffée en vase clos à 145°, la semioxamazide perd AzH³ et laisse

$$AzH - CO \quad CO - AzH$$
$$\lfloor\text{――――――――}\rfloor$$

Elle s'unit aux aldéhydes et à quelques cétones.

Dans quelques cas, elle peut servir avec avantage, au dosage des aldéhydes en place des hydrazines aromatiques. J. Hanus en a donné un exemple pour le dosage de l'aldéhyde cinnamique [*Zeit. Unters. Nahr. Genussm.*, 6, 817].

On peut la doser en déterminant la quantité d'hydrazine qu'elle fournit par hydrolyse avec les acides étendus (l'hydrazine est elle-même dosée par l'acide iodique) [C. Maselli, *Gazz. chim. ital.*, 35, I, 267, 1905].

Juin 1907. M. Delépine.

SEMMITE. — Voy. l'art. INOSITE.

SEMSEYITE (Min.) (Krenner). — Sulfantimonite de plomb, $7\,PbS.3\,Sb^2S^3$. Petits cristaux tabulaires, gris, éclat métallique, avec galène, diaphorite, sphalérite, de Felsöbanya, Hongrie. Densité $= 5,95$. Prismes clinorhombiques : $a:b:c = 1,1442:1:1,1051$; $\beta = 71°4'$. Faces : $h^1pd^3/_2d^1/_4b^3/_2$. Clivage : $d^1/_2$. L. Bourgeois.

SENAÏTE (Min.) (E. Hussak et G.-T. Prior). — Fer titané renfermant du plomb (10,5 0/0 de PbO) et du manganèse (7 0/0 de MnO); les auteurs proposent la formule $[Fe, Pb]O.2[Ti, Mn]O^2$. Cristaux ou fragments roulés dans les sables diamantifères de Diamantina, Minas Geraes, Brésil. Noir, éclat submétallique, cassure conchoïdale, transparent en lame très mince, vert à brun verdâtre, poussière noir brunâtre. Infusible au chalumeau, caractères chimiques de l'ilménite. Densité $= 4,22$ à $5,30$. Rhomboèdre avec de nombreuses facettes, hémiédrie trigonale. $a:c = 1:0,997$. L. Bourgeois.

SÉNÉ. — Les constituants des feuilles de séné ont été étudiés par A. Tschirch et E. Hiepe [*Arch. Pharm.*, 238, 427, 1900].

Par séparations successives au moyen de l'éther et de l'acétone, les auteurs ont pu isoler différents produits, à savoir :

1° *Partie soluble dans l'alcool.* — *Sennaémodine*, identique à celle retirée du *rheum* et du *frangula*; *acide sennachrysophanique*, identique à l'acide de la rhubarbe; *glucosennine*, poudre jaune amorphe qui par sublimation donne des aiguilles rouges fusibles à 163°. Par purification la poudre jaune amorphe se transforme en cristaux fondant au-dessus de 260°, correspondant à la formule $C^{22}H^{18}O^8$. Ce corps se comporte comme un glucoside; c'est peut-être un glucoside de l'émodine.

2° *Partie soluble dans l'acétone.* — Substance amorphe d'un jaune clair de formule $C^{15}H^{10}O^8$, isomérique de la sennaémodine (sennaisoémodine); substance isomérique de la rhamnétine (sennarhamnétine).

3° Dans la partie non soluble dans les solvants précédents, les auteurs ont isolé une matière noire analogue à celle retirée par Tschirch de l'aloès et pour lesquels le nom de *sennanigrine* est proposé (C $= 60,5$ H $= 5,0$). V. Thomas.

SÉNÉCINE. — Voy. SÉNÉCIONINE.

SÉNÉCIONINE. — Alcaloïde extrait par Grandval et Lajoux [*C. R.*, 420, 1120, 1895] du séneçon, en épuisant la plante additionnée d'acétate de plomb par l'eau, dans laquelle le nouveau corps est précipité par l'iodure mercurosopotassique. Après purification on obtient 1 à 5 0/000 de la plante sèche de sénécionine qui se présente en beaux cristaux, groupés en barbes de plumes, de saveur amère, solubles dans le chloroforme et l'alcool, de formule $C^{18}H^{26}AzO^6$.

Les mêmes auteurs ont extrait des eaux-mères alcooliques provenant de la purification du corps précédent un autre alcaloïde, la *sénécine*, de saveur très amère, soluble dans l'éther qui l'abandonne en houppes soyeuses; elle se colore

en jaune, puis rouge violacé par l'acide sulfurique, en rouge violacé par l'acide nitrique et en brun violacé par l'acide sulfovanadique.

Octobre 1907. A. Hébert.

SÉNÉGINE, $C^{32}H^{52}O^{17}$. — La racine de polygala senega contient, à côté de l'acide polygalique, la sénégine $C^{17}H^{26}O^{10}$ (Kruskal), $C^{32}H^{52}O^{17}$ [Funaro, *Gazz. chim. ital.*, 19, 21], corps voisin de la saponine, et peut-être identique avec elle, qui, bouilli avec HCl dilué, se scinde en glucose et *sénégénine* $C^{20}H^{32}O^7$. M. Delacre.

SÉNÉVOLS. — Voy. THIOCARBIMIDES.

SENNA.... — Voyez pour les noms commençant ainsi, voyez plus haut l'article SÉNÉ.

SÉPINE. — (Voy. APOSÉPINE, 2° Suppl., 4, 354). Le chlorure de sépine $(CH^3)^3AzCl.CH^2.CHOH.CH^2Cl$ fond en cristaux hygroscopiques; le *chloroplatinate* est à peine soluble dans l'eau froide; le *chloraurate* $C^6H^{15}ClAzO.Cl, AuCl^3$, facilement soluble dans l'eau, fond à 159-162°. E. Rengade.

SEPSINE. — Voyez PTOMAÏNES ET LEUCOMAÏNES.

SÉRENDIBITE (Min.) (Prior et Coomara-Swamy). — Borosilicate d'aluminium, calcium, magnésium, fer et alcalis peu abondants. Grains cristallins bleus, polychroïques, dans une roche de contact de la granulite et du calcaire, près de Gangapiliya, à 12 milles de Candy, Ceylan. Dureté $= 7$. Densité $= 3,42$. L. Bourgeois.

SÉRICINE. — Voy. l'art. ALBUMINOÏDES.

SÉRICOÏNE. — Voyez au mot ALBUMOÏDE, 2° Suppl., I, 138.

SÉRINE. — Voy. ALBUMINE.

SERPIERITE (Min.) (Des Cloizeaux). — Sulfate basique de cuivre, zinc et calcium hydraté, $3[Cu, Zn, Ca]O.SO^3, 3H^2O$, en petits cristaux laminaires, bleu verdâtre, sur smithsonite, au Laurium et à Freiberg. Noircit vers 300°. Prisme orthorhombique : $mm = 98°42'$; $pb^1/_2 = 115°32'$. Faces $pme^1b^1/_2a^3/_2e^4/_3$, etc. L. B.

SÉRUM. — Voy. l'art. SANG.

SÉSAME. — Villavecchia et Fabris [*Ann. del lab. della Gabelle Roma*, 3, 13, 1897] ont établi la présence dans l'huile de sésame, outre les acides gras, de *sésamine* (voyez ce mot), d'un alcool $C^{25}H^{44}O + H^2O$, feuillets nacrés fusibles à 137°,5 de pouvoir rotatoire $[\alpha]_D = -34°,23$, du groupe de la cholestérine, et d'une huile épaisse inodore, incristallisable, fournissant avec le furfurol la coloration rouge caractéristique de l'huile de sésame.

Canzoneri et Perciabosco ont pu obtenir [*Gazz. chim. ital.*, 33, (II), 253, 1903] ce dernier produit à l'état cristallisé en lamelles nacrées, fusibles à 92°, insolubles dans l'eau, les acides et les alcalis, de composition $C^{23}H^{24}O^7$ ou $C^{13}H^{24}O^4$, décomposables par l'acide chlorhydrique en donnant l'alcool du groupe de la cholestérine signalé ci-dessus.

Les constituants de l'huile de sésame ont été étudiés encore par Hebebrand [*Land. Versuchs. Stat.*, 54, 45, 1898] et par Bömer et Winter [*Chem. Centr. Bl.*, (II), 729, 1899]; son oxydabilité, par Bishop [*J. Pharm.*, (6), 3, 55, 1896]. Enfin la recherche et les caractères analytiques de cette huile ont fait l'objet de nombreux travaux [Bellier, *Bull. Soc. Chim.*, (3), 23, 131, 135, 359, 1900; — Soltsien, *Chem. Rev.*, 8, 202, 1901; *Chem. Centr. Bl.*, (II), 539, 1899; (I), 375, 1900; (II), 1095, 1901; — Zega et Majstorovic, *Chem. Zeit.*, 23, 597, 1899; — Ulz, *Chem. Centr. Bl.*, (II), 293, 1900; — Van der Grieten et Hagemann, *Bied. Centr.*, 27, 283, 1898; *Milch*

Zeit., 554, 1897; — Kreiss, *Chem. Zeit.*, 23, 188, 202, 1899; — Breinl, *Chem. Zeit.*, 23, 647, 1899; — Kerp, *Chem. Centr. Bl.*, (II), 228, 1899; — Bellier, *Chem. Centr. Bl.*, (II), 453, 1899; — Vaudevelde, *Chem. Centr. Bl.*, (II), 783, 1900; — Léonard, *Analyst.*, 23. 282, 1898; — Weigmann, *Bied. Centr. Bl.*, 28, 629, 1899; — Sohn, *Bied. Centr. Bl.*, 28, 298, 1899; — Bremer. *Chem. Centr. Bl.*, (II), 955, 1096, 1901; (I), 374, 1902; — Annato, *Chem. Centr. Bl.*, (II), 1095. 1901; — Reinsch, *Chem. Centr. Bl.*, (II), 1096, 1901; — Ranwez, *Rev. internat. falsifications*, 14, 125, 1901; — Tambou, *J. Pharm.*, (6), 13, 57, 1901; — Tortelli et Ruggieri, *Zeit. angew. Chem.*, 850, 1898].

Octobre 1907.   A. Hébert.

SÉSAMINE. — Produit extrait de l'huile de sésame [Villavecchia et Fabris, *Ann. del lab. della Gabelle Roma*, 3. 13, 1397] après saponification, cristallisant dans l'alcool en aiguilles incolores et dans le chloroforme en cristaux prismatiques fondant à 123°, de pouvoir rotatoire $[\alpha]_D = +68°,36$, de formule $C^{11} H^{12} O^3$, sans réaction sur le furfurol, l'iode, la phénylhydrazine, mais donnant deux dérivés nitrés fusibles à 145 et à 235° [Voy. aussi Bömer et Winter. *Chem. Centr. Bl.*, (2), 729, 1899].

Octobre 1907.   A. Hébert.

SHIKIMÈNE, SHIKIMIPICRINE. — Voy. l'art. SHIKIMIQUE (ACIDE).

SHIKIMIQUE (ACIDE). — Voyez SIKIMINE, 1er Suppl., 1427. — Eijkmann a extrait des feuilles et des fruits de l'*illicium religiosum* (shikimi-noki, en japonais) plusieurs produits, notamment un terpène, le *shikimène*, bouillant vers 170°, colorable en rouge orange par l'acide sulfurique, déflagrant par l'acide nitrique, de pouvoir rotatoire $[\alpha]_D = -22°,5$; le *shikimol*, identique au safrol [*Rec. Pays-Bas*, 4, 32] et l'*acide shikimique* $C^7 H^{10} O^5$, qui se trouve aussi en grande quantité dans les fruits de l'*illicium anisatum*, qui fournit la badiane officinale [Eijkmann, *Rec. Pays-Bas*. 5, 299; — Oswald.. *Arch. Pharm.*. (3), 39, 84]. Cet acide soluble dans l'eau et l'alcool fond à 84°, donne par distillation sèche des acides carbonique, protocatéchique et phénique, et possède pour constitution $C^6 H^2 (H^4)(OH)^3 CO^3 H$, ce qui en ferait un tétrahydrure d'un acide trioxybenzoïque et un isomère de la quinide, anhydride de l'acide quinique. Son pouvoir rotatoire $[\alpha]_D = -179°,3$. Il fixe 2 atomes d'hydrogène et de brome, et la solution aqueuse de cet acide dibromé donne par la chaleur un composé cristallisé de formule $C^7 H^9 Br O^5$, qui semble être une lactone, et que l'eau de baryte convertit en *acide dioxyhydroshikimique* $C^7 H^{12} O^7$, fusible à 156° [Eijkmann, *D. chem. G.*, 24, 1278, 1890].

Enfin, on trouve encore dans la première plante la *shikimipicrine*, grands cristaux fusibles à 200°, très solubles dans l'eau et l'alcool, de goût très amer. Octobre 1907.   A. Hébert.

SHIKIMOL. — Voy. syn. SAFROL.

SIARÉSINOTANNOL. — Alcool isolé par Ludy [*Arch. Pharm.*, 234, 461] du benjoin de Siam, de formule $C^{12} H^{14} O^3$, donnant des *dérivés potassé* et *acétylé* et analogue au résinotannol. Octobre 1907.   A. Hébert.

SIDÉRONATRITE (Min.) (Raimondi). — Sulfate sodico-ferrique. $2Na^2O . Fe^2O^3 . 4SO^3$, $7H^2O$, en masses d'un jaune foncé, formées de cristaux orthorhombiques, élastiques, décomposables par l'eau, avec divers sulfates ferriques. de la mine San Simon, Huantajaya, province de Tarapaca, Pérou. Dureté = 1,5 à 2,5. Densité = 2,153 à 2,355.   L. Bourgeois.

SIDÉROPHYLLITE (Min.) (Carvill-Lewis). — Variété de mica noir, riche en oxyde ferreux, très pauvre en magnésie, de Pikes Peak, Colorado.   L. Bourgeois.

SIGTERITE (Min.) (Rammelsberg). — Silicate d'aluminium, de sodium et de potassium, $2[Na, K]^2O . Al^2O^3 . 3SiO^2$, appartenant à la famille des feldspaths; petites masses cristallines grisâtres. avec albite et eudialyte à l'île de Sigterö, Norvège. Clivages des feldspaths. L. B.

SILFBERGITE (Min). — Voyez HILLÄNGSITE, 2e Suppl., 5, 129.

SILICIUM. — ÉTAT NATUREL. — L'abondance et l'extrême dissémination des composés du silicium dans la nature ont comme conséquence d'entraîner sa présence dans les organes des êtres vivants. On sait notamment que beaucoup de végétaux et tout particulièrement les graminées renferment de la silice dans leurs tissus. Demarçay, en examinant au point de vue spectral la partie insoluble dans l'eau des cendres des végétaux, a observé les raies du silicium [*C. R.*, 130, 91, 1900]. L'assimilation de la silice par les plantes aux différentes phases de leur développement a été étudiée par Berthelot et André [*Ann. Chim. Phys.*, (6), 27, 145, 1892]. Des observations sur la localisation de la silice dans les tissus des animaux ont été faites par Schutz [*Münch. medi. Woch.*, 430, 1902 et *Bull. Soc. Chim.*, (3), 28, 766, 1902].

PRÉPARATION. — *Silicium amorphe.* — Vigouroux a montré que les différents produits désignés sous le nom de silicium étaient généralement très impurs [*Ann. Chim. Phys.*, (7), 12, 153, 1897]. La réduction de la silice par le magnésium peut fournir du silicium pur ou des mélanges de silicium et de siliciure de magnésium. Cette réaction a été étudiée par divers auteurs [Phipson, *Proc. Roy. Soc.*, 43, 217, 1864; — Parkinson, *Journ. Soc. Chem. Ind.*, (2), 5, 128, 1867; — Gattermann, *D. chem. G.*, 22, 186, 1889; — Winkler, *D. chem G.*, 23, 2632, 1890]. Les conditions dans lesquelles il convient de se placer pour obtenir du silicium pur ont été précisées par Vigouroux qui conseille d'opérer de la façon suivante :

On fait un mélange intime de 180 gr. de silice avec 144 gr. de magnésium et 81 gr. de magnésie. On utilise comme silice du quartz aussi transparent que possible, finement pulvérisé et lavé aux acides. Le magnésium en limaille du commerce est privé des parcelles de fer qu'il peut contenir, à l'aide d'un aimant. La magnésie doit être préalablement calcinée afin de la débarrasser de toute trace d'humidité et de carbonate. Le mélange parfaitement sec est placé dans un creuset de terre réfractaire. Ce creuset est ensuite introduit dans un four Perrot préalablement porté au rouge. La réaction est annoncée par un léger bruissement qui se produit après deux ou trois minutes. On extrait du creuset après refroidissement une matière parfaitement homogène de couleur marron clair que l'on projette dans l'acide chlorhydrique. Lorsque l'attaque par cet acide est terminée, on lave le résidu par décantation et on le soumet ensuite à l'action de l'acide fluorhydrique. On doit procéder lentement à l'addition de cet acide car l'attaque est assez vive au début et occasionne un boursouflement. Vers la fin on chauffe à 100°. Après avoir lavé et repris plusieurs fois par l'acide fluorhydrique, on ajoute sur le résidu de l'acide sulfurique concentré et froid. On doit se servir d'une capsule de platine en raison du dégagement d'acide fluorhydrique provenant de la décomposition des fluorures. On achève la décomposition des fluorures en chauffant pendant plusieurs heures à la température d'ébullition de l'acide sulfurique. Après lavage à l'eau, on traite encore une fois par l'acide chlorhydrique concentré, puis par l'eau et finalement on dessèche le silicium ainsi isolé dans un courant d'hydrogène à la température du rouge. On obtient un produit titrant de 96 à 97 0/0 de silicium. Pour préparer du silicium plus pur, Vigouroux emploie de la silice précipitée pure et du magnésium pur et il opère la réduction dans un tube de verre de Bohême brasqué à la magnésie et traversé par un courant d'hydrogène. En remplaçant le magnésium par l'aluminium on peut aussi produire du silicium amorphe assez pur mais le procédé au magnésium est préférable (Vigouroux).

D'autres procédés de préparation du silicium ont été donnés plus récemment par Hempel et Haasy [*Zeit. anorg. Chem.*, **23**, 32, 1900] et par Slijper, qui utilisent l'action du sodium sur le fluorure de silicium. De Chalmot [*Zeit. Elektr.*, **5**, 200] a préparé le silicium amorphe en faisant agir le soufre sur le siliciure de cuivre.

Silicium cristallisé. — On peut préparer facilement le silicium cristallisé soit par le procédé Wöhler modifié par Vigouroux, soit par le procédé aluminothermique de Kühne [*Chem. Soc.*, **86**, 331, 1904].

La modification apportée par Vigouroux au procédé de Wöhler consiste dans le changement des proportions relatives de fluosilicate de potassium et d'aluminium à employer. Au lieu de 1 partie d'aluminium pour 30 à 40 parties de fluosilicate, on prend pour 1 partie d'aluminium 3, 2 parties de fluosilicate. Le fluosilicate doit être bien desséché et l'aluminium en fragments de la grosseur d'une noisette. La charge pour un creuset en terre réfractaire N° 12 est de 125 gr. d'aluminium pour 400 gr. de fluosilicate. On chauffe ce mélange une demi-heure environ au four Perrot. Après refroidissement, on casse le creuset et on en retire un culot bien fondu formé au-dessous d'une scorie qui doit être presque blanche. Ce culot, d'aspect métallique, est cassant et contient environ 50 0/0 de son poids de silicium cristallisé qu'il abandonne sous l'action de l'acide chlorhydrique. La purification de ce silicium cristallisé comporte des traitements prolongés aux acides chlorhydrique, fluorhydrique et sulfurique.

Kühne a réussi à obtenir le silicium cristallisé en provoquant la réaction de l'aluminium sur un mélange de soufre et de silice. Il conseille d'employer les proportions suivantes : aluminium, 400 gr.; soufre, 500 gr.; silice, 360 gr. Ce procédé a été également utilisé par Hollmann, avec quelques légères modifications [*Rec. Pays-Bas*, **23**, 381, 1904]. Il place le mélange précédent dans un creuset de Hesse qu'il dispose dans un seau rempli de sable. La partie supérieure du mélange est recouverte d'une mince couche de magnésium et la réduction est amorcée par une pastille de Goldschmidt. En reprenant le contenu du creuset par l'acide chlorhydrique, on obtient comme résidu insoluble du silicium cristallisé, abandonnant 3 0/0 de matières fixes quand on le chauffe dans un courant de chlore.

Hyde [*Journ. Am. Chem. Soc.*, **21**, 663, 1899] a combiné le pouvoir réducteur de l'aluminium avec l'action dissolvante du zinc. De Chalmot et Guillaume ont obtenu du silicium cristallisé en décomposant le siliciure de cuivre par le zinc [*Journ. Am. Chem. Soc.*, **20**, 437, 1898]. Lebeau a signalé également quelques autres exemples de décomposition des siliciures par les métaux avec production de silicium cristallisé, en particulier la décomposition des siliciures de fer et de manganèse par l'argent, mais ces réactions

constituent plutôt des modes de formation que véritables préparations [Lebeau, *Ann. Chim. Phys.*, (7), **16**, 457, 1899].

Silicium fondu. — Le silicium fondu est aujourd'hui l'une des formes commerciales du silicium. Nous devons ajouter toutefois que les produits vendus sous ce nom sont souvent très impurs.

Le silicium fondu peut s'obtenir très facilement par fusion du silicium cristallisé au four électrique ou dans les divers procédés de préparation de ce métalloïde à haute température.

La réduction de la silice par le charbon au four électrique permet de préparer le silicium fondu. Cette réduction signalée pour la première fois par Henri Moissan [*Ann. Chim. Phys.*, (7), **9**, 300, 1896] est actuellement utilisée pour la préparation industrielle. On peut faciliter la réduction de la silice par le charbon en opérant en présence de certains oxydes métalliques. On peut produire ainsi des siliciures métalliques très riches en silicium libre qu'ils peuvent dissoudre abondamment. De Chalmot, en réduisant la silice en présence d'oxyde de manganèse, a obtenu des produits titrant environ 70 0/0 de silicium [*Am. Chem. Journ.*, **18**, 95 et 526; **19**, 119, 1896]. Lebeau a également préparé du silicium fondu en réduisant l'émeraude et d'autres silicates naturels acides, tels que les feldspaths, par le charbon au four électrique [*Ann. Chim. Phys.*, (7), **16**, 457, 1899]. Un procédé de fabrication industrielle du silicium basé sur l'action du siliciure de carbone sur la silice a été breveté par Schied [*Chem. Cent. Blatt.*, **1**, 1120, 1900].

D'après Neumann [*Chem. Zeit.*, **24**, 869 et 888, 1900], la teneur en silicium des échantillons d'origine industrielle varie entre 70 et 90 0/0 de silicium.

Silicium électrolytique. — La production du silicium par électrolyse a été observée pour la première fois accidentellement par Henri Sainte-Claire Deville, en décomposant par le courant électrique un chlorure double d'aluminium et de sodium impur. C'est à la suite de cette observation qu'il indiqua que le silicium pouvait être préparé électrolytiquement en soumettant à l'action du courant les substances siliceuses solubles dans les fluorures alcalins en fusion [*Ann. Chim. Phys.*, (3), **43**, 31, 1855 et 39, 69, 1857; *C. R.*, **39**, 321, 1854]. Gore fit connaître également ce mode de formation du silicium [*Chem. News*, **50**, 113, 1884]. Des essais comparables furent poursuivis par Ullik [*Ber. Acad. Wienne*, (2), **52**, 115, 1865] et par Hampe [*Chem. Zeit.*, **12**, 841, 1888]. Minet a électrolysé un mélange fondu formé de 60 p. de chlorure de sodium, 30 p. de fluorure double d'aluminium et de sodium, 5 p. d'alumine et 5 p. de silice. Il a isolé dans ces expériences de l'aluminium contenant des quantités variables de silicium, mais non de silicium pur [*C. R.*, **112**, 1215, 1891].

PROPRIÉTÉS PHYSIQUES. — Le silicium amorphe constitue une poudre extrêmement divisée d'un brun clair. Sa densité est 2,35 à 15°.

L'aspect du silicium cristallisé varie avec la nature du dissolvant au sein duquel il a pris naissance. Dans le zinc, par exemple, il affecte la forme de sortes d'aiguilles prismatiques, tandis que dans l'aluminium il est constitué par des lamelles miroitantes rappelant le graphite. On a longtemps considéré ce silicium lamellaire comme une autre variété cristalline et on le désignait sous le nom de silicium graphitoïde.

L'étude cristallographique du silicium cristallisé dans le zinc a été faite par De Sénarmont [*Ann. Chim. Phys.*, (3), **47**, 169, 1856]. Ces cristaux de silicium sont souvent des prismes hexaèdres, terminés soit par un pointement trièdre dont les faces reposent symétriquement sur les arêtes alternes, soit par un pointement hexaèdre très aigu, plus ou moins déformé et dont les faces paraissent reposer symétriquement sur celles du prisme avec lesquelles elles se raccordent insensiblement. Il arrive aussi que d'autres groupements présentent des files rectilignes de petits cristaux d'apparence rhomboédrique, juxtaposés les uns aux autres suivant leur axe de figure et dans une situation parallèle. Les angles des arêtes culminantes ou des pointements trièdres sont égaux à 70°,32 (angle du tétraèdre régulier). Dans certaines préparations on reconnaît des piles d'octaèdres réguliers parfaits, enfilés sur une même normale commune à deux de leurs faces parallèles, le cristal extrême simulant encore un pointement rhomboédrique. Ces mêmes formes se retrouvent dans le silicium cristallisé par volatilisation (Moissan, *loc. cit.*) et dans l'action du fluorure de silicium sur l'aluminium (Lebeau).

La variété dite graphitoïde a été examinée par Miller qui a reconnu que la forme de ce silicium est encore l'octaèdre, mais différemment modifié. Les cristaux dérivent également du système cubique, et leur différence d'aspect réside dans une déformation par raccourcissement suivant un axe ternaire et aplatissement suivant deux faces opposées de l'octaèdre, alors que, pour le silicium en aiguilles, les octaèdres sont déformés par allongement suivant un axe ternaire [*D. chem. G.*, 191, 1866; *Phil. Mag.*, (4), 31, 397, 1866].

La dureté du silicium est égale à 7 [Rydberg, *Zeit. phys. Chem.*, 33, 353, 1900].

Fizeau a trouvé pour le coefficient de dilatation du silicium $\alpha_{\theta=40°} = 0,00006413$. La variation du coefficient pour un degré $\dfrac{\Delta\alpha}{\Delta\theta} = 1,69$.

L'allongement pour l'unité de longueur calculé de 0° à 100° est $100\left(\alpha_{\theta=40°} + 10\,\dfrac{\Delta\alpha}{\Delta\theta}\right) = 0,00780$ [*C. R.*, 68, 1125, 1869].

Regnault a déterminé la chaleur spécifique du silicium. Il a opéré avec le silicium fondu et avec le silicium cristallisé. Il a obtenu comme moyenne des expériences faites avec différents échantillons de la première variété : 0,1774 et avec l'échantillon de silicium fondu le plus pur : 0,1750 [*Ann. Chim. Phys.*, (3), 63, 5, 1861]. Kopp a trouvé pour le silicium cristallisé dans l'aluminium : 0,181 [*Ann. Chem.*, (Suppl.), 3, 73, 1864-1865]. De nouvelles mesures ont été faites par Weber, entre 39°,07 et 252°. Il en résulte que la chaleur spécifique du silicium croît avec la température pour tendre à partir de 212° vers une limite voisine de 0.202.

Le silicium fond entre 1400° et 1500°. D'après Schutzenberger et Colson, il est déjà sensiblement volatil au four à vent [*C. R.*, 94, 1712, 1882]. Au four électrique il distille avec la plus grande facilité [Moissan, *Ann. Chim. Phys.*, (7), 8, 141, 1896].

La densité du silicium cristallisé paraît être très voisine de 2,49.

La réfraction moléculaire du silicium serait de 6,7 d'après Haagen [*Ann. Chem. Phys. Pogg.*, 131, 117, 1867], et de 11,23 selon Kanonnikow [*D. chem. G.*, 17, 157, 1884]. Les recherches de Gladstone et de Gino Abati ont établi que la réfraction moléculaire variait avec la nature des combinaisons silicées [Gino Abati, *Gazz. chim. ital.*, 27, 437, 1897]. En calculant le pouvoir rotatoire moléculaire au moyen du pouvoir rotatoire du quartz, on trouve 0,27 [Schauf, *Ann. Chem. Phys. Pogg.*, 127, 344, 1866 et Haagen, *loc. cit.*].

La conductibilité électrique du silicium est relativement faible. F. Le Roy a comparé la résistance du silicium cristallisé aggloméré à celle du charbon et du maillechort [*C. R.*, 126, 244, 1898]. Il a trouvé les résultats suivants :

Silicium	200 000 000	microhms.
Charbon	150 000	—
Maillechort	850	—

Le spectre du silicium a fait l'objet de nombreuses déterminations. Parmi les recherches les plus récentes, il convient de citer celles de Liveing et Dewar [*Philos. Trans.*, 174, 222, 1883]; d'Eder et Valenta [*Sitz. Akad. Wien.*, II, 107, 41]; de A. de Grammont [*C. R.*, 124, 192, 1897 et 126, 1155, 1898]; d'Hartleye [*Chem. News.*, 48, 195, 1883 et *Proc. Roy. Soc.*, 68, 109, 1901]; de Lockyer [*Proc. Roy. Soc.*, 65, 449, 1899 et 67, 403, 1901]; de Lunt [*Proc. Roy. Soc.*, 68, 44, 1900]; d'Hartmann [*Chem. Centr. Bl.*, 2, 981, 1903]; et enfin de Lockyer et Baxandall [*Proc. Roy. Soc.*, 74, 296, 1904 et 76, 118, 1905].

PROPRIÉTÉS CHIMIQUES. — On ne constate pas de différence appréciable entre le silicium amorphe et le silicium cristallisé. Lorsque le silicium amorphe est dans un état de pureté comparable à celui du silicium cristallisé, la plus grande activité qu'il paraît posséder peut être attribuée à son plus grand état de division.

Friedel avait tenté sans succès de réaliser la combinaison directe du silicium en faisant jaillir l'arc électrique entre deux fragments de silicium placés dans une atmosphère d'hydrogène [*Ann. Chim. Phys.*, (5), 20, 33, 1880]. Cette expérience a été reprise par Dufour qui a reconnu qu'il se formait dans ces conditions une petite quantité d'hydrogène silicié [*C. R.*, 138, 1169, 1904]. Vigouroux a observé la production d'hydrogène silicié spontanément inflammable en chauffant le silicium en présence d'un métal à la température du rouge blanc [*C. R.*, 138, 1168, 1904]. La combinaison possible du silicium et de l'hydrogène à haute température expliquerait selon Dufour les phénomènes de volatilisation apparente de ce métalloïde dans les tubes de Geissler à hydrogène silicié [*C. R.*, 138, 1169, 1904].

Le silicium s'attaque très facilement par tous les métalloïdes de la première famille. Le fluor réagit dès la température ordinaire avec incandescence. Pour les autres halogènes, la température à laquelle la réaction commence paraît dépendre de la plus ou moins grande division du silicium. Pour Vigouroux l'incandescence serait visible à 450° pour le chlore et à 500° pour le brome. Hempel et Haasy ont trouvé pour la température d'attaque par le chlore 280° [*Zeit. anorg. Chem.*, 23, 439, 1900].

La combustion vive du silicium peut être obtenue quand on le chauffe brusquement dans une atmosphère d'oxygène [Vigouroux, *loc. cit.*]. Le silicium se combine directement au soufre vers 600°. A haute température, l'azote, le bore et le silicium, le titane et le zirconium donnent des composés qui, pour la plupart, ont été étudiés. Le phosphore, l'arsenic, l'antimoine, le bismuth et l'étain ne semblent pas se combiner directement.

On connaît maintenant l'action exercée par le silicium sur la plupart des métaux. Les alcalins ne s'unissent pas directement au silicium sauf le lithium qui a fourni à Henri Moissan le siliciure Si^2Li^6 [*C. R.*, 134, 1083, 1902]. Le calcium se combine au silicium [Moissan, *Bull. Soc. Chim.*, (3), 21, 865, 1899]. L'action du baryum et celle du strontium n'ont pas encore été décrites.

Le magnésium fournit un ou plusieurs siliciures dont la composition n'a pas encore été rigoureusement établie. Le glucinium se combine aussi directement au silicium (Lebeau). Le fer et les métaux de la même famille peuvent donner naissance à plusieurs siliciures. La combinaison du silicium avec ces métaux peut être réalisée au-dessous du point de fusion de l'élément le plus fusible [Lebeau, *Bull. Soc. Chim.*, (3), **27**, 44, 1902]. Le cuivre réagit sur le silicium en fournissant un siliciure dont la teneur en silicium correspond sensiblement à la formule $SiCu^4$. Le platine et les métaux de la mine de platine s'unissent aussi au silicium.

Un certain nombre de métaux, parmi lesquels se rangent le zinc, le cadmium, le plomb, le mercure, l'or et l'argent sont sans action sur le silicium. La plupart sont cependant susceptibles de le dissoudre en proportions notables quand ils sont fondus. La solubilité dans le plomb, l'argent et le zinc à été étudiée quantitativement par Moissan et Siemens [*C. R.*, **138**, 657 et 1299, 1904].

La solubilité dans le plomb est de 0,025 0/0 à 1250°, pour atteindre 0,790 0/0 à 1550°. Dans le zinc elle est de 0,06 0/0 à 600° et de 1,62 à 880°. La solubilité dans l'argent est beaucoup plus grande :

Température.	Silicium 0/0 d'argent.
970°	9,22
1150°	14,89
1259°	19,26
1470°	41,46

D'une façon générale le silicium se comporte comme un réducteur vis-à-vis d'un très grand nombre de corps composés. Il réduit la plupart des combinaisons oxygénées des métalloïdes. Tammann [*Zeit. anorg. Chem.*, **43**, 370, 1905] a reconnu que l'acide métatitanique $2 TiO(OH)^2$ traité par le silicium à haute température donne la réaction suivante : $2 TiO(OH)^2 + Si = SiO^2 + Ti^2O^3 + H^2O + H^2$.

Duboin et Gauthier ont admis que le silicium se comportait comme le carbone en présence d'alumine et de chlore et donnait au lieu de chlorure de silicium du chlorure d'aluminium [*C. R.*, **129**, 217, 1899]. Mais la présence d'aluminium libre dans le mélange serait d'après Vigouroux la seule cause de la formation de chlorure d'aluminium ; si l'on élimine ce métal par les acides l'action du chlore ne fournit que du chlorure de silicium [*C. R.*, **120**, 334, 1899].

Le silicium même très divisé résiste à l'action des acides [Lebeau, *Bull. Soc. Chim.*, (3), **27**, 42, 1902]. Au contraire en milieu alcalin le silicium est très facilement détruit. Moissan et Siemens ont reconnu qu'il suffisait de chauffer l'eau et le silicium dans un vase de verre pour que la trace d'alcali qui provient de l'attaque du récipient, provoque la réaction [*C. R.*, **138**, 939, 1904].

ÉTATS ALLOTROPIQUES. — Berzélius [*Ann. Phys. Chem. Pogg.*, **1**, 169 et **2**, 210, 1824] avait admis l'existence de plusieurs variétés de silicium amorphe, présentant dans leur action sur les réactifs des différences notables. Il avait décrit un silicium amorphe très actif qu'il désignait sous le nom de silicium α et une autre variété, le silicium passif ou silicium β. Ces produits préparés en suivant les indications mêmes de Berzélius renferment de telles quantités d'impuretés qu'il est difficile d'affirmer leur existence. Il a été en outre constaté que le silicium cristallisé octaédrique et le silicium graphitoïde dont Miller a fait l'examen cristallographique, possèdent les mêmes propriétés chimiques. Il en résulte qu'il ne paraît exister qu'une seule variété de silicium

vraiment distincte. Cette variété a été découverte par Moissan et Siemens lors de leur étude de la solubilité du silicium dans les métaux. Le silicium déposé au sein de sa solution dans l'argent est entièrement cristallisé et ne présente à l'examen microscopique aucune différence appréciable. Cependant le résidu cristallin traité par l'acide fluorhydrique se dissout partiellement. La proportion de silicium soluble dans cet acide diminue lorsque la teneur en silicium total augmente. Si la teneur en silicium dissous ne dépasse pas 2 0/0, la presque totalité est formée de la variété soluble dans l'acide fluorhydrique.

Le tableau suivant montre comment varie la proportion relative des deux variétés de silicium avec la température et la concentration :

Température. —	Silicium dans 100 p. d'argent.	Silicium soluble. —	Silicium insoluble. —
970°	9,22	5,35	3,87
1150°	14,89	4,02	10,87
1250°	19,26	3,66	15,60
1470°	41,46	6,63	34,83

Le silicium cristallisé soluble dans l'acide fluorhydrique se présente en lamelles jaunes et transparentes, de même couleur que le silicium préparé par l'aluminium. La densité est sensiblement la même que pour le silicium cristallisé insoluble : elle est comprise entre 2,38 et 2,40.

Au point de vue chimique la solubilité de ce silicium dans l'acide fluorhydrique est le seul caractère qui le différencie du silicium ordinaire. Il conserve cette propriété alors même qu'il a été chauffé à 1200°.

En décomposant l'hydrure de silicium Si^2H^6 par l'étincelle électrique, Moissan et Smiles ont obtenu un silicium amorphe très actif réduisant les solutions métalliques. Ce silicium forme de longs filaments laineux, d'une couleur brune plus claire que celle du silicium amorphe préparé par le magnésium. Moissan considère qu'il ne doit sa plus grande activité qu'à son extrême division. On ne peut donc guère admettre que l'on soit en présence d'une nouvelle variété allotropique de silicium [Moissan et Smiles, *Ann. Chim. Phys.*, (7), **27**, 5, 1902].

POIDS ATOMIQUE. — Clarke, en reprenant les calculs des anciennes déterminations du poids atomique du silicium, a été conduit à proposer comme valeur probable 28,195 [*Phil. Mag.*, (5), **12**, 101, 1881] et plus récemment 28,181 [*Recalculation of the atomic Weights*, Washington, 188, 1897]. L'analyse du bromure de silicium pur faite par Thorpe et Young a fourni à ces auteurs la valeur moyenne $Si = 28,332$ [*J. Chem. Soc.*, **51**, 576, 1897]. Plus récemment W. Becker et Julius Meyer ont donné pour poids atomique du silicium 28,21 [*Zeit. anorg. Chem.*, **43**, 251, 1905]. La valeur $Si = 28,4$ pour $O = 16$ a été admise par la Commission internationale des poids atomiques.

HYDRURES DE SILICIUM. — On ne connaissait, il y a quelques années, que l'hydrogène silicié SiH^4 de Wöhler et l'hydrure solide décrit par Ogier (Dictionnaire de Wurtz et 1er Suppl.). Il existe, en outre, deux nouveaux hydrures de silicium : le silicoéthane Si^2H^6 signalé par Moissan et Smiles et un hydrure liquide découvert par Lebeau. Bradley [*Chem. News*, **82**, 149, 1900] considère comme un silicoacétylène Si^2H^2 le produit solide résultant de l'action des acides sur les siliciures alcalino-terreux. Les propriétés de ce composé le rapprochent beaucoup du silicon de Wöhler, qui prend d'ailleurs naissance dans les mêmes conditions et qui renferme du silicium, de l'hydrogène et de l'oxygène.

Silicométhane Si H⁴. — Nous avons déjà mentionné la formation du silicométhane par union directe observée par Dufour [*loc. cit.*]. Quelques propriétés nouvelles de ce gaz ont été données par Moissan et Smiles. Le silicométhane est solide à — 200°. Lorsqu'il est purifié, il ne s'enflamme plus spontanément à l'air. Son inflammabilité serait due à la présence du silicoéthane [Moissan et Smiles, *Ann. Chim. Phys.*, (7), **27**, 5, 1902].

Silicoéthane Si² H⁶. — Cet hydrure de silicium a été découvert par Moissan et Smiles [*loc. cit.*]. Il se produit dans la préparation de l'hydrogène silicié gazeux au moyen du siliciure de magnésium et de l'acide chlorhydrique. Il a pu être isolé en fractionnant les gaz liquéfiés dans l'air liquide. D'après ces auteurs, le silicoéthane serait un liquide spontanément inflammable bouillant à 52°. En opérant sur de plus grandes quantités de gaz, Lebeau a reconnu que le silicoéthane était en réalité un gaz liquéfiable à — 7°. Il a vérifié que le gaz ainsi purifié répond bien à la formule Si² H⁶. Sa densité a été trouvée égale à la densité théorique (2,18) [Lebeau, *Bull. Soc. Chim.*, (4), **16**, 851, 1907].

Hydrure liquide. — Un hydrure liquide dont la composition n'est pas encore définitivement établie, mais qui semble être un silicoéthylène, a été découvert par Lebeau. Ce composé, qui bout au-dessus de 60°, se produit également dans la réaction de l'acide chlorhydrique sur le chlorure de magnésium. C'est un corps d'un maniement très difficile qui s'enflamme au contact de l'air en produisant une forte détonation [Lebeau, *loc. cit.*].

SOUS-FLUORURE DE SILICIUM. — Le sous-fluorure de silicium serait, d'après Troost et Hautefeuille, un sesquifluorure. Il prend naissance quand on fait passer un courant rapide de fluorure de silicium sur du silicium chauffé à une température voisine de celle du ramollissement du verre. Pour l'isoler, on refroidit brusquement au moyen d'un tube froid le produit de la réaction. Le même composé se forme encore dans l'action de l'étincelle électrique sur le fluorure de silicium. C'est une poudre blanche volatile. Il se décompose en présence d'une dissolution ammoniacale ou d'une solution de potasse. Avec l'eau il donne à 0° un oxyde inférieur de silicium hydraté, qui réduit le permanganate de potassium et l'acide chromique, mais qui ne réagit pas sur le chlorure d'or et l'acide sélénieux [*Ann. Chim. Phys.*, (5), **7**, 464, 1876].

TÉTRAFLUORURE DE SILICIUM. — Pour obtenir le fluorure de silicium pur. Moissan utilise sa liquéfaction dans l'air liquide. Le gaz est préparé par l'action de l'acide sulfurique sur un mélange de sable et de fluorure de calcium à parties égales. L'acide fluorhydrique entraîné est transformé en fluorure de silicium par son passage à travers un tube de verre rempli de fragments de même substance et chauffé au rouge sombre sur une grille à gaz. Le gaz passe ensuite dans des tubes à boules refroidis à — 60°, puis dans un petit condensateur entouré d'air liquide où il se solidifie. L'appareil producteur du gaz étant séparé, on fait le vide dans le condensateur. On peut ensuite recueillir le gaz purifié sur une cuve à mercure au moyen d'un tube de 1 m. de haut, préalablement disposé pour cet usage [Moissan, *Bull. Soc Chim.*, (3), **29**, 8, 1903].

Le fluorure de silicium peut être préparé par la décomposition du fluosilicate de baryum par la chaleur. Pour obtenir 2 litres de gaz, il suffit de chauffer dans un petit ballon de cuivre 30 à 40 gr. de ce fluosilicate [Truchot, *C. R.*, **98**, 821, 1884].

Troost et Hautefeuille ont reconnu que quelques fluorures de métalloïdes donnaient du fluorure de silicium lorsqu'on les chauffait au rouge en présence de la porcelaine [*loc. cit.*]. Moissan a observé la formation de ce même fluorure dans l'action du pentafluorure d'iode sur la silice, sur le chlorure de silicium, sur quelques fluorures métalliques et dans l'action du trifluorure de phosphore sur le verre au rouge sombre [*Bull. Soc. Chim.*, (3), **29**, 8, 1903]. Le tétrafluorure de silicium est le composé qui se forme dans la combustion du silicium dans le gaz fluor [Moissan, *Ann. Chim. Phys.*, (6), **12**, 472, 1887].

D'après Olszewsky [*Mon. f. Chem.*, **5**, 127, 1884], le fluorure de silicium forme à — 102° une masse blanche paraissant amorphe qui se vaporise lentement sans passer par l'état liquide sous la pression ordinaire. La solidification se produirait déjà à — 97° selon Moissan [*C. R.*, **139**, 712, 1904]. Sous 2 atmosphères, le fluorure de silicium fond à — 77° et donne un liquide incolore très mobile. L'ébullition de ce liquide se produit à — 65°, sous la pression de 841 mm. de mercure. Le point critique est — 1°5 et la pression critique de 50 atmosphères. Le fluorure de silicium synthétique provenant de l'action du fluor sur le silicium possède les mêmes constantes [Moissan, *loc. cit.*].

La chaleur de formation du fluorure de silicium déduite des déterminations de Hammerl [*C. R.*, **90**, 312, 1880] et de Guntz [*Ann. Chim. Phys.*, (6), **3**, 59, 1884] est : Si crist. + F⁴ gaz = Si F⁴ gaz + 239ᶜᵃˡ. A cette chaleur de formation considérable correspond une très grande stabilité. Ce gaz n'est pas décomposé par le passage de fortes étincelles électriques (Moissan), toutefois l'arc électrique jaillissant entre deux pointes de silicium le détruit en mettant du silicium en liberté (Troost et Hautefeuille). Il n'est pas altéré par l'effluve (Berthelot).

Sous une pression de 50 atmosphères et à la température de — 22°, l'hydrogène phosphoré se fixe sur le tétrafluorure de silicium en donnant des cristaux brillants qui paraissent résulter de l'union de 2 volumes d'hydrogène phosphoré avec 3 volumes de fluorure de silicium [Besson, *C. R.*, **110**, 80, 1890].

Daubrée avait pu reproduire la topaze en faisant réagir le fluorure de silicium sur l'alumine. Deville, en reprenant l'étude de cette réaction, n'avait pu caractériser que la staurotide, mais la formation de la topaze a été de nouveau observée par Reich [*Mon. f. Chem.*, **17**, 149, 1896].

SILICIFLUOROFORME Si H F³. — Le silicifluoroforme a été préparé par Otto Ruff et Curt Albert en faisant réagir le tétrafluorure d'étain ou le tétrafluorure de titane sur le silicichloroforme. On chauffe à 200° 2 gr. de fluorure d'étain avec 3 gr. de silicichloroforme dans un tube de verre scellé. Avant d'ouvrir le tube, on le refroidit dans l'air liquide, puis on laisse le gaz se dégager lentement et on le purifie par une nouvelle condensation dans l'air liquide. Avec le fluorure de titane, on maintient 18 heures à 100-120°.

Le silicifluoroforme est un gaz incolore donnant par refroidissement un liquide bouillant à — 80°2 sous une pression de 758 mm. Il se solidifie à — 110°.

Ce gaz est très instable. Dès la température ordinaire, il se décompose en fournissant du tétrafluorure de silicium, du silicium et de l'hydrogène. Il brûle dans l'air avec une flamme bleue très pâle, mais à une température plus haute que le silicichloroforme. Au contact de l'eau, il réagit en fournissant de l'acide fluosilicique, de la silice gélatineuse et de l'hydrogène.

L'alcool donne, avec le silicifluoroforme, de l'éther orthosilicique, tandis que l'oxyde d'éthyle produit du fluorure d'éthyle et de l'éther Si H (O C² H⁵)³ [*D. chem. G.*, **38**, 53, 1905].

ACIDE HYDROFLUOSILICIQUE. — Ostwald a observé que les solutions d'acide hydrofluosilicique possédaient des conductibilités électriques anormales [*J. prakt. Chem.*, (2), **32**. 300, 1885].

Le pouvoir antiseptique de l'acide hydrofluosilicique est assez considérable. Il a été étudié par divers auteurs [Zenisek. *Jahresb.*, 1132. 1878; — Berkel, *Jahresb.*, 2171, 1886; — Heinzelmann. *Centr. Blatt.*, 2. 726. 1890].

Données thermochimiques :

Chaleur de formation :

$$Si_{crist.} + F^6 + H^2 + eau = SiF^4 \, 2HF_{étendu} + 374^{Cal},4$$

$$SiF^4_{gaz} + 2HF_{étendu} = SiF^4 \, 2HF_{étendu} + 34^{Cal}$$

$$SiF^4_{gaz} + 2HF_{gaz} + eau = SiF^4 \, 2HF_{étendu} + 57^{Cal},6$$

Chaleur de dissolution de l'hydrate cristallisé $SiF^6H^2.\,4H^2O : +8$ cal. [Truchot, *C. R.*, **98**. 821. 1884].

TÉTRACHLORURE DE SILICIUM. — Il est facile de préparer le chlorure de silicium en traitant le silicium cristallisé par un courant de chlore. Gattermann fait réagir le chlore sur le silicium non purifié provenant de la réduction de la silice par le magnésium [*D. chem. G.*, **27**. 1943. 1894; **22**. 188, 1889; **32**, 1114, 1899]. Warren utilise les ferrosiliciums [*Chem. News*, **60**. 158. 1889]. On peut aussi employer les cuprosiliciums riches et le silicium fondu industriel.

Au contact du gaz ammoniac le tétrachlorure de silicium se transforme en une masse blanche répondant à la formule $SiCl^4.6AzH^3$ [Besson. *C. R.*, **110**, 230. 1890]. La réaction est en réalité plus complexe, et son étude plus approfondie a montré qu'il se formait un amidure $Si(AzH^2)^4$ et un imidure de silicium $Si(AzH)^2$ [Lengfeld, *Am. Chem. Journ.*, **21**, 531, 1899; — Hugot et Vigouroux. *C. R.*, **136**, 1670. 1903]. Avec l'hydrogène phosphoré on obtient la combinaison [Besson. *loc. cit.*].

SILICICHLOROFORME SiHF³. — Gattermann et Willing préparent le silicichloroforme en faisant passer un courant de gaz chlorhydrique sur le silicium impur provenant de la réduction de la silice par le magnésium [*D. chem. G.*, **27**. 1943. 1894]. L'un des procédés donnant les meilleurs rendements consiste à traiter le siliciure de cuivre par l'acide chlorhydrique. Ch. Combes conseille d'opérer de la façon suivante : le siliciure de cuivre, cassé en fragments de la grosseur d'une noisette, est introduit dans l'espace annulaire compris entre deux tubes de fer, dont l'un fermé à l'une de ses extrémités constitue le vase inférieur, et l'autre permet de faire arriver le gaz chlorhydrique. L'ensemble est chauffé dans un bain de diphénylamine. On peut préparer ainsi un produit renfermant environ 80 0/0 de silicichloroforme [*C. R.*, **122**. 531. 1896].

Le point d'ébullition du silicichloroforme serait 33°, d'après Otto Ruff et Curt Albert [*D. chem. G.*, **38**, 53. 1905].

Selon Besson, le gaz ammoniac ne donne pas de combinaison présentant une composition constante [*loc. cit.*]. Cette réaction a été étudiée récemment par Otto Ruff, Curt Albert et Giesel [*D. chem. G.*, **38**, 2222, 1905]. A la température ordinaire la combinaison s'effectue avec incandescence. Entre — 15° et — 20° de l'hydrogène chargé de vapeurs de silicichloroforme fournit avec l'ammoniac un produit dont la composition répond à la formule $AzSiH + 2AzH^4Cl + 0,2 AzH^3$ et qui se transforme facilement en $SiAzH + AzH^3 = Si(AzH)^2 + H^2$. On peut isoler par sublimation à 300° le corps $SiAzH$ non dissous, qui est une poudre blanche décomposable par l'eau.

Ces mêmes auteurs ont encore examiné les réactions que produit le silicichloroforme avec le gaz sulfureux, l'anhydride sulfurique et quelques composés métalloïdiques.

HEXABROMURE DE SILICIUM $SiBr^6$. — Besson a décrit sa combinaison avec le gaz ammoniac [*C. R.*, **110**, 516, 1890].

TÉTRABROMURE DE SILICIUM $SiBr^4$. — Le tétrabromure de silicium s'unit au gaz ammoniac en donnant le composé $SiBr^4, 7AzH^3$. Il se combine également avec l'hydrogène phosphoré [Besson, *C. R.*, **110**, 240, 1890]. Reynolds a étudié quelques composés résultant de l'action de ce bromure sur l'aniline, la thiocarbamide, l'allyl, la phényl et la diphénylcarbamide [*Chem. Soc.*, **54**, 202, 1887].

Silicibromoforme $SiHBr^3$. — Gattermann le prépare comme le silicichloroforme, en faisant agir l'hydracide correspondant sur le silicium impur provenant de la réduction de la silice par le magnésium. Il le décrit comme un liquide incolore bouillant à 115-117°, et possédant une densité de 2,7 à la température ordinaire [*D. chem. G.*, **23**. 193. 1889]. L'action du gaz bromhydrique sur le silicium cristallisé donne du bromure de silicium mélangé à 5 0/0 de silicibromoforme, que l'on peut séparer par fractionnement. Besson a obtenu ainsi un liquide bouillant à 109-111° [*C. R.*, **112**, 531, 1891].

Le silicibromoforme est difficile à manier, il fume abondamment à l'air et peut s'enflammer spontanément. Sa vapeur forme avec l'air des mélanges détonants.

Le silicibromoforme est décomposé par l'eau avec violence. Il en est de même avec les solutions alcalines. Il se combine au gaz ammoniac et parfois même avec incandescence. Le produit résultant n'a pas une composition définie. L'hydrogène phosphoré fournit aussi une combinaison, mais seulement sous l'influence d'une augmentation de pression (Besson).

CHLOROBROMURES DE SILICIUM. — $SiBr^3Cl$. — Reynolds [*Chem. Soc.*, **54**. 509, 1887] a obtenu un composé répondant à cette formule en faisant passer un mélange de chlore et de brome sur des boulettes de silice et de charbon à la température du four à vent.

Ce chlorobromure est un liquide incolore fumant à l'air. Son point d'ébullition est compris entre 140 et 144°, suivant Reynolds. Besson a donné 126-128° [*C. R.*, **112**, 788 et 531, 1891]. Le point de fusion est — 39°. Densité à l'état liquide 2.42 (Reynolds). Densité de vapeur trouvée : 10,43, calculée 10,47 (Reynolds).

$SiBr^2Cl^2$. — Ce composé, déjà signalé par Friedel et Ladenburg, a été de nouveau préparé par Besson, qui l'extrait par fractionnement du produit de l'action du gaz bromhydrique sur le chlorure de silicium. C'est un liquide fumant à l'air, incolore, bouillant à 100° (Friedel et Ladenburg), à 103-105° (Besson). Il est encore liquide à — 60°. Le gaz ammoniac donne avec lui le corps répondant à la formule $SiBr^2Cl^2, 5AzH^3$ (Besson).

$SiBrCl^3$. — Comme les deux chlorobromures précédents, ce composé prend naissance dans l'action du gaz bromhydrique sur le chlorure de silicium. Il a été isolé par Friedel et Ladenburg et préparé depuis par Besson. C'est un liquide incolore bouillant à 80°. Il est décomposé par l'eau. Sa combinaison avec le gaz ammoniac a pour formule $2SiBrCl^3, 11AzH^3$ [Besson, *loc. cit.*].

TÉTRAIODURE DE SILICIUM SiI^4. — Gattermann le prépare en remplaçant le silicium par le produit brut de la réduction de la silice par le magnésium. La chaleur de formation a été déterminée par Berthelot : Si crist. $+ I^4$ sol. $=$ Si I^4 sol. $+ 6^{Cal}, 7$.

CHLOROIODURES DE SILICIUM. — Les chloroiodures de silicium ont été obtenus par Besson [*C. R.*, **112**, 1447, 1891], en faisant réagir au rouge l'acide iodhydrique sur la vapeur de chlorure de silicium. Il a isolé les chloroiodures suivants :

Si Cl³ I	Point d'ébull.	113°-114°	Liquide à	— 60°
Si Cl² I²	—	172°	—	— 60°
Si Cl I³	—	234°-237°	P. de fus.	+ 2°

Ce sont les liquides fumant abondamment à l'air, se colorant rapidement en rouge par suite de la mise en liberté de l'iode. Ils sont décomposables par l'eau. Ils se produisent encore dans l'action du chlorure d'iode sur le silicium cristallisé au rouge.

BROMOIODURES DE SILICIUM. — Les composés Si Br I³, Si Br² I² et Si Br³ I ont été également préparés par Besson [*loc. cit.*]. Ils se forment dans l'action du bromure d'iode dilué dans l'hydrogène sur le silicium cristallisé à une température voisine du rouge. On les sépare difficilement par distillation fractionnée.

Le composé Si Br³ I se produit aussi lorsqu'on fait réagir le gaz iodhydrique sec sur le bromure de silicium et lorsqu'on chauffe en tube scellé le silicibromoforme avec de l'iode. C'est un liquide incolore bouillant à 192° et se solidifiant à 15°.

Le bromoiodure, Si Br² I², fond à 38° et bout vers 230°. Le troisième composé, Si Br I³, est un solide blanc fusible à 53° et bouillant vers 255°. Ces trois corps se combinent au gaz ammoniac (Besson).

ANHYDRIDE SILICIQUE, Si O². — *Quartz.* — Kroutschoff a reproduit le quartz en cristaux bipyramidés en chauffant en vase clos à 230° une solution aqueuse de silice dialysée. Les cristaux ainsi préparés étaient d'une limpidité parfaite et présentaient tous les caractères du quartz filonien [*American Chemist.*, **3**, 281, 1887]. Hautefeuille a obtenu des cristaux de quartz en maintenant à 200° de l'acide hydrofluosilicique et de la silice gélatineuse [Reproduction des minéraux, *Encyclopédie Frémy*, **9**, 81, 1884]. Bruhns a préparé cette variété de silice cristallisée en faisant agir le fluorure d'ammonium sur la poudre de verre en présence de l'eau dans un tube de platine à 300° [*Jahresb. Mineral.* **2**, 62, 1889]. Il convient de rappeler aussi les expériences plus récentes de Kroutschoff [*Bull. Acad. Saint-Pétersbourg*, (5), **2**, 27]. La production du quartz à basse température a été observée par Beaugey dans les eaux thermales de la source Manhoural, à Cauterets [*C. R.*, **110**, 300, 1890].

Les densités du quartz aux diverses températures ont été calculées par Clarke [*Table of spécific gravity, New-York*, **45**, 188], en tenant compte de la dilatation de l'eau et de celle du quartz. Il a donné les nombres suivants :

Température.	Densité.	Température.	Densité.
0°	2,6507	25°	2,6484
5°	2,6502	30°	2,6479
10°	2,6498	50°	2,6460
15°	2,6493	100°	2,6409
20°	2,6488		

La dilatation du quartz a été étudiée par Tegetmeier et Worburg [*An. Ph. Chem. Wiedm.*, **32**, 442, 1887]; par Boys [*Nature*, 1889] et plus récemment, d'une façon complète par Le Chatelier.

Les mesures ont été faites sur des tiges rectangulaires découpées dans des cristaux de quartz, parallèlement et perpendiculairement à l'axe.

Température.	Cristal de quartz.				Direction moyenne.
	Parallèle à l'axe.		Perpendiculaire à l'axe.		
	1ʳᵉ expression.	2ᵉ expression.	1ʳᵉ expression.	2ᵉ expression.	
15°	0	0	0	0	0
270°	0,20	»	0,43	»	»
480°	0,53	0,55	0,82	0,86	0,76
570°	0,93	0,93	1,30	1,45	1,28
660°	0,95	0,99	»	1,39	1,39
750°	»	0,95	»	1,39	1,40
910°	0,90	0,87	»	1,37	1,34
990°	»	0,86	»	1,55	1,32
1060°	»	0,89	»	1,55	1,33

A 570° le quartz éprouve dans toutes ses dimensions un accroissement brusque qui permet de concevoir la cause des ruptures que l'on observe lorsqu'on soumet ce corps à l'action de la chaleur. A partir de cette température la dilatation du quartz devient négative, ce qui correspond à une contraction du quartz au fur et à mesure que la température s'élève [Le Chatelier, *C. R.*, **108**, 1046, 1889 et 3, 123, 1890; *Bull. Soc. Min.*, **13**, 112, 1890].

D'après Spezia [*Atti. Acad. Turin*, **34**, 206, 1896; **33**, 289, 1898; **36**, 363, 1901] le quartz est peu soluble, même à chaud, dans les solutions étendues des silicates alcalins.

Les échantillons de quartz renferment des quantités variables d'impuretés que l'on peut évaluer en dissolvant le quartz dans l'acide fluorhydrique; Becker [*Jahresb.*, 1915, 1885] a trouvé des résidus inattaquables variant de 1,16 à 2,684 0/0.

Tridymite. — La tridymite a été reproduite sous forme de grains arrondis par Gorgeu [*Bull. Soc. Min.*, **10**, 264, 1887] en maintenant pendant une demi-heure à la température du rouge, au sein d'un courant d'air humide, un mélange de silice, de chlorure de calcium et de sel marin dans les proportions suivantes : silice 1 gr. chlorure de calcium 15 gr., sel marin 30 gr. Stanislas Meunier, en cherchant à reproduire l'anorthite, a obtenu une masse vitreuse dans laquelle il a pu reconnaître de nombreuses lamelles de tridymite. Il avait soumis à la température produite par un simple feu de coke 43 parties de silice calcinée, 20 parties de chaux vive et 60 parties de fluorure d'aluminium [*Les méthodes de synthèse en minéralogie*, Paris. 183, 1891]. Kroutschoff a obtenu de la tridymite en chauffant des fragments de roches quartzeuses avec un basalte ou un mélaphyre pendant 6 heures à la température de fusion [*Bull. Soc. Min.*, **10**, 33, 1887].

La tridymite devient uniaxe à 130° [Mallard, *Bull. Soc. Min.*, **13**, 162, 1890]. La dilatation de la tridymite a été étudiée par Le Chatelier sur des briques de quartz transformées spontanément en tridymite dans un four à acier à une température évaluée à 1600°. A cette température le quartz se change en quelques heures en silice amorphe sous l'action prolongée des gaz du foyer et de la chaleur transforme en tridymite. Des mesures de dilatation effectuées sur une longueur de $0^m,1$ ont donné les résultats suivants :

Température.	Dilatation.	Température.	Dilatation.
15°	$0^{mm},00$	480°	$0^{mm},95$
95°	$0^{mm},16$	590°	$1^{mm},02$
130°	$0^{mm},22$	700°	$1^{mm},09$
170°	$0^{mm},42$	900°	$1^{mm},07$
245°	$0^{mm},62$	1050°	$1^{mm},05$

[Le Chatelier, *loc. cit.*].

Quartzine. — Wallerant donne le nom de quartzine à une silice microcristalline biaxe comme la calcédoine, mais dont les fibres sont allongées parallèlement au petit axe d'élasticité. La densité de cette variété de silice est 2.576. Les agates sont formées par la quartzine ou la calcédoine ou par l'association de ces deux constituants. La coraline est surtout formée de quartzine [*Traité de Minéralogie*, Paris, 378, 1891].

Pseudo-calcédonite. — Le minéral désigné sous ce nom par Lacroix est constitué par de la silice anhydre mélangée d'un peu d'opale. Elle se différencie de la quartzine par ses caractères optiques. Sa densité est de 2.5. Il a été trouvé à Paris dans le Lutécien supérieur, à Château-Landon, à la Pyope, dans des filons métallifères, et à Madagascar, dans les amygdales des roches éruptives [Lacroix, *C. R.*, **130**, 430, 1901].

Silice anhydre amorphe. — Le Chatelier a reconnu que la silice fond à une température supérieure au point de fusion du platine [*C. R.*, **130**, 1703, 1900]. Au four électrique la fusion de la silice peut être produite très facilement. En prolongeant la chauffe on observe une volatilisation abondante, puis la température d'ébullition étant atteinte, la silice distille abondamment. La silice distillée, examinée au microscope, est formée de petites sphères opalescentes [Moissan, *Ann. Chim. Phys.*, (7), 9, 142, 1896].

La dilatation de la silice amorphe a été déterminée par Le Chatelier], *C. R.*, **111**, 123, 1890]. Elle est plus faible que celle des autres variétés de silice et elle croît d'une façon continue avec la température. Elle est représentée par les nombres suivants :

Température.	Dilatation.	Température.	Dilatation.
15°	$0^{mm},00$	600°	$0^{mm},41$
270°	$0^{mm},20$	900°	$0^{mm},45$
570°	$0^{mm},35$		

La dilatation de la silice fondue a été également déterminée par ce savant. Les mesures ont été faites sur des prismes de 50 mm. de longueur et sur 10 mm. de côté, taillés dans de la silice fondue au four électrique de Moissan. Le tableau suivant donne les allongements pour 100 mm. de longueur :

Température.	Allongement.	Température.	Allongement.
180°	$0^{mm},005$	750°	$0^{mm},090$
532°	$0^{mm},038$	850°	$0^{mm},080$
588°	$0^{mm},050$	942°	$0^{mm},070$
700°	$0^{mm},075$		

D'après ces nombres le coefficient de dilatation moyen entre 0° et 100° serait égal à 0.0000007. La silice fondue est donc le corps possédant actuellement le coefficient de dilatation le plus faible. Cette propriété explique la résistance que présentent les objets en silice fondue aux variations brusques de température [Le Chatelier, *C. R.*, **130**, 1703, 1900].

La silice fondue est perméable à l'hydrogène déjà au rouge. Cette perméabilité augmente beaucoup dans le voisinage de son point de ramollissement [Villard, *C. R.*, **130**, 1752, 1900]. Berthelot a même reconnu que l'on pouvait envisager la silice fondue portée à haute température comme une membrane susceptible d'endosmose et d'exosmose. La facilité avec laquelle ces phénomènes d'osmose s'accomplissent dépend de la nature des gaz, de l'épaisseur de la paroi, de la température et de la tension des gaz intérieurs [Berthelot, *C. R.*, **140**, 817 et 821, 1905].

Dufour a observé la réduction de la silice par l'hydrogène à une température supérieure à celle du point de fusion du silicium [Dufour, *C. R.*, **138**, 1101, 1904].

HYDRATES SILICIQUES. — Un hydrate silicique $Si(OH)^4$ correspondant à l'acide orthocarbonique a été décrit par Norton et Roth [*Am. Chem. Journ. Soc.*, **18**, 832, 1897]. Ce composé, qui se présente sous la forme d'une masse blanche amorphe, se prépare en essorant après lavage à l'éther ou à la benzine, la gelée qui résulte de la décomposition du fluorure de silicium par l'eau.

La silice hydratée provenant de l'action de l'eau sur le fluorure de silicium renferme lorsqu'elle a été desséchée dans l'air, puis sur de l'acide sulfurique, une quantité d'eau correspondant à celle exigée par la formule $3 SiO^2, 2 H^2O$. En opérant la dessiccation à 100° la teneur en eau est celle d'un hydrate $2 SiO^2, H^2O$, alors qu'à 200° on aurait l'hydrate $5 SiO^2, H^2O$ et à 300°, $9 SiO^2, H^2O$. L'eau est complètement éliminée au rouge [Lunge et Milberg, *Zeit. angew. Chem.*, **10**, 425, 1897]. D'autres hydrates siliciques ont encore été signalés par Meldrun [*Chem N.*, **78**, 235, 1898]; par Butzureanu [*Chem. Centr. Blatt.*, **2**, 759, 1901] et par Jordis [*Zeit. anorg. Chem.*, **34**, 455, 1903 et **44**, 200, 1905].

SILICONES. — Boudouard a repris l'étude des silicones résultant de l'action de l'acide chlorhydrique sur les siliciures métalliques. Il a reconnu que les silicones sont toujours des composés ternaires renfermant de l'hydrogène. On peut les considérer comme des mélanges d'anhydride siliformique et d'hydrate silicioxalique [*C. R.*, **144**, 1528, 1906 et *Bull. Soc. Chim.*, (3), **35**, 710, 1906].

CHLOROSULFURES DE SILICIUM, $Si^2Cl^3S^2$. — Un composé répondant à cette formule a été préparé par Besson en faisant agir sur du silicium cristallisé du chlore entraînant des vapeurs de chlorure de soufre. C'est un corps solide blanc, cristallisé en longues aiguilles fusibles à 74°. Il se produit encore dans l'action du chlore au rouge vif sur le sulfure de silicium [*C. R.*, **113**, 1040, 1891].

SÉLÉNIURE DE SILICIUM, $SiSe^2$. — Sabatier prépare le séléniure de silicium en chauffant au rouge le silicium dans un courant d'hydrogène sélénié. La combinaison se produit à une température peu supérieure au point d'ébullition du sélénium, sans incandescence visible.

Le séléniure de silicium est une matière fondue, dure, irisée, d'aspect presque métallique, ne paraissant pas volatil à la température de l'expérience. Il possède une odeur irritante.

A la température du rouge sombre, dans un courant d'oxygène, le séléniure s'oxyde en fournissant de l'anhydride sélénieux, mais la réaction n'est que superficielle. Au contact de l'eau il se décompose rapidement en donnant de l'hydrogène sélénié et de la silice. Toutefois la réaction n'est jamais totale par suite de la formation d'une enveloppe protectrice de silice gélatineuse. Le séléniure de silicium est complètement attaqué par l'eau régale qui ne laisse qu'un faible résidu de silicium cristallisé qui n'était pas entré en combinaison [Sabatier, *C. R.*, **113**, 172, 1891].

AMIDURE DE SILICIUM, $Si(AzH^2)^4$. — Gattermann avait admis l'existence d'un diimidure de silicium $Si(AzH)^2$ dans les produits de l'action du gaz ammoniac sur le chlorure de silicium [*D. chem. G.*, **22**, 194, 1889]. Lengfeld, en reprenant l'étude de cette réaction en opérant dans la benzine et dans une atmosphère de gaz inerte, a montré qu'il se formait de l'amidure de silicium : $SiCl^4 + 8AzH^3 = Si(AzH^2)^4 + 4AzH^4Cl$ [*Am. Chem. Journ.*, 531, 1899]. Hugot et Vigouroux ont déterminé les conditions dans lesquelles il faut opérer pour obtenir ce composé à l'état de pureté.

Le chlorure de silicium est mis en contact avec du gaz ammoniac parfaitement sec dans un appareil refroidi à —50°. Le dispositif est tel qu'il est possible de laver le composé insoluble qui prend naissance à l'aide du gaz ammoniac liquéfié, afin d'éliminer le chlorure d'ammonium formé en même temps que l'amidure. On laisse après lavage complet dégager le gaz ammoniac à une température inférieure à 0°.

L'amidure de silicium est une poudre blanche amorphe, insoluble dans l'ammoniac liquide. Il est très instable et se décompose déjà à 0°. Avec l'eau il donne la réaction suivante :

$$Si(AzH^2)^4 + 2H^2O = SiO^2 + 4AzH^3.$$

[Hugot et Vigouroux. *C. R.*, **135**, 1670, 1903].

IMIDURE DE SILICIUM $Si(AzH)^2$. — L'imidure de silicium résulte de la décomposition de l'amidure au-dessus de 0°. Cette formation est exprimée par l'équation suivante : $Si(AzH^2)^4 = 2AzH^3 + Si(AzH)^2$.

A 120° et dans le vide on obtient une destruction complète de l'imidure.

L'imidure de silicium est un corps blanc paraissant amorphe, stable à la température de fusion du verre [Hugot et Vigouroux, *loc. cit.*].

PHOSPHATE DE SILICE P^2O^5, SiO^2. — Le composé désigné sous le nom de phosphate de silice a été obtenu par Hautefeuille et Margottet [*C. R.*, **104**, 56, 1887] en chauffant vers 700° à 800° de la silice provenant de la décomposition du fluorure de silicium par l'eau avec de l'acide métaphosphorique. La masse fondue est épuisée par l'eau bouillante.

Le phosphate de silice est un solide se présentant sous la forme de cristaux octaédriques incolores, très transparents, sans action sur la lumière polarisée. Ce corps ne se forme pas d'une façon identique avec les diverses variétés de silice. La silice provenant de la décomposition des silicates par les acides n'est attaquée par l'acide métaphosphorique qu'à une température beaucoup plus élevée (Hautefeuille et Margottet).

SILICIURES DE VANADIUM. — *Siliciure de vanadium* Si^2V. — Ce siliciure a été découvert par Moissan et Holt. On peut le préparer en réduisant à la température du four électrique l'anhydride vanadique par le silicium en excès. La masse fondue que l'on obtient ainsi est concassée et soumise à des traitements alternés à la lessive de soude à 10 0/0 et à l'acide azotique à 50 0/0 ou avec l'acide sulfurique concentré. Si le produit est souillé de graphite, on élimine ce dernier en utilisant sa faible densité. Il suffit de mettre le siliciure impur dans le bromoforme, le graphite vient surnager et peut être ainsi facilement séparé.

On peut encore obtenir ce siliciure en réduisant l'anhydride vanadique par le magnésium en présence du silicium. Il convient d'employer les proportions suivantes : 10 gr. d'anhydride vanadique, 5 gr. de magnésium et 10 gr. de silicium. On fait un mélange intime et on provoque la réaction comme dans le procédé de Goldschmidt

au moyen d'une petite quantité de magnésium et de bioxyde de baryum. On isole le siliciure par l'attaque du culot fondu par l'acide azotique à 10 0/0. On le purifie par des traitements par la potasse aqueuse à 10 0/0 et par l'acide sulfurique jusqu'à cessation d'action de ces réactifs.

Le composé Si^2V se présente en cristaux prismatiques brillants d'une densité de 4,42. Il peut être fondu et volatilisé au four électrique. Il est soluble dans le siliciure de cuivre et le silicium en fusion.

Le siliciure de vanadium Si^2V est très facilement attaqué par le fluor, le chlore et le brome. L'oxygène et le soufre ne réagissent que faiblement à la température de fusion du verre. Il est inattaquable par les solutions alcalines, ainsi que par les acides minéraux, sauf l'acide fluorhydrique qui le détruit lentement, même lorsqu'il est étendu et froid. Le gaz chlorhydrique l'attaque sans incandescence en donnant du silicichloroforme et du chlorure de vanadium VCl^2 [Moissan et Holt, *C. R.*, **135**, 78, 493, 1902].

Siliciure de vanadium SiV^2. — Ce siliciure a été comme le précédent découvert par Moissan et Holt [*loc. cit.*]. Il peut être préparé par plusieurs procédés. On peut réduire l'oxyde de vanadium V^2O^3 ou l'anhydride vanadique par le silicium. La proportion d'oxyde de vanadium est de 120 gr. pour 14 gr. de silicium et dans le cas de l'anhydride vanadique on prend un poids dix fois supérieur à celui correspondant à l'équation : $2V^2O^5 + 7Si = 2SiV^2 + 5SiO^2$. L'excès de silicium serait volatilisé pendant la chauffe et l'on obtiendrait un lingot de siliciure fondu répondant sensiblement à la formule SiV^2. Ce siliciure se produit encore dans l'action du silicium sur le carbure de vanadium. On chauffe un mélange répondant à l'équation suivante : $2V^2O^3 + Si + 3C = 2SiV^2 + 3CO^2$ en augmentant de 1/10° le poids de l'oxyde de vanadium ainsi calculé. En chauffant 4 minutes au four électrique avec un courant de 500 ampères sous 50 volts, on obtient une masse fondue d'où l'on extrait le siliciure en traitant par l'acide azotique à 50 0/0 qui détruit le carbure et on purifie le résidu par l'action d'une solution de potasse à 10 0/0.

Le meilleur mode de préparation consiste dans l'application de la méthode utilisée par Lebeau [*Ann. Chim. Phys.*, **1**, 553, 1904] pour les siliciures de la famille du fer et qui est basée sur le pouvoir dissolvant du siliciure de cuivre pour les siliciures métalliques. On fait un mélange de 15 parties d'oxyde de vanadium V^2O^3, de 7 parties de silicium et de 2 parties de cuivre. On chauffe au four électrique dans un creuset de charbon pendant 4 minutes avec un courant de 700 ampères sous 50 volts. La masse obtenue est concassée et traitée au bain-marie par l'acide azotique à 50 0/0. En reprenant le résidu par une solution bouillante de potasse à 10 0/0, on a le siliciure cristallisé.

Ce siliciure de vanadium est cristallisé en prismes ayant la couleur de l'argent. Il est cassant et assez dur, il peut rayer le verre. Sa densité à 17° est de 5,48. Ses propriétés le différencient peu du composé précédent.

BORURES DE SILICIUM. — *Borure de silicium* SiB^3. — Moissan et Stock ont obtenu ce composé en portant à une température élevée un mélange de 5 parties de silicium cristallisé et de 1 partie de bore. Ce mélange est placé dans un tube de terre réfractaire dont les extrémités sont fermées par deux bouchons d'argile donnant passage à deux électrodes de charbon. Le tube en terre est ouvert latéralement sur une certaine longueur pour permettre son remplissage avec le mélange ci-dessus. Les deux électrodes en charbon étant distantes l'une de l'autre d'environ 12 centimètres, on assure le passage du courant au début de l'expérience en les réunissant par de minces fils de cuivre. Pendant la durée de la chauffe, l'ouverture du tube doit être fermée par un fragment de tube luté avec un peu de terre à four. On fait passer un courant de 600 ampères sous 45 volts pendant 50 à 60 secondes. Après refroidissement, on trouve dans le tube un lingot de forme allongée, très riche en silicium. Après avoir séparé les extrémités de ce lingot qui, se trouvant en contact avec les électrodes pourraient contenir du siliciure de carbone, on le concasse et on le traite par le mélange d'acide nitrique et d'acide fluorhydrique qui élimine l'excès de silicium. Il faut cependant éviter l'élévation de la température pour empêcher l'attaque des produits borés. Le résidu cristallin que l'on obtient ainsi est formé par un mélange de deux borures. On soumet ces cristaux à l'action de la potasse en plaques du commerce, que l'on maintient près de son point de fusion sans la déshydrater et en agitant constamment avec une spatule de platine. On lave ensuite à l'eau bouillante et l'on traite par l'acide azotique concentré bouillant qui dissout le borure plus riche en bore et laisse les cristaux du composé SiB^3.

Le borure de silicium SiB^3 est un corps de couleur noire, en lamelles rhomboédriques. Sous une très faible épaisseur, ces lamelles sont transparentes et présentent une teinte variant du jaune au brun. La densité de ce borure est de 2.52. Il est assez dur pour rayer sans difficulté le quartz et le rubis, mais il n'entame pas une surface polie de diamant.

Le borure SiB^3 est attaqué par le fluor dès qu'il est légèrement chauffé, avec un grand dégagement de chaleur et de lumière. Le chlore réagit au rouge et le brome à la température de ramollissement du verre, tandis que l'iode est sans action. Chauffé au contact de l'air ou de l'oxygène pur, il ne s'attaque que superficiellement, même à haute température. Ce borure est inattaquable par les hydracides, mais il est lentement détruit par l'acide sulfurique concentré et bouillant. On peut facilement décomposer ce borure par la potasse en fusion ignée, ou par les azotates et les carbonates alcalins fondus, seuls ou mélangés d'azotates. L'azotate de potassium fondu est sans action [Moissan et Stock. *C. R.*, **134**, 139. 1900].

Borure de silicium SiB^6. — Ce borure se produit en même temps que le borure SiB^3 dans l'union directe du bore et du silicium, en opérant comme il a été indiqué pour la préparation de ce dernier corps. Pour le séparer, on traite le mélange des deux borures purifiés, ainsi qu'il a été indiqué ci-dessus, par la potasse fondante déshydratée. C'est le borure SiB^3 qui est détruit dans ces conditions et seul le composé SiB^6, qui est d'ailleurs le plus abondant, subsiste.

Le borure de silicium SiB^6 forme des cristaux épais, opaques, à facettes assez irrégulières. Sa densité est de 2,47. Il ne se différencie guère au point de vue de ses propriétés chimiques de l'autre borure SiB^3, que par sa résistance à l'action de la potasse fondue et sa destruction par l'acide nitrique concentré bouillant [Moissan et Stock. *loc. cit.*].

CARBURE DE SILICIUM, SiC. — Le siliciure de carbone SiC a été découvert par Schützenberger en 1892 [*C. R.*, **114**, 1089, 1892] en chauffant dans un petit creuset en charbon de cornue un mélange de silicium cristallisé pulvérisé et de silice : la silice servant seulement à diviser la masse pour assurer le contact avec les gaz du foyer. Ce creuset était placé dans un autre plus grand en terre réfractaire. L'intervalle compris entre les deux étant rempli de noir de fumée. Ce second creuset était lui-même protégé par un troisième. L'ensemble était chauffé au rouge vif pendant plusieurs heures. Le produit qui prend ainsi naissance est complexe : traité par l'acide fluorhydrique, il laisse un résidu vert clair, qui traité par le chlore au rouge abandonne un nouveau résidu beaucoup moins attaquable et répondant sensiblement à la formule SiC.

Vers la même époque Acheson [*Chem. N.*, **68**, 179, 1893] obtenait ce même composé par réduction de la silice au moyen du charbon au four électrique. Moissan avait aussi rencontré ce carbure en étudiant la solubilité du carbone dans le silicium lors de ses recherches sur la reproduction du diamant, mais il ne fit connaître ce résultat que plus tard en 1893. Plus récemment ce carbure de silicium a été trouvé par Moissan dans la météorite de Canon-Diable et Kunz a proposé de donner à ce nouveau minéral le nom de *moissanite* [New-York, *Acad. of Sc. Meeting of January*, 9. 1905]. La moissanite de la météorite de Canon-Diable possède une couleur verte rappelant celle de l'émeraude. Elle est souvent bien cristallisée et se présente au microscope en hexagones réguliers qui possèdent toutes la propriété du siliciure artificiel.

Moissan [*C. R.*, **117**, 426, 1893] a donné plusieurs procédés permettant d'obtenir le carbure de silicium dans le laboratoire : 1° par l'action du carbone sur le silicium fondu; 2° par la réduction de la silice par le charbon au four électrique; 3° en chauffant au four électrique le siliciure de fer en présence d'un excès de silicium dans un creuset de charbon; 4° par l'action de la vapeur de silicium sur la vapeur de carbone.

La préparation industrielle justifiée par la dureté et les propriétés réfractaires de ce carbure a été réalisée par Acheson.

On chauffe au moyen d'un courant électrique puissant un mélange de coke finement pulvérisé, de sable et de chlorure de sodium. On effectue ainsi la réduction de la silice avec formation de carbure de silicium. Le four que l'on emploie est un appareil d'une construction très simple. Il est constitué par une sorte de construction parallélépipédique en briques, ayant environ 5 m. de longueur sur $1^m,50$ de largeur et $1^m,50$ de hauteur. Un noyau de coke en grains à section circulaire traverse ce four. Ce noyau est relié par chacune de ses extrémités à des électrodes formées par un faisceau de baguettes de charbon. Fitzgerald [*Franklin Instit.*, 1896] a donné les détails suivants concernant la marche d'une opération :

On élève d'abord les côtés extérieurs du four jusqu'à une hauteur de $1^m,30$ environ. On place ensuite à $0^m,10$ de l'extrémité des électrodes des lames de fer pour empêcher le contact avec le mélange que l'on jette dans le four jusqu'à ce qu'il soit à moitié plein. On fait alors de bout en bout un trou circulaire de $0^m,25$ de rayon destiné à recevoir le noyau de coke. Un des fours de Niagara-Falls exige environ 50 kilogr. de noyau neuf et 400 kilogr. de noyau vieux provenant d'une opération précédente. On dispose de coke de manière à former un cylindre de 30 cm. de diamètre et de $4^m,20$ de longueur et s'étendant de l'une à l'autre des plaques de fer. Pour établir la communication entre le noyau et les extrémités on remplit les vides avec du coke finement pulvérisé. On termine la construction du four en élevant les murs jusqu'à une hauteur de $1^m,60$. On ajoute du mélange de manière à atteindre $2^m,50$ environ et l'on fait passer le courant. On utilise un courant à 2200 volts que l'on transforme en courant à 185 volts. Dans le circuit se trouve un rhéostat constitué par un tonneau en fer renfermant de l'eau salée et une grande plaque de fer. Cette plaque de fer, amenée en contact avec le fond du tonneau, permet de fermer le circuit. On règle le courant au moyen de ce rhéostat. Lorsque la durée de la chauffe atteint 3 ou 4 heures, le four est entièrement entouré de flammes bleues d'oxyde de carbone, produit dans la réduction. Après 5 h. le sommet du four s'affaisse peu à peu et il se forme des fissures par où s'échappent des flammes jaunes colorées par la vapeur de sodium. Si la charge est trop compacte il se produit des dégagements brusques de gaz accompagnés d'un bruit strident. On arrête l'opération après 24 heures. On démolit les parois du four et on enlève la matière non attaquée jusqu'à ce que l'on atteigne une première couche formée de carborundum amorphe. Le carborundum cristallisé apparaît au-dessous. Un seul four peut produire plus de 1800 kilogr. de carborundum cristallisé.

Le carborundum retiré du four est porté à un broyeur, et, après avoir été divisé, il est purifié par un traitement de plusieurs jours à l'acide sulfurique étendu. On le soumet à un lavage complet et on le classe selon sa finesse. Mulhauser [*Zeit. anorg. Chem.*, 5, 105 et 319, 1893-1894] a trouvé pour le carborundum industriel la composition suivante : carbone 30,24 0/0 et silicium 69,10 0/0.

Le carborundum pur est utilisé comme corps dur pour la confection de meules, de molettes et de papiers pouvant être substitués aux meules et papiers d'émeri. Il est encore employé pour la fabrication de creusets et de briques très réfractaires.

Le carbure de silicium pur forme des cristaux transparents d'apparence hexagonale, à contour très net, possédant parfois des stries parallèles, des impressions triangulaires et agissant sur la lumière polarisée. La densité de ce carbure serait de 3,12 d'après Moissan et de 3,22 selon Mulhauser. Sa dureté est d'environ 9,5.

Ce carbure n'est pas altéré dans l'oxygène à 1000°, ni dans l'air à la température du chalumeau de Schlœsing. La vapeur de soufre ne l'attaque pas à 1000°. Le chlore à 600° ne donne qu'une attaque très faible, mais le détruit à 1200° en laissant un résidu de carbone. Il n'est pas altéré par les acides. Le mélange d'acide nitrique et d'acide fluorhydrique qui dissout si facilement le silicium est complètement sans action. Il est oxydé au rouge par le chromate de plomb. Sous l'action de la potasse fondante, il se désagrège et subit une sorte de clivage, puis se dissout lentement en donnant du silicate et du carbonate de potassium. Il est également détruit par le mélange de carbonate et d'azotate de potassium en fusion.

En chauffant au four électrique un mélange de carbure de silicium et de silice dans les proportions correspondant à l'équation suivante : $2 SiC + SiO^2 = 3 Si + 2 CO$, Schied [*Zeit. Eleck.*, 6, 520, 1900] a préparé du silicium fondu souillé d'un peu de graphite. Avec un mélange moins riche en silice il a produit un carbure nouveau Si^2C dont l'étude est encore fort incomplète.

Paul Lebeau.

SILICIUM (COMPOSÉS ORGANIQUES). — TRIMÉTHYLÈNESILICIUM DICHLORÉ,

$$CH^2 {<}{C H^2 \atop C H^2}{>} Si Cl^2$$

— Ce composé s'obtient en chauffant 1 molécule de chlorure de silicium, 1 molécule de dibromo-

propane-1.3 et 2 molécules de sodium en présence d'éther absolu; on ajoute un peu d'éther acétique. On obtient une huile épaisse brun foncé, elle devient plus compacte à l'air et passe à l'état d'oxyde de triméthylène-silicium $SiO = C^3H^6$ [Hart, *Jahresber*, 1943, 1889].

TÉTRAÉTHYLSILICIUM $(C^2H^5)^4 Si$. — Ce composé est obtenu en chauffant au bain-marie le tétrachlorure de silicium avec le bromure d'éthyle en présence de sodium et d'éther anhydre, auquel on ajoute un peu d'acétate d'éthyle. Liquide bouillant à 154-155° [Kipping, Lloy, *Chem. Soc.*, 79, 449, 1901]. Sa densité à 23° est 0,76819.

Pour les autres constantes physiques, voyez Abati [*Gaz. chim. ital.*, 27, II, 452, 1897].

TÉTRAPROPYLSILICIUM $Si = (C^3H^7)^4$. — Ce composé se forme dans la préparation du tripropylsiliciure d'hydrogène (voyez plus loin). C'est un liquide bouillant à 213-214°, $D = 0,7979$ à 0°. Il est insoluble dans l'eau et l'acide sulfurique, il est soluble dans l'alcool et l'éther; il n'est pas attaqué par la soude, par l'acide sulfurique, ni par l'acide azotique.

Le brome l'attaque à chaud en se substituant à un atome hydrogène des groupes propyles, il donne $SiC^{12}H^{27}Br$ avec dégagement d'acide bromhydrique, on le sépare dans le vide.

Ce bromure, traité par la soude alcoolique, donne facilement la combinaison non saturée $SiC^{12}H^{26}$ qu'on isole sous forme d'une huile bouillant à 206-210° [Pape, *Ann. Chem.*, 222, 370, 1884].

TÉTRAAMYLSILICIUM $Si(C^5H^{11})^4$. — Liquide bouillant à 275-279° [Taurke, *D. chem. G.*, 38, 1661, 1905].

TÉTRAPHÉNYLSILICIUM $(C^6H^5)^4 Si$. — On le prépare en traitant le tétrachlorure de silicium par le chlorobenzène en présence du sodium; il se forme en même temps du triphénylsilicol [Kipping, *Chem. Soc*, 79, 449, 1901].

TRIPROPYLSILICIURE D'HYDROGÈNE $SiH(C^{34}H^7)^3$. — Ce composé se forme en même temps que le silicium-tétrapropyle quand on chauffe à 150° 10 gr. de silicichloroforme avec 20 gr. de zinc-propyle :

$$2 SiHCl^3 + 4 Zn(C^3H^7)^2$$
$$= SiH(C^3H^7)^3 + 3 ZnCl^2 + Si(C^3H^7)^4 + Zn + C^6H^6.$$

Liquide peu odorant bouillant à 170-171°. $D = 0,7723$ à 0°; $D = 0,762$ à 15°. Il est insoluble dans l'eau et l'acide sulfurique, soluble dans l'alcool et l'éther; il brûle avec une flamme éclairante et fuligineuse.

Il s'oxyde partiellement en le chauffant à l'air. Si on le chauffe avec l'acide sulfurique fumant, il est totalement oxydé en tripropyloxyde de silicium (voyez plus loin).

Chauffé avec une solution de soude, il se transforme en tripropylsilicol et tripropyloxyde de silicium; le brome s'y combine très énergiquement [Pape, *Ann. Chem.* 222. 359, 1884].

TRIBUTYLSILICIURE D'HYDROGÈNE $SiH(C^4H^9)^3$. — En présence du brome, il donne $SiBr(C^4H^9)^3$, liquide bouillant à 245° (Taurke).

TRIAMYLSILICIURE D'HYDROGÈNE $HSi(C^5H^{11})^3$. — Il a été préparé en chauffant le silichloroforme $SiHCl^3$ et le chlorure d'isoamyle en présence de sodium. C'est un liquide bouillant à 245°; avec le brome, il donne $SiBr(C^5H^{11})^3$ qui bout à 278-280° (Taurke).

SILICANES. — *Éthyltrichlorosilicane* ou *éthylsilicichloroforme* $C^2H^5 . SiCl^3$. — Il s'obtient à froid en traitant le chlorure de silicium par le bromure d'éthylmagnésium en présence d'éther absolu; on met lentement en contact les quantités théoriques, on fractionne au bout de 24 heures. C'est un liquide bouillant de 97 à 103° [F. S. Kipping, *Chem. Soc.*, **91**, 203, 1907].

Tripropylchlorosilicane $(C^3H^7)^3 \equiv Si-Br$. — Il se prépare par bromuration directe du précédent. C'est une liqueur jaune fumant fortement. Elle bout à 213° et se décompose lentement à l'air. Traitée par une solution aqueuse d'ammoniaque, elle donne du tripropylsilicol et du tripropyloxyde de silicium (Pape).

En traitant le bromure par l'acétate d'argent, on obtient l'*acétate de tripropylsilicium* $CH^3COO-Si \equiv (C^3H^7)^3$. C'est un liquide éthéré, odorant, bouillant à 212-216°; il est lentement décomposé à l'air en acide acétique et tripropylsilicol [Pape, *Ann. Chem.*, **222**, 366, 1884].

Phényléthylpropylchlorosilicane $Cl-Si \equiv (C^6H^5)(C^2H^5)(C^3H^7)$. — Liquide bouillant à 240° sous 115 mm. Traité par CO^3Na^2 il donne le silicol correspondant.

Phénylméthyléthylpropylsilicane $Si \equiv (C^6H^5)(CH^3)(C^2H^5)(C^3H^7)$. — Liquide bouillant à 230° sous 760 mm.

Ci-dessous, sans les nommer, les silicanes déjà préparés :

$Cl-Si \equiv (C^6H^5 . CH^2)(C^2H^3)$. — Liquide bouillant à 168-170° sous 100 mm.

$ClSi(C^2H^5)(C^3H^7)(C^6H^5CH^2)$. — Liquide bouillant à 194-196° sous 100 mm.

$Si(CH^3)(C^2H^5)(C^3H^7)(C^6H^5 . CH^2)$. — Liquide bouillant à 250° sous 760° [S. Kipping et A. Hunter, *Proc. Chem. Soc.*, **20**, 15, 1904 ; **21**, 65, 1905].

$Si(CH^3)(C^2H^5)(C^3H^7)(C^6H^5)$. — Bouillant à 228-230° sous 760 mm.

$Si(C^2H^5)(C^3H^7)(C^6H^5)(C^6H^5 . CH^2)$. — Bouillant à 325° sous 760 mm., à 249-251° sous 100 mm.

Voir leurs propriétés optiques dans F. S. Kipping [*Chem. Soc.*, **91**, 209, 1907].

$Br-Si \equiv (C^6H^5)^3$. — Obtenu en traitant par le brome le tétraphénylsilicium. Il fond à 118-120°. Traité par CO^3Na^2, il donne le silicol correspondant [A. Ladenburg, *D. chem. G.*, **40**, 2274, 1907].

COMBINAISONS A FONCTION CÉTONE. — *Combinaison siliciée avec l'éther acétylacétique.* — Le chlorure de silicium se combine avec l'éther acétylacétique pour donner le composé

$$\left(\begin{matrix}C^2H^5-COO\\CH^3-CO\end{matrix}>CH\right)^3 SiCl + HCl$$

qui fond à 96-98°. Il est décomposé par l'eau [Rosenheim, Lœwenstaum et Singer, *D. chem. G.*, **36**, 1833, 1903].

Combinaison siliciée avec l'acétylacétone $Si(C^5H^7O^2)^3$. — On obtient facilement son chlorhydrate quand on traite une solution chloroformique de chlorure de silicium par l'acétylacétone $CH^3 . CO . CH^2 . CO . CH^3$. Le produit cristallisé est précipité par l'éther. Il fond à 85-89°. C'est un composé très instable, qui se décompose à l'air humide.

Sels métalliques par substitution entre l'acide chlorhydrique combiné et une solution chloroformique de perchlorure de fer, d'or, de platine et précipitation par l'éther :

$ClSi(C^5H^7O^2)^3 . FeCl^3$. — Fond à 186°.

$ClSi(C^5H^7O^2)^3 . AuCl^3$.

$ClSi(C^5H^7O^2)^3 1/2PtCl^4$ [Dilthey, *D. chem. G.*, **36**, 923, 1903, et Rosenheim (L. et S.), *ibid.*, **36**, 1833, 1903].

Combinaison siliciée de la benzoylacétone. — Ce produit s'obtient en faisant réagir 10 gr. de chlorure de silicium sur 30 gr. de benzoylacétone $C^6H^5 . CO . CH^2 . CO . CH^3$, chaque substance dissoute à part en milieu éthéré.

Il se précipite une huile considérée comme le chlorhydrate $(C^6H^5 . CO . CH . CO . CH^3)^3 SiCl . HCl$. Ce chlorhydrate se combine au perchlorure de fer en solution chloroformique. On obtient des aiguilles fondant à 173° et des prismes fondant à 188°. Tous les deux de la composition $C^{30}H^{27}O^6Cl^4SiFe$.

Avec le chlorure d'or, il donne des prismes fondant à 188° et des feuillets fondant à 164° [Dilthey, *D. chem. G.*, **36**, 1595, 1903].

Combinaison siliciée du dibenzoylméthane. — Le dibenzoylméthane $C^6H^5 . CO . CH^2 . CO . C^6H^5$ donne, avec le chlorure de silicium, le dérivé correspondant qui fond à 300° $(C^6H^5 . CO . CHCOC^6H^5)^3 SiCl, HCl$. Chauffé avec l'acide acétique, il donne la combinaison $(C^6H^5CO . CH . CO . C^6H^5)^3 SiCl$. Il se forme une solution incolore avec le carbonate de soude et une solution jaune instable avec la potasse alcoolique.

Le *sel de fer* $(C^6H^5COCHCO . C^6H^5)^3 SiCl, FeCl^3$ fond à 252°. Le *sel d'or* fond à 258-259° [Dilthey, *D. chem. G.*, **36**, 1595, 1903].

Avec le bromure de silicium et le dibenzoylméthane, on obtient des composés analogues.

Avec l'iodure, mêmes réactions, ce composé a donné des produits de substitution tels que le *picrate*, fondant à 253° ; le *sulfate* qui fond à 242° $(SO^4H)-Si \equiv (C^6H^5CO . CH . C^6H^5)^3$; l'*azotate* qui fond à 215°. L'*azotate double* $AzO^3-Si \equiv (C^6H^5CO . CH . C^6H^5)^3 + 1/2AzO^3Ag$ fond à 181° [Dilthey, *D. chem. G.*, **36**, 3207, 1903].

SILICOLS. — *Tripropylsilicol* $(C^3H^7)^3 \equiv Si-OH$. — Ce composé est obtenu en même temps que le tripropyloxyde de silicium quand on traite à chaud l'acétate de tripropylsilicium par la soude ou le bromure de tripropylsilicium par l'ammoniaque aqueuse.

C'est une huile épaisse, d'odeur caractéristique, bouillant à 206-208°. Plus légère que l'eau, non miscible, elle est soluble dans l'alcool et l'éther, un peu dans la soude.

Le sodium l'attaque à chaud avec dégagement d'hydrogène et formation d'une substance amorphe qui est transformée par l'eau en soude et tripropylsilicol [Pape, *Ann. Chem.*, **222**, 366, 1884].

Méthyléthylpropylsilicol $OH-Si \equiv (CH^3)(C^2H^5)(C^3H^7)$. — Il s'obtient en traitant le phénylsilicane correspondant $(C^6H^5)-Si \equiv (CH^3)(C^2H^5)(C^3H^7)$ par SO^4H^2 dilué (Kipping).

Triamylsilicol $OH-Si \equiv (C^5H^{11})^3$. — Il est obtenu en saponifiant, par une solution ammoniacale, le dérivé bromé correspondant $Br-Si \equiv (C^5H^{11})^3$. Il bout à 269-270° [Taurke, *D. chem. G.*, **38**, 1661, 1905].

Triphénylsilicol $(C^6H^5)^3 \equiv Si-OH$. — Il se trouve dans les sous-produits de la préparation du tétraphénylsilicium.

Il s'obtient en traitant le tétraphénylsilicium par l'acide chlorhydrique ou en saponifiant, par les alcalis ou les acides dilués, le $(C^6H^5)^3SiBr$ [Dilthey, *D. chem. G.*, **38**, 4132, 1905 ; — A. Ladenburg, *ibid.*, **40**, 2274, 1907]. Il fond à 148° (Kipping).

Si on le fait bouillir avec le chlorure d'acétyle jusqu'à dissolution, il donne l'*acétate de triphénylsilicyle* $CH^3 . COO . Si(C^6H^5)^3$ fondant à 91°.5.

La solution acétique bouillante de triphénylsilicol, traitée goutte à goutte par l'acide azotique, donne l'*oxyde de triphénysilicyle* $[Si(C^6H^5)^3]^2O$ (Kipping). Les cristaux déposés sont recristallisés dans l'acide acétique.

Tribenzylsilicol $(C^6H^5CH^2)^3SiOH$. — On l'obtient avec les quantités théoriques de $SiCl^4$ et chlorure de magnésium-benzyle, puis le dérivé monochloré obtenu est saponifié par les alcalis faibles. C'est un produit solide fondant à 106° [Dilthey, *D. chem. G.*, **37**, 1139, 1904, et **38**, 4132, 1905].

Benzyléthylpropylsilicol $OH . Si(C^6H^5CH^2)(C^2H^5)(C^3H^7)$. — Liquide bouillant à 155° sous 25 mm.

$(C^6H^5)(C^2H^5)(C^3H^7)SiOH$. — Liquide bouillant à 250° sous 760 mm. (Kipping, 1907).

TRIPROPYLOXYDE DE SILICIUM $[Si(C^3H^7)^3]^2O$. — Il se forme en même temps que le tripropylsilicol.

On l'obtient aussi quand on fait tomber goutte à goutte le tripropylsiliciure d'hydrogène dans l'acide sulfurique fumant.

Le produit de la réaction est versé dans l'eau froide avec précaution et extrait à l'éther. C'est un liquide bouillant à 280-290°, presque inodore; il est insoluble dans l'eau, soluble dans l'alcool, l'éther et l'acide sulfurique [Pape, *Ann. Chem.*, **222**, 369, 1884].

TRIAMYLOXYDE DE SILICIUM $[Si(C^5H^{11})^3]^2O$. — Il bout à 360° (Taurke, déjà cité).

SILICONES $R-SiO-R'$. — Voir Kipping et Hunter [*Proc. Chem. Soc.*, **20**, 15, 1904, et **21**, 65, 1905; *Chem. Soc.*, **91**, 209, 1907].

ÉTHERS DE L'ACIDE SILICIQUE. — Tous les éthers seront décomposés par le chlorure d'aluminium en chlorure d'alcoyle, éther oxyde, silice et alumine: $6Si(O.R)^4 + 2AlCl^3 = 6RCl + 9R^2O + SiO^2 + Al^2O^3$ [Stokes. *Am.*, **14**, 438, 1892].

Éther méthylique $Si(OCH^3)^4$ [voyez Dict. et Suppl.]. — $D = 1,028$ à 22° [Abati, *Gaz. chim. ital.*, **27**, II, 452, 1897]. Indice de réfraction $n_D = 1,3677$. Constantes diélectriques, voyez J. H. Mathew [*Chemistry*, **9**, 641, 1905].

Éther propylique $Si(OC^3H^7)^3$. — Densité 0,9153 à 23°,7. Indice de réfraction $n_D = 1,40159$ (Abati).

Disilicate de propyle $Si^2(OC^3H^7)^6$. — Point d'ébullition 195° sous 20 mm.. Densité 0,9769 à 22°,6. Indice de réfraction $n_D = 1,40759$ (Abati).

Éther dichlorométhyléthylique $SiCl^2(OCH^3)(OC^2H^5)$. — Il est obtenu en traitant le tétrachlorure de silicium successivement par les alcools méthylique et éthylique en solution éthérée. C'est un liquide bouillant à 128°.

Traité par l'alcool isobutyrique en solution éthérée, il donne $Si(Cl)(OCH^3)(OC^2H^5)(OC^4H^9)$ qui bout à 159°; il n'a pas pu être dédoublé en isomères actifs.

L'aniline agit sur ce dernier avec départ de chlore et formation de $Si(OCH^3)(OC^2H^5)(OC^4H^9)(AzHC^6H^5)$ [Kipping, Lorenzo, *Chem. Soc.*, **79**, 449, 1901].

Éther dichlorométhylphénylique $SiCl^2(OCH^3)(OC^6H^5)$. — Il est préparé par l'action du chlorure de silicium en solution éthérée sur le mélange de phénol et d'alcool méthylique.

C'est un liquide bouillant à 216° sous 750 mm. Il est facilement décomposé par l'eau en acide chlorhydrique, silice, phénol et alcool méthylique (Kipping).

Éther chlorométhyléthylphénylique,

$$\begin{matrix} Cl \\ CH^3O \end{matrix} > Si < \begin{matrix} OC^2H^5 \\ OC^6H^5 \end{matrix}$$

— Il est obtenu en traitant le dichloro précédent par une solution éthérée d'alcool éthylique; on évapore l'éther, puis on fractionne sous pression réduite.

Liquide huileux bouillant à 241°, décomposé par l'eau lentement. Les essais pour dédoubler ce corps en isomères actifs n'ont pas réussi (Kipping).

Si on le traite par le menthol en solution éthérée, on obtient $(OCH^3)(OC^2H^5) = Si = (OC^6H^5)(OC^{10}H^9)$ [Kipping et Lloyd, *Chem. Soc.*, **79**, 449, 1901].

Éther chloroglycolique $Si(OC^2H^4Cl)^4$. — Liquide bouillant à 177-180°.

Éther chloropropylglycolique $Si(OC^3H^6Cl)^4$. — Liquide bouillant à 176° (Taurke).

ÉTHERS SILICIORTHOFORMIQUES. — Obtenus avec $SiHCl^3$ et l'alcool correspondant.

Éther propylique $SiH(OC^3H^7)^3$. — Liqueur claire bouillant à 191-192°.

Éther butylique $SiH(OC^4H^9)^3$. — Liqueur bouillant à 240-242°.

Éther amylique $SiH(OC^5H^{11})^3$. — Liqueur bouillant à 302° [F. Taurke, *D. chem. G.*, **38**, 1661, 1905].

SILICOAMINES. — *Silicotétraphénylamine* $Si(C^6H^5.AzH^4)$. — Pour l'obtenir, on prépare une solution de 100 gr. de chlorure de silicium et 150 gr. de benzène et une solution de 438 gr. d'aniline dans 2 volumes de benzène.

On verse successivement le chlorure de silicium dans l'aniline, puis on filtre. La solution benzénique est distillée à sec au bain-marie, le résidu est repris par le sulfure de carbone et filtré, puis la solution sulfocarbonique est évaporée à sec.

On obtient ainsi des cristaux fondant à 137-138°, solubles à 20 0/0 environ dans le sulfure de carbone, très peu solubles dans le benzène et insolubles dans la ligroïne.

Mélangé aux peintures à l'huile et aux vernis, ce corps donne des enduits très résistants (Seidler). L'alcool et l'eau le décomposent très lentement en aniline et silice.

Si on introduit de l'acide chlorhydrique gazeux dans la solution benzénique, on sépare du chlorure de silicium et du chlorhydrate d'aniline [Reynold, *Chem. Soc.*, **55**, 475, 1889; — Harold, *Am. Soc.*, **20**, 21, 1898].

Chauffé à pression ordinaire avec l'éthylthiocarbimide $(CS = Az.C^2H^5)$, avec ou sans benzène, il y a addition moléculaire. On prépare de la même façon des combinaisons d'addition avec la méthylthiocarbimide et la phénylthiocarbimide $(CS = Az-C^6H^5)$.

En chauffant en tube scellé à 160° 1 mol. de silicophénylamide avec 2 mol. d'une thiocarbimide, on obtient les isomères des précédents tels que $Si(=Az-C^6H^5)^2 + R-AzH-CS-AzH.C^6H^3$. Ces combinaisons sont dissociées avec le benzène bouillant avec formation de silicodiphénylimide $Si(C^6H^5.Az=)^2$ et de thiocarbamide symétrique $R_1.AzH.CS.HAz.R_2$.

Si on chauffe à 170-180° en tube scellé 1 mol. de silicophénylamide avec 4 mol. d'une thiocarbimide, il se forme un composé instable de la forme $Si[C^6H^5Az-CS-AzH.R]^4$ qui donne finalement une thiocarbamide disubstituée et un liquide visqueux soluble dans le benzène [Reynolds, *Chem. Soc.*, **83**, 252, 1903].

Le brome, suivant les quantités introduites, donne successivement : HBr, $C^6H^5.AzH^2$ et $(C^6H^5AzH)^2Si = (Az.C^6H^4Br)$ (bromosilicoguanidine); puis, en insistant, $Si(Az.C^6H^3.Br)^2$; enfin $Si \equiv Az-C^6H^2Br^2$. Ce dernier composé, chimiquement comparable aux carbylamines, est brun, liquide à 60°; il est décomposé par l'alcool ou l'éther [E. Reynold, *Chem. Soc.*, **87**, 1870, 1905; *Proc. Chem. Soc.*, **21**, 249, 1905].

Dichlorosilicodiphénylamine $SiCl^2(C^6H^5.AzH)^2$. — Ce composé se forme quand on mélange une solution benzénique de 1 molécule de tétrachlorure de silicium avec 4 molécules d'aniline. On filtre le chlorhydrate d'aniline insoluble et on évapore le filtrat. Il se sépare un produit amorphe insoluble dans le benzène.

L'eau froide l'attaque lentement; l'eau bouillante, rapidement, en le transformant en silice et chlorhydrate d'aniline.

Par la chaleur, il se charbonne sans fondre [Harden, *Chem. Soc.*, **51**, 40, 1887; — Harold, *Am. Soc.*. **20**, 21, 1898].

Silicodiphénylimine $Si(C^6H^5-Az=)^2$. — Ce composé se forme avec d'autres produits quand.

on entraîne par la vapeur d'eau la silicotétra-phénylamide.

C'est une poudre amorphe blanche, insoluble dans le benzène, l'alcool, l'éther et la ligroïne [Reynold, *Chem. Soc.*, 77, 836, 1900].

Elle donne avec le brome un produit d'addition $Si(C^6H^5.Az)^2.Br^2$ en poudre grise (Reynold, 1905).

Silicotriphénylguanidine $C^6H^5-Az=Si=(C^6H^5.AzH)^2$. — Elle est obtenue en même temps que la précédente. Elle cristallise dans le mélange benzène-ligroïne et fond à 230°. Elle se dissout facilement dans le benzène (Reynold).

Silicotétratolylamine $Si(CH^3.C^6H^4.AzH)^4$. — Sa préparation est analogue à celle du composé obtenu avec l'aniline (on part de la toluidine) [Reynold, *Chem. Soc.*, 55, 480, 1889].

Silicotétranaphtylamine $Si(C^{10}H^7.AzH)^4$. — Ce composé est analogue à celui qu'on obtient avec l'aniline. Il est cristallisé [Reynolds, *Chem. Soc.*, 55, 482, 1889].

Dichlorosilicodinaphtylamine $SiCl^2(C^{10}H^7AzH)^2$. — On obtient ce composé en faisant tomber goutte à goutte le chlorure de silicium dans une solution benzénique de β-naphtylamine [Harden, *Chem. Soc.*, 51, 45, 1887].

Janvier 1908. Maurice Billy.

SILICOMAGNÉSIOFLUORITE (Min.) (P.-A. Zemjatschensky). — Silicate fluoré de magnésium et calcium, $Si^2O^7Ca^4Mg^3F^{10}H^2$, fibres radiées, agrégats globulaires, éclat soyeux, gris, vert ou bleu, avec serpentins de quartz, à Luppiko, près Pitkäranta, Finlande. Dureté = 2,5. Densité = 2,91. Fond à 962°. Soluble dans les acides, fait effervescence avec l'acide sulfurique. L. Bourgeois.

SILICOTHIOURÉE, $SiS(AzH^2)^2$. — Ce composé se forme quand on fait réagir le gaz ammoniac sec sur le sulfobromure de Si :

$$SiSBr^2 + 4AzH^3 = SiS(AzH^2)^2 + 2AzH^4Br.$$

On sépare le bromure d'Am par des lavages à l'ammoniac liquide : la silicothiourée qui reste insoluble est une poudre blanche amorphe, décomposée par l'eau [Blix, *D. chem. G.*, 36, 4218, 1903]. P. Carré.

SILURINE. — Voyez l'art. PROTAMINES.

SINALBINE (1er Suppl., 2, 1430.) — La sinalbine répond à la formule $C^{30}H^{42}Az^2S^2O^{15} + 5H^2O$. Elle perd facilement $4H^2O$ par exposition au-dessus de l'acide sulfurique, mais la cinquième molécule d'eau n'est éliminée qu'après six semaines. Le produit hydraté fond à 83°-84°; anhydre, il fond à 138°,5-140°; son pouvoir rotatoire est de $[\alpha]_D = -8°,23$.

Ce glucoside est dédoublé par la myrosine en d-glucose, sulfate acide de sinapine et isosulfocyanate de p-oxybenzyle :

$$C^{30}H^{42}Az^2S^2O^{15} + H^2O = HOC^6H^4.CH^2.SCAz + C^6H^{12}O^6 + C^{16}H^{24}AzO^5.SO^4H.$$

Il donne avec le sulfate mercurique une combinaison cristallisée :

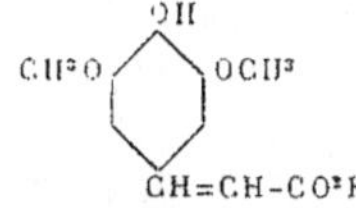

Gadamer [*D. chem. G.*, 30, 232, 1897; *Arch. Pharm.*, 235, 44].

1er janvier 1906. Amand Valeur.

SINAPINE, $C^{16}H^{25}O^6Az$ (Dict., 2, 1504 et 1er Suppl., 2, 1431). — La sinapine résulte du dédoublement de la sinalbine. Elle existe également à l'état de bisulfate dans la moutarde noire. On l'extrait au moyen de l'alcool et on la préci-

pite ensuite à l'état de sulfocyanate. La base libre répondrait à la composition : $C^{16}H^{23}O^6Az$. Elle n'a pu être isolée, en raison de sa facile décomposition en acide sinapique et choline. Gadamer [*D. chem. G.*, 30, 2328, 1897; *Arch. Pharm.*, 235, 44] lui attribue la constitution suivante : $C^{11}H^{11}O^4-C^2H^4-O-Az(CH^3)^3OH$. L'eau de baryte dédouble la sinapine en choline et sinapate basique de sinapine qui forme un précipité jaune.

Sulfate acide : $C^{16}H^{24}AzO^5SO^4H + 2H^2O$. — Il fond à 186-188°.

Sulfocyanate : $C^{16}H^{24}AzO^5SCAz + H^2O$. — Il fond à 178°.

Le *sulfate neutre* cristallise avec $5H^2O$.

Le *bromure* et l'*iodure*, avec $3H^2O$.

1er janvier 1906. Amand Valeur.

SINAPIQUE (ACIDE), $C^{11}H^{12}O^5$ (Dict., 2, 1505 et 1er Suppl., 2, 1431). — L'acide sinapique est un acide monobasique. Il fournit un *dérivé acétylé* fondant à 181-187°; traité par HI, suivant Zeisel il donne $2CH^3I$; il renferme donc un OH et $2OCH^3$. Traité par CH^3I en présence de C^2H^5ONa il se convertit en *méthylsinapate de méthyle* : $(CH^3O)^3C^6H^2-CH=CH-CO^2CH^3$, fondant à 91°. — L'acide méthylsinapique correspondant à cet éther, oxydé par MnO^4K en liqueur alcaline, fournit l'acide triméthylgallique; de même, l'acide acétylsinapique donne, dans les mêmes conditions, l'acide acétylsyringique que la saponification transforme en acide syringique $C^6H^2(OCH^3)^2(OH)-CO^2H(1.2.3.5)$. A l'oxydation chromique, l'acide sinapique fournit de la 2-6 diméthoxyquinone : $C^6H^2(OCH^3)O^2$.

Ces faits établissent la constitution de l'acide sinapique :

$$\begin{array}{c} OH \\ CH^3O \hspace{1em} OCH^3 \\ \\ CH=CH-CO^2H \end{array}$$

[Gadamer, *D. chem. G.*, 30, 2330, 1897; *Arch. Pharm.*, 235, 44]. La synthèse de cet acide a été réalisée par Græbe et Martz [*D. chem. G.*, 36, 1031, 1903].

Dans ce but, on prépare l'aldéhyde syringique $C^6H^2(OH)(OCH^3)^2(CHO)$ 1.2.6.4 par l'action du chloroforme et de la potasse sur l'éther diméthylique du pyrogallol $C^6H^3(OH)(OCH^3)^2$ 1.2.6; cet aldéhyde, traité par l'anhydride acétique et l'acétate de sodium, se transforme en acide sinapique :

$$C^6H^2(OH)(OCH^3)(CH=CH-CO^2H).$$

1er janvier 1906. Amand Valeur.

SINIGRINE. Voyez Dict., 2, 1re partie, MYRONIQUE. — La sinigrine ou myronate de potassium existe non seulement dans la moutarde noire, mais aussi vraisemblablement dans le *cochlearia armoracia* et dans toutes les plantes qui donnent de l'allylthiocarbimide à l'hydrolyse. Il n'en existe aucune trace dans la moutarde blanche [Gadamer, *Arch. Pharm.*, 285, 577, 1897]. Guignard [*J. Pharm. Chim.*] a étudié sa localisation.

Elle cristallise avec une molécule d'eau qu'elle ne perd qu'à 100° dans le vide. L'hydrate fond à 126-127° et le corps anhydre à 132°. Elle est soluble dans l'eau, peu soluble dans l'alcool; son pouvoir rotatoire est de $[\alpha] = -15°,13$.

Elle a pour composition : $C^{10}H^{16}AzS^2KO^9 + H^2O$.

Le bisulfate de potassium formé dans l'hydrolyse de la sinigrine par la myrosine limite l'activité de la myrosine. Si on neutralise le bisulfate par la potasse, la décomposition est beaucoup plus complète. L'addition de bases faibles :

(Al^{2}O^3, CO^{3}Ba, CO^{3}Cu) facilite la décomposition; un excès de soude la retarde.

Outre les produits signalés antérieurement, il se forme, dans cette hydrolyse, du sulfure et du cyanure d'allyle, et du sulfure de carbone provenant de la décomposition de l'essence de moutarde.

La sinigrine, traitée par AzO^{3}Ag, fournit, avec perte de glucose, le *composé* C^{4}H^{5}AzAg^{2}S^{2}O^4 qui se dissout dans l'ammoniaque, en donnant naissance à la *combinaison* C^{4}H^{5}AzAg^{2}S^{2}O^4 . 2AzH^3. L'acide bibasique correspondant : C^{4}H^{5}AzH^{2}S^{2}O^4 n'est pas stable à l'état libre, et se décompose en cyanure d'allyle, soufre et acide sulfurique.

Le chlorure de baryum à froid n'a aucune action sur la sinigrine, tandis que l'eau de baryte l'hydrolyse. Ce dernier réactif agissant sur un excès de sinigrine donne naissance à l'allylsulfocarbimide; il n'en fournit pas dans le cas contraire. Gadamer a déduit de ces faits la constitution de la sinigrine :

$$\mathrm{CH^2 = CH - CH^2 - Az = C} \begin{cases} \mathrm{OSO^3K} \\ \mathrm{S - C^6H^{11}O^5} \end{cases}$$

1er janvier 1906.　　　　Amand Valeur.

SINKALINE. — Voyez CHOLINE.

SIPYLITE (Min.) (Mallet). — Niobate hydraté d'erbium et yttrium, avec diverses terres rares, petites masses très fragiles, d'un brun rouge, éclat semi-métallique, avec orthite, du comté d'Amherst, Virginie. Dureté = 6. Densité = 4,89.

SITOSTÉRINE. — Voyez PHYTOSTÉRINE.

SKIMMÉTINE. — Voy. SKIMMINE.

SKIMMINE. — Eijkman [*Chem. Centr.*, 42, 780, 1884] a isolé de l'extrait alcoolique de *Skimmia japonica* un glucoside cristallisé, la skimmine C^{15}H^{16}O^8 + H^{2}O, fusible à 210°, non toxique, présentant une fluorescence bleue en solution alcaline. Bouillie avec les acides minéraux, elle donne du sucre et de la *skimmétine* C^{9}H^{6}O^3 cristallisée, soluble dans l'eau, l'alcool, les alcalis avec fluorescence bleue.

Octobre 1907.　　　　A. Hébert.

SMITHITE (Min.) (F. H. Smith et G. T. Prior). — Métasulfarsénite d'argent, AsS^{2}Ag ou Ag^{2}S.As^{2}S^3. Petits cristaux tabulaires à contour hexagonal, transparents, écarlate ou vermillon, éclat adamantin, dans la dolomie cristalline de la vallée de Binnen, Suisse. Dureté = 1.5-2. Poussière rouge. Densité = 4.88. Prisme clinorhombique : $a:b:c$ = 2.2206 : 1 : 1,9570; β = 101°12'. Clivage h^1 parfait.　　　　L. Bourgeois.

SOBREROL. **SOBROÉRYTHRITE**. — Voyez TERPÉNIQUE (Série).

SOCALOÏNE. — Voyez l'art. NATALOÏNE.

SODIUM. — *Préparation*. — Les méthodes basées sur la réduction du carbonate de soude, [voyez entre autres Thomas, Brevet, *D. chem. G.*, 18, 351, 1885; — Warren, *Chem. News*, 64, 329, 1891 et Beketoff, *D. chem. G.*, 16, 1854, 1883], y compris celle de Deville, sont aujourd'hui complètement abandonnées. Tout le sodium est produit actuellement soit par le procédé de Castner: réduction de la soude par le fer carburé [Brevet, *D. chem. G.*, 18, 351, 1887], soit par électrolyse de la soude caustique [Castner, Brevet anglais 13356, 25 août 1890].

D'après Rosenfeld, on peut facilement débarrasser le sodium de la croûte dont il se recouvre, lorsqu'on le conserve dans le pétrole, par traitement au moyen d'un mélange de 3 p. de pétrole et 1 p. d'alcool amylique. Après nettoyage on l'abandonne dans du pétrole renfermant 5 0/0 d'alcool amylique. Enfin on lave au pétrole et l'on conserve dans du pétrole additionné de 0,5 à 1 0/0 d'alcool amylique; l'amylate formé à la longue s'élimine très facilement par simple frottement avec du papier.

Poids atomique. — [Th.-W. Richards et R.-Cl. Wells, *J. Amer. Chem. Soc.*, 27, 459, 1905].

Propriétés physiques. — Il fond à 92° [Holt et Sims, *J. Chem. Soc.*, 65, 440, 1894], et bout à 742° [Perman, *Chem. News*, 59, 237, 1889]. La vapeur de sodium, incolore sous une faible épaisseur, paraît pourpre sous une épaisseur notable [Roscoe et Schuster, *Handb. Chem.* Graham Otto, 3, 284, 1884]; elle offre une fluorescence verte [Wiedemann et Schmidt, *Ann. de Wiedemann*, 57, 447, 1896; — I. Puccianti, *Atti R. Ac. Lincei*, (6), 13, II, 433, 1905] — R.-W. Wood, *Philos. Mag.*, (6), 10, 513, 1905; 12, 409, 1906; — Bevan, *Proc. Cambridge Philos.*, 13, 129, 1905; — R.-W. Wood, *Phys. Zeits*, 7, 105, 1906; — Wood et Moore, *Phil. Mag.*, (6), 6, 362, 1903]. Au rouge, la vapeur paraît jaune [Dudley, *Am. Chem. Journ.*, 14, 185, 1892].

Coefficient de dilatation α = 0,0001865 [Dewar, *Chem. News*, 55, 521, 1889]. Chaleur spécifique à l'état fondu 0,21 [Joannis, *Ann. Chim. Phys.*, (6), 12, 376, 1887]. Chaleur latente de fusion 0,73 (Joannis). Pour le spectre du sodium, voyez de Grammont [*Bull. Soc. Chim.*, (3), 17, 778, 1897]; — Ch. Fabry et A. Perot [*C. R.*, 130, 653, 1900]; — Eder et Valenta, [*Centr. Bl.*, II, 769, 1894].

D$_{20}$ = 0,9712 [Th.-W. Richards et Fr.-N. Brink, *J. Amer. Chem. Soc.*, 29, 117, 1906].

Pour les autres propriétés physiques, voyez aussi Snow [*An. Ph. Ch. Wied.*, 47, 208, 1892] et Drude [*An. Ph. Ch. Wied.*, 64, 157, 1898].

Propriétés chimiques. — Le fluor attaque le sodium à température ordinaire [Moissan, *Ann. Chim. Phys.*, (6), 12, 523, 1887]. Le chlore liquide [Gautier et Charpy, *C. R.*, 113, 599, 1891] comme le chlore gazeux est sans action. L'attaque du sodium par le chlore ou le brome ne se produit bien qu'en présence de chlorure de sodium [Rosenfeld, *Chem. Zeit.*, 25, 421, 1901]. L'iode est sans action [Merz et Weith, *D. chem. G.*, 6, 1518, 1873].

L'oxygène bien sec ne l'attaque même pas à la température où il commence à se volatiliser, mais l'oxygène humide l'attaque déjà à froid [Holt et Sims, *Chem. Soc.*, 65, 440, 1894]; à chaud et, suivant les conditions de l'expérience, on obtient Na^{3}O, Na^{2}O ou Na^{2}O^2 [De Forcrand, *C. R.*, 127, 364, 1898; — Rengade, *C. R.*, 143, 1152, 1906; *Ann. Chim. Phys.*, (8), 11, 424, 1907].

Le soufre se combine au sodium par simple trituration [Rosenfeld, *D. chem. G.*, 24, 1658, 1891]. La combinaison avec le sélénium a lieu sous l'action de la chaleur [Uelsmann, *Ann. Chem.*, 116, 122, 1860].

L'azote se combine au sodium sous l'influence de l'étincelle, avec formation d'une masse noire que l'eau décompose avec production d'ammoniaque [Zehnder, *Ann. de Wied.*, 52, 56, 1894]. Le carbone et le silicium sont sans action [Vigouroux, *C. R.*, 123, 115, 1896].

Les hydracides gazeux, à part l'acide fluorhydrique, ne réagissent pas à température ordinaire ou du moins l'action est très lente.

L'acétylène liquéfié attaque lentement mais complètement le sodium avec formation d'acétylure C^{2}HNa [Moissan, *Bull. Soc. Chim.*, (3), 19, 867, 1898].

L'oxyde nitrique et l'hypoazotide sont absorbés par le sodium avec formation de nitrite et de nitrate [Holt et Sims, *J. Chem. Soc.*, 65, 440, 1894]. L'acide azotique l'oxyde rapidement et l'hydrogène formé s'enflamme spontanément lorsque l'acide a une densité supérieure à 1,056 [Austen, *Am. Chem. Journ.*, **14**, 172, 1889; — Montemartini, *Gazz. chim. ital.*, **22**, 384, 1892].

HYDRURE. — (Voyez 2° Suppl., HYDRURES). — Il se produit en même temps que de l'hydrate $NaOH$. dans la réduction du protoxyde Na^2O par l'hydrogène [E. Rengade, *Ann. Chim. Phys.*, (8), **11**, 424, 1907]. Chaleur de formation :

$$H^2_{gaz} + Na_{solide} = NaH_{sol} + H_{gaz} + 16^{Cal},60$$

[De Forcrand, *C. R.*, **140**, 990, 1905].

FLUORURE. — (Voyez 2° Suppl., FLUORURES). — Chaleur de dissolution du fluorure — $0^{Cal},6$ [voyez Baldwin, *J. Amer. Chem. Soc.*, **21**, 596, 1899; — Bokorni, *Zeit. angew. Chem.*, 336, 1897; — Marpmann, *Centr. Bl.*, I, 940, 1899].

CHLORURE DE SODIUM. — Le sel gemme se présente parfois en masses cristallines fortement colorées en bleu. Bishoff (*Die Steinsalzwerke bei Stassfurt*) admet que cette coloration est en rapport avec le gaz que le sel gemme renferme. Voyez aussi L. Wöhler et H. Kasarnowski [*Zeit. anorg. Chem.*, **47**, 353, 1905]. Il fond à 792° [Ramsay et Eumorfopoulos, *Phil. Mag.*, (5), **44**, 360, 1902]. Déjà à cette température il commence à se volatiliser en répandant une odeur qui rappelle celle de l'acide chlorhydrique [Meldrum, *Chem. News*, 78, 225, 1898].

Le calcium déplace le métal alcalin au rouge sombre (Moissan). Le magnésium à haute température donne du chlorure de magnésium et un produit décomposant l'eau à température ordinaire [Scubert et Schmidt, *Ann. Chem.*, **267**, 218, 1892]. L'aluminium aussi réduit facilement le chlorure de sodium [Frank, *Chem. Zeit.*, **22**, 236, 1898].

Pour l'électrolyse de la vapeur de chlorure de sodium, voyez Wilson [*Phil. Mag.*, (6), **4**, 207, 1902]; pour la dissociation de cette vapeur, voyez de Sanderval [*C. R.*, **116**, 641, 1893].

Le gaz carbonique réagit sur les solutions de sel à basse température et sous pression avec formation de bicarbonate [Schulz, *Arch. Pflüger*, **27**, 656, 1882]. Le magnésium ne parait donner naissance à de l'hydrogène que grâce à la présence des impuretés (sodium) qu'il renferme [Tommasi, *Bull. Soc. chim.*, (3), **24**, 885, 1899]. L'aluminium donne naissance à des chlorures basiques [Ditte, *C. R.*, **127**, 919, 1898].

Électrolyse des solutions, conductibilité, densité, chaleur spécifique. Voyez L. Demolis [*J. Chim. Phys.*, **4**, 528, 1906].

Indice de réfraction, viscosité, nombres de transports [Voyez E. Briner, *J. Chim. Phys.*, **4**, 547, 1906].

Hydrate $NaCl + 2H^2O$. — Tables hexagonales monocliniques fusibles à 0° environ, se transformant en sel anhydre à température ordinaire [De Coppet, *C. R.*, **74**, 328, 1872].

Hydrate $NaCl . H^2O$. — Bewan a obtenu cet hydrate en faisant cristalliser du chlorure de sodium par refroidissement d'une solution chlorhydrique chaude.

Hydrate $NaCl . 10H^2O$. — Cet hydrate, obtenu en refroidissant à — 23° une solution de sel, a eu son existence contestée par Orloff [Guthrie, *Ph. Mag.*, (4), **49**, 9, 1875; — Mendeleeff, *D. chem. G.*, **8**, 540, 1875; — Orloff, *Journ. Soc. phys. chim. russe*, **28**, 715, 1896].

Chlorure de sodium colloïdal [Paal, *D. chem. G.*, **39**, 1436, 1906; — Michael, *D. chem. G.*, **38**, 3217, 1905; — Ephraïm, *ibid.*, **39**, 1705, 1906; — C. Paal et G. Kühn, *Chem. Centr. Bl.*, II, 1304].

Chlorure ammoniacal $NaCl . 5AzH^3$. — On l'obtient en dissolvant le chlorure de sodium dans l'ammoniac liquéfié. Par évaporation, on obtient de longues aiguilles blanches. Tension à — 24°, 777 mm.; à — 7°, 2130 mm. [Joannis, *C. R.*, **112**, 338, 1891].

BROMURE DE SODIUM $NaBr$. — Il se dissout facilement dans l'ammoniac liquéfié [Franklin et Kraus, *Am. Chem. J.*, **20**, 829, 1898]. Chaleur de formation $+ 86^{Cal},100$; chaleur de dissolution — $0^{Cal},300$ [Berthelot, *Thermochimie*].

Le fluor, le chlore mettent du brome en liberté. Le bromure de sodium absorberait, d'après Berthelot [*Ann. Chim. Phys.*, (5), **23**, 96, 1881], l'acide bromhydrique avec formation de bromhydrate de bromure.

Hydrate $NaBr . 2H^2O$. — Température de déshydratation 50°,674 [Th. W. Richards et R.-C. Wells, *Z. physik. Chem.*, **56**, 348, 1906].

Hydrate $NaBr . 5H^2O$. — Fond à —23°,5. Se dépose des eaux mères d'où l'hydrate à $2H^2O$ a cristallisé [Panfiloff, *Journ. Soc. phys. chim. russe*, **25**, 262, 1893].

Bromure colloïdal [Paal, et G. Kühn, *Chem. Centr. Bl.*, 1906, II, 1304].

Iodure de sodium NaI. — Il se dissout bien dans l'ammoniac liquéfié (Franklin et Kraus). Chaleur de formation $+ 69^{Cal},100$; chaleur de dissolution $13^{Cal},7$ [Thomsen, *Recherches thermochimiques*; — Berthelot, *Ann. Chim. Phys.*, (5), **4**, 104, 1875].

Hydrate $NaI . 2H^2O$. — Il fond à 47° (Panfiloff).

Hydrate $NaI . 5H^2O$. — Une solution d'hydrate à $2H^2O$ saturée à — 17°,25 se prend parfois en une masse cristalline à — 14°. Les cristaux constituent le pentahydrate. Ils fondent au voisinage de — 10° et se transforment en dihydrate [De Coppet, *Ann. Chim. Phys.*, (5), **30**, 428, 1883].

Iodure colloïdal [C. Paal et G. Kühn, *loc. cit.*].

POLYIODURE. — La solution d'iodure de sodium dissout facilement une quantité notable d'iode, mais cette solution se différencie de la solution d'iodure de potassium en ce qu'elle laisse dégager l'iode avec une grande facilité [Jakowkine, *Zeit. ph. Chem.*, **20**, 19, 1896].

Chloroiodure. — Voyez Jakowkine [*loc. cit.*].

Composé $NaCl . ICl^3 . 2H^2O$. — On l'obtient par l'action d'un courant de chlore sur un mélange équimoléculaire de chlorure et d'iodure de sodium en présence d'une quantité d'eau suffisante pour le dissoudre. Cristaux orthorhombiques [Wells et Wheeler, *Am. J. Sc.*, (3), **44**, 42, 1892].

SOUS-OXYDE Na^3O. — (Comparer Dict., **2**, 1517). Ce composé entrevu par Davy et par Gay-Lussac et Thenard s'obtient, d'après de Forcrand [*C. R.*, **127**, 364 et 514, 1898; **128**, 1449 et 1519, 1899], en faisant passer un courant d'air sec, privé de gaz carbonique, sur du sodium chauffé un peu au-dessus de son point de fusion. C'est une substance grise poreuse qui n'absorbe que lentement la vapeur d'eau et que l'oxygène oxyde peu à peu en la blanchissant. Projeté dans l'eau, ce sous-oxyde se décompose d'une façon violente avec dégagement d'oxygène :

$$Na^3_{sol} + O_{gaz} = Na^3O + 101^{Cal},530.$$

Chauffé dans un courant d'air, le sous-oxyde s'enflamme bientôt avec production des oxydes Na^2O et Na^2O^2.

PROTOXYDE Na^2O. — On l'obtient parfaitement pur et cristallisé, d'après E. Rengade [*C. R.*, **143**, 1152, 1906; *Ann. Chim. Phys.*, (8), **11**, 424, 1907], en combinant le sodium avec une quantité insuffisante d'oxygène sec, et distillant ensuite, vers 300°, l'excès de métal dans un tube en verre scellé où l'on a fait le vide à la trompe à mercure. Le protoxyde reste sous forme d'une poudre blanche cristalline, se décomposant dans les environs de 400° avec mise en liberté du métal, et lentement à la température ordinaire sous l'influence de la lumière (expériences inédites). L'hydrogène réduit ce protoxyde vers 180°, en donnant un mélange équimoléculaire d'hydrate $NaOH$ et d'hydrure NaH. Le fluor, l'iode, le soufre réagissent facilement. L'eau se combine violemment avec incandescence et projections. L'ammoniac liquéfié réagit très lentement à la température ordinaire, en donnant le mélange $NaOH + NaAzH^2$. La formation de soude avait déjà été observée dans l'action à chaud de l'ammoniac sur un protoxyde impur, par Titherley [*J. Chem. Soc.*, **65**, 504, 1894].

Chaleur de formation : $Na^2 + 0 = Na^2 O + 100^{Cal}.7$.
Chaleur de dissolution $Na^2 O + Aq = 2NaOH$, $Aq + 56^{Cal},5$; $Na + H^2O + Aq = NaOH$, $Aq + 44^{Cal},10$ [Rengade, *C. R.*, **146**, 129, 1908].

Soude $NaOH$. — Pour obtenir un produit chimiquement pur, il faut décomposer l'eau par le sodium métallique. L'opération peut se faire facilement comme l'a indiqué Rosenfeld, dans des creusets en fer munis de 2 tubes, dont l'un sert à l'introduction du sodium, et l'autre au dégagement d'hydrogène [*J. prakt. Chem.*, (2), **48**, 599, 1893. Voyez aussi Küster, *Zeit. anorg. Chem.*, **41**, 474, 1904].

Densité des solutions [R. Wegscheider et H. Walter, *Mon. f. Chem.*, **26**, 685, 1905 ; **27**, 13, 1906].

Pickering [*J. Chem. Soc.*, **63**, 890, 1893 et *Ph. Mag.*, (5), **37**, 359, 1894], qui a étudié la façon dont se comporte une solution concentrée de soude lorsqu'on la refroidit progressivement, a pu mettre en évidence l'existence de toute une série d'hydrates caractérisés par leur point de fusion :

$NaOH . H^2O$. — Fondant à 64°,3.
$NaOH . 2H^2O$. — Fondant à 12°,5.
$NaOH . 3,11 H^2O$. — Fondant à 2°,73.
$NaOH . 3,5H^2O$. — Fondant à 15°,5.
$NaOH . 5H^2O$. — Fondant à 12°,22.
$NaOH . 7H^2O$. — Fondant à 23°,51.

Si l'on opère avec des solutions de concentration comprise entre 35 et 61 0/0 de soude, on peut obtenir un autre hydrate à $4H^2O$ se présentant sous deux modifications différentes, fondant respectivement à 7°,57 et à — 1°,7.

Ont été également signalés les hydrates suivants :

$3NaOH + 2H^2O$. — Voyez Rose [*Ann. Phys. Chem. Pogg.*, **119**, 171, 1863].

$2NaOH + 3H^2O$. — Obtenu par déshydratation dans le vide de l'hydrate à $3.5H^2O$, $D = 1,829$ [Gerlach, *Chem. Ind.*, **9**, 241, 1886 ; — Maumené, *C. R.*, **99**, 631, 1884].

$NaOH + 2H^2O$. — Cristaux non hygroscopiques, mais attirant l'acide carbonique de l'air [Göttig, *J. prakt. Chem.*, (2), **35**, 560, 1887].

$3NaOH + 4H^2O$. — Cristaux fusibles à 60° [Cripps, *Pharm. Journ.*, (3). **14**, 833, 1884].

Bioxyde de sodium, Na^2O^2. — Il se prépare aujourd'hui industriellement en oxydant à l'air le sodium chauffé vers 300° [Castner, Brevet angl. 20003, 18 nov. 1891 ; — Prud'homme, *Mon. scient.*, (4), **6**, II, 869, 1892]. Il prend naissance dans un assez grand nombre de réactions et, en particulier, par l'action de l'oxygène sur la soude caustique ou le protoxyde anhydre [Voyez entre autres Hein, Brevet all. 82982, 1895 ; — Carrington Bolton, *Chem. News*, **53**, 289, 1886].

Exposé à l'air humide mais exempt de gaz carbonique, il s'hydrate sans perte d'oxygène [Jaubert, *C. R.*, **132**, 35 et 86, 1901].

Chaleur de dissolution dans l'eau $14^{Cal},41$ (De Forcrand).

Le bioxyde de sodium est un oxydant très énergique, et sa solution aqueuse se comporte comme une solution alcaline d'eau oxygénée [Retter, *Zeit. angewandte Chem.*, **7**, 126, 1894 ; — Polleck, *D. chem. G.*, **27**, 1051, 1894].

L'iode [Hœnel, *Arch. d. Pharm.*, **232**, 222, 1894 ; — Longi et Bonavia, *Gazz. chim. ital.*, **28**, I, 325, 1898], le phosphore, le charbon [Meyer, *Chem. Zeit.*, **17**, 305, 1893], les oxydes inférieurs de l'azote, l'ammoniaque elle-même [Michel et Grandmougin, *D. chem. G.*, **26**, 2565, 1893] sont très facilement oxydés.

La plupart des métaux s'attaquent avec une extrême facilité, les uns déjà à froid, d'autres seulement à température de fusion. La combustion de l'aluminium s'effectue à température ordinaire, avec dégagement de lumière au contact d'une trace d'eau [Leidié et Quennesen, *Bull. Soc. Chim.*, (3), **27**, 179, 1902 ; — Rossel et Frank, *D. chem. G.*, **23**, 55, 1894 ; — Léon Frank, *Chem. Zeit.*, **22**, 236, 1898].

Les sulfures acides sont transformés en combinaisons oxygénées [Polleck, *loc. cit.*; — Kassner, *Arch. d. Pharm.*, **232**, 226, 1894].

Les composés les plus stables, les silicates, par exemple, s'attaquent facilement aussi en présence de carbonate de soude ; si bien que dans ces dernières années le bioxyde de sodium est devenu un agent analytique de grande importance.

Les matières carbonées sont oxydées avec la plus grande facilité [Dupré, *Journ. Soc. Chem. Ind.*, **13**, 198, 1894]. Le carbure de calcium donne une réaction explosive [Bamberger, *D. chem. G.*, **34**, 451, 1898].

Hydrate $Na^2O^2 . 8H^2O$. — Cet hydrate s'obtient très facilement en refroidissant à 0° une solution de bioxyde dans 4 fois son poids d'eau [De Forcrand, *C. R.*, **129**, 1246, 1899]. On l'obtient par l'action de l'eau oxygénée sur une solution de soude caustique en excès : l'hydrate se précipite par évaporation de la solution dans le vide et addition d'alcool [Fairley, *Chem. Soc.*, **31**, 125, 1877 ; — Schöne, *Ann. Chem.*, **193**, 241, 1878].

L'hydrate, stable à basse température, perd déjà de l'oxygène à 30-40°. A 110°, la décomposition est complète (Jaubert).

Le bioxyde de sodium en mélange avec un sel neutre, tel que le sulfate ou le chlorure de magnésium, est très employé comme agent de blanchiment [Castner, Brevet angl. 13411, 22 juillet 1892 ; — Prud'homme, *Mon. Scient.*, (4), **6**, (I), 495, 1892]. On l'a préconisé également pour la stérilisation de l'eau [Blatz, *Apotk. Zeit.*, **13**, 728, 1898], la purification de l'air des atmosphères confinées [Desgrelz et Balthazard, *C. R.*, **131**, 429, 1900], la décarbonation des eaux de fontaine chargées de gaz carbonique [C. Derennes, *C. R.*, **131**, 456, 1900].

Peroxyde Na^2O^3. — Poudre rose pâle se formant par l'action de l'oxygène sur le sodammonium à — 50°. Il oxyde le sodammonium en donnant le composé $2Na^2O . AzH^3$ [Joannis, *C. R.*, **116**, 1370, 1893]. Au contact de l'eau, il se transforme en hydrate de bioxyde avec dégagement d'oxygène.

Hydrate $NaO(OH)$. — Tafel l'a obtenu en traitant le peroxyde par l'alcool. C'est une poudre cristalline, d'apparence neigeuse, soluble dans l'eau, et qui perd de l'oxygène au-dessous de 100°.

Si l'on prépare ce composé en présence d'acide, on obtient des combinaisons complexes analogues aux sels doubles, telles que $NaO(OH) + NaCl$;

$NaO(O\,C^2H^3O) + C^2H^3O^2Na$ [*D. chem. G.*, **27**, 817 et 2297, 1894].

Peroxyde Na^2O^4. — Obtenu par Carrington Bolton, comme la combinaison potassique correspondante [*Chem. News.* **53**, 289, 1886].

Hydrate $NaO(OH)^2 + 2H^2O$. — Schöne a préparé ce composé en évaporant une solution de soude additionnée d'un excès d'eau oxygénée. Il se dissout dans l'eau et les acides dilués sans dégagement gazeux. Vers 50°, il abandonne ses 2 molécules d'eau sans éprouver de perte d'oxygène.

MONOSULFURE Na^2S. — On l'obtient anhydre par déshydratation de l'hydrate à $9H^2O$, au rouge sombre, dans un courant rapide d'hydrogène. C'est une masse très blanche, un peu poreuse, quoique très dure et extrêmement déliquescente [Sabatier, *Ann. Chim. Phys.*, (5), **22**, 65, 1881]. D'après Mourlot, la masse est cristalline [*Ann. Chim. Phys.*, (7), **17**, 510, 1899]. Quelquefois le sel jaunit à l'air lorsqu'on le chauffe, mais, par une élévation de température suffisante, il reprend sa teinte primitive [Kolb, *Ann. Chim. Phys.*, (4), **10**, 106, 1867]. On l'obtient encore par l'action du soufre sur le sodammonium [Hugot, *C. R.*, **129**, 388, 1899] en présence d'un excès de sodium.

Hydrate $Na^2S.\,5H^2O$. — Cet hydrate, étudié principalement par Sabatier [*loc. cit.*], est identique à l'hydrate à $6H^2O$. déjà signalé par Finger [*Ann. de Pogg.*, **128**, 635, 1866]. Pour l'obtenir, le plus simple consiste à dissoudre à chaud l'hydrate à $9H^2O$ dans une solution de soude moyennement concentrée. Par refroidissement, l'hydrate se dépose en aiguilles brillantes.

L'hydrate à $9H^2O$ fournit aussi, par dissolution dans l'alcool chaud et convenablement concentré, le pentahydrate [Göttig, *J. prakt. Chem.*, (2), **34**, 229, 1886; **35**, 89, 1887; — Böttger, *Ann. Chem.*, **223**, 335, 1884].

Hydrate $Na^2S,4,5H^2O$. — C'est le produit de déshydratation dans le vide de l'hydrate à $9H^2O$ [Sabatier, *loc. cit.*].

Hydrates $Na^2S.5,5H^2O$ et $Na^2S.6H^2O$. — Ces hydrates, signalés par Göttig [*loc. cit.*], prennent naissance par l'action de l'hydrogène sulfuré sur une solution de soude alcoolique. L'alcool très étendu les transforme en hydrate à $9H^2O$, tandis que l'alcool très concentré fournit le pentahydrate.

Hydrate $Na^2S.\,3H^2O$. — Cet hydrate a été signalé par Damoiseau [*Journ. Pharm. Chem.*, (3), **10**, 3, 1885].

SULFHYDRATE DE SULFURE $NaSH$. — On l'obtient à peu près pur en chauffant le sulfure à $9H^2O$, dans un courant d'hydrogène sulfuré. C'est une masse solide d'un blanc jaunâtre, très hygrométrique, de dureté assez grande. Chaleur de formation 56Cal,300; chaleur de dissolution 4Cal,400 (Sabatier).

Hydrate $NaSH, 2H^2O$. — L'évaporation des solutions de sulfhydrate dans un courant de gaz sulfhydrique donne des aiguilles incolores, vraisemblablement clinorhombiques, très déliquescentes et jaunissant à l'air. Chaleur de dissolution —1Cal,500 [De Forcrand, *C. R.*, **128**, 1519, 1899].

Une solution renfermant de la soude et de l'hydrogène sulfuré, dans le rapport voulu par la formation du sulfhydrate $NaSH$, ne donne pas de polysulfure quand on la chauffe en tube scellé avec du soufre [Filhol, *C. R.*, **93**, 590, 1881].

Hydrate $NaSH + 3H^2O$. — [Thommerel et Gelis; voyez Baudrimont, *Répert. de Pharm.*, (2), **3**, 453, 1897; — Bloxam, *Journ. Chem. Soc.*, **77**, 753, 1900].

Hydrate $NaSH,1,5H^2O$. — Cet hydrate a été signalé par Böttger [*Ann. Chem. Pharm. Lieb.*, **223**, 335, 1884].

POLYSULFURES. — Un grand nombre de composés ont été signalés:

Na^2S^3. — Sabatier a obtenu un composé se rapprochant de cette formule en chauffant, au rouge vif, du sulfate de soude dans un courant de sulfure de carbone.

Na^2S^3. — Ce composé paraît être le premier terme d'attaque du sodium par le soufre, en présence de toluène bouillant [Locke et Austell, *Am. chem. Journ.*, **20**, 592, 1898].

Na^2S^4. — Masse translucide rouge, cassante, fixant très rapidement l'humidité et l'oxygène atmosphérique en se transformant en soufre et hyposulfite. On l'obtient en chauffant le sulfure $Na^2S.\,4,5H^2O$ effleuri avec du soufre. Chaleur de dissolution à 16°,5 + 0Cal,800.

La formule du persulfure de sodium paraît encore indécise. Sabatier n'a jamais pu dissoudre, dans une solution de monosulfure, la quantité de soufre exigée par la formule Na^2S^5 aq. La quantité dissoute correspond à $Na^2S^{4,6}$. L'existence d'un tel composé paraît confirmée par les recherches de Bloxam [*loc. cit.*] qui, récemment, a décrit le persulfure $Na^4S^9,14H^2O$. Par contre, Hugot [*C. R.*, **129**, 388, 1899] aurait obtenu un pentasulfure anhydre en dissolvant un excès de soufre dans un excès de sodammonium.

SÉLÉNIURE Na^2Se. — Le sel anhydre signalé par Uelsmann [*D. chem. G.*, **6**, 999, 1873], puis par Jackson [*D. chem. G.*, **7**, 1277, 1874], s'obtient assez facilement, d'après Fabre [*Ann. Chim. Phys.* (6), **10**, 500, 1887; *C. R.*, **102**, 613, 1886]. par déshydratation de l'hydrate à $4,5H^2O$ dans un courant d'azote au-dessous de 400°. Il forme une masse rouge à chaud, qui devient jaune, puis blanche par refroidissement.

Hugot l'a obtenu à l'état de pureté sous forme d'une masse blanche insoluble dans l'ammoniac liquide, par l'action du sélénium sur le sodammonium, en présence d'un excès de métal alcalin [*C. R.*, **129**, 299, 1899].

Hydrate $Na^2Se, 16H^2O$. — On sature une solution étendue de soude caustique (1 p. de $NaOH$, 4 p. d'eau) par de l'hydrogène sélénié et on évapore la solution dans un courant d'azote pour éviter l'accès de l'air, qui décompose immédiatement le produit avec formation de séléniure, de sélénite et de carbonate. Point de fusion 40°.

En opérant avec une solution de soude plus concentrée, celle-ci laisse déposer par saturation avec H^2Se des cristaux d'*hydrate à* $9H^2O$. — En traitant une solution concentrée de séléniure par un excès de soude caustique, on obtient de fines aiguilles d'un *hydrate à* $4,5H^2O$ (Fabre).

Séléniure Na^2Se^4. — Hugot l'obtient en traitant le sodammonium par un excès de sélénium. C'est une masse cristalline brune soluble en violet dans l'eau.

Sulfoséléniure. $NaSSe^2,5H^2O$. — Obtenu par Messinger [*D. chem. G.*, **30**, 805, 1897] en faisant bouillir une solution de sulfhydrate avec du sélénium.

TELLURURES. — En faisant réagir le tellure sur le sodammonium, Hugot est parvenu à préparer les deux tellurures Na^2Te, matière blanche amorphe, et Na^2Te^3, matière cristalline d'un brun foncé [*C. R.*, **129**, 299, 1899].

Composés TeF^4, NaF et TeI^4, NaI. — [Berzélius, *Ann. Ph. Chem. Pogg.*, **32**, 1].

AZOTURE DE SODIUM. — C'est une matière brun foncé ou rouge brunâtre qui prend naissance, à partir des éléments, sous l'influence des décharges électriques [Salet, *C. R.*, **82**, 223, 1876;

— Zehnder, *Ann.* [*Phys. Chem. Wied.*, **52**, 56, 1894].

AZOTHYDRATE, Az^3Na. — Ce sel, qui se présente en cristaux hexagonaux, prend naissance en traitant par la soude l'acide azothydrique ou le sel d'ammonium. Le sel, assez soluble dans l'eau, est peu soluble dans l'alcool, insoluble dans l'éther [Curtius, *D. chem. G.*, **23**, 3023, 1890; **24**, 3341, 1891; *Pharm. Zeit.*, **35**, 623, 1890; — Curtius et Rissom, *J. prakt. Chem.*, (2), **58**, 261, 1898; — Dennes et Bénédikt, *J. Amer. Chem. Soc.*, **20**, 225, 1898; — Gill, *J. Am. Chem. Soc.*, **20**, 229, 1898; — Rosenbusch, *J. prakt. Chem.*, **58**, 261, 1900].

Le même sel prendrait encore naissance, d'après Joannis [*C. R.*, **118**, 715, 1894], par l'action du protoxyde d'azote sur la sodamine [Comparer Wislicenus, *D. chem. G.*, **25**, 2084, 1892], et d'après Curtius [*loc. cit.*] en traitant la benzoylazoïmide par la soude ou l'alcoolate de sodium.

SODAMMONIUM, AzH^3Na. — L'existence de ce composé est fortement accréditée par suite des recherches de Joannis [*C. R.*, **109**, 900 et 965, 1889; **110**, 238, 1890; **112**, 337 et 392, 1891; **114**, 585, 1892; **113**, 795, 1891; **115**, 820, 1892; **116**, 1370 et 1518, 1893; **118**, 713, 1894; *Ann. Chim. Phys.*, (8), **7**, 5, 1906 et **11**, 101, 1907].

Ce savant a montré, en effet, que le gaz ammoniac donne avec le sodium, une solution qui possède une tension variable tant que la concentration n'atteint pas $Na + 5,3 AzH^3$ à 0°. Cette composition variable avec la température ne représente pas par suite de combinaison définie : elle correspond à une solution saturée de sodammonium dans l'ammoniac liquide. En enlevant de l'ammoniac, du sodammonium se dépose sous forme d'un corps cristallisé d'un rouge plus intense encore que le cuivre. La tension de dissociation du sodammonium est égale, pour chaque température, à la tension du gaz que fournirait une solution saturée de ce corps dans l'ammoniac à la même température. A — 20°, Moissan a montré que la tension de l'ammoniac était égale à la pression atmosphérique [*C. R.*, **127**, 911, 1898; *Bull. Soc. Chim.*, (3), **21**, 904 et 911, 1899].

Le sodammonium se dédouble lentement à température ordinaire en hydrogène et amidure AzH^2Na.

La solution de sodammonium dans l'ammoniac liquide réagit avec une extrême facilité. L'iode donne le composé AzI^3Na^2 [Ruff, *D. chem. G.*, **32**, 3025, 1900]; l'oxygène donne l'hydrate $AzH^2Na^2(OH)$ (Joannis); le phosphore et l'arsenic fournissent des composés plus complexes $P^3Na,3AzH^3$; — PNa^3, PH^3; — $AsNa^3,3AsH^3$ [Hugot, *C. R.*, **124**, 206, 1895; **126**, 1719, 1898; **127**, 553, 1898; **129**, 299, 388 et 603, 1899; *Ann. Chim. Phys.*, (7), **21**, 5, 1900]. L'antimoine et le bismuth donnent Na^3Sb et Na^3Bi (Joannis).

Les oxydes d'azote réagissent d'une façon complexe : le protoxyde décompose le sodammonium avec formation d'azothydrate et d'ammoniac; le bioxyde donne de l'hypoazotite [Joannis, voy. aussi Wislicenus, *loc. cit.*]; l'acétylène de l'acétylure C^2HNa (Moissan); l'oxyde de carbone, du sodium carbonyle $(CO)Na$ (Joannis).

Pour la conductibilité des solutions de sodammonium, voyez Cady [*The Journ. of phys. Chem.*, **1**, 707, 1897] et Legrand [*Thèse Fac. Sc.*, Paris, 1900].

Chlorure de disodammonium, $(AzH^2.Na^2)Cl$. — Il se forme par dissolution du chlorure de sodium dans le sodammonium en présence d'ammoniac liquide (Joannis).

Hydrate de disodammonium, $AzH^2Na^3(OH)$.

— Il se forme par l'action de l'oxygène sur le sodammonium (Joannis).

AMIDURE DE SODIUM, SODAMINE, $AzH^2.Na$. — Son étude a été reprise récemment par Titherley et par de Forcrand [*J. Chem. Soc.*, **65**, 304, 1694 et *C. R.*, **121**, 66, 1895].

Pour le préparer, on place le sodium dans une nacelle d'argent ou de fer et l'on chauffe dans un courant d'ammoniac vers 300–400°. Tant qu'il reste un excès de métal, on n'obtient qu'un liquide bleu verdâtre, mais dès que le métal a disparu, il se dégage de très abondantes vapeurs blanches de sodamine qu'il suffit de condenser dans des flacons bien secs.

La décomposition spontanée du sodammonium fournit de la sodamine bien cristallisée (Joannis). L'action de l'ammoniac sur l'hydrure de sodium conduit encore à la sodamine : en même temps il y a dégagement d'hydrogène (Moissan).

Chauffé, l'amidure se ramollit à 149°, fond à 155°, se volatilise à 400° en éprouvant une légère décomposition. Au rouge, il fournit un mélange d'azote, de sodium et d'hydrogène, mais il ne se forme pas d'azoture, comme l'avaient signalé Gay-Lussac et Thénard.

Exposée à l'air, la sodamine s'oxyde superficiellement; elle absorbe en même temps la vapeur d'eau, le gaz carbonique et l'oxygène; il y a formation de soude, de nitrite et de carbonate [Comp. Drechsel, *D. chem. G.*, **20**, 1456, 1887].

Le silice, l'acide borique réagissent sur l'amidure avec formation de silicate et borate alcalins et d'azotures de silicium et de bore (Titherley). Chaleur de formation $33^{Cal},500$ (De Forcrand).

Voyez aussi sur les propriétés de la sodamine les mémoires de P. Winter [*J. Amer. Chem. Soc.*, **26**, 1484; 1904] et E. Ephraïm [*Zeit. anorg. Chem.*, **44**, 185, 1905].

Composé, AzF^3Na^2 [Ruff, *loc. cit.*].

PHOSPHURES DE SODIUM. — Hugot [*loc. cit.*], en faisant réagir un excès de phosphore rouge sur une solution de sodammonium, a obtenu une masse rouge de formule $P^3Na.3AzH^3$. Cette combinaison ammoniacale, chauffée à 180°, perd tout son ammoniac et laisse un résidu de phosphure P^3Na.

En traitant du phosphore par un excès de sodammonium, on obtient un corps jaune décomposable par l'eau, de formule $PH^3.PNa^3$.

Phosphidure de sodium, sodophosphine, $PH^2.Na$. — Joannis l'a obtenu [*C. R.*, **119**, 557, 1893] par l'action de l'hydrogène phosphoré sur une solution de sodammonium dans l'ammoniac liquide. Aiguilles blanches.

ARSÉNIURES. — En remplaçant dans ses expériences le phosphore par l'arsenic, Hugot a obtenu les deux combinaisons $AsNa^3.AzH^3$ et $AsNa^3$.

Lebeau a pu préparer l'arséniure $AsNa^3$ en cristaux noirs et brillants en chauffant ensemble un mélange d'arsenic et de sodium et épuisant le résidu par l'ammoniac liquide [*Bull. Soc. Chim.*, (3), **23**, 250, 1900].

ANTIMONIURE DE SODIUM, $SbNa^3$. — Joannis l'a obtenu par l'action de l'antimoine sur le sodammonium. Lebeau a pu le préparer dans les mêmes conditions que l'arséniure.

Halogénures doubles, $SbF^3.3NaF$. — [Flückiger, *Ann. Ph. Chem. Pogg.*, **87**, 245, 1852]. — $SbF^3.NaF$ [Hein, *Chem. Zeit.*, **11**, 1298, 1887]. — $SbF^5.NaF$ [Marignac, *Ann. Chem.*, **155**, 239, 1868]. — $SbF^3.NaF$ (Marignac). — $SbF^3.NaCl$. Cristaux hygrométriques [Haen, Brevet allemand, *Chem. Centr. Bl.*, (1), 176, 1889]. — $SbCl^3.3NaCl$ [Poggiale, *C. R.*, **20**, 1180, 1845; — Causse, *C. R.*, **113**, 1042, 1891]. — $3SbF^3.NaI.12H^2O$. — Prismes rouge orangé [Schäffer, *Ann. Ph.*

Chem. Pogg., **109**, 261. 1860]. Chauffés à 100°, les cristaux perdent toute leur eau.

BORURE. — La réduction de l'acide borique par le sodium métallique donne naissance, d'après Moissan, à une petite quantité de borure [*C. R.*, **114**, 319, 1892].

ACÉTYLURES SODIQUES. — Ces composés prennent naissance en chauffant le sodium dans un courant d'acétylène. Vers 190° on obtient l'acétylure monosodique C^2HNa ou mieux $C^2H^2.C^2Na^2$. A 220-230° on obtient l'acétylure disodique ou carbure C^2Na^2 signalé depuis longtemps par Berthelot [*Ann. Ch. Ph.*, (4). **9**, 403, 1866].

L'acétylure disodique constitue une poudre blanche très oxydable $D_{15} = 1,575$ que l'eau décompose violemment. L'oxygène le transforme en carbonate. le chlore donne lieu à un dépôt de charbon avec dégagement de lumière; la réaction est explosive avec le brome. moins violente avec l'iode. Chaleur de formation :

$$C^2H^2_{gaz} + Na^2_{sol.} = H^2_{gaz.} + C^2Na^2_{sol.} + 48^{Cal},39$$

[de Forcrand. *C. R.*, **120**, 1215. 1895 : **124**, 1153, 1897; — Matignon. *C. R.*, **124**, 775 et 1026, 1897; **125**, 1033, 1897; — Moissan, *Bull. Soc. Chim.*, (3). **19**, 867, 1898].

L'acétylure monosodique a été obtenu par Moissan en cristaux lamellaires d'apparence rhomboédrique, très déliquescents, en faisant réagir l'acétylène sur le sodammonium. Chauffé dans le vide, il perd de l'acétylène et donne le carbure C^2Na^2.

Sodoryanamide, $CAz-AzNa^2$. — Voyez Beilstein et Geuther [*Ann. Chem.*, **108**. 88. et P. Winther, *J. Amer. Journ. Soc.*, **26**, 1484, 1904].

HYPOCHLORITE, $ClONa + Aq$. — Muspratt et Schrapnell ont pu isoler des solutions d'hypochlorite contenant $NaOCl$ 39.9; ClO^3Na 0,4: $NaCl$ 3,8; $NaOH$ 1,2: H^2O 54.7. des cristaux fondant à 80°. représentant vraisemblablement un hypochlorite impur de formule $NaOCl$, 5.5 H^2O [*J. Soc. Chem. Ind.*, **17**, 1096, 1898 et **18**. 10, 1899].

Lorsque. pour la préparation de l'hypochlorite. on fait usage de solutions alcalines renfermant moins de 7 0/0 de carbonate. on n'obtient entre 25 et 33° que des traces de chlorate, mais la quantité de ce dernier sel augmente rapidement avec la concentration de la liqueur et la durée de la chloruration [Bhaduri, *Zeit. anorg. Chem.*, **13**, 385, 1897]. Le bicarbonate de soude, comme du reste le gaz carbonique. décompose les solutions d'hypochlorite avec dégagement d'oxygène [Muspratt et Schrapnell, *loc. cit.*; — Austen, *Am. Chem. Journ.*, **11**. 80, 1889].

La décomposition en chlorate est lente à basse température (25-28°); elle est accélérée par les radiations solaires; à 100°, la décomposition est complète en quelques heures. Les solutions renfermant par litre 4 molécules d'hypochlorite présentent une stabilité maxima. La décomposition est plus facile en solution très alcaline [Fœrster et Jones, *J. prakt. Chem.*, (2). **159**, 53. 1899].

CHLORATE. — Toutes les méthodes proposées jusqu'ici peuvent se ramener aux trois types suivants :

1° *Action du chlore sur une solution de soude caustique ou carbonatée.* — Contrairement à ce qu'on admet en général, la formation du chlorate ne nécessite pas une température élevée [Best. *Soc. Chem. Ind.*, 865, 1895; — Grossmann. *ibid.*, 158. 1896]. puisque Best le prépare industriellement par l'action du chlore sur les solutions de carbonate ou de bicarbonate de soude à une température qui ne dépasse pas 35°.

2° *Double décomposition entre un chlorate et un sel de soude approprié.* — Les procédés les plus pratiques semblent être ceux préconisés par Schlœsing [*C. R.*, **73**, 1271, 1871], Schön [*J. Pharm. Chem.*, (5), **27**, 522, 1893] et Muspratt [*Polyt. J. Dingler*, **254**, 47. 1884]. Ils consistent à décomposer par le carbonate de soude les solutions de chlorure de chaux ou de magnésie.

3° *Electrolyse des solutions de chlorate.* — C'est aujourd'hui le procédé industriel le plus employé.

Indépendamment de la forme cubique, qui a été étudiée, depuis Marbach, par plusieurs auteurs [entre autres par Guye, *C. R.*, **108**, 348, 1889; — Brauns, *Jahr. f. Min.*, **1**, 40, 1898; — Kreider, *Am. Journ. Sc.*, (4), **8**, 133, 1899], Mallard a observé une forme hexagonale. Quoique le dimorphisme ait été contesté par Wyrouboff, il a été retrouvé plus récemment par Retgers [Mallard, *Bull. Soc. Min.*, **7**, 349. 1884; — Retgers, *Zeit. Krist.*, **23**, 266, 1894; — Wyrouboff, *Bull. Soc. Min.*, **13**, 328, 1890]. Voyez aussi les données cristallographiques de H. Copaux [*C. R.*, **144**, 508, 1907].

La solution de chlorate abandonne par cristallisation quantités égales de cristaux droits et de cristaux gauches. L'addition à une solution sursaturée d'un cristal droit ou d'un cristal gauche détermine la formation de la forme droite ou de la forme gauche [Gernez, *C. R.*, **66**, 853, 1868]. Pope a montré qu'on pouvait d'une façon semblable favoriser la formation de cristaux droits ou de cristaux gauches en ajoutant à la solution de chlorate une certaine quantité d'un composé optiquement actif [*Chem. Soc.*, **73**, 606, 1898].

Point de fusion 248° [Retgers, *Zeit. Krist.*, **24**, 127, 1895]. D'après Poincaré [*Ann. Chim. Phys.*, (6), **21**, 314, 1890], la fusion se produit sans décomposition : celle-ci, par contre, est immédiate si dans la masse fondue se trouve une bulle gazeuse. $D = 2.496$ [Le Blanc et Rohland, *Zeit. phys. Chem.*, **19**, 261, 1896].

Le chlorate est insoluble dans l'ammoniac liquéfié [Franklin et Kraus, *Am. Chem. Journ.*, **20**. 824. 1898].

Le chlorate de soude. comme celui de potasse, se décompose sous l'action de la chaleur avec formation de perchlorate et dégagement d'oxygène. La quantité de chlore dégagé est insignifiante lorsqu'on opère dans un vase de platine. En présence de la porcelaine, la quantité de chlore devient notable. En présence aussi de P^2O^5 ou de gaz carbonique, il semble que l'acide chlorique soit déplacé et que cet acide se dédouble ultérieurement en chlore et oxygène [Spring et Prost. *Bull. Soc. Chim.*, (3), **1**, 340, 1889; — Schulze, *J. prakt. Chem.*, (2), **21**, 407, 1880].

La réduction des solutions de chlorate par le chlorure ferreux a été étudiée par Noyes et Wason [*Journ. Am. Chem. Soc.*, **19**, 201, 1897].

PERCHLORATE. — Ce sel, qui se rencontre dans les nitrates du Chili [Noyes et Wason, *Journ. Am. Chem. Soc.*, **19**, 201, 1897], s'obtient facilement en décomposant le chlorate par la chaleur [Schlœsing, *C. R.*, **73**, 1271, 1871]. En reprenant le résidu par l'eau, le perchlorate passe en solution, tandis que la majeure partie du chlorure formé et du chlorate non décomposé reste insoluble.

D'après Potilitzine [*Centr. Blat.*, (1), 570, 1890], au-dessus de 50°, le sel cristallise anhydre; au-dessous de cette température, il retient 1 molécule d'eau.

Ce sel exerce une action nuisible très marquée sur les plantes [Pasqualini. *Bull. Soc. Chim.*, (3). **20**. 429, 1898; — Stoklasa, *Z. für Zuck. Ind. Böhm.*, **24**, 131, 1900; — Petermann, *Bull.*

Stat. Agric. Gembloux, 51, 1900; — Krüger et Berju, *Centr. Bl.*, (II), 936. 1898].

HYPOBROMITE. — Les solutions obtenues par l'action du brome sur les lessives étendues de soude sont très peu stables. Les acides les plus faibles, même l'acide carbonique, mettent du brome en liberté. Avec l'acide chlorhydrique, les solutions se décomposent complètement et, après décomposition, elles ne renferment plus que du chlorure de sodium [Allen, *J. Soc. Chem. Ind.*, 3, 65, 1884].

BROMATE. — Par refroidissement vers — 4°, les solutions de bromate laissent déposer un hydrate signalé par Löwig [*Mag. Pharm.*, 33, 6, 1831]. Point de fusion 381° [Carnelley et William, *Chem. Soc.*, 37, 125, 1880].

HYPOIODITE. — L'existence d'hypoiodite est toujours problématique. D'après Péchard [*C. R.*, 128, 1101, 1899], l'iode, en réagissant sur les solutions de soude caustique, donnerait un mélange d'hypoiodite, d'iodure et d'iodate. L'hypoiodite formé serait susceptible de décomposer l'iodure avec mise en liberté d'iode, si bien qu'en solution, il s'établirait un équilibre entre les différents corps : iode, soude, hypoiodite et iodure.

IODATE. — On peut l'obtenir en oxydant l'iodure de sodium soit par voie sèche au moyen du chlorate [Henry, *J. Pharm. Ch.*, (2), 18, 348, 1832] ou du periodate de sodium [Péchard, *C. R.*, 128, 1453, 1899], soit par voie humide au moyen du permanganate de potasse. On peut aussi oxyder l'iode au moyen du bioxyde de sodium [Longi et Bonavia, *Gazz. chim. ital.*, 28, 325, 1898].

Suivant les conditions dans lesquelles l'iodate se dépose, il peut renfermer des quantités d'eau variant de 8 à 43 0/0, teneurs extrêmes correspondant à des hydrates bien définis $IO^3Na \cdot H^2O$ et $IO^3Na, 8H^2O$.

Le traitement direct des lessives sodiques caustiques par l'iode ne fournit pas de sel basique, comme l'avait indiqué Gay-Lussac, mais des combinaisons doubles d'iodure et d'iodate.

Les acides non réducteurs paraissent réagir sur les solutions d'iodate avec formation de sels acides [Ditte, Thèse Paris. 1870; — Blomstrand, *J. prakt. Chem.*, (2), 40, 305, 1889].

Le sel anhydre prend naissance en faisant cristalliser les sels hydratés dans l'acide sulfurique étendu de son volume d'eau ou par dessiccation des hydrates à 150°.

Hydrates. — $IO^3Na \cdot H^2O$. — Par cristallisation des solutions entre 105 et 50° (Ditte).

$2IO^3Na \cdot 3H^2O$. — Par cristallisation des solutions entre 28 et 40° ou par dessiccation du pentahydrate à 30° (Ditte).

$IO^3Na + 2H^2O$. — Par cristallisation : 1° des solutions neutres entre 24 et 28°; 2° des solutions alcalines entre 20 et 27° (Ditte).

$IO^3Na + 3H^2O$. — Par cristallisation des solutions vers 20° ou par efflorescence du sel à $5H^2O$ entre 23 et 24°.

$IO^3Na \cdot 5H^2O$. — D'après Ditte, ce sel se dépose entre — 2° et + 22°.

$IO^3Na \cdot 6H^2O$. — D'après Millon [*Ann. Chim. Phys.*, (3), 9, 418, 1843], ce sel se forme en abandonnant les cristaux à $8H^2O$ sous une cloche plongeant dans de l'eau à 0° jusqu'à poids constant.

$IO^3Na \cdot 8H^2O$. — On fait cristalliser l'iodate à + 10° et l'on maintient ensuite les eaux-mères à 0°. On obtient une cristallisation abondante, mais les cristaux perdent de l'eau très rapidement.

Iodate acide de sodium $IO^3Na + 2IO^3H + 1,5H^2O$. — Obtenu par Blomstrand par évaporation spontanée d'une solution renfermant 4 molécules d'acide iodique pour 1 atome de sodium. Les cristaux paraissent formés de grandes tables quadratiques.

Fluoiodate de sodium IO^2F^2Na. — Obtenu en traitant l'iodate de soude par une solution d'acide fluorhydrique à 40 0/0 [Weinland et Lauenstein, *D. chem. G.*, 30, 866, 1897].

Combinaison $IO^3Na + NaCl + 4H^2O$. — Gros cristaux transparents devenant anhydres à 170°, et qu'on obtient par l'action de l'acide chlorhydrique concentré sur l'iodate de sodium (Ditte).

$IO^3Na + NaCl + 6H^2O$. — Obtenu par Rammelsberg [*Sitz. Preuss. Akad.*, 137, 1862] en traitant l'iodate de soude en solution alcaline par un courant de chlore. Tables incolores à 4 faces, inaltérables à l'air.

$IO^3Na + NaI + Aq.$ — Ditte a bien obtenu une combinaison d'iodate et d'iodure, mais en opérant vers 25-30°, le sel ne renferme que $8H^2O$ (Comparer Dict., 2, 1526).

$2IO^3Na + 3NaI + Aq.$ — Ce sel a été signalé par erreur dans le Dictionnaire comme renfermant $20H^2O$. D'après Marignac, il renferme $10H^2O$ [Marignac, *An. Mines*, (5), 12, 1, 1857]. D'après Penny, $9H^2O$. Cristaux rhomboédriques [Eakle, *Zeit. Krist.*, 26, 558, 1896].

PERIODATE DE SODIUM. — Les solutions de periodate sont douées de propriétés oxydantes énergiques. Elles réagissent à froid sur les solutions d'iodure de sodium avec mise en liberté d'iode et formation d'iodate et de periodate basique [Philipp, *An. Ph. Chem. Pogg.*, 137, 319, 1869; — Péchard, *C. R.*, 130, 1705, 1900]. La solution ainsi obtenue a une réaction basique qui disparaît lentement par suite de la transformation du periodate basique en iodate neutre (Péchard, Philip).

Periodate basique $IO^6H^3Na^2$. — D'après Hœhnel [*Arch. Pharm.*, 232, 222, 1894], on l'obtient avec un rendement de 65 0/0 en chauffant à température de fusion 4 p. d'iode et 10 p. de bioxyde de sodium. L'iode peut être remplacé par de l'iodure de sodium, mais la réaction est plus délicate.

Le periodate basique $IO^6Na^3H^2$ a été obtenu par Kimmins [*Chem. Soc.*, 51, 356, 1887] sous forme d'un précipité granuleux. Ihre (*Om Oefverjodsyr. Mättdingkap Oerebro* 1869) a signalé un sel vraisemblablement identique, mais auquel il attribue la formule $IO^6Na^3H^2 + 0,25H^2O$.

Composé $S^2O^4Na^2$. — L'hydrosulfite ne correspond pas à la formule $S^2O^4Na^2$ [Schützenberger et Gérardin, *C. R.*, 75, 879, 1872; — Bernthsen, *D. chem. G.*, 13, 2277, 1880; 14, 438, 1881; — Prud'homme, *B. Soc. Ind. Mulhouse*, 216, 1889; — Grossmann, *Soc. Chem. Ind.*, 13, 1109, 1898; 18, 452, 1899; — Berntsen et Bazlen, *D. chem. G.*, 33, 126, 1900; — Schär, *D. chem. G.*, 27, 2714, 1894]. Le composé qui prend naissance par l'action du gaz sulfureux sur l'hydrure de sodium avec dégagement d'hydrogène [*C. R.*, 135, 647, 1902] n'est pas de l'hydrosulfite, mais un sel d'un nouvel acide du soufre $S^2O^4H^2$. Les sels de cet acide se dédoubleraient par hydrolyse en hydrosulfite SO^2HNa et bisulfite [M. Prud'homme, *Rev. gén. des mat. colorantes*, 1905, 1].

HYDROSULFITE. — La réduction du bisulfite peut être obtenue au moyen du couple de Gladstone [Scurati Manzoni, *Gazz. chim. ital.*, 14, 361, 1885] et très simplement aussi par électrolyse; mais la réduction électrolytique ne donne que de mauvais rendements [Ekker, *Rec. Pays-Bas*, 14, 57, 1895].

Lorsqu'on conserve longtemps les solutions d'hydrosulfite, elles se décomposent avec formation d'hyposulfite [Wagner, *Dingl. Journ.*, 225, 382, 1877; — J. Meyer, *Zeit. anorg. Chem.*, 34, 43, 1903].

Action des polysulfures de sodium [Binz. *D. chem. G.*, **38**. 2051, 1905].

Action de l'hyposulfite [Binz et Sondag. *ibid.*. **33**. 3830. 1905].

Hydrosulfite-formaldéhyde. — L'hydrosulfite. employé dès son apparition sur le marché pour le montage des cuves d'indigo, offre par suite de son instabilité de multiples inconvénients. Aussi de nombreuses recherches ont été tentées en vue d'obtenir des hydrosulfites simples ou doubles de plus grande stabilité. On trouvera un historique de ces différentes tentatives dans la *Revue générale des matières colorantes*. 1904 et 1905. Nous nous bornerons ici à signaler simplement la formation de l'hydrosulfite-aldéhyde de formule $SO^2HNa + CH^2O + 2H^2O$, grands prismes d'apparence clinorhombiques, non hygrométriques, se dissolvant bien dans l'eau. fusibles à 63-64° et pouvant être maintenus plusieurs heures à 108-110° sans éprouver de décomposition. A 120°, il commence à perdre de l'eau et se décompose vers 125° avec dégagement de formaldéhyde et d'hydrogène sulfuré [Baumann, Thesmar et Frossard. *Rev. gén. mat. color.*. 1904, 353]. Ce sel a rapidement, dans l'industrie, pris de l'importance.

Sulfite neutre SO^3Na^2. — On peut le préparer en quantité considérable en traitant par le gaz sulfureux une solution de chlorure de sodium additionnée d'ammoniaque. Il se précipite rapidement à froid un sulfite double ammoniacal $S^2O^5Am^2$. $2SO^3Na^2$ qu'il suffit de décomposer ensuite par la chaleur [Tauber, *Jahresb. Techn.*. 444, 1888].

Chauffé à 190°, dans une atmosphère de gaz sulfureux, il se décompose avec formation de sulfate et mise en liberté de soufre. si l'on opère en présence d'un excès de gaz sulfureux: si, au contraire. c'est le sulfite qui se trouve en excès, il se forme de l'hyposulfite [Divers. *J. Chem. Soc.*. **47**, 205. 1885]. Chaleur de formation $261^{Cal}.400$; chaleur de dissolution $2^{Cal}.500$ [Hartog, *C. R.*. **109**, 179, 1889; — De Forcrand, *Ann. Chim. Phys.*, (6), **3**, 242, 1884; — *C. R.*, **98**, 738, 1884].

Hydrates. — Le sel à $7H^2O$ s'obtient d'après Röhrig [*J. prakt. Chem.*. (2), **37**, 217, 1888] par concentration des solutions de sulfite sur l'acide sulfurique à 18-20°. Chaleur de dissolution $1^{Cal}.200$ (De Forcrand). Le sel à $10H^2O$ est isomorphe avec le sulfate et le carbonate décahydratés [Traube. *Z. Kryst.*, **22**, 143, 1893].

Les solutions de sulfite s'oxydent déjà à l'air [Bigelow, *Z. ph. Chem.*, **26**, 493, 1898]. La plupart des oxydants les transforment en sulfate: ainsi réagit le permanganate. La réaction est particulièrement facile en liqueur neutre ou alcaline [Hönig et Zatzek, *Sitz. Akad. Wien.*. **88**, 521, 1883; — Longi et Bonavia, *Gazz. chim. ital.*, **28**, (I). 325, 1898: — Haber et Braune, *Z. ph. Chem.*. **35**, 81, 1900].

Bisulfite $SO^3HNa + 6H^2O$. — L'action du gaz sulfureux sur les solutions de soude caustique ou carbonatée ne conduit pas comme on l'a cru pendant longtemps au bisulfite; celui-ci sitôt formé se déshydrate et donne du pyrosulfite ou métabisulfite.

Tous les composés décrits comme bisulfite n'ont aucune individualité chimique [De Forcrand, *Ann. Chim. Phys.*, (6), **3**, 242, 1884].

Cependant Evan et Desch ont réussi à obtenir du bisulfite cristallisé avec $6H^2O$ par refroidissement énergique d'une solution de soude saturée de gaz sulfureux.

Ce corps très instable se décompose, même en vase clos. en métasulfite stable [*Chem. News*, **71**, 248, 1895].

Métasulfite $S^2O^5Na^2$. — Le sel fraîchement

préparé et conservé dans une atmosphère d'azote se transforme en une modification isomérique avec dégagement de 2^{Cal},74 [Hartog, *C. R.*, **109**, 436, 1889].

Chauffés rapidement les cristaux de métasulfite se décomposent en soufre, anhydride sulfureux et sulfate [De Forcrand, *loc. cit.*].

Chauffés lentement vers 80°, ils perdent du gaz sulfureux.

Les solutions saturées chauffées en tube scellé à 150° se décomposent avec formation de soufre et dépôt de sulfate [Barbaglia et Gucci, *D. chem. G.*, **13**. 2325, 1880].

L'iode en solution dans l'iodure de potassium ne fournit pas de dithionate. comme l'ont indiqué certains auteurs [Sokolow et Malcewsky, *Journ. Soc. phys. chim. russe*, **13**, 169, 1881; — Otto, *Arch. Pharm.*, **229**, 171, 1891; **230**, 1, 1892], mais du bisulfate et de l'iodure [Bourgeois et Spring, *Bull. Soc. Chim.*. (3), **6**, 920, 1891; — Colefax, *J. Chem. Soc.*. **61**, 176, 1892].

Dithionate. — Les solutions de dithionate traitées par l'amalgame de sodium sont réduites à l'état de sulfite [Spring, *D. chem. G.*, **7**, 1157, 1874].

Trithionate. — Il s'obtient par l'action du gaz sulfureux sur la solution d'hyposulfite de soude. Il se dépose d'abord du tétrathionate, puis ensuite de petits cristaux déliés de trithionate $S^3O^6Na^2$. $3H^2O$. Ce sel est en prismes orthorhombiques. En solution, il se dédouble à chaud, en présence d'alcalis, en sulfite et hyposulfite. Cette solution réduit les liqueurs de sulfate avec précipitation de sulfure [Villiers, *C. R.*. **106**. 851 et 1354, 1888; **108**, 402, 1889].

Ce sel ne prend pas naissance, comme l'a mentionné Rathke [*J. prakt. Chem.*, **95**. 13, 1865] par l'action du trithionate de potasse sur le bitartrate de soude : on n'obtient ainsi qu'un mélange de sulfate et d'hyposulfite [Kessler, *Ann. Ph. Ch. Pogg.*. **74**. 249, 1849]. La réaction de l'iode sur une solution équi-moléculaire de sulfite et d'hyposulfite ne donne pas non plus de trithionate. ou si le sel prend naissance, il résulte d'une action secondaire entre le tétrathionate formé et le sulfite non encore oxydé [Spring, *Chem. News*. **65**, 247, 1892: — Colefax. *Chem. News*, **65**, 47, 1892: *J. Chem. Soc.*, **61**, 1083, 1892]. Par contre. l'action ménagée de l'eau oxygénée sur l'hyposulfite permet d'obtenir facilement du trithionate [R. Wilstätter, *D. chem. G.*, **36**. 1831. 1903].

Tétrathionate. — Il se forme lorsqu'on oxyde l'hyposulfite par l'iodate de potasse en présence d'acides chlorhydrique, citrique ou tartrique [Sonstadt, *Chem. News*, **26**, 98, 1872: — Riegler, *Bull. Soc. Sciinte (Jassy)*. **6**, 37, 1897].

En faisant cristalliser les solutions de tétrathionate à température ordinaire. on obtient un hydrate à $2H^2O$ en cristaux blancs orthorhombiques, fondant à 125° avec décomposition. La solution aqueuse se décompose lentement à froid, plus rapidement à chaud avec formation de trithionate et d'acide sulfureux. Le bichlorure de mercure y provoque un dépôt de soufre, mais le sulfate de cuivre n'est pas réduit, même à l'ébullition. Les acides minéraux, même concentrés, semblent mettre en liberté l'acide tétrathionique sans provoquer sa décomposition; toutefois l'acide azotique suffisamment concentré détermine une oxydation explosive (Villiers). En présence d'alcali, les solutions se décomposent d'une façon lente et incomplète avec formation d'hyposulfite et de sulfite [Berthelot, *Ann. Chim. Phys.*, (6), **17**. 455 et 471, 1889]. Par réduction on obtient du gaz sulfhydrique [Feld, *J. Chem. Soc. Ind.*, **21**, 372, 1898]. Les oxydants le transforment en sulfate [Jörgensen, *Zeit. anorg. Chem.*, 19, 18, 1897].

En faisant cristalliser les solutions à basse température, on obtient un tétrahydrate (Villiers).

Chaleur de formation $375^{Cal},800$ [De Forcrand, *loc. cit.*; — Berthelot, *Ann. Chim. Phys.*, (6), 17, 436, 1889].

Sulfate de sodium. — Le sel anhydre fond à 884° [Ramsay et Eumorfopoulos, *Ph. Mag.*, (5), 44, 360, 1902]. A l'air, il est légèrement déliquescent [Cross, *Chem. News*, 44, 209, 1881]. Il est insoluble dans l'ammoniac [Franklin et Kraus, *Am. Chem. Journ.*, 20, 829, 1898] et le gaz carbonique liquides [Cailletet, *C. R.*, 75, 1271, 1872]. Chauffé avec du chlorure d'ammonium, il ne se transforme pas, comme l'avait indiqué Rose, en chlorure de sodium [Nicholson, *Chem. News*, 26, 147, 1872].

L'existence de plusieurs variétés isomériques de sulfate anhydre paraît bien démontrée. De Coppet [voy. Dict. Sodium, p. 1532 et aussi *C. R.*, 79, 167, 1874] a montré entre autres que le sulfate anhydre, même à des températures où il ne saurait s'hydrater, s'échauffe fortement au contact de l'eau. Pickering, confirmant dans leur ensemble les travaux de Berthelot et Ilosway [*Ann. Chim. Phys.*, (5), 29, 295, 1883], a observé pour la chaleur de dissolution de différents sulfates anhydres des nombres très variables, $0^{Cal}.057$ pour le sel séché au-dessous de 150° et $0^{Cal}.760$ pour le sel obtenu à plus haute température [*J. Chem. Soc.*, 45, 686, 1884].

Wyrouboff admet l'existence de 4 formes différentes : la forme α, stable et correspondant à la thénardite, cristallise au-dessus de 33°. Chauffée vers 180°, elle se transforme en la variété β, vraisemblablement clinorhombique. La forme γ, assez stable à l'air, se produit par refroidissement du sulfate fondu : elle est orthorhombique, très peu biréfringente. Enfin la forme δ hexagonale ne peut exister qu'au-dessus de 500°.

La forme α se combine à l'eau immédiatement à 25°; la forme β peut au contraire se conserver dans l'eau sans s'hydrater [*Bull. Soc. Chim.*, (3), 25, 109, 1901; *Bull. Soc. Chim.*, 13, 277, 1890].

Sur la sursaturation des solutions de sulfate et la cristallisation de l'hydrate à $7 H^2O$, voyez De Coppet [*Bull. Soc. Vaud. Sc. nat.*, 37, 455, 1901].

L'hydrate à $10 H^2O$ fond à $32°,48$ [Richard, *Zeit. ph. Ch.*, 26, 690, 1898]. Sa tension de dissociation à 20° est de 14 mm. [Lescœur, *Ann. Chim. Phys.*, (6), 21, 528, 1890; — Muller-Erzbach, *D. chem. G.*, 22, 3181, 1889]. Sur l'état du sulfate de soude en solution et la cristallisation du décahydrate, voyez les travaux de Parmentier [*Ann. Chim. Phys.*, (6), 29, 227, 1893]; De Coppet [*Bull. Soc. Chim.*, (3), 25, 388, 1901]; Delacharlonny [*C. R.*, 108, 1307, 1889]; Serbacew [*Centr. Bl.*, (I), 275, 1889]; Nicol [*Ph. Mag.*, (5), 19, 453; 20, 295, 1885]; Marie et Marquis [*C. R.*, 134, 684, 1903].

Chaleur de dissolution — $18^{Cal},200$ [Berthelot, *Ann. Chim. Phys.*, (5), 4, 106, 127, 1875; 14, 445, 1878; 29, 305, 1883].

Le sulfate de soude est décomposé par l'acide chlorhydrique; la réaction est limitée en présence de l'eau, mais totale lorsqu'on opère par voie sèche [Hensgen, *D. chem. G.*, 9, 1671, 1876; — Colson, *C. R.*, 123, 1296, 1896].

Hydrate $SO^4Na^2 . H^2O$. — Cet hydrate a été signalé par Thomson [*D. chem. G.*, 11, 2042, 1878], son existence est contestée par De Coppet [*D. chem. G.*, 12, 248, 1879].

Hydrate $SO^4Na^2 + 2,5$ ou $3 H^2O$. — Prismes quadratiques [Heumann, *Rep. f. Pharm.*, 84,

356, 1844; — Rose, *Ann. Chem. Phys. Pogg.*, 82, 545, 1851; *Ann. Chem. Phys. Lieb.*, 80, 233, 1851].

Bisulfate, $SO^4 H Na$. — Il se forme, d'après Volney [*Am. Chem. Soc.*, 23, 489 et 820, 1901], en chauffant :

1° à 120°, un mélange d'acide sulfurique et de sel;

2° à 165°, 10 p. de nitrate de soude et 11 p. d'acide sulfurique concentré.

Chauffé entre 260 et 320°, le bisulfate se transforme en pyrosulfate [Baum, Brevet all., *Chem. Centr. Blatt*, 1420, 1887].

Chaleur de dissolution $0^{Cal},760$ [Berthelot, *Ann. Chim. Phys.*, (5), 4, 74, 1875].

Sulfate acide $(SO^4)^2 Na H^3$. — Il s'obtient en traitant le bisulfate par l'acide sulfurique entre 200 et 300° [Brindley, Brevet angl. 17796, 17 oct. 1891], ou bien en chauffant, à 130°, 10 p. de nitrate de soude et 11 p. d'acide sulfurique concentré [Volney, *loc. cit.*]. L'attaque du sel marin par l'acide sulfurique vers 18° conduit encore au quadrisulfate.

Lescœur a préparé l'hydrate $(SO^4)^2 Na H^3, 1,5 H^2O$, en longs prismes enchevêtrés déliquescents. Point de fusion 90° [*C. R.*, 78, 1044, 1874].

$(SO^4)^2 H Na^3 . H^2O$. — Prismes orthorhombiques [J. d'Ans, *D. chem. G.*, 39, 1534, 1906].

$(SO^4)^2 H Na^3$ (D'Ans).

$(SO^4)^3 Na^4 H^2$. — [Thomson, *Ann. of. Philos.*, 26, 437, 1825].

Combinaison $SO^4 Na^2, 9 H^2O, H^2O^2$. — Ce composé dérive du sulfate à $10 H^2O$ par remplacement de 1 molécule d'eau par 1 molécule d'eau oxygénée. On l'obtient en précipitant par l'alcool une solution convenablement concentrée de sulfate dans l'eau oxygénée [Tanatar, *Zeit. anorg. Chem.*, 28, 255, 1901].

Hyposulfite de soude $S^2O^3 Na^2$. — Le sel anhydre se forme par dessiccation de l'hydrate, soit sur l'acide sulfurique, soit sous l'action de la chaleur [Letts, *Chem. Soc.*, 23, 424, 1870]. Si l'on opère dans un courant d'azote, la décomposition ne se produit que vers 400°; il y a mise en liberté de soufre [Berthelot, *Ann. Chim. Phys.*, (6), 1, 79, 1884. — Voyez aussi A. Jaques, *Chem. News*, 88, 295, 1903]. $D = 2,119$.

L'hydrate ordinaire fond à $48°,00$ [Richards et Churchill, *Chem. News.*, 79, 149, 1899]. Le sel fondu reste longtemps en surfusion [Blümcke, *Zeit. physik. Chem.*, 20, 586, 1896].

L'hyposulfite se dissout bien dans l'ammoniac liquide [Franklin et Kraus, *Am. Chem. Journ.*, 20, 829, 1898]. Sa dissolution dans l'eau se fait avec absorption de chaleur et avec une contraction considérable. Chaleur de formation $+ 256^{Cal},300$. Pour la chaleur de dissolution voyez Berthelot [*Ann. Chim. Phys.*, (6), 1, 79, 1884; 47, 436, 1889].

L'hyposulfite réagit sur les nitrites avec formation de sulfite, d'ammoniaque, de sulfate et d'azote [Lunge, *D. chem. G.*, 16, 2014, 1883]. L'eau oxygénée [Nabl, *D. chem. G.*, 33, 3093 et 3554, 1900], l'acide sélénieux [Norris et Fay, *Am. Chem. Journ.*, 23, 119, 1900] fournissent du tétrathionate. Les oxydants énergiques fournissent du sulfate; à chaud, avec le permanganate, la transformation est complète [Dobbin, *Soc. Chem. Ind.*, 20, 212, 1901; — Hönig et Zatzek, *Sitz. Akad. Wien.*, 88, 521, 1883; — Glaser, *Monats. f. Chem.*, 7, 651, 1886; — Brügelmann, *Zeit. anal. Chem.*, 23, 24, 1884]. L'amalgame de sodium transforme les solutions d'hyposulfite en sulfite et sulfure [Spring, *D. chem. G.*, 7, 1160, 1874].

Les acides décomposent les solutions d'hyposulfite. Les produits formés sont très variables. On peut admettre que les produits tout d'abord formés sont les produits de dédoublement de l'acide hyposulfureux :

$$SO^2\!\!<^{SK}_{OK} = SO^2 + H^2O + S$$

$$SO^2\!\!<^{SK}_{OK} = SO^2 + O + H^2S$$

[Colefax, *Chem. Soc.*, **61**, 176, 1892; — Aarland, *Chem. Centr. Blatt.* (1), 677, 1897; — Vaubel, *D. chem. G.*, **22**, 1686 et 2703, 1889; — Wortmann, *D. chem. G.*, **22**, 2307, 1889; — Mathieu Plessy, *C. R.*, **101**, 59, 1885; — OEttingen, *Zeit. phys. Chem.*, **33**, 1, 1900; — Seyewetz et Chicondard, *Bull. Soc. Chim.*, (3), **13**, 11, 1895; — Londolt, *Sitz. Preuss. Akad.*, **10**, 605, 1883].

Par électrolyse les solutions d'hyposulfite fournissent, d'une part, du soufre et de l'hydrogène sulfuré, de l'autre du tétrathionate et du gaz sulfureux [Faktor, *Pharm. Post.*, **34**, 769, 1901; — Durkee, *Am. Chem. Journ.*, **18**, 525, 1896; — Scheurer-Kestner, *Bull. Soc. Chim.*, (3), **17**, 99, 1897].

Hydrate $S^2O^3Na^2.1,5H^2O$. — [Nicol, *Chem. Soc.*, **51**, 389, 1887].

Hydrate $S^2O^3Na^2.3H^2O$. — [Jochum, *Chem. Centr. Blatt.* 642, 1885].

Parmentier et Amat ont obtenu l'hyposulfite sous une forme isomérique, en le faisant cristalliser de ses solutions aqueuses en l'absence de tout germe susceptible de faire cesser la sursaturation. Cette nouvelle forme, entrevue probablement par Baumhauer [*J. prakt. Chem.*, **104**, 449, 1868], est en fines aiguilles fondant à 32° [*C. R.*, **98**, 735, 1884].

L'hyposulfite à l'état de surfusion représenterait, suivant certains auteurs, une troisième modification caractérisée par sa solubilité, beaucoup plus faible dans l'alcool aqueux [Brüner, *C. R.*, **121**, 59, 1895; — Parmentier, *C. R.*, **122**, 135, 1896].

Combinaison $SO^4Na^2.NaF$. — Lamelles hexagonales [Marignac, *Ann. Min.*, (5), **15**, 236, 1859].

Combinaison $4SO^3.NaCl$. — Ce composé signalé par Serturner a été retrouvé récemment par Stahl, dans les lessives provenant de l'extraction du cuivre [Serturner, *Ann. Phys. Gilbert.*, **72**, 109, 1822; — Stahl, *Berg. Hüt. Zeit.*, **49**, 341].

Combinaison $SO^2.NaI$. — Composé orangé résultant de l'action du gaz sulfureux sur l'iodure bien sec [Péchard, *C. R.*, **130**, 1188, 1900].

Combinaison $SO^2.2NaI.10H^2O$ (?). — [Zinno, *Neues. Repert. Pharm.*, **20**, 449, 1871; — Michaelis et Kœhle, *D. chem. G.* **6**, 999, 1873].

Séléniate SeO^4Na^2. — [Topsœ, *Sels de l'acide sélénique*, Copenhague 1870; *Bull. Soc. Chim.*, (2), **19**, 246, 1873; — Funk, *D. chem. G.*, **33**, 3696, 1900; — Petterson, *ibid.* **7**, 477, 1874; — Petterson et Ekmann, *ibid.*, **9**, 1210 et 1559, 1876; — Metzner, *C. R.*, **123**, 998, 1896].

Thioséléniosulfates et dérivés de la série thionique. — [Schalfgotsch, *Ann. Phys. Chem. Pogg.*, **90**, 66, 1853; — Rathke, *J. prakt. Chem.*, **95**, 1, 1865; **97**, 56, 1866; — Norris et Fay, *Am. Chem. Journ.*, **23**, 119, 1900].

Tellurites TeO^3Na^2. — [Gutbier, *Zeit. anorg. Chem.*, **31**, 340, 1902; — Whitehead, *Journ. Am. Chem. Soc.*, **17**, 849, 1895].

$TeO^3NaH^3 + H^2O$.

Tellurates. — Le tellurate neutre anhydre de Berzélius a son existence chimique fortement compromise à la suite des travaux de Gutbier et Funk [Funk, *D. chem. G.*, **33**, 3936, 1900]. L'hydrate à $2H^2O$ cristallise en tables hexago-

nales à peine solubles dans l'eau chaude [Mylius, *D. chem. G.*, **34**, 2208, 1901].

$TeO^4Na^2.4H^2O$. — Cet hydrate, beaucoup plus soluble que le précédent, se transforme en sel à $2H^2O$, même au contact de l'eau, lentement à froid, rapidement à chaud (Mylius).

$TeO^5Na^4.8H^2O$. — Fines aiguilles très solubles dans l'eau (Mylius).

Gutbier a obtenu un dihydrate de formule $TeO^4Na^2.2H^2O$, tout à fait différent de celui signalé par Mylius : ce composé, obtenu par addition d'alcool à une solution refroidie d'acide tellurique dans du carbonate de soude, est, en effet, très soluble dans l'eau [*Zeit. anorg. Chem.*, **31**, 340, 1902].

Hypoazotite $Az^2O^2Na^2$. — [Jackson, *Chem. News.*, **68**, 2665, 1893; — Divers, *Chem. Soc.*, **75**, 87 et 95, 1899]. Il prend aussi naissance par l'action de l'acide nitrique sur le sodammonium (Joannis). L'hydrate à $5H^2O$ s'obtient par réduction de l'azotite au moyen de l'amalgame de sodium en solution concentrée. L'addition d'alcool précipite l'hydrate sous forme d'une poudre granuleuse cristalline, s'effleurissant à l'air avec perte de protoxyde d'azote (Divers). Un hydrate à $6H^2O$ (?) a été signalé par Menke [*Chem. News*, **37**, 270, 1878].

Azotite AzO^2Na. — D'après Divers, en dirigeant dans une lessive alcaline, à l'abri du contact de l'air, un courant de vapeurs nitreuses renfermant un léger excès d'oxyde nitrique par rapport au peroxyde, on obtient du nitrite ne renfermant que des traces de nitrate [*Chem. Soc.*, **75**, 85, 1899]. La fusion du nitrate de soude avec le sulfite de soude fournit aussi rapidement de grandes quantités de nitrite [Etard, *Bull. Soc. Chim.*, (2), **27**, 434, 1877].

Prismes orthorhombiques anhydres, très légèrement jaunâtres [Fock, *Zeit. Kryst.*, **17**, 177, 1889], solubles dans l'ammoniac liquide [Franklin et Kraus, *Am. Chem. Journ.*, **20**, 824, 1898]. Point de fusion 271° (Divers).

Les solutions aqueuses de nitrite ont une réaction alcaline et attirent lentement l'oxygène. L'amalgame de sodium fournit des mélanges complexes de protoxyde d'azote, d'azote, d'hydroxylamine, d'ammoniaque et d'acide hypoazoteux. Les réducteurs transforment le nitrite en ammoniaque et azote. Suivant les conditions de l'expérience, l'un des deux produits peut être plus ou moins abondant, et même disparaître complètement. C'est ainsi que le sulfure de sodium fournit du sulfite, et surtout de l'ammoniaque : en effectuant la même réaction en présence du fer, le sulfite s'oxyde à l'état de sulfate, et le nitrite fournit surtout de l'azote; avec l'hyposulfite l'azote est éliminé en majeure partie sous forme d'ammoniaque [Lunge, *D. chem. G.*, **16**, 2914, 1883]. C'est encore de l'ammoniaque qu'on obtient en employant comme réducteur l'hydrate stanneux [Andrews, *Chem. News.*, **71**, 80, 1905], ou le courant électrique [Tommasi, *Chem. News.*, **43**, 241, 1881]. L'action du nitrite sur les sulfites a été étudiée par Divers et Haga [*Chem. Soc.*, **54**, 659, 1887].

Les oxydants transforment le nitrite en nitrate [voyez entre autres Weiddel, *Chem. News*, **85**, 158, 1902]. Le chlorure d'ammonium fournit avec le nitrite du chlorure de sodium avec dégagement d'azote [Curtius, *D. chem. G.*, **23**, 3023, 1890. — Comparer Berger, *Bull. Soc. Chim.*, (3), **31**, 662, 1904].

Chauffé avec du sulfocyanure, le nitrite détone violemment par suite de la formation probable du sel sodique de la nitrohydroxylamine [Angeli, *Chem. Zeit.*, **21**, 893, 1897; — Boguski, *Journ. Soc. phys. chim. russe*, **31**, 543, 1899].

Azotate AzO^3Na. — Les cristaux de nitrate

de soude ne sont pas isomorphes, comme on l'avait cru longtemps, avec les cristaux de spath [Friedel, *D. chem. G.*, 5, 483, 1872; — Retgers. *Zeit. physiol. Chem.*, 4, 493, 1889; — Braun, *Jahresb. f. Min.*, 1, 40, 1898]. Sous l'action de la chaleur, le nitrate se décompose avec formation de nitrite et d'oxygène, puis à plus haute température en oxygène. azote. peroxyde d'azote et oxyde de sodium.

La déliquescence du nitrate de soude s'observe même quand le sel est mélangé avec des quantités convenables d'autres substances [Kortright. *J. Phys. Chem.*, 3, 328, 1899; — Busnikoff, *J. Soc. phys. chim. russe*, 32, 551. 1900].

Électrolyse du nitrate fondu [Ch. Couchet et G. Némirowski, *Z. f. Elekt.*, 18, 115, 1907].

La dissolution du nitrate dans l'eau se fait toujours avec absorption de chaleur : le mélange de 100 p. de sel et 200 p. de neige à — 1° abaisse la température jusqu'à — 17°.75.

Chaleur de formation 110^{Cal},700; chaleur de dissolution —4^{Cal},700 [Thomsen, *Therm.Unters.*, Leipzig 1882; — Scholz, *Ann. Phys. Chim. Wied.*, 45, 193, 1892; — Tilden, *Proc. roy. Soc.*, 38, 401, 1885].

Hydrate $Az O^3 Na, 7 H^2O$. — Point de fusion —15°,7. A 0°, l'hydrate liquide a pour densité 1,357 [Ditte, *C. R.*, 80, 1164, 1875].

Azotate acide [Engel, *C. R.*, 104, 911, 1887].

Combinaison, $Az O^3 Na . Na^2 O^2 . 8 H^2 O$ [Tanatar, *Zeit. anorg. Chem.*, 28, 255, 1901].

Combinaison, $Az^2 O^3 Na^2$.

$$Na Az \big\langle {{Az O^2} \atop {O Na}} \quad (?)$$

— On l'obtient par traitement de l'hydroxylamine par le sodium et le nitrite d'éthyle. C'est une poudre blanche cristalline que les acides décomposent avec dégagement de bioxyde d'azote [Angeli, *Chem. Zeit.*, 20, 176, 1896].

Combinaison, $Az O^3 Na + S O^4 Na^2 + H^2 O$. — [Comp. Dict. SODIUM, p. 1534]. Prismes clinorhombiques $D = 2,197$ [De Schulten, *C. R.*, 122, 1427, 1896; — Osann, *Z. Kryst.*, 23, 854, 1894].

Amidosulfonate, $Az H^2 . S O^3 Na$. — Il s'obtient facilement par neutralisation directe de l'acide amido-sulfonique par la soude [Divers et Haga, *J. Chem. Soc.*, 61, 943, 1892].

Imidodisulfonate, $Az H (S O^3 Na)^2$. — Ce sel résulte de l'action du gaz sulfureux sur une solution renfermant un mélange de nitrite et de carbonate de soude. Il se forme d'abord de l'imidotrisulfonate qui se décompose ensuite au sein de la liqueur avec formation de sulfate et d'imidodisulfonate. Il se présente en prismes rhombiques très solubles dans l'eau : l'hydrolyse le convertit en sulfate et amidosulfonate [Divers et Haga, *J. Chem. Soc.*, 61, 943. 1892].

Imidotrisulfonate. $Az (S O^3 Na)^3 . 5 H^2 O$. — Cristaux neutres au tournesol, solubles dans environ leur poids d'eau.

Imidodisulfonate trisodique, $Az Na (S O^3 Na)^2 + 12 H^2 O$. — Cristaux efflorescents d'apparence hexagonale se formant par l'action de la soude sur l'imidotrisulfonate de soude. Sur l'acide sulfurique, les cristaux perdent $11 H^2 O$; lorsqu'on les chauffe, ils fondent et deviennent anhydres [Divers et Haga, *J. Chem. Soc.*, 55, 659, 1887; 79, 1093. 1901].

$6 (S O^3 H . Az H^2) + 5 S O^4 Na^2, 15 H^2 O$. — [Divers et Haga, *J. Chem. Soc.*, 69, 1634, 1896].

$Az (O H) H . S O^3 Na$. — Liquide visqueux incristallisable, neutre au tournesol [Frémy, *Ann. Ch. Ph.*, (3), 15, 408, 1845; — Divers et Haga. *J. Chem. Soc.*, 55, 760. 1889].

$Az (O H) (S O^3 Na)^2$. — Prend naissance par l'action du gaz sulfureux sur une solution renfermant un mélange de nitrite et de carbonate de soude : tandis que pour l'imidodisulfonate la solution doit renfermer 2 mol. nitrite + 3 mol. carbonate, il faut, pour obtenir l'hydroxymidodisulfonate, partir d'un mélange de 2 mol. nitrite et d'un peu plus de 1 mol. de carbonate (Divers et Haga).

$Az (O H) (S O^3 Na)^2 + 2 Az O Na (S O^3 Na)^2 + 3 H^2 O$. — Cristaux efflorescents obtenus par l'action ménagée de la soude sur l'amidodisulfonate disodique.

Nitrososulfate. $S O^3 Na^2 (Az O)^2$. — On l'obtient par l'action du bioxyde d'azote sur une solution saturée de sulfite de soude. Petits cristaux très solubles et très instables [Divers et Haga, *Chem. Soc.*, 67, 1095, 1895]. Leur solution se décompose en sulfate et protoxyde d'azote.

Hypophosphite. — Une solution d'hypophosphite détone par évaporation au bain de sable [Marquart, *Arch. Pharm.*, 145, 284, 1858; — Tromsdorff, *ibid.*, 149, 388, 1859]. Par fusion d'un mélange de nitre et d'hypophosphite, il se produit aussi une violente détonation [Carazzi, *Gazz. chim. ital.*, 16, 172, 1886].

Phosphites de soude, $P O^3 Na^2 H$. — Obtenu par dessiccation de l'hydrate à 150° [Amat, *C. R.*, 110, 192, 1890].

$P O^4 Na^2 H . 5 H^2 O$. — Cristaux orthorhombiques [Dufet, *Bull. Soc. Min.*, 12, 466, 1889], fusibles à 53° (Amat). Chauffés vers 200-250°, les cristaux se décomposent avec dégagement d'hydrogène phosphoré [Prinzhorn et Kraut, *Handbuch der anorganische Chemie Gmelin-Kraut*, 1875].

L'existence d'un phosphite trisodique signalé par Zimmermann [*D. chem. G.*, 7, 290, 1894] paraît tout à fait invraisemblable.

$P O^3 Na H^2 . 5 H^2 O$. — Le sel est neutre à l'hélianthine. Il fond à 42°. Abandonné sur l'acide sulfurique, il perd toute son eau; à 160°, il se change en pyrophosphite (Amat).

$P^2 O^5 Na^2 H^2$ (pyrophosphite). — Ce sel donne des solutions neutres à l'hélianthine et à la phtaléine. A chaud, les solutions s'altèrent : on obtient du phosphite. Chaleur de dissolution $+ 0^{Cal}$,300. Chauffé à température de fusion, il perd de l'hydrogène, du phosphure d'hydrogène et laisse un résidu de métaphosphate.

Phosphite acide, $P O^3 H^2 Na + P O^3 H^3$. — [Standenmeyer, *Zeit. anorg. Chem.*, 5, 383, 1894].

Hypophosphates. — $P^2 O^6 Na^4 . 10 H^2 O$. — [Dufet, *Bull. Soc. Min.*, 9, 201, 1886; 10, 77, 1887; — Joly et Dufet, *C. R.*, 102, 1391, 1886; — Traube, *Zeit. Kryst.*, 22, 143, 1893].

$P^2 O^6 Na H^3 + 2 H^2 O$. — On fait cristalliser, pour le préparer, le sel disodique en présence d'un grand excès d'acide. Prismes clinorhombiques [Salzer, *Ann. Chem.* 214, 26, 1882].

$(P^2 O^6)^2 Na^3 H^3$. — Les solutions, à réactions très acides, donnent par concentration du sel disodique, puis du sel monosodique [Salzer; — Joly, *C. R.*, 102, 59, 1391, 1886].

PHOSPHATES TRISODIQUES. — Le sel anhydre obtenu par déshydratation des hydrates a une densité de 2,5111 [Mohr, *Am. J. Sc.*, (3), 14, 281, 1877]; fondu, il ne conduit pas l'électricité [Burckardt, *Jenaische Zeitsch. f. Medicin und Naturwissenschaft*, (2), 6, 212]; il est insoluble dans le sulfure de carbone [Arctowsky, *Zeit. anorg. Chem.*, 6, 255, 1894].

L'hydrate à $12 H^2 O$ est en prismes du système hexagonal [Dufet, *Bull. Soc. Min.*, 10, 77, 1887], fusibles à 73°,70 [Richards et Churchill, *Chem. News*, 79, 149, 1899]. A 100°, le sel ne perd que 53,19 0/0 d'eau. La dernière molécule ne s'élimine qu'à température beaucoup plus élevée [Gerhardt, *J. Pharm. Chem.*, (3), 12, 57, 1847].

Tous les acides réagissent sur les solutions de phosphate trisodique en s'emparant d'une partie de la base. Le soufre fournit du phosphate dibasique; en prolongeant l'action, on tend à la formation du sesquiphosphate [Filhol et Senderens, *C. R.*, 96, 1051, 1883]. Ces solutions paraissent presque complètement hydrolysées en soude et phosphate disodique [Schields, *Zeit. ph. Chem.*, 12, 176, 1893].

Hydrate. $PO^4Na^3.7H^2O$. — Il s'obtient par cristallisation d'une liqueur renfermant 100 gr. de phosphate ordinaire et 100 gr. de soude caustique [Baker, *J. Chem. Soc.*, 47, 353, 1885; — Hall, *J. Chem. Soc.*, 51, 94, 1887].

Hydrate. $PO^4Na^3.10H^2O$. — Octaèdres isomorphes du vanadate correspondant (Baker).

PHOSPHATES DISODIQUES. *Hydrate à* $12H^2O$. — $D = 1,5315$ [Dufet, *Bull. Soc. Min.*, 10, 77, 1890]. Tension de dissociation de l'hydrate à $20°,7$, 14 mm. [Debray, *C. R.*, 66, 194, 1868; — Müller et Erzbach, *D. chem. G.*, 20, 137, 1887; *Zeit. ph. Chem.*, 19, 134, 1896; — Lescœur, *Ann. Ch. Ph.*, (6). 24, 548, 1890; — Fröwein, *Zeit. ph. Chem.*, 1, 5 et 362, 1887]. Il fond à 40-41° [Mulder-Marx, *Handb. der anorg. Chem. Gmelin*, Heidelberg, 1878].

En broyant au mortier parties égales de nitrate d'ammoniaque et de phosphate de soude, on observe un abaissement de température d'environ 18° [Ditte, *C. R.*, 90, 1283, 1880].

Le déplacement de l'acide phosphorique dans les solutions de phosphate de soude se fait, sous l'influence des acides, avec une grande facilité, comme l'ont montré Berthelot et Louguinine [*Ann. Ch. Ph.*, (5), 9, 36, 1876]. Il est très vraisemblable que le déplacement se produit déjà avec le gaz carbonique, ce qui expliquerait la grande solubilité de ce gaz dans les solutions de phosphate de soude.

Hydrate à $7H^2O$. — Tension de dissociation à $20°,7$, 9 mm. (Debray). Suivant Müller Erzbach, [*loc. cit.*] il fournirait par déshydratation le dihydrate. $D = 1,6789$ (Dufet).

Hydrate à $2H^2O$. — Cristaux probablement rhomboédriques assez stables à l'air $D_{15°} = 2,006$ [Orloff, *Journ. Soc. phys. chim. russe*, 27, 184, 1896].

Action de l'azotate d'argent sur l'orthophosphate disodique [W. R. Lang et W. P. Kaufmann, *J. Amer. Chem. Soc.*, 27, 1515, 1906].

PHOSPHATES MONOSODIQUES, $PO^4H^2Na + H^2O$. — Chauffé à 100°, le sel devient anhydre: à 210°, il donne du pyrophosphate; au-dessus de 240°, on obtient un mélange de métaphosphate insoluble et de trimétaphosphate [Knorre, *Zeit. anorg. Chem.*, 24, 369, 1900].

$PO^4H^2Na^2.2H^2O$. — Cristaux hémièdres octaédriques, fusibles à 60°. $D = 1,9096$ [Dufet; Joly et Dufet, *C. R.*, 102, 1391, 1886]. Chauffé en vase clos à 100°, ce dihydrate donne le sel à $1H^2O$.

Sesquiphosphates $(PO^4)^2Na^3H^3$. — [Joulie, *C. R.*, 134, 604, 1902]. Voyez aussi (1er Suppl., PHOSPHORE, p. 1259).

Phosphate $P^2O^8H^5Na$. — Ce sel acide signalé par Standenmeyer [*Zeit. anorg. Chem.*, 5, 395, 1894] et par Salzer [*Arch. Pharm.*, 232, 368, 1894], constituerait, d'après Giran, le produit d'altération de l'acide métaphosphorique commercial [*C. R.*, 134, 711, 1902].

Le sel déliquescent est très soluble dans l'eau.

PYROPHOSPHATES DE SODIUM. — $P^2O^7Na^4$. — On l'obtient facilement par voie sèche par l'action du chlorure de sodium sur l'acide orthophosphorique [Blum, *Centr. Bl.*, 482, 1887] ou sur un pyrophosphate métallique (sel de plomb ou de zinc par exemple) [Margueritte, *Polyt. Centr. Bl.*, 1459, 1855]. C'est une poudre très hygrométrique, fondant à 880° [Carnelley, *J. chem.*

Soc., 33, 273, 1878]. A l'air, elle s'hydrate et donne l'*hydrate à* $10H^2O$, hydrate mentionné dans le Dict. (SODIUM, p. 1528), *par erreur*, comme renfermant $5H^2O$.

Chauffé dans un courant d'hydrogène, le pyrophosphate donne de l'orthophosphate [Struve, *J. prakt. Chem.*, 79, 350, 1860]. Au rouge blanc, il se décompose au contact de vapeur d'eau en orthophosphate et hydrogène phosphoré. Chauffé avec du sel ammoniac, il donne de l'ammoniac, du chlorure de sodium et du métaphosphate [Jamieson, *Ann. Chem.*, 59, 350, 1846].

En présence d'un excès de sel ammoniac, il y aurait, d'après Rose, formation de pentachlorure de phosphore [*An. Ph. Chem. Pogg.*, 74, 562, 1849].

La transformation en orthophosphate se fait facilement en solution sous l'influence des acides [Watson, *J. Soc. Chem. Ind.*, 11, 224, 1892]. Par ébullition avec du soufre, on obtient du pyrophosphate acide, du sulfure et de l'hyposulfite, mais on n'obtient pas d'orthophosphate [Salzer, *Arch. Pharm.*, 231, 663, 1893]. Les halogènes donnent des réactions analogues. Densité de l'hydrate à $10H^2O$ 1,851 [Dufet, *Bull. Soc. Min.*, 9, 201, 1886; 10, 77, 1887].

Pyrophosphates acides. — $P^2O^7Na^2H^2.6H^2O$. — Prismes clinorhombiques [Bayer, *J. prakt. Chem.*, 106, 501, 1869], $d = 1,8618$ (Dufet), facilement obtenus par neutralisation au méthylorange, au moyen de l'acide azotique, d'une solution chaude de pyrophosphate commercial [Knorre, *Zeit. anorg. Chem.*, 3, 236, 1892]. Le soufre et les halogènes ne réagissent pas sur ses solutions [Salzer, *Arch. Pharm.*, 232, 368, 1894]. C'est l'hydrate déjà décrit dans le Dictionnaire, mais mentionné par erreur comme renfermant $3H^2O$.

$P^2O^7Na^3H, H^2O(?)$. — Croûtes cristallines [Salzer, *loc. cit.*].

$P^2O^7Na^3H + 6$ ou $7H^2O$. — (Salzer).

$P^2O^7Na^3H + 34H^2O$. — Ce sel signalé par Gerhardt [*C. R. des travaux de chimie*, p. 12, 1849], représente non pas un pyrophosphate, mais un orthophosphate de formule $P^4O^{13}Na^6 + aq$.

$P^2O^7Na^3H$. — (Salzer).

MÉTAPHOSPHATES. — L'histoire des métaphosphates de sodium est encore très complexe malgré le très grand nombre de travaux qu'elle a suscités [Lindboom, *D. chem. G.*, 8, 122, 1875; — Jawein et Tillot, *ibid.* 22, 654, 1889; — Tamman, *Z. ph. Chem.*, 6, 123, 1890; *J. prakt. Chem.*, 153, 417, 1891; — Knorre, *Zeit. anorg. Chem.*, 24, 369, 1900; — Mohr, *Am. J. Sc.*, (3), 14, 281, 1877; — Wiesler, *Zeit. anorg. Chem.*, 28, 177, 1901; — Ludert, *Zeit. anorg. Chem.*, 5, 15, 1893; — Tanatar, *J. Soc. phys. chim. russe*, 30, 99, 1898].

Sel de Graham. — (Voyez article SODIUM, p. 1529). S'obtient par fusion ignée du phosphate acide de soude ou du sel de phosphore, et refroidissement très rapide de la masse fondue. C'est une masse amorphe, déliquescente, qui, d'après Tamman, appartiendrait à la série des hexamétaphosphates, puisqu'il donne un sel double $P^6O^{18}Ambll^5Na$.

Il est à peu près certain cependant que ce composé représente un mélange de plusieurs sels. $D_{10,5} = 2,4756$ (Mohr).

Sel de Madrell. — C'est le sel obtenu par Madrell en évaporant une solution de nitrate de soude dans l'acide phosphorique. Il se forme aussi dans la décomposition sous l'action d'une température convenable (315°) du phosphate ou du pyrophosphate acide de soude. Il est insoluble dans l'eau. C'est vraisemblablement un monométaphosphate (comp. article PHOSPHORE, Dict., p. 971).

Dans la décomposition de l'orthophosphate acide se forme encore un troisième métaphosphate, insoluble comme celui de Madrell, mais très nettement cristallisé. ce qui le distingue de ce dernier qui est amorphe (Tammann).

L'acide métaphosphorique vitreux, neutralisé par le carbonate de soude, fournit une solution d'où se dépose d'abord par concentration de l'orthophosphate disodique à $12 H^2 O$. Des eaux mères se déposent ensuite deux sels de la série méta. L'un paraît identique au sel de Graham; le moins soluble par contre se différencie des trois sels précédents. Cristaux microscopiques retenant 21,7 0/0 d'eau (Tammann).

Trimétaphosphate. — (Voyez 1er Suppl., art. PHOSPHORE). On obtient facilement ce sel en chauffant 6 h. à 300° 60 gr. de phosphate disodique à $12 H^2 O$ et 17 gr. de nitrate d'ammoniaque (Knorre, Wiesler).

Dimétaphosphate. — (Voyez Dict. 2, p. 971). Warschauer a montré récemment que ce sel appartient à la série des tétramétaphosphates [*Zeit. anorg. Chem.*, 36, 137, 1903].

Tétramétaphosphate. — Le tétramétaphosphate précédemment signalé (Dict., 2, p. 971), paraît appartenir à la série des hexamétaphosphates insolubles (Tammann),

Tous les métaphosphates chauffés au rouge avec de l'aluminium sont réduits avec formation d'aluminate, de phosphure d'aluminium et de phosphore [Frank, *Chem. Zeit.*, 22, 236, 1898].

Combinaison $P^3 O^{10} Na^5$, $10 H^2 O$. — Ce sel, dérivé de l'acide $[3 P O^4 H^3 - 2 H^2 O]$, se prépare facilement en chauffant ensemble 100 gr. de pyrophosphate neutre anhydre et $73^{gr},1$ de sel de phosphore. Cristaux vraisemblablement tricliniques. Ce phosphate se combine facilement aux sels des métaux lourds pour donner des sels doubles de formule $P^3 O^{10} Na^3 M$ [Schwarz, *Zeit. anorg. Chem.*, 9, 249, 1895; — Stange, *ibid.*, 12. 445, 1896].

Combinaison $P^4 O^{13} Na^6$. — Ce composé cristallise avec $18 H^2 O$ et non 36, comme il a été dit, Dict., PHOSPHORE, 2, 972. Le sel anhydre s'obtient par la calcination du pyrophosphate $P^2 O^7 Na^3 H$.

Combinaison $P^4 O^{12} Na^4 H^2$. — C'est le résidu de calcination du pyrophosphate $P^2 O^7 Na^2 H^2$.

Combinaison $P O (Na O)(Na O^2)^2 + 6,5 H^2 O$. — Se forme par l'action de l'eau oxygénée sur les solutions de phosphate trisodique. Cristaux monocliniques [Petrenko, *J. Soc. phys. chim russe*, 34, 204, 1902].

Combinaison $P O^4 Na^3$. NaF, 18 ou $19 H^2 O$. — Octaèdres se formant par dissolution d'un mélange de fluorure et de phosphate dans une solution de soude caustique ou carbonatée [Baumgarten, *Dissertation über das Vorkommen des Vanadium in dem Etznatron des Handel, Göttingen*, 1865; — Baker, *J. Chem. Soc.*, 47, 353, 1885].

Combinaison $P O^4 Na^3$. NaF . $12 H^2 O$. — Cristaux vraisemblablement identiques aux précédents [Briegleb, *An. Ch. Pharm. Lieb.*, 97, 95, 1856; — Thorpe, *J. Chem. Soc.*, 25, 660, 1872; — Rammelsberg, *Sitz. Prüss. Akad.*, 680. 1884 et 777, 1880; — Mac Tear. *Chem. News*, 25, 55, 1872].

THIOPHOSPHITES. — Lemoine a obtenu de longues aiguilles de formule $P^2 O S^2$, $2 Na^2 O + 6 H^2 O$ en attaquant le sulfure $P^4 S^3$ par une dissolution de soude aqueuse. En remplaçant le sulfure $P^4 S^3$ par le sesquisulfure $P^2 S^3$, on obtient les corps suivants :

$P^2 O S^2$, $2 Na^2 O + 5 H^2 O$; $P^2 O S^2$, $3 Na^2 O + 4 H^2 O$; $P^2 O^3$, $3 Na^2 O . 3 H^2 S + 3 H^2 O$ [*C. R.*, 93, 489, 1881; 98, 45, 1884].

THIOORTHOPHOSPHATES. — Ces composés s'obtiennent par l'action du pentasulfure de phosphore sur les lessives de soude [Kubiersky, *J. prakt. Chem.*, (2), 31, 93, 1885].

$P O^3 S Na^3 . 12 H^2 O$. — Il fond à 60°. Les solutions de ce sel se décomposent en présence d'acides avec formation de soufre, d'hydrogène, d'acide phosphorique et d'acide phosphoreux [Michaëlis, *Ann. Ch. Pharm. Lieb.*, 164, 40, 1872].

$P O^2 S^2 Na^3$, $11 H^2 O$. — Prismes à 6 pans, fondant à 45-46°.

$P O S^3 Na^3 + 10 H^2 O + P O^2 S^2 Na^3 . 11 H^2 O$. — (Kubiersky).

$P S^4 Na^3$. — Il se forme, d'après Glatzel, par l'action du pentasulfure de phosphore sur le chlorure de sodium [*Zeit. anorg. Chem.*, 4, 186, 1893].

SÉLÉNOPHOSPHATE $P Se^3 O Na^3$, $10 H^2 O$. — Prismes vert pâle à éclat adamantin [Muthmann et Clever, *Zeit. anorg. Chem.*, 13, 191, 1897].

TELLUROPHOSPHATE, $2 Te O^3$, $2 Na^2 O$, $P^2 O^5$, $9 H^2 O$. — Cristaux hexagonaux brillants [Weinland et Prause, *D. chem. G.*, 33, 1015, 1900].

AMIDOPHOSPHATE, $P O (Az H^2)(O Na)(O H)$. — [Stokes, *Am. Chem. Journ.*, 15, 198, 1893].

TRIMÉTAPHOSPHIMATE. — Ce composé résulte de l'action de la soude alcoolique sur le chlorure $P^3 Az^3 Cl^6$. Le monohydrate est en aiguilles inaltérables à 100°; le tétrahydrate est en prismes orthorhombiques. L'eau bouillante dédouble le sel de sodium avec formation d'acides phosphorique et imidotriphosphimique.

Par dissolution du sel dans un excès de soude caustique, on obtient l'*amidodiimidotriphosphimate*, $P^3 Az^3 O^7 H^4 Na^4 + H^2 O$.

Diimidotriphosphate trisodique, $P^3 O^8 Az^2 H^4 Na^3$. — Prismes obtenus par double décomposition entre le sel d'argent et le chlorure de sodium.

$P^3 O^8 Az^2 H^2 Na^5 (?)$. — S'obtient comme le sel précédent.

Les *imidodiphosphates* $P^2 O^6 Az H^2 Na^3$ et $P^2 O^6 Az H Na^4$ constituent des sirops épais incristallisables.

Le tétraphosphimate tétrasodique $P^4 O^8 Az H Na^4 + 2,5 H^2 O$ est en petits prismes peu solubles dans l'eau. Sa solution, additionnée d'acide acétique, laisse déposer une substance granuleuse, vraisemblablement un sel acide [Stokes, *Am. Chem. Journ.*, 18, 629 et 780, 1896; 20, 740, 1898].

ARSÉNITES. — Les nombreux sels signalés par Pasteur [*J. Pharm. Ch.*, (3), 13, 395, 1848], Filhol [*J. Pharm. Ch.*, (3), 14, 331, 1848] et Bloxam [*J. Chem. Soc.*, 15, 281, 1862], à savoir $2 As^2 O^3$, $Na^2 O$; $As^2 O^7$, $Na^2 O$; $3 As^2 O^3$, $2 Na^2 O$ et $As^2 O^3$, $2 Na^2 O$ n'ont pu être reproduits par Stavenhagen. Le seul sel que ce savant ait pu préparer correspond à la formule $As O^3 Na^3$ [*J. prakt. Chem.*, 159, 1, 1895].

Les solutions d'arsénites s'oxydent à l'air, surtout en présence de sulfite [Jorisset, *Z. ph. Ch.*, 23, 667, 1897; *D. chem. G.*, 30, 1951, 1897].

ARSÉNIATES. — (Voyez article ARSENIC). $As O^4 Na^3 + 12 H^2 O$. Cristaux hexagonaux isomorphes du phosphate correspondant; $D = 1,7593$ [Dufet, *Bull. Soc. Min.*, 10, 77, 1887].

$As O^4 Na^3 . 7 H^2 O$. — Cristaux isomorphes du vanadate correspondant [Baker, *J. Chem. Soc.*, 47, 353, 1855].

$As O^4 Na^3$, $10 H^2 O$ et $As O^4 Na^3$, $4,5 H^2 O$. — [Hall, *J. Chem. Soc.*, 51, 94, 1887].

$As O^4 Na^2 H + 12 H^2 O$. — Prismes clinorhombiques, efflorescents [Lescœur, *An. Ch. Ph.*, (6), 21, 553, 1890; — Fleury, *J. Pharm. Ch.*, (5), 2, 367, 1880]. $D = 1,6675$ [Dufet, *loc. cit.*].

$As O^4 Na^2 H . 7 H^2 O$. — C'est l'hydrate mentionné

dans le Dict., ARSENIC, p. 405, comme contenant $8H^2O$.

$AsO^4NaH^2 + H^2O$. — Ce sel est dimorphe: prismes orthorhombiques de 101°32' et prismes clinorhombiques de 75°32' (Dufet).

$AsO^4NaH^2 + 2H^2O$. — Prismes orthorhombiques [Dufet, *loc. cit.* et Joly et Dufet, *C. R.*, **102**, 1391, 1886]. C'est le sel signalé par erreur comme cristallisant avec $4H^2O$ (Voy. ARSENIC, 2ᵉ Suppl.).

PYROARSÉNIATE $As^2O^7Na^4$. — C'est le résidu de calcination de l'arséniate disodique.

MÉTAARSÉNIATE AsO^3Na [Streng, *Chem. Pharm. Centr. Bl.*, 852, 1861; — Higgins, *Chem. Pharm., Centr. Bl.*, 400, 1865].

Combinaison $As^3O^{17}Na^9 + 21H^2O$. — Se forme par l'action de l'eau oxygénée sur l'arséniate trisodique [Petrenko, *Journ. Soc. phys. chim. russe*, **34**, 391, 1902].

$AsO^4Na^3 + NaF + 12H^2O(?) — 2AsO^4Na^3 . NaF + 19H^2O$ [Briegleb, *Ann. Chem.*, **79**, 95, 1856; — Baker, *Chem. Soc.*, **47**, 353, 1885].

THIOARSÉNIATE $AsS^4Na^3 . 8H^2O$ [Geuther, *Ann. Chem.*, **240**, 221, 1887; — Mac Cay. *Zeit. anal. Chem.*, **34**, 725, 1895; — *Am. Chem. Journ.*, **10**, 459, 1888; — *Chem. Zeit.*, **21**, 487, 1897].

SULFOXYARSÉNIATES $AsO^3SNa^2H + 8H^2O$ [Urba, *Ann. Chem.*, **257**, 182, 1890].

AsO^3SNaH^2; — $AsO^2S^2Na^3 + 10H^2O$ [Weinland et Rumpf, *D. chem. G.*, **29**, 1008, 1896; — Weinland et Lehmann. *Zeit. anorg. Chem.*, **26**, 322, 1901].

Combinaisons $As^8O^9Na^8 + 2SO^4Na^2$; — $AsO^4NaH^2 + SO^4HNa$; — $As^2O^7Na^4 + SO^4Na^2$ [Friedheim. *Zeit. anorg. Chem.*, **6**, 273, 1894; — Setterberg. *Jahresb. Berzelius*, **26**, 206, 1846].

SÉLÉNOARSÉNITE $AsSe^3Na^3 + 9H^2O$. — Tétraèdres d'un rouge rubis [Clever et Muthmann, *Zeit. anorg. Chem.*, **10**, 117, 1895].

SÉLÉNOARSÉNIATES $AsSe^4Na^3 + 9H^2O$. — Petites aiguilles rouge rubis [Szarvasy. *D. chem. G.*, **28**, 2654, 1895]. — $AsSeO^3Na^3 + 12H^2O$ [Szarvasy, *loc. cit.* et Weinland et Rumpf, *loc. cit.*], cristaux orthorhombiques. — $3Na^2Se . 3Na^2O . As^2O^5 + 50H^2O$, prismes blancs assez stables [Clever et Muthmann, *loc. cit.*].

Combinaisons diverses contenant du sélénium et du tellure :

$As^2S^3Se^5Na^6 + 18H^2O$ (Muthmann et Clever).

$AsO^2SSeNa^3, 10H^2O$ $As^2S^3Se^2O^3 + 20H^2O$

$AsS^3SeNa^3, 8H^2O$ $AsSSe^3Na^3 + 9H^2O$

$As^2S^2SeO^5Na^6, 24H^2O$ $As^2S^3SeO^4Na^6 + 20H^2O$

$As^2S^7SeNa^6, 16H^2O$ $AsS^2Se^2Na^3 . 9H^2O$

$As^3S^3Se^2O^8Na^9, 36H^2O$ $As^2S^3Se^3Na^6 . 16H^2O$

[Messinger, *D. chem. G.*, **30**, 797, 1897; — Szarvasy, *loc. cit.*; — Melczer, *Zeit. Krist.*, **29**, 146, 1897].

$As^4O^{15}TeNa^{12}(?)$. — Prismes jaunâtres [Weinland et Rumpf, *loc. cit.*]. — $2Na^2O, 2TeO^3, As^2O^3 + 9H^2O$ [Weinland et Prause. *Zeit. anorg. Chem.*, **28**, 45, 1901].

COMBINAISONS DU SODIUM ET DE L'ANTIMOINE [Voyez ANTIMOINE]. — $SbF^3 . 3NaF$ [Flückiger, *Ann. Chem. Phys. Pogg.*, **87**, 245, 1852]. — $SbF^3 NaF$ [Hein, *Chem. Zeit.*, **11**, 1298, 1887]. — SbF^5, NaF [Marignac, *Ann. Chem.*, **145**, 239, 1868]. — $SbCl^3, 3NaCl$. Lames feuilletées [Poggiale, *C. R.*, **20**, 1180, 1845; — Causse, *C. R.*, **113**, 1042, 1891]. — $SbOF^3, NaF$. Prismes hexagonaux [Marignac, *loc. cit.*].

Antimonites. — $3Sb^2O^3 . 2Na^2O + H^2O$. Aiguilles clinorhombiques. — $2Sb^2O^3, Na^2O$. Tables rhombiques [Cormimbœuf, *C. R.*, **115**, 1305, 1892].

Antimoniates. — SbO^3Na [Ebel, *Dissert.* Berlin, 1890]. — $2Sb^2O^5, Na^2O . H^2O + 6H^2O$ [Knorre

et Olschewsky. *D. chem. G.*, **18**, 2359, 1885]. — $2Sb^2O^5 . Na^2O 9H^2O$ [Delacroix, *Bull. Soc. Chim.*, (3), **21**, 1049, 1899; **25**, 288, 1901: — Hallopeau. *C. R.*, **123**, 1065, 1896], cristallise en petites paillettes. — $(Sb^2O^5)^4 . Na^2O$ (Delacroix). — $(Sb^2O^5)^4 . Na^2O + (Sb^2O^5)^2Na^2O + 20H^2O$ (Delacroix). — $(Sb^2O^5)^3Na^2O, 10H^2O$ (Delacroix). — $(Sb^2O^5)^3Na^2O . 11H^2O$ (Delacroix).

SbS^2Na. — Poudre noire [Pouget, *Thèse*, Paris, 1899].

$SbS^2Na + 0,5H^2O$ (Unger).

$SbS^3Na^3 + 9H^2O$. — Aiguilles incolores (Pouget).

$SbS^5Na + 15H^2O$ [Kohl, *Arch. Pharm.*, (2), **17**, 257, 1839]. — Tétraèdres jaunes.

$Sb^2S^7Na^2, 2H^2O$, $Sb^4S^7NaH, 2H^2O$ (Pouget).

$Sb^2S^3, 6Na^2S + 32H^2O$ (Kohl(?).

Sel de Schlippe $SbS^4Na^3 . 9H^2O$. — Ce sel se prépare facilement d'après les indications de Prunier, par dissolution du pentasulfure dans le sulfure de sodium, à l'abri de l'air [*J. Pharm. Chim.*, (6), **3**, 289, 1896].

Sélénoantimonites. — $SbSe^3Na^3, 9H^2O$. Aiguilles jaunes très solubles dans l'eau et très oxydables. — $SbSe^3Na^3$, $Sb^4Se^7Na^2$, précipité marron gélatineux (Pouget).

Combinaisons : $Sb^2Se^3S^3Na^6 . 18H^2O$ (Pouget). — $Sb^2S^3Se^5Na^6 . 18H^2O$ (Pouget).

Combinaison $(SO^4)^2Sb Na$. — Très petits cristaux décomposables par l'eau [Gutmann, *Arch. Pharm.*, **236**, 477, 1898].

Sel de Haen $SO^4Na^2 + SbF^3$ [Haen, *Centr. Bl.*, I, 176, 1889].

BORATES $BO^2Na, 4,5H^2O$ et $BO^3Na . 5,5H^2O$ [Atterberg, *Bull. Soc. Chim.*, (2), **22**, 350, 1874].

Borax $2B^2O^3 . Na^2O$. — Ce sel se forme en mélangeant des solutions alcooliques d'acide borique et de soude caustique [Reischle, *Zeit. anorg. Chem.*, **4**, 166, 1893]. Point de fusion 878° [Riddle et Meyer, *D. chem. G.*, **26**, 2443, 1893]. A haute température, il se volatilise sans décomposition [Walbott, *Journ. Am. Chem. Soc.*, **16**, 410, 1894; — Norton et Roth, *ibid.*, **19**, 155, 1897].

Les hydrates $2B^4O^7Na^2, 4H^2O$ et $B^4O^7Na^2, 2,5H^2O$ ont été signalés depuis longtemps [Henneberg, *Chem. Pharm. Centr. Bl.*, 309, 1850; — Becchi, *Am. Journ. Sc.*, (2), **17**, 129, 1854].

Borates basiques. — Ils se forment par fusion de l'acide borique avec la soude caustique ou carbonatée. — $2B^2O^3, 3Na^2O$ [Rose, *Ann. Ph. Chem. Pogg.*, **80**, 269, 1850]. — $3B^2O^3, 5Na^2O$ [Bloxam, *Chem. Soc.*, **14**, 143, 1861]. — $B^2O^3 . 3Na^2O$ [Bloxam, *Chem. Soc.*, **12**, 177, 1859; — Mallard, *C. R.*, **75**, 472, 1872]. — Lorsqu'on opère non plus par voie sèche, mais par voie humide, il se forme, d'après Barthe [*Journ. Pharm. Chem.*, (6), **1**, 303, 1895], du métaborate.

Borates acides. — Ils prennent naissance, par voie humide, dans l'action des acides sur les solutions de borax, et par voie sèche, en fondant les alcalis avec un excès d'acide borique. — $4B^2O^3, Na^2O$ [Le Chatelier, *Bull. Soc. chim.*, (3), **21**, 35, 1899]. — $5B^2O^3, Na^2O$ (Barthe).

PERBORATE $BO^3Na, 4H^2O$. — Prismes monocliniques, stables à l'air et prenant naissance par l'action de la soude et de l'eau oxygénée sur une solution de borax [Constam et Bonnet, *Zeit. anorg. Chem.*, **25**, 265, 1900: **26**, 451, 1901: — Tanatar, *ibid.*, **26**, 345, 1901; — *Zeit. phys. Chem.*, **26**, 132, 1898; — Melikoff et Pissarjewsky, *Zeit. anorg. Chem.*, **20**, 153, 1899].

Fluoxyborate (?) [Berzélius, *An. Ph. Chem. Pogg.*, **58**, 503, 1843; **59**, 595, 1843; — Basarow, *C. R.*, **79**, 483, 1894].

$P^2O^5 . B^2O^3 . 2Na^2O$ [Prinvault, *C. R.*, **74**, 1249, 1872].

$AsO^2Na + 2B^2O^3 . Na^2O + B^2O^3 . As^2O^3 + 5H^2O$

[Henneberg, *Chem. Pharm. Centr. Bl.*, 309, 1850].

SODIUM CARBONYLE $Na(CO)$ [Voyez SODAMMONIUM].

CARBONATE NEUTRE DE SODIUM. — Sur la classification de la soude carbonatée, voyez Wegscheider [*Ann. Chem.*, **351**, 87, 1907]. Le sel anhydre fond à 1098° [Meyer et Riddle, *D. chem. G.*, **26**, 2443, 1893], à 861° [Mac Crae, *An. Ph. Chem. Wied.*, **55**, 95, 1895]. Le silicium par traitement au carbonate fournit un silicate alcalin [Vigouroux, *Ann. Chim. Phys.*, (7), **12**, 49, 1897]. L'aluminium donne de l'alumine avec formation de sodium et de charbon [Léon Frank, *Chem. Zeit.*, **22**, 236, 1898]. Le tétrachlorure de carbone fournit du chlorure de sodium, de l'acide carbonique et de l'oxychlorure [Quantin, *C. R.*, **106**, 1074, 1887].

Densité des solutions [R. Wegscheider et H. Walter, *Monatsh. f. Chem.*, **26**, 685, 1905; **27**, 13, 1905].

Les acides fixes tels que SiO^2, TiO^2, ZrO^2 donnent lieu à des phénomènes d'équilibre : la quantité de gaz carbonique tend vers une limite qui croît d'une façon continue avec la température. Avec l'acide borique, l'alumine, l'oxyde de fer, la réaction est différente ; il semble se former de l'aluminate, du ferrate et du métaborate [Venable et Clarke, *Journ. Am. Chem. Soc.*, **18**, 434, 1896].

Pour la réduction du carbonate sous l'influence de l'arc, voyez Moissan [*Bull. Soc. Chim.*, (3), **19**, 867, 1898].

Hydrate $CO^3Na^2 . 10H^2O$. — Point de fusion 35°,10 [Richards et Churchill, *Chem. News*, **79**, 149, 1880]. Les cristaux sont isomorphes des cristaux de sulfite à $10H^2O$ [Traube, *Zeit. Krist.*, **22**, 143, 1893].

À l'air, le sel s'effleurit en donnant le pentahydrate. A 35°, ce dernier est lui-même converti en monohydrate [Hammerl, *Sitz. Akad. Wien.*, **85**, 1004, 1882; — Lescœur, *Ann. Chim. Phys.*, (6), **21**, 514, 1890; — Wattson, *Phil. Mag.*, (5), **12**, 130, 1888].

Hydrate $CO^3Na^2 . H^2O$. — Tension de dissociation 3 à 4 mm. à 20° [Lescœur, *loc. cit.*].

Hydrate $4CO^3Na^2 . 5H^2O$ [Haindiger, *An. Ph. Chem. Pogg.*, **6**, 87, 1826].

Hydrate $CO^3Na^2 . 2H^2O$ [Schickendantz, *Ann. Chem.*, **115**, 359, 1860; — Thomsen, *D chem. G.*, **11**, 2042, 1876].

Hydrate $CO^3Na^2 . 6H^2O$ (?) [Berzélius, *An. Ph. Chem. Pogg.*, **8**, 441, 1826].

Bicarbonate — La décomposition du sel pur et sec ne commence que vers 70° ; elle est complète à 125°. La décomposition du sel humide se produit déjà dans le vide à température ordinaire [Kissling, *Zeit. angew. Chem.*, **2**, 332, 1889; **3**, 252, 1890; — Gautier, *C. R.*, **83**, 275, 1876]. Pour la dissociation des solutions de bicarbonate, voyez aussi Bodländer [*Zeit. phys. Chem.*, **35**, 23, 1900]; Urbain [*C. R.*, **83**, 543, 1876]; Dibbit [*J. prakt. Chem.*, **118**, 417, 1874]; Cameron et Briggs [*Journ. Phys. Chem.*, **5**, 557, 1901]. Les solutions de bicarbonate se colorent en rouge en présence de phtaléine à température ordinaire ; la coloration disparaît à 0° [Küster, *Zeit. anorg. Chem.*, **13**, 127, 1897].

Carbonates intermédiaires $(CO^3)^3Na^4H^2 . 2H^2O$. — Aiguilles très fines [Montdésir, *C. R.*, **104**, 1505, 1887]. — $(CO^3)^3Na^4H^2 . 3H^2O$ [Hermann, *J. prakt. Chem.*, **26**, 312, 1842]. — $(CO^3)^3Na^4H^2 . 4H^2O$ [Schickendantz, *loc. cit.*]. — $(CO^3)^3Na^4H^2 . 6H^2O$ [Bradley et Reynold, *Pharm. Journ.*, **12**, 515, 1853]. — $(CO^3)^2Na^3H , 2H^2O$ [Winckler, *Zeit. angew. Chem.*, **6**, 445, 1893; — Reinitzer, *ibid.*, **6**, 573, 1893; — Watt et Richards, *D. chem. G.*, **21**, 553, 1888 (extrait)].

PERCARBONATES. — Ils s'obtiennent par l'action de l'eau oxygénée sur les solutions de carbonate. Tanatar a signalé les deux combinaisons $CO^4Na^2 + 1,5 H^2O^2$ et $CO^4Na^2 , 0,5 H^2O^2 + H^2O$.

Combinaison $4SO^4Na^2 . CO^3Na^2 . 0,5 NaCl$. — Ce sel se trouve à l'état naturel sous forme de cristaux orthorhombiques : c'est la banksite [Hidden, *Am. Journ. Sc.*, (3), **30**, 136, 1885; — Dana et Penfield, *ibid.*, **30**, 136, 1885].

Combinaison $2SO^4Na^2 . CO^3Na^2 . 21 H^2O$ [Johnson, Brevet anglais 1442, 23 janv. 1894].

SULFOCARBONATE CS^3Na^2. — Cristaux très déliquescents. Il prend naissance par l'action du sulfure de carbone sur les solutions de sulfure de sodium [Husemann, *Ann. Chem.*, **123**, 67, 1862; — voyez aussi Taylor, *Chem. News*, **45**, 125, 1882].

En substituant à la solution de monosulfure une solution de polysulfure, Gélis a obtenu le sulfocarbonate CS^4Na^2 [*C. R.*, **81**, 282, 1875].

CYANURE DE SODIUM. — Ce composé prend naissance comme le sel de potassium. Il se forme aussi en chauffant fortement un mélange de nitrate (ou de nitrite) et d'acétate [Kerp, *D. chem. G.*, **30**, 610, 1897]. Le carbonate de soude chauffé à fusion avec du fer, au contact de l'air, fournit de 15 à 25 0/0 de cyanure [Tauber, *D. chem. G.*, **32**, 3150, 1899].

Le sel anhydre constitue une poudre blanche, qui s'hydrate au contact de l'alcool aqueux en donnant, suivant la concentration de ce dernier, un di ou un trihydrate.

$$Na_{sol.} + C\,Az_{gaz} = Na\,C\,Az + 6^{Cal},40.$$
$$C\,Az\,H_{diss.} + Na\,O\,H_{diss.} = C\,Az\,Na_{diss.} + 2^{Cal},9.$$

Chaleur de dissolution du sel anhydre à 9° $0^{Cal},5$ [Berthelot, *C. R.*, **94**, 79, 1880; — Joannis, *Ann. Chim. Phys.*, (5), **26**, 482, 1882].

CYANATE. — Il s'obtient, d'après Kerp (*loc. cit.*), par l'action du nitrate sur l'acétate.

SULFOCYANURE. — On l'obtient soit par double décomposition entre le sel d'ammonium et la soude [Cioci, *Zeit. anorg. Chem.*, **19**, 308, 1898], soit en chauffant 1 p. de ferrocyanure avec 3,5 p. d'hyposulfite de soude [Frœdhe, *An. Ph. Chem. Pogg.*, **119**, 317, 1863].

Sélénocyanure. — Petits cristaux lamellaires obtenus par neutralisation de l'acide par la soude [Crooker, *Ann. Chem.*, **78**, 177, 1851].

Fluosilicate [Truchot, *C. R.*, **98**, 1330, 1884; — Guntz, *Ann. Chim. Phys.*, (6), **3**, 63, 1884].

Silicates $4SiO^2 . Na^2O + Aq$. — [Heintz, *Arch. d. Pharm.*, **196**, 1, 1871].

$7SiO^2 . 2Na^2O . 16H^2O$. — [Heintz, *loc. cit.*].

$3SiO^2 . Na^2O$. — [Forschammer, *Ann. Pharm. Chem. Pogg.*, **35**, 343, 1835].

SULFOSILICATE SiS^3Na^2. — Masse noir brunâtre [Hemper et Haasy, *Zeit. anorg. Chem.*, **23**, 32, 1900].

Combinaison $SiO^3Na^2 . 4PO^4Na^3 . 2NaF . 10H^2O$ (?). — [Baumgarten, *Dissertation über das Vorkommen des Vanadium in dem Œtznatron des Handels*, 1865].

SODIUM ET ALUMINIUM. — *Alliage de sodium et d'aluminium.* — [Debray, *C. R.*, **43**, 926, 1856; — Moissan, *Bull. Soc. Chim.*, (3), **11**, 1021, 1894; — **17**, 4; 1897. — Mathewson, *Zeit. anorg. Chem.*, **48**, 191, 1906].

Fluorure double $Al^2F^6, 6NaF, 7H^2O$. — [Baud, *Thèse de Paris*, 1903]. La chiolite qu'on rencontre en cristaux quadratiques a pour formule $3Al^2F^6 . 10NaF$.

Chlorures doubles. — Baud a signalé les composés : $Al^2Cl^6 . 3NaCl$ et $Al^2Cl^6 . 6NaCl$.

$Al^2Br^6(I^6), 2NaBr(I)$. — [Weber, *Ann. Phys. Chem. Pogg.*, **101**, 465, 1857; **103**, 259, 1858].

Sulfure double. — [Jænnigen, *Chem. Central Blatt*, II, 205, 1895].

Alun de soude. — [Muller Erzbach, *D. chem. G.*, **21**, 2222, 1888].

Alun de soude à base de sélénium. — [Weber, *Ann. Phys. Chem. Pogg.*, **108**, 615, 1859; — Wohlwil, *Ann. Chem.*, **114**, 180, 1860; — Fabre, *C. R.*, **105**, 114, 1887].

Carbonate double $2Na^2O.3Al^2O^3,3CO^2$. — [Bley, *J. prakt. Chem.*, **39**, 22, 1846].

Sulfocyanure double. — [Rosenheim et Cohn, *D. chem. G.*, **23**, 1, 111, 1900].

Silicates doubles. — [Ammon, *Jahresb.*, 141, 1862; — Baur, *Zeit. physik. Chem.*, **42**, 567, 1903; — Friedel, *Bull. Soc. Chim. Min.*, **22**, 17, 1899].

Pyrophosphate double. — [Schwarzenberg, *Ann. Chem.*, **65**, 147, 1848; — Ussing, *Bull. Ac. sc. de Danemark*, n° 1, 1904].

Imidosulfonate double d'ammonium et de sodium et composés analogues. — [Divers et Haga, *Chem. Soc.*, **64**, 943, 1892].

Métaphosphates doubles $(PO^3)^2NaAm, 4H^2O$ — $(PO^3)^5AmNa^4, 6H^2O$ — $(PO^3)^6Am^5Na$. — [Tammann, *Zeit. phys. Chem.*, **6**, 123, 1890; *J. prakt. Chem.*, **153**, 417, 1891].

Orthophosphate $(PO^4)^2AmNa^2.12H^2O$. — [Herzfeld et Feuerlein, *Zeit. anal. Chem.*, **20**, 191, 1881].

Protochlorure double de baryum et de sodium $BaCl.NaCl$. — [Guntz, *C. R.*, **136**, 749, 1903]; $BaBr,NaBr$; BaI,NaI [Guntz, *ibid.*].

Orthophosphate double $PO^4NaBa.10H^2O$. — [Villiers, *C. R.*, **104**, 1103, 1887; — Joly, *C. R.*, **104**, 905 et 1702, 1887].

Arséniate double [Joly, *ibid.*].

Alliage de sodium et de cadmium Na^2Cd. — Point de fusion 395° [Kurnakoff, *Zeit. anorg. Chem.*, **20**, 388, 1899].

Hyposulfites doubles $S^2O^3Cd.3S^2O^3Na^2$. — Prismes clinorhombiques [Fock et Klüss, *D. chem. G.*, **23**, 1753, 1890]; $S^2O^3Cd.3S^2O^3Na^2$. $3H^2O$, cristaux anorthiques [*ibid.*]; $3S^2O^3Cd.S^2O^3Na^2.9H^2O$ [Vortmann et Padberg, *D. chem. G.*, **22**, 2637, 1889]; $2S^2O^3Cd.S^2O^3Na^2.7H^2O$ [*ibid.*]; $S^2O^3Cd.3S^2O^3Na^2.9H^2O$. Petites lamelles jaunes [*ibid.*].

Phosphates doubles. — [Wallroth, *D. chem. G.*, **16**, 3059, 1883; *Bull. Soc. Chim.*, **19**, 316, 1883; — Pahl, *Bull. Soc. Chim.*, **19**, 115, 1873; — Wiesler, *Zeit. anorg. Chem.*, **28**, 177, 1901].

Sulfocyanure double $(CAzS)^2Cd.(CAzS)Na$, $3H^2O$. — Lamelles hexagonales [Grossmann, *D. chem. G.*, **35**, 2665, 1902].

Sulfates sodicocalciques $(SO^4)^3Ca^2Na^2.2H^2O$. — [Vant' Hoff et Chiaraviglio, *Sitz. Preuss. Akad.*, 810, 1899]; — *Glaubérite*, Vant' Hoff et Chiaraviglio.

Phosphates doubles. — Voyez CALCIUM, 2ᵉ Suppl.

Trimétaphosphate $(P^2O^6)^3Na^2Ca^2$. — [Lindbom, *Ber. Chem. Pharm.*, **8**, 122, 1875]. — Voy. PHOSPHORE, 1ᵉʳ Suppl.

Arséniates doubles. — Voy. Calcium.

Boronatrocalcite artificielle. — [De Schulten, *C. R.*, **132**, 1576, 1901].

Carbonates doubles. — $(CO^3)^2Na^2Ca, 5H^2O$. — $(CO^3)^2Na^2Ca, 2H^2O$. — $(CO^3)^2Na^2Ca$. — [Rud. Wegscheider, *Ann. Chem.*, **351**, 87, 1907].

Sulfates doubles cérosodiques $(SO^4)^3Ce^2$, $3SO^4Na^2.2H^2O$ [Czudnowitz, *J. prakt. Chem.*, **80**, 16, 1860; — Jolin, *Bull. Soc. Chim.*, (2), **21**, 533, 1874; — $2(SO^4)^3Ce^2, 3SO^4Na^2$ [Beringer, *Ann. Chem.*, **42**, 134, 1842].

Phosphate double PO^4Ce, PO^4Na^3. — Voyez CÉRIUM, 2ᵉ Suppl. et TERRES RARES.

Chromate de sodium. — [Beltzer, *Rev. chim. pure et appl.*, 1901 et 1905; — Mylius et Funk, *D. chem. G.*, **33**, 3686, 1900; — Salkowsky, *ibid.*, **34**, 1947, 1901].

Trichromate $Cr^3O^{10}Na^2$. — Stanley, *Chem. News*, **54**, 194, 1886].

Tétrachromate $Cr^4O^{13}Na^2, 4H^2O$.

Chromate tétrasodique $2Na^2O, CrO^3, 13H^2O$ (Mylius et Funk).

Perchromate $Cr^2O^{15}Na^6, 28H^2O$. — [Kassner, *Bull. Soc. Chim.*, (3), **12**, 1274, 1894].

Chromoiodate. — Voyez CHROME, 2ᵉ Suppl.

Sulfochromite. — Voyez CHROME, 2ᵉ Suppl., et Schneider [*J. prakt. Chem.*, (2), **6**, 401, 1897].

Sulfate chromo-sodique $SO^4Na + SO^4Cr.4H^2O$. — [Laurent, *Thèse de Pharm.*, Paris, 1901].

Arséniate double $(AsO^4)^3Cr^2.Na$. — Lefèvre, *C. R.*, **111**, 36, 1890].

Carbonate double $CO^3Na^2.CO^3Cr,Aq$. — Ce sel double s'obtient comme le sel de potassium. Il se présente soit en losanges d'un rouge brun renfermant $10H^2O$, soit sous forme d'une poudre jaune retenant 1 molécule d'eau [Baugé, *C. R.*, **122**, 474, 1896; **125**, 1177, 1897; **126**, 1566, 1898].

Sulfocyanures doubles $(CAzS)^6Na^3Cr + 7H^2O$ [Rösler, *Ann. Chem.*, **141**, 185, 1867]; $(CAzS)^3Cr(AzH^3)^2.SCAzNa$ [Christensen, *J. prakt. Chem.*, **45**, 219, 1892].

Sulfite et hyposulfite doubles de cobalt et de sodium $3CoO.Na^2O.3SO^2$. — $S^2O^3Co, 3S^2O^3Na^2, 15H^2O$. — [Schulze, *Jahresb.*, 270, 1874].

Cobaltinitrite de sodium. — Voyez COBALT. $2Na^2O, Co^2O^3, 4Az^2O^3, xH^2O$ [Rosenheim et Koppel, *Zeit. anorg. Chem.*, **17**, 35, 1898]. Voyez aussi Billmann [*ibid.*, **39**, 284, 1900].

Phosphates doubles. — Voyez COBALT. — PO^4CoNa et $(PO^4)^2CoNa^4$ [Ouvrard, *Ann. Chim. Phys.*, (6), **16**, 323, 1889]; $10CoO, 8Na^2O.9P^2O^5$ [*ibid.*], et Wallroth [*Bull. Soc. Chim.*, (2), **39**, 316, 1883]; $P^3O^{10}Na^3Co$ [Schwarz, *Zeit. anorg. Chem.*, **9**, 258, 1895]; $(P^6O^{18})Na^4Co, 8H^2O$ [Lindbom, *D. chem. G.*, **8**, 122, 1875]. Voyez aussi PHOSPHORE, 1ᵉʳ Suppl.

Cobalticyanure. — Voyez article CYANURES.

Nitrocobalticyanure $Co^4(AzO^2)(CAz)^{10}Na^6, 11H^2O$ [Rosenheim et Koppel. *loc. cit.*].

Sulfocyanure $Co(CAzS)^4Na^2 + 8H^2O$. — Rosenheim et Cohn, *D. chem. G.*, **33**, 1113, 1900].

Cobalticyanure de sodium et d'ammonium $Co^2(CAzS)^{12}Na^2(AzH^4)^4$. — [Weselsky, *Sitz. Akad. Wien.*, **60**, 261, 1869].

Combinaisons du sodium et de l'étain. — Na^4Sn, Na^2Sn, Na^4Sn^3 et $NaSn^2$ [Mathewson, *Zeit. anorg. Chem.*, **46**, 94, 1905].

Ferrite, ferrate et perferrate de sodium. — Voyez FER.

Sulfures doubles $Na^2S.FeS$. — [Brünner, *Ar. Sc. Ph. Nat.*, **22**, 68, 1865]; $Fe^2S^3, Na^2S, 4H^2O$ [Schneider, *Ann. Phys. Chem. Pogg.*, **138**, 302, 1869].

Sulfates doubles de fer et de sodium $SO^4Na^2, 4Fe^2(SO^4)(OH) + 7H^2O$. — Substance naturelle trouvée en Norwège, et qui s'obtient par l'action des pyrites sur l'alun de soude. $3SO^4Na^2, (SO^4)^3Fe^2, 6H^2O$ [Mackintosh, *Chem. Centr. Bl.*, II, p. 261, 1890; — Genthet Penfield, *ibid.*, II, 1462, 1890; — Arzuni et Frenzel, *Zeit. Kryst.*, **18**, 595, 1890].

Ferrisulfite-sulfates de sodium SO^4Na - Fe

$= (SO^4Na)^2 + 6H^2O$ et $SO^4Fe^2(SO^3)^4 . Na^2H^2 + 2H^2O$ [K.-A. Hofmann, *Zeit. anorg. Chem.*, **14**, 282, 1897].

Phosphate $(P^2O^7)^2 Na^2Fe^2$. — Jorgensen, *J. prakt. Chem.*, (2), **16**, 342, 1877].

Sulfocyanures $Fe(CAzS)^6Na^4 + 12H^2O$ et $Fe(CAzS)^6Na^3,6H^2O$ [Rosenheim et Cohn, *loc. cit.*].

Ferrocyanure, ferricyanure, nitroprussiate. — Voyez article CYANURES. — $FeCy^6KNa^3,9H^2O$ (ou $12H^2O$, Wyrouboff); $FeCy^6Na^2K^2,8H^2O$ et $FeCy^6NaK^3.4H^2O$ [Reindel, *Zeit. f. Chem.*, (2), **4**, 601, 1868; *J. prakt. Chem.*, **100**, 6, 1867: *Zeit. f. Chem.*, 288, 1867].

$FeCy^6Na^2K^2 + 4AzO^3K$. — [Martius, *Jahresb.*, **13**, 319, 1867].

Silicate de glucinium et de sodium [Duboin, *C. R.*, **123**, 698, 1896].

Sulfate double de lanthane et de sodium $(SO^4)^3La^2, SO^4Na^2.3H^2O$. — Baskerville et Turrentino, *Am. Chem. Soc.*. **26**, 46, 1904].

Phosphate double. — [Wallroth, *Bull. Soc. Chim.*, (2), **39**, 316, 1883].

Sulfates doubles de lithium et de sodium SO^4NaLi; — $(SO^4)^2LiNa^3,6H^2O$; — $(SO^4)^3Na^4Li^2, 9H^2O$; — $(SO^4)^5Li^8Na^2,5H^2O$ [Traube, *Jahresb. f. Min.*, (2), **58**, 1892; — Rammelsberg, *Ann. Phys. Chem. Pogg.*, **66**, 79, 1845; — Mitscherlich, *ibid.*. **58**, 470, 1843].

Phosphates doubles. PO^4Li^2Na. — $P^2O^7NaLi^3$ [Ouvrard, *C.R.*, **110**,1333. 1890]; — $(PO^4)^3LiNa^2, 3H^2O$ [Tammann, *J. prakt. Chem.*, (2), **45**, 417, 1892].

Alliages de magnésium et de sodium. — Mathewson [*Zeit. anorg. Chem.*, **48**, 191, 1906].

Oxychlorure de magnésium et de sodium. — [Jœnnigen, *Chem. Centr. Bl.*, II, 205, 1895: — A. de Schulten, *Bull. Soc. Chim.*, (3), **17**, 166, 169, 1897].

Bromure double (A. de Schulten).

Sulfure double (Jœnnigen).

Sulfates doubles. — On connaît plusieurs hydrates se rencontrant à l'état naturel, à savoir : $(SO^4)^2MgNa^3, 8H^2O$; — $(SO^4)^2MgNa^2 + 2,5H^2O$ et aussi un hydrate à $4H^2O$ déjà mentionné dans le 1er Supp.

Phosphates doubles. — $P^2O^8MgNa^4$; — $P^4O^{16}Mg^3Na^6$ [Ouvrard, *C. R.*, **106**, 1729, 1888; *Ann. Ch. Ph.*, (6), **16**, 311, 1889].

Tétramétaphosphate, $P^9O^{24}Mg^3Na^2$ [Grégory, *Ann. Chem.*, **54**, 97, 1845; Madrell, *Ann. Chem.*, **78**, 259, 1849].

Pyrophosphates doubles. — Le sel normal s'obtient par double décomposition entre le sulfate de magnésie et le pyrophosphate de soude.

Pour d'autres pyrophosphates, entre autres pour le sel $P^{18}O^{63}Mg^{10}Na^{16}$, voyez Wallroth [*Bull. Soc. Chim.*, (2), **39**, 316, 1883]; Ouvrard [*C. R.*, **106**, 1729, 1898]: Kikerin [*Dissert. Inaug.*, Erlangen, 1883]; Lefèvre [*C. R.*, **110**, 405, 1890; *Ann. Ch. Ph.*, (6), **27**, 27, 1892].

Ortho et pyroarséniates doubles, AsO^4MgNa et $(As^2O^7)^3Mg^2Na^4$ [Lefèvre].

Carbonate double, CO^3Na^2, CO^3Mg [De Schulten, *C. R.*, **122**, 1427, 1896]. Un hydrate à $15H^2O$ a depuis longtemps été signalé par Nörgaard [R. Danske, *Vid. Selsk. Skr.*, (5), **2**, 54, 1850].

Chlorocarbonate, CO^3Mg, CO^3Na^2, $MgCl^2$. (De Schulten).

Fluorure double de manganèse et de sodium, Mn^2F^6, $4NaF$ [Christensen, *J. prakt. Chem.*, (2), **34**, 41, 1886; **35**, 161, 1887].

Sulfites doubles. — [Gorgeu, *C. R.*, **96**, 376, 1883].

$SO^3Mn + SO^3Na^2 + H^2O$; $SO^3Mn + 4SO^3Na^2$.

Sulfate double basique, $2SO^3.3MnO + SO^4Na^2 + 5H^2O$ [Gorgeu, *C. R.*, **95**, 82, 1882].

Hyposulfite double, $2S^2O^3Na^2 + S^2O^3Mn + 16H^2O$ [Joachim, *Chem. Centr. Bl.*, 642, 1895].

Phosphates doubles, $P^2O^7MnNa^2$. $9H^2O$. — Prismes couleur chair [Pahl, *D. chem. G.*, **6**, 1465, 1873; — Wallroth, *Bull. Soc. Chim.*, (2), **39**, 316, 1883].

$2P^2O^7Na^4 + 3P^2O^7Mn^2 + 24H^2O$ (Pahl).

PO^4MnNa. — Cristaux orthorhombiques [Ouvrard, *C. R.*, **106**, 1729, 1888].

$(PO^4)^2MnNa^4$ (Ouvrard).

$(PO^3)^8Mn^3Na^2$. — Cristaux cubiques [Hollander et Tammann, *J. prakt. Chem.*, (2), **45**, 417, 1892].

$(PO^3)^3MnNa + 3H^2O$ (Hollander et Tammann). Le sel anhydre a été obtenu par Schjerning [*J. prakt. Chem.*, (2), **45**, 515, 1892].

$P^3O^{10}MnNa^2 + 12H^2O$. — [Stange, *Zeit. anorg. Chem.*, **12**, 454, 1896].

$(P^2O^7)^2Mn^3Na^2 + 10H^2O$ [Christensen, *J. prakt. Chem.*, (2), **38**, 1, 1883].

Arséniates doubles, $3As^2O^5.4Na^2O.2MnO$. — $(AsO^4)^2MnNa^4$ [Lefèvre, *C. R.*, **110**, 405, 1890].

Amalgame de sodium. — Schüler [*Zeit. anorg. Chem.*, **40**, 385, 1904].

Iodomercurate. — Duboin [*C. R.*, **143**, 313, 1906].

Fluorure double de nickel et de sodium, $NiF^2.NaF + H^2O$ [Perrot, *Arch. Sc. Ph. Nat.*, (3), **25**, 669].

Phosphates doubles. — Ont été décrits : $(PO^4)^2NiNa^4$. — PO^4NiNa. — $(P^2O^7)^9Ni^{10}Na^{16}$. $P^3O^{10}NiNa^3 + 12H^2O$ — $P^6O^{18}Ni^2Na^2 + 9H^2O$ — $P^6O^{18}NiNa^4 + H^2O$ [Ouvrard, *Ann. Ch. Ph.*, (6), **16**, 323, 1889; — Wallroth, *Bull. Soc. Chim.*, (2), **39**, 316, 1883; — Schwarz, *Zeit. anorg. Chem.*, **9**, 258, 1895; — Stange, *Zeit. anorg. Chem.*, **12**, 450, 1896; — Lindbom, *D. chem. G.*, **8**, 122, 1875; — Hautefeuille et Margottet, *C.R.*, **96**, 849, 1883].

Sulfocyanure, $2(CAzS)Na + (CAzS)^2Ni + 4H^2O$ [Rosenheim et Cohn, *D. chem. G.*, **33**, 1113, 1900].

Alliages de plomb et de sodium. — On les obtient par addition de sodium au plomb fondu, ainsi que par électrolyse du chlorure de sodium fondu avec cathode en plomb [Jack, *Zeit. anorg. Chem.*, **35**, 328, 1903; **34**, 286, 1903; — Green et Wahl, *Chem. News*, **62**, 314, 1890; — Tammann, *Zeit. ph. Ch.*, **3**, 441, 1889; — Vaulin, *J. Soc. of Chem. Ind.*, 448, 1894].

Par l'action du plomb sur le sodammonium on obtient un alliage $PbNa^2$.

Par le même procédé, on peut obtenir une combinaison ammoniée $2AzH^3.PbNa^2$ [Joannis, *Ann. Chim.*, (8), **7**, 5, 1906].

Iodures doubles. — $PbI^2.NaI$ [Herty, *Am. Chem. J.*, **14**, 107, 1892].

$PbI^2 2NaI$ [Ditte, *C. R.*, **92**, 1343, 1881].

$PbI^2.4NaI$ [Poggiale, *C. R.*, **20**, 1180, 1845].

Hyposulfite double. — Sa formule est encore très discutée. La liqueur obtenue par addition d'hyposulfite de soude à un sel de plomb peut servir comme viro-fixateur [Jouve, *Bull. Soc. Chim.*, (3), **27**, 863, 1902; — Lumière et Seyewetz, *ibid.*, (3), **27**, 793 et 146, 1902; — Fogh, *C. R.*, **110**, 571, 1900].

Pentathionate double (Lumière et Seyewetz).

Phosphates doubles. — Ouvrard a signalé les

composés PO^4NaPb et $9P^2O^5$, $10PbO$, $8Na^2O$ [*C. R.*, **110**, 1333, 1890].

Alliage de potassium et de sodium. — Le seul alliage chimiquement défini est le composé NaK^2. Chaleur de formation, $1^{Cal},94$ [Joannis. *Ann. Ch. Ph.*, (6), **12**, 358, 1887]. Voyez aussi Kurnakow et Puschine [*Journ. Soc. phys. chim. russe*, **33**. 538, 1901] et Th. W. Richards et Fr. N. Brink [*J. Amer. Chem. Soc.*, **29**, 117, 1906].

Chlorate double. — [Retgers, *Z. Kryst.*, **24**, 127. 1895].

Sulfites doubles. — Ces sulfites s'obtiennent en traitant le bisulfite de soude par le carbonate de potassium, ou inversement le bisulfite de potasse par le carbonate de soude. Schwicker prétend avoir obtenu ainsi deux composés isomériques [*D. chem. G.*, **22**, 1728, 1889], mais ces faits ont été récemment infirmés par Fraps [*Am. Chem. J.*, **23**, 202, 1900].

SO^3KNa. — [Spring, *D. chem. G.*, **7**, 1157, 1874; — Hartog. *C. R.*, **109**, 179, 1889]. — SO^3KNa, H^2O (Schwicker). — $SO^3KNa.2H^2O$ [Schwicker; Barth, *Zeit. ph. Ch.*, **9**, 170, 1892]. — $(SO^3)^2KNa^2.H$, $4H^2O$ (Schwicker et Hartog). — $(SO^3)^2HK^2Na$, $3H^2O$ (Schwicker).

Sulfates doubles, $2SO^4K^2.SO^4Na^2$ — [Bandrowski, *Zeit. ph. Chem.*, **17**, 234, 1895]. Voyez aussi Berthelot et Ilosway, *Ann. Ch. Ph.*, (5), **29**. 331, 1883; *C. R.*, **94**, 1551, 1882; — Meyerhoffer et Sunders, *Zeit. ph. Ch.* **28**, 453, 1899]. — $5SO^4Na^2 + 3SO^4K^2 + 5SO^4H^2$. orthorhombique [Wyrouboff, *Bull. Soc. Min.*, **29**, 332. 1906]. — $S^2O^6K^2.NaCl$ [Pape, *Ann. Ph. Chem. Pogg.*, **139**. 238, 1870].

Hyposulfites doubles. — Schwicker a signalé deux sels isomériques, au point de vue de leur constitution : à savoir S^2O^3KNa, $2H^2O$ et S^2O^3KNa, H^2O [*loc. cit.*].

Séléniate double SeO^4KNa [Topsoë, *Dissertation*, Copenhague, 1870].

Azotate double. — [Loose, *Rep. Chem. Pharm.*, Swittau, **56**, 1, 1837].

Imido-nitrosulfonates doubles et combinaisons analogues. — Voyez Raschig [*Ann. Chem.*, **241**. 180 et 229, 1887] et Divers et Haga [*J. Chem. Soc.*, **61**, 943, 1892; **65**, 523, 1894; **79**, 1093, 1901].

Hypophosphate double, $P^2O^6Na^2K^2 + 9H^2O$. — [Bansa, *Zeit. anorg. Ch.*, **6**, 157, 1894].

Métaphosphates, $(PO^3)^6K^2Na$ et $(PO^3)^6K^4Na^2$. — [Fleitmann, *J. prakt. Chem.*, (2), **45**, 417, 1892].

Phosphate double $(PO^4)^4Na^3K^3H^6 + 44H^2O$. [Fihlol et Senderens, *C. R.*, **94**, 649, 1882].

Carbonates doubles. — De nombreux sels ont été décrits. Signalons :

$CO^3K^2.CO^3Na^2$	$(CO^3)^2KNa^3 + 12H^2O$
$2CO^3K^2.CO^3Na^2$	$(CO^3)^2K^3Na^4 + 18H^2O$
$CO^3K^2.2CO^3Na^2$	$CO^3KNa + 6H^2O$

Voyez pour les recherches récentes : Berthelot et Ilosway [*C. R.*, **94**, 1551, 1882]; Doumer [*C. R.*, **110**, 140, 1890]; Hugounenq et Morel [*C. R.*, **106**, 1158, 1888].

Arséniate triple de magnésium, de potassium et de sodium, $(AsO^4)^2Mg^2KNa + 14H^2O$. — [Kikczin, *Dissert. Inaug.*; Erlangen, 1883].

Sulfate double de samarium et de sodium, $(SO^4)^3Sm^2.SO^4Na^2$, $2H^2O$.

Carbonate double, $(CO^3)^3Sm^2CO^3Na^2.8H^2O$. — Voyez Terres rares.

Sulfate double de scandium et de sodium, $(SO^4)^3Sc^2.SO^4Na^2.12H^2O$. — Voyez Terres rares.

1ᵉʳ avril 1907.   V. Thomas.

 — (Voy. Dict., **4**, 431).

Propriétés physiques. — *Structure du fil de soie.* — Les divers travaux publiés sur la structure du fil de soie s'accordent à reconnaître que les deux brins de soie reliés par le grès (séricine) présentent à leur surface une striation longitudinale plus ou moins nette, mais cette striation a été interprétée de différentes façons.

Les recherches d'Anderlini, Schlesinger, Vlacovitch, Lenticchia aboutissent à la conception de la structure fibrillaire des brins.

MM. Conte et Levrat ont repris récemment l'étude de cette question [*Bull. Labor. d'études de la soie*, Lyon, 63, 1901–1902] et ont examiné l'action de divers réactifs sur les baves. L'acide chlorhydrique étendu, le chlorure de zinc faiblement concentré, les solutions de soude et de potasse gonflent le fil et font apparaître une striation bien nette dans les différentes variétés de soie. Si l'on comprime le fil en le froissant sous le couvre-objet du microscope, on voit de nombreuses fibrilles s'en séparer. Elles se détachent à la façon des fibres d'un morceau de bois dont on enlèverait un fragment.

On peut attribuer à cette structure fibrillaire la cause de certains défauts constatés en 1895 par Gianoli sur des tissus de soie teints où la matière colorante ne s'était pas fixée sur certaines portions du tissu.

Sisley [*Laboratorio d'Esperianze sulla seta*, Milan 1905, 28] attribue les différences de propriétés tinctoriales ainsi constatées à ce que les fibrilles, en raison de leur extrême finesse, subissent une altération sous l'influence des bains alcalins, qui se traduit par une différence d'affinité pour les matières colorantes. Au point de vue tinctorial, les flocons se comportent comme de la cellulose, ce qui a fait croire à certains observateurs que ces flocons provenaient des parties cellulosiques de la fibre. Ce résultat ne se produit qu'après une altération profonde. La soie devient d'abord duveteuse et renferme alors un grand nombre de fibrilles rompues qui se teignent comme la soie elle-même. Sous l'influence des bains alcalins chauds, les fibrilles s'altèrent, perdent leur brillant, se contractent en s'enroulant autour du fil de soie, puis finalement forment une petite bourre adhérant au fil de soie par une fibrille dépourvue de brillant.

Densité de la soie. — Robinet a déterminé la densité de la soie en opérant sur les fils obtenus directement par l'étirage de la glande soyeuse du ver (mort à pêche). Il a trouvé 1,367. Persoz, en opérant sur la soie en écheveaux, a obtenu 1,357.

Léo Vignon a repris cette détermination et a obtenu les meilleurs résultats par l'emploi de la balance hydrostatique en utilisant la benzine pour immerger la soie et en éliminant les gaz condensés dans le textile par le vide agissant pendant 10 minutes [*C. R.*, 1892]. Il a trouvé ainsi 1,33 pour la soie grège de France, 1,34 pour la soie décreusée.

De Chardonnet [*C. R.*, 1892] a obtenu des nombres notablement supérieurs aux précédents (1,66 pour la soie grège et 1,43 pour la soie décreusée) en plongeant la soie réduite en tronçons d'un millimètre environ, dans une solution de borotungstate de cadmium et en éliminant par le vide les gaz condensés, mais L. Vignon a montré que, dans ces conditions, la soie absorbe des éléments constitutifs du borotungstate de soude et que les nombres trouvés par de Chardonnet s'appliquent à de la soie chargée de ces éléments. L. Vignon a déterminé le poids spécifique de la soie à divers états techniques. Il a trouvé les résultats suivants :

Soies.		Rendement[1] 0/0.	Poids spécifique
Soies souples ayant perdu 4 à 5 0/0 de leur grès.	Type non chargé	Perte 4,43	1,33
	Charge au tanin.	Rend[1] 47,28	1,37
	Charge à l'étain.	— 71,70	1,94
	Charge mixte.... (tanin et étain).	— 70,36	1,66
Soies décreusées.	Type non chargé	Perte 25,72	1,34
	Chargé au tannin	— 7,04	1,37
	Chargé à l'étain.	— 58,64	2,01
	Charge mixte...	— 32,82	1,60

La présence du tanin n'élève donc que très peu le poids spécifique de la soie, tandis que les charges métalliques l'augmentent beaucoup.

Pouvoir rotatoire de la soie. — Léo Vignon a déterminé le pouvoir rotatoire du grès et de la fibroïne [*Bull. Labor. d'études de la soie*, 1891-92]. Il a obtenu des pouvoirs rotatoires variables avec le dissolvant employé compris entre $[\alpha]_D = -38°,8$ et $-39°,5$ pour le grès et $-39°,96$ et $-42°,8$ pour la fibroïne. L'activité optique dépend beaucoup de la race. Pour les soies de différentes provenances, il a trouvé des nombres variant entre $-9°$ et $-43°,6$ pour le grès et entre $-39°,5$ et $-50°$ pour la fibroïne.

Pouvoir absorbant de la soie. — La soie est inerte vis-à-vis des gaz neutres. Par contre, elle dissout en quantité appréciable les gaz de nature basique ou acide, mais sans qu'il se forme de combinaison, car les gaz ainsi absorbés se dégagent de nouveau dans le vide.

1 kg de soie absorbe les volumes de gaz suivants :

Ammoniac	30 litres.
Acide chlorhydrique	25 —
Acide sulfureux	25 —
Hydrogène sulfuré	15 —
Acide carbonique	10 —
Oxyde de carbone	2 —
Azote	1 —
Hydrogène	0,5 —

L. Vignon a montré [*Comptes Rendus*, 1898] que les textiles, en raison du grand développement de leur surface par rapport à leur volume, se comportent comme des corps poreux. Il a trouvé que 100 parties de soie décreusée absorbent à la température ordinaire : eau, 571 parties; alcool, 673 parties; aniline, 793 parties; nitrobenzine, 821; huile d'olive, 1195; glycérine, 1611. Le pouvoir absorbant de la soie est comparable à celui d'une éponge grossière.

Thermochimie de la soie. — Léo Vignon [*Bulletin du Laboratoire d'études de la soie*, 111. 1889-1890] a déterminé les quantités de chaleur dégagées par le contact de la soie du Bombyx Mori (grège ou décreusée) avec différents réactifs.

Les résultats qu'il a obtenus sont résumés dans le tableau suivant :

Réactifs.	Soie grège sèche		Soie décreusée sèche	
	pour 100 grammes.	pour $C^{141} H^{222} Az^{48} O^{56}$	pour 100 grammes.	pour $C^{141} H^{222} Az^{48} O^{56}$
	calories	calories	calories	calories
Eau	0,10	3,50	0,15	5,20
Potasse normale[1]	1,35	47,00	1,30	45,25
Soude normale[1]	1,55	53,95	1,30	45,25
Ammoniaque normale[1]	0,65	22,65	0,50	17,40
Acide sulfurique normal	0,95	33,10	0,90	31,35
Acide chlorhydrique normal	0,95	33,10	0,90	31,35
Acide nitrique normal	0,90	31,35	0,85	29,60
Chlorure de potassium normal	0,20	6,95	0,10	3,5

1. Les solutions alcalines en agissant sur la soie grège amènent une dissolution partielle du grès.

L'examen des chiffres de ce tableau permet de tirer les conclusions suivantes :

1° Le pouvoir absorbant de la soie se manifeste dans le calorimètre par des dégagements nettement appréciables. Les chiffres obtenus pour la soie grège et pour la soie décreusée présentent entre eux le même rapport. Le grès de la soie et la fibroïne renferment donc probablement les mêmes fonctions chimiques.

2° Les fonctions chimiques du grès sont plus actives que celles de la fibroïne. La somme des quantités de chaleur étant $6^{Cal},65$ avec la soie grège et 6^{Cal} avec la soie décreusée.

La soie, grège ou décreusée, manifeste des dégagements de chaleur plus intenses avec les acides et les bases qu'avec les sels neutres. La fibroïne et le grès ont donc des fonctions acides et basiques bien marquées. Ils présentent, en outre, des facultés absorbantes pour les sels neutres. Cette propriété pourrait être assimilée au pouvoir dissolvant que les liquides exercent sur les corps solides.

PROPRIÉTÉS CHIMIQUES. — *Action des alcalis et alcalino-terreux.* — Les alcalis caustiques concentrés dissolvent facilement la soie, même à basse température. A chaud, la dissolution est très rapide; si les alcalis sont très concentrés, la soie perd une partie de son azote sous forme d'ammoniaque et il se forme de petites quantités de leucine et de tyrosine.

Les alcalino-terreux attaquent faiblement la soie à froid. La soie augmente de poids dans l'eau de chaux : la chaux paraît se combiner à la fibre, car des lavages répétés à l'eau ne l'éliminent pas. L'eau de baryte à haute température permet d'hydrolyser la soie.

Les carbonates, les silicates et les borates alcalins ont une action beaucoup plus faible que les alcalis caustiques : en solution chaude et diluée, ils dissolvent seulement le grès (séricine).

Les sulfures et polysulfures alcalins, ainsi que les zincates et aluminates alcalins, dissolvent le grès sans attaquer la fibroïne. Dans ce dernier cas, la fibre fixe un peu de zinc et d'alumine.

Ces divers moyens d'éliminer le grès n'ont pas pu remplacer le savon, car ils exercent une action défectueuse sur les opérations ultérieures qu'on fait subir à la soie.

L'ammoniaque pure n'attaque ni le grès ni la

1. Le rendement est l'excès de poids produit par la charge sur le poids initial.

fibroïne, mais lorsqu'elle contient des impuretés empyreumatiques, celles-ci se fixent sur la soie qui devient rude au toucher et perd son brillant. La présence d'ammoniaque dans de l'eau contenant des sels de chaux et de magnésie produit l'absorption de ces alcalino-terreux par la soie.

La solution alcaline froide d'oxyde de cuivre dans la glycérine dissout la soie en donnant un liquide épais, d'où l'on peut reprécipiter la soie sous forme de gelée blanchâtre par addition d'acide chlorhydrique. Le coton, la laine et le lin sont insolubles dans ce réactif [Lœwe, *Dingl. Journ.*, **222**, 274].

Action des acides sulfurique et chlorhydrique. — La soie se dissout dans l'acide sulfurique concentré, dans l'acide chlorhydrique et dans l'acide nitrique. Avec l'acide sulfurique, on obtient un liquide visqueux brun clair devenant rouge puis brun à chaud, ne précipitant pas par addition d'eau ; mais la solution ainsi diluée précipite par le tanin.

Avec l'acide chlorhydrique concentré et froid, la dissolution a lieu dans quelques minutes. La soie ordinaire se dissout en une demi-minute dans l'acide chlorhydrique bouillant en donnant un liquide jaunâtre ; avec la soie sauvage, la dissolution dure environ deux minutes et donne un liquide violet sale.

Le grès est incomplètement dissous par l'acide chlorhydrique froid et se sépare sous forme de pellicule transparente. La solution de fibroïne dans l'acide chlorhydrique concentré précipite par l'alcool sous forme d'une masse gélatineuse (comme la silice) qui, séchée à la température ordinaire, a l'aspect de l'albumine.

A cet état, la fibroïne a perdu son brillant et quelques-unes de ses propriétés, mais elle conserve son pouvoir rotatoire et sa composition centésimale initiale [Vignon, *C. R.*, 614, 1892]. Elle ne paraît pas identique à la *séricoïne* préparée d'une façon analogue par Weyl et dont la teneur en azote est plus faible que celle de la fibroïne [*D. chem. G.*, **21**, 1529]. La séricoïne est optiquement inactive. Les différences qu'elle présente avec le produit régénéré par Vignon, de la solution chlorhydrique, provient sans doute de ce que les deux substances ont été obtenues à des températures différentes et avec une durée de contact variable.

La solution chlorhydrique de la soie donne par neutralisation exacte par les alcalis, un précipité qui ne diffère chimiquement de la fibroïne que par sa propriété de se dissoudre dans l'ammoniaque. Une solution de 40 parties de soie dans 6 à 8 parties d'acide chlorhydrique à 25° B a été proposée pour imprégner le coton et lui donner un aspect soyeux [Muller Hard, Brevet Suisse 9292 A].

L'acide chlorhydrique gazeux décompose la fibre de soie sans la liquéfier.

Action de l'acide nitreux et de l'acide nitrique. — L'acide nitreux paraît transformer la soie en dérivé diazoïque sans qu'aucune modification semble se produire [Richard, *Soc. Chem. Ind.*, 1888 ; — *Bull. Soc. Ind. Mulhouse*, 1888]. Si l'on plonge la soie dans une solution diluée d'acide nitreux (nitrite de sodium + HCl), elle se colore en jaune paille après 24 heures et peut prendre ensuite des teintes variables quand on la traite après rinçage dans les solutions alcalines des divers phénols. Ces réactions peuvent être rapprochées de la formation des azoïques à partir des amines diazotées et des phénols.

D'après Obermayer [*Moniteur de la teinture*, n° 4, 1893], la préparation de la diazofibroïne a lieu par digestion (dans l'obscurité) pendant 12 à 24 heures, dans une solution d'acide nitreux renfermant 2 0/0 de nitrite de soude et de l'acide chlorhydrique en quantité correspondante.

La diazofibroïne est un corps instable qui se colore en brun à l'air, à la lumière, dans l'eau bouillante ou dans l'alcool, sans qu'on puisse constater de dégagement d'azote. Fraîchement préparée, la diazofibroïne se copule en rouge brun avec le chlorhydrate d'aniline, en orangé avec la β-naphtylamine, en rouge brun avec l'α-naphtylamine, en rouge vineux avec l'α-naphtol, rouge écarlate avec le β-naphtol, violet rouge avec le m-phénylène-diamine. Le phénol, la résorcine, l'orcine, l'acide salicylique et les sulfonaphtols ne donnent aucune coloration. Parmi ces couleurs, celles qui renferment des groupes amidés libres peuvent être diazotées à nouveau et copulées. On obtient un noir rougeâtre par copulation avec l'α-naphtylamine, diazotation et copulation avec la m-phénylène-diamine.

Les couleurs ainsi obtenues sont très fugaces. Elles ne se conservent que dans une atmosphère alcaline, ammoniacale par exemple, et ne présentent aucun intérêt technique. Elles deviennent stables après traitement par un sel oxydant (perchlorure de fer, chlorure cuivrique additionné d'acide chlorhydrique, bichromate de potassium et acide sulfurique) : la couleur brunit [Obermayer, D.R.P. 73093].

L'acide nitrique concentré et chaud oxyde la soie avec formation d'acide oxalique et d'une petite quantité d'acide picrique. L'acide nitrique ordinaire dissout la soie, mais l'acide nitrique étendu (6 — 8° B) colore seulement la soie en jaune. Cette propriété était utilisée autrefois dans la teinture en jaune (mandarinage).

Léo Vignon et Sisley ont étudié la cause de cette coloration qui peut être obtenue facilement à l'état stable, en plongeant la soie pendant une minute environ dans une solution d'acide nitrique de densité 1,133 à la température de 45° C [*Bull. Labor. d'études de la soie*, Lyon, 1891-1892, 45]. Ils ont reconnu que cette coloration ne se produit pas avec l'acide nitrique exempt de produits nitreux. La coloration est d'autant plus intense que la quantité de produits nitreux, la concentration et la température du bain sont plus élevées.

La nuance ainsi obtenue se fonce par l'action des alcalis, ceux-ci sont absorbés et on les retrouve à l'incinération.

L'acide nitrique exempt de produits nitreux teint en jaune stable la soie colorée en jaune pâle instable par l'acide nitreux seul.

Le même résultat peut être obtenu avec l'oxyde azotique ou l'hypoazotide en opérant à l'abri de l'oxygène.

La soie traitée par l'acide nitreux, puis oxydée par le permanganate de potassium et l'acide chlorhydrique, donne une coloration jaune stable identique à celle obtenue avec l'acide nitrique.

MM. L. Vignon et Sisley ont déterminé comparativement la composition centésimale de la soie ordinaire et de la soie nitrée. Dans cette transformation, il y a une augmentation de poids d'environ 2 0/0. Ils ont trouvé les résultats suivants :

	Soie blanche type pour 100 parties. —	Soie nitrée pour 100 parties correspondant à 98 parties de soie blanche.
C.........	48,3	46,8
H.........	6,5	6,5
Az.........	19,2	21,0
O.........	26	25,1
	100	100

La soie traitée par l'acide nitrique nitreux a donc fixé de l'azote. MM. Vignon et Sisley admettent que cet azote se fixe à l'état de groupe nitrosé qui se transforme par oxydation en groupe AzO^2. D'autre part, la soie s'étant appauvrie en carbone et en hydrogène, ils supposent que les radicaux AzO et AzO^2 se sont substitués à des groupes carboxylés.

Action de divers acides minéraux. — L'acide chromique et les bichromates sont absorbés par la soie qui se teint en jaune solide au lavage sans qu'il se produise de sesquioxyde de chrome. L'acide chromique bouillant attaque fortement la soie ordinaire et plus difficilement la soie sauvage. Les permanganates exercent une action oxydante sur la soie, la fibre brunit et il se précipite du peroxyde de manganèse. A chaud, la fibre est décomposée avec formation d'ammoniaque, d'acide oxalique et d'acides gras $C^nH^{2a}O^2$, ainsi que d'acides aromatiques (acides benzoïque, toluïque).

Les acides arsénieux, arsénique, phosphorique dissolvent le grès sans attaquer la fibroïne.

Le chlore et l'acide hypochloreux attaquent fortement la fibroïne même en solution étendue, en la colorant en jaune. Lorsqu'on les fait agir en solution très diluée, ils augmentent l'affinité de la soie pour les matières colorantes.

Action des acides organiques. — L'acide acétique cristallisable, à froid, fait virer au gris la matière colorante jaune de la soie sans attaquer ni décreuser cette dernière. A la température d'ébullition de l'acide acétique et plus rapidement sous pression à 200-250°, la soie se dissout avec formation probable d'un dérivé acétylé. Cette solution a été proposée pour donner au coton l'aspect soyeux [Mander, Brevet français 115 203]. A l'inverse des autres matières albuminoïdes, la solution acétique de la soie n'est pas précipitée par le ferrocyanure. Après une ébullition d'une demi-heure avec l'acide acétique cristallisable, le grès seul se dissout et paraît former un dérivé acétylé, car le poids du résidu de l'évaporation est plus grand que celui perdu par la soie. Ce résidu est peu stable; il est décomposé par l'eau à température modérée. D'après Lidow [*Journ. Soc. phys. chim. russe*, 1884], la fibroïne se dissout complètement dans plusieurs

acides organiques fondus tels que les acides oxalique, gallique, pyrogallique, tartrique : 10 gr. d'acide oxalique fondus dissolvent jusqu'à 12 gr. de fibroïne.

La solution de fibroïne dans l'acide oxalique peut être additionnée d'eau sans se troubler, mais elle précipite en longs filaments par addition d'alcool à 96° ou par une solution saturée de chlorure de calcium. Cette réaction a été utilisée par Lidow pour la séparation de la soie des autres fibres textiles, car ni la laine, ni le coton ne se dissolvent dans l'acide oxalique.

Analyse immédiate de la soie grège. — Francezon a repris après Mulder l'analyse immédiate de la soie, et a montré l'inexactitude des conclusions de Mulder [Francezon, *Notes pour servir à l'étude de la soie*, Lyon, imprimerie du Textile, 1880]. Il a établi que les substances désignées par Mulder sous le nom de gélatine et d'albumine, et constituant d'après cet auteur 50 0/0 du poids de la soie, ne sont que des produits d'altération de celle-ci. Il a dosé dans la soie grège les cendres, la perte subie par ébullition avec l'alcool et la préparation des grès de fibroïne. Pour séparer le grès de la fibroïne il opère comme suit :

La matière soyeuse est traitée d'abord par deux bains de savon pur renfermant un poids de savon sec égal à celui de la soie ou au double de ce poids, suivant qu'on traite de la soie grège ou des coques de soie. La quantité d'eau employée doit être suffisante pour que le savon soit complètement dissous à l'ébullition, et qu'en outre la soie puisse être complètement immergée. La soie est ensuite lavée, rincée à l'eau distillée, puis on fait agir deux fois de suite pendant 5 minutes, à l'ébullition, l'acide acétique à 8° B., enfin on rince à l'eau distillée, on sèche et on pèse. La perte totale obtenue représente une faible quantité de sels minéraux, la matière colorante, les matières grasses et le grès.

Francezon a appliqué cette méthode d'analyse aux coques de cocon et à la soie grège, et a examiné comparativement les soies jaunes et blanches.

Voici les résultats moyens de ses analyses :

	Cocons jaunes des Cévennes.		Cocons blancs des Cévennes.	
	Coques de cocons.	Soie grège.	Coques de cocons.	Soie grège.
Fibroïne....................................	72,38	75,18	74,45	76,49
Grès { Substance gélatigène (grès proprement dit)...	22,89	22,82	21,67	21,46
Corps extraits par l'alcool..................	3,27	1,44	2,60	1,50
Sels.....................................	1,46	0,56	1,28	0,55
	100	100	100	100

Ces résultats montrent que la soie grège jaune renferme environ 75 0/0 de fibroïne et 25 0/0 de grès, tandis que la soie blanche renferme seulement 23,5 0/0 de grès.

Ces résultats concordent sensiblement avec ceux qu'obtiennent les teinturiers dans le décreusage de la soie.

Francezon a trouvé que les coques de cocon renferment environ deux fois plus de substances minérales que la soie grège (1,74 0/0 au lieu de 0,78). Une partie de ces substances minérales s'élimine donc pendant la filature. Dans l'étude des cendres de soie, Francezon a trouvé de petites quantités de cuivre et de plomb. On peut supposer que la soie, en raison de son grand

pouvoir absorbant, a fixé ces éléments qui proviennent sans doute, pour le plomb, de l'enduit des bassines de terre employées dans la filature, et pour le cuivre des tuyaux amenant la vapeur.

E. Fischer et A. Skita [*Zeit. f. physiol. Chem.*, 33, 179, 1901] ont trouvé que le meilleur procédé pour séparer le grès de la fibroïne est celui indiqué par Ramer [*J. prakt. Chem.*, 96, 76, 1875], action de l'eau sous pression sur la soie grège, mais en remplaçant les vases de verre par des récipients en porcelaine ou en cuivre étamé. Le verre communique, en effet, à l'eau une légère réaction alcaline qui détermine l'attaque continue de la fibroïne, de sorte qu'on ne peut pas obtenir de résultats constants.

Ces auteurs chauffent la soie additionnée de 25 fois son poids d'eau pendant 3 heures à 117-120° dans un récipient cylindrique en porcelaine placé dans un autoclave. Cette opération est répétée une ou deux fois jusqu'à ce qu'on ne constate plus de perte de poids.

En employant de la soie technique décreusée, une seule opération suffit, et la perte obtenue représente environ 5,4 0/0 du poids de la soie sèche.

La fibroïne préparée par ce procédé, soit à partir de la soie grège, soit en employant la soie décreusée, possède encore la solidité de cette dernière, mais a perdu une partie de son brillant et de sa souplesse. Son hygroscopicité a aussi diminué. La fibroïne ainsi obtenue diffère notablement de celle préparée par Stœdeler (en employant la soude) ainsi que par Weyl. Ces auteurs décrivent la fibroïne comme une masse cassante pouvant être réduite en poudre. Il s'agit sans doute dans ce cas d'une fibroïne altérée, les alcalis ayant produit un commencement de décomposition.

La fibroïne préparée par Fischer et Skita est peut-être aussi un produit légèrement altéré puisque la soie a perdu son brillant et une partie de sa souplesse.

Constitution chimique de la soie grège. — Depuis les travaux de Stœdeler [*Ann. Chem.*, **111**, 12, 1859] et de Cramer [*J. prakt. Chem.*, **96**, 76, 1865], Schützenberger a étudié les produits de dédoublement des matières albuminoïdes en général, et a fait voir les rapports étroits qui existent entre ces produits et ceux qu'on peut obtenir à partir de la fibroïne et du grès. Nous renverrons pour l'exposé de ces importants travaux à l'article ALBUMINOÏDES [2e Suppl., **1**, 128].

MM. Schützenberger et Bourgeois [*C. R.*, **80**, 222; **84**, 1108; **83**, 1191, 1875] ont appliqué à l'étude de la constitution de la fibroïne et du grès la méthode de saponification par l'eau de baryte à haute température et sous pression, préconisée par Schützenberger pour le dédoublement des albuminoïdes. Leurs recherches ont permis d'établir un rapprochement étroit entre la constitution du grès et celle de la fibroïne. Ils ont soumis à l'analyse la fibroïne isolée par la méthode de Francezon et les coques de cocon, et ils ont dosé : l'azote ammoniacal libéré, l'acide oxalique et l'acide carbonique précipités sous forme d'oxalate et de carbonate de baryum, la baryte non précipitable par l'acide carbonique, et l'acide acétique. Ils ont déterminé la composition centésimale du résidu solide que Schützenberger sépare dans le dédoublement des différentes substances albuminoïdes et qu'il désigne sous le nom de mélange amidé.

Cette composition a été déterminée avant et après en avoir séparé la tyrosine.

MM. Schützenberger et Bourgeois ont trouvé les composés suivants dans le mélange amidé :

Tyrosine	10 0/0
Mélange à molécules égales de glycocolle et d'alanine	60 0 0
Acide aminobutyrique	10 0 0
Acide aminé de la série acrylique $C^3 H^7 Az O^2$	20 0 0

Ces résultats leur ont permis d'envisager la fibroïne comme une substance albuminoïde ayant la formule brute suivante : $C^{71} H^{107} Az^{24} O^{25}$, et de représenter les dédoublements qu'elle subit sous l'influence de l'eau de baryte par les équations suivantes :

$$1) \quad C^{71} H^{107} Az^{24} O^{25} + 24 H^2 O$$

$$= 0.5\, C^2 H^2 O^4 + C O^3 H^2 + 0,5\, C^2 H^4 O^2$$

Acide oxalique.   Acide acétique.

$$+ 3\, Az H^3 + C^{63} H^{141} Az^{21} O^{43}$$

Mélange amidé.

$$2) \qquad C^{68} H^{141} Az^{21} O^{43}$$

Mélange amidé.

$$= C^9 H^{11} Az O^2 + 7\,(C^2 H^5 Az O^2) + 7\,(C^3 H^7 Az O^2)$$

Tyrosine.   Glycocolle.   Alanine.

$$+ 2\, C^4 H^9 Az O^2 + 4\, C^4 H^7 Az O^2.$$

Acide   Acide aminé
amino-butyrique.   de la série acrylique.

D'après Schützenberger et Bourgeois la fibroïne se distingue de l'albumine par les différences suivantes.

Les produits de décomposition de la fibroïne ne contiennent presque pas d'acides amidés de la série aspartique ($C^n H^{2n-1} Az O^4$) et une faible proportion d'acides aminés de la série acrylique $C^n H^{2n-1} Az O^2$, tandis qu'on rencontre des acides de ces deux séries en quantité notable dans les produits d'hydratation de l'albumine.

Les acides de la série du glycocolle $C^n H^{2n+1} Az O^2$, qui forment la partie principale du mélange amidé, sont représentés par des homologues inférieurs ($n = 2$, 3 et 4) dans le cas de la fibroïne, et surtout par des homologues supérieurs ($n = 6$, 5 et 4) avec les albumines proprement dites.

La soie grège fournit plus d'ammoniaque, d'acide oxalique, d'acide carbonique et d'acide acétique que la fibroïne, mais l'analyse élémentaire du mélange amidé donne dans les deux cas des résultats très voisins.

Ces résultats permettent de considérer le grès et la fibroïne comme des substances de composition très voisine.

Th. Weyl a hydrolysé la fibroïne par l'action de l'acide sulfurique dilué et a obtenu les produits de dédoublements suivants [*D. chem. G.*, **21**, 1407 et 1529, 1888] :

Tyrosine	5,2	0	0	du poids de la fibroïne.
α-Alanine	15	—		—
Glycocolle	7,5	—		—

Par l'action de l'acide chlorhydrique il a pu isoler un corps qu'il a appelé *séricoïne* et qui ne paraît différer de la fibroïne que par sa plus faible teneur en azote. Ce corps se dédouble lui-même par l'action de l'acide sulfurique en tyrosine et glycocolle.

Wetzel a recherché les acides diamidés dans les produits d'hydrolyse de la fibroïne et a caractérisé l'hystidine, mais ses résultats ne sont pas assez probants pour permettre de tirer des conclusions certaines [*Zeit. f. physiol. Chem.*, **26**, 535, 1899].

E. Fischer et Skita ont repris dans ces derniers temps l'étude des produits d'hydrolyse de la fibroïne et du grès en leur appliquant les méthodes les plus récentes utilisées pour le dédoublement des albuminoïdes [*Zeit. f. phys.*, *Chem.* **33**, 177, 1901 et **35**, 221, 1902].

1° *Fibroïne.* — E. Fischer et Skita ont opéré sur la fibroïne obtenue par l'action de l'eau sous pression (à 117-129°), sur la soie technique décreusée. L'hydrolyse par l'acide sulfurique au 1/5 leur a permis, comme à leurs devanciers, d'isoler la tyrosine, le glycocolle et l'alanine qu'ils reconnurent être la dialanine.

En hydrolysant la fibroïne par l'acide chlorhydrique (D = 1,19), ils sont arrivés à transformer les acides aminés obtenus en éthers qu'ils ont purifiés par distillation fractionnée sous pression réduite.

Dans ce but, le liquide brun provenant du

dédoublement par l'acide chlorhydrique est évaporé sous pression réduite jusqu'à consistance sirupeuse, puis additionné d'alcool absolu et saturé par l'acide chlorhydrique gazeux. Le liquide maintenu pendant 48 heures dans un mélange réfrigérant abandonne à l'état cristallisé le chlorhydrate de l'éther du glycocolle

Les eaux-mères soumises à la distillation fractionnée sous pression réduite permettent d'isoler à l'état pur des éthers d'où l'on peut régénérer la d-alanine, la l-leucine et la phénylalanine.

En distillant le mélange des éthers sous une pression extrêmement réduite ($0^{mm},5$), MM. Fischer et Skita ont pu séparer une petite quantité d'éther de la sérine qui n'avait été caractérisée jusqu'ici que dans les produits de dédoublement du grès.

Enfin, en recherchant la présence des acides diaminés par la méthode de Kossel [*Zeit. f. phys. Chem.*, 25, 176 et 26, 588, 1898] ils sont parvenus à recueillir une petite quantité d'arginine à l'état de sel d'argent, mais en appliquant la méthode de Kossel à la recherche de l'hystidine et de la lysine ils n'obtinrent que de petites quantités de précipités insuffisantes pour permettre de caractériser ces substances. Par contre, ils ont pu isoler à l'état pur dans les produits d'hydrolyse par l'acide sulfurique une petite quantité d'acide pyrrolidine carbonique [*Zeit. f. phys. Chem.*, 39, 157, 1903].

En résumé, ils ont trouvé dans 100 p. de fibroïne :

10 parties de l-tyrosine,

$$OH - C^6H^4 - CH^2 - CH(AzH^2) - COOH;$$

21 p. de d-alanine,

$$CH^3 - CH(AzH^2) - COOH;$$

36 p. de glycocolle,

$$AzH^2 - CH^2 - COOH;$$

1 à 1,5 p. de l-leucine,

$$(CH^3)^2 = CH(AzH^2) - CH^2 - CH^2 - COOH;$$

1 à 1,5 p. de phénylalanine.

$$C^6H^5 - CH^2 - CH(AzH^2) - COOH;$$

1,6 p. de sérine,

$$CH^2OH - CH^2(AzH^2) - COOH;$$

1 p. d'arginine,

$$HAzC {<}^{AzH^2}_{AzH - (CH^2)^3 - \overset{\overset{\displaystyle AzH^2}{|}}{CH} - COOH};$$

et de petites quantités d'acide pyrrolidine carbonique,

$$CH^2 - CH^2$$
$$| \qquad |$$
$$CH^2 \quad CH - COOH.$$
$$\diagdown \quad \diagup$$
$$AzH$$

Grès. — Le grès, dont Fischer et Skita ont étudié les produits d'hydrolyse, a été obtenu en chauffant pendant 3 heures, à 118°, la soie grège avec 25 p. d'eau dans un vase en porcelaine placé dans un autoclave. Le liquide obtenu est une masse brune transparente semblable à de la colle qui a été hydrolysée avec de l'acide sulfurique étendu pour la recherche des acides aminés. La l-tyrosine et la sérine ont été facilement isolées. La méthode de Kossel, appliquée à la recherche des acides diaminés, a permis de séparer environ 4 0/0 d'arginine, soit 4 fois plus que dans la fibroïne, et une faible quantité de lysine.

La séparation des acides monoaminés a été

faite en hydrolysant le grès par l'acide chlorhydrique, puis en transformant en éthers les produits d'hydrolyse par la méthode habituelle. La quantité de glycocolle qui a pu être ainsi retirée est extrêmement faible. Elle correspond à 0,1 et à 0,2 0/0 du poids du grès. Par contre, des quantités importantes de d-alanine et de sérine ont été séparées du mélange d'éthers.

Obtention de dipeptides. — Fischer et Abderhalden ont pu obtenir récemment dans les produits de dédoublement de la fibroïne une quantité importante de *méthyldicétopipérazine*

$$AzH {<}^{CH^2 - CO}_{CO - CH} {>} AzH$$
$$|$$
$$CH^3$$

qui peut être considérée comme correspondant à deux dipeptides[1] : la glycyl-d-alanine et la d-alanylglycine, mais la première est en quantité dominante et semble même être seule, d'après les auteurs [*D. chem. G.*, 39, 752, 1906].

Fischer et Abderhalden ont montré que ces dipeptides ne proviennent pas d'une réaction secondaire du glycocolle et de la l-alanine, mais qu'ils constituent bien un produit d'hydrolyse direct de la fibroïne.

Ce dédoublement en dipeptides a été obtenu en dissolvant la fibroïne dans l'acide sulfurique à 70 0/0, et en maintenant le liquide brunâtre ainsi obtenu pendant 5 jours à 18°. On étend ensuite la solution de 5 fois son volume d'eau en le refroidissant, puis on précipite l'acide sulfurique par la baryte et l'excès de baryte par l'acide sulfurique. On additionne alors de suc pancréatique le liquide jaune obtenu après concentration sous pression réduite, et on le conserve ainsi 8 jours après addition de toluène. On sépare enfin les produits obtenus après les avoir transformés en éthers chlorhydriques.

La transformation de la fibroïne en dipeptides a pu également être obtenue par Fischer et Abderhalden sans employer de sucre pancréatique, en dissolvant 30 gr. de fibroïne dans 90^{cc} d'acide chlorhydrique de densité 1,19 et en maintenant la solution 3 jours à 18° et 4 jours à 37°, puis en effectuant les séparations des corps ainsi obtenus après leur transformation en éthers chlorhydriques.

Le poids d'anhydride glycyl-d-alanine ainsi recueilli est égal à 12 0/0 environ de celui de la fibroïne employée.

Matières colorantes naturelles des soies. — MM. Levrat et Comte ont étudié d'une façon très complète les matières colorantes naturelles de la soie qui comprennent des colorants jaunes, verts et bruns. Ils sont arrivés aux conclusions suivantes [*Bull. du Lab. d'études de la soie*, Lyon, 53, 1901-1902] :

1. Fischer a désigné sous le nom de *peptides* et de *polypeptides* les corps résultant de l'enchaînement des divers aminoacides par deshydratation. Le premier terme résulte de l'anhydrification de deux molécules de glycocolle (glycine) :

$$\begin{array}{cc} \overset{\cdots\;\cdots}{\vdots H\;|\;OH\vdots} & \\ CH^2 - AzH - CO & \\ | & | \\ COOH & CH^2 - AzH^2 \end{array}$$

C'est la *glycylglycine*. Ce corps étant encore pourvu d'une fonction aminée et carboxylée peut subir une deuxième deshydratation en fermant la chaîne. On obtiendra ainsi un deuxième anhydride qui peut être considéré comme dérivant de la *pipérazine*

$$AzH {<}^{CH^2 - CO}_{CO - CH^2} {>} AzH$$

C'est la 2.5-*dicétopipérazine*.

1° La soie sécrétée par les chenilles séricigènes est généralement incolore. les matières colorantes ne s'y incorporent que d'une façon secondaire;

2° Les matières colorantes jaunes et vertes sont identiques l'une à la xanthophylle. l'autre à la chlorophylle. et les chenilles les retirent des feuilles dont elles se nourrissent;

3° Les pigments colorés traversent par osmose les tissus de l'animal et pénétrent jusqu'à la soie par l'intermédiaire du sang. Les globules sanguins semblent jouer un rôle important dans ce phénomène;

4° Le pouvoir osmotique des tissus varie avec la race et en est un caractère. Chez la plupart des chenilles la paroi de l'intestin ne se laisse pas traverser par les pigments colorés contenus dans les feuilles, et sont les races à soie blanche. Chez d'autres c'est le pigment jaune ou vert qui passe avec plus ou moins de facilité, et l'on obtient. suivant le cas, des cocons jaunes, verts ou jaunes et verts. On peut expliquer. d'après l'imperméabilité plus ou moins grande des tissus des différentes races, les variations de nuance que présentent les cocons de ces différentes races. ainsi que la blancheur plus ou moins pure des cocons blancs;

5° Les matières colorantes brunes des soies sauvages proviennent d'un excrétat liquide d'origine sanguine que le ver rejette après le coconnage et qui brunit à l'air.   A. Seyewetz.
(Octobre 1906.)

Index bibliographique.

Traités spéciaux. — Moyret. *Traité de teinture des soies*, 1877; — Francezon, *Notes pour servir à l'étude de la soie*, Lyon, imprimerie du Textile, 1880; — Léo Vignon, *La soie*, Baillière éditeur, Paris, 1891; — Henri Silbermann, *Die Seide* (2 vol.), Gerhard Küttmann, éd.. Dresde, 1897; — Émil Fischer, *Untersuchungen über Aminosäuren, Polypeptide und Proteine*, J. Springer, éd.. Berlin, 1906.

Périodiques. — *Bulletin du Laboratoire d'études de la soie*, Rey, éd., Lyon; — *Comptes rendus de l'Académie des Sciences*, Gauthier-Villars, Paris; — *Bulletin de la Société chimique de Paris*, Masson, Paris; — *Berichte der Deutschen chemischen Gesellschaft*, Friedländer u. Sohn, Berlin; — *Hoppe Seyler's Zeitschrift für physiologische Chemie*, J. Trübner, Strassburg; — *Dingler polytechnish Journal*; — *Moniteur de la Teinture*; — *Bulletin de la Société industrielle de Mulhouse*; — *Laboratorio d'Esperienze sulla Seta*, Milan.

SOLANÉINE, $C^{52}H^{83}AzO^{13} + 3\,1/4\,H^2O$ (Firbas). $C^{52}H^{87}AzO^{13}$ (Hilger et Markens). Firbas a donné ce nom à un alcaloïde amorphe retiré des graines de pommes de terre. Elle se scinde, comme la solanine, en solanidine.   M. Delacre.

SOLANIDINE. $C^{39}H^{61}AzO^2$ (Hilger et Markens). — $C^{19}H^{29}OAz$ (Oddo et Colombano), fusible à 190-192°. — $C^{40}H^{61}AzO^2$ [Wittmann, *Mon. f. Chem.*, **26**, 445, 1905], fusible à 207°. D'après Wittmann, elle contient deux hydroxyles.

SOLANINE. — (Voyez Dict., 1541; Suppl., 1432). Oddo et Colombano ont retiré leur produit des fruits du Solanum Sodomacum, au moyen de H^2SO^4 dilué. Après la formule de Hilger. Firbas [*Mon. f. Chem.*, **10**, 543] a proposé $C^{52}H^{93}AzO^{18}$ (fusible à 244°); Cazeneuve et Breteau [*C. R.*, **128**, 887, 1899] $C^{28}H^{47}AzO^{10}, 2H^2O$ (fusible à 250°); Oddo et Colombano [*Gazz. chim. ital.*, **35**, 27, 1905 et *D. chem. G.*, **38**, 2755, 1905], $C^{23}H^{39}AzO^8$. fusible à 275-280°.

La scission de la solanine en solanidine s'accompagne de la formation d'un mélange de sucres, dont la composition [Schulz, *Central Blatt*, 1901, I, 36,] est 1 mol. d'hexose et 1 mol. de méthylpentose [Votocek et Vondracek, *Central Blatt*. 1903, I, 884].

D'après Hilger et Merkens [*D. chem. G.*, **36**, 3204, 1903], la scission doit être représentée par :

$$C^{52}H^{93}O^{18}$$
$$= 2\,C^{39}H^{61}AzO^2 + 3\,C^6H^{12}O^6 + 2\,C^4H^6O + 12\,H^2O$$

Solanidine.   Dextrose. Ald. crotonique.

Résultat discuté par Zeisel et Wittmann [*D. chem. G.*, **36**, 3554 et 4372, 1903] et par Oddo et Colombano [*Gazz. chim. ital.*, **35**, 27, 1905].
M. Delacre.

SOLARIQUE (ACIDE). — Voyez l'art. Lichens.

SOLUBILITÉ. — On considère comme une solution, par une généralisation du sens habituel de ce mot, tout système homogène formé de deux ou plusieurs substances, lorsque les proportions relatives de celles-ci peuvent prendre un nombre infini de valeurs en variant d'une façon continue. Tantôt cette variation est illimitée; c'est le cas du mélange des gaz ou de certains liquides. tels que l'eau et l'alcool; tantôt elle n'est possible, à température et à pression fixes, que dans des limites déterminées. Lorsque ces limites sont atteintes, il existe, pour la température et la pression considérées, un état d'équilibre entre les corps en excès et le système homogène qui constitue une solution *saturée*. On peut alors arbitrairement considérer l'une des substances comme un dissolvant, et définir la *solubilité* des autres substances dans celle-ci par la quantité relative de chacune d'elles qui entre dans le système homogène.

Sursaturation. — On peut obtenir dans certains cas des systèmes où la proportion de l'un des corps est supérieure à celle que contient le mélange homogène maintenu en présence d'un excès de ce corps : on dit alors que la solution est *sursaturée*. L'état d'un tel système est instable, et l'addition d'une quantité extrêmement faible du corps dissous en excès provoque toujours la séparation de celui-ci, d'autant plus rapidement que la viscosité de la solution est plus faible.

SYSTÈMES FORMÉS PAR LES GAZ.

Deux ou plusieurs gaz se mélangent toujours en toutes proportions, et la solubilité d'un gaz dans un autre peut être considérée comme infinie. Berthollet en a fait, le premier, la démonstration expérimentale sur l'hydrogène et l'anhydride carbonique.

SYSTÈMES FORMÉS PAR LES GAZ ET LES LIQUIDES.

Lorsqu'un liquide distillé dans le vide est mis en présence d'un gaz. il en absorbe toujours une certaine quantité. Dans bien des cas cette dissolution est très faible et peut être négligée dans la pratique: la présence fréquente de gaz dissous dans les corps les plus compacts, après solidification, permet de croire qu'elle n'est pas nulle.

En même temps que le gaz se dissout dans le liquide. la vapeur saturée du liquide forme un mélange homogène avec le gaz : à une température donnée, il s'établit un état d'équilibre, et la quantité de gaz absorbée est d'autant plus grande que sa pression propre est plus élevée.

On peut exprimer la solubilité d'un gaz dans un liquide aux différentes températures par le poids de gaz qui se dissout dans 100 gr. du liquide pur. la pression totale, c'est-à-dire la pression partielle du gaz augmentée de la tension de vapeur de la solution, étant de 76 cm.

de mercure. Pour un grand nombre de gaz, les nombres ainsi définis sont très petits. Il est plus commode d'envisager le *coefficient d'absorption*, défini par Bunsen, qui représente le volume de gaz (réduit à 0°, sous la pression de 76 cm. de Hg) absorbé par l'unité de volume du dissolvant, la pression propre du gaz au-dessus de la solution étant de 76 cm.

Loi de Henry — Pour les gaz peu solubles et lorsque les pressions ne dépassent pas quelques atmosphères, les volumes de gaz dissous dans l'unité de volume du liquide, mesurés sous la pression restante du gaz, restent sensiblement constants lorsque cette pression varie; mesurés sous une pression fixe (coefficients d'absorption), ils sont proportionnels à la pression restante.

Cette loi n'est qu'approchée, comme les lois de Mariotte et de Gay-Lussac. Pour les gaz très solubles, les volumes dissous croissent plus lentement que les pressions [*Détermination de la solubilité de quelques gaz:* Winkler (O, H, Az, Br, AzO), D. chem. G., 24, 89, 3602, 1891; 34, 1408, 1901; Zeit. physik. Ch., 9, 171, 1892; Chem. Zeit., 23, 687, 1899; inédits — Landolt Tabellen, 1904, 601; — Timofejew (H), Zeit. physik. Ch., 6, 141, 1890; — Bohr et Bock (O, H, Az, CO^2), Wied. Ann., 44, 318, 1891; — B. Roozeboom (Cl), Rec. Pays-Bas, 3, 64, 1884; — Raoult (AzH^3), Ann. Chim. Phys., (5), 4, 262, 1874; — Fauser (H^2S), Math. u. nat. Ber. aus. Ungarn., 6, 154, 1888; — Schönfeld (SO^2), Ann. Chem., 95, 1, 1855].

Solubilité des mélanges de gaz. — L'expérience montre que lorsqu'un mélange de gaz est en présence d'un liquide, chacun d'eux se dissout proportionnellement à la pression propre qu'il possède dans le mélange restant lorsque l'équilibre est atteint (Dalton).

Variations de la solubilité avec la température. — En général, la solubilité des gaz dans les liquides diminue lorsque la température s'élève; cependant les coefficients d'absorption déterminés par Bunsen pour l'hydrogène dans l'eau, l'oxygène et l'oxyde de carbone dans l'alcool, varient très peu avec la température entre 0° et 25°.

Variations de la solubilité par une modification du dissolvant. — La solubilité des gaz dans un liquide est généralement diminuée lorsqu'on dissout d'autres substances dans celui-ci. Dans certains cas simples, comme la dissolution de l'ammoniac dans l'eau additionnée de potasse ou de soude, la solubilité du gaz diminue proportionnellement à la quantité de substance solide ajoutée au liquide [Raoult, Ann. Chim. Phys., (5), 4, 262, 1874]. Dans d'autres cas, des réactions chimiques du gaz dissous sur les substances ajoutées compliquent le phénomène.

Setschenow a étudié la solubilité de l'anhydride carbonique dans l'acide sulfurique : le coefficient d'absorption dans l'acide pur est à peu près le même que dans l'eau ; il décroît rapidement quand on hydrate l'acide et passe par un minimum pour un mélange voisin de SO^4H^2 + H^2O [Setschenow, Mem. Ac. Pétersbourg, (2), 6, 102, 1876]. Des résultats analogues ont été trouvés pour la solubilité de l'oxygène, de l'hydrogène, de l'oxyde de carbone, dans les mélanges d'alcool et d'eau [O. Müller, Wied. Ann., 37, 24, 1889; — O. Lubarsch, ibid., 37, 524, 1889]. En général, la solubilité d'un gaz dans un mélange de liquides n'est pas la moyenne entre les solubilités dans les liquides séparés. Ainsi, on obtient un abondant dégagement d'anhydride carbonique lorsqu'on mélange à volumes égaux deux solutions saturées de ce gaz dans l'alcool et dans l'eau.

Sursaturation. — On observe facilement des phénomènes de sursaturation dans les dissolutions gazeuses. Si l'on diminue lentement la pression au-dessus d'une solution saturée, on peut éviter le dégagement du gaz; le phénomène est analogue au retard à l'ébullition qui peut se produire dans un liquide chauffé lentement; les mêmes causes, telles que l'agitation, l'introduction d'une bulle gazeuse dans le liquide, font cesser cet état instable.

SYSTÈMES FORMÉS PAR LES GAZ ET LES SOLIDES.

Certains corps solides absorbent des gaz; le platine à l'état de mousse ou de noir de platine, le charbon, le caoutchouc, possèdent cette propriété à un degré très élevé [Voyez PLATINE, 2° Suppl., 6, 1003; PALLADIUM, 2° Suppl., 6, 671]. Il est impossible de préciser jusqu'à quel point on peut considérer comme homogènes des corps solides contenant des gaz : aussi a-t-on donné le nom particulier d'*occlusion* au phénomène de l'absorption des gaz par certains corps. On emploie le nom d'*absorption* pour désigner les phénomènes d'absorption superficielle. Les mesures effectuées pour déterminer l'état d'équilibre qui s'établit entre un gaz et un corps solide n'ont jamais donné de résultats simples; il est difficile de réaliser des expériences comparables entre elles, car, dans la majeure partie des cas, l'état physique des corps absorbants, ainsi que leur volume, ne peuvent être définis d'une façon précise.

Les métaux fondus ou fortement chauffés absorbent très souvent des gaz qui ne se dégagent pas complètement pendant le refroidissement. Un lingot d'argent de 1 kilogr. maintenu entre 400° et 600° laisse dégager environ 57 cc. d'oxygène qui ne peuvent pas être extraits dans le vide à froid [Dumas, C. R., 86, 65, 1878]. L'aluminium dissout de même des gaz qui se dégagent dans le vide (Dumas). Les fontes et aciers renferment aussi des gaz que l'on peut en extraire en les maintenant pendant plusieurs heures dans le vide, à une température voisine de 800°. Des blocs de métal d'environ 700 gr. ont fourni ainsi de 2 à 30 cc. de gaz formés d'hydrogène, d'azote, d'anhydride carbonique et d'oxyde de carbone [Troost et Hautefeuille, C. R., 80, 788, 1875; Ann. Ph. Ch., (5), 7, 155, 1876. — *Absorption des gaz par les métaux :* Graham, Ann. Chem., Suppl., 5, 33, 1867 et 6, 284, 1868; Phil. Mag., (4), 32, 401, 503, 1866; C. R., 63, 471, 1866 et 66, 1014, 1868; Proc. Roy. Soc., 16, 422, 1867; — Sainte-Claire Deville, C. R., 57, 965, 1863; 58, 328, 1864; 62, 895, 1866; 59, 102, 1864; 66, 83, 1868; 70, 453, 1870; 74, 1464, 1872; — Cailletet, C. R., 58, 1057, 1864; 66, 847, 1868; 80, 319, 1875; — Troost et Hautefeuille, C. R., 80, 788, 1875; — Bellati et Lussana, Zeit. physik. Ch., 5, 282, 1888; — Haber, Zeit. Electrochem., 4, 410, 1897-1898; Centr. Bl., 1, 958, 1898; — Heyn, Stahl u. Eisen, 16, 1900; Rev. Metallurg., 2, 356, 1904; — Wedding et Th. Fischer, Rev. Metallurg., 2, 357, 1904; — Thoma, Zeit. physik. Ch., 3, 69, 91, 92, 96, 1899; — B. Roozeboom, Zeit. physik. Ch., 17, 22, 1895; — Morris Travers, Zeit. physik. Ch., 64, 241, 1907; —A. Sieverts, Zeit. physik. Ch., 60, 129, 1907; Boudouard, C. R., 145, 1283, 1907].

Solubilité des solides et des liquides dans les gaz. — En même temps qu'un gaz se dissout partiellement dans un corps solide ou liquide, ce dernier émet des vapeurs qui se mélangent au gaz. Il peut arriver que la quantité du corps solide ou liquide qui prend l'état gazeux soit très supérieure à celle qui correspondrait à la tension de sa vapeur dans les conditions où se trouve le système. On peut alors admettre que le solide ou le liquide se sont dissous dans le gaz. C'est ainsi que l'alcool chauffé au-dessus de son point critique, à 375°, sous pression, et par conséquent à l'état de gaz, peut dissoudre de l'iodure de potassium, du bromure de potassium, du chlorure ferrique [Hannay et Hogarth, *Proc. Roy. Soc.*, **30**, 178 et 484, 1880]. De même, l'anhydride carbonique liquide se dissout dans l'air comprimé [Cailletet, *C. R.*, **90**, 210, 1880]. Le brome, l'iode se dissolvent dans l'oxygène comprimé; le formène dissout l'iode, le camphre et la paraffine sous des pressions élevées; par décompression, les solides se déposent sous forme de légères paillettes brillantes [P. Villard, *C. R.*, **120**, 182, 1895; — *Rev. gén. Sc.*, 824, 1898].

SYSTÈMES FORMÉS PAR LES LIQUIDES.

Les systèmes de deux liquides peuvent être rangés en deux classes : la première comprend les liquides qui se mélangent en toutes proportions, comme l'eau et l'alcool, le chloroforme et le sulfure de carbone: la solubilité de l'un de ces liquides dans l'autre peut être considérée comme infinie. La deuxième classe est formée par les liquides dont la solubilité réciproque a des limites, comme l'eau et l'éther [Abaschew, Moscou 1857; — *Jahr. Ber.*, 52, 1858]. Deux liquides en contact ne peuvent jamais être considérés comme absolument insolubles l'un dans l'autre, au moins tant qu'ils ont une tension de vapeur appréciable : la vapeur de l'un d'eux se dissout, en effet, toujours partiellement dans l'autre.

Il arrive souvent que des liquides qui ne dissolvent réciproquement que des quantités limitées l'un de l'autre et forment alors deux couches distinctes, à la température ordinaire, se mélangent en toutes proportions à une température plus élevée; tel est le cas du phénol et de l'eau à 80°, de l'aniline et de l'eau à 114° [Alexejew, *Centr. Bl.*, 328, 763, 1882].

Solubilité des corps surfondus. — Quelques expériences ont été faites sur la solubilité des corps en surfusion; ceux-ci sont plus solubles que les corps solides correspondants : ainsi l'hyposulfite de sodium cristallisé, qui possède une solubilité limitée, se mélange à l'eau en toutes proportions lorsqu'il est surfondu au préalable [L. Bruner, *Rev. gén. Sc.*, 280, 1896]. L'acide salicylique, dont la fusion normale a lieu à 151°, fond sous l'eau bouillante et peut être alors considéré comme surfondu. A quelques degrés au-dessus de 100°, le liquide obtenu se mélange en toutes proportions avec l'eau. Par refroidissement, les solutions qui ont été chauffées au-dessus de 100° laissent déposer une couche d'acide fondu, tandis que les solutions préparées à la manière ordinaire laissent déposer de l'acide cristallisé; la concentration de celles-ci est très inférieure à celle des premières [Alexejew, *Centr. Bl.*, 677, 763, 1882]. L'acide benzoïque fond dans l'eau à 90°, c'est-à-dire à 31°,4 au-dessous de son point de fusion normal 121°,4; il se forme deux couches liquides dont la différence des concentrations en acide benzoïque diminue progressivement quand la température s'élève; à 116°, elles se confondent [Alexejew. *Wied. Ann.*, **28**, 308, 1886]. Les courbes de solubilité de la paratoluidine solide et liquide dans l'eau, ou de l'eau solide et liquide dans l'éther, présentent un point anguleux aux points de fusion respectifs de la glace et de la paratoluidine; les branches relatives aux corps surfondus prolongent les branches relatives aux liquides au-dessus de celles qui correspondent aux mêmes corps à

l'état solide [Valker, *Zeit. phys. Chem.*, **5**, 196, 1890].

SYSTÈMES FORMÉS PAR LES SOLIDES ET LES LIQUIDES.

Le premier ensemble de recherches sur la solubilité des corps solides dans les liquides est dû à Gay-Lussac [*Ann. Chim. Phys.*, **11**, 296, 1819]. Il imagina de représenter les résultats numériques de ses expériences par des courbes construites en portant en abscisses les températures des solutions saturées qu'il étudiait et en ordonnées le rapport $\frac{p}{\pi}$ du poids p du corps dissous au poids π du dissolvant. Ce dernier est pris, par convention, égal à 100 gr. L'examen de ces courbes permet de résoudre, par une simple lecture, le problème qui se pose habituellement lorsque deux substances, susceptibles de former une solution, sont mises en présence : connaissant leurs masses, déterminer l'état d'équilibre qui s'établira. Elles ont l'inconvénient de ne pas être limitées, du moins pour un grand nombre de corps dont la solubilité ainsi définie augmente indéfiniment quand la température s'élève; en outre, elles ne permettent pas de mettre en évidence la réciprocité qui existe souvent entre les corps constituant la solution.

Étard [*Ann. Chim. Phys.*, (7), **2**, 503, 1894] a proposé de définir les solubilités par les poids de la substance dissoute contenus dans 100 gr. de solution saturée. Il devient possible alors de représenter par des courbes limitées les états d'équilibre qui s'établissent aux différentes températures entre une solution et l'excès du corps dissous, la solubilité ainsi définie ne pouvant prendre que des valeurs comprises entre 0 et 100. On peut passer facilement de l'un des systèmes de représentation à l'autre : si p est le poids de la substance dissoute dans un poids π du dissolvant, à une température donnée, les ordonnées des courbes de Gay-Lussac sont $Y = \dfrac{100\,p}{\pi}$ et celles des courbes d'Étard $y = \dfrac{100\,p}{p + \pi}$. On a alors $y = \dfrac{100\,Y}{100 + Y}$ et $Y = \dfrac{100\,y}{100 - y}$.

Enfin, dans un grand nombre de recherches physico-chimiques, il est commode d'exprimer les poids des substances en équilibre, non en grammes, mais en nombre de molécules de ces substances. Les nombres p et π sont alors les quotients des poids du corps dissous et du dissolvant par leurs poids moléculaires respectifs.

Variations de la solubilité avec la température. — En s'appuyant sur les lois rigoureuses de la thermodynamique et sur les lois approchées de Mariotte et de Wullner (sur la relation entre l'abaissement de la tension de vapeur des solutions et leur concentration), H. Le Chatelier [*C. R.*, **100**, 50, 1885] a établi la relation suivante entre la solubilité d'un corps dans un autre et sa chaleur de dissolution :

$$ i\,\frac{dc}{c} + \mathrm{K}\,\frac{\mathrm{L}.\,d\mathrm{T}}{\mathrm{T}^2} = 0, $$

i étant un coefficient numérique égal à 1 dans les solutions autres que les solutions aqueuses, c la concentration, L la chaleur de dissolution de la substance considérée dans une solution infiniment voisine de la saturation, T la température absolue ($t + 273°$) et K un coefficient numérique dépendant des unités choisies. L'écart de cette formule avec les résultats de l'expérience est de l'ordre des approximations que comportent les lois de Mariotte et de Wüllner. Cette formule montre que, conformément au principe qui règle d'une manière qualitative le déplacement de l'équilibre [H. Le Chatelier, C. R., 99, 786, 1884], lorsque la chaleur de dissolution L est posi-

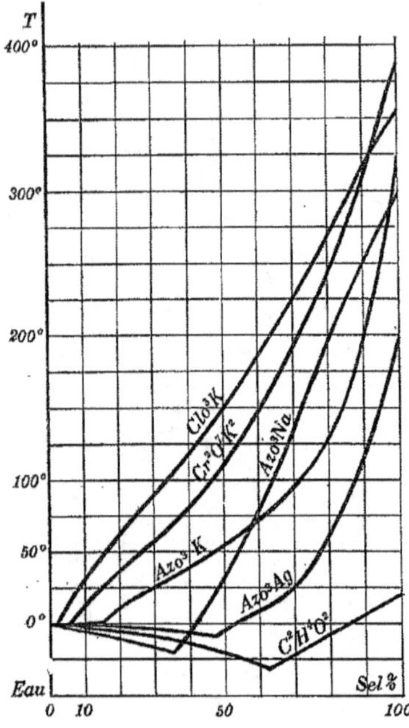

Fig. 1. — Figure extraite de l'ouvrage *Die Heterogenen Gleichgewichte* (F. Vieweg, éditeur).

tive, la solubilité décroît quand la température s'élève; lorsque la chaleur de dissolution est nulle, la solubilité est indépendante de la température, et enfin, lorsque la chaleur de dissolu-

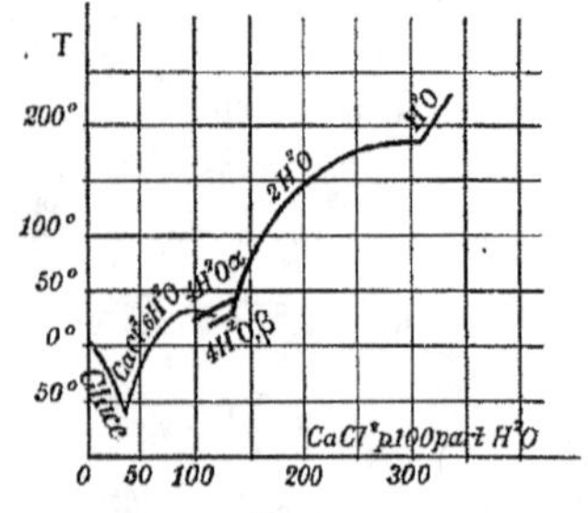

Fig. 2.

tion est négative, la solubilité croît avec la température. La forme de la relation entre la concentration d'une solution saturée et la température montre que les courbes de solubilité ne peuvent pas être formées par des droites ou des portions de droites reliées par des branches curvilignes;

en fait, elles présentent des points d'inflexion autour desquels elles se confondent pratiquement, dans un certain intervalle, avec des droites (fig. 1).

Lorsque le corps dissous subit des modifications, sous l'influence des variations de température en présence du dissolvant, les courbes de solubilité présentent des changements brusques de direction; c'est le cas des solutions salines aqueuses lorsque le sel considéré peut donner divers hydrates. La courbe générale de solubilité se compose alors d'une série de courbes partielles appartenant chacune à un hydrate bien déterminé (fig. 2) : « Chaque hydrate est un corps nouveau à solubilité distincte; la transformation de deux hydrates a lieu à la température où leurs solubilités deviennent égales » [Bakhuis Roozeboom, *Rec. Pays-Bas*, 8, 35, 1889; — Lœwel, *Ann. Chim. Phys.*, (3), 29, 62, 1850; — de Coppet, *Ann. Chim. Phys.*, (4), 23, 366, 1871; 25, 502, 1872; 26, 98 et 539, 1872].

Point indifférent. — Lorsqu'on détermine la solubilité d'un sel hydraté dans l'eau, il arrive souvent qu'à une même température correspondent deux solutions saturées différentes, dont l'une contient plus d'eau que le sel et dont l'autre en contient moins. La courbe totale de solubilité se compose alors de deux branches qui se raccordent en un point I où la solution saturée a la même composition que l'hydrate (fig. 3). En ce

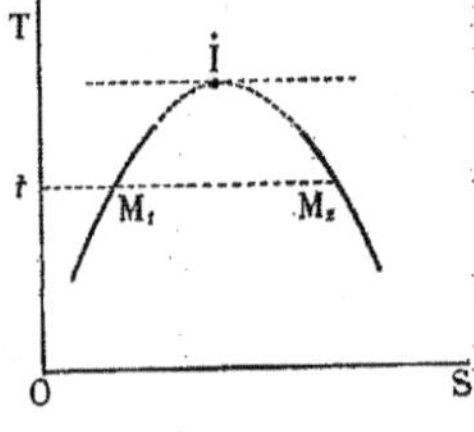

Fig. 3.

point, l'équilibre entre la solution et le sel en excès est indifférent, puisque la dissolution ou la précipitation d'une certaine quantité de sel ne modifient pas la composition du liquide. Ce point particulier a reçu le nom de *point indifférent* de la courbe de solubilité. En général, dans l'étude des dissolutions, la branche qui correspond aux solutions contenant plus d'eau que le sel se rencontre plus fréquemment que l'autre, mais un grand nombre de recherches ont mis hors de doute l'existence de la seconde branche et contribué à la détermination d'un certain nombre de points indifférents. Dans la courbe qui représente la solubilité des divers hydrates de chlorure de calcium, d'après B. Roozeboom, on peut constater vers 30° un point indifférent pour l'hydrate $CaCl^2, 6H^2O$. — Guthrie, Recherches sur l'hydrate d'éthylamine [*Philos. Magaz.*, (5), 18, 22, 1884]; — Bakhuis Roozeboom, Recherches sur les hydrates chlorhydrique et bromhydrique, sur les hydrates de chlorure de calcium et de chlorure ferrique [*Rec. Pays-Bas*, 3, 84, 1884; 4, 102, 1885; 8, 1, 1889; — *Arch. Néerland.*, 28, 1892; — *Zeit. phys. Chem.*, 10, 477, 1892]; — Pickering, Recherches sur les hydrates sulfuriques et les amines hydratées [*Chem. Soc.*, 57, 338, 1890]; — Van t'Hoff et Meyerhoffer, Recherches sur le chlorure de magnésium hydraté, [*Ber. d. Berlin Akad.*, février 1897; — *Zeit. physik. Chem.*, 30, 64, 1899]; — H. Le Chatelier, Recherches sur le borate de lithium [*C. R.*, 124, 1091, 1897].

Solubilités constantes. — Lorsque la chaleur de dissolution d'un corps change de signe dans un certain intervalle de température, sa solubilité présente un maximum ou un minimum au voisinage desquels elle est sensiblement constante. Etard [*Ann. Chim. Phys.*, (7), **2**, 503, 1894] a constaté ce fait pour le sulfate de sodium dans l'eau entre 60° et 240°, pour le chlorure cuivrique dans l'alcool méthylique, dans les alcools propylique et isopropylique et dans l'acétone, pour le chlorure mercurique dans l'éther, etc. Il est curieux de constater que les proportions du dissolvant et du corps dissous dans ces solutions saturées de composition constante sont des multiples entiers assez simples de leurs poids moléculaires respectifs.

Solubilités décroissantes. — La solubilité d'un corps décroît lorsque la température s'élève si sa chaleur de dissolution est positive. Il résulte de l'ensemble des travaux d'Etard que la plupart des sulfates et des sels d'acides bibasiques sont, à partir d'une certaine température, moins solubles à chaud qu'à froid. En particulier, la solubilité du sulfate de sodium, qui est constante entre 60° et 240°, diminue au-dessus de cette température.

Solubilités croissantes. — La solubilité d'un corps croît lorsque la température s'élève si sa chaleur de dissolution est négative.

Etude des solubilités aux températures élevées. — Les premières recherches relatives à la solubilité des sels dans l'eau n'ont pas été poussées à des températures très élevées. Gay-Lussac avait pensé qu'il pouvait exister une relation entre les points de fusion de différents sels et la variation de leur solubilité avec la température. Tilden et Shentsone [*Phil. Trans.*; 1884] conclurent de leurs recherches que la solubilité croît d'autant plus vite que le sel est plus fusible; ils remarquèrent que la quantité d'eau dans laquelle se dissolvent le sulfate de sodium et l'acide benzoïque tend vers zéro quand la température s'élève. Guthrie [*Phil. Magaz.*, (5), **18**, 144, 1884] poussa l'étude de la solubilité de l'azotate de potassium jusqu'à son point de fusion et constata que la fusion *per se* peut être considérée comme le cas extrême de la dissolution. Enfin Etard [*Ann. Chim. Phys.*, (7), **2**, 503, 1894; — *C. R.*, **98**, 993, 1276, 1432, 1884] a poursuivi en tubes scellés une série de recherches sur les solubilités à haute température et montré qu'en dehors des cas où la solubilité est constante ou décroissante, les courbes représentatives s'orientent vers le point représentant la fusion ignée. Les derniers éléments des courbes de solubilité d'une même substance dans différents dissolvants convergent ainsi vers le même point. Lorsqu'il paraît ne pas en être ainsi, il est vraisemblable d'admettre que des perturbations se produisent aux températures élevées dans les solutions sous l'influence de causes diverses, telles que le passage du dissolvant par sa température critique ou des actions particulières de celui-ci sur la substance dissoute.

COURBES DE SOLIDIFICATION.

La représentation des solubilités est susceptible d'une généralisation qui montre la réciprocité du rôle que jouent, l'un par rapport à l'autre, le dissolvant et le corps dissous.

Le liquide que donne, en fondant, un sel, l'azotate de sodium, par exemple, est en équilibre avec celui-ci à la température fixe de son point de fusion. On peut donc le considérer comme une solution saturée de ce sel. Un mélange homogène du sel fondu avec une petite quantité d'un dissolvant tel que l'eau, en tube scellé, sera, de même, en équilibre avec l'azotate de sodium solide, à une température un peu inférieure au point de fusion de celui-ci; ce sera encore une solution saturée. En augmentant progressivement la quantité d'eau, on obtiendra des solutions de moins en moins riches en sel, qui seront en équilibre avec celui-ci à des températures de plus en plus basses. Les points de la courbe de solubilité de l'azotate de sodium (fig. 1) dans l'eau se présenteront ainsi, dans l'ordre inverse de celui que l'on considère habituellement, comme les points de cristallisation commençante de l'azotate de sodium dans les solutions saturées de sel dans l'eau. Mais, réciproquement, au point de fusion de la glace, l'eau est une solution saturée de celle-ci; une dissolution très étendue d'azotate de sodium dans l'eau ne commence à se solidifier qu'à une température inférieure à 0°; c'est de la glace qui se forme alors, et l'on doit considérer la solution comme saturée par rapport à celle-ci. Si la quantité d'azotate de sodium dissous augmente, la température de formation de la glace s'abaisse, et l'on obtient, à partir du point de fusion de celle-ci, une courbe des points de congélation de l'eau au sein des solutions étendues d'azotate de sodium analogue à la courbe de solidification de ce sel qui a été déterminée précédemment.

Si l'on porte en abscisses la quantité d'azotate de sodium que contiennent 100 gr. de solution aqueuse saturée, et en ordonnées les températures auxquelles ces solutions sont en équilibre avec le sel d'une part, et avec la glace d'autre part, on obtient un diagramme dans lequel les deux courbes précédentes se coupent en un point appelé *point cryohydratique*.

La figure 1 donne les diagrammes relatifs aux azotates de sodium, de potassium, d'argent, au bichromate de potassium, au chlorate de potassium et à l'acide acétique, en solution dans l'eau.

En ce point, le liquide peut être indifféremment considéré comme une solution saturée par rapport à la glace ou par rapport au sel; par refroidissement il laisse déposer un mélange intime de glace et de sel, appelé *cryohydrate*, dont la composition est la même que la sienne, et qui a été pris longtemps pour un composé défini. Rüdorff [*Pogg. Ann.*, **116**, 55, 1862 et **122**, 317, 1864] et De Coppet [*Bull. Soc. Vaudoise Sc. nat.*, (2), **11**, 1, 1871; et *Ann. Chim. Phys.*, (4), **23**, 373, 1871] ont beaucoup contribué à la connaissance du point cryohydratique et des propriétés des solutions dans son voisinage. Ils sont même parvenus à prolonger séparément chacune des courbes au-dessous de leur point de rencontre, en prenant des précautions spéciales analogues à celles qui permettent d'obtenir la sursaturation. Guthrie, qui a déterminé un grand nombre de cryohydrates, les considérait comme des composés définis en raison de la fixité de leur composition et de leur point de fusion [*Phil. Magaz.*, (4), **49**, 1 et 269, 1875]. Ponsot [*Bull. Soc. Chim.*, (3), **13**, 312, 1895], par l'examen microscopique des cryohydrates de permanganate et de bichromate de potassium, De Coppet [*Ann. Chim. Phys.*, (7), **16**, 275, 1899], par l'étude complète de la solution d'acide acétique dans l'eau, Pfaundler [*D. chem. G.*, **10**, 2223, 1877], Offer [*Wien. Akad. Sitz.*, **81**, 1058, 1880], par la détermination des densités et des chaleurs de formation de quelques cryohydrates ont démontré que ceux-ci n'étaient que des mélanges très intimes de sel et de glace dans des proportions qui ne sont pas rigoureusement dans un rapport simple avec leurs poids moléculaires [voy. aussi Pickering, *Chem. Soc.*, 67, 664, 1895].

La forme simple des courbes représentées par la figure 1 se rencontre toutes les fois que le dissolvant et le corps dissous ne forment entre eux aucune combinaison. Dans les systèmes formés par l'eau et les sels, ce cas se présente lorsque ceux-ci ne donnent pas d'hydrates. Quand il en existe, les deux courbes qui se rencontrent au point cryohydratique sont formées d'autant de branches se raccordant entre elles en des points anguleux, qu'il existe de combinaisons distinctes (fig. 2).

L'étude de la solubilité réciproque des sels. ainsi que des métaux fondus, montrera plus loin l'intérêt que présente alors l'examen de la forme de ces courbes.

Dans l'étude des solutions salines, la branche de la courbe de solubilité relative au sel a été longtemps étudiée seule ; la branche relative à la glace n'a été déterminée que plus tard, lorsque les relations entre le poids moléculaire des substances dissoutes et l'abaissement du point de congélation des dissolvants, découvertes par Raoult, ont appelé l'attention sur les solutions étendues.

L'usage des diagrammes représentatifs à double origine a été répandu par les leçons et les travaux de H.-L. Le Chatelier, B. Roozeboom et Van t'Hoff.

Systèmes formés par des constituants autres que les sels métalliques et l'eau. — Des déterminations nombreuses ont été faites sur les systèmes formés de deux composés organiques ; elles ont pris une importance considérable par suite de l'application de la cryoscopie à la détermination des poids moléculaires. Les courbes représentatives de ces équilibres présentent fréquemment la particularité suivante : lorsque le point de fusion du dissolvant est très bas, le point cryohydratique se trouve souvent si rapproché de celui-ci que la branche de courbe relative à la solidification du dissolvant pur n'est pas observable. Tel est le cas des systèmes formés par le soufre et le sulfure de carbone ou le chlorure de soufre, par la naphtaline et l'hexane, le tétrachlorure de carbone, le sulfure de carbone, le chloroforme, et par le benzol avec l'alcool méthylique, le sulfure de carbone et l'éther [Étard, *Ann. Chim. Phys.*, (7), 2, 568, 1894 ; — Retgers, *Zeit. phys. Chem.*, 5, 451, 1890, et 11, 328, 1893 ; — Schröder, *ibid.*, 11, 449, 1893 ; — Pickering, *Chem. Soc.*, 63, 998, 1893 ; — Aten, *Dissert.*, Amsterdam, 1903 ; — B. Roozeboom, *Die heterogenen Gleichgewichte*, 2, 226, 247, 252, etc.].

ÉQUILIBRES DES SELS FONDUS. — ALLIAGES.

Dans les cas étudiés précédemment, l'un des corps participant à l'équilibre était liquide à la température ordinaire, et se présentait naturellement dans un intervalle assez étendu comme un dissolvant de l'autre. En généralisant la notion de solubilité, on est conduit à étudier les équilibres des systèmes formés par les mélanges de corps, simples ou composés, solides dans les conditions habituelles, aux températures où une partie du système subit la fusion ignée. Pour représenter ces équilibres on portera, comme précédemment, en abscisses, le nombre compris entre 0 et 100, qui exprime la proportion centésimale de l'un des corps dans la phase liquide. et en ordonnées les températures auxquelles chaque liquide de composition donnée est en équilibre avec l'excès de l'un des corps à l'état solide. H. Le Chatelier [*C. R.*, 118, 350, 709, 800, 1894 ; 120, 835, 1050, 1894 ; *Rev. gén. Sc.*,

535, 1895] a montré qu'il y avait trois cas différents à considérer.

I. *Les corps en présence ne donnent ni combinaisons ni mélanges isomorphes.* — Le chlorure de sodium, par exemple [H. Le Chatelier, *C. R.*, 120, 800, 1894], fond à 778°, et donne un liquide en équilibre avec le sel solide. Un mélange fondu de chlorure avec une petite quantité de carbonate de sodium sera en équilibre avec le premier de ces deux sels à une température plus basse que la précédente. Les points représentatifs de ces équilibres se placeront sur une courbe descendante partant de 778° (fig. 4). D'autre part, le carbonte de

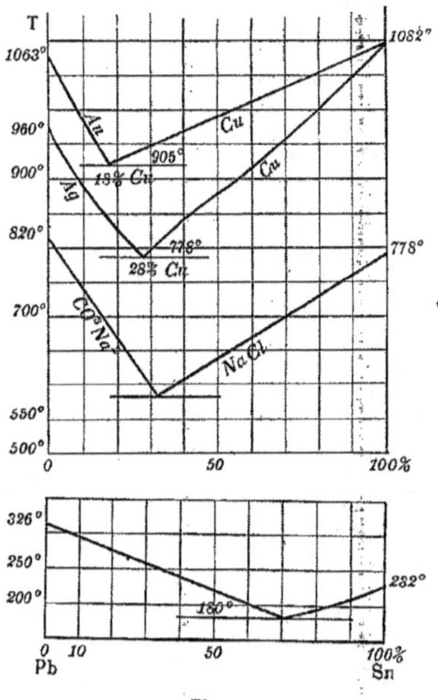

Fig. 4.

sodium fond à 820°, et les points représentatifs de l'équilibre des mélanges fondus de ce sel et d'une quantité croissante de chlorure de sodium, avec le carbonate solide, se placeront sur une courbe descendante partant de 820°. Cette courbe et la précédente se rencontrent en un point auquel Guthrie a donné le nom de *point d'eutexie.* Elles peuvent être considérées comme les courbes représentatives des points de solidification commençante du chlorure ou du carbonate de sodium dans les mélanges fondus de ces deux sels. Ces courbes doivent être complétées par la droite horizontale passant par le point d'eutexie, qui représente la solidification de l'eutectique. Un grand nombre de couples de sels se comportent comme les précédents ; tels sont : $P^2O^7Na^4$ et $NaCl$, $BaCl^2$ et $NaCl$, SO^4Li^2 et CO^3Li^2 [H. Le Chatelier, *C. R.*, 118, 709, 1894], etc. Il en est de même de certains métaux tels que Sn et Zn, Al et Zn [Heycock et Neville, *Chem. Soc.*, 74, 383, 1897], Zn et Pb [Robert's Austen, *Engineering*, 63, 223, 1897], Ag et Cu [Heycock et Neville, *Phil. Trans.*, 189, A, 25, 1897], Au et Cu [R. Austen et Kirke Rose, *Proc. Roy. Soc.*, 67, 105, 1900].

L'examen de ces courbes (fig. 4) montre de quelle façon s'effectue la solidification progressive d'un mélange de deux corps, préalablement fondus : si l'on construit, par exemple, le diagramme relatif au système cuivre argent [Heycock et Neville, *Phil. Trans.*, **189**, A, 25, 1897], l'expérience montre que l'alliage eutectique est composé sensiblement de 28 0/0 de cuivre et de 72 0/0 d'argent. Si l'on part d'un alliage fondu contenant 15 0/0 de cuivre, et qu'on laisse la température s'abaisser progressivement, il se déposera d'abord à l'état solide de l'argent qui est en excès par rapport à la composition de l'eutectique; la partie liquide s'appauvrira ainsi en argent, et il arrivera un moment où sa composition sera précisément celle de l'alliage eutectique; à ce moment, le bain fondu sera saturé également par rapport aux deux métaux: ils se déposeront ensemble, intimement mélangés, dans la proportion même où ils se trouvent dans le liquide, c'est à-dire suivant les proportions de l'alliage eutectique. La composition du bain fondu ne changeant plus, lorsque la solidification se poursuivra la température à laquelle celle-ci s'effectue deviendra constante. Après la solidification totale, une surface polie de la masse métallique présentera l'aspect suivant : dans des cellules disséminées au milieu d'une masse homogène d'argent, on verra l'alliage eutectique formé de parcelles des deux métaux enchevêtrées.

Au contraire, si l'on était parti d'un alliage fondu contenant, par exemple, 35 0/0 d'argent, c'est le cuivre, en excès par rapport à l'eutectique, qui se serait déposé le premier, et la surface polie de la masse métallique, après solidification totale, présenterait un aspect différent : on distinguerait l'eutectique Ag-Cu formant un remplissage entre des masses homogènes de cuivre.

Quelle que soit donc la composition du mélange initial fondu, et la température à laquelle la solidification commence, celle-ci s'achève toujours à la température de solidification de l'alliage eutectique.

Dans un grand nombre de cas les phénomènes sont un peu plus compliqués: le corps solide qui se dépose est constitué non par l'un des

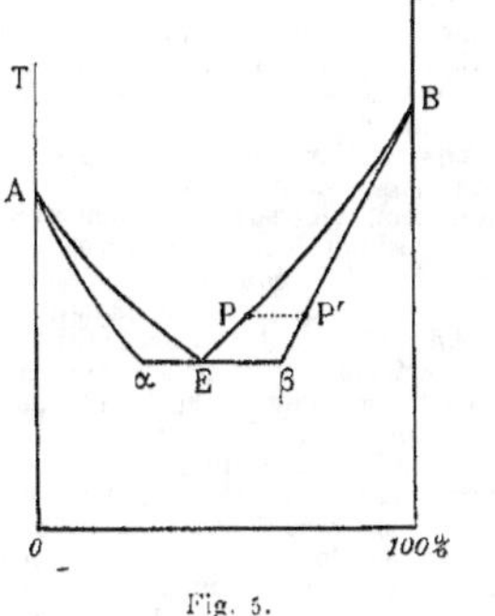

Fig. 5.

corps à l'état de pureté, mais par une solution solide (voy. plus loin) d'une quantité plus ou moins grande du second corps dans le premier. Les branches des courbes A α, B β (fig. 5) qui se rencontrent au point d'eutexie, représentent toujours l'état de la solution à chaque tempéra-

ture, mais à chaque point P correspond, à la même température, un point P' d'une branche de courbe analogue représentant la composition de la solution solide qui se dépose; pendant le refroidissement celle-ci varie comme l'indiquent les courbes A α et B β, et au point d'entexie, le conglomérat est formé par les cristaux mixtes correspondant aux points α et β. Ce cas se présente très fréquemment dans les alliages; en

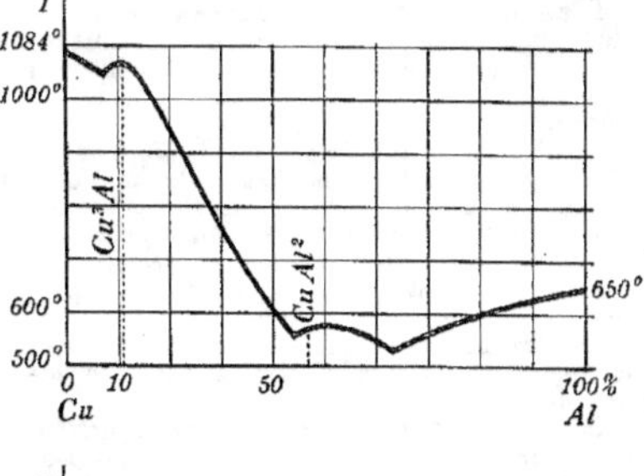

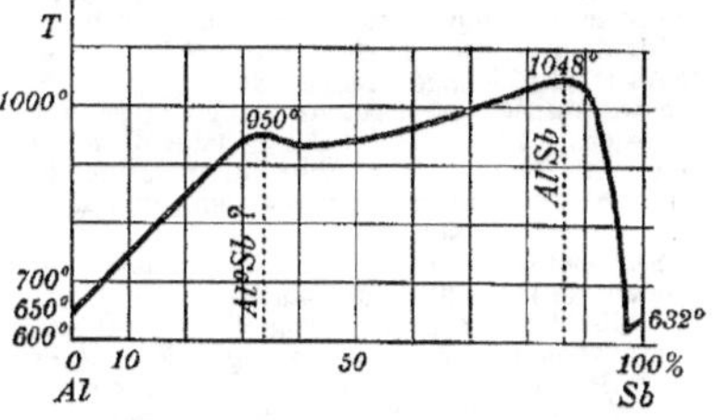

Fig. 6. — Figure extraite des *Landolt Tabellen*, Julius Springer, Berlin, 1905.

étudiant la microstructure des fers carburés on rencontre, entre autres constituants, une solution solide de carbone dans le fer, la *martensite*, et un eutectique, la *perlite*, formé de lamelles de *ferrite* (fer pur), et de *cémentite* (carbure de fer Fe³C).

II. *Les corps en présence peuvent donner des combinaisons.* — Les courbes de solidification ne présentent plus, dans ce cas, la simplicité des précédentes; elles se composent, en général, de plusieurs branches distinctes et souvent, au lieu de conserver une allure régulièrement décroissante, elles présentent des maxima pour les compositions du mélange liquide très voisines de celles des combinaisons qui se déposent. Ces maxima de température sont voisins des points de fusion propres de ces combinaisons; ils peuvent être supérieurs à ceux des constituants. Leur existence permet d'affirmer que les corps fondus ensemble forment une combinaison, mais il peut exister des combinaisons sans que les courbes présentent de tels maxima.

Les alliages de Al et Cu [Le Chatelier, *Bull. Soc. Encourag.*, (4), **10**, 573, 1895], de Sb et Al [Gautier, *ibid.*, (5), **1**, 1315, 1896] rentrent dans cette catégorie (fig. 6).

III. *Les corps en présence peuvent former des mélanges isomorphes.* — Dans ce cas, la courbe de fusibilité ou de solidification est continue: elle se rapproche souvent de la droite qui joint les points de fusion des deux constituants. Exemple : Ag et Au. Enfin, il peut y avoir à la fois des combinaisons et des mélanges isomorphes. Les alliages de cuivre et de zinc que l'on désigne sous le nom de laitons rentrent dans ce cas. Les courbes de fusibilité sont alors très complexes.

On verra plus loin des exemples analogues étudiés par B. Roozeboom, à propos de la solubilité simultanée de plusieurs sels.

SOLUBILITÉ SIMULTANÉE DE PLUSIEURS SELS.

Il est d'une grande importance pour la pratique industrielle de savoir comment la présence d'un nouveau corps dissous peut modifier la solubilité d'un premier corps dans un dissolvant donné.

Etard [*Ann. Chim. Phys.*, (7), 3, 275, 1894] a étudié la solubilité simultanée de plusieurs groupes de sels. L'ensemble des études qui ont été faites sur ce sujet a permis de généraliser les remarques faites par Rüdorff [*Bull. Soc. Chim.*, (2), 45, 524, 1886] sur certains cas particuliers. Il y a lieu de distinguer les sels sans action les uns sur les autres de ceux qui peuvent donner des sels doubles ou des mélanges isomorphes.

Lorsque les sels mis en présence ne forment ensemble ni sels doubles, ni mélanges isomorphes, la composition de la solution saturée qu'ils donnent avec un dissolvant est fixe, à une température donnée, et ne dépend pas des masses respectives des deux sels en excès. Tel est le cas des chlorures et des azotates d'ammonium et des métaux alcalins, du chlorure de baryum et du chlorure d'ammonium, du sulfate de sodium et du sulfate de cuivre, etc.

Sels pouvant donner des sels doubles. — L'étude de l'équilibre qui s'établit entre les sels et le dissolvant serait d'une complication inabordable sans le secours de la *règle des phases* [voy. 2° Suppl., 6, 716] énoncée par Gibbs, et dont H. Le Chatelier, Bakhuis Roozeboom et Van t'Hoff, en particulier, ont fait une application systématique.

Si l'on met, en proportions quelconques, deux sels susceptibles de former un sel double, en présence d'un dissolvant, et si l'on attend qu'un équilibre définitif se soit établi, le dépôt solide qui reste au contact de la solution saturée peut être formé soit d'un mélange de l'un des sels en excès avec le sel double, soit du sel double pur. Cet état d'équilibre, très long à atteindre en général, s'établira de lui-même plus rapidement si on laisse le dépôt solide se former par cristallisation, le système se refroidissant à partir d'une température où la dissolution était totale.

Sous une pression donnée, la pression atmosphérique, par exemple, l'état d'équilibre du système ne pourra pas, en général, être représenté par une figure plane : on prendra trois axes de coordonnées rectangulaires, sur deux desquels on portera les concentrations respectives C_1 et C_2 de la solution par rapport aux deux sels, les températures étant portées sur le troisième axe.

Dans le cas où le dépôt solide est formé d'un mélange de l'un des sels en excès avec le sel double, le système sera partagé en 3 phases; les constituants indépendants étant au nombre de 2, la règle des phases indique que le système sera bivariant : le point figuratif de l'équilibre, dont la position est définie par les 3 variables C_1, C_2 et t, décrira donc une courbe dans l'espace. Le plan correspondant à une température donnée coupera cette courbe en un point dont les coordonnées C_1 et C_2 représenteront les concentrations, par rapport aux deux sels, de la solution saturée en équilibre, à la température donnée,

à la fois avec le sel double et l'excès de l'un des sels. Dans le cas où le dépôt solide est formé du sel double seul, le système, partagé en 2 phases, sera trivariant et le point figuratif de l'équilibre décrira dans l'espace une surface. L'intersection de cette surface par le plan correspondant à une température donnée sera une courbe dont chaque point représentera les concentrations des solutions de composition variable qui sont susceptibles de rester en équilibre avec le sel double.

L'expérience montre, en effet, qu'à une température donnée, il existe deux solutions de composition déterminée qui sont en équilibre respectivement avec les mélanges du sel double et d'un excès de chacun des sels constituants; au contraire, lorsque la phase solide est formée uniquement de sel double, il peut exister une infinité de solutions en équilibre avec ce sel, et leur composition variable reste comprise entre deux limites constituées par les deux solutions précédentes [van der Heide (sulfate de potassium et sulfate de magnésium), *Zeit. physik. Ch.*, 12, 416, 1893; — B. Roozeboom et Schreinemackers (hydrates de chlorure ferrique et d'acide chlorhydrique), *ibid.*, 15, 588, 1894; — Van t'Hoff et Meyerhoffer (chlorure de potassium et chlorure de magnésium), *ibid.*, 30, 64, 1899].

Sels isomorphes. — Si l'on met, par exemple, du sulfate d'ammonium et du sulfate de potassium en présence d'une quantité d'eau insuffisante pour les dissoudre complètement, la composition de la solution saturée, une fois l'équilibre atteint, ne sera pas invariable pour une température donnée; elle dépendra des quantités relatives des deux sels, et si l'on abandonne le système à lui-même, on ne retrouvera plus, au bout d'un certain temps, des cristaux de sulfate de potassium à côté des cristaux de sulfate d'ammonium, mais seulement des cristaux mixtes formés de ces deux sels isomorphes dont la composition dépend des proportions du mélange initial. L'équilibre de pareils systèmes devra être représenté comme dans le cas précédent par une figure dans l'espace. Lorsque les deux sels considérés seront susceptibles de donner des cristaux mixtes en cristallisant ensemble en toute proportion, comme les aluns, la phase solide sera toujours unique, après un temps convenable, et l'équilibre définitif du système trivariant sera représenté par une surface; à une température donnée, la section de cette surface sera une courbe dont chaque point de coordonnées C_1 et C_2 correspondra à une solution en équilibre avec les cristaux mixtes. On a vu précédemment qu'il pouvait exister de même une infinité de solutions en équilibre avec un même sel double, mais dans le cas des sels isomorphes, à chaque composition de la solution correspondra une composition bien déterminée des cristaux mixtes qui sont en équilibre avec elle [Stortenbecker (Sulfates de la série magnésienne) *Zeit. phys. Ch.*, 22, 60, 1897 et 34, 111, 1900].

Enfin certains couples de sels peuvent donner à la fois des sels doubles et des cristaux mixtes. Bakhuis Roozeboom [*Zeit. phys. Ch.*, 10, 145, 1892] a étudié les équilibres du système eau, chlorure ferrique, chlorure d'ammonium : ces deux sels qui ne sont pas isomorphes, donnent un sel double, de composition bien définie, qui peut former des cristaux mixtes avec le chlorure d'ammonium [Retgers (Systèmes H_2O, SO_4K_2, SO_4Na_2 — H_2O, CO_3Ca, CO_3Mg), *Zeit. physik. Ch.*, 6, 226, 1890]. La classification des systèmes d'après le nombre de leurs constituants et d'après le nombre des phases dans lesquelles ils se partagent a permis d'aborder l'étude des systèmes complexes dans lesquels les sels en présence peuvent donner de nombreux sels doubles et cristaux mixtes [Van t'Hoff et Meyerhoffer (H^2O, $MgCl^2$, SO^4Mg, KCl, SO^4K^2), *Sitz. Berichte d. Berlin. Akad.*, 1019, 1897; — Van t'Hoff et Eonnan, *ibid.*, 1146; — Van t'Hoff, *Rapp. du Congrès de phys.*, Paris, 1, 464, 1900; — Meyerhoffer et P. Saunders (H^2O, KCl, $NaCl$, SO^4K^2, SO^4Na^2). *Zeit. phys. Ch.*, **28**, 453, 1899].

Sels et métaux fondus. — Au lieu de considérer la solubilité simultanée de deux sels dans l'eau, on peut étudier les équilibres présentés par les systèmes de sels ou de métaux dont une partie est en fusion à une température convenable. On retrouve des phénomènes de même nature, suivant que les sels ou les métaux en présence sont susceptibles de former des composés définis ou des cristaux mixtes.

Diagrammes triangulaires. — Dans le cas de trois corps, le mode de représentation suivant est particulièrement commode : on convient de représenter les concentrations d'un mélange fondu par rapport à chacun des trois corps, par les distances d'un point intérieur aux trois côtés d'un triangle équilatéral : les points situés sur

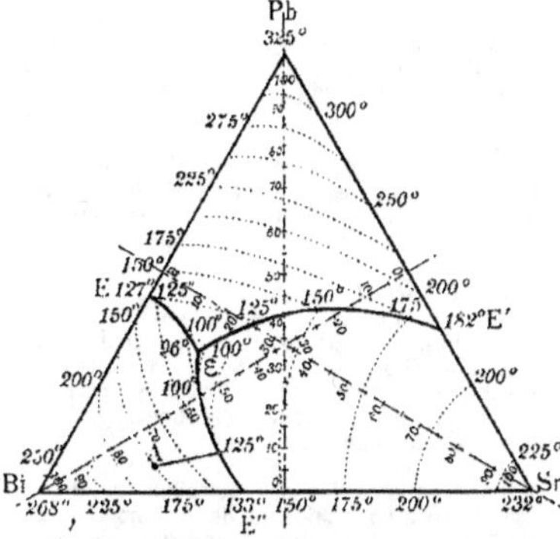

Fig. 7. — Figure extraite de l'article de M. Charpy aux *Comptes rendus de l'Académie des sciences* (mai 1898).

les côtés représentent les mélanges binaires des trois corps pris deux à deux: les sommets représentent chacun des corps à l'état de pureté. En chaque point du triangle, normalement à son plan, on porte une ordonnée représentant la température de solidification de l'alliage représenté par le point: les extrémités de ces ordonnées sont sur une surface qui joue pour ces systèmes ternaires le rôle des courbes de fusibilité des systèmes de deux constituants. Cette surface est coupée par les faces du prisme droit passant par les côtés du triangle suivant les courbes de fusibilité des systèmes binaires formés par les trois corps pris deux à deux [H. Le Chatelier (CO^3Ca, CO^3Ba, CO^3Sr), *C. R.*, **118**, 415, 1894; — Charpy (Pb, Sn, Bi), *C. R.*, **126**, 1569, 1898; fig. 7].

VARIATIONS DE LA SOLUBILITÉ AVEC LA PRESSION.

Conformément à la loi générale du déplacement de l'équilibre de H. Le Chatelier [*C. R.*, **99**, 786, 1884], si, à une température donnée, la dissolution d'un sel en solution infiniment voisine de la saturation est accompagnée d'une contraction, la solubilité du sel augmente avec la pression; si, au contraire, la dissolution est accompagnée d'une dilatation, la solubilité du sel diminue lorsque la pression augmente.

Un exemple du premier cas est fourni par l'alun et par le sulfate de sodium à 10 mol. d'eau : si l'on comprime une solution saturée de l'un de ses sels, en présence de cristaux en excès, une partie de ceux-ci se dissoudra et les cristaux restants présenteront des faces rongées. Le chlorure d'ammonium présente un exemple du second cas : une solution saturée de ce sel, comprimée, laisse déposer des cristaux. Le chlorure de sodium possède, à la température constante de 15°, un maximum de solubilité sous la pression de 1530 atmosphères : au-dessous de cette pression, la dissolution d'une petite quantité de sel dans une solution presque saturée, sous pression constante, est accompagnée d'une diminution de volume; au-dessus de 1530 atmosphères, sous pression constante, elle est accompagnée d'une augmentation de volume [F. Braun, *Wied. Ann.*, **30**, 250, 1887].

INFLUENCE DE LA GROSSEUR DES CRISTAUX SUR LA SOLUBILITÉ.

Les corps très finement pulvérisés ont une solubilité plus considérable que les corps en gros fragments : la différence atteint de 1 à 7 0/0 suivant la grosseur des cristaux pour le chlorure de plomb et l'azotate de baryum [Ostwald, *Zeit. phys. Chem.*, **34**, 495, 1900]. Les variétés d'oxyde de mercure, les cristaux de sulfate de calcium ou de sulfate de baryum présentent aussi des solubilités très variables [Ostwald, *ibid.*, **37**, 385, 1901].

En général les différences de solubilité ne sont bien sensibles que pour les corps peu solubles. On peut rattacher à cette variation de la solubilité avec la grosseur des cristaux, le fait que, dans une solution saturée, les cristaux de grande dimension s'accroissent aux dépens des petits.

Variations de la solubilité sur les diverses faces des cristaux. — Il résulte des travaux de Ostwald [*Lehrbuch. d. allgem. Ch.*, **1**, 940; **2**, 740], de Weber [*Arch. sc. phys. et nat.*, (3), **12**, 515], de Gernez [*C. R.*, **80**, 1007, 1875] et de Wulff et Viola [*Zeit. f. Kryst.*, **34**, 449, 1901; **36**, 558, 1902] qu'une solution saturée par rapport à une face d'un cristal peut ne pas être considérée, au moins d'une façon absolument rigoureuse, comme saturée par rapport à une face adjacente.

SOLUTIONS SOLIDES.

On peut étendre la notion de solution à certains corps solides constitués par des mélanges homogènes; en dehors des cas où l'absorption d'un corps liquide ou gazeux par un corps solide paraît se rattacher à des actions superficielles exagérées par la porosité ou la structure fibreuse de ce corps, il en existe certainement d'autres où l'on se trouve en présence d'une véritable solubilité : on peut admettre qu'il en est ainsi dans certains cas de l'absorption des gaz par les métaux et, en particulier, de l'hydrogène par le palladium. Dans l'étude des équilibres on rencontre souvent des dépôts solides homogènes que l'on doit considérer comme formant une seule phase, quoique constitués par des corps ne donnant entre eux aucune combinaison définie. C'est le cas des cristaux isomorphes, et c'est pour eux que l'on a tout d'abord étendu aux corps solides la notion de solubilité réciproque [Lecocq de Boisbaudran, *Rev. génér. sc.*, 611, 1897]. Van t'Hoff a généralisé cette notion [*Zeit. phys. Ch.*, 322, 1890] et partagé les solutions solides en plusieurs classes (*Leçons de chimie physique*, traduct. française, 1re part., p. 50; 2e part., p. 67).

Mélanges isomorphes. — Certains corps, dont les aluns fournissent l'exemple le mieux caractérisé, sont susceptibles de se mélanger dans un même cristal en toutes proportions; les solutions solides ainsi formées peuvent être rapprochées des solutions constituées par les liquides parfaitement miscibles.

Il existe aussi des cristaux dans lesquels la miscibilité des constituants n'est que partielle. Tel est le cas des mélanges de chlorure de potassium et de chlorure d'ammonium; le sulfate de glucinium, $SO^4Gl, 4H^2O$, peut cristalliser avec le séléniate $SeO^4Gl, 4H^2O$, jusqu'à la proportion de 1 mol. de séléniate pour 7,33 mol. de sulfate; il existe une lacune jusqu'à la proportion de 1 mol. de séléniate pour 4 de sulfate, à partir de laquelle la cristallisation commune redevient possible [Retgers, *Zeit. phys. Chem.*, 4, 593, 1889].

Solutions solides de corps cristallisés non isomorphes. — Van t'Hoff classe à part les mélanges homogènes solides, possédant l'état cristallin, de corps qui paraissent, par leur constitution chimique et par leur forme cristalline, ne présenter aucun i-omorphisme : tels sont les cristaux mixtes d'iode et de benzène, de thiophène et de benzène [Lehmann, *Zeit. f. Kryst.*, 8, 438, 1884; 10, 324, 1885; 12, 391, 1887; — *Wied. Ann.* 24, 4, 1885; *D. chem. G.*, 17, 1733, 1884].

La distinction de cette catégorie de solutions solides, d'avec la première, au moins pour les cas intermédiaires, dépend de la définition que l'on donnerait de l'isomorphisme : les trois caractères, identité des formes cristallines, analogie des formules chimiques et possibilité de cristalliser ensemble en toutes proportions, ne sont que plus ou moins réalisées simultanément [Voy. art. ISOMORPHISME, 2ᵉ Suppl., 6, 150, et aussi Wallerant, *Ann. Chim. Phys.*, (8), 8, 90, 1906]. Le terme plus général de cristaux mixtes ou simplement de solution solide comprend les deux cas.

Solutions solides amorphes. — Enfin, parmi le petit nombre des corps réellement amorphes, c'est-à-dire ne possédant aucun réseau cristallin, on compte les matières vitreuses, qui sont des mélanges homogènes de silice et de divers silicates, et quelquefois d'anhydride borique, et que l'on doit considérer comme des solutions solides en état de sursaturation à la température ordinaire. Ce sont des phénomènes de viscosité qui s'opposent à leur retour à l'état stable dans lequel les silicates en excès seraient cristallisés (dévitrification).

15 Janvier 1908.   Binet du Jassonneix.

SOLUTIONS (FAUSSES). — Malgré qu'en 1862 déjà Graham ait attiré l'attention des chimistes sur les « colloïdes » et pressenti l'importance de ces corps, les recherches ont été longtemps encore orientées vers les « cristalloïdes ».

Les propriétés des solutions d'albumines, dextrines, gommes, de silice, d'hydrate ferrique, etc., qui ne s'accordaient pas avec la nouvelle théorie des solutions, ont été attribuées à un poids moléculaire énorme. Cette explication ne rend pas compte du fait que la précipitation par les sels ne suit ni la loi des proportions simples ni celle des solubilités; elle a cependant été admise longtemps.

Une propriété commune à presque toutes les « solutions » de colloïdes, l'aspect trouble ou opalescent, et le fait que la lumière diffusée latéralement par un faisceau lumineux qui les traverse est polarisée, indique qu'elles ne sont pas optiquement vides (Tyndall, Spring, etc.). En 1892 déjà, Linder et Picton annoncèrent avoir vu au microscope, dans quelques « solutions » de sulfure d'arsenic et de sulfure de mercure, des particules solides. La preuve que ces particules existent dans toutes — où presque toutes — les solutions de colloïdes fut définitivement établie par Zsigmondy et Siedentopf au moyen de l'ultramicroscope. Il s'est montré par la suite qu'un même composé chimique pouvait posséder soit les caractères des cristalloïdes, soit ceux des colloïdes, suivant la manière dont la solution était préparée et suivant la nature du dissolvant. Il était donc inexact de parler de cristalloïdes et de colloïdes, il n'y a que des « solutions cristalloïdales » et des « solutions colloïdales »; ces dernières étant des suspensions de particules extrêmement petites (granules ou micelles).

Il est intéressant de noter qu'en 1857, Faraday avait déjà émis l'hypothèse que les solutions colorées obtenues par réduction lente du chlorure d'or étaient des suspensions de micelles d'or invisibles au microscope. Le terme de « solution colloïdale » pour désigner ces suspensions ultramicroscopiques est employé par le plus grand nombre des auteurs; d'autres préfèrent l'expression « fausse solution », proposée par Spring, qui rend mieux compte de leur inhomogénéité et du fait que ce ne sont pas seulement les colloïdes de Graham qui donnent des solutions colloïdales.

Il existe des fausses solutions liquides à micelles solides, ce sont les mieux étudiées et les plus importantes; presque tous les liquides d'origine animale ou végétale appartiennent à cette catégorie. On connaît aussi des fausses solutions à micelles liquides, ou émulsions excessivement fines; ce sont les mélanges opalescents qui se forment à la température critique de dissolution (Konovaloff) ou de vaporisation (Travers) de couples liquides. Les solutions troubles de métaux dans leurs sels fondus (Lorenz) rentrent dans l'une ou l'autre de ces catégories.

Enfin quelques fausses solutions solides : verre coloré à l'or, chlorure de sodium bleu de Stassfurt, métaux alcalins dans leurs sels, etc., ont été étudiées par Siedentopf.

Nous ne traiterons que des fausses solutions aqueuses à micelles solides, et les définitions peu rigoureuses qui viennent d'en être données seront précisées par la suite. Nous avons cherché à classer les propriétés des fausses solutions, qu'elles soient stœchiométriques ou dynamiques, en allant des mieux établies à celles qui le sont moins.

Il convient d'ajouter que la bibliographie, déjà considérable, de ce sujet est compliquée du fait qu'un grand nombre de mémoires se trouvent dans des périodiques de physiologie ou de médecine. Un journal spécial : *Zeit. f. Chem. u. Industrie der Kolloïde* a entrepris la publication d'extraits de tous les travaux, anciens et récents, concernant les fausses solutions; il peut être utile de signaler cette source excellente de renseignements bibliographiques.

Dimensions des micelles. — Les meilleurs microscopes permettent de voir, dans les conditions les plus favorables, des particules de 100-200 $\mu\mu$. Mais en éclairant violemment les particules, de façon qu'elles deviennent elles-mêmes lumineuses, et en les observant sur un fond sombre, on pourra théoriquement les distinguer quelle que soit leur grandeur, pourvu que leur écartement moyen dépasse 200 $\mu\mu$.

Zsigmondy et Siedentopf, les premiers, ont établi un appareil basé sur ce principe et lui ont donné le nom d'ultramicroscope. Cotton et Mouton ont indiqué un dispositif très simple et pratique, mais ne permettant pas l'emploi d'objectifs à immersion.

Les plus petites particules visibles à l'ultramicroscope sont de dimensions variables suivant les corps : la visibilité dépend des constantes optiques des micelles et du liquide intermicellaire.

Dans le cas des fausses solutions d'or, qui ont été particulièrement bien étudiées par Zsigmondy [*Zur Erkentniss d. Kolloïde*, Iéna, 1905], on distingue encore nettement des micelles de 8-9 $\mu\mu$ de diamètre, avec moins de netteté celles de 6 $\mu\mu$. Au-dessous, les fausses solutions paraissent homogènes, même à l'ultramicroscope. Les fausses solutions organiques ont une visibilité plus faible.

Les méthodes de détermination de la grandeur des micelles exigent toutes que la masse totale A des micelles par unité de volume et leur densité s soient préalablement connues. Zsigmondy a proposé : 1° de dénombrer les n micelles contenues dans un volume connu (10 000 μ^2 par exemple); 2° de déterminer la distance moyenne r entre 2 micelles. En supposant pour le calcul les micelles sphériques, la dimension linéaire l est

$$l = \sqrt[3]{\frac{A}{s.n}} \quad \text{dans le premier cas,}$$

et

$$r\sqrt[3]{\frac{A}{s}} \cdot \quad \text{dans le second.}$$

Much, Romer et Siebert ont quelque peu modifié ces méthodes. Elles sont délicates, fournissent cependant des résultats concordants pour les moyennes d'un grand nombre d'expériences, surtout quand les micelles en observation sont toutes du même ordre de grandeur, comme c'est le cas dans l'exemple suivant :

Fausse solution d'or, 0gr,05 Au par litre.
$s = 20$.

Dilution de la fausse solution.	Distance moyenne r.	Distance moyenne rapportée à la fausse solution non diluée.
1	0,97 μ	0,97
1 : 8	2,33	1,16
1 : 125	5,67	1,13
	Moyenne...	1,13

On calcule $l = 15,2\ \mu\mu$.

Zsigmondy a remarqué que les micelles d'un même corps sont très différents suivant l'âge et le mode de préparation de la fausse solution. Pour les sulfures, métaux, sels complexes, les dimensions varient de 60 $\mu\mu$ à < 6 $\mu\mu$. Au-dessus de 60 $\mu\mu$ les fausses solutions (d'Au et de Pt non protégées tout au moins) ne sont pas stables; au-dessous de 6 $\mu\mu$ l'ultramicroscope ne fournit plus de renseignements.

Récemment le même auteur [*Zeit. f. Elek.*, 12, 631] a cherché à évaluer les dimensions des micelles d'Au < 6 $\mu\mu$ par une méthode extrêmement ingénieuse. En provoquant le dépôt d'une quantité connue de Hg sur les micelles d'Au on les rend visibles. La numération indique pour ces micelles « amicroscopiques » une dimension de 1,7-3 $\mu\mu$, c'est-à-dire de l'ordre de grandeur que la théorie cinétique assigne aux grosses molécules, d'amidon soluble par exemple (Lobry de Bruyn).

La visibilité des micelles est augmentée par un éclairage à la lumière ultraviolette des lampes à mercure [von Weimarn, *Zt. f. Koll.*, 2, 175].

Parmi les auteurs qui ont étudié les micelles à l'ultramicroscope citons Siedentopf et Zsigmondy [*Ann. d. Physik*, 10, 1, 1903; *C. R. Soc. allem. de phys.*, 5. 209, 1903]; — Cotton et Mouton [*C. R.*, 136, 1857; *Rev. gén. des Sciences*, 1903; *Les Ultramicroscopes*, Paris, 1906]; — Rahlmann [*Physik. Zeits.*, 4, 883]: — The Svedberg [*Zeit. f. Elek.*, 1906; *Zeit. f. Kolloïde*, 1906-1907].

La bibliographie complète de ce chapitre a été faite par Siedentopf [*Zeit f. Kolloïde*, I, 173 et 271], elle comprend 81 Mémoires jusqu'en 1907.

De l'ensemble de ces recherches, il résulte que des micelles visibles à l'ultramicroscope existent dans les fausses solutions des métaux, sulfures, quelques oxydes, albumine (et urines albumineuses), glycogène, iodure d'argent, sulfo-colorants acides et quelques autres matières colorantes à gros poids moléculaire, amidon soluble, etc. Dans d'autres fausses solutions aqueuses : colle, quelques matières colorantes, dextrine, etc., les micelles sont invisibles, soit qu'elles soient trop petites, soit que leurs constantes optiques diffèrent peu de celles de l'eau.

Une autre méthode qui peut fournir des renseignements qualitatifs sur la grandeur des micelles consiste dans la *filtration* des fausses solutions.

On sait que les fausses solutions traversent difficilement les filtres à pores fins (parchemin par exemple). Graham faisait de cette propriété le caractère distinctif des solutions colloïdales. Malfitano [*C. R.*, 140, 1245] et Duclaux [*Thèse*, Paris, 1904] ont inauguré la filtration à travers des membranes de collodion. Ces opérations sont compliquées du fait que la membrane absorbe fréquemment les micelles et s'obstrue, ou bien que ses propriétés varient au cours de la filtration.

Bigelow et Gemberling [*J. Am. Chem. Soc.*, 29, 1576] ont fait une étude bibliographique et critique des travaux concernant les membranes de collodion.

Bechhold [*Zeit. physik. Ch.*, 60, 257] utilise comme filtre une couche de gelée (gélatine, viscose, collodion gélatinisé, etc.) à travers laquelle la fausse solution est chassée sous pression. Lorsqu'il y a absorption des micelles par la gelée, ce qui est plus facile à constater qu'avec le filtre précédent, l'opération ne conduit à aucun résultat. Si ce n'est pas le cas on peut, en variant l'épaisseur de la couche de gelée, sa concentration et la pression, séparer par filtration deux fausses solutions dont les micelles sont de grandeur différente (séparation des albumoses, par exemple). S'il s'agit d'une fausse solution à micelles de grandeur inégale, mais de nature identique, et c'est un cas extrêmement fréquent, on peut la « fractionner » en portions dont les micelles ont même grandeur. Cette méthode et l'ultramicroscope fournissent des renseignements concordants.

Le tableau suivant donne le classement approximatif des fausses solutions d'après les dimensions de leurs micelles. Les métaux, sulfures, etc., à micelles variables, peuvent se placer, suivant la manière dont ils ont été préparés et leur âge, depuis les suspensions jusqu'à la gélatine.

Suspensions.	
Bleu de Prusse.	Oxydes d'Al, Cr, Zr, W, Si.
Hydrate ferrique.	Hémoglobine.
Caséine du lait.	Toxines.
Oxydes de V.	Albumoses.
Gélatine à 1 o/o.	Dextrine.
	Cristalloïdes.

La lumière réfléchie par les micelles est polarisée; la direction dans laquelle la polarisation est maximum fait, avec le rayon incident, un angle qui se rapproche d'autant plus de 90° que les micelles sont plus grosses. E. Müller [*Ann. d. Physik*, **24**, 1] a obtenu par ce procédé d'observation des renseignements concordants sur la grandeur des micelles. Lorsqu'on ajoute un électrolyte en quantité insuffisante pour que la fausse solution flocule (précipite), l'angle du maximum de polarisation se rapproche de 90°, ce qui indique une agglutination des micelles.

On ne connaît pas encore de relations précises entre les propriétés d'une fausse solution et la grandeur des micelles. La couleur et l'opalescence de la fausse solution varient avec ces dimensions [voyez Planck, *Ann. d. Physik.*, 1900]; l'exemple suivant est emprunté à Zsigmondy :

Dimensions des micelles.	Couleur en lumière	
—	réfléchie.	transmise.
1 000–3 000 μμ	suspension trouble	vert-bleu
50– 100	brun, très trouble	bleu à violet
30– 40	vert, trouble léger	rouge intense
< 20 μμ	vert, limpide	»

Mie [*Zt. f. Koll.*, **2**, 129] indique que la courbe d'absorption de la lumière d'une fausse solution d'or varie peu avec la grandeur des micelles, tandis que l'intensité de la lumière diffusée varie proportionnellement à la 3e puissance du diamètre des micelles. La lumière diffusée ne représente du reste qu'une très faible partie de la lumière absorbée. Ces faits peuvent être interprétés en supposant les micelles sphériques, transparentes et colorées.

Il est probable que les « modifications allotropiques » de l'argent (Lea), de l'or (Blake), etc., sont dues à des différences de composition et de grandeur des micelles.

Mouvements des micelles. — Le mouvement incessant dont les particules de la taille du micron, et au-dessus, sont animées [mouvement brownien, voy. Gouy, *Rev. gén. des Sc.*, 1895; — The Svedberg, *Zeit. f. Eleck.*, **12**, 853], existe, plus développé, chez les micelles des fausses solutions, quels que soient l'âge et la nature de la préparation. Lorsqu'on observe les mouvements à l'ultramicroscope, ils apparaissent d'oscillation, surtout chez les grosses particules, de translation chez les micelles ultramicroscopiques. La projection du chemin parcouru est dans ce cas une ligne brisée, irrégulière, avec quelques longs parcours rectilignes.

L'amplitude des oscillations augmente lorsque la viscosité du milieu diminue, mais leur nombre augmente aussi, en sorte que le produit de la durée d'une oscillation par l'amplitude de celleci — qui représente la vitesse moyenne du mouvement — est sensiblement constant pour des micelles de mêmes dimensions. Dans des dissolvants de viscosité très différente, Svedberg a trouvé les valeurs 200-400 μ par seconde, pour des micelles de la taille de 0,01 μ environ. Même en forçant cette valeur, l'énergie cinétique des micelles reste excessivement faible.

Action du champ électrique et magnétique sur les micelles. — Les fausses solutions, même soigneusement purifiées, possèdent une conductibilité électrique qui est au moins 4 à 5 fois plus grande que celle de l'eau distillée des laboratoires; cette conductibilité semble due aux traces d'électrolytes qui accompagnent toujours une f. s. en équilibre (voy. plus loin). Lorsqu'on établit une différence de potentiel au sein d'une fausse solution, les micelles suivent les lignes de force et se rassemblent vers l'une des électrodes; ce phénomène peut être suivi à l'ultramicroscope. Il semble prouvé que le déplacement est propor-

tionnel à l'intensité du champ, ce qui est caractéristique du transport des particules par cataphorèse (osmose électrique), et indique que les micelles sont elles-mêmes électrisées. Cochn [*Zeit. f. Elek.*, **4**, 63], le premier, a émis cette hypothèse. La vitesse du transport et la charge des micelles semblent dépendre de l'importance relative de ces deux facteurs : concentration ionique du revêtement et osmose électrique. Chez les fausses solutions instables (voy. p. 520) la vitesse de translation est de l'ordre de grandeur de la vitesse de migration des ions, quoique un peu plus faible. Chez les fausses solutions stables elle est notablement plus faible.

Les fausses solutions ont été divisées en *positives* et *négatives*, suivant que les micelles se rendent à la cathode ou à l'anode. On sait maintenant que la fausse solution d'un même corps peut être positive ou négative, et que cela dépend uniquement du revêtement des micelles et de la composition du liquide intermicellaire. En milieu acide ou en présence d'ions polyvalents positifs, la fausse solution est généralement positive; en milieu basique ou en présence d'ions polyvalents négatifs, la fausse solution est négative. En l'absence d'acides, de bases ou d'ions polyvalents la fausse solution semble négative lorsque la constante diélectrique des micelles est plus petite que la constante diélectrique du liquide, et *vice versa*. Cette dernière règle empirique est due à Cœhn.

Le signe d'une fausse solution déterminant ses propriétés, il est nécessaire de le connaître, dans tous les cas.

Schmauss, Cotton et Mouton ont étudié l'action du champ magnétique. Les fausses solutions d'hydrate ferrique, à grosses micelles, placées dans un champ magnétique, possèdent la biréfringence magnétique [Cotton et Mouton, *C. R.*, **138**, 1584; **144**, 349; *Journ. Chim. Phys.*, **4**, 365; — Whitney et Blake, *Am. Chem. Journ.*, **26**, 1339; — Scarpa, *Nuovo Cimento*, 1906; — Burton et Philipps, *Proc. Cambridge, Phil. Soc.*, 1906; — Burton, *Phil. Mag.*, **12**, 472]; voyez aussi la bibliographie des chapitres suivants.

Composition des micelles. — Les micelles sont insolubles, au sens propre du mot, dans le liquide intermicellaire [Duclaux, *loc. cit.*]. En diluant une fausse solution on ne constate pas qu'à partir d'une certaine dilution les micelles disparaissent (Perrin); leur nombre total reste constant (Zsigmondy).

D'autre part, quelque soin que l'on prenne à purifier une fausse solution par dialyse à travers une membrane imperméable aux micelles, il reste toujours des traces d'électrolytes. En prolongeant la dialyse pour éliminer ces traces, la fausse solution flocule; on peut remplacer un sel par un autre, mais il semble bien que l'existence même de la fausse solution soit liée à la présence d'un électrolyte.

L'électrolyte retenu par la fausse solution n'est pas seulement contenu dans le liquide intermicellaire, il est en partie absorbé par les micelles. Il n'est pas possible de déterminer, par des analyses chimiques, la composition exacte des micelles en fausse solution; ce que l'on détermine c'est la composition du coagulum qui n'est pas identique. Cependant Duclaux a prouvé qu'en ajoutant à une fausse solution un peu de sel — trop peu pour la coaguler — l'accroissement de conductibilité n'est pas ce qu'il serait si tout le sel avait passé dans le liquide intermicellaire; une partie a bien été absorbée par les micelles. « La composition chimique des micelles doit être regardée comme une fonction continue de celle du liquide intermicellaire, auquel on ne peut rien ajouter sans que les micelles en prennent leur part ». Dumanski [*Zeit. f. Kolloïd.*; *Zeit. physik. Chem.*, 1906 et 1907] a étendu ces expériences et constaté que l'absorption par les micelles suit les lois de l'absorption. Il arrive que les micelles absorbent aussi des non électrolytes, leur volume augmente et la fausse solution se prend en gelée [action de l'urée sur une fausse solution de $Fe(OH)^3$].

Les micelles sont donc formées : 1° d'une partie insoluble, de composition chimique constante, que nous appellerons *noyau*; 2° d'une partie soluble, de composition chimique variable fonction de la composition du liquide intermicellaire et des états antérieurs par lesquels a passé la fausse solution, que nous appellerons *revêtement*, et que la théorie place à la surface du noyau.

L'existence de ces revêtements chez toutes les fausses solutions n'est pas encore prouvée, mais infiniment probable. Ce sont eux qui déterminent le signe de la fausse solution et lui donnent ses propriétés les plus importantes.

Propriétés négatives des fausses solutions. — Par ce qui précède, on conçoit que les méthodes d'investigation particulières à l'étude des solutions ne puissent s'appliquer aux fausses solutions. L'énergie cinétique des micelles est trop faible pour qu'on puisse espérer obtenir des valeurs de pressions osmotiques, abaissements cryoscopiques, abaissements de tension, etc. accessibles à l'expérience. Ces déterminations sont sensibles aux traces d'électrolytes et conduisent à des valeurs d'autant plus faibles que la purification de la fausse solution est plus complète. Les auteurs qui ont déterminé les poids moléculaires de corps en fausses solutions ont obtenu des valeurs énormes, 2000 à 80000, variant d'une expérience à l'autre et sans aucune signification (Sabanejew, Brown et Morris, Paterno, Gladstone et Hibbert, Bugarsky et Liebermann, Rodewald, Tammann, Ludeking, Küster, Lillie, etc.).

La diffusion de fausses solutions de pepsine, invertine, ovalbumine, etc., peut être déterminée [Herzog, *Zeit. f. Elektr.*, 1907]. Le poids moléculaire calculé d'après le coefficient de diffusion est de 20-3000, et cela concorde avec les déterminations osmotiques récentes :

Substance.	Poids moléculaire.	Observateur.
Glycogène...	>140 000	Gatin-Gruzewska, *C. R.*, **138**, 1631.
Ovalbumine.	20-30 000	Martin, *J. of physiol.*.**20**. 364.
Hémoglobine	48 000	Reid, *ibid.*. **33**, 13.

Quelques auteurs voient dans cette concordance la preuve d'une continuité entre les molécules et les micelles.

Duclaux admet aussi que les fausses solutions ont une pression osmotique propre, mais sur ce point spécial ses expériences prêtent à la critique.

La tension superficielle et la réfraction d'une fausse solution et celles de son liquide intermicellaire sont identiques.

Floculation par les électrolytes. — Lorsqu'on ajoute suffisamment d'électrolyte à une fausse solution, elle se trouble, les micelles s'agglomèrent jusqu'à former des flocons qui se déposent. Ce phénomène est désigné le plus souvent par le terme *floculation* (coagulation, précipitation); l'amas de flocons, par *gel* (coagulum, floculat). Le pouvoir floculateur est encore mal défini. Certains auteurs déterminent la concentration d'électrolyte nécessaire pour produire un trouble ou un floculat dans un laps de temps donné; ou bien inversement le temps après lequel une concentration constante d'électrolyte flocule la fausse solution; ou encore la concentration nécessaire pour que les micelles ne traversent plus un filtre, etc.

Malgré ces critères différents, les résultats obtenus sont relativement comparables, ils montrent :

1° Qu'une même fausse solution flocule plus ou moins facilement, suivant son âge (propriétés évolutives des fausses solutions);

2° Que la floculation dépend de la manière dont les électrolytes sont ajoutés. Toutes choses égales, elle est d'autant plus difficile que l'électrolyte est ajouté à la fausse solution par petites quantités successives. Il faut ainsi jusqu'à 10 fois plus d'électrolyte que lors d'une addition brusque :

3° Que ce sont les ions du signe inverse de la fausse solution qui provoquent la floculation.

L'ion de signe inverse est appelé ion floculateur, celui de même signe ion solubilisateur, il peut dans certains cas (ions solubilisateurs polyvalents, ions H ou OH) retarder ou paralyser l'action de l'ion floculateur. L'action totale de l'électrolyte est la somme de ces deux actions.

Schültze (1882) a le premier mis en évidence l'influence de la valence de l'ion floculateur. En appelant 1 la concentration d'un ion trivalent nécessaire pour troubler une fausse solution, la concentration d'un ion bivalent qui produira le même effet sera 30 environ, celle d'un ion monovalent > 1000. Les ions H et OH font exception à cette règle. Whetham a calculé ces concentrations d'après l'hypothèse que les ions ont le même pouvoir floculant lorsque leurs concentrations sont telles que les micelles reçoivent le choc simultané d'un même nombre de charges. Pour des ions 1, 2, 3, 4.... valents, ces concentrations sont dans le rapport

$$1 : \frac{1}{x} : \frac{1}{x^2} : \frac{1}{x^3} \cdots$$

Le tableau suivant donne, en unités arbitraires, le pouvoir floculant des ions positifs, Na, Mg et Al vis-à-vis de fausses solutions négatives:

Le pouvoir floculant des anions vis-à-vis des fausses solutions positives suit aussi la règle

Nature de la fausse solution négative.	Al.	Mg.	Na.	Ion solubil.	Observateurs.
....	1	32	1024	—	Théorie : Whetham.
Sulfure d'As............	1	39	1630	Moyenne Cl et SO^4	Schultze.
»	1	38	1040	SO^4	Russemberger.
»	—	32	1680	· SO^4	Freundlich.
Sulfure de Sb.........	1	35	1023	Moyenne Cl, SO^4	Linder et Picton.
Mastic...............	·1	33	1250	—	Buxton.
Ferrocyanure de Cu......	1	70	667	SO^4	Russemberger.
Platine...............	—	32	1215	Cl	Freundlich.

de la valence, mais les expériences sont moins nombreuses :

Nature de la f. s. positive.	SO^4	Cl	Ion solubil.	Observateur.
Hydrate ferrique	1	46	K et Na	Freundlich.
»	1	41	Al et Ba	—

La règle de la valence ne détermine pas à elle seule les concentrations d'électrolyte nécessaires pour floculer; il existe des cas où elle n'a presque plus de signification, en effet :

a) Les ions de même signe et de même valence n'ont pas le même pouvoir floculant. Chez les cations il est, d'après Matthews et Mc. Guignan, d'autant plus considérable qu'ils sont plus électropositifs. D'après Posternack, Pauli, Freundlich, d'autant plus considérable que le cation a une vitesse de migration plus grande. Chez les anions, les ions organiques : acétate, benzoate, etc., ont un pouvoir coagulant beaucoup plus prononcé que les ions inorganiques Cl, AzO^3.

b) Les acides et les bases agissent proportionnellement à leur force, c'est-à-dire à leur concentration en ions H et OH. Ces ions, quand ils sont floculateurs, ne suivent pas la règle de la valence, ils ont un pouvoir variable, intermédiaire entre celui des ions mono- et trivalents. Quand ils sont solubilisateurs, les ions H stabilisent les fausses solutions positives, les ions OH les fausses solutions négatives; c'est à-dire que l'ion H protège les fausses solutions positives contre la coagulation par les ions négatifs, même polyvalents, et qu'il en est de même des ions OH vis-à-vis des fausses solutions négatives (Perrin). Ce sont les seuls ions qui possèdent cette propriété.

c) Les concentrations d'électrolytes nécessaires pour floculer une fausse solution peuvent quelquefois être équimoléculaires, quelle que soit la valence de l'ion floculateur. Duclaux cite des exemples de ce genre : ainsi pour coaguler une fausse solution d'oxyde ferrique dont le revêtement est $FeCl^3$ (ions Cl′), et qui contient 1,66 valence milligr. de Cl par litre, il a fallu 1,7 valences milligr. de SO^4, 1,7 de $C^2H^3O^7$, 1,5 de CrO^4, 1,9 de PO^4, 1,6 de OH, 27 de $Ag(CAz)^3$ et 190 de AzO^3. L'ion monovalent AzO^3 doit être employé en grand excès, mais il n'y a pas de différence entre les ions di- et trivalents. Lottermoser cite aussi deux cas très semblables (coagulation d'AgI). Il nous semble important de noter que chaque fois que l'on a observé la coagulation par remplacement de l'ion du revêtement par une quantité équivalente — quelle que soit leur valence — d'ions de même signe, la fausse solution avait été préparée par réaction ionique, et que son revêtement était un excès de l'un des réactifs.

La température a peu d'influence sur la floculation par les électrolytes, elle augmente ou diminue légèrement le pouvoir floculant, suivant que l'ion solubilisateur est mono- ou polyvalent (Russemberger) [Schultze, *J. prakt. Chem.*, 32, 390; — Whetham, *Phil. Mag.*, 43, 474; — Spring, *Bull. Acad. Roy. Belg.*, 438, 1900 et autres années; — Hardy, *Proc. Roy. Soc.*, 66, 95; *J. Phys. Chem.*, 4, 254; — Pr st, *Chem. Soc.*, 61, 63; — Posternak, *Ann. Inst. Past.*, 15, 85; — Linder et Picton, *loc. cit.*; — Duclaux, *J. Chim. Phys.*, 5, 29; — Whitney et Ober, *Am. Chem. Soc.*, 22, 842; — Henriot, *C. R.*, 136, 680, 1448; 137, 122; — Quincke, *Ann. d. Phys.*, 7, 52; — Freundlich, *Zeit. physik. Chem.*, 33, 391; 44, 129, etc.; — Billitzer, *ibid.*, 51, 129 et *Zeit. f. Kolloïde.* — Perrin, *C. R.*, et *J. Chim. Phys.*, 3, 50; — Lottermoser, *J.*

prakt. Chem., 56, 241; *Zeit. physik. Chem.*, 1907, etc. — Pauli, *B. z. Phys. u. Path.*, 3, 225; — Höber et Gordan, *ibid.*, 5, 432; — V. Henri et collab., *C. R.*, *Rev. gén. d. Sc.*, 1904; *C. R. Soc. Biol.*, 1903-1907; — Buxton et collab., *Zeit. physik. Chem.*, 57 à 60; — Russemberger, *Thèse*, Paris, 1907; — Jordis].

Floculation par une autre fausse solution. — Victor Henri, Biltz, Neisser et Friedmann ont constaté les premiers que deux fausses solutions de signe différent peuvent précipiter lorsqu'elles sont en proportions convenables. L'addition successive, à une fausse solution A, d'une fausse solution B de signe inverse, rend le mélange de moins en moins stable; il conserve le signe de A. Pour une certaine concentration optima, le mélange flocule spontanément, le floculat est un complexe des micelles de A et de B. En augmentant la proportion de B, le floculat peut être solubilisé (pas toujours) et le mélange des fausses solutions possède alors le signe de B; il possède d'emblée ce signe lorsqu'on ajoute A à B.

Cette précipitation mutuelle peut, dans beaucoup de cas, être ramenée à une réaction ionique entre les électrolytes du revêtement des deux espèces de micelles (Pelet); elle joue un rôle considérable en physiologie [Larguier, *Extrait de la bibliographie*; — V. Henri, Lalou, Mayer et Stodel, *Études sur les colloïdes*, Paris, 1904; — Larguier des Bancels, *C. R.*, 1904-1906; — Biltz, *D. chem. G.*, 37, 1097, 3142; — Buxton et collab., *loc. cit.*; — Linder et Picton, *loc. cit.*; — Pelet, *C. R. Soc. vaudoise chim.*, 1906-1907].

Floculation provoquée par le temps, la lumière, etc. — On connaît des fausses solutions en équilibre stable qui ne floculent pas, même après des années. La pesanteur agit cependant à la longue sur les micelles et la fausse solution se concentre à sa partie inférieure sans que cela soit l'indice d'une diminution de stabilité; ce phénomène est particulièrement net chez les fausses solutions de ferrocyanure de Cu.

Les fausses solutions en équilibre instable floculent à la longue et le temps qui s'écoule jusqu'à ce que la floculation commence sert précisément de critère à leur stabilité Il peut varier de quelques secondes (fausses solutions colorées de métaux alcalins dans les dissolvants organiques) à des semaines et des mois (fausses solutions aqueuses). Les réactions qui se passent dans une fausse solution abandonnée à elle-même sont donc excessivement lentes et peu influencées par la température.

La congélation d'une fausse solution provoque presque infailliblement la floculation, c'est un procédé d'investigation utile.

La viscosité des fausses solutions varie avec le temps et passe par un maximum lors de la floculation. La conductibilité électrique au contraire passe par un minimum (V. Henri et collab.).

Un petit nombre d'observations semblent indiquer que la lumière, et surtout les rayons ultraviolets, facilite la floculation [Dreyer et Hanssen, *C. R.*, 145, 234]. Il en est de même des radiations β du radium vis-à-vis des micelles positives (Henri).

Composition du coagulum (gel); phénomènes d'absorption. — Les gels obtenus par la floculation d'une fausse solution n'ont pas une composition chimique constante; celle-ci dépend du réactif qui a floculé. Une partie du réactif est entraîné par le précipité et retenu si énergiquement qu'il perd souvent ses caractères analytiques. La composition des gels, comme celle des micelles, est fonction continue de la composition des liquides qui leur a donné naissance et de celle du liquide qui les baigne.

Tandis que les micelles d'un certain signe absorbent les ions ou les micelles du même signe — ou du moins en contiennent un excès — les gels, au contraire, retiennent surtout les ions ou les micelles de signe inverse.

Exemples. — 1° En mélangeant deux fausses solutions de même signe, bleu de Prusse et sulfure d'arsenic, les micelles d'As^2S^3 sont absorbées par les micelles de bleu. En mélangeant deux fausses solutions de signe inverse $Fe(OH)^3$ et As^2S^3 en proportion telle qu'elles ne floculent pas, les deux espèces de micelles restent indépendantes (Bechhold).

En mélangeant une suspension d'indophénol négative et une fausse solution négative de mastic, les deux espèces de micelles s'unissent et restent en suspension [Michalis et Pincussohn, *Biochem. Zt.*, **2**, 251].

2° Inversement, une fausse solution négative de As^2S^3 coagulée par un sel à métal polyvalent donne un gel qui contient un excès de métal, tandis que la solution devient acide; le métal retenu par le gel ne peut pas être enlevé complètement par lavage, on ne peut que le remplacer par un autre métal. Une fausse solution de platine, positive, coagulée par KCl, abandonne un liquide alcalin, le gel contient un excès de chlore (Billitzer); 3° un gel négatif de silice mis en contact avec deux fausses solutions de signes différents retient énergiquement les micelles positives; le même gel rendu positif retient les micelles négatives [Pelet, *C. R.*, 1908]. On pourrait multiplier les exemples.

Ce pouvoir absorbant considérable des fausses solutions et des gels ne s'exerce pas seulement vis-à-vis des électrolytes ou des micelles, mais aussi vis-à-vis des molécules non dissociées; dans ce cas, l'absorption ne modifie pas la charge, elle influence le volume et la tension superficielle de l'absorbant.

On désigne, surtout dans les publications allemandes, cette absorption par les gels sous le nom d'*adsorption*, mot évidemment mal choisi. L'expression *adhésion* employée par Gay-Lussac prêterait moins à confusion.

L'*absorption* serait le phénomène toujours réversible qui suit la loi d'Henry, se manifeste chez les liquides, solutions, solides cristallisés et est, en somme, une dissolution.

L'*adsorption* est une absorption plus stable, qui ne suit pas la loi d'Henry, se manifeste chez les fausses solutions, les gels, les solides amorphes, et n'est que partiellement réversible. La distinction est souvent ténue.

L'*adsorption* par les gels (nombreuses expériences) et par les micelles (expériences plus rares) suit les lois établies par van Bemmelen lors de ses recherches classiques sur l'équilibre entre les corps amorphes et les solutions. Cette similitude de propriétés chez les gels, les solides amorphes à structure poreuse et les fausses solutions fait supposer que ces différents états de la matière sont identiques. L'« état colloïdal », comme on l'appelle, serait caractérisé par une énorme surface de la matière. Le terme de colloïde appliqué d'abord aux substances donnant facilement des fausses solutions, ensuite aux fausses solutions elles-mêmes, prend ici un sens encore plus étendu.

La loi de van Bemmelen s'exprime par $C_1 : C_2 =$ const., C_1 étant la concentration du corps adsorbé dans l'adsorbant, C_2 la concentration de la solution (après l'adsorption). Une formule du même genre, établie par Freundlich, permet d'exprimer l'adsorption par une valeur indépendante de la masse de l'adsorbant.

Ces lois ont été vérifiées pour des adsorbants extrêmement différents comme la laine, la soie, le coton (Biltz, Hübner, Pelet), la silice (van Bemmelen, Pelet), le charbon de sang (Freundlich), les gels, etc. La constante de la formule dépend, avant tout, de l'état de division, c'est-à-dire de la surface, de l'adsorbant, tandis que la valeur de n varie très peu et est caractéristique des phénomènes d'adsorption.

Les recherches sur l'adsorption ont pris une grande importance, leur analyse ne rentre pas dans le cadre de cet article, nous renvoyons le lecteur à une brève bibliographie des mémoires récents, dans laquelle ceux de Freundlich sont surtout à consulter [Schmidt, *Zeit. physik. Chem.* **15**, 56; — Biltz, *ibid.*, **48**, 615; — Appleyard et Walker, *Chem. Soc.*, **69**, 1334; — Lachaud, *C. R.* et *Bull. Soc. Chim.*, 1896; — Georgevics, *Mon. f. Chem.*, 1894-1895; — Freundlich, *Zeit. phys. Chem.*, **57**: — Pelet, *Rev. mat. color.*, 1907; — Mc. Bain, *J. of chem. Soc.*, **91**, 1683].

Conditions d'existence des fausses solutions. — La surface d'un corps en fausse solution est considérable; on peut l'évaluer très approximativement à l'aide des données de l'ultramicroscopie. Admettons, par exemple, que le diamètre des micelles soit 10 μμ et leur poids spécifique 5, ce qui est une moyenne, la surface totale d'un gr. de ces micelles sera de 120 m². Le déplacement d'une telle surface sous l'action d'une force aussi faible que le poids de 1 gr. sera évidemment d'autant plus lent que le milieu sera plus visqueux et que la densité des micelles sera plus faible. Ce sont deux facteurs qui influencent la persistance des fausses solutions, surtout des suspensions, et qui semblent prépondérants chez les liquides organiques non dissociants. Ils ne suffisent pas à expliquer la persistance indéfinie des fausses solutions, d'autant plus que l'énergie superficielle libre tend à diminuer la surface, donc à agglomérer les micelles.

L'observation de Hardy [*loc. cit.*] que la floculation s'effectue lorsque les micelles ont le potentiel du liquide intermicellaire a orienté les recherches.

Bredig [*Anorg. Fermente*], s'appuyant d'une part sur la théorie de Helmholz-Lippmann des phénomènes électro-capillaires, d'après laquelle la tension superficielle au contact de deux phases est maximum lorsqu'il n'y a pas de différence de potentiel, d'autre part sur le fait que l'énergie superficielle (tension et surface) tend à diminuer la surface, conclut que la floculation (diminution de surface) s'effectuera le plus facilement lorsque les micelles ne sont pas électrisées. Cette explication suppose que lorsque les micelles sont électrisées la floculation s'effectue aussi, quoique plus lentement, ce qui est contredit par l'expérience.

Perrin [*loc. cit*], à qui l'on doit la contribution la plus importante dans ce domaine, a signalé le parallélisme étroit qui existe entre les règles de l'électrisation de contact et celles concernant la floculation des fausses solutions.

Lorsqu'un solide, en poudre, est en contact avec un liquide ionisant, il se forme une différence de potentiel. Dans la règle, le solide est électrisé positivement en milieu acide et négativement en milieu alcalin; en tout cas, le potentiel du solide est toujours élevé par les acides et diminué par les alcalis. On peut admettre que les deux couches électriques en regard sont empruntées au liquide et toutes deux extérieures à la surface qui plonge dans le liquide. Cette action particulière des ions H et OH pourrait avoir pour cause leur petitesse, ils donneraient leur signe à la paroi parce qu'ils s'en approchent le plus. Les ions polyvalents du signe de la paroi n'ont pas d'action, ceux de signe opposé diminuent l'électrisation de la paroi et parfois même en renversent le signe, cela d'autant plus que la valence est élevée. Ces ions polyvalents de signe inverse de la paroi adhèrent solidement et forment une teinture que l'eau de lavage n'enlève que lentement.

Le parallélisme est absolu. Chaque fois qu'un électrolyte augmente la différence de potentiel solide-liquide, il stabilise aussi la fausse solution; quand il diminue ce saut de potentiel, il diminue aussi la stabilité de la fausse solution.

La lacune de cette théorie est que l'on n'a pas encore établi (1907) à quelle « reaction » est attribuable l'électrisation de contact; si c'est un équilibre entre ions du revêtement et ions de la solution, dans le sens des piles de concentration de Nernst, ou tout autre équilibre.

Perrin a également suggéré l'hypothèse que la tension superficielle, positive pour un certain diamètre des micelles, pourrait devenir négative pour un diamètre plus petit.

La théorie indique que les substances en solution qui sont absorbées par un solide sont celles qui diminuent la tension superficielle solide-solution (Freundlich) : de fait les électrolytes et même les non électrolytes qui sont absorbés par les micelles augmentent leur stabilité, tandis que ceux qui ne sont pas absorbés coagulent (Dumanski).

On peut dire actuellement que les facteurs qui augmentent la différence de potentiel (positive ou négative) micelles-liquide, qui diminuent la tension superficielle (adsorption) ou qui diminuent l'influence de la pesanteur (densité des micelles et viscosité du dissolvant) stabilisent une fausse solution, et vice versa. Il est encore impossible de faire le départ de ces différentes actions pour chaque cas particulier.

De nouvelles théories, qui font de l'état colloïdal un cas particulier de l'état cristallisé, semblent de nature à avancer la question. Voir [von Weimarn, Journ. Soc. phys. chim. russe, 1906 et 1907 : — Rohland, Zeit. f. Kolloïde, 1906].

Notons encore que les principes de thermodynamique et la règle des phases ne peuvent être appliqués sans précautions aux systèmes du type des fausses solutions. On peut concevoir un dispositif grâce auquel une f. s. pourrait, sans dépense de travail, créer une différence de température ou l'inverse [The Svedberg, Zeit. physik. Ch., 1907].

Préparation des fausses solutions.

Par volatilisation (Méthode de Bredig). — En faisant jaillir l'arc entre deux électrodes métalliques plongées dans un liquide, le métal est volatilisé et forme une f. s. plus ou moins stable, suivant le liquide.

Dans l'eau, et pour les métaux nobles, la préparation de f. s. métalliques négatives est facilitée par l'addition d'un peu d'alcali. Cette méthode a été étudiée très complètement par The Svedberg [Zeit. fur Kolloïde, 1906].

Par réactions ioniques. — A). Toutes les réactions ioniques donnant naissance à un précipité insoluble peuvent l'abandonner à l'état de f. s. lorsque les concentrations des corps réagissants sont convenables, et lorsqu'il y a un léger excès de l'un des réactifs. Jordis, le premier, a posé ce principe : La f. s. prend le signe de l'ion qu'elle contient en excès. Ex. : En ajoutant à une solution diluée de KI une quantité de $AgAzO^3$ insuffisante pour réagir avec la totalité de KI, l'iodure d'argent entre en fausse solution

négative et retient un excès d'ions I; dans l'opération inverse (léger excès de $AgAzO^3$) l'iodure d'Ag forme une f. s. positive et contient un excès d'ions Ag (Lottermoser). En employant des quantités exactement équimoléculaires, AgI se précipite en totalité. Un très grand nombre de f. s. sont préparées par des réactions ioniques de ce type (ferrocyanure de Cu, silice, sulfures, métaux par réduction, etc.).

B). Un précipité insoluble, — ou même dans certains cas un solide cristallisé — peut reformer une f. s. lorsqu'on le met en contact avec la solution d'un électrolyte approprié (acide, base, ions polyvalents ou un des électrolytes ayant donné naissance au précipité).

Ex. : Un précipité frais de AgI pur, en contact avec une solution de KI, forme une f. s. Cette opération n'est réalisable qu'entre des limites de concentrations de KI bien définies (Lottermoser).

Les silicates d'alumine, l'acide stannique, la pourpre de Cassius attaqués par $NaOH$ donnent lentement une f. s. négative.

L'alumine, l'oxyde de fer sont solubilisés par les acides ou les cathions polyvalents (U, La, Zr, Tr, Ti) et forment des f. s. positives.

L'albumine est solubilisée par les mêmes ions polyvalents; les ions de l'eau suffisent pour solubiliser la dextrine, les gommes.

Les sulfures sont solubilisés par l'ion S (de SH^2).

Cette méthode générale a donné lieu à des applications techniques importantes. Dans presque tous les cas la f. s. ne se forme que pour de faibles concentrations de l'électrolyte, autrement elle serait floculée sitôt formée. Pour l'albumine et les colloïdes stables, qui floculent difficilement, on peut solubiliser avec des concentrations plus massives.

La bibliographie de ce chapitre est déjà considérable (5-600 mémoires), des monographies de Lottermoser [Anorganische Kolloïde, Stuttgart, 1901]; Muller [Allgemeine Chemie der Kolloïde, Leipzig, 1907 et surtout Zeit. f. Kolloïde, Dresde, depuis 1906], facilitent les recherches.

Applications. — L'étude des fausses solutions a ouvert un champ immense de recherches dans bien des domaines différents, elle fournit aussi à l'industrie quantité de procédés nouveaux.

En chimie analytique, on peut prévoir dans quelles conditions un précipité « filtrera trouble », ou absorbera les électrolytes; ou bien inversement quel changement de concentration une solution éprouvera par contact avec un absorbant, comme le papier filtre ou un solide pulvérisé.

En chimie appliquée, la théorie de la teinture a été profondément modifiée. Biltz, Zacharias, d'abord, ont montré que les théories chimiques, longtemps admises, ne rendaient pas aussi bien compte des faits que la théorie physique ou colloïdale. L'absorption des colorants par les fibres (soie, laine, coton, etc.) suit les lois de l'adsorption (Biltz, Freundlich). Pelet a montré que, suivant que la fibre est positive ou négative, elle fixe les f. s. des colorants basiques ou acides; la charge électrique des fibres étant modifiée par les ions polyvalents, les ions H et OH, exactement comme la charge des grandes parois. La théorie du mordançage, si rudimentaire auparavant, découle de ces observations.

L'industrie du caoutchouc doit à l'étude des f. s. de nouveaux procédés, soit pour la coagulation du latex, soit pour la vulcanisation, qui est une « adsorption » de soufre.

Divers procédés et brevets nouveaux concernant la tannerie sont inspirés des mêmes bases théoriques.

La technique des fibres artificielles (celluloses en f. s.) repose sur la coagulation de fausses solutions par les électrolytes.

Les procédés de solubilisation ont permis d'obtenir des métaux, comme le chrome, tungstène, tantale, osmium, etc., à l'état de fausse solution. Les gels de ces f. s. qui sont plastiques servent dans la fabrication des fils de lampes électriques (Kügel).

Une série d'autres industries : substances alimentaires, purification et filtration des eaux, préparation des plaques et papiers photographiques, etc., qui toutes utilisent des émulsions, des fausses solutions ou des gels, sont actuellement discutées sur la base des nouvelles théories colloïdales.

En physiologie : V. Henri, Bechhold, Neisser et Friedmann, Teaque, etc., ont recherché si les cultures de bactéries ne pouvaient pas être traitées comme des suspensions. Bien que la question soit encore controversée, il semble certain que les bactéries sont chargées négativement et floculent sous l'action des électrolytes, en suivant approximativement les lois établies pour les fausses solutions. Une école de physiologistes cherchent à ramener les différents phénomènes d'immunisation à des coagulations colloïdales.

Les diastases, ferments, enzymes eux aussi, semblent construits sur le modèle des f. s.: plusieurs de leurs actions, en particulier celles de catalyse, s'expliquent par des considérations de surface et d'absorption.

Des ferments, comme la catalase et la zymase, sont empoisonnés par l'acide prussique comme les micelles (Bredig) d'Au et de Pt, et reprennent leurs propriétés après élimination du poison.

L'étude des phénomènes de fécondation a reçu une impulsion nouvelle.

D'une manière générale on conçoit que la matière vivante, qui est caractérisée entre autres par un développement énorme de surface et par l'insolubilité des cellules dans le liquide intercellulaire, se rapproche davantage des systèmes chimiques en fausse solution que des autres. Aussi les points de contact entre la chimie de l'état colloïdal et la physiologie deviennent-ils nombreux.

On pourrait allonger cette liste des applications actuelles. On en peut aussi prévoir de nouvelles, car il semble certain que les phénomènes électro-capillaires, dont l'étude est commencée maintenant dans tant de laboratoires, ouvrent à la chimie un champ d'expériences fécond. Décembre 1907. Paul Dutoit.

SOMMARUGAÏTE (Min.). — Variété aurifère de disomose, de Rezbànya, Hongrie.

SONOMAÏTE (Min.) (Goldsmith). — Sulfate alumino-magnésien hydraté, $3MgO \cdot Al^2O^3 \cdot 6SO^3, 33H^2O$, voisin de la pickeringite, incolore, soyeux, du comté de Sonoma, Californie. Densité $= 1.604$. L. Bourgeois.

SOPHORINE. — Voy. 1er Suppl., p. 1432. Voy. aussi CYTISINE.

Plugge aurait extrait [*Arch. Pharm.*, **232**, 444] du *sophora tomentosa* une sophorine $C^{11}H^{14}Az^2O$ donnant un *chloroplatinate* $(B)^2PtCl^6H^2$, un *dérivé méthylé*, un *dérivé tribromé* $C^{11}H^{11}Az^2OBr^3$, et identique à la cytisine.

Schunck, reprenant l'étude de la matière colorante du *sophora japonica* [*Chem. Soc.*, **67**, 30], lui a trouvé pour composition $C^{27}H^{32}O^{16}$; elle semble donner de la quercétine par action de l'acide sulfurique et, par hydrolyse, elle se dédouble en rhamnose et *sophorétine* $C^{15}H^{10}O^7$. La sophorine et la rutine, extraite de la rue, sont identiques.

Les propriétés de la sophorine et la prépara-

tion de ses dérivés a fait l'objet de travaux de Partheil [*Arch. Pharm.*, **230**, 448; **232**, 161, 486], de van de Moër [*Chem. Centr. Bl.*, (I), 312, 1896], de Klostermann [*Chem. Centr. Bl.*, (I), 1130, 1899], de Freund et Friedmann [*D. chem. G.*, **34**, 605, 1901], de Litterscheid [*Arch. Pharm.*, **238**, 191, 1900], de Gorter [*Arch. Pharm.*, **233**, 527, 1895].

La présence de ce corps chez diverses papilionnacées a été étudiée par Plugge [*Arch. Pharm.*, **232**, 557, 1894; **233**, 294, 430] et par Rauwerda [*Arch. Pharm.*, **234**, 685, 1896] et son action physiologique par Schmidt [*Arch. Pharm.*, **238**, 184, 1900]. Octobre 1907. A. Hébert.

SORBIÉRITE. — Voy. l'art. SORBITES.

SORBINE. — Voyez D-SORBOSE.

SORBIQUE (ACIDE), $CH^3-CH=CH-CH=CH-CO^2H$. — L'acide sorbique se forme quand on chauffe l'acide parasorbique avec l'acide sulfurique [Döbner, *D. chem. G.*, 27, 351, 1894]. La synthèse en a été effectuée par la condensation de l'aldéhyde crotonique avec l'acide malonique en présence de pyridine [Dœbner, *D. chem. G.*, 33, 2140, 1900].

Sa chaleur de combustion moléculaire est de $728^{Cal},9$ [Ossipow, *Journ. Soc. phys. chim. russe*, 20, 651, 1888], $743^{Cal},4$ [Stohmann, *Zeit. physik. Chem.*, 10, 416, 1892]. Chaleur de neutralisation [Gal et Werner, *Bull. Soc. Chim.*, 46, 802, 1886]. Conductibilité électrique [Ostwald, *Zeit. physik. Chem.*, 3, 274, 1889].

L'acide sorbique fixe directement les vapeurs nitreuses pour donner un *nitrosite*, $C^6H^8O^2Az^2O^3$, fusible à 110° [Angeli, *Gazz. chim. ital.*, 23, 126, 1893]. Il ne fixe pas l'iode [Liebermann, *D. chem. G.*, 26, 843, 1893]. Chauffé avec la chaux il fournit du *diméthylcyclooctadiène* et du *triméthyldicyclododécatriène* [Dœbner, *D. chem. G.*, 35, 2129, 1902]. L'ammoniaque à 150° le transforme en une base, $C^6H^{14}Az^2O^2$, isomère de la lysine inactive $\alpha\delta$; cette base chauffée longtemps à 150° se décompose en AzH^3 et en un composé C^6H^9AzO fusible à 109° [E. Fischer et F. Schlotterbeck, *D. chem. G.*, 37, 2357, 1904].

Le *chlorure de sorbyle*, $C^5H^7 \cdot COCl$, distille à 78° sous 15 mm. [Dœbner et Wolf, *D. chem. G.*, 34, 2221, 1901].

La *sorbamide*, $C^5H^7COAzH^2$, fond à 168°. Le *sorbonitrile*, C^5H^7CAz, est une huile qui bout à 72° sous 20 mm.

La *sorbanilide*, $C^5H^7 \cdot COAzHC^6H^5$, fond à 153°.

L'*éther méthylique*, $C^5H^7CO^2 \cdot CH^3$, bout à 70° sous 22 mm. [Dœbner et Wolf, *loc. cit.*].

Le pouvoir rotatoire de l'*éther menthylique* est $[\alpha]_D = -83°,17$ [Rupe, *Ann. Chem.*, 327, 157, 1903].

ACIDE OXYHYDROSORBIQUE, $CH^3-CH^2-CHOH-CH=CH-CO^2H$, ou $CH^3-CH=CH-CHOH-CH^2-CO^2H$. — Le *sel de baryum* de cet acide s'obtient lorsqu'on hydrolyse l'acide parasorbique par l'eau de baryte [Döbner, *D. chem. G.*, 27, 348, 1894]. L'*éther éthylique*, $C^6H^9O^3C^2H^5$, a été obtenu par condensation de l'éther bromacétique avec l'aldéhyde crotonique en présence du zinc; il distille à 100° sous 2 à 3 mm.; saponifié à froid par l'eau de baryte, il conduit à l'*acide oxyhydrosorbique* qui est un liquide huileux insoluble dans l'eau; si la saponification est faite à l'ébullition il se forme, par suite d'une déshydratation, de l'acide sorbique et de l'acide parasorbique [Javorsky, *Journ. Soc. phys. et chim. russe*, 34, 47, 1902].

ACIDE PARASORBIQUE, anhydride lactonique de l'acide oxyhydrosorbique, $C^6H^8O^2$. — L'acide parasorbique se retire des sorbes [Dœbner, *D. chem. G.*, 27, 345]. C'est un liquide huileux qui distille à 136° sous 30 mm. $[\alpha]_D = + 40°,8$ [Maercker, *D. chem. G.*, **27**, 348]. Chaleur de combustion moléculaire 758Cal,4 [Stohmann, *D. chem. G.*, **27**, 348]. Il fixe 1 mol. de brome pour donner un *dibromure*, $C^6H^8O^2Br^2$, huileux [Dœbner, *loc. cit.*].

HOMOLOGUES DE L'ACIDE SORBIQUE. — ACIDE MÉTHYLSORBIQUE, $CH^3-CH=CH=C(CH^3)-CO^2H$. — L'action du zinc sur le mélange d'aldéhyde crotonique et de bromopropionate d'éthyle fournit l'*éther* de l'*acide α-méthyl-β oxyhydrosorbique*, qui saponifié à froid par la baryte conduit à l'*acide α-méthyl-β oxyhydrosorbique*, liquide sirupeux insoluble dans l'eau ; ce dernier, déshydraté par l'acide sulfurique, ou par la soude à 170-180°, fournit l'*acide α-méthylsorbique*, fusible à 90-92°. L'*acide α-éthylsorbique*, obtenu d'une manière analogue, fond à 75-77° [Javorsky, *Journ. Soc. phys. et ch. russe*, **35**, 264, 277, 1903].

ACIDE β.δ-DIMÉTHYLSORBIQUE. $(CH^3)^2=C=CH-C(CH^3)=CH-CO^2H$. — Cet acide fond à 93°. Son *éther éthylique* bout à 94° sous 14 mm.

Il drogéné par l'amalgame de sodium, il fournit l'*acide β.δ-diméthylhydrosorbique*, qui distille à 115-117° sous 11mm,5 [Rupe et Lotz, *D. chem. G.*, **36**, 15, 1903].

ACIDE γ.ε-DIMÉTHYLSORBIQUE. $CH^3-CH^2-CH=C(CH^3)-CH=CH=CO^2H$. — Il bout à 165° sous 20 mm. La *lactone* correspondante distille à 140-160° sous 20 mm. [Dœbner, *D. chem. G.*, **35**, 1136, 1902].

ACIDE α.α-DIMÉTHYL-β-OXYHYDROSORBIQUE, $CH^3-CH=CH-CHOH-C(CH^3)^2-CO^2H$. — C'est un liquide sirupeux qui n'a pu être déshydraté en *acide α.α-diméthylsorbique*.

Son *sel de sodium* cristallise en tables fusibles à 110° [Javorsky, *Journ. Ch. russe*, **35**, 285, 1903]. Décembre 1907. P. Carré.

SORBITE. — Voyez l'art. FER (MÉTALLURGIE), 2e Suppl., 4, 93.

SORBITES $C^6H^{14}O^6$. — 1° D-SORBITE, *hexane-hexol*-$1 \cdot \dfrac{2.4.5}{3} \cdot 6$ ou $1 \cdot \dfrac{4}{2.3.5} \cdot 6$.

$$
\begin{array}{ccccccccc}
 & & OH & H & & OH & OH & & \\
 & & | & | & & | & | & & \\
CH^2OH & - & C & - & C & - & C & - & C & - & CH^2OH \\
 & & | & | & & | & | & & \\
 & & H & OH & & H & H &
\end{array}
$$

— La sorbite a été rencontrée dans un grand nombre de fruits [Vincent et Delachanal, *C. R.*, **108**, 354 ; **109**, 676 ; **114**, 486, 1892] ; dans la mélasse de betteraves [von Lippmann, *D. chem. G.*, **25**, 3216, 1892]. Elle se forme dans la réduction du sorbose [Vincent et Delachanal, *C. R.*, **111**, 51, 1890 ; — L. de Bruyn et Ekenstein, *Rec. Pays-Bas*, **19**, 1, 1900], du glucose [Meunier, *C. R.*, **111**, 49 ; — Neuberg et Marx, *Biochem. Zeit.*, **3**, 539, 1907] ou du lévulose [Fischer, *D. chem. G.*, **23**, 3684, 1890]. Pour son extraction du jus de sorbe, voyez Vincent et Delachanal [*C. R.*, **108**, 147, 1889] A côté de la sorbite, le jus de sorbe renferme une faible quantité d'un isomère nommé *sorbiérite* par G. Bertrand, et reconnu par la suite identique à la d-idite [*Bull. Soc. Chim.*, **33**, 114, 166, 1905].

La constitution par laquelle on représente la d-sorbite découle de ses relations avec le glucose.

Propriétés. — La sorbite cristallise avec une molécule d'eau : elle fond alors à 55° [Hitzemann et Tollens. *D. chem. G.*, **22**, 1048, 1889], à 51° [Vincent et Delachanal, *C. R.*, **109**, 615]. Par dessiccation sur l'acide sulfurique à froid dans le vide, elle perd 1/2 mol. d'eau et fond alors à 75° [Fischer, *D. chem. G.*, **23**, 3684] ; au-dessus de

100°, elle devient anhydre et fond vers 104-109° [von Lippmann, *D. chem. G.*, **25**, 3216, 1892]. Le pouvoir rotatoire de la sorbite pure est $[\alpha]_D = -1°,73$ à 15° [Vincent et Delachanal, *C. R.*, **108**, 354] ; en présence d'une petite quantité de borax, $[\alpha]_D = +1°,4$ à 20° [Fischer et Stahel, *D. chem. G.*, **24**, 2144, 1891]. Elle devient fortement dextrogyre en présence des molybdates acides de sodium et d'ammonium [Gernez, *C. R.*, **113**, 1031, 1891]. Elle précipite après la mannite par le sulfate de cuivre ammoniacal [Vincent et Delachanal, *C. R.*, **109**, 615 ; — Guignet, *C. R.*, **109**, 645, 1889]. Avec le nitrate de bismuth, elle forme une combinaison $C^6H^{14}O^6,(AzO^3)^3Bi$ [Vanino et Hartl, *J. f. prakt. Chem.*, **74**, 142, 1906].

La réduction de la sorbite par l'acide iodhydrique en présence du phosphore rouge fournit, comme avec la mannite, l'iodure secondaire d'hexyle [Hitzemann et Tollens, *D. chem. G.*, **22**, 1048, 1889 ; — Vincent et Delachanal, *C. R.*, **109**, 676].

L'oxydation de la sorbite par le permanganate de potassium dilué, par l'eau de brome [Vincent et Delachanal, *C. R.*, **108**, 354 ; **111**, 51, 1890], par l'eau oxygénée en présence de sulfate de fer [Fenton et Jackson, *Chem. Soc.*, **75**, 1, 1899], fournit du glucose. Le bactérium xylinum transforme la sorbite en sorbose, tandis que le mycoderma vini brûle lentement la sorbite [Bertrand, *Bull. Soc. Chim.*, **15**, 627 ; **19**, 302, 1898 ; voyez aussi Matrot, *C. R.*, **125**, 874, 1897].

La *sorbite nitrique* est un corps huileux, insoluble dans l'eau [Vincent et Delachanal, *C. R.*, **108**, 354, 1889].

La *sorbite hexacétique*, $C^6H^8(C^2H^3O^2)^6$, fond à 99° [Vincent et Delachanal, *C. R.*, **109**, 676 ; — Maquenne, *Sucres*, 168, 1900].

L'*acétal triformique*, $C^6H^8O^6(CH^2)^3$, fond à 206° ; $[\alpha]_D = -30°$ [Schulze et Tollens, *D. chem. G.*, **27**, 1892, 1894].

L'*acétal divalérique*, $C^6H^{10}O^6(C^5H^{10})^2$, fond à 70° [Meunier, *Ann. Ch. Ph.*, **22**, 412, 1891].

L'*acétal monobenzoïque*, $C^6H^{12}O^6(C^7H^6)$, fond à 172-175° [Meunier, *loc. cit.*]. L'*acétal mono-paranitrobenzoïque*, $C^6H^{12}O^6(CH-C^6H^4AzO^2)$, fond à 204°,5 [Simonet, *Bull. Soc. Chim.*, **29**, 504, 1903].

L'*acétal dibenzoïque*, $C^6H^{10}O^6(C^7H^6)^2$, existe sous deux formes isomériques, fusibles à 200° et à 163-164° [Meunier, *C. R.*, **110**, 677 ; **111**, 49], 160° ; $[\alpha]_D = -28°$ [L. de Bruyn et Ekenstein, *Rec. Pays-Bas*, **19**, 1, 1900]. L'*acétal diméta-nitrobenzoïque*, $C^6H^{10}O^6(CH \cdot C^6H^4, AzO^2)^2$, fond à 220° [Simonet, *loc. cit.*].

L'*acétal tribenzoïque*, $C^6H^6O^6(C^7H^6)^3$, fond à 185° ; $[\alpha]_D = +30°$ [L. de Bruyn et Ekenstein, *Rec. Pays-Bas*, **19**, 178, 1900].

La *triacétone-sorbite*, $C^6H^8O^6(C^3H^6)^3$, fond à 45° et bout à 170-175° sous 25 mm. [Speier, *D. chem. G.*, **28**, 2531, 1895].

2. L-SORBITE, *hexanehexol* $1 \cdot \dfrac{3}{2.4.5} 6$ ou $1 \cdot \dfrac{2.3.5}{4} \cdot 6$,

$$
\begin{array}{ccccccccc}
 & & H & OH & & H & H & & \\
 & & | & | & & | & | & & \\
CH^2OH & - & C & - & C & - & C & - & C & - & CH^2OH \\
 & & | & | & & | & | & & \\
 & & OH & H & & OH & OH &
\end{array}
$$

— La l-sorbite a été obtenue par Fischer en réduisant le l-gulose. Elle accompagne la l-idite, quand on prépare celle-ci par la réduction de l'acide idonique [Bertrand et Lanzenberg, *Bull. Soc. Chim.*, (3), **35**, 1076, 1906]. Elle cristallise difficilement en petites aiguilles, qui conservent 1/2 mol. d'eau, et fondent vers 75°. Les solutions sont lévogyres en présence de l'eau; $[\alpha]_D =$ — 1°,5 [Fischer et Stahel. *D. chem. G.*, **24**. 528. 2144, 1891]. Décembre 1907.   P. Carré.

SORBOSES. $C^6H^{12}O^6$. — 1° D-Sorbose. *hexanepentol* $1 \cdot \dfrac{4}{3.5} \cdot 6$- *one* 2; *sorbine*.

$$CH^2OH-CO-\overset{\displaystyle H}{\underset{\displaystyle OH}{C}}-\overset{\displaystyle OH}{\underset{\displaystyle H}{C}}-\overset{\displaystyle H}{\underset{\displaystyle OH}{C}}-CH^2OH$$

La présence du sorbose. constatée depuis longtemps par Pelouze dans le jus de sorbes fermenté. n'avait été retrouvée que par un petit nombre d'auteurs [Delffs, *Chem. News*, **24**. 75; — Vincent, *Bull. Soc. Chim.*, **34**. 218. 1880; — Freund, *Mon. f. Chem.*, **11**. 560. 1890]; et son origine était restée très discutée, jusqu'aux travaux de Bertrand.

Le sorbose est l'un des produits de l'oxydation régulière de la sorbite. sous l'influence d'un microorganisme particulier dont les germes viennent de l'air; ces germes sont transportés surtout par la mouche des vinaigreries [Bertrand. *C. R.*, **122**. 900. 1896]. D'après Emmerling [*D. chem. G.*, **32**, 541. 1899] la bactérie du sorbose est identique au bactérium xylinum de Brown.

Pour préparer le sorbose on fait agir la bactérie du sorbose sur une solution diluée de sorbite (5 0/0 au plus) [Bertrand, *loc. cit.*].

Constitution. — L'analogie des propriétés du sorbose et du lévulose ainsi que sa transformation en sorbite par réduction. lui ont fait attribuer la formule ci-dessus [Vincent et Delachanal. *C. R.*, **111**. 51. 1890; — Kiliani et Scheibler. *D. chem. G.*, **21**. 3276. 1888; — Fischer et Jennings. *D. chem. G.*, **27**. 1355. 1894; — Williers et Favolle, *C. R.*, **119**, 75. 1894]. Cette formule n'est pas complétement satisfaisante. elle ne s'accorde pas avec la formation d'acide trioxyglutarique actif par oxydation du sorbose [Kiliani et Scheibler. *loc. cit.*]. cependant cet acide ne se forme qu'en très faible quantité; elle présente, en outre, l'inconvénient de ne pas expliquer pourquoi la sorbosazone est d'après Fischer, différente de la gulosazone.

Tollens attribue au sorbose une formule oxydique

$$CH^2-(CHOH)^3-C(OH)-CH^2OH$$
$$O$$

analogue à celle qu'il adopte pour le lévulose [*D. chem. G.*, **16**, 921. 1883].

Propriétés. — Le pouvoir rotatoire du sorbose régénéré de son hydrazone est $[\alpha]_D =$ — 38°,8 [Tanret, *Bull. Soc. Chim.*, **27**. 395. 1902]; après 3 cristallisations $[\alpha]_D =$ — 42°,80 à 20°,5 [G. Bertrand. *Bull. Soc. Chim.*, **35**, 1306. 1906]: il s'élève avec la température et diminue avec la concentration [Smith et Tollens. *D. chem. G.*, **33**, 1285, 1900]. Malgré son pouvoir rotatoire lévogyre le sorbose a été appelé d-sorbose (ainsi que le d-fructose). parce qu'il appartient aux groupes des sucres appelés série droite par Fischer.

La chaleur de combustion sous pression constante est de 668^{Cal}.6 [Stohmann et Langbein. *J. prakt. Chem.*, **45**. 305. 1892].

La sorbite qui provient de la réduction du sorbose par l'amalgame de sodium [Kiliani et Scheibler; Vincent et Delachanal. *loc. cit.*] paraît être mélangée d'un isomère [Maquenne. *Sucres*, 586. 1900]. Bertrand a montré que cet isomère était constitué par la d-idite. qui accompagne

aussi la sorbite dans le jus de sorbes [*Bull. Soc. Chim.*, **33**. 114. 166. 264. 1905].

Le sorbose soumis à l'ébullition avec l'hydrate cuivrique fournit du gaz carbonique. de l'acide formique et probablement de l'acide glycérique [Habermann et Hönig. *Mon. f. Chem.*, **5**, 208, 1884].

Il forme avec l'ammoniac une combinaison peu stable [L. de Bruyn et van Leent, *Rec. Pays-Bas*, **15**. 81. 1896].

L'action de l'oxyde de zinc en présence d'ammoniaque fournit de l'α-méthylimidazol [Windaus, *D. chem. G.*, **40**. 799, 1907].

Les acides attaquent le sorbose avec formation de matières brunes et d'acide lévulique [Wehmer et Tollens. *D. chem. G.*, **19**. 707. 1886; — Fenton et Gostling. *Chem. Soc.*, **79**. 361, 1901]: il se produit seulement des traces de furfurol [Stone et Tollens, *D. chem. G.*, **21**. 2048, 1888]. L'acide oxalique fournit de l'oxyméthylfurfurol [Kiermayer, *Chem. Zeit.*, **19**. 1003; — Düll, *Chem. Zeit.*, **21**. 216. 1895]. Lorsqu'on oxyde le sorbose en présence d'un sel ferreux et que l'on fait agir l'acide phénylhydrazine p. sulfonique sur la solution obtenue. on obtient un composé teignant la soie en brun d'une façon très solide [H. J.-H. Fenton, *Chem. News*, **90**, 182,1904].

Le sorbose fixe l'acide cyanhydrique, mais l'*acide sorbose-carbonique* n'a pu être isolé [Kiliani et Scheibler. *D. chem. G.*, **24**, 3276, 1888].

Le *sorbose trinitrique* (anhydride), $C^6H^7O^2(AzO^3)^3$. fond vers 40-45° [Will et Leuze, *D. chem. G.*, **31**. 68, 1898].

Le *sorboside méthylique*, $C^6H^{11}O^6(CH^3)$, cristallise en tables quadrangulaires fusibles à 120-122°: $[\alpha]_D =$ — 88°,5 à 89° [Fischer, *D. chem. G.*, **27**. 3479; **28**, 1145. 1895].

Le sorbose peut aussi s'unir à la résorcine [Fischer. *D. chem. G.*, **27**, 1355]. à la phloroglucine [Councler. *Chem. Zeit.*, **20**. 585, 599], et au chloral [Hanriot, *Bull. Soc. Chim.*, **15**, 626, 1896].

Dosage par la liqueur de Fehling, voyez G. Bertrand [*Bull. Soc. Chim.*, **35**, 1296, 1906].

L'*acétal formique*, $C^6H^{10}O^6(CH^2)$. fond à 54°; $[\alpha]_D =$ — 25° [L. de Bruyn et Ekenstein, *Rec. Pays-Bas*, **22**. 159. 1903].

L'*acétal triformique*. $C^6H^9O^6(CH^2)^3$, fond à 202°: $[\alpha]_D =$ — 30° [L. de Bruyn et Ekenstein, *Rec. Pays-Bas*, **19**, 1, 1900].

La *phénylsorbosazone*, $C^{18}H^{22}Az^4O^4$. fond à 164° [Fischer. *D. chem. G.*, **19**, 1920; **20**, 821, 2566]; à 159° [Bertrand, *loc. cit.*].

2° L-Sorbose, *hexanepentol* $1 \cdot \dfrac{3.5}{4} \cdot 6$- *one* 2,

$$CH^2OH-CO-\overset{\displaystyle OH}{\underset{\displaystyle H}{C}}-\overset{\displaystyle H}{\underset{\displaystyle OH}{C}}-\overset{\displaystyle OH}{\underset{\displaystyle H}{C}}-CH^2OH$$

— Le l-sorbose. décrit tout d'abord sous le nom de pseudotagatose. se forme avec le d-tagatose quand on traite le galactose par la potasse étendue.

Les propriétés de ce sucre sont les mêmes que celles du d-sorbose, si ce n'est que son pouvoir rotatoire est inverse.

Par réduction. il fournit la l-sorbite.

La *l-sorbosazone* est également semblable à la d-sorbosazone; et de plus elle est identique à la l-gulosazone. ce qui confirme la formule attribuée au sorbose.

Le *l-sorboside-méthylique* fond à 119°; $[\alpha]_D =$ + 88°,5 [L. de Bruyn et Ekenstein. *Rec. Pays-Bas*. **16**. 257. 262; **19**. 1. 1900].

Le l-Sorbose s'obtient par l'union des deux sorboses actifs [Adriani, *Rec. Pays-Bas*, **19**, 183, 1900]. Décembre 1907.

P. Carré.

SORDIDINE. — Voyez l'art. Lichens.

SOUDE (INDUSTRIE DE LA). — Pour donner une idée générale de l'industrie de la soude depuis une vingtaine d'années, il faut signaler avant tout l'importance toujours croissante prise par la soude à l'ammoniaque. Actuellement la soude Leblanc n'entre que pour le dixième environ dans l'ensemble de la production totale, et en France notamment, il ne s'en fabrique que 15 000 tonnes sur une production annuelle de 225 000. C'est donc la soude à l'ammoniaque qui fera l'objet principal de cette notice. En ce qui concerne la soude Leblanc, il suffira de mentionner en passant quelques particularités de sa fabrication, et plus spécialement les tentatives et procédés nouveaux qui ont permis de tirer un meilleur parti des résidus de soufre, désignés sous le nom de charrées.

SOUDE A L'AMMONIAQUE.

L'invention de la soude à l'ammoniaque est généralement attribuée à Dyar et Hemming. De recherches récentes, il résulte que la réaction fondamentale du procédé : $NaCl + AzH^4HCO^3 = NaHCO^3 + AzHCl$, a été signalée pour la première fois en 1811, par Fresnel, puis retrouvée en Allemagne par Vogel en 1822. La première application industrielle en fut faite par J. Thom, dans une fabrique anglaise de soude Leblanc. Pendant deux ans, de 1836 à 1838, J. Thom a fabriqué par jour 100 kil. de soude à l'ammoniaque. Son procédé consistait à mélanger le chlorure de sodium et le bicarbonate d'ammoniaque, et à presser la masse pour en expulser le chlorure d'ammonium formé.

La première patente concernant le procédé est celle prise en Angleterre par Dyar et Hemming, le 30 juin 1838. Un brevet français du 27 mai 1839, au nom de Delaunay, reproduit toutes les dispositions de la patente de Dyar et Hemming, ce qui fait supposer que Delaunay était leur agent. Enfin, le 18 nov. 1840, un certificat d'addition du 18 nov. 1840 à ce brevet fait pour la première fois mention d'un courant d'acide carbonique pour précipiter le bicarbonate de soude, et décrit les différentes phases du procédé tel qu'il est maintenant suivi.

De nombreux essais furent faits en Angleterre, en France et en Allemagne, à la suite de l'essai de Dyar et Hemming. De ces tentatives, la plus importante fut celle de MM. Schlœsing et Rolland, à Puteaux, de 1855 à 1858. Du mémoire que MM. Schlœsing et Rolland publièrent beaucoup plus tard à ce sujet [*Ann. Phys. Chim.*, 1869], il résulte que la soude à l'ammoniaque pouvait dès lors être fabriquée au prix de 21 fr. les 100 kil. en partant du sel solide, et de 20 fr. en traitant l'eau salée. Ces prix de revient ne comprenaient pas l'impôt qui existait alors en France sur le sel destiné à la fabrication. Cet impôt était perçu sur la totalité du sel entrant à l'usine, et non sur celui réellement transformé en soude. C'est à cette cause que MM. Schlœsing et Rolland avaient attribué leur insuccès. On peut observer en tout cas, que Solvay, après les longs et coûteux essais de sa première usine de Couillet, en Belgique, n'a installé ses procédés en France, dans la grande soudière de Varangéville-Dombasle, qu'après la suppression des droits.

La fabrication industrielle de la soude à l'ammoniaque a été en réalité créée par E. Solvay. Son premier brevet est du 15 avril 1861 [E. Sol-

vay, *Conf. au Congr. de chim. de Berlin*, 5 juin 1903]. La première usine a été celle de Couillet, fondée en 1863, et mise en activité le 1er janv. 1865. Les débuts et les essais furent longs et coûteux. En 1868, trois ans après la mise en marche, on ne fabriquait encore à Couillet que 500 t. de sel de soude par an. Après la guerre, la Société Solvay créa en France l'usine de Varangéville-Dombasle. En Angleterre, Brunner et Mond installèrent les procédés Solvay à Northwich (1874). Maintenant, la Société Solvay possède des usines dans tous les pays producteurs et détient, surtout en Allemagne, par son entente avec le syndicat des salines (Kalisyndicat), un véritable monopole de fait. Il faut ajouter que la fabrication de la soude à l'ammoniaque a été réalisée en dehors des brevets Solvay, notamment par Boulouvard en France, et par Honigmann en Allemagne.

La fabrication de la soude à l'ammoniaque, telle qu'elle est pratiquée maintenant, comprend les phases suivantes :

I. Préparation de la saumure ammoniacale.
II. Précipitation du bicarbonate de soude.
III. Filtration du bicarbonate de soude.
IV. Calcination du bicarbonate, et sa transformation en carbonate commercial.
V. Récupération de l'ammoniaque des eaux mères.
VI. Traitement des eaux résiduelles.

A ne considérer que dans son ensemble ce processus chimique, on voit qu'il se résume dans le double échange représenté par l'équation :

$$2NaCl + CaCO^3 = Na^2CO^3 + CaCl^2.$$

Il comporte comme matière première le chlorure de sodium et le carbonate de chaux. Le produit fabriqué est le carbonate de soude; avec lui il ne sort de l'usine que la quantité d'acide carbonique qui y est entrée sous forme de carbonate de chaux. Le second équivalent d'acide carbonique, de même que l'ammoniaque, restent en permanence dans la fabrication comme agents de transformation. Le résidu est le chlorure de calcium qui renferme sous une forme encore inutilisée tout le chlore du sel marin. De nombreuses tentatives ont été faites, mais encore sans succès, pour l'en retirer à l'état d'acide chlorhydrique ou de composés oxygénés du chlore.

I. *Préparation de la saumure ammoniacale.* — La situation d'une fabrique de soude à l'ammoniaque sera avant tout déterminée par ce fait qu'elle aura à sa portée le sel, soit sous forme d'eau salée naturelle, soit à l'état solide, sel gemme ou sel marin. Les usines qui ont à leur disposition l'eau salée naturelle doivent lui faire subir une première purification, celles qui n'ont qu'une eau salée faible et du sel, ou seulement du sel, doivent en premier lieu faire la saumure. Ainsi cette première phase de la fabrication comprend deux opérations : 1° dissolution du sel, et 2° absorption de l'ammoniaque.

1° *Dissolution du sel.* — On prend généralement pour dissoudre le sel des eaux faiblement ammoniacales, dites lessives faibles, qui ont servi à laver le gaz des absorbeurs à ammoniaque. La dissolution s'opère dans de simples caisses en fer ou en bois, dans lesquelles le sel est placé sur un faux-fond perforé. Ces caisses sont ouvertes si l'eau employée est pure, elles doivent être fermées si cette eau est plus ou moins ammoniacale. Elles sont disposées en série, c'est-à-dire que l'eau pénétrant dans l'une d'elles passe successivement dans chacune des autres, en dissolvant de plus en plus de sel sur son passage. Quand le contenu d'une caisse est épuisé, on la vide, on enlève les dépôts et on la charge à nouveau. La saumure saturée sort toujours par la caisse la plus nouvellement chargée; l'eau arrive dans la caisse la plus épuisée, celle dont la charge doit être renouvelée la première. Un tel système, pour une production de 10 t. de soude par 24 h., se compose en général de quatre caisses de 5 à 6 mc. de capacité, dont chacune peut être ainsi à tour de rôle première, seconde, troisième ou dernière de la série.

L'eau salée ainsi obtenue, ou la saumure naturelle, si c'est celle-ci qu'on traite, doit maintenant être purifiée. Elle contient, outre les matières argileuses, du fer, de la chaux et de la magnésie. Cette purification se fait dans de grands bacs à décantation cylindriques et à fond conique. Une petite quantité d'ammoniaque détermine facilement la précipitation de la chaux, mais non celle de la magnésie. On pourrait séparer la magnésie en ajoutant d'abord de la chaux: la totalité de celle-ci serait ensuite éliminée par l'ammoniaque. Mais cette manière de faire exige deux décantations au lieu d'une, elle a de plus l'inconvénient d'augmenter le volume total des dépôts ou schlamms; enfin, elle est inapplicable lorsqu'on a fait la dissolution du sel dans une lessive faible d'ammoniaque. En réalité, la magnésie ne peut pas être éliminée complètement dans cette première décantation. On purifie la saumure en lui ajoutant de la saumure d'une opération précédente, décantée, déjà saturée d'ammoniaque et partiellement carbonatée, et en quantité suffisante pour précipiter avec la chaux le plus possible de magnésie. Celle-ci achève de se séparer dans la décantation qui suit l'absorption de l'ammoniaque.

Le fer, lorsqu'il est, même à l'état de traces, incomplètement éliminé, communique au sel de soude fabriqué une teinte jaune. On ne peut l'éliminer complètement que par l'action prolongée des sulfures de sodium ou d'ammonium. Ces combinaisons sulfurées sont introduites dans la colonne à régénérer l'ammoniaque. Il distille du sulfure d'ammonium qui se mélange à la saumure. Le fer se dépose à l'état de sulfure en même temps que la magnésie, après l'absorption de l'ammoniaque.

Pour savoir quelle proportion de sel il convient de faire entrer en dissolution dans l'eau destinée à la préparation de la saumure ammoniacale, il faut observer d'abord que le sel est moins soluble dans l'eau ammoniacale que dans l'eau pure. Une solution saturée de sel dans l'eau pure en contient 315 gr. par litre. Le tableau ci-après [H. Schreib, *Fabric. de la soude à l'ammoniaque*, 105, et *Monit. scient.*, 1888, 1411] indique quelles sont les différentes quantités de sel que peuvent dissoudre à saturation les différentes liqueurs ammoniacales correspondantes.

AzH^3 0/0	NaCl 0/0	AzH^3 0/0	NaCl 0/0
4	29,2	9	26,1
5	28,6	10	25,4
6	28,0	11	24,8
7	27,4	12	24,1
8	26,8		

D'autre part, une solution salée augmente de volume lorsqu'elle est rendue ammoniacale par un courant de gaz ammoniac. Pour celle des solutions ci-dessus qui, après absorption, contient 7 0/0 d'ammoniaque et 27,4 de chlorure,

et dans laquelle ces deux composés se trouvent à peu près dans le rapport de leurs poids moléculaires, cette augmentation de volume a été d'environ 10 0/0. Il en résulte que si on prend 100 cc. d'une solution saturée de sel dans l'eau pure, contenant par conséquent 31gr,5 de ce sel, et si on lui fait absorber du gaz ammoniac sec jusqu'à ce qu'elle en renferme 110 0/0 de son volume final, on obtient d'une part 7 cc. de solution à 27,4 0/0 de sel dissous, soit 30gr,14, et d'autre part 1gr,4 de sel précipité. Il faut donc que la saumure ait une concentration telle qu'il ne puisse pas se précipiter de sel dans les absorbeurs à ammoniaque, tout en tenant compte de ce fait, que les vapeurs ammoniacales qui viennent des appareils à distiller, entraînent toujours plus ou moins de vapeur d'eau.

J. A. Bradburn [La Soude aux Etats-Unis, *Monit.*, 1897] indique comme composition d'une eau salée non purifiée :

NaCl	298,0	par litre.
$CaOSO^3$	4,0	—
CaCl	1,0	—
MgCl	0,3	—

Et voici, d'après Jurish [*Monit.*, 1896, 117], la composition que doit présenter une bonne saumure après purification :

NaCl	293	par litre.
$NaCO^3$ alcali libre	0,536	—
AzH^3	0,034	—

Dans cet exemple il a été ajouté du carbonate de soude pour la purification.

2° Absorption de l'ammoniaque. — Avec le gaz ammoniac, il vient des appareils de distillation, de l'acide carbonique et de la vapeur d'eau, le tout à la température d'au moins 70°. La chaleur produite par la dissolution de l'ammoniaque, par sa combinaison avec l'acide carbonique, et par la condensation de la vapeur d'eau, élèverait la température de la saumure au point que l'absorption ne serait plus possible. On calcule que pour 1 mc. de saumure, l'absorption de 70 kg. d'ammoniac, la combinaison de celui-ci avec 90 kg. d'acide carbonique et la condensation de 80 kg. environ de vapeur d'eau, constituent un apport de chaleur de 100 000 cal. environ, capable d'élever de 100° la température de la saumure. Il en résulte que les absorbeurs à ammoniaque devront être énergiquement refroidis soit par arrosage extérieur, soit pour les appareils de grandes dimensions, par un système de réfrigération interne, serpentin ou surface tubulaire à courant d'eau froide.

Les appareils d'absorption actuellement employés se composent en principe d'une colonne verticale cylindrique (fig. 1). Elle est divisée intérieurement par des cloisons horizontales percées d'un orifice central et recouvertes d'un tamis. Des tubes de trop plein permettent à la saumure de descendre d'une manière continue, en s'étalant sur les tamis, pendant que les gaz ammoniacaux suivent une marche inverse ascendante. Des appareils de réfrigération sont disposés à l'intérieur d'une pareille colonne, généralement au nombre de deux, l'un à la partie inférieure pour refroidir la saumure avant sa sortie, l'autre en haut pour condenser les vapeurs ammoniacales entraînées. Dans la colonne d'absorption représentée figure 1, le système de réfrigération de la saumure est constitué par des surfaces tubulaires, mais on pourrait tout aussi bien employer des serpentins (dispositifs de Schreib ou de Cogswell), ou encore dans le cas de colonnes de petites dimensions, une enveloppe extérieure à circulation d'eau froide.

Au sortir des absorbeurs, la saumure ammoniacale est souvent envoyée dans des caisses fermées remplies de sel, où elle achève de se saturer. Cela est nécessaire, notamment, lorsqu'elle a été trop diluée par la vapeur d'eau entraînée avec l'ammoniaque.

La saumure passe ensuite dans des bacs de dépôt où elle se clarifie. Il se forme là des schlamms très chargés d'ammoniaque, et comme cette ammoniaque doit nécessairement être récupérée, il est important que ces schlamms soient le moins volumineux possible. C'est pour cette raison que la purification de la saumure doit être faite une première fois avant l'absorption de l'ammoniaque. Il arrive que pour réduire les frais d'installation on purifie la saumure en une seule fois, après qu'elle a été saturée par l'ammoniac. Mais ce mode de travail ne peut être pratiqué que si le sel ou la saumure traités sont suffisamment purs.

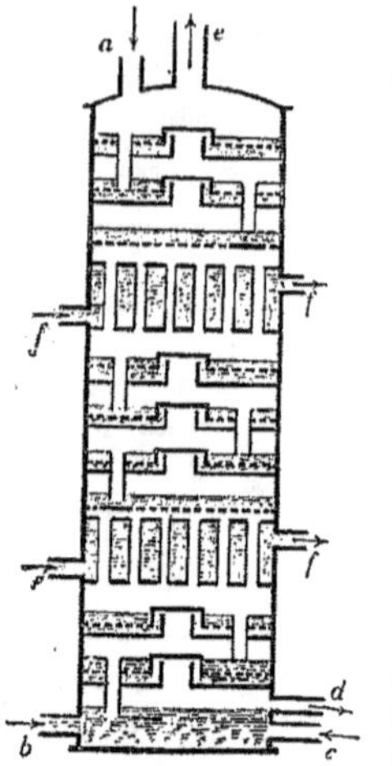

Fig. 1. — Disposition d'une colonne à absorber l'ammoniaque (d'après Schreib).

a. Arrivée de l'eau salée. — *b*. Gaz des carbonateurs. — *c*. Gaz ammoniac. — *d*. Départ de la saumure ammoniacale. — *e*. Départ des gaz. — *f*. Circulation d'eau pour le refroidissement.

Un autre procédé de fabrication consiste à faire d'abord une solution aqueuse d'ammoniaque, qui devra être ensuite saturée de sel. Au point de vue de la mise en pratique, ce procédé ne diffère pas du procédé général. La dissolution du gaz ammoniac se fait de la même manière et dans les mêmes appareils: on n'a pas à craindre dans ce cas la trop grande dilution du liquide ammoniacal par suite d'entraînement de vapeur d'eau, il n'y a donc pas lieu de condenser autant les vapeurs ammoniacales provenant de la distillation, et, de ce chef, la distillation de l'ammoniac est rendue moins onéreuse. L'eau ammoniacale est mise en contact avec le sel dans des chaudières fermées, et clarifiée après filtration. Il faut encore observer ici que ce mode de travail ne doit être suivi que si l'on traite du sel peu chargé d'impuretés.

II. *Précipitation du bicarbonate de soude.* — Dans cette opération, la solution ammoniacale est soumise à l'action d'un courant d'acide carbonique. Il se forme du bicarbonate de soude d'après la réaction

$$Az\,H^4\,H\,C\,O^3 + Na\,Cl = Na\,H\,C\,O^3 + Az\,H^4\,Cl.$$

Ce précipité de bicarbonate se produit parce qu'il est la moins soluble des combinaisons qui puissent prendre naissance avec les éléments mis en présence. Cette insolubilité relative du bicarbonate de soude est fonction de la température et de la proportion des autres sels dissous. Elle n'est, en tout cas, jamais complète, et il n'y a qu'un tant pour cent du sodium mis en œuvre sous forme de chlorure qui puisse être transformé en soude. C'est ce tant pour cent qui constitue le rendement de la fabrication. Il peut varier, et il varie en fait dans les limites les plus étendues, suivant la composition des saumures et suivant les soins et la surveillance apportés à la fabrication.

Pour se rendre compte de la composition la plus favorable à donner à la saumure, il faut considérer d'une part la solubilité du bicarbonate de soude dans les conditions où il se trouve au cours de la précipitation, et, d'autre part, la proportion du sel qui peut être transformé en bicarbonate dans différentes solutions ammoniacales. Sur le premier point, Schreib [*loc. cit.*, 124] donne, d'après Ost, les quantités de bicarbonate dissous, à 25°, à 40°, dans l'eau pure, et en présence de quantités diverses de chlorure de sodium et de chlorure d'ammonium [1].

Température.	Az H⁴Cl 0/0 vol.	Na Cl 0/0 vol.	Na H C O³ 0/0 vol.
25°	néant	néant	10,4
	24,0	néant	8,7
		2,0	7,3
		8,0	4,0
	18,0	néant	9,5
		2,0	7,9
		8,0	4,3
		14,0	2,7
40°	néant	néant	12,7
	24,0	néant	10,6
		2,0	9,2
		8,0	5,6
	18,0	néant	11,1
		2,0	9,9
		8,0	6,0
		14,0	3,6

Sur le second point, degré de transformation du sel dans différentes solutions ammoniacales, il existe des données déjà anciennes fournies par Heeren et par Honigmann, et celles plus récentes de Schreib.

D'après Heeren et d'après Honigmann [1er Suppl., Dict., 1437], si le sel et l'ammoniaque sont en proportions équivalentes, la transformation a lieu dans la proportion des 2/3, ce qui représente pour le sodium aussi bien que pour l'ammoniaque mis en œuvre, une utilisation de 66 0/0. Avec 2 équivalents de sel pour 1 d'ammoniaque, celle-ci est transformée dans la proportion de 4/5, ce qui représente pour l'ammoniaque une utilisation de 80 0/0 et pour le sodium de 40 0/0. Honigmann conclut qu'il est préférable de chercher à obtenir une meilleure utilisation de l'ammoniaque que du sel, qui a moins de valeur. Maintenant, cette manière de voir n'est plus exacte. Les pertes d'ammoniaque dans la fabrication sont réduites au minimum. Le sel dans la saumure ammoniacale préparée et purifiée a une valeur plus grande qu'à l'état de matière première; enfin, l'application du principe préconisé ici par Honigmann aurait pour conséquence de réduire la capacité de production des appareils.

D'après Schreib [*loc. cit.*, 129 et *Monit.*, 1888, p. 1411], les quantités de sel transformé dans

1. Les chiffres donnés par Schreib expriment du carbonate. Ils sont ici traduits en bicarbonate.

différentes saumures ammoniacales varient comme il est indiqué ci-après.

N° des solutions.	A Az H³ dissous gr. par litre	B Na Cl dissous gr. par litre	C Na Cl transformé 0/0	D Na Cl transformé gr. par litre
1	34	296	33,1	98
2	45	291	40,0	116
3	49	286	52,3	149
4	59	279	62,5	174
4 bis		229	69,1	158
5	61	270	62,0	171
6	63	274	62,5	170
7	66	273	63,1	172
8	68	274	62,6	185
8 bis		205	70,3	175
9	72	272	67,8	184
9 bis		226	70,5	159
10	89	258	73,6	190
11	115	243	73,6	180
12	132	235	62,0	147

Les chiffres de la colonne D ont été déduits de ceux des colonnes B et C. Ils indiquent en valeur absolue les poids de bicarbonate précipité par litre de solution. Toutes les solutions inscrites dans le tableau ci-dessus, à l'exception des solutions n° 4 *bis*, 8 *bis* et 9 *bis*, sont saturées de sel, c'est-à-dire qu'elles contiennent autant de sel que leur richesse en ammoniaque permet d'en faire dissoudre. Les solutions 4 *bis*, 8 *bis* et 9 *bis* renferment autant d'ammoniaque que les n°° 4, 8 et 9, mais moins de sel; ce sont des solutions non saturées. L'examen des chiffres inscrits dans la colonne D montre que ces solutions non saturées, malgré un rendement plus élevé par rapport à 100 p. de sel, donnent en quantités absolues moins de bicarbonate précipité par litre de solution. Il résulte de là cette première indication qu'on ne doit employer que des solutions saturées.

Des solutions qui contiennent plus d'ammoniaque que la proportion équivalente, telles que le n° 10 par exemple, donnent par rapport à 100 de sel, aussi bien qu'en valeur absolue, un meilleur rendement, et ce résultat est confirmé par la pratique. Mais l'emploi de telles solutions présente des inconvénients. Il y a plus d'entraînements d'ammoniaque et d'acide carbonique, ce qui occasionne des obstructions dans les conduites. En outre, il faut plus de temps pour arriver à la saturation complète de la saumure par l'acide carbonique et cela diminue la production totale des appareils. Dans la pratique courante, on n'emploie pas de saumures contenant l'ammoniaque en excès, sauf dans le cas dont il est question plus loin, où l'on ajoute du sel solide à la saumure pendant la carbonatation. On s'en tient plutôt pour l'ammoniaque à une proportion un peu inférieure à celle qui serait équivalente au sel. Des solutions se rapprochant de la solution n° 8 et contenant environ 70 gr. d'ammoniaque et 270 gr. de sel par litre, paraissent être les plus usitées. Et quant à la transformation du sel en bicarbonate de soude, une proportion de 65 0/0 du sel employé est rarement dépassée.

L'examen du tableau de la page 528 montre que le bicarbonate est d'autant moins soluble que l'eau-mère contient plus de chlorures de sodium et d'ammonium. On ne peut faire entrer en dissolution dans la saumure plus de sel que n'en comporte la présence de l'ammoniaque, mais, lorsque la précipitation est faite, et même à partir du moment où elle est commencée, la saumure est devenue apte à dissoudre de nouvelles quan-

tités de sel. On est ainsi conduit à ajouter du sel solide à la saumure pendant la carbonatation pour augmenter la quantité du précipité. Et si, en outre, on a mis d'avance dans la saumure un excès d'ammoniaque, la proportion de bicarbonate précipité sera encore plus grande. On peut ainsi accroître la production d'un appareil donné. Ces faits, constatés depuis longtemps, avaient servi de point de départ à un procédé de fabrication qui a été pratiqué à un moment donné dans les fabriques de soude. Ce procédé consiste à employer des saumures contenant un excès d'ammoniaque par rapport au sel, excès de 4 à 5 0/0 tout au plus de la quantité totale, et à ajouter du sel solide dans les appareils de précipitation, où il se dissout peu à peu pendant la carbonatation. Ce procédé a pour conséquences : d'une part, une plus grande consommation de sel par 100 kg de soude fabriquée, ainsi qu'il résulte des constatations ci-après relevées par Jurish [Du rôle des additions de sel pendant la carbonatation, *Monit. scient.*, 1898] sur des appareils en marche :

Carbonatation.	Consommation de sel.	Utilisation du sel.
Avec addition de sel	210 kgr.	52,0
Sans addition de sel	180 kgr.	60,7

et, d'autre part, une augmentation de production pour un appareil donné. Il ne paraît pas, néanmoins, que ce procédé soit encore suivi maintenant, surtout pour la fabrication du carbonate sec, car toutes les impuretés du sel ajouté vont se retrouver dans le produit final.

Influence de la température. — Le bicarbonate de soude est d'autant moins soluble que la température est moins élevée, toutes les autres conditions étant les mêmes. Mais ici on a à tenir compte de l'état physique du précipité qui varie suivant la température à laquelle il se forme. On sait que du bicarbonate obtenu à une température trop basse est fin, presque boueux, et impossible à filtrer. Quand la précipitation a lieu au-dessus de la température voulue, les rendements baissent, il se produit probablement la réaction inverse d'après laquelle le bicarbonate de soude est décomposé par le chlorure d'ammonium et le chlorure de sodium régénéré. La pratique a montré que la précipitation devait être faite à très peu près entre 28 et 30° et qu'à cette température seulement le bicarbonate avait le grain voulu pour une filtration facile.

Dégagement de chaleur pendant la carbonatation. — Ce dégagement de chaleur est peu important par rapport à celui produit par l'absorption de l'ammoniaque. En considérant 1 m³ de saumure contenant 70 kg d'ammoniaque et 90 kg d'acide carbonique, ce qui suppose que toute l'ammoniaque est déjà monocarbonatée, il y aurait encore à dissoudre 90 kg de ce gaz. On calcule que la chaleur produite est environ de 11 000 cal., capable d'élever de 11° environ la température de la saumure. Il y a donc lieu de refroidir les appareils à carbonater. Au sortir des absorbeurs, la saumure est déjà refroidie vers 24 ou 25°. Dans les tours à carbonater, l'acide carbonique est employé à une pression de 1 1/2 à 2 1/2 atmosphères; la détente de ce gaz absorbe de la chaleur. On a voulu le comprimer à 6 ou 7 atmosphères pour obtenir de cette manière par la détente un refroidissement suffisant. Mais ce mode de réfrigération est certainement plus coûteux que tout autre, par la plus grande dépense de force motrice, par l'usure des compresseurs et leur plus mauvais rendement à haute pression. En fait, le refroidissement par arrosage extérieur suffit dans la plupart des cas, et c'est seulement pour des appareils et tours de grandes dimensions qu'il est nécessaire de recourir au refroidissement interne par serpentin à eau froide.

Appareils de précipitation. — Les appareils dans lesquels s'effectue la précipitation du bicarbonate de soude sont de deux sortes : des colonnes ou tours de précipitation, ou des chaudières fermées disposées en série. Solvay s'est dès le début, et constamment depuis, servi des tours, ce qui a pu faire dire que s'il a fabriqué la soude à l'ammoniaque, alors que toutes les tentatives faites avant lui avaient échoué, c'est grâce à l'emploi des tours de précipitation. Dans ses nombreux brevets depuis 1867, il n'est pas fait mention, en ce qui concerne la précipitation du bicarbonate de soude, d'autres appareils que des tours et celles qui ont été étudiées et créées à l'origine paraissent s'être conservées telles quelles aux dimensions près, avec toutes leurs dispositions antérieures.

Les premières colonnes à précipitation avaient 10 à 12 m. de hauteur sur 1m,40 de diamètre. Elles atteignent maintenant 20 m., avec 2 m. de diamètre. Une tour Solvay est constituée par une série d'anneaux cylindriques fixés les uns aux autres et formant un cylindre vertical étanche. A l'intérieur, il y a une série de cloisons horizontales avec un orifice central, surmontées d'autant de tamis qui divisent le courant gazeux. Par cette disposition est réalisée la condition nécessaire de la circulation inverse de la saumure et du gaz carbonique. Mais alors qu'un tel système fonctionne normalement lorsqu'il n'y a en jeu qu'un gaz et un liquide, comme dans le cas de la saturation de la saumure par le gaz ammoniac, il n'en est plus de même lorsqu'il s'agit comme ici d'un liquide incrustant, tenant en suspension un précipité lourd, prompt à se prendre en masse au premier arrêt. De là de nombreux insuccès avant d'avoir déterminé la forme convenable à donner aux tamis. La figure 591 (1re édition, t. II, p. 1561) indique la forme générale de la tour de Solvay et la disposition d'un de ses éléments. Les tamis ont une forme bombée, ils sont percés de trous sur toute leur surface et portent des fentes sur leur pourtour. Ils sont mobiles et maintenus en place simplement par trois tringles articulées. On peut se figurer que par le moyen des cloisons et des tamis, la circulation se fait de la manière suivante : le gaz arrive par saccades par le jeu du compresseur. A chaque secousse, le précipité, qui s'était déposé sur les trous des tamis, est soulevé et, avant que ces trous ne se bouchent de nouveau, la saumure descend un peu plus vers le bas de la tour. On peut se figurer aussi la colonne pleine dans toute sa hauteur ; les cloisons et les tamis n'interviennent alors que pour empêcher les liquides dont la carbonatation est plus ou moins avancée dans les différentes régions de la tour de se mélanger du haut en bas.

Dans cette tour, la saumure ammoniacale arrive entre le milieu et les deux tiers de la hauteur, en un point convenablement choisi que l'expérience seule peut déterminer dans chaque cas. De l'eau salée, ou de la saumure faiblement ammoniacale, arrive au sommet, de façon que les premiers tronçons constituent un laveur à ammoniac et à acide carbonique pour les gaz qui viennent de servir à la précipitation. Le liquide tenant en suspension le précipité de bicarbonate s'écoule par la partie inférieure d'une manière continue, il est le plus rapidement possible dirigé vers les filtres.

L'acide carbonique pénètre au bas de la tour à une pression de 1 1/2 à 2 1/2 atmosphères, suivant la hauteur des tours. Il provient d'une part des fours à chaux et d'autre part des fours à calciner le bicarbonate. Avec des fours à chaux en marche normale, on doit pouvoir compter pour les gaz sur une richesse à peu près constante de 30 0/0 d'acide carbonique. Les gaz des fours à calciner ne sont en général qu'à 60 0/0. Pour éviter les déperditions d'acide carbonique dans ces fours, on est obligé d'y maintenir un peu de vide. Il en résulte, par contre, des rentrées d'air, ce qui abaisse d'autant le litre du gaz. Lorsqu'on réunit les gaz de ces deux provenances, on a un mélange de composition moyenne et sensiblement constante.

Mais le plus souvent, les gaz des fours à chaux et ceux des fours à calciner ne sont pas mélangés ; le gaz le plus riche en acide carbonique arrive au bas de la tour où il rencontre de la saumure presque saturée ; le gaz des fours à chaux, à 30 0/0, arrive seulement dans le second ou le troisième tronçon ; le système des tours se prête facilement à ces diverses combinaisons.

La tour de précipitation de Solvay reste le type des appareils de ce genre, par la simplicité de ses dispositions intérieures, par son adaptation facile aux conditions à réaliser dans chaque cas particulier. Mais malgré tous les artifices et toutes les précautions, on n'évite ni les incrustations ni les obstructions, et en réalité, une tour ne peut fonctionner plus de 3 ou 4 semaines sans être vidée et nettoyée. Elles sont montées par groupe de 4 ou 5, de telle façon que l'une d'elles puisse toujours être mise hors circuit. Pour cette raison, cet appareil ne convient qu'à de très grandes installations. Un groupe de 5 tours de 18 m. de haut peut produire 20 000 kg de soude par 24 h.

Il existe nombre d'autres dispositions pour les tours ou colonnes de précipitation. Dans la colonne à carbonater de Schreib (fig. 2), à la partie supérieure, les tamis sont plans et horizontaux, avec tubes de trop plein pour la descente de la saumure. Cette partie de l'appareil fait fonction de laveur pour les gaz. La précipitation du bicarbonate a lieu dans la partie inférieure constituée par une série de vases à fond conique superposés. Dans cette tour, comme dans tous les appareils à carbonater appartenant à ce premier type, se trouve réalisée la condition nécessaire de la circulation

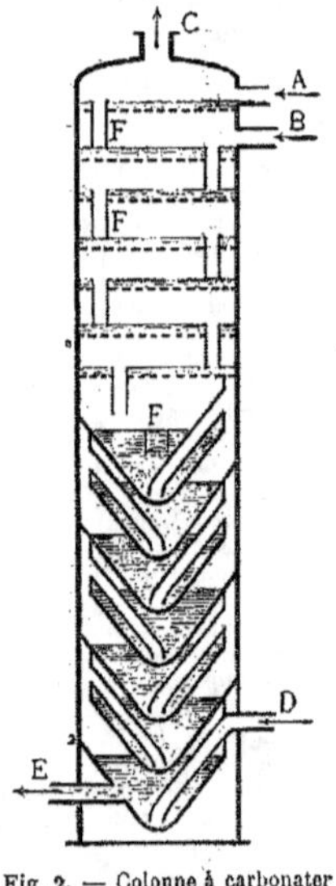

Fig. 2. — Colonne à carbonater de Schreib.

A. Eau salée. — B. Saumure ammoniacale. — C. Départ des gaz. — D. Gaz carbonique. — E. Départ du bicarbonate précipité. — F. Tubes de trop plein pour la descente de la saumure.

inverse du gaz carbonique et de la saumure.

Le second type de carbonateurs comprend les appareils de précipitation en vases clos montés en série. Ces vases ou chaudières sont, soit sur un même plan, soit à des niveaux différents. Quand les chaudières sont sur le même plan, chacune d'elles, à tour de rôle, reçoit une charge de saumure neuve et n'est vidée que lorsque la

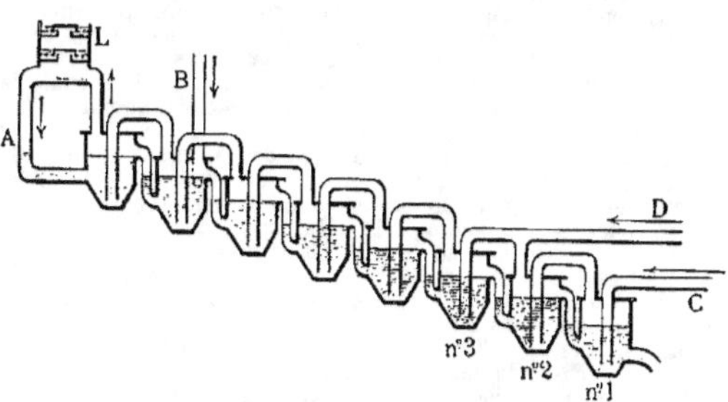

Fig. 3. — Vases en série pour la précipitation.

A. Arrivée de l'eau salée. — B. Arrivée de la saumure ammoniacale. — L. Laveur à eau salée. — C. Arrivée du gaz riche. — D. Arrivée du gaz à 30 0/0.

précipitation y est terminée. Le courant de gaz carbonique les traverse en série et dans un ordre tel qu'il rencontre de la saumure de moins en moins saturée. Un pareil système comporte en général un groupe de 3 chaudières; il est complété par une petite colonne qui sert de laveur pour les gaz.

Quand les chaudières ou vases sont à des niveaux différents, la saumure et les gaz y marchent à la rencontre l'un de l'autre (fig. 3). Les gaz riches et les gaz à 30 0/0 ne sont dans ce cas généralement pas mélangés. Les gaz riches pénètrent dans la chaudière n° 1 où se trouve la saumure presque saturée; le gaz à 30 0/0 pénètre seulement dans la seconde ou la troisième. De même en haut, la saumure ammoniacale arrive en B; la dernière chaudière reçoit seulement de l'eau salée et sert de laveur pour les gaz. Le fonctionnement d'un tel système est continu et identique à celui d'une tour. L'ensemble occupe beaucoup de place. L'avantage de ce type de carbonateurs, vases sur un même plan ou à des niveaux différents, est qu'un des vases de la série peut être momentanément mis hors circuit pour être nettoyé, sans qu'il soit nécessaire pour cela de tout arrêter. Pour cette raison, ces carbonateurs peuvent convenir pour les petites installations.

Il existe d'autres systèmes constitués par une série de trois chaudières seulement; tel est le système Daguin (fig. 4). L'appareil complet se compose de trois chaudières ou colonnes A, B, C, une grande, une moyenne et une petite, communiquant par la partie inférieure au moyen des tuyaux a et b, de façon que la saumure puisse passer de l'une à l'autre, de la plus grande vers la plus petite. Les gaz suivent une marche inverse. La figure indique comment ils sont distribués et comment ils circulent dans ces trois colonnes. En marche, les communications a et b sont interrompues. Lorsque la précipitation est terminée dans la petite colonne, on la vide et on la remplit à nouveau avec la saumure de la moyenne colonne.

L'absorption du gaz est facilitée par un système de chicanes, dit système Foulieron. C'est une série d'anneaux et de cônes en forme de v

renversé, disposés en étages, les uns au-dessus des autres. Le gaz est renvoyé de l'un à l'autre, et le sel qui se forme glisse sur les surfaces et va vers le fond. Un tel système peut ainsi fonctionner pendant 4 à 5 semaines et produire 2000 tonnes de soude sans être nettoyé.

A cette catégorie d'appareils de précipitation appartiennent aussi ceux où la saumure et le gaz sont mis en contact seulement par la surface, et où l'absorption est facilitée par l'agitation du liquide. Tel est le carbonateur de Boulouvard, de l'usine de Sorgues (1er Suppl., p. 1439). On fait valoir en faveur de ce genre d'appareils la moindre dépense de force motrice et d'intallation puisqu'il n'est pas nécessaire de comprimer le gaz à plus de 1/4 d'atmosphère, et que de simples ventilateurs peuvent suffire. Quant au fonctionnement de ces roues à augets, il ne consomme en effet que peu de force motrice. Il en est ainsi du moins tant que le précipité est, par l'action des agitateurs, maintenu en suspension dans la saumure. Mais il faut observer qu'en cas d'arrêt ce précipité se rassemble très vite dans le fond des cylindres où il forme une masse compacte, de nature à offrir beaucoup de résistance au moment de la remise en marche.

III. FILTRATION DU BICARBONATE DE SOUDE. — La séparation du bicarbonate d'avec l'eau mère peut être faite par la presse hydraulique par

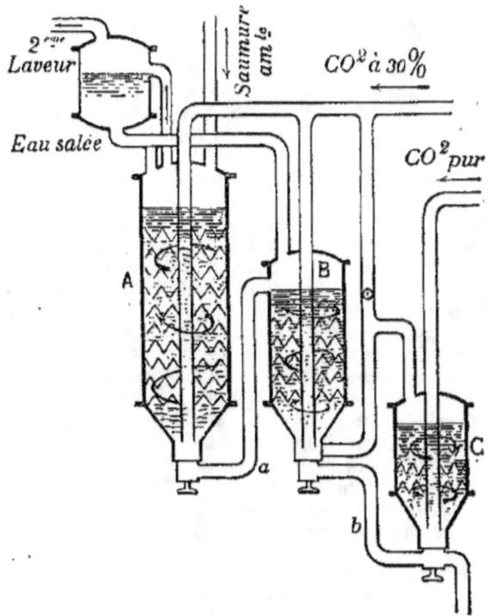

Fig. 4. — Carbonateur Daguin.

essorage ou par filtration dans le vide. La filtration est le procédé le plus employé et qui donne les meilleurs résultats. Pour les filtres eux-mêmes, on paraît s'en tenir aux systèmes les plus simples, des caisses en fer ou en bois, dans lesquelles on fait le vide. La surface filtrante consiste en une toile posée sur un fauxfond perforé. Sur cette toile, le bicarbonate humide est étalé en couche uniforme d'environ 0m,50 d'épaisseur. On fait le vide sous le fauxfond, en maintenant le bicarbonate bien tassé et évitant qu'il ne s'y produise des fissures; on lave avec le moins d'eau possible, 30 à 40 0/0 du volume du bicarbonate. On peut laver aussi avec une solution saturée de bicarbonate. La couche de 0m,50 d'épaisseur est, par la filtration, réduite à environ 0m.25. Les dimensions de ces filtres ne doivent pas, pour que la filtration soit bonne et le lavage uniforme, dépasser 6 à 7 mètres carrés de surface. Comparé à la filtration, l'essorage du bicarbonate demande plus de main-d'œuvre; la filtration laisse un sel plus humide, mais mieux lavé. Dans la calcination ultérieure du bicarbonate, le chlorure d'ammonium qui reste réagit, et reconstitue du sel marin, ce qui abaisse le titre du sel de soude.

Dans les débuts on a cherché à réaliser une filtration continue. Tel était le but du filtre déjà décrit (1er Suppl., p. 1440). Mais ce résultat n'est pas atteint dans cet appareil, qui est d'ailleurs d'une assez grande complication. La filtration continue peut être obtenue au moyen de l'appareil suivant. C'est un cylindre ou tambour creux tournant autour de son axe. L'un des tourillons est creux et relié à la pompe à vide; la surface est formée par une tôle perforée sur laquelle il y a une toile filtrante. Le tambour tourne dans une auge où se trouve la bouillie de bicarbonate; il se recouvre d'une mince couche de ce sel qui est lavée par une pluie fine d'eau froide; à chaque tour, le bicarbonate lavé est ramassé par une raclette.

D'après J. A. Bradburn [*ibid.*], le bicarbonate des filtres présente la composition suivante :

NaHCO³	70	— 75 0/0
NaCO³	3	— 5
NaCl	0,2	— 0,7
AzH³		0,56
H²O	24	— 25

1 mètre cube de ce bicarbonate pèse 875 kg., et 1 tonne donne 450 kg. de carbonate sec.

IV. CALCINATION DU BICARBONATE. — Le séchage et la calcination du bicarbonate se font en une seule opération, dans des vases clos, à chauffage extérieur, permettant de récupérer l'acide carbonique et l'ammoniaque. La décomposition du bicarbonate se produit à la température de 300°; pour qu'elle soit complète et pour faciliter le dégagement d'acide carbonique, il faut que la matière soit continuellement brassée. Il existe deux sortes de calcinateurs : des calcinateurs fixes, en forme de cuvette, avec brassoirs mécaniques, et des calcinateurs rotatifs, en forme de fours tournants, comme les fours à soude brute Leblanc. A la première catégorie appartient le four de Thelen qui, d'après J. A. Bradburn [*loc. cit.*], est très répandu. C'est une chaudière cylindrique fermée, munie à l'intérieur d'un arbre auquel sont librement suspendues des raclettes. L'arbre est animé d'un mouvement de rotation alternatif; la chaudière, en fonte, est chauffée à l'une de ses extrémités par un gazogène spécial. Le bicarbonate humide arrive par une des extrémités, le carbonate sec sort par l'autre ayant cheminé par le mouvement des raclettes. Un pareil four, de 12 mètres de long sur 1 mètre de diamètre peut faire 10 tonnes de soude calcinée par 24 heures. Ces appareils s'usent très vite.

A la seconde catégorie appartient le four tournant de Solvay [A. Haller, Chicago, 1893]. C'est un tambour en fer monté sur galets, et mobile autour de son axe. Déjà, antérieurement, Solvay avait indiqué la nécessité de mélanger du car-

bonate sec et calciné au bicarbonate humide pour faciliter la décomposition de celui-ci. C'est ce qui est réalisé ici. Une trémie contient la soude déjà calcinée. Le bicarbonate humide est amené par une vis sans fin. La sortie du carbonate sec se fait par le moyen d'un ramasseur en forme de cuiller qui tourne avec le cylindre; une chaîne suspendue à l'intérieur suffit à remplacer les racloirs. Les gaz de la calcination sont aspirés par une pompe. Ce four, très employé dans les usines Solvay, peut avoir 18 mètres de long sur 1m,50 de diamètre.

On peut encore décomposer le bicarbonate de soude en solution aqueuse par simple ébullition. On obtient ainsi une décomposition tout aussi complète, avec des appareils moins coûteux et une moindre dépense de combustible. Mais ce procédé ne devient réellement économique que si le carbonate de soude qui reste dans ce cas à l'état de dissolution doit être utilisé sous cette forme. Tel est le cas pour la fabrication de la soude caustique et des cristaux de soude.

V. RÉGÉNÉRATION DE L'AMMONIAQUE. — Les liquides ammoniacaux contenant de l'ammoniaque libre ou carbonatée, et du chlorure d'ammonium, sont constitués par les eaux mères de la précipitation auxquelles se sont ajoutées les eaux de lavage du bicarbonate. Il y a en outre du sulfate d'ammoniaque provenant en partie du sulfate de chaux du sel employé, et en partie du sulfate d'ammoniaque qu'on ajoute ici même pour compenser l'ammoniaque perdue au cours de la fabrication. Pour 1000 kg. de soude fabriquée, il y a environ 8 mètres cubes de cette lessive. La distillation se fait en présence de chaux caustique; on introduit celle-ci sous forme de lait de chaux, ce qui porte à environ 10 mètres cubes par tonne de soude le volume total des liquides à distiller.

La distillation se fait comme la précipitation dans des colonnes ou tours, ou bien en vases clos. Ces deux genres d'appareils présentent pour la distillation les mêmes avantages et les mêmes inconvénients que pour la précipitation. Les tours conviennent aux grandes installations, il en existe de capables de suffire à une production de 90 tonnes de sel par 24 heures. Toutefois, les tours présentent par comparaison avec les vases un inconvénient en ce qui concerne l'emploi de la chaux. La quantité de chaux à employer doit être telle qu'elle suffise à décomposer le chlorure d'ammonium. Si elle est insuffisante, il en résulte tout de suite des pertes considérables en ammoniaque qui reste dans les eaux résiduelles. Si la chaux est en excès, c'est une consommation inutile de matière première, et une augmentation des schlamms déjà très encombrants de ces eaux. Dans les tours à distiller, le lait de chaux arrive d'une manière continue, mais il est impossible d'en régler l'accès de telle sorte que la chaux soit toujours en quantité juste suffisante. On est obligé d'en avoir un excès et de subir les inconvénients qui en résultent. Dans la distillation en vase clos, au contraire, on peut, pour chaque charge, déterminer la quantité de chaux exactement nécessaire, et on peut aussi en ajouter au cours de l'opération.

Dans tous les appareils de régénération de l'ammoniaque, tours ou séries de vase, la distillation se fait en deux temps : dans la partie inférieure, où il n'y a plus que de l'ammoniaque combinée, a lieu la décomposition par la chaux, il se dégage de la vapeur d'eau et du gaz ammoniac. Dans la partie supérieure où arrive la lessive, l'ammoniaque libre ou carbonatée est volatilisée par les vapeurs venant du bas. Cette partie supérieure porte généralement le nom de réchauffeur. Un des premiers appareils de Solvay se compose d'une série de quatre chaudières suivie d'une colonne. Chaque chaudière contient dans un panier à claire-voie la chaux nécessaire à la décomposition, et chacune d'elles peut être à tour de rôle mise hors circuit pour la vidange et le nettoyage. Les trois autres fonctionnent en série: de la dernière, les vapeurs passent dans la colonne qui sert de réchauffeur.

Dans cet appareil, comme aussi dans la colonne Solvay déjà décrite (1er Suppl., p. 1443), on emploie la chaux en morceaux et non éteinte. L'extinction de la chaux vive par le liquide même à régénérer procure une notable économie de vapeur, mais entraîne une plus grande consommation de chaux qu'il ne serait nécessaire. On préfère encore employer la chaux sous forme de lait; celui-ci est introduit dans les appareils, aux endroits convenables, au moyen d'une pompe, et d'une manière continue.

Dans une colonne de distillation, divisée en une série de compartiments, comme les colonnes à précipiter, les compartiments inférieurs servent de décomposeur; les compartiments supérieurs fonctionnent comme réchauffeur. Tels sont le fonctionnement et la disposition d'ensemble d'une colonne de grande production que Bradburn [loc. cit.] indique comme très employée aux États-Unis. La partie inférieure comprend 12 compartiments rectangulaires; la partie supérieure, ou réchauffeur, se compose de vingt compartiments cylindriques. Le lait de chaux arrive dans le premier compartiment qui suit le réchauffeur. Une telle colonne, de 23 mètres de haut et de 2m,80 de diamètre, suffit pour régénérer les lessives provenant de la fabrication de 90 tonnes de soude par 24 heures. Son fonctionnement est continu; les vapeurs ammoniacales se dégagent en haut; les solutions épuisées sortent en bas, et leur écoulement est réglé de telle sorte qu'elles contiennent un léger excès de chaux.

Les vapeurs ammoniacales sortent à 80-85°, entraînant beaucoup de vapeur d'eau. Elles traversent un condenseur où elles se refroidissent, et où se déposent des eaux fortement ammoniacales. Le refroidissement de ces vapeurs ammoniacales ne doit pas être poussé plus bas que 70°; déjà à 65° il y aurait combinaison de l'ammoniac et de l'acide carbonique entraînés, et par là, danger d'obstruction des conduites. Les eaux qui se sont déposées dans le condenseur sont renvoyées au réchauffeur de la colonne distillatoire, les vapeurs ainsi refroidies et desséchées le plus possible, retournent aux absorbeurs à ammoniac.

Pour la distillation des lessives ammoniacales, on peut aussi employer les appareils constitués par une série de vases clos, situés à des niveaux différents. Les vapeurs et les lessives y circulent en sens inverse. La vapeur pour le chauffage est injectée dans le premier vase du bas; le lait de chaux arrive dans le milieu de la série, les derniers vases servent de réchauffeur. Le fonctionnement d'un pareil système est continu et identique à celui d'une tour.

Dans tous ces appareils de distillation, le chauffage des lessives est obtenu par injection directe de vapeur, vapeur vive, ou plus souvent, vapeur d'échappement des machines. Ces lessives se trouvent ainsi fortement diluées. Cela ne présente pas d'inconvénient, puisque les eaux résiduelles sont, en général, jetées après décantation. Dans l'appareil de Mallet, qui sert à la distillation de toutes sortes de liquides ammoniacaux, et qui est aussi appliqué à la fabrica-

tion de la soude à l'ammoniaque, le chauffage est extérieur aux lessives à régénérer; il se fait par l'intermédiaire de plateaux à double fond fonctionnant comme un serpentin de vapeur. D'autre part, le lait de chaux est obtenu en mélangeant la chaux vive avec de la lessive même qui est prise au bas du réchauffeur, et qui, par conséquent, ne contient plus d'ammoniaque libre. Ce mélange se fait automatiquement dans un vase clos relié à l'appareil, et est amené d'une façon continue dans le décomposeur. Les lessives ammoniacales étant ainsi de toutes façons moins diluées, il faut, pour en expulser l'ammoniaque, vaporiser moins d'eau, ce qui conduit à une économie de combustible; le volume des eaux résiduelles se trouve dans ce cas aussi réduit que possible.

Pour régénérer l'ammoniaque des eaux mères de la précipitation, Schreib [Monit., 1888, p. 1411 et S. A., p. 188] a proposé un procédé qui permet de recouvrer sous forme de sel solide une partie du chlorure d'ammonium. Ce procédé est basé sur les observations suivantes : lorsqu'on traite une solution saturée de chlorure d'ammonium par du chlorure de sodium solide, celui-ci se dissout, et il se précipite du chlorure d'ammonium. De même, lorsqu'on traite une solution saturée de chlorure de sodium par du chlorure d'ammonium solide, c'est celui-ci qui se dissout, et du chlorure de sodium qui se précipite. Dans les deux cas il reste une solution saturée où ces deux sels sont en proportions à peu près équivalentes. Si on traite maintenant une pareille solution par du carbonate d'ammoniaque, il se précipite seulement du chlorure d'ammonium; si, de plus, on refroidit vers 0°, la quantité de chlorure d'ammonium séparé augmente. En résumé, si l'on part d'une solution saturée de chlorure d'ammonium, contenant par exemple 28.5 0/0 de ce sel, et si, sur cette solution on fait agir, soit ensemble, soit successivement le chlorure de sodium solide, le carbonate d'ammoniaque et le froid, il se sépare du chlorure d'ammonium et il reste une solution contenant 0/0

Chlorure d'ammonium	4,10
Chlorure de sodium	25,50
Carbonate d'ammoniaque	19,50

Si au lieu de partir d'une solution de chlorure d'ammonium pur, on part de la lessive de précipitation telle qu'elle sort des filtres, et contenant par exemple

Chlorure d'ammonium	19,8
Chlorure de sodium	9,4

et si on la traite de même par le chlorure de sodium, le carbonate d'ammoniaque et le froid, il y a encore séparation de chlorure d'ammonium, et il reste une solution contenant

Chlorure d'ammonium	5,9
Chlorure de sodium	23,1
Carbonate d'ammoniaque	18,5

Sur ces données, Schreib a institué le procédé suivant. Une grande chaudière A et une petite chaudière a sont situées sur un même plan, et reliées en bas et en haut par deux tubes munis de robinets. Du sel solide est placé en a; et l'eau mère des filtres est amenée en A jusqu'au dessus du tube de communication supérieur. Les robinets étant ouverts, la circulation du liquide s'établit, et le sel se dissout uniformément dans les deux chaudières. En même temps, on fait arriver par un tuyau central en A du gaz ammoniac et du gaz carbonique jusqu'à formation du monocarbonate seulement, et au moyen d'un serpentin à eau froide, on refroidit jusqu'à 5° environ. Il se précipite du chlorure d'ammonium que l'on sépare par la presse hydraulique; la solution claire est toute prête pour une nouvelle précipitation du bicarbonate de soude; elle est envoyée aux carbonateurs. La même solution salée peut ainsi servir plusieurs fois de suite, mais non indéfiniment, car les impuretés du sel se concentrent dans la lessive, qui à un moment donné doit être distillée par le procédé ordinaire. On ne peut donc ainsi régénérer à l'état solide qu'une portion seulement du chlorure d'ammonium des eaux mères. La consommation de sel est réduite d'après l'auteur de 180 kg. à 115 et 120 kg. pour 100 kg. de soude finie. Dans les endroits où le sel en saumure coûte 20, 12, et même 6 centimes les 100 kg., cet avantage n'est pas important. Il faut considérer seulement qu'on peut distiller plus économiquement le chlorure d'ammonium quand il est à l'état solide, soit par voie sèche en présence de carbonate de chaux ou de magnésie en poudre; soit en solution concentrée avec la chaux vive. L'auteur recommande surtout le procédé pour le cas où il faut avoir le chlorure d'ammonium sous une forme solide en vue de la récupération du chlore par l'un des moyens préconisés avec cette condition. Tel est le cas du procédé de Mond.

Le procédé de Mond, qui régénère à la fois le chlore et l'ammoniaque, consiste à volatiliser le chlorure d'ammonium et à le décomposer à chaud par la magnésie en ammoniaque et en chlore [A. Haller, Chicago, 1893]. Mond part du sel solide, et le volatilise à 300° dans des récipients en fer contenant du chlorure de zinc fondu. Le récipient de fer est revêtu intérieurement d'antimoine ou d'un alliage à base d'antimoine. Le bain de chlorure de zinc a pour but de protéger la paroi de fer. et d'empêcher la température d'atteindre le point de fusion de l'antimoine qui est de 425°. Il rend en outre le dégagement gazeux plus régulier.

Les vapeurs de chlorure d'ammonium sont dirigées dans un second récipient en fer revêtu de matériaux réfractaires, et rempli de briquettes ou boulets à base de magnésie. Ces briquettes sont ainsi constituées :

Magnésie	100
Argile	70
Chaux	6

et agglomérées avec du chlorure de potassium. Le récipient et son contenu sont portés à 300° par un courant d'air chaud. On y fait passer les vapeurs de chlorure d'ammonium, qui est décomposé :

$$2\,AzH^4Cl + MgO = MgCl^2H^2O + 2\,AzH^3.$$

Le gaz ammoniac dégagé rentre dans la fabrication de la soude. Quand la magnésie est ainsi transformée en chlorure hydraté, il faut l'amener à l'état de chlorure anhydre. ce qu'on obtient au moyen d'un courant de gaz chauds inertes portés à 550°. Enfin on fait passer de l'air à 900 ou 1000°, le chlorure de magnésium est décomposé avec dégagement de chlore, il reste de la magnésie qui peut servir à nouveau: les gaz obtenus sont à 7 à 8 0/0 de chlore et servent à faire les chlorures décolorants.

On voit que ce procédé exige l'emploi de chlorure d'ammonium solide. Si ce sel doit être amené à cet état par voie d'évaporation, il en résulte des frais élevés. L'obligation de porter de l'air à 900 ou 1000° est un inconvénient. Il faut noter de plus que dans la déshydratation du chlorure à 550°. il commence déjà à se dégager

de l'acide chlorhydrique. Ce procédé est, paraît-il, employé à l'usine de Winnington.

Chaleur nécessaire pour la distillation. — La distillation des eaux mères et la régénération de l'ammoniaque représentent dans la fabrication de la soude à l'ammoniaque la plus grosse part de la consommation totale de combustible. Dans cette distillation, la décomposition des sels ammoniacaux, et la dissociation de la solution ammoniacale se font avec absorption de chaleur. Il se vaporise en même temps de l'eau, dont une partie passe dans les absorbeurs, et dont l'autre partie est condensée et retourne indéfiniment dans la colonne distillatoire. Toute cette chaleur se retrouve, en grande partie du moins, dans les absorbeurs à ammoniaque. Elle y produit l'échauffement des saumures, et est, en fait, dissipée par les différents systèmes de réfrigération. Il faut compter de plus toute la chaleur perdue par le rayonnement des appareils.

On peut se rendre compte de la quantité totale de chaleur dépensée par la constatation suivante : le chauffage des lessives à distiller se fait presque toujours par injection directe de vapeur. Ces lessives sont ainsi fortement diluées, et dans certains cas, on arrive en partant de 10 mètres cubes de liqueurs mères, à en retrouver 15 mètres cubes après distillation. Il y a eu ainsi un apport de 5000 kg. d'eau à l'état de vapeur représentant une consommation de charbon de 600 kg. environ, alors que la consommation totale pour une production de 1000 kg. de soude, est en moyenne de 1000 à 1100 kg.

VI. *Eaux résiduelles.* — Les eaux résiduelles contiennent à l'état de chlorure de calcium tout le chlore du sel marin réellement transformé en soude. Dans le volume de ces eaux qui correspond à la production de 1000 kilogr. de soude, il y a par conséquent la quantité équivalente soit 1050 kilogr. de chlorure de calcium. Il y a en outre tout le sel marin non transformé, de la chaux à l'état d'hydrate, de carbonate et de sulfate, et des traces d'ammoniaque. Le rapport $Cl\,(Ca) : Cl\,(Na)$ indique le degré de transformation du sel mis en œuvre. La quantité des deux sels $CaCl^2$ et $NaCl$ en valeur absolue dépend uniquement de la concentration.

Pour 1000 kilogr. de soude finie, on peut avoir suivant les procédés de fabrication jusqu'à 15 mc. d'eaux résiduelles. Dans le système Mallet-Boulouvard, ce volume est réduit à 7367 lit. [Jurish, *Mon.*, 1898, 649]. C'est d'après Jurish, le maximum possible de concentration.

La composition des eaux résiduelles peut ainsi suivant le degré d'utilisation du sel, et suivant la concentration, varier dans les limites les plus étendues. On y trouve par exemple :

Sels.	A	B	C	D
Ca Cl²	60 à 75	160	59,848	78 à 85
Na Cl	50 à 60	70	49,048	39 à 48
Ca O totale	»	27	24,000	»
Az H³	traces	0,05	0,365	»

A. Composition que doit présenter d'après Schreib [S. A., 334], l'eau résiduelle dans une fabrication normale.

B. D'après Jurish [*Mon.*, 1898, 649], eau résiduelle dans le procédé de *fabrication Mallet-Boulouvard*.

C. Du même. Eaux résiduelles dites moyennes. Ces chiffres représentent la moyenne des déterminations d'une journée.

D. Schreib [*Mon. f. Chem.*, 1899, 833]. Eaux résiduelles moyennes dans de bonnes usines allemandes.

L'utilisation des eaux résiduelles comporte avant tout leur évaporation. Dans la grande usine Solvay, de Syracuse, cette évaporation est faite dans des appareils à effets multiples. On retrouve à l'état solide une partie du sel employé. La consommation de sel pour 100 kilogr. de soude est ainsi réduite à 130 kilogr. environ, sans que la consommation de combustible soit sensiblement augmentée. Mais cela n'est possible que dans les grandes usines, et en général la seule valeur du sel ne couvrirait pas les frais d'évaporation, car il faut tenir compte du prix et de l'amortissement des appareils. L'emploi du chlorure de calcium à l'état pur, ou sa transformation en sulfate de chaux ont pu trouver des applications dans quelques cas très particuliers et très restreints. Mais le problème de l'utilisation complète des eaux résiduelles, qui consiste à récupérer sous forme de chlore ou d'acide chlor-

hydrique, comme dans le procédé Leblanc, tout le chlore du sel marin n'est pas encore résolu.

On pourrait, dans la distillation des lessives ammoniacales, remplacer la chaux par la magnésie ou son carbonate. Les eaux résiduelles contiennent alors du chlorure de magnésium qui traité suivant le procédé Weldon-Péchiney produit du chlore. Mais ce procédé lui-même qui a été essayé en grand à l'usine de Salindres, paraît être abandonné maintenant.

La méthode proposée par Solvay pour la décomposition du chlorure de calcium par la silice et la vapeur d'eau a déjà été indiquée [1er Suppl., 1444]. Quant au procédé Weldon-Péchiney pour la production du chlore par l'oxychlorure de magnésium, il est décrit ici même, à l'article CHLORE.

Dans le tableau ci-dessous sont indiquées les consommations de matières premières, pour 100 kilogr. de soude, à différents moments depuis le début de la fabrication de la soude à l'ammoniaque.

Matières premières.	Schlœsing et Rolland.	Solvay au début.	Honigmann 1878.	Chiffres moyens 1885	Chiffres moyens actuellement.	Usine de Syracuse 1896
Sel......................	180	194,2	200	200	180	131
Calcaire..................	122	215,5	140	180	170	161
Charbon..................	128	169,8	150	} 160	90	116
Coke....................	72	25,8	60		14	15,2
Sulfate d'ammoniaque.......	32	8,75	4	4	0,75	1,46

SOUDE LEBLANC.

La fabrication de la soude par le procédé Leblanc, n'a pas cessé de subir depuis le moment où la soude à l'ammoniaque a paru sur le marché, une décroissance continue. On voit dans le tableau ci-après, quels ont été depuis une trentaine d'années, les mouvements de cette fabrication dans les principaux pays producteurs :

Années.	France.		Angleterre.		Allemagne.	
	Soude Leblanc.	Soude à l'ammoniaque.	Soude Leblanc	Soude à l'ammoniaque.	Soude Leblanc.	Soude à l'ammoniaque.
	tonnes.	tonnes.	tonnes.	tonnes.	tonnes.	tonnes.
1878...........	56 000	17 230	388 000	10 000	42 000	»
1880...........	55 000	44 000	487 000	26 000	»	»
1883...........	50 000	57 000	471 000	52 000	56 000	44 000
1888...........	32 500	97 500	550 000	110 000	37 000	112 000
1891...........	27 500	120 000	570 000	280 000	30 000	160 000
1896...........	22 500	168 000	361 000	231 000	»	»
1899...........	20 000	195 000	»	»	»	»
1900...........	20 000	205 000	»	»	»	»
1902...........	15 000	210 000	100 000	»	30 000	270 000

La production totale de la soude, qui est actuellement de 1 750 000 t., se répartit ainsi :

Soude Leblanc........ 150 000 tonnes.
Soude à l'ammoniaque.. 1 600 000 —

Tant qu'il n'existe pas de procédé pratique pour tirer parti des eaux résiduelles de la fabrication de la soude à l'ammoniaque. le procédé Leblanc conserve une raison d'être en tant que producteur de chlore et d'acide chlorhydrique. La décomposition du sel marin par l'acide sulfurique est jusqu'à présent le moyen le plus économique pour la fabrication de l'acide chlorhydrique. Par contre, certains débouchés de l'acide chlorhydrique paraissent se restreindre. En sucrerie notamment, on remplace de plus en plus par les bisulfites le noir animal dont la revivification consomme de l'acide chlorhydrique. Pour la fabrication de la gélatine. on lui sub-

stitue aussi l'acide sulfureux. Enfin, pour la production des chlorures décolorants, il y a maintenant à envisager la concurrence encore éventuelle de la soude électrolytique, dans la fabrication de laquelle on obtient directement le chlore.

Les efforts des fabricants de soude Leblanc se sont portés principalement sur la régénération du soufre des résidus. Le procédé Chance, qui permet d'en retirer 90 0/0 est appliqué en Angleterre dans une quinzaine d'usines, et en France, à Saint-Fons. Il exige une installation coûteuse et consomme beaucoup de charbon. La fabrication elle-même de la soude Leblanc consomme près de deux fois plus de combustible que le procédé à l'ammoniaque. Si le procédé Leblanc, combiné avec l'application de la méthode Chance pour l'extraction du soufre des résidus, a pu se maintenir le plus longtemps en Angleterre, c'est sans doute pour cette raison que les prix des charbons y sont moins élevés qu'ailleurs.

En rappelant brièvement les différentes phases de cette fabrication, il suffira d'indiquer ici les appareils et procédés nouveaux qui n'ont pas encore été décrits dans les précédentes éditions.

Sulfate de soude. — Pour la fabrication du sulfate de soude au moyen du sel et de l'acide sulfurique, on emploie surtout les fours à moufle, et aussi les fours mécaniques de Mac-Tear, chauffés à l'oxyde de carbone. La construction des fours à moufle a toujours présenté des difficultés en ce qui concerne l'étanchéité des parois de la sole et de la voûte des moufles. En réalité on ne peut empêcher les rentrées d'air, et l'acide chlorhydrique n'est guère moins dilué qu'avec les anciens fours à réverbère, à chauffage direct. Leur avantage est que le sulfate est maintenu à l'abri des poussières du foyer, et est ainsi obtenu plus pur. On a construit de ces fours capables de décomposer 10 à 12 t. de sel par 24 heures, mais le travail est plus difficile, et le résultat moins bon. Les dimensions ordi-

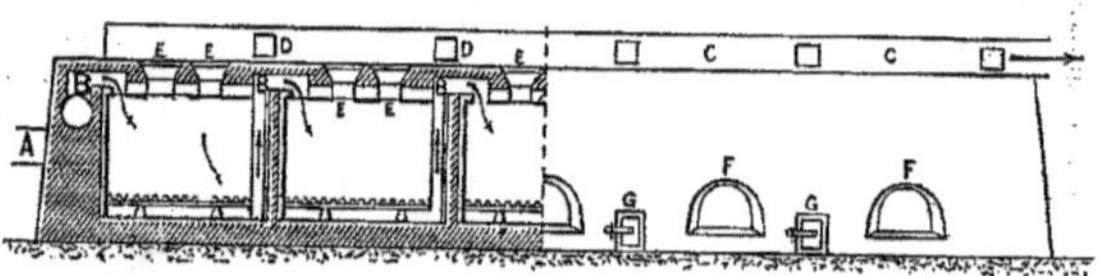

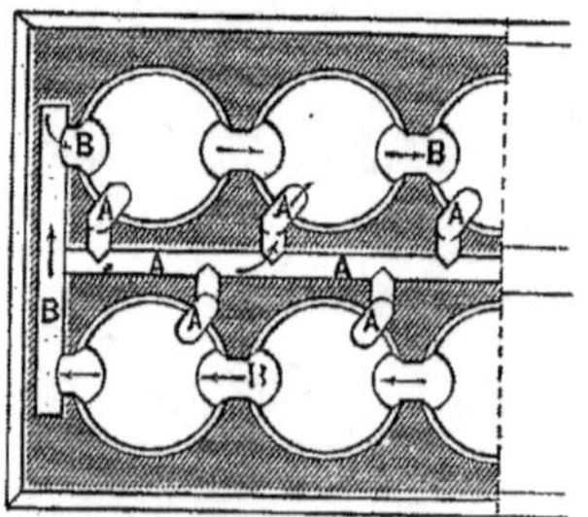

Fig. 5. — Four à sulfate à 10 cylindres, de Hargreaves.

A. Arrivée des gaz sulfureux. — B. Passage des gaz d'un cylindre dans le suivant. — C. Collecteur d'acide chlorhydrique pouvant se raccorder avec chaque cylindre par un siphon mobile. — D. Ouvertures du collecteur servant à ce raccordement. — E. Orifices pour le chargement du sel. — F. Portes pour le déchargement du sulfate. — G. Portes des foyers de chauffage.

naires sont 2m,50 de large, sur 4 à 5 m. de long, avec 3 portes de travail. Ces dimensions très usitées en Angleterre permettent de décomposer dans un four 4 à 5 t. de sel par 24 heures.

Les fours mécaniques de Mac-Tear, chauffés au gaz de gazogène, donnent par le brassage mécanique un sulfate très homogène et bien décomposé. Ils peuvent produire de 20 à 25 t. de sulfate en 24 heures, mais ils sont coûteux et exigent de grands frais d'entretien. Ils ne sont pas très répandus. En France, ils sont employés concurremment avec les fours à moufle à Chauny où se fait en grand la fabrication du sulfate, pour la soude brute, pour la verrerie et pour les glaces.

On emploie aussi pour le sulfate de soude le procédé Hargreaves, qui consiste à décomposer

à 400° le sel marin par l'acide sulfureux, l'air et la vapeur d'eau :

$$2\,Na\,Cl + SO^2 + O + H^2O = Na^2SO^4 + 2\,H\,Cl.$$

Cette décomposition a lieu dans des cylindres en fonte, remplis de sel, et traversés de haut en bas par le courant de gaz sulfureux venant des fours à pyrite. Pour que la réaction soit régulière, il faut que le sel soit sous forme d'une masse poreuse. On commence donc par faire au malaxeur une pâte avec du sel de chaudière, ou du sel gemme égrugé, et de l'eau. Cette pâte est étalée sur une épaisseur de 3 cm. 1/2 sur une série de tôles formant bande sans fin, et découpée en plaquettes de 10 cm. sur 6 cm., puis elle est séchée à l'étuve. Toute cette préparation des briquettes de sel se fait mécaniquement. Le four lui-même est constitué par une série de 8, 10 ou 12 de ces cylindres dans lesquels a lieu la décomposition du sel. Ils sont groupés dans un même massif en maçonnerie avec un foyer spécial pour chaque cylindre. Le four représenté (fig. 5) comprend 10 cylindres dont chacun peut contenir 50 t. de sel. Sur les fonds supérieurs il y a des ouvertures circulaires pour le chargement. Les briquettes du sel sont entassées sur une grille supportée à 0m,50 du fond par des chevalets en fer. Les gaz sulfureux venant des fours arrivent par l'un quelconque des cylindres, et traversent successivement tous les autres. L'appareil dans son ensemble réalise le principe de la circulation inverse, entre le sel et les gaz. Le cylindre le plus nouvellement chargé reçoit les gaz qui ont traversé tous les autres. On le chauffe au début pendant 4 ou 5 jours; la réaction commence déjà à 350°; puis la chaleur qu'elle dégage suffit à maintenir la température. À mesure que le mélange s'appauvrit en sel, il est traversé par des gaz sulfureux plus riches, et à la fin, il reçoit les gaz venant directement des fours à pyrite, et riches en acide sulfureux; les dernières traces de sel sont ainsi décomposées. Il ne faut pas que la température s'élève au-dessus du point de fusion du sel, sans quoi la masse deviendrait imperméable aux gaz. La décomposition complète dure une vingtaine de jours, elle est terminée lorsque les gaz sortant du premier cylindre à défourner ne contiennent pas plus de 2 0/0 d'acide sulfureux. Un pareil four peut produire 20 à 25 t. de sulfate par 24 heures, en défournant un cylindre tous les deux jours; les gaz qui s'en dégagent contiennent très uniformément 8 à 10 0/0 d'acide chlorhydrique et peuvent être facilement condensés. Cette fabrication, très répandue en Angleterre, est appliquée à l'Estaque, près de Marseille pour utiliser l'acide sulfureux qui provient des fours à pyrite de cuivre.

Soude brute et sel de soude. — Les fours tournants ou revolvers sont les seuls usités maintenant pour la transformation du sulfate en soude brute plus ou moins caustique. Par le brassage mécanique, la transformation du sulfate est plus complète. Il reste environ 1/2 0/0 de sulfate non transformé au lieu de 2 0/0 avec les fours à mains. Le chauffage par gazogène appliqué aux fours tournants abaisse la consommation de houille pour le chauffage, de 600 kilogr. par tonne de sulfate à 450 ou 500 kilogr. Les dimensions les plus usitées pour le cylindre tournant sont pour la longueur, 5 m., et pour le diamètre intérieur, 2m,50 au milieu et 2m,25 aux extrémités. Ces dimensions donnent une production de 25 à 30 t. de soude brute par 24 heures. Le grand revolver de la Widness Alkali Co. dont le cylindre a 9m.14 de longueur et 3m.80 de diamètre intérieur, peut produire 80 à 90 t. A côté des fours tournants, quelques usines ont conservé les fours à bras comme fours de secours.

L'évaporation des lessives de soude brute, désulfurées par un courant d'air et d'acide carbonique, donne du premier jet des cristaux très purs de carbonate à 1 équiv. d'eau. Lorsque cette évaporation se fait par chauffage en dessus, par contact direct entre la lessive et les flammes perdues des fours, il y a une perte d'environ 2 0/0 de carbonate, qui est transformé en sulfate par le soufre des gaz de la combustion. Le plus souvent, le chauffage des lessives a lieu en dessous, et le sel, à mesure qu'il se forme, est pêché mécaniquement au moyen de l'appareil de Thelen. La bassine d'évaporation est une nacelle demi-cylindrique de 7 m. de longueur sur 2 m. de diamètre. L'appareil de pêchage se compose de raclettes montées autour d'un arbre, et orientées de manière à ramener le sel vers le milieu de la longueur. Une cuiller le ramasse et à chaque tour le dépose dans une gouttière. Cet appareil peut pêcher de 1800 à 2000 kilogr. de cristaux par jour. Ces cristaux de monohydrate absorbent très facilement l'acide carbonique; ils se prêtent ainsi à la fabrication du bicarbonate. Calcinés dans un four à réverbère, ou mieux dans le four mécanique de Mac Tear, le même que le four à sulfate, ils donnent le carbonate sec à 18 0/0.

Extraction du soufre des résidus. — Les résidus de lessivage de la soude brute contiennent en majeure partie à l'état de sulfure de calcium 90 0/0 environ du soufre des pyrites entrées dans la fabrication. Les procédés de traitement de ces résidus, basés sur leur oxydation par l'air, ne donnaient que 30 à 40 0/0 de la totalité de ce soufre: ils étaient coûteux et consommaient de l'acide chlorhydrique, qui est devenu un des produits principaux de la fabrication de la soude Leblanc. Avec le procédé Chance, on récupère 90 0/0 du soufre des résidus, soit 80 0/0 du soufre total des pyrites. Ce procédé, qui date d'une quinzaine d'années [*Moniteur Sc.*, 1888, 927 et 1890, 114] est comme on sait basé d'une part, sur le déplacement par l'acide carbonique et en présence de l'eau, du soufre du sulfure de calcium :

(n° 1) $CaS + H^2O + CO^2 = CaCO^3 + H^2S$,

et d'autre part sur la décomposition par l'hydrogène sulfuré d'une autre portion de sulfure de calcium, et sa transformation en sulfhydrate soluble :

(n° 2) $CaS + H^2S = CaSH^2S$.

Ces réactions avaient été déjà appliquées : par Gossage, dès 1838 ; par Opl (voy. 1er Suppl., 1450) ; par Miller et Opl (*ibid.*). Toutes ces tentatives avaient abouti à des procédés qui produisaient un gaz trop pauvre et surtout de composition trop irrégulière pour qu'il fût pratiquement possible d'en tirer parti.

Le principe nouveau apporté par Chance dans l'application de ces procédés, a consisté dans l'enrichissement méthodique des gaz sulfurés, et dans l'emploi d'un gazomètre de grandes dimensions pour les emmagasiner avant leur utilisation. L'installation comporte une série de cuves cylindriques verticales, en général au nombre de 7, contenant à l'origine les résidus délayés dans l'eau, et tamisés. Ces cuves peuvent être

soit séparément, soit en série, traversées par le courant de gaz carbonique. Avec les gaz sulfurés pauvres qui se dégagent d'une cuve donnée (réact. n° 1), on enrichit en soufre la cuve suivante (réact. n° 2), de telle sorte que lorsque cette seconde cuve est à son tour traversée par le courant de gaz carbonique, il s'y produit aussi de l'hydrogène sulfuré :
(n° 3) $CaSH^2S + CO^2 + H^2O = CaCO^3 + 2H^2S$, mais en quantité deux fois plus grande pour un même volume de gaz des fours à chaux, soit en somme, un gaz théoriquement deux fois plus riche.

On évacue dans l'atmosphère les gaz qui ne contiennent ni acide carbonique, ni hydrogène sulfuré, et on recueille dans le gazomètre les gaz enrichis. Leur composition moyenne varie de 30 à 34 0/0 d'hydrogène sulfuré. Le gazomètre a une capacité d'environ 800 mc. ; l'eau de la cuve où il est installé est recouverte d'une couche d'huile lourde de goudron de houille.

L'utilisation des gaz sulfurés ainsi recueillis, constitue la seconde partie du procédé. Elle consiste, suivant le principe de Claus (1er Suppl., 1451) en une combustion incomplète, avec une quantité réglée d'air, dite combustion pour soufre :

$$H^2S + O = H^2O + S.$$

Dans le four étudié par Chance pour appliquer ce principe, le gaz et l'air se mélangent sous une grille en pièces réfractaires, ils traversent une couche d'oxyde de fer qui agit ici comme catalyseur.

$$Fe^2O^3 + 3H^2S = Fe^2S^3 + 3H^2O$$
$$Fe^2S^3 + 3O = Fe^2O^3 + 3S$$

et qui est maintenu au rouge par la chaleur même de la réaction. Le soufre se dépose à l'état liquide et à l'état de fleur de soufre dans deux chambres qui suivent la chambre de combustion. Avant d'être évacués dans l'atmosphère, les gaz traversent un épurateur contenant de la chaux.

Les gaz sulfurés obtenus dans le procédé Chance, peuvent être aussi, et ont été utilisés en vue de la production de l'acide sulfurique. Ces gaz, à 30-34 0/0 d'hydrogène sulfuré, lorsqu'ils sont complètement brûlés en eau et acide sulfureux, donnent après condensation de la vapeur d'eau un gaz à 7,2 0/0 d'acide sulfureux, apte à être transformé en acide sulfurique dans les chambres de plomb. Mais avec les bas prix du soufre des pyrites, cette opération n'est pas économique. Le traitement industriel des résidus de soude brute n'est réellement avantageux que si l'on a pour but la production du soufre pur qui a des débouchés nombreux et dont la valeur marchande est plus élevée que celle de l'acide sulfurique.

SOUDE CAUSTIQUE.

Quand on prend le carbonate de soude sec comme matière première pour fabriquer la soude caustique, il faut comme on le sait, amener ce sel en solution étendue, pour que sa caustification par la chaux soit suffisamment complète. On a ensuite à évaporer toute la masse d'eau ainsi introduite dans la fabrication. Pour cette raison, le procédé Leblanc est resté longtemps le plus économique pour la production de la soude caustique, puisqu'il fournit comme matière première soit les eaux rouges, soit les lessives caustifiées de soude brute. Cette fabrication ne s'est d'ailleurs jamais développée qu'en Angleterre. L'emploi des appareils d'évaporation avec utilisation multiple de la chaleur a permis de produire économiquement la soude caustique en partant du sel de soude desséché, et de donner à cette branche de l'industrie de la soude toute l'importance qu'elle a maintenant.

L'idée d'appliquer l'utilisation multiple de la chaleur à l'évaporation des lessives de soude est déjà ancienne. Une première réalisation de ce principe, faite en Angleterre, par Dale, en 1859, consistait à alimenter les générateurs avec des solutions faibles de soude brute. On les concentrait ainsi jusqu'à ce que les sels étrangers commencent à se déposer, soit jusqu'à 28° Bé environ.

L'application de ce même principe à l'industrie chimique a été faite pour la première fois en France, en 1881, par M. J. Buffet, aux établissements Maletra, du Petit-Quevilly. On employait simplement en quadruple effet la caisse tubulaire usitée jusqu'alors en sucrerie, pour concentrer les lessives carbonatées pour cristaux, et les lessives caustiques pour soude.

Pour voir quelle est l'économie que l'on peut ainsi réaliser, il est intéressant de comparer les consommations de charbon pour l'évaporation des lessives, suivant les différents modes de chauffage qui ont été successivement pratiqués.

Dans les bassines à air libre et à feu nu, 1 kilogr. de charbon évapore d'après P. Kienlen [*Étude sur les différents systèmes d'évaporation des lessives*; *Monit.*, 1898, 91], dans les lessives :

5ᵏᵍ d'eau .... de 10° Bé à 20° Bé
3 — .... 20° — 48°
2 — .... pendant la fusion ignée.

Par chauffage indirect par la vapeur, et sous la pression atmosphérique, 1 kilogr. de charbon au générateur évapore [*ibid.*] :

5ᵏᵍ,600 d'eau, de 17° Bé à 30° Bé.

A ce degré de concentration, la lessive de soude ne bout à l'air libre qu'à 135°. La différence de température entre la vapeur et la lessive est devenue insuffisante, l'évaporation ne peut être terminée qu'à feu nu.

Sous pression réduite, au contraire, il est possible de pousser la concentration jusqu'à 48° Bé et au delà, par chauffage indirect par la vapeur. Dans ce cas, en supposant aux générateurs une production de 8 kilogr. de vapeur par 1 kilogr. de charbon, et à la condition que les liquides à

concentrer soient amenés à leur température d'ébullition avant leur introduction dans l'appareil, on peut compter sur une évaporation de

7ᵏᵍ,200 d'eau dans un simple effet
13 ,600 — double
20 ,000 — triple
26 ,000 — quadruple
30 ,800 — quintuple
34 ,000 — sextuple

par kilogr. de charbon au générateur, et dans des lessives faibles, de 17° à 30° Bé.

On sait que les solutions de carbonate de soude ne sont complètement caustifiées par la chaux que si elles sont étendues. Jusqu'à 12° Bé la caustification est complète. Dans les lessives caustifiées à 17° Bé il reste environ 10 0/0 de carbonate non transformé. Malgré cela il n'est pas avantageux au point de vue de la capacité de production des appareils de partir de lessives trop étendues. Pour obtenir 1 t. de soude caustique à 60 0/0 de Na²O, il faudrait évaporer

9000 kg. d'eau en partant de la lessive à 12° Bé
6506 — — 27°

Dans la pratique, on ne traite que des lessives caustifiées à 17° Bé, et on pêche le sel non transformé qui se dépose à un moment donné pendant la concentration.

La mise en œuvre d'un principe nouveau, celui d'une circulation active des lessives à travers les appareils d'évaporation, a eu pour premier résultat d'augmenter la production par unité de surface de chauffe. Elle a permis en même temps de réduire dans chaque effet la chute de température nécessaire pour la transmission de la chaleur, et d'obtenir ainsi par l'augmentation du nombre des effets une utilisation encore meilleure du charbon consommé aux générateurs. Ces appareils à circulation, étudiés en vue de la sucrerie, paraissent avoir reçu plus d'applications dans l'industrie chimique, et surtout dans l'industrie de la soude.

Tel est d'abord le « multiple effet évaporator » de Chapmann (1888). Il consiste en une série de chaudières à surface de chauffe tubulaire. Mais au lieu de séjourner et de se concentrer dans une même chaudière, la lessive circule constamment à travers tout le système, passant au

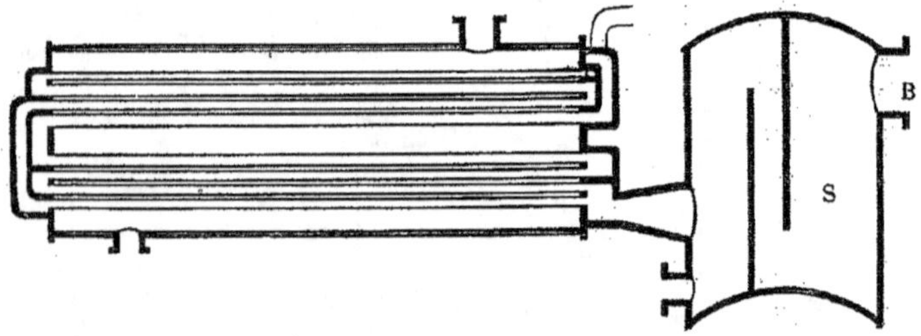

Fig. 6. — Schéma d'un élément de l'évaporateur Yaryan.

moyen d'un siphon d'une chaudière à la suivante. Les eaux de condensation passent aussi d'une chaudière dans l'espace intertubulaire de la suivante, où leur chaleur est utilisée. Cette circulation de la lessive est rapide, et le rendement de l'appareil considérable.

Le concentreur Yaryan doit également sa

grande puissance de production et son bon rendement à une circulation intense de la lessive à travers les tubes de chauffe. Il consiste en une série de chaudières dont le nombre est égal à celui des effets qu'on veut produire. Chacune d'elles est constituée par un corps cylindrique horizontal contenant des tubes réunis en serpentin par leurs extrémités (fig. 6). La lessive pénètre en quantité réglée par le premier tube; elle se transforme en une émulsion de lessive et de vapeur qui prend rapidement une vitesse considérable. L'appareil primitif a reçu certaines modifications, surtout par l'adjonction de tubes extérieurs servant de réchauffeurs pour la lessive, car il y a avantage au point de vue de la consommation de charbon à introduire les lessives dans l'appareil à leur température d'ébullition. A la suite de chaque chaudière, il y a un séparateur de vapeur S, espace cylindrique clos contenant 2 diaphragmes, contre lesquels vient frapper le mélange de liquide et de vapeur; le liquide partiellement concentré se rassemble au bas du séparateur; la vapeur se dégage en B, et va chauffer la chaudière suivante. La lessive se concentre en un seul passage à travers l'appareil.

La première application du concentreur Yaryan pour la soude a été faite à La-Madeleine-lès-Lille. L'appareil était monté en quadruple effet. Chaque chaudière avait 5 m. de long sur 0ᵐ.50 de diamètre, et contenait 10 tubes en fer. Avec une production aux générateurs de 7 kilogr. de vapeur par 1 kilogr. de charbon, on obtenait à l'évaporation les résultats suivants [M. J. Hochstetter, *Note sur l'évaporateur Yaryan* (Lille, 1902)] :

Eau évaporée par heure	1200 kg.
— kg. de charbon.	22.5
Concentration de la lessive	17 à 32° Bé

Le concentreur Yaryan a été également installé à l'usine Solvay, de Salin-de-Giraud, en sextuple effet pour la fabrication de la soude caustique. Il a donné dans ce cas les résultats suivants :

Eau évaporée par heure	12 500 kg.
— kg. de charbon.	32
Concentration de la lessive	16 à 32° Bé

Un inconvénient de cet appareil est que par suite de la disposition des tubes, on ne peut y traiter des lessives qui laissent déposer des sels. Pour les lessives de soude notamment, il ne peut guère servir à les concentrer au delà de 33° à 34° Bé.

L'évaporateur Kestner, de Lille, qui fonctionne en simple ou multiple effet, est constitué par une ou plusieurs chaudières verticales, dont chacune contient un faisceau de tubes de 5 à 7 m. de longueur, ou même davantage. La figure 7 montre l'agencement d'une de ces chaudières. L'alimentation de la lessive se fait par le tube T. En haut est le séparateur de vapeur S. A la base de celui-ci est une chicane hélicoïdale dont la fonction est de diriger tangentiellement aux parois du séparateur la lessive et la vapeur qui y pénètrent par les tubes. La vapeur sort en A et va soit au condenseur, soit à l'effet suivant. La sortie du liquide se fait par le tube B, qui lorsque cette sortie a lieu à l'air libre, fonctionne comme un tube barométrique.

Ce qui caractérise cet appareil, c'est d'abord le principe du grimpage, en vertu duquel la lessive s'élève en couche mince le long de la paroi des tubes; et en second lieu, le fonctionnement du séparateur. Dans le bas des tubes, il se forme des bulles de vapeur, d'abord disposées en chapelet. Mais en raison de son volume qui augmente très vite, la vapeur occupe bientôt toute la partie centrale des tubes, et y est soufflée de bas en haut comme un gaz. Dans ce mouvement, elle entraîne la lessive sous la forme d'une couche mince qui grimpe le long de la paroi. La vapeur arrive ainsi dans le sépara-

teur, avec une vitesse d'environ 20 m. à la seconde; elle rencontre la chicane qui transforme son mouvement vertical en rotation; les particules liquides qu'elle contient sont séparées par la force centrifuge, et se mélangent avec la lessive concentrée à la base du séparateur. La vapeur sort en A parfaitement desséchée.

Lorsque l'appareil fonctionne en simple effet, il se prête comme on le verra plus loin à l'extraction des sels qui se déposent, en sorte qu'on peut y obtenir la lessive de soude caustique à 48° Bé sous sa forme marchande. Par l'emploi de vapeur à haute pression, et grâce à des dispositions spéciales qui sont indiquées plus bas, on peut aussi y fabriquer la soude solidifiée à 60 0/0 de Na²O.

Pour faire la soude à 48° Bé on divise l'opération en deux parties; savoir : en multiple effet de 17° à 33°, et en simple effet de 33° à 48°. Pour une production journalière de 45 t. de lessive, il y a à évaporer :

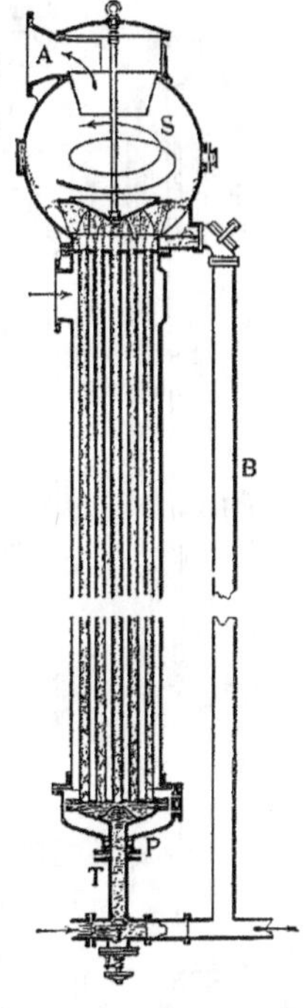

Fig. 7. — Schéma d'un élément de l'évaporateur Kestner.

De 17 à 33° Bé	80 000 kg. d'eau.
— 33 à 48°	41 000 —

La première partie de l'évaporation se fait en quadruple effet; la dernière, dans un simple effet finisseur.

La quantité d'eau évaporée par kilogr. de charbon est de

22 à 26 kg. dans le quadruple effet.	
6 à 7 kg. dans le finisseur.	

Chaque effet se compose d'un corps cylindrique contenant des tubes en fer, de 7 m. de longueur. La lessive faible, refoulée par une pompe alimentaire, traverse d'abord un réchauffeur, et arrive à la base de la première caisse e_1 qui est chauffée par la vapeur vive ou d'échappement, elle passe successivement dans les caisses suivantes e_2 e_3 e_4; elle se concentre en un seul passage à travers l'appareil, et s'écoule par un tuyau dans un bac n° 1 à lessive concentrée à 33° Bé.

La lessive concentrée coule d'une manière continue de ce bac n° 1 dans un autre bac n° 2, et l'alimentation du finisseur se fait par aspiration du vide dans ce bac n° 2. Cet appareil marche en circulation, c'est-à-dire que le liquide après avoir traversé les tubes, redescend par le tube t_5 à fonctionnement barométrique dans le bac d'alimentation où il est repris de nouveau jusqu'à ce qu'il ait atteint le degré voulu. Pendant cette partie de l'évaporation, il y a un dépôt de sel que l'on pêche dans le bac à circulation.

La même disposition, en sextuple effet, et avec de la vapeur initiale à 3 kilogr.. produirait dans la lessive entre 17° à 33° Bé une évaporation de 30 à 34 kilogr. d'eau par 1 kilogr. de charbon.

Il reste à indiquer les dispositions spéciales qui ont permis de pousser la concentration de la soude caustique jusqu'à 60 0/0 de Na²O, en partant des lessives à 48° Bé. A ce degré de concentration, la lessive bout à 180° à la pression atmosphérique ; et sous pression réduite, à une température correspondante au degré de vide réalisé. Les tubes de chauffe de cet appareil (fig. 8) ne sont pas groupés en faisceau, mais chacun d'eux est enfermé dans un tube en fonte qui reçoit de la vapeur à haute pression. à 8 ou 10 kilogr. Ils débouchent tangentiellement dans le séparateur, dont le fonctionnement est le même. La lessive est aspirée dans le réservoir R_1; elle redescend par le tube barométrique T dans le réservoir R_2, et circule ainsi jusqu'à ce qu'elle ait la concentration voulue.

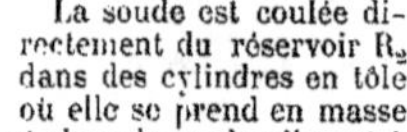

Fig. 8. — Fabrication de la soude caustique à 60 0/0 de Na²O.

La soude est coulée directement du réservoir R_2 dans des cylindres en tôle où elle se prend en masse par refroidissement et dans lesquels elle est à l'état solide livrée à la consommation.

Juillet 1907.   Henri Vignal.

SOUÉSITE (Min.) (C.-G. Hoffmann). — Alliage de nickel et de fer (76.48 0/0 de Ni, 22,3 de Fe et 1,22 de Cu), très petits grains arrondis, gris d'acier ou jaunâtres, éclat submétallique, avec platine, iridosmine, or, etc., dans les sables aurifères de Fraser, près Lilloet, Colombie Britannique. Densité = 8,215. Lentement attaquable par HCl froid, rapidement et complètement à chaud.   L. Bourgeois.

SOUFRE. — Etat naturel. — On a remarqué que certaines algues et bactéries renferment du soufre à l'état de liberté et qu'ainsi ce métalloïde peut s'accumuler dans des marais en quantité considérable. Ainsi des dépôts de marais à Franzensbad et dans l'Elster contiennent jusqu'à 11,26 0/0 de soufre libre [Etard et Ollivier, *C. R.*, 95, 846, 1882; — Krämer et Spilker, *D. chem. G.*, 32, 2941, 1899].

Propriétés physiques. — *Soufre octaédrique α.* — On peut l'obtenir en gros cristaux par oxydation à l'air d'une solution de H²S dans la pyridine ou la picoline [Ahrens, *D. chem. G.*, 23, 2708, 1890].

Soufre prismatique. — Pour les températures comprises entre 97,6 et le point de fusion, le soufre octaédrique peut exister à l'état instable (surfusion cristalline) qui cesse par le contact du soufre prismatique [Gernez, *C. R.*, 100, 1343, 1885]. Voir aussi Gaubert [*Bull. Soc. Min.*, 28, 157].

Variété β-monoclinique, soufre nacré. — Gernez [*C. R.*, 98, 144, 1884; 101, 313, 1885] l'obtient en faisant diffuser l'une dans l'autre une solution d'hyposulfite et une de bisulfate alcalins. Sabatier décompose le persulfure d'hydrogène avec un composé organique : alcool, éther, etc. [*C. R.*, 100, 1346, 1885]. Salomon [*Zeit. f. Krist.*, 30, 605, 1899] l'obtient en faisant sublimer très lentement le soufre entre deux verres de montre. Muthmann a pu obtenir des cristaux mixtes de cette modification avec du sélénium, contenant jusqu'à 66 0/0 de Se [*Zeit. f. Krist.*, 17, 336, 1890]. Cette variété est très peu colorée et fort instable. Maquenne [*Bull. Soc. Chim.*, 41, 238, 1884; — *C. R.*, 100, 1499, 1885] considère le soufre nacré de Sabatier comme étant du soufre octaédrique ordinaire.

Soufre monoclinique de Engel. — Ce chimiste [*C. R.*, 112, 866, 1891] l'obtient en mélangeant une solution saturée froide d'hyposulfite de sodium avec 2 volumes d'acide chlorhydrique concentré. Le soufre qui se trouve en solution est enlevé au chloroforme et cristallise de ce solvant, par évaporation. Friedel [*C. R.*, 112, 834, 1891] a reconnu qu'il appartient au système monoclinique. Sa densité est 2,135. Il se transforme spontanément en soufre insoluble.

Soufre amorphe et soufre mou. — Smith et Holmes [*D. chem. G.*, 35, 2992, 1902] ont élucidé en grande partie cette question embrouillée. Le soufre absolument pur, chauffé à son point d'ébullition, puis refroidi brusquement, ne donne pas de soufre amorphe. Par contre, s'il contient certains gaz, la teneur en soufre amorphe peut s'élever à 38 0/0. Chaque gaz a une caractéristique de soufre mou formé : ainsi HCl fournit 38,4 0/0 de soufre γ; SO², 31 0/0; l'air, 34,5 0/0; Az 4,7 0/0; CO² 4,5 0/0; H²S 0,8 0/0; AzH³ 0 0/0. Parmi les travaux antérieurs à ces savants, sur cette question, nous citerons ceux de : Gross [*Pharm. Post.*, 22, 825, 1889], Chapman Jones [*Chem. News*, 41, 244, 1880], Brunes et Dussy [*C. R.*, 118, 1045, 1894], Dussy [*C. R.*, 123, 305, 1896], Küster [*Zeit. anorg. Chem.*, 18, 365, 1898], Malus [*C. R.*, 130, 1708, 1900], Gernez [*C. R.*, 97, 1298, 1366, 1433, 1477, 1883], Duhem [*Zeit. physikal. Chem.*, 22, 545, 1897; 23, 193, 1898].

Continuant leurs travaux sur cette question, Smith, Holmes et Hall [*Journ. Am. Chem. Soc.*, 27, 797 et 979, 1905; — *Zeit. physikal. Chem.*, 52, 602, 1905] en étudiant la viscosité et les mouvements thermiques dans les différents phénomènes relatifs au soufre plastique, admettent actuellement qu'il doit y avoir 2 variétés de soufre liquide, le soufre λ existant du point de fusion à 160°, et le soufre μ, de 160° au point d'ébullition. Dans le cas où le soufre μ est absolument pur, il ne peut exister en surfusion et passe par refroidissement en soufre λ; au contraire, s'il contient certains gaz, tels que SO², il reste en surfusion et produit alors le soufre plastique amorphe.

La transformation du soufre amorphe en soufre α est accompagnée d'un dégagement de 9,1 calories [Petersen, *Zeit. physikal. Chem.*, 8, 601, 1891].

Soufre colloïdal ou soufre δ. — Cette modification, très instable, est soluble dans l'eau pure, en jaune, et se précipite quelque temps après en soufre amorphe. Debus, qui l'a découvert, l'obtient en masse jaune pâteuse, par traitement d'une solution d'acide sulfureux à l'hydrogène sulfuré [Debus, *Chem. News*, **57**. 87. 1888]. Il se forme aussi en même temps que le soufre monoclinique d'Engel [*loc. cit.*]. Lobry de Bruyn [*Rec. Pays-Bas*, **19**, 236, 1900] l'obtient en mélangeant des solutions équimoléculaires, demi-normales d'hyposulfite et d'HCl dans la gélatine à 20 0/0. On peut obtenir une solution de soufre colloïdal en faisant d'abord déposer du soufre sur une lame de platine, par voie électrolytique ; puis, prenant la lame comme cathode en face d'une anode de platine, on fait passer un courant de 220 volts. Le soufre se répand dans l'eau qui baigne les électrodes, et la rend laiteuse en même temps que la liqueur sent l'hydrogène sulfuré [Müller et Kowackowski, *D. chem. G.*, **38**, 3779, 1905]. D'autre part, Valeton [*Centr. Bl.*, II, 1114, 1906] obtient une solution de soufre colloïdal en faisant passer un courant de H_2S dans une solution de SO_2. On précipite le soufre par NaCl puis le renet en solution dans l'eau pure, et recommence 4 fois cette opération. A la fin, on se débarrasse du NaCl en excès par une dialyse de 10 jours.

Soufre bleu. — On l'a obtenu, assez impur, contenant au moins 5 0/0 de cendres, en faisant réagir une solution benzénique ou sulfocarbonique de chlorure de soufre sur les sulfures d'argent, platine, bismuth, zinc, cadmium, uranyle. On obtient un précipité de soufre vert qui semble être un mélange de soufre ordinaire et de soufre bleu [Orloff, *Journ. Soc. phys. chim. russe*, **33**. 3d7, 1901 ; **34**. 52. 1902].

Spectres. — On a pu obtenir un spectre de séries [Runge et Pascher, *Ann. ph. ch. Wied.*, (2), **61**, 641, 1897], un spectre de dissociation [De Gramont, *Bull. Soc Chim.*, (3), **19**, 54, 1898]. Des tables détaillées de ces spectres ont été données par Hartley [*Chem. News*, **67**, 279, 1893], Rancker [*Zeit. anorg. Chem.*, **18**. 86, 1898].

Propriétés chimiques. — Le soufre s'unit lentement à l'oxygène à la température ordinaire [Moissan, *C. R.*, **137**, 547, 1903]. Sa température d'inflammation est de 282° dans l'oxygène. 363° dans l'air [Moissan, *loc. cit.*; — Rutherford, Hill, *Chem. News*, **61**. 125, 1890; — Blount. *Chem. News*, **61**, 153, 1890]. Il brûle à 255-261° [Créa et Wilson, *Chem. News*, **96**. 25, 1907]; à 248° [Hill, *ibid.*, **95**, 159, 1907]. Il est phosphorescent à l'air et dans l'oxygène. sous pression réduite. au-dessus de 200° [Joubert, *C. R.*, **78**, 1853, 1874; — K. Heumann, *D. chem. G.*, **16**. 139. 1883 ; — O. Jacobsen, *ibid.*, 478]. Sur la combustion du soufre sous pression, Giran [*C. R.*. **139**, 1219, 1904; **140**. 1704, 1905] a observé qu'il se faisait, en même temps que SO_2. de l'acide pyrosulfurique provenant de l'humidité de l'oxygène employé ou de l'hydrogène contenu dans l'oxygène commercial.

Poids atomique et poids moléculaire. — Meyer et Seubert [*Atomgewichte der Elemente*, Leipzig, 1883], se basant sur les travaux de Stas, calculent $S = 31.98$; Thomsen [*Zeit. phys. Chem.*, **13**, 728, 1894] trouve, avec $O = 16$, $S = 32,0606$. Au sujet du poids moléculaire, les méthodes cryoscopiques ont fourni S^8. Voyez à ce sujet : Hertz [*Zeit. phys. Chem.*. **6**. 358, 1890], Orndorff et Terrasse [*Am. Chem. Journ.*, **18**, 173, 1896], Barnes [*J. of Phys. Chem.*, **3**, 156], Bilz [*Zeit. phys. Chem.*, **19**, 425, 1897], Gloss [*J. of Phys. Chem.*, **2**, 421], Beckmann [*Zeit. phys. Chem.*, **5**, 76, 1890], Aaronstein et Meihuizen [*Verhand. Kon. acad. v. Wetensch.*, Amsterdam, juillet 1898]. Les méthodes par densité de vapeur fournissent de même S^8. Voyez : Biltz [*D. chem. G.*, **21**, 2013, 1888 ; — *Mon. f. Chem.*, **22**, 627, 1901; — *D. chem. G.*, **34**, 2400, 1901], Bleier et Kohn [*Mon. f. Chem.*, **21**, 575, 1900; — *D. chem. G.*, **33**, 50, 1900], Schall [*D.

chem. G.*, **23**, 1704, 1890; *ibid.*, **33**, 484, 1900].

Dissous dans S_2Cl_2 il donne, par ébullioscopie, des chiffres correspondant à S_2 et même S^1 [Beckmann, *Zeit. anorg. Ch.*, **54**, 96, 1906].

Une solution sulfocarbonique de soufre mélangée d'iodoforme laisse cristalliser de grands prismes jaunes de composition $HCI^3, 3S^8$. De même, une solution de tétraiodoéthylène fournit avec le soufre un composé cristallisé en tablettes jaunes $C^2I^4.4S^8$. Les iodures de phosphore, d'arsenic et d'antimoine, fournissent. de même les composés. $MI^3.3S^8$. On voit que. dans ces produits, le soufre est uni au produit organique, sans destruction de son édifice moléculaire S^8 [V. Auger, *C. R.*, **146**, 477].

Volume atomique. — $S_\alpha = 15,9$; $S_\beta = 16,4$; $S_\gamma = 17,1$ [Petersen, *Zeit. phys. Chem.*, **8**, 601, 1891].

Volume moléculaire. — 43,20 [Drugmann et Ramsay, *Chem. Soc.*, **77**, 1228, 1900].

Extraction du soufre. — On emploie toujours les méthodes des calcaroni; la méthode Gill qui consiste dans l'emploi de 4 à 6 petits calcaroni qui communiquent ensemble; la fusion à la vapeur (appareils Gritti et Orlando) [Voyez Jungfleisch, *Journ. pharm. chim.*, **6**, 13, 497, 1901]. Dans la Louisiane, on emploie, en même temps que ces derniers procédés, la méthode de Frasch [*Chem. Zeit.*, 713, 1904] qui consiste à creuser un trou de sonde comme pour le pétrole, le garnir d'un tuyau de fer de 10 pouces plongeant dans le minerai. d'environ 3 à 4 mètres; à l'intérieur du tuyau de fer se trouve un second tube de 6 pouces de diamètre et enfin à l'intérieur de celui-ci un troisième tube de 1 pouce. On introduit de la vapeur à 156° à travers les deux premiers tubes et pompe le soufre fondu au moyen d'une pompe d'aluminium par le tuyau central. Mieux, on comprime de l'air par le tube central, ce qui produit des chapelets, soufre fondu. air, vapeur, qui permettent de chasser ainsi le mélange à travers le tube de 6 pouces. la vapeur pénétrant par le tube externe seul. On craint que cette méthode ne soit trop brutale et ne détériore par trop le gisement, en créant des poches et occasionnant des tassements.

Hydrogène sulfuré. — *Préparation.* — On a proposé l'action des acides sulfurique ou chlorhydrique sur la blende en présence de sel marin [Stolba, *Central Blatt*, 1217, 1887]. L'action du soufre sur le suif, la paraffine, les oléonaphtes, etc. [Galletly, *Chem. News*, **24**, 107, 1871 : — Prothière, *Union pharmac.*, **12**, 1902; — Lidow, *D. chem. G.*, **14**, 1712, 1881]. Pour la préparation de l'hydrogène sulfuré, voyez : Hager [*Pharm. centr. Halle*, **25**, 213, 1884], Fresenius [*Zeit. anal. Chem.*, **26**, 339, 1887], Winkler [*Zeit. anal. Chem.*, **27**, 26, 1888], Divers et Shimidzu [*Chem. News*, **50**, 233, 1884], Michler [*Chem. Zeit.*, **21**, 659, 1897]. Pour sa purification, voyez : Lenz [*Zeit. anal. Chem.*, **22**, 393, 1883], Pfordten [*D. chem. G.*, **17**, 2897, 1884], Jacobsen [*D. chem. G.*, **20**, 1999, 1887], Moissan [*C. R.*, **137**, 363, 1903]. La méthode Moissan, basée sur la distillation fractionnée du gaz à basse température, est applicable à la purification de tous les gaz.

Formation. — On a continué les travaux relatifs à l'union directe du soufre et de l'hydrogène. L'union commence vers 215°; elle est totale à 310° [Januario, *Gazz. chim. ital.*, **10**, 46, 1880; — Pélabon, *C. R.*, **124**, 686. 1897 ; — Konowaloff, *Journ. Soc. phys. chim. russe*, **30**, 371, 1898; — Trautmann, *Bull. soc. ind. Mülh.*, **87**, 1891]. Bodenstein a constaté qu'en opérant avec une quantité limitée d'hydrogène. la vitesse de réaction est toujours proportionnelle à la pression de l'hydrogène. Si la pression de la vapeur de soufre varie, la vitesse de réaction est proportionnelle à la racine carrée de la pression de cette vapeur. On doit conclure que la vitesse de transformation $S^8 \rightleftarrows 4 S^2$ est fort lente, $S^2 \longrightarrow 2 S$, très rapide, et $H^2 + S \longrightarrow H^2S$ d'une grandeur facilement mesurable [Bodenstein, *Zeit. phys. Chem.*, 29, 315, 1899]. On a aussi observé la formation d'H^2S en mettant en contact la fleur de soufre avec de l'eau de source. Cette réaction est due à des bactéries anaérobies [Bœhm, *Mon. f. Chem.*, 3, 224, 1882].

Propriétés physiques. — Le point de solidification de H^2S est — $82°,9$ [Ladenburg et Krügel, *D. chem. G.*, 33, 637, 1900]. L'hydrate $H^2S, 7 H^2O$ n'existe qu'au-dessous de — $28°,5$. En présence d'eau et des éthers halogènes, l'hydrogène sulfuré donne des combinaisons triples [de Forcrand, *C. R.*, 106, 849, 939, 1357, 1888].

Propriétés chimiques. — On peut éviter l'oxydation de la solution aqueuse de H^2S en y ajoutant $1/50°$ de glycérine [Shilton, *Chem. News*, 60, 235, 1889]. L'hydrogène sulfuré n'agit sur les oxydes métalliques pour les transformer en sulfures qu'en présence de traces d'eau; sec, il n'agit pas [Hughes, *Phil. May.*, 5, 33, 471, 1892].

Au point de vue thermochimique, H^2S se comporte comme un diphénol et dégage avec 1 Na $44^{Cal},5$, puis NaHS + Na dégage $31^{Cal},8$. Il semble donc que les 2 H soient également reliés au soufre [de Forcrand, *C. R.*, 128, 1519, 1899].

Propriétés physiologiques. — L'hydrogène sulfuré n'agit pas comme poison par absorption cutanée. Introduit dans l'estomac sous forme de solution aqueuse saturée, il augmente l'excrétion de l'urée, des sulfates et des phosphates [Chauveau et Tissot, *C. R.*, 133, 137, 1901 ; — Smirnow, *D. chem. G.*, Référ., 17, 505, 1884].

PERSULFURE D'HYDROGÈNE. — Sabatier, *C. R.*, 100, 1346, 1885] a obtenu, en distillant dans le vide le produit brut, une huile incolore de formule S^5H^4, bouillant à 60-85° sous 40-100 mm. Rebs, en analysant le persulfure brut provenant de la décomposition des sulfures S^2Na^2, S^3Na^2, S^4Na^2, S^5Na^3 a trouvé la formule S^5H^2 [Rebs, *Ann. Chem.*, 246, 356, 1888].

HEXAFLUORURE DE SOUFRE. — Le soufre fonctionne comme hexavalent vis-à-vis du fluor et fournit un gaz incolore qu'on purifie en le lavant dans la lessive de soude. Il se condense vers — 50° et cristallise à — 55°; il a ,alors la densité 5,03.

Ce fluorure est à peine soluble dans l'eau. Sa stabilité est aussi grande que celle des fluorures de bore ou de silicium. Mélangé d'hydrogène, et sous l'influence de l'étincelle, il se décompose lentement. La vapeur de sodium ou de calcium le décompose au rouge sombre [Moissan et Lebeau, *C. R.*, 130, 865, 1900 ; — Berthelot, *Ann. Chim. Phys.*, (7), 21, 205, 1900].

CHLORURE DE SOUFRE. — Ruff et Fischer [*D. chem. G.*, 36, 418, 1903], ont obtenu, en refroidissant fortement le chlorure de soufre saturé de Cl, des cristaux fusibles à — 30°, SCl^4. Les vapeurs émises par le chlorure de soufre chloré de 0° à +10° sont des mélanges qui ne correspondent jamais à SCl^2. Les deux seuls chlorures bien définis seraient le *tétrachlorure* SCl^4 et le *protochlorure* S^2Cl^2.

IODURES DE SOUFRE. — *Sous-iodure* S^3I^2. — Emerson Mac Ivor [*Chem. News*, 86, 5, 1902], l'obtient, sous forme de poudre rougeâtre, en faisant passer un courant de H^2S dans un grand excès de trichlorure d'iode : $3 H^2S + 2 I Cl^3 = 6 HCl + S^3I^2$. Il est très instable et beaucoup de solvants, alcool, solution d'iodure de potassium, etc., lui enlèvent de l'iode.

Protoiodure SI. — Prunier l'obtient en chauffant à 200° un mélange à parties égales de soufre et d'iode ; on décante à chaud le soufre visqueux en excès, pulvérise le résidu et le lave à l'hyposulfite de soude [Prunier, *Journ. Pharm. Chim.*, (6), 9, 421, 1899]. Son action physiologique serait différente de celle du mélange simplement fondu de soufre et d'iode, que Prunier nomme *soufre iodé*. Voyez sur le poids moléculaire, les essais de Linebarger [*Am. Chem. Journ.*, 17, 33, 1895].

Mac Léod [*Chem. News*, 66, 111, 1892] le considère comme un mélange.

E. Boulouch [*C. R.*, 136, 1577, 1903] a étudié les propriétés physiques des mélanges d'iode et de soufre. Il conclut de cette étude qu'il n'y a jamais combinaison des deux éléments, solides ou dissous. Un point eutectique correspond au mélange $0,543 S + 0,457 I$, fusible à $65°,5$.

SESQUIOXYDE DE SOUFRE S^2O^3. — On a breveté l'emploi de la solution brune de soufre en excès dans l'acide fumant, pour la préparation de certaines matières colorantes sulfurées [Bichringer et Topaloff, *J. prakt. Chem.*, (2), 65, 499, 1902 ; — Geigy et Cie, D. R. P. 65 739].

ACIDE HYDROSULFUREUX ET HYDROSULFITES. — *Préparation.* — Depuis le beau travail de Schützenberger, ou a beaucoup discuté sur la formule des hydrosulfites ; Nabl [*Mon. f. Chem.*, 20, 679, 1899] a obtenu un sel de zinc, d'après la réaction fort nette : $Zn + 2 SO^2 = ZnS^2O^4$ en opérant avec un courant de SO^2 dans de l'alcool absolu, sur de la tournure de zinc pur. La Badische Anilin und Soda Fabrik a breveté un procédé qui fournit ce sel solide et parfaitement pur en faisant réagir SO^2 sur le sodium, en opérant à 55° environ, dans un milieu neutre tel que l'alcool, l'éther, le benzène, la glycérine, l'alcool amylique, etc. [D.R.P. 160 529 et 162 912, 1905]. Par contre, M. Billy [*C. R.*, 140, 936, 1905] a prouvé que SO^2 ne réagit pas sur le sodium, en présence d'éther ou de benzène; il faut qu'il y ait un alcool en présence des réactifs. Il se ferait, momentanément, un alcoolate de Na et de l'hydrure du métal qui, alors, réagirait sur SO^2. Billy a montré que SO^2 réagit dans les mêmes conditions sur Mg en présence d'alcool, et que Mg chauffé seul avec de l'alcool se transforme facilement en éthylate de Mg. Voyez aussi les brevets de la Badische pour l'obtention des hydrosulfites anhydres par traitement du sel de Na hydraté, avec des solutions salines [D.R.P. 171 362, 1904 et 171 991, 1905].

Formation. — Il semblerait d'après Pomeranz [*Zeit. f. u. Textil chemie*, 4, 392, 1902], qu'il se fait des hydrosulfites dans l'action du soufre sur les alcalis. Il donne les réactions : $4 NaOH + 2 S = Na^2S + Na^2SO^2 + 2 H^2O$ et $3 NaOH + 2 S = Na^2S + NaHSO^2 + H^2O$. Ce mélange a la propriété de détruire le rouge de para-nitraniline, ce que font les hydrosulfites (Pomeranz donne ici la formule de Schützenberger pour l'hydrosulfite).

Moissan [*C. R.*, 135, 647, 1902] obtient les hydrosulfites purs en faisant passer un courant de SO^2 contenant des traces d'humidité sur les hydrures alcalins : $2 NaH + 2 SO^2 = Na^2S^2O^4 + H^2$.

Parmi les autres travaux sur la question, mentionnons ceux de Maquenne [*Bull. Soc. Chim.*, (3), 3, 401, 1890] qui observe la formation d'hydrosulfite dans la réduction de l'acide sulfureux par l'acide hypophosphoreux ; Franck [D. R. P. 129 801], qui électrolyse le sulfite acide de sodium : Bernthsen et Balzen [*D. chem. G.*, 33, 126, 1900], qui ont modifié la préparation de Schützenberger en éliminant le zinc par un lait de chaux et précipitant l'hydrosulfite $S^2O^4Na^2 2 H^2O$ par le chlorure de sodium ; Prud'homme [*Bull. Soc. Chim.*, (3), 24, 326, 1899], qui donne une préparation de l'hydrosulfite d'ammoniaque et admet la formation d'un *sel acide* SO^2HAzH^4 : Causse [*Bull. Soc. Chim.*. **45**, 3, 1886] a observé qu'on obtient aussi des hydrosulfites en faisant agir SO^2 sur le fer ou le manganèse.

Propriétés. — Parmi les réactions de l'acide hydrosulfureux mentionnons son action sur les solutions très diluées de cuivre, argent, bismuth, antimoine, qui fournissent des solutions colloïdales (hydrosols) des métaux. Celui de cuivre, en particulier, est d'un beau rouge [Meyer, *Zeit. anorg. Chem.* **34**, 43, 1903]. Il réduit l'azotite de sodium, en formant de l'hydroxylamine [Lidoff, *Bull. Soc. Chim.*, **43**, 383, 1885]; Meyer en doute [*loc. cit.*].

Propriétés des hydrosulfites. — Les hydrosulfites alcalins sont stables à l'air sec; leur solution aqueuse est d'autant plus stable qu'elle est plus diluée; à 3 0/0 elle peut se maintenir longtemps sans altération notable. L'addition de phosphate trisodique augmente l'instabilité du produit, tandis que les sulfites, l'hexaméthylène-tétramine, les aldéhydes et en particulier l'aldéhyde formique, permettent de conserver la solution inaltérée [Lumière et Seyewetz, *Bull. Soc. Chim.*. (3), **33**, 931, 1905]. Les produits obtenus par addition d'aldéhydes à l'hydrosulfite de sodium ont été brevetés par Meister Lucius et Brüning [D.R.P. 165 280, 1905]; on peut les obtenir directement en réduisant les bisulfites en présence de l'aldéhyde. Le composé $HNaSO^2$.CH^2O.$2H^2O$ se nomme *hydraldite*. Avec les acétones, il se produit des composés analogues en présence d'ammoniaque et de soude ou d'ammoniaque seule [M. L. et B., D.R.P. 165 808, 1904 et 162 875, 1905].

Prud'homme [*Bull. Soc. Chim.*, (3), **33**, 129, 1904]; Baumann Thesmar et Frossard [*Bull. Soc. Ind. Mülh.*. **26**, 947, 1904] ont trouvé que la combinaison d'hydrosulfite de Na et formol est formée de deux substances : $NaHSO^2$.CH^2O.$2H^2O$ et $NaHSO^2$.CH^2O.H^2O qu'ils ont séparées. Ils en concluent que l'hydrosulfite formulé $Na^2S^2O^4$.$2H^2O$ est en réalité un mélange de $NaHSO^2 + NaHSO^3 + H^2O$. En fait, la soi-disant combinaison $Na^2S^2O^4$.$2CH^2O$ peut être réduite par le zinc et fournir finalement le composé $NaHSO^2$.CH^2O qui est deux fois plus réducteur que l'hydrosulfite seul ou combiné à CH^2O. Ce produit a été nommé *formaldéhyde-sulfoxylate* de sodium par la Badische An. u Soda Fab. qui l'a breveté [D.R.P. 165 280; 165 807; 180 529; 1904 à 1907]. Le produit commercial se nomme *rongalite*.

Les polysulfures alcalins réagissent sur les hydrosulfites en dégageant H^2S et donnant une solution acide contenant du thiosulfate. En présence d'alcali il se fait d'abord probablement un thiosulfate, puis un mélange de sulfite et de sulfure alcalin [Binz, *D. chem. G.*, **37**, 3549. 1904 et **38**, 2051, 1905; *Chem. C. Bl.*, I, 1360, 1905].

Les hydrosulfites alcalins, en solution aqueuse et à chaud, s'hydrolysent suivant : $2Na^2S^2O^4 + H^2O = Na^2S^2O^3 + 2NaSO^3$ [Meyer, *loc. cit.*].

Constitution des hydrosulfites. — D'après Bernthsen [*loc. cit.*], il n'y aurait que des sels neutres $S^2O^4M^2$. Par contre, Prud'homme [*Bull. Soc. ind. Mülh.*, **70**, 216, 1900] et Grosmann [*Journ. Soc. Chem. Ind.*, **17**, 1009. 1898 et **18**, 452. 1899] croient à l'existence de sels acides et maintiennent les formules de Schützenberger.— (Voyez plus haut).

Dosage. — On peut doser les hydrosulfites en utilisant une solution ammoniacale de chlorure d'argent. La réaction est :

$$2AgCl + Na^2S^2O^4 + 4AzH^3 + 2H^2O$$
$$= 2(AzH^4)^2SO^3 + Ag^2 + 2NaCl$$

[Seyewetz et Bloch, *Bull. Soc. Chim.*, (3), **35**, 293, 1906].

ANHYDRIDE SULFUREUX. — *Préparation.* — On peut obtenir SO^2 en employant l'appareil de Deville ou de Kipp, qu'on charge avec de petits cubes formés de $\frac{1}{3}$ de plâtre et $\frac{2}{3}$ de sulfite de calcium, et qu'on décompose par l'acide sulfurique concentré [Neumann, *D. chem. G.*, **20**, 1584, 1887].

Propriétés physiques. — Cailletet et Mathias [*C. R.*, **104**, 1563. 1887] ont donné une table de la tension de la vapeur du gaz liquéfié, de $+7°$ à 155°. Lange [*Zeit. angew. Chem.*, 275 et 300, 1899] a donné la densité du liquide de $-50°$ à $+100°$. Sa chaleur spécifique est fournie par l'équation $m = 0{,}31712 + 0{,}0003507\,t - 0{,}000006762\,t^2$. de $-20°$ à $+155°$ [Mathias, *C. R.*, **119**. 404. 1894]. Il dissout peu l'eau, et moins à chaud qu'à froid : 0,2 à 0,45 0/0 [Walden et Centnerszwer, *Zeit. physikal. Chem.*, **42**, 432, 1902]. Il dissout beaucoup de composés organiques, et agit comme ionisant fortement les corps dissous [Walden, *D. chem. G.*, **32**, 2862, 1899; — W. et Centnerszwer, *Bull. acad. St-Pétersb.*. (5). **15**, 17, 1902]. Sa chaleur de formation $S + O^2 = SO^2$ gaz est. d'après Petersen [*Zeit. physikal. Chem.*, **8**, 601, 1891] : $71^{Cal}{,}08$ en partant de $S\alpha$; $71^{Cal}{,}92$ en partant de $S\beta$ et $71^{Cal}{,}99$ en partant de $S\gamma$.

Propriétés chimiques. — L'anhydride sulfureux est décomposé par l'étincelle électrique en soufre et anhydride sulfurique, en même temps qu'il se forme du sulfure de platine avec les électrodes et que le soufre réagit sur SO^3 formé [Berthelot, *C. R.*. **96**, 298, 1883].

En présence de très peu d'eau, et à 0°, l'anhydride sulfureux réagit sur H^2S en donnant exclusivement du soufre; à chaud, il se forme en outre un peu d'acide pentathionique [Lang et Carson, *J. Chem. Soc.*, **21**, 158. 1905].

Le charbon, au rouge, agit suivant : $4SO^2 + 9C = 6CO + 2COS + CS^2$ [Berthelot, *loc. cit.*; Scheurer-Kestner. *C. R.*, **114**, 296, 1892].

L'oxyde de carbone agit de même $2CO + SO^2 = 2CO^2 + S$ [B., *loc. cit.* et *Bull. Soc. Chim.*, **40**, 362, 1883]. Le gaz sulfureux se combine avec les iodures de K. Na, AzH^4, Ba, Ca, Ag, en donnant des composés d'addition SO^2.IMe [Péchard. *C. R.*, **130**. 1188, 1900].

Propriétés physiologiques. — Le gaz sulfureux est toxique; à la dose de $\frac{4}{10\,000}$ il occasionne de la dyspnée et trouble la cornée; il est transformé. dans le sang, en acide sulfurique [Ogata, *Arch. f. Hyg*, **2**, 223, 1884; — Pfeiffer, *Hyg. Tagesfragen*, **3**, 1].

Applications industrielles. — Depuis 1883, l'industrie de l'acide sulfureux liquéfié s'est très développée. On le prépare en général par grillage des blendes, et le comprime après purification et dessiccation, dans des cylindres en fer forgé ou acier fondu qui ont une contenance de 800 cc. par kilogr. d'acide liquide, et sont timbrés à 30 atm. Voyez à ce sujet Hanisch et Schröder [D. R. P. 26 181 et 27 581. 1883; 36 721, 1886; Berg. *Hütt. Zeit.*, 459, 1883; 428, 541, 552, 1886; 358, 1887; 36, 1888; — Lange, *loc. cit.*]. On fabrique, en Allemagne, surtout à Hamborn, Oberhausen et Lipine (Haute-Silésie), environ 3000 tonnes d'acide sulfureux liquéfié.

Il est employé comme conservateur, désinfectant, extincteur d'incendies, solvant des graisses, huiles, anthracène, dans les machines à glace de Pictet, enfin pour tous les usages où l'on employait le gaz sulfureux.

Hydrates de l'acide sulfureux. — Villard [*Ann.*

Chim. Phys., (7), **11**, 289, 1897] a obtenu l'hydrate $SO^3H^2, 5H^2O$. Bakhuis Roozebom [*Rec. Pays-Bas*, **3**, 39, 1884] a étudié la dissociation des hydrates connus. Fox a déterminé la solubilité de SO^2 dans les solutions salines [*Zeit. phys. Chem.*, **41**, 458, 1902].

Propriétés chimiques. — La solution de SO^2 chauffée à 180° se décompose suivant : $3SO^3H^2 = H^2SO^4 + S$ [Berthelot, *Ann. Phys. Chim.*, (7), **14**, 289, 1898]; cette réaction a lieu, même à froid, en présence d'iode ou d'un iodure [Berg, *Bull. Soc. Chim.*, (3), **23**, 499, 1900]. Pour l'explication de ces phénomènes, voyez Berg [*loc. cit.*] et Volhardt [*Ann. Chem.*, **242**, 93, 1887].

Pictet [*Chem. Zeit.*, **19**, 425, 1895] a observé que l'action décolorante de l'acide sulfureux cesse vers — 60°. Böhringer et Söhne [D. R. P. 117129] ont breveté l'électrolyse de la solution de SO^3, en présence de sels de manganèse ; la transformation en SO^3 est rapide et quantitative.

Recherche des sulfites. — Une solution neutralisée au bicarbonate de sodium, et contenant des traces de sulfites, se colore en rouge par l'addition de nitroprussiate de sodium, de sulfate de zinc et de ferrocyanure de potassium; on peut remplacer dans le réactif le ferrocyanure par un fort excès de nitroprussiate [Bœdecker, *Ann. Chem.*, **317**, 196, 1901; — J. Fages, *C. R.*, **134**, 1143, 1902].

ANHYDRIDE SULFURIQUE. — Au sujet de sa préparation au moyen du gaz sulfureux et de l'oxygène, en présence d'un corps de contact, voyez ACIDE SULFURIQUE (INDUSTRIE).

ACIDE SULFURIQUE. — *Propriétés physiques.* — Bode [*Zeit. angew. Chem.*, **244**, 1889] a donné un tableau de la chaleur spécifique des solutions d'acide sulfurique, de la densité 1,842 à 15° jusqu'à 1,037. Bouty [*C. R.*, **108**, 393, 1889] a déterminé la conductibilité électrique des solutions aqueuses sulfuriques, et trouvé un maximum pour $H^2SO^4, 0,5H^2O$ puis un minimum pour H^2SO^4, H^2O, et un 2e maximum à H^2SO^4 $1,5H^2O$. De 8° à 18°, la température influe d'une façon inappréciable sur les chiffres trouvés. D'autres tables ont été aussi établies par Kohlrausch [*Ann. Ph. Chem. Wied.*, (2), **26**, 161, 1885; — Arrhénius, *Jahresb.*, 265, 1885; — Loomis, *Ann. Ph. Chem. Wied.*, (2), **60**, 547, 1897; — Wetham, *Proc. roy. Soc.*, **66**, 192, 1900; — B. C. Felipe, *Physik. Zeitsch.*, **6**, 422, 1905]. La rotation magnétique a été étudiée par Forchheimer [*Zeit. physikal. Chem.*, **34**, 20, 1900]. La conductibilité calorifique par Weber [*Mon. Bel. Acad.*, 809, 1885]. Voyez sur l'indice de réfraction de H^2SO^4 : V.-H. Veley et J.-J. Manley [*Proc. roy. Soc.*, **79**, 469, 1905].

On a construit des tables nouvelles sur le pourcentage d'acide sulfurique et la densité des solutions. A ce sujet, il est bien nécessaire de se rappeler que de petites quantités d'impuretés influent notablement sur la densité de l'acide, et que les tables ont été naturellement construites avec les résultats fournis par l'acide pur. Ainsi Kissling [*Chem. Ind.*, **9**, 137, 1886] a trouvé :

Acide à 93,95 0/0 SO^4H^2 à 0 0/0 Az^2O^3 $D = 1,8369$
93,06 — 0,037 — 1,8386
93,93 — 0,231 — 1,8414

de même Marshall [*J. Soc. chem. Ind.*, 1508, 1902] a trouvé :

Acide de densité 1,8437 pur
— 1,8465 avec 0,57 0/0 AzO^3H
— 1,8620 7,57 —

Les tables les plus récentes sont de Mendelejeff [*Zeit. physikal. Chem.*, **1**, 273, 1887]; — Richmond [*J. Soc. chem. Ind.*, **9**, 479, 1890]; — Lunge et Isler [*Zeit. angew. Chem.*, **90**, 129, 1890]];

Pickering, dont la table a été mise sous une forme plus commode par Marshall [*J. Soc. chem. Ind.*, 1508, 1902]. Ce dernier chimiste a construit, de plus, une table qui permet d'obtenir rapidement la valeur d'un acide sulfurique de 98 0/0 à 86 0/0, et basée sur la contraction provoquée par le mélange d'acide et d'eau. Dans un flacon gradué de 300 cc., on verse 100 cc. d'eau, puis 200 cc. de l'acide à titrer. On laisse refroidir à 15°, puis, au moyen d'une burette, on verse de l'huile de vaseline jusqu'au trait 300 cc. et mesure ainsi la contraction due au mélange. Voici la table qu'il reste à consulter :

SO^4H^2 0/0	Contraction en c.c.	SO^4H^2 0/0	Contraction en c.c.
98	24,1	91	15,0
97	22,6	90	13,9
96	21,2	89	12,9
95	19,8	88	12,0
94	18,5	87	11,2
93	17,3	86	10,4
92	16,1		

Propriétés chimiques. — L'hydrogène réduit à froid l'acide sulfurique. Berthelot [*C. R.*, **125**, 743, 1897] a constaté que, en vase clos, l'acide avait oxydé 75 0/0 de l'hydrogène avec lequel il était en contact. Après 6 heures et à 250° tout l'hydrogène entre en réaction. Si l'on emploie un mélange d'oxygène et hydrogène, à froid, au bout de 2 mois, 75 0/0 de l'hydrogène et 30 0/0 de l'oxygène ont disparu; à 250°, au bout de 5 heures, 5 0/0 de l'oxygène réagit et tout l'hydrogène disparaît. On voit que la réaction $SO^4H^2 + H^2 = 2H^2O + SO^2 + 15,1^{cal}$, est bien plus rapide que la réaction $SO^2 + O = SO^3$. L'acide concentré de densité 1,84 attaque le cuivre même au-dessous de 0° et dans une atmosphère d'hydrogène; cette réaction a lieu pour les teneurs en SO^4H^2, de 99,2 à 100 0/0, il se forme du sulfate et du sulfure de cuivre, ainsi que du gaz sulfureux [Baskerville, *Am. Chem. Journ.*, **18**, 942, 1896; — Baskerville et Miller, *ibid.*, **19**, 1873, 1897 et *Chem. News*, **77**, 191, 1898]. Andrews avait contesté ces résultats; voyez [*Am. Chem. Journ.*, **10**, 251, 1898].

Hydrates. — En dehors des hydrates déjà connus, il faut citer le *dihydrate* $SO^4H^2, 2H^2O$, dont on soupçonnait l'existence, mais qui n'avait pas été obtenu cristallisé. Il a été découvert par Biron [*Journ. Soc. chim. russe*, **31**, 517] en refroidissant dans l'air liquide un mélange d'acide et d'eau offrant cette composition. Il cristallise et fond à —38°,9. Ces cristaux amorcent aussitôt un mélange semblable refroidi à — 75°.

Hydrate, $SO^4H^2, 6H^2O$. — Obtenu comme le précédent. Il fond à — 69° (Biron). Mendelejeff considère encore comme vraisemblables les hydrates $SO^4H^2, 6H^2O$, $SO^4H^2 100H^2O$ et $8.O^4H^2, 200H^2O$ [*Zeit. physikal. Chem.*, **1**, 273, 1887].

PEROXYDES SULFURIQUES. — La question de la préparation et l'étude de leurs propriétés ont été poussées très avant depuis les travaux de Berthelot. On connaît actuellement, en dehors de l'anhydride S^2O^7, les acides $(HO-SO^2-O-)^2$ et $HO-SO^2-O-OH$, en dehors des acides plus complexes dont l'étude n'est pas terminée.

Acide persulfurique,

$$SO^2 {\overset{\displaystyle O \longrightarrow O}{\underset{\displaystyle OH \quad HO}{<\qquad>}}} SO^2$$

— Il n'a jamais été possible d'isoler cet acide à l'état pur, étant donnée sa très grande instabilité. En dissolvant l'anhydride persulfurique dans l'eau, et le saturant avec du carbonate de baryum, Berthelot [*C. R.*, **112**, 1418, 1891] a pu obtenir en solution un persulfate de baryum très instable, et qu'il n'a pu isoler pur.

Cet acide existe aussi dans le mélange. fait à froid, d'eau oxygénée avec l'acide sulfurique concentré. ou dilué de moins de 1 molécule d'eau ; on l'obtient dans l'électrolyse de l'acide sulfurique concentré [Berthelot, *C. R.*, **86**, 20 et 71. 1878]. En particulier, par l'emploi d'un acide de densité 1.35 à 1,50 et en utilisant un courant de 500 ampères au décimètre carré, on l'obtient avec un rendement de 67.5 0/0 [Elbs et Schönherr, *Zeit. Elektrotechn. u. Elektrochem.*. 245, 468 et 471, 1895]. La présence de cet acide dans les accumulateurs est un facteur important dans leur marche [Schoop, *ibid.*. 273, 1895 ; — Elbs et Schönherr, *loc. cit.*]. Les sels de cet acide sont faciles à obtenir. Marshall [*Journ. Chem. Soc.,* **59**. 771, 1891] a obtenu le sel de potassium par électrolyse du sulfate acide. Depuis, ce sel. ainsi que le sel d'ammonium, est devenu d'un emploi courant dans la technique.

Propriétés. — À partir du soufre α, la chaleur de formation de l'acide persulfurique en solution est : $S^2 + O^8 + H^2 + nH^2O = 316^{Cal}.2$; $S^2 + O^7 + H^2O + nH^2O = 247^{Cal}.2$. Par sa décomposition $S^2O^8H^2, nH^2O + H^2O = 2SO^4H^2, nH^2O + O$, il dégage $34^{Cal}.8$ [Berthelot, *C. R.*, **114**, 875, 1892]. Sa grandeur moléculaire n'a été fournie que par l'étude de ses sels : ceux-ci correspondent tous à $S^2O^8Me^2$ [Löwenherz, *Chem. Zeit.*, **16**, 838, 1892 ; — Bredig, *Zeit. physikal. Chem.*, **12**. 230, 1893 ; — Möller, *ibid.*, **12**, 555, 1893 ; — Berthelot. *C. R.*, **112**, 1418, 1891 : — Lowry et West, *Journ. Chem. Soc.*, **77**, 950, 1900].

Lorsqu'on veut avoir une solution de cet acide, on additionne la solution d'un de ses sels avec l'acide sulfurique pas trop concentré. Il oxyde l'acide chlorhydrique avec départ de chlore ; l'iodure de potassium donne de l'iode libre, et même, le transforme en iodate. Les métaux sont attaqués sans dégagement d'hydrogène, et transformés en sulfates. L'argent, après avoir donné du sulfate. fournit du peroxyde AgO. Le thiosulfate de baryum est transformé en tétrathionate. Les sels de sesquioxyde de chrome donnent de l'acide chromique ; les sels manganeux, en solution sulfurique, ou en présence d'ammoniaque, sont oxydés en peroxyde de manganèse. L'acide permanganique et l'acide chromique ne sont pas altérés par l'acide persulfurique. Les persulfates peuvent être employés dans les piles comme dépolarisants, à la place des acides chromique ou azotique. On a essayé de s'en servir comme oxydants des matières organiques : alcool transformé en aldéhyde. chlorhydrate d'aniline transformé en matières colorantes, etc.

Lorsqu'on chauffe pendant longtemps les persulfates, ou qu'on fait bouillir leur solution aqueuse. ils se transforment en sulfates acides en perdant de l'oxygène : si l'on dissout un persulfate dans l'acide sulfurique assez concentré, l'acide persulfurique d'abord formé se transforme en acide monopersulfurique ; puis l'hydrolyse se continue, en présence d'un peu d'eau, avec formation d'eau oxygénée et d'acide sulfurique. Avec l'acide sulfurique SO^4H^2 réel, ou à 66 Bé, on obtient un autre acide persulfurique, assez mal connu (Voyez ACIDE DE CARO CONCENTRÉ) [Numias. *l'Orosi.* **23**. 218. 1900 : — Elbs. *Zeit. angew. Chem.*, 195, 1897 ; — Marshall. *Proc. roy. Soc. Edinburg.* **22**. 388, 1896 ; — Caro, *Zeit. angew. Chem.*, 865, 1898 et D. R. P. 110249].

Caractères analytiques. — Les solutions d'acide persulfurique diffèrent de l'eau oxygénée en ce qu'elles ne décolorent pas le permanganate, en solution diluée. et ne colorent pas en jaune les solutions de titane. Les persulfates fournissent. avec une solution d'aniline à 2 0/0, un précipité brun-orangé qui se dissout en jaune dans l'acide

chlorhydrique et passe au violet par l'action de la chaleur (Caro).

ACIDE MONOPERSULFURIQUE (ACIDE DE CARO),

$$SO^5H^2 \quad \text{ou} \quad SO^2{<}^{O-OH}_{OH}$$

— L'étude de cet acide est surtout due à Caro [*loc. cit.*] qui l'a découvert, et à Bæyer et Villiger [*D. chem. G.*, **34**, 853, 1901 : D.R.P. 105857] qui ont fixé les meilleures conditions de sa formation, et en ont donné des réactions caractéristiques.

Préparation. — On l'obtient en dissolvant un persulfate dans l'acide sulfurique. puis en diluant la solution, ou en laissant pendant quelques jours en contact l'acide persulfurique avec l'acide sulfurique à 40 0/0 ; de même, par l'électrolyse de l'acide sulfurique de densité 1,4 environ, on obtient d'abord l'acide persulfurique qui s'hydrolyse ensuite suivant : $(HOSO^2-O-)^2 + H^2O = HO.SO^2 -O-OH + SO^4H^2$ (B. et V.).

Propriétés. — L'acide monopersulfurique diffère d'une part de l'eau oxygénée, en ce qu'il ne réagit ni avec le permanganate ni avec les solutions titaniques, et d'autre part il diffère de l'acide persulfurique en ce qu'il met *immédiatement* l'iode en liberté, dans une solution d'iodure, et, en solution neutralisée, ne fournit pas de précipité avec l'aniline. Si l'on chauffe, il n'y a aucune coloration violette, et il se produit du nitrosobenzène. Son sel de potassium est très soluble dans l'eau. La solution aqueuse de cet acide est instable et s'hydrolyse lentement suivant $SO^3H^2 + H^2O = SO^4H^2 + H^2O^2$.

Le platine colloïdal agit sur ses solutions en dégageant tout l'oxygène actif. Slater Price [*D. chem. G.*, **35**, 291, 1902] a étudié la marche de cette réaction, et y voit une confirmation de la formule de Bæyer et Villiger, contre l'opinion de Lowry et West [*Journ. Chem. Soc.*, **77**, 950, 1900 ; *Proc. Chem. Soc.*, **16**, 126, 1900] qui lui attribuent la formule $4(SO^3.H^2O^2)$, et de Armstrong et Lowry [*Chem. News*, **85**, 193, 1902]. Ceux-ci admettent que ces solutions contiennent des mélanges d'acides per-tétrasulfurique $4SO^3H^2O^2$; per-disulfurique SO^5H^2 ; et per-anhydrosulfurique $S^2O^9H^2$; ce dernier serait l'acide de Caro, et la solution neutralisée par $CaCO^3$ contiendrait le sel CaS^2O^9 qui se décomposerait ensuite suivant : $CaS^2O^9 + H^2O = CaSO^3 + H^2SO^4 + O^2$. La formation de l'acide monopersulfurique, en partant des persulfates, serait, d'après Lowry et West [*loc. cit.*] :

$$2KS^2O^8 + 2H^2SO^4 = 2H^2S^2O^8$$
$$\longrightarrow \ = H^2S^4O^{14} + H^2O^2.$$

D'après Armstrong et Robertson [*Proc. roy. Soc.*, **50**, 105, 1892] on obtiendrait, avec un persulfate et l'acide sulfurique très concentré, l'acide $4SO^3.H^2O^2$. tétrapersulfurique, qui, par dilutions successives, fournirait les acides tripersulfurique, $3SO^3.H^2O^2$. dipersulfurique $2SO^3.H^2O^2$ et monopersulfurique $SO^3.H^2O^2$. Les mêmes phénomènes se produiraient lorsque l'on opère comme Berthelot [*Ann. Chem.*, (7), **14**, 365, 1901] en mélangeant l'eau oxygénée avec de l'acide sulfurique. — Un mélange d'acide monopersulfurique et de permanganate est peut-être l'oxydant le plus énergique qu'on connaisse en solution.

ACIDE DE CARO CONCENTRÉ. — Lorsqu'on dissout, à froid, un persulfate pulvérisé dans l'acide sulfurique à 92-100 0/0, on obtient un liquide visqueux possédant l'odeur du chlorure de chaux et dont les réactions diffèrent de celles de l'acide monopersulfurique. Ce produit réduit la solution sulfurique de permanganate et l'acide chromique ; il colore en jaune les sels de titane ; dégage le chlore et le brome des acides chlorhydrique ou bromhydrique gazeux, mais n'attaque pas le gaz fluorhydrique. Bæyer et Villiger lui attribuent provisoirement la formule S^2O^8 [Caro, Bæyer et Villiger, *loc cit.*; — Bach, *D. chem. G.*, 33, 3111, 1900; 34, 1520, 1901; — Wedekind, *Bull. Soc. Chim.*, (3), 27, 712, 1902].

ACIDE THIOSULFURIQUE ou HYPOSULFURIQUE, $HO-SO^2-SH$. — *Formation.* — Colefax [*Chem. N.*, 65, 48, 1892] a repris l'étude commencée par Flückiger et Debus, de l'action du soufre sur la solution d'acide sulfureux, à 80°; il constate la formation d'un acide inférieur du soufre, mais croit à la présence d'un acide de la série thionique, probablement de l'acide trithionique, et non pas de l'acide thiosulfurique. Les monosulfures alcalins, en solution aqueuse, soumis à l'ébullition avec le bioxyde de manganèse, fournissent des thiosulfates suivant la réaction : $M^2S + 8MnO^2 + H^2O = M^2S^2O^3 + 2MOH + 4Mn^2O^3$ [Donath et Müllner, *Dingl. polyt. Journ.*, 267, 143, 1888].

Sur la formation électrolytique des thiosulfates au moyen des sulfures, voyez Lévi et Voghera [*Accad. Lincei*, (5), 14, II, 433, 1905 et (5), 15, 1, 322 et 363].

Propriétés. — Il est presque certain que l'acide thiosulfurique libre n'existe pas. Ce qui a fait croire à son existence transitoire en solution, c'est que, si l'on additionne d'acide une solution de thiosulfate, la précipitation de soufre n'est pas immédiate, mais Œttingen [*Zeit. physikal. Chem.*, 33, 1, 1900] et Hollemann [*Zeit. physikal. Chem.*, 33, 500, 1900] pensent que ce phénomène provient de ce que le soufre reste pendant un instant à l'état soluble dans la solution (Voyez SOUFRE COLLOÏDAL). En effet, si l'on acidule une solution de thiosulfate, et si, sans attendre qu'elle se trouble, on la réalcalinise aussitôt, on observe que la solution n'en dépose pas moins, au bout de quelque temps, du soufre. Il faut donc admettre que celui-ci était transitoirement contenu à l'état soluble dans la liqueur. Vaubel suppose que la décomposition des thiosulfates par les acides s'effectue par une série assez complexe de réactions, dont les phases seraient : $S^2O^3H^2 = H^2S + SO^3 = SO^2 + S + H^2O$; $2H^2S + SO^2 = 3S + 2H^2O$; $3H^2S + SO^3 = 4S + 3H^2O$ [Vaubel, *Zeit. Elektrotechn.*, 273, 1895; — voir aussi : Gaillard, *C. R.*, 140, 652, 1905].

Réactions des thiosulfates. — L'acide chromique oxyde les thiosulfates en fournissant d'abord de l'acide tétrathionique; celui-ci se décompose ensuite, et si l'oxydant est en excès, tout passe à l'état d'acide sulfurique, sinon il y a formation d'hydrogène sulfuré [Longi, *Gazz. chim. ital.*, 26, (2), 119, 1896]. On a observé que les thiosulfates, additionnés d'un bisulfite alcalin, deviennent stables en présence d'un acide, et on utilise cette propriété pour la conservation des bains de fixage en photographie [Aarland, *Arch. Phot.*, 38, 17, 1897].

Les thiosulfates soumis à l'ébullition avec AzH^4Cl se décomposent avec départ de SO^2 et dépôt de S [Luigi Santi, *Centr. Bl.*, II, 1626, 1904].

Les thiosulfates alcalins se combinent à l'aldéhyde formique en donnant un complexe de formule

$$NaO \diagdown_{O} \diagup S \diagdown_{S} . CH^2OH$$

qu'on n'a pas isolé, mais qui forme une combinaison cristalline avec le diméthyl-p-phénylène-diamine-mercaptan [Vanino, *D. chem. G.*, 35, 3251, 1902; — O. Schmidt, *ibid.*, 39, 2413, 906].

Sur les sels complexes des thiosulfates, voyez O. L. Shinn [*Journ. Chem. Soc.*, 26, 947, 1904] et Euler [*D. chem. G.*, 37, 1704, 1904].

ACIDES THIONIQUES. — ACIDE DITHIONIQUE, $S^2O^6H^2$.

Préparation. — Le meilleur mode de préparation de ses sels consiste dans l'action de l'hydrate ferrique sur l'acide sulfureux. Cette ancienne réaction a été étudiée par S. Meyer [*D. chem. G.*, 34, 3606, 1901] qui en a suivi la marche avec les principaux peroxydes. D'après ce chimiste, il y aurait trois phases dans ces réactions, comme l'ont montré Spring et Bourgeois [*Bull. Acad. Belg.*, (2), 45, 151, 1878]. Ex. : 1° $2MnO^2 + 3H^2SO^4 = Mn^2(SO^4)^3 + 3H^2O + O$. 2° $Mn^2(SO^4)^3 = MnSO^3 + MnS^2O^6$. 3° $MnSO^3 + O = MnSO^4$. Il a bien été possible de déceler la présence d'un manganosulfite dans la réaction, mais on n'a pas pu prouver qu'il y avait un manganisulfite; les peroxydes de sodium, de magnésium, de plomb, ne forment pas de dithionates. Carpenter [*Proc. Chem. Soc.*, 17, 212, 1901] a étudié l'action du gaz sulfureux sur les sesquioxydes de fer, de manganèse, de cobalt et de nickel, en présence d'eau. L'oxyde de fer donne la quantité théorique de dithionate; celui de manganèse, les 2/3, celui de cobalt 1/4, enfin le sesquioxyde de nickel n'en fournit pas [1].

Spring et Bourgeois [*Bull. Soc. Chim.*, (3), 6, 920, 1891] ont repris l'étude de Sokolow et Marchewski sur l'action de l'iode sur le sulfite acide de sodium. Il a prouvé qu'il ne se formait pas de dithionate comme l'avaient cru ces auteurs, et comme l'avait confirmé Otto (voyez Sokolow et Marchewski [*D. chem. G.*, 14, 2058, 1880]; — Otto [*Arch. Pharm.*, 229, 171, 1891 et *idem*, 230, 1, 1892]).

Propriétés. — La chaleur de formation de l'acide dithionique, d'après Berthelot [*C. R.*, 108, 773, 1889] est de $206^{Cal},8$ pour $S^2 + O^2 + nH^2O$.

ACIDE TRITHIONIQUE, $S^3O^6H^2$. — *Formation.* — On a cru que l'iode, agissant sur un mélange de sulfite et hyposulfite de sodium, fournissait un trithionate; le fait est fort douteux (voyez Colefax [*Chem. News*, 65, 47, 1892 et 66, 292, 1892; *Proc. Chem. Soc.*, 64, 1083, 1894]; — Spring [*Chem. News*, 65, 247, 1892]). Il s'en forme lorsqu'on traite par l'eau oxygénée le thiosulfate de sodium [Willstætter, *D. chem. G.*, 36, 1831, 1903]. Cet auteur formule le trithionate de sodium :

$$O = S \diagup^{ONa}_{\diagdown O} \underline{\qquad} {}^{NaO \diagdown}_{O \diagup} S \lessgtr {}^{O}_{S}$$

Propriétés. — Gutmann [*D. chem. G.*, 38, 3277, 1905] a observé que l'arsénite de sodium, en solution alcaline, oxyde les trithionates en sulfites.

ACIDE TÉTRATHIONIQUE, $S^4O^6H^2$. — *Formation.* — Sa chaleur de formation est pour $S^4 + O^6 + nH^2O$, 205,2 calories [Berthelot, *C. R.*, 108, 773, 1889].

Le tétrathionate de sodium est transformé en sulfite par l'action de AsO^3Na^3 [Gutmann, *loc. cit.*].

ACIDE PENTATHIONIQUE. — *Formation.* — Le dernier travail effectué sur l'étude de la réaction de l'hydrogène sulfuré sur la solution d'acide sulfureux est celui de Debus [*Chem. News*, 57, 87, 1888] complétant et confirmant les travaux précédents de Curtius et Henckel, Sobrero et Selmi.

Les tétrathionates alcalins, traités par 2 mol.

1. Il est intéressant de remarquer que, d'après les recherches de Bellucci et Claveri [*Atti R. Accad. Lincei*, (5), 14, II, 234, 1905] le sesquioxyde de nickel n'existe pas (V. A.).

de C AzK et 2 mol. de NaOH, se décomposent quantitativement suivant :

$$S^4O^6Na^2 + 2\,KC\,Az + 2\,NaOH$$
$$= 2\,CS\,AzK + Na^2SO^4 + Na^2SO^3.$$

Comme le cyanure de potassium alcalin n'agit ni sur les dithionates, ni sur les sulfites, cette réaction pourra servir à doser les thiosulfates en présence des sulfites. Il suffira pour cela d'oxyder le mélange à l'iode et de doser, par par la réaction précédente, le tétrathionate formé [A. Guttmann, *D. chem. G.*, **38**, 1728 et 3277, 1905 et **39**, 509, 1906].

FLUORHYDRINE SULFURIQUE (*acide fluosulfonique*),

$$SO^2 {\textstyle <}\, {\scriptstyle OH \atop F}$$

— Thorpe et Kirmann préparent ce fluorure acide en versant de l'acide fluorhydrique en léger excès sur l'anhydride sulfurique placé dans une petite cornue de platine, refroidie par un mélange de chlorure de calcium cristallisé et de glace. L'excès d'acide fluorhydrique est ensuite enlevé par un courant de gaz carbonique, à + 35° environ.

La fluorhydrine sulfurique est un liquide mobile, incolore, fumant à l'air, bouillant à 162°,6 en se décomposant légèrement. Elle possède les propriétés générales de la chlorhydrine sulfurique [Thorpe et Kirmann, *Journ. Chem. Soc.*, **16**, 921, 1892 ; *Zeit. anorg. Chem.*, **3**, 63, 1892].

FLUORURE DE SULFURYLE, SO^2F^2. — *Préparation.* — Moissan et Lebeau l'obtiennent par l'union directe du gaz sulfureux et du fluor ; la réaction est rendue plus régulière au moyen d'un fil de platine rendu incandescent par le passage d'un courant électrique. On l'obtient encore, mélangé d'hydrogène sulfuré, de fluorure de soufre, de fluorure de thionyle et de fluorure de silicium, en laissant brûler un courant de fluor dans l'hydrogène sulfuré humide et en opérant dans un ballon de verre. On peut même en obtenir en employant ce dernier gaz sec, la silice du verre fournissant ici l'oxygène nécessaire à sa formation.

Propriétés. — Le fluorure de sulfuryle est un gaz incolore et inodore. Il se liquéfie à — 52° et se solidifie à — 120°. Sa tension de vapeur est de 241 mm. à — 80° et 65 mm. à — 120°. L'eau, à la température ordinaire, en absorbe 1/10 de son volume ; l'alcool en dissout 5 volumes ; il est insoluble dans l'acide sulfurique. Ce fluorure diffère du chlorure de sulfuryle par sa très grande stabilité ; en effet, l'eau ne l'attaque pas même à 150° ; par contre, la potasse aqueuse fournit du sulfate et du fluorure. Il attaque, au rouge, le verre de Bohême, en donnant du fluorure de silicium et de l'anhydride sulfurique [Moissan et Lebeau, *C. R.*, **132**, 374, 1901].

FLUORURE DE THIONYLE, SOF^2. — *Préparation.* — On mélange ensemble 2 molécules de fluorure d'arsenic et 3 molécules de chlorure de thionyle. On introduit ce liquide par portions de 2 c. c. dans des tubes de Bohême qu'on scelle à la lampe, et qu'on chauffe pendant une demi-heure à 100°. La réaction a lieu suivant $2\,AsF^3 + 3\,SOCl^2 = 3\,SOF^2 + 2\,AsCl^3$. Les tubes refroidis à — 80° sont ouverts, et on les laisse se réchauffer en recueillant sur le mercure le gaz qui se dégage vers — 30°. Pour purifier ce gaz complètement, on le dirige dans un serpentin refroidi à — 23° qui condense le fluorure d'arsenic et le chlorure de thionyle [Moissan et Lebeau, *C. R.*, **130**, 1436, 1900].

Propriétés. — Le fluorure de thionyle est un gaz incolore, fumant à l'air et dont l'odeur rappelle celle de l'oxychlorure de carbone. Il est soluble dans le chlorure d'arsenic, l'éther, le benzène, l'essence de térébenthine. Liquéfié, il est incolore et bout à — 32°. Chauffé à 400°, dans du verre, ou soumis à l'action de l'étincelle d'induction, il se décompose en donnant du fluorure de silicium et du gaz sulfureux. L'eau le décompose lentement en acides sulfureux et fluorhydrique. Le sodium en fusion l'absorbe complètement.

CHLORURE DE THIONYLE, $SOCl^2$. — *Préparation.* — Béhal et Auger ont donné un mode de préparation plus avantageux que celui de Michaelis ; il consiste à faire réagir l'anhydride sulfureux sur le bichlorure de soufre, au lieu d'employer le tétrachlorure [*Bull. Soc. Chim.*, (2), **50**, 594, 1888]. Ce procédé a été modifié et breveté par Majert [**D. R. P. 136 870**] qui opère sous pression et obtient un rendement quantitatif d'après $SO^3 + SCl^2 = SO^2Cl^2 + SO^2$.

Propriétés physiques. — La vapeur de chlorure de thionyle est déjà légèrement dissociée à 150° ; à 440° la dissociation est totale, suivant $4\,SOCl^2 = 3\,Cl^2 + 2\,SO^2 + S^2Cl^2$ [Heumann et Köchlin, *D. chem. G.*, **16**, 1625, 1883]. L'ébullioscopie donne le poids moléculaire normal [Oddo, *Gazz. chim. ital.*, **31**, II, 222, 1901]. Employé comme solvant, en ébullioscopie, il agit comme ionisant les substances dissoutes [Walden, *Zeit. anorg. Chem.*, **25**, 209, 1900]. Sa constante diélectrique est 9,05 à 22° [Schlunde, *Journ. of phys. Chem.*, **5**, 503, 1901] ; sa chaleur de formation est de 40,8 calories, sa chaleur spécifique de + 17° à + 60° est 0,242, et sa chaleur de vaporisation est de 54,45 calories par gramme [Ogier, *C. R.*, **94**, 82, 1882].

Propriétés chimiques. — Les acides minéraux oxygénés fournissent avec le chlorure de thionyle des chlorhydrines et des chlorures. Ainsi, d'après Moureu [*C. R.*, **119**, 337, 1894], l'acide sulfurique est transformé en chlorhydrine sulfurique et chlorure de pyrosulfuryle, l'acide nitrique fournit du chlorure d'azotyle, tandis que les acides phosphorique et borique donnent des produits de condensation chlorés. L'antimoine en poudre transforme le chlorure de thionyle en anhydride sulfureux, et passe à l'état de pentachlorure [Heumann et K., *loc. cit.*]. Il réagit, à froid, sur l'acide iodhydrique gazeux suivant : $2\,SOCl^2 + 4\,IH = 4\,HCl + 4\,I + SO^2 + S$; l'acide bromhydrique gazeux fournit normalement le bromure de thionyle : $SOCl^2 + 2\,HBr = 2\,HCl + SOBr^2$. L'hydrogène sulfuré réagit avec le chlorure de thionyle, en donnant d'abord : $2\,SOCl^2 + H^2S = S^2Cl^2 + SO^2 + 2\,HCl$; la réaction se continue lentement suivant : $2\,SOCl^2 + 2\,H^2S = 4\,HCl + SO^2 + 3\,S$ [Besson, *C. R.*, **122**, 320 et **123**, 884, 1896 ; — Prinz, *Ann. Chem.*, **223**, 371, 1884]. Cette dernière réaction est immédiate et violente en présence du chlorure d'aluminium [Ruff, *D. chem. G.*, **34**, 1749, 1901].

CHLORURE DE PYROSULFURYLE (*chlorure de disulfuryle*), $S^2O^5Cl^2$. — *Propriétés physiques.* — Ses constantes ont été déterminées par Besson [*C. R.*, **124**, 401, 1897]. Il a trouvé : point de fusion, — 39° ; point d'ébullition, 143° sous 765 mm. et 53° sous 15 mm. ; sa densité est 1,872° à 0°. Il est évident que Konowaloff [*C. R.*, **95**, 1284, 1882] ne pouvait l'avoir obtenu pur puisqu'il le rectifiait à la pression atmosphérique, et que, à cette température, ce chlorure est déjà légèrement décomposé en chlore et anhydrides sulfureux et sulfurique (B.)

CHLORHYDRINE SULFURIQUE (*acide chlorosulfurique*), $SO^2(OH)Cl$. — *Propriétés physiques.* — Sa chaleur spécifique entre 15° et 80° est de $0^{Cal},282$; sa chaleur latente de vaporisation, de

$12^{Cal},8$; sa chaleur de formation, pour $SO^3 + HCl$, $4^{Cal},14$ [Ogier, *C. R.*, **96**, 645, 1883].

Propriétés chimiques. — Vers 200°, la dissociation est normale en $SO^3 + HCl$, mais si l'on élève la température, il se forme, en outre, du chlorure de sulfuryle et de l'acide sulfurique, et au rouge, un mélange d'acide sulfureux, vapeur d'eau et chlore [Ruff, *D. chem. G.*, **34**, 3509, 1901]. La transformation de la chlorhydrine en acide et chlorure de sulfuryle, observée en tube scellé par Behrend [*D. chem. G.*, **8**, 1004, 1875] a été étudiée soigneusement par Ruff (*loc. cit.*) qui a observé que, presque totale à la température de 210°, cette scission avait lieu déjà à 70° en présence d'agents catalytiques : mercure, étain, antimoine, ou leurs chlorures ; les chlorures de platine, cuivre, soufre, iode, etc. Voyez aussi Wohl et Ruff (D.R.P. 129 862).

La chlorhydrine sulfurique est attaquée à la température ordinaire par l'hydrogène sulfuré qui fournit du soufre, de l'acide sulfurique et du chlorure de soufre [Prinz, *Ann. Chem.*, **223**, 371, 1884]. Le pentachlorure de phosphore et l'anhydride phosphorique fournissent du chlorure de pyrosulfuryle [Billitz et Heumann, *loc. cit.* ; — Konowaloff, *C. R.*, **96**, 1146, 1883].

CHLORURE DE SULFURYLE, SO^2Cl^2. — *Propriétés physiques.* — Constante diélectrique : 9,15 à 22° [Schlundt, *loc. cit.*]. Employé comme solvant, il agit comme ionisant [Walden, *loc. cit.*].

Propriétés chimiques. — La décomposition du chlorure de sulfuryle, par un excès d'eau, dégage $62^{Cal},9$ [Thomsen, *loc. cit.*]. Baeyer et Villiger ont annoncé que le chlorure de sulfuryle agité à 0° avec l'eau et la glace fournit un hydrate cristallisé $SO^2Cl^2, 15H^2O$ assez stable à 0°, n'agissant pas sur le bicarbonate de soude à froid, et se dissociant un peu au-dessus de cette température en eau et chlorure de sulfuryle [*D. chem. G.*, **34**, 736, 1901]. Carrara [*Att. Ac. Lincei*, (5), **8**, 1, 190 et *Gazz. chim. ital.*, (1), **31**, 450, 1901] nie l'existence de cet hydrate, soit solide, soit dissous, et n'a pu reproduire les expériences de B et V. L'hydrogène sulfuré réagit suivant : $SO^2Cl^2 + H^2S = 2HCl + SO^2 + S$ et $SO^2Cl^2 + 2H^2S = 2H^2O + S^2Cl^2 + S$. Les acides bromhydrique et iodhydrique réagissent à froid, avec formation de brome ou iode, et de gaz sulfureux [Besson, *C. R.*, **122**, 467, 1896]. Le soufre attaque le chlorure de sulfuryle vers 200°, mais en présence de chlorure d'aluminium, l'action a lieu à la température ordinaire, avec formation de proto et bichlorure de soufre. De même, l'iode, en présence du chlorure d'aluminium, le décompose facilement suivant : $SOCl^2 + 2I = 2ICl + SO^2$ et $3SO^2Cl^2 + 2I = 2ICl^3 + 3SO^2$ [Ruff, *D. chem. G.*, **34**, 1749, 1901].

Usages. — On a breveté l'emploi du chlorure de sulfuryle pour la préparation des chlorures et des anhydrides d'acide d'après les équations : $2RCO^2Na + SO^2Cl^2 = SO^4Na^2 + 2RCOCl$ et $4RCO^2Na + SO^2Cl^2 = 2(RCO)^2 : O + SO^4Na^2 + 2NaCl$ [Verein f. chem. Ind., D. R. P. 63 593].

OXYTÉTRACHLORURE DE SOUFRE, S^2OCl^4. — Ogier a décrit sous ce nom un composé S^2OCl^4 qu'il aurait obtenu par la réaction : $2SOCl^2 + SCl^2 = 2S^2OCl^4$ [*C. R.*, **94**, 446, 1882]. L'étude de ce chlorure, reprise par Knoll [*D. chem. G.*, **31**, 2183, 1898] a montré que ce n'était qu'un mélange de chlorure de soufre, chlorure de thionyle et chlorure de sulfuryle.

BROMURE DE THIONYLE $SOBr^2$. — *Préparation.* — Hartog et Sims [*Chem. News*, **67**, 82, 1893] l'obtiennent en faisant réagir le bromure de sodium sur le chlorure de thionyle ; on l'obtient aussi, mélangé de chlorobromure de thionyle, par l'action du gaz bromhydrique ou du bromure d'aluminium sur le chlorure de thionyle [Besson, *C. R.*, **122**, 320 et **123**, 884, 1896].

Propriétés. — C'est un liquide jaune orangé de densité 2,61 à 0°. Il cristallise à basse température et fond à —50°. Il bout à 68° sous 40 mm. Chauffé à 150° en vase clos, il se détruit suivant : $4SOBr^2 = 2SO^2 + 6Br + S^2Br^2$. Le mercure lui enlève son brome avec formation de soufre et gaz sulfureux.

CHLOROBROMURE DE THIONYLE, $SOBrCl$. — *Préparation.* — On l'obtient, en même temps que le précédent, dont on le sépare par distillation fractionnée, en traitant le chlorure de thionyle par l'acide bromhydrique [Besson, *C. R.*, **122**, 320, 1896].

Propriétés. — C'est un liquide jaune clair de densité 2,31 à 0° ; il bout à 115°, en se décomposant légèrement. Chauffé en tube scellé, il se décompose totalement suivant : $8SOClBr = 4SOCl^2 + 6Br + S^2Br^2 + 2SO^2$. L'eau l'hydrolyse facilement ; le mercure l'attaque, s'empare du brome et fournit du chlorure de thionyle, du gaz sulfureux et du soufre (Besson).

ACIDES SULFAZOTÉS.

On comprend sous ce nom les produits qui sont obtenus par l'action de l'acide nitreux ou des nitrites sur l'acide sulfureux ou les sulfites (Frémy), et ceux qui prennent naissance dans l'action de l'ammoniaque sur l'anhydride sulfureux ou sulfurique. On a déjà traité à l'article HYDROXYLAMINE (2° Supp., **5**,) les acides sulfonés possédant le résidu $-AzH(OH)$; nous traiterons ici des acides aminosulfinique et sulfonique et de la sulfimide.

ACIDE AMINOSULFINIQUE $H^2Az.SO^2H$. — On l'obtient par l'action du gaz ammoniac sur l'anhydride sulfureux. C'est une masse jaune rougeâtre, prenant lentement la structure cristalline, très déliquescente. Ce produit fournit d'abord une solution jaune avec l'eau, mais celle-ci se décompose rapidement, et par évaporation on obtient un mélange de $SO^4(AzH^4)^2$ et $S^3O^6(AzH^4)^2$. Les solutions aqueuses anciennes, traitées par HCl, laissent déposer du soufre. Toutes les réactions de cette solution indiquent la présence d'un mélange de thiosulfate et de trithionate [Rose, *Pogg. Ann.*, **33**, 235, 1834 ; **42**, 415, 1837 ; **64**, 397, 1844].

DIAMINOSULFOXYDE $SO(AzH^2)^2$. — Michaelis [*Zeit. f. Chem.*, (2), **6**, 460, 1870] a essayé en vain de préparer cette substance par l'action de AzH^3 sur $SOCl^2$. Il a obtenu un mélange de Az^2S^2, AzH^4Cl, $(AzH^4)^2SO^3$ et $(AzH^4)^2S^2O^6$.

ACIDE AMINOSULFONIQUE H^2Az-SO^3H (*acide pyrosulfamique de Rose*). — La méthode de Rose ne fournit qu'un produit impur. C'est Raschig [*Ann. Chem.*, **241**, 166, 1887] qui l'obtint par le premier, en hydrolysant par ébullition à l'eau les sels de potassium des acides iminodisulfonique et nitrilotrisulfonique. Après avoir éliminé à la chaux l'acide sulfurique formé, il séparait par cristallisation le sel de potassium de cet acide, très soluble dans l'eau ; du sulfate de potasse, moins soluble. Divers et Haga [*Chem. News*, **74**, 277, 1896] obtiennent plus facilement l'acide libre en partant du produit de sulfonation du nitrite de sodium. Après hydrolyse, on sature l'acide sulfurique par Na^2CO^3, enlève Na^2SO^4 par cristallisation fractionnée, puis précipite l'acide aminosulfonique par addition d'acide sulfurique concentré.

L'acide libre cristallise en aiguilles très solubles dans l'eau. Il fond à 205°, en se décomposant presque totalement en pyrosulfate et pyroiminosulfonate d'ammoniaque. Il se dégage en même temps de l'ammoniaque [Divers et

Haga, *loc. cit.*]. C'est un acide monobasique et son énergie est plus grande que celle de H^2SO^4 [Sakurai, *Chem. News*, 74, 277, 1896]. On le distingue facilement de ce dernier, car il ne précipite pas les sels de baryum. L'eau, les acides et les alcalis à l'ébullition provoquent son hydrolyse complète en sulfate d'ammoniaque. Ses sels, soumis à l'action de la chaleur, se décomposent vers 170° en donnant, d'une part, de l'ammoniaque et des iminodisulfonates, d'autre part, des sulfates et de l'azote : *Sel de K*, gros cristaux extrêmement solubles dans l'eau. *Sel d'Ag*, peu soluble. Une solution d'$AgAzO^3$, additionnée d'une petite quantité d'acide aminosulfonique, ne précipite plus par KOH, mais fournit une substance colloïdale jaune ocre : $AgHAz.SO^3K$ (?). *Sel de Hg*. Composé insoluble dans l'acide nitrique dilué, obtenu par l'action de l'acide sur HgO ou un de ses sels. La formule en est encore mal déterminée; probablement $Hg^3Az^2(SO^3H)^2(OH)^2, 2H^2O$.

Lœw [*Chem. News*, 74, 277, 1894] a fait l'étude des actions physiologiques de l'acide.

SULFAMIDE $SO^2(AzH^2)^2$. — Regnault [*Ann. Chim. Phys.*, 69, 170, 1838] n'avait pu isoler ce composé du produit brut de l'action de SO^2Cl^2 sur $2AzH^3$. Plus tard, Mente [*Ann. Chem.*, 248, 262, 1888] parvint à l'obtenir une fois, par hasard, à l'état cristallisé, en faisant réagir SO^2Cl^2 sur le carbamate d'ammonium. Enfin, après un long travail, Traube [*D. chem. G.*, 25, 2472, 1892 et 26, 607, 1893] parvint à obtenir régulièrement ce produit à l'état pur. On fait passer à refus un courant d'AzH^3 dans une solution de SO^2Cl^2, dans 20 volumes de chloroforme. Le produit précipité est dissous dans l'eau, le chlore enlevé par l'oxyde de plomb ou d'argent, et la liqueur additionnée d'ammoniaque précipite sous l'action de AzO^3Ag, la sulfamide argentique $SO^2(AzHAg)^2$, blanc, amorphe, dont on peut retirer la sulfamide presque pure par décomposition par HCl. On termine par une cristallisation fractionnée dans l'alcool. Voyez Hantzsch et Holl [*D. chem. G.*, 34, 3435, 1901].

L'amide pure forme de gros cristaux tabulaires, rhombiques, incolores, fusibles à 91°,5, extrêmement solubles dans l'eau, à peine dans les solvants organiques, il perd AzH^3 déjà vers 100°; la décomposition est totale à 250°. Les solutions aqueuses, acides ou alcalines s'hydrolysent facilement. Les nitrites agissent sur la solution acidulée en dégageant Az^2 et donnant H^2SO^4.

IMIDOSULFURYLAMIDE $(H^2AzSO^2)^2 : AzH$. — Mente [*loc. cit.*] a obtenu ce produit cristallisé en belles lamelles, en faisant réagir le carbamate d'ammoniaque sur le chlorure de pyrosulfuryle. Ce composé est hydrolysé avec la plus grande facilité en donnant naissance à l'iminosulfonate d'ammonium.

ACIDE IMINODISULFONIQUE $HAz : (SO^3H)^2$. — Cet acide a reçu, des auteurs qui l'ont étudié, un grand nombre de dénominations : *sulfatammon, parasulfatammon, sulfamide, sulfamate d'ammoniaque, sulfamidinate d'ammoniaque*, etc. Le *sel d'ammoniaque* est cet acide est obtenu par l'action de AzH^3 en excès sur SO^2 [H. Rose, *loc. cit.*; — Jacquelain, *Ann. Chim. Phys.*, (3), 8, 293; — Woronine, *Zeit. f. Chem.*, 3, 273; — Berglund, *D. chem. G.*, 9, 252, 1875; — Claus, *Ann. Chem.*, 152, 335, 1869, et 158, 53 et 194, 1871; — Frémy, *Ann. Chim. Phys.*, (3), 15, 408, 1845; — Raschig, *Ann. Chem.*, 241, 166, 1887]. Claus [*loc. cit.*] l'obtient aussi à l'état de *sel de potassium* $HAz(SO^3K)^2$, par hydrolyse du sel correspondant de l'acide nitrilotrisulfonique, par ébullition avec l'eau. Les résultats sont meilleurs en laissant en contact le sel de potassium avec un peu d'acide sulfurique dilué [Frémy, *loc. cit.*].

L'acide libre a été obtenu par décomposition du sel de plomb par H^2S. Il est très facilement décomposable; sous l'influence de l'eau et de l'HCl il s'hydrolyse en H^2SO^4 et $H^2Az.SO^3H$ [Wagner, *Zeit. f. phys. Chem.*, 19, 668, 1906].

Les *sels neutres* sont très solubles dans l'eau; le *sel de potassium* cristallise en longues aiguilles (Raschig). Le *sel d'ammonium* forme de beaux cristaux tétragonaux. Le chlorure de baryum précipite de ces sels la moitié du soufre en $BaSO^4$, par hydrolyse de la molécule en H^2SO^4 et aminosulfonate.

Les *sels basiques* $M.Az : (SO^3M)^2$ sont moins solubles que les sels neutres; CO^2 les ramène à ces derniers (Raschig); nous citerons le *sel de potassium* $KAz : (SO^3K)^2$, qui forme de beaux cristaux mesurables [Fock, *loc. cit.*]. Rose et Woronine [*loc. cit.*] ont obtenu le *sel d'ammonium* $H^4Az.Az : (SO^3AzH^4)^2$. Le *sel de plomb* est un précipité floconneux, blanc; il a servi à Jacquelain pour préparer l'acide libre.

ACIDE NITRILOTRISULFONIQUE $Az \equiv (SO^3H)^3$ (*acide sulfammonique de Frémy*). — Son *sel de potassium* fut obtenu, à l'état impur, par Frémy [*Ann. Phys. Chim.*, (3), 15, 408, 1845] et par Claus [*Ann. Chem.*, 152, 351, 1869] en faisant réagir le nitrite de sodium sur le sulfite de potassium. Berglund [*D. chem. G.*, 9, 252, 1896] reconnut le premier sa constitution, et Raschig [*Ann. Chem.*, 241, 205, 1887] l'obtint à l'état pur. Claus [*loc. cit.*] le prépare facilement en laissant au repos une solution aqueuse de 4 p. K^2SO^3 et 1 p. $NaAzO^2$, jusqu'à ce que le sel se soit déposé entièrement sous forme de petites aiguilles; on le fait recristalliser dans une eau légèrement alcaline. L'eau à l'ébullition l'hydrolyse d'après $Az(SO^3K)^3 + 2H^2O = H^2AzSO^3K + 2KHSO^4$. Le chlorure de baryum agit de même et précipite ainsi 2 mol. de $BaSO^4$ (Raschig). Wagner [*loc. cit.*] a fait une étude détaillée de son hydrolyse.

SULFIMIDE,

$$(SO^2 = AzH)^3, H^2O \;=\; \begin{array}{c} Az \\[2pt] HO.OS \diagup\!\!\!\diagdown\; S\text{-}O.OH \\ \quad\mid\qquad\|\; \\ Az\qquad Az \\ \diagdown\!\!\!\diagup \\ S \\ \mid \\ O\text{-}OH \end{array}$$

— Le sel d'ammonium de ce produit se forme en petite quantité dans la préparation de la sulfamide au moyen du chlorure de sulfuryle et du gaz ammoniac [Traube, *D. chem. G.*, 25, 2472, 1892, et 26, 607, 1893; — Hantzsch et Holl, *D. chem. G.*, 34, 3437, 1901]. On l'obtient en forte proportion, en chauffant pendant quelques heures la sulfamide sèche à 210°, suivant l'équation : $SO^2(AzH^2)^2 = AzH^3 + SO^2AzH$.

Hantzsch n'admet pas cette réaction, et pense qu'il se forme surtout un sel acide de l'ammoniumsulfimide. La solution du produit brut additionnée de nitrate d'argent fournit un abondant précipité de *sulfimide argentique* $(SO^2AzAg)^3$ qu'on purifie par cristallisations successives dans l'eau acidulée nitrique et dans l'eau pure (Traube).

Pour obtenir la sulfimide pure on décompose le sel d'argent par H^2S et fait cristalliser le composé dans l'alcool méthylique. On obtient ainsi des aiguilles incolores, inodores, fusibles à 165°, insolubles dans le benzène, peu solubles dans l'éther, très solubles dans les alcools méthylique et éthylique, ainsi que dans l'eau. L'ébullioscopie, en solution dans l'acétate d'éthyle, indique la formule $(SO^2AzH)^3$. On peut préparer plus facilement une solution aqueuse de sulfimide en décomposant le sel d'argent par la quantité calculée d'HCl; mais, bien que cette solution se conserve longtemps sans se décomposer à la température ordinaire, elle s'hydrolyse partiellement, même par évaporation dans le vide à 40°, en donnant du sulfate acide d'ammonium. Les acides provoquent rapidement cette hydrolyse; les alcalis sont sans action bien sensible. La sulfimide possède une forte réaction acide et décompose les carbonates. On a pu préparer son *éther méthylique* dans lequel le groupe méthyle est relié à l'azote. La formule de cet éther serait tautomère de celle de la sulfimide libre, et par conséquent

$$\begin{array}{ccc} & Az - CH^3 & \\ O^2S & & SO^2 \\ | & & | \\ CH^3 - Az & & Az - CH^3 \\ & SO^2 & \end{array}$$

Hantzsch et Holl, *loc. cit.*].

Les *sels* de la sulfimide, préparés en saturant sa solution par des oxydes ou des carbonates, ont été étudiés par Traube [*D. chem. G.*, 26, 607, 1893].　　　　　　　V. Auger.

SOUFRE (COMPOSÉS ORGANIQUES). — Voir Dict. et Suppl. aux articles MÉTHYLE, ÉTHYLE, BUTYLE, etc.

Pour les composés sulfurés de la série dite aromatique, consulter les articles correspondants.

SOMMAIRE.

MERCAPTANS.

MÉTHYLMERCAPTAN, CH^3SH. — *État naturel.* — Il se trouve dans les produits de décomposition des matières organiques sulfurées; le blanc d'œuf en dégage sous l'influence des microbes anaérobies [Nencki, Silber, *Mon. f. Chem.*, 10, 530, 1889] C'est le méthylmercaptan qui communique cette odeur particulière à l'urine de l'homme qui a mangé des asperges [Nencki, *Jahrb. d. Thierch.*, 193, 1891].

Formation. — Il s'en produit en petites quantités quand on fond les matières protéiques (gluten, blanc) d'œuf) avec les alcalis [Siebert, Schubenko, *Jarh. d. Thierch.*, 8, 1892]; par l'action de la vapeur d'eau sous pression à 150° sur la corne (kératine) [Bauer, *Centr. Bl.*, 1902, II, 650].]

De même par réduction de l'isosulfocyanate de phényle $CS = Az - C^6H^5$ par l'amalgame d'aluminium [Gutbier, *D. chem. G.*, 34, 2033, 1901].

On en trouve des traces dans les produits de distillation du gaz d'éclairage [Nitseck, *Centr. Bl.*, 1903, I, 1053].

Préparation. — On distille une solution aqueuse de sulfate de méthyle en présence d'un excès de sulfhydrate de potassium. Le gaz dégagé est lavé dans un laveur à soude concentrée (10 gr. KOH pour 20 gr. H^2O); on évapore cette solution et on reçoit le gaz dans l'acétate de plomb; on élimine ainsi l'hydrogène sulfuré en sulfure de plomb insoluble. De la solution alcaline on mettra le mercaptan en liberté avec l'acide chlorhydrique; le gaz dégagé sera finalement lavé par du carbonate de potassium et condensé dans un mélange réfrigérant [Klason, *D. chem. G.*, 20, 3409, 1887; — Obermayer, *ibid.*, 20, 2918, 1887].

Chaleur de formation [Berthelot, *C. R.*, 132, 55, 1901]. Réaction des mercaptans de Rübner : coloration en vert foncé de l'acide isatine-sulfonique. Condensé avec un nitrile en présence d'acide chlorhydrique gazeux, on obtient des iminoéthers instables [Autenrich et Bruning, *D. chem. G.*, 36, 346, 1903].

MERCAPTIDES. — *Méthylmercaptide de mercure*, $(CH^3S)^2Hg$. — Précipité cristallin obtenu en faisant passer un courant de méthylmercaptan dans une solution aqueuse de cyanure de mercure $(CAz)^2Hg$; il fond en se décomposant à 175°; il est presque insoluble dans les alcools méthylique et éthylique.

Chloromercaptide de mercure, $CH^3 - S - Hg - Cl$. — Précipité obtenu avec le méthylmercaptan et le bichlorure de mercure.

Sel double, $(CH^3S)^2Hg, 2[Hg(CH^3COO)^2]$. — Il cristallise dans l'eau [Werner, *D. chem. G.*, 25, 64, 1892].

Méthylmercaptide de plomb, $(CH^3S)^2Pb$. — Précipité cristallin jaune.

Méthylmercaptide de bismuth, $(CH^3S)^3Bi$. — Aiguilles jaunes microscopiques.

Méthylmercaptide d'argent, $CH^3S - Ag$. — Précipité jaune cristallin.

PERCHLOROMÉTHYLMERCAPTAN, $CCl^3 - S - Cl$. — On en obtient en faisant passer un courant de chlore dans le méthylrhodanide $CH^3S - C \equiv Az$, ou dans le sulfochlorure de carbone $CSCl^2$ [James, *Chem. Soc.*, 54, 272, 1887; — Klason, *D. chem. G.*, 20, 2381, 1887].

On le prépare en faisant arriver 3 molécules de chlore dans une solution froide contenant 1 mol. d'iode dissous dans le sulfure de carbone; on le sépare du chlorure de soufre formé par distillation dans le vide; un excès de chlore à 100° le transforme en tétrachlorure de carbone et chlorure de soufre [Klason, D.R.P. 53124; *D.*, *chem. G.*, 28, Réf. 942].

C'est un liquide jaune, d'odeur très vive; il bout à 148°. D = 1,717 à 4° [Carrara, *Gazz. chim. ital.*, 23, II, 16, 1893].

Il est décomposé par la chaleur vers 200° en tétrachlorure de carbone et chlorure de soufre.

Traité par le soufre vers 150-160°, il donne CCl^4, $CSCl^2$, CCl^3SSCCl^3 et $CCl^3.S^3.CCl^3$. En le chauffant sous pression à 220°, il se fait CS^2 et SCl^2.

Il est réduit par l'étain et l'acide chlorhydrique, en donnant du sulfochlorure de carbone.

Chauffé sous pression à 160°, en présence de l'eau, il est décomposé avec formation de soufre, acide carbonique et acide chlorhydrique; plus facilement encore avec les alcalis. Avec l'ammoniaque il se transforme en sulfocyanate d'ammoniaque.

Oxydé par l'acide azotique il donne le sulfochlorure de trichlorométhane. Avec le sulfite de potassium il donne le sel trisulfoné $C(SH)(SO^3K)^3$.

Avec l'aniline on obtient l'anilide $CCl^3.S.HAz-C^6H^5$. Même réaction avec la p-toluidine. Avec la diméthylamine on obtient une leucobase violette,

$$Cl-C[C^6H^4-Az(CH^3)^2]^3, S[C^6H^4.Az(CH^3)^2]^2$$

ÉTHYLMERCAPTAN, C^2H^5SH (voy. art. Ethyle). — Propriétés physiques des mélanges de mercaptan et d'alcool, voyez E. Dunstan [*Zeit. physiol. Chem.*, **49**, 590, 1904]. Viscosité des mercaptans, C. Bingam [*Am. chem. Journ.*, **35**, 195, 1906].

Ionisation des solutions de mercaptan [P. Walden. *Zeit. physikal. Chem.*, **46**. 103, 1904 : *ibid.*, **54**. 120, 1906].

Mercaptides. — *Éthylmercaptide d'or*. C^2H^5S. Au. — Il se forme en ajoutant l'éthylmercaptan à une solution alcoolique de chlorure d'or, ou d'acide chloraurique $AuCl^3,HCl$; le précipité, brun d'abord, devient blanc : quand il y a plus de 3 mol. de mercaptan pour 1 mol. de chlorure d'or, la précipitation est complète; le produit filtré renferme le disulfure : $AuCl^3+3C^2H^5SH = 3HCl+AuS.C^2H^5+C^2H^5SSC^2H^5$ [Hermann, *D. chem. G.*, **38**, 2813, 1905].

Éthylmercaptide de mercure, $(C^2H^5S)Hg$. — Traité par l'acide azotique il est transformé en nitrate $AzO^3-Hg.S.C^2H^5$ [Hofmann et Rabe, *Zeit. anorg. Chem.*, **17**, 26, 1894].

Traité par l'iodure de méthyle il forme la combinaison $HgI^2,IS(C^2H^5)^3$ et un peu de $HgI^4S^2(C^2H^5)^4$ [Hofmann et Rabe, *Zeit. anorg. Chem.*, **14**. 295. 1891]. Avec l'ammoniaque en solution alcoolique il donne la combinaison $(AzO^3.Hg.S.C^2H^5).AzH^3$.

PROPYLMERCAPTAN. BUTYLMERCAPTAN. etc. Voy. Propyle. Butyle. Dict. et suppl.

ISOAMYLMERCAPTAN. — *Mercaptide d'or*, $AuSC^5H^{11}$. précipité blanc décomposé à 150° avec mise en liberté d'or [F. Hermann. *D. chem. G.* **38**, 2813. 1905].

POLYMERCAPTANS, LEURS ETHERS. POLYSULFONES.

Méthylène-glycolmercaptan,

$$CH^2{<}^{SH}_{SH}$$

— On ne l'a pas obtenu à l'état libre.

Son *éther éthylique*, $CH^2(SC^2H^5)^2$, se prépare par ébullition du chloroforme avec le mercaptan éthylique en solution alcaline :

$$CHCl^3+4C^2H^5SK+H^2O$$
$$= CH^2(SC^2H^5)^2+(C^2H^5S)^2+KOH+3KCl$$

[Baumann, *D. chem. G.*, **19**, 2813. 1886].

Il se forme aussi par la condensation du mercaptan sur l'aldéhyde formique en présence d'acide chlorhydrique [Bayer et Cie, D.R.P. 27 207, *Central Bl.*, 1898, II, 524].

C'est un liquide très odorant bouillant à 184°, $D=0.987$ à 20°. Il s'oxyde avec l'acide azotique en donnant l'acide éthylsulfonique $C^2H^5SO^3H$.

Le permanganate de potassium en solution acide donne la sulfone $CH^2(SO^2.C^2H^5)^2$.

Il se combine à l'iodoforme en présence de l'iodure d'éthyle pour donner la combinaison

$$CH^2\left(S{<}^{(C^2H^5)}_{I}CHI^2\right)^2$$

fondant à 125° (Bayer et Cie).

DISULFONES. — On les obtient par oxydation des éthers correspondants de mercaptan, $R(SR_1)(SR_2)$ à l'aide d'une solution diluée de permanganate acide.

Elles réagissent sur l'aldéhyde formique en soudant 2 mol. de sulfone pour donner $CH^2[CH(SO^2R)^2]^2$ [Kotz, *D. chem. G.*, **33**, 1120, 1900; — T. Posner, *ibid.*. **37**. 502, 1904].

Méthylène-diméthylsulfone,

$$CH^2{<}^{SO^2CH^3}_{SO^2CH^3}$$

— On l'obtient par oxydation de l'éther méthylique $CH^2(SCH^3)^2$ avec le permanganate de potassium [Baumann et Kast, *Zeit. physiol. Chem.* **14**, 55, 1892].

On la trouve dans les eaux mères de la préparation de la diméthyle-diméthylène-trisulfone [Baumann, *D. chem. G.*, **23**, 1875, 1890].

Elle cristallise dans l'eau en grosses tablettes fondant à 142-143°, elle se volatilise sans se décomposer : elle est très facilement soluble dans l'eau, l'alcool et l'éther.

Méthylène-diéthylsulfone, $CH^2(SO^2C^2H^5)^2$. — Elle s'obtient en traitant l'éther éthylique $CH^2(SC^2H^5)^2$ par une solution de permanganate à 5 0/0 en présence d'un peu d'acide sulfurique [Baumann, *D. chem. G.*, **19**, 2811, 1886; — Fromm, *Ann. Chem.*, **253**, 156, 1889]. Après réaction on épuise à l'éther pour retirer le produit.

Elle se rencontre dans les eaux mères provenant de la préparation de la diéthyldiméthylène-trisulfone [Baumann, *D. chem. G.*, **23**, 1875, 1890].

La méthylène-diéthylsulfone cristallise dans l'eau en feuillets soyeux : elle fond à 104° et se sublime sans décomposition. Elle est facilement soluble dans l'eau, l'alcool et le benzène, très peu soluble dans l'éther.

Traitée par le brome, elle donne un dibromo-dérivé. Le chlore réagit sur la solution aqueuse pour donner la *chlorométhylène-diéthylsulfone*, $CCl^2(SO^2C^2H^5)^2$ soluble dans l'eau bouillante, qui cristallise en aiguilles fondant à 98-99° [Fromm, *Ann. Chem.*, **253**, 159, 1889].

L'eau de brome réagit dans les mêmes conditions en donnant la *bibromométhylène-diéthylsulfone* [Baumann, *D. chem. G.*, **19**, 2812, 1886]; la solution dans l'eau cristallise en aiguilles fondant à 131°, elle se volatilise en se décomposant; elle se dissout peu dans l'eau froide, se dissout mieux dans les solutions alcalines; ces solutions ne l'attaquent pas même à l'ébullition.

Par la chaleur on obtient la méthylène-diéthylsulfone [Fromm, *Ann. Chem.*, **253**, 159, 1889].

Elle réagit sur le thiophénate de sodium pour donner la sulfone $C^6H^5SCNa(SO^2C^2H^5)^2$.

Si on maintient pendant plusieurs jours au soleil une solution de méthane-diéthylsulfone en présence d'iodure de potassium on forme de la *biiodométhylène-diéthylsulfone*, $CI^2(SO^2C^2H^5)^2$ qui cristallise dans l'eau en aiguilles et fond vers 176-177° [Fromm, *Ann. Chem.*, **253**, 161, 1889; — Bischoff et Schrotter, *D. chem. G.*, **30**, 487, 1897].

Méthylène-diisobutylsulfone, $CH^2(SO^2C^4H^9)^2$. — Pour la préparer on fait passer un courant de gaz chlorhydrique dans un mélange d'une molécule d'aldéhyde formique et 2 mol. d'isobutyl-mercaptan, on traite les produits obtenus par une solution acidulée de permanganate de potassium [Stuffer, *D. chem. G.*, **23**, 3231, 1890]. On extrait à l'éther : on obtient des cristaux fondant à 85°, insolubles dans l'eau froide, solubles dans l'alcool, l'éther, le chloroforme et le benzène; l'eau de brome donne un *dérivé dibromé* $CBr^2SO^2(C^4H^9)^2$ fondant vers 77-78°.

THIOÉTHYLÈNE-GLYCOL,

$$CH^2 - OH$$
$$|$$
$$CH^2 - SH$$

— Ce liquide est peu soluble dans l'eau, et très soluble dans l'alcool : son *mercaptide de mercure* $(CH^2OH - CH^2S)^2Hg$ cristallise dans l'alcool froid.

Éther éthylique (éthanol-thioéthane), $CH^2OH - CH^2S - C^2H^5$. — Dans une solution alcaline concentrée contenant 36 gr. de potasse, on introduit 40 gr. de mercaptan éthylique, puis on refroidit énergiquement, on ajoute alors 52 gr. de chlorhydrine $CH^2Cl . CH^2OH$.

L'éther extrait est un liquide bouillant à 184° [Demuth, Meyer, *Ann. Chem.*, 240, 310, 1887].

Méthylsulfone-éthanol, $CH^2OH - CH^2 - SO^2 - CH^3$ — On l'obtient en chauffant à l'ébullition avec un excès de baryte de l'acide oxéthylène-sulfone-méthylène-sulfinique $CH^2OH - CH^2 - SO^2 - SO^2H$. Il se forme une masse cristalline qui fond à 20°,5; elle est miscible à l'eau et à l'alcool; oxydée par le mélange chromique, elle se transforme en acide méthylsulfone-acétique $CH^3SO^2CH^2.CO OH$ [Baumann et Walter, *D. chem. G.*, 26, 1130, 1893].

Acide méthylsulfone-éthylène-sulfonique, $CH^3 - SO^2 - CH^2 - CH^2.O.SO^3H$. — Ce composé se prépare en traitant à froid 10 gr. de méthylsulfone-éthanol par 40 gr. d'acide sulfurique. On laisse réagir pendant 24 heures.

Le *sel de baryum* cristallise avec 1 mol. d'eau, ce sont des feuillets soyeux très facilement solubles dans l'eau. Par ébullition avec de l'eau on retourne au produit primitif avec formation de sulfate de baryum. Si on l'attaque par l'ammoniaque on obtient SO^4Ba et des méthylsulfone-éthylamines primaires et secondaires [Walter, *D. chem. G.*, 27, 3048, 1894].

Éthylsulfone-éthanol,

$$CH^2OH$$
$$|$$
$$CH^2 - SO^2 - C^2H^5$$

— Pour le préparer on laisse digérer au bain-marie pendant huit jours une solution aqueuse d'éthylène-diéthylsulfone avec un excès de lessive de soude :

$$\begin{array}{l} CH^2 - SO^2 - C^2H^5 \\ | \qquad\qquad\qquad + NaOH \\ CH^2 - SO^2 - C^2H^5 \end{array}$$

$$= \begin{array}{l} CH^2OH \\ | \qquad\qquad\qquad + C^2H^5SO^2K \\ CH^2 - SO^2 - C^2H^5 \end{array}$$

On épuise ensuite la solution à l'éther; on obtient une huile épaisse qui se solidifie peu à peu dans le dessiccateur; elle a un goût amer intense [Otto, *J. pr. Chem.*, (2), 36, 443, 1895].

THIODIGLYCOL,

$$\begin{array}{cc} H^2COH & HOCH^2 \\ | & | \\ CH^2 - S & - CH^2 \end{array}$$

— Il se produit par l'action du sulfhydrate de potassium sur la monochlorhydrine du glycol. On acidule ensuite par l'acide chlorhydrique; il se forme d'abord le monosulfhydrate, $CH^2OH - CH^2SH$ qui se décompose ensuite en hydrogène sulfuré et thioglycol.

C'est un sirop insoluble dans l'eau, soluble dans l'alcool; il précipite les sels métalliques [V. Meyer, *D. chem. G.*, 19, 3259, 1886].

ÉTHYLÈNE-MERCAPTAN, $CH^2SH - CH^2SH$ — On le prépare en traitant à l'ébullition 50 gr. de bromure d'éthylène par du sulfhydrate de sodium, obtenu en saturant 45 gr. de soude par l'hydrogène sulfuré en présence d'un peu d'alcool. La réaction terminée, on étend rapidement avec de l'eau et on extrait à l'éther.

La solution éthérée est distillée, elle laisse une huile légère bouillant à 146° [V. Meyer, *D. chem. G.*, 19, 3264, 1886 et Fasbender, *D. chem. G.*, 20, 461, 1887].

Le *sel de plomb* est jaune clair, le *sel de cuivre* est vert.

L'*éther diméthylique*, $(CH^2 - S - CH^3)^2$ bout à 183°.

La *diméthyléthylène-sulfone*, $(-CH^2 - SO^2 - CH^3)^2$ s'obtient en traitant l'acide éthane-disulfonique par le bromure de méthyle; elle est insoluble dans l'eau froide et fond à 190° [Otto, *J. prakt. Chem.*, (2), 36, 445, 1895].

Éther monoéthylique, $CH^2SH - CH^2SC^2H^5$. — On le prépare en traitant par le sulfhydrate de potassium en solution alcoolique (30 gr. de potasse, 120 gr. alcool saturés d'hydrogène sulfuré) une liqueur de chlorure $CH^2Cl - CH^2 - S - C^2H^5$ dans l'alcool.

La réaction terminée, on chasse l'alcool par distillation. Le résidu est repris par l'eau et acidulé par l'acide sulfurique étendu. Puis on épuise à l'éther et l'on distille au bain-marie, il reste une huile bouillant à 188°, à odeur de mercaptan intense [Demuth, Meyer, *Ann. Chem.*, 240, 311, 1887].

Éther diéthylique, $(-CH^2 - S - C^2H^5)^2$. — Il bout à 210-213°. Traité pendant longtemps par l'iodure d'éthyle à 100°, il donne l'iodotriéthylsulfine [V. Meyer, *D. chem. G.*, 19, 3266 1884].

Éther chlorodiéthylique,

$$CH^2 - S - CH^2CH^2Cl$$
$$|$$
$$CH^2 - S - CH^2CH^3$$

— Il se forme quand on traite à froid l'éther oxyéthylique (20 gr.) (voy. plus loin) par le trichlorure de phosphore (10 gr.).

Il se solidifie à 0°. Il se décompose à la distillation suivant l'équation :

$$C^6H^{13}ClS^2 = C^2H^5Cl + \begin{array}{l} CH^2 - S - CH^2 \\ | \qquad\qquad | \\ CH^2 - S - CH^2 \end{array}$$

La potasse le transforme en acide chlorhydrique et éther vinylique

$$CH^2S - C^2H^5$$
$$|$$
$$CH^2S - CH = CH^2$$

[Demuth, Meyer, *Ann. Chem.*, 240, 312, 1887].

Éther oxyéthylique,

$$CH^2 - S - CH^2 - CH^3$$
$$|$$
$$CH^2 - S = CH^2CH^2OH$$

— On l'obtient en mélangeant 18 gr. d'éther monoéthylique $CH^2SH - CH^2 - S - C^2H^5$ et 12 gr. de monochlorhydrine du glycol en présence de 9 gr. de potasse en solution aqueuse concentrée. On obtient un liquide qui bout en se décomposant partiellement à 278° [Demuth, Meyer, *Ann. Chem.* 240, 311, 1887].

Diéthyléthylène-sulfone $(-CH^2 - SO^2C^2H^5)^2$. — On peut l'obtenir en traitant le diéthane-sulfinate de sodium par le bromure d'éthylène [R. Otto, *J. pr. Chem.*, (2), 36, 437, 1887] ou l'éthane-disulfinate de sodium par le bromure d'éthyle à 100° (Otto); il cristallise dans l'alcool en aiguilles très réfringentes, il fond à 136°,5, il est peu soluble dans l'eau chaude et l'alcool froid, mieux à chaud dans ce dernier.

Le pentachlorure de phosphore est sans action sur ce composé. L'amalgame de sodium le réduit en alcool et acide éthane-sulfinique.

La diéthylène-sulfone, traitée pendant longtemps par la lessive de soude chaude, sera décomposée en acide éthane-sulfinique et *éthyl-alcool-éthylsulfone*, $CH^2OH-CH^2-SO^2-C^2H^5$. L'ammoniaque aqueuse donnera facilement l'acide éthane-sulfinique.

Dipropyléthylène-sulfone, $(-CH^2-SO^2-C^3H^7)^2$ — Elle se forme quand on traite l'éthane-disulfinate de sodium par le bromure de propyle [Otto, *J. pr. Chem.*, (2), **36**, 446, 1887]. Cristaux d'éclat nacré fondant à 155°.

Éther vinyléthylique,

$$CH^2-S-C^2H^5$$
$$|$$
$$CH^2-S-CH=CH^2$$

— Il se forme en faisant bouillir l'iodoéthylate de disulfure de diéthyle avec de la lessive de potasse [V. Meyer, *D. chem. G.*, **19**, 32, 66, 1886] :

$$C^2H^4.S.S.C^2H^4,C^2H^5I = C^6H^{12}S^2 \perp HI.$$

Pour le préparer on chauffe 6 gr. de chlorosulfure, $CH^3CH^2-S-CH^2CH^2-S-CH^2CH^2Cl$ avec une solution alcoolique contenant 3gr,6 de potasse [Demuth, Meyer, *Ann. Chem.*, **240**, 313, 1887].

C'est un liquide bouillant à 215°, sa densité est est 1,0197 à 15°. L'éther dioxyéthylique est entraîné à la vapeur d'eau.

Traité pendant plusieurs heures par l'iodure d'éthyle à 100°, il donne l'iodotriéthylsultine et le sulfure de diéthylène [Braun, *D. chem. G.*, **20**, 2968, 1887].

Si on le traite par le bichlorure de mercure en solution alcoolique, on obtient un précipité volatil composé de $2C^6H^{12}S^2 + HgCl^2 + Hg^2Cl^2$ qui fond vers 70°.

Diéthylène-oxyde-sulfone,

$$CH^2 - O - CH^2$$
$$| \qquad |$$
$$CH^2 - SO^2 - CH^2$$

— Ce corps se forme en même temps que d'autres produits par ébullition de la diéthylène-disulfone avec l'eau de baryte. Il cristallise dans l'alcool en prismes fondant à 130°, distillant sans décomposition. Il est très soluble dans l'eau et l'alcool, assez soluble dans le chloroforme et très peu dans l'éther [Baumann et Walter, *D. chem. G.*, **26**, 1138, 1893].

Diéthylène-disulfone,

$$CH^2 - SO^2 - CH^2$$
$$| \qquad |$$
$$CH^2 - SO^2 - CH^2$$

voir *Anhydride de l'acide oxéthylsulfone-éthylène-sulfinique*, p. 563.

TRIMÉTHYLÈNE-MERCAPTAN,

$$CH^2 \Big\langle {CH^2SH \atop CH^2SH}$$

— Il se prépare en introduisant par petites portions le bromure de triméthylène dans une solution alcoolique de sulfhydrate de potassium [Autenrieth, Wolf. *D. chem. G.*, **32**, 1369, 1899]. C'est un liquide bouillant à 169-170° ; il est très facilement entraîné à la vapeur d'eau, il est peu soluble dans l'eau mais il est miscible à l'alcool, à l'éther, au benzène et au chroroforme. Pour le purifier on le combine aux aldéhydes ou aux cétones en présence de gaz chlorhydrique : il donne ainsi des mercaptals ou des mercaptols gras et cycliques qu'on saponifie ensuite.

Mercaptide de plomb, $CH^2(CH^2S)^2Pb$. — Poudre jaune citron, insoluble dans l'eau et l'alcool [Hagelberg, *D. chem. G.*, **23**. 1085, 1890].

Éther diméthylique, $CH^2(CH^2-S-CH^3)^2$. — Il s'obtient facilement en traitant le mercaptan par l'iodure de méthyle en présence d'éthylate de sodium. C'est une huile odorante (Autenrieth, Wolf).

Triméthylène-diméthylsulfone. $CH^2(CH^2.SO^2CH^3)^2$. — On l'obtient par oxydation de l'éther méthylique du mercaptan correspondant avec le permanganate de potassium en solution sulfurique ; elle cristallise dans l'eau en petites aiguilles fondant à 155° ; elle est facilement soluble dans l'eau bouillante et l'alcool et presque insoluble dans l'éther et le chloroforme. Elle n'est pas saponifiée par les alcalis [Autenrieth et Wolf, *D. chem. G.*, **32**, 1372, 1899].

Triméthylène-diéthylsulfone. $CH^2(CH^2.SO^2-C^2H^5)^2$. — On l'obtient en chauffant le tribromure de méthylène avec l'éthylmercaptan en présence de l'éthylate de sodium et en oxydant le produit de la réaction par une solution de permanganate de potassium acidulée d'acide sulfurique [Stuffer, *D. chem. G.*, **23**, 3234, 1890]. On la fait cristalliser dans l'eau bouillante en feuillets gras fondant à 183-184° ; elle est presque insoluble dans l'alcool froid, l'éther, le chloroforme et le benzène ; la lessive de soude bouillante ne l'altère pas [Autenrieth et Wolf, *D. chem. G.*, **32**, 1373, 1899].

Triméthylène-trisulfone $C^3H^6S^3O^6$. — Elle se combine à la formaldéhyde : $C^3H^6S^3O^6, 2CH^2O$; on a préparé son *sel de potassium* $C^3H^5S^3O^6K$ [A. Reychler, *Bull. Soc. Chim.*, (4). **1**, 407, 1907 ; — Bauman et Camps. *D. chem. G.*, **32**, 69, 1890 et *D. chem. G.*, **25**, 233, 1892].

PROPYLÈNE-MERCAPTAN,

$$CH^3-CH \Big\langle {SH \atop CH^2SH}$$

— C'est une huile bouillant à 152° [Hagelberg, *D. chem. G.*, **23**, 1085, 1890].

PENTAMÉTHYLÈNE-DISULFONE-1.4,

$$CH^2 \Big\langle {CH^2-SO^2-CH^2 \atop CH^2-SO^2-CH^2}$$

— Elle se forme par oxydation du *bisulfure* qu'on prépare en petite quantité par l'action du bromure d'éthylène sur le triméthylène-mercaptan en présence de l'éthylate de sodium ; ensuite l'oxydation est faite au permanganate de potassium en solution étendue et acidulée d'acide sulfurique. On la fait cristalliser dans l'eau en prismes fondant à 282°, facilement solubles dans l'eau bouillante et l'alcool, insolubles dans l'éther. La potasse chaude l'attaque [Autenrieth et Wolf, *D. chem. G.*, **32**, 1389, 1899].

HEXAMÉTHYLÈNE-DISULFONE-1.5,

$$CH^2 \Big\langle {CH^2-SO^2-CH^2 \atop CH^2-SO^2-CH^2} \Big\rangle CH^2$$

— On l'obtient en oxydant le *bisulfure* huileux ; ce dernier préparé par l'action du bromure de triméthylène sur le triméthylène-mercaptide de sodium. On oxyde ensuite au permanganate acidulé d'acide sulfurique étendu ; il se forme aussi des produits amorphes.

L'hexaméthylène-disulfone cristallise dans l'eau en prismes et fond à 258-259° ; elle est très peu soluble dans l'alcool froid, insoluble dans l'éther, le chloroforme et le benzène. Les alcalis l'attaquent à chaud [Autenrieth et Wolff, *D. chem. G.*, **32**, 1390, 1899].

THIOÉTHYLACÉTONE,

$$CH^2 - S - C^2H^5$$
$$|$$
$$CO - CH^3$$
$$|$$
$$C = (S - C^2H^5)^2$$

— C'est le produit qu'on obtient quand on traite l'éthylmercaptide de sodium par la monochloracétone; c'est une huile bouillant vers 170-172°. La *phénylhydrazone* fond à 55-57° [Autenrieth, *D. chem. G.*, 24, 165, 1891].

MERCAPTALS, MERCAPTOLS, SULFONALS.

ÉTHYLMERCAPTAL ou *dithioacétal*, $CH^3.CH(SC^2H^5)^2$. — Ce composé est obtenu en condensant par le gaz chlorhydrique un mélange de 1 molécule d'aldéhyde et de 2 molécules de mercaptan [Baumann, *D. chem. G.*, 18, 885, 1885]. Fromm condense avec le chlorure de zinc [*Ann. Chem.*, 253, 139, 1889]. C'est une huile d'odeur désagréable bouillant sans décomposition à 185-187°. Elle est insoluble dans l'eau et très stable en présence des acides et des bases. Si on oxyde l'éthylmercaptal par une solution acide de permanganate étendu, on obtient une sulfone $CH^3CH(SO^2.C^2H^5)^2$ (voir plus loin *Sulfonal*).

ÉTHYLIDÈNE-DIMÉTHYLSULFONAL $CH^3CH(CH^3SO^2)^2$. — On l'obtient par oxydation du mercaptal correspondant avec le permanganate de potassium [Baumann et Kast, *Zeit. physiol. Chem.*, 14, 56, 1893]. Ce sont des cristaux fondant à 122°, peu solubles dans l'eau froide.

ÉTHYLIDÈNE-DIÉTHYLSULFONAL $CH^3CH(SO^2.C^2H^5)^2$. — On peut l'obtenir par oxydation au permanganate acide du mercaptal correspondant [$CH^3CH(S.C^2H^5)^2$]. On l'obtient aussi par oxydation identique du dithioacétal ou de l'acide dithioéthylpropionique $CH^3.C(SC^2H^5)^2.COOH$.

Posner l'a préparé en faisant bouillir le diéthylsulfone-propionate d'éthyle $CH^3C(SO^2.C^2H^5)^2COO.C^2H^5$ avec la lessive de soude [*D. chem. G.*, 32, 2504, 1899].

On fait cristalliser le produit dans l'eau en longs feuillets fondant à 75° et se subliment sans décomposition. Il bout vers 320° en dégageant de l'anhydride sulfureux. Il se dissout dans l'eau bouillante, l'éther, l'alcool et peu dans le sulfure de carbone et la ligroïne. Les acides et les alcalis ne l'attaquent pas. On a fait son *sel de sodium* [Baumann, *D. chem. G.*, 18, 885, 1885; 19, 2814, 1886; — Fromm, *Ann. Chem.*, 253, 140, 1888; 253, 141, 1889].

En laissant pendant quinze jours au soleil une solution aqueuse d'éthylidène-diéthylsulfonal en présence d'un excès de chlore, on obtient le *composé monochloré* $CH^3CCl(SO^2.C^2H^5)^2$ qui fond à 102-103° [Fromm, *Ann. Chem.*, 252, 146, 1888].

Avec l'eau de brome, dans les mêmes conditions, on obtient le *dérivé bromé* analogue qui fond à 115°. Il est très peu soluble dans l'alcool et l'éther. L'acide sulfurique chaud le dissout sans le décomposer; la soude le décompose [Fromm, Baumann, *D. chem. G.*, 19, 2814, 1886]. L'iode donne le *dérivé iodé* fondant à 128-129° (Fromm).

PROPYLIDÈNE–DIMÉTHYLSULFONAL, $C^2H^5.CH(SO^2CH^3)^2$. — Ce composé s'obtient par oxydation du mercaptal correspondant en présence du permanganate de potassium et de l'acide sulfurique dilué [Baumann et Kast, *Zeit. physiol. Chem.*, 14, 57, 1884].

Par cristallisation dans l'eau on obtient de gros feuillets fondant à 97°. 1 gr. se dissout dans 90 gr. d'eau a 15°.

PROPYLIDÈNE-DIÉTHYLSULFONAL, $C^2H^5.CH(SO^2.C^2H^5)^2$. — Il est analogue au propylidène-diméthylsulfonal; il se présente en longues aiguilles fondant à 77° [Baumann, Kast, Fromm, *Ann. Chem.*, 253, 151, 1889].

ISOBUTYLMERCAPTAL $(CH^3)^2=CH-CH(SC^2H^5)^2$. — Il se prépare en traitant l'aldéhyde isobutyrique par le mercaptan éthylique en présence du chlorure de zinc.

C'est une huile de très mauvaise odeur, bouillant à 200-210° [Fromm, *Ann. Chem.*, 253, 152, 1889].

ISOBUTYLIDÈNE-DIÉTHYLSULFONAL $(CH^3)^2.CH-CH(SO^2.C^2H^5)^2$. — Ce composé est analogue au *sulfonal*; il se prépare de la même façon à partir du mercaptal correspondant, il cristallise dans l'alcool en aiguilles soyeuses fondant à 94° [Fromm, *Ann. Chem.*, 253, 152, 1889].

GLYOXANE-ÉTHYLÈNE-MERCAPTAL,

$$C^2H^4 {<}{S \atop S}{>} CH - CH {<}{S \atop S}{>} C^2H^4$$

— On obtient ce composé en condensant le glyoxal avec le dithioglycol CH^2SH-CH^2SH.

Ce sont des feuillets fondant à 133°, insolubles dans l'eau et solubles dans l'éther [Fasbender, *D. chem. G.*, 21, 1476, 1888].

TÉTROSE-ÉTHYLMERCAPTAL, $C^4H^8O^3(SC^2H^5)^2$. — Le mercaptan éthylique traité par le sucre $C^4H^8O^4$ donne le méthyltétrose-mercaptal cristallisant et fondant à 108-109° [O. Ruff, *D. chem. G.*, 35, 2360, 1902].

GLUCOSE-ÉTHYLMERCAPTAL, $C^6H^{12}O^5(SC^2H^5)^2$. — Pour le préparer on agite une solution de 70 gr. de glucose dans 70 gr. d'acide chlorhydrique. D = 1,19 avec 40 gr. de mercaptan éthylique, le tout refroidi à 0° [E. Fischer, *D. chem. G.*, 27, 674, 1894]. Il cristallise dans l'eau en aiguilles ou feuillets fondant à 127-128°. Pouvoir rotatoire d'une solution à 4 0/0 à 50° $\alpha = -29,8$. Il est facilement soluble dans l'eau ou l'alcool bouillant, très peu dans l'éther et le benzène; il se dissout aussi dans la lessive de soude.

Le glucose-mercaptal se réduit par la liqueur de Fehling. Il ne se combine pas à la phénylhydrazine. Chauffé avec une solution étendue d'acide chlorhydrique, il se scinde en mercaptan et glucose. Il possède un goût très amer.

Sel de sodium, $C^{10}H^{21}O^5S^2.Na$ (séché à 100°). — Fines aiguilles décomposées partiellement par l'eau.

GLUCOSE-ISOAMYLMERCAPTAL, $C^5H^{12}O^5(SC^5H^{11})^2$. — Ce composé se forme quand on agite une solution de 10 gr. de glucose dans 40 gr. d'acide chlorhydrique (d = 1,19) avec 12 gr. d'isoamylmercaptan [Fischer, *D. chem. G.*, 27, 678, 1894].

On le fait cristalliser dans l'alcool en fines aiguilles qui fondent à 138-142°. Il est peu soluble dans l'eau bouillante et facilement dans l'alcool chaud.

GLUCOSE-ÉTHYLÈNE-MERCAPTAL,

$$C^6H^{12}O^5 {<}{S - CH^2 \atop S - CH^2}$$

Pour le former on agite pendant 10 à 20 minutes une solution de 20 gr. de glucose pulvérisé dans 20 gr. d'acide chlorhydrique de densité 1,19 en présence de 11 gr. d'éthylmercaptan [Lawrence, *D. chem. G.*, 29, 548, 1896].

On le fait cristalliser dans l'alcool, il fond à 143°. En solution aqueuse il dévie à gauche $[\alpha]_D = -10,81$; il est très peu soluble dans l'éther, le benzène et le chloroforme; il possède un goût très amer; il est peu attaqué par une ébullition prolongée avec de l'acide chlorhydrique à 5 0/0.

GLUCOSE-TRIMÉTHYLÈNE-MERCAPTAL, $C^6H^{12}O^5 : S^2C^3H^6$. — Ce composé s'obtient quand on agite pendant 10 minutes une solution de 10 gr. de glucose pulvérisé dans 12 gr. d'acide chlorhydrique en présence de 6 gr. de triméthylène-mercaptan.

Ce sont de belles aiguilles qui fondent à 130°, elles sont plus solubles dans l'eau froide que ans l'eau chaude : leur goût est très amer [Lawrence, *D. chem. G.*, **29**, 550, 1896].

MANNOSE-ÉTHYLMERCAPTAL. $C^6H^{12}O^5(SC^2H^5)^2$. — Ce composé se prépare comme le glucose-éthylmercaptal (voy. plus haut). Il se présente en fines aiguilles fondant à 132-134°, il est assez peu soluble dans l'eau froide [E. Fischer, *D. chem G.*, 678, 1894].

MANNOSE-ÉTHYLÈNE-MERCAPTAL.

$$C^6H^{12}O^5 \begin{cases} S - CH^2 \\ \ \mid \\ S - CH^2 \end{cases}$$

— Il se prépare comme le glucose-éthylène-mercaptal, il cristallise dans l'eau et fond à 143-144°; sa déviation est $\alpha = 12°,8$ pour la raie D [Lawrence. *D. chem. G.*, **29**, 549. 1896].

GALACTOSE-ÉTHYLMERCAPTAL. $C^6H^{12}O^5(SC^2H^5)^2$. — Pour la préparation de ce composé, voy. *Glucose-éthylmercaptal*.

Il fond vers 140-142°. On le fait cristalliser par refroidissement d'une solution aqueuse bouillante et saturée [E. Fischer, *D. chem. G.*, **27**, 677, 1894].

GALACTOSE-ÉTHYLÈNE-MERCAPTAL. $C^6H^{12}O^5 : S^2 : C^2H^4$. — Voy. *Glucose-éthylène-mercaptal* pour sa préparation. Il fond à 154°, avec l'alcool il reste à l'état sirupeux, on le fait cristalliser dans l'eau [Lawrence, *D. chem. G.*, **29**, 550, 1896].

ARABINOSE-ÉTHYLMERCAPTAL. $C^5H^{10}O^4(SC^2H^5)^2$. — Ce composé se prépare comme le glucose-éthylmercaptal. Il cristallise dans l'eau en aiguilles fondant à 124-126° [Fischer, *D. chem. G.*, **27**, 677, 1894].

ARABINOSE-ÉTHYLÈNE-MERCAPTAL, $C^5H^{10}O^4S^2C^2H^4$. — Voy. *Glucose-éthylène-mercaptal*. Il fond à 250° (Lawrence).

GLUCOHEPTOSE-ÉTHYLMERCAPTAL,

$$C^7H^{14}O^6(SC^2H^3)^2.$$

— Préparé comme le mercaptal du glucose, il fond à 152-154° (Fischer).

ACÉTONE-ÉTHYLMERCAPTOL.

$$\begin{matrix} CH^3 \\ CH^3 \end{matrix} > C < \begin{matrix} S - C^2H^5 \\ S - C^2H^5 \end{matrix}$$

— Ce corps se forme quand on condense par un courant de gaz chlorhydrique un mélange froid de 1 molécule d'acétone et 2 molécules d'éthylmercaptan. C'est un liquide bouillant à 190-191°. Il est partiellement décomposé pendant la distillation en sulfure d'éthyle et thiocétone. Il donne des produits de substitution avec l'iodure de méthyle [Baumann, *D. chem. G.*, **18**, 887, 1885; **19**, 2806, 1886; **22**, 2594, 1889].

Il se prépare aussi en traitant l'hyposulfite double de sodium et d'éthyle $S^2O^3NaC^2H^5$ par l'acétone en présence de gaz chlorhydrique [Bayer et Cie, D.R.P. 46433; *Frd.* **2**, 520.

SULFONAL (*diméthylméthane diéthylsulfonal*) $(C^2H^5SO^2)^2=C=(CH^3)^2$. — Pour le préparer on oxyde l'acétone-éthylmercaptol précédent par le permanganate de potassium en solution à 5 0/0, on ajoute de temps en temps quelques gouttes d'acide sulfurique, enfin quand la réaction est terminée, on filtre et on évapore [Baumann et Kast, *Ann. Chem.*, **253**, 150, 1889 et *Zeit. physiol. Chem.*, **14**, 64, 1890].

On obtient aussi du sulfonal en traitant l'éthylidène-diéthylsulfonal $CH^3-CH(C^2H^5SO^2)^2$ ou le diéthylsulfone-méthane $(SO^2.C^2H^5)^2CH^2$ par l'iodure de méthyle en présence de soude [Fromm. *Ann. Chem.*, **253**, 147, 1889].

Le sulfonal se présente en prismes fondant à 125-126°. Il distille vers 300° en se décomposant légèrement. 1 gr. de sulfonal se dissout dans 500 gr. d'eau à 15°, 15 gr. d'eau bouillante, 2 gr. d'alcool bouillant ou 133 gr. d'éther [Schloven, *Zeit. an. Chem.*, **27**, 664, 1889; *Arch. Pharm.*, **26**, 608, 1888]. Il se dissout très bien dans l'acide sulfurique d'où on le précipite par l'eau sans altération.

Le sulfonal ne se décompose pas par la lessive de soude chaude ou par l'acide azotique concentré. Le brome et l'amalgame de sodium sont sans action à 100°, de même l'étain et l'acide chlorhydrique; mais les alcalis en fusion l'attaquent nettement.

Vitesse de cristallisation [Bogojuwlesky, *Zeit. phys. Chem.*, **27**, 593, 1898]. C'est un hypnotique de grande valeur. Dose maxima 2 gr par jour. Les dérivés acides ou basiques du sulfonal sont presque totalement dénués d'activité physiologique [Barth et Kumpel, *Deut. Med. Wsch.*, **32**, 1890; Schaefer, *Berl. Klin. Wsch.*, **29**, 1892; Schultze, *Therap. Mon.*, 1891; Raimondi et Mariottini, *Ann. di Chimica*, **16**, (4), 1892; Raimondi et Mariottini, *Rifor. Med.*, 187, 1892].

Recherche du sulfonal dans un mélange d'origine organique. — Le mélange est évaporé à sec et repris par l'alcool chaud (3 fois).

L'alcool est distillé, le résidu aqueux est filtré, alcalinisé à la potasse et épuisé à l'éther. L'évaporation donne le sulfonal cristallisé; on le caractérise au microscope par comparaison [Vitali, *Centr. Bl.*, 1900, II, 646].

Chlorosulfonal, $(C^2H^5SO^2)^2=C=(CH^3)(CH^2Cl)$. — Pour obtenir ce produit on condense une molécule de chloracétone et 2 molécules d'éthylmercaptan avec l'acide chlorhydrique concentré, puis on oxyde le produit de la réaction avec une solution de permanganate de potassium acidulée. Le chlorosulfonal cristallise dans l'eau en feuillets nacrés fondant à 78-79°. Il est soluble dans l'alcool, l'éther, le chloroforme. Si on le fait bouillir avec la lessive de soude, il est scindé en acide éthane-sulfinique et acide chlorhydrique [Autenrieth, *D. chem. G.*, **24**, 171, 1891].

Nitrososulfonal,

$$(SO^2-C^2H^5)^2 = C < \begin{matrix} CH^3 \\ CH^2 - AzO \end{matrix}$$

— Pour l'obtenir on prépare d'abord le nitroso-acétone-éthylmercaptal en condensant l'isonitroacétone avec le mercaptan, puis on oxyde le produit de la réaction dissous dans le chloroforme par un excès d'une solution de permanganate de potassium froid et quelques gouttes d'acide acétique.

Il cristallise dans l'alcool en feuillets incolores fondant à 104-105° [Posner, *D. chem. G.*, **32**, 1246, 1899].

THIOÉTHYL-ACÉTONE-ÉTHYLÈNE-MERCAPTOL,

$$\begin{matrix} CH^2 - S - C^2H^5 \\ \mid \\ CH^3 - C = (S - C^2H^5)^2 \end{matrix}$$

— Pour l'obtenir on condense par le gaz chlorhydrique un mélange de 1 molécule de thioéthyl-acétone avec 2 molécules d'éthylmercaptan; c'est une huile qui distille dans le vide en se décomposant; elle est oxydée par le permanganate de potassium en éthylsulfone-sulfonal (voyez plus loin). (Autenrieth).

ÉTHYLSULFONE-SULFONAL,

$$CH^2 - SO^2 - C^2H^5$$
$$CH^3 - C = (SO^2 - C^2H^5)^2$$

— On le prépare directement en agitant vivement en présence d'acide chlorhydrique concentré de la monochloracétone en présence d'un excès d'éthylmercaptan, puis on oxyde le produit de la réaction par le permanganate de potasse en solution sulfurique étendue. On fait cristalliser en laissant refroidir une solution bouillante saturée.

L'éthylsulfone-sulfonal fond à 137°, il est peu soluble dans l'eau froide et l'alcool, insoluble dans les lessives alcalines froides; mais par la chaleur il est transformé en acide éthylsulfinique [Stuffer, *D. chem. G.*, 22, 3239, 1890; — Autenrieth, *D. chem. G.*, 24, 168, 1891].

DIMÉTHYLMÉTHANE-DIMÉTHYLSULFONAL $(CH^3SO^2)^2 = C = (CH^3)^2$. — Ce composé est analogue au sulfonal. Il se prépare à partir de l'acétone et du méthylmercaptan; on oxyde le produit de condensation par le permanganate acide. Il cristallise dans l'eau. 1 gr. se dissout dans 140 gr. d'eau froide. Il fond à 118° [Baumann et Kast, *Zeit. physiol. Chem.*, 14, 59, 1884].

DIMÉTHYLMÉTHANE-DIISOBUTYLSULFONAL,

$$[(CH^3)^2 = CH - CH^3 \cdot SO^2]^2 C = (CH^3)^2$$

— On le prépare en partant de l'acétone et de l'isobutylmercaptan. L'opération est la même que pour le sulfonal. Ce sont des cristaux fondant à 64°, solubles dans l'alcool, peu solubles dans l'éther et le chloroforme [Stuffer, *D. chem. G.*, 23, 3228, 1890].

DIISOAMYLSULFONE-DIMÉTHYLMÉTHANE $(C^5H^{11}SO^2)^2 = C = (CH^3)^2$. — On le prépare à partir de l'acétone et de l'isoamyle-mercaptan. Cristaux en houppes fondant à 72° [Stuffer, *D. chem. G.*, 23, 3229, 1890].

MÉTHYLÉTHYLMÉTHANE-DIMÉTHYLSULFONAL,

$$(CH^3 - SO^2)^2 = C (CH^3)(C^2H^5)$$

— Ce composé est préparé de la même manière que le sulfonal. On part du méthylmercaptan et de l'éthylméthylcétone. Il cristallise dans l'eau en prismes fondant à 74° [Bauman et Kast, *Zeit. physiol. Chem.*, 14, 60, 1884].

DIÉTHYLMÉTHANE-DIMÉTHYLSULFONAL $(CH^3SO^2)^2 = C = (C^2H^5)^2$. — Il se prépare comme le sulfonal. On part du méthylmercaptan et de la diéthylcétone; ce sont de grandes aiguilles ou feuillets qu'on fait cristalliser dans l'eau bouillante; ils fondent à 132-133°. 1gr. se dissout dans 840 gr. d'eau à 15° et dans 20 gr. d'eau bouillante. Ce corps possède les mêmes propriétés physiologiques que le sulfonal [Baumann et Kast, *Zeit. physiol. Chem.*, 14, 61, 1884].

TRIONAL ou *méthyléthylméthane-diéthylsulfonal*,

$$(C^2H^5SO^2)^2 = C \big\langle {CH^3 \atop C^2H^5}$$

— Ce composé est préparé de la même façon que le sulfonal. On part de la méthyléthylcétone et du méthylmercaptan [Baumann, Kast, Fromm, *Ann. Chem.*, 253, 150, 1889].

On l'obtient également en traitant la propylidène-diéthylsulfone par l'iodure de méthyle en présence de lessive de soude (Fromm).

Ce sont des cristaux brillants fondant à 76°, peu solubles dans l'eau froide [Voyez aussi Bayer et Cie, D.R.P. 49073, *Frd.*, 2, 521]. Ses propriétés physiologiques sont analogues à celles du sulfonal.

Chlorotrional,

$$(C^2H^5 - SO^3)^2 C \big\langle {CH^3 \atop CH^2CH^2Cl}$$

— On le prépare de la même façon que le chlorosulfonal; on part de la méthylchloréthylcétone et de l'éthylmercaptan. Il cristallise dans l'eau ou l'alcool en aiguilles qui fondent à 70-71°; il est aussi soluble dans l'éther [Posner, Fahrenhorst, *D. chem. G.*, 32, 2755, 1899].

TÉTRONAL ou *diéthylméthane-diéthylsulfonal* $(C^2H^5SO^2)^2 = C = (C^2H^5)^2$. — Sa préparation est analogue à celle du sulfonal. On part de l'éthylmercaptan et de la diéthylcétone; le mercaptol de condensation est oxydé au permanganate.

Il cristallise dans l'eau en feuillets brillants fondant à 85°. 1 gr. se dissout dans 450 gr. d'eau froide et mieux dans l'alcool. Ses propriétés hypnotiques sont supérieures à celles du sulfonal [Baumann et Kast, *Zeit. phys. Chem.*, 14, 61, 1883; D.R.P. 49366, *Frd.*, 2, 523].

Recherche du sulfonal dans le trional et le tétronal. — C'est l'examen microscopique des cristaux provenant d'une solution éthérée qui donnera la meilleure indication.

Le sulfonal cristallise en feuilles de fougère comme PO^4AmMg; le trional cristallise en tablettes carrées; le tétronal en houppes fibro-rayonnées [E. Gabutti, *J. Pharm. Chem.*, (6), 25, 483, 1907].

DIÉTHYLMÉTHANE DIISOPROPYLSULFONAL $(C^3H^7SO^2)^2 = C = (C^2H^5)^2$. — Ce corps se forme en condensant par le gaz chlorhydrique 1 molécule de diéthylcétone et 2 molécules d'isopropylmercaptan; le produit de la réaction est oxydé par le permanganate de potassium en solution acide [Stuffer, *D. chem. G.*, 23, 3227, 1890]. Il cristallise par refroidissement de la solution aqueuse bouillante, et fond à 97°. Il est insoluble dans l'eau froide, l'alcool, soluble dans l'éther, le benzène.

CYCLOHEPTANOLSULFONAL,

$$\begin{matrix} CH^2CH^2CH^2 \diagdown \\ \\ CH^2CH^2CH^2 \diagup \end{matrix} C = (SO^2C^2H^5)^2$$

— Pour le préparer, on condense d'abord la subérone

$$\begin{matrix} CH^2 - CH^2 - CH^2 \diagdown \\ CO \\ CH^2 - CH^2 - CH^2 \diagup \end{matrix}$$

et l'éthylmercaptan par l'acide chlorhydrique sec; puis le mercaptol provenant de cette réaction est oxydé par une solution étendue de permanganate sulfurique à 5 0/0. Il cristallise dans l'eau en étoiles et en prismes dans l'alcool absolu. Il fond à 136-138° [Wallach et Borsche, *D. chem. G.*, 31, 339, 1898].

MÉTHYLCYCLOHEXANOLSULFONAL,

$$CH^3 - CH - CH^2 - C = (SO^2C^2H^5)^2$$
$$CH^2 - CH^2 - CH^2$$

— Le mercaptol, obtenu par condensation de la méthylcyclohexanone et de l'éthylmercaptan par le gaz chlorhydrique, est oxydé par une solution de permanganate de potassium à 5 0/0 et légèrement sulfurique. Il est très peu soluble dans l'eau froide et fond à 104-105° [Wallach et Borsche, *D. chem. G.*, 31, 339, 1898].

TRIMÉTHYLPIPÉRIDINE-DIÉTHYLMERCAPTOL,

$$\begin{matrix} C^2H^5S \diagdown \\ C^2H^5S \diagup \end{matrix} C \big\langle {CH^2 - CH(CH^3) \diagdown \atop CH^2 - C(CH^3)^2 \diagup} AzH$$

— Ce composé est obtenu en condensant par le

gaz chlorhydrique une solution alcoolique froide d'éthylmercaptan et de vinyldiacétonamine.

$$CH^3 - CH - AzH - C = (CH^3)^2$$
$$| \qquad | $$
$$CH^2 - CO - CH^2$$

On obtient une huile insoluble dans l'eau, soluble dans les solvants organiques.

Le *chlorhydrate hydraté*, $C^{12}H^{25}AzS^2$, HCl, H^2O est soluble dans l'eau, il fond à 100°.

Le *chlorhydrate anhydre* fond à 161-163° [Pauly, *D. chem. G.*, **31**, 3148, 1898].

Si l'on oxyde la base par le permanganate étendu en présence d'acide sulfurique on obtient une oxydation du soufre de la même nature que celle qui a lieu dans l'oxydation des mercaptols pour donner les *sulfonals*; on sépare des cristaux brillants fondant à 135°, peu solubles dans l'eau et l'alcool froid, solubles dans l'acétone et l'alcool bouillant (Pauly); leur formule est

$$\begin{array}{l} C^2H^5SO^2 \searrow \quad \diagup CH^2 - CH(CH^3) \searrow \\ C^2H^5SO^2 \diagup \quad C \diagdown CH^2 - C(CH^3) \diagup \end{array} AzH$$

on en a fait le *chlorhydrate* et le *chloroplatinate*.

MERCAPTOLS NON SATURÉS. — Ils se préparent comme les précédents, mais par condensation des mercaptans sur les cétones *non saturées*.

Par oxydation au permanganate on obtient les disulfones correspondant aux sulfonals [Posner, *D. chem. G.*, **34**, 1395 et 2643, 1901; **35**, 493 et 799, 1902; **37**, 502, 1904].

BI-MERCAPTOLS. — Condensation des mercaptans avec les dicétones; la réaction n'est complète avec les deux groupes cétoniques, *que pour certaines positions de ces groupements*: ils se préparent en présence de gaz chlorhydrique.

Par oxydation au permanganate on obtient les *trisulfones* correspondantes.

Posner a condensé ainsi les dicétones suivantes :

Diacétyle, $CH^3 . CO . COCH^3$.

Acétylacétone, $CH^3 . CO . CH^2 . CO . CH^3$.

Acétonylacétone, $CH^3CO . CH^2 . CH^2 . CO . CH^3$.

Acétopropionyle, $CH^3CO . CO . CH^2 . CH^3$.

Acétobutyryle, $CH^3CO . CO - CH = (CH^3)^2$ [*D. chem. G.*, **33**, 3983, 1900].

TÉTRASULFONES. — On peut les préparer par condensation des *disulfones* avec l'aldéhyde formique en présence d'un condensant basique (pipéridine, diéthylamine, etc.) :

$$CH^2O + 2CH^2 \diagdown \begin{array}{l} SO^2R_1 \\ SO^2R_2 \end{array}$$
$$= CH^2 \Big\} CH \diagdown \begin{array}{l} SO^2R_1 \\ SO^2R_2 \end{array} \Big\}^2 + H^2O$$

Ces tétrasulfones sont peu solubles dans l'eau : l'acide sulfurique ne les attaque pas à froid, l'acide azotique les attaque à chaud. Les halogènes donnent des produits de substitution, elles sont dissoutes par la soude caustique à chaud et se déposent à froid [A. Kotz, *D. chem. G.*, **33**, 1120, 1900].

Elles s'obtiennent également par oxydation des bimercaptols [Posner, *D. chem G.*, **33**, 2983, 1900].

SULFURES D'ALCOYLES (SULFINES) ; SULFONES CORRESPONDANTES, SULFINIUMS, POLYSULFURES.

Les *sulfures d'alcoyles*, depuis le sulfure de méthyle jusqu'au sulfure d'hexyle, se rencontrent à l'état naturel dans les pétroles d'Amérique, de l'Ohio en particulier [Mabery et Schmith, *Am. Chem. Journ.*, **13**, 233, 1891].

Ionisation des solutions de sulfines [Walden, *Zeit. physikal. Chem.*, **54**, 120, 1906].

L'étude cristallographique des chloroplatinates d'alkylsulfines $(R_1R_2R_3S)PtCl^6$, a été faite par Strömholms [*D. chem. G.*, **23**, 823, 1900] et G. Aminoff [*Cent. Blatt*, II, 1389, 1906].

On obtient des *bisulfures* RS.SR en traitant les dérivés halogénés des carbures, saturés ou non, par le bisulfure Na^2S^2. Cette réaction est générale [Blanksma, *Centr. Bl.*, 1900, II, 5].

Ils réagissent vivement sur les composés organomagnésiens pour donner un mercaptan et un sulfure d'alkyle :

$$R.S.SR + R'Mg.X = R - S - R' + R - S - Mg.X$$

[H. Wuyts, *Bull. Soc. Chim.*, (3), **35**, 169, 1906].

Pour les bisulfures d'alkyles à double liaison, voyez leur constitution par E. Fromm [*Ann. Chem.*, **348**, 144, 1906].

SULFURE DE MÉTHYLE (*diméthylsulfine*), $S(CH^3)^2$ — (Voyez MÉTHYLE, pour sa préparation). Il sera purifié complètement par chauffage en tube scellé avec de la poudre de cuivre à 220-300° [Finkh, *D. chem. G.*, **27**, 1239, 1894]. C'est une huile éthérée à forte odeur de raifort, bouillant à 37°,5 (Furckh) sa densité à 4° est 0,870. Dilatation, voyez Tnorpe, Jones [*Chem. Soc.*, **63**, 287, 1893]. Constante de cryoscopie moléculaire 18°,5 [Werner, *Zeit. an. Chem.*, **15**, 24, 1896].

Le sulfure de méthyle chauffé sous pression avec l'iode à 120° produit l'iodure $S(CH^3)^3I$, le soufre devient tétravalent.

Traité par le chlore il donne des produits de substitution chlorés : $S(CH^2Cl)^2$, $S(CHCl^2)^2$, $S(CCl^3)^2$: le dernier seul est stable, bouillant de 156° à 160° [Riche, *Journ. Pharm. Chim.*, (3), **43**, 283, 1891].

Produits d'addition avec le sulfure de méthyle. — *Sels de platine*, $[S(CH^3)^2]^2PtCl^2$. — On les obtient en agitant 2 mol. de sulfure de méthyle avec 1 mol. de chloroplatinate de potassium, on a ainsi trois isomères, le premier se sépare à froid aussitôt, puis à 50° on effectue la séparation des deux autres.

L'isomère séparé à froid est un produit amorphe insoluble dans le chloroforme; chauffé à 50°, il se transforme en un mélange des deux autres modifications.

Ces deux autres modifications cristallisent dans le chloroforme, l'une jaune clair en tables quadratiques, l'autre en prismes monocliniques jaune citron et fondant tous les deux à 159° [Enebuske, *J. pr. Chem.*, (2), **38**, 358, 1888].

$[S(CH^3)^2]^2PtBr^2$. — Prismes jaunes.

$[S(CH^3)^2]^2PtI^2$. — Prismes rouge rubis décomposés à 172°.

$[S(CH^3)^2]^2Pt(AzO^3)^2$. — Petites tables solubles dans le chloroforme.

$[S(CH^3)^2]^2Pt(AzO^3)^2$. — Masse cristalline qui fond en se décomposant vers 156°.

$[S(CH^3)^2]PtSO^4, 2H^2O$. — Masse cristalline soluble dans l'eau, fondant à 91°.

$[S(CH^3)^2]^2PtCrO^4$. — Précipité rouge brun, insoluble dans l'alcool.

Tous ces composés dissous dans le chloroforme donnent avec les halogènes les composés analogues au suivant :

$[S(CH^3)^2PtCl]^2PtCl^2$. — Poudre cristalline jaune se décomposant sans fondre à 218° (Enebuske).

Sel de palladium. — $[S(CH^3)^2]^2PdCl^2$. — Tables orangées fondant à 130°.

$[S(CH^3)^2]^2PdBr^2$. — Fond à 125°.

$[S(CH^3)^2]^2PdI^2$. — Rouge foncé.

$[S(CH^3)^2]^2Pd(AzO^2)^2$. — Fond à 45° [Ardell, *Zeit. an. Chem.*, **14**, 143, 1896].

$S(CH^3)^2 + (CuCl)^2$. — Tables incolores très instables [Werner, *Zeit. an. Chem.*, **15**, 13, 1896].

$S(CH^3)^2 + CdI^2.$

$2S(CH^3) + SnCl^4.$ — Masse cristalline déliquescente.

$2S(CH^3)^2 + SnCr^2.$ — Masse jaune intense fondant à 85-87° [Werner, *Zeit. an. Chem.*, **17**, 101, 1897].

$(CH^3)^2S + ZnBr^2.$ — Cristallisé [Patein, *Bull. Soc. Chim.*, (3), **3**, 168, 1890].

DIMÉTHYLSULFONE, $SO^2(CH^3)^2$. — On peut l'obtenir par décomposition à 200° de l'acide sulfodiacétique : $SO^2(CH^2COOH)^2 = SO^2(CH^3)^2 + CO^2$ [Laven, *D. chem. G.*, **17**, 2819, 1884]. Elle se forme également dans les mêmes conditions en décomposant l'acide méthylsulfone-acétique [Baumann et Walter, *D. chem. G.*, **26**, 1131, 1893].

La diméthylsulfone se présente en prismes fondant à 109° et bouillant à 238° sans décomposition.

Indice de réfraction moléculaire 32,55 [Kanonnikow, *J. pr. Chem.*, (2), **31**, 347, 1885].

COMBINAISON DU TRIMÉTHYLSULFINIUM $S(CH^3)^3X$. — *Iodure de triméthylsulfine* $S(CH^3)^3I$. — On l'obtiendra : 1° en chauffant à 100° le bisulfure ou le trisulfure de méthyle en présence de l'iodure de méthyle [Davies, *D. chem. G.*, **24**, 3548, 1891];

2° En traitant par l'iode à 20° le sulfure de méthyle [Carrara, *Gazz. chim. ital.*, **22**, I, 408, 1892].

Sa solution dans l'acétone est conductrice [Carrara, *Gazz. chim. ital.*, **27**, I, 207, 1897]. Il se volatilise sans fondre à 200°.

L'iodure de triméthylsulfine est attaqué par l'oxyde d'argent avec formation du composé hydroxylé correspondant $S(CH^3)^3OH$.

Combinaison d'addition avec l'iodoforme $(CH^3)SI + CHI^3$. — Ce composé est préparé en faisant agir des poids égaux d'iodoforme et d'iodure de triméthylsulfine; on obtient des aiguilles jaune clair fondant à 162° [Bayer et Cie, D.R.P. 97207, *Centr. Bl.*, 1898, II, 526].

Sels doubles de triméthylsulfine avec des sels métalliques. — $[(CH^3)^3SCl]^2HgCl^2$. — Gros prismes fondant à 202-203.

$(CH^3)^3SCl, HgCl^2$. — Aiguilles fondant à 193° en se décomposant.

$(CH^3)^3SCl, 2HgCl^2$. — Aiguilles fondant à 128°.

$(CH^3)^3SCl, 6HgCl^2$. — Poudre cristalline, fondant à 174°.

Ces composés ont été obtenus par Strömholm [*D. chem. G.*, **34**, 2284 à 2294, 1898].

$(CH^3)^3I.HgI^2$. — Ce composé est obtenu simplement en chauffant dans un tube à 70° un mélange de sulfure de mercure et d'iodure de méthyle, il fond à 70° [Hoffmann, Rabe, *Zeit. an. Chem.*, **14**, 293, 1895].

Le *picrate* fond à 193°.

Le *bitartrate* se combine à Sb^2O^3 pour donner l'*émétique* $(CH^3)^3 \equiv S-COO . C^2H^5O^2 . COO . SbO, 1{}^1/_2 H^2O$.

$(CH^3)^3SCl + SnCl^2$.

$(CH^3)^3SCl + PbCl^2$. — [Strömholm, *D. chem. G.*, **33**, 823, 1900].

Bisulfure de perchlorométhyle $(CCl^3)^2S^2$. — On obtient ce composé en traitant le perchlorométhylmercaptan $CCl^3 . S . Cl$ par un excès de poudre d'argent.

C'est une huile jaune épaisse, qui distille dans le vide sans se décomposer à 135°. Il est peu entraîné à la vapeur d'eau; il est décomposé par la distillation à l'air en CCl^2S et CCl^4S [Klason, *D. chem. G.*, **20**, 2379, 1887].

TRISULFURE DE MÉTHYLE $(CH^3)^2S^3$. — Ce composé se forme en introduisant du chlorure de soufre dans le méthylmercaptan; il se forme en même temps du tétrasulfure :

$$2CH^3SH + S^2Cl^2 = (CH^3)^2S^4 + 2HCl.$$

On distille le produit de la réaction dans le vide.

C'est une huile très odorante qui bout au vide sans décomposition à 62°; à l'air libre elle distille en s'altérant un peu. Densité à 0° : 1,216 [Klason, *D. chem. G.*, **20**, 2414, 1887].

Trisulfure de perchlorométhyle,

$$S\left(C{<}^{Cl^2}_{S-Cl}\right)^2$$

— On obtient ce composé en chauffant à 170° le perchlorométhylmercaptan avec du soufre [Klason, *D. chem. G.*, **20**, 2380, 1887].

Pour la préparation on procède comme pour obtenir le perchlorométhylmercaptan $CCl^4 . S$.

Le produit brut est séparé du mercaptan par la distillation.

Quand la température d'ébullition est arrivée à 175°, on arrête la distillation et on agite le résidu avec du sulfite de sodium qui décompose le perchlorométhylmercaptan. Le liquide est porté dans un mélange réfrigérant où il se solidifie partiellement, on sépare donc une partie liquide et des cristaux que l'on fait cristalliser dans l'alcool; ce sont des prismes fondant à 57°,4, ils distillent dans le vide à 190° en se décomposant très peu; ce corps est très soluble dans l'éther et le sulfure de carbone.

Le trisulfure de perchlorométhyle se décompose à l'air en donnant $CSCl^2$, Cl^2S^2, CS^2, CCl^4 et $SC . Cl^4$. Il n'est pas attaqué par le sulfite de sodium à froid (Klason).

Trisulfure de perbromométhyle $(CBr^3)^2S^3$. — On l'obtient en faisant agir le brome sur le sulfure de carbone en présence de l'eau :

$$2CS^2 + 8Br = 2CS^2Br^4 = (CBr^3)^2S^3 + SBr.$$

Pour le préparer on laisse en présence pendant 7 ou 8 jours un mélange de 1 mol. de sulfure de carbone et 4 atomes de brome. On distille le produit de la réaction à une douce chaleur et on dissout le résidu huileux dans l'alcool.

On le fait ensuite cristalliser dans l'éther en prismes plats transparents fondant à 125°; il se charbonne à température élevée; il est insoluble dans l'eau et peu soluble dans l'alcool froid et l'acide acétique. Le trisulfure de perbromométhyle se dissout dans l'acide sulfurique chaud sans se décomposer, il est décomposé quand on le fait bouillir longtemps avec de l'alcool. La soude étendue et froide ne l'attaque pas; mais concentrée et chaude, elle donne la réaction suivante :

$$(CBr^3)^2S^3 + 12NaOH = Na^2S^3 + 6NaBr$$
$$+ 2CO^3Na^2 + 6H^2O.$$

L'oxyde de plomb et l'eau chauffés longtemps donnent aussi une réaction analogue.

Chauffé longtemps avec le brome et l'eau il se décompose en CO^2, COS, HBr et SO^4H^2.

Il est partiellement décomposé par la chaleur en donnant CBr^4 et CS^2Br^4. Enfin le bromure de soufre sur une petite quantité donne un corps bleu insoluble dans les solvants ordinaires mais soluble dans l'acide sulfurique et le phénol [Hell, Urech, *D. chem. G.*, **16**, 1144, 1883; *D. chem. G.*, **15**, 275, 1882].

Le trisulfure de perbromométhyle en présence de l'iodoforme donne un composé d'addition fondant à 120° [Bayer et Cie, D.R.P. 27207; *Centr. Bl.*, 1898, II, 524].

SULFURE D'ÉTHYLE (*diéthylsulfine*) $S(C^2H^5)^2$. — Consulter l'article ÉTHYLE, Dict. **1**, et 2e Suppl., p. 602.

Il se trouve à l'état naturel dans l'urine du chien [Abel, *Zeit. physiol. Chem.*, **20**, 1899].

Pour la purification complète on le chauffe

sous pression avec de la poudre de cuivre à 260-280° [Finckh, *D. chem. G.*, **27**. 1239, 1894].

Combinaisons métalliques. —Sulfiniums.— Sels de platines.

$[(C^2H^5)^2=S=]^2PtCl^2$. — L'*isomère* α se produit en même temps que l'isomère β quand on agite 2 mol. de sulfure d'éthyle avec 1 mol. de chloroplatinate de potassium.

On traite le produit brut sec par un mélange de 1 p. d'alcool et 1 p. d'aldéhyde. On chauffe légèrement, le composé α resté seul pur [Klason, *D. chem. G.*, **28**, 1493, 1895].

Conductibilité électrique [Arrhenius, *D. chem. G.*, **28**, 1495, 1895].

Ce composé altère lentement la solution de nitrate d'argent. Cette propriété le différencie de l'isomère β qui l'attaque rapidement.

Il se combine au thiophénol pour donner le sulfure d'éthyle-platinothiophényle $(C^2H^3)^2S$, Pt $(SC^6H^6)^2$.

Il donne une réaction presque analogue avec le mercaptan en présence de chloroforme.

L'action du gaz ammoniac en présence de chloroforme donne le sel $Pt(AzH^3)^2$, $(C^2H^3)^2SCl^2$, H^2O. Ce composé cristallise dans l'eau en aiguilles.

Isomère β $[(C^2H^5)^2=S=]^2PtCl^2$. — La solution filtrée provenant de la préparation du composé α sera évaporée lentement à la température ordinaire. On traitera le résidu à 80° par du sulfure d'éthyle en présence de l'eau. L'évaporation lente de cette solution laissera déposer l'isomère β [Klason, *D. chem. G.*, **28**, 1495, 1895]. Il fond à 108°.

Pour la conductibilité électrique consultez Arrhenius [*D. chem. G.*, **28**, 1495, 1895].

Si on le traite par l'azotate d'argent, la décomposition sera immédiate.

L'isomère β réagit sur le mercaptan, le thiophénol, l'ammoniaque comme le composé α.

$[(C^2H^5)^2=S=]^2PtBr^2$. — On obtient également deux isomères par double décomposition entre le bromure de potassium et les composés précédents, ils fondent à 124° (Klason).

Composé

$$\begin{matrix} C^2H^5 \\ C^2H^5 \end{matrix} \Big\rangle S = Pt = S \Big\langle \begin{matrix} C^2H^5 \\ Cl \end{matrix}$$

— On l'obtient en traitant les chlorures α et β par l'éthylmercaptan en présence de chloroforme. On le fait cristalliser dans le mélange alcool-aldéhyde.

Ce produit fond à 124°; il est très facilement dissous par le chloroforme et le sulfure de carbone, très peu dans l'alcool froid [Klason, *D. chem. G.*, **28**, 1498, 1895; — Hamburg, *D. chem. G.*, **28**. 1498, 1895].

Il se combine à l'ammoniaque pour donner le composé $C^2H^5-S(AzH^3Cl)Pt.AzH^3$; ce dernier traité par le chloroplatinate de potassium donne $(AzH^3.PtC^2H^5)^2Pt\,Cl^4$ [Klason, *D. chem G.*, **28**. 1500, 1895].

Composés de triéthylsulfinium (soufre tétravalent).

Hydroxyde $(C^2H^5)^3\equiv S-OH$. — Si on chauffe une solution aqueuse concentrée, elle se décompose suivant l'équation $(C^2H^5)^3S.OH=(C^2H^5)^2S + C^2H^5-OH$.

Si on effectue la décomposition en présence de l'aluminium, on obtient du sulfure d'éthyle, du méthane et de l'hydrogène, il se précipite de l'alumine [Alvisi, *Centr. Bl.*, 1897, I, 317; *Zeit. an. Chem.*, **14**, 302, 1896].

Sels doubles. — Consultez Strömholm [*D. chem. G.*, **34**, 2285, 2288, 2294, 1898; — Hoffmann et Rabe, *Zeit. an. Chem.*, **14**, 293, 1896; **17**, 26, 1897].

Iodure de triéthylsulfine $(C^2H^5)^3S.I$. — Il est préparé par l'action du bisulfure d'éthyle sur un excès d'iodure d'éthyle. Il fond à 145° en se décomposant. Pour la solubilité dans l'acétone, consultez Carrara [*Gazz. chim. ital.*, **27**, I, 207, 1897]. Vitesse de réaction entre l'iodure d'éthyle et le sulfure d'éthyle avec ou sans solvant [Carrara, *Gazz. chim. ital.*, **24**, I, 170 et 180, 1894.

Hoffmann et Srömholm ont préparé les sels suivants :

$(C^2H^5)^3SCl$, $HgCl^2$. — Fondant à 82°.

$(C^2H^5)^3SCl$, $2HgCl^2$. — Prismes ou feuillets fondant à 126°.

$(C^2H^5)^3SCl$, $6HgCl^2$. — Fondant à 189-190°.

$(C^2H^5)^3SCl$. $2Hg(CAz)^2$. — Aiguilles fondant à 100-101°.

$(C^2H^5)^3SBr$, $1/2HgBr^2$. — Fondant à 139-145°.

$(C^2H^5)^3SBrHgBr^2$. — Ce dernier s'obtient facilement en chauffant le mercaptide de mercure avec le bromure d'éthyle à 75°; feuillets soyeux fondant à 104°.

$(C^2H^5)^3SBr$, $6HgBr^2$. — Fondant à 169°.

$(C^2H^5)^3SI$, HgI^2. — Ce composé s'obtient en traitant le mercaptide de mercure par l'iodure d'éthyle vers 80-100° [Hoffmann et Rabe, *Zeit. an. Chem.*, **14**, 293, 1896].

On le fait cristalliser en aiguilles soyeuses fondant à 107°; il se dissout dans l'acétone.

$(C^2H^5)^3SI$, $1/2HgI^2$. — Incolore. Il fond à 147°.

$(C^2H^5)^3S.CAz.2Hg(CAz)^2$. — Aiguilles très solubles dans l'eau et l'alcool, fondant à 158° [Strömholm, *D. chem. G.*, **31**, 2285, 1898].

Combinaisons avec l'iodure de mercure. — Pour les préparer on laisse réagir pendant 15 heures un mélange de quantités théoriques de sulfure d'éthyle, iodure d'éthyle, iodure de mercure en présence d'un excès d'acétone, on précipitera par l'éther. La réaction s'effectue également avec le bisulfure d'éthyle :

$(C^2H^5)^3SI$, HgI^2.

$(C^2H^5)^3SI$, $2HgI^2$. — Feuillets jaunes fondant à 115°.

$(C^2H^5)^3S^2I$, $2HgI^2$. — Fondant à 105° [S. Smiles, *Chem. Soc.*, **77**, 160. 1900; — S. Smiles et T. Hilditch, *ibid.*, **91**, 1394, 1907].

Combinaison des sels de triéthylsulfine avec l'iodoforme $(C^2H^5)^3\equiv S-OH.CHI^3$. — Ce composé se forme en traitant des quantités équivalentes d'iodoforme et d'hydroxyde de triéthylsulfine. On obtient des feuillets soyeux fondant à 126°; le *chlorure* correspondant fond à 96°; le *bromure* jaune clair, fond à 124° et l'*iodure* soyeux à 142° [Bayer et Cie, D.R.P. 97207, 2, 524, 1898].

Bisulfure d'éthyle $(C^2H^5)^2S^2$. — On l'obtient en même temps que d'autres produits quand on distille la thioacétaldéhyde [Vlinger, *D. chem. G.*, **32**, 2195, 1899].

Il s'en produit par électrolyse du thiosulfate de sodium et d'éthyle $S^2O^3(Na)(C^2H^5)$ [J. Slater Price et D.-F. Twis, *Proc. Chem. Soc.*, **22**, 260, 1906].

Si on chauffe le bisulfure d'éthyle et l'iodoforme en présence d'iodure d'éthyle, on obtient le composé d'addition suivant :

$$\begin{matrix} (C^2H^5)^2SI, CHI^3 \\ | \\ (C^2H^5)^2SI, CHI^3 \end{matrix}$$

Le produit est cristallisé et fond à 123° [Bayer et Cie, DRP. 97207].

Méthyldiéthylsulfinium $(C^2H^5)^2SX(CH^3)$. — Strömholm en a préparé quelques sels : $(C^2H^5)^2(CH^3)S.Cl.HgCl^2$, qui fond vers 73°; $(C^2H^5)^2(CH^3)S.Az.Hg(Az)^2$, très soluble, fondant à 136-137° [*D. chem. G.*, **34**, 2285, 2294, 1898].

Diméthyléthylsulfinium, $(CH^3)^2SX(C^2H^5)$. — On a préparé $(CH^3)^2C^2H^5S.Cl,HgCl^2$ fondant à 117-119° (Strömholm) ; $(CH^3)^2(C^2H^5)S.Br,CHI^3$, combinaison avec l'iodoforme fondant à 125° [Bayer et Cie, D.R.P. 97207; — *Centr. Bl.*, 2, 524, 1898]; $(CH^3)^2C^2H^5.S.I,CHI^3$, fondant à 136°. Ce dernier composé se prépare avec molécules égales de sulfure de méthyle, d'iodure d'éthyle, d'iodoforme (Bayer).

SULFURE DE MÉTHYLÉTHYLE. $CH^3.S.C^2H^5$. — Il donne avec l'iodure de palladium le composé $(CH^3S.C^2H^5)PdI^2$ fondant à 98° [Hoffmann et Rabe, *Zeit. an. Chem.*, 14, 294, 1896]. En présence de bromacétate de menthyle il donne la thétine correspondante [Smiles, *Chem. Soc.*, 87, 450, 1905] (Voy. THÉTINES).

Dibrométhyléthylsulfone $(CH^3)C^2H^3Br^2.SO^2$. — Ce composé s'obtient en mélangeant une solution d'acide éthylsulfonacétique $C^2H^5SO^2CH^2.COOH$ avec le brome. Il cristallise dans l'alcool en aiguilles rouges. Il fond à 54° [R. Otto et W. Otto, *D. chem. G.*, 24, 996, 1888].

Méthylchloroéthylsulfone $CH^3.SO^2.CH^2CH^2Cl$. — On l'obtient en chlorant par le pentachlorure de phosphore l'oxéthylméthylsulfone $CH^3SO^2.CH^2CH^2OH$; c'est une huile jaune qui se solidifie à − 2°, elle fond à 9°, elle se dissout facilement dans l'alcool, l'éther et le benzène. Traitée par l'eau de baryte, elle substitue un hydroxyle au chlore [Walter, *D. chem. G.*, 27, 3046, 1894].

Sels de diméthyléthylsulfinium. — $(C^2H^3).(CH^3)^2SCl.HgCl^2$. — Il fond à 117-119°.

$(C^2H^5).(CH^3)^2SBr.CHI^2$. — Il fond à 125° [Bayer et Cie, D.R.P. 97207; — *Centr. Bl.*, II, 524, 1898].

$(C^2H^3).(CH^3)^2SI,CHI^3$. — On l'obtient par le traitement de molécules égales de sulfure de méthyle, iodoforme et iodure d'éthyle. Il fond à 130° (Bayer).

Sulfinium actif,

$$\begin{matrix} C^2H^5 > S < CH^2-CO-C^6H^5 \\ CH^3 > \quad \backslash Br \end{matrix}$$

— Obtenu avec $S(C^2H^3)(CH^3)$ et bromoacétophénone $COBr.CH^2.CO.C^6H^5$ en présence pendant 24 heures. Incristallisable. On a préparé son *chloroplatinate*, son *picrate*, son *bromocamphosulfonate*. Il fond à 195° [Samuel Smiles, *Cent. Blatt*, II, 960, 1900].

Diéthylméthylsulfinium $(C^2H^3)^2=S=(CH^2)(OH)$. — On le trouve naturellement dans l'urine du chien [Neuberg et Grosser, *Centr. Phys.*, 316, 1505].

Sels de diéthylméthylsulfinium. — $(C^2H^3)^2CH^3SCl HgCl^2$. — Ce composé fond à 73°.

$(C^2H^5)^2CH^3SCAz.Hg(CAz)^2$. — Sel soluble fondant à 133-136° [Strömholm, *D. chem. G.*, 31, 2285, 2288, 2294, 1898].

SULFURE D'ÉTHYLÈNE,

$$\begin{matrix} CH^2 \backslash \\ \quad\; | \quad > S \\ CH^2 / \end{matrix}$$

Sels de diéthylène-méthyle-sulfinium, $(C^2H^4)^2(CH^3)S.Cl,3HgCl^2$. — Houppes fondant à 198°, peu solubles dans l'eau; $(C^2H^4)^2CH^3SCl,7HgCl^2$; $(C^2H^4)^2CH^3S^2OCl2HgCl^2$; $(C^3H^4)^2CH^3S^2OCl6HgCl^2$; fondant à 230° [Strömholm. *D. chem. G.*, 34, 2287, 2294, 1898].

SULFURE DE PROPYLÈNE,

$$CH^2 < {CH^2 \atop CH^2} > S$$

— Il se forme en traitant le bromure de triméthylène par une solution alcoolique de sulfure de sodium [Mansfeld, *D. chem. G.*, 19, 698, 1886]. On le prépare facilement en oxydant le triméthylène-mercaptan par le brome en solution chloroformique [Autenrieth et Wolf, *D. chem. G.*, 32, 1370, 1899]. C'est un produit amorphe, fondant à 75° et se volatilisant sans décomposition; il est presque insoluble dans l'éther et l'alcool, il se dissout bien dans le chloroforme bouillant et le benzène.

BISULFURE DE PROPYLÈNE,

$$CH^2 < {CH^2-S \atop CH^2-S}$$

— Il s'obtient par oxydation du triméthylène-mercaptan, substance amorphe qui se volatilise en se décomposant; il est presque insoluble dans l'alcool et l'éther [Mansfeld, *D. chem. G.*, 19, 698, 1886].

BISULFURE D'ÉTHYLIDÈNE-ÉTHYLÈNE,

$$CH^3CH < {S \atop S} > C^2H^6$$

— C'est un mercaptal obtenu en condensant le dithioglycol avec l'aldéhyde :

$$CH^3-CH:O + \begin{bmatrix} HSCH^2 \\ | \\ HSCH^2 \end{bmatrix}$$

— Liquide bouillant à 172-173°; il s'oxyde en donnant une sulfone cristallisée dans l'eau, fondant à 198° [Fasbender, *D. chem. G.*, 24, 1475, 1888].

SULFURE DE PROPYLE NORMAL $S(C^3H^5)^2$. — *Sels.* $[S(C^3H^7)^2]^2PtCl^2$. — Le composé α s'obtient en traitant 2 molécules de sulfure de propyle normal par 1 molécule de chloroplatinite de potassium $PtCl^2,2KCl$. On fait cristalliser dans l'alcool en gros cristaux orangés tricliniques; ils fondent à 46°. Il est assez soluble dans l'alcool et l'éther et très soluble dans le chloroforme; la solution dans l'alcool étendu d'eau sépare un composé γ par évaporation et qui fond à 63°. L'isomère β cristallise dans l'alcool en prismes jaunes; il fond à 86°.

$[(C^3H^7)^2SCl]^2PtCl^2$. — Feuillets brillants fondant à 185°, insolubles dans l'alcool.

$[(C^2H^7)^2S]^2OIIPtCl$. — Ce composé s'obtient en traitant 1 molécule de chlorure par 1 molécule de potasse.

$[(C^3H^7)^2S]^2PtBr^2$. — Prismes jaune brun fondant à 105°, peu solubles dans l'alcool.

$[(C^3H^7)^2S]^2PtI^2$. — Prismes rouges fondant à 133°.

$[(C^3H^7)^2S]^2ClPtI$. — Préparé avec le chlorure de sulfine et l'iodure de potassium en solution aqueuse.

$[(C^3H^7)^2S]^2(AzO^2)^2Pt$. — Le *composé* α se prépare en traitant le sulfure de propyle par le nitroplatinate de potassium $Pt(AzO^2)^2.2AzO^2K$; ce sont des prismes fondant à 210° en se décomposant; ils sont très solubles dans le chloroforme, peu solubles dans l'alcool et l'éther. L'*isomère* β se prépare quand on traite le composé formé par le sulfate de platine et le sulfure de propyle avec du nitrite de potassium; ce sont de gros feuillets solubles dans l'alcool et le chloroforme, fondant vers 195°.

$[(C^3H^7)^2S]^2(AzO^3)^2Pt$. — Il fond vers 70°.

$[(C^3H^7)^2S]^2Pt.SO^4$. — Prismes jaunes.

$[(C^2H^7)^2S]^2PtCrO^4$. — Prismes rouges.

$[(C^3H^7)^2S]^2Pt(CO.O)^2$. — Précipité cristallin.

$[(C^3H^7)^2S](CAzS)^2Pt$. — Tous les composés platineux ont été préparés par Rudelius [*J. pr. Chem.*, (2), 38, 497, 1888]. Le même chimiste a préparé les composés platiniques suivants :

$[(C^3H^7)^2S]^2PtCl^4$. — Ce sel obtenu en chlorant à l'eau de chlore les composés platineux correspondants : prismes jaunes fondant à 139°.

$[(C^3H^7)^2S]^2PtBr^4$. — Il fond à 141°.

$[(C^3H^7)^2S]^2PtBr^2Cl^2$. — Il fond à 129°.

$[(C^3H^7)^2S]^2Pt(OH)^2(AzO^3)^2$.

SULFURE DE PROPYLE ET D'ÉTHYLE (*éthylpropylsulfine*),

$$\left.\begin{array}{l}C^2H^5\\C^3H^7\end{array}\right\rangle S$$

— *Sel double* $[(C^2H^5)(C^3H^7)S]^2PtCl^2$. — Sirupeux [Bromstrand, *J. pr. Chem.*, (2), **38**, 354, 1888].

Iodure $[(C^2H^5)(C^3H^7)S]^2I^2$. — Pour le préparer, on traite 1 molécule du sel de platine $[(C^3H^7)^2S]^2PtCl^2$ par 2 molécules de sulfure d'éthyle, on ajoute de l'iodure de potassium dont on déplace l'iode lentement par le chlore; on peut aussi prendre le composé avec le sulfate platineux au lieu du composé chloré. Le produit cristallise dans le chloroforme en prismes rouges, il fond à 115° [Rudelius, *J. pr. Chem.*, 2, **38**, 497, 1888].

Sulfoxyde de propyle $SO(C^3H^7)^2$. — Il fond à 14°,5. Si on oxyde ce composé par un courant de chlore en présence de l'eau, on obtient les acides propane sulfonique, chloropropane sulfonique, la dipropylsulfone et des carbures chlorés $C^3H^5Cl^3$ et $C^3H^6Cl^4$ [Spring et Wissinger, *D. chem. G.*, **16**, 329, 1883].

On connaît un sel double $[2SO(C^3H^7)^2 + (AzO^3)^2Ca]^4 + (AzO^3)^2Ca$. Il fond à 80° (Spring et Wissinger).

Dipropylsulfone $SO^2(C^3H^7)^2$. — Nous avons vu que c'est un des produits d'oxydation du sulfoxyde de propyle. Il fond à 29-30° (Spring).

Iodure de méthyléthylpropylsulfinium $(CH^3)(C^2H^5)(C^3H^7)S.I$. — Obtenu avec $S(C^2H^5)(C^3H^7)$ et l'iodure de méthyle. Dérivés d'addition : $C^6H^{15}SI + ClH^3$, cristallisé; $(C^6H^{15}SI)^2 + PtCl^6$, cristallisé, fondant à 175°; $C^6H^{15}SI + AuCl^3$, cristallisé [Strömholm, *Centr. Bl.*, 1900, 1, 955].

Par la même méthode on a préparé les iodures de sulfiniums suivants inactifs : $(CH^3)(C^2H^5)(C^4H^9)S-I$; $(CH^3)(C^2H^5)(C^6H^{13})S-I$; $(CH^3)(C^2H^5)(C^5H^{11})SI$; $(CH^3)(C^2H^5)C^6H^{11})SI$. Tous ces composés sont plus ou moins solubles dans l'eau, on a fait leur chloroplatinate [Strömholm, *Centr. Bl.*, 1900, 1, 955]. Les essais de scission de ces composés par l'acide tartrique, la cinchonine, l'acide camphosulfonique, les moisissures n'ont pas réussi à en retirer de produits actifs.

SULFURE D'ISOPROPYLE $S(C^3H^7)^2$. — *Sels platineux :*

$[(C^3H^7)^2S]^2PtCl^2$. — Cristaux jaunes fondant à 163°, solubles dans le chloroforme.

$[(C^3H^7)^2S]^2PtBr^2$. — Cristaux orangés fondant à 174°.

$[(C^3H^7)^2S]^2PtI^2$. — Cristaux rouges fondant à 176°.

$[(C^3H^7)^2S]^2Pt(AzO^2)^2$. — Prismes se décomposant sans fondre vers 210°.

$[(C^3H^7)^2S]^2(GAzS)^2Pt$. — Cristaux fondant à 102°, solubles dans le chloroforme.

Sel platinique $[(C^3H^7)^2S]^2Pt.I^4$. — Cristaux violets peu solubles dans l'alcool, solubles dans le chloroforme. Ils fondent à 139°.

Tous ces composés ont été obtenus par Rudelius [*J. pr. Chem.*, (2), **38**, 512, 1888].

SULFURE D'ÉTHYLISOPROPYLE (*éthylisopropylsulfine*). $C^2H^5-S-C^3H^7$.

Sel platineux $[(C^2H^5)(C^3H^7)S]PtI^2$. — Cristallisé [Rudelius, *J. pr. Chem.*, (2), **38**, 500, 1888].

Sel de méthyldipropylsulfinium $(CH^3)(C^3H^7)^2SCl.6HgCl^2$. — Il fond à 197°.

Sel de méthyldiisopropylsulfinium $CH^3(C^3H^7)^2SCl, 6HgCl^2$. — Il fond à 121°.

Sel de méthyléthylpropylsulfinium $(CH^3).(C^2H^5).(C^3H^7).SCl, 2HgCl^2$. — Il fond à 72-73°.

$(CH^3)(C^2H^5)(C^3H^7)SCl, 6HgCl^2$. — Il fond à 169°.

Sel de méthyléthylisopropylsulfinium. — Même formule brute que les précédents. Le com-

posé avec $2HgCl^2$ fond à 88°,5; le composé avec $6HgCl^2$ fond à 208°.

Tous ces produits ont été préparés par Strömholm [*D. chem. G.*, 31, 2285, à 2295. 1898].

Sel de diéthylisopropylsulfinium $(C^2H^5)^2(C^3H^7)SI, CH^3$. — Ce composé fond à 129° [Bayer et Cⁱᵉ, D.R.P., 97207; — *Centr. Bl.*, 2, 524, 1898].

SULFURE DE BUTYLE $(C^4H^9)^2S$. — *Composés avec les sels de palladium :*

$[(C^4H^9)^2S]^2PdCl^2$. — Feuillets orangés fondant à 95°.

$[(C^4H^9)^2S]^2PdBr^2$. — Il fond à 140°.

$[(C^4H^9)^2S]^2PdI^2$. — Violet foncé. Fond à 145°.

$[(C^4H^9)^2S]^2Pd(AzO^2)^2$. — Fond à 155° [Ardeel, *Zeit. an. Chem.*, 14, 143, 1896].

Sels de méthyldiisobutylsulfinium :

$(CH^3)(C^4H^9)^2SCl, 2HgCl^2$. — Aiguilles peu solubles dans l'eau, fondant à 103°.

$(CH^3)(C^4H^9)^2SCl, 6HgCl^2$. — Il fond à environ 127° sans décomposition [Strömholm, *D. chem. G.*, 31, 2286, 1898].

Sels de méthyléthylisobutylsulfinium :

$(CH^3)(C^2H^5)(C^4H^9)S.Cl.HgCl^2$. — Il fond à 50-51°.

$(CH^3)(C^2H^5)(C^4H^9)SCl3HgCl^2$. — Aiguilles fondant à 77°.

$6HgCl^2$. — Il fond à 147° [Strömholm, *D. chem. G.*, 31, 2286, 1898].

SULFURE D'ISOAMYLE (*isoamylsulfine*) $S(C^5H^{11})^2$ (voyez AMYLE). — C'est une huile éthérée très odorante et très stable, bouillant à 209-211° [Finck, *D. chem. G.*, 27, 1239, 1894].

Composés d'addition :

$[(C^5H^{11})^2S]^2SnCl^4$. — Fond à 64°.

$[(C^5H^{11})^2S]^2SnBr^4$. — Fond à 45-46° [Werner, *Zeit. an. Chem.*, 17, 102, 1897].

$[(C^5H^{11})^2S]^2PdCl^2$. — Feuillet brun jaune fondant à 95°.

$[(C^5H^{11})^2S]^2PdBr^2$. — Fond à 133°.

$[(C^5H^{11})^2S]^2PdI^2$. — Rouge brun. Fond à 143°.

$[(C^5H^{11})^2S]^2Pd(AzO^2)^2$. — Fond à 180° [Ardell, *Zeit. an. Chem.*, 14, 143, 1896].

Sel de méthyldiamylsulfinium $(CH^3)(C^5H^{11})^2SCl, 2HgCl^2$. — Fond à 68-70° [Strömholm, *D. chem. G.*, 31, 2286, 1898].

Sels de méthyléthylamylsulfinium :

$(CH^3)(C^2H^5)(C^5H^{11})SCl, 2HgCl^2$. — Aiguilles fondant à 83°.

$(CH^3)(C^2H^5)(C^5H^{11})SCl, 6HgCl^2$ [Strömholm, *D. chem. G.*, 31, 2286, 1898].

SULFURE D'ISOAMYLE ACTIF $S(C^5H^{11})^2$. — Il bout à 95-98° sous 13 mm. $D_0^{20}=0,836$. Pouvoir rotatoire à 20° $\alpha=+24°,52$ pour la raie D (préparé à partir de l'alcool amylique actif droit de déviation $\alpha=+4°,40$) [Brjuchonenko, *J. pr. Chem.*, (2), 59, 47, 596, 1899].

Bisulfure actif $S^2(C^5H^{11})^2$. — Il bout à 120-122° sous 10 mm. $D_0^{20}=0,923$; $\alpha=+72°,58$.

Sulfure de méthylamyle actif $S(CH^3)(C^5H^{11})$. — Il bout à 138-139°. $D_0^{19}=0,84$; $\alpha=+12°,30$.

Sulfure d'éthylamyle actif $S(C^2H^5)(C^5H^{11})$. — Il bout à 158-159°. $D_0^{11}=836$; $\alpha=+13,75$.

Ces trois composés étudiés par Brjuchonenko.

Iodure de méthyléthylamylsulfinium actif $(CH^3)(C^2H^5)(C^5H^{11})S.I$. — On obtient ce composé par combinaison du sulfure d'éthylamyle avec l'iodure de méthyle ou bien du sulfure de méthylamyle avec l'iodure d'éthyle. Pouvoir rotatoire $\alpha=13°,91$ dans une solution aqueuse à 280,0 [Brjuchonenko, *D. chem. G.*, 31, 3179, 1898].

SULFURE D'HEXYLE, $(C^6H^{13})^2S$. — Sel d'hexyle sulfinium $(CH^3)(C^2H^5)(C^6H^{13})SCl.3HgCl^2$, aiguilles fondant à 79-80°. — $(CH^3)(C^2H^5)(C^6H^{13})SCl, 6HgCl^2$, impur [Strömholm, *D. chem. G.*, 31, 2286, 1898].

SULFURE D'HEPTYLE NORMAL, $S(C^7H^{15})^2$. — Liquide bouillant à 298° [Wissinger, *Jahresb.*, 1280, 1887].

Sulfoxyde d'heptyle, $SO(C^7H^{15})^2$. — Ce composé fond à 70° (Wissinger). Si on l'oxyde par un courant de chlore en présence d'eau, on obtient les acides sulfoniques $C^7H^{15}.SO^3H$; $C^7H^{14}Cl.SO^3H$; $C^7H^{13}Cl^2.SO^3H$ et les carbures chlorés $C^7H^{13}Cl^3$; $C^7H^{12}Cl^4$.

Diheptylsulfone, $SO^2(C^7H^{15})^2$. — Feuillets cristallisant dans l'alcool, fondant à 80° (Wissinger).

SULFURE DE VINYLE, $S(CH^2=CH)^2$. — État naturel dans l'ail [Semmler, *Ann. Chem.*, **241**, 92, 1887]. Pour le préparer on distille la plante avec de l'eau; dans le distillat on sépare une huile qu'on laisse en contact une journée avec un peu de potasse. On filtre, on retraite par la potasse et finalement on fractionne par distillation; on obtient une huile éthérée, très odorante, bouillant à 101°. $D = 0,9125$.

Le sulfure de vinyle est miscible à l'alcool et à l'éther et peu soluble dans l'eau. L'acide azotique l'attaque en donnant de l'acide carbonique, de l'acide sulfurique et de l'acide oxalique; si on prend l'acide concentré, la réaction est très énergique et va jusqu'à l'inflammation. L'acide sulfurique s'y combine. Les alcalis et le sodium ne le décomposent pas. Avec l'oxyde d'argent sec on obtient l'éther oxyde vinylique $(CH^2=CH)^2O$. Avec l'oxyde d'argent humide, il y a oxydation en aldéhyde et acide acétique [Semmler, *Ann. Chem.*, **241**, 92, 1887].

Sels doubles, — $(C^2H^3)^2S, HgCl^2$. Ce composé s'obtient en mélangeant des solutions alcooliques de sulfure de vinyle et de bichlorure de mercure, puis on précipite par un excès d'eau. Le précipité est lavé à l'eau, puis porté à l'ébullition avec l'alcool, et la solution alcoolique est finalement précipitée par l'eau. On obtient une poudre cristalline fondant vers 91°; elle est très soluble dans l'eau bouillante, traitée par la lessive de soude, elle précipite de l'oxyde jaune de mercure. Ce sel se décompose par la chaleur suivant la réaction suivante $2(C^2H^3)^2S . HgCl^2 = (C^2H^3)^2Cl + (C^2H^3)^2S HgCl^2 + HgS$ (Semmler).

$4C^2H^3Cl, PtCl^4, (C^2H^3)^2S, PtS^2$. — Précipité jaune, fondant à 93°, insoluble dans l'eau, l'alcool, l'éther; il donne avec le sulfure d'ammonium un corps brun foncé $(C^2H^3)^2S, PtS^2$.

$(C^2H^3)^2S, 2AzO^3Ag$. — Précipité incolore, fondant à 87°.

$Br^2 C^2H^3)^2S . Br^2$. — Huile épaisse qui bout en se décomposant vers 195° (Semmler).

SULFURE D'ALLYLE, $S(CH^2=CH-CH^2)^2$. — C'est un liquide bouillant à 139° sous 758 mm. $D = 0,887,6$ à 26°,8 rapportée à l'eau à 4°. Indice de réfraction moléculaire 61°,74 [Nasini Scala, *Gazz. chim. ital.*, **17**, 76, 1887].

Combinaisons métalliques, $S(C^3H^5)^2, 2C^3H^5Cl, 2HgS$. — On l'obtient en traitant une solution alcoolique de sulfure d'allyle par une solution alcoolique de bichlorure de mercure, puis on précipite par l'eau; le précipité est dissous dans l'alcool et on reprécipite à nouveau [Semmler, *Ann. Chem.*, **241**, 118, 1887].

Avec l'iodoforme Bayer a préparé la combinaison $(C^2H^5)(C^3H^5)^2SI, CHI^3$ qui fond à 98° [DRP. 97207 et *Centr. Bl.*, 1898, II, 524].

SULFURE DE MÉTHYLALLYLE (*méthylallylsulfine*), $CH^3-S-C^3H^5$. — Il a été obtenu en traitant le méthylmercaptide de plomb par le bromure d'allyle. C'est une huile à odeur pénétrante qui bout vers 91-93° [Obermeyer, *D. chem. G.*, **20**, 2925, 1887].

Le *dérivé bromé* $CH^3.S.C^3H^4Br$ se prépare avec le tribromure d'allyle et le mercaptide de plomb, c'est une huile non distillable.

HEXASULFURE D'ALLYLE, $S^6(C^3H^5)^2$. — Ce composé s'obtient en même temps que d'autres produits quand on chauffe la glycérine et le soufre en tube scellé à 300°; le produit fond à 75°,5, il est très soluble dans l'éther; l'acide azotique l'oxyde en $SO(C^3H^5)^2$.

On a préparé des sels doubles $S^6(C^3H^5)^2, 2HgCl^2$ et $S^6(C^3H^5)^2, PtCl^4$ [Keutgen, *D. chem. G.*, **23**, 201, 1890].

SULFURE D'ÉTHYLALLYLE, $C^2H^5-S-C^3H^5$. — Ce composé se forme par la distillation sèche de l'acide β-thioéthylcrotonique $CH^3-C(C^2H^5)=CH-COOH$ ou de l'acide β-thioéthylisocrotonique; c'est une huile à odeur repoussante, bouillant vers 109-110° [Autenrieth, *Ann. Chem.*, **254**, 239, 1889].

SULFURE DE CROTYLE, $(CH^2=CH-CH^2-CH^2)^2S$. — Liquide à odeur détestable et goût brûlant; il bout à 106-108° sous 50 m/m, et à 186-187° à la pression normale. Densité à 0° 0,9032 [Charon, *Ann. Phys. Chim.*, (7), **17**, 261, 1896].

SULFURES ÉTHYLÉNIQUES $C^nH^{2n}S$. — Ces composés se rencontrent à l'état naturel dans les pétroles d'Amérique (Canada), dont on a extrait les composés suivants:

Heptylthiophane $C^7H^{14}S$. — Bouillant de 74 à 78° sous 50 mm.

Octylthiophane $C^8H^{16}S$. — Bouillant de 81 à 83° sous 50 mm.

Isooctylthiophane $C^8H^{16}S$. — Bouillant de 94 à 96°.

Nonylthiophane $C^9H^{18}S$. — Bouillant de 103 à 108°.

Décylthiophane $C^{10}H^{20}S$. — Bouillant de 114 à 115°.

Ces composés noircissent à l'air, ils forment des *chloroplatinates* huileux.

Chauffés en vase clos avec C^2H^5I, ils fournissent des *iodoéthylates* cristallisés.

Le permanganate donne la *sulfone* correspondante [C.-F. Mabey et W.-O. Quayle, *Am. Chem. Journ.*, **35**, 404, 1906].

ACIDES SULFINIQUES.

On prépare les acides sulfiniques en saturant par un courant d'anhydride sulfureux un iodure ou un bromure d'alkylmagnésium, puis on traite par l'eau froide:

$$1° \quad SO^2 + R-Mg.Br = R.SO^2.Mg.Br$$
$$2° \quad RSO^2Mg.Br + H^2O = R.SO.OH + Mg(OH)Br.$$

[Voyez MAGNÉSIUM (DÉRIVÉS ORGANIQUES)].

Rendement : 50 à 60 0/0; l'acide libre est cristallisé.

En présence d'iodure alcoolique, le sel de sodium donne une sulfone mixte, $R.SOONa + R'I = NaI + R.SOOR'$.

Le sel de magnésium cristallise avec $2H^2O$. [Rosenheim et Linger, *D. chem. G.*, **37**, 3152, 1904].

Le chlorure de sulfuryle sur l'iodure d'alkylmagnésium donne l'acide éthylsulfinique avec un rendement de 55 0/0:

$$SO^2Cl^2 + 2R.Mg.I = MgICl + RCl + RSO^2MgI$$

[Bernard Oddo, *Lincei*, (3), **14**, 1905].

ACIDE MÉTHYLSULFINIQUE, CH^3SO^2H (voy. Dict. et Suppl.).

Acide oxéthylsulfonemethylènesulfinique,

$$CH^2 \underset{CH^2-SO^2-CH^2-SO^2H}{\overset{OH}{<}}$$

— Le *sel de baryum* de ce composé s'obtient en chauffant doucement la triméthylènedisulfone,

$$CH^2 \underset{SO^2-CH^2}{\overset{SO^2-CH^2}{<}} \Big|$$

avec un excès d'eau de baryte. C'est un sirop qui se décompose à 100° en SO^2 et sulfone-éthanol,

Le *sel de potassium* $C^3H^7O^5S^2.K$ est une masse cristalline, très soluble dans l'eau et insoluble dans l'alcool absolu. Le *sel de baryum* est très déliquescent [Baumann et Walter, *D. chem. G.*, **26**, 1130, 1893].

Anhydride,

$$CH^2 \begin{cases} SO^2-CH^2 \\ | \\ SO^2-CH^2 \end{cases}$$

— Ce composé s'obtient en maintenant à l'air l'acide correspondant. Il cristallise dans l'eau en prismes fondant à 164°; il est insoluble dans l'éther (Baumann et Walter).

ACIDE ÉTHYLSULFINIQUE. — Voyez ETHYLE, 2e Supplément.

Acide éthanedisulfinique, $(-CH^2-SO^2H)^2$. — Les deux isomères s'obtiennent en chauffant avec la poudre de zinc les α et β-chlorures d'éthanedisulfoné, $(-CH^3-SO^2Cl)^2$ [Kohler, *Am. Soc.*, **19**. 751. 1897].

On traite le chlorure de l'acide éthyldisulfonique par un excès de poudre de zinc en présence de l'eau. On a ainsi le sel de zinc.

L'acide libre est très instable. On a préparé $C^2H^6(SOONa)^2, 4H^2O$. Aiguilles très solubles dans l'eau [*J. pr. Chem.*. **36**, 439, 1895].

Acide oxéthylsulfone-éthylènesulfinique,

$$CH^2 \begin{cases} OH \\ CH^2-SO^2-CH^2CH^2-SO^2H \end{cases}$$

— Ce composé s'obtient par ébullition de la *diéthylènedisulfone* avec l'eau de baryte.

C'est un sirop qui donne l'anhydride correspondant à 100°.

Si l'on fait bouillir très longtemps avec de l'eau de baryte, il se forme les acides α et β-éthanedisulfinique, de l'éthylèneglycol et de l'acide oxéthanesulfinique.

Le *sel de baryum* cristallise dans l'alcool étendu. Le *sel de cuivre* se présente en cristaux bleus [Baumann et Walter, *D. chem. G.*, **26**, 1133, 1893].

Anhydride,

$$\begin{array}{ccc} CH^2-SO^2-CH^2 \\ | | \\ CH^2-SO^2-CH^2 \end{array}$$

— Il se forme quand on évapore une solution aqueuse de l'acide au bain-marie. Il cristallise dans l'eau en fines aiguilles fondant à 220-222° en se décomposant; il est très peu soluble dans l'éther et l'alcool froid; chauffé avec une solution alcaline étendue, il reforme l'acide et la diéthylènedisulfone. Si on évapore la solution aqueuse, l'anhydride est partiellement transformé en un polymère; qui fond à 220-225°. Il est soluble dans l'acide sulfurique ou dans l'acide azotique concentré, et insoluble dans l'alcool. Saponifié avec l'eau de baryte, il donne l'acide sulfinique correspondant $C^2H^4SO^2C^2H^4.SOOH$ [Baumann et Walter, *D. chem. G.*, **27**, 3043, 1894 et **26**, 1133, 1893].

ACIDE ISOPENTANESULFINIQUE $(CH^3)^2=CH-CH^2-CH^2.CH^3.SO^2H$. — On l'obtient en traitant par la poudre de zinc le chlorure de l'acide isopentane sulfonique.

Le *sel de baryum* cristallise avec $4H^2O$ en feuillets. Le *sel de zinc* anhydre est cristallisé en écailles peu solubles [Otto, *J. pr. Chem.*, (2), 436, 1887].

Acide dichlorooxyméthylsulfinique, $CCl^2(OH)SO^2H$. — Le *sel de potassium* se prépare par l'action du cyanure de potassium dissous dans l'alcool absolu sur le composé CCl^3SO^2Cl.

L'acide cristallise en aiguilles déliquescentes peu stables. Avec le pentachlorure de phosphore il donne un chlorure qui se combine à l'aniline avec départ d'HCl et donne *l'anilide* $CCl^2(OH).SO^2.AzH\,C^6H^5$.

Le *sel de potassium* $CCl^3.OH.SO^2K$ est cristallisé en tables facilement décomposées par l'eau bouillante. Chauffé avec la lessive de soude, il laisse déposer du sulfite et du chlorure de potassium [Macgowan, *J. pr. Chem.*, (2), **30**, 288, 1884].

ACIDES SULFONIQUES.

. Ils se forment par l'action de l'acide sulfurique fumant sur les carbures d'hydrogène à leur point d'ébullition [Worstall, *Am. Soc.*, **20**, 206, 1898].

On purifie les acides sulfoniques par distillation dans le vide cathodique [Krufft et Wilke, *D. chem. G.*, **33**, 320, 1900].

L'acide fluorhydrique donne des sels doubles avec les sulfonates $(R.SO^3M, HF)$ [Weinland et Kappeller, *Ann. Chem.*, **315**, 357, 1901].

ACIDE MÉTHYLSULFONIQUE, CH^3SO^3H (Voir art. MÉTHYLE, Dict. et Suppl.). — On en obtient en traitant le méthylrhodanide CH^3SCAz par l'hypochlorite de calcium [de Coninck, *C. R.*, **126**, 338, 1898].

Sels, $CH^3SO^3AzH^4$. — Feuillets rhombiques cristallisables dans l'alcool absolu [Macgewan, *J. pr. Chem.*, (2), **30**, 381, 1886].

CH^3SO^3Li, H^2O. — Prismes très hygroscopiques [Nithach, *Ann. Chem.*, **218**, 284, 1886].

$(CH^3SO^3)^2Mg, 10H^2O$. — Feuillets plats, perdant $8H^2O$ sous l'acide sulfurique (Nithack).

$(CH^3SO^3)^2Ca$ et $(CH^3SO^3)^2Sr, H^2O$. — Peu solubles dans l'eau (Nithack).

CO^3SO^3Ag. — Cristaux jaune citron [Marckwald, Bott, *D. chem. G.*, **29**, 2918, 1886].

Chlorure, CH^3SO^3Cl. — Obtenu en traitant l'acide par le pentachlorure de phosphore. Il bout à 160°. $D = 151°$ [Macgowan, *J. pr. Chem.*, **35**, 281, 1887].

Il n'est pas attaqué par le chlorure d'iode ni par le chlorure de sulfuryle à 200°; même stabilité avec $KCAz$ et HI.

Amide, $CH^3SO^2AzH^2$. — Préparée en introduisant un courant de gaz ammoniac dans une solution alcoolique du chlorure méthylsulfonique. On retire l'amide formée en précipitant par le benzène [Macgowan, *J. pr. Chem.*, (2), **30**, 281, 1886].

On la fait cristalliser en prismes dans l'alcool étendu.

Éthers sels. — En les traitant par une solution alcoolique de gaz ammoniac, on obtient le sel d'ammonium :

$$R.SO^3.R' + AzH^3 + 2C^2H^5OH$$
$$= (C^2H^5)^2O + R'OH + R.SO^3.AzH^4.$$

Les eaux mères contiennent le sulfonate d'alcoylamine, $R.SO^2OH.AzH^2-R'$, très difficilement cristallisable [Autenrieth et Bernheim, *D. chem. G.*, **37**, 3800, 1904; — Autenrieth et Rudolph, *ibid.*, **34**, 3467, 1901].

Acide chlorométhylsulfonique, $CH^2Cl.SO^3H$. — Le chlorure CH^2ClSO^2Cl s'obtient directement en traitant l'acide par le pentachlorure de phosphore. Liquide d'odeur forte, bouillant à 170-180. Dens. 1,71. Il n'est pas attaqué par le chlorure d'iode à 130°, mais à 230° il y a départ d'anhydride sulfureux [Macgowan, *J. pr. Chem.*, (2), **30**, 399, 1894].

Amide, $CHCl^2.SO^2.AzH^2$. — Obtenue en faisant passer un courant de gaz ammoniac sec dans une solution de chlorure, en présence d'alcool absolu ou de benzène sec. Le sirop déliquescent cristallise quand il est maintenu longtemps sous le dessiccateur sulfurique (Macgowan).

ACIDE TRICHLOROMÉTHYLSULFONIQUE, $CCl^3.SO^3H$. — Il est préparé à partir du chlorure CCl^3SO^2Cl; on le chauffe avec de la baryte caustique; on enlève l'excès de baryte avec un peu d'acide sulfurique, l'excès d'acide sulfurique avec du carbonate de plomb et l'excès de plomb par un courant d'hydrogène sulfuré [Macgowan, *J. pr. Chem.*, **35**, 284, 1886].

C'est un acide fort, très stable ; il fond à 130° ; il n'est pas décomposé par l'acide azotique, l'eau régale, l'acide chromique. Par réduction seulement il y a perte de chlore.

Sels. — CCl^3SO^3K,H^2O. — Feuillets minces, solubles dans l'eau ; décomposés au-dessus de 300° :

$$CCl^3SO^3K = KCl + COCl^2 + SO^2.$$

$(CCl^3SO^3)^2Ba,H^2O$. — Séché à 100°. Feuillets.

$(CCl^3)^2Pb.2H^2O$.

$(CCl^3SO)^2Fe.5H^2O$. — Obtenu par dissolution de la limaille de fer dans l'acide aqueux. Prismes jaune vert, perdant H^2O sous l'acide sulfurique.

$(CCl^3SO^3)^2Cu,5H^2O$. — Feuillets bleus.

CCl^3SO^2Ag,H^2O. — Prismes [Macgowan, *J. pr. Chem.*, (2), **30**, 284, 1884].

Chlorure, CCl^3SO^2Cl. — Obtenu par l'action directe du chlore humide ou de l'eau régale sur le sulfure de carbone.

On le fait cristalliser dans le benzène sec ; il est très stable (Macgowan).

Avec l'ammoniaque on obtient :

$$3CCl^3SO^2Cl + 4AzH^3$$
$$= CCl^3SO^2AzH + Az^2 + 3AzH^4Cl^4.$$

Avec les amines, réaction analogue, l'aniline donne $CCl^3SO^2.AzH.C^6H^5$ (Macgowan).

Des solutions d'aniline et de chlorure dans l'éther absolu donnent un sulfate double d'aniline et de chloraniline [Macgowan ; — Hantzch, *Ann. Chem.*, **296**, 1897].

Avec la diméthylaniline on obtient l'isotétraméthyle diamidobenzophénone et le carbure correspondant.

Il donne des couleurs en le condensant avec les bases aromatiques, secondaires et tertiaires ; on oxyde la leucobase [Espenschied, D.R.P. 14621, *Frdl.*, **1**, 68].

Acide dibromométhylsulfonique, $CHBr^2SO^3H$. — Il se forme en chauffant en tube scellé à 130° le sulfoacétate de baryum en présence de l'eau.

Sel, $(CHBr^2SO^3)^2Ag$. — Feuillet d'éclat gras [Andreasch, *Monats.*, (7), 168, 1887].

Acide chlorobromométhane sulfonique, $CHClBr.SO^3H$. — En chauffant en tube scellé avec de l'eau l'acide sulfochloroacétique et le brome.

Sel, $(CHClBrSO^3)^2Ba$. — Feuillets minces brillants, soluble dans l'eau (Andreasch).

Acide oxéthylsulfonemethylène sulfonique. $CH^2OH.CH^2.SO^2.CH^2.SO^3H$. — L'anhydride

$$CH^2 \begin{cases} SO^2 - OCH^2 \\ SO^2 - CH^2 \end{cases}$$

se prépare en oxydant par le permanganate acide l'anhydride sulfurique correspondant [Baumann, Walter, *D. chem. G.*, **26**, 432, 1893]. Il fond à 206-207°, en noircissant, il est facilement soluble dans l'eau bouillante.

ACIDE ÉTHYLSULFONIQUE $C^2H^5.SO^3H$. — Il se forme quand on chauffe en tube scellé à 170° l'acide iodhydrique et le phosphore avec l'acide éthylène-sulfonique [Kohler, *Am. Soc.*, **20**, 688, 1898] ; par oxydation de l'éthylrhodanide avec l'hypochlorite [De Coninck, *C. R.*, **126**, 838, 1898] ; en oxydant du nitromercaptide de mercure par l'acide azotique fumant [Hofmann, Rabe, *Zeit. an. Chem.*, **17**, 26, 1897].

On le prépare en oxydant le sulfure d'éthyle par l'acide azotique à 50 0/0, on commence à froid, on termine à chaud [Franchimont et Klobbie, *Rec. Pays-Bas*, **5**, 275, 1885].

Sels. — $4C^2H^5.SO^3Na,NaI$. — Obtenu en chauffant en tube scellé à 150° l'éthylsulfate de sodium avec l'iodure d'éthyle en solution alcoolique [Rosenheim, Liebknecht, *D. chem. G.*, **31**, 412, 1898].

$C^2H^5SO^3K$. — Il se prépare en maintenant à froid pendant longtemps le sulfite de diéthyle avec une lessive de soude à 20 0/0 (Rosenheim).

Ethylsulfonate d'éthyle. — Il donne avec l'ammoniaque l'éthylsulfonate d'éthylamine $C^2H^5.SO^3.AzH.C^2H^5$ et avec l'aniline le sulfonate analogue $C^2H^5.SO^3.AzH.C^6H^5$ qui fond à 112° [N. Autenrieth et R. Bernheim, *D. chem. G.*, **37**, 3800, 1904].

Amides. — T. Duguet [*Rec. Pays-Bas*, **25**, 213, 1906].

Acide chloroéthylsulfonique, $CH^2Cl.CH^2.SO^3H$. — Il se forme :

1° Quand on chlore à chaud le disulfochlorure d'éthyle. On obtient le sel d'ammonium en traitant l'acétamide par le disulfochlorure d'éthane [Kohler, *Am. Soc.*, **19**, 737, 1897] ;

2° En chauffant l'acide éthylènesulfonique avec l'acide chlorhydrique à 130° en tube scellé [Kohler, *Am. Soc.*, **20**, 690, 1898].

Sels, $CH^2Cl.CH^2.SO^3K$.

$CH^2ClCH^2SO^3.AzH^4$. — Aiguilles incolores fondant à 192°.

Acide bromethylsulfonique, $CH^2Br - CH^2 - SO^3H$. — Obtenu en traitant l'acide éthylènesulfonique par l'acide bromhydrique concentré ; ou bien en ajoutant successivement du sulfite de sodium à une solution bouillante de bromure d'éthylène en solution alcoolique [Kohler, *Am. Soc.*, **20**, 691, 1898].

Sels, $CH^2BrCH^2SO^3Na$; $CH^2BrCH^2.SO^3K$.

Acide dibromethylsulfonique, $CH^2Br.CH^2Br SO^3H$. — Pour obtenir le sel de potassium on chauffe pendant 5 heures le bromethylsulfonate de potassium avec l'acide bromhydrique à 120° [Kohler, *Am. Soc.*, **24**, 361, 1899].

Propriétés chimiques. — Par ébullition prolongée avec de l'eau, un des atomes de brome s'échappe avec formation de $CH^2OH.CH^2Br.SO^3H$.

Chauffé avec la potasse et la baryte on obtient l'aldéhyde CH^2BrCHO.

Sels, $CH^2BrCH^2BrSO^3K$. — Prismes brillants.

Acide diéthylaminosulfonique $(C^2H^5)^2Az.SO^3H$. — Il se forme par condensation du chlorure sulfonique $Cl.SO^2.OC^2H^5$ sur la diéthylamine. Prismes rhombiques fondant à 89° [W. Wilcox, *Am. Chem. Journ.*, **32**, 446, 1904].

Acide chlorobromométhane-sulfonique, $ClCH^2 - CHBr - SO^3H$. — Obtenu en décomposant par l'eau le chlorure correspondant.

Propr. — Par ébullition du sel de sodium avec la poudre de zinc on obtient l'acide éthylène sulfonique [Kohler, *Am. Soc.*, **24**, 357, 1899]. On a fait le sel de sodium $ClCH^2 - CHBr - SO^3Na$; il se forme quand on traite par le perchlorure de phosphore le bromoxyéthanesulfinate de sodium en solution chloroformique [Kohler, *Am. Soc.*, **24**, 356, 1899].

Acide oxéthylsulfonéthylène - sulfonique, $CH^2OH.CH^2SO^2CH^2 - CH^2SO^3H$. — On obtient l'anhydride en oxydant par le permanganate en solution sulfurique et froide, l'anhydride sulfonique correspondant. Liqueur sirupeuse [Baumann, Walter, *D. chem. G.*, **26**, 1136, 1893].

Sel de potassium. — Masse cristalline soluble. — *Sel de baryum.* Très soluble dans l'eau, insoluble dans l'alcool.

L'anhydride,

$$\begin{array}{c} CH^2 - SO^2 - O - CH^2 \\ | \qquad\qquad\qquad | \\ CH^2 - SO^2 \longrightarrow CH^2 \end{array}$$

fond à 255-256° en se décomposant, il est peu soluble dans l'alcool et le benzène.

ACIDE PROPYLSULFONIQUE. $CH^3.CH^2.CH^2.SO^3H$.

Acide complexe, $C^3H^6ClSO^3H, 3C^3H^7SO^3H$. — Obtenu par chauffage en tube scellé à 150-160° de 2 mol. d'acide propane sulfinique avec 2 mol. de chlorure d'iode. On a préparé le *sel de baryum* (Wissinger).

Le chlore libre est sans action sur ce composé.

En chauffant 3 mol. d'acide propylsulfonique avec le trichlorure d'iode en tube scellé à 160° on obtient l'acide chloropropane sulfonique et SO^3HBr.

Avec une mol. d'acide et 6 mol. de chlorure d'iode à 150-160°, il se forme l'acide chloropropane sulfonique, du tétrachlorure de carbone et C^2Cl^6 [Spring et Wissinger, *D. chem. G.*, **16**, 327, 1883]. •

ACIDE ISOPROPYLSULFONIQUE $(CH^3)^2 = CH - SO^3H$. — Il s'obtient en attaquant l'isopropylmercaptan par l'acide azotique concentré.

Il fond au-dessous de 100°. Sels très solubles.

$(CH^3)^2CH.SO^3K$. — Feuillets [Suffer, *D. chem. G.*, **23**, 3288, 1890].

Acide chloropropylsulfonique. — Acide double $CH^3CH^2CH^2SO^3H. CH^2Cl.CH^2CH^2SO^3H$. — Il s'obtient en chauffant en tube scellé un jour et demi à 160° 1 mol. d'acide avec 6 mol. de chlorure d'iode ICl^3 [Wissinger, *D. chem. G.*, **16**. 328, 1886].

Sel de baryum, $C^3H^7SO^3 - Ba - C^3H^6BrSO^3 + 1/2 H^2O$.

ACIDE HEXYLSULFONIQUE, $C^6H^{13}.SO^3H$. — Il est obtenu en oxydant l'hexane par l'acide sulfurique fumant à l'ébullition.

C'est une huile épaisse, brune, soluble dans l'eau et l'alcool, insoluble dans l'éther et le chloroforme.

Sel de baryum, $(C^6H^{13}SO^3)^2Ba$. — Très soluble dans l'eau.

Sel de plomb, $(C^6H^{13}SO^3)^2Pb$. — Soluble dans l'eau [Worstall, *Am. Soc.*, **20**, 666, 1898].

ACIDE HEPTYLSULFONIQUE, $C^7H^{15}.SO^3H$. — Il se forme en traitant l'heptane par l'acide sulfurique fumant et à l'ébullition.

C'est un sirop brun, épais qui se prend en masse (Worstall). Il fond vers 15°.

Sels de baryum et de plomb. — Très solubles dans l'eau.

Le chlorure $C^7H^{15}SO^2Cl$ se prépare en chlorant l'heptylsulfoxyde [Spring et Wissinger, *J. pr. Chem.*, 1280, 1887].

ACIDE OCTYLSULFONIQUE, $C^8H^{17}SO^3H$. — On fait réagir l'acide sulfurique fumant à l'ébullition sur l'octane. Sirop hygroscopique. *Sels de baryum et de plomb* très solubles [Worstall, *Am. Soc.*, **20**, 670, 1898].

ACIDE VINYLSULFONIQUE (*acide éthylène-sulfonique*), $CH^2 = CH - SO^3H$. — Il se forme quand on traite par l'eau ou l'alcool l'éthane disulfochloré $C^2H^4(SO^2Cl)^2$; de même en le traitant par une solution d'acétate de sodium ou d'acide acétique.

Ou par distillation sous pression réduite du sulfochlorure de brométhane, puis ébullition du distillat avec de l'eau [Kohler, *Am. Soc.*, **20**, 680, 1898].

On le prépare par distillation sèche de l'acide acétyliséthionique, $CH^3 - CO^2 - CH^2 - CH^2 - SO^3H$ [Kohler, *Am. Soc.*, **20**, 682, 1898].

Huile miscible à l'eau, à l'alcool et à l'acide acétique, peu soluble dans l'éther.

L'acide vinylsulfonique attaque le permanganate de potassium à froid et la solution ammoniacale de nitrate d'argent avec formation d'acide sulfurique, anhydride carbonique et eau.

Hydrogéné par le phosphore et l'acide iodhydrique à 170°, il donne l'acide éthylsulfonique.

Avec le brome on obtient des produits de substitution colorés.

Le sulfite d'ammonium donne de l'acide éthanedisulfonique.

Sels, $CH^2 = CH - SO^3AzH^4$. — Feuillets rhombiques, solubles dans l'alcool bouillant, insolubles dans l'éther fondant à 156°, puis prenant l'aspect corné pour devenir insolubles dans l'alcool.

$CH^2 = CH - SO^3Na$. — Soluble dans l'eau, insoluble dans l'alcool absolu.

$(CH^2 = CH - SO^3)^2Ba, H^2O$. — Insoluble dans l'alcool.

$(CH^2 = CH - SO^3)^2Pb, 2H^2O$. — Peu soluble dans l'eau froide.

Chlorure, $CH^2 = CH - SO^2Cl$. — Huile bouillant à 118-120° sous 250 mm., se décomposant par distillation sous pression ordinaire [Kohler, *Am. Soc.*, **20**, 686, 1898].

Acide chloréthylène sulfonique. $CH^2 = CCl - SO^3H$.

Sel, CH^2CClSO^3K. — Obtenu par double décomposition entre l'acide brométhylène sulfonique et le bichlorure de mercure en présence de potasse. Il cristallise dans l'alcool en aiguilles plates [Kohler, *Am. Soc.*, **24**, 352, 1899].

Acide brométhylène sulfonique, $CH^2 = CBr - SO^3H$. — Il s'obtient directement en bromant l'acide éthylène sulfonique [Kohler, *Am. Soc.*, **20**, 692, 1898].

Pour obtenir l'acide libre quand on a le sel de plomb, on le décompose par un courant d'hydrogène sulfuré ou par ébullition lente avec de l'eau, la réaction est facilitée dans ce dernier cas par la présence des sels d'acide ou d'alcools.

Il se combine par addition avec l'acide bromhydrique en donnant $CH^2BrCHBrSO^3H$.

Les halogènes et les hypochlorites l'oxydent en présence de l'eau; l'oxydation peut aller à CO^2, HBr, H^2O, SO^4H^2.

Par ébullition avec une solution de potasse en présence de bichlorure de mercure, il se forme du chloroéthylène-sulfonate de potassium.

Si on traite l'acide ou son sel par une solution de baryte, on obtient du sulfite de baryum, du bromure de baryum, et une substance gommeuse de formule $(CH^2 = CO)^n$.

Sels, $CH^2 = CBr.SO^3Na$. — Cristallisé dans l'alcool, déliquescent, insoluble dans l'éther.

$CH^2 = CBr - SO^3K$. — Longues aiguilles incolores très solubles dans l'alcool aqueux.

$(CH^2 = CBr.SO^3)^2Ba$. — Insoluble dans l'alcool, soluble dans l'eau. L'eau de cristallisation s'échappe à l'air. Une solution aqueuse traitée par l'alcool précipite directement anhydre [Kohler, *Am. Soc.*, **24**, 251, 1899].

Chlorure, $CH^2 = CBr - SO^2Cl$. — Huile non distillable, se solidifiant à —20° (Kohler).

ACIDE ALLYLSULFONIQUE. $CH^2 = CH - CH^2 - SO^3H$. — Il est obtenu en traitant l'alcool allylique par le bisulfite d'ammonium à 100°.

Sel, $(CH^2 = CH - CH^2.SO^3)^2Ba$. — Poudre amorphe insoluble dans l'alcool [Rosenthal, *Ann. Chem.*, **233**, 38, 1886].

ACIDES DISULFONIQUES, $C^nH^{2n}(SO^3H)^2$. — En général, les acides disulfonés se préparent : 1° par ébullition du bromure $C^nH^{2n}.Br^2$ en présence de sulfite alcalin; 2° on peut les obtenir par oxydation des thioglycols ou des alkylène-rhodanides $C^nH^{2n}(CAzS)^2$ par l'acide azotique; 3° par l'action de l'anhydride sulfurique sur les acides gras sulfonés $CH^2(SO^3H).(CH^2)^n.COOH + SO^3 = CO^2 + CH^2(SO^3H)(CH^2)^n.SO^3H$; de même sur les amides et les nitriles. [Worstall, *Am. Soc.*, **20**, 664, 1898].

Ces acides sont très stables et tous bibasiques.

ACIDE MÉTHYLÈNE-DISULFONIQUE, $CH^2(SO^3H)^2$.

— *Préparation.* — Il se forme : En traitant le diéthyle par l'anhydride sulfurique [R. Hubner, *Ann. Chem.*, **223**, 258, 1884];

Par ébullition du chloréthylène chloré $CHCl^2$ $CHCl^2$ avec un excès de sulfite d'ammonium [Nonari, *D. chem. G.*, **18**, 1349, 1885];

Par réduction de l'iodo ou diiodométhane disulfonate de sodium avec l'amalgame de sodium [Pechmann et Nanck, *D. chem. G.*, **28**, 2379, 1895].

On en obtient en même temps que l'acide formique quand on traite l'acétaldéhyde disulfonée par les alcalis [Schroter, *D. chem. G.*, **31**, 2190, 1898]. Il s'en forme quand on oxyde le méthylènerhodanide par l'hypochlorite [De Coninck, *C. R.*, **126**, 828, 1889].

Pour le préparer, on fait arriver de l'acétylène dans l'acide sulfurique fumant et chaud, puis on verse avec précaution le produit de la réaction dans un grand excès d'eau froide. On neutralise par la baryte à chaud jusqu'à réaction alcaline. Le méthylène disulfonate de baryum est très soluble dans l'eau bouillante, il cristallise par refroidissement [Schrotter, *Ann. Chem.*, **303**, 117, 1898].

On le prépare aussi en traitant l'acide sulfurique fumant, à 80 0/0 d'anhydride, par un courant d'acétylène, en refroidissant énergiquement [Nuthmann, *D. chem. G.*, **31**, 1880, 1898].

Sels. — [Consultez Nonari, *D. chem. G.*, **18**, 1349, 1885; — Nuthmann, *ibid.*, **31**, 1880; — Kirngiebel, *ibid.*, **31**, 1882].

Sel de sodium, $3H^2O$, cristaux rhomboédriques (Nonari); *sel d'ammonium*: cristaux monocliniques; *sel de baryum*, peu soluble dans l'eau; les sels sont isomorphes avec ceux de l'acide imidosulfonique.

Acide chlorométhanedisulfonique $CHCl$ $=(SO^3H)^2$. — Il se produit en même temps que l'acide sulfochloracétique, quand on traite l'acide monochloracétique par la chlorhydrine sulfurique [Andreasch, *Monats.*, 7, 171, 1886]. Pour le purifier, on traite l'acide brut par la baryte, on laisse cristalliser; le sulfochloracétate de baryum se dépose le premier, puis le *chlorométhane disulfonate* et la solution refroidie sépare le chloracétate de baryum. L'acide chlorométhane disulfonique est un sirop très déliquescent qui cristallise dans le vide sulfurique.

L'amalgame de sodium le réduit en acide méthane disulfonique; le *sel de baryum* contient $4H^2O$; le *sel d'argent* est en fines aiguilles soyeuses (Andreasch).

Acide brométhane disulfonique, $CHBr(SO^3H)^2$. — *Sel de baryum* en feuillets minces [Vohler, *Am. Soc.*, **21**, 366, 1899].

Acide iodométhane disulfonique, CHI $(SO^3H)^2$. — Le sel de potassium s'obtient en ajoutant successivement 12 gr. d'acide iodhydrique à 30 0/0 à une solution aqueuse de diazométhane disulfonique à 10 0/0. Après 10 heures de réaction on précipite à l'alcool. Ce *sel de potassium*, à $2H^2O$, cristallise dans l'eau bouillante en longues aiguilles.

Acide diiodométhane disulfonique, $CI^2(SO^3H)^2$. — Pour l'obtenir, on chauffe une solution aqueuse préparée en introduisant successivement 15 gr. d'iode pulvérisé dans 88 gr. d'eau contenant 22 gr. de bisulfite de potassium, on y ajoute 20 gr. de diazométhane disulfonate de potassium dissous dans 120 gr. d'eau [Pechmann, Nanck, *D. chem. G.*, **28**, 2379, 1895]. Le *sel de potassium* cristallise dans l'eau en feuillets brillants.

ACIDE ÉTHANE DISULFONIQUE, $SO^3H-CH^2-CH^2$ $-SO^3H$. — Il se forme par l'action du sulfite d'ammonium sur l'éthylène sulfone [Vohler, *Am. Soc.*, **19**, 732, 1897]. On le prépare en introduisant du bromure d'éthylène dans une solution aqueuse saturée et chaude de sulfite de sodium;

l'appareil est surmonté d'un réfrigérant ascendant, on chauffe jusqu'à dégagement d'anhydride sulfureux. Le *sel de sodium* cristallisé par refroidissement. La liqueur restant après la première cristallisation est à nouveau additionnée de sulfite de potassium, puis de bromure d'éthylène.

Il cristallise en aiguilles anhydres dans le mélange d'acide et anhydride acétique, il fond à 100°.

Chlorure, $C^2H^4(SO^2Cl)^2$. — Il se forme à chaud par chloruration à l'aide du perchlorure de phosphore sur l'éthanedisulfonate de sodium ou par l'action de l'oxychlorure de carbone sur l'acide libre.

Il cristallise dans le chloroforme en feuillets compacts, fondant à 98°, commençant à se sublimer à 98°.

Par la chaleur il se scinde en anhydride sulfureux et sulfochlorure de chloréthane CH^2Cl CH^2SO^2Cl.

Avec l'eau et l'alcool il fournit principalement l'acide éthylène sulfonique, puis une petite quantité d'acide éthane disulfonique.

Avec l'ammoniaque il se forme l'anhydrotaurine

$$CH^2 \underset{AzH}{\overset{CH^2}{\diagdown}} SO^2$$

[Kohler, *Am. Soc.*, **19**, 736, 1897].

ACIDE PROPYLÈNE DISULFONIQUE, $C^2H^5-CH(SO^3H)^2$. — Il se forme quand on traite à l'ébullition 10 gr. de bromure de propylène par 100 gr. d'une solution aqueuse saturée de sulfite d'ammonium [Nonari, *D. chem. G.*, **18**, 1344, 1885]. C'est un sirop très soluble dans l'eau et l'alcool.

Sels, $CH^3CH(SO^3Na)^2$, H^2O. — Cristaux microscopiques obtenus dans l'eau, cristallisant dans l'alcool, les cristaux se forment anhydres.

$CH^3CH^2CH(SO^3)^2Ba$. — Poudre cristalline peu soluble dans l'eau, stable à 200°.

$CH^3CH^2CH(SO^3)^2Pb$.

ACIDE TRIMÉTHYLÈNE DISULFONIQUE, $SO^3H.CH^2.$ $CH^2.CH^2.SO^3H$. — Il est obtenu par ébullition de 10 gr. de bromure de triméthylène avec 80 gr. d'une solution aqueuse saturée de sulfite neutre d'ammonium.

Il cristallise dans l'acide sulfurique dilué en fines aiguilles déliquescentes, très solubles dans l'eau et l'alcool; il fond en se décomposant.

Sel, $(CH^2)^3(SO^3Na)^2.4,5H^2O$. — Longs cristaux prismatiques, très solubles dans l'eau.

$(CH^2)^3(SO^3)^2Ba, 2H^2O$. — Il cristallise dans l'eau; il perd son eau de cristallisation s'il est séché sous le dessiccateur sulfurique.

Cristallisé dans l'alcool, il précipite anhydre.

ACIDE ISOBUTYL DISULFONIQUE, $(CH^3)^2=CH-CH$ $(SO^3H)^2$. — Obtenu par la méthode générale en traitant le bromure d'isobutylène par le sulfite de sodium; le *sel de baryum* cristallise en géodes dans l'alcool [Hagelberg, *D. chem. G.*, **23**, 1089, 1890].

ACIDE HEXÈNE DISULFONIQUE, $CH^3-(CH^2)^4-CH$ $=(SO^3H)^2$. — Il s'obtient en introduisant de l'anhydride sulfurique dans l'hexène bouillant.

Sirop épais hygroscopique. Tous les sels sont très solubles. Les sels de Pb et de Ba sont anhydres [Worstall, *Am. Soc.*, **20**, 667, 1898].

ACIDE HEPTÈNE DISULFONIQUE, $CH^3(CH^2)^5-CH$ $(SO^3H)^2$. — Il s'obtient avec l'anhydride sulfurique et l'heptène bouillant. C'est une masse brune hygroscopique; on connaît les *sels de plomb* et *de baryum* très solubles (Worstall).

ACIDES TRISULFONÉS. ACIDE MÉTHINE TRISULFONIQUE, $CH\equiv(SO^3H)^3$. — On l'obtient par l'action de l'acide sulfurique fumant sur les dérivés acétylés des amines aromatiques [Bagnall, *Chem. Soc.*, **75**, 278, 1899].

Par exemple en traitant 5 gr. d'acétanilide par 30 gr. d'acide sulfurique fumant à 70 0/0 d'anhydride et 15 gr. d'acide sulfurique ordinaire. On chauffe pendant 3 heures à 130°. Il se produit en même temps de l'aniline disulfonée $AzH^2_{(1)}.C^6H^3(SO^3H)_{(2)}(SO^3H)_{(4)}$.

Pour obtenir l'acide libre pur, on décompose le sel de baryum par l'acide sulfurique étendu pur. on évapore la solution obtenue dans le vide.

Ce sont des aiguilles incolores très hygroscopiques, cristallisant avec $4H^2O$; elles fondent à 150-153°. La solution est stable en présence d'acide azotique et de chlore.

Sels, $CH(SO^3Na)^3, 3H^2O$. — Feuillets très solubles dans l'eau; par la chaleur. ils se décomposent en sulfate de sodium et soufre qui se sublime. il dégage de l'anhydride sulfureux, de l'anhydride carbonique et de l'hydrogène sulfuré.

$CH(SO^3K)^3, H^2O$. — Prismes incolores, peu solubles dans l'eau froide, très solubles à chaud, insolubles dans l'alcool et l'éther.

$[CH(SO^3)^3]^2Cu^3, 12H^2O$. — Aiguilles.

$CH(SO^3Ag)^3, H^2O$. — Feuillets minces, devenant anhydres à 180° et se décomposant au-dessus [Bagnall, *Chem. Soc.*, **75**, 278, 1899; — Pope, *ibid.*, **75**, 285, 1899].

L'analyse volumétrique des composés sulfurés organiques a été étudiée par P. Klason et T. Carlson [*D. chem. G.*, **39**, 738, 1906].

Janvier 1908.   Maurice Billy.

SOUFRE SÉLÉNIÉ (Min.). — Enduits orangés ou brun jaunâtre avec sel ammoniac et orpiment, dans les cratères de Vulcano, îles Lipari, et de Kilauea. Iles Sandwich. Voyez Soufre (Min.). Dict., **2**, 1638.   L. Bourgeois.

SOZOIODOL. — Voyez l'art. Phénol (*acide diiodo-2.6-phénol-p-sulfonique*), p. 777.

SOZOLIQUE (ACIDE). — Voyez Aseptol.

SPANGOLITE (Min.) (S.-L. Penfield). — Sulfate-chlorure basique de cuivre et d'aluminium hydraté, $Cu^6AlClSO^{10}, 9H^2O$. Cristaux hexagonaux. vert foncé par réflexion, vert clair par transparence, avec azurite et atacamite, sur un morceau de cuprite provenant sans doute des environs de Tombstone, Arizona.

Caractères. — Insoluble dans l'eau. très soluble dans les acides étendus; la solution donne les réactions des chlorures et des sulfates. Dans le tube. donne de l'eau à réaction acide. Colore la flamme en vert; fond aisément en donnant une scorie noire. Sur le charbon, réaction du cuivre. Dureté = 2 a 3. Densité = 3,141.

Forme cristalline. — Prisme hexagonal : a^1a^2 (adj.) = 146°48',5. Faces : p, souvent dominante, $a^2.b^1$ striée horizontalement, m très petites, a^1a^3 a^1a^9 et nombreuses facettes de la zone a^1p. Clivages p parfait, a^2 indistinct. L'étude des figures artificielles de corrosion sur la base révèle une tendance à l'hémiédrie rhomboédrique.   L. Bourgeois.

SPARTÉINE (Voyez Dict., **4**, 1639 et 1er Suppl. **2**, 1457). — Indépendamment du genêt à balai (Spartium Scoparium), plante de la famille des Légumineuses, où Stenhouse la découvrit en 1851, la spartéine se rencontre encore dans une plante de la même famille, le lupin (Lupinus albus); Wilstætter et Marx ont, en effet, démontré récemment que la lupinidine des semences de lupin est identique avec la spartéine.

Malgré un nombre considérable de travaux dus à Stenhouse, Mills, Bernheimer, Houdet, Bamberger, Peratoner et Ahrens, la constitution de cette base était restée tout à fait inconnue. Des recherches récentes, entreprises par Moureu et Valeur ont permis de circonscrire singulièrement le problème. Avant d'aborder la discussion de la constitution de la spartéine, nous exposerons brièvement quelques propriétés essentielles de cette base.

La spartéine, récemment préparée, se présente sous la forme d'une huile incolore, possédant une légère odeur de pipéridine; avec le temps elle se colore, en même temps que son odeur s'accentue notablement; $D^{19°}_4 = 1,0232$; $n^{19°}_D = 1,5289$. Son pouvoir rotatoire en solution dans l'alcool absolu est $[\alpha]^{15°}_D = -16°,42$. Elle bout à 325° (corr.) sous 754 mm. et à 170°,5 (corr.) sous 13 mm.; elle est assez lentement entraînable par la vapeur d'eau, très peu soluble dans l'eau; elle se dissout aisément dans l'alcool, l'éther et le benzène.

Formule et fonction chimique. — Stenhouse, en 1851, a le premier attribué à la spartéine la formule $C^{15}H^{26}Az^2$. Plus tard, Gerhardt proposa une formule en C^{16}. Mills en 1863 trouva des résultats analytiques concordants avec ceux de Stenhouse. Enfin, Moureu et Valeur, par un grand nombre d'analyses et par la détermination cryoscopique du poids moléculaire, ont confirmé la formule $C^{15}H^{26}Az^2$.

La spartéine est une base forte, se comportant comme monoacide au tournesol et à la phtaléine, et biacide à l'héli, anthine (Astruc, Moureu et Valeur). Elle peut fournir des sels acides et des sels neutres. Parmi les premiers, le *monoiodhydrate* $C^{15}H^{26}Az^2HI$ paraît être le seul parfaitement connu; parmi les derniers, citons le *diiodhydrate* $C^{15}H^{26}Az^2, 2HI + H^2O$, le *sulfate* officinal $C^{15}H^{26}Az^2.SO^4H^2 + 5H^2O$, et le *picrate* $C^{15}H^{26}Az^2.2C^6H^2(AzO^2)^3OH$. La spartéine est donc une diamine; et, comme elle ne fournit, d'autre part, ni dérivé nitrosé, ni dérivé benzoylé (Moureu et Valeur), il faut en conclure que cette diamine est bitertiaire, comme l'avait supposé Mills.

Action de l'acide iodhydrique. — En opposition avec les résultats d'Ahrens, qui, en faisant agir à 200° l'acide iodhydrique sur la spartéine, aurait obtenu une *norspartéine*. avec élimination d'iodure de méthyle, Herzig et Meyer ont montré, en appliquant leur méthode générale, que la spartéine n'est pas méthylée à l'azote; le fait a été confirmé par Moureu et Valeur.

Action des réducteurs. — Suivant Ahrens, en réduisant la spartéine par l'étain et l'acide chlorhydrique, on obtiendrait une *dihydrospartéine* $C^{15}H^{28}Az^2$.

Moureu et Valeur ont établi, en 1903, que cette soi-disant dihydrospartéine est identique à la spartéine; dans une série d'essais de réduction effectués aussi bien avec l'étain et l'acide chlorhydrique qu'avec le sodium et les alcools éthylique et amylique bouillants, ils ont constamment retrouvé la spartéine inaltérée. Wackernagel et Wölffenstein ont, l'année suivante, répété ces expériences, et trouvé des résultats absolument identiques. On conçoit, dès lors, comme l'ont montré Willstätter et Fourneau, que la spartéine ne décolore pas le permanganate de potasse en liqueur acide. Il faut conclure de ces faits que la spartéine est un composé saturé.

Action des oxydants. — D'après Ahrens, en traitant la spartéine par le chlorure de chaux, il se forme une déhydrospartéine, $C^{15}H^{24}Az^2$; mais Willstätter et Marx ont répété en vain cette réaction; ils ont retrouvé la spartéine inaltérée.

Par contre, en oxydant la spartéine par le ferricyanure de potassium en liqueur alcaline et à froid, Ahrens a obtenu une *oxyspartéine*, $C^{15}H^{24}OAz^2$, fusible à 87°,5, bouillant à 209° sous 12mm,5, que Willstätter et Marx ont également préparée en faisant agir sur la spartéine le mélange chromique; cette base ne possède ni les propriétés des alcools, ni celles des aldéhydes, et se comporte comme un oxyde; elle est très stable vis-à-vis des agents d'oxydation. En employant une quantité moindre d'oxydant, les mêmes auteurs ont obtenu une nouvelle base, la *spartyrine*, $C^{15}H^{24}Az^2$, fusible à 153°, de pouvoir rotatoire : $[\alpha]_D = -25°,96°$ en solution éthérée. A côté de la spartyrine et de l'oxyspartéine, mais non au moyen de celle-ci, on obtient toujours un composé $C^{15}H^{24}O^4Az^2$, sous la forme d'une poudre hygroscopique, fondant à 158° en se décomposant. Ce composé, oxydé à nouveau par l'acide chromique en milieu sulfurique, fournit un *produit* moins carboné $C^{12}H^{22}O^4Az^2$, de constitution inconnue.

Si l'on attaque la spartéine à froid par l'eau oxygénée, on la transforme, comme l'a montré Ahrens, en *dioxyspartéine* $C^{15}H^{26}Az^2O^2$, composé solide, fusible à 127°-128. Cette base régénère la spartéine sous l'action de l'acide sulfureux (Wackernagel et Wölfenstein). Si l'on ajoute que la dioxyspartéine est insoluble dans l'éther et soluble dans le chloroforme, propriété par laquelle tous les oxydes d'amines tertiaires se distinguent des amines correspondantes, on conçoit pourquoi Wackernagel et Wölffenstein considèrent les deux atomes d'oxygène comme unis aux deux atomes d'azote dans la dioxyspartéine, de manière à former un dioxyde de diamine bitertiaire $O = Az \equiv C^{15}H^{26} \equiv Az = O$.

Action des iodures alcooliques. — La spartéine, base bitertiaire, est théoriquement capable de fixer deux molécules d'un iodure alcoolique RI pour donner une diiodoalcoylate $C^{15}H^{26}Az^2.2RI$.

La formation de ces composés semble assez difficile; au contraire, les monoalcoylates sont relativement faciles à obtenir. Bamberger, en traitant la spartéine par l'iodure de méthyle, soit à froid, soit à 100°, en l'absence de tout solvant, obtient un *iodométhylate* $C^{15}H^{26}Az^2.CH^3I$ cristallisé, dont le pouvoir rotatoire fut trouvé égal à $[\alpha]_D = -22°,75$ par Moureu et Valeur. Ces chimistes montrèrent qu'il se forme, en outre, dans cette réaction, un iodométhylate isomérique, de solubilité plus grande dans l'eau et de pouvoir rotatoire plus élevé, atteignant au moins $[\alpha]_D = -46°,2$. A l'isomère $[\alpha]_D = -22°,75$, ils attribuèrent le nom d'*iodométhylate* α, et au second celui d'*iodométhylate* α'.

Si l'on fait agir l'iodure de méthyle sur la spartéine en solution méthylique, à la température ordinaire ou au bain-marie, les résultats sont absolument du même ordre; mais ils diffèrent notablement si l'on opère sous pression. En chauffant à 100°, par exemple, on obtient un mélange des iodhydrates des iodométhylates α et α' $C^{15}H^{26}Az^2.CH^3I.HI$. L'acide iodhydrique se forme dans cette réaction aux dépens de l'alcool méthylique et de l'iodure de méthyle, suivant l'équation :

$$CH^3I + CH^3OH = HI + (CH^3)^2O,$$

comme en témoigne la présence de l'oxyde de méthyle dans les produits de la réaction (Moureu et Valeur). De ce mélange, on sépare facilement à l'état de pureté l'*iodhydrate d'iodométhylate* α, dont le pouvoir rotatoire est de $[\alpha]_D = -17°,15$ en solution aqueuse. Quant à l'iodhydrate d'iodométhylate α', on ne l'a pas obtenu jusqu'ici absolument exempt de son isomère; son pouvoir rotatoire est voisin de $[\alpha]_D = -37°$.

Si l'on fait agir l'iodure de méthyle sur l'iodhydrate de spartéine à 100°-105°, en tubes scellés, au sein de l'alcool méthylique absolu, il se forme uniquement du diiodhydrate de spartéine: de l'acide iodhydrique prend naissance, aux dépens de l'alcool méthylique et de l'iodure de

méthyle, et se fixe sur le monoiodhydrate qu'il transforme en diiodhydrate.

Au contraire, opère-t-on à 135°-140°, en l'absence de tout solvant, l'union de l'iodure de méthyle et de l'iodhydrate de spartéine se produit; mais au lieu d'un composé unique, il se forme à la fois les iodhydrates des deux iodométhylates α et α'.

Notons en passant que, s'il existe deux iodométhylates de spartéine, on n'a pu préparer jusqu'ici qu'un seul iodhydrate de spartéine. Inversement, on peut, à partir de ces deux iodhydrates d'iodométhylates, revenir au seul et unique iodhydrate de spartéine qui leur a donné naissance. Il suffit pour cela de les chauffer vers 240-245° : ils se décomposent quantitativement suivant l'équation :

$$C^{15}H^{26}Az^2.CH^3I.HI = CH^3I + C^{15}H^{26}Az^2.HI.$$

Dans les deux cas, la réaction est la même et fournit les mêmes produits (Moureu et Valeur).

Nous reviendrons sur ces faits intéressants, quand nous discuterons la constitution de la spartéine.

L'action de l'iodure d'éthyle sur la spartéine a été étudiée par Mills et par Bamberger, qui sont arrivés à des résultats assez discordants. Moureu et Valeur ont repris cette étude, et montré que cette réaction est assez complexe. L'iodure d'éthyle réagit lentement à froid, et plus rapidement au bain-marie, avec formation d'éthylène et d'iodhydrate de spartéine, $C^{15}H^{26}Az^2.HI$. Si l'on opère au sein de l'alcool absolu, soit à reflux, soit à 100° sous pression, il se forme de l'iodhydrate de spartéine et deux iodoéthylates isomériques α et α'; ces trois composés se trouvant dans le mélange, en partie à l'état libre, en partie à l'état d'iodhydrates. Donc, ici encore, nous retrouvons deux iodoéthylates isomériques α et α', qu'il est d'ailleurs assez difficile de séparer.

La réaction d'Hofmann appliquée à la spartéine. — On sait en quoi consiste cette réaction, si importante dans l'étude des alcaloïdes : l'iodométhylate d'une base tertiaire $R \equiv Az(CH^3)I$ étant donné, on le transforme par l'action de l'hydrate d'argent $AgOH$ en hydrate d'ammonium quaternaire correspondant $R \equiv Az(CH^3)OH$. Ce dernier est décomposé par la chaleur avec élimination d'eau, et formation d'une nouvelle base qui diffère comme composition de la base tertiaire primitive, en ce qu'un groupe CH^3 y remplace un atome d'hydrogène. Cette nouvelle base, convertie en iodométhylate, est soumise à la même série de réactions, et ainsi de suite. On obtient finalement un hydrate d'ammonium quaternaire, que la chaleur scinde en une amine tertiaire grasse volatile et un corps non saturé ne renfermant plus d'azote. Moureu et Valeur ont appliqué cette méthode à la spartéine. Le fait que cet alcaloïde renferme deux atomes d'azote rendait dans ce cas le problème plus complexe. Cependant, eu égard à la grande difficulté avec laquelle la spartéine fixe deux molécules d'iodure de méthyle, on pouvait espérer que dans la suite des réactions qui constituent la méthode d'Hofmann, l'iodure de méthyle se porterait, sinon exclusivement, du moins d'une manière prépondérante, sur le même atome d'azote où il se trouve fixé dans l'iodométhylate, qui servirait de point de départ à la réaction. Cette prévision s'est trouvée réalisée par l'expérience. L'iodométhylate α $C^{15}H^{26}Az^2$. CH^3I est converti par l'oxyde d'argent en *hydrate de méthylspartéinium* $C^{15}H^{26}Az^2.CH^3OH$. Ce dernier est décomposé par l'action de la chaleur en H^2O et *méthylspartéine* $C^{15}H^{25}Az^2.CH^3$, qu'on transforme par l'action successive de l'iodure de méthyle, puis de l'oxyde d'argent en *hydrate de diméthylspartéinium* $C^{15}H^{25}Az^2(CH^3)^2OH$. La décomposition de cet hydrate fournit de même la *diméthylspartéine* $C^{15}H^{24}Az^2(CH^3)^2$, qui est convertie de même façon en *hydrate de triméthylspartéinium* $C^{15}H^{24}Az^2(CH^3)^3OH$, dont la décomposition donne finalement naissance à de l'eau, à de la triméthylamine $Az(CH^3)^3$ et à une base non saturée ne renfermant plus qu'un seul atome d'azote : l'*hémispartéilène* $C^{15}H^{23}Az$. La génération de ce produit à partir de l'hydrate de diméthylspartéinium peut être représentée par les trois équations suivantes :

$$Az \equiv C^{15}H^{26}Az \begin{cases} CH^3 \\ OH \end{cases}$$

Hydrate de méthylspartéinium.

$$= H^2O + Az \equiv C^{15}H^{25}Az(CH^3)$$

Méthylspartéine.

$$Az \equiv C^{15}H^{25}Az \begin{cases} CH^3 \\ CH^3 \\ OH \end{cases}$$

Hydrate de diméthylspartéinium.

$$= H^2O + Az \equiv C^{15}H^{24}Az(CH^3)^2$$

Diméthylspartéine.

$$Az \equiv C^{15}H^{24}Az(CH^3)^3OH$$

Hydrate de triméthylspartéinium.

$$= H^2O + Az(CH^3)^3 + C^{15}H^{23}Az$$

Trimethylamine. Hémispartéilène.

La méthylspartéine, la diméthylspartéine et l'hémispartéilène sont des bases tertiaires non saturées, réduisant énergiquement le permanganate de potassium en liqueur acide. L'obtention de ces bases et la formation de triméthylamine à la troisième méthylation seulement établissent que, dans la spartéine, *les trois valences de l'un au moins des atomes d'azote sont engagées dans un noyau bicyclique.*

La constitution de la spartéine. — I. Nous avons vu plus haut que la spartéine est une diamine bitertiaire de formule $C^{15}H^{26}Az^2$, et qu'elle n'est point méthylée à l'azote.

II. Si l'on se rappelle que les deux iodhydrates d'iodométhylate isomériques α et α' $C^{15}H^{26}Az^2 . CH^3I . HI$ se décomposent, sous l'action de la chaleur, en donnant un seul et même iodhydrate $C^{15}H^{26}Az^2 . HI$, et que, en faisant agir l'iodure de méthyle à chaud en l'absence de tout solvant sur l'iodhydrate de spartéine, on obtient simultanément les deux iodhydrates d'iodométhylate ; si, d'autre part, ce qui est vraisemblable, aucune transposition moléculaire ne s'est produite dans ces réactions, le raisonnement conduit à admettre que, dans la molécule de spartéine, les deux atomes d'azote occupent des positions symétriques et sont par conséquent équivalents.

III. Si l'on tient compte de la nature saturée de la spartéine *établie par Moureu et Valeur*, on ne peut, étant donnée la composition $C^{15}H^{26}Az^2$ que faire les deux hypothèses suivantes (*Willstätter et Marx*): La spartéine renferme soit une chaîne saturée non cyclique et un noyau benzénique, soit quatre noyaux saturés. La première de ces hypothèses doit être rejetée : en effet, d'une part, la valeur trouvée expérimentalement pour la réfraction moléculaire de la spartéine est inférieure de cinq unités à celle que donne le calcul pour un corps $C^{15}H^{26}Az^2$ possédant un noyau benzénique (Semmler); en second lieu, l'oxydation de la spartéine ne fournit en aucun cas d'acides aromatiques. La seconde hypothèse, au contraire, s'accorde parfaitement avec les faits. La formule de la spartéine doit donc renfermer quatre noyaux saturés,

ne posséder aucune double liaison et être symétrique.

IV. Quelle est maintenant la nature de ces noyaux saturés? D'après *Wackernagel* et *Wölffenstein*, la spartéine donnerait la réaction des composés pyrrholiques avec un copeau de sapin imbibé d'acide chlorhydrique. Au contraire, suivant *Willstätter* et *Marx*, cette réaction serait extrêmement faible, et encore ne se produirait-elle que sous l'influence d'une forte surchauffe.

Rien n'autorise donc à conclure à la présence de noyaux pyrrholiques dans la molécule de la spartéine. D'autre part, la décomposition par la chaleur des hydrates de méthylspartéinium, diméthylspartéinium et triméthylspartéinium, donnant successivement naissance aux méthyl et diméthylspartéine, bases tertiaires non saturées, et finalement, avec mise en liberté de triméthylamine, à l'hémispartéilène $C^{15}H^{23}Az$, base tertiaire également non saturée, établit que l'un des atomes d'azote est engagé par ses trois valences dans un noyau bicyclique.

Cette conclusion s'applique aussi au second atome d'azote, s'ils occupent tous deux des positions symétriques. Ce noyau bicyclique saturé, n'étant pas pyrrholidique, sera nécessairement pipéridique, et pourra être formulé ainsi (Moureu et Valeur) :

$$\begin{array}{ccccc} & & CH & & \\ CH^2 & & CH^2 & & CH^2 \\ CH^2 & & CH^2 & & CH^2 \\ & & Az & & \end{array}$$

La formule de la spartéine deviendra donc $C^7H^{12}Az — CH^2 — C^7H^{12}Az$.

V. Il reste à établir maintenant comment le groupe CH^2 se rattache aux deux doubles noyaux. L'histoire chimique de la spartéine, notamment la formation de spartyrine $C^{15}H^{24}Az^2$ par oxydation chromique, et surtout celle d'oxyspartéine $C^{15}H^{24}OAz^2$ sous l'influence d'un oxydant aussi faible que le ferricyanure de potassium, rendent vraisemblable la structure suivante, où la liaison se fait en méta :

$$\begin{array}{ccccccc} CH & & & & & CH & \\ CH^2 & CH^2 & CH — CH^2 — CH & CH^2 & CH^2 \\ CH^2 & CH^2 & CH^2 & & CH^2 & CH^2 & CH^2 \\ & Az & & & & Az & \end{array}$$

Cette formule de constitution, proposée par Moureu et Valeur, est d'accord avec toutes les réactions que nous avons exposées plus haut.

Indications bibliographiques. — Stenhouse, *Annal. Chem.*, 78, 15, 1851. — Gehrardt, *Traité de Chimie organique*, 4, 236. — Mills, *Annal. Chem.*, 125, 71, 1863. — Berheimer, *Gazz. chim. ital.*, 451, 1883. — Bamberger, *Annal. Chem.*, 368, 1886. — Ahrens, *D. chem. G.*, 20, 2219, 1887; 21, 825, 1888; 24, 1095, 1891; 25, 367 et 3609, 1892; 26, 3035, 1893: 30, 195, 1897; 38, 3268, 1905. — Peratoner, *Gazz. chim. ital.*, 1, 566, 1892. — Herzig et Meyer, *Monat.*, 16, 606, 1895. — Astruc, *These de doctorat en pharmacie*, Montpellier, 1901. — Scholtz et Pawlicki, *Arch. der Pharm.*, 242, 1904. — Willstätter et Fourneau, *D. chem. G.*, 35, 1912, 1902. — Wackernagel et Wölffenstein, *D. chem. G.*, 37, 3238, 1904. — Willstätter et Marx, *D. chem. G.*, 37, 235, 1904 et 38, 1772, 1905. — Semmler, *D. chem. G.*, 37, 2428, 1904; — Schloltz, *D. chem. G.*, 37, 3627, 1904. — C. Moureu et A. Valeur, *C. R.*, 137, 194, 1903: 140, 1601, 1645; 141, 49, 117, 261, 328, 1905 et *Bull. Soc. Chim.*, 29, 1135 et 1143, 1903: 33, 1235, 1238, 1245, 1253, 1262, 1265, 1267, 1275, 1905].

Janvier 1907. Ch. Moureu.

SPARTYRINE. — Voy l'art. SPARTÉINE.

SPECTRES DE PHOSPHORESCENCE. — Sommaire :

I. HISTORIQUE. ORIGINE ET PRODUCTION DES SPECTRES DE PHOSPHORESCENCE.
II. LOI DE L'OPTIMUM (URBAIN).
III. ÉTUDE EXPÉRIMENTALE DES SPECTRES DE PHOSPHORESCENCE.
IV. ESSAI DE THÉORIE. CONCLUSIONS.
V. BIBLIOGRAPHIE GÉNÉRALE.

I. HISTORIQUE. ORIGINE ET PRODUCTION DES SPECTRES DE PHOSPHORESCENCE. — (Cf., article PHOSPHORESCENCE). — E. Becquerel [*Ann. Chim. Phys.* (3), 55, 93, 1859; *C. R.*, 104, 205, 1885] et Crookes [*Proc. Roy. Soc.*, 32, 206, 1881; *C. R.*, 92, 1281, 1881]. examinant au spectroscope la lumière émise par les corps rendus phosphorescents sous l'influence d'agents divers, observèrent en général un spectre continu avec intensité marquée, plus ou moins grande, en une partie du spectre : la couleur apparente de la matière phosphorescente dépend de cette émission prépondérante dont la région varie selon le corps étudié.

Parfois, au contraire, le spectre observé est discontinu : c'est ainsi qu'un très grand nombre de composés des terres rares émettent une vive phosphorescence, qui, au spectroscope, se résout en une série de bandes remarquablement étroites, très lumineuses. facilement mesurables. et diversement groupées suivant la nature des terres présentes dans la substance considérée.

L'agent d'excitation que l'on emploie le plus fréquemment dans l'étude de ces spectres, dits *spectres de phosphorescence*, est le rayonnement cathodique; mais un certain nombre de recherches ont été effectuées avec la lumière ultra-violette [J. de Kowalski, *le Radium*, 4, 235, 1907]. avec les rayons du radium, les rayons-canaux [J. Perrin et G. Urbain, *Journ. Chim. Phys.*, 4, 34, 1906, etc.].

Les premières recherches furent conduites, en admettant que l'éclat des spectres de phosphorescence augmente (comme les spectres de lignes, par exemple). lorsque croît la proportion de la substance à laquelle on les attribue dans le mélange étudié. C'est ainsi que Crookes, en étudiant la phosphorescence du gadolinium, observa un spectre ultra-violet qu'il attribua. à cause de sa faiblesse, à un élément nouveau contenu en très petite quantité dans le gadolinium: il lui donna le nom de *victorium*.

Les recherches ultérieures de Lecoq de Boisbaudran, de Verneuil et de G. Urbain [*C. R.*, passim] ont montré qu'il était plus naturel d'attribuer les phénomènes de phosphorescence. non pas aux masses principales dont est formée la substance examinée. mais à certaines impuretés qui s'y trouvent contenues. Crookes avait d'ailleurs constaté. dès le début de ses recherches (*C. R.*. 100, 1380. 1885]. que le sulfate de samarium pur ne donne par lui-même qu'un très faible spectre de phosphorescence, et que ce dernier devient beaucoup plus brillant en mélangeant ce sel avec une certaine quantité de chaux pure.

Généralisant cette observation, Lecoq de Boisbaudran et G. Urbain ont montré que beaucoup de *terres rares* sont extrêmement peu phosphorescentes à l'état pur [Cf. Marignac, *Arch. des Sc. phys. et nat.*. Genève. (3), 17, 373, 1887]; aussi ces auteurs ont-ils évité de se servir des spectres de phosphorescence dans leurs recherches sur l'isolement et la purification des différentes *terres rares*, ne se servant de ce moyen d'investigation que pour constater la pureté d'une terre déterminée, en la diluant dans une substance inerte, telle que la chaux pure, qui joue le rôle de *révélateur*.

G. Urbain [*C. R.*, 141. 954, 1905] a montré ainsi que la gadoline pure, diluée avec de la chaux, donne un brillant spectre de phosphorescence qui suit son spectre d'étincelle. Ce spectre, identique à celui que Crookes attribuait à l'élément *victorium*, se manifeste avec une intensité incomparablement plus grande qu'avec la gadoline pure, non diluée, et reste encore très visible lorsque le mélange ne contient plus que 1/5000 de gadoline.

Ce résultat permet d'identifier le victorium de Crookes avec le gadolinium, car si le spectre ultra-violet observé par ce savant avait appartenu à une impureté du gadolinium et non à ce dernier corps, on aurait constaté un affaiblissement ou une disparition du spectre attribué à l'élément victorium.

II. LOI DE L'OPTIMUM (Urbain). — Les études systématiques de Lecoq de Boisbaudran [*C. R.*. 100 à 110 passim] et de G. Urbain [*Ann. Chim. Phys.*, (7): 19, 184, 1900 : *Journ. Chim. Phys.*. Genève, 4, 1906, passim] sur les terres rares, et celles de Verneuil [*C. R.*, 103 à 107, passim] et de Lenard et Klatt [*Ann. d. Phys.*, 1904, passim] sur les sulfures alcalins, ont montré que le phénomène de la phosphorescence (et le spectre qui en résulte) est toujours dû à la présence, en très petite quantité, dans la masse générale. d'un sel ou d'un oxyde, dont la *dilution* semble être, actuellement, la condition indispensable pour obtenir le phénomène de phosphorescence.

L'intensité lumineuse de l'émission phosphorescente n'est pas quelconque; elle est soumise à une règle générale, découverte par G. Urbain, qui l'a nommée *loi de l'optimum*. Expérimentalement, cette loi revient à déterminer les conditions qu'il est nécessaire de réaliser pour obtenir dans un système phosphorescent l'intensité lumineuse maxima. Celle-ci dépend essentiellement des proportions respectives des substances *diluante* et *diluée*; elle est en général réalisée par des quantités de l'ordre de 1 p. de substance phosphorescente (dite *excitatrice, phosphorogène ou luminophore*), pour 100 p. de diluant [Cf. *Étude détaillée de Bruninghaus, le Radium*, 4, 416, 1907]. Néanmoins, on peut obtenir des émissions phosphorescentes appréciables pour des proportions allant jusqu'à 1/10 000 et même 1/100 000 de substance excitatrice [1].

Le diluant le plus fréquemment employé est la chaux : on transforme la chaux et la *terre* à diluer à l'état de nitrates, en solution commune. que l'on précipite par le carbonate d'ammonium. Le précipité est ensuite soigneusement lavé et calciné. Le degré de calcination du mélange ainsi obtenu n'a en général que peu d'influence sur l'*optimum*; toutefois, G. Urbain a constaté que la gadoline, employée comme diluant, donne des spectres différents, selon que la calcination est effectuée à 1000° ou à 1600°; il est possible que cette variation soit due à deux états allotropiques de la gadoline, constituant ainsi deux diluants de propriétés différentes [*Société de Phys.*, 6 juillet 1906].

1. Le système phosphorescent peut être étudié sous une forme quelconque (oxyde, sulfate, etc.); les spectres de phosphorescence peuvent donc être considérés comme une *propriété atomique de l'élément excitateur* (terres rares, etc.). mais il importe de rappeler ici que ces spectres varient selon le diluant employé, pour lequel la phosphorescence est une *propriété moléculaire* [G. Urbain, *Journ. Chim. Phys.*, 4, 233, 1906]. Les éléments excitateurs de phosphorescence ont généralement un spectre d'absorption; on n'a pas encore établi de relation entre les spectres d'absorption et les spectres de phosphorescence (*loc. cit.*).

III. — Étude expérimentale des spectres de phosphorescence. — 1° *Recherches sur les terres rares*. — Les considérations précédentes permettent, dans une certaine mesure, d'utiliser les spectres de phosphorescence dans certains fractionnements de terres rares [G. Urbain, *C. R.*, passim].

On prélève une même quantité d'oxyde dans chacun des termes, régulièrement échelonnés, d'un fractionnement. Chaque prélèvement est ensuite dilué, en proportions égales, avec de la chaux ou de l'alumine (1 0/0), et soumis au rayonnement cathodique : les modifications du spectre de phosphorescence permettent de suivre les modifications apportées dans la substance traitée par la série de fractionnements qu'on lui fait subir. Pour les appareils employés, voy. Urbain [*Journ. Chim. Phys.*, Genève, 4, 237, 1906]; C. de Watteville [*C. R.*, 142, 1078, 1906]; L. Matout [*Le Radium*, 4, 24, 1907]; L. Brüninghaus [*Le Radium*, 4, 419, 1907].

Quand le fractionnement ne porte que sur deux éléments, l'élément de tête donne un spectre déterminé auquel se superpose, dans les fractions suivantes, le spectre de l'élément de queue, qui peu à peu devient prépondérant, et finit par subsister seul, lorsque le fractionnement est suffisant pour obtenir la séparation complète des deux éléments. Toutefois l'expérience se complique parfois de phénomènes accessoires, dont les divers mélanges europine-gadoline, dilués par la chaux, donnent un curieux exemple :

Si l'on dilue dans la chaux pure des proportions variables d'europine, les spectres observés sont identiques; leur intensité seule varie. Mais, si, au lieu d'europine pure, on prend des mélanges europium-gadolium, provenant du fractionnement de ces deux terres, et dont la richesse en gadolinium croît peu à peu, on voit se superposer au spectre précédent un spectre particulier, formé de quatre bandes, dont l'intensité augmente à mesure que l'on avance dans le fractionnement, passe par un maximum et décroît ensuite, à mesure que la proportion d'europium diminue, pour disparaître quand on atteint les fractions de gadolinium pur. — G. Urbain a montré que le spectre intermédiaire ainsi observé n'est pas dû à un troisième élément; il a pu l'identifier avec quatre bandes caractéristiques du mélange phosphorescent gadoline-europine.

Par conséquent, dans le système ternaire chaux-gadoline-europine, l'europium choisit, comme diluant, la gadoline de préférence à la chaux, bien que cette dernière constitue la plus grande partie de la masse phosphorescente [G. Urbain, *C. R.*, 142, 205 et 1518, 1906].

G. Urbain et C. Scal [*C. R.*, 144, 1363, 1907] étudiant les spectres de phosphorescence de systèmes complexes, ont constaté que chaque élément ne possède pas dans le mélange un spectre d'une intensité égale à celle qu'il posséderait s'il était seul dans le diluant.

Parfois, enfin, la présence de certains éléments, pourtant doués de propriétés phosphorogéniques, paralyse nettement certaines phosphorescences : c'est ainsi que dans le mélange brut des terres rares extraites de la gadolinite, qui contient des proportions très faibles de *terbium* et de *dysprosium* à côté de quantités beaucoup plus considérables de *praséodyme*, de *néodyme* et d'*erbium* (qui donnent de très belles phosphorescences lorsqu'ils sont dilués à l'état pur), ne présente que le spectre de phosphorescence du *terbium* et du *dysprosium*, en employant la chaux comme diluant. Le même phénomène se retrouve dans le spectre de phosphorescence de certaines fluorines [G. Urbain et C. Scal, *C. R.*, 144, 30, 1907].

Les spectres de phosphorescence cathodique des solides constituent, par conséquent, un critérium de pureté extrêmement délicat à interpréter; aussi l'emploi des spectres de phosphorescence est-il peu recommandable, en général, pour l'isolement des terres rares, du moins dans l'état actuel de nos connaissances [Urbain, *Journ. Ch. Phys.*, 4, 54, 1906].

Il n'en est pas de même des *phosphorescences en solution* (Lecoq de Boisbaudran) : lorsqu'on fait jaillir une étincelle longue entre la solution et l'électrode négative, le liquide s'illumine autour du point où aboutit l'étincelle, s'il renferme certaines substances que Lecoq de Boisbaudran a désignées par Z_α, Z_β, etc. (Z_α = dysprosium [Urbain, *C. R.*, 143, 229, 1906]; Z_β = terbium [Urbain, *C. R.*, 141, 521, 1905]) [*C. R.*, 100, 1437, 1885; 101, 552 et 588, 1885]. — La présence de certains corps (fer, ruthénium, etc.) [*C. R.*, 103, 113, 1886] peut masquer le phénomène; mais ce dernier ne semble pas suivre la loi de l'optimum, car l'éclat des spectres est proportionnel à la quantité des terres fluorescentes contenues dans la solution.

2° *Recherches diverses*. — Quelques auteurs ont étudié le spectre de phosphorescence de divers sels et minéraux [Urbain, *C. R.*, passim; — P. Schuhknecht, *Ann. der Phys.*, 17, 717, 1906; — Becquerel, *C. R.*, 144, 459, 1907; — Brüninghaus, *le Radium*, 4, 416, 1907, etc.].

J. de Kowalski a étudié le spectre de phosphorescence de solutions alcooliques de diverses substances organiques, à température ordinaire ou congelées dans l'air liquide [*C. R.*, 145, 1270, 1907] : il a retrouvé dans ce cas la loi de l'optimum, dont il a entrepris une étude spectrophotométrique.

Parmi ces recherches, plusieurs ont été effectuées à des températures variables [Becquerel, *loc. cit.*, etc.]; elles tendent à prouver que la loi de l'optimum est fonction de la température.

IV. Essai de théorie. Conclusions. — Les idées de J. J. Thomson sur l'origine des phénomènes lumineux [*Nature*, 495, 1906] permettent de donner aux phénomènes de phosphorescence une explication électronique [J. de Kowalski, *Le Radium*, 4, 229, 1907]. — Pour rendre l'atome lumineux, il faut que la valeur de son énergie interne soit supérieure à une certaine limite, appelée par J. J. Thomson *limite critique de luminosité*. Or, certains systèmes peuvent être très proches de cet état, et il suffit d'augmenter relativement peu leur énergie pour qu'ils produisent de la lumière; un tel système est appelé *luminophore*. Cette augmentation peut être réalisée par différents moyens (rayons cathodiques, etc.), et en général par tout système producteur d'électrons, que l'on nomme système *électronogène*.

Ces notions, développées par J. de Kowalski (*loc. cit.*) lui ont permis de réunir et d'expliquer d'une manière satisfaisante les divers phénomènes qui se rattachent à la phosphorescence, tels que la *loi de l'optimum*. Pour expliquer cette loi, l'auteur fait remarquer que l'intensité du phénomène lumineux est proportionnelle au nombre de luminophores; elle est d'autant plus grande que l'énergie intérieure de chaque luminophore sera plus considérable [*loc. cit.*, 234]. Or, l'expérience montre qu'un corps pur n'est pas sensiblement phosphorescent : il n'y a donc qu'une petite quantité de groupements luminophores dans la substance considérée. Sa dilution dans un autre corps approprié augmente le nombre des luminophores, puisqu'il y a augmentation de l'intensité lumineuse; mais comme le nombre de particules aptes à donner des luminophores diminue avec la solution, on peut donc s'attendre à un maximum de luminosité pour une certaine dilution [1].

La théorie de Kowalski, qui permet de réunir d'une façon satisfaisante les faits expérimentaux connus, ne peut être complète à l'heure actuelle, en raison des difficultés qui accompagnent l'étude des phénomènes de phosphorescence et des spectres qu'ils fournissent : aussi ces derniers ne peuvent-ils encore être utilisés d'une manière générale dans l'étude chimique des corps phosphorescents.

Deux lois semblent pourtant bien établies expérimentalement : la loi de la dilution et celle de l'optimum. Ces deux lois serviront sans doute de base à l'étude rationnelle de la spectroscopie des phénomènes de phosphorescence : la loi de l'optimum facilite déjà cette étude en permettant d'établir les meilleurs rendements lumineux, et les travaux de G. Urbain montrent qu'il est possible, dès maintenant, de considérer le spectre de phosphorescence d'un élément (sous réserve de précautions indispensables à réaliser) comme un caractère spécifique d'une exactitude analogue à celle des spectres d'étincelle, et dont la sensibilité dépasse, dans certains cas, la plupart des moyens d'investigation actuellement en usage.

V. Bibliographie générale. — Ed. Becquerel [Ann. Chim. Phys., (3), 55, 5 et (3), 57, 40, 1859 ; C. R., 101, 205, 1885] ; — Marignac [Archives des sciences phys. et naturelles, Genève, (3), 17, 373, 1887]. — Croukes [Ann. Chim. Phys., (6), 3, 145, 1884 ; — C. R., passim]. — Lecoq de Boisbaudran [C. R., passim à partir du tome 100]. — Urbain [C. R., passim ; Ann. Chim. Phys., (7), 19, 184, 1900 ; Journ. de chimie Phys., Genève, 4, 1906, passim ; Chimie minérale (Moissan), III, 812 (Paris, 1904)]. — L. Matout : Etude sur la phosphorescence [Le Radium, 2, 35 et 124, 1905] ; La phosphorescence cathodique [Le Radium, 4, 20, 1907]. — J. de Kowalski : Etude sur la luminescence [Le Radium, 4, 219, 1907 ; C. R., 1907, passim]. — L. Brüninghaus : Les phosphorescences calciques du manganèse (étude théorique et expérimentale détaillée) [Le Radium, 4, 416, 1907] — Voir également : Journal le Radium, Paris, passim ; Journal de chimie Physique, Genève, passim ; etc.

Décembre 1907.   Georges Baume.

SPECTROSCOPIE. — L'espace restreint accordé à cet article ne me permet pas de résumer ici tous les progrès de la spectroscopie, depuis la publication du premier supplément du Dictionnaire de chimie de Wurtz (1881) où figurait la notice « Analyse spectrale » due au regretté Salet, qui, l'année même de sa mort, donnait à la science le premier fascicule de son Traité de spectroscopie, Paris, 1883, ouvrage resté inachevé. Pour compléter les indications forcément très sommaires qui vont être données, j'engage à consulter les ouvrages suivants :

H. Kayser. Handbuch der Spectroscopie, Leipzig, Hirzel, 1900. — 1. Histoire de la spectroscopie ; dispositifs de production des spectres ; prismes ; réseaux ; spectroscopes et spectrographes ; mesures. — 2. Emission et absorption (lois) ; radiations des gaz ; spectres des composés et spectres multiples ; action de la température, de la pression, de la nature de la décharge, sur les spectres : principe de Doppler ; lois de répartition des raies dans les spectres ; vibrations lumineuses dans le champ magnétique (phénomène de Zeemann). — 3, exclusivement consacré aux spectres d'absorption (sauf les com-

posés qui se rattachent à la chimie biologique) : relations entre l'absorption et la constitution des composés organiques ; répertoire alphabétique de tous les corps simples ou composés dont les spectres d'absorption ont été publiés, avec les longueurs d'ondes de leurs raies ou bandes obscures. Dans chacun de ces volumes sont données les références bibliographiques les plus complètes.

H. Kayser. Spectralanalyse. — In Winckelmann's Handbuch der Physik, 2ᵉ édit., 1905. Trewendt. Breslau. Bon résumé, surtout au point de vue des réseaux et des séries.

H. Kayser. Lehrbuch der Spekralanalyse. — 1 vol. in-8, Berlin, J. Springer, 1883. Ouvrage contenant des tables de longueurs d'onde λ des raies d'émission de tous les corps et une Table générale de celles-ci classées par longueurs d'onde entre 7951 et 4002.

Ouvrage très complet pour l'époque déjà ancienne de sa publication.

J. Landauer. Spectralanalyse. — In Neues Handwörterbuch der Chemie, de Fehling-Hell, Braunschweig, 1896.

J. Landauer et J. B. Tingle. Spectrum analysis. — London, Chapman, 1898. Edition de langue anglaise du précédent ouvrage, complété et mis au courant. Il donne une bonne exposition élémentaire de l'analyse spectrale et des dispositifs d'application aux recherches chimiques, avec des tables de longueurs d'ondes des principales raies visibles et ultra violettes de tous les corps, et avec de nombreuses indications bibliographiques.

W. Marshall Watts. Introduction to the study of spectrum analysis. — London, Longmans, 1 vol. de 325 pages, 1904. Contient de bonnes indications, sur les mesures, sur le spectre solaire, les réseaux, les séries, le phénomène de Zeemann. Avec 125 pages de tables de longueurs d'onde des principales raies de tous les corps simples dans la partie visible aussi bien que dans l'ultra violet.

C. Baly. Spectroscopy. — London, Longmans, 1 vol. de 568 pages, 1905. Contenant des renseignements détaillés sur la partie plus spécialement physique et instrumentale de la spectroscopie, spécialement sur la fabrication, l'installation et l'emploi des réseaux de Rowland, sur la photographie spectrale et sur la spectroscopie interférentielle.

Eder et Valenta. Beiträge zur Photochemie und Spectralanalyse. — Vienne, 1904. Recueil des travaux des auteurs sur les spectres d'étincelle des éléments, et sur la sensibilisation des plaques photographiques. On y trouvera des détails d'installation très précis sur les diverses formes de spectrographes à prismes ou à réseau concave, sur la mesure des clichés et sur le calcul des longueurs d'ondes.

Détermination précise des longueurs d'onde par les réseaux concaves. — La détermination de la valeur précise des longueurs d'onde des raies brillantes des spectres d'émission des différents corps et des lignes sombres du spectre solaire, a été établie sur des bases nouvelles en 1883, par H. A. Rowland, de Baltimore, qui a construit des réseaux par réflexion, concaves, formés de surfaces sphériques du métal des miroirs, à grand rayon de courbure (6ᵐ,55 environ), striées régulièrement de traits parallèles distants de quelques millièmes de millimètres.

Ces réseaux possédant un foyer principal indépendant des longueurs d'ondes des rayons, donnent des spectres parfaitement nets et au point sur toute leur étendue, et en permettent l'observation et la photographie dans toute l'étendue du spectre visible ou invisible, sans l'emploi d'aucune lentille. Toute absorption par les milieux

---

[1]. L'optimum n'est pas le même selon le diluant employé : avec un sulfure alcalinoterreux, par exemple, il est atteint pour une dilution beaucoup plus considérable (1/10 000ᵉ à 1/25 000ᵉ) qu'avec la chaux (1/100ᵉ).

Sur la comparaison des phénomènes de phosphorescence avec l'ionisation dans les électrolytes, Cf. J. de Kowalski, loc. cit., p. 234.

transparents, et toute question d'achromatisme à résoudre sont donc écartées. Dans un spectre ainsi obtenu, des distances égales entre les raies correspondent exactement à des différences égales entre les longueurs d'ondes de celles-ci : c'est un *spectre normal*. Avec un de ces réseaux portant 20000 traits par pouce anglais, deux points de l'image spectrale correspondant à des longueurs d'ondes différant d'une unité d'Angström ($U.A = 1$ dix millionième de millimètre $= 0\mu\mu,1$) se trouvent dans le spectre du premier ordre à une distance de plus d'un demi-millimètre l'un de l'autre, et dans le spectre du quatrième ordre à une distance de 2 millimètres. Le dispositif d'installation du réseau concave, suivant la méthode de Rowland qui réunit les avantages du maximum de définition et de la formation d'un spectre normal, est donné ici en diagramme. G

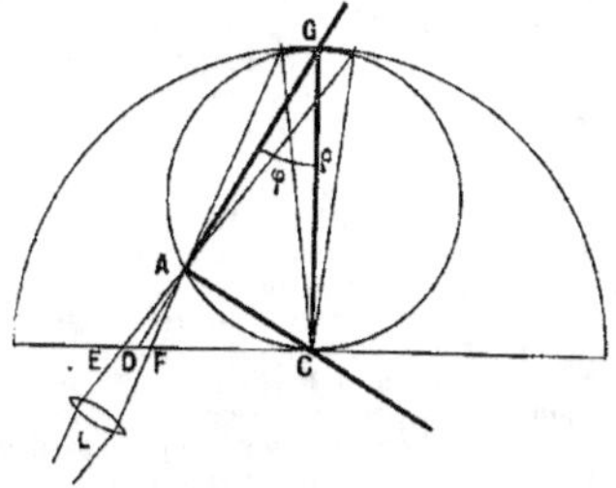

Figure 1.

étant le réseau dont le rayon de courbure est ρ, la fente A et la plaque photographique placée en C devront être situées en deux points de la circonférence de diamètre égal à ρ, où φ est l'angle de diffraction AGC. Rowland établit solidement deux systèmes de rails à angle droit dans les directions AG et AC. La fente est définitivement fixée en A. Le réseau G, et la chambre photographique (ou l'oculaire) sont fixés aux deux extrémités d'un tube rigide GC dont la longueur est égale au rayon de courbure du réseau, et peuvent se mouvoir : le réseau sur le rail AG, la chambre sur le rail AC et dans le prolongement de ces lignes sur la figure. La fente, le réseau et la chambre rempliront donc toujours la condition d'être sur une circonférence ayant pour diamètre le rayon de courbure du réseau, et l'image de la fente sera toujours au foyer sur la plaque ou dans l'oculaire.

Dans ces conditions on aura, e étant la distance entre les différents traits du réseau :

$$e \sin \varphi = n\lambda.$$
$$AC = \rho \sin \varphi$$
$$AC = \frac{n\rho}{e}\lambda$$

le rail AC pourra donc être divisé en une échelle de longueurs d'ondes, par des divisions égales, et la longueur d'onde qui occupe le centre du champ en C peut être lue directement sur l'échelle. On trouvera les détails d'installation dans le mémoire original de Rowland [*Amer. Journ. of Science*, (3), **26**, 1883 et *Phil. Mag.*, London, **16**, 197, 1883] et dans celui de J. S. Ames : « On concave grating in Theory and Practice ». [*Phil. Mag.*, **27**, 369, 1889]. De nombreuses séries de déterminations de longueurs d'ondes ont été effectuées depuis avec ces réseaux, et l'on aura avantage à se reporter aux mémoires originaux des auteurs qui en ont modifié ou perfectionné l'installation pratique : Kayser et Runge [*Abhandl. d. Preussen Akad.*, Berlin, 1888- (spectre d'arc du fer) ; — Eder et Valenta [*Denkschr. Wiener Akad.*, **63**, 1896]. Spectres d'étincelles Cu, Ag, Au ; — H. Haga [*Wied. Ann.*, **57**, 389, 1896]. — Wadsworth [*Astrophys. Journ.*, **2**, 1895 ; **3**, 1896] ; — C. Runge et Paschen [*Wied. Ann.*, **61**, 641]. Installation d'un réseau de 1 mètre de foyer. Spectres de séries de O, S, Se ; — Adeney et Carson [*Proc. Roy. Soc.*; Dublin, (1). **8**, 711, 1898] ; — de Watteville [*Thèse de Doctorat*, Paris, 1904].

La question est traitée en détail dans le « Handbuch » de Kayser, dont un chapitre, rédigé par C. Runge, expose, en outre, avec tous ses développements, la théorie des réseaux concaves ; des notions générales en avaient été données par Mascart [*Journ. de Phys.*, (2), **2**, 5, 1883].

On trouvera les tables des longueurs d'onde des raies obscures du spectre solaire ainsi mesurées par Rowland, publiées par fascicules dans divers recueils [*Astronomy et Astrophysics*, **12**, 1893 ; *Astrophys. Journ.*, **1**, **2**, 1895 ; **3**, **4**, 1896 ; **5**, **6**, 1897 ; *Phil. Mag.*, (5), **36**, 1893].

Il a édité un grand Atlas photographique du spectre normal du soleil en 10 planches [John's Hopkins University Press, 1888-1889].

Les spectres normaux de tous les corps simples obtenus avec un réseau de Rowland sont donnés en photogravures d'une grande perfection et sans agrandissement, depuis λ 660 $\mu\mu$ dans le rouge jusqu'à λ 240 $\mu\mu$ dans l'ultra-violet, dans l' « Atlas des spectres d'émission des Eléments » de MM. Hagenbach et Konen (1 vol. in-4° de 76 p. et de 18 planches contenant chacune dix spectres, Paris, Masson, 1905) ; les mesures en sont basées sur les normales de Rowland. Pour les recherches de chimie analytique, spécialement dans l'ultra-violet, l'emploi du réseau présente le double inconvénient d'une grande perte de lumière, ce qui circonscrit son emploi à des sources lumineuses très puissantes, et d'une dispersion qui ne s'accroît pas rapidement comme celle des prismes, où elle grandit à peu près proportionnellement à l'inverse du carré de la longueur d'onde.

SPECTRE SOLAIRE NORMAL DE ROWLAND
longueurs d'onde en U. A. (dix-millionièmes de millimètre).

Principales raies de Fraunhofer.

Raies visibles. —		Élément correspondant.	Raies Ultra-violettes. —		Élément correspondant. —
A	7594.06	atmos.			
B	6867.46	atmos.	L	3820.57	Fe,
C	6563.05	Hα	M {	3727.76	Fe
D₁	5896.15	Na		3727.09	Fe
D₂	5890.18	Na	N	3581.35	Fe
E₁ {	5270.56	Fe	O	3441.14	Fe
	5270.44	Ca	P	3361.33	Ti
E₂	5269.72	Fe	Q	3286.90	Fe
b₁	5183.79	Mg	R	3179.45	Ca
b₂	5172.86	Mg	r	3144.62	Fe
b³ {	5169.22	Fe	S₁ {	3100.78	Fe
	5169.07	Fe	S₂ {	3100.41	Fe,Mn
b₄ {	5167.68	Fe		3100.06	Fe
	5167.50	Mg	s	3047.72	Fe
F	4861.53	Hβ	T {	3021.19	Fe
G' ou f	4340.63	Hγ		3020,76	Fe
G {	4308.08	Fe	t	2994 54	Fe
	4307.91	Ca	U	2947.99	Fe
h	4101.85	Hδ,	Absorption atmosphérique depuis 2920 environ.		
H	3968.62	Ca			
K	3933.81	Ca			

SPECTROSCOPE A ÉCHELONS — Cet appareil, dû à Michelson [*Astrophys. Journ.*, **8**, 1898 ; *Journ. Phys.*, (3), **8**, 1899], est formé de 30 à 40 plaques de verre d'égale épaisseur (de 7 à 30 mm. suivant le cas) placées au contact, avec un léger retrait, c'est-à-dire en escalier, et qu'on observe par transmission, avec une lunette, après y avoir projeté une étroite région d'un spectre produit avec un spectroscope ordinaire. L'appareil fonctionne comme un réseau dont toute la lumière serait concentrée dans un seul spectre, et qui posséderait un très grand pouvoir de résolution. On peut dédoubler ainsi des raies dont la distance est 1/900 de l'écartement du doublet jaune D.

SPECTROSCOPIE INTERFÉRENTIELLE. — Une méthode d'analyse du spectre plus précise encore que celle des réseaux et mieux à l'abri des erreurs systématiques, est basée sur l'observation de *l'interférence* de rayons ayant une grande différence de marche. Elle est due à Michelson [*Mémoires du bureau international des poids et mesures*, t. XI, et *Journ. Phys.*, (3), **3**, 1894]; elle a été perfectionnée et étendue depuis par MM. Pérot et Fabry [*C. R.*, **126**, 1898: *Ann. Chim. Phys.*, (7), **12**, 1897; **16**, 1899] qui ont établi de nouveaux points de repère dans le spectre [*C. R.*, **130**, 1900].

On a reconnu ainsi la structure complexe de certaines raies qui, même dans des appareils très dispersifs, paraissent simples; elles sont, en réalité, constituées par une série de raies distinctes très voisines, ou d'une raie principale accompagnée de plusieurs autres, appelées satellites. Lummer et Gehrke [*Drude's Ann. Phys.*, **10**, 1903 et *Journ. Phys.*, (4), **2**, 1903] ont ainsi reconnu que la raie verte λ 5461 du mercure était formée de 21 composantes, et que la raie λ 4916, voisine, avait au moins 4 satellites.

Il résulte des mesures comparatives de MM. Fabry et Pérot que le réseau de Rowland peut donner par interpolation les longueurs d'onde avec une précision atteignant le millionième. Mais cette précision n'est possible qu'avec des repères, et seules les méthodes interférentielles peuvent donner au millionième les rapports de λ de ces repères. MM. Buisson et Fabry viennent de publier [*C. R.*, **144**, 1907; *Journ. Phys.*, (3), **7**, 1898] une table des λ de ces repères rapportés à la valeur de la raie rouge du cadmium (6438, 4696) déterminée par MM. Benoit, Fabry et Pérot. Voici cette table formée des raies du fer dans l'arc, avec quelques raies du nickel, du manganèse et du silicium.

6494,994	5405,780	4531,155	3445,155
6430,859	5371.498	4494.572	3399,337
6393,612	5324,196	4466.554	3370,789
6335,343	5302,316	4427.314	3323,739
6318,029	5266.568	4375,935	3271,003
6265.147	5232,958	4352,741	3225,790
6230.732	5102.362	4315.089	3175,447
6191.569	5167,492	4282,407	3125,661
6137.700	5127,364	4233,615	3075,725
6065.493	5110,415	4191,441	3030,152
6027,059	5083,343	4147,677	2987.293
6003.039	5049.827	4134,685	2941,347
5952.739	5012,072	4118,552	2915,157
5934.683	5001,880	4076,641	2874.176
Ni 5892.882	4966,104	4021,872	2851,800
Ni 5857,760	4919.006	3977,745	2813,290
Ni 5805,211	4903.324	3935.818	2778,225
5763.013	4878.226	3906.481	2739,550
Ni 5760,843	4859,756	3865.526	2714,419
5709.396	Mn 4823,521	3843.261	2679,065
5658,835	4789.657	3805,346	2628,296
5615,658	Mn 4754,046	3753.615	2588,016
5586,770	4736,785	3724,379	2562,541
5566,632	4707.287	3677,628	Si 2528,516
5535.418	4678,855	3640,391	Si 2506,904
5506.788	4647,437	3606,681	Si 2435,159
5497,521	4602.944	3556,879	2413,310
5455.616	4592.658	3513,820	2373,737
5434,530	4547,854	3485,344	

RECUEILS DE TABLES DE LONGUEURS D'ONDE. — *Watts* (W. Marshall). *Index of spectra.* Revised edition, Manchester, Heywood, 1 vol. in-8°, 1889. Donnant les longueurs d'ondes, les intensités, les fréquences d'oscillations de toutes les raies de tous les corps, d'après les différents auteurs, avec les références aux travaux de ceux-ci. Ouvrage publié sous les auspices de la « British Association », et tenu au courant par la publication des suppléments suivants, comprenant les spectres de flamme, d'arc et d'étincelle.

Watts (W. M). *Index of spectra.* — Appendix B (1891), C (1892), D (1893), E (1894), F (1895), G (1896), H (1897), I (1898). Le tout réuni en 1 volume avec une table du 1er volume et de tous les appendices. Manchester, Heywood.

Watts (W. M). *Index of spectra. Appendix* J (1899), K (1900), L (1901), M (1902), N (1903), O (1904), P (1905), Q (1906). Le tout réuni en 1 volume avec une table des deux volumes précédents, même éditeur. — Watts (W. M.). Index of spectra Appendix R (1907), paru séparément.

F. Exner et E. Haschek. Wellenlangentabellen für spektralanalytische Untersuchungen; ultravioletten Funkenspektren der Elemente. Leipzig und Wien. Deuticke, 1902. 1re Partie. Raies principales des Éléments dans l'étincelle. *a*) par ordre alphabétique de l'élément. *b*) par longueurs d'onde. 2e Partie. Spectres complets d'étincelle condensée de tous les éléments.

F. Exner et E. Haschek. Wellenlangentabellen der ultravioletten Bogenspektren der Elemente. Leipzig und Wien. Deuticke, 1904, en deux parties disposées comme le recueil précédent, mais consacrées aux spectres d'arc seulement.

Ces deux ouvrages comprennent toutes les raies photographiables entre λ 4700 et λ 2100 U. A.

James H. Pollok. — *Index of the principal lines of the spark spectra of the elements.* London. Williams et Norgate, 1907 (et Proceed. Roy. Soc. of Dublin, t. XI, n° 16).

On trouvera encore les principales raies de tous les corps dans les volumes déjà cités de Landauer : Spectrum analysis ; de Watts : Introduction to spectrum analysis ; de Kayser : Lehrbuch, ce dernier malheureusement ancien (1883).

Des tables analogues dressées spécialement pour les recherches chimiques dans les parties visible et ultra-violette des spectres de tous les éléments ont paru dans le *Memento du Chimiste.* [Dunod et Pinat, Paris, 1907].

Les grands recueils de constantes physiques suivants donnent aussi les λ des raies de certains éléments choisis, et pouvant fournir des repères dans le spectre.

Annuaire du bureau des longitudes (années de millésime pair).

Recueil de données numériques de la société française de physique. Optique, par H. Dufet. 1re Partie, 1 vol. Paris, Gauthier-Villars, 1898.

Landolt, Börnslein, Meyerhoffer, Physikalische chemische Tabellen. Berlin, J. Springer, 1905.

Recueils spéciaux de bibliographie. — A. Tuckermann. Index to the litterature of the spectroscope, t. 1, origines à 1887, t. 2, 1887 à 1900. Washington. Smithsonian institution, 1888 et 1902.

LOIS DE RÉPARTITION DES RAIES DANS LES SPECTRES. — Nous donnons ici quelques notions générales sur cette question dont on pourra aborder l'étude détaillée dans les ouvrages suivants :

J. R. Rydberg. La distribution des raies spectrales [*Rapports du Congrès international de physique* de 1900, Paris, **2**, 200-224].

J. R. Rydberg. Recherches sur la constitution des spectres d'émission des éléments [*Acad. des sciences de Stockholm*, **23**, 1890. Mémoire en français, tiré à part].

H. Kayser [*Hand. d. Spectroscopie*, **2**, 8; *Gesetzmässigkeiten in den Spectren*, 468-609, Leipzig, 1902]. C'est l'article d'ensemble le plus complet sur la question.

H. Kayser [*Spectralanalyse, in Winckelmann's Handbuch der Physik*., 2e éd., Breslau, 1905].

C. Baly, *Spectroscopy*, 15, 471-529. London, 1905].

Dans cet ordre de recherches, au lieu de considérer la longueur d'onde, on fait de préférence usage de sa réciproque $n = 1/\lambda$, appelée « fréquence d'oscillations », ou « nombre d'ondes », ou « nombre de vibrations ». — Parmi les premières recherches sur la question nous citerons celles de M. Lecoq de Boisbaudran « sur la constitution des spectres lumineux » [*Ann. de la Soc. d. Sciences naturelles de la Charente-Inférieure*. La Rochelle, 1870 et *C. R.*, **69**, 1869]. — En 1885, M. Balmer [*Wied. Ann.*, **26**, 80] fit connaître la formule qui exprime, dans les limites des erreurs d'observation, les longueurs d'ondes des raies du spectre de l'hydrogène.

$$[1] \qquad \lambda = A \cdot \frac{m^2}{m^2 - 4}$$

A étant une constante dont la valeur la plus récemment déterminée est 3646.1, et m étant un des nombres entiers consécutifs de 3 à 32. Les derniers termes, ultra-violets, représentent les raies découvertes postérieurement dans les protubérances solaires, dans le spectre éclair des éclipses, et dans les étoiles blanches, par Huggins, Deslandres, Hale, et Evershed. — Voy. Deslandres [*C. R.*, **115**, 222, 1892] et Evershed [*Phil. Trans. London*. **197**, 381, 1901]. La formule (1) exprimée en nombre d'ondes devient

$$[2] \qquad \frac{1}{\lambda} = n = 109\,675 \left(\frac{1}{2^2} - \frac{1}{m^2} \right)$$

ou sous une forme plus générale, comme l'ont fait MM. Kayser et Runge,

$$[3] \qquad n = a + b\,m^{-2}$$

Ces savants ont pu appliquer cette formule, en y ajoutant un terme en m^{-4}, à un grand nombre de corps simples dont les spectres renferment des séries analogues à celles de l'hydrogène :

$$[4] \qquad n = a + b\,m^{-2} + c\,m^{-4}$$

M. Rydberg emploie une expression un peu différente

$$[5] \qquad n = n_0 - \frac{N_0}{(m + \mu)^2}$$

où $N_0 = 10\,9675$ (la constante de la formule [2] de Balmer) et où m est un des nombres entiers consécutifs; n_0 est la limite vers laquelle tend n quand m devient infini, μ est un nombre plus petit que l'unité; n_0 et μ sont propres à chaque série spéciale, et sont des fonctions périodiques de la masse atomique de l'élément.

Ces constantes, ainsi que toutes celles des équations des séries spectrales, varient donc comme les séries périodiques du tableau des corps simples de Mendeléieff.

Si l'on développe le second membre de [5] en série on retrouve la formule [4].

Chacune des séries de raies forme un groupe présentant des caractères communs, et des modifications simultanées telles que le renversement, le déplacement sous l'influence de la pression [Humphreys et Mohler, *Astrophys. Journ.*, **3**, 1896; **4**, 1896, **6**, 1897], ou du champ magnétique [phénomène de Zeeman, *Phil. Mag.*, London, (5), **43** et **44**, 1897; **15**, 1898, et Cornu, *Journ. de Phys.*, (3), **6**, 1897], et d'autres actions physiques extérieures dont nous parlerons plus loin.

Les spectres de lignes où l'on a reconnu une périodicité et des relations numériques entre les raies peuvent être répartis en deux types.

Spectres du type I. — Leurs raies forment des doublets ou des triplets ordonnables en séries, convergeant vers une limite finie, et dont l'écartement, ainsi que l'intensité, décroît régulièrement quand le numéro d'ordre des termes augmente. Il y a trois espèces de séries.

1° Le groupe « principal », composé de deux ou trois séries qui convergent vers une limite commune, et où la raie la plus réfrangible de chaque doublet ou triplet est la plus forte.

2° Le groupe « étroit », ou « première série secondaire », consistant en deux ou trois séries simples dont les termes correspondants forment des doublets ou des triplets présentant des différences constantes entre les fréquences des raies.

Ces séries ont des limites séparées dont les différences ont mêmes valeurs numériques que celles des termes spéciaux. La série la moins réfrangible est la plus forte, et la plus réfrangible la plus faible.

3° Le groupe « nébuleux », ou « deuxième série secondaire », formé, comme le groupe étroit, de séries doubles ou triples mais où les deux premiers termes des triplets, et le premier terme des doublets sont eux-mêmes des raies composées. Les séries étroites et les séries nébuleuses du même ordre convergent vers la même limite.

Les éléments dont les spectres appartiennent au type I sont l'hydrogène, les métaux alcalins, l'argent, le cuivre (en partie), le magnésium, le calcium, le strontium, le manganèse, l'hélium (comprenant six séries, deux de chaque groupe, d'où l'on avait imaginé deux éléments composants : l'hélium et le parhélium ou astérium qu'aucune différence de propriétés n'a permis d'isoler). Enfin l'oxygène, le soufre et le sélénium se rattachent au même type. La découverte des séries dans les spectres des corps ci-dessus mentionnés n'implique pas la connaissance complète de ceux-ci; le calcium, par exemple offre les deux séries secondaires, mais les plus fortes raies 4226, [H] 3969, [K], 3934, 3179, 3159, n'ont encore pu être mises en série.

Spectres du type II. — On ne peut y reconnaître ni doublets ni séries proprement dites comme dans le type I mais les raies peuvent être ordonnées en lignes et en colonnes parallèles à différences constantes de nombres d'ondes. MM. Kayser et Runge ont découvert cette classe de spectres dans l'étain, le plomb, le bismuth, l'arsenic, l'antimoine, et les métaux du groupe du platine. M. Rydberg a rattaché à ce type le cuivre dont le spectre, mal éclairci encore, participe aux deux types, et l'argon qui offre les séries les plus caractéristiques du type II. — Il est probable que tous les corps simples peuvent donner des spectres du type II à côté de ceux du type I.

Spectres de bandes. — La régularité de leur disposition apparaît au premier aspect mais la loi qui la régit a été découverte par H. Deslandres [*C. R.*, **100**, **101**, **103**, **104**, **106**, 1885 à 1888 et *Ann. Chim. et Phys.*, (6), **15**, 5-86, 1888] et confirmée par les travaux de Kayser et Runge [*Abhandl. d. Berl. Akad.*, 1889, II, (spectre du C), de Ames [*Phil. Mag.*, (4), 30, 48, 1890] et de Thiele [*Astrophys. Journ.*, 6, 65, Chicago, 1897, et 8, 1898].

Les lignes et les bandes qu'elles constituent forment des séries de lignes similaires. Ces séries sont associées entre elles de telle sorte que dans chaque série l'écartement entre deux lignes consécutives est le terme d'une progression arithmétique. Le bord d'une bande ayant le numéro d'ordre 0 et les lignes suivantes les numéros consécutifs 1, 2, 3..., le nombre d'ondes de la $n^{\text{ième}}$ ligne sera donné par la formule

$$N = \frac{1}{\lambda_n} = a + b\,m^2$$

où a est le nombre d'ondes du bord de la bande, et b la différence entre le nombre d'ondes de la première ligne et le bord.

D'autre part les arêtes des différentes bandes, ainsi que les raies issues d'une même arête, sont liées ensemble par la même relation simple que ci-dessus.

M. Deslandres a poursuivi ses études sur les spectres de bandes, et on en trouvera les résultats dans les *Comptes Rendus*, **110**, 1890; **112**, 1891; **134**, 1902; **137**, 1903; **138** et **139**, 1904; **140**, 1905].

Spectres de flamme. — *Flamme du gaz.* — Se proposant de photographier avec des poses de plusieurs heures les spectres de solutions salines régulièrement évaporées dans la flamme, MM. Eder et Valenta [*Denkschr. d. Wiener Akad.*, 60, 463 et *Beiträge*, 88, Wien, 1904] faisaient tourner au moyen d'un mouvement d'horlogerie une roue formée de deux disques de nickel serrant à leur pourtour une bordure de 2 à 3 cm. de toile de platine. La roue étant inclinée à 55° plongeait cette bordure par sa partie inférieure, dans la solution à étudier et par sa partie supérieure dans la flamme d'un brûleur de Bunsen, où le sel dissous se trouvait introduit par une rotation régulière et continue. On a photographié ainsi jusque dans l'ultra-violet extrême les spectres de flamme des sels de K, Na, Li, Ca, Sr, et celui de l'acide borique.

M. de Watteville [Spectres de flamme, *Thèse de Doctorat*, Paris, 1904; *Phil. Trans. Roy. Soc. London*, 1904; — *C. R.*, **135**, 1902; **138**, 1984; **152**, 1906] a photographié dans l'ultra-violet les spectres qui correspondent aux différentes régions de la flamme : cône bleu intérieur ou noyau, flamme proprement dite enveloppant celui-ci et région intermédiaire. Ayant réussi à en obtenir des spectres séparés, il a reconnu que la flamme et le cône présentent au point de vue spectral des caractères nettement tranchés. En modifiant un peu le dispositif déjà employé par M. Gouy [*Ann. de Chim. et Phys.*, (5), 18, 1879] il pulvérise dans les flammes d'une rampe à gaz de trente becs, les solutions salines à étudier, entraînées par un courant d'air comprimé. Les intensités des petites flammes s'ajoutent, grâce à la transparence qu'elles ont les unes pour les autres, et l'observation a lieu dans le sens de la longueur de la rampe. On a obtenu ainsi, avec un réseau concave ou avec des prismes, des spectres d'une extrême finesse des métaux alcalins, alcalino-terreux, et de Cu, Ag, Zn, Cd, Hg, Sn, Pb, Bi, Cr. Fe. Les conclusions générales de M. de Watteville se résument ainsi : les spectres de flamme sont considérablement plus riches en raies qu'on ne l'avait observé jusqu'ici, et s'étendent fort loin dans l'ultra-violet (Sn. λ, 2199).

Les divisions de la flamme en régions montrent des séries différentes de raies spectrales (voyez ci-dessus). Si par exemple on projette au moyen d'une lentille une image de la flamme dont la hauteur totale soit inférieure à celle de la fente du spectroscope, on observe que les spectres des métaux alcalins sont divisés longitudinalement en trois bandes parallèles, différenciées au point de vue de leur teneur en raies, lesquelles correspondent à des séries différentes suivant la température relative de la région de la flamme. Celles qui sont également fortes dans toutes les parties de la flamme appartiennent à la série principale de l'élément considéré, et celles qui sont surtout spéciales au bas de la flamme (région du spectre de Swan) se rangent parmi les séries secondaires.

L'existence des formules que nous avons déjà données et qui relient ces raies en groupes, permet de supposer en effet que l'atome est dans des états différents suivant les différentes régions de la flamme.

Si nous comparons les spectres de flamme à ceux de l'arc et à ceux de l'étincelle, nous reconnaîtrons dans la flamme les plus fortes raies de l'arc, et nous serons amenés à rapprocher le spectre d'une étincelle, rendue oscillante par l'effet d'une self-induction, du spectre du cône bleu, partie la plus chaude de la flamme.

Pour Fe, Ni, Co, notamment, les raies sont communes aux deux spectres et les raies de la flamme se trouvent sur le prolongement de celles de l'étincelle oscillante photographiées sur la même plaque. De simples variations thermiques paraissent suffisantes pour produire les différences spectrales constatées par M. de Watteville.

MM. Hemsalech et de Watteville [*C. R.*, **144**, 1907] ont établi une méthode très simple pour obtenir des spectres de flammes des métaux précieux ou rares, en employant seulement une faible quantité de matière : ils suppriment toute pulvérisation de solution et se bornent à faire passer le courant d'air allant au brûleur, entre deux électrodes du métal à étudier, et entre lesquelles éclatent des étincelles d'une forte capacité. Ils ont aussi fait usage du courant d'air passant, avant de se rendre au brûleur, sur l'arc électrique dont l'un des charbons, à mèche, contenait le sel à introduire dans la flamme [*C. R.*, **145**, 1907]. Ces deux dispositifs donnent des spectres de flamme identiques à ceux que fournit le pulvérisateur de Gouy.

Spectres du chalumeau oxyhydrique. — M. Hartley [Flame spectra at high temperatures, *Phil. Trans. Roy. Soc. London*, II, **185**, 894] a étudié les spectres des corps solides volatilisés dans la flamme très chaude du chalumeau oxyhydrique, qui fond si aisément le platine. Il introduisait dans la flamme la substance en fusion sur un support formé d'une lame de clivage de disthène ($Al^2 O^3$, $Si O^2$), minéral absolument infusible, qui fournissait seulement la raie rouge du lithium et les raies D du sodium, auxquelles venaient s'ajouter les bandes de la vapeur d'eau due au chalumeau lui-même.

Il obtenait ainsi un certain nombre de raies du spectre d'arc ou d'étincelle des corps étudiés, raies retrouvées depuis par M. de Watteville dans la flamme ou le cône du bec Bunsen. Plusieurs corps simples : Mg, Zn, Cd, Al, In, Tl, Sb, As, Bi, Pb, Cu, Ag, Au, donnent, en outre, de très beaux spectres de bandes cannelées que MM. Hartley et Ramage [*Trans. Roy. Soc. Dublin*, (2), 7, 1901] attribuent à la molécule même du métal et non à l'oxyde, parce qu'on les obtient également bien avec des métaux non oxydables dans les conditions de l'expérience, ou oxydables en composés non volatils. Ces mêmes spectres de bandes ont d'ailleurs été obtenus par M. Basquin [*Proc. Amer. Acad. Boston*, 37, 1901] avec l'arc dans une atmosphère d'hydrogène.

Dans tous les spectres de flamme figurent les bandes de la vapeur d'eau, qui occupent une partie du champ dans l'ultra-violet ; elles sont dégradées vers le rouge et ont leurs arètes du côte le plus réfrangible. principalement aux longueurs d'ondes suivantes : α 3064, β 2811, γ 2608. Elles ont été étudiées spécialement par Lieveing et Dewar [*Phil. Trans*,. **179**, 2, 1888], par Eder [*Beiträge*, 24, Vienne, 1904 et *Denkschr. d. Wiener Akad.*. **57**. 1890], et par Deslandres [*Ann. de Chim. et Phys.*, (6), **14**, 1888].

SPECTRE DU CONVERTISSEUR BESSEMER. — M. Hartley a fait une étude complète par les procédés photographiques des spectres fournis dans les différentes phases de la flamme qui s'échappe du convertisseur Bessemer à revêtement siliceux [*Phil. Trans.*, **185**, 1041, 1091, 1894].

Il a reconnu que les lignes des alcalis apparaissent les premières dans le « soufflage », puis vient un spectre d'apparence continue dans la partie visible du spectre, et qu'une dispersion suffisante fait reconnaitre comme dû à la superposition incontestable des bandes d'oxydes stables du manganèse ou de ce métal lui-même, dégradées vers le rouge, et des bandes du carbone dégradées vers le violet.

Dans l'ultra-violet, au contraire, les bandes ont disparu et sont remplacées par les principales raies du fer jusqu'à λ 3362, comme les donne le chalumeau oxyhydrique. On n'a reconnu ni les bandes de l'azote, de la chaux ou de la magnésie, ni les raies métalliques de Ca, Mg, Co, Ni, Cu, Cr.

Ce mémoire contient aussi des conclusions thermiques intéressantes sur les différentes phases de cette opération métallurgique.

SPECTRES D'ARC. — Comme on sait, le charbon positif de l'arc électrique se creuse, par l'effet de transport du courant, en une sorte de cratère incandescent : on place celui-ci en bas dans l'appareil, et on met dans le cratère des fragments du corps dont on veut produire le spectre d'arc.

Plus avantageusement encore, le pôle positif est formé d'un tube de charbon, dont la cavité est remplie avec la substance à étudier. Pour le spectre d'un métal peu fusible, les baguettes de charbon sont remplacées par les tiges ou cylindres du métal lui-même : ce dispositif est particulièrement employé avec le fer. Kayser et Runge, pour l'étude du spectre de ce métal, en faisaient tourner les pôles, en sens contraire, horizontalement, au moyen d'un système mécanique. Dans des recherches antérieures Lieveing et Dewar [*Proc. Roy. Soc.*, **228** et **32**, 1879, 1881; *Phil. Trans*., **174**, I, 1883] faisaient éclater l'arc dans une sorte de creuset de chaux avec des formes variées, ou dans un bloc de charbon de cornue formant l'un des pôles, l'autre étant constitué par une tige de même matière séparée par une garniture isolante. Les corps à étudier étaient placés dans le creuset ou le bloc entre les charbons. Ce dispositif était spécialement favorable au renversement des raies, mais il introduisait le spectre des raies dues au charbon. ou à la chaux et aux impuretés qui y sont toujours présentes. Pour s'en affranchir et pour éliminer les bandes du carbone et du cyanogène toujours présentes dans l'arc ordinaire, MM. Crew et Tatnall [*Phil. Mag.*, (5), **38**, 379, 1894; *Astronomy and Astrophysics*, **13**, 741, 1894] ont fait usage d'une électrode formée d'un disque du métal étudié, animé d'un mouvement de rotation rapide, et placé vis-à-vis de l'autre électrode en même métal, maintenue à distance constante au moyen d'une vis à pas très fin.

Si le corps dont on veut produire le spectre est rare, on en fixe seulement des fragments sur le bord du disque tournant. Par ce procédé l'arc est projeté latéralement en éventail d'une manière très favorable à l'observation, et on obtient un spectre très pur. Les plus favorables conditions de production des spectres d'arc comportent un courant alternatif de 100 à 110 volts et de 10 à 15 ampères.

M. Lénard [*Drudes. Ann.*, **11**, 636–650, 1903; *Journ. de Phys.*, (4), **3**, 823, 1903] a obtenu dans ses observations sur les différentes parties de l'arc des résultats analogues à ceux de M. de Watteville pour les flammes. Il a reconnu que l'arc contenant des vapeurs métalliques est formé de flammes emboîtées les unes dans les autres et dont chacune n'émet que l'une des séries spectrales du métal.

SPECTRES D'ÉTINCELLE DES LIQUIDES. — On a renoncé à l'emploi des tubes clos que la chaleur de l'étincelle remplit très vite de vapeur d'eau, et à cause de la pulvérisation des gouttelettes liquides sur les parois du tube. M. Lecoq de Boisbaudran [*Spectres lumineux*, Paris, 1874] faisait simplement éclater l'étincelle de la bobine, sans bouteille de Leyde, à la surface du liquide contenu dans un petit tube court, ouvert, de contenance double de celle d'un dé à coudre et traversé à sa partie inférieure par un fil de platine reliant la solution au pôle négatif de la bobine. L'étincelle éclate entre la surface du liquide et un fil de platine plus gros qui est l'électrode positive.

M. Eug. Demarçay [*Spectres électriques*, Paris, Gauthier-Villars, 1895. 1 vol. de texte avec tables de λ et 1 atlas de 20 photographies de spectres compris entre λ 5200 et λ 3500, des solutions acides de : H Cl, Bi, Ca, Cr, Co, Cu, Fe, Mg, Mn, Mo, Ni, Nb, Pt, Pb, Si, Ta, Ti, Wo, Va, Zr] faisait usage d'une bobine spéciale à gros fil primaire permettant l'emploi d'un fort courant inducteur; il obtenait ainsi une étincelle induite courte et chaude, jaillissant entre un gros fil de platine et une petite mèche de fils de platine plongeant dans le liquide à étudier contenu dans une cuiller de même métal. Cette mèche formée en tordant ensemble trois ou quatre fils de 0,1 à 0.02 mm. dépassait le liquide d'environ 1 mm. seulement.

Les sels employés étaient de préférence les fluorures ou les chlorures, et dans certains cas, les azotates; pour les métaux à oxydes acides tels que Cr, Wo, Mo, Al, les sels alcalins ont donné les meilleurs résultats. Ce procédé donne de très beaux spectres assez voisins de ceux de l'arc, et des réactions qui ont souvent une extrême sensibilité; il présente l'inconvénient d'un grand développement des bandes de l'azote et de la vapeur d'eau dans l'ultra-violet.

Sir William Crookes, afin de ne point perdre de gouttelettes par projection, car il s'agissait d'une solution de nitrate de radium [*Roy. Soc. Proceed. Lond.*, **72**, 295, 1903], a fait usage d'un tube, avec un renflement à la partie inférieure, dont la base porte un fil de platine soudé pour amener le courant dans le liquide. Dans le tube est pratiquée, à la hauteur d'éclatement de l'étincelle, une petite ouverture allongée permettant au faisceau lumineux émis de sortir sans subir l'absorption du verre. L'électrode inférieure est coiffée d'un petit tube en platine qui la dépasse de 3 mm. et s'élève à hauteur de la fenêtre amenant par capillarité la solution pour alimenter l'étincelle dont l'électrode supérieure formée d'un fil de platine traverse le bouchon de verre. Un tube abducteur coudé est soudé latéralement; il amène, à un petit ballon condenseur, les vapeurs et les gouttelettes entraînées par un courant d'air. Celui-ci est déterminé par un aspirateur branché au bout du système. Sir William Crookes employait l'étincelle d'un condensateur d'environ $0^{MF},004$ avec une faible self-induction de $0^{H},00025$ pour éliminer le spectre de l'air. Le spectrographe dont il a fait usage sera décrit plus loin.

Tous ces appareils donnent plus ou moins fortement les raies du platine et parfois du verre. Pour s'en affranchir et obtenir un spectre uniquement fourni par la solution, M. A de Gramont a récemment [*C. R.*, **145**, 1170, 1907] proposé un dispositif, figuré ici, où l'étincelle éclate entre deux gouttes du liquide à étudier, amenées l'une au-dessus de l'autre aux extrémités de deux tubes capillaires $C_1 C_2$ en silice fondue. Le capillaire supérieur C_1 incliné, est alimenté par le réservoir R dont l'écoulement est réglé par la pince P sur un caoutchouc. Le pôle positif est relié au fil de platine fin f_1 f_2 qui traverse le

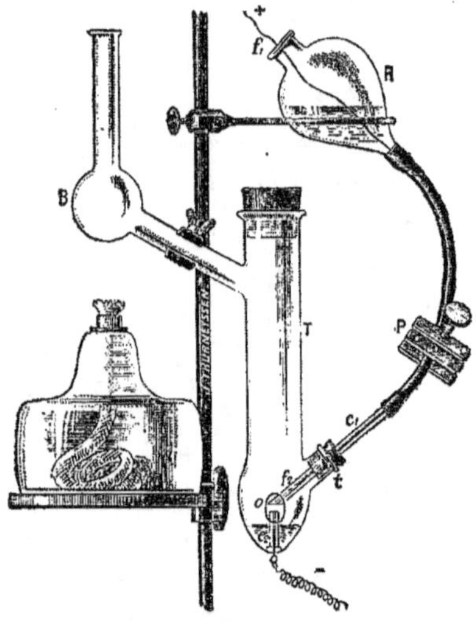

Fig. 2.

réservoir et le capillaire et se termine seulement à 5 mm. de l'extrémité de celui-ci, où l'on évite ainsi la formation d'un chapelet de bulles et de gouttes.

Pour éviter les projections, il est avantageux de monter ce système dans un tube en verre T, à fenêtre O, comme celui de Crookes mais où les vapeurs sont simplement évacuées au moyen d'un appel d'air par échauffement de la cheminée à boule B. Les spectres ainsi obtenus sont très purs, exempts de raies du platine, ou de la silice des tubes. On y reconnaît seulement les principales arêtes des bandes de la vapeur d'eau que nous avons signalées dans les spectres de flamme.

SPECTRES DE L'ÉTINCELLE OSCILLANTE AVEC SELF-INDUCTION. — MM. A. Schuster et G. Hemsalech, au cours de leurs recherches sur la constitution de l'étincelle électrique [*Phil. trans.*, **193**, 189–213, 1899], intercalèrent une bobine de fil dans le circuit de décharge d'un condensateur (bouteille de Leyde) afin d'essayer de séparer les décharges oscillantes. Ils reconnurent ainsi que si la self-induction de la bobine ajoutée est assez forte, le spectre de lignes de l'air disparaît complètement. Il semble que les lignes de l'air soient produites entièrement par la pre-

mière décharge initiale lorsque l'espace où éclate l'étincelle ne contient pas encore de vapeur métallique. Les oscillations suivantes passent au contraire à travers le métal vaporisé qui a eu le temps de se diffuser autour des électrodes. L'insertion de la bobine retarde la décharge initiale et celle-ci n'échauffe sans doute pas assez l'air pour fournir son spectre de lignes. La durée totale de l'étincelle est considérablement augmentée et celle-ci traverse seulement la vapeur métallique qui remplit en quelques millionièmes de seconde l'espace explosif. On peut ainsi éliminer facilement le spectre de l'air.

M. Hemsalech a repris dans un mémoire spécial [*Recherches expérimentales sur les spectres d'étincelle*, Paris, Hermann, 1901] l'étude des effets de self-inductions variées sans noyau ou avec noyau métallique (fer ou cuivre), sur les spectres d'étincelle. Pour avoir des étincelles bien oscillantes et formées uniquement de fragments vaporisés des électrodes, on devra donc intercaler des bobines de self sans noyau métallique quel qu'il soit. M. Hemsalech a ainsi reconnu les faits suivants :

L'étincelle ordinaire est formée de trois parties : la décharge initiale ou trait de feu donnant principalement les raies de l'air, puis quelques oscillations très rapides produisant les raies métalliques dites de haute température, ou « enhanced lines » de N. Lockyer, et enfin l'auréole elle-même qui fournit les raies métalliques, dites de basse température.

L'étincelle oscillante, au contraire, obtenue par l'intercalation d'une self-induction dans le circuit de décharge du condensateur, est composée presque uniquement de l'auréole et ne contient que des raies des métaux. Les raies de haute température ou raies courtes de l'étincelle ordinaire s'affaiblissent jusqu'à disparaître, et les raies de basses températures deviennent plus vives. Avec une faible self-induction, les raies de l'air ont disparu ; quant à celles des métaux, l'action de la self-induction les sépare en trois classes : 1° Lignes diminuant rapidement d'intensité pour disparaître avec l'augmentation de la self, par exemple les raies de l'air, les doublets verts de Cd et Zn, les fortes lignes 4245 et 4387 du plomb ; 2° lignes s'affaiblissant lentement et d'une manière continue par l'accroissement de la self, tel le triplet Mg du vert, qui correspond au groupe b du spectre solaire, et la plupart des composantes des séries de raies de Kayser et Runge ; 3° lignes qui, après avoir diminué et atteint un minimum, augmentent considérablement d'éclat jusqu'à un maximum, pour ensuite diminuer de nouveau, comme les principales raies Fe, Co.

M. Hemsalech a réparti en deux groupes les corps simples étudiés par lui, le premier contenant Fe, Ni, Mn, dont les raies sont presque toutes plus ou moins renforcées par des selfs croissantes ; le second comprenant Cd, Zn, Co, Mg, Al, Sb, Sn, Bi, Pb, Cu, Ag, qui donnent des raies relativement moins nombreuses, moins nettes et presque toutes plus ou moins affaiblies par l'adjonction d'une self-induction. Les selfs employées ont varié jusqu'à 0,04 Henry.

M. Berndt a cherché à comparer l'action de la self-induction à celle d'une résistance équivalente, sur les spectres d'étincelle ; les effets sont tout différents et la résistance n'amène pas, comme la self, un retard à la décharge. Ses mesures faites avec un spectrographe à prisme et lentilles de quartz s'étendent jusqu'à λ 2000 [*Einfluss von Selbst Induction im Ultraviolett. Inaugural Dissertation*, Halle, 1901] et complètent celles de M. Hemsalech limitées à λ 3500 par un système optique en flint. M. Berndt n'a pas fait usage de selfs supérieures à 0,006 Henry.

SPECTRES D'ÉTINCELLE CONDENSÉE. *Spectres de dissociation. Analyse spectrale directe des minéraux. Spectres des sels fondus.* — Une bouteille de Leyde chargée continuellement par une bobine de Ruhmkorff et se déchargeant entre deux morceaux d'un alliage métallique fournit une étincelle qui, comme on le sait, donne dans le spectroscope les raies des métaux composant l'alliage. M. A. de Gramont a montré que les produits métallurgiques et les minéraux à éclat métallique se comportent de la même manière, mais qu'on peut en outre y reconnaître les *spectres des métalloïdes*; il y a donc là une nouvelle méthode d'investigation. « l'analyse spectrale directe des minéraux » [*C. R.*, 118, 119, 1894; 120, 121, 1895; 127, 1898; *Bull. Soc. Chim.*, (3), 13, 1895; *Bull. Soc. franç. de Min.*, 18, 1895: — *Analyse spectrale directe des minéraux*, 1 vol. av. 3 pl. Paris, Baudry, 1895]. Dans des travaux postérieurs, M. A. de Gramont a signalé de très grandes analogies spectrales entre l'étincelle jaillissant sur un sel fondu ou pâteux, et l'étincelle tirée d'un minéral bon conducteur. La méthode peut donc être étendue aux précipités chimiques et aux corps non conducteurs finement pulvérisés et mis en suspension dans les sels fondus ; c'est « l'analyse spectrale des composés non conducteurs par les sels fondus » [1 br., Paris, Baudry, 1898; *Bull. Soc. franç. de Min.*, 21, 1898; *C. R.*, 121, 1895; 122, 1896; 124, 125, 1897; 126, 1898; *Bull. Soc. Chim.*, (3), 17, 1897; 19, 1898]. Dans un cas comme dans l'autre on se trouve en présence de véritables spectres de dissociation dont voici les lois :

1° L'étincelle condensée par une ou plusieurs bouteilles de Leyde, beaucoup plus lumineuse, plus courte et plus large que celle de la bobine seule, dissocie les composés solides ou fondus, en donnant des spectres de lignes où chaque élément est représenté par les raies caractéristiques de son spectre individuel. Les corps conducteurs ou volatilisables offrent donc des spectres contenant non seulement les raies des métaux présents, mais celles des métalloïdes.

2° L'ensemble du spectre produit est la superposition des spectres de lignes des éléments composants, et permet l'identification facile et certaine de chaque corps simple toujours caractérisé par ses lignes spéciales identiques dans les différents composés dissociés.

3° En supprimant la condensation, les spectres des métalloïdes disparaissent, laissant seulement les raies « de basse température », les plus brillantes des métaux. Elles se détachent, dans le cas des composés solides, sur un fond lumineux dû à l'incandescence des fragments. Avec les sels fondus, les lignes persistantes des métaux peuvent être mêlées aux bandes dues à la molécule du sel lui-même ou d'un oxyde incomplètement dissocié.

On employait des bobines donnant de 3 à 10 cm. d'étincelle, avec des condensateurs formés de 2 à 6 jarres, ayant chacune 12 dm² de condensation et une capacité de 0.004 microfarad. Pour l'analyse directe, les fragments d'où jaillit l'étincelle sont saisis entre des pinces à bout de platine, ou même des pinces bruxelles en acier, mobiles le long d'un support à crémaillère et reliées à la source d'électricité.

Pour l'étude des sels fondus, ceux-ci sont placés sur l'extrémité aplatie d'un gros fil de platine chauffé par une flamme, et qui forme la branche inférieure d'une sorte de V couché où le sommet de l'angle est le point de jaillisse-

ment de l'étincelle amenée sur la couche fondue, par un second fil de platine formant l'autre branche du V, et relié, comme le précédent, à un pôle de la batterie de jarres et de la bobine. Les substances peu fusibles et non conductrices, silicates minéraux, laitiers, précipités obtenus au cours d'une analyse, sont étudiées de la même manière après avoir été mélangées dans un mortier d'agate avec les sels fusibles destinés à leur servir de dissolvant igné. Pour cet usage, les carbonates de sodium et surtout de lithium sont préférables aux autres sels à cause de la simplicité de leurs spectres. La facile fusibilité et la supériorité de puissance dissolvante de Li^2CO^3 en motivent l'emploi pour la désagrégation des silicates.

Au cours de cette étude des spectres de dissociation, M. A. de Gramont a reconnu que la faible teneur d'un corps dans un composé donné peut se manifester de deux manières différentes : 1° Par un spectre persistant mais réduit à quelques raies capitales; 2° par un spectre passager ou irrégulier, dans le cas d'hétérogénéité de la substance et d'éléments mécaniquement interposés. Il a pu avec les dispositifs précédemment décrits, obtenir à l'air libre, et sans l'emploi des tubes de Plücker, les spectres de lignes des métalloïdes, soit par l'étincelle directe sur ceux-ci, sans les enflammer, pour S, Se, Te, As, soit sur leurs sels fondus pour Cl, Br, I, Ph, C, Si. Dans des recherches plus récentes [*C. R.*, 134, 1902], M. de Gramont a complété ces méthodes en profitant des travaux de M. Hemsalech, que nous avons exposés; il a fait usage de faibles self-inductions croissantes, faciles à construire soi-même, qui permettent de simplifier les spectres de dissociation en éliminant d'abord les raies de l'air (pour 0,00002 à 0,00007 Henry), puis successivement celles des différents métalloïdes qui disparaissent pour la plupart de ceux-ci avant qu'on ne soit parvenu à des valeurs de self capables de modifier sensiblement les spectres des métaux. L'emploi de la self-induction permet donc une séparation analytique des éléments et une simplification progressive de leurs spectres qui est certainement avantageuse dans les recherches chimiques.

RECHERCHES SPECTRALES QUANTITATIVES. — Tous les observateurs ont reconnu que, dans les spectres des composés, les raies d'un élément disparaissent successivement quand la teneur de celui-ci va en décroissant, l'ordre de disparition restant toujours le même. Sir Norman Lockyer remarqua que les lignes les plus longues du composant le moins abondant restent encore visibles après que les raies les plus courtes ont disparu, le spectre de chaque substance se simplifiant graduellement avec son pourcentage [*Phil. Trans.*, 163, 1873].

Raies persistantes des solutions. — M. W. N. Hartley reconnut ensuite que ce ne sont pas toujours les lignes les plus fortes ni les plus longues qui font d'abord leur apparition, lorsqu'une impureté se manifeste. Il recherchа quelles sont les raies les plus persistantes des éléments dans les spectres d'étincelle des solutions de sels métalliques, spécialement des chlorures, et l'on trouvera dans les mémoires qu'il a publiés à ce sujet [*Phil. Trans.*, 175, 1884] les raies persistantes aux dilutions à 1, à 0,1, à 0,01 et même à 0.001 0/0, de différents corps : Mg, Zn, Cd, Al, In, Tl, Cu, Ag, Hg, Sn, Pb, As, Sb, Bi. Récemment MM. Pollok et Léonard ont repris cette étude des solutions avec des étincelles faiblement condensées avec self-induction, et des électrodes en or [*Roy. Dublin Soc. Proc.*, 11, nᵒˢ 17 et 18, juillet 1907]. M. Hartley employait des électrodes de graphite.

Raies ultimes des spectres de dissociation.
— M. A. de Gramont a entrepris de déterminer
par quelles raies étaient représentés les différents corps simples se trouvant en faibles quantités dans les composés volatilisés par la décharge de fortes capacités, minéraux, alliages
ou sels fondus. Il désigne par le terme de « raies
ultimes » celles qui disparaissent les dernières,
celles qu'il faudra rechercher tout d'abord pour
caractériser les *traces* d'un corps ; les raies
ultimes ne sont pas nécessairement les plus fortes
de son spectre de dissociation, mais bien celles
qui résistent à l'intercalation d'une forte self-
induction (au-dessus de 0,025 Henry) dans le
circuit induit, ou qui continuent à rester fortes,
soit dans l'arc, soit dans la flamme du chalumeau oxyhydrique, soit dans la région la plus
chaude de la flamme du bec Bunsen, c'est-à-dire
la partie qui entoure immédiatement le cône
bleu. Les raies ultimes de l'étincelle condensée
sont donc celles qui persisteraient à une température relativement basse, et l'affaiblissement en
teneur d'un corps dans un composé, [modifie le

spectre de ce corps comme le ferait un abaissement de température de la source lumineuse
[*C. R.*, 145, mai 1907]. Les raies « ultimes »
sont en général les mêmes que les raies « persistantes » de M. Hartley dans les solutions ; il
ne semble cependant pas toujours en être ainsi.
M. A. de Gramont espère publier prochainement
les résultats quantitatifs que lui ont donnés non
seulement la considération des raies ultimes, mais
aussi celle de la *limite d'apparition totale* du
spectre complet de l'élément, au-dessus de laquelle toutes les raies de celui-ci sont présentes,
et au-dessous de laquelle une partie seulement
se manifeste.

La limite d'apparition totale étudiée dans des
séries d'alliages paraît correspondre à des teneurs
très élevées, voisines de 80 0/0 pour certains
corps.

SUR LA PHOTOGRAPHIE SPECTRALE ET LES SPEC-
TROGRAPHES. — La plupart des travaux contem-
porains sur la spectroscopie s'accomplissant au
moyen de la photographie, nous croyons utile
de présenter ici quelques notions sur les spec-

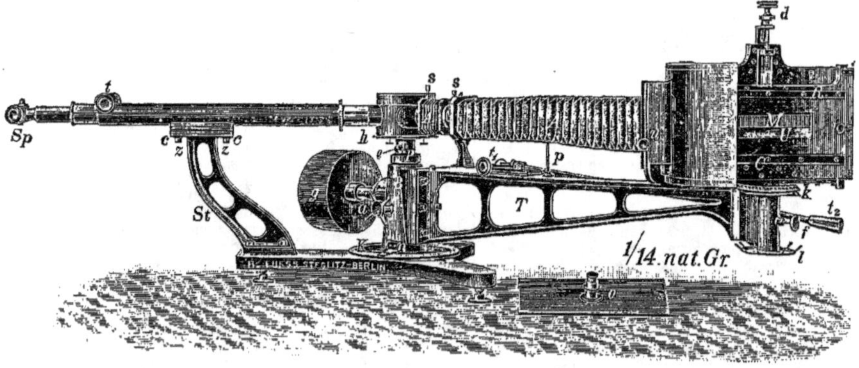

Fig. 3.

trographes à prismes, ayant parlé plus haut des
appareils basés sur l'emploi des réseaux.

Les plaques au gélatinobromure ne sont guère
sensibles aux rayons de plus grandes longueurs
d'onde que λ 5000, c'est-à-dire moins réfrangibles que l'extrémité du vert. Pour obtenir le
rouge, l'orangé, le jaune et la majeure partie
du vert, on est obligé de les soumettre à des
sensibilisateurs spéciaux et à de longues poses.
Les recherches courantes de spectrographie se
font donc à partir de la fin du vert et dans
l'étendue de l'ultra-violet limitée par la translu-
cidité des prismes et des lentilles employées.

Les verres d'optique ordinaire, crown et flint,
absorbent les rayons plus réfrangibles que λ 3500
environ. MM. Schott et Genossen d'Iéna fabriquent
même des verres d'indices variés translucides
jusqu'à λ 3250. Pour laisser passer les radiations
de plus petites longueurs d'onde, on fait usage
de systèmes optiques en spath d'Islande (calcite), ou en cristal de roche (quartz), dont la
double réfraction, très forte dans la calcite, faible
dans le quartz, astreint à des conditions très
précises d'orientation et de taille.

Les prismes en spath d'Islande doivent avoir
leur arête réfringente parallèle à l'axe optique
du cristal, la double réfraction donnant ainsi
deux spectres nettement séparés dont le deuxième

seul, dû au rayon ordinaire, le plus réfrangible
et le plus dispersé, est utilisé. Les prismes en
quartz, au contraire, ont l'axe optique normal
au plan bissecteur de l'angle réfringent ; ce dispositif est préférable à cause de la faible biréfringence du quartz ; afin d'éviter les effets de
la polarisation rotatoire de celui-ci (car les rayons
v cheminent au voisinage de l'axe optique),
M. Cornu a remplacé le prisme de 60° par deux
demi-prismes de 30°, accolés suivant le plan
bissecteur de l'angle réfringent, et provenant
l'un d'un cristal lévogyre, l'autre d'un cristal
dextrogyre. Cette disposition, adoptée depuis,
donne des spectres très purs. Le spath calcite
étant beaucoup plus dispersif que le quartz
donne un spectre notablement plus étalé, mais
qui ne s'étend pas au delà de la raie λ 2195 du
cadmium, ce qui est d'ailleurs plus que suffisant pour l'identification des éléments chimiques.
A partir de cette région l'absorption de l'air
commence à se faire sentir ; la dernière raie
photographiable dans l'air est celle de l'aluminium que M. Cornu a obtenue avec des systèmes
optiques en quartz et fluorine, et qui a pour
λ 1854 [Cornu, *Arch. des Sc. ph. et nat. de
Genève*, (3), 2, n° 7, 1879 ; *Journ. de phys.*, (1),
10, 425, 1881 ; — C. Runge, *Wied. Ann.*, 55,
44, 1895]. Si l'on veut maintenir le verre dépoli

et la plaque perpendiculaires à l'axe optique des lentilles, celles-ci devront être achromatisées par une combinaison quartz et calcite, ou fluorine et quartz [Cornu, *Spect. norm. d. soleil, part. ultra-violette*; — *Ann. Éc. norm. sup.*, (2), **10**, 1880; *Journ. de phys.*, (1), **8**, 185, 1879; — J. W. Gifford, *Roy. Soc. Proc.*, **70**, 329, 1902].

Il est toujours préférable pour augmenter la netteté des raies et le pouvoir de résolution du

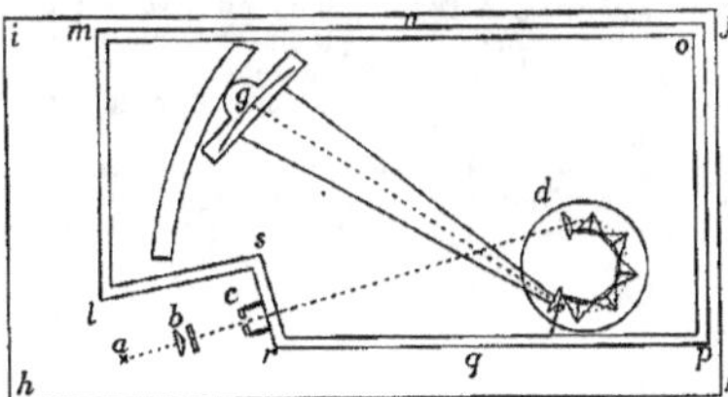

Fig. 4.

système, de faire usage d'objectifs simples, en quartz non achromatiques et taillés perpendiculairement à l'axe; la plaque doit alors être fortement inclinée par rapport à l'axe optique du système, et vers les rayons les plus réfrangibles, dont les foyers sont les plus courts. On peut aussi faire usage, pour le collimateur seulement, d'un objectif achromatisé qu'on met au point à l'infini pour les rayons violets par l'observation directe, et le procédé des lames épaisses à faces parallèles de M. Lippmann [*C. R.*, **129**, 569, 1899]. On achève le réglage de l'appareil, pour l'objectif simple de la chambre, en commençant à la vue avec un verre d'urane fluorescent, et en finissant avec des poses successives de la plaque photographique. Voici la figure (fig. 3) d'un spectrographe à partie optique tout en quartz, à un seul prisme, construit d'après les indications de M. Schumann par M. Leiss, de la maison Fuess de Berlin [*Zeitschr. f. Instrumentenkunde*, **17**, 1897; **18**, 1898].

Sp est la fente du collimateur dont *t* est la crémaillère de mise au point, le prisme en quartz (droit et gauche, de Cornu) est absolument à l'abri de la lumière dans le boisseau *hs* formé de deux enveloppes concentriques dont l'une est solidaire du collimateur en *h* et l'autre du bras porte-chambre T, dont la position est lue par un vernier *n* sur un cercle divisé K, et dont l'équilibre est assuré par le contrepoids *g*. La mise au point de l'objectif *s* compris entre les deux soufflets A₁ et A, est commandée par la crémaillère à tige t_1, t_2. Le porte-châssis RC est mobile autour d'un axe vertical, dans un tambour M étanche à la lumière comme tout l'appareil. Son inclinaison est lue sur le cercle *k*, et la vis *d*, à ressort d'arrêt, permet son déplacement dans le sens vertical pour faire des poses successives sur la même plaque. Le verre dépoli de mise au point, représenté sur la figure

à la place que doit occuper le châssis, est formé de deux parties, l'une M est une glace finement dépolie ordinaire, l'autre V est un verre d'urane.

Voici le plan du grand spectrographe (fig. 4), à 5 prismes de quartz de sir William Crookes [*Roy. Soc. Proc.*, **65**, 1899; **72**, 1903].

a est la source lumineuse à analyser, *b* une double lentille condensatrice cylindrique en quartz, *c* la fente dont les joues sont formées de 2 prismes de quartz taillés de manière à intercepter la lumière par réflexion totale, les lentilles de collimation *d* et de chambre photographique *f* sont en quartz non achromatisées, et ont 70 cm. de foyer (pour la raie D), et 5ᶜᵐ,5 de diamètre, les 5 prismes de quartz sont du modèle Cornu (droits et gauches).

Le spectre obtenu à travers ce système est photographié sur une pellicule *g* inclinée, et courbée suivant la diacaustique de la région considérée. Pour avoir une plus grande netteté, chaque photographie est limitée à une petite étendue du spectre, dont l'ensemble est ainsi divisé en 8 portions, depuis l'ultra-violet extrême jusqu'à la limite de sensibilité des plaques dans la partie visible. Tout l'ensemble est solidement fixé sur une table de fonte *hijk*, et une boîte à côtés mobiles à volonté *lmoprs*, maintient à l'abri de la lumière la partie spectrographique proprement dite. Sir W. Crookes a obtenu, avec cet appareil, des spectres d'une finesse qui n'avait pas encore été atteinte.

Pour les recherches courantes de chimie analytique, dans la partie la moins réfrangible de

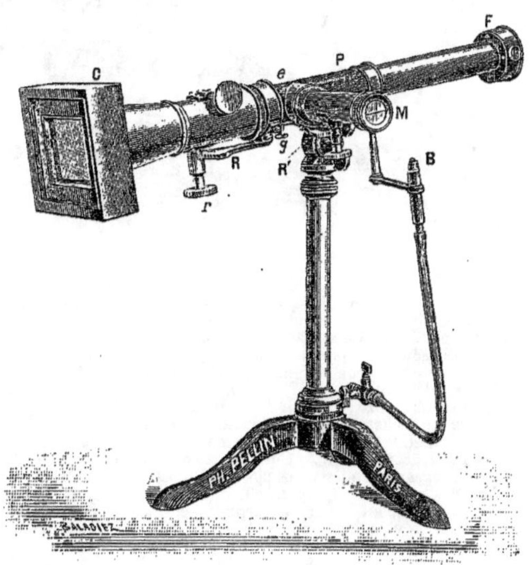

Fig. 5.

l'ultra-violet, on peut adapter à la place de l'oculaire d'un spectroscope ordinaire une petite chambre photographique, qui permet de prendre à la fois l'image du spectre donné par l'objectif achromatique de la lunette, et au-dessus l'image de l'échelle du micromètre; dans ce dispositif, en effet, la plaque est normale à l'axe optique du système.

Photographie du spectre visible. — L'enregistrement photographique du spectre visible, dans toute son étendue, est maintenant réalisable sans difficulté par l'emploi de nouvelles plaques panchromatiques, et plus spécialement des « *Wratten's colour sensitives plates* ». Pour les employer dans les conditions les plus avantageuses, on fait une fraction de la pose sans écran, et l'on termine par une exposition double ou quadruple, avec interposition d'un verre jaune faiblement teinté, placé entre la source lumineuse et la fente F. Pour ce genre de travaux M. A. de Gramont [*C. R.*, **145**, 1907] emploie le spectroscope à vision directe à 2 prismes de Pellin, figuré ici (fig. 5). On a substitué à la lunette d'observation, un cône porte-châssis photographique C, où une monture d'oculaire peut être placée à volonté. En conservant des objectifs achromatiques ordinaires à deux lentilles, l'image d'un spectre aussi dispersé, avec un aussi court foyer ($F_D = 22$ cm.), n'est pas sur une surface plane, et l'on est forcé de recourir à des pellicules sensibles, telles que les « Vitroses Lumière », dont on a déterminé la courbure dans un châssis spécial. En ayant recours à des objectifs à trois lentilles, on peut avoir une image spectrale suffisamment plane et normale à l'axe optique du système; on la photographie sur une plaque de verre, ainsi que l'image de l'échelle micrométrique M, qu'on obtient en brûlant 5 cm. de ruban de magnésium à 50 cm. de l'appareil. On a, ainsi superposés, le spectre visible et le micromètre servant au repérage et à une première identification des raies. — Le format 4 1/2 × 6 de la plaque

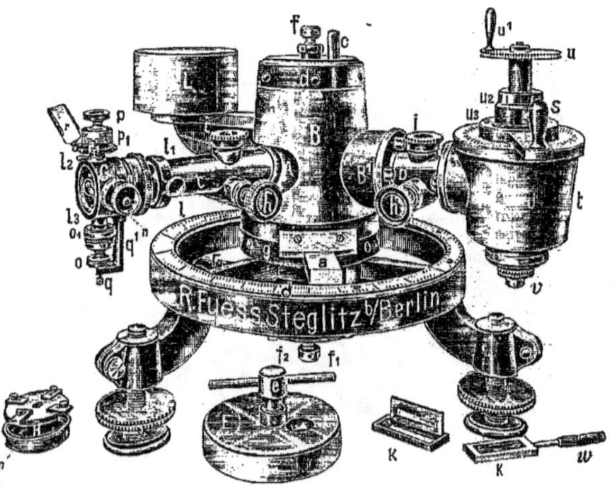

Fig. 6.

exigeant trois déplacements de la chambre, au moyen du pignon r, pour photographier les différentes régions du spectre visible, un arc de cercle divisé non représenté sur la figure doit être monté en e, pour le repérage de la déviation considérée.

SPECTROSCOPIE DANS LE VIDE. — Pour entreprendre la recherche et l'étude des radiations plus réfrangibles que la raie extrême de l'aluminium (λ 1854). M. W. Schumann a construit un spectrographe entièrement clos [*Sitzungsber. Wiener Akad.*, **102**, 1re part., 59, 2e part., 625, 1893], où l'on peut éviter l'absorption par l'air en faisant le vide dans l'appareil. Le prisme et les lentilles sont en fluorine ($CaFl^2$), plus translucide que le quartz pour les rayons de très courte longueur d'onde. Voici la reproduction du modèle construit par Fuess, de Berlin [C. Leiss, *Zeit. f. Instrumentenk.*, **17**, 353, 1897], entièrement en métal, avec joints permettant de garder le vide pendant plusieurs heures (fig. 6).

B est le boisseau contenant le prisme, et portant l'ajutage c, par lequel une trompe à mercure fait le vide dans tout l'appareil. C*l*G est le collimateur faisant corps avec le boisseau, et dont la mise au point est commandée par le pignon h. Deux systèmes de vis à tambour divisé n p q permettent de régler, de l'extérieur, la largeur de la fente, et d'en découvrir des hauteurs successives. Le manchon B, soigneusement alésé, tourne autour du boisseau en portant le système de l'objectif et de la chambre B*l*DJ, dont le déplacement est donné par le vernier a, sur le cercle d. La chambre contenant le porte-châssis est disposée de façon à permettre le changement de la plaque et du châssis, sans rentrée d'air, afin de n'avoir point à refaire le vide pour chaque épreuve. C'est une sorte de robinet placé verticalement J t S, et où une rotation de 180°, au moyen de la manivelle s, fait passer la plaque, de sa position intérieure d'exposition à l'extérieur, pour en effectuer le changement. La vis u à poignée u', permet de déplacer la plaque dans le plan vertical pour y photographier des poses successives.

Les mesures de λ étaient approximativement évaluées, en appliquant à la fluorine les formules de dispersion de Helmholtz-Ketteler. Les métaux étudiés, en donnant leur étincelle à 1 mm. de la plaque de fluorine terminant le collimateur, fournissaient des spectres jusqu'à λ 1700 environ, limite infranchissable par suite de l'absorption de la petite couche d'air interposée.

Pour l'hydrogène, le tube de Plücker disposé « en bout », avait une extrémité mastiquée sur la plaque même de l'extrémité du collimateur, et le vide était fait sur l'hydrogène, à la fois dans le tube et dans l'appareil. Le nouveau spectre de l'hydrogène ainsi obtenu comprend 15 groupes de lignes à peu près également distribués, et dont la plus réfrangible raie est aux environs de λ 1000. Pour photographier dans cette région du spectre, M. Schumann avait dû renoncer à l'emploi de plaques avec de la gélatine et dû recourir à de simples dépôts très minces de sels d'argent [*Sitzungsb. d. Wiener Akad.*, 102, 2ᵉ part., 994, 1893].

M. Théodore Lyman [*Astrophys. Journ.*, 19, 263, 1904: 23, 183, 1906] a repris les recherches de Schumann sur le spectre de l'hydrogène et effectué, au moyen d'un réseau concave placé dans le vide, la mesure précise des longueurs d'ondes des raies de ce gaz. Il s'est ainsi affranchi d'une absorption possible de la fluorine. Les principales raies de l'hydrogène, ainsi obtenues, ont pour λ : 1613.0, 1607.8, 1601.6, 1546.7, 1544.1, 1494.9, 1486.0, 1363.5. La dernière raie observable est λ 1033.0.

MESURE DES CLICHÉS SPECTROGRAPHIQUES. — Pour pouvoir calculer les longueurs d'ondes des raies photographiées avec les divers spectrographes que nous venons de décrire, il faut mesurer, le plus exactement possible, sur chaque cliché, les distances des raies soit entre elles, soit par rapport à des raies connues d'un spectre de comparaison. Les appareils dont on fait usage pour cela sont en général des machines à diviser, dont le chariot, mû par une vis micrométrique de précision, à tambour divisé, transporte les différentes raies de la plaque sous la croisée de fils d'un microscope à faible grossissement. M. H. Kayser a imaginé, et fait construire par Wolz, de Bonn, une machine de ce genre qui, au moyen de certains arrangements mécaniques, imprime sur des bandes de papier les tours et fractions de tours de la tête divisée de la vis micrométrique où la chiffraison est en relief; les intensités des lignes sont aussi inscrites : ces résultats s'obtiennent en pressant sur des touches comme celles d'une machine à écrire, et sans que l'œil quitte l'oculaire pendant la mesure [A. Kayser, *Handbuch*, 1, 644]. On emploie aussi des « comparateurs » où le microscope est mû par la vis micrométrique au-dessus de la plaque qui reste fixe. Voyez Eder et Valenta [*Beiträge*, 1, 9, et *D. Wiener Akad.*, 57, 531, 1890; — Runge et Paschen; *Astrophys. Journ.*, 3, 7, 1896; — G.-E. Hale, *ibid.* 10, 102, 1899]. On aurait ainsi des mesures allant au 0ᵐᵐ,001 si la finesse des raies et le grain des plaques permettaient des pointés assez précis.

Pour les mesures d'identification rapide M. A. de Gramont [*C. R.*, 145, 1907] emploie un dispositif beaucoup plus simple. Le cliché est appliqué sur une platine en verre portant gravée une division en 1/5 de millimètre, et mobile par une crémaillère dans le champ de l'objectif à faible grossissement (20 diam.) d'un microscope dont l'oculaire porte une division donnant le 1/10 de celle de la platine. On a ainsi le 1/50ᵉ et par l'estime le 1/100 de millimètre. Sans retirer l'œil de l'oculaire on dicte les intensités et les lectures d'échelle qu'on transforme aussitôt en longueurs d'ondes, au moyen de courbes. Ce système a été aisément réalisé par la maison A. Nachet, à Paris.

FORMULES POUR LE CALCUL DES LONGUEURS D'ONDES. — Pour transformer en longueurs d'ondes λ les mesures obtenues avec des spectres prismatiques, lectures directes sur une échelle, déviations sur un cercle, ou mesures faites sur un cliché, on se sert, soit de courbes de transformation, soit de formules d'interpolation, dont voici les principales :

Formule de Cauchy. — Stokes [*British. Assoc. Rep.*, 1849; *Math. et Phys. Papers*, Cambridge, 1883], puis Gibbs [*Am. Journ.*, (2), 50, 1870] ont tiré de la formule de Cauchy, qui lie l'indice et la longueur d'onde :

$$\lambda_x^2 = \frac{N_2 - N_1}{(N_x - N_1)\lambda_2^{-2} + (N_2 - N_x)\lambda_1^{-2}}$$

ou N_1 et N_2 sont les mesures prismatiques de deux raies de longueurs d'ondes connues λ_1 et λ_2, la raie cherchée ayant pour valeurs correspondantes N_x mesuré et λ_x l'inconnue.

Formule de Cornu. — [*Spectre normal du soleil*, IIᵉ part., *Ann. Ec. norm. sup.*, (2), 9, 21 et 106, 1880]. C'est une formule dite « homographique », où Cornu considère la courbe qui lie les déviations aux longueurs d'ondes comme un arc d'hyperbole; il calcule ainsi, pour les différentes parties du spectre, les corrections à retrancher aux valeurs trop fortes fournies par une interpolation simplement proportionnelle, ce qui revient à calculer les différences entre la corde et l'arc d'hyperbole pour différentes portions peu étendues de la courbe.

Formule de Hartmann. — [*Astrophys. Journ.*, 8, 218, 1898]. C'est une simplification de la formule de Cornu qui donne des résultats aussi exacts, en embrassant des parties beaucoup plus étendues du spectre

$$\lambda_x = \lambda_1 + \frac{C}{N_x - N_1}$$

λ_1 étant une constante du spectrographe déterminée une fois pour toutes, C une constante dépendant de l'appareil de mesure, de valeur fixe aussi, et N_1 l'origine des mesures. Ces trois constantes sont déterminées avec des raies connues. MM. Eder et Valenta ont donné des exemples pratiques d'application de cette formule pour des spectrographes de quartz [*D. Wiener Akad.*, 68, 1899 et *Beiträge*, Vienne, 381, 1904].

Formule de Crookes-Stokes. — Sir William Crookes, dans son mémoire déjà cité sur le spectre du radium [*Roy. Soc. Proc.*, 72, 1903], a corrigé, selon d'anciennes indications de sir G. Stokes, la première formule que ce dernier avait tirée de celle de Cauchy, et cela par l'emploi d'une troisième raie de référence. Les opérations sont plus longues qu'avec la formule de Hartmann, mais l'exactitude est augmentée.

SPECTRES D'ABSORPTION. — Il n'est malheureusement pas possible de donner ici un résumé succinct des travaux faits depuis 1883 sur les spectres d'absorption. Les admirables recherches faites dans l'ultra-violet, avec des spectrographes à lentilles et prismes de quartz, par W.-N. Hartley et ses collaborateurs, ont fourni des indications précieuses sur la constitution des composés organiques, des alcaloïdes, des nitrates, etc. Dans le t. 3 du *Handbuch*, de Kayser, on trouvera un chapitre rédigé par M. Hartley, où il traite la question avec tous ses développements. Ce volume est, d'ailleurs, entièrement consacré aux spectres d'absorption comme nous l'avons dit en commençant.

Pour les méthodes d'observation et de représentation graphique des données de l'expérience, on se reportera aussi à la « Spectroscopy » de Baly. Il suffira d'indiquer qu'on dissout 1 molécule-gramme (ou un sous-multiple décimal) de la substance à étudier dans une fraction de litre d'un dissolvant non absorbant, comme l'eau distillée ou l'alcool absolu. Ce liquide est introduit dans une série de cuves à faces parallèles en quartz, où il est traversé sous des épaisseurs différentes par la lumière provenant de l'étincelle condensée d'un alliage (Pb, Cd, Zn ou Pb, Sn, Al). Les spectres ainsi obtenus sont successivement photographiés à des hauteurs différentes d'une même plaque, par déplacement de celle-ci, et les raies manquantes de l'alliage y indiquent les endroits occupés par les bandes d'absorption. On a pu voir ainsi que les composés de la série grasse produisent une absorption générale plus ou moins étendue, mais sans bandes, tandis qu'au contraire, les composés de la série aromatique et les alcaloïdes, fournissent une ou deux bandes d'absorption caractéristiques. M. Hartley a donné un résumé d'ensemble de ses travaux sur la question dans le « British Association Report » de 1901.

Parmi les principaux mémoires qui donneront la meilleure idée des résultats obtenus par lui et ses collaborateurs, nous citerons [*Phil. Trans.*, **170**, 1, 1879; **176**, 2, 1885; *Chem. Soc. London Trans.*, **39**, 1881; **41**, 1882: 54. 1887; **75**, 1899; **77**, 1900; **81**, 1902; **83**, 1903]. Nous signalerons encore le travail de MM. Baly et Dresch, sur l'acétylacétone et ses dérivés [*Chem. Soc. Trans.*, **85**, 1904] et les études sur l'absorption des matières colorantes industrielles, dans la partie visible et dans l'ultra-violet, par H.S. Uhler et R. W. Wood : *Atlas of absorption spectra* [*Publications of the Carnegie Institution of Washington*, *n°* 171]. Voir aussi les belles recherches de M. H. Becquerel, sur l'absorption de la lumière dans les cristaux [*Thèse*, Paris, 1888 ; *Ann. Chim. Phys.*, (6), **14**, 1888] ; et sur les modifications apportées par de grands abaissements de température sur les spectres d'émission par phosphorescence des sels d'uranyle [*C. R.*, **144**, 1907]. M. Jean Becquerel a observé dans les cristaux possédant des bandes d'absorption assez fines, un phénomène de même nature que l'effet Zeeman, mais avec certaines différences fondamentales (déplacements plus considérables et dans les deux sens du spectre), différences pouvant s'interpréter soit en admettant l'inversion du sens du champ magnétique dans certains régimes moléculaires, soit en admettant l'existence simultanée d'électrons de signes contraires [*C. R.*, **142**, **143**, 1096; **144**, 1907 ; Journal *Le Radium*, février 1907]. Le refroidissement produit un rétrécissement des bandes des cristaux, et une grande augmentation de l'intensité de celles-ci. M. J. Becquerel a ainsi reconnu qu'entre la température de l'eau bouillante et celle de l'air liquide, la largeur des bandes varie proportionnellement à $\sqrt{T}$, et que les bandes des solutions solidifiées se résolvent en composantes à très basse température. L'emploi des basses températures sera donc particulièrement favorable en analyse spectrale pour la recherche des terres rares [*C. R.*, **144**, **145**, 1907 ; J^l *Le Radium*, mars, septembre, novembre 1907]. D'autre part, M. Jean Becquerel a trouvé que les changements de période des électrons absorbants, sous l'influence d'un champ magnétique, sont indépendants de la température, mais ces déplacements, qui constituent un phénomène de diamagnétisme, s'observent d'autant plus facilement que la température est plus basse [J^l *Le Radium*, janvier 1908].

PARTIE INFRA-ROUGE DES SPECTRES. — Pour l'étude des spectres infra-rouges, on se reportera d'abord aux travaux de Abney, sur le spectre solaire [*Phil. Trans.*, **171**, 1880 ; **177**, II, 1886], puis à ceux de Langley a effectués avec son bolomètre, thermomètre extra-sensible à résistance électrique [*Ann. Chim. Phys.*, (6), **10**, 1886 ; *Ann. Astrophys. Observatory*,

Washington, **1**; *Phil. Mag.*, 1901]. Les méthodes nouvelles, et les résultats qu'elles ont donnés dans l'infra-rouge, sont exposées, dans leur ensemble, dans le rapport de H. Rubens, « sur le spectre infra-rouge » [*Cong. internat. de Phys.*, Paris, **2**, 141, 1900]. Ce sujet est traité aussi dans Kayser [*Handbuch*, **1**, 651 et 688], dans Baly [*Spectroscopy*], et dans Bouty [3° Suppl. (1906) au *Cours de Physique de l'École Polytechnique* de Jamin]. Des recherches sur les spectres infra-rouge des métaux alcalins sont dues à Lehmann [*Drude's Ann.*, **8**, 1900 ; *Journ. de Phys.*, (4), **1**, 1901]. Voir aussi W. Coblentz, Investigations of Infra-red Spectra [*Publications of the Carnegie Institution of Washington*, n°s 35, 65, 97].

Janvier 1908.   A. de Gramont.

SPERME. — Le sperme éjaculé est un mélange du sperme proprement dit, tel qu'il s'écoule par le canal déférent, avec les produits de sécrétion fournis par la prostate, les vésicules séminales et les glandes de Cowper. C'est un liquide épais, laiteux (à cause des spermatozoïdes qu'il tient en suspension), et qui subit bientôt une sorte de coagulation spontanée en masses plus épaisses nageant dans un liquide presque clair. L'odeur *sui generis* du sperme ne se manifeste qu'après son mélange avec le liquide prostatique. Le sperme est un liquide plus lourd que l'eau (D = 1021 à 1039), dont la réaction alcaline correspond à celle d'une solution à 0,147 0/0 de soude. Évaporé lentement, il abandonne des cristaux prismatiques, dits de Charcot-Leyden, qui sont du phosphate de spermine (voyez plus bas), mais qui ne seraient pas identiques aux cristaux de Charcot-Leyden du sang leucocythémique [Th. Cohn, *Deutsche med. Woch*, Suppl. 1899, 241 ; — B. Lewy, *Centralbl. med. Wiss.*, 1899, 479]. Traité par une solution d'iode dans de l'iodure de potassium, il donne « les cristaux de Florence », qui ont beaucoup de ressemblance avec ceux d'hémine et qui dérivent de la choline [Florence, *Arch. d'anthropol. crim.*, **10** et **11** ; — Boccarias, *Zeit. physiol. Ch.*, **34**, 339, 1902].

Le sperme humain renferme pour 100 parties (moy. de 5 analyses) : eau, 90,321 ; matières solides, 9,679 ; sels solubles et insolubles, 0,901 ; matières organiques, 8,778 ; extrait éthéré, 0,1692 ; extrait aqueux-alcoolique, 6,109 ; matières protéiques, 2,092 parties. Les cendres sont riches en chaux, en acide phosphorique et en NaCl [Slowtzoff, *Zeit. physiol. Ch.*, **35**, 358, 1902]. Les matières protéiques se composent de nucléoprotéide, de traces de mucine, d'albumine et d'une substance à caractère d'albumose primaire. On y trouve, en outre, une substance fibrinogène, de la lécithine, de la choline, une base spéciale, la *spermine* $C^2 H^5 Az$, à l'état de combinaison cristallisable avec l'acide phosphorique et à laquelle on a rapporté l'odeur du sperme. La spermine et sans doute une partie au moins des substances énumérées en dernier lieu proviennent du liquide prostatique [Storn, *Biochem. Centralbl.*, **1**, 748. 1903]. Le liquide prostatique des rongeurs contient une diastase, la *vésiculase*, qui coagule le contenu des glandes séminales [Camus et Gley, *Soc. de Biol.*, **48**, 787, 1896].

La spermine serait, d'après Ladenburg et Abel, identique à l'éthylène-imine [*D. chem. G.*, **21**, 758 et 2706, 1888], ce que contestent Majert et Schmitt [*ibid.*, **24**, 241, 1891 et Pœhl [*C. R.*, **145**, 129, 1892], qui écrit ce corps $C^5 H^{14} Az^2$. C'est à elle que Pœhl rapporte l'action tonifiante observée par Brown-Séquard à la suite des injections de liquide testiculaire.

On connaît très mal les nucléoprotéides qui constituent sans doute la masse principale des têtes de spermatozoïdes des mammifères, mais on doit à Gobley, à Miescher, à Kossel et à ses élèves des données très étendues sur la composition des spermatozoïdes de poissons. Chez le saumon, les têtes sont presque uniquement constituées par du nucléinate de protamine (960 0/00 dans le produit épuisé par l'alcool éthéré). Les queues renferment de l'albumine, de la lécithine, de la cholestérine et des graisses [Miescher, *Zeit. exp. Pathol.*, **37**, 100, 1896; — Mathews, *Zeit. physiol. Ch.*, **23**, 399, 1897; — voyez aussi 2ᵉ Suppl., aux mots NUCLÉOPROTÉIDES et PROTAMINES]. Sur la composition des calculs prostatiques, voyez Iversen [*Jahresb. de Maly*, **4**, 358, 1874]. E. Lambling.

SPERMINE. — Voy. l'art. SPERME.

SPERRYLITE (Min.) (Sperry-Wells). — Arséniure de platine, $PtAs^2$, avec un peu de rhodium et d'antimoine. Cristaux brillants, ressemblant à du platine, souvent brisés, cassure conchoïdale, avec or, pyrite, chalcopyrite, cassitérite, etc., dans un filon de la Vermilion Mine, district d'Algoma, Ontario, Canada.

Caractères. — Difficilement attaquable par l'eau régale. Dans le tube fermé, décrépite, mais ne s'altère pas. Dans le tube ouvert, donne un sublimé d'anhydride arsénieux et, par un grillage prolongé au rouge, laisse un résidu spongieux de platine. Dureté = 6 à 7. Poussière noire. Densité = 10,602.

Forme cristalline. — Cubique. Formes, pa^1, rarement b^1 et $^1/_2 b^2$. Isomorphe avec la pyrite, etc. L. Bourgeois.

SPHACÉLIQUE (ACIDE). — Voyez l'art. ERGOT DE SEIGLE.

SPHÉROPHORINE. — Voyez l'art. LICHENS.

SPHÉROCOBALTITE (Min.) (Weisbach). — Carbonate de cobalt, CO^3Co, en petits sphérolites radiés ou petits cristaux rhomboédriques roses, avec rosélite, à Schneeberg, Saxe. L. B.

SPHYNGOSINE. — Voyez NERVEUX (TISSU).

SPICOL. — Voyez CINÉOL.

SPIRÆINE. — Voy. Dict., **2**, 2ᵉ partie, p. 1641.

Beyerinck [*Chem., Centr.*, (2), 259, 1899] a extrait des racines et rhizomes de *Spiræa ulmaria*, *S. filipendula* et *S. palmata*, outre le gaulthérine, un autre glucoside, la spiræine, qui est aussi décomposée par le ferment soluble, la gaulthérase, en donnant de l'aldéhyde salicylique, et qui n'a pu être obtenue à l'état cristallisé. Octobre 1907. A. Hébert.

SPODIOPHYLLITE (Min.) (Flink). — Silicate anhydre, $(SiO^3)^8[Al, Fe]^2[Mg, Fe, Mn]^3[Na^2, K^2]^4$, de la famille des chlorites. Cristaux rhombiques, gris de cendre, à clivage basique. Dureté > 3. Densité = 2,663. L. Bourgeois.

SPONGINE. — Cet albumoïde constitue la partie organique de l'éponge ordinaire. On l'obtient en épuisant l'éponge par de l'acide chlorhydrique étendu. Elle renferme : C 48,51; H 6,30; Az 14,79; S 0,73; I 1,5 [Harnack, *Zeit. physiol. Ch.*, **24**, 420, 1898]. Hydrolysée par la baryte d'après Schutzenberger, elle donne de la leucine, de la butylamine, des traces de thyrosine, de la glycalanine $C^5H^{12}Az^2O^4$ et d'autres produits non définis [Zolacosar, *C. R.*, **107**, 252, 1889]. E. Lambling.

SPONGOSTÉRINE. — Voyez PHYTOSTÉRINE.

SQUAMARIQUE (ACIDE). — Voy. LICHENS.

STACHYDRINE. $C^7H^{13}AzO^2 + H^2O$. — On trouve cet alcaloïde dans les tubercules du Stachys tuberifera [Planta, Schulze, *D. chem. G.*, 26, 939, 1893], dans les feuille du Citrus aurantium [Jahns, *D. chem. G.*, **29**, 2065, 1896].

On extrait par l'eau bouillante, on défèque par l'acétate de plomb et on précipite la stachydrine par l'iodure de bismuth et de potassium.

Cristaux déliquescents fusibles à 210°. Elle renferme un carboxyle; la potasse concentrée la décompose en produisant de la diméthylamine.

Ether méthylique. — Par action de HCl sur la solution méthylique du produit. Il perd facilement CH^4O. M. Delacre.

STACHYOSE, $C^{24}H^{42}O^{21}$. — Ce sucre, retiré des crosnes du Japon, avait tout d'abord été regardé comme un triose [Planta et Schulze, *D. chem. G.*, **23**, 1692, **24**, 2705, 1891]. Tanret a montré que c'est en réalité un tétrose identique avec le mannéotétrose de la manne [Tanret, *Bull. Soc. Chim.*, **29**, 888, 1903]. P. Carré.

STALAGMOMÈTRE. — Voyez CAPILLARITÉ, 2ᵉ Suppl., **1**, 956 et 960.

STANNINE (Min.). — Voyez Dict., **2**, 1641. M. L.-J. Spencer a décrit [*Zeit. f. Kryst.*, **35**, 468-479] des cristaux bien formés de ce minéral, sur des prismes de mispickel, avec pyrite, andorite, d'Oruro, Bolivie. Leur composition s'exprime par Cu^2FeSn^4 (avec un peu d'antimoine, plomb et argent), qu'on peut interpréter comme $CuFeS^2, CuSnS^2$, c'est-à-dire comme de la chalcopyrite, ou la moitié du fer est remplacée par de l'étain. La forme cristalline s'accorde bien avec cette hypothèse et avec les vues de Kenngott : c'est un prisme quadratique avec faces d'un scalénoèdre et macles nombreuses a^2 et $b^1/_2$, faisant apparaître la symétrie pseudocubique. L. Bourgeois.

STAPHISAGRINE $C^{22}H^{33}AzO^5$. — L'un des alcaloïdes retiré des graines de Delphinium Staphisagria, et dont l'individualité est d'ailleurs sujette à caution. Soluble dans le chloroforme.

STAPHISAGROÏNE $C^{40}H^{46}Az^2O^7$. — Alcaloïde accompagnant le précédent. Poudre amorphe fusible à 276°; insoluble dans le chloroforme. La décomposition par H^2S de son chloroplatinate donne la *staphisagroïdine* $C^{40}H^{40}AzO^4$ [Ahrens, *D. chem. G.*, **32**, 1581, 1899]. M. Delacre.

STÉARAMIDINE. — Voyez l'art. IMINOÉTHERS, 2ᵉ suppl. **6**, 32.

STÉARINE. — Voy. l'art. GLYCÉRINE, **4**, 821.

STÉARIQUE (ACIDE) $C^{18}H^{36}O^2$. — L'acide stéarique a été caractérisé de nouveau dans un grand nombre de corps gras : la cire de lin [Hofmeister, *D. chem. G.*, **36**, 1047, 1903], l'huile de blé [Vulté et Gibsom, *Am. Chem. Soc.*, **1**, 1901], l'huile de noyau de citron [Peters et Frerich, *Arch. Pharm.*, **204**, 659, 1902], le beurre de cacao [Klimont, *D. chem. G.*, **34**, 2634, 1901], l'huile des semences d'asperge [Peters, *Arch. Pharm.*, **240**, 53, 1902], l'huile des semences de tabac [Ampola et Scurti, *Gazz. chim. ital.*, **34**, 315, 1904], l'huile des pépins de raisin [Ulzer et Zempfu, Osten, *Chem. Zeit.*, **8**, 121, 1905], dans l'essence de cascarille [Fendler, *Arch. Pharm.*, **36**, 53, 1902]; on l'a également trouvé dans le chyle humain [Erben, *Zeit. physiol. Chem.*, **30**, 436, 1900], dans les glandes coccygiennes de l'oie [Rohemann, *Beitr. z. Chem. Physiol. u. Pathol.*, **5**, 110, 1904], dans l'huile de tabac [Ampola et Scurti, *Gazz. chim. ital.*, **34**, 315, 1904]. Le sérum renferme du stéarate de calcium [Dzierkowski, *Zeit. physiol. Chem.*, **28**, 65, 1899].

Il se forme : quand on décompose l'acide cétylmalonique par la chaleur [Guthzeit et Krappt, *D. chem. G.*, **17**, 1630, 1884]; quand on chauffe 3 heures à 180° l'acide chloro-9-cétostéarique avec l'acide iodhydrique [Behrend, *D. chem. G.*, 29, 806, 1896]; par réduction de l'acide tartrique [Arnaud, *Bull. Soc. Chim.*, 27, 484, 1902]; par réduction du dérivé bromé $C^{18}H^{33}BrO^2$ (obtenu par HBr et acide ricinoléique) [Kasawisky, *J. prakt. Chem.*, 62, 363, 1901]; dans l'oxydation de l'acétylstéaryldioxime [Ponzio et Gaspari, *Gazz. chim. ital.*, 29, 471, 1899]; dans l'hydrolyse de la céphaline [Cousin, *C. R. Soc. Biol.*, juillet 1906, 23], de la jécorine [Waldvogel et Tintenmann, *Zeit. physik. Chem.*, 47, 129, 1906].

Propriétés. — L'acide stéarique fond à 69°,3 [de Visser, *Rec. Pays-Bas*, 17, 184, 347, 1889], à 71-71°,5 [Saytzew, *Journ. Soc. phys. chim. russe*, 17, 425, 1886]; il distille à 232° sous 15 mm., 291° sous 100 mm. [Krafft, *D. chem. G.*, 16, 1722, 1883], 154°,5-155°,5 sous 0 mm. [Krafft et Weilandt, *D. chem. G.*, 29, 1324, 1896]. Elévation du point de fusion par la pression [Heydweiler, *Ann. Physik*, 64, 728; — Hulett, *Zeit. phys. Chem.*, 28, 664, 1899]. Densité à différentes températures [Krafft, *D. chem. G.*, 15, 1724, 1882; — Schiff, *Ann. Chem.*, 223, 264, 1884; — Scheiz, *Rec. Pays-Bas*, 18, 188, 1900]. Chaleur de combustion moléculaire 2711^{Cal},8 [Stohmann, *J. prakt. Chem.*, 34, 299; 49, 107, 1894]. Pouvoir réfringent [Eykmann, *Rec. Pays-Bas*, 12, 165, 1894]. Chaleur de fusion [Brunner, *D. chem. G.*, 27, 2106, 1894]. Ebullioscopie [Krafft, *D. chem. G.*, 32, 1584, 1899]. Cryoscopie dans l'acide élaïdique [Bruni et Gorni, *Gazz. chim. ital.*, 30, 55, 1899]. Propriétés colloïdales [Krafft, *Zeit. phys. Chem.*, 35, 364, 1902]. Solubilité dans l'alcool [Hehner et Mitchell, *Am. Chem. Journ.*, 19, 40, 1897]. Action de la chaleur en présence de différents métaux [Hébert, *Bull. Soc. chim.*, 25, 429, 646; 29, 316, 1903]. Oxydé par le permanganate de potassium en solution alcaline, il fournit différents acides gras, pentanoïque, butyrique, acétique, etc. [Marie, *Ann. chim. phys.*, 7, 183, 1896].

Pour déterminer la quantité d'acide stéarique libre se trouvant dans les corps gras, on lave ces derniers à 0° avec une solution alcoolique saturée d'acide stéarique pur à 0° et on pèse le résidu [Hehner et Mitchell, *Am. Chem. Journ.*, 19, 50, 1897]. Dosage alcalimétrique [Kanitz, *D. chem. G.*, 36, 400, 1903; — Schmatolla, *D. chem. G.*, 35, 3905, 1902].

Sels. — Stéarate de baryum $(C^{18}H^{35}O^2)^2Ba$ [Holzmann, *Arch. Pharm.*, 236, 421]; stéarate de plomb $(C^{18}H^{35}O^2)^2Pb$ [Lidow, *Journ. Soc. phys. chim. russe*, 24, 525, 1893]. Tétrastéarate de plomb $(C^{18}H^{35}O^2)^4Pb$, fusible à 102-103° [Colson, *C. R.*, 136, 1664, 1903].

L'*amide stéarique* se forme quand on fait réagir le chlorure de benzoyle sur l'acide stéarique en présence d'ammoniaque et de soude [Orton, *Chem. Soc.*, 79, 1351, 1901]. Elle fond à 108°,5-109° [Krafft et Stauffer, *D. chem. G.*, 15, 1730, 1882; — Turpin, *ibid.*, 21, 2186; — Hell et Sadomsky, *ibid.*, 24, 2781, 1891].

ETHERS. — *Stéarate de méthyle* $C^{18}H^{35}O^2.CH^3$. — On le prépare facilement par action du sulfate de méthyle sur un stéarate alcalin; il fond à 38° [Werner et Leybold, *D. chem. G.*, 37, 3658, 1904].

On peut aussi l'obtenir par alcoolyse des graisses au moyen de CH^3OH en présence de 2 0/0 HCl; il distille à 214-215° sous 15 mm. [Haller et Youssoufian, *C. R.*, 143, 803, 1906].

Stéarate d'éthyle $C^{18}H^{35}O^2.C^2H^5$. — Il a été préparé en éthérifiant l'acide stéarique par une solution alcoolique d'HCl à 3 0/0 [Holzmann, *Arch. Pharm.*, 236, 440]; il fond à 33°,5 et distille à 199-201° sous 10 mm.

Distéarate d'éthylène $C^2H^4(C^{18}H^{35}O^2)^2$. —

Il fond à 79° et bout à 241° sous 0 mm. [Krafft, *D. chem. G.*, 36, 4340, 1903].

Stéarate d'amyle $C^{18}H^{35}O^2.C^5H^{11}$. — Il fond à 20-21°. $D_{20} = 0,855$; $n_D^{24} = 1,4451$; $\alpha_D^{25°} = 1°,27$ [Guye et Chavanne, *Bull. Soc. Chim.*, 15, 286, 1896; 25, 549, 1901].

Stéarines (voy. 2e Suppl., GLYCÉRINE, 821).

Stéarate d'o-nitrophénol $C^{18}H^{35}O^2.C^6H^4AzO^2$. — Il fond à 60-61° [Berg et Winternitz, *Ann. Chem.*, 332, 210, 1904].

Stéarate de sitostérine $C^{18}H^{35}O^2.C^{27}H^{45}$. — Il donne à 89-90° un liquide épais, qui s'éclaircit à 118-119° [Ritter, *Zeit. phys. Chem.*, 34, 461, 1902].

Stéarate de cholestérine. — Il fond à 81°; $[\alpha]_D = -21°,16$ en solution dans le chloroforme, $= -21°,46$ en solution benzénique [Jaeger, *Rec. Pays-Bas*, 26, 311, 1907].

Stéarate de santalol. — C'est une huile jaunâtre, inodore et insipide [DRP 182627, *Centr. Bl.*, I, 1907, 1469].

CHLORURE DE STÉARYLE $C^{18}H^{35}OCl$. — Il fond à 23° et distille en se décomposant partiellement à 215° sous 15 mm. [Krafft et Bürger, *D. chem. G.*, 17, 1380, 1884].

ANHYDRIDE STÉARIQUE $(C^{18}H^{35}O^2)^2O$. — L'anhydride stéarique se prépare par l'action de l'oxychlorure de phosphore sur le stéarate de sodium en suspension dans le benzène [Beckmann, *J. prakt. Chem.*, 55, 17, 1897], ou en chauffant 6 heures à 150° l'acide stéarique avec l'anhydride acétique [Allitzky, *Journ. Soc. phys. chim. russe*, 31, 103, 1900], ou encore par action du chlorure de benzoyle sur l'acide stéarique [Béhal, *Bull. Soc. Chim.*, 23, 76, 1900]. Il fond à 72° (Béhal).

ANHYDRIDE STÉARYLBORIQUE $Bo(O.CO.C^{17}H^{35})^3$. — Il se forme quand on chauffe l'anhydride stéarique avec l'acide borique. Il fond à 73° [Pictet et Geleznoff, *D. chem. G.*, 36, 2219, 1903].

NITRILE STÉARIQUE $C^{17}H^{35}CAz$. — Il bout à 128° sous 0 mm., à 214° sous 13 mm. [Krafft, *D. chem. G.*, 29, 1324].

STÉARANILIDE $C^{17}H^{35}.COAzHC^6H^5$. — Elle fond à 93°,6 [Claus et Häfelin, *J. prakt. Chem.*, 54, 400, 1896]. Cryoscopie [Auwers, *Zeit. physik. Chem.*, 23, 454]. La *formylstéaranilide*, $C^{17}H^{35}CO.Az(CHO)C^6H^5$, fond à 61° [Wheeler, *Am. chem. Journ.*, 18, 699, 1896].

DÉRIVÉS HALOGÉNÉS DE L'ACIDE STÉARIQUE. — 1° *Dérivés monohalogénés.* — L'action des halogènes sur l'acide stéarique fournit les acides α-halogénés. La fixation des hydracides sur les acides oléique et élaïdique fournit les acides 1.10.

Acide chloro-10-stéarique $C^8H^{17}CHCl-(CH^2)^8-CO^2H$. — Il fond à 38° et ne se solidifie plus qu'à 22° [Piotrowski, *D. chem. G.*, 23, 2532, 1890; — Allitzky, *Journ. Soc. phys. chim. russe*, 31, 100, 1899].

Acide α-bromostéarique [voyez Krafft et Beddies, *D. chem. G.*, 25, 481, 1892].

Acide bromo-10-stéarique. — Il fond à 60° [Hell et Sadomsky, *D. chem. G.*, 24, 2390, 1891; — Piotrowski, *D. chem. G.*, 23, 2532, 1890; — Kasansky, *J. prakt. Chem.*, 62, 363, 1901]. Son *éther éthylique*, $C^{18}H^{34}BrO^2C^2H^5$ fond à 35-36° [Hell et Sadowsky, *loc. cit.*], 33-34°,5 [Auwers et Bernhardi, *D. chem. G.*, 24, 2227, 1891].

Acide iodo-10-stéarique. — Il se prépare en faisant réagir l'iodure de phosphore sur l'acide dioxystéarique fusible à 136°,5 [Saytzew, *J. prakt. Chem.*, 34, 308; 35, 384, 1887; — Sabanejew, *Journ. Soc. phys. chim. russe*, 18, 45, 1887]. C'est un produit résineux.

L'action de l'acide iodhydrique sur l'acide isooléique fournit un acide iodostéarique huileux qui, saponifié par l'oxyde d'argent, fournit l'acide oxy-11-stéarique [Kasansky, *Journ. Soc. phys. chim. russe*, 35, 1, 1903].

2° *Dérivés dihalogénés.* — *Acide dichloro-9.10-stéarique*, $C^{17}H^{33}Cl^2CO^2H$. — Il se forme quand on fait réagir le chlore sur l'acide élaïdique en solution chloroformique [Piotrowski, *loc. cit.*]. Il fond à 32°.

Acide dibromostéarique. — Ce composé a été obtenu par réaction du brome sur l'acide iso-oléique [Saytzew, *J. prakt. Chem.*, 37, 275, 1888], ou un excès d'acide bromhydrique sur l'acide ricinoléique [Kasansky, *J. prakt. Chem.*, 62. 363, 1901].

ACIDES OXYSTÉARIQUES. — 1° *Acide* α, $CH^3-(CH^2)^{15}-CHOH-CO^2H$. — On l'obtient par saponification des acides α halogénés; il fond à 90-91° [Ponzio, *Gazz. chim. ital.*, 34, 77, 1903], à 91-92° [Le Sueur. *Chem. Soc.*, 85, 1708, 1904].

2° *Acide-*1.4, $CH^3-(CH^2)^{13}-CHOH-(CH^2)^2-CO^2H$. — Il est seulement connu à l'état de sel; le *sel de calcium* $(C^{18}H^{35}O^3)^2Ca$ est une poudre cristalline qui, traitée par les acides, fournit la *stéarolactone-*1.4

$$C^{14}H^{20}-CH-CH^2-CH^2$$
$$O\;\underline{\hspace{3em}}\;CO$$

Celle-ci se prépare par action de l'acide sulfurique sur l'acide oléique [Geitel, *J. prakt. Chem.*, 37, 84; — David, *C. R.*, 124, 466, 1897]. Elle fond à 47-48°. Oxydée par l'acide chromique, elle donne de l'acide succinique et l'acide céto-4-stéarique [Joukoff et Schestakoff, *J. prakt. Chem.*, 67. 357, 1903].

3° *Acide-*1.10. $CH^3-(CH^2)^7-CHOH-(CH^2)^8-CO^2H$. — Cet acide, tout d'abord regardé comme l'acide β-oxystéarique, a été obtenu par ébullition de l'acide sulfostéarique avec l'acide chlorhydrique étendu [Sabanejew, *Journ. Soc. phys., chim. russe*, 18, 41, 1887; — Saytzew, *J. prakt. Chem.*, 35, 369, 1887; — Geitel, *J. prakt. Chem.*. 37, 81. 1888; — Liecht et Suida, *D. chem. G.*, 16, 2458, 1885], et par saponification de l'acide iodostéarique préparé au moyen de l'acide oléique [Saytzew, *J. prakt. Chem.*. 35, 384]. Il cristallise dans l'alcool en tables fusibles à 83-85° (Saytzew), à 81-81°,5 (Geitel). Oxydé par l'acide chromique en solution acétique, il donne les acides sébacique, azélaïque, subérique et un acide cétostéarique, identique à l'acide 1.10 de Baruch; l'obtention de ce dernier corps démontre sa constitution [Joukoff et Schestakoff, *J. prakt. Chem.*, 67, 357, 1903]. Son *éther éthylique* fond à 41° [Sabanejew, *loc. cit.*].

4° *Acide* 1.11. $CH^3-(CH^2)^6-CHOH-(CH^2)^9-CO^2H$. — Cet acide, tout d'abord regardé comme l'acide α-oxystéarique, a été obtenu comme le précédent à partir des acides sulfoisooléiques [Saytzew, *J. prakt. Chem.*, 37, 284, 1888] et iodoisooléique [Saytzew, *J. prakt. Chem.*, 37, 277] et aussi par saponification de l'acide bromo-10-stéarique [Hell et Sadowsky, *D. chem. G.*, 24, 2392. 1891]. Il fond à 84-85° (Saytzew). Oxydé par l'acide chromique, il donne l'acide sébacique, l'acide nonanéméthylène-dicarbonique fusible à 124°, et l'acide céto-10-stéarique fusible à 65°; c'est donc bien l'acide 1.11 [Joukoff et Schestakoff, *J. prakt. Chem.*, 67, 357, 1903].

Acide oxy(?)stéarique. — L'acide ricinoléique acétylé fixe HBr pour donner le composé $C^{18}H^{24}Br\,O^2.OC^2H^3O$, qui, réduit par le zinc et l'acide chlorhydrique, donne après saponification un acide oxystéarique fusible à 78°-78°,5. Cet acide se distingue des précédents par une plus grande solubilité dans l'alcool et dans l'éther [Kasansky, *Jour. Soc. phys. Chim. russe*, 32, 149, 1900].

ACIDES DIOXYSTÉARIQUES. — 1° *Acide* 2.3, $C^{16}H^{31}-CHOH-CHOH-CO^2H$. — Cet acide se prépare en oxydant l'acide 2.3-oléique par le permanganate de potassium à 0°. Il fond à 126° [Le Sueur, *Chem. Soc.*, 85, 1708, 1902].

2° *Acide* 9-10, $CH^3-(CH^2)^7-CHOH-CHOH-(CH^2)^7-CO^2H$. — Le beurre en renferme 1 0/0 [Brown, *Am. Chem. J.*, 21, 807, 1899].

Il existe sous deux formes isomériques; l'une, obtenue par oxydation de l'acide oléique au moyen du permanganate de potassium en liqueur alcaline [Saytzew, *J. prakt. Chem.*, 34, 304, 1888; — Gröger, *D. chem. G.*, 18, 1268; 22, 620, 1889], fond à 136°,5; (Saytzew), à 125-125°,5 (Gröger). L'autre, obtenue par oxydation de l'acide élaïdique, fond à 99°.

Ces deux acides peuvent être transformés l'un dans l'autre; l'acide fusible à 136°,5 traité par l'acide bromhydrique donne un mélange de 2 dibromures, qui, par réduction, fournissent les acides oléique et élaïdique, et un peu d'acide fusible à 99°; mélangé avec 4 fois son poids d'acide acétique cristallisable, et saturé par HBr jusqu'à dissolution, il est transformé en un liquide huileux, $C^{18}H^{34}Br(OC^2H^3O)O^2$, qui, par saponification, fournit l'acide fusible à 99° [Albitzky, *J. Soc. phys. chim. russe*, 34, 788, 1902; *J. prakt. Chem.*, 67, 289, 1903].

Il est également possible de préparer l'acide fusible à 99° à partir de l'acide oléique par fixation de l'acide hypochloreux sur ce dernier, et par saponification de l'*acide chlorooxystéarique* (fus. à 44-55°) formé. On obtient l'acide fusible a 136°, quand on soumet l'acide élaïdique à la même réaction [Albitzky, *J. prakt. Chem.*, 61, 65, 1900; *D. Chem. G.*, 33, 2909, 1900].

Propriétés. — 1° Acide fusible à 136°; à 131°,5-132° (Albitzky). Solubilité dans l'alcool [Spiridonow, *J. prakt. Chem.*, 40, 244, 1889]. Oxydé par le permanganate, il fournit les acides pélargonique, azélaïque, oxalique et acétique [Edmed, *Chem. Soc.*, 73, 630, 1898]. Chauffé avec 5 fois son poids de potasse à 270-275°, jusqu'à ce qu'il ne se dégage plus d'hydrogène, il donne les acides pélargonique et azélaïque et une huile, qui distille à 280-300° sous 50 mm.; à 250° il se forme de l'acide azélaïque et deux autres acides, $C^{18}H^{34}O^5$, fusible à 111-111°,5, et $C^{18}H^{34}O^3$ fusible à 78°,5-79° [Le Sueur, *Chem. Soc.*, 79, 1313, 1901]. Il forme avec l'acide palmitique une combinaison équimoléculaire fusible à 124-125° [Sjubarsky, *J. prakt. Chem.*, 57, 19, 1898].

Il peut être dédoublé en ses isomères droit et gauche par l'intermédiaire des sels de strychnine; le sel de l'acide gauche (fus. à 128-130°) est beaucoup moins soluble dans l'alcool que le sel de l'acide droit [Freundler, *Bull. Soc. Chim.*, 13, 1053, 1895].

Les *sels de* Ca *et de* Zn chauffés à 165-185° fournissent de l'acide céto-10-stéarique [Zoytseff, *Journ. Soc. phys. chim. russe*, 35, 1193, 1903]. L'*éther méthylique*, $C^{18}H^{35}O^4CH^3$, fond à 105-106°,5 [Spiridonow, *J. prakt. Chem.*, 40, 245, 1889]. L'*éther éthylique* fond à 99-100°. L'acide *diacétyldioxystéarique* $C^{18}H^{34}O^4(C^2H^3O)^2$ est sirupeux [Spiridinow, *loc. cit.*].

2° Acide fusible à 99°. Il est plus soluble dans l'alcool que l'acide fusible à 136°. Oxydé par le permanganate il fournit les acides pélargonique, azélaïque et oxalique [Edmed, *Chem. Soc.*, 73, 630, 1898].

Acide dioxystéarique, fusible à 141-143°. Cet acide existe en petite quantité dans l'huile de ricin [Meyer, *Arch. d. Pharm.*, 235, 185; — Juillard, *Bull. Soc. Chim.*, 13, 238, 1895]. Son *éther méthylique* fond à 106-108°; son *éther éthylique* fond à 104-106° [Juillard, *loc. cit.*].

ACIDES TRIOXYSTÉARIQUES, $C^{18}H^{33}O^2(OH)^3$. — L'oxydation de l'huile de ricin par le permanganate en solution alcaline fournit 2 acides trioxystéariques isomères fusibles à 140-142° et à 110-

111° [Hazura et Grüssner, *Mon. f. Chem.*, 9, 476, 1888; — Dijew, *J. prakt. Chem.*, 39, 341, 1889]. L'acide fusible à 140-142° forme un *éther méthylique* fusible à 110°, et un *triacétate* liquide [Dijew, *loc. cit.*].

L'oxydation de l'acide ricinélaïdique par le permanganate fournit un acide trioxystéarique fusible à 114-115° [Grüssner et Hazura, *Mon. f. Chem.*, 10, 199, 1889].

ACIDES CÉTOSTÉARIQUES. — 1° *Acide céto-4-stéarique*, $CH^3-(CH^2)^{13}-CO-(CH^2)^2-CO^2H$. — Il se forme par oxydation de la stéarolactone, il fond à 97°; son *oxime* fond à 85° [Joukoff et Schestakoff, *J. prakt. Chem.*, 67, 357, 1903].

Acide céto-9-stéarique, $CH^3-(CH^2)^8-CO-(CH^2)^7-CO^2H$. — Il fond à 81°; *l'acide chloro-1.2-céto-9-stéarique* fond à 64°; *l'acide bromo-1.2-céto-9-stéarique* fond à 55°; *l'acide dibromo-1.1-céto-2-stéarique* est huileux Behrend, *D. chem. G.*, 28, 2248; 29, 806, 1896].

Acide céto-10-stéarique. $C^8H^{17}-CO-(CH^2)^8-CO^2H$. — Il fond à 76° [Baruch, *D. chem. G.*, 27, 174, 1894; — Joukoff et Schestakoff, *J. prakt. Chem.*, 67, 357, 1903; — Zaytsef, *Journ. Soc. phys. chim. russe*, 35, 1193, 1903]. Son *éther éthylique* fond à 41°.

ACIDE DICÉTO-9.10-STÉARIQUE (*acide stéaroxylique*), $C^8H^{17}-CO-CO-(CH^2)^7-CO^2H$. — On l'obtient en oxydant l'acide stéaroléique par l'acide azotique ($D = 1,45$) [Hazura et Grüssner, *Mon. f. Chem.*, 9, 953, 1888; — Spieckermann, *D. chem. G.*, 28, 276, 1895]. La *monoxime* fond à 76-81° [Spieckermann, *D. chem. G.*, 29, 812]. La *dioxime* fond à 153-154°.
Janvier 1908. P. Carré.

STÉAROCUTIQUE (ACIDE). — Voy. l'art. CUTOSE.

STÉAROLÉIQUE (ACIDE), $C^8H^{17}-C\equiv C-(CH^2)^7-CO^2H$. — Il se forme quand on réduit l'acide chloro-2-céto-9-stéarique par le zinc et l'acide acétique [Behrend, *D. chem. G.*, 28, 2249, 1895]. Oxydé par le permanganate il donne l'acide stéaroxylique [Hazura et Grüssner, *Mon. f. Chem.*, 9, 953, 1888]. Il fond à 48°. Chaleur de combustion moléculaire, 2628^{Cal},9 [Stohmann, *J. physikal. Chem.*, 10, 416, 1893]. Par fusion avec la potasse il fournit les acides acétique, myristique et hypogéique [Bodenstein, *D. chem. G.*, 27, 3398, 1894]. P. Carré.

STÉARONE, $(C^{17}H^{35})^2CO$. — Elle se forme dans la distillation du stéarate de calcium en présence de poudre de zinc [Hébert, *Bull. Soc. Chim.*, 25, 434, 1901]; quand on chauffe 2 p. d'acide stéarique avec 1 p. d'anhydride phosphorique à 218° [Kipping, *Chem. Soc.*, 57, 538, 1890]. Elle fond à 72°. Densité à diverses températures [Krafft, *D. chem. G.*, 15, 1715, 1883].
Janvier 1908. P. Carré.

STÉAROTOLUONE, *tolylheptadécylcétone*, $C^{17}H^{31}.CO.C^7H^7$. — Elle se prépare en condensant le chlorure de stéaryle avec le toluène, en présence du chlorure d'aluminium.

Elle cristallise dans l'alcool en aiguilles brillantes. Son *oxime* forme de petites aiguilles incolores fondant à 64°; traitée par le perchlorure de phosphore ou par l'acide sulfurique concentré elle subit la transposition moléculaire découverte par Beckmann et fournit la *stéaro-p-toluide* [Claus et Hœfelin, *J. prakt. Chem.*, 54, 391, 1896]. Janvier 1908. P. Carré.

STÉAROPHÉNONE, *phénylheptadécylcétone*, $C^{17}H^{31}.CO.C^6H^5$. — La stéarophénone résulte de la condensation du chlorure de stéaryle avec le benzène en présence du chlorure d'aluminium.

Elle bout à 250-270°, et cristallise en lamelles fondant à 59°. Son *oxime* existe sous une seule forme, cristallisée en lamelles fusibles à 53°. Sous l'influence de l'acide sulfurique concentré elle est isomérisée en *stéaroanilide* fusible à 93° [Claus et Hœfelin, *J. prakt. Chem.*, 54, 391, 1896]. Janvier 1908. P. Carré.

STÉAROXYLONE. — STÉARO-m-XYLONE, *m-xylylheptadécylcétone*, $C^{17}H^{32}.CO.C^8H^9$. — Cette acétone est préparée par l'action du chlorure de stéaryle sur le m-xylène en présence du chlorure d'aluminium.

Elle distille à 260-280° sous 15 mm. et forme des lamelles d'un aspect gras qui fondent à 39°; par oxydation elle fournit de *l'acide m-xylylcarbonique* fondant à 126°.

Son *oxime* existe sous une seule forme; elle fond à 45°; soumise à l'action du perchlorure de phosphore ou de l'acide sulfurique concentré, elle fournit la *stéaro-m-xylide*.

STÉARO-P-XYLONE. — Elle bout à 260-280° sous 15 mm.; elle cristallise dans l'alcool en lamelles fusibles à 57°. Son *oxime* fond à 50° [Claus et Hœfelin, *J. prakt. Chem.*, 54, 391, 1896].
Janvier 1908. P. Carré.

STELZNERITE (Min.) (Arzruni). — Sulfate basique de cuivre hydraté, $SO^4Cu, 2Cu(OH)^2$. Petits prismes verts, transparents, semblables à de la brochantite, trouvés à Remolinos, Vallinar, Chili. Densité $= 3,884$.

Forme cristalline. — Prisme orthorhombique : $a:b:c = 0,5037 : 1 : 0,7058$. Faces $mg^1pb^1/_2e^1$.
L. Bourgeois.

STERCORINE. — Flint a donné ce nom à une substance que l'éther enlève aux excréments humains desséchés et que ce savant considérait déjà comme un produit de réduction de la cholestérine [*Amer. Journ. med. Sciences*, 1862; *Zeit. physiol. Ch.*, 23, 363, 1897]. Bondzynski, qui a donné à ce corps le nom de *coprostérine*, a montré qu'il représente une déhydrocholestérine $C^{27}H^{48}O$, provenant de l'hydrogénation de la cholestérine au cours des phénomènes de putréfaction dans l'intestin. La stercorine est cristallisée en aiguilles fondant à 95-96°; $[\alpha]_D = +24°$. Elle donne les réactions de la cholestérine avec quelques écarts cependant [Bondzynski, *D. chem. G.*, 29, 476, 1896; — Bondzynski et Humnicki, *Zeit. physiol. Ch.*, 22, 396, 1897; — P. Müller, *ibid.*, 29, 129, 1900].
E. Lambling.

STÉRÉOCAULIQUE. — Voy. l'art. LICHENS.

STÉRÉOCHIMIE. — Voy. les art. ISOMÉRIE et POUVOIR ROTATOIRE.

STIBIODOMEYKITE (Min.) (A. Kœnig). — Variété de domeykite renfermant un peu d'antimoine, de la mine de Mohawsk, comté de Kervenaw, États-Unis. Dureté $= 4$. Densité $= 7,902$.
L. Bourgeois.

STIBIOTANTALITE (Min.) (G.-A. Goyder). — Tantalate-niobate d'antimonyle, $[Ta,Nb]O^3(SbO)$, avec un peu de bismuth, les deux acides étant en proportions variables, en cailloux roulés dans les alluvions stannifères de Greenbushes, Australie occidentale, ou en cristaux bien formés, avec tourmaline, béryl rose, quartz, zirkon, lépidolite, cassitérite, à Mesa Grande, comté de San Diego, Californie. Jaune verdâtre à brun, éclat adamantin, semblable à celui de la blende (l'indice de réfraction est très élevé, 2,45 pour la raie D, c'est-à-dire qu'il dépasse celui du diamant; la substance est également très biréfringente). Insoluble dans les acides usuels; très attaquable par l'acide fluorhydrique. Dureté $= 5$ à 5,5. Poussière blanche. Densité $= 6,6-6,7$.

Forme cristalline. — Prisme orthorhombique semblable à celui de la niobite : $a:b:c$

= 0,7995 : 1 : 0,8448. Clivage h^1, distinct. Macles complexes et multiples. Probablement hémièdre, hémimorphe, se montre pyroélectrique.

L. Bourgeois.

STICTAURINE, STICTAURINIQUE (ACIDE). — Voy. l'art. LICHENS.

STILBAZOL. — Voy. l'art. PYRIDIQUES (BASES), 200.

STILBÈNE. — (Voy. Dict., II, 1675 et 1er Suppl., II, 1457).

FORMATION. — Le stilbène se forme par réduction : 1° De la benzoïne par le zinc en poudre et l'acide acétique ; la désoxybenzoïne-pinacone qui se forme simultanément se dédouble par distillation en désoxybenzoïne et hydrate de stilbène [A. Blank, *Ann. Chem.*, 248, 7, 1888] ; 2° du diphényltrichloréthane $CCl^3CH(C^6H^5)^2$ [Elbs et Förster, *J. prakt. Chem.*, (2), 39, 299, 1889 et 47, 44, 1893] ; 3° des cétones $C^6H^5CH^2COCH^3$ et $C^6H^5CO C^2H^5$ [Errera, *Gazz. chim. ital.*, 16, 316, 1886] ; 4° de la thiobenzamide $C^6H^5CSAzH^2$ [Bamberger et Lodter, *D. chem. G.*, 21, 55, 1888] ; 5° du tolane avec le sodium et l'alcool méthylique [L. Aronstein et A. Holleman, *D. chem. G.*, 21, 2831, 1888].

Il prend encore naissance : par décomposition 1° de la benzalazine à l'ébullition [Curtius et Jay, *J. prakt. Chem.*, (2), 39, 45, 1889] ; 2° de la chlorobenzyldésoxybenzoïne

$$C^6H^5 - CO - CH - C^6H^5$$
$$|$$
$$Cl - CH - C^6H^5$$

à 190-200° [Klages et Knœvenagel, *D. chem. G.*, 26, 448] ; 3° du cinnamate et du fumarate de phényle à la distillation [Anschütz, *D. chem. G.*, 18, 1945] ; du maléate neutre de phényle [A. Bischoff et A. von Hedenstrom, *D. chem. G.*, 35, 4084, 1902] ; 4° du phényldrazométhane,

$$C^6H^5CH \begin{matrix} \nearrow Az \\ \parallel \\ \searrow Az \end{matrix}$$

[A. Hantzch et M. Lehmann, *D. chem. G.*, 35, 897, 1902] ; 5° du sulfure de benzyle et de la benzylsulfone $(C^7H^7)^2SO^2$ [E. Fromm et O. Achert, *D. chem. G.*, 35, 534, 1903] ; 6° de l'aldéhyde thiobenzoïque vers 150° [E. Baumann et M. Klett, *D. chem. G.*, 24, 3307, 1891] ; 7° par l'action de la potasse alcoolique sur la nitrosobenzyluréthane $C^6H^5CH^2Az(AzO)COOC^2H^5$ [H. von Pechmann, *D. chem. G.*, 31, 2640, 1898] ; sur la nitrosophényluréthane [Erlenmeyer jun. et Lux, *D. chem. G.*, 31, 2223, 1898] ; 8° par l'action de la soude à 10 0/0 à 180-200° sur le phénylnitrométhane ou sur la combinaison de sodium et de phénylnitroacétonitrile $C^6H^5C(CAz) = AzO.ONa$ [W. Wislicenus et A. Endres, *D. chem. G.*, 1194, 1903] ; 9° en chauffant la benzaldéhyde avec l'acide phénylacétique à 250° en tube scellé [R. v. Walther, *J. prakt. Chem.*, (2), 57, 111, 1898 ; — R. v. Walther et Wetzlich, *ibid.*, 61, 171] ; 10° par distillation de la benzylidène-benzylhydrazine [Wohl et OEsterling, *D. chem. G.*, 33, 2738, 1900] ; 11° en traitant par SO^4H^2 un mélange d'aldéhyde benzoïque et de méthylbenzylcétone ; 12° en chauffant à 200° un mélange de cyanure de benzyle et de benzaldéhyde, avec dégagement de CO^2 et de AzH^3 [R. v. Walther, *J. prakt. Chem.*, 57, 111, 1898 ; 13° par décomposition du 1.2-diphényléthanol par SO^4H^2 étendu ou bien en chauffant la désoxybenzoïne à 170° avec de l'éthylate de sodium [J. J. Sudborough, *Chem. Soc.*, 67-68, 604, 1895] ; 14° par l'action du chlorure et de l'iodure de benzyle sur la pyridine [Tschitschibabine, *Journ. Soc. phys. chim. russe*, 34, 130, 1902] ; 15° en

chauffant du soufre avec du toluène [A. Aronstein et A. Nierop, *Rec. Pays-Bas*, 448, 1902] ; 16° par distillation avec du zinc de l'isodiphényloxéthylamine $C^6H^5.CHOH.CH(AzH^2).C^6H^5$ [Em. Erlenmeyer jun., *Ann. Chem.*, 307, 70, 1899] ; 17° par action du sodium-phényle sur le chlorure de benzoyle [S. Acree, *Am. Chem Journ.*, 31, 558, 1903] ; 18° en chauffant à 200° la désoxybenzoïne avec PBr^3 [R. Stoermer, *D. chem. G.*, 36, 3986, 1903] ; 19° par décomposition du chlorure de benzoyle par pyrogénation [W. Lob, *D. chem. G.*, 36, 3059, 1903] ; 18° par action de l'alcoolate de sodium sur la désoxybenzoïne [A. Haller et J. Minguin, *C. R.*, 120, 1105, 1895] ; 20° en chauffant au-dessus de 335° du toluène avec de l'oxyde de plomb [C. Vincent, *C. R.*, 110, 907, 1890], à côté de benzène et d'autres hydrocarbures ; 21° par décomposition de l'α-bromo-ββ-diphénylpropionate de K [Kohler, *Am. Chem. Journ.*, 34, 132, 1905].

Préparation. — On peut préparer le stilbène en chauffant 15 p. de benzaldéhyde avec 1 p. de soufre pendant 6 heures en tubes scellés à 180° [Barbaglia et Marquardt, *Gazz. chim. ital.*, 21, 202]. D'après Hanriot [*Bull. Soc. Chim.*, 4, 2, 1890] le meilleur procédé consiste à faire passer du chlorure de benzyle dans un tube chauffé légèrement ; il se forme en même temps du toluène et des goudrons.

Propriétés physiques. — Densité à l'état liquide [R. Schiff, *Ann. Chem.*, 223, 262]. Chaleur de combustion $= 1765^{Cal},7$ [Stohmann, *Zeit. f. phys. Chem.*, 10, 412 ; — Berthelot et Vieille, *Ann. phys. Ch.*, (6), 30, 451 ; — Ossipow, *Zeit. f. phys. Ch.*, 2, 647]. — Etude cristallographique [Boeris, *R. A. L.* (5), 8, 1, 575, 585]. — Cryoscopie dans le dibenzyle [F. Garelli et Calzolari, *Gazz. chim. ital.*, 29, (II), 258, 1899] ; dans l'azobenzène [G. Bruni et F. Garni, *Gazz. chim. ital.*, 30, (II), 55, 1899] ; dans la diphénylamine, le diphénylméthane [*ibid.*, 31, 48, 1900]. — Pouvoir réfringent [A. Chilesotti, *Gazz chim. ital*, 30, 149, 153, 1899 ; — Perkin, *Chem. Soc.*, 69, 1225]. Voy. aussi K. Beck, *Cent. Blatt.*, II, 580, 1904].

D'après Elbs [*J. prakt. Chem.*, (2), 47, 79] 100 p. d'alcool à 90° dissolvent $1^p,13$ de stilbène à froid et $7^p,77$ à l'ébullition. D'après Wislicenus et Seeler 100 p. d'éther en dissolvent $5^p,585$ à 13° [*D. chem. G.*, 28, 2695, 1895].

Propriétés chimiques. — Sous l'action de la lumière, le stilbène se transforme en un *dimère* $C^{28}H^{24}$ fusible à 163° [G. Ciamician et P. Silber, *D. chem. G.*, 35, 4128, 1902], ou bien s'oxyde en acide benzoïque dans un vase mal fermé [*ibid.*, 36, 4266, 1903].

Un mélange d'azobenzène et de stilbène donne par sublimation dans le vide des cristaux homogènes orangés [G. Bruni et Padoa, *Gazz. chim. ital.*, 32, 319, 1902].

L'acide nitreux fournit du *nitrosite de stilbène* $C^{14}H^{12}Az^2O^3$ fondant à 195-197° et se décomposant par ébullition avec l'acide acétique en AzO^2H et *α-diphényldinitroéthane* symétrique fondant à 235-236° ; les eaux mères du nitrosite renferment le *dérivé* β fondant à 150° et les deux isomères se forment simultanément par l'action de AzO^2 sur le stilbène en solution éthérée ou benzénique [J. Schmidt, *D. chem. G.*, 34, 623 et 3536, 1901].

Avec $AzOCl$ à — 10° et en solution chloroformique, on obtient un *nitroso-chlorure* fondant à 138-139° avec décomposition [Tilden et Förster, *Chem. Soc.*, 65, 327].

L'ozone le transforme en aldéhyde benzoïque [C. Harries, *D. chem. G.*, 36, 1933, 1903]. Le sodium et l'alcool le réduisent en dibenzyle [A. Klages. *D. chem. G.*, 35, 2646, 1902]. Il fixe le brome [H. Bauer, *D. chem. G.*, **37**, 3317, 1904].

En solution acétique, traité par la liqueur de Wijs (obtenue par l'action du chlore sec sur une solution de $12^{gr},7$ d'I dans un litre d'acide acétique), il donne un précipité d'*iodochlorure de stilbène* $C^6H^5CHCl-CHI.C^6H^5$ fondant à 135° [H. Ingle, *Cent. Blatt.*, (I), 1402, 1902].

Le stilbène ne se combine pas avec le malonate d'éthyle en présence de sodium [P. Hermann et D. Vorländer, *Cent. Blatt.*, (I), 730, 1899].

Indice d'iode [H. Ingle, *Cent. Blatt.*, (II), 506, 1904].

Avec le chlorure de chromyle en solution sulfocarbonique, il donne un produit d'addition solide, brun, qui se décompose par l'eau en benzile, benzaldéhyde et benzophénone [G. Henderson et Gray, *Chem. Soc.*, 85, 1041, 1904].

DÉRIVÉS HALOGÉNÉS

I. DÉRIVÉS CHLORÉS. — 1° Le *chlorostilbène* $C^6H^5CCl=CH.C^6H^5$, liquide obtenu par Laurent et par Zinin (voy. Dict., II, 1676) se transforme par ébullition en une modification solide fondant à 54° ou β-*chlorostilbène*; celle-ci se forme encore par l'action de PCl^5 sur la désoxybenzoïne. Elle bout à 320-324° avec faible décomposition [Sudboroug, *D. chem. G.*, **25**, 2237, 1892; *Chem. Soc.*, **71**, 220].

2° L'*o-chlorostilbène* $C^6H^5-CH=CH-C^6H^4Cl$ se forme par distillation dans le vide de l'o-α-dichlorobenzyldésoxybenzoïne. Il fond à 40° (*dibromure* fusible à 176°) [A. Klages, *D. chem. G.*, **35**, 3965, 1902].

3° Le *p-chlorostilbène*, formé par condensation de l'acide p-chlorophénylacétique avec la benzaldéhyde ou bien de l'acide phénylacétique avec la p-chlorobenzaldéhyde, fond à 127-129° [R. von Walther et Wetzlich, *J. f. prakt. Chem.*, (2), **64**, 196, 1900; — R. von Walther et W. Raetze, *ibid.*, **65**, 258, 1902].

4° *Chlorures de stilbène*, $C^6H^5CHCl-CHCl-C^6H^5$ (Voy. Dict. II, 1676). Le *dérivé o-o-dichloré* fond à 170°,5 [Gill, *D. chem. G.*, **26**, 651, 1893].

5° L'*o-o-dichlorostilbène*, qui dérive du composé précédent chauffé avec du cuivre en poudre $C^6H^4Cl-CH=CH-C^6H^4Cl$, fond à 97° (*dichlorure* fusible à 170°,5).

6° Enfin un *dérivé dichloré*, fusible à 170°, a été obtenu par Kade [*J. f. prakt. Chem.*, (2), **19**, 466, 1879] en dirigeant un courant de chlore dans du dibenzyle fondu.

7° *Dichlorostilbène*, $C^6H^5.CCl=CCl-C^6H^5$. Voy TOLANE.

8° *Trichlorostilbène*. — Par l'action du chlore sur le β-chlorostilbène en présence de CCl^4 on obtient le composé $C^6H^5.CHCl-CCl^2-C^6H^5$ fondant à 102-103° (Sudborough).

II. DÉRIVÉS BROMÉS. — 1° Le *monobromostilbène* $C^6H^5CBr=CH.C^6H^5$ se forme encore par l'action du brome sur l'α-phénylcinnamate de sodium [Muller, *D. chem. G.*, **26**, 664, 1893]. Il se présente sous deux modifications: l'une α liquide, formée par l'action de la potasse alcoolique sur le dibromure de stilbène, se transforme en modification β fusible à 31°; cette dernière se produit aussi en chauffant le dibromure β avec la potasse [Wislicenus et Seeler, *D. chem. G.*, **28**, 2699, 1895].

2° *Dibromure de stilbène*, $C^6H^5.CHBr-CHBr.C^6H^5$. — Il se forme dans l'action de PBr^5 sur l'hydrobenzoïne ou l'isohydrobenzoïne [Zincke, *Ann. Chem.*, **198**, 127]. La modification α se produit à côté du dérivé β par action du brome sur le stilbène en présence de CS^2 (Wislicenus et

Seeler). La modification β fond à 110-111° et donne avec le thiophénol sodé très probablement un stéréoisomère du stilbène [R. Otto et F. Stoffel, *D. chem. G.*, **30**, 1799, 1897]. Chauffé avec KHS il donne du stilbène [Auwers, *D. chem. G.*, **24**, 1779, 1891]. Réfraction moléculaire [Eykman, *Rec. Pays-Bas*, **12**, 185]. Avec AzO^3Ag il fournit le *dinitrate d'hydrobenzoïne* $C^6H^5-CH(OAzO^2)-CH(OAzO^2)C^6H^5$ fondant à 132° (R. v. Walther et Wetzlich). Traité par C^6H^5MgBr il donne du stilbène et du diphényle [Kohler et Johnstin, *Am. Chem. Journ.*, **33**, 35, 1905].

3° *Dibromostilbène*, $C^{14}H^{10}Br^2$. — Voy. TOLANE.

4° *Chlorobromostilbène*, $C^6H^5CCl=CBr.C^6H^5$. — Il fond à 173-174° (Sudborough).

III. DÉRIVÉS IODÉS. — *Diiodostilbène*, $C^6H^5CI=CI.C^6H^5$. — Voy. TOLANE.

Le *chloroiodostilbène*, $C^6H^5CHCl=CHIC^6H^5$, fond à 131° avec décomposition [Ingle, *Chem. Zeit.*, **26**, 436, 1902].

DÉRIVÉS AZOTÉS ET AMIDÉS

α-CYANOSTILBÈNE, $C^6H^5C(CAz)=CH-C^6H^5$. — Par nitration ce composé est transformé en 4.4'-*dinitro-7-cyanostilbène*, aiguilles jaunes fusibles à 215° que donne aussi la condensation de l'aldéhyde p-nitrobenzoïque avec le cyanure de p-nitrobenzyle (*dér. diamidé* fusible à 188°). Le 3.3'-*dinitro-7-cyanostilbène* fond à 204° (*dér. diamidé* fusible à 145-146°). Le 2.2'-*dinitro-7-cyanostilbène* fond à 167-171° et le *dérivé* 4.2'-*dinitré* fond à 184° [M. Freund, *D. chem. G.*, **34**, 3104, 1901]. Le 4-*diméthylamino-4'-nitro--α'-cyanostilbène* fond à 245° [F. Sachs et W. Lewin, *D. chem. G.*, **35**, 3569, 1902].

Dicyanostilbène, $C^6H^5CH(CAz)-CH(CAz)-C^6H^5$. — Obtenu par l'action du méthylate de sodium et de l'iode sur le cyanure de benzyle, il fond à 158-159° [L. Chalanay et E. Knœvenagel, *D. chem. G.*, **23**, 285, 1890]. Il se forme aussi à partir du nitrile-α-nitrophénylacétique [W. Wislicenus et A. Endres, *D. chem. G.*, **35**, 1755, 1902].

p-DINITROSOSTILBÈNE, $C^6H^4(AzO)-CH=CH-C^6H^4(AzO)$. — Ce composé se forme dans l'action de la soude en solution méthylique sur le p-nitrotoluène et fond à 263°. Par réduction il donne le *p-diamidostilbène* [O. Fischer et Hepp, *D. chem. G.*, **26**, 2232, 1893].

Dérivé mononitré. — La condensation de l'acide p-méthoxyphénylacétique avec la 2-nitrométhylvanilline fournit un 4.7.8-*triméthoxy-6-nitrostilbène* fondant à 156° [R. Pschorr, C. Seydel et W. Stohrer, *D. chem. G.* **35**, 4400, 1902].

Dinitrostilbènes. — [Voyez Dict., **2**, 1676 et 2e Suppl., **2**, 1458].

1° Un *dérivé* $C^{14}H^{12}(AzO^2)^2$, obtenu par l'action de AzO^2 sur le stilbène en solution benzénique, fond à 300° avec décomposition.

2° L'action des vapeurs nitreuses sur le tolane donne deux *dinitrostilbènes* isomères, jaunes $C^6H^5C(AzO^2)=C(AzO^2)C^6H^5$; l'un α fond à 186-187°, l'autre β fond à 105-107°; ils donnent par réduction l'α-β-γ-δ-*tétraphénylvipérazine* [J. Schmidt, *D. chem. G.*, **34**, 619, 1901].

Le dédoublement par les acides étendus du produit de réduction de l'amarine $C^{28}H^{24}Az^2$, fusible à 164°, fournit un diaminostilbène $C^6H^5CH(AzH^2)-CH(AzH^2)-C^6H^5$, fondant à 120-121° (*dér. diacétylé* fondant à 350°, combinaison avec la benzaldéhyde fusible à 164° et identique au produit de réduction de l'amarine) [G. Grossmann, *D. chem. G.*, **22**, 2298, 1889].

3° *o-Dinitrostilbènes*, $C^6H^4(AzO^2)-CH=CH.C^6H^4(AzO^2)$. — L'action de la potasse alcoolique sur le chlorure d'o-nitrobenzyle donne naissance à deux o-dinitrostilbènes stéréoisomères : l'un, *dérivé trans*, aiguilles jaunes, fond à 196°, l'autre *cis*- fondant à 126° et donne un *bromure* fondant à 215° [Bischoff, *D. chem. G.*, **21**, 2072, 1888; — M. Buddeberg, *ibid.*, **23**, 2066, 1890].

D'après Thiele et Dimroth [*D. chem. G.*, **28**, 1412, 1895] on peut les séparer par cristallisation dans l'épichlorhydrine et le dérivé *trans* fondrait à 191-192°.

L'*o-diamidostilbène* donne par réduction l'o-diaminodibenzyle fondant à 68° [J. Thiele et O. Holzinger, *Ann. Chem.*, **305**, 96, 1899]

4° *p-Dinitrostilbènes*. — Les deux *p-dinitrostilbènes* se forment de même [Walden et Kernbaum, *D. chem. G.*, **23**, 1959, 1890; — Strakosch, *D. chem. G.*, **6**, 328; — Elbs et Bauer, *J. prakt. Chem.*, (2), **34**, 344, 1890] ou bien par l'action de la soude en solution méthylique sur le p-nitrotoluène (O. Fischer et Hepp) ou encore dans l'action du chlorure de p-nitrobenzyle sur l'éther acétylacétique sodé [G. Roméo, *Gazz. chim. ital.*, **32**, 355, 1902] et sur l'acétoxime sodée [G. Schrœter et M. Peschkes, *D. chem. G.*, **33**, 1975, 1900]. L'un, *dérivé α*, fond à 280-285°, l'autre (*dérivé β*) fond à 210-216° et est plus soluble dans l'acétone. Par réduction électrolytique, ils se transforment en solution alcaline en *p-azoxystilbène*, poudre rouge, et en solution acide en *p-diaminostilbène* [K. Elbs et R. Kremann, *Centr. Blatt.*, 1903, I, 1414].

Le *2-dichloro-p-dinitrostilbène*, obtenu par l'action de la potasse alcoolique sur le bromure de p-nitro-o-chlorobenzyle, fond à 294° et donne avec un excès d'alcali le *p-azoxy-o-dichlorostilbène*, poudre rouge [O.-N. Witt, *D. chem. G.*, **25**, 77, 1892].

5° *2.4-dinitrostilbène*, $C^6H^3(AzO^2)^2$-CH=CH-C^6H^5. — Ce composé prend naissance quand on chauffe du dinitrotoluène et de la benzaldéhyde en présence de pipéridine à 160-170°. Il fond à 139-140° (*dibromure* fondant à 185-186°). Par réduction, il donne (avec $SnCl^2$) le 2.4-*diaminostilbène* fondant à 119-120°, ou bien le *nitro-4-amino-2-stilbène* fondant à 142-143° (*chorhydrate* fondant à 218-219°, dérivé acétylé fondant à 220°) et (avec H^2S en sol. ammoniacale et alcoolique), le *2-nitro-4-aminostilbène* fusible à 110-111° (*chlorhydrate* fondant à 223°, dérivé acétylé fondant à 192-193°) [J. Thiele et R. Escales, *D. chem. G.*, **34**, 2842, 1901]. Par sulfonation il fournit l'*acide 2.4-dinitrostilbène-monosulfonique* fondant vers 70°; l'*acide disulfonique* fondant à 125° ou à 83-85° [R. Escales, *D. chem. G.*, **35**, 4146, 1902].

Le *4'-diméthylamino-2.4-dinitrostilbène*, f. à 181°. L'isomère 2.6 est en aiguilles violettes [F. Sachs et P. Steinert, *D. chem. G.*, **37**, 1733, 1904].

Trinitrostilbènes. — Le *2.4.4'-trinitrostilbène* fond à 240° (*dér. triaminé* fusible à 176-174°). Le *2.4.3'-trinitrostilbène* fond à 183-184° (*dér. triaminé* fusible à 112-113°). Le *2.4.2'-trinitrostilbène* fond à 194-195° (*dér. triaminé* fusible à 156-157°) (Thiele et Escales).

Tétranitrostilbène. — Le *2.4.2'.4'-tétranitrostilbène* fond à 264-266° avec décomposition [Krasusky, *J. Soc. R.*, **27**, 339; — P. Friedländer et P. Cohn, *Mon. f. Chem.*, **23**, 543, 1902].

HOMOLOGUES DU STILBÈNE

α-MÉTHYLSTILBÈNE,　$C^6H^5C(CH^3)$=CH-C^6H^5. — On l'obtient par condensation de la chloracétone avec C^6H^5MgBr [Tiffeneau, *Bull. Soc. Chim.*, **29**, 1158, 1903], de CH^3IMg avec la désoxybenzoïne [Klages, *D. chem. G.*, **35**, 2646, 1902], par

action de l'anhydride acétique sur le phénylbenzylméthylcarbinol [C. Hell, *D. chem. G.*, **37**, 458, 1904] et de la potasse sur le cétoénol $C^{17}H^{14}O^2$ [D. Vorländer et H. v. Liebig, *D. chem. G.*, **37**, 1133, 1904; — D. Vorländer et M. Schrœdter, *ibid.*, **36**, 1490, 1903]. Il fond à 82-83°, bout à 183° sous 26 mm. Le *dibromure* fond à 127°, le *diphénylpropane* corr. bout à 166-167° sous 28 mm.

Le *méthylchlorostilbène* $C^6H^5C(CH^3)$=CCl-C^6H^5 se présente sous deux modifications : l'une α, liquide (action de PCl^5 sur la méthyldésoxybenzoïne) bout à 316° et se transforme par ébullition en modification β fondant à 124° et bouillant à 178° sous 18 mm. [Sudborough, *D. chem. G.*, **25**, 2227, 1892 et *Chem. Soc.*, **71**, 224].

p-MÉTHYLSTILBÈNE,　C^6H^5-CH=$CH_{(1)}$-C^6H^4($CH^3)_{(4)}$. — Il se forme par ébullition du benzyl-p-tolylcarbinol avec SO^4H^2 étendu [Mann, *D. chem. G.*, **14**, 1646, 1881] par distillation du cinnamate de p-crésyle [Anschütz, *D. chem. G.*, **18**, 1946, 1885] et de la p-méthylchlorobenzyl-désoxybenzoïne [A. Klages, *D. chem. G.*, **35**, 3965, 1902]. Il fond à 117° ou 120° (*bromure* fondant à 186-187°).

p-DIMÉTHYLSTILBÈNE. — (Voyez 1er Suppl., II, 1458). On l'obtient encore par ébullition du ditolyltrichloréthane en solution alcoolique avec Zn en poudre et AzH^3 [Elbs et Foerster, *J. prakt. Chem.*, (2), **39**, 299, 1889; — Elbs, *ibid.*, **47**, 46, 1893]; du ditolyléthanol avec SO^4H^2 et l'acide acétique [Buttenberg, *Ann. Chem.*, **279**, 337]; par distillation de l'azine de l'aldéhyde p-toluylique [L. Bouveault, *Bull. Soc. Chim.*, (3), **17**, 368, 1897] et en chauffant à 200° une solution à 1/30 de soufre dans le p-xylène (en même temps que du pp-diméthylbenzyle fondant à 81-82°) [L. Aronstein et A. van Nierop, *Rec. Pays-Bas*, **21**, 448, 1902]. Il fond à 179°.

Le *m-diméthylstilbène* fond à 55-56° (*dibromure* fondant à 167-168°) [L. Aronstein et A. v. Nierop; — Wislicenus et Wren, *D. chem. G.*, **38**, 502, 1905].

TÉTRAMÉTHYL-m-STILBÈNE. — On l'obtient encore par ébullition du m-xylyltrichloréthane en solution alcoolique avec Zn en poudre et AzH^3 (Elbs et Förster).

Le *dérivé tétrabromodihydroxylé du tétraméthyl-(2.5.2'.5')-stilbène* se forme par action de la potasse sur le dibromo-p-oxy-p-xylylnitrométhane [K. Auwers et C. Schumann, *Bull. Soc. Chim.*, **28**, 597, 1902].

ÉTHYLSTILBÈNES. — L'*éthylchlorostilbène* $C^6H^5C(C^2H^5)$=CCl-C^6H^5 fond à 60° et bout à 188-189° sous 27 mm. (Sudborough).

L'*éthylstilbène* C^6H^5-CH=CH-$C^6H^4(C^2H^5)$ se forme par ébullition de l'alcool C^6H^5.CH^2-$CHOH$-C^6H^4-C^2H^5 avec SO^4H^2 étendu [Söllscher, *D. chem. G.*, **15**, 1681, 1882] et fond à 89-90°.

p-ISOPROPYLSTILBÈNE. — Ce composé se forme encore en chauffant à 300° le cuminol avec l'acide phénylacétique [von Walther et Wetzlich, *J. prakt. Chem.*, (2), **64**, 177, 1900] et par décomposition à 200° de l'isopropylchlorobenzyldésoxybenzoïne [A. Klages et Tetzner, *D. chem. G.*, **35**, 3965, 1902]. Il bout à 315°; son *dibromure* fond à 183°. Le *dérivé p-nitré* fond à 132°.

α-PHÉNYLSTILBÈNE ($C^6H^5)^2C$=CH-C^6H^5. — Il se produit dans l'action de la benzophénone sur le chlorure de Mg-benzyle et fond à 67-68° [C. Hell et F. Wiegandt, *D. chem. G.*, **37**, 1429, 1904].

α-DINAPHTOSTILBÈNE. — On l'obtient en faisant bouillir l'α-dinaphtyltrichlorétane en solution alcoolique avec du zinc en poudre [T. Hirn, *D. chem. G.*, **32**, 3341, 1899]. Il fond à 161°; le *dibromure* fond à 211° [Elbs, *J. prakt. Chem.* (2),

47, 55, 1893; — Wislicenus et Wren, *D.chem. G.*, **38**, 502, 1905]. Le β-*dinaphtostilbène* fond à 254-255° (Wislicenus et Wren).

α-β-DIBENZOYLSTILBÈNE. — Chauffé à 200° avec AzH^3 alcoolique, il donne un mélange de deux isomères : la *dibenzoylstilbène-imide* $C^{28}H^{21}AzO$ fusible à 180-182° et la *tétraphénylpyrrolone* fusible à 207° [P. Klingemann et W. Laycock, *D. chem. G.*, **24**, 510, 1891 et *Chem. Soc.*, **59**, 140].

OXYSTILBÈNES.

Le 2-*méthoxystilbène* fond à 70°, l'*acide β-carbonique* correspondant fond à 186-187° [Funk et Kostanecki, *D. chem. G.*, **38**, 939, 1905].

Le *p-méthoxystilbène* $C^6H^5-CH=CH.C^6H^4$ (OCH^3) s'obtient par condensation de l'aldéhyde anisique avec l'acide phénylacétique (R. v. Walther et Wetzlich) ou avec le chlorure de Mg-benzyle [C. Hell, *D. chem. G.*, **37**, 457, 1904]. Il fond à 135-136°; le *dibromure* fond à 177°, le *dér. p-nitré* obtenu de même fond à 133°, le *dér. p-chloré* fond à 175°,5. Le *p-méthoxymonobromostilbène* $C^6H^5-CH=CH-C^6H^3Br(OCH^3)$ fond à 138°. Par bromuration du p-méthoxystilbène, on obtient le *p-diméthoxytétrabromostilbène-dibromé* fondant à 229°, qui fournit par distillation avec le cuivre en poudre le *p-diméthoxytétrabromostilbène* fusible à 280° [K. Auwers, *D. chem. G.*, **36**, 1878, 1903].

DIOXYSTILBÈNES. — 1° o-*Dioxystilbène*. — Il se présente sous deux modifications l'une α, obtenue à partir de l'aldéhyde salicylique, fond à 95°, l'autre β, à partir de l'aldéhyde thiosalicylique polymérisée, fond à 197° (*éther diméthylique* fusible à 136°) [Harries, *D. chem. G.*, **24**, 3178, 1891; — Kopp, *ibid*, **25**, 601, 1892];

2° m-*Dioxystilbène*. — L'*éther diméthylique* $C^{16}H^{16}O^2$ fond à 93-100° [Kopp, *Ann. Chem.*, **277**, 358];

3° p-*Dioxystilbène* $(OH)C^6H^4-CH=CH-C^6H^4$ (OH). — On l'obtient par réduction du diphényltrichloréthane [Ter Meer, *D. chem. G.*, **7**, 1202; — Elbs, *J. prakt. Chem.*, **47**, 66, 1893]; à partir du diaminostilbène [Elbs et Hörmann, *J. prakt. Chem*, **39**, 500, 1889]; par l'action de la chaleur sur la p-trithiobenzaldéhyde ou par saponification du benzoate correspondant (Kopp).

Il fond à 280° avec décomposition. Avec HBr il se transforme en $C^{14}H^{12}O^2$. Avec le brome en excès, il donne un *hexabromure* fondant à 265° qui fournit par réduction le *tétrabromodioxystilbène* fondant à 269° (*dér. diacétylé* fondant à 241°). Le *tétrachlorodioxystilbène* fond à 237-238° (*dér. diacétylé* fusible à 246°). L'*hexachlorure* fond à 240° avec décomposition. Le tétrachloro-p-dioxystilbène se forme encore par réduction des deux cétochlorures, l'un $C^{14}H^5O^2Cl^{11}$ fusible à 217° et l'autre $C^{14}H^4O^2Cl^{14}$ fournis par la chloruration du chlorhydrate de p-diaminostilbène.

L'*éther diméthylique* fond à 24° (*dér. dibromé* fondant à 197°). L'*éther diéthylique* fond à 207° (*dér. dibromé* fusible à 210°). Le *diacétate* fond à 213° [T. Zincke, *J. prakt. Chem.*, (2), **59**, 236, 1899; — T. Zincke et K. Friess, *Ann. Chem.*, **325**, 19, 1902; — K. Auwers, *D. chem. G.*, **32**, 25, 1899].

Le 2.5.2'.5'-*tétraméthyl-p-dioxystilbène* s'obtient par l'action du zinc en poudre sur le tétraméthyl-p-dioxydiphényltrichloréthane et fond à 320-330°; le *diacétate* fond à 186°, le *tétrabromure* à 234° [K. Auwers et ses collaborateurs, *D. chem. G.*, **28**, 2908, 2914, 1895; **29**, 1108, 1896; **34**, 4270, 1901; *Ann. Chem.*, **304**, 275, 1898].

Le *dérivé tétrabromé* du dérivé 3.5.3'.5'-tétraméthylé fond à 233° (*dér. diacétylé* fusible à 244° [K. Auwers et Allendorff, *Ann. Chem.*, **302**, 76, 1898].

4° 3-4-*Dioxystilbène*. — L'*éther méthylénique* $C^6H^3(O^2CH^2)CH=CH.C^6H^5$, obtenu par condensation du pipéronal avec le chlorure de Mg-benzyle fond à 95-96° (*dibromure* fusible à 188° [C. Hell et F. Wiegandt, *D. chem. G.*, **37**, 1429, 1904].

Le 3.4-*diméthoxy-2-nitrostilbène* $C^{16}H^{15}O^4Az$ fond à 122-123° [R. Pschorr et G. Sumuleanu, *D. chem. G.*, **33**, 1810, 1900].

5° Le 3.4.3'.4'-*tétraméthoxystilbène* fond à 155-156° [W. Feuerstein, *D. chem. G.*, **34**, 415, 1901].

6° *Dioxystilbène* $C^6H^5-C(OH)=C(OH)-C^6H^5$. — L'action du sodium sur le benzile en présence du chlorure d'acétyle fournit deux *diacétyldioxystilbènes* fondant l'un à 118°, l'autre à 153° [J.-V. Nef, *Ann. Chem.*, **308**, 264, 1899; — S. Acree, *Am. Journ.*, **29**, 588, 1903; — H.-L. Bowman, *Centr. Bl.*, 1899, (II), 415. Le *dérivé dibenzoylé* s'obtient de même.

DÉRIVÉS SULFURÉS.

En présence d'acide chlorhydrique, la benzoïne réagit sur les mercaptans en donnant des *dérivés stilbéniques* $C^6H^5-C(SR)=C(SR)-C^6H^5$. Le *dithiobenzylstilbène* fond à 175°; le *dithioamylstilbène* fond à 77°; le *dithiophénylstilbène* fond à 162°; le *dithioéthylstilbène* à 104° [T. Posner, *D. chem. G.*, **35**, 506, 1902].

ACIDES STILBÈNE-CARBONIQUES.

ACIDE STILBÈNE-O-CARBONIQUE, $C^6H^5.CH=CH.$ $C^6H^4.CO^2H$. — On l'obtient en chauffant à 212° une solution alcaline d'α-benzylphtalide. Il fond à 158-160°. L'*acide saturé* correspondant fond à 129-132° [S. Gabriel et L. Posner, *D. chem. G.*, **27**, 2506, 1894]. Avec AzO^3H il donne le *dérivé dinitré* $C^6H^5CH(AzO^2)-CH(AzO^2)-C^6H^4-CO^2H$. Le *dibromure* perd HBr pour donner une *lactone bromée*

$$C^6H^4-CHBr-CH-C^6H^5$$
$$\backslash \qquad |$$
$$CO-O$$

[E. Leupold, *D. chem. G.*, **34**, 2829, 1901].

L'*acide 4 (ou 5) éthoxystilbène-o-carbonique* fond à 172°; le dérivé saturé fond à 117° [P. Onnertz, *D. chem. G.*, **34**, 3735, 1901].

L'*acide o-méthyl-stilbène-o-carbonique*, $CH^3-C^6H^4-CH=CH-C^6H^4-CO^2H$ fond à 169°, son sel de cuivre vers 50°, l'acide saturé à 123° [F. Bethmann, *D. chem. G.*, **32**, 1104, 1899].

Acide stilbène-o-o-dicarbonique. — Il se forme à l'aide du nitrile obtenu dans l'action du cyanure de potassium sur l'acide hydrodiphtallactonique et fond vers 263°. Son *éther diéthylique* fond à 79-80° [E. Hasselbach, *Ann. Chem.*, **243**, 240].

ACIDES STILBÈNE-SULFONIQUES.

L'*acide 4.4'-dinitrostilbène-2.2'-disulfonique* s'obtient par oxydation du dérivé nitrosé correspondant [O. Fischer et Hepp, *D. chem. G.*, **26**, 2231, 1893; — Bender et Schultz, *D. chem. G.*, **19**, 3234, 1886; *ibid.*, **28**, 422, 1895]; par l'action de ClONa sur le 4-nitrotoluène-2-sulfonate de sodium en solution alcaline [Green et Wahl, *D. chem. G.*, **30**, 3100, 1897; — Levinstein, *Centr. Blatt.*, I, 1085, 1900; II, 703 et 1091, 1900]. Il forme des aiguilles solubles dans l'eau froide et donne par condensation avec les amines et diamines des matières colorantes, de même qu'en présence de réducteurs alcalins. Le sel de sodium, traité par Na^2S en solution aqueuse à 30-40°, fournit un sel acide de sodium de l'acide nitro-amidostilbènedisulfonique $C^{14}H^{11}Az^2O^8S^2.Na$; par réduction (Zn et AzH^4Cl) on obtient l'acide diamidostilbènedisulfonique [Wahl. *Bull. Soc. Chim.*. **29**, 347. 1903].

Mai 1906.   F. March.

STILBÈNE (ISO-). — Ce nom a été donné à un stilbène stéréoisomère huileux qui se produit, d'après Otto et Stoffel [*D. chem. G.*, **30**. 1799. 1897], dans l'action du thiophénol sodé sur le dibromure de stilbène β. D'après P. Pfeiffer [*Cent. Blatt.*. II, 300, 1904] il fondrait à 20° et serait la forme cis, le stilbène fondant à 124° étant la forme trans.

Mai 1906.   F. March.

STOFFERTITE (Min.) (Klein). — Phosphate de calcium hydraté, voisin de la métabrushite. $PO^4CaH + 5.5H^2O$, de l'île de Mona, Grandes-Antilles. Prismes clinorhombiques, g^1e^1.

STOKESITE (Min.) (Hutchinson). — Silicostannate hydraté de calcium. $CaO . 3SiO^2 . SnO^2 2H^2O$. Cristal unique provenant de Rocommo. Cliff. Saint-Just, Cornouailles, transparent, presque incolore, éclat vitreux ou nacré sur le clivage, cassure conchoïdale. Au chalumeau, perd de l'eau, infusible, inattaquable par l'acide chlorhydrique, même concentré. Dureté = 6, Densité = 3.185. Prisme orthorhombique : faces g^1e^3. Clivages faciles mg^1.

$$a : b : c = 0.3463 : 1 : 0,8033.$$

L. Bourgeois.

STOVAÏNE. — Chlorhydrate de benzoyl-éthyldiméthylaminopropanol $CH^3 - C(C^2H^5)(O.CO.C^6H^5) - CH^2.Az(CH^3)^2.HCl.$ — Ce produit a été préparé par Fourneau et Tiffeneau en faisant réagir le bromure d'éthylmagnésium sur la diméthylaminoacétone, puis en benzoylant l'éthyldiméthylaminopropanol obtenu.

La stovaïne est une poudre cristalline blanche, fusible à 175°; soluble dans l'eau, dans 5 p. d'alcool méthylique, 50 p. de chloroforme, 70 p. d'alcool absolu, insoluble dans l'éther et dans l'acétone. La solution aqueuse est acide au tournesol. Les réactifs ordinaires des alcaloïdes précipitent les solutions de stovaïne à 1 0/0.

La stovaïne est facile à reconnaître de la façon suivante : $0^{gr}.5$ sont évaporés au bain-marie avec 1 cmc. d'un mélange à parties égales d'acide chlorhydrique et d'acide azotique; on évapore de nouveau avec 1 cmc. de soude alcoolique; il reste un produit huileux à odeur de fruit caractéristique.

La stovaïne est employée comme succédané de la cocaïne. C'est un anesthésique plus faible que la cocaïne, mais moins toxique, et qui possède en outre des propriétés antithermiques et bactéricides [Fourneau, *C. R.*. **138**, 766, 1904; — F. Zernik, *Zeit. Apoth.*, **20**, 174, 1905; — R. Lüders. *Chem. Ind.*, **28**. 261. 1905].

P. Carré.

STRENGITE (Min.) (Nies). — Phosphate ferrique hydraté, $(PO^4)^2Fe^2.4H^2O$, correspondant à la scorodite, avec laquelle il est isomorphe. Cristaux, ou plus souvent agrégats radiés, sphérolites, d'une nuance rouge plus ou moins vive, éclat vitreux. Accompagne d'autres phosphates de fer, à la mine Eléonore, à Dünsberg, près de sen; à la mine Rothläufhcen, près Waldgirmes; dans le comté de Rockbridge, Virginie.

Caractères. — Soluble dans l'acide chlorhydrique, insoluble dans l'acide nitrique. Donne de l'eau dans le tube; fond sur le charbon en

globule noir brillant. Dureté = 3 à 4. Densité = 2,87.

Forme cristalline. — Prisme orthorhombique : $b^1/_2b^1/_2$ (culminant) = 115°36' et 101°38'; $b^1/_2b^1/_2$ (latéral) = 111°30'. Faces $b^1/_2g^3h^1$.

L. Bourgeois.

STRICTAURINE, STRICTAURINIQUE (ACIDE). — Voy. l'art. LICHENS.

STRIGOVITE (Min.) (Becker). — Chlorite voisine de la thuringite et de l'aphrodisite, composition $MO.R^2O^3.2SiO^2,3H^2O$, trouvée en enduits noir verdâtre, écailleux, à Striegau. Silésie. Attaqué par les acides, avec dépôt de silice pulvérulente. Dureté = 2,588.   L. B.

STRONTIUM, $Sr = 87,66$. — Voyez Dict., **2**, 1679.

État naturel. — En dehors de la strontianite CO^3Sr et de la célestine SO^4Sr, on rencontre des sels de strontium dans la carnallite et la kaïnite de Westereghen [Naupert et Weise, *D. chem. G.*, **26**, 875, 1893]; on en trouve aussi dans plusieurs sources d'eaux minérales, en particulier dans les eaux de Contrexéville [Dieulafait. *C. R.*. **95**, 999, 1882].

Séparation industrielle des sels de strontium dans les mélanges avec le baryum et le calcium. — 1° Après les avoir transformés en nitrates on les traite par le sulfate de calcium qui précipite du sulfate de baryum: la liqueur contient les nitrates de calcium et de strontium, ce dernier est purifié par deux cristallisations [Adrian et Bougarel, *J. Pharm. Chim.*, **5**, 345, 1892]; 2° dans le mélange des nitrates on sépare le baryum par une précipitation fractionnée faite très lentement avec de l'acide sulfurique, la liqueur est évaporée à sec et épuisée à l'alcool qui laisse l'azotate de strontium et dissout l'azotate de calcium [Sœrensen, *Zeit. anorg. Chem.*, **11**, 305, 1895]; 3° le sulfate de strontium impur est mis à digérer avec du carbonate d'ammonium à 10 0/0 : au bout de deux jours le strontium est passé à l'état de carbonate, tandis que le sulfate de baryum n'a pas été modifié; on reprend par l'acide chlorhydrique qui dissout seulement le carbonate de strontium, et on précipite les traces de baryum par le sulfate de strontium; la liqueur claire est évaporée pour la faire cristalliser [Barthe et Falières, *J. Pharm.*. (5). **25**. 307, 1892].

Préparation du métal. — Le strontium métallique se prépare : 1° en électrolysant une liqueur concentrée de chlorure de strontium avec une cathode en mercure. Le courant est de 60 ampères par décimètre carré. L'amalgame est fortement comprimé pour éliminer le mercure en excès; on termine en chauffant dans le vide jusqu'à fusion (800°) dans un courant d'hydrogène [Guntz, *C. R.*. **133**, 1209, 1901]; 2° en dissociant l'hydrure de strontium à 1000° on obtient un métal blanc d'argent d'une très grande pureté; l'opération s'effectue dans le vide de la trompe à mercure [Guntz et Rœderer, *C. R.*, **142**, 400, 1906].

Propriétés physiques. — Le métal pur fond à 800° (Guntz et Rœderer); à une température plus élevée, il se volatilise; sa densité est 2,54. Chaleur de combustion (Guntz et Rœderer) :

$$Sr_{sol.} + O_{gaz} = SrO_{sol.} = +141^{Cal}$$

Phénomène de Zeeman pour le strontium [*Ann. der Phys.*, (4), **24**, 105, 1907]. Analyse spectrale [A. de Gramont, *C. R.*, **144**, 1101, 1907; — P. Jechel, *Cent. Bl.*, II, 1589, 1907]. Diffusion du métal dans le mercure [von Wogau, *Ann. der Phys.*, (4), **23**, 345, 1907]. Coefficient d'absorption des rayons β de l'uranium pour le strontium [Arnold Crowthez, *Centr. Bl.*, II, 1475, 1906].

Propriétés chimiques. — Le strontium s'oxyde facilement à l'air avec formation de strontiane SrO ; il absorbe l'acide carbonique sec au rouge, il se forme en même temps du carbure de strontium; il attaque l'alcool avec dégagement d'hydrogène.

Le gaz ammoniac à haute température donne un mélange d'azoture et d'hydrure.

Propriétés physiologiques. — Les sels de strontium purs peuvent être absorbés par l'estomac ou en injections hypodermiques ou intraveineuses sans accidents [Laborde, *J. Pharm. Chim.*, (5), 24, 208, 1891]; leur action sur l'organisme semble stimuler la nutrition générale [Malbec, *J. prakt. Chem.*, (6), 1, 104, 1895]; cependant comme ils sont très souvent accompagnés de baryum, le conseil d'hygiène n'accepte pas que la strontiane serve au traitement des vins ou des mélasses [Riche, *J. Pharm. Chim.*, (5), 25, 14, 1892].

HYDRURE DE STRONTIUM. — Voy. HYDROGÈNE.

FLUORURE DE SRONTIUM. — Voyez FLUORURES.

CHLORURE DE STRONTIUM, $SrCl^2$. — On l'obtient anhydre par l'action du gaz chlorhydrique sur le strontium métallique $Sr + 2HCl = SrCl^2 + 2H$, avec dégagement de 128 000 calories-grammes [Guntz et Rœderer, *C. R.*, 142, 400, 1906]. Il fond vers 910° [Mac Crae, *Ann. Chem. Phys. Wied.*, 55, 95, 1895].

Ionisation des solutions [F. Kohlrauch, *Zeit. Elect.*, 13, 333, 1907]. Propriétés thermiques du chlorure de strontium [W. Plato, *Z. phys. Ch.*, 58, 350, 1907]. Conductibilité du sel fondu [K. Arndt, *Zeit. Elect.*, 12, 337, 1906]. Electrolyse du chlorure fondu [K. Arndt et K. Willner, *D. chem. G.*, 40, 3025, 1907].

Propriétés chimiques. — Le magnésium le réduit au rouge [Seubert et Schmidt, *Ann. Chem.* 207, 218, 1892]; fondu avec du fluorure de manganèse en excès, il donne un fluorure double; la réaction est la suivante : $MnF^2 + 2SrCl^2 = MnCl^2 + SrF^2, SrCl^2$ [E. Defacqz, *Ann. Chim. Phys.*, (8), 1, 62, 337, 1904]; fondu avec l'anhydride borique, et repris par l'eau, il laisse déposer de fines aiguilles insolubles dans l'eau et l'acide acétique étendu, de composition $5B^2O^3$, $3SrO, SrCl^2$. Si la fusion est faite en présence d'un excès de strontiane, on obtient B^2O^4Sr en cristaux altérés par l'eau [Ouvrard, *C. R.*, 142, 281, 1906] ; le bromure et l'iodure de strontium donnent les mêmes réactions.

Fondu à haute température avec le kaolin, il donne un aluminosilicate de strontium cristallisé [Z. Weyberg, *Cent. Bl.*, 1184, 1905].

On prépare facilement le *chlorure de strontium hydraté* avec $2H^2O$ en saturant une solution concentrée de chlorure de strontium par le gaz chlorhydrique, l'hydrate se dépose. On l'obtient également par évaporation des solutions entre 90 et 130° [Etard, *C. R.*, 113, 854, 1891].

L'*hydrate avec* $6H^2O$ se forme en évaporant les solutions de chlorure de strontium au-dessous de 40° (Etard); ce dernier sel se forme le plus souvent (en même temps que du sulfure et du sulfate de calcium) quand on reprend par l'eau et qu'on fait cristalliser le produit de la réduction de la célestine SO^4Sr par le charbon (en présence de chlorure et de carbonate de calcium) [Mactear, *Polyt. Ding.*, 262, 288, 1886].

La dissolution dans l'eau du sel $SrCl^2, 6H^2O$ absorbe 750 calories [Berthelot, *Thermochimie*, 1897]. La solution concentrée de chlorure de strontium dissout le brome et l'iode pour former un chlorure perbromé ou periodé [Berthelot, *C. R.*, 100, 761, 1885].

Le chlorure de strontium se combine à l'hy-

droxylamine pour donner deux espèces de sels : $2SrCl^2, 5AzH^2OH, 2H^2O$ et $2SrCl^2, 9AzH^2OH, 3HCl, H^2O$ [Antonow, *Journ. Soc. chim. russe*, 37, 476, 1905].

BROMURE DE STRONTIUM, $SrBr^2$. — Il se dissout dans l'alcool en s'y combinant, l'évaporation de la liqueur donne des cristaux dont la composition répond à la formule $2SrBr^2, 5C^2H^5OH$ [Fonzes Diacon, *J. Pharm. Chim.*, (6), 1, 59, 1895] ; parmi les hydrates supposés, les deux parfaitement isolés sont : $SrBr^2, H^2O$ et $SrBr^2, 6H^2O$ [Lecœur, *Ann. Chim. Phys.*, (6), 19, 553, 1890]. En fondant le bromure de strontium avec le fluorure de manganèse, on obtient le sel double $SrF^2, SrBr^2$ [Defacqz, *Ann. Chim. Phys.*, (8), 1, 337, 1904] ; voir la réaction par analogie avec le chlorure de strontium.

Conductibilité des solutions aqueuses [Harry Jones, *Am. Ch. J.*, 34, 357, 1905 et 35, 445, 1906]. Electrolyse du bromure de strontium [H.-S. Lukens et E.-F. Smith, *Am. Chem. Soc.*, 29, 1455, 1907].

IODURE DE STRONTIUM SrI^2. — Ce sel se prépare en chauffant jusqu'à fusion dans un courant de gaz iodhydrique l'iodure de strontium cristallisé [Tassilly, *Ann. Chim. Phys.*, (7), 17, 45, 1899] ; sa chaleur de formation à partir des éléments est 112 300 calories-grammes. Dissous dans l'eau et cristallisé vers 69°, il donne un hydrate avec $7H^2O$ (Tassilly); il se conserve très bien en le maintenant dans un flacon bouché en présence de bicarbonate de soude [Mansier, *J. Pharm. Chim.*, (6), 14, 402, 1901]. 164 gr. d'iodure de strontium se dissolvent dans 100 gr. d'eau à 0°. Si on abandonne sans précaution une solution d'iodure de strontium, elle laisse déposer des cristaux rouges d'un hydrate à 15 molécules d'eau (Mansier).

PROTOXYDE DE STRONTIUM SrO. — On l'obtient cristallisé en fondant l'oxyde amorphe à la température de l'arc électrique à l'aide d'un courant de 70 volts et 350 ampères [Moissan, *Ann. Chim. Phys.*, (7), 4, 137, 1895].

Propriétés physiques. — Chaleur de formation à partir des éléments, 141 200 calories-grammes [Guntz et Rœderer, *C. R.*, 142, 400, 1906]. L'anhydride carbonique n'agit pas à froid sur la strontiane anhydre. au rouge il est fixé avec incandescence et formation de carbonate de strontium [Schibler, *D. chem. G.*, 19, 1973, 1886; — Raoult, *C. R.*, 92, 189 et 1457, 1881]; sous l'action du chlorhydrate d'ammonium vers 180 à 200°, il fixe l'acide chlorhydrique avec mise en liberté d'ammoniaque [Isambert, *C. R.*, 100, 857, 1885].

Propriétés chimiques. — Le protoxyde de strontium se dissout dans l'eau avec dégagement de chaleur pour former un hydrate; après concentration à chaud et refroidissement il se dépose des cristaux de *strontiane hydratée* $Sr(OH)^2, 8H^2O$ [Claus, *Journ. Soc. chim. ind.*, 1884]; si on maintient ces cristaux dans le vide, ou si l'on chauffe à 50°, on obtient l'hydrate avec $2H^2O$ [Finkener, *D. chem. G.*, 19, 2958, 1880]; enfin. chauffés dans le vide sec à 110°, ils perdent une nouvelle molécule d'eau et conduisent au monohydrate SrO, H^2O ou $Sr(OH)^2$. L'un quelconque de ces composés desséché jusqu'à 700° laisse le protoxyde de strontium anhydre SrO [Herzfeld et Stiepel, *Ind. Ver. Rub. ind.*, 833, 1898] :

$$Sr + 2H^2O = Sr(OH)^2 + H^2 + 43\,270^{cal}$$

[De Forcrand, *Ann. Chim. Phys.*, (8), 9, 234, 1906].

100 p. d'eau dissolvent 0,98 de strontiane anhydre à 0° et 18,6 à 100° [Scheibler, *Ind. Ver. Rub. Ind.*, 49, 257, 1887].

L'anhydride carbonique n'agit pas sur le monohydrate sec $Sr(OH)^2$, il s'y combine partiellement en présence d'un peu d'eau et complètement avec un excès d'eau (Finkeler) [Scheibler, *D. chem. G.*, **19**, 1982, 1886; — Heyer, *D. chem. G.*, **19**, 2684, 1886].

La strontiane est très soluble dans les solutions sucrées, sa solubilité augmente avec la température et la richesse du sirop : 100 gr. d'une liqueur de sucre à 10 0/0 dissolvent $1^{gr}.21$ de strontiane (SrO) à 3°, $3^{gr},55$ à 40° et précipitent à l'ébullition [*Bull. chim. sucr. dist.*, 239, 1885; — H. Ost, *Zeit. f. angew. Chem.*, **19**, 609 et 1196, 1906].

Préparation industrielle de la strontiane. — Elle se prépare à partir de la célestine SO^4Sr qu'on a d'abord transformée en sulfure, en réduisant par fusion avec le carbonate de calcium et le charbon.

1° Le sulfure de strontium est oxydé à basse température par un courant d'air en présence de boues de manganèse [Pattinson, Brevet angl. 16989];

2° On peut le décomposer par un courant de vapeur d'eau surchauffée à 600° : $SrS + H^2O + aq = H^2S + SrO + aq$ [Ziomezynski, *Bull. Soc. Enc.*, 1883];

3° On oxyde le sulfure de strontium par un courant d'air en présence de soude [Moody, Brevet angl. 2259, 1883];

4° On a aussi oxydé le sulfure de strontium avec l'oxyde de zinc [De Lalande, Brevet all. 41991, 1889];

5° Si on fait agir à haute température le sesquioxyde de fer et le charbon sur la célestine, on obtient un mélange de sulfure de fer et de strontiane; on élimine cette dernière par lévigation à l'eau chaude [Niewerth, Brevet all. 24508, 1882];

6° On a essayé de solubiliser les résidus insolubles de strontium en les chauffant avec le chlorure d'ammonium sous pression [H. et W. Patacky, Brevet all. 84290, 1893];

7° Enfin, on a également obtenu la strontiane en électrolysant une solution de chlorure de strontium avec une anode en fer [Taquet, Brevet all. 71783].

BIOXYDE DE STRONTIUM, SrO^2. — Sa chaleur de formation a été calculée par De Forcrand [*C. R.*, **130**, 1017, 1900] : $SrO + O = SrO^2 + 10875$ cal. gr. ; les hydrates sont mal connus; si on les sèche dans le vide ils perdent de l'oxygène (De Forcrand). L'hydrate $SrO^2, 8H^2O$ est peu soluble dans l'eau [R. von Forreges et Herbert Philipp, *Centr. Bl.*, I, 1599, 1906].

OXYCHLORURE DE STRONTIUM, $SrCl^2, SrO, 9H^2O$. — Il se forme quand on fait cristalliser en solution aqueuse les quantités théoriques de chlorure de strontium et de strontiane [G. André, *Ann. Chim. Phys.*, (6), **3**, 68, 1884]. Si on le sèche dans le vide il perd 8 molécules d'eau pour donner $SrCl^2, Sr(OH)^2$.

HYPOCHLORITE DE STRONTIUM. Ce sel est peu connu. aucun travail important n'est à signaler.

CHLORATE DE STRONTIUM, $(ClO^3)^2Sr =$ On l'a fait cristalliser en octaèdres anhydres et transparents. Sous cette forme il se conserve à l'air sans altération: chauffé à 290° il perd son oxygène.

Il se dissout facilement dans l'eau pour donner des solutions sursaturées; si on le fait cristalliser à —20° on obtient des prismes renfermant 3 molécules d'eau, qui sont très altérables à l'air [Politzin, *Journ. Soc. phys. chim. russe*, 451, 1889].

PERCHLORATE DE STRONTIUM, $(ClO^4)^2Sr$. — Politzin le prépare en chauffant le chlorate à 400°.

OXYBROMURE DE STRONTIUM, $SrBr^2, SrO, 9H^2O$. — Pour le préparer, on refroidit une solution concentrée contenant 30 gr. de strontiane et 300 gr. de bromure de strontium; chauffés à 120° les cristaux obtenus perdent 6 molécules d'eau [G. André, *Ann. Chim. Phys.*, (6), **3**, 68, 1884].

HYPOBROMITE DE STRONTIUM. — Il est à peu près inconnu.

BROMATE DE STRONTIUM, $(BrO^3)^2Sr$. — Il s'obtient en chauffant l'hydrate à 120°. Si on le chauffe au-dessus de 240° il se décompose en perdant de l'oxygène et du brome; la décomposition s'opère en deux phases avec deux maximums d'intensité [Politzin, *Journ. Soc. phys. chim. russe*, 454, 1890].

Le bromate de strontium dissous dans l'eau donne par cristallisation l'hydrate $(BrO^3)^2Sr, H^2O$.

OXYIODURE DE STRONTIUM, $2SrI^2, 5SrO, 3H^2O$. — On en obtient un peu quand on ajoute 100 gr. d'iodure cristallisé à 100 cent. cubes d'une solution saturée et froide de strontiane. On concentre par l'ébullition et on filtre à chaud, il se dépose de fines aiguilles [Tassilly, *Ann. Chim. Phys.*, (7), **17**, 45, 1899].

IODATE DE STRONTIUM, $(IO^3)^2Sr$. — Il a été préparé en traitant le nitrate de strontium en solution étendue et bouillante par l'iodate de sodium; l'iodate de strontium cristalise par refroidissement avec 1 molécule d'eau $(IO^3)^2Sr, H^2O$. Pour l'obtenir anhydre on évapore la solution azotique à 80° [Ditte, *Ann. Chim. Phys.*, (6), **21**, 151, 1890].

MONOSULFURE DE STRONTIUM, SrS. — On le prépare en faisant arriver un courant d'hydrogène sulfuré sec sur du carbonate de strontium chauffé au rouge, on laisse refroidir dans un courant d'hydrogène [Sabatier, *Ann. Chim. Phys.*, (5), **22**, 9, 1881].

On l'a obtenu à l'état cristallisé en réduisant le sulfate de strontium par le charbon au four électrique [Mourlot, *Ann. Chim. Phys.*, (7), **17**, 510, 1899]. Chaleur de formation à partir des éléments $Sr + S = SrS + 99200$ calories (Sabatier).

Le *sulfure de strontium phosphorescent* est obtenu par addition de bismuth au monosulfure précédent; il se prépare en fondant ensemble dans un creuset 285 gr. de carbonate de strontium, 62 gr. de soufre, 4 gr. de carbonate de soude hydraté, $2^{gr},5$ de chlorure de sodium et $0^{gr},4$ d'azotate basique de bismuth. Ce mélange intime est chauffé au rouge vif pendant 5 heures sous une couche d'amidon et refroidi lentement.

Le produit mis au soleil une seconde émet dans l'ombre une phosphorescence bleu-vert intense. Le phénomène disparaît par pulvérisation [Mourelo, *C. R.*, **124**, 1024, 1237, 1521, 1897; **125**, 462, 1098, 1897; **126**, 420, 904, 1508, 1898; **127**, 229, 372, 1898; **128**, 427, 557, 1899; **129**, 1236, 1899].

SULFITE DE STRONTIUM, $SrSO^3$. — On le prépare par voie sèche, en faisant passer un courant d'anhydride sulfureux sur la strontiane anhydre chauffée vers 230-290° [Birnbaum et Wittich, *D. chem. G.*, **13**, 651, 1880].

On l'obtient par voie humide par double décomposition entre le chlorure anhydre de strontium et le sulfite de sodium [Rœhrig, *J. prakt. Chem.*, (2), **37**, 217, 1888]. Il s'oxyde lentement à l'air.

DITHIONATE DE STRONTIUM, $S^2O^6Sr, 4H^2O$. — Ce sel cristallise en belles tables hexagonales stables à l'air, il dévie à gauche le plan de polarisation [Wyroubof, *Bull. Soc Min.*, 1885].

SULFATE DE STRONTIUM, SO^4Sr. — Le produit naturel, la célestine, est le principal minerai de strontium: on le rencontre également dans certaines eaux minérales [Bloxam, *Chem. News.*, **49**, 3, 1884].

Propriétés physiques. — Le sulfate précipité

est amorphe; pour l'obtenir cristallisé on le chauffe à 150° en tube scellé en présence d'un excès d'acide chlorhydrique [Bourgeois, *C. R.*, **105**, 1072, 1887].

Il est très peu soluble dans l'acide sulfurique étendu, mais 100 p. d'acide sulfurique concentré et bouillant dissolvent 15 p. de sulfate de strontium. On peut le dissoudre aussi dans le nitrate de soude fondu [Varenne et Pauleau, *C. R.*, **93**, 1016, 1881; — Guthrie, *J. Chem. Soc.*, **47**, 94, 1885].

Propriétés chimiques. — Si on laisse le sulfate de strontium précipité en présence d'une solution de chlorure de baryum, on retrouve tout le strontium à l'état de chlorure $SrCl^2$ et le baryum en sulfate SO^4Ba [Chroustchoff et Martinoff, *C. R.*, **104**, 571, 1887].

SULFATE DOUBLE DE STRONTIUM ET DE POTASSIUM $SO^4Sr . SO^4K^2$. — Si on laisse évaporer un mélange de sulfate de potassium et de sulfate de strontium on obtient des cristaux du sel double, SO^4Sr, SO^4K^2 [Wolfmann, *Z. Zuck. Ind. Œst. Ung.*, **25**, 997, 1896].

PYROSULFATE DE STRONTIUM, $S^2O^7Sr^2$. — Il a été obtenu en chauffant le sulfate neutre de strontium avec l'anhydride sulfurique en tube scellé [Schulze, *D. chem. G.*, **17**, 2705, 1885].

SÉLÉNIURE DE STRONTIUM, SeSr — On le prépare en réduisant par l'hydrogène le séléniate de strontium chauffé au rouge sombre. C'est un produit blanc peu soluble dans l'eau, il s'altère à l'air très facilement. Sa chaleur de formation à partir des éléments est de 68000 calories [Fabre, *Ann. Chim. Phys.*, (6), **10**, 513, 1887].

SÉLÉNIATE DE STRONTIUM, SeO^4Sr. — On l'obtient en fondant ensemble un mélange intime de séléniate de sodium et de chlorure de strontium en présence de chlorure de sodium. Après avoir refroidi lentement, on reprend par l'eau; on obtient ainsi de très beaux cristaux orthorhombiques, isomorphes des cristaux de célestine. $D = 4,23$ [Michel, *C. R.*, **106**, 878, 1888].

AZOTURE DE STRONTIUM, Az^2Sr^3. — On le prépare en chauffant l'amalgame de strontium à 20 0/0 au rouge dans un courant d'azote sec. Après avoir distillé le mercure il reste un azoture d'aspect métallique, décomposable par l'eau avec mise en liberté d'ammoniaque et formation de strontiane. Sous l'action de l'oxyde de carbone au rouge, il fournit peu de cyanure [Maquenne, *Bull. Soc. Chim.*, (3), **7**, 366, 1892].

AZOTHYDRATE DE STRONTIUM, $SrAz^6$. — On le prépare simplement en saturant une solution aqueuse d'acide azothydrique Az^3H par une solution de strontiane, puis on évapore sous une cloche sulfurique. Il cristallise en aiguilles, la chaleur le décompose avec explosion [Dennis et Benedict, *J. Chem. Soc.*, **20**, 225, 1898].

STRONTIUM AMMONIUM, $Sr(AzH^3)^6$. — Il a été obtenu en dirigeant un courant de gaz ammoniac pur et sec sur le strontium métallique maintenu dans un tube à — 60°. Lorsque l'ammoniac est en excès on observe un liquide bleu foncé. En évaporant dans le vide à — 40° on obtient le strontium ammonium $Sr(AzH^3)^6$. C'est un solide rouge feu qui se dissocie complètement à 46° [Rœderer, *C. R.*, **140**, 1252, 1905].

Si on l'attaque par l'oxygène à — 55°, on obtient un mélange de SrO et SrO^2.

Le strontium ammonium est attaqué par l'oxyde de carbone à — 70° pour donner le *strontium carbonyle* $Sr(CO)^2$ jaune ocre. Le bioxyde d'azote dans les mêmes conditions donne l'*hypoazotite de strontium* $Sr(AzO)^2$ [G. Rœderer, *Bull. Soc. Chim.*, (3), **35**, 715, 1906].

AMIDURE DE STRONTIUM, $Sr(AzH^2)^2$. — Il se produit dans la décomposition spontanée du strontium-ammonium, décomposition qui devient très rapide au-dessus de 20° et donne un produit pur. L'action de l'ammoniac sur le strontium métallique à haute température ne permet pas de le préparer à l'état de pureté [Rœderer, *loc. cit.*].

HYPOAZOTITE DE STRONTIUM, $Sr(AzO)^2, 4H^2O$. — On le prépare par double décomposition entre le chlorure de strontium en excès et l'hypoazotite de sodium ou d'argent; l'opération se fait en présence d'un peu d'acide azotique étendu, le liquide filtré est précipité par l'ammoniaque. Le précipité cristallin est stable à la température ordinaire, il donne une combinaison acétique de formule $Sr(AzO)^2 + (CH^3 . COO)^2Sr + 2CH^3COOH + 3H^2O$ [Maquenne, *Ann. Chim. Phys.*, (6), **18**, 551, 1889; — Divers, *J. Chem. Soc.*, **75**, 1899]. Le sel anhydre se produit dans l'action du bioxyde d'azote sur le strontium ammonium (Voyez plus haut).

AZOTATE DE STRONTIUM, $(AzO^3)^2Sr$ — L'azotate anhydre obtenu par dessiccation du sel hydraté se présente en octaèdres isomorphes du chlorate de strontium [Traube, *Z. Kryst.*, **23**, 131, 1894].

Il est presque insoluble dans l'alcool absolu. On prépare les hydrates à $4H^2O$ et $5H^2O$, par double décomposition entre le nitrate de sodium et le chlorure de strontium [Muck, *D. chem. G.*, **16**, 2324, 1883]. Les liqueurs de nitrate de strontium, additionnées de colorants artificiels, donnent des cristaux polychroïques [Gaubert, *Bull. Soc. Min.*, **23**, 211, 1900]. Si on évapore à 32° la solution déjà saturée il se dépose un mélange d'azotate anhydre et d'azotate hydraté [Baker, *Chem. News*, **42**, 196, 1880].

Un mélange à poids égaux de nitrates de strontium, potassium et sodium fond à 214° [Maumené, *C. R.*, **97**, 47, 1215, 1883].

PHOSPHURE DE STRONTIUM, Sr^3P^2. — Il se prépare au four électrique en réduisant 100 p. de phosphate neutre de strontium $(PO^4)^2Sr^3$ par 22 p. de carbone; le courant doit être de 950 ampères sous 45 volts. On obtient des cristaux rouge brique de densité 2,68; le phosphure de strontium est violemment attaqué par le chlore à 30°; il décompose l'eau avec dégagement d'hydrogène phosphoré [Jaboin, *C. R.*, **129**, 762, 1899].

PHOSPHITE ACIDE DE STRONTIUM, $P^2O^6H^4Sr$. — Il s'obtient en dissolvant 1 molécule de carbonate de strontium dans 2 molécules d'acide phosphoreux; on sépare de petits cristaux transparents stables à 100°. Si on les déshydrate vers 150° on obtient le *pyrophosphite de strontium* $P^2O^5H^2Sr$ [Amat, *Ann. Chim. Phys.*, (6), **24**, 311, 1891].

ORTHOPHOSPHATES. — *Phosphate biacide de strontium*, $(PO^4H^2)^2Sr$. — On le prépare, en faisant agir pendant 24 heures de l'acide phosphorique sur le phosphate monoacide de strontium en excès $(PO^4)^2H^2Sr^2$. Après avoir filtré on évapore à froid sous une cloche sulfurique. Les cristaux déposés sont partiellement solubles dans l'eau. Lorsque l'acide phosphorique est en excès la solution laisse déposer des tablettes entièrement solubles dans l'eau et de composition $(P^2O^5)^3(SrO)^2, H^2O + Aq$ [Barthe, *C. R.*, **114**, 1267, 1892; — Joly, *C. R.*, **98**, 1274, 1884].

Phosphate monoacide de strontium, PO^4HSr. — C'est le précipité qu'on obtient quand on traite une solution neutre de chlorure de strontium par le phosphate de sodium ordinaire PO^4HNa^2. Pour le préparer on verse une solution froide, et *très légèrement azotique*, contenant 70 gr. de chlorure de strontium, dans une liqueur faiblement acide de 100 gr. de phosphate de sodium; le précipité d'abord complexe et gélatineux se transforme lentement en phosphate monoacide *cristallisé*.

C'est une poudre blanche insoluble dans l'eau, soluble dans les acides et les sels. Par calcination elle donne le pyrophosphate de strontium $P^2O^7Sr^2$.

Phosphate neutre de strontium. $(PO^4)^2Sr^3$. — On le prépare en précipitant le chlorure de strontium par le phosphate neutre de sodium en liqueur *ammoniacale*; le précipité d'abord gélatineux devient cristallin avec dégagement de chaleur.

Il se décompose à l'ébullition. Si on le dissout dans l'acide phosphorique il donne du phosphate biacide de strontium $(PO^4H^2)^2Sr$ [Berthelot. *C. R.*. **103**, 911, 1886].

Phosphate basique. $(PO^4)^2Sr^3$, SrO. — Il a été formé en fondant ensemble 15 gr. de strontiane anhydre avec 6 gr. de phosphate neutre de sodium en présence de 7 gr. de soude caustique; on obtient de petites tables quadratiques [Von Woyczynski, *Zeit. anorg. Chem.*, **6**, 310, 1894].

Phosphate double de potassium et de strontium, PO^4SrK. — Il s'obtient en fondant les sels de strontium avec le phosphate neutre de potassium. Le sel double de sodium et de strontium se prépare de la même façon [Ouvrard, *C. R.*, **106**, 1599, 1888 : — Grandeau, *Ann. Chim. Phys.*, (6), **8**, 201, 1886 : — Joly, *C. R.*, **104**, 905. [702], 1887].

PYROPHOSPHATE DE STRONTIUM, $P^2O^7Sr^2$. — On le prépare en fondant l'oxyde ou un sel de strontium avec le méta ou le pyrophosphate de sodium [Ouvrard. *C. R.*. **106**, 1599, 1888 et *Ann. Chim. Phys.*, (6), **16**, 294. 1889]. On a préparé des hydrates par voie humide; on connaît les sels suivants :

$(P^2O^7\ Sr^2, 21/2\ H^2O)$.

$(P^2O^7)^5H^2Sr^9$ avec 3. 8 ou $12H^2O$.

$(P^2O^7)^{10}H^2Sr^{19}$ avec 5. 18, $20H^2O$ [C.-N. Pahl, *Centr. Bl.*. I, 1144, 1906].

FLUOPHOSPHATE DE STRONTIUM, $(PO^4)^2Sr^3$, SrF. — Il s'obtient en fondant l'anhydride phosphorique et le fluorure de strontium en présence d'un excès de chlorure de potassium et en reprenant par l'eau [Ditte, *Ann. Chim. Phys.*, (6), **8**, 511. 1886].

Il est obtenu également par l'action de l'acide fluorhydrique sur une liqueur azotique de phosphate de strontium ; il est isomorphe du sel de calcium correspondant (apatite) [Von Woyczynski. *Zeit. anorg. Chem.*, (6), 310. 1894].

Chlorophosphate de strontium, $3(PO^4)^2Sr^3$; $SrCl^2$.

Bromophosphate de strontium, $3(PO^4)^2Sr^3$ $SrBr^2$.

Iodophosphate de strontium. $3(PO^4)^2Sr^3SrI^2$.

Ils se préparent en fondant ensemble du phosphate de strontium avec un chlorure, bromure ou iodure de strontium. On reprend par l'eau et on fait cristalliser [Ditte. *Ann. Chim. Phys.*, (6). **8**, 511, 1886].

ARSÉNIURE DE STRONTIUM. As^2Sr^3. — Il a été préparé en réduisant au four électrique 100 gr. d'arséniate de strontium neutre par 18 gr. de charbon. On l'obtient cristallisé, transparent, rouge brun. Il est décomposé par l'eau avec dégagement d'hydrogène arsénié [Lebeau, *Ann. Chim. Phys.*, (7), **25**, 470. 1902].

PYROARSÉNITE DE STRONTIUM, $As^2O^5Sr^2$. $2H^2O$. — Il s'obtient en précipitant une solution aqueuse d'acide arsénieux par une solution alcoolique de chlorure de strontium: il se présente en précipité blanc soluble dans l'eau et les acides [Stavenhagen, *J. prakt. Chem.*, **54**, 1. 1895].

ORTHOARSÉNIATES DE STRONTIUM. — *Orthoarséniate monoacide de strontium.* AsO^4SrH. — Il se prépare en précipitant le chlorure de stron-

tium par l'arséniate disodique, ou en saturant l'acide arsénique par l'eau de strontiane [Blarez, *C. R.*, **103**, 639. 1886].

Orthoarséniate neutre de strontium, $(AsO^4)^2Sr^3$. — Il s'obtient par fusion de l'oxyde de strontium anhydre avec l'arséniate neutre de sodium en présence de son poids de chlorure de sodium. En reprenant par l'eau il reste de beaux cristaux orthorhombiques stables à l'eau bouillante et solubles dans les acides [Ditte, *Ann. Chim. Phys.*, (6), **8**, 511, 1886].

Deux molécules d'acide arsénique sont neutralisées par 1 molécule de protoxyde de strontium avec un dégagement de chaleur de 28 300 calories. Dans les mêmes conditions 2 molécules de protoxyde donnent 53 000 calories et 3 molécules 60 800 calories [Blarez, *C. R.*, **103**, 639, 1886]. Ces expériences indiquent que les groupes *hydroxyles* de l'acide arsénique ont des *valeurs acides très différentes*.

Orthoarséniate double de strontium et de sodium, $AsO^4SrNa, 9H^2O$. — Il se prépare en laissant cristalliser à la température ordinaire une liqueur étendue contenant un mélange équimoléculaire de chlorure de strontium et d'arséniate de soude $AsO^4H Na^2$. Si on chauffe à 60°, les cristaux perdent toute l'eau de cristallisation [Joly. *C. R.*. **104**. 905, 1887].

On l'obtient aussi en fondant un mélange de strontiane anhydre et d'arséniate neutre de sodium en présence de chlorure de sodium [Lefèvre. *Ann. Chim. Phys.*, (6), **27**, 5, 1892].

Orthoarséniate double de strontium et de potassium. — Il se prépare par analogie avec le précédent.

HALOGÉNOARSÉNIATE DE STRONTIUM, $[(AsO^4)^2Sr^3]^2$, SrX^2. — On prépare ces composés comme les sels analogues obtenus avec le phosphate de strontium [Ditte, *Ann. Chim. Phys.*, (6), **8**, 511, 1886].

PYROARSÉNIATE DE STRONTIUM, $As^2O^7Sr^2$. — Il se prépare en fondant ensemble la strontiane anhydre et le méta-arséniate de sodium; ce sont des lamelles transparentes que l'eau froide décompose avec formation d'arséniate monoacide de strontium $AsO^4H Sr$ [Lefèvre, *Ann. Chim. Phys.*, (6), **27**, 5, 1892].

SULFOARSÉNIATE DE STRONTIUM. $(AsO^3S)NaSr^2$. — On l'obtient hydraté en précipitant le chlorure de strontium par le sel de sodium correspondant [Mac Cay. *Chem. Zeit.*, **21**, 487, 1897].

SULFOANTIMONITE DE STRONTIUM. — $Sb^2S^6Sr^3$, $10H^2O$. — C'est le composé que l'on obtient quand on dissout le sulfure d'antimoine Sb^2S^3 dans le sulfhydrate de strontium chaud; il cristallise par refroidissement en tables incolores; la liqueur mère évaporée laisse déposer des cristaux jaunes de la formule $Sb^2S^5Sr^2, 15H^2O$ [Pouget, *C. R.*. **126**. 1792. 1898].

BORURE DE STRONTIUM, B^6Sr. — Il se prépare au four électrique en réduisant le borate de strontium BO^2Sr par le charbon. C'est une poudre cristalline noire rayant le quartz. $D = 3.28$. Elle est très stable en présence de l'eau, mais les oxydants la décomposent au rouge [Moissan et Williams. *C. R.*. **123**, 633. 1897]

BORATE DE STRONTIUM. $(BO^3)^2Sr^3$ ou $B^2O^3, 3SrO$. — On le prépare en fondant un mélange d'acide borique et de strontiane anhydre en présence de fluorhydrate de potassium.

On reprend par l'eau acidulée d'acide acétique. on obtient des prismes solubles dans les acides froids étendus; une liqueur chaude les altère. On connaît également les hydrates $(BO^2)^2Sr. 5H^2O$ et $B^2O^3, SrO, 4H^2O$ [Ouvrard, *C. R.*, **132**, 257, 1901].

Si l'on fond un mélange anhydre de strontiane et d'acide borique et que l'on reprenne rapidement par la glycérine, on peut séparer des cristaux de formule B^2O^3SrO et B^2O^32SrO.

Sel complexe, $5B^2O^3 . 3SrO . SrCl^2$. — Voyez *Chlorure de strontium* [I. Ouvrard, *C. R.*, **142**, 281, 1906].

CARBURE DE STRONTIUM, SrC^2. — La température de formation du carbure de strontium est voisine du point de fusion du platine [Morel Kahn, *C. R.*, **144**, 913, 1907].

Moissan l'a préparé au four électrique en réduisant par 50 gr. de charbon de sucre 120 gr. de strontiane anhydre ou 150 gr. de carbonate de strontiane. C'est une masse cristalline mordorée que l'eau décompose avec formation d'hydrate de strontium et mise en liberté d'acétylène. C'est un réducteur énergique, il se conduit comme le carbure de calcium [Moissan, *C. R.*, **118**, 683, 1894; *Le four électrique*, 301].

CARBONATE DE STRONTIUM, CO^3Sr. — On l'a préparé artificiellement à l'état cristallisé en chauffant en tube scellé, a 180°, un mélange de carbonate de strontium précipité et de chlorure d'ammonium; la transformation est la même en présence de nitrate d'ammonium [Bourgeois, *Ann. Chim. Phys.*, (5), **29**, 486, 1883 et *Bull. Soc. Chim.*, (2), **47**, 81, 1887].

On l'obtient également cristallisé en faisant passer un courant d'anhydride carbonique sur la strontiane anhydre chauffée à 550° [Raoult, *C. R.*, **92**, 1110, 1881].

On le prépare *industriellement*: 1° en faisant passer un courant d'anhydride carbonique dans une solution bouillante de sulfhydrate de strontium en présence de chlorure de magnésium [Claus, *Polyt. J. Ding.*, 253, 82, 1884];

2° En décomposant la célestine au rouge par l'action du carbonate de sodium ou d'ammonium. On reprend la masse par l'eau [Urquardt et Rowell, *Polyt. J. Ding.*, 252, 332, 1884];

3° Par fusion réductrice de la célestine, en présence de charbon, fer et chlorure de calcium: après reprise à l'eau on a du chlorure de strontium qu'on traite par le carbonate d'ammonium [Liebert, *Polyt. J. Ding.*, 250, 69, 1883].

Propriétés. — Le sel cristallisé change de forme à 820° [H. Le Chatelier, *Bull. Soc. Chim.*, (2), **47**, 300, 1887]; il perd la totalité de l'anhydride carbonique à 1250° [Herzfeld et Stiepel, *Zeit. Ver. Rub. ind.*, 333 et 1197, 1898]; il commence à se dissocier à 1150° [Otto Brill, *Z. f. an. Ch.*, **45**, 275, 1905; *Z. f. phys. Ch.*, **57**, 721, 1907].

Le mélange de CO^3Li^2 et CO^3Sr n'est pas décomposé à 1200° [P. Lebeau, *Ann. Ch. Phys.*, (8), **6**, 433, 1905].

Le carbonate de strontium est très peu soluble dans l'eau pure, 1 p. dans 121 760 p. d'eau [Hollemann, *Zeit. phys. Chem.*, **12**, 125, 1893]. Si on le tient à l'ébullition avec du sulfate de potassium, il se transforme partiellement en sulfate de strontium [Kouklin, *Journ. phys. chim. russe*, **22**, 322, 1890].

Le carbonate de strontium, chauffé à 1250° en présence d'azote et de carbone, donne 1,4 0/0 de cyanure de strontium et 0,8 0/0 de cyanamide [O. Kühlung, *D. chem. G.*, **40**, 310, 1907].

SILICIURE DE STRONTIUM, $SrSi^2$. — Il s'en forme un peu quand on réduit au four électrique un mélange de strontiane et de silice [Bradley, *Chem. News*, 82, 149, 1900].

Sa présence a été signalée dans la préparation du strontium électrolytique [Schuchardt, *Bull. Soc. Chim.*, (2), **31**, 145, 1879].

SILICATE DE STRONTIUM, SiO^3Sr. — Il a été obtenu artificiellement en fondant un mélange de silice et de strontiane à plusieurs reprises [Bourgeois, *Ann. Chim. Phys.*, (5), **29**, 486, 1883].

Si l'opération est faite au four électrique dans un creuset de charbon, la combinaison s'effectue très rapidement mais on a 2 0/0 de carbure. C'est un minéral fondant à 1287°; $D = 3,91$, s'il est refroidi vivement $D = 3,89$ [G. Stein, *Zeit. an. Chem.*, **55**, 159, 1907].

FLUOSILICATE DE STRONTIUM, $SrF^2, SiF^4, 2H^2O$. — Ce composé s'obtient en dissolvant le carbonate de strontium dans l'acide hydrofluosilicique $SiF^4, 2HF$; on évapore à sec pour éliminer la silice, puis on reprend par l'eau et on fait cristalliser. Ce sel est décomposé par l'eau pure et par tous les acides, sauf l'acide hydrofluosilicique [Stolba, *Centr. Bl.*, 259, 1880].

AMALGAMES DE STRONTIUM. — On l'obtient en électrolysant une solution saturée de chlorure de strontium avec une électrode en mercure: l'intensité du courant sera de 25 ampères par décimètre carré, sous 20 volts; on le concentre en distillant le mercure en excès dans le vide [Ferée, *C. R.*, **127**, 618, 1898].

De l'amalgame de strontium brut obtenu par électrolyse on sépare des dodécaèdres rhomboïdaux de composition $SrHg^{11}$; ce composé concentré dans le vide absolu à 400° laisse un amalgame plus riche $SrHg^6$ en tablettes hexagonales; enfin, si on pousse la température jusqu'à 850°, du mercure distille encore et il reste Hg^2Sr^5, alliage solide dont les propriétés chimiques sont très rapprochées de celle du strontium pur.

Si on veut déplacer tout le mercure on introduit de l'hydrogène, il se forme alors de l'hydrure de strontium, il ne reste plus de mercure [A. Guntz et Rœderer, *Bull. Soc. Chim.*, (3), **35**, 494 et 511, 1906; — Guntz et Ferée, *ibid.*, (3), **17**, 390, 1897; — Ferée, *Thèse de Nancy*, 1899].

ANALYSE. — *Recherche du strontium dans les minerais de fer* [P. Reimer, *Centr. Bl.*, I, 278, 1906].

Séparation des sels de strontium. — Dans le mélange neutre des sels alcalino-terreux, on verse une solution de chromate de potassium, on obtient ainsi du chromate de baryum amorphe insoluble dans l'acide acétique, du chromate de strontium cristallin soluble dans l'acide acétique, et la liqueur claire contient du chromate de calcium [Autenrieth, *D. chem. G.*, **37**, 3882, 1904].

On distingue le chromate de baryum amorphe du chromate de strontium cristallin à l'aide du microscope. On peut aussi ajouter à la liqueur diluée une solution de chromate d'ammonium avec un excès d'acétate d'ammonium; on chauffe, le chromate de baryum précipité seul [Baubigny, *Bull. Soc. Chim.*, (3), **13**, 326, 1895 et (4), **1**, 55, 1907; — Caron et Raquet, *ibid.*, (3), **35**, 1061, 1906; — A. Skrabal et Neustadtl, *Zeit. Ann. Chem.*, **44**, 742, 1905; — F. Flander, *J. Chem. Soc.*, **28**, 1509, 1906].

Un mélange d'azotate de calcium et d'azotate de strontium évaporé à sec à 130°, puis épuisé par une liqueur d'alcool et d'éther absolu, laisse quantitativement le strontium insoluble, le calcium passe entièrement dans la solution; on les transforme respectivement en sulfate pour les peser [Frésénius, *Zeit. anorg. Chem.*, **32**, 189, 1893; — Browning, *Am. Journ.*, **43**, 50, 1892; — S.-R. Benédict, *J. Am. Chem. Soc.*, **28**, 1596, 1906].

Dosage du strontium. — Lorsqu'on a séparé une solution ne contenant qu'un sel de strontium et des sels alcalins, on peut le précipiter comme le calcium à l'état d'oxalate [E. Rupp et A. Bergdolt, *Arch. d. Pharm.*, **242**, 450, 1904].

1er janvier 1908. Maurice Billy.

STROPHANTINE, STROPHANTIDINE. — Voy. OUABAÏNE.

STRUEVERITE ou **STRÜVERITE** (Min.) (Ferruccio Zambonini). — Tantalate-niobate-titanate-zirconate ferreux $(Ta.Nb)^2O^5 . 9\,TiO^2 . 4\,ZrO^2 . 3\,FeO$, avec ilménite, dans les pegmatites de Craveggia (Haute Italie). Dureté $= 6$. Densité $= 5,54$.

Forme cristalline — Prisme quadratique : $a : c = 1 : 0,64561$. Faces : $h^1 m b^1/_2$. L. B.

STRÜVERITE (Min.). — Voyez STRUEVERITE.

STRYCHNINE,

$$C^{21}H^{22}Az^2O^2 = Az\,C^{22}H^{21}O \diagup\!\!\!\left\langle\begin{array}{c} Az \\ | \\ CO \end{array}\right.$$

-- La strychnine a été caractérisée dans les poisons pour flèches [Hartrich et Geiger, *Arch. d. Pharm.*, **239**, 491, 1901]. Elle constitue 43,9 à 45,6 0/0 des alcaloïdes de la noix vomique, et 60,7 à 62,8 0/0 des alcaloïdes de la fève de Saint-Ignace [Sandor, *Centr. Bl.*, I, 476, 1897]. Pour séparer la strychnine de la brucine on peut profiter de ce que celle-ci est transformée par l'acide azoteux en une substance non basique, alors que la strychnine est inattaquée [Reynolds et Stutcliffe, *Chem. Ind.*, **25**, 512, 1906].

La strychnine fond à 268° et distille sans décomposition à 270° sous 15 mm. [Löbisch et Schloop, *Mon. f. Chem.*, **6**, 858, 1885]. Pouvoir rotatoire spécifique $= -36°$ [Tykociner, *Rec. Pays-Bas*, **1** 146, 1882]. Sa chaleur de combustion moléculaire est de 2689Cal,9 à volume constant et 2685Cal,9 à pression constante; sa chaleur de formation est par conséquent $+ 53$Cal,6. [Berthelot et Gaudechon, *C. R.*, **140**, 753, 1905]. Solubilité dans l'eau, les alcools éthylique et amylique [Crespi, *Gazz. chim. ital.*, **13**, 175, 1883]; dans le tétrachlorure de carbone [Schindelmeizer, *Chem. Zeit.*, **25**, 129]. La distillation sèche de la strychnine fournit de l'ammoniac, de l'éthylène, de l'acétylène et un peu de carbazol [Löbisch et Schoop, *Mon. f. Chem.*, **7**, 614, 1886]: en présence de la chaux il se forme de l'ammoniac, de l'éthylamine, de l'éthylène, de la β-picoline, du scatol et d'autres bases [Stöhr, *D. chem. G.*, **20**, 810, 1108, 2729, 1887]; avec la chaux sodée il se produit du carbazol, du scatol et de la β-méthylpipéridine [Löbisch et Malfatti, *Mon. f. Chem.*, **9**, 626, 1888]. Réduction électrolytique [Tafel et Naumann, *D. chem. G.*, **34**, 3291, 1901]. L'oxydation de la strychnine par l'acide nitrique peut donner avec l'acide peu concentré des oxystrychnines et des nitrostrychnines, et avec l'acide concentré de l'acide picrique et de l'acide oxalique [Shenstone, *Chem. Soc.*, **47**, 141, 1884]. Action physiologique [Verworn, *Centr. Bl.*, (II), 488, 1900; — Bokorny, *Chem. Zeit.*, **30**, 217, 1906].

Réactions. — Flückiger [*Zeit. anal. Ch.*, **28**, 102, 1889] conseille d'employer le réactif au bichromate fraîchement préparé d'après les proportions suivantes : $Cr^2O^7K^2$, $0^{gr},01$; H^2O, 5 cmc.; SO^4H^2, 8cmc,15. Recherche microchimique par le réactif de Mayer, voyez Surre [*Bull. Soc. Chim.*, **27**, 467, 627, 1902]. Pour le dosage de la strychnine voyez [Gerock, *Zeit. anal. Ch.*, **29**, 209, 1890; — Keller, *Zeit. anal. Ch.*, **33**, 493, 1892; — Gordin et Prescott, *Am. Chem. J.*, **21**, 235, 1899; — Gordin, *D. chem. G.*, **32**, 2871, 1899; *Arch. d. Pharm.*, **240**, 641, 1902; — Kippenberg, *Zeit. anal. Ch.*, **42**, 101, 1903; — Fair et Wright, *Pharmaceutical Journ.*, **23**, 83, 1906; — Webste et Pursel, *Am. Journ. Pharm.*, **79**, 1, 1907. — Gordin, *ibid.*, **72**, 51].

Sels. — La rotation provoquée par les dissolutions des sels neutres de strychnine est généralement différente de la rotation des solutions qui renferment un excès d'acide : ce qui implique une dissociation partielle des sels en disso-

lution. [J. Minguin, *C. R.*, **140**, 243, 1905]. — Chaleurs de formation du chlorhydrate, du sulfate et de l'acétate [Voyez Berthelot et Gaudechon, *C. R.*, **140**, 753, 1905]. — 2 $C^{21}H^{22}Az^2O^2HCl,TlCl^3$, brunit vers 240° [Revy, *D. chem. G.*, **35**, 2771, 1902]. — $C^{21}H^{22}O^2Az^2$, HCl, $FeCl^3$, [Christensen, *J. prakt. Chem.*, **74**, 161, 1906]. — $C^{21}H^{22}Az^2O^2HI^6$, et $[C^{21}H^{22}Az^2O^2 . HI]^3Bi^2I^3$ [Gordin et Prescott, *Am. Soc.*, **20**, 715, 1898; voyez aussi Pozzi Escot, *Ann. Chim. anal. appl.*, **12**, 367, 1907]. $C^{21}H^{22}Az^2O^2 . Az^3H + H^2O$ [Pommerehne, *Arch. d. Pharm.*, **236**, 481, 1901]. $12\,WoO^3 . SiO^2 . 2\,H^2O . 4\,C^{21}H^{22}Az^2O^2 + 8\,H^2O$ [Bertrand, *C. R.*, **128**, 743, 1899].

Polyuranate de strychnine [Aloy, *Bull. Soc. Chim.*, **29**, 290, 1903].

Cacodylate de strychnine [Baroni, *Boll. Chim. Farm.*, **46**, 688, 1907].

Combinaisons de la strychnine avec les dérivés halogénés organiques. — $C^{21}H^{22}Az^2O^2 . HCl . CHCl^3$; $[C^{21}H^{22}Az^2O^2]^2CHI^3$ et $[C^{21}H^{22}Az^2O^2]^3CHI^3$ [Trowbridge, *Arch. d. Pharm.*, **237**, 623]; $C^{21}H^{22}Az^2O^2 . C^2H^4Br^2$; $C^{21}H^{22}Az^2O^2 . C^3H^6Br^2$, fusible à 297°; ces deux composés traités par le chlorure d'argent sont transformés dans les suivants : $C^{21}H^{22}Az^2O^2.C^2H^4BrCl$, et $C^{21}H^{22}Az^2O^2 . C^3H^6Cl^2$ [Trowbridge, *Arch. d. Pharm.*, **238**, 251].— $C^{21}H^{22}Az^2O^2 . CH^2OH\text{-}CHOH\text{-}CH^2Cl$ [Bienenthal, *D. chem. G.*, **33**, 3504, 1900]. $C^{21}H^{22}Az^2O^2 . C^6H^4(CHBr)^2_{1.2}$, fusible à 200-203°; $[C^{21}H^{22}Az^2O^2]^2 . C^6H^4(CH^2Br)^2$, fusible à 268-270° [Scholtz, *Arch. d. Pharm.*, **237**, 205]. $C^{21}H^{22}Az^2O^2, C^6H^3\text{-}CO\text{-}CH^2Br + H^2O$ fusible vers 245-250°; $C^{21}H^{22}Az^2O^2C^6H^5\text{-}CO\text{-}CH^2Cl$, fusible vers 232-233° [Rumpel, *Arch. d. Pharm.*, **235**, 399]. — $(C^{21}H^{22}Az^2O^2),(CH^2Cl)^2O$, chloroplatinate brunissant à 240° [Litterscheid, *Ann. Chem.*, **330**, 112, 1903].

Dérivés halogénés de la strychnine. — β-Trichlorostrychnine, $C^{21}H^{19}Cl^3Az^2O^2$. — Elle se forme quand on traite le chlorhydrate de strychnine en solution dans le chloroforme par le PCl^5 [Stöhr, *J. prakt. Chem.*, **42**, 412, 1890].

Tétrachlorostrychnine, $C^{21}H^{18}Cl^4O^2Az^2 + H^2O$. — On l'obtient en faisant réagir le chlore sec sur une solution de strychnine dans l'acide acétique; il se forme en même temps de l'*hexachlorostrychnine*, $C^{21}H^{16}Cl^6O^2Az^2$ [Minunni et Ortoleva, *Gazz. chim. ital.*, **30**, 45, 1900]. L'*oxime* du dérivé tétrachloré, $C^{21}H^{18}Cl^4O(: Az . OH)Az^2$, se décompose au-dessus de 160°. La *phénylhydrazone* se décompose vers 260. Le *dérivé monoacétylé*, $C^{21}H^{17}Cl^4Az^2O^2 (CO\text{-}CH^3)$, fond vers 180-197, le *dérivé monobenzoylé*, se décompose vers 260 : le *dérivé dinitré* se décompose au-dessus de 200° [Minunni et Ferrullé, *Gazz. chim. ital.*, **34**, 364, 1904].

Bromostrychnines, $C^{21}H^{21}BrAz^2O^2$. — *Dérivé α.* — Il s'obtient en faisant agir l'eau de brome sur la solution aqueuse du chlorhydrate de strychnine [Shenstone, *Chem. Soc.*, **47**, 140, 1885; — Beckürts, *D. chem. G.*, **18**, 1236, 1885]: ou l'acide bromhydrique bromé sur la strychnine [Martin, *Bull. Soc. Chim.*, **31**, 386, 1904]. Il cristallise dans l'alcool en tables [Miers, *Chem. Soc.*, **47**, 144], fusibles à 222° (Beckürts), à 199° (Martin). *Sels*, voyez [Beckürts, *loc. cit.*]. L'*iodométhylate*, $C^{21}H^{21}BrAz^2O^2 . CH^3I$, fond à 298°; l'*iodoéthylate* fond à 272°, et le *bromhydrate de monobromostrychnine bromée*, $HBr . C^{21}H^{21}Br . Az^2O^2Br$, fond à 204° [Martin, *loc. cit.*]. L'α-bromostrychnine donne avec le réactif au bichromate une coloration brun clair.

Dérivé β. — Il se forme quand on traite la strychnine par le brome en solution sulfurique; il donne avec le réactif au bichromate une coloration bleue indigo [Löbisch et Schoop, *Mon. f. Chem.*, **6**, 855, 1885].

Dibromostrychnine, $C^{21}H^{20}Br^2Az^2O^2$. — L'eau de brome fournit avec la strychnine un *dibromure* se décomposant vers 250° [Beckürts, *D. chem. G.*, 18, 1237, 1885]. Le dibromure obtenu par action de l'acide bromhydrique bromé sur la strychnine fond à 130-131°; son *iodométhylate* fond à 243° et son *iodoéthylate* fond à 251°; le *bromhydrate de dibromostrychnine bromée*, $HBr.C^{21}H^{20}Br^2.Az^2O^2.Br$, fond à 146° [Martin, *Bull. Soc. Chim.*, 31, 388, 1904].

Iodostrychnine, $C^{21}H^{21}IAz^2O^2$. — Elle fond à 188°; l'*iodhydrate de monoiodostrychnine iodée*, $HI.C^{21}H^{21}.IAz^2O^2.I$, fond à 154° [Martin, *loc. cit.*].

Diiodostrychnine, $C^{21}H^{20}I^2Az^2O^2$. — Elle se décompose avant de fondre [Martin, *loc. cit.*].

Nitrostrychnine, $C^{21}H^{21}(AzO^2)Az^2O^2$. — Pour la préparer on maintient le nitrate de strychnine en solution dans l'acide sulfurique, pendant 8 jours. Elle cristallise dans l'alcool en lamelles fusibles à 225°; chauffée avec la soude étendue elle fixe 2 mol. d'eau [Löbisch et Schoop, *Mon. f. Chem.*, 6, 851; 7, 79, 1886].

Dinitrostrychnine, $C^{21}H^{20}(AzO^2)^2Az^2O^2$. — Le *dérivé* α fond à 226°. Toxicité [Walko, *Arch. f. Path.*, 46, 192].

Le *dérivé* β, obtenu par dissolution de la strychnine dans l'acide nitrique fumant à —10°, se décompose sans fondre vers 205° [Hanriot, *Bull. Soc. Chim.*, 41, 235, 1884]. Par ébullition de la strychnine avec l'acide nitrique à 5 0/0, on obtient le *nitrate du monohydrate de la dinitrostrychnine*, ou *kakostrychnine*, $C^{21}H^{22}(AzO^2)^2Az^2O^3.H^2O,AzO^3H$, poudre jaune qui détone sans fondre [Tafel, *Ann. Chem.*, 304, 299, 1898].

Aminostrychnine, $C^{21}H^{21}(AzH^2)Az^2O^2$. — On la prépare en réduisant le dérivé nitré correspondant par l'étain et l'acide chlorhydrique; elle fond à 275° et bout à 280° sous 5 mm. Son *dérivé acétylé*, $C^{21}H^{21}(AzHC^2H^3O)Az^2O^2$, fond à 205° [Löbisch et Schoop, *Mon. f. Chem.*, 6, 848, 7, 77, 1886].

Diaminostrychnine, $C^{21}H^{20}(AzH^2)^2Az^2O^2$. — Elle fond à 263° [Hanriot, *Bull. Soc. Chim.*, 41, 236, 1884].

Strychnine sulfonique, $C^{21}H^{21}.Az^2O^2(SO^3H)$. — On l'obtient en chauffant la strychnine avec l'acide sulfurique, à 100° [Stöhr, *D. chem. G.*, 18, 3429, 1885; — Guareschi, *Gazz. chim. ital.*, 17, 109, 1887]; ou par dissolution du sulfate de strychnine anhydre dans l'acide sulfurique fumant (30 0/0 SO^3) et 14 jours de contact à froid [Löbisch et Schoop, *Mon. f. Chem.*, 6, 858, 1885]. C'est une poudre amorphe très peu soluble dans l'eau et dans l'alcool, non toxique.

Strychnine disulfonique, $C^{21}H^{20}Az^2O^2(SO^3H)^2$. — On l'obtient en chauffant la strychnine avec l'acide sulfurique fumant à 150°; c'est une poudre amorphe peu soluble dans l'eau, et à peine soluble dans l'alcool [Stöhr, Guareschi, *loc. cit.*].

ISOSTRYCHNINE. — L'isostrychnine se forme quand on chauffe la strychnine avec l'eau à 160-180°. Elle cristallise en aiguilles prismatiques, $C^{21}H^{22}Az^2O^2.3H^2O$, fusibles à 214°,5. Elle se dissout dans 65 parties d'eau bouillante. elle est inactive à la lumière polarisée, et est 30 fois moins toxique que la strychnine. Ses réactions colorées sont assez semblables à celles de la strychnine. Chauffée avec l'éthylate de soude, elle est transformée intégralement en acide isostrychnique. Le *chlorhydrate* fond vers 314°, le *chloromercurate* fond à 228°, le *picrate* noircit à 245° sans fondre [A. Bacovesco et A. Pictet, *C. R.* 141, 562, 1905; *D. chem. G.*, 38, 2787, 1905].

OXYDE DE STRYCHNINE,

$$O = Az \equiv C^{20}H^{22}O \underset{Az}{\overset{CO}{\Big\langle}}$$

— Il se forme quand on chauffe la strychnine avec l'eau oxygénée à 3 0/0. Il cristallise en prismes clinorhombiques fusibles à 199° en se décomposant; $\alpha_D = -1°75$. Chauffé à 130° avec la glycérine, il dégage de l'oxygène et régénère la strychnine. Son *chlorhydrate* noircit à 250° et ne fond pas à 310°. Son *iodhydrate* fond à 253° en se décomposant. Son *nitrate* fond à 250° en se décomposant. Le *sulfate* fond au-dessus de 300°. Le *picrate* fond à 208°. L'*iodométhylate* fond à 301°.

La formation de cet oxyde démontre la nature tertiaire de l'atome d'azote basique de la strychnine. Comme celui-ci n'est pas alcoylé il en résulte qu'il doit appartenir simultanément à deux chaînes cycliques [A. Pictet et M. Mattisson, *D. chem. G.*, 38, 2789, 1905].

ACIDE STRYCHNIQUE, *strychnol, monohydrate de strychnine* $AzH = C^{20}H^{22}AzO.CO^2H + 4H^2O$. — L'acide strychnique a été préparé de la façon suivante : on chauffe pendant 12 heures 30 gr. de strychnine avec 3 gr. de sodium dissous dans 30 gr. d'alcool absolu; on reprend par l'eau, on filtre la strychnine non transformée et on précipite par l'acide acétique. Après cristallisation dans l'alcool il se présente en cristaux microscopiques peu solubles dans l'alcool froid. Par ébullition avec les acides minéraux il régénère la strychnine [Löbisch et Schopp, *Mon. f. Chem.*, 7, 83, 1886; — Tafel, *Ann. Chem.*, 264, 50; 301, 337, 1898]. Il ne donne aucune réaction avec le réactif chromique à froid; mais à chaud il donne une coloration bleue violette [Monfang et Tafel, *Ann. Chem.*, 304, 52, 1898]. Avec la solution aqueuse de chlorure ferrique il donne une coloration rouge sombre [Könius, *D. chem. G.*, 33, 226, 1900]. A froid il réduit lentement la solution ammoniacale d'argent.

L'acide azoteux transforme l'acide strychnique en un *dérivé nitrosé* $C^{21}H^{23}(AzO)Az^2O^3$, qui cristallise dans l'alcool en prismes, et que la réduction par $Sn+HCl$ ramène à l'état de strychnine, tandis que l'acide strychnique ne régénère pas la strychnine dans les mêmes conditions [Tafel, *loc. cit.*].

L'*iodométhylate* $AzH : C^{20}H^{22}O(CO^2H)Az(CH^3I) + H^2O$ cristallise dans l'eau en aiguilles. L'*iodométhylate de l'acide méthylstrychnique*, $Az(CH^3) : C^{20}H^{22}.O(CO^2H).Az(CH^3I) + H^2O$, chauffé avec l'oxyde d'argent humide fournit de la diméthylstrychnine [Tafel, *loc. cit.*].

ACIDE ISOSTRYCHNIQUE $AzH : C^{20}H^{22}AzO.CO^2H + H^2O$. — On l'obtient en chauffant pendant 12 heures à 140° 10 gr. de strychnine avec 15 gr. de baryte et 80 cmc. d'eau [Tafel, *Ann. Chem.*, 264, 69, 1891; 268, 236]. Il forme des aiguilles microscopiques peu solubles dans l'eau, qui ne sont pas altérées par ébullition avec l'acide chlorhydrique, et qui donnent une coloration brune avec le réactif chromique.

L'acide azoteux transforme l'acide isostrychnique en un *dérivé nitrosé*, $CO^2H.C^{20}H^{22}.AzO.Az(AzO)$, qui est transformé par la solution alcoolique d'acide chlorhydrique en un isomère, $AzH.C^{20}H^{21}(AzO).AzO.CO^2H + H^2O$, lequel se présente en aiguilles jaune verdâtre; la réduction de ce dernier par $Sn+HCl$ régénère l'acide isostrychnique [Tafel, *Ann. Chem.*, 264, 73; 268, 237].

L'acide isostrychnique, chauffé avec 40 fois son poids d'acide nitrique à 20 0/0, fournit l'*acide dinitroisostrychnique*, $C^{21}H^{22}(AzO^2)^2O^3Az^2$, précipité jaune soufre, insoluble dans l'eau et dans l'alcool [Tafel, *Ann. Chem.*, 301, 335, 1898].

L'acide *méthylisostrychnique* $C^{20}H^{22}AzO(CO^2H)AzCH^3 + 2\,1/2\,H^2O$ cristallise en prismes qui se décomposent sans fondre au-dessus de 240°; son *iodométhylate* $C^{21}H^{20}Az^2IO^3 + H^2O$ fond à 270-275° [Tafel, *Ann. Chem.*, **264**, 76; **268**, 240].

TÉTRAHYDROSTRYCHNINE $C^{20}H^{22}O(:Az)(:AzH)CH^2OH$. — La tétrahydrostrychnine se forme, à côté de la strychnidine, quand on soumet à la réduction électrolytique une solution de sulfate de strychnine fortement acidulée par l'acide sulfurique [Tafel, *Ann. Chem.*, **304**, 303, 315; — Tafel et Naumann, *D. chem. G.*, **34**, 3291, 1901]. Elle cristallise avec 1 molécule d'alcool; privée d'alcool, elle fond à 202°. Elle ne donne pas la réaction de la strychnine avec le réactif chromique. Les acides concentrés, de même que l'oxychlorure de phosphore, la transforment en strychnidine.

L'*iodométhylate* $C^{21}H^{26}O^2.Az^2.CH^3I$ forme des aiguilles très peu solubles dans l'eau [Tafel, *Ann. Chem.*, **304**, 322].

DÉSOXYSTRYCHNINE.

$$C^{20}H^{26} = Az \overset{CO}{\underset{Az}{\big<}} \ \Big| \ + 3H^2O.$$

— On l'obtient en chauffant 18 heures à l'ébullition 40 gr. de strychnine avec 300 gr. d'acide iodhydrique (D = 1,96) et 35 gr. de phosphore rouge [Tafel, *Ann. Chem.*, **268**, 245].

La désoxystrychnine est une poudre cristalline fusible à 75°; elle fond à 175° lorsqu'elle est anhydre; elle distille sans décomposition. Avec le réactif chromique elle donne une coloration bleu violet. Chauffée à 180° avec l'éthylate de sodium elle est transformée en *acide désoxystrychnique* $AzH:C^{20}H^{26}Az.CO^2H + 2H^2O$, qui cristallise en prismes dans l'alcool; les acides la transforment de nouveau en désoxystrychnine.

L'*iodométhylate* $C^{21}H^{26}AzO^2.CH^3I$ cristallise dans l'eau en prismes peu solubles dans l'alcool [Tafel, *loc. cit.*].

STRYCHNIDINE,

$$C^{20}H^{22}O(\equiv Az) \overset{CH^2}{\underset{Az}{\big<}} \ \|$$

— (Pour son obtention, voyez *Tétrahydrostrychnine*). La strychnidine, cristallisée dans l'alcool, se présente en aiguilles fusibles à 256°,6; elle distille à 290-295° sous 14 mm.

Elle ne donne pas la réaction de la strychnine avec l'acide chromique sulfurique. Avec le perchlorure de fer elle donne une coloration rouge. L'acide azoteux la transforme en un dérivé nitrosé jaune verdâtre [Tafel, *loc. cit.*].

L'*iodométhylate* $C^{21}H^{24}OAz^2CH^3I + 2H^2O$ cristallise en aiguilles [Tafel, *Ann. Chem.*, **304**, 315, 1898].

STRYCHNOLINE,

$$C^{20}H^{24}(\equiv Az) \overset{CH^2}{\underset{Az}{\big<}} \ \|$$

— On l'obtient en réduisant la désoxystrychnine par le sodium et l'alcool amylique; elle forme une masse cristalline insoluble dans l'eau et les dissolvants usuels; son *nitrate* est aussi très peu soluble [Tafel, *Ann. Chem.*, **304**, 325].

DIHYDROSTRYCHNOLINE.

$$C^{20}H^{26}(\equiv Az) \overset{CH^2}{\underset{Az}{\big<}} \ \|$$

— La dihydrostrychnoline se forme par réduction électrolytique de la désoxystrychnine. Elle cristallise dans l'éther de pétrole en prismes fusibles à 129°; elle distille à 267-270° sous 16 mm. Le *nitrate* fond à 185° [Tafel, *Ann. Chem.*, **304**, 326].

ACIDE DINITROSTRYCHNOLIQUE $C^9H^9O^2Az(AzO^2)^2CO^2H$. — Cet acide constitue le produit principal qui se forme quand on chauffe à l'ébullition, pendant 72 heures, 100 gr. de strychnine avec 4 litres d'acide azotique; il se forme aussi de l'acide picrique [Tafel, *D. chem. G.*, **26**, 334, 1893; *Ann. Chem.*, **301**, 339, 1898]. Il cristallise en prismes qui fondent vers 300° en dégageant du CO^2. Réduit par $SnCl^2$ il est transformé en *acide diaminostrychnolique* $C^9H^7O^2Az(AzH^2)^2CO^2H$, prismes microscopiques brunissant à l'air.

Chauffé avec l'eau à 200-210° il fournit le *dinitrostrychnol* $C^9H^5O^3Az(AzO^2)^2$, poudre jaunâtre fusible à 284° en se décomposant; le sel de potassium de ce dernier, chauffé à 150-160° avec l'iodure de méthyle, fournit le *dinitrostrychnol méthylé* $C^9H^4Az^3O^6.CH^3$, poudre cristalline fusible à 196°.

Le *trinitrostrychnol* $C^9H^4O^2Az(AzO^2)^3$ s'obtient par ébullition de l'acide dinitrostrychnolique avec l'acide nitrique fumant. Il cristallise en lamelles incolores fusibles à 215-218° [Tafel, *loc. cit.*].

MÉTHYLSTRYCHNINE.

$$AzH = C^{20}H^{22}O \overset{Az}{\underset{CO}{\big<}} \overset{CH^3}{\underset{}{\big>}} O + 4H^2O.$$

— La méthylstrychnine fraîchement préparée possède une réaction fortement alcaline, et se transforme peu à peu en méthylstrychnine de réaction neutre [Tafel, *D. chem. G.*, **23**, 2732, 1890]; elle donne avec l'acide sulfurique et le bichromate de potassium une coloration rouge.

Lorsqu'on traite l'iodométhylate de l'acide isostrychnique par l'oxyde d'argent humide, il se forme :

L'*isométhylstrychnine* $C^{22}H^{26}Az^2O^3 + 7H^2O$, aiguilles solubles dans l'eau et dans l'alcool.

La *diméthylstrychnine*,

$$Az(CH^3):C^{20}H^{22}O \overset{Az(CH^3)}{\underset{CO}{\big<}} \big> O + 6H^2O,$$

qui est une poudre soluble dans l'eau et dans l'alcool, et l'*isodiméthylstrychnine* $C^{23}H^{28}Az^2O^3 + 3H^2O$, qui se dépose de sa solution aqueuse à l'état cristallin [Tafel, *Ann. Chem.*, **264**, 66, 81, 1891].

ÉTHYLSTRYCHNINE,

$$AzH.C^{20}H^{22}O \overset{Az}{\underset{CO}{\big<}} \overset{C^2H^5}{\underset{}{\big>}} O + 4H^2O.$$

— On l'obtient en traitant l'iodoéthylate de strychnine par le sulfate d'argent, et en décomposant ensuite le sulfate formé par la baryte [Monfang et Tafel, *Ann. Chem.*, **304**, 51, 1898]. Anhydre, elle fond vers 260°. Le *cyanure* $C^{21}H^{22}Az^2O^2C^2H^5.CAz$ fond à 105° [Claus et Herck, *D. chem. G.*, **16**, 2748, 1883].

Ethoxylstrychnine $C^{21}H^{22}Az^2O^2(CH^2.CH^2OH)OH + 2\,1/2\,H^2O$. — Le chlorure s'obtient en chauffant à 100° 10 p. de strychnine avec 2,4 p. d'alcool chloréthylique CH^2Cl-CH^2OH [Meulenhoff. *Rec. Pays-Bas*, **14**, 232, 1895]; la base est facilement soluble dans l'eau et possède une réaction fortement alcaline. *Sels* [voyez Meulenhoff, *loc. cit.*]

BENZYLSTRYCHNINE,

$$AzH \cdot C^{20}H^{22}O \overset{Az}{\underset{CO}{\Big<}} \overset{Az - C^{7}H^{7}}{\underset{O}{\Big>}} \quad + \quad 9H^{2}O.$$

— Le *chlorure* $C^{21}H^{22}Az^{2}O(C^{6}H^{5} - CH^{2}Cl) + H^{2}O$ s'obtient par ébullition d'une solution de strychnine dans l'alcool absolu avec le chlorure de benzyle. Il cristallise dans l'eau en prismes épais qui, anhydres, fondent à 262-263°, en se décomposant [Garzarolli, *Mon. f Chem.*, 10, 1, 1889].

La base libre cristallise dans l'eau en aiguilles incolores qui, anhydres, fondent vers 220° [Monfang et Tafel, *Ann. Chem.*, 304, 53, 1898].

Le *nitrate* fond à 262-265°; le *sulfocyanate* fond à 236-237°; le *chloroplatinate* fond à 215-216° [Garzarolli, *loc. cit.*]. P. Carré.

STURINE. — Voy. l'art. PROTAMINES.

STÜTZITE (Min.) (Schrauf). — Tellurure d'argent $Ag^{4}Te$. Cristaux gris de plomb, reflet un peu rougeâtre, éclat métallique, cassure inégale, avec or et hessite sur quartz, probablement de Nagyag, Transylvanie. Aisément fusible en un globule foncé; réactions de l'argent et du tellure. Poussière grise.

Forme cristalline. — Prisme hexagonal : $a : c = 1 : 1,253$. Faces : $ph^{1}mh^{2}h^{3}b^{4}b^{2}b^{1}b^{2}/_{3}$ $a^{6}a^{4}a^{3}a^{1}a^{1}/_{2}(b^{1}b^{1}/_{3}h^{1}/_{2})$. Peut-être clinorhombique. L. Bourgeois.

STUVENITE (Min.) (Darapsky). — Serait une sorte d'alun de soude et de magnésie, $SO^{4}Na^{2}$, $SO^{4}Mg, 2(SO^{4})^{3}Al^{2}, 48H^{2}O$, fines aiguilles blanches de plusieurs centimètres de long, à la mine d'Alcaparrosa, près Copiapo, Chili.

L. Bourgeois.

STYCÉRIQUE (ACIDE). — Voy. PHÉNYLGLYCÉRIQUE (ACIDE).

STYLOPHORINE. — Voy. CHÉLIDONINE.

STYLOPINE. — Ce corps est un des alcaloïdes extraits par Schlotterbeck et Watkins [*D. chem. G.*, 35, 7, 1902] du *stylophorum diphyllum*, de formule $C^{19}H^{19}O^{5}Az$, fusible à 202°. La même plante renferme en outre la chélidonine, la protopine, la diphylline et la sanguinarine.

Octobre 1907. A. Hébert.

STYPHNIQUE (ACIDE). — Voy. l'art. RÉSORCINE, p. 374.

STYRACOL. — Voy. l'art. GAÏACOL, p. 427.

STYROGALLOL $C^{16}H^{28}O^{5}$. — Le styrogallol ou dioxyanthracoumarine est un anhydride de l'acide o-dioxyanthracoumarique :

$$C^{6}H^{4} \overset{C = CH - CO^{2}H}{\underset{CO}{\Big>}} C^{6}H(OH)^{3}$$

Acide o-dioxyanthracoumarique.

$$\text{Styrogallol.}$$

On chauffe pour l'obtenir pendant 2 ou 3 heures vers 50° un mélange d'acides gallique (17 p.), cinnamique (10 p.) et sulfurique (150 p.) [Jacobsen, Julius, *D. chem. G.*, 20, 2588, 1887]. On le purifie en le dissolvant dans l'alcool, d'où il cristallise en aiguilles microscopiques jaunes.

On peut le chauffer à 350° sans le fondre, mais il se sublime alors en grandes aiguilles jaunes.

Il est insoluble dans la plupart des dissolvants, sauf dans l'aniline, l'acide acétique cristallisable et l'alcool bouillant, qui le dissolvent légèrement.

Par ébullition avec un mélange d'anhydride acétique et d'acétate de soude, le styrogallol donne un *dérivé diacétylé*, cristallisable dans l'acide acétique en fines aiguilles fusibles à 260° [Kostanecki, *D. chem. G.*, 20, 3143, 1887].

Chauffé avec l'acide azotique étendu, il s'oxyde en donnant de l'acide phtalique.

Le styrogallol est soluble à froid dans les alcalis, avec une coloration verte, qui devient rouge à chaud. J. Lavaux.

STYROLÈNE. — Voy. CINNAMÈNE.

STYRONE. — Voy. CINNAMIQUE (ALCOOL).

STYRYLHYDANTOÏNE. — Voy. l'art. CINNAMIQUE (ALDÉHYDE), 1196.

SUBÉRANE (*heptaméthylène-cycloheptane*),

$$\overset{CH^{2} - CH^{2} - CH^{2}}{\underset{CH^{2} - CH^{2} - CH^{2}}{|}} \Big> CH^{2}$$

Markownikoff a signalé sa présence dans le naphte [*Journ. Soc. phys. chim. russe*, 34, 635, 1902]. Il prépare le carbure en réduisant l'iodure de subéryle par le couple zinc et cuivre et l'acide chlorhydrique, ce qui fournit un mélange de *subérane* $C^{7}H^{14}$ et de *subérylène* $C^{7}H^{12}$. On traite ce mélange par le brome et on distille dans la vapeur d'eau. Le subérane passe le premier. Il bout à 117-117°,5, $d_{0}^{0} = 0,8253$, possède l'odeur des naphtènes. Chauffé avec le brome en tube scellé il donne le *pentabromotoluène* [*Bull. Soc. Chim.*, (3), 12, 437, 1894]. L'acide azotique concentré ne l'attaque pas à la température ordinaire, mais à 100° et en tubes scellés il le transforme principalement en acide pimélique [*Journ. Soc. chim. phys. russe*, 34, 904, 1902].

BROMURE DE SUBÉRYLE (*bromocycloheptaméthylène*). — Liquide incolore, $d_{15}^{15} = 1,299$, bout à 101°5 sous 45 mm. [Markownikoff, *Journ. Soc. phys. chim. russe* 1902].

DICHLORURE DE SUBÉRYLE, $(C^{7}H^{12}Cl^{2})$. — Bout à 120-121° [*loc. cit.*, 1895].

DISUBÉRYLE OU DICYCLOHEPTANE,

$$\overset{CH^{2} - CH^{2} - CH^{2}}{\underset{CH^{2} - CH^{2} - CH^{2}}{|}} \Big> CH - CH \Big< \overset{CH^{2} - CH^{2} - CH^{2}}{\underset{CH^{2} - CH^{2} - CH^{2}}{|}}$$

— On l'obtient en traitant le bromure de subéryle par l'alcool absolu et le sodium. Liquide incolore épais, bout à 290-291° sous 728 mm., $d_{0}^{0} = 0,9194$ [*loc. cit.*].

ETHYLHEPTAMÉTHYLÈNE. — Liquide incolore à odeur faible, bouillant à 163°-163°,5 sous 740 mm., $d_{0} = 0,8299$ [Markownikoff, *Journ. Soc. phys. chim. russe*, 34, 904, 1902].

DIMÉTHYLHEPTAMÉTHYLÈNE 1.2 — Liquide incolore fortement réfringent, à odeur de pétrole légère, insoluble dans l'eau, soluble dans les dissolvants organiques, bouillant à 153° [Kipping et Perkin, *Chem. Soc.*, 59, 214, 1891].

DIMÉTHYLHYDROXYIODOHEPTAMÉTHYLÈNE,

$$CH^{2} \overset{CH^{2} - CH^{2} - CI(CH^{3})}{\underset{CH^{2} - CH^{2} - COH(CH^{3})}{|}}$$

— Huile incolore, à saveur sucrée [Kipping et Perkin, *loc. cit.*].

DIMÉTHYL-1.2-DIHYDROXY-1.2-HEPTAMÉTHYLÈNE. — Liquide huileux incolore, à odeur de thym, bouillant à 201° sous 180 mm., soluble dans les dissolvants organiques [Kipping et Perkin, *loc. cit.*].

DIMÉTHYL-1.2-DIACÉTYL-1.2-HEPTAMÉTHYLÈNE.

$$CH^2 \begin{cases} CH^2 - CH^2 - C(CH^3) - O(CH^3CO) \\ \\ CH^2 - CH^2 - C(CH^3) - O(CH^3CO) \end{cases}$$

— Liquide incolore, qui bout à 199-202° sous 65 mm. [Kipping et Perkin, *loc. cit.*].

DIMÉTHYL-1.2-DIBROMO-1.2-HEPTAMÉTHYLÈNE. — Liquide huileux, insoluble dans l'eau, soluble dans les dissolvants organiques [*ibid.*].

ACIDE SUBÉRANE-CARBONIQUE (*cycloheptane-méthyloïque, cycloheptane-carbonique*),

$$\begin{array}{c} CH^2 - CH^2 - CH^2 \\ | \qquad\qquad\qquad CH.CO^2H \\ CH^2 - CH^2 - CH^2 \end{array}$$

— Selon les divers modes de préparation, il a donné des constantes différentes. Willstætter, qui l'a préparé par la réduction de l'acide hydrotropilidène-carbonique, au moyen du sodium et de l'alcool absolu, a trouvé pour son point de fusion 32°, et pour celui de son *amide* 195° L'*acide* α *bromé* fond à 93-94° [*D. chem. G.*, **31**, 2498, 1898]; *Bull. Soc. Chim.*, **22**, 125, 1898].

Büchner et Jacobi ont obtenu cet acide sous forme d'une huile à odeur piquante et rance. L'*amide* qu'ils en ont retirée fond à 194-195°, et le *dérivé bromé* à 90°, nombres qui se rapprochent de ceux de Willstætter [*D. chem. G.*, **31**, 2004, 1898]. Zelinsky a obtenu ce même acide en faisant agir Mg sur la solution éthérée de bromocycloheptane, et traitant ensuite par CO². Ebullition 139° sous 15 mm. [*D. chem. G.*, **35**, 2687, 1902].

ACIDE OXYCYLOHEPTANE-CARBONIQUE. — Il cristallise avec 1/2H²O, fond à 79°. Oxydé par PbO² il donne la subérone [Willstætter, *Bull. Soc. Chim.*, **22**, 126², 1899].

ACIDE CHLOROSUBÉRANE-CARBONIQUE 1.1. — Il fond à 42-44° [Büchner et Jacobi, *D. chem. G.*, 1898].

Décembre 1906.   J.-B. Senderens.

SUBÉRIQUE (ACIDE), $CO^2H(CH^2)^6CO^2H$. — *Synthèse*. — Elle a été faite par Hamonet [*Bull. Soc. Ch.*, (3), **33**, 540, 1905] en chauffant en tube scellé 2 gr. de nitrile subérique avec 40 gr. d'acide chlorhydrique concentré.

Préparation. — 1° On obtient son éther diéthylique par l'électrolyse d'une solution aqueuse du sel de potassium du glutarate monoéthylique [Brown, Walker, *Ann. Chem.*, **264**, 119, 1870].

2° On oxyde la dialdéhyde correspondante avec MnO⁴K en présence de soude [Baeyer, *D. chem. G.*, **30**, 1964, 1897] ou l'azélaone avec MnO⁴K [Derlou, *D. chem. G.*, **31**, 1962, 1898].

3° On part du liège et de l'huile de ricin sur lesquels on fait agir l'acide nitrique [Markownikow, *D. chem, G.*, **26**, 3089, 1893; — Etaix, *Ann. Phys. Chim.*, (7), **9**, 384, 1896].

4° Il s'en forme également dans la décomposition de l'acide azélaïque [Gantter et Hell, *D. chem. G.*, **14**, 1552, 1881; **15**, 142, 1882; — Derlou, *D. chem. G.*, **31**, 1959, 1898].

5° L'acide 1.10-oxystéarique fournit, à l'oxydation chromique en solution acétique de l'acide subérique, en même temps que les acides sébacique, azélaïque et cétostéarique [Shukoff, Schestakoff, *J. prakt. Chem.*, **67**, 414, 1903: — *Journ. Soc. phys. chim. russe*, **32**, 272, 1900; **33**, 625, 1901].

6° On oxyde au permanganate l'octylglycol-1.8 [Lœbl, *Mon. f. Chem.*, **24**, 391, 1903].

7° On traite par AzO³H concentré l'acide phellogénique [Schmidt, *Mon. f. Chem.*, **25**, 277, 1904].

Propriétés. — Il fond à 152°,5 [Krafft, Nord-linger, *D. chem. G.*, **22**, 818, 1889; — Krafft, Weilandt, *ibid.*, **29**, 1326, 1896]. Il distille vers 300° sans décomposition, mais sans donner d'anhydride [Anderlini, *Gazz. chim. ital.*, (1), **24**, 475, 1894; — Œschner de Coninck et Raynaud, *Bull. Ac. Roy. de Belgique*, 887, 1903].

Il se dissout dans 500 parties d'eau froide; il est peu soluble dans l'éther froid et presque insoluble dans le chloroforme. Distillé avec de la chaux, il donne de la subérone. CO², H²O et un peu de C⁶H⁶ [Markownikow, *Journ. Soc. phys. chim. russe*, **25**, 562, 1893]. Dissociation [Wegscheider, *Mon. f. Chem.*, **23**, 599, 1902]. Oxydation par MnO⁴K [Perdrix, *Bull. Soc. Chim.*, (3), **23**, 655, 1900].

Acidité des sels acides. — [Smith, *Ann. Ph. Ch.*, **25**, 193, 1892].

Éther diméthylique. — Il donne par réduction l'octanediol-1.8 [Bouveault, Blanc, *Bull. Soc. Chim.*, **31**, 1203, 1904].

Éther diéthylique. $C^8H^{12}O^4(C^2H^5)^2$. — Liquide bouillant à 282-286° [Gant-her, Hell, *D. chem. G.*, **13**, 1166, 1880; — Perkin, *Chem. Soc.*, **45**, 517, 1883; — Hjelt, *D. chem. G.*, **31**, 1846, 1898].

Éther diamylique. $C^8H^{12}O^4(C^5H^{11})^2$. — [Walden, *Journ. Soc. phys. chim. russe*, **30**, 767, 1898].

CHLORURE, $C^6H^{12}(COCl)^2$. — Liquide bouillant à 162-163° sous 15 mm. [Etaix, *Ann. Ch. Ph.*, (7), **9**, 386, 1896].

BROMURE. — C'est un liquide incolore qui bout à 101° sous 40 mm. Traité par le sodium en présence d'éther absolu, il fournit un mélange souillé de subérylène et d'un hydrocarbure moins volatil, le *disubéryle*, $C^7H^{13}-C^7H^3$, qui bout à 290-291° sous 728 mm. [Markownikow, *Ann. Chem.*, **327**, 59, 1903].

ANHYDRIDE. $C^8H^{11}O^3$. — Poudre cristalline fusible à 65-66° [Anderlini, *Gazz. chim. ital.*, **24**, I, 475, 1894; — Etaix, *Ann. Ch. Ph.*, (7), **9**, 388, 1896; — Anderlini, *Lincei*, 393, 1ʳᵉ sem., 1894; — Vœrman, *Rec. Pays-Bas*, **23**, 265, 1905].

Acide monobromosubérique. — Il fond à 100-101° [Gantther et Hell, *D. chem. G.*, **15**, 142, 1882; — Hell, Rempel, *D. chem. G.*, **18**, 13, 1885].

Acide dibromo-2.7-subérique, $CO^2H-CHBr.C^4H^8CHBrCO^2H$ [Baeyer et Liebieg; Gantther et Hell; Hell, Rempel, *D. chem. G.*, **31**, 2105, 1898].

Éther diéthylique. — Huile bouillant à 233-236° sous 26 mm. [Willstätter, *D. chem. G.*, **28**, 665, 1895].

Acide αα'-*diamino-subérique*, $COOH.CHAzH^2.(CH^2)^4-CHAzH^2.COOH$. — On l'obtient comme l'acide αα-diamino-sébacique en partant de l'acide dibromosubérique. Aiguilles brillantes, insipides, se décomposant à 300°; insolubles dans l'eau froide, solubles dans l'ammoniaque, les alcalis et les acides.

On connaît les *sels de cuivre* et *d'argent* [Neuberg, *Zeit. phys. Ch.*, **45**, 92, 1905]

DIALDÉHYDE SUBÉRIQUE (*octane-dial-1.8*). — On la prépare en faisant passer un courant de vapeur surchauffée dans un mélange de dioxysébacate de baryum (1 mol.), de bioxyde de plomb (2ᵐᵒˡ,5) et de PO⁴H³ à 25 0/0 (1ᵐᵒˡ 1/2). Liquide incolore, bout à 160-165° pour 30 mm.

L'oxime cristallise en prismes fusibles à 155°; la semicarbazone fond à 185° [Baeyer, *D. chem. G.*, **30**, 1962, 1897].

ACIDE SUBÉRAMIQUE, $AzH^2.CO.CH^{12}CO^2H$. — Fond à 125-127° [Etaix, *Ann. Ch. Ph.*, (7), **9**, 932, 1896].

SUBÉRAMIDE. $C^6H^{12}(COAzH^2)^2$. — Cristaux prismatiques fusibles à 216° [Solonina, *Journ. Soc. phys. chim. russe*, **28**, 557, 1896; — Etaix, *Ann. Ch. Ph.*, (7), **9**, 392, 1896; — Aschan, *D. chem. G.*, **31**, 2350, 1898; — Scheuble, Loebl, *Mon. f. Chem.*, **25**, 341, 1904].

Acide subérhydroxamique. — On l'obtient par condensation de l'aldéhyde subérique avec les nitrohydroxamates [Angelico, Favara, *Gazz. chim. ital.*, **34**, (II), 1901].

NITRILE SUBÉRIQUE. — Liquide bouillant à 105° sous la pression de 15 mm., cristallisant dans un mélange de glace et de sel et fondant à — 3° [Hamonet, *Bull. Soc. Chim.*, (3), **29**. 67, 1903].

Dihydrazide subérique. — Feuillets incolores, fondant à 185-186°, solubles dans l'acide acétique et l'alcool chaud [Curtius, Clemm, *J. prakt. Chem.*, **62** 189, 1901].

Diazide subérique. — Précipité microcristallin blanc, décomposable par la chaleur. Fond à 25° (Curtius, Clemm).

ACIDE OXYSUBÉRIQUE, $OH.CO.C^5H^{10}.CH(OH).CO^2H$. — On l'obtient en chauffant jusqu'à l'ébullition l'acide bromosubérique avec de la lessive de soude [Hell, Rempel, *D. chem. G.*, **18**, 817, 1885]. Fond à 110-112°.

Hell et Rempel ont décrit les *sels* et *l'éther éthylique* $C^2H^5OC^6H^{11}(CO^2H)^2$ de cet acide.

Acide dioxysubérique (octanediol-2.7-dioïque). — Cristaux fusibles à 168°, très solubles dans l'eau.

On a décrit les *sels* : $BaC^8H^{12}O^6$; $Ag^2C^8H^{22}O^6$ [Willstätter, *D. chem. G.*, **28**, 665, 1895 ; — Baeyer, Liebig, *ibid.*, **31**, 2106, 1898].

Éther diéthylique acide, $(C^2H^5O)^2C^6H^{10}(CO^2H)^2$ (Hell, Rempel, Willstätter). On connaît le *sel d'argent*.

Acide dioxydiaminosubérique $C^8I^{16}O^6Az^2$. — Fusible à 243° [Skraup, *Zeit. phys. Chem.*, **42**, 274, 1904].

Juin 1907. A. Bouchonnet.

SUBÉROL (*alcool subérylique, cycloheptanol*),

$$\begin{array}{l} CH^2 - CH^2 - CH^2 \diagdown \\ \qquad\qquad\qquad\qquad CHOH \\ CH^2 - CH^2 - CH^2 \diagup \end{array}$$

— La solution de subérone dans l'alcool absolu donne, avec le sodium, le subérol, liquide bouillant à 184-185°, de densité 0,9695 qui, par PCl^5, donne le chlorure de $C^7H^{13}Cl$, bouillant à 173-175°. En se combinant avec l'isocyanate de phényle, le subérol fournit une *uréthane* cristallisée, fondant à 87° [Markownikoff, *Journ. Soc. phys. chim. russe*, 1893, et 166. 1904].

SUBÉRYLAMINE (*amino-heptaméthylène*),

$$\begin{array}{l} CH^2 - CH^2 - CH^2 \diagdown \\ \qquad\qquad\qquad\qquad CHAzH^2 \\ CH^2 - CH^2 - CH^2 \diagup \end{array}$$

— Elle se prépare par réduction de la solution alcoolique de la subéroxime par l'amalgame de sodium.

C'est un liquide incolore à odeur faiblement ammoniacale, bouillant à 165°, partiellement soluble dans l'eau, qui absorbe CO^2 ; il donne un *chlorure* et un *chloroplatinate* [Markownikoff, *loc. cit.*].

HEPTAMÉTHYLÈNE-DIAMINE. — Préparée par J. von Braun et C. Muller en réduisant le nitrile pimélique par Na et l'alcool absolu bouillant [*D. chem. G.*, **38**, 2203-2207, 1905]. — Le *chlorhydrate*, peu soluble dans l'alcool froid, se décompose vers 250°; le *dérivé dibenzène-sulfoné* fond à 104 [*loc. cit.*].

MÉTHYL-1-CYCLOHEPTANOL-1. — Zelinsky [*Journ. Soc. phys. chim. russe*, **33**, 729, 1901] l'a préparé, de même que ses homologues, en faisant agir sur la subérone les composés organomagnésiens, $RMgI$. Il bout à 183°,5, $d^{21} = 0,9392$.

ÉTHYL-1-CYCLOHEPTANOL 1. — Il bout à 198-199°.

PROPYL-1-CYCLOHEPTANOL 1. — Il bout à 104-106° sous 16 mm. [*Bull. Soc. Chim.*, (3), **28**, 634, 1902].

DIMÉTHYLAMINOCYCLOHEPTANE. — Il bout à 190°, $D^{14} = 0,8680$ [Willstætter, *D. chem. G.*, **34**, 129-144, 1901].

DIMÉTHYLAMINOCYCLOHEPTANOL. — Il bout à 251° [*ibid.*]. J.-B. Senderens.

SUBÉRONE,

$$\begin{array}{l} CH^2 - CH^2 - CH^2 \diagdown \\ \qquad\qquad\qquad\qquad CO \\ CH^2 - CH^2 - CH^2 \diagup \end{array}$$

— Voy. 1er Suppl., p. 1462].

Préparation. — 1° On chauffe l'acide α-cycloheptanol-1-carbonique avec de l'acide sulfurique concentré et du bioxyde de plomb, ou avec de l'acide chromique [Willstätter, *D. chem. G.*, **31**, 2507, 1898 ; **34**, 129, 1901].

2° On fait agir l'eau de chaux sur l'acide subérique [Markownikow, *Journ. Soc. phys. chim. russe*, **25**, 367, 1893 ; — Spiegel, *Ann. Chem.*, **211**, 117, 1882 ; — Mager, *Ann. Ch. Ph.*, **275**, 356, 1893].

L'acide azotique concentré transforme la subérone en acide α-pimélique [Ladenburg, *D. chem. G.*, **14**, 24 016, 1882]. Un mélange de persulfate de potassium et d'acide sulfurique, en présence d'alcool donne de la subérone-superoxyde et l'éther éthylique de l'heptanol-oïque [Baeyer, Villiger, *D. chem. G.*, **33**, 862, 1900].

Par réduction avec le sodium et l'alcool absolu, on obtient l'*alcool subérylique* et la *subérone-pinacone* [Markownikow, *Ann. Chem.*, **327**, 59. 1903].

Action sur le ferrocyanure et le ferricyanure de potassium [Baeyer et Villiger, *D. chem. G.*, **34**, 2679, 1901]. Combinaison avec la phénylhydrazine et SO^4KH [Pétrenko-Kritchenko et Kestner, *Journ. Soc. phys. chim. russe*, **35**, 404. 1903]. Condensation avec l'éther bromacétique [Zélinsky, Gutt, *D. chem. G.*, **35**, 2140, 1902]. Transformation de la subérone en acide oxysubérane carbonique et en cycloheptène [Willstaetter, *D. chem. G.*, **34**, 129, 1901].

Condensation avec les iodures de méthyle, d'éthyle et de propyle [Zélinsky et Goutta, *Journ. Soc. phys. chim. russe*, **33**, 730, 1901]; avec l'aldéhyde benzoïque (formation de dibenzylidène-subérone) [Wallach, *D. chem. G.*, **29**, 1595, 1892]; avec la benzaldéhyde [Vorlander, *D. chem. G.*, **30**, 2261. 1897].

Subérone superoxyde, $(C^7H^{12}O^2)^x$. — Il fond à 99-100° (Baeyer, Villiger).

Dérivé hydrocyané, $HO.C^7H^{12}.CAz$. — Cristaux fondant à 130° [Spiegel, *Ann. Chem.*, **211**, 186, 1882 ; — Wallach, Borsche, *D. chem. G.*, **34**, 339, 1898].

Cycloheptanone sulfonal,

$$\begin{array}{l} CH^2 - CH^2 - CH^2 \diagdown \\ \qquad\qquad\qquad\qquad C = (SO^2 - C^2H^5)^2 \\ CH^2 - CH^2 - CH^2 \diagup \end{array}$$

— Il fond à 136-138° (Wallach, Borsche).

Subérone oxime. — [Wallach, *Ann. Chem.*, **309**, 1, 1899 ; **324**, 281, 1902 ; **343**, 40, 1905 ; **345**, 139, 1906]. Cristaux fondant à 23° [Markownikow, *Journ. Soc. phys. chim. russe*, **6**, 8, 1893 ; *J. prakt. Chem.*, **49**, 409, 1894].

Subérone-pinacone,

$$(CH^2)^6 \diagup CsOH - HOC \diagdown (CH^2)^6$$

— Cristaux prismatiques solubles dans l'alcool, l'éther et la ligroïne, fondant à 75-76° [Markownikow. *Journ. Soc. phys. chim. russe*, **27**, 286. 1895 ; **34**, 904, 1903].

Oxyméthylène subérone, $C^5H^{12}O^2$. — Elle bout à 100° sous 10 mm. [Wallach. *Ann. Chem.*, **329**, 109, 1903].

Juin 1907.   A. Bouchonnet.

SUBÉRONIQUE (ACIDE). — Voy. SUBÉRANE-CARBONIQUE (ACIDE).

SUBÉROTERPÈNE ou *cycloheptine*.

$$CH^2 - CH^2 - C$$
$$| \qquad\qquad\qquad\qquad > C$$
$$CH^2 - CH^2 - CH^2 /$$

— C'est un des produits de la potasse alcoolique sur le bromure de subérylène ; liquide de consistance épaisse. bouillant à 120-121° [Markownikoff. *Journ. Soc. phys. chim. russe*, **34**. 904. 1902].

PHÉNOCYCLOHEPTÈNE.

$$C^6H^4 < {CH^2 - CH^2 \atop CH = CH} > CH^2$$

— Liquide d'odeur forte rappelant celle du naphtalène. bouillant à 233°.5-234°. $D_4 = 1.009$ [Kipping et Hunter, *Chem. Soc.*, **83**. 246. 1903].

PHÉNO-α-CÉTOHEPTAMÉTHYLÈNE,

$$C^6H^4 < {CH^2 - CH^2 \atop CO - CH^2} > CH^2$$

— Liquide soluble dans les dissolvants organiques, bouillant à 270°. La *semicarbazone* fond à 206-207°. L'*oxime* fond à 108-109° : par réduction, elle donne le corps suivant.

PHÉNO-α-AMINOHEPTAMÉTHYLÈNE. — Huile incolore, soluble dans les dissolvants organiques, donnant un *chlorhydrate* et un *chloroplatinate* bien cristallisés [Kipping et Hunter, *Chem. Soc.*, **79**. 602. 1901].

Décembre 1906.   J.-B. Senderens.

SUBÉRYLÈNE (*cycloheptène, subérène*).

$$CH^2 < {CH^2 - CH^2 - CH \atop CH^2 - CH^2 - CH} ||$$

Markownikoff l'a préparé en décomposant par la potasse l'iodure de subéryle. Il bout à 114-115°. $d_0^0 = 0.8407$: il absorbe le brome en donnant un *bromure* qui bout à 130-135° avec perte de HBr et formation de $C^7H^{11}Br$ [*Bull. Soc. Chim.*, (3). **12**. 437. 1894].

ACIDE SUBÉRÈNE-CARBONIQUE (Δ_1-*cycloheptène-méthyloïque*),

$$CH^2 - CH^2 - CH^2 \atop CH^2 - CH^2 - CH {} \Big/\Big\backslash CO^2H$$

— On l'obtient en traitant l'acide chlorosubérane-carbonique par un alcali. Il cristallise en tables brillantes fusibles à 51-53°. d'après Büchner et Jacobi, à 49-51° d'après Willstætter. L'*amide* fond à 130-131° [*D. chem. G.*, **31**. 399 et 2498. 1898].

ACIDE Δ_1-CYCLOHEPTÈNE-CARBONIQUE. — L'*amide* fond à 157-159° [Willstætter. *D. chem. G.*, **34**. 129, 1901].

ACIDE BROMOCYCLOHEPTÈNE-CARBONIQUE. — Il fond à 151° [Büchner, *D. chem. G.*, **31**, 2241. 1898].

ACIDE DIBROMOCYCLOHEPTÈNE-CARBONIQUE. — Il fond à 150° [*ibid.*].

Δ_2-AMIDOCYCLOHEPTÈNE. — Il bout à 166° [Willstætter. *D. chem. G.*, **34**, 129, 1901].

Δ_2-DIMÉTHYLAMINOCYCLOHEPTÈNE,

$$CH^2 - CH[Az(CH^3)^2] - CH$$
$$| \qquad\qquad\qquad\qquad\qquad ||$$
$$CH^2 - CH^2 - CH = CH$$

— Huile à odeur piquante. bouillant à 188° [*Bull. Soc. Chim.*, (3). **28**. 448. 1902].

CYCLOHEPTADIÈNE. — Identique avec l'hydrotropilidène. bout à 120-121°, $d_4^0 = 0.8807$ [Willstætter. *D. chem. G.*, **34**, 129, 1901].

CYCLOHEPTATRIÈNE. — Identique au tropilidène (voyez ce mot).

CYCLOHEPTATRIÈNE-MÉTHYLOÏQUE ou *acide isophénylacétique*. — Voyez PHÉNYLACÉTIQUE (ACIDE ISO-).   J.-B. Senderens.

SUBÉRYLGLYCOLIQUE (ACIDE). — Voy. SUBÉRANE-CARBONIQUE (ACIDE OXY-).

SUCCINAMIDINE. — Voyez l'art. IMINO-ÉTHERS.

SUCCINIQUE (ACIDE). — $CO^2H - CH^2 - CH^2 - CO^2H$. (Voy. Dict., **3**, 4 ; Suppl., 2° partie. p. 1462).

État naturel. — Il existe dans le baume de Canada [Tschirch et Bruning, *Arch. d. Pharm.*, **238**, 487, 1900]; dans le Coriaria thymifolia [Easterfield et Aston, *Chem. Soc.*, **79**, 120, 1901]; dans la térébenthine de Strasbourg, de Bordeaux, dans les résines du Pinus silvestris provenant de Finlande, du Picea vulgaris d'origine transylvanienne [Tschirch, *Arch. d. Pharm.*, **238**, 411, 630, 1900; **239**, 167, 1901; **240**, 272, 1902]; dans l'orites excelsa d'Australie, à l'état de succinate basique d'aluminium $Al^2(C^4H^4O^4)^3$ Al^2O^3 [Smith, *Chem. News*, **88**, 135, 1903]; dans le fromage d'Emmenthal [Winterstein, *Zeit. phys. Chem.*, **44**, 485, 1904]. Il paraît ne pas exister dans le muscle frais [Blumenthal, *Arch. d. Virchow*, **137**. 537 ; — Siegfried, *Zeit. phys. Chem.*, **39**, 126, 1903] mais il se formerait dès le 3° ou 4° jour de conservation [Wolff. *Beitr. z. chem. physiol. u. Path.*, **4**, 254, 1903]; cependant Kutscher et Stendel [*Zeit. phys. Chem.*, **38**, 101, 1903] en ont trouvé dans tous les extraits de viande Liebig qu'ils ont examinés.

Formation biologique. — Il se forme de l'acide succinique dans l'action, sur l'acide malique, d'un bacille court, identique au Bacillus lactis aerogenes d'Escherich, isolé d'une macération de viande en putréfaction [Emmerling, *D. chem. G.*, **32**. 1915, 1899]; lorsqu'on détermine la fermentation, à 40°, de l'arabinose et du xylose, au moyen de viande en putréfaction [Salkowski, *Zeit. phys. Chem.*, **30**, 478, 1900]; dans la fermentation, sous l'influence du bacillus tartricus, du glucose, du saccharose, du maltose, du lactose, de la dextrine et de la mannite [Grimbert, *Bull. Soc. Chim.*, **25**, 415, 1901]; dans l'action du ferment mannitique sur le lévulose, le glucose, le galactose. le saccharose, le maltose [Guyon et Dubourg, *Ann. de l'Inst. Pasteur*, **15**, n° 7, 1901]; dans la fermentation sous l'action du bacillus coli communis ou du bacillus typhosus. du glucose, du d. fructose. du l. arabinose, du d. galactose et du mannitol [Harden, *Chem. Soc.*, **79**, 610, 1901]; dans la fermentation du sucre de lait ou de la mannite sous l'influence du bacillus lactis aerogenes [Emmerling. *D. chem. G.*, **33**, 2477, 1900]; par culture de streptocoques sur fibrine [Emmerling, *D. chem. G.*, **30**, 1863]; dans la fermentation du sucre sous l'influence du suc de levure exempt de cellules [Büchner et Rapp, *D. chem. G.*, **34**. 1523, 1901]; dans l'autolyse des organes et en particulier du foie [Lévy, *Beitr. Chem. u. Path.*, **2**, 261, 1902].

Formation chimique. — Par oxydation nitrique de la portion des pétroles italiens distillant de 62° à 87° [Balbiano et Zeppo, *Gazz. chim. ital.*, **83**, 42, 1903]; par l'action du persulfate de K sur l'acide acétique [Moritz et Wolffenstein, *D. chem. G.*, **33**, 2531, 1899]; par l'oxydation du butane dibromé ou diiodé 1.4 [Hamonet, *Bull. Soc. Chim.*, **23**. 244, 1900]; par réduction de l'acide fumarique au moyen du sesquichlorure de titane [Knecht, *D. chem. G.*, **36**, 166, 1903]; par oxydation du furfurol au moyen du réactif de Caro [Cross, Bevan et Briggs, *D. chem. G.*, **33**, 3132, 1900]; par l'action de AzO^2 sur l'acide allylacétique [Egorof, *Journ. Soc. phys. chim. russe*, **35**, 965, 1903]; par oxydation du méthylcyclopentane au moyen de AzO^3H fumant [Poni, *Anal. acad. rom.*, **23**, 1900]; par oxydation de l'acide α-méthylèneglutarique au moyen de AzO^3H dilué [Pechmann et Rohm, *D. chem. G.*, **34**, 427, 1901]; par oxydation de l'acide acétonediacétique [Pinner, Kohlhammer, **34**, 727, 1901]; par oxydation de la stéarolactone [Sherkoff, Schestakoff, *J. prakt. Chem.*, **67**, 414, 1903]; par oxydation du dihydrotoluène [Harries, Atkinson, *D. chem. G.*, **35**, 1166, 1902]; par oxydation énergique, au moyen de AzO^3H concentré, des isonaphtènes [Markownikoff, *D. chem. G.*, **32**, 1445, 1899]; par oxydation du myrcène [Chapman, *Chem. Soc.*, **83**, 505, 1903]; du myrcénol [Barbier, *Bull. Soc. Chim.*, **25**, 689, 1901]; de l'arginine [Kutscher, *Zeit. phys. Chem.*, **32**, 413, 1901]; par oxydation manganique du caoutchouc [Harries, *D. chem. G.*, **35**, 3256, 1902]; de l'anhydride hématique [Küster, *D. chem. G.*, **35**, 2948, 1902].

100 cm³ de solution aqueuse contiennent, à 0°, 2,79; à 15°, 4,9; à 20°, 5,8; à 35°, 10,6; à 50°, 18, et à 65°, 28,1 parties d'acide [Lamouroux, *C. R.*, **128**, 999]. Point de congélation des solutions aqueuses [Müller, *Zeit. physik. Chem.*, **43**, 109, 1903].

Solubilités dans l'éther, l'alcool, l'acétone [Rau, *Fr.*, **32**, 483]: dans un mélange d'eau et de glycérine [Herz-Knoch, *Zeit. anorg. Chem.* **45**, 262, 1905].

Coefficient de dissociation [Mellor, *Chem. Soc.*, **79**, 126, 1901].

Conductibilité électrique [Cortright, *Am. Chem. Journ.*, **18**, 369; — Hantzsch-Vœgelen, *D. chem. G.*, **35**, 1001, 1902; — Jones et Getman, *Am. Chem. Journ.*, **32**, 308, 1904].

Capacité de saturation par les alcalis [Degener, *C. Bl.*, **11**, 936, 1897]; coefficient d'acidité [De Forcrand, *Bull. Soc. Chim.*, **23**, 706, 1900]; coefficient de partage de la soude entre les acides succinique et acétique [Dawson et Grant, *Chem. Soc.*, **81**, 512, 1902]. Acidité des sels acides [Smith, *Ph. Ch.*, **25**, 193].

L'acide exige, pour sa neutralisation à l'héliantine, moins d'une molécule de base [Astruc, *C. R.*, **130**, 253, 1900]. Titrage de l'acide au moyen de la baryte [Wagner, Hildebrandt, *D. chem. G.*, **36**, 4129, 1903].

Détermination de l'acide succinique [Rau, *Fr.*, **32**, 484]. Détermination et dosage dans les liquides fermentés [Laborde, Moreau, *Ann. de l'Inst. Pasteur*, **13**, 657, 1899]. Détermination en présence des acides tartrique et lactique [Borcas, v. Roczkowski, *C. Bl.*, **I**, 1310, 1898].

Pour le séparer de l'acide lactique, on neutralise le mélange des deux acides au moyen de la baryte, évapore, dissout le résidu dans l'eau bouillante et précipite le succinate de Ba au moyen de l'alcool absolu [Muller, *Bull. Soc. Chim.*, (3), **15**, 1295; — Guerbet, *C. R. Soc. Biol.*, **168**, 1906]. Séparation du mélange avec les acides glutarique, adipique et pimélique [Bouveault, *Bull. Soc. Chim.*, (3), **19**, 562].

L'acide succinique peut être séparé de l'albumine par épuisement à l'éther [Neuberg, *Zeit. phys. Chem.*, **34**, 574, 1901].

Application au dosage de l'albumine dans l'urine [Jolles, *Zeit. anal. Chem.*, **39**, 137, 1900]; les sels d'ammonium et de Na accélèrent la gélatinisation de la colle forte et de l'agar-agar [Lévitès, *Journ. Soc. phys. chim. russe*, **34**,

439, 1902]. Emploi de l'acide succinique dans les solutions d'acétate de nickel ou de cobalt soumises à l'électrolyse en vue de la séparation des deux métaux [Balachowsky, *C. R.*, **132**, 1492, 1901].

L'acide succinique, sous l'influence de l'effluve électrique, absorbe l'azote [Berthelot, *C. R.*, **126**, 686, 1898].

L'acide sulfurique à 96 0/0 au bain-marie donne la combinaison $C^4H^6O^4 + SO^4H^2$ [Hoogewerff, van Dorp, *Rec. trav. chim. P.-B.*, **18**, 212]; le pentachlorure d'antimoine, la combinaison $2SbCl^5 + C^4H^6O$, en fines aiguilles [Rosenheim, Stellmann, *D. chem. G.*, **34**, 3377, 1901].

Même en présence de l'air, l'acide succinique ne dissout pas l'antimoine [Moritz, Schneider, *Zeit. physik. Chem.*, **41**, 129, 1902].

Sels : d'AzH⁴ [Stohmann, *J. prakt. Chem.*, (2), **55**, 379]; d'hydrazine (sel acide) [Isabanejew, *Journ. Soc. phys. chim. russe*, **31**, 379, 1899]; d'hydroxylamine [Tanatar, *Journ. Soc. phys. chim. russe* **29**, 319; *C. Bl.*, II, 339, 659, 1897]; de Na [Gerilowski, Hautsch, *D. chem. G.*, **29**, 746; — Minio, *Z. Kr.*, **34**, 415]; de Ca [Milojkovic, *M.*, **14**, 700; — Tarugi, Checchi, *Gazz. chim. ital.*, (2), **34**, 417, 725]; de Hg, de Ba, de Sr, de Mg [Tarugi, Checchi, *loc. cit.*]; de Co [Klobb, *Bull. Soc. Chim.*, **25**, 1030, 1901]; de Yb [Clève, *Zeit. anorg. Chem.*, **32**, 129, 1902]; de didyme, de praséodyme, de samarium, de lanthane, de cérium [Meyer, *Zeit. anorg. Chem.*, **33**, 31, 1902]; de Ba, de Sr, de Ca, de Cu, de Pb [Cantoni et Diotalevi, *Bull. Soc. Chim.*, **33**, 28, 1905].

Sels doubles : de Ca et de K; de Zn et de K de Pb et de K; de Co et de K; de Ni et de K; de Cu et de K [Reynolds, *Chem. Soc.*, **73**, 701].

Sel de strychnine [Minguin, *C. R.*, **440**, 243, 1905].

Le succinate acide de Na exerce une action toxique sur le lupin blanc [Kahlenberg, Austin, *Phys. Chem.*, **4**, 553, 1900].

L'électrolyse du succinate de K donne de l'H, de l'O, du CO^2 et de l'éthylène; il ne se forme ni CO ni acétylène [Petersen, *Zeit. phys. Chem.*, **33**, 698, 1900]; par électrolyse d'un mélange de succinate de K et de KI il se forme de l'acide β-iodopropionique.

Le sel de Na charbonne lorsqu'il est chauffé à 130° avec de l'anhydride acétique [Fittig, *D. chem. G.*, **30**, 2148]. La distillation du succinate de Ca donne de la cyclohexanedione-1.4 [Feist, *D. chem. G.*, **28**, 738], de la cyclopentanone et du furane, avec d'autres produits [Metzner, Vorländer, *D. chem. G.*, **34**, 1885]. Le succinate d'ammonium, comme la succinimide et la succinamide, distillé sur la poudre de Zn donne de l'indol [Neuberg, *Zeit. phys. Chem.*, **34**, 574, 1901]. La distillation du mélange de succinate de Na sec et de séléniure de phosphure fournit une huile à odeur repoussante, vraisemblablement du sélénophène [Meyer, *Zeit. anorg. Chem.*, **30**, 258, 1902].

L'acide succinique est très stable vis-à-vis de MnO^4K en solution acide [Perdrix, *Bull. Soc. Chim.*, (3), **17**, 103]; il n'est pas oxydé par l'eau oxygénée en présence des sels ferreux [Fenton, Jones, *Chem. Soc.*, **77**, 69, 1900]; il ne décolore que très lentement la solution sulfurique de persulfate de K additionnée d'une solution de MnO^4K jusqu'à coloration violette très accentuée [Baeyer, Villiger, *D. chem. G.*, **33**, 2488, 1900].

L'acide glyoxylique ne réagit pas sur l'acide succinique en présence de pyridine [Dœbner, *D. chem. G.*, **34**, 53, 1901].

L'anhydride cochenillique se condense avec

l'acide succinique en donnant, par départ de CO^2, le diméthyl-dioxyéthine diphtalide

$$CH^3 OH \diagup C^6H^2 \diamond O \quad\overset{C=CH-CH=C}{}\quad O \diamond C^6H^2 \diagdown CH^3 OH \quad (CO)(CO)$$

[Liebermann et Voswinckel, *D. chem. G.*, **37**, 3344, 1904].

L'acide succinique exerce une action déshydratante sur les alcools : le menthol, à 200-220°, est transformé en menthène avec formation intermédiaire de succinate acide de menthyle [Tselikof, *Journ. Soc. phys. chim. russe*, **33**, 732, 1901; 34, 721, 1902; — Zélikow, *Journ. Soc. phys. chim. russe*, **37**, 1374, 1904]; la glycérine fournit une notable proportion d'acroléine et un peu d'acide acrylique [OEchsner de Coninck, *C. R.*, **135**, 1351, 1902].

Chauffé avec l'anhydride acétique, il donne un acide (probablement l'acide lévulique) dont le sel de Ca est soluble dans l'alcool [Fittig, *D. chem. G.*, **30**, 2148]; chauffé avec l'anhydride acétique en présence d'acétate de Na et de $ZnCl^2$, à 200°, il donne du β-acétyl-α-α-diméthylfurane $C^8H^{10}O^2$.

Le succinate de Na se condense avec le furfurol sous l'action de l'anhydride acétique. Si la condensation a lieu à 105-110°, il se forme de *l'acide difurfural-propionique*

$$OC^4H^3 - CH - C - CO^2H$$
$$\| \quad CH - C^4H^3O$$

fondant à 195-197° [Fischer, Scheuermann, *D. chem. G.*, **34**, 1626, 1901]; si la condensation a lieu à 90-100° il se forme *l'anhydride difurfurylidène-succinique*

$$C^4H^3O - CH = C - CO \diagdown$$
$$\qquad\qquad\qquad\qquad O$$
$$C^4H^3O - CH = C - CO \diagup$$

prismes orangés fondant à 187°, et l'acide α-γ-difurfurylidène-propionique; l'acide difurfurylidène-succinique fond à 185-187° en se transformant en anhydride [Titherley et Spencer, *Chem. Soc.*, **85**, 183, 1904].

Avec l'aldéhyde cinnamique et en présence d'anhydride acétique, le succinate de Na donne, lorsqu'on effectue la réaction à 90°, du diphényl-dibutadiène $(C^6H^5 - CH = CH - CH = CH -)^2$ fusible à 225° et de l'acide cinnaményl-isocrotonique $C^6H^5 - CH = CH - CH = CH - CH^2 - CO^2H$ fusible à 111-112°. Si la réaction est accomplie à 130°, il se forme de l'anhydride dicinnamylidène-succinique

$$C^6H^5 - CH = CH - CH = C - CO \diagdown$$
$$\qquad\qquad\qquad\qquad O$$
$$C^6H^5 - CH = CH - CH = C - CO \diagup$$

fusible à 215° [Fittig, *Ann. Chem.*, **331**, 151, 1904].

Le succinate de Na réagit sur le β-naphtol en présence d'anhydride acétique en donnant la di-β-naphtocoumarine

$$\left(C^{10}H^{13} \genfrac{}{}{0pt}{}{\diagup O - CO}{\diagdown CH = C -} \right)^2$$

fondant au-dessus de 300° [Bartsch, *D. chem. G.*, **36**, 1966, 1903].

Le mélange de chlorhydrate d'o-phénylène-diamine, d'acide succinique et de carbonate de sodium chauffé à 150° fournit :

1° L'*amide*

$$C^6H^4 \genfrac{}{}{0pt}{}{\diagup AzH - CO}{\diagdown AzH - CO} C^2H^4$$

fondant à 236°.

2° Un corps isomère du précédent, qui possède des propriétés à la fois basiques et acides, et qui aurait pour formule

$$C^6H^4 \genfrac{}{}{0pt}{}{\diagup Az}{\diagdown AzH} \gtrless C - C^6H^4 - CO^2H$$

3° La *diamide*,

$$C^6H^4 \genfrac{}{}{0pt}{}{\diagup AzH^2}{\diagdown AzH - CO} - C^2H^4 - CO - AzH \genfrac{}{}{0pt}{}{AzH^2 \diagdown}{\diagup} C^6H^4$$

La métaphénylène-diamine donne dans les mêmes conditions la *diimide*

$$C^2H^4 \genfrac{}{}{0pt}{}{\diagup CO}{\diagdown CO} \diagdown Az_{(1)} - C^6H^4 - Az_{(3)} \genfrac{}{}{0pt}{}{\diagup CO}{\diagdown CO} C^2H^4$$

La paraphénylène-diamine donne la *p-amido-succinanile*

$$AzH^2 - C^6H^4 - Az \genfrac{}{}{0pt}{}{\diagup CO}{\diagdown CO} C^2H^4$$

fondant à 236° et la *diimide*

$$C^2H^4 \genfrac{}{}{0pt}{}{\diagup CO}{\diagdown CO} Az_{(1)} - C^6H^4 - Az_{(4)} \genfrac{}{}{0pt}{}{\diagup CO}{\diagdown CO} C^2H^4$$

[Meyer, *Ann. Chem.*, **327**, 1, 1903].

L'acide succinique agissant sur l'anhydride acétylborique met en liberté l'acide acétique et donne l'anhydride succinylborique fondant à 164° [Pictet, Geleznoff, *D. chem. G.*, **36**, 2219, 1903].

Comme les acides oxalique, maléique, tartrique, acétique, etc., borique, métaphosphorique, etc., et en général tous les acides, lorsque leurs molécules ne sont pas dissociées, l'acide succinique fait subir à la diméthylcétazine une transformation moléculaire en 3-méthyl-5-diméthylpyrazoline :

$$CH^3 - C —— CH^3 \qquad\qquad CH^3 - C —— CH^2$$
$$\| \qquad C \genfrac{}{}{0pt}{}{\diagup CH^3}{\diagdown CH^3} \Longrightarrow \qquad \| \qquad C \genfrac{}{}{0pt}{}{\diagup CH^3}{\diagdown CH^3}$$
$$Az \qquad\qquad Az \qquad\qquad Az \qquad AzH$$

[Frey, Hoffmann, *Mon. f. Chem.*, **20**, 600, 1901].

ANHYDRIDE SUCCINIQUE,

$$CH^2 - CO \diagdown$$
$$\qquad\qquad O$$
$$CH^2 - CO \diagup$$

Formation. — Par addition de 2 molécules d'anhydride acétique à une solution de succinate de Na [Oddo, Manuelli, *Gazz. chim. ital.*, **26**, II, 482]; par l'action du chlorure de thionyle sur l'acide succinique [Meyer, *Mon. f. Chem.*, **22**, 415, 1901].

Préparation. — Par l'action à 50° du chlorure d'acétyle sur l'acide succinique [Blaise, *Bull. Soc. Chim.*, (3), **24**, 643, 1899]. Par chauffage à 110° de l'acide avec PCl^5 [Voermann, *R. tr. ch. P.-B.*, **23**, 265, 1904]. Pour le purifier, on le fait recristalliser dans le chloroforme [Negri, *Gazz. chim. ital.*, **26**, I, 77]. $D_4^{20,4} = 1,10357$.

Il se dissout dans l'eau, sans avoir préalablement, par hydratation, passé à l'état d'acide [Stadt, *Zeit. phys. Chem.*, **31**, 250, 1900; **41**, 353, 1902].

Il s'unit directement avec I et KI, en donnant le composé $(C^4H^4O^3)^4 . KI, I^2$ sous forme de cristaux jaune d'or, peu stables [Clover, *Am. Chem. Journ.*, **31**, 256, 1904].

Réduit, en solution dans l'éther par l'amalgame de sodium en présence d'HCl, il donne la butyrolactone.

Chauffé avec les amines primaires (aniline, p. toluidine, β-naphtylamine) il donne, avec un rendement de 60 à 70 %, les succinimides substituées correspondantes [Koller, *D. chem. G.*, **36**, 1598, 1904]. Par fusion directe avec l'o-nitraniline, il donne de l'o-nitrosuccinanile [Meyer, *Ann. Chem.*, **327**, 1, 1903].

Chauffé *en solution alcoolique* avec l'o-phénylène-diamine libre, il donne la *diamide* d'Anderlini

$$C^6H^4 <^{AzH-CO}_{AzH-CO}> C^2H^4$$

et, dans les mêmes conditions, avec la m- ou la p-phénylène-diamine, il fournit respectivement les acides m- ou *p-phénylène-disuccinamique*

$$C^6H^3 <^{AzH-CO-C^2H^4-CO^2H}_{AzH-CO-C^2H^4-CO^2H}$$

Si on opère en milieu non hydroxylé (éther acétique par exemple, au lieu d'alcool), il se forme, avec la m-phénylène-diamine, une *combinaison moléculaire* instable

$$C^6H^4(AzH^2)^2, C^2H^4 <^{CO}_{CO}> O$$

fondant à 166°, qui se transforme en *acide m-amidosuccinanilique* isomère

$$C^6H^4 <^{AzH-CO-C^2H^4-CO^2H}_{AzH^2}$$

fondant à 183°, lequel est transformé en solution aqueuse chaude, ou en présence des acides étendus, en *acide phénylène-disuccinamique*

$$C^6H^4 <^{AzH-CO-C^2H^4-CO^2H}_{AzH-CO-C^2H^4-CO^2H}$$

fondant à 215°.

Dans les mêmes conditions, la p-phénylène-diamine donne un produit d'addition fondant à 183°, qui se transforme, comme dans le cas du dérivé m-, en *acide p-phénylène-disuccinamique* [Meyer, *Ann. Chem.*, **327**, 1, 1903].

L'anhydride succinique traité par l'amidure de Na donne le sel de Na de l'*amide acide*

$$CH^2-COONa$$
$$CH^2-COAzH^2$$

Mais lorsqu'on passe du sel de Na à l'acide libre, il se produit une saponification partielle et l'on obtient un mélange de l'amide et de l'acide bibasique [Alexeyef, *Journ. Soc. phys. chim. russe*, **34**, 526, 1902].

Traité par la p-phénétidine en solution dans le toluène, il donne l'*acide p-éthoxyphénylsuccinamique*

$$CO^2H-CH^2-CH^2-COAzH-C^6H^4-OC^2H^5$$

fondant à 166-167° [Gilbody, Sprankling, *Chem. Soc.*, **81**, 787, 1902].

Chauffé avec l'urée, il donne l'acide succinurique et ensuite la succinimide. Chauffé avec la thiocarbanilide à 150°, il fournit de l'oxysulfure de carbone et de l'aniline [Dunlap, *Am. Chem. Journ.*, **18**, 340].

Il se combine avec les m-amidophénols en donnant des succinéines, colorants voisins des rhodamines [Fr. Baeyer et Cie, D.R.P. 51983, Frdl., II, 86].

Il réagit sur la benzine, en présence de chlorure d'aluminium, et donne l'acide phénylbutanonoïque [Klobb, *Bull. Soc. Chim.*, **17**, 583, 1897]; dans les mêmes conditions, le toluène donne l'acide tolylbutanonoïque fondant à 125° [Klobb, *Bull. Soc. Chim.*, **23**, 521, 1900; —

Katzenellenbogen, *D. chem. G.*, **34**, 3828, 1901]. De même, l'anisol en présence de AlCl³ donne l'acide anisoylpropionique CH³-O-C⁶H⁴-CO-CH²-CH²-CO²H [Poppenberg, *D. chem. G.*, **34**, 3257, 1901] et la naphtaline l'acide β-naphtoylpropionique C¹⁰H⁷-CO-CH²-CH²-CO²H [Danis, *Bull. Soc. Chim.*, **23**, 324, 1900].

PEROXYDE DE SUCCINYLE C⁴H⁴O⁴. — Ce composé se forme lorsqu'on ajoute, en refroidissant, 1 molécule de chlorure de succinyle à 1 molécule de peroxyde de Na dissous dans l'eau glacée contenant un peu de H²O² [Varimo, Thiele, *D. chem. G.*, **29**, 1724].

Il explose avec violence à 100 ou 120°, suivant qu'on le chauffe rapidement ou lentement; il fait encore explosion soit par le frottement, soit lorsqu'on le mélange à l'aniline ou à l'acide sulfurique.

Il est insoluble dans l'alcool et la plupart des autres dissolvants organiques ordinaires; il décolore l'indigo et les solutions de MnO⁴K.

Avec la phénylhydrazine dissoute dans l'éther, ou avec l'ammoniac alcoolique, il donne la succinimide.

PEROXYDE DU MONOANHYDRIDE SUCCINIQUE,

$$CO^2H-CH^2-CH^2-CO-O$$
$$CO^2H-CH^2-CH^2-CO-O$$

— Il se forme par agitation de l'anhydride succinique avec l'eau oxygénée. Il fond à 128° en se décomposant. Il est soluble dans l'eau, l'alcool, l'acétone, etc., insoluble dans le chloroforme, le benzène et la ligroïne.

Ses solutions xyléniques bouillantes se décomposent en CO², anhydride succinique et en un acide huileux [Clover et Hougton, *Am. Chem. Journ.*, **32**, 43, 1904].

MONOPERACIDE SUCCINIQUE,

$$CH^2-CO^2H$$
$$CH^2-CO-O-OH$$

— Il se forme par l'action de l'eau sur le peroxyde : l'hydrolyse est lente et fournit en même temps que le peracide, de l'acide succinique et de l'eau oxygénée.

Il fond à 107° avec décomposition; il est très soluble dans l'eau, l'alcool, l'acétone, etc..

La chaleur le décompose en CO² et acide hydracrylique.

Il réagit sur les anhydrides succinique et glutarique et donne respectivement le *peroxyde d'acide succinique* et le *peroxyde succinoglutarique*,

$$O-CO-CH^2-CH^2-CO^2H$$
$$O-CO-CH^2-CH^2-CH^2-CO^2H$$

fondant à 107° en se décomposant [Clover et Houghton, *loc. cit.*].

CHLORURE DE SUCCINYLE,

$$CH^2-COCl$$
$$CH^2-COCl$$

— Il fond à 16-17° [Vorländer, *D. chem. G.*, **30**, 2268; *Ann. Chem.*, **280**, 183]. Il ne bout pas sans décomposition à la pression normale; il distille à 103-104° sous 25 mm.

Chauffé avec le p-aminoazobenzène il donne le *succinyl-p-aminoazobenzène* fondant à 221-222° [Wielezynski, *D. chem. G.*, **35**, 1431, 1902].

Traité par le chlorhydrate de phénylaminoguanidine il fournit la 5.5-éthylène-bis-1-phényl-3-iminotriazoline

$$C^2H^4\left(-C:\;\substack{Az-C^6H^5\\ \| \\ Az}\begin{matrix} \\ AzII \\ \\ C=AzII\end{matrix}\right)^2$$

fondant vers 390° [Cuneo, *Gazz. chim. ital.*, **29**. 89, 1898].

Chlorure du succinate acide d'éthyle.

$$CH^2-COCl$$
$$CH^2-CO^2C^2H^5$$

— Il se prépare par l'action du PCl^3 sur le succinate acide d'éthyle [Blaise, *Bull. Soc. Chim.*, (3). **21**, 645, 1899].

C'est une huile bouillant à 115° sous 42 mm. en se décomposant partiellement en anhydride succinique et chlorure d'éthyle.

Traité par le zinc méthyle, il donne l'éther de l'acide lévulique [Blaise, *loc. cit.*].

Condensé avec la diméthylrésorcine en présence de chlorure d'aluminium et en solution dans un mélange de CS^2 et de nitrobenzène, il conduit à l'acide diméthoxybenzoylpropionique $(CH^3O)^2=C^6H^3-CO-CH^2-CH^2-CO^2H$ [Perkin jun., *Chem. Soc.*, **81**, 221, 1902].

ÉTHERS SUCCINIQUES. — Les éthers succiniques neutres sont facilement hydrolysés par la lipase [Kastle, *Am. Chem. Journ.*, **27**, 481, 1902].

SUCCINATE ACIDE DE MÉTHYLE $COOH-CH^2-CH^2-CO-OCH^3$. — Préparé par l'action de l'anhydride succinique sur l'alcool méthylique. il fond à 58° [Bosse, Sudborough, Sprankling. *Chem. Soc.*, 534, 1904].

L'électrolyse d'une solution méthylalcoolique du succinate de méthyle et de sodium fournit de l'adipate de méthyle avec un rendement de 70 0/0 de la théorie :

$$2\;\substack{CO^2Na\\ | \\ CH^2 \\ | \\ CH^2-CO^2CH^3} = 2CO^2+Na+\substack{CH^2-CO^2CH^3\\ | \\ CH^2 \\ | \\ CH^2 \\ | \\ CH^2-CO^2CH^3}$$

[L. Bouveault, *Bull. Soc. Chim.*, **29**, 1042-1045. 1903].

SUCCINATE NEUTRE DE MÉTHYLE. $C^2H^4(CO^2CH^3)^2$. Il bout à 80° sous 10 à 11 mm.; fond à 19°; $D_4^{20}=1,12077$ [Emery, *D. chem. G.*, **22**, 3185]. Indice de réfraction [Brühl, *J. prakt. Chem.*, (2), **50**, 140]. Conductibilité électrique [Bartoli. *Gazz. chim. ital.*, **24**, II, 163].

SUCCINATE D'ÉTHYLE,

$$CH^2-CO^2H$$
$$CH^2-CO^2C^2H^5$$

— Il se prépare soit par saponification partielle de l'éther diéthylique [V. Miller, Hofer, Reindel, *D. chem. G.*, **28**, 2431], soit par l'action de l'éthylate de Na sur l'anhydride succinique [Blaise, *Bull. Soc. Chim.*, (3), **21**, 643].

Huile de saveur très acide bouillant à 172° sous 42 mm., en se décomposant partiellement en éther neutre et en acide; très soluble dans l'eau, l'alcool. l'éther. Son sel de Na est soluble dans l'alcool et l'éther.

La solution aqueuse du succinate d'éthyle et de Na soumise à l'électrolyse donne, comme dans le cas du succinate de méthyle et de Na en solution méthylalcoolique. de l'éther adipique, mais avec des rendements inférieurs; de plus,

il se forme en même temps du propionate d'éthyle, de l'acrylate d'éthyle (?). du β-oxypropionate d'éthyle et un composé $C^{15}H^{26}O^6$, éther triéhylique d'un acide tribasique qui proviendrait de la condensation de 3 ions avec départ d'un atome d'hydrogène :

$$3(CO^2-CH^2-CH^2-CO^2C^2H^5)=C^{15}H^{26}O^6+H+3CO^2$$

[Bouveault, *Bull. Soc. Chim.*, **29**, 1040, 1043, 1903].

L'électrolyse du mélange de succinate d'éthyle et de potassium et de triméthylparaconate de potassium donne de l'éther adipique et de l'αα-diméthyl-β-méthylène-butyrolactone

$$\substack{(CH^3)^2C-CO\\ | \\ CH^2=C-CH^2}\Big\rangle O$$

[Noyes, *Am. Chem. Journ.*, **33**, 356, 1905].

SUCCINATE NEUTRE D'ÉTHYLE $C^2H^4(CO^2C^2H^5)^2$. — Il se forme par l'action du mercure sur les éthers chloro et bromoacétiques [Vandevelde, *Centr. Bl.*, I, 438, 1898]; il prend naissance, en grande quantité, lorsqu'on cherche à condenser l'éther éthane-tétracarbonique sodé avec les dérivés di-halogénés, tels que l'iodure d'éthylidène, ou avec le chloracétol [Kotz, Stalmann, *J. prakt. Chem.*, **68**, 156, 1903]; la réduction électrolytique du maléate d'éthyle en solution alcoolosulfurique fournit également du succinate d'éthyle [Tafel et Friedrichs, *D. chem. G.*, **37**, 3187, 1904]. Il bout à 217°,7 (corr.), fond à —20°,8 (corr.) [Schneider, *Phys. Chem.*, **22**, 233]. Indice de réfraction [Eykmann, *Rec. Pays-Bas*, **12**, 276; — Brühl, *J. prakt. Chem.*, (2), **50**, 140].

Sa saponification s'effectue en deux stades, le premier étant marqué par la formation de l'éther acide [Knoblauch, *Phys. Chem.*, **26**, 96]. Vitesse de saponification [Iljelt, *D. chem. G.*, **31**, 1845].

Traité par l'iodure de méthylmagnésium il donne le 2.5-diméthylhexane-diol-2.5 $(CH^3)^2=C(OH)-CH^2-CH^2-C(OH)(CH^3)^2$ fondant à 90° [A. Valeur, *Bull. Soc. Chim.*, **27**, 1139, 1902; — Pogorgelsky, *Journ. Soc. phys. chim. russe*, **35**, 882, 1903].

De même l'iodure d'éthylmagnésium donne le 3.6-diéthyloctane-diol-3-6 fondant à 70° [A. Valeur, *Bull. Soc. Chim.*, **25**, 340, 1901]; le bromure de phényle-magnésium donne le tétraphénylbutane-diol $(C^6H^5)^2C(OH)-CH^2-CH^2-C(OH)(C^6H^5)^2$ [A. Valeur, *Bull. Soc. Chim.*, **29**, 685, 1903; — Acree, *Am. Chem. Journ.*, **33**, 180, 1905].

En solution éthérée il réagit sur l'iodure d'allyle, en présence de grenaille de zinc, pour donner de l'acide γ-diallyl-γ-oxybutyrique et de la γ-diallylbutyrolactone [Kazansky, *Journ. Soc. phys. chim. russe*, **33**, 361, 1901].

Voyez plus loin ses condensations avec les *Aldéhydes* et les *Cétones*.

Succinate d'éthyle et d'éthyle chloré $(CO^2C^2H^5)CH^2-CH^2-CO^2CH^2-CH^2Cl$. — Il se forme à côté du succinate neutre d'éthyle chloré et du succinate neutre d'éthylène lorsqu'on traite le chlorure de succinyle successivement par le glycol et l'alcool absolu [Vorländer, *Ann. Chem.*, **280**, 179].

C'est une huile bouillant à 170-172° sous 30 mm., soluble dans l'alcool, l'éther et le benzène.

Succinate neutre d'éthyle chloré $C^2H^4(CO^2-CH^2-CH^2Cl)^2$. — Il se forme à côté d'autres combinaisons lorsqu'on traite le chlorure de succinyle par le glycol [Vorländer, *Ann. Chem.*, **279**, 180]; il se prépare en faisant réagir le chlorure de succinyle sur l'alcool chloréthylique CH^2Cl-CH^2OH [Vorländer, *loc. cit.*].

Huile bouillant à 204-205° sous 30 mm., à peine soluble dans la ligroïne, soluble dans l'alcool, etc.

Succinate d'éthyle et d'oxéthyle $CO^2C^2H^5 - CH^2 - CH^2 - CO^2 - CH^2 - CH^2OH$. — Il se forme lorsqu'on chauffe le succinate neutre d'éthyle avec du glycol [Vorländer, *Ann. Chem.*, 280, 199].

C'est un liquide bouillant à 182-183° sous 25 mm., insoluble dans la ligroïne, soluble dans l'eau, l'alcool, l'éther, le benzène, le chloroforme.

SUCCINATE NEUTRE DE BUTYLE SECONDAIRE $C^2H^4(CO^2C^4H^9)^2$. — Liquide réfringent bouillant à 255°,5-256°,5 sous 750 mm.; $D_4^{20} = 0,9735$ [Norris, Green, *Am. Chem. Journ.*, 26, 293, 1901].

SUCCINATE NEUTRE D'AMYLE L. $C^2H^4(CO^2C^5H^{11})^2$. — Préparé à partir de l'alcool amylique actif. Il bout à 178-180° sous 25 mm.; $D^{20} = 0,9582$; $[\alpha]_D = + 3°,76$ [Walden, *Phys. Chem.*, 20, 575].

SUCCINATES DE CYCLOHEXANOL. — Le *succinate acide* $CO^2H-(CH^2)^2-CO^2-C^6H^{11}$ fond à 44°; le *succinate neutre*

$$\left(\begin{array}{c} CH^2 - CO^2C^6H^{11} \\ | \end{array} \right)^2$$

est un liquide sirupeux [Brunel, *Bull. Soc. Chim.*, 33, 273, 1905].

SUCCINATE NEUTRE D'ÉTHYLÈNE $(C^4H^4O^4-C^2H^4)^2$. — On l'obtient par le traitement à chaud du succinate d'Ag par le bromure d'éthylène [Vorländer, *Ann. Chem.*, 280, 177], ou par l'action de l'acide sur le glycol. Il se forme, à côté du succinate d'éthyle et de chloréthyle, et du succinate neutre de chloréthyle, lorsqu'on fait agir le chlorure de succinyle sur le glycol et lorsqu'on traite le chlorure de succinyle en solution benzénique par le glycol disodé [Vorländer, *loc. cit.*]. Il prend naissance, à côté d'autres combinaisons, lorsqu'on traite à chaud le succinate neutre de chloréthyle par le succinate d'Ag [Vorländer, *Ann. Chem.*, 280, 200]. On l'obtient également par réduction à chaud, au moyen de l'amalgame de Na, des maléates ou fumarates éthyléniques en solution acétique.

Aiguilles microscopiques fondant à 88-90°; $D^{17} = 1,345$; solubles dans $CHCl^3$; peu solubles dans l'alcool froid et CCl^4; insolubles dans l'éther, la ligroïne et le sulfure de carbone.

Il distille dans le vide en se décomposant. Il donne, lorsqu'on le chauffe avec HBr, du bromure d'éthylène, et avec l'éthylate de Na de l'éther succinylsuccinique [Vorländer, *loc. cit.*].

SUCCINATE DE PHÉNYLE, $C^2H^4(CO^2C^6H^5)^2$. — On l'obtient par l'action de l'acide sur le phénol en présence de P^2O^5 [Bakounine, *Gazz. chim. ital.*, 30, II, 340, 1900].

Succinates de nitrophényle, $C^2H^4(CO^2 - C^6H^4 - AzO^2)^2$. Les trois isomères o-m-p- ont été préparés par l'action du chlorure de succinyle sur les nitro-phénols correspondants.

Points de fusion : pour le dérivé o-, 162°; pour le m-, 153°; pour le p-, 178° [Bischoff, Hedenstroem, *D. chem. G.*, 35, 4079, 1902].

Succinate de diiodophénol,

$$C^2H^4(CO^2_{(1)} - C^6H^3I^2_{(2.4)})^2$$

— Préparé en maintenant vers 80°, tant qu'il se dégage de l'HCl, le diiodophénol en présence d'un excès de chlorure de succinyle. Il fond à 209° [Brenans, *Bull. Soc. Chim.*, 25, 822, 1901].

SUCCINATES DE TOLYLE, $C^2H^4(CO^2 - C^6H^4 - CH^3)^2$. — Les trois isomères o- m- p- ont été obtenus par l'action du $POCl^3$ sur un mélange d'acide succinique et du crésol correspondant.

Le dérivé o- est huileux et bout à 239°; le dérivé m- fond à 60° et le p- à 121° [Bischoff, Hedenstroem, *D. chem. G.*, 35, 4079, 1902].

SUCCINATE DE GAÏACYLE, $C^2H^4 = (CO^2 - C^6H^4 - OCH^3)^2$. — Préparé par l'action du chlorure de succinyle sur le gaïacol. Il fond à 135° [Bischoff, Hedenstroem, *loc. cit.*].

SUCCINATES DE XYLYLE, $C^2H^4 = [CO^2 - C^6H^3(CH^3)^2]^2$. — Les trois isomères o- m- p- ont été obtenus en traitant par $POCl^3$ les mélanges d'acide succinique et du xylénol correspondant.

Le dérivé de l'o-xylénol 1.2.4 fond à 110°, celui du m-xylénol 1.3.4 fond à 70°, et celui du p-xylénol 1.4.2 à 81° [Bischoff, Hedenstroem, *loc. cit.*].

SUCCINATE DE CARVACRYLE, $C^2H^4[CO^2 - C^6H^3(CH^3)(C^3H^7)^2]$. — Préparé à partir du carvacrol, de la même façon que le succinate de xylyle. Il fond à 37° et bout à 268° sous 5 mm. [Bischoff, Hedenstroem, *loc. cit.*].

SUCCINATE DE THYMYLE, $C^2H^4[CO^2 - C^6H^3(CH^3)(C^3H^7)]^2$. — Préparé à partir du thymol, de la même façon que le précédent. Il fond à 63° et bout à 245° sous 20 mm. [Bischoff, Hedenstroem, *loc. cit.*].

SUCCINATE DE NAPHTYLE α, $C^2H^4(CO^2 - C^{10}H^7)^2$. — Même préparation, à partir de l'α-naphtol. Il fond à 155°.

SUCCINATE DE NAPHTYLE β. — Il fond à 163° [Bischoff, Hedenstroem, *loc. cit.*].

SUCCINATES DE BORNYLE, $C^2H^4(CO^2 - C^{10}H^{17})^2$. — La densité des éthers actifs est plus grande que celle des racémiques correspondants. Examen cristallographique des différents éthers [Minguin, *Bull. Soc. Chim.*, 25, 612; 27, 686, 1902].

Succinates acides de bornyle,

$$\begin{array}{c} CH^2 - CO^2H \\ | \\ CH^2 - CO^2C^{10}H^{17} \end{array}$$

— Préparés par l'action de l'anhydride succinique en excès sur les bornéols [A. Haller, *C. R.*, 108, 456, 1308; Minguin, *C. R.*, 140, 946, 1905].

SUCCINATE DE MENTHYLE, $C^2H^4(CO^2C^{10}H^{19})^2$. — Triboluminescence du succinate de menthyle [Tschergaeff, *Journ. Soc. phys. chim. russe*, 32, 837, 1900; *D. chem. G.*, 35, 2473, 1902].

SUCCINATE ACIDE DE β THYMOMENTHYLE,

$$C^2H^4 < \begin{array}{l} CO^2H \\ CO^2C^{10}H^{19} \end{array}$$

— Préparé par l'action de l'anhydride sur le thymomenthol. Il fond à 80° [Brunel, *Bull. Soc. Chim.*, 33, 502, 1905].

SUCCINATE ACIDE DE LICARÉOL. — Employé comme moyen de purification du licaréol extrait des essences naturelles. L'action du penicillium glaucum sur le succinate acide du licaréol racémique de Stéphan, en vue de la séparation d'un licaréol actif, n'a donné aucun résultat [Barbier, *Bull. Soc. Chim.*, 25, 829].

CONDENSATION DES ÉTHERS SUCCINIQUES AVEC LES ALDÉHYDES ET LES ACÉTONES. — 1° *Aldéhydes*. — La condensation de l'éther succinique avec le furfurol en présence d'éthylate de Na sec en solution éthérée et à froid donne naissance à l'*éther difurfural succinique*

$$C^4H^3O - CH = C \underline{\hspace{2cm}} C = C - C^4H^3O$$
$$\qquad \qquad | \qquad \qquad \qquad |$$
$$\qquad CO^2C^2H^5 \qquad CO^2C^2H^5$$

et à l'*éther furfuritaconique*

$$C^4H^3O - CH = C \underline{\hspace{2cm}} CH^2$$
$$\qquad \qquad | \qquad \qquad |$$
$$\qquad CO^2C^2H^3 \qquad CO^2C^2H^5$$

L'éther difurfural-succinique saponifié donne l'*acide difurfural-succinique* qui se décompose entre 217 et 225°. Réduit, cet acide donne *l'acide difurfurylsuccinique*. La saponification de l'éther furfuritaconique donne *l'acide furfuritaconique* fondant à 205-215° et qui, par réduction, donne *l'acide furfurylsuccinique* fondant à 141-142°. [Scheuermann, *D. chem. G.*, **34**, 1626, 1901; — Stobbe. *D. chem. G.*, **37**, 2232, 1904; **38**, 4075, 1905].

L'éther succinique se condense avec l'aldéhyde benzoïque en présence d'éthylate de Na en donnant l'acide phénylitaconique [Hecht. *Mon. f. Chem.*, **24**, 367. 1903; — Stobbe et Maoum. *D. chem. G.*, **37**, 2240, 1904].

2° *Cétones*. — L'éther succinique se condense en présence d'éthylate de Na sec ou en solution dans l'alcool avec les cétones grasses ou aromatiques, dans le sens de l'une ou l'autre des deux équations :

$$I. \quad \begin{array}{c} R-CO \\ | \\ R' \end{array} + \begin{array}{c} CH^2-CO^2A \\ | \\ CH^2-CO^2A \end{array} = \begin{array}{c} R-C=C-CO^2A \\ | \quad | \\ R' \;\; CH^2-CO^2A \end{array} + H^2O$$

Éthers itaconiques γ disubstitués.

$$II. \quad \begin{array}{c} R-C(OH) \\ \| \\ R'-CH \end{array} + \begin{array}{c} CH^2-CO^2A \\ | \\ CH^2-CO^2A \end{array} = \begin{array}{c} R-C-CH-CO^2A \\ \| \quad | \\ R'-C \;\; CH^2-CO^2A \end{array} + H^2O$$

(Forme énolique). Éthers γ alcoylène-pyrotartriques.

La réaction s'effectue de préférence dans le sens de l'équation (II) lorsqu'il s'agit de cétones renfermant le groupement -CH² - à côté du carbonyle (méthyléthylcétone, propiophénone, désoxybenzoïne, dibenzylcétone): ce fait conduit à penser que les cétones possédant une pareille constitution réagissent, en présence du sodium sous leur forme énolique. Les cétones qui ne possèdent pas ce groupement - CH² - réagissent au contraire, de préférence, dans le sens de l'équation (I), et conduisent aux acides itaconiques γ disubstitués.

L'éthylméthylcétone donne principalement l'acide γ-éthylidène-γ-méthylpyrotartrique (II) et en petite quantité l'acide éthylméthylitaconique (I)

$$\begin{array}{cc} CH^3-C=C-CO^2H & CH^3-C—CH^2-CO^2H \\ | \quad\quad | & \quad\quad \| \quad | \\ CH^3-CH^2 \;\; CH^2-CO^2H & CH^3-CH \;\; CH^2-CO^2H \\ I. & II. \end{array}$$

L'acétophénone se comporte à la fois dans les deux sens et fournit 3 isomères : 2 acides stéréoisomères, les acides γ-méthyl-γ-phényl-itaconique et γ-méthyl-γ-phénylisoitaconique (formule I) et de l'acide γ-méthylène-phénylpyrotartrique (formule II) :

$$\begin{array}{cc} \begin{array}{c} C^6H^5 \\ CH^3 \end{array}\!\!\searrow\!\!C=C\!\!\nearrow\!\!\begin{array}{c} CH^2-CO^2H \\ CO^2H \end{array} & \begin{array}{c} C^6H^5 \\ CH^2 \end{array}\!\!\searrow\!\!C-CH\!\!\nearrow\!\!\begin{array}{c} CH^2-CO^2H \\ CO^2H \end{array} \\ I. & II. \end{array}$$

La propiophénone se comporte de la même façon : le produit principal est l'acide γ-éthylidène-γ-phénylpyrotartrique (II); il se forme en outre les deux acides γ-éthyl-γ-phénylitaconiques stéréoisomères (I) :

$$\begin{array}{cc} C^6H^5-C=C-CO^2H & C^6H^5-C—CH-CO^2H \\ | \quad\quad | & \quad\quad \| \quad | \\ CH^3-CH^2 \;\; CH^2-CO^2H & CH^3-CH \;\; CH^2-CO^2H \\ I. & II. \end{array}$$

La benzophénone ne fournit qu'un acide γγ-diphénylitaconique [Stobbe. *Ann. Chem.*, **308**, 67. 89, 114. 1889; **321**. 83. 94, 105, 1902; — *D. chem. G.*. **37**, 2232, 1904.

L'acétone conduit à l'acide téraconique (formule I)

$$(CH^3)^2C=C-CO^2H$$
$$|$$
$$CH^2-CO^2H$$

et il se forme comme produit secondaire la lactone éther

$$(CH^3)^2=C—CH-CO^2C^2H^5$$
$$O\diagdown\;\;\diagup\;\;\;\;\;\;\;\;\;|$$
$$CO-C=(CH^3)^2$$

qui, par saponification au moyen de KOH, fournit l'acide

$$(CH^3)^2=C=C-CO^2H$$
$$|$$
$$(CH^3)^2=C=C-CO^2H$$

[Stollé, *Journ. f. prakt. Chem.*, **67**, 197, 1903].

La dibenzylcétone fournit, comme unique produit de réaction, l'acide γ-benzylidène-γ-benzylpyrotartrique [Stobbe, *Ann. Chem.*, **308**, 67, 1899; — Russwurm, Schulz, *ibid.*, **308**, 175, 1899].

La désoxybenzoïne conduit à l'acide γ-benzylidène-γ-phényl pyrotartrique [Russwurm, *ibid.*, **308**, 156, 1899].

La condensation de la valérolactone avec le succinate d'éthyle en présence d'éthylate de sodium donne *l'anhydride valactène-succinique*

$$\begin{array}{ccccccc} CH^3-CH-CH^2-CH^2 & CO &—& O \\ | & & | & | \\ O &———& C=C-CH^3-CO \end{array}$$

ainsi que de *l'acide valactène-propionique*

$$\begin{array}{c} CH^3-CH-CH^2-CH^2 \\ | \quad\quad\quad | \\ O ———— C=CH-CH^2-CO^2H \end{array} \quad (?)$$

huileux [Fittig, *Ann. Chem.*, **331**, 151, 1904].

ACIDE SUCCINYLGLYCOLIQUE.

$$\begin{array}{c} CH^2-CO-O-CH^2-CO^2H \\ | \\ CH^2-CO-O-CH^2-CO^2H \end{array}$$

— *L'éther diéthylique* de cet acide, C^2H^4 $(COOCH^2-CO^2C^2H^5)^2$, s'obtient par l'action à chaud de l'éther diazoacétique sur l'acide succinique [Curtius-Schwan, *J. prakt. Chem.*, (2), 54, 361].

Il fond à 72°,5, est soluble dans l'éther chaud et l'alcool.

SUCCINAMIDE,

$$\begin{array}{c} CH^2-CO\,Az\,H^2 \\ | \\ CH^2-CO\,Az\,H^2 \end{array}$$

— L'oxydation de la succinamide donne de l'urée [Jolles, *Journ. f. prakt. Chem.*, **63**, 516].

La succinamide retarde l'action diastasique de l'amylase [Effront, *Bull. Soc. Chim.*, **34**, 1230, 1904].

SUCCINIMIDE,

$$\begin{array}{c} CH^2-CO\diagdown \\ | \quad\quad\quad\quad Az\,H \\ CH^2-CO\diagup \end{array}$$

— En effectuant à des températures comprises entre 131 et 165° l'hydrolyse du cyanure d'éthylène au moyen d'une molécule d'acide sulfurique étendue de 2 molécules d'eau, on réussit à obtenir de la succinimide; celle-ci se forme en quantité d'autant plus considérable que la température est plus élevée. D'ailleurs l'intervention de l'acide n'est pas nécessaire; la transformation du cyanure d'éthylène en succinimide dépend, en effet, simplement, de la température et de la quantité d'eau en présence, car on obtient la succinimide en même temps que de la succinamide en chauffant simplement à 153-173° le cyanure d'éthylène avec une molécule d'eau [Bogert, Eccles, *Am. Journ. Soc.*, 20, 1902].

La succinimide en solution dans l'ammoniac liquide dissout le sodium en formant un dérivé métallique cristallisé [Franklin, Kraus, *Am. Chem. Journ.*, 23, 277, 1900]. Mais il n'a pas été possible d'isoler de dérivé métallique, en faisant agir dans les mêmes conditions, au lieu de sodium, de l'amidure de potassium ou de magnésium [Franklin, Stafford, *ibid.*, 28, 83, 1902].

Appréciation de la grandeur de l'affinité entre Hg et Az dans la succinimide mercurique [Ley, Schaefer, *D. chem. G.*, 35, 1309, 1902].

La succinimide argentique traitée à chaud par les iodures de méthyle et d'éthyle donne des succinimides substituées à l'azote; il ne se forme que très exceptionnellement et en petite quantité de l'éther oxygéné [Wheeler, *Am. Chem. Journ.*, 23, 135, 1900].

La succinimide donne avec différents phénols des combinaisons moléculaires : la *combinaison avec le phénol*, $C^4H^5O^2Az + C^6H^6O$, fond à 58-64°; avec le *p-bromophénol*, à 74-78°; avec le *p-crésol*, à 60-70°. Elle permet de préparer des solutions concentrées de différents phénols dans l'eau [Brenkeleveen, *Rec. T. Ch. Pays-Bas*, 19, 32].

La succinimide donne des dérivés ammoniocupriques caractéristiques; ces dérivés, de formule générale

$$\left(\begin{array}{c} CH^2 - CO \\ | \qquad\qquad Az \\ CH^2 - CO \end{array} \right)^2 Cu, 2AzH^2R$$

sont de couleur chair ou brique; ils sont très stables et fondent au-dessus de 100° en se décomposant. Ils s'obtiennent, soit par l'action réciproque de la succinimide, de $CuCl^2$ (ou d'un autre sel cuivreux) et d'une amine primaire (ou de l'AzH^3) en solution alcoolique, soit par action de la succinimide en présence d'un excès d'alcool sur les solutions aqueuses des bases cuproammoniques formées par $Cu(OH)^2$ avec les amines, soit enfin, — et ce procédé est le plus commode, — par oxydation du cuivre au moyen de l'oxygène libre en présence de succinimide et d'une solution alcoolique de l'amine [Tchougaef, *Journ. Soc. phys. chim. R.*, 36, 452, 613, 1904].

La succinimide est réduite en pyrrolidone par l'électrolyse en solution sulfurique à 50 0/0 (courant de 120 ampères) :

$$\begin{array}{c} CH^2 - CO \\ | \qquad\qquad AzH + 4H = \\ CH^2 - CO \end{array} \quad \begin{array}{c} CH^2 - CH^2 \\ | \qquad\qquad AzH + H^2O \\ CH^2 - CO \end{array}$$

[Tafel, Stern, *D. chem. G.*, 33, 2224, 1900].

Az-Isopropylsuccinimide,

$$\begin{array}{c} CH^2 - CO \\ | \qquad\qquad Az - CH(CH^3)^2 \\ CH^2 - CO \end{array}$$

— Elle se prépare en chauffant à 100° puis à 200° un mélange équimoléculaire d'acide succinique et d'isopropylamine.

Elle bout à 225° sous 743 mm. et fond à 60°.

Réduite dans les mêmes conditions que la succinimide, par l'électrolyse, elle donne l'isopropyl-pyrrolidone

$$\begin{array}{c} CH^2 - CH^2 \\ | \qquad\qquad Az - CH(CH^3)^2 \\ CH^2 - CO \end{array}$$

bouillant à 221-222° sous 736 mm. [Tafel, Stern, *loc. cit.*].

Az-Acétylsuccinimide,

$$\begin{array}{c} CH^2 - CO \\ | \qquad\qquad Az - CO - CH^3 \\ CH^2 - CO \end{array}$$

— On l'obtient en chauffant la succinimide avec de l'anhydride acétique.

Ce composé bout à 167° sous 9^{mm},5 et se solidifie à basse température.

La réduction de l'acétylsuccinimide ne donne que de la pyrrolidone, par suite d'une saponification simultanée [Tafel, Stern, *loc. cit.*].

Succinanilide,

$$\begin{array}{c} CH^2 - COAzH - C^6H^5 \\ | \\ CH^2 - COAzH - C^6H^5 \end{array}$$

— Elle se forme exclusivement par l'action de l'aniline sur le chlorure de succinyle [Dunlop-Cummer, *Chem. Soc.*, 612, 1903]. Elle fond à 226°.

Succinanile (phénylsuccinimide),

$$\begin{array}{c} CH^2 - CO \\ | \qquad\qquad Az - C^6H^5 \\ CH^2 - CO \end{array}$$

— Il se forme dans l'action soit de l'isocyanate de phényle soit de l'isothiocyanate de phényle sur l'acide succinique [Bénech, *C. R.*, 130, 920, 1900]. On l'obtient au rendement de 60 à 70 0/0 en chauffant l'aniline avec de l'anhydride succinique [Koller, *D. chem. G.*, 36, 1598, 1904].

Lorsqu'on chauffe de 245 à 360° un mélange de succinate de Na et de chlorhydrate d'aniline, il se forme, en même temps que de la succinanilide, du succinanile, ce composé représentant le produit ultime précédé de la formation de l'anilide :

$$\begin{array}{c} CH^2 - COAzH - C^6H^5 \\ | \\ CH^2 - COAzH - C^6H^5 \end{array}$$

$$= \begin{array}{c} CH^2 - CO \\ | \qquad\qquad Az - C^6H^5 + C^6H^5 - AzH^2 \\ CH^2 - CO \end{array}$$

Le succinanile fond à 150° [Dunlop-Cummer, *Chem. Soc.*, 612, 1903].

ACIDES SUCCINIQUES HALOGÉNÉS. — Le traitement par l'eau, par l'oxyde ou les sels d'argent, par $Tl(OH)$, HgO, Hg^2O ou PdO, des acides monohalogénés actifs fournit l'acide malique de même sens rotatoire; au contraire, le traitement par la potasse aqueuse ou les autres alcalis, eau de baryte, CuO, $Pb(OH)^2$, $Sn(OH)^2$, fournit l'acide malique de sens rotatoire contraire [Walden, *D. chem. G.*, 30, 3146; 32, 1833; — *Journ. Soc. phys. chim. russe*, 30, 656; — *Centr. Bl.*, I, 91, 1899; — *D. chem. G.*, 32, 1850].

Lorsqu'on fait agir l'ammoniaque alcoolique ou aqueuse sur les acides succiniques halogénés actifs, on n'obtient généralement pas l'acide aminé, mais des acides β-malamiques

$$\begin{array}{c} OH - CH - CO^2H \\ | \\ CH^2 - COAzH^2 \end{array}$$

de pouvoir rotatoire inverse [Lutz, *D. chem. G.*, 35, 2460, 4369, 1902].

De même, la benzylamine réagit à froid sur les éthers bromo et chlorosucciniques, en solution dans l'alcool méthylique, en donnant les acides 3-benzylmalamiques $CO^2H - CHOH - CH^2 - CO - AzH . C^7H^7$ [Lutz, *D. chem. G.*, 37, 2123, 1904].

Les solutions des sels de glucine sont sans influence sur le pouvoir rotatoire de l'acide chlorosuccinique [Rosenheim, Itzig, *D. chem. G.*, 33, 817, 1900].

ACIDE CHLOROSUCCINIQUE $CO^2H-CH^2-CHCl-CO^2H$. — a) *Acide inactif.* — L'acide amino-succinique en solution dans l'HCl concentré, traité à froid par le nitrite de sodium donne l'acide chlorosuccinique [Jochem, *Zeit. phys. Chem.*, 34, 43].

Il fond à 151°,5-152°.

D=1,679; 2^{gr},3 de solution aqueuse à 20° contiennent 1 gr. d'acide [Walden, *D. chem. G.*, 29, 1699].

L'acide chlorosuccinique racémique n'est pas dédoublé par le traitement à la potasse, en solution dans l'alcool amylique actif [Walden, *D. chem. G.*, 32, 2703, 1899].

Éther diméthylique. — Préparé à partir de l'acide chloré inactif et de l'alcool, ou par le mélange à parties égales des isomères droit et gauche. $D^{20}_4=1,2500$ [Walden, *Journ. Soc. phys. chim. russe*, 30, 512; — *Centr. Bl.*, II, 917, 1898].

Éther diamylique (gauche) $C^2H^3Cl(CO^2C^5H^{11})^2$. — Il bout à 187-188° sous 22 mm. $D^{20}=1.0314$; $[\alpha]_D=+3°75$ [Walden, *Ph. Ch.*, 20, 576; *Journ. Soc. phys. chim. russe*, 30, 511; — *Centr. Bl.*, II, 917, 1898].

Chlorosuccinanile,

$$\begin{array}{l} CHCl-CO \diagdown \\ \qquad\qquad\quad AzC^6H^5 \\ CH^2-CO \diagup \end{array}$$

— Il se forme par l'action de l'oxychlorure de phosphore sur la phénylamide de l'acide maléique, $CO^2H-CH=CH-CO\,AzH.C^6H^5$.

Il fond à 118-119° [Van Dorp, van Haarst, *Rec. Pays-Bas*, 19, 318, 1901].

b) *Acide droit.* — Il s'obtient par traitement de l'acide malique gauche, en solution dans le chloroforme, par le pentachlorure de phosphore [Walden, *D. chem. G.*, 26, 215].

Chauffé rapidement, il fond à 176°. Il est assez soluble dans l'eau, l'alcool, l'éther et l'acétone; 4^{cc},5 de solution aqueuse contiennent 1 gr. d'acide [Walden, *D. chem. G.*, 29, 1699].

$[\alpha]_D=+20°27$ [Walden, *Ph. Ch.*, 17, 253].

Traité par l'ammoniaque alcoolique ou aqueuse, il donne l'acide β-malamique gauche fondant à 149°; $[\alpha]_D=-9°33$ [Lutz, *D. chem. G.*, 35, 2460, 4369, 1902].

Éther diméthylique $C^2H^3Cl(CO^2CH^3)^2$. — On l'obtient par l'action de l'alcool méthylique sur le chlorure d'acide; de HCl sur une solution de l'acide dans l'alcool méthylique; de PCl⁵ sur le malate de méthyle en solution dans le chloroforme [Walden, *Journ. Soc. phys. chim. russe*, 30, 507; — *Centr. Bl.*, II, 917, 1898; — *D. chem. G.*, 28, 1290].

Cet éther bout à 110-112° sous 10-12 mm. $D^{20}_4=1,2513$. $[\alpha]_D^{20}=+41°,9$ [Walden, *Ph. Ch.*, 17, 253].

Éther diéthylique $C^2H^3Cl(CO^2C^2H^5)^2$. — Préparé par l'action de HCl gazeux sur une solution d'acide dans l'alcool éthylique absolu. il bout à 131° sous 18 mm.; $[\alpha]_D=+27°5$ [Walden. *Journ. Soc. phys. chim. russe*, 30, 508; — *Centr. Bl.*, II, 917, 1898].

Éther dipropylique $C^2H^3Cl(CO^2C^3H^7)^2$. — Préparation par l'action du PCl⁵ sur le malate dipropylique en solution dans le chloroforme.

Il bout à 148° sous 20 mm.: $[\alpha]_D=+25°63$ [Walden, *Journ. Soc. phys. chim. russe*, 30, 509; — *Centr. Bl.*, II, 917, 1898].

Éther diisobutylique $C^2H^3Cl(CO^2C^4H^9)^2$. — Préparation par l'action du PCl⁵ sur le malate diisobutylique en solution dans le chloroforme.

Il bout à 162-164° sous 17 mm. $[\alpha]_D=+21°57$ [Walden, *loc. cit.*].

Éther diamylique $C^2H^3Cl(CO^2C^5H^{11})^2$. — a) *Éther du diméthyléthylcarbinol inactif.* — Préparé par l'action du chlorure d'acide sur l'alcool amylique inactif; de l'acide chlorhydrique gazeux sur l'acide dissous dans l'alcool amylique.

Il bout à 190° sous 25 mm. $[\alpha]_D=+21°56$ [Walden, *loc. cit.*].

b) *Éther de l'alcool amylique gauche.* — Préparé avec un alcool amylique de pouvoir rotatoire $[\alpha]_D=-4°7$, il bout à 187° sous 22 mm. Son pouvoir rotatoire $[\alpha]_D=+25°15$ [Walden, *Journ. Soc. phys. chim. russe*, 30, 510; — *Centr. Bl.*, 917, 1898].

Chlorure d'acide,

$$\begin{array}{l} CH^2-COCl \\ | \\ CHCl-COCl \end{array}$$

— Il bout à 91-93° sous 11 mm.; $[\alpha]_D=+29°53$ [Walden, *loc. cit.*].

Anhydride,

$$\begin{array}{l} CH^2-CO \diagdown \\ \qquad\qquad\quad O \\ CHCl-CO \diagup \end{array}$$

— Préparé par distillation dans le vide de l'acide, en présence de l'anhydride phosphorique.

Il existe sous deux modifications, l'une liquide et l'autre solide qui se sépare de la première après quelques mois de repos.

$[\alpha]_D=+30°85$ [Walden, *D. chem. G.*, 28, 1289; — *Journ. Soc. phys. chim. russe*, 30, 506; — *Centr. Bl.*, II, 917, 1898].

c) *Acide gauche.* — On l'obtient par l'action du PCl⁵ sur l'acide malique droit [Walden, *D. chem. G.*, 32, 1885].

Il se forme à côté de l'acide fumarique lorsqu'on fait agir AzOCl sur une solution d'asparagine gauche dans HCl concentré [Tilden, Forster, *Chem. Soc.*, 67, 492; — Tilden, Marshall, *ibid.*, 67, 494].

Préparation. — On dissout 36 gr. d'acide aspartique dans 35 cc. d'HCl concentré, additionnés de 35 cc. d'eau, sature de Cl à froid et fait passer pendant 4 heures dans la solution constamment refroidie un courant de Cl et d'AzO, après quoi on extrait à l'éther [Walden, *D. chem. G.*, 29, 134, 1896].

Il fond à 176°. D=1,687. 4 cc. de solution contiennent 1 gr. d'acide.

Pour une solution de 9^{gr},3 d'acide dans 100 cc. d'eau et à 19° $[\alpha]_D=-19°67$.

Le sel d'argent précipite [Walden, *D. chem. G.*, 29, 1690].

Éther diméthylique $C^2H^3Cl(CO^2CH^3)^2$. — Préparé par l'action de HCl gazeux sur la solution de l'acide dans l'alcool.

Il bout à 110-112° sous 10-12 mm.; $D^{20}_4=1,2501$. $[\alpha]_D=-42°32$ [Walden, *Journ. Soc. phys. chim. russe*, 30, 512; — *Centr. Bl.*, II, 917, 1898].

Mesure des pouvoirs rotatoires à différentes températures [Guye, Aston, *C. R.*, 124, 196].

ACIDES DICHLOROSUCCINIQUES. — a) *Acide 2.3-dichlorosuccinique* $CO^2H-CHCl-CHCl-CO^2H$. — Il se forme par l'action de l'eau sur le chlorure de dichlorosuccinyle [Michael, Tissot, *J. prakt. Chem.*, (2), 46, 394].

Préparation. — Par l'action prolongée, au soleil, du chlore sur l'acide fumarique fortement refroidi au moyen du mélange de CO^2 solide et d'éther [Kirchoff, *Ann. Chem.*, 280, 211].

Il fond à 215° en se décomposant. Il est soluble dans l'éther, l'alcool, l'acétone et le chloroforme; peu soluble dans la benzine et la ligroïne.

Les alcalis à froid fournissent de l'acide chlorofumarique. Chauffé avec de l'acétate de soude additionné d'un peu d'acide acétique, il se décompose en HCl et acide chloromaléique. L'ébullition pendant 1/2 heure de la solution aqueuse du sel de Na fournit de l'acide chloromaléique. L'ébullition du sel d'argent avec l'eau donne des acides tartriques [Michael, Tissot, *J. prakt. Chem.*, (2), 52, 335].

Sels de Ca, Ba, Zn, Cd, Cu, Ag [Kirchoff, *Ann. Chem.*, 280, 212].

Éther diméthylique $C^2H^2Cl^2(CO^2CH^3)^2$. — Il fond à 31°5-32°. Il est soluble dans l'alcool méthylique et l'éther [Kirchoff, *loc. cit.*].

Éther diéthylique $C^2H^2Cl^2(CO^2C^2H^5)^2$. — Il s'obtient lorsqu'on traite par ClOH le fumarate d'éthyle [Henry, *Centr. Bl.*, II, 663, 1898].

Il fond à 57° [Henry, *loc. cit.*]; à 61°75-62° [Kirchoff, *loc. cit.*]. Il est soluble dans l'alcool et l'éther.

Chlorure d'acide COCl-CHCl-CHCl-COCl. — Il se prépare par l'action, à la lumière du soleil et à froid, du chlore sur le chlorure de fumaryle dissous dans le tétrachlorure de carbone.

C'est une huile bouillant à 105-106° sous 45 mm. et à 85-86° sous 22 mm. [Michael, Tissot, *J. prakt. Chem.*, (2), 46, 394].

Acide allo-2.3-dichlorosuccinique CO^2H-CHCl-CHCl-CO^2H. — Il se forme lorsqu'on traite par l'eau l'anhydride [Michael, Tissot, *J. prakt. Chem.*, 46, 393].

Gros prismes qui se décomposent à 170°, solubles dans l'éther et l'eau; peu solubles dans l'alcool.

Par ébullition avec l'eau, il donne l'acide chlorofumarique.

Sels de AzH^4, Ca, Sr, Ba, Pb, Cu [Riet, *Ann. Chem.*, 280, 219].

Éther diéthylique $C^2H^2Cl^2(CO^2C^2H^5)^2$. — Liquide huileux instable [Riet, *loc. cit.*].

Anhydride,

$$\begin{array}{l} CHCl\text{-}CO \diagdown \\ \quad\quad\quad\quad\ O \\ CHCl\text{-}CO \diagup \end{array}$$

— On l'obtient par l'action à froid et aux rayons du soleil du Cl sur l'anhydride maléique en solution dans CCl^4 [Michael, Tissot, *J. prakt. Chem.*, (2), 46, 392]; par l'action du chlore liquide, sec, au soleil, sur l'anhydride maléique [Riet, *loc. cit.*].

Cristaux brillants fondant à 95° et se décomposant par la distillation en HCl et anhydride chloromaléique.

ACIDE TRICHLOROSUCCINIQUE CO^2H-CHCl-CCl^2-CO^2H. — Il se prépare par l'action à froid et à la lumière du soleil, du chlore liquide sur l'acide chloromaléique [Riet, *Ann. Chem.*, 280, 230]. Cristaux très solubles dans l'eau.

Les sels, à l'exception de ceux de Pb et de Ag, sont très solubles dans l'eau.

ACIDE MONOBROMOSUCCINIQUE, CO^2H-CHBr-CH^2-CO^2H.

Acide inactif. — On l'obtient par l'action du brome sur l'acide succinique sec en présence de phosphore rouge ou de PBr^3 [Volhard, *Ann. Chem.*, 242, 145].

Il fond à 160-161° [Walden, *D. chem. G.*, 29, 1699; *Ph. Ch.*, 8, 479].

La décomposition de cet acide par l'eau à l'ébullition fournit de l'acide malique [Tanatar, *Ann. Chem.*, 273, 39]; de l'acide fumarique ou un mélange d'acides fumarique et malique, ce dernier résultant de la fixation d'une molécule d'eau sur le précédent [Muller, *Zeit. physik. Chem.*, 41, 483, 1902]; un mélange d'acides fumarique et maléique [Muller et Suckert, *D. chem. G.*, 37, 2598, 1904].

La pyridine en solution aqueuse ou alcoolique enlève le brome à l'état d'HBr et donne du fumarate acide de pyridine.

La quinaldine en solution alcoolique conduit également à l'acide fumarique; en solution aqueuse elle se combine simplement à l'acide pour former un bromosuccinate instable qui se décompose à chaud en donnant du fumarate [Dubreuil, *Bull. Soc. Chim.*, 31, 908, 1904].

La quinoléine en solution alcoolique donne du fumarate acide de quinoléine [Simon, Dubreuil, *C.R.*, 132, 418, 1901; — Dubreuil, *Bull. Soc. Chim.*, 31, 910, 1904]; en solution aqueuse l'action est différente, il se forme du malate acide de quinoléine [Dubreuil, *loc. cit.*].

Acide droit. — Il se forme à partir de l'acide malique gauche.

Éther diméthylique, $C^2H^3Br(CO^2CH^3)^2$. — Préparé par l'action du PBr^5 sur le malate de méthyle gauche dissous dans le chloroforme [Walden, *D. chem. G.*, 28, 1291].

Il bout à 129° sous 23 mm. $D_4^{20}=1,5050$. $[\alpha]_D=+50°,83$ [Walden, *Ph. Ch.*, 17, 260; *D. chem. G.*, 28, 2771, 1895].

Il se racémise avec le temps; après quatre années $[\alpha]_D$ était tombé à $+36,06$ [Walden, *D. chem.*, 31, 1417, 1898].

Éther diéthylique, $C^2H^3Br(CO^2C^2H^5)^2$. — Il se prépare par l'action du PBr^5 sur le malate d'éthyle gauche dissous dans $CHCl^3$.

Il bout à 143° sous 28-30 mm. $D_4^{20}=1,3550$; $[\alpha]_D=+40°,96$.

Il se racémise avec le temps; après 4 années son pouvoir rotatoire était tombé à $+2°$ [Walden, *loc. cit.*].

Éther dipropylique, $C^2H^3Br(CO^2C^3H^7)^2$. — Il bout à 153-154°. $D_4^{20}=1,3010$ [Walden, *Journ. Soc. phys. chim. russe*, 30, 514].

Éther diisopropylique, $C^2H^3Br(CO^2C^3H^7)^2$. — Cet éther comme les précédents se racémise avec le temps. Après quatre années son pouvoir rotatoire était tombé de $+1°,2$ à 0° [Walden, *D. chem. G.*, 31, 1418].

Éther diisobutylique, $C^2H^3Br(CO^2C^5H^{11})^2$. — Il bout à 168° sous 16 mm. en se décomposant. $D_4^{20}=1,2394$; $[\alpha]_D=+23°,56$ [Walden, *Journ. soc. phys. chim. russe*, 30, 514; *Centr. Bl.*, 1898, II, 917].

Acide gauche. — Il se forme à partir de l'acide malique droit [Walden, *D. chem. G.*, 32, 1885]; il se produit à côté de l'acide inactif par le traitement de l'acide 2-bromosuccinamique par AzOBr [Walden, *D. chem. G.*, 28, 2770, 1895].

Préparation. — On traite la solution de 30 gr. d'acide aspartique dans 20 gr. d'SO^4H^2 et 50 cc. d'eau par une solution concentrée de 35 gr. de KBr; après 2 heures de contact on ajoute 15 gr. de Br et fait passer pendant 4 heures, en refroidissant, un courant de AzO [Walden, *D. chem. G.*, 29, 134, 1896].

Longs prismes fondant à 172° en se décomposant. $D=2,093$; solubles à raison de 1 gr. pour $6^{cc},3$ de solution aqueuse. En solution dans l'éther acétique $[\alpha]_D=-72°,65$ [Walden, *D. chem. G.*, 29, 1699].

Traité par l'ammoniaque alcoolique ou aqueuse il donne l'acide β-malamique droit

$$\begin{array}{l} OH\text{-}CH\text{-}CO^2H \\ \quad\quad\ | \\ CH^2\text{-}CO\,AzH^2 \end{array}$$

[Walden, Lutz, *D. chem. G.*, 30, 2795; — Lutz, *D. chem. G.*, 35, 2460, 4369, 1902].

Éther diméthylique, $C^2H^3Br(CO^2CH^3)^2$. — Il bout à 130° sous 22 mm.; $[\alpha]_D=-46°$ [Walden, *loc. cit.*].

ACIDE IODOSUCCINIQUE, $C^2H^3I(CO^2H)^2$. — Il se

forme en petite quantité par le chauffage de l'acide succinique avec l'iode en présence de HgO ; par l'action de KI sur l'acide bromosuccinique dissous dans l'alcool [Brunner, Chuard, *D. chem. G.*, **30**, 200].

ACIDES CHLOROBROMOSUCCINIQUES, $CO_2H - CHCl - CHBr - CO_2H$.

a) *Forme maléique.* — On l'obtient par le traitement de l'anhydride par l'eau [Walden, *D. chem. G.*, **30**, 2887] ; lorsqu'on sature d'HCl gazeux la solution du bromobutène-2-oxime-4-oïque-1 dans un mélange d'acide et d'anhydride acétique [Hill, Allen, *Am.*, **19**, 659].

Il cristallise en prismes qui se décomposent sans fondre à 170° [Hill, Allen, *loc. cit.*] ; tables fondant à 165° [Walden, *loc. cit.*]. Il est soluble dans l'eau et l'alcool.

Par distillation sur P_2O_5 il fournit de l'anhydride chloromaléique ; l'ébullition prolongée avec l'eau donne de l'acide chlorofumarique ; HCl fumant le transforme en la forme fumarique de l'acide chlorobromosuccinique.

Éther diéthylique, $C_2H_2ClBr(CO_2C_2H_5)_2$. — C'est un liquide huileux [Walden, *D. chem. G.*, **30**, 2888].

Anhydride,

$$\begin{matrix} CHCl-CO \diagdown \\ \qquad\qquad O \\ CHBr-CO \diagup \end{matrix}$$

— Il se prépare par l'action simultanée du chlore et du brome, en solution chloroformique et au soleil, sur l'anhydride maléique.

Cristaux grenus fondant à 78° [Walden, *D. chem. G.*, **30**, 2887, 1897].

b) *Forme fumarique.* — Pour le préparer on chauffe le mélange de 10 gr. d'acide chlorofumarique et de 36 gr. de solution acétique saturée d'HBr, d'abord à 125° jusqu'à dissolution complète, puis pendant 2 heures à 135-140°.

Il fond à 235-237°.

Par distillation sur P_2O_5 il fournit de l'acide chloromaléique ; par l'action à chaud de la potasse méthylalcoolique il se transforme en acides tartriques inactif et racémique [Walden, *D. chem. G.*, **30**, 2884].

Éther diéthylique, $C_2H_2ClBr(CO_2C_2H_5)_2$. — On le prépare par l'action de SO_4H_2 concentré sur le mélange de l'acide et de l'alcool. Il s'obtient également en traitant par HBr l'éther chlorofumarique en solution acétique.

Il fond à 59-60° [Walden, *D. chem. G.*, **30**, 2885].

ACIDES DIBROMOSUCCINIQUES, $CO_2H - CHBr - CHBr - CO_2H$.

Réactions communes aux deux formes : acide dibromosuccinique symétrique et acide isodibromosuccinique.

Traités à chaud par les lessives alcalines (soude, potasse, baryte, chaux), les deux acides perdent HBr et donnent l'acide acétylène dicarbonique [Lossen, *Ann. Chem.*, **272**, 129].

Les deux acides ou leurs sels neutres de Na, K, Ba ou Ca sont décomposés par l'eau à l'ébullition, dans le sens des trois réactions suivantes :

I. $C_4H_2Br_2O_4Me_2 = MeBr + C_4H_2BrO_4Me$

II. $C_4H_2Br_2O_4Me_2 + H_2O$
$= 2MeBr + 2CO_2 + CH_3.CHO$

III. $C_4H_2Br_2O_4Me_2 + 2H_2O = 2MeBr + C_4H_6O_6$

La réaction (I) conduit, dans le cas de l'acide dibromosuccinique symétrique, à l'acide bromomaléique, et, dans le cas de l'acide isodibromosuccinique, à l'acide bromofumarique. L'acide dioxysuccinique qui se forme d'après l'équation

(III) est toujours un mélange des acides tartriques inactif et racémique ; l'acide tartrique inactif se forme principalement à partir de l'acide isodibromosuccinique, et l'acide tartrique racémique à partir de l'acide dibromosuccinique symétrique. Il est à noter que, dans les mêmes conditions expérimentales, l'acide isodibromosuccinique se décompose plus rapidement que son isomère symétrique [Losen, Riebensahm, *Ann. Chem.*, **292**, 298, 1896 ; — Reisch, *Ann. Chem.*, **300**, 1, 1898].

L'acidité de ces acides est exaltée à raison de la présence des 2 atomes de brome [Astruc, *C. R.*, **130**, 253, 1900].

a) *Acide symétrique.* — Il se forme : par l'action, au soleil, du brome sur l'acide fumarique, en présence d'un peu d'eau [Kirchoff, *Ann. Chem.*, **280**, 209] ; par l'action pendant 10 heures à 100° de 4 p. d'acide bromhydrique concentré sur 1 p. d'acide isodibromosuccinique [Michael, *J. prakt. Chem.*, (2), **52**, 324].

Préparation. — On chauffe en vase clos, pendant 7 heures, à 100°, l'acide fumarique avec un peu plus de la quantité calculée de brome, en solution acétique [Michael, *J. pr.*, (2), **52**, 295].

Il fond à 255-256° en se décomposant [Michael, *D. chem. G.*, **28**, 1631, 1895] ; conductibilité électrique : Walden [*Ph. Ch.*, **8**, 479].

En solution alcoolique, la pyridine, la quinoléine et la quinaldine se comportent de la même façon ; l'acide reste inaltéré et l'on obtient les dibromosuccinates monopyridique, diquinoléique et monoquinaldique, quel que soit l'excès de base employé ; en solution aqueuse il y a enlèvement d'HBr et formation d'acides non saturés : avec la pyridine et la quinoléine l'enlèvement du Br peut être total et conduire à l'acide acétylène-dicarbonique, avec formation intermédiaire d'acide bromofumarique ; mais la quinaldine n'enlève qu'un Br et donne ainsi naissance à l'acide bromomaléique [Dubreuil, *Bull. Soc. Chim.*, **31**, 916, 1904].

Éther diméthylique, $C_2H_2Br_2(CO_2CH_3)_2$. — Traité par le malonate de Na, il fournit l'éthane-tétracarbonate de méthyle s., le cis-1.2-trans-1.3-triméthylène-tétracarbonate de méthyle et le cis-1.2.3-trans-1-triméthylène-tétracarbonate de méthyle [Buchner, Witter, *Ann. Chem.*, **284**, 225].

Éther diéthylique, $C_2H_2Br_2(CO_2C_2H_5)_2$. — Traité par 2 mol. d'alcoolate de Na, il donne l'éther acétylène-dicarbonique et éthoxymaléique. En solution dans l'éther humide, il subit, par l'action à chaud de la tournure de zinc, l'enlèvement du brome [Michael, *D. chem. G.*, **34**, 4215, 1901].

Éther éthylénique, $C_4H_2Br_2O_4 - C_2H_4$. — On l'obtient par addition de 16 gr. de brome à une solution refroidie de 7 gr. de fumarate d'éthylène dans 250 gr. de bromure d'éthylène [Vorländer, *Ann. Chem.*, **280**, 190].

Il fond à 96°, il est à peu près insoluble dans l'alcool, l'éther et la ligroïne.

Chlorure d'acide,

$$\begin{matrix} CHBr-COCl \\ | \\ CHBr-COCl \end{matrix}$$

— Il se prépare en traitant, au sein d'un mélange réfrigérant et au soleil, le chlorure de fumaryle par un peu plus d'une molécule de brome dissoute dans son volume de CCl_4.

Il bout à 113° sous 18 mm. [Michaël, *J. prakt. Chem.*, (2), **52**, 295].

b) *Acide isodibromosuccinique.* — On l'obtient par l'action, à 53° environ, de 2 atomes de brome sur 1 molécule d'anhydride maléique [Kirchoff, *Ann. Chem.*, **280**, 207].

Il fond à 166-167° [Michael, *J. prakt. Chem.*, (2), **52**, 293].

Traité par l'eau et la tournure de zinc il donne de l'acide fumarique. Chauffé à 100° avec de l'HBr concentré il se transforme en acide dibromosuccinique.

Sel de Ca. — [Kirchoff, *Ann. Chem.*, **280**, 208].

Anhydride,

$$\left.\begin{array}{l} CHBr-CO \\ | \\ CHBr-CO \end{array}\right\rangle O$$

— Il s'obtient en chauffant, à 53° environ, 1 molécule d'anhydride maléique avec 2 atomes de brome [Kirchoff, *Ann. Chem.*, **980**, 207].

Préparation. — On recouvre l'anhydride maléique d'un peu de chloroforme, ajoute 2 atomes de brome et expose au soleil [Michael, *J. prakt. Chem.*, (2), **52**, 293].

ACIDE DIISONITROSOSUCCINIQUE,

$$AzOH = C - CO^2H$$
$$|$$
$$AzOH = C - CO^2H$$

Éther diéthylique,

$$\left(AzOH = C - CO^2C^2H^5\right)_2$$

— Préparé par l'action de l'iodure d'éthyle sur le dioximidosuccinate d'argent sec ou de l'hydroxylamine sur l'éther dioxysuccinique [Beckh, *D. chem. G.*, 30, 154].

Cristaux blancs fondant à 162°, insolubles dans le chloroforme, le benzène, la ligroïne; solubles dans l'eau, l'alcool, l'éther.

ACIDE MÉTHYLSUCCINIQUE (acide pyrotartrique),

$$CH^3 - CH - CO^2H$$
$$|$$
$$CH^2 - CO^2H$$

— Voyez 2, 1259; Suppl., 2° partie, 1333.

Il se forme par l'oxydation au moyen du MnO⁴K de l'acide α-éthylidène-β-méthylglutarique, de l'acide β-méthyl-γ-δ-hexénoïque [Pechmann, *D. chem. G.*, 33, 3323, 1900]; par l'oxydation du pulégène [Wallach, *Ann. Chem.*, 327, 125, 1903].

On l'obtient : par l'hydrolyse au moyen de la potasse de l'acide β-cyanobutyrique [Bredt, Kallen, *Ann. Chem.*, 293, 350]; par l'hydrolyse du méthylcyanosuccinate d'éthyle obtenu en condensant le cyanacétate d'éthyle sodé avec l'éther α-bromopropionique (méthode générale de préparation des acides succiniques-alcoyl-substitués) [Bone, Sprankling, *Chem. Soc.*, 75, 839, 1899]. Il fond à 112°.

Chaleur de neutralisation [Massol, *Ann. Chim. Phys.*, (7), 4, 205]; soluble à raison de 0,35 0/0 dans le chloroforme froid [Hjelt, *D. chem. G.*, 26, 1926].

Acidité des sels acides [Smith, *Phys. Chem.*, 25, 193]. Constantes de dissociation [Mellor, *Chem. Soc.*, 79, 126, 1901].

La cristallisation fractionnée du sel de strychnine permet le dédoublement en deux acides actifs; l'acide correspondant au sel de strychnine le moins soluble possède en solution aqueuse un pouvoir rotatoire $[\alpha]_{\text{E}}^2 = 9°,89$ [Ladenburg, *D. chem. G.*, 28, 1170; 29, 1254]. Essai de dédoublement par l'éthérification partielle réalisée en traitant le sel d'argent par une quantité insuffisante d'iodure d'amyle gauche [Walden, *D. chem. G.*, 32, 2704].

Éther méthylique acide (ortho),

$$CH^3 - CH - CO^2H$$
$$|$$
$$CH^2 - CO^2CH^3$$

— Il s'obtient en portant à l'ébullition le mélange

d'anhydride méthylsuccinique et d'alcool méthylique [Brühl, *D. chem. G.*, 26, 338]. Le sel de Na se forme par addition de Na à la solution de l'anhydride dans l'alcool méthylique [Brühl, *loc. cit.*]. L'éther ortho se forme également par saponification partielle de l'éther neutre ou par action de l'acide sur l'alcool méthylique [Bone, Sudborough, Sprankling, *Chem. Soc.*, 85, 534, 1904].

C'est une huile épaisse bouillant à 153-153°,5. Indice de réfraction [Brühl, *loc. cit.*].

Les éthers acides obtenus soit par l'action de l'anhydride ou de l'acide sur l'alcool, soit par saponification partielle de l'éther neutre, possèdent pratiquement les mêmes constantes de dissociation et d'éthérification [Bone, Sudborough, Sprankling, *loc. cit.*].

Éther méthylique neutre $CH^3 - C^2H^3(CO^2CH^3)^2$. — Liquide d'odeur agréable bouillant à 197° sous la pression ordinaire et à 101° sous 22 mm. [Brühl, *D. chem. G.*, 26, 338]. Il prend l'aspect vitreux à —80° [V. Schneider, *Phys. Chem.*, 22, 233]. Indice de réfraction [Brühl, *loc. cit.*].

Éther éthylique acide (ortho),

$$CH^3 - CH - CO^2H$$
$$|$$
$$CH^2 - CO^2C^2H^5$$

— Il se prépare comme l'éther méthylique acide [Brühl, *loc. cit.*].

C'est une huile épaisse, bouillant à 160–161° sous 22 mm.

Éther allométhylique-o-éthylique,

$$CH^3 - CH - CO^2CH^3$$
$$|$$
$$CH^2 - CO^2C^2H^5$$

— Il s'obtient par l'action à chaud de 1 molécule de CH³I sur 1 molécule d'éther éthylique acide en présence de 1 molécule de CO³Na² [Brühl, *D. chem. G.*, 26, 341].

Liquide huileux, d'odeur éthérée, bouillant à 198-199° sous la pression ordinaire et à 101-102° sous 20 mm.

Indice de réfraction [Brühl, *loc. cit.*].

Éther o-méthylique-allo-éthylique,

$$CH^3 - CH - CO^2C^2H^5$$
$$|$$
$$CH^2 - CO^2CH^3$$

— Cet éther ne peut pas se préparer à partir de l'éther o-méthylique et de C²H⁵I, car dans ce cas il se forme l'éther diéthylique [Brühl, *loc. cit.*].

Éther diéthylique $CH^3 - C^2H^3(CO^2C^2H^5)^2$. — Il bout à 125° sous 33 mm. [Brühl, *D. chem. G.*, 26, 338]. Il devient vitreux à —80° [V. Schneider, *Phys. Chem.*, 22, 233]. Indice de réfraction [Brühl, *loc. cit.*].

Traité par la benzophénone en présence d'éthylate de Na il donne l'acide α-méthyl-γ-diphénylitaconique.

Éther diamylique (gauche) $CH^3 - C^2H^3 = (CO^2C^5H^{11})^2$. — Il bout à 172°. $D^{20} = 0,9529$; $[\alpha]_D = +3°,67$ [Walden, *Phys. Chem.*, 20, 577].

On peut, en faisant réagir convenablement l'iodure d'amyle actif sur le méthylsuccinate d'argent, réussir à obtenir l'éther amylique d'un acide méthylsuccinique faiblement lévogyre [Walden, *D. chem. G.*, 32, 2704, 1899].

Anhydride,

$$\left.\begin{array}{l} CH^3 - CH - CO \\ | \\ CH^2 - CO \end{array}\right\rangle O$$

— Il s'obtient par l'action à chaud, d'un excès de

chlorure d'acétyle sur l'acide méthylsuccinique [Fichter, Herbrand, *D. chem. G.*, **29**, 1193]; il se forme également par le traitement du sel de sodium par l'anhydride acétique [Oddo Manuelli, *Gazz. chim. ital.*, **26**, II, 482].

Il fond à 36° [Fichter, Herbrand, *loc. cit.*]. $D^{13,7} = 1,23548$; indice de réfraction [Anderlini, *Gazz. chim. ital.*, **25**, II, 134]. $D^{50} = 1,2176$.

Réduit en solution éthérée par l'amalgame de Na en présence d'HCl il donne la 2 méthylbutanolide-1.4. La réduction par le Na en présence d'alcool donne l'α-méthylbutyrolactone [Blanc, *Bull. Soc. Chim.*, **33**, 890, 1905].

Traité par la p-toluidine il donne l'acide p-tolilique (méthyl-p-crésylsuccinamique) fondant à 164°, qui est converti soit par le chlorure d'acétyle, soit par la chaleur (au-dessus de son point de fusion) en *crésylimide*

$$CH^3 - CH - CO \diagdown$$
$$\qquad\quad | \qquad\qquad Az - C^6H^4 - CH^3$$
$$CH^2 - CO \diagup$$

fondant à 109-110°; celle-ci traitée par la potasse alcoolique ou l'eau de baryte fournit un acide tolilique qui est soit un stéréoisomère du primitif, soit un mélange d'isomères. Dans les mêmes conditions se forment l'*ac. β-naptilique* fondant à 154°,5, et la *β-naphtile* (ou naphtylimide)

$$CH^3 - C^2H^3 \diagdown_{CO}^{CO} \diagup Az C^{10}H^7$$

fondant à 160°,5 mais qui, elle, régénère l'amidoacide fondant à 154-155° [Auwers, *Ann. Chem.*, **309**, 316, 1899].

Traité par la p-phénétidine en solution dans le benzène il donne l'acide méthyl-p-éthoxyphénylsuccinamique $CO^2H - CH(CH^3) - CH^2 - CO - AzH - C^6H^4OC^2H^5$ fondant à 149-150° [Gilbody, Sprankling, *Chem. Soc.*, **81**, 787, 1902].

ACIDES DICHLOROMÉTHYLSUCCINIQUES. — a) *Acide dichlorocitraconique*,

$$\begin{array}{ccc} CO^2H & & CO^2H \\ | & & | \\ Cl - C & \!\!\!\!-\!\!\!\!- & C - Cl \\ | & & | \\ CH^3 & & H \end{array}$$

— Il prend naissance lorsqu'on abandonne au soleil l'anhydride citraconique au contact d'une solution à 10 0/0 de 1 mol. de Cl dans le CCl^4 [Michael, Tissot, *J. prakt. Chem.*, (2), **46**, 384].

Il fond à 119-120° en se décomposant; est à peu près insoluble dans le benzène froid, assez soluble à chaud.

Il se décompose par distillation en anhydride chlorocitraconique, HCl et H^2O. Par ébullition avec l'eau il donne de l'aldéhyde propionique, des acides chlorométhacrylique et chlorocitramalique et l'anhydride chlorocitraconique. Les alcalis aqueux donnent à froid les anhydrides chlorocitraconique et chloromésaconique. Par ébullition avec la baryte il donne l'acide chloromésaconique.

b) *Acide dichloromésaconique*,

$$\begin{array}{ccc} CO^2H & & H \\ | & & | \\ Cl - C & \!\!\!\!-\!\!\!\!- & C - Cl \\ | & & | \\ CH^3 & & CO^2H \end{array}$$

— Le chlorure prend naissance lorsqu'on abandonne au soleil, et en refroidissant, du chlorure de mésaconyle avec une solution à 10 0/0 de chlore dans le chlorure de carbone [Michael, Tissot, *J. prakt. Chem.*, (2), **46**, 390].

Il fond à 123°, est soluble dans l'eau, très peu dans le benzène froid. Par ébullition avec l'eau il donne l'anhydride chlorocitraconique et l'acide chlorométhacrylique. Chauffé pendant 10 heures à 70° avec 10 p. d'eau il donne de l'acide chlorométhacrylique, de l'anhydride chlorocitraconique et de l'acide chlorocitramalique [Michael, Tissot, *J. prakt. Chem.*, (2), **52**, 338].

Acide α-bromo-α-méthylsuccinique (citrabromotartrique), $CO^2H - CBr(CH^3) - CH^2 - CO^2H$. — On le prépare en traitant l'anhydride citraconique par l'acide bromhydrique concentré [Fittig, *Ann. Chem.*, **188**, 72]. Il fond à 149°.

Traité par AzH^3 en solution alcoolique, à la température ordinaire, il donne le sel d'ammonium de la monoamide citramalique $CO^2H - C(CH^3)(OH) - CH^2 - COAzH^2$ fondant à 139-141° [Lutz, *D. chem. G.*, **35**, 4369, 1902].

Acide dibromométhylsuccinique. — Acide dibromocitraconique,

$$\begin{array}{c} CH^3 - CHBr - CO^2H \\ | \\ CHBr - CO^2H \end{array}$$

— Il s'obtient par l'action du brome (5 parties) sur l'acide citraconique (4 parties), en présence de 4,5 parties d'eau [Krusemark, Fittig, *Ann. Chem.*, **206**, 2].

Il fond à 150°; il est soluble dans l'alcool et l'éther. Il se décompose par l'action des alcalis en HBr et acide bromomésaconique. Décomposé par la soude en grand excès il donne en outre l'acide oxycitraconique

$$CH^3 \diagdown C - CO^2H$$
$$O \diagdown_{CH - CO^2H}$$

[Ssesmenow, *Journ. Soc. phys. chim. russe*, **31**, 296; *Centr. Bl.*, I, 1206, 1899].

Traité par l'eau et la tournure de zinc il donne l'acide mésaconique [Michael, *J. prakt. Chem.*, (2), **52**, 320].

Éther diéthylique, $C^3H^4Br^2(CO^2C^2H^3)^2$. — Traité par un peu plus de 2 molécules d'éthylate de Na en solution alcoolique, il donne l'éther éthoxycitraconique en même temps que de l'éther diéthoxyméthylsuccinique [Leighton, *Am.*, **20**, 141].

Anhydride,

$$C^3H^4Br^2 : \diagdown_{CO}^{CO} \diagup O$$

— Il se forme par l'action, au soleil, du brome sur l'anhydride citraconique [Michael, *J. prakt. Chem.*, (2), **52**, 293]. C'est une huile épaisse.

ACIDE DIMÉTHYLSUCCINIQUE SYMÉTRIQUE. — Les deux isomères maléique et fumarique prennent naissance lorsqu'on soumet à l'ébullition avec l'acide chlorhydrique le diméthyl-2.3-cyanosuccinate d'éthyle; ces isomères sont facilement séparés en mettant à profit leurs différences de solubilité dans l'eau [Zelinsky, *D. chem. G.*, **24**, 3166; — Bone, Perkin, *Chem. Soc.*, **69**, 259]. On les obtient également par la réduction de l'acide diméthylfumarique ou de l'acide méthylitaconique [Fittig, Kettner, *Ann. Chem.*, **304**, 176]. Les éthers des deux acides se forment lorsqu'on fait agir, à la lumière solaire, le mercure sur l'éther α-iodopropionique en solution alcoolique [Sernow, *Bull. Soc. Chim.*, **27**, 15, 1902]; ces éthers prennent également naissance lorsqu'on soumet à l'électrolyse une solution aqueuse du sel de K du malonate acide d'éthyle [Brown, Walker, *Ann. Chem.*, **274**, 42].

Lorsqu'on additionne de $CaCl^2$ une solution étendue du sel ammoniacal des deux acides, le sel de la forme maléique cristallise tout d'abord [Bone, Perkin, *Chem. Soc.*, **69**, 262].

a) *Forme fumarique.* — L'acide diméthyl-succinique de forme fumarique fond à 209° [Bone, Perkin, *loc. cit.*]; à 192° [Sernow, *loc. cit.*]; il est insoluble dans le chloroforme et la benzine.

Acidité des sels acides [Smith, *Ph. Ch.*, **25**, 193].

Soumis à la distillation, ou chauffé à 180° avec HCl concentré, il se transforme en petite quantité dans la forme maléique.

L'ébullition avec le chlorure d'acétyle conduit à l'anhydride de la forme fumarique.

Éther diamylique g., $(CH^3)^2 = C^2H^2(CO^2C^5H^{11})^2$. Il bout à 185° sous 30 mm.; $D_4^{20} = 0,9452$; $[\alpha]_n = +3°66$ [Walden, *Ph. Ch.*, **20**, 384].

Anhydride,

$$CH^3 - CH - CO \diagdown$$
$$ | \qquad O$$
$$CH^3 - CH - CO \diagup$$

— Il fond à 43° [Bone, Perkin, *Chem. Soc.*, **69**, 266].

L'ébullition avec l'anhydride acétique le transforme dans la forme maléique.

Il donne avec la p-toluidine l'acide p-tolilique fumarique fondant à 198°, qui n'est qu'incomplètement transformé en la modification maléique par la potasse à 33 0/0 bouillante; le p-tolile fumarique fondant à 120-121° est transformé par la baryte en acide tolilique de la forme fumarique, et par la soude en un mélange des formes fumarique et maléique. L'acide β-naphtilique fond à 209°; il n'est pas modifié par la potasse concentrée [Auwers, *Ann. Chem.*, **309**, 316, 1899].

Traité par la phénétidine il donne l'acide transdiméthyl-p-éthoxyphénylsuccinamique fondant à 184-185° [Gilbody, Sprankling, *Chem. Soc.*, **81**, 787, 1902].

b) *Forme maléique.* — L'acide diméthyl-succinique de forme maléique fond à 129°.

Acidité de ses sels acides [Smith, *loc. cit.*].

Chauffé à 180° avec de l'acide chlorhydrique concentré il se transforme en grande partie en la modification fumarique.

Le *sel de calcium* $C^6H^8O^4Ca + 2H^2O$ est moins soluble dans l'eau que le sel de l'acide trans.

Éther diamylique, $(CH^3)^2 = C^2H^2 = (CO^2C^5H^{11})^2$. — Il bout à 168-169° sous 15 mm.: $D_4^{20} = 0,9469$; $[\alpha]_D = +3°,42$ [Walden, *Ph. Ch.*, **20**, 384].

Anhydride,

$$CH^3 - CH - CO \diagdown$$
$$ | \qquad O$$
$$CH^3 - CH - CO \diagup$$

— Il se prépare par le traitement de l'acide de forme maléique soit par le chlorure d'acétyle, soit par l'anhydride acétique [Bone, Perkin, *Chem. Soc.*, **69**, 267].

Traité par la p-toluidine il donne l'acide tolilique. Quant à la p-tolile maléique, elle prend naissance lorsqu'on traite l'acide tolilique soit de forme maléique, soit de forme fumarique par le chlorure d'acétyle; elle fond à 153°. Cette tolile est transformée presque exclusivement en acide tolilique de forme fumarique par la baryte, tandis que la soude aqueuse ou alcoolique fournit l'acide tolilique de forme maléique. Ce dernier acide amidé est d'ailleurs transformé, par la potasse concentrée, en la modification fumarique [Auwers, *Ann. Chem.*, **309**, 316, 1899].

Traité par la p-phénétidine il donne l'acide cis-diméthyl-p-éthoxyphénylsuccinamique fon-

dant à 155-156° [Gilbody, Sprankling, *Chem. Soc.*, **81**, 787, 1902].

Anhydride cis-diméthyldichlorosuccinique,

$$CH^3 - CCl - CO \diagdown$$
$$ | \qquad O$$
$$CH^3 - CCl - CO \diagup$$

— Il se prépare par l'action du chlore sur l'anhydride diméthylmaléique en solution dans le tétrachlorure de carbone [Michael, Tissot, *J. prakt. Chem.*, **46**, 383].

Acide 2-2'-dibromo-2.3-diméthylsuccinique (dibromure de l'acide méthylitaconique);

$$CH^2Br - CBr - CO^2H$$
$$ |$$
$$CH^3 - CH - CO^2H$$

— On l'obtient par l'action du brome sur l'acide méthylitaconique en solution éthérée [Fittig, Kettner, *Ann. Chem.*, **304**, 174].

Il fond à 153°.

ACIDE DIMÉTHYLSUCCINIQUE ASYMÉTRIQUE,

$$(CH^3)^2 = C - CO^2H$$
$$ |$$
$$CH^2 - CO^2H$$

— Il se forme : par l'oxydation du 2.2-diméthyl-pentanedioïque au moyen de AzO^3H [Tiemann, *D. chem. G.*, **28**, 2176]; par l'action à chaud d'un mélange d'SO^4H^2 (2 p.) et d'AzO^3H (1 p.) sur le 2.2-diméthyl-pentane-dioïque [Tiemann. *D. chem. G.*, **30**, 255]; par l'oxydation du 2.3.3-triméthylpentane-dioïque [Mahla, Tiemann, *D. chem. G.*, **28**, 2161]; par l'action des hypobromites sur l'acide β-diméthyl-lévulique [Tiemann, *D. chem. G.*, **30**, 598]; par l'action à chaud, et en présence de quelques gouttes d'eau, des alcalis sur l'acide α-oxydiméthyltricarballylique [Baeyer, *D. chem. G.*, **29**, 2795]; en même temps que l'acide isocamphoronique par oxydation de l'acide β-campholénique au moyen de AzO^3H [Tiemann, *D. chem. G.*, **30**, 260]; par oxydation de l'eucarvone au moyen du permanganate [Baeyer, *D. chem. G.*, **29**, 18]; par oxydation de l'acide isolauronique au moyen du mélange chromique [Perkin, *Chem. Soc.*, **73**, 842]; par oxydation de l'isoacétophorone [Bredt, Rübel, *Ann. Chem.*, **299**, 181; — Kerp, Muller, *Ann. Chem.*, **299**, 255]; par oxydation de l'acide diméthylcyclopentanone carbonique au moyen de MnO^4K ou de l'acide oxydiméthylcyclopentanone carbonique au moyen de AzO^3H dilué [Perkin, Thorpe, Walker, *Chem. Soc.*, **79**, 729, 1901]; par l'oxydation du dichlorodiméthyldihydrobenzène au moyen de l'AzO^3H dilué, ou du mélange chromique, ou du MnO^4K [Crossley, Le Sueur, *Chem. Soc.*, **81**, 821, 1902]; par l'oxydation du diméthyl-$\Delta^{2.4}$-dihydrobenzène au moyen du MnO^4K à froid [Crossley, Le Sueur, *loc. cit.*]; par l'oxydation du 5-chloro-3-céto-1.1-diméthyl-Δ^4-tétrahydrobenzène [Crossley, Le Sueur, *Chem. Soc.*, **83**, 110, 1903]; par oxydation au moyen du permanganate du diméthyl-1.1-cyclohexadiène-2.4 [Crossley, Le Sueur, *D. chem. G.*, **36**, 2692, 1903]; de l'ionone [Tiemann, *Bull. Soc. Chem.*, **19**, 849; *D. chem. G.*, **34**, 863]; des acides isolauronolique et isolauronique [Blanc, *Bull. Soc. Chim.*, **23**, 29, 278, 1900]; par fusion avec la soude caustique de l'acide sulfocamphylique [Perkin, *Chem. Soc.*, **83**, 835, 1903]; par oxydation de l'humulène [Chapman, *Chem. Soc.*, **83**, 505, 1903]; par l'oxydation au moyen du mélange d'SO^4H^2 et d'AzO^3H, du 1.1-diméthylhexahydrobenzène [Crossley, Renouf, *Chem. Soc.*, **87**, 1487, 1905].

Les acides méthoxycaronique et éthoxycaronique

$$(CH^3)^2C \underset{\diagdown C-CO^2H}{\overset{\diagup C(OC^2H^3)-CO^2H}{}}$$

chauffés à 100° avec SO^4H^2 concentré, ou avec HBr concentré en tube scellé, sont transformés quantitativement avec perte de CO et d'alcool, en acide αα-diméthylsuccinique [Perkin, Thorpe. *Chem. Soc.*, **77**, 729. 1901].

Préparation. — A une solution de 10 gr. de diméthylhydrorésorcine et de 30 gr. de CO^3Na^2 dans 1 litre d'eau à 40-50°, on ajoute peu à peu une solution de 52 gr. de MnO^4K dans 3 litres 1/2 environ d'eau [Vorländer, Gärtner, *Ann. Chem.*, **304**, 15]. — On traite à chaud l'éther cyanacétique sodé, en solution alcoolique, par l'éther α-bromoisobutyrique : il se forme l'éther cyanodiméthylsuccinique qu'il suffit d'hydrolyser en le traitant par de l'acide chlorhydrique concentré [Bone, *Proceed. Ch. Soc.*, n° 202; — Perkin. Thorpe, *Chem. Soc.*, **85**, 128. 1904].

Il fond à 138-140° [Perkin, *loc. cit.*]; à 139-140° [Bredt. Rübel, Kerp, Muller, *loc. cit.*]; à 140-141° [Montemartini, *loc. cit.*]; à 142° [Tiemann, *loc. cit.*].

Il est peu soluble dans l'eau; soluble à raison de 7.52 0/0 dans l'eau à 14° [Auwers, *Ann. Chem.*, **292**, 185]. Conductibilité électrique [Walden, *Ph. Ch.*, **8**, 30].

Il n'est pas précipité de ses solutions aqueuses par l'acétate de cuivre. Éthérification [Blaise, *C. R.*, **126**, 753]. Le sel de Ca ne se sépare, sous forme d'un précipité difficilement soluble, que lorsqu'on chauffe les solutions ammoniacales de l'acide, additionnées de $CaCl^2$ [Perkin, *Chem. Soc.*, **73**, 842].

Réduit par le sodium en présence d'alcool absolu, il donne le 2.2-diméthylbutanediol-1.4, en même temps qu'une petite quantité de αα-diméthylbutyrolactone [Bouveault, Blanc. *Bull. Soc. Chim.*, **34**, 1203, 1904; — Blanc, *C. R.*, **138**, 579].

Traité par le chlorure d'aluminium, il donne l'acide diméthylacrylique [Desfontaines, *C. R.*, **134**, 293, 1902].

Éthers méthyliques acides.

$$(CH^3)^2 = C^2H^2 \overset{\diagup CO^2H}{\underset{\diagdown CO^2-CH^3}{}}$$

— La préparation de ces éthers effectuée soit par l'action de l'alcool sur l'anhydride ou sur l'acide, soit par la saponification partielle de l'éther neutre, a fourni deux isomères : l'un fond à 52° et présente des constantes de dissociation et d'éthérification plus faibles que son isomère fondant à 40°,5 [Bone. Sudborough, Sprankling. *Chem. Soc.*, **85**, 534, 1904].

Éther monoéthylique, $(CH^3)^2 = C(CO^2H)-CH^2-CO^2.C^2H^5.$ — Le sel de Na se forme par addition d'alcoolate de Na à l'anhydride.

L'éther est un liquide huileux [Blaise, *Bull. Soc. Chim.*, **21**, 716].

Chlorure de l'éther éthylique acide, $(CH^3)^2 = C(COCl)-CH^2-CO^2C^2H^3.$ — On l'obtient en traitant l'éther éthylique acide par le trichlorure de phosphore.

C'est un liquide huileux [Blaise, *loc. cit.*].

Anhydride,

$$(CH^3)^2 = C \overset{\diagup CO \diagdown}{\underset{\diagup CH^2-CO}{}} O$$

— Il bout à 117° sous 22 mm. et à 224° sous 741 mm. [Auwers, *loc. cit.*]. Comprimé à 400 mm., il bout à 252° sans décomposition [Kerp. *D. chem. G.*, **30**, 613].

L'amalgame de Na en solution acide le réduit en diméthylbutyrolactone [Blaise, *C. R.*, **126**, 1153]. Le produit de réduction est le même lorsqu'on traite soit l'anhydride, soit l'éther neutre par le sodium en présence d'alcool [Blanc, *Bull. Soc. Chim.*, **33**, 891, 1905].

Les acides amidés obtenus par l'action de l'aniline et de la paratoluidine fournissent, lorsqu'on les traite par le chlorure d'acétyle, dans le 1ᵉʳ cas, l'anile fondant à 84-86°, et dans le second le p-tolile fondant à 113° [Auwers, *Ann. Chem.*, **309**, 316, 1899].

L'anhydride traité par la p-phénétidine donne l'acide as-diméthyl-p-éthoxyphénylsuccinamique fondant à 160-161° en se décomposant [Gilbody, Sprankling, *Chem. Soc.*, **81**, 787, 1902].

Acide diméthyl-2.2-bromo-3-succinique,

$$(CH^3)^2 = C - CO^2H \atop | \atop CHBr - CO^2H$$

— Il se forme à côté de produits plus bromés par l'action du brome en présence de PBr^3 sur l'acide diméthylsuccinique asym. [Baeyer, Villiger, *D. chem. G.*, **30**, 1954]. On l'obtient également lorsqu'on chauffe à 140°, en tube scellé, l'acide diméthylsuccinique asym. avec la quantité calculée de brome [Bone, Heustock, *Chem. Soc.*, **83**, 1380, 1903].

Cristallisé dans l'acide chlorhydrique, il fond à 167° [Baeyer, Villiger], à 153° [Fichter, Hirsch, *D. chem. G.*, **33**, 3271].

Cristallisé dans la benzine, il renferme 1/2 C^6H^6 de cristallisation [Fichter, Hirsch, *D. chem. G.*, **33**, 3271, 1900] et fond à 136° [Baeyer, Villiger, *loc. cit.*], à 140° [Bone, Heustock, *loc. cit.*], à 133° (Fichter, Hirsch).

Traité par l'eau de baryte à l'ébullition, il donne l'acide diméthylmalique; traité par Ag^2O il donne la lactone de ce même acide [Baeyer, Villiger, *loc. cit.*].

Soumis à l'action de la diéthylaniline, il perd CO^2 et de l'HBr et donne l'acide α-α-α₁-α₁-tétraméthyldihydromuconique fondant à 70° [Bone, Heustock, *loc. cit.*].

Anhydride,

$$(CH^3)^2 = C \overset{——CO \diagdown}{\underset{| \atop CHBr-CO \diagup}{}} O$$

— Il se forme par distillation du produit brut de bromuration de l'acide diméthylsuccinique asym.

Il bout à 121-123° sous 13 mm. et fond à 45°. Par dissolution dans l'eau, il régénère l'acide fondant à 153°.

ACIDE ÉTHYLSUCCINIQUE,

$$C^2H^5 - CH - CO^2H \atop | \atop CH^2 - CO^2H$$

(Voy. Suppl., 2ᵉ partie, 1333). — Son éther diéthylique prend naissance par l'action prolongée de l'iodure d'éthyle sur le fumarate d'éthyle en présence du zinc [Michael, *D. chem. G.*, **29**, 1791]; par l'électrolyse d'un mélange d'éther tricarballique saponifié au tiers et d'acétate de K [v. Miller, *Centr. Bl.*, II, 797, 1897]. Il fond à 98°.

L'acide est soluble à raison de 1 06 0/0 dans le chloroforme [Iljelt, *D. chem. G.*, **26**, 1926]. Acidité de ses sels acides [Smith, *Ph. Ch.*, **25**, 193]. Constantes de dissociation [Mellor, *Chem. Soc.*, **79**, 126, 1901].

Éther diéthylique,

$$C^2H^5 - C^2H^3 \overset{\diagup CO^2 - C^2H^5}{\underset{\diagdown CO^2 - C^2H^5}{}}$$

— Il bout à 230-231° [Michael, *loc. cit.*].

Anhydride,

$$C^2H^5 - CH - CO \diagdown$$
$$| \qquad\qquad O$$
$$CH^2 - CO \diagup$$

— Il bout à 243°; il est encore liquide à — 19° [Polko, *Ann. Chem.*, **242**, 125].

Réduit par l'amalgame d'aluminium en solution éthérée, il donne, avec un rendement de 5 0/0, la β-éthylbutyrolactone [Fichter, Beisswenger, *D. chem. G.*, **36**, 1200, 1903].

Acide α-bromo-α'-éthylsuccinique,

$$C^2H^5 - CH - CO^2H$$
$$|$$
$$CHBr - CO^2H$$

— Lorsqu'on chauffe à 70° une solution aqueuse d'acide butényltricarbonique avec du brome, les deux acides isomères prennent naissance; on les sépare par cristallisation fractionnée dans le chloroforme [Bischoff, *D. chem. G.*, **23**, 2421; **24**, 2014].

L'un des isomères (isomère α) fond à 111-116° [Bischoff, *loc. cit.*], à 112-115° [Lutz, *D. chem. G.*, **35**, 4369, 1902]. L'isomère β, moins soluble dans le chloroforme, fond à 202°,5 [Bischoff, *loc. cit.*], à 202-203° [Lutz, *loc. cit.*].

Conductibilité électrique des deux acides [Walden, *Ph. Ch.*, **8**, 486].

Soumis à l'ébullition avec HCl concentré, les deux acides donnent les acides éthylmaléique et éthylfumarique.

Traité par l'ammoniaque alcoolique ou aqueuse, l'isomère β donne la monoamide éthylmalique fondant à 158-159° $CO^2H.CH(OH) - CH(C^2H^5) - COAzH^2$; l'isomère α, au contraire, dans les mêmes conditions, donne, par une réaction normale, l'acide α-amino-α'-éthylsuccinique qui cristallise avec $1 H^2O$ et fond à 110-112°; déshydraté, il fond à 132° [Lutz, *D. chem. G.*, **35**, 4369, 1902].

Acide α-α-bromoéthylsuccinique,

$$C^2H^5 - CBr - CO^2H$$
$$CH^2 - CO^2H$$

— Pour le préparer, on verse sur l'anhydride méthylcitraconique 2 volumes d'HBr de densité 1,49, sature d'HBr à 0°, scelle le tube et laisse en repos pendant 5 mois [Ssemenow, *Journ. soc. phys. chim. russe*, **31**, 115; — *Centr. Bl.*, 1, 1070, 1899].

Il fond à 140-141°; il est soluble dans l'éther, l'eau chaude, le chloroforme; peu soluble dans l'eau froide et le benzène.

Par ébullition avec le carbonate de soude, il donne l'acide α-éthylacrylique.

Dibromo-2.3-éthylsuccinanile,

$$C^2H^5 - CBr - CO \diagdown$$
$$| \qquad\qquad\quad Az - C^6H^3$$
$$CHBr - CO \diagup$$

— On l'obtient par fixation du brome sur le méthylcitraconanile.

ACIDE PROPYLSUCCINIQUE,

$$CH^3 - CH^2 - CH^2 - CH - CO^2H$$
$$|$$
$$CH^2 - CO^2H$$

— Il s'obtient par réduction des acides éthylcitraconique, éthylmésaconique, éthylitaconique, au moyen de l'amalgame de sodium [Fittig, Glaser, *Ann. Chem.*, **304**, 188].

Il fond à 91-92°. Il est soluble à raison de 2,83 0/0 dans le chloroforme froid [Hjelt, *D. chem. G.*, **26**, 1926]. Constantes de dissociation [Mellor, *Chem. Soc.*, **79**, 126, 1901].

Acidité des sels acides [Smith, *Ph. Ch.*, **25**, 193].

ACIDES MONOBROMOPROPYLSUCCINIQUES. — a) *Acide bromoéthylcitraconique,*

$$C^3H^7 - CBr - CO^2H$$
$$|$$
$$CH^2 - CO^2H$$

— On l'obtient par l'action à 100° pendant 6 heures de l'HBr fumant sur l'acide éthylcitraconique [Fittig, Glaser, *Ann. Chem.*, **304**, 194]. On le prépare également en traitant l'anhydride éthylcitraconique par de l'HBr de densité 1,49 et saturant ensuite d'HBr [Ssemenow, *Journ. Soc. phys. chim. russe*, **31**, 115; — *Centr. Bl.*, I, 1071, 1889].

Il fond à 119° [Fittig, Glaser, *loc. cit.*], 122-123° [Ssmenow, *loc. cit.*]. Il est très soluble dans l'eau, soluble dans le chloroforme.

b) *Acide bromoéthylitaconique.* — On l'obtient par l'action de l'HBr fumant sur l'acide éthylitaconique [Fittig, Glaser, *loc. cit.*]:

Il fond à 145-146° sans dégager d'HBr. Assez soluble dans l'eau chaude; peu soluble dans le chloroforme, le benzène et la ligroïne.

L'ébullition avec l'eau le transforme en acide éthylparaconique.

ACIDE DIBROMOPROPYLSUCCINIQUE (3.4-*dibromo-3-méthyloïque-hexanoïque-1*),

$$CH^3 - CH^2 - CHBr - CBr - CO^2H$$
$$|$$
$$CH^2 - CO^2H$$

— Pour le préparer, on chauffe pendant 7 heures à 70° l'acide éthylitaconique avec du brome dissous dans le chloroforme; on sépare, au moyen du benzène, l'acide bromé de l'acide itaconique non transformé [Fittig, Glaser, *Ann. Chem.*, **304**, 190].

Il fond à 153-154°. Il est assez soluble dans le benzène chaud, l'éther et le chloroforme; peu soluble dans la ligroïne.

ACIDE ISOPROPYLSUCCINIQUE,

$$(CH^3)^2 = CH - CH - CO^2H$$
$$|$$
$$CH^2 - CO^2H$$

— Il se forme : par fusion de l'acide camphorique d'avec la potasse ou la soude [Illasiwetz, Grabowski, *Ann. Chem.*, **145**, 207; — Mahla, Tiemann, *D. chem. G.*, **28**, 2152; — Crossley, Perkin, *Chem. Soc.*, **73**, 22]; par l'oxydation au moyen du MnO^4K de la tétrahydrocarvone [Baeyer, OEhler, *D. chem. G.*, **29**, 36]; par oxydation de l'acide isopropyllévulique [Semmler, *D. chem. G.*, **33**, 275, 1900]; par l'oxydation, au moyen de l'acide azotique, de l'acide β-isopropyl-δ-cétohexanoïque [Crossley, *Chem. Soc.*, **84**, 675, 1902]; par oxydation de l'isopropylméthylcyclopentanone [Semmler, *D. chem. G.*, **37**, 234, 1904]; de l'isothuyone [Wallach, *Ann. Chem.*, **323**, 333, 1903]; de la carvotanacétone [Harries, *D. chem. G.*, **34**, 1924, 1901]; par réduction des acides téraconique, diméthyl-4-citraconique ou mésaconique au moyen de l'amalgame de sodium [Fittig, Krafft, *Ann. Chem.*, **304**, 206]; par l'action du KCAz sur le bromure d'amylène (préparé à partir de l'amylène du commerce bouillant à 29-35°) et saponification ultérieure [Auwers, Mayer, *Ann. Chem.*, **298**, 150, 177]; par l'action à chaud de KCAz sur l'isocaprolactone et saponification du nitrile formé [Blaise, *C. R.*, **124**, 90]; par condensation de l'éther α-bromo-isovalérique avec le cyanacétate d'éthyle sodé [Blanc, *Bull. Soc. Chim.*, **33**, 903, 1905].

L'oxydation par le bioxyde de plomb, en milieu acétique ou sulfurique, de l'acide α-oxy-β-isopropylglutarique obtenu par oxydation au moyen du

MnO⁴K du phellandrène donne, en quantité théorique, l'acide isopropylsuccinique; cette oxydation peut être considérée comme un mode de préparation [Semmler, *D. chem. G.*, **36**, 1749].

Il fond à 115-117° [Beutley, Perkin, Thorpe, *Chem. Soc.*, **69**, 274], à 118° (Mahla, Tiemann, Blaise), à 116° (Auwers, Mayer, Semmler), à 115-116° (Crossley, Perkin). Il est soluble dans le chloroforme, le benzène et l'eau tiède.

Constantes de dissociation [Mellor, *Chem. Soc.*, **79**, 126, 1901]; conductibilité électrique [Walden, *Ph. Ch.*, **8**, 457].

Par oxydation au moyen du mélange chromique, il donne l'acide térébique [Lawrence, *Chem. Soc.*, **75**, 527].

Anhydride,

$$(CH^3)^2 = CH - CH - CO \diagdown \atop CH^2 - CO \diagup O$$

— L'acide maintenu en fusion se transforme peu à peu en anhydride [Crossley, Perkin, *loc. cit.*], qui bout à 138-140° sous 19 mm.

Réduit par le sodium en présence d'alcool, il donne l'α-isopropyl et la β-isopropyl-butyrolactone [Blanc, *loc. cit.*].

Traité par l'aniline, il donne l'*acide anilidé* fondant à 143°, qui se transforme sous l'action à chaud du chlorure d'acétyle en *anile* fondant à 91-93°; celui-ci, par hydratation, fournit un mélange d'acides anilidés fondant de 140 à 155° [Semmler, *D. chem. G.*, **36**, 1749]. — Auwers, *Ann. Chem.*, **309**, 316, 1899]. L'*acide p-tolilique* fond à 143-144°; le *p-tolile* fond à 139-140° et donne par hydratation au moyen de la baryte l'*acide p-tolilique* isomère fondant à 152-154°. L'acide β-*naphtylique* fond à 193-194° (fusion lente) et à 198° (fusion rapide); l'*imide* correspondante fond à 132-132°,5 et régénère par hydratation au moyen de la baryte l'acide amidé fondant à 198° [Auwers, *loc. cit.*].

La p-phénétidine fournit l'acide isopropyl-p-éthoxyphénylsuccinamique fondant à 151-152° [Gilbody, Sprankling, *Chem. Soc.*, **81**, 787, 1902].

Acide α-bromo-α-isopropylsuccinique,

$$(CH^3)^2 = CH - CBr - CO^2H \atop CH^2 - CO^2H$$

— Pour le préparer on traite l'anhydride diméthylcitraconique par une solution aqueuse d'HBr (de densité 1,49) qu'on sature ensuite du même hydracide [Ssemenow, *Journ. Soc. phys. chim. russe*, **34**, 115; *Centr. Bl.*, 1899, I, 1071].

Il fond à 152° en se décomposant.

Chauffé à 60-70° en présence de l'eau il se décompose en donnant un acide liquide d'odeur repoussante. Chauffé avec le CO³Na² il fournit de l'acide α-isopropylacrylique.

ACIDE α-MÉTHYL-α'-ÉTHYLSUCCINIQUE.

$$CH^3 - CH - CO^2H \atop C^2H^5 - CH - CO^2H$$

— Il s'obtient par la saponification du produit (bouillant à 235-237°) formé par l'action de l'iodure d'éthyle sur le citraconate d'éthyle en présence du zinc [Michael, *D. chem. G.*, **29**, 1791].

La saponification de l'éther tricarbonique obtenu en traitant l'éther méthylmalonique sodé par l'éther α-bromobutyrique donne un mélange des deux acides α-méthyl-α'-éthylsucciniques stéréoisomères. Par cristallisation dans l'eau chaude on obtient facilement la forme fumarique pure; les eaux mères renferment, à côté d'acides de la série glutarique, la forme maléique qu'on sépare par distillation des anhydrides

dans le vide, et qu'on purifie en formant le sel de chaux [Auwers, *Ann. Chem.*, **292**, 140; — A. Fritzweiler, *ibid.*, **298**, 154].

a) *Modification fumarique.* — L'acide fond à 180°; il est soluble dans l'alcool, l'éther, peu dans le chloroforme, très peu dans la benzine; à peu près insoluble dans la ligroïne; soluble à raison de 3 0/0 dans l'eau à 17° [Fritzweiler, *loc. cit.*; — Walden, *Ph. Ch.*, **8**, 463].

La solution du sel de Na à 5 0/0 ne donne à froid aucun précipité avec le CaCl²; à chaud il se forme des cristaux cubiques qui disparaissent par le refroidissement, le sel de Ca étant plus soluble à froid qu'à chaud.

L'*acide anilique* fond à 164°; par la chaleur il se transforme en *anile* fondant à 76-77°.

L'*acide* β-*naphtilique* fond à 191-192°; la chaleur le transforme en β-*naphtile* de la forme fumarique fondant à 148-150°, et le chlorure d'acétyle en β-*naphtile* de la forme maléique fondant à 159-160° [Auwers, *Ann. Chem.*, **309**, 316, 1899].

b) *Modification maléique.* — L'acide fond à 101-102°; il se déshydrate à 160°. Il est soluble dans tous les dissolvants, excepté la ligroïne; soluble à raison de 15,6 0/0 dans l'eau à 12° [Fritzweiler, *Ann. Chem.*, **298**, 159; — Walden, *Ph. Ch.*, **8**, 463].

Chauffé aux environs de 220° avec HCl il se transforme en grande partie dans la modification fumarique.

La solution à 5 0/0 du sel de Na donne par addition de CaCl², à froid, un abondant précipité blanc qui ne diminue pas à chaud.

ACIDE α-MÉTHYL-α-ÉTHYLSUCCINIQUE (*acide isopimélique*),

$$\begin{matrix} CH^3 \diagdown \\ C^2H^5 \diagup \end{matrix} C - CO^2H \atop CH^2 - CO^2H$$

Préparation. — On saponifie au moyen de SO⁴H² étendu, l'éther tricarbonique obtenu par l'action de l'éther α-bromométhyléthylacétique sur l'éther malonique sodé, en solution dans le xylène; on chauffe ensuite à 200° les acides dicarboniques obtenus; seul l'acide méthyléthylsuccinique, et non les acides glutariques homologues qui ont pris naissance, est tranformé en anhydride; celui-ci est purifié par distillation [Auwers, *Ann. Chem.*, **292**, 154, 182; **298**, 149; — Auwers, Fritzweiler, *ibid.*, **298**, 166].

Il fond à 103-104°; est très soluble dans l'alcool et dans l'éther, soluble dans l'acide acétique; soluble à raison de 15,4 0/0 dans l'eau à 15°, peu soluble dans le benzène froid, très peu dans la ligroïne [Walden, *Ph. Ch.*, **8**, 492; — Auwers, Fritzweiler, *loc. cit.*].

Il s'anhydrise à 190-200°.

Sels de Ca, — Sr, — Cd, — Ni, — Cu [Auwers, Fritzweiler, *loc. cit.*].

ANHYDRIDE,

$$\begin{matrix} CH^3 \diagdown \\ C^2H^5 \diagup \end{matrix} C - CO \diagdown \atop CH^2 - CO \diagup O$$

— Pour le préparer on chauffe l'acide à 200° dans un courant d'air.

C'est un liquide huileux, faiblement coloré en jaune et bouillant à 239-245° sous 765 mm. [Auwers, Fritzweiler, *Ann. Chem.*, **298**, 170].

ACIDE TRIMÉTHYLSUCCINIQUE,

$$(CH^3)^2 = C - CO^2H \atop CH^3 - CH - CO^2H$$

— Il se forme : en même temps que l'acide diméthylglutarique, par l'action, à chaud, de SO^4H^2 étendu [Auwers, Oswald, *Ann. Chem.*, **285**, 286; — Zélinsky, Besredka, *D. chem. G.*, **24**, 468] ou de la potasse alcoolique [Bone, Perkin, *Chem. Soc.*, **67**, 427] sur le produit obtenu par le traitement de l'éther α-cyanopropionique sodé par l'éther α-bromoisobutyrique; par l'action à chaud de HCl concentré sur l'acide cyanotriméthylpropionique [Bone, Perkin, *loc. cit.*]; par saponification du produit résultant de l'action de CH^3I sur l'éther αα-diméthyl-α'-cyanosuccinique [Bone, *Proc. Chem. Soc.*, nº 202; — Bone, Sprankling, *Chem. Soc.*, **75**, 839, 1899]; à côté d'autres produits, dans l'action du sodium et de l'éther bromoisobutyrique sur l'éther méthylmalonique dissous dans le benzène [Bone, Perkin, *loc. cit.*]; par distillation lente de l'acide camphoronique [Bredt, *Ann. Chem.*, **292**, 109; — Auwers, Oswald, *ibid.*, **285**, 299]; par l'oxydation de l'acide camphorique au moyen du mélange chromique [Königs, *D. chem. G.*, **26**, 2338]; du camphre au moyen de AzO^3H [Bredt, *D. chem. G.*, **27**, 2093]; par l'hydrolyse, suivie de l'oxydation au moyen de l'hypobromite de soude, de la tribromocamphonolactone [Lapworth, Lenton, *Chem. Soc.*, **81**, 17, 1902].

Préparation. — On fond avec de la potasse le mélange brut d'acides camphoramique et β-oxycamphoronique qui se forme lorsqu'on traite par l'eau le produit de l'action, à chaud, du brome sur l'acide camphoronique [Bredt, *Ann. Chem.*, **299**, 139].

Il fond à 152º [Fock, *Ann. Chem.*, **292**, 117; — Auwers, *ibid.*, **292**, 142]. Il est soluble à raison de 9,57 0/0 dans l'eau à 15º [Auwers, Oswald, *loc. cit.*]; soluble dans l'éther, le chloroforme, l'acétone et l'éther acétique; insoluble dans la ligroïne. Peu volatil à la vapeur d'eau.

Sels : de Ca, peu soluble [Bredt, *Ann. Chem.*, **292**, 114]; de Ba, de Zn assez soluble dans l'eau froide, d'où il précipite par l'ébullition; de Pb, précipité cristallin; de Cu, précipité bleu blanc; de Ag [Auwers, Oswald, *Ann. Chem.*, **285**, 307].

Le sel de Na, condensé avec le trioxyméthylène en présence d'anhydride acétique, à 120-140º en vase clos, donne l'acide triméthylparaconique [Noyes, Patterson, *Am. Chem. Journ.*, **28**, 228, 1902].

Dédoublement en acides actifs. — La partie la moins soluble du sel de quinine de l'acide racémique fond à 198º et donne l'*acide dextrogyre* fondant à 140º; $[α]_D = + 4°,83$.

Les alcools-mères du sel de quinine fournissent un *acide lévogyre* fondant à 140º; $[α]_D = — 1°,31$ [Paolini, *Gazz. chim. ital.*, **30**, II, 506, 1900].

Éther monométhylique r.,

$$(CH^3)^3 \equiv C^2H < \begin{matrix} CO^2H \\ CO^2CH^3 \end{matrix}$$

— Liquide huileux, qu'on le prépare par l'action de l'alcool sur l'anhydride ou sur l'acide ou par la saponification partielle de l'éther neutre.

Les liquides obtenus en partant de l'anhydride et de l'acide paraissent identiques, mais ils diffèrent de celui préparé à partir de l'éther neutre, par les constantes de dissociation et d'éthérification [Bone, Sudborough, Sprankling, *Chem. Soc.*, **85**, 534, 1904].

ANHYDRIDES,

$$(CH^3)^2 = C \overset{\textstyle |}{\underset{\textstyle CH^3 - CH - CO}{\overset{\textstyle — CO}{}}} \diagdown \diagup O$$

a) *Racémique.* — Il se forme à côté de l'acide isobutyrique lorsqu'on chauffe à 170-220º le 2.3.3-triméthylpentanone-4-dioïque [Mahla, Tiemann, *D. chem. G.*, **28**, 2161].

Il fond à 38º [Bone, Perkin, *Chem. Soc.*, **67**, 428; — Auwers, *Ann. Chem.*, **292**, 142; — Bredt, *ibid.*, **292**, 116].

Il bout à 227º sous 746 mm. et à 106-107º sous 15 mm. [Auwers, Oswald, *loc. cit.*].

Traité par la p-phénétidine, il donne l'acide triméthyl-p-éthoxyphénylsuccinamique fondant à 128-129º [Gilbody, Sprankling, *Chem. Soc.*, **81**, 787, 1902].

b) *Anhydrides actifs.* — Préparés par l'action du chlorure d'acétyle sur les acides actifs.

Traités par l'aniline, ils fournissent les aniles: l'anile dextrogyre fond à 130º; l'anile lévogyre fond à 140º [Paolini, *Gazz. chim. ital.*, **30**, II, 506, 1900].

ACIDE CHLOROTRIMÉTHYLSUCCINIQUE,

$$(CH^3)^2 = C - CO^2H$$
$$|$$
$$CH^3 - CCl - CO^2H$$

Éther diéthylique. — On l'obtient par l'action de PCl^5 à 83º sur l'éther oxytriméthylsuccinique en solution dans le chloroforme [Komppa, *Centr. Bl.*, II, 1168, 1898].

C'est un liquide incolore d'odeur agréable, bouillant à 114º,5-115º,5 sous 12 mm.

ACIDE BROMOTRIMÉTHYLSUCCINIQUE,

$$(CH^3)^2 = C - CO^2H$$
$$|$$
$$CH^3 - CBr - CO^2H$$

Éther diéthylique. — Cet éther se forme en même temps que l'anhydride bromotriméthylsuccinique lorsqu'on traite successivement l'acide triméthylsuccinique par le brome en présence de phosphore et par l'alcool [Bone, Sprankling, *Chem. Soc.*, **81**, 50, 1902].

Réagissant sur le sodocyanacétate d'éthyle, il donne naissance à un acide tribasique $C^9H^{14}O^6$, qui est vraisemblablement l'acide αα-diméthylbutane-αβδ-tricarboxylique $(CH^3)^2 = C(CO^2H) - C(CO^2H)(CH^3) - CH^2 - CO^2H$ [Bone, Sprankling, *loc. cit.*].

Anhydride bromotriméthylsuccinique,

$$(CH^3)^2 = C \overset{\textstyle |}{\underset{\textstyle CH^3 - CBr - CO}{\overset{\textstyle — CO}{}}} \diagdown \diagup O$$

— Il s'obtient en chauffant sous pression, à 130º, l'acide triméthylsuccinique avec du brome [Bone, Sprankling, *Chem. Soc.*, **81**, 50, 1902; — Komppa, *D. chem. G.*, **35**, 534, 1902]. Il fond à 197-198º.

Au contact de l'eau il perd HBr, aussi ne permet-il pas l'obtention de l'acide bromé [Bone, Sprankling, *loc. cit.*].

L'oxyde d'argent fournit la β-lactone de l'acide triméthylmalique fondant à 118-120º [Komppa, *loc. cit.*].

La diéthylaniline le transforme en acide méthylène-diméthylsuccinique [Bone, Sprankling, *loc. cit.*].

ACIDE MÉTHYLÈNE-DIMÉTHYLSUCCINIQUE,

$$(CH^3)^2 = C - CO^2H$$
$$|$$
$$CH^2 = C - CO^2H$$

— Pour le préparer on traite l'anhydride bromotriméthylsuccinique par la diéthylaniline, verse le produit de la réaction dans la potasse aqueuse et acidule [Bone, Sprankling, *loc. cit.*; — Bone, Henstock, *Chem. Soc.*, **83**, 1380, 1903].

Il fond à 140-141º, est faiblement soluble dans l'eau.

Son *éther diéthylique* bout à 173-175º sous 755-760 mm. Il fixe HBr en donnant vraisem-

blablement le bromotriméthylsuccinate d'éthyle. Par fixation de Br^2 et hydrolyse du produit résultant, on obtient un *acide dibromé* $C^7H^{10}O^4Br^2$ fondant à 178-179° [Bone, Spranking, *loc. cit.*].

ACIDE DIMÉTHYL-1.2-TRIMÉTHYLÈNE-DICARBONIQUE-1.2,

$$CH^3 - C - CO^2H$$
$$| > CH^2$$
$$CH^3 - C - CO^2H$$

— L'*éther diéthylique* de cet acide se forme lorsqu'on traite l'oxytriméthylsuccinate d'éthyle en solution chloroformique par le PCl^5 au bain-marie. Cet éther bout à 110-115° sous 15 mm.; il donne l'acide par saponification.

L'*acide* fond à 154°; son *sel de soude* donne avec les sels des métaux lourds, des précipités colorés. Le *sel de Ca* cristallise avec $1H^2O$ qu'il perd à 210°.

Le MnO^4K l'attaque à peine. Le Br en solution chloroformique ou acétique ne donne pas de dérivé d'addition; à chaud il y a substitution [Paolini, *Gazz. chim. ital.*, 30, II, 497, 1900].

Anhydride,

$$CH^3 - C —— CO \searrow$$
$$| > CH^2 \qquad O$$
$$CH^3 - C —— CO \nearrow$$

— On l'obtient en traitant l'acide par le chlorure d'acétyle. C'est un liquide huileux.

Traité par l'aniline il donne un *acide anilique* fondant à 157°, et qui à 170° perd H^2O en fournissant l'*anile* fondant à 105° [Paolini, *loc. cit.*].

ACIDE DIÉTHYLSUCCINIQUE (*symétrique*),

$$C^2H^5 - CH - CO^2H$$
$$|$$
$$C^2H^5 - CH - CO^2H$$

— Les éthers diéthyliques des deux stéréoisomères prennent naissance par l'électrolyse d'une solution aqueuse du sel de K de l'éthylmalonate acide d'éthyle [Brown, Walker, *Ann. Chem.*, 274, 45; — Auwers, *ibid.*, 309, 323].

Les deux acides stéréoisomères se forment par la saponification de l'éther tricarbonique obtenu en traitant par l'iodure d'éthyle le dérivé sodé de l'éther tricarbonique, préparé par l'action de l'éther α-bromobutyrique sur le malonate d'éthyle sodé [Auwers, *Ann. Chem.*, 309, 316, 1899].

Les deux formes fumarique et maléique se séparent facilement en utilisant leurs différences de solubilité dans l'eau [Hell, Mühlhaüser, *D. chem. G.*, 13, 475].

a) *Forme fumarique.* — Elle fond à 192° en se décomposant partiellement [Brown, Walker, *lor. cit.*], à 194-195° [Auwers, *loc. cit.*]. Conductibilité électrique [Brown, Walker, *loc. cit.*].

L'anhydride traité par l'aniline donne l'*acide anilique* (fum.) fondant à 183-184°, soluble dans l'alcool chaud, peu dans le benzène, le chloroforme, la ligroïne. Cet acide anilique traité par le chlorure d'acétyle donne l'*anile* de la forme maléique fondant à 84-85°; l'anile est transformée par la soude alcoolique en *acide anilique* de la forme maléique, que les alcalis aqueux bouillants convertissent en la modification maléique [Auwers, *Ann. Chem.*, 309, 316, 1899].

L'*acide p-tolilique* correspondant fond à 189-190°. L'*acide β-naphtilique* fond à 202-203°.

b) *Forme maléique.* — Fond à 129° [Brown, Walker, *loc. cit.*], à 131-132° [Auwers, *loc. cit.*]. Conductibilité électrique [Walden, *Phys. Chem.*, 8, 462].

L'anhydride traité par l'aniline donne l'*acide anilique* (maléique) fondant à 124-125°. Cet acide.

traité par le chlorure d'acétyle, donne l'*anile* de la forme maléique fondant à 84-86°.

L'*acide p-tolilique* correspondant fond à 148-149°; l'*acide β-naphtilique* fond à 145-146° [Auwers, *Ann. Chem.*, 309, 316, 1899].

Éther phénylique,

$$\left(C^2H^5 - CH - CO^2C^6H^5 \right)^2$$
$$|$$

— Préparé en faisant agir le phénol sur l'acide diéthylsuccinique en présence d'oxychlorure de phosphore. Il fond à 108° [Bischoff, Hedenstrœm, *D. chem. G.*, 35, 4079, 1902].

ACIDE αβ-DICHLORODIÉTHYLSUCCINIQUE,

$$\left(C^2H^5 - CCl - CO^2H \right)^2$$
$$|$$

— On obtient l'anhydride correspondant à cet acide, en exposant au soleil le mélange d'anhydride diéthylfumarique avec une solution de chlore dans le tétrachlorure de carbone [Michael, *J. prakt. Chem.*, (2), 52, 340].

ACIDE ISOBUTYLSUCCINIQUE,

$$(CH^3)^2 = CH - CH^2 - CH - CO^2H$$
$$|$$
$$CH^2 - CO^2H$$

— Il s'obtient: par l'hydrolyse de l'acétylisobutylsuccinate d'éthyle au moyen de l'HCl étendu; par saponification du produit qui se forme lorsqu'on traite l'isobutylmalonate d'éthyle sodé par le chloracétate d'éthyle; par oxydation de l'acide isobutyllévulique au moyen de l'hypobromite de K [Bertley, Perkin, *Chem. Soc.*, 73, 50, 63]; par réduction de l'acide isobutylfumarique [Demarçay, *Ann. Chem.*, (5), 220, 492]; par réduction des acides isopropyl ita-, citra- ou mésaconiques au moyen de l'amalgame de Na [Fittig, Burwell, *Ann. Chem.*, 304, 270]; par le chauffage à 160° de l'acide isobutyléthane-tricarbonique [Fittig, Thron, *Ann. Chem.*, 304, 285; Hjelt, *D. chem. G.*, 32, 529].

Il fond à 107-108° [Fittig, Burwell, *loc. cit.*]; à 109° [Bertley, Perkin, *loc. cit.*]; à 105° lorsqu'on le fait cristalliser dans le benzène, et à 107° lorsqu'il a cristallisé dans l'eau [Hjelt, *loc. cit.*]. Il est soluble dans l'eau, l'éther et l'alcool, peu dans le chloroforme. Il s'anhydrise à 150° [Bertley, Perkin, *loc. cit.*].

Constantes de dissociation [Mellor, *Chem. Soc.*, 79, 126, 1901]. Conductibilité électrique de l'acide et du sel de Na [Walden, *D. chem. G.*, 24, 2037].

Oxydé au moyen du permanganate, il donne l'acide isopropylisoparaconique.

Le *sel de Ca* est soluble, celui *de Ba* peu soluble [Hjelt, *loc. cit.*]. L'*anhydride* est liquide [Hjelt, *loc. cit.*].

ACIDE DIMÉTHYLLÉTHYLSUCCINIQUE,

$$(CH^3)^2 = C - CO^2H$$
$$|$$
$$C^2H^5 - CH - CO^2H$$

— Pour le préparer on chauffe pendant 21 heures à 180-190°, une solution d'éthylmalonate d'éthyle sodé dans le xylène, avec l'acide α-bromoisobutyrique, et saponifie le produit formé [Bischoff, Mintz, *D. chem. G.*, 23, 3411; 24, 1050]. Il fond à 139°, bout à 235-240°.

Il est soluble dans 27 p. d'eau à 17°,5, soluble dans l'alcool, l'éther, le chloroforme, l'acétone; peu soluble dans le benzène, insoluble dans CS^2 et la ligroïne.

Le sel d'Ag forme un précipité cristallin. Conductibilité électrique [Walden, *Phys. Chem.*, 8,

475]. Constantes de dissociation [Bone, Sprankling, *Chem. Soc.*, 77, 1298, 1900].

ACIDE TÉTRAMÉTHYLSUCCINIQUE,

$$\left[(CH^3)^2 = C - CO^2H\right]^2$$

— Il se forme à côté de l'acide triméthylglutarique, lorsqu'on chauffe pendant 6 heures à 120-130° l'éther α-bromoisobutyrique avec de la poudre d'argent sèche [Meyer, Auwers, *D. chem. G.*, 22, 2013; 23, 297]; son éther diéthylique prend naissance lorsqu'on soumet à l'électrolyse une solution aqueuse du diméthylmalonate d'éthyle et de potassium [Brown, Walker, *Ann. Chem.*, 274, 49]; il se forme à côté de l'acide triméthylglutarique lorsqu'on chauffe sous une pression de 2,5 atmosphères l'éther acétylacétique sodé avec l'éther α-bromoisobutyrique [Bischoff, Walden, *D. chem. G.*, 26, 1457]; il se forme en même temps que son anhydride lorsqu'on chauffe pendant 1/2 heure le nitrile correspondant ou le nitrile azoisobutyrique avec de l'SO^4H^2 à 80 0/0 [Thiele, Heuser, *Ann. Chem.*, 290, 40]; le sel de potassium se produit lorsqu'on chauffe à 100° l'azoisobutyrate de K [Thiele, Heuser, *loc. cit.*]; l'éther diéthylique se forme par l'action du zinc sur le bromoisobutyrate d'éthyle [Blaise, Marcilly, *Bull. Soc. Chim.*, 31, 11; — Blaise et Courtot, *Bull. Soc. Chim.*, 35, 336, 1906].

Cet acide fond à 195° [Brown, Walker, *loc. cit.*; — Blaise, Marcilly, *loc. cit.*]; il est soluble à raison de 0,48 0/0 dans l'eau, à 13°,5 [Auwers, *Ann. Chem.*, 292, 181]. Conductibilité électrique [Brown, Walker, *loc. cit.*].

Éther monométhylique,

$$\left[(CH^3)^2 = C - CO^2CH^3\right]^2$$

— Il se forme par l'action sur l'anhydride, soit du méthylate de Na [Auwers, *Ann. Chem.*, 292, 178], soit de l'alcool [Bone, Sudboroug, Sprankling, *Chem. Soc.*, 85, 535, 1904].

Il fond à 68° [Auwers, *loc. cit.*]; à 63° [Bone, Sudborough, Sprankling, *loc. cit.*].

Il est peu soluble dans la ligroïne, assez soluble dans l'alcool, etc.

L'électrolyse du sel de sodium fournit une huile bouillant à 150-170° [Auwers, *loc. cit.*].

Éther diméthylique,

$$\left((CH^3)^2 = C - CO^2CH^3\right)^2$$

— Il fond à 131°; il est très soluble dans l'alcool, etc.

Éther monoéthylique, $C^6H^{12}(CO^2H)(CO^2C^2H^5)$. Préparé par l'action de l'alcool sur l'anhydride [Auwers, *loc. cit.*]. C'est un liquide épais.

Éther diéthylique,

$$\left((CH^3)^2 = C - CO^2C^2H^5\right)^2$$

— Il se forme lorsqu'on chauffe avec précaution de l'azoisobutyrate d'éthyle [Thiel-Heuser, *Ann. Chem.*, 290, 41]; lorsqu'on traite par le zinc le bromoisobutyrate d'éthyle [Blaise, Marcilly, *loc. cit.*].

Il bout à 218-220°.

Saponification par l'acide sulfurique [Auwers].

ANHYDRIDE,

$$\begin{array}{l}(CH^3)^2 = C - CO \diagdown \\ \qquad\qquad\qquad\quad O \\ (CH^3)^2 = C - CO \diagup\end{array}$$

— Il se forme par une courte ébullition de l'acide [Auwers, Meyer, *D. chem. G.*, 23, 304,

1892]; par distillation en présence de l'anhydride acétique [Blaise, Marcilly, *Bull. Soc. Chim.*, 31, 117, 1904].

Il fond à 147° en se sublimant très vite en aiguilles, et bout à 230°,5 [Auwers, Meyer, *Ann. Chem.*, 274, 49, 1893]; à 224-226° [Blaise, Marcilly, *loc. cit.*].

Il possède l'odeur camphrée, est très volatil; il est à peine soluble dans l'eau froide, la ligroïne et le carbonate de soude; très soluble dans l'alcool, etc.

ACIDE MÉTHYLPROPYLSUCCINIQUE,

$$\begin{array}{l}CH^3 - CH - CO^2H \\ \qquad\quad | \\ C^3H^7 - CH - CO^2H\end{array}$$

— Préparé par saponification de l'éther tricarbonique obtenu par l'action de l'éther α-bromopropionique sur l'éther sodopropylmalonique. Il bout à 156-157° [Tchougaeff, Schlèsifger, *Journ. Soc. phys. chim. russe*, 36, 190, 1904].

ACIDE MÉTHYLISOPROPYLSUCCINIQUE,

$$\begin{array}{l}CH^3 - CH - CO^2H \\ \qquad\quad | \\ C^3H^7 - CH - CO^2H\end{array}$$

— Les deux modifications prennent naissance lorsqu'on chauffe à 200° l'acide méthylisopropyléthane-tricarbonique [Bentley, Perkin, Thorpe, *Chem. Soc.*, 69, 275].

La séparation des deux acides isomères s'effectue par cristallisation dans l'eau, ou en soumettant à l'entraînement par la vapeur d'eau leur solution dans l'SO^4H^2 à 50 0/0; dans ces conditions l'acide cis est le seul qui soit entraîné. •

a) *Acide trans.* — Il fond à 174-175° [Bentley, Perkin, Thorpe, *Chem. Soc.*, 69, 275]. Chauffé à 190° il s'anhydrise.

Il est insoluble dans la benzine; peu soluble dans le chloroforme et la ligroïne; assez soluble dans l'eau chaude; soluble à raison de 0,64 0/0 dans l'eau à 18°.

Par distillation dans le vide il donne principalement l'anhydride de l'acide cis. Chauffé avec l'acide chlorhydrique concentré il se transforme partiellement en acide cis.

Anhydride trans,

$$\begin{array}{l}CH^3 - CH - CO \diagdown \\ \qquad\qquad\quad | \qquad\quad O \\ C^3H^7 - CH - CO \diagup\end{array}$$

— Il se prépare en chauffant pendant 2 heures l'acide cis avec de l'anhydride acétique [Bentley, Perkin, Thorpe, *loc. cit.*].

Il fond à 46°; bout, sans se transformer, à 140-145° sous 20 mm.

Une courte ébullition à la pression ordinaire le transforme en anhydride cis.

b) *Acide cis.* — Il fond à 125-126°; s'anhydrise à 140°.

Il est soluble dans tous les dissolvants, excepté dans la ligroïne; soluble à raison de 4,43 0/0 dans l'eau à 18°.

Chauffé à 180° avec de l'HCl concentré il se transforme partiellement en acide trans [Bentley, Perkin, Thorpe, *loc. cit.*].

Anhydride cis. — C'est un liquide, bouillant à 138-140° sous 25 mm. (Bentley, etc.).

ACIDE TÉTRÉTHYLSUCCINIQUE,

$$\left[(C^2H^5)^2 = C - CO^2H\right]^2$$

— L'éther est obtenu par l'électrolyse du diéthylmalonate double d'éthyle et de K. Cet éther n'est pas saponifiable par les alcalis; chauffé en tube scellé à 110° avec HBr il fournit l'*anhy-*

dride tétréthylsuccinique fondant à 86° [G. Walker et A. P. Walker. *Chem. Soc.*, **87**, 961, 1905].
ACIDE αα-DIMÉTHYL-α'-PROPYLSUCCINIQUE.

$$C(CH^3)^2 - CO^2H$$
$$|$$
$$CH(C^3H^7) - CO^2H$$

— Il se forme lorsqu'on chauffe a 180-200° l'acide $(CH^3)^2 = C(CO^2H) - C(C^3H^7)(CO^2H)^2$ obtenu en traitant le propylmalonate d'éthyle sodé par l'éther α-bromoisobutyrique, en solution dans le xylène [Bischoff. *D. chem. G.*, **24**. 1056].

Il fond à 140°; il est soluble à raison de 1 p. pour 230 p. d'eau à 17°,5: soluble dans l'alcool, l'éther, l'acétone et l'acide acétique: insoluble dans la ligroïne et le sulfure de carbone.

Conductibilité électrique [Walden, *Ph. Ch.* **8**, 475].

Il est stable vis à vis de HCl à 250°

ACIDE ISOAMYLSUCCINIQUE,

$$(CH^3)^2CH - CH^2 - CH^2 - CH - CH^2 : CO^2H$$
$$|$$
$$CO^2H$$

Il se forme par réduction en solution acide, au moyen de l'amalgame de Na, des acides iso-butylitaconique ou isobutylcitraconique; par l'action de la chaleur sur l'acide isoamyléthane tricarbonique [Fittig, Schirmacher, *Ann. Chem.*, **304**, 305]; par hydrolyse de l'α-cyano-α'-isoamyl-succinate d'éthyle [Lawrence, *Proc. of Chem. Soc.*, n° 212].

Il fond à 75-76°, est très soluble dans l'eau, l'éther, le chloroforme et la benzine; insoluble dans la ligroïne.

Il commence à perdre de l'eau un peu au-dessous de son point de fusion.

ACIDE 3.4-DIBROMOISOAMYLSUCCINIQUE,

$$(CH^3)^2 = CH - CHBr - CHBr - CH - CH^2 - CO^2H$$
$$|$$
$$CH^2 - CO^2H$$

— Il se forme à côté de l'acide bromoisobutyl-isoparaconique par addition de brome à une solution d'acide isobutylitaconique dans le chloroforme [Fittig, Erlenbach. *Ann. Chem.*, **304**, 315].

Il fond à 210°; est insoluble dans l'eau froide et le chloroforme; soluble dans l'acétone. Traité par les solutions alcalines, ou soumis à l'ébullition avec de l'eau, il donne principalement l'acide isobutylitaconique.

ACIDE DIISOPROPYLSUCCINIQUE,

$$[(CH^3)^2 = CH - CH - CO^2H]^2$$
$$|$$

— Les deux formes stéréoisomères prennent naissance par la saponification du produit de la réaction du bromure d'isopropyle sur l'éther iso-propylcyanosuccinique sodé [Bone, Sprankling, *Proc. of Chem. Soc.*, n° 211].

L'acide *cis* est seul entraînable par la vapeur d'eau et cette particularité est mise à profit pour la séparation des deux formes [Bone, Sprankling. *Chem. Soc.*, **77**, 654. 1900].

L'acide chlorhydrique à 220-230° transforme les deux modifications l'une dans l'autre (Bone, Sprankling).

a) *Acide cis.* — L'éther éthylique s'obtient en chauffant pendant 6 heures à 150° parties égales d'éther α bromoisovalérique et d'argent [Auwers, *Ann. Chem.*, **292**, 167; — Hell, Mayer, *D. chem. G.*, **22**. 49].

Il fond à 171-172° [Bone, Sprankling, *loc. cit.*]. Il est soluble à raison de 0.25 0/0 dans l'eau à 15°; soluble dans l'acétone, peu soluble dans le

chloroforme; soluble dans le benzène chaud, insoluble dans la ligroïne.

Anhydride cis,

$$C^3H^7 - CH - CO \diagdown$$
$$| \qquad\qquad O$$
$$C^3H^7 - CH - CO \diagup$$

— Il se forme par l'action du chlorure d'acétyle sur l'acide [Bone, Sprankling, *loc. cit.*].

C'est un liquide bouillant à 255-257° [Auwers *Ann. Chem.*, **292**, 170]; à 250-260° sous 752 mm. (Bone, Sprankling).

Il est à peine atteint par l'eau à l'ébullition. Traité par l'aniline, il donne l'*acide anilique* fondant à 184-185° (Bone. Sprankling).

b) *Acide trans.* — Il fond à 226°; il est insoluble dans le benzène. Il est, ainsi que son anhydride, transformé en anhydride cis par ébullition avec l'anhydride acétique [Bone, Sprankling, *loc. cit.*].

Anhydride trans. — Il se forme par l'ébullition de l'acide avec le chlorure d'acétyle.

Il bout à 263-265° sous 752 mm.

Traité par l'aniline, il donne l'*acide anilique* fondant à 201-202° [Bone, Sprankling, *loc. cit.*].

ACIDE α-MÉTHYL-α'-ISOAMYLSUCCINIQUE,

$$CH^3 - CH - CO^2H$$
$$|$$
$$C^3H^{11} - CH - CO^2H$$

— On l'obtient sous les deux formes stéréoisomères par réduction, au moyen de III en présence de phosphore, de l'anhydride méthylisoamylmaléique [Auden, Perkin, Rose, *Proc. of Chem. Soc.*, n° 212]. Les deux formes stéréoisomères prennent également naissance lorsqu'on soumet à l'hydrolyse les éthers α-cyano-α'-méthyl-α-isoamylsuccinique ou α-cyano-α-méthyl-α'-isoamylsuccinique [Lawrence, *Proc. of Chem. Soc.*, n° 212]. Constantes de dissociation [Bone, Sprankling, *Chem. Soc.*, **77**, 1298; 1900].

a) *Acide cis.* — Il fond à 93°. Il est volatil avec la vapeur d'eau, soluble dans la ligroïne.

Son *anhydride* bout à 187° sous 50 mm.

Chauffé sous pression, en solution chloroformique, avec du brome, il donne l'anhydride β-isoamylcitraconique [Lawrence, *loc cit.*].

b) *Acide trans.* — Il fond à 142°: est insoluble dans la ligroïne. Son *anhydride* bout à 170° sous 25 mm [Lawrence, *loc. cit.*].

ACIDE N-HEPTYLSUCCINIQUE,

$$CH^3 - (CH^2)^6 - CH - CO^2H$$
$$|$$
$$CH^2 - CO^2H$$

— Il s'obtient par la réduction au moyen de l'amalgame de sodium des acides hexylita-, citra- ou mésaconiques [Fittig, Hœffken, *Ann. Chem.* **304**, 337].

Il fond à 90-91°; il est soluble dans le chloroforme et l'eau; peu soluble dans le benzène froid.

Les sels de Ca, de Ba et de Ag sont peu ou pas solubles dans l'eau.

ACIDE DIBROMOHEXYLITACONIQUE (4.5-*dibromo-3-méthyloïque-décanoïque-1*),

$$CH^3 - (CH^2)^4 - CHBr - CHBr - CH - CO^2H$$
$$|$$
$$CH^2 - CO^2H$$

— On l'obtient en traitant par le brome, en solution chloroformique, l'acide hexylitaconique [Fittig, *Ann. Chem.*, **305**, 17, 1899].

Il fond à 131-132°.

ACIDE S-DIDÉCYLSUCCINIQUE,

$$\left(C^{10}H^{21} - CH - CO^2H \right)^2$$

— Le mélange des éthers des deux modifications stéréoisomères se forme lorsqu'on traite l'éther α-bromolaurique par la poudre d'argent.

Les éthers diéthyliques distillent de 200 à 265° sous $12^{mm},5$; saponifiés au moyen de SO^4H^2 modérément étendu, ils donnent les acides qui sont séparés facilement par dissolution dans la ligroïne [Auwers, Betteridge, *Ann. Chem.*, 298, 197].

L'un des acides fond à 134°, est soluble dans le benzène froid, peu soluble dans l'acide acétique chaud, à peu près insoluble dans l'eau.

L'autre acide fond à 74°. Il est soluble dans la ligroïne chaude et les autres dissolvants organiques ; il est à peu près insoluble dans l'eau.

Décembre 1906.   C. Martine.

SUCRAMINE. — Voy. SACCHARINE.

SUCRASE. — Voy. l'art. DIASTASES.

SUCRE (INDUSTRIE). — Nous nous conformerons à ce qui a été fait au 1er Suppl., p. 1465, relativement à l'étude de la sucrerie de cannes, et, en répétant que la plupart des progrès réalisés dans cette industrie ont été inspirés par ceux qui se sont développés dans la sucrerie de betteraves, nous donnerons à l'étude de cette industrie la plus grande part, et nous nous contenterons de signaler les applications qui ont été faites en sucrerie de cannes, des procédés employés vis-à-vis de la betterave.

Nous suivrons le travail dans les différents postes de la fabrication, en signalant les principales études chimiques qui ont été publiées, et qui permettent d'expliquer, de régulariser et de contrôler les pratiques industrielles. Au lieu de renvoyer le lecteur aux indications bibliographiques des différents journaux de sucrerie, parus en France et à l'Étranger, nous nous référerons chaque fois que cela sera possible au *Bulletin de l'Association des chimistes de sucrerie*, où les principales études, auxquelles nous ferons allusion, ont été ou publiées ou analysées.

Extraction du jus.

Diffusion. — Depuis la publication du 1er Suppl., l'aspect général de l'industrie sucrière s'est profondément modifié, et le désir qu'exprimaient les rédacteurs de l'article SUCRE, INDUSTRIE, de voir les fabricants ne travailler que des betteraves riches et par les procédés les plus perfectionnés, s'est complètement réalisé. La loi de 1884, fixant l'impôt sur la betterave qui entre à l'usine, et quelle que soit sa richesse, devait produire cet effet attendu. Depuis, la loi de 1884 a été abrogée par la loi du 28 janvier 1903, élaborée à la suite de la convention internationale de Bruxelles (5 mars 1902), et qui, comme autrefois, fait porter la taxe sur le sucre produit ; cette nouvelle disposition de la loi n'a pas arrêté ce mouvement de progrès qui s'était manifesté depuis 1884, et on continue aujourd'hui (1908) à cultiver de la betterave riche et à la traiter par les appareils et les procédés qui donnent les résultats les plus complets.

Pour ces raisons, l'emploi des presses a complètement disparu et les procédés de diffusion sont devenus exclusifs depuis 1887-1888.

Coupe-racines. — Le coupe-racines à couronne métallique fixe, auquel il est fait allusion dans le 1er Suppl., p. 1470, n'est plus en usage, et le coupe racines à plateau horizontal rotatif seul subsiste. On a introduit plus récemment en sucrerie un coupe-racines à tambour mobile, armé de couteaux faîtiers, contre lesquels, et à l'intérieur, les betteraves, pressées par une sorte de bouclier, viennent se débiter en cossettes (coupe-racines Magvin).

Batterie de diffusion. — Les diffuseurs ont une capacité en général supérieure à celle qui a été précédemment indiquée, 25 à 40 hectolitres ; ils sont au nombre de 12 ou 14. La marche des liquides est la même ; elle a toujours lieu par déplacement hydrostatique sous une pression d'une atmosphère environ ; mais le travail est plus rapide, et l'on vide un diffuseur toutes les cinq minutes, c'est-à-dire que la cossette de betterave met une heure environ pour s'épuiser de sucre. Le diffuseur de queue de la batterie, contenant les cossettes presque épuisées, reçoit l'eau pure ; le diffuseur de tête, dès qu'il est empli de cossettes neuves, débitées par le coupe-racines, reçoit le jus riche du diffuseur précédent ; à cette opération, pendant lequelle le jus arrive, non plus par le haut du diffuseur, mais par le bas, on donne le nom de *meichage*. Dès que ce diffuseur est rempli de jus, on le *tire*, c'est-à-dire que l'on extrait le jus, par une pression d'eau ou d'air comprimé, mise sur le diffuseur de queue.

Généralement les diffuseurs sont rangés en cercle ; mais ils sont à poste fixe, et le diffuseur rotatif, décrit précédemment, n'est plus employé.

Le diffuseur continu Charles et Perret n'a pas donné de bons résultats ; d'autres diffuseurs continus ont été proposés et n'ont pas reçu encore d'applications générales [Diffuseur Kessler, diffuseur Hyros-Rak, *Bull. Ass. Chim. Sucr.*, 126, 696, 1903-1904].

On a suivi, il y a quelques années, dans un certain nombre de sucreries, une méthode de travail qui consiste à faire fonctionner la batterie comme deux batteries de six à sept diffuseurs, dans le but d'obtenir une plus rapide extraction du jus [*Bull. Ass. Chim. Sucr.*, 544, 1890-1891] ; cette méthode a été abandonnée.

Diverses tentatives ont été faites pour réintégrer, en queue de la diffusion, les eaux qui baignent les cossettes épuisées et que l'on recueille soit par simple égouttage soit par pressurage ; ces liquides doivent être au préalable débarrassés chimiquement (emploi de la chaux suivi ou non d'un traitement par l'acide carbonique) ou mécaniquement (épulpage) des débris de pulpe en suspension. Ils apportent une très faible quantité de sucre, mais ont l'avantage d'être chauds [Berndal, *Bull. Ass. Chim. Sucr.*, 66, 1904-1905 ; — Tyskiewicz, *ibid.*, 211, 1905-1906 ; — Pellet, *ibid.*, 58, 1906-1907 ; — Pfeiffer, *ibid.*, 718-803, 1907-1908].

Les essais les plus intéressants que l'on ait faits au sujet de la diffusion ont consisté à meicher le diffuseur de tête avec des jus spécialement réchauffés. Celui-ci, en effet, chargé de cossettes froides, ne présente, après l'arrivée des jus du diffuseur précédent, chauds à 70°, qu'une température de 40°, insuffisante pour produire une diffusion rapide ; le diffuseur suivant n'est chaud qu'à 60-65°, pour la même raison, et la température de 70° n'est en réalité atteinte que dans le 3e diffuseur à partir de la tête. Pour éviter cet inconvénient, Garez [*Bull. Ass. Chim. Sucr.*, 44, 207, 538, 1898-1899] chauffe une partie du jus à 100°, et l'envoie sur le diffuseur de tête. Naudet [*Bull. Ass. Ch. Sucr.*, 1082, 1901-1902 ; 989, 1903-1904], reprend le jus qui remplit le diffuseur aussitôt après meichage, le dirige par une pompe dans un réchauffeur spécial, pour le ramener continûment au diffuseur, et cela jusqu'à ce que la température de celui-ci ait atteint 70° ;

un bac intermédiaire dit *compensateur* permet de régler la marche du travail.

Ces procédés désignés quelquefois sous le nom de *diffusion chaude* ont permis encore à Steffen [*Bull. Ass. Ch. Sucr.*. 1373, 1901-1902], d'établir une méthode mixte pour l'extraction du jus basée sur l'emploi de la batterie de diffusion et des presses. Le jus. chauffé à 90-100°. est mélangé à des cossettes froides dans un cylindre dont le fond est percé de trous, et qui est muni d'un entraîneur à hélice: les cossettes se gonflent et cèdent facilement le liquide de leurs cellules, sous une forte pression: elles s'égouttent et sont ensuite pressées; le résidu du pressurage est desséché et donne un fourrage renfermant 30 à 40 0/0 de sucre: le jus, ainsi écoulé. qui renferme les 3/4 de sucre contenus dans la betterave, est plus concentré que le jus de diffusion; une partie de ce jus rentre en travail: le reste est dirigé vers la carbonatation [Neumann. Aulard, Pellet, etc., *Bull. Ass. Ch. Sucr.*. 557. 558, 1326, 1376, 1378. 1406. 1906-07; et 74. 1907-08].

Une discussion s'est ouverte à ce propos pour savoir si. par le procédé Steffen, on obtenait un jus aussi pur que par la diffusion. Kræmer a montré [*Bull. Ass. Ch. Sucr.*. 796. 1904-1905] qu'à 70° ces cellules sont tuées en cinq minutes et se prêtent par conséquent aux échanges osmotiques, et qu'il suffit d'une température de 100°, pendant quatre minutes. pour les dilater et les déformer.

Un perfectionnement intéressant a été apporté encore à la batterie de diffusion par Pfeiffer [*Bull. Ass. Ch. Sucr.*. 66, 1904-1905]: au lieu de vider les cossettes épuisées par une porte placée au-dessous du diffuseur, Pfeiffer les pousse. par l'air comprimé, dans une large tuyauterie. adaptée à la partie inférieure de chaque diffuseur. et dirige ainsi les cossettes d'abord vers un plan perforé où elles s'égouttent. puis vers les presses: le travail de la fosse à cossettes et des chaînes à godets se trouve par là même supprimé.

Presses à cossettes. — Aucune modification n'a été apportée aux presses telles qu'elles ont été précédemment décrites: les plus employées sont celles de Klusemann, de Skoda, de Selwig et Lange, de Bergreen.

Désalbuminage du jus. — On a proposé à bien des reprises différentes de chauffer à.75° les jus sortant de la diffusion pour coaguler l'albumine; mais la filtration est difficile. Herzfeld a annoncé que cette filtration est inutile. puisque l'albumine coagulée est englobée dans le précipité calcaire et n'y est pas altérée. Sellier a montré que l'albumine ainsi coagulée donne des produits solubles et visqueux, difficiles par conséquent à filtrer, si on la soumet à un chauffage prolongé à 80° en présence de la chaux [*Bull. Ass. Ch. Sucr.*, 1251, 1902-1903].

La diffusion en sucrerie de cannes. — La diffusion a été appliquée nécessairement à l'extraction du *vesou* de la canne. Mais là se rencontrent plusieurs difficultés.

La canne présente une nature fibreuse et se coupe plus difficilement que la betterave; les couteaux. à tranchant continu. se *bourrent* entre la lame et la contre-lame de débris ligneux. En outre le jus est acide et le sucre tend à s'invertir dans les diffuseurs; on remédie à cet inconvénient par l'addition d'un peu de carbonate de soude. Enfin les jus sont très étendus et demandent. pour leur évaporation. une grande quantité de combustible, et l'on préfère. d'une façon générale. pressurer la canne au moulin, et épuiser la *bagasse* par diffusion. Dans un grand nombre de sucreries, on épuise les bagasses du moulin par un lessivage et une repression [Procédé Perrichon, *Bull. Ass. Ch. Sucr.*, 370, 1900-1901].

Épuration des jus sucrés par la chaux et l'acide carbonique.

Le procédé Possoz et Perier dont il a été parlé dans le 1er Supplément est encore employé aujourd'hui d'une façon générale, et on peut dire que les procédés proposés successivement, depuis plusieurs années, pour l'épuration des jus ne sont pas parvenus à le remplacer.

Four à chaux. — Une étude très complète du four à chaux a été publiée par Décluy [*Bull. Ass. Ch. Sucr.*, 328, 508, 1897-1898]. Le profil intérieur du four doit être celui d'un conchoïde, c'est-à-dire de deux troncs de cônes opposés par leurs grandes bases, à l'endroit même où s'établit la zone de dissociation. Au-dessus de celle-ci se trouve la zone de chauffage, celle où le coke brûle et porte le calcaire, qui tend à descendre à l'intérieur du four, à la température de dissociation; au-dessous est la zone de refroidissement, celle où le calcaire, à l'état de chaux vive maintenant, atteint les œuvres basses du four. Nous ne saurions ici reproduire les calculs qui permettent à Décluy de déterminer quelle doit être la marche normale d'un four à chaux, et nous nous contenterons de signaler ses conclusions. L'examen de l'aspect intérieur du four et l'analyse constante des gaz permettent de régler celui-ci et de remédier aux défauts d'alimentation, de marche et de construction.

L'emploi d'un calcaire pauvre et impur, ne dégageant pas assez vite son acide carbonique, se traduit par l'obtention d'un gaz pauvre; il en est de même d'un excès de coke, qui demande, pour brûler, trop d'oxygène, et appauvrit le gaz en exagérant la quantité d'azote qu'il contient. Un coke cassé trop gros n'a pas le temps de brûler au moment où le calcaire qui l'accompagne descend dans la zone de refroidissement; le CO_2 qu'il dégage alors dans cette zone, se transforme en CO dans la zone de chauffage et le gaz se montre riche en oxyde de carbone. Un excès de CO peut également traduire un manque de circulation, par suite de l'effritement du calcaire ou de son *collage* (formation de silicates fusibles). Si les charges sont trop espacées, chacune d'elles fournit brusquement une forte dose de CO_2, puis la production s'en ralentit graduellement, et le gaz offre alors des irrégularités dans sa teneur en CO_2. Des rentrées d'air entre le four et la pompe donnent dans le gaz un excès d'oxygène, sans excès de CO.

Dans plusieurs sucreries, on fait usage aujourd'hui de fours à chaux chauffés au moyen de gazogènes.

Chaulage. — Weissberg a étudié la solubilité dans les jus sucrés de la chaux, considérée sous les trois états où on la prend en sucrerie, chaux vive en poudre, chaux éteinte en poudre, chaux en lait [*Bull. Ass. Ch. Sucr*, 147, 1901-1902]. Il a montré que la solubilité de la chaux dans les jus de diffusion était, pour les trois états, à peu près semblable à celle qu'il avait autrefois constatée pour les solutions de sucre de même concentration. Le jus sucré dissout d'autant plus de chaux qu'on l'a traité par une masse de chaux plus abondante. Comme pour les solutions sucrées. c'est en présence de la poudre de chaux vive que le jus dissout le plus de chaux, et c'est en présence du lait de chaux qu'elle en dissout le moins; la solubilité de la chaux à 80° dans le jus de diffusion est encore considérable.

C'est à des résultats analogues que conduit l'étude de Schmeele et Geese [*Bull. Ass. Ch. Sucr.*, 443, 1901-1902]. Le pouvoir dissolvant des jus sucrés pour la chaux dépend de la forme dans laquelle la chaux a été ajoutée : avec la chaux vive, de la faculté de désagrégation de la chaux ; avec la chaux en poudre, des conditions qui président au mélange, et, d'une façon générale, des variations de température, la chaux tant d'autant moins soluble que la température est plus élevée.

Zoniew et Wassilenko ont fait également une étude très intéressante sur la formation du sucrate tribasique et sa dissolution dans le sucre [*Bull. Ass. Ch. Sucr.*, 435, 1907-1908].

La chaux est en général introduite dans le jus sucré à l'état de lait ; mais certains industriels ont cru obtenir une meilleure épuration en substituant, au lait de chaux, la poudre de chaux éteinte, la poudre de chaux vive, et même la chaux vive en morceaux. Ces trois dernières manières de faire offrent l'avantage de ne pas ajouter aux jus de l'eau qu'il faut ensuite évaporer ; mais d'autre part, on obtient, par le lavage des écumes de filtres-presses, des jus trop étendus pour pouvoir être économiquement évaporés et qui ont leur destination toute trouvée dans la préparation du lait de chaux. Le chaulage à la chaux vive (chauleur Dufaye) est abandonné ; malgré l'agitation que l'on imprimait à la chaux, pendant le temps qu'elle mettait à s'éteindre et à se délayer, on s'exposait à caraméliser le sucre. Le chaulage à la chaux en poudre, vive ou éteinte, se fait en saupoudrant le jus réchauffé, contenu dans une cuve, et maintenu en mouvement au moyen d'un agitateur. On n'a jamais établi nettement la supériorité de l'un de ces procédés par rapport aux autres [Beaudet, Pellet, Mittelmann, etc., *Bull. Ass. Ch. Sucr.*, passim, 1892-1893, 1893-1894, 1894-1895].

Le chaulage a lieu, en général, sur le jus de diffusion, réchauffé à 60-80°. On a préconisé cependant le chaulage *à froid*, c'est-à-dire à la température de 40-50°, mais à la condition de maintenir entre la chaux et le jus un contact prolongé [Aulard, *Bull. Ass. Ch. Sucr.*, 299, 1904-1905 et Besson, *ibid.*, 80, 1905-1906].

Carbonatation. — La carbonatation se fait toujours en deux fois, et dans les conditions indiquées précédemment.

Plusieurs essais ont été tentés pour supprimer l'une des carbonatations, la première. Ragot et Tourneur ont cherché à réduire celle-ci à un simple chaulage [*Journ. suc. indig.*, II, 643, 1897], et comme le précipité calcaire ainsi obtenu est trop visqueux pour pouvoir passer au filtre-presse, Ragot et Tourneur *dégraissaient* le précipité en y ajoutant de la terre d'infusoires (kieselguhr). Le procédé serait économique si la régénération du kieselguhr était industriellement possible.

D'autre part, on a préconisé, à plusieurs reprises, surtout en Autriche, la *triple* carbonatation, qui se fait en trois opérations successives [Andrlick, *Bull. Ass. Ch. Sucr.*, 343, 1901-1902]. Cette méthode ne semble pas produire une épuration qui justifie le supplément de main-d'œuvre qu'elle entraîne [Beaudet, Lachaud, etc., *Bull. Ass. Ch. Sucr.*, 559, 725, etc., 1894-1895].

Les constructeurs ont surtout porté leur attention sur la carbonatation continue (carbonateurs Horsin Déon, Reboux, Camuset, Sée et Lambois, Vivien, Mollet-Fontaine, Prangey et de Grobert, Rivière, Société des constructions mécaniques de Saint-Quentin, etc.). Ce dernier appareil est le plus employé aujourd'hui ; il comporte deux caisses accouplées, ou même une seule ; le jus chaulé arrive d'une façon continue, et sort carbonaté, d'une façon continue également, avec une alcalinité constante, comptée en chaux, de 90 à 110 gr. par hectolitre pour la 1re carbonatation et de 20 gr. pour la 2e carbonatation. Dans ces carbonateurs le courant d'acide carbonique est réglé une fois pour toutes, et c'est le réglage variable du jus chaulé qui permet d'établir l'alcalinité constante du jus carbonaté. Ce réglage s'obtient en déterminant dans les cuves un niveau constant, par l'intermédiaire d'un flotteur ; si le gaz est pauvre en CO2, l'émulsion que produisent les gaz inertes (azote) font remonter le niveau, et le flotteur ralentit l'entrée du jus chaulé ; si au contraire le gaz est riche, le CO2 s'absorbe plus rapidement, le niveau s'abaisse et laisse entrer plus librement le jus chaulé [Naudet, Prangey et de Grobert, *Bull. Ass. Ch. Sucr.*, 91 et 1496, 1901-1902].

Hignette a proposé l'emploi, à la carbonatation, d'une écrémeuse de laiterie. Le gaz du four à chaux, entrant dans la turbine, s'enrichit en CO2 à la périphérie parce qu'il est plus lourd que l'azote [*Bull. Ass. Ch. Sucr.*, 562-1189, 1897-1898].

La mesure de l'alcalinité des jus carbonatés se fait aujourd'hui, d'une façon courante, avec la phénolphtaléine ; les liqueurs sulfuriques, mises à la disposition de l'ouvrier, sont telles qu'un volume de ces liqueurs sature exactement un volume du jus, quand celui-ci présente l'alcalinité voulue.

D'après Hermann [*Bull. Ass. Ch. Sucr.*, 251, 1904-1905], quand le gaz est riche à 25 ou 30 0/0 de CO2, on n'utilise guère dans les cuves de carbonatation que 50 à 60 0/0 du CO2 produit dans le four à chaux.

Il résulte de longues recherches, faites en Bohême par Andrlick [*Bull. Ass. Ch. Sucr.*, 338, 1904-1905], que la carbonatation élimine suivant leur nature de 32 à 57 0/0 des matières organiques, de 30 à 40 0/0 de matières azotées, et de 7 à 34 0/0 des matières minérales contenues dans les jus bruts. L'azote ammoniacal provenant de la décomposition des amides représente de 17 à 27 0/0 de l'azote total, et celui-ci se trouve, pendant la carbonatation et l'évaporation, éliminé dans la proportion de 84 à 95 0/0.

Certains fabricants de sucre soumettent les jus carbonatés avant filtration à une ébullition (*bouillissage*).

Filtration des écumes. — La filtration des écumes s'exécute toujours dans des filtres-presses à action discontinue. On les construit aujourd'hui de grande dimension (plateaux de 1 mètre carré) ; ils sont toujours munis de dispositifs spéciaux, qui permettent le lavage, dans les cadres mêmes, des tourteaux d'écumes.

Pour obtenir un bon *désucrage* des écumes, il convient de prolonger le chaulage, de faire la 1re carbonatation à 70°, de presser sous une pression n'excédant pas 2 atmosphères, et de laver, sous une pression un peu plus faible (1atm,5), avec des eaux chaudes à 45-50° ; on peut faire usage des eaux dites *ammoniacales*, condensées dans les 2e et 3e corps de l'appareil à évaporer [Aulard, *Bull. Ass. Ch. Sucr.*, 311, 1904-1905].

Un appareil, permettant de filtrer, d'une façon continue, les écumes de carbonatation, a été imaginé par Droeshrout ; il n'a pas été appliqué [*Bull. Ass. Ch. Sucr.*, 265, 1894-1895].

Cayen a proposé d'utiliser les écumes de carbonatation soit à refaire de la chaux et de l'acide carbonique, soit à fabriquer du ciment, genre Portland, en les additionnant d'argile [*Bull. Ass. Ch. Sucr.*, 703, 1903-1904, et 443, 1905-1906].

Épuration chimique des jus par des substances autres que la chaux et l'acide carbonique. — **Baryte.** — La substitution de la baryte à la chaux dans la carbonatation, a toujours été considérée comme avantageuse et personne ne conteste que la baryte a un pouvoir épurant supérieur à celui de la chaux. Mais le prix élevé de la baryte, d'une part, la grandeur de son poids moléculaire, d'autre part, qui oblige à ajouter au jus plus de baryte que de chaux pour précipiter la même quantité d'impuretés, ont nécessairement restreint son emploi en sucrerie. Néanmoins, plusieurs fabricants l'utilisent en 2ᵉ carbonatation à la dose de 0.5 à 1 0/0, à la place de la chaux que l'on a coutume d'ajouter; elle se substitue à la chaux dans les sels organiques dissous, et on considère que les jus et les sirops sont plus faciles à travailler en présence des *organates* de baryte qu'en présence des organates de chaux.

Sulfate d'alumine, alumine et aluminate de baryte. — Il est évident que la dose de 2,5 à 3 0/0 de chaux est excessive pour précipiter les impuretés que le jus renferme; une dose de 1 0/0 suffirait; mais, dans ce cas, les écumes seraient visqueuses et ne pourraient passer au filtre-presse. La recherche d'un précipitant qui permettrait de restreindre la dose de chaux, et par conséquent la dépense d'acide carbonique, sans compromettre la filtration des jus, présenterait donc un grand intérêt.

Parmi ces réactifs, il convient de citer le sulfate d'alumine, que Lehmkuhl [*Bull. Ass. Ch. Sucr.*, 886, 1901-1902] a proposé d'ajouter aux jus dans la proportion de 100 gr. par hectolitre.

Zamaron a fait, avec l'alumine en gelée, des essais d'épuration qui lui permettent de supposer que l'on pourrait, à la carbonatation, supprimer les 2/3 de la chaux [*Bull. Ass. Ch. Sucr.*, 420, 1903-1904].

Dupont et Zamaron ont poursuivi des essais industriels d'épuration au moyen de l'aluminate le baryte [*Bull. Ass. Ch. Sucr.*, 53-59, 1903-904]; d'après ces auteurs, une dose de 300 gr. 500 gr. d'aluminate de baryte par hectolitre ans le jus de diffusion, et de 300 gr. dans le ⸱⸱ qui subit la 2ᵉ carbonatation, permet de diminuer de 50 0/0 la dose de chaux ordinairement mployée. L'aluminate de baryte détruit les sels chaux, augmente le quotient salin (rapport du ⸱⸱re aux sels), et rend les incrustations moins quentes; l'aluminate doit être introduit dans ⸱ jus à la température de 85°, et avant la chaux. ⸱ est également un épurant pour les sirops et our les bas-produits.

Métaux divisés. — Le pouvoir réducteur que possèdent les métaux à l'état divisé, c'est-à-dire la propriété qu'ils ont de dégager de l'hydrogène naissant, a été utilisée pour la purification et surtout la décoloration des produits de sucrerie. Manoury a proposé l'emploi du zinc, du plomb et du manganèse; Besson préconise l'aluminium et ses alliages, et les fait agir en présence d'acide sulfureux et même d'ammoniaque, dans le but de décolorer les jus et en même temps de précipiter les sels de chaux [*Bull. Ass. Ch. Sucr.*, 832, 1897-1898, et 1255, 1901-1902]. La présence de ces métaux divisés dans les jus en évaporation rend l'ébullition plus régulière, et empêche les incrustations en maintenant les dépôts en suspension.

Carbure de calcium. — Dans le même ordre d'idées et pour faire du jus en chaulage un milieu réducteur, Rivière a imaginé de substituer à la chaux du carbure de calcium.

Acide sulfureux. — L'emploi de l'acide sulfureux s'est généralisé en sucrerie, et il n'est plus aujourd'hui une seule usine qui ne l'emploie.

On a beaucoup discuté sur la question de savoir si l'effet de l'acide sulfureux est plus efficace et moins susceptible de provoquer une destruction du sucre quand on l'applique sur les jus de 1ʳᵉ ou de 2ᵉ carbonatation, ou sur les sirops provenant de l'appareil à évaporer. La pratique industrielle veut aujourd'hui que l'on sulfite les sirops plutôt que les jus; nous reviendrons donc plus loin, à propos des sirops, sur la sulfitation.

Weissberg a préconisé l'emploi de l'acide sulfureux en 1ʳᵉ carbonatation (sulfo-hydro-carbonatation); les jus chaulés sont saturés par l'acide carbonique jusqu'à 1ᵍʳ,8 d'alcalinité par litre, puis amenés à 0ᵍʳ,4 d'alcalinité par l'acide sulfureux. On filtre, et on rajoute de la chaux à la 2ᵉ carbonatation.

L'acide hydrosulfureux a été préconisé pour remplacer l'acide sulfureux; la description de sa préparation et de son emploi trouvera place également plus loin.

Épuration des jus par filtration.

L'emploi du noir animal dont il est parlé dans l'article du 1ᵉʳ Suppl. est complètement supprimé de nos sucreries, et la filtration des jus ayant subi la carbonatation, comme celle des sirops d'ailleurs, se fait à travers un tissu de coton, auquel il est d'ailleurs fait allusion dans cet article, et que l'on a désigné, au début, sous le nom de tissu Puvrez.

Celui-ci est encore employé quelquefois sous la forme d'une poche allongée; mais il est, dans ce cas, destiné à produire une filtration grossière, un *débourbage*; d'une façon générale, les tissus sont appliqués sur des cadres ou éléments de 0ᵐ,75 × 0ᵐ,75 environ, qu'ils entourent complètement comme le ferait un sac, et ne laissent saillir qu'un tuyau collecteur, en communication avec l'intérieur de l'élément.

Les éléments au nombre de 24, en général, sont juxtaposés perpendiculairement dans une caisse de tôle rectangulaire, munie d'un couvercle étanche; les tuyaux collecteurs, auxquels il vient d'être fait allusion, font saillie hors de la caisse. Le jus qu'il convient de filtrer pénètre par la partie inférieure de la caisse, sous une pression de quelques mètres, déterminée par un simple bac en charge, traverse les toiles du dehors en dedans, se réunit dans les tuyaux collecteurs et, d'une façon continue, s'échappe filtré hors de la caisse. L'élément que le sac entoure est quelquefois un tissu métallique, généralement une simple tôle ondulée qui empêche les deux parois du sac de s'aplatir sous la pression.

On donne à ces appareils le nom très impropre de filtres mécaniques (Kazalowski, Daneck, Philippe, etc.)

Bolikowski a construit un filtre à éléments cylindriques.

Lachaud a installé dans plusieurs sucreries un filtre dit *escargot*, formé d'un sac de toile Puvrez, à l'intérieur duquel est un tissu métallique souple, à grosses mailles; le sac et son tissu métallique sont roulés sur eux-mêmes, et le tout est contenu dans une caisse métallique rectangulaire où arrive le jus sous pression; le jus filtre également de l'extérieur à l'intérieur du sac, et sort continûment de la caisse.

Le passage à travers ces tissus Puvrez ne réalise pas l'amélioration dans la qualité des jus, que réalisait l'emploi du noir animal; il ne fait que retenir mécaniquement les matières visqueuses, en suspension colloïdale, et une petite quantité de matières colorées, qui se fixent sur le tissu par teinture.

On peut accentuer la décoloration des jus, et leur épuration par conséquent, en les mélangeant au préalable avec une terre siliceuse (terre d'infusoires, kieselguhr). Celle-ci est très employée surtout à la décoloration des sirops et des bas produits. Rumpler a proposé de lui substituer un silicate, encore plus poreux, formé d'un mélange de ciment Portland et d'ocre avec le kieselguhr [*Bull. Ass. Ch. Sucr.*, 1903-04, p. 1018].

Dans la sucrerie de cannes, on emploie également les filtres mécaniques et on opère le débourbage par une filtration du vesou déféqué à travers des bagasses épuisées. (On ne carbonate que rarement).

Emploi de l'électricité à l'épuration des jus.

Bien des inventeurs ont demandé à l'électricité le moyen de purifier les jus et les sirops de sucrerie; l'expérience du laboratoire a montré en effet que l'électrolyse des jus et surtout l'électrodialyse peut être, dans bien des cas, substituée à la carbonatation; mais les dépenses qu'occasionne son application sont excessives par rapport au prix de revient, surtout pour le jus de betteraves, et l'on y a partout renoncé.

Il nous suffira donc de citer les noms des inventeurs qui ont pris des brevets dans cet ordre d'idées : Behm (1892); Javaux, Gallois et Dupont (1894); Elias (1894); Gin et Leclerc (1894); Raffinerie Say (1894); Despeissis (1895); Compagnie électro-sucrière (1895); Urbain (1896); Bouillant (1896); Polaczek (1898); Baudry (1898); Horsin-Déon (1898); Pieper (1898); Hignette (1898), etc. Ces brevets ont été rachetés par la Société Say-Gramme qui les a réunis en un brevet unique [*Journ. Suc. indigène*, 1898, II, 188]. D'autres travaux ont eu lieu depuis et il convient de citer ceux de Aschermann, de Gurwitch, etc. [*Bull. Ass. Ch. Sucr.*, 1902-03, 712 et 1904-05, 621-622].

Le procédé Say-Gramme, qui a été employé en Egypte pour l'épuration du vesou, est basé sur l'électrodialyse. Dans un appareil qui rappelle l'ancien osmogène de Dubrunfaut, et dont les compartiments sont séparés par une membrane dialytique spéciale d'oxychlorure de zinc, circule le jus, à purifier, chaud à 75-80°, entre deux compartiments, l'un rempli d'eau alcaline (NaOH = 1,20 0/0), l'autre d'eau chlorhydrique (HCl = 0,4 0/0); dans ces compartiments sont placés des anodes, et l'on y fait passer, tantôt dans un sens, tantôt dans l'autre, un courant de 5 à 6 volts et de 25 à 30 ampères.

Le procédé d'Urbain se distingue des précédents, en ce sens qu'il se produit de l'acide hydrosulfureux, par l'électrolyse de l'acide sulfureux en présence d'anodes et de cathodes métalliques [*Bull. Ass. Ch. Sucr.*, 1898-99, 715].

Lavollay et Bourgoin ont fait fonctionner industriellement un procédé qui reposait également sur l'électrolyse par un courant de 4 volts, mais en même temps sur l'emploi du manganate de chaux (50 gr. par hectolitre de jus) associé à la chaux [*Bull. Ass. Ch. Sucr.*, 1900-01, 375].

Wiechmann a proposé également un procédé dit d'électro-décoloration [*Bull. Ass. Ch. Sucr.* 1123, 1253, 1275; 1906-07].

L'emploi de l'ozone a été également proposé; il permet de décolorer les jus, et d'enlever l'odeur caractéristique des produits de la sucrerie de betteraves; mais il attaque les sucres, surtout en solution alcaline [Fradiss, *Bull. Ass. Ch. Sucr.*, 1898-99, 664].

Évaporation des jus.

L'évaporation des jus a toujours lieu dans le vide et au moyen de l'appareil décrit dans le 2ᵉ Suppl., sous le nom d'appareil à triple effet.

Quadruple et quintuple effet à chauffages multiples. — Mais la nécessité économique d'augmenter, dans chaque sucrerie, le travail journalier pour diminuer les frais généraux a incité les fabricants à employer des appareils plus puissants qu'autrefois, et travaillant d'une façon plus économique.

Ils se sont adressés aux appareils à quadruple, quintuple, et même sextuple effet, dans lesquels la vapeur travaille 4, 5 et même 6 fois. De plus, ils ont pu, en calculant spécialement les dimensions des caisses de l'appareil, prélever, sur les vapeurs d'évaporation des jus, la chaleur nécessaire pour réchauffer les liquides des différents postes de l'usine; en sorte que là encore la vapeur d'évaporation est mieux utilisée, puisqu'une partie de cette vapeur, celle qui ne se rend pas dans la caisse suivante, va porter à haute température des liquides, qui autrefois étaient réchauffés par de la vapeur de retour des machines.

Si l'on ne considère que l'appareil à évaporer, abstraction faite, pour le moment, des prises de vapeur destinées aux réchauffages, on constate que, dans un quadruple effet, et contrairement à ce qui a lieu dans le triple effet, la 1ʳᵉ caisse est la plus grande, et que la dernière est la plus petite. La 1ʳᵉ caisse reçoit la vapeur détendue des machines, ou de la vapeur à basse pression, et se trouve chauffée à 105°; le jus y bout sous pression et la vapeur se rend en partie dans la 2ᵉ caisse; celle-ci est, comme la 1ʳᵉ caisse du triple effet, chauffée à 95°, sous une dépression de 15 cm de mercure; la 3ᵉ et la 4ᵉ sont chauffées à 80° (dépression 40 cm) et à 55° (dépression 62-65 cm), comme les 2ᵉ et 3ᵉ caisses du triple effet.

Les dimensions de la 1ʳᵉ caisse sont telles, qu'elle produit une quantité de vapeur supérieure à celle qui est nécessaire pour alimenter la 2ᵉ caisse; on prélève alors sur le tuyau qui fait communiquer la partie supérieure de la 1ʳᵉ caisse avec la chambre de chauffe de la 2ᵉ caisse, une certaine quantité de vapeur que l'on dirige vers des réchauffeurs.

Ces réchauffeurs, dits à grande circulation, sont tubulaires, et les tubes, à l'extérieur desquels circule la vapeur, sont disposés en quatre faisceaux parallèles, de façon que le jus à réchauffer, après avoir parcouru les tubes de l'un des faisceaux, passe dans ceux du faisceau voisin, et ainsi de suite; dans ces conditions, il suit une marche rapide, et n'a pas le temps de s'altérer au contact des parois chaudes de tubes.

Généralement, on dispose, en dépendance du 1ᵉʳ corps de l'appareil à évaporer, trois réchauffeurs, ou si l'appareil est puissant, trois séries de réchauffeurs. Dans la 1ʳᵉ série on fait passer les jus qui vont à la 2ᵉ carbonatation et qui ont besoin d'être chauffés à 100°; dans la seconde, les jus qui se dirigent vers la 1ʳᵉ caisse du quadruple effet, et dans la 3ᵉ, les sirops qui se rendent à la chaudière à cuire.

En général on prélève de la même façon, sur le tuyau qui joint la 2ᵉ et la 3ᵉ caisse, de la vapeur avec laquelle on alimente un réchauffeur ou une série de réchauffeurs; dans ceux-ci passent d'une façon continue les jus qui ont besoin d'être réchauffés à 65-80° pour subir la 1ʳᵉ carbonatation.

Quand au quadruple effet on substitue un quintuple effet, les deux températures extrêmes de la 1ʳᵉ et de la 5ᵉ caisse sont les mêmes, et la chute de température et de pression est partagée également entre les caisses.

L'appareil étant plus puissant, on peut faire

des prélèvements de vapeur plus considérables, en prélevant, par exemple, soit sur la 2e, soit sur la 3e caisse, pour chauffer l'appareil à cuire, et pour alimenter les réchauffeurs de la batterie de diffusion.

Cette nouvelle manière de faire rend tous les postes de l'usine solidaires de l'appareil à évaporer, et en particulier de la 1re caisse: celle-ci représente un générateur qui alimente d'une part, la 2e caisse, et de là, les autres caisses d'évaporation, et d'autre part réchauffe en second effet tous les liquides qui circulent dans l'usine. L'adoption d'un appareil à 4 ou 5 caisses et à chauffages multiples permet de réaliser une économie de 30 0/0 de charbon.

Circulateur et caisses jumelées. — Les fabricants de sucre qui ont voulu augmenter la surface de chauffe de leur appareil à évaporer, et profiter des avantages que comportent les chauffages multiples, sans avoir à supporter la dépense d'un nouvel appareil, ont eu recours à deux manières de faire: ou bien, ils ont adjoint à la 1re caisse une autre caisse tubulaire qui reçoit directement de la vapeur et qui est en communication, par le haut et le bas, avec la 1re caisse de l'appareil à évaporer: le jus s'y échauffe et gagne la 1re caisse pour s'y vaporiser (circulateur Pauly) [*Bull. Ass. Ch. Sucr.*, 1893, 94, 21]; au sommet de cette 1re caisse, on prélève la vapeur nécessaire aux réchauffages: ou bien ils ont réuni la partie supérieure de deux caisses (caisses jumelées), formant ainsi deux 1res caisses, susceptibles de fournir également un excès de vapeur par rapport à celle que demande le chauffage de la 2e caisse. On peut jumeler de la même façon deux secondes caisses.

Séparation des vapeurs ammoniacales.

On sait que les jus en ébullition dégagent de l'ammoniaque par le fait de la décomposition des amines (asparagine, glutamine), sous l'influence des alcalis du jus, et que tous les appareils à évaporer dans le vide employés en sucrerie comportent des tubes spéciaux, qui prennent les vapeurs ammoniacales à la partie supérieure des chambres de chauffe et les entraînent directement dans le condenseur de l'appareil: de cette façon les tubes de la chambre de chauffe ne sont pas attaqués sensiblement par l'ammoniaque.

Camuset a proposé de se débarrasser de ces vapeurs ammoniacales dès le début de l'évaporation, dans un quintuple effet, en faisant passer les jus de la 1re caisse dans la 5e, où la dépression est la plus grande et qui est voisine du condenseur, puis de là dans la 2e, la 3e, et enfin dans la 4e: au point de vue de la condensation de la vapeur, le quintuple effet fonctionne comme d'ordinaire; la marche des jus seule est modifiée: pour éviter une trop grande chute de température entre la 1re et la 5e caisse, qui déterminerait une ébullition trop vive, Camuset a proposé d'échanger, au moyen d'un faisceau tubulaire, la température du jus qui sort de la 1re caisse, avec celui qui se rend de la 5e à la 2e.

Böhm et Hiros ont proposé d'extraire l'ammoniaque des eaux de condensation [*Journ. des Fab. de Sucre*, 1895, n° 41].

Condenseur barométrique. — Dans beaucoup d'usines, on a substitué au condenseur ordinaire un condenseur *barométrique*, dans lequel l'eau condensée s'écoule par un tube de 11 à 12 m., plongeant dans une cuve à trop-plein; dans ces conditions on évite l'emploi d'une pompe à eau, et l'on ne fait plus usage que d'une petite pompe dite à air, destinée à enlever l'air qui a été apporté par les jus, ou qui a passé à travers les joints des appareils, ainsi que les vapeurs d'eau et d'ammoniaque non condensées. Le même principe est appliqué pour l'enlèvement des eaux ammoniacales condensées sous dépression dans les chambres de chauffe des caisses d'évaporation.

Ruissellement et appareil Kestner. — Les ouvriers évaporeurs ont, depuis longtemps, constaté que, pour évaporer vite, il convient de maintenir le niveau du liquide au-dessous de la plaque de bronze qui ferme la chambre de chauffe, de façon que les tubes soient à demi-remplis. Il est évident que, dans ces conditions, la surface d'évaporation est considérablement augmentée, puisque le jus bout à l'intérieur des tubes et s'y transforme en vapeur. On a construit, pour permettre de maintenir le niveau bas, des régulateurs spéciaux, qui ne sont plus guère en usage, parce que les ouvriers obtiennent, avec un peu d'habitude et d'attention, le même résultat par un réglage convenable des robinets qui font communiquer chaque caisse.

A ce phénomène qui consiste à faire bouillir et évaporer le liquide dans les tubes mêmes, on a donné le nom de *ruissellement* ou de *grimpage*. On a même placé dans les tubes, soit des bâtons, soit des hélices pour activer ce grimpage: ces appareils ont été reconnus inutiles.

Kestner s'est inspiré de l'utilité qu'offre ce phénomène du grimpage pour construire un appareil à évaporer, vertical, du type Yaryan, à multiples effets, et où les tubes, qui mesurent 5 à 6 m. de long, sont alimentés par une quantité minime de jus. Au-dessus de chaque caisse tubulaire se trouve une chambre d'expansion pour la vapeur qui fait office de ralentisseur [*Bull. Ass. Ch. Sucr.*, 238, 1905-06, et 1344, 1906-07].

Appareils à caisses horizontales. — L'emploi des caisses horizontales d'évaporation, répandu à l'étranger et surtout en Autriche, n'a pas trouvé grand crédit chez nos fabricants de sucre. Les chaudières sont, à la partie inférieure, munies de tubes horizontaux, à l'intérieur desquels circule la vapeur.

Appareil Prache et Bouillon. — Prache et Bouillon ont fait connaître récemment un nouvel appareil, basé sur un principe essentiellement différent des appareils ordinaires. La caisse d'évaporation est à simple effet, et la vapeur provenant de l'évaporation est comprimée à sa sortie par un appareil spécial mû à l'électricité; dans ces conditions, la température de cette vapeur s'élève du fait de la compression et elle peut être alors utilement employée au chauffage même de la caisse [*Bull. Ass. Ch. Sucr.*, 853, 1905-06].

Des études fort intéressantes, d'ordre théorique et susceptibles de recevoir des applications industrielles, relatives aux calculs des dimensions des appareils, ont été faites par Horsin-Dion [*Traité de sucrerie*, Paris, 1900], par Claassen [*Journ. Fab. de sucre*, 1893-1894; — *Bull. Ass. Ch. Sucr.*, 800, 1903-04], par Rembert [*ibid.*, 487, 1903-04], etc. Nous ne saurions présenter ici les résumés de leurs calculs.

TRAVAIL DES SIROPS.

Filtration. — Les sirops, au sortir de l'appareil à évaporer, sont filtrés à travers des *filtres mécaniques* garnis de tissus Puvrez, pour les débarrasser des sels de chaux que la concentration des jus a laissé déposer, et les priver d'une partie de leurs matières colorées. On ajoute souvent aux sirops à filtrer du kieselguhr.

Sulfitation. — Nous avons dit plus haut que l'acide sulfureux est d'un emploi général en sucrerie et qu'il est spécialement appliqué sur les sirops.

L'emploi de l'acide sulfureux a été étudié par de nombreux chimistes : Vivien [Brevet 1885], Battut, Vivien [*Bull. Ass. Ch. Sucr.*, 1253, 1896-97], Beaudet [*ibid.*, 90, 1897-98], Urbain [*ibid.*, 97], Weissberg [*ibid.*, 485, 1896-97], Horsin-Déon, Fradiss, Sidersky, Aulard [*Bull. Synd. Fab. de sucre*, 1899]. De toutes ces études, il résulte que l'acide sulfureux possède vis-à-vis des matières contenues dans les sirops, une puissance décolorante médiocre, mais qui n'est pas négligeable, qu'il n'élimine qu'une très faible quantité de matières organiques et ne relève pas le coefficient de pureté; appliqué aux jus de diffusion, l'acide sulfureux précipite une partie des matières étrangères qu'aurait précipitées la chaux; mais à partir des jus de deuxième carbonatation, il n'a plus d'action (Battut). Le grand intérêt qu'offre l'emploi de l'acide sulfureux est de précipiter à l'état de sulfite les sels organiques de chaux; le sulfite de chaux est à peine soluble dans l'eau (0,04 par litre), un peu plus soluble dans l'eau sucrée et sa solubilité ne change pas avec la concentration de celle-ci (0,08 par litre) [Weissberg, *loc. cit.*]. L'acide sulfureux offre encore un avantage inattendu; c'est celui de diminuer la viscosité des sirops et de permettre un meilleur travail de cuisson et de cristallisation. Celui-ci se poursuit plus facilement en présence des sulfites alcalins qu'en présence des carbonates correspondants [Sidersky, *loc. cit.*].

C'est toujours sur les sirops alcalins que l'on fait agir l'acide sulfureux et l'on se propose soit de diminuer l'alcalinité, soit de la neutraliser complètement; certains fabricants ajoutent même de la chaux avant de sulfiter. La sulfitation acide, préconisée par Steffen, n'offre pas d'avantages; les sirops sont très décolorés; mais là, l'acide sulfureux agit de la même façon qu'un autre acide et la coloration reparaît quand on alcalinise avant d'évaporer [Sidersky, *loc. cit.*]. On peut cependant dépasser sans danger la neutralité, car les acides organiques, mis en liberté par l'acide sulfureux, ont une faible puissance inversive et cette puissance inversive est d'autant plus faible que le sirop est plus concentré [Vivien, *loc. cit.*].

L'acide sulfureux est toujours produit, en sucrerie, par la combustion du soufre (fours Lacouture, Vanhof, etc.). L'air qui pénètre dans le four est préalablement séché sur de la chaux vive, de façon à éviter la formation d'acide sulfurique; l'acide sulfureux est lavé, puis, appelé par une pompe, il est dirigé vers les sulfiteurs.

La sulfitation peut être discontinue, c'est-à-dire s'exécuter dans des cuves munies de barbotteurs et poussée jusqu'au degré de saturation qui a été déterminé d'avance.

Mais en général on préfère employer les sulfiteurs continus; le plus répandu est celui de Quarez; il comporte une trompe, semblable à celles qui servent à faire le vide dans les laboratoires, qui appelle, non pas de l'air, mais de l'acide sulfureux et dans laquelle s'écoule d'une façon continue le sirop qu'il s'agit de sulfiter; celui-ci tombe dans un bac, dont il sort continûment; on règle sa sortie, à l'alcalinité voulue, en réglant par un robinet la hauteur du sirop du bac.

La sulfitation des sirops est toujours suivie d'une filtration qui sépare le sulfite de chaux. Il

est utile également d'ajouter au sirop sulfité du kieselguhr avant sa filtration.

Hydrosulfitation. — Ranson prit en 1895 un brevet pour l'emploi, à la suite de l'épuration, d'un réducteur énergique, l'acide hydrosulfureux et d'un oxydant, l'eau oxygénée. Voici de quelle façon, d'après Vivien [*Bull. Ass. Ch. Sucr.*, 1073, 1896-97], il convient d'appliquer le procédé à l'épuration des sirops. Ceux-ci sont neutralisés par l'acide sulfureux, puis filtrés pour éliminer le sulfite de chaux; ils sont réchauffés à 45°, additionnés d'eau oxygénée qui, non seulement transforme les sulfites solubles en sulfates mais encore détruit des matières organiques par oxydation; les sirops sont sulfités une seconde fois, jusqu'à $0^{gr},5$ à 5 gr. de SO^2 par litre, additionnés de 10 à 50 gr. de poudre de zinc par hectolitre et agités fortement pendant 15 à 20 minutes. L'acide hydrosulfureux détruit à son tour une certaine quantité de matières organiques; on sature par la baryte et on cuit dans les conditions ordinaires.

Le procédé Ranson, qui a été appliqué deux ou trois ans en sucrerie tant sur les sirops d'évaporation que sur les bas produits, a été très discuté [Vivien, Prangey et de Grobert, Beaudet, Aulard, Degener, Dureau, Claassen, Vivien, Légier, Dupont, Horsin-Dion, Mittelmann, Manoury, Weissberg, etc., *Bull. Ass. Ch. Sucrerie, Journ. Fab. de sucre, Journ. Sucr. indig. passim*, 1897-1898, et *Bull. Synd. des fab. de sucre*, 1899].

On préfère aujourd'hui substituer à l'acide hydrosulfureux des hydrosulfites cristallisés, connus dans le commerce sous le nom de *Redos* (réducteurs) [*Bull. Ass. Ch. Sucr.*, 513, 1205, 1242, 1906-07].

Cuisson des sirops. — La cuisson des sirops a toujours lieu dans les appareils précédemment décrits.

Les caisses horizontales ne sont guère employées en France.

On a substitué, en partie, dans certaines sucreries, le chauffage par vapeur détendue au chauffage par vapeur directe; c'est-à-dire que la caisse renferme deux systèmes de serpentins, l'un dans lequel on envoie la vapeur directe du générateur; l'autre, en forme de lyres, beaucoup plus développé, qui reçoit la vapeur détendue provenant d'une des caisses de l'appareil d'évaporation (cuites à lyres de Fives-Lille). La vapeur directe est employée pendant la préparation du pied de cuite, et la cuite s'achève à la vapeur détendue.

On a imaginé également de disposer à l'intérieur de la chaudière à cuire des appareils destinés à agiter la masse pendant le travail (cuites Greiner, Reboux, Grossé, etc.) [*Journ. Suc. indig.*, II, 634, 1898] ou d'introduire le sirop dans la chaudière sous une forte pression, au moyen de véritables tuyères [Delavierre, *Bull. Ass. Ch. Sucr.*, 638, 1896-97]. Ces dispositifs, proposés surtout pour rendre plus régulières les introductions de sirops d'égout, dont il sera parlé plus loin, sont considérés aujourd'hui comme inutiles.

Divers appareils de contrôle de la cuite et de l'évaporation ont été imaginés par Horsin-Déon (*Traité de sucrerie*).

Turbinage des masses cuites. — Le travail du turbinage est toujours précédé aujourd'hui d'un malaxage prolongé, dont on trouvera plus loin la description à propos de la rentrée des égouts et destiné à rendre la masse cuite homogène.

On tend à substituer aux turbines ordinaires, de 65 à 75 centimètres de diamètre, de grandes turbines (Mollet-Fontaine) dont le diamètre atteint 1 mètre à 1ᵐ,30 et qui extraient, d'un seul coup, 100 kilogrammes de sucre.

On tend à commander les turbines soit par une turbine à eau placée sur l'axe (turbine Wattson), soit par une dynamo réceptrice à courant continu ou à courant triphasé (turbines Wattson, turbines Hillairet).

Les turbines continues, Czénowski et Pontkowski, Lizeray, Stewart, Thomas, etc., n'ont pu être employées en sucrerie.

On s'attache, d'une façon générale, à séparer, au moment du turbinage, les *égouts pauvres*, ceux qui s'écoulent par simple égouttage, des *égouts riches*, qui représentent le mélange des derniers égouts de la masse cuite avec le sucre refondu par la vapeur d'eau du clairçage. Divers dispositifs ont été imaginés pour obtenir la séparation automatique de ces égouts.

Procédés destinés à augmenter le rendement en 1ᵉʳ jet.

La préoccupation principale des fabricants a été, dans ces dernières années, de supprimer le plus possible le travail des 2ᵉ et 3ᵉ jets et d'obtenir la totalité ou du moins la presque totalité du sucre extractible en 1ᵉʳ jet. Cette manière de faire offre l'avantage de diminuer la durée de la campagne, par conséquent de restreindre les frais généraux et de récupérer plus vite l'argent que le fabricant a avancé à la culture.

On n'est pas parvenu à produire tout le sucre en 1ᵉʳ jet; mais on augmente facilement de 2 à 3 0/0 le rendement en 1ᵉʳ jet et le sirop d'égout final présente, non pas la composition de la mélasse, à 55-60 de pureté (sucre contenu dans 100 de matières extractives), mais celle d'un sirop impur (pureté = 72-75): la concentration de ce sirop purifié ne donne qu'une quantité de sucre insignifiante, 0.5 à 1 0/0 de la betterave.

Pour augmenter le rendement des masses cuites en premier jet, on a recours soit à la *rentrée des égouts ou cuite méthodique*, soit à la *rentrée des sucres roux*; l'un et l'autre procédé sont complétés par la *cristallisation en mouvement*.

Rentrée des égouts ou cuite méthodique. — C'est à Steffen d'une part, à Rœymackers d'autre part (1890), que l'on doit le principe de la méthode appliquée et réglée en France par Manoury [*Bull. Ass. Ch. Sucr.*, 905, 1897-98]. Si l'on pouvait pousser l'évaporation d'une masse cuite assez loin pour que le sirop mère qui baigne les cristaux ait la composition de la mélasse, le problème posé ci-dessus serait résolu; mais pour qu'une masse cuite se cuise bien, il faut qu'elle soit dans la chaudière, toujours en mouvement, que les cristaux déjà formés puissent, nageant dans le sirop, chercher au sein de celui-ci les molécules de sucre qui doivent les nourrir; il faut, en un mot, que la masse soit liquide. Or, la quantité de sirop-mère que fournirait un sirop de triple effet, si on voulait en pousser l'évaporation jusqu'à ce qu'il ait la composition de la mélasse, serait trop faible pour maintenir la masse fluide. Si à ce moment on fait rentrer dans la chaudière un sirop tout à fait impur, une mélasse, qui ne puisse plus fournir de sucre par évaporation directe, on apportera une matière inerte, il est vrai, mais qui sera susceptible de donner à la masse de la liquidité et de permettre au sirop-mère, dont nous venons de parler, de s'évaporer et de déposer du sucre sur les cristaux déjà existants.

La turbine, ainsi qu'il a été dit plus haut,

fournit deux sortes de sirop d'égout, l'égout pauvre et l'égout riche; on commence par faire rentrer dans la chaudière à cuire, au moment où on juge que la masse cuite est assez serrée, les égouts riches, qui apportent non seulement de la fluidité, mais encore du sucre qui se dépose par évaporation; puis, quand le nouveau sirop-mère, dont la composition n'est pas assez basse pour ne plus fournir de sucre, se trouve en trop petite quantité pour donner à la masse cuite une liquidité suffisante, on fait arriver les sirops d'égout pauvres qui ne peuvent plus rien donner, mais qui fluidifient et achèvent l'évaporation du sirop-mère.

La rentrée des égouts se fait ou bien dans la chaudière à cuire elle-même, lorsque la masse cuite de premier jet est terminée, ou bien dans une chaudière spéciale, horizontale, munie d'un double fond de vapeur et d'un agitateur intérieur, en relations avec un condenseur et une pompe (cuiseurs Huch et Lauch, Prangey et de Grobert, etc.). Les égouts doivent être réchauffés avant d'être introduits dans la cuite, de façon à ne pas causer le refroidissement brusque du sirop-mère, saturé à chaud, et la formation de *microcristaux*, qui, passant ensuite à travers les toiles des turbines, ne seraient pas récupérés par le fabricant. Quelquefois les égouts entrent froids, c'est-à-dire à 40°; mais on a soin alors de les additionner d'une petite quantité d'eau de façon à désaturer le sirop-mère, pour le resaturer ensuite par évaporation. La quantité de sirops d'égout, ainsi ajoutés, représentent 80 à 100 0/0 du volume de la masse cuite.

La désaturation se produit, en effet, d'autant plus vite que les cristaux baignent dans une plus grande quantité de liquide; mais cette règle a naturellement une limite, car il est évident qu'il ne faut pas trop augmenter la distance qui sépare les cristaux, sous peine de diminuer leur attraction moléculaire vis-à-vis du sucre dissous dans le sirop, et qu'ils doivent fixer à leur surface. Le sirop-mère doit être aussi peu visqueux que possible pour ne pas diminuer la mobilité des cristaux: on recherche plutôt à cristalliser en grains fins, de façon que ceux-ci soient plus nombreux et constituent plus de centres d'attraction: ces cristaux doivent être bien réguliers, l'attraction se faisant dans les trois directions des faces du cristal. Ces observations s'appliquent également à la cristallisation en mouvement, dont nous allons parler [Fouquet, *Bull. Ass. Ch. Sucr.*, 193, 1903-04, 1479, 1905-06].

Cristallisation en mouvement. — Quand, après avoir fait rentrer les égouts pauvres, on sort la masse cuite de la chaudière, le sirop-mère, qui baigne les cristaux, peut encore fournir du sucre par refroidissement, puisqu'il est saturé à chaud. Si le refroidissement est brusque, le sucre se dépose en *microcristaux*, dont il convient, là encore, d'éviter la formation; si, au contraire, il est progressif et surtout si on agite la masse pendant toute la durée du refroidissement, il se fixe sur les cristaux déjà formés et les nourrit.

On réalise cette cristallisation par refroidissement et en mouvement dans des bacs hémicylindriques, où un agitateur renouvelle constamment les surfaces de contact entre les cristaux et le sirop qui les baigne. Un double fond, dans lequel on fait circuler un lent courant d'eau, permet le refroidissement progressif. A ces appareils on donne souvent le nom de Stammer-Bock, du nom de leurs premiers constructeurs.

Le refroidissement peut être produit par l'agitateur lui-même; il suffit, en effet, de placer dans le bac hémicylindrique un serpentin rotatif, en cuivre, dans lequel on fait passer de l'eau froide (malaxeur Ragot et Tourneur).

Le refroidissement, que l'on ne pousse pas au-dessous de 40°, est toujours très lent et ne doit pas durer moins de 18 à 20 heures. Les sirops-mères, c'est-à-dire les sirops d'égout, prennent, par suite du refroidissement, de plus en plus de compacité, et il est nécessaire d'ajouter de temps à autre pendant le refroidissement du sirop d'égout pauvre, pour que la masse reste toujours suffisamment fluide.

L'agitation de la masse en cristallisation peut être produite soit par un barbottage d'air, soit par un barbottage d'acide carbonique sous pression [Erhardt, *Bull. Ass. Ch. Sucr.*, 984, 1902-03; — Delafond, *ibid.*, 1057].

Rentrée des sucres roux. — Pour augmenter le rendement des masses cuites en premier jet, on peut avoir recours encore au système de la rentrée des sucres roux dans le travail. Les sucres roux ont une valeur commerciale faible par rapport à leur teneur en saccharose, et il y a presque toujours intérêt, quand on les a obtenus par le travail des deuxièmes jets, à les refondre et à les réintégrer dans les produits destinés à faire des premiers jets.

Mais le travail des deuxièmes jets ne saurait se poursuivre dans les conditions anciennes; en général, on reprend les sirops d'égout que l'on purifie préalablement par une addition d'une petite quantité de chaux, un traitement à l'acide sulfureux, un mélange avec du kieselguhr et une filtration.

De plus, ces sirops d'égout purifiés ne sont pas directement évaporés; pour en faire une cuite de deuxième jet, on commence par préparer un pied de cuite avec du sirop *vierge* de triple effet, ou avec du sirop d'égout riche, et quand celui-ci est *grainé*, on alimente la cuite avec les sirops d'égout épurés; le second jet, dans ces conditions, peut être cuit en grains; on le refroidit en mouvement et, au bout de 24 ou 36 heures, on turbine la masse cuite : puis le sucre roux obtenu, non claircé à la vapeur, est redissous dans du jus de deuxième carbonatation et transformé ainsi en sirop, qui rentre dans le travail des premiers jets.

Au lieu de turbiner les sucres roux de deuxième jet, on peut les égoutter simplement [système Dufay, *Bull. Ass. Ch. Sucr.*, 546, 1900-01], dans des cristallisoirs qui ont la forme d'une pyramide renversée. On peut également les lessiver avec des claircés saturées, de plus en plus pures, et les refondre, tandis que les claircés rentrent dans les appareils à cuire (système Steffen-Say). Mais le premier de ces deux procédés ne s'est pas répandu industriellement, et le second n'est qu'exceptionnellement appliqué.

On peut encore recuire les sirops d'égout en cuite claire, sans chercher à faire des cristaux, puis refroidir brusquement [procédé Mastaing et Delfosse, *Bull. Ass. Ch. Sucr.*]. Mais alors les cristaux fins qui se forment, qui passeraient à travers les toiles des turbines, sont recueillis au filtre presse, et le tourteau est redissous dans le jus de 2° carbonatation. On recueille de même les cristaux fins qui se déposent par refroidissement spontané des sirops d'égout [procédé Druelle-Say, *Bull. Ass. Ch. Sucr.*, 892, 1906-07].

Travail des mélasses. — Nous n'avons presque rien à ajouter au sujet de l'extraction du sucre des mélasses, à l'article du 1er supplément. Depuis sa publication, la question a peu progressé; les dispositions législatives n'ont pas permis à la *sucraterie* de se développer en France: il n'en est pas de même en Allemagne, en Autriche et en Belgique, où l'on emploie le procédé Scheibler à la strontiane, le procédé à la baryte, mais surtout le procédé Steffen, à la chaux vive, dit par *séparation*, qui a été décrit précédemment (1er Suppl., 1479). Aulard a fait une étude très complète de ce procédé ainsi que des perfectionnements qui ont été apportés par lui-même, par Baeyermann, par Backer et Béthany, perfectionnements relatifs à la diminution de la quantité de chaux et à la disposition des appareils mélangeurs [*Bull. Ass. Ch. Sucr.*, 262, 405, 518, 1901-02].

Zoniew et Choumilov ont proposé d'extraire par le procédé Steffen le sucre contenu dans les jus de diffusion [*Bull. Ass. Ch. Sucr.*, 566, 1906-07].

Les procédés qui permettent d'extraire le sucre des mélasses par osmose ne présentent plus aucune application industrielle.

La mélasse est aujourd'hui utilisée en distillerie et en agriculture pour la nourriture du bétail.

Les fourrages mélassés sont à base de tourteaux, de farines grossières, de balles d'avoine, de cossettes de betteraves, etc. La mélasse est mélangée à ces matières dans la proportion de 20 à 30 et même 40 0/0, puis le tout est desséché ou cuit au four [Grandeau, *Journ. Agr. prat.*, I, 692, 758, 1902; II, 9, 206, 697.

Dessiccation des pulpes. — La dessiccation des pulpes, c'est-à-dire des cossettes épuisées de la diffusion et déjà essorées par les presses, est une opération coûteuse et dont le prix de revient n'est pas toujours en rapport avec le bénéfice que l'on en peut attendre. Divers appareils employant soit les gaz chauds d'un foyer à la houille, soit la vapeur, et dont la description ne saurait trouver place ici, permettent cette dessiccation (fours Buttner et Meyer, Devaux, Donard, Makensie, Petry Hecking, Messinger et Popper, etc.) [Deutsch, Constant, *Bull. Ass. Ch. Sucr.*, 104, 111, 1901-02]. Huillard a construit également des fours à étages pour la dessiccation des pulpes, des queues de betteraves provenant des laveurs, des bagasses de sucrerie de cannes, etc., qui utilisent les chaleurs perdues des foyers des générateurs [*Bull. Ass. Ch. Sucr.*, 1195, 1199, 1352, 1636, 1906-07; 112, 1907-08].

Décembre 1907. L. Lindet.

SUCRES. — Voy. l'art. GLUCOSES.

SUEUR. — La sueur est la sécrétion la plus aqueuse de l'organisme. La quantité éliminée par jour est en moyenne de 700 à 900 gr.. Lorsqu'on provoque une sudation abondante, cette quantité peut s'élever à 800-1000 cm³ pendant la première heure. La sueur est un liquide trouble, à cause des débris épithéliaux et des gouttelettes de graisse (provenant des glandes sébacées) qu'elle entraîne avec elle, mais la filtration la clarifie entièrement. On a beaucoup discuté au sujet de la réaction de la sueur. On admet en général qu'elle est acide au début de la sécrétion, puis neutre, et déjà, au bout de 10 minutes, alcaline [Heuss, *Jahresb. de Maly*, **22**, 193, 1892; — Arloing, *Lyon méd.*, n° 50, 1896]. Elle est alcaline chez beaucoup d'animaux [Gaube, *Soc. de Biol.*, **1891**, 115]. Sa densité est d'environ 1005 et son point de congélation Δ varie de — 0°08 à — 0°,46 (moyenne — 0°,237), abaissement qui est surtout dû à NaCl [Ardin-Delteil, *C. R.*, **131**, 844, 1900].

Un litre de sueur humaine provoquée par élévation de température contient : eau 995,573; matières solides 4,427; sel marin 2,230; chlorure de potassium 0,244; sulfates alcalins 0.012; phosphates alcalins et terreux, traces; lactates alcalins 0,317; sels alcalins d'acides gras 1.562; urée 0,043; graisses 0,014 [Faivre, *C. R.*, **35**,

721]. D'autres analyses sont réunies dans Gorup-Besanez [*Chim. physiol.*, trad. française, **1**, 773, Paris, 1880]. Dans 710 cm³ de sueur sécrétée par un adulte durant la première heure de sudation forcée, Harnack a trouvé pour 1000 parties : mat. solides 9,4; mat. org. 2,4; mat. inorg. 6,7; urée 1,2; NaCl 5,2. La sueur peut donc éliminer en une heure environ 1 gr. d'urée. L'urée (et l'ammoniaque) forment environ 42 0/0 de l'azote total chez l'homme [Harnack, *Jahresb. de Maly*, **23**, 260, 1893; — Camerer, *Zeit.f. Biol.*, **41**, 271, 1901]. Parmi ces matières azotées on trouve aussi de l'ammoniaque, quelquefois de l'acide urique (Camerer), de l'albumine (0,452 0/00 chez l'homme, et jusqu'à 15,6 0,00 chez le cheval) [Gaube, *Soc. de Biol.*, 115, 1891; — Leclerc, *C. R.*, 107, 122]. La sueur élimine aussi un grand nombre de corps étrangers introduits dans l'organisme, tels que les iodures, le mercure, l'acide borique, l'arsenic, la quinine [M. Grosz, *Jahresh. de Maly*, **22**, 243, 1892; — Kellermann, *Zeit. exp. Path. u. Therap.*, **1**, 189, 1904; — Mironowitsch. *Jahresb. de Maly*, **25**, 236, 1895; — O. Liebreich, *Therapeut. Monats.*, **18**, 416, 1904].

Dans les *sueurs pathologiques* on a trouvé du glucose et de l'acétone chez les diabétiques [Devoto, *Jahresh. de Maly*, **21**, 166, 1891], de l'acide urique chez les goutteux, de la cystine chez les cystinuriques, de l'urée chez les néphrétiques à la dernière période, et en quantité tellement grande qu'elle peut former sur la peau des efflorescences cristallines blanches [Jahnel, *Jahresh. de Maly*, **27**, 330, 1897], des matières colorantes (chromhydroses), de l'indican [Aman. *ibid.*, **32**, 797, 1902], des toxines (tuberculine dans la sueur des tuberculeux) [Salter, *La Semaine méd.*, 29, 1898]. La sueur pourrait même éliminer des microbes pathogènes [Krikewy, *Jahresh. de Maly*, **26**, 381, 1896]. On conçoit donc que les sueurs pathologiques puissent être toxiques. La même question a été soulevée pour la sueur normale, et résolue, à ce qu'il semble, par la négative [Arloing, *Soc. de Biol.*, **48**, 1107, 1896 et **49**, 533, 1897; — Capitan et Gley, *ibid.*, **48**, 1110; — Mairet et Ardin-Delteil, *ibid.*, **52**, 982 et 1013, 1900]. E. Lambling.

SUINT, SUINTINE. — Voy. l'art. LAINE, 2ᵉ Suppl., **6**, p. 194.

SULFAZIDIQUE, SULFAZILIQUE, SULFAZOTIQUE (ACIDES). — Voy. l'art. HYDROXYLAMINE. 2ᵉ Suppl., **5**, p. 626.

SULFINES. — Voy. l'art. SOUFRE (COMPOSÉS ORGANIQUES).

SULFO.... — Pour les mots qui ne se trouvent pas ici à leur place alphabétique, voyez à THIO... ou au mot qui suit le préfixe.

SULFOBORITE (Min.) (Naupert). — Sulfate-borate de magnésium hydraté, $3SO^4Mg \cdot 2Bo^4 O^9Mg^3, 12H^2O$. ou d'après M. C. Thaddéeff. $SO^4Mg \cdot Bo^2O^5Mg^2, 4,5H^2O$. Petits cristaux rhombiques incolores ou rougeâtres, d'un éclat très vif, avec les faces du prisme et de l'octaèdre, trouvés avec anhydrite, célestine, etc., dans les résidus du traitement de la carnallite, à Westeregeln.

Caractères. — Soluble dans les acides minéraux. Au chalumeau se boursoufle, colore la flamme en vert, puis se prend en masse. Dureté = 4. Densité = 2,38 à 2,45.

Forme cristalline. — Prisme orthorhombique : $a : b : c = 0,6196 : 1 : 0.81$. Faces : $mb^{1/2}g^1pa^1$. L. Bourgeois.

SULFOCAMPHYLIQUE (ACIDE). — Voyez ISOLAURONOLIQUE.

SULFOCARBAMATES. — Voy. THIOURÉTHANES.

SULFOCARBAMIDE (Syn. *Thiourée*). — Voy. l'art. URÉES.

SULFOHALITE (Min.) (Hidden et Mackintosh). — Sulfate-chlorure de sodium $3SO^4Na^2$, $2NaCl$. Dodécaèdres réguliers incolores, peu solubles dans l'eau, avec hanksite, au Borax-Lake, comté de San-Bernardino, Californie. Dureté = 3,5. Densité = 2,489. L. Bourgeois.

SULFONALS, SULFONES. — Voy. l'art. SOUFRE (COMPOSÉS ORGANIQUES).

SULFURE DE CARBONE (INDUSTRIE DU). — *Préparation.* — 1° Procédé de fabrication par l'électricité [Brevet n° 221 258 du 23 mars 1892. Baxeres-Torres].

Ce procédé consiste à faire passer, à travers une masse de carbone de nature quelconque : coke, charbon de cornue, etc., portée à l'incandescence par des arcs voltaïques, des vapeurs de soufre produites en traitant dans le même appareil une substance sulfurée telle que : soufre, terres sulfurées, pyrites, plâtre, sulfate de baryum, charrées de soude.

On se sert généralement d'une série d'arcs voltaïques, qui opèrent simplement par la haute température qu'ils produisent pour la volatilisation du soufre quand celui-ci est en nature dans le produit traité, ou bien en agissant à la fois par électrolyse sèche et par effet calorifique sur le produit en traitement : d'une part, en produisant l'isolement du soufre de la combinaison où il se trouve; d'autre part, en déterminant la volatilisation de ce soufre rendu libre.

2° Préparation au four électrique [Brevets allemands. Taylor, 150 980 du 10 décembre 1901; 324 409 du 31 juillet et du 10 décembre 1902; du 31 mars 1903].

L'emploi du four électrique, pour la fabrication de CS^2, présente de grands avantages sur les cornues en terre réfractaire, à parois épaisses, nécessitant pour l'accomplissement de la réaction $C + S^2 = CS^2$ une dépense considérable de combustible, qui vient s'ajouter au prix de revient des cornues.

Le soufre et le carbone sont introduits dans le four de manière que le soufre fondu, qui ne conduit pas l'électricité, arrive aux électrodes par le bas et entoure celles-ci plus ou moins complètement en montant.

Le même four, en marche continue, produit environ 50 000 kg de sulfure de carbone par mois. On régularise la production soit en faisant varier la quantité de carbone introduite dans le four, soit en éliminant la surface de production des électrodes en le plongeant plus avant dans le soufre fondu. La chaleur perdue des parois du four est utilisée pour fondre le soufre.

Les dynamos de l'usine de Penn-Yann (Etats-Unis) sont de 330 kw., mais il n'est pas mentionné le nombre de fours alimentés par chaque dynamo; la production serait de plus de 1500 tonnes à l'heure [voy. Becke, *L'industrie électrochimique*, 5, 25, 1903].

3° Extraction du sulfure de carbone des gaz qui en renferment [Töhl, à Hönningen-s/R. Brevet anglais, 13 466 du 11 juin 1903].

Les gaz purifiés, il s'agit du gaz d'éclairage, du gaz du chauffage, etc., sont lavés, au moyen d'un scrubber approprié, dans l'huile qui s'obtient dans la distillation des drèches de distillerie. Cette huile peut dissoudre de grandes quantités de CS^2 qui est séparé par distillation.

Désodorisation du sulfure de carbone. — Il suffit de l'agiter d'abord avec 1 0/0 de chlorure mercurique et de répéter l'opération plusieurs fois. On distille le sulfure et on l'additionne d'huile d'amandes. Le produit ainsi traité a une odeur rappelant celle de l'éther [*Revue de chimie industrielle*, 56, 1892].

Propriétés. — Muller Jacobs [*Dinglers polytechnisches Journal*, 255, 391, 1884] a fait remarquer que les sulfoléates alcalins dissolvaient facilement le sulfure de carbone. Cette particularité est importante en ce sens que, si on mélange 1 p. de sulfoléate et 1 ou 2 p. de CS^2, on obtient un liquide qui, additionné de quelques gouttes d'ammoniaque, se dissout dans l'eau en toutes proportions.

De l'inflammation spontanée du sulfure de carbone [Dr Max Popel, *Chem. Zeit.*, 822, 1891].

Sur les propriétés physiologiques, toxiques et thérapeutiques de CS^2 [Dujardin-Beaumetz, *C. R. Ac. Méd.*, 20 juillet 1884].

Applications. — Marion et Gastine [*C. R.*, 19 mai 1891] font remarquer que l'emploi du sulfure de carbone pour le traitement des vignes phylloxérées n'est avantageux que si on l'emploie en quantité suffisante; dans le cas contraire, il est nuisible. Une dose de 220 à 250 kg. suffit dans les sols légers et perméables; mais il faut 300 à 350 kg. dans les calcaires et les argiles.

Quantin [*C. R.*, 1er juin 1891] utilise le sulfure de carbone contre les parasites aériens : on mélange le sulfure de carbone avec de l'huile qu'on émulsionne dans de l'eau non calcaire, alcalinisée par un peu de carbonate de sodium.

1er juin 1907.   A. Bouchonnet.

SULFURES MÉTALLIQUES (REPRODUCTION). — Les sulfures, comme les oxydes, peuvent cristalliser par volatilisation quand la température s'élève suffisamment pour les réduire en vapeurs : la condensation de ces dernières donne lieu à la formation de cristaux plus ou moins nets. Au-dessous du rouge le sulfure de mercure amorphe se sublime en rhomboèdres de *cinabre* ; à température plus élevée et dans un gaz inerte qui les préserve de l'oxydation, les sulfures de zinc et d'antimoine reproduisent de même la *wurtzite* et la *stibine*. Quand on calcine au fond d'un creuset du sulfure de zinc amorphe recouvert d'alumine en poudre légère, il se vaporise et va au milieu de la couche alumineuse non cohérente, se déposer en cristaux prismatiques de *wurtzite*, portant, une pyramide à l'une de leurs extrémités, une base à l'autre. Hautefeuille, à qui l'on doit ce résultat, a obtenu de la même manière avec le sulfure de cadmium amorphe des prismes de *greenockite* identiques aux cristaux naturels.

On peut dissoudre des sulfures amorphes dans des solutions aqueuses faiblement acides que l'on chauffe en tubes scellés, de manière à opérer sous pression. De Sénarmont a transformé le sulfure de plomb amorphe en cubes de *galène*, le sulfure de fer en *pyrite* nettement cristallisée, en les chauffant pendant quelque temps à 150 degrés dans de l'eau très chargée d'acide sulfhydrique vers 240 degrés. Dans de l'eau chargée d'acide chlorhydrique, chauffée à 100 degrés en vase clos, H. Sainte-Claire-Deville et Debray ont trouvé des rhomboèdres de *cinabre* en place du sulfure de mercure amorphe qu'ils y avaient introduit. On arrive à d'importants résultats à l'aide de l'action de gaz ou de vapeurs sur un métal : c'est ainsi que Margottet a préparé les sulfures, séléniures, tellurures métalliques en faisant passer sur le métal chauffé au-dessous du rouge un courant d'azote entraînant avec lui de petites quantités de soufre, de sélénium ou de tellure. Avec l'argent par exemple et la vapeur de soufre, il a vu se former à la surface du métal, d'abord de fines dendrites, qui bientôt disparaissent en donnant des dodécaèdres rhomboïdaux de sulfure d'argent ; le sélénium lui a fourni la *naumannite* ; le cuivre lui a donné des octaèdres réguliers de sulfure, séléniure et tellurure cuivreux.

Le même procédé appliqué à des alliages de cuivre et d'argent lui a permis d'obtenir des mélanges isomorphes et en toutes proportions des composés de ces deux métaux, en particulier des octaèdres réguliers de *jalpaïte* $(Cu, Ag)^2S$ ou d'*eucaïrite* $(Cu, Ag)^2Se$; avec des alliages d'argent et d'or, il a pu reproduire des dodécaèdres rhomboïdaux analogues aux cristaux de *petzite* $(Ag, Au)^2Te$, de l'Oural.

L'action réductrice de l'hydrogène sur un sulfure ne donne pas toujours un métal ; la formation de celui-ci est corrélative de celle d'une certaine quantité d'hydrogène sulfuré, et il peut arriver que, dans des conditions de température très voisines de celles de sa séparation, le métal réagisse sur ces vapeurs en régénérant le sulfure primitif. Dans ces circonstances, celui-ci cristallise fréquemment, et H. Sainte-Claire-Deville a montré que ces deux réactions inverses permettent de préparer un grand nombre de sulfures et de séléniures à l'état de cristaux. Le sulfure de zinc amorphe, traité au rouge par un courant d'hydrogène, se conduit absolument comme l'oxyde ; lui aussi est comme volatilisé et se trouve transporté dans les régions moins chaudes que la partie moyenne du tube, soit en prismes hexagonaux réguliers, soit en tables hexagonales de *wurtzite*; le sulfure amorphe réduit par l'hydrogène au rouge a donné un mélange de vapeur de zinc, d'hydrogène sulfuré et d'hydrogène en excès, et quand celui-ci arrive lentement dans des régions plus froides, une réaction inverse et totale a lieu en régénérant de l'hydrogène et du sulfure de zinc. On comprend que cette double réaction puisse se renouveler dans le tube, grâce à la circulation des substances gazeuses, et qu'une quantité très limitée d'hydrogène, se mouvant dans un tube fermé, soit capable, en passant sur de l'oxyde ou sur du sulfure de zinc amorphe, d'en transformer une masse illimitée en cristaux.

Le sulfure de cadmium amorphe se comporte tout à fait de même, et dans un courant d'hydrogène il paraît se volatiliser en donnant des prismes hexagonaux réguliers de *greenockite*; le séléniure de plomb donne de la même façon des cubes de *clausthallite* semblables à ceux qui proviennent du Hartz (Margottet). De Sénarmont en 1850 a fait cristalliser les sulfures en opérant dans des tubes de verre scellés qu'il portait à des températures comprises entre 120 et 300° environ. Par double décomposition entre un sel métallique et un sulfure alcalin, au sein d'une solution saturée d'hydrogène sulfuré, on a des sulfures amorphes qui cristallisent dans le liquide maintenu quelque temps à 150°; on obtient par exemple ainsi des cristaux de *blende* et de *galène*; les sulfures amorphes d'antimoine et d'arsenic chauffés avec une solution de bicarbonate de soude reproduisent la *stibine* et l'*orpiment*.

Un sel d'argent, chauffé à 300° avec du sulfo-arsénite de soude et un excès de bicarbonate de soude, a produit de beaux scalénoèdres de *proustite* ou argent rouge, $3Ag^2S, As^2S^3$, avec stries parallèles aux arêtes latérales en zigzag. La substitution du sulfo-antimonite de soude au sulfo-arsénite a donné lieu à la formation de cristaux d'*argyrythrose* $3Ag^2S, Sb^2S^3$.

Pour préparer ces sulfures, de Sénarmont avait été conduit à se servir de solutions d'hydrogène sulfuré plus chargées de ce gaz que ne peuvent l'être les eaux naturelles, et à opérer à des températures que possèdent bien rarement les eaux thermales. M. Baubigny, mettant à profit les observations de M. Berthelot sur l'influence de la dilution dans le renversement du signe thermique des réactions entre l'hydrogène sulfuré et les sels métalliques, a réalisé un progrès considérable sur les expériences de de Sénarmont, et a fixé les conditions dans lesquelles plusieurs sulfures amorphes, que l'on n'avait pu minéraliser que vers 150° en tubes scellés, se transforment en cristaux au-dessous de 100°. Je suis arrivé à un résultat analogue en décomposant par l'eau, au-dessous de 100° et à la pression atmosphérique, les sels doubles que certains sulfures métalliques, tels que ceux de mercure, d'argent, d'antimoine, de bismuth, de cuivre, forment avec les sulfures alcalins.

L'action exercée par l'hydrogène sulfuré sur les chlorures en vapeurs conduit également à la reproduction des sulfures naturels, l'acide chlorhydrique agissant comme agent minéralisateur. Les expériences dans lesquelles Durocher, en 1851, réalisa ces conditions ont fait époque en minéralogie synthétique. Sa méthode, qui consiste à faire réagir dans un tube de porcelaine chauffé au rouge de l'hydrogène sulfuré sur des chlorures en vapeurs, lui a donné un grand nombre de minéraux sulfurés des filons: avec le chlorure de zinc, il a eu des cristaux de *blende* offrant le tétraèdre comme forme dominante; la *bismuthine*, la *stibine*, la *chalcosine*, le *cinabre*, la *galène*, la *greenockite*, la *pyrite* lui ont été fournis par les chlorures de bismuth, d'antimoine, de cuivre, de mercure, de plomb, de cadmium, de fer. Il a même pu préparer des sulfures complexes comme l'*argyrythrose*, en faisant agir au rouge de l'hydrogène sulfuré sur un mélange de chlorures d'antimoine et d'argent.

Enfin avec un mélange de soufre, de sulfure de fer et de sulfure de potassium, H. Deville a préparé de beaux cristaux cubiques de *pyrite*. La *greenockite* a été reproduite d'une manière analogue par H. Deville et par M. Troost avec un mélange d'oxyde de cadmium, de sulfure de baryum et de spath-fluor.

Juin 1906. Alfred Ditte.

SULFURIQUE (INDUSTRIE DE L'ACIDE). — *Sur un nouveau four à pyrite* (*four Herreshoff*) [voy. C. Chabrié, *Traité de chimie appliquée*, 4, 1905, Masson]. Les dimensions principales du four Herreshoff, type 5 tonnes, sont : diamètre extérieur, 3m,800; diamètre intérieur, 3m,100; hauteur totale, 6 m.

Il est constitué par un cylindre vertical creux divisé, dans le sens vertical, en 8 étages, par 9 dalles circulaires.

L'arbre creux, vertical, qui passe au centre est animé d'un mouvement de rotation continu (environ 30 tours à l'heure). Une circulation active d'air par tirage naturel l'empêche d'atteindre une température nuisible à sa résistance.

Les deux bras fixés sur l'arbre, à chaque étage, sont munis de palettes destinées à faire avancer la pyrite tantôt du centre à la périphérie, tantôt de la périphérie au centre.

Des ouvertures pratiquées alternativement au centre et à la périphérie des dalles permettent à la pyrite de descendre d'un étage à l'autre pendant que les gaz circulent en sens inverse, le grillage étant ainsi méthodique.

Les bras sont posés très rapidement (en moins de 10 min.) et très facilement sur l'arbre par un système d'emmanchement à baïonnette.

L'arbre tourne sur billes; il est mû par vis sans fin et roue hélicoïdale.

A la partie supérieure du four se trouve une trémie formant réservoir de pyrites; elle est placée sur un appareil de distribution (piston plongeur à mouvement rectiligne alternatif) actionné par l'arbre central au moyen de cames permettant de régler le débit.

Sur cette même partie supérieure se trouvent 4 sorties des gaz de grillage qui se réunissent dans 2 collecteurs, puis dans 1 collecteur, pour se rendre à la chambre à poussières et ensuite aux appareils utilisant l'acide sulfureux.

On sait que le grillage des minerais sulfurés est une fonction très complexe de :

La finesse du minerai;

La température;

Le temps ;

La surface de grillage.

Le four Herreshoff a été étudié en vue de satisfaire aux différentes valeurs que peuvent prendre, dans la pratique, les trois dernières variables.

La grosseur la plus favorable du grain pour un grillage complet et rapide est 2 mm.; au-dessus de cette grosseur, le temps de séjour dans le four doit être augmenté dans des proportions telles que son rendement diminue; et, par conséquent, il est moins bien utilisé. Au-dessous de cette grosseur, le grillage s'effectue toujours très bien, même pour les slimes, mais une assez grande quantité de poussières est entraînée par les gaz de combustion.

La pyrite de fer FeS^2, provenant de minerais naturels ou de minerais cuivreux décuivrés par cémentation à l'air et contenant de 48 à 52 0/0 de soufre, est grillée sur le pied de 5000 à 5500 kilogr. par jour et par four, tout en ne laissant que de 0,35 à 0,80 0/0 de soufre dans le produit grillé.

Si la gangue contient de la chaux, de la baryte, il restera en outre la proportion de soufre nécessaire à la transformation de ces bases en sulfates.

De même, s'il y a du cuivre ou du zinc dans le minerai, il restera la proportion de soufre nécessaire pour les transformer en sulfates, car la température maxima du four Herreshoff ne permet que difficilement la décomposition du sulfate de cuivre et ne permet pas du tout celle du sulfate de zinc.

Quand il s'agit de grillage pour fusion ultérieure pour mattes, c'est-à-dire lorsqu'on désire laisser dans le minerai grillé de 5 à 15 0/0 de soufre, le débit du four peut atteindre de 15 à 20 tonnes par jour (la vitesse de grillage décroissant très rapidement avec la teneur en soufre).

On peut griller, sans emploi de combustible auxiliaire, les pyrites jusqu'au minimum de 30 0/0 de soufre.

Le travail de grillage de la pyrite menue dans les fours à tablettes ou à dalles est pénible; aussi, depuis longtemps les industriels et les constructeurs ont-ils cherché une solution mécanique.

En moins de quatre années, 450 appareils Herreshoff furent mis en fonctionnement, soit 330 en Amérique et 120 sur l'ancien continent.

En ce qui concerne la main-d'œuvre, un homme peut surveiller et charger 8 fours. Quand il n'y a que peu d'unités, deux par exemple, on peut confier ce service aux surveillants de chambres.

Les autres frais de main-d'œuvre sont ceux nécessités par le transport des pyrites au pied d'une chaîne ou d'un élévateur et par l'enlèvement des résidus.

La force motrice nécessaire pour actionner une unité est, en moyenne, d'un demi-cheval mesuré sur le moteur.

Sur l'emploi des ventilateurs dans le procédé des chambres de plomb. — Parmi les nouveaux moyens mis en œuvre pour augmenter la production des chambres, l'un des plus importants est la substitution au tirage naturel du tirage mécanique obtenu par l'emploi d'un ventilateur.

Son emplacement est variable; suivant Lüty [*Zeit. angew. Chem.*, 1253, 1905] il serait avantageux de le placer à la suite des fours à pyrites, avant les chambres; mais, à cette place, les gaz possèdent une température élevée et par suite un grand volume et l'énergie à fournir au ventilateur se trouve accrue d'autant. Si on le place entre la tour de Glover et les chambres, il ne résiste pas longtemps à l'action de l'acide sulfureux mêlé de gaz nitreux; il en est de même, s'il se trouve à la suite de la dernière chambre, où les gaz nitreux sont encore humides, et l'acide azotique attaque rapidement l'appareil.

On peut le placer avant la tour de Gay-Lussac dans les installations où la dernière partie des chambres est remplacée par une tour à plateaux de Lunge; si l'installation ne comporte pas de tour à plateaux et qu'elle comporte plusieurs tours de Gay-Lussac, on place le ventilateur à la suite de la première tour. Dans le cas où il n'y en a qu'une, sa place est à la suite de celle-ci.

Niedenführ a fait breveter et emploie le moyen suivant : les gaz passent dans une première tour de Glover, s'y refroidissent en concentrant de l'acide, puis le ventilateur les comprime dans une deuxième tour de Glover, de dénitration : cette disposition permet de rendre la marche des fours indépendante de celle des chambres, et il est par suite possible de modérer cette dernière sans que le travail du grillage et la composition des gaz soient influencés défavorablement.

En maintenant dans les chambres une certaine pression, grâce au ventilateur, on évite la formation d'espaces morts renfermant des masses gazeuses stagnantes et on assure un contact plus intime des corps devant réagir, ce qui accélère la formation de l'acide et sa précipitation.

Rabe pense à ce sujet [*Zeit. angew. Chem.*, 1735, 1905] qu'il est impossible de n'influencer le mouvement des gaz que sur une seule face du ventilateur, quel que soit son emplacement, et de rendre le grillage indépendant de la marche des chambres, car la relation existant entre la vitesse des gaz du côté de l'aspiration et du côté du refoulement reste toujours la même.

Il estime que la température des gaz n'influe aucunement sur la force motrice nécessaire pour actionner le ventilateur. Le poids de gaz à transporter entre seul en ligne de compte et, si l'on tient à ce que le ventilateur ne consomme que très peu de force, on l'installera à la fin de tout le système : en ce point, la masse gazeuse est diminuée de 12 0/0 environ en raison de la condensation de l'acide sulfurique.

Le réglage de la marche du ventilateur s'effectue en modifiant sa vitesse de rotation de préférence; si ce moyen n'est pas possible, on modère l'écoulement du gaz en lui opposant une résistance variable à volonté.

Les réactions s'effectuent de la même façon quel que soit le signe de la différence de pression existant entre les gaz contenus dans les chambres et la pression extérieure; l'augmentation de production ne peut être attribuée à la surpression, mais à l'augmentation de vitesse des gaz.

Neumann [*Zeit. angew. Chem.*, 1814, 1905] croit plus avantageux de placer le ventilateur avant les chambres; dans le cas où il est placé à la suite du système, l'aspiration peut y créer une dépression sensible et une incurvation intérieure des parois des chambres.

Le ventilateur O'Brien [Lunge, *Soda-Industrie*, 1, 490, 1903] est entièrement en fonte; placé à la sortie des fours, la température des gaz est assez élevée pour qu'il n'y ait aucune condensation d'acide pouvant corroder le métal.

On les fabrique aussi en plomb antimonié, en fonte plombée ou en grès.

[Emploi et emplacement des ventilateurs, *Zeit. angew. Chem.*, 1900 et 2001, 1905; 132, 1906].

Sur la forme des chambres de plomb. — Les chambres de plomb peuvent être modifiées avec avantage. Plus la chambre est haute, meilleur est le résultat; il en est de même si on introduit les gaz à la partie supérieure et qu'on les évacue à la partie inférieure, ce qui a amené Niedenführ à proposer de donner aux chambres la forme d'une tour de section quelconque, dans laquelle les gaz seraient soumis à un mouvement descendant.

Meyer emploie des chambres cylindriques dans lesquelles les gaz arrivent à la partie supérieure dans une direction tangentielle, de façon à leur communiquer un mouvement en spirale; de plus, l'introduction d'eau ou de vapeur est réglée pour que toute la paroi intérieure soit humectée d'un acide plus étendu et presque exempt de composés azotés. Le plomb se trouve ainsi protégé de l'action de l'acide azoteux, ce qui permet d'augmenter considérablement la production dans ces chambres tangentielles [*Zeit. f. ang. Chem.*, 523, 1906].

L'augmentation de production implique la nécessité d'enlever l'excès de chaleur résultant de la réaction, ce qu'on effectue en substituant de l'eau pulvérisée à la vapeur, ou en disposant des tuyaux réfrigérants à l'intérieur des chambres; les gaz peuvent encore être refroidis, dans le cas où l'on emploie des tours de Lunge, en les plaçant entre deux chambres et en les alimentant d'acide froid. Hartmann et Benker [*Zeit. ang. Chem.*, 132, 1906] répartissent dans deux chambres de tête les gaz venant de la tour de Glover et obtiennent ainsi accroissement de production et abaissement de température.

Les gaz sortant de la dernière chambre contiennent plus ou moins de vapeur d'eau par suite de leur température assez élevée. Cette vapeur se condense dans le Gay-Lussac et dilue l'acide, d'où mauvaise régénération des produits nitreux; on y remédie en refroidissant ces gaz dans un réfrigérant, avant de les admettre dans la tour de Gay-Lussac.

Sur la garniture des tours de Gay-Lussac et de Glover (Voyez Chabrié, *loc. cit.*, 151). — 1° *Tour de Gay-Lussac.* — On sait que la tour de Gay-Lussac est généralement garnie de morceaux de coke. Toutefois, ces blocs se laissent pénétrer par le sulfate de plomb et, après un certain temps, ils perdent leur porosité. Quelques fabricants se sont demandé s'il n'y aurait pas intérêt à faire les frais de remplacer le coke par la brique ou par les briques courbes. D'après les résultats obtenus par onze fabricants qui ont communiqué leurs idées à P. Spence et fils, il semble acquis que la surface de contact est beaucoup plus grande avec le coke qu'avec la brique; qu'il faut éviter les petits morceaux de coke; que les dépôts de sulfate de fer et de plomb se produisent surtout à la partie supérieure de la tour et qu'on doit laisser ces dépôts se produire dans des réservoirs où l'on peut faire passer l'acide avant de l'envoyer dans la tour; que la quantité d'acide sulfurique nitreux emmagasiné dans le coke favorise la régularité de la fabrication, ce qui ne peut être obtenu avec des substances moins poreuses.

Il semble donc que le coke doive être conservé. Cependant Spence et fils ont fait garnir leurs tours de briques.

Il faut attendre les résultats de leurs expériences.

Il y a inconvénient à trop diminuer le volume de la tour de Gay-Lussac, et il est préférable de répartir ce volume entre deux ou plusieurs tours ; la dernière garnie avec du coke en fragments réguliers, et les autres garnies de plateaux de Lunge et de capsules, disposées par quatre, suivant le brevet Kollrepp.

2° *Tour de Glover*. — D'après Fritz Lüty, la grande prospérité de l'industrie allemande est due en partie aux perfectionnements des organes servant à la préparation de l'acide sulfurique et surtout à ceux de la tour de Glover [Voyez *Zeit. f. ang. Chem.*, n° 21, 1896]. Il est certain que, d'après Hasenclaver, la production de l'acide à 66°, qui était, en Allemagne, de 358 149 tonnes en 1882, s'est élevée à 627 392 tonnes en 1890 et s'est encore beaucoup accrue depuis.

La tour dénitrante établie d'abord en 1842 à Chauny, puis en 1859 à Washington, a été reconnue depuis comme apportant une économie considérable et on l'a perfectionnée.

D'abord on l'emplissait de quartz, et l'espace occupé par les gaz était de 12 0/0 ou de 15 0/0 du volume total de la tour. En remplaçant le quartz par des plaques le volume utile atteignait 35 0/0 et avec les cylindres il atteint 58 0/0.

Mais les plaques horizontales ne sont presque pas léchées par les gaz ascendants sur leur face supérieure et ne sont guère mouillées par l'acide descendant sur leur face inférieure sur lesquelles précisément le contact des gaz se produit plus complètement.

Les cylindres échappent à ces critiques, mais ils ne semblent pas satisfaire les industriels, vraisemblablement parce qu'ils favorisent l'ascension trop rapide des gaz.

Lüty préconise un système de courts cylindres de poterie rugueuse de 60 mm. de diamètre sur 120 mm. de hauteur et de 20 mm. d'épaisseur de paroi, disposés de telle manière que chaque cylindre recouvre en partie les trois autres. Il en résulte une grande quantité de petits orifices et une division et réunion successives des diverses parties des gaz pendant leur ascension à travers ces empilages.

Ces cylindres sont en terre réfractaire cuite à haute température ; ils supportent bien l'action des gaz qui arrivent à 350-400° en sortant des fours. Leur substance est blanche ; ils ont la dureté du verre. La cause de leur détérioration tient surtout aux grandes variations de température à laquelle ils sont soumis (150° environ).

Il est important, lorsque l'on nettoie une tour de Glover, de ne la laver à l'eau ou à l'acide froids qu'après lui avoir laissé le temps de se refroidir, ou bien de la laver avec ces liquides chauds ; il est utile aussi de ne pas laisser l'air atmosphérique pénétrer dans la tour une fois sa mise en marche. Toutes les perturbations de chaleur ou d'humidité altèrent beaucoup le garnissage de matière silicatée.

Lüty a donné des indications intéressantes sur l'installation intérieure d'une tour de Glover supposée de 3 mètres de diamètre. Le garnissage doit s'élever jusqu'au niveau de la conduite de dégagement du gaz intérieur.

Le perfectionnement apporté par Niedenführ [*Z. f. ang. Chem.*, 1253, 1905] est de diviser le garnissage en deux parties séparées par un intervalle. Le remplissage inférieur arrête la majeure partie des poussières ; on le remplace, dès que son activité diminue. Le remplissage supérieur dure plusieurs années.

On augmente la quantité d'acide formé dans le Glover, en lui donnant une capacité plus grande et en le surélevant par rapport aux fours de grillage.

Falding, puis Niedenführ, scindent la tour de Glover en deux appareils distincts, l'un servant à concentrer l'acide dénitré dans l'autre, ce qui procure une économie d'acide azotique [Brevet français. Perfectionnements au procédé de la tour de Glover. Hegeler et Heinz, 341 257, 1904 et Brevet américain. M. Evers, n° 767335, 1904].

Concentration. — On peut concentrer l'acide venant du Glover :

1° A feu nu, la flamme lèche l'acide ;

2° Dans des bassines chauffées par-dessous par des foyers spéciaux ;

3° Dans des bassines chauffées par la chaleur des fours à pyrites ;

4° Dans des bassines chauffées à la vapeur ;

5° Dans des bassines traversées par un fil de platine échauffé par un courant électrique ;

6° Par un courant d'air chaud ;

7° Par congélation ; on pêche les cristaux d'acide monohydraté (Lunge).

L'acide non concentré à 50-55° est employé dans l'industrie des superphosphates.

L'acide que l'on concentre monte à la température de 147° et arrive à 200° lorsqu'il marque 60°.

A 215° il marque 62°, puis sa température s'élève à 338° et reste stationnaire.

Un des appareils de concentration les plus employés se compose de bassins en plomb communiquant par des siphons. Leur profondeur varie de 40 centimètres pour le premier, à 30 centimètres pour le dernier.

Enfin, l'acide passe dans un alambic en platine d'où l'on soutire l'acide concentré (et refroidi ensuite) à l'aide d'un siphon.

L'eau et les vapeurs acides se dégagent et sont condensées dans un serpentin en platine.

La concentration ainsi pratiquée était celle en usage dans toutes les usines il y a environ 25 ans. Depuis, on a fait des essais en vue de supprimer le platine ou de le protéger.

En Angleterre, où l'ancienne concentration dans des appareils en verre avait été remplacée par une opération effectuée dans le platine sous l'influence de Wollaston, on revint vers 1880 aux vases en verre parce que l'économie du non emploi du platine était plus grande que l'augmentation des frais du combustible qui doit être dépensé en plus lorsque la concentration est faite dans le verre. Mais, sur le continent, le combustible est plus cher et le platine est resté en honneur. Quelquefois, on a pu le remplacer par la fonte. Mais cet usage n'a pu prévaloir que dans les cas dans lesquels la présence de sels de fer n'a pas d'inconvénients.

Comme le prix du platine s'est fortement accru puisqu'il est passé de 750 francs par kilogr. de métal ouvré en 1869 à 1600 francs en 1892, et que son prix a encore considérablement augmenté depuis, on s'est d'abord préoccupé de le protéger contre l'usure. C'est ce qu'ont fait, d'une part, Scheurer-Kestner dans son appareil platine-fonte, et Heraeus de Hanau, en doublant d'une feuille d'or ses alambics en platine, réduisant ainsi de 9/10° l'usure de l'appareil.

Scheurer-Kestner a fait des expériences précises sur l'usure du platine suivant le degré de concentration [*C. R.*, 1875 et *Bull. Soc. Chim.*, 1892]. Il a montré qu'un acide débarrassé des produits nitreux dissout environ 1 gr. de platine par 1000 kilogr. d'acide sulfurique concentré à 94 0/0. Il en dissout 6 à 7 gr. s'il est à 98 0/0 et 9 gr. s'il est à 99,5 0/0. Aussi, ce savant a-t-il prescrit de concentrer l'acide dans le platine jusqu'à ce qu'il soit à 95 0/0, puis dans la fonte qui, au contraire, est moins attaquée lorsque l'acide est déjà très concentré.

D'après Delépine [*C. R.*, 1906] l'addition de sulfate de potassium active la dissolution du platine par l'acide sulfurique, le sulfate d'ammonium le retarde; l'acide nitrique ajouté seul ou avec du sulfate de potassium n'influe pas.

Le platine iridié résiste mieux que le platine ordinaire. Scheurer-Kestner l'avait dit en 1875 et Hasenclaver l'observa aussi depuis, mais Heraeus fit voir que l'acide qui dissout 1 kilogr. de platine ne dissout que 144 gr. d'or. Comme le platine coûtait 2250 le kilogr. et l'or 3500 fr. au moment des travaux d'Heraeus, l'avantage était évident, la dépense étant réduite à ses 22 centièmes en métal précieux [W.-C. Heraeus, *Chem. Zeit.*, 11, 1892].

On coule l'or fondu sur des barres de platine et on lamine le tout; l'or adhère fort bien au platine.

Luty [*Zeit. f. angew. Chem.*, juillet 1892, 385] a publié une étude complète sur la concentration dans le verre au moyen de cornues chauffées par des bains de sable. Elles sont fabriquées par la maison Thomas Webb et fils, à Manchester, et coûtent environ 44 fr. la pièce. La panse a 0m,98 de haut sur 0m,58 de diamètre. Les ajutages sont en plomb.

La vidange des cornues est faite au moyen d'un siphon de plomb allié à 2-3 0/0 d'antimoine.

Les cornues sont corrodées et, après 10 à 12 mois, elles tombent en poussière tout à coup si on continue à s'en servir.

La dépense en charbon est très élevée, elle est de 0 fr. 674 pour obtenir 100 kilogr. d'acide à 60°, environ cinq fois plus grande que celle qui serait nécessaire avec les appareils en platine.

Chez Chance frères, à Oldenburg près Birmingham, on chauffe au gaz; il y a économie sur l'emploi du charbon pratiqué à Mulheim.

Ch. Négrier a breveté en 1890 un procédé de concentration dans la porcelaine bien décrit par A. Kretzschmar [*Chem. Zeit.*, 418, 1892]. On peut aussi concentrer de l'acide sulfurique nitreux ou même d'autres acides, tels que l'acide phosphorique, par exemple.

L. Kessler, de la maison Faure et Kessler, de Clermont-Ferrand, a construit un appareil en 1890 qui se rapproche du précédent, sur lequel il constitue cependant un progrès à cause de l'emploi de l'air chaud pour entraîner les produits volatils.

Herbert N. Morris [*Journ. Soc. Chem. Ind.*, 435, 1898] a étudié le moyen d'éviter ou de condenser les fumées blanches qui se dégagent lorsque l'on concentre l'acide sulfurique.

Il a remarqué que l'on évitait leur formation en empêchant tout contact entre les vapeurs et l'air atmosphérique et les gaz du foyer. Il a conseillé de les diriger dans des grandes chambres où elles se condensent.

Lorsque l'évaporation a lieu à l'air libre, leur formation est inévitable, mais il est bon alors de les diriger à travers une tour dans laquelle on injecte de la vapeur d'eau. On empêche ainsi ces fumées acides de nuire au milieu où elles sont produites. Au point de vue pratique et économique les indications de Herbert N. Morris ne résolvent pas définitivement la question de l'avis même de leur auteur, même en prenant comme chambre de condensation l'une des chambres de plomb servant à faire de l'acide sulfurique.

Revenant sur la question de la concentration de l'acide dans des appareils en fer, E. Hartmann [*Chem. Zeit.*, 147, 1899] a montré que la concentration d'une tonne d'acide à 60° Baumé entraîne l'usure d'une quantité de fonte valant 2 marks, même en ne comptant pas la valeur de l'appareil employé. Les chaudières en fonte durent 4 mois, 9 mois et 1 an, selon qu'elles contiennent de l'acide de plus en plus concentré. L'élévation du prix du platine doit donc faire prendre ces résultats en considération.

De plus, Hartmann a montré que l'acide à 66° ainsi obtenu ne renfermait en dissolution que 0,015 p. 100 seulement de Fe^2O^3; un autre échantillon n'en donnait que 0,010 p. 100 parce que les combinaisons de fer produites par l'attaque de la chaudière par l'acide se déposent dans l'acide à 66° Baumé.

Bibliographie : Chabrié [*loc. cit.*, 159-162°, etc.].

Four à concentrer l'acide sulfurique dans la porcelaine avec chauffage mixte, gaz chauds de combustion et air chaud et récupération partielle des calories emportées par les petites eaux [Lemaitre, Brevet franç., 357 555, 1906]. Appareil à concentrer [Stange, Brevet améric., 837 592, 1906]. Procédé de concentration [Gaillard, Brevet franç., 359 442, 1906]. Sur la concentration de l'acide sulfurique [Hartmann et Benker, *Zeit. angew. Chem.*, 564, 1906].

Dosage du sélénium. — S. Littmann [*Zeit. angew. Chem.*, 1039, 1906] décrit le rôle du sélénium dans la fabrication de l'acide sulfurique, puis donne un procédé aussi rapide que possible pour le doser dans l'acide brut en présence de toutes les impuretés, telles que dérivés nitreux, arsenic, fer, acide sulfureux, etc.

On traite au bain-marie l'acide sulfurique à plusieurs reprises, par l'acide azotique concentré, jusqu'à complète dissolution du sélénium. On ne doit pas évaporer à sec ou jusqu'à l'apparition des vapeurs blanches. On fait passer un vif courant d'air lavé dans la liqueur chaude et on étend à plusieurs reprises pour enlever les oxydes inférieurs de l'azote. On titre alors la solution sulfurique diluée et légèrement chauffée par un excès de permanganate; quelque temps après on titre cet excès par l'acide oxalique. On a oxydation quantitative de SeO^2 en SeO^3.

En présence de tellure ce procédé n'est pas applicable.

Analyse des gaz sortant des chambres. — La question des pertes en nitrates dans le procédé des chambres est très compliquée et difficile à résoudre, à cause de la petite quantité des gaz nitreux dans les gaz des chambres, et de la difficulté d'interpréter les résultats analytiques.

J.-K.-H. Inglis [*Journ. Soc. Chem. Ind.*, vol. XXIII, 643, et XXV, 149] expose un nouveau moyen qui lui a donné des résultats très concordants.

Les gaz échappés contiennent par litre plus de 1 cc. de bioxyde azote ou la quantité équivalente d'un autre oxyde. Ils sont composés d'azote, d'oxygène, de gaz carbonique, de protoxyde, bioxyde, trioxyde et peroxyde d'azote, d'anhydride sulfureux et sulfurique et de vapeur d'acide sulfurique. On les refroidit, puis on les condense au moyen de l'air liquide. A —189° tous donnent des corps solides non volatils, excepté Az, O et AzO, qu'on enlève avec une pompe à mercure, puis on fractionne et on sépare les autres : CO^2 et le protoxyde d'Az à —122°. A —95° SO^2 et AzO, venant de la décomposition du trioxyde, distillent; on les refractionne à —189°.

Chaque fraction est analysée en volume ou par liqueur titrée.

Les gaz analysés sont aspirés dans le Gay-Lussac, sans qu'il soit besoin de les laver.

Les résultats donnent :

Protoxyde d'azote	0.002 o/o
Anhydride sulfureux..	0,02
— carbonique.	0,05 comme dans l'atmosphère.
Bioxyde d'azote	0,04 (dont la moitié échappe à l'analyse).
Acide sulfurique	0,08 variable.
Peroxyde d'azote.....	0,03

La perte totale s'élève environ à 0,1 0/0 de nitrate ; cette perte est mécanique et non chimique, et provient d'une absorption incomplète dans la tour de Gay-Lussac.

La seule erreur du procédé est dans le résultat obtenu pour le bioxyde d'azote dont la tension de vapeur n'est pas négligeable à — 189°. On a cherché à y remédier en fractionnant les gaz à une température ne dépassant pas — 197°.

Sur la théorie du procédé des chambres de plomb. — F. Raschig [*Zeit. angew. Chem.*, 1398, 1904] confirme sa théorie émise il y a 17 ans, en s'appuyant sur de nouvelles recherches. D'après lui, dans les chambres de plomb, l'acide sulfureux en présence d'acide azoteux en excès et d'eau se comporte comme en solution aqueuse et donne de l'acide nitrososulfonique :

$$(1) \quad OAzOH + H.SO^2.OH = OAz.SO^2.OH + H^2O;$$

celui-ci se décompose en acide sulfurique et nitroxyle, lequel est oxydé aussitôt en bioxyde d'azote par une deuxième molécule d'acide azoteux, on a donc finalement :

$$(2) \quad OAz.SO^2.OH + HO.AzO = HO.SO^2OH + 2AzO.$$

Ensuite, sous l'action de l'oxygène toujours présent dans les chambres et de l'eau, le bioxyde d'azote se transforme en acide azoteux :

$$(3) \quad 2AzO + O + H^2O = 2HO.AzO.$$

Ces 3 formules expliqueraient tout le processus qui s'effectue dans les chambres.

Par des essais sur des mélanges de solutions de sulfite et de nitrite, de bisulfite et de nitrite, d'acide sulfureux et de nitrite, ce dernier en solution sulfurique, il démontre la formation du sel acide de l'acide dihydroxylamine-sulfonique

$$\begin{matrix} NaO \searrow \\ HO \nearrow \end{matrix} AzSO^3Na$$

et par suite celle de l'acide nitrososulfonique décomposable en présence d'eau en nitroxyle OAzH.

En comparant les résultats d'essais faits sur des mélanges d'acide azoteux et d'acide sulfureux ou de chlorure stanneux en solution aqueuse ou sulfurique, il montre la nécessité de la présence d'oxygène pour la régénération de l'acide azoteux, dans le cas d'une solution d'acide azoteux et d'acide sulfureux en liqueur sulfurique, condition identique aux chambres de plomb ; il en déduit aussi que la présence de H^2SO^4 empêche la décomposition instantanée de l'acide nitrososulfonique en nitroxyle.

Il démontre aussi la formation d'acide perazotique très instable, par des essais sur des solutions d'acide azoteux ou de nitrite en solution chlorhydrique, mélangées avec des solutions d'iodure de potassium et d'amidon, seules ou en présence d'eau oxygénée et d'acide sulfurique :

$$HAzO^2 + 2H^2O^2 = HAzO^4 + 2H^2O.$$

Lunge [*Zeit. angew. Chem.*, 1659, 1904] n'ad-

met pas l'identification d'essais faits dans un vase à précipité avec des chambres de plomb, où l'acide sulfurique est très chaud et très concentré ; de plus, il reproche à Raschig de ne pas mentionner la présence et la formation d'acide nitrosylsulfurique $OAzOSO^2OH$ et de peroxyde d'azote, qui se trouvent en quantité dans les chambres, et de baser sa théorie sur l'existence de combinaisons dont on n'a jamais jusqu'ici observé la présence dans les chambres.

Plus loin [*Zeit. angew. Chem.*, 1777, 1904], Raschig explique son point de vue sur l'acide nitrosylsulfurique, qu'il déclare être une simple dissolution d'acide azoteux dans l'acide sulfurique étendu.

La présence d'ammoniaque constatée dans certaines chambres, et qu'on n'a jamais pu expliquer, résulterait des transformations successives de l'acide nitrososulfonique en acide hydroxylamine-sulfonique, puis en acide nitrile-sulfonique sous l'influence d'un grand excès d'acide sulfureux qui, par dissociation hydrolytique, se décompose en ammoniaque et acide sulfurique.

La composition des oxydes d'azote des chambres correspond en grande partie à la formule Az^2O^3. Lunge suppose qu'on se trouve en présence d'un mélange équimoléculaire AzO, AzO^2, se comportant vis-à-vis des réactifs comme l'anhydride azoteux Az^2O^3, tandis que Raschig, dans une série d'expériences, cherche à établir ce que devient le bioxyde d'azote lorsqu'on le mélange avec un excès d'air possédant le même degré d'humidité que celui qui existe dans les chambres ; il arrive à cette conclusion, que le bioxyde d'azote, mélangé avec un excès d'air, se transforme presque instantanément en anhydride Az^2O^3, puis ce dernier s'oxyde lentement en peroxyde AzO^2. C'est cette oxydation lente de Az^2O^3 en AzO^2 qui lui fait croire qu'il ne peut exister de grandes quantités de peroxyde dans les chambres.

Lunge répond ainsi [*Zeit. angew. Chem.*, 60, 1905] à la théorie émise ci-dessus :

Tant que la présence de l'acide nitrososulfonique ou de ses dérivés, dans l'acide des chambres, n'aura pas été démontrée, ne serait-ce qu'à l'état de traces, on ne peut prendre cette théorie en considération.

Si l'ammoniaque se formait d'après la théorie Raschig, il devrait s'en trouver de grandes quantités, car l'ammoniaque est très stable ; sa formation peut s'expliquer par réduction des nitrites par les sulfites, fait constaté dans la fabrication de la soude caustique.

Un autre produit stable exigé par la théorie Raschig est le protoxyde d'azote Az^2O, qui doit se former dans les chambres aux dépens de l'acide nitrososulfonique, lorsque ce composé ne rencontre pas au moment de sa formation un excès d'acide azoteux ; or Az^2O ne s'y trouve qu'en très petite quantité, tandis qu'il existe dans chaque chambre un grand nombre de points où l'acide azoteux n'est pas présent en excès, d'où il devrait en résulter la formation de Az^2O en quantité considérable.

La solution d'acide azoteux dans l'acide sulfurique étendu se décompose par élévation de température ; au contraire, les solutions d'acide nitrosylsulfurique dans l'acide sulfurique sont très stables.

Quant à l'oxydation du bioxyde d'azote par l'oxygène pur ou l'air en présence d'eau, une série d'essais a démontré que la quantité d'eau joue un grand rôle ; plus il y en a, plus il se forme d'acide azoteux. Or Raschig ayant employé dans ses expériences analogues un grand excès d'eau, se trouve dans des conditions totalement différentes de celles qui règnent dans les chambres de plomb.

En l'absence d'eau, si l'oxydation de AzO paraît correspondre au mélange équimoléculaire $AzO\,AzO^2$, cela provient de ce que le mélange des gaz a été incomplet, ce qui se vérifie en faisant passer l'air et l'oxyde azotique dans un flacon rempli de débris de verre, d'où il ne sort que du peroxyde d'azote.

Raschig [*Zeit. angew. Chem.*, 1281, 1905] reconnaît que le mélange $AzO\,AzO^2$ se comporte toujours au point de vue chimique comme Az^2O^3; il doit donc avoir recours aux preuves d'ordre physique pour constater l'oxydation de AzO en Az^2O^3.

La mesure des volumes de $4\,AzO + O^2$, après réaction, correspond à $2\,AzO + Az^2O^4$, et prouve que Az^2O^3, s'il s'est formé, n'est pas stable et se décompose rapidement en AzO et AzO^2.

Pour démontrer que AzO, même par un grand excès d'oxygène, fournit toujours l'anhydride azoteux, comme premier produit, il se base sur la mesure de la vitesse de la réaction. L'expérience consiste à mettre en contact plus ou moins long des volumes connus d'oxygène et d'oxyde azotique, arrivant sous forme d'un courant régulier et en proportion constante, à les absorber et à les analyser. L'absorption se fait dans l'acide sulfurique concentré et dans la soude étendue; celle-ci donne des résultats erronés pour les gaz dans lesquels Az^2O^3 existe en grande proportion, et celui-là de même, pour les gaz dans lesquels AzO^2 prédomine.

Il résulte de ces expériences que l'oxyde azotique mélangé avec un grand excès d'oxygène exige un temps déterminé, mesurable bien que très petit, pour se transformer en Az^2O^3, et qu'il faut un temps à peu près 100 fois plus long pour transformer complètement cet Az^2O^3 en AzO^2; avec l'air, on obtient les mêmes résultats, mais beaucoup plus lentement.

Que le mélange gazeux soit très sec, moyennement sec ou saturé de vapeur d'eau, l'oxydation par l'oxygène ou par l'air s'effectue de la même façon. Il se forme d'abord Az^2O^3 qui se dissout dans l'acide sulfurique sous forme d'acide nitrosulfonique. Il se forme ensuite AzO^2; si l'on agite le mélange gazeux avec l'eau, le peroxyde d'azote se dissout en donnant $HAzO^3$ et $HAzO^2$, mais si AzO^2 reste pendant longtemps au contact de l'eau tranquille, l'acide azoteux formé à sa surface se décompose en acide azotique et AzO; ce dernier s'oxyde de nouveau et finalement on ne trouve que de l'acide azotique dans la solution.

Au point de vue scientifique, Raschig recherche si Az^2O^3 peut exister à l'état gazeux.

Le fait que le mélange $AzO\,AzO^2$ se dissout dans H^2SO^4 concentré, en fournissant de l'acide nitrosulfonique comme le ferait Az^2O^3, peut s'expliquer ainsi : l'oxyde azotique réduisant facilement un mélange d'acide azotique et d'acide sulfurique concentré à l'état d'acide nitrosulfonique, on peut admettre que AzO^2 se dissout sous forme d'acide azotique et d'acide nitrosulfonique et que AzO réduit l'acide azotique dans la solution riche en acide sulfurique. Le résultat final est exclusivement de l'acide nitrosulfonique, comme si le mélange gazeux avait renfermé Az^2O^3.

Mais quand $AzO\,AzO^2$ se dissout dans la soude caustique en fournissant presque exclusivement du nitrite, cette explication est inacceptable, car il est bien admis que le peroxyde d'azote se dissout dans la soude sous forme d'un mélange équimoléculaire de nitrate et de nitrite, et que l'oxyde azotique n'agit pas sur un tel mélange;

il faut donc admettre que AzO et AzO^2 se sont préalablement combinés en donnant Az^2O^3.

Il semble que les densités de vapeur inférieure à la normale ne se rencontrent que parmi les associations moléculaires dont les éléments ne possèdent qu'une très faible affinité réciproque et peuvent se séparer l'un de l'autre sous l'action d'une faible influence. Pour l'anhydride azoteux, on peut prouver que la tendance de AzO^2 à se liquéfier à $0°$, tandis que AzO reste gazeux à cette température, suffit à séparer ces deux molécules l'une de l'autre.

Il résulte d'expériences faites avec le peroxyde d'azote dans le vide et en présence d'air, qu'il se comporte vis-à-vis du chlorure stanneux comme s'il possédait la composition brute AzO^3, résultat de l'agrégation moléculaire Az^2O^4 avec O^2; de même avec AzO et un excès d'oxygène, on arrive à conclure à la formation de combinaison de composition Az^2O^3; car ces composés cèdent au chlorure stanneux, l'un 4, l'autre 5 atomes d'oxygène. Si l'on opère avec l'acide sulfureux, c'est le contraire qui a lieu : Az^2O^3 ne lui cède que 2 atomes d'oxygène et Az^2O^4 moins encore, ce qui démontre qu'ici comme dans les chambres de plomb toute oxydation de l'acide sulfureux est exclue, il y a condensation de cet acide avec l'acide azoteux, puis scission en oxyde azotique et acide sulfurique :

$$2\,HAzO^2 + SO^2 = 2\,AzO + H^2SO^4.$$

Cet oxyde azotique s'oxyde à nouveau pour donner presque exclusivement de l'acide azoteux.

Raschig [*Zeit. angew. Chem.*, 1281, 1905] analyse les réactions s'effectuant dans la tour de Glover. SO^2 y réagit sur l'acide nitrosulfonique en présence d'eau, pour donner de l'acide sulfurique et de l'oxyde azotique. Toutefois il se forme un composé intermédiaire coloré en bleu violet, plus ou moins stable suivant la température et la concentration, qu'on peut préparer facilement par action d'un réducteur quelconque sur l'acide nitrosulfonique. Certains pensent être en présence d'acide nitrosodisulfonique $AzO\,(SO^3H)^2$, qui avec l'acide sulfurique se décompose en acide sulfurique et oxyde azotique.

Raschig a pu obtenir l'acide bleu sous une forme stable, par action du mercure sur l'acide nitrosulfonique, en présence de cuivre.

Il lui assigne la constitution suivante :

$$O = Az \big\langle \begin{matrix} OH \\ SO^3H \end{matrix}$$

Il l'appelle acide nitrosisulfonique; il vérifie cette constitution, en oxydant l'acide hydroxylaminomonosulfonique $HO.AzH.SO^3H$ par l'acide de Caro, il obtient encore l'acide bleu, dont il prépare les sels de cuivre et de fer, par action directe des éléments, c'est-à-dire par un courant de AzO dans une solution du sulfate correspondant dans l'acide sulfurique.

La réaction qui se passe dans la tour de Glover est la même que dans les chambres; si l'on fait réagir SO^2 et $HAzO^2$ au sein de H^2SO^4, sous certaines conditions, il se forme une zone bleue ainsi explicable.

L'expérience montre que SO^2 n'agit pas directement sur l'acide nitrosulfonique; l'acide bleu ne peut donc provenir de la réduction de l'acide nitrosulfonique par SO^2.

Ainsi l'acide nitrososulfonique et l'acide azoteux ne réagissent pas comme le disait l'équation (2) :

$$(2)\quad OAzSO^2OH + OAzOH = 2\,AzO + HOSO^2OH$$

mais bien

$$(2a)\ OAzSO^2OH + OAzOH = AzO + OAz{<}^{OH}_{SO^2OH}$$

$$(2b)\ OAz{<}^{OH}_{SO^2OH} = AzO + HOSO^2OH.$$

L'affinité de l'acide azoteux pour l'acide nitrososulfonique augmente avec la concentration de l'acide sulfurique qui se forme, aussi la réaction $(2a)$ suit pas à pas la réaction (1)

$$(1)\ OAz.OH + SO^2 = OAz.SO^2OH$$

et se manifeste par la réaction globale

$$(1\ et\ 2a)\ 2OAzOH + SO^2 = AzO + OAz{<}^{OH}_{SO^2OH}$$

La tour de Glover produit, à volume égal, beaucoup plus d'acide sulfurique que les chambres et même de l'acide plus concentré à cause de la haute température des gaz, contrairement à l'opinion admise, que plus on refroidit, plus on produit d'acide. On explique cette contradiction par le fait qu'il y a réversibilité des réactions. l'acide nitrososulfonique, qui ne peut réagir suivant $(2a)$, doit se décomposer en SO^2 et $HAzO^2$; il faut donc éliminer constamment l'acide sulfurique formé, en condensant les vapeurs par refroidissement.

Les gaz, sortant de la tour de Glover sont en état d'équilibre entre la réaction et la contre-réaction, correspondant à la haute température et à la concentration de l'acide. La réaction s'arrête, puis reprend en raison de la déperdition de chaleur par les parois de plomb de la chambre.

Divers [*Soc. Chem. Ind.*, 1178, 1904] exprime son avis sur la théorie Raschig. Le refus d'admettre l'existence de l'acide nitrososulfonique, de l'acide azoteux et de l'oxyde nitrique n'atteint pas la théorie Raschig. Il ne voit aucune raison pour refuser d'admettre la sulfonation de l'acide azoteux, en acide nitrososulfonique par SO^2, puis la décomposition de cet acide en hydrure de nitrosyle réagissant ensuite sur l'acide azoteux pour donner de l'oxyde azotique. Cela, ayant lieu en solution sulfurique, peut être comparé aux réactions des chambres.

L'acide peroxylamine-sulfonique,

$$\begin{matrix} AzO(SO^3H)^2 \\ | \\ AzO(SO^3H)^2 \end{matrix}$$

correspondant à l'acide bleu de Raschig, appuie la conception de Raschig. faisant dépendre les réactions de la sulfonisation de l'acide azoteux.

La théorie de Divers sur la formation de l'acide dans les chambres est la suivante. On a une réaction entre un liquide et un gaz. En sortant de la tour de Glover, tous les oxydes d'azote à l'état gazeux ou de nuage se condensent avec la vapeur d'eau. l'anhydride sulfureux et l'acide sulfurique volatilisé; ensuite l'anhydride sulfureux, l'oxygène et l'eau se condensent sur les parties liquides du brouillard et réagissent entre eux par suite de l'influence catalytique de l'acide azoteux présent.

Ici intervient le rôle de l'acide nitrosulfonique, que Raschig ne mentionne pas. SO^2 et O sont instantanément absorbés, car ils trouvent en eux-mêmes les éléments du radical du catalyseur nitrosyle, d'abord en acide nitrosulfonique, puis en acide nitrososulfonique.

Le rendement normal des chambres a été doublé par les différents perfectionnements, et s'élève à 6 ou 7 kilogr. par mc. des chambres au lieu de 3 à 4 [*Zeit. anorg. Chem.*, 1253. 1905).

Niedenfuhr [*Zeit. anorg. Chem.*, 1814, 1905] assure un rendement de 11 à 12 kilogr., pour les installations neuves. Si l'on tient compte de l'usure rapide, occasionnée aux chambres par cette production intensive, du fait de la température plus élevée et de la plus grande quantité d'acide nitrique mis en contact avec les parois, et des dépenses d'entretien et de réparation qui en résultent, le calcul du prix de revient et des bénéfices peut être modifié fortement [Conférence, Guttmann. *Mon. Scient.*, 769, 1904].

On sait qu'on a indiqué d'autres procédés de préparation de l'acide sulfurique [voir Chabrié, *loc. cit.*, 162].

1° Procédés qui ont pour but de supprimer les chambres de plomb. — Persoz faisait barboter du gaz sulfureux dans de l'acide nitrique; Kuhlmann brûlait de l'hydrogène sulfuré produit par les marcs de soude et faisait passer le mélange gazeux formé de gaz sulfureux et sulfurique également à travers de l'acide azotique. On a voulu aussi remplacer les chambres par un système mixte de chambres et de tours et même de tours sans chambres. Ce sont les essais de Thyss, Engelche et Krause, Dr Blath, Bettenhausen, Stolberg, etc. (voir le rapport de L. Pierron sur l'industrie de l'acide sulfurique, à la séance du 25 juillet 1900, au Congrès international de chimie appliquée).

Le seul procédé vraiment intéressant qui permet de supprimer les chambres de plomb est le procédé de contact, que nous examinerons à propos de la fabrication de l'acide contenant de l'anhydride.

2° On a voulu remplacer l'acide nitrique par un autre oxydant. — C'est l'ancien brevet de Hæchner du 28 mars 1854, dans lequel l'agent d'oxydation de l'acide sulfureux était le chlore.

Macfarlane a depuis repris la même idée. On a même proposé l'oxydation électrolytique. Il ne semble pas que cette voie ait déjà donné des résultats.

3° On a voulu extraire l'acide sulfurique des sulfates naturels. — Tilghmann a fait passer de la vapeur d'eau sur du sulfate de chaux, il a obtenu un mélange de gaz sulfureux et sulfurique et d'oxygène et un résidu de chaux vive.

Cary-Mantrand en décomposant au rouge le même sulfate de chaux par le gaz chlorhydrique a recueilli les mêmes gaz que Tilghmann, mais le résidu était du chlorure de calcium.

La décomposition des sulfates et bisulfates par la chaleur seule ou avec addition d'oxydes divers a été également essayée.

4° Certains autres procédés ont encore été proposés qui ne rentrent pas dans les catégories précédentes. Je ne citerai que celui de Keller. On fait passer de l'hydrogène sulfuré dans de l'eau tenant en suspension du sulfate de plomb, il se forme du sulfure qui se précipite. L'acide sulfurique formé est en dissolution. On décante et on concentre.

Le sulfure de plomb est grillé, ce qui régénère le sulfate et on recommence indéfiniment le cycle des opérations précédentes. Le procédé est ingénieux; il ne semble pas s'être développé.

D'après quelques brevets récents, on obtiendrait l'acide sulfurique et l'acide chlorhydrique en faisant agir un mélange de chlore et d'acide sulfureux sur l'eau [Br. allemand 157043, *Cons. Electrochem. Ind.* et br. 157044], ou en introduisant dans une chambre de l'anhydride sulfureux et du chlore en excès, et à l'autre extrémité de l'eau et de l'acide chlorhydrique en quantité déterminée [Mugdan, Br. amér. 804515, 1903].

Au moyen de l'électricité, il semble possible aussi de produire l'acide sulfurique, soit :

Par l'électrolyse (avec des électrodes en séries)

de l'acide sulfurique renfermant de l'acide sulfureux. L'acide sulfurique se concentre; on retire une partie de l'électrolyte, on dilue, on réintroduit de l'acide sulfureux et on électrolyse de nouveau. On se sert d'anode en plomb et de cathode en cuivre (Johnson, br. amér. 825 057, 1906, et Salom, br. amér. 155 247, 1904)

Méthodes de préparation d'acide dans le procédé des chambres :

Fabrication d'acide sulfurique avec production de sulfate de cuivre et récupération des produits nitreux sous forme d'acide nitrique (Ménard Dez, br. fr. 354 073, 1905).

Procédé pour l'obtention d'acide nitrique et d'acide sulfurique concentré au moyen de l'acide nitrosulfurique ou de l'acide sulfurique nitreux [Norske aktielskab. elekchem. ind., et Halvorsen, br. fr. 363 157, 1906].

Fabrication de l'acide sulfurique à l'aide des sulfates alcalins (Basset, br. fr. 321 897, 1903).

Procédé de contact pour la production d'acide sulfurique (Grätzel, br. all. 157 767, 1903).

Procédé pour la production d'acide sulfurique au moyen d'hydrogène sulfuré (The Unit. alc. Cy, br. all. 157 589, 1902).

Procédé d'obtention d'acide sulfurique au moyen des chambres de plomb (Stinville, Paris, br. am. 765 520, 1904; br. all. 144 084, 1902).

Procédé et dispositif pour la fabrication et l'épuration de l'acide sulfurique (Cellarius, br. fr. 360.634, 1906).

Procédé et dispositif pour éliminer l'acide sulfurique déjà formé et le séparer des gaz des chambres (Cellarius, D.R.P. Berlin, 16 645, 1904).

Appareil en forme de tour pour l'absorption de l'acide sulfurique (Schamp, Geselsch. f. Einricht. Säur. Fabr. m. bechrk. Haftg., Berlin, D.R.P. 166 599, 1904).

Procédé de contact. — Cette méthode résulte de la propriété que le gaz sulfureux et l'oxygène secs possèdent de se combiner en présence d'un corps poreux et sous l'action d'une élévation suffisante de la température (300° environ).

J'emprunte à la très intéressante conférence faite par M. le professeur Haller devant la Société industrielle de Mulhouse, les descriptions et considérations qui sont relatives au procédé de contact.

Historique. — En 1831, Péregrine Philips, fabricant de vinaigre à Bristol, a pris un brevet pour fabriquer l'acide sulfurique par l'intermédiaire de la mousse de platine.

Il faisait passer le gaz sulfurique produit par du soufre ou des pyrites avec de l'air dans des tubes de platine ou de porcelaine contenant du fil ou de la mousse de platine à une température convenable.

L'anhydride sulfurique produit passait dans des chambres cylindriques doublées de plomb et remplies de fragments de quartz sur lesquels tombait de l'eau ou de l'acide hydraté qui dissolvait l'anhydride. Le produit résultant condensé en bas de la chambre était remonté en haut, d'où il retombait en s'enrichissant davantage en anhydride qui affluait continuellement dans la chambre haute de 10 mètres sur 2 m. 66 de large.

En 1832, Dœbereiner a montré que 2 volumes de gaz sulfureux mêlés de 1 volume d'oxygène passant sur de la *mousse de platine humide* donnait de l'acide sulfurique.

En 1833, Kuhlmann (de Lille) a entrepris dans son usine de Loos la même fabrication et ne l'a abandonnée qu'en observant que la mousse perd ses propriétés catalytiques au bout de quelque temps.

Wœchler et Mahla ont remplacé le platine par les oxydes de cuivre, de fer, de chrome; on a essayé le verre pilé (Magnus, 1832), et le quartz broyé (Plattner). Les quatre derniers donnaient d'assez bons résultats. Winckler se servit d'amiante platinée, Messel et Squire de la ponce platinée sur laquelle passaient les gaz obtenus par la décomposition au rouge de l'acide monohydraté avec fixation de l'eau par desséchage.

La Société badoise reprit la question et la rendit pratique. Majert et Cie, à Schlebusch, Zimmer, à Mannheim, et Scheurer, à Thann, ont fabriqué de l'anhydride à 98 0/0 qui était vendu 3 fr. 10 le kilogramme.

Nous examinerons successivement les diverses parties de l'opération :

1° *Traitement préliminaire du mélange des gaz.* — On connaît les impuretés que les pyrites peuvent introduire dans le gaz sulfureux, soit par leur volatilité, soit par entraînement des poussières.

L'arsenic, le phosphore, le mercure, sont surtout nuisibles pour l'appareil catalytique (attaque, encrassement).

On purifie le gaz en lançant un jet d'air ou de gaz déjà purifié et un jet de vapeur d'eau dans les gaz chauds au moment de leur sortie des fours à pyrite.

Il en résulte *une dilution* qui empêche l'acide sulfurique entraîné d'attaquer l'appareil réfrigérant en plomb ou en fer. Les poussières solides deviennent des boues et se déposent, et ne s'incrustent pas. L'hydrogène arsénié et l'hydrogène phosphoré ne peuvent se produire dans ces conditions.

On regarde si les gaz sont limpides à travers une colonne de plusieurs mètres de long, et on constate qu'ils sont purs en analysant par l'appareil de Marsh une dérivation des gaz ayant barboté 24 heures dans l'eau distillée.

On *refroidit* ensuite les gaz par leur passage dans un tuyau de fer ou de briques, puis dans un système de tuyaux de plomb. Ils ont alors 100° au plus.

On *les lave* par des laveurs ou des tours d'arrosage où circule de l'eau pure ou acidulée par de l'acide sulfurique ou du bisulfite de soude; puis, on les sèche dans un appareil à acide sulfurique *avec le plus grand soin.*

On aspire les gaz pour les faire mieux circuler dans les laveurs.

On doit éviter les substances qui pourraient donner naissance à de l'hydrogène phosphoré ou à de l'hydrogène arsénié.

2° *Réglage des conditions de température pendant la combinaison.* — Pour que la réaction $SO^2 + O = SO^3 + 32^{Cal},2$ se fasse, il faut que la température soit assez élevée; mais si on l'élève, la combinaison dégageant de la chaleur, on atteint le rouge, même le rouge blanc, et alors on a la réaction inverse : $SO^3 = SO^2 + O$ donc on a un mauvais rendement.

La capacité de la substance de contact est diminuée et les appareils en fer oxydés. Le maximum d'inconvénient existe lorsque les gaz quittent l'appareil au point le plus chaud.

On refroidit soit par des bains de métaux en fusion, soit en envoyant les gaz froids qui devront réagir à l'extérieur de l'appareil, puis on les fait passer dans un appareil qui les porte à la température voulue; ensuite, ils passent sur la substance de contact ainsi refroidie extérieurement.

L'amiante platinée est faite avec de l'amiante mouillée par une solution de chlorure de platine alcalinisée par un carbonate et du formiate de soude, soumise à l'action de la chaleur; après réduction, on lave soigneusement et on sèche.

3° *Appareils.* — On peut provoquer une réfrigération ou un chauffage par un gaz extérieur dans l'espace annulaire. le gaz arrive en *a*. Si on ne fait pas marcher le chauffage en A, le gaz extérieur refroidit P (masse de contact échauffée par la réaction).

En A et en B, sont des appareils servant au chauffage ou à la réfrigération des gaz avant leur entrée en *c* ou en *h*.

Exemple concret de la manière d'opérer. — Nous supposerons que le mélange gazeux contienne 12 0/0 de gaz sulfureux et 12 0/0 d'oxygène en volume.

On chauffe d'abord l'appareil par l'espace annulaire jusqu'à voir $t° = + 300°$ dans le couvercle ; puis on fait passer les gaz.

On arrive à obtenir le maximum de rendement (vérifié par les analyses) à l'aide des sou-

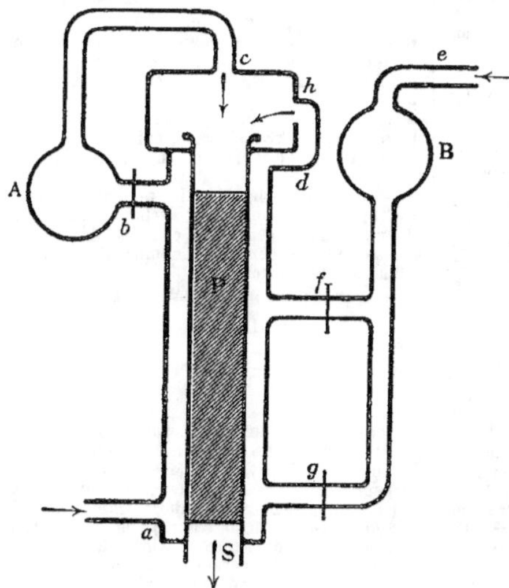

Fig. 1.

papes du chauffeur A, le tout réglant la pression et la température.

On obtient alors 280° à l'entrée et 234° à la sortie en S.

On a ainsi 96 à 98 0/0 de la possibilité théorique, soit 40 à 50 kilog. de SO^3 en 24 heures.

En prolongeant le contact, on arrive à 99 0/0 de rendement théorique (mais aussi on va moins vite).

Il se produit une *forte pression dans la masse de contact* qui exige l'emploi de pompes pour forcer le gaz à passer. L'excès de pression favorise bien la combinaison, mais augmente les dépenses.

La Société badoise arrive à ne pas dépasser 1 atmosphère à l'aide de disques percés de trous sur lesquels se trouve l'amiante platinée.

Les autres brevets et les autres substances de contact (Fe^2O^3) venant du grillage des pyrites, n'ont pas donné de bons résultats.

En résumé, le procédé comprend les opérations suivantes :

1° Préparation de la masse de contact, amiante platinée ;

2° Purification des gaz réagissants ;

3° Réglage et maintien de la température entre les conditions de $SO^2 + O = SO^3$ et celles de $SO^3 = SO^2 + O$.

De récents brevets préconisèrent l'emploi de sulfates de cérium, lanthane, didyme, yttrium, thorium calcinés à 300-600° C, et employés seuls ou mêlés, comme catalyseurs, afin d'augmenter le rendement [Hölbing, Diez, Brevet franç. 326 321, Brevet all. 142 144 et 149 677, 1903].

On peut revivifier la masse de contact en platine en la traitant à haute température par un courant d'anhydride sulfureux seul ou mêlé de gaz plus ou moins riches en oxygène [Bad. An. Sod. Fab., Brevet all. 148 196, 1902].

Elimination de l'arsenic dans les gaz [B.A.S.F., Brevet am. 798 216 et 798 302, 1905, Brevet fr. 338 817, 1903].

Corps de contact pour la fabrication d'acide sulfurique [B.A.S.F., Brevet all. 140 353, 1901].

Appareil pour la production d'anhydride sulfurique [B.A.S.F., Brevet amér. 774 083, 1904].

Procédés d'obtention d'anhydride sulfurique [Blackmore Mc Vernon, Brevet am. 769 585, 1904, 778 099, 1904, 828 268, 1906 ; — R. Knietsch, Brevet am. 823 472, 809 430, 1906 ; — Schrœder, Brevet am. 742 502, 1903 ; — Rabe, à Berlin, Brevet all. 143 593, 1899 ; — Lunge, à Zurich, Pollitt, Brevet am. 758 844, 1904 ; — Raynaud, Pierron, à Jette-Saint-Pierre, Brevet am. 751 941, 1904].

Appareil pour la production d'acide sulfurique par catalyse [Ver. chem. Fabr., Manheim, Brevet. am. 752 165, 1904 ; — Eschellmann, Harmuth, Saint-Pétersbourg, Brevet am. 1905 ; — New Jersey zinc Cy, Brevet am. 793 543, 1905].

Procédé pour l'exécution des réactions catalytiques [Kauffmann, Brevet fr. 337 424, 1904].

Procédés de préparation d'anhydride sulfurique d'après le procédé de contact, en employant des résidus de pyrites fraîchement grillées, chargées de sulfate ferrique [Ver. chem. Fabr., Manheim, Brevet all. 154 084, 1902 ; — Hilbert, Bay. Actgschft. chem. landw. chem. Fabr., D.R.P. 163 835, 1903].

Contribution à la préparation par voie catalytique de l'anhydride sulfurique [Lunge, Reinhardt, *Zeit. anorg. Chem.*, 1041, 1904]. **C. Chabrié et P. Charpentier.**

SULVANITE (Min.) (G.-A. Goyder). — Sulfovanadate cuivreux, $3Cu^2S . V^2S^5$ ou $(VS^4)^2 (Cu^2)^3$, avec un peu de silice et d'oxyde ferrique, masses à éclat métallique, jaune de bronze, avec malachite, azurite, quartz, vanadiocre, gypse et calcite, dans une mine près de Burra, Afrique australe. Dureté = 3,5. Poussière noire. Densité = 4. **L. Bourgeois.**

SUNDTITE (Min.) [(W.-C. Brögger) ; Syn. *Andorite* (Krenner), *Webnerite* (Stelzner)]. — Sulfantimonite d'argent et de plomb, avec un peu de cuivre et de fer, $2PbS . Ag^2S . 3Sb^2S^3$. Groupes de cristaux ou masses avec stibine, pyrite, cuivre gris, aux mines d'étain d'Oruro, Bolivie, et, avec stibine, quartz, sphalérite, barytine, etc., à Felsöbanya, Hongrie. Gris d'acier, éclat métallique prononcé, très friable, cassure conchoïdale. Dureté = 3-3,5. Poussière noire. Densité = 5.5.

Forme cristalline. — Prisme orthorhombique : $a : b : c = 0,6771 : 1 : 0,4458$. Faces : h^1 dominante, $g^1 e^1 e^1/_3 a^1 a^2 p m h^3 g^5 g^1/_3 e^1/_2 a^2/_3 a^1/_6 b^1 b^1/_2 b^1/_3 b^2 e_3 e_2 a_3$. **L. Bourgeois.**

SUPRARÉNINE [Syn. : *Adrénaline, épinéphrine*]. — C'est à cette base que l'extrait aqueux des capsules surrénales doit la propriété de donner des réactions de coloration avec le chlorure ferrique (Vulpian, 1856) et d'augmenter fortement la pression sanguine, lorsque cet extrait est injecté dans les veines (Schäfer et Oliver, 1894). Pour la bibliographie de ces premiers travaux voyez Langlois [*Thèse de la Fac. des Sciences de Paris*, 1897]. Elle a été isolée à l'état cristallisé par Takamine qui l'a appelée *adrénaline* [*Am. Journ. of Pharm.*, **73**, 523, 1901] et par Aldrich [*Am. Journ. of Physiol.*, **5**, 457, 1901].

Préparation. — Les capsules surrénales hachées (600 gr.) sont extraites à froid par de l'alcool à 90° additionné d'acide oxalique (5 gr. pour 2 lit.). Après deux jours le filtrat est débarrassé de l'alcool dans le vide, précipité par l'acétate de plomb, puis concentré à nouveau (jusqu'à 150 cm³). On précipite ensuite l'adrénaline par l'ammoniaque en léger excès (118 kg. d'organes frais provenant de 3900 chevaux ont donné 125 gr. d'adrénaline pure) [G. Bertrand, *Bull. Soc. Chim.*, (3), **31**, 1188, 1904]. Toutes les opérations doivent être faites autant que possible à l'abri de l'air et en s'aidant d'atmosphères d'acide carbonique.

Propriétés. — C'est une poudre cristalline très fine, à aspect de fécule, composée de sphérocristaux microscopiques à structure radiée, soluble dans l'eau à raison de 0,0268 0/0 à 20°, moins soluble encore dans l'alcool, insoluble dans les autres dissolvants usuels, soluble dans les liquides acides ou alcalins; $[\alpha]_D^{20} = -53°,5$. Projetée en fine poussière sur le bloc Maquenne, elle présente un point de fusion instantané à 263°. Chauffée lentement, elle fond à des températures variant avec la durée de la chauffe [G. Bertrand, *Bull. Soc. Chim.*, (3), **31**, 1289, 1904].

On a beaucoup discuté au sujet de la formule de ce corps, mais les analyses faites par Bertrand, sur des échantillons provenant de précipitations fractionnées très soignées (voyez le mém. orig.), vérifient pleinement la formule $C^9 H^{13} Az O^3$, proposée par Aldrich et que confirme la cryoscopie. Cependant Abel continue à attribuer au précipité donné par l'ammoniaque la formule d'un hydrate $C^{10} H^3 Az O^3 + \frac{1}{2} H^2 O$ [Abel, *Zeit. physiol. Ch.*, **28**, 318, 1899; — Abel et Taveau, *Am. Journ. of biol. Chem.*, **1**, 1, 1905]. L'adrénaline est très altérable à l'air. Le chlorure ferrique la colore en vert émeraude en milieu acide, en rouge carmin en milieu alcalin. Les réactifs des alcaloïdes la précipitent en général. Chauffée avec les alcalis, elle fournit de la méthylamine, et fondue avec de la potasse, elle donne de l'acide protocatéchique. Abel (*loc. cit.*) et O. von Fürth [*Zeit. physiol. Ch.*, **26**, 15, 1898 et *Beitr. chem. Physiol.*, **1**, 243, 1901] ont décrit divers dérivés (benzoylés, acétylés), mais obtenus avec un produit ne répondant pas à la formule vérifiée par Bertrand. De la formule brute de l'adrénaline et de la production d'acide protocatéchique et de méthylamine sous l'influence des alcalis, on peut déduire pour ce corps l'une des deux formules provisoires suivantes où la structure de la chaîne latérale grasse est encore indéterminée [Cf. Pauly, *D. chem. G.*, **36**, 2944, 1903; — Friedmann, *Beitr. chem. Physiol.*, **6**, 92, 1905; — Aldrich, *Journ. am. chem. Soc.*, **27**, 1074, 1905]:

$$(OH)^2_{(1,2)} \cdot C^6 H^3 \cdot CH(AzH \cdot CH^3) CH^2 OH_{(4)}$$
$$(OH)^2_{(1,2)} \cdot C^6 H^3 \cdot CHOH \cdot CH^2 AzH \cdot CH^3_{(4)}$$

On s'est appliqué aussi à préparer synthétiquement des substances analogues à l'adrénaline et ayant la même action sur la pression sanguine [Dakin, *Proc. Chem. Soc.*, **21**, 154, 1904; — Aldrich, *loc. cit.*; — Barger et Jowett, *Proc. Chem. Soc.*, **21**, 205, 1905]. Injectée sous la peau, l'adrénaline produit de la glycosurie [Blum, *D. Arch. f. klin. med.*, **71**, 146, 1901].
E. Lambling.

SVABITE (Min.) (Sjögren). — Fluoarséniate de calcium, $(As O^4)^3 Ca^5 F$, correspondant à l'apatite, un peu de plomb remplaçant le calcium et un peu de chlore et de OH, le fluor. Cristaux ou agrégats fibreux incolores, éclat vitreux ou gras, avec schefférite, aux mines de Harstig près Pajsberg, et de Jakobsberg, près Nordmark, Wermland, Suède. Dureté = 5. Densité = 3,77-3,82.

Forme cristalline. — Prisme hexagonal : $a : c = 1 : 0,7143$. Faces : $m p b^4 a^1$. Isomorphe avec l'apatite.
L. Bourgeois.

SYCHNODYMITE (Min.) (Laspeyres). — Sulfure de cobalt et de cuivre, avec un peu de nickel et de fer $[Co, Cu, Ni, Fe]^4 S^5$, correspondant à la polydymite $Ni^4 S^5$. Octaèdres réguliers, le plus souvent groupés en masses confuses, ne dépassant pas 1 mm., gris d'acier, éclat métallique, avec quartz, sidérose, cuivre gris, pyrite, malachite, à la mine Kohlenbach à Eiserfeld, près Siegen.
L. Bourgeois.

Caractères. — Inattaquable par l'action chlorhydrique, attaquable par l'acide azotique, en donnant une liqueur rose, etc. Densité = 4.758.

Forme cristalline. — Cubique. Faces a^1 dominante, p, b^1. Macles a^1.

SYLVANE ou MÉTHYL-2-FURFURANE,

$$\begin{array}{c} CH = CH \\ \| \qquad \| \\ CH \quad C-CH^3 \\ \diagdown \quad \diagup \\ O \end{array}$$

— Le sylvane a été extrait par M. Harries des fractions de l'huile de hêtre bouillant à 60°-70°. Il bout à 65° (corr.) sous 759ᵐᵐ.; $d_{18} = 0,827$. Ses vapeurs colorent en vert émeraude un copeau de pin humecté d'acide chlorhydrique. Chauffé à 120° avec de l'acide chlorhydrique très dilué, il est hydrolysé et forme l'aldéhyde lévulique. Traité à l'ébullition par de l'alcool chlorhydrique, il donne l'acétal de cette même aldéhyde [Harries, *D. chem. G.*, **34**, 38, 1898].

ω-*Méthylaminométhylfurfurane*, $C^4 H^3 O CH^2 \cdot AzH \cdot CH^3$. — On l'obtient en hydrogénant le produit de condensation de la méthylamine avec le furfurol. Il bout à 65-70° sous 21 mm. Son bromhydrate fond à 131°; son *picrate* à 144°. — L'ω-*éthylaminométhylfurfurane* bout à 49°-50° sous 21 mm. Son *chlorhydrate* fond à 120°, son *bromhydrate* à 113°, son *picrate* à 110°.

Acide bromométhylfurfurane-sulfonique. — Son *amide* s'obtient par oxydation (eau de brome) des sels de l'acide sulfamidométhylpyromucique, elle fond à 123°. L'oxydation par le brome la transforme en acide sulfoacétylacrylique [Hill, Sylvester, *Am. Chem. Journ.*, **32**, 185, 1904].

ACIDE MÉTHYL-2-FURFURANE-CARBONIQUE-5. — On l'obtient en oxydant le méthylfurfurol par l'oxyde d'argent en solution alcaline [Hill, Jennings, *Am. Chem. Journ.*, **15**, 167, 1893; — Hill, Sawyer, *ibid.*, **20**, 171, 1898]. Il fond à 108-109°, est très soluble dans l'eau bouillante, peu soluble à froid. L'eau de brome l'oxyde en donnant de l'acide acétylacrylique [Hill et Hendrixson, *D. chem. G.*, **23**, 452, 1890; — Hill et Jennings, *loc. cit.*]. Sa solution sulfurique, chauffée avec un peu d'isatine, prend une coloration verte [Bieler, Tollens, *Ann. Chem.*, **258**, 125, 1890]. Son *éther éthylique* bout à 213-214°, son *amide* fond à 131° (H., J.). Son *chlorure* fond à 28°, bout à 93-94° sous 18 mm.; à 202° sous 765 mm. (H., S.).

Acides monobromométhylfurfurane-carboniques — Par bromuration à froid, en solution acétique, on obtient un acide bromé dans le noyau, fusible à 150°-151°. En bromant en solution chloroformique bouillante, on obtient un *acide ω-dibromé* fusible à 147-148° (H., J.).

Acides dibromométhylfurfurane-carboniques. — Par l'action des vapeurs de brome sur l'acide méthylpyromucique, on obtient un acide bromé à la fois dans le chaînon et dans le noyau, qui fond à 175° en se décomposant; l'eau bouillante le transforme en acide bromoxypyromucique (H., J.). Par bromuration avec un grand excès de brome en solution chloroformique et au soleil, on obtient un *acide ω-dibromé* fusible à 153°. Le *bromure* de ce dernier acide se forme quand on traite le chlorure méthylpyromucique par le brome à 145°; il fond à 102°; l'eau bouillante le transforme en acide 2.5-aldéhydopyromucique [Hill, Sawyers, *D. chem. G.*, **27**, 1569, 1894; *Am. Chem. Journ.*, **20**, 173, 1898].

Acide sulfométhylpyromucique [Hill et Jennings, *loc. cit.*; — Hill et Sylvester, *Am. Chem. Journ.*, **32**, 185, 1904]. Son *amide* fond à 196-197°. L'acide *sulfamidométhylpyromucique* fond à 217-218° (H., Sylv.).

Acide ω-oxyméthylpyromucique,

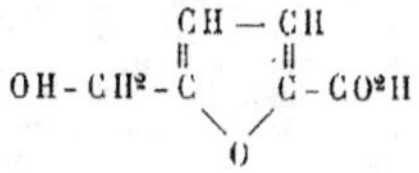

$$CH - CH$$
$$OH - CH^2 - C \qquad C - CO^2H$$
$$\diagdown O \diagup$$

— Il se forme quand on chauffe l'acide ω-bromométhylpyromucique avec de l'eau (Hill, Jennings) ou quand on oxyde l'ω-bromométhylfurfurol par l'oxyde d'argent [Fenton, Gossling, *Chem. Soc.*, **75**, 429, 1899]. Il fond à 162-163°. Son *dérivé acétylé* se forme quand on chauffe le sel de chaux de l'acide chitonique ou celui de l'acide chitarique avec de l'anhydride acétique et de l'acétate de sodium [E. Fischer, Andreae, *D. chem. G.*, **36**, 2587, 1903]; il fond à 115-117°.

L'acide *bromo-oxyméthylpyromucique* fond à 153-154° (Hill, Jennings).

Acide 2-oxy-5-méthylpyromucique,

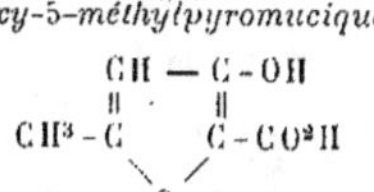

$$CH - C - OH$$
$$CH^3 - C \qquad C - CO^2H$$
$$\diagdown O \diagup$$

— On l'obtient par oxydation de l'aldéhyde correspondante. Il fond à 148°; son *dérivé benzoylé* fond à 55° [Kiermayer, *Chem. Zeit.*, **19**, 1003, 1895].

Acide aldéhydopyromucique-2.5,

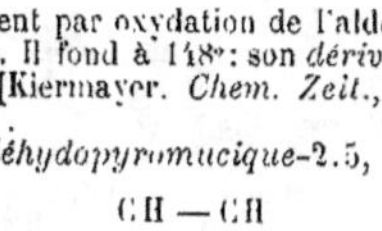

$$CH - CH$$
$$CHO - C \qquad C - CO^2H$$
$$\diagdown O \diagup$$

— Il se forme quand on chauffe avec de l'eau l'acide ω-dibromométhylpyromucique. Il fond à 201-202°; son *oxime* fond à 224-226° [Hill, Sawyer, *D. chem. G.*, **27**, 1570, 1894; *Am. Chem. Journ.*, **20**, 174, 1898].

Méthylfurfurol-2.5. — Le méthylfurfurol se trouve dans les produits de la distillation du bois à basse température [Hill, Jennings, *loc. cit.*]. Il se forme lorsqu'on distille les furcus avec de l'acide chlorhydrique à 38 0/0 [Bieler, Tollens, *Ann. Chem.*, **258**, 166, 1890]; par l'hydrolyse du rhamnose [Maquenne, *Ann. Chim. Phys.*, (6), **22**, 83, 1891], du quinovose [Fischer, Liebermann, *D. chem. G.*, **26**, 2420, 1893], du fucose [Widtsœ, Tollens, *D. chem. G.*, **33**, 140, 1900], de la gomme de levure [Oshima, *Zeit. physiol. Chem.*, **36**, 42, 1902], de la solanine [Zeisel, Wittmann, *D. chem. G.*, **36**, 3554, 1903]. Il bout à 186°,5-187°; $d_{18} = 1,1087$. Réactions colorées : avec l'acide sulfurique en solution alcoolique, coloration verte (Maquenne), avec la résorcine, coloration carmin [Votocek, *Zeit. f. Zuck. Ind. Bohm.*, **27**, 662, 1903], avec la diméthylaniline et un agent déshydratant (PCl^3, $ZnCl^2$, acide oxalique), coloration bleue [Fenton, Millington, *Chem. News*, **90**, 182, 1904]; — voir aussi Oshima [*D. chem. G.*, **34**, 1425, 1901].

Méthylfurfuramide. — Elle fond à 86-87° (Hill, Jennings; Bieler, Tollens; Maquenne). *Méthylfurfurine.* Elle est amorphe.

ω-Chlorométhylfurfurol. — Fenton et Gossling l'ont obtenu en traitant la cellulose par le gaz chlorhydrique en présence d'éther ou de tétrachlorure de carbone [*Chem. Soc.*, **79**, 808, 1901]; la même réaction a lieu avec le lévulose, le sorbose, le sucre de canne, l'inuline, etc. L'ω-chlorométhylfurfurol fond à 37-38°. Sa *phénylhydrazone* fond à 118-120°.

ω-Bromométhylfurfurol. — Il se forme quand on traite le fructose ou la cellulose par le gaz bromhydrique sec en solution éthérée [Fenton, Gossling, *Chem. Soc.*, **79**, 363, 424, 1901]. Il fond à 59°,5-60°,5. Traité par l'argent divisé au sein du benzène, il donne le composé

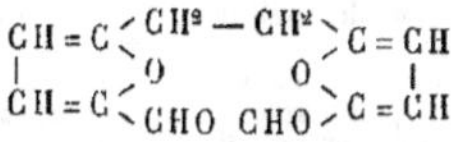

$$CH = C \diagup^{CH^2 - CH^2} \diagdown C = CH$$
$$| \qquad \diagdown O \qquad O \diagdown \qquad |$$
$$CH = C \diagdown_{CHO \quad CHO} \diagup C = CH$$

qui fond à 119°-120° [F. G., *loc. cit.*, 812] et dont la *dioxime* fond à 182°. Oxydé par l'oxyde d'argent, il donne l'acide oxyméthylpyromucique. Traité par l'acétate d'argent en solution acétique, il donne l'ω-acétoxyméthylfurfurol. Traité par l'acide sulfureux, il fournit un composé $C^{11}H^8O^4$ fusible à 116°,5-117°,5.

ω-Oxyméthylfurfurol. — Son *dérivé acétylé*, obtenu comme il a été dit plus haut, fond à 56-57° (T. G.).

Oxy-3-méthyl-5-furfurol,

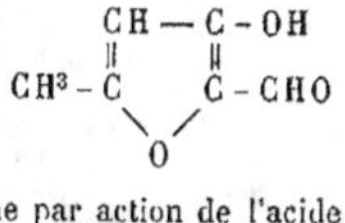

$$CH - C - OH$$
$$CH^3 - C \qquad C - CHO$$
$$\diagdown O \diagup$$

— Il se forme par action de l'acide oxalique en solution aqueuse diluée sur l'inuline [Düll, *Chem. Zeit.*, **11**, 216, 1895], le sucre de canne [Kiermayer, *Chem. Zeit.*, **19**, 1003, 1895], par hydrolyse de la mousse de Carragheen [Muther, Tollens, *D. chem. G.*, **37**, 303, 1904]. Sa *phénylhydrazone* fond à 138° (K.), à 140-141° (M., T.). Son *antioxime* fond à 77-78°, sa *synoxime* fond à 115-120°. Traité par l'acide oxalique à 10 0/0 à chaud sous 3 atmosphères, il se transforme en acide lévulique. Réactions colorées : Düll, Muther et Tollens [*loc. cit.*].

Fortement chauffé, l'oxyméthylfurfurol se transforme dans l'*oxyde*

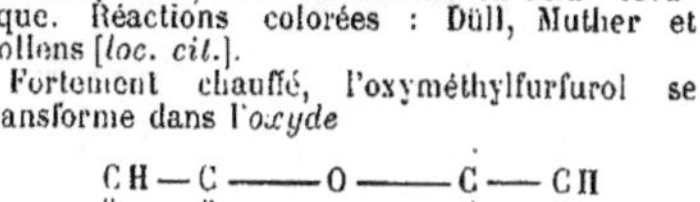

$$CH - C \text{———} O \text{———} C - CH$$
$$CH^3 - C \quad C - CHO \quad OHC - C \quad C - CH^3$$
$$\diagdown O \diagup \qquad \diagdown O \diagup$$

qui fond à 112°, donne une *anilide* fusible à 124°,.

une *hydrazone* fusible à 139°, et une *oxime* fusible à 167-168° (Kiermayer).
Janvier 1908. R. Marquis.

SYLVÉNOLIQUE, SYLVINOLIQUE (ACIDES), SYLVORÉSÈNE. — Voy. l'art. RÉSINES (*Pinus sylvestris*).

SYLVESTRÈNE ET CARVESTRÈNE. — Voyez TERPÉNIQUE (SÉRIE).

SYLVIQUE (ACIDE). — Voy. Dict., 3. p. 168.

Liebermann [*D. chem. G.*, 17, 1884; 1883] envisage comme identiques les acides sylvique et abiétique, cristallisés en grandes lamelles que l'on peut extraire de la colophane. Ces acides seraient isomères avec l'acide pimarique (voyez ce mot) préparé au moyen du galipot. Par l'acide iodhydrique et le phosphore rouge, ces acides fourniraient le même carbure $C^{10}H^{16}$ ou $C^{20}H^{34}$.

S. Haller, purifiant l'acide sylvique [*D. chem. G.*, 18. 2165; 1884] l'a obtenu en tables triangulaires brillantes, fondant à 161-162° et de pouvoir rotatoire $[\alpha]_D = -53°$.

Schkateloff aurait constaté [*Journ. Soc. phys. chim. russe*, 27, 431] que les résines des conifères fraîchement extraites seraient constituées par un mélange d'huile essentielle et d'anhydride cristallin, d'acides sylviques différents α, β ou γ dont les sels ont la composition $C^{20}H^{29}O^3$ et l'anhydride $C^{40}H^{58}O^5$. L'acide α a été obtenu en traitant la résine de *pinus sylvestris* par l'alcool et en faisant cristalliser le résidu dans l'alcool bouillant; l'ac. de β se prépare en faisant cristalliser le précédent dans l'alcool en présence d'acides sulfurique, chlorhydrique ou acétique anhydre; l'acide γ prend naissance dans la distillation de l'acide α. Ces trois acides se distinguent par leur forme cristalline, leur point de fusion et leur pouvoir rotatoire.

D'après Schkatelof, l'acide sylvique β serait identique à l'acide abiétique de Mach [*Bull. Soc. Chim.*, (3), 14, 700, 1895]. A. Hébert.

SYMPHYTOCYNOGLOSSINE. — Alcaloïde retiré du Symphytum off.; on n'a pu trouver aucun moyen de le distinguer chimiquement de la cynoglossine, bien que son action physiologique soit différente. M. Delacre.

SYNADELPHITE (Min.) (Sjögren). — Arséniate basique hydraté d'aluminium, fer, manganèse, $5MnO$. $[Al, Fe, Mn]^2O^3.As^2O^5, 6H^2O$. Cristaux noir-brun ou noirs, à éclat gras ou métallique, un peu transparents, avec barytine, calcite, diallogite, etc., à la mine de Moss, près Nordmark, Wermland, Suède.

Caractères. — Soluble dans les acides. Au chalumeau, noircit, puis fond. Dans le tube, dégage de l'eau. Réactions du manganèse et de l'arsenic. Dureté = 4,5. Poussière brune. Densité = 3,48.

Forme cristalline. — Prisme orthorhombique voisin de la lazulite et de la liroconite : $a:b:c = 0,8581:1:0,9192$. Faces $p a^2 g^3 g^5 d^1/_2$. L. B.

SYNAMATIQUE (ACIDE). — Voy. l'art. LICHENS.

SYNANTHRINE. — Voy. l'art. INULINE.

SYNCHYSITE (Min.) (G. Flink). — Fluocarbonate de cérium, lanthane, didyme et de calcium, avec un peu de thorium et d'yttrium, $(CO^3)^2[Ce, La, Di]F Ca$, trouvé à Narsasuk, Groenland, et pris d'abord pour de la parisite. Cristaux rhomboédriques, sans clivage. Densité = 3,902.

SYNGÉNITE (Min.) [(von Zepharowich); Syn. *Kaluszite* (Rumpf)]. — Sulfate de potassium et calcium hydraté, SO^4K^2, SO^4Ca, H^2O. Cristaux incolores, transparents, dans des druses de sel marin, à Kalusz, Galicie.

Caractères. — Au chalumeau, décrépite violemment, puis fond en émail blanc. Dureté = 2,5. Densité = 2,603.

Forme cristalline. — Prismé clinorhombique : $a:b:c = 1,3699:1:0,8738$; $\beta = 104°$. Faces : $h^1 g^1 p h^2 h^3 m g^3 a^1 o^1 a^1/_2 e^1 b^1/_2 b^1$. Clivages : $m h^1$. L. Bourgeois.

SYNTONONINES. — Voy. ALCALI-ALBUMINES

SYRINGINE. — Voy. Dict., 3, 171.

La *syringine* a été identifiée avec l'hydroxyméthylconiférine $C^{17}H^{24}O^7$ [Körner, *Chem. Centr.*, 1098, 1888] et se présente en aiguilles fondant à 191-192°; l'émulsine la dédouble en glucose et *syringénine* $OH.C^6H^2(OCH^3)^2.C^3H^4OH$ ou alcool hydroxyméthylconiférylique.

L'oxydation par le permanganate transforme la syringine en *acide glucosyringique* $C^{15}H^{20}O^{10}$, dédoublable par les acides dilués en glucose et *acide syringique* $C^9H^{10}O^5$. L'oxydation chromique de la syringine fournit la *glucosyringinaldéhyde* dont l'aldoxime se dédouble en donnant naissance à la *syringinaldéhyde* $C^9H^{10}O^4$.
Octobre 1907. A. Hébert.

SYRINGIQUE (ACIDE). — Le dérivé acétylé de l'*acide sinapique*, extrait de la moutarde, oxydé par le permanganate, donne naissance à l'*acide acétylsyringique*, cristallin et qui, par hydrolyse barytique, fournit l'*acide syringique*, grands cristaux nacrés fusibles à 202° [Gadamer, *Arch. Pharm.*, 235, 44, 1897].
Octobre 1907. A. Hébert.

SZABOÏTE (Min.) (Koch). — Variété d'hypersthène en très petits cristaux, dans des roches andésitiques, avec pseudobrookite, au mont Arany, comitat de Hunyad, Hongrie, et au Riveau Grand, Mont-Dore. L. Bourgeois.

SZAJBELYITE (Min.) [(Peters); Syn. *Boromagnésite* (Groth)]. — Borate de magnésium hydraté, $5MgO.2Bo^2O^3, 3H^2O$. Petits sphérolites blancs radiés dans un calcaire de Rézbánya, Hongrie. Difficilement soluble dans l'acide chlohydrique. Au chalumeau, s'exfolie, devient incandescent, puis fond en masse cornée brun grisâtre, colore la flamme en rouge. Dureté = 3-4. Densité = 3. L. Bourgeois.

SZMICKITE (Min.) (von Schröckinger). — Sulfate manganeux hydraté SO^4Mn, H^2O, en masses stalactitiques dans une mine abandonnée à Felsöbánya, Hongrie. Dureté = 1,5. Densité = 3,15. L. Bourgeois.

T

TAGATOSE, *hexane-pentol* $1 \cdot \dfrac{5}{3 \cdot 4} \cdot 6$-one 2,

$$CH^2OH-CO-\overset{\displaystyle H}{\underset{\displaystyle OH}{C}}-\overset{\displaystyle H}{\underset{\displaystyle OH}{C}}-\overset{\displaystyle OH}{\underset{\displaystyle H}{C}}-CH^2OH$$

— Le tagatose s'obtient en même temps que le l-sorbose quand on traite le galactose par la potasse (3 0/0 du poids du sucre); on le sépare par cristallisation fractionnée.

Il fond à 124°: il est soluble dans 1ᵖ.66 d'eau et très peu soluble dans l'alcool. A la température ordinaire, $[\alpha]_D = +1°$; à 60°, $[\alpha]_D = -2°,6$. Il possède les propriétés générales des cétoses. Son *osazone* est identique à celle du galactose ordinaire. Il peut se condenser avec 2 mol. d'acétone pour donner un liquide incristallisable, dont le pouvoir rotatoire est $[\alpha]_D = +50°$ [L. de Bruyn et Ekenstein. *Rec. Pays-Bas*, **16**, 257, 262, 1897]. Janvier 1908. P. Carré.

TALCTRIPLITE (Min.) (Igelström). — Variété magnésienne de triplite, de Hörrsjöberg. Suède. L. Bourgeois.

TALITES. — D-TALITE, *hexane-hexol* $1 \cdot \dfrac{5}{2 \cdot 3 \cdot 4} \cdot 6$ ou $1 \cdot \dfrac{3 \cdot 4 \cdot 5}{2} \cdot 6$,

$$CH^2OH-\overset{\displaystyle H}{\underset{\displaystyle OH}{C}}-\overset{\displaystyle H}{\underset{\displaystyle OH}{C}}-\overset{\displaystyle H}{\underset{\displaystyle OH}{C}}-\overset{\displaystyle OH}{\underset{\displaystyle H}{C}}-CH^2OH$$

— La d-talite se prépare en réduisant la lactone d-talonique par l'amalgame de sodium en liqueur légèrement acide.

C'est un corps sirupeux, très soluble dans l'eau et dans l'alcool, légèrement dextrogyre; il devient lévogyre en présence de borax. Son *acétal tribenzoïque* $C^6H^8O^6(C^7H^6)^3$ fond à 210° [Fischer, *D. chem. G.*, **27**, 1524, 1894].

La l-TALITE se forme en même temps qu'un peu de dulcite, quand on réduit par l'amalgame de sodium les produits d'oxydation de la dulcite. Elle cristallise par un long repos en aiguilles fusibles à 66-67°. Son *acétal tribenzoïque* fond à 210° [Fischer, *loc. cit.*]. P. Carré.

TALOMUCIQUES (ACIDES). — ACIDE D-TALOMUCIQUE, *acide hexane-tétroldioïque* $\dfrac{5}{2 \cdot 3 \cdot 4}$,

$$CO^2H-\overset{\displaystyle H}{\underset{\displaystyle OH}{C}}-\overset{\displaystyle H}{\underset{\displaystyle OH}{C}}-\overset{\displaystyle H}{\underset{\displaystyle OH}{C}}-\overset{\displaystyle OH}{\underset{\displaystyle H}{C}}-CO^2H$$

— On le prépare en oxydant l'acide d-talonique par 3 p. d'acide nitrique étendu (D = 1,15). Il cristallise en lamelles microscopiques fusibles en se décomposant vers 158°; $[\alpha]_D = +29°,4$. Il est très soluble dans l'eau et dans l'alcool bouillant. Il est partiellement transformé en acide mucique quand on le chauffe avec la pyridine, et en acide déhydromucique sous l'action des acides chlorhydrique et bromhydrique concentrés.

La *phénylhydrazide* fond en se décomposant vers 185-190° [Fischer, *D. chem. G.*, **24**, 3622, 1891].

ACIDE L-TALOMUCIQUE, *acide hexane-tétroldioïque* $\dfrac{2 \cdot 3 \cdot 4}{5}$,

$$CO^2H-\overset{\displaystyle OH}{\underset{\displaystyle H}{C}}-\overset{\displaystyle OH}{\underset{\displaystyle H}{C}}-\overset{\displaystyle OH}{\underset{\displaystyle H}{C}}-\overset{\displaystyle H}{\underset{\displaystyle OH}{C}}-CO^2H$$

— On l'obtient en oxydant l'acide β-rhamnohexonique par l'acide nitrique, et on le purifie par cristallisation dans l'acétone. Son pouvoir rotatoire est $[\alpha]_D = -39°,9$. La *phénylhydrazide* fond vers 185° [Fischer et Morell, *D. chem. G.*, **27**, 382, 1894]. P. Carré.

TALONIQUE (ACIDE D-). *acide hexane-pentoloïque* $\dfrac{5}{2 \cdot 3 \cdot 4} \cdot 6$,

$$CO^2H-\overset{\displaystyle H}{\underset{\displaystyle OH}{C}}-\overset{\displaystyle H}{\underset{\displaystyle OH}{C}}-\overset{\displaystyle H}{\underset{\displaystyle OH}{C}}-\overset{\displaystyle OH}{\underset{\displaystyle H}{C}}-CH^2OH$$

— L'acide d-talonique dérive de l'acide d-galactonique par inversion du groupe asymétrique-2, sous l'influence de la pyridine aqueuse à 150°; on le purifie par l'intermédiaire du *sel de brucine* fusible à 132°.

Il se présente sous la forme d'un sirop fortement lévogyre, qui est un mélange d'acide libre et de lactone. Chauffé avec la pyridine, il est partiellement ramené à l'état d'acide d-galactonique.

La *phénylhydrazide* fond en se décomposant vers 155° [Fischer, *D. chem. G.*, **24**, 3622, 1891; — Fischer et Ruff, *D. chem. G.*, **33**, 2142, 1900]. Janvier 1908. P. Carré.

TALOSE (D-), *hexane-pentolal* $\dfrac{5}{2 \cdot 3 \cdot 4} \cdot 6$,

$$CHO-\overset{\displaystyle H}{\underset{\displaystyle OH}{C}}-\overset{\displaystyle H}{\underset{\displaystyle OH}{C}}-\overset{\displaystyle H}{\underset{\displaystyle OH}{C}}-\overset{\displaystyle OH}{\underset{\displaystyle H}{C}}-CH^2OH$$

— Le d-talose se prépare en réduisant la lactone d-talonique par l'amalgame de sodium (une réduction plus avancée fournit la d-talite) [Fischer, *D. chem. G.*, **24**, 3622, 1891].

Il se rencontre aussi avec le tagatose, le l-sorbose et le galactose, quand on fait agir la potasse sur le galactose [L. de Bruyn et Ekenstein, *Rec. Pays-Bas*, **16**, 257, 262, 1897].

Le d-talose est un sirop incolore; son *osazone* est identique à la phénylgalactosazone ordinaire [Fischer, *D. chem. G.*, **27**, 1524, 1894].

Le l-TALOSE semble se former en même temps

que le galactose, quand on oxyde la dulcite par le peroxyde de plomb et l'acide chlorhydrique; le mélange obtenu fournit en effet par réduction la i-talite [Fischer, *loc. cit.*]. P. Carré.

TAMANITE (Min.) [(S. P. Popoff); Syn. *Anapaïte*]. — Phosphate de chaux et de fer hydraté, $(PO^4)^2[Ca,Fe]^3,4H^2O$. Petits prismes anorthiques offrant deux clivages, réunis en croûtes de couleur verte ou vert jaunâtre, avec sidérose et limonite, à la mine Jéleznii Rog, dans la presqu'île de Taman, province de Kouban, Russie.
  L. Bourgeois.

TANACÉTÈNE, TANACÉTONE, ETC., TANACÉTOGÈNE - CARBONIQUES (ACIDES). — Voyez l'art. TERPÉNIQUE (SÉRIE).

TANGHININE. — En traitant par l'alcool les amandes épuisées, au moyen du sulfure de carbone, du *Tanghinia venenifera* de Madagascar, Arnaud a obtenu [*C. R.*, **108**, 1255, 1889] pour 1 kgr. de noyaux, $2^{gr},3$ d'un alcaloïde, la tanghinine, en cristaux rhombiques incolores, fondant vers $182°$, peu soluble dans l'eau avec laquelle elle forme un mucilage, soluble dans l'alcool et l'éther, donnant par l'action des acides étendus un produit résineux jaunâtre et par l'action de la baryte un composé $C^{21}H^{42}O^{10}Ba$, ce qui indiquerait pour la formule de la tanghinine $C^{27}H^{40}O^8$. Octobre 1907. A. Hébert.

TANINS. — Voyez Dict., 3, 190.

On groupe sous le nom de tanins des substances assez diverses dont l'étude est encore fort imparfaite.

Le dédoublement de ces corps par les acides minéraux dilués peut donner : 1° de l'acide gallique; 2° de l'acide ellagique (voy. 1er Suppl., 1, 678 et 2e Suppl., 3, 460); 3° des anhydrides d'acides tanniques qui sont rouges et que l'on désigne sous le nom de *phlobaphènes*; 4° du glucose.

La fusion potassique peut fournir de l'acide protocatéchique, de la pyrocatéchine, de la phloroglucine.

La distillation sèche fournit principalement de l'acide pyrogallique ou de la pyrocatéchine.

On peut donc diviser les tanins en deux sections : 1° les *tanins galliques* dont le dédoublement fournit surtout de l'acide gallique (noix de galle, sumac, bois de châtaignier).

2° Les *tanins catéchiques* qui fournissent de la pyrocatéchine ou de l'acide protocatéchique (écorce de chêne, canaigre, cachou, quinquina). Enfin, on peut placer à la suite des tanins galliques ceux qui fournissent de l'acide ellagique (dividivi, myrobolanène, grenadier).

On distingue ces différents tanins au moyen de quelques réactions proposées par Procter [*Monit. scient.*, 696, 1896; *Chem. Soc.*, 487, 1894; *Bull. Soc. Chim.*, **12**, 1195, 1894].

L'acétate ferrique produit avec les solutions des tanins galliques un précipité bleu noir, et avec les tanins catéchiques un précipité gris foncé.

L'eau bromée ne donne rien avec les premiers, et produit avec les seconds un précipité.

Le sulfate de cuivre donne avec les premiers un précipité qui n'est pas redissous par l'ammoniaque, tandis que les seconds donnent un précipité soluble dans l'ammoniaque.

L'acide azoteux produit des changements de teinte avec tous les tanins, sauf avec l'acide ellagique.

La phloroglucine ne donne aucune réaction nette avec les sels de fer, et ne peut être caractérisée que par la réaction à la vanilline. Certains de ses tanins se trouvent dans les végétaux à l'état de glucosides plus ou moins dédoublables.

Le chlorure de diazobenzène se combine avec les tanins dérivés de la pyrocatéchine et ne se combine pas aux tanins galliques [Nierenstein, *Bull. Soc. Chim.*, (4), **2**, 267, 1907].

La plupart de ces corps ne sont pas cristallisés et, de plus, il est probable qu'une même plante renferme plusieurs tanins de propriétés extrêmement voisines, et par conséquent très difficiles à séparer.

Rien qu'en considérant les composés formés par l'union de deux mol. d'acide gallique avec perte d'une mol. d'eau, on peut en prévoir un certain nombre.

On peut avoir : 1° un anhydride d'acide

$$C^6H^2 \left\langle \begin{array}{c} CO - O - CO \\ OH \qquad OH \\ OH \qquad OH \\ OH \qquad OH \end{array} \right\rangle C^6H^2$$

mais un tel corps ne serait pas stable en présence de l'eau et doit être éliminé;

2° Des éthers phénoliques tels que

$$\begin{array}{c} OH \\ OH - C^6H^2 - CO - O - C^6H^2 - OH \\ OH \qquad\qquad\qquad CO^2H \\ \qquad\qquad\qquad OH \end{array}$$

qui seront stables en présence de l'eau. Il peut y en avoir trois, suivant la position de la fonction phénol qui aura été éthérifiée. C'est à ce type qu'appartient le tanin de la noix de galle;

3° Des éthers oxydes-phénoliques

$$\begin{array}{c} CO^2H \\ OH - C^6H^2 - O - C^6H^2 - OH \\ OH \qquad\qquad\qquad CO^2H \\ \qquad\qquad\qquad OH \end{array}$$

qui pourront exister sous 6 formes isomériques (Béhal).

Les différents tanins se combinent à l'aldéhyde formique pour former des produits de condensation auxquels on a donné le nom de *tannoformes*.

Pour préparer le tannoforme ordinaire, on dissout 5 kilogr. de tanin dans 15 kilogr. d'eau chaude, on ajoute 3 kilogr. de solution de formol à 30 0/0, puis de l'acide chlorhydrique jusqu'à cessation de précipité.

Ce tannoforme répond à la formule $CH^2(C^{14}H^9O^9)^2$. 4 mol. de ce corps peuvent se combiner à 3 mol. d'hydrate d'oxyde de bismuth [*Ann. Merck*, 1895 et *Bull. Soc. Chim.*, **16**, 909-910, 1896].

ACIDE GALLOTANNIQUE (*tanin de la noix de galle*). — Ce tanin se rencontre dans le sumac (Rhus coriaria), le dividivi, les mirobolans, et surtout dans les noix de galle.

Le Quercus robur, le Q. lusitanica, le Q. pubescens, le Q. sessiliflora fournissent des galles de richesses variées en tanin.

Le Quercus infectoria, piqué par le Cynips gallæ tinctoriæ, produit la galle de l'Asie Mineure qui contient jusqu'à 70 0/0 de tanin.

Constitution de l'acide gallotannique. — Schiff considérait le tanin de la noix de galle comme identique à l'acide digallique qu'il avait obtenu.

Cet acide digallique est le produit de l'éthérification de deux mol. d'acide gallique, l'une intervenant par son action acide, l'autre par sa fonction phénol. C'est donc un éther-sel phénolique, 5 fois phénol et 1 fois acide. Il donne, en effet, un éther pentacétique. Mais on ne connaît pas complètement la constitution de l'acide digallique, puisqu'on ne sait pas quel est l'oxhydryle qui est éthérifié par la fonction acide.

D'après Walden, le tanin ordinaire serait un

mélange. Par la dialyse et par des précipitations fractionnées, il le sépara en plusieurs portions douées de pouvoirs rotatoires très différents. Il isola notamment un corps fortement dextrogyre ($\alpha_D = + 75°$).

L'acide digallique de Schiff est inactif; il se ramollit vers 120° et se décompose à 150°, tandis que le tanin de la noix de galle fond à 110-115° [voy. *Acide gallique*, 2ᵉ Suppl., 4, 456].

L'étude des conductibilités électriques du tanin et de l'acide digallique différencie aussi ces deux corps; le tanin est un non-électrolyte, tandis que l'acide digallique est un acide faible.

L'acide arsénique coagule les solutions de tanin en donnant une combinaison insoluble dans les solvants habituels, tandis qu'il est sans action sur l'acide digallique.

Le tanin et l'acide digallique de Schiff sont donc des corps tout à fait différents [Walden, *D. chem. G.*, 30. 3151 et 31. 3167; *Bull. Soc. Chem.*, 22, 368, 1899].

En cultivant l'aspergillus niger sur du liquide Raulin, dans lequel le sucre était remplacé par du tanin, Fernbach a isolé une diastase, la *tannase*, qui transforme le tanin en acide gallique [*C. R.*, 131, 1214, 1900].

A peu près en même temps Pottevin, étudiant aussi l'action de la tannase sur le tanin, obtint, à côté de l'acide gallique, du glucose.

Les tanins purs du commerce lui en donnèrent de 12 à 15 0/0.

Aucun des tanins que l'on obtient par le procédé de Pelouze ne présentent les caractères d'un corps pur: ils se comportent comme des mélanges, soit qu'on les soumette à des précipitations fractionnées par l'éther, soit qu'on les traite par la méthode des dissolutions incomplètes. Les divers produits obtenus sont tous dextrogyres, et ils donnent d'autant plus de glucose sous l'action de la tannase qu'ils ont un pouvoir rotatoire plus élevé.

La tannase est précipitable par l'alcool, elle agit en milieu neutre ou acide; sa température optima est d'environ 67° [*C. R.*, 131, 1215, 1900].

Ces expériences confirment donc l'opinion émise par Schützenberger [*Dict.*, 3. 193], que le tanin ordinaire du commerce contiendrait un ou plusieurs glucosides indécomposés. On est arrivé cependant à obtenir du tanin proprement dit, exempt de glucose, comme il sera expliqué à propos de la préparation et de l'analyse.

Dekker [*D. chem. G.*. 39, 2497, 3784, 1906] fait remarquer que la formule digallique du tanin doit être abandonnée. car elle n'expliquerait pas la formation d'un *dérivé hexacétylé* obtenu par Sisley. D'après Dekker, le tanin étant optiquement actif, sa formule de structure doit contenir au moins un atome de carbone asymétrique. Ce savant propose la formule suivante :

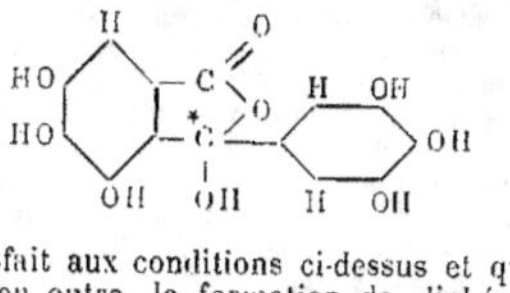

$$
\begin{array}{c}
\text{HO} \\
\text{HO}
\end{array}
\bigcirc
\!-\!\text{C}
\begin{array}{c}
\text{O} \\
\text{O}
\end{array}
\!-\!
\bigcirc
\begin{array}{c}
\text{H} \quad \text{OH} \\
\text{OH}
\end{array}
$$

qui satisfait aux conditions ci-dessus et qui explique, en outre, la formation du diphénylméthane par distillation sur la poudre de zinc, la formation d'hexaoxyanthraquinone par chauffage avec l'acide sulfurique et enfin le dédoublement en 2 mol. d'acide gallique par hydrolyse.

Préparation. — On prépare par la méthode de Pelouze d'assez grandes quantités de tanin. On fait usage d'appareils entièrement clos afin d'éviter toute déperdition d'éther.

Les tanins, dits à l'alcool ou à l'eau, ne sont autre chose que des extraits alcooliques ou aqueux de noix de galle, c'est-à-dire des produits beaucoup plus impurs et moins riches en tannin que celui qui constitue l'extrait éthéré.

On peut distinguer les tanins à l'alcool des tanins à l'eau, à ce que les premiers renferment des résines et des matières grasses.

Les tanins à l'alcool épuisés par l'éther donnent un résidu qui, dissous dans l'alcool et additionné d'eau précipite, tandis que dans les mêmes conditions les tanins à l'eau ne donnent pas de précipité [Adrian, *Bull. Soc. Chim.*, 1, 595, 1889].

Sisley a apporté un perfectionnement notable au procédé de préparation du tanin pur

Si l'on ajoute de l'éther à une solution concentrée de tanin de la noix de galle (à 12 0/0 au moins), et si l'on agite, on obtient après le repos 3 couches :

1° Une couche éthérée contenant peu de tanin, mais des matières colorantes;

2° Une solution aqueuse saturée d'éther renfermant du tanin, des matières colorantes de l'acide gallique, de l'acide ellagique, du glucose;

3° Une couche inférieure visqueuse contenant une solution saturée de tanin dans l'éther aqueux et contenant les 3/4 du tanin. Elle renferme 38 0/0 d'éther, 13 0/0 d'eau et 49 0/0 de tanin, et paraît être une combinaison d'éther, de tanin et d'eau $(C^4H^{10}O)^7.(C^{14}H^{10}O^9)^2, H^2O$.

On dissout cette masse dans le moins d'eau possible, on l'agite avec de l'éther pur qui enlève les dernières impuretés et on la dessèche dans le vide sur l'acide sulfurique. Le tanin ainsi préparé est parfaitement blanc, soluble en toutes proportions dans l'eau. Il donne des solutions incolores et limpides. Il est inodore et précipite en blanc par l'acétate de plomb. Il ne contient plus de glucose et est absorbé entièrement par la poudre de peau [Sisley, *Bull. Soc. Chim.*, 755, 1893].

On peut encore obtenir du tanin en le précipitant à l'état de combinaison métallique, par exemple à l'état de tannate de zinc, et décomposant le précipité par de l'acide sulfurique étendu (voy. analyse).

Propriétés. — Le tanin est oxydé par l'iode en présence de l'eau; il réduit les sels d'or et le tartrate cupropotassique. Il forme des sels avec la plupart des bases. Ces sels sont incristallisables et s'altèrent promptement à l'air.

C'est à cet ordre de composés qu'appartiennent les précipités produits par le tanin dans les solutions d'acétate de plomb, d'émétique ou de sels d'alcaloïdes.

La précipitation du tanin par l'émétique n'est pas complète. Avec les solutions de tanin à 1 0/0 on n'obtient un précipité que si l'on verse le tanin dans l'émétique ; on n'en obtient pas si l'on fait l'inverse.

La présence d'un autre sel, tel que le chlorure d'ammonium, l'acétate de sodium, augmente la quantité de tanin précipité.

Le précipité lavé à l'eau bouillante et desséché à la température ordinaire a la composition $C^{14}H^9(SbO)O^9 + H^2O$; desséché à 100° il a la composition $C^{14}H^7SbO^9$, 1 atome d'antimoine remplaçant 3 atomes d'hydrogène de la molécule de tanin.

Le précipité est blanc gélatineux. Le liquide filtré renferme toujours du tanin et de l'émétique [Lioubavine, *Journ. Soc. phys. chim.*

russe, **33**, 680, 1901 et *Bull. Soc. Chim.*, **28**, 481, 1902].

Le tanin donne avec la solution d'azotate de bismuth, en présence de mannite, une poudre brune amorphe [Vanino et Hauser, *Zeit. anorg. Chem.*, **28**, 210-218, 1901].

Le tanin se combine à l'hydrate de bismuth. Le bismuth se substitue aux hydrogènes phénoliques, en laissant la fonction acide libre pour former le composé

$$(OH)^3 \equiv C^6H^2 - CO - O - C^6H^2 - \begin{matrix} O \\ O \end{matrix} \raisebox{0.5ex}{$>$} Bi - OH \\ \qquad\qquad\qquad COOH$$

[Thibault, *Bull. Soc. Chim.*, **29**, 747-752, 1903].

Le précipité formé par le tanin avec les solutions de gélatine est soluble à chaud dans un excès de gélatine.

Le tanin chauffé avec du zinc et de l'acide sulfurique se transforme en acide benzoïque [Guignet, *C. R.*, **113**, 200, 1891].

Distillé sur la poudre de zinc, il donne du diphénylméthane [Nierestein, *D. chem. G.*, **38**, 3641-3642, 1905].

Böttinger a préparé un dérivé benzoylé du tanin par addition de chlorure de benzoyle à une solution de tanin dans la soude. Il se précipite un mélange de benzoyltanin et d'anhydride benzoïque. Le benzoyltanin se dissout dans la phénylhydrazine en se décomposant [*D. chem. G.*, **22**, 2706 et *Bull. Soc. Chim.*, **3**, 557, 1890].

Le tanin se dissout simplement dans la pyridine, la pipéridine et la nicotine.

Une solution alcoolique de pyridine additionnée d'une solution alcoolique de tanin, donne un précipité blanc par l'action de l'eau.

En mélangeant des solutions aqueuses de pyridine ou de pipéridine et de tanin, on obtient des précipités qui sont des combinaisons équimoléculaires du tanin avec la base.

La lépidine, la quinoléine et la quinaldine sont précipitées par une solution de tanin dans l'eau [OEchsner de Coninck, *C. R.*, **124**, 506, 562, 773 et **125**, 37, 1897].

Le tanin se condense avec la p-phénétidine pour former le *gallamido-p-phénétol*

$$C^6H^2 \hspace{-2pt}\begin{cases} CO - AzH - C^6H^4 - O - C^2H^5 \\ (OH)^3 \end{cases}$$

Le tanin traité en solution éthérée par le diazométhane en excès se transforme en une poudre amorphe fusible à 125°. Ce produit

$$C^{24}H^8O^7(O.CH^3)^8 \text{ ou } C^{25}H^{10}O^7(O.CH^3)^8$$

que les auteurs nomment *méthylotanin*, est dextrogyre.

Les alcalis le dissolvent en fournissant l'acide triméthylgallique et un peu d'acide diméthylgallique [Hertzig et Tscherne, *D. chem. G.*, **38**, 989-991, 1905].

Le tanin se transforme dans l'organisme en acide gallique et c'est à cet état qu'on le retrouve dans les urines.

On l'a employé comme contrepoison de l'antimoine ou des alcaloïdes.

Pour faciliter son emploi en évitant son action nuisible sur l'estomac, on a combiné le tanin à l'oxyde de bismuth, à l'aldéhyde formique (tannoforme), aux albuminoïdes (tannalbine), au radical acétyle (tannigène).

On doit rapprocher de l'acide gallotannique, le *tanin de la noix de galle de Chine* qui paraît être un acide trigallique, dérivant par conséquent de l'union de 3 mol. d'acide gallique

$$C^{21}H^{14}O^{13} + 2H^2O = 3C^7H^6O^5.$$

En chauffant un mélange de tanin, de bisulfate de potassium et d'éther acétylacétique, Bœttinger a obtenu, suivant la durée de l'opération, de l'éther *ditannacétylacétique* $C^{34}H^{32}O^{22}$ ou de l'éther *tannacétylacétique* $C^{30}H^{20}O^{13}$, substances amorphes insolubles dans l'eau et dans l'éther, solubles dans l'alcool, l'acétate d'éthyle et l'acétylacétate d'éthyle.

En chauffant à 190-200° un mélange de tanin, de bisulfate de potassium et de glycérine, on obtient un mélange d'acides *hydrotannique* et *isohydrotannique* $C^{14}H^{14}O^7 + H^2O$, tous deux solubles dans l'alcool.

On peut les séparer l'un de l'autre en ajoutant à leur solution alcoolique de l'éther qui ne précipite que le second.

Ces deux composés sont amorphes et insolubles dans l'eau [*Arch. Pharm.*, (3), **29**, 439-448 et *Bull. Soc. Chim.*, **8**, 347, 1892].

Le *tanin de sumac* a pour composition $C^{31}H^{27}O^{19}(O.CH^3)$ et celui de *québracho* $C^{41}H^{44}O^{18}(OCH^3)^2]^2$ [Strauss et Gschwendner, *Bull. Soc. Chim.*, (3), **36**, 1064, 1906].

Le *tanin du bois de chêne* répond à la formule $C^{15}H^{12}O^9$ et paraît être l'éther méthylique de l'acide digallique.

Son dérivé acétylé réduit en solution alcoolique par l'amalgame de sodium, fournit, outre l'acide acétique, l'acide oxalique et des traces d'acide gallique : 1° un composé $C^{15}H^{18}O^7$ ou $C^{15}H^{16}O^6$; 2° un composé $C^8H^6O^2$; 3° un acide dont le sel de calcium offre la composition et les caractères du trioxybutyrate; 4° une substance très oxydable.

L'addition d'acide sulfurique étendu à la solution alcaline en précipite le composé $C^{15}H^{18}O^7$ que l'auteur nomme *acide hydroquercique*. En épuisant ensuite le liquide par l'éther acétique et évaporant celui-ci, on obtient un extrait en partie soluble dans l'eau. La partie insoluble, dissoute dans un peu d'alcool, donne, par addition d'éther, un précipité d'acide hydroquercique; tandis que le composé $C^8H^6O^2$ ainsi que la matière oxydable restent en solution.

On peut enlever cette dernière en agitant la solution éthérée avec de l'ammoniaque. Elle rougit rapidement au contact de l'air.

L'acide hydroquercique se présente en flocons bruns solubles dans l'eau bouillante et dans l'alcool, il est hygroscopique et possède une saveur amère.

Il fournit un *dérivé diacétylé* $C^{15}H^{14}O^6(C^2H^3O^2)^2$.

Sa solution ammoniacale donne avec le chlorure de baryum et le chlorure de calcium des précipités volumineux.

Le *sel de baryum* a pour composition $(C^{15}H^{16}O^6)^2Ba$; les *sels de plomb* et *d'argent* ont une composition semblable.

Le composé $C^5H^6O^2$ a reçu le nom de *quercilactone*. On ne l'a pas obtenu cristallisé. La quercilactone fond dans l'eau bouillante dans laquelle elle se dissout à la longue; elle est soluble dans l'alcool et l'éther, insoluble dans le benzène et le pétrole léger. Elle se comporte comme une lactone et son *sel de plomb* a pour composition $(C^5H^7O^3)^2Pb$.

La portion de l'extrait éthylacétique soluble dans l'eau étant saturée par le carbonate de chaux donne un sel de calcium soluble présentant la composition du trioxybutyrate [Bœttinger, *Ann. Chem.*, **263**, 108-127 et *Bull. Soc. Chim.*, **8**, 27, 1892].

ACIDE QUERCITANNIQUE. — [Voyez Dict., **2**, 1280].

L'acide quercitannique se trouve dans l'écorce de chêne avec de l'acide gallique, de l'acide ellagique, de la quercite, etc.

Il constitue une poudre rougeâtre peu soluble

dans l'eau froide. plus soluble dans l'éther acétique. On l'a représenté par la formule $C^{19}H^{16}O^{10}$.

Le dérivé acétylé du tanin de l'écorce de chêne donne, par réduction, des produits analogues à ceux fournis par le dérivé acétylé du tanin du boi de chêne, mais la matière oxydable fait défaut, la quercilactone est remplacée par l'acide gallique et l'acide hydroquercique par un acide *hydroquercitannique* $C^{14}H^{14}O^{6}$ que Bœttinger désignait sous le nom d'acide hydroquercigallique.

Pour séparer l'acide hydroquercitannique de l'acide hydroquercique qui peut l'accompagner, on traite le mélange par l'acide acétique bouillant à 20 0/0; le second se dissout en même temps qu'une partie du premier, mais celui-ci se dépose entièrement pendant le refroidissement [Bœt inger, *loc. cit.*].

Les dérivés bromés du tanin de l'écorce de chêne réagissent avec le chlorhydrate d'hydroxylamine. Le tanin est aussi attaqué par le chlorhydrate de phénylhydrazine et l'acétate de sodium [Bœttinger, *D. chem. G.*, **22**, 2706 et *Bull. Soc. Chim.*, **3**, 557, 1890].

L'*acide cafétannique* $C^{30}H^{18}O^{16}$ se retire du café ou du maté sous forme d'une masse jaunâtre, astringente, acidulée, très soluble, ne précipitant pas la gélatine.

C'est un glucoside. Il se décompose par la chaleur en donnant de la pyrocatéchine [Kunz-Krause, *Arch. Pharm.*, **231**, 613]. (Voy. Dict., I. 696 et 1er Suppl., I. 389).

L'*acide kinotannique* (Voy. Kino. Dict., II. 172) constitue la plus grande partie du kino, produit de l'évaporation à l'air de la sève du Pterocarpus marsupium, du P. erinaceus, du Coccoloba uvifera et du Butea frondosa. Sa solution précipite les sels ferriques en vert. Par fusion potassique, il donne la phloroglucine.

Le tanin de l'*algarobilla* (fruit du Cæsalpinea brevifolia) et celui du *myrobolanène* sont des mélanges d'un glucoside de l'acide gallotannique et d'acide ellagénotannique [Zölffel, *Arch. Pharm.*, (3). **29**, 123-161 et *Bull. Soc. Chim.*, **6**, 776, 1891].

A. G. Perkin a isolé du sumac du Cap (Osyris compressa) un nouveau glucoside, *l'oxyrine*, qui se dédouble par les acides dilués en une matière colorante jaune, la quercétine, et du dextrose. Il a également retiré de la quercétine du cachou. Quant aux matières tannantes extraites de semences ou de fruits (dividi, myrobolans, grenadier), elles doivent leurs propriétés à l'acide ellagique [*Chem. Soc.*, **74**, 1181 et **73**, 374; — *Bull. Soc. Chim.*, **20**, 62 et 830. 1898].

La pomme à cidre renferme un tanin qui s'oxyde sous l'influence d'une oxydase contenue dans le fruit, en dégageant de l'anhydride carbonique [Lindet, *Bull. Soc. Chim.*, **13**, 260, 1895].

Phlobaphènes. — Les phlobaphènes sont des anhydrides de certains acides tanniques appartenant généralement à la série catéchique.

La solubilité des phlobaphènes dans l'eau dépend évidemment de leur degré de condensation et de déshydratation.

Un même tanin peut, en effet, donner plusieurs anhydrides par perte d'une, de 2 ou de 3 mol. d'eau.

Ils fonctionnent comme de véritables tanins vis-à-vis de la peau et de la gélatine.

Un certain nombre de matières colorantes végétales dont la constitution n'est pas parfaitement connue semblent appartenir à cette catégorie de composés : c'est le cas des tanins du vin ou acides œnoliques.

Le phlobaphène du chêne ou *rouge quercique* est l'anhydride de l'acide quercitannique.

Le phlobaphène du pin et celui du quinquina donnent sous l'influence de la potasse fondante de l'acide protocatéchique.

Les phlobaphènes de la racine de fougère, du ratanhia, du marron d'Inde donnent, en outre, de la phloroglucine [Hlasiwetz, *Zeit. f. Chem.*, **3**, 483].

E. Baud.

TANINS (ANALYSE). — (Voyez Dict., **3**, 190).

Lorsqu'il s'agit de doser le tanin dans les produits naturels, boisson, écorces, on doit apporter la plus grande attention à la prise de l'échantillon moyen, car le tanin n'est pas distribué uniformément dans ces matières.

L'échantillon est réduit en poudre au moyen du mortier, de la râpe ou du moulin, et épuisé par l'eau bouillante.

Un litre d'eau bouillante suffit à épuiser en 6 heures 20 gr. d'écorce de chêne ou de pin.

En prolongeant l'ébullition. la proportion de tanin dissous reste sensiblement la même, tandis que la richesse de la solution en non-tanins augmente [Schrœder et Bartel, *Dingler's Polyt. Journ.*, 1894, 259 et *Mon. Scient.*, 1894. 680].

Lorsqu'on fait bouillir des écorces avec un grand excès d'eau, il faut prélever la liqueur à traiter dès que l'ébullition a cessé, car pendant le refroidissement l'écorce absorbe de nouveau une partie de la matière tannante [Muller, *Bull. Soc. Chim.*, **17**, 2, 1897]. Si la solution n'est pas limpide, on la filtre, en ayant soin de jeter les 250 premiers centimètres cubes pour tenir compte du tanin absorbé par le papier. On peut aussi la filtrer à travers une bougie en porcelaine poreuse.

Les nombreuses méthodes proposées pour doser les tanins peuvent se classer en 4 catégories :

1° Les méthodes basées sur l'absorption du tanin par une matière albuminoïde;

2° Celles qui reposent sur l'emploi des sels métalliques;

3° Celles qui sont basées sur l'absorption de l'oxygène :

4° La méthode à l'iode.

1° — Les méthodes de la première catégorie utilisent la colle de poisson, la gélatine, l'albumine sèche [Fleury, *Journ. Pharm. Chim.*, 1892, 499]. la soie décreusée et surtout la peau.

La fibroïne ou soie décreusée absorbe sensiblement en totalité le tanin. Il suffit de maintenir la soie en contact avec la solution de tanin pendant 5 heures à 50° et d'employer la soie en grand excès. On peut peser la soie sèche avant, et après l'opération ou bien doser les matières réductrices dans la liqueur avant et après l'action de la soie [Léo Vignon, *C. R.*, **127**, 369, 1898 et *Bull. Soc. Chim.*, **19**, 923, 1898].

Le dosage du tanin au moyen de la peau a été jusqu'ici le plus employé et le plus étudié. Müntz et Rampacher filtraient la solution tannifère sous pression à travers une peau. La peau était pesée à l'état sec avant et après l'opération et l'augmentation de poids était considérée comme due au tanin.

Ce procédé a été modifié par l'emploi de la poudre de peau.

Les méthodes à la peau ont été l'objet de nombreuses critiques.

La peau absorbe des matières autres que le tanin, et en quantité variable suivant la nature du bois et les conditions de l'expérience [Nihoul, *Bull. Assoc. belge Chim.*, **17**, n° 5-6, 213-221, 1903].

Une petite partie de la peau peut se dissoudre si le liquide est acide, comme c'est le cas pour la jusée des tanneries.

Koch a reconnu que les dosages en poids par la peau peuvent présenter des écarts très variables. La peau employée doit être finement râée, blanche et de bonne qualité [*Dingler's Polyt. Journ.*, 280, 141-159]. Elle ne doit pas donner plus de 0,2 0/0 de substances solubles dans l'eau.

Malgré ses défauts, cette méthode est encore employée pour les matières premières et les produits de la tannerie, parce qu'elle semble réaliser en petit les conditions de la pratique industrielle. Il résulte, cependant, d'expériences de F. Jean, que les résultats fournis par l'emploi de la poudre de peau ne concordent guère avec ceux obtenus par la méthode de Müntz : la poudre de peau a un pouvoir absorbant plus grand que la peau en morceau.

Néanmoins, en suivant les prescriptions de *l'Association des chimistes de l'Industrie du cuir* on arrive, avec la poudre de peau, à des résultats comparables.

On doit se servir d'une cloche filtrante de Procter, de 7 cm. de hauteur, 3 cm. de diamètre, avec une tubulure de 17 mm., dont l'orifice inférieur est fermé par une mousseline fixée par un caoutchouc. On place dans cette cloche 6 à 7 gr. de poudre de peau, et l'on y fait filtrer 200 cc. de la solution à essayer contenant environ 7 à 8 gr. de tanin.

On détermine le poids de l'extrait sec sur la liqueur primitive en évaporant au bain-marie et séchant à l'étuve à 100° jusqu'à poids constant. On fait la même opération avec le liquide filtré sur la peau.

La différence des poids des deux extraits correspond aux matières absorbées [Halphen, *L'analyse des matières tannantes et le Congrès de Copenhague, C. R. du Congr. de chim. appl.*, Paris, 1900 ; — Ferdinand Jean, *C. R. du 7e Cong. de l'Association internationale des chimistes de l'Industrie du cuir*, 1904 ; *Rev. gén. de chim. pure et appl.*, 389 et 463, 1904].

Procter et Bennett proposent d'absorber le tanin par de la poudre de peau de buffle chromée dans certaines conditions [*Bull. Soc. Chim.*, (4), 2, 559, 1907].

Parker et Payne ont proposé au Congrès de Turin (1904) une nouvelle méthode d'analyse des matières tannantes au moyen de gélatine et d'une solution titrée de chaux. La réaction fondamentale sur laquelle elle repose est la formation d'un composé basique insoluble de l'acide gallotannique avec la chaux.

On fait usage d'une liqueur titrée $\frac{N}{5}$ de chaux. On agite cette liqueur avec la solution à analyser, on filtre et l'on dose la chaux en présence de phtaléine dans la liqueur filtrée.

1 mol. d'acide gallotannique absorbe 4 mol. de chaux.

Quand le tanin est impur, ce qui est le cas le plus général, on l'absorbe par la gélatine et l'on fait deux dosages à la chaux comme précédemment, l'un avant et l'autre après l'action de la gélatine.

Les auteurs recommandent également, comme réactif très sensible du tanin, la solution de gélatine préparée suivant leurs indications et acidifiée par l'acide acétique [Parker et Payne, *Rev. génér. de chim. pure et appl.*, 392, 1904].

Le procédé de dosage de Parker et Payne n'a été étudié que pour l'acide gallotannique et ne donnerait pas, d'après Bœgt, des résultats concordants avec les tanins catéchiques.

2° — Les méthodes basées sur la formation de composés métalliques insolubles emploient l'acétate et le sulfate de cuivre, le protochlorure d'étain, l'émétique, l'acétate de zinc ammoniacal, les sels de fer et, enfin, la chaux.

Lorsqu'on emploie les sels de cuivre, on peut, soit calciner le précipité et calculer les résultats en admettant que 1 gr. d'oxyde de cuivre correspond à 1gr,34 de tanin, ou bien redissoudre le précipité et doser les substances oxydables par le permanganate de potassium.

Guénez [*C. R.*, 110, 532, 1890] a proposé une méthode qui repose sur le principe suivant : le tanin ajouté à une solution bouillante d'émétique colorée par du vert Poirrier 4JE, forme un précipité qui entraîne la matière colorante, et la liqueur se décolore complètement pour une quantité suffisante de tanin. On titre la solution d'émétique (12 gr. d'émétique et 1 gr. de vert par litre) au moyen d'une solution de tanin pur (à 5 ou 6 gr. par litre).

L'acide gallique ne précipite dans ces conditions qu'au bout d'un certain temps.

Ruoss précipite le tanin par un sel ferrique dans des conditions bien déterminées, et obtient un tannate de composition constante.

La quantité de tanin est déduite du poids d'oxyde de fer obtenu par calcination [*Bull. Soc. Chim.*, 32, 431, 1904].

Hinsdale dose colorimétriquement le tanin en employant comme réactif une solution contenant 0,04 de ferricyanure de potassium et 1cc,5 de solution de chlorure ferrique [*Chem. News*, 62, 19].

La méthode à l'acétate de zinc ammoniacal ou méthode de Carpeni modifiée dans le tanin pur est assez recommandable. La liqueur à essayer est additionnée d'un excès d'acétate de zinc ammoniacal à froid, le précipité est filtré, lavé à l'eau ammoniacale, redissous dans l'acide sulfurique étendu, et le tanin dosé au moyen du permanganate vers 65°. On ne précipite ainsi que le tanin que l'on peut doser, même en présence d'acide gallique. 1 cc. de permanganate à 3gr,162 par litre correspond à 0,004 155 de gallotanin.

Sisley opère le titrage au permanganate en présence de carmin d'indigo [Sisley, *Bull. Soc. Chem.*, 9, 764, 1893]. Il serait nécessaire de déterminer le pouvoir réducteur des différents tanins vis-à-vis du permanganate.

3° — Les méthodes basées sur l'absorption d'oxygène sont celles qui emploient le permanganate (méthode de Lœventhal modifiée par von Schrœder, etc.), et la méthode de Thomson qui fait usage d'eau oxygénée.

Le tanin est extrait des produits tannifères au moyen de l'alcool ; l'oxygène provenant de la décomposition de l'eau oxygénée est absorbé jusqu'à concurrence de 20 cc. par décigramme de tanin. Il suffit donc de titrer l'eau oxygénée seule et en présence de tanin, la différence correspond à l'oxygène absorbé par ce dernier.

Vaubel et Scheuer dosent le tanin en mesurant en volume ou en poids l'oxygène absorbé en liqueur alcaline. 1 cc. d'oxygène correspond à 0gr,0044 ou 0,0043 de tanin [*Bull. Soc. Chim.*, (4), 2, 494, 1907].

4° Dans la méthode à l'iode, proposée par Ferdinand Jean, on dose le tanin par l'iode en présence de bicarbonate de soude et l'on essaie à la touche sur du papier amidonné. On opère sur la solution primitive, puis sur la solution traitée par la poudre de peau ou par l'albumine [*Rev. Ch. Ind.*, 35, 1900].

M. Boudet fait réagir la solution d'iode titrée sur le tanin pendant 2 heures, et titre l'iode en excès par l'hyposulfite [*Bull. Soc. Chim.*, (3), 35, 614, 1907].

On peut aussi précipiter le tanin par l'oxyde

de zinc, redissoudre le précipité dans l'acide acétique, séparer le zinc par le ferrocyanure, alcaliniser la liqueur filtrée par le carbonate de soude et titrer par l'iode.

Ferdinand Jean [*C. R.*, **135**, 536, 1902] a remarqué que l'extrait de bois de châtaignier, agité avec une solution d'acide acétique, provoque la mise en liberté d'une certaine quantité d'iode. L'extrait de bois de chêne est sans action sur l'acide iodique.

Le titrage de l'iode libéré peut donc servir à apprécier la quantité d'extrait de châtaignier, sachant que 1 gr. d'iode correspond à 6^{gr},25 d'extrait sec, à 19 gr. d'extrait à 20° Bé. et à 16 gr. d'extrait à 25° Bé.

Février 1908.   E. Baud.

TANINS (INDUSTRIE). — En 1818, Michel, teinturier à Lyon, découvrit la présence du tanin dans le bois de châtaignier. Il l'appliqua d'abord à la teinture de la soie, puis, plus tard, en 1860, à la préparation des gros cuirs.

En 1888, les jus tinctoriaux ou tanniques clarifiés et décolorés furent appliqués à Suresnes, Saint-Denis et Lyon pour charger les soies. Enfin, à la suite d'une série de crises commerciales, la tannerie dut modifier ses procédés techniques, et l'attention des tanneurs fut attirée par les avantages économiques que présente l'emploi des extraits tanniques (Voy. TANNERIE).

Les procédés d'extraction employés aujourd'hui permettent d'obtenir, à bas prix, des produits contenant non seulement le tanin, mais les matières diverses qui l'accompagnent et qui sont en partie absorbées par la peau.

La principale matière première utilisée en France est le châtaignier.

En Allemagne on opère sur le bois de chêne.

Le châtaignier, arbre silicicole, vient sur les terres meubles, fraîches et profondes, sablonneuses ou schisteuses. Il est commun en France et assez rare dans les autres pays. Aussi, la France exporte-t-elle environ 30 000 tonnes d'extrait de châtaignier par an, tandis que l'importation atteint seulement 2400 tonnes.

Le bois de châtaignier écorcé contient de 5 à 6 0/0 de tanin. Exceptionnellement cette proportion peut atteindre 9 0/0 dans le châtaignier corse, ce qui explique le développement rapide de cette industrie dans cette île qui possède 4 usines en activité.

Le bois vieux de châtaignier renferme à peu près la même proportion de matières tannantes, que le vieux bois de chêne (8 à 10 0/0).

Le bois de châtaignier se vend en bûches à 17 ou 18 fr. la tonne rendue à l'usine.

On a fait quelques tentatives pour employer directement le bois débité en petits fragments. Mais on n'a obtenu que des résultats médiocres, car le bois ne cède que difficilement ses matières tannantes. Voici la composition du bois de châtaignier [Trimble, *Chem. News*, **64**, 251 et *Bull. Soc. Chim.*, **7**, 640, 1892].

Cire fondant à 50°, soluble dans l'alcool chaud	1,03
Acide gallique	0,04
Résine	0,28
Tanin extrait par l'alcool absolu	3,42
Mucilage	1,16
Dextrine	1,89
Sucre	0,96
Tanin extrait par l'eau	1,92
Pectine et albuminoïdes	1,46
Matières extractives dissoutes dans l'acide dilué	2,95
Cendres	7,08
Humidité	7,05
Cellulose et ligneux	70,76
	100,00

Les autres matières premières principalement employées sont le bois de chêne, le quebracho, l'hemlock, la canaigre, l'acacia, le mimosa, le sumac.

Bois de chêne. — Le tanin est plus abondant dans le bois parfait que dans l'aubier. La teneur au cœur peut aller à 7 0/0, tandis que l'aubier n'en renferme que 1 0/0.

Les extraits sont produits généralement par le chêne commun. Le chêne blanc donne des extraits moins colorés servant pour les cuirs de sellerie. On utilise également le chêne vert (Quercus ilex) et le chêne du midi (Quercus coccifère).

Bois de quebracho. — Ce bois fut importé en 1873 de la Plata, par M. Dubosc, du Havre. Il renferme 18 à 21 0/0 de tanin pur. On en importe actuellement 30 à 35 000 tonnes par an au Havre et 190 000 tonnes pour l'Europe entière [Haller, *Les industries chimiques à l'Exposition de* 1900, II, 7]. Il a l'inconvénient de donner un cuir sec, et d'être fortement coloré.

Écorce de sapin et de pin. — Cette matière provient de l'écorçage des arbres abattus. Elle contient 5 à 8 0/0 de tanin, du glucose et des résines.

Hemlock. — L'écorce d'hemlock est fournie par une variété de sapin du Canada (Abies canadensis). Elle contient 8 à 10 0/0 de tanin ainsi que de la résine et une matière rouge.

L'extrait d'Hemlock est exporté des États-Unis. L'extrait liquide contient 28 à 30 0/0 de tanin [Höhnel, *La Halle aux cuirs*, 1902].

Canaigre. — La canaigre est une plante herbacée du Mexique qui porte à sa base des tubercules contenant le tanin.

Elle est employée en tannerie depuis 1885. Les tubercules séchés contiennent 25 0/0 de tanin.

Acacia et mimosa. — Certaines variétés d'acacia et de mimosa, qui croissent en Australie, fournissent des écorces contenant jusqu'à 50 0/0 de tanin. On en fait des extraits liquides (36 à 39 0/0 de tanin), pâteux (40 à 43 0/0) et solides (60 à 65 0/0).

Sumac. — Une des meilleures variétés est le sumac de Sicile. Les branches et les feuilles sont séchées au soleil et broyées avec des meules en pierre. Le sumac contient en moyenne 22 à 24 0/0 de tanin.

On aurait découvert à Lincoln, État de Nebraska, une nouvelle plante à tanin désignée sous le nom de *Western tanning plant*, contenant 18 0/0 de tanin.

Matières premières employées en nature. — *Écorce de chêne.* — L'écorçage se fait du 15 avril au 15 juin au moment où la sève monte et où l'écorce est distendue et se sépare facilement.

C'est encore la matière première la plus importante des tanneries françaises. La France en produit 300 millions de kg. par an.

Les *écorces de pin et de sapin* sont très employées dans les pays septentrionaux et dans les Alpes.

L'*écorce du bouleau* qui provient des arbres abattus ou sur pied contient 8 à 12 0/0 de tanin. Elle donne par distillation l'huile de bouleau employée à la fabrication du cuir de Russie.

FABRICATION DES EXTRAITS TANNIQUES. — Les produits végétaux utilisés : écorces, bois, feuilles ou fruits, sont d'abord broyés ou triturés. Pour les écorces on se sert de hachoirs, de meules ou de moulins à noix.

Pour les bois on fait usage de découpeuses.

Le bois arrive à l'usine en bûches de 1 mètre

à 1m,70 écorcées et exemptes de terre ou de pierres. Il est réduit en copeaux de quelques millimètres d'épaisseur au moyen de découpeuses composées d'une varlope circulaire fonctionnant à la manière des coupe-betteraves.

Une machine nécessitant une force de 65 chevaux peut découper jusqu'à 3000 kg. de bois à l'heure.

On peut aussi se servir de scies circulaires multiples situées sur un même arbre et très rapprochées les unes des autres.

On obtient ainsi des plaquettes que l'on broie dans un broyeur centrifuge où entre des cylindres dentés.

Les copeaux ou les sciures sont conduits mécaniquement aux appareils d'extraction.

Extraction. — L'extraction peut se faire par diffusion avec ou sans pression. Dans le *procédé sous pression*, on se sert d'une batterie de 6 à 8 cuves de diffusion en cuivre ou en bois doublé de cuivre.

Chaque cuve peut recevoir 2800 kg. de bois. Sa partie inférieure communique par un tuyau avec la partie supérieure de la seconde. Sur le fond se trouve un barboteur de vapeur en cuivre. La base de la cuve porte une ouverture de 0m,50 pour permettre la vidange rapide. Cette ouverture est bouchée par un obturateur en cuivre muni d'un tore creux en caoutchouc dans lequel on peut envoyer de l'eau sous pression.

L'eau préalablement chauffée au voisinage de 100° dans un réservoir supérieur est distribuée successivement par une conduite générale à chacune des cuves, de façon à réaliser une opération méthodique.

L'eau employée est additionnée au préalable d'acide sulfurique ou mieux d'acide oxalique pour neutraliser la chaux et la magnésie contenues dans l'eau et dans le bois.

La quantité d'acide sulfurique est évidemment très variable et dépend de la nature de l'eau. Elle peut être de 500 gr. à 2000 gr. par mètre cube. Les tubes de communication entre deux cuves doivent avoir un grand diamètre pour éviter les pertes de charge.

Ils passent dans un tube plus grand traversé par de la vapeur destinée à réchauffer le jus qui les traverse et à ramener leur température à 100°.

Le jus passe d'une façon continue d'une cuve à l'autre.

Avec 8 cuves, on fait une opération complète toutes les 8 heures, c'est-à-dire que le liquide met une heure pour traverser 1 cuve et l'on peut traiter 48 000 kg. de bois par 24 heures.

Le *procédé avec pression* exige un matériel plus coûteux que le précédent, mais le rendement en extrait est plus grand et l'extraction plus rapide.

On se sert de cuves en cuivre ou en bronze qui sont de véritables autoclaves. Elles sont munies d'un couvercle supérieur à joint hydraulique et d'un obturateur à déchargement à la partie inférieure. Un peu au-dessus du fond se trouve une grille perforée sur laquelle repose la charge de bois.

Les cuves sont réunies par un tube de communication à un réchauffeur ou calorisateur.

Ces appareils ressemblent donc beaucoup aux diffuseurs de sucrerie et se manœuvrent de la même façon. La pression ne doit pas être produite par la vapeur, car l'augmentation de pression ainsi obtenue serait accompagnée d'une élévation de température nuisible à la qualité de l'extrait et au rendement.

Au contraire, avec une pression hydraulique dans les diffuseurs de 2 kg. et une température

de 90° on obtient le maximum de rendement en extrait tout en ayant un produit de bonne qualité.

Cette pression est obtenue de la façon suivante. Une pompe refoule l'eau dans la cuve contenant le bois le plus épuisé, cette eau déplace de proche en proche le liquide des cuves suivantes et le jus concentré de la dernière cuve après avoir passé sur du bois neuf doit vaincre, pour se rendre dans un réservoir, la résistance d'une soupape chargée en conséquence.

La pompe doit débiter environ 2000 litres à l'heure.

Le travail peut aussi s'effectuer à la température de 70°, à condition d'augmenter la pression.

On obtient ainsi des jus à 3°,5 ou 4° Baumé. Le bois épuisé peut être utilisé comme combustible, il peut aussi être distillé et fournir du charbon de bois et de l'acide pyroligneux ou transformé en pâte à papier, ou enfin servir à faire de l'acide oxalique. Les résultats obtenus avec une même substance varient avec la température, la durée de l'épuisement, la pression, la nature de l'eau.

Parker et Procter [*Journ. Soc. Chem. Ind.*, 635, 1895] ont étudié l'influence de la température. Ils ont constaté que la plupart des produits tanniques peuvent être épuisés à des températures inférieures à 100° et qu'aux températures supérieures des proportions de plus en plus fortes de tanin sont détruites en même temps que la nuance augmente.

Schrœder et Bartel [*Dingler's J.*, 259, 1897] ont constaté que le tanin se dissolvait au début de l'épuisement et que si l'on prolongeait l'opération, on augmentait la proportion de non-tanins dans le liquide.

D'après Nihoul, les eaux chargées de bicarbonates alcalino-terreux dissolvent moins de tanin et plus de matières organiques étrangères [*Bull. Assoc. belge Chim.*, n° 11, 384, 1902].

Les eaux chargées de sels de sodium, de sulfate de chaux, de chlorure de calcium, de chlorure de magnésium conduisent à des pertes en tanin. L'emploi de l'eau de pluie est donc à recommander [Nihoul et van de Putte, *Bull. Assoc. belge Chim.*, 17, 298, 316, 1903 et 18, 185, 198, 1904].

Eitner [*Dingler's J.*, 235, 1897] a constaté que le rendement en extrait croissait de 1 à 2 atmosphères et diminuait ensuite. Les extraits obtenus sous pression sont plus riches en non-tanin.

Clarification et décoloration. — Les jus sortant des diffuseurs passent dans un échangeur de température, où ils cèdent leur chaleur à l'eau froide destinée à l'alimentation de la batterie ou des générateurs.

Les jus refroidis sont ensuite abandonnés au repos.

De nombreux procédés ayant pour but la clarification ou la décoloration des extraits tanniques ont été brevetés.

Plusieurs emploient les sulfites, bisulfites, hydrosulfites et hyposulfites [Doutreleau, Brevet français, n° 163 199, 1884; — Lepetit, Dollfus et Geusser, Br. fr., n° 355 698, 1896; Lorenzo-Dufour, Br. fr., n° 269 024, 1897].

Dans le procédé Doutreleau, on fait usage d'hyposulfite d'alumine qui se décompose par la chaleur en acide sulfureux et alumine.

Goudolo [Br. fr., 1879, n° 130 625] emploie le sérum du sang. On neutralise l'acide sulfurique qui peut se trouver dans les jus par le carbonate de soude ou le sulfite de soude, puis on ajoute au jus refroidi 15 kilogr. de sérum pour 1 m³ de jus et 500 gr. de carbonate de chaux.

On brasse la masse et on la chauffe à la vapeur jusqu'à coagulation de l'albumine. Le liquide est ensuite envoyé au filtre-presse.

On peut encore employer le gluten, la caséine, la levure de bière [Hatscheck, Br. fr., 1901, n° 317004].

Les matières albuminoïdes ont l'inconvénient d'occasionner une perte en tanin.

Gillard, Monnet et Cartier [Br. fr., 1892, n° 269628] ont remarqué que le son bien privé d'amidon jouissait de la propriété de fixer les matières colorantes des extraits à la température de 88° à 100°.

Trillat [Br. fr., 1892, n° 223442] propose de décolorer les jus en produisant au sein du liquide des combinaisons insolubles entre des amines (aniline, toluidine, diphénylamine) d'une part, et d'autre part des aldéhydes ou acétones (aldéhyde formique, acroléine, acétone, etc.).

Roy a préconisé l'emploi du protochlorure d'étain et de l'oxalate d'étain [Br. fr., 1896, n° 258891; Br. fr., 1901, n° 313429].

Goez fait usage d'alumine gélatineuse [Br. fr., 1883, n° 155842].

Klenk traite les jus tanniques à 4° Baumé, préalablement chauffés, par du sulfate d'alumine, puis par du bisulfite de sodium. On laisse ensuite déposer le précipité d'alumine impure, on décante et on filtre.

On emploie pour 5000 lit. de jus 4 kilogr. de sulfate d'alumine et 15 à 20 lit. d'une solution de bisulfite de soude à 38° Baumé [Brevets américains n° 720157, 1902 et n° 734889, 1903].

On obtiendrait ainsi des extraits très peu colorés, mais qui contiennent un peu de sulfite et de sulfate de sodium, de sulfate d'alumine. De plus le précipité d'alumine entraîne toujours un peu de tanin.

Filtration — La filtration des jus troubles peut se faire au moyen de filtres-presses ou mieux de turbines centrifuges.

Évaporation. — Les jus clairs sont envoyés dans des appareils d'évaporation à double, triple ou quadruple effet, en cuivre, analogues aux appareils des sucreries.

Les jus doivent être privés aussi complètement que possible de sulfate de chaux qui produit des incrustations nuisibles. Ce sel peut être éliminé en traitant les jus par du lactate de baryum, ou les eaux par de l'aluminate de baryum.

On évapore jusqu'à obtention d'un extrait à 20° ou 25° Baumé et plus rarement à 30°. Les extraits solides sont peu employés.

Villon prépare le tanin à l'état incolore en traitant les extraits de châtaigniers à 4° ou 8° Baumé préalablement refroidis par une solution de sulfate de zinc, puis en envoyant dans le mélange du gaz ammoniac en excès et chauffant à l'ébullition.

Le précipité de tannate de zinc est séparé par filtration et décomposé par l'acide sulfurique dilué.

La liqueur ainsi obtenue contient du tanin et du sulfate de zinc; on sépare ce sel par addition de sulfure de baryum et filtration [*Bull. Soc. Chim.*, 3, 676 et 786, 1890]. 100 kilogr. de bois de châtaignier donnent 15 à 18 kilogr. d'extrait brut à 25° Baumé valant 20 à 25 fr. les 100 kilogr. L'extrait clarifié et décoloré vaut 27 à 28 fr.

Un bon extrait de châtaignier ne doit pas contenir d'acides minéraux et très peu de sulfates, nitrates et chlorures.

Il ne doit pas se troubler par addition d'eau.

Un bon extrait à 25° Baumé doit doser de 28 à 32 0/0 de tanin. Souvent on l'enrichit par addition d'extrait de Quebracho.

Voici quelques analyses d'extraits de châtaignier :

Extrait d'une usine de Lyon (A. Müntz).

Densité	25° Bé
Tanin	28,35
Matières extractives (non tanin)	11,69
Cendres	0,41
Eau	59,55

Extrait d'une usine de l'Ardèche (École de Liège).

Densité	1213
Tanin	38,8
Non-tanin soluble	9
Insoluble	0,71
Cendres	0,40
Eau	58,07

Extrait solide (Schrœder).

Matières tannantes	38,54	25,64
Matières non tannantes	8,55	21,47
Insoluble	0,32	3,43
Cendres	0,55	0,29
Eau	51,94	49,17
Sucre	3,02	11,70

Il existe en France 39 fabriques d'extraits de châtaignier, réparties dans 18 départements.

BIBLIOGRAPHIE. — O. Petit, *Les emplois chimiques du bois.* — L. Meunier et C. Vaney, *La Tannerie.* — *Moniteur scientifique*, 1891, 1895, 1896, 1898, 1905.—*Bulletin du Ministère de l'Agriculture*, janvier et février 1904. — A. Haller, *Les Industries chimiques à l'Exposition de 1900.* — L. Grognot, *Revue générale de chimie pure et appliquée*, 1903, p. 166.

Février 1908. E. Baud.

TANIOLITE (Min.) (G. Flink). — Silicate du groupe des micas,

$$Si^3 O^8 [K,Na,Li](MgOH)^2 + H^2O,$$

en petits cristaux $pg^1e^3/_2e^1/_2b^1/_2$, macles p. Lentement, mais complètement attaqué par l'acide chlorhydrique. Fond au chalumeau en colorant la flamme en rouge. Dureté $= 2,5$-3. Densité $= 2,86$. L. Bourgeois.

TANNALBINE. — On précipite par l'acide tannique une solution d'albumine, le précipité lavé est séché à 110-120°. M. Delacre.

TANNASE. — Voyez l'art. TANINS, p. 651.

TANNERIE. — Voy. Dict., 3, 186.

BIBLIOGRAPHIE. — L. Meunier et C. Vaney, *La Tannerie*, Gauthier-Villars, éditeur, Paris. — F. Jean, *L'Industrie des cuirs et peaux*, Gauthier-Villars et Masson, Paris. — Villon, *Traité pratique de la fabrication des peaux*, Baudry, éditeur, Paris. — *Rapport* de M. Peltereau sur la Classe 89, Cuirs et Peaux, de l'Exposition universelle de Paris, 1900. — *Bulletin du Syndicat général de l'industrie des cuirs et peaux de France.* — Procter, *A Text Book of Tanning*, Londres. — Schrœder, *Gerberei Chemie*, Günther, éditeur, Berlin. — Jettmar, *Handbuch der Chromgerburg*, Schulze, éditeur, Leipzig. — *The Leather Manufacturer.* — *The Leather Trades Review.*

Peaux. — Le nombre des animaux domestiques abattus en Europe ne suffit pas à l'industrie de la tannerie, et les ports de Hambourg, du Havre, d'Anvers et de Liverpool reçoivent des peaux séchées venant principalement de l'Amérique du Sud, des Indes et de la Chine.

En France, les abatages d'animaux domestiques s'élèvent au nombre de 20 millions par an. La France reçoit, en outre, 60 millions de kilog. de peaux exotiques.

Les peaux fraîches que le tanneur ne peut mettre immédiatement en travail, ainsi que celles qui doivent être exportées, sont conservées au moyen du salage ou du chaulage.

En France, le sel destiné à cet usage doit être dénaturé par de la naphtaline, du goudron de houille ou du goudron de bois.

Au Bresil, les peaux sont simplement séchées à l'air avant d'être exportées.

Le bœuf fournit une peau très forte.

La vache donne un cuir plus mince, mais plus fin et plus recherché que celui du bœuf.

La peau de veau est très serrée; elle est d'autant plus estimée qu'elle provient d'animaux plus jeunes.

La valeur des peaux de mouton varie en raison inverse de celle de la laine.

Le cuir de cheval est formé d'un tissu fin, mais il présente souvent des défauts, des cicatrices, etc.; il est corroyé sur fleur, mais jamais du côté chair.

La surface externe du derme, du côté poil, porte le nom de *grain*; elle présente un dessin formé par le contour des papilles, recouvert d'une sorte de vernis transparent ou *membrane hyaline*.

Au-dessous de cette membrane se trouve la *fleur* du cuir, qui est formée par des fibres blanches ou fibres conjonctives.

Celles-ci sont constituées principalement par de la *géline*, substance analogue à la fibroïne, de la soie, et une petite quantité d'*élastine*, de *conjonctine* et de *coriine*.

La géline se transforme, par chauffage prolongé avec l'eau, en gélatine identique à celle de l'osséine.

La peau possède la propriété de se gonfler en absorbant de l'eau. Ce gonflement se fait exclusivement aux dépens du derme; l'épaisseur de l'épiderme ne varie pas.

Ce phénomène parait être à la fois d'ordre chimique et d'ordre physique.

Il doit y avoir combinaison, car il y a dégagement de chaleur et contraction : le volume du corps gonflé étant inférieur à la somme des volumes de la peau primitive et de l'eau absorbée. Enfin, il y a en même temps action capillaire et osmose.

Les bases en solution diluée dissolvent une partie de la substance de la peau. La peau absorbe les acides. Ces corps ont pour effet d'augmenter le gonflement.

En présence d'acides, la peau absorbe 1/3 à 1/4 de son poids d'eau.

La peau, comme les matières albuminoïdes, durcit sous l'influence de la formaldéhyde.

Préparation des peaux. — L'épilage ou *pelanage* peut se faire par quatre procédés :

1° Le procédé à l'*échauffe* pour les grosses pièces (cuir de Liège, de Givet, etc.);

2° Le procédé à la chaux pour la fabrication du cuir molleterie (cuir lissé, veau ciré);

3° Le procédé aux sulfures alcalins qui s'emploient surtout pour les peaux de veau destinées à la mégisserie;

4° Le procédé aux sulfures d'arsenic pour les peaux d'agneau et de chevreau destinées à la ganterie.

Le bulbe du poil contient une matière albuminoïde spéciale : la *pilline* qui est soluble dans les alcalis et les sulfures alcalins. Cette substance une fois dissoute, le poil est facilement enlevé. C'est ce qu'on réalise dans les différents procédés énumérés ci-dessus.

Dans l'épilage à l'échauffe, on utilise une fermentation due à une bactérie (Villon) ou à un streptocoque[Schmitz, Dumont, *Mon. scient.*, 312, 1897] qui transforme la substance du bulbe en leucine, tyrosine, acide butyrique et ammoniaque. Cette ammoniaque agit comme dissolvant de la couche muqueuse de Malpighi (voy. Dict., 3, 188).

Les peaux sont suspendues dans de grandes chambres closes (échauffe naturelle), ou dans des chambres chauffées par la combustion d'un peu de tannée (échauffe à l'étuve), ou par la vapeur (échauffe à la vapeur).

Dans le deuxième procédé, l'épilage parait dû à l'action combinée de la chaux et des bactéries (Procter). L'action de la chaux contribue aussi à l'élimination des graisses.

L'épilage aux sulfures d'arsenic se fait en France au moyen de l'orpin artificiel, qui est un mélange de bisulfure $As^2 S^2$ et de trisulfure $As^2 S^3$.

Élimination de la chaux. — Le raclage de la peau sur le chevalet de rivière enlève les poils, ainsi qu'une partie des savons calcaires et autres sels de chaux insolubles. Mais on peut aussi enlever la chaux au moyen de réactifs chimiques tels que :

1° L'acide chlorhydrique du commerce étendu de 10 volumes d'eau. On aura avantage à employer de l'acide blanc exempt de fer;

2° L'acide pyroligneux redistillé pour séparer les goudrons :

3° L'acide actique. Ce produit est assez employé, à la dose de 1/2 litre d'acide commercial (à 50 0/0) pour 100 kilogr. de peaux;

4° L'acide crésotinique

$$C^6 H^3 \begin{cases} CO^2 H_{(1)} \\ OH_{(2)} \\ CH^3_{(5)} \end{cases}$$

[*Mon. scient.*, 826, 1890] qui est d'un prix assez élevé, et ne peut être utilisé que pour les cuirs fins. On l'emploie à la dose de 5 gr. par kilog. de peau;

5° L'acide crésolsulfonique est également employé sous le nom d'anticalcium.

On peut encore éliminer la chaux par l'action du jus de tannée aigri, du son ou de la paille ou, enfin, des excréments.

Le son et la paille d'avoine délayés dans l'eau, et abandonnés à la fermentation, agissent à la fois mécaniquement et par les acides lactique et acétique auxquels ils donnent naissance.

Ils sont surtout employés en mégisserie et en maroquinerie.

L'élimination de la chaux par les excréments parait due à des bactéries, qui agissent à la fois par les enzymes qu'elles sécrètent et les composés ammoniacaux qu'elles produisent dans leurs milieux de culture.

TANNAGE. — Le tannage peut se faire au tanin, aux sels d'aluminium, aux sels de chrome ou à l'huile.

Tannage au tanin. — La fixation du tanin par la peau est analogue à la fixation des matières colorantes par les fibres textiles. Pour le tannage, de même que pour la teinture, on se trouve en présence de deux théories : la théorie chimique adoptée par Knecht, Léo Vignon, etc., d'après laquelle il y aurait combinaison, et la théorie de la dissolution, d'Otto Witt, d'après laquelle le cuir serait une dissolution solide de tanin dans la peau.

Aux arguments de Knapp (Dict. III, p. 187 contre la théorie chimique, on peut opposer les suivants.

Les propriétés chimiques du cuir sont différentes de celles des composants; la peau tannée est bien plus difficilement transformée en gélatine par l'eau bouillante que la peau fraîche.

Le cuir cède à l'eau le tanin retenu mécaniquement, mais le tanin combiné résiste même à l'action de l'eau bouillante.

Enfin, si les lois des combinaisons en poids ne se vérifient pas, c'est qu'il y a une partie du tanin retenue mécaniquement.

MM. A. Lumière et A. Seyewetz ont constaté que le tanin n'insolubilise la gélatine qu'en présence de l'air et en milieu alcalin. L'oxygène doit donc jouer un rôle important dans l'opération du tannage [*Bull. Soc. Chim.*, (3), **35**, 602, 1906].

Le tanin peut être employé à l'état naturel, soit sous forme d'extrait, soit enfin à la fois à l'état solide et à l'état d'extrait (tannage mixte).

Le tannage aux extraits s'est beaucoup développé depuis quelques années, car il permet une fabrication plus rapide, un renouvellement plus fréquent de la matière première et une simplification du matériel (Voir TANINS, INDUSTRIE).

On emploie généralement l'extrait dilué par addition d'eau à 10° Bé. Le bisulfite de soude, que l'on ajoute souvent aux extraits pour empêcher les fermentations, n'a pas d'action nuisible sur le cuir.

Les peaux en présence des écorces ou des extraits tanniques n'absorbent pas seulement le tanin, mais aussi d'autres matières qui concourent au tannage (cire, matières albuminoïdes, matières pectiques, etc..) et que l'on désigne sous le nom de matières assimilables, et enfin des matières résinoïdes et des matières inertes.

La matière absorbable de l'écorce de chêne que l'on peut considérer comme le type de la matière tannante la plus avantageuse contient pour 100 parties :

Tanin pur, 80 ; matières assimilables, 17 ; matières résinoïdes, 1 ; matières inertes, 2.

Une matière tannante sera d'autant meilleure qu'elle renfermera davantage de tanin et moins de matières résinoïdes et de matières inertes.

Une bonne matière tannante doit, en outre, contenir environ 15 à 18 0/0 de matières assimilables.

Une quantité insuffisante de ces dernières donne un cuir cassant.

Voici la composition de diverses matières tannantes absorbables par la peau :

Matières tannantes.	Tanin pur.	Matières assimilables.	Matières résinoïdes.	Matières inertes.
Bois de chêne	85	10	2	3
Extrait de bois de chêne	80	5	3	9
Bois de châtaignier.....	87	9	0,5	3,5
Extrait de bois de châtaignier......	83	5	8	8
Bois de Québracho.....	80	13	5	2
Extrait de bois de Québracho........	78	10	10	2
Écorce de pin..........	75	15	12	3
Extrait de pin.........	75	12	15	3
Hemlock.............	70	12	16	2
Extrait d'Hemlock.....	70	10	18	2

Villon [*Rev. Chim. Ind.*, n° 34, oct. 1892], L. Grognot [*Rev. Chim. pure et appliquée* 1903, p. 166], Youl et Griffith [*J. Soc. chem. Ind.*, 1901, p. 426], ont étudié comparativement la puissance de fixation de la peau vis-à-vis des principales matières tannantes :

Matières tannantes.	Tanin total 0/0 de cuir sec.	Tanin combiné 0/0 de cuir sec.
Écorce de chêne........	52,7	43,71
Extrait de Québracho...	52,5	49,30
Bois de Québracho.....	51,9	45,10
Extrait de bois de chêne	49,4	41,35
Extrait de châtaignier ..	48,6	42,18
Extrait d'Hemlock.....	49,0	43,80
Valonnées...........	49,4	41,33

On peut suivre la marche de la fixation du tanin en dosant, dans la peau séchée, l'azote par la méthode de la chaux sodée ou par celle de Kjeldahl, connaissant la quantité d'azote contenue dans la substance dermique pure et sèche qui est de 17,80 0/0 pour le bœuf, 17,4 pour la chèvre et 17,1 pour le mouton.

Dans la pratique le tanneur ne se sert pas d'une substance tannante unique, mais d'un mélange de matières dont les propriétés sont complémentaires, aux points de vue de la fixation du tanin, de la nature du tanin ou de la proportion de matières assimilables.

Tannage électrique. — Une des premières applications de l'électricité à la fixation du tanin a été faite en France en 1874 par M. de Méritens.

Procédé Worms et Ballé (1886).—Ce procédé, qui est exploité à Paris et à Bermondsey en Angleterre, fait usage d'un tambour en bois ou foulon de 4 mètres de diamètre, et 1^m,50 de largeur, mobile autour d'un axe creux et muni à l'intérieur de chevilles de bois.

Le courant est amené dans ce cylindre par l'intermédiaire de deux ressorts fixes qui pressent chacun d'une manière continue sur un anneau circulaire en cuivre disposé sur chacune des faces latérales du foulon.

Ces anneaux transmettent le courant à des lames parallèles aux génératrices et alternées de façon que deux lames positives soient entre deux lames négatives.

Le courant est fourni par une machine dynamo de 10 ampères et 70 volts.

On introduit 500 kilog. de peaux dans l'appareil, puis on fait arriver par l'axe creux 3000 litres d'extraits à 18° Bé et l'on fait tourner lentement en ajoutant 100 litres d'essence de térébenthine par 100 kilog. de peaux. On fait en même temps passer le courant.

Le tannage dure de 6 à 24 heures, suivant la nature des peaux.

Ce cuir présente, d'après M. Müntz, les mêmes caractères que le cuir tanné en fosse.

La rapidité de ce tannage est due à l'agitation, à l'emploi de l'essence de térébenthine qui dissout les graisses et au passage du courant électrique.

L'électrolyse du liquide dans les pores de la peau donne naissance à des gaz qui déterminent un gonflement favorisant l'absorption du tanin.

Ce procédé permettrait de réaliser une économie de 0 fr. 40 par kilogramme de cuir.

Procédé Oakes. — Ce procédé, breveté en Amérique, consiste à laver les peaux, les traiter à la chaux, les épiler, puis les soumettre à l'action d'un bain composé d'une solution de glucose à 5 0/0 contenant du soufre (1 0/0 du poids des peaux) et de la levure de bière (1 pour 1000 du poids des peaux).

On chauffe à 36° et après 24 heures la fermentation commence. On introduit les peaux et on les remue de temps en temps [A Rogers, *Journ. Chem. Ind.*, **25**, 103, 1906 et *Bull. Soc. Chim.*, **36**, p. 783].

La fermentation alcoolique, en produisant dans la peau un dégagement d'anhydride carbonique, doit jouer le même rôle que l'électrolyse dans le procédé précédent.

Hongroyage. — L'alun que l'on emploie généralement dans ce procédé agit seulement par le sulfate d'aluminium et l'on peut avantageusement le remplacer par ce dernier sel.

Le sulfate d'aluminium est dissocié par l'eau et la peau fixe un sel très basique d'aluminium tandis qu'une grande partie de l'acide sulfurique reste dans le bain.

L'acide sulfurique étendu a la propriété de gonfler la peau ; l'eau salée seule agit de la même manière, mais le mélange de chlorure de sodium et d'acide sulfurique contracte, au contraire, la peau.

C'est pourquoi on emploie un bain composé d'alun ou de sulfate d'alumine et de sel marin.

Les peaux ayant subi l'action du sulfate d'alumine cèdent à l'eau plus d'acide sulfurique que d'alumine, de sorte que la basicité du sel retenu se trouve augmentée.

Les cuirs tannés à l'alun ne résistent pas à l'action prolongée de l'eau.

Mégisserie. — On emploie en mégisserie des mélanges tels que le suivant indiqué par Villon :

Eau...................	15	parties
Alun................	9	—
Sel...................	2	—
Farine...............	6	—
Jaune d'œuf..........	1/2	—

L'alun et le sel agissent comme dans le hongroyage; la farine agit par son gluten qui est absorbé par la peau; quant au jaune d'œuf il doit surtout son action à la matière grasse qui se trouve émulsionnée dans la vitelline et qui pénètre facilement dans la peau et la rend souple et douce.

Les jaunes d'œuf étant d'un prix assez élevé on a cherché à les remplacer par des émulsions d'autres matières grasses, mais les résultats obtenus n'ont pas été satisfaisants.

Hunt a proposé l'emploi de sels basiques d'aluminium obtenus par addition de soude aux sels normaux, ce qui permet de diminuer la proportion d'acide fixée par la peau et à supprimer l'emploi du sel.

La proportion d'alumine fixée par la peau ne dépasse pas 2,5 0/0 de son poids, tandis que la peau peut fixer son propre poids de tanin.

Dans le tannage végétal, après dessiccation, les fibres n'adhèrent plus les unes aux autres. Dans le tannage à l'alun, au contraire, les fibres sont collées les unes aux autres et le cuir ne reprend sa souplesse qu'après le palissonnage.

Tannage à l'alun et au tanin. — Le tannage combiné est employé pour la préparation des gants genre Suède, pour les gants de cheval, pour la peau de chèvre glacée pour chaussures.

La méthode varie suivant la nature du cuir à obtenir.

Pour la fabrication du cuir à gant, les peaux de chevreaux en tripes sont d'abord mégissées dans un bain d'alun et de sel puis soumises à l'action d'une solution claire de gambier à 5 0/0. Cette solution est additionnée d'un extrait de bois de teinture, de façon à obtenir la teinte désirée.

Pour la fabrication du gant de Suède, les peaux mégissées à l'alun sont simplement badigeonnées d'un côté avec de faibles infusions colorantes et tannantes. On obtient ainsi un cuir très souple.

Tannage au chrome. — Il y a quelques années, le seul procédé de tannage minéral réellement industriel était le procédé à l'alun.

Mais les cuirs ainsi préparés ne possèdent pas toutes les propriétés des peaux tannées; ils perdent leur tannage par l'action prolongée de l'eau froide et se transforment en gélatine sous l'influence de l'eau bouillante.

En dehors des sels d'aluminium, on s'est adressé aux sels ferriques (brevets allemands Knapp, 1861-1877), chromiques, aux chromates et aux bichromates alcalins.

Les sels de sesquioxyde de fer et de sesquioxyde de chrome se comportent comme ceux d'alumine, c'est-à-dire se décomposent en présence de la peau en sel basique et acide.

Quant aux recherches relatives à l'emploi des chromates et bichromates, elles ont vraisembla-

blement été inspirées par la propriété bien connue de la gélatine bichromatée de s'insolubiliser sous l'action de la lumière. Le bichromate en présence de gélatine et sous l'action de la lumière se décompose d'après l'équation :

$$K^2Cr^2O^7 + H^2O = Cr^2O^3 + 2KOH + 3O.$$

En 1880, Heinzerling, de Francfort-sur-le-Mein, prit des brevets pour un procédé de tannage au chrome. Les peaux, après avoir été épilées et nettoyées comme d'habitude, étaient plongées dans une solution à 0,5 0/0 de bichromate pendant 6 à 14 jours. Pendant ce temps le bain était additionné de tanin et de sel, de façon qu'il renferme à la fin :

6,5 0/0 de bichromate,
12 0/0 d'alun,
10 0/0 de chlorure de sodium.

Les procédés actuellement employés peuvent se classer en deux catégories : les *procédés à deux bains* et les *procédés à un bain*. Les premiers reposent sur le principe suivant :

Si l'on plonge la peau dans une solution d'acide chromique, l'acide retenu par la peau peut être enlevé par un simple lavage à l'eau; mais si l'on plonge la peau saturée d'acide chromique dans un bain réducteur, il y a précipitation de sesquioxyde de chrome dans la fibre et formation d'un composé stable insoluble et imputrescible possédant les propriétés d'un véritable cuir.

On emploie comme réducteurs l'hyposulfite de sodium, le sulfite de sodium, l'anhydride sulfureux [Schultz, brevets américains, nos 291 784 et 291 785]; le sulfate ferreux [Cavelin, Sager Chadwick, Brev. am.; 561 044, 1896]; le sulfate cuivreux obtenu en présence même de la peau par le cuivre et le sulfate cuivrique [Zahn, 1892, brevet am. 472.071]; l'hydrogène sulfuré et les sulfures alcalins [Norris et Burck, br. am.; 1893; nos 498 067, 498 077, 498 214]; l'acide hydrosulfureux, l'hydroxylamine, l'acide nitreux, l'eau oxygénée [Sadtler, br. am., no 556 234, 1896]; les sels d'aniline. Il y a, dans ce dernier cas, teinture, par suite de la formation de noir d'aniline [Amend, 1895, brev. am., no 542 971].

Enfin on a employé la réduction électrolytique. Les peaux étaient placées dans des cellules cathodiques et l'hydrogène naissant réduisait l'acide chromique.

De tous ces procédés, le meilleur est celui de Schultz. On emploie un bain de bichromate de sodium et d'acide chlorhydrique.

Pour 100 kg. de peaux on emploie un premier bain composé de 4 kgs. de bichromate de sodium, 30 kg. d'eau et 2 kg. d'acide chlorhydrique à 20° Baumé.

On plonge les peaux dans ce bain jusqu'à pénétration complète du bichromate, puis dans un deuxième bain composé de 10 kg. d'hyposulfite, 2kg,6 d'acide chlorhydrique et la quantité d'eau nécessaire pour couvrir les peaux.

Les *procédés à un seul bain* sont d'une application plus simple et moins délicate. Les peaux sont plongées directement dans une solution d'un sel de sesquioxyde de chrome.

On emploie un sel basique obtenu en ajoutant du carbonate de sodium à une solution de sulfate ou de chlorure de chrome en s'arrêtant un peu avant le commencement de la précipitation.

Le procédé le plus employé est celui de Martin Dennis, 1893, nos 495 028 et 511 411) au chlorure basique.

Les peaux sont rincées à l'eau claire et leur finissage est effectué comme d'habitude.

Procter emploie une solution d'alun de chrome additionnée de carbonate de sodium. Pour

100 kg. de peau, il faut 9 kg. d'alun, 2ᵏᵍ,5 de carbonate de soude cristallisé et 100 litres d'eau. On verse 30 kg. de ce mélange dans une cuve à palettes contenant 8 hectolitres d'eau et 7 kg. de sel marin.

On plonge les peaux dans ce bain, on agite pendant une 1/2 heure et l'on renforce graduellement le bain par addition de la liqueur d'alun de chrome. Le tannage terminé, les peaux sont plongées dans un bain de borax ou de blanc d'Espagne pour éliminer l'acide qui imprègne la peau, ou dans une solution de carbonate de soude à 1 0/0.

Le tannage est terminé lorsque le cuir a pris dans toute son épaisseur une couleur gris bleuâtre.

Tannage à l'huile. — Dans le tannage à l'huile ou *chamoiserie*, on emploie les huiles de foie de morue, de baleine, etc. L'huile s'oxyde et les acides gras oxydés s'unissent à la peau. (Fahrion). Il se produit aussi une saponification partielle de l'huile sous l'influence des lipases sécrétées par des moisissures. La peau est d'abord foulée avec de l'huile, puis plongée dans de l'eau tiède et soumise à la pression de la presse hydraulique. On la lave ensuite avec une lessive de soude faible et on la sèche au soleil ou à l'étuve.

La peau séchée est alors palissonnée pour l'assouplir, puis soumise à l'action d'une meule recouverte d'émeri et enfin palissonnée une dernière fois. Les cuirs chamoisés sont colorés en brun.

On les blanchit par exposition à l'air ou par un lavage au permanganate, puis au bisulfite de sodium.

Pendant le dégraissage à la presse hydraulique, il s'écoule une émulsion d'eau et d'huile oxydée contenant des matières albuminoïdes provenant de la peau.

Cette émulsion, désignée sous le nom de *moëllon* ou *dégras*, est employée, seule ou mélangée avec d'autres graisses (oléine, suif, suintine), pour *nourrir* le cuir (cuir à courroies, cuir à empeignes), c'est-à-dire pour l'assouplir, le rendre imperméable et produire même un tannage complémentaire.

Tannage au naphtol. — Weinschenk emploie pour tanner les peaux, l'α ou le β-naphtol en présence de formaldéhyde. Le cuir obtenu se prête bien à la teinture par immersion dans un bain de diazoïque [*Bull. Soc. Chim.*, (4), 2, 1018, 1907].

Teinture du cuir. — On emploie les bois de teinture pour les cuirs mégissés destinés à la ganterie et pour la teinture en noir des cuirs au tanin.

Les matières colorantes artificielles sont utilisées pour les cuirs au tanin et pour les cuirs au chrome.

Le tanin ou le chrome jouent le rôle de mordants, comme dans la teinture des tissus, et forment avec la matière colorante des laques insolubles.

Les peaux chamoisées sont le plus souvent colorées par des poudres, car il est difficile de les faire pénétrer par la teinture, par suite de la présence des matières grasses.

On arrive cependant à les teindre après les avoir laissé tremper dans une lessive de carbonate de sodium à 1 0/0, pour les priver de l'huile en excès. Elles sont ensuite mordancées à l'alun de chrome et plongées dans le bain de teinture à la température de 45° en présence de bisulfate de soude.

Analyse du cuir. — L'analyse du cuir comprend : 1° le dosage de l'eau ; 2° le dosage des cendres ; 3° le dosage de la graisse ; 4° la détermination des matières extractives, c'est-à-dire des matières tannantes et non tannantes que le cuir cède à l'eau froide.

Le cuir est d'abord découpé en petits morceaux, puis réduit en poudre dans un moulin.

La teneur moyenne en eau est de 18 0/0.

Pour faire les autres dosages on prélève 20 gr. que l'on épuise d'abord par le sulfure de carbone et l'on pèse le résidu de l'évaporation de la solution sulfocarbonique. On a ainsi la proportion de matières grasses.

Le cuir dégraissé est ramolli dans l'eau pendant 12 heures, puis lavé avec 1 lit. d'eau.

On prélève 100 cc. de ce liquide que l'on évapore au bain-marie dans une capsule de platine tarée.

Pour des cuirs normaux, le poids de ce résidu peut varier de 3 à 20 0/0.

La pesée faite, on l'incinère et l'on pèse les cendres, ce qui donne le poids des matières minérales solubles (chlorure de sodium, sulfate d'alumine, etc.).

Dans une autre portion de la liqueur provenant du lavage du cuir, on absorbe le tanin par la poudre de peau, on filtre, on évapore et pèse le nouveau résidu : on a ainsi les substances non tannantes et les cendres.

En retranchant de l'extrait total les substances non tannantes et les cendres, on a les substances tannantes.

En retranchant de 100 l'eau, les graisses et l'extrait total, on a la richesse en cuir proprement dit.

Enfin pour déterminer la teneur en tanin du cuir proprement dit, on dose l'azote dans le cuir lavé à l'eau. On appelle *degré de tannage* la quantité de tanin combiné à 100 p. de substance dermique.　　　　Janvier 1908.　　　E. Baud.

TANTALE. — La tantalite décrite en 1854 par Kolenati n'est autre que de la magnétite étudiée par Neuwirth, dans le granit de Wiesenberg [*Tchermaks Mitteil.*, 21, 353, 1902].

Dans un kaolin de l'Allier, Termier a trouvé un nouveau minéral ($d = 5,19$) contenant 60,58 0/0 Ta^2O^5 ; 23,10 0/0 Nb^2O^5 ; 48 0/0 Fe^2O^3 ; 3 0/0 Mn^2O^3 ; 2,31 0/0 [Na, K]² O, auquel il a donné le nom de néotantalite [*Bull. Soc. franç. Minéralogie*, 25, 34, 1902].

Dans l'allite d'Iwangorod, des grenats contiennent 2,97 0/0 d'acide tantalique et niobique [Tchernik, *Z. Kryst.*, 41, 182]. Il y a en somme de grandes quantités et de nombreux minéraux tantalifères, les résidus de cryolithe de la Pensylvania Salt Cᵒ en contiennent beaucoup [Day, *Electr. World and Engineer*, 45, 635, 1905 ; — J. Schilling, *Zeit. angew. Chem.*, 18, 883, 1905].

La tantalite chauffée dans le vide ne dégage que de l'air et de l'acide carbonique, mais si on recueille les gaz dégagés par fusion avec de la potasse pure, chaque gramme de minéral fournit 10 à 14 cc. de gaz formé d'hydrogène dans la proportion de 93 0/0. Cela résulte de sa fonction de sel protoxyde [Chabrié et Levallois, *C. R.*, 143, 680, 1907].

Préparation. — Moissan a obtenu une fonte de tantale par la réduction au four électrique du mélange d'acide tantalique et de charbon de sucre dans les proportions théoriques ou augmentées de 1/10 d'acide tantalique par rapport au carbone nécessaire. Il faut chauffer plus longtemps que pour le niobium (10 minutes au lieu de 3), et le métal obtenu contient seulement 0,5 0/0 de carbone [Moissan, *C. R.*, 134, 212, 1902]. Pennington vit le creuset de fer dans lequel il essaya la réduction du fluotantalate de soude par le sodium, porté à une température suffisante pour le fondre [*J. Am. Chem. Soc.*, **18**, 38, 1896]. L'acide tantalique est réduit par la poudre d'aluminium à basse température dans un tube de Bohême [Smith et Maas, *Zeit. anorg. Chem.*, 7, 97, 1894].

Dans ses recherches sur la conductibilité des électrolytes solides, Nernst réussit à maintenir au rouge blanc par le courant électrique de petits bâtons de magnésie à section uniforme. Il y a conductibilité de la magnésie et électrolyse suivie d'une combinaison instantanée des éléments séparés. Si on effectue cette expérience dans le vide, avec la magnésie, le zircone ou les corps de la lampe moderne de Nernst, il y a une pulvérisation intense de l'oxyde aggloméré et bientôt cessation de toute conductibilité par suite de la rupture du filament d'oxyde. Tout autrement se comporte les oxydes du groupe du vanadium, niobium et tantale. Un filament formé de tétroxyde de tantale aggloméré chauffé progressivement dans le vide par le courant électrique dégage beaucoup de gaz occlus, puis la matière même se dissocie et l'oxygène, évacué par le maintien du vide, se dégage complètement. On obtient ainsi un fil gris, métallique et ductile [W. Bolton, *Z. Electrochem.*, **11**, 48, 1905].

La fusion électrique du métal pulvérulent obtenu par réduction de l'acide tantalique par le sodium ou du fluotantalate de sodium a permis d'obtenir en plus grande quantité le tantale pur, car, dans le vide où s'opère cette fusion, l'oxyde fond mieux que le métal et peut être éliminé par suite de sa pulvérisation et de sa dissociation.

Propriétés. — Le tantale pur fond vers 2250°, il ne se pulvérise que très peu et par suite est susceptible de remplacer avec grand avantage le platine dans les anticathodes des tubes de Röntgen. Chaleur spécifique 0,0346 (Muthmann) et 0,0326 [Nordmeyer, *D. chem. G.*, **5**, 175]. La loi de Dulong et Petit s'applique à cet élément [Streintz, *Z. Electrochem.*, **11**, 273, 1905].

La densité du tantale en barres a été trouvée de 16.64 par Pirani [Bolton, *loc. cit.*], de 14,491 par Muthmann et Weiss [*Ann. Chem.*, **355**, 59 à 136, 1907]. Son coefficient de dilatation linéaire, de $0,79 \times 10^{-5}$; sa résistance spécifique (fil de 1 m. de long et 1 mm. carré de section), de 0.165 ± 5 0/0; le coefficient de température entre 0° et 100°, de 3 0/00; entre 0° et 350°, de 2,6 0/00. La résistance s'élève avec la température et atteint 0,855 dans le cas d'une consommation de 1,5 watt par bougie Hefner. La résistance électrique spécifique serait seulement de $0,146 \pm 0,001$ d'après Pirani [*Z. Electrochem.*, **13**, 344, 1907]. Le tantale a un module élastique semblable à celui de l'acier, un fil de $0^{mm},08$ donne en moyenne 19000 kilogr. par millimètre carré (Pirani).

L'allongement est faible et n'atteint que 1 à 2 0/0, malgré cela le métal est susceptible de s'étirer en fils de $0^{mm},03$ de diamètre.

La dureté du tantale pur est de 6 à 6,5; il est assez cassant mais se laisse marteler [Muthmann et Weiss, *loc. cit.*].

Le tantale chauffé et martelé se réduit en feuilles dont la dureté devient très grande et telle que le diamant ne peut percer un trou de plus de 1/4 de mm. de profondeur, dans une lame de 1 mm. Le foret avait tourné 3 jours et 3 nuits à 5000 tours à la minute pour obtenir ce résultat.

Cette matière était oxydée en partie, car de nouveaux essais ont montré que la dureté n'est voisine que de celle des meilleurs aciers avec une ténacité extrêmement grande [*Z. Electrochem.*, **11**, 503, 1905] et Siemens et Halske ont pris un brevet pour durcir le tantale par carburation ou par addition de très petite quantité (1 0/0 au maximum) de Si, Bo, Ti, Al ou d'oxydes par action de l'oxygène (Brevet allemand 171562 du 14 octobre 1904).

Des lames de tantale employées comme électrodes ne permettent pas l'électrolyse, car l'anode se couvre d'oxyde et est isolée de suite, mais si on prend seulement une cathode en tantale, le courant passe.

Cette propriété permet de redresser du courant alternatif et de le transformer en courant continu [Günther et Schultze, *Ann. der Physik.*, (4), **23**, 226, 1907].

Ces propriétés si particulières et si inattendues du tantale pur ont déjà reçu des applications, dont la plus importante actuellement est la substitution du tantale au charbon dans le filament des lampes à incandescence.

La Société Siemens et Halske, dans les laboratoires de laquelle ont été effectuées ces très intéressantes recherches, a pris plus de 200 brevets avec plus de 2000 revendications pour protéger cette découverte. La lampe au tantale contient un fil de $0^{mm},05$ de diamètre et de 650 mm. de long, il est monté en zig-zag sur un support à l'intérieur de l'ampoule vide. La température du filament est de 1700° et la lampe montée sur 110 volts emploie 0,35 ampère pour donner de 24 à 27 unités Hefner, soit environ 1,5 watt par bougie.

Le filament au charbon emploie 3,5 watts par bougie [Bolton, *Z. Electrochem.*, **11**, 722, 1905 et *Zeit. angew. Chem.*, **19**, 1537, 1906]. Ces nombres ont été confirmés ainsi que de nouvelles données étaient établies par les expérimentateurs dont nous ne citerons que les notes bibliographiques :

Lampe au tantale, description [Werner, Bolton et Feuerlein, *Electrotechn. Ztschr.*, **26**, 105, 1905]; consommation, durée (800 heures), économie de cette lampe [L. Bell et Puffer, *Electrician*, **55**, 385, 1905]; intensité moyenne sphérique, 19,3 bougies; durée moyenne, 1866 heures [Wedding, *Electrotechn. Ztschr.*, **26**, 943, 1905]; variation de la résistance de la lampe [Kennelly et Waiting, *Elect. World and Engineer*, **45**, 590, 1905].

Les fils purs de tantale augmentent de 0,3 0/0 de leur poids dans l'hydrogène, il y a occlusion et les propriétés du fil changent, le fil est cassant et sa résistance électrique augmente; en le chauffant ensuite dans le vide, 0,1 0/0 de l'hydrogène reste fixé, jusqu'au rouge blanc [Pirani, *Z. Electrochem.*, **11**, 555, 1905].

Les aciers contenant de petites quantités de tantale produits à Imphy n'ont pas donné à L. Guillet des propriétés mécaniques ou micrographiques particulières [*C. R.*, **145**, 327, 1907].

Le spectre du tantale étudié avec un réseau de Rowland a été décrit par Rutten et Morsch [*Zeit. f. Wissen. Photogr.*, **3**, 181, 1905].

Propriétés chimiques. — Le fluor, le chlore attaquent facilement la fonte de tantale de Moissan, le tétrachlorure de carbone en vapeurs se comporte avec l'acide tantalique comme avec l'acide niobique, il se fait du pentachlorure de tantale, corps qui peut servir comme chlorurant en chimie organique [Willgerodt, *J. prakt. Chem.*, (2), **35**, 391, 1887]. Les fluorures doubles de tantale ont été étudiés par Balke [*J. Am. Chem.*, **27**, 1140, 1905].

En mélangeant et chauffant dans le vide au rouge $7^{gr},2$ de $TaCl^5$ et $15^{gr},2$ d'amalgame de sodium à 3 0/0, C. Chabrié a obtenu, après refroidissement dans le vide et cristallisation de la masse reprise par HCl dilué, des cristaux vert émeraude d'un nouveau chlorure $TaCl^2,2H^2O$. Ce corps, peu soluble dans l'eau, se décompose quand on le chauffe à l'air avec incandescence, le chlore se dégage et il reste Ta^2O^5. L'acide azotique ne donne pas Ta^2O^5 même à 100°, il se forme un produit d'oxydation intermédiaire rouge brun [*C. R.*, **144**, 804, 1907].

L'acide tantalique est insoluble dans HCl concentré; le pentachlorure de tantale s'y dissout [Weinland et Storz, *Zeit. anorg. Chem.*, **54**, 223, 1907]. Hönigschmidt a décrit un nouveau *siliciure de tantale* Si^2Ta obtenu en faisant réagir l'acide tantalique sur l'aluminium en présence de soufre. Ce corps $D_o = 8,83$ est semblable comme propriétés aux siliciures de molybdène et de tungstène du même auteur [*Mon. f. Chem.*, **28**, 1017, 1907].

Poids atomique. — Le poids atomique Ta $= 183$ de Marignac est erroné. En évaluant le rapport $Ta : Ta^2O^5$ la valeur moyenne trouvée est 181,0 [W. Hinrichsen et Sahlbom, *D. chem. G.*, **39**, 2600, 1906].

Caractères et analyse. — L'acide tantalique ne produit aucune coloration avec l'eau oxygénée [Welher, *D. chem. G.*, **15**, 2592, 1882]. L. Lévy [*C. R.*, **103**, 1074, 1886] a indiqué une série de réactions permettant de distinguer les trois acides titanique, niobique et tantalique, au moyen de la morphine, de la codéine et de la résorcine. Une trace de réactif humectée dans un verre de montre avec 8 à 10 gouttes d'acide sulfurique concentré est additionné de la matière qui a été d'abord calcinée avec un peu de carbonate de soude et lavée. La morphine décèle l'acide titanique, la codéine donne du mauve avec l'acide niobique, la résorcine produit une coloration violet améthyste caractéristique de l'acide tantalique. Lecoq de Boisbaudran a étudié la séparation du tantale et du gallium lors de la découverte de ce corps simple [*C. R.*, **97**, 730, 1883]. Enfin on peut évaluer volumétriquement la teneur en niobium d'un mélange d'acide niobique et tantalique en traitant par le zinc qui ne réduit que le niobium [Osborne, *Am. J. Sc.*, (3), **30**, 329, 1885; *D. chem. G.*, **18**, 721, 1885].

D'après Tighe, la détermination du tantale d'après la méthode de Marignac avec les fluosels doit être modifiée en ajoutant le double du poids de fluorure acide de potassium au lieu du quart indiqué par le savant auteur [*Soc. Chem. Ind.*, **25**, 681, 1906].

W. Giles signale l'insolubilité du sel de tantale dans le bioxalate de potassium comme étant une propriété importante en analyse [*Chem. News*, **95**, 1, 1907]. Enfin Warren, pour analyser et séparer le titane, le tantale et le niobium, dissout les acides dans HF, évapore au bain-marie pour chasser l'excès, reprend les fluorures par HCl concentré et réduit par le Zn dans un courant de CO^2; il titre $Nb + Ti$ au permanganate [*Chem. News*, **94**, 298, 1906].

1er Janvier 1908.   Maurice Moniotte.

TAPIOLITE (Min.) (Nordenskjöld). — Espèce dimorphe de la tantalite, tantalate-niobate ferreux. [Ta.Nb]O^4Fe, avec 4 molécules de Ta pour 1 de Nb. Cristaux noirs, éclat adamantin, dans une pegmatite, à Sukkula, paroisse de Tammela, Finlande.

Caractères. — Ceux de la tantalite; pas de réactions du manganèse. Dureté $= 6$. Densité $= 7,2-7,5$.

Forme cristalline. — Prisme quadratique semblable à celui du rutile, etc. : $a:c = 1:0,6522$. Faces $h^1 m a^1 b^1 p$.   L. Bourgeois.

TARAPACAÏTE (Min.) (Raimondi). — Chromate neutre de potassium. CrO^4K^2, en petits grains d'un jaune vif, au milieu de la nitratine, dans la province de Tarapaca, Chili.   L. B.

TARCONIQUE (ACIDE), TARCONINE. — Voyez l'art. NARCOTINE.

TARIRIQUE (ACIDE). — Acide gras non saturé de la série $C^nH^{2n-4}O^2$, extrait par Arnaud [*C. R.*, **114**, 79, 1892] des graines d'un arbuste du Guatemala, du genre *Picramina* ou *Tariri*, de la famille des Limarulées, dans lesquels il existe à l'état de graisse. L'acide taririque a pour formule $C^{18}H^{32}O^2$; il fond à 50°,5, donne des sels, des dérivés di et tétrabromés; il est isomère de l'acide stéarolique.

L'acide taririque oxydé par le permanganate donne de l'acide laurique, et par l'acide azotique de l'acide adipique d'après l'équation :

$$C^{18}H^{32}O^2 + H^2O + 3O = C^{12}H^{24}O^2 + C^6H^{10}O^4$$

Acide taririque.   Acide laurique.   Acide adipique.

ce qui conduit à la formule de constitution .

$$CH^3-(CH^2)^{10}-C\equiv C-(CH^2)^4-CO^2H.$$

Par oxydation ménagée, on obtient l'*acide dioxytaririque* $C^{18}H^{32}O^4$ ou $CH^3-(CH^2)^{10}-CO-CO-(CH^2)^4-CO^2H$. Par action de l'acide sulfurique, on obtient l'*acide cétotaririque* $CH^3-(CH^2)^{10}-CO-CH^2-(CH^2)^4-CO^2H$ qui donne un *acide cétoxime-taririque* qui, par transposition moléculaire, fournit deux acides amidés isomères, dont le dédoublement permet d'obtenir l'undécylamine et les acides pimélique, laurique et ε-amidocaproïque [Arnaud, *Bull. Soc. Chim.*, (3), **27**, 485, 1902].

Octobre 1907.   A. Hébert.

TARTRAZINE, TARTRAZINIQUE (AC.). — Voyez l'art. PYRAZOLS, 2e Suppl., **7**, p. 159.

TARTRIQUE (INDUSTRIE DE L'ACIDE). — (Voyez Dict., **3**, 233).

Malgré diverses tentatives de synthèse industrielle, l'acide tartrique se fabrique encore exclusivement au moyen des dérivés du raisin.

Aux matières premières déjà indiquées, il convient d'ajouter :

1° Les *grosses lies* que l'on sépare du vin par soutirage. On les presse dans des sacs en toile pour en extraire le vin, on les sèche et on les expédie aux usines.

Les lies gommeuses sont riches en matières pectiques et donnent des solutions qui filtrent difficilement.

2° Les *lies de fouet* ou de *collage* sont de composition assez variable et sont parfois trop impures pour être traitées.

3° Les *marcs.* — D'après Chancel, la quantité de raisin susceptible de fournir 1 lit. de vin du Midi contient 8 à 9 gr. de bitartrate de potassium, et comme le vin correspondant n'en retient guère plus de 3 à 4 gr., il doit en rester dans le marc de 5 à 6 gr.

On commence par extraire du marc le vin qu'il contient par le procédé de diffusion, puis on le lessive méthodiquement avec de l'eau bouillante.

A la fin de l'opération on ajoute à l'eau de l'acide chlorhydrique (3 0/0) afin de dissoudre le tartrate de chaux.

L'opération a lieu dans une série de cuves chauffées à la vapeur. La solution abandonne par refroidissement des cristaux de crème de tartre impure. Ce sont les *cristaux de marc*.

Au lieu de séparer comme ci-dessus le vin, on peut distiller le marc et procéder ensuite à la lixiviation.

Pour que les cristaux n'entraînent pas trop d'impuretés on tend dans le bac, servant de cristallisoir, des ficelles supportant des brindilles de façon à fournir aux cristaux un support au sein même du liquide.

Quant au *tartre brut* qui est le produit le plus recherché par les tartriers, il peut être particulièrement riche lorsqu'il provient de vins tartriqués ou de vins piqués ou verts qui ont été traités par le tartrate neutre de potasse pour diminuer leur acidité.

Le tartrate de chaux existe en quantité variable dans les tartres bruts, surtout dans ceux qui proviennent de raisins récoltés en terrains calcaires. Sa proportion peut atteindre 75 0/0 dans les tartres provenant de vins plâtrés.

Ces diverses matières doivent être séchées et conservées dans des magasins secs.

Sous l'action de l'humidité il se produit des fermentations. Une partie du tartrate de chaux est transformé en propionate.

Ce dernier sel, réagissant sur le bitartrate de potassium, donne du tartrate neutre de potassium et du propionate de potassium, tous deux solubles, et enfin du tartrate de calcium.

ANALYSE DES MATIÈRES PREMIÈRES. — (Voyez Dict., 3, 233-234). — *Dosage de la crème de tartre.* — *Procédé anglais ou de Techermacher.* — On prélève 2 gr. de l'échantillon moyen que l'on épuise par 200 gr. d'eau environ jusqu'à réaction neutre à la phtaléine. On concentre la solution au bain-marie jusqu'à ce que son poids soit réduit à 20 gr., puis on délaie ce résidu avec 200 cc. d'alcool à 95°. On laisse reposer 12 heures, on sépare le précipité par filtration, on le redissout dans l'eau chaude et on titre le bitartrate avec une solution titrée de soude. Il reste en solution dans l'alcool environ 0,35 0/0 de bitartrate qu'il faut ajouter au poids trouvé.

Ce procédé rappelle celui de Berthelot et de Fleurieu pour le dosage de la crème de tartre des vins.

Le procédé américain ne diffère pas sensiblement du précédent.

Procédé de Klein. — Cette méthode repose sur la faible solubilité de la crème de tartre dans une solution de chlorure de potassium.

On fait d'abord un premier dosage approximatif au moyen de la liqueur normale de soude.

On prend ensuite un poids de substance renfermant 1^{gr},8 à 2^{gr},2 de bitartrate de potassium.

On fait bouillir à plusieurs reprises cette prise d'essai avec de l'eau distillée, en décantant chaque fois le liquide sur un filtre. Finalement on verse le dépôt sur le papier et on le lave à l'eau bouillante.

Les liquides réunis dans une capsule tarée sont évaporés jusqu'à ce que leur poids soit réduit à 40 gr. On y ajoute alors 5 gr. de chlorure de potassium, on agite, puis on laisse reposer 12 heures.

Pour séparer du liquide la crème de tartre déposée, on se sert d'une solution préparée comme suit. On introduit dans une fiole jaugée de 250 cc., 5 gr. de crème de tartre pure en poudre fine, 25 gr. de chlorure de potassium et de l'eau jusqu'au trait, on agite de temps en temps pendant 2 heures, puis on filtre.

On humecte avec cette solution un filtre sur lequel on recevra les cristaux de crème de tartre que l'on lavera avec 15 cc. de la même solution.

Après égouttage complet, le précipité sera redissous et titré par la soude demi-normale.

Les 40 cc. de la solution restant dans la capsule retiennent, d'après Carles, 0,019 de bitartrate qu'il faudra ajouter au poids trouvé.

Ce procédé est rapide pour les tartres ou les cristaux, mais long pour les lies.

Dosage de l'acide tartrique total. — *Procédé à l'acétate de calcium ou procédé Carles.* — Dans ce procédé tout l'acide tartrique est précipité à l'état de tartrate de calcium cristallisé, par addition d'acétate de calcium à la solution chlorhydrique de la matière à analyser.

On pèse 50 gr. de cette matière moulue, on les délaie dans 100 gr. d'eau, puis on ajoute 100 gr. d'acide chlorhydrique (D = 1,10) dans le cas des tartres et 75 gr. dans le cas des lies.

On agite de temps en temps pendant 1/2 heure puis on ajoute de l'eau pour faire 500 cc., on mélange et on filtre.

On prend 100 cc. du liquide filtré correspondant à 10 gr. de matière, que l'on chauffe vers l'ébullition et on y ajoute 10 cc. de solution saturée d'acétate de chaux (250 gr. d'acétate de calcium sec par litre; cette solution se conserve très longtemps en y ajoutant 2 à 3 gr. de chloroforme).

On renouvelle cette addition toutes les 5 minutes au plus tôt, jusqu'à ce que l'on ait employé en tout 80 cc. d'acétate. L'opération doit donc durer au moins 40 minutes.

On n'agite pas. On abandonne le tout au repos 12 à 14 heures. De cette façon le tartrate cristallise en gros cristaux plus ou moins colorés.

On décante le liquide surnageant qui entraîne les impuretés légères, puis on fait tomber le précipité sur un filtre sans pli taré et on le lave à l'eau saturée de tartrate de calcium.

On essore le filtre sur du papier poreux et on le sèche à l'étuve au-dessous de 60°, jusqu'à poids constant, mais on ne considère comme définitif que le poids obtenu après refroidissement à l'air pendant 10 minutes au moins.

On multiplie par 5,769 le poids trouvé, pour avoir l'acide tartrique total pour 100.

Il y a à faire une correction soustractive pour tenir compte du volume occupé par les matières insolubles de la lie ou du tartre essayés. On peut calculer cette correction sachant que 1 gr. de lie insoluble occupe un volume de 0^{cc},7.

Méthode de Goldemberg et Géromon. — Dans cette méthode on transforme tous les tartrates, d'abord en tartrate neutre de potassium, et ensuite en bi-tartrate.

Elle a subi plusieurs modifications.

Le procédé, avec la dernière modification (1906), consiste en ceci :

6 gr. de lie ou 3 gr. de tartre pulvérisés sont mis à digérer pendant 1 heure au moins avec 9 cc. d'acide chlorhydrique dilué (D = 1,10) en agitant de temps en temps; puis on ajoute un égal volume d'eau et on laisse digérer 1 heure encore en agitant de temps à autre.

On fait 100 cc., on filtre, on mesure 50 cc. du liquide clair et on ajoute 18 cc. d'une solution de carbonate de potassium (à 2 gr. pour 10 cc.). On fait ensuite bouillir 15 à 20 minutes pour agglomérer le carbonate de calcium, on filtre et on lave le précipité à l'eau bouillante. Le liquide est concentré au bain-marie à un volume de 15 cc. au plus et de 13 cc. au moins. On laisse refroidir et on ajoute 3 à 4 cc. d'acide acétique cristallisable. On agite pendant 10 minutes, puis on verse 100 cc. d'alcool à 94-96°. on remue pendant 5 minutes, on filtre et on lave le précipité de bitartrate de potassium à l'alcool. Celui-ci est ensuite redissous dans l'eau et titré par la soude normale ou demi-normale à la phtaléine ou au papier de tournesol sensible.

Pour les lies on fait une correction soustractive pour tenir compte du volume du résidu insoluble. Cette correction est donnée par la formule 0,7 + (n — 20) × 0,02, n représentant le poids brut d'acide tartrique trouvé.

La présence de fer ou d'alumine dans les lies

empêche la précipitation d'une petite quantité de crème de tartre, et occasionne une perte qui peut aller à 2 0/0. Il est vrai que cette perte se produit également à la fabrication [P. Carles, *Les dérivés tartriques du vin*, 1903, Féret, édit., Bordeaux; — Frésénius, *Zeit. anal. Chem.*, 312, 1898; — P. Carles, *Bull. Soc. Chim.*, 35, 571. 1906; *Congrès de chim. appliquée de Rome*, 1906].

Fabrication de l'acide tartrique et de la crème de tartre. — La plupart des usines qui fabriquent l'acide tartrique font en même temps la crème de tartre. Elles utilisent les matières contenant beaucoup de tartrate de calcium pour faire l'acide tartrique, et les tartres riches en bitartrate pour l'extraction de la crème de tartre.

La fabrication de l'acide tartrique se fait le plus généralement par le procédé de Kestner, perfectionné par l'emploi du noir animal pour la décoloration des solutions et par la concentration dans le vide.

On emploie pour la dissolution du tartre brut 1 hectol. d'eau pour 5 kilog. de tartre, et la quantité calculée d'acide chlorhydrique pour déplacer tout l'acide tartrique.

On obtient ainsi un liquide à 4 ou 5° Bé. Le précipité de tartrate de chaux humide obtenu par addition de calcaire pulvérisé (exempt de fer et d'alumine) est traité par l'acide sulfurique à 68° Bé. On obtient ainsi une solution d'acide tartrique à 200 gr. par litre et marquant 20° Bé.

On la décolore à chaud par le noir animal lavé à l'acide chlorhydrique, puis on la concentre dans un appareil à double effet en plomb. On concentre dans la première chaudière à 30° Bé et dans la deuxième à 45°. Ce sirop est coulé dans des bacs où il cristallise en donnant la masse cuite. Celle-ci fournit par essorage à la turbine des granulés de 1ᵉʳ jet à peine colorés en jaune.

Les eaux-mères donnent par une nouvelle concentration des granulés de 2ᵉ jet, puis de 3ᵉ jet.

Ces divers granulés sont redissous dans l'eau chaude de manière à faire une solution à 27° Bé que l'on décolore par le noir animal, et que l'on concentre de nouveau.

Mais on ne concentre cette fois qu'à 40° Bé de façon à obtenir de gros cristaux.

On abandonne la dissolution dans de grands bacs en plomb, au milieu desquels sont suspendues des lames de plomb qui serviront de support aux cristaux. Ceux-ci ne seront pas ainsi souillés par les impuretés qui se déposent au fond de la cuve.

La cristallisation dure une dizaine de jours.

On obtient dans cette fabrication, comme produit secondaire, les matières insolubles des tartres ou des lies que l'on nomme *tourteaux de lie*, et qui sont vendues comme engrais. Elles renferment 4 à 5 0/0 d'azote, 0.2 à 1 0/0 de potasse et 0,2 à 1 0/0 d'anhydride phosphorique.

Procédé Gladys. — Ce procédé qui est employé à l'usine Mante et Cⁱᵉ, à Marseille, repose sur les faits suivants :

1° Lorsqu'on traite un mélange de tartrate de calcium et de bitartrate de potassium par une solution d'acide sulfureux à froid, on arrive à dissoudre complètement les deux sels. Il y a formation de sulfite ou de bisulfite de calcium ou de potassium par des réactions telles que :

$$C^4H^4O^6Ca + SO^2 + H^2O$$
$$= SO^3Ca + C^4H^6O^6 ; C^4H^5O^6K + SO^2 + H^2O$$
$$= SO^3KH + C^4H^6O^6.$$

2° Si l'on porte alors la solution ainsi obtenue à l'ébullition, les réactions inverses se produisent. Le tartrate de calcium se précipite en premier lieu, tandis que le bitartrate reste en dissolution et ne se dépose que par le refroidissement. Il se dégage en même temps de l'anhydride sulfureux qui pourra servir à une opération ultérieure;

3° Lorsqu'on fait une solution chlorhydrique de tartre brut saturée à froid, et qu'on y ajoute du bisulfite de sodium en quantité correspondante à la potasse préexistante, il s'opère à froid une précipitation de bitartrate de potassium tandis que le tartrate de chaux reste dissous;

4° Lorsqu'on ajoute à la solution chlorhydrique de tartre brut du chlorure de potassium correspondant au tartrate de calcium précédent et du bisulfite de soude, on précipite la majeure partie de l'acide tartrique à l'état de bitartrate de potassium.

En combinant ces diverses réactions on peut, soit extraire du tartre les deux composés présents, tartrate de calcium et bitartrate de potassium, pour convertir le premier en acide tartrique, soit transformer l'ensemble en bitartrate de potassium pur, soit enfin suivre le procédé classique, c'est-à-dire convertir le tout en tartrate de calcium et acide tartrique [A. Haller. *Les industries chimiques à l'Exposition de 1900*, 1, 394].

Procédé Scarlata. — Ce procédé est basé sur la décomposition des tartrates par l'acide fluosilicique :

$$2C^4H^5O^6K + SiF^6H^2$$
$$= 2C^4H^6O^6 + SiF^6K^2 ; C^4H^4O^6Ca + SiF^6H^2$$
$$= C^4H^6O^6 + SiF^6Ca.$$

On sépare le fluosilicate de potassium insoluble, on ajoute à la solution filtrée de l'acide sulfurique en quantité calculée pour décomposer le fluosilicate de calcium, et l'on sépare le sulfate de calcium formé.

Quant au précipité de fluosilicate de potassium, il est traité par l'acide sulfurique et donne de l'acide fluorhydrique, du fluorure de silicium et du sulfate de potassium.

L'acide fluorhydrique en présence de silice donne du fluorure de silicium qui, par l'eau, régénère l'acide fluosilicique [*Mon. scient.*, 360, 1899].

Procédé Schmitz et Toeges. — [Brevet all. n° 10 567, 1895]. On fait bouillir les lies avec du carbonate de sodium, l'acide tartrique est entièrement dissous à l'état de tartrate de sodium ou de sel de Seignette. On filtre, on décolore le liquide par les hypochlorites, le peroxyde de sodium, le permanganate de potassium ou, enfin, par électrolyse. On précipite ensuite l'acide tartrique par le chlorure de calcium et l'on achève par la méthode ordinaire.

Synthèse industrielle. — Zinno signale comme industriel un procédé qui consiste à saturer l'acide glycérique par la potasse, et à traiter le sel obtenu par l'anhydride carbonique sous une pression de 3 atmosphères : $C^3H^5O^4K + CO^2 = C^4H^5O^6K$ [*Mon. scient.*, 493, 1902].

Crème de tartre. — Le procédé ordinaire d'extraction de la crème de tartre des tartres bruts est relativement simple, et repose sur la différence de solubilité du bitartrate de potassium dans l'eau chaude et dans l'eau froide.

Les matières premières broyées dans un moulin sont introduites dans une cuve en cuivre avec de l'eau chauffée par barbottage de vapeur. On y ajoute du sulfate de potasse et de l'acide sulfurique pour transformer le tartrate de chaux en bitartrate de potassium : $SO^4K^2 + SO^4H^2 + 2C^4H^4O^6Ca = 2SO^4Ca + C^4H^5O^6K.$

La dissolution bouillante est décantée et envoyée dans de grands bacs en bois de 40 à 50 hectol. où elle cristallise. La cristallisation dure 3 à 4 jours. Il se forme à la surface une mince croûte cristalline, tandis que la majeure partie du bitartrate cristallise contre les parois. C'est à la croûte superficielle, constituée par le sel le plus pur, que l'on donna à l'origine le nom de *crème de tartre*; puis, dans la suite, on appliqua ce nom à la totalité des cristaux. La distillation achevée, on siphonne l'eau-mère et on détache les cristaux.

Ces différents cristaux sont fortement colorés. On les lave en les délayant avec de l'eau dans une auge en cuivre inclinée dans laquelle se meut une vis d'Archimède. On les redissout ensuite dans l'eau chaude, on les décolore par addition de noir animal lavé à l'acide chlorhydrique et de kaolin, et l'on fait cristalliser de nouveau.

Les matières insolubles ou boues qui restent dans la cuve où s'est faite la dissolution du tartre, ainsi que celles qui se déposent dans les premiers cristallisoirs contiennent un peu de bitartrate de potassium, et surtout du tartrate de chaux qui a échappé à la décomposition par l'acide sulfurique et le sulfate de potassium. On les égoutte sur toile filtrante et on les traite par l'acide chlorhydrique pour en extraire tout l'acide tartrique, que l'on précipite ensuite à l'état de tartrate de chaux qui est traité pour acide tartrique.

Les eaux-mères que l'on a séparées des cristaux renferment en hiver 30 kilogr. de tartre par hectol. et en été 60 kilog. Elles rentrent, bien entendu, dans la fabrication et servent à la dissolution des matières premières ou au lavage des cristaux. Mais il peut arriver pendant l'été que l'eau-mère fermente. Pour éviter la perte qui en résulterait on peut ajouter un antiseptique tel que le fluorure de potassium (1 à 2 gr. par litre) ou le bisulfite de potassium.

Le bitartrate de potassium a la propriété de dissoudre et de retenir en cristallisant jusqu'à 15 0/0 de tartrate de chaux. Les cristaux sont dans ce cas plus gros et possèdent une blancheur laiteuse.

Pour purifier les cristaux contenant du tartrate de chaux on les redissout, puis on fait bouillir la solution à 5 0/0 de bisulfate de potassium et l'on fait cristalliser. On peut aussi précipiter la chaux par le bioxalate de potassium ou un mélange d'acide oxalique et d'oxalate neutre. Un léger excès de bioxalate ne gêne pas, car il reste dans les eaux-mères.

Lorsque la crème de tartre est destinée à la panification, ainsi que cela est très commun en Angleterre, aux Etats-Unis et en Australie, ou destinée à la pâtisserie, elle doit être très pure et surtout exempte de plomb.

Le plomb, à l'état de sulfate ou de tartrate, provient soit de la tuyauterie, soit de l'acide sulfurique employé. On doit donc faire usage d'acide sulfurique ne contenant pas de plomb, car il est difficile ensuite d'éliminer ce métal. On y arrive cependant partiellement par addition de sulfure de potassium.

Procédé Martignier (Brevet français du 23 nov. 1889). — Ce procédé repose sur la réaction suivante : Si l'on traite du tartrate de calcium par une solution saturée de sulfate de potassium, il se forme du tartrate neutre de potassium et du sulfate de calcium : $C^4H^4O^6Ca + SO^4K^2 = C^4H^4O^6K^2 + SO^4Ca$.

Les matières tartreuses sont d'abord neutralisées par le carbonate de calcium de façon à amener tout l'acide tartrique à l'état de tartrate de calcium.

Puis on les traite par la solution saturée de sulfate de potasse. A froid, la réaction est plus lente, mais donne des solutions moins colorées que lorsqu'on opère à chaud.

On sépare le précipité de sulfate de calcium, on décolore la liqueur filtrée par le noir animal et on la traite par la quantité calculée d'acide sulfurique pour faire du bitartrate qui se précipite tandis que la moitié du sulfate de potassium entré en réaction est régénéré. On peut aussi employer un mélange de sulfate de potassium et de sulfate de soude [A. Haller, *loc. cit.*].

Procédé Baldy (Brevet français, 306839, janv. 1901 et Cert. d'add., 20 fév. 1901). — On fait macérer à froid, pendant 4 à 5 jours, les tartres ou marcs dans une solution concentrée d'un carbonate alcalin. Avec le carbonate de sodium, on aura les réactions suivantes :

$$2C^4H^5O^6K + Na^2CO^3 = 2C^4H^5O^6NaK + CO^2 + H^2O;$$
$$C^4H^4O^6Ca + Na^2CO^3 = C^4H^4O^6Na^2 + CO^3Ca.$$

Les solutions obtenues traitées par l'acide sulfurique donneront les réactions :

$$2C^4H^5O^6NaK + SO^4H^2 = SO^4Na^2 + 2C^4H^5O^6K;$$
$$2C^4H^4O^6Na^2 + SO^4H^2 = SO^4Na^2 + 2C^4H^5O^6Na.$$

Le tartrate acide de sodium pourra être transformé en sel de potassium au moyen du chlorure de potassium :

$$C^4H^5O^6Na + KCl = NaCl + C^4H^5O^6K.$$

On peut aussi employer au début du carbonate de potassium ; la dernière réaction se trouve alors supprimée. Ce procédé ne nécessite pas l'emploi de cuves en cuivre, les cuves en bois suffisent, le traitement ayant lieu à froid. Il n'y a pas non plus, par conséquent, de dépense de combustible.

Au lieu de chlorure de potassium, on peut employer dans la dernière réaction de l'hypochlorite de potassium qui agit comme décolorant tout en apportant la potasse nécessaire.

Procédé Gladysz. — Cette méthode, indiquée à propos de l'acide tartrique, permet aussi d'obtenir de la crème de tartre.

Procédé de Coninck et Nicolas (Brevet français, 304500, 13 oct. 1900). — On dissout à chaud le tartre dans une solution de bisulfite de potassium ; il se fait du tartrate neutre de potassium et il se dégage de l'anhydride sulfureux :

$$C^4H^5O^6K + SO^3KH = SO^3H^2 + C^4H^4O^6K^2 ;$$
$$C^4H^4O^6Ca + 2SO^3KH = C^4H^4O^6K^2 + SO^3Ca + SO^3H^2.$$

On laisse refroidir la solution de tartrate neutre ainsi obtenue et on la traite par l'anhydride sulfureux provenant du traitement précédent. Il se précipite du bitartrate et le bisulfite est régénéré :

$$C^4H^4O^6K^2 + SO^3H^2 = C^4H^5O^6K + SO^3KH.$$

On peut remplacer la première partie de l'opération par un traitement au carbonate de potassium qui transforme les tartrates en tartrate neutre de potassium.

Procédé Roux. — Ce procédé consiste surtout en des perfectionnements apportés au matériel pour diminuer les frais de main-d'œuvre et la consommation de combustible. La dissolution se fait dans un autoclave en cuivre à agitateur mécanique. On ajoute dans cet appareil le noir animal et le kaolin. La solution chauffée au-dessus de 100° est filtrée chaude dans un filtre à vapeur et la cristallisation se fait ainsi, contrairement à ce qui a lieu habituellement, après séparation des impuretés. La solution est envoyée dans des bacs refroidisseurs à arbre creux muni de lentilles Pistorius traversé par un courant d'eau-mère froide d'une opération précédente. Cette eau-mère s'échauffe et servira à la dissolution du tartre brut (Brevet français, 328713, 22 janv. 1903).

Production. — La production française en acide tartrique est à peu près égale à la production allemande et peut être estimée à 1600 tonnes par an.   Janvier 1908.   E. Baud.

TARTRIQUES (ACIDES). — ACIDE TARTRIQUE DROIT, *acide tartrique ordinaire* (constitution, voyez POUVOIR ROTATOIRE),

$$CO^2H - \underset{\underset{H}{|}}{\overset{\overset{OH}{|}}{C}} - \underset{\underset{OH}{|}}{\overset{\overset{H}{|}}{C}} - CO^2H$$

L'acide tartrique droit se forme : dans l'oxydation nitrique du méthyltétrose [Fischer, *D. chem. G.*, **29**, 1382, 1896], de l'érythrite droite [Maquenne et Bertrand, *Bull. Soc. Chim.*, **25**. 743. 1901], de l'oxycellulose [Fabre et Tollens, *D. chem. G.*, **32**, 2589, 1899]; dans la décomposition lente de la nitrocellulose [Silberrad et Farmer. *Chem. Soc.*, **89**, 1182, 1906].

Propriétés. — L'acide tartrique droit fond à 168-170° [Bischoff et Walden, *D. chem. G.*, **22**. 1814. 1889]. D = 1,7594 à 7°/4 [Perkin, *Chem. Soc.*, **51**, 366, 1887], 1,755 [Walden, *D. chem. G.*, **29**, 1701], 1,7598 à 20°/4 [Pribram et Glücksmann, *Mon. f. Chem.*, **19**, 123, 1898]. Chaleur de dissolution = — 3.454 Cal. [Pickering, *Chem. Soc.*, **51**. 367]; — Juettner, *Zeit. phys. Chem.*, **38**. 76, 1901]. Solubilité dans les mélanges de glycérine, d'eau et d'acétone [Herz et Knoch. *Zeit. anorg. Chem.*, **46**, 193. 1905]. Pouvoir rotatoire [Leidie, *Zeit. anal. Chem.*, **22**, 269, 1883; — Lepeschkine. *D. chem. G.*, **32**, 1180; — Thomsen. *J. prakt. Chem.*, **32**. 218. 1885; — Pribram, *Mon. f. Chem.*, 488, 1888]; augmentation du pouvoir rotatoire en présence de l'acide borique [Blasth. *Chem. Soc.*, **75**, 722, 1899]. des sels d'urane [Walden, *D. chem. G.*, **30**, 2889], de la glucine [Rosenheim et Itzig, *D. chem. G.*, **32**. 3424, 1899]; influence des carbures [Pribram, *D. chem. G.*, **22**, 6, 1889; — Long. *Zeit. phys. Chem.*, **4**, 663. 1889]. Conductibilité électrique [Ostwald. *Zeit. physik. Chem.*, **3**. 371, 1889; — Bischoff et Walden, *D. chem. G.*, **22**, 819. 1889]. Spectre d'absorption [Spring, *Rec. Pays-Bas*. **16**. 1, 1895]. Points de congélation des solutions aqueuses [Mueller, *Zeit. physik. Chem.*, **43**, 109, 1903; — Jone et Getmann, *Am. Chem. Journ.*, **32**, 308, 1904]. Densité des solutions aqueuses [Marchlewski, *D. chem. G.*, **25**, 1560, 1892]; points d'ébullition [Gerlach, *Zeit. anal. Chem.*, **26**, 466, 1887]. Tension de vapeur des solutions dans l'alcool aqueux [Kablukow, Solomonow et Galine. *Zeit. physikal. Chem.*, **46**, 399. 1904]. Acidité [Smith, *Zeit. physik. Chem.*, **25**, 193, 1895; — de Forcrand, *C. R.*, **131**, 36, 1900; — Astruc, *C. R.*, **130**. 253, 1900; — Dawson et Grant, *Chem. Soc.*, **81**. 512, 1902]. Température critique de sa dissolution dans SO^2 et AzH^3 liquides [Tsentnerschwer. *Journ. Soc. phys. chim. russe*, **35**, 897. 1903].

Action de l'effluve en présence d'azote [Berthelot, *C. R.*, **126**, 688. 1898]. Action de la chaleur [Degener, *Central Blatt*, (II), 936, 1897; — de Coninck, *C. R.*, **135**, 1351, 1902]. Transformation en acide racémique par les alcalis dilués [Brœsken, *Rec. Pays-Bas*. **17**, 224, 1896; — Hollemann, *ibid.*, **17**, 75]. Chauffé avec la glycérine à 140°, il fournit de l'acide pyrotartrique [Jowanowitsch, *Mon. f. Chem.*, **6**, 476,

1885]. Oxydation par l'eau oxygénée en présence des sels ferreux [Fenton et Jones, *Chem. Soc.*, **77**, 69. 1900]. Les sels ferriques le transforment en semialdéhyde mésoxalique, $CHO-CO-CO^2H$ [Fenton et Ryffel, *Chem. Soc.*, **81**, 426, 1902]. Action de l'aldéhyde formique en présence d'acide chlorhydrique [Henneberg et Tollens, *Ann. Chem.*, **292**. 53, 1896]. Transformation dans l'organisme [Cotton, *Bull. Soc. Chim.*, **21**, 979, 1899; — Eppinger. *Beitr. Zeit. Chem. Physiol. u. Path.*, **6**, 492, 1905].

L'acide tartrique droit forme avec l'acide malique une combinaison $C^4H^6O^6 + C^4H^6O^5$ qui existe sous deux variétés : l'une α, se forme quand on dissout à chaud l'acide tartrique dans une solution saturée d'acide malique en excès; l'autre β a été trouvée dans les cuves de cristallisation de l'usine de Thann [Ordonneau, *Bull. Soc. Chim.*, **23**, 10, 1900].

Réactions de l'acide tartrique. — L'acide tartrique, chauffé à 125° avec 1 cmc. d'une solution de 1 gr. de résorcine dans 100 gr. d'acide sulfurique à 66° Bé donne une coloration rouge violette [Mohler, *Bull. Soc. Chim.*, **4**, 728, 1890; voyez aussi Denigès, *Zeit. anal. Chem.*, **35**. 588, 1896; — Wolff, *Centr. Bl.*, (II), 569, 1899]; si l'on remplace la résorcine par le β-naphtol, on obtient une coloration bleue, puis verte, et un précipité jaune rouge par addition d'eau [Pinerua, *Chem. News*, **75**, 61, 1897]. Pour sa recherche à l'état de sel de calcium voyez Magnier de la Source [*Bull. Soc. Chim.*, **15**, 175, 1896]. Pour le séparer de l'acide oxalique on profite de ce que son sel d'argent est plus soluble que l'oxalate d'argent [Palladini, *Gazz. chim. ital.*, **30**, 446, 1900]. On le sépare des acides malique et succinique par précipitation à l'état de tartrate basique de magnésium [J. von Ferentzy, *Chem. Zeit.*, **31**, 1118, 1907].

Dosage de l'acide tartrique. — Dosage polarimétrique sous forme de tartrate d'éthylènediamine [Colson, *Bull. Soc. Chim.*, **15**, 160, 1896]. Dosage par l'acide iodique [Galinard, *Bull. Soc. Chim.*, **21**, 710, 1899]; par le permanganate de potassium [Chapman et Whitteridge, *Analyst*, **32**, 163, 1907; — Mestuzat, *Ann. Chim. anal.*, **12**, 173, 1907]. Dosage par l'eau de baryte en présence de phtaléine [Wagner et Hildebrandt, *D. chem. G.*, **36**, 4129, 1903]; à l'état de tartrate de zinc [Cantoni et Zacholder, *Bull. Soc. Chim.*, **33**, 753, 1905]; par mesure de la conductibilité [Küster, Grüters et Geibel, *Zeit. anorg. Chem.*, **42**, 225, 1904].

Pour son dosage dans le vin, voyez Kayser [*Zeit. anal. Chem.*, **23**, 29, 1884; — Musset, *Zeit. anal. Chem.*, **24**, 279; — Ferrari, *ibid.*, **24**, 279; — Klein, *ibid.*, **24**, 379; — Bornträger, *ibid.*, **25**, 327, 1885; **26**, 711; — Gautter, *ibid.*, **26**, 714; — Goldenberg et Geromont, *ibid.*, **28**, 371, 1886; — Carles, *Bull. Soc. Chim.*, **35**, 171, 571. 1906; *Journ. Pharm. Chim.*, **25**, 617, 1907; — Lorenz, *ibid.*, **27**, 8; — Philipps, *Zeit. anal. Chem.*, **29**, 577; — Jay, *Bull. Soc. Chim.*, **17**, 626, 1897; — Briand, *Centr. Bl.*, II, 919, 1897; — de la Source, *Centr. Bl.*, I, 149, 1893; — Ordonneau, *Bull. Soc. Chim.*, **9**, 68, 1893; — Eckstein, *Chem. Zeit.*, **23**, 351; — Schäfer, *Chem. Zeit.*, **23**, 255, 404; — Geromont, *Zeit. anal. Chem.*, **37**, 312, 382; — Borntraeger, *Zeit. anal. Chem.*, **37**, 477, 1895; — Cary-Mantrand, *Bull. Soc. Chim.*, **35**, 178 1906; — Manceau, *C. R.*. **142**, 589. 1906; — Mestrezat, *C. R.*, **143**, 185. 1906].

Tartrates.

Tartrate de sodium, $C^4H^4O^6Na + 2H^2O$. — Pouvoir rotatoire [Pribram et Glücksmann, *Mon.*

$f.$ *Chem.*, **19**, 171, 1898; — Itzig, *D. chem. G.*, **33**, 707; **34**, 1372, 1901; — Thomsen, *J. prakt. Chem.*, **35**, 145, 1887; — Patterson, *Chem. Soc.*, **85**, 1116, 1904]; conductibilité électrique [Ostwald, *Zeit. physik. Chem.*, **1**, 107, 1888]; ébullition des solutions aqueuses [Gerlach, *Zeit. anal. Chem.*, **26**, 452, 1886]. Il peut aussi former un hydrate à $3H^2O$ [Leeuwen, *Zeit. physik. Chem.*, **23**, 35, 54, 1897]. Toxicité du sel acide [Kahlenberg et Austin, *Chem. physik.*, **4**, 553, 1900].

Tartrate de sodium et d'ammonium, $C^4H^4O^6$. $Na.AzH^4 + 4H^2O$. — Il se décompose en solution aqueuse à $59°$, en tartrate de sodium et en tartrate d'ammonium [Leeuwen, *Zeit. physik. Chem.*, **23**, 48, 1896].

Tartrate de sodium et de lithium, $C^4H^4O^6$ $NaLi + H^2O$ [Schlossberg, *D. chem. G.*, **33**, 1082, 1900].

Tartrate de sodium et de tellure $(C^4H^4O^6Na)^2$ $TeO + 2H^2O$ [Klein, *Ann. Chim. Phys.*, **10**, 116, 1887].

Tartrates de sodium et de glucine, Na^2O, $4GlO, 2C^4H^4O^6 + n$ aq. et $Na^2O, GlO, 2C^4H^4O^6$ $+ n$ aq. [Rosenheim et Itzig, *D. chem. G.*, **32**, 3424, 1899].

Tartrate acide de potassium, $C^4H^5O^6K$. — Conductibilité électrique [Walden, *Zeit. physik. Chem.*, **8**, 466, 1890]. Solubilités [Rœlofsen, *Am. Chem. Journ.*, **16**, 467, 1894; — Wenger, *ibid.*, **14**, 625; — Borntråger, *Zeit. anal. Chem.*, **25**, 334, 1885; — Blarez, *ibid.*, **31**, 217; — Heidenhain, *ibid.*, **27**, 689; — Ostwald, *J. prakt. Chem.*, **29**, 50, 1884]. Pouvoir rotatoire [Thomsen, *ibid.*, **34**, 89, 1886]. Sous l'influence des moisissures, il est totalement oxydé et transformé en bicarbonate de potassium [E. Barral, *Bull. Soc. Chim.*, (4), **1**, 515, 1907].

Tartrate neutre de potassium, $C^4H^4O^6K^2$ $+ 1/2 H^2O$. — Densité et pouvoir rotatoire [Pribram et Glucksmann, *Mon. f. Chem.*, **19**, 161, 1898]; électrolyse [Miller et Hofer, *D. chem. G.*, **27**, 468, 1894]. Chaleur de dissolution [Pickering, *Chem. Soc.*, **51**, 317, 1887].

Tartrate de potassium et de sodium (sel de Seignette), $C^4H^4O^6NaK + 4H^2O$. — Points d'ébullition des solutions aqueuses [Gerlach, *Zeit. anal. Chem.*, **26**, 454, 1887]; pouvoir rotatoire [Thomsen, *J. prakt. Chem.*, **34**, 90, 1886]; pouvoir réfringent [Kanonnikow, *J. prakt. Chem.*, **31**, 357, 1885]. En solution aqueuse il se décompose à $55°$ en tartrates de sodium et de potassium [Leeuwen, *Zeit. physik. Chem.*, **23**, 33, 1897]. Distillation sèche [Freydl, *Mon. f. Chem.*, **4**, 150, 1883]. Au contact de l'air il dissout l'oxyde de cuivre [Groger, *Zeit. anorg. Chem.*, **34**, 326, 1902].

Tartrate de rubidium, $C^4H^4O^6Rb^2$. — [Pribram et Glücksmann, *Mon. f. Chem.*, **18**, 514; **19**, 169, 1898].

Tartrate d'ammonium. — Il peut cristalliser avec 1 molécule d'acide fluorhydrique [Weinland et Still, *Ann. Chem.*, **328**, 149, 1903].

Tartrates de calcium. — [Voyez Hintze, *Ann. Chem.*, **226**, 201, 1885; — Ordonneau, *Bull. Soc. Chim.*, **6**, 262, 1891; — Epples, *Zeit. Krystall.*, **30**, 134, 1898; — Cantoni et Zachoder, *Bull. Soc. Chim.*, **31**, 1121, 1904; **33**, 749, 1905; — Herz et Mahs, *D. chem. G.*, **36**, 3715, 1903; — Grimbert, *Bull. Soc. Chim.*, **25**, 414, 1901]. Décomposition par les chlorures alcalins [Cantoni et Jolkowsky, *Bull. Soc. Chim.*, (4), **1**, 1181, 1907].

Tartrate de baryum, $C^4H^4O^6Ba$ [Cantoni et Zachoder, *loc. cit.*].

Tartrate acide de strontium, $(C^4H^5O^6)^2Sr, 3H^2O$. — [Sommerfeld, *Centr. Bl.*, II, 245, 1899; — Cantoni et Zachoder, *loc. cit.*; — A. Benrath, *Journ. f. prakt. Chem.*, **72**, 238, 1905].

Tartrate de plomb, $C^4H^4O^6Pb$. — [Cantoni et Zachoder, *loc. cit.*; — Tagliavini, *Bull. Soc. Farm.*, **46**, 493].

Tartrate basique de plomb, $C^4H^4O^6Pb + 2PbO$. — [Kahlenberg et Hillyer, *Am. Chem. Journ.*, **16**, 97, 1894].

Tartrate de bismuth, $(C^4H^5O^6 C^4H^4O^6)Bi, 2H^2O$. *Nitrotartrate*, $(C^4H^4O^6)Bi, AzO^3. 5H^2O$. — [Rosenheim et Vogelsang, *Zeit. anorg. Chem.*, **48**, 205, 1906].

Tartrate acide d'argent, $C^4H^5O^6Ag + H^2O$. — [Perkin, *Chem. Soc.*, **51**, 369, 1887].

Tartrates de mercure. — Action de l'ammoniaque [Balestra, *Gazz. chim. ital.*, **22**, 566, 1892].

Tartrate de zinc, $C^4H^4O^6Zn + 2H^2O$.

Tartrate de cuivre, $C^4H^4O^6Cu. 8H^2O$. — [Cantoni et Zachoder, *Bull. Soc. Chim.*, **33**, 750, 1905].

Tartrate ferreux. — Oxydation par l'oxygène [Manchot et Herzog, *Zeit. anorg. Chem.*, **27**, 397, 1901].

Tartrate chromeux, $C^4H^4O^6Cr$. — [Baugé, *Bull. Soc. Chim.*, **31**, 781, 1904].

Tartrate de titane, $(C^4H^5O^6)^2Ti + 4H^2O$. — Sels doubles de Na et d'Am [Rosenheim et Schütte, *Zeit. anorg. Chem.*, **26**, 239, 1901].

Tartrate de thallium. — [Herbette, *C. R.*, **140**, 1849, 1905].

Tartrate de thorium. — [Jannasch et Schilling, *Journ. f. prakt. Chem.*, **72**, 26, 1905].

Tartrate de samarium, $(C^4H^5O^6)^3Sm^2$ $+ 6H^2O$. — [Clève, *Bull. Soc. Chim.*, **43**, 172, 1885].

Tartrate d'ytterbium, $YbH, 2C^4H^4O^6 + 12H^2O$. — [Clève, *Zeit. anorg. Chem.*, **32**, 129, 1902].

Tartrate double de zirconium et de potassium $(C^4H^2O^6)^4Zr^3K^4 + 10H^2O$. — [Manol, *Zeit. anorg. Chem.*, **37**, 252, 1903].

Tartrates doubles de glucinium et de potassium ou de sodium. — [Rosenheim et Woyc, *Zeit. anorg. Chem.*, **15**, 299, 1897].

Tartrates doubles de cuivre et de sodium, de potassium et d'ammonium. — [Bullnheimer et Seitz, *D. chem. G.*, **32**, 2347, 1899; **33**, 817, 1990; — Masson et Steele, *Chem. Soc.*, **75**, 729, 1899].

Émétiques. — Les émétiques résultent de l'éthérification de l'une des fonctions alcooliques d'un tartrate acide. Cette façon de voir, émise tout d'abord par Jungfleisch (voy. 1er Suppl., p. 1511), a été confirmée par la préparation d'émétiques borique et arsénique avec lesquels on conçoit difficilement l'existence d'un sel double. De plus leur préparation est fonction du temps, comme une éthérification, tandis qu'elle devrait être instantanée dans l'hypothèse d'un sel double (Adam). L'étude de leur pouvoir rotatoire milite également en faveur d'une éthérification [Kohlschütter, *D. chem. G.*, **34**, 3822, 1901; — Rosenheim, *Zeit. anorg. Chem.*, **35**, 424, 1903; — Grossmann, *Zeit. physikal. Chem.*, **57**, 533, 1907].

L'émétique ordinaire, tout d'abord regardé comme un tartrate double de potassium et d'antimoine fut ensuite représenté par la formule

$$CO^2H - CHOH - CH(OSbO) - CO^2K + \tfrac{1}{2}H^2O.$$

Bougault, par l'action de l'acide antimonieux sur l'acide tartrique, a préparé l'acide tartroantimonieux, pour lequel il a reconnu la composition,

$$CO - CHO - CHO - CO^2H$$
$$\diagdown \;\big|\; \diagup$$
$$Sb$$

Pour l'émétique ordinaire, il propose la formule

$$CO - CHO - CHOH - CO^2H$$
$$\diagdown\diagup$$
$$SbOH$$

d'après laquelle l'émétique serait à la fois sel et éther de l'acide antimonieux [*Bull. Soc. Chim.*, **35**, 338, 1906].

Pour avoir un *émétique ordinaire*, toujours semblable à lui-même, M. Baudran [*Thèse de pharmacie*, Paris, 1900; — Prunier, *Bull. Soc. Chim.*, **23**, 101, 1900] conseille de le préparer de la façon suivante : on fait tout d'abord digérer l'oxyde d'antimoine, préparé à froid, avec l'acide tartrique de façon à former l'éther diantimonieux de l'acide tartrique ; celui-ci, additionné d'une solution aqueuse de tartrate neutre de potassium en proportion équimoléculaire, fournit l'émétique :

$$CO^2K \cdot CHOH - CHOH - CO^2K$$
$$+ \quad CO^2H - CH \underline{\qquad\qquad} CH - CO^2H$$
$$\qquad\qquad | \qquad\qquad\qquad |$$
$$\qquad O - Sb = O \quad O - Sb = O$$
$$\overline{\qquad CO^2K - CH - CHOH - CO^2H \qquad}$$
$$= \quad 2 \qquad |$$
$$\qquad\qquad O - Sb = O$$

L'émétique ainsi obtenu est soluble dans 25 parties d'eau à 15° et dans 3 parties à 100°; $\alpha_D = + 136°,4$. — Voyez aussi [Klarke et Evans, *D. chem. G.*, **16**, 2986, 1883; — Guntz, *Ann. Ch. Phys.*, **13**, 395, 1888; — Evans, *Jahresb.*, 1885, 1883].

On a préparé un grand nombre de combinaisons analogues, dans lesquelles l'acide tartrique est éthérifié par : l'acide arsénieux [Mitscherlisch et Werther, *J. f. prakt. Chem.*, **32**, 409, 1886; — Henderson et Ewig, *Chem. Soc.*, **67**, 103, 1895; — Traube, *Zeit. f. Krystall.*, **29**, 599, 1898]; l'acide borique [Duve, *Jahresb.*, 540, 1869]; l'oxyde ferrique [Baudran, *loc. cit.*]; l'oxyde de bismuth [Fischer et Grützner, *D. chem. G.*, **27**, 884, 1894; — Montemartini, *Gazz. chim. ital.*, **30**, 421, 1900]; les oxydes cobaltiques et manganiques [Job, *Bull. Soc. Chim.*, **1**, 340, 1907]; les oxydes d'étain et de titane [Henderson, Orr et Whitehead, *Chem. Soc.*, **75**, 555, 1899; — Rosenheim et Müller, *Zeit. anorg. Chem.*, **39**, 170, 1904]; l'oxyde de bismuth [Rosenheim et Vogelsung, *Zeit. anorg. Chem.*, **48**, 205, 1906]; les acides molybdique [Henderson et Barr, *Chem. Soc.*, **69**, 1455, 1896; — Grossmann et Poetter, *D. chem. G.*, **37**, 84, 1904; **38**, 3874] et tungstique [Henderson et Barr, *loc. cit.*; — Rosenheim et Itzig, *D. chem. G.*, **33**, 707, 1900]; l'oxyde d'uranium [Kohlschütter, *Ann. Chem.*, **311**, 1; **314**, 311, 1901; *D. chem. G.*, **34**, 3822, 1901]; l'oxyde de thorium [Rosenheim, Samter et Davidson, *Zeit. anorg. Chem.*, **35**, 424, 1903; — [Haber, *Mon. f. Chem.*, **18**, 694, 1897].

Éthers tartriques.

Les éthers **tartriques** préparés par double décomposition entre le tartrate d'argent et les iodures alcooliques ont en général un pouvoir rotatoire plus élevé que ceux fournis par l'éthérification de la solution d'acide tartrique dans l'alcool correspondant au moyen de l'acide chlorhydrique; cela tient à l'éthérification simultanée des fonctions alcools de l'acide tartrique, et à la difficulté d'éliminer complètement les éthers ainsi formés [Rodger et Bramc, *Chem. Soc.*, **73**, 301, 1898; — Purdie et Pitkeathly, *Chem. Soc.*, **85**, 153, 1899].

Tartrate monométhylique, $C^4H^4O^6CH^3$. Pouvoir rotatoire [Fayollat, *Bull. Soc. Chim.*, **11**, 185, 1894; — Walden, *D. chem. G.*, **30**, 2, 891; — Winther, *Zeit. physikal. Chem.*, **41**, 161, 1902]. Conductibilité électrique [Walden, *Zeit. physikal. Chem.*, **8**, 474, 1891].

Tartrate diméthylique, $C^4H^4O^6(CH^3)^2$. — Il bout à 158°,5 sous 12 mm. et fond à 48° [Anschütz, *D. chem. G.*, **18**, 1399, 1885]; à 61°,5 [Patterson, *Chem. Soc.*, **85**, 765, 1904]. Chaleur de combustion moléculaire, 619Cal,5 [Osipord, *Zeit. physikal. Chem.*, **4**, 581, 1889]. Température critique des dissolutions dans AzH³ et SO² [Centnerzwer, *Zeit. physikal. Chem.*, **46**, 427, 1904]. Pouvoir rotatoire [Freundler, *Ann. Chim. Phys.*, **3**, 444, 1894; — Frankland et Wharton, *Chem. Soc.*, **69**, 1310, 1896; — Patterson, *Chem. Soc.*, **85**, 765, 1116, 1904]. Il est transformé partiellement en éther diéthylique par l'alcool et l'acide chlorhydrique [Patterson et Dickinson, *Chem. Soc.*, **79**, 280, 1901]. Solidification et transformation des antipodes optiques [Adriani, *Zeit. physikal. Chem.*, **33**, 453, 1900]. *Dérivés o-, m- et p-nitrobenzoylés* [Frankland et Haarger, *Chem. Soc.*, **85**, 1571, 1904].

Tartrate monoéthylique, $C^4H^3O^6 \cdot C^2H^5$. — Il fond à 90° [Mulder, *Rec. Pays-Bas*, **8**, 370, 1889]. Décomposition du sel de potassium par l'eau [Braake, *Rec. Pays-Bas*, **21**, 187, 1902].

Tartrate diéthylique, $C^4H^6O^6(C^2H^5)^2$. — Préparation, voyez Frankland et Mc. Krae [*Chem. Soc.*, **73**, 310, 1898]. Liquide bouillant à 157° sous 11 mm. [Anschütz, *D. chem. G.*, **18**, 1399, 1885]. Pouvoir rotatoire [Guye et Fayollat, *Bull. Soc. Chim.*, **13**, 200, 1895; — Frankland et Wharton, *Chem. Soc.*, **69**, 1310, 1896; — Patterson, *Chem. Soc.*, **79**, 167, 477, 1901; **84**, 1097; **85**, 765, 1116; **87**, 313, 1906; — Purdie et Barboni, *Chem. Soc.*, **79**, 971; — Winther, *Zeit. Physik. Chem.*, **45**, 331, 1903; — Perkin, *Chem. Soc.*, **51**, 363, 1887; — Patterson, *Chem. Soc.*, **91**, 60, 263, 504, 1907; — C. Winther, *Zeit. physikal. Chem.*, **60**, 563, 1907]. Pouvoir rotatoire de la phényluréthane [Vallée, *Bull. Soc. Chim.*, **35**, 1057, 1906]. Réduction électrolytique [Tafel et Friedrichs, *D. chem. G.*, **37**, 3187, 1904]. *Dérivés o-, m- et p-nitrobenzoylés* [Frankland et Harger, *Chem. Soc.*, **85**, 1571, 1904]. *Dérivé sodé*, $C^8H^{13}O^6Na$ [Cohn, *D. chem. G.*, **20**, 2003, 1887; — Mulder, *Rec. Pays-Bas*, **8**, 366, 374, 1889; **9**, 250; **10**, 171; **12**, 51; **13**, 399; **14**, 281, 1897].

Tartrates dipropylique et dibutylique (n). — Pouvoir rotatoire [Freundler, *Ann. Chim. Phys.*, **3**, 446, 1894; — Patterson, *Chem. Soc.*, **85**, 765, 1116, 1904; — Holty, *Chemistry*, **9**, 764, 1905]. Le tartrate dibutylique fond à 21-22° et bout à 208° sous 12 mm.

Tartrate diisobutylique. — Pouvoir rotatoire [Guye et Fayollat, *Bull. Soc. Chim.*, **13**, 207, 1895; — Hollemann, *Rec. Pays-Bas*, **17**, 68, 1898].

Tartrate dioctylique, et dérivés acétylés, benzoylés. — Pouvoir rotatoire [Mc. Crae, *Chem. Soc.*, **79**, 1103; **84**, 1221, 1902].

Acide mononitrotartrique. — On le prépare en nitrant l'acide tartrique par l'acide azotique en présence d'anhydride phosphorique, à froid [Behrend et Osten, *Ann. Chem.*, **343**, 152, 1905]. — Son *éther diméthylique* fond à 92-94°; son *éther diéthylique* fond à 45-46° [Walden, *D. chem. G.*, **35**, 4362; **36**, 738, 1903].

Acide diméthoxysuccinique, $CO^2H - CH(OCH^3) - CH(OCH^3) - CO^2H$. — Il fond à 151°; son *éther diméthylique* fond à 51° [Purdie et Irvine, *Chem. Soc.*, **79**, 957, 1901].

Acide diéthoxysuccinique, $CO^2H - CH(OC^2H^5) - CH(OC^2H^5) - CO^2H$. — Il fond à 126-128°

[Purdie et Pitkeathly, *Chem. Soc.*, **75**, 159, 1900]; à 97-99° [Bucher, *Am. Chem. Journ.*, **23**, 70, 1900]. Son *éther diéthylique* bout à 149-151° sous 15 mm. (Purdie), à 133-135° sous 11 mm. (Bucher).

Acide diisopropoxysuccinique, voyez [Purdie et Pitkeathly, *loc. cit.*].

Acide monoacétyltartribue. — Pouvoir rotatoire de quelques éthers, voyez [Gruye et Fayollat, *Bull. Soc. Chim.*, **13**, 205, 1895 : — Patterson et Mc. Crae, *Chem. Soc.*, **77**, 1096, 1900]. — *Acide monochloracétyltartrique* [Frankland et Turnbull, *Chem. Soc.*, **73**, 203].

Acide diacétyltartrique, $CO^2H - CH(OC^2H^3O) - CH(OC^2H^3O) - CO^2H$. — Il peut cristalliser avec $3 H^2O$, et fond alors à 58° [Colson, *Bull. Soc. Chim.*, **7**, 238, 1892]. Pour son pouvoir rotatoire et celui de quelques éthers, voyez [Freundler, *Ann. Ch. Phys.*, **3**, 454, 466, 1894; **4**, 244; *Bull. Soc. Chim.*, **11**, 367, 1894]; voyez aussi [Perkin, *Chem. Soc.*, **51**, 369, 1887; — Ruhemann, *D. chem. G.*, **20**, 3366. 1887; — Frankland, *Chem. Soc.*, **75**, 347, 1899; — Patterson et Mc. Crae, *Chem. Soc.*, **77**, 1096, 1900; — Patterson et Kaye, *Chem. Soc.*, **89**, 1884, 1906; **91**, 705, 1907]. Courbes cryohydratiques de l'éther diéthylique [Bruni et Finzi, *Gazz. chim. ital.*, **35**. 111, 1904].

L'*anhydride diacétyltartrique*, fusible à 126-127° [Perkin, *loc. cit.*], se forme quand on traite l'acide tartrique par l'anhydride acétique et l'acide sulfurique [Wohl et Oesterlin, *D. chem. G.*, **34**, 1139, 1901].

Acide bis-chloracétyltartrique, $CO^2H - CH(O.CO.CH^2Cl) - CH(O.COCH^2Cl - CO^2H$. — Il fond à 55° et bout à 217° sous 15 mm. Pour son pouvoir rotatoire et celui de quelques éthers, voyez [Freundler, *Bull. Soc. Chim.*, **13**, 1056, 1895; — Frankland et Patterson, *Chem. Soc.*, **73**, 193, 1898; — Frankland et Turnbull, *Chem. Soc.*, **73**, 207].

Acide bis-dichloroacétyltartrique et acide *trichloracétyltartrique*, voyez [Frankland et Patterson. *Chem. Soc.*, **73**, 185-189].

Acides propioxyltartriques et dérivés [Guye et Fayollat, *Bull. Soc. Chim.*, **13**, 206, 1895; — Freundler, *Ann. Ch. Phys.*, **3**, 456, 467, 1894; **4**, 245].

Acides butyryl et valéryltartriques et dérivés, voyez [Freundler, *loc. cit.* et *Bull. Soc. Chim.*, **11**, 368; **13**, 829, 1895].

Monoformal tartrique,

$$CO^2H - CH \!\!-\!\! CH - CO^2H$$
$$O - CH^2 - O$$

— Il fond à 160°; $\alpha_D = -73°$ [L. de Bruyn et Ekenstein, *Rec. Pays-Bas*, **21**, 310, 1902].

Diformal tartrique,

$$CO \!\!-\!\! CH-CH \!\!-\!\! CO$$
$$O - CH^2 - O \quad O - CH^2 - O$$

— Il fond à 112° et se sublime facilement; $\alpha_D = +111°$. Il donne une *diphénylhydrazone*, fusible à 220° [L. de Bruyn et Ekenstein, *Rec. Pays-Bas*. **21**, 331, 1901].

Acide m-nitrobenzoyltartrique et p-nitrotoluyltartrique, voyez [Frankland et Mc. Crae, *Chem. Soc.*, **73**, 310, 1898; — **83**, 168, 1903].

Acide dibenzoyltartrique. — Il fond à 90° [Piclet, *Jahresb.*, 855, 1882]. Conductibilité électrique [Walden, *Zeit. physikal. Chem.*, **8**, 473, 1891]. Propriétés de quelques éthers [Freundler, *Ann. Ch. Phys.*, **3**, 478, **4**, 246, 1894; — *Bull. Soc. Chim.*, **13**, 832, 1895; — Guye et Fayollat, *Bull. Soc. Chim.*, **13**, 202; —

Frankland et Wharton, *Chem. Soc.*, **69**, 1585, 1896].

Amides tartriques.

Tartraméthylamide, $CH^3 - AzH.CO - CHOH - CHOH - CO.AzHCH^3$. — Elle fond à 278° [Frankland et Ormerod, *Chem. Soc.*, **83**, 1342, 1349, 1903].

Tartrapropylamides, tartrallylamide, tartrabutylamides, tartraheptylamides; pouvoir rotatoire [Frankland et Twiss, *Chem. Soc.*, **89**, 1852, 1906].

Acide tartranilique. — L'éther éthylique, $C^2H^5 - CO^2 - CHOH - CHOH - CO - AzH - C^6H^5$, fond à 151-152° [Tingle, *Am. Chem. J.*, **24**, 45, 53, 1900].

Tartranilide, $[C^6H^5 - AzH - CO - CHOH]^2$. — Elle fond à 263-264° [Bischoff et Walden, *Lieb. Ann. Chem.*, **279**, 138, 1894]; à 255-256° [Tingle. *loc. cit.*]; voyez aussi [Polikier, *D. chem. G.*, **24**, 2959, 1891; — Guye et Babel, *Centr. Bl.*, (I), 467, 1899]. Dérivés *acétylés* [Polikier, *loc. cit.*; — Cohen et Harrison, *Chem. Soc.*, **71**, 1060, 1897].

Dibenzylamides et difurfurylamides tartriques [Frankland et Ormerod, *Chem. Soc.*, **83**, 1342, 1349, 1903].

Méthyltartrimide,

$$\begin{array}{l} CHOH - CO \\ \qquad\qquad\quad\diagdown \; Az - CH^3 \\ CHOH - CO \diagup \end{array}$$

— Elle fond à 178° [Ladenburg, *D. chem. G.*, **29**, 2711; — Herz, *D. chem. G.*, **29**, 2712, 1896]. Dérivé *monobenzoylé*, fusible à 160-161°; le dérivé *dibenzoylé* a été obtenu sous 3 formes isomères, α, fusible à 56°; β, fusible à 106-107°; γ, fusible à 68° [Ladenburg, *loc. cit.*].

Ethyltartrimide. — Elle fond à 171-174° [Ladenburg, *D. chem. G.*, **29**, 2715].

Phényltartrimide, anile tartrique,

$$\begin{array}{l} CHOH - CO \\ \qquad\qquad\quad\diagdown \; Az - C^6H^5 \\ CHOH - CO \diagup \end{array}$$

— Elle fond à 235-236° [Wende, *D. chem. G.*, **29**, 2720].

Naphtyltartrimides. — α, fusible à 215-217°; β, fusible à 179-180° [Walden, *Ann. Chem.*, **279**, 149, 184].

ACIDE TARTRIQUE GAUCHE. — Préparation par dédoublement de l'acide racémique, au moyen des sels de cinchonine [Marckwald, *D. chem. G.*, **29**, 42, 1896; **31**, 783]. Il se forme par oxydation de l'érythrite gauche [Maquenne et Bertrand, *Bull. Soc. Chim.*, **25**, 743, 1901]; par saponification du nitrile obtenu en condensant l'acide cyanhydrique avec l'acide l-aldéhydeglycérique [Neuberg et Silbermann, *Zeit. physik. Chem.*, **44**, 134, 1905].

Il fond à 168-170° [Bischoff et Walden, *D. chem. G.*, **22**, 1820, 1889]. Conductibilité électrique [Ostwald, *Zeit. physikal. Chem.*, **3**, 372, 1892].

Tartrate diméthylique. — Il fond à 48° et bout à 158° sous $11^{mm},5$ [Anschütz, *D. chem. G.*, **18**, 1399, 1885].

Acide diacétyltartrique. — Son *éther diméthylique* fond à 103° [Anschütz, *Ann. Chem.*, **247**, 113, 1888].

Monoformal. — Il fond à 159-161°; $\alpha_D = +73°$ [L. de Bruyn et Ekenstein, *Rec. Pays-Bas*, **21**, 331, 1901[.

ACIDE TARTRIQUE RACÉMIQUE, $C^4H^6O^6 + H^2O$. — Il se forme quand on réduit l'acide glyoxylique par le zinc et l'acide acétique [Genvresse, *Bull. Soc. Chim.*, **7**, 225, 1896]; par ébullition de l'acide isodibromosuccinique avec l'eau [Demuth et Meyer, *D. chem. G.*, **21**, 268, 1888]; quand on traite l'acide diaminosuccinique racémique par l'acide azoteux [Farchy et Tafel. *D. chem. G.,* **26**. 1989. 1893].

Pour le préparer, on fait bouillir pendant 2 heures 100 gr. d'acide tartrique ordinaire avec 700 gr. d'eau additionnés de 350 gr. de soude caustique: on obtient ainsi 50 gr. d'acide racémique et 30 gr. d'acide inactif [Hollemann, *Rec. Pays-Bas*, **17**, 83, 1898].

L'acide tartrique racémique fond à 203-204°; anhydre il fond à 205-206° [Bischoff et Walden, *D. chem. G.*, **22**. 1815. 1889]. Densité [Perkin, *Chem. Soc.*, **54**, 366, 1885; — Walden, *D. chem. G.*, **29**. 1701, 1896]. Pour diverses constantes physiques. voyez les auteurs cités à propos de l'acide tartrique droit. Marche de sa scission par les moisissures [Ulpiani et Condelli, *Gazz. chim. ital.*. **30**, 382, 1900; — Condelli, *Gazz. chim. ital.*, **44**. 86, 1904].

L'*amylphénylhydrazide* peut servir à le dédoubler: l'isomère $d(\alpha_D = + 1°.50)$ est le moins soluble [Neuberg et Federer. *D. chem. G.*, **38**, 868, 1905].

Sels. — Forme cristalline [Wyrouboff, *Ann. Ch. Phys.*, **9**, 231, 1886].

Tartrate de potassium. — Il forme un monohydrate. $C^4H^4O^6K^2 + H^2O$ [van' t Hoff et Müller, *D. chem. G.*, **32**, 858, 1899].

Tartrate de rubidium, $C^4H^4O^6Rb^2 + 2H^2O$ [van' t Hoff et Müller, *D. chem. G.*, **34**, 2206, 1898].

Tartrates doubles alcalins, $C^4H^4O^6NaLi + 2H^2O$; $C^4H^4O^6KLi + H^2O$; $C^4H^4O^6KNa + 3H^2O$ [Schlossberg, *D. chem. G.*, **33**, 1082, 1900].

Tartrate de calcium. — Il est moins soluble que le sel de l'acide droit, ce qui permet le dosage de l'acide racémique en présence de l'acide ordinaire [Brœnstedt, *Zeit. anal. Chem.*, **42**, 15, 1903].

Tartrates de baryum, $C^4H^4O^6Ba + 2\frac{1}{2}H^2O$ [Lossen et Riebensahm, *Ann. Chem.*, **292**, 313, 1896]: $C^4H^4O^6Ba + 5H^2O$ [Mügge, *Centr. Bl.*, (II), 245, 1899].

Ethers. — *Tartrate diméthylique.* — Il fond à 85° et bout à 158° sous $11^{mm}.5$ [Anschütz, *D. chem. G.*, **18**, 1398. 1885]; son *éther mononitré* fond à 104° [Walden, *D. chem. G.*, **35**, 4362; **36**, 778, 1903].

Tartrate diéthylique. — Il bout à 157° sous $11^{mm},5$ (Anschütz).

Tartrate di-l-amylique. — Il bout à 201-202° sous 16 mm. [Walden, *Zeit. physikal. Chem.*. **20**, 386. 1896].

Acide diacétyltartrique. — Son *éther diméthylique* fond à 86° [Anschütz, *Ann. Chem.*. **247**, 115, 1888]; son *éther diéthylique* fond à 50°,5 et bout à 229-230° sous 100 mm. [Perkin, *Chem. Soc.*, **54**. 368, 1887]: cryoscopie [Paterno et Manduelli, *Att. Ac. Lincei*. (5), **6**, 401].

Formals. — Le *dérivé monoformalique* fond à 148° [L. de Bruyn et Ekenstein, *Rec. Pays-Bas*, **21**. 310. 1902: — Ringer, *Rec. Pays-Bas*. **21**, 374, 1902]. Le *dérivé diformalique* fond à 103° [L. de Bruyn et Ekenstein, *Rec. Pays-Bas*, **20**, 331. 1901].

Méthyltartrimide. — Elle fond à 157-158°; l'*éthyltartrimide* fond à 160-162° [Ladenburg, *D. chem. G.*, **29**, 2715, 1896; — Wende, *D. chem. G.*, **29**, 2719].

ACIDE MÉSOTARTRIQUE $CO^2H-CHOH-CHOH-CO^2H + H^2O$. — [Marchlewski, *D. chem. G.*, **35**. 4344. 1902]. Il prend naissance par oxydation de l'érythrite [Przybytek, *Journ. Soc. phys. chim. russe*, **12**, 209, 1880; *D. chem. G.*, **17**, 1412. 1884] ou de la glycérine [Przybytek. *Journ. Soc. phys. chim. russe*, **13**, 330, 1881] par l'acide azotique étendu: par oxydation du lévulose [Kiliani. *D. chem. G.*. **14**, 2530, 1881; — Smith et Tolens, *D. chem. G.*, **33**, 1277. 1900]: par oxydation du phénol par le permanganate en solution alcaline maintenue à 0° [Döbner, *D. chem. G.*, **24**, 1755, 1891; — Kempf, *D. chem. G.*, **39**. 3715. 1906]; en traitant l'acide dibromosuccinique par l'oxyde d'argent [Lehrfeld, *D. chem. G.*, **14**, 1819, 1881]; en oxydant l'acide maléique en solution froide et étendue, au moyen de permanganate [Kékulé et Anschütz, *D. chem. G.*, **14**, 713. 1881; — Tanatar. *D. chem. G.*, **13**, 1383, 1880]; par ébullition de l'acide trichloracétyldibromopropionique avec l'eau de chaux [Kékulé et Strecker, *Ann. Chem.*, **223**. 189, 1884]; en traitant l'acide mésodiaminosuccinique par l'acide azoteux [Farchy et Tafel, *D. chem. G.*, **26**, 1986, 1893]; par saponification du nitrile correspondant [Pollak, *Mon. f. Chem.*, **15**, 471, 1894]; par ébullition de l'acide droit avec une petite quantité d'alcali [Meissner. *D. chem. G.*, **30**, 1576, 1897; — Winther, *Zeit. phys. Chem.*, **56**, 465. 1906]. ou en le chauffant avec l'eau à 165° [Jungfleisch, *Bull. Soc. Chim.*, (3), **19**, 901, 1898]. On en obtient de petites quantités par action du cyanure de potassium sur l'aldéhyde l-glycérique [Neuberg et Silbermann, *Zeit. phys. Chem.*, **44**, 134, 1905].

Anhydre, il fond à 140° [Bischoff et Walden, *D. chem. G.*, **22**, 1816, 1889; **29**, 1702, 1896]. Densité 1,666. Conductibilité électrique voyez Bischoff et Walden [*Zeit. physik. Chem.*, **8**, 466. 1891]. Chauffé avec de l'acide chlorhydrique normal à 130-140°, il se transforme partiellement en acide racémique [Holleman, *Rec. Pays-Bas*, **17**, 77. 1898]. Recherches et séparation des isomères tartriques [Holleman, *Rec. Pays-Bas*, **17**, 69. 1898: — Winther, loc. cit.].

Sels. — Consulter Przybytek [*Journ. Soc. phys. chim. russe*, **12**, 209, 1880; *D. chem. G.*, **17**, 1414. 1884]; — Wyrouboff [*Jahresb. Chem.*, 1374, 1885; *Ann. Chim. Phys.*, (6), **9**, 236, 1886]; — Bischoff et Walden [*D. chem. G.*, **22**, 1816, 1889]; — Hintze [*Jahresb. Chem.*, 462, 1884]; — Anschütz [*Ann. Chem.*, **226**. 199, 1884]; — Mügge [*Centr. Bl.*, **2**, 245, 1899]; — Lossen et Riebensahm [*Ann. Chem.*, **292**, 317, 1896].

Ether diéthylique $C^4H^4O^6(C^2H^5)^2$. — Il fond à 55° [Walden, *Zeit. phys. Chem.*, **20**, 385, 1896].

Ethers l et d-amylique, consulter Guye, Gautier [*Zeit. phys. Chem.*, **58**, 659, 1907].

Ether l-diamylique (alcool amylique actif) $C^4H^4O^6(C^5H^{11})^2$. — Il bout à 203-204° sous 17 mm. $[\alpha]_D = + 4,77$ [Walden, *Zeit. phys. Chem.*, **20**, 385, 1896].

Diacétylmésotartrate diéthylique $(C^2H^3O^2)^2 C^4H^2O^4(C^2H^5)^2$. — On l'obtient en faisant réagir le chlorure d'acétyle sur le mésotartrate diéthylique [Tanatar, *D. chem. G.*, **13**, 1383, 1880]. Il cristallise en aiguilles soyeuses fusibles à 48°

Nitrile mésotartrique $CAz-CHOH-CHOH-CAz$. — Il s'obtient par l'action du glyoxal sur l'acide cyanhydrique anhydre en solution alcoolique [Pollak, *Mon. f. Chem.*, **15**, 469, 1894]. Il fond à 131° [Stengel, *Mon. f. Chem.*, **15**, 473, 1894]; saponifié par l'acide chlorhydrique, il donne l'acide mésotartrique.

Dérivé diacétylé,

$$C^2H^3O^2-CH-CAz$$
$$|$$
$$C^2H^3O^2-CH-CAz$$

— Prismes fondant à 75-77° [Lang, *Mon. f. Chem.*, **15**, 476. 1894].　P. Carré.

TARTRONIQUE (ACIDE). *acide oxymalonique*, $CO^2H-CHOH-CO^2H + 1/2H^2O$. — L'acide tartronique se forme quand on chauffe l'éther trichlorolactique avec les alcalis [Pinner, *D. chem. G.*, **18**, 753, 1885]. On le prépare avec un rendement presque quantitatif en utilisant la décomposition de l'acide dioxytartrique en liqueur aqueuse [Fenton, *Chem. Soc.*, 73, 73, 1898]; ou encore la décomposition spontanée de l'acide nitrotartrique [Behrend et Osten, *Ann. Chem.*, 344, 152, 1905].

Il cristallise en longs prismes fusibles à 158-159°. Conductibilité électrique [Ostwald, *Zeit. physik. Chem.*, 3, 369, 1889; — Skinner, *Chem. Soc.*, 73, 488]. Chaleur de combustion moléculaire 165^{Cal},8 [Matignon, *Ann. Chim. Phys.*, 28, 304, 1893]. Chaleur de neutralisation [Gal et Werner, *Bull. Soc. Chim.*, 46, 803, 1886; — Massol, *Ann. Chim. Phys.*, 1, 206, 1894]. Il précipite la solution d'acétate mercureux [Leys, *Bull. Soc. Chim.*, 1, 265, 1907]. Il est plus acide que l'acide malonique [Astruc, *C. R.*, 130, 253, 1900]. Condensation avec l'urée dans l'organisme [Wiener, *Beitr. z. Chem. Physiol. u. Pathol.* 2, 42, 1902].

Le *tartronate d'éthyle* $C^3H^2O^5(C^2H^5)^2$ est un liquide distillant à 222-225° [Pinner, *D. chem. G.*, 18, 757, 2853; — Freund, *D. chem. G.*, 17, 786, 1884; 132-135° sous 37 mm. [Wahl, *Bull. Soc. Chim.*, 35, 458, 1906]. Son *dérivé acétylé* bout à 158-163° sous 60 mm. [Conrad et Brückner, *D. chem. G.*, 24, 2997, 1891].

L'*acide éthoxymalonique* $C^2H^5O.CH.(CO^2H)^2$ fond à 123-125°; son *éther diéthylique* bout à 228° [Wislicenus et Münzesheimer, *D. chem. G.*, 34, 552, 1898]. Décembre 1907. P. Carré.

TAURINE. — (Voy. Dict., 3, 249 et 1er Suppl., 1512). La taurine se forme dans l'organisme animal aux dépens de la cystine [Bergmann, *Beitr. chem. Physiol.*, 4, 192, 1903]. Elle se produit à partir de l'acide aptéique par perte de CO^2, quand cet acide est chauffé avec de l'eau à 240° [Friedmann, *ibid.*, 3, 38, 1903]; par addition de SO^3H^2 à la vinylamine [Gabriel, *D. chem. G.*, 21, 2667, 1888]; par oxydation de la μ-mercaptothiazoline en présence de l'eau bromée [Gabriel, *ibid.*, 22, 1154, 1889]. Sa chaleur de combustion moléculaire est de 382^{Cal},9 [Berthelot, *Ann. Chim. Phys.*, (6), 28, 137, 1893], 100 p. d'alcool à 90° dissolvent à 17°, 0^p,004 de taurine [Stutzer, *Zeit. analyt. Chem.* 31, 503, 1892]. La taurine s'éloigne beaucoup par ses propriétés des autres acides aminés. Elle ne donne pas avec l'anhydride benzoïque le dérivé benzoylé attendu; la préparation des chlorhydrates d'éthers méthylique, éthylique, amylique, d'après Curtius, ne réussit pas [Tauber, *Beitr. chem. Physiol.*, 4, 323, 1903]. Toutefois, contrairement aux assertions de Taubler, elle fournit avec l'isocyanate de phényle l'acide uréidique correspondant [Paal et Zitelmann, *D. chem. G.*, 36, 3337, 1903]. La taurine réagit avec le carbonate de guanidine à 160°. Il se dégage AzH^3 et il se forme au moins deux corps dont l'un est en tablettes rhombiques fusibles à 255° (Tauber).

Chlorotaurine, $AzH.C^2H^3Cl.SO^3H$. — Cristaux fusibles à 191-201° [Spring et Winssinger, *D. chem. G.*, 15, 446, 1882].

Anhydro-taurine,

$$AzH-CH^2-CH^2-SO^2.$$

— Aiguilles fusibles à 88° [Kohler, *Am. Chem. Journ.*, 19, 744, 1897]. E. Lambling.

TAUTOMÉRIE. — Voyez DESMOTROPIE.

TAXICATINE. — Ce glucoside a été découvert par Ch. Lefebvre [*C. R. Soc. Biol.*, 513, 1906] dans les feuilles fraîches de l'if commun, d'où on l'extrait par l'eau bouillante en présence de carbonate de chaux. On le précipite par le sous-acétate de plomb ammoniacal, qui entraîne en même temps les sucres. On sépare le plomb par l'acide sulfurique en quantité théorique, et on extrait le glucoside à l'éther acétique bien neutre. On le purifie par cristallisation dans l'alcool fort.

La taxicatine répond à la formule $C^{13}H^{22}O^7$; elle cristallise en aiguilles incolores fusibles à 165°, solubles dans l'eau et l'alcool; $[α]_D = — 72°$. Elle est dédoublable par l'émulsine et les acides minéraux en une molécule de glucose et un produit amorphe $C^7H^{12}O^2$ très soluble dans l'éther et le chloroforme.

La taxicatine donne une coloration bleu de prusse avec l'acide azotique nitreux, tandis que le produit $C^7H^{12}O^2$ se colore en violet; ce même produit est coloré en jaune par l'hypochlorite de soude, en violet par le perchlorure de fer, tandis que la taxicatine ne donne rien avec ces deux réactifs [*Journ. Pharm. Chim.*, (6) 26, 241, 1907]. Janvier 1908. E. Rengade.

TAXINE. — (Voyez Dict., 3, 251). Thorpe et Stubbs ont trouvé pour ce corps la formule $C^{37}H^{52}O^{10}Az$; il est fusible à 82° en se décomposant et se combine aux acides pour donner des sels [*Chem. Soc.*, 81, 874, 1902]. Octobre 1907. A. Hébert.

TÉALLITE (Min.) (G. T. Prio). — Sulfostannite de plomb, SnS^2Pb ou $PbS.SnS$. Lamelles presque carrées, clivables suivant l'aplatissement (en réalité, prisme orthorhombique : $a:b:c = 0,93:1:1,31$, avec faces $p\,c^1\,b^1/_2\,h^1\,a^1\,a^1/_2$), gris noirâtre, éclat métallique, ressemblant à du graphite, flexible, non élastique, avec kaolin, pyrite, wurtzite et galène, en Bolivie. Dureté $= 1$ à 2. Densité $= 6,36$. Poussière noire. L. Bourgeois.

TÉCOMINE. — Matière colorante retirée du *Begonia Tecoma*. C'est une substance jaune cristalline, soluble en jaune orange dans l'alcool, peu soluble dans l'eau. Les alcalis font virer la solution au rouge rosé et les acides au jaune clair. La plante contient encore une substance résineuse brun rougeâtre, soluble dans l'alcool et une matière colorante brun foncé soluble dans les alcalis en donnant une solution qui précipite par addition d'acide [T.-H. Lée, *Proc. Chem. Soc.*, 17, 4, 1901]. V. Thomas.

TEINTURE ET IMPRESSION. — Depuis 1878, époque à laquelle parut dans ce Dictionnaire (tome V, p. 251) l'article TEINTURE ET IMPRESSION de M. P. Schutzenberger, les deux industries en question se sont notablement modifiées.

Tout d'abord, les matières colorantes organiques artificielles pour soie, laine et coton, ont réussi à remplacer presque toutes les matières organiques naturelles, sauf le campêche qui seul résiste vigoureusement à leur assaut (quercitron, graine de Perse, lima, etc., encore employés), et aussi presque toutes les matières colorantes minérales qui ne sont plus guère utilisées que dans des cas très spéciaux, en impression, par exemple, quand on a besoin d'agents colorants présentant aux réducteurs ou aux oxydants une résistance exceptionnelle que les produits organiques ne peuvent point posséder.

L'outillage s'est également modifié et notablement perfectionné en vue d'une production plus intense et plus parfaite (matériel de teinture. Rapp. Expos. de 1900, Classe 78, p. 207. Prud'homme); d'autre part les méthodes de travail sont devenues beaucoup plus scientifiques et si les « tours de main », « secrets de fabrication » n'ont point encore perdu entièrement leur valeur, particulièrement en impression, ils sont devenus plus accessibles à tous parce qu'ils relèvent toujours de données scientifiques qu'un peu de perspicacité permet à un bon teinturier d'utiliser rationnellement.

Il n'est pas possible de traiter ici en détail la

question de la teinture et de l'impression, ni de décrire les perfectionnements de l'outillage, pas plus que de signaler toutes les précautions à prendre pour éviter les déboires dus à l'eau employée, aux matières qui forment les récipients de teinture. aux dispositifs de séchage, aux réactions des apprêts sur les colorants et à toute la multitude d'accidents qui guettent les teinturiers et imprimeurs.

Nous nous bornerons : 1° à donner une définition aussi précise que possible de la teinture et de l'impression; 2° à exposer les principes généraux qui règlent l'association des textiles et des colorants, avec ou sans emploi de mordants; 3° à indiquer et à critiquer les diverses théories qui ont été émises pour expliquer les phénomènes de la teinture. cette dernière partie ayant tout particulièrement tenté, depuis 1878, les théoriciens et les expérimentateurs, et ayant donné lieu à des controverses d'où une opinion définitive n'est point sortie encore.

La teinture et l'impression ne constituent au fond qu'une seule et même opération : à savoir, communiquer à des fibres textiles, animales ou végétales, une coloration durable. Mais, tandis que les teinturiers cherchent à réaliser. autant que possible, des nuances uniformes sur une étendue parfois considérable. les imprimeurs cherchent au contraire à limiter les régions où s'étendent les différentes couleurs. et à les limiter à des contours fixés d'avance par eux. L'*impression n'est donc que de la teinture localisée*; les moyens employés pour la localisation des nuances sont très nombreux. très ingénieux et très perfectionnés: nous en indiquerons plus loin les principes scientifiques.

Si nous reprenons maintenant la définition donnée ci-dessus pour la teinture. nous voyons qu'elle a besoin de quelques explications ou retouches. D'abord elle ne comprend que les textiles animaux ou végétaux. Et cependant, un grand nombre d'autres substances, comme le verre. la porcelaine. l'os sont assez fréquemment garnis de colorations durables et pourraient prendre place à côté des textiles ; en réalité ces cas sont très particuliers et un peu exceptionnels. Aussi, la plupart du temps, quand on parle de teintures. il est bien certain qu'on a surtout en vue la laine, le coton ou la soie et quelques autres textiles d'un emploi industriel plus ou moins répandu (jute. ramie. etc...). Il est peut-être plus difficile de préciser les mots : « coloration durable », qui figurent dans la définition. Par exemple si on prend une belle pièce de soie et qu'on la laisse en contact avec de la boue. il est bien certain qu'elle prendra. malgré tous les efforts qu'on pourra tenter en sens inverse, une coloration durable : il ne saurait pourtant être question ici de teinture véritable. Inversement, si on plonge du coton tanné dans une solution alcoolique d'hydrol de Michler. la fibre se garnit d'une magnifique coloration bleue; mais si on sèche cette fibre et si on l'expose à une lumière diffuse ou à la lumière solaire. elle perd rapidement sa nuance et finit par n'être plus que salie et non colorée ; il n'y a donc pas eu « coloration durable », donc pas de teinture, d'après la définition. Et pourtant. quand on réalise l'opération ci-dessus, on a la sensation persistante qu'on a fait de la teinture.

La définition précisée se trouve entre ces deux extrêmes. Il y aura véritablement teinture quand l'opérateur pourra à son gré réaliser sur divers échantillons de la fibre étudiée. par exemple sur des bandes identiques découpées dans une même pièce. des nuances d'intensités variables comprises entre deux limites assez éloignées correspondant à la nuance initiale de la pièce et à

celle qui correspond à sa saturation par le colorant employé. En graduant les quantités relatives de colorant et de textile ou la durée de l'opération ou les conditions dans lesquelles elle a lieu, l'opérateur devra pouvoir établir une gamme de nuances de plus en plus intenses et il pourra établir entre deux termes voisins une différence aussi faible qu'il le voudra. S'il en est ainsi, il aura réalisé une teinture véritable et démontré du même coup que le colorant employé est une matière colorante véritable. Le phénomène de la teinture entraîne donc avec lui, pour les nuances obtenues, la notion de continuité entre deux limites plus ou moins espacées. Ainsi examinés, le contact d'une pièce de coton prolongé aussi longtemps qu'on le voudra avec une solution saturée froide. chaude ou bouillante d'un grand nombre de colorants. par exemple l'orangé IV, le vert malachite. la safranine, etc..., le contact d'une robe de soie avec de la boue., ne sont pas des phénomènes de teinture; les fibres auront été dans l'un et l'autre, cas, garnies de colorations peut-être durables. ineffaçables parfois; elles ne seront que salies et non pas teintes. Au contraire une pièce de coton tanné, manœuvrée dans la liqueur d'hydrol, se colore à volonté, plus ou moins, suivant les conditions réglables par l'opérateur : elle se teint réellement; et si la nuance obtenue ne persiste pas, cela tient à des phénomènes accessoires, d'une importance pourtant primordiale dans les applications, et qui font que l'hydrol et un grand nombre d'autres colorants n'ont reçu dans la pratique aucune utilisation malgré l'éclat de leurs nuances.

Nous dirons donc que la teinture est l'art de communiquer à des fibres textiles des colorations uniformes variables à volonté, dont l'ensemble devra constituer une gamme de nuances ininterrompues et dont la résistance devra, au point de vue pratique, être aussi énergique que possible, quand ces colorations subiront l'action de la lumière, des agents atmosphériques, de l'eau, du savon. des acides, des bases, et de l'infinité des causes qui tendent à les détériorer. En impression, ces colorations seront localisées, au lieu d'être uniformes.

L'étude complète de la teinture et de l'impression comporterait donc : 1° l'étude des textiles qui portent les colorations uniformes ou localisées ; 2° l'étude des colorants de toutes sortes qu'on peut leur associer; 3° l'étude des rapports entre textiles et colorants avec ou sans intermédiaire interposé, c'est-à-dire à proprement parler la teinture et l'impression des tissus ; 4° l'étude de la résistance à la détérioration soit des fibres, soit des colorants après qu'ils ont été associés l'un à l'autre et des multiples moyens qu'on emploie pour augmenter cette résistance et donner aux étoffes une parure avantageuse (apprêts) et aux nuances obtenues une longévité maximum.

Les règles scientifiques qui président à l'association d'un textile et d'un colorant déterminés sont très simples; mais elles méritent cependant d'être exposées, car elles sont parfois méconnues par des praticiens expérimentés. Les deux éléments importants à connaître sont d'une part la ou les fonctions chimiques du textile et la fonction chimique du colorant. En ce qui concerne les textiles, on sait que ceux qui sont d'origine animale possèdent à la fois des fonctions acides et des fonctions basiques, et que l'une ou l'autre de ces fonctions entre en action suivant celles que possèdent le colorant et le bain de teinture; au contraire les textiles d'origine végétale. le coton surtout, n'ont pour ainsi dire pas de fonction et présentent au point de vue chimique une inertie très marquée. Il en résulte fatalement qu'à moins de circonstances exceptionnelles, d'ailleurs encore mal connues, comme celles que présentent les colorants dérivés de la benzidine, entre autres, le coton et ses analogues seront difficiles à teindre, tandis que la laine et la soie seront au contraire extrêmement aptes à la fixation des colorants.

Il est bien démontré en effet que si on met en contact de la laine par exemple avec un colorant de fonction acide nettement marquée. la base que peut être la laine s'unira à l'acide qu'est le colorant, et la teinture de la laine en sera le résultat; si la laine est en contact avec un colorant basique, elle utilisera ses fonctions acides et il y aura encore teinture.

Le seul cas où il y aura échec est celui où le colorant offert à la laine sera neutre au point de vue chimique, comme cela peut arriver pour des colorants dont les groupes fonctionnels de sens inverses se contre-balanceraient à peu près rigoureusement; l'un des deux termes de l'association serait alors dans un état d'inertie chimique presque absolu, et la teinture serait impossible. Pour le coton, cet état d'inertie est l'état ordinaire; aussi est-il indifférent à l'action des colorants acides ou basiques, sauf ceux de la série à laquelle il a été fait allusion ci-dessus.

De ceci, il résulte qu'il ne faudra jamais associer un colorant et une fibre de mêmes fonctions, mais qu'il faudra au contraire rechercher pour les associer des colorants et textiles à fonctions opposées. Il en résulte aussi que, quand on voudra employer pour une nuance complexe deux ou plusieurs colorants, il faudra les choisir tous de même fonction. car si deux d'entre eux étaient de fonctions opposées, ils s'uniraient entre eux, souvent pour donner une combinaison insoluble, et toujours pour donner une combinaison sensiblement neutre, indifférente par conséquent aux textiles; la présence de ces deux colorants opposés serait donc au moins inutile. C'est là une règle simple et souvent méconnue.

Étant donné que l'état d'indifférence chimique paraît être la cause des difficultés à teindre, il en résulte qu'une fibre végétale pourrait devenir apte à la teinture si on réussissait à lui communiquer artificiellement une fonction acide ou basique; il y a longtemps que les praticiens se sont avisés d'employer ce moyen, et l'ensemble des opérations qui font apparaître à volonté une fonction chimique sur une fibre constitue ce qu'on appelle le *mordançage*. On conçoit de suite qu'il y a deux grandes catégories de mordants : acides et basiques.

Une expérience très simple montre que si on plonge un morceau de coton dans quelques solutions salines, particulièrement celles dans lesquelles un des métaux suivants : fer, chrome, aluminium, est associé à un acide faible, cette fibre s'imprègne, par un mécanisme inconnu, auquel les phénomènes de capillarité et d'adhérence ne sont probablement pas étrangers, de l'oxyde du métal employé et le retient très énergiquement; cette nappe d'oxyde, qui recouvre et pénètre la fibre sans rien altérer trop profondément ses qualités de souplesse, de résistance, de perméabilité, etc..., se substitue à la fibre à l'égard des agents extérieurs, et d'indifférente qu'elle était, celle-ci devient fonctionnelle et réactive : basique dans l'espèce. Aussi, si on lui offre un colorant acide il y aura maintenant fixation, et il arrivera même que la fixation pourra être trop brutale et occasionnera à certains endroits plus riches en oxyde métallique des accumulations de colorant précipité, des placages. On aurait alors dépassé le but et rendu la fibre trop basique. Il faut alors faire retour en arrière et atténuer la fonction conférée à la fibre; on y

arrive par le vaporisage qui a d'abord pour effet de favoriser la décomposition du sel métallique employé et, par suite, d'augmenter la quantité d'oxyde déposé mais qui ensuite, en raison de la température à laquelle il se fait, modifie l'état physique de cet oxyde et atténue sa réactivité chimique ; on arrive parfois à ce résultat en chauffant après teinture : c'est alors l'avivage (par exemple pour le rouge turc) ; on y arrive le plus souvent, en traitant l'oxyde métallique par des substances faiblement acides comme les sulforicinates et oléates. Si l'opération est bien faite, le but est atteint, le coton a acquis une fonction basique du même ordre de grandeur que celle qui est naturelle à la laine, et il est devenu apte à fixer des colorants de nature acide.

On aurait pu de même donner au coton une fonction acide en le plongeant dans une solution de tanin : ici encore fixation par un mécanisme inconnu du tanin sur la fibre, qui devient acide, mais trop acide, car elle fixe trop vivement les colorants basiques en donnant de mauvaises teintures. Ici encore nécessité d'atténuer le résultat obtenu, et on y arrive par l'action d'une base, non pas d'une base forte qui neutraliserait complètement l'acide et ramènerait l'ensemble à l'indifférence saline, mais d'une base faible, par exemple les hydrates de ces oxydes de métalloïdes qui se trouvent à la limite indécise des métaux et des métalloïdes, comme l'antimoine que l'on utilise sous forme d'émétique. Cette substance atténue suffisamment l'acidité du tanin pour que la fibre et le manteau salin qui la recouvre aient encore une fonction acide, sans doute du même ordre de grandeur que l'acidité naturelle des fibres animales, puisque voici la fibre de coton tirée de son indifférence, et devenue apte à fixer, tout comme la laine et la soie, des colorants basiques : violet de Paris, violet cristallisé, brun Bismarck, bleu méthylène, safranine, etc... .

Ces questions de basicité et d'acidité qui dominent toutes les autres questions de la teinture ou de l'impression exigent donc que le teinturier, qui est censé connaître la fonction de la fibre naturelle ou travaillée qu'il a en mains, sache aussi reconnaître la fonction des colorants qu'il désire employer. On reconnaît un colorant basique en mélangeant à sa solution aqueuse une solution aqueuse de tanin ou une solution d'acide picrique (100 gr. de tanin, 100 gr. d'acétate de sodium, eau : 1 litre; — ou bien acide picrique 20 gr. ; acétate 50 gr. ; eau : 1 lit.); il se fait alors un précipité. En l'absence de précipité, on a un colorant acide. Les colorants dits à mordants ou polygénétiques se reconnaissent par contact avec des bandes mordancées (bandes de Mulhouse) et les colorants coton par contact direct avec du coton ordinaire.

Les opérations de mordançage ne sont pas les seules qui puissent modifier les fonctions des fibres ou leur en procurer quand elles en sont naturellement dépourvues; l'action des alcalis, du chlore, du soufre et de divers agents modifient notablement les textiles et par suite les conditions de la teinture, et l'on sait entre autres combien le mercerisage des textiles végétaux les rend plus aptes à fixer les colorants (voir, pour les détails, ce Dictionnaire).

Les principes généraux de l'impression sont les mêmes que ceux de la teinture ; mais les particularités de cette industrie, à savoir la localisation des nuances, exigent quelques précautions que nous allons examiner maintenant. Il y a diverses manières de localiser les nuances. 1° On peut d'abord, s'il s'agit d'une fibre se teignant directement, plaquer à sa surface des substances qui la protégeront contre le bain de teinture et qu'on enlèvera ensuite ; la fibre, aux endroits protégés, apparaîtra avec sa nuance initiale tandis qu'aux endroits non protégés elle aura la nuance simple ou composée qui résultera du colorant dont on avait garni le bain et de la nuance initiale. C'est la *méthode dite des réserves*, et les matières employées d'ordinaire pour protéger la fibre sont l'albumine, la cire, la gomme Damar (battiks), l'amidon, l'émétique sous couleurs d'aniline au tanin (Prudhomme), le soufre précipité (blanc sur fond d'indigo), le soufre et un sel de fer (nuance nankin), le soufre et le chlorure de cadmium (réserve jaune, etc). Parfois on protège la fibre en la nouant et en la recouvrant d'une étoffe qu'on enlève ensuite (Japon).

2° La méthode qui paraît la plus simple consiste à ne placer du colorant qu'aux endroits que l'on veut nuancer, mais elle exige quelques précautions ; le colorant, en effet, ne se fixe sur la fibre que par l'intermédiaire d'un solvant, l'eau ; or la liqueur a tendance à empiéter sur les limites qu'on lui assigne, et pour l'en empêcher on doit la rendre pâteuse ; on l'épaissit, comme on dit en termes de métier, au moyen de substances solubles dans l'eau, qu'on appelle des épaississants et dont les principaux sont : l'amidon, l'amidon grillé (de maïs ou de blé), bristish-gum, les gommes de l'Inde, du Cap, la gélidine, extraite des algues, les fécules solubles, etc...

On prépare donc une solution aqueuse à la concentration voulue du colorant et on y ajoute, jusqu'à consistance pâteuse, l'épaississant choisi ; le mélange est cuit dans des bassines en cuivre dont l'ensemble constitue *la cuisine à couleurs*. Les pâtes ainsi préparées sont plaquées aux endroits voulus sur le textile en pièce ou en écheveaux, puis le tout est porté dans une chambre close qui peut être chauffée au voisinage de 100° ; c'est le *vaporisage* au cours duquel l'acte de la teinture s'accomplit aux endroits préalablement marqués. En lavant ensuite le textile, on élimine l'épaississant, le colorant non fixé, et on a ainsi sur le fond qui a conservé sa couleur initiale la reproduction avec la nuance choisie des dessins dont on avait préalablement fixé les contours. Tout naturellement, après une première impression on en pourra faire une seconde dans un contour fixé d'avance empiétant ou non sur les premiers, et obtenir de nouveaux dessins colorés avec les multiples effets qui peuvent résulter de la superposition au même endroit des deux couleurs choisies. L'opération peut être répétée autant qu'on le veut et donner des dessins à multiples nuances simples ou composées. Il va sans dire que la position relative des divers contours choisis doit être repérée avec le plus grand soin, et pour éviter autant que possible les graves inconvénients qui résulteraient des déplacements relatifs des divers contours, on remplace ces placages successifs par un placage complexe mais unique, à l'aide d'instruments très perfectionnés dont il sera question plus loin (Machines à imprimer).

A cette méthode, il faut rattacher la production des nuances par des colorants insolubles ; par exemple l'indigo, qu'on imprime en présence d'épaississants et de soude et d'un réducteur comme le glucose ; au vaporisage, la réduction a lieu, donne l'indigo blanc qui se fixe et qu'une oxydation ultérieure spontanée ou volontaire amène à sa nuance bleue (procédé Schlieper et Baum). C'est le cas encore du rouge de paranitraniline où le tissu teint (ou mordancé) au β-naphtol est traité par le diazoïque de l'amine puis par la chaleur ; le lavage ultérieur élimine

le β-naphtol inemployé. Cette production de couleurs sur fibre prend de plus en plus d'importance et il faut citer parmi les nouveautés par exemple les oxazines qu'on associe aux azoïques (Meister, Lucius et Brüning).

3° On peut encore commencer à teindre uniformément la pièce sur laquelle on veut faire de l'impression, puis ensuite enlever la coloration aux endroits que l'on aura choisis de manière à reproduire un dessin fixé d'avance. C'est la *méthode générale des enlevages*, qui sont de trois sortes. On enlèvera le colorant par simple dissolution ou par réduction ou par oxydation ; la première méthode repose uniquement sur l'emploi de solvants chimiques, généralement des alcalis ; la seconde consiste à plaquer aux endroits choisis un mélange réducteur à température peu élevée (par exemple le sel d'étain, seul ou en présence de citrates, les sulfites), puis à porter à haute température pendant plus ou moins longtemps et à laver ensuite. Il est bien évident que cette opération exige de l'imprimeur non seulement la connaissance des fonctions du colorant employé, mais encore celle de ses propriétés principales ; ainsi un azoïque qui est scindé définitivement par les réducteurs en substances qui ne peuvent pas par simple juxtaposition reproduire leur colorant générateur, se prêteront très bien aux enlevages blancs sur fond coloré ; au contraire les colorants du triphénylméthane, par exemple, que la réduction ramène à l'état de leucos, seront à rejeter dans ce cas, car après la réduction la nuance réapparaîtrait par oxydation à l'air, probablement atténuée, mais encore visible. En revanche si la nuance uniforme était due à un mélange de deux colorants appartenant chacun à l'une des deux catégories ci-dessus, l'enlevage par réduction ferait apparaître aux endroits choisis par l'imprimeur la coloration due au triphénylméthane et on aurait alors des dessins d'une certaine nuance sur un fond de nuance différente.

Cette méthode, d'une application très fréquente à cause de la multiple diversité des effets qu'elle permet d'obtenir, est moins générale dans son principe que la méthode par oxydation ou *méthode du rongeage*. Celle-ci est basée sur ce fait que tous les colorants organiques sont détruits par les agents oxydants qui les brûlent ; si donc on plaque sur une pièce teinte de tels agents simples ou composés et qu'on provoque leur action par l'intervention de la chaleur ou autrement, le colorant sera rongé et détruit définitivement aux endroits marqués et on pourra donner à ceux-ci tel contour que l'on voudra. Ici encore si la nuance uniforme est due à un mélange d'une couleur organique et d'une couleur inaltérable à l'oxydation, comme les couleurs minérales, la première seule disparaîtra au rongeage et une fois l'opération terminée on aura sur la nuance uniforme du fond des dessins ayant la nuance du colorant minéral.

On emploie par exemple du chlorure de chaux et un acide qui donnent du chlore, ou de l'acide chromique (Camille Kœchlin) employé sous forme d'une couleur à l'albumine associée à un chromate alcalin, ou le bromate de potassium (Binder), ou le chlorate d'aluminium (Brandt), ou les chlorates alcalins, les ferricyanures, etc. (Jeanmaire).

Cette méthode, très sûre en ce qui concerne l'effacement de la nuance aux endroits choisis, présente des inconvénients graves pour la fibre, car elle aussi est une matière organique, et d'avoir ainsi servi de laboratoire pour un phénomène d'oxydation, cela l'a plus ou moins oxydée et altéré sa résistance : le procédé doit donc être employé avec précautions.

Dans ce qui précède, il a surtout été question de colorants teignant directement, mais il va sans dire que les colorants à mordants se prêtent aux mêmes opérations : mordançage localisé ; — mordançage généralisé et réserves ultérieures faites avant la teinture soit en détruisant le mordant, soit en l'empêchant d'agir en interposant entre lui et le bain de teinture un corps insoluble ; — réduction ou oxydation d'un colorant à mordant préalablement fixé. De même, il est bien certain qu'on peut associer aux colorants teignant directement les colorants polygénétiques à mordants, en fixant dans l'ordre que l'on voudra les uns ou les autres toujours par la même série d'opérations : placages aux endroits choisis des bains de teinture, des bains de mordançage, des compositions pour réserves, ou pour réduction ou pour oxydation (bains ou compositions préalablement épaissis) et vaporisage ultérieur.

On a ainsi une idée de la multitude des moyens que la chimie met à la disposition des imprimeurs et de l'infinie variété des nuances et des associations de nuances que ces industriels peuvent réaliser par l'emploi de moyens simples, du moins en principe.

Il faut d'ailleurs ajouter que ces associations et ces voisinages de nuances ne sont pas en nombre aussi illimité qu'on pourrait le croire ; l'œil en effet ne supporte pas impunément la juxtaposition de deux nuances quelconques et on a dû rechercher les règles à suivre pour que ces juxtapositions soient d'aspect agréable. Chevreul d'abord, puis M. Rosensthiel ont étudié cette délicate question, et du principe trouvé par eux que deux couleurs juxtaposées doivent, pour être agréables à l'œil, être complémentaires, ils ont déduit des règles qui forment une sorte de code scientifique dont les imprimeurs ne peuvent s'écarter ; en suivant ces prescriptions, ils arrivent à produire les plus gracieux effets de couleurs qui, joints aux dessins habilement composés, ont fait la réputation universelle des étoffes imprimées que fournissent les industries de Mulhouse, Rouen, Epinal, Lyon. Rappelons que l'un des plus importants est l'article Schlieper et Baum : bleu foncé (indigo) et rouge éclatant.

On a pu voir précédemment que toutes les opérations de teinture localisée exigent le placage à des endroits fixés d'avance de compositions semi-pâteuses qui doivent produire leur effet à ces endroits ; le dépôt de ces compositions est une des opérations les plus importantes et les plus délicates de l'industrie d'impression. On l'exécutait autrefois à l'aide de planches gravées en creux sur lesquelles était placée la composition choisie ; en râclant soigneusement la surface de la planche, seuls les creux restaient garnis, et en appliquant énergiquement la planche contre l'étoffe à teindre, la garniture des parties creuses passait sur l'étoffe qui se trouvait prête pour le vaporisage après qu'on avait, par la manœuvre de la planche, ainsi préparé toute la surface de l'étoffe ; c'était l'*impression à la planche* aujourd'hui presque totalement abandonnée. On emploie actuellement des machines à rouleaux d'une sécurité de fonctionnement beaucoup plus grande et d'un débit beaucoup plus intense.

Les dessins à imprimer sont gravés en creux plus ou moins profonds suivant l'intensité de la nuance à obtenir dans de lourds cylindres en cuivre montés sur un axe et susceptibles d'un lent mouvement de rotation ; ces cylindres baignent sur une partie de leur pourtour dans des réservoirs qui contiennent les compositions employées, puis passent en face de lames en acier appelées raclettes qui enlèvent tout ce qui n'est

pas dans les parties creuses ; ils entrent alors en contact avec la pièce à imprimer supportée par un tissu épais et moelleux qu'on appelle le doublier ou par une longue table à crémaillère (Buffaud et Robatel), et l'opération se poursuit jusqu'à ce que la pièce soit entièrement préparée. Pour la rapidité du travail on est arrivé à réaliser des machines à imprimer à huit couleurs pour pièces d'une largeur de 1^m,40 ; d'autres machines, véritables instruments de précision, impriment les deux faces du tissu avec huit nuances différentes ; elles donnent des étoffes pour ameublements qui ne nécessitent pas de doublures. Inutile de dire avec quels soins doivent être réglés ces puissants appareils, et on conçoit aisément que cette opération des placages successifs ou simultanés par pression des cylindres sur les étoffes ait donné son nom à l'industrie de l'impression.

Théories de la teinture. — De nombreux savants ou praticiens se sont préoccupés de savoir par quel mécanisme les colorants se fixent sur les fibres et on a imaginé un certain nombre de théories pour expliquer la teinture ; on s'est d'ailleurs surtout occupé des fibres animales, réservant les fibres végétales et les colorants qui les teignent directement. Les diverses théories sont les suivantes :

Théorie chimique de Weber.

Théorie mécanique (action de porosité) de W. Crum.

Théorie physique ou de la dissolution de O. Witt.

Dans la théorie chimique, on admet que la fibre et le colorant réagissent l'un sur l'autre en donnant une combinaison plus ou moins indestructible.

Dans la théorie mécanique, la fixation du colorant serait due principalement à l'état physique du textile, lequel doué d'une surface énorme et parsemé de canaux capillaires d'un développement considérable retiendrait le colorant par des actions de contact et d'adhérence capillaire.

Dans la théorie physique enfin, le textile se comporterait uniquement comme un dissolvant, solide il est vrai, mais capable par ses propriétés dissolvantes, antagonistes de celles du bain de teinture, d'enlever à celui-ci les corps dissous et en particulier ses colorants. La notion d'un corps solide dissolvant un autre corps solide est *a priori* assez différente de l'idée qu'on se fait ordinairement d'une dissolution, mais il suffit de rappeler que le verre dissout beaucoup d'oxydes métalliques par lesquels il peut être plus ou moins coloré ; d'ailleurs le parallélisme n'est pas absolu, car l'incorporation de ces oxydes aux verres se fait quand ces derniers sont pâteux, ce qui n'est pas le cas des fibres. L'exemple de la cémentation, dissolution du carbone dans le fer, serait tout à fait analogue s'il n'y avait pas, à côté de ce phénomène physique, des actes de combinaison certains entre les deux réactifs.

Nous allons examiner successivement ces diverses théories en indiquant les nombreux travaux qu'elles ont suscités.

La théorie chimique se présente dès l'abord comme très vraisemblable et s'impose presque d'elle-même ; les principes généraux de la teinture, qui ont été rappelés plus haut et qui sont basés sur la fonction des textiles et sur celles des colorants, semblent bien indiquer que la teinture est le résultat de l'association de ces fonctions opposées se saturant mutuellement. La nécessité pour qu'un colorant soit bon de présenter dans sa molécule des groupes auxochromes et des groupes salifiables semble bien annoncer le rôle important de ces groupes et, par suite, la nature chimique du phénomène de la teinture ; en ce qui concerne les fibres animales, la laine surtout, il ne paraît pas que le doute soit possible.

Du reste, de très nombreuses expériences confirment cette théorie; ce sont surtout celles de Knecht et Appleyard [Bull. Soc. Chim., (3), **2**, 846, 852, 1889; — Journ. of Chem. Ind., 459. 1889; — Dyers and Colour, Journ. Soc., 104. 1888; et 71, 1889] qui sont relatives à l'absorption par la soie, la laine et le coton, non seulement des matières colorantes, mais de substances incolores : acides, bases et sels ; elles complètent des expériences antérieures de Chevreul, Bolley, Mills et Takamine. La laine par exemple, bouillie dans un bain d'acide sulfurique dilué à 50 0/0 du poids de la laine, fixe une partie notable de l'acide présent : 3.6 0/0 dont une portion faiblement fixée : 1.4 0/0 s'élimine aux lavages chauds, et le reste, 2.34 0/0, reste fixé définitivement. Avec l'acide chlorhydrique le phénomène a la même allure qui se traduit par les chiffres suivants :

o/o du poids de la laine.

Titrage par :	KOH titrée.	AzO³Ag.
HCl de la solution initiale....	7,94	7,94
HCl restant en liqueur après ébullition.................	4,83	5,00
HCl enlevé à la laine au 1ᵉʳ lavage	1,29	1,36
— 2ᵉ —	0,55	0,67
— 3ᵉ —	0,37	0,38
— 4ᵉ —	0,12 } 2,39	0,18 } 2,78
— 5ᵉ —	0,06	0,17
— 6ᵉ —	0,00	0,02
HCl retenu d'une manière définitive..........................	0,72	0,16

Ces phénomènes sont accompagnés de manifestations chimiques, puisqu'on trouve dans le bain de l'ammoniaque combiné à l'acide, ce qui donne à penser que l'acide manquant s'est réellement combiné par double décomposition avec la fibre. L'acide chromique se fixe de même quand on traite la laine par le bichromate de potassium dissous.

Des trois textiles envisagés, c'est la laine qui fixe le plus énergiquement les acides, puis la soie, puis le coton pour lequel la fixation est moins abondante, mais encore sensible; toutefois, l'auteur pense que cet acide pourrait être retenu mécaniquement.

Avec les alcalis, l'affinité est moindre et la fixation définitive très faible.

Les chlorures de sodium et de potassium ainsi que la crème de tartre sont fixés énergiquement ; le sulfate de magnésium également et la liqueur devient alcaline ; l'alun se fixe sous forme de sels basiques et la liqueur s'acidule, mais faiblement. Ces manifestations annoncent des phénomènes chimiques et les auteurs admettent que les acides ou les sels des bains de teinture, dont la pratique a imposé l'usage, modifient la laine au moment de la teinture et lui donnent son aptitude remarquable à fixer les colorants, aptitude qui est sensiblement moindre quand la laine n'a été traitée que par des bains neutres.

M. Léo Vignon a mesuré par la méthode calorimétrique les dégagements de chaleur qui se produisent quand on traite de la soie grège ou décreusée par de l'eau pure ou par de l'eau tenant en solution des acides, bases ou sels ; les phénomènes rapportés pour la soie à la molécule $C^{144}H^{222}Az^{18}O^{56}$, pour la laine à $C^{88}H^{140}Az^{27}O^{27}S^3$ et pour le coton à $C^6H^{10}O^5$ sont nets, constants et mesurables ; ils attestent pour les deux premiers textiles des propriétés basiques et des propriétés acides très marquées et pour le coton de faibles propriétés acides [C. R. **110**, 287 et 909, 1890]. Ce même auteur a examiné les textiles au point de vue de leur activité chimique et montré

qu'elle augmente avec la dilution de la liqueur aqueuse, en étudiant les variations du rapport $\frac{k_2}{k_1}$ (k_2 poids de réactif : acide, base du sel, fixe par 100 gr. de textile; k_1 = poids de réactif restant dans 100 gr. de liqueur après fixation par le textile). D'après lui, l'activité chimique de la fibre est liée à la dilution et par suite à l'ionisation des liqueurs [C. R., **143**, 550, 1906]. Knecht et Appleyard [loc. cit.] ont montré que l'acide lanuginique forme avec les colorants basiques ou acides des laques insolubles dans l'eau froide et peu solubles dans l'eau chaude; en opérant sur un poids connu de laine qu'ils dissolvent dans un alcali et en essayant à tour de rôle l'acide picrique, le jaune naphtol, la tartrazine et le violet cristallisé, puis en dosant le colorant fixé, ces auteurs ont constaté que l'acidité du bain de teinture, pas plus que la durée d'ébullition quand elle atteint ou dépasse une heure, n'ont d'action sur la quantité de colorant fixé qui s'élève à 13,3 0,0 pour le premier, 20,8 pour le deuxième et 22,65 et 7,94 pour les deux autres. En exprimant ces chiffres en molécule, et prenant pour unité la molécule picrique, les nombres précédents deviennent : 1 molécule, 3/4 molécule et 1/3 molécule [Voir Bull. Soc. Chim. (3), **1**, 223, et **2**, 852, 1889 ou J. of chem. Ind., 459, 1889; ou D. chem. G., **21**, 2804].

Cette expérience importante, qui montre que les quantités de colorants fixés ne sont pas sans relations avec leur poids moléculaire, est très favorable à la théorie chimique. Si celle-ci est exacte, en effet, les deux réactifs : fibre et colorant doivent se combiner dans le rapport de leurs poids moléculaires ou dans des rapports multiples ou sous-multiples simples de celui-là. Or, la possibilité d'obtenir des gammes de nuances, définition de la teinture est opposée en apparence à cette conception et paraît ruiner la théorie de Weber[1]. M. Rosenstiehl [Bull. Soc. Chim., (3), **11**, 44, 1894] a fait justice de cette critique par un argument très élégant qui est le suivant.

Si on expose une pièce d'argent à des émanations sulfureuses, elle se teint en noir, et si on vient à chercher le rapport entre le soufre et l'argent de la pièce noire obtenue, ce rapport variera autant qu'on le voudra d'un cas à l'autre et sera sans relation nécessaire avec le rapport des poids atomiques 32 et 108. Cela tient à ce qu'il n'y a eu que teinture superficielle plus ou moins pénétrante; c'est ce qui se passe quand on teint la laine; celle-ci n'est jamais pénétrée à fond, et ceci est heureux, car il est probable alors qu'à l'égal d'une pièce d'argent entièrement sulfurée, elle perdrait entièrement ses propriétés. Il ne saurait donc y avoir aucun rapport nécessaire entre le poids de laine mis en œuvre, qui n'est nullement celui qui entre en réaction, et le poids de colorant fixé; il ne saurait en être ainsi que dans le cas où la laine serait entièrement dissoute au moment de sa réaction avec le colorant; c'est précisément le cas de l'expérience avec l'acide lanuginique et là on voit réapparaître les poids moléculaires.

Knecht et Appleyard donnent en passant leur opinion sur le mordançage qui n'est pas dû uniquement à la fixation d'un hydrate, mais bien à la formation de combinaisons analogues à celles que donne l'acide lanuginique, et ils la démontrent par l'expérience suivante : de l'alizarine S, de l'acide oxalique et de l'alun bouillis longtemps dans l'eau ne donnent rien ; mais si on

<hr>

1. Voir pour l'action sur la laine de plusieurs colorants appliqués simultanément, Mills et Hamilton [Bull. Soc. Chim., (3), **2**, 855, 1889].

ajoute un peu d'acide lanuginique, de suite on voit se former un précipité écarlate.

La théorie chimique de la teinture peut se traduire par une réaction qui serait la suivante :

$$X \stackrel{AzH^2}{\underset{CO^2H}{<}} + R-Cl = HCl + X \stackrel{AzH^2}{\underset{CO^2R}{<}}$$

dans laquelle la fibre est représentée par le symbole

$$X \stackrel{AzH^2}{\underset{CO^2H}{<}}$$

pour mettre en évidence ses diverses fonctions, et le colorant par R - Cl ; il en résulte qu'il doit se former de l'acide chlorhydrique en quantité moléculairement correspondante au colorant fixé et ceci peut être contrôlé par l'expérience ; faite avec la fuchsine, la chrysoïdine, le violet cristallisé, elle a donné à Knecht [*D. chem. G.*, 21, 1557] des quantités notables d'acide chlorhydrique combiné à de l'ammoniaque enlevé à la fibre.

Le rôle des fonctions du textile animal peut être mis en évidence d'une autre manière ; on sait en effet que le chlorhydrate de fuchsine traité par un alcali donne un carbinol incolore que les acides colorent à nouveau ; or, si dans la solution incolore du carbinol on plonge de la laine ou de la soie, on obtient une teinture comme dans les cas ordinaires où on a employé le sel colorant ; il y a donc eu combinaison entre la base colorante et l'acide qu'est la fibre, et ceci paraît être très démonstratif en faveur de la théorie chimique. Georgewics, tout en défendant la théorie chimique, et en confirmant les expériences de Knecht, a fait quelques expériences très curieuses qui ont modifié la conception du mécanisme de la teinture [*Farb. Zeit.*, 9 et 119, 1894 ; et 188, 1895]. Il montre que des substances inertes comme le verre, la porcelaine... mis en contact avec la fuchsine dissoute, se colorent alors que le bain s'enrichit en acide chlorhydrique libre, et cependant il n'y a pas de combinaison possible. Pourtant Gillet (*Rev. Mat.* col. 15, 1899), admet qu'il y a réaction chimique et formation d'un silicate coloré. D'après Georgewics, il y aurait deux formes tautomères de la rosaniline, l'une incolore (formule Rosensthiel), l'autre colorée (base ammonium), et celle-ci se trouverait dans les solutions dissociées des sels du colorant alors que la première ne serait stable qu'en présence d'alcalis. Et alors si la laine et la soie se teignent en solution alcaline incolore c'est parce que la fibre absorbe inégalement l'alcali et la base, celle-ci se transformant par transposition en base ammonium. Georgewics fait d'ailleurs intervenir en teinture les phénomènes d'adhérence (théorie mécanique).

Cependant des objections importantes peuvent être faites dont nous allons examiner les principales. Binz et Schrœter [*Bull. Soc. Chim.*, 30, 806, 1903 ; — *D. chem. G.*, 35, 4225, 1902] pensent, si la théorie chimique est exacte, que l'affinité des colorants pour les fibres est fonction de l'acidité ou de la basicité des colorants pour un même textile : ils teignent alors de la laine avec des colorants acides en présence d'alcalis et avec des colorants basiques en présence d'acides ; les colorants employés sont les azobenzènes sulfonés, le paraoxyazobenzène, le p-amidoazobenzène et le p-diméthylamidoazobenzène. Les acides sulfonés de l'azobenzène teignent la laine seulement en bain acide et donnent des nuances non résistantes aux alcalis ; les dérivés méta amidés de l'azobenzène ne teignent pas en présence d'un excès d'acide tandis que les dérivés hydroxylés ou amidés en para teignent en présence respectivement d'acides ou

d'alcalis. Si donc la théorie chimique peut être admise pour les dérivés méta, elle est inadmissible pour les dérivés para, peut-être en raison de leur formule quinonique. Ces conclusions sont contredites par Georgewics [*Bull. Soc. Chim.*, 32, 925, 1904 ; — *D. chem. G.*, 36, 3787, 1903] car cet auteur remarque que l'oxyazobenzène teint la laine sans qu'il y ait cependant combinaison chimique entre la fibre et le colorant puisque celui-ci est totalement enlevé par l'alcool ou le benzène qui laissent par évaporation le colorant pur. Binz et Schrœter maintiennent néanmoins leur opinion [*Bull. Soc. Chim.*, 32, 922, 1904 et 34, 130, 1904 ; — *D. chem. G.*, 36, 3008, 1903 et 37, 727, 1904] en insistant sur l'importance de la forme quinonique et des « condensations nucléaires » qu'elle peut donner.

R. Willstaetter apporte aussi quelques objections très fortes à la théorie chimique [*Bull. Soc. Chim.*, 34, 479, 1905 ; — *D chem. G.*, 37, 3758, 1904]. Si celle-ci est exacte et qu'on mette la fibre en contact avec un racémique, il doit être dédoublé puisque la laine, en raison de son origine, doit avoir une préférence chimique pour l'un des isomères ; au lieu de colorant, l'auteur prend des chlorhydrates d'alcaloïdes incolores, mais susceptibles de se fixer sur la laine comme la cocaïne, l'atropine et l'homatropine ; dans tous les cas, l'acide reste dans le bain, il y a véritablement « teinture incolore », mais dans aucun cas, il n'y a dédoublement, donc pas d'action chimique.

Suida [*Bull. Soc. Chim.*, 34, 971, 1905 ; — *Mon. f. Chem.*, 26, 413, 1905] soutient au contraire pour les fibres animales la théorie chimique par des expériences basées sur le raisonnement suivant. Si la fibre doit son activité à l'égard des colorants à ses groupes fonctionnels, on pourra faire disparaître cette activité en bloquant ces groupes de manière à amener la fibre à l'indifférence chimique. Or, la laine par exemple qui est amino-carboxylée et sans doute phénolique a donné les résultats suivants : traitée par du chlorure d'acétyle, elle dégage de l'acide chlorhydrique et ne se comporte plus ensuite comme avant ce traitement ; elle ne fixe plus les colorants basiques comme la fuchsine et le violet hexaméthylé, mais elle fixe l'azofuchsine (colorant acide) alors que la laine pure ne la fixe pas. Traitée, en vue de son alcoylation, par le sulfate de méthyle et un alcali, la laine donne les mêmes résultats que ci-dessus, tandis que si l'alcoylation est réalisée par le bromure d'éthyle, la laine ne change pas de propriétés ; ce que l'auteur explique en admettant que l'action des réactifs s'est portée dans un cas sur le carboxyle, dans l'autre sur le groupe AzH² ; mais quoi qu'il en soit, puisqu'une modification fonctionnelle altère les propriétés de la fibre à l'égard des colorants, l'auteur pense que la théorie chimique doit être admise. La soie se comporte à peu près comme la laine. Quant au coton, qui est de la cellulose, ses groupes actifs sont des hydroxyles ; si on les éthérifie par le chlorure d'acétyle ou du chlorure de benzoyle (avec ou sans pyridine) ou bien si on le traite par le sulfate de méthyle, on obtient des substances qui se comportent comme le coton initial bien qu'elles soient sûrement éthérifiées. ce qui indique que les groupes OH n'interviennent pas dans la teinture.

Cependant le coton mis en contact avec une solution de fuchsine la décolore à froid et on trouve de l'acide chlorhydrique dans la liqueur ; il y a donc eu, dit Suida, dissociation du colorant et absorption mécanique par la fibre.

Les expériences de M. L. Vignon [*C. R.*, 144, 81, 1907] sur la roccelline, l'orangé II, la fuchsine et l'acide picrique, amènent à penser d'ailleurs que les phénomènes de teinture sont en relation avec l'état d'ionisation des colorants dans les bains de teinture; ces expériences consistent à mesurer les conductibilités moléculaires des corps en question et de l'acide sulfurique, à diverses températures et dilutions, elles montrent que la conductibilité électrique des solutions acides et des colorants augmente avec la dilution (sauf pour l'acide picrique), mais surtout avec l'élévation de température. Voici quelques-uns des résultats obtenus :

Conductibilités moléculaires.

	Volume moléculaire en litres.	Températures		
		18°	40°	70-90°
Acide sulfurique.	4 000	734	986	1018
	1 102	703.5 (moy.)	938	1035
Roccelline..... .	64 000	128	150	233,6
	16 000	82 (moy.)	110	208
Orangé II..... .	28 000	212 (moy.)	263	416
	14 000	192 (moy.)	243	408
Fuchsine.	24 160	69 (moy.)	80	241
	12 080	67	78	226
Acide picrique ..	18 320	368	»	733
	9 160	370	»	774

Geimo et Suida admettent que dans le phénomène de la teinture il y a des réactions complexes qui préparent la fibre [*Bull. Soc. Chim.*, **36**, 866, 1906] : — *Mon. f. Chem.*, **26**, 855, 1905] ; ils constatent en effet que l'affinité de la laine pour les colorants basiques diminue sous l'action de l'acide sulfurique (ébullition 1 heure au bain-marie avec une solution de 1 gr. d'acide 66°Bé avec 200 mc. eau) tandis que l'inverse a lieu pour les colorants acides ; la manière de laver la fibre après l'action de l'acide influe également. car un lavage chaud augmente l'affinité de la fibre pour les colorants basiques : les auteurs admettent que l'acide neutralise la partie basique de la fibre, ce qui empêche ultérieurement cette partie basique de neutraliser l'acide des colorants basiques.

L'acide chlorhydrique agit de même, l'acide acétique est sans influence. Il y aurait donc, grâce aux substances acides. alcalines ou même neutres qu'on incorpore aux bains de teinture, comme aussi grâce à l'eau du bain. des actions plus ou moins profondes favorisant ou contrariant la teinture; ces actions étant d'ordre chimique sont favorables par suite aux idées de Weber.

Ces actions avaient déjà été observées par Reychler [*Bull. Soc. Chim.*, **17**, 449, 1897], qui faisant bouillir pendant 5 heures de la laine préalablement lavée à l'eau froide, avec une grande quantité d'eau, obtient une liqueur neutre au tournesol et à la phénolphtaléine mais colorable en brun par le réactif de Nessler; la concentration permet d'obtenir du chloroplatinate d'ammonium; donc l'ébullition aqueuse suffit pour enlever à la laine de l'ammoniaque, et comme dans la teinture on a dans le bain une dissociation très avancée sinon totale, vu la dilution, d'un colorant de nature saline. tout se passe comme si les deux constituants du sel agissaient séparément; la base colorante entre en réaction avec la laine et se fixe sur quelque groupe acide de la kératine, tandis que l'acide agit de son côté pour neutraliser les bases que l'eau enlève à la laine et met à sa disposition.

Cette manière de voir est confirmée par des expériences très précises de conductibilité électrique et l'auteur trouve que ses expériences confirment entièrement la théorie de Weber et la rattachent aux idées actuelles sur la constitution des liqueurs salines. en donnant une démonstration précise des idées déjà émises [*D. chem. G.*, **21**, 2804; — *Bull. Soc. Chim.*, **1**, 223, 1889] par Edm. Knecht, à savoir que la fibre fixe la base colorante tandis que l'acide du colorant retenu dans le bain y est fixé par de l'ammoniaque qui assure la neutralité du bain.

La théorie de la dissolution a été émise en 1891 par O. N. Witt [*Farber Zeitung*, **2**, 1; — *Bull. Soc. Chim.*, **6**, 613, 1891] pour remédier aux objections, dont quelques-unes très fondées, que l'on peut faire aux deux autres théories : chimique et mécanique. La théorie mécanique, tout en se basant sur des faits indéniables et sur des actions importantes, est tout à fait insuffisante car elle n'explique pas les propriétés électives des fibres et des colorants les uns par rapport aux autres; elle n'explique pas pourquoi un même morceau de coton. par exemple. se teindra ou ne se teindra pas suivant qu'on le plongera dans une solution de rouge congo ou dans une solution de roccelline et pourquoi un échantillon de laine se teindra infiniment mieux dans la seconde solution que dans la première. Et pourtant l'état physique, le développement de la surface du textile, la longueur de ses canaux capillaires, etc... seront sensiblement les mêmes dans les deux bains. M. Léo Vignon, étudiant l'absorption de divers liquides par les textiles, a fait remarquer que la valeur du rapport $\frac{surface}{volume}$ est énorme et s'élève à 200000 pour le coton, 117643 pour la laine et 133335 pour la soie et que, par suite, ces corps doivent se comporter comme des corps poreux. La soie présente le plus fort pouvoir absorbant, puis vient la laine, puis le coton; par exemple pour l'eau les pouvoirs absorbants sont représentés respectivement par 570, 560 et 490; pour l'alcool par 675, 670 et 515 [*C. R.*, **127**, 74, 1898]. La théorie chimique, bien que plus parfaite et résistant mieux aux critiques, comme on vient de le voir, n'est pas non plus entièrement satisfaisante car elle laisse quelque peu de côté les textiles d'origine végétale qui, cependant, se teignent bien quand on choisit des colorants appropriés. En outre, cette théorie n'explique pas très nettement la manière d'être du colorant teint. Par exemple la fuchsine fixée sur la soie n'est pas altérée par un passage en savon, tandis que si on passe l'échantillon dans l'alcool. celui-ci se décolorera peu à peu, se démontera, comme disent les praticiens, pour se recolorer peu à peu si on ajoute de l'eau à l'alcool; si la teinture est un phénomène chimique, l'échantillon teint devrait être beaucoup plus sensible à l'action chimique du savon qu'à celle de l'alcool qui, au point de vue chimique, n'a qu'une faible activité, comme d'ailleurs l'eau qu'on lui ajoute ensuite et qui rétablit la nuance altérée. En outre, beaucoup de colorants laissent après teinture des bains colorés. même si on a employé un excès de textile; ils n'épuisent pas, comme on dit, et cependant l'activité chimique de la fibre aurait dû, avec une fibre vierge, être suffisante pour arriver à l'épuisement. Enfin, comment se fait-il que les colorants fixés sur laine et soie présentent non pas la nuance de leurs sels, comme le voudrait la théorie chimique, mais la nuance parfois sensiblement différente de leurs acides?

Pour Witt, les phénomènes de la teinture s'expliquent en admettant que les fibres, quelles qu'elles soient, ont la propriété de dissoudre certains colorants et non d'autres, ce qui explique de suite les teintures électives : le rouge Congo étant réputé soluble dans le coton et non dans la laine, teindra le coton et pas du tout ou très mal la laine, tandis que beaucoup d'autres colorants ont la propriété inverse. Au moment de la teinture, quand la fibre solide est en contact avec le colorant dissous, le plus souvent dans l'eau, il y a antagonisme entre la solubilité du colorant dans la fibre et sa solubilité dans l'eau et le colorant restera acquis à celui des deux solvants qui possède la plus forte solubilité; si on change les conditions, par exemple en remplaçant l'eau par l'alcool, les rôles peuvent être renversés et la lutte tourner en faveur du solvant liquide; c'est l'explication du démontage des fibres, lequel ne se produirait pas avec l'éther, mauvais dissolvant des colorants en général. De même, on sait que beaucoup de colorants sont précipités de leurs liqueurs aqueuses par l'addition de sels métalliques, particulièrement le chlorure de sodium; aussi une telle addition au bain de teinture diminuera les chances que possède le solvant liquide de l'emporter sur la fibre et favorisera la teinture; c'est la justification d'une pratique journalière en teinturerie. De même il est évident qu'en remuant le textile dans son bain de teinture on augmentera et renouvellera les surfaces de contact, c'est-à-dire qu'on favorisera cette teinture; aussi ne manque-t-on pas de le faire. Cette théorie montre qu'il n'y a pas non plus à s'occuper de la différence fréquente entre la nuance du bain de teinture et celle de la fibre teinte; le colorant qui fournit la nuance passe, en effet, d'un solvant à l'autre et cela suffit, comme on le sait par exemple pour l'iode, à modifier parfois d'une manière profonde la nuance des solutions; par cette conception, la théorie de la dissolution l'emporte sur la théorie mécanique puisque dans celle-ci le colorant du bain, se juxtaposant simplement aux particules de la fibre, n'a aucune raison de changer de nuance. On voit également qu'avec cette théorie la nécessité de trouver un rapport sensiblement constant entre le poids du textile et celui du colorant qu'il fixe — nécessité d'ailleurs bien restreinte après l'opinion émise plus haut par M. Rosenstiehl — n'a plus aucune raison d'être; la quantité de colorant dissoute dans la fibre pourra varier d'une manière continue depuis zéro jusqu'à une valeur limite, comme cela arrive pour la quantité de sel marin dissoute dans de l'eau. Cette théorie, extrêmement simple une fois admis le point de départ, dissolution dans un solide d'un autre corps solide momentanément dissous dans le bain de teinture, rend donc compte d'une foule de phénomènes importants ou de pratiques séculaires en teinturerie; elle a eu de suite de nombreux partisans; elle s'étend d'ailleurs au mordançage qui devient une dissolution d'un oxyde métallique, par exemple, dans une fibre, et qui fait du nouveau complexe ainsi obtenu un nouveau solvant solide doué de propriétés nouvelles comme, entre autres, de dissoudre certains colorants (à mordant) qui, primitivement, n'étaient nullement influencés par la fibre initiale. On peut figurer ce phénomène par l'exemple suivant : si on veut extraire de sa solution aqueuse la résorcine en se servant du benzène, l'opération va mal; mais si on mordance le benzène par de l'acide acétique ou si on affaiblit par ce même acide le pouvoir dissolvant de l'eau pour la résorcine, l'extraction de la résorcine ou si on veut la teinture de la benzine mordancée va très bien. D'après Œppleyard et Walker [*Bull. Soc. Chim.*, (3), **18**, 297, 1897; — *Chem. Soc.*, **69**, 70, 1334], s'il y a partage du colorant entre la fibre et l'eau, l'état moléculaire de la substance dissoute intervient comme aussi

les concentrations et on doit avoir $\sqrt[n]{\dfrac{Cf}{Ch}} = C^{te}$,

n étant le rapport des poids moléculaires du

corps étudié suivant qu'il est dissous dans la fibre ou dans le colorant. Ce serait une relation à vérifier, mais quoi qu'il en soit, il est certain que s'il y a analogie entre teinture et dissolution, la soie par exemple doit prendre moins d'acide picrique à une solution alcoolique qu'à une solution aqueuse correspondante et c'est ce que l'expérience vérifie aisément; de même la soie ne fixe pas d'acide picrique quand celui-ci est dissous dans le benzène ou l'éther ou le tétrachlorure de carbone. Ces auteurs ont également étudié l'absorption par la soie des acides minéraux ou organiques dilués dans l'eau et montré qu'il n'y a pas de rapport entre les valeurs de l'absorption des acides par la soie et la constante de dissociation; pour les acides d'un même type, l'absorption augmente avec la force de l'acide.

Cependant les objections n'ont pas manqué non plus; ainsi la pratique ayant montré que les teintures se font mieux à chaud qu'à froid, on est en droit d'en conclure que la solubilité du colorant dans l'eau froide est plus grande que dans le textile à même température et qu'à chaud c'est l'inverse qui a lieu. Si donc on prend un textile teint et refroidi et qu'on l'agite dans l'eau froide, celle-ci devra reprendre l'avantage momentanément perdu et démonter la fibre de sa coloration : or il n'en est rien. Il faut donc bien admettre qu'il y a eu autre chose qu'une simple dissolution du colorant dans la fibre et on est obligé de faire appel, pour expliquer cette anomalie, à l'une ou à l'autre des deux autres théories; la théorie mécanique, moins éloignée de celle de Witt, que celle de Weber, suffit d'ailleurs à résoudre la question. En effet, il est bien certain que l'état physique de la fibre intervient dans le phénomène; on le montre de la manière suivante : la nitrocellulose, qui a conservé la forme et la disposition du coton qui a servi à sa préparation, se teint aussi facilement que ce coton; mais si on la dissout dans un mélange d'alcool et d'éther puis qu'on la récupère en chassant le solvant, elle prend une forme compacte extrêmement différente et elle est alors impropre à la teinture; il est donc bien vraisemblable qu'il y a des actions mécaniques qui retiennent énergiquement le colorant dans son solvant, la fibre, assez énergiquement pour que l'eau ne puisse l'enlever alors que quelques autres solvants plus actifs, l'alcool par exemple, peuvent l'extraire.

M. P. Sisley [*Bull. Soc. Chim.*, (3), **23**, 865, 1900; **25**, 278, 1901] a apporté quelques nouveaux arguments en faveur de la théorie de la dissolution. Il commence d'abord par éliminer de ses essais la laine en raison de son altérabilité; on sait, en effet, que ce corps peut perdre du soufre assez facilement et il peut alors arriver que, au cours de l'opération tinctoriale, se forment des substances qui interviennent dans le phénomène et constituent, sous les apparences de teinture directe ou substantive, une teinture adjective, c'est-à-dire avec mordant; il emploie donc exclusivement la soie préalablement décreusée, puis rincée à l'eau et à l'alcool. Une solution aqueuse de rosaniline incolore mise à bouillir prend une coloration rose de plus en plus vive, qui n'est pas due à l'action de l'anhydride carbonique atmosphérique pas plus qu'à la matière du récipient, car le résultat se produit aussi bien avec un flacon de platine qu'avec un flacon en verre; un excès d'alcali empêche la coloration. Si dans cette liqueur on met de la soie, celle-ci prend rapidement une coloration rouge vif, même en présence d'un alcali caustique; toutefois celui-ci retarde la teinture et l'arrête s'il y a 1^{gr}.50 ou plus de soude par litre.

Si maintenant on met cette soie avec de la

fuchsine en liqueur neutre, c'est-à-dire si on répète l'expérience de Knecht, on trouve dans le bain une partie de l'acide chlorhydrique apporté par le colorant, mais pas trace d'ammoniaque alors qu'il s'en produit avec la laine, et par suite la soie s'est comportée comme les perles de verre dans l'expérience de Georgewics, relatée plus haut.

Si on fait bouillir pendant quelques minutes 100 cc. d'eau, 2 cc. de soude normale et de la rosaniline cristallisée pure, on a une liqueur incolore où la soie se teint en rouge à l'ébullition. Si alors on agite cette liqueur avec de l'alcool amylique pur et neutre, on n'a aucune coloration, tandis que si on porte à l'ébullition, l'alcool se colore en rouge comme la soie [Revue Mat. Color., 5. 180, 1900]; il en est de même avec le vert malachite, le bleu Victoria et surtout le violet cristallisé qui présente avec le plus de netteté ces phénomènes, même en présence d'un excès de soude. Cette ressemblance parfaite entre la soie et l'alcool amylique apporte un grand secours à la théorie des dissolutions et élimine presque totalement l'influence de l'état physique du solvant. On a voulu attribuer ces expériences à des traces d'impuretés, mais les réactifs employés étaient parfaitement purs, et en variant les dissolvants que l'on oppose à la liqueur aqueuse du colorant on élimine ces causes d'erreur ; avec le toluène, on n'a aucune coloration ; avec l'aniline, forcément basique, on a les mêmes phénomènes qu'avec l'alcool amylique. Il y a donc d'autres solvants que les fibres qui ont une prédilection pour les colorants. Aussi, tout en admettant les explications de Georgewics qui expliquent l'apparition des colorations par des transpositions moléculaires que l'alcool amylique, l'aniline peuvent provoquer tout comme la soie, alors que le toluène n'y réussit pas, M. Sisley rejette l'hypothèse de combinaisons chimiques entre colorants et solvants et s'en tient aux phénomènes de dissolution. Cette manière de voir peut s'étendre aux colorants du triphénylméthane, car Hantsch a trouvé pour eux, pour le violet cristallisé, des formes incolores des bases et des sels [D. chem. G., 33, 752, 760, 1900].

Le démontage des fibres teintes a été examiné par M. Sisley; on sait que la soie teinte avec la rosaniline est démontée par l'alcool bouillant [Gnehm et Röthli, Zeit. angew. Chem., 483, 1898], mais l'action est différente suivant que la teinture a été faite avec de la fuchsine sel ou avec la base incolore. S'il y avait eu action chimique, le démontage devrait enlever avec le colorant une partie de la matière qui le fixait: or il n'en est rien, même après plusieurs expériences sur un même échantillon: il va de soi que ce fait est d'accord avec la théorie de la dissolution.

Quant aux nuances obtenues avec des colorants dont la coloration varie suivant l'état chimique (acide ou sel), comme par exemple les amino-azoïques, elles ont été invoquées en particulier par M. Nietzki en faveur de la théorie chimique: l'orangé III se dissolvant dans l'eau pure en jaune orangé et en rouge cerise en présence d'un acide minéral alors que cette dernière liqueur teint en jaune orangé une flotte de soie, on en concluait que la nuance jaune est due à la formation d'un sel dont la fibre serait la base. Or, l'acide libre de l'orangé III obtenu à l'état cristallisé se dissout dans l'eau pure en jaune orangé et le rouge cerise n'apparaît qu'avec la présence d'un acide minéral, par suite sans doute de la formation d'un composé d'addition comme ceux de Schimansky ou ceux dont M. Prud'homme envisage la possibilité [Rev. Mat.

Col., 157, 1900: — Sisley, Bull. Soc. Chim., 25, 144, 1901]; l'argument de la fibre teinte en jaune orangé n'a donc plus aucune valeur au regard de la théorie chimique, pas plus que ceux du même genre qu'on a donnés à diverses reprises, celui du bleu carmin entre autres, qui se dissout dans l'eau en bleu verdâtre, dans l'eau acidulée par un acide minéral en vert ou en jaune s'il y a beaucoup d'acide, alors qu'il teint la soie ou l'alcool amylique en une même nuance bleu verdâtre.

Comme conclusion de ses essais, M. Sisley, tout à fait partisan de la théorie de Witt, fait de la teinture une question de solubilité relative : une fibre se teint par un colorant donné si celui-ci y est plus soluble que dans l'eau du bain de teinture.

En dépit de ces expériences très curieuses et des conclusions qui en résultent, il paraît bien difficile de refuser aux actions chimiques, aux actions mécaniques et aux propriétés dissolvantes des fibres une part plus ou moins grande dans le phénomène de la teinture. Il est probable que toute opinion absolue est en défaut et l'opinion la plus raisonnable a été très bien formulée par M. Rosensthiel qui, étudiant les « forces qui interviennent en teinture » [Bull. Soc. Chim., 11, 44, 1894], pense que la teinture résulte du concours des affinités chimiques et des attractions mécaniques qui s'ajoutent fréquemment, mais pas toujours. Ainsi le bistre au manganèse est une teinture purement mécanique, car l'adhérence est la condition indispensable, tandis que dans les teintures sur mordants les deux phénomènes sont bien tranchés et réalisés chacun séparément dans les deux phases successives de la teinture.

Aussi la teinture est-elle pour M. Rosensthiel l'opération qui consiste à recouvrir une fibre d'une couche parfaitement adhérente de substance colorée qui souvent est une combinaison d'une portion de la substance textile avec une matière colorante [voy. Cross et Bevan, Journ. chem. Ind., 354. 1894; — Bull. Soc. Chim., 12, 1055; 442, 1894].

Il convient toutefois de ne pas passer sous silence l'opinion de Biltz, qui rattache les phénomènes de la teinture aux réactions entre colloïdes [Bull. Soc. Chim., 34, 176, 1905; — D. chem. G., 37. 1766, 1904]. Il montre, en effet, que les fibres animales ou végétales attirent les composés inorganiques quand on les plonge dans des solutions colloïdales (hydrogels) : par exemple, la soie fixe le sélénium, le tellure, l'or, le bleu de molybdène et la nature chimique des corps fixés ne paraît avoir aucune importance dans ces essais; il en pourrait être ainsi pour les matières colorantes qui ne se fixeraient qu'en leur qualité de colloïdes, et on sait que M. Krafft considère ces corps non pas comme des électrolytes, mais bien comme des colloïdes [Bull. Soc. Chim., (3), 24, 399, 1900] et qu'il est également partisan de considérer la teinture comme un phénomène se passant entre colloïdes. En poursuivant cette manière de voir, Biltz [Bull. Soc. Chim., 36. 436, 1906; — D. chem. G., 38, 2963, 1905] a cherché à montrer qu'il existait entre le colorant fixé sur la fibre C_f et le colorant du bain de teinture C_b la relation $\dfrac{(C_f)^n}{C_b} = K$

et, en outre, que la teinture doit être indépendante pour les colorants directs, de la nature de la fibre. Il a montré, en effet, qu'avec deux colorants très différents, le bleu de molybdène et la benzopurpurine, les deux phénomènes sont extrêmement comparables et qu'il y a identité entre l'absorption quantitative des colloïdes par les fibres textiles ou par les hydrogels inorganiques, l'alumine par exemple [voy. à ce sujet Zacharias, *Bull. Soc. Chim.*, **34**, 786, 1905; — *D. chem. G.*, **38**, 816, 1904].

On a pu remarquer que dans les expériences relatives aux théories de la teinture, les fibres végétales occupent une place spéciale: cela tient à ce qu'il n'y a qu'un petit nombre de sortes de colorants qui teignent directement ces fibres; ce sont les substantifs ou colorants-coton. M. Vignon [*Bull. Soc. Chim.*, **17**, 890, 1897] a cherché quels pouvaient être les groupements d'atomes, causes de cette affinité très particulière. Pour cela, il mesure les quantités que peut absorber 1 gr. de coton pendant un quart d'heure d'ébullition avec 250 gr. d'eau et 3 gr. des diverses substances suivantes : benzidine, benzidine tétraméthylée que le coton absorbe fortement, et biphényle, azobenzène dissous dans le benzène : ces corps contiennent l'un ou l'autre des deux groupes principaux d'atomes que l'on trouve réunis dans le rouge Congo, type des colorants-coton; l'auteur trouve que ni le groupe azoïque, ni le groupe biphényle ne jouent aucun rôle. En essayant les trois phénylènediamines, les amines diméthylées, l'hydroxylamine, la phénylhydrazine, l'hydrazine, il conclut que la fixation est d'ordre chimique parce que la constitution du produit étudié influe d'une manière évidente sur sa fixation; il attribue l'absorption des colorants-coton au groupe

$$R \begin{cases} Az \\ Az = \end{cases}$$

ou mieux encore au groupe

$$> Az - Az <$$

où l'azote peut devenir pentavalent. Ces conclusions en faveur de la théorie chimique pourraient être facilement critiquées, car il n'est pas certain que la présence dans une molécule déterminée de certains groupements atomiques ne confère pas à ces molécules la solubilité dans certains solvants, à l'exclusion d'autres solvants.

Statistique. — Nous terminerons par quelques renseignements statistiques extraits du Rapport publié par M. M. Prud'homme à l'occasion de l'Exposition universelle de 1900 (classe 78, pages 145 à 238). D'après cet auteur, la production journalière de cotons teints en écheveaux s'élève, dans la région rouennaise, à 16500 kg. D'ailleurs, l'industrie de l'impression du coton et de sa teinture sont, en France, en progrès marqués; en 1889, il y avait en France 90 machines à imprimer; actuellement, il y en a 197 débitant chacune en moyenne 10000 pièces de 100 m. par an (page 201); cependant la France ne posséderait que 7 0/0 du total de ces machines qui sont réparties en Angleterre (888), Russie (412), États-Unis (389), Autriche-Hongrie (225) et n'occupe que le cinquième rang. Le commerce de la France en tissus de cotons, blancs, imprimés ou teints a passé de 19 millions de kilos (54 millions de francs) en 1897 à 29,5 millions de kilos (81 millions de francs) en 1899 pour l'exportation.

Pour la laine, les principaux centres de production française sont Roubaix et Tourcoing qui produisent annuellement comme teinture et chinage « Vigoureux » environ 10 millions de kilos de laine peignée et 500000 kilos de laine filée; ces industries se chiffrent en France par environ 70 millions de francs, dont 35 à 40 pour la région du Nord.

Pour la soie, Lyon est resté le centre le plus important du monde entier.

Décembre 1908.   P. Lemoult.

TÉLASPYRINE (Min.) (Shepard). — Variété de pyrite tellurifère, de Sunshine Camp, Colorado.   L. Bourgeois.

TÉLÉBRARIQUE, TÉLÉBRARINIQUE (ACIDES). — Voy. l'art. LICHENS.

TELLURE. — MINERAIS. — *Melonite*, (Ni^4Te^2). — Le nickel y est quelquefois remplacé par du fer et du cobalt, et le tellure par du sélénium. — *Coloradoïte* ($HgTe$). — *Coolgardite* (Au, Ag, $Hg)^2Te^3$ (Australie occidentale), qui peut renfermer jusqu'à 40 0/0 de tellure (Krusch). — *Soufre rouge* (Japon) : minerai complexe contenant 17 0/0 de tellure. — Le tellure a été trouvé dans les matières volcaniques (Iles Lipari, Hawaï.)

GISEMENTS. — On a découvert en 1897, en Australie, d'importants gisements de tellurures d'or et de bismuth.

PRÉPARATION. — On extrait le tellure des résidus suivants :

Boues des chambres de plomb. — Quand on utilise le soufre rouge du Japon [Shimosé, *Chem. N.*, 1884].

Résidus de cuivre. — Lors du raffinage électrolytique du cuivre américain, le tellure reste dissous à l'état de sulfate. — Traitement par l'acide sulfureux.

Résidus d'or. — Crane [*Am. Chem. J.*, 1900] traite ces résidus par l'acide chlorhydrique; le tellure brut est précipité par H^2S. On le sépare en le prenant pour électrode positive dans une liqueur chlorhydrique : le chlore naissant dissout alors le tellure sans attaquer le sélénium, finalement on fait bouillir le produit avec une partie de la liqueur primitive, qui dissout les métaux et précipite une quantité équivalente de tellure.

Résidus de bismuth. — En les dissolvant dans l'acide chlorhydrique et précipitant par le bisulfite de sodium, Ed. Matthey a obtenu 26 kg. de tellure de 326 tonnes de minerai de bismuth [*Chem. N.*, 1901].

Résidus d'or. — [Farbaky, *Zeit. anorg. Chem.*, **11**, 18, 1897].

PURIFICATION DU TELLURE BRUT. — Le tellure brut renferme des métaux (Au, Pb, Cu, Fe, Bi) et du sélénium. Brauner [*Mon. f. Chem.*, 1889] dissout la matière dans l'eau régale, puis élimine l'acide azotique (ce qui sépare la majeure partie du plomb). L'acide sulfureux fournit ensuite un précipité qu'on fond avec 4 à 5 fois son poids de cyanure de potassium, dans l'hydrogène; enfin, après redissolution, on précipite le tellure par l'air. Finalement, on distille dans l'hydrogène.

Norris, Fay et Edgerbyte [*Am. Chem.*, 1900] purifient le tellure, par l'intermédiaire de $Te^2O^3(OH)AzO^3$ soumis à des cristallisations successives.

La séparation du sélénium est la plus délicate : d'après Shimosé, celui-ci serait précipité le premier par SO^2 [*Chem. N.*, 1885]. Le résultat est bien plus sûrement obtenu en traitant le mélange de tellure et de sélénium par un excès d'acide sulfurique et calcinant le sulfate de tellure (Metzner).

La distillation ne permet pas la séparation de l'antimoine et du bismuth; celle-ci s'effectue en traitant du tellure, exempt de sélénium, par de l'hydrogène, et décomposant le tellurure par la chaleur (Ditte).

PROPRIÉTÉS PHYSIQUES. — *Densité* 6,015 (amorphe); 6,157 (cristallisé) (Berthelot); 5,973 à 6,336 (Beljankine); 6,235 (Karlbaum, Roth et Sidler); 6,1993 (Lenher et Morgan). Le plus grand nombre doit être le plus exact (Berzélius).

Chaleur spécifique. — Fabre a trouvé, entre 20 et 98° :

Tellure précipité	0,05243
Te des tellurures alcalins	0,04826
Te distillé dans SO^2	0,05177
Te distillé	0,04878

Le dernier résultat est dû à Karlbaum, Roth et Sidler. Le tellure bout dans le vide cathodique à 550° [Krafft, *D. chem. G.*, 1903].

Spectres. — De Grammont et Demarçay attribuent à du cuivre certaines lignes du spectre de Thalèn [*C. R.*, 1898].

PROPRIÉTÉS CHIMIQUES. — Dumas a placé le tellure dans la famille du soufre, avec lequel il présente des différences capitales.

L'acide tellureux est un acide faible, qui se combine au contraire avec les acides forts avec un dégagement de chaleur considérable.

L'anhydride tellurique résiste au rouge; l'acide tellurique normal renferme 3 molécules d'eau qu'il perd facilement au rouge. Les tellurates sont différents des sulfates et des séléniates; on n'a pas pu obtenir le sel de potassium anhydre.

Le tellure ne peut pas donner de sels de la série magnésienne.

Les composés haloïdes sont basiques comme TeO^2 et s'unissent facilement avec les hydracides correspondants.

Se basant sur ce qu'aucun cas d'isomorphisme certain n'a été constaté entre les composés du sélénium et du tellure, Muthmann et Rodgers ont proposé de rattacher le tellure à la série du platine (?) en se basant sur l'isomorphisme de l'osmiate et du tellurate de potassium.

Le fluor attaque avec incandescence le tellure en poudre [Moissan, *Ann. Chim. Phys.*, 1891].

L'arsenic forme en tube scellé As^2Te^3, dissocié partiellement à 600°, et totalement vers 900° [Szarvasy et Messinger, *J. Chem. Soc.*, 1899]. Gutbier [*Z. anorg. Chem.*, 1902] n'a pu obtenir de tellurures de bismuth nets. Hugot [*C. R.*, 1899] a préparé Na^2Te et K^2Te, amorphes, solubles dans l'eau, insolubles dans l'ammoniac liquéfié, puis Na^2Te^3 et K^2Te^3, cristallisés, solubles dans l'eau et dans l'ammoniac liquéfié, par action du tellure sur les potasammonium et sodammonium.

Le calcium réagit au rouge sombre (Moissan). Le magnésium, l'aluminium se combinent au tellure avec violence; avec le dernier on obtient Al^2Te^3, difficilement fusible, dur et fragile [Whitehead, *J. Chem. Soc.*, 1896].

Fabre a déterminé les chaleurs de formation des tellurures métalliques :

TeZn	$+ 31^{Cal},0$	TeTl²	$+ 10^{Cal},6$
TeCd	$+ 16^{Cal},6$	TeFe	$+ 7^{Cal},10$
TeCu²	$+ 8^{Cal},4$	TeCo	$+ 7^{Cal},85$
TePb	$+ 6^{Cal},2$	TeNi	$+ 7^{Cal},05$

Le tellure finement pulvérisé réduit le nitrate d'argent, lentement à froid, rapidement à 100° [Senderens, *C. R.*, 1887] :

$$4\,Az\,O^3\,Ag + 3\,Te + Aq$$
$$= 2\,Ag^2\,Te + Te\,O^2 + 2\,Az^2\,O^5 + Aq.$$

En présence d'un excès de tellure, la réaction est complète à 100°.

La réduction du nitrate de cuivre est limitée, celle du chlorure d'or complète [Roy Hall et Lenher, *J. Am. Chem. Soc.*, 24, 1902].

PROPRIÉTÉS PHYSIOLOGIQUES. — D'après Czapek et J. Weill [*Chem. Cent. Bl.*, II, 1893] le tellure n'est pas vénéneux : ses composés sont plus rapidement réduits dans l'organisme que ceux du sélénium.

A petite dose, l'élimination a lieu par l'urine qui devient brun foncé, par les féces et les poumons. A forte dose (2 à 50 gr. pour un chien) il y a vomissements et altération de la muqueuse de l'estomac [Gies et Mead, *Am. J. Physiol.*, 1901].

Sous la forme d'injection hypodermique, les composés du tellure sont rapidement réduits. Il apparaît dans l'air expiré, quelques minutes après l'injection, sous la forme de tellurure de méthyle, même quand on opère sur moins de 1 milligr.

D'après Bokorny, l'acide tellureux n'a d'action ni sur les algues ni sur les infusoires.

ÉTATS ALLOTROPIQUES. — Il existe au moins 4 états du tellure : 1° tellure cristallisé; 2° tellure amorphe provenant de réduction; 3° tellure amorphe provenant d'oxydation; 4° tellure colloïdal. L'étude des 3 premières variétés a été faite par Berthelot et Fabre, celle de la dernière par Gutbier. Les variétés 1 et 2 se différencient nettement par l'altérabilité à l'air de la première, ce qui oblige à éviter absolument l'accès de l'oxygène dans sa préparation.

Les variétés 2 et 3 sont nettement différentes, ainsi que le prouve la mesure des chaleurs d'oxydation (par l'eau de brome). Berthelot et Fabre ont, en effet, trouvé les résultats suivants rapportés à Te :

Tellure précipité par le gaz sulfureux	$+ 42^{Cal},584$	
Tellure précipité par l'air.	$66^{Cal},780$	moyenne
— cristallisé par volatilisation	$66^{Cal},660$	$66^{Cal},700$

On en conclut l'identité des deux dernières variétés.

Tellure modifié par la trempe. — Si on coule du tellure fondu, dans l'eau, on obtient un produit dont la chaleur d'oxydation varie de $42^{Cal},4$ à $58^{Cal},18$. Le premier nombre correspond aux grenailles fines, le tellure y serait au même état que le tellure précipité par SO^2. Le second nombre montre que les grenailles plus grosses sont constituées par un mélange de Te amorphe et cristallisé : c'est exactement ce qui caractérise le soufre mou.

La mesure des densités confirme les résultats précédents.

Biéliankine [*Journ. Soc. phys. chim. russe*, 33, 1901] a trouvé :

Tellure précipité par SO^2	5,973 à 6,081
— après chauffage à 450°	6,036 à 6,201
Tellure des tellurures	6,072 à 6,213
Tellure fondu refroidi lentement	6,291 à 6,236
— brusquement	6,099 à 6,223

Du reste, le tellure des tellurures renferme des rhomboèdres microscopiques.

Tellure colloïdal. — Berzélius avait déjà signalé qu'à la fin de la précipitation d'un tellurure alcalin par l'air, la liqueur prend une teinte verte, qui est une combinaison de la couleur bleue du tellure et de la couleur jaune de la liqueur : cette dernière persiste en filtrant.

Gutbier [*Z. anorg. Ch.*, 32, 1902] a reproduit les mêmes phénomènes sur des dissolutions étendues chaudes (50°) d'acide tellurique, réduites par l'hydrogène, le chlorhydrate d'hydroxylamine, SO^2 ou le bisulfite de sodium. Ces pseudo-dissolutions sont détruites par les sels et, en particulier, par le chlorure d'ammonium.

Paal et Koch [*D. Chem. G.*, 38, 1905] ont obtenu deux variétés, bleue et brune, de tellure colloïdal; la dernière paraît identique à celle obtenue par Gutbier et Resenschack [*Z. anorg. Ch.*, 40, 1904].

ANALYSE. — *Caractères microchimiques.* — D'après Haushofer les matières du tellure traitées par l'acide sulfurique donnent une liqueur rouge amaranthe, qui disparaît en chauffant en laissant des tables hexagonales.

Dosage en poids. — Le tellure précipité étant très altérable à l'air, il est très difficile de le peser : le mieux est de le redissoudre dans l'acide nitrique en quantité juste suffisante, puis d'évaporer à sec, en présence d'un excès d'acide sulfurique. Le sulfate $2\,TeO^2.SO^3$ peut être calciné à 360° et pesé : on élimine ainsi d'une manière certaine le sélénium, SeO^2,SO^3 étant facilement décomposable par la chaleur (Metzner).

Dosage en volume. — Signalons les méthodes dues à Brauner [*J. chem. Soc.*, 59, 1890].

1° Réduction de l'acide tellureux dissous par le chlorure stanneux :

$$TeO^3H^2 + 2\,SnCl^2 + 4\,HCl$$
$$= Te + 2\,SnCl^4 + 3\,H^2O.$$

On dose l'excès de chlorure stanneux par l'iode ;

2° Oxydation de l'acide tellureux par le bichromate de potasse :

$$2\,TeO^3H^2 + Cr^2O^7H^2 + 8\,HCl$$
$$= 2\,TeO^4H^2 + 2\,KCl + Cr^2Cl^6 + 3\,H^2O.$$

On dose l'excès de bichromate par le sulfate ammoniaco-ferreux ;

3° Enfin, oxydation par le permanganate de potassium, en liqueur sulfurique ou mieux alcaline :

$$2\,TeO^2 + 3\,MnO^4K + H^2O$$
$$= 3\,TeO^3 + 3\,MnO^2 + 2\,KOH.$$

En liqueur acide, dosage de l'excès de permanganate par l'acide oxalique.

Poids atomique. — Dans la classification de Mendéléeff, le tellure doit avoir un poids atomique plus faible que celui de l'iode. Or, les résultats obtenus en 1889 par Brauner (125 à 127,56) ; par Staudenmaïer en 1895 (127,5) ; en 1895, par Chikashigé (127,6) ; en 1898, par Metzner (127,8) ; en 1901, par Steiner (126,7) ; en 1901, par Pellini (127,46 à 127,65) ; par Gutbier, en 1902 (127,65), par Gallo en 1905 (127,61), par Norris en 1806 (127,64), enfin par Marckwald en 1907 (127,85) paraissent infirmer la loi périodique.

Brauner [*D. chem. G.*, 16, 1883 ; *J. chem. Soc.*, 1889, 1895] a employé successivement l'oxydation par l'acide nitrique et l'eau régale, la réduction de l'anhydride tellureux, la transformation du tellure en sulfate basique, la synthèse des tellurures et l'analyse des bromures. Les difficultés dont sont entourées presque toutes ces méthodes, et aussi ce fait, que son tellure n'était pas absolument pur, expliquent la variation des résultats.

Chikashigé [*Chem. News*, 75, 1897] a employé la synthèse du bromure d'argent, Staudenmaïer [*Z. anorg. Chem.*, 1895] l'analyse de l'acide tellurique cristallisé $TeO^3 3\,H^2O$.

Metzner [*C. R.*, 1898] est parti du tellure pur cristallisé obtenu par la méthode de Ditte, il a utilisé la transformation en sulfate et la réduction de TeO^2 par l'oxyde de carbone en présence de l'argent. Dans ce dernier cas, un dosage de CO^2 permettait de vérifier la perte d'oxygène.

Pellini [*D. chem. G.*, 34, 1901] a transformé le tellure en $Te(C^6H^4)$ puis en $(C^6H^5)^2TeBr^2$ qu'il a purifié et analysé. Te était pesé à l'état de TeO^2 ; d'autre part, il a réduit celui-ci par l'hydrogène en présence de l'argent ; il a donc aussi opéré avec du tellure pur.

Steiner [*D. chem. G.*, 34, 1901] a analysé le tellurure de phényle qu'il est bien malaisé d'obtenir pur.

Gutbier [*Ann. Chem.*, 320, 1902] a réduit l'acide tellurique ou l'anhydride tellureux par l'hydrazine, dans une atmosphère d'hydrogène. Dans des recherches plus récentes [*Ann. Chem.*, 342, 1905] le même auteur a utilisé le nitrate basique.

Gallo [*Gazz. chim. ital.*, 35, 1905] a recherché l'équivalent électro-chimique du tellure en électrolysant une liqueur fluorhydrique, avec une anode de tellure, par comparaison avec un voltamètre à argent. Moyenne, 127,61.

Norris [*Ch. News*, 1907], par 12 transformations concordantes du nitrate $2\,TeO^2AzO^3H$ a trouvé Te = 127,48 avec Az = 14,01.

Enfin, W. Markwald [*D. chem. G.*, 40, 1907] a utilisé la réaction :

$$Te(OH)^6 = TeO^2 + O + 3\,H^2O$$

réalisée par chauffage électrique, amenant graduellement la matière jusqu'à 650°. La moyenne de 6 expériences lui a fourni Te = 127,85 avec O = 16.

Les déterminations les plus certaines donnent donc un nombre supérieur à celui qui représente l'iode. Si on accepte ce fait, il ne reste plus qu'à rechercher si le tellure le plus pur que nous savons obtenir ne renfermerait pas un ou plusieurs autres éléments à poids atomique plus élevé comme l'ekatellure de Mendéléeff (*Austriacum*), dont le poids atomique serait 214 (?). Norris a démontré par des expériences décisives que cette vue est inexacte.

Brauner a émis l'hypothèse, que rien n'a confirmé, que notre tellure serait un mélange ou une combinaison avec du tétraargon. Grünwald [*Mon. f. Chem.*, 10, 1889] a trouvé une coïncidence entre certaines lignes de l'ultra-violet du spectre de l'antimoine, du tellure et du cuivre qu'il attribue à une impureté commune.

Le corps inconnu appartiendrait à la douzième ligne du tableau de Mendéléeff ; son poids atomique serait 212.

Atomicité. — L'existence probable de TeI^6 paraît justifier l'hypothèse de Gutbier de représenter l'acide tellurique par $Te(OH)^6$: le tellure pourrait donc être hexavalent.

HYDROGÈNE TELLURÉ, TeH^2. — Berthelot et Fabre l'ont obtenu en attaquant le tellurure de magnésium par les acides [*Ann. Chim. Phys.*, 1888]. De Forcrand et Fonzes-Diacon [*C. R.*, 1902] ont employé le tellurure d'aluminium et l'acide métaphosphorique. Enfin Ernyei [*Zeit. anorg. Chem.*, 1900] l'a obtenu presque pur (6 0/0 d'hydrogène) en électrolysant à —20° de l'acide sulfurique à 50 0/0, par un courant de 120 volts et avec une électrode négative de tellure.

Propriétés. — Il ne provoque ni oppression, ni larmes, ce qui tient à sa facile décomposition et à l'insolubilité de TeO^2. D = 4,49. A l'obscurité il se transforme facilement en un liquide incolore qui bout à 0° et se solidifie à —48°.

$$Te_{crist.} + H^2 = TeH^2{}_{gaz} - 35^{Cal},0.$$

Il est certainement encore endothermique à partir du tellure gazeux, car il se détruit spontanément et complètement au bout de 8 heures, même à la température ordinaire et à l'obscurité. L'air humide le détruit immédiatement. C'est un réducteur énergique pour l'eau oxygénée, le perchlorure de fer, les sels mercuriques, il décolore les dissolutions de brome et d'iode, se dissout rapidement dans les alcalis et précipite les dissolutions métalliques.

Divers et Shimozé auraient préparé par action

de TeH^2 sur une dissolution sulfurique de TeO^2 un *pertellurure d'hydrogène* solide, précipité brun en partie cristallin [*D. chem. G.*, 1883].

FLUORURES, TeF^4. — Obtenu cristallisé par voie directe (Moissan) ou en dissolvant TeO^2 dans un excès d'HF. C'est un fluorure acide : on connaît TeF^4, MF, M pouvant être K, AzH^4, Cs, Na, puis BaF^2, $2TeF^4 + H^2O$.

TeF^6. — [Prideaux *Chem. Soc.*, **89**, 1906]. Gaz d'odeur désagréable, rappelant TeH^2. L'eau le décompose lentement mais complètement.

CHLORURES, $TeCl^2$. — Michaelis l'obtient [*D. chem. G.*, **20**, 1887] par distillation du mélange $TeCl^4 + Te$.

La difficulté de sa préparation ressort bien de la comparaison des nombres obtenus pour la température de fusion : 175° (Michaelis), 160° (Hampe), 209° (Carnelly et Carletton).

Température d'ébullition, 324° (Michaelis).

Bon conducteur de l'électricité.

$TeCl^4$. — $Te + Cl^4$ dégage $77^{Cal}.38$ (Thomsen); $T_F = 214°$ (Carnelly et Carletton); $T_E = 280°$ (Michaelis). — Vapeur jaune dénuée de spectre : elle n'est donc pas dissociée, au moins à l'ébullition, ce qui confirme la mesure de sa densité trouvée de 9,028 à 9,224 à 440° (Michaelis); (valeur théorique 9,32). A 530° la dissociation commence : $D = 8,859$ à 8,468. Soluble dans CS^2. Se combine avec HCl. Metzner a obtenu $TeCl^4.HCl.5H^2O$ qui fond à — 20°. L'ammoniac le réduit totalement entre 200 et 250°. A 0° il s'y combine. Espenchied a obtenu $TeCl^4$, $4AzH^3$, Metzner $TeCl^4$, $3AzH^3$. Ce dernier noircit quand on le chauffe et dégage $TeCl^2$ reconnaissable à sa vapeur violette. Enfin en présence d'ammoniac liquéfié on obtient $Te Az$. $TeCl^4$ se combine avec de nombreuses matières organiques.

BROMURE, $TeBr^4$. — $D_{150} = 4,3$ (Brauner). — Metzner a obtenu $TeBr^4.HBr.5H^2O$ qui fond à + 20°.

IODURES. — TeI^2. — Il fond à 160° (Hampe).

TeI^4. — Gooch et Morgan le préparent suivant l'équation :

$$TeO^3H^2 + 4KI + 4SO^4H^2$$
$$= TeI^4 + 4SO^4KH + 3H^2O.$$

Les beaux cristaux obtenus par Berzélius en dissolvant TeO^2 dans HI sont constitués par TeI^4, HI, $8H^2O$ (Metzner). Ils fondent à + 55° et se dissocient à la température ordinaire en laissant finalement TeI^4.

ANHYDRIDE TELLUREUX, TeO^2. — Il est dimorphe : 1° Séparé de sa dissolution nitrique ou sulfurique chaude [Urba, *Zeit. f. Krist.*, **19**, 1891] il est en octaèdres quadratiques voisins de l'octaèdre régulier. $D_{150} = 5,66$. 2° Cristallisé par fusion, il paraît orthorhombique $D_0 = 5,915$. L'oxyde amorphe, obtenu en calcinant l'azotate à 350°, a la même densité que la première variété.

TeO^2 est réduit par le charbon avec une sorte de détonation (Berzélius) et par l'hydrogène, seulement à la température de volatilisation du tellure. Absolument pur, il est presque insoluble dans l'eau (1/150 000). L'eau oxygénée alcaline le transforme en tellurate [Gutbier et Wagenknecht, *Zeit. anorg. Chem.*, 1904].

Combinaisons avec les acides. — Ditte [*C. R.*, **83**, 1876] a obtenu par action directe TeO^2, 3HCl et TeO^2, 2HCl, le premier au-dessous de — 10°, le second plus stable et ne se décomposant qu'à partir de 90°. Vers 300° on obtient $TeOCl^2$ avec perte d'eau, c'est une matière instable dont les vapeurs rouge orangé se décomposent suivant :

$$2TeOCl^2 = TeO^3 + TeCl^4 HBr.$$

L'acide bromhydrique fournit de même TeO^2, 3HBr et TeO^2, 2HBr qui ne se décomposent

respectivement qu'à partir de — 14° et 69°, puis $TeOBr^2$. — HI est absorbé par TeO^2 avec un grand dégagement de chaleur : les composés n'ont pas été isolés. Enfin avec HF, Metzner a obtenu les oxyfluorures $2TeF^4$, $3TeO^2$, $6H^2O$ et TeF^4, TeO^2. $2H^2O$.

Klein [*C. R.*, **99**] a obtenu $(TeO^2)^4 Az^2O^5$, $1,5H^2O$ par dissolution à 50° dans l'acide nitrique et évaporation à chaud : aiguilles orthorhombiques facilement décomposables par la chaleur, altérables à l'air humide et par l'eau froide ou surtout bouillante, solubles dans l'acide azotique étendu.

Acide tellureux, TeO^3H^2. — Berzélius a indiqué deux méthodes pour l'obtenir : la première consiste à décomposer par l'eau l'azotate ou le chlorure de tellure. On ne paraît obtenir ainsi que des sels basiques [Klein et Morel, *Ann. Chim. Phys.*, (6), **5**, 1885]. Le second procédé consiste à dissoudre du tellurite de potassium, et à y ajouter de l'acide nitrique jusqu'à réaction acide au tournesol. On obtient ainsi un produit volumineux qu'on ne peut laver qu'à l'eau glacée et qui, malgré cette précaution, se condense souvent spontanément en anhydride et eau.

$$Te + O^2 + Aq = TeO^2_{diss.} + 77^{Cal},18$$

ANHYDRIDE TELLURIQUE, TeO^3. — $D_{14°.5} = 5,0704$ $D_{100°.5} = 5,0794$ [Clarke, *Am. Chem. Journ.*, **14**].

ACIDE TELLURIQUE, TeO^4H^2. — *Préparation.* — Le tellurate de baryte donne un rendement très faible. Becker produit l'oxydation du tellure, dissous dans un excès d'acide nitrique froid, par du bioxyde de plomb [*Ann. Chem.*, **180**, 1876] on précipite le plomb dissous par l'acide sulfurique en excès, mais il est très difficile (Gutbier) d'enlever les dernières traces de cet acide. Staudenmaïer emploie comme oxydant l'acide chromique [*Zeit. anorg. Chem.*, **10**, 1895] en excès. On élimine le chrome par lavage à l'eau nitrique chaude, puis à l'alcool. Thomsen [*Therm.*, 2, 278] a préparé de l'acide rigoureusement pur en précipitant du tellurate d'argent, qu'il décompose ensuite par HCl.

Propriétés. — $TeO^4H^3 + 2H^2O$ est dimorphe. Il est habituellement rhomboédrique [Brunck, *D. chem. G.*, 1901]; $D = 2,999$ (Clarke). Staudenmaïer l'a obtenu cubique, en précipitant sa dissolution aqueuse et chaude par de l'acide nitrique. Il existe un autre hydrate $TeO^4H^2 + 6H^2O$, stable seulement au-dessous de + 10°.

$TeO^3H^2 + 2H^2O$ perd lentement $2H^2O$ (plusieurs semaines) vers 145°. La densité du résidu est 3,44 à 19°. A 150° on obtient l'anhydride. Enfin si on chauffe plus fort il y a perte d'oxygène.

$$TeO^4H^2 + 2H^2O + Aq = TeO^3_{diss.} - 3^{Cal},35$$
$$(Metzner)$$
$$Te + O^3 + Aq = TeO^3_{diss.} + 98^{Cal},38$$
$$TeO^2 + O + Aq = TeO^3_{diss.} + 21^{Cal},00$$
$$(Thomsen)$$
$$TeO^4H^2_{diss.} + 2KOH_{diss.} \text{ dégage } 15^{Cal},7$$

Les mesures cryoscopiques semblent indiquer que 2 des molécules de l'acide à $6H^2O$ font partie de la constitution de l'acide qui aurait alors pour formule $Te(OH)^6$.

Il est réduit quantitativement par l'hydrazine [Gutbier, *D. chem. G.*, **34**, 1901].

Les acides et les alcalis dissolvent l'acide tellurique, exception faite pour l'acide nitrique.

Avec TeO^2, on a pu obtenir $2TeO^2(TeO^3)$, (Metzner).

Il existe deux espèces de tellurates : les sels blancs et les sels jaunes. Les seconds proviennent des premiers par l'action de la chaleur. Ils en diffèrent par leur insolubilité dans l'eau, les alcalis et les acides dilués. Ils reviennent à la forme soluble par ébullition avec de l'acide nitrique. Il existerait donc deux acides telluriques : Mylius [*D. chem. G.*, 1901] a en effet montré que l'acide ordinaire à $2H^2O$ subit à 140° la fusion aqueuse en donnant un sirop dans lequel se dépose peu à peu une matière blanche grenue et amorphe ne se dissolvant dans l'eau qu'avec peine. Cet acide *allotellurique* aurait pour formule $(TeO^4H^2)^n$; il a une conductibilité 5 fois plus grande que l'acide normal, et précipite le carbonate de guanidine et l'albumine. Il ne se transforme que très lentement à la température ordinaire en la première variété.

L'acide tellurique s'unit avec les iodates, les phosphates et les arséniates [Weinland et Prause, *D. chem. G.*, **23**, 1890] et avec les fluorures de potassium et de rubidium [*Zeit. anorg. Chem.*, **28**, 1899].

SULFURES DE TELLURE. — Leur instabilité fait penser qu'ils pourraient bien n'être que des mélanges de tellure et de soufre [Brauner, *Chem. Soc.*, 1895]; CS^2 leur enlève presque tout leur soufre, et celui-ci disparaît complètement par l'action de la chaleur (Guthier).

SULFATE BASIQUE DE TELLURE, $SO^3, 2TeO^2$. — C'est le plus stable des oxysulfures de tellure. Klein l'obtient en dissolvant TeO^2 dans l'acide sulfurique chaud étendu de 4 fois son poids d'eau. Par évaporation il se dépose de belles écailles orthorhombiques (Urba) $D = 4,6$ à $4,7$.

Il est peu hygrométrique, très stable à 440°, ce qui permet l'élimination de l'acide sulfurique en excès. Metzner a trouvé :

$$2TeO^2_{sol.} + SO^3_{sol.} = SO^3, 2TeO^2_{sol.} + 29^{Cal},82$$

Il forme avec les sulfates SO^4KH et $SO^4(AzH^4)^2$ des sels doubles.

AZOTURE DE TELLURE, $TeAz$. — Metzner l'a obtenu en traitant $TeCl^4$ par AzH^3 sec et liquide, en empêchant la température de s'élever au-dessus de — 15°. Un lavage à l'ammoniac liquide élimine le chlorure d'ammonium produit. Il reste alors une belle matière, jaune citron, qu'on peut laver à l'eau légèrement acétique sans la décomposer. Cet azoture détone par le choc ou à partir de 200°, en produisant un brouillard de tellure impalpable. C'est donc une substance dont la préparation est extrêmement dangereuse.

TELLURURES D'ARSENIC. — On a signalé $AsTe$, As^2Te^3 (Oppenheim) puis As^8Te^3 [Szarvasi et Mestinger, *Chem. Soc.*, 1899].

TELLURURES MÉTALLIQUES. — On trouvera leur étude à chaque métal. Nous n'indiquerons ici que le tellurure d'aluminium et les tellurures les plus récents.

Al^2Te^3. — Wöhler avait observé que la combinaison des deux éléments est explosive. Whitehead [*J. Am. Chem. Soc.*, 1895] et plus récemment Fonzes-Diacon [*C. R.*, 1900] l'ont obtenu pur. Masse grise fondue, s'altérant à l'air humide; par l'eau elle dégage de l'hydrogène ne renfermant que des traces de TeH^2. L'alcool absolu est sans action.

Alliages avec l'antimoine. — Fay et Ashley [*Am. Chem. Journ.*, 27, 1902] ont isolé Sb^2Te^3. La cryoscopie de ces alliages a été étudiée par Pélabon [*C. R.*, 142, 1906].

Alliages avec le bismuth. — K. Mönkemeyer [*Zeit. anorg. Chem.*, 46, 1905] a fait l'étude de leur courbe de fusion.

Alliages avec le plomb. — Fay et Gillson [*Am. Chem. Journ.*, 27, 1902].

Tellurure d'uranium. — Colani [*C. R.*, 1903] a obtenu U^4Te^3 qui fond à 1000°.

Février 1908.   R. Metzner.

TELLURE SÉLÉNIÉ (Min.) (Dana et Wells). — Tellure renfermant 38 0/0 environ de sélénium par voie de mélange isomorphe, soit [Te,Se]. Masses gris noirâtre, éclat métallique, clivables en prisme hexagonal, avec quartz et barytine, à la mine El Plomo, district d'Ojojaua. Tegucigalpa, Honduras. Très fusible au chalumeau; réactions du sélénium et du tellure. Dureté $= 2$-$2,5$. Poussière noire.   L. Bourgeois.

TENGERITE (Min.) [(Hidden et Mackintosh); Syn. *Carbonyttrine* (Adam)]. — Matière blanche pulvérulente, remplissant les fentes de l'yttrialite (voyez ce mot, 2° Suppl.) et de la gadolinite; serait un carbonate d'yttrium, etc. Fait effervescence avec les acides. Dans le tube, donne beaucoup d'eau.   L. Bourgeois.

TENSION SUPERFICIELLE. — *Pression interne des liquides.* — Une molécule de l'intérieur du liquide est environnée de tous côtés par des molécules qui exercent sur elle des forces d'attraction dont les directions sont distribuées uniformément et qui s'annulent mutuellement.

La résultante des forces d'attraction s'exerçant sur les molécules de la surface est au contraire dirigée vers l'intérieur du liquide, normalement à la surface. Si l'on appelle ρ le « rayon d'activité moléculaire », c'est-à-dire la distance maximum à laquelle les molécules environnantes exercent encore une attraction sensible, toutes les molécules de la couche superficielle d'épaisseur ρ seront soumises à des forces dirigées vers l'intérieur du liquide qui se composent en une pression normale. Cette pression P, que l'on appelle généralement pression interne, dépend de la forme de la surface. Laplace a montré qu'on doit avoir

$$P = K + \frac{H}{2}\left(\frac{1}{R_1} + \frac{1}{R_2}\right)$$

R_1 et R_2 sont les rayons de courbure des deux sections normales principales de la surface, $\frac{H}{2}$ une constante caractéristique pour chaque liquide, et K la pression interne pour le cas d'une surface plane. On peut démontrer que $\frac{H}{2}$ est égal à la tension superficielle γ (voyez plus loin).

Diverses méthodes permettent d'évaluer l'ordre de grandeur de K. D'après van der Waals (continuité..., Paris, 1894), cette pression est égale au terme $\frac{a}{v^2}$ de l'équation fondamentale des fluides. D'après Stephan [*Wied. Ann.*, 29, 655], le travail nécessaire pour faire passer une molécule de l'intérieur du liquide dans la couche superficielle est égal à la moitié du travail nécessaire pour faire passer cette même molécule dans la vapeur, soit $(K + p)v = \frac{1}{2}L$, ou mieux $(K + p)(v - b) = \frac{1}{2}L$; L est la chaleur de vaporisation, p, v et b ont la même signification que dans l'équation de van der Waals.

Les valeurs qu'on obtient par ces différentes méthodes sont très grandes et du même ordre de grandeur (environ 1300 atm. pour l'éther, 2000 atm. pour l'alcool éthylique, etc.).

Tension superficielle. — La notion de la pression interne a été moins fructueuse que la notion de la tension superficielle introduite par Young (1805), qui assimila la couche superficielle d'un liquide à une membrane élastique tendue et enveloppant le liquide. Des expériences classiques bien connues semblent démontrer l'existence d'une tension superficielle: mentionnons seulement le dispositif élégant de Burbank [*Am. J. Sc.*, **15**, 149] : une boule de paraffine, lestée de plomb jusqu'à ce que sa densité soit très voisine de celle de l'eau, est introduite au fond d'un vase rempli d'eau. La boule s'élève lentement dans le vase et rebondit deux ou trois fois contre la couche superficielle.

Divers auteurs se sont occupés de déterminer expérimentalement, et surtout par le calcul, les propriétés de la couche superficielle (densité, épaisseur, viscosité, élasticité, etc.). On consultera dans cet ordre d'idées les travaux de [Plateau, *Mém. Acad. Belg.*, 1843-1873; — Oberbeck, *Wied. Ann.*, **14**, 634; — Schütt, *Ann. der Physik*, **13**, 712; — Drude, *Wied. Ann.*, **43**, 158; — Reinold et Rucker, *Phil. Trans.*, **184**, 505; — Quincke, *Ann. der Physik*, 1868-1904; — Vincent, *Ann. Chim. et Phys.*, 1900; — van der Mensbrugghe, *Mém. Acad. Belg.*, 1866-1904; — Hulshof, *Ann. der Physik*, **4**, 165; — Donnan, *Zeit. physik. Chem.*, **46**, 197], et surtout Bakker [*Ann. der Physik*, 1902-1907]. D'après les recherches les plus récentes de ce dernier auteur, l'épaisseur de la couche superficielle serait de 8,5 $\mu\mu$ pour l'eau et de 6 $\mu\mu$ pour l'éther, aux températures correspondantes de 0.85 Tc. Ces valeurs sont notablement plus grandes que celles admises par van der Waals.

Quoi qu'il en soit de la réalité d'une tension superficielle, cette notion s'est montrée suffisante pour expliquer les phénomènes capillaires ; elle ne se borne pas à la surface liquide-vapeur, on admet aussi l'existence de tensions aux contacts d'autres milieux. Mais si l'on peut déterminer les tensions liquide-vapeur, liquide-liquide, et dans quelques cas isolés, solide-liquide, on manque de tout moyen pour déterminer la tension solide-vapeur.

Les tensions superficielles jouent un rôle important en physico-chimie; elles sont en relations avec d'autres propriétés physiques : compressibilité, absorption, diélectrique, constantes critiques, solubilité, chaleurs de vaporisation et de dissolution, anomalies de la dissociation électrolytique, différence de potentiel au contact de deux phases.

En stœchiométrie les meilleures méthodes de détermination du poids moléculaire à l'état liquide sont basées sur le coefficient de température de la tension superficielle.

Définitions, unités. — Les liquides tendent à prendre une forme telle que la surface soit aussi petite que possible; on admet que cela est dû à un état de tension de la couche superficielle. Une augmentation de surface sera donc accompagnée d'un travail des forces extérieures, tandis qu'une diminution de la surface entraîne la mise en liberté d'une certaine quantité d'énergie potentielle, sur la transformation de laquelle on ne possède encore que peu de renseignements.

On n'a pas encore adopté une seule unité pour exprimer la tension superficielle; celle-ci est définie comme « la grandeur de la tension qui s'exerce sur l'élément d'une ligne tracée sur la surface, rapportée à l'unité de longueur. »

On a coutume de représenter par la lettre α la tension exprimée en mgr. par mm. de longueur. L'unité C.G.S. de tension s'obtient en multipliant α par 9,81.

Une autre unité, a^2, appelée « constante de capillarité » est définie par la relation $a^2 = \dfrac{2\alpha}{d}$ ($d =$ densité).

En physico-chimie on emploie souvent des « unités moléculaires » qui seront définies plus loin.

Au lieu de considérer la tension, on peut adopter comme unité « le travail nécessaire pour augmenter la surface d'une unité ». Au point de vue numérique cette distinction essentielle est sans importance.

En résumé on a donc :

α tension en mgr/mm ou énergie superficielle mm.mgr.
$\gamma = 9,81\,\alpha$ en dynes/cm   —   —   ergs.
$a^2 = \dfrac{2\alpha}{d}$ cohésion en mm².

MÉTHODES DE DÉTERMINATION. — Ces méthodes sont extrêmement nombreuses; nous ne mentionnerons, sans en donner la théorie complète, que celles qui se prêtent à des déterminations ayant pour objet des comparaisons stœchiométriques.

Ascensions capillaires. — Soient h la hauteur d'ascension en mm., d la densité du liquide, δ la densité orthobare de la vapeur saturée, r le rayon du capillaire en mm., $g = 9,81$.

L'énergie superficielle est donnée par :

$$\gamma = \frac{1}{2} g r h (d - \delta) \quad \text{en ergs,}$$

la constante de capillarité par

$$a^2 = hr \qquad \text{en mm}^2.$$

Le terme correctif δ est négligeable aux températures éloignées de la température critique. Si h est la hauteur d'ascension jusqu'au point le plus bas du ménisque, il faut lui ajouter une correction qui provient du volume du ménisque.

Cette correction est de $\dfrac{r}{3}$ pour des tubes étroits. D'après Poisson, elle est pour des tubes à plus grand diamètre de $\dfrac{r}{3} - 0,129\,\dfrac{r^2}{h}$, ou encore, d'après Hagen et Desains, de $r^2 \left(\dfrac{3h^2 r}{3h^2 + 1} \right)$.

Au lieu de déterminer la hauteur d'ascension dans un seul tube, on peut mesurer la différence des hauteurs dans deux capillaires de diamètre différent [Jäger, *Wien. Ber.*, **100**, 258; — Ellenberger, *Chem. Zeit.*, **51**, 1], ou encore la différence de niveau dans deux tubes capillaires communiquants [Frankenheim, Schiff, *Gazz. chim. ital.*, **14**, 1884; — Piltschikoff, *Journ. Soc. phys. chim. russe*, **20**, 83].

Un dispositif qui permet d'effectuer rapidement des déterminations à plusieurs températures a été indiqué par Ramsay et Shields [*Z. phys. Ch.*, **12**, 458]; il consiste à souder le capillaire sur une spirale de fer doux contenue dans un petit tube à parois minces, puis à placer le tout dans une éprouvette en verre, de forme spéciale, qui contient le liquide en expérience. Cette éprouvette est soudée, après que l'air en a été chassé, et fixée dans une jaquette à température constante.

On manœuvre le capillaire au moyen d'un aimant, ce qui permet de le plonger entièrement dans le liquide avant chaque détermination et de créer ainsi la gaine de liquide.

La nature du tube n'a pas d'influence sur les résultats d'expérience tant que l'angle de raccordement du ménisque est nul; par contre, il est indispensable que la surface du liquide soit absolument propre et privée de poussière. Les tubes n'étant jamais exactement cylindriques, il faut avoir soin de les calibrer à différentes hauteurs avec un liquide type. Plusieurs auteurs préconisent comme liquide de calibrage l'eau, dont la tension superficielle est bien déterminée;

pour des raisons d'ordre pratique il est préférable d'employer le benzène pur.

La méthode des ascensions capillaires ne fournit pas de bons résultats dans le cas de solutions diluées, car celles-ci s'appauvrissent dans le capillaire [Mathieu, *Ann. der Phys.*, 9, 340].

Pesée des gouttes. — D'après Tate, il existe entre le poids P d'une goutte tombant d'un capillaire vertical de rayon r et la tension superficielle la relation $P = 2\pi r \alpha$.

Les recherches de Guye et Perrot [*C. R.*, **132**, 1043; **135**, 458; **135**, 621; *Arch. sc. phys.*, (4), **11**, 225 et **15**, 132] ont montré que cette formule n'est exacte ni dans le cas de gouttes se formant lentement (gouttes statiques), ni dans celui de gouttes rapides (dynamiques). D'après ces auteurs le poids des gouttes dépend encore de la viscosité du liquide, de son coefficient d'élasticité, du diamètre extérieur du capillaire, de la durée de formation, etc. La loi de Tate ne fournit qu'une première approximation; il en est de même de l'expression un peu plus exacte

$$\alpha = \frac{P}{2\pi r}\left(1 + \frac{r}{R}\right)$$

proposée par Gugliemo [*Att. Lincei*, **12**, 462] dans laquelle R est le rayon de courbure au point le plus bas de la goutte.

La méthode de la pesée des gouttes rend cependant service pour des déterminations rapides et comparatives (alcoolomètre de Duclaux).

Grandeur des gouttes. — Si y est la distance entre le plan horizontal tangent à la goutte et le point de tangence d'un plan vertical; la tension superficielle est donnée par la relation $\alpha = \dfrac{d \cdot y^2}{2}$. Cette méthode s'applique au cas d'une goutte ne mouillant pas la surface horizontale sur laquelle elle repose (Quincke), comme au cas d'une bulle d'air dans un liquide (Lippmann).

Ondes capillaires. — On produit à la surface du liquide une série d'ondes au moyen d'un diapason donnant N vibrations. La longueur d'onde λ, déterminée par la méthode stroboscopique, est reliée à la tension superficielle par la relation

$$\gamma = \frac{N^2 \lambda^3 d}{2\pi}.$$

La méthode élaborée par lord Rayleigh [*Phil. Mag.*, 30, 386] a été perfectionnée par Grunmach [*Ann. d. Physik*, 1900-1906].

Formation des bulles. — On détermine la pression la plus faible qui est nécessaire pour faire passer une bulle d'air à travers un capillaire plongeant dans le liquide. Cette méthode, proposée par Cantor, est expéditive; elle ne fournit des résultats comparables (1/2 0/0 environ) que pour des diamètres de capillaires compris dans d'étroites limites $0^{mm},1$ à $0^{mm},3$. Whatmough [*Zeit. Physik. Ch.*, 39, 129; — Feustel, *Ann. d. Physik*, **16**, 61; — Forch, *ibid.*, **17**, 744] en ont fait une étude critique.

Ces différentes méthodes ne conduisent pas à des résultats strictement comparables; ce n'est même pas le cas des deux dernières, qui sont cependant théoriquement rigoureuses. Il conviendra donc, pour des comparaisons stœchiométriques, d'utiliser toujours la même méthode. Celle des ascensions capillaires avec le dispositif de Ramsay paraît le mieux indiquée; lorsqu'une précision de 1/200 est suffisante, on peut même opérer à l'air libre [Renard et Guye, *J. Ch. Phys.*, 5, 81]. Sur diverses applications de cette méthode, consulter les mémoires indiqués plus loin.

RELATIONS ENTRE LA TENSION SUPERFICIELLE D'UN LIQUIDE ET SON POIDS MOLÉCULAIRE. — Une molécule gramme d'un liquide de poids moléculaire M et de densité d occupe un volume de $\dfrac{M}{d}$ cm³.

Le terme $\left(\dfrac{M}{d}\right)^{2/3}$ sera, pour les différents liquides, proportionnel à leurs surfaces moléculaires, c'est-à-dire contenant un même nombre de molécules. Eotvös [*Wied. Ann.*, 27, 452] a introduit la notion d' « énergie superficielle moléculaire », qui représente le travail nécessaire pour former des surfaces équimoléculaires, soit $\gamma \cdot \left(\dfrac{M}{d}\right)^{2/3}$. Il a constaté que l'énergie superficielle moléculaire, nulle à la température critique Tc, est une fonction linéaire de la température, soit

$$\gamma\left(\frac{M}{d}\right)^{2/3} = K(T_c - T).$$

Le coefficient de température K est sensiblement constant pour tous les liquides. Les expériences d'Eotvös, effectuées par la méthode de la grandeur des gouttes, ont été reprises par Ramsay et Shields [*Phil. Trans.*, 1893, 662] qui utilisaient la méthode des ascensions capillaires.

Ces auteurs ont montré que l'énergie superficielle devient nulle θ degrés avant la température critique; θ varie légèrement d'un liquide à l'autre, mais est toujours voisin de 6°. On a alors :

$$\gamma\left(\frac{M}{d}\right)^{2/3} = K(T_c - T - \theta).$$

Deux déterminations de $\gamma\left(\dfrac{M}{d}\right)^{2/3}$, à deux températures différentes, permettent de calculer K par la formule

$$K = \frac{\gamma\left(\dfrac{M}{d}\right)^{2/3} - \gamma_1\left(\dfrac{M}{d_1}\right)^{2/3}}{t_1 - t}$$

Ramsay et Shields ont admis que les liquides que nous appellerons pour abréger « liquides normaux » sont caractérisés par une valeur de K très voisine de 2,12 (valeurs extrêmes 2,06 à 2,26). Dans ce cas, le liquide peut être regardé comme formé exclusivement de molécules dont la grandeur est exprimée par la valeur de M entrant dans la relation.

Le tableau suivant, emprunté à ces auteurs, donne pour différentes températures : 1° la hauteur d'ascension capillaire h du benzène dans un capillaire de 0,012935 cm. de rayon; 2° la tension superficielle γ; 3° l'énergie superficielle moléculaire; 4° la variation Δ de ces quantités de 20° en 20° :

Tension superficielle du benzène.
$T_c = 288°,5 + 273.$

T-273	h	Δh	γ	$\Delta\gamma$	$\gamma\left(\dfrac{M}{d}\right)^{2/3}$	$\Delta\gamma\left(\dfrac{M}{d}\right)^{2/3}$
80	3,95		20,28		425	
		0,35		2,26		41
100	3,60		18,02		384	
		0,35		2,31		42
120	3,25		15,71		342	
		0,35		2,26		43
140	2,90		13,45		299	
		0,36		2,16		42
160	2,54		11,29		257	
		0,36		2,14		43
180	2,18		9,15		214	
		0,37		1,98		41
200	1,81		7,17		173	
		0,37		1,92		42
220	1,44		5,25		131	
		0,39		1,84		42
240	1.05		3,41		89	
		0,41		1,66		40
260	0,64		1,75		49	
		0,43		1,46		40
280	0,21		0,29		9	

Les coefficients de température de h (soit de α^2) et de γ sont constants dans certaines limites de température, tandis que le coefficient de température de $\gamma\left(\dfrac{M}{d}\right)^{2/3}$ est constant à toutes les températures; il est de 42.08 pour 20°, soit 2,104 par degré.

Les liquides qui possèdent un coefficient de température de l'énergie superficielle moléculaire constant à toutes les températures et voisin de la valeur moyenne 2.12 sont en général ceux qui ne contiennent pas de radicaux OH, CO, AzH^2, CAz, ils sont considérés comme ayant un poids moléculaire normal.

Certains liquides conduisent à des valeurs de K notablement inférieures à 2.12. Ramsay et Schields ont admis que cela provient de ce que la valeur de M a été mal choisie; en d'autres termes cette valeur doit être multipliée par un coefficient x dit « facteur d'association » ou de « polymérisation ». Ce facteur est donné par la relation $x^{2/3} = \dfrac{2.12}{K}$, obtenue en remplaçant M par Mx. Mais ce mode de procéder n'est exact que si l'équation de condition entre $\gamma\left(\dfrac{M}{d}\right)^{2/3}$ et T est celle d'une droite, or ce n'est généralement plus le cas pour les liquides polymérisés.

Deux hypothèses ont été faites :

Van der Waals [*Zeit. physik. Chem.*, **13**, 657] admet qu'au point critique le coefficient d'association devient égal à l'unité; on obtient alors :

$$x^{2/3} = \frac{K(t_1 - t) + \gamma\left(\dfrac{M}{d}\right)^{2/3}}{\gamma_1\left(\dfrac{M}{d_1}\right)^{2/3}}$$

Mais Guye [*Ann. Ch. Ph.*, (6), **21**, 212] a montré, par la méthode des coefficients critiques, que plusieurs corps, polymérisés aux basses températures, le sont encore à la température critique. On sait d'ailleurs que l'eau et l'acide acétique, par exemple, sont encore polymérisés à l'état de vapeur.

Ramsay et Rose-Innes [*Zeit. physik. Ch.*, **15**, 111] admettent que la dépolymérisation est une fonction linéaire de la température et calculent le facteur d'association par la formule

$$x^{2/3} = \frac{2.12}{K}(1 + \mu t)$$

μ étant une nouvelle constante.

Les expériences de Ramsay et Shields ont été reprises pas Ramsay et Aston [*Zeit. physik. Ch.*, **15**, 98] et dans le laboratoire de Guye [Dutoit et Friderich, *C. R.*, **130**, 327; *Arch. Sc. phys.*. (4), 9, 105; — Guye et Baud, *C. R.*, **132**, 1481, 1553; *Arch. Sc. phys.*. (4), **11**, 449; — Homfray et Guye, *J. Chim. Phys.*, **1**, 505; — Bolle et Guye, *J. Ch. Ph.*, **3**, 38; — Renard et Guye, *loc. cit.*].

Ces auteurs ont constaté qu'un grand nombre de corps, de toute stabilité, conduisent à des valeurs de K notablement supérieures à 2,12.

Naphtaline	2,29	Diphénylamine	2,57
Acénaphtène	2,31	Phénétol	2,43
Diméthylaniline	2,39	Quinoléine	2,43
Diméthyl-o-toluidine	2,49	Diphényléthane	2,49

Comme on n'a jusqu'à présent aucune preuve de la dissociation de ces corps à l'état liquide, il faut en conclure que le coefficient de température K peut prendre une valeur un peu différente dans chaque groupe chimique, et cela di-

minue la probabilité d'exactitude des facteurs d'association x.

Le criterium du caractère normal d'un liquide devra être cherché avant tout dans la forme linéaire ou non de la courbe des valeurs de $\gamma\left(\dfrac{M}{d}\right)^{2/3}$ en fonction de la température. Les cas suivants se présentent :

1. K constant $\gtrless 2,12$.	M normal, $x = 1$.
2. K constant $< 2,12$.	$x > 1$, la polymérisation ne varie pas avec la température.
3. K $< 2,12$, augmente quand T s'élève.	$x > 1$, la polymérisation diminue par élévation de température.
4. K $< 2,12$, diminue quand T s'élève.	$x > 1$, la polymérisation augmente par élévation de température.

Dans la première catégorie rentrent la plus grande partie des liquides organiques et inorganiques : hydrocarbures aliphatiques et cycliques, dérivés halogénés et nitrés, éthers, esters, amines substituées, éthers phénoliques, etc.

Dans la seconde catégorie on connaît actuellement le groupe des uréthanes (Guye et Baud); des oximes [Dutoit et Fath, *J. Chim. Phys.*, **1**, 358].

Les alcools, acides aliphatiques saturés, cétones, nitriles de la série grasse, aldéhydes, amines non substituées, l'eau rentrent dans la 3ᵉ catégorie.

Enfin on connaît un ou deux exemples de corps dont la polymérisation augmente quand la température s'élève (m-crésol), mais il est possible que la variation de K soit alors due à des phénomènes de tautomérisation.

Les corps polymérisés contiennent tous la fonction OH alcoolique ou OH acide, CO cétonique, CAz des nitriles, AzH^2 des amines. Lorsqu'un corps présente deux de ces fonctions polymérisantes, la polymérisation est plus accentuée que lorsqu'une seule fonction est en jeu. Toutes choses égales, la polymérisation est d'autant plus grande que le nombre d'atomes composant la molécule est plus petit, elle diminue donc dans les séries homologues.

La position des fonctions polymérisantes influence aussi l'association : les alcools primaires sont plus polymérisés que les alcools secondaires isomères, et ceux-ci plus que les alcools tertiaires [Carrara et Ferrari, *Gazz. chim. ital.*, **36**, 419].

En série aromatique, la polymérisation des corps substitués en position ortho est toujours plus faible que celle des dérivés méta et para correspondants [Hewitt et Winmill, *J. Chem. Soc.*, **91**, 441, 1907] :

	K		K		K
o-Nitrophénol	2,42	o-Crésol	2,00	o-Chlorophénol	2,00
m- —	1,62	m- —	1,68	m- —	1,80
p- —	1,83	p- —	1,68	p- —	1,95

Les gaz liquéfiés ont en général un poids moléculaire normal à l'état liquide, le coefficient de température de l'énergie superficielle moléculaire est constant et voisin de 2,1. Les valeurs consignées dans le tableau suivant ont été obtenues par la méthode des ascensions capillaires [Baly et Donnan, *J. of Chem. Soc.*, **81**, 914; — voy. aussi Verschaffelt, *Journ. de Phys.*, (3), **6**, 444]:

	K
Anhydride carbonique	2,22
Protoxyde d'azote	2,20
Oxygène	1,92
Azote	2,00
Argon	2,02
Oxyde de carbone	2,00

Les valeurs fournies par la méthode des ondes capillaires sont un peu différentes [Grünmach, *C. R. Soc. allem. phys.*, 1899-1906]. Les composés AzH^3, SO^2, Az^2O, Cl, CO^2 ont, d'après cette méthode, le même poids moléculaire à l'état liquide qu'à l'état gazeux, tandis que l'oxygène et l'azote liquéfiés semblent polymérisés.

Siedentopf [*Dissert.*, Gottingen, 1897; *Wied. Ann.*, 61, 267], par la méthode de la grandeur des gouttes, a déterminé γ pour quelques métaux et alliages fondus; les valeurs du coefficient de température sont bien inférieures à 2,12 et semblent indiquer une polymérisation, c'est-à-dire des molécules polyatomiques :

Métal.	K
Mercure	0,65
Bismuth	0,50
Plomb	0,77
Cadmium	1,50
Étain	0,81

Hertzfeld [*Wied. Ann.*, 62, 450] a appliqué la même méthode aux cas de Ni, Co et Fe fondus; Grunmach [*loc. cit.*] a aussi déterminé γ pour quelques métaux fondus par la méthode des ondes capillaires.

Les résultats souvent contradictoires obtenus pour les métaux fondus semblent dus en grande partie aux différences de méthodes.

Mentionnons encore que l'on a donné diverses démonstrations approchées de la loi d'Eotvös-Ramsay, basées sur la proportionnalité qui existe (Stephan) entre $\gamma \left(\dfrac{M}{d}\right)^{2/3}$ et la chaleur de vaporisation L. D'après la règle de Trouton établie pour les températures correspondantes on a $\dfrac{dL}{dT}$ = constante, on doit de même avoir

$$\frac{d.\gamma \left(\dfrac{M}{d}\right)^{2/3}}{dT} = \text{constante},$$

ce qui est précisément la règle d'Eotvös.

Une autre relation entre la tension superficielle et le poids moléculaire est due à Kistiakowsky [*Zt. f. Elek.*, 12, 513], soit $\dfrac{a^2M}{T}$ = constante; a^2 est la constante de capillarité déterminée à la température absolue d'ébullition T, M le poids moléculaire. Cette expression est comparable à la règle de Trouton $\dfrac{LM}{T}$ = constante, dans laquelle L est la chaleur de vaporisation; elle suppose donc que la constante de capillarité est proportionnelle à la chaleur latente de vaporisation.

La règle de Kistiakowsky a été appliquée par son auteur à 40 liquides normaux très différents; les valeurs de a^2 étant empruntées aux mémoires de Schiff, Ramsay et Shields, ou bien déterminées directement [*Journ. chim. phys. russe*, 34, 70]. La constante a la valeur moyenne 0,0116; les valeurs isolées s'écartent moins de la moyenne que ce n'est le cas pour le coefficient de température de l'énergie superficielle moléculaire. La méthode a aussi l'avantage de n'exiger qu'une seule détermination de la hauteur d'ascension, sans qu'il soit nécessaire de connaître la densité.

Pour les liquides polymérisés on obtient directement le facteur d'association x par la relation $x = \dfrac{0,0116\,T}{a^2M}$. L'eau et l'acide acétique donnent $x = 2$, très exactement; les alcools, cétones, oximes, des valeurs comprises entre 1 et 2,

à l'exception de l'alcool méthylique pour lequel $x = 2,4$.

Les renseignements fournis sur le poids moléculaire des liquides concordent bien avec ceux que fournit la méthode d'Eotvös, Ramsay et Shields.

Relations entre la tension superficielle, la composition chimique et la constitution des liquides. — Les premières recherches dans cette direction sont dues à Mendéléef [*C. R.*, 50, 52; 51, 97] qui constate que le produit γM augmente, dans les séries homologues, proportionnellement au nombre des radicaux CH^2. Wilhelmy [*Pogg. Ann.*, 121, 55] a énoncé les règles suivantes, qui ne sont pas sans de nombreuses exceptions :

L'addition à une molécule d'un liquide de C, d'O, ou de ces deux atomes simultanément, augmente la tension superficielle; l'addition de H la diminue, celle de CH^2 est sans action.

Le remplacement de H par O, Br, Cl, J, Br, etc., augmente la tension superficielle.

Les isomères ont même tension superficielle.

Schiff [*Gazz. chim. ital.*, 14, 1884], auquel on doit la contribution la plus importante dans ce domaine, a effectué les comparaisons aux températures d'ébullition, c'est-à-dire à des températures qui sont, pour les différents liquides, sensiblement correspondantes. Il a exprimé les résultats dans une unité moléculaire nouvelle,

$$\frac{\alpha}{M} = \frac{a^2 d}{2M} = \frac{N}{1000}$$

nombre de molécules contenues dans le volume de liquide soulevé par capillarité dans un tube de 1 mm. de rayon.

N est, comme la réfraction moléculaire, les volumes moléculaires, le pouvoir rotatoire magnétique, etc., etc., une quantité dont la valeur dépend du nombre d'atomes de la molécule, de leur nature et de leur groupement.

Schiff a cherché par quel nombre d'atomes d'hydrogène il faut remplacer un atome donné pour que la valeur de Az ne soit pas altérée. Ces « valeurs en hydrogène » sont consignées dans le tableau suivant

C (alcools, éthers, cétones, etc.) = 2H	Az (amines primaires, nitriles) = 3H
C (acides) = 3H	O = 3H
Cl = 6-7H	P^{III} = 6H
Br = 11-13H	P^{V} = 4H
I = 19H	S = 5,5H
Az (de AzO^2) = 2H	

La « valeur en hydrogène » d'une molécule, x, s'obtient en additionnant les valeurs en hydrogène des atomes de la molécule.

L'expression empirique

$$\log N = 2,8155 - 0,00728\,x - \log x$$

sans signification théorique, permet le calcul de N. La loi de Schiff comporte de nombreuses exceptions, à cause de cela elle n'a pas été souvent appliquée pour déterminer la constitution par voie physico-chimique.

Les isomères conduisent à des valeurs de N voisines, quoique toujours les plus faibles chez l'isomère de la formule la moins symétrique. Les dérivés méta par exemple, ont toujours une tension superficielle plus faible que les dérivés ortho ou para plus symétriques.

Quincke [*Pogg. Ann.*, 135, 621; 138, 141] a déterminé la valeur de a^2 pour différents corps, à leur température de fusion. La substance mise sous la forme de fils ou de baguettes était portée à la température de fusion; le poids des gouttes qui se formaient donnait a^2. Cette méthode, peu rigoureuse, conduit à des valeurs de a^2

qui sont, pour les différents corps, toujours voisines de 4,3 n :

Valeurs de n.	a^2 est à peu près égal à 4.3 n chez :
1	Se, Br, S, P. NaBr, KBr, AgBr, KI.
2	Hg, Pb, Bi, Sb, $NaAzO^3$, $KAzO^3$, $LiAzO^3$, NaCl, KCl, $CaCl^2$, AgCl, sucres, paraffine, etc.
4	Pt, Cd, Sn, Au, Ag, Cu, carbonates et sulfates de Li, Na, K, verre, borax, eau.
6	Pd, Zn, Fe.
12	Na.
20	K.

Aucune interprétation satisfaisante n'a été donnée de ces curieuses régularités [Voy. aussi Motylewski, *Zeit. anorg. Ch.*, **38**, 41].

Tensions superficielles des solutions salines. — Ce sujet, qui a fait l'objet de recherches excessivement nombreuses, est encore mal connu. En général les tensions des solutions salines varient proportionnellement à la concentration de la solution, mais quelques sels : AzH^4AzO^3, $(AzH^4)^2SO^4$, K^2CO^3, $MgSO^4$, $ZnSO^4$, font exception à cette règle [Forch, *loc. cit.*].

Quincke [*Pogg. Ann.*, **160**, 337] a établi que, dans le cas des chlorures,

$$\gamma = 7,35 + 0,1783\,y,$$

y étant le nombre d'équivalents de Cl^2 pour 100 gr. d'eau.

Mais d'après Volkmann [*Wied. Ann.*, **17**, 353] le coefficient y n'est pas constant, même chez les chlorures; d'après Whatmough [*loc. cit.*] il aurait une valeur moyenne de 0,186, avec de nombreuses exceptions.

Sentis [*Journ. de phys.*, 1897, 183] a montré que fréquemment la tension des solutions varie proportionnellement au nombre des molécules d'eau qui sont remplacées par un même nombre de molécules de sel. Rosset [*Bull. Soc. Chim.*, **23**. 245] a vérifié cette loi pour le cas de NaCl.

Autre bibliographie : Buliginski [*Pogg. Ann.*, **134**, 44]; — Traube [*J. f. prakt. Chem.*, **31**, 192]; — Valson [*Ann. Chim. Phys.*, (4), **20**, 361]; — Kazanine [*J. Soc. phys. chim. russe*, **23**, 122, 468]; — Klupathy [*Beibl.*, **12**, 750]; — Pockels [*D. Ann. der Physik.*, **8**, 854].

Le coefficient de température de l'énergie superficielle moléculaire

$$\frac{d \cdot \gamma\left(\dfrac{M}{d}\right)^{2/3}}{dT}$$

des solutions est identique à celui de l'eau, lorsqu'on calcule le poids moléculaire moyen M par la règle des mélanges et en tenant compte de la dissociation électrolytique (K = 2,09 en moyenne). C'est une nouvelle méthode de détermination du poids moléculaire des sels qui peut devenir intéressante [Zemplén, *D. Ann. der Physik*, **20**, 183; **22**, 391; — Grabowsky et l'ann. *Dissert.*, Königsberg, 1904].

Tension superficielle des mélanges. — Ce chapitre est, comme le précédent, encore mal connu. Le mélange de deux liquides est souvent accompagné de réactions chimiques : combinaisons, polymérisation ou dissociation de molécules polymères, etc., sur lesquelles on possède peu de renseignements.

Lorsqu'il s'agit de mélanges de liquides « normaux », la tension superficielle est inférieure à la valeur calculée par la règle des mélanges. La formule de Poisson

$$\gamma = x^2\gamma_1 + 2x(1-x)\gamma_{1.2} + (1-x)^2\gamma_2$$

dans laquelle x et $1-x$ sont les proportions réciproques des liquides de tension γ_1 et γ_2, $\gamma_{1.2}$ une constante d'attraction entre les molécules des deux espèces, représente approximativement le phénomène.

D'après van der Waals et Stephan, la constante a de l'équation de van der Waals prend chez les mélanges la valeur

$$\text{I.}\qquad a = x^2 a_1 + 2x(1-x)\sqrt{a_1 \cdot a_2} + (1-x)^2 a_2$$

a_1 et a_2 étant les constantes d'attraction des deux liquides purs.

D'autre part l'énergie superficielle moléculaire est proportionnelle à $\dfrac{a}{v}$ (Stephan), soit, en appelant f le facteur de proportionnalité et en remarquant que $v = \dfrac{M}{d}$,

$$a = f\left(\frac{M}{d}\right)^{5/3}$$

La formule (I) devient

$$\gamma\left(\frac{M}{d}\right)^{5/3} = x^2\gamma_1\left(\frac{M_1}{d_1}\right)^{5/3}$$
$$+\; 2x(1-x)\sqrt{\gamma_1\left(\frac{M_1}{d_1}\right)^{5/3} \cdot \gamma_2\left(\frac{M_2}{d_2}\right)^{5/3}}$$
$$+\; (1-x)^2\gamma_2\left(\frac{M_2}{d_2}\right)^{5/3}$$

γ, M et d sont la tension superficielle, le poids moléculaire moyen et la densité du mélange; l'indice 1 se rapporte au liquide en proportion x, l'indice 2 à celui en proportion $1-x$.

Cette formule a été vérifiée par Herzen [*Arch. sc. phys. nat.*, 1902]; elle représente très exactement la tension superficielle des mélanges qui se forment sans effet thermique. Lorsqu'il y a variation de température au moment du mélange, il faut multiplier le terme $2x(1-x)$... par un coefficient qui est en relation avec l'effet thermique :

Composants du mélange.	Coefficients de $2x(1-x)$	Abaissement maximum de température au moment du mélange
Aniline et o-toluidine	1,0079	— 0,1
Toluène et diméthylaniline	0,9472	— 0,4
Toluène et nitrobenzène...	0,8891	— 1,2
Benzène et nitrobenzène...	0,8762	— 1,7
Benzène et aniline........	0,7988	— 4,0
Toluène et aniline........	0,7671	— 4,7

Les tensions de mélanges déterminées par Linebarger [*Am. J. of. Sc.*, **2**, 226], Ramsay et Aston [*Proc. Chem. Soc.*, **56**, 182], suivent approximativement les formules précédentes. Voy. aussi Drucker [*Zeit. phys. Chem.*, **52**, 641]; Timofejew [*Centr. Bl.*, 1905, 429].

Les tensions de mélanges d'eau, d'alcools et en général de liquides fortement polymérisés, ne peuvent pas être calculées par les formules précédentes: les écarts sont considérables surtout en solution très diluée.

Duclaux [*Ann. Chim. Phys.*, (5), **8**, 76] a établi que la formule

$$\gamma = K\,(e^x - 1) \qquad (x = \text{titre de la solution})$$

représente la tension γ de solutions d'alcools et d'acides dans l'eau. Il a constaté aussi que les concentrations des solutions de deux alcools, ou acides différents, qui ont même tension, sont dans un rapport constant. Traube [*J. f. prakt. Chem.*, (2), **34**, 177, **34**, 292; *D. chem. G.*, **24**, 3076] a confirmé les résultats de Duclaux. Il a établi que, chez les dissolutions aqueuses très étendues, la différence des tensions de la solution γ' et de l'eau γ est proportionnelle à la concentration c. Le produit constant $(\gamma - \gamma')c$ varie, dans les séries homologues, comme $1 : 3 : 3^2 : 3^3 \ldots$

L'abaissement de tension produit par la dissolution d'un corps organique à gros poids moléculaire dans l'eau, ou *vice versa*, est si sensible en solution très diluée que Motylewski [*Z. anorg. Chem.*, **38**, 410] a pu déterminer la solubilité de l'eau dans quelques liquides organiques par cette méthode.

Le coefficient de température de l'énergie superficielle moléculaire des mélanges normaux a la valeur moyenne 2,1, caractéristique des liquides purs [Ramsay et Aston, *loc. cit.*]. On possède ainsi une méthode de détermination du poids moléculaire des corps en solution concentrée. Pekàr [*Z. phys. Chem.*, **39**, 433] a fixé ainsi à $S^6 - S^8$ le poids moléculaire du soufre dans le sulfure de carbone. Voyez aussi Linebarger [*Journ. Amer. Chem. Soc.*, **22**, 5].

Relations entre les tensions superficielles et d'autres propriétés physiques. — 1° La formule d'Eötvös, Ramsay et Shields permet de calculer la température critique, c'est la meilleure méthode que l'on possède pour effectuer ce calcul;

2° En se basant sur la loi d'Eötvös et sur la théorie des états correspondants, Dutoit et Friderich [*loc. cit.*] ont trouvé que la pression critique P_c est liée à la tension superficielle par la relation

$$P_c = Q \frac{\gamma}{\sqrt[3]{\dfrac{M}{d}}}$$

γ étant déterminé à des températures correspondantes. A la température d'ébullition, la constante Q a la valeur 11,1; la formule donne alors P_c à 1-2 atmosphères près;

3° L'absorption β des gaz indifférents dans les liquides est d'autant plus grande que la tension superficielle de ces liquides est plus petite [Christoff, *Zeit. phys. Ch.*, **53**, 321; **56**, 622]; le produit $\gamma\beta$ est sensiblement constant pour les liquides purs et pour les mélanges;

4° La compressibilité des liquides et des mélanges est inversement proportionnelle à la tension superficielle [Whatmough, Drucker, *loc. cit.*];

5° D'après Philip [*Zeit. phys. Ch.*, **24**, 12] et Hesehus [*Journ Soc. phys. chim. russe*, **32**, 97], il y aurait une relation entre γ et la constante diélectrique, aussi bien chez les liquides purs que chez les mélanges;

6° D'après Winther [*Zeit. phys. Ch.*, **60**, 590-705], les différences dans le pouvoir rotatoire des corps actifs dissous dans divers liquides dépendent, lorsque les composants du mélange ne forment pas de combinaison, seulement de la différence des pressions internes;

7° Il faudrait encore mentionner des relations plus ou moins bien établies entre γ et la pression osmotique, la tension de vapeur, etc.

Tensions superficielles au contact de plusieurs milieux. — La théorie des tensions au contact de plusieurs milieux est du domaine de la physique, mais elle trouve de nombreuses applications en chimie; elle rend compte, entre autres, des membranes solides excessivement minces qui se forment souvent à la surface des solutions (albumine, peptones, saponine, oxydes etc.). On consultera dans cet ordre d'idées les mémoires de Ramsden [*Proc. Roy. Soc.*, **72**, 156]; — Zawidsky [*Zeit. phys. Ch.*, **35**, 77]; — Devaux [*J. de Phys.*, (4). **3**, 450]; — Metcalf

[*Zeit. phys. Ch.*, **52**, 1]; — Schütt [*D. Ann. der Phys.*, **13**, 712].

La tension superficielle à la surface de séparation solide-solution joue un rôle important dans les phénomènes de solubilité différente des petits et des gros cristaux; c'est aussi un des facteurs d'existence des émulsions et des solutions colloïdales (voyez l'article FAUSSES SOLUTIONS).

La tension à la séparation de deux liquides est considérée comme n'étant pas égale à la différence des tensions superficielles des deux liquides pris séparément. Des expériences récentes d'Antonoff [*Journ. Soc. phys. chim. russe*, **38**, 1258; **39**, 342; *Journ. Chim. Phys.*, **5**, 364 et 372] semblent cependant contredire cette règle.

La tension à la séparation de deux liquides est diminuée lorsqu'il y a une différence de potentiel de contact, quelle que soit la manière dont cette différence de potentiel est provoquée. L'électromètre capillaire de Lippmann est basé sur ce phénomène. Parmi les travaux récents qui se rapportent à ce sujet nous citerons : Gouy [*C. R.*, **131**, 255; **132**, 822; **134**, 1305; *Ann. Chim. Phys.*, **28**, 145]; von Leerch [*D. Ann. der Phys.*, **9**, 434]; Billitzer [*ibid.*, **11**, 902; **13**, 827]; Christiansen [*ibid.*, **12**, 702; **16**, 384]. Janvier 1908. P. Dutoit.

TÉRACONIQUE (ACIDE). — Voy. l'art. ITACONIQUES (ACIDES), 162.

TERBIUM. — Voy. l'art. TERRES RARES.

TÉRÉBENTHÈNE. — Voyez TERPÉNIQUE (SÉRIE).

TÉRÉBILÉNIQUE (ACIDE). — Voyez DIATÉRÉBILÉNIQUE (ACIDE).

TÉRÉBIQUE (ACIDE). — Voy. l'art. ITAMALIQUE (ACIDE), 2° Suppl., 5, 165.

TÉRÈNE [Syn. PROPYLACÉTYLÈNE]. — Voyez PENTINES, 2° Suppl., 6, 705.

TÉRÉPHTALIQUE (ACIDE). — Voy. l'art. PHTALIQUES (ACIDES).

TERLINGUAÏTE (Min.) (A.-J. Moser). — Oxychlorure de mercure, de formule empirique Hg_2ClO, petits cristaux jaune soufre, transparents, très fusibles et tendres, trouvés avec montroydite HgO, eglestonite, autre oxychlorure de mercure, calomel, cinabre, mercure, dans les couches crétacées de Terlingua, comté de Brewster, Texas. Devient vert olive par une longue exposition à la lumière.

Caractères. — Lentement soluble sans résidu dans l'acide azotique. Blanchit dans l'acide chlorhydrique sans se dissoudre. Au chalumeau, dans le tube bouché, donne d'abord un sublimé de calomel et un résidu d'oxyde mercurique qui, chauffé plus fort, fournit un sublimé de mercure. Dureté $= 2$-3. Poussière jaune citron. Densité $= 8,725$.

Forme cristalline. — Prisme clinorhombique : $a : b : c = 0,5306 : 1 : 2,0335$; $\beta = 84° 16'$. Allongement suivant l'axe de symétrie : faces très nombreuses $p\,h^1 g^1 g^2 g^5 e^1 e^3 e^8 o^6 o^3 o^t a^6 a^3 a^1 d^1/_2 b^1/_2$, etc. L. Bourgeois.

TERMIÉRITE (Min.) (G. Friedel). — Silicate d'aluminium hydraté très riche en silice; après calcination, la substance renferme 78 0/0 de silice, 15 0/0 d'alumine, 4,85 0/0 d'oxyde ferrique, dont une partie était sans doute à l'état de FeO, un peu de chaux et de magnésie. Petites masses gris clair ressemblant à de l'halloysite, provient des filons d'antimoine de Miramont, concession de Souliac, Cantal et Haute-Loire. Ce minéral, qui normalement contient 18 0/0 d'eau, en absorbe, si on le plonge dans l'eau, une énorme quantité, jusqu'à 72 0/0 de la matière anhydre. Il devient alors translucide et se gonfle notablement. Il absorbe aussi les autres liquides, comme les dissolvants organiques, mais les restitue au contact de l'eau. Très difficilement fusible. Difficilement attaquable par l'acide chlorhydrique. **L. Bourgeois.**

TERPANE. — Voyez les articles CINÉOL et MENTHANE.

TERPÉNIQUE (SÉRIE). — La rapidité extraordinaire avec laquelle cette question s'est développée et a évolué dans le cours de ces dix dernières années, nous oblige à réunir ici en un faisceau unique tous les faits connus sur les corps terpéniques, de façon à montrer les relations en général très étroites qui les unissent les uns aux autres. Cette manière de faire nous a semblé indispensable, du moins au point de vue théorique, car un même composé a, en quelques années, plusieurs fois changé de formule au fur et à mesure des progrès de la science, d'autres ont, au contraire, disparu de la littérature chimique dès qu'on s'est aperçu de leur identité avec une substance déjà décrite. Il s'ensuit que le lecteur trouvera, dans ce Dictionnaire, aux articles rédigés déjà depuis quelque temps, des descriptions et des constitutions qui ont cessé d'être exactes. Nous nous proposons de remettre ici les choses au point, au seul point de vue théorique. la place nous faisant défaut pour résumer des milliers de mémoires et relater toutes les phases, souvent extrêmement intéressantes, par lesquelles telle ou telle question a passé, renvoyant pour cela aux monographies qui ont été publiées sur ce sujet [voyez Dupont, Charabot, Pillet, *Les huiles essentielles et leurs principaux constituants*: — G. Harries, *Einkernige Hydroaromatische Verbindungen*; — W. Semmler, *Aetherische Oele*; — Gildemeister et Hoffmann, *Die Aetherischen Oele*; — O. Aschan, *Chemie des Alicyklischen Verbindungen*].

Nous diviserons le sujet de la manière suivante :

1° Dérivés terpéniques en C^5;
2° Dérivés terpéniques en C^{10};
3° Dérivés terpéniques en C^{15};
4° Dérivés polyterpéniques divers.

Et dans chacun des groupes nous décrirons les corps appartenant aux diverses fonctions alcools, aldéhydes, cétones, carbures, etc.... Pour tous les composés qui ont déjà fait l'objet d'un article spécial dans le 2e Suppl., il sera renvoyé à cet article, la constitution seule fera l'objet de quelques remarques plus ou moins étendues, suivant l'importance du sujet.

DÉRIVÉS TERPÉNIQUES EN C^5
OU HÉMITERPÈNES

ISOPRÈNE, C^5H^6. — La constitution de ce carbure a été établie par Ipatieff et Wittorf [*J. prakt. Chem.*, (2), **55**, 1]. L'isoprène, traité par l'acide bromhydrique en solution acétique, fournit le bromure de β-diméthyltriméthylène $(CH^3)^2 = CBr-CH^2-CH^2-Br$; l'isoprène a donc pour formule

$$CH^3 \atop CH^2 \Big\rangle C-CH=CH^2$$

Inversement, le bromure de β-diméthyltriméthylène préparé avec le diméthylallène, traité par la potasse alcoolique, fournit l'isoprène. Une seconde synthèse est due à Euler [*J. prakt. Chem.*, (2), **57**, 131] : Le nitrile pyrotartrique est réduit par le so-

dium et l'alcool en une base, la β-méthyltétra-méthylène–diamine

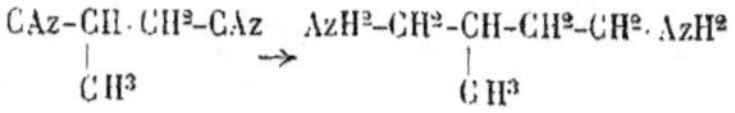

$$CAz-CH \cdot CH^2-CAz \atop | \atop CH^3 \qquad \longrightarrow \qquad AzH^2-CH^2-CH-CH^2-CH^2 \cdot AzH^2 \atop | \atop CH^3$$

qui se convertit facilement en pyrrolidine.

La série des réactions d'Hoffmann appliquée à cette pyrrolidine la convertit en isoprène :

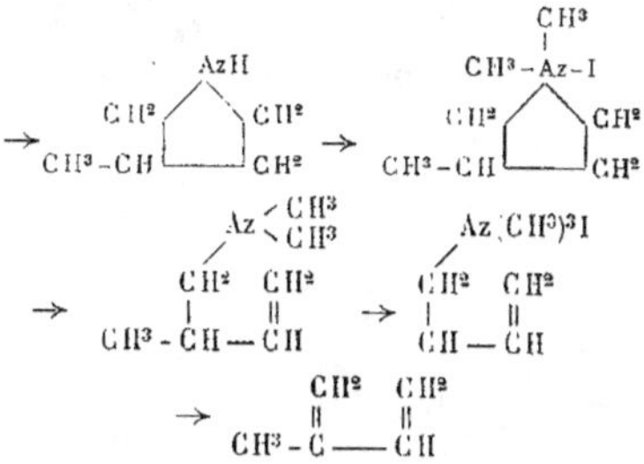

$$\longrightarrow \begin{matrix} & AzH & \\ CH^2 & & CH^2 \\ CH^3-CH & & CH^2 \end{matrix} \longrightarrow \begin{matrix} & CH^3 \\ & | \\ & CH^3-Az-I \\ CH^2 & & CH^2 \\ CH^3-CH & & CH^2 \end{matrix}$$

$$\longrightarrow \begin{matrix} Az\!<^{CH^3}_{CH^3} \\ CH^2 \quad CH^2 \\ CH^3-CH - CH \end{matrix} \longrightarrow \begin{matrix} Az(CH^3)^3I \\ CH^2 \quad CH^2 \\ CH - CH \end{matrix}$$

$$\longrightarrow \begin{matrix} CH^2 \quad CH^2 \\ CH^3-C \!-\!\!-\! CH \end{matrix}$$

L'isoprène bout à 32-33°; chauffé à 280° sous pression d'acide chlorhydrique, il se convertit en dipentène [Bouchardat et Lafont, *Bull. Soc. Chim.*, (2), **66**, 199] :

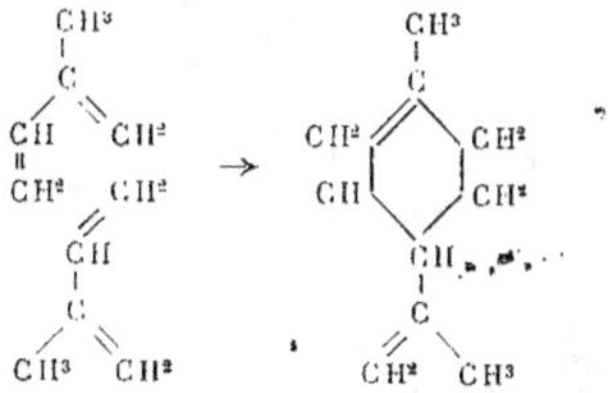

$$\begin{matrix} CH^3 \\ | \\ C \\ CH \quad CH^2 \\ CH^2 \quad CH^2 \\ CH \\ | \\ C \\ CH^3 \quad CH^2 \end{matrix} \longrightarrow \begin{matrix} CH^3 \\ | \\ C \\ CH^2 \quad CH^2 \\ CH \quad CH^2 \\ CH \\ | \\ C \\ CH^2 \quad CH^3 \end{matrix}$$

L'isoprène se combine avec les acides hypochloreux et hypobromeux; avec ce dernier, il fixe $2BrOH$ en donnant un glycol dibromé. Celui-ci, chauffé avec de l'eau en tubes scellés, fournit un oxyde $C^5H^8 \cdot O \cdot BrOH$, fusible à 59°,5 [Mokievsky, *Journ. Soc. phys. chim. russe*, **36**, 912].

Le dibromure d'isoprène, chauffé avec de l'eau et de la litharge, fournit une aldéhyde dont l'oxydation conduit à l'acide tiglique; la fixation du brome sur l'isoprène a donc lieu conformément à la règle de Thiele [Mokievsky, *loc. cit.*, et *ibid.*, **34**, 777].

DÉRIVÉS TERPÉNIQUES EN C^{10}

Cette classe de composés est de beaucoup la plus importante, la plus étudiée et la mieux connue. Pour la plupart des termes qui la composent on est, à l'heure actuelle, à peu près définitivement fixé au point de vue théorique. C'est ce côté de la question qui sera développé ici, la partie expérimentale et historique ne pouvant trouver place dans un article aussi court.

Classification. Nomenclature. — Les dérivés terpéniques naturels se trouvent dans les végétaux sous forme de carbures, alcools (ou leurs éthers), aldéhydes, cétones, éthers-oxydes.

Nous suivons cette division naturelle, en décrivant à côté du produit naturel ses principaux dérivés et produits de dégradation.

Au point de vue de leur constitution on peut les diviser en 3 groupes : 1° les corps à chaîne ouverte; 2° les corps cycliques; 3° les corps bicycliques, une relation très simple existant, d'ailleurs entre les 3 groupes; il est généralement facile de réaliser leur transformation en p-cymène.

Ainsi l'on aura :

Citral. → Cymène.

Menthone. →

Camphre. → Cymène.

Pour les composés à chaîne ouverte, la nomenclature adoptée est celle du Congrès de Genève; pour les composés cycliques et bicycliques on a fait la convention suivante :

Le noyau

porte le nom de *menthane*. Une substitution du noyau ou des chaînes latérales fournira un corps qui sera nommé d'après les règles habituelles.

Par exemple, le composé (limonène)

sera le menthadiène $\Delta^{1\cdot8}$.

De même, la carvone

sera la $\Delta^{6\cdot(8\cdot9)}$-menthadiène-2-one.

On est également convenu de nommer respectivement *camphane*, *pinane* et *carane* les trois noyaux

Camphane.

Pinane.

Carane.

En pratique on se sert habituellement des noms usuels, citral, rhodinal, menthol, carvone, carone, etc..., pour représenter les dérivés bien connus, la nomenclature ci-dessus étant réservée à ceux qui n'ont pas reçu de nom d'un usage plus commode [Baeyer, *D. chem. G.*, **27**, 436; — G. Wagner, *ibid.*, **27**, 1636].

Enfin, nous signalerons deux classes de corps signalés récemment, les composés pseudo- et euterpéniques.

Les composés pseudoterpéniques sont de la forme

On aura, par exemple :

Pinène.

Pseudopinène.

[Semmler, *D. chem. G.*, **33**, 1455].

Les composés euterpéniques dérivent de la

transformation du noyau menthanique en noyau heptaméthylénique

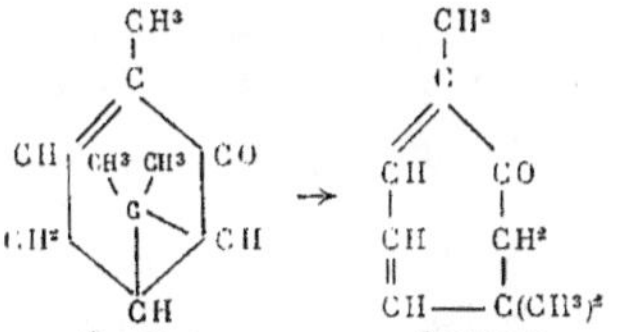

$$\text{Carone.} \longrightarrow \text{Eucarvone.}$$

[Baeyer, *D. chem. G.*, **31**, 1898].

ALCOOLS TERPÉNIQUES. — *Extraction, identification des alcools terpéniques.* — [Voyez Dupont, Charabot, Pillet, *Les huiles essentielles*, 21].

BORNÉOLS. — [Voy. 2ᵉ Suppl., **1**, 854].
GÉRANIOL. — [Voy. 2ᵉ Suppl., **2**, 686].
MENTHOL. — [Voy. 2ᵉ Suppl., **6**, 324].
CITRONELLOL [2.6-*diméthyloctène*-(1)-*ol*-(8)],

$$C^{10}H^{20}O = \dfrac{CH^3}{CH^2}\!\!>\!C\text{-}CH^2\text{-}CH^2\text{-}CH^2\text{-}CH^2\text{-}CH\text{-}CH^2OH$$
$$\overset{\displaystyle|}{\underset{\displaystyle CH^3}{}}$$

[Tiemann, Schmidt, *D. chem. G.*, **29**, 903; — Barbier et Bouveault, *C. R.*, **122**. 674 et 795; — Barbier et Léser, *C. R.*, **124**, 1308; — Tiemann et Schmidt, *D. chem. G.*, **30**. 33; — Erdmann et Huth, *J. prakt. Chem.*, (2), **56**, 1; — F. Tiemann, *D. chem. G.*, **31**, 23, 2899; — Dodge, *Am. Chem. J.*, 456, 1889; — Bouveault, *Bull. Soc. Chim.*, (3), **23**, 458 et 463; — Bouveault et Gourmand, *C. R.*, **138**, 1699; — Harries et Rœder, *D. chem. G.*, **32**. 3363].

— La divergence d'opinions qui règne encore entre les différents auteurs ne permet pas de considérer la question de la non-identité du citronellol et du rhodinol comme parfaitement élucidée; pour fixer les idées, néanmoins, nous considérerons que le *citronellol* est l'alcool résultant de la réduction du *citronellal* (voyez ce mot), tandis que le rhodinol est l'alcool contenu dans les essences de pélargonium et de rose.

Le citronellol bout à 117-118° (17 mm.), $D^{17.5} = 0.8565$, $n_D = 1,45659$, $[\alpha]_D = +4$; l'oxydation le convertit à nouveau en citronellal (voyez ce mot).

RHODINOL, 2.6-*diméthyloctène*-(2)-*ol*-(8), $C^{10}H^{20}O$

$$= \dfrac{CH^3}{CH^3}\!\!>\!C\!=\!CH\text{-}CH^2\text{-}CH^2\text{-}CH\text{-}CH^2\text{-}CH^2OH$$
$$\underset{\displaystyle CH^3}{\displaystyle|}$$

— Le rhodinol est l'alcool contenu dans les essences de rose et de pélargonium, où il existe à l'état d'éther en mélange avec les éthers du géraniol; on l'en extrait en traitant le mélange des alcools par le trichlorure de phosphore qui détruit le géraniol, et saponifiant ensuite l'éther rhodinylphosphoreux formé [Monnet, Barbier, *C. R.*, **117**, 1092; — Barbier, Bouveault, *C. R.*, **122**, 530; — Bouveault, *Bull. Soc. Chim.*, (3). **23**, 458, 465; — Bertram, Gildemeister, *J. prakt. Chem.*, (2), **53**, 225; *D. chem. G.*, **31**, 749; — Hesse, *J. prakt. Chem.*, (2), **53**, 238. Voyez aussi la bibliographie relative au citronellol].

Le rhodinol bout à 110° (10 mm.). $D_0 = 0,8731$ (du pélargonium); $D_0 = 0,8750$ (de la rose). $[\alpha]_D = -4°$ environ; l'oxydation le convertit en rhodinal (voyez ce mot), acide rhodinique $C^{10}H^{18}O^2$, acétone et acide β-méthyladipique; il se forme en même temps un peu de menthone provenant de la cyclisation du rhodinal.

La synthèse du rhodinol a été exécutée par Bouveault et Gourmand, en réduisant l'éther dihydrogéranique par le sodium et l'alcool absolu (méthode Bouveault-Blanc) :

$$\dfrac{CH^3}{CH^3}\!\!>\!C\!=\!CH\text{-}CH^2\text{-}CH^2\text{-}CH\text{-}CH^2\text{-}CO^2C^2H^5$$
$$\underset{\displaystyle CH^3}{\displaystyle|}$$

$$\rightarrow \dfrac{CH^3}{CH^3}\!\!>\!C\!=\!CH\text{-}CH^2\text{-}CH^2\text{-}CH\text{-}CH^2\text{-}CH^2OH$$
$$\underset{\displaystyle CH^3}{\displaystyle|}$$

Dérivés du rhodinol. — Ces dérivés ont tous été préparés avec l'alcool $C^{10}H^{20}O$, provenant de l'essence de pélargonium, et sont décrits dans la littérature comme dérivés du *citronellol*.
Combinaison bisulfitique,

$$\dfrac{CH^3}{CH^3}\!\!>\!C\text{-}CH^2\text{-}CH^2\text{-}CH^2\text{-}CH\text{-}CH^2\text{-}CH^2OH$$
$$\underset{\displaystyle SO^3Na}{\displaystyle|}\qquad\qquad\underset{\displaystyle CH^3}{\displaystyle|}$$

Acétate de rhodinyle $C^{10}H^{19}O.COCH^3$. — Il bout à 172-173° (34 mm.).
Valérate de rhodinyle $C^{10}H^{19}O.COC^4H^9$. — Il bout à 194-196° (31 mm.).
Caproate de rhodinyle $C^{10}H^{19}O.COC^5H^{11}$. — Il bout à 168-170 (33 mm.).
Crotonate de rhodinyle $C^{10}H^{19}O.COC^3H^5$. — Il bout à 138-140° (36 mm.).
Éther phtalique acide $C^{10}H^{19}O.COC^6H^4CO^2H$. — C'est une huile épaisse incristallisable; son *sel d'argent* fond à 120-124° (Erdmann et Huth).
Diphényluréthane,

$$C^{10}H^{19}OCO.Az\!\!<\!\!\dfrac{C^6H^5}{C^6H^5}$$

— C'est une huile épaisse incristallisable (E. et H.).

NÉROL, 3.6-*diméthyloctadiène*-(2.6)-*ol*-(8),

$$C^{10}H^{18}O = \dfrac{CH^3}{CH^3}\!\!>\!C\!=\!CH\text{-}CH^2\text{-}CH^2\text{-}C\!=\!CH\text{-}CH^2OH$$
$$\underset{\displaystyle CH^3}{\displaystyle|}$$

— Le nérol se rencontre dans la nature à côté du géraniol, dans les essences de petit-grain américain et l'essence de néroli [Hesse et Zeitschel, *J. prakt. Chem.*, (2), **66**, 481; — Soden et Treff. *Chem.*, *Zeit.*, **27**, 897]. D'après Zeitschel [*D. chem. G.*, **39**, 1780], le *licarhodol* de Barbier serait un mélange de géraniol, de nérol et de terpinéol.

Pour extraire le nérol soit des essences dans lesquelles il se trouve, soit du licarhodol ou des produits obtenus en traitant le linalol par les acides, on saponifie les éthers, et on agite le mélange des alcools avec du chlorure de calcium; le géraniol forme une combinaison cristallisée, le nérol ne se combine pas, et on l'extrait en lavant le produit avec de l'éther de pétrole.

Le nérol bout à 226-227° (755 mm.) ou 125° (25 mm.). $D_{15} = 0,8813$.
Sa *diphényluréthane* fond à 52-53°; son *tétrabromure* à 118-119°.

D'après Zeitschel, le nérol et le géraniol sont stéréoisomères, et il y a la même isomérie entre ces deux alcools qu'entre le citral *a* et le citral *b*. Le géraniol correspondrait au citral *a* et le nérol au citral *b*. On aurait :

$$CH^3\text{-}C\text{-}CH^2\text{-}CH^2\text{-}CH\!=\!C\!\!<\!\!\dfrac{CH^3}{CH^3}$$
$$\overset{\displaystyle\|}{CHO\text{-}CH}$$

Citral *a* (géranial).

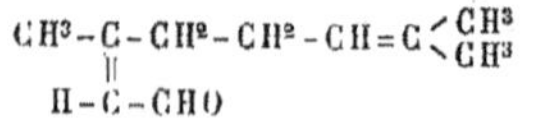

$$CH^3 - C - CH^2 - CH^2 - CH = C < {CH^3 \atop CH^3}$$
$$\|$$
$$H - C - CHO$$

Citral b (néral).

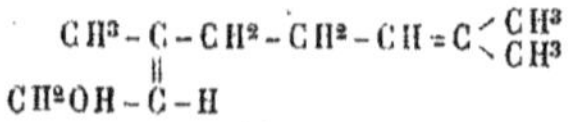

$$CH^3 - C - CH^2 - CH^2 - CH = C < {CH^3 \atop CH^3}$$
$$\|$$
$$CH^2OH - C - H$$

Géraniol.

$$CH^3 - C - CH^2 - CH^2 - CH = CH < {CH^3 \atop CH^3}$$
$$\|$$
$$H - C - CH^2OH$$

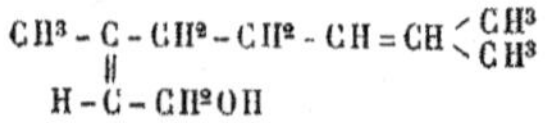

Nérol.

Cette manière de voir répond aux faits, à savoir que la réduction du citral donne un mélange de géraniol et de nérol, et qu'inversement l'oxydation du nérol fournit du citral.

De plus, de même que le géraniol, le nérol peut être converti en hydrate de terpine.

LINALOL $C^{10}H^{18}O$ (*diméthyl-2.6-octadiène-2.7-ol-6*. Syn. : *Licaréol*),

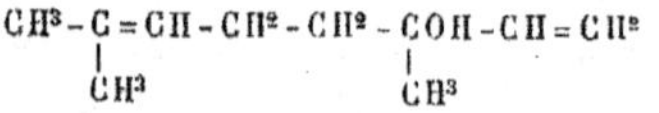

$$CH^3 - C = CH - CH^2 - CH^2 - COH - CH = CH^2$$
$$| \qquad\qquad\qquad |$$
$$CH^3 \qquad\qquad\qquad CH^3$$

— Le linalol existe à l'état libre et à l'état combiné dans un grand nombre d'essences (linaloé, lavande française, aspic, bergamote, ylang-ylang, limette, origan, basilic indigène) [Morin, *C. R.*, 92, 998; — Semmler, *D. chem. G.*, 24, 207; — Ber. Schimmel, oct. 1897, 57; — Tiemann et Semmler, *D. chem. G.*, 25, 1186; — Bertram et Wahlbaum, *J. prakt. Chem.*, (2), 45, 602; — Bouchardat, *C. R.*, 117, 53; — Tiemann et Semmler, *D. chem. G.*, 26, 2711; — Reychler, *Bull. Soc. Chim.*, (3), 11, 407; — Gildemeister, *Arch. d. Pharm.*, 233, 182; — Dupont et Guerlain, *C. R.*, 124, 300].

On le rencontre aussi dans les essences de coriandre, de thym, de néroli, de sassafras (feuilles), de rose, de jasmin, de petit-grain, de cannelle de Ceylan [Power, Kleber, *Centr. Blatt*, 1897, II, 42; — Hüthig, *J. prakt. Chem.*, (2), 66, 53; — Stéphan, *D. chem. G.*, 33, 2304; — Hesse, Muller, *ibid.*, 32, 772; — Semmler, *ibid.*, 25, 1186; — Tiemann, *ibid.*, 31, 834].

On extrait le linalol généralement de l'essence de linaloé, qui en contient environ 90 0/0, par saponification et fractionnement.

Le linalol bout à 198-200°; $D_{15} = 0,871$, $n^{22}_D = 1,46040$, $[\alpha]_D = - 19°,37$ (T. S.). Ces constantes varient un peu avec les origines; le linalol de l'essence de coriandre est dextrogyre, $[\alpha]_D = + 13°$ environ.

Le brome convertit le linalol en *tétrabromure* incristallisable, $C^{10}H^{18}Br^4O$; chauffé avec de la poudre de zinc, il fournit un carbure $C^{10}H^{18}$, le *linalolène* [Semmler, *D. chem. G.*, 27, 2520]; soumis à l'action de l'acide chlorhydrique il fournit divers produits, parmi lesquels le *géraniol*.

L'anhydride acétique transforme le linalol en *éther acétique*; une grande partie est convertie en un mélange d'acétate de géranyle, d'acétate de terpinéol et d'acétate de nérol; il se forme en outre un carbure $C^{10}H^{16}$ (limonène), et un éther oxyde $(C^{10}H^{17})^2O$ [Barbier et Bouveault, *Bull. Soc. Chim.*, (3), 15, 594; — Barbier et Léser, *ibid.*, 17, 590; — Zeitschel, *D. chem. G.*, 39, 1780]. Le mélange des alcools (géraniol, nérol et terpinéol) avait reçu de Barbier le nom de *licarhodol* [Stéphan, *J. prakt. Chem.*, 58, 109].

Cette réaction s'exprime ainsi :

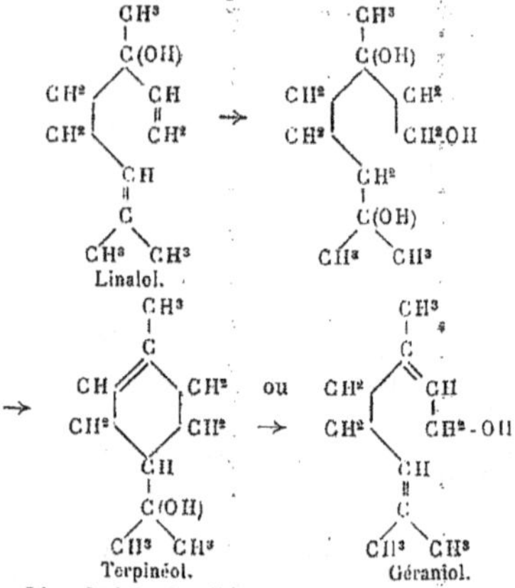

Linalol. → Terpinéol.

ou → Géraniol.

L'oxydation du linalol par un mécanisme analogue fournit du citral; il y a passage intermédiaire au géraniol :

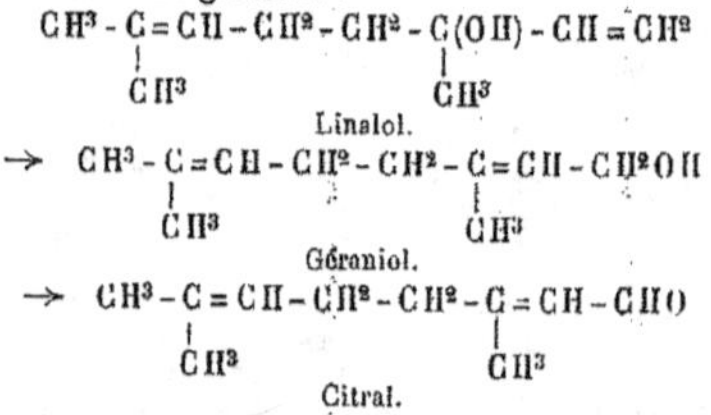

$$CH^3 - C = CH - CH^2 - CH^2 - C(OH) - CH = CH^2$$
$$| \qquad\qquad\qquad\qquad |$$
$$CH^3 \qquad\qquad\qquad\qquad CH^3$$

Linalol.

$$\rightarrow CH^3 - C = CH - CH^2 - CH^2 - C = CH - CH^2OH$$
$$| \qquad\qquad\qquad\qquad |$$
$$CH^3 \qquad\qquad\qquad\qquad CH^3$$

Géraniol.

$$\rightarrow CH^3 - C = CH - CH^2 - CH^2 - C = CH - CHO$$
$$| \qquad\qquad\qquad\qquad |$$
$$CH^3 \qquad\qquad\qquad\qquad CH^3$$

Citral.

Celui-ci s'oxydant à son tour donne de l'acétone, de la méthylhepténone et de l'acide lévulique (voy. *Citral*).

Dérivés du linalol. — Les éthers de cet alcool se trouvent dans la nature; quand on veut essayer de les préparer artificiellement on les obtient toujours mélangés d'une petite quantité d'éther du géraniol.

D'après Bertram, on peut toutefois les obtenir en traitant le mélange de linalol et d'acide par une petite quantité d'acide sulfurique étendu.

L'*acétate de linalyle* bout à 105-106° (11 mm.), le *propionate* à 115° (10 mm.) [Bertram, D. R. P. 80 711].

Le *phtalate acide* de linalyle est huileux, la *phényluréthane* serait cristallisée et fusible à 66° [Walbaum et Hütig, *J. prakt. Chem.*, (2), 67, 323].

Avec le linalol nous signalerons un alcool, le *myrcénol*, qui lui est très probablement identique, et qu'on obtient par hydratation du myrcène (voy. *Myrcène*) [Power et Kléber, *loc. cit.*; — Barbier, *C. R.*, 132, 1048].

SABINOL, $C^{10}H^{16}O$,

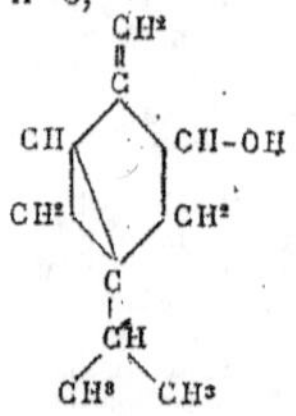

— Le sabinol se rencontre dans l'essence de sabine (*Juniperus Sabina*) à l'état d'éther acétique [Ber. Schimmel, oct. 1895, 39], d'où on l'extrait par fractionnement: cet éther acétique $C^{10}H^{15}O.COCH^3$ bout à 222-224°, par saponification il fournit l'alcool, le *sabinol*, qui bout à 208-209°. $D_{20} = 0,9432$.

Par oxydation manganique il est converti en acide α-tanacétogène-dicarbonique (voy. *Thuyène*). Si l'on opère à basse température, il se forme un alcool trivalent, la *sabinolglycérine*, qui fond à 152-153° et qui, chauffée avec les acides minéraux, donne l'alcool cuminique, ce que nous exprimerons par les formules :

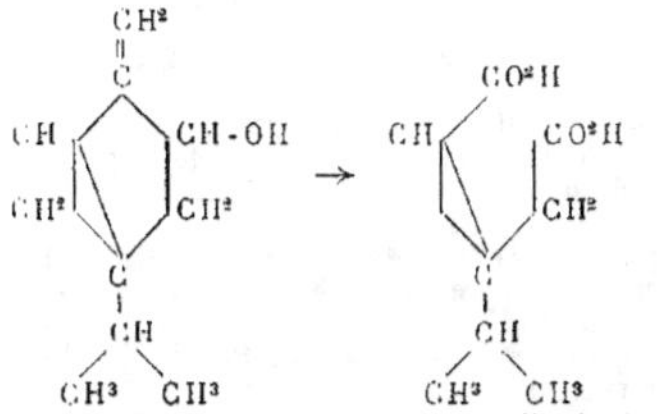

Sabinol. → Ac. α-tanacétogène dicarbonique.

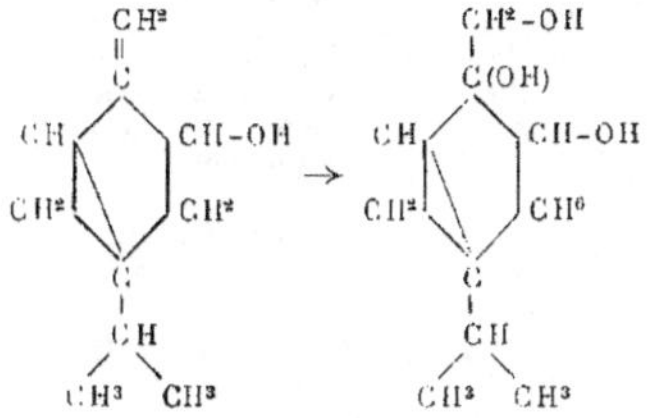

Sabinol. → Sabinolglycérine.

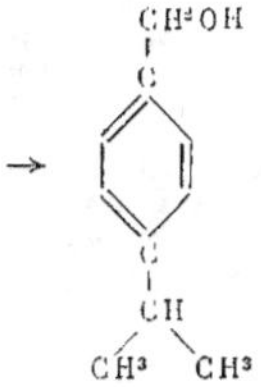

→ Alcool cuminique.

Par réduction le sabinol est converti en thuyol, et celui-ci par oxydation en thuyone :

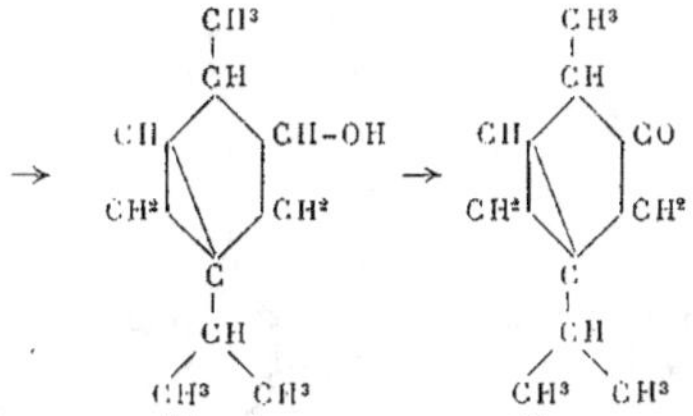

→ Thuyol. → Thuyone.

L'ébullition du sabinol avec de la poudre de zinc donne également de la thuyone. Une solution alcoolique de sabinol portée à l'ébullition avec un peu d'acide sulfurique donne du cymène

[Fromm, *D. chem. G.*, **34**, 2025; — Fromm et Lischke, *ibid.*, **33**, 1900; — Semmler, *D. chem. G.*, **33**, 1459].

ALDÉHYDES TERPÉNIQUES. — Extraction, identification, dosage dans les essences [voyez Dupont, Charabot, Pillet, *Les huiles essentielles*, 188].

CITRAL. — Voyez *Géranial*, 2° Suppl., 674.

CITRONELLAL, 2.6-*diméthyloctène*-(1)-*al*-(8), $C^{10}H^{18}O$,

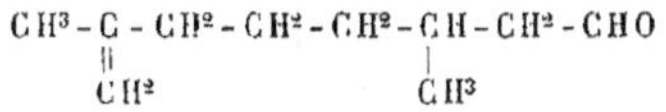

$$CH^3-C-CH^2-CH^2-CH^2-CH-CH^2-CHO$$
$$\quad\parallel \qquad\qquad\qquad\qquad |$$
$$\quad CH^2 \qquad\qquad\qquad\qquad CH^3$$

— Cette aldéhyde se rencontre dans les essences de mélisse, de citronelle, d'eucalyptus maculata, variété citriodora [Semmler, *D. chem. G.*, **24**, 208; — Dodge, *Am. Chem. J.*, **13**, 456; — Kremers, *ibid.*, **19**, 203], d'où l'on peut l'extraire à l'aide de sa combinaison bisulfitique.

Le citronellal bout à 205-208°, 103-105° (25 mm.), 89-91° (14 mm.); $D^{17,5} = 0,8554$ [Tiemann, *D. chem. G.*, **32**, 812]; $n_D = 1,4461$; $[\alpha]_D = +12°,30$.

La propriété la plus caractéristique est sa transformation en isopulégol sous l'influence des acides étendus :

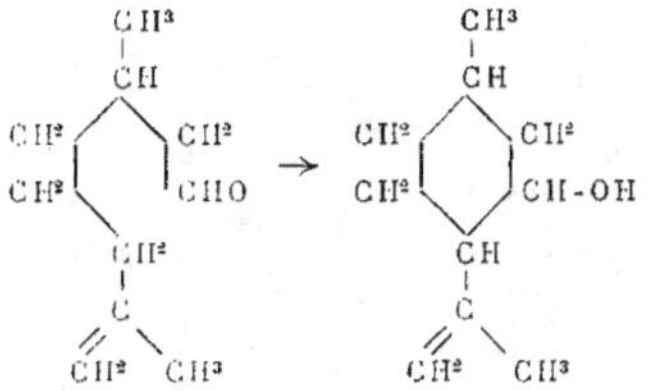

[Barbier et Léser, *C. R.*, **124**, 1308; — Tiemann, *D. chem. G.*, **32**, 825; — Tiemann et Schmidt, *ibid.*, **30**, 33].

Cette condensation se fait par l'intermédiaire d'un glycol, le *menthoylglycol* [Barbier et Léser, *loc. cit.*] fondant à 80-81°, et bouillant à 144-145° (10 mm.).

Par une réaction qui paraît être analogue, l'oxime du citronellal, bouillant à 135-136° (14 mm), donne une base cyclique [Krüger et Tiemann, *D. chem. G.*, **29**, 926]. Mahla représente comme suit cette transformation :

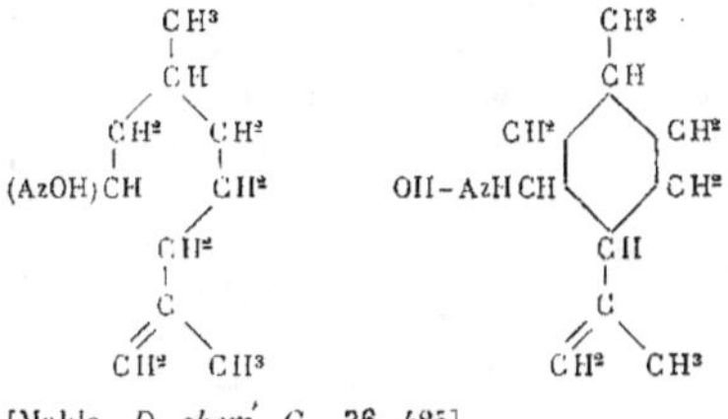

[Mahla, *D. chem. G.*, **36**, 485].

L'acide *citronellidène-acétique*

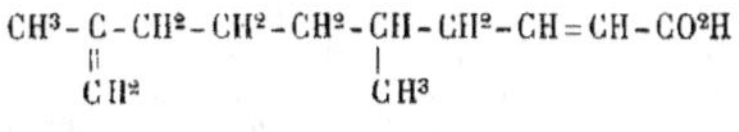

$$CH^3-C-CH^2-CH^2-CH^2-CH-CH^2-CH=CH-CO^2H$$
$$\quad\parallel \qquad\qquad\qquad\qquad\quad |$$
$$\quad CH^2 \qquad\qquad\qquad\qquad\quad CH^3$$

se prépare en condensant l'acide malonique avec le citronellal; $[\alpha]_D = 6°,49$; la *citronellalacétone* s'obtient par condensation de l'acétone avec le citronellal; $[\alpha]_D = -2°,70$ [Rupe et Lotz, *D. chem. G.*, **36**, 2796].

Le *citronellaldiméthylacétal*

$$CH^3-C-CH^2-CH^2-CH^2-CH-CH^2-CH\big<{OCH^3 \atop OCH^3}$$
$$\underset{CH^2}{\|}\qquad\qquad\underset{CH^3}{|}$$

bout à 110-112° (12 mm.) [Harries, *D. chem. G.*, 33, 857].

L'*acide citronellyl-β-naphtocinchoninique*

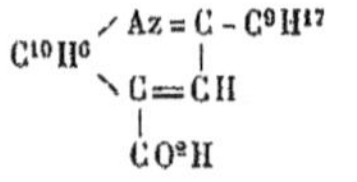

$$C^{10}H^6\Big<{Az=C-C^9H^{17} \atop C=CH}$$
$$\underset{CO^2H}{|}$$

préparé par la méthode de Dœbner fond à 225°; la *semicarbazone* fond à 84° [Tiemann et Schmidt, *D. chem. G.*, 30, 34, et 31, 3307].

Le citronellal donne avec le bisulfite de sodium des composés différents, selon les conditions de l'expérience. On peut obtenir :

1° La combinaison bisulfitique normale $C^9H^{17}CH(OH)SO^3Na$, décomposable par le carbonate de soude;

2° L'acide dihydrosulfonique $C^9H^{18}.SO^3Na.$ $CH(OH)SO^3Na$;

3° L'acide hydrosulfonique $C^9H^{18}SO^3Na.CHO$ [F. Tiemann, *D. chem. G.*, 31, 3224, et 432, 412].

L'oxydation par l'oxyde d'argent convertit le citronellal en *acide citronellique* $C^{10}H^{18}O^2$, bouillant à 143°,5 (10 mm.) [Semmler, *D. chem. G.*, 26, 2254]. Cet acide citronellique peut être à nouveau converti en aldéhyde en distillant son sel de calcium avec du formiate de chaux [Tiemann, *D. chem. G.*, 31, 2902]. Le mélange chromique fournit de l'acétone, de la méthylhexanone; de l'acide β-méthyladipique [Tiemann et Schmidt, *D. chem. G.*, 30, 33; — Barbier et Bouveault, *C. R.*, 122, 674 et 795].

Ces produits sont évidemment les produits d'oxydation et d'hydratation de l'isopulégol qui se forme tout d'abord aux dépens du citronellal.

L'oxydation du citronellaldiméthylacétal conduit à des résultats plus intéressants; on obtient le méthylacétal de l'acide (3)-méthylhexanal-(1)-oïque-(6) et le méthylacétal du 2.6-diméthyl-octane-diol-1.2-al-(8) [Harries et Schauwecker, *D. chem. G.*, 634, 1498 et 2981], ce que nous exprimerons comme suit :

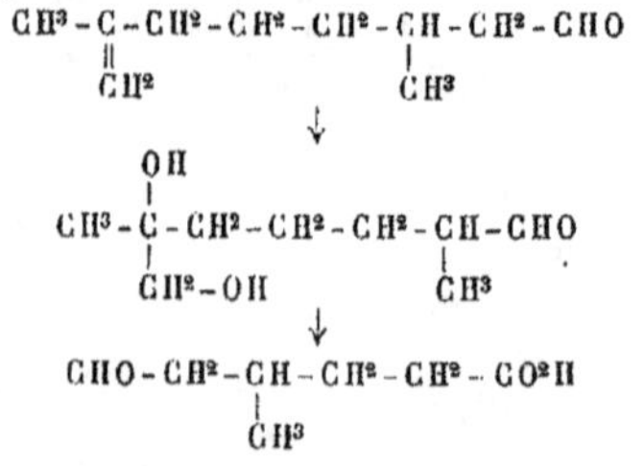

$$CH^3-C-CH^2-CH^2-CH^2-CH-CH^2-CHO$$
$$\underset{CH^2}{\|}\qquad\qquad\underset{CH^3}{|}$$

$$\downarrow$$

$$\underset{}{OH}$$
$$CH^3-C-CH^2-CH^2-CH^2-CH-CHO$$
$$\underset{CH^2-OH}{|}\qquad\qquad\underset{CH^3}{|}$$

$$\downarrow$$

$$CHO-CH^2-CH-CH^2-CH^2-CO^2H$$
$$\underset{CH^3}{|}$$

RHODINAL $C^{10}H^{18}O$, 2.6-*diméthyloctène-(2)-al-(8)*,

$$CH^3-C=CH-CH^2-CH^2-CH-CH^2-CHO$$
$$\underset{CH^3}{|}\qquad\qquad\underset{CH^3}{|}$$

— Le rhodinal est le produit de l'oxydation du rhodinol par le mélange chromique [Barbier et Bouveault, *C. R.*, 122, 737]; il se forme en même temps de la menthone par suite de l'isomérisation de l'aldéhyde.

Le rhodinal bout à 93-94° (10 mm.); sa *semicarbazone* fond à 115°; de même que le citronellal se transforme en isopulégol, le rhodinal

se transforme lui-même spontanément en menthone, ce qui le différencie nettement de cette aldéhyde :

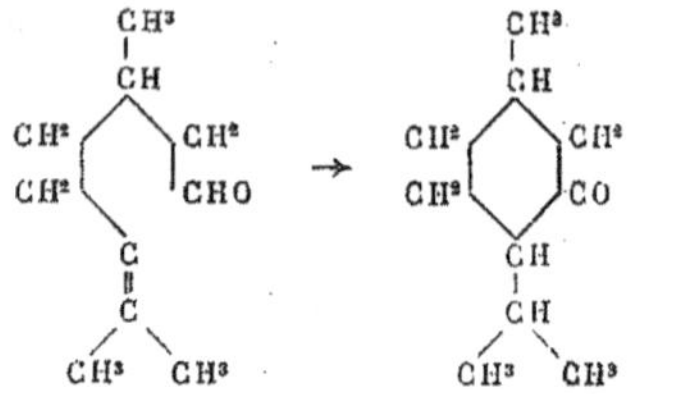

[Bouveault, *Bull. Soc. Chim.*, (3), 23, 458 et 463].

LIPPIAL $C^{10}H^{16}O$. — Le lippial, extrait par Barbier de l'essence de lippia citriodora, n'est autre chose que le citral [Barbier, *Bull. Soc. Chim.*, (3), 21, 635].

CÉTONES TERPÉNIQUES. — Extraction, identification [voyez Dupont, Charabot, Pillet, *Les huiles essentielles*, 276].

La menthone et la pulégone font l'objet d'un article spécial.

CAMPHRE. — Voy. Dict., 2° Suppl., 1, 894. Depuis l'excellent article de M. A. Haller sur le camphre [*loc. cit.*], cette importante question a fait, au point de vue théorique, un progrès considérable et elle est, à part 1 ou 2 dérivés remarquables de ce corps, complètement résolue.

La formule de constitution du camphre est la suivante :

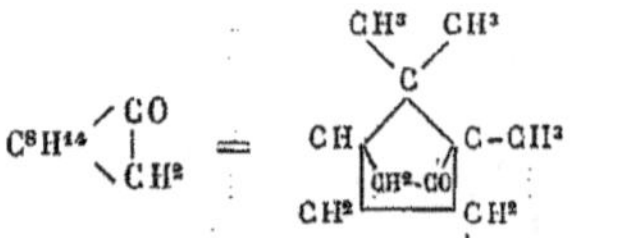

La formule de ses principaux dérivés a été établie directement par voie analytique ou par synthèse, ou bien découle directement de celle-ci.

Ce schéma rend compte de tous les faits observés; pour expliquer toutefois la formation de certains dérivés du camphre, on est obligé d'admettre fréquemment des transformations, dont cette série fournit de nombreux exemples.

Nous aurons par exemple :

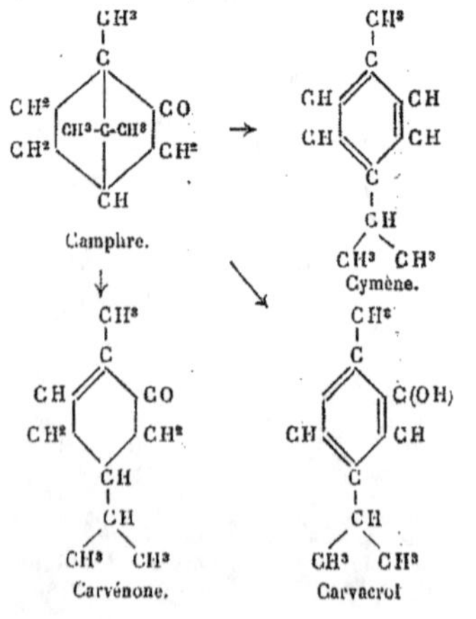

Camphre.

Cymène.

Carvénone.

Carvacrol.

L'acide camphorique sera :

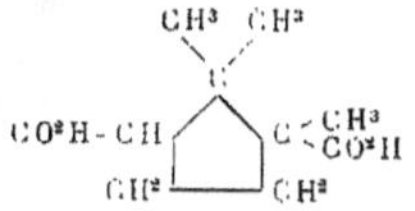

$$\text{CH}^3 \quad \text{CH}^2$$

et de nombreux et importants travaux ont vérifié cette formule.

Les constitutions des acides lauronoliques et isolauronoliques ont été données à propos de ces acides, nous n'y reviendrons pas : il en est de même pour l'acide sulfocamphylique (ancien sulfocamphorique) et la phorone.

L'acide campholique, qui provient de l'hydratation du camphre, possède la constitution :

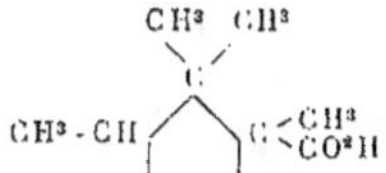

Il se forme en même temps, par le même processus, l'acide isocampholique

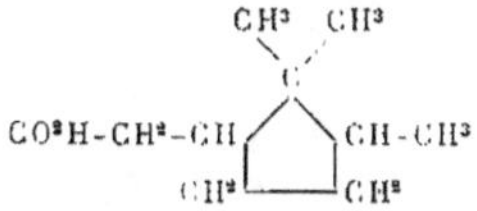

L'oxime camphorique (camphoroxime) est susceptible de se déshydrater en donnant deux nitriles, les nitriles α et β-campholéniques, correspondants aux acides α et β-campholéniques. Le nitrile α se produit par l'action du chlorure d'acétyle ou de sulfuryle à basse température, le nitrile β par l'action des acides minéraux étendus à l'ébullition.

Il a été démontré, et il est admis sans discussion, qu'il y a entre la série α et β-campholinique le même rapport qu'entre les acides α et β-campholytiques (voy. ISOLAURONOLIQUE). Nous représenterons donc la déshydratation de l'oxime camphorique par le schéma :

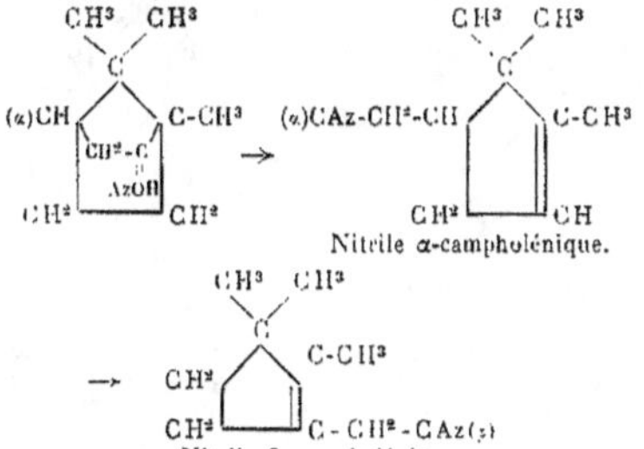

Nitrile α-campholénique.

Nitrile β-campholénique.

Le campholène sera donc :

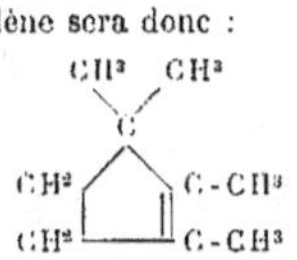

et apparaît comme un dérivé de la série β; quant à l'isocampholène il constitue vraisemblablement un dérivé α, par suite de la transposition inverse, de tous points analogue à celle qui produit de l'acide α-campholytique aux dé-

pens de l'acide β-campholytique et inversement. Pour la question de l'isomérie du bornéol et de l'isobornéol, voy. *Camphène*.

FÉNONE $C^{10}H^{16}O$. — Voy. Dict., 2e Suppl., 2, 10. Cette cétone paraît devoir être représentée par le schéma ci-dessous, qui montre sa très proche parenté avec le camphre :

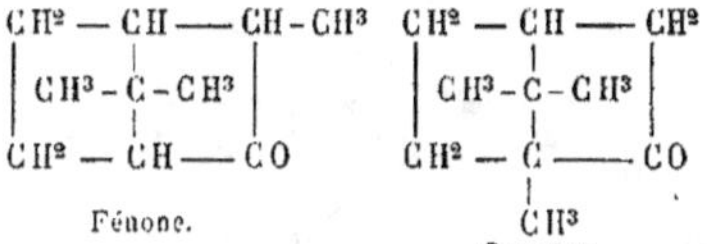

Fénone.

Camphre.

Cette formule rend compte de la transformation de la fénone en m-cymène :

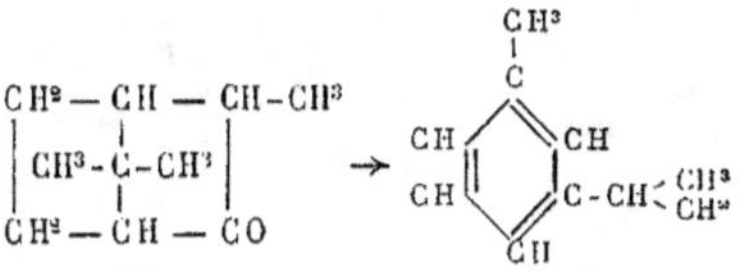

Fénone.

m-Cymène.

La fénocamphorone, qu'on obtient par oxydation du fénène, sera :

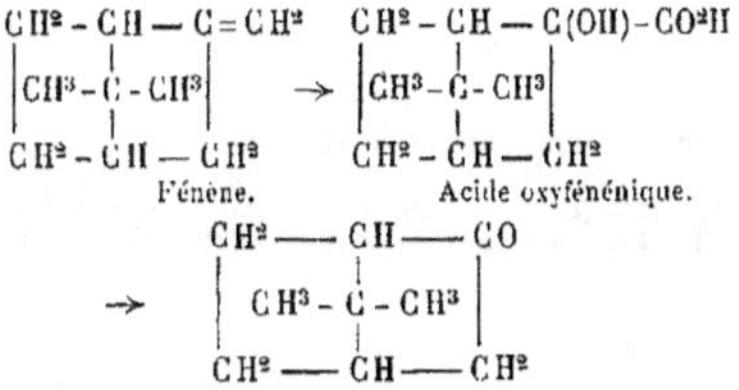

Fénène.

Acide oxyfénénique.

Fénocamphorone.

La fénocamphorone, de même que le fénène, fournissent par oxydation l'acide apocamphorique, ce que nous représenterons par la formule :

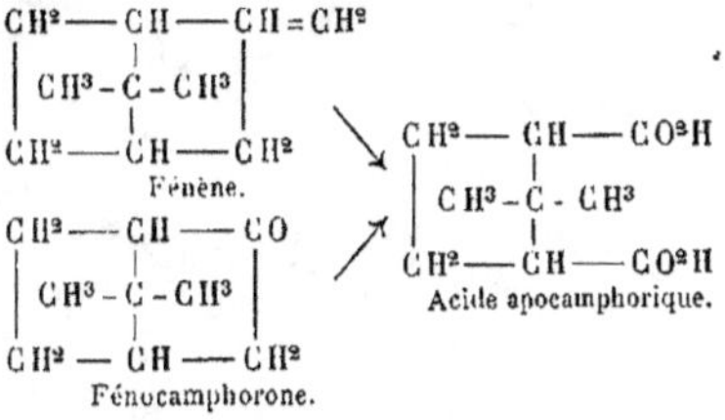

Fénène.

Fénocamphorone.

Acide apocamphorique.

Quant au fénène lui-même, il s'obtient par chauffage du chlorure de fényle secondaire avec de la quinoléine :

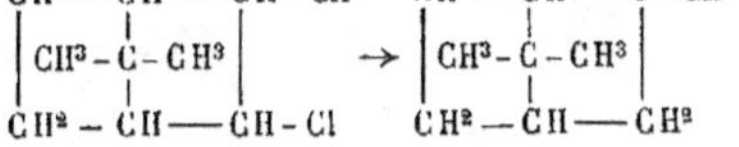

L'alcool isofénolique s'obtient par hydratation du fénène; il y a probablement la même relation entre l'alcool isofénolique et l'alcool fénolique (obtenu par réduction de la fénone) qu'entre le bornéol et l'isobornéol.

Dans un tout récent mémoire, F.-W. Semmler

[*Chem. Zeit.*, 29, 1313] propose pour la fénone le schéma

$$CH^2 — CH — C\begin{cases}CH^3\\CH^3\end{cases}$$
$$|\qquad\quad CH^2$$
$$CH^2 — C — CO$$
$$|$$
$$CH^3$$

basé sur l'obtention, par oxydation de la fénone, des acides isocamphoronique et diméthyltricarballylique.

Le passage de la fénone au m-cymène s'expliquerait également bien avec cette nouvelle formule.

La question n'est pas à l'heure actuelle parfaitement éclaircie. Toutefois la formule de Semmler paraît avoir de grandes chances de probabilité.

CARVONE $C^{10}H^{16}O$. — Voy. Dict., 2ᵉ Suppl., 1, 1020. Cette cétone, décrite dans le Dictionnaire [*loc. cit.*] sous le nom de carvol, possède la constitution

qui est établie par de nombreux travaux.

Le limonène se transforme en carvone par l'intermédiaire de son nitrosochlorure, et aussi directement en carvéol sous l'action du bioxyde d'azote :

Limonène.   Nitrosochlorure.

Carvoxime.   Carvone.

Limonène.   Carvéol.

Sous l'action de l'acide chlorhydrique concentré, la carvoxime se transforme en aminothymol :

Inversement, on peut réaliser le passage de la carvone au limonène :

Carvone.   Carvoxime.

Dihydrocarvylamine.   Dipentène.

L'α-phellandrène peut également, de même que le limonène et le dipentène, se transformer en carvone, ou plus exactement en carvothuyone (dihydrocarvone) :

α-Phellandrène.   Nitro-α-phellandrène.

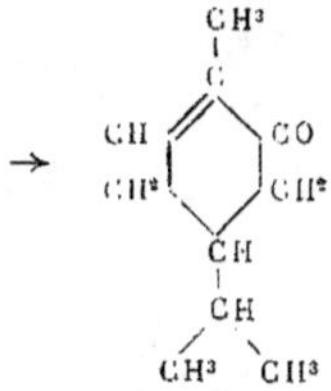

Carvothuyone.

L'oxydation de la carvone conduit à l'acide oxyterpénylique, donnant par réduction l'acide terpénylique :

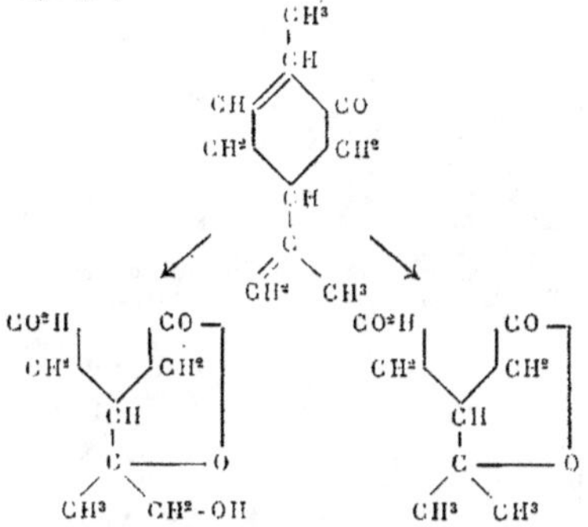

. La *carone* s'obtient en traitant par la potasse l'hydrobromure de dihydrocarvone. Sa constitution est donc :

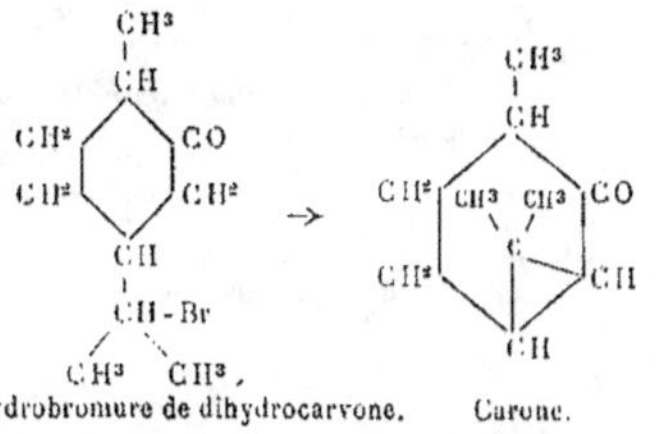

Hydrobromure de dihydrocarvone.   Carone.

La carone se transforme par simple distillation en carvénone, et par oxydation en acides cis- et transcaroniques :

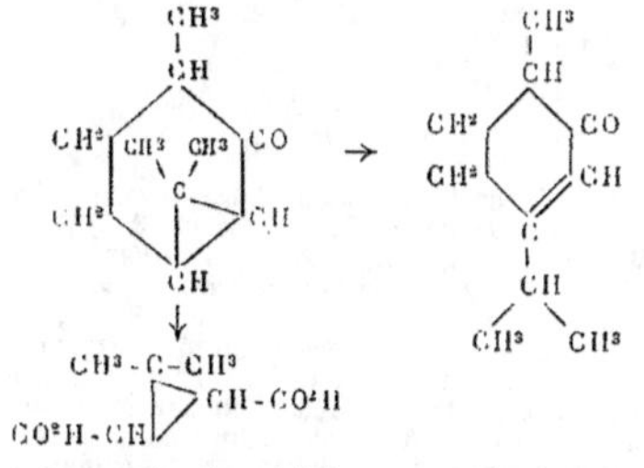

La carylamine s'obtient par réduction de la caronoxime ; le chlorhydrate de carylamine se transforme, par ébullition de sa solution aqueuse, en chlorhydrate de vestrylamine, lequel, soumis à la distillation sèche, fournit le *carvestrène*

qui est un dérivé du m-cymène :

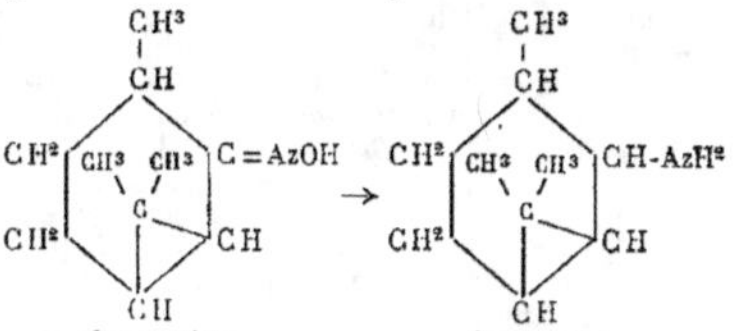

Caronoxime.   Carylamine.

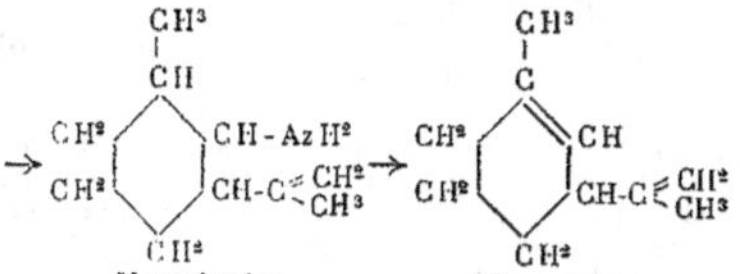

Vestrylamine.   Carvestrène.

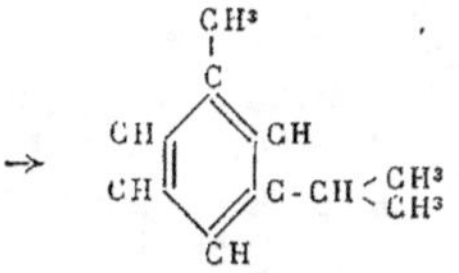

m-Cymène.

L'*eucarvone* s'obtient en traitant par la potasse alcoolique l'hydrobromure de carvone :

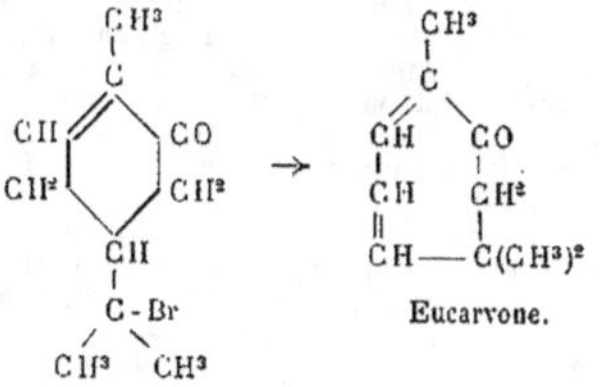

Eucarvone.

cette constitution est d'accord avec la transformation par oxydation de la tétrahydroeucarvone en acide $\beta\beta$-diméthylpimélique et $\beta\beta$-diméthyladipique :

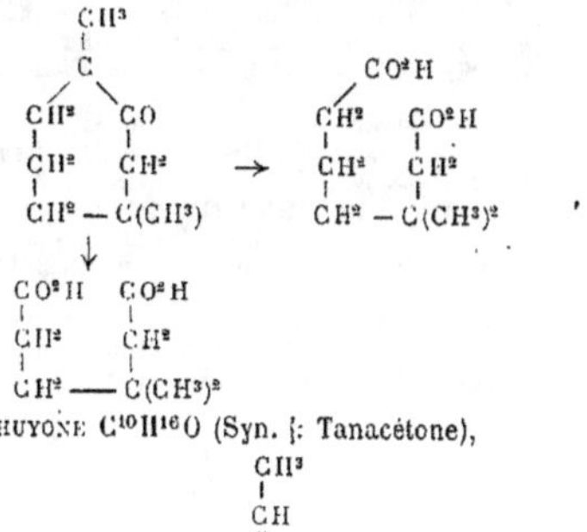

THUYONE $C^{10}H^{16}O$ (Syn. : Tanacétone),

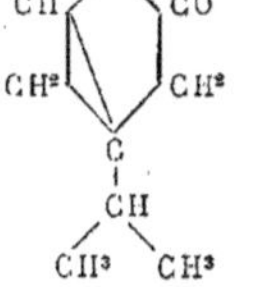

— La thuyone existe dans un grand nombre d'huiles essentielles ; on la trouve dans les essences de tanaisie, de thuya, d'absinthe, de sauge, d'artemisia Barrelieri, de Sheih, où elle se rencontre souvent avec les éthers du thuyol [Schweitzer, *Ann. Chem.*, **52**, 398 ; — Jahns. *Arch. Pharm.*, **221**, 748 ; — Wallach, *Ann. Chem.*, **272**, 99 ; — Semmler, *D. chem. G.*, **25**, 3348 ; — Bruylants, *ibid.*, **44**, 450 ; — Beilstein et Kupfer, *Ann. Chem.*, **170**, 290 ; — Muir et Siguira, *Jahresb.*, 1877, 957 et 1878, 980 ; — Semmler, *D. chem. G.*, **25**, 897 ; — Wallach, *Ann. Chem.*, **275**, 179 ; **279**, 383 ; **286**, 96 ; — Jeancard et Satie, *Bull. Soc. Chim.*, (5), **31**, 480 ; — Charabot, *C. R.*, **130**, 923].

D'après Wallach et Bœcker [*Ann. Chem.*, **336**, 247-280], les thuyones extraites des différentes essences ne sont pas identiques ; il existerait 3 thuyones, les α, β et γ-thuyones, caractérisées par des semicarbazones différentes et des pouvoirs rotatoires différents.

α-*Thuyone.* — $[\alpha]_D = -9°$ à $-10°$; elle donne deux semicarbazones, l'une cristallisée, fusible à 186-188°, $[\alpha]_D = +59°,5$, l'autre amorphe, fusible à 110° ; son *oxime* est incristallisable ; la potasse alcoolique la transforme partiellement en β-thuyone.

β-*Thuyone* (*tanacétone*) $[\alpha]_D = +70°$. — Sa semicarbazone est dimorphe ; les deux modifications fondent à 174-175° et à 170-172° respectivement ; l'*oxime* fond à 54°.

La γ-thuyone paraît être un mélange des α et β-thuyones. Toutes les thuyones donnent d'ailleurs par oxydation manganique le même acide α-tanacétogène-dicarbonique, et paraissent présenter la même constitution ; la nature de leur isomérie n'est pas connue ; l'essence de thuya contient surtout l'α-thuyone, l'essence de tanaisie, la β-thuyone, de même que l'essence d'absinthe.

Les essences de sauge et d'artemisia Barrelieri contiennent un mélange des deux thuyones.

A part la propriété de fournir des semicarbazones distinctes, les α et β-thuyones ne se distinguent pas au point de vue chimique, et dans ce qui va suivre il ne sera question que d'une seule thuyone.

La thuyone se combine au bisulfite de soude et fournit un *tribromure* $C^{10}H^{13}Br^3O$ caractéristique qui fond à 121-122° ; la thuyonoxime fournit par réduction une base $C^{10}H^{17}AzH^2$, la *thuylamine*, qui bout à 195° [Semmler, *D. chem. G.*, **25**, 3345 ; — Wallach, *Ann. Chem.*, **286**, 96].

La réduction de la thuyone fournit un alcool secondaire, le *thuyol* [Semmler, *D. chem. G.*, **25**, 3344 ; — Wallach, *Ann. Chem.*, **272**, 109]. Le thuyol bout à 92°,5 (13 mm.) ; $D_{20} = 0,9210$, $[\alpha]_D = +69°,49$; la déshydratation du thuyol fournit, selon les conditions, l'α ou le β-thuyène (voy. *Thuyène*).

Oxydation de la thuyone. — L'oxydation manganique de la thuyone fournit l'acide tanacétocétocarbonique, ou thuyacétonique

[Semmler, *D. chem. G.*, **25**, 348 ; — Tiemann

et Semmler, *ibid.*, **30**, 431 ; — Fromm, *ibid.*, **31**, 2025 ; — **33**, 1192 ; — Semmler, *D. chem. G.*, **33**, 277 ; **36**, 4368 ; — Wagner et Ertschikowski, *ibid.*, **29**, 885].

Cet acide, traité par l'hypobromite de soude, s'oxyde en donnant l'*acide α-tanacétogène-dicarbonique*

qui fond à 141°,5, et dont l'*anhydride* fond à 55°. Son sel de chaux, soumis à la distillation, fournit une cétone $C^8H^{12}O$, la *tanacétophorone*, qui bout à 89-90° (13 mm.).

Par fusion alcaline, l'acide α-tanacétogène-dicarbonique est converti en acide α-isopropyl-succinique.

L'oxydation de la benzylidène-thuyone donne l'*acide homotanacétone-dicarbonique* (Semmler) :

Cet acide fond à 148°, son *anhydride* bout à 157-158° (15 mm.).

La thuyone, chauffée avec du perchlorure de fer, est convertie en carvacrol ; chauffée en tubes scellés, elle se transforme en *carvothuyone* ; chauffée avec de l'acide sulfurique, étendu, elle fournit l'isothuyone (voy. plus loin).

CARVOTHUYONE $C^{10}H^{16}O$,

— On l'obtient en chauffant la thuyone à 280° [Semmler, *D. chem. G.*, **27**, 895 et **33**, 2454 ; — Wallach, *ibid.*, **28**, 1955 ; *Ann. Chem.*, **275**, 183 et **279**, 385]. Elle bout à 228° ; $D_{17} = 0,9373$; elle est inactive ; son *oxime* fond à 92-94° ; elle se combine à l'hydrogène sulfuré ; l'oxydation manganique fournit les acides pyruvique et isopropylsuccinique. La réduction par le sodium et l'alcool donne un alcool saturé, le *carvothuyomenthanol*-2. On connaît une modification active de la carvothuyone qu'on obtient en traitant par la poudre de zinc et l'alcool le dihybrobromure de carvone [Harries, *D. chem. G.*, **34**, 1924], son *oxime* fond à 75-77°.

ISOTHUYONE $C^{10}H^{16}O$,

$$\begin{array}{c}CH^3\\CH^3\end{array}\!>\!CH\!-\!CH \diagup\!\!\diagdown \begin{array}{c}C\!-\!CH^3\\ \| \\ C\!-\!CH^3\end{array} ,\quad CH^2\!-\!CO$$

— On l'obtient en chauffant la thuyone avec de l'acide sulfurique étendu.

Elle bout à 230-231°; sa densité est de 0,9285. Son *oxime* fond à 199°; elle donne deux *semicarbazones* fondant respectivement à 208 et 184°.

Par oxydation manganique, l'isothuyone est convertie en une cétolactone $C^{10}H^{16}O^3$, et un acide cétonique $C^8H^{14}O^3$, l'acide isopropyllévulique qui, traité par l'hypobromite de soude, donne l'acide isopropylsuccinique :

$$\begin{array}{c}CH^3\\CH^3\end{array}\!>\!CH\!-\!CH \diagup\!\!\diagup \begin{array}{c}CO\!-\!CH^3\\ \\ CH^2\!-\!\!-\!CO^2H\end{array} \quad\rightarrow\quad \begin{array}{c}CH^3\\CH^3\end{array}\!>\!CH\!-\!CH \diagup\!\!\diagup \begin{array}{c}CO^2H\\ \\ CH^2\!-\!\!-\!CO^2H\end{array}$$

La réduction par le sodium et l'alcool transforme l'isothuyone en un alcool saturé, le *thuyamenthol*, lequel par oxydation ultérieure est converti à son tour en une cétone saturée, la *thuyamenthone*.

$$\begin{array}{c}CH^3\\CH^3\end{array}\!>\!CH\!-\!CH \diagup\!\!\diagdown \begin{array}{c}C\!-\!CH^3\\ \| \\ C\!-\!CH^3\end{array} \quad\rightarrow\quad \begin{array}{c}CH^3\\CH^3\end{array}\!>\!CH\!-\!CH \diagup\!\!\diagdown \begin{array}{c}CH\!-\!CH^3\\ \\ CH\!-\!OH\end{array}$$

Isothuyol.   Thuyamenthol.

$$\rightarrow\quad \begin{array}{c}CH^3\\CH^3\end{array}\!>\!CH\!-\!CH \diagup\!\!\diagdown \begin{array}{c}CH\!-\!CH^3\\ \\ CH^2\!-\!\!-\!CO\end{array}$$

Thuyamenthone.

Le thuyamenthol bout à 211-213°, $D_{20} = 0,895$.

La thuyamenthone bout à 208-209°, $D_{20} = 0,891$. Son *oxime* fond à 95-96°, sa *semicarbazone* fond à 179, son *isooxime* fond à 116-117° [Wallach, D. chem. G., **29**, 1958; **30**, 426: Ann. Chem., **286**, 101: **324**, 289; **336**, 247; — Semmler, D. chem. G., **33**, 275; — Wallach, Ann. Chem., **323**, 351].

ISOTHUYÈNE $C^{10}H^{16}$. — Ce carbure s'obtient par la distillation du chlorhydrate de thuyonamine ou d'isothuyonamine, bases obtenues elles-mêmes par réduction des oximes [Semmler, D. chem. G., **25**, 3345; — Wallach, Ann. Chem., **272**, 111, et **286**, 99; — Tschugaeff, D. chem. G., **33**, 3118]; l'isothuyène bout à 170-172°, sa constitution, liée à celle de l'isothuyone, est vraisemblablement :

$$\begin{array}{c}CH^3\\CH^3\end{array}\!>\!CH\!-\!CH \diagup\!\!\diagdown \begin{array}{c}C\!-\!CH^3\\ \| \\ C\!-\!CH^3\end{array} ,\quad CH\!=\!CH$$

THUYÈNES $C^{10}H^{16}$. — *α-Thuyène.* — Ce carbure s'obtient en distillant l'hydrate de tétraméthylammonium correspondant à la thuylamine $C^{10}H^{17}.Az(CH^3)^3OH = C^{10}H^{16} + H^2O + Az(CH^3)^3$ [Tschugaef, D. chem. G., **34**, 2276], ou en distillant l'éther méthylxanthogénique du thuyol (obtenu par l'action du sulfure de carbone et de l'iodure de méthyle sur le thuyol) :

$$C^{10}H^{17}OCS.SCH^3 = COS + CH^3SH + C^{10}H^{16}.$$

Le thuyène α bout à 151-152°,5; $D^{20} = 0,8263$;

$[\alpha]_D = -8°,23$; il est instable et se résinifie sous l'action des réactifs.

L'oxydation le convertit en acide α-tanacétogène-dicarbonique, ce qui fixe sa constitution :

$$\rightarrow$$

α-Thuyène.   Ac. α-tanacétogène-dicarbonique.

[Kondakoff et Skworzoff, *J. prakt. Chem.*, (2), **69**, 176 et 560].

β-Thuyène. — Il se forme également dans la distillation de l'éther méthylxanthogénique du thuyol; en fractionnant la distillation, l'α-thuyène se forme d'abord; si on chauffe plus fort il passe le β-thuyène. Celui-ci bout à 150-151° [Tschugaeff, *loc. cit.*]. $D_{20} = 0,8248$; $[\alpha]_D = +77°,43$.

L'oxydation le convertit en acide homotanacétone-dicarbonique, ce qui fixe également sa constitution :

$$\rightarrow$$

β-Thuyène.   Ac. homotanacétone-dicarbonique.

[Kondakoff et Skworzoff, *loc. cit.*].

TERPÈNES PROPREMENT DITS. — Les terpènes sont les carbures d'hydrogène générateurs des dérivés terpéniques, leur formule générale est $C^{10}H^{16}$.

On les trouve dans la nature à côté des corps oxygénés, produits de l'évolution de la plante aux différents stades de sa vie. On obtient aussi les terpènes à partir des alcools, cétones, aldéhydes terpéniques, ou en partant d'autres terpènes. Il ne sera question ici que des terpènes naturels et de ceux qui proviennent de la transformation de ceux-là; il ne rentre pas, en effet, dans le cadre de cet article de décrire tous les carbures $C^{10}H^{16}$, et leurs homologues (homoterpènes), que l'on obtient soit synthétiquement, soit à partir des dérivés terpéniques oxygénés; plusieurs d'entre eux ont d'ailleurs été décrits (laurolène, isolaurolène, géraniolène, cyclogéraniolène, thuyènes, etc...).

On divise les terpènes en 3 groupes, d'après le nombre de doubles liaisons qu'ils renferment et comme il a été exposé au début de cet article : terpènes aliphatiques (oléfiniques ou hexavalents), terpènes cycliques ou tétravalents, terpènes bicycliques ou bivalents; un seul terpène peut être mis à part, c'est le *cyclène*, qui ne renferme pas de double liaison. En général, tous ces corps peuvent être ramenés au p-cymène, un seul fait également exception, c'est le sylvestrène qui est un dérivé du m-cymène.

1° Terpènes aliphatiques ou hexavalents.

MYRCÈNE $C^{10}H^{16}$,

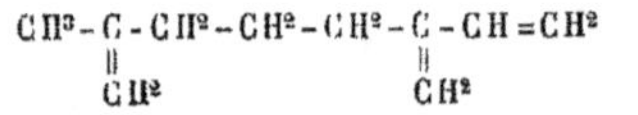

$$CH^3 - C - CH^2 - CH^2 - CH^2 - C - CH = CH^2$$
$$\quad\ \ \| \qquad\qquad\qquad\qquad\quad \|$$
$$\quad\ \ CH^2 \qquad\qquad\qquad\qquad CH^2$$

— Le myrcène se rencontre dans l'essence de Bay (Myrcia acris), d'où on peut l'extraire par fractionnement après élimination de la portion phénolique à l'aide des alcalis.

Le myrcène bout à 67-68° (20 mm.); $D_{15} = 0,8023$, $n_D = 1,4673$. Il fixe 6 atomes de brome; par oxydation manganique il fournit de l'acide succinique.

L'hydratation du myrcène fournit un alcool, le myrcénol, probablement identique avec le linalol, bien que les opinions soient partagées à ce sujet [Power et Kléber, *Pharm. Rundsch.*, 1894; — Barbier, *C. R.*, **132**, 1048; *Bull. Soc. Chim.*, (3), **25**, 691; — Semmler, *D. chem. G.*, **34**, 3122].

L'hydrogénation du myrcène donne un dihydromyrcène (Semmler) susceptible de se convertir en carbure cyclique, le cyclodihydromyrcène :

$$CH^3 - C - CH^2 - CH^2 - CH^2 - C - CH = CH^2$$
$$\quad\ \ \| \qquad\qquad\qquad\qquad\quad \|$$
$$\quad\ \ CH^2 \qquad\qquad\qquad\qquad CH^2$$

Myrcène.

↓

$$CH^3 - C - CH^2 - CH^2 - CH^2 - C = CH - CH^3$$
$$\quad\ \ \| \qquad\qquad\qquad\qquad\quad |$$
$$\quad\ \ CH^2 \qquad\qquad\qquad\qquad CH^3$$

Dihydromyrcène

↓

Cyclodihydromyrcène.

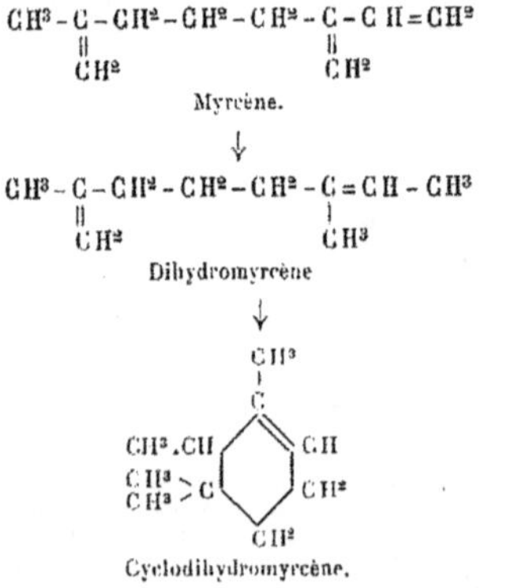

Le dihydromyrcène bout à 166-168°; $D_{17} = 0,780$, $n_D = 1,451$; son *tétrabromure* fond à 88° [Enklaar, *Thèse*, Utrecht, 1905]. En chauffant le myrcène à 300°, pendant 4 heures, Harries [*D. chem. G.*, **35**, 3256] a obtenu à côté d'un polymyrcène le *dimyrcène*, dont le nitrosite est identique avec celui qui prend naissance quand on traite le caoutchouc par l'acide nitreux humide.

OCIMÈNE $C^{10}H^{16}$,

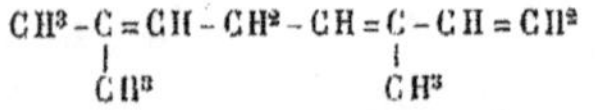

$$CH^3 - C = CH - CH^2 - CH = C - CH = CH^2$$
$$\quad\ \ | \qquad\qquad\qquad\qquad\quad |$$
$$\quad\ \ CH^3 \qquad\qquad\qquad\qquad CH^3$$

— Ce terpène a été extrait de l'essence de feuilles d'Ocimum basilicum; c'est un liquide dont la densité est de 0,8031, $n_D = 1,4857$.

L'hydrogénation de ce carbure par le sodium et l'alcool donne un dihydroocimène identique au dihydromyrcène [Enklaar, *Thèse*, Utrecht, 1905], et dont le point de fusion du tétrabromure est également 88°. D'après cela, Enklaar pense que le myrcène et l'ocimène doivent présenter les relations indiquées par les schémas conduisant tous deux au dihydromyrcène ou dihydroocimène :

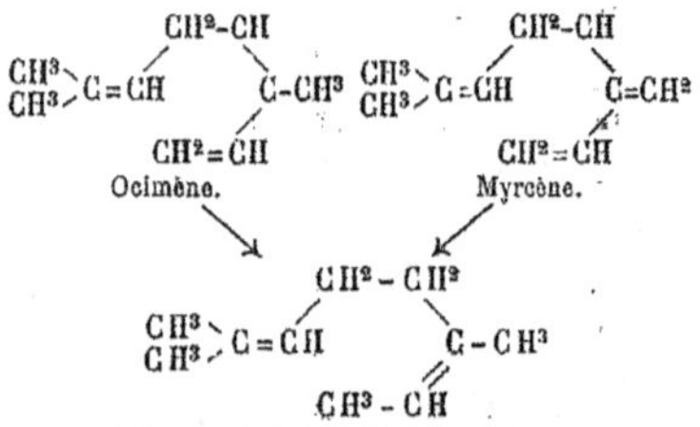

Ocimène.

Myrcène.

Dihydroocimène et dihydromyrcène.

ce qui conduirait à modifier la formule du myrcène que nous avons donnée plus haut.

L'oxydation de l'ocimène ne fournit que de l'acide malonique.

ANHYDROGÉRANIOLÈNE. — Voy. *Géraniol*.

2° Terpènes cycliques ou tétravalents.

Ces corps comprennent : le limonène et le dipentène, le phellandrène, le terpinène, le terpinolène et le sylvestrène.

LIMONÈNE ET DIPENTÈNE $C^{10}H^{16}$,

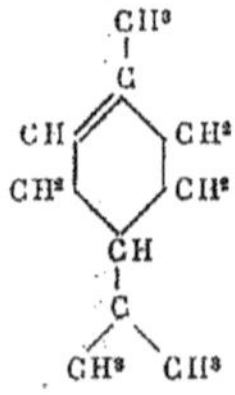

— Ce carbure a été décrit dans d'anciennes publications sous les noms de citrène, hespéridène, carvène.

Il existe abondamment dans la nature sous 3 formes, droite, gauche et inactive (dipentène).

Le limonène *droit* se rencontre dans les essences de citron, d'orange, de carvi, de bergamote, d'érigeron, de kuro-moji, de massoy, de néroli, de céleri, etc....

Le limonène *gauche* existe dans les essences de menthe russe et d'aiguilles de conifères.

Le limonène *racémique* (dipentène) a été caractérisé dans l'huile de camphre, les essences de térébenthine suédoise et russe, l'essence d'aiguilles de conifères, de cubèbe, d'oliban, de macis, d'élémi, de bergamote, de fenouil, de kuro-moji, de myrte, de *Thymus capitatis*, etc....

LIMONÈNES. — On extrait le carbure par fractionnement de l'essence; le limonène droit bout à 176°,5 (753 mm.). $D_{10} = 0,853$, $D_{15} = 0,8464$; le limonène gauche bout à 175-176°. $D_{20} = 0,840$.

Le pouvoir rotatoire des d- et l-limonènes est de $\pm 106°,8$ (Wallach et Conrady), il serait de $+120°,5$ pour un limonène droit (Kremers) [Wallach et Conrady, *Ann. Chem.*, **252**, 14; — Kremers, *Am. Chem. J.*, **17**, 692; — Wallach, *Ann. Chem.*, **264**, 1]. Un échantillon préparé par réduction du tétrabromure présentait les caractères : $D_{20} = 0,8425$, $[\alpha]_D = 125°,36$ [Godlewski et Roshanowitsch, *Centr. Blatt*, 1899, I, 1241].

Le brome transforme le limonène en *tétrabromure* fusible à 104-105°; le *monochlorhydrate* $C^{10}H^{16}ClH$ est liquide et bout à 97-98° [Wallach,

Ann. Chem., 270, 171], il est inactif,
$[\alpha]_D = \pm 40°$ environ, sa constitution est donc :

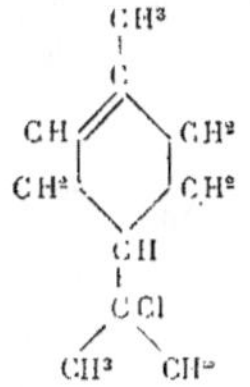

Le *dichlorhydrate* est inactif, il correspond
au dipentène et sera décrit avec ce carbure.

Le *nitrosate* $C^{10}H^{17}Cl.(OAzO^2)AzO$ fond
à 108-109° [Wallach, *Ann. Chem.*, 241, 326],
à 114-115° [Maissen, *Gazz. chim. ital.*, 13,
100].

Le *nitrosochlorure* $C^{10}H^{16}Cl.AzOCl$ fond à
109°, ces corps réagissent avec les bases pour
donner des nitrolamines cristallisées.

Le *nitrosochlorure* $C^{10}H^{16}AzOCl$ s'obtient en
traitant un mélange de limonène et de nitrite
d'amyle par une solution d'acide chlorhydrique
dans l'acide acétique [Wallach, *Ann. Chem.*,
245, 241; *ibid.*, 252. 106]. Il existe sous 4 formes,
soit 1 forme cis et 1 forme trans pour chaque
limonène droit et gauche; ils possèdent deux à
deux des pouvoirs rotatoires égaux et de signe
contraire. Les dérivés α (cis) fondent à 103-104°;
les dérivés β (trans) fondent respectivement à
100° pour le dérivé droit, à 105° pour le dérivé
gauche [Wallach, *D. chem. G.*, 28, 1308; *Ann.
Chem.*, 270, 171].

Les dérivés cis ou trans donnent d'ailleurs
la même carvoxime quand on les traite par la
potasse alcoolique :

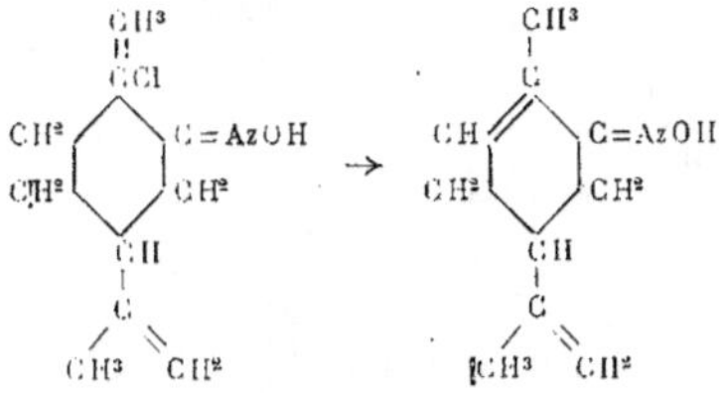

[Goldschmidt et Zürrer, *D. chem. G.*, 18, 1220].

Les nitrosochlorures de limonène, traités par les
amines, fournissent des nitrolamides de formule
générale

$$C^{10}H^{16} \begin{cases} AzOH \\ AzH.R \end{cases}$$

généralement cristallisées et caractéristiques.

Les nitrosocyanures de limonène α et β s'obtiennent en traitant les nitrosochlorures correspondant par le cyanure de potassium [Tilden et
Leach, *Chem. Soc.*, 85, 931; — Leach, *ibid.*,
87, 413].

Le dérivé α fond à 90-91°, le dérivé β à
140-141°.

L'acide formique convertit le limonène en
cymène et en un diterpène $C^{20}H^{32}$; l'acide acétique donne de l'acétate de terpinéol [Bouchar-
dat, *Thèse*, Paris 1888]. De même que le
limonène peut être converti en carvone par
l'intermédiaire de la carvoxime, inversement la
carvone peut être transformée en limonène en
passant par le dihydrocarvéol et son éther xan-

thogénique [Tschougaeff, *D. chem. G.*, 33, 735].

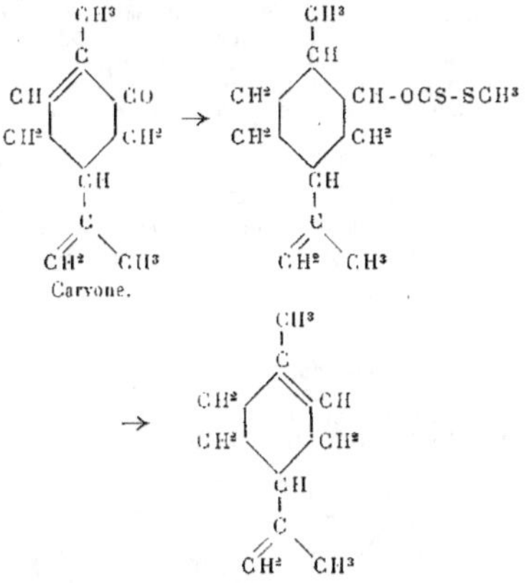

Carvone.

Une réaction du même ordre est la transformation directe du limonène en carvéol (*limo-
nénol* de Genvresse) [*C. R.*, 132, 414] sous l'influence des vapeurs nitreuses.

Dipentène. — Le dipentène constitue la forme
racémique du limonène. On peut l'extraire des
essences dans lesquelles il se trouve, on le prépare à l'aide du dichlorhydrate qui sera décrit
plus loin; il se forme également par cyclisation
du linalol (voy. *Linalol*) et par déshydratation
du terpinéol au moyen du bisulfate de potasse
[Wallach, *Ann. Chem.*, 239, 12: 275, 103]. Le
dipentène bout à 175° environ, sa densité est environ 0,85 à 15°; $n_D = 1,47$.

Il est inactif. Les acides minéraux le transforment en terpinène, l'anhydride phosphorique
en cymène.

Son *tétrabromure* $C^{10}H^{16}Br^4$ fond à 124-125°
[Hintze, *Ann. Chem.*, 227, 288; — Wallach,
ibid., 246, 221; — Baeyer, *D. chem. G.*, 27,
429].

Son *monochlorhydrate* $C^{10}H^{16}ClH$ est liquide.

Le *dichlorhydrate* $C^{10}H^{16}2ClH$ se forme quand
on fait agir, sans refroidir, l'acide chlorhydrique
humide sur les limonènes ou sur le dipentène,
ou sur le pinène en solution éthérée [Wallach,
Ann. Chem., 245, 241 et 270, 198]. On l'obtient
encore dans diverses circonstances : en traitant
la terpine par l'acide chlorhydrique [Sainte-
Claire-Deville, *Ann. Chim. Phys.*, (3), 27, 80;
— List, *Ann. Chem.*, 71, 351], ou le perchlorure
de phosphore [Oppenheim, *Bull. Soc. Chim.*,
(3), 4, 85]; en traitant le pinène en solution
alcoolique par l'acide chlorhydrique [Berthelot,
Ann. Chim. Phys., (5), 19, 155].

Il se forme aussi par l'action de l'acide chlorhydrique sur le cinéol [Hell et Ritter, *D. chem.
G.*, 17, 1977] :

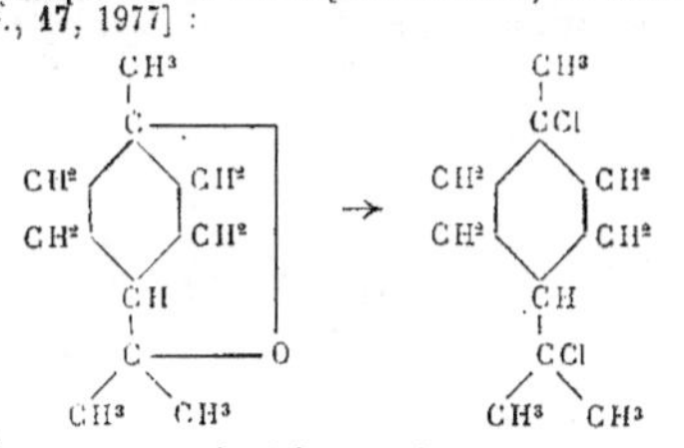

Il existe sous les 2 formes cis et trans (Baeyer),

la forme *trans* fond à 50°, la forme *cis* à 25°.

Les 2 dibromhydrates de dipentène *cis* et *trans* sont connus, la forme *trans* fond à 64°, la forme *cis* fond à 38-40°; les terpines *cis* et *trans* correspondantes sont également connues.

On connaît également des combinaisons d'addition analogues à celles qui existent par les limonènes (nitrosochlorures, nitrosocyanures, nitrolamines, etc.)....

Constitution du limonène et du dipentène. — La constitution du limonène et du dipentène a été établie par plusieurs voies différentes; l'oxydation tout d'abord n'a fourni que des résultats insuffisants; on obtient par le mélange chromique les acides acétique, oxalique, toluique et téléphtalique [Tilden et Williamson, *Chem. Soc.*, 53, 880, et 63, 293].

L'oxydation manganique fournit, à côté d'un alcool tétratomique, la *limonoérythrite* (isomères fusibles à 192 et 121°), l'acide oxyterpénylique :

[Godlewsky, *Journ., Soc. phys. chim. russe*, 26, 7 et 27, 588; — Wagner, *D. chem. G.*, 23, 2315].

La constitution du limonène découle principalement de ses relations avec le carvone, le linalol, de la transformation de l'isoprène en dipentène (voy. *Isoprène*) et, enfin, de la synthèse réalisée par Perkin jun. [*Chem. Soc.*, 85, 654] :

Lorsqu'on fait agir l'éther β-iodopropionique sur l'éther cyanacétique sodé, il se produit la condensation :

$$C^2H^5-O-CO-CH^2CH^2I$$
$$C^2H^5-O-CO-CH^2CH^2I \quad + Na^2C\genfrac{<}{.}{0pt}{}{CO^2C^2H^3}{CAz}$$
$$= \genfrac{.}{.}{0pt}{}{C^2H^5O-COCH^2CH^2}{C^2H^5O-COCH^2CH^2}\genfrac{>}{.}{0pt}{}{}{}C\genfrac{<}{.}{0pt}{}{CAz}{CO^2C^2H^6} + 2NaI$$

Par hydrolyse, on obtient un acide tricarboné dont l'anhydride ferme sa chaîne quand on le distille :

$$\genfrac{.}{.}{0pt}{}{CO^2H-CH^2-CH^2}{CO^2H-CH^2-CH^2}\genfrac{>}{.}{0pt}{}{}{}CH-CO^2H$$
$$\rightarrow CO\genfrac{<}{.}{0pt}{}{CH^2-CH^2}{CH^2-CH^2}\genfrac{>}{.}{0pt}{}{}{}CH-CO^2H$$

L'éther δ-cétohexahydrobenzoïque ainsi obtenu, traité par l'iodure de méthylmagnésium, se condense à son tour en fournissant l'éther δ-oxyhexahydrotoluique.

L'acide correspondant, traité par l'acide bromhydrique, est converti en acide bromé qui perd facilement 1 molécule d'acide bromhydrique en donnant un acide non saturé, l'acide Δ3-tétrahydroparatoluique :

L'éther de cet acide, traité par l'iodure de ma-

gnésium-méthyle, donne finalement le *terpinéol* synthétique inactif qui, chauffé avec du bisulfate de potasse, fournit le dipentène :

La terpine et les terpinéols sont décrits avec le pinène.

PHELLANDRÈNE $C^{10}H^{16}$. — Ce nom a été donné par Pesci au carbure extrait de l'essence de fenouil d'eau [*Gazz. chim. ital.*, 16, 225]; il avait d'ailleurs été reconnu longtemps avant par Cahours, dans l'essence de fenouil amer [*Ann. Phys. Chim.*, (3), 2, 274, et *C. R.*, 20, 53]; il a été trouvé depuis dans un grand nombre d'essences (élémi, eucalyptus, amygdaléna, conifères, myrcia acris, gomme ammoniaque, andropogon, angélique, anis étoilé, camphre, curcuma, gingembre, cannelle, etc.) [Wallach, *Ann. Chem.*, 246, 233; — Wallach et Gildemeister, *ibid.*, 287, 373; — Ber. Schimmel, 1895 à 1899; — Wallach et Rheindorff, *Ann. Chem.*, 271, 310, et 246, 233 et 182; — Bertram et Wahlbaum, *Arch. Pharm.*, 234, 290].

Le phellandrène s'extrait de ces diverses essences par fractionnement, il est instable et se résinifie rapidement par la distillation. En réalité, le phellandrène n'est pas un individu unique, et existe sous deux modifications désignées par les lettres α et β : la *modification* α existe dans les essences de fenouil amer, d'eucalyptus et d'élémi; la *modification* β se trouve principalement dans l'essence de fenouil d'eau [Semmler, *D. chem. G.*, 36, 1749; — Wallach et Beschke, *Ann. Chem.*, 336, 9].

Le *phellandrène* α bout à 61° (11 mm.); $D_{19} = 0,844$, $[\alpha]_D = \pm 61°21'$.

Sa constitution est :

qui est démontrée par sa synthèse partielle au moyen de la Δ6-menthénone-(2) (carvothuyone).

En traitant cette cétone par le pentachlorure de phosphore on obtient le chlorophellandrène α dont la réduction conduit au phellandrène :

Carvothuyone. Chloro-α-phellandrène. α-Phellandrène

[Wallach, *Ann. Chem.*, **336**. 9; — Harries et Johnson, *D. chem. G.*, **38**. 1832; — Voy. aussi Kandakoff et Schindelmeiser, *J. prakt. Chem.*, (2), **72**, 193].

Le nitrite de l'α-phellandrène $C^{10}H^{16}Az^2O^3$ existe sous deux modifications, fondant respectivement à 114 et à 105° [Wallach et Beschke. *loc. cit.*; — Pesci, *loc. cit.*; — Bertram et Walbaum, *Arch. Pharm.*, **231**, 298].

Le nitro-α-phellandrène $C^{10}H^{15}AzO^2$ s'obtient en traitant le nitrite par l'ammoniaque [Pesci, *loc. cit.*; — Wallach et Herbig, *Ann. Chem.*, **287**. 371; — Semmler, *D. chem. G.*, **36**, 1755].

Le *β-phellandrène* bout à 57° (11 mm.): $D_{20} = 0,8520$, $[\alpha]_D = + 18°,54$ (Wallach et Beschke); sa constitution, qui en fait un dérivé de la pseudoclasse de Semmler, est :

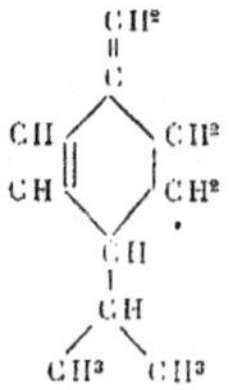

Cette formule est prouvée par les faits suivants :

Lorsqu'on oxyde le β-phellandrène par le permanganate on obtient un glycol qui, sous l'influence des acides dilués, perd de l'eau en se transformant en aldéhyde tétrahydrocuminique identique avec le *phellandral* de l'essence de fenouil d'eau [Wallach, *Ann. Chem.*, **340**, 1, et **336**. 44; — Ber. Schimmel, oct. 1904, 45; — Wallach, *Ann. Chem.*, **343**, 29 et 37] :

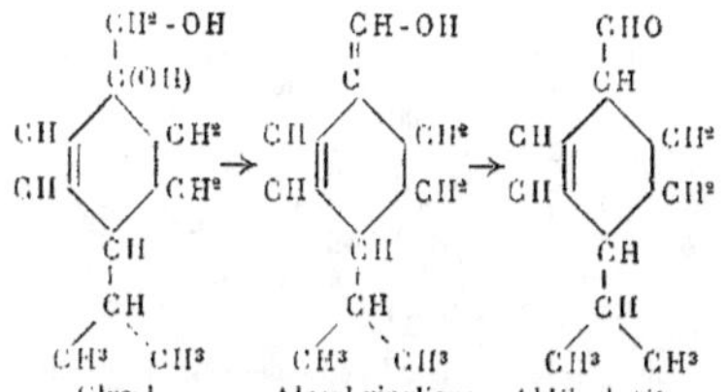

Glycol. — Alcool vinylique. — Aldéhyde tétrahydrocuminique.

L'oxydation directe du phellandrène β par l'oxygène en présence de l'eau donne l'isopropyl-1-cyclohexène-Δ²-one-4 dont la constitution est démontrée par le fait que l'acétone saturée qui lui correspond, et qu'on obtient par réduction et oxydation successives, fournit à l'oxydation chimique l'acide β-isopropyladipique :

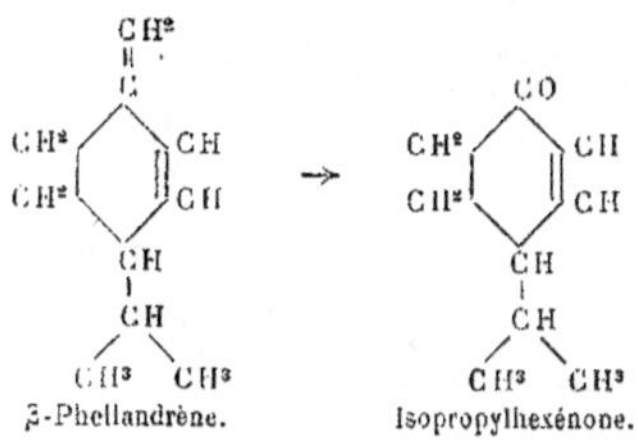

β-Phellandrène. — Isopropylhexénone.

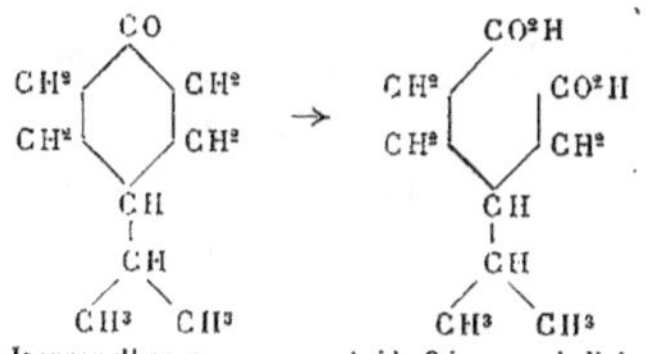

Isopropylhexanone. — Acide β-isopropyladipique.

On peut de même, à partir du nitro-β-phellandrène, obtenir des dérivés de l'aldéhyde dihydrocuminique: le β-phellandrène donne un nitrite $C^{10}H^{16}Az^2O^3$, qui se présente sous deux modifications : l'une fusible à 102°, l'autre à 98° (Wallach).

TERPINÈNE $C^{10}H^{16}$ (ancien *terpilène*),

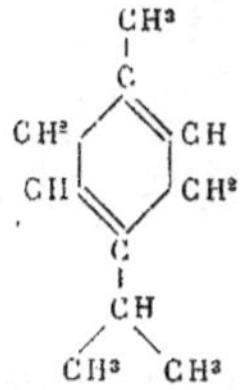

— Le terpinène est le produit principal vers lequel tendent un grand nombre de terpènes et de leurs dérivés quand on les traite par les acides étendus (pinène, limonène, dipentène, terpinolène, phellandrène, terpine, terpinéol, cinéol, dihydrocarvéol) [Armstrong et Tilden, *D. chem. G.*, **12**, 1752; — Wallach, *Ann. Chem.*, **230**, 254; — Weber, *ibid.*, **238**, 107; — Wallach, *ibid.*, **239**, 239; — Bertram et Wahlbaum, *J. prakt. Chem.*, (2), **45**, 601; — Tiemann et Schmidt, *D. chem. G.*, **28**, 2137; — Wallach, *Ann. Chem.*, **239**, 35]. On l'obtient également par distillation du chlorhydrate de dihydrocarvylamine. Le terpinolène existe dans la nature, où il a été signalé dans les essences de cardamone et de marjolaine [Biltz, *Dissert. inaug.*, Greisswald, 1898].

On le prépare habituellement en faisant agir l'acide sulfurique concentré sur le pinène et en fractionnant le produit obtenu (Wallach). La portion 178-184 constitue le terpinolène contenant une petite quantité de cymène [Tilden et Williamson, *Chem. Soc.*, **63**, 295].

Sa densité est 0,847 à 20°: $n_D = 1,48458$; il est inactif; l'acide sulfurique le résinifie partiellement, la partie non transformée consiste en terpinolène.

Le mélange chromique oxyde le terpinène; il se forme des flocons bruns caractéristiques [Baeyer, *D. chem. G.*, **27**, 815].

Le *nitrosite*

$$C^{10}H^{15} \begin{cases} AzOH \\ OAzO \end{cases}$$

est caractéristique et fond à 155° [Wallach, *Ann. Chem.*, **239**, 35; *ibid.*, **244**, 316; **252**, 134].

Ce nitrosite réagit avec les bases en donnant des nitrolamines :

La *nitrolamine*, $C^{10}H^{15}(=AzOH)(AzH^2)$, fond à 118°; la *méthylnitrolamine*, $C^{10}H^{15}(=AzOH)(AzHCH^3)$, fond à 141°; la *nitrolpipéridine*, $C^{10}H^{15}(=AzOH)(AzC^5H^{10})$, fond à 153°.

La réduction du nitrosite de terpinène par le sodium et l'alcool donne, en même temps que du cymène, un hydrocarbure C^9H^{14}, bouillant à 160-164°, le *nordipentène* de Semmler

$$CH$$

[*D. chem. G.*, **34**, 716].

On obtient en même temps une base $C^{10}H^{17}AzH^2$ et une cétone non saturée $C^{10}H^{16}O$ [Wallach, *Ann. Chem.*, **313**, 361; — Harries, *D. chem. G.*, **35**, 1169]. Avec la potasse alcoolique on obtient une oxyoxime $C^{10}H^{15}AzO^2$ [Semmler. *D. chem. G.*, **34**, 715]. L'acide nitrique en solution acétique convertit le nitrosite de terpinène en un produit $C^{10}H^{15}Az^3O^6$ fondant à 78° [Amenomiya, *D. chem. G.*, **38**, 2020].

La réduction du nitrosite par le zinc au sein de l'alcool donne la carvénonoxime :

$$Nitrosite. \qquad Carvénonoxime.$$

[Amenomiya, *D. chem. G.*, **38**, 2730].

Cette transformation est d'accord avec la formule donnée plus haut pour le terpinène.

TERPINOLÈNE $C^{10}H^{16}$,

— Le terpinolène s'obtient en même temps que du dipentène et du cymène par la déshydratation du terpinéol, du cinéol, de l'hydrate de terpine et transformation du pinène :

$$Terpinéol. \qquad Terpinolène.$$

[Wallach, *Ann. Chem.*, **227**, 283, et **230**, 262;

— Flawitzky, *D. chem. G.*, **12**, 1022; — Baeyer, *ibid.*, **27**, 442; — Wallach et Kerkoff, *Ann. Chem.*, **375**, 106; — Baeyer, *D. chem. G.*, **27**, 447].

On l'obtient le mieux en introduisant goutte à goutte du terpinéol (fusible à 35°) dans une solution bouillante d'acide oxalique. Le carbure tout à fait pur se prépare par l'action de la poudre de zinc et de l'acide acétique sur le tétrabromure.

Le terpinolène bout à 183-185°, ou 75° (14 mm.), il est inactif; le *dibromure* $C^{10}H^{16}Br^2$ fond à 69-70°; le *tétrabromure* $C^{10}H^{16}Br^4$ fond à 116°.

En solution acétique, il est converti par les acides chlorhydrique et bromhydrique en chlorhydrate et bromhydrate de dipentène

ce qui détermine sa constitution

Les acides minéraux étendus le transforment en terpinène.

SYLVESTRÈNE $C^{10}H^{16}$. — Voy. Dict., **1**, 1er Supp. **2**, 1505,

— Le sylvestrène est le seul terpène naturel appartenant à la série du m-menthadiène. Outre les sources déjà signalées, on l'a trouvé dans les essences de térébenthine russe et finlandaise [Wallach, *Ann. Chem.*, **230**, 240 et 247; **239**, 24; **245**, 198 et 272; — Wallach et Conrady, *ibid.*, **252**, 149; — Aschan et Hjelt, *Chem. Zeit.*, **18**, 1566], dans les essences de Pinus sylvestris [Bertram et Wahlbaum, *Arch. Pharm.*, **234**, 290].

On l'en extrait par fractionnement; la portion bouillant à 174-178° est traitée par l'acide chlorhydrique, et les dichlorhydrates de limonène et de sylvestrène ainsi obtenus sont séparés par cristallisation.

Le chlorhydrate traité par l'aniline ou l'acétate de soude fondu donne le carbure.

Le sylvestrène bout à 175-176°, $D_{20} = 0,848$, $[\alpha]_D = +66°,32$; traité en solution dans l'anhydride acétique par une goutte d'acide sulfurique, il fournit une coloration bleue intense.

Le *dichlorhydrate* $C^{10}H^{18}Cl^2$ fond à 72°.
Le *dibromhydrate* $C^{10}H^{18}Br^2$ fond à 72°.
Le *diiodhydrate* $C^{10}H^{18}I^2$ fond à 67°.
Le *tétrabromure* $C^{10}H^{16}Br^4$ fond à 135-136°, il se forme en même temps une modification huileuse.

Le *nitrosochloruré* $C^{10}H^{16}AzOCl$ fond à 106-107°.

La *benzylnitrolamine* correspondante $C^{10}H^{16}AzO.AzHC^7H^7$ fond à 71°.

Chauffé avec un excès de brome, le sylvestrène est converti en m-cymène [Baeyer et Williger, *D. chem. G.*, **34**, 2067; *ibid.*, **27**, 3491].

CARVESTRÈNE $C^{10}H^{16}$. — Le carvestrène est la modification inactive du sylvestrène; on l'obtient par la distillation du chlorhydrate de vestrylamine; comme le sylvestrène, il fournit avec l'acide sulfurique en solution dans l'anhydride acétique, une coloration bleue intense; le brome le convertit en m-cymène.

Son *dichlorhydrate* fond à 52°,5. Le *dibromhydrate*, traité par l'acétate d'argent, donne un m-terpène fusible à 127° [Baeyer, *D. chem. G.*, 34, 1402; *ibid.*, 27, 3485; — Semmler, 34, 717]. La synthèse de m-terpènes ressemblant au sylvestrène a été réalisée par Perkin jun. [*Chem. Soc.*, 87, 1084].

Les carbures obtenus

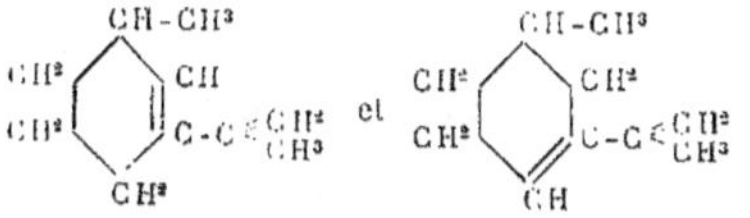

$$CH^3\text{—}CH(\text{cyclohexène})\text{—}C\text{—}C\underset{CH^3}{\overset{CH^2}{<}} \quad \text{et} \quad CH^3\text{—}CH(\text{cyclohexène})\text{—}C\text{—}C\underset{CH^3}{\overset{CH^2}{<}}$$

ont des propriétés très voisines, mais sont cependant différents du sylvestrène et du carvestrène.

3° Terpènes bicycliques ou bivalents.

Ce groupe comprend le camphène, le bornylène, le pinène, le sabinène et le salvène; un terpène saturé, le cyclène, pourra être rangé à part dans les terpènes tricycliques, dont il est jusqu'ici l'unique exemplaire.

CAMPHÈNE $C^{10}H^{16}$ (Dict., 3, 322).

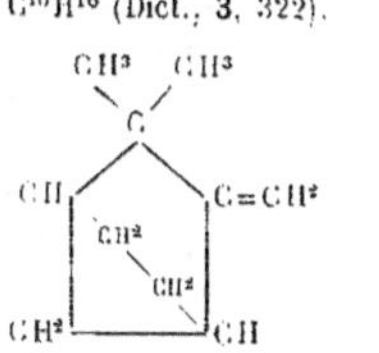

$$\begin{array}{c}CH^3\quad CH^3\\ \diagdown C \diagup \\ CH\diagdown\diagup C=CH^2 \\ CH^2 \quad CH^2 \\ CH^2\text{———}CH \end{array}$$

— Le camphène se trouve dans la nature, où on le rencontre en général dans toutes les essences qui renferment du bornéol. Il a été caractérisé dans les essences de Pinus siberica [Goluboff, *Centr. Bl.*, 1888, 1622], dans l'essence d'aspic [*Bull. Soc. Chim.*, (3), 11, 145], dans l'essence de valériane [Oliviero, *ibid.*, 13, 931]; dans les essences de citronelle, de gingembre, de kesso, de térébenthine américaine, dans l'essence de camphre [Bertram et Wahlbaum, *J. prakt. Chem.*, (2), 49, 8].

On obtient le camphène : 1° par isomérisation du pinène au moyen de l'acide sulfurique [Armstrong et Tilden, *D. chem. G.*, 12, 1753]; 2° par déshydratation de l'isobornéol [Bertram et Wahlbaum, *loc. cit.*]; 3° par déshydratation du bornéol [Konowalow, *Journ. Soc. phys. chim. russe*, 32, 76]; 4° en chauffant la bornylamine avec de l'anhydride acétique [Wallach et Griepenkerl, *Ann. Chem.*, 269, 349]; 5° en partant du chlorure de bornyle préparé à l'aide du pinène (monochlorhydrate de pinène) ou du bornéol [Wallach, *Ann. Chem.*, 230, 233; 239, 6; 245, 209; 252, 140; 269, 349; *D. chem G.*, 24, 1553, et 25, 916; — Brühl, *D. chem. G.*, 25, 145 et 160; — Kachler, *Ann. Chem.*, 197, 96; — Wallach, *ibid.*, 230, 233]. Le procédé le plus pratique consiste à chauffer le monochlorhydrate de pinène avec du phénate de soude [Reychler, *Bull. Soc. Chim.*, (3), 15, 366].

Le camphène est solide; ses constantes physiques varient un peu suivant les auteurs; son point de fusion varie de 48 à 54°; α varie de ± 94° à 0° [Schindelmeiser, *Centr. Bl.*, 1903, (I), 835]. Il se racémise d'ailleurs assez facilement, il bout à 160° environ.

Le brome fournit avec le camphène différents *produits bromés* [Wallach, *Ann. Chem.*, 230, 235; — Junger et Klages, *D. chem. G.*, 29, 544; — Marsh, *Centr. Bl.*, 1899, (I), 790; — Semmler, *D. chem. G.*, 33, 3424, et 35, 1020; — Godlewsky, *Chem. Zeit.*, 29, 788, 1905].

Le *monochlorhydrate* $C^{10}H^{17}Cl$, qu'on obtient par l'union directe du camphène avec l'acide chlorhydrique, fond à 155° [Junger et Klages, *D. chem. G.*, 29, 544; — Wagner et Brickner, *ibid.*, 32, 2302; — Semmler, *ibid.*, 33, 3429].

Le *bromhydrate* $C^{10}H^{17}Br$ fond à 133°.

Le *monoiodhydrate* $C^{10}H^{17}I$ fond à 50° [Wagner et Brickner, *loc. cit.*; — Kondakoff et Lutschinin, *Chem. Zeit.*, 25, 131].

Le *nitrate* $C^{10}H^{16}AzO^3H$ est une huile qui, traitée par la soude, redonne du camphène [Bouveault, *Bull. Soc. Chim.*, (3), 23, 533].

Le camphène se combine à l'acide hypochloreux en donnant une chlorhydrine, un dichlorure et un mélange de trois chlorures isomères [Slawinsky, *Chem. Zeit.*, 29, 378].

DIHYDROCAMPHÈNES $C^{10}H^{18}$. — L'action du sodium sur le chlorhydrate de pinène a été étudiée par Montgolfier [*C. R.*, 87, 840; — Kachler et Spitzer, *D. chem. G.*, 13, 615; — Lett, *ibid.*, 12, 135; — Bouveault, *Bull. Soc. Chim.*, (3), 11, 134; — Baeyer, *D. chem. G.*, 26, 826; — Etard et Méker, *C. R.*, 126, 526]; on obtient à côté du camphène un hydrocamphène liquide, bouillant à 148-149°, un solide fusible à 125° et un dihydrodicamphène $C^{20}H^{34}$ fusible à 75°. Voyez Houben *D. chem. G.*, 38, 3796]. Par chauffage de l'isobornéol avec la poudre de zinc, Semmler a obtenu un solide fondant à 85° [*D. chem. G.*, 33, 776]; par hydrogénation, au moyen de la méthode Sabatier-Senderens, on obtient un liquide bouillant à 164-165° [*C. R.*, 132, 1254]. D'après Semmler, le produit de réduction du chlorhydrate de camphène par le sodium et l'alcool constitue le *camphane* [*D. chem. G.*, 33, 3429].

Le camphane fond à 153° et bout à 160-162°.

Hydrazocamphènes [Tanret, *Bull. Soc. Chim.*, (2), 47, 658 et 737].

L'action du perchlorure de phosphore sur le camphène a été étudiée par Marsh et Gardner [*Chem. Soc.*, 65, 35]. On obtient des *composés phosphorés*.

Le *nitronitrosite de camphène*, $C^{10}H^{16}(AzO^2)(AzO)(AzO^2)$, fond à 149° [Jagelki, *D. chem. G.*, 32, 1501; — Blaise et Blanc, *Bull. Soc. Chim.*, (3), 23, 164].

Le *nitrosite*, $C^{10}H^{16}(AzO)(AzO^2)$ est une huile qui donne un sel de potassium rouge [Jagelki, *loc. cit.*].

Le *nitrite de camphényle* $C^{10}H^{15}\text{—}OAzO$ se transforme en camphénylone par l'action de la potasse [Jagelki, Blaise et Blanc, *loc. cit.*].

Ces corps s'obtiennent par l'action des vapeurs nitreuses sur le camphène.

L'oxydation du camphène en milieu acide *par l'acide sulfurique* donne du camphre (Berthelot, Riban). En milieu alcalin ou acétique, ou au moyen de l'acide nitrique, on obtient d'autres résultats qui seront discutés plus loin.

Hydratation du camphène, isobornéol. — L'hydratation du camphène par la méthode Bertram-Wahlbaum (acide acétique additionné de quelques gouttes d'acide sulfurique) fournit l'acétate d'un alcool extrêmement proche du bornéol, et qui a été appelé isobornéol (voyez *Camphols*); il est d'ailleurs identique avec l'isobornéol obtenu à côté du bornéol dans la réduction du camphre [Haller, *Bull. Soc. d'Encouragement*, (5), 2, 364].

La question de l'isomérie de l'isobornéol et du bornéol a fait l'objet de nombreuses discussions qui ne sont pas terminées à l'heure actuelle. Un résumé du débat est exposé dans J. Bredt [*Etude sur la configuration dans l'espace du camphre et de ses dérivés*, 1905]. D'après les uns, le bornéol et l'isobornéol sont stéréoisomères; pour les autres, l'isobornéol est un alcool tertiaire qui se forme par transposition moléculaire à partir du bornéol. La question n'est pas encore résolue, mais il est probable que l'isobornéol et le bornéol sont vraiment des stéréoisomères (*endobornéol* et *exobornéol* de Bredt).

Le *formiate d'isobornyle* bout à 100° (14 mm.), l'*acétate* à 107° (15 mm.) [Minguin et de Bollemont, *C. R.*, 136, 238].

L'*oxyde de méthyle et d'isobornyle* bout à 192-193°; celui *d'éthyle et d'isobornyle* à 203-204° [Semmler, *D. chem. G.*, 33, 3429].

OXYDATION ET CONSTITUTION DU CAMPHÈNE. — Bien que le camphène dérive très simplement du camphre (déshydratation du bornéol et de l'isobornéol), et que d'autre part il soit aisé de retransformer le camphène en camphre par l'oxydation chromique, le mécanisme de la transformation n'est pas encore absolument éclairci. Il est toutefois admis par tout le monde que le camphre et le camphène ne possèdent pas la même structure, qu'il y a transposition moléculaire dans le passage du camphre au camphène et transposition exactement contraire dans le passage du camphène au camphre. Cette transposition se ferait pour les uns dans la conversion camphre-isobornéol (isobornéol, alcool tertiaire), pour les autres dans la conversion isobornéol-camphène (isobornéol, alcool secondaire).

La recherche de la constitution du camphène a fait l'objet de travaux extrêmement nombreux que nous allons essayer de résumer sommairement ici.

Oxydation chromique. — Elle conduit au camphre.

Oxydation nitrique. — Elle donne des acides camphorique et apocamphorique (voyez CAMPHOÏQUE, 2° Suppl.) :

Camphène :

$$CH_3 \quad CH_3 \qquad\qquad CH_3 \quad CH_3$$
$$CO_2H\text{-}CH \quad C\begin{smallmatrix}CO_2H\\CO_2H\end{smallmatrix} \rightarrow CO_2H\text{-}CH \quad CH\text{-}CO_2H$$
$$CH_2 \quad CH_2 \qquad\qquad CH_2 \quad CH_2$$

Oxydation manganique. — Cette oxydation donne des produits très variés qui ont été étudiés par Wagner et ses élèves [Wagner, *D. chem. G.*, 23, 2311; *Journ. Soc. phys. chim. russe*, 28, 64; 29, 124; *ibid.*, 31, 680; — Wagner, Moycho et Zienkowski, *D. chem. G.*, 37, 1032; — Wagner et Mayewski, *ibid.*, 29, 124, et 28, 73].

Dans ce qui suivra nous adopterons la formule de Wagner, qui parait le mieux répondre aux faits.

L'oxydation manganique débute par la formation du *camphène-glycol* solide, fusible à 198° environ.

On obtient ensuite l'*acide camphénylique* fusible à 172° qui, oxydé en milieu acide, donne la *camphénylone*, dont nous dirons quelques mots plus loin

Camphène. → Camphène-glycol.

← Acide camphénylique. → Camphénylone.

Le camphène-glycol, chauffé avec de l'acide chlorhydrique, fournit une aldéhyde, l'*aldéhyde camphénylique*; cette aldéhyde s'obtient aussi dans l'action du chlorure de chromyle sur le camphène, et par réduction du nitrile de camphényle décrit plus haut [Bredt et Jagelki, *Ann. Chem.*, 310, 112; — Etard, *C. R.*, 116, 434].

L'aldéhyde camphénylique bout à 96° (14 mm.) et fond à 70°; l'oxydation le convertit en deux acides isomères, les *acides camphénylanique* et *isocamphénylanique* (Bredt et Jagelki) :

Camphène-glycol. → Aldéhyde camphénylique.

→ Acide camphénylanique.

L'oxydation nitrique de l'acide camphénylique (oxycamphénylanique) conduit à l'*acide camphoïque* et à un nouvel acide, l'*acide camphène-camphorique*; ce qui exige les deux nouvelles migrations :

Acide camphénylique.

Acide camphoïque. Ac. camphène-camphorique.

D'après Moycho et Zienkowski, l'acide camphène-camphorique serait le produit *normal* de l'oxydation de l'*isocamphène* contenu en compagnie du *cyclène* dans le camphène ordinaire.

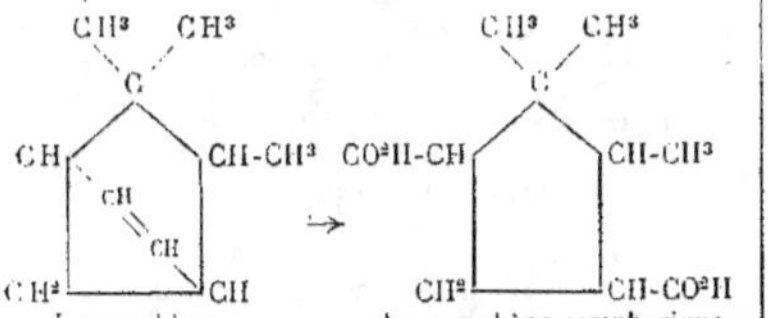

Isocamphène. → Ac. camphène-camphorique.

ce qui conduit à modifier la formule de l'acide camphène-camphorique [Moycho et Zienkowski, *Ann. Chem.*, **340**, 17 à 40].

Camphénylone $C^9H^{14}O$. — La camphénylone est le produit principal vers lequel tend l'oxydation du camphène par le permanganate en milieu acétique et de l'acide camphénylique. On l'obtient en traitant le nitrite de camphényle par les alcalis

La camphénylone bout à 191-192° et fond à 38° [Jagelki, *loc. cit.*]; ou à 195° et 43° [Bouveault et Blanc, *C. R.*, **140**, 93].

Son *oxime* fond à 105-106°, sa *semicarbazone* à 242° [Jagelki, *loc. cit.*; — Bouveault et Blanc, *loc. cit.*; — Blaise et Blanc, *Bull. Soc. Chim.*, (3), **23**, 164].

Le *camphénylol* $C^9H^{16}O$ fond à 84° et bout à 89° (11 mm.).

Traitée par l'iodure de magnésium-méthyle, la camphénylone est convertie en un alcool tertiaire $C^9H^{14}(CH^3)OH$, le *méthylcamphénylol*, différent de l'isobornéol fondant à 117°,5-118° et bouillant à 204-206°; sa *phényluréthane* fond à 128° [Wagner, Moycho et Zienkowski, *D. chem. G.*, **37**, 1037; — Moycho et Zienkowski, *ibid.*, **38**, 2461; *Ann. Chem.*, **340**, 58; — Bouveault et Blanc, *C. R.*, **140**, 93]. L'acide pyruvique à chaud le transforme en camphène, puis en isobornéol.

La *camphénylone-oxime* se transforme par déshydratation en nitrile camphocéénique (Jagelki), et celui-ci par hydratation en acide camphocéénique. Ce dernier, par oxydation, donne l'acide diméthyltricarballylique (Blaise et Blanc) :

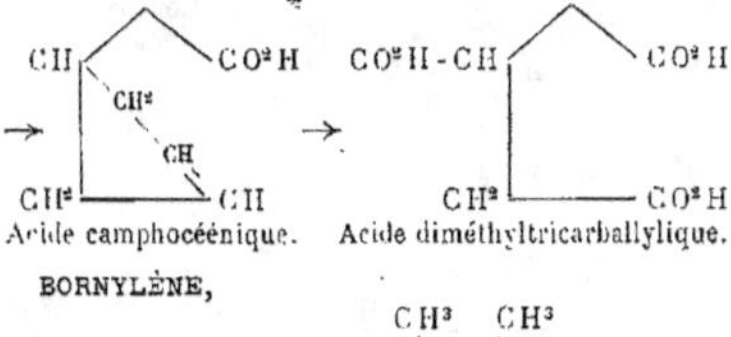

Camphénylone-oxime. → Nitrile camphocéénique.

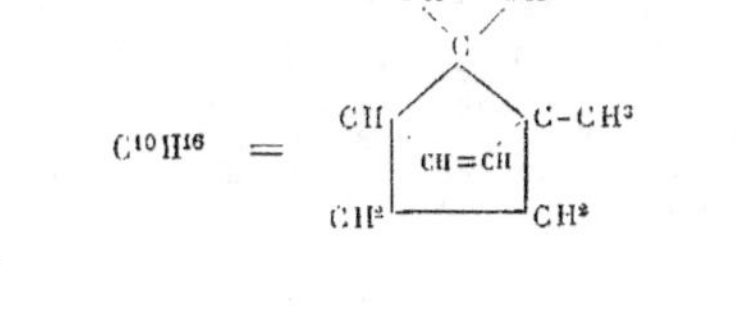

Acide camphocéénique. → Acide diméthyltricarballylique.

BORNYLÈNE, $C^{10}H^{16}$ =

— Ce carbure correspond au bornéol et s'obtient : soit en traitant l'iodure de bornyle (iodhydrate de pinène) par la potasse alcoolique, soit en distillant le bornylxanthogénate de méthyle [Wagner et Brickner, *D. chem. G.*, **33**, 2121; — Tschugaeff, *Chem. Zeit.*, **24**, 519, et *J. Soc. phys. chim. russe*, **35**, 439; — Wagner et Brickner, *ibid.*, **35**, 534; — Kondakoff, *J. prakt. Chem.*, (2), **67**, 280 et 573; *J. Soc. phys. chim russe*. **36**, 988; *Cent. Blatt*, 1905, (I), 94]. Le bornylène fond à 103-104° et bout à 149°, l'oxydation le convertit en acide camphorique, ce qui établit sa constitution.

CYCLÈNE,

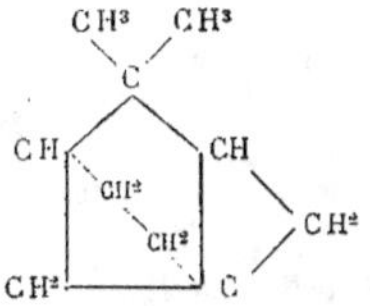

— Ce carbure existe dans le camphène brut d'où on peut l'extraire en se fondant sur la propriété que les agents oxydants sont sans action sur lui [Moycho et Zienkowski, *Ann. Chem.*, **340**, 17]. On l'obtient aussi en réduisant par la poudre de zinc et l'alcool le *dibromopinène* (voyez *Dibromopinène*). Ce carbure fond à 67°,5 et bout à 152°,8.

PINÈNE, $C^{10}H^{16}$. — (Voy. TÉRÉBENTHÈNE, Dict., 2, 308 et Suppl., 1, 1516),

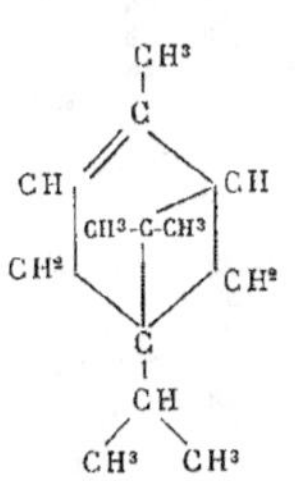

Pour l'historique de cette importante question voyez aussi Gildemeister et Hoffmann [*Die aetherischen Oele*].

Les deux sources principales de pinène sont les essences de térébenthine française et américaine qui fournissent par fractionnement les pinènes droit et gauche respectivement.

Le pinène gauche bout à 155°; $D_{20} = 0,8587$, $[\alpha]_D = -43°,4$ [Flavitsky, *D. chem. G.*, **12**, 2357]; le pinène droit bout à 156°; $D_{20} = 0,8585$, $[\alpha]_D = +45°,04$ [Flavitzky, *J. prakt. Chem.*, (2), **45**, 115].

Le pinène racémique qu'on obtient en faisant agir l'aniline ou la méthylaniline sur le nitrosochlorure [Wallach, *Ann. Chem.*, **252**, 132 et **258**, 343; — Tilden, *Centr. Bl.*, 1904, (II), 220] bout à 155-156°, $D_{20} = 0,858$.

D'après Semmler [*D. chem. G.*, **33**, 1458] l'essence de térébenthine française contient, outre le pinène gauche, un peu de pseudopinène.

Le pinène hydrogéné par la méthode Sabatier-Senderens est converti en *dihydropinène* [*C. R.*, **132**, 1254]. Ce carbure bout à 166; $D_0 = 0,862$. Il agit vis-à-vis des oxydants comme un corps saturé.

Le pinène chauffé à 250-270° est converti en dipentène :

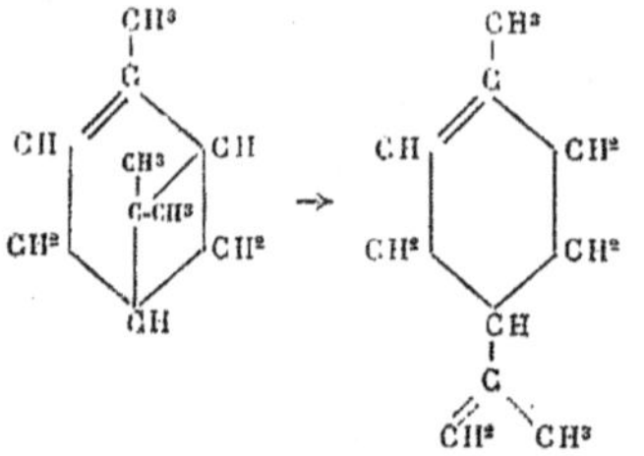

$$CH^3-C(=CH-CH)(CH^2-CH^2)C-CH^3 \quad\rightarrow\quad CH^2-C(=CH-CH)(CH^2-CH^2)CH$$

De même, l'acide chlorhydrique humide convertit le pinène en *dichlorhydrate de dipentène*; l'acide chlorhydrique sec fournit le *chlorure d'isobornyle* (voy. *Camphène*).

Les acides minéraux transforment le pinène en terpinène et terpinolène (voy. ces mots). L'oxydation donne divers produits importants qui seront étudiés plus loin.

Le chlorure de chromyle (réaction d'Etard) fournit une aldéhyde $C^9H^{15}CHO$ et une cétone $C^9H^{14}=CO$ qui appartiennent à la série du camphane (voyez *Camphène*) [Henderson, Gray et Smith, *Chem. Soc.*, 83, 1299].

L'action de l'oxygène de l'air a été l'objet de nouvelles études de la part de Kingzett [*D. chem. G.*, 29, Ref., 658], Engler [*D. chem. G.*, 30, 1669 et 33, 1090], Engler et Frankestein [*ibid.*, 34, 2933], Engler et Weissberg [*ibid.*, 34, 3046]; il se forme vraisemblablement un peroxyde (voy. aussi *Sobrerol*).

Dibromure de pinène, $C^{10}H^{16}Br^2$. — [Tilden, *Chem. Soc.*, 53, 882; 69, 1896; — Stchukarew, *J. prakt. Chem.*, (2), 47, 191; — Wallach, *Ann. Chem.*, 264, 1; — Wagner et Ginzberg, *D. chem. G.*, 29, 890; — Genvresse et Faivre, *C. R.*, 137, 130; — Godlewski et Wagner, *Centr. Bl.*, 1897, (II), 1055; — Wagner, Moycho et Zienkowski, *D. chem. G.*, 37, 1032; — Moycho et Zienkowski, *Ann. Chem.*, 34, 24; — Godlewsky, *Chem. Zeit.*, 29, 788 et *Centr. Bl.*, 1905, (II), 483; — Semmler, *D. chem. G.*, 33, 3423].

Ce corps est un dérivé du camphane; par réduction au moyen de la poudre de zinc et de l'alcool il se transforme en *cyclène* (voy. *Camphène*).

Nitrosochlorure de pinène, $C^{10}H^{16}Cl-AzO-AzO-C^{10}H^{16}Cl$. — On le prépare le mieux en faisant réagir l'acide chlorhydrique sur un mélange de pinène, d'acide acétique et de nitrite d'éthyle [Wallach, *Ann. Chem.*, 245, 251 et 253, 251; — Goldschmidt, *D. chem. G.*, 18, 2223]. Il fond à 115°; par chauffage avec de l'aniline il donne le pinène inactif; l'acide chlorhydrique en milieu éthéré le convertit en hydrochlorocarvoxime [Wallach, *Ann. Chem.*, 270, 178; — Baeyer, *D. chem. G.*, 29, 20] :

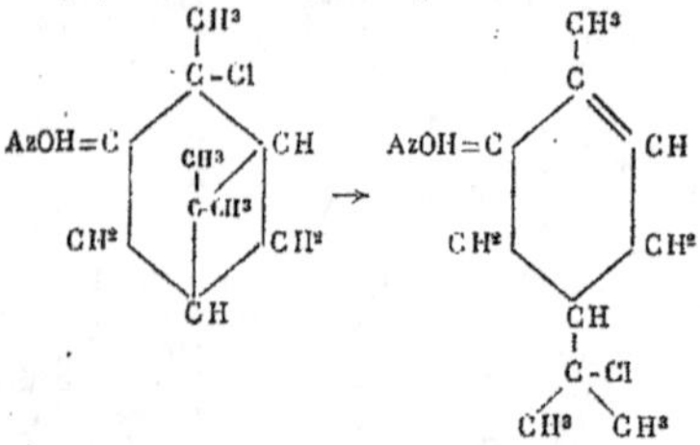

$$AzOH=C(C-Cl-CH^3)(CH)(CH^2 \ CH^2)(C-CH^3)CH \quad\rightarrow\quad AzOH=C(CH^3-C)(CH)(CH^2 \ CH^2)CH(C-Cl)CH^3$$

Le *nitrosobromure* fond à 91-92° [Wallach, *loc. cit.*].

Les amines en réagissant sur le nitrosochlorure de pinène donnent des nitrolamines dont on a préparé un nombre assez considérable; ces corps sont des dérivés bien cristallisés [Wallach et Frühstuck, *Ann. Chem.*, 268, 216; — Wallach, *ibid.*, 245, 251 et 252, 130].

Nitrosite, $C^{10}H^{16}(AzO)(O-AzO)$. — C'est un liquide huileux qu'on obtient en faisant réagir l'acide azoteux sur le pinène [Pesci et Batelli, *Gazz. chim. ital.*, 16, 337].

Nitrosocyanure, $C^{10}H^{15}(=AzOH)(CAz)$. — On l'obtient en faisant réagir le cyanure de potassium sur le nitrosochlorure. Il fond à 171° [Tilden, *Centr. Bl.*, 1902, (II), 363; — Tilden et Burrows, *Chem. Soc.*, 87, 344].

La potasse alcoolique agissant sur la nitrosochlorure fournit le *nitrosopinène* [Wallach et Smythe, *Ann. Chem.*, 300, 286; — Goldschmidt et Zurrer, *D. chem. G.*, 18, 2223; — Wallach, *ibid.*, 24, 1547; *Ann. Chem.*, 268, 198; — Baeyer, *D. chem. G.*, 28, 648; — Urban et Kremers, *Am. Chem. Journ.*, 16, 404; — Mead et Kremers, *ibid.*, 17, 607] :

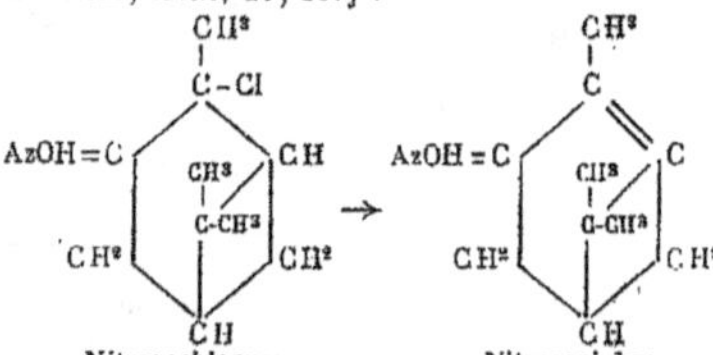

$$AzOH=C(CH^3-C-Cl)(CH^3)(CH)(CH^2 \ CH^2)(C-CH^3)CH \quad\rightarrow\quad AzOH=C(CH^3-C)(C)(CH^3)(CH^2 \ CH^2)(C-CH^3)CH$$

Nitrosochlorure.   Nitrosopinène.

Le nitrosopinène (oxime de la triméthyl-2.7.7-bicyclo-1.1 3-heptène-1-one-3) fond à 132°; par réduction il fournit en même temps que la *pinylamine*,

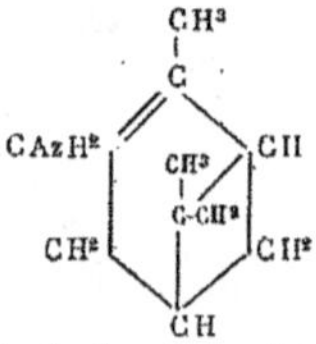

$$CH^3-C(=CAzH^2-CH)(CH^3)(CH^2 \ CH^2)(C-CH^3)CH$$

une cétone saturée, la *pinocamphone*,

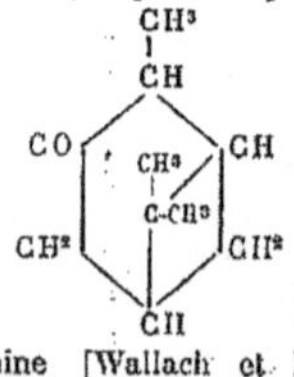

$$CH^3-CH(CO)(CH^3)(CH^2 \ CH^2)(C-CH^3)CH$$

La pinylamine [Wallach et Lorenz, *Ann. Chem.*, 268, 197] bout à 207-208°; l'acide nitreux la transforme en isocarvéol.

La pinocamphone [Wallach et Smythe, *Ann. Chem.*, 300, 286; — Wallach et Rojahn, *ibid.*, 313, 363] bout à 213°; son *oxime* fond à 86-87°, sa *semicarbazone* à 199-200°. La réduction transforme la pinocamphone en *pinocamphéol*, alcool saturé qui bout à 218-219°; sa *phényluréthane* bout à 98°.

Les vapeurs nitreuses, en réagissant sur le pinène, donnent un alcool, le *pinénol* [Genvresse, *C. R.*, 130, 918]. Le pinénol $C^{10}H^{18}OH$ bout à 225°, son *acétate* bout à 150° (40 mm.).

L'acétone correspondante, la *pinénone* $C^{10}H^{14}O$, bout à 132° (42 mm.), son *oxime* fond à 89°, sa *semicarbazone* à 82°. La constitution de ces deux corps est inconnue.

PRODUITS D'HYDRATATION DU PINÈNE.

L'action hydratante de l'acide sulfurique sur le pinène a été étudiée par Bouchardat et Lafont [*C. R.*, **125**, 111]. Il se forme entre autres produits du bornéol et du fénol (f. à 50°). Les acides organiques fournissent du bornéol, ou plus exactement un mélange de bornéols et du terpinéol; il se forme également un peu de fénol [Bouchardat et Lafont, *Bull. Soc. Chim.*, (2), **45**, 291 et *Journ. Pharm.*, (5). **25**, 5]. L'acide trichloracétique conduit à des résultats analogues [Reychler, *Bull. Soc. Chim.*, (3), **15**, 368].

TERPINE, $C^{10}H^{20}O^2$. — Ce corps est le produit le plus remarquable de l'hydratation du pinène; sous l'influence de divers agents, il y a fixation de 2 mol. d'eau sur le terpène, l'une sur la double liaison, l'autre provoquant la rupture du noyau tétraméthylénique (picéanique) :

On a :

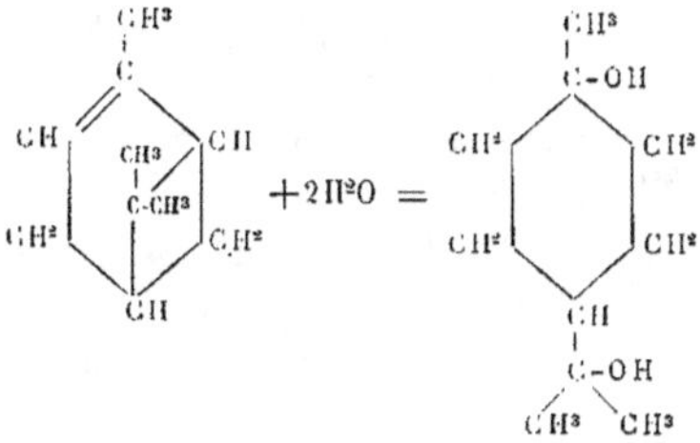

$$+ 2H^2O =$$

La terpine, comme sa formule le montre, existe sous deux modifications *cis* et *trans* qui correspondent aux formes *cis* et *trans* du dichlorhydrate de dipentène (voy. *Dipentène*).

La *cis* terpine (terpine ordinaire) a été déjà décrite (Dict., **2**, 314 et Suppl., (1), 1522). Ce corps cristallise avec une mol. d'eau; on l'obtient encore par l'action de l'acide sulfurique à 5 0/0 sur le terpinéol cristallisé, le pinène, le linalol et le géraniol [Tiemann et Schmidt, *D. chem. G.*, **28**, 1781 et 2137]. Le cis dibromhydrate de dipentène fusible à 39°, obtenu à partir du cinéol, fournit également par saponification de la cis terpine [Baeyer, *D. chem. G.*, **26**, 2865].

La *trans* terpine se prépare par saponification du trans dibromhydrate de dipentène, fusible à 64°, dérivé du cinéol. La trans terpine cristallise anhydre et fond à 156-158°, elle bout à 263-265° (Baeyer).

Les déshydratants en agissant sur la terpine donnent des produits très variés suivant les cas; on peut obtenir du dipentène, du terpinolène, du terpinène, du terpinéol et du cinéol.

L'oxydation de la terpine par l'acide chromique en milieu acétique fournit la *méthoéthylheptanonolide* :

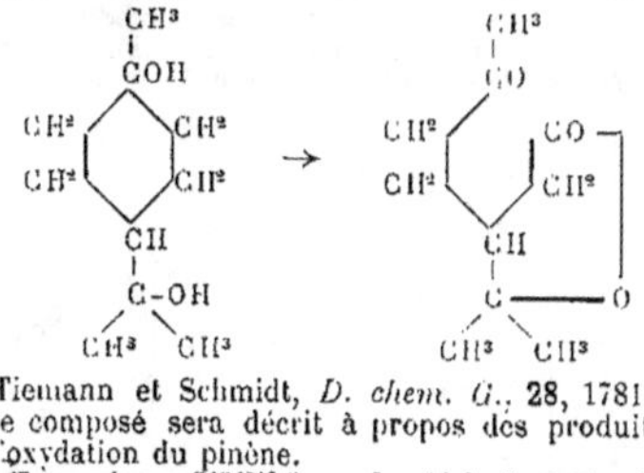

[Tiemann et Schmidt, *D. chem. G.*, **28**, 1781]. Ce composé sera décrit à propos des produits d'oxydation du pinène.

TERPINÉOLS, $C^{10}H^{18}O$. — La déshydratation de la terpine sous l'influence de l'acide sulfurique étendu peut se faire théoriquement de trois façons différentes comme le montrent les schémas :

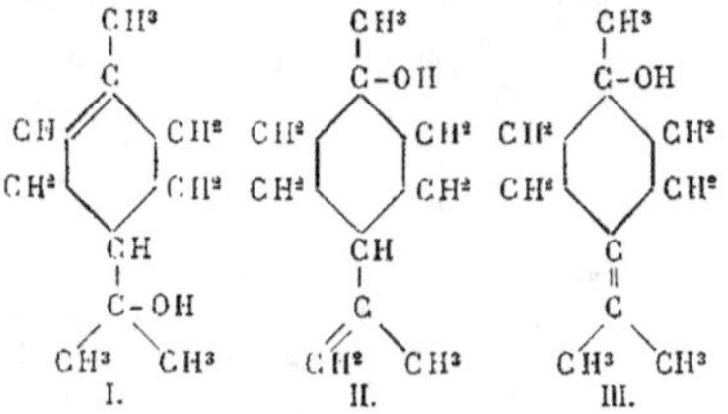

I.   II.   III.

La formule I représente le terpinéol ordinaire, fusible à 35°, qui constitue la partie la plus abondante du produit commercial; le schéma II représente le terpinéol fusible à 32-33°, qu'on rencontre à côté du premier dans le terpinéol brut; le schéma III correspond à un terpinéol qui ne se forme pas par déshydratation de la terpine, mais qui a été préparé d'une autre façon par Baeyer [*D. chem. G.*, **27**, 443 et 815] et que nous mentionnerons pour mémoire.

Le *terpinéol fusible à 35°* (terpinéol ordinaire, terpinol, terpilénol) constitue la majeure partie du produit de déshydratation de la terpine par les acides chlorhydrique et sulfurique dilués [Deville, *Ann. Chem.*, **71**, 351; — Flavitzki, *D. chem. G.*, **12**, 2354; — Tilden, *D. chem. G.*, **12**, 848; — Wallach, *Ann. Chem.*, **230**, 247 et 264; — Godlewsky, *Centr. Bl.*, 1899, (1), 1241; — Bouchardat et Voiry, *C. R.*, **104**, 996].

Il se forme par hydratation du limonène et du dipentène [Bouchardat et Lafont, *C. R.*, **102**, 1555], ou en traitant par les acides organiques le linalol [Stéphan, *J. prakt. Chem.*, (2), **58**, 109], ou le géraniol [Stéphan, *ibid.*, **60**, 244].

Il existe enfin dans plusieurs essences (cajeput, niaouli, cardamone, marjolaine, huile de camphre, kuromoji, kesso, érigeron; etc...)

Le terpinéol fond à 35° et bout à 217-218°; celui qui provient de la déshydratation de la terpine est inactif [Bouchardat et Voiry, *C. R.*, **106**, 1538]; l'hydratation du pinène ou du limonène par l'acide acétique donne un produit de pouvoir rotatoire $[\alpha]_D = \pm 90°$ environ [Lafont, *Ann. Chim. Phys.*, (6), **15**, 152].

Son *nitrosochlorure* fond à 112-113°; traité par les bases il donne des nitrolamines [Wallach, *Ann. Chem.*, **227**, 120]; un traitement approprié peut le convertir en *carvone*; la *phényluréthane* du terpinéol fond à 113°; le *bibromure* est huileux.

L'oxydation du terpinéol donne des produits qui démontrent sa constitution [Wallach, *Ann. Chem.*, **275**, 145 et *D. chem. G.*, **28**, 1773; — Tiemann et Schmidt, *ibid.*, **28**, 1781; — Tiemann et Semmler, *ibid.*, **28**, 1778; — Mahla et Tiemann, *ibid.*, **29**, 928]; on obtient l'acide terpénylique et la méthoéthylheptanonolide dont l'oxydation par hypobromite de soude fournit l'acide homoterpénylique :

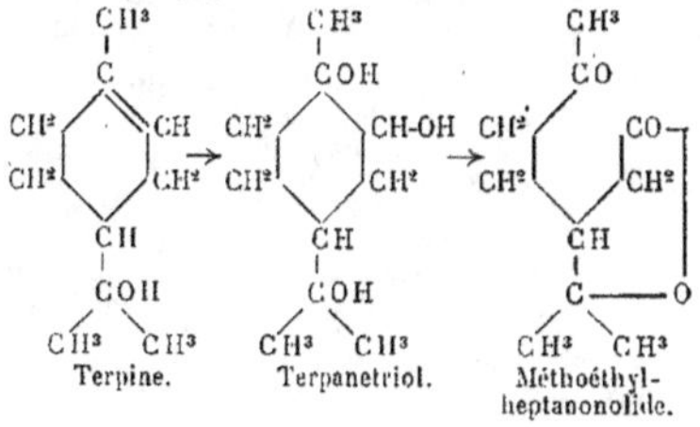

Terpine.   Terpanetriol.   Méthoéthylheptanonolide.

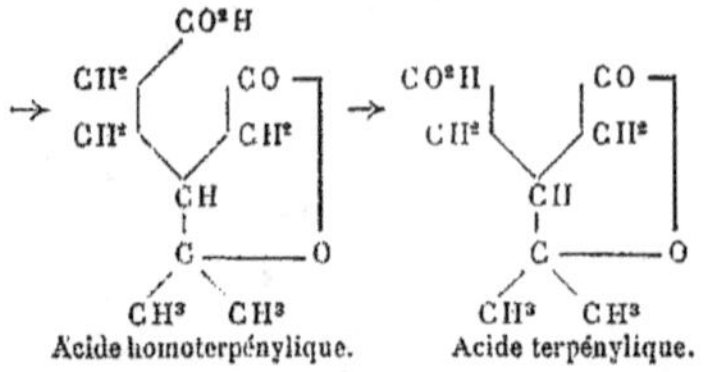

$$\rightarrow \quad \begin{array}{c} CO^2H \\ CH^2 \quad\quad CO \\ CH^2 \quad\quad CH^2 \\ CH \\ C \quad\quad O \\ CH^3 \quad CH^3 \end{array} \quad \rightarrow \quad \begin{array}{c} CO^2H \quad\quad CO \\ CH^2 \quad\quad CH^2 \\ CH \\ C \quad\quad O \\ CH^3 \quad CH^3 \end{array}$$

Acide homoterpénylique.   Acide terpénylique.

Terpinéol fusible à 32-33°. — Il a été isolé du terpinéol commercial par Stéphan et Helle [*D. chem. G.*, **35**, 2147]. Il bout à 209-210°.

Sa *phényluréthane* fond à 85°, son *nitrosochlorure* à 102-103°; traité par le brome, il fournit un tribromomenthane fusible à 67° [Wallach, *Ann. Chem.*, **324**, 79].

L'oxydation du terpinéol fusible à 32-33° conduit à la 1.4-méthylhexahydroacétophénone et la 1.4-tétrahydroacétophénone, ce qui démontre sa constitution.

SOBREROL, $C^{10}H^{18}O^2$ (*hydrate de pinol*),

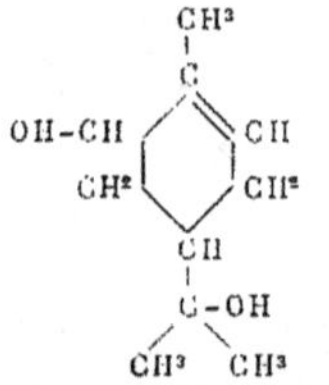

$$\begin{array}{c} CH^3 \\ C \\ OH-CH \quad\quad CH \\ CH^2 \quad\quad CH^2 \\ CH \\ C-OH \\ CH^3 \quad CH^3 \end{array}$$

Ce corps se forme par l'oxydation à l'air de l'essence de térébenthine humide [Sobrero, *Ann. Chem.*, **80**, 106; — Armstrong, *Chem. Soc.*, **59**, 311, 315; *D. chem. G.*, **24**, Ref. 763]. On l'obtient par hydratation du pinol [Wallach, *Ann. Chem.*, **259**, 309] ou en traitant le dibromure de terpinéol par les nitrates de plomb ou d'argent.

Le *sobrerol actif* fond à 150° $[\alpha]_D = \pm 150°$ [Armstrong et Pope, *Chem. Soc.*, **59**, 315].

Le *sobrerol racémique* fond à 131°; son *dibromure* fond à 131-132°.

L'oxydation manganique convertit le sobrerol en *sobroérythrite* fusible à 156°, qu'une oxydation ultérieure transforme en acides terpénylique et térébique :

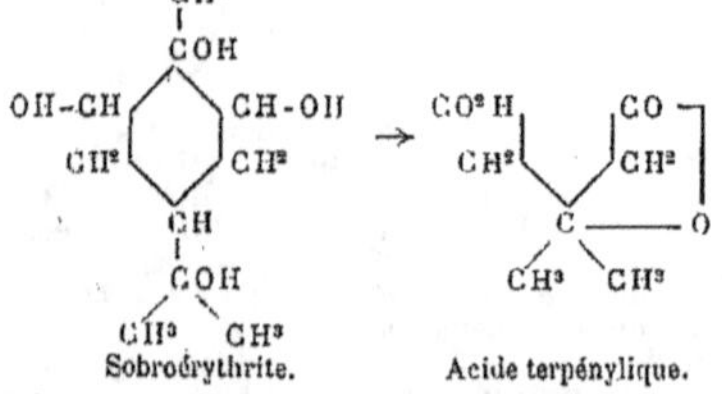

$$\begin{array}{c} CH^3 \\ COH \\ OH-CH \quad CH-OH \\ CH^2 \quad\quad CH^2 \\ CH \\ COH \\ CH^3 \quad CH^3 \end{array} \quad \rightarrow \quad \begin{array}{c} CO^2H \quad CO \\ CH^2 \quad CH^2 \\ C \quad\quad O \\ CH^3 \quad CH^3 \end{array}$$

Sobroérythrite.   Acide terpénylique.

[Wagner et Ginzberg, *D. chem. G.*, **23**, 2315, et **27**, 1648; **29**, 1195; — Wagner et Slawinsky, *ibid.*, **32**, 2064].

PINOL, $C^{10}H^{16}O$. — Le pinol constitue l'oxyde correspondant au sobrerol; on le trouve dans les eaux mères provenant de la préparation du nitrosochlorure de pinène [Wallach et Otto, *Ann. Chem.*, **253**, 249]; on l'obtient le mieux en traitant le dibromoterpinéol par l'éthylate de soude [Wallach, *Ann. Chem.*, **277**, 113], ou en faisant agir l'acide sulfurique étendu sur le sobrerol [Armstrong, *Chem. Soc.*, **59**, 311].

Le pinol bout à 183-186°, il est inactif; son *dibromure* fond à 94°; traité par l'acétate d'ar-

gent ou de plomb, il fournit le *pinol-glycol* [Wallach et Fruhstuck, *Ann. Chem.*, **268**, 223; — Wallach, *ibid.*, **259**, 311, et **284**, 148]. Le pinol-glycol fond à 125°, son *diacétate* à 97°.

L'oxydation manganique du pinol donne un isomère fusible à 129°, et dont le *diacétate* fond à 37-38° [Wagner, *D. chem. G.*, **27**, 1645; — Wagner et Slawinsky, *ibid.*, **32**, 2066].

PRODUITS D'OXYDATION ET DE DÉGRADATION DU PINÈNE. — La recherche de la constitution du pinène a fait l'objet de travaux considérables dont l'analyse, même la plus sommaire, ne peut trouver place ici. C'est l'oxydation manganique dans diverses conditions qui a conduit au résultat cherché, l'oxydation en milieu acide ne fournit, en effet, aucun renseignement utile.

Par l'oxydation manganique, le noyau hexagonal du pinène est rompu, et l'on obtient des acides à noyau tétraméthylénique [Wagner et Slawinsky, *D. chem. G.*, **27**, 1644; — Wagner, *ibid.*, **27**, 2270; — Wagner et Ertschikowsky, *ibid.*, **29**, 883; — Baeyer, *D. chem. G.*, **29**, 13; — Tiemann et Semmler, *D. chem. G.*, **28**, 1344; — Baeyer, *D. chem. G.*, **29**, 2775].

Le premier produit d'oxydation est le pinène-glycol

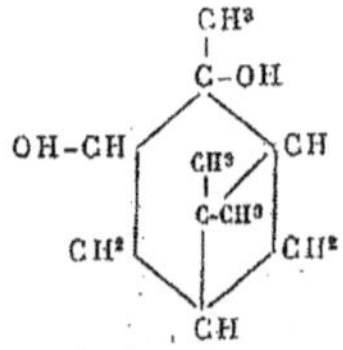

$$\begin{array}{c} CH^3 \\ C-OH \\ OH-CH \quad CH \\ CH^3 \\ C-CH^3 \\ CH^2 \quad CH^2 \\ CH \end{array}$$

Ce corps bout à 145-147° (14 mm.); l'acide chlorhydrique le transforme en *pinol* déjà décrit.

L'oxydation se poursuivant, on obtient par rupture de la chaîne les *acides pinoylformique, pinonique, pinononique, pinique* et *norpinique*.

ACIDE PINONIQUE,

$$C^{10}H^{16}O^3 = \begin{array}{c} CH^3 \\ CO \\ CO^2H \quad\quad CH \\ CH^3.C-CH^3 \\ CH^2 \quad\quad CH^2 \\ CH \end{array}$$

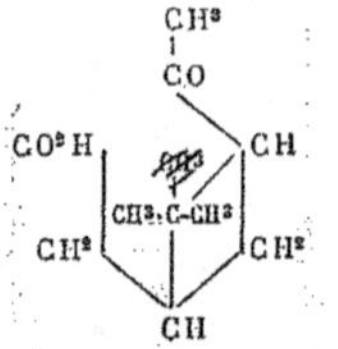

[Baeyer, Tiemann et Semmler, *loc. cit.*]. — Cet acide fond à 103-105°, d'après Baeyer, et fournit 3 oximes isomériques fusibles respectivement à 150, 128 et 191° [*D. chem. G.*, **29**, 3]. Il est susceptible de 2 migrations moléculaires extrêmement remarquables, l'oxydation chromique le convertit en *acide isocétocamphorique*, et l'acide sulfurique à 50 0/0 en *méthoéthylheptanonolide*, ce que nous exprimerons comme suit :

Acide pinonique.

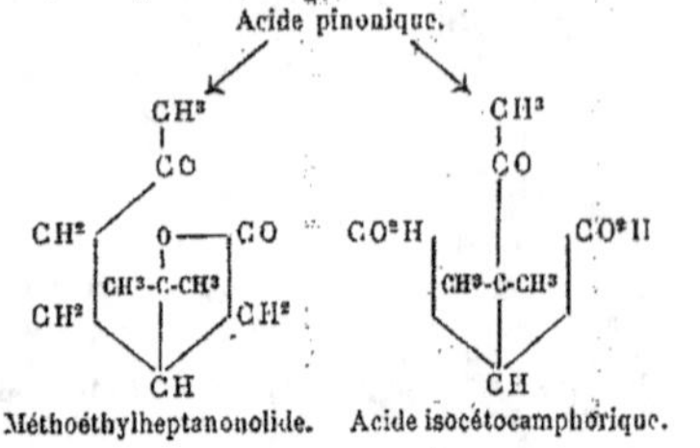

$$\begin{array}{c} CH^3 \\ CO \\ CH^2 \quad O \quad CO \\ CH^3.C-CH^3 \\ CH^2 \quad\quad CH^2 \\ CH \end{array} \quad\quad \begin{array}{c} CH^3 \\ CO \\ CO^2H \quad\quad CO^2H \\ CH^3.C-CH^3 \\ CH \end{array}$$

Méthoéthylheptanonolide.   Acide isocétocamphorique.

L'acide isocétocamphorique peut être lui-même oxydé par le brome et la soude en *acide isocamphoronique*, dont la constitution est démontrée par sa transformation en *acide terpénylique* par l'acide sulfurique concentré [Tiemann et Semmler, *loc. cit.*]. Cet acide terpénylique est lui-même le produit d'oxydation de la méthylcétone, de sorte qu'il se trouve être le produit final de l'oxydation, en même temps que de l'acide térébique, son homologue inférieur.

ACIDE PINOYLFORMIQUE,

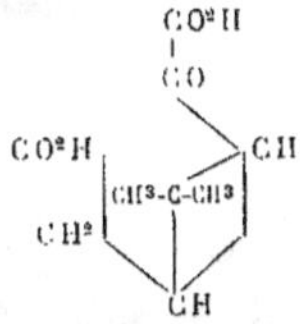

Acide pinoylformique.

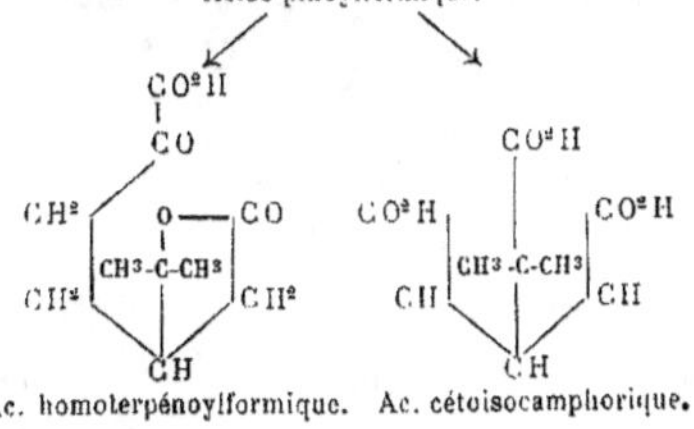

[Baeyer, *D. chem. G.*, 29, 1912]. — Il se forme à côté de l'acide pinonique dans l'oxydation manganique du pinène, et on peut l'isoler au moyen de sa combinaison bisulfitique. Il fond à 78-80°, sa *phénylhydrazone* fond à 192°,5. L'oxydation, au moyen du bioxyde de plomb et de l'acide acétique, donne l'*acide pinique* (voy. plus bas); l'acide sulfurique étendu d'une part, les oxydants (hypochlorite de soude saturé de chlore), d'autre part, font subir à sa molécule une migration analogue à celle que nous avons signalée pour l'acide pinonique; il y a formation d'*acide homoterpénoylformique* et d'*acide cétoisocamphoronique* :

Ac. homoterpénoylformique.   Ac. cétoisocamphorique.

ACIDE PINONONIQUE,

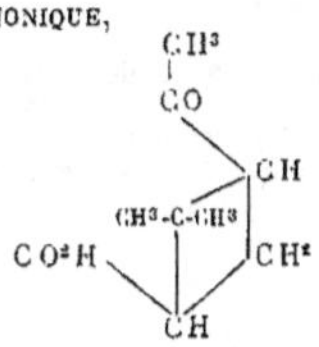

— On l'obtient en petite quantité dans l'oxydation du pinène par le permanganate étendu à basse température [Wagner et Ertschikowsky, *D. chem. G.*, 29, 881]. Il fond à 128-129°, son *oxime* fond à 178-180°.

ACIDE PINIQUE,

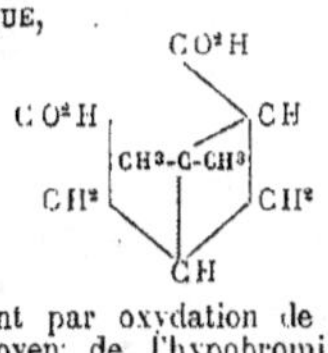

— On l'obtient par oxydation de l'acide pinonique au moyen de l'hypobromite de soude [Baeyer, *D. chem. G.*, 29, 25]. Il fond à 102°; par l'action du brome il est transformé en un

acide bromé qui, par saponification, fournit l'*acide oxypinique*; ce dernier soumis à l'oxydation est converti en un nouvel acide, l'*acide norpinique* [Baeyer, *D. chem. G.*, 29, 1908, et 27, 88] :

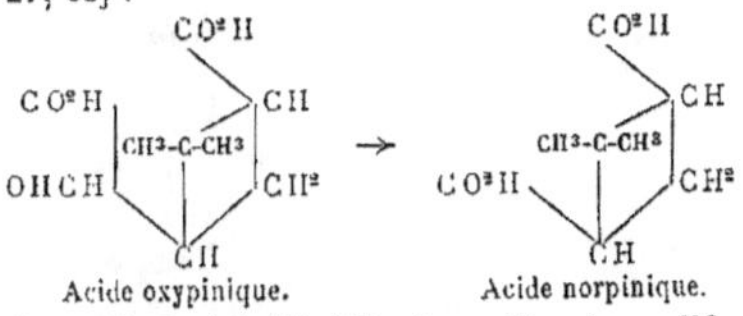

Acide oxypinique.   Acide norpinique.

Cet acide fond à 173-175° et constitue la modification *trans*, la forme *cis* est inconnue.

Parmi les produits d'oxydation du pinène nous citerons deux corps, l'*acide nopinique* et la *nopinone* qui paraissent dériver non pas du pinène, mais du *pseudopinène*.

On obtient l'acide nopinique par oxydation manganique de l'essence de térébenthine [Baeyer, *D. chem. G.*, 29, 22; — Baeyer et Villiger, *D. chem. G.*, 29, 1927; — Semmler, *D. chem. G.*, 33, 1458; — Wallach, *Centr. Blatt*, 1899, II, 1052]; on peut le séparer à l'état de sel de soude peu soluble :

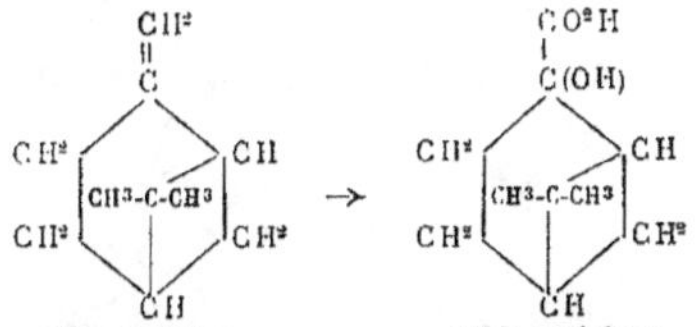

Pseudopinène.   Acide nopinique.

L'acide nopinique fond à 125°: l'acide sulfurique étendu le transforme en acide déhydrocuminique; l'oxydation par le peroxyde de plomb et l'acide sulfurique fournit la *nopinone*. Cette cétone bout à 209-211°; son *oxime* est huileuse, sa *semicarbazone* fond à 188°; la *combinaison benzylidénique* fond à 106-107°. L'oxydation nitrique la convertit en acide homoterpénylique, ce qui établit sa constitution :

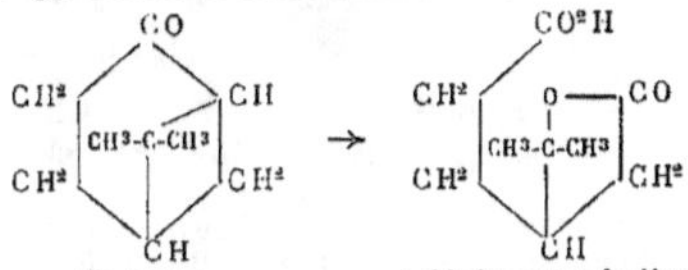

Nopinone.   Acide homoterpénylique.

SALVÈNE $C^{10}H^{18}$. — Ce terpène est contenu dans les premières fractions de la distillation de l'essence de sauge allemande (Salvia officinalis). Il bout à 142-145°; $D_{20} = 0,800$.

Par oxydation, le salvène fournit l'acide β-tanacétogène–dicarbonique. Sa constitution probable est :

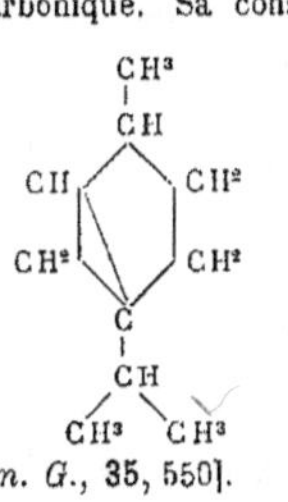

[Seyler, *D. chem. G.*, 35, 550].

SABINÈNE,

$C^{10}H^{16}$ = 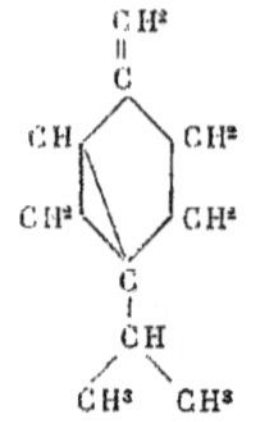

— On l'extrait par fractionnement de l'essence de sabine ; il bout à 162-166° ; $D_{20} = 0,840$, $[\alpha]_D = +63$ environ, $n_D = 1,466$ [Semmler, *D. chem. G.*, **33**, 1459, et **35**, 2046].

L'oxydation manganique convertit le sabinène en un glycol, le *sabinène-glycol*, solide, fondant à 54° ; celui-ci, chauffé avec des acides étendus, fournit l'alcool dihydrocuminique que l'oxydation chromique transforme en alcool cuminique :

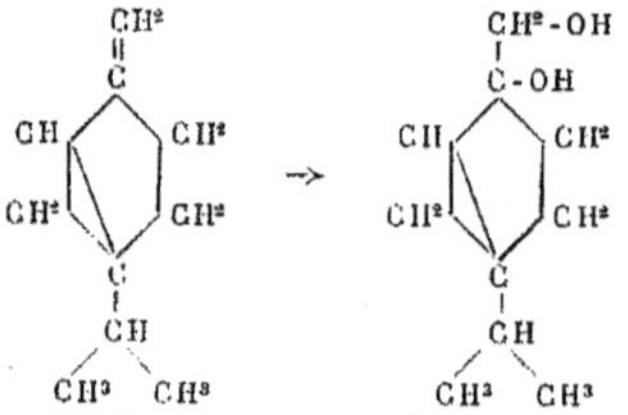

Sabinène. Sabinène-glycol.

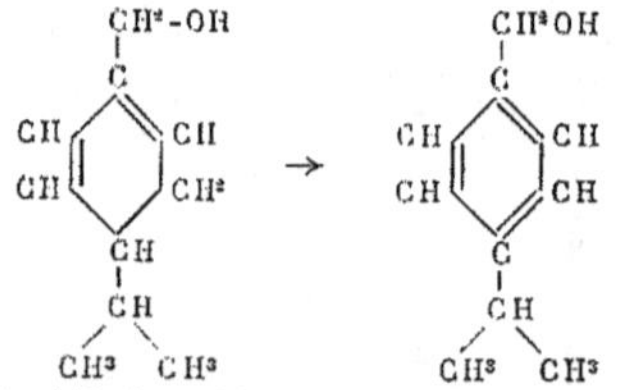

Alcool dihydrocuminique. Alcool cuminique.

L'oxydation manganique poussée plus loin donne l'*acide sabinénique* $C^{10}H^{16}O^{3}$, fusible à 57° qui, oxydé à son tour en milieu acide, donne une cétone, la *sabinène-cétone* $C^{9}H^{14}O$.

Cette nouvelle cétone bout à 212° ; sa *semicarbazone* fond à 135-137°. Par oxydation au moyen de l'hypobromite de soude, elle est convertie en acide α-tanacétogène-dicarbonique. Ces différentes transformations s'expliquent comme suit :

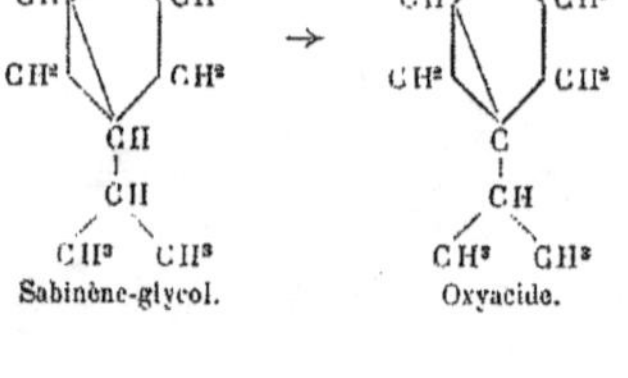

Sabinène-glycol. Oxyacide.

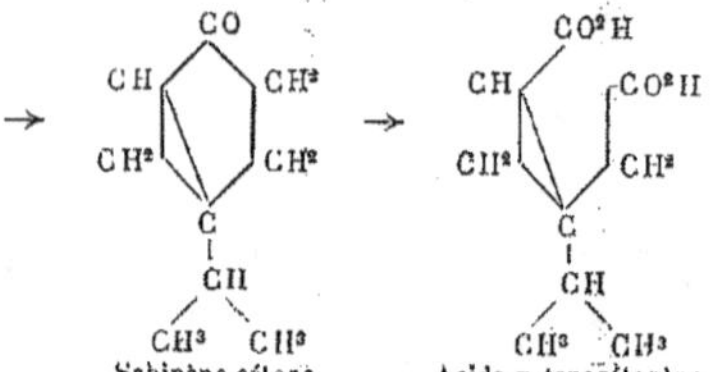

Sabinène cétone. Acide α-tanacétogène dicarbonique.

[Semmler, *loc. cit.*].

SESQUITERPÈNES ET DÉRIVÉS SESQUITERPÉNIQUES.

Les sesquiterpènes et leurs dérivés (alcools) existent dans un certain nombre d'huiles essentielles ou, d'après Wallach [*Ann. Chem.*, **238**, 78] ils proviennent de la condensation des hémiterpènes $C^{5}H^{8}$.

On aura par exemple :

$$3C^{5}H^{8} = C^{15}H^{24}.$$

Toutefois la constitution de ces corps est inconnue ; leur histoire commence à peine et les faits décisifs qui s'y rattachent sont trop peu nombreux pour que l'on puisse dès à présent en tirer une conclusion quelconque.

Cependant, Semmler [*D. chem. G.*, **36**, 1038] pense, sous toutes réserves d'ailleurs en attendant la publication de résultats expérimentaux encore inédits, que la constitution des sesquiterpènes peut être ramenée au type suivant :

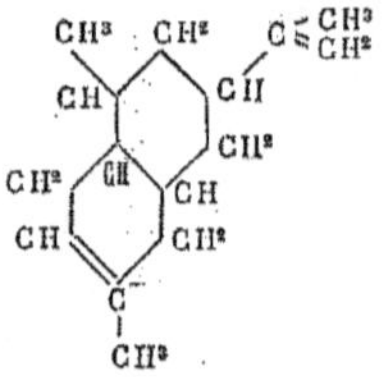

dont on peut concevoir la formation à partir de 3 mol. d'isoprène, exactement comme le limonène provient de la condensation de 2 mol. de cet hémiterpène.

La condensation peut se faire d'une façon un peu différente, le second anneau restant ouvert ; par exemple :

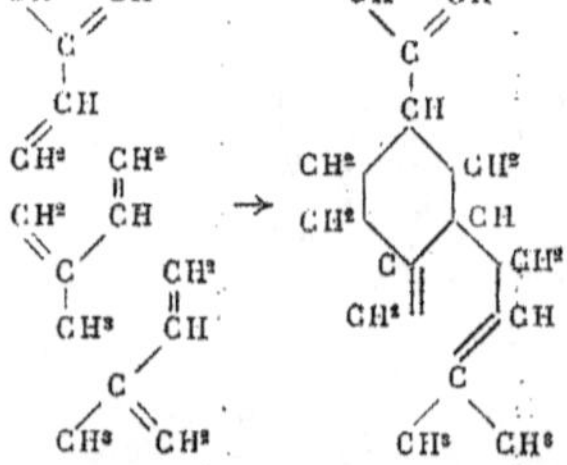

Cette manière de voir coïncide avec les faits observés, notamment avec le très faible poids spécifique des sesquiterpènes.

La propriété que possèdent certains d'entre eux de fixer les acides halogénés permet de les classer en sesquiterpènes bicycliques (absorbant 2 mol. d'acide) et sesquiterpènes tricycliques (absorbant une mol. d'acide) beaucoup d'entre eux. du reste ne rentrant pas dans cette classification.

CARBURES SESQUITERPÉNIQUES.

I. — Sesquiterpènes bicycliques.

CADINÈNE, $C^{15}H^{24}$. — Ce sesquiterpène se trouve dans l'huile de cade d'où on peut l'extraire de la fraction passant à 260-280° par l'intermédiaire du dichlorhydrate cristallisé [Wallach, *Ann. Chem.*, **271**, 297 et **238**, 78]; on le trouve également dans d'autres essences (cubèbe. patchouli, galbanum, sabine, paracoto, aiguilles de conifères, etc...). Il est identique avec le *galipène* extrait de l'essence d'écorce d'angusture [Soubeiran et Capitaine, *Journ. Pharm.*, **26**, 76; — Schmidt, *D. chem. G.*, **10**, 188; — Ogliaro, *ibid.*, **8**, 1357; — Semmler, *Arch. d. Pharm.*, **229**, 17; — Bertram et Gildemeister, *ibid.*, **231**, 290].

Le cadinène bout à 274-275°, $D^{20} = 0,918$, $n_D = 1,50647$; $[\alpha]_D = -98°,56$; son *chlorhydrate* $C^{15}H^{24}2ClH$ fond à 117-118°; $[\alpha]_D = -36°,82$; chauffé avec de l'acide iodhydrique, il fournit un carbure saturé $C^{15}H^{28}$ bouillant à 257-260° [Wallach et Walker, *Ann. Chem.*, **271**, 295].

Le *bromhydrate* $C^{15}H^{24}2BrH$ fond à 124-125°, $[\alpha]_D = -46°,13$; l'*iodhydrate* $C^{15}H^{24}2IH$ fond à 105-106°, $[\alpha]_D = -48°$.

Le *nitrosochlorure* fond à 93-94°, le *nitrosate* à 105-110° [Schreiner et Kremers, *Centr. Bl.*, 1899, II, 1119].

CARYOPHYLLÈNE. $C^{15}H^{24}$. — Ce sesquiterpène s'extrait de l'essence de girofle [Wallach et Walker. *Ann. Chem.*, **271**, 285]: il existe également dans l'essence de copahu d'où l'on peut l'extraire par fractionnement [Scheiner et Kremers, *Centr. Bl.*, 1899, II, 943, 1119 et 1902, I, 41].

Le caryophyllène bout à 258-259° ou 136-137° (20 mm.) $D^{20} = 0,9034$, $[\alpha]_D = -8,89$ (-8,74, Kremers).

Son *dichlorhydrate* $C^{15}H^{24}2ClH$ cristallise difficilement et fond à 69-70°; l'action de l'acétate de soude fournit non pas le caryophyllène primitif mais un sesquiterpène identique avec le *clovène* (voy. plus loin).

Le *nitrosochlorure*, $(C^{15}H^{24}AzOCl)^2$. fond à 158°.

Le *nitrosite* $C^{15}H^{24}Az^2O^3$ fond à 113° $[\alpha]_D = +103°$, il se transforme à la lumière en solution benzénique en une modification β fusible à 146-148°. Le *nitrosate* $C^{15}H^{24}Az^3O^4$ fond à 148-149°.

GALIPÈNE, $C^{15}H^{24}$. — Il est vraisemblablement identique avec le cadinène [Beckurts et Trœger, *Arch. Pharm.*, **235**, 188. 526, 634 et **236**, 392, 491]. On l'obtient en traitant l'essence d'angusture par l'anhydride phosphorique; le galipol (voy. plus loin) est deshydraté et fournit un carbure inactif, bouillant à 255-260°. La modification *droite* s'obtient en déshydratant la portion de l'essence passant à 250-280° par l'anhydride acétique; le carbure obtenu bout à 258-259° $[\alpha]_D = +18°$. Enfin, si l'on traite l'essence par une dissolution d'acide bromhydrique dans l'acide acétique, il se forme des cristaux de *dibromhydrate* fusible à 123° correspondant à une *modification gauche*; le *chlorhydrate* fond à 114°.

HUMULÈNE, $C^{15}H^{24}$. — Il se retire de l'essence de houblon (*Humulus lupulus*) [Chapman, *Chem. Soc.*, **67**, 54 et 780; — Fichter et Katz, *D. chem. G.*, **32**, 3183].

Il bout à 263-266°; $D^{15}_{15} = 0,9001$: il donne un *tétrabromure* huileux, et un *dichlorhydrate* également huileux. Le *nitrosochlorure* $C^{15}H^{24}AzOCl$ fond à 164° en se décomposant; le *nitrosite* $C^{15}H^{24}Az^2O^3$ est en aiguilles bleues qui fondent à 127°; il se forme en même temps dans sa préparation un isomère incolore fusible à 172°. Le *nitrosate* $C^{15}H^{24}Az^2O^4$ fond à 162-163°.

Zingibérène, $C^{15}H^{34}$. — On l'extrait de la portion d'essence de gingembre qui bout à 120-125° sous 10 mm. après saponification au moyen de la potasse alcoolique [Soden et Rojahn, *Centr. Bl.*, 1900, II, 97; — Schreiner et Kremers, *ibid.*, 1901, II. 1226 et 1902, I, 41]. Le zingibérène bout à 269-270° ou 160-161° (32 mm.). $D^{20} = 0,8731$; $[\alpha]_D = -73°,28$.

Le *nitrosochlorure* $C^{15}H^{24}AzOCl$ fond à 96-97°.

Le *nitrosite* $C^{15}H^{24}Az^2O^3$ fond à 97-98°.

Le *nitrosate* $C^{15}H^{24}Az^2O^4$ fond à 86-88°.

Le *dichlorhydrate* $C^{15}H^{24}$,2ClH fond à 168-169°.

II. Sesquiterpène tricyclique.

CLOVÈNE, $C^{15}H^{24}$. — Il est inconnu dans la nature et s'obtient à partir du chlorhydrate de caryophyllène [Wallach et Walker, *loc. cit.*] ou en chauffant l'alcool caryophyllénique avec de l'anhydride phosphorique.

Il bout à 261-263°; $D^{18} = 0,93$.

III. Autres sesquiterpènes.

On connaît encore un assez grand nombre de dérivés sesquiterpéniques que nous ne ferons que mentionner, renvoyant pour une description plus détaillée aux mémoires originaux.

Araliène. — [Alpers, *Centr. Bl.*, II, 623].

Aromadendrène. — [Smith, *Chem. News*, **85**, 3].

Caparrapène. — [Tapia, *Bull. Soc. Chim.*, (3), **49**, 643].

Cédrène. — [Rousset, *Bull. Soc. Chim.*, (3), **17**, 486].

Santalène et isosantalène. — [Guerbet, *C. R.*, **130**, 1327 et 418; — Soden, *Ann. d. Pharm.*, **238**, 353; — Müller, *ibid.*, **238**, 366; —Conrady, *Pharm. Centr. Bl.*,; — Soden, *Centr. Bl.*, 1900, I, 858; — Rojahn, *Centr. Bl.*, 1900, II, 1274; — Deussen, *Arch. d. Pharm.*, **238**, 149 et **240**, 290].

Patchoulène. — [Wallach et Tuttle, *Ann. Chem.*, **279**, 391].

Sesquiterpène de l'essence d'*eucalyptus* [Smith, *Chem. News*, **85**, 3]. Sesquiterpène de l'essence de *vétiver* [Genvresse et Langlois, *C. R.*, **135**, 1059].

Atractylène [Gadamer et Amenomiya, *Arch. d. Pharm.*, **244**, 22]. *Gurjumène* [Schreiner, *Pharm. Rev.*, **22**, 60].

ALCOOLS SESQUITERPÉNIQUES.

Ces alcools se trouvent dans la nature ou peuvent s'obtenir par hydratation de quelques sesquiterpènes; nous allons décrire brièvement les principaux.

Alcool du Patchouli, $C^{15}H^{26}O$. — [Gal, *C. R.*, **68**, 406; — de Montgolfier, *C. R.*, **84**, 88; — Wallach et Tuttle, *Ann. Chem.*, **279**, 391]. Ce corps a été appelé autrefois *camphre de patchouli*; il fond à 56° et se déshydrate facilement en donnant un sesquiterpène. le *patchoulène*.

Camphre de Lédon, $C^{15}H^{26}O$. — Il s'extrait de l'essence de *Ledum palustre* L.

Il fond à 104-105° et bout à 282-282° [Trapp, *D. chem. G.*, **8**, 512; — Iljelt et Collan, *ibid.*, **15**, 2500; — Rizza, *ibid.*, **16**, 2311; — Iljelt, *ibid.*, **28**, 3087].

Il se déshydrate très facilement en un carbure

sesquiterpénique, le *lédène* $C^{15}H^{24}$ bouillant à 264°.

Cédrol, $C^{15}H^{26}O$. — Cet alcool, qui s'extrait de l'essence de bois de Cèdre de Virginie, est solide, il fond à 84° et bout à 282° ou à 149-155° (8 mm.) [Rousset, *Bull. Soc. Chim.*, (3), 17, 486; — Walter, *Ann. Chim. Phys.*, (3), 4, 498]. Le chlorure de benzoyle le déshydrate en fournissant un sesquiterpène, le *cédrène*. Son *éther acétique* bout à 157-160° (8 mm.) (Rousset). L'oxydation chromique convertit le cédrol én une cétone, la *cédrone*, bouillant à 147-151° (8 mm.).

Son *oxime* bout à 175-180° (8 mm.). L'hydrogénation de la cédrone donne un nouvel alcool, l'*isocédrol* bouillant à 148-151° (8 mm.).

Gayol, $C^{15}H^{26}O$. — Cet alcool se retire de l'essence du bois de gayac [Wallach et Tuttle, *Ann. Chem.*, 279, 391].

Il fond à 91° et bout à 288°.

Camphre de cubèbe, $C^{15}H^{26}O$. — Il se retire de l'essence de poivre cubèbe; il fond à 70° et bout à 148° dans le vide [Schmidt, *D. chem. G.*, 10, 188; — Schaer et Wiss, *Arch. d. Pharm.*, 206, 316]. Il se déshydrate facilement en un carbure $C^{15}H^{24}$, le *cubèbène*, bouillant à 255-260°.

Caryophyllénol, $C^{15}H^{26}O$. — On l'obtient en hydratant le caryophyllène par la méthode de Bertram-Wahlbaum.

Cet alcool bout à 287-289° et fond à 94-95°. L'anhydride phosphorique le déshydrate en donnant le *clovène*. La phényluréthane du caryophyllénol fond à 135-137° [Wallach et Tuttle, *Ann. Chem.*, 279, 391].

Galipol, $C^{15}H^{26}O$. — On le rencontre dans l'essence d'angusture [Beckürts et Trœger, *Arch. Pharm.*, 235, 188, 526, 634 et 236, 392 et 491.

Il bout à 264-265°.

Santalols, $C^{15}H^{26}O$. — [Ber. *Schimmel*, avril 1899; — Guerbet, *C. R.*, 130, 417; *Bull. Soc. Chim.*, (3), 23, 540; *C. R.*, 130, 1324; — Parry, *Chem. and Druggist*, 53, 708; 57, 165 et 55, 1023; *Ber. Schimmel*, avril 1900, 44; — Soden, *Arch. d. Pharm.*, 238, 353 et 232, 383].

L'essence de santal renferme à côté de divers constituants, deux alcools, les santalols α et β.

Le santalol α bout à 300-301°, $D_0 = 0,9854$, $[\alpha]_D = 1°,2$; le santalol β bout à 309-310°, $D_0 = 0,9868$, $[\alpha]_D = -56°$.

D'après Soden, le santalol α aurait la formule $C^{15}H^{24}O$, $[\alpha]_D = +1°40'$ à $+2°4'$.

L'*acétate de santalyle* α bout à 308-310°, l'acétate de santalyle β à 316-317°.

Les santalols se déshydratent facilement en donnant des carbures, les α et β santalènes (Guerbet).

Atractylol, $C^{15}H^{26}O$. — Il se rencontre dans l'essence d'*Atractylis ovata* [Gadamer et Amenomiya, *Arch. d. Pharm.*, 241, 22]. Il fond à 59° et bout à 290-292°.

Nérolidol, $C^{15}H^{26}O$ [Hesse et Zeitschel, *J. prakt. Chem.*, (2), 66, 481].

Vétivérol, $C^{15}H^{26}O$. — [Genvresse et Langlois, *C. R.*, 135, 1059].

Bétulol. — [Soden et Elze, *Ber. Schimmel*, avril 1906].

POLYTERPÈNES.

Les polyterpènes comprennent les di et triterpènes $C^{20}H^{32}$ et $C^{30}H^{48}$.

Diterpènes.

Bisabolène, $C^{20}H^{32}$(?). — [Tucholka, *Arch. Pharm.*, 235, 296].

Capaïvène, $C^{20}H^{32}$. — [Blanchet, *Ann. Chem.*, 7, 156; — Soubeiran et Capitaine, *ibid.*, 34, 1840].

Colophène, $C^{20}H^{32}$. — [Deville, *Ann. Chem.*, 37, 192; — Riban, *Ann. Chim. Phys.*, 6, 40].

Diterpilène, $C^{20}H^{32}$. — [Lafont, *Ann. Chim. Phys.*, 15, 174].

Camphoterpène, $C^{20}H^{32}$. — [Ballo, *Ann. Chem.*, 197, 326].

Dicinène, $C^{20}H^{32}$. — Hell et Stürcke, *D. chem. G.*, 17, 1973].

Métatérébenthène, $C^{20}H^{32}$ — [Berthelot, *Ann. Chim. Phys.*, 39, 19].

Paracajeputène, $C^{20}H^{32}$. — [Schmidt, *Jahresb.*, 1860, 481].

Diterpène de la résine de sandaraque, $C^{20}H^{32}$. — [Henry, *Chem. Soc.*, 79, 1149].

Diterpène de l'acide pimarique, $C^{20}H^{32}$ (identique avec l'hydrure de colophène). — [Henry, *ibid.*, 1155].

Triterpènes, $C^{30}H^{48}$.

Amyrilènes, $C^{30}H^{48}$ et *Amyrines*, $C^{30}H^{49}O$. — [Westerberg, *D. chem. G.*, 20, 1242 et 24, 3834].

Tétraterpène, $C^{40}H^{64}$.

Tétratérébenthène, $C^{40}H^{64}$. — [J. Riban, *Ann. Chim. Phys.*, 6, 42].

Mai 1906.   G. Blanc.

TERPÉNYLIQUE (ACIDE). — Voyez Diterpénylique.

TERRE ARABLE. — *Formation des terres arables.* — La désagrégation des roches primitives a donné naissance à la partie minérale des sols agricoles (voy. Dict., 3, 326). Quant à la matière organique primitivement formée, c'est à l'action des micro-organismes qu'il faut attribuer son origine dans les terres, avant que la végétation des grandes plantes à chlorophylle soit venue s'y établir et l'ait renouvelée et accrue. Au-dessus des limites de la végétation, on trouve encore des ferments nitrificateurs qui transforment en azote nitrique l'azote ammoniacal de l'atmosphère. Sans posséder de chlorophylle, ces organismes sont capables de fixer l'acide carbonique gazeux ou combiné aux roches calcaires, et de fabriquer ainsi de la matière organique avec des éléments exclusivement minéraux. De même, les algues vivant en symbiose avec certaines bactéries fixatrices d'azote peuvent vivre exclusivement aux dépens d'éléments gazeux apportés par l'atmosphère : azote et anhydride carbonique.

L'humus ou matière noire du sol est essentiellement un produit d'origine microbienne. C'est le résultat du travail de bactéries anaérobies qui agissent sur les matières carbonées des résidus végétaux. Cette fermentation humique est favorisée par une aération faible, par une température peu élevée.

La composition de l'humus n'est pas définie. Des substances voisines de l'humus peuvent être formées à partir des hydrates de carbone en les chauffant un certain temps avec de l'eau sous pression. Cette action est d'ailleurs plus rapide en présence d'une trace d'un acide minéral. Ces substances sont des acides faibles et donnent des sels; aussi les désigne-t-on sous le nom générique d'*acide humique* :

	Acide humique	
	provenant du sucre.	naturel. —
Carbone............	63,69	56,3 à 59
Hydrogène........	4,6	4,4 à 4,9
Oxygène..........	31,5	32,7 à 36
Azote............	»	2,8 à 3,6

[Berthelot, *Chim. végét. et agric.*, 4, 124]. Une partie de l'humus naturel est formée d'acide humique combiné à des bases. On peut le séparer de la façon suivante : la terre est traitée par un acide dilué de façon à décomposer les humates, on lave à l'eau distillée, puis on traite le résidu par une solution ammoniacale. On obtient une solution brune d'humate d'ammoniaque. Quand on la neutralise par un acide, il se produit un précipité brun d'acide humique qui ne correspond pas toutefois à tout l'humus dissous par l'alcali. Une portion reste en solution dans les acides. contenant de l'azote qui semble être sous forme d'amide.

Dans la décomposition des matières organiques, ce sont les matières ternaires qui sont les premières détruites par les microorganismes, tandis que les matières azotées. les nucléines en particulier, résistent à l'action des bactéries. Aussi le taux de l'azote dans l'humus est-il d'autant plus élevé que, dans les sols. la proportion de cet humus est plus faible. Lawes et Gilbert ont calculé le rapport entre le carbone et l'azote dans différents sols, et ils l'ont comparé à celui que présentent les matières organiques dont provient cet humus :

	Rapport $\frac{C}{Az}$
Chaume de céréales..........	43
— de légumineuses.....	23
Fumier de ferme............	18
Prairie très ancienne	13,7
Pature de création récente....	11.7
Terre arable	18.1
Sous-sol argileux............	6

[Hall, *Le sol en agriculture*, trad. Demolon].

Hilgard et Jaffa ont aussi trouvé que l'humus des sols secs et meubles est plus riche en azote que l'humus des sols humides. Celui des sols secs contiendrait en moyenne 15 0/0 d'azote. celui des sols humides 5,24 0/0.

Il semblerait donc que l'humus le plus résistant aux agents microbiens est celui qui est le plus riche en azote. MM. Berthelot et André ont constaté que les parties les plus solubles dans les alcalis ou les acides étaient les plus riches en azote [Berthelot, *Chim. agr. et végét.*, 4, 197].

L'humus possède des propriétés physiques précieuses, il agit comme un ciment faible. Il donne du corps aux terres siliceuses, mais il diminue la compacité des terres argileuses.

Analyse mécanique ou physique des terres. — La prise d'échantillon s'effectue en creusant une tranchée dont l'un des côtés est bien dressé : à l'aide d'une bêche, on y découpe des prismes d'environ 15 cent. de côté, et dont la hauteur correspond à l'épaisseur de la couche que l'on veut échantillonner : sol arable proprement dit, sol sous-jacent, sous-sol. Ces prismes sont alors émiettés et rendus bien homogènes. On en prélève des échantillons moyens qu'on laisse sécher à l'air.

L'analyse porte sur la terre fine débarrassée des cailloux et des graviers. Mais qu'entend-on par terre fine? En France, d'après les indications du Comité consultatif des stations agronomiques, la terre fine est, par convention, celle qui passe à travers un tamis dont les mailles ont 1 mm. de côté. Mais dans les laboratoires étrangers. en Allemagne notamment, on a adopté des conventions différentes.

En France on pratique généralement la méthode d'analyse physique de M. Schlœsing qui est décrite au t. 3 de ce Dict. Cette méthode ne divise les éléments du sol qu'en 4 groupes : le sable grossier, le sable fin, l'argile et l'humus. Mais à l'étranger on applique des méthodes d'analyse qui sont, à plus proprement parler,

des méthodes d'analyse mécanique et qui partagent les éléments en lots plus nombreux, d'après leur taille, ou mieux d'après la vitesse avec laquelle ils tombent au sein de l'eau. En effet, toutes ces méthodes mettent en œuvre la lévigation.

Le cylindre de Kühn et le cylindre de Knop [König, *Die Untersuchung landwirthschaftlich und gewerblich wichtiger Stoffe*, Berlin, 7] sont de simples éprouvettes dans lesquelles on introduit un poids déterminé de terre, préalablement délayée par une ébullition prolongée, et qu'on met en suspension dans un volume d'eau mesurée. Au bout d'un temps fixé d'avance, on décante le liquide resté trouble par des tubulures latérales. Le flacon de Bennigsen [Wahnschaffe, *Auleitung zur wissensch. Boden Untersuchung*, 26, Berlin, 1887] consiste en un simple flacon bouché dans lequel on a introduit la terre mise en suspension comme précédemment. Après agitation on les retourne, et les particules sableuses viennent se déposer dans le col qui porte une graduation permettant d'évaluer leur volume au bout d'intervalles de temps déterminés.

Ces appareils ne font qu'une séparation assez grossière des éléments. On emploie plus généralement des appareils à lévigation plus compliqués qui sont des modifications de l'appareil de Masure. Celui-ci se compose essentiellement d'une allonge unique, dont la pointe est tournée vers le bas, et qui contient la terre à analyser. On la fait traverser par un courant d'eau avec une vitesse constante, qui sépare par entraînement les éléments les plus fins et laisse le sable. Dans les appareils de Nöbel, de Schöne [König, *Untersuchung landw. und gewerb. wicht. Stoffe*, Berlin. 8, 1891], dans l'appareil de Kopecky [Kopecky, *Boden Untersuchung zum zwecke der Drainage arbeiten*, Prague, 1901], dans celui de Hilgard [Wolny, *Forschungen auf dem Gebiete der Agric. Physik.*, 11, 57-59, 1879], on a une série d'allonges analogues à celles de l'appareil de Masure, mais dont les diamètres sont de plus en plus grands, de façon que la vitesse du courant d'eau qui les traverse se ralentit de l'une à l'autre. Ce dernier dépose dans chacune d'elles des lots dont les éléments sont de plus en plus fins. Les chimistes allemands séparent généralement 8 lots, dont les éléments ont les dimensions suivantes :

1	de 3^{mm} à 2^{mm}	de diamètre.
2	2,00 à 1,00	—
3	1.00 à 0,50	—
4	0,50 à 0,20	—
5	0,20 à 0,10	—
6	0,10 à 0,05	—
7	0.05 à 0,01	—
8	moins de 0,01	—

Propriétés mécaniques et physiques des sols. — Les plus importantes sont celles qui ont trait à leurs rapports avec l'eau. C'est surtout la *perméabilité* qui exprime la facilité plus ou moins grande avec laquelle la terre se laisse pénétrer et traverser par l'eau, et la *faculté d'imbibition* qui se mesure par la quantité d'eau que le sol retient. Ces propriétés sont indispensables à connaître pour l'établissement des projets des travaux d'amélioration agricole : irrigations, drainages, dessèchements. Elles ont été étudiées ces dernières années, particulièrement en Allemagne, en Autriche, et l'on peut dire qu'elles sont maintenant l'objet d'une science particulière, que les agronomes allemands désignent sous le nom de Bodenkunde ou Pedologie [voy. à ce sujet : Mitscherlich, *Bodenkunde für Land und Forstwirte*, Berlin, 1905; — J. Kopecky, *Die physikalischen Eigenschaften des Bodens*, Prague, 1904 ; — Garola, *Contributions à l'étude physique des sols*, Chartres, 1903].

La détermination de la densité réelle des terres s'effectue par la méthode bien connue du flacon. Pour déterminer la densité apparente, on opère, soit sur la terre en place, dont on extrait à l'aide d'une sonde cylindrique un volume déterminé sans tassement ni désagrégation et dont on prend le poids après dessiccation (Kopecky, Garola), ou bien on opère sur la terre séchée à l'air, émiettée et désagrégée, dont on pèse un volume déterminé. La différence entre le poids spécifique apparent et le poids spécifique réel permet de calculer le volume des espaces libres exprimant la porosité. On obtient pour la porosité comme pour le poids spécifique apparent des nombres très variables suivant l'état de culture si l'on opère sur la terre en place, et suivant l'émiettement et le tassement si l'on opère au laboratoire sur la terre séchée et tamisée.

La terre peut retenir de l'eau dans ses espaces vides, qui en sont ainsi plus ou moins complètement remplis. Cette quantité d'eau est très variable suivant le volume total, et aussi suivant le volume moyen des pores. La faculté d'imbibition des terres, ou encore, comme disent les Allemands, leur *capacité pour l'eau* est donc très variable. C'est une propriété très importante pour la mesure de laquelle on a proposé de nombreuses méthodes. Schübler mesurait de la manière suivante la faculté d'imbibition de la terre : il prenait 20 gr. de terre sèche qu'il plaçait sur un filtre et qu'il arrosait d'eau, puis, il laissait le filtre se ressuyer et le pesait avec la terre humide, et il obtenait ainsi la proportion d'eau retenue par la terre sèche. On peut encore appliquer la méthode de Schübler en délayant un poids de terre connu dans une capsule avec de l'eau en excès, et en jetant le tout sur un entonnoir muni d'un petit filtre mouillé et préalablement pesé. L'entonnoir est recouvert d'une lame de verre, et quand l'égouttement est terminé, on prend le poids. Pour le calcul, on se rapporte toujours à la terre séchée à 100°.

Avec ce mode opératoire, la terre étant dans un état très divisé, on trouve toujours une capacité très élevée, surtout pour les terres argileuses, les Allemands appellent cette capacité pour l'eau la capacité maxima ou capacité entière. Ce procédé est très imparfait et conduit souvent à des résultats erronés.

On a essayé des méthodes qui réalisent des conditions se rapprochant mieux de celles qui se présentent naturellement. Wahnschaffe a proposé la méthode suivante : un cylindre de zinc de 16 cent. de haut, de 6 cent. de diamètre est fermé vers le bas par une toile métallique de nickel. Au-dessous, est soudé un petit tube de zinc percé de trous sur les parois. On place sur la toile métallique un petit morceau de calicot mouillé et ressuyé, et on pèse le tout, dont la contenance intérieure est de 200 cc. La terre séchée à l'air et pulvérisée est introduite par petites portions et tassée par de légers chocs. On pèse alors le cylindre plein et on en déduit la densité apparente de la terre, puis on le place dans l'eau de façon que la toile métallique plonge de 5 à 10 mm. On recouvre d'une cloche et on attend que la terre soit imbibée par capillarité, on fait alors des pesées jusqu'à ce que le poids du cylindre n'augmente plus.

En réalité, les résultats sont trop forts, et à la partie inférieure les espaces capillaires sont remplis d'eau, alors qu'à la partie supérieure l'eau retenue seulement par l'attraction superficielle des grains et par la capillarité des canaux interstitiels les plus ténus laisse vides les canaux les plus larges.

Pour échapper à cette objection, on a proposé des méthodes analogues à la suivante qui a été indiquée par Mayer. Un tube de verre de 1^{cm},5 à 2 cent. de diamètre est fermé à la partie inférieure par une toile et rempli de terre séchée à l'air, finement pulvérisée, que l'on a introduite par petites portions en la tassant par de petits chocs jusqu'à ce qu'elle atteigne une hauteur de 1 mètre. Le tube de verre se compose de 2 parties raccordées par un caoutchouc. La partie inférieure a environ 0^{m},75 de longeur, et 25 cent. de la partie supérieure sont encore remplis de terre. On verse par le haut un excès d'eau, et on attend que l'eau surnageante soit complètement écoulée et que le niveau inférieur de la terre humectée soit constant. On sépare alors les deux tubes de verre, et on prélève à l'endroit du raccord un échantillon de terre dont on détermine la perte de poids par dessiccation à 100°. De cette façon on obtient la « capacité minima ou absolue ». Cette capacité se rapproche beaucoup plus que la capacité maxima, citée plus haut, de celle de la terre en place.

Hilgard détermine cette capacité minima à l'aide d'une petite boîte en laiton cylindrique de 1 cent. de profondeur et de 6 cent. de diamètre. Le fond est constitué par une feuille de laiton percée de trous, et l'ensemble est porté par 3 pieds. Le volume de la boîte est d'environ 30 cc. On le détermine exactement en obstruant les trous avec de la cire, pesant, remplissant d'eau et pesant à nouveau. On découpe un cercle de papier à filtre mince et on le place au fond de la boîte, on l'humecte et on pèse. On remplit de terre fine et on tasse légèrement ; enfin, on nivelle la surface avec une arête bien droite ; on pèse de nouveau pour connaître le poids de la terre sèche, et on place la boîte dans une assiette renfermant de l'eau distillée, en s'arrangeant de façon que le niveau de l'eau s'élève de 1 cent. au-dessus du niveau inférieur de la terre dans la boîte. Le tout est placé sous une cloche pour éviter la dessiccation. Quand la terre est humectée on la laisse égoutter, on enlève avec un buvard l'excès d'eau qui reste à la partie inférieure, et on pèse. On a les éléments pour calculer la capacité maxima que l'on rapporte soit au poids, soit au volume de la terre sèche. Pour avoir la capacité minima, on prend de la terre séchée à l'air, et on saupoudre la surface de la terre humide sur une épaisseur de 1/2 cent. Cette terre ajoutée se mouille rapidement et change de couleur. On la râcle avec un fil métallique tendu que l'on fait glisser sur les bords de la boîte, et on recommence la même opération jusqu'à ce que la terre sèche ajoutée reste une 1/2 heure environ à la surface sans manifester par son changement de couleur une absorption d'eau. On pèse alors la boîte et son contenu, on sèche à l'étuve et on repèse afin de tenir compte du tassement qui a pu se produire pendant ces dernières opérations.

On a imaginé, d'autre part, des méthodes ayant pour but de déterminer la capacité du sol en place. Heinrich enlève la terre arable sur une certaine surface et, sur le sous-sol, il place un cylindre de zinc de 20 cent. de diamètre et de 40 cent. de hauteur qu'il remplit de terre humide passée au tamis de 4 fils au cent. jusqu'à la même hauteur que la terre végétale, et extérieurement le cylindre est garni de la même terre, jusqu'à la même hauteur.

On verse alors dans le cylindre un excès d'eau et on attend qu'il soit écoulé. Avec les sols sableux, il suffit de quelques heures ; avec les sols argileux il faut 1 ou 2 jours. On prélève alors vers le milieu du cylindre un échantillon pour y déterminer l'humidité par dessiccation à 100°.

Si les méthodes de laboratoire sont nombreuses pour la détermination de la faculté d'imbibition du sol, il n'en est pas de même pour la mesure de la perméabilité que les pédologues semblent souvent avoir laissée de côté. La seule méthode décrite est la suivante : De la terre séchée à l'air et pulvérisée est introduite dans un tube de dimensions déterminées, par petites portions, et tassée en donnant de légers chocs. On fait arriver sous pression constante, à la partie supérieure du tube, de l'eau dont on mesure le volume passé en un temps donné.

Pour la détermination de la capacité pour l'eau et de la perméabilité, on a imaginé des méthodes « de plein champ » par opposition aux « méthodes de laboratoire ». Des tubes de 10 ou 20 centimètres de diamètre sont enfoncés en terre, et dans leur partie supérieure on verse de l'eau en excès de façon à saturer la terre d'humidité.

Au bout de 24 heures, on commence à mesurer ce qui est absorbé par le sol en un temps donné. Des résultats obtenus, on peut conclure la perméabilité de la terre telle qu'elle est en place. Après 24 heures, l'eau ayant complètement disparu du cylindre, et la terre s'étant égouttée, à l'aide d'une sonde, on prélève une masse de terre qui, par dessiccation, donne l'eau retenue. On a ainsi la capacité pour l'eau qu'on peut calculer soit en volume, soit en poids.

Kopecky, tout en opérant sur la terre telle qu'elle est en place, emploie des méthodes plus expéditives. A l'aide d'une sonde spéciale formée d'un tube d'acier et contenant intérieurement des cylindres de laiton de volumes déterminés qui peuvent se retirer pleins de terre après avoir enfoncé la sonde entière dans le sol, il prélève des échantillons transportables de terre sans qu'elle ait subi ni tassement, ni émiettement. Sur l'un d'eux, par un procédé analogue à celui d'Hilgard, il détermine la capacité pour l'eau ; sur un autre, il fait des essais de perméabilité.

Analyse chimique des terres arables. — Elle ne porte que sur les éléments qui sont indispensables aux plantes. Ces éléments sont relativement peu nombreux, comme l'ont montré des expériences synthétiques de culture sur des solutions salines à composition connue. Cependant les plantes tirent du sol des éléments fortuits : aluminium, rubidium, césium, zinc, cuivre, brome, iode, etc. Ce ne sont pas là des éléments inutiles, mais dans l'état actuel de la science l'analyse chimique n'a pas à en tenir compte.

L'acide phosphorique se trouve dans tous les sols, en proportions variables, soit sous forme de phosphate de chaux cristallin (apatite) ou amorphe, soit sous forme de phosphate de fer et d'alumine ou enfin en combinaison organique.

Les sols contiennent de l'acide sulfurique. Il est indispensable aux plantes dont la matière albuminoïde contient toujours du soufre. Les chlorures, qui sont indispensables à l'organisme animal où ils favorisent les mouvements de dialyse, semblent inutiles dans les sols où on les rencontre toujours. Contrairement à l'opinion de Liebig, la silice ne semble pas non plus jouer de rôle, bien que certaines plantes, notamment les céréales, en fixent des quantités considérables dans leurs tissus.

La potasse existe dans les sols en proportions généralement suffisantes. Elle provient surtout des roches feldspathiques. Elle constitue un élément indispensable à la végétation.

La soude ne joue qu'un rôle des plus obs-

curs. Elle est présente dans tous les terrains, sans que son utilité soit constatée.

La chaux est un élément de première importance. Elle est indispensable à la nutrition des plantes. Sous forme de carbonate, sa présence est nécessaire au processus de la nitrification. Enfin elle est le facteur de l'ameublissement des sols en coagulant l'argile; elle sert aux réactions de double décomposition et joue ainsi un rôle dans le pouvoir absorbant pour les éléments fertilisants. On trouve toujours de la magnésie, dont le rôle nutritif n'est pas non plus bien éclairci.

Le fer existe en abondance dans tous les sols. Il est nécessaire à la formation de la chlorophylle.

Le manganèse est à l'état de traces dans presque tous les végétaux. Il joue un rôle heureux vis-à-vis des ferments oxydants, et il est des cas où son apport comme engrais peut provoquer des excédents de récolte [G. Bertrand, *C. R.*, **141**, 1255].

L'analyse chimique des terres arables n'a généralement lieu de porter que sur les éléments dont l'apport, sous forme d'engrais, procure des suppléments de récolte. La pratique a montré que ces éléments étaient principalement: l'azote, l'acide phosphorique, la potasse et la chaux. L'azote se trouve sous les formes organique, ammoniacal et nitrique.

Le dosage de l'azote ammoniacal se fait généralement (*Encyclopédie* Frémy, *Chim. agricole*, p. 178) par le procédé suivant de M. Schlœsing : on prend un certain poids de terre dont on a d'autre part déterminé l'humidité, on l'additionne d'eau et d'acide chlorhydrique exempt d'ammoniaque jusqu'à décomposition complète du calcaire et apparition d'une légère réaction acide. On laisse reposer et on prélève une quantité aliquote du liquide clair surnageant que l'on distille sur de la magnésie ; l'alcali volatil est condensé, puis dosé par l'acide sulfurique titré.

M. Berthelot [*Chim. végétale et agricole*, 4, p. 260] a montré que les acides même étendus pouvaient former de l'ammoniaque aux dépens des amides de la matière organique de la terre. Aussi il y a lieu de ne pas mettre un excès trop grand d'acide et de ne prolonger que le moins possible son action.

Les éléments minéraux sont souvent engagés dans des combinaisons avec la silice et partiellement attaqués par les acides usuels. Pour en faire un dosage rigoureux, il faut appliquer les méthodes qui sont suivies pour l'analyse des roches silicatées (attaque par l'acide fluorhydrique, par les carbonates alcalins, voie moyenne de H. Sainte-Claire Deville). Mais des résultats ainsi obtenus, la pratique agricole ne pourrait tirer que peu de renseignements. On emploie des méthodes conventionnelles mettant en œuvre des acides plus ou moins énergiques qui ne dissolvent qu'une partie de l'acide phosphorique, de la potasse, de la chaux, etc. On admet que ces éléments, qui sont le plus facilement mobilisés par les agents chimiques, sont aussi plus facilement assimilables par les plantes, et les chiffres ainsi obtenus donnent une idée plus exacte de la fertilité du sol, que ceux que donnent des méthodes d'analyse rigoureuse.

L'analyse chimique des terres repose donc sur des méthodes conventionnelles et, afin que les résultats obtenus par les divers chimistes soient toujours comparables, une marche uniforme doit être adoptée. Beaucoup de procédés ont été proposés ou pourraient être proposés : il est nécessaire d'en adopter un dont les résultats ont été comparés aux faits culturaux : on aura ainsi l'avantage de mettre à profit de longues suites de recherches et de comparaisons. En France, on a adopté les méthodes uniformisées par le rapport de M. Müntz au Comité des stations agronomiques. Ces méthodes reposent sur le principe suivant : la terre est attaquée par de l'acide azotique étendu de son volume d'eau, à l'ébullition pendant 5 heures. Pour le dosage de l'acide phosphorique, on a soin de la calciner au préalable.

Pour l'interprétation des résultats on a aujourd'hui, grâce aux observations de Gasparin, de Risler, de M. Joulie, des règles générales, permettant d'établir des relations entre la fertilité des terres et leur teneur en éléments fertilisants, mais il serait dangereux de leur attribuer un caractère trop absolu. Voici les chiffres que ces agronomes ont adoptés pour classer les terres d'après leur composition chimique :

Terres.	Azote 0/00	Ac. phosphorique 0/00
Très pauvres........	au-dessous de 0,5	au-dessous de 0,1
Pauvres...........	0,5 à 1	0,1 à 0,5
De richesse moyenne.	1	0,5 à 1
Riches.............	1 à 2	1 à 2
Très riches........	au-dessus de 2	au-dessus de 2

Pour la potasse, d'après Risler, quand l'attaque de la terre fournit 1 p. 1000 de potasse, il suffit, dans un assolement où les fourrages s'équilibrent bien avec les céréales et les racines, de rendre au champ tout le fumier produit par les fourrages et les pailles. Quant à la chaux, elle intervient à la fois comme élément fertilisant nécessaire à la production des récoltes et comme partie constituante de la terre et modificatrice de ses propriétés physiques et chimiques. Des terres légères sont assez calcaires lorsqu'elles renferment 1 0/0 de carbonate de chaux, tandis que des terres fortes ne le sont pas assez avec 4 0/0.

On a tendance aujourd'hui à rechercher des méthodes qui mettent en œuvre, pour l'attaque, des acides moins énergiques que l'acide azotique, dans l'espoir de distinguer la partie assimilable par les plantes de l'acide phosphorique et de la potasse. Le nombre de ces acides faibles proposés est déjà très grand. L'acide acétique dilué, proposé par Liebig, a été employé par Dehérain [*Ann. agron.*, **17**, 445, 1891]. Gerlach [*Landw. Versuchs. Stat.*, 46, 201, 1896] et Th. Schlœsing fils [*C. R.*, **131**, 149] ont proposé l'emploi de l'eau chargée d'acide carbonique. Pétermann [*Rech. de Chim. et de Physiol.*, 3, 50, 1898] se sert d'une solution ammoniacale de citrate d'ammoniaque pour déterminer l'acide phosphorique assimilable. La Société américaine des chimistes agronomes officiels recommande l'emploi de l'acide chlorhydrique cinquième normal. Emmerling [*Bied. Centr.*, **29**, 75, 1900] propose l'acide oxalique à 1 0/0 pour distinguer l'acide phosphorique combiné avec les terres alcalines de celui qui est combiné aux sesquioxydes, et Maxwell [*J. Amer. Chem. Soc.*, **21**, 415, 1899] l'acide aspartique à 1 0/0. Th. Schlœsing fils [*C. R.*, **128**, 1004, 1899] a employé de l'acide azotique dilué à différentes concentrations et a constaté qu'au fur et à mesure que cette concentration augmentait la proportion d'acide phosphorique s'accentue, puis reste stationnaire, puis augmente de nouveau. A ce moment, le fer apparait dans les solutions, et, d'après l'auteur, il indiquerait le point où tout l'acide phosphorique assimilable est entré en solution. M. D. Sigmond a appliqué cette méthode à l'analyse des terres hongroises : il détermine la basicité de la terre et la traite ensuite par une solution nitrique, de façon que l'acidité finale soit comprise entre les limites de 200 à 1000 mgr. Az^2O^5 par litre de solution [*Math. és Ferméstellud. Kösléménieck*, **29**, 1, 1906, Budapest, et *Ann. de la Sc. agron.*, 2, 396, 1906].

En Angleterre on a adopté une méthode proposée par Dyer [*J. Chem. Soc.*, **65**, 115, 1894] qui consiste à attaquer la terre par une solution à 1 0/0 d'acide citrique. D'après des essais faits à Rothamsted sur des terres parfaitement connues au point de vue de la fertilité [Hall et Plymen, *J. Chem. Soc.*, **84**, 117, 1902], cette méthode donnerait les meilleurs résultats.

Analyse minéralogique. — MM. Delage et Lagatu [*Constitution de la terre arable*, Montpellier, 1905 et *C. R.*, **139**, 1044 et 1233, 1904] ont entrepris l'étude des minéraux composants de la terre arable. Pour cela ils ont pétri la terre amenée à l'état de pâte pour en faire des boulettes, dont ils ont fait préparer des plaques minces propres à être examinées au microscope polarisant ou à lumière parallèle. Ils ont constaté que la terre n'était pas, comme on le croyait généralement, composée de minéraux plus ou moins décomposés et par suite indéterminables, mais bien d'espèces minérales d'une pureté parfaite, dont quelques-unes ont subi tout au plus des épigénies. Ce procédé d'examen peut servir à compléter l'analyse chimique. M. Cayeux [*C. R.*, **140**, 1270 et 1255, 1905] s'est élevé contre ces affirmations. Pour lui, les minéraux de la terre arable sont à un état plus ou moins décomposé.

D'après le Bureau des sols de Washington [*Bull. du Bureau des sols du départ. de l'agr. des États-Unis*, Washington, 1905], tous les sols contiennent tous les minéraux communs des roches qui sont tous faiblement solubles dans l'eau. Il en résulterait, au sein des terres arables, des solutions où les principaux éléments nutritifs seraient en concentration suffisante au développement des plantes, et cette concentration serait pratiquement la même pour tous les sols. D'après M. Withney, directeur du bureau des sols, le rôle des engrais ne serait pas d'apporter des matières nutritives aux plantes, mais de purifier le sol des toxines excrétées par les récoltes. Toutes les façons culturales auraient d'ailleurs le même objet. Cette théorie est en contradiction avec les recherches de M. Th. Schlœsing fils [*C. R.*, **127**, 236 et 327, **132**, 1189, **134**, 1383 et *Ann. de la Science agron.*, **1**, 316, 1899] qui a montré que l'eau qui imprègne la terre est une dissolution extrêmement faible de phosphates dont la concentration est très variable (du simple au centuple) et est en rapport avec les besoins en engrais phosphatés.

Cependant il n'est pas douteux que certaines cultures laissent dans le sol des excréta qui leur nuisent à elles-mêmes. On sait que la culture continue des légumineuses est impossible. La « fatigue » de la terre qui en résulte n'est pas due à un épuisement des matières fertilisantes, mais à la présence de toxines [Dumont et Dupont, *C. R.*, **144**; Pouget et Chouchak, *C. R.*, **145**, 1200, 1907].

Phénomènes biologiques. — Le sol sert de support à un très grand nombre de microbes. Pour les numérer d'une façon approximative on dilue une faible poids de terre dans du bouillon de viande gélatinée [Macé, *Traité de Bactériologie*]. Les organismes qui sont susceptibles de se développer dans ce milieu forment des colonies que l'on peut compter. On obtient des chiffres qui varient entre 1 et 50 millions de germes par gramme de terre humide. Les terres humifères ou fumées sont plus riches, le nombre des germes diminue avec la profondeur.

Les plus importants de ces organismes, au

point de vue cultural, sont ceux qui travaillent aux transformations des matières azotées. Nous en avons d'abord qui transforment les matières organiques azotées des débris laissés par les récoltes précédentes ou des fumiers et des engrais organiques. Si l'oxygène est en excès la dégradation aboutit aux termes les plus simples : eau, acide carbonique, ammoniaque et même azote libre. Il y a, au contraire, formation d'humus si l'oxygène n'intervient pas librement. En réalité il y a toujours production d'une petite quantité d'humus qui s'accumule ainsi dans toutes les terres, mais pour y former une sorte de réserve des matières azotées, car si à cet état l'azote est plus résistant aux actions microbiennes, il est loin d'y être tout à fait réfractaire. MM. Berthelot et André ont montré [*Ann. Chim. Phys.*, **11**, 368] que les matières organiques de la terre sont constituées par des principes amidés donnant de l'ammoniaque par l'action des acides et des alcalis et même de l'eau seule. Ce fait a été confirmé par M. Hébert [*Ann. Agr.*, **15**, 355] qui a constaté la formation à 150° de quantités notables d'ammoniaque. Néanmoins dans les conditions naturelles l'intervention des microorganismes est indispensable pour qu'il y ait production d'ammoniaque aux dépens de l'humus ou des matières azotées apportées par les engrais [MM. Müntz et Coudon, *Ann. Agr.*, **14**, 209]. Les ferments ammoniacaux sont très nombreux. Ils sont stimulés par une certaine chaleur (température optima 35°), une humidité suffisante et la présence de certains sels minéraux comme les phosphates et les sels de potasse. Ils travaillent aussi plus activement lorsque l'atmosphère de la terre est renouvelée. La présence de carbonate de chaux leur est très favorable et c'est à l'absence de cet élément qu'il faut attribuer la tendance qu'a l'humus à s'accumuler dans les sols sableux pourtant chauds et bien aérés. Quoi qu'il en soit, cette formation de l'ammoniaque aux dépens de l'humus est généralement très lente et l'on a songé à l'accélérer et aussi à éviter la formation de la matière noire aux dépens des fumiers, en répandant des cultures de ces ferments les plus actifs.

Par l'action d'autres organismes l'oxydation de la matière azotée est poussée plus loin. La nitrification est une véritable combustion de l'ammoniaque transformée en acide azotique qui se combine aux bases du sol pour former des nitrates [Schlœsing et Müntz, *C. R.*, 1877-1879 ; — Winogradsky, *Ann. de l'Inst. Pasteur*, 1890-1891 ; — Winogradsky et Omeliansky, *Arch. Sc. Biolog. de St-Petersburg*, 7, 1899 ; — Boulanger et Massol, *Ann. de l'Inst. Pasteur*, 1903-1904]. Cette oxydation se fait en 2 phases par l'intervention de 2 microbes spécifiques : il y a d'abord formation de nitrites qui sont ensuite transformés en nitrates. Mais dans le sol normal, on n'observe jamais la présence des nitrites et les deux organismes vivent en symbiose étroite. La nitrification au sein de la terre est favorisée par une humidité suffisante, par une température optima qui est voisine de 30°, par la présence de la matière humique [Müntz et Lainé, *C. R.*, **142**, 430] qui semble agir favorablement sur la multiplication des ferments. Dans les pays secs et chauds, les nitrates formés peuvent s'accumuler et former des terres nitrées. La nitrification peut en effet se poursuivre d'une façon active dans des terres où la proportion de nitrate de chaux atteint plus de 15 0/0 en solution dans l'eau qui les imprègne [Müntz et Lainé, *C. R.*, **144**, 861]. Ces ferments peuvent décomposer l'acide carbonique à l'obscurité [Winogradsky, Godlewsky, *Anzeiger der Akad. d.*

Wissem. in Krakau, 1895]. Ils sont très répandus et jouent un rôle considérable dans la formation des terres arables en contribuant à la dissolution des roches calcaires.

Dans certaines conditions, les nitrates peuvent être détruits au sein de la terre. M. Schlœsing a observé en 1873, qu'en plaçant de la terre humide à l'abri de l'air on y voyait les nitrates disparaître et qu'on recueillait un mélange d'azote et d'acide carbonique [*Contribution à l'étude de la Chimie agricole, Encyclopédie Fremy*, 8, 161]. En 1882, MM. Dehérain et Maquenne ont montré que cette réduction est due à l'action de ferments figurés [*Ann. Agr.*, 9, 5, 1883]. Les produits de la réduction sont des nitrites, du protoxyde d'azote, de l'azote libre et quelquefois de l'ammoniaque [Gayon et Dupetit, *C. R.*, 95, 644, 1365 ; — Grimbert, *Bull. de l'Inst. Pasteur*, 1904, 2, 937]. Ces dénitrificateurs sont très abondants dans la nature : ils existent partout où il y a de la matière organique. Ils sont très abondants dans le fumier frais, dans la paille dont l'addition au sol peut provoquer dans certaines conditions une dénitrification active [Bréal, *Ann. Agron.*, 18, 181 ; 22, 32 ; — Wagner, *J. d'Agric. Prat.*, 25 août 1895]. Les conditions favorables à leur activité sont l'abondance des matières organiques [Warington, *Ann. Agron.*, 24, 143], l'excès d'eau qui empêche l'accès de l'air [Bréal, *Ann. Agron.*, 22, 32], de même que la dessiccation [Gustiniani, *Ann. Agron.*, 27, 262], toutes conditions qui sont défavorables à la nitrification.

En se basant sur des considérations culturales, on se rendait compte [Dict., 3, 340] que la terre empruntait à l'atmosphère des quantités considérables d'azote, mais on a été très longtemps sans apporter la preuve de l'assimilation directe de l'azote atmosphérique aujourd'hui démontrée. Deux groupes de microbes interviennent ici : ceux qui vivent en symbiose avec les légumineuses et ceux qui fixent l'azote à eux seuls.

Les premiers ont été étudiés et découverts par Hellriegel et Wilfarth [*Ann. Sc. Agr. française et étrangère* (*Trad. franc.*), 1, 1890]. Ils montrèrent que ces ferments (B. radicicole), en infectant les racines des légumineuses, provoquent des nodosités que l'on peut d'ailleurs reproduire artificiellement en faisant des piqûres à l'aide de cultures sur milieux artificiels.

D'autres organismes sont capables d'assimiler l'azote gazeux sans symbiose. M. Berthelot a signalé vers 1885, que la terre abandonnée à elle-même s'enrichissait en azote [Berthelot et André, *Ann. Chim. Phys.*, 1886-1890].

Winogradsky a obtenu à l'état pur, en culture artificielle, une bactérie apte à assimiler l'azote atmosphérique [*Arch. des Sc. Biol. de St-Pétersb.*, 3, n° 4, 1895 et *C. R.*, **128**, 353]. C'est le *Clostridium Pasteurianum*, microbe anaérobie vivant souvent en symbiose avec des aérobies qui lui suppriment l'oxygène. Il est capable de vivre dans des milieux sans azote combiné à condition qu'on lui fournisse de l'énergie sous forme d'aliments hydro-carbonés. Beijerinck a découvert deux autres ferments analogues, *Azotobacter Chroococcum* et *Azotobacter agilis*. MM. Schlœsing fils et Laurent [*C. R.*, **115**, 732] ont montré que la fixation de l'azote atmosphérique peut se faire aussi par l'intermédiaire d'algues vivant en symbiose avec des bactéries.

On a songé à introduire dans le sol des cultures de ferments fixateurs d'azote pour accroître sa fertilité. L'alinite est une culture de *Bacillus megatherium*, son emploi n'a pas donné les résultats que l'on en attendait. MM. Bouilhac et Giustiniani ont obtenu de meilleurs résultats en ensemençant avec un mélange de *Nostoc punctiforme* et d'*Anabœma* recouverts de bactéries des sols exempts d'azote sur lesquels ils avaient semé du sarrasin dont la récolte a été ainsi accrue [*C. R.*, 127, 1274] ; mais ce ne sont encore que des résultats de laboratoire qui n'ont pas été répétés en grande culture.

Avril 1908.   A. Müntz et E. Lainé.

TERRES RARES. — Caractères chimiques généraux du groupe. — On désigne sous le nom de terres rares un groupe d'éléments très nombreux qui sont constamment associés dans la nature.

Leurs principaux caractères analytiques sont les suivants : ils ne précipitent pas par l'hydrogène sulfuré. Les alcalis ainsi que le sulfhydrate d'ammoniaque les précipitent à l'état d'hydrates insolubles. Leur réactif le plus caractéristique est l'acide oxalique qui les précipite même en milieu acide à l'état d'oxalates. Ces oxalates ne sont pas, d'ailleurs, complètement insolubles dans les acides minéraux et il convient, pour obtenir une précipitation complète, de diluer largement les solutions acides et d'y ajouter un excès d'acide oxalique qui diminue par action de masse la solubilité des oxalates rares.

Les terres rares appartiennent donc au groupe analytique du fer et de l'alumine et se séparent des métaux usuels de ce groupe au moyen de l'acide oxalique.

Aucune réaction analytique connue ne permet de séparer quantitativement les différentes terres rares entre elles. Ces éléments présentent entre eux les plus étroites analogies ; non seulement ils ont des caractères chimiques sensiblement analogues, mais ils donnent, du moins dans les mélanges, des composés de même type et toujours isomorphes. — Les éléments les mieux connus de ce groupe sont : le cérium Ce, le lanthane La, le neodyme Nd, le praséodyme Pr, le samarium Sm, le gadolinium Gd, l'yttrium Y. On désigne du nom de *groupe cérique* l'ensemble des terres qui dans cette énumération sont comprises entre le cérium et le samarium. Les autres terres forment le *groupe yttrique*. Les caractères généraux de leurs principaux composés sont les suivants :

1° Composés minéraux. — *Oxydes*. — Les oxydes se préparent généralement par la calcination des oxalates. Ils ont l'aspect terreux et appartiennent principalement au type M^2O^3. Les oxydes, provenant de la calcination des terres mixtes extraites de l'un quelconque de leurs minéraux, présentent une coloration variable du jaune brun au jaune clair. Cette coloration, due à la présence des peroxydes des trois métaux suivants (cérium, praséodyme, terbium), disparaît par calcination dans un courant d'hydrogène. Les oxydes sont alors plus ou moins blancs. Toutefois les métaux dont les sels sont colorés donnent généralement à l'état de pureté des oxydes également colorés de teintes franches mais faibles.

Les oxydes des terres rares (de formule générale M^2O^3) sont des bases fortes à peu près rigoureusement insolubles dans l'eau. Ils sont aisément attaqués par les acides. Toutefois les oxydes des métaux de poids atomique élevé (lutécium, néoytterbium, erbium, holmium et dysprosium) s'attaquent moins aisément que ceux des métaux de poids atomique plus faibles (lanthane, néodyme, samarium, gadolinium, yttrium). Dans les mélanges, ces oxydes s'attaquent simultanément par les acides sans sélection appréciable ; on ne peut donc baser aucune méthode de séparation des corps de ce groupe sur cette réaction.

Ces oxydes s'hydratent d'autant plus aisément qu'ils sont des bases plus fortes. Ces hydrates sont du type $M(OH)^3$. Les sesquioxydes de cérium, de praséodyme et de terbium, qui donnent aisément des oxydes supérieurs, sont instables. A l'état de pureté, le cérium ne paraît donner de sesquioxyde dans aucun cas. Les peroxydes purs sont très difficilement attaquables par les acides ; dilués dans les sesquioxydes des autres métaux du groupe, ils s'attaquent au contraire aisément. La dissolution dans les acides est accompagnée de réduction totale à l'état inférieur d'oxydation dans le cas du praséodyme et du terbium, de réduction partielle dans le cas du cérium, sauf lors d'une attaque par l'acide chlorhydrique ou tout autre acide capable de s'oxyder aux dépens de l'oxyde cérique, qui est ramené ainsi complètement à l'état de sel céreux.

Les précipités que donnent les solutions des terres rares par les alcalis sont constitués par des hydrates gélatineux insolubles dans un excès des réactifs. L'ammoniaque donne généralement des sels basiques et non des hydroxydes. En présence d'acétate d'ammonium, l'ammoniaque peut même ne déterminer aucun précipité. Dans certains cas, la précipitation se produit à la longue, mais le plus souvent elle ne se produit pas et l'on obtient ainsi des solutions colloïdales. Par ordre de basicité, les sesquihydroxydes se rangent dans l'ordre suivant : oxyde de lanthane (base la plus forte), de cérium, de praséodyme, de néodyme, d'yttrium, de gadolinium, d'europium (il n'est pas absolument certain que l'oxyde d'europium occupe cette place), de samarium, de terbium, de dysprosium, de néoholmium, d'erbium, de thulium, de néoytterbium, de lutécium (base la plus faible).

Le peroxyde de cérium peut former avec les sesquioxydes des autres éléments du groupe des combinaisons [Wyrouboff et Verneuil, *C. R.*, 127, 863. 1898] ; l'oxyde cérique provenant de la calcination des oxalates est inattaquable par l'acide nitrique lorsque le cérium est pur. Il se dissout avec facilité en présence d'une quantité suffisante des autres oxydes du groupe. Les sels obtenus doivent être considérés comme dérivant de l'oxyde $2CeO^2 . M^2O^3$ dans lequel M peut représenter un élément quelconque du groupe. Les alcalis précipitent de la dissolution de ces sels les hydrates correspondants. En particulier, celui qui renferme exclusivement du cérium est violet, il absorbe l'oxygène de l'air, mais ceux où M représente du lanthane ou du didyme sont d'une parfaite stabilité. Ils sont solubles dans l'acide nitrique et régénèrent ainsi le composé primitif, mais pour peu que l'on élève la température, ces curieux composés se dépolymérisent.

Les solutions de terres rares donnent par addition d'alcalis en présence d'eau oxygénée des hydrates de peroxydes qui ont été envisagés comme des combinaisons des sesquioxydes avec l'eau oxygénée [Clève, *Bull. Soc. Chim.*, (2), 43, 53, 1885].

Chlorures. — Les chlorures anhydres des terres rares sont du type MCl^3. On a décrit divers chlorures hydratés renfermant 7,6 et 1 molécule d'eau. Les chlorures anhydres sont très avides d'eau. Ils se transforment en oxychlorures du type $MOCl$ lorsqu'on les chauffe à l'air. Pour obtenir les chlorures anhydres à partir des sels hydratés, une bonne méthode consiste à dessécher ces derniers dans un courant de gaz chlorhydrique sec [Matignon, *C. R.*, 133, 289, 1901 ; — Marignac, *Ann. Chim. Phys.*, (3), 27, 209, 1849].

Les chlorures anhydres sont fusibles, perdent du chlore et fixent de l'oxygène quand on les chauffe à l'air. Ils se volatilisent seulement à la chaleur blanche [Petterson, *Zeit. anorg. Chem.*,

4, 1, 1893]. Les chlorures des terres yttriques
paraissent être plus volatils que ceux des terres
cériques.

Les chlorures des terres rares se combinent
avec les chlorures de platine, d'or, d'étain et de
mercure pour former des sels doubles.

Bromures, iodures et fluorures. — Les propriétés générales des bromures des terres rares
sont les mêmes que celles des chlorures. Ils se
préparent de même et donnent des composés de
même type. Ils forment, en outre, des sels doubles renfermant 9 molécules d'eau avec le
chlorure de zinc et avec le chlorure de nickel.
Les iodures sont difficiles à préparer à l'état de
sels simples, la plupart d'entre eux ne sont pas
connus. Ils forment avec l'iodure de zinc des
sels doubles bien définis.

Les fluorures [Clève, *Bull. Soc. Chim.*, (2),
29, 492, 1878] s'obtiennent aisément par voie
humide. Ce sont des précipités gélatineux insolubles dans HFl.

Sulfures et séléniures. — Les sulfures du
type M^2S^3 se préparent par voie sèche par réduction des sulfates, ce sont des poudres amorphes de couleurs diverses. Ils sont stables à l'air,
mais décomposés par l'eau bouillante d'autant
plus facilement que les oxydes hydratés qui se
forment alors sont des bases plus fortes [Muth-
mann et Stutzel, *D. chem. G.*, 32, 3413, 1899].
Ils paraissent former des oxysulfures.

L'existence des séléniures a été seulement
signalée [Mosander, *Forh. Vid. Skan. Nat.*,
387, 1842; — Moissan, *C. R.*, 122, 357, 1896].

Azotures. — Leur existence a été signalée par
Moissan [*C. R.*, 131, 865, 1900]. Matignon les a
obtenus [*C. R.*, 131, 837, 1900] par l'action directe
de l'azote sur les métaux. Ils appartiennent,
d'après Muthmann, au type MAz. Ce sont des
composés solides et amorphes.

Carbures. — Ils appartiennent au type MC^2 et
se forment aisément au four électrique par l'action du charbon sur les oxydes. Leur existence
a été signalée par Petterson [*D. chem. G.*, 28,
2419, 1895]. Moissan les a décrits et analysés
[*Ann. Chim. Phys.*, (7), 9, 302, 1896]. L'eau les
décompose. La masse principale des gaz qui se
dégagent est formée d'acétylène, il se produit
environ 20 0/0 de formène et environ 10 0/0
d'hydrogène et d'éthylène.

Les carbures permettent de préparer par voie
sèche la plupart des combinaisons binaires des
terres rares.

Métaux. — Ils s'obtiennent difficilement.
Hillebrand et Norton [*Ann. Ph. Chem. Pogg.*,
156, 466, 1875] ont proposé l'électrolyse des
chlorures fondus; étude reprise récemment par
Muthmann.

Mosander, Wöhler [*Ann. Chem.*, 144, 251,
1867], Marignac [*Ann. Chim. Phys.*, (3), 27,
209, 1849] ont proposé l'action des métaux alcalins sur les chlorures anhydres. Winckler [*D.
chem. G.*, 24, 873, 1891] a préconisé la réduction des oxydes par le magnésium.

Ces métaux sont inaltérables dans l'air sec.
Ils se ternissent à l'air humide et décomposent
l'eau lentement. Ils sont fusibles, ductiles et
malléables.

Ils absorbent l'hydrogène pour former des
hydrures [Winckler, *loc. cit.*; — Matignon, *C.
R.*, 131, 891, 1900; — Muthmann, *loc. cit.*]. Ces
hydrures sont du type MH^3. Ce sont des solides
amorphes.

Sulfates. — Ce sont les mieux connus des
composés que donnent les terres rares. On les
connaît à l'état anhydre et à l'état hydraté [Otto,
Ann. Ph. Chem. Pogg., 40, 404, 1837]. Ils donnent des sulfates acides, des sulfates basiques
et des sulfates doubles avec les sulfates alcalins.

Les sulfates anhydres sont des poudres amorphes absorbant lentement l'humidité. Ils s'obtiennent soit en attaquant les oxydes par l'acide
sulfurique et en chassant l'excès d'acide, soit
en déshydratant les sulfates hydratés. Il faut
éviter de chauffer jusqu'au rouge pour les sulfates des bases faibles de la série : les sulfates
des bases fortes, par exemple celui de lanthane,
résistent. La chaleur décompose, en effet, ces
sulfates pour donner des sulfates basiques du
type $M^2O^2SO^4$. Ces derniers se décomposent à
leur tour à la chaleur blanche et laissent un
résidu d'oxyde.

Les sulfates hydratés se dissolvent difficilement dans l'eau. Les sulfates anhydres se dissolvent aisément et rapidement si l'on prend
soin de les projeter peu à peu dans l'eau froide
en agitant constamment pour éviter les effets
locaux d'échauffement.

Les sulfates sont moins solubles à chaud qu'à
froid. Ils peuvent former plusieurs hydrates
parmi lesquels les plus stables sont ceux à 6, 8
et 9 H^2O.

L'ammoniaque ou des quantités insuffisantes
d'alcalis fournissent des sulfates basiques gélatineux.

Ils forment avec l'acide sulfurique concentré
des sels acides du type $M^2(SO^4)^3 3SO^4H^2$ [Wyrou-
boff, *Bull. Soc. Chim.*, (3), 2, 745, 1889].

Les sulfates doubles qu'ils forment avec les
sulfates alcalins ont des compositions variables.
En présence d'un excès de sulfates alcalins les
sels des terres du groupe cérique sont pratiquement insolubles, ceux du groupe terbique peu
solubles, ceux du groupe yttrique solubles.

Nitrates — Les nitrates sont très solubles
dans l'eau, quelques-uns même sont déliquescents. Ils sont moins solubles dans l'acide nitrique que dans l'eau. Ils peuvent cristalliser
avec 7, 6, 5 et 3 molécules d'eau. En les chauffant
avec ménagement on peut les déshydrater complètement sans les décomposer. Les nitrates
anhydres sont fusibles. Ils se décomposent ensuite en élevant la température d'autant plus
aisément que leurs oxydes sont des bases plus
faibles. Ils donnent d'abord des sels basiques.
Les nitrates basiques des terres du groupe
cérique sont à peine fusibles et pratiquement
insolubles. Les terres du groupe yttrique
donnent d'abord des sous-nitrates fusibles et
solubles dans l'eau et cristallisables. Une pyrogénation plus énergique donne d'abord des
sous-sels insolubles puis des oxydes.

Les nitrates des terres du groupe cérique
donnent aisément des sels doubles soit avec les
nitrates alcalins, soit avec les nitrates de la
série magnésienne. Les nitrates de la série
yttrique ne donnent pas de sels doubles et les
nitrates des terres intermédiaires les donnent
difficilement.

AUTRES COMPOSÉS MINÉRAUX. — *Hypochlorites.*
— L'action du chlore sur les hydroxydes donne
des hypochlorites solubles [Frerichs et Smith,
Ann. Chem. 191, 331, 1878; — Clève, *Bull.
Soc. Chim.*, (2), 29, 492, 1878].

Perchlorates. — Les perchlorates se présentent sous forme de cristaux aciculaires et sont
très déliquescents. Type $M(ClO^4)^3 . 9H^2O$ (Clève).

Bromates. — Les bromates cristallisent en
prismes hexagonaux et sont déliquescents. Type
$M(BrO^3)^3 9H^2O$ [Marignac, *Ann. Min.*, (5), 15,
221, 1859; — Rammelsberg, *Ann. Ph. Chem.
Pogg.*, 44, 545, 1838].

Iodates. — Précipités microcristallins à peine
solubles [Rammelsberg, *ibid.* 55, 63, 1842].

Periodates. — Ils s'obtiennent à l'état caséeux
d'abord, microcristallin ensuite, en précipitant
la solution des acétates par l'acide periodique

[Clève, *Bull. Soc. Chim.*, (2), **21**, 344, 1874].

Sulfites. — Précipités cristallins peu solubles renfermant des proportions d'eau variable (Clève).

Dithionates. — Ils se préparent par double décomposition entre les sulfates et les dithionates de baryum. Ce sont des sels déliquescents diversement hydratés (Clève).

Sélénites. — Ils forment d'après Nilson [*Acta Reg. Soc. Sc. Upsal*, (3), **9**, 2, 1875] des sels neutres, des sels acides, des sels basiques.

Séléniates. — Ils sont isomorphes avec les sulfates dont ils partagent les propriétés, entre autres celle de former avec les séléniates alcalins des sels doubles analogues à ceux que donnent les sulfates (Clève).

Phosphates. — Précipités gélatineux insolubles, que l'on obtient par double décomposition des sels solubles avec le phosphate de soude.

Carbonates. — Précipités que l'on obtient par double décomposition avec les carbonates alcalins. Un excès de réactif donne des sels doubles. Les carbonates du groupe cérique se dissolvent moins dans un excès de réactif que les carbonates du groupe yttrique.

Cyanures. — Les cyanures simples n'ont pu être préparés. Les platinocyanures sont de fort beaux sels, très solubles dans l'eau. Les ferrocyanures et les cobalticyanures sont des précipités amorphes. Les sulfocyanures sont déliquescents.

2° COMPOSÉS ORGANIQUES. — *Oxalates*. — L'addition d'acide oxalique détermine dans les solutions neutres ou acides des terres rares des précipités d'abord caséeux puis micro-cristallins d'oxalates renfermant des proportions variables de molécules d'eau. Ces oxalates sont insolubles dans l'eau et plus ou moins solubles dans les acides avec lesquels ils peuvent former des oxalates à fonction mixte. L'acide oxalique est le réactif par excellence des terres rares. Les oxalates forment des sels doubles avec les oxalates alcalins. Ces sels doubles sont des précipités à peine solubles dans l'eau qui parfois les décompose, et sensiblement solubles dans les solutions des oxalates alcalins, surtout à chaud.

Formiates. — Les formiates, et d'une manière générale, les sels que forment les terres rares avec les acides de la série grasse sont des sels normaux. Les formiates des terres cériques sont à peu près insolubles en liqueur neutre et se présentent sous la forme de précipités microcristallins. Les formiates des terres yttriques sont plus ou moins solubles. Les premiers termes de la série yttrique ont des formiates peu solubles, les formiates des derniers termes de la série sont très solubles.

Acétates. — Les acétates des terres rares sont solubles dans l'eau; la différence de solubilité d'un terme à l'autre de la série est peu sensible. Ces sels renferment généralement 4 molécules d'eau de cristallisation.

Propionates. — Les propionates sont également aisément solubles. Ils appartiennent au type $M[C^3H^5O^2]^3, 3H^2O$.

Les succinates, les tartrates et les citrates sont des composés microcristallins aisément solubles dans les acides.

Dans le rapide exposé qui précède, les principaux caractères chimiques du groupe des terres rares ont été brièvement rappelés. Dans les articles monographiques publiés précédemment dans le Dictionnaire on trouvera plus de détails relativement à la chimie de chaque élément. Ces monographies sont successivement à peu près identiques les unes aux autres, et les seules différences nettes que l'on y pourra trouver se rapportent au cérium qui donne un peroxyde stable et salifiable. Quant aux composés dérivés des oxydes M^2O^3 on n'y trouvera guère de différences si ce n'est dans le nombre des molécules d'eau. Par contre les caractères physiques des diverses terres rares et en particulier leurs divers caractères spectraux sont très différents les uns des autres. C'est donc dans cette direction que l'effort des savants s'est principalement exercé.

CARACTÈRES ATOMIQUES DES ÉLÉMENTS DU GROUPE. — *Colorations des sels*. — L'absence de réactions distinctives ne permet pas, dans l'état actuel de nos connaissances, de séparer les Terres rares les unes des autres autrement que par des fractionnements. Le contrôle du progrès de ces fractionnements se fait presque exclusivement par des méthodes optiques. Au début des traitements l'observation des colorations suffit en général. Un grand nombre de terres rares ont des sels colorés. Les sels de praséodyme sont verts, ceux de néodyme violets, ceux de samarium sont jaunes, ceux de dysprosium vert-jaune [G. Urbain, *C. R.*, **142**, 785, 1906], ceux de néoholmium jaune-rosé, ceux d'erbium roses ou rouges. Les sels de terres rares qui, à l'état de pureté, présentent des colorations franches, ont à l'état de mélanges des teintes indécises variables qui, pour un observateur exercé, peuvent servir de premier guide.

Ce mode d'observation ne peut être longtemps employé. Lorsque les séparations sont plus avancées, il est nécessaire de recourir au spectroscope pour analyser la couleur des solutions.

Spectres d'absorption. — Les spectres d'absorption des terres rares sont riches en raies étroites. Le plus souvent ces raies sont fortes. L'absorption faible d'une solution concentrée peut être considérée, en général, comme due à la présence d'une trace d'une terre absorbante étrangère à la masse principale du corps dissous. Tant que les fractionnements ne sont pas poussés extrêmement loin, l'observation très rapide de ces spectres dans les régions visibles est un guide suffisant.

Quand on n'observe plus aucune variation dans l'absorption du spectre visible, il faut s'assurer qu'il en est de même du spectre ultraviolet. Certains éléments comme le gadolinium n'ont d'absorption que dans l'extrême ultraviolet [G. Urbain, *C. R.*, **140**, 1233, 1905].

Le terbium ne renferme dans le spectre visible qu'une bande faible A = 488 seulement visible dans les solutions concentrées et riches en terbium. Les autres bandes beaucoup plus caractéristiques de cet élément sont ultraviolettes [G. Urbain, *C. R.*, **144**, 521, 1905].

Les bandes les plus caractéristiques du dysprosium se trouvent également dans l'ultraviolet [G. Urbain, *C. R.*, **142**, 785, 1906].

Pour utiliser ce moyen de contrôle, l'emploi de la plaque photographique qui laisse un document durable est préférable à celui des oculaires fluorescents.

La présence des terres incolores ou dont on ne connaît aucun spectre d'absorption comme le lanthane, l'yttrium et les ytterbiums ne peut être révélée que par les spectres d'étincelles.

Spectres d'étincelle. — Lorsqu'on a atteint un certain degré de pureté, ce moyen de contrôle doit également être appliqué aux Terres absorbantes, surtout lorsque le spectre d'étincelle est plus sensible ou plus facile à observer que les spectres d'absorption, ce qui est le cas pour l'europium ou pour le gadolinium.

La constance des spectres d'absorption et d'étincelle dans plusieurs fractions consécutives peut être considérée comme le meilleur critérium de pureté, bien qu'il ne prouve pas en toute rigueur que la substance présentant ces caractères constants dans un fractionnement soit une substance unique.

Poids atomique — C'est lorsque ce résultat est atteint qu'il convient de faire des mesures précises de poids atomiques.

La méthode préconisée par G. Urbain dans ses recherches sur les terres yttriques est la suivante :

Les terres, 2 gr. environ. purifiées dans ce but, sont dissoutes dans l'acide nitrique ou mieux dans l'acide chlorhydrique. La dissolution est évaporée pour éliminer l'excès d'acide ; le résidu presque sec est repris par environ 50 cm³ d'eau. On verse alors dans la solution un excès d'acide sulfurique et on y ajoute environ 1 litre d'alcool.

Il se forme un abondant précipité cristallin qui est abandonné à lui-même pendant 24 h. Au bout de ce temps, la précipitation étant complète et le précipité bien rassemblé au fond du vase, on le lave plusieurs fois à l'alcool par décantation, puis sur filtre. Le précipité doit être longtemps lavé de manière à éliminer toute trace d'acide libre.

Après dessiccation à 110° les sulfates sont repris par l'eau.

La dissolution. est presque instantanée. On filtre, on concentre au bain-marie la liqueur, qui doit être neutre au tournesol, au moins pour les éléments dont le poids atomique est inférieur à 163.

Les cristaux que l'on obtient ainsi dans la série yttrique sont du type $(SO^4)^3 M^2 + 8 H^2O$. Les eaux mères sont décantées et les cristaux sont séchés à l'air. Lorsqu'ils sont secs, ils sont broyés dans un mortier d'agate et abandonnés dans un dessiccateur jusqu'à poids constant.

Le sulfate est pesé dans un petit creuset de platine préalablement taré. Il convient d'opérer sur 1 gr. ou 2 de sulfate.

Ce creuset est alors introduit dans un creuset de platine plus grand et l'ensemble est chauffé dans une petite étuve dont la température est élevée progressivement et réglée enfin à environ 350°. La perte de poids donne l'eau de cristallisation. On en déduit une première mesure du poids atomique.

Les mesures déduites de ce dosage sont en général assez précises. Toutefois les nombres sont quelquefois trop forts. Cela tient moins à l'absorption de la vapeur d'eau par le sulfate anhydre pendant la pesée qu'à l'absorption des gaz dans le dessiccateur pendant le refroidissement.

L'ensemble des 2 creusets est ensuite chauffé vers 1600°. Les sulfates se transforment alors intégralement en oxydes. Lorsque le poids d'oxyde est devenu constant, on déduit une seconde mesure de poids atomique de ce dosage d'acide sulfurique. Cette mesure sert de contrôle à la précédente.

L'écart entre les deux nombres obtenus représente une erreur maxima puisque le 2ᵉ dosage est trop fort si le premier est trop faible et *vice versa*.

Lorsque ces deux nombres sont très voisins on peut être parfaitement certain de l'état d'hydratation du sulfate. On peut alors ne pas tenir compte de la pesée intermédiaire qui seule présente quelques incertitudes; et le nombre que l'on déduit de la transformation du sulfate anhydre en oxyde. inaltérables tous deux, est une bonne détermination du poids atomique.

Dans les calculs on admet que l'oxyde est du type $M^2 O^3$, hypothèse justifiée pour les terres yttriques autres que la terbine. Avec cette terre, la mesure est limitée au dosage d'eau.

Une terre pure présente nécessairement des poids atomiques constants, mais l'inverse n'est pas un caractère de pureté suffisant.

Phosphorescences. — Lorsque l'ensemble de ces caractères atomiques ne varie plus après divers modes de fractionnements basés sur des principes distincts, la terre obtenue répond à la définition expérimentale de l'élément. Il reste à déterminer son degré de pureté. A cet effet les réactions spectrales les plus sensibles sont les spectres d'arc et les spectres de phosphorescence.

Les lois qui régissent les spectres de phosphorescence sont assez complexes et leur étude ne présente d'intérêt que lorsque l'ensemble des autres caractères est constant.

Spectres de phosphorescence des solutions liquides. — S'il en est ainsi des phosphorescences des solides dont la technique et les lois principales seront décrites plus loin, il n'en est pas de même des phosphorescences en solution que M. Lecoq de Boisbaudran a découvertes et qu'il provoque en renversant l'étincelle sur la solution. Ce genre d'observation est rapide et facile [Lecoq de Boisbaudran, *C. R.*, **101**, 552 et 588, 1885]. La solution chlorhydrique ou nitrique à examiner est introduite dans un petit tube d'essai dont le fond est traversé par un fil de platine noyé au sein du liquide.

Cette solution est reliée au pôle positif d'une bobine de Ruhmkorff ordinaire, le pôle négatif relié à une électrode de platine. Entre cette électrode et la solution, on fait jaillir une étincelle longue. Tout autour du point où aboutit l'étincelle. le liquide s'illumine s'il renferme du samarium, de l'europium, du terbium ou du dysprosium.

L'éclat de ces spectres est sensiblement proportionnel à la quantité des terres fluorescentes contenues dans la solution et leur sensibilité est comparable à celle des spectres d'absorption.

Ces fluorescences sont surtout visibles en observant la partie inférieure du ménisque. Il convient donc d'incliner le spectroscope de bas en haut pour faciliter l'observation [G. Urbain, *Journ. Chim. Phys.*, fév. 1906].

Spectres de phosphorescence des solutions solides. — Lorsque l'on soumet certaines substances à l'action des rayons cathodiques dans le vide, elles s'illuminent [Crookes, *C. R.*, **100**, 1380, 1885]. La lumière émise à froid dans ces conditions est la phosphorescence cathodique. Dans le cas le plus général ces phosphorescences examinées au spectroscope ne présentent que des bandes larges et indistinctes. Dans le cas des terres rares, on observe au contraire des spectres constitués par des bandes étroites, parfois aussi fines que des lignes d'étincelle.

La phosphorescence a été considérée pour la première fois comme une propriété atomique par Crookes; cet auteur attribue les phosphorescences observées dans les mélanges aux masses principales.

Lecoq de Boisbaudran les attribue avec raison aux impuretés contenues dans ces masses principales.

Les lois fondamentales du phénomène ont été résumées récemment par G. Urbain [*Journ. Chim. Phys.*, 1906].

D'une manière générale, les corps purs ne sont pas phosphorescents ou le sont très peu. Il en résulte que tout système notablement phosphorescent est un mélange d'au moins deux corps.

Le moins abondant joue le rôle d'excitateur; la phosphorescence doit lui être attribuée. Le plus abondant joue le rôle de diluant.

Le mélange des deux corps doit être parfaitement intime et réaliser une véritable dissolution solide.

Une série de mélanges phosphorescents binaires dans lesquels la proportion de l'excitateur varie de 0 à 100 0/0 présente toujours un optimum. Dans le cas de mélange de chaux et de terre rare calcinées au bec Bunsen, cet optimum est obtenu pour des teneurs de terres rares voisines de 0,5 0/0. Il dépend d'ailleurs beaucoup du degré de calcination du mélange et très peu du mode d'excitation électrique.

Quelle que soit la nature du diluant (oxyde, sulfate, chlorure, phosphate, etc....) le spectre de phosphorescence conserve sa physionomie générale. Il en est à ce point de vue des spectres de phosphorescence comme des spectres d'absorption des composés solides divers d'un même élément absorbant.

Ces spectres qui du moins dans le groupe des terres rares diffèrent généralement assez peu les uns des autres peuvent donc être considérés comme des propriétés atomiques de l'élément excitateur.

Les différences que l'on observe entre les spectres différents que donne le même élément excitateur dans des diluants divers peuvent être considérées comme des caractéristiques de ces derniers.

Dans le cas où le diluant peut se polymériser par la chaleur, le spectre observé, avec des terres calcinées à basse température, se modifie jusqu'à ce que la transformation moléculaire soit intégrale.

Pour le diluant la phosphorescence est une propriété moléculaire.

Les fonctions de diluant et d'excitateur peuvent être réciproques.

Les spectres de phosphorescence varient en général avec la proportion du diluant. Ce phénomène est constant lorsque la substance excitative est un mélange de plusieurs éléments phosphorescents. L'optimum propre à chacun des constituants de mélange excitateur est en effet successivement atteint.

Des variations spectrales de la phosphorescence observées dans des fractionnements ne sauraient donc être la preuve rigoureuse d'une séparation des éléments phosphorescents et il sera nécessaire d'établir que ces variations ne peuvent être attribuées aux phénomènes de dilution.

Réciproquement l'étude des variations de phosphorescence par dilution est une méthode de recherche des éléments phosphorescents.

Pratiquement si l'on veut se servir de la phosphorescence comme guide dans les fractionnements, il est nécessaire de rechercher constamment si la phosphorescence augmente ou diminue par addition d'un diluant. Tant qu'elle diminue, c'est que la substance est relativement pauvre en élément excitateur, quand elle augmente, on peut être certain que la substance s'enrichit.

Les oxydes de lanthane, de gadolinium et d'yttrium, sont les diluants pour ainsi dire forcés des mélanges de terres rares. *Ils ne sont pas phosphorescents à l'état de pureté*; la phosphorescence qu'ils manifestent généralement à cause de la difficulté que présente leur purification est imputable à la présence de traces des autres éléments du groupe. Toutefois le gadolinium fonctionne comme excitateur pour l'ultraviolet.

Minéraux et gisements. — Avant que l'on connaisse les applications des terres rares à l'industrie de l'éclairage, les minéraux qui en renferment étaient considérés comme très rares. Leur présence ayant été signalée en Suède, à Bastnaës, à Ytterby; en Norvège, à Brewig, à Hitteroë, à Arendal; dans l'Oural, à Miask. Les espèces y sont variées mais peu abondantes et disséminées dans des roches compactes qui en rendent l'extraction très difficile.

Les gisements d'où l'on extrait actuellement des terres rares sont principalement ceux des sables monazités de la Caroline du Nord, de l'Idaho et du Brésil. Au Texas, en Tasmanie, etc.

Les principaux minéraux sont :

La *cérite* [Rammelsberg, *An. Ph. Chem. Pogg.*, **107**, 631, 1859; — Ilisinger, *An. Ch. Ph.*, (2), **10**, 264, 1819; — Kjerulf, *Ann. Chem.*, **87**, 12, 1853; — Stolba, *Jahresb.*, 1441, 1880].

La *gadolinite* [Rammelsberg, *Sitz. Akad. Berlin*, 549, 1887; — Descloizeaux, *An. Min.*, (7), **1**, 157, 1871; — Humpidge et Burney, *J. Chem. Soc.*, **35**, 111, 1879; — Genth, *Am. J. Soc.*, (3), **38**, 198, 1889; — Tscherniack, *Journ. Soc. phys. chim. russe*, **32**, 252, 1900; — Hidden et Makintoch, *Am. J. Soc.*, (3), **38**, 474, 1889]; l'*orthite* [Brogger, *Z. Kryst.*, **16**, 68, 1890; — Engtrom, *Z. Kryst.*, **3**, 191, 1879; — von Rath, *An. Ph. Chem. Pogg.*, **138**, 115, 1869; **144**, 563, 1871; — Hermann, *J. prakt. Chem.*, **23**, 273, 1841] sont des silicates complexes.

La *samarskite* et ses nombreuses variétés [Zschau, *Am. J. Soc.*, (2), **15**, 441, 1852; — Nordenkjold, *An. Ph. Chem. Pogg.*, **101**, 625, 1857; — Blomstrand, *Jahresb. Min.*, 2, 44, 1889; — Allen, *Am. J. Soc.*, (3), **14**, 130, 1877; — Hoffmann, *ibid.*, (3), **24**, 475, 1882; — Tschernick, *J. Soc. phys. chim. russe*, 34, 653, 1902; — Rammelsberg, *Ann. Chem. Pogg.*, **150**, 198, 1875]; l'*æschynite* [Marignac, *Bibl. Genève*, 29, 265, 1867]; l'*euxénite* [Rammelsberg, *Sitz. Akad. Berlin*, 428, 1871; — Seamon, *Chem. N.*, **46**, 205, 1882]; l'*yttrotitanite* [Rammelsberg, *An. Ph. Chem. Pogg.*, **106**, 296, 1859]; la *fergusonite* [Rammelsberg, *Sitz. Akad. Berlin*, 406, 1871] sont des tantaloniobates et titanates.

La *fluorite* et l'*yttrocérite* [Rammelsberg, *D. chem. G.*, 3, 857, 1870] sont des fluorures.

L'*eucolite* [Damour, *C. R.*, 43, 1197, 1856] et l'*eudialyte* [Rammelsberg, *Sitz. Akad. Berlin*, 441, 1886] sont des silicozirconates.

La *monazite* [Rose, *Ann. Phys. Chem. Pogg.*, **49**, 223, 1840; *Am. Journ. Soc.*, (2), **42**, 420, 1866; — Breithaupt, *Schweigger's J.*, **55**, 301, 1829; — Damour et Descloizeaux, *Ann. Phys. Chim.*, (3), **51**, 445, 1857; — Jeremejew, *Zeits. Kryst.*, **1**, 398, 1877; — Descloizeaux, *Bull. Soc. Min.*, 4, 57, 1881; — Penfield, *Am. J. Soc.*, (3), **24**, 250, 1882; — Scharizer, *Z. Kryst.*, **12**, 255, 1886; — Derby, *Am. J. Soc.*, **37**, 109, 1889; — Hidden, *Am. J. Soc.*, (3), **32**, 207, 1886; — Genth, *Am. J. Soc.*, (3), **38**, 203, 1889; — Penfield et Sperry, *Am. J. Soc.*, (3), **36**, 322, 1888; — Shepard, *Am. J. Soc.*, **1**, **32**, 162, 1847]; le *xénotime* [Berlin, *Ann. Phys. Chem. Pogg.*, 88, 156, 1853; — Brügger, *Z. Kryst.*, **16**, 68, 1890; — Smith, *Am. J. Soc.*, (2), **18**, 377, 1854], sont des phosphates.

La *lanthanite* [Smith, *Am. J. Soc.*, (2), **16**, 230, 1853; — Genth, *Am. J. Soc.*, (2), **23**, 415, 1857; — Blake, *Am. J. Soc.*, (2), **26**, 245, 1858]; la *carbonite*, la *tangerite*, la *parisite* [Bunsen, *Ann. Chem. Pharm.*, **56**, 147, 1845; — Damour et Deville, *C. R.*, **59**, 270, 1864], l'*hamartite* [Nordenkjold, *Ann. Ph. Chem. Pogg.*, **136**, 628, 1869], sont des carbonates.

On peut également citer l'*annérodite*, la *sipylite*, la *rogersite*, la *kochelite*, l'*archæsite*, l'*arrhénite*, la *tcherskinite*, l'*auerlite*, la *cappelenite*, la *michaëlsonite*, l'*yttrialite*, la *kainosite*, l'*allanite*, la *tritomite*, l'*erdmannite*, la *caryocérite*, la *polycrase*, la *polimignite*, le *pyrochlore*, le *rabdophane*, la *scovellite*, la *turniérite*, la *chierchite*, la *nivenite*, la *broggerite*, la *cleveïte*, la *pechblende*, la *grothite*.

Les terres rares se trouvent à l'état de traces

dans un très grand nombre de minéraux divers, dont l'énumération serait trop longue ici. D'après Young [*Am. J. Soc.*, (3), **4**, 356, 1872], Lokeyer [*Proc. Roy. Soc.*, **24**, 512, 1873; **27**, 282, 1878], Liveing et Dewar [*Proc. Roy. Soc.*, **33**, 428, 1883], le spectre solaire décèle la présence des terres rares dans cet astre.

Historique. — L'histoire des terres rares est fort confuse. À mesure que les moyens d'investigation se perfectionnaient, le nombre des éléments dont on a admis l'existence dans ce groupe s'est constamment accru. D'après l'auteur de cet article, la complexité des terres rares est plus apparente que réelle. L'extrême richesse des caractères spectraux des éléments rares est la cause de cette profusion d'éléments problématiques, dont l'auteur a pu récemment identifier un très grand nombre après les avoir isolés à l'état de pureté. Nous avons vu précédemment que les terres rares présentent, outre leurs poids atomiques, une grande variété de caractères atomiques de nature spectrale. Chaque terre rare peut présenter plusieurs genres de spectres qui peuvent se ramener aux trois types suivants : 1° spectres de ligne; 2° spectres d'absorption ; 3° spectres de phosphorescence.

Avant d'avoir pu réaliser l'isolement de ces éléments à l'état de pureté, les divers spectres se superposaient dans les mélanges, et il était impossible d'affirmer que tel spectre d'absorption appartenait au même élément que tel spectre de ligne ou de phosphorescence. Pour apporter quelque clarté dans cette étude, les auteurs ont été conduits à considérer le groupe des terres rares tantôt comme un groupe d'éléments absorbants, tantôt comme un groupe d'éléments phosphorescents, tantôt comme un groupe d'éléments à spectres de lignes, suivant que les progrès des fractionnements étaient contrôlés ou par des spectres d'absorption, ou par des spectres de phosphorescence ou par des spectres de lignes. Ces éléments spectroscopiques de divers ordres étaient supposés distincts les uns des autres, *a priori*, ainsi que cela était d'ailleurs possible. Si cette méthode de travail avait l'avantage de présenter peu de chances d'omettre un élément, elle présentait du moins l'inconvénient de risquer d'en tripler le nombre dans la majorité des cas. Il y a d'ailleurs des causes d'erreur plus graves à éviter dans l'étude des caractères spectraux des terres rares, et il semble bien qu'un grand nombre d'auteurs, loin de chercher à les éviter, ont préféré édifier sur ces causes d'erreur des systèmes d'interprétation sans doute fort brillants, puisqu'ils permettaient d'admettre l'existence d'un nombre considérable d'éléments nouveaux, mais incontestablement fort risqués. Les terres rares n'ont pas seulement, en effet, un grand nombre de spectres, mais ces spectres sont généralement très compliqués. Ils renferment beaucoup de bandes ou de raies. Les chances de coïncidences des bandes appartenant à des éléments distincts sont donc plus grandes que dans aucun autre groupe d'éléments. Les bandes qui coïncident donnent généralement l'impression de l'existence d'éléments différents de ceux auxquels appartiennent ces bandes communes. En poussant à l'extrême ce système d'interprétation, on devait aboutir à cette conséquence, que chaque bande représente un élément. On n'y a pas manqué, sans se rendre compte que les limites des spectres étant indéterminées, le nombre des éléments devenait par cela même infini, ce qui n'est pas la conséquence la moins étrange de cette théorie.

D'ailleurs, toutes les anomalies spectrales observées dans ce groupe ont toujours été interprétées par la complexité du groupe, quelle que soit l'origine de ces anomalies. Ce qui est surtout complexe dans le groupe des terres rares, ce sont les interprétations des apparentes anomalies spectrales qu'on y observe. Enfin, si l'on ne perd pas de vue que les spectres de lignes changent parfois totalement de physionomie, suivant la manière dont on les provoque, on conçoit que le même élément ait pu être plusieurs fois découvert. Avec sa bobine d'induction à long fil, M. Lecoq de Boisbaudran a découvert un élément Z_γ; avec sa bobine d'induction à fil court, Demarçay a découvert un élément Δ; avec l'arc électrique MM. Exner et Aschek ont découvert un élément X_2. Ces trois éléments ont été identifiés récemment par G. Urbain avec le dysprosium [*C. R.*, **142**, 785, 1906].

Enfin, on sait que la proportion suivant laquelle plusieurs corps coexistent dans un mélange peut influer beaucoup sur l'intensité relative des lignes d'un spectre. Il importe donc, en matière de spectroscopie, de se montrer extrêmement réservé et de ne se montrer affirmatif que lorsque l'isolement a été suffisamment réalisé.

Il ne faudrait pas conclure de ce qui précède que les spectres sont de mauvais guides en matière de terres rares. Il est actuellement impossible de se passer du spectroscope. Si l'on veut se limiter aux méthodes d'investigation appelées chimiques on ne sait pourquoi, on est limité aux mesures de poids atomiques et aux déterminations de solubilités. Or, les poids atomiques des terres rares sont généralement fort voisins, et varient de 2 à 3 unités, d'un terme à l'autre, entre 138 et 173, si l'on en exempte l'yttrium de poids atomique 89. Les déterminations doivent dès lors être très précises si l'yttrium a été suffisamment éliminé et ne peuvent, dans le cas contraire, que donner une approximation de la teneur en yttrium contenu dans le mélange. D'ailleurs les poids atomiques peuvent demeurer constants par l'emploi d'une méthode, alors que la matière est manifestement un mélange. Il en est de même des solubilités qui ne peuvent donner que des indications et aucune certitude. C'est la constance de tous les caractères atomiques qui peut seule entraîner la certitude, et aucune considération théorique ne saurait prévaloir contre un pareil mode d'argumentation expérimental.

Les quelques explications qui précèdent étaient nécessaires, malgré leur concision, pour comprendre ce qui va suivre, et sans entrer dans le détail de l'historique des terres rares qui dépasserait le cadre de cet article, je me bornerai à citer les faits les plus saillants de l'histoire des éléments du groupe à titre d'illustration des considérations précédentes.

L'histoire des terres rares a passé par trois périodes successives :

Dans la première, les auteurs ne font pas usage du spectroscope. Les traitements sont contrôlés par la mesure des poids atomiques et celle des solubilités des sels.

Dans la seconde, les fractionnements sont suivis au spectroscope, mais les séparations demeurant généralement très incomplètes, le groupe des terres rares est considéré comme extrêmement complexe.

Dans la troisième, les méthodes de recherche s'étant perfectionnées, les matières premières, grâce à l'essor de l'industrie, étant devenues abondantes, la plupart des terres rares ont pu être isolées et correctement définies.

Première période. — Les terres rares furent découvertes en 1794, dans la gadolinite d'Ytterby, par Gadolin [*Sv. Vet. Akad. Handl.*, 137, 1794]. Il donna à ces terres le nom d'*yttria*.

Le *cérium* fut découvert en 1804 dans la cérite, par Klaproth [*Sitz. Akad. Berlin*, 155, 1804], en Allemagne, et simultanément, par Berzélius et Hisinger [*Ann. Chim. Phys.*, 50, 245, 1804], en Suède.

En 1814, Berzélius et Gahn [*Aph. Fys. Kem. Min.*, 4, 217, 1814] séparèrent l'oxyde de cérium de l'yttria.

De nombreuses recherches furent ensuite publiées sur le cérium et l'yttria, jusqu'au moment où Mosander décrivit ses célèbres travaux [*Ann. Chim. Phys.*, (3), 11, 464, 1844; *Ann. Chem. Pharm.*, 44, 125, 1842]. Il montrait d'abord que le cérium était un mélange d'au moins deux corps, le cérium et le *lanthane*. Il put ensuite scinder le cérium en cérium vrai et *didyme*.

Le cérium vrai de Mosander n'a pu être scindé depuis en principes distincts, bien que son homogénéité ait été mise en doute à plusieurs reprises, notamment par Wolf [*Am. Journ. Soc.*, (2), 46, 53, 1868], par Schutzenberger [*C. R.*, 120, 663, 1895; 120, 962, 1895], par Braumer [*Chem. News*, 71, 283, 1895], par Schutzenberger et Boudouard [*C. R.*, 120, 481, 1897].

Le lanthane de Mosander paraît bien être également un élément homogène, bien que cela ait été contesté par Schutzenberger [*C. R.*, 120, 1143, 1895].

Le didyme de Mosander était, ainsi que nous le verrons plus loin, un mélange complexe.

Quelques années plus tard, Mosander [*Ann. Chem. Pharm.*, 48, 210, 1843] scinda l'yttria, que Berlin [*Sv. Vet. Akad. Handl.*, 209, 1835] avait considéré comme une substance homogène, en trois principes distincts : l'yttria vraie, la *terbine* et l'*erbine*. De ces trois terres (dont les noms dérivaient du mot Ytterby, localité où la gadolinite avait été découverte), l'yttria était la base la plus forte, ses sels étaient incolores et son oxyde blanc; l'erbine ne se distinguait de l'yttria que par la coloration jaune de son oxyde; la terbine était rose et donnait des sels roses, c'était la base la plus faible.

Berlin tenta de retrouver les constituants de l'ancienne yttria [*Forhand. Nat. Kiob.*, 448, 1860]. Il n'obtint que l'yttria de Mosander et la substance à sels roses. Par suite d'une confusion dans les noms attribués à Mosander à ses trois terres, il désigna la substance à sel rose du nom d'erbine, et cette dernière dénomination a été consacrée par l'usage. Ainsi l'existence du terbium était contestée.

Popp [*Ann. Chem.*, 131, 179, 1864] contesta même l'existence de l'erbine et soutint que l'ancienne yttria était réellement homogène. Tout était remis en question. Delafontaine [*Ar. Sc. ph. nat.*, (2), 21, 97, 1864; *Ar. Sc. ph. nat.*, (2), 22, 30, 1855; *Ar. Sc. ph. nat.*, (2), 25, 105, 1867] confirma les résultats de Mosander, mais Bahr et Bunsen [*Ann. Chem.*, 137, 1, 1866] ne purent obtenir que l'yttria et l'erbine et attribuèrent la coloration jaune des oxydes intermédiaires à la présence d'une trace de cérium; et Clève et Hoglund [*Bull. Soc. Chim.*, (2), 18, 193, 1872; — *Bull. Soc. Chim.*, (2), 18, 289, 1872] émirent une opinion semblable.

L. Smith [*C. R.*, 87, 146, 1878] tenta de séparer les terres de l'yttria par une méthode totalement différente des méthodes de basicité précédemment employées, celle de la précipitation fractionnée par le sulfate de potasse; et il donna le nom de *mosandrum* à une terre voisine des terres du groupe cérique; mais Marignac [*Ar. Sc. ph. nat.*, (2), 63, 172, 1878; — *C. R.*, 87, 578, 1878] montra que le mosandrum était identique au terbium; cette opinion fut partagée par Delafontaine [*C. R.*, 87, 559, 1878].

C'est à ce sujet que Marignac entreprit ses célèbres recherches qui, après celles de Mosander, font date dans l'histoire des terres rares. Son principal but paraît avoir été l'isolement du terbium dont la terre de Mosander renfermait seulement quelques centièmes. Il ne parvint pas à isoler la terbine, mais il montra que cet élément est constamment accompagné de deux éléments dont l'un Yβ donnait des sels jaunes et l'autre Yα des sels incolores. Yβ fut reconnu identique au samarium récemment découvert par M. Lecoq de Boisbaudran à l'aide du spectroscope, et le même auteur [*C. R.*, 108, 166, 1889], auquel Marignac avait confié son Yα, reconnut que cette substance renfermait environ 90 0/0 d'une substance nouvelle qui reçut le nom de *gadolinium*.

Enfin, Marignac [*Ar. Sc. ph. nat.*, (2), 64, 87, 1878; *C. R.*, 87, 578, 1878] en cherchant à obtenir l'élément *philippium* annoncé par Delafontaine [*C. R.*, 87, 559, 1878; *Ar. Sc. ph. nat.*, (2), 64, 273, 1878] parvint à séparer de l'erbine une terre incolore et moins basique à laquelle il donna le nom d'*ytterbium*.

Quelque temps après la découverte de cet élément, Nilson annonça la découverte du *scandium*, terre moins basique encore que l'ytterbium et de poids atomique beaucoup plus faible (Sc = 44,5; Yb = 173).

2° *Période.* — Avec M. Lecoq de Boisbaudran, l'histoire des Terres rares entre dans une nouvelle période; celle où de nouveaux éléments de ce groupe sont découverts spectroscopiquement.

1° *Éléments absorbants.* — M. Lecoq de Boisbaudran annonça en commun avec L. Smith [*C. R.*, 88, 322, 1879; *C. R.*, 88, 1167, 1879] que le didyme de la samarskite contenait une terre nouvelle caractérisée par un spectre d'absorption particulier. Il isola le nouvel élément l'année suivante [*C. R.*, 89, 212, 1879] et lui donna le nom de *samarium*. La terre Yβ de Marignac obtenue postérieurement fut identifiée avec le nouvel élément.

Delafontaine [*C. R.*, 90, 221, 1880] annonça que la terre qu'il avait appelée *décipium* était un mélange de samarium et d'une terre à laquelle il réserva le nom de décipium; mais l'existence du décipium, comme celle du philippium, fut infirmée par toutes les recherches ultérieures [*C. R.*, 87, 632, 1878].

A la même époque Soret [*C. R.*, 89, 521, 1879; *Ar. Sc. ph. nat.*, (2), 63, 99, 1878] examine au spectroscope les produits obtenus par Marignac. Il observe dans les terres à terbium de Marignac que le spectre de l'ancienne erbine avait subi de profonds changements après les fractionnements du célèbre chimiste genevois. Il en conclut que l'erbium était un mélange d'au moins deux éléments, et désigna par X l'élément auquel la coloration rose, jusque-là caractéristique des composés de l'erbium, ne pouvait être attribuée. Clève tenta d'isoler l'X de Soret et obtint des résultats comparables à ceux de Marignac [*C. R.*, 89, 478, 1879]. Il donna à la terre X le nom de *holmium* malgré la priorité de Soret qui considéra en outre le philippium annoncé depuis Delafontaine comme identique à sa terre X. Delafontaine [*C. R.*, 90, 221, 1880] admit d'abord cette identité, puis il annonça que le philippium n'avait pas de spectre d'absorption [*Ar. Sc. ph. nat.*, (5), 3, 246, 1880], malgré les recherches de Roscoë [*D. chem. G.*, 15, 1274, 1882], et celles de Crookes [*Ph. T. Roy. Soc.*, 174, 910, 1882].

Delafontaine [*Ch. N.*, 75, 229, 1897] maintenait encore en 1897 l'existence du philippium. Urbain, en 1900, montra que le philippium tel que Delafontaine l'a défini ne saurait exister [*Ann Ch. Ph.*, (7), 19, 184, 1900].

Clève [*C. R.*, **89**, 478, 1879] donna le nom de *thulium* à un élément non isolé compris entre l'erbium et l'ytterbium et dont l'existence avait été déjà annoncée par Soret après des recherches sur les terres fractionnées par Marignac [*loc. cit.*]. L'existence du thulium fut mise en doute à plusieurs reprises, notamment par Marc [*D. chem. G.*, **35**, 2382, 1902]. Urbain [*J. Chim. Phys.*, 1906] a obtenu cet élément sinon à l'état de pureté, du moins à un degré de concentration qui n'avait pu être encore atteint et qui met définitivement son existence hors de doute.

En 1885 parut le célèbre travail d'Auer von Welsbach [*Mon. f. Chem.*, **6**, 477, 1885] sur le dédoublement du didyme en *néodyme* à sels rouges violacés et en *praséodyme* à sels verts; éléments caractérisés en outre par deux spectres d'absorption distincts, et vraisemblablement entrevus antérieurement par Brauner [*Mon. f. Chem.*, **3**, 486, 1882].

L'ensemble de ces découvertes successives fit considérer le groupe des terres rares comme extrêmement complexes. Tous les chimistes qui traitèrent les terres rares suivirent leurs fractionnements au spectroscope cherchant si les bandes d'absorption des éléments admis ne subissaient pas de variations d'intensité relative, indice seulement probable d'un commencement de scission, et considéré en général comme une preuve certaine de complexité. Bien que M. Lecoq de Boisbaudran eût montré que les spectres d'absorption peuvent varier sous de nombreuses influences telles que la température, le degré d'acidité et la concentration des solutions, la plupart des comparaisons spectrales ont été faites par un très grand nombre d'auteurs dans des conditions défectueuses et sur des mélanges complexes sans se rendre bien compte des causes réelles des variations observées. De même, de bonnes observations ont été mal interprétées, soit que l'attribution des bandes aux divers éléments était incorrecte, soit qu'elle ne permettait pas de supposer les coïncidences des bandes appartenant à des éléments distincts qui ont été mises depuis en évidence soit par Demarçay, soit par Urbain.

Ainsi Crookes en 1886 [*Proc. Roy. Soc.*, **40**, 502, 1886] annonça que les 2 didymes d'Auer sont eux-mêmes complexes. Après avoir partagé cette manière de voir, Demarçay [*C. R.*, **102**, 1551, 1886; *C. R.*, **105**, 276, 1887; *C. R.*, **126**, 1039, 1898], qui a obtenu le néodyme et le praséodyme à l'état de pureté, en décrivit exactement les spectres d'absorption et leva toute incertitude à ce sujet. Après avoir admis également que le samarium est complexe, le même auteur [*C. R.*, **102**, 1551, 1886; **104**, 588, 1887], après avoir isolé le samarium pur, reconnut loyalement son erreur [*C. R.*, 1901].

Sans entrer dans le détail des interprétations risquées qui ont été proposées en si grand nombre et par tant d'auteurs au sujet des variations observées dans les spectres d'absorption des mélanges des terres rares, je rappellerai le travail de Krüss et Nilson [*D. chem. G.*, **20**, 2134, 1887] où fut développée cette singulière théorie que chaque bande caractérise un élément distinct. C'était admettre une infinité d'éléments, car on ne saurait limiter les spectres à leur région visible.

M. Lecoq de Boisbaudran, poursuivant ses recherches sur les terres rares considérées comme éléments absorbants, montra que le holmium de Soret [Lecoq de Boisbaudran, *C. R.*, **102**, 1003, 1886] renfermait au moins deux éléments distincts; le holmium vrai et le *dysprosium* (nom qui signifie « difficile à obtenir »). Cette importante découverte fut contestée par plusieurs

auteurs; ceux qui la confirmèrent tentèrent d'établir que ces éléments étaient eux-mêmes complexes. G. Urbain, qui a isolé récemment le dysprosium à l'état de pureté [*C. R.*, **142**, 985, 1906], n'a observé aucun fait qui permette de conclure à la complexité de cet élément. A l'époque des recherches de M. Lecoq de Boisbaudran sur les terres de ce groupe, la terbine était considérée comme complexe. Et l'on désignait sous le nom très vague de terbines toutes les terres qui manifestaient la coloration jaune attribuée par Mosander à l'élément terbium. En fractionnant les terbines, Marignac était arrivé à obtenir des oxydes, non plus jaunes, mais orangés; M. Lecoq de Boisbaudran obtint des oxydes bruns. Urbain a pu obtenir la terbine pure et a montré que cet oxyde répond sensiblement à la formule Tb^4O^7 [*C. R.*, **144**, 521, 1905]. Il a montré que la coloration des oxydes se comportait exactement dans les fractionnements comme la bande d'absorption $\lambda = 488$ que M. Lecoq de Boisbaudran avait attribuée à un élément $Z\delta$ [*C. R.*, **121**, 709, 1895] d'existence seulement probable. La concordance des caractères étant le seul argument qui puisse décider de l'identité de leurs origines, Urbain a conclu que le terbium défini par la coloration de son oxyde et l'élément $Z\delta$ défini par sa bande d'absorption doivent être considérés comme identiques: aucun symptôme de séparation n'ayant pu être décelé entre les éléments ainsi définis.

2° Éléments à spectres de lignes. — De même que Soret avait examiné au spectroscope les produits de Marignac, Thalèn examina les différentes terres préparées par Clève. Il décrivit ainsi le spectre d'étincelle de la plupart des terres rares connues à cette époque. L'étude de ces spectres de lignes ne paraît avoir joué aucun rôle dans l'histoire des terres rares. Il n'en est pas de même des spectres des terres yttriques étudiés par Lecoq de Boisbaudran et par Demarçay.

M. Lecoq de Boisbaudran provoque l'étincelle d'induction avec une bobine à fil long et fin, Demarçay avec une bobine à fil gros et court: enfin Demarçay observait de préférence des spectres ultraviolets tandis que M. Lecoq de Boisbaudran observe exclusivement des spectres visibles. Il ne faut donc pas être surpris, si l'europium que Demarçay avait annoncé d'abord sous la dénomination de Σ [*C. R.*, **122**, 728, 1896] et qu'il parvint à séparer du samarium ensuite [*C. R.*, **130**, 1469, 1900] s'identifie avec l'élément $Z\varepsilon$ annoncé auparavant par M. Lecoq de Boisbaudran et observé par lui dans des produits analogues [*C. R.*, **114**, 575, 1892]. Une mort prématurée empêcha Demarçay de terminer ses travaux sur l'europium. Les récentes recherches d'Urbain [*C. R.*, **142**, 205 et 1518, 1906] ont permis à cet auteur de décrire complètement les caractères atomiques de cet élément.

Dans les fractionnements des terbines, M. Lecoq de Boisbaudran parvint [*C. R.*, **102**, 153, 1886] à obtenir une terre sombre à laquelle il réserva le nom de terbine et une terre claire qui présentait un spectre d'étincelle particulier qui lui parut caractéristique d'un élément probablement nouveau $Z\gamma$; Demarçay [*C. R.*, **131**, 387, 1900] désigne le même élément par la notation Δ et Urbain les identifie avec le dysprosium [*C. R.*, **142**, 785, 1906]. De même l'élément Γ observé par Demarçay dans les Terres à terbine et, d'après Urbain [*C. R.*, **142**, 957, 1906], identique au terbium. La conclusion de cet auteur a été récemment confirmée par E. Eberhard.

Demarçay a également annoncé l'existence d'une terre Ω entre le holmium et l'erbium et d'une terre θ entre l'ytterbium et l'erbium [*C. R.*, **131**, 387, 1900].

G. Urbain a montré tout récemment que l'ytterbium est un mélange de deux éléments : le *néo-ytterbium* et le *lutécium*, qui se partagent ses propriétés [*C. R.*, **145**, 759, 1907]. Auer von Wellsbach a annoncé les mêmes faits postérieurement [*Sitz. Ber. Ac. Sc. Wien.*, 1907, n° 27, p. 488].

3° *Éléments phosphorescents.* — Au moyen des spectres de fluorescence, dits « spectres de renversement », qu'il a découverts, M. Lecoq de Boisbaudran annonça d'abord l'existence de deux éléments phosphorescents dans la terbine : Z_α et Z_β [*C. R.*, **103**, 627, 1886]; Z_β accompagnait les terres sombres et Z_α les terres claires. Urbain a montré [*loc. cit.*] que Z_β est identique au terbium et Z_α au dysprosium.

M. Lecoq de Boisbaudran admit également que son élément Z_ι (europium actuel) était constamment accompagné d'une terre fluorescente Z_ζ. Ni Demarçay ni Urbain n'ont pu séparer Z_ι de Z_ζ. Z_ζ s'identifie donc avec l'europium tel qu'il est actuellement défini.

Au moyen des spectres de phosphorescence cathodique qu'il a découverts, sir W. Crookes a annoncé l'existence d'un grand nombre d'éléments phosphorescents. Les ayant observés dans l'yttria, considérée à cette époque comme pure, le savant anglais admit d'abord qu'ils étaient des éléments nouveaux, puis il les considéra comme des « méta-éléments » de l'yttrium. Cette expression nouvelle était nécessaire pour exprimer une idée nouvelle, fort originale, mais que les faits ont condamnée.

Sir W. Crookes observait dans toutes ses terres le même spectre d'étincelle : celui de l'yttrium.

La substance qu'il fractionnait était donc pour lui de l'yttrium. D'autre part, la variation des spectres de phosphorescence lui faisait admettre que cet yttrium, identique à lui-même en tant qu'élément à spectre de ligne, se scindait en divers éléments phosphorescents. Ces éléments phosphorescents étaient les divers « méta-éléments » de l'yttrium.

Cette manière de voir fut critiquée judicieusement par Marignac et combattue expérimentalement par M. Lecoq de Boisbaudran. Pour ce dernier, les méta-éléments de l'yttrium ne se distinguent pas de ses éléments fluorescents Z_α et Z_β, qui sont fort distincts de l'yttrium quant à leurs poids atomiques : $Y = 89$ (Z_α et Z_β ont des poids atomiques voisins de 160). Ce sont des traces de Z_α et Z_β qui communiquent à l'yttrium ses phosphorescences variées sans en altérer sensiblement le spectre d'étincelle.

En 1889, sir W. Crookes attribuait au samarium 4 méta-éléments qu'il désignait par S_δ, G_ι, G_γ, G_δ.

S_δ a été reconnu identique à l'europium par Demarçay. A l'yttrium, sir W. Crookes attribuait 5 méta-éléments : G_α, G_β, G_δ, G_ζ, G_η. Les méta-éléments G_β et G_ζ étaient également attribués au gadolinium. Urbain a montré que G_β est identique au terbium et G_δ au dysprosium.

Plus récemment, sir W. Crookes a annoncé l'existence d'un élément phosphorescent, le victorium, qui, dans les fractionnements, se trouve entre l'yttrium et le terbium. Urbain considère cet élément comme identique au gadolinium [*C. R.*, **141**, 954, 1905].

Enfin, sir W. Crookes a, plus récemment encore, annoncé l'existence de deux éléments phosphorescents nouveaux : l'*ionium* et l'*incognitium*. Ces éléments sont identiques au terbium [G. Urbain, *C. R.*, **145**, 1335, 1907].

3° *Période.* — Le développement de l'industrie du bec Auer a largement contribué dans ces dernières années au développement de la chimie des terres rares. Les terres rares proprement dites, dont nous avons seulement à nous préoccuper dans cet article, sont des déchets de fabrication de la thorine qui forme la majeure partie du manchon à incandescence. La presque totalité du thorium utilisé dans cette industrie provient de la monazite qui est un phosphate complexe renfermant, outre le thorium, une forte proportion de terres rares.

A l'Exposition universelle de Paris de 1900, plusieurs fabricants de produits chimiques ont exposé de fort beaux produits à base de terres rares. L'exposition de MM. Chenal et Douillet renfermait en abondance des spécimens remarquablement purs de la plupart des terres rares alors connues et plus particulièrement des terres du groupe cérique : cérium, lanthane, néodyme, praséodyme, samarium. Ce traitement gigantesque a fait époque dans la chimie des terres rares et la plupart des travaux scientifiques faits depuis sur la question ont été entrepris avec ces matières premières. Telles sont, en particulier, les belles recherches de Demarçay, qui avait dirigé ce remarquable travail.

Jusqu'alors les diverses terres rares avaient été isolées très approximativement, et il ne semble pas qu'aucune d'entre elles ait été isolée à l'état de pureté. Tant que des éléments aussi riches en caractères spectraux n'avaient pu être séparés suffisamment les uns des autres, on ne pouvait évidemment affirmer que ces éléments étaient invariables. Nous avons vu, d'ailleurs, qu'on les supposait extrêmement complexes. Depuis que la plupart d'entre eux ont été isolés à l'état de pureté, le groupe des terres rares apparaît comme un groupe d'éléments nombreux en vérité, mais infiniment moins complexe qu'on se l'était figuré.

Non seulement la plupart de ces éléments ont été entièrement séparés les uns des autres, mais des recherches fort pénibles et généralement négatives ont été effectuées pour s'assurer qu'ils ne pouvaient être scindés par les méthodes perfectionnées dont on dispose aujourd'hui. Enfin les fractions intermédiaires entre les divers éléments ont été traitées en général jusqu'à ce qu'elles soient devenues négligeables par rapport aux produits purs séparés et l'on s'est assuré qu'elles ne manifestent que la somme des caractères attribuables aux corps purs.

Tels sont les principes qui ont présidé aux recherches de Demarçay, qui furent interrompues par une mort prématurée, à l'époque où il venait d'isoler l'europium et le gadolinium purs, et avant qu'il ait pu les décrire complètement. Il put du moins définir d'une manière complète le néodyme et le samarium, dont il avait préparé plusieurs kilogrammes [*C. R.*, **126**, 1039, 1898; **130**, 1185, 1900].

Urbain et Lacombe ont pu séparer quantitativement l'europium du samarium [*C. R.*, **138**, 627, 1904] et ont donné le poids atomique de cet élément. G. Urbain a recherché ensuite si l'europium devait être considéré comme un élément unique ou un mélange de plusieurs éléments. A cet effet, les divers caractères spectraux de cet élément ont été étudiés dans les différentes fractions d'europium pur ainsi que dans les fractions intermédiaires réduites à 3 entre l'europium et le gadolinium. Les spectres d'étincelle et d'absorption n'ont donné que des résultats négatifs. L'auteur a observé l'existence de deux spectres de phosphorescence de l'europium et a conclu que de nouvelles recherches étaient nécessaires pour décider si ce phénomène est d'ordre purement physique ou si l'europium devait être considéré comme un mélange de deux éléments rigoureusement inséparables l'un de l'autre par les méthodes actuellement connues. Des recherches ultérieures ont établi que l'existence de ces 2 spectres n'impliquait pas nécessairement celles de 2 constituants de l'europium. Le même auteur a défini complètement le gadolinium et donné une valeur plus précise de son poids atomique reconnu constant. Il a montré que cet élément possédait, outre son spectre de lignes, un spectre d'absorption [*C. R.*, **140**, 583 et 1233, 1905] et un spectre de phosphorescence et que ce dernier s'identifie avec le spectre que sir W. Crookes avait attribué à un nouvel élément, le victorium [Crookes, *Proc. Roy. Soc.*, **65**, 237, 1889; — G. Urbain, *C. R.*, **141**, 955, 1905]. Poursuivant ses recherches, G. Urbain a pu isoler le terbium pur [*C. R.*, **141**, 521, 1905]. Il a donné la valeur de son poids atomique et montré qu'il demeurait invariable dans les fractionnements [*C. R.*, **142**, 957, 1906], il a décrit ses spectres d'étincelle, d'absorption et de phosphorescence. Il résulte de cette étude que le terbium est identique aux éléments à spectre de ligne Γ de Demarçay, à l'élément absorbant $Z_δ$ de M. Lecoq de Boisbaudran, aux éléments phosphorescents $Z_β$ de M. Lecoq de Boisbaudran et $C_β$, ionium et incognitum, de sir W. Crookes.

Un travail analogue lui a permis de séparer les composants du vieil holmium annoncés par M. Lecoq de Boisbaudran. Parmi ceux-ci le dysprosium a été obtenu à l'état de pureté. Cet élément, dont le poids atomique a été reconnu constant, est identique aux éléments à spectre de ligne Δ de Demarçay, $Z_γ$ de M. Lecoq de Boisbaudran, $X_β$ de MM. Exner et Haschek; aux éléments phosphorescents $Z_α$ de M. Lecoq de Boisbaudran et $G_δ$ de sir W. Crookes.

Urbain a isolé, en outre, les autres terres yttriques dans un état de pureté qui n'avait pas encore été atteint, et donné pour la première fois une méthode de séparation de l'ensemble des terres de ce groupe [*Ann. Chim. Phys.*, (7), **19**, 184, 1900]. Il est parvenu récemment à dédoubler l'ancien ytterbium en 2 constituants auxquels il a donné les noms de néoytterbium et de lutécium [*C. R.*, **145**, 759, 1907].

Séparation des terres rares. — 1° *Traitement des minéraux.* — On extrait généralement les terres rares des sables monazités, de la cérite, de la gadolinite, du xénotime ou de la samarskite.

La *cérite* [Schutzenberger, *C. R.*, **120**, 663, 1895; **120**, 962, 1895; **124**, 481, 1897; — Harry C. Jones, *Am. Chem. Journ.*, **28**, 23, 1902; — Urbain, *Ann. Chim. Phys.*, (7), **19**, 184, 1900; — Marx, *J. chem. Ph. Schweig.*, **52**, 481, 1828; — Marignac, *Ar. Sc. Ph. Nat.* (1), **8**, 265, 1848; — Debray, *C. R.*, **96**, 828, 1883; — Bunsen et Jegel, *Ann. Chem.*, **105**, 40, 1858; — Arche, *Mon. f. Chem.*, **4**, 913, 1883; — Bunsen, *An. Ph. Chem. Pogg.*, **155**, 366, 1875; — Auer von Welsbach, *Mon. f. Chem.*, **4**, 630, 1883] peut être traitée de plusieurs manières; nous considérons la suivante comme la plus pratique : le minéral pulvérisé est traité par l'acide sulfurique. La matière se prend en une masse que l'on concasse et que l'on chauffe au-dessous du rouge pour éliminer l'excès d'acide. La masse refroidie est pulvérisée et projetée par petites fractions dans l'eau froide, en agitant constamment. On filtre, après un traitement par l'hydrogène sulfuré qui élimine les métaux précipitables par ce réactif, on précipite les terres rares dans la liqueur filtrée par addition d'un excès d'acide oxalique.

La *gadolinite*, le *xénotime*, la *monazite* se traitent d'une manière analogue. Les niobo-tantalates et les titanates, comme la *samarskite*, l'*æschynite*, l'*euxénite* et la *fergusonite* s'attaquent en général par la fusion avec le bisulfate

de potasse, qui transforme les terres rares en sulfates et met en liberté les acides rares qui restent seuls insolubles lors de la reprise par l'eau. Pour débarrasser complètement les terres rares de ces acides, il est nécessaire de précipiter la solution par l'ammoniaque, de reprendre le précipité d'hydrate par un grand excès d'acide nitrique et de faire bouillir très longtemps la dissolution acide; on sépare ensuite dans la liqueur filtrée qui doit être claire, les terres rares par l'acide oxalique.

Les minéraux niobifères peuvent être également attaqués par l'acide fluorhydrique [Roscoë, *D. chem. G.*, **15**, 1274, 1882; — Smith, *Chem. News*, **48**, 13, 1883; **51**, 289 et 304, 1885]. Dans ce cas, les acides rares se dissolvent et les terres rares restent insolubles à l'état de fluorures. Ces derniers sont ensuite transformés en sulfates d'où l'on sépare les terres rares par l'acide oxalique.

2° *Séparation des terres rares d'avec les autres métaux.* — La séparation des terres rares d'avec les autres métaux s'effectue généralement en précipitant les terres rares en liqueur légèrement acide par l'acide oxalique. Il faut avoir éliminé au préalable les métaux qui précipitent par l'hydrogène sulfuré, car certain d'entre eux, le plomb et le bismuth entre autres, précipiteraient en même temps que les terres rares à l'état d'oxalates. Il faut, en outre, si la proportion des métaux alcalino-terreux et alcalins est un peu considérable, séparer au préalable les terres rares de ces métaux par l'ammoniaque qui précipite les terres rares à l'état d'hydrates en même temps que le thorium, l'uranium, le fer, etc.... Plusieurs précipitations par l'acide oxalique sont ensuite nécessaires pour séparer les terres rares des métaux du groupe du fer.

Enfin, il ne faut pas perdre de vue que les oxalates des terres rares ne sont pas absolument insolubles, surtout en milieu acide, et que le thorium précipite entièrement par l'acide oxalique et accompagne ainsi constamment les terres rares proprement dites dans leurs réactions.

On peut transformer les oxalates des terres rares en hydrates par l'ébullition en présence de potasse caustique [Metzger, *Journ. Am. Chem. Soc.*, **24**, 901, 1902]; en nitrates par ébullition avec l'acide nitrique qui brûle l'acide oxalique. Généralement, on transforme les oxalates en oxydes par calcination. Les oxydes sont ensuite attaqués par l'acide sulfurique ou tout autre acide convenable. Dans le cas où les terres renferment plus de 50 0/0 de cérium, la dissolution dans les acides autres que l'acide sulfurique n'est pas intégrale [Wyrouboff et Verneuil, *Bull. Soc. Chim.*, (3), **17**, 679, 1897]. On y arrive en réduisant l'oxyde cérique par l'eau oxygénée en présence d'acide nitrique ou par l'iodure de potassium en présence d'acide chlorhydrique [Wyrouboff et Verneuil, *Bull. Soc. Chim.*, (3), **19**, 219, 1898; — Bunsen, *Ann. Chem.*, **86**, 265, 1853].

Séparation du thorium et du cérium d'avec les autres terres. — L'oxyde de thorium ThO^2 est une base faible ainsi que l'oxyde cérique CeO^2. Ces oxydes se séparent aisément des sesquioxydes des terres rares qui sont des bases relativement fortes. L'oxyde cérique et la thorine qui s'accompagnent dans leurs réactions se sépareront grâce à la propriété qu'ils ont de donner facilement des sels basiques insolubles. A cet effet il convient de transformer les sels céreux en sels cériques. Par simple calcination, l'oxyde de cérium se peroxyde, mais il se réduit partiellement lorsqu'on le dissout dans les acides en même temps que les autres terres qui l'accompagnent.

Procédé de MM. Wyrouboff et Verneuil. —
[*Bull. Soc. Chim.*, (3), **17**, 679, 1897; (3), **19**,
219, 1898; *C. R.*, **124**, 1230, 1897]. On fait bouillir la dissolution des nitrates renfermant le cérium à l'état cérique avec du nitrate d'ammoniaque. Les solutions doivent être étendues de
manière à renfermer environ 3 gr. d'oxyde par
lit. et 5 gr. de nitrate d'ammoniaque. Les trois
quarts du cérium précipitent ainsi. Le précipité
se lave avec une solution de nitrate d'ammoniaque.

Les auteurs ont proposé quelques variantes
de leur procédé initial.

1° Le mélange initial renferme plus de 50 0/0
de cérium.

Les oxalates sont alors transformés en nitrates
(voy. le paragraphe précédent).

On précipite la liqueur par l'ammoniaque en
présence d'un excès d'eau oxygénée, le précipité
rouge renfermant l'hydrate percérique est soumis
à l'ébullition jusqu'à ce qu'il devienne jaune
clair; le précipité cérique est alors lavé puis dissous dans l'acide nitrique et traité comme ci-
dessus;

2° Le mélange renferme moins de 50 0/0 et
plus de 15 0/0 de cérium. Les oxalates sont calcinés et dissous dans l'acide nitrique. On évapore à consistance sirupeuse et l'on reprend par
300 vol. d'eau environ. A la liqueur bouillante,
on ajoute environ 2 cm³ par gr. d'oxyde d'une
solution renfermant 5 0/0 de sulfate d'ammoniaque. Ce mode opératoire donne de meilleurs
rendements que le précédent;

3° Le mélange renferme moins de 15 0/0 de
cérium. On ajoute alors à la solution chaude des
nitrates 0,1 de persulfate d'ammoniaque et 2 cm³
d'une solution d'acétate de soude à 50 0/0 par
gr. d'oxyde. On fait bouillir jusqu'à ce que la
liqueur s'éclaircisse. On a ainsi la totalité du
cérium, mais il est moins pur que celui que l'on
obtient par les méthodes précédentes.

Ces méthodes ont été légèrement modifiées
par J. Sterba [*C. R.*, **133**, 221, 1901] et Otto Witt
et Walther Theele [*D. chem. G.*, **33**, 1315, 1900].
Le premier peroxyde les nitrates par l'électrolyse. A la dissolution renfermant 1 p. de cérium
pour 30 p. d'eau, il ajoute 1 gr. de sulfate d'ammoniaque par litre, qui précipite le cérium à l'é-
bullition. Les seconds précipitent l'oxyde cérique
par le persulfate d'ammoniaque sans addition
d'acétate de soude, mais ils neutralisent constamment la liqueur par des additions de carbonate de chaux.

Procédé de Debray [*C. R.*, **96**, 828, 1883]. —
Cette méthode consiste à pyrogéner les nitrates
mixtes en présence de 8 à 10 fois leur poids de
salpêtre ou mieux d'un mélange à poids égaux
de nitrates de potasse et de soude qui fond à
plus basse température.

Entre 330° et 350° les nitrates de thorium et de
cérium se décomposent. En reprenant la masse
refroidie par l'eau, les nitrates indécomposés se
dissolvent, la thorine et l'oxyde cérique restent
indissous. Il faut laver les précipités avec une
solution de nitrates alcalins dans le cas où ils
passeraient au travers du filtre. Un second traitement purifie la matière ainsi obtenue.

D'après MM. Wyrouboff et Verneuil [*Bull.
Soc. Chim.*, (3), **17**, 679, 1897] il se forme dans
ces conditions un sel complexe de cérium susceptible de se combiner aux autres terres rares;
d'après M. Boudouard [*Bull. Soc. Chim.*, (3), **19**,
10, 1898], on obtient ainsi du cérium accompagné seulement d'une terre de poids atomique
plus faible.

Procédé Auer von Welsbach [*Mon. f. Chem.*,
5, 508, 1884]. — Cette méthode est applicable aux
terres renfermant plus de 50 0/0 d'oxyde de

cérium. On sait que dans ces conditions la dissolution d'oxydes dans l'acide nitrique est seulement partielle; mais en faisant digérer à froid
ce mélange avec l'acide nitrique à 50 0/0 pendant une dizaine d'heures, on obtient en reprenant ensuite le précipité par l'eau une dissolution limpide d'où le cérium précipite par addition d'acide. On peut alors dissoudre le nitrate
basique obtenu dans l'acide nitrique, y ajouter
du nitrate d'ammoniaque en proportion convenable et faire cristalliser le nitrate cérique ammoniacal. Les autres terres s'accumulent dans
les eaux mères.

Procédés divers. — Mosander [*J. prakt. Chem.*,
30, 276, 1843], Dennis [*Zeit. anorg. Chem.*, **7**,
252, 1894], Krüss [*Ann. Chem.*, **265**, 1, 1891]
précipitent la solution des sels mixtes par la
potasse et traitent le précipité en suspension
dans l'eau par un courant de chlore. L'hydrate
cérique seul reste insoluble. Popp [*Ann. Chem.*,
131, 179, 1864] et Erk [*Z. Chem.*, (2), **7**, 100,
1870] précipitent la dissolution des chlorures
par l'acétate de soude et un courant de chlore
à l'ébullition ou plus simplement par de l'hypochlorite de sodium. Le précipité doit être lavé
avec une dissolution d'acétate de soude.

Bunsen [*An. Ph. Chem. Pogg.*, **155**, 366, 1875]
traitait la solution sirupeuse de nitrate cérique
par 1200 p. d'eau renfermant 2p,4 d'acide sulfurique. Le précipité cérique est dissous ensuite
dans un minimum d'acide sulfurique et versé
peu à peu dans l'eau bouillante. Brauner [*Mon.
f. Chem.*, **6**, 785, 1885] a obtenu de meilleurs
résultats en substituant dans cette méthode l'a-
cide nitrique à l'acide sulfurique.

Mengel précipite la solution des nitrates par
une solution de bioxyde de sodium dans l'eau
glacée [*Zeit. anorg. Chem.*, **19**, 67, 1898]. Le
cérium est purifié par des cristallisations à l'état
de nitrate cérique ammoniacal.

Drossbach [*D. chem. G.*, **33**, 3506, 1900] précipite le cérium par le chlorure de chaux qu'il
ajoute par petites portions.

La dessiccation du nitrate cérique vers 250°
produit un sous-nitrate cérique insoluble dans
l'eau [Czudnowitz, *J. prakt. Chem.*, **80**, 16,
1860].

La solution de nitrate céreux est peroxydée en
milieu acide par l'oxyde puce de plomb [Gibbs,
Am. J. Soc., (2), **37**, 352, 1864]. En évaporant à
sec et en chauffant jusqu'à dégagement de vapeurs nitreuses, le sous-nitrate cérique prend
naissance et se sépare avec le bioxyde de plomb
quand on reprend par l'eau [Bührig, *J. prakt.
Chem.*, (2), **12**, 209, 1875].

Dans les précipitations fractionnées par l'ammoniaque en présence d'eau oxygénée, le cérium
précipite avant les autres terres [Lecoq de Boisbaudran, *C. R.*, **100**, 605, 1885].

L'addition d'eau oxygénée à la solution des
acétates précipite totalement le cérium. On peut
opérer sur un sel quelconque si l'on ajoute à la
liqueur de l'acétate de soude [R.-J. Meyer et
M. Koss, *D. chem. G.*, **35**, 672, 1902].

Le chromate de cérium se décompose à 110°,
les chromates des autres terres sont inaltérables
à cette température. En reprenant par l'eau le
cérium reste indissous [Pattinson et Clarke,
Chem. N., **16**, 259, 1867].

L'oxyde de zinc en présence de permanganate
de potasse précipite le cérium [Stolba, *Jahresb.*,
1059, 1878].

D'après Drossbach, l'oxyde de zinc n'est pas
nécessaire [*D. chem. G.*, **29**, 2452, 1896].

En présence d'acétate d'ammoniaque l'acide
fumarique précipite le cérium [Floyd, J. Metzger,
J. Am. Chem. Soc., **24**, 901, 1902].

D'après Chavastelon [*C. R.*, **130**, 781, 1900],

on peut séparer le cérium en précipitant le mélange des terres à l'état d'hydrates en présence d'eau oxygénée et en traitant ensuite le précipité par une solution d'un bicarbonate alcalin.

Séparation du thorium et du cérium. — Dans les méthodes précédentes, le cérium à l'état cérique précipite constamment en même temps que le thorium. On sépare assez aisément le thorium du cérium à la condition de maintenir le cérium à l'état de sel céreux.

Procédé de Chydénius. — En présence d'hyposulfite de soude la dissolution neutre des chlorures laisse précipiter seulement la thorine à l'ébullition [*Bull. Soc. Chim.*, (2), **1**, 130, 1864 ; — Drossbach, *Z. angew. Chem.*, 655, 1901 : — Glaser, *Chem. Zeit.*, **20**, 612, 1896]. Le rendement serait de 85 0/0 (Wyrouboff et Verneuil).

Procédé Dennis. — L'azothydrate de potassium précipite la thorine en liqueur neutre. La précipitation est complète, le cérium reste en solution [*Am. Chem. Journ.*, **16**, 79, 1894].

L'oxydule de cuivre précipite la thorine partiellement et non les autres terres [Lecoq de Boisbaudran, *C. R.*, **94**, 595, 1882]. Le rendement serait de 35 0/0 (Wyrouboff et Verneuil).

L'oxyde de cuivre exerce une action analogue [Schutzenberger et Boudouard, *C. R.*, **124**, 481, 1897].

Procédé de Bahr [*Ann. Chem.*, **132**, 227, 1864]. — L'oxalate d'ammoniaque dissout l'oxalate de thorium à froid complètement. Les oxalates des autres terres sont un peu solubles dans ce réactif [Bunsen, *Ann. Chem.*, **105**, 40, 1858 ; — Hintz et Weber, *Z. anal. Ch.*, **36**, 676, 1897 ; — Glaser, *ibid.*, **36**, 213, 1897 ; — Urbain, *loc. cit*].

Procédés de M.M. Wyrouboff et Verneuil [*Bull. Soc. Chim.*, (3), **17**, 679, 1897]. — L'oxalate ou mieux le nitrate de thorium se dissout intégralement dans la solution du carbonate d'ammoniaque. Il reste environ 1 0/0 de thorine avec le cérium indissous. La cristallisation du sulfate de cérium rejette le thorium dans les eaux mères.

Le phosphate de thorium est insoluble dans l'acide chlorhydrique faible, le précipité se lave difficilement et retient un peu de cérium.

L'eau oxygénée précipite intégralement le thorium de sa dissolution nitrique : le cérium reste en dissolution.

En dissolution acétique le cérium précipite avec le thorium.

Procédés divers. — Le sulfate de soude en solution saturée précipite complètement le cérium et laisse le thorium en dissolution. Les deux terres précipitent totalement par le sulfate de potasse (Brauner).

Le thorium précipite par l'acide fumarique en dissolution alcoolique à l'exclusion des autres terres (Floyd, J. Metzger).

L'acétylacétonate de sodium précipite les terres rares et laisse le sel de thorium en solution si la liqueur est suffisamment étendue. On extrait ensuite l'acétylacétonate de thorium de sa solution aqueuse, en agitant avec du chloroforme qui dissout le sel de thorium mieux que l'eau [Urbain, *Bull. Soc. Chim.*, (3), **15**, 336, 1896].

Une solution saturée de sulfite de soude précipite les terres rares à l'exclusion du thorium (Chavastelon).

L'oxalate de thorium précipite en premier par l'acide oxalique.

L'oxyde de thorium est attaqué plus difficilement par les acides que les oxydes des terres rares [Kersten, *Ann. Ph. chem. Pogg.*, **47**, 385, 1839].

Séparation des terres rares libres de cérium. (*Fractionnements.*) — Le cérium est la seule terre rare dont on connaisse actuellement plusieurs fonctions chimiques qui permettent une séparation nette d'avec les autres terres. Les autres terres ne peuvent encore être séparées les unes des autres qu'en mettant à profit les différences très faibles de propriétés que l'on connaît entre elles. On ne sait donc les séparer que par des fractionnements. La technique de ces méthodes a acquis dans ces dernières années un haut degré de perfection puisqu'elle a permis d'obtenir des terres *spectroscopiquement* pures, ou dans un état très voisin de cette pureté.

Urbain [*J. Chim. Phys.*, 26 février, 1906] a donné la théorie des fractionnements et leur technique. Dans ces méthodes l'isomorphisme, loin de gêner la séparation de ces éléments si voisins, permet au contraire de les séparer successivement les uns des autres à l'état de pureté. Urbain a montré dans quels cas on peut obtenir des mélanges qui ne se dédoublent pas et établi que les limites d'un fractionnement sont en général les corps purs.

Les cristallisations fractionnées de sels très solubles sont, d'après cet auteur, préférables aux précipitations partielles de composés insolubles ou peu solubles. Elles n'exigent que des décantations et des concentrations qui peuvent être effectuées rapidement en limitant les pertes à un minimum. Pour éviter les poussières, les cristallisations sont effectuées par refroidissement dans des vases fermés. A chaque nouvelle cristallisation les eaux mères de la fiole qui contient les sels les plus solubles sont décantées. L'eau mère de la fiole précédente est décantée dans celle-ci et ainsi de suite.

La fiole qui contient les sels les moins solubles reçoit du dissolvant pur en quantité convenable. La fiole de tête (cristaux les moins solubles) renferme ainsi moins de matière à chaque série nouvelle de cristallisation. Il ne faut pas mettre de côté les cristaux lorsqu'il n'en reste que très peu, s'ils ne sont pas purs, la purification se poursuivra dans la fiole suivante si la méthode employée est quelque peu efficace. Le nombre des fractions ne doit pas être augmenté indéfiniment. Un nombre déterminé de fractions est nécessaire pour séparer deux éléments en proportion donnée par une méthode donnée. L'efficacité de la méthode peut être représentée par l'inverse du nombre des fractions nécessaires.

Dans ces conditions une séparation difficile peut être poursuivie pendant plusieurs années en réduisant les pertes à un minimum et sans subdiviser et éparpiller inutilement la matière.

Tout traitement de l'ensemble des terres rares exige plusieurs stades : les premiers traitements ont pour but de séparer approximativement les terres en groupes moins complexes.

Ces groupes sont alors traités de manière à isoler approximativement chaque terre.

Enfin chaque terre brute est soumise à une série de traitements dans le but de la purifier.

Pour séparer l'ensemble des terres rares, il ne faut pas moins de 200 fractions consécutives et un pareil traitement exige plusieurs années de cristallisations journalières.

Séparation du lanthane, du praséodyme et du néodyme. Procédé d'Auer von Welsbach. — Auer de Welsbach a proposé pour la séparation du lanthane, du praséodyme et du néodyme [*Monatsh. Chem.*, **6**, 477, 1889] la cristallisation des nitrates doubles du type $M(AzO^3)^3$, $2(AzO^3AzH^4) + 4H^2O$ dans l'acide nitrique.

Les dissolutions sont concentrées jusqu'à ce que leurs surfaces refroidies par un courant d'air se recouvrent d'un voile cristallin ; après une vingtaine de fractionnements, la majorité du lanthane se trouve en tête et donne des sels incolores, les dernières fractions très sirupeuses sont fortement colorées en rouge violacé, coloration caractéristique des sels de néodyme, les fractions centrales ont une coloration verte due à la présence du praséodyme.

Lorsque les dernières eaux mères ne donnent plus de cristaux, il est nécessaire de séparer les terres yttriques et le samarium. A cet effet Auer précipitait ces terres par l'acide oxalique. Les oxalates étaient calcinés et les oxydes transformés en nitrates qu'il soumettait à la pyrogénation fractionnée. Après quelques traitements semblables, le nitrate de néodyme, plus résistant à l'action de la chaleur que les nitrates yttriques, était additionné de nitrate de soude, de manière à former le nitrate double de sodium et de néodyme qui était soumis à de nouvelles cristallisations fractionnées. De même que dans la cristallisation des nitrates doubles ammoniacaux, les dernières eaux mères refusaient de cristalliser après un certain nombre de tours de fractionnement. Il y ajoutait alors environ un tiers de leur poids de nitrate double de lanthane qui facilitait les cristallisations et entraînait de nouvelles quantités de néodyme.

Procédé de Lacombe [*Bull. Soc. Chim.*, 29, 1154, 1903]. — Lacombe a proposé le fractionnement des nitrates doubles de manganèse et de didyme pour séparer le néodyme du praséodyme. Ces sels cristallisent incomparablement mieux dans l'acide nitrique que les sels ammoniacaux, et la séparation du néodyme d'avec le praséodyme et le samarium est plus rapide et plus facile à conduire. Comme dans la méthode précédente, le lanthane cristallise d'abord, le praséodyme ensuite, puis le néodyme, enfin le samarium peut être séparé du néodyme avec 3 ou 4 fractions intermédiaires seulement. Si par cette méthode la séparation du néodyme d'avec le praséodyme et le samarium est excellente, les résultats obtenus pour séparer le praséodyme du lanthane ne semblent pas être supérieurs à ceux que l'on peut attendre du procédé d'Auer de Welsbach.

Procédés divers. — Diverses modifications du procédé d'Auer ont été proposées. Carl von Scheele [*D. chem. G.*, 32, 409, 1899] en particulier ajoute au mélange des nitrates une quantité insuffisante de nitrate d'ammoniaque pour les transformer intégralement en nitrates doubles. Le lanthane cristallise et s'obtient ainsi assez rapidement pur. Un peu de cérium accompagne le lanthane.

Le fractionnement des oxalates a été préconisé par un grand nombre d'auteurs [Zschiesche, *J. prakt. Chem.*, 107, 65, 1869; — Marignac, *Ann. Ch. Ph.*, (3), 27, 209, 1849; — Brauner, *Mon. Chem.*, 3, 1, 1882; — Scheele, *Zeit. anorg. Chem.*, 17, 310, 1898; — Brauner, *J. Chem. Soc.*, 73, 951, 1898].

Le lanthane s'accumule dans les eaux mères.

Mosander [*J. prakt. Chem.*, 30, 276, 1843] fractionnait les sulfates de la manière suivante: les sulfates déshydratés par la chaleur étaient finement pulvérisés, puis projetés par petites portions dans le moins possible d'eau glacée. En élevant ensuite la température au voisinage de 40°, on obtient une abondante cristallisation de sulfates riches en lanthane. Holzman [*J. prakt. Chem.*, 75, 321, 1858] ne chauffait dans les premières cristallisations que vers 35° et seulement à 25° dans les suivantes.

En concentrant les sulfates riches en didyme provenant des eaux mères des cristallisations précédentes, les sulfates de didyme et de lanthane cristallisent simultanément dans deux systèmes différents, on peut alors séparer les deux sortes de cristaux à la pince. Suivant Hillebrand et Norton [*Ann. Ph. Chem. Pogg.*, 156, 466, 1875] il est préférable de fractionner par cristallisation vers 100°. Muthmann et Röhling [*D. chem. G.*, 31, 1718, 1898] ont pu séparer ainsi le néodyme du praséodyme.

Frerich et Smith [*Ann. Chem.*, 191, 331, 1878] précipitaient les sulfates par l'alcool.

Boudouard obtenait du néodyme en fractionnant les terres par le sulfate de potasse [*Bull. Soc. Chim.*, (3), 19, 382, 1898].

L'oxyde de lanthane est une base plus forte que les autres terres rares. Plusieurs procédés ont été proposés pour la séparation du lanthane d'avec les autres terres en mettant cette propriété à profit.

La magnésie a été employée dans ce but par plusieurs auteurs. Elle précipite le didyme avant le lanthane [Holzmann, *J. prakt. Chem.*, 75, 321, 1858; — Muthmann et Röhlig, *D. chem. G.*, 31, 1718, 1898; — Ley, *Zeit. Ph. Chem.*, 30, 236, 1899].

La pyrogénation des nitrates en présence de nitrates alcalins décompose le nitrate de didyme avant celui de lanthane [Schutzenberger, *C. R.*, 120, 962, 1895; — Urbain, *Ann. Ch. Ph.*, (7), 19, 184, 1900]. La présence des nitrates alcalins n'est pas nécessaire [Damour et Deville, *Bull. Soc. Chim.*, (2), 2, 339, 1864; — *C. R.*, 59, 270, 1864].

Auer de Welsbach a fractionné les nitrates par basicité de la manière suivante: les oxydes sont divisés en parties égales; l'une d'elles est transformée en nitrates neutres, on y ajoute l'autre ensuite. Le mélange est broyé au mortier et l'on chauffe pour terminer la réaction si c'est nécessaire. En reprenant par l'eau on obtient des solutions riches en lanthane [*Mon. Chem.*, 5, 508, 1884].

L'eau bouillante réagit sur les oxychlorures pour dissoudre de préférence le lanthane [Frerichs, *D. chem. G.*, 7, 798, 1874].

Les fractionnements par l'ammoniaque précipitent l'oxyde de lanthane en dernier lieu [Hermann, *J. prakt. Chem.*, 82, 385, 1861; — Erk, *Z. Chem.*, (2), 7, 100, 1870; — Clève, *Bull. Soc. Chim.*, (2), 21, 156, 1874; (2), 39, 289, 1883].

D'après Baskerville et Turrentine [*J. Am. Chem. Soc.*, 26, 46, 1904], le praséodyme précipite de la dissolution des citrates saturée d'acide citrique par l'ébullition, si la proportion de lanthane est inférieure à 10 0/0.

SÉPARATIONS DES TERRES COMPRISES ENTRE LE DIDYME ET L'YTTRIA. — *Procédé de Demarçay.* [*C. R.*, 130, 1019, 1900]. La méthode consiste à fractionner les nitrates doubles du type $2[M.(AzO^3)^3] 3[Mg(AzO^3)^3] + 24H^2O$. Ces sels sont moins solubles que les sels correspondants de manganèse. On emploie comme dissolvant l'acide nitrique. On peut séparer successivement par cette méthode le néodyme du samarium, le samarium de l'europium, l'europium du gadolinium. Bien que, d'après Demarçay, les terres jusqu'au holmium puissent donner ce type de composés, les sels que donne déjà le terbium sont trop solubles pour permettre une séparation convenable de ces dernières terres.

Il est nécessaire d'éliminer au préalable les terres yttriques qui suivent le gadolinium dans la série, car elles donnent des sirops incristallisables retenant une grande quantité de gadolinium.

Pour obvier à cet inconvénient, et n'avoir pas à changer de mode de fractionnement, Urbain et Lacombe [*C. R.*, 138, 84, 1904] ajoutent à ces eaux mères une forte proportion de nitrate double magnésien de bismuth, du même type que les sels correspondants des terres rares et isomorphes avec eux.

Ce sel entraîne le gadolium dans sa cristallisation [Urbain et Lacombe, *C. R.*, **138**, 84. 1904]. On sépare ensuite le bismuth des terres rares par l'hydrogène sulfuré. Si l'on ne veut pas recourir à ce moyen, il faut éliminer les terres yttriques incristallisables en les transformant soit en nitrates simples, soit en éthylsulfates (Urbain), soit en sulfates doubles sodiques (Demarçay). Toutes ces méthodes les rejettent dans les eaux mères et laissent le gadolinium dans les têtes des fractionnements.

Procédé d'Urbain et Lacombe. — [*C. R.*, **137**. 568, 1903]. Ces auteurs ont transformé la méthode précédente en un procédé de séparation quantitative pour le samarium et l'europium. Le nitrate double de magnésium et de bismuth a une solubilité comprise entre celle du nitrate double de samarium et celle du nitrate double d'europium. En ajoutant au mélange des sels magnésiens des terres rares une proportion suffisante du sel de bismuth, le bismuth s'intercale entre le samarium et l'europium et la séparation absolue de ces deux éléments est réalisée lorsque l'on peut extraire des fractionnements du nitrate double de bismuth pur.

Cette méthode est la seule qui permette de séparer rigoureusement les terres du groupe cérique des terres du groupe yttrique.

Séparation des terres yttriques. — *Fractionnements par le sulfate de potasse ou le sulfate de soude.* — Le sulfate de potasse et le sulfate de soude donnent avec les sulfates des terres rares des sels doubles dont la composition varie d'ailleurs avec les conditions de leur formation. Les sulfates doubles des terres cériques sont très peu solubles. Ils ont même été considérés comme insolubles dans une solution saturée de réactifs, alors que les terres yttriques donnent des sels solubles. En réalité, il n'y a pas de variation brusque de solubilité entre les sulfates doubles des deux séries D'un élément au suivant de la série, la solubilité du sulfate double diminue, et ce procédé n'est qu'un fractionnement seulement plus efficace que les autres aux débuts des traitements, mais ne permettant pas d'obtenir des corps purs, si ce n'est après des fractionnements très longs et extrêmement pénibles.

Avant les travaux de Demarçay cette méthode a été appliquée par la plupart des auteurs. Les sulfates doubles précipités doivent être lavés avec des solutions saturées de sulfate alcalin. Ils sont très difficiles à dissoudre, et leur transformation en sulfates simples exige tout un traitement qui rend particulièrement pénible la répétition nécessaire des opérations.

On peut les transformer en oxalates par ébullition avec l'acide oxalique, calciner les précipités et les laver pour en séparer les carbonates alcalins. Une deuxième précipitation par l'acide oxalique est nécessaire après dissolution des oxydes dans l'acide nitrique pour éliminer complètement les alcalis (Auer de Welsbach).

Le carbonate de potasse décompose les sulfates doubles en suspension dans l'eau. On dissout ensuite les carbonates dans l'acide sulfurique. De cette manière, le sulfate de potasse est régénéré à chaque opération [Marignac, *Ann. Chim. Phys.*, (5), **20**, 535, 1880].

On peut épuiser méthodiquement les sulfates doubles par l'eau afin de les fractionner [Delafontaine, *C. R.*, **93**, 63, 1881].

La précipitation par le sulfate potassique peut être poussée jusqu'aux terres les plus solubles par addition d'alcool [Lecoq de Boisbaudran, *C. R.*, **102**, 902, 1886].

Fractionnement des chromates. — Le chromate de potasse permet de précipiter successivement les terres yttriques par fractionnement. Cette méthode est surtout employée pour obtenir de l'yttria, qui précipite de cette manière en dernier [Krüss, *Zeit. anorg. Chem.*, **3**, 89, 1893; — Moissan et Etard, *C. R.*, **122**, 573, 1896; — Muthmann et Böhm, *D. chem. G.*, **33**, 42, 1900; — Dennis et Benton Dales, *Am. Chem. Soc. Journ.*, **24**, 401, 1902; — Hoffmann et Krüss, *Zeit. anorg. Chem.*, **4**, 27, 1893].

Fractionnement des formiates. — L'acide formique se comporte dans les fractionnements comme le sulfate de potasse. Les formiates des terres cériques sont à peine solubles, les formiates des terres voisines du gadolinium sont moins solubles que ceux des terres voisines de l'yttrium, dont les formiates sont très solubles. La dissolution des formiates précipités est difficile, il est généralement nécessaire de les déshydrater et de les dissoudre dans un acide convenable avant de les précipiter de nouveau à l'état de formiates [Delafontaine, *C. R.*, **87**, 569, 1878; — Roscoë, *D. chem. G.*, **15**, 1274, 1882; — Marignac, *Ann. Chim. Phys.*, (5), **20**, 535, 1880].

L'addition d'alcool facilite la précipitation des formiates.

Fractionnement des oxalates. — L'acide oxalique précipite en dernier l'yttrium. L'épuisement des oxalates par les acides les dissout dans l'ordre inverse. Dans les fractionnements par précipitation, il faut calciner les oxalates et dissoudre les oxydes dans un acide convenable avant chaque nouvelle précipitation. Les oxalates alcalins donnent des résultats analogues [Mosander, *J. prakt. Chem.*, **30**, 276, 1843; — Delafontaine, Lecoq de Boisbaudran, *C. R.*, **103**, 627, 1886; *C. R.*, **88**, 322. 1879]. On peut également épuiser les oxalates par une dissolution d'oxalate de potasse [Krüss, *Zeit. anorg. Chem.*, **4**, 27, 1893].

Fractionnement par les alcalis. — La précipitation fractionnée par l'ammoniaque classe les terres par ordre de basicité : les ytterbiums précipitent d'abord, puis le thulium et l'erbium, le néoholmium, le dysprosium, le terbium, le gadolinium et, enfin, l'yttria. Ce mode de fractionnement a été employé par un grand nombre d'auteurs [Lecoq de Boisbaudran, Clève, Benedicks, Delafontaine; — E. et G. Urbain, *Bull. Soc. Chim.*, (3), **19**, 546, 1898].

En présence d'acétate d'ammoniaque, le précipité par l'ammoniaque en solution diluée ne se produit parfois qu'après plusieurs jours de repos (Lecoq de Boisbaudran). Après avoir été dialysées, ces solutions coagulent par l'ébullition [Delafontaine, *Chem. News*, **73**, 284, 1896].

Les dissolutions des chlorures en solution alcoolique peuvent être avantageusement précipitées partiellement par l'aniline [Krüss et Hoffmann, *Zeit. anorg. Chem.*, **3**, 60, 1893; **3**, 407, 1893; — Krüss et Brœkelman, *Ann. Chem.* **261**, 1, 1890].

La magnésie a été proposée par Drossbach pour précipiter d'abord l'ytterbium et l'erbium [*D. chem. G.*, **29**, 2452, 1896].

Fractionnement par l'électrolyse. — L'électrolyse des chlorures, en éliminant progressivement l'acide chlorhydrique, précipite lentement les terres à l'état d'hydrates par ordre de basicité croissante [Krüss, *Zeit. anorg. Chem.*, (3), **14**, 1893].

Pyrogénation des nitrates. — Les nitrates yttriques chauffés progressivement entrent d'abord en fusion aqueuse, et perdent de l'eau, ils démeurent ensuite en fusion ignée en donnant une masse limpide qui fond d'abord dans l'acide nitrique, puis dégage des vapeurs rutilantes. Après refroidissement, la masse se dissout intégralement dans l'eau et laisse déposer des cristaux roses de nitrates basiques riches en ytterbium et en erbium [Berlin, *Forh. Nat. Kiob.*, 148, 1860; — Bahr et Bunsen, *Ann. Chem.* 137, 1, 1866].

En poussant la fusion jusqu'à consistance pâteuse, la reprise par l'eau abandonne des sels basiques insolubles [Marignac, *Ar. Sc. ph. nat.*, (2), 64, 88, 1878; *C. R.*, 87, 578, 1878; — Nilson, *C. R.*, 87, 645, 1879; — Clève, *C. R.*, 91, 381, 1880; — E. et G. Urbain, *C. R.*, 132, 136, 1901].

Fractionnement des nitrates basiques d'Auer de Welsbach. — [*Mon. Chem.*, 4, 630, 1883]. Les nitrates sont additionnés d'oxydes provenant de la calcination des oxalates. L'opération se fait dans un mortier et la dissolution des nitrates doit être bouillante. Cette méthode donne les mêmes résultats que la précipitation par les alcalis et la pyrogénation des nitrates.

Méthode de Dennis et Benton Dales. — [*Am. Chem. Soc. Journ.*, 24, 401, 1902]. Les hydroxydes sont dissous dans une solution de carbonate d'ammoniaque. On ajoute lentement de l'acide acétique dilué. L'ytterbium et l'erbium précipitent d'abord.

Après une certaine addition d'acide acétique il ne se forme plus de précipité par ce réactif. Il faut alors neutraliser la liqueur par l'acide chlorhydrique, en précipiter les hydroxydes par l'ammoniaque et répéter la série des opérations.

Séparation générale des terres rares d'après G. Urbain. — [*Journ. Chim. Phys.*, 26 février 1906]. Si les terres initiales sont riches en terres cériques, il est préférable de se débarrasser d'abord de la majorité de ces terres par une précipitation par le sulfate de potasse. C'est le cas des terres extraites de la cérite ou des sables monazités.

Les terres qui ont échappé à cette précipitation, riches en terres yttriques, sont traitées comme celles qui sont naturellement dans ce cas : terres de la gadolinite ou du xénotime, c'est-à-dire transformées en éthylsulfates que l'on fractionne méthodiquement.

Les terres cériques se retrouvent ainsi en tète des fractionnements avec les terres du groupe terbique : europium, gadolinium, terbium, dysprosium.

Les têtes du fractionnement des éthylsulfates, jusque et y compris les fractionnements lanthanifères, sont éliminées alors du fractionnement. La présence du lanthane se révèle aisément, grâce à la sensibilité de son spectre d'étincelle. Les fractions sont transformées en nitrates. L'on y ajoute, s'il y a lieu, les terres qui ont précipité par le traitement au sulfate de potasse. Ces terres renferment le cérium. On élimine cet élément par une des nombreuses méthodes précédemment indiquées.

Les nitrates sont alors additionnés de nitrates de magnésium, de manière à former les nitrates doubles du type $3(AzO^3)^2Mg + 2(AzO^3)^3M + 24H^2O$. On peut admettre comme valeur de M le nombre 142. Ces sels sont soumis au fractionnement.

Le praséodyme se concentre avec le lanthane, dont il ne se sépare pas sensiblement dans les têtes du fractionnement qui prennent une coloration verte.

Toutes les fractions de tête, jusque et y compris la dernière de celles qui renferment du lanthane, sont transformées en nitrates doubles ammoniacaux du type $2AzH^4AzO^3 + M(AzO^3)^3 + 4H^2O$. On peut admettre pour M la valeur 140.

Ce fractionnement permet d'isoler en tète le lanthane. Les fractions de queue riches en praséodyme sont réunies ultérieurement aux têtes du fractionnement magnésien, qui ne doit pas être tronqué avant qu'on ait obtenu du samarium presque pur.

Les fractions qui renferment l'ancien didyme sont transformées en nitrates doubles de manganèse. On sépare ainsi le praséodyme en tête, le néodyme au cœur, le samarium en queue.

Il suffit de quelques cristallisations pour séparer presque quantitativement ce dernier.

On peut alors effectuer la séparation quantitative du samarium et de l'europium en ajoutant aux nitrates magnésiens environ 10 fois leur poids de nitrate double de magnésium et de bismuth qui s'intercale entre le samarium et l'europium.

La totalité de l'europium se trouve après le bismuth pur et peut en être extraite presque quantitativement, le nitrate double de gadolinium étant chassé par l'excès de bismuth dans les queues du fractionnement.

Ces queues renferment le gadolinium ainsi que les terres dysprosifères. On joint ces terres aux têtes du fractionnement des éthylsulfates yttriques dont les cristallisations ont été poursuivies durant toute cette série de traitements. Ces terres sont fractionnées à l'état de nitrates doubles de nickel, qui sépare bien le gadolinium du terbium.

Les éthylsulfates séparent très bien le terbium du dysprosium. La séparation du dysprosium d'avec le holmium est l'une des plus difficiles à réaliser. A force de faire cristalliser les éthylsulfates, ils se sont saponifiés en partie. On peut alors les transformer en nitrates à 5 molécules d'eau. La cristallisation de ces sels donne de moins bons résultats, car dans le fractionnement des éthylsulfates, l'yttrium s'intercale nettement entre le holmium et l'erbium, ce qui assure une bonne séparation de ces derniers éléments si difficiles à séparer par toute autre méthode.

Dans la cristallisation des nitrates simples l'erbium se superpose presque exactement à l'yttrium et la séparation du holmium d'avec l'erbium est rendue par conséquent plus pénible.

La proportion considérable d'yttrium dans les terres yttriques rend extrêmement difficile la séparation du holmium d'avec cet élément. La préparation de l'yttria à peu près pure est par contre assez facile; mais les rendements sont toujours très faibles. Les meilleures méthodes reposent sur la différence de basicité de l'yttria, base très forte, d'avec celle des terres qui l'accompagnent. La pyrogénation des nitrates présente l'avantage de n'introduire aucun réactif fixe. Il est plus difficile de séparer ainsi l'holmium de l'yttria que l'yttria de l'erbium.

Les eaux-mères des éthylsulfates riches en erbium se saponifient aisément et après en avoir éliminé la majeure partie de l'yttria par la pyrogénation des nitrates, il y a avantage à faire cristalliser les terres erbiques à l'état de nitrates simples à 5 molécules d'eau. Le thulium, très rare, s'intercale entre l'erbium et l'ytterbium. Ce fractionnement sépare le néoytterbium du du lutécium. Ce dernier élément s'accumule dans les eaux mères [G. Urbain, *C. R.*, 145, 759, 1907; 446, 406, 1908].

MONOGRAPHIE DES TERRES RARES

Les monographies suivantes mentionneront principalement les recherches trop récentes pour qu'elles aient pu figurer dans les articles précédents du dictionnaire.

LANTHANE, La = 139.

Caractères atomiques. Spectres. Poids atomique. — Les sels de lanthane et leurs dissolutions sont incolores. On ne connaît aucun spectre d'absorption attribuable au lanthane et aucun spectre de phosphorescence. D'après sir W. Crookes, l'oxyde de lanthane donne un spectre de phosphorescence; d'après Urbain, l'oxyde de lanthane pur n'est pas phosphorescent : la phosphorescence de l'oxyde de lanthane est généralement due à des traces de praséodyme.

On a effectué de nombreuses déterminations du poids atomique du lanthane. Entre autres : Clarke [*Am. Chem. J.*, **3**, 263, 1882]; Rammelsberg [*D. chem. G.*, **6**, 84, 1873]; Marignac [*Ar. Sc. ph. nat.*, **11**, 21, 1849]; Czudnowitz [*J. prakt. Chem.*, **80**, 16, 1860]; Hermann [*ibid.*, **34**, 182, 1845]; Zschiesches [*ibid.*, **107**, 65, 1869]; Casselmann [*Z. anal. Chem.*, **8**, 110, 1869]; Erk [*Z. Chem.*, (2), **7**, 100, 1870]; Clève [*Bull. Soc. Chim.*, (2), **39**, 289, 1883]; Brauner [*Mon. f. Chem.*, **3**, 1, 1882]; Bettendorf [*Ann. Chem.*, **256**, 159, 1890]; Schützenberger [*C. R.*, **120**, 1143, 1895]; Brauner et Pavlicek [*J. Chem. Soc.*, **81**, 1243, 1902]; Jones [*Chem. N.*, **88**, 13, 1903; *Am. Chem. J.*, **28**, 23, 1902].

La valeur exacte du poids atomique du lanthane doit être comprise entre 138.77 (Jones) et 139,04 (Brauner).

On ne connaît qu'une série de sels de lanthane.

Lanthane métallique. — Il se prépare par l'électrolyse du chlorure fondu [Muthmann, *Ann. Chem.*, **320**, 231, 1902]. Muthmann et Weiss emploient une cathode de charbon. L'électrolyse se fait dans un creuset de magnésie et en présence de chlorure de baryum, avec un courant de 50 ampères sous 10 à 15 volts.

C'est un métal blanc, malléable, peu ductile, moins fusible que le cérium. Il fond à 810°. Poids spécifique du métal obtenu par électrolyse 6,1545; poids spécifique du métal fondu 6,049.

Il se ternit à l'air et est attaqué rapidement par l'eau. Il s'enflamme entre 440° et 460°.

Alliages de lanthane. — Muthmann et Beek ont préparé par fusion directe un alliage de lanthane et d'aluminium répondant à la formule Al^4La. Cet alliage se présente sous forme de cristaux blancs, brillants, rhombiques ou monocliniques, de densité 3,923.

HYDRURE, LaH^3. — Il se forme par l'action directe de l'hydrogène sur le métal entre 250° et 270° [Muthmann et Kraft, *Ann. Chem.*, **325**, 261, 1902; — Winckler, *D. chem. G.*, **24**, 873, 1891]. La formule LaH^2 donnée par Winckler est incorrecte.

C'est un produit noir, amorphe. Il s'altère peu dans l'air sec. L'eau l'attaque lentement à froid, vivement à chaud; il se produit de l'hydrogène et de l'hydroxyde de lanthane. Les acides l'attaquent également. Il est plus stable que l'hydrure de cérium. Chaleur spécifique, 0,087.

CHLORURE, $LaCl^3$. — On l'obtient en déshydratant le chlorure hydraté dans une atmosphère d'acide chlorhydrique sec [Mosander, *Ann. Ph. Ch.*, (3), **11**, 464, 1844; — Winckler, *D. chem. G.*, **23**, 772, 1890]. Le sulfure peut remplacer le chlorure hydraté [Muthmann et Stützel, *D. chem. G.*, **32**, 3413, 1899].

Le carbure donne du chlorure par l'action du chlore (Moissan) ou de l'acide chlorhydrique [Pettersson, *D. chem. G.*, **28**, 2419, 1895].

On l'obtient facilement et rapidement en chauffant l'oxyde dans un courant de chlore chargé de vapeurs de chlorure de soufre [Matignon et Bourion, *C. R.*, **138**, 631, 1904].

C'est une masse blanche, fusible, très avide d'eau. Il se dissout dans l'eau et l'alcool. Point de fusion, 307°.

Par cristallisation dans l'alcool, on obtient $LaCl^3.2C^2H^6O$ [Meyer et Koss, *D. chem. G.*, **35**, 2622, 1902].

L'hydrate $2LaCl^3,15H^2O$ s'obtient facilement par addition d'un peu d'eau à une solution concentrée dans une solution alcoolique d'HCl, et en refroidissant dans la glace (Meyer et Koss).

On a également décrit récemment les composés :

$LaCl^3.3BiCl^3,8H^2O$ [Dehnicke, *Inaug. Diss.*, Berlin, 1904].

$2LaCl^3.3C^5H^5Az.HCl.2C^9H^6O$ (Meyer et Koss).

BROMURES. — Dehnicke a également décrit les composés suivants [*loc. cit.*] :

$$LaBr^3, BiBr^3, 12H^2O ;$$
$$LaBr^3, SbBr^3, 12H^2O ;$$
$$2LaBr^3, 3SbBr^3, 20H^2O.$$

Le bromure anhydre a été préparé par Bourion [*C. R.*, **145**, 243, 1907].

FLUORURE. — Le fluorure de lanthane se forme quand on attaque le carbure par le fluor (Moissan).

OXYDES. — L'hydrate de lanthane, $La(OH)^3$, en présence d'eau oxygénée, donne un composé auquel Clève a attribué la formule $La^2O^3, 3H^2O^2$. Melikoff et Pissarjewsky [*Z. anorg. Chem.*, **21**, 70, 1899] attribuent à ce composé la formule La^2O^5, nH^2O.

Il perd lentement de l'oxygène et n'est pas entièrement décomposé à 200° [Job, *C. R.*, **136**, 45, 1903].

L'acide sulfurique étendu détruit le peroxyde avec dégagement d'H^2O^2. L'acide sulfurique concentré provoque un dégagement d'ozone. L'acide carbonique le détruit avec formation d'H^2O^2.

D'après Baskerville et Catlett [*J. Am. Chem. Soc.*, **26**, 76, 1904] l'oxyde de lanthane La^2O^3 pourrait donner des lanthanates du type $Na^2La^4O^7$ et des métalanthanates du type $MH^9La^5O^{15}$ soit en le fondant avec les carbonates alcalins, soit en le maintenant en digestion prolongée à 100° dans des lessives alcalines.

SULFURE DE LANTHANE, La^2S^3. — Il se forme à haute température par l'action de l'hydrogène sulfuré sur l'oxyde [Didier, *C. R.*, **100**, 1461, 1885]. Muthmann et Stutzel réduisent le sulfate anhydre par l'hydrogène sulfuré à température élevée [*D. chem. G.*, **32**, 3413, 1899]. C'est une poudre jaune de poids spécifique 4,918 à 11°. Il s'enflamme au-dessous du rouge à une température supérieure à celle où s'enflamme le sulfure de cérium. De tous les sulfures des terres rares, c'est celui que l'eau bouillante décompose le plus facilement.

SULFATES DE LANTHANE. — D'après Brauner et Pavlicek (*loc. cit.*), il existe un sulfate acide de lanthane analogue à celui du cérium.

D'après Muthmann et Röhlig [*D. chem. G.*, **31**, 1718, 1898] le sulfate $La^2(SO^4)^3 + 9H^2O$ se forme à toute température.

Le poids spécifique de cet hydrate est 2,853, sa chaleur spécifique 0,2083. Il perd la totalité de son eau à 240°.

L'hydrate à $16H^2O$ se forme au voisinage de 0° (Brauner et Pavlicek). Ce sel se présente sous la forme de très fines aiguilles et n'est stable qu'au voisinage de 0°.

Les sulfates doubles suivants ont été décrits

par Baskerville et Moss [*J. Am. Chem. Soc.*, 26, 67, 1904] :

$$La^2(SO^4)^3 . Rb^2SO^4 . 2H^2O ;$$
$$La^2(SO^4)^3 . Cs^2SO^4 . 2H^2O ;$$
$$La^2(SO^4)^3 Rb^2SO^4 ;$$
$$3 La^2(SO^4)^3 . 2 Cs^2(SO^4).$$

SÉLÉNIURE DE LANTHANE. — Le séléniure a été obtenu par Moissan en brûlant le carbure de lanthane dans la vapeur de sélénium. L'acide chlorhydrique le décompose avec dégagement d'hydrogène sélénié.

AZOTURE DE LANTHANE, La Az. — Il a été obtenu par Matignon sous forme de mélange avec de la magnésie en cherchant à réduire l'oxyde de lanthane par le magnésium dans une atmosphère d'azote [*C. R.*, **131**, 891, 1900].

Muthmann et Kraft l'ont préparé à l'état de pureté par l'action directe de l'azote sur le lanthane métallique. La réaction se produit au rouge sans inflammation. C'est une matière amorphe, noire.

L'air humide le décompose avec formation d'ammoniaque et d'hydroxyde de lanthane. Il est plus stable que l'hydrure de cérium et s'enflamme plus difficilement lorsqu'on l'humecte d'eau.

On peut l'obtenir également en chauffant le métal dans une atmosphère d'ammoniaque. Ainsi préparé il n'est pas spontanément inflammable comme celui de cérium [*Ann. Chem.*, **325**, 261, 1902]. Sa chaleur spécifique est 0,07265 [Kellenberger et Kraft, *Ann. Chem.*, **325**, 279, 1902].

AZOTHYDRATE DE LANTHANE, La Az^6 . OH + 1,5 H^{2}O. — Une solution d'azotate de lanthane se trouble par addition d'azothydrate de sodium. Par une ébullition prolongée il se forme un azothydrate basique de lanthane. Ce corps est gélatineux et explosif.

L'hydroxyde de lanthane se dissout dans l'acide azothydrique Az^{3}H. La solution abandonne par l'évaporation une masse explosive incolore répondant à la formule La Az^6 . OH + 1,5H^{2}O. On obtient également ce composé par addition d'éther et d'alcool à sa dissolution [Curtius et Darapsky, *J. prakt. Chem.*, (2), **61**, 408, 1900].

PHOSPHATE DE LANTHANE. — Ouvrard [*C. R.*, **107**, 37, 1888] et Grandeau [*An. Ch. Ph.*, (6), 8, 193, 1886] ont préparé le phosphate PO^{4}La cristallisé, et isomorphe avec celui de cérium.

Ouvrard [*loc. cit.*] a préparé de même le composé 4 La^2(PO^4) . PO^{4}K^3 cristallisé.

Wallroth [*Bull. Soc. Chim.*, (2), **39**, 316, 1883] a obtenu LaNaP^{2}O^7 isomorphe avec le sel de cérium de même composition en fondant l'oxyde de lanthane avec le sel de phosphore.

Johnson [*D. chem. G.*, **22**, 976, 1889] a obtenu le métaphosphate acide La^{2}O^3 . 5 P^{2}O^5 en dissolvant le sulfate de lanthane dans l'acide métaphosphorique fondu. Cristaux tabulaires de densité 3,214.

CARBURE DE LANTHANE. — L'existence de carbure a été signalée par Pettersson.

Moissan [*C. R.*, **123**, 148, 1896; *Bull. Soc. Chim.*, (3), **15**, 1293, 1896] l'obtient en chauffant 100 p. d'oxyde de lanthane avec 80 p. de charbon de sucre dans un tube de charbon chauffé au four électrique avec une intensité de 350 ampères.

D'après Pettersson sa densité est 4,71 et d'après Moissan 5,02 à 20°.

Le chlore le décompose à 250°; le brome et l'iode à 255°, avec incandescence. L'attaque par le fluor exige une température plus élevée.

Il brûle, en formant de l'oxyde de lanthane, dans l'oxygène, plus difficilement que l'oxyde de cérium. Le soufre l'attaque difficilement. Le phosphore et l'azote ne paraissent pas réagir sur lui, même à 800°. L'acide nitrique monohydraté ne l'attaque pas.

Chauffé dans un courant de gaz ammoniac, il se décompose au rouge avec une légère incandescence.

Le permanganate de potasse pulvérisé, l'azotate ou le chlorate de potasse fondus l'attaquent avec violence. La potasse fondue l'attaque vivement; il se dégage de l'hydrogène.

L'eau le décompose à la température ordinaire en fournissant de 70 à 71,75 d'acétylène; 27,22 à 28,67 de méthane et 0,95 à 2,01 d'éthylène 0/0 de gaz dégagés.

TUNGSTATE DE LANTHANE. — Le tungstate de sodium fondu dissout l'acide tungstique et l'oxyde de lanthane et laisse le composé Na^{8}La^2(WO^4)^7 [Högbom, *Bull. Soc. Chim.*, (2), 42, 2, 1884].

Si l'on emploie le chlorure de sodium fondu à la place du tungstate, on obtient Na^{6}La^4(WO^4)^9.

Roger et Smith [*J. Am. Ch. Soc.*, 26, 1474, 1904] ont décrit les sels doubles suivants :

$$2 (AzH^4)^2O . La^2O^3 . 16 WO^3 , 16 H^2O ;$$
$$5 BaO . La^2O^3 . 16 WO^3 , 16 H^2O ;$$
$$5 Ag^2O . La^2O^3 . 16 WO^3 , 4 H^2O.$$

Ce sont des précipités amorphes, insolubles, que l'on obtient en chauffant l'hydroxyde de lanthane avec une solution de paratungstate d'ammoniaque.

SILICOTUNGSTATES. — Wyrouboff [*Bull. Soc. Min.*, 19, 219, 1896] a décrit les silicotungstates suivants :

$$12 WO^3 . SiO^2 . La^2O^3 . 27 H^2O ;$$
$$12 WO^3 . SiO^2 . 3 La^2O^3 . H^2O.$$

Ils sont analogues à ceux de cérium.

Acétate. — D'après Biltz [*D. chem. G.*, 37, 719, 1904], la coloration bleu sombre que donne l'iode avec l'hydroxyde de lanthane [*C. R.*, 43, 976, 1856] est liée au caractère colloïdal du précipité. La combinaison avec l'iode est considérée comme un composé d'absorption. Cette réaction ne peut être utilisée pour reconnaître le lanthane parce qu'elle est incertaine lorsque l'hydroxyde de lanthane n'est pas pur.

Comme l'acétate céreux, l'acétate de lanthane peut, en présence d'un excès de carbonate de potasse, servir d'agent d'oxydation [Job, *C. R.*, 136, 45, 1903]. Ce mélange oxyde l'hydroquinone. Cette action catalytique prouverait l'existence d'un degré supérieur d'oxydation du lanthane.

OXALATE. — D'après Brauner [*J. Chem. Soc.*, 73, 951, 1898], 100 cm^3 d'acide sulfurique dissolvent 0^{gr},256 d'oxalate de lanthane à 28°.

D'après Scheele [*D. chem. G.*, 32, 409, 1899], 100 p. d'acide nitrique de densité 1,116 dissolvent 2^{gr},691 d'oxalate à 16° et 100 p. d'acide nitrique de densité 1,063 dissolvent 0^{gr},799 d'oxalate à 15°.

L'oxalate de lanthane est beaucoup plus soluble à chaud dans l'oxalate d'ammoniaque que les autres oxalates des terres rares.

La composition de l'oxalate précipité paraît dépendre de la température de l'eau qui sert aux lavages (Brauner et Pavlick). Cet oxalate peut contenir soit de l'oxalate basique, soit de l'acide oxalique libre.

Brauner et Pavlick estiment que le précipité renferme 11 mol. d'eau; Power et Shedden admettent 10 H^{2}O [*J. Soc. Ch. Ind.*, 19, 636, 1900]; Clève admettait 9 H^{2}O.

Par cristallisation de l'oxalate dans l'acide chlorhydrique concentré, Job [*C. R.*, 126, 246,

1898] a obtenu le composé La C²O⁴Cl qui est décomposé par l'eau en oxalate et chlorure. Par calcination ce composé laisse un résidu d'oxychlorure La O Cl.

ACÉTYLACÉTONATE, La [C³H⁷O²]³. — Il se forme en agitant l'hydroxyde de lanthane dans une dissolution alcoolique et chaude d'acétylacétone [Hantzsch et Desch, *Ann. Chem.*, **323**, 1902].

On obtient ainsi de petites aiguilles blanches renfermant 3 H²O.

Le sel anhydre fond à 185°[Biltz. *Ann. Chem.*, **331-334**, 1904].

CÉRIUM, Ce = 140.

Caractères atomiques. Spectres. Poids atomiques. — Le cérium donne deux séries de sels : les sels céreux incolores et les sels cériques rouge orangé. Les sels céreux ne donnent aucun spectre d'absorption connu : les sels cériques absorbent les radiations bleues, violettes et ultra-violettes.

On ne connaît pas de spectre de phosphorescence attribuable au cérium. Son spectre de ligne a été décrit par Thalen et son spectre d'arc par Exner et Haschek.

Le poids atomique du cérium a fait l'objet de nombreux travaux [Hisinger, *Afhand Fys. Ch., Min.*, 4, 378, 1815 ; — Berzelius, Behringer, *Ann. Chem.*, 42, 134, 1842 ; — Hermann, *J. prakt. Chem.*, 30, 184, 1843 ; — Bunsen et Jegel, *Ann. Chem.*, 105, 40, 1858 ; — Rammelsberg, *Sitz. Akad. Berlin*, 359, 1859 : — Marignac, *Ar. Sc. ph. nat.*, 8, 265, 1848 : — Bührig, *J. prakt. Chem.*, (2), 12, 209, 1875 ; — Brauner. *Mon. f. Chem.*, 6, 785, 1885 ; — Schützenberger et Boudouard, *C. R.*, 124, 481, 1897 : — Wyrouboff et Verneuil, *C. R.*, 124, 1300, 1897 ; — Brauner et Batek, *Zeit. anorg. Chem.*, 34, 103, 1903].

Wyrouboff et Verneuil ont trouvé 139,43 ; Brauner et Batek, 140,25.

Passage des sels cériques aux sels céreux et réciproquement. — Les réducteurs ramènent aisément les sels cériques à l'état de sels céreux. Vis-à-vis des sels cériques, l'eau oxygénée en liqueur acide se comporte comme un réducteur [Job, *C. R.*, 128, 101, 1899].

En liqueur alcaline, l'eau oxygénée oxyde les sels céreux.

Le bioxyde de plomb, en présence d'acide nitrique, oxyde complètement les sels céreux à froid (Job). Cette réaction permet de déceler 0ᵍʳ,0005 d'oxyde cérique Ce O² dans 1 cm³ de solution [Bührig, *J. prakt. Chem.*, (2), 12, 209, 1875].

L'oxyde bismuthique Bi O² oxyde également les sels céreux [Wagner et Müller, *D. chem. G.*, 36, 282, 1903 ; 36, 1732. 1903].

Les solutions de cérium additionnées d'acétate d'ammonium et d'eau oxygénée donnent un précipité brun gélatineux. Cette réaction est très sensible [Hartley, *J. Chem. Soc.*, 41, 202, 1882].

Les sels cériques sont dans certains composés d'une très médiocre stabilité. Ainsi Ce Cl⁴ dégage du chlore spontanément. Des phénomènes analogues se produisent *a fortiori* pour les tétrabromure et tétraiodure de cérium. Le tétrafluorure est assez stable : cependant il dégage du fluor quand on élève la température.

Le nitrate cérique neutre ne paraît pas exister ; dans les nitrates basiques et complexes, les ions Ce_IV sont stables et n'ont qu'un faible pouvoir oxydant.

Il en est de même pour le sulfate cérique : il existe cependant un sulfate neutre qui dégage de l'oxygène en solution acide.

En présence de mousse de platine l'ammoniaque est oxydée par les sels cériques [Baur et Glätzner. *Z. Electrochem.*, 9, 534, 1903].

Analogie des sels céreux avec les sels de lanthane. — Cette analogie est aussi complète que possible. Les sels céreux sont tous isomorphes avec les sels correspondants de lanthane.

Cérium métallique. — Le cérium métallique se prépare comme le lanthane [Muthmann, Hofer et Weiss, *Ann. Chem.*, 320, 251, 1902].

La fusibilité du cérium est comprise entre celles de l'argent et de l'antimoine. Il fond à 623°. Il est ductile, malléable et doué d'un vif éclat métallique. Sa dureté est voisine de celles de l'argent ou du zinc.

La densité du métal obtenu par électrolyse est 6.786. La densité du métal fondu est 7,0424 (Muthmann et Weiss).

Le cérium est paramagnétique.

Il est inaltérable dans l'air sec, sa surface se ternit dans l'air humide. Il brûle avec une vive lumière. Sa température d'inflammation est comprise entre 150° et 180°. Les autres terres cériques s'enflamment à une température plus élevée.

Il s'enflamme dans l'hydrogène entre 250° et 270° en formant un hydrure.

Il brûle de même avec incandescence dans une atmosphère d'iode, de soufre, de phosphore, de cyanogène.

Il décompose lentement l'eau à froid et est vivement attaqué par les acides. Il réduit l'acide carbonique et l'oxyde de carbone.

Entre 500° et 600° le cérium réagit sur le chloroforme suivant l'équation :

$$3\,CHCl^3 + 4\,Ce = Ce\,Cl^3 + 3\,Ce\,H^3 + 3\,C.$$

Alliages de cérium. — Muthmann et Beck [*Ann. Chem.*, 331, 46, 1904] ont préparé quelques alliages de cérium par fusion directe avec d'autres métaux sous une couche de chlorure de potassium et de sodium fondus.

L'*alliage d'aluminium* Ce Al⁴ s'obtient en traitant l'alliage directement obtenu et renfermant un excès d'aluminium par la potasse.

Il reste, après ce traitement, sous la forme de cristaux rhombiques ou monocliniques, en écailles de densité 4,193. La combinaison des deux métaux donne lieu à un grand dégagement de chaleur.

L'*alliage de magnésium* se produit au contraire avec absorption de chaleur.

L'alliage à parties égales des deux métaux est cassant. Sa cassure est rocailleuse.

Il est blanc d'argent, brillant et brûle avec un éclat éblouissant.

Les acides minéraux et l'acide acétique le dissolvent avec dégagement d'hydrogène.

Une dissolution étendue de chlorhydrate d'ammoniaque le détruit avec formation d'hydroxyde de cérium.

La combinaison du *zinc* avec le cérium se produit avec explosion. Un alliage qui renferme 2 p. de zinc pour une de cérium est bleuâtre et s'oxyde rapidement au contact de l'air.

L'*amalgame de cérium* se produit en introduisant du cérium dans du mercure à l'ébullition. Jusqu'à 8 0/0 de cérium les alliages sont liquides. Au delà de cette teneur, ils sont solides Kettembeil [*Zeit. anorg. Chem.*, 38, 213, 1904] a tenté de préparer l'amalgame de cérium par l'électrolyse de ses solutions salines en employant une électrode de mercure.

HYDRURE DE CÉRIUM. — On l'obtient en réduisant l'oxyde cérique Ce O² par le magnésium dans une atmosphère d'hydrogène. Winckler [*D. chem. G.*, 24, 873, 1891] éliminait la magnésie en la dissolvant dans le chlorhydrate d'ammoniaque vers — 10° ou — 20°.

Muthmann et Kraft [*Ann. Chem. Pharm.*, **325**, 261, 1903] l'ont préparé de la même manière que l'hydrure de lanthane.

C'est une substance amorphe, noire ou rouge brun. Il s'altère à l'air humide.

L'eau l'attaque vivement à chaud ; il se dégage de l'hydrogène et il se forme de l'hydrate céreux.

Chauffé dans l'azote vers 740', il se transforme en azoture pyrophorique.

Quand on l'agite dans un tube scellé, il dégage des lueurs.

A la température ordinaire, il a une tension de dissociation. Muthmann et Baur [*Ann. Chem.*, **325**, 281, 1903] ont étudié cette tension en fonction de la température et du temps, car il ne se produit pas un véritable phénomène d'équilibre. Avec le temps, l'hydrure subit une modification moléculaire et la réaction est irréversible.

Chlorure céreux. — Muthmann et Stutzel [*loc. cit.*] préparent le chlorure anhydre $CeCl^3$ en faisant passer un courant d'hydrogène sulfuré à haute température sur le sulfate anhydre, puis un courant d'acide carbonique pour chasser l'hydrogène sulfuré, puis un courant de gaz chlorhydrique sec qui transforme le sulfure formé en chlorure.

Moissan le forme en attaquant le carbure de cérium par le gaz chlorhydrique à 650° ou par le chlore à 230°.

Meyer et Welkins [*D. chem. G.*, **20**, 681, 1887] réduisent l'oxyde par des vapeurs de tétrachlorure de carbone.

Pettersson fait passer un courant de gaz chlorhydrique sur l'oxyde CeO^2 placé dans un tube de charbon qu'il chauffe au rouge vif [*Zeit. anorg. Chem.*, **4**, 1, 1893].

$CeCl^3$ se sublime à très haute température [Holm, *Inaug. Diss.*, München, 1902].

Meyer et Koss [*D. chem. G.*, **35**, 2622, 1902] ont obtenu l'hydrate $2CeCl^3,15H^2O$ en traitant le carbonate céreux par une dissolution alcoolique d'acide chlorhydrique.

Le sel hydraté précipite par addition d'un peu d'eau. Cette formule est considérée par leurs auteurs comme incertaine.

Dennis et Magee [*Am. Chem. J.*, **26**, 649, 1894] ont obtenu un hydrate auquel ils attribuent la formule $CeCl^3,7H^2O$ et qui ne diffère peut-être pas du précédent, en saturant de chlore ou encore d'acide chlorhydrique la solution du chlorure à basse température. Ce sel perd de l'eau dans le vide et dans une atmosphère sèche.

Le poids moléculaire du chlorure céreux $CeCl^3$ a été déterminé par Muthmann.

Cet auteur a obtenu par la méthode ébullioscopique [*D. chem. G.*, **31**, 1829, 1898] les nombres 233 et 230 (théorie 246,5).

Auprecht a étudié la conductibilité électrique de ses dissolutions [*Inaug. Diss.*, Berlin, 1904].

Dehnicke [*Inaug. Diss.*, Berlin, 1904] a décrit un nouveau chlorure double de formule $CeCl^3 . SnCl^4, 10H^2O$.

Chlorure cérique $CeCl^4$. — Lorsque l'on fait passer un courant d'acide chlorhydrique sec dans de l'alcool éthylique ou méthylique renfermant de l'hydroxyde cérique en suspension, on obtient le chlorure cérique $CeCl^4$ [Ivan Koppel, *Z. anorg. Chem.*, **18**, 305, 1898].

Les solutions jaunes ainsi obtenues abandonnent des cristaux par évaporation dans le vide. Ces cristaux perdent du chlore quand on les sépare de leurs eaux mères ou quand on les met au contact de l'eau.

Meyer et Koss [*D. chem. G.*, **35**, 2622, 1902] ont obtenu une combinaison de ce chlorure avec la pyridine : $C^5H^5Az . CeCl^4, 2C^2H^6O$. Ce composé forme des paillettes cristallines blanches et hygroscopiques.

Oxydes de cérium. — L'existence de l'oxyde anhydre Ce^2O^3 est très douteuse.

D'après Sterba [*C. R.*, **133**, 294, 1901] on obtient en réduisant l'oxyde CeO^2 par un courant d'hydrogène un oxyde bleu indigo foncé pyrophorique qui renferme plus d'oxygène que ne l'exige la formule Ce^2O^2. Cet oxyde présente d'autant plus de stabilité qu'il a été obtenu à température plus élevée [R.-J. Meyer, *Z. anorg. Chem.*, **37**, 378, 1903].

D'après Wyrouboff et Verneuil [*C. R.*, **124**, 1230, 1897 ; **126**, 340, 1898] l'*oxyde cérique* CeO^2 pur, chauffé vers 1500°, est tout à fait blanc. Ils considèrent l'absence de couleur comme un critérium de pureté. Brauner a contesté ces conclusions.

D'après Sterba sa densité à 17° est 6,405 ; et celle de l'oxyde cristallisé varie de 7,314 à 7,995 à 17°.

La présence du cérium dans les oxydes de praséodyme et de néodyme provoque la peroxydation de ces oxydes. Toutefois pour que l'oxyde de néodyme soit peroxydé dans ces conditions, la présence du praséodyme semble nécessaire.

L'aluminium peut réduire l'oxyde cérique, mais on n'a pas un beau métal dans ces conditions [Scheffer, *Inaug. Diss.*, München, 1900].

Par l'action du magnésium sur l'oxyde cérique en présence du chlorure de potassium fondu, Holm [*Inaug. dissert.*, München, 1902] a obtenu un alliage pauvre en cérium.

D'après Cornelly et Walker [*Journ. Chem. Soc.*, **53**, 70, 1888], l'hydrate cérique serait assez stable pour subsister à une température de 600°.

L'*hydrate cérique colloïdal* se prépare, d'après Biltz [*D. chem. G.*, **35**, 4431, 1902], par la dialyse du nitrate double d'ammoniaque et d'oxyde cérique. La solution de cet hydrozol se prend en gelée par addition de quelques gouttes d'un électrolyte.

Par évaporation de la solution limpide on obtient une masse colloïdale soluble dans l'eau.

L'hydrate cérique se dissout dans les carbonates alcalins ; il absorbe alors de l'oxygène de l'air pour se transformer en carbonate percérique [Job, *C. R.*, **128**, 178, 1099].

D'après Mengel [*Zeit. anorg. Chem.*, **27**, 359, 1901], l'*hydrate percérique* que l'on obtient en précipitant par le bioxyde de sodium les dissolutions des sels céreux, renferme moins d'oxygène que ne l'exige la formule CeO^2. La teneur en oxygène peut varier avec la température.

L'hydrate brun rouge, obtenu par l'action de l'eau oxygénée sur les hydroxydes de cérium, a été considéré par Clève soit comme l'hydrate d'un oxyde CeO^3, soit comme une combinaison d'oxyde cérique avec l'eau oxygénée. D'après Wyrouboff et Verneuil [*C. R.*, **127**, 863, 1898], cet hydrate serait $Ce^2O^5 + H^2O^2$.

D'après Job, qui a obtenu un carbonate percérique bien défini, l'oxyde serait bien CeO^3. Baur [*Zeit. anorg. Chem.*, **30**, 251, 1902] et Pissarshewski [*Zeit. anorg. Chem.*, **31**, 359, 1902] ont confirmé les vues de Job.

Oxydes complexes. — Wyrouboff et Verneuil [*Bull. Soc. Chim.*, (3), **21**, 118, 1899 ; *C. R.*, **128**, 501, 1899] ont décrit un grand nombre d'oxydes cérifères.

L'hydrate de l'oxyde $2CeO^2 . Ce^2O^3$ s'obtient en précipitant par la soude et la potasse une dissolution renfermant 2 mol. d'oxyde cérique et 1 d'oxyde céreux. C'est un précipité violet foncé qui, séché dans le vide, est presque noir. Ses sels sont rouges.

Cet hydrate se forme lorsqu'on précipite un sel céreux par un alcali et que le précipité s'oxyde à l'air. Ce composé sert de transition entre l'hydrate de l'oxyde céreux et celui de l'oxyde cérique.

Un autre oxyde de formule $6CeO^2.Ce^2O^3$ n'est stable que lorsque l'oxyde céreux est remplacé par l'une quelconque des terres de la série des terres rares.

Ces oxydes du type $6Ce^2O^3.M^2O^3$ donnent des sels neutres ou acides, tout à fait analogues à ceux du cérium pur.

L'hydrate basique se polymérise aisément.

L'hydrate $(CeO^2)^{10} + 10H^2O$ est difficilement ramené à l'état céreux par un mélange d'iodure de potassium et d'acide chlorhydrique. Il est anhydre vers 500°, et se laisse alors attaquer par les acides faibles.

L'hydrate de l'oxyde $(CeO^2)^2$ est réduit par l'acide chlorhydrique seul, lentement à froid, rapidement à chaud. Il est dipolymérisé à froid par l'acide nitrique.

Les auteurs ont signalé de même un hydrate de l'oxyde $(CeO^2)^{56}$.

Ils désignent l'oxyde $(CeO^2)^{10}$ du nom de paraoxyde, les oxydes $(CeO^2)^8$ et $(CeO^2)^{56}$ du nom de métaoxydes de cérium. Ces oxydes peuvent être considérés comme des hydrosols de l'oxyde cérique CeO^2.

Ces hydrosols se préparent de la manière suivante :

25 gr. d'oxyde cérique provenant de la calcination de l'oxalate vers 500°, sont traités au bain-marie par 100 cm³ d'eau et 2 à 3 cm³ d'acide nitrique dans un ballon que l'on agite fréquemment. On obtient ainsi une bouillie blanche que l'on décante après un jour de repos. On traite la matière par un litre d'eau, et on laisse déposer les portions d'oxydes demeurées inattaquées. Après plusieurs décantations, plus rien ne se dépose, et l'on précipite alors tout le cérium de sa dissolution par 10 à 15 cm³ d'acide nitrique. Le précipité est séché au bain-marie. Il se présente alors sous forme d'écailles minces jaune paille, qui ne s'altèrent pas à 150°.

Ce colloïde donne, avec l'eau, une pseudo-dissolution que coagulent les acides et leurs sels. Dans ces coagulum, Wyrouboff et Verneuil voient des sels acides du type $(CeO^2)^4(HCl)^4$ et des sels neutres du type $(CeO^2)^{10}SO^4Na^2$, correspondant à l'hydroxyde $(CeO^2)^{10}10H^2O$.

Les deux autres degrés de « condensation » se préparent de la façon suivante : Si l'on dissout à froid dans l'acide nitrique l'hydrate cérique fraîchement précipité, on obtient une liqueur jaune qui précipite par addition d'eau. Ce précipité a pour composition $2CeO^2,Az O^3H$. Il donne dans l'eau pure une dissolution limpide et précipite dans l'eau renfermant 1/8 d'acide nitrique. On le prépare plus aisément en traitant l'oxyde par une quantité d'acide nitrique insuffisante pour le dissoudre, et en chauffant au bain-marie jusqu'à ce qu'une prise d'essai donne avec l'eau une dissolution limpide. On peut également concentrer le nitrate cérique à consistance sirupeuse, ajouter de l'eau, concentrer de nouveau, et recommencer jusqu'à ce que l'on obtienne une dissolution plus jaune. Les acides et leurs sels donnent, dans de semblables dissolutions, des précipités colloïdaux que les auteurs représentent par des formules du type $(CeO^2)^8(Az O^3H)^4$. Par dialyse les dissolutions de ces composés laissent des composés colloïdaux de composition $(CeO^2)^{56}(Az O^3H)^4$.

En chauffant à une température supérieure à 180° le nitrate de « paraoxyde » avec l'acide nitrique, on obtient le nitrate de « métaoxyde »

$(CeO^2)^8(Az O^3H)^4$ et, finalement, le nitrate cérique normal.

SULFURE DE CÉRIUM, Ce^2S^3. — Ce sulfure a été obtenu par Didier en chauffant l'oxyde cérique dans un courant de gaz H^2S [*C. R.*, 100, 1461, 1885], par Muthmann et Stutzel en substituant le sulfate anhydre à l'oxyde. C'est une masse brun noir infusible. $D = 5,02$. Il s'enflamme spontanément après avoir été pulvérisé. L'eau bouillante le décompose. Les acides le dissolvent facilement avec dégagement d'H^2S.

En chauffant l'oxyde cérique dans un courant d'H^2S humide, Sterba a obtenu un oxysulfure Ce^2O^2S, de couleur jaune d'or.

SULFATE DE CÉRIUM. — D'après Wyrouboff et Verneuil [*Bull. Soc. Chim.*, 17, 679, 1897], l'hydrate à 6 mol. d'eau est un mélange. Il n'existerait donc que les hydrates à 5, 8, 9 et 12 H^2O. Wyrouboff a repris leur étude cristallographique [*Bull. Soc. Min.*, 24, 105, 1901].

Le même auteur [*Bull. Soc. Min.*, 14, 83, 1891] a décrit de nouveaux sulfates doubles, entre autres ceux de cadmium et de thallium.

Meyer et Aufrecht [*D. chem. G.*, 37, 140, 1904] ont attribué au sulfate céroso-cérique la formule $2Ce(SO^4)^2Ce^2(SO^4)^3SO^4H^2 + 26H^2O$. Brauner [*Zeit. anorg. Chem.*, 39, 261, 1904] admet la même composition, sauf en ce qui concerne l'eau de cristallisation, pour laquelle il admet 24 mol. d'eau. Ce dernier a également décrit un autre sulfate céroso-cérique auquel il attribue la formule $3Ce(SO^4)^2 2Ce^2(SO^4)^3 + 44H^2O$.

Le sulfate céroso-cérique a une couleur rouge orangée plus foncée que le sulfate cérique. Cette anomalie est attribuée à l'existence d'un radical complexe $H^4Ce(SO^4)^4$.

Le sulfate cérique $(SO^4)^2Ce$ a été obtenu par Meyer et Aufrecht [*loc. cit.*] en chauffant l'oxyde CeO^2 avec l'acide sulfurique concentré. Ce sulfate est ensuite lavé avec de l'acide acétique et séché sur la potasse. C'est une poudre cristalline jaune foncée, très soluble dans l'eau. Par évaporation de cette solution on n'obtient que des sels basiques.

Un sulfate $Ce(SO^4)^2 + 4H^2O$ a été obtenu par les mêmes auteurs en dissolvant l'oxyde basique dans l'acide sulfurique moyennement concentré. La dissolution, d'abord orangée, se colore de plus en plus sous l'action de l'oxygène de l'air, on obtient d'abord le sulfate céroso-cérique et, finalement, le sulfate cérique hydraté.

Brauner [*Zeit. anorg. Chem.*, 39, 261, 1904] a décrit un *sulfate double de cérium et de lanthane*, $La HCe(SO^4)^4, 12H^2O$, en cristaux hexagonaux jaunes, et des sels de même type dans lesquels le lanthane est remplacé par le praséodyme et le néodyme.

AZOTURES DE CÉRIUM. — En chauffant le nitrate de cérium avec le sel de sodium de l'acide azothydrique, Curtius et Darapsky [*J. prakt. Chem.*, (2), 61, 408, 1900] ont obtenu un précipité explosif.

L'hydrate cérique se dissout dans l'acide azothydrique en donnant une solution rouge, qui laisse par évaporation un résidu jaune explosif.

Matignon a montré que le cérium absorbe l'azote, et que cette absorption est moins rapide qu'avec les autres métaux du groupe.

Muthmann et Kraft [*Ann. Chem.*, 325, 261, 1902] ont obtenu l'*azoture* CeAz à l'état pur, en enflammant le cérium métallique dans l'azote vers 850°. Ce produit est amorphe, sa couleur varie du noir au jaune et son éclat est métallique. L'air humide le décompose avec dégagement d'hydrogène, d'ammoniaque et formation d'hydroxyde. Les acides le dissolvent avec formation des sels doubles d'ammoniaque et de cérium correspondants.

AZOTATES DE CÉRIUM. — L'azotate céreux forme avec les nitrates alcalins des sels doubles analogues à ceux que donne le lanthane. Il donne de même toute la série des nitrates doubles de la série magnésienne.

R.-J. Meyer et Jacoby ont décrit [*Zeit. anorg. Chem.*, **27**, 359, 1901] le nitrate $Ce(AzO^3)^3 OH$. $3H^2O$ sous forme d'aiguilles rouges qu'ils ont obtenues dans des dissolutions mielleuses provenant de la concentration des dissolutions de l'hydrate cérique dans l'acide nitrique.

Le nitrate cérique donne, avec les nitrates alcalins, les sels doubles bien connus du type $2AzH^4Az O^3.Ce(AzO^3)^4$. R.-J. Meyer a décrit les nitrates doubles de la série magnésienne du type $Mg(AzO^3)^2.Ce(AzO^3)^4.8H^2O$, analogues aux sels doubles correspondants du thorium.

L'eau oxygénée réduit les dissolutions de l'hydrate cérique dans l'acide nitrique.

CARBURES DE CÉRIUM. — Le carbure de formule $CeCl^2$ a été préparé par Moissan [*C. R.*, **122**, 357, 1896] de la façon suivante : 192 p. d'oxyde cérique et 48 p. de charbon de sucre sont traités au four électrique à une température relativement basse. L'oxyde commence par fondre ; il se produit ensuite un bouillonnement dû au dégagement de l'oxyde de carbone. On cesse de faire passer le courant lorsque la fusion est devenue tranquille. Avec un courant de 300 ampères sous 60 volts on peut réduire ainsi 100 gr. d'oxyde de cérium en 8 à 10 minutes. Le carbure se présente sous la forme d'un culot homogène à cassure cristalline. L'examen microscopique révèle des parties nettement hexagonales transparentes, d'un jaune rougeâtre. Densité 5,23.

Il se délite à l'air. Le chlore l'attaque vers 230°. Le brome et l'iode l'attaquent avec incandescence à une température plus élevée. L'attaque par le fluor doit être provoquée par un léger échauffement. Elle se poursuit ensuite d'elle-même avec incandescence.

Il brûle avec éclat dans l'oxygène en laissant un résidu cristallin d'oxyde.

Il brûle avec incandescence dans la vapeur de soufre et dans la vapeur de sélénium.

Il est attaqué à 650° avec incandescence par l'acide chlorhydrique, ainsi que par l'acide iodhydrique. L'hydrogène sulfuré donne au rouge un mélange de graphite et de sulfure. A 600° l'ammoniac ne donne pas d'azoture. Il est attaqué vivement par la potasse, le carbonate de potassium, le chlorate, le permanganate et l'azotate de potasse fondus.

L'eau [Moissan, *C. R.*, **124**, 1233, 1897] donne avec le carbure de cérium un dégagement de carbures gazeux renfermant environ 75,5 d'acétylène, 4 d'éthylène et 20,5 de méthane 0/0. Avec les acides étendus, la proportion de ce dernier gaz varie encore.

D'après Muthmann, Hofer et Weiss [*Ann. Chem.*, **320**, 231, 1902], l'action de l'eau sur le carbure produit 15,92 d'éthylène et 80,08 d'acétylène 0/0.

Sterba [*C. R.*, **134**, 1056, 1902] a préparé un oxycarbure de cérium répondant à la formule $CeC^2.2CeO^2$, en réduisant l'oxyde cérique au four électrique par une proportion de charbon insuffisante pour réduire la totalité de l'oxyde. Il forme des cristaux tabulaires d'un brun métallique. Ce composé est stable à l'air, mais il est décomposé par l'eau bouillante. L'acide chlorhydrique provoque un dégagement gazeux renfermant uniquement des hydrocarbures non saturés.

CARBONATES DE CÉRIUM. — Le carbonate céreux, peu soluble dans les solutions étendues des carbonates alcalins, donne des carbonates doubles avec les solutions concentrées. Heller [*Inaug. Diss.*, Berlin, 1904] a obtenu le carbonate $Ce^2(CO^3)^3.K^2CO^3 + 12H^2O$ en traitant une solution de chlorure céreux dans une solution à 50 0/0 de carbonate de potasse et en étendant d'eau jusqu'à formation d'un précipité.

Les carbonates doubles à bases de carbonate de soude et de carbonate d'ammoniaque ont été préparés de même par Meyer et Heller.

D'après Job [*C. R.*, **128**, 1098, 1899], le nitrate cérique ammoniacal se dissout dans une solution de carbonate de potassium en présence d'eau oxygénée. Des quantités croissantes d'eau oxygénée favorisent la dissolution du sel de cérium, mais un excès le rend presque insoluble.

Ces dissolutions peuvent renfermer jusqu'à 40 gr. d'oxyde cérique pour 280 gr. de carbonate alcalin. On obtient ainsi un carbonate répondant à la formule $Ce(CO^3)^2.CeO^3.4K^2CO^3.12H^2O$.

Ce composé percérique, le seul actuellement connu, présente une remarquable stabilité et résiste à une température de 200°.

SILICIURE DE CÉRIUM. — Le siliciure $CeSi^2$ a été obtenu par Sterba [*C. R.*, **135**, 170, 1902] en traitant au four électrique 172 gr. de CeO^2 avec 85 gr. de silicium cristallisé. Il forme des aiguilles cristallines microscopiques de densité 5,67 à 17°. Le culot obtenu dans la réaction est débarrassé de l'excès de silicium par un traitement au bain-marie par la potasse à 5 0/0. Les cristaux ont la couleur de l'acier. Les acides minéraux l'attaquent avec dégagement d'hydrogène. Il décompose au rouge la vapeur d'eau.

BORATE DE CÉRIUM. — En traitant l'oxalate céreux par l'anhydride borique fondu, Guertler a obtenu un métaborate cristallisé de formule $Ce^2O^3.3B^2O^3$. On obtiendrait le même borate en traitant le bioxyde de cérium par l'anhydride borique. Toutefois Holm dit avoir obtenu de cette manière un pyroborate cérique [*Inaug. Diss.*, München, 1902].

CHROMATE DE CÉRIUM. — Par l'électrolyse d'une solution de carbonate céreux dans l'acide chromique, Bricour [*C. R.*, **118**, 145, 1894] a obtenu, sous une tension de 2,5 à 3 volts, à l'anode un précipité cristallisé de composition $Ce^2(CrO^7)^3$. Ce composé est décomposé par l'eau chaude.

Browning et Flora [*Am. J. Soc.*, **34**, 207, 1903] ont obtenu le chromate $Ce(CrO^4)^2.2H^2O$ cristallisé, en chauffant une solution d'oxyde cérique dans l'acide chromique.

Bohm [*Zeit. angew. Chem.*, 372, 1902] a obtenu de la même manière un précipité rouge orangé qu'il considère comme un chromate cérique basique.

Silicotungstate de cérium. — L'oxyde de cérium donne avec l'acide silicotungstique plusieurs sels. Si l'on évapore la solution au-dessous de 15°, on obtient des cristaux rhombiques du sel neutre $12WO^3.SiO^2.Ce^2O^3.27H^2O$; à température plus élevée, on obtient des cristaux hexagonaux de même composition.

Par addition d'acide nitrique à la dissolution du sel neutre et évaporation à 35°, on obtient des cristaux tricliniques de formule $12WO^3.SiO^2.3Ce^2O^3.H^2O$. Ces sels sont aisément solubles dans l'eau [Wyrouboff, *Bull. Soc. Min.*, **19**, 219, 1896].

PRASÉODYME, $Pr = 140,5$.

Les sels de praséodyme sont verts. Ils présentent un spectre d'absorption caractéristique. Le poids atomique a été déterminé par Auer von Welsbach, qui paraît à cet égard avoir confondu le néodyme avec le praséodyme et inversement; Brauner [*Proc. Roy. Soc.*, 70, 1898. *Proc. Roy. Soc.*, 17, 65, 1901], Carl von Scheele [*Zeit. anorg. Chem.*, 17, 310, 1898], Jones [*Am. Chem. J.*, 20, 345, 1898] ont successivement déterminé le poids atomique du praséodyme. Le nombre le plus probable paraît être 140,4.

On connaît 2 oxydes principaux du praséodyme. le sesquioxyde et le peroxyde. Ce dernier ne paraît pas avoir une composition bien définie, la formule varie de Pr^4O^7 à PrO^2 [Auer von Welsbach); — [R.-J. Meyer, *Zeit. anorg. Chem.*, 41, 94, 1904; — Schottlander, *D. chem. G.*, 25. 569, 1892; — Brauner. *Proc. Roy. Soc.*, 766, 1901 :— Marc, *D. chem. G.*, 35. 2370, 1902].

On ne connaît que la série des sels de praséodyme correspondant au sesquioxyde.

Praséodyme métallique. — La réduction de l'oxyde par le magnésium dans une atmosphère d'argon donne le métal souillé de magnésie [Matignon, *C. R.*, 131, 891, 1900].

Muthmann et Weiss [*Ann. Chem.*, 331. 1904] l'ont obtenu par l'électrolyse du chlorure fondu. Le métal fondu est plus dur que le cérium et le lanthane: sa dureté est comprise entre celle du néodyme et celle du samarium. Sa densité est 6,457. Il fond à 940°. La chaleur de formation de l'oxyde Pr^2O^3 est $68^{Cal}.7$.

HYDRURE DE PRASÉODYME. — Le praséodyme se combine directement à l'hydrogène. La réaction se produit à 220° (Muthmann et Weiss).

C'est une matière verte amorphe dont la formule est probablement PrH^3.

CHLORURE DE PRASÉODYME. — Moissan l'a obtenu anhydre en faisant réagir le chlore sur le carbure [*C. R.*, 131, 595, 1900]: Matignon, en déshydratant le chlorure hydraté dans un courant de gaz chlorhydrique sec [*C. R.*, 133. 1901]: Matignon et Bourion, en chauffant l'oxyde dans une atmosphère de chlore contenant des vapeurs de chlorure de soufre [*C. R.*, 134, 4327. 1902; *C. R.*, 138. 631. 1904]. C'est une masse verte de formule $PrCl^3$, très avide d'eau. Densité 4,017 à 18°. Point de fusion 818°.

Sa chaleur de formation à partir de l'oxyde et de l'acide chlorhydrique gazeux d'après Matignon, $73^{Cal}.9$ [*C. R.*, 140, 1339, 1905].

Le chlorure de praséodyme donne, d'après Carl von Scheele [*Zeit. anorg. Chem.*, 18, 352, 1898]. un hydrate à 7 mol. d'eau bien cristallisé et très soluble dans l'eau. Ce sel fond à 105° (Matignon).

Les chlorures de praséodyme ont été également étudiés par Muthmann et Stutzel [*D. chem. G.*, 32, 3413. 1899] et R.-J Meyer et Koss [*D. chem. G.*, 35. 2622. 1902].

D'après Scheele, le chlorure de praséodyme forme avec le chlorure de platine le sel $PrCl^3$. $PtCl^4$. $12H^2O$. Il se présente sous forme de grands cristaux jaunes de densité 2.411 à 15°.7. Le même auteur a obtenu le sel $PrCl^3$. $AuCl^3$. $10H^2O$ de densité 2,60 à 14°.4.

R.-J. Meyer et Koss ont décrit une combinaison du chlorure de praséodyme avec le chlorure de pyridine.

BROMURE DE PRASÉODYME. — Il se forme anhydre d'après Moissan en faisant réagir le brome sur le carbure. D'après Bourion [*loc. cit.*], en faisant réagir sur l'oxyde le gaz bromhydrique.

Le bromure hydraté renferme 6 mol. d'eau (Scheele). Il forme des sels doubles avec les bromures d'or et de platine.

PERHYDROXYDE DE PRASÉODYME. — Par addition d'eau oxygénée et d'un alcali on obtient, d'après Melikow et Klimenko [*Journ. Soc. Phys. chim. russe*. 33, 739, 1902], un précipité auquel ils attribuent la formule $Pr(OH)^4$. Brauner a proposé pour ce composé la formule Pr^2O^5.

SULFURE DE PRASÉODYME. — Muthmann et Stuzel ont obtenu le sulfure Pr^2S^3 en réduisant à température élevée le sulfate anhydre par l'hydrogène.

Moissan a observé sa formation dans la combustion du carbure par la vapeur de soufre à 1000°.

C'est une matière brune que l'eau bouillante décompose rapidement.

À 11° sa densité est 5,042.

DITHIONATE DE PRASÉODYME. $Pr^2(S^2O^6)^3.12H^2O$. — Sel déliquescent, préparé par Carl von Scheele [*Zeit. anorg. Chem.*, 18, 352, 1898], se décompose aisément par la chaleur.

SULFATES DE PRASÉODYME. — D'après Scheele, le sulfate anhydre $(SO^4)^3Pr^2$ a une densité de 3.720. 100 p. d'eau à 0° en dissolvent 23°,64. À 20° il ne s'en dissout plus que 17°,7.

L'hydrate à 5 mol. d'eau se prépare en concentrant ses dissolutions au bain-marie. Par évaporation spontanée on obtient 2 hydrates, l'un renferme 15 mol. 1/2 d'eau; l'autre 8 mol. d'eau.

Muthmann et Röhlig [*D. chem. G.*, 31, 1718, 1898] ont obtenu vers 6° un hydrate à 12 mol. d'eau.

La densité de l'octohydrate est 2,822. Son étude cristallographique à été faite par Dufet [*Bull. Soc. Min.*, 24, 373, 1902].

Matignon [*C. R.*, 134, 667, 1902] a décrit un sulfate basique $(PrO)^2SO^4$ amorphe et un sulfate acide $Pr(HSO^4)^3$. L'étude de ce sulfate acide a été reprise par Brauner et Picek [*Z. anorg. Chem.*, 38, 322, 1904].

Le sulfate de praséodyme donne avec le sulfate de potasse un précipité cristallin de formule $Pr^2(SO^4)^3$. $3K^2SO^4$. H^2O. Ce sel est peu soluble dans l'eau, insoluble dans une solution saturée de sulfate de potasse et très soluble dans les acides chlorhydrique et nitrique. Sa densité est 3,275. Le sel d'ammonium cristallise avec $8H^2O$ et forme des cristaux peu solubles dans l'eau froide. Sa densité est 2.532.

Baskerville et Holland [*J. Am. Chem. Soc.*, 26, 71. 1904] ont décrit les sels doubles de cæsium, $Pr^2(SO^4)^3$. Cs^2SO^4. $2H^2O$ et $Pr^2(SO^4)^3$. Cs^2SO^4. $4H^2O$.

SÉLÉNITE DE PRASÉODYME. — En versant dans une solution de sulfate de praséodyme du sélénite de sodium puis de l'acide sélénieux, on obtient sous forme d'aiguilles minces le sélénite acide $Pr^2(SeO^3)^3$. H^2SeO^3. $3H^2O$ (Scheele).

SÉLÉNIATES DE PRASÉODYME. — L'acide sélénique dissout l'oxyde de praséodyme et la dissolution laisse cristalliser spontanément le séléniate $Pr^2(SeO^4)^3$. $8H^2O$.

En concentrant la solution au bain-marie on obtient un sel à $5H^2O$.

Par déshydratation de ce sel à 200° on obtient le séléniate anhydre (Scheele).

Densité de l'octohydrate 3,094: du sel anhydre 4.305.

Avec le séléniate de potasse, le séléniate de praséodyme donne un séléniate double $Pr^2(SeO^4)^3$. $3K^2SeO^4$. $4H^2O$. Le sel correspondant d'ammoniaque n'a pu être préparé.

AZOTURE DE PRASÉODYME. — Moissan a constaté sa formation en traitant le carbure à 1200° par l'ammoniac gazeux; Matignon, en chauffant le praséodyme métallique dans l'azote. Muthmann et Beck [*Ann. Chem.*, 831, 58, 1904] ont chauffé le métal dans un courant d'azote à 900°. La formation de l'azoture est dans ces conditions plus lente qu'avec le cérium et le lanthane.

L'azoture $PrAz$ est noir et altérable dans l'air humide.

En brûlant à l'air le praséodyme métallique,

il se forme de l'oxyde et de l'azoture de praséodyme.

AZOTATES DE PRASÉODYME. — L'azotate à 6 molécules d'eau $Pr(AzO^3)^3.6H^2O$ a été préparé par Scheele. Il se présente sous forme d'aiguilles déliquescentes. Le sel double ammoniacal cristallise avec 4 molécules d'eau et forme de grands cristaux déliquescents de densité 2,155. Ce sel est moins soluble que le sel correspondant de néodyme et plus soluble que celui de lanthane.

Le nitrate de praséodyme forme avec le nitrate de sodium la combinaison $Pr(AzO)^3$, $2NaAzO^3.H^2O$ moins soluble que le composé ammoniacal.

CARBURE DE PRASÉODYME. — Moissan a obtenu le carbure de praséodyme PrC^2 en réduisant l'oxyde de praséodyme par le charbon au four électrique [C. R., 131, 595, 1900]. Densité : 5,10.

Le chlore, le brome et l'iode l'attaquent vivement. Il brûle vers 400° dans l'oxygène. Le soufre l'attaque également à la température de l'ébullition. Vers 1200° l'azote produit une action superficielle. L'eau l'attaque en donnant de 67,5 à 68,31 d'acétylène; de 2,50 à 3,57 de carbures éthyléniques; de 30,60 à 28,12 de gaz forméniques. L'acide azotique monohydraté ne l'attaque pas, mais les acides étendus l'attaquent aisément.

CARBONATES DE PRASÉODYME. — Le carbonate $Pr^2(CO^3)^3.8H^2O$ s'obtient en traitant par le gaz carbonique l'hydroxyde en suspension dans l'eau ou en précipitant le chlorure par un carbonate alcalin (Scheele).

R. J. Meyer et Heller [Z. anorg. Chem., 41, 94, 1904] ont décrit quelques carbonates doubles obtenus en traitant la solution de chlorure de praséodyme par des solutions concentrées de carbonates alcalins : le sel de potassium $Pr^2(CO^3)^3.K^2CO^3.12H^2O$ se présente sous la forme de fines aiguilles; le sel de sodium $2Pr^2(CO^3)^3.3Na^2CO^3.22H^2O$ (?) est un précipité amorphe; le sel d'ammonium $Pr^2(CO^3)^3.(AzH^4)^2CO^3.4H^2O$ est un précipité cristallin.

MOLYBDATES ET TUNGSTATES. — Hitchcok [Journ. Am. Chem. Soc., 17, 520, 1895] les a obtenus sous forme de précipités difficilement solubles.

Les sels doubles suivants ont été également décrits :

$$2(AzH^4)^2O.Pr^2O^3.16WO^3 \ 16H^2O;$$
$$6BaO.Pr^2O^3.16WO^3.9H^2O;$$
$$4Ag^2O.Pr^2O^3.16WO^3.8H^2O$$

[Roger et Smith, J. Am. Ch. Soc., 26, 1474, 1904].

ACÉTATE DE PRASÉODYME, $Pr(H^3C^2O^2)^3.2H^2O$. — Fines aiguilles que l'on obtient en concentrant la solution d'oxyde de praséodyme dans l'acide acétique.

PROPIONATE DE PRASÉODYME, $Pr(H^5C^3O^2)^3.3H^2O$. — Cristaux prismatiques. Par concentration au bain-marie on obtient le monohydrate en lamelles minces et brillantes (Scheele).

OXALATE DE PRASÉODYME. $Pr^2(C^2O^4)^3.10H^2O$. — Précipité cristallin insoluble dans l'eau, soluble dans les acides forts (Scheele).

CITRATE DE PRASÉODYME, $Pr(C^6H^5O^7)^3$. — L'hydroxyde de praséodyme est dissous à froid dans une solution concentrée d'acide citrique. En chauffant la solution saturée, le citrate se dépose sous la forme d'un précipité amorphe [Baskerville et Turrentine, J. Am. Chem. Soc., 26, 46, 1904].

NÉODYME, Nd = 143,6.

L'on ne connaît qu'une seule série de sels de néodyme. Ils sont rouge violacé et possèdent,

ainsi que leurs solutions, des spectres d'absorption particuliers (Auer von Welsbach).

L'oxyde de néodyme a été obtenu à l'état de parfaite pureté par Demarçay, qui a décrit les principaux spectres caractéristiques de cet élément [C. R., 126, 1039, 1898]. Son poids atomique a été l'objet des recherches d'Auer, de Brauner [Proc. Chem. Soc., 17, 65, 1901], de J. Jones [Am. Chem. J., 20, 345, 1898].

Néodyme métallique. — Matignon a obtenu du néodyme métallique souillé de magnésie en réduisant l'oxyde de néodyme par le magnésium dans une atmosphère d'argon [C. R., 131, 891, 1900]. Muthmann, Hofer et Weiss [Ann. Chem. 320, 231, 1902] ont préparé le néodyme compact par l'électrolyse du chlorure fondu.

Le néodyme métallique ressemble au cérium. Il est blanc d'argent et présente un bel éclat métallique. Il est plus dur et plus difficilement fusible que le cérium. Il ne peut être fondu dans la porcelaine qui l'attaque avec formation de siliciures. Il décompose l'eau lentement à froid, rapidement à chaud. Il se dissout aisément dans les acides; la potasse ne l'attaque pas. Sa dureté est comprise entre celles du lanthane et du praséodyme. Il fond à 840°. Sa densité est 6,9563. La chaleur de formation de l'oxyde est de $72^{Cal},5$.

HYDRURE DE NÉODYME, NdH^3 (?). — Le néodyme métallique se combine directement à l'hydrogène sous l'influence de la chaleur (Muthmann). C'est une substance amorphe, bleu indigo, brillante. Il se rapproche de l'hydrure de lanthane par ses propriétés, mais il n'est plus stable à l'air. Chauffé en présence d'air l'hydrogène qu'il renferme se dégage en détonnant, il reste un mélange d'oxyde et d'hydrure. L'eau chaude l'attaque lentement et les acides le dissolvent avec dégagement d'hydrogène.

CHLORURES DE NÉODYME. — Le chlorure anhydre a été préparé par Matignon et Bourion [C. R., 140, 1181, 1905; C. R., 144, 53, 1905; Ann. de chim. et de phys., 8e série, 8, 1906]. Ces auteurs proposent 4 modes de préparation :

1° Déshydratation du chlorure hydraté dans une atmosphère d'HCl sec à 190°.

2° Action, sur l'oxyde ou le sulfate, du chlore mélangé de vapeurs de chlorure de soufre.

3° Action, sur le résidu de l'évaporation à sec à 140° d'une solution de chlorure, d'un mélange d'acide chlorhydrique sec, de chlore et de vapeurs de soufre (méthode très rapide).

4° Action à température élevée de l'acide chlorhydrique sec sur l'oxyde, qui donne d'abord l'oxychlorure $NdOCl$, puis $NdCl^3$.

C'est une masse cristalline rose qui se dissout instantanément dans l'eau en produisant un sifflement. Point de fusion, 785°: $d^{14} = 4,195$. Soluble dans l'alcool. Insoluble dans l'éther.

Le chlorure de néodyme se combine à la pyridine [Meyer et Koss, D. chem. G., 35, 2622, 1902].

D'après les mêmes auteurs le chlorure de néodyme donne avec l'alcool la combinaison $NdCl^3.3C^2H^6O$ sous forme de fines aiguilles déliquescentes.

Matignon et Trannoy ont étudié l'action du gaz ammoniac sur le chlorure anhydre. A 1000° il ne se produit aucune réaction; à froid il y a absorption et formation du composé $NdCl^3.12AzH^3$. Pour le préparer on traite en tube scellé le chlorure anhydre par l'ammoniac liquide. On ouvre le tube en le refroidissant d'abord dans un mélange d'éther et de neige carbonique, puis dans le chlorure de méthyle. L'excès d'ammoniac s'élimine spontanément. En élevant progressivement la température, ce corps perd progressivement de l'ammoniac, et l'on observe en étudiant la dissociation l'existence des composés suivants :

Composés.	Températures de dissociation.
$NdCl^3 . 12\,AzH^3$	— 10°
$NdCl^3 . 11\,AzH^3$	+ 26°
$NdCl^3 . 8\,AzH^3$	+ 79°
$NdCl^3 . 5\,AzH^3$	+ 117°
$NdCl^3 . 4\,AzH^3$	+ 157°
$NdCl^3 . 2\,AzH^3$	+ 255°
$NdCl^3 . AzH^3$	+ 360°

Le chlorure hydraté renferme 6 molécules d'eau, alors que celui de praséodyme en renferme 7. $D^{19,5}_{4} = 2,28$. Il ne s'effleurit pas dans l'air sec. Il est très soluble dans l'eau et fond à 126° (Matignon). La solution dissout l'oxalate de néodyme et donne un oxalochlorure [Job, *C. R.*, **126**, 246, 1898]. Il en est de même du formiate de néodyme, des oxalates cobalteux, nickleux et ferreux (Matignon). Maintenu pendant longtemps à 125°, il donne l'oxychlorure NdOCl, insoluble dans l'eau.

Meyer et Koss ont obtenu l'hydrate à $6H^2O$ en ajoutant de l'eau à la solution de l'oxyde dans l'acide chlorhydrique en solution alcoolique.

BROMURE DE NÉODYME, $NdBr^3$. — Matignon [*C. R.*, **140**, 1637, 1905] a obtenu le bromure anhydre en faisant réagir l'acide bromhydrique gazeux sur le chlorure anhydre. Bourion [*C. R.*, **145**, 243, 1907] l'obtient soit en faisant réagir l'HBr seul, soit l'HBr contenant des vapeurs de chlorure de soufre sur l'oxyde. Ce sel ressemble au chlorure.

IODURE DE NÉODYME, NdI^3. — Matignon (*l. c.*) l'obtient comme le bromure. C'est une masse cristalline noire.

OXYDE DE NÉODYME, Nd^2O^3. — A l'état de pureté l'oxyde de néodyme est franchement bleu. C'est une poudre amorphe aisément soluble dans les acides.

D'après Wagner [*Z. anorg. Chem.*, **42**, 118, 1904], on obtient un peroxyde Nd^4O^7 (?) en chauffant l'oxalate dans un courant d'oxygène. En élevant la température, ce peroxyde instable se décompose et laisse un résidu de sesquioxyde.

Les alcalis précipitent des dissolutions de néodyme l'hydroxyde $Nd(OH)^3$. D'après Muller [*Z. anorg. Chem.*, **43**, 320, 1905] la présence de la glycérine gêne la réaction.

SULFURE DE NÉODYME. — Le sulfure Nd^2S^3 a été préparé par Muthmann et Stutzel [*D. chem. G.*, **32**, 3413, 1899] par la méthode déjà indiquée pour les sulfures de cérium, lanthane et praséodyme. Il est vert olive. $D_{11} = 5,179$. Il est décomposé par l'eau. Moissan a signalé sa formation dans l'action de la vapeur de soufre sur le carbure.

SULFATES DE NÉODYME. — L'octohydrate $(SO^4)^3 Nd^2 . 8H^2O$ a été obtenu et étudié par Muthmann et Röhlig [*D. chem. G.*, **31**, 1718, 1898]. Dufet [*Bull. Soc. Min.*, **24**, 373, 1902] en a fait l'étude cristallographique. Matignon [*C. R.*, **134**, 667, 1902] a décrit un *sulfate acide* et un *sulfate basique* analogues aux composés correspondants de praséodyme. $D_{16} = 2,85$ [Kraus, *Z. Krist.*, **34**, 307, 1901].

Baskerville et Holland ont décrit un sulfate double $Nd^2(SO^4)^3 . Cs^2SO^4 . 3H^2O$.

AZOTURE DE NÉODYME. — L'existence de ce composé a été seulement mentionnée (Moissan, Matignon). Il s'obtient comme l'azoture de praséodyme.

NITRATES DE NÉODYME. — Il existe deux nitrates simples $Nd(AzO^3)^3 . 5H^2O$ et $Nd(AzO^3)^3 . 6H^2O$, isomorphes avec les sels correspondants de bismuth. Le nitrate double $Nd(AzO^3)^3 . 2AzH^4AzO^3$.

$4H^2O$ a été décrit par Auer von Welsbach. Demarçay [*C. R.*, **126**, 1039, 1898] a décrit le nitrate magnésien $2Nd(AzO^3)^3 . 3Mg(AzO^3)^2 . 24H^2O$.

CARBURE DE NÉODYME, NdC^2. — Moissan [*C. R.*, **131**, 595, 1900] a préparé ce composé au four électrique en opérant comme pour le carbure de praséodyme. Lamelles hexagonales. $D = 5,16$. L'action de l'eau donne de 65,42 à 67,20 d'acétylène, de 5,92 à 6,90 de carbures éthyléniques, de 26,85 à 28,66 de carbures forméniques.

CARBONATES DE NÉODYME. — Ils se forment comme ceux du praséodyme auxquels ils ressemblent [Heller, *Inaug. Diss.*, Berlin, 1904; — R. J. Meyer, *Zeit. anorg. Chem.*, **41**, 94, 1904].

OXALATE DE NÉODYME. — Il renferme 10 molécules d'eau et paraît être plus difficilement soluble que les oxalates des corps voisins de la série.

<h3 style="text-align:center">SAMARIUM, Sm = 150,3.</h3>

Les sels de samarium du type normal, tel que $SmCl^3$, sont jaunes. Ils présentent, ainsi que leurs dissolutions, des spectres d'absorption caractéristiques. Plusieurs spectres de phosphorescence du samarium ont été décrits par Crookes, Urbain, Bruninghaus, etc.

L'on ne connaît qu'un oxyde du samarium, Sm^2O^3; toutefois Matignon et Cazes [*C. R.*, **142**, 83, 1906] ont décrit un chlorure samareux $SmCl^2$. Demarçay [*C. R.*, **130**, 1185, 1900] est le premier qui ait obtenu la samarine exempte d'europine, de gadoline ou de néodyme. Urbain et Lacombe [*C. R.*, **130**, 1166, 1904] ont obtenu le samarium spectroscopiquement pur par une méthode qui permet de séparer quantitativement le samarium des terres yttriques en intercalant entre le samarium et l'europium le bismuth à l'état de nitrates doubles magnésiens. Le poids atomique du samarium a été l'objet des recherches successives de Clève [*Chem. Soc.*, **43**, 362, 1883], de Bettendorf [*Ann. Chem.*, **263**, 164, 1891], d'Urbain et Lacombe [*loc. cit.*].

Samarium métallique. — Le samarium métallique a été obtenu par électrolyse du chlorure fondu par Muthmann et Weiss [*Ann. Chem.*, 3311, 1904]. C'est un métal blanc gris, plus dur que les autres métaux du groupe cérique; il est oxydable à l'air. Densité 7,8.

HYDRURE DE SAMARIUM. — D'après Matignon [*C. R.*, **134**, 837, 1900], qui a obtenu un mélange de samarium et de magnésie en réduisant l'oxyde de samarium par le magnésium dans une atmosphère d'argon, le samarium métallique se combine directement avec l'hydrogène.

FLUORURE DE SAMARIUM. — Moissan a signalé sa formation par l'action du fluor sur le carbure de samarium.

CHLORURES DE SAMARIUM. — Le chlorure de samarium anhydre a été préparé par Matignon [*C. R.*, **134**, 1308, 1902]. Il se prépare comme le chlorure de néodyme et cristallise en aiguilles. $D^{18} = 4,465$. Il fond à 686°. Il est très soluble dans l'eau. Il donne soit avec l'alcool soit avec la pyridine des composés d'addition.

Matignon et Trannoy [*Ann. Chim. Phys.*, (8), 8, 1906] ont décrit des composés d'addition du chlorure de samarium avec l'ammoniac, stables à basse température seulement.

Par l'action de l'oxygène et de la vapeur d'eau, on obtient l'*oxychlorure* SmOCl en lamelles insolubles dans l'eau. L'action de l'acide iodhydrique gazeux donne l'iodure SmI^3; l'H^2S donne le sulfure Sm^2S^3. L'hydrogène le réduit et donne le chlorure samareux $SmCl^2$; c'est une masse cristalline brun foncé, fusible. L'alcool absolu ne le dissout pas. Sa solution aqueuse est brun très foncé; elle dégage de l'hydrogène :

il se forme alors du chlorure normal et l'hydroxyde $Sm(OH)^3$.

BROMURE DE SAMARIUM. — Le bromure anhydre a été obtenu par Bourion [*C. R.*, **145**, 243, 1907] de la même manière que le bromure de néodyme. C'est une substance jaune fusible et cristalline très avide d'eau.

IODURE DE SAMARIUM. — L'iodure anhydre a été obtenu par Matignon par l'action du gaz iodhydrique sur le chlorure

SULFATE DE SAMARIUM. — Le samarium donne, d'après Brauner [*loc. cit.*], un sulfate acide $Sm(SO^4H)^3$, en aiguilles jaune d'or.

AZOTURE DE SAMARIUM. — Matignon [*C. R.*, **134**, 837, 1900] a signalé sa formation par l'action directe de l'azote sur le métal.

CARBURE DE SAMARIUM, SmC^2. — Le carbure de samarium a été obtenu par Moissan [*Ann. Chim. Phys.*, (7), **22**, 110, 1901] au four électrique. Il présente l'aspect métallique. Sa densité est 5,86. Les halogènes l'attaquent au-dessous de 400°; le soufre à une température plus élevée. Il est décomposé par l'eau qui produit alors de 70,1 à 71,2 d'acétylène, de 7,6 à 8,1 de carbures éthyléniques, de 22,5 à 20,7 d'hydrogène et de carbures forméniques.

EUROPIUM, Eu = 152,0.

L'europium ne paraît donner qu'une série de sels et un seul oxyde. Ses sels présentent une légère teinte rose très pâle. Ils ressemblent beaucoup aux composés correspondants du samarium, du gadolinium et plus encore aux composés normaux du bismuth dont ils ont, en général, la solubilité (Urbain et Lacombe).

Ses sels et ses dissolutions présentent un spectre d'absorption faible dans les parties visibles du spectre, mais intense dans l'ultraviolet lointain. Les spectres de phosphorescence de l'europium ont été décrits par Urbain.

Son poids atomique a été l'objet des recherches d'Urbain et Lacombe [*C. R.*, **138**, 627, 1904]. Des recherches plus récentes, faites par G. Jantsch, ont confirmé, en les précisant, les premières déterminations [*C. R.*, **146**, 473, 1908].

CHLORURE D'EUROPIUM, $EuCl^3$. — Le chlorure anhydre d'europium a été obtenu par Bourion en faisant réagir sur l'oxyde le chlore et des vapeurs de chlorure de soufre. C'est une masse blanche très soluble dans l'eau [*C. R.*, **145**, 62, 1907].

OXYDE D'EUROPIUM, Eu^2O^3. — Cet oxyde a été décrit par Demarçay [*C. R.*, **130**, 1469, 1900]. C'est une terre presque blanche présentant une légère teinte rosée, aisément soluble dans les acides.

SULFATE D'EUROPIUM. — Urbain et Lacombe ont décrit le *sulfate anhydre* $(SO^4)^3 Eu^2$ et le *sulfate octohydraté* $(SO^4)^3 Eu^2 . 8H^2O$ [*loc. cit.*].

NITRATES D'EUROPIUM. — Demarçay a indiqué l'existence du nitrate à 5 molécules d'eau et du *nitrate magnésien* $2Eu(AzO^3)^3 , 3Mg(AzO^3)^2 + 24H^2O$. Urbain et Jantsh ont observé récemment l'existence d'un *heptahydrate* $Eu(AzO^3)^3 . 7H^2O$. Ce sel se forme fréquemment en même temps que le pentahydrate.

GADOLINIUM, Gd = 157,2.

Les composés du gadolinium sont incolores. Ils ne présentent aucun spectre d'absorption dans la partie visible du spectre, mais ils donnent dans l'ultraviolet un beau spectre composé de deux groupes de bandes très intenses (Urbain). Le même auteur a décrit les spectres de phosphorescence de cet élément et a montré que le victorium de sir W. Crookes était identique au gadolinium. On ne connaît qu'une série de sels du gadolinium. Son poids atomique a été l'objet des recherches de Marignac [*C. R.*, **90**, 899, 1880], de Lecoq de Boisbaudran [*C. R.*, **111**, 409, 1890], de Bettendorf [*Ann. Chem.*, **270** 376, 1892], de Benedicks [*Zeit. anorg. Chem.*, **22**, 393, 1899], d'Urbain [*C. R.*, **140**, 583, 1905].

CHLORURES DE GADOLINIUM. — Le *chlorure anhydre* $GdCl^3$ a été obtenu par Bourion [*C. R.*, **145**, 62, 1906]. Benedicks [*Zeit. anorg. Chem.*, **22**, 393, 1899] a décrit un *hexahydrate* en gros cristaux tabulaires quadratiques de poids spécifique 2,42. Il donne des sels doubles avec les chlorures de platine et d'or.

BROMURES DE GADOLINIUM. — Le *bromure anhydre* $GdBr^3$ a été décrit par Bourion [*C. R.*, **145**, 243, 1906]. Benediks a décrit l'*hexahydrate*.

OXYDE DE GADOLINIUM. — C'est une poudre blanche de densité 7,405 à 16°, aisément soluble dans les acides; l'hydroxyde absorbe rapidement l'acide carbonique de l'air; c'est un précipité gélatineux ressemblant à l'alumine.

SULFATES DE GADOLINIUM. — On connaît le *sulfate anhydre* et l'*octohydrate*. La densité du sulfate anhydre est 4,139; la densité de l'octohydrate est 3,007. Benedicks a également décrit le *sulfate double* $Gd^2(SO^4)^3 . K^2SO^4 . 2H^2O$ dont la densité est 3,503.

SÉLÉNITE DE GADOLINIUM. — C'est un précipité d'abord amorphe, puis cristallisé, répondant à la formule $Gd^2(SeO^3)^3 SeO^2 . 7H^2O$.

SÉLÉNIATES DE GADOLINIUM $Gd^2(SeO^4)^3$. — Le *séléniate anhydre* a pour densité 4,175. Sa solution laisse déposer par évaporation spontanée un *décahydrate* de densité 3,048. Par évaporation au bain-marie, on obtient un *octohydrate* de densité 3,309. Avec le séléniate de potasse, il donne le sel $Gd^2(SeO^4)^3 . 3K^2SeO^4 . 4H^2O$.

NITRATES DE GADOLINIUM. — Benedicks a décrit un nitrate renfermant 6,5 molécules d'eau. Il forme de grands cristaux tricliniques de densité 2,332. Dans l'acide nitrique, on obtient le *pentahydrate* de densité 2,406. Le *sel double* $Gd(AzO^3)^3 . 2AzH^4AzO^3 . nH^2O$ est très déliquescent.

Le nitrate magnésien $2Gd(AzO^3)^3 . 3Mg(AzO^3)^2 . 24H^2O$ fond, d'après Demarçay, à 77°.

PLATINOCYANURE DE GADOLINIUM. — Ce sel, de formule $2Gd(CAz)^3 . Pt(CAz)^2 . 18H^2O$, s'obtient par double décomposition entre le sulfate de gadolinium et le platinocyanure de baryum. Il forme de gros cristaux rhombiques rouge cerise avec de vifs reflets métalliques verts, de densité 2,56.

CARBONATE DE GADOLINIUM, $Gd^2(CO^3)^3 . 13H^2O(?)$. — Il s'obtient par l'action de l'acide carbonique sur l'hydroxyde.

ACÉTATE DE GADOLINIUM, $Gd(H^3C^2O^2)^3 . 4H^2O$. — Cristaux tricliniques peu solubles, de densité 1,611.

OXALATE DE GADOLINIUM, $Gd^2(C^2O^4)^3 . 10H^2O$. — Précipité blanc microcristallin, peu soluble dans l'eau.

ETHYLSULFATE DE GADOLINIUM, $Gd(C^2H^5 . SO^4)^3 . 9H^2O$. — Grands cristaux hexagonaux de densité 1,923.

TERBIUM, Tb = 159,0.

Le terbium a été récemment isolé par Urbain [*C. R.*, **139**, 736, 1904 et **141**, 521, 1905] qui en a décrit les spectres d'étincelle, d'absorption et de phosphorescence, et qui en a déterminé le poids atomique [*C. R.*, **142**, 957, 1906 et **143**, 229, 1906].

Le terbium présente deux états d'oxydation. Le peroxyde répond exactement à la formule Pr^4O^7 [Urbain et Jantsch, *C. R.*, **146**, 127, 1908].

Le sesquioxyde seul a pu être salifié.

Les sels de terbium sont incolores.

CHLORURE DE TERBIUM. — Le *chlorure anhydre* TbCl³ a été décrit par Bourion. Il s'obtient en faisant réagir le chlore et le chlorure de soufre sur l'oxyde Tb⁴O⁷ [*C. R.*, **145**, 62]. C'est une masse blanche cristalline très avide d'eau. Le *chlorure hydraté* TbCl³.6H²O forme des cristaux prismatiques très solubles dans l'eau, moins solubles dans l'eau chargée d'acide chlorhydrique, solubles dans l'alcool [Urbain et Jantsch, *loc. cit.*].

BROMURE DE TERBIUM, TbBr³. — Il a été obtenu par Bourion [*C. R.*, **145**, 243, 1907].

SULFATES DE TERBIUM. — Le *sulfate anhydre* SO⁴Tb est une poudre blanche absorbant aisément l'humidité de l'air. Le *sulfate octohydraté* Tb²(SO⁴)³.8H²O est un sel bien cristallisé qui prend naissance, soit en concentrant la solution du sulfate au bain-marie, soit en précipitant cette solution par l'alcool; le sulfate précipite alors en cristaux minces micacés (Urbain).

NITRATES DE TERBIUM. — Le nitrate de terbium répond à la formule Tb(AzO³)³.6H²O (Urbain et Jantsch); on obtient le nitrate à 5 mol. d'eau en amorçant la cristallisation avec un germe de nitrate de bismuth cristallisé, ces deux sels étant isomorphes.

Le nitrate de terbium donne difficilement des nitrates doubles de la série magnésienne, toutefois le *sel de nickel* et le *sel de magnésium* 2Tb(AzO⁴)³.3Mg(AzO³)² + 24H²O et 2Tb(AzO³)². 3Ni(AzO³)² + 24H²O ont pu être obtenus.

ETHYLSULFATE DE TERBIUM. — Ce sel cristallise en prismes hexagonaux répondant à la formule Tb(C²H⁵.SO⁴)³ + 9H²O (Urbain).

DYSPROSIUM, Dy = 162.5.

Le dysprosium a été isolé par Urbain [*C. R.*, 342, 784, et 143, 229, 1906]; cet auteur en a décrit les divers spectres. Le poids atomique du nouvel élément a été déterminé par Urbain et Demenitroux [*C. R.*, **143**, 598, 1906].

L'on ne connaît qu'un seul état d'oxydation du dysprosium.

Les sels de dysprosium ont une légère coloration jaune-vert.

CHLORURE DE DYSPROSIUM. — Bourion a préparé le *chlorure anhydre* DyCl³. C'est une masse cristalline jaune clair très avide d'eau [*C. R.*, **145**, 62, 1907].

Le *chlorure hydraté* DyCl³.6H²O forme de petits cristaux prismatiques jaune-vert, solubles dans l'eau et dans l'alcool [Urbain et Jantsch, *C. R.*, **146**, 127, 1908].

BROMURE DE DYSPROSIUM. — Le *bromure anhydre* DyBr³ a été décrit par Bourion [*C. R.*, **145**, 243, 1907]. C'est une masse cristalline blanche qui absorbe rapidement l'humidité.

OXYDE DE DYSPROSIUM. — L'oxyde de dysprosium Dy²O³ pur est blanc. Il se dissout aisément dans les acides forts.

SULFATES DE DYSPROSIUM. — Urbain et Demenitroux ont obtenu le *sulfate anhydre* Dy²(SO⁴)³, poudre blanche avide d'eau, et le *sulfate hydraté* Dy²(SO⁴)³.8H²O, sel bien cristallisé, difficilement soluble dans l'eau [*C. R.*, **143**, 598, 1906].

NITRATES DE DYSPROSIUM, Dy(AzO³)³.5H²O. — Ce sel, préparé par Urbain et Jantsch, forme de grands cristaux fusibles dans leur eau de cristallisation à 88°.6; efflorescents dans une atmosphère sèche assez stables à l'air. Les nitrates doubles de dysprosium sont trop solubles pour pouvoir être séparés de leurs dissolutions.

ETHYLSULFATE DE DYSPROSIUM, Dy(SO⁴.C²H⁵)³. 9H²O. — Beaux cristaux hexagonaux, plus solubles que ceux de terbium (Urbain).

NÉO-HOLMIUM, Nh = ?.

Le néo-holmium a pu être séparé du dysprosium, mais n'a pu être encore séparé complètement de l'yttrium dont les sels ont une solubilité très voisine de ceux du dysprosium. Les solutions qui renferment ces corps ont une couleur jaune orangé et un spectre d'absorption caractéristique.

YTTRIUM, Y = 89.

L'yttrium donne des sels incolores. On ne lui connaît pas de spectre d'absorption. Son oxyde, lorsqu'il est pur, ne manifeste aucune phosphorescence cathodique.

Son poids atomique a été l'objet des recherches de Clève [*Bull. Soc. Chim.*, (2), **24**, 344, 1874], de Jones [*Am. Chem.*, **17**, 154, 1895], d'Urbain [*Ann. Ch. Ph.*, (7), **19**, 184, 1900], de Muthmann [*D. chem. G.*, **33**, 42, 1900].

HYDRURE D'YTTRIUM. — D'après Winckler [*D. chem. G.*, **23**, 772, 1890], l'yttrium métallique se combine directement à l'hydrogène.

FLUORURE D'YTTRIUM. — Moissan et Etard [*C. R.*, **122**, 573, 1896] ont obtenu un fluorure d'yttrium anhydre par l'action du fluor sur le carbure.

CHLORURE D'YTTRIUM. — Matignon [*C. R.*, **134**, 1308, 1902], a obtenu le *chlorure anhydre* d'yttrium en déshydrant le chlorure hydraté dans un atmosphère de gaz chlorhydrique sec. Bourion a préparé le même corps par l'action du chlore et du chlorure de soufre sur l'oxyde [*C. R.*, **145**, 62 1907].

D'après Matignon [*Ann. Ch. Ph.*, (8), **8**, 1906] la densité du chlorure anhydre à 18° est 2,8 et le chlorure d'yttrium est plus volatil que les autres chlorures des terres rares. Il est très soluble dans l'eau et donne avec l'alcool, la pyridine et la quinoléine, des composés d'addition. Le *chlorure hexahydraté* YCl³.6H²O fond à 160° (Matignon).

BROMURE D'YTTRIUM, YBr³. — Ce composé, semblable aux autres bromures anhydres de la série, a été préparé par Bourion [*C. R.*, **145**, 243, 1907.

Moissan a constaté sa formation dans l'action du brome sur le carbure.

OXYDE D'YTTRIUM, Y²O³. — D'après Muthman et Böhm [*loc. cit.*], la densité de cet oxyde serait 4.83.

CARBURE D'YTTRIUM. — Moissan et Etard ont préparé ce carbure au four électrique et l'ont obtenu en culots formés d'un magma de microcristaux jaunes. Sa densité à 18° est 4,13. Il est aisément attaqué par les halogènes, l'oxygène, le soufre et le sélénium.

L'eau le décompose en produisant un dégagement gazeux renfermant 71,8 d'acétylène, de 17 à 18,8 de méthane, de 4,8 à 4,45 d'éthylène, de 4,5 à 5 d'hydrogène.

NÉOERBIUM, Nr = 167,4.

Hofmann et Burger [*D. chem. G.*, **41**, 308, 1908] ont annoncé tout récemment l'isolement du néo-erbium. Leurs recherches n'ont encore porté que sur les procédés de séparation de cette substance et la détermination de son poids atomique pour lequel ils ont trouvé en moyenne 167,4.

THULIUM, Tm = ?.

Le thulium n'a jamais été isolé. D'après les spectres qui en ont été décrits, la terre à laquelle

Cléve donna ce nom, renfermait une proportion très considérable d'ytterbium.

YTTERBIUM.

D'après G. Urbain [*C. R.*, 4 novembre 1907] l'ytterbium de Marignac est un mélange de deux éléments, le *lutécium* et le *néo-ytterbium*. Ces éléments diffèrent et par leurs spectres et par leurs poids atomiques. Mars 1908.   G. Urbain.

TÉTRA.... — Pour les mots qui ne se trouvent pas ici à leur place alphabétique, voyez le mot qui suit ce préfixe.

TÉTRACARBAZONE. — Nom donné à un noyau fictif $C^4H^4Az^4$, supposé contenu dans le corps $C^{28}H^{24}Az^4$, obtenu par action de la bromacétophénone sur la phénylhydrazine par O. Hess [*Ann. Chem.*, **232**, 234]. D'après J. Culmann [*ibid.*, **258**, 235 ; *Bull. Soc. Chim.*, (3), **5**, 913], ce corps serait la tétraphénylcarbazone

$$C^6H^5 - C - CH^2 - CH^2 - C - C^6H^5$$
$$\| \qquad\qquad\qquad |$$
$$Az - Az \text{——} Az - Az$$
$$| \qquad\qquad |$$
$$C^6H^5 \quad\ C^6H^5$$

Il fond à 137° L'acide chlorhydrique alcoolique lui enlève de l'aniline en formant les bases $C^{22}H^{17}Az^3$ et $C^{22}H^{18}Az^2$ Juin 1907. M. Delépine.

TÉTRADÉCANE (voy. 1er Suppl., II, 1530). — On peut obtenir ce carbure par chauffage prolongé d'une solution éthérée d'iodure d'heptyle normal avec du sodium [Sorabji, *Journ. Chem. Soc.*, 47, 41, 1885].   E. Baud.

TÉTRADÉCYLSUCCINIQUE (ACIDE). — Voyez Hexadécylène-dicarbonique.

TÉTRAÉTHYLBENZÈNES, $C^6H^2(C^2H^5)^4$. — On ne connaît que les deux dérivés 1.2.4.5 et 1.2.3.4.

Isomère-1.2.4.5. — On l'obtient par l'action du bromure d'éthyle sur le benzène en présence de chlorure d'aluminium. On le purifie en le transformant en tétraméthylbenzène-sulfonate de soude fusible à 13°, bouillant à 250° [Jacobsen, *D. chem. G.*, 21, 2819]. Le triéthyléthylolbenzène $(C^2H^5)^3 C^6H^2[CH(OH).CH^3]$, traité par l'acide chlorhydrique puis chauffé avec la pyridine et réduit par le sodium en milieu alcoolique, fournit aussi du tétraéthylbenzène [A. Klages et R. Keil, *D. chem. G.*, 36, 1632, 1093].

Dérivés halogénés. — $C^6Cl^2(C^2H^5)^4$. — On l'obtient par l'action de l'éthylène sur le p-chlorobenzène en présence de chlorure d'aluminium [Istrati, *Ann. Chem.*, (6), 6, 428]. Il bout à 296°, densité 1,129.

En opérant non plus sur le p-dichlorobenzène, mais sur le benzène monochloré on obtient un mélange liquide d'isomères de formule $C^6HCl(C^2H^5)^4$, bouillant à 269° (Istrati).

$C^6Br^2(C^2H^5)^4$. — Longs prismes fusibles à 112°,5 (Jacobsen).

Dérivé tétrabromé. — Aiguilles fusibles à 113° [A. Klages et R. Keil, *loc. cit.*].

Dérivé nitré, $C^6H(AzO^2)(C^2H^5)^4$ — Aiguilles soyeuses fusibles à 144° [Jannasch et Bartel, *D. chem. G.*, 34, 1717].

Dérivé hydroxylé, $C^6H^2(C^2H^5)^3{}_{(1.2.4)}[CH(OH)CH^3]_{(5)}$. — On l'obtient en traitant le triéthylacétobenzène $C^6H^2(C^2H^5)^3.CO.CH^3$ par l'amalgame de sodium. Aiguilles fusibles à 45°, bouillant sous 13 mm. à 149° (Klages et Keil).

Dérivé sulfoné. — Jacobsen a décrit les *sels de sodium* et *de baryum* cristallisés respectivement avec 4 et 9H^2O et l'*amide* $C^6H(SO^2AzH^2)(C^2H^5)^4$ en lamelles fusibles à 122°.

Isomère-1.2.3.4. — Il prend naissance dans la même réaction que l'isomère précédent. Liquide bouillant à 249° [Galle, *D. chem. G.*, 16, 1745], à 254° (Jacobsen). $D_4^{19.6} = 0,88664$ [Perkin, *Chem. Soc.*, 77, 280].

Ont été signalés les dérivés suivants : $C^6HBr(C^2H^5)^4$. — Liquide bouillant à 284° (Jacobsen, Galle).

$C^6Br^2(C^2H^5)^4$. — Prismes fusibles à 77°.

$C^6H(SO^3H)(C^2H^5)^4$. — Le *sel de sodium* cristallise avec 5H^2O, celui *de cadmium* avec 7H^2O, celui *de baryum* avec 6H^2O et celui *de cuivre* avec 8H^2O. L'*amide* est en prismes monocliniques fusibles à 107° (Galle, Jacobsen).

1er novembre 1907.   V. Thomas.

TÉTRAGOPHOSPHITE (Min.) (Igelström). — Phosphate de composition

$$(PO^4)^2R^3 + (PO^4)^2Al^2 + 3H^2O,$$

où $R = Fe, Mn, Mg, Ca$. Matière d'un très beau bleu, trouvée à Horrsjöberg, Wermland, avec tourmaline, pyrophyllite, damourite, etc., et à Westanå, Suède.   L. Bourgeois.

TÉTRAMÉTHYLBENZÈNE. — Voyez Durène, 2e Suppl.

TÉTRAMÉTHYLÈNE-DIAMINE. — Voy. Putrescine.

TÉTRAMÉTHYLÈNE-GLYCOL, $HOCH^2.CH^2.CH^2.CH^2OH$, ou butane-diol-1.4. — Deux réactions ont été principalement essayées par les chimistes dans le dessein de préparer le *tétraméthylène-glycol*, qui ne fut pourtant isolé qu'environ un demi-siècle après le *glycol diméthylénique* de Wurtz, $CH^2OH - CH^2OH$. L'une, l'action de l'acide azoteux sur les dérivés aminés biprimaires du butane (diaminobutane-1.4, $H^2Az(CH^2)^4AzH^2$, aminobutanol-1.4, $H^2Az(CH^2)^4OH$), ne donna qu'un mélange fort complexe, où le glycol cherché ne devait exister qu'en bien faible quantité. L'autre, l'action d'un métal, sodium, argent, mercure, magnésium, etc., sur les éthers alcoylés ou phénoliques de l'éthane halogéné, $ROCH^2CH^2X$, ne peut fournir que des quantités excessivement petites du diéther tétraméthylénique $(ROCH^2CH^2)^2$ [voyez J. Hamonet, *Bull. Soc. Chim.*, (3), 33, 313, 1905]. Ce fut pourtant par la préparation de ces éthers oxydes du tétraméthylène que le problème fut résolu de deux façons différentes par J. Hamonet [voyez plus loin *diamyline* et *diméthyline du tétraméthylène-glycol*]. On comprend, en effet, qu'une fois ces éthers obtenus, il n'y a plus qu'à les transformer en dibromobutane-1.4 ou en diiodobutane-1.4, puis en diacétine, pour arriver par saponification au glycol si longtemps cherché.

Pour opérer cette saponification, on mélange peu à peu la diacétine tétraméthylénique avec un léger excès de chaux délitée, ou mieux de chaux sodée ; — la température s'élève assez fortement ; — on chauffe le tout quelque temps au bain-marie et on distille dans le vide. Si le liquide distillé garde encore une légère odeur de diacétine, on le repasse, de la même façon, sur une nouvelle quantité de chaux sodée.

Le glycol tétraméthylénique est un liquide incolore, visqueux à la température ordinaire, d'une saveur brûlante et amère, et complètement inodore. Refroidi à 0°, il se prend lentement en cristaux blancs, qui fondent à +16°. Il bout sans décomposition à 230° sous la pression ordinaire, et non à 204-205°, comme l'a indiqué M. Dekkers. Peu soluble dans l'éther anhydre et dans la ligroïne, il est miscible à l'eau en toutes proportions, et s'en sépare facilement par addition de carbonate de potassium. $D_{20} = 1,02$. Par oxydation au moyen de l'acide azotique, il a donné de l'acide succinique fondant à 180°. Ce résultat confirme la constitution biprimaire de ce glycol, qui se déduit tout naturellement de celle du dibromobutane ou du diiodobutane correspondant [J. Hamonet, $C. R.$, **132**, 632, 1901].

Diamyline tétraméthylénique, $C^5H^{11}O(CH^2)^4OC^5H^{11}$. — Ce composé, premier point de départ de la synthèse du glycol tétraméthylénique, peut s'obtenir de deux façons :

1° *Par électrolyse du β-amyloxypropanoate de sodium.* Quand on soumet à l'action du courant électrique (5 à 6 amp. 10 vol.) [voyez les conditions de l'expérience, *Bull. Soc. Chim.*, (2), 33. 519] une solution d'amyloxypropanoate de sodium de densité 1,08, une couche huileuse se réunit peu à peu à la surface du liquide. Séparée par décantation, et soumise à la distillation fractionnée, cette huile donne de l'aldéhyde valérianique, ainsi que de l'alcool amylique, produits de réactions secondaires, et un liquide bouillant à 140-141° sous 15 mm., et à 260-261° sous 750 mm. Ce dernier répond à la composition de la diamyline du tétraméthylène-glycol. On peut donc représenter la décomposition électrolytique qui lui a donné naissance, de la manière suivante :

$$2 C^5H^{11}OCH^2CH^2CO^2K$$
$$= 2K + 2CO^2 + (C^5H^{11}OCH^2CH^2)^2.$$

Le rendement est d'environ 50 0/0 de la quantité théorique [J. Hamonet, $C. R.$, **132**, 259, 1901].

2° *Par réaction des éthers méthyliques halogénés* $ROCH^2X$ *sur les dérivés magnésiens des éthers propyliques-γ-iodés*, $ROCH^2CH^2CH^2MgI$.

Comme on peut d'une part faire réagir les éthers oxydes méthyliques halogénés sur tous les dérivés magnésiens halogénés [voyez J. Hamonet, $C. R.$, **38**, 975, 1901] et comme, d'autre part, les éthers bromés ou iodés de la forme $RO(CH^2)^nX$ donnent des dérivés magnésiens, si $n > 2$, on utilisera donc la réaction de la bromoamyline méthylénique sur le magnésien de l'iodoamyline triméthylénique pour atteindre la série tétraméthylénique :

$$C^5H^{11}O(CH^2)^3MgI + BrCH^2OC^5H^{11}$$
$$= MgBrI + C^5H^{11}O(CH^2)^4OC^5H^{11}.$$

La réaction se fait à la manière ordinaire. Après traitement par l'eau glacée et l'acide chlorhydrique, et épuisement à l'éther, on sépare par distillation la diamyline tétraméthylénique d'un peu de diamyline hexaméthylénique, formée par doublement de la molécule triméthylénique :

$$2C^5H^{11}O(CH^2)^3I + Mg = MgI^2 + C^5H^{11}O(CH^2)^6OC^5H^{11}$$

[J. Hamonet, $C. R.$, **138**, 976, 1905].

Propriétés. — La diamyline tétraméthylénique est un liquide incolore, mobile, assez odorant, insoluble dans l'eau, soluble dans l'alcool, l'éther, l'acide acétique. Elle bout à 140-141° sous 15 mm. et à 260-261° sous 750 mm. Elle ne cristallise pas dans le mélange de neige carbonique et d'éther. $D_{18} = 0,849$.

L'acide iodhydrique gazeux et même l'acide bromhydrique l'attaquent avec un vif dégagement de chaleur, en donnant les dérivés halogénés du tétraméthylène, mais l'acide chlorhydrique est à peu près sans action à la température ordinaire.

Diméthylénine du tétraméthylène-glycol, $CH^3O(CH^2)^4OCH^3$. — Obtenu par le 2° procédé décrit plus haut (action de $BrCH^2OCH^3$ sur $IMgCH^2CH^2CH^2OCH^3$), ce corps est un liquide très mobile, d'odeur agréable, insoluble dans l'eau, bouillant à 132-133° sous la pression de 760 mm. $D_{18} = 0,859$ [J. Hamonet, $C. R.$, **138**, 976. 1904].

Bromoamyline tétraméthylénique. $Br(CH^2)^4OC^5H^{11}$. — À une molécule de diamyline on fait absorber seulement deux molécules d'acide bromhydrique, en ayant soin de ne pas laisser s'élever la température du mélange : $C^5H^{11}O(CH^2)^4OC^5H^{11} + 2HBr = H^2O + C^5H^{11}Br + C^5H^{11}O(CH^2)^4Br$. Après quelques heures on enlève par lavage l'acide qui n'a pas réagi, et on soumet le liquide insoluble à la distillation fractionnée. Grâce aux différences notables des points d'ébullition des liquides qui composent le mélange, on arrive assez facilement à séparer le dibromure de tétraméthylène, $Br(CH^2)^4Br$, dont on ne peut éviter totalement la formation (Eb. : 85° sous 15 mm.), la bromoamyline tétraméthylénique, $C^5H^{11}OCH^2CH^2CH^2CH^2Br$ (Eb. : 114-115° sous 16 mm.) et la diamyline non attaquée (Eb. : 140-141 sous 15 mm.).

La bromoamyline tétraméthylénique est un liquide incolore, d'agréable odeur, insoluble dans l'eau, soluble dans l'alcool et dans l'éther. Elle devient visqueuse sous l'action du froid produit par le mélange de neige carbonique et d'acétone, mais ne cristallise pas. Elle bout à 114-115° sous 16 mm. $D_{18} = 1,14$.

Elle donne facilement un dérivé magnésien, $C^5H^{11}O(CH^2)^4MgBr$, qui, par $BrCH^2OC^5H^{11}$, permet de passer à la série pentaméthylénique [J. Hamonet, $C. R.$, **138**, 975, 1904 et *Bull. Soc. Chim.*, (3), **33**, 530, 1905].

Iodoamyline tétraméthylénique, $I(CH^2)^4OC^5H^{11}$. — Elle a été préparée en chauffant la bromoamyline avec de l'iodure de sodium en solution alcoolique (l'action de l'acide iodhydrique sur la diamyline est trop violente pour qu'on puisse facilement s'arrêter à ce composé). C'est un liquide faiblement coloré, bouillant à 128-129° sous la pression de 18 mm. $D_{18} = 1,523$.

Elle fournit également un dérivé magnésien [J. Hamonet. $C. R.$, **138**, 975, 1904].

Dibromure de tétraméthylène, $Br(CH^2)^4Br$. — Pour l'obtenir, on sature d'acide bromhydrique un mélange de diamyline tétraméthylénique et d'acide acétique, et on le chauffe au bain-marie en tubes scellés, pendant une heure ou deux. Après lavage, on distille dans le vide.

Le dibromure de tétraméthylène est un liquide incolore, insoluble dans l'eau. Fortement refroidi, il se prend en cristaux, qui fondent à —20°. Il bout à 197-198° sous 760 mm. en se décomposant un peu, et à 85° sous 15 mm. $D_{18} = 1.79$.

Traité par le zinc en présence d'alcool, il donne non le tétraméthylène, mais du butane. Le zinc sec le décompose à la température ordinaire avec formation de $ZnBr^2$ et d'*éthylène*.

Si on le fait bouillir quelque temps avec du cyanure de potassium dans de l'alcool à 85°, il se transforme en nitrile adipique, $CAz(CH^2)^4CAz$, qui, par hydratation en solution chlorhydrique, donne de l'acide adipique fondant à 150°. Cette expérience montre que ce dibromure et ses dérivés sont des composés biprimaires [J. Hamonet, $C. R.$. **132**, 345, 1901].

Dichlorure de tétraméthylène, $Cl(CH^2)^4Cl$. — Ce corps prend naissance quand on chauffe en tube scellé, au bain-marie, un mélange d'un volume de glycol tétraméthylénique et de trois volumes d'acide chlorhydrique fumant. Lorsque le liquide rassemblé à la partie supérieure n'augmente plus, on le sépare par décantation, on le lave, et après dessiccation sur SO^4Na^2 fondu, on le distille.

Le dichlorure de tétraméthylène est un liquide incolore, très mobile, insoluble dans l'eau. Il bout à 154-155° sans décomposition sous la pression de 760 mm. $D_{18} = 1,142$ (J. Hamonet, communication inédite).

Diiodure de tétraméthylène, $I(CH^2)^4I$. — La diamyline tétraméthylénique absorbe très facilement, même à froid, un peu plus de quatre volumes d'acide iodhydrique gazeux. On peut, si l'on veut, chauffer le tout au bain-marie, en tube scellé. Il se forme deux molécules d'iodure d'amyle et une molécule de diiodure de tétraméthylène. Après lavage, la séparation de ces deux corps se fait très facilement par distillation fractionnée dans le vide.

Le diiodure de tétraméthylène ou diiodobutane-1.4 est un liquide très légèrement ambré. Dans un mélange de glace et de sel, il se prend en cristaux qui fondent à 5°.8. Il bout en se décomposant légèrement à 125-126° sous 15 mm. $D_{18} = 2,307$. Il donne toutes les réactions indiquées au dibromure. Il réagit très vivement sur l'acétate et le benzoate d'argent [J. Hamonet, *C. R.*, **132**, 345, 1901].

Diacétate de tétraméthylène, $(CH^3CO^2CH^2CH^2)^2$. — Pour éviter une réaction trop vive, on fait un mélange d'acétate d'argent et d'acide acétique en forme de bouillie assez claire, et l'on ajoute le diiodobutane-1.4 par petites portions, en ayant soin d'agiter, et, s'il est besoin, de refroidir le ballon où se fait l'expérience. Pour achever plus sûrement la réaction, on chauffe le tout au bain-marie pendant quelques heures. On épuise ensuite le contenu du ballon avec de l'éther ou avec de l'acide acétique. Si la diacétine séparée par distillation contient encore un peu de diiodure, on la fait passer de nouveau sur de l'acétate d'argent.

La diacétine du tétraméthylène est un liquide neutre à odeur fine et agréable; sa saveur est amère et brûlante. Elle cristallise dans un mélange de glace et de sel en aiguilles arborescentes, qui fondent à + 12°. Elle bout à 229° sous 760 mm., et à 124° sous 20 mm. $D_{20} = 1,048$ [J. Hamonet, *C. R.*, **132**, 632, 1901].

Dibenzoate de tétraméthylène, $(C^6H^5CO^2CH^2CH^2)^2$. — Obtenu par réaction du diiodure sur le benzoate d'argent en présence d'éther, ce corps forme de beaux cristaux qui fondent à 82°. M. Dekkers avait déjà indiqué [*R. Tr. Ch. P. B.*, **9**, 101, 1890] ce point de fusion, bien qu'il n'eût pas isolé le glycol tétraméthylénique. Le liquide bouillant à 203-204°, qu'il prit pour ce glycol, en contenait donc pourtant une petite quantité [J. Hamonet, *Bull. Soc. Chim.*, (3), **33**, 523, 1905].

Dicarbanilate de tétraméthylène, $(C^6H^5AzH.CO^2CH^2CH^2)^2$. — Pour préparer ce composé, qui peut servir à caractériser le glycol tétraméthylénique, on met dans un ballon muni d'un réfrigérant ascendant, 100 cm³ d'éther anhydre, $0^{gr},3$ de glycol et $0^{gr},6$ d'isocyanate de phényle. On chauffe au bain-marie jusqu'à ce que le glycol peu soluble dans l'éther ait disparu. Les cristaux obtenus, d'abord lavés à l'eau, puis au benzène, sont dissous dans le chloroforme bouillant. Ainsi purifiés, ils fondent à 180-181° [J. Hamonet, *Bull. Soc. Chim.*, (3), **33**, 525, 1905].

Juin 1906.   J. Hamonet.

TÉTRAMÉTHYLÉNIQUES (DÉRIVÉS). — Les combinaisons tétraméthyléniques dérivent toutes du noyau

$$\begin{array}{ccc} CH^2 & \!\!\!\!\square\!\!\!\! & CH^2 \\ CH^2 & & CH^2 \end{array}$$

le tétraméthylène ou cyclobutane d'ailleurs inconnu. On n'en connaît encore qu'un nombre relativement restreint et elles se forment dans des conditions encore entourées d'une certaine obscurité. De plus, la stabilité du noyau tétraméthylénique lui-même est peu marquée; ainsi il se rompt sous l'action des halogènes, des acides halogénés et des réducteurs puissants; il n'est pas, en principe, attaqué par les réducteurs faibles et par le permanganate de potassium. Conformément à la loi des tensions de Baeyer, il doit être plus stable que le noyau triméthylénique; c'est ce que l'on observe assez généralement.

Dérivés du cyclobutane. — *Méthylcyclobutane*,

$$\begin{array}{ccc} CH^2 & \!\!\!\!\square\!\!\!\! & CH\text{-}CH^3 \\ CH^2 & & CH^2 \end{array}$$

— Il a été obtenu par l'action du sodium sur le dibromopentane-1.4. Il bout à 39-42° [Perkin et Colman, *Chem. Soc.*, **53**, 201].

Le chlorure d'isobutyryle se condense en présence de la triméthylamine pour donner un dérivé tétraméthylénique :

$$\begin{array}{l} CH^3 \\ CH^3 \end{array}\!\!>\!CH\text{-}COCl \qquad \begin{array}{l} CH^3 \\ CH^3 \end{array}\!\!>\!C\text{---}CO$$
$$\longrightarrow$$
$$\begin{array}{l} CH^3 \\ CH^3 \end{array}\!\!>\!CH\text{-}COCl \qquad \begin{array}{l} CH^3 \\ CH^3 \end{array}\!\!>\!C\text{---}CO$$

Le tétraméthyl-1.1.2.2-dicéto-3.4-cyclobutane est un solide fusible à 115-116°. Sa *dioxime*

$$\begin{array}{l} CH^3 \\ CH^3 \end{array}\!\!>\!C\text{---}C\!=\!AzOH$$
$$\begin{array}{l} CH^3 \\ CH^3 \end{array}\!\!>\!C\text{---}C\!=\!AzOH$$

fond à 281°.

La *diphénylhydrazone* fond à 207-208°; la *disemicarbazone* fond à 296-297° [Wedekind et Weisswange, *D. chem. G.*, **39**, 1631].

Acide cyclobutane-carbonique. — Cet acide, ou plutôt l'éther de l'acide malonique correspondant, prend naissance par condensation du bromure de triméthylène avec le malonate d'éthyle sodé [Perkin, *Journ. Chem. Soc.*, **54**, 12] :

$$\begin{array}{l} CH^2\text{---}CH^2\text{-}Br \\ CH^2\text{-}Br \end{array} + NaCH\!<\!\begin{array}{l}CO^2C^2H^5\\CO^2C^2H^5\end{array} = NaBr$$

$$+ \begin{array}{l} CH^2\text{-}CH^2\text{-}CH\!<\!\begin{array}{l}CO^2C^2H^5\\CO^2C^2H^5\end{array} \\ CH^2\text{-}Br \end{array} \rightarrow NaCH\!<\!\begin{array}{l}CO^2C^2H^5\\CO^2C^2H^5\end{array}$$

$$= NaBr + CH^2\!<\!\begin{array}{l}CO^2C^2H^5\\CO^2C^2H^5\end{array} + \begin{array}{l}CH^2\text{---}CH^2\\CH^2\text{---}C\!<\!\begin{array}{l}CO^2C^2H^5\\CO^2C^2H^5\end{array}\end{array}$$

$$\rightarrow \begin{array}{ccc} CH^2 & \!\!\!\!\square\!\!\!\! & CH^2 \\ CH^2 & & C\!<\!\begin{array}{l}CO^2H\\CO^2H\end{array} \end{array} \rightarrow \begin{array}{ccc} CH^2 & \!\!\!\!\square\!\!\!\! & CH^2 \\ CH^2 & & CH\text{-}CO^2H \end{array}$$

Le rendement est considérablement amélioré si l'on remplace l'éther malonique par l'éther cyanacétique [Perkin jun. et Carpenter, *Chem. Soc.*, **75**, 932]. Cet acide est un liquide huileux bouillant à 193-195°. Son *amide*, $C^4H^7COAzH^2$, fond à 138° [Freund et Gudemann, *D. chem. G.*, **24**, 2692].

Le *nitrile*, C^4H^7CAz, s'obtient par déshydratation de l'amide ou par chauffage de l'acide cyano-cyclobutanecarbonique, obtenu lui-même dans la condensation de l'éther cyanacétique avec le bromure de triméthylène (Perkin et Carpenter). Il bout à 150°; la réduction le convertit en une base

$$\begin{array}{ccc} CH^2 & \!\!\!\!\square\!\!\!\! & CH^2 \\ CH^2 & & CH\text{-}CH^2\text{-}AzH^2 \end{array}$$

bouillant à 110° dont plusieurs dérivés sont bien caractérisés.

L'homologue inférieur de cette base se forme en traitant par le brome et la soude l'amide précédente. Elle bout à 81° et par diazotation fournit un alcool bouillant à 123° qui constitue probablement l'oxycyclobutane [Perkin jun., Freund et Gudemann, *loc. cit.*].

L'*anilide* $C^4H^7C\,O\,Az\,H\,C^6H^5$ fond à 111°; l'*éther éthylique* $C^4H^7C\,O^2C^2H^5$ bout à 159-162°.

Le *chlorure d'acide* $C^4H^7CO\,Cl$ est un liquide bouillant à 142-143°; la réduction le convertit en un *alcool*

$$
\begin{array}{ccc}
CH^2 & \text{—} & CH^2 \\
| & & | \\
CH^2 & \text{—} & CH\text{-}CH^2OH
\end{array}
$$

bouillant à 143-144° [Perkin jun., *loc. cit.*; — Demianoff et Luschnikoff, *Journ. Soc. phys. chim. russe.* **35**, 26], qu'on peut obtenir aussi par la diazotation de l'amine décrite plus haut. Il se forme en même temps un carbure non saturé, le *méthylènecyclobutane*

$$
\begin{array}{ccc}
CH^2 & \text{—} & CH^2 \\
| & & | \\
CH^2 & \text{—} & C = CH^2
\end{array}
$$

qui bout à 43° (727 mm.).

L'action du zinc-méthyle sur le chlorure d'acide fournit une *méthylcétone*

$$
\begin{array}{ccc}
CH^2 & \text{—} & CH\text{-}COCH^3 \\
| & & | \\
CH^2 & \text{—} & CH^2
\end{array}
$$

bouillant à 134° (738 mm.) et dont l'*oxime* fond à 60-61° [Perkin et Sinclair, *Chem. Soc.*, **61**, 36].

L'*alcool secondaire* correspondant bout à 144-145°.

Parallèlement, l'action du zinc-éthyle et du benzène en présence du chlorure d'aluminium donnent les *éthyl* et *phénylcétones* qui bouillent respectivement à 155-156° et à 259°. Les *alcools secondaires* correspondants sont connus et bouillent respectivement à 162° et 257°; les *pinacones*, qui se forment concurremment dans la réduction, possèdent les points de fusion 95° et 153-154° (Perkin jun.).

La distillation du cyclobutanecarbonate de calcium donne une cétone, la *dicyclobutylcétone* $C^4H^7\,.\,CO\,.\,C^4H^7$, bouillant à 204-205° [Perkin et Colman, *D. chem. G.*, **19**, 3110].

L'acide cyclobutanecarbonique est converti par la méthode de Hell. Vohlhardt, Zélinsky en un acide α-bromé fusible à 48-50° dont l'oxyacide correspondant est connu et fond à 205-210° [Perkin et Sinclair, *loc. cit.*].

L'*acide méthylcyclobutanedicarbonique-*1.3.3

$$
\begin{array}{ccc}
CH^3\text{-}CH & \text{—} & CH^2 \\
| & & | \\
CH^2 & \text{—} & C(CO^2H)^2
\end{array}
$$

se prépare par l'action du bromure de méthyltriméthylène sur l'éther malonique sodé (méthode de Perkin). Il fond à 167-158° [Ipatieff et Mikeladse. *Journ. Soc. phys. chim. russe.* **34**, 351].

L'*acide cyclobutanedicarbonique-*1.2 peut exister sous deux formes, la forme *cis* et la forme *trans*.

Acide cis. — L'éther tétracarbonique correspondant se forme par l'action du brome sur

l'éther butanetétracarbonique sodé [Perkin jun., *Chem. Soc.*, **65**, 572] :

$$
\begin{array}{c}
 \diagup\, CO^2C^2H^5 \\
CH^2 - C - CO^2C^2H^5 \\
 \diagdown\, Na \\
| \qquad\qquad\qquad\qquad + Br^2 \\
 \diagup\, Na \\
CH^2 - C - CO^2C^2H^5 \\
 \diagdown\, CO^2C^2H^5
\end{array}
$$

$$
= 2\,NaBr +
\begin{array}{ccc}
CH^2 & \text{—} & C(CO^2C^2H^5)^2 \\
| & & | \\
CH^2 & \text{—} & C(CO^2C^2H^5)^2
\end{array}
$$

L'acide tétracarbonique libre fond à 137-138°; chauffé plus haut, il perd de l'acide carbonique en donnant l'acide dicarboné qui, par une distillation ultérieure ou un traitement par le chlorure d'acétyle, se transforme en *anhydride cis tétraméthylènedicarbonique*-1.2. Celui-ci bout à 270-273° et fond à 77°. L'*acide* lui-même, obtenu par hydratation, fond à 137-138°.

Son *éther méthylique* bout à 225°, l'*éther éthylique* à 238-242°; la *diamide* fond à 228°, l'*anilide* à 127°.

Acide trans. — Il s'obtient en chauffant l'acide cis à 190° avec de l'acide chlorhydrique; il fond à 131°; par distillation ou traitement par le chlorure d'acétyle il se transforme à nouveau en l'anhydride de l'acide cis.

*Acide cyclobutanedicarbonique-*1.3

$$
\begin{array}{ccc}
CH^2 & \text{—} & CH\text{-}CO^2H \\
| & & | \\
CO^2H\text{-}CH & \text{—} & CH^2
\end{array}
$$

— Cet acide existe également sous deux formes stéréoisomères *cis* et *trans*.

On les obtient toutes deux par condensation de l'éther α-chloropropionique avec l'éthylate de soude :

$$
\begin{array}{cc}
CH^3 & ClCH\text{-}CO^2C^2H^5 \\
| & | \\
C^2H^5\text{-}CO^2\text{-}CHCl & CH^3
\end{array}
$$

$$
\rightarrow
\begin{array}{ccc}
CH^2 & \text{—} & CH\text{-}CO^2C^2H^5 \\
| & & | \\
C^2H^5\text{-}CO^2CH & \text{—} & CH^2
\end{array}
$$

[Markownikoff et Krestownikoff, *Ann. Chem.*, **208**, 333; — Markownikoff, *Centr. Bl.*, I, 424, 1890; II, 232, 1890; — Haworth et Perkin jun., *Chem. Soc.*, **73**, 330; — Guthzeit et Dressel, *Ann. Chem.*, **256**, 198]. On peut les séparer par cristallisation fractionnée. On les obtient également par condensation de l'aldéhyde formique avec l'éther malonique (Haworth et Perkin jun.) :

$$
H\text{-}CHO \qquad CH^2\diagup\!\!\begin{array}{l}CO^2C^2H^5\\CO^2C^2H^5\end{array}
$$

$$
\begin{array}{l}C^2H^5CO^2\\C^2H^5CO^2\end{array}\!\!\diagup CH^2 \qquad H\text{-}CHO
$$

$$
\rightarrow
\begin{array}{ccc}
CH^2 & \text{—} & C(CO^2C^2H^5)^2 \\
| & & | \\
(C^2H^5CO^2)^2\text{-}C & \text{——} & CH^2
\end{array}
$$

L'acide *cis* fond à 135-136°; l'acide *trans* à 171°. Tous les deux se transforment en *anhydride cis* par ébullition avec de l'anhydride acétique. Cet anhydride fond à 50-51°.

La condensation de l'éther malonique sodé avec les éthers non saturés fournit des dérivés complexes contenant le noyau du cyclobutane [Michael et Schulthess, *J. prakt. Chem.*, **45**, 55; — Michael, *D. chem. G.*, **33**, 3741; — Auwers, Koebner et Meyenburg, *D. chem. G.*, **24**, 2894; —

Ruhemann et Cunnington, *Chem. Soc.*, 73, 1011].

Par exemple, la condensation de l'éther malonique avec l'éther citraconique peut être représentée suivant le schéma :

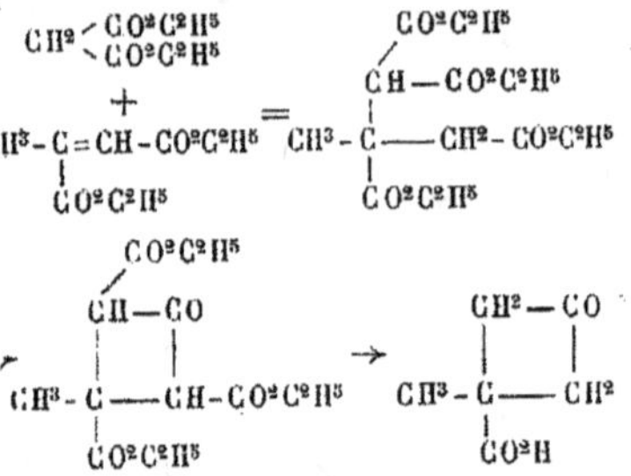

$$
CH^2 \Big\langle \begin{matrix} CO^2C^2H^5 \\ CO^2C^2H^5 \end{matrix} \qquad \begin{matrix} CO^2C^2H^5 \\ | \\ CH-CO^2C^2H^5 \end{matrix}
$$

$$
+ \qquad = \qquad |
$$

$$
CH^3-C=CH-CO^2C^2H^5 \quad CH^3-C-\!\!-CH^2-CO^2C^2H^5
$$

$$
| \qquad\qquad\qquad\qquad\qquad\quad |
$$

$$
CO^2C^2H^5 \qquad\qquad\qquad\qquad\; CO^2C^2H^5
$$

$$
CO^2C^2H^5
$$

$$
CH-CO \qquad\qquad\qquad CH^2-CO
$$

$$
| \quad\;\; | \qquad\qquad\qquad\;\; | \qquad |
$$

$$
CH^3-C-\!\!-CH-CO^2C^2H^5 \quad\to\quad CH^3-C-\!\!-CH^2
$$

$$
| \qquad\qquad\qquad\qquad\qquad\qquad\qquad |
$$

$$
CO^2C^2H^5 \qquad\qquad\qquad\qquad\qquad\; CO^2H
$$

L'acide méthyl-1-céto-3-cyclobutane-1-carbonique fond à 62-64°; sa semicarbazone à 192-193°.

Les éthers maloniques substitués fournissent des réactions analogues.

Autres dérivés du cyclobutane. — Acides truxilliques (voy. HYDRINDÈNE), acides pinique, pinonique, pinononique, pinoylformique, oxypinique, norpinique [voy. TERPÉNIQUE (SÉRIE)].

G. Blanc.

TÉTRAMÉTHYLÉTHANE. — Voyez HEXANES.

TÉTRAMÉTHYLÉTHYLÈNE. — Voyez HEXYLÈNES.

TÉTRAMÉTHYL-MÉTHYLÈNE-DI-AMINE. — Voyez l'art. FORMIQUE (ALDÉHYDE), 2° Suppl , 4, 294.

TÉTRAOXYBENZÈNES. — La théorie prévoit trois tétraoxybenzènes ou phènetétrols; les trois sont connus et répondent aux formules :

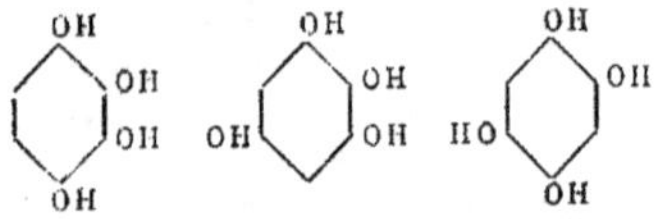

$$
\underset{1.2.3.4}{\text{OH formula}} \qquad \underset{1.2.3.5}{\text{OH formula}} \qquad \underset{1.2.4.5}{\text{OH formula}}
$$

I. TÉTRAOXYBENZÈNE-1.2.3.4.

Ce phénol est plus connu sous le nom d'APIONOL et a été décrit 2° Suppl., 1, 351.

II. TÉTRAOXYBENZÈNE-1.2.3.5.

(Syn. *Oxyphloroglucine*) $C^6H^2(OH)^4$. — On l'obtient en chauffant à l'abri de l'air à 155° le chlorhydrate de trioxyaminobenzène avec de l'eau. Il fond à 165° et se décompose très facilement. Le *dérivé acétylé* fond à 238° [Œttinger, *Mon. f. Chem.*, 16, 256, 1895].

L'*éther méthylique*-2 est désigné sous le nom d'INÉTOL (voy. ce mot).

L'*éther diméthylique*-1.3 se forme par réduction de l'éther diméthylique de la 2.6-dioxyquinone et fond à 158° [Hoffmann, *D. chem. G.*, 8, 67, 1875; 11, 332, 1878; — Will, *ibid.*, 21, 609, 1888].

L'*éther triméthylique*-1.2.3 (*antiarol*) [Will; — Kiliani, *Centr. Bl.*, II, 591, 1896; — Graebe et Suter, *Ann. Chem.*, 340, 222, 1905] fond à 146°; l'*éther tétraméthylique* fond à 47° (Will).

L'*éther éthylique*-2 fond à 220° [Kohner, *Mon. f. Chem.*, 20, 938, 1899]; le *dérivé triacétylé* fond à 74°.

MÉTHYL-6-TÉTRAOXYBENZÈNE-1.2.3.5 (syn. *tétraoxytoluène*-2.3.4.6). — L'*éther 4-méthylique* s'obtient à l'aide de la quinone correspondante; son *éther triacétique* fond à 174° [Konya, *Mon. f. Chem.*, 21, 430, 1900]. Par l'action de l'anhydride acétique sur l'oxytoluquinone en présence de SO^4H^2, Thiele et Winter [*Ann. Chem.*, 311, 352, 1900] ont obtenu le *dérivé tétracétylé* fondant à 132-133° du 6-méthyl-1.2.3.4 ou 1.2.3.5-tétraoxybenzène(?) fondant à 170-171°.

DIMÉTHYL-4.6-TÉTRAOXYBENZÈNE-1.2.3.5 $(CH^3)^2$ $C^6(OH)^4$. — Il se forme par réduction de la dioxy-m-xyloquinone et fond à 189°. L'*éther 4-méthylique* fond à 125° [Braumayr, *Mon. f. Chem.*, 21, 10, 1900; — Bosse, *ibid.*, 21, 1028, 1900].

III. TÉTRAOXYBENZÈNE-1.2.4.5.

Ce phénol se forme en chauffant la 2.5-dioxyquinone avec $SnCl^2+HCl$ [Nietzki et Schmidt, *D. chem. G.*, 21, 2377, 1888]. Il fond à 215-220°; il s'oxyde rapidement, en solution alcaline, en dioxyquinone.

Le *dérivé tétracétylé* fond à 217°. L'*éther diméthylique*-1.4 fond à 166°; l'*éther diéthylique*-2.5 fond à 138°; l'*éther tétraéthylique* fond à 143° [Nietzki et Rechberg, *D. chem. G.*, 23, 1217, 1890].

L'éther diméthylique-1.4 se forme aussi par réduction de la diméthoxy-1.4-quinone-2.5. L'éther tétraméthylique fond à 102°.5 [A. Schüler, *Arch. Pharm.*, 245, 262, 1907].

Acide hydrochloranilique. — Le dérivé dichloré $C^6Cl^2(OH)^4$ ou acide hydrochloranilique se forme par réduction de l'*acide chloranilique* $C^6Cl^2O^2(OH)^2$ à l'aide de l'acide sulfureux ou par l'étain et l'acide chlorhydrique [Koch, *Chem. Zeit.*, 203, 1868; — Graebe, *Ann. Chem.*, 146, 32, 1868]; il s'oxyde facilement.

Son *éther diméthylique*-2.5 obtenu par réduction de l'éther diméthylique de la dichlorodioxyquinone se présente sous deux modifications : l'une α, fondant à 195-196°; l'autre β, fondant à 156-157°. L'*éther diéthylique*-α fond à 151-152°, le dérivé β fond à 108-109° [Kehrmann, *J. prakt. Chem.*, (2), 40, 374]. L'*éther 1.4-diméthyldiéthylique* $(CH^3O)^4C^6Cl^2(OC^2H^5)^2$ fond à 103° [Nef, *J. prakt. Chem.*, (2), 42, 172]. Le *diacétate* fond à 172° (Nef); le *tétracétate* fond à 235° (Graebe).

Aminotétraoxybenzène $AzH^2C^6H(OH)^4$. — Ce composé résulte de la réduction par $SnCl^2+HCl$ de la nitrodioxyquinone [Nietzki et Schmidt, *D. chem. G.*, 22, 1661, 1889]. Le *dérivé pentacétylé* fond à 242°.

Nitroaminotétraoxybenzène-(1.2.4.5) $(OH)^4C^6(AzH^2)(AzO^2)$. — Il se forme par réduction du nitranilate de K par $SnCl^2+HCl$ [Nietzki, *D. chem. G.*, 16, 2094, 1883; — Nietzki et Benckiser, *D. chem. G.*, 18, 500, 1885]. En solution dans CO^3K^2 il s'oxyde à l'air en donnant le sel de K de la *nitroaminodioxyquinone*. Avec AzO^2H ou AzO^3H étendu à froid, il donne la *diazonitrodioxyquinone*.

Diaminotétraoxybenzène $(OH)^4C^6(AzH^2)^2$. — Ce composé, formé par réduction du précédent, est très instable et s'oxyde en *diaminodioxyquinone*. Avec AzO^2H, $FeCl^3$, etc., il donne la *diiminodioxyquinone* [Nietzki et Benckiser; — Nietzki et Schmidt, *D. chem. G.*, 24, 1852; — Nietzki, *D. chem. G.*, 19, 2727]. Avec AzO^3H concentré, il se forme, à côté de *triquinoyle*, la *diquinoylimide*.

Acide tétraoxybenzène-disulfonique $C^6(OH)^4(SO^3H)^2$ ou *acide hydroenthiochronique*. — On l'obtient par réduction de l'acide dioxyquinonedisulfonique (enthiochronique) [Graebe, *Ann. Chem.*, **146**, 50, 1868].

MÉTHYL-6-TÉTRAOXYBENZÈNE-(1.2.4.5). — Le *dérivé nitré* $CH^3 C^6(AzO^2)(OH)^4$, fourni par la réduction du sel de K de la p-nitro-p-dioxytoluquinone, fond à 157-162° avec décomposition [Kehrmann et Brasch, *J. prakt. Chem.*, (2), **39**, 381, 1889]. Décembre 1907. F. March.

TÉTRAPHÉNYLÈNE - PINACOLINE $C^{26}H^{16}O$. — Graebe et Stindt [*Ann. Chem.*, **294**, 5, 1896], en partant du bibromure de tétraphénylène-éthylène, sont arrivés à un oxyde qu'ils ont représenté par la formule

$$(C^6H^4)^2 C \diagdown \diagup C(C^6H^4)^2$$
$$O$$

Klinger et Lonnes [*D. chem. G.*, **29**, 2152. 1896] ont obtenu le même produit par réduction de la fluorène-cétone au moyen de la poudre de zinc et du chlorure d'acétyle; il se forme en même temps du tétraphénylène-éthylène et le diacétate de la pinacone correspondante.

Cristaux incolores fusibles à 258° (non corr.). Ils se forment aussi par oxydation du tétraphénylèneéthylène.

Ces chimistes attribuent à la pinacoline une constitution analogue à celle de la benzopinacoline-β :

$$(C^6H^4)^2 = C \overline{\quad\quad} CO$$
$$| \qquad\qquad |$$
$$C^6H^4 - C^6H^4$$

Ils se basent sur les arguments suivants :

1° Formation d'un acide par la potasse alcoolique : $C^{26}H^{16}O$ devient $C^{26}H^{18}O^2$. La réaction est tout à fait comparable à celle de la benzopinacoline-β :

$$\begin{matrix} H & OH & & H & OH \\ (C^6H^5)^2C & - & CO & (C^6H^4)^2 C & - & CO \\ | & | & & | & | \\ C^6H^5 & C^6H^5 & & C^6H^4 & - & C^6H^4 \end{matrix}$$

2° Cet acide nouveau (fusible à 243-244°) régénère facilement la pinacoline: son *sel d'argent* perd cependant CO^2 à 230-250°.

3° En solution alcaline, l'acide s'oxyde facilement en $C^{26}H^{18}O^3$ (fusible à 177-179°) :

$$(C^6H^4)^2 - COH \quad COOH$$
$$| \qquad\qquad |$$
$$C^6H^4 - C^6H^4$$

4° Celui-ci donne une lactone fusible à 213-219°.

5° La réduction de la pinacoline donne un carbure différent du tétraphénylène-éthylène en aiguilles blanches fondant à 215°.

L'auteur de cet article a publié un exposé des raisons que l'on a fait valoir en faveur de la constitution des benzopinacolines [*Bull. Ac. Belg. Cl. des sciences.* février 1906]. La benzopinacoline α, pour laquelle la formule oxyde paraît plus probable, se scinde cependant comme l'isomère β mais plus difficilement. D'autre part, la benzopinacoline β, qui semble dissymétrique, donne un alcool qui a, dans certains cas, les caractères d'une combinaison symétrique. D'après cela, il est difficile de considérer l'argumentation de MM. Klinger et Lonnes comme définitive.

Juin 1906. M. Delacre.

TÉTRAPHÉNYLGLYCOSINE. $C^{30}H^{22}AzH^4$. — Ce corps se forme en faisant passer un courant de gaz ammoniac dans une solution alcoolique de benzyle et de glyoxal, chauffée à 40° [Japp, *J. Chem. Soc.*, **54**, 553, 1887]. Au bout de 12 h. on filtre et on lave le précipité avec de l'acide chlorhydrique étendu et chaud. Il cristallise dans l'alcool en aiguilles fondant au-dessus de 300°, difficilement solubles dans l'alcool froid, solubles dans l'acide acétique anhydre; ses solutions ont une fluorescence bleue. M. Billy.

TÉTRAPHÉNYLMÉTHANE, $C[C^6H^5]^4$. — Ce carbure a été préparé pour la première fois par Gomberg [*D. chem. G.*, **30**, 2045; *Am. Ch. Soc.*, **20**, 776] en décomposant le triphénylméthane-azobenzène par la chaleur; il fond à 282°, bout à 431° (H = 760 mm.). Voyez aussi Martin Frend [*D. chem. G.*, **39**, 2237, 1906], A.-E. Tschitschibabin [*D. chem. G.*, **40**, 367, 1907]. Il forme de longues aiguilles faiblement colorées en jaune, solubles à chaud dans le benzène, insolubles dans l'acide acétique et l'acide sulfurique concentré [F. Ullmann et A. Münzhuber, *D. chem. G.*, **36**, 265, 1903]. Chaleur de combustion 3103 Cal. Chaleur de formation — 56,6 Cal. [Schmidlin, *C. R.*, **136**, 1560, 1903].

L'acide azotique attaque le carbure en fournissant des dérivés nitrés. Gomberg et ses collaborateurs ont signalé successivement un *dérivé tétranitré* en aiguilles blanches fusibles à 275° [*loc. cit.*] et un *dérivé trinitré* en aiguilles jaunâtres fusibles à 300° [*D. chem. G.*, **36**, 1088, 1902].

L'*aminotétraphénylméthane* $C(C^6H^5)^3(C^6H^4 AzH^2)$, s'obtient facilement par condensation du chlorhydrate d'aniline avec le triphénylcarbinol en présence d'acide acétique. Il forme des lamelles incolores fusibles à 256°, solubles à chaud dans la benzine, le chloroforme, moins solubles dans l'alcool. Son *chlorhydrate* fond à 271°. Par diazotation en présence de HCl, on obtient un chlorure de diazo qui copule avec la diméthylaniline donne l'*azoïque* $(C^6H^5)^3 C[C^6H^4 Az = Az . C^6H^4 Az(CH^3)^2]$ en aiguilles rouges fusibles à 258° (Ullmann et Münzhuber).

Le triphénylcarbinol se condense aussi facilement avec le phénol en présence d'acide sulfurique avec formation d'*oxytétraphénylméthane* $C(C^6H^5)^3 C^6H^4(OH)$. Ce dérivé parahydroxylé est en petites aiguilles ou en lamelles fusibles à 282°, solubles dans le benzène, le chloroforme et l'acide acétique: son *sel de potassium* est peu soluble dans l'eau mais très soluble dans l'alcool [Ad. Bayer et V. Villiger, *D. chem. G.*, **35**, 3013, 1902]; son *sel de sodium* est en petites aiguilles décomposables par l'eau [A. Bistrzycki et J. Gyr, *D. chem. G.*, **37**, 655, 1904]. Son *dérivé diacétylé* fond à 175°.

Si dans la préparation de l'oxytétraphénylméthane on remplace le triphénylcarbinol par le dérivé $[(CH^3)(CAz)Az . C^6H^4]^2 COH(C^6H^5)$, la condensation se produit de la même façon et l'on obtient le *composé* $[(CH^3)(CAz)Az . C^6H^4]^2 C^6H^4(OH)(C^6H^5)C$, fondant à 205°, facilement soluble dans les alcalis [Braun, *D. chem. G.*, **37**, 633. 1904].

Les homologues du triphénylcarbinol paraissent se condenser de la même façon. C'est ainsi que le diphényl-p-tolylcarbinol se combine avec le phénol avec élimination d'eau et formation du *p-oxytriphényl-p-tolylméthane* $(C^6H^5)^2 C[C^6H^4(OH)_{(4)}][C^6H^4(CH^3)_{(4)}]$, petites aiguilles fusibles à 201°, très solubles dans l'éther acétique et le benzène. 1er novembre 1907. V. Thomas.

TÉTRAPHÉNYLMÉTHYLGLYOXYLIQUE (ACIDE), *acide durène-glyoxylique* $C^6H.(CH^3)^4 . CO-CO^2H$. — On le prépare en oxydant l'acétodurène. Cette oxydation donne d'après Claus [*D. chem. G.*, **20**, 3098, 1887] un acide durène-carbonique fusible à 127°. En répétant l'expérience de Claus, V. Meyer a obtenu l'acide tétraméthylphénylglyoxylique fusible à 129-130°, dont il a préparé l'hydrazone [*D. chem. G.*, **29**, 830, 1896]. 1er janvier 1908. P. Carré.

TÉTRARINE. — Voyez RHÉOSMINE.

TÉTRASPARTIQUE (ACIDE). — En chauffant l'acide aspartique pendant 20 heures à 200°, Hugo Schiff a obtenu [D. chem. G., 30, 2449, 1897; Gazz. chim. ital., 28, (I), 49, 1898] un mélange de 4 corps : la tétraspartide ($C^{16}H^{14}Az^4O = 4C^4H^7AzO^4 - 7H^2O$), l'octaspartide ($C^{32}H^{26}Az^8O^{17} = 8C^4H^7AzO^4 - 15H^2O$), toutes deux décrites par Schaal [Ann. Chem., 157, 26] et les acides tétraspartique $C^{16}H^{22}Az^4O^{13}$ et octaspartique $C^{32}H^{42}Az^8O^{25}$ correspondants. On sépare ces corps par différence de solubilité dans l'eau.

L'acide octaspartique est transformé en acide aspartique inactif par les alcalis ou les acides bouillants; on en a préparé les sels de potassium et de cuivre; il forme plusieurs combinaisons avec l'aniline.

L'acide tétraspartique cristallise en aiguilles peu solubles dans l'eau; il forme un sel tripotassique à froid et tétrapotassique à chaud, et un sel de cuivre. Hugo Schiff lui assigne la constitution :

$$\begin{array}{llll}
CO & CO & CO & CO^2H \\
| & | & | & | \\
CH-AzH^2 & C-AzH^2 & C-AzH^2 & C-AzH^2 \\
| & | & | & | \\
CH^2 & CH^2 & CH^2 & CH^2 \\
| & | & | & | \\
CO^2H & CO^2H & CO^2H & CO^2H
\end{array}$$

Octobre 1907.   A. Hébert.

TÉTRAZINES. — On désigne sous le nom de tétrazines des composés dont le noyau peut être représenté par une chaîne fermée hexatomique comprenant 4 atomes d'azote.

Les seuls dérivés connus de cette classe de corps correspondent à la tétrazine-1.2.3.4 et à la tétrazine-1.2.4.5 :

Tétrazine 1.2.3.4.   Tétrazine 1.2.4.5.

TÉTRAZINES-1.2.3.4.

Les tétrazines-1.2.3.4 ou osotétrazines se forment dans l'oxydation des osazones. C'est ainsi que la dihydrazone du glyoxal fournit la diphényl-2.3-dihydro-2.3-tétrazine :

$$\begin{array}{l} CH=Az-AzH-C^6H^5 \\ \qquad | \\ CH=Az-AzH-C^6H^5 \end{array} + O$$

$$= H^2O + \begin{array}{l} CH=Az-Az-C^6H^5 \\ \quad | \qquad\qquad | \\ CH=Az-Az-C^6H^5 \end{array}$$

Diphenyldihydrotétrazine.

Les dihydrazones des aldéhydes-1.2, des cétones aldéhydes-1.2 et des dicétones-1.2 se comportent d'une manière analogue. Nous renverrons pour la description de ces composés aux aldéhydes et aux cétones dont ils dérivent et avec lesquels ils sont mentionnés.

Les dérivés de la tétrazine-1.2.3.4 qui ont une partie commune avec le noyau se forment quand on traite une hydrazine aromatique o-aminée par l'acide azoteux. L'o-aminophénylméthyl-

hydrazine fournit ainsi la méthyl-4-phéno-5.6-dihydro-3.4-tétrazine :

$$C^6H^4{<}{\scriptstyle AzH^2 \atop Az(CH^3)-AzH^2} + AzO^2H$$

$$= C^6H^4{<}{\scriptstyle Az=Az \atop Az(CH^3)-AzH}$$

La méthyl-4-phéno-5.6-dihydro-3.4-tétrazine cristallise en lamelles fusibles à 62° [Hempel, J. prakt. Chem., 44, 176, 1890].

TÉTRAZINES-1.2.4.5.

La formation de ce noyau par migration interne de l'acide bis-diazoacétique, ainsi que par la condensation de la formylhydrazide sous l'action de la chaleur, a déjà été signalée à l'article HYDRAZIDINE (voy. 2e Suppl., 227).

Il prend également naissance dans les réactions suivantes : l'action de l'hydrazine en excès sur les imino-éthers fournit des dihydro-1.2-tétrazines substituées :

$$R-C{<}{\scriptstyle AzH \atop OR'} + Az^2H^4 = R-C{<}{\scriptstyle AzH^2 \atop Az-AzH^2} + R'OH$$

$$2R-C{<}{\scriptstyle AzH^2 \atop Az-AzH^2}$$

$$= 2AzH^3 + R-C{<}{\scriptstyle AzH-AzH \atop Az\text{——}Az}{>}C-R$$

Il en est de même de la condensation de l'hydrazine avec les chlorures dihydrazidiques :

$$R-C{<}{\scriptstyle Cl \quad Cl \atop Az-Az}{>}C-R + Az^2H^4$$

$$= R-C{<}{\scriptstyle AzH-AzH \atop Az\text{——}Az}{>}C-R + 2HCl$$

Ces dihydro-1.2-tétrazines sont isomérisées par une courte ébullition (1/4 d'heure) avec l'acide chlorhydrique à 25 0/0 et transformées en dihydro-1.4-tétrazines ou isodihydrotétrazines

$$R-C{<}{\scriptstyle AzH-Az \atop Az-AzH}{>}C-R$$

D'après Bulow, Curtius [voyez plus loin, tétrazoline], les isodihydrotétrazines sont en réalité des Az-aminotriazols. Cette question étant encore discutée nous mentionnerons ici les corps considérés jusqu'à présent comme des dérivés de l'isodihydrotétrazine, avec la restriction que ces composés sont très-probablement des triazols.

Les dihydrotétrazines s'oxydent très facilement (le contact de l'air suffit) pour donner des tétrazines :

$$R-C{<}{\scriptstyle AzH-AzH \atop Az\text{——}Az}{>}C-R + O$$

$$= H^2O + R-C{<}{\scriptstyle Az=Az \atop Az-Az}{>}C-R$$

Ces dernières peuvent être transformées de nouveau en dihydrotétrazines par le zinc et l'acide acétique.

Les dihydrotétrazines substituées se forment encore quand on fait réagir les hydrazines sur les thioamides :

$$2R-CS-AzH^2 + 2Az^2H^4$$

$$= 2H^2S + 2AzH^3 + R-C{<}{\scriptstyle AzH-AzH \atop Az\text{——}Az}{>}C-R$$

On obtient des dihydrotétrazines substituées à

l'azote quand on fait réagir le chloroforme sur les hydrazines en présence de la potasse :

$$C^6H^5 - AzH - AzH^2 \quad CHCl^3$$
$$CHCl^3 \quad + \quad AzH^2 - AzH - C^6H^5$$
$$= \quad \begin{array}{c} C^6H^5 - Az - Az = CH \\ | \qquad\qquad | \\ CH = Az - Az - C^6H^5 \end{array} \quad + \ 6HCl$$

Diphényl-1.4-dihydrotétrazine.

ou encore quand on soumet à l'action de la chaleur les formylhydrazides substituées :

$$CHO - AzH - AzH - C^6H^5$$
$$C^6H^5 - AzH - AzH - CHO$$
$$= \ 2H^2O \ + \ \begin{array}{c} CH = Az - Az - C^6H^5 \\ | \qquad\qquad | \\ C^6H^5 - Az - Az = CH \end{array}$$

La condensation des hydrazoïques avec les aldéhydes fournit des *hexahydrotétrazines* substituées.

Les tétrazines sont des corps solides, qui présentent une couleur rouge intense. Par réduction, elles fournissent des dihydrotétrazines, puis des hydrazines substituées. L'oxydation des dihydrotétrazines, qui régénère la tétrazine correspondante, est accompagnée de la formation de triazols.

Les dihydrotétrazines sont des bases faibles, dont les chloroplatinates sont peu solubles. Elles donnent des dérivés acétylés et nitrosés. Le chlorure de benzoyle les décompose avec formation de dibenzoylhydrazide :

$$CH \underset{Az - AzH}{\overset{AzH - Az}{\lessgtr}} CH \ + \ 4C^6H^5COCl \ + \ 4NaOH$$
$$= 4NaCl + 2HCO^2H + C^6H^5 - CO - AzH - AzH - CO - C^6H^5$$

Elles se combinent à l'iodure de méthyle.
TÉTRAZINE,

$$CH \underset{Az = Az}{\overset{Az - Az}{\lessgtr}} CH$$

— Le bis-diazométhane de Hantzsch et Lehmann [*D. chem., G.*, **33**, 3368, 1900], obtenu en décomposant par la chaleur l'acide bis-diazo-acétique (en réalité l'acide tétrazine-dicarbonique), est en réalité la tétrazine 1.2.4.5. Celle-ci cristallise en pyramides couleur pourpre, fusibles à 99° [Curtius, Darapsky et Müller, *D. chem. G.*, **39**, 3410; **40**, 84. 815, 1176, 1907].
Acide tétrazine-diacétique,

$$CO^2H - CH \underset{Az = Az}{\overset{Az - Az}{\lessgtr}} CH - CO^2H$$

Acide bis-diazoacétique. — Le *sel de sodium* de cet acide se forme quand on chauffe à 100° le diazoacétate d'éthyle avec la lessive de soude. La décomposition de ce sel de sodium par l'acide sulfurique à 0° permet d'obtenir les hydrates $C^2H^2Az^4(CO^2H)^2 + H^2O$ et $C^2H^2Az^4(CO^2H)^2 + 2H^2O$.
L'*éther éthylique,* $C^2H^2Az^4(CO^2C^2H^5)^2$, fond à 113°,5 [Curtius et Lang, *Journ. f. prakt. Chem.*, **38**, 532; — Hantzsch et Silberrad. *D. chem. G.*, **33**, 58. 1900].
Le *tétrazine-dicarbonate de sodium,* soumis à l'ébullition avec la lessive de soude conduit à l'*acide tri-bis-diazométhanetétracarbonique.*

$$\begin{array}{ccc} CH - CO^2H & CH^2 & CH - CO^2H \\ \text{Az} \big| \big| \text{Az - Az} & \text{Az - Az} & \text{Az} \\ \text{Az} \big| \big| \text{Az - Az} & \text{Az - Az} & \text{Az} \\ CH - CO^2H & CH^2 & CH - CO^2H \end{array}$$

qui cristallise dans l'eau en aiguilles fusibles à

183° en se transformant en bisdiazométhane [Hantzsch et Silberrad. *D. chem. G.*, **33**, 76].
D'après Curtius. Darapsky et Müller [*D. chem. G.*, **40**, 815, 1907], cet acide est en réalité l'acide C-aminotriazol carbonique.
La *diamide tétrazine-dicarbonique,*

$$AzH^2 - CO - C \underset{Az = Az}{\overset{Az - Az}{\lessgtr}} C - CO - AzH^2$$

est une poudre rouge infusible à 300° [Curtius, *D. chem. G.*, **39**, 3410].
C-DIHYDROTÉTRAZINE (*bis-diazométhane*),

$$CH^2 \underset{Az = Az}{\overset{Az = Az}{\lessgtr}} CH^2$$

— Elle se forme quand on décompose l'acide tri-bis-diazométhanetétracarbonique par la chaleur.
Il cristallise dans un mélange d'alcool et d'éther en prismes fusibles à 149°. L'acide chlorhydrique en solution alcoolique le transforme en tétrazolide [Hantzsch et Silberrad, *D. chem. G.*, **33**, 79].
Az-DIHYDROTÉTRAZINE,

$$CH \underset{Az \quad\quad Az}{\overset{AzH - AzH}{\lessgtr}} CH$$

— La dihydrotétrazine se prépare en réduisant la tétrazine par l'hydrogène sulfuré. Elle cristallise en prismes jaunes fusibles à 125-126°. Fondue, elle s'isomérise en Az-aminotriazol, ce qui explique la formation de ce dernier par l'action de la chaleur sur l'acide bis-diazoacétique [Curtius, Darapsky et Müller, *D. chem. G.*, **40**, 815, 1907].
ISODIHYDROTÉTRAZINE, TÉTRAZOLINE,

$$CH \underset{Az - AzH}{\overset{AzH - Az}{\lessgtr}} CH$$

— La tétrazoline se forme quand on chauffe la monoformyl ou la monobenzoylhydrazine à 210°, ou encore l'éther orthoformique avec l'hydrazine à 120° [Stollé, *J. prakt. Chem.*, **68**, 464, 1903].
La décomposition de l'acide bis-diazoacétique par l'acide chlorhydrique dilué, à chaud, fournit d'après Hantzsch et Silberrad [*D. chem. G.*, **33**, 58, 1900] et Ruhemann et Stapleton [*Chem. Soc.*, **75**, 1131, 1899], de la tétrazoline. D'après Bülow [*D. chem. G.*, **39**, 2618, 1906], il se forme en réalité l'amino-1-triazol-3.4 (Az-amino-triazol). Voyez aussi Curtius, Dorspsky et Müller [*D. chem. G.*, **40**, 815, 1176, 1194, 1470] et R. Stollé [*J. f. prakt. Chem.*, **75**, 94, 416, 1907].
La tétrazoline cristallise en aiguilles incolores fusibles à 82-83°. Constante d'affinité $1,37 \times 10^{-12}$ [Dedichen, *D. chem. G.*, **39**, 1831, 1906]. Son *chlorhydrate* fond à 151-152°. Son *picrate* fond à 194-195°. Son *dérivé monoacétylé* est très soluble dans l'eau, il est insoluble dans l'éther et le chloroforme [Hantzsch et Silberrad, *D. chem. G.*, **33**, 79]. Condensé avec l'isosulfocyanate de phényle, elle fournit une *thiourée,* $C^6H^5 - AzH - CS - Az.C^2Az^3H^3$, fusible à 153-154° [Ruhemann et Stapleton. *Chem. Soc.*, **82**, 261, 1902].
La tétrazoline se condense avec les aldéhydes en solution alcoolique et en présence de la pipéridine pour donner des composés dont la constitution est très discutée. Si l'on admet avec Curtius, Darapsky et Müller que la tétrazoline est en réalité l'Az-aminotriazol, on doit les représenter par la formule

$$R - CH = Az - C \underset{Az \quad\quad}{\overset{AzH - Az}{\lessgtr}} CH$$

Stollé [*D. chem. G.*. **39**, 826, 1906], après les avoir représentés par la formule

$$CH \underset{Az-Az}{\overset{Az-Az}{\lessgtr}} R\text{-}CH \gtrless CH$$

paraît adopter la manière de voir de Curtius [Stollé, *J. f. prakt. Chem.*, **75**, 416, 1907].

Ruhemann [*Chem. Soc.*, **87**, 8768, 1905] propose le schéma,

$$R\text{-}CH = C \overset{Az = Az}{\underset{AzH\text{-}Az}{\lessgtr}} CH$$

La *benzylidène isodihydrotétrazine* fond à 171° (Ruhemann), à 170° (Stollé). L'*o-nitro-benzylidèneisodihydro-tétrazine* fond à 121-122°; la *m-nitro*... fond à 225°; la *p-nitro*... fond à 245°. L'*o-oxybenzylidène*... fond à 204°; la *p-oxy*... fond à 240°. — La *cinnamylidène*... fond à 187°; la *pipéronylidène*... fond à 185-186°. — La *vanillidène*... fond à 215-216°. — La *dioxy-3.4-benzylidène*... fond à 259°. — La *diméthylamino-4-benzylidène*... fond à 154-195°. — La *furfurylidène*... fond à 207° [Ruhemann, *loc. cit.*].

Acide isodihydrotétrazine-dicarbonique,

$$CO_2H\text{-}C \overset{AzH\text{-}Az}{\underset{Az\text{-}AzH}{\lessgtr}} C\text{-}CO_2H$$

— D'après Silberrad [*Chem. Soc.*, **81**, 598, 1902], le sel de potassium de cet acide se forme quand on chauffe l'acide bis-diazométhane-dicarbonique avec la potasse à 50 0/0. D'après Curtius, Darapsky et Müller [*D. chem. G.*, **40**, 815, 1907], cet acide serait en réalité l'*acide Az-aminotriazoldicarbonique*,

$$AzH_2\text{-}Az \underset{\searrow C(CO_2H)=Az}{\overset{\nearrow C(CO_2H)=Az}{\mid}}$$

Il fond à 287°. Son *éther méthylique* est un liquide huileux; son *amide* fond à 278° [Silberrad, *loc. cit.*].

DIPHÉNYL-1.4-ISODIHYDROTÉTRAZINE, *diphényltétrazoline*,

$$CH \overset{Az.(C^6H^5)\text{-}Az}{\underset{Az\text{-}(C^6H^5).Az}{\lessgtr}} CH$$

— La diphényltétrazoline, obtenue par les procédés indiqués plus haut, cristallise dans l'alcool en aiguilles fusibles à 180° [Ruhemann et Elliett, *Chem. Soc.*, **53**, 850; **55**, 244, 1889; — Pellizzari, *Gazz. chim. ital.*, **26**, 431, 1896; — Bamberger, *D. chem. G.*, **30**, 1264, 1897; — Brunner et Leins, *ibid.*, **30**, 2587].

L'*iodométhylate* $C^{14}H^{12}Az^4$, CH^3I fond à 214° (Ruhemann). La bromuration de la diphényltétrazoline en solution acétique a fourni : une *bromodiphényltétrazoline* $C^{14}H^{11}BrAz^4$ fusible à 219-220°; deux *dibromodiphényltétrazolines* $C^{14}H^{10}Br^2Az^4$, dont l'une fond à 131°; une *tribromodiphényltétrazine* $C^{14}H^9Br^3Az^4$ fusible à 224° [Ruhemann, *loc. cit.*].

La nitration de la diphényltétrazoline a donné deux *dérivés mononitrés* $C^{14}H^{11}(AzO^2)Az^4$, facilement séparés au moyen de l'acide acétique, dont l'un fond à 145-146° et l'autre fond au-dessus de 300°; la réduction de ce dernier par le chlorure stanneux a fourni l'*amine* correspondante fusible à 188° [Ruheman et Elliott, *Chem. Soc.*, **53**, 852, 1888; — Ruhemann, *D. chem. G.*, **30**, 2870, 1897].

Acide diphényl—1.4-dihydrotétrazine-dicarbonique-3.6,

$$CO_2H\text{-}C \overset{Az(C^6H^5)\text{-}Az}{\underset{Az\text{-}(C^6H^5)Az}{\lessgtr}} C\text{-}CO_2H$$

— Il fond à 206-207°, en se décomposant. Son *éther diéthylique* fond à 145-146° [Bowack et Lapworth, *Chem. Soc.*, **87**, 1854, 1905].

Ditolyl-1.4-isodihydrotétrazines,

$$CH \overset{Az(C^6H^4.CH^3)\text{-}Az}{\underset{Az\text{-}(C^6H^4.CH^3).Az}{\lessgtr}} CH$$

— Le *dérivé o-tolyl*... fond à 141°; son *dérivé mononitré* fond à 206-207°.

Le *dérivé p-tolyl*... fond à 185°. Son *dérivé dibromé* fond à 245°; son *dérivé mononitré* fond à 144° [Ruhemann, *Chem. Soc.*, **55**, 247; **575**, 1].

Le *di-p-ditolyl-1.4-isodihydrotétrazine dicarbonate d'éthyle* fond à 158-159° [Bowach et Lapworth, *loc. cit.*].

DIMÉTHYL-3.6-ISODIHYDROTÉTRAZINE,

$$CH^3\text{-}C \overset{Az\text{-}AzH}{\underset{AzH\text{-}Az}{\lessgtr}} C\text{-}CH^3$$

— Elle se forme quand on chauffe à 260°, pendant 4 heures, la diacétanilide avec l'hydrate d'hydrazine.

Elle fond à 196°. Constante d'affinité, $1,40 \times 10^{-10}$ [Dedichen, *D. chem. G.*, **39**, 1831, 1906]. Son *chlorhydrate* fond à 232° [Silberrad, *Chem. Soc.*, **77**, 1185, 1900]. Son *chloroplatinate* $(C^4H^8Az^4)^2$ H^2PtCl^6 se décompose à 256°. Avec le bichlorure de mercure, elle forme un produit d'addition, $C^4H^8Az^4$, $HgCl^2$ [Ruhemann et Merriman, *Chem. Soc.*, **87**, 1768, 1905].

DIÉTHYL-3.6-ISODIHYDROTÉTRAZINE. — Elle se forme quand on chauffe l'hydrate propionique vers 180°.

Constante d'affinité (Dedichen, *loc. cit.*).

DIPROPYL-3.6-ISODIHYDROTÉTRAZINE. — Elle se forme quand on chauffe l'hydrazide butyrique normale 8 heures à 180°. Elle cristallise en paillettes fusibles à 179°. — La *diisopropyl-3.6-isodihydrotétrazine* fond à 221° [Stollé, *J. f. prakt. Chem.*, **69**, 486, 1904].

DIISOBUTYL-3.6-ISODIHYDROTÉTRAZINE. — Elle résulte de la décomposition de l'hydrazide diisovalérique; elle cristallise dans l'eau en tables rectangulaires, fusibles à 197° [Stollé, *J. f. prakt. Chem.*, **69**, 474, 1904].

DIPHÉNYLTÉTRAZINE,

$$C^6H^5\text{-}C \overset{Az\text{-}Az}{\underset{Az=Az}{\lessgtr}} C\text{-}C^6H^5$$

— On l'obtient en oxydant la dihydrodiphényltétrazine par le chlorure ferrique ou par l'eau de brome. Elle cristallise dans l'acétone en prismes fusibles à 192° [Pinner, *D. chem. G.*, **26**, 2133, 1893; — Lossen et Statius, *Ann. Chem.*, **298**, 97, 1897].

La *di-p-bromophényltétrazine*, $C^{14}H^8Az^4Br^2$, se décompose sans fondre au-dessus de 200° [Stollé et Weindel, *J. prakt. Chem.*, **74**, 1, 1906]. La *di-m-aminodiphényltétrazine* fond à 266-267°; son *dérivé diacétylé* fond à 295° [Junghahn et Bunimowickz, *D. chem. G.*, **35**, 3932, 1902].

DIPHÉNYLDIHYDROTÉTRAZINE,

$$C^6H^5\text{-}C \overset{AzH\text{-}AzH}{\underset{Az \underline{\quad} Az}{\lessgtr}} C\text{-}C^6H^5$$

— La diphényldihydrotétrazine, préparée comme il a été indiqué plus haut, cristallise dans l'acétone en aiguilles orangées fondant à 192°. Son *iodométhylate* fond à 128° et son *dérivé diacétylé* fond à 128-129°; son *dérivé monobenzoylé* fond à 208° [Stollé et Thomae, *J. prakt. Chem*, **73**, 288, 1906].

La *di-p-bromophényldihydrotétrazine* fond à 235°; son *dérivé dibenzoylé* fond à 248°. — La *di-p-chlorophényldihydrotétrazine* fond à 215° [Stollé et Weindel, *J. prakt. Chem.*, 74, 1, 1906].
La *di-p-nitrophényldihydrotétrazine* fond à 215° [Pinner et Gradenwitz, *Ann. Chem.*, 298, 52, 1897].
La *di-m-aminophényldihydrotétrazine* fond à 190° [Junghahn et Bunimowickz, *D. chem. G.*, 35, 3932, 1902].

Triphényldihydrotétrazine,

$$C^6H^5 - C\ <\!\!\begin{array}{c}AzH - AzH\\ Az —— Az\end{array}\!\!>\ C - C^6H^5$$

— Elle fond à 162° [Stollé et Thomae, *loc. cit.*]. Son *dérivé acétylé* fond à 186° [Stollé, *J. prakt. Chem.*, 75, 416, 1907].
La *phényl-di-p-bromodihydrotétrazine* fond en se décomposant à 167° [Stollé et Weindel, *J. prakt. Chem.*, 74, 1, 1906].

DIPHÉNYLISODIHYDROTÉTRAZINE.

$$C^6H^5 - C\ <\!\!\begin{array}{c}Az - AzH\\ AzH - Az\end{array}\!\!>\ C - C^6H^5$$

— Ce composé, qui se forme quand on isomérise le précédent par l'acide chlorhydrique [Pinner, *D. chem. G.*, 27, 1004, 1894] ou dans l'action de l'hydrate d'hydrazine sur le benzonitrile [Curtius et Dedichen, *J. prakt. Chem.*, 50, 256; 52, 272, 1895], se prépare avec un très bon rendement en chauffant 3 p. de benzoylhydrazine avec 1 p. d'hydrate d'hydrazine à 230° [Silberrad, *Chem. Soc.*, 77, 1190, 1900; — Stollé, *J. prakt. Chem.*, 68, 464; 70, 423, 1904].
Il cristallise en lamelles fusibles à 258°. Son *iodométhylate* fond à 150°. Son *dérivé mono-acétylé* fond à 267° et son *dérivé diacétylé* à 215° (Pinner). Son *dérivé monobenzoylé* fond à 240° [Stollé et Thomae, *J. prakt. Chem.*, 73, 288, 1906].
La *di-p-bromophénylisodihydrotétrazine* ne fond pas encore à 300° [Stollé et Weindel, *loc. cit.*].

La *triphénylisodihydrotétrazine*

$$C^6H^5 - C\ <\!\!\begin{array}{c}Az - Az(C^6H^5)\\ AzH —— Az\end{array}\!\!>\ C - C^6H^5$$

fond à 262° [Stollé et Thomae, *loc. cit.*].

La *tétraphénylisodihydrotétrazine*

$$C^6H^5 - C\ <\!\!\begin{array}{c}Az - Az(C^6H^5)\\ Az(C^6H^5) - Az\end{array}\!\!>\ C - C^6H^5$$

obtenue en faisant réagir le méthylate de sodium sur la phénylhydrazone de l'aldéhyde phénylnitroformique $C^6H^5 - C(AzO^2) = Az - AzH - C^6H^5$, cristallise en aiguilles jaunes d'or fusibles à 203-204° [Bamberger et Grob, *D. chem. G.*, 34, 523, 1901]. Le *dérivé dinitré*

$$C^6H^5 - C\ <\!\!\begin{array}{c}Az - Az(C^6H^4 Az O^2)\\ Az(C^6H^4 Az O^2) - Az\end{array}\!\!>\ C - C^6H^5$$

fond à 305° [Bamberger et Pemsel, *D. chem. G.*, 36, 347, 1903].

La *dianisyldiphénylisodihydrotétrazine*

$$CH^3O . C^6H^4 - C\ <\!\!\begin{array}{c}Az - Az(C^6H^5)\\ Az(C^6H^5) - Az\end{array}\!\!>\ C - C^6H^4 . OCH^3$$

a été préparée d'une manière analogue à la précédente [Bamberger et Pemsel, *D. chem. G.*, 36, 359, 1903].

DIBENZYLTÉTRAZINE,

$$C^6H^5 - CH^2 - C\ <\!\!\begin{array}{c}Az - Az\\ Az = Az\end{array}\!\!>\ C - CH^2 - C^6H^5$$

— Elle forme des lamelles rouges fusibles à 74° (Pinner). à 76° [Junghahn, *D. chem. G.*, 31, 313].

DIBENZYLDIHYDROTÉTRAZINE,

$$C^6H^5 - CH^2 - C\ <\!\!\begin{array}{c}AzH - AzH\\ Az —— Az\end{array}\!\!>\ C - CH^2 - C^6H^5$$

— Elle cristallise dans l'alcool en aiguilles rouges fondant à 158-160° [Pinner, *D. chem. G.*, 30, 1888, 1897; *Ann. Chem.*, 298, 22; — Junghahn, *D. chem. G.*, 31, 312].
La *di-p-aminodibenzyldihydrotétrazine* forme des aiguilles blanches fusibles à 212°. Par oxydation, elle fournit la *di-p-aminodibenzyltétrazine*, paillettes rouges fusibles à 166° et dont le *dérivé acétylé* fond à 205° [Junghahn et Bunimowickz, *D. chem. G.*, 35, 3932, 1902].

DIBENZYLISODIHYDROTÉTRAZINE,

$$C^6H^5 - CH^2 - C\ <\!\!\begin{array}{c}AzH - Az\\ Az - AzH\end{array}\!\!>\ C - CH^2 - C^6H^5$$

— Elle se forme à côté d'une plus grande proportion d'acide phénylacétique quand on isomérise la précédente par l'acide chlorhydrique. Elle fond à 162°. Son *dérivé diacétylé* fond à 93° [Pinner, *D. chem, G.*, 30, 1889].

La *dioxybenzylisodihydrotétrazine*

$$C^6H^5 - CHOH - C\ <\!\!\begin{array}{c}AzH - Az\\ Az - AzH\end{array}\!\!>\ C - CHOH - C^6H^5$$

fond à 193°. Son *dérivé tétracétylé* fond à 203° (Pinner).

DI-P-TOLYLTÉTRAZINE,

$$CH^3 - C^6H^4 - C\ <\!\!\begin{array}{c}Az - Az\\ Az = Az\end{array}\!\!>\ C - C^6H^4 - CH^3$$

— Elle forme des aiguilles rouge sombre fusibles à 233° [Pinner et Caro, *D. chem. G.*, 27, 3289, 1894].

DI-P-TOLYLDIHYDROTÉTRAZINE,

$$CH^3 - C^6H^4 - C\ <\!\!\begin{array}{c}AzH - AzH\\ Az —— Az\end{array}\!\!>\ C - C^6H^4 - CH^3$$

— Elle cristallise en aiguilles orangé clair, qui fondent en se transformant en *p-ditolyltétrazine* fusible à 185° [Pinner et Caro; — Ruheman, *Chem. Soc.*, 55, 247, 1889].

DI-P-TOLYLISODIHYDROTÉTRAZINE,

$$CH^3 - C^6H^4 - C\ <\!\!\begin{array}{c}AzH - Az\\ Az - AzH\end{array}\!\!>\ C - C^6H^4 - CH^3$$

— Ce composé se forme à côté du di-p-tolylbiazoxol, quand on isomérise la di-p-tolyldihydrotétrazine par l'acide chlorhydrique. Il fond à 295° (Pinner et Caro).

DIISOPROPYLPHÉNYLTÉTRAZINE,

$$(CH^3)^2 = CH - C^6H^4 - C\ <\!\!\begin{array}{c}Az - Az\\ Az = Az\end{array}\!\!>\ C - C^6H^4 - CH = (CH^3)^2$$

— Elle fond à 156-157° [Colman, *D. chem. G.* 30, 2010, 1897].

DINAPHTYLTÉTRAZINES,

$$C^{10}H^7 - C\ <\!\!\begin{array}{c}Az \quad Az\\ Az = Az\end{array}\!\!>\ C - C^{10}H^7$$

— Le *dérivé α* fond à 185° [Junghahn et Bunimowickz, *D. chem. G.*, 35, 3932, 1902]. Le *dérivé β* fond à 246° [Pinner, *D. chem. G.*, 30, 1885, 1897].
La *di-β-naphtyldihydrotétrazine* fond en se transformant en dinaphtyltétrazine. Son *dérivé diacétylé* fond à 210° (Pinner).

HEXAHYDROTÉTRAZINE. — La *tétra-p-tolyl-hexahydrotétrazine*

$$\begin{array}{c}CH^3 - C^6H^4 - Az - Az - C^6H^4 - CH^3\\ CH^2 <\qquad> CH^2\\ CH^3 - C^6H^4 - Az - Az - C^6H^4 - CH^3\end{array}$$

qui se forme par ébullition de l'hydrazotoluène

avec l'aldéhyde formique, cristallise en paillettes monocliniques fusibles à 213-214°.

La *tétra-o-tolyl....* fond à 187-188°. La *tétra-m-tolyl....* fond à 166°,5-167°,5.

La *diméthyltétra-p-tolylhexahydrotétrazine*, obtenue d'une manière analogue, au moyen de l'acide acétique, fond à 150-151° [Rassow et Rulke, *J. prakt. Chem.*, **65**, 97, 1902].

CÉTOTÉTRAHYDROTÉTRAZINE, *méthénylcarbohydrazide*,

$$CO \big\langle {Az \!=\! Az \atop AzH - AzH} \big\rangle CH^2$$

— Elle se forme quand on chauffe à 100° 1 mol. de carbohydrazide $CO(AzH - AzH^2)^2$ avec 1 mol. d'éther o-formique. Elle forme des cristaux fusibles à 181° [Curtius et Heidenreich, *D. chem. G.*, **27**, 2685, 1894; *J. prakt. Chem.*, **52**, 475].

Le sel ammoniacal de l'*oxime de la dicétotrahydrotétrazine*

$$HO - Az \big\langle {AzH - AzH \atop Az \!=\! Az} \big\rangle C = AzOH, AzH^3$$

se forme dans la décomposition du bromhydrate de dioxyguanidine par les alcalis. Il fond à 158° [Wieland, *D. chem. G.*, **38**, 1445, 1905].

DICÉTOHEXAHYDROTÉTRAZINE, *p-urazine*, DIURÉE,

$$CO \big\langle {AzH - AzH \atop AzH - AzH} \big\rangle CO$$

— Son sel d'hydrazine se forme quand on chauffe à 100° l'hydrazine avec l'éther hydrazodicarbonique [Curtius et Heidenreich, *D. chem. G.*, **27**, 2684] ou avec l'amide hydrazodicarbonique [Purgotti, *Att. Ac. Lincei*, (5), **6**, (I), 415, 1897]. Elle cristallise dans l'eau en prismes fusibles à 270° (Curtius), à 266-267° (Purgotti).

Son *sel d'hydrazine* $C^2H^4O^2Az^4, Az^2H^4$ fond à 197°.

La *diphényldicétohexahydrotétrazine* ou *diphénylurazine*

$$CO \big\langle {C^6H^5 - Az - AzH \atop AzH - Az - C^6H^5} \big\rangle CO$$

fond à 264° [Pinner, *D. chem. G.*, **21**, 1225, 1888; — Heller, *Ann. Chem.*, **263**, 282, 1891; — Rupe et Gebhardt, *D. chem. G.*, **32**, 10, 1899]. Son *dérivé monoacétylé* fond à 173°; son *dérivé diacétylé* fond à 153° [Pinner, *D. chem. G.*, **21**, 2329].

La *phényldibenzylurazine*

$$CO \big\langle {C^6H^5 - Az - AzH \atop Az - Az} \big\rangle CO$$
$$C^6H^5 - CH^2 \quad CH^2 - C^6H^5$$

fond à 180° [Busch, *D. chem. G.*, **34**, 2319, 1901].

p-Diimino-hexahydrotétrazine, *guanazine*,

$$HAz = C \big\langle {AzH - AzH \atop AzH - AzH} \big\rangle C = AzH$$

— Le *bromhydrate*, fusible à 267°, se forme en laissant réagir à froid molécules égales de bromure de cyanogène à 50 0/0 et d'hydrazine à 40 0/0 en solution aqueuse. Le *picrate* fond à 276° [Pellizari et Cantoni, *Gazz. chim. ital.*, **35**, 291, 1904].   1ᵉʳ janvier 1908.   P. Carré.

TÉTRAZODITOLYLE. — Voy. TOLIDINES.

TÉTRAZODIPHÉNYLE. — Les dérivés bis-diazoïques du diphényle sont étudiés soit à l'article BENZIDINE, soit à l'article COLORANTES (MATIÈRES).

TÉTRAZOLS, TÉTRAZONES, ETC., TÉTRAZOTIQUES (ACIDES), TÉTRAZYL-HYDRAZINE. — Voyez l'art. PYRROTRIAZOLS.

TÉTRÈNE. — Voyez TÉTRAMÉTHYLÉNIQUES.

TÉTRIQUE (ACIDE). — Walden [*D. chem. G.*, **24**, 2027, 1891] ayant démontré l'identité des acides oxytétriques avec les acides alcoylfumariques et l'identité des acides hydroxytétriques avec les acides alcoylsucciniques, nous ne nous occuperons ici que de l'acide tétrique et de ses homologues.

Constitution. — De nombreuses opinions ont été émises sur la constitution de l'acide tétrique. Consulter à ce sujet Wedel [*Ann. Chem.*, **219**, 104, 1883; — Nef, *ibid.*, **266**, 93, 1891; — Wolff, *ibid.*, **260**, 87, 1890; — Michael, *J. prakt. Chem.*, **37**, 503, 1888; — Moscheles, Cornélius, *D. chem. G.*, **21**, 2604, 1888; — Walden, *D. chem. G.*, **24**, 2027, 1891; — Bredt, *Ann. Chem.*, **256**, 318, 1890; — Freer, *Am. Chem. Journ.*, **13**, 308, 1891].

D'après les travaux de Wolff [*Ann. Chem.*, **288**, 1, 1895; **294**, 226, 1896], on peut admettre que l'acide tétrique est une oxylactone de constitution

$$HO - C - CH^2 \atop \| \qquad \qquad O \quad \text{ou}$$
$$CH^3 - C \!-\! CO$$

$$CO - CH^2 \atop \qquad \qquad CO$$
$$CH^3 - CH - CO$$

[voy. aussi Conrad et Gast, *D. chem. G.*, **31**, 2726, 1898]; c'est donc l'homologue supérieur de l'acide tétronique (voy. ce mot).

L'acide tétrique s'obtient facilement en chauffant l'éther bromométhylacétylacétique en vase ouvert à 120° [Wolff, *D. chem. G.*, **26**, 2221, 1893]. Il bout à 292° en se décomposant partiellement.

L'acide tétrique est un acide fort, sa conductibilité moléculaire a été déterminée par Walden [*loc. cit.*].

Chauffé avec de l'eau de baryte il se décompose en acides glycolique et propionique. Chauffé avec de l'eau à 200° il donne de l'acide carbonique et du méthylacétol $CH^3 - CH^2 - CO - CH^2.OH$.

Traité par le brome en présence d'eau, il fournit l'acide bromométhyltétronique.

L'anhydride nitreux, en solution acétique, donne un dérivé nitrosé; en solution aqueuse il donne l'acide α-oximidopropioglycolique [Wolff, *Ann. Chem.*, **288**, 1, 1895]. Soumis à l'oxydation (chromique, nitrique ou permanganique), l'acide tétrique donne entre autres produits du diacétyle [Wolff, *D. chem. G.*; **26**, 2221, 1893].

Traité par le chlorure de diazobenzène, il donne la phénylhydrazone de l'acide pyruvylglycolique

$$CO^2H - CH^2 - O - CO \quad C \big\langle {CH^3 \atop Az - AzH - C^6H^5}$$

[Wolff, *Ann. Chem.*, **312**, 119, 1902].

L'*éther méthylique* est liquide et bout à 215-220° (Conrad, Gast). Le *chlorure* fond à 30° et bout à 106°,5-107°,5 sous 26 mm. L'*amide* fond à 212° (Moscheles, Cornélius).

L'*anilide* s'obtient en chauffant le mélange des constituants, elle donne un *dérivé nitrosé* fusible à 103-104°, et fournit par réduction à l'alcool amylique et au sodium l'α-méthyl-β-anilidobutyrolactone [Wolff, *Ann. Chem.*, **288**, 1, 1895].

Acide bromotétrique. — Il s'obtient par bromuration en solution chloroformique en présence d'un peu d'eau. Il fond à 87-88°. Chauffé avec de l'eau à 100° il se décompose en acides bromhydrique, carbonique, tétrique, diacétyle et bromométhylacétol. Traité par le chlorhydrate d'hydroxylamine il donne l'oximinobromométhylbutyrolactone (Wolff).

Acide nitrosotétrique. — Obtenu en traitant par l'anhydride nitreux l'acide tétrique en solution acétique, il forme des prismes microscopiques fusibles à 130-131°. Chauffé avec de l'eau ou de l'acide chlorhydrique concentré, il est décomposé en acide azoteux, acide tétrique et acide α-oximinopropionique. L'ammoniaque concentrée le transforme en amide α-oximinopropionique et acide glycolique (Wolff).

HOMOLOGUES DE L'ACIDE TÉTRIQUE. — (Voyez l'art. HEPTIQUE). La conductibilité moléculaire des homologues de l'acide tétrique a été déterminée par Walden [*loc. cit.*].

La *phénylhydrazide* de l'*acide pentique* a été préparée par Moscheles et Cornélius [*loc. cit.*]. L'*acide isooctique* a été obtenu à partir de l'éther bromisoamylacétylacétique. Il fond à 128-129° (Walden).

L'*acide phényltétrique* a été préparé à partir de l'éther bromobenzylacétylacétique, son *dérivé benzoylé* fond à 110° (Moscheles, Cornélius).

Janvier 1908. R. Marquis.

TÉTROLIQUE (ACIDE), *acide méthylpropiolique*, $CH^3-C\equiv C-CO^2H$. — Voy. Dict., **3**, 354; Suppl., 1536). Il s'obtient en traitant l'acide $\alpha.\beta$–dichlorocrotonique en solution aqueuse étendue par le zinc à 100° [Szenic et Taggesell, *D. chem. G.*, **28**, 1671, 1895]; dans l'action de l'acide carbonique sur l'éther $CHBr=CHBr-CH^2OCH^3$ à 30° [Lespieau, *Ann. Chim. Phys.*, (7), **11**, 278, 1897].

On le prépare commodément, d'après Desgrez [*Bull. Soc. Chim.*, (3), **11**, 392, 1894], en traitant 200 gr. d'éther acétique par 665 gr. de pentachlorure de phosphore ajouté par petites portions; on laisse digérer 3 heures au bain-marie, on verse la masse dans 5 volumes d'eau et on extrait au benzène. La solution benzénique est évaporée à sec et le résidu distillé dans le vide. On additionne le distillat de 400 gr. de potasse, 500 gr. alcool et 2400 gr. d'eau, et après trois heures d'ébullition on distille l'alcool, acidule le résidu par l'acide chlorhydrique et extrait à l'éther.

L'acide tétrolique, hydrogéné par l'alcool méthylique bouillant et le sodium, est transformé en acide butyrique [Aronstein et Hollemann, *D. chem. G.*, **22**, 1183, 1889]. Chauffé avec 8 parties d'eau en tube scellé à 325°, il donne de l'acétone (Desgrez). Chaleur de combustion 452Cal,7 [Stohmann, *Zeit. phys. Chem.*, **10**, 416].

Action du brome dans l'obscurité ou à la lumière [Michaël, *D. chem. G.*, **34**, 4215, 1901].

Le *diiodure* $CH^3-CI=CI-CO^2H$ se prépare avec un bon rendement en versant lentement une solution de sulfate de cuivre dans un mélange de solutions aqueuses de tétrolate de potassium et d'iodure de potassium [James et Sudborough, *Chem. Soc.*, **91**, 1037, 1907].

L'*éther éthylique* s'obtient en faisant digérer 3/4 d'heure au bain-marie 100 gr. d'acide tétrolique, 300 cc. d'alcool absolu et 100 cc. d'acide sulfurique concentré; on verse le mélange dans une solution de sulfate de soude; on extrait à l'éther et distille; on obtient ainsi une huile d'odeur spéciale bouillant à 163-164° sous 752 mm. [Stolz, in *Handbuch Beilstein*, I. Suppl., 208]. Voyez aussi F. Feist [*Ann. Chem.*, **345**, 100, 1905]. Ce dernier auteur a préparé également l'*amide* $CH^3.C\equiv C.CO.AzH^2$, cristaux fondant à 147-148°, que le chlorure mercurique transforme en amide acétylacétique, et la

pipéridide, cristaux brillants fusibles à 238°.
Décembre 1907. E. Rengade.

TÉTRONIQUE (ACIDE). — L'acide tétronique

$$
\begin{array}{ccc}
CO-CH^2\diagdown & & \overset{\displaystyle OH}{\underset{}{C}}-CH^2\diagdown \\
\mid \qquad\quad O & \text{ou} & \parallel \qquad\qquad O \\
CH^2-CO\diagup & & CH-CO\diagup
\end{array}
$$

se forme quand on chauffe l'éther bromoacétylacétique avec de la potasse alcoolique; on le prépare plus facilement en réduisant l'acide bromotétronique par l'amalgame de sodium [Wolff, *Ann. Chem.*, **291**, 226, 1896]. La synthèse en a été faite par Anschütz et Bertram [*D. chem. G.*, **36**, 468, 1903] qui, en condensant le chlorure acétylglycolique avec l'éther malonique sodé, ont obtenu l'acide tétron-α-carbonique lequel, chauffé avec du méthylate de sodium et un peu d'eau, donne l'acide tétronique. Les acides tétra-α-carbonique et tétronique ont été obtenus aussi par Bernay [*D. chem. G.*, **40**, 1079, 1907] en condensant le malonate d'éthyle sodé avec le chlorure de chloracétyle.

L'acide tétronique cristallise en tables fusibles à 141°. Son *dérivé benzoylé* fond à 120°, sa *phénylhydrazide* fond à 128°, son *anilide* fond à 220° (Wolff). L'acide tétronique se condense avec le chlorure de diazobenzène pour donner la phénylhydrazone de la dicétobutyrolactone

$$
O\diagup\!\!\begin{array}{l}CH^2-CO\\ \qquad\quad\mid\\ CO-C=Az-AzHC^6H^5\end{array}
$$

laquelle donne, avec les alcalis, les sels de l'acide benzène-azotétronique

$$
O\diagup\!\!\begin{array}{l}CH^2-C-ONa\\ \qquad\quad\parallel\\ CO-C-Az=AzC^6H^5\end{array}
$$

[Wolff, *Ann. Chem.*, **312**, 119, 1900].

Acide bromotétronique. — Il se forme en chauffant l'éther dibromacétylacétique à 120-130° sous 30 à 40 mm. Il fond à 183°. L'*acide dibromotétronique* se forme par bromuration directe en présence d'un peu d'eau. L'ammoniaque le scinde en dibromacétamide et acide glycolique; il se décompose spontanément en acide bromotétronique, acide carbonique et tribromacétol [Wolff, *Ann. Chem.*, **291**, 226, 1896].

Acide iodotétronique. — Il fond à 178-180°; le chlore le transforme en *acide α-dichlorotétronique* fusible à 55-57° [Wolff, *Ann. Chem.*, **312**, 119, 1900].

Acide isonitrosotétronique,

$$
\begin{array}{l}HOAz=C\!\!-\!\!-CO\diagdown\\ \qquad\quad\mid\qquad\qquad O\\ \qquad CO-CH^2\diagup\end{array}
$$

— Par action de l'acide nitreux; il fond à 136°.
Acide nitrotétronique,

$$
O\diagup\!\!\begin{array}{l}CH^2-CO\\ \qquad\quad\mid\\ CO-C=Az\diagup\!\!\!\diagdown\begin{array}{l}O\\ OH\end{array}\end{array}
$$

— Il s'obtient par nitration directe. Il fond à 184°. C'est un acide fort qui donne des sels définis. Son *éther méthylique* fond à 143-144°. Sa *phénylhydrazone* fond à 184-186°. Son *oxime* fond à 147°. L'*oxime de l'éther méthylique* fond à 154-155°.

Acide aminotétronique,

$$O\begin{cases} CH^2 - C - OH \\ \| \\ CO - C - AzH^2 \end{cases}$$

— Par réduction de l'acide nitré. Il cristallise en aiguilles qui charbonnent au-dessus de 250°. Son *dérivé monobenzoylé* fond à 178°, son *dérivé dibenzoylé* fond à 164°. Traité par le nitrite de sodium il donne un *diazoanhydride*

$$O\begin{cases} CH^2 - C \\ \| \\ CO - C \end{cases}\!\!\!\!\!\begin{matrix} O \\ \diagup \diagdown \\ Az \\ \| \\ Az \end{matrix}$$

fusible à 93°. Ce diazoanhydride est scindé par la baryte en azote et acide glycolique. Traité par le sulfite de sodium, il donne le diazotétron-sulfonate de sodium

$$O\begin{cases} CH^2 - C - ONa \\ | \\ CO - C - Az = Az - SO^3Na \end{cases}$$

qui, par l'acide chlorhydrique, se transforme en *dihydrodiazoanhydride*

$$O\begin{cases} CH^2 - C \\ \| \\ CO - C \end{cases}\!\!\!\!\!\begin{matrix} O \\ \diagup \diagdown \\ AzH \\ | \\ AzH \end{matrix}$$

fusible à 190°.

Acide tétronsulfonique. — Il fond vers 83° [Wolff, *Ann. Chem.*, 312, 119, 1900].

Produits de condensation avec les cétones et les aldéhydes. — L'acide tétronique donne avec les aldéhydes et les cétones des acides alcoylidène-bis-tétroniques de la forme

$$O\begin{cases} CH^2 - C - OH \\ \| \\ CO - C \end{cases}\!\!\!\!\! \underset{R}{C} \!\!\! \underset{R'}{C} \!\!\!\!\!\begin{cases} HO - C - CH^2 \\ \| \\ C - CO \end{cases}\!\!O$$

Ces corps sont acides, donnent une coloration rouge avec le chlorure ferrique, donnent des dérivés benzoylés. Ils sont scindés par l'aniline et la phénylhydrazine en donnant l'anilide ou la phénylhydrazide-tétronique. Par le nitrite de sodium ils donnent l'acide isonitrosotétronique [Wolff, *Ann. Chem.*, 315, 145, 1901].

L'oxyde de mésityle se condense différemment et donne l'acide cétohexyltétronique

$$CH^3 - CO - CH^2 - \underset{CH^3}{\overset{}{C}} - \underset{CH^3}{\overset{}{C}} \begin{cases} HO - C - CH^2 \\ \| \\ C - CO \end{cases}\!\!O$$

Ce dernier, chauffé avec de l'acide chlorhydrique à 10 0/0 à 120°, donne la méthyl-*gem*-diméthyl-dihydropyrocatéchine [Wolff, *Ann. Chem.*, 322, 351, 1902].

Éther tétronique-azoacétylacétique,

$$O\begin{cases} CH^2 - C - OH \\ \| \\ CO - C - Az = Az \end{cases}\!\!\!\begin{cases} HO - C - CH^3 \\ \| \\ C - CO^2C^2H^5 \end{cases}$$

— Il se forme par condensation du diazoanhydride de l'acide tétronique avec l'éther acétylacétique. Il fond à 128°. Traité à chaud par l'acide chlorhydrique étendu, il donne de l'éther glyco-lique et l'acide 4-méthylpyrazoldicarbonique [Wolff, *Ann. Chem.*, 325, 129, 1902].

Janvier 1908. R. Marquis.

TÉTRONAL. — Voyez SOUFRE (COMBINAISONS ORGANIQUES), 2ᵉ Suppl., 7, 556.

TÉTROXANE. — M. Pinner a donné le nom d'*hexachlorodiméthyltétroxane* au produit de condensation de l'aldéhyde formique et du chloral en présence d'acide sulfurique concentré. Ce corps possède la constitution

$$CCl^3 - CH \begin{cases} O - CH^2 - O \\ O - CH^2 - O \end{cases}\!\! CH - CCl^3$$

Il cristallise en prismes fusibles à 189°. Réduit par le zinc et l'acide acétique il donne le *tétra-chlorodiméthyltétroxane* fusible à 87°. Traité par l'éthylate de sodium il donne le *diéthoxy-tétrachlorodiméthyltétroxane* fusible à 114°. Soumis à l'action de la potasse alcoolique il fournit le *tétrachlorodiméthényltétroxane*

$$CCl^2 = CH \begin{cases} O - CH^2 - O \\ O - CH^2 - O \end{cases}\!\! C = CCl^2$$

fusible à 106°. Chauffé avec de l'ammoniaque alcoolique à 200°, il se transforme dans le corps

$$CCl^2 = CH \begin{cases} OCH^2OH \\ OH \end{cases}$$

fusible à 120°.

Dans la condensation de l'aldéhyde formique avec le chloral, en présence d'acide sulfurique concentré, il se forme un second produit fusible à 129°. C'est l'*hexachlorodiméthyltrioxine*

$$CCl^3 - CH \begin{cases} O - CH^2 \\ \diagdown O \\ O - CH - CCl^3 \end{cases}$$

La réduction de ce corps par le zinc et l'acide acétique donne le *dérivé tétrachloré* fusible à 68°. L'action de la potasse alcoolique donne le *tétrachlorodiméthényltrioxine*

$$CCl^2 = C \begin{cases} O - CH^2 \\ \diagdown O \\ O - C = CCl^2 \end{cases}$$

fusible à 75-79°. L'action de l'ammoniaque alcoolique donne naissance au *dérivé pentachloré*

$$CCl^4 - CH \begin{cases} O - CH^2 \\ \diagdown O \\ O - C = CCl^2 \end{cases}$$

fusible à 69°. Janvier 1908. R. Marquis.

TEUCRINE. — (Voyez 1ᵉʳ Suppl., 1536).

THALÉNITE (Min.) (C. Benedicks). — Silicate d'yttrium hydraté, $Y^2O^3,2SiO^2,\tfrac{1}{2}H^2O$, avec un peu d'alumine, glucine, oxyde stannique, etc. Masses ou cristaux transparents, rose-chair ou jaunes, éclat gras, cassure inégale ou écailleuse, friable, avec fluocérite, gadolinite, allanite, dans le quartz d'OEsterby, Dalécarlie, Suède. Fait gelée aux acides. Dureté = 6,5. Densité = 4,11–4,227.

Forme cristalline. — Prisme clinorhombique : $a:b:c = 1,154:1:0,622$; $\beta = 80°12'$. Faces : $h^1g^1pme^1/_2d^1/_2b^1/_2(d^1/_2d^1/_4h^3)$. L. Bourgeois.

THALLINE. — Voyez l'art. QUINOLÉIQUES (BASES), p. 305.

THALLIUM. — (Voyez Dict. et 1ᵉʳ Suppl.).

Propriétés physiques. — Le thallium fondu se prend en masse cristalline par refroidissement. Si on le coule en baguettes, celles-ci font entendre, lorsqu'on les ploie, un bruit analogue au *cri de l'étain*. La solidification du métal est accompagnée d'une contraction notable (voisine de 3 0/0) [Tœpler. *Ann. Phys. Chem. Pogg.*, (9), **53**. 343, 1894].

Le thallium entre en ébullition au rouge vif. $D_{vap.} = 14,77$ à 1740° [Bilz et V. Meyer, *D. chem. G.*, **22**, 725, 1889 : — Comp. Bilz, *Chem. Centr. Bl.*, I. 770, 1895; — Ramsay, *J. Chem. Soc.*, **56**. 531. 1889; — Heycock et Neville, *Ibid.*, **55**, 671, 1889].

Chaleur de fusion pour 1 gr. 5120 cal. [Heycock et Neville, *Chem. News*, **73**, 224, 1896].

Le thallium, comme du reste toutes ses combinaisons, est diamagnétique [St. Meyer, *Mon. f. Chem.*, **20**, 369]. Chaleur d'ionisation pour 1 valence $+ 10$ Cal. [Ostwald, *Zeit. phys. Chem.*, **11**, 501, 1893].

Spectre. — Voyez Wilde, *Proc. roy. Soc.*, **53**, 369, 1893; — D. Cochin, *C. R.*, **146**, 1055, 1893; — *J. Chem. Soc.*, **41**. 84, 1882; — **63**, 139, 1893; — Becquerel, *C. R.*, **99**, 376, 1884; — Otto Vogel. *Zeit. anorg. Chem.*, **5**. 42, 1894; — Stas, *Chem. News*, **73**, 204, 216, 224, 241, 249; et 263, 1896].

Propriétés chimiques. — Le thallium ne se combine pas à l'hydrogène. Le fluor l'attaque dès la température ordinaire avec incandescence [Moissan, *Ann. Ch. Ph.*, (6), **24**, 224, 1891].

Le thallium est insoluble dans l'ammoniac liquide [Seely, *Chem. News*, **23**, 169, 1871].

Le thallium a une grande tendance à fournir des combinaisons organiques. L'attaque du métal se produit avec les alcools éthylique, méthylique et amylique, l'éther ordinaire, l'éther acétique, etc. — [Voyez entre autres, R. J. Meyer et A. Bertheim, *D. chem. G.*, 37. 2051, 1004].

Dosages du thallium. — 1° A l'état d'iodure [Baubigny, *C. R.*, **113**, 544, 1891; — Neumann, *D. chem. G.*, **20**, 1584. 1887]; 2° à l'état de chromate [Neumann, *Ann. Chem.*, **244**, 349, 1888]; 3° à l'état de sulfate [Browning, *Zeit. anorg. Chem.*, **23**, 155, 1900].

Pour les méthodes volumétriques, voyez Sponholz [*Zeit. anal. Chem.*, **31**, 519, 1892]; V. Thomas [*Bull. Soc. Chim.*, (3), **27**, 469, 1902]; Feit [*Z. anal. Chem.*, **28**, 314, 1880]; Metzki [*Polyt. J. Dingler*, **219**, 262]; V. Thomas [*C. R.*, **134**, 655, 1902]; Carnot [*C. R.*, **109**, 177, 1889]; Browning et Hutchins [*Amer. J. Sc.*, (4), **8**, 460, 1899]; Neumann, *D. chem. G.*, **24**, 356]; A. Brand [*Zeit. anal. Chem.*, **28**, 581, 1889]; L. Schucht [*Jahresb.*, 174. 1880; — 222 et 1512, 1883]; Fœrster [*Zeit. anorg. Chem.*, **15**, 71, 1897].

Caractères des sels de thallium. — Toxicité [Antonio Curci, *Ann. Ch. Farm.*, **22**, 481, 1895]. Relation d'isomorphisme avec les sels alcalins [J. Blake, *C. R.*, **111**, 57, 1890]. Action de l'hyposulfite de soude sur les solutions de sel thalleux [Faktor, *Chem. Centr. Bl.*, **76**, (1), 1524, 1905].

Poids atomique. — Hebberling [*Ann. Chem.*, (2), **134**, 1865]; Lepierre [*C. R.*, **116**, 580, 1893]; Donath et Mayerhofer [*D. chem. G.*, **16**, 1588, 1883].

Valence. — [Lepsius, *D. chem. G.*, **21**, 556, 1888].

Hydrure. — [Herapath, *Pharm. J.*, **4**, 302, 1863; — Troost et Hautefeuille, *Ann. Ch. Ph.*, (5), **2**, 273, 1874].

Fluorure thalleux,

$$Tl(OH)_{diss.} + HF_{diss.} = TlF_{diss.} + H^2O + 16440^{Cal}$$

$$TlF_{diss.} + HF_{diss.} = TlF, HF_{diss.} - 583^{Cal}.$$

[Petersen. *Z. phys. Chem.*, **4**, 384, 1889].

Chlorure thalleux, TlCl. — Cristaux cubiques [Stortenbeker, *Rec. Pays-Bas*, **21**, 87, 1902]. Fusible à 430° environ. Il bout à 719-731° [Carnelley, *J. Chem. Soc.*, **29**, 489, 1876; **33**, 273, 281, 1878, **35**, 563, 1879].

Les réducteurs précipitent facilement du thallium métallique [Seubert et Schmidt, *Ann. Chem.*, **267**. 245. 1892; — Cossa, *Nuovo Cimento*, (2), **3**, 75, 1870].

En présence des composés organiques, le chlorure de thallium peut réagir comme porteur d'halogène, à la façon du chlorure ferrique; mais comme le chlorure ferrique, il peut aussi non seulement réagir catalytiquement, mais entrer en réaction. En bromant, par exemple, du sulfure de carbone en présence de chlorure thalleux, celui-ci se retrouve, après bromuration, sous forme de dibromure Tl^2Br^4 [V. Thomas, *Bull. Soc. Chim.*, (3), **27**, 480, 1902].

$$Tl(OH)_{diss.} + HCl_{diss.} = TlCl_{diss.} + H^2O + 13740^{Cal}$$

$$Tl + Cl = TlCl + 48600^{Cal}$$

Chaleur de dissolution 10100^{Cal}

[Thomsen, *Thermochem. Unters.*, Leipzig].

Trichlorure de thallium. — La chloruration du thallium ne permet que très difficilement d'obtenir du chlorure thallique anhydre [V. Thomas, *Ann. Ch. Ph.*, (8), **11**, 204, 1907]. Il semble qu'on puisse arriver beaucoup plus facilement au résultat en déshydratant le chlorure à $4H^2O$. ou en abandonnant sur l'éther la combinaison éthérée $TlCl^3(C^2H^5)^2O$ de R. J. Meyer [*Zeit. anorg. Chem.*, **32**, 72, 1902]. Ainsi préparé, le chlorure fond à 25°; les cristaux que l'on obtient par chloruration directe ne paraissent fondre qu'à température beaucoup plus élevée.

Le sel anhydre perd très lentement du chlore déjà vers 40°, la décomposition est rapide vers 100°; il est extrêmement hygrométrique. Il absorbe l'ammoniac en donnant la combinaison $TlCl^3.5AzH^3$ facilement dissociable en $2AzH^3 + TlCl^3.3AzH^3$.

Le chlorure anhydre ne se combine pas au gaz chlorhydrique. Il semble par contre réagir sur l'acide bromhydrique à très basse température, vers —40°. Il est probable qu'il y a formation de bromure ou de chlorobromure thalliques, car par élévation de température, le produit formé se décompose avec dégagement de brome (V. Thomas).

L'hydrate que l'on obtient par évaporation des solutions au-dessous de 60° renferme $4H^2O$. — Les cristaux sont orthorhombiques [Cushmann, *Am. Ch. J.*, **24**. 222, 1900; **26**, 505, 1901], fusibles à 36-37° (V. Thomas); 43-45° (R. J. Meyer). A l'air sec, le chlorure à $4H^2O$ est stable. Tension de vapeur 9^{mm},5 à 17°; il est très soluble dans l'eau; à 17°, la solubilité est de 86,2 0/0. $D_{17°}$ de la solution saturée 1,85.

Suivant Clenahan, qui a étudié la vitesse de déshydratation dans l'air et dans une atmosphère de gaz chlorhydrique, cette déshydratation fournirait successivement un hydrate à 2 puis à $1H^2O$ [Mac. Clenahan, *Zeit. anorg. Chem.*, **42**, 100, 1904]. Traitées par l'azotate d'argent, les solutions de chlorure thallique ne laissent précipiter que les 2/3 du chlore qu'elles renferment [R. J. Meyer, *Zeit. anorg. Chem.*, **32**, 72, 1902; — Cushmann, *Am. Chem. J.*, **24**, 222, 1900; **26**, 505, 1901].

TlCl³, HCl, $3H^2O$. — Longues aiguilles très déliquescentes. Chauffé, il perd de l'eau, du gaz chlorhydrique et laisse un résidu de monohydrate (Mac Clenahan).

Tl^2Cl^3. — Lamelles jaune citron fournissant avec l'ammoniac gazeux un chlorure ammoniacal (V. Thomas, expérience inédite).

Tl^2Cl^4. — L'existence de ce composé ne saurait être mise en doute, toutefois même à température ordinaire, et contrairement à nos premières expériences, ce chlorure paraît susceptible d'absorber, *lentement*, de nouvelles quantités de chlore. Il fournit également une combinaison ammoniacale (V. Thomas, exp. inédite).

BROMURES DE THALLIUM. — *Bromure thalleux* Tl Br. — Poudre très légèrement jaunâtre, cristalline, fusible à 460° [Carnelley, *Chem. Soc.*, 29, 489, 1876; 33, 273, 281, 1878; 35, 563, 1879] en un liquide jaune foncé se solidifiant en une masse opaque jaune clair. D = 7,54 à 21°,7 [Keck, *Am. Chem. Journ.*, 5, 240, 1884]; il est moins soluble dans l'eau que le protochlorure [Kohlrausch, *J. prakt. Chem.*, 50, 355, 1904].

Bromure thallique. — Le tribromure s'obtient facilement à l'état solide par évaporation de sa solution aqueuse à une douce chaleur et refroidissement énergique de la liqueur sirupeuse obtenue. L'hydrate obtenu est en longues aiguilles à peine teintées de jaune, stables à l'air, à température ordinaire. Lorsqu'on cherche à le déshydrater, soit dans le vide, soit sous l'action de la chaleur, il se décompose en donnant du dibromure. La perte de brome est déjà sensible à 30° [V. Thomas, *Ann. Chim. Phys.*, (8), 11, 204, 1907]. Cet hydrate correspond à la formule $TlBr^3.4H^2O$.

$TlBr^3.H^2O$ [R. J. Meyer, *Zeit. anorg. Chem.*, 24, 321, 1900].

$TlBr^3.HBr.Aq$. — Le bromure hydraté absorbe l'acide bromhydrique en se liquéfiant. L'absorption correspond à la formation du bromhydrate $TlBr^3.HBr.Aq$ [V. Thomas, *loc. cit.*].

Tl^4Br^6. — On humecte 4 à 5 gr. de bromure thalleux de quelques grammes d'eau, puis on ajoute lentement du brome en agitant (environ $0^{cm},5$), il se forme dans ce cas un produit jaunâtre. On ajoute alors 50 cm³ d'eau, puis l'on porte à l'ébullition. En général, on n'arrive pas à tout dissoudre : il reste le plus souvent une matière blanche constituée par TlBr. On filtre bouillant dans une fiole refroidie énergiquement par un courant rapide d'eau froide. Il se dépose presque immédiatement des cristaux rouge vif qui constituent le sesquibromure. Le sel est en petites lamelles et paraît fournir avec le bromure thalleux une série ininterrompue de cristaux mixtes. Chauffé, il fond en un liquide qui se solidifie, suivant les conditions du refroidissement, en donnant des cristaux rouges ou des cristaux jaunes (V. Thomas). Il donne une combinaison ammoniacale.

Tl^2Br^4. — Pour l'obtenir, le plus simple consiste à bromer le bromure thalleux par un excès de brome au voisinage de 100°. On peut encore bromer complètement le sel thalleux en présence de l'eau et évaporer la solution dans le vide. Il donne avec l'ammoniac un bromure ammoniacal.

Chlorobromures. — On a signalé :

$$TlClBr^2.4H^2O \qquad TlClBr^2,HCl,Aq$$
$$TlCl^2Br,4H^2O \qquad TlCl^2Br,HBr,Aq$$
$$TlCl^2Br,HCl,Aq$$

Dans le vide, les chlorobromures perdent de l'eau et un mélange d'halogènes et conduisent aux deux composés :

$$Tl^3Cl^2Br^4 \quad \text{et} \quad Tl^3Cl^4Br^2$$

en opérant dans des conditions appropriées. On peut également préparer des cristaux correspondant à la formule TlClBr.

Les chlorobromures du type TlX^3 sont tout à fait comparables aux chlorure et bromure thalliques; il est même vraisemblable qu'ils forment avec eux des cristaux mixtes. Leur existence chimique paraît démontrée par des mesures thermochimiques (voyez plus bas) et par la façon dont ils se comportent dans le vide (V. Thomas).

Les chlorobromures du type Tl^4X^6, signalés par divers auteurs [Cushmann, *Am. Chem. Journ.*, 24, 222, 1900; 26, 505, 1901; — Carl Wiegand, *Inaug. Dissert.*, Berlin 1899; — V. Thomas] sont d'un jaune orangé plus ou moins foncé et deviennent d'un rouge intense dès qu'on les chauffe. Le changement de coloration apparaît déjà vers 35°; par refroidissement réapparaît, plus ou moins rapidement, la couleur orangée primitive. Ont été décrits :

$$Tl^4Cl^4Br^2 \qquad Tl^4Cl^3Br^3 \qquad Tl^4Cl^2Br^4.$$

Données thermochimiques relatives aux sels thalliques halogénés :

$$Tl\,Cl^3_{sol.} + nH^2O = Tl\,Cl^3_{diss.} + 8^{Cal},43$$
$$TlCl^3,4H^2O_{sol.} + nH^2O = TlCl^3_{diss.} - 2^{Cal},12$$
$$Tl_{sol.} + Cl^3_{gaz} = TlCl^3_{sol.} + 80^{Cal},32$$
$$TlCl^3_{diss.} + HCl_{diss.en\,exc.} = (TlCl^3+HCl)_{diss.} - 0^{Cal},2$$
$$TlBr^3,4H^2O_{sol.} + nH^2O = TlBr^3_{diss.} - 2^{Cal},2$$
$$Tl + Br^3_{liq.} + 4H^2O_{liq.} = TlBr^3,4H^2O_{sol.} + 59^{Cal}$$
$$TlClBr^2,4H^2O_{sol.} + nH^2O = TlClBr^2_{diss.} - 2^{Cal},90$$
$$TlCl^2Br,4H^2O_{sol.} + nH^2O = TlCl^2Br_{diss.} - 2^{Cal},7$$

[V. Thomas, *loc. cit.* et *Traité de chimie générale*, de Moissan].

IODURES DE THALLIUM. — TlI. — Solubilité dans différents solvants [Long, *Zeit. anal. Chem.*, 30, 343, 1891; — Erdmann, *Inaug. Dissert.*; — Giessen, Retgers, *Zeit. anorg. Chem.*, 3, 346, 1893; — Kohlrausch, *Zeit. phys. Chem.*, 50, 355, 1904; — Baubigny, *C. R.*, 113, 544, 1891].

L'iodure jaune, probablement rhombique, se transforme en iodure rouge cubique sous l'action de la chaleur. Le point de transformation est de 168° et le phénomène est tout à fait comparable à celui observé avec l'iodure de mercure [Gernez, *C. R.*, 138, 1695; 139, 278, 1904]. $D_{sel\,préc.} = 7,072$ à 15°,5. $D_{sel\,fondu} = 7,097$ [Twitchell, *Am. Chem. Journ.*, 5, 240, 1884]. Fond à 439-446° [Carnelley, *loc. cit.*]. Bout à 806-814° [Carnelley et William, *Chem. Soc.*, 33, 281, 1878].

Les données relatives à l'action du chlore et de l'eau régale sur l'iodure et à la formation de chloroiodures, mentionnées dans le Dict., nous paraissent tout à fait douteuses.

$$Tl_{sol.} + I_{gaz} = Tl\,I_{sol.} + 30\,180^{Cal}$$
$$Tl(OH)_{diss.} + HI_{diss.} = Tl\,I_{préc.} + H^2O + 31\,610^{Cal}$$

[Thomsen, *Thermoch. Unters.*, Leipzig].

TlI^3. — Ce corps peu stable s'obtient, bien cristallisé, par l'action de l'iode sur l'iodure thalleux en présence d'alcool ou d'éther [Nicklès, *J. pharm. chim.*, (4), 1, 22, 1865; — Wells et Penfield, *Zeit. anorg. Chem.*, 6, 312, 1894]. Gros cristaux orthorhombiques isomorphes des sels de cœsium et de rubidium correspondants. Chaleur de formation en présence de l'eau 10,820 Cal. (Thomsen).

R. Abegg et W. Maitland ont étudié les conditions d'existence des différents iodures de thallium. Les seuls composés définis sont le protoiodure TlI, le triiodure TlI^3 et l'iodure intermédiaire Tl^6I^8 [*Zeit. anorg. Chem.*, 49, 341, 1906].

OXYDES DE THALLIUM. — *Protoxyde* Tl^2O. — L'hydrogène ne le réduit que difficilement; la réduction est plus facile avec l'oxyde de carbone [Winckler, *D. chem. G.*, 23, 788, 1890]. Le fluorure de silicium le décompose complètement vers 366-370° [Rauter, *Ann. Chem.*, 270, 249, 1892].

$$Tl^2O_{diss.} + H^2O = 2TlOH_{diss.} + 3230^{Cal}$$

Pour les chaleurs de dissolution de l'hydrate dans les différents acides, voyez aussi Thomsen [*loc. cit.* et *Ann. Ph. Ch. Pogg.*, 143, 354, 497,

1871 et *Termokemiskr. Resultater*, Copenhague, p. 263. 1905]. Sur l'isomorphisme des sels thalleux et potassiques, voyez W. Stortenbeker [*Rec. Pays-Bas*, **24**, 53, 1905].

Tl^2O^3. — La formation anodique du peroxyde anhydre a été signalée entre autres par Lorenz [*Zeit. anorg. Chem.*, **12**, 439, 1896]. On l'obtient cristallisé soit par la méthode de Lepierre et Lachaud [*C. R.*, **113**, 196, 1891]. plus simplement encore en décomposant le nitrate sous l'action de la chaleur [V. Thomas. *C. R.*, **138**, 1697. 1904]. L'oxyde se présente alors avec l'aspect des cristaux d'oligiste. D = 9.9 (V. Thomas). 5,56(?) (Lepierre et Lachaud). Il fond à 759° [Carnelley et O'Shea, *Chem. Soc.*, **45**, 409, 1884]. Bien au-dessous de cette température, il se volatilise.

Sur les modifications allotropiques de l'oxyde thallique. voyez Otto Rabe [*Zeit. anorg. Chem.*, **48**, 427, 1906]. D_4^{21} de l'oxyde brun = 9,65. D_4^{24} de l'oxyde noir = 10.19 [voyez aussi Otto Rabe, *Zeit. anorg. Chem.*, **50**, 158, 1906 ; **55**, 130. 1907].

L'oxyde retient très facilement de l'eau, même sur P^2O^5 ou SO^4H^2. Chauffé dans la flamme d'un bunsen, il se transforme lentement en sulfate plus ou moins souillé de bisulfate.

Hydrate $Tl^2O^3 . 3H^2O$. — Obtenu par Carnegie [*Chem. News*, **60**, 113. 1889] sous forme de lamelles cristallines très stables, ne perdant pas d'eau, même à 300°. D'après Marshall, la décomposition hydrolytique des sels thalliques (sulfate par exemple) donne un précipité de même composition [*Proc. Roy. Soc. Edimb.*, **22**, 596. 1899].

$2Tl^2O^3 . Tl^2O$. — Substance noire cristalline, soluble dans l'eau en donnant une liqueur alcaline [Wyrouboff, *Bull. Soc. Min.*, **12**, 536, 1889].

Acide thallique(?). — Le soi-disant acide thallique, signalé par Carstanjen [*J. prakt. Chem.*, **101**, 55, 1867] et par Piccini [*Gazz. chim. ital.*, **17**, 450, 1887] n'existe pas [Lepsius, *Chem. Centr. Bl.*, (I). 694. 1891].

Équilibre entre les différents degrés d'oxydation des sels de thallium [J. F. Spencer et R. Abegg, *Zeit. anorg. Chem.*, **44**, 379, 1905].

CHLORATE ClO^3Tl. — On l'obtient facilement par dissolution du métal dans l'acide. Poudre microcristalline. D = 5.5047 [Muir. *Chem. Soc.*, **29**, 857, 1876]. Les solutions ne sont pas stables : chauffées, elles dégagent des composés oxygénés du chlore. et la liqueur obtenue fournit. par évaporation. des cristaux de perchlorate $ClO^4Tl + 1,5H^2O$.

Le chlorate est isomorphe et fournit des cristaux mixtes avec le sel de potassium correspondant [Roozeboom, *Zeit. phys. Chem.*, **8**, 504, 1891].

PERCHLORATE ClO^4Tl. — Il est isomorphe des sels d'Am et de K [voy. entre autres Stortenbeker, *Rec. Pays-Bas*, **21**. 87, 1902]. Il fond à 501° [Carnelley et O'Shea, *Chem. Soc.*, **45**. 409, 1884].

$ClO^4Tl + 1,5H^2O$. — Ce sel, en cristaux décomposables par l'eau et l'alcool avec dépôt de sesquioxyde, représente peut-être un chlorate thallique $Cl^2O^5 . Tl^2O^3$ hydraté.

BROMATE BrO^3Tl. — S'obtient par dissolution dans l'acide bromique, du carbonate ou du nitrate thalleux. Petites aiguilles blanches, opaques, qui détonent lorsqu'on les chauffe à 150° [OEttinger. *Sur les combinaisons du thallium*. Berlin, 1864 ; — Ditte, *Ann. Chim. Phys.*, (6), **21**. 145. 1890].

IODATE THALLEUX IO^3Tl 0.5H^2O [Ditte, *loc. cit.*].

IODATE THALLIQUE $2I^2O^5 . Tl^2O^3 . H^2O + 2H^2O$. — Paillettes cristallines et brillantes perdant facilement leur eau vers 190° (Ditte).

SULFURES DE THALLIUM. — Le sulfure amorphe

Tl^2S, obtenu par précipitation d'un sel thalleux au moyen de l'hydrogène sulfuré, devient cristallin par chauffage à 150-200°, pendant plusieurs heures, avec un grand excès de sulfure incolore d'ammonium [Stanek, *Zeit. anorg. Chem.*, **17**, 117. 1898]. Chauffé. le sulfure de thallium fond en une masse cristalline assez dure ; cette masse perd la totalité de son soufre à la température du four électrique [Mourlot, *An. Ph. Chim.*, (7), **17**, 510, 1899].

Winssinger a obtenu du sulfure colloïdal dans les mêmes conditions que le sulfure de bismuth [*Bull. Soc. Chim.*, (2), **49**, 452, 1888].

K. H. Hofmann et F. Höchtlen [*D. chem. G.*, **36**, 3090, 1903] ont obtenu un pentasulfure Tl^2S^5, en petits prismes brillants, noirs, opaques, en faisant digérer du chlorure thalleux avec une solution saturée de polysulfure d'ammonium.

H. Pélabon a étudié le système S + Tl et a pu mettre en évidence les deux composés Tl^2S et Tl^2S^5 [*C. R.*, **145**. 118, 1907].

HYPOSULFITE $S^2O^3Tl^2$ [Jochum, *Inaug. Dissert.*, Berlin. 1885].

SULFITE SO^3Tl^2. — On l'obtient : 1° par neutralisation de l'oxyde thalleux par le gaz sulfureux ; 2° par double décomposition $(SO^3Na^2 + SO^4Tl^2)$. Poudre microcristalline ou lamelles brillantes stables à l'air, $D_{19.8} = 6,4273$, peu solubles dans l'eau, encore moins dans l'alcool [Seubert et Elten, *Zeit. anorg. Chem.*, **4**, 68, 1893 ; — Röhrig, *J. prakt. Chem.*, (2), **37**, 217, 1888].

SULFATE SO^4Tl^2. — Il fond à 632° [Carnelley, *loc. cit.*]. L'ammoniaque à haute température le réduit à l'état de sulfure [Hodgkinson et French, *Chem. News*, **66**, 223, 1892]. Conductibilité des solutions [Bouty, *Ann. Chim. Phys.*, (6), **3**, 446, 1884].

Données cristallographiques [Lamy et Descloizeaux, *C. R.*, **66**, 1146, 1868 ; *Ann. Chim. Phys.*, (4), **17**, 310, 1869 ; — Rammelsberg, *Ann. Ph. Chem. Pogg.*, **146**, 592, 1892 ; — Fock, *Zeit. Kryst.*, **4**, 583, 1880 ; **6**, 162, 1882 ; **28**, 351, 1897 ; — Wyrouboff, *Ann. Chim. Phys.*, (6), **8**, 25, 1886 ; — Dufet, *C. R.*, **99**, 867, 1884 ; — Soret, *C. R.*, **99**, 990, 1884 ; — Van Eyk, *Zeit. phys. Chem.*, **30**, 456, 1899 ; — Gossner, *Zeit. Kryst.*, **38**. 119, 1903 ; — Stortenbeker, *Rec. Pays-Bas*, **24**, 53, 1905 ; — A. E. H. Tutton, *Proc. Roy. Soc. Londres* (A), **79**, 351. 1907]. D = 6,765.

Sulfate acide. — Le bisulfate anhydre SO^4TlH est dimorphe. Il cristallise : 1° en lamelles quadrangulaires brillantes, légèrement hygroscopiques, fondant à 115-120° ; les cristaux sont monocliniques ; 2° en aiguilles prismatiques du système orthorhombique [Stortenbeker, *loc. cit.* et *Rec. Pays-Bas*, **21**, 87, 1902].

OEtlinger a obtenu un hydrate $SO^4TlH . 3H^2O$ en abandonnant à cristallisation spontanée des solutions très sulfuriques de sulfate thalleux [*Sur les combinaisons du thallium*, Berlin, 1864].

Pyrosulfate. — [R. Weber, *D. chem. G.*, **17**, 2502 et 2707, 1884].

Sulfate. $SO^4TlH + SO^4Tl^2$. — Tables hexagonales brillantes [Stortenbeker, *loc. cit.*].

Sulfate $(SO^4)^3Tl^2$. — Le sel anhydre se forme par chauffage à 220° des sulfates thalliques acides [R. J. Meyer et Goldschmidt, *D. chem. G.*, **36**, 238. 1903].

$(SO^4)^3Tl^2 . 7H^2O$. — L'existence de ce sel a été mise en doute par Marshall [*Proc. Roy. Soc. Edimb.*, **22**, 596, 1899 ; — **24**, 305, 1902], mais confirmée par R. J. Meyer et Goldschmidt (*loc. cit.*).

Sulfates thalliques basiques $Tl^2O^3 . 2SO^3 . 5H^2O$ (Marshall, *loc. cit.*).

Sulfates thalliques acides. — En dissolvant l'oxyde thallique dans l'acide sulfurique étendu et bouillant, R. J. Meyer et Goldschmidt (*loc. cit.*) ont pu obtenir un sel acide $(SO^4)^2TlH+4H^2O$. Ce composé fonctionne comme acide thallisulfurique et fournit avec les alcalis une série de sulfates doubles $(SO^4)^2MTl^2+4H^2O$. En opérant la cristallisation à plus basse température, on obtient l'hydrate $(SO^4)^2TlH + 6H^2O$. Des solutions où ces sels acides se sont déposés, on peut isoler le sel neutre de Strecker $SO^4Tl^2 . 7H^2O$ et les sels basiques de Willm.

Sulfates thalloso-thalliques. — Le sel de Willm correspond vraisemblablement à la formule $3(SO^4)^3Tl^3+2SO^4Tl^2+24H^2O$. Les cristaux s'effleurissent à l'air [R. J. Meyer et Goldschmidt, *loc. cit.*].

Lepsius a obtenu un sel qu'il regarde comme un alun thalloso-thallique $(SO^4)^3Tl^2+SO^4Tl^2$ anhydre. Il est en cristaux réguliers [*Chem. Centr. Bl.*, (I), 694, 1891]. Toutefois R. J. Meyer considère ce sel comme correspondant à la série des sulfates doubles $(SO^4)^2M . Tl$.

Marshall (*loc. cit.*) a préparé également d'autres sels bien cristallisés, à savoir $5SO^4Tl^2 + 3(SO^4)^3Tl^2$; $2SO^4Tl^2+(SO^4)^3Tl^2$ et $7SO^4Tl^2 + (SO^4)^3Tl^2+6H^2O$.

Bromosulfate $(SO^4)^2Br^2Tl^2$. — Il s'obtient en oxydant le sulfate thalleux par le brome. Fines aiguilles jaune pâle, très solubles (R. J. Meyer et Goldschmidt).

PERSULFATE DE THALLIUM $S^2O^4Tl^2(?)$. — Poudre blanche très soluble dans l'eau [Föster et Smith, *J. Am. Chem. Soc.*, 21, 934, 1899; — Marshall *Ibid.*, 22, 48, 1900].

DITHIONATE $S^2O^6Tl^2$. — Tables brillantes anhydres, clinorhombiques, non isomorphes avec le sel de potassium [Lepsius, *loc. cit.* ; — Stortenbeker, *Rec. Pays-Bas*, 24, 53, 1905 ; — Fork, *Zeit. f. Kryst.*, 6, 161, 1881 ; — Klüss, *Ann. Chem.* 246, 284, 1880 ; — Wyrouboff, *Bull. Soc. Min.*, 5, 32, 1882 ; — Voyez aussi Stortenbeker, *Rec. Pays-Bas*, 26, 4248, 1907].

$3S^2O^6Tl^2 . SO^4Tl^2$ (Stortenbeker).

SÉLÉNIURE Tl^2Se. — Longues aiguilles fondant à 340°. Chaleur de formation du sel cristallisé 8860 c. [Fabre, *An. Ch. Ph.*, (6), 10, 538, 1887]. L'étude du système Se+Tl a permis à Pélabon de mettre en évidence l'existence des composés définis Tl^2Se et Tl^2Se^5 [*C. R.*, 145, 118, 1907].

SÉLÉNIATES. — $SeO^4TlH+3H^2O$, [OEttinger, *loc. cit.*]. SeO^4Tl^2 orthorhombique, $D = 6.875$ (A. E. H. Tutton, *loc. cit.*).

TELLURURE Tl^2Te. — Corps se présentant avec l'aspect de la galène.

$$Tl^2_{sol.} + Te_{crist.} = Tl^2Te_{crist.} + 10600^{Cal}$$

[Fabre, *An. Ch. Ph.*, (6) 14, 115, 1888].

Tl^5Te^3 (Pélabon, *loc. cit.*).

TELLURATE TeO^4Tl^2. — Précipité blanc floconneux, peu soluble dans l'eau [Clarke, *D. chem. G.*, 11, 1507, 1878].

AZOTHYDRATE $TlAz^3$. — Il se forme : 1° par l'action de l'acide azothydrique sur le nitrate thalleux ; 2° par double décomposition entre le sel de K ou d'Am et l'azotate de thallium. Poudre peu soluble dans l'eau froide. Des solutions chaudes, il se dépose en grandes lames quadratiques jaunes fortement réfringentes fondant à 334°. Il détone sous le choc ou par élévation brusque de température.

$Tl . Az^6[TlAz^3 . TlAz^9]$. — Cristaux d'un jaune brun, orthorhombiques, détonant très facilement [Dennis, Doan et Gill, *J. Am. Chem. Soc.*, 18, 970, 1896 ; — Curtius et Rissom, *J. prakt. Chem.*, (2), 58, 261, 1898 ; — Rosenbusch, *Z. Kryst*, 30, 99].

AZOTITE AzO^2Tl. — Obtenu par double décomposition entre le nitrite de baryte et le sulfate thalleux. Il est moins stable que les sels alcalins. Chauffé il se décompose en grande partie en oxyde thalleux et anhydride azoteux. Il y a en même temps formation d'une petite quantité d'azote et d'oxygène [Vogel, *Zeit. anorg. Chem.*, 35, 403, 1903 ; — V. Thomas, *C. R.*, 138, 1697, 1904].

AZOTATE AzO^3Tl. — Les cristaux sont orthorhombiques, mais ne sont pas d'après Noyes et Hapgood, isomorphes avec les sels d'Ag, de K et d'Am [A. A. Noyes et C. W. Hapgood, *Chem. News*, 74, 217, 1896 ; — Comparer aussi Van Eyk, *Zeit. ph. Ch.*, 30, 430, 1899 ; — Fock, *Zeit. Kryst.*, 28, 337, 1897 ; — Retgers, *Zeit. ph. Ch.*, 4, 593, 1889].

Le nitrate est du reste dimorphe. La forme ordinaire orthorhombique se transforme à 142°,5, en une variété rhomboédrique (Van Eyk).

Chauffé, le sel fond à 205° sans décomposition. Celle-ci se produit au voisinage de 300°, avec formation d'oxyde Tl^2O^3 cristallisé et d'anhydride azoteux. En élevant davantage la température, une partie du nitrate se sublime ou paraît se sublimer inaltéré dans les parties froides (V. Thomas. *loc. cit.*). Electrolyse des solutions de nitrate [Bose, *Zeit. anorg. Chem.*, 44, 237, 1905].

Azotates acides $3AzO^3H+AzO^3Tl$. — Sel acide liquide [Ditte, *C. R.*, 89, 576 et 641, 1879].

$2AzO^3H + AzO^3Tl$. — Aiguilles incolores [Wells et Metzger, *Am. Chem. Journ.*, 26, 271, 1901].

Azotate thalloso-thallique $2AzO^3Tl.(AzO^3)^2Tl$. — Cristaux prismatiques, stables à l'air, fondant à 150° [Wells, Beardsley et Metzger, *Am. Chem. Journ.*, 26, 275, 1901].

Chlorure double $Tl Cl^2 . Az O Cl$. — [Sudborough, *J. Chem. Soc.*, 59, 657, 1891].

AMIDOSULFONATE SO^3AzH^2Tl. — Prismes allongés brillants [Berglund, *Bull. Soc. Chim.*, (2), 29, 425, 1878].

PHOSPHURE DE THALLIUM (?) — Les méthodes de préparation générale des phosphures ne conduisent pas à des résultats très nets. [Voyez entre autres Kulisch, *Ann. Chem.*, 231, 348, 1885].

En faisant passer des vapeurs de phosphore sur du thallium chauffé au delà de son point de fusion, le métal se recouvre d'un enduit grisâtre dont l'aspect rappelle celui du graphite. L'attaque n'est du reste que superficielle. Le produit obtenu contient 2,5 0/0 environ de phosphore. Est-ce une dissolution solide de phosphore dans le thallium, est-ce un composé défini ? c'est un point qui est à élucider. Un phosphure de formule $P.Tl^5$ exigerait 2,9 0/0 de P [V. Thomas, *Tr. Chim. Min.*, de Moissan].

HYPOPHOSPHITE PO^2TlH^2. — Cristaux orthorhombiques fondant à 150° [Rammelsberg, *D. chem. G.*, 5, 492, 1872].

HYPOPHOSPHATE $P^2O^6Tl^4$. — Fines aiguilles soyeuses, incolores, fondant à 250° avec décomposition. Exposée aux rayons solaires, la surface de ce sel se colore en bleu indigo [Rammelsberg, *J. prakt. Chem.*, (2) 45, 156, 1892 ; — Joly, *C. R.* 118, 649, 1894].

$P^2O^6H^2Tl^2$. — Cristaux clinorhombiques (Joly).
$P^2O^6H^2Tl^2+ 1/2 P^2O^6Tl^4$ (Rammelsberg).

PYROPHOSPHATE ACIDE $P^2O^7H^2Tl^2$. — Petits prismes courts fondant à 270° [Brand, *Zeit. anal. Chem.*, 28, 595, 1889].

SULFOPHOSPHATE PS^4Tl^2. — Belles lunettes jaunes, insolubles dans l'eau et les solvants usuels [Glatzel, *Zeit. anorg. Chem.*, 4, 186, 1893].

ARSÉNITE AsO^3Tl^3. — Aiguilles d'un rouge jaunâtre [Stavenhagen, *J. prakt. Chem.*, (2), 51, 20, 1895].

Sulfarsénite AsS^2Tl. — [Loczka, *Chem. Centr. Bl.*, (I) 657, 1898].

ANTIMONIURE Sb Tl. — [Omodei. *Jahresber.*, 753, 1892].

ANTIMONIATE [Beilstein et V. Blase, *Mélange, Ph. Ch. B.*, Saint-Pétersbourg, **13**, 1, 1889; *Chem. Centr. Bl.* 803, 1889].

BISMUTHURE Tl Bi. — [Heycock et Neville, *J. Chem. Soc.*, **61**, 888, 1892 et **65**, 31].

Tl^4Bi et Tl^8Bi^5 [Masume Chikashigé, *Zeit. anorg. Chem.*, **51**, 328, 1906].

COMBINAISON DU THALLIUM AVEC LE BORE. — L'oxyde thalleux se dissout dans l'anhydride borique fondu : suivant la teneur du mélange en anhydride borique, on obtient un verre incolore ou une masse cristalline dont Guertler a étudié la courbe de fusibilité [*Zeit. anorg. Chem.*, **40**, 225, 1904].

CARBONATE CO^3Tl^2. — Fusible à 272° [Carnelley, *loc. cit.*].

Bicarbonate CO^3TlH [Giorgis, *Rend. Ac. Lincei*, (5), **3**, (II), 104, 1894].

Carbonate basique, $2Tl^2O, CO^2$(?) [Wyrouboff. *Bull. Soc. Min.*, **12**, 536, 1889].

SILICATE. $3Tl^2O.2SiO^2.H^2O$ (?). — Aiguilles quadratiques (Wyrouboff. *loc. cit.*).

Alun. $SO^4Tl^2 + (SO^4)^3Al^2 + 24H^2O$. — Octaèdres brillants et cubiques $D = 2,257$ [Soret, *Ar. Sc. Ph. Nat.*, **10**, 300, 1883: **12**, 553, 1884]. Le coefficient de dilatation de ce corps présente des anomalies qui ont été l'objet d'études spéciales [Voyez entre autres Cossa, *Nuovo Cimento*, (2), **3**, 75, 1870; *Z. f. Chem.*, (2). **6**. 380, 1870: *Atti. Ac. Lincei*, (3), **2**, 933, 1878: — Retgers, *Z. ph. Chem.*, **3**, 527, 1889; — Spring, *B. Ac. Belg.*, (3), **6**, 507, 1883; — Soret et Duparc. *Ar. Sc. Phys. et Nat.*, **21**, 90. 1889; — Spring, *D. chem. G.*, **16**, 2723, 1883 et **17**, 404, 1884].

Chlorure de thallium et d'ammonium, $TlCl^3$. $3AmCl$. — Cristaux orthorhombiques [Neumann, *Ann. Chem.*, **244**, 329, 1888; — R. J. Meyer, *Zeit. anorg. Chem.*, **24**, 231, 1900].

Bromures de thallium et d'ammonium. $TlBr^3.AmBr.2H^2O$. — Tables orthorhombiques [Nicklès, *J. Pharm.*, (4), **1**, 25, 1865]. — $TlBr^3.AmBr.4H^2O$ [Willm, *Thèse Paris* et *Ann. Ch. Ph.*, (4), **5**, 5, 1865].

Iodure de thallium et d'ammonium, TlI^3. AmI [Nicklès, *loc. cit.*].

Sulfates doubles.—$(SO^4)^2TlAm, 4H^2O$. — Gros cristaux monocliniques; — $(SO^4)^2TlAm^3$ [R. J. Meyer et Goldschmidt, *D. chem. G.*, **36**, 238, 1903; — Marshall, *Proc. Roy. Soc. Edimb.*, **22**. 596. 1899; **24**, 305, 1902: — A. Piccini et V. Fortini, *Z. anorg. Ch.*, **35**. 451, 1902; — V. Fortini, *Gazz. chim. ital.*, **35**, (II), 450, 1905].

Alliage de thallium et d'argent. — L'étude des courbes de fusion des mélanges Ag. Tl ne met en évidence l'existence d'aucune combinaison [Heycock et Neville, *J. Chem. Soc.*, **65**, 31, 1894: *Phil. Trans.*, **189**, 25. 1897; — Pétrenko, *Z. anorg. Chem.*, **50**, 133, 1906].

Sulfate double, $(SO^4)^2Tl^2.SO^4Ag^2$ [Lepsius, *Chem. Centr. Bl.*, (I), 694, 1891].

Azotate double, $AzO^3Tl.AzO^3Ag$. — Fusible à 75° [Erdmann. *Kothner Naturconstanten*, Berlin, 1905]. Equilibre du système $AzO^3Tl - AzO^3Ag$ [Van Eyk. *Z. ph. Ch.*, **51**, 721, 1905].

Cyanure double, $CAzTl.CAzAg$. — Cristaux blancs [Fronmüller, *D. chem. G.*, **11**, 91, 1878].

Dithionate double de thallium et de baryum, $3S^2O^6Tl^2 + 2S^2O^6Ba$. — Cristaux monosymétriques [Kluss, *Ann. Chem.*, **246**, 284, 1888; — Fock, *Z. Kryst.*, **14**. 340, 1888]. Comparer Stortenbeker [*Rec. Pays-Bas*, **26**, 248, 1907].

Alliage de thallium et de cadmium. — [Kurnakow et Pouschine, *Z. anorg. Chem.*, **30**,

86, 1902: — Heycock et Neville, *J. Chem. Soc.*, **61**, 903 et 914, 1892].

Sulfates de thallium et de cérium, $SO^4Tl^2 + 3SO^4Ce + 4H^2O$. — Cristaux clinorhombiques [Wyrouboff, *Bull. Soc. Min.*, **14**, 83, 1891].

$3SO^4Tl^2 + (SO^4)^3Ce^2 + 2H^2O$. — Croûtes cristallines.

$3SO^4Tl^2 + (SO^4)^3Ce^2$. — Précipité cristallin [Zschiesche. *J. prakt. Chem.*, **107**, 98, 1869; — Mellor, *Chem. N.*, **15**, 245, 1867].

Chlorure double de thallium et de chrome, $6TlCl,Cr^2Cl^6$ [Neumann, *Ann. Chem.*, **244**, 329, 1888].

Chlorochromate, CrO^3ClTl. — Il se forme en dissolvant le chlorure de thallium dans l'acide chromique. Petits prismes quadrangulaires décomposables par l'eau [Lapierre et Lachaud, *C. R.*, **113**, 196, 1891].

Alun chromique, $SO^4Tl^2 + (SO^4)^3.Cr^2 + 24H^2O$ $D = 2,236$ [Alf. Polis, *D. chem. G.*, **13**, 367, 1880; — Soret, *Ar. Sc. Ph. Nat.*, **10**, 300, 1883; **12**, 553, 1884].

Cyanure, $3CAzTl + Cr(CAz)^3$, tables [Fischer et Benzian, *Chem. Zeit.*, **26**, 49, 1902].

Nitrate de thallium et de cobalt [Rosenbladt, *D. chem. G.*, **19**, 25 et 35, 1886].

Cobalticyanure, $Co^2(CAz)^{12}Tl^6$. — Croûtes cristallines d'un jaune pâle.

Chlorures de thallium et de cæsium, $TlCl^3$. $3CsCl.H^2O$. — $2TlCl^3.3CsCl$. — $TlCl^3.2CsCl$ [Pratt, *Z. anorg. Chem.*, **9**, 19, 1895].

Bromure, $2TlBr^3.3CsBr$ (Pratt).

Iodure. $TlI^3.CsI$ [Pratt; Goddefroy, *Zeit. Œsterr. Apoth. Ver.*, **19**, 132, 1880].

Sulfates, $(SO^4)^2TlCs.3H^2O$. — Cristaux orthorhombiques hémimorphes; $(SO^4)^2TlCs,1.5H^2O$. Lamelles orthorhombiques [James Lockes, *Am. Chem. J.*, **27**, 280, 1902; — H. Piccini et V. Fortini, *Z. anorg. Chem.*, **31**, 451, 1902].

Séléniure double de cuivre et de thallium. — C'est la crookésite naturelle, masse d'un gris de plomb. $D = 6,9$ [Nordenskiöld, *Jahresber.*, 274 et 977, 1867].

Sulfates doubles. — $3SO^4Tl^2 + (SO^4)^5Di^2$. — $SO^4Tl^2 + (SO^4)^3Di^2 + 2H^2O$ [Zschiesche, *loc. cit.*].

Alun ferrique, $SO^4Tl^2 + (SO^4)^3Fe^2 + 24H^2O$. $D = 2,385$ [Soret, *loc. cit.*].

Sel de Roussin. $Fe^4S^3(AzO)^7Tl + H^2O$ [Marschlewski et Sachs, *Z. anorg. Chem.*, **2**, 175, 1892; — O. Pavel, *D. chem. G.*, **15**, 2600, 1882].

Ferrocyanure, $Fe(CAz)^6Tl^4.2H^2O$. — [Fischer et Benzian, *Chem. Zeit.*, **26**, 49, 1902].

Chloroazotite d'iridium et de thallium, $IrCl^4 (AzO^2)^2Tl^2$. — Poudre jaune clair insoluble dans l'eau [Miolati et Gialdini, *Atti R. Ac. Lincei*, (5), **11**. (II), 151. 1902].

Alun iridique. — Sel jaune [Marino, *Zeit. anorg. Chem.*, **42**, 213, 1904].

Alun de gallium. $SO^4Tl^2 + (SO^4)^2Ga^2 + 24H^2O$. $D = 2,477$ [Soret, *C. R.*, **99**, 867, 1884; **101**, 156, 1885].

Chlorure double. $2TlCl^3.3GlCl^2$. — Tables orthorhombiques [Neumann, *Ann. Chem.*, **244**, 329, 1888].

Sulfate double de lithium, $(SO^4)^2TlLi + 3H^2O$ [R. J. Meyer et Goldschmidt, **36**, 238, 1903].

Dithionate, $3S^2O^6Tl^2 + 4S^2O^6Li^2$. — Cristaux monosymétriques [Kluss, *Ann. Chem.* **246**, 284, 1884; — Fock, *Z. Kryst.*, **14** 340, 1888].

Alliages de thallium et de magnésium. — Tl^3Mg^8. — $TlMg^2$. — Tl^2Mg^3 [Grube, *Z. anorg. Ch.*, **46**, 76, 1905].

Alun de manganèse. — [Christensen, *Z. anorg. Chem.*, **27**, 321, 1901].

Cyanure de thallium et de mercure. $2CAzTl + (CAz)^2Hg$. — Cristaux incolores cubiques [Fronmüller, *D. chem. G.*, **11**, 92, 1878].

Cyanure mercurique et sesquichlorure de thallium. — [F. W. Schmidt, *Chem. Zeit.*, **20**, 420, 1896; *Jahresb.*, 970, 1897].

Fluoxymolybdates de thallium. — Le molybdate de thallium se dissout dans l'acide fluorhydrique avec formation de fluoxymolybdates. Ont été signalés les composés :
$2TlF.MoO^2F^2$. — Cristaux jaunâtres, brillants, monocliniques.
$2TlF, MoO^2F^2.H^2O$.
TlF, MoO^2F^2. — Cristaux jaunes monocliniques.
$2TlF.MoOF^4$ [Mauro, *Atti R. Ac. Lincei.* (5), **2**, (II), 382, 1893; — Scacchi, *Atti. R. Ac. Lincei*, (5), **2**, (II), 401, 1893; — F. Ullik, *Ann. Chem.*, **144**, 204 et 320, 1867].

Phosphomolybdate, $3Tl^2O, P^2O^5.20MoO^3$. — Cristaux jaunes [Debray, *C. R.*, **66**, 704, 1868].

Silicomolybdate, $2Tl^2O.SiO^2.13MoO^3$. — Poudre jaune cristalline [Parmentier, *C. R.*, **92**, 1234, 1881].

Alliage de thallium et d'or. — L'étude de la courbe de fusion des mélanges n'indique pas la formation des composés définis. L'eutectique renferme 25 0/0 d'or et fond à 131° [Heycock et Neville, *Proc. Roy. Soc.*, **160**, 160, 1897; — Levin, *Zeit. anorg. Chem.*, **45**, 30, 1905].

Platocyanure $Pt(CAz)^4Tl^2$. — Cristaux incolores [Friswell, *J. Chem. Soc.*, **24**, 461, 1871; — Friswell et Greenaway, *J. Chem. Soc.*, **32**, 251, 1877]. En traitant l'acide platocyanhydrique par un excès de carbonate de thallium, on obtient de beaux prismes rouges, à reflets métalliques verts de formule $Pt(CAz)^4Tl^2 + CO^3Tl^2$.

Alliage de thallium et de plomb. — [Warren, *Chem. N.*, **64**, 183, 1890].
L'étude des courbes de fusion du mélange Pb + Tl a été faite en même temps par Kurt Lewkonja [*Zeit. anorg. Chem.*, **52**, 452, 1907] et par N. Kurnakow et N. Pouschine [*Zeit. anorg. Chem.*, **52**, 180, 1907].

Alliage de thallium et de potassium. — [Kurnakow et Pouschine, *Zeit. anorg. Chem.*, **30**, 86, 1902].

Chlorures doubles $TlCl^3.3KCl.aq.$ — [Neumann, *Ann. Chem.*, **244**, 329, 1888].
$TlCl^3.2KCl.2H^2O$. — Tables monocliniques [R. J. Meyer, *Zeit. anorg. Chem.*, **24**, 231, 1900].

Bromures doubles. — $TlBr^3,KBr,2H^2O$. Tables orthorhombiques. — $TlBr^3,3KBr,3H^2O$. Cubes, octaèdres ou dodécaèdres [Neumann, *loc. cit.*; — Fock, *Z. Kryst.*, **6**, 161, 1881; — Wyrouboff, *Bull. Soc. Min.*, **5**, 32, 1882; — R. J. Meyer, *loc. cit.*].

Iodure double $2TlI^3.3KI.3H^2O$(?). — [R. J. Meyer, *loc. cit.*].

Sulfure double $Tl^2S^3.K^2S$. — Tables quadratiques D = 4,60 [Schneider, *J. prakt. Chem.*, (2), **42**, 305, 1890; — Kruss et Solereder, *D. chem. G.*, **19**, 2736, 1886].

Sulfates doubles $(SO^4)^2Tl^2O.2SO^4K^2$ $(SO^4)Tl(OH).SO^4K^2$(?). — Tables quadratiques $(SO^4)^2KTl + 4H^2O$ [Marshall, *Proc. Roy. Soc. Edimb.*, **22**, 596, 1899; **24**, 305, 1902; — A. Piccini et V. Fortini, *Zeit. anorg. Chem.*, **31**, 451, 1902; — V. Fortini, *Gazz. chim. ital.*, **35**, (II), 450, 1905].

Séléniate double $(SeO^4)^2TlK + 4H^2O$. — (V. Fortini, *L'Orosi*, **25**, 397, 1902].

Nitrate double $(AzO^3)^3Tl + 2AzO^3K + H^2O$. — [R. J. Meyer, *Z. anorg. Ch.*, **24**, 321, 1900]. Equilibre du système $AzO^3Tl - AzO^3K$ [Van Eyk, *Z. ph. Chem.*, **54**, 721, 1905].

Alun de rhodium et de thallium [Piccini et Marino, *Zeit. anorg. Chem.*, **27**, 62, 1901].

Chlorures doubles de thallium et de rubidium. — $TlCl^3.3RbCl.H^2O$. Cristaux monocliniques. — $TlCl^3.2RbCl.2H^2O$. — $TlCl^3.3RbCl$.

Bromures doubles. — $TlBr^3,3RbBr.H^2O$. — Cristaux jaune d'or du système tétragonal. — $TlBr^3.RbBr.H^2O$. Aiguilles du système cubique.

Iodures doubles. — $TlI^3.RbI.2H^2O$. — Cristaux cubiques [De la Provostaye, *C. R.*, **55**, 610, 1862; — Pratt, *Zeit. anorg. Chem.*, **9**, 19, 1895; — Neumann, *loc. cit.*].

Sulfates doubles $(SO^4)^2TlRb . 4H^2O$. — [Piccini et Fortini, *loc. cit.*].

Alliage de thallium et de sodium. — L'alliage TlNa fond à 305°,8. [Voyez aussi Kurnakow et Pouschine, *loc. cit.*].

Chlorure double $TlCl^33NaCl.12H^2O$. — Cristaux très solubles [Pratt, *Zeit. anorg. Chem.*, **9**, 19, 1895].

Hyposulfite double $2S^2O^3Tl^2 + 2S^2O^3Na^2 + 8H^2O$ [Jochum, *Inaug. Dissert.*, Berlin, 1885; — Vortmann et Padberg, *D. chem. G.*, **22**, 2637, 1889; — Werner, *Chem. News*, **53**, 51, 1886].

Sulfate double $(SO^4)^2TlNa + 2,5H^2O$. — [R. J. Meyer et Goldschmidt, *D. chem. G.*, **36**, 238, 1903].

Dithionate double $9S^2O^6Tl^2 + 4S^2O^6Na^2$. — Tables orthorhombiques [Kluss, *Ann. Chem.*, **246**, 284, 1888; — Fock, *Z. Kryst.*, **14**, 340, 1888].

Equilibre du système $AzO^3Tl - AzO^3Na$. — [Van Eyk, *Zeit. phys. Chem.*, **54**, 721, 1905].
1er nov. 1907. V. Thomas.

THALLIUM (COMBINAISONS ORGANOMÉTALLIQUES). — Le chlorure thallique réagit en solution éthérée sur les organomagnésiens d'après l'équation
$$TlCl^3 + 2MgRCl = TlR^2Cl + 2MgCl^2$$
Cette réaction a permis à R. J. Meyer et A. Bertheim de préparer un certain nombre de dérivés organométalliques du thallium.

$Tl(CH^3)^2Br$. — Lamelles blanches à éclat argenté se décomposant au-dessus de 275°, obtenues en partant du bromure de méthylmagnésium.

$Tl(CH^3)^2I$. — Obtenu en précipitant la liqueur mère provenant du bromure précédent par l'iodure de potassium. Lamelles se décomposant à 264-266°.

$Tl(CH^3)^2SH$. — Obtenu par l'action de Am^2S jaune sur une solution ammoniacale de bromure de méthylmagnésium. Précipité blanc.

$Tl(CH^3)^2Cl$. — Lamelles blanches, préparées en dissolvant le sulfhydrate dans l'acide acétique, chassant l'hydrogène sulfuré par ébullition, et acidifiant par l'acide chlorhydrique. Elles se décomposent au-dessus de 280°.

$Tl(C^2H^3)^2Cl$. — Point de décomposition 205-206° (Voyez Dict., art. THALLIUM).

$Tl(C^2H^5)^2I$. — Point de décomposition 185-187°.

$Tl(C^2H^5)^2Br$. — Point de décomposition 270°.

$Tl(C^2H^5)^2HS$. — Précipité blanc.

$Tl(C^2H^5)^2(OH)$. — Point de fusion 127-128°.

$[Tl(C^2H^5)^2]^2CO^3$. — S'obtient en traitant à l'ébullition le bromure ou mieux l'iodure d'éthylmagnésium par l'oxyde d'argent en présence d'un courant d'air. Aiguilles brillantes donnant des solutions très alcalines que les acides décomposent avec dégagement de gaz carbonique. Le *carbonate* se décompose au voisinage de 204°.

$Tl(C^2H^5)^2 . HCO^3$. — S'obtient en saturant de gaz carbonique, à froid, une solution de carbonate neutre et précipitant par l'alcool. Poudre blanche cristalline.

$Tl(C^3H^7)^2 . Cl$ (*propyl*). — Lamelles à éclat argenté se décomposant à 198-202°. A partir de la solution de ce sel, on peut facilement obtenir le *bromure*, l'*iodure* (décomposition à 183-185°), le *nitrate* et le *sulfhydrate*.

$Tl(C^3H^7)^2(OH)$. — Huile incristallisable, donnant facilement un *nitrate* et un *iodure*.

$Tl(C^6H^5)^2Br$. — Aiguilles blanches qui se décomposent au-dessus de 270° [*D. chem. G.*, **37**, 2051-2062, 1904].

1er novembre 1907. V. Thomas.

THAMNOLINIQUE, THAMNOLIQUE (ACIDES). — Voyez LICHENS (COMPOSÉS DES).

THAUMASITE (Min.) (Nordenskjöld). — Silicate-carbonate-sulfate de calcium hydraté, $SiO^3Ca, CO^3Ca, SO^4Ca. 14H^2O$. Masses cristallines blanches à Bjelke, Areskutan, Jemtland, Suède, et aussi dans un trapp, avec zéolites, à West Paterson, New-Jersey, États-Unis. Translucide, friable, cassure subconchoïdale, traces de clivage, optiquement uniaxe négatif. Ce n'est pas un mélange.

Caractères. — Au chalumeau, se gonfle, colore la flamme en rouge, reste infusible. Donne beaucoup d'eau dans le tube. Dureté = 3,5. Densité = 1.877. L. Bourgeois.

THÉBAÏNE. — Roser et Howard [*D. chem. G.*, 13, 527, 1880; 49, 1597, 1886] avaient établi les analogies entre les trois alcaloïdes suivants :

$$\frac{OH}{OH} > C^{17}H^{17}AzO \qquad \frac{CH^3O}{HO} > C^{17}H^{17}AzO$$

Morphine. Codéine.

$$\frac{CH^3O}{CH^3O} > C^{17}H^{15}AzO$$

Thébaïne.

mais ces chimistes avaient cru observer que l'iodométhylate de thébaïne se scinde en donnant de la triméthylamine.

Freund, dont les travaux marquent la seconde période de l'étude de la thébaïne, a rectifié cette dernière information. L'ammoniaque composée, recueillie dans la scission, est en réalité la tétraméthyl-éthylène-diamine $(CH^3)^2Az . C^2H^4 . Az(CH^3)^2$. Dans la thébaïne, comme dans la morphine, il n'y a donc qu'un méthyle lié à l'azote; mais l'analogie se poursuit dans la structure des dérivés azotés de la scission :

$$\frac{CH^3O}{HO} > C^{16}H^{14}O = AzCH^3 \qquad \frac{CH^3O}{CH^3O} > C^{16}H^{12}O = AzCH^3$$

Codéine. Thébaïne

et Freund était amené à considérer, à côté de la morphine et de la codéine, dérivés phénanthréniques tétrahydrés, la thébaïne comme un dérivé dihydré de ce même hydrocarbure.

Ces considérations conduisirent ce chimiste à étudier l'hydrogénation de la thébaïne [Freund et Holthof, *D. chem. G.*, **32**, 168, 1899] au moyen du sodium en solution alcoolique; mais la *dihydrothébaïne*, qui fut décrite à ce propos, resta sans intérêt bien direct pour l'étude générale de la question. Les relations entre la codéine et la thébaïne ne devaient être mises en lumière que par les recherches sur la thébaïnone (voyez ce mot).

D'après Hesse [*Ann. Chem.*, **86**, 186], la thébaïne $C^{19}H^{21}AzO^3$ sous forme de chlorhydrate, bouillie avec de l'acide chlorhydrique, donne

naissance soit à la morphothébaïne (voyez ce mot), soit à la *thébénine* $C^{18}H^{19}AzO^3$ dont Freund a fixé la composition :

$$\frac{CH^3O}{CH^3O} > C^{16}H^{12}O = AzCH^3 \qquad \frac{CH^3O}{HO} > C^{16}H^{12}O = AzCH^3$$

Thébaïne. Thébénine.

Si l'on fait la même expérience en solution méthylique, éthylique, propylique, on arrive à autant de bases nouvelles : méthébénine, éthébénine, prothébénine [Freund et Holthof, *D. chem. G.*, **32**, 168, 1899] :

$$\frac{CH^3O}{HO} > C^{16}H^{11}O - Az < \frac{CH^3}{H} \qquad \frac{CH^3O}{CH^3O} > C^{16}H^{11}O - Az < \frac{CH^3}{H}$$

Thébénine. Méthébénine.

$$\frac{CH^3O}{Et.\,O} > C^{16}H^{11}O - Az < \frac{CH^3}{H}$$

Ethébénine.

Par l'action de l'iodure de méthyle, puis de KOH sur la thébaïne : on a le dédoublement :

$$C^{20}H^{24}AzO^3I + KOH$$
$$= KI + H^2O + Az(CH^3)^3 + C^{17}H^{14}O^4$$

Thébénol.

De même en mettant en œuvre la méthébénine, on arrive au méthébénol :

$$\frac{CH^3O}{HO} > C^{16}H^{10}O \qquad \frac{CH^3O}{CH^3O} > C^{16}H^{10}O$$

Thébénol. Méthébénol

La distillation du thébénol avec la poudre de zinc donne le pyrène, $C^{16}H^{10}$, fusible à 140°.

Par ébullition avec l'anhydride acétique, la thébaïne se scinde en donnant l'éthanol-méthylamine et le thébaol $(CH^3O)^2C^{14}H^7(OH)$.

Le thébaol est un dérivé trisubstitué du phénanthrène donnant par la poudre de zinc du phénanthrène, par le chlorure d'acétyle l'acétylthébaol, lequel par oxydation donne la thébaolquinone.

L'oxydation par le permanganate de la thébaol-quinone elle-même donne

$$C^6H^3 \begin{matrix} \diagup COOH_{(1)} \\ - COOH_{(2)} \\ \diagdown OCH^3_{(3)} \end{matrix}$$

Freund, à qui sont dus presque tous ces résultats [*D. chem. G.*, **30**, 1357, 1897] représente par les schémas qui suivent les constitutions de ces principaux produits :

Thébaïne (Freund).

Thébénine (Freund).

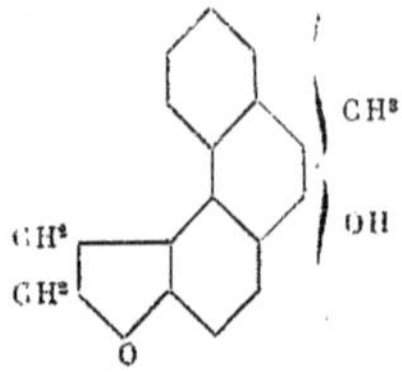

Thébénol (Freund).

Pyrène. 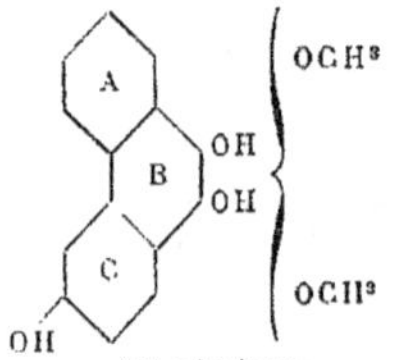 Tébaolquinone.

La méthébénine donne d'après Pschorr et Massacio [*D. chem. G.*, **37**, 2780, 1904] des dérivés diacétylé, dibenzoylé, que ne peut prévoir la formule de Freund. La méthébénine $C^{19}H^{21}AzO^3$ serait donc

$$C^{16}H^{10}(OCH^3)^2(OH)(AzCH^3).$$

Par l'iodure de méthyle elle donne

$$C^{16}H^{10}(OCH^3)^3-Az{\begin{cases}CH^3\\CH^3\\CH^3I\end{cases}}$$

Celui-ci, chauffé avec un alcali, donne :

$$Az(CH^3)^3 + HI + C^{14}H^6(OCH^3)^3CH=CH^2$$

qui par oxydation devient

$$C^{14}H^6(OCH^3)^3-COOH$$

Ac. triméthoxy-phénanthrène carbonique.

Ces faits prouvent que, dans la méthébénine, existe non pas le groupement

$$C^{14}H^5(OCH^3)^3{\begin{cases}CH^2\\|\\CH^2\end{cases}}$$

mais

$$C^{14}H^6(OCH^3)^3-CH=CH^2$$

et, puisque ce dernier résidu se forme par scission du composé aminé, nous devons admettre que l'azote de la méthébénine est lié à $CH=CH^2$, conclusion que confirment les résultats que Knorr a réunis pour combattre la formule oxazine de la morphine.

La constitution de la méthébénine devient donc :

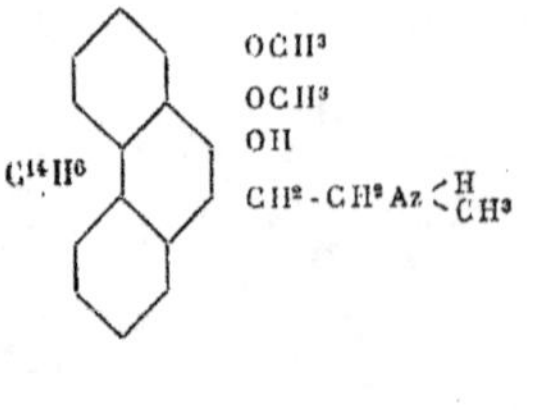

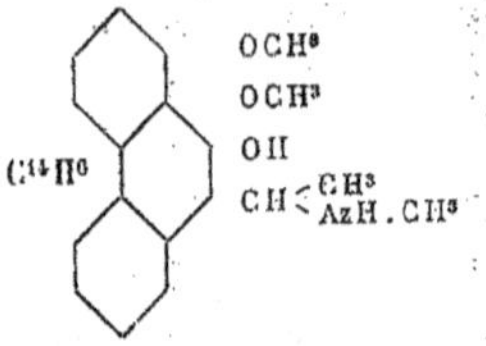

$$C^{14}H^6\quad{\begin{matrix}OCH^3\\OCH^3\\OH\\CH^2-CH^2Az<{\begin{smallmatrix}H\\CH^3\end{smallmatrix}}\end{matrix}}$$

avec une préférence pour la première formule (formation de $OH.CH^2-CH^2-AzHCH^3$, par l'anhydride acétique).

La méthébénine a les caractères d'un phénol, tandis que le méthébénol en est dépourvu. Pschorr a donné une explication de ce fait instructif en admettant dans le thébénol un cycle oxygéné :

$$(OCH^3)^2C^{14}H^6<{\begin{smallmatrix}OH\\CH^2-CH^2Az(CH^3)^3I\end{smallmatrix}}$$

$$\longrightarrow \left[(OCH^3)^2C^{14}H^6<{\begin{smallmatrix}OH\\CH=CH^2\end{smallmatrix}}\right]$$

Intermédiaire (?)

$$\longrightarrow (CH^3O)^2C^{14}H^6<{\begin{smallmatrix}O\\CH^2\end{smallmatrix}}>CH^2$$

En fait, il a constaté que le trimétoxy-vinyl-phénanthrène, chauffé avec l'acide acétique ou de l'alcool contenant de l'acide chlorhydrique, perd un méthyle :

$$(CH^3O)^2C^{14}H^6<{\begin{smallmatrix}OCH^3\\CH=CH^2\end{smallmatrix}} + H^2O$$

$$= (CH^3O)^2C^{14}H^6<{\begin{smallmatrix}O\\CH^2\end{smallmatrix}}>CH^2 + CH^3OH$$

Le produit de la réaction n'a plus les caractères d'un composé éthylénique : il ne décolore plus le brome.

Ces résultats, au sujet de la constitution de la thébaïne et de ses dérivés, doivent nécessairement s'appuyer sur celle du thébaol

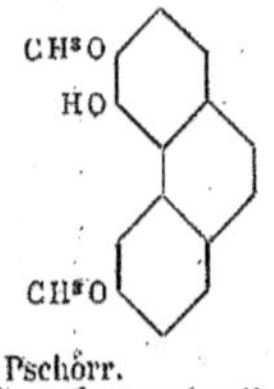

synthétisé par Pschorr.

Pour éclaircir maintenant cette question de la parenté entre la thébaïne et les deux autres alcaloïdes du groupe de la morphine, on peut citer, outre les analogies entre le thébaol et le morphol : 1° le fait que HCl agit de même sur la codéinone et la thébaïne pour donner suivant les conditions, soit la morphothébaïne, soit la thébénine; 2° la scission de ces deux bases au moyen de l'anhydride acétique d'après les équations qui sont données à l'article THÉBAÏNONE.

Knorr a conclu [*D. chem. G.*, **36**, 3076, 1903] que la thébaïne est l'éther méthylique de la codéinone énolisée.

Dans ces conditions on est fondé à représenter les rapports des trois alcaloïdes des groupes de la morphine par les formules suivantes :

$$C^{16}H^{14}AzO{\begin{cases}OH\\-C<{\begin{smallmatrix}H\\OH\end{smallmatrix}}\\|\\-CH^2\end{cases}}\longrightarrow C^{16}H^{14}AzO{\begin{cases}OCH^3\\-C<{\begin{smallmatrix}H\\OH\end{smallmatrix}}\\|\\-CH^2\end{cases}}$$

Morphine. Codéine.

$$\rightleftharpoons C^{15}H^{14}AzO \begin{cases} OCH^3 \\ -C=O \\ -CH^2 \end{cases} \longleftarrow C^{13}H^{14}AzO \begin{cases} -OCH^3 \\ -COCH^3 \\ -CH \end{cases}$$

Codéinone.　　　　　　　　　Thébaïne.

[Knorr. *D. chem. G.*, **39**. 1409. 1906] (Voyez MORPHINE).

Relativement à la situation du résidu azoté dans la thébaïne, problème qui, ainsi que le dit Knorr, reste non résolu (avril 1906), Freund [*D. chem. G.*, **38**, 3234, 1905 et **39**, 844, 1906], a proposé la constitution suivante :

Thébaïne (Freund).

THÉBAÏNONE $C^{18}H^{21}AzO^3$. — La morphothébaïne se produit au moyen de la thébaïne par saponification de l'un de ses méthoxyles. Les relations de composition entre la thébaïne $(CH^3O)^2C^{17}H^{15}AzO$ et la codéine $(CH^3O).C^{17}H^{17}AzO(OH)$, se présentent d'une manière plus simple entre la morphothébaïne $C^{18}H^{19}AzO^3$ soit $(CH^3O)C^{17}H^{15}AzO(OH)$ et la codéine $C^{18}H^{21}AzO^3$. Les recherches sur la *thébaïnone* ont permis de fixer ces relations.

L'oxydation de la codéine avait donné à Knorr et Ach [*D. chem. G.*, **36**, 3067, 1903] la codéinone :

$$C^{17}H^{17}AzO(OH)(OCH^3) + O$$
Codéine.

$$= H^2O + C^{17}H^{15}AzO(OH)(OCH^3)$$
Codéinone.

composé cétonique bien caractérisé.

L'hydrogénation de la thébaïne se fait avec scission de (OCH^3) en fournissant donc un dérivé de la morphothébaïne ; c'est également un produit cétonique, la thébaïnone [*D. chem. G.*, **38**, 3160, 1905] :

$$C^{17}H^{15}AzO(OH)(OCH^3) + H^2$$
Morphothébaïne.

$$= C^{17}H^{17}AzO(OH)(OCH^3)$$
Thébaïnone.

Comme on le voit, la thébaïnone est isomère de la codéine, mais ce qui est plus intéressant c'est que la codéinone se transforme en thébaïnone par hydrogénation :

$$C^{17}H^{15}AzO(OH)(OCH^3) + H^2$$
Codéinone.

$$= C^{17}H^{17}AzO(OH)(OCH^3)$$
Thébaïnone.

Ces faits qui établissent la parenté entre la thébaïne et la codéine se trouvent confirmés et étendus par la scission au moyen de l'anhydride acétique dont les équations suivantes rendent compte :

$$C^{17}H^{15}Az\,O \diagup\!\!\diagdown \begin{matrix} OCH^3 \\ OCH^3 \end{matrix}$$
Thébaïne.

$$= Az - CH^3 \diagup\!\!\diagdown \begin{matrix} H \\ CH^2.CH^2OH \end{matrix} \quad +$$
Éthanol-méthylamine.　　　　Thébaol.

De même l'iodométhylate de thébaïne donne la diméthyl-éthanol-amine :

$$C^{17}H^{16}AzO \diagup\!\!\diagdown \begin{matrix} O \\ OCH^3 \end{matrix}$$
Codéinone.

$$= Az - CH^3 \diagup\!\!\diagdown \begin{matrix} H \\ CH^2.CH^2OH \end{matrix} \quad +$$

[Knorr, *D. chem. G.*, **36**, 3074, 1903]. Ces deux dérivés du trioxyphénanthrène peuvent [être transformés en méthylthébaol synthétisé par Pschorr, Seydel et Stöhrer [*D. chem. G.*, **35**, 4400, 1902]. D'autre part, l'iodométhylate de méthyl-thébaïnone donne par la soude la méthyl-thébaïnoneméthine. Celle-ci, sous l'influence de l'anhydride acétique, se scinde en méthyl-diméthylamine et diméthylmorphol [Knorr et Pschorr, *D. chem. G.*, **38**. 3172, 1905]. On sait que la méthylmorphiméthine, sous l'influence du même réactif, donne :

$$(CH^3O)^2C^{14}H^9O - C^2H^4 - Az(CH^3)^2$$
Méthyl-thébaïnone-méthine.

$$= Az - CH^2 \diagup\!\!\diagdown \begin{matrix} CH^3 \\ CH^2-CH^2OH \end{matrix} \quad +$$
Diméthylmorphol.

$$(CH^3O)C^{14}H^9(OH)-O.C^2H^4-Az(CH^3)^2$$

$$= Az - CH^3 \diagup\!\!\diagdown \begin{matrix} CH^5 \\ CH^2.CH^2OH \end{matrix} \quad +$$
Méthylmorphol.

La parenté du morphol et du thébaol étant établie par des données tant analytiques que synthétiques, celle de la thébaïne avec la codéine et la morphine s'affirme de même.

Enfin l'alcoolate de sodium scinde la méthyl-thébaïnoneméthine en éthyldiméthylamine et deux dérivés phénanthréniques dont l'étude n'est pas terminée (Knorr).

Par la chaleur, le méthylhydroxyde de la méthylthébaïne se scinde en triméthylamine sans dégagement d'éthylène, réaction parallèle à celle du méthylhydroxyde de β-méthylmorphiméthine.

Pschorr [D. chem. G., 38, 3160, 1905] rend compte de la réduction de la thébaïne et de la constitution de la thébaïnone par les schémas suivants :

Thébaïne.

Intermediaire.　　　　Thébaïnone.

Knorr et Pschorr [D. chem. G., 38, 3172, 1905] donnent les formules suivantes ; on les complétera par celles que nous rappelons à la fin de notre article MORPHINE :

Codéinone.　　　　Thébaïnone.

Morphothébaïne.　　　　Thébénine.

M. Delacre.

THÉBAOL (oxy-diméthoxy-phénanthrène). — Produit de la scission de certains alcaloïdes de la morphine, notamment de la thébaïne, au moyen de l'anhydride acétique.

Pschorr, Seydel et Stöhrer [D. chem. G., 35, 4400, 1902] ont exécuté la synthèse du méthylthébaol en utilisant une méthode parallèle à celle mise en œuvre par Pschorr et Sumeleanu pour synthétiser le diméthylmorphol (voyez MORPHOL).

Ils ont remplacé dans cette synthèse l'acide phénylacétique par son dérivé para-méthyloxylé. La constitution du méthylthébaol est donc :

[Vongerichten, D. chem. G., 35, 4410, 1902].

M. Delacre.

THÉINE, THÉOBROMINE, THÉOPHYLLINE. — Voyez l'art. PURINES, p. 101 et 102.

THERMOCHIMIE. — PRINCIPE DE L'ÉTAT INITIAL ET DE L'ÉTAT FINAL. — Dans l'étude des variations d'énergie qui accompagnent les réactions chimiques, on considère seulement des systèmes dépourvus d'énergie cinétique. On sait que lorsqu'un pareil système passe de l'état 1 à l'état 2, il existe une fonction U des variables qui définissent son état, à laquelle on donne le nom d'énergie interne, et dont la variation $U_2 - U_1$ dépend seulement de l'état initial et de l'état final. En convenant de compter positivement la quantité de chaleur Q dégagée dans la réaction $1 \rightarrow 2$, on a :

$$(1) \qquad J Q = J(U_1 - U_2) + T_e,$$

T_e étant le travail accompli par les forces extérieures et J l'équivalent mécanique de la calorie. Pour les réactions accomplies dans le calorimètre, le travail des forces extérieures ne dépend aussi que des états initial et final. En effet, dans un calorimètre ouvert et pour des variations négligeables de la pression atmosphérique π, le travail des forces extérieures se réduit à $\pi.\Delta V$, ΔV étant la variation de volume du système qui accompagne la réaction. Dans la bombe calorimétrique, appareil clos, de volume invariable, le travail des forces extérieures est nul. On peut donc énoncer les principes suivants :

I. *La quantité de chaleur dégagée dans une réaction, diminuée de la quantité de chaleur équivalente au travail des forces extérieures, mesure la diminution de l'énergie interne du système.*

II. *La quantité de chaleur dégagée dans une réaction ne dépend que de l'état initial et de l'état final du système ; elle est la même, quelles que soient la nature et la suite des états intermédiaires.*

Variation avec la température de la chaleur de réaction. — Soit Q_1 la quantité de chaleur dégagée à la température T_1 dans la réaction qui amène un système de corps de l'état A à l'état B. Cette même réaction, accomplie à la température T_2, dégagerait une quantité de chaleur Q_2. On peut imaginer que le système passe de l'état A, à la température T_1, à l'état B, à la température T_2, de deux façons différentes : 1° réaction à la température T_1 avec dégagement de chaleur Q_1, puis échauffement du système B de T_1 à T_2 avec absorption de la quantité de chaleur $\Sigma m_B c_B (T_2 - T_1)$, m_B et c_B étant respectivement les masses et les chaleurs spécifiques moyennes entre T_1 et T_2 des corps qui constituent le système B ; 2° échauffement du système A de T_1 à T_2 avec absorption de la quantité de chaleur $\Sigma m_A c_A (T_2 - T_1)$, puis réaction à la température T_2 avec dégagement de chaleur Q_2. On doit avoir, d'après le principe précédent :

$$Q_1 - \Sigma m_B c_B (T_2 - T_1) = - \Sigma m_A c_A (T_2 - T_1) + Q_2$$

ou

$$(2) \quad Q_1 - Q_2 = (\Sigma m_B c_B - \Sigma m_A c_A)(T_2 - T_1)$$

La différence entre les quantités de chaleur dégagées par une même réaction à deux températures T_1 et T_2 est égale à l'excès de la chaleur d'échauffement de T_1 à T_2 des produits de la réaction sur la chaleur d'échauffement des corps réagissants dans le même intervalle.

L'expérience a montré que les chaleurs spécifiques des corps solides varient très faiblement aux basses températures ; d'autre part, suivant la loi de Kopp (ou de Westynn), la chaleur spécifique d'un composé solide, rapportée à son poids moléculaire, est sensiblement égale à la somme des chaleurs spécifiques moléculaires de ses éléments pris également à l'état solide, $\Sigma m_B c_B = \Sigma m_A c_A$. Dans ces conditions, la chaleur de combinaison des éléments solides peut être regardée comme indépendante de la température et servir de base dans les comparaisons thermochimiques.

Température d'inversion. — Si l'on considère la température T_2 comme fixe, en laissant T_1 variable, on voit que Q_1 s'annulera pour une valeur de T_1 telle que :

$$T_1 = T_2 + \frac{Q_2}{\Sigma m_B c_B - \Sigma m_A c_A}.$$

C'est la *température d'inversion* pour laquelle la chaleur de réaction change de signe. En négligeant les variations des chaleurs spécifiques moyennes, on peut représenter par une droite, dans le plan des coordonnées T et Q, les variations de Q en fonction de T.

CONDITIONS DE L'ÉQUILIBRE CHIMIQUE. — Si dQ désigne la quantité de chaleur dégagée ou absorbée dans une transformation infiniment petite d'un système, on sait que l'intégrale

$$\int \frac{dQ}{T}$$

est nulle pour toute transformation accomplie par voie réversible et formant un cycle fermé; l'intégrale définie

$$\int_1^2 \frac{dQ}{T}$$

pour une transformation accomplie par voie réversible de l'état 1 à l'état 2 ne dépend que de l'état initial et de l'état final, et $\frac{dQ}{T}$ est. dans ces conditions, la différentielle exacte d'une fonction S, définie à une constante près seulement, à laquelle Clausius a donné le nom d'*entropie*. En convenant de compter positivement, comme on le fait en calorimétrie, les quantités de chaleur dégagées par le système qui subit une transformation, on aura $dS = -\frac{dQ}{T}$, et pour la transformation réversible qui amène le système de l'état 1 à l'état 2 :

$$\int_1^2 \frac{dQ}{T} = S_1 - S_2.$$

Si l'on considère maintenant une transformation réelle accomplie par voie non réversible suivant un cycle fermé, on a toujours, avec les mêmes conventions de signes :

$$\int \frac{dQ}{T} > 0,$$

et pour une transformation, également irréversible, amenant le système de l'état 1 à l'état 2 :

$$\int_1^2 \frac{dQ}{T} = S_1 - S_2 + P,$$

P étant une quantité variable, toujours positive. Clausius a donné le nom de *transformation compensée* à la variation d'entropie $S_1 - S_2$, dont la valeur ne dépend que de l'état initial et de l'état final, et le nom de *transformation non compensée* à la quantité positive P qui dépend des états intermédiaires.

Transformations isothermiques. — Les réactions accomplies dans le calorimètre se passent à température sensiblement constante. Dans le cas où l'on considère T comme invariable, on peut écrire :

$$(3) \qquad Q = T(S_1 - S_2) + TP$$

TP est une quantité de chaleur, et la condition $P > 0$, qui doit toujours être remplie, peut se traduire par les énoncés suivants :

Toute réaction isothermique correspond à la production d'une quantité de chaleur non compensée positive.

Un système est en équilibre stable, si aucune des réactions isothermiques possibles ne correspond à la production d'une quantité de chaleur non compensée positive.

Potentiel thermodynamique. — L'équation (3) peut s'écrire :

$$JTP = JQ - JT(S_1 - S_2).$$

En remplaçant JQ par sa valeur d'après l'équation (1), on a :

$$JTP = J(U_1 - TS_1) - J(U_2 - TS_2) + T_e.$$

En introduisant la fonction $F = J(U - TS)$ appelée par Duhem *potentiel thermodynamique interne* [C. R., 99, 1113, 1884], on a :

$$JTP = F_1 - F_2 + T_e,$$

et cette quantité représente la portion de l'énergie totale dégagée dans une transformation, qui est directement utilisable sous forme de travail mécanique. Elle donne la mesure de ce que Carnot avait appelé la *puissance motrice* [*Réflexions sur la puissance motrice du feu*], Gibbs, l'énergie utilisable [*Sur l'équilibre des systèmes chimiques*. Traduct. par Le Chatelier, Paris, Carré et Naud], et Helmholtz l'énergie libre; Massieu [C. R., 69, 1057, 1869] avait envisagé sous le nom de *fonction caractéristique* la fonction $S - \frac{U}{T}$.

Lorsque les forces extérieures admettent un potentiel Ω, le travail extérieur T_e est égal à la variation de ce potentiel, et, en considérant la fonction $\Phi = F + \Omega$, qui porte le nom de *potentiel thermodynamique total*, l'expression du travail non compensé sera :

$$JTP = \Phi_1 - \Phi_2.$$

La condition $P > 0$ s'exprime alors par les énoncés suivants :

Toute réaction isothermique correspond à une diminution du potentiel thermodynamique total du système.

Un système est en équilibre stable si aucune des réactions isothermiques possibles ne correspond à une diminution du potentiel thermodynamique total [Duhem, *Mécan. chim.*].

Dans le cas des réactions chimiques accomplies dans le calorimètre, à la pression atmosphérique π, que l'on peut considérer comme constante, le potentiel des forces extérieures est πV, V étant le volume du système. Dans le calcul des expériences calorimétriques suivant la méthode indiquée par Berthelot, on ramène les quantités de chaleur dégagées à ce qu'elles seraient si tous les corps du système étaient à l'état solide; les variations de volume dans les réactions isothermiques sont alors négligeables; il en est de même, par conséquent, du travail extérieur. Pour les réactions accomplies dans la bombe calorimétrique, sans volume constant, le travail des forces extérieures est toujours nul.

Le potentiel thermodynamique total se réduit donc, pour les réactions étudiées dans le calorimètre, à la fonction $F = J(U - TS)$.

Principe du travail maximum. — Berthelot [*Essai de mécan. chim.*, introd., 29, 1879] avait énoncé les principes suivants :

Toute réaction chimique susceptible d'être accomplie sans le concours d'un travail préliminaire, et en dehors de l'intervention d'une énergie étrangère à celle des corps présents dans le système, se produit nécessairement si elle dégage de la chaleur.

Tout changement chimique accompli sans l'intervention d'une énergie étrangère tend vers la production du corps ou du système de corps qui dégage le plus de chaleur.

On a vu précédemment que la quantité de chaleur dégagée dans une réaction à température constante T avait pour expression $Q = T(S_1 - S_2) + TP$.

La possibilité d'une réaction dépend, d'après Berthelot, de la condition $Q > 0$, et d'après les principes de la thermodynamique de la condition $Q - T(S_1 - S_2) > 0$; si cette dernière condition est remplie, le terme $T(S_1 - S_2)$, qui peut être aussi bien positif que négatif, peut être négatif et supérieur en valeur absolue à TP : dans ce cas la réaction serait possible, quoique Q fût négatif.

Q est la somme algébrique de deux termes dont l'un, TP, représente la partie de la chaleur totale dégagée dans la réaction qui pourrait être transformée en travail par une machine. C'est, en toute rigueur, le signe de ce terme qui détermine la possibilité de la réaction : toute transformation, pour se produire spontanément, doit correspondre à une valeur de P positive, c'est-à-dire à une diminution de l'énergie utilisable ou puissance motrice du système chimique.

« Cette réaction, utilisée pour actionner une machine parfaite, doit fournir une quantité positive de travail. Si plusieurs réactions sont possibles, celle qui tendra finalement à se produire correspondra à la production du travail maximum.... C'est le même énoncé que celui de Berthelot, mais avec cette différence. que le travail dont il est question n'est pas le même dans les deux cas : l'un est le travail équivalent à la totalité de la chaleur de réaction, l'autre est le travail que la réaction considérée peut produire par l'intermédiaire d'une machine. » [Le Chatelier, *C. R.*, **115**, 167, 1892].

Les conditions $Q > 0$ et $Q - T(S_1 - S_2) > 0$ se rapprocheront d'autant plus l'une de l'autre que le terme $T(S_1 - S_2)$ sera plus petit et que Q sera plus grand. C'est ce qui a lieu pour un très grand nombre de réactions vives, telles que les substitutions entre les métalloïdes unis aux métaux ou entre les métaux dans les sels, ou encore telles que les doubles décompositions dans lesquelles il y a simplement échange de quelques éléments entre des composés semblables; la variation d'entropie est alors très faible. C'est aussi le cas des réactions accomplies à température très basse : *le principe du travail maximum est vrai, en toute rigueur, au zéro absolu.*

Berthelot a fait remarquer que le mode de calcul des expériences calorimétriques dont il a généralisé l'emploi et qui consiste à rapporter les chaleurs de formation des composés à l'état solide des corps réagissants, permettait précisément l'évaluation de ces quantités dans les conditions où le terme $T(S_1 - S_2)$ est très petit. Connaissant la chaleur dégagée dans une réaction accomplie à la température ordinaire, on peut calculer, quel que soit l'état des corps réagissants, quelle serait la chaleur dégagée à une température très basse où tous ces corps seraient solides, si l'on connaît les chaleurs latentes de leurs transformations physiques, ainsi que leurs chaleurs spécifiques.

D'autre part, si $S_1 - S_2$ représente la variation d'entropie quand on passe du système des éléments 1 au système des composés 2, au zéro absolu, la variation d'entropie dans la même réaction, à une température réelle T, sera :

$$S_1 - S_2 + (\Sigma m_1 c_1 - \Sigma m_2 c_2) \int_0^T \frac{dT}{T},$$

m_1, c_1, m_2, c_2 étant respectivement les masses et les chaleurs spécifiques moyennes des éléments et des corps composés entre $0°$ et $T°$. Comme $\Sigma m_1 c_1 = \Sigma m_2 c_2$, d'après la loi de Kopp-Westynn, la différence des entropies à $T°$ peut être considérée comme étant la même qu'au zéro absolu. D'autre part, le produit $T(S_1 - S_2)$ étant nul au zéro absolu, la chaleur totale de réaction est entièrement transformable en travail et donne la mesure de l'énergie chimique dans les systèmes privés de chaleur. « Cette énergie chimique demeurerait intégralement disponible pour les corps solides, non seulement au zéro absolu, mais à toute température » dans les limites où la relation $\Sigma m_1 c_1 = \Sigma m_2 c_2$ resterait exacte [Berthelot, *Ann. Chim. Phys.* (7), 4, 79, 1895; — *Thermochimie*, I, 11, 1897].

DÉTERMINATION EXPÉRIMENTALE DE LA CHALEUR NON COMPENSÉE. — Une hypothèse d'Helmholtz permet de mesurer la chaleur non compensée produite dans une réaction lorsqu'on peut utiliser cette réaction pour former une pile voltaïque [voy. Duhem, *C. R.*, **99**, 1113, 1884 et **113**, 536, 1891]. Helmholtz suppose que l'énergie dépensée sous forme électrique, lorsque la réaction s'accomplit dans une pile, est égale à la variation du potentiel thermodynamique total du système chimique lorsque la réaction s'accomplit sans produire de courant. L'énergie électrique produite par la pile est mesurée par la chaleur dégagée dans un circuit extérieur de résistance suffisante pour que la résistance intérieure de la pile soit négligeable devant la sienne. On peut avoir ainsi une évaluation du travail non compensé qui accompagnerait la réaction, si celle-ci se produisait en dehors de la pile, puisque ce travail est égal, comme on l'a vu précédemment, à la variation du potentiel thermodynamique total. On a constaté que l'énergie électrique, mesurée en unités calorifiques, c'est-à-dire la chaleur non compensée, est, en général, différente de la chaleur totale de réaction, mais que la différence est pratiquement négligeable pour un très grand nombre de réactions et, en particulier, pour celles qui permettent de construire des piles utilisables.

CHALEURS DE COMBUSTION. — La détermination des chaleurs de combustion des corps simples ou composés, naturels ou produits dans les laboratoires, susceptibles de brûler dans l'oxygène, présente le plus grand intérêt scientifique et industriel. La mesure de la chaleur de combustion d'un corps que l'on ne peut former directement dans le calorimètre permet d'abord de calculer sa chaleur de formation, lorsqu'on connaît la chaleur de combustion de ses éléments. Mais ces mesures présentent, en outre, une utilité immédiate dans la détermination du pouvoir calorifique des combustibles, de la force des substances explosives et de la valeur nutritive des aliments.

Les méthodes antérieurement employées (voy. 1er Suppl., 1539) avaient l'inconvénient d'être peu précises, en raison des combustions incomplètes qu'on ne pouvait pas toujours éviter, ou très compliquées par suite des corrections nécessaires. Berthelot a imaginé de produire les combustions dans un temps très court, en présence d'oxygène en excès comprimé à plusieurs atmosphères dans un appareil clos, résistant, immergé dans le calorimètre, auquel il a donné le nom de *bombe calorimétrique* [Berthelot, *Ann. Chim. Phys.*, (5), **23**, 160, 1881 ; — Berthelot et Vieille. *Ann. Chim. Phys.*, (6), **6**, 546, 1885]. L'appareil se compose d'une enveloppe en acier doux, très résistante, doublée de platine à l'intérieur et présentant la forme d'un cylindre de 10 cm. de hauteur et de 6 cm. de diamètre, fermé à l'extrémité inférieure par une calotte aplatie. Un couvercle en platine, renforcé par une plaque d'acier, entre à frottement doux à la partie supérieure du cylindre; il porte un robinet à pointeau pour l'introduction et l'extraction des gaz et une tige métallique isolée pour le dispositif électrique d'allumage. Un écrou en acier qui se visse extérieurement, à la partie supérieure de la bombe, permet le serrage du couvercle dont la fermeture doit résister hermétiquement à des pressions de plusieurs dizaines d'atmosphères. La bombe est placée sur un support mobile dans le calorimètre, le couvercle étant immergé. La matière combustible, agglomérée au besoin par compression, peut être placée sur une nacelle de platine suspendue au couvercle; on produit, en général, l'allumage au moyen d'une petite spirale de fil de fer disposée au voisinage de la substance et portée au rouge par un courant électrique; il est tenu compte dans le calcul de l'expérience de sa chaleur d'oxydation. Les substances volatiles sont renfermées dans une ampoule que l'on brise par agitation de la bombe après fermeture (voy. 2ᵉ Suppl., **3**, 778). Berthelot a mesuré au moyen de cet appareil la chaleur de combustion d'un grand nombre de corps simples, celle des gaz hydrocarbonés et des composés organiques les plus importants. Berthelot et Vieille ont fait ensuite une étude systématique des charbons et des hydrates de carbone ainsi que des dérivés nitrés qui constituent les explosifs modernes [Berthelot, *Sur la force des matières explosives*, Paris, Gauthier-Villars, 1883]. Des déterminations analogues ont été faites depuis par cette méthode, pour la majeure partie des composés organiques et en particulier pour ceux qui forment les éléments des substances nutritives.

La méthode de la bombe calorimétrique a été appliquée par Mahler [*C. R.*, **113**, 774, 1891] et par Hempel [*Stahl und Eisen*, **58**, 1893] à la mesure du pouvoir calorifique des combustibles. L'appareil de Mahler diffère de celui de Berthelot par le remplacement du revêtement intérieur en platine par une couche d'un émail spécial et par une modification du couvercle permettant l'obturation par l'écrasement d'un anneau de plomb soustrait à l'action des gaz produits dans la bombe. Sa capacité plus considérable (650 cc. environ) permet d'opérer sur des quantités convenables de combustibles ou de gaz souvent riches en matière inerte. L'emploi de cet appareil s'est généralisé pour toutes les combustions qui n'exigent pas le coûteux revêtement en platine de la bombe de Berthelot.

Un appareil fondé sur le même principe peut être employé dans l'étude calorimétrique des réactions très vives effectuées en présence de l'eau ou de tout autre liquide et qui donnent lieu à un dégagement gazeux. Le liquide est enfermé dans la bombe et la substance réagissante est placée dans une ampoule scellée que l'on brise ultérieurement au moyen d'un écraseur traversant le couvercle. C'est ainsi que les chaleurs d'oxydation des métaux alcalins ont pu être déterminées avec précision [E. Rengade, *C. R.*, **146**, 129, 1908].

Potentiel des explosifs. — Si l'on désigne respectivement par U_1 et u_1 l'énergie interne d'une charge d'explosif à la température T_1 et celle du mélange gazeux produit par sa détonation, ramené à la température T_1, on appelle *potentiel explosif* de cette charge le produit $P = J(U_1 — u_1)$. Si l'on peut effectuer la détonation dans la bombe calorimétrique et admettre que les résidus de la combustion soient identiques à ceux que produirait la détonation dans une arme à feu ou dans un fourneau de mine, la chaleur dégagée Q est égale à $U_1 — u_1$. On a donc $P = JQ$, et la détermination du potentiel de l'explosif se trouve ramenée à une expérience de calorimétrie. En réalité, ce potentiel constitue une limite supérieure de l'effet mécanique que peut produire l'explosif, les produits de la détonation se trouvant encore à une température supérieure à la température initiale de la charge lorsque l'effet mécanique est produit.

Valeur nutritive des aliments. — L'énergie produite par un animal est tout entière empruntée à la combustion lente des aliments assimilés qui s'accomplit dans son organisme. Lorsqu'un aliment est transformé en produits d'excrétion incomplètement oxydés, la chaleur provenant de sa combustion incomplète dans l'organisme est égale à la différence entre sa chaleur de combustion totale au calorimètre et la chaleur de combustion de ses résidus. Ces principes ont été vérifiés et une étude approfondie des régimes alimentaires a été faite par des procédés calorimétriques particuliers. Atwater a employé une chambre calorimétrique de grandes dimensions, maintenue à une température rigoureusement constante, dans laquelle un homme peut rester enfermé plusieurs jours. Des dispositions particulières permettent le renouvellement de l'air à température constante, la mesure des quantités d'oxygène consommées et des quantités d'acide carbonique, d'eau, etc. excrétées, ainsi que la détermination de la quantité de chaleur correspondant au travail mécanique de l'homme en expérience ou rayonnée par lui. Atwater a constaté que la quantité de chaleur produite au cours d'expériences prolongées était égale, à 1.8000ᵉ près (50 calories d'erreur environ sur 450 000), à la chaleur de combustion de la partie réellement assimilée des aliments introduits dans le calorimètre [voy. A. Gautier, *L'alimentation et les régimes* et *Revue d'hygiène alimentaire*, **3**, 645, 1906]. Ces expériences montrent, ainsi que l'avait affirmé Berthelot, que l'entretien de la vie ne consomme aucune énergie qui lui soit propre et que la nature des transformations intermédiaires par lesquelles passe l'animal ne joue aucun rôle dans le calcul de l'énergie nécessaire à son entretien, pourvu que les états initial et final de l'être vivant restent les mêmes [Berthelot, *Essai de mécan. chim.*, **1**, 89].

1ᵉʳ Mars 1908. A. Binet du Jassonneix.

THÉTINE-CARBONIQUE (ACIDES). — (Voy. 1ᵉʳ Suppl., 1546).

$$OH-S \underset{C^nH^{2n}-COOH}{\overset{(C^nH^{2n+1})^2}{\lessgtr}}$$

DIMÉTHYLTHÉTINE,

$$OH-S \underset{CH^2-COOH}{\overset{(CH^3)^2}{\lessgtr}}$$

— Conductibilité électrique, voyez Carrara, Rossi [*Lincei*, (5), **6**, II, 210].

Constante d'affinité, mêmes auteurs, p. 220.

La diméthylthétine est attaquée par le brome ou les bromures avec formation d'une huile perbromée; cette dernière chauffée en présence de l'eau se transforme en bromure de diméthyldibromométhylsulfine [Strömholm, *D. chem. G.*, **32**, 2910, 1899].

On a préparé des sels doubles :

$Cl-S(CH^3)^2 . CH^2 . COOH + 6 HgCl^2$. — Rhomboèdres fondant à 128°.

$Cl-S(CH^3)^2 . CH^2 . COO-Hg-Cl + 2 HgCl^2$. — Aiguilles fondant à 130° [Strömholm, *D. chem. G.*, **34**, 2289, 2294, 1898].

DIÉTHYLTHÉTINE,

$$OH-S \begin{cases} (C^2H^5)^2 \\ CH^2-COOH \end{cases}$$

— Conductibilité des sels (Carrara et Rossi).

Sels. — $Cl-S(C^2H^5)^2 . COOH + 6 HgCl^2$ (Strömholm).

MÉTHYLÉTHYLTHÉTINE,

$$OH-S \begin{cases} (CH^3)(C^2H^5) \\ CH^2-COOH \end{cases}$$

— Le bromure ($Br-S\equiv$) se forme quand on traite le sulfure de méthyléthyle par l'acide monobromoacétique.

Cristaux très déliquescents fondant à 84° en se décomposant, insolubles dans l'éther.

Sels. — $C^5H^{11}O^2SCl, 6 HgCl^2$ (Strömholm).

$C^5H^{11}O^2SCl, 1/2 PtCl^4$. — Cristaux fondant en se décomposant à 167° [Billows, *Gaz. Chim. Ital.*, **23**, I, 498, 1893].

W. Pope et S.-J. Peachy ont préparé un composé optiquement actif; le bromure de méthyléthylthétine est traité par le camphorosulfonate d'argent $C^{10}H^{15}O . SO^3Ag$; après évaporation de la solution à basse température on obtient un résidu qu'on dissout dans l'alcool absolu et qu'on reprécipite par l'éther anhydre; après 50 traitements on obtient une fraction peu soluble qu'ils supposent le camphorosulfonate de d-méthyléthylthétine

$$\begin{array}{l} C^2H^5 \\ C^{10}H^{15}OSO^3 \end{array} \diagdown S \begin{cases} CH^2COOH \\ CH^3 \end{cases}$$

fondant à 120°, et dont le pouvoir rotatoire moléculaire est (M) = 68° pour la raie D; le monobromocamphorate correspondant donne M = +288°.

On a préparé un *chloroplatinate*

$$\begin{array}{l} C^2H^5 \\ Cl \end{array} \diagdown S \begin{cases} CH^2COOH \\ CH^3 \end{cases} . 1/2 PtCl^4$$

fondant à 177-180° et donnant M = 30°,5 [*Chem. Soc.*, **77**, 1072, 1900].

ACIDE THÉTINE-DIMÉTHYL-α-PROPIONIQUE,

$$OH-S \begin{cases} (CH^3)^2 \\ CH(CH^3)COOH \end{cases}$$

— Le bromure est traité par l'oxyde d'argent.

La thétine libre est très déliquescente, elle donne une réaction neutre [Carrara, *Gaz. chim. ital.*, **23**, I, 502, 1893]. Conductibilité électrique et constante d'affinité des sels, voyez Carrara et Rossi [*loc. cit.*].

Le bromure correspondant $Br-S\equiv$ s'obtient en traitant le sulfure de méthyle par l'acide α-bromopropionique. Ce sont des tables déliquescentes fondant à 84-85° en se décomposant.

Sels doubles de la thétine diméthyl-α-propionique, $C^5H^{11}O^2\equiv S-Cl, 1/2 PtCl^4, H^2O$. — Tablettes très solubles dans l'eau fondant à 105-106° [Billow, *Gaz. chim. ital.*, **23**, I, 505, 1893].

ACIDE THÉTINE-DIMÉTHYL-β-PROPIONIQUE,

$$OH-S \begin{cases} (CH^3)^2 \\ CH^2-CH^2-COOH \end{cases}$$

Conductibilité électrique des sels, constante d'affinité (Carrara et Rossi).

Bromure, $Br-S\equiv C^5H^{11}O^2$. — On l'obtient en traitant le sulfure de méthyle par l'acide mono-bromo-β-propionique [Carrara, *loc. cit.*]. Il cristallise en aiguilles fondant à 115° en se décomposant.

Chloroplatinate, $Br-S\equiv C^5H^{11}O^2, 1/2 PtCl^4$. — Aiguilles orangé rouge fondant à 184° (Billow).

SULFURES DE DIÉTHYLÈNE-THÉTINE,

$$S \begin{cases} CH^2-CH^2 \\ CH^2-CH^2 \end{cases} S \begin{cases} OH \\ C^nH^{2n}-COOH \end{cases}$$

— On obtient l'*anhydride*

$$S \begin{cases} CH^2-CH^2 \\ CH^2-CH^2 \end{cases} S \begin{cases} O \\ CH^2 \end{cases} CO$$

en traitant le bromure correspondant par l'oxyde d'argent [Strömholm, *D. chem. G.*, **32**, 2898, 1899]. On le fait cristalliser dans l'eau et l'alcool, il retient $2H^2O$ qu'il perd dans le vide ou sous l'influence de la lumière solaire en présence de déshydratants.

La thétine libre cristallise en écailles qui se décomposent au-dessus de 130°. En chauffant très vite on peut la faire bouillir rapidement à 145°. Elle est très hygroscopique, elle se purifie par traitement aux acides qui l'hydratent.

Évaporée en présence de lessive de soude elle donne l'acide vinylthioéthylène-thioglycolique $CH^2=CH-SCH^2CH^2SCH^2COOH$ [Strömholm, *D. chem. G.*, **32**, 2905, 1899].

En traitant le bromure par l'eau de brome on obtiendra le bromure de disulfure-oxydiéthylène-thétine (voyez plus loin). Avec le brome en excès on obtiendra un perbromure instable.

Sels préparés par Strömholm.

Fluorure,

$$S \begin{cases} CH^2-CH^2 \\ CH^2-CH^2 \end{cases} S \begin{cases} CH^2-COOH \\ F \end{cases} + 2H^2O$$

[*D. chem. G.*, **32**, 2897, 1899; **34**, 2290, 1898]; il perd H^2O à 80° et $2H^2O$ à 136° en fondant.

Chlorure. — Il fond à 167° en se décomposant. Son *sel de calcium*,

$$\left(S \begin{cases} CH^2-CH^2 \\ CH^2-CH^2 \end{cases} S \begin{cases} CH^2COO \\ Cl \end{cases} \right)^2 Ca, 5H^2O$$

devient anhydre à 80°.

$C^6H^{10}O^2S^2Cl . HgCl, 3 HgCl^2$. — Fond à 131°.

$C^6H^{11}O^2S^2Cl, PtCl^4$. — Précipité jaune soluble dans les alcalis; $(C^6H^{10}O^2S^2Cl)^2 Ca, PtCl^4, 2,5 H^2O$, cristaux orangés, perdant 1 mol. d'eau au dessicateur, et le reste à 145° en se décomposant.

$C^6H^{10}O^2S^2Cl . PtCl^2$. — Croûtes cristallines jaunes.

$(C^6H^{10}O^2S^2ClK)^2 PtCl^2$; $(C^6H^{10}O^2S^2Cl)^2 CaPtCl^2, 4 H^2O$, cristaux rouges, perdant leur eau avec une faible décomposition à 110°.

Bromure,

$$S \begin{cases} CH^2-CH^2 \\ CH^2-CH^2 \end{cases} S \begin{cases} CH^2-COOH \\ Br \end{cases}$$

— Il se prépare en chauffant des poids moléculaires de bisulfure de diéthylène et d'acide mono-bromoacétique.

On obtient des prismes qui chauffés longtemps à 159° donnent un liquide brun rouge; ils se décomposent si on en chauffe au-dessus.

Il se dissout bien dans l'eau chaude et reprécipite à froid. Bouilli avec l'eau il se décompose en sulfure de diéthylène et acide bromacétique.

Les sels alcalins sont très solubles dans l'eau. Quand on concentre la solution il se dépose de la thétine libre.

Sels, $(C^6H^{10}O^2S^2Br)^2 Ca, 5 H^2O$. — Cristaux transparents s'effleurissant à l'air.

$(C^6H^{10}O^2S^2 . Br)^2 . Ba, 4 H^2O$. — Stable à l'air, il devient anhydre à 70°.

$C^6H^{12}O^2S^2.C^6H^{11}O^2S^2$. Bi. — Mélange moléculaire de thétine base et de bromure. Sel cristallin fondant à 179° en se décomposant.

Iodure. — Même constitution que les chlorures et bromures, il cristallise en prismes obliques fondant à 130°.

Sel de baryum cristallisant avec $4H^2O$.

Nitrate.

$$S\diagup{\overset{CH^2-CH^2}{CH^2-CH^2}}\diagdown S\diagup{\overset{CH^2COOH}{O-AzO^2}} + H^2O$$

— Feuillets fondant à 109°.

Le *nitrate anhydre* fond à 130° avec dégagement gazeux.

Son *sel d'argent* $C^6H^{10}O^5AzS^2Ag$ est en aiguilles feutrées.

Bisulfate.

$$S\diagup{\overset{CH^2-CH^2}{CH^2-CH^2}}\diagdown S\diagup{\overset{CH^2COOH}{SO^2OH}}$$

— Cristaux très solubles.

Acétate $+ 1/2H^2O$. — Le composé anhydre fond à 116-117°.

Trichloracétate,

$$\diagup S\diagdown \frac{CH^2COOH}{CCl^3COO}$$

— Masse d'aspect de porcelaine fondant à 91° avec effervescence.

Son *sel de baryum* cristallise avec $5H^2O$.

Picrate. — Aiguilles jaunes fondant à 149°, peu solubles dans l'eau.

Ces composés ont été préparés par Strömholm [*D. chem. G.*, **22**, 2897, 1889].

SULFURE DE THÉTINE-OXYÉTHYLÈNE,

$$SO\diagup{\overset{CH^2-CH^2}{CH^2-CH^2}}\diagdown S\diagup{\overset{CH^2COOH}{OH}}$$

— On l'obtient en traitant le bromure correspondant par l'oxyde d'argent [*D. chem. G.*, **32**, 2908, 1899].

Il cristallise en feuillets fondant en se décomposant à 133°; il est très soluble dans l'eau et l'alcool. Il donne des composés et sels doubles analogues au sulfure de thétine-éthylène [Strömholm, *D. chem. G.*, **34**, 2290, 1898]

$$\diagup S\diagup{\overset{CH^2COOHgCl}{Cl}} + 2HgCl^2$$

fondant à 180°.

$C^6H^{11}O^3S^2ClPtCl^4 + 6.5H^2O$. — Rosettes orangées. Il perd $3H^2O$ dans le dessiccateur et le reste à 110°.

Le *bromure* $=SBrCH^2CO^2H$ se prépare en oxydant par l'eau de brome le bisulfure de thétine-éthylène bromé avec les quantités théoriques. On obtient des feuillets très solubles dans l'eau fondant à 158-159°.

ACIDE DIMÉTHYLTHÉTINE-DICARBONIQUE,

$$CO\diagup{\overset{O}{CH^2}}\diagdown S\diagup{\overset{CH^2COOH}{CH^2COOH}}$$

— Le *sel de sodium* est obtenu en chauffant le thiodiacétate de sodium avec le monochloracétate de sodium $S(CH^2COONa)^2 + CH^2ClCOONa = NaCl + C^6H^6O^6SNa^2$.

Pour le préparer on dissout 100 gr. d'acide monochloracétique dans 20 cc. d'eau, on le sature avec du carbonate de soude, on ajoute une demi-molécule de sulfure de sodium fraîchement préparé, puis on introduit à froid 50 gr. d'acide monochloracétique qu'on a neutralisés au carbonate de soude: on chauffe alors pendant 7 ou 8 heures au bain-marie. La réaction terminée on acidule à l'acide chlorhydrique et on extrait le mélange à l'éther.

On fait cristalliser dans l'eau de beaux cristaux qui fondent en se décomposant à 157-158°, ils se dissolvent dans l'acide chlorhydrique concentré.

Par distillation on décompose le produit avec formation de sulfure de méthyle, de méthylthioacétate, de méthyle $CH^3.CH^2COO.CH^3$ et de thiodiacétate de méthyle $S(CH^2CO^2CH^3)^2$.

Si on sature de gaz chlorhydrique une solution alcoolique de diméthylthétine-dicarbonique, on obtient des éthers des acides monochloracétique et thioacétique.

Sels $C^6H^6.SO^6.Na^2, 3H^2O$. — Aiguilles très solubles dans l'eau.

$C^6H^6.SO^6Ag$. — Aiguilles soyeuses.

$C^6H^6.SO^6Ag$. — Aiguilles ou feuillets [Strönholm, *D. chem. G.*, **33**, 824, 1900].

Janvier 1907. M. Billy.

THIACÉTOPHÉNONE. — Voyez l'art. ACÉTYLBENZÈNE, 2e Suppl., **1**, 73.

THIALDINE,

$$\begin{matrix} CH^3-CH-S & \\ \mid & \diagdown \\ AzH & CH-CH^3 \\ \mid & \diagup \\ CH^3-CH-S & \end{matrix}$$

— Elle se forme quand on traite par l'ammoniaque l'α-trithioaldéhyde $(CH^3CHS)^3$ [Marckwald, *D. chem. G.*, **19**, 1831, 1886]; ce sont des cristaux fondant à 43°.

La thialdine donne avec l'iodure de méthyle, en solution éthérée, la méthylthialdine; il se forme en même temps de l'iodhydrate de thialdine et de l'iodométhylate de méthylthialdine [Marckwald, *D. chem G.*, **19**, 2381, 1886].

Pour l'étude thermochimique des thialdines consulter M. Delépine [*Bull. Soc. Chim.*, (3), **29**, 269, 1903].

MÉTHYLTHIALDINE,

$$\begin{matrix} CH^3-CH-S & \\ \diagup & \diagdown \\ Az(CH^3) & CH-CH^3 \\ \diagdown & \diagup \\ CH^3-CH-S & \end{matrix}$$

— On peut l'obtenir en traitant une solution brute de thioacétaldéhyde par la méthylamine [Marckwald, *D. chem. G.*, **19**, 2378, 1886].

On peut aussi l'obtenir avec une solution aqueuse froide d'aldéhyde acétique à 10 0/0, on ajoute un petit excès de méthylamine en liqueur concentrée, puis on y fait lentement passer un courant d'hydrogène sulfuré (Marckwald).

La méthylthialdine cristallise dans l'alcool en longues aiguilles fondant à 79°, elle se volatilise sans décomposition, elle est insoluble dans l'eau froide, peu soluble dans l'alcool froid, très soluble dans l'éther.

Ses sels sont très solubles dans l'eau; chauffée avec les sels de l'acide rhodanique, la thialdine se décompose avec formation de trithioacétaldéhyde γ et d'acide dithioaldéhyde-isorhodanique.

Chlorhydrate $C^7H^{15}AzS^2.HCl$. — Aiguilles déliquescentes, très solubles dans l'alcool.

Sulfocyanure $C^7H^{15}AzS^2,CSAzH$. — Il cristallise dans l'alcool et fond à 120°.

Iodométhylate $C^7H^{15}AzS^2,CH^3I$. — Ce composé s'obtient en laissant pendant deux jours la méthylthialdine avec l'iodure de méthyle en présence d'éther; il se forme des cristaux très solubles dans l'eau, qui sont attaqués par l'eau de baryte à chaud, avec retour à la méthylthialdine.

Avec l'oxyde d'argent à chaud, il se produit une décomposition totale avec formation de sulfure d'argent [Marckwald, *D. chem G.*, **19**, 2381, 1885].

CARBOTHIALDINE,

$$CS \begin{cases} AzH - CH - CH^3 \\ S \longrightarrow AzH = CH - CH^3 \end{cases}$$

— Pour sa constitution voyez Delépine [*Bull. Soc. Chim.*, (3), **15**, 898, 1896].

Janvier 1907.   M. Billy.

THIAMMÉLINE,

$$HS.C \begin{cases} Az - C - AzH^2 \\ Az \\ Az = C - AzH^2 \end{cases} \text{ou} \quad CS \begin{cases} AzH - C = AzH \\ AzH \\ AzH - C = AzH \end{cases}$$
(tautomère).

(Voy. 1er Suppl., 1548).

Rathke la prépare en chauffant longtemps au bain-marie 1 mol. de dicyanodiamide avec au moins 2 mol. de sulfocyanate d'ammonium dissous dans peu d'eau et addition d'HCl en quantité équivalente à celle de l'ammoniaque du sel. Il se forme un sulfocyanate de thiamméline qu'on décompose par l'ammoniaque [*D. chem. G.*, **18**, 3106, 1885 et **20**, 1059, 1887]. On a :

$$C^2H^4Az^4 + CAzHS = C^3H^5Az^5S.$$

P. Claësson (ou Klason) l'obtient par action de la chlorocyanurodiamide sur le sulfhydrate de potassium, ce qui fixe sa constitution, encore établie par le fait que l'oxydation la change en amméline [*Mém. de l'ac. royale suédoise*, **10**, n° 6 et *J. prakt. Chem.*, (2), **33**, 296, 1886]. Voy. une formation [Goldberg, *J. prakt. Chem.*, (2), **64**, 457, 1901].

Propriétés. — Aiguilles solubles dans 310 p. d'eau bouillante; solubles dans les acides forts en formant des sels monoacides : $B.HCl$; $B.AzO^3H$ sont très solubles; $B^2.SO^4H^2, 3H^2O$; $B^2.C^2O^4H^2$. H^2O sont peu solubles.

L'acide chlorhydrique à 130° la change en acide cyanurique, ammoniaque et hydrogène sulfuré.

Pour l'action des bromures d'éthyle et d'éthylène, voy. le mémoire de Rathke [*D. chem. G.*, **20**, 1059, 1887; **21**, 874, 1888].

La thiamméline, par l'eau de brome, donne la dithiammélide [Rathke, *D. chem. G.*, **23**, 1675, 1890].

L'éther *méthylique* (au soufre) fond à 268° [W. Hofmann, *D. chem. G.*, **18**, 2757, 1885]; les éthers *éthylique* et *amylique*, à 165° et 178° [P. Klason, *loc. cit.*).

Triphénylthiamméline,

$$HS - C \begin{cases} Az \longrightarrow C = AzC^6H^5 \\ AzH \\ Az(C^6H^5) - C = AzC^6H^5 \end{cases}$$

Elle fond à 238° [Rathke, *D. chem. G.*, **20**, 1065, 1887].   Juin 1907.   M. Delépine.

THIANTHRÈNE, *disulfure de diphénylène*, $(C^6H^4)^2S^2$,

$$\begin{array}{ccccc}
& CH & & CH & \\
HC & \overset{8}{\diagup}\diagdown & \overset{C}{}\, S\, \overset{C}{} & \diagup\diagdown \overset{1}{} & CH \\
HC & \underset{7}{}\;\underset{6}{} & & \underset{2}{}\;\underset{3}{} & CH \\
& \underset{5}{\diagdown}\diagup & \overset{C}{}\, S\, \overset{C}{} & \diagdown\diagup \underset{4}{} & CH \\
& CH & & CH &
\end{array}$$

Le thianthrène se forme, dans l'action du sulfure de phosphore (1 partie) sur le phénol (2 parties) [Graebe, *Ann. Chem.*, **179**, 178, 1875]; lorsqu'on chauffe le sulfure de diazophénylène vers 200-250° [Jacobson et Ney, *D.*

chem. *G.*, **22**, 910, 1889]; lorsqu'on porte à l'ébullition pendant 30 heures le sulfure de phényle (1 mol.) avec le soufre (2 atomes) [Kraffts et Lyons, *D. chem. G.*, **29**, 436, 1896; — Genvresse, *Bull. Soc. Chim.*, **15**, 409, 1896]; par l'action du chlorure de soufre sur le benzène en présence de l'amalgame d'aluminium [Cohen et Skirrow, *Chem. Soc.*, **75**, 888, 1899].

Lorsqu'on fait réagir le soufre sur le benzène en présence du chlorure d'aluminium, il se forme des produits d'addition du thianthrène et du sulfure de phényle avec le chlorure d'aluminium, $(C^6H^4)^2S^2.AlCl^3$ et $(C^6H^5)^2S.AlCl^3$. Ces produits, décomposés par l'eau, fournissent le thianthrène mélangé de sulfure de phényle [Friedel et Kraffts, *Ann. Chim. Phys.*, (6), **14**, 438, 1888; — Boeseken, *Rec. Trav. chim. des Pays-Bas*, **24**, 209, 1904].

Pour préparer le thianthrène on fait réagir le chlorure de soufre sur le benzène en présence du chlorure d'aluminium. On dissout 3,2 parties de chlorure de soufre dans 6 parties de benzène et on ajoute peu à peu ce mélange, à froid et en agitant, dans 12 parties de benzène additionné de 2 parties de chlorure d'aluminium. On porte finalement la température à 40-45°, on agite la solution benzénique froide avec l'acide chlorhydrique dilué, on sèche et on distille [Friedel et Kraffts, *Ann. Chim. Phys.*, (6), **1**, 530, 1884; — Krafft et Lyons, *loc. cit.*].

Cette dernière méthode peut être utilisée pour la préparation des dérivés du thianthrène ou de composés analogues; c'est ainsi que la quinoléine et ses dérivés conduisent aux dérivés connus sous le nom de *thioquinanthrènes* [A. Edinger et B. Ekely, *Journ. f. prakt. Chem.*, **66**, 209, 1902].

Le thianthrène cristallise dans l'alcool en prismes monocliniques fusibles à 158-159°. Il distille sans décomposition à 353-354° sous la pression ordinaire et à 204° sous 11 mm. [Kraffts et Kirschan, *D. chem.*, *G.*, **29**, 443, 1896]. Il est insoluble dans l'eau, soluble dans 400 parties d'alcool froid. Il se dissout dans l'acide sulfurique concentré avec une coloration violette intense. Il n'est pas attaqué, à 200°, par l'acide iodhydrique et le phosphore; ni par l'iodure de méthyle à 100° [Jacobsen et Ney, *Ann. Chem.*, **277**, 226, 1893]; ni par ébullition de sa solution benzénique avec le chlorure d'aluminium [Genvresse, *Bull. Soc. Chim.*, **17**, 609, 1897]. Par oxydation il fournit le dioxyde de thianthrène, puis la disulfone du diphénylène (voyez plus loin). Traité par le brome, en solution dans le sulfure de carbone, il fournit un *tétrabromure* $C^{12}H^8S^2Br^4$, prismes bruns, qui se décomposent lentement à l'air.

Chauffé au bain-marie avec l'acide sulfurique fumant (à 30 0/0 de SO^3), le thianthrène se transforme en *disulfure de trioxyphénylène*, $(OH)^3C^6HS^2$, substance noire non fusible [Genvresse, *Bull. Soc. Chim.*, **15**, 410, 1041, 1896, D.R.P. 91 816, *Frdl*, IV, 1057], dont le *phtalate* $C^{20}H^8O^7S^4$ fond à 185°.

Dinitrothianthrène,

$$C^6H^2(AzO^2) \begin{smallmatrix} S \\ S \end{smallmatrix} C^6H^3AzO^2$$

— On le prépare en faisant réagir 260 gr. de nitrobenzène avec 145 gr. de chlorure de soufre en présence de 20 gr. de chlorure d'aluminium. Il forme des cristaux violets fusibles à 112° [Genvresse, *Bull. Soc. Chim.*, **15**, 423, 1896].

Dinitro-1.3-méthyl-6 (ou 7) amino-7 (ou 6) thianthrène,

$$C^6H^2(CH^3)(AzH^2) \begin{smallmatrix} S \\ S \end{smallmatrix} C^6H^2(AzO^2)^2$$

— Ce composé a été obtenu par la condensation

du chlorure de picryle avec le méthylamino-dithiophényle. Il cristallise dans l'alcool en lamelles fusibles à 203°. Son *dérivé diacétylé*, $C^{17}H^{13}O^6Az^3S^2$, cristallisé dans un mélange de benzène et de ligroïne, fond à 168° [**J.** Fröhlich, *D. chem. G.*, **40**, 2489, 1907].

Triamino–1.3.7–méthyl-6–thianthrène,

$$C^6H^2(CH^3)(AzH^2) \underset{S}{\overset{S}{<}} C^6H^2(AzH^2)^2$$

— Il résulte de la réduction du précédent par le chlorure stanneux; son *chlorhydrate*, $C^{13}H^{13}Az^3S^2.3HCl$, cristallise en aiguilles blanches [J. Fröhlich, *loc. cit.*].

DIOXYDE DE THIANTHRÈNE, *dithionyldiphénylène*,

$$C^6H^4 \underset{SO}{\overset{SO}{<}} C^6H^4$$

— Le dioxyde de thianthrène s'obtient en oxydant le thianthrène par l'acide chromique en solution acétique [Friedel et Krafft, *Ann. Chim. Phys.*, **14**, 440, 1888]: ou par une ébullition de 1-2 heures de 5 gr. de thianthrène avec 200 gr. d'acide nitrique (D = 1,2) [Krafft et Lyons, *D. chem. G.*, **29**, 439, 1896].

Il cristallise dans l'alcool en prismes monocliniques fusibles vers 237° [Genvresse, *loc. cit.*]. Chauffé à 272-274° il se transforme en *thianthrènesulfone*

$$C^6H^4 \underset{S}{\overset{SO^2}{<}} C^6H^4$$

fusible à 278-279°. Réduit par le zinc et l'acide acétique, il régénère le thianthrène.

THIANTHRÈNEDISULFONE, *disulfone du diphénylène*,

$$C^6H^4 \underset{SO^2}{\overset{SO^2}{<}} C^6H^4$$

— Elle se prépare en oxydant le thianthrène par l'acide azotique fumant [Cohen et Skirrow. *loc. cit.*]. Elle fond à 321° (C. et S.), à 325° [Friedel et Krafft, *loc. cit.*].

ISOTHIANTHRÈNE, *isodisulfure de diphénylène*,

$$C^6H^4 \underset{S}{\overset{S}{<}} C^6H^4 \quad \text{(probablement 1.4).}$$

— L'isothianthrène se forme à côté du thianthrène quand on prépare ce dernier par l'action du soufre sur le benzène en présence du chlorure d'aluminium. Il se sublime en longues aiguilles fusibles à 295°, peu solubles dans le benzène et dans le chloroforme, insolubles dans l'acide acétique.

Traité par l'acide sulfurique fumant (30 0/0 de SO^3), il se transforme en *isodisulfure de trioxyphénylène*, $C^6H^4O^3S^2$.

Oxydé par l'acide chromique, il fournit l'*isothianthrènedisulfone*, $C^6H^4(SO^2)^2C^6H^4$, fusible au-dessus de 300°, très peu soluble dans le benzène [Genvresse. *Bull. Soc. Chim.*, **17**, 602, 1897]

SÉLÉNANTHRÈNE,

$$C^6H^4 \underset{Se}{\overset{Se}{<}} C^6H^4$$

— Le sélénanthrène se prépare en chauffant pendant 2 jours 10 gr. de thianthrènedisulfone avec 5ᵍ,7 de sélénium dans une atmosphère de gaz carbonique. On distille ensuite dans le vide.

Il cristallise dans l'acide acétique en aiguilles ou en prismes fusibles à 180-181°. Il distille à 223° sous 11 mm. Avec l'acide azotique il forme une combinaison $C^{12}H^8Se^2, 2AzO^3H$, qui fond en se décomposant à 221°. Cette combinaison mise

en contact pendant 5 à 6 heures avec la lessive de soude fournit le *dioxyde de sélénanthrène*

$$C^6H^4 \underset{SO}{\overset{SO}{<}} C^6H^4$$

qui fond à 270° en se décomposant en oxygène et sélénanthrène. Il se dissout dans l'acide sulfurique en donnant une coloration bleue [Krafft et Kaschan. *D. chem. G.*, **29**, 443, 1896].

Janvier 1908. P. Carré.

THIAZOLS. — Les thiazols dérivent du thiophène comme la pyridine dérive du benzène. Il peut exister deux isomères :

<table>
<tr><td align="center">S
/ \
CHα' αAz
‖ β' β‖
CH —— CH</td><td align="center">S
/ \
CHα' αCH
‖ β' β‖
CH —— Az</td></tr>
<tr><td align="center">α Thiazol ou isothiazol.</td><td align="center">β-Thiazol ou thiazol (1).</td></tr>
</table>

α-THIAZOL OU ISOTHIAZOL.

Ce dérivé n'est pas connu. On trouve décrit sous le nom de *benzoisothiazol* un composé de formule

$$C^6H^4 \underset{Az}{\overset{CH}{<}} S$$

obtenu en chauffant à 100° l'éther o-nitrobenzylique de l'acide thiolcarbamique avec $SnCl^2$ et HCl fumant [Gabriel et Posner, *D. chem. G.*, **28**, 1027, 1895] ou bien dans l'action de la potasse sur l'o-nitrobenzylmercaptan [Gabriel et Stelzner, *D. chem. G.*, **29**, 162, 1896]. C'est une huile jaune bouillant à 242-242°,5 sous 748 mm. *Picrate* fondant à 123-124°.

β-THIAZOLS.

Préparation. — Les β-thiazols s'obtiennent par l'action des rhodanates métalliques, des sulfourées ou des thiamides, sur les cétones halogénées. On peut encore les préparer en diazotant les amidothiazols et en transformant par l'action de l'alcool bouillant le dérivé diazoïque en carbure.

Propriétés. — Ces composés se rapprochent plus des bases pyridiques que du thiophène : ils sont volatils, ont même odeur, des points d'ébullition voisins: ils fixent les iodures alcooliques. Les dérivés alcoylés ne donnent pas d'acide par oxydation; ils sont totalement brûlés. Ils n'ont pas de réaction alcaline et leurs sels sont acides.

β-THIAZOL ET HOMOLOGUES.

1° β-THIAZOL (*thiazol*). — On l'obtient en traitant une solution alcoolique bouillante de chlorhydrate d'aminothiazol par une solution alcoolique de nitrite d'éthyle: après avoir chassé l'alcool, on sature par CO^3K^2 et on entraîne à la vapeur d'eau. C'est un liquide bouillant à 116°,8 (corr.), $d_{17°} = 1,1998$; il possède l'odeur de la pyridine. Le *picrate* fond à 151°: le chloraurate à 248-250°; le *chloroplatinate* cristallisé avec $2H^2O$ fond vers 250° en se décomposant. Avec $HgCl^2$, il donne la combinaison $C^3H^3SAz.HgCl^2$ fondant à 202-204° et $C^3H^3S.HCl.HgCl^2$, aiguilles fusibles à 103-104° [Popp, *Ann. Chem.*, **250**, 275, 1889].

Dérivés halogénés. — Le α-(μ)-*chloro-β-thiazol* C^3H^2AzClS s'obtient par l'action de l'acide chlorhydrique sur l'hydrate de diazothiazol. C'est un liquide bouillant à 144-144°,5, entraînable à la vapeur d'eau: le zinc et l'acide acétique le réduisent en donnant du thiazol; le

1. On désigne souvent par le préfixe *méso* (μ) le carbone situé entre Az et S.

chloroplatinate est une poudre jaune instable [Schatzmann, *Ann. Chem.*, **261**, 10, 1890].

Le α-(μ)-*bromo-β-thiazol* C^3H^2BrAzS bout à 171°; le *chloroplatinate* fond à 197°, instable.

2° α-(μ)-Méthyl-β-thiazol, C^4H^5SAz. — Il se forme par l'action du monochloracétal sur la thiacétamide et distille à 127°,5-128° sous 729 mm. (*chloroplatinate* en aiguilles fusibles à 199° avec décomposition). Il donne avec $HgCl^2$ une combinaison fusible à 154°,5. Le *picrate* fond à 145-146° [A. Hantzsch, *Ann. Chem.*, **250**, 270, 1889];

3° β'-(α)-*Méthyl-β-thiazol*, C^4H^5SAz. — On l'obtient par distillation de l'oxyméthylthiazol avec du zinc en poudre [A. Hantzsch et Arapides, *D. chem. G.*, **21**, 941, 1888 et *Ann. Chem.*, **249**, 7] ou bien par diazotation de l'amidométhylthiazol et décomposition par l'alcool du diazoïque formé [Popp, *Ann. Chem.*, **250**, 277, 1889]. Liquide bouillant à 132-134°, d'odeur pyridique, soluble dans l'eau.

Le *chloroplatinate* en prismes orangés, fond à 204° avec décomposition, le *chloraurate* fond à 184-185° avec décomposition; le *picrate* à 174°, la combinaison avec $HgCl^2$ à 148°.

Le *méthylmercaptothiazol*,

$$S\begin{cases} CH = C\text{-}CH^3 \\ \quad\quad | \\ C(SH) = Az \end{cases}$$

obtenu en chauffant la chloracétone avec $AzH^2CS^2AzH^4$ et l'alcool, fond à 89-90° [Miolati, *Gazz. chim. ital.*, **23**, (I), 578];

4° αβ'-(αμ)-*Diméthyl-β-thiazol*, C^5H^7AzS.— On l'obtient par l'action de la thiacétamide sur la chloracétone en présence d'eau ou d'alcool [A. Hantzsch, *D. chem. G.*, **21**, 942, 1888; *Ann. Chem.*, **250**, 265] ou bien par celle de la chaleur sur l'acide méthylthiazylacétique [Stende, *Ann. Chem.*, **264**, 41, 1890]. Liquide bouillant à 144-145°,5 (corr.) $d_{15°} = 1,0601$; soluble dans l'eau glacée. Traité par le sodium et l'alcool, il fournit de l'éthylamine et du propylmercaptan [Schatzmann, *Ann. Chem.*, **264**, 6, 1890] ou bien à chaud de l'éthylisopropylamine [A. Schuftan, *D. chem. G.*, **27**, 1009, 1894].

La combinaison avec $2HgCl^2$ fond à 176-177° avec décomposition: le *chloroplatinate* fond à 215° avec décomposition; le *picrate* à 137-138°;

5° αα'-(β-μ)-*Diméthyl-β-thiazol*. — Formé par l'action de l'aldéhyde α-chloropropionique sur la thiacétamide, il bout à 148°,9-150°,9 (corr.) sous 734 mm. Le *chloroplatinate* fond à 202°, le *picrate* à 166-167° [Hubacher, *Ann. Chem.*, **259**, 240, 1890]. Chauffé à 160° en tube scellé avec la formaldéhyde, le diméthylthiazol se transforme en *méthyléthylolthiazol* C^6H^9AzSO, dont le *chloroplatinate* fond à 169° avec décomposition [Schuftan, *D. chem. G.*, **27**, 1011, 1894];

6° *Triméthyl-β-thiazol*, C^6H^9AzS. — On le prépare par l'action de la thiacétamide sur l'éther méthylchloracétylacétique $CH^3\text{-}CO\text{-}C(Cl)(CH^3)\text{-}CO^2R$ [Hantzsch, *D. chem. G.*, **23**, 2339, 1890] ou sur la méthylchlorethylcétone $CH^3\text{-}CO\text{-}CHCl\text{-}CH^3$ [Rublew, *Ann. Chem.*, **259**, 254, 1890]. Liquide incolore bouillant à 167°,5 sous $717^{mm},5$ $d_{10°}=1,0130$; le *chloroplatinate*, prismes rouge orangé, fond à 232-233° avec décomposition; le *chlorhydrate* fond à 173°; le *picrate* fond à 133°;

7° α-(μ)-*Méthyl-β'-(α)-éthyl-β-thiazol*. — Quand on fait agir la thiacétamide sur l'éther bromo-méthylacétylacétique $CH^2Br\text{-}CO\text{-}CH(CH^3)\text{-}COOR$, on obtient le *méthylthiazylpropionate d'éthyle* qui fournit, après saponification et distillation avec de la chaux, le α-méthyl-β'-éthylthiazol bouillant à 169-171° sous 719 mm. Le *chloroplatinate* fond à 182° avec décomposition; le

picrate fond à 114-115° [Rublew, *Ann. Chem.*, **259**, 262, 1890];

8° β'-(α)-*Méthyl-α-(μ)éthyl-β-thiazol*. — On l'obtient par l'action de la thiopropionamide sur la chloracétone en solution alcoolique. Liquide incolore bouillant à 161° sous $728^{mm},5$. Le *chloroplatinate* fond à 177° avec décomposition [Hubacher, *Ann. Chem.*, **259**, 230, 1890];

9° α-(μ)-*Phényl-β-thiazol*, C^9H^7AzS. — Obtenu par l'action de la thiobenzamide sur l'éther dichloré en présence d'acétate de sodium, il bout à 267-269° sous 732 mm. Le *chlorhydrate* fond à 61-62°, le *chloroplatinate* à 173-175°; ils cristallisent avec $2H^2O$. Le *picrate* fond à 124-125° (Hubacher);

10° β'-(α)-*Phényl-β-thiazol*. — Il se forme quand on distille avec le zinc en poudre le phényloxythiazol [Hantzsch et Arapides, *Ann. Chem.*, **249**, 25, 1888] et mieux par l'action du nitrite d'éthyle sur l'aminophénylthiazol [Popp, *Ann. Chem.*, **250**, 279, 1889]. Il fond à 52° et bout à 273° (corr.) Le *chloroplatinate* (avec $2H^2O$) fond à 196°. La combinaison avec $HgCl^2 + HCl$ fond à 152-153°. Le *chloraurate* fond à 174-175° avec décomposition; le *picrate* à 164-165°.

Le *phénymercaptothiazol*,

$$S\begin{cases} C(SH) = Az \\ \quad\quad | \\ CH = C(C^6H^5) \end{cases}$$

se forme en chauffant la bromacétophénone $C^6H^5COCH^2Br$ avec $AzH^2CS^2 . AzH^4$ et l'alcool; il fond à 168° [Miolati, *Gazz. chim. ital.*, **23**, (I), 579];

11° α-(μ)-*Méthyl-β'-(α)-phényl-β-thiazol*, $C^{10}H^9AzS$. — On obtient le *bromhydrate* de la base en chauffant la thiacétamide avec la bromacétophénone. La *base libre* fond à 58°,5 et bout à 284° (corr.) [A. Hantzsch, *Ann. Chem.*, **250**, 269, 1889];

12° β'-(α)-*Méthyl-α-(μ)-phényl-β-thiazol*. — Obtenu par l'action de la thiobenzamide sur la chloracétone, il bout à 278°,8-279°,3 (corr.) sous 724 mm. (Hubacher);

13° α-(μ)-*Ethyl-β'-(α)-phényl-β-thiazol*, $C^{11}H^{11}AzS$. — Il résulte de l'action de la bromacétophénone sur la thiopropionamide et bout à 296° sous 729 mm. (*chloroplatinate* fusible à 128-129°; *bromhydrate*, aiguilles fusibles à 68-71°) (Hubacher);

14° αβ'-(αμ)-*Diphényl-β-thiazol*, $C^{15}H^{11}AzS$. — Formé en chauffant la bromacétophénone avec la thiobenzamide et un peu d'alcool, il cristallise en lamelles fusibles à 92-93° et bout au-dessus de 360°;

15° α-(μ)-*Méthyl-α'β'-(αβ)-diphényl-β thiazol*, $C^{16}H^{13}AzS$. — Obtenu à partir de la bromodésoxybenzoïne et de la thiacétamide, il fond à 51-52° (*chlorhydrate* fusible à 96-97°) (Hubacher);

16° *Triphénylthiazol*, $C^{21}H^{15}AzS$. — On l'obtient par l'action de la thiobenzamide sur la bromodésoxybenzoïne. Prismes fusibles à 86-87° (Hubacher).

AMINOTHIAZOLS.

1° α-Amino-β-thiazol (*thiazylamine*),

$$\begin{array}{ccc} & S & \\ & \diagup\;\diagdown & \\ AzH^2\text{-}C & & CH \\ \| & & \| \\ Az & \!\!\!-\!\!\!- & CH \end{array}$$

— On l'obtient par l'action de la sulfo-urée sur la chloracétaldéhyde ou sur l'éther dichloré. Tables jaunâtres fusibles à 90°, peu solubles dans l'eau, l'alcool et l'éther. Avec AzO^2H et l'alcool il donne le thiazol. Le *chlorhydrate* cristallise en aiguilles avec H^2O, le *chloroplatinate* en tables jaunes ; le *dérivé acétylé* fond à 203° [Hantzsch et Traumann, *D. chem. G.*, **21**. 938. 1888. — Traumann, *Ann. Chem.*. **249**. 35. 1888]. G. Hellsing [*D. chem. G.*, **36**. 3549, 1903] a obtenu à partir du chryseane $C^4H^5Az^3S^2$ un *acétyl-aminothiazol* fusible à 162°.

Par diazotation il donne l'hydrate de diazothiazol $C^3H^3Az^3SO$, poudre rouge orangé instable. Chauffé avec ICH^3 et de l'alcool méthylique à 130°, il donne l'*iodhydrate du β-méthyl-α-imino-β-thiazol* $C^4H^6Az^2S.HI$. fusible à 175° [Naef, *Ann. Chem.*, **265**, 110, 1891 : — Hantzsch, *D. chem. G.*, **23**, 1476, 1890]. Il se combine à l'aldéhyde benzoïque en donnant le *benzylidène-bis-aminothiazol* fusible à 138-139° [A. Hantzsch et O. Schwab, *D. chem. G.*, **34**, 822, 1901] et à l'aldéhyde-thiophénique [A. Hantzsch et R. Witz, *D. chem. G.*, **34**, 841, 1901].

2° *α′-(β)-Méthyl-α-(μ)-amino-β-thiazol*, $C^4H^6Az^2S$. — On l'obtient par l'action de la thiourée sur l'aldéhyde-α-chloropropylique. Tables jaunâtres fusibles à 94-95° [Hubacher, *Ann. Chem.*, **259**, 241, 1890];

3° *β′-(α)-Méthyl-α-(μ)-amino-β-thiazol*. — Il se forme dans l'action de la potasse sur le composé $(CH^2CSAz.CAzH.CH^3)HSCAz$ ou à l'aide de la thiourée et de la monochloracétone ; il fond à 42° et bout à 136° sous 40 mm. (*dérivé acétylé* fondant à 134°, *iodométhylate* fusible à 157°,5) [Tcherniac et Norton, *C. R.*, **96**, 494, 1883 : — Traumann ; — Hantzsch et Weber, *D. chem. G.*, **20**, 3118, 1887] :

4° *β′-(α)-Méthyl-α-(μ)-méthylamino-β-thiazol*, C^5H^8AzS. — Obtenu par la thiométhylurée et la chloracétone, il fond à 42° (*iodhydrate* fondant à 136° ; *dérivé acétylé* à 110°) (Traumann) :

5° *α-(μ)-Phénylamino-β-thiazol*, $C^9H^8Az^2S$. — Préparé à l'aide de la thiophénylurée et de l'éther dichloré, il fond à 126° (Traumann). Le *dérivé nitrosé* fond à 58° (Naef) ;

6° *β′-(α)-Phényl-α-(μ)-amino-β-thiazol*. — Obtenu par l'action de la thiourée sur la bromacétophénone, il fond à 147° ; prismes jaunâtres (*dérivé acétylé* fusible à 208°) (Hantzsch et Traumann). L'*hydrate de phényldiazothiazol* est un précipité jaune instable [Schatzmann, *Ann. Chem.*. **261**. 14, 1890] :

7° *β′-(α)-Méthyl-α-(μ)-phénylamino-β-thiazol*, $C^{10}H^{10}Az^2S$. — Action de la sulfophénylurée sur la chloracétone ; aiguilles fusibles à 115° (Traumann) ;

8° *β′-(α)-Phényl-α-(μ)-méthylamino-β-thiazol*. — Action de la thiométhylurée sur la bromacétophénone ; il fond à 138° (Traumann) :

9° *α′β′-(αβ)-Diphényl-α-(μ)-amino-β-thiazol*, $C^{15}H^{12}Az^2S$. — Obtenu par l'action de la thiourée sur la désoxybenzoïne ; aiguilles jaunâtres fusibles à 185-186° (*bromhydrate* fusible à 217° avec décomposition) (Hubacher).

L'*α′-β′-diphényldihydro-α-méthylamino-β-thiazol*, se forme par l'action de l'acide chlorhydrique sur la diphényloxéthylméthylthiourée : il fond à 155° ; le *dérivé éthylaminé*. obtenu de même, fond à 139° [G. Soederbaum, *D. chem. G.*, **28**, 1900, 1895].

Les nitrosoaminothiazols ne réagissent pas avec PCl^5 [A. Hantzsch, Schümann et Engler, *D. chem. G.*, **32**, 1703, 1899].

α-IMINO-β-HYDRO-β-THIAZOLS. — Sous le nom de (μ)-iminothiazols ou (μ)-iminothiazolines, on trouve décrits des composés du type

$$\begin{array}{c} S \\ \diagup \quad \diagdown \\ CH_{α'} \quad_{α}C=AzR \\ \parallel_{β'} \quad_{β}\parallel \\ CH \text{———} AzR' \end{array}$$

isomères des α-(μ)-aminothiazols.

1° *α-Imino-β-méthyl-β-thiazol* (ou μ-imino-Az-méthylthiazoline), $C^4H^6Az^2S$. — Il se forme par l'action de CH^3I et CH^3OH sur l'*α-amino-β-thiazol*. Huile (*chlorhydrate* fusible à 97°, *iodhydrate* fusible à 175°). Le *dérivé nitrosé* $C^4H^5Az^2S.AzO$, fusible à 161°, donne par réduction une *β-méthylthiazolinehydrazine* $C^4H^5AzS.Az.AzH^2$ [Naef, *Ann. Chem.*, **265**, 112, 1891].

2° *α-Méthylimino-β-hydro-β-thiazol* (ou μ-imido-Az-méthylthiazoline). — Obtenu par l'action de la méthylthiourée sur l'éther dichloré ou la chloracétaldéhyde, il se prend en aiguilles dans le vide (*chlorhydrate* fusible à 79-80°) ; le *dérivé nitrosé*, aiguilles jaunâtres, fond à 140° avec décomposition (Naef).

3° *α-Méthylamino-β-méthyl-β-thiazol* (ou diméthyliminothiazoline). $C^5H^8Az^2S$. — On le prépare par méthylation des dérivés précédents ou bien par l'action de la diméthylthiourée symétrique sur l'éther dichloré. Huile (*chlorhydrate* fusible à 222°) (Naef).

4° *α-Méthylimino-ββ′-méthyl-β-thiazol*, $C^6H^{10}Az^2S$. — Il résulte de l'action de la diméthylthiourée sur la chloracétone ; aiguilles fusibles à 96° [Traumann, *Ann. Chem.*, **249**, 49, 1888].

5° *α-Phénylimino-β-hydro-β-thiazol*, $C^9H^8Az^2S$ (μ-phényliminothiazoline ou thiazylaniline). — Obtenu par l'action de la phénylthiourée sur l'éther dichloré ; aiguilles blanches fusibles à 124° (Naef) ; à 126° (Traumann). Le *dérivé nitrosé* fond à 56°.

6° *α-Imino-β-méthyl-β′phényl-β-thiazol* (α-phénylméthyl-μ-iminothiazoline). — Résulte de l'action de CH^3I sur le phénylaminothiazol, sirupeux (Traumann).

7° *α-Phénylimino-β-phényl-β-thiazol* (diphényliminothiazoline), $C^{15}H^{12}Az^2S$. — (Action de l'éther dichloré sur la diphénylthiourée). Il fond à 105° (Naef).

8° *α-Phénylimino-β-phényl-β′-méthyl-β-thiazol* (diphényliminométhylthiazoline), $C^{18}H^{14}Az^2S$. — Il fond à 138°,5 (Traumann).

<h3 style="text-align:center">β-THIAZOLINES.</h3>

La β-thiazoline n'est autre que le dérivé dihydrogéné du β-thiazol et répond à la formule

$$\begin{array}{c} S \\ \diagup \quad \diagdown \\ (α')CH_2 \quad CH(α) \\ | \quad \parallel \\ (β')CH_2 \text{———} Az(β) \end{array}$$

On ne connaît pas la β-thiazoline elle-même, mais ses dérivés de substitution, et en particulier ceux qui sont substitués en α :

$$\begin{array}{c} S \\ \diagup \quad \diagdown \\ CH_2 \quad CR \\ | \quad \parallel \\ CH_2 \text{———} Az \end{array}$$

On les obtient d'une façon générale par l'action des thioamides sur le bromhydrate de bromoéthylamine, ou bien aussi, dans le cas des dérivés aromatiques, sur le bromure d'éthylène.

1° *α-(μ)-Méthyl β-thiazoline*, C^4H^7AzS. — On l'obtient aussi en chauffant le chlorhydrate de dithioéthylamine avec de l'acétate de soude et de l'anhydride acétique et traitant ensuite par PCl^5. Elle bout à 145°, a une odeur de pyridine, se dédouble par HCl en acide acétique et $SH.CH^2CH^2.AzH^2.HCl$, et, par l'eau de brome en solution chlorhydrique, en acide acétique et taurine $AzH^2.CH^2.CH^2.SO^3H$.

Le *picrate* fond à 169-170° [S. Gabriel, *D.*

chem. G., 24, 1117, 1891 ; — S. Gabriel et C. v. Hirsch, D. chem. G., 29, 2610, 1896].

2° $\alpha\alpha'$-(μ-β)-*Diméthyl-β-thiazoline*, C^5H^9AzS. — Formée par l'action du bromhydrate de bromopropylamine sur la thioacétamide, elle bout à 152°. Avec l'eau de brome elle donne de la β-méthyltaurine.

3° α-(μ)-*Éthyl-β-thiazoline*, C^5H^9AzS. — Liquide bouillant à 162° (*picrate* fusible à 135°).

4° α'(β)-*Méthyl-α-éthyl-β-thiazoline*, $C^6H^{11}AzS$. — Obtenue avec le bromhydrate de bromopropylamine et la thiopropionamide, elle bout vers 172°.

5° α-(μ)-*Phényl-β-thiazoline*, C^9H^9AzS. — On l'obtient encore par l'action de PCl^5 sur le disulfure $(C^6H^5CO.AzH.CH^2.CH^2.S-)^2$ [W. Coblentz et S. Gabriel, D. chem. G., 24, 1124, 1891], ou bien en saturant de vapeurs nitreuses un mélange de benzène et d'éthylène-pseudo-thiourée ou *aminothiazoline* (dérivé nitré fusible à 203-204°)

$$\begin{array}{c} S \\ CH^2 \quad C-AzH^2 \\ | \qquad \| \\ CH^2 \!-\! Az \end{array} + AzO^2H + C^6H^6$$

$$= 2H^2O + Az^2 + \begin{array}{c} S \\ CH^2 \quad C-C^6H^5 \\ | \qquad \| \\ CH^2 \!-\! Az \end{array}$$

[Gabriel et Leupold, D. chem. G., 34, 2834, 1888]. Elle bout à 275-277°, s'oxyde avec l'eau de brome en donnant de la taurine. Avec le brome elle fournit un produit d'addition $C^9H^9AzSBr^2$ [S. Gabriel et Heymann, D. chem. G., 23, 159, 1890 ; 24, 784, 1891].

Le *chlorhydrate* est déliquescent ; le *picrate* fond à 171-172°, à 173-174° d'après Strauss ; le *bichromate* est en aiguilles orangées.

Le *dérivé p-bromé* fond à 88° (*picrate* fondant à 202°, *chloroplatinate* à 217°) [F. Saulmann, D. chem. G., 33, 2634, 1900]. La *α-p-méthoxyphényl-β-thiazoline*, $CH^3OC^6H^4.C^3H^4AzS$, cristaux jaunes, fond à 54°,5 (*picrate* fusible à 187°, *chloroplatinate* fusible à 213°) [Rehländer, D. chem. G., 27, 2160, 1894].

6° α'-*Méthyl-α-(μ)-phényl-β-thiazoline*, $C^{10}H^{11}AzS$. — On l'obtient par l'action de la thiobenzamide sur le bromure de propylène ou le bromhydrate de bromopropylamine (Gabriel et Heymann), en traitant par P^2S^5 la bromopropylbenzamide [Salomon, D. chem. G., 26, 1328, 1893] ou bien par l'action de AzO^2H sur la propylène-pseudo-thiourée (Gabriel et Leupold). Liquide bouillant à 284-295° sous 753 mm. ; *Picrate* fondant à 160-161°. Le *dérivé p-bromé* donne un *picrate* fusible à 182° (F. Saulmann).

7° $\alpha'\beta'$-*Diméthyl-α-(μ)-phényl-β-thiazoline*, $C^{11}H^{13}AzS$. — Liquide, donne un *picrate* fusible à 164-165°, un *chloroplatinate* fusible à 179-180° (E. Strauss).

8° α-(μ)-*o-Crésyl-β-thiazoline*, $CH^3-C^6H^4-C^3H^4AzS$. — Liquide bouillant à 200-203° sous 90 mm. et à 281-282° sous 760 mm. (Gabriel et Heymann ; — Salomon).

9° α-(μ)-*p-Crésyl-β-thiazoline*. — Cristallisée, fusible à 81°.

10° α'-(β)-*Méthyl-α-(μ) o- ou p-crésyl-β-thiazolines*, $CH^3.C^6H^4.C^3H^3AzS.CH^3$. — Elles s'obtiennent par l'action de P^2S^5 sur la β-bromopropyl-o (ou p-) toluylamide. Le *dérivé ortho* bout à 284-285° sous 753 mm. Le *dérivé para* bout à 294-295° sous 757 mm. (*picrate* fusible à 140-141° ; *chloroplatinate* fusible à 175-176°) (Salomon).

11° α-(μ)-*o-Xylyl-β-thiazoline*, $C^6H^9.C^3H^4AzS$. — Liquide (*picrate* fusible à 155°, *chloroplati-

nate* fusible à 191°) [P. Goldberg, D. chem. G., 33, 2818, 1900].

12° β'-(α)-*Méthyl-α-(μ)-o-xylyl-β-thiazoline*. — Huile (*picrate* fusible à 126°, *chloroplatinate* fusible à 127°).

13° α-(μ)-*Naphtyl-β-thiazolines*, $C^{10}H^{17}.C^3H^4AzS$. — Le *dérivé α* est incristallisable (*picrate* fusible à 162°). Le *dérivé β* fond à 80° (*bromhydrate* fusible vers 213° ; *chloroplatinate* fusible à 218°) (F. Saulmann).

14° L'α'-(β)-*Méthyl-α(μ)-naphtyl-β-thiazoline* est liquide (*chloroplatinate* cristallisé).

MERCAPTO-THIAZOLINES.

L'α-(μ)-*mercapto-β-thiazoline*,

$$\begin{array}{c} S \\ CH^2 \quad C-SH \\ | \qquad \| \\ CH^2 \!-\! Az \end{array}$$

s'obtient par l'action de CS^2 et KOH sur le chlorhydrate d'éthanolamine $CH^2OH-CH^2AzH^2$ [L. Knorr et P. Rœssler, D. chem. G., 36, 1278, 1903]. Elle fond à 105-106° et se dédouble avec l'acide chlorhydrique fumant, à 150°, en CO^2, H^2S, et aminoéthylmercaptan.

L'α-*mercapto-α'-méthyl-thiazoline*, obtenue par CS^2 et l'isoallylamine, fond à 95-97° et se dédouble de même [S. Gabriel et Hirsch, D. chem. G., 29, 2749, 1896 ; — S. Gabriel et F. Leupold, D. chem. G., 34, 2832, 1898].

L'α'-β'-*diméthyl-α-(μ)-mercapto-β-thiazoline* fond à 58°. L'α'-*éthyl-α-(μ)-mercaptothiazoline*, cristallisée, se dédouble avec l'eau de brome en β-éthyltaurine. On les obtient par l'action de CS^2 et KOH sur la bromo-2-butylamine secondaire et sur la β-bromo-butylamine [S. Gabriel et Leupold ; — Bookmann, D. chem. G., 28, 3116, 1895].

L'α'-(β)-*méthyl-β'-(α)-éthyl-α-(μ)-mercapto-β-thiazoline* fond à 70° [E. Jaenecke, D. chem. G., 32, 1095, 1899].

α-(μ)-AMINO-β-THIAZOLINES.

α-(μ)-*Amino-β-thiazoline*. — Ce composé est plus fréquemment désigné sous le nom d'éthylène-pseudo-thiourée avec la formule isomère :

$$\begin{array}{c} CH^2 \!-\! S \diagdown \\ \qquad\qquad\quad CAzH \\ CH^2 \!-\! AzH \diagup \end{array}$$

Il en est de même de ses dérivés (voir Pseudothiourées).

L'α'-*méthyl-α-méthylamino-β-thiazoline*, obtenue à l'aide de la méthylallylsulfourée symétrique, bout à 228° et fond à 57°. — Le *dérivé α-éthylaminé* fond à 63° et bout à 230° ; le *dérivé α-propylaminé* bout à 237° ; le *dérivé α'-amylaminé* fond à 32° ; le *dérivé α-diéthylaminé* bout à 226° ; le *dérivé α-pipérylaminé* bout à 277° [Avenarius, D. chem. G., 24, 262, 1891].

L'α'-*méthyl-α-phénylazido-β-thiazoline* fond à 93° ; le *dérivé α-p-crésylazido* fond à 133° ; le *dérivé naphtylé* correspondant fond à 160° [Avenarius, loc. cit].

ACIDES DÉRIVÉS DU β-THIAZOL.

1° *Acide* α-(μ)-*méthyl-β-thiazol-α'-(β)-carbonique*,

$$\begin{array}{c} S \\ CO^2H-C \quad C-CH^3 \\ \| \qquad \| \\ HC \!-\! Az \end{array}$$

— Obtenu en chauffant l'acide $\alpha'\beta'$-dicarbo-

nique à 170-172°, il fond à 144-145° [Roubleff.
Ann. Chem., **259**, 271, 1890];

2° *Acide α-méthyl-β'-amino-β-thiazol-α'(α)-carbonique*. — Cet acide fond à 250°. Le *nitrile* correspondant, fondant à 280-285°, se forme à partir de l'*α-méthyl-α'-oxy-β-thiazol-β'-carboureide* $C^8H^7O^3Az^3S$, se sublimant sans fondre, produite par l'action du sulfhydrate d'ammoniaque sur l'acide urique; la *carbonamide* fond au-dessus de 300°. Par diazotation elle donne un *dérivé azimidé* [H. Weidel et Niemilowicz, *Mon. f. Chem.*, **16**, 738, 1895];

3° *Acide β'-(α)-méthyl-β-thiazol-α'-(β)-carbonique*. — L'*éther éthylique du dérivé α-chloré* de cet acide, obtenu par l'action de l'acide chlorhydrique à 15 0/0 sur le *nitrosométhylthiazoline-carbonate d'éthyle*, fond à 50-51°; l'*acide* correspondant fond à 144-148°, puis se transforme, ainsi que l'éther éthylique, sous l'action de la potasse, en *acide α-oxy-β'-méthyl-β-thiazol-α'-carbonique*, fondant à 222°. Si l'on chauffe le *nitrosométhylthiazoline-carbonate d'éthyle* avec de l'alcool, de l'acétone ou de l'acide acétique, on obtient le *β'-méthyl-α-azimido-β-thiazol-α'-carbonate d'éthyle* fondant à 224-225°, dont l'*acide*

$$C^5H^4O^2AzS - Az — Az - C^5H^4O^2AzS$$
$$\diagdown\diagup$$
$$AzH$$

fond à 214° avec décomposition. L'*éther éthylique du dérivé α-bromé* fond à 70-71°; l'*acide* à 162-164°. L'*éther éthylique du dérivé α-iodé* fond à 86-87°; l'*acide* fond à 174-176°.

Par l'action de la poudre de zinc et en solution acétique, ces dérivés halogénés fournissent le *β'-méthyl-β-thiazol-α'-carbonate d'éthyle* bouillant à 233° sous 726 mm. et fondant à 27-28°; l'*acide* correspondant fond à 257° avec décomposition [Wohmann, *Ann. Chem.*, **259**, 288, 1890].

L'*éther α-amino-β'-méthyl-β-thiazol-α'-carbonique* se forme par l'action de la thiourée sur le monochloracétylacétate d'éthyle [Zürcker, *Ann. Chem.*, **250**, 289, 1889] ou sur l'éther bromaminocrotonique [R. Behrend et H. Schreiber. *D. chem. G.*, **33**, 265, 1900]. Il fond à 175°. Par diazotation il donne le *nitrosométhylthiazoline-carbonate d'éthyle* $C^7H^9O^3Az^3S$, fondant à 99-100° en détonant (Wohmann).

4° L'*acide αβ'-(αμ)-diméthyl-β-thiazol-α'-(β)-carbonique* fond à 227° en perdant CO^2. Son *éther éthylique*, obtenu par la thioacétamide et l'éther chloracétylacétique, est en aiguilles fondant à 50-51° et bouillant à 242° [Hantzsch, *Ann. Chem.*, **250**, 269; — Roubleff, *Ann. Chem.*, **259**, 265, 1890];

5° *Acide α-(μ)-phényl-β'-(α)-méthyl-β-thiazol-α'-carbonique*. Il fond à 202-203°; l'*éther éthylique* fond à 43°, aiguilles jaunes [Hubacher, *Ann. Chem.*, **259**, 237, 1890];

6° *Acide α-méthyl-β-thiazol-α'β'-dicarbonique*. — Il fond à 169° en perdant CO^2; son *sel de Ba* cristallise avec $2H^2O$; l'*éther éthylique* s'obtient par l'action de la thiourée sur l'éther chloracétyloxalique (Roubleff);

7° *Acide α-amino-β-thiazol-β'-carbonique*. — On l'obtient par l'action de la thiourée sur l'acide monobromopyruvique; son *éther éthylique* fond à 173° [Nencki et Sieber, *J. prakt. Chem.*, **25**, 74, 1882; — Hantzsch et Traumann, *D. chem. G.*, **21**, 938, 1888; — Stende, *Ann. Chem.*, **264**, 23, 1890];

8° L'*acide α-amido-β-thiazol-α'β'-dicarbonique* (thiourée et éther chloracétyloxalique) fond à 229° en perdant CO^2; son *éther éthylique* fond à 112° (Roubleff);

9° *Acide α-amino-β-thiazol-α'-acétique*. — L'*éther éthylique*, fusible à 94°, se forme par l'action de la thiourée sur l'éther γ-chloracétylacétique [Lespieau, *C. R.*, **138**, 421, 1904];

10° L'*acide β'-méthyl-α-amino-β-thiazol-α'-acétique*, obtenu de même à partir de l'acide bromolévulique, fond à 259-260°; l'*éther éthylique* fond à 123° [Conrad et Schmidt, *Ann. Chem.*, **285**, 1201, 1895];

11° L'*éther α-amino-β-thiazol-β'-isobutyrate de méthyle* dérive de l'éther γ-cyanométhylacétique et fond à 168° [M. Conrad et Gast, *D. chem. G.*, **32**, 137, 1899].

THIAZOLTRIAZOL,

$$
\begin{array}{ccc}
 & S & \\
 \diagup & & \diagdown \\
CH & C &\!\!=\!\!= Az \\
\| & | & | \\
CH —\!\!— Az & & CH \\
 & \diagdown\;\diagup & \\
 & Az &
\end{array}
$$

— On l'obtient à l'état de *chlorhydrate* par l'action de l'acide chlorhydrique à 10 0/0 sur la Az-nitroso-α-méthyliminothiazoline, aiguilles avec $2H^2O$ fusibles à 210-220°. La *base* est une huile insoluble dans l'éther [Naef, *Ann. Chem.*, **265**, 121, 1891].

OXYTHIAZOLS.

1° *β'-(α)-Méthyl-α-(μ)-oxy-β-thiazol* C^6H^5AzSO. — On l'obtient à partir de la sulfocyanacétone ou bien du méthyloxythiazolcarbonate d'ammonium. Il fond à 105-106° [Hantzsch et Weber, *D. chem. G.*, **20**, 3118, 1887; — Arapides, *Ann. Chem.*, **249**, 7, 1888; — Wohmann, *ibid.*, **259**, 297, 1890; — Tschermiac, *D. chem. G.*, **25**, 3648, 1892]. Avec l'aniline et la p-toluidine il donne des dérivés fusibles à 117° et à 125°;

2° *β'-Phényl-α-(μ)-oxy-β-thiazol* C^9H^7AzSO. — On l'obtient par l'action de l'acide chlorhydrique concentré sur la sulfocyanacétophénone ou bien par l'action de HCl en solution alcoolique sur la carbamide-thioacétophénone. Aiguilles fusibles à 204°, peu solubles, donnant avec PCl^5 du *β'-phényl-α'-chloro-α-oxy-β-thiazol* fondant à 206° [Dyckerhoff, *D. chem. G.*, **10**, 120; — Arapides, *Ann. Chem.*, **249**, 15, 1888. — Schatzmann].

PHÉNO-β-THIAZOLS.

[Syn. : Benzothiazols]. — Ces composés sont des β-thiazols dans lesquels les atomes de carbone α' et β' appartiennent à un noyau benzénique; ils ont pour formule

$$
\begin{array}{c}
S \\
\diagup\;\diagdown \\
\bigcirc\!\!-\!\!CH \\
\|\\
Az
\end{array}
\quad\text{ou}\quad C^6H^4\!\!<\!\!\begin{array}{c}S\\Az\end{array}\!\!>\!\!CH
$$

PHÉNO-β-THIAZOL ou *benzothiazol*. — Huile bouillant à 228-231°, préparée par l'action du soufre sur la diméthylaniline [Möhlau et Krohn, *D. chem. G.*, **24**, 59, 1880]. Il se forme en même temps une combinaison $C^8H^7AzS^2$ qui, chauffée avec du soufre, donne du phénothiazol, CS^2 et H^2S, et qui, par l'acide nitrique, se transforme en

$$C^6H^4\!\!<\!\!\begin{array}{c}S\\Az\end{array}\!\!>\!\!\begin{array}{c}CH\\ |\\ CH^2\end{array}$$

fondant à 102° [R. Möhlau et Klopfer, *D. chem. G.*, **34**, 3164, 1899].
Le *dérivé-α-chloré* s'obtient par PCl^5 et le

phénylsénévol C^6H^5CSAz : il bout à 248° et fond à 24° environ (*dérivé nitré* fondant à 192°). [Hoffmann, *D. chem. G.*, 12, 1127, 1879; 13, 9, 1880]. Par l'action de l'eau à haute température, il se transforme en *α-oxyphéno-β-thiazol*

$$C^6H^4 < {}^S_{Az} > COH$$

fondant à 136° (*dérivé acétylé* fondant à 60°; *éther éthylique* fondant à 25°).
Le *phéno-β-thiazol-α-thiol*

$$C^6H^4 < {}^S_{Az} > C-SH$$

se forme par l'action de CS^2 sur l'azobenzène ou du soufre sur le sulfocyanate de phényle. Il fond à 174° [Jacobson et Frankenbacher, *D. chem. G.*, 24, 1410; 1891].
α-PHÉNYLPHÉNO-β-THIAZOL,

$$C^6H^4 < {}^S_{Az} > C-C^6H^5$$

— On l'obtient en chauffant avec du soufre la phénylaniline ou la benzoylphénylhydrazine; il fond à 114° [Hoffmann et H. Vaswinchel, *D. chem. G.*, 35, 1943, 1902].
Le *dérivé m-aminé* s'obtient par réduction du thiobenzoate de dinitrophényle (*dérivé acétylé* fondant à 192-193°). Le *dérivé p-aminé* fond à 237-238° (*dérivé acétylé* fondant à 272-273°) [O. Kym, *D. chem. G.*, 32, 3532, 1900].
α-AMINOPHÉNO-β-THIAZOL,

$$C^6H^4 < {}^S_{Az} > C-AzH^2$$

— Il s'obtient par l'action de l'ammoniaque alcoolique à 100° sur le chlorophénothiazol. Il fond à 129° et donne un *chloroplatinate* et un *chloraurate* (Hoffmann).
α-*Phényl-aminophéno-β-thiazol* (anilidosénévol). — Il se forme en chauffant avec l'aniline le chlorophénylsénévol (Hoffmann), ou bien par action de l'azobenzène sur le sulfocyanate de phényle (Jacobson et Frankenbacher), ou encore dans l'action du brome sur la diphénylthiourée en solution chloroformique [A. Hugershoff, *D. chem. G.*, 36, 3121 et 3134, 1903]. Il fond à 159° (*dérivé acétylé* fondant à 107°; *picrate* fondant à 222°; *tétrabromure* $C^{13}H^{10}Az^2SBr^4$ fondant à 136°). Hugershoff lui attribue la formule

$$C^6H^4 < {}^S_{AzH} > C=AzC^6H^5$$

L'α-*acétylphénylaminophéno-β-thiazol*, obtenu avec l'acétyldiphénylthiourée, fond à 163° (*dérivé monobromé* fondant à 165°) (Hugershoff).
TOLU-β-THIAZOLS. — Le *tolu-β-thiazol*

$$CH^3-C^6H^3 < {}^S_{Az} > CH$$

s'obtient en chauffant le chlorhydrate de 4-amino-3-thiocrésol avec de l'acide formique [Hess, *D. chem. G.*, 14, 492, 1881]. Il fond à 15° et bout à 255°.
L'α-*méthyltolu-β-thiazol* bout à 265° [Hess; — Jacobson et Ney, *D. chem. G.*, 22, 907, 1889].
L'α-*phényltolu-β-thiazol* fond à 125° (Hess).
L'α-*o-tolylamino-o-tolu-β-thiazol* fond à 136-137°. Le α-*p-tolylamino-p-tolu-β-thiazol* fond à 162° [Hugershoff, *D. chem. G.*, 36, 3121, 1903].
XYLO-β-THIAZOLS. — Le *xylo-β-thiazol*,

$$(CH^3)^2C^6H^2 < {}^S_{Az} > CH$$

formé en chauffant la thioformoxylidine avec le ferricyanure de K, est une huile jaune [Gudemann, *D. chem. G.*, 21, 2550, 1888]. Le *dérivé α-méthylé* bout à 274° (Gudemann; — Jacobson et Ney). Le *dérivé α-phénylé* est une huile blanchâtre (Gudemann).
CUMÉNO-β-THIAZOL — L'α-*méthylcuméno-β-thiazol*

$$(CH^3)^3C^6H < {}^S_{Az} > C-CH^3$$

fond à 60-62° (Jacobson et Ney).
NAPHTO-β-THIAZOLS.
Le *naphto-β-thiazol* ou *méthénylaminothionaphtol*

$$C^{10}H^6 < {}^S_{Az} > CH$$

s'obtient en chauffant l'α-formylnaphtylamine avec du soufre [Hoffmann, *D. chem. G.*, 20, 1799, 1887]. Il fond à 45-46°. Le *dérivé α-méthylé* fond à 94°,5-95°,5. Le *dérivé α-phénylé* fond à 102°,5-103° (isomère α) et à 107° (isomère β) [Hoffmann; — Jacobson, *D. chem. G.*, 20, 1898, 1887; — Brevet all. n° 55 878, cl. 22].
L'α-*thiol-(α)-naphto-β-thiazol* fond à 240°; l'α-*thiol-(β)-naphto-β-thiazol* fond à 232° [Jacobson et Franckenbacher, *D. chem. G.*, 24, 1406, 1891].
Par l'action des polysulfures alcalins à 160° sur un mélange d'acide 2.6-naphtylamino-sulfonique et de m-nitrobenzaldéhyde, on obtient l'*acide α-phénylaminonaphto-β-thiazolsulfonique* [Bacyer et Cⁱᵉ, Brevet all. n° 165 126-165 127, cl. 12].
Mai 1906.   F. March et Weimann.

THIÈNE. — Voyez PENTIOPHÈNE.

THIÉNONES, THIÉNYLE (DI-), THIÉNYLGLYOXYLIQUE (ACIDE). — Voy. l'art. THIOPHÈNE.

THINOLITE (Min.) (King). — Voyez NATRO-CALCITE, 2° Suppl., 6, 535.

THIO.... — Pour les mots qui ne se trouvent pas ici à leur place alphabétique, voyez le mot qui suit ce préfixe.

THIOACIDES. — Dans les acides organiques, l'oxygène peut être remplacé partiellement ou totalement par le soufre; on obtient alors des *thioacides*.
Les acides de la forme

$$R-C-SH$$
$$\overset{||}{O}$$

sont désignés, dans la nouvelle nomenclature sous le nom de *thioloïques* (thiolacides); les acides de la forme

$$R-C-OH$$
$$\overset{||}{S}$$

sont les *thionoïques* (thionacides); les acides de la forme

$$R-C-SH$$
$$\overset{||}{S}$$

sont les *thionéthioloïques* (thionethiolacides).
Les thiolacides sont seuls bien connus. Aux thionethiolacides correspondent les dérivés obtenus par l'action du sulfure de carbone sur les amines (thiosulfocarbamates).
Préparation. — Les thioloïques s'obtiennent:
1° Par l'action du pentasulfure de phosphore sur les acides, laquelle réalise la substitution du soufre à l'oxygène dans le groupe OH; la réaction s'effectue soit à froid, soit en chauffant lé-

gèrement [Kékulé, *Ann. Chem.*, **90**, 309, 1852 ; — Kékulé, Linnemann, *ibid.*, **123**, 278, 1864 ; — Tarugi, *Gazz. chim. ital.*, **25**, I, 271, 1896] :

$$5\,CH^3-CO^2H + P^2S^5 = P^2O^5 + 5\,CH^3-CO-SH$$

2° Par l'action d'un chlorure d'acide sur un sulfhydrate de sulfure alcalin [Jacquemin et Vosselmann, *Jahr. Fortsch. Ch.*, **354**, 1859 ; — Engelhard et Latschimow, *Zeit. f. Chem.*, **353**, 1868] :

$$C^6H^5-CO-Cl + KHS = KCl + C^6H^5-CO-SH$$

3° Par l'action d'un sulfhydrate de sulfure alcalin en solution alcoolique sur un éther du phénol [Kékulé, *Zeit. ph. Chem.*, **196**, 1867] :

$$CH^3-CO-O-C^6H^5 + KHS = C^6H^5OH + CH^3-CO-SK$$

Les éthers des thiolacides se produisent quand on traite un éther phénylique par le mercaptide de sodium [Seifert, *J. prakt. Chem.*, (2), **31**, 468, 1844] :

$$CH^3-CO-O-C^6H^5 + C^2H^5SNa$$
$$= CH^3-CO-S-C^2H^5 + C^2H^5ONa$$

Propriétés. — Les thiolacides sont généralement des liquides à odeur forte ; leur point d'ébullition est moins élevé que celui des acides oxygénés correspondants. Ils sont peu ou pas solubles dans l'eau. Ils sont peu stables ; si on les chauffe, par exemple, avec des acides minéraux étendus, ils régénèrent l'acide oxygéné correspondant et dégagent de l'hydrogène sulfuré. Ils forment des sels cristallisables et des éthers. Les sels des métaux lourds se décomposent facilement lorsqu'on les chauffe avec de l'eau, en donnant un acide organique et un sulfure métallique : cette propriété a fait utiliser l'acide thioacétique pour remplacer l'hydrogène sulfuré dans les analyses minérales.

L'oxygène des thioloïques peut être remplacé par le reste imide = AzH ; on obtient ainsi des isomères tautomériques des *thionamides*

$$R-C-AzH^2$$
$$\|$$
$$S$$

ce sont les *thiolimines*

$$R-C-SH$$
$$\|$$
$$AzH$$

Mais jusqu'ici, on ne connaît que les éthers de ces corps ; ex. : $CH^3.C(AzH)S.C^2H^5$. Si l'on essaye de préparer le corps à fonction simple en faisant réagir le sulfure de phosphore sur les amides, il se dégage de l'hydrogène sulfuré et il se forme un nitrile.

Les éthers des thioloïques, traités par une lessive de potasse concentrée, sont décomposés en mercaptans et acides gras [Michler, *Ann. Chem.*, **176**, 184, 1875] :

$$CH^3-CO-S-C^2H^5 + KOH$$
$$= CH^3-CO^2K + C^2H^5SH$$

Les anhydrides s'obtiennent soit par l'action du pentasulfure de phosphore sur un anhydride d'acide (Kékulé) ; soit par l'action d'un sulfure alcalin sur un chlorure d'acide (Jacquemin et Vosselmann) :

$$5(CH^3-CO)^2O + P^2S^5 = P^2O^5 + 5(CH^3-CO)^2S$$
$$2C^6H^5-COCl + K^2S = 2KCl + C^6H^5-CO-S-CO-C^6H^5$$

Les *thionacides* résultent généralement de l'oxydation de dérivés sulfurés des carbures par

l'acide azotique ; l'acide *thionbenzoïque* $C^6H^5.CS.OH$, par exemple, s'obtient par l'oxydation du sulfure de benzylidène C^6H^5-CHS [Fleischer, *Ann. Chem.*, **140**, 236, 1869].

Les *thionethiolacides* (thionethioloïques) se produisent dans la réaction des chlorures d'acides dichlorés en solution alcoolique sur un sulfhydrate de sulfure alcalin (Engelhardt et Latschinow).

Pour préparer l'acide thionethiolbenzoïque, on partira du chlorure de benzyle dichloré $C^6H^5-CCl^3$:

$$C^6H^5-CCl^3 + 3KHS$$
$$= C^6H^5-CS-SH + 3KCl + H^2S$$

Thioacides dérivés des acides à fonction alcool (acides thioglycolique, thiolactique, thiooxybutyrique, etc.). — On obtient les thiodérivés des acides à fonction alcool en traitant le dérivé halogéné de l'acide par un sulhydrate de sulfure alcalin [Claesson, *Ann. Chem.*, **187**, 113, 1878 ; — Loven, *J. prakt. Chem.*, (2), **29**, 1885 ; D. chem. G., **29**, 1137, 1897] :

$$CH^2Cl-CO^2Na + KHS = SH-CH^2-CO^2Na + KCl$$
Thioglycolate de sodium.

En milieu oxydant ($FeCl^3$, $I + KOH$), ces thioacides sont transformés, comme les mercaptans, en disulfures d'alcoyles :

$$2SH-CH^2-CO^2H + 2I + 4NaOH$$
$$= \begin{array}{l} S-CH^2-CO^2Na \\ | \\ S-CH^2-CO^2Na \end{array} + 2NaI + 4H^2O$$

Ces disulfures peuvent redonner de nouveau des thioacides par le zinc et l'acide chlorhydrique :

$$(S-CH^2-CO^2H)^2 + 2H = 2SH-CH^2-CO^2H$$

Si on traite les dérivés halogénés des acides à fonction alcool par un *sulfure alcalin*, on obtient un thioacide de la forme $C^nH^{2n-2}SO^4$:

$$2CH^2Cl-CO^2Na + Na^2S = S(CH^2-CO^2-Na)^2 + 2NaCl$$

Ces thioacides sont solides ; ils sont solubles dans l'éther ; oxydés par le permanganate de potassium, ils donnent les dérivés sulfonés :

$$S(CH^2-CO^2H)^2 + O^2 = SO^2(CH^2-CO^2H)^2$$

1er janvier 1908.   A. Bouchonnet.

THIOBENZOPHÉNONE $C^6H^5-CS-C^6H^5$. — On l'obtient : en introduisant successivement 8 à 10 gr. de chlorure d'aluminium dans un mélange de 5 gr. de sulfochlorure de carbone $CSCl^2$ et 25 gr. de benzène [Bergreen, *D. chem. G.*, **21**, 341, 1888] ; en chauffant plusieurs heures à 130° 10 gr. de benzophénone avec 30 gr. de sulfure de phosphore en présence de benzène [Gattermann, *D. chem. G.*, **28**, 2877, 1895].

Elle se forme aussi quand on traite 10 gr. de chlorobenzophénone par 45 cc. de solution alcoolique de sulfure de potassium (11,24 K^2S 0/0) [Gattermann et Schulze, *D. chem. G.*, **29**, 2944, 1996].

Huile brune se solidifiant à froid, bouillant à 174° sous 14 mm., très soluble dans l'alcool, le benzène et l'éther.

Laissée à l'air, elle se transforme lentement en benzophénone ; en présence de soude alcoolique et chaud, la transformation est très rapide. Chauffée avec la poudre de cuivre, elle donne le tétraphényléthylène.

Elle se combine à l'hydroxylamine en donnant la diphénylcétoxime $(C^6H^5)^2 = C = Az-OH$.

Avec la phénylhydrazine on obtient la combinaison $(C^6H^5)^2 = C = Az - AzH.C^6H^5$.

Polymère de la thiobenzophénone. — Il s'en produit dans le traitement de la chlorobenzophénone par le sulfure ou le sulfhydrate de sodium. Ce produit fond à 146°,5.

Il ne se combine ni à l'hydroxylamine, ni à la phénylhydrazine [Bergreen, *D. chem. G.*, 21, 343, 1888].

Si on le soumet pendant longtemps à l'action d'un courant d'hydrogène sulfuré en présence d'alcool, on obtient le mercaptan $C^{26}H^{20}(SH)^2$.

TÉTRAMÉTHYLDIAMIDOTHIOBENZOPHÉNONE, $CS[C^6H^4.Az(CH^3)^2]^2$. — On prépare ce composé en traitant une solution alcoolique de chlorhydrate d'auramine par un courant d'hydrogène sulfuré ou du sulfure de carbone à 60° [Ehrmann, *D. chem. G.*, 20, 2857, 1887; — Græbe, *ibid.*, 20, 32, 66, 1887] :

$$AzH = C = [C^6H^4.Az(CH^3)^2]^2, HCl + H^2S$$
$$= AzH^4Cl + CS[C^6H^4.Az(CH^3)^2]$$
$$AzH = C = [C^6H^4.Az(CH^3)^2]^2, HCl + CS^2 = CAzSH$$
$$+ CS[C^6H^4.Az(CH^3)^2].$$

Il se forme aussi quand on traite la diméthylaniline par le sulfochlorure de carbone [Kern, D.R.P. 37730, *Frdl.*, 1, 95]; par chauffage à 230° et pendant 3/4 d'heure de 50 gr. de tétraméthyldiamidodiphénylméthane avec 50 gr. de soufre [Wallach, *Ann. Chem.*, 259, 303, D.R.P. 57963; *Frd.*, 3, 86]; en fondant la tétraméthyldiparaamidobenzophénone [$(CH^3)^2Az.C^6H^4]^2$ CO avec le sulfure de phosphore [Badische An. un. Sod. Fab., D.R.P. 39074; *Frd.*, 1, 97], on a aussi employé l'oxychlorure de phosphore et l'hydrogène sulfuré [Bad. An. D.R.P. 40374; *Frd.*, 1, 97].

En chauffant 100 heures à 80° de 30 à 40 gr. de diméthylaniline avec 4 gr. de sulfure de carbone en présence de 20 gr. de chlorure de zinc [Weinmann, *Cent. Blatt*, 1898, I, 1029]; en chauffant à 140° la leucoauramine avec le soufre [Möhlau, Henze, Zimmermann, *D. chem. G.*, 35, 377, 1902].

La tétraméthyldiamidothiobenzophénone fond à 202°. Poudre verte ou feuillets rubis à reflets bleus; elle est peu soluble dans l'alcool froid, à 4,5 0/0 dans le chloroforme à 18° [Bailher, *D. chem. G.*, 20, 1732, 3290, 1887]. Elle est très soluble dans le benzène ou l'acide acétique.

Chaleur de neutralisation [Fournier, *Bull. Soc. Chim.*, (3), 7, 657, 1892].

Chauffée avec l'acide chlorhydrique dilué, elle est décomposée en hydrogène sulfuré et tétraméthydiamidobenzophénone. Par ébullition avec l'acide azotique concentré on obtient $CO[C^6H^2(AzO^2)^2Az(CH^3)AzO^2]^2$.

Elle donne un dérivé de l'hydroxylamine avec départ de S quand on la maintient à chaud avec le chlorhydrate d'hydroxylamine en présence de potasse.

Chauffée au rouge avec la poudre de zinc elle donne du sulfure de zinc, de la diméthylaniline et du tétraméthyldiamidotriphénylméthane.

Maintenue en présence de poudre de cuivre à 210° elle donne la base $[(CH^3)^2 = Az - C^6H^4]^2 = C = [C^6H^5.Az(CH^3)^2]^2$.

Par traitement au sulfochlorure de carbone en présence de CS^2 il se forme une couleur instable qui se dépose en croûtes jaune vert; en reprenant par l'eau on obtient un bleu vert intense.

Si on laisse une solution chloroformique s'évaporer à l'air en présence de $CSCl^2$ il se sépare des cristaux de $CCl^2[C^6H^4.Az(CH^3)^2]^2 + CHCl^3$ que l'eau décompose en acide chlorhydri-

que, chloroforme et cétone de Mischler $CO[C^6H^4.Az(CH^3)^2]$ [Baither et Kern, *D. chem. G.*, 20, 2857, 1887].

En chauffant plusieurs jours à 100° en présence du chlorure de benzyle, on obtient $CCl^2[C^6H^4.Az(CH^3)^2]^2$ (Baither), qui se sépare en poudre verte et fond en se décomposant avec le chlorure d'acétyle ou le chlorure de benzyle, on obtient, à froid, des produits d'addition [Baither, *D. chem. G.*, 20, 3294, 1887].

Chauffée pendant 2 jours avec l'anhydride acétique et l'acétate de soude, elle forme une poudre vert foncé $C^{28}H^{46}Az^4SO^4$.

Chauffée à 150° avec l'aniline on obtient $CO[C^6H^4.Az(CH^3)^2]^2$; si on a pris du chlorhydrate d'aniline il s'est formé de la phénylauramine.

Iodométhylate, $[(CH^3)^2Az.C^6H^4]^2CS + CH^3I$. — Feuillets vert cantharide, solubles dans l'eau avec une coloration bleu vert intense, peu solubles dans l'éther, se décomposant vers 108°.

Janvier 1908. M. Billy.

THIOCARBAMIDE (Syn. *thiourée*). — Voyez l'art. URÉES.

THIOCARBAMIQUES (ACIDES). (Voyez t. 3, p. 81 et 1er Suppl., p. 1481.) — On distingue trois types dont chacun peut avoir ses hydrogènes partiellement ou totalement remplacés par des radicaux alkylés, arylés, alicycliques, acidylés; l'hydrogène fixé à O ou S peut aussi être remplacé par des métaux. On remarquera que les éthers de ces acides sont des uréthanes sulfurées. Les trois types sont :

$H^2Az.CS.OH$	$H^2Az.CO.SH$	$H^2Az.CS.SH$
Acide	Acide	Acide
sulfocarbamique.	thiocarbamique.	thiosulfocarbamique.

I. SULFOCARBAMATES DU TYPE $AzH^2.CS.OH$.

Les éthers AzH^2-, AzR_1H- et $AzR_1R_2.CS.OR$ se transforment par l'iodure de méthyle en éthers thioliques $-CO.SR$. Il en est de même de certains dérivés acidylés $RCO.AzH.CS.OR$ [L. Wheeler et ses collaborateurs, *Am. Chem. Journ.*, 22, 141, 1889; 24, 60, 189, 424, 1900].

Formules.	Fusion.	Ébull.	
$AzH^2.CS.OC^3H^7$ iso	51-53°		(1)
$AzH^2.CS.OCH^2CO^2H$	111-112°		(6)
$C^6H^5.AzH.CS.OC^4H^9$ iso	77-78°		(2)
$C^6H^5.AzH.CS.OC^6H^5$	149-151°		(3)
$C^6H^5.(CH^3)Az.CS.OCH^3$		151-152° 10mm	⎫
— $CS.OC^2H^5$		145-150° 18mm	⎬ (4)
$C^6H^5.(C^2H^5)Az.CS.OCH^3$	41-42°	148-149° 18mm	⎭
$(CH^3)^2Az.CS.OCH^3$		194°	(5)
$(CH^3)^2Az.CS.OC^2H^5$		205-206°	(4)

1. Wheeler et Barnes, *Am. Chem. Journ.*, 22, 141. — 2, *Ibid.*, 24, 60. — 3. A. Dixon, *Chem. Soc.*, 1890, I, 268. — 4. H. Wheeler et G. Dustin, *Am. Chem. J.*, 24, 424. — 5. Delépine, non publié. — 6. B. Holmberg, *J. prakt. Chem.*, (2), 75, 169, 1907.

Dérivés acidylés. — Préparés en fixant les alcools sur les acidylthiosulfocarbimides [H. Wheeler et T. Johnson, *Am. Chem. Journ.*, 24, 189-221, 1900] ou parfois en acidylant les uréthanes simples sulfurées.

Formules.	Fusion.	
$CH^3.CO.AzH.CS.OCH^3$	79-80°	⎫
— OC^2H^5	100-101°	⎪
$C^6H^5.CO.AzH.CS.OCH^3$	97°	⎬ *Am. Chem. J.*, 24, 189.
— OC^2H^5	73-74°	⎪
$(C^6H^5CO)^2Az.CS.OCH^3$	81-82°	⎭
$\frac{CH^3CO}{C^6H^5}Az.CS.OCH^3$	47-49°	*Ibid.*, 24, 424.

Action de la bromacétophénone sur les thiouréthanes $RAzH.CS.OR'$ [R. von Walther et H.

Greifenhagen, *J. prakt. Chem.*, (2), **75**, 201, 1907].

II. THIOCARBAMATES DU TYPE AzH².CO.SH

Formules.	Fusion.	Ébull.	
AzH².CO.S.CH³	107-108°		
— S.C²H⁵	107-108°		(1)
— S.C³H⁷ iso	102-103°		
— S.C⁵H¹¹ iso	112-113°		
— S.CH².C⁶H⁵	125°		(3)
— S.CH².CO²H	135-136°		(2)
— S.CH².CH².CO²H	147°,5		(4)
(AzH².CO.S)²CH²	168-170°		
(AzH².CO.S.CH²-)²	231-232°		(5)
(AzH².CO.S.CH²)²CH²	177-179°		
C⁶H⁵.AzH.CO.SCH³	83-84°		(2)
— SC²H⁵	71-73°		
— SCH².C⁶H⁵	96-97°		(3)
C⁶H⁵(CH³).Az.CO.SCH³	46°	140-142°16ᵐᵐ	(6)
— S.C²H⁵	12-13°	160-163°19ᵐᵐ	
C⁶H⁵(C²H⁵)Az.CO.SCH³	liquide	148-149°17ᵐᵐ	

1. Wheeler et Barnes, *Am. Chem. J.*, **22**, 141, 1899. — 2. *Ibid.*, 24, 60, 1900. — 3. A. Dixon, *Chem. Soc.*, 1890, I, 283. — 4. N. Langlet, *D. chem. G.*. 24, 3848, 1891. — 5. Wheeler et Johnson, *Am. Chem. J.*, 24, 189. — 6. Wheeler et Dustin, *ibid.*, 24, 424.

Dérivés acidylés :

Formules.	Fusion.	
CH³CO.AzH.CO.SCH³	143,5-146°	
C⁶H⁵CO.AzH.CO.SCH³	152-153°	
— SC³H⁷	136-137°	*Am. Chem. J.*, 24, 189.
— SC⁴H⁹ iso.	115-117°	
C⁶H⁵CO.AzH.CO.SCH³.CO²H	169-170°	
$\dfrac{C⁶H⁵}{C⁶H⁵CO}$Az.CO.SCH³	93°	*Ibid.*, 24, 424.

III. THIOSULFOCARBAMATES DU TYPE AzH².CS.SH.

Les sels alcalins des acides thiosulfocarbamiques dérivés d'amines primaires ou secondaires grasses (et pipéridiques) s'obtiennent avec la plus grande facilité en agitant ensemble l'amine, le sulfure de carbone et la base choisie :

$$CH³.AzH² + CS² + KOH = CH³.AzH.CS.SK + H²O.$$

Il en est de même des sels de baryum. Les autres sels s'obtiennent par double décomposition; il est remarquable que beaucoup sont *très solubles* dans l'alcool. l'éther, le chloroforme, le benzène [M. Delépine, *C. R.*, **144**, 1125, 1907]. Les sels dérivés d'amines primaires aromatiques ont été préparés par double décomposition avec les sels ammoniacaux eux-mêmes obtenus en agitant ensemble la base, le sulfure de carbone et l'ammoniaque [S. Losanitsch, *D. chem. G.*, 24, 3021, 1891]. On réussit aussi à partir des amines secondaires [Delépine, *Bull. Soc. Chim.*, (3), 27, 807, 1902; —G. Heller. *J. prakt. Chem.*, (2), 67, 285, 1903]. Delépine a fait une étude étendue des éthers thiosulfocarbamiques parue d'abord aux *Comptes rendus*, puis au *Bull. Soc. Chim.* [(3), 27, 48, 57, 228, 585, 588, 807, 812, 842, 1902; 29, 48, 53, 59, 269, 1903]; enfin il a publié un mémoire d'ensemble dans les *Ann. Chim. Phys.*, [(7), 29, 90, 1900]. Il a été suivi de près en certains points par von Braun et ses collaborateurs.

Les *éthers* ou *dithiouréthanes* s'obtiennent en faisant réagir les éthers halogénés sur les sels d'amines (ou les sels alcalins). Ce procédé est le plus général; il en existe d'autres [J. v. Braun, *D. chem. G.*, 35, 3368, 1902]. Si on emploie 2 mol. d'éther halogéné, on obtient, avec les dérivés de l'ammoniaque et des amines pri-

maires, des éthers imidodithiocarboniques (Delépine).
Citons les corps obtenus :

Formules.	Fusion.	Ébullition.
AzH².CS².CH³	42° (1, 2)	
— C³H⁷	58° (1)	
— —	57° (3)	
— C³H⁷ iso	96-97°(1)	
— C³H⁵	32° (2)	
— C⁵H¹¹ iso	51°,5 (3)	
— C⁷H¹⁵	65° (3)	
— CH².C⁶H⁵	90° (1)	
— —	91° (2)	
— CH².C⁶H⁴.AzO²p	135° (1)	
CH³.AzH.CS².CH³	>—20°(1)	155-156°20ᵐᵐ(2)
— C²H⁵	liq. (1)	
— CH².C⁶H⁵	49°,5 (1)	
C⁵H¹¹ iso.AzH.CS².C²H⁵		167-168°15ᵐᵐ(2)
C⁷H⁷.AzH.CS².C³H⁷	63° (2)	
C⁷H¹³.AzH.CS².C⁷H⁶AzO²	90-95°(2)	
C⁶H⁵.AzH.CS².C⁷H⁷	84° (2)	
— C³H⁵	42° (2)	
(CH³)²Az.CS².CH³	47° (1, 2)	243° (1)
— C²H⁵	+ 2°	252° (1)
(C²H⁵)²Az.CS².CH³	liq.	256° (1)
(C³H⁷)²Az.CS².CH³	liq.	275° (1)
— C²H⁵	liq.	170°18ᵐᵐ (2)
— C³H⁷	liq.	159-160°40ᵐᵐ(2)
— CH².C⁶H⁴AzO²p	60° (1)	
(C⁶H⁵CH²)²Az.CS².CH³	55° (1)	
— C²H⁵	38° (2)	
Pipéridyl.CS².CH³	33-34° (1)	260° (1)
C⁹H¹⁰Az.CS².CH³	70° (1)	
(CH³)(C⁶H⁵)Az.CS².CH³	81°,5	311° (1)
— C²H⁵	94-95° (4)	
(C²H⁵)(C⁶H⁵)Az.CS².CH³	52-53°(4)	
— C²H⁵	68°,5	315° (1)

1. Delépine, *Ann. Chim. Phys.*, *loc. cit.* — 2. J. v. Braun, *loc. cit.* — 3. M. T. Bogert, *J. Am. Chem. Soc.*, 25, 289, 1903. — 4. G. Heller, *J. prakt. Chem.*, (2), 67, 285.

Losanitsch a décrit les sels d'AzH⁴, de Ba, de Ni des acides phényl et o-m-p-tolylthiosulfocarbamiques, ceux de Ba et Ni des acides α et β-naphtylthiosulfocarbamiques [*loc. cit.*]; Delépine et Heller, ceux d'AzH⁴ des acides méthyl-et éthylphénylthiosulfocarbamiques; Heller, celui de l'acide benzyl-phényl-.

Acidyldithiouréthanes (à l'azote). — Obtenues en fixant les thioacides sur les éthers sulfocyaniques (H. Wheeler et collaborateurs) ou acétylant les dithiouréthanes (Delépine).

Formules.	Fusion.	
CH³.CO.AzH.CS².CH³	119°	(1, 2)
— C²H⁵	123°	(1, 2)
— C³H⁷	78°	(2)
— C⁵H¹¹ iso	84°	(3)
— C¹⁶H³³	89-90°	(2)
— CH².C⁶H⁵	135-137°	(1, 2)
C⁴H⁹ iso.CO.AzH.CS².CH³	87°	(1)
C⁶H⁵.CO. AzH.CS².CH³	135°	(1, 2)
— C²H⁵	84°	(2)
— C³H⁷	77°	(2)
— C⁴H⁹	80-81°	(2)
— C⁵H¹¹ iso	48-49°	(3)
— C¹⁶H³³	63-64°	(2)
— CH².C⁶H⁵	108°	(2)
— CH².C⁶H⁴.AzO²p	155-156°	(3)
— CH².C⁶H⁴.Brp	126°	(3)
CH³.CO.Az(CH³).CS².C⁷H⁷	80°	(1)
— CH³	Éb. 155-158°32ᵐᵐ	(1)

1. Delépine, *loc. cit.* — 2. H. Wheeler et H. Merriam. *J. Am. chem. Soc.*, 23, 283, 1901. — 3. H. Wheeler et T. Johnson, *Am. Chem. Journ.*, 26, 185, 1901.

On connaît aussi des composés acidylés au soufre [J. v. Braun, *D. chem. G.*, 36, 3520, 1903]. Comme les précédents ce sont des corps jaunes.

Formules.	Fusion.
$AzH^2.CS^2.COC^6H^5$	108-109°
$C^2H^5.AzH.CS^2.COC^6H^5$	76°
$C^6H^5.AzH.CS^2.COC^6H^5$	64°
$(CH^3)^2.Az.CS^2.COC^6H^5$	59°
$(CH^3)^2Az.CS^2.CO\ C^6H^4.OCH^3 p.$	78-80°
$C^6H^{10}Az.CS^2.CO.C^6H^5$	85-90°
$C^6H^{10}Az.CS^2.CO.C^6H^4.OCH^3 p.$	62-65°

Pour les propriétés chimiques variées des corps décrits dans cet article, se reporter aux mémoires originaux.

Juin 1907. M. Delépine.

THIOCARBAZINIQUES (ACIDES). — On connaît des dérivés des acides sulfocarbazinique $R.AzH.AzH.CS.OH$, thiocarbazinique $R.AzH.AzH.CO.SH$ et dithiocarbazinique $R.AzH.AzH.CS.SH$. Ce dernier fonctionne souvent sous la forme tautomère $R.AzH.Az:C(SH)^2$.

Acides sulfo- et thiocarbazinique. — Les éthers phénylsulfocarbaziniques s'obtiennent en faisant réagir la phénylhydrazine au bain-marie sur les éthers xanthogéniques :

$$C^6H^5.AzH.AzH^2 + C^2H^5S.CS.OC^2H^5$$
$$= C^6H^5AzH.AzH.CS.OC^2H^5 + C^2H^5.SH.$$

L'iodure de méthyle les transforme à froid en isomères thioliques $C^6H^5AzH.AzH.CO.SC^2H^5$ [H. L. Wheeler et B. Barnes, *Am. Journ.*, 24, 60-82, 1900 ; *Bull. Soc. Chim.*, (3), 24, 958, 1900].

Ce sont des composés réagissant bien avec les acylsulfocyanates et les sénévols [H. Wheeler et G. Dustin, *ibid.*, 24, 424].

Acide dithiocarbazinique. — L'acide proprement dit $AzH^2.AzH.CS^2H$ a été traité dans ce Suppl., 5, 280.

Les sels de potassium des acides alkyl- ou arylthiocarbaziniques se préparent en faisant réagir l'hydrazine choisie sur la potasse alcoolique et le sulfure de carbone ; leurs éthers, par action des dérivés halogénés sur ces sels de potassium. M. Busch et ses collaborateurs se sont consacrés à l'étude de ces corps et ont montré qu'on pouvait en dériver une quinzaine de noyaux sulfurés dont on trouvera une description très détaillés en partie aux thiobiazols (voy. ce mot) [M. Busch et E. Ziegele, *J. prakt. Chem.*, (2), 60, 25-55, 1899 ; — M. Busch et J. Becker ; — et E. Lingenbrink ; — et F. Best ; — et A. Stern, *ibid.*, 60, 187-243, 1899 ; — M. Busch et E. Lingenbrink, *ibid.*, 61, 330-335-344, 1900 ; — M. Busch et E. Wolpert, *D. chem. G.*, 34, 304-320, 1901 ; — M. Busch et R. Frey, *D. chem. G.*, 36, 1362-79, 1903].

Juin 1907. M. Delépine.

THIOCARBIMIDES (*sénévols, éthers isosulfocyaniques*). — Suivant G. Ponzio [*Gazz. chim. ital.*, 26, I, 323, 1896 ; — *Bull. Soc. Chim.*, (3), 18, 225, 1897], si, dans la préparation des sénévols de la série grasse, on emploie la quantité de mercure exigée par l'équation :

$$2AzHR.CS^2.AzH^2R + 2HgCl^2$$
$$= 2R.Az:CS + 2RAzH^2.HCl + 2HgS + 2HCl$$

on obtient un meilleur rendement ; l'action nuisible de l'hydrogène sulfuré est moins grande que si l'on emploie moins de sel mercurique.

Dans cette réaction, la moitié de l'amine est à récupérer. On utilise presque toute l'amine si l'on part d'un thiosulfocarbamate préparé en agitant des molécules égales d'amine, de sulfure de carbone et de potasse ou de soude. On décompose par l'acétate de plomb bibasique. Les rendements sont parfois doubles de ceux de Ponzio et l'on n'a pas à se préoccuper de régénérer l'amine, ce qui est pénible en présence du mercure. On a :

$$R.AzH^2 + CS^2 + KOH = R.AzH.CS^2K + H^2O$$
$$R\,AzH.CS.SK \qquad RAz:CS + H^2O$$
$$+ HO\,Pb\,.\,C^2H^3O^2 = + PbS + C^2H^3O^2.K$$

[Delépine, *C. R.*, 144, 1125, 1907].

Les sénévols aromatiques s'obtiennent par dédoublement des sulfourées $CS(AzHR)^2 = CS: AzR + AzH^2R$. Ce dédoublement se fait le mieux avec l'acide phosphorique à 65 0/0 de P^2O^5 pour 0,3 à 0,5 d'urée [A. W. Hofmann, *D. chem. G.*, 15, 985, 1882] ; il est alors plus net qu'avec l'acide chlorhydrique gazeux (Hofmann) ou aqueux concentré préconisé par Merz et Weith [*Zeit. f. Chem.*, N. F., 5, 589, 1869] ou l'acide sulfurique plus ou moins concentré préconisé par Lachmann [Inaug. Diss. Göttingen, 26, 1879] et Liebermann et Natanson [*D. chem. G.*, 13, 1576, 1880].

On a encore préparé les sénévols en combinant les amines au sulfure de carbone, puis transformant le thiosulfocarbamate en disulfure de thiuram et chauffant [J. v. Braun, *D. chem. G.*, 35, 817, 1902]. Pour les amines terpéniques, voy. J. v. Braun et K. Rumpf [*ibid.*, 830].

Sénévols de radicaux carbamiques et oxamiques $R^2Az.CO\ Az:CS$ et $RAzH.CO.CO.Az:CS$ [A. Dixon, *Proc. Chem. Soc.*, 15, 62, 1899 ; — *Chem. Soc.*, 75, 388-410, 1899].

On a signalé un grand nombre de réactions nouvelles des sénévols.

L'action de l'hydroxylamine ne conduit pas à des oxysulfourées [H. von der Kall, *Ann. Chem.*, 263, 260, 1891] ; celle des oximes donne des résultats complexes [Pawlewski, *D. chem. G.*, 37, 158, 1902].

L'action de l'hydrazine et des hydrazines primaires a été étudiée dans ce Supplément, 5, 281, 344, etc. ; elle conduit à des sulfosemicarbazides substituées [G. Pulvermacher, *D. chem. G.*, 26, 2812, 1893] auxquelles Marckwald a attribué les formules $RAzH.AzH\ CS.AzHR_1$ ou les formules tautomères avec les isoméries qui en découlent. Suivant M. Busch, E. Opfermann et H. Walther [*D. chem. G.*, 37, 2318, 1904], c'est la formule $R.Az(AzH^2)CS.AzHR_1$ (et ses tautomères) qui convient.

Les α-hydrazoacides donnent des aminohydantoïnes [J. Bailey, *Journ. Am. Chem. Soc.*, 26, 1006-26, 1904].

L'action des sénévols sur la silicophénylamide a été étudiée par J. E. Reynolds [*Proc. Chem. Soc.*, 19, 6, 1903 ; — *Chem. Soc.*, 83, 252, 1903].

L'action des sénévols sur les carbures aromatiques [A. Friedmann et L. Gattermann, *D. chem. G.*, 25, 3525, 1892] et sur les éthers de phénols [K. Tust et L. Gattermann, *ibid.*, 3528] conduit à des thioanilides par addition totale :

$$C^6H^6 + RAz:C:S = RAzH.CS.C^6H^5.$$

Action sur la bromacétophénone [R. von Walther et H. Greifenhägen, *J. prakt. Chem.*, (2), 75, 201, 1907].

Les acides et anhydrides d'acides donnent de l'oxysulfure de carbone et des amides :

$$R.CO^2H + R_1Az:CS = RCO.AzR_1H + COS$$
$$(RCO)^2O + R_1Az:CS = (RCO)^2AzR_1 + COS$$

[F. Krafft et H. Karstens, *D. chem. G.*, 25, 452, 1892 ; — P. Kay, *ibid.*, 26, 2848, 1893].

L'action sur les aldéhydes ammoniaques a été reprise par A. Dixon [*Chem. Soc.*, **53**, 411, 1888; **61**, 509, 1892].

Les sénévols s'unissent à l'éther aminocrotonique en donnant généralement des dérivés du méthylthiouracile et de l'acide iminoacétylthiomalonamique $CH^3 C(AzH) CH(CO^2 C^2 H^3) . CS . AzHR$ [R. Behrend et divers collaborateurs, *Ann. Chem.*, **314**, 224. 1900; **329**, 341, 1903; **344**, 19, 1906].

Les composés organomagnésiens halogénés donnent une combinaison telle que

$$C^6 H^5 Az = C < \begin{matrix} S MgI \\ CH^3 \end{matrix}$$

que l'eau glacée acidulée décompose avec formation d'acétanilide [F. Sachs et H. Lœvy, *D. chem. G.*, **36**, 585. 1903; **37**. 874, 1904].

L. Kahlenberg a étudié la conductibilité électrique des sénévols et des éthers sulfocyaniques [*Zeit. physik. Chem.*, **46**, 64, 1903; — voy. aussi P. Walden, *ibid.*, **54**, 129, 1906].

Butyl-2-sénévol. — C'est l'essence de cochléaria; $[\alpha]_D = +55°27'$. $D_{20} = 0.9418$; ébullition 150-162°.

Heptylsénévol. — Ébullition à 238°; $d < 1$ (G. Ponzio).

Isoundécylsénévol. — Ébullition à 163-164° sous 17 mm. (G. Ponzio).

Phénylsénévol. — Aux faits cités [Dict., **2**, 913; 1er Suppl., 1488], il faut ajouter les suivants : le perchlorure de phosphore à 160° donne PCl^3, $PSCl^5$, $C^7 H^5 AzCl^2$, de la chlorophénylsulfocarbimide $C^7 H^4 Cl Az S$ et son chlorhydrate. Le corps $C^7 H^4 AzClS$ bout à 248° et présente des caractères de sénévol fort amortis; l'alcool le change en phénol correspondant $C^7 H^4 (OH) Az S$, fusible à 136°; l'ammoniaque en un aminophénylsénévol solide; l'aniline en un anilidophénylsénévol fusible à 157° [A. W. Hofmann, *D. chem. G.*, **12**, 1126, 1879].

Chlorophénylsénévol. — Celui de la chloraniline fusible à 64° a été étudié par S. Losanitsch [*D. chem. G.*, **5**, 156, 1872].

Aminophénylsénévol. — L'ortho fond à 193° [Dünner, *D. chem. G.*, **9**, 465, 1876; — Bendix, *ibid.*, **11**, 2262, 1878].

Juin 1907. M. Delépine.

THIOCRÉSOLS et SULFURES DE TOLYLE.

ORTHOTHIOCRÉSOL, $CH^3_{(1)} . C^6 H^4 . SH_{(2)}$.

Ce composé fond à 15° et bout à 193° [Vallin, *D. chem. G.*, **19**, 2953, 1885].

Sel de mercure $(CH^3 C^6 H^4 . S)_2 Hg$, aiguilles soyeuses. *Sel de plomb* $(CH^3 C^6 H^4 . S)_2 Pb$, précipité rouge brique [Purgotti, *Gazz. chim. ital.*, **20**, 30, 1890].

Éther éthylique $CH^3 . C^6 H^4 . S . C^2 H^5$, liquide bouillant à 120° (Purgotti).

Éther phénylique $CH^3 C^6 H^4 . S . C^6 H^5$, liquide bouillant à 304°,5 sous 724 mm. [Grœbe et Schultess, *Ann. Chem.*, **263**, 14, 1891].

AMINOORTHOTHIOCRÉSOL-4, $(AzH^2)_{(4)} (CH^3)_{(1)} . C^6 H^3 . SH_{(2)}$. — Il se forme quand on réduit le nitrotoluène sulfoné correspondant par l'étain et l'acide chlorhydrique; il fond à 42°. Il s'oxyde lentement à l'air et rapidement par ébullition avec le perchlorure de fer et l'acide chlorhydrique en donnant du bisulfure de tolylamine $[(AzH^2) (CH^3) C^6 H^3 . S]^2$.

Chlorhydrate, $HCl . AzH^2 . CH^3 . C^6 H^3 . SH$. — Feuillets ou prismes [Hess, *D. chem. G.*, **14**, 488, 1881].

Acétate. — Fines aiguilles fusibles à 195° (Hess).

SULFURE D'ORTHOTOLYLE, $CH^3 . C^6 H^4 . S . C^6 H^4$

CH^3. — Il se forme en même temps que l'o-thiocrésol quand on traite le chlorure d'o-diazotoluène par le sulfure de sodium (Purgotti).

On le prépare en chauffant pendant 12 heures un mélange intime de 50 gr. de mercure diorthotolyle avec 8 gr. de soufre [Zeiser, *D. chem. G.*, **28**, 1674, 1895]. Il fond à 64° et bout à 175° sous 16 mm.: il est peu soluble dans l'alcool, soluble dans l'éther.

Purgotti a préparé l'*iodométhylate* $(CH^3 . C^6 H^4)^2 S, C^2 H^5 I$, très instable; la *sulfone* $(CH^3 C^6 H^4)^2 SO^2$ fondant à 134-135°.

Bisulfure d'orthotolyle, $(CH^3 C^6 H^4)^2 S^2$. — Il se forme quand on traite le disulfoxyde d'orthotoluène par la lessive de soude. Feuillets fondant à 38° [Tröger, Voigtländer, *J. prakt. Chem.*, (2), **54**, 520, 1896].

Trisulfure d'orthotolyle, $(CH^3 C^6 H^4)^2 S^3$. — Préparé en réduisant l'o-thiocrésol par le chlorure stanneux [Troger et Hornung, *J. prakt. Chem.*, (2), **60**, 135, 1899].

Tétrasulfure d'orthotolyle, $(CH^3 C^6 H^4)^2 S^4$. — Il se forme en même temps que le *pentasulfure* quand on fait passer un courant d'hydrogène sulfuré pendant 40 heures dans l'acide orthotoluolsulfinique dissous dans l'alcool méthylique. De même il se forme avec l'orthothiocrésol et le chlorure de soufre (Tröger, Voigtländer).

MÉTATHIOCRÉSOL, $CH^3_{(1)} C^6 H^4 . SH_{(3)}$. — Ce composé s'obtient en réduisant par l'étain et l'acide chlorhydrique le toluène-sulfoné correspondant.

C'est un liquide se solidifiant à —20°, il bout à 107°,5 sous 50 mm. $D = 1,0621$ à 0° [Vallin, *D. chem. G.*, **19**, 2353, 1886; — Bourgeois, *Rec. Pays-Bas*, **18**, 447, 1902].

Éther phénylique, $CH^3 . C^6 H^4 . S . C^6 H^5$. — Il se solidifie à —18° et fond à 6°,5, il bout à 309° à la pression normale et à 164°,5 sous 11 mm. $D = 1,0935$ à 15° [Bourgeois, *D. chem. G.*, **28**, 2323, 1895].

Aminométathiocrésol-4, $(AzH^2)_{(4)} CH^3_{(1)} C^6 H^3_{(3)} SH_{(2)}$. — Il s'obtient en réduisant la toluidine sulfonée correspondante par l'étain et l'acide chlorhydrique.

C'est une huile épaisse qui s'oxyde lentement à l'air. Chauffée avec les acides organiques monobasiques, elle s'y combine avec élimination de 1 mol. d'eau.

Le *chlorhydrate*, $HCl . AzH^2 CH^3 . C^6 H^3 . SH$ cristallise en aiguilles [Hesse, *D. ch. G.*, **14**, 492, 1881].

Par ébullition avec l'acide formique on obtient la méthylène-amine-thiocrésol

$$CH^3 C^6 H^3 < \begin{matrix} Az \\ S \end{matrix} > CH$$

qui se sépare à l'état pur dans un mélange réfrigérant; elle fond à 15° et bout à 255°; elle se décompose par évaporation avec l'acide chlorhydrique; on a fait son *chloroplatinate* $(C^8 H^7 AzS . HCl)^2 PtCl^4$ (Hesse).

L'aminométathiocrésol, traité par l'anhydride acétique, donne l'homologue supérieur du précédent

$$CH^3 - C^6 H^3 < \begin{matrix} Az \\ S \end{matrix} > C - CH^3$$

C'est le même composé que Jacobson et Ney obtiennent en traitant la thiacétoparatoluidine $(CH^3 CS) . AzH . C^6 H^4 . CH^3$ par la lessive de soude [*D. ch. G.*, **22**, 907, 1899]. Liquide bouillant à 265°, dont on a préparé le *chloroplatinate* et le *chloroaurate*.

PARATHIOCRÉSOL, $CH^3_{(1)} . C^6 H^4 . SH_{(4)}$.

Préparation. — [Bourgeois, *Rec. Pays-Bas*, **18**, 437].

Gros feuillets cristallisés dans l'éther fondant

à 43°, bouillant à 194° [Vallin, *D. chem. G.*, 19, 2953, 1886]; à 190°,2-191°,7 [Craft, *ibid.*, 19, 3130, 1886]; à 195° [Bourgeois, *loc. cit.*, 1900].

Etude cryoscopique faite par Auwers [*Ph. Ch.* 30, 531, 1899].

Éther éthylique, $CH^3 . C^6H^4 . S . C^2H^5$. — Il se forme par la réaction suivante :

$$(CH^3 C^6H^4 . S .)^2 Zn + 2 C^2H^5 . Br$$
$$= Zn Br^2 + 2 CH^3 C^6H^4 S C^2H^5.$$

C'est un liquide bouillant à 220°. $D = 1,0016$ à 17° [Otto, *D. chem. G.* 13, 1277, 1880].

Ce composé oxydé par le permanganate donne la *sulfone* correspondante $CH^3 C^6H^4 SO^2 . C^2H^5$ fondant à 55-56°.

AMINOPARATHIOCRÉSOL, $Az H^2_{(2)} . CH^3_{(1)} C^6 H^3 . SH_{(4)}$. — Il se prépare en réduisant le nitrotoluène sulfoné correspondant par l'étain et l'acide chlorhydrique. C'est un liquide épais, dont on a préparé le *chlorhydrate* par addition d'HCl [Hesse, *D. chem. G.*, 14, 490, 1881].

L'acétate $CH^3 CO . AzH . CH^3 C^6H^3 . SH$ fond à 240° (Hesse), la combinaison est faite avec élimination de H^2O.

MÉTHYLTOLYLSULFONE, $CH^3_{(1)} C^6H^4_{(4)} . SO^2 CH^3$. — On l'obtient en traitant l'acide totylsulfoacétique correspondant $CH^3 . C^6H^4 . SO^2 . CH^2 . COOH$ par la lessive de soude concentrée [Otto, *D. chem. G.*, 18, 161]. Otto l'obtient aussi en méthylant le paratoluène-sulfinate de sodium.

On la fait cristalliser dans l'alcool étendu en petites aiguilles brillantes fondant à 86-87°, très solubles dans l'eau bouillante [Brugnatelli, *J. prakt. Chem.*, (2), 40, 511, 1889].

Chlorométhyltolylsulfone. — Si on traite le paratoluène-sulfinate de sodium par le chlorure de méthylène, on obtient le composé $CH^3_{(1)} C^6H^4 . SO^2_{(4)} . CH^2 Cl$ qui fond à 81°, on peut le faire cristalliser dans le benzène (Otto, Brugnatelli).

Dichlorométhyltolylsulfone, $CH^3 . C^6H^4 . SO^2 CH Cl^2$. — Elle se forme en traitant par un courant de chlore une solution aqueuse d'acide paratoluène-sulfoacétique. Elle cristallise et fond à 114° (Otto, Brugnatelli).

Bromométhyltolylsulfone, $CH^3 . C^6H^4 . SO^2 CH^2 Br$. — (Voyez le dérivé chloré). Elle fond à 98-92° [Otto, *loc. cit.*; — Groth, *J. prakt. Chem.*, (2), 40, 545, 1889].

Dibromométhyltolylsulfone. — (Voyez le dérivé dichloré). Elle fond à 116-117° (Otto, Brugnatelli).

Iodométhyltolylsulfone. — (Voyez le dérivé chloré). Aiguilles fondant à 126° (Otto, Brugnatelli).

SULFURE DE PARATOLYLE $(CH^3 C^6H^4)^2 S$. — Il se prépare par distillation sèche du p-thiocrésolate de plomb ou bien en mélangeant des solutions aqueuses de chlorure de p-diazotoluène et de sulfure de sodium [Purgotti, *Gazz. chim. ital.*, 20, 30, 1890].

Ce sont de fines aiguilles fondant à 66-67° et bouillant au-dessus de 300° sans se décomposer.

Bisulfure de paratolyle $(CH^3 C^6H^4)^2 S^2$. — On l'obtient en traitant le p-crésol par la chlorhydrine sulfurique. Gros feuillets fondant à 46° [Leucart, *J. prakt. Chem.*, (2), 44, 190, 1891].

Trisulfure de paratolyle $(CH^3 C^6H^4)^2 S^3$. — Il se forme, quand on traite le parathiocrésol par le chlorure d'étain; c'est une poudre cristalline blanche fondant à 76-77° [Tröger et Hornung, *J. prakt. Chem.*, (2), 60, 134, 1899].

Tétrasulfure de p-tolyle $(CH^3 C^6H^4)^2 S^4$. — Ce composé se forme quand on traite à chaud une solution alcoolique concentrée d'acide p-toluène sulfurique par un courant d'hydrogène sulfuré [Otto, *J. prakt. Chem.*, (2), 37, 211,

1888], ou par l'action du chlorure de soufre $S^2 Cl^2$ sur le pthiocrésol [V. Eason, *D. chem. G.*, 20, 3414, 1887]. Il fond à 75°.

Il est attaqué par la lessive de soude, le sulfure d'ammonium, le mercure avec formation de soufre et bisulfure de tolyle.

THIOCYANATES (*sulfocyanates, rhodanates*). — [Voy. Dict., 3, 93; 1er Suppl., 1486 et 1487].

THIOCYANATES MINÉRAUX. — (a) *Métalloïdiques*. — Les thiocyanates de phosphore $P(SCAz)^3$, de phosphoryle $PO(SCAz)^3$, de thionyle $[SO(SCAz)^2]^n$ ont été préparés par A. E. Dixon [*Proc. Chem. Soc.*, 17, 51, 1901; — *Chem. Soc.*, 79, 541, 1901]. Les deux premiers se conduisent comme des isosulfocyanates.

(b) *Métalliques : sels simples*. — Préparations : voy. D.R.P. 89811. Obtention à partir du gaz d'éclairage [D.R.P. 136397]; à partir des résidus de bleu de Prusse des usines à gaz [v. Hölbing, *Zeit. angew. Chem.*, 10, 297, 1897].

Cinétique de la réaction

Thiourée → Sulfocyanate d'ammonium

[Dutoit et Gagneaux, *Journ. Chim. phys.*, 4, 261, 1906].

Action du bromure mercurique sur les sulfocyanates alcalins [H. Grossmann, *D. chem. G.*, 35, 2945, 1902].

Analyse. — Recherche des thiocyanates [D. Ganassini, *Boll. Chim. Farm.*, 42, 417, 1903]. Etude de la réaction entre les sels ferriques et les sulfocyanates [G. Magnanini, *Rind. Att. R. Ac. Lincei*, 1891, I, 104]. Dosage dans la salive par spectrophotométrie [G. Treupel, *Anzeig. der Akad. der Wiss. Krakau*, 96, 389; — *Münchener med. Wochenschr.*, 49, 563, 1902]. Iodométrie des sulfocyanates [E. Rupp et A. Schiedt, *D. chem. G.*, 35, 2191, 1902; — Thiel, *ibid.*, 2766]. Séparation des bromures et sulfocyanates [Küster et Thiel, *Zeit. anorg. Chem.*, 35, 41, 1903], Dosage de $CAzSH$ [P. Klason, *J. prakt. Chem.*, (2), 36, 74, 1887]. Dosage des sulfocyanates par oxydation nitrique en présence du chlorure de baryum [H. Alt, *D. chem. G.*, 22, 3258, 1889].

Physiologie. — Action physiologique [G. Treupel et A. Edinger, *Münch. med. Wochenschr.*, 47, 717, 1900]. Sort dans l'organisme [L. Pollak, *Beit. zu Chem. Physiol. und Path.*, 2, 430]. — L'acide sulfocyanique est très répandu chez les animaux et dans la plupart des graines de fruits à gousse [Egide Pollacci, *Thèse*, Bocca frères, Milan, 1904; — A. Archetti, *Boll. Chim. Farm.*, 43, 239, 1904].

Thiocyanate de potassium. — L'action des acides a été étudiée longuement par P. Klason [*J. prakt. Chem.*, (2), 36, 57, 1887].

Thiocyanate d'argent. — Solubilité $= 6,4.10^{-3}$gr. par litre [W. Böttger, *Zeit. physik. Chem.*, 56, 83, 1906].

Thiocyanate de baryum. — Il cristallise avec $3 H^2O$; aussi avec 1 à 2 C^2H^6O et $2 CH^4O$ [Tscherniac, *D. chem. G.*, 25, 2627, 1892].

Thiocyanate de plomb. — Il a été employé par Dixon pour réactions sur les chlorures d'acides (voy. plus bas).

Thiocyanate de mercure. — A 145°, avec C^2H^5I, il donne une petite quantité de sulfo- et d'isosulfocyanate d'éthyle [A. Michael, *Am. Chem. Journ.*, 1, 416, 1880].

Thiocyanate de bismuth $Bi(SCAz)^3$. — Gros cristaux rouges ou orangés rhombiques [G. Bender, *D. chem. G.*, 20, 723, 1887; — voy. encore A. Rosenheim et M. Vogelsang, *Zeit. anorg. Chem.*, 48, 205, 1906].

Thiocyanate de chrome $Cr(SCAz)^3$. — Composé *non électrolyte*, soluble en rouge dans l'alcool, l'éther: sec. c'est une masse verte vitreuse. Il s'unit aux sulfocyanates pour former des sels complexes [A. Speransky, *Bull. Soc. Chim.*, (3), **14**, 1089, 1895; **16**, 1504, 1896]. Oxydation [Sand et Burger, *D. chem. G.*, **39**, 1771, 1906].

Thiocyanates de molybdène [Sand et Burger, *D. chem. G.*, **39**, 1761, 1906; — Rosenheim et Koss, *Zeit. anorg. Chem.*, **49**, 148, 1906].

C. Métalliques; sels doubles (ou triples). — On a préparé une multitude de sels nouveaux. Dans les formules suivantes,

$$T = SCAz, \quad M = \text{métal.}$$

$Hg.T.Br — HgT^3M — HgT^4M^2 — CoT^4M^2 — NiT^4M^2 — NiT^6M^4 — AlT^6K^3$ [A. Rosenheim et R. Cohn, *D. chem. G.*, **33**, 1111, 1900].

$FeT^6K^3 — FeT^3,9KT,4H^2O — FeT^6(AzH^4)^3 — FeT^3,9AzH^4T,4H^2O — FeT^3,9NaT.4H^2O — FeT^3,9LiT.4H^2O$ [G. Krüss et H. Morath, *D. chem. G.*, **22**, 2061, 1889; — *Ann. Chem.*, **260**, 193, 1890].

$CdT^2 — CdT^2.AzH^3 — CdT^2,2AzH^3 — CdT^4(AzH^4)^2, 2H^2O — CdT^4K^2, 2H^2O — CdT^4Rb^2, 2H^2O — CdT^3Na, 3H^2O — CdT^{10}Ba^4, 10H^2O$ [H. Grosmann, *D. chem. G.*, **35**, 2665, 1902].

$CsT — Cs^3FeT^6.2H^2O — Cs^3PbT^5 — KPbT^3 — K^6PbT^8.2H^2O — Cs^2HgT^4,H^2O — CsHgT^3 — Cs^4MnT^6 — CsCuT^2 — Cs^3AgT^4 — Cs^2AgT^3 — CsAgT^2 — CsTl^4T^5.$

$K^3AgT^4 — K^2AgT^3 — KAgT^2.$

$CaT^2,2H^2O — CaT^2,4H^2O — Cs^2CaT^4.3H^2O.$ $Cs^2SrT^4.4H^2O — Cs^2MgT^4.2H^2O — Cs^2ZnT^4, 2H^2O — ZnAg^2T^4 — ZnT^2,2H^2O.$

$BaAg^2T^4.2H^2O — CaAg^2T^4.2H^2O — SrAg^2T^4.2H^2O.$

$Cs^3BaAg^2T^7 — Cs^3BaCu^2T^7 — Cs^3SrAg^2T^7 — Cs^3SrCu^2T^7.$

$Cs^2CaAg^2T^6, 2H^2O — Cs^2NiCu^2T^6, 2H^2O — Cs^2Mg$ (ou Mn, Ni) $Ag^2T^6, 2H^2O.$

$CsZnAgT^4, 2H^2O — Cs^2ZnAgT^3 — CsZn^2Ag^3T^8 — CsZn^2Ag^4T^9 — K^4BaAg^2T^8, H^2O$ [H. Wells, *Am. Chem. Journ.*, **28**, 245, 1902].

$CsCoT^3,2H^2O — CoAgT^3,2H^2O — Cs^2CoAg^2T^6, 2H^2O$ [F. Shim et H. Wells, *Am. Chem. Journ.*, **29**, 474, 1903].

THIOCYANATES ORGANIQUES. — A. *Alkylés.* — Ils agissent sur les acides thioacétique et thiobenzoïque pour donner des acidylthiosulfocarbamates $R.CO.AzH.CS.SR'$ [H. Wheeler et H. Merriam, *Journ. Am. Chem. Soc.*, **23**, 283, 1901]. Quand le radical du thiocyanate est bivalent, la réaction est complexe (H. Wheeler et H. Merriam).

Contrairement à l'opinion de Michael, la réaction d'un thiocyanate métallique sur un composé halogéné ne donne pas d'autant plus facilement la thiocarbimide que le radical est plus négatif; en aucun cas, on ne saurait prédire s'il se fera un sénévol ou un rhodanate [H. Wheeler, *Am. Chem. Journ.*, **26**, 345, 1901; — H. Wheeler et T. Johnson, *Journ. Am. Chem. Soc.*, **24**, 680, 1902; — H. Wheeler et G. Jamieson, *ibid.*, 753; — voy. encore T. B. Johnson et divers collaborateurs, *ibid.*, **28**, 1454, 1906].

Thiocyanate d'heptyle $C^7H^{15}S.CAz.$ — Huile bouillant à 234-236°, à 136° sous 28 mm. $D = 0,92$ [M. T. Bogert, *Journ. Am. Chem. Soc.*, **25**, 289, 1903].

Thiocyanate de para-crésyle. — Huile bouillant à 240-250° [G. Thurnauer, *D. chem. G.*, **23**, 769, 1890].

Thiocyanacétate de phényle $C^6H^5.CO^2.CH^2.SCAz.$ — Fond à 28-32° [H. Wheeler et T. Johnson, *Am. Chem. Journ.*, **26**, 185, 1901].

2-*Thiocyanate de* 2-*phényléthyle* $C^6H^5.CH(SCAz)CH^3.$ — Il bout à 157-159° sous 36 mm. [*ibid.*].

B. *Acidylthiocyanates.* — L'acétylthiocarbimide se comporte comme un mélange de $CH^3.CO.Az:C:S$ et de $CH^3CO.S.CAz$; la proportion de thiocarbimide croît avec la température [A. Dixon et J. Hawthorne, *Proc. Chem. Soc.*, **21**, 121, 1905; — *Chem. Soc.*, **87**, 468, 1905].

Acidylthiocyanates et leurs dérivés [A. Dixon, *Journ. Am. Chem. Soc.*, **89**, 892, 1906; — J. Hawthorne, *ibid.*, **89**, 556, 1906].

Sur la structure isomérique de certains sulfocyanates, voyez notamment : A. Werner et Braunlich [*Zeit. anorg. Chem.*, **22**, 123, 1899] — et Klien [*ibid.*, 111] — et Zinggeler [*D. chem. G.*, **40**, 765, 1907].

Emploi des sulfocyanates pour doser les alcaloïdes du quinquina [voy. P. W. Robertson, *Proc. Chem. Soc.*, **21**, 242, 1905].

Action du sel de K sur certains chlorures d'imides [T. B. Johnson et E. Mc. Collum, *Am. Chem. Journ.*, **36**, 136, 1906].

Juin 1907. Delépine.

THIODIAZOLS. — Les thiodiazols sont des furodiazols dans lesquels l'oxygène est remplacé par du soufre. Trois isomères sont possibles :

$$\begin{array}{ccc}
S & S & S \\
/\;\backslash & /\;\backslash & /\;\backslash \\
CH\alpha'\,\alpha\,Az & CH\;\;Az & CH\;\;CH \\
\|\beta'\;\beta\| & \|\;\;\| & \|\;\;\| \\
CH \underline{\quad} Az & Az\!-\!CH & Az\!-\!Az \\
\alpha\,\beta\text{-Thiodiazol} & \alpha\,\beta'\text{-Thiodiazol.} & \beta\,\beta'\text{-Thiodiazol} \\
\text{(noyau} & & \text{(noyau} \\
\text{des diazosulfures).} & & \text{des thiocarbizines).}
\end{array}$$

On en connaît certains dérivés.

1° α-β-THIODIAZOLS.

α'-Méthyl-α-β-thiodiazol,

$$\begin{array}{c}
S \\
/\;\backslash \\
CH^3C \quad Az \\
\| \quad \| \\
CH — Az
\end{array}$$

— Ce composé bout à 91° sous 38 mm. Il dérive de l'*α'-méthyl-α-β-thiodiazol-β'-carbonate d'éthyle* formé par l'action du sulfure d'ammonium sur l'anhydride du diazoacétylacétate d'éthyle. Cet éther fond à 35°, l'*acide* correspondant cristallise avec H^2O et fond à 75°.

α'-Méthyl-β'-acétyl-α-β-thiodiazol $C^5H^6OAz^2S.$ — Obtenu de même avec le diazoanhydride de l'acétylacétone, huileux (*semicarbazone* fondant à 236°, *oxime* fondant à 127°).

α'-Méthyl-β'-benzoyl-α-β-thiodiazol. — Il fond à 43° (*semicarbazones* fondant à 217° et à 149°-150°).

α'-Phényl-β'-acétyl-α-β-thiodiazol. — Il fond à 70° (*semicarbazone* fondant à 207°). Ces deux composés dérivent de même de la benzoylacétone et sont séparés par leurs combinaisons avec $HgCl^2$ [L. Wolff, *Ann. Chem.*, **325**, 129, 1902].

α'-Phénylamino-α-β-thiodiazol,

$$\begin{array}{c}
S \\
/\;\backslash \\
C^6H^5 - AzH - C \quad Az \\
\| \quad \| \\
CH — Az
\end{array}$$

— On l'obtient par l'action du diazométhane sur l'isocyanate de phényle. Il fond à 172°,5 avec décomposition. Le *dérivé nitrosé* fond à 98°, le *dérivé acétylé* à 162°, le *dérivé benzoylé* à 157°

[H. von Pechmann et A. Nold, *D. chem. G.*, **29**, 2591, 1896].

2° α-β'-THIODIAZOLS.

On ne connaît dans ce groupe qu'un *α'-β-diphényl-α-β'-thiodiazol* fondant à 91° et formé par action du persulfate d'ammonium sur la thiobenzamide [Von Walther, *J. prakt. Chem.*, (2), **69**, 44, 1904].

Par l'action du brome sur les thiourées aromatiques, Hugershoff [*D. chem. G.*, **36**, 3131, 1903] a obtenu des *tétrahydro-α-β'-thiodiazols* substitués. Le *dérivé α'-β-diphényl-iminé-α-β-diphénylé* fond à 135°-136°.

3° β-β'-THIODIAZOLS.

Le *α-α'-diméthyl-β-β'-thiodiazol* fond à 64°, bout à 89° sous 14 mm. [R. Stollé, *D. chem. G.*, **32**, 797, 1899; *J. prakt. Chem.*, **69**, 152, 1904].

Le *α-α'-diphényl-β-β'-thiodiazol* fond à 141-142°, bout à 259° sous 17 mm. [R. Stollé, *D. chem. G.*, **32**, 797, 1899; *J. prakt. Chem.*, **73**, 289, 1904].

Le *α-α'-dithiol-β-β'-thiodiazol* fond à 168° [Busch, *D. chem. G.*, **27**, 2518, 1894].

La *β-phényl-α'-thiol-β-β'-thiodiazoline* fond à 112°. Le *dérivé α-méthylé* fond à 132°; le *dérivé α-phénylé* fond à 156°,5 avec décomposition [Busch, *D. chem. G.*, **28**, 2641, 1895].

L'*α-amino-α'-phényl-β-β'-thiodiazol* se forme par oxydation de la benzal-thiosemicarbazone; il fond à 222-223° [Young et Eyre, *Chem. Soc.*, **79**, 54, 1901].

α-α'-Dianilido-β-β'-thiodiazol. — Le *dérivé monoacétylé* fond à 233°; le *dérivé benzoylé* fond à 238° [Hector, *D. chem. G.*, **22**, 1176, 1889].

α-CÉTO-β-β'-THIODIAZOLINES (*thiobiazolones*). — La *β-phényl-α-céto-β-β'-thiodiazoline* a pour formule :

$$
\begin{array}{ccc}
 & \text{S} & \\
 & \diagup\ \diagdown & \\
\text{HC} & & \text{CO} \\
\| & & | \\
\text{Az} & \!\!\!\!—\!\!\!\! & \text{Az - C}^6\text{H}^5
\end{array}
$$

Le dérivé *α'-thiol* s'obtient par l'action du phosgène en solution benzénique sur le sulfocarbazinate de K et fond à 86-87° [Busch, *D. chem. G.*, **27**, 2515, 1894]. *Dérivé α-phényliminé* [Busch et Holzmann, *D. chem. G.*, **34**, 320, 1901]. Le *dérivé α'-phénylazoïque*, fourni par l'action du phosgène sur la diphénylsulfocarbazide, aiguilles jaunes, fond à 140° [Freund et Kuh, *D. chem. G.*, **23**, 2826, 1890]. Le *dérivé α'-phénylhydrazoïque* fond à 124°.

Thiodiazolyl-α-mercaptans [voir Busch et Walpeit, *D. chem. G.*, **34**, 304, 1901].

β-o-Tolyl-α'-amido-α-céto-β-β'-thiodiazoline (Az-o- *tolylamidothiobiazolone*).

$$
\begin{array}{ccc}
 & \text{S} & \\
 & \diagup\ \diagdown & \\
\text{AzH}^2\text{-C} & & \text{CO} \\
\| & & | \\
\text{Az} & \!\!\!\!—\!\!\!\! & \text{Az C}^7\text{H}^7
\end{array}
$$

— Formée par l'action du phosgène sur l'o-tolyl-sulfosemicarbazide, elle fond à 278-279° [E. König, *D. chem. G.*, **26**, 2876, 1893].

β-p-Tolyl-α'-p-tolylazo-α-céto-β-β'-thiodiazoline. — Elle fond à 174°. Le *dérivé hydrazoïque* correspondant fond à 168° [Freund, *D. chem. G.*, **24**, 4195, 1891].

β-(β)-Naphtyl-α'-amino-acéto-β-β'-thiodiazoline (*β-naphtylamino-thiobiazolone*. — Elle fond à 220° (Freund). Le *dérivé α'-phénylaminé* fond à 198-199°.

La *β-(α)-naphtyl-α'-phénylamino-α-céto-β-β'-thiodiazoline* fond à 219° (Freund).

PSEUDO-THIOBIAZOLONES. — Sous ce nom on a décrit des composés isomères des *α-céto-β-β'* thiodiazolines, de formule

$$
\begin{array}{ccc}
 & \text{O} & \\
 & \diagup\ \diagdown & \\
\text{HC} & & \text{CS} \\
\| & & | \\
\text{Az} & \!\!\!\!—\!\!\!\! & \text{AzH}
\end{array}
$$

Ces corps font partie du noyau du β-β'-FURO-DIAZOL (voir ce mot, 2° Suppl., **4**, 417).

THIOCARBIZINES. — A ce groupe se rattachent également les thiocarbizines obtenues par M. Freund (voir généralités et bibliographie à l'article CARBIZINES, 2° Suppl., (1). 987).

IMIDO-β-β'-THIODIAZOLINES.

α-Imido-β-β'-thiodiazoline,

$$
\begin{array}{ccc}
 & \text{S} & \\
 & \diagup\ \diagdown & \\
\text{CH} & & \text{C = AzH} \\
\| & & | \\
\text{Az} & \!\!\!\!—\!\!\!\! & \text{AzH}
\end{array}
$$

— Ce composé se forme par l'action du chlorure d'acétyle sur la formylthiosemicarbazide. Il fond à 191°; le *chlorhydrate* fond à 149°; le *dérivé nitrosé*, à 220° avec décomposition; l'*iodométhylate* à 243°; le *dérivé acétylé* à 268° [Freund et Meinecke, *D. chem. G.*, **29**, 2514, 1896].

L'*α-méthylimido-β-β'-thiodiazoline* fond à 65-66° (*chlorhydrate* fondant à 245°; *iodométhylate* fondant à 232-233°); le *dérivé β-méthylé* est huileux [Pulvermacher, *D. chem. G.*, **27**, 623, 1894]. Le *dérivé α-éthylimidé* est hygroscopique (*chlorhydrate* fondant à 212°) [Freund, *D. chem. G.*, **29**, 2487, 1896]. Le *dérivé α-allylimidé* fond à 73° (*chlorhydrate*, fusible à 128-130°; *dérivé acétylé* fondant à 57°, *iodométhylate* fondant à 176°]; le *dérivé β-méthylé* est liquide. Le *dérivé α-phénylimidé* fond à 173° (*dérivé nitrosé* fusible à 80-81°; *dérivé acétylé* à 142°; *iodométhylate* à 203-204°): le *dérivé β-méthylé*, paillettes jaunes, fond à 258° (Pulvermacher).

L'*α-benzoylimido-β-phénylthiodiazoline*, obtenue dans l'action de la formylphénylhydrazine sur le sulfocyanate de benzoyle, fond à 119-120° [Wheeler et Beardsley, *Am. Journ.*, **27**, 257, 1902].

α-Imido-α'-méthyl-β-β'-thiodiazoline. — Obtenue par l'action du chlorure d'acétyle sur la thiosemicarbazide, elle fond à 235°; le *chlorhydrate* fond à 110°; le *dérivé nitrosé* à 227° (Freund et Meinecke). Le *dérivé α-méthylimidé* fond à 112° (*chlorhydrate* fondant à 211-212°; *dérivé nitrosé* fondant à 56°). L'*iodométhylate*, fusible à 150-151°, donne par saponification l'*α-méthylimido-α'-β'-méthyl-β-β'-thiodiazoline* fondant à 248-249°.

Le *dérivé α-allylimidé* donne un *chlorhydrate* fondant à 172-173°; un *dérivé acétylé* fusible à 77-78°; un *iodométhylate* fondant à 115-116°: un *dérivé β-méthylé* liquide. Le *dérivé α-phénylimidé* fond à 193-194° (*chlorhydrate* fondant à 190-191°; *dérivé nitrosé* à 114-115°; *dérivé acétylé* à 148°; *iodométhylate* à 198°; *dérivé β-méthylé* à 193-194°) (Pulvermacher).

α-Imido-α'-phényl-β-β'-thiodiazoline. — Le *dérivé α-allylimidé* fond à 115°; son *dérivé acétylé* fond à 123-124°; le *dérivé nitrosé* à 95°. — Le dérivé *α-phénylimidé* fond à 200°; son *dérivé acétylé* fond à 140° [Marckwald et Bott, *D. chem. G.*, **29**, 2916, 1896].

Par l'action des aldéhydes sur la diphényl et la phényldibenzyl-thiosemicarbazide en présence d'une solution alcoolique d'acide chlorhydrique, MM. Busch et Ridder [*D. chem. G.*, **30**, 852, 1897] ont obtenu les chlorhydrates d'α'-*anilido*-α-β-*diphényl*-β-β'-*thiodiazoline* fondant à 240° (*base* fondant à 105°), d'α'-*amilido*-α-*méthyl*-β-*phényl*-β-β'-*thiodiazoline*, fondant à 147°; d'α'-*anilido*-α-*cinnaményl*-β-*phényl*-β-β'-*thiodiazoline* fondant à 246°, d'α'-*anilido*-α-*m-nitrophényl*-β-*phényl*-β-β'-*thiodiazoline* fondant à 203°, ainsi que celui de l'α'-*dibenzyl-amido*-α-*m-nitrophényl*-β-*phényl*-β-β'-*thiodiazoline* fondant à 108°.

L'α-*phénylimino*-β-*phényl*-α'-*phénylamino*-β-β'-*thiodiazoline* fond à 154°: le *chlorhydrate* fond à 215°: le *dérivé* α'-*benzène-azoïque* à 180°; le *dérivé hydrazoïque* à 180° [Freund et König, *D. chem. G.*, **26**, 2874, 1893].

Mai 1906.   F. March et Weimann.

THIODIGLYCOLIQUE (ACIDE). — Voyez l'art. THIOACÉTIQUE (ACIDE), 2° Suppl., **1**, 20.

THIODIPHÉNYLAMINE. — Voyez DIPHÉNO-γ-DIHYDROTHIAZINE.

THIOFLAVINE. — Voyez COLORANTES (MATIÈRES), 2° Suppl., **2**, 1364.

THIOHYDROQUINONES.

MONOTHIOHYDROQUINONE. — La monothiohydroquinone $C^6H^4(OH)(SH)$ se forme par saponification de son éther xanthogénique $C^6H^4(OH)(S.CO^2C^2H^5)$, fourni par l'action de l'éthylxanthogénate de K sur le chlorure de p-diazophénol. Elle distille à 166-168° sous 45 mm. et fond à 29-30°. Elle possède une très forte odeur, produit sur la peau des vésicules douloureuses, se dissout dans l'eau et dans SO^4H^2 concentré qui la colore à chaud en vert bleuâtre.

Le *sel de plomb* est jaune $Pb[C^6H^4(OH)S]^2$.

L'*éther éthylique* $C^6H^4(OC^2H^5)(SH)$ bout à 275-277° et fond à 40-41°. G. Lagai [*D. chem. G.*, **25**, 1838, 1892] l'a aussi obtenu par réduction du chlorure p-phénétolsulfonique, mais il indique comme point d'ébullition 232°,5 (*dérivé sodé* fusible à 45°, *combinaison mercurique* fusible à 178°).

L'*éther éthylique* isomère $C^6H^4(OH)(SC^2H^5)$ s'obtient en traitant le sel de plomb par C^2H^5I en solution alcoolique; il bout à 282-287° et fond à 40-41°.

Le *dérivé monoacétylé* $C^6H^4(SH)(OC^2H^3O)$ est un liquide incolore, le *dérivé diacétylé* fond à 65°,5-66°.

Par l'action de l'oxygène de l'air sur sa solution alcoolique-ammoniacale, ou bien avec $FeCl^3$, la monothiohydroquinone est transformée en *disulfure-p-oxyphénylique* $[C^6H^4(OH)S]^2$ fondant à 150-151° (*dérivé* diacétylé fusible à 88-89°) [R. Leuckart, *J. prakt. Chem.*, **41**, 193, 1890].

DITHIOHYDROQUINONE. — La dithiohydroquinone $C^6H^4(SH)^2$ obtenue par la même méthode fond à 98°. On peut la sublimer, mais elle s'oxyde rapidement à l'air et encore plus vite en solution alcaline en donnant le *disulfure* $C^6H^4S^2$ (R. Leuckart).

Körner et Monselise [*D. chem. G.*, **9**, 584, 1876] l'ont obtenue par réduction du chlorure p-benzène sulfonique.

L'*éther monométhylique* bout à 227°, l'*éther diméthylique* à 239-240°, l'*éther monoéthylique* à 238°, l'*éther diethylique* à 259-260° [L. Gattermann, *D. chem. G.*, **31**, 1148, 1898].

Avec l'isocyanate de phényle, la dithiohydroquinone fournit le *composé* $C^6H^4(SCOAzHC^6H^5)^2$ fusible à 200-202° [H. L. Snape, *Chem. Soc.*, **69**, 98, 1896].

Décembre 1907.   F. March.

THIONESSAL syn. *tétraphénylthiophène*. — Voyez l'art. THIOPHÈNE, p. 796.

THIONINE, **THIONOLINE**, **THIONOL**. — Voyez l'art. DIPHÉNO-γ-DIHYDROTHIAZINE.

THIONURIQUE (ACIDE). — Voyez l'art. PURINES, p. 110.

THIOPHÈNE (voy. 1er Suppl., **2**, 1550).

Présence. — Le thiophène se rencontre dans le naphte de Grosnyi à la dose de 1 : 10 000 000 [*Bull. Soc. Chim.*, **24**, 357, 1900], dans les pétroles de Roumanie [L. Edeleanu et A. Filiti, *Bull. Soc. Chim*, **23**, 384, 1900], dans la portion du goudron bouillant avant 180° [F. Heusler, *D. chem. G.*, **28**, 488, 1895], dans le gaz d'éclairage [Witzeck, *Cent. Blatt.*, I, 1053, 1903].

Propriétés physiques. — Le thiophène présente une densité de vapeur normale entre 100° et 340°. Sa température critique est 317°,3 et sa pression critique 47,7 atmosphères [Pawlewski, *D. chem. G.*, **21**, 2141, 1888]. Chaleur de combustion : 669^{Cal},5 [Berthelot et Matignon, *C. R.*, **111**, 9, 1890; — Lemoult, *C. R.*, **139**, 131, 1904]. Réfraction moléculaire [J. W. Brühl, *Cent. Blatt*, II, 81, 1897]. Sur la détermination de son poids moléculaire [E. Beckmann, *Cent. Blatt*, II, 83, 1897; — L. Mascarelli, *Atti Lincei*, (5), **16**, 927, 1907; — G. Carrara et Ferrari, *Gazz. chim. ital.*, **36**, I, 419, 1906]. Spectre d'absorption ultraviolet [W. N. Hartley et J. Dobbie, *Chem. Soc.*, **73**, 598, 1898]. Comparaison des propriétés physiques du thiophène et du benzène [G. Ciamician, *D. chem. G.*, **22**, 27, 1889].

Propriétés chimiques. — Le thiophène fournit avec certains composés des combinaisons instables dans lesquelles il joue le rôle de thiophène de cristallisation. Tels sont le *triphénylméthane-thiophène* $CH(C^6H^5)^3 + C^4H^4S$ et l'*oxyde de dibromo-β-dinaphtylethiophène* [C. Liebermann, *D. chem. G.*, **26**, 853, 1893]. Il se combine avec le bromhydrate d'o-toluidine pour donner le composé $7C^7H^9Az.HBr + 2C^4H^4S$ [S. Prokofjeff, *Journ. Soc. phys. chim. russe*, **29**, 87, 1897].

L'acide iodhydrique le décompose complètement [Klages et Liecke, *J. prakt. Chem.*, (2), **61**, 307, 1900]. L'acide sulfurique concentré ne donne qu'une petite quantité de *dithiényle*; ce composé se forme mieux en introduisant rapidement le thiophène dans 10 p. de SO^4H^2 fumant et refroidi, puis versant dans l'eau glacée. Le dithiényle formé $C^4H^3S.SC^4H^3$ fond à 33° et bout à 260° et est isomère du dithiényle fondant à 83° que Nahsen avait obtenu par réaction pyrogénée. La solution sulfurique renferme le dérivé sulfoné du thiophène dont la *sulfamide* fond à 141° [A. Toehl, *D. chem. G.*, **27**, 665, 1894].

Le thiophène ne s'altère pas en présence d'ozone [T. Weyl, *Chem. Zeit.*, **25**, 292, 1901]. L'isocyanate de phényle fournit, en présence de Al^2Cl^6, le composé $C^4H^3S.CO.AzH.C^6H^5$ [R. Leuckart et M. Schmidt, *D. chem. G.*, **18**, 2338, 1885].

Un mélange de thiophène et de benzhydrol, en présence de P^2O^5, fournit à la température ordinaire du *diphénylthiénylméthane* $CH(C^6H^5)^2C^4H^3S$ bouillant à 330-340° et fondant à 63°, ou à 48° avec 1 mol. de benzène de cristallisation [L.-E. Lévi, *D. chem. G.*, **19**, 1623, 1886]. Avec le triphénylcarbinol, on obtient de même le *triphénylthiénylméthane* fondant à 239° et bouillant à 433-438° avec décomposition [K. Weisse, *D. chem. G.*, **28**, 1537, 1895].

Le thiophène ne réagit pas avec la phénylhydrazine; il se forme dans certains cas un corps cristallisé dû à une combinaison de ce réactif avec du sulfure de carbone qui accompagne le thiophène et peut ainsi en être séparé [G. Minunni, *Gazz. chim. ital.*, **21**, 143].

MM. A. Haller et E. Michel [*Bull. Soc. Chim.*,

15, 1065, 1896] ont montré que le thiophène qui se trouve dans la benzine forme, en présence de Al²Cl⁶, un dépôt visqueux qui se décompose sous l'action de l'eau et que cette réaction effectuée en l'absence d'eau permet de purifier facilement la benzine. Le chlorure de soufre dans la proportion de 15 0/0 permet également d'enlever le thiophène de la benzine à la température du bain-marie, d'après E. Lippmann [*Mon. f. Chem.*, 23, 66, 1902].

Le chlorure de sulfuryle réagit, en présence de Al²Cl⁶, sur le thiophène en donnant : 1° du *trichlorodithiényle* C⁸H³Cl³S², aiguilles fondant à 103°; le dérivé tribromé fond à 214-215°; 2° du *dichlorodithiényle* fondant à 109-110°; le dérivé tétrabromé fond à 221-222° [A. Toehl et O. Eberhard, *D. chem. G.*, 26, 2945, 1893].

En faisant passer des vapeurs de thiophène et de chlorure de phosphore dans un tube chauffé au rouge, on obtient la *chlorophosphine de thiophène* C⁴H³S,PCl² bouillant à 218° qui, par l'action du chlore, se transforme en *tétrachlorophosphine*. L'*oxychlorophosphine* bout à 258-260°. L'*acide thiophène-phosphineux* C⁴H³S. PO²H² fond à 70°; l'*acide thiophène-phosphinique* fond à 159°. La *diéthylphosphine* C⁴H³S.P(C²H⁵)² est un liquide incolore bouillant à 225°. Le *méthyliodure de phosphonium* correspondant est une poudre blanche fondant à 122° [H. Sachs, *D. chem. G.*, 25, 1514, 1892].

En présence de Al²Cl⁶ le thiophène se combine également avec les chlorures d'acides pour donner des cétones étudiées plus loin.

Il forme des combinaisons avec les aldéhydes, soit en présence de P²O⁵, ZnCl², SO⁴H² ou Al²Cl⁶, soit même sans aucun agent de condensation. Parmi ces combinaisons étudiées par M. A. Nahke [*D. chem. G.*, 30, 2033-2041, 1897], par A. Tochl et A. Nahke [*D. chem. G.*, 29, 2205, 1896], nous citerons le *dithiénylphénylméthane* fondant à 74-75°, C⁴H³S . CHC⁶H⁵, le *dithiényl m-nitrophénylméthane* fondant à 72-73°, le *dérivé orthonitré* fondant à 84° et le *dérivé p-nitré* fondant à 89-90°, le *trithiénylméthane* fondant à 49-50°, le *dithiényl-m-tolylméthane*, huile bouillant à 210-220° sous 20 mm., le *dithiénylméthane* CH³.CH(C⁴H³S)², huile bouillant à 270-280°, le *dithiénylpropane* bouillant vers 290°, le *dithiénylheptane* bouillant à 200-203°.

Le diacétyle fournit en présence de P²O⁵ l'α-*dithiényléthylméthylcétone* CH³- CO-C(C⁴H³S)²-CH³ bouillant à 315-320°; avec l'acide pyruvique on obtient, à côté d'un acide huileux, de l'acétothiénone.

Le thiophène se combine également avec les acétols halogénés pour donner les dérivés halogénés du dithiényléthane. Le *dithiénylmonochloréthane* (C⁴H³S)²CHCH²Cl bout à 180-181° sous 22 mm. et se transforme par la distillation à la pression ordinaire en *dithiényléthylène* (thiophènestilbène) C⁴H³SCH=CH- C⁴H³S fondant à 125°, dont le dérivé dibromé se décompose à 128°. Le *dérivé monobromé* bout à 200-210° sous 30 mm. en perdant de l'acide bromhydrique. Le *dithiényldichloréthane* fond à 32° et bout à 190-195° sous 32 mm., se transforme par la potasse alcoolique en *dithiénylmonochloréthylène* bouillant à 170-180° sous 23 mm. Avec C⁶H⁵CCl³ en présence de Al²Cl⁶ il se forme, non pas le *trithiénylphénylméthane* (C⁴H³S)³C. C⁶H⁵, mais le *dithiénylphénylméthane*.

Dans la préparation du thiophène par P²S⁵ et l'acide succinique, il se produit le *thiénylmercaptan* de Biedermann C⁴H³S.SH, qui se transforme par l'ammoniaque alcoolique en *disulfure de thiényle* (C⁴H³S)²S² fondant à 55-56°.

L'*éther méthylique* bout à 186° [V. Meyer et K. Neure, *D. chem. G.*, 20, 1756, 1887].

Le thiophène se combine avec l'isatine, la nitroisatine, la phtalonimide, la phénanthène-quinone en donnant des indophénines [Oster, *D. chem. G.*, 37, 3348, 1904].

Avec le cyanure de nickel en solution ammoniacale il donne le composé 3 Ni(CAz)², 3 AzH³. C⁴H⁴S, précipité blanc-violet [K. Hoffmann et H. Arnoldi, *D. chem. G.*, 39, 339, 1906].

Combinaisons mercuriques. — *Dosage.* — Agité avec une solution aqueuse de HgCl² en présence de CH³COONa², le thiophène en solution alcoolique fournit un précipité blanc de *dérivé monochloromercurique* (HgCl) C⁴H³S fondant à 183°; le *dérivé dichloromercurique* est une poudre terreuse insoluble [J. Volhard, *Ann. Chem.*, 267, 172; — O. Dimroth, *D. chem. G.*, 31, 2154, 1898].

En milieu aqueux, avec un réactif formé de 50 gr. d'oxyde mercurique, 200 cc. de SO⁴H² et 1000 cc. d'eau, on obtient le composé

$$ SO^4 \left\langle \begin{matrix} Hg.O.Hg \\ Hg.O.Hg \end{matrix} \right\rangle SO^4 . C^4H^4S + Aq. $$

En milieu méthylique, si le mercure est en excès, on obtient une combinaison

$$ SO^4 \left\langle \begin{matrix} Hg - O \\ Hg - O \end{matrix} \right\rangle Hg . C^4H^4S $$

Ces réactions servent au dosage du thiophène dans les benzines [voy. G. Denigès, *Bull. Soc. Chim.*, 13, 537, 1895; 15, 1064, 1896; 27, XVII, 1902; — Schwalbe, *D. chem. G.*, 38, 2208, 1905].

Avec HgO en solution acétique, il se forme le composé C⁴H²S(HgO.COCH³) HgOH se décomposant vers 270°, combinaison qui sert aussi à doser le thiophène dans la benzine et à l'en séparer; sa précipitation est incomplète avec HgCl² et l'acétate de soude [O. Dimroth, *Cent. Blatt.*, I, 454, 1901; — *D. chem. G.*, 32, 758, 1899; 35, 2032, 1902]. — Voir aussi V. Paolini, *Gazz. chim. ital.*, 37, I, 58, 1906.

Réactions colorées. — Dans la formation de l'indophénine [A. Baeyer et J. Lazarus, *D. chem. G.*, 18, 2637, 1885] pour obtenir la coloration bleue, il est bon de chauffer légèrement [L. Storch, *D. chem. G.*, 37, 1961, 1904].

Traité par le réactif de Liebermann (acide sulfurique concentré et pur additionné peu à peu de 8 0/0 de AzO²K, puis abandonné à l'air jusqu'à ce qu'il ait attiré 6 à 7 0/0 d'eau), le thiophène donne une coloration d'un bleu clair [C. Liebermann, *D. chem. G.*, 20, 3231, 1887]. Cette réaction n'est sensible que pour des teneurs en thiophène supérieures à 0,10 0/0, tandis que celle de l'isatine l'est encore pour 0,01 0/0 [C. Schwalbe, *D. chem. G.*, 37, 324, 1904; *Chem. Zeit.*, 29, 895, 1908; — C. Liebermann et B. Pleus, *D. chem. G.*, 37, 2461, 1904]. Il donne une coloration violette en présence de thalline et d'acide nitrique [Kreiss, *Chem. Zeit.*, 26, 523, 1902].

Une solution d'acide lactique, additionnée d'acide sulfurique et de quelques gouttes de SO⁴Cu, donne avec le thiophène une coloration rouge intense [Fletcher et Hopkins, *Cent. Blatt*, I, 1442, 1907].

DÉRIVÉS HALOGÉNÉS. — (Voy. 1er Suppl., 2, 1551.)

α-*Monochlorothiophène.* — On l'obtient en ajoutant une petite quantité de Al²Cl⁶ à un mélange de thiophène, de chlorure de sulfuryle et d'éther anhydre. Par l'action de l'acide sulfurique concentré, il donne du *monochlorodithiényle* (dérivé pentabromé fondant à 238-240°; acide chlorothiophène-sulfonique) (A. Tochl et Ebe-

rhard). Avec un excès de chlorure de sulfuryle, il se transforme en *tétrachlorodithiényle*
$C^8H^2Cl^4S^2$ fondant à 125-125°,5 (*dérivé dibromé*
fondant à 185°,5-186°). Le *perchlorodithiényle*
fond à 206°,5-207°,5 et s'obtient comme le précédent, mais à 200° en tubes scellés [O. Eberhard,
D. chem. G., **28**, 2385, 1895].

Trichlorothiophène. — Liquide huileux bouillant à 206-207°. Le *dérivé mononitré*, aiguilles
jaune rougeâtre, fond à 86° [J. Rosenberg, *D.
chem. G.*, **19**, 650, 1886].

α-*Monobromothiophène*. — Obtenu par l'action du brome sur le thiophène en même temps
que du dibromothiophène, il se convertit par
C^2H^3Br et Na en éthylthiophène [E. Schleicher,
D. chem. G., **18**, 3015, 1885].

Le monobromothiophène agité avec SO^4H^2
concentré donne surtout du dibromothiophène;
il se forme ensuite du dithiényle et des acides
sulfonés. Avec l'acide faiblement fumant, on
obtient du mono et du dibromodithiényle et de
l'acide monobromothiophène-sulfonique [A.
Toehl et K. Schultz, *D. chem. G.*, **27**, 2834, 1894].

Dibromothiophène. — Avec SO^4H^2 il donne
du bromodithiényle, de l'acide dibromothiophène-
sulfonique, des acides sulfonés et du tétrabromothiophène fondant à 114°. L'acide iodhydrique
le décompose complètement.

Tribromothiophène. — Très stable vis-à-vis
de SO^4H^2 concentré. Le *dérivé mononitré*
$C^4Br^3(AzO^2)S$, aiguilles rougeâtres, fond à 106°.

Tétrabromothiophène. — Il se forme par
l'action du brome en excès à 100° sur la dibro-
mophénylthiénylcétone [J. Marcusson, *D. chem.
G.*, **26**, 2457, 1893] ou sur l'acide α-dibromothio-
phénique. et fond à 115°. Par oxydation, il
donne soit l'anhydride dibromomaléique, soit un
corps $C^9Br^4S^2O^2$ [G. Ciamician et Angeli, *D.
chem. G.*, **24**, 74 et 1347, 1891].

Iodothiophène. — Avec la benzaldéhyde, il
fournit le *diiodothiénylphénylméthane* fondant
à 89° (A. Nahke). Chauffé avec de la pipéridine,
il se décompose en un dérivé de la *tétramé-
thylènediamine* $C^5H^{10}Az CH=C=C=CH-AzC^3H^{10}$
[A. Toehl, *D. chem. G.*, **28**, 2217, 1895]. Un
courant de chlore le transforme en *tétrachlorure
de tétrachlorothiophène* C^4Cl^8S fondant à 215°
[C. Willgerodt, *J. prakt. Chem.*, **33**, 150, 1886].

L'α-iodothiophène fournit avec le magnésium
en présence d'éther anhydre un composé magnésien qui réagit avec les cétones grasses, aromatiques ou mixtes en donnant naissance à des
alcools tertiaires. Ceux-ci ont une grande tendance à se déshydrater avec formation de carbures
éthyléniques, plus ou moins huileux, incolores,
certains finissant par se prendre en une masse solide noirâtre [V. Thomas, *C. R.*, **146**, 642, 1908].

Diiodothiophène.—Lamelles blanches fusibles
à 40°, obtenues par l'action de l'iode sur le dérivé
dichloromercurique du thiophène (J. Volhard).

HOMOLOGUES DU THIOPHÈNE.

(Voyez 1er Suppl., 2, p. 1555).

MÉTHYLTHIOPHÈNES (*thiotolènes*). — Les deux
isomères se rencontrent dans le goudron de
houille.

α-*Méthylthiophène*. — L'α-*méthylthiophène*
se forme en même temps que le *thioténol* ou
oxythiotolène

$$CH^3-C\begin{matrix}CH=CH\\ \\C-OH\end{matrix}S$$

dans la distillation d'un mélange d'acide lévu-

lique et de P^2S^5. C'est un liquide bouillant à
111°. Le thioténol bout à 200-202° en se décomposant et à 85° sous 40 mm.; son *acétate* bout
à 208-212° [W. Kues et C. Paal, *D. chem. G.*,
19, 555, 1886].

La *combinaison mercurique* fond à 197° et
donne avec C^6H^5COCl la *méthylbenzothiénone*
fondant à 124° [Volhardt, *Ann. Chem.*, **267**,
181]. Dérivés halogénés [Opolski, *Cent. Blatt*,
I, 1255, 1905].

Le *tribromo-α-thiotolène* oxydé par AzO^3H
fournit de *l'acide acétyldibromacrylique* CH^3
$COCBr=CBr.CO^2H$ fondant à 78-79° (Angeli
et Ciamician).

L'*acide α-thiotolénique* fond à 137° [L. E.
Lévi, *D. chem. G.*, **19**, 659, 1886].

β-*Méthylthiophène*. — Le β-*méthylthiophène*
conduit à un *acideβ-thiotolénique* fusible à
144° (chlorure bouillant à 218-220°) *amide* fusible à 122-123° [L. E. Lévi; — L. Gattermann,
Ann. Chem., **244**, 29].

Le *tribromo* β-*thiotolène* se transforme par
oxydation en acide monobromocitraconique
(Angeli et Ciamician). Le *dérivé dibromé*
fournit avec CH^3COCl l'*acétobromo-β-méthyl-
thiophène*, liquide (*oxime* fondant à 105°) (Gerlach). Voy. aussi [Opolski, *Cent. Blatt*, II, 1797,
1905].

DIMÉTHYLTHIOPHÈNES (Syn. *Thioxènes*). — Le
thioxène du goudron de houille est un mélange
d'isomères [M. Kitt, *D. chem. G.*, **28**, 1807,
1895; — K. Keiser, *D. chem. G.*, 29, 2560,
1896]. Après bromuration et sulfonation on obtient en effet finalement 4 sulfamides isomères
fondant à 264°, à 258°, à 225° et à 135°, cette
dernière étant la 1-4-thioxène-3-sulfamide.

1-2-*Thioxène*. — On l'obtient au moyen de
l'acide β-méthyllévulique en même temps que
du 1-2-4-*thioxénol* [C. Paal et A. Püschel, *D.
chem. G.*, **20**, 2557, 1887]. Il bout à 134-138°, à
136-137° d'après N. Grünewald [*D. chem. G.*, **20**,
2585, 1887]. $D_{21}° = 0,9938$. Par oxydation il donne
l'acide 1-2-thiophène-dicarbonique.

2-3-*Thioxène*. — Il se forme en partant du
diméthylsuccinate de sodium et bout à 144-146°
sous 762 mm. $D_{23}° = 1,0078$ [N. Zélinsky, *D.
chem. G.*, **21**, 1835, 1888].

1-3-*Thioxène*. — Dérivant de l'acide α-méthyllévulique, il bout à 137-138°. $D_{20}° = 0,9956$.
Il donne une *m. diméthylacétothiénone* bouillant à 226-228° (*oxime* fondant vers 70°, *phénylhydrazone* fondant à 70°), un acide *méthylthiophène monocarbonique* fondant à 118-119°
et un *acide thiophène-m-dicarbonique* (*éther
méthylique* fondant à 120-121°, *éther éthylique*
fondant à 35-36°) (N. Zélinsky), une *amide* fondant à 115-116° (*acide correspondant fondan* à
171-172°) (L. Gattermann).

1-4-*Thioxène*. — Déjà obtenu par Paal. Il se
forme par l'action de CH^3I sur l'iodothiotolène-
1-4 en présence du sodium [H. Ruffi, *D. chem.
G.*, **20**, 1743, 1887]. Il bout à 135°,5-136° sous
754mm,3 et donne par oxydation l'*acide 1-4-thio-
phène dicarbonique* [Messinger, *D. chem. G.*,
18, 566, 1885; — Nasini, Carrara, *Gazz. chim.
ital.*, **24**, I, 271; — Opolski].

TRIMÉTHYLTHIOPHÈNE. — L'*amide* $(CH^3)^3C^4S.$
$COAzH^2$ fond à 146°; l'*acide correspondant* fond
à 208° (L. Gattermann).

TÉTRAMÉTHYLTHIOPHÈNE. — Il bout à 182-184°.
$D_{21}° = 0,9442$ [N. Zélinsky, *D. chem. G.*, **24**,
1835, 1888].

ÉTHYLTHIOPHÈNES. — On obtient l'α-*éthylthiophène* en chauffant le bromothiophène avec
C^2H^5Br et Na en présence d'éther absolu. Le
dérivé monoiodé fournit avec le chlorocarbonate
d'éthyle et l'amalgame de sodium l'*éther éthyl-
thiophénique* (*acide correspondant fondant à*

71°). L'α-éthylthiophène donne une *éthylacéto-thiénone* bouillant à 244° (*oxime* fondant à 110°, *dérivé mononitré* fondant à 71°), et par oxydation, de l'acétothiénone et de l'acide α-thiophénique [E. Schleicher, *D. chem. G.*, **19**, 671, 1886; **18**, 3015, 1885]. *Dérivé chloré* (Opolski).

β-*Éthylthiophène*. — Obtenu à partir de l'éthylsuccinate de Na et P^2S^5, il bout à 135-136°. $D_{16}° = 1,0012$. Le *dérivé monobromé* bout à 180-190°; le *dérivé dibromé* à 215-225°; le *dérivé tribromé* à 272-280°. Le *dérivé pentachloré* fond à 86°. Il fournit de l'*acéto-β-éthylthiophène* bouillant à 227° (*oxime* fondant à 56°) [A. Damsky, *D. chem. G.*, **19**, 3282, 1886; — M. Gerlach, *Ann. Chem.*, **267**, 145] et du *benzoyl-β-éthylthiophène* dont le *dérivé mononitré* fond à 117° (J. Marcusson).

DIÉTHYLTHIOPHÈNE. — Il bout à 181°. $D_{14}° = 0,962$. L'*acétodiéthylthiénone* bout à 150° [F. Muhlert, *D. chem. G.*, **19**, 633, 1886].

PROPYLTHIOPHÈNES. — *Propylthiophène normal*. — Le *dérivé monobromé* bout à 189°; le *dérivé dibromé* à 248°; le *dérivé monoiodé* fournit l'acide propylthiophénique fondant à 57°. L'*acétopropylthiénone* bout à 225° (*phénylhydrazone* fusible à 60°; *oxime* à 55°) et se transforme par oxydation en *acide propylthiénylglyoxylique* [H. Ruffi, *D. chem. G.*, **20**, 1740, 1887].

Isopropylthiophène. — Par l'action du bromure d'isopropyle sur le thiophène en présence de Al^2Cl^6 on obtient un isopropylthiophène bouillant à 153-154°. $D_{16}° = 0,9695$ [E. Schleicher, *D. chem. G.*, **19**, 692, 1886].

β-*Isopropylthiophène*. — Obtenu par action de P^2S^5 sur l'isopropylsuccinate de Na, il bout à 157-158° et donne la β-*isopropylacétothiénone* bouillant à 237°; la β-*isopropylpropiothiénone* bout à 251-252° [A. Thiele, *Ann. Chem.*, **267**, 133]. La *combinaison mercurique* fond à 137° (J. Volhardt).

BUTYLTHIOPHÈNE. — L'α-*butylthiophène* bout à 182° sous 740 mm. (Opolski).

OCTYLTHIOPHÈNE — Il bout à 257-259°. $D_{20°,5} = 0,8118$. Le *dérivé monobromé* bout à 285-290°; le *dérivé monoiodé* fond à 0°; l'*octylacétothiénone* bout à 350-355°; l'*octyldiacétothiénone* se convertit en acide *octylthiophènedicarbonique* fondant à 185° [E. von Schweinitz, *D. chem. G.*, **19**, 644, 1886].

L'α-α-*méthyloctylthiophène* bout à 270-275° et fond à + 10° (*dérivé monobromé* fusible à 20°).

PHÉNYLTHIOPHÈNES. — L'α-*phénylthiophène* dérivant de l'acide benzoylpropionique fond à 40-41° (W. Kues et Paal). Le β-*phénylthiophène* fond à 56-57°, se forme par l'action du chlorure de diazobenzène sur le thiophène en présence de Al^2Cl^6 et diffère du phénylthiophène de Renard [*C. R.*, **109**, 699] qui fond à 170° [R. Möhlau et R. Berger, *D. chem. G.*, **26**, 2001, 1893].

Le 1-3-*méthylphénylthiophène* fond à 72-73° (*dérivé tétrabromé* fondant à 136-137°). — Le 1-4-*méthylphénylthiophène* déjà décrit bout à 270-272°. — Le 1-3-*phényléthylthiophène* fond vers 40° [A. Dittrich et C. Paal, *D. chem. G.*, **21**, 3451, 1888].

L'α-α-*diphénylthiophène*, obtenu avec le diphénacyle, fond à 153° et distille sans décomposition [S. Knapf et C. Paal, *D. chem. G.*, **21**, 3053, 1888]. On l'obtient encore en chauffant avec du soufre le styrolène ou l'acide cinnamique, mélangé à son isomère le 1-3-*diphénylthiophène* fusible à 119-120° [E. Baumann et E. Fromm, *D. chem. G.*, **28**, 890, 1895].

Le *diphényl-α-naphtylthiophène* fond à 93° [A. Smith, *Am. Chem. Journ.*, **22**, 249, 1899].

TÉTRAPHÉNYLTHIOPHÈNE (Syn.: *Thionessal*). —

On l'obtient par l'action du soufre sur l'acide phénylacétique, la désoxybenzoïne, l'aldéhyde β-thiobenzylique ou le stilbène. Il bout à 181-182° [J. Ziegler, *D. chem. G.*, **23**, 2472, 1890; — E. Baumann et E. Fromm, *ibid.*, **24**, 1441, 1891; — E. Baumann et M. Klett, *ibid.*, **24**, 3307, 1891]. L'*o-tétraméthoxythionessal* fond à 36° [K. Kopp, *D. chem. G.*, **25**, 600, 1892].

DINAPHTYLÈNE-THIOPHÈNE. — On a désigné sous ce nom soit le composé $(C^{10}H^6)^2S^2$ fondant à 147°, obtenu par action de SO^4H^2 sur le sulfure de *i-dioxynaphtyle* [R. Henriques, *D. chem. G.*, **27**, 2913, 1894], soit le composé

$$C^{10}H^6 \diagup \begin{array}{c} C - C \\ \| \quad \| \\ C \quad C \end{array} \diagdown C^{10}H^6$$
$$S$$

en aiguilles rouges fusibles à 278°, fourni par l'action du soufre sur l'acénaphtène à 290-294° [C. Dziewonski, *Bull. Soc. Chim.*, **29**, 374. 1903: **34**, 928, 1904; — P. Rehländer, *D. chem. G.*, **36**, 1583, 1903]. Le *dibenzyldinaphtylène-thiophène* $(C^6H^5CH^2 - C^{10}H^5)^2C^4S$ fond à 207-210°.

ACÉTONES THIOPHÉNIQUES.

(Voyez 1er Suppl., 2, 1557).

β-ACÉTOTHIÉNONE. — Cette cétone se combine avec PO^4H^3 pour donner un sel $C^4H^3S \cdot COCH^3 \cdot PO^4H^3$, mais nullement avec AsO^4H^3 [A. Klages, *D. chem. G.*, **35**, 2313, 1902]. Avec la benzaldéhyde elle donne le *cinnamylthiénylcarbonyle* $C^4H^3S.CO.CH = CH.C^6H^5$ fondant à 80° (*dérivé dibromé* fondant à 157°) [H. Brunswig, *D. chem. G.*, **19**, 2890, 1886].

La *monobromacétothiénone* $C^4H^2BrS.COCH^3$ fond à 94°; sa *phénylhydrazone* fond à 122°; l'*acide bromothiophénique* fond à 139°,5. La *iodacétothiénone* fond à 129°; sa *phénylhydrazone* fond à 134°; l'*acide iodothiophénique* fond à 131°. La *chloro-acétothiénone* fond à 52°; sa *phénylhydrazone* fond à 108°; l'*acide chlorothiophénique* à 140°. [L. Gattermann et M. Rœmer, *D. chem. G.*, **19**, 688, 1886].

La *bromacétothiénone* $C^4H^3S.COCH^2Br$ est un liquide jaune clair donnant une *anilide* fondant à 80°, un *dérivé sulfocyané* fondant à 88°. et le composé $C^4H^3SCOCH^2 - CH^2 - CO - C^4H^3S$ fondant à 130°. La *dibromacétothiénone* fond vers 0° (H. Brunswig).

Avec l'éther oxalique l'acétothiénone fournit l'*éther acétothiénone-oxalique* $C^4H^3S - CO - CH^2 \cdot COCO^2C^2H^5$ fondant à 42°, dont l'*oxazol* fond à 48° [A. Angeli, *D. chem. G.*, **24**, 232, 1891]. Elle se combine aussi à $HgCl^2$ pour donner $C^2H^3O.C^4H^3S.HgCl^2$ fondant à 68° [O. Dimroth, *D. chem. G.*, **31**, 2154, 1898].

MÉTHYLACÉTOTHIÉNONES. — La cétone, obtenue avec le thiotolène du goudron de houille, forme une huile rougeâtre bouillant à 224° (*oxime* fusible à 119°, *phénylhydrazone* à 131°, *dérivé nitré* à 125°). Le β-méthylthiophène donne de même une *acétone* bouillant à 216° qui par oxydation fournit un *acide méthylthiophénique* fondant à 143° [R. Demuth, *D. chem. G.*, **18**, 3024, 1885; — Gerlach, *Ann. Chem.*, **267**, 154] dont l'oxime fond à 85-86°.

1.4-DIMÉTHYLACÉTOTHIÉNONE. — Elle fond à 25°, bout à 232-233° (*phénylhydrazone* fusible à 127-128°, *oxime* à 125°, *dérivé nitré* à 120-121°) [R. Demuth, *D. chem. G.*, **19**, 1859, 1886].

ÉTHYLACÉTOTHIÉNONES. — Le dérivé α est un liquide bouillant à 248-250°. $D_{20}° = 1,0959$ (*phénylhydrazone* fusible à 68°, *oxime* à 110°, *dérivé nitré* à 71°) (Schleicher).

La β-*éthylacétothiénone* bout à 227° (*oxime* fondant à 56°) (Gerlach).

Les autres acétothiénones ont été décrites à propos des homologues correspondants du thiophène. Voir plus haut.

PROPIOTHIÉNONE $C^4H^3S . CO . C^2H^5$. — Liquide bouillant à 228° (*oxime* fondant à 55-56°) [K. Krekeler, *D. chem. G.*, 19, 2623, 1886].

ISOBUTYROTHIÉNONE.—Liquide bouillant à 232° (corr.) (*oxime* fondant à 107-108°). Chauffée avec SO^4H^2 concentré, elle se transforme en *acide isobutyrothiénonesulfonique* (K. Krekeler).

THIÉNYLHEXYLCARBONYLE $C^4H^3S . CO . C^6H^{13}$. — Liquide bouillant à 304° (*oxime* fondant à 49°). Le *dérivé éthylé* bout à 329-330° (*oxime* fondant à 38-39°) [E. Schleicher, *D. chem. G.*, 19, 660, 1886].

PHÉNYLTHIÉNYLCARBONYLE (Syn. *Benzoylthiophène*). — Ce composé déjà décrit s'obtient facilement en exposant quelques heures au soleil un mélange de C^6H^6 et Al^2Cl^6 avec un excès de C^6H^5COCl. Le *dérivé dibromé* fond à 80° (*oxime* fusible à 176°) [J. Marcusson, *D. chem. G.*, 26, 2457, 1893].

A. Hantzsch [*D. chem. G.*, 24, 51, 1891] a pu isoler, outre l'*oxime* fondant à 91-92°, la seconde modification fondant à 113-114° (*dérivés acétylés* fondant l'un à 80-84°, le second à 88-89°).

Le chlorure de l'acide orthotoluique fournit l'*acétone* $C^4H^3S - CO - C^6H^4CH^3$, liquide incolore [F. Ernst, *D. chem. G.*, 19, 3278, 1886].

β-THIÉNONE $C^4H^3S - CO - C^4H^3S$. — Elle se forme soit par distillation sèche du β-thiophénate de calcium, soit par l'action directe de l'oxyde de carbone sur le thiophène en présence de Al^2Cl^6. Aiguilles fusibles à 87-88°, bouillant à 326° (*hydrazone* fondant à 137°) [L. Gattermann, *D. chem. G.*, 18, 3012, 1885].

ACIDES THIÉNYLGLYOXYLIQUES. — D'après W. P. Bradley [*D. chem. G.*, 19, 2115, 1886] l'*acide α-thiénylglyoxylique* fond à 91°,5 et a alors pour composition $C^4H^3S . CO - CO^2H + H^2O$. L'*éther méthylique* fond à 28°,5; l'*éther éthylique* bout à 264-265°; l'*amide* fond à 88°; la *phénylhydrazone* fond à 164-165°; l'*oxime* fond à 137° (*éther méthylique* fondant à 104-105°, *éther éthylique* à 122-123°).

Hantzsch [*D. chem. G.*, 24, 36, 1891] a trouvé comme point de fusion de l'*oxime* 145-146° (*dérivé acétylé* fondant à 85-87°).

L'oxydation de cet acide par H^2O^2 est complète à l'ébullition et donne de l'acide thiophénique [A. F. Hollemann, *Rec. Pays-Bas*, 23, 169, 1904].

Par réduction il donne l'*acide thiénylglycolique* fondant à 115°, $C^4H^3S . CHOH . CO^2H$ et ce dernier l'*acide thiénylacétique* fondant à 76° [Ernst, *D. chem. G.*, 19, 3278, 1886].

L'acide αα-*méthylthiénylglyoxylique* fond à 80°. L'acide αβ- fond à 142°. L'acide αα-*diméthyl-β-thiénylglyoxylique* $C^4HS(CH^3)^2 (CO - CO^2H)$ forme un mélange de deux acides, l'un fondant à 106° et l'autre huileux [H. Ruffi, *D. chem. G.*, 20, 1740, 1887].

ALDÉHYDE-α-THIOPHÉNIQUE.

Cette aldéhyde $C^4H^3S - CHO$ se forme dans la distillation sèche de l'acide thiénylglyoxylique dans une atmosphère de CO^2. Liquide jaunâtre bouillant à 198°, $d_{21}° = 1,215$, s'oxydant à l'air. Avec KOH elle donne du thiophénate de K et de l'*alcool thiénylique* $C^4H^3S . CH^2OH$ bouillant à 207° (*chlorure de thiényle* bouillant à 175°). Elle se condense avec le phénol, la diméthylaniline, l'aniline, la p-toluidine (dérivé fusible à 62°), la p-bromaniline (dérivé fusible à 90°), la

chloropicrine, l'acide m-amidobenzoïque, l'acide succinique (formation d'*oxythionaphtène* fusible à 72°); avec l'anhydride acétique elle donne l'*acide thiénylacrylique* fusible à 183°. L'*hydrazone* fond à 119°; l'*oxime* à 128° [A. Biedermann, *D. chem. G.*, 19, 636, 1615, 1853, 1886].

D'après A. Hantzsch [*D. chem. G.*, 24, 36, 1891] et H. Goldschmidt et E. Zanoli [*D. chem. G.*, 25, 2588, 1892] cette oxime serait la modification β (syn) fusible à 133° (*dérivé acétylé* fusible à 75-80°), tandis que la forme anti est une huile jaunâtre. La 1re donne un *éther méthylique* à l'azote fusible à 120° et le composé $C^4H^3S . CH = AzO . COAzHC^6H^5$ fusible à 69-70°.

ACIDES THIOPHÈNE-CARBONIQUES.

(Voyez 1er Suppl., 2, 1555).

ACIDE α-THIOPHÉNIQUE. — Cet acide s'obtient facilement par oxydation de l'acéto- et de la propiothiénone. Lamelles incolores fusibles à 126°,5. Nullement vénéneux, il s'élimine de l'organisme sous forme de combinaison glycocollique, l'*acide α-thiophénurique*, fondant à 171-172° [M. Jaffé et H. Lévy, *D. chem. G.*, 21, 3458, 1888; — R. Cohn, *ibid.*, 25, 2458, 1892].

Par réduction, il donne l'*acide tétrahydro-thiophène-α-carbonique* $C^5H^8O^2S$ fusible à 51° dont l'*éther méthylique* bout à 206°, et l'*éther éthylique* à 218° [F. Ernst, *D. chem. G.*, 20, 518, 1887].

100 p. d'eau dissolvent 18,49 p. de *sel de calcium* et 22,19 p. de *sel de baryum* [A. Damsky, *D. chem. G.*, 19, 3282, 1886].

Avec AzO^3H il donne l'*acide nitro-α-thiophénique* cristallisant sous trois formes dont l'une fond à 145-146° et une autre à 125° (éther éthylique fusible à 70-71°) [M. Rœmer, *D. chem. G.*, 20, 116, 1887].

L'*hydrazide* fond à 136° (*chlorhydrate* fusible à 247°, *dérivé acétylé* fusible à 172°) et se combine avec les aldéhydes benzoïque (combinaison fusible à 177°), salicylique (c. fusible à 176°), à l'éther acétylacétique et à l'acétone. Avec l'iode elle donne l'*hydrazide dithiophène-carbonique* $(C^4H^3S . COAzH -)^2$ fusible à 262°. — L'*azide* fond à 37° (*anilide* fusible à 140°, *phénylthiénylurée* fusible à 215°, *thiényluréthane* fusible à 48°, *dithiénylurée* fusible à 224°) [Curtius et H. Thyssen, *J. f. prakt. Chem.*, 65, I, 1902].

Le *nitrile*, obtenu à l'aide de l'oxime α-thiénylglyoxylique, bout à 192° [P. Douglas, *D. chem. G.*, 25, 1311, 1892].

ACIDE β-THIOPHÉNIQUE. — Il fond à 136° [Muhlert, *D. chem. G.*, 18, 3003, 1885]; à 138°,4 d'après G. Voerman [*Rec. Pays-Bas*, 26, 293, 1907] qui l'a préparé à partir du β-thiotolène. 100 p. d'eau dissolvent à la température ordinaire 7,92 p. de *sel de calcium* et 11,54 p. de *sel de baryum* (A. Damsky). L'*amide* fond à 177°,5-178°. La *phényluréide* fond à 206°.

ACIDES THIOPHÈNE-DICARBONIQUES. — L'acide décrit dans le 1er Suppl., 2, 1555 est l'acide 1.4. Par réduction il donne l'*acide tétrahydrothiophène-dicarbonique* fusible à 162° [Ernst, *D. chem. G.*, 19, 3274, 1886]. L'éther méthylique fond à 146-147°, l'éther éthylique à 50° [Opolski, *Cent. Blatt.*, II, 1797, 1905].

L'*acide 1.2-thiophène-dicarbonique* fond à 270° avec décomposition. Son *éther méthylique* fond à 59°,5, le *dérivé bromé* à 240° (Grünewald, Gerlach).

L'*acide 1.3-thiophène-dicarbonique* se décompose à 280° et se sublime en partie (*éther diméthylique* fusible à 120-121°, *éther diéthylique* fusible à 35-36° (Zélinsky).

L'action du brome sous un mélange de CS^2 et

d'éther malonique ou d'éther cyanacétique fournit les éthers *dithiotétrahydrothiophène-tétracarbonique* fusible à 139° et *dithiodicyanotétrahydrothiophène-dicarbonique* fusible à 225° [G. Wenzel, *D. chem. G.*, 33, 2042, 1900 et 34, 1043, 1901].

ACIDES THIOPHÈNE-SULFONIQUES.

Voy. 2° Suppl., (2), 1555.

Le *chlorure de l'acide tribromothiophènesulfonique*, $C^4Br^3S.SO^2Cl$, fond à 126°, l'*amide* est en aiguilles blanches [Rosenberg, *D. chem. G.*, 18, 3027, 1885].

Le *chlorure α-dibromothiophène-sulfonique* fond à 32-33°; celui de l'*acide dibromodisulfonique* fond à 219-220° et non à 217° comme l'a indiqué Langer.

Acide thiophène-disulfonique-1-4 (?). — On l'obtient par l'action de SO^4H^2 sur le thiophène-monosulfonate de plomb. Cet acide est très fortement hygroscopique; le *sel de cuivre* cristallise avec $4H^2O$, en aiguilles bleues. Le *chlorure* fond à 77-77°,5, l'*amide* à 211°,5. Le sel de potassium distillé avec $CAzK$ fournit le *dicyanothiophène* fusible à 92-92°,5 qui donne l'acide 1.4-thiophène-dicarbonique [H. Jaekel, *D. chem. G.*, 19, 184 et 1066, 1886].

Acide α-thiophènesulfinique, $C^4H^3S-SO^2H$. — Par réduction cet acide donne le *sulfhydrate de thiényle* $C^4H^3S.SH$ bouillant à 166° [A. Biedermann, *D. chem. G.*, 19, 1615, 1886].

Décembre 1907. F. March.

THIOPHÉNOL, *phénylmercaptan*, C^6H^5SH. — Le thiophénol se forme, en même temps que les disulfures de phényle et de diphénylène, quand on chauffe en présence du chlorure d'aluminium un mélange de benzène et de chlorure de soufre [Friedel et Crafts, *Ann. Chim. Phys.*, 1, 530, 1884], ou un mélange de benzène et de soufre [Friedel et Crafts, *Ann. Chim. Phys.*, 17, 437, 1889]. On l'obtient aussi à côté du disulfure de phényle et d'une très faible quantité de sulfure de phényle quand on décompose par l'acide chlorhydrique dilué le produit d'addition du soufre au phénylbromure de magnésium [Taboury, *Bull. Soc. Chim.*, 29, 761, 1903; Wuyts et Cosyns, *Bull. Soc. Chim.*, 29, 690, 1903; 35, 166, 1906]. Il se forme encore, dans la distillation sèche du benzènesulfonate de sodium avec le sulfhydrate de potassium [Stadler, *D. chem. G.*, 17, 2080, 1884]; quand on chauffe le chlorure de l'acide benzène sulfonique, $C^6H^5SO^2Cl$, avec une solution concentrée d'iodure de potassium [Langmuir, *D. chem. G.*, 28, 96, 1895] ou avec l'urée [Remsen et Turner, *Am. Chem. Journ.*, 25, 190, 1901].

On le prépare en réduisant le chlorure de l'acide benzènesulfonique par le zinc et l'acide chlorhydrique à froid [Bourgeois, *Rec. Pays-Bas*, 18, 433; *D. chem. G.*, 28, 2319, 1895]. On peut aussi saponifier l'éthylxanthogénate de phényle, $C^2H^5O.CS.SC^6H^5$; ce composé s'obtient facilement en faisant réagir le chlorure de diazobenzène sur l'éthylxanthogénate de potassium [Leuckart, *J. prakt. Chem.*, 41, 187, 1890].

Propriétés. — Le thiophénol est un liquide qui bout à 168-169° [Wuyt et Cosyns, *loc. cit.*], à 86°,2 sous 50 mm. La cryoscopie du thiophénol a été étudiée par Auwers [*Zeit. physik. Chem.*, 30, 531, 1899].

L'oxydation du thiophénol, qui fournit du disulfure de phényle, s'effectue probablement de la manière suivante [Engler et Broniatowski, *D. chem. G.*, 37, 3274, 1904] :

$$2C^6H^5SH + O^2 = (C^6H^5)^2S^2 + H^2O^2;$$
$$2C^6H^5SH + H^2O^2 = (C^6H^5)^2S^2 + H^2O.$$

Au contact du soufre, le thiophénol dégage de l'hydrogène sulfuré [Heftler, *Beitr. z. Chem. Path.*, 5, 213, 1904].

Il forme des combinaisons équimoléculaires avec le chloral et avec les acides cétoniques; avec ces derniers, il peut entrer en réaction 2 molécules de thiophénol pour 1 d'acide cétonique, il y a alors élimination d'eau [Escales et Baumann, *D. chem. G.*, 19, 1796, 1886].

Lorsqu'on fait passer pendant 5 heures un courant de bioxyde d'azote dans un mélange de 28 gr. de sulfate ferreux, 100 gr. d'eau, $11^{gr},8$ de potasse et 6 gr. de thiophénol, il se forme le composé $C^6H^5S.Fe(AzO)^2$ [Hofmann et Wiede, *Zeit. anorg. Chem.*, 9, 302; 11, 289, 1895].

Le *sel de plomb* réagit sur le chlorure de phtalyle pour donner le bis-thiophénolphtalide

$$C^6H^4 \diamondsuit \begin{matrix} C=(SC^6H^5)^2 \\ O \\ CO \end{matrix}$$

fusible à 84-85° [Trœger et Hornung, *J. prakt. Chem.*, 66, 345, 1902].

La combinaison du *thiophénol* avec le *chloral*, $CCl^3.CHO, C^6H^5SH$, fond à 52-53° [Baumann, *D. chem. G.*, 18, 886, 1885].

Le *sulfure de méthyle et de phényle* ou *thioanisol* $CH^3.S.C^6H^5$ est un liquide bouillant à 187-190° [Obermeyer, *D. chem. G.*, 20, 2926, 1887; — Taboury, *Bull. Soc. Chim.*, 31, 1183, 1904].

Le *sulfure d'éthyle et de phényle* ou *thiophénétol* $C^2H^5.S.C^6H^5$ est un liquide distillant à 204° sous $743^{mm},5$ [Stadler, *D. chem. G.*, 17, 457, 1889], à 200-206° [Taboury, *loc. cit.*], à 204°,5-205°,5 [Wuyts, *Bull. Soc. Chim.*, 35, 166, 1906]. $D = 1,0315$ à 10°. Le *sulfure de phényle et d'acétal*, $C^6H^5.S.CH^2.CH(OC^2H^5)^2$, obtenu par action du chloracétal sur le thiophénate de sodium, est une huile qui bout à 273° [Autenrieth, *D. chem. G.*, 24, 161, 1891].

Le *disulfure d'éthyle et de phényle*, $C^2H^5.S^2.C^6H^5$, se forme quand on chauffe l'acide benzènesulfinique avec le mercaptan éthylique en solution alcoolique :

$$C^6H^5SO^2H + 3C^2H^5SH$$
$$= C^6H^5.S^2.C^2H^5 + (C^2H^5)^2S^2 + 2H^2O$$

C'est un liquide à peine volatil avec la vapeur d'eau [Otto et Rössing, *D. chem. G.*, 19, 3135; 20, 190, 1887].

Le *sulfure d'allyle et de phényle*, $C^3H^5.S.C^6H^5$, bout à 207-208° [Escales et Baumann, *D. chem. G.*, 19, 1792, 1886; — Autenrieth, *Ann. Chem.*, 254, 232, 1889].

L'*acide phénylthioglycolique*, $C^6H^5.S.CH^2.CO^2H$, obtenu en faisant réagir l'acide monochloracétique sur le thiophénate de sodium, fond à 43°,5 [Glæsson, *Bull. Soc. Chim.*, 23, 441, 1876], à 61-62° [Gabriel, *D. chem. G.*, 12, 1639; — Ramberg, *Zeit. physik. Chem.*, 34, 562, 1900].

L'*acide dithiodiphénylacétique*, $(C^6H^5S)^2: CH-CO^2H$, obtenu par condensation de l'acide glyoxylique avec le thiophénol, fond à 104-106° [Otto et Tröger, *D. chem. G.*, 25, 3427; — Kloos, *D. chem. G.*, 25, 3427, 1892].

Le *sulfure d'acétonyle et de phényle*, ou *thiophénylacétone*, $C^6H^5.S.CH^2.CO.CH^3$, fond à 34-35° et bout à 143-145° sous 15 mm. [Delisle, *Ann. Chem.*, 260, 252, 1890; — Autenrieth, *D. chem. G.*, 24, 164, 1891].

Le *sulfure de phényle*, $(C^6H^5)^2S$, se forme : par le contact à 0° du diazobenzène avec une solution de sulfure d'ammonium [Græbmann, *D. chem. G.*, 15, 1683, 1882]; quand on fait réagir le chlorure de diazobenzène sur le thiophénate de sodium, à 60-70° [Ziegler, *D. chem. G.*, 23, 241, 1890]; quand on chauffe la diphénylsulfone avec le soufre [Krafft et Vorster, *D. chem. G.*, 26, 2815, 1893]; quand on chauffe le mercure phénylé avec le soufre à 225° [Krafft et Lyons, *D. chem. G.*, 27, 1771, 1894].

Le sulfure de phényle est un liquide distillant à 296°, à 189°,5 sous 50 mm., à 151°,5 sous 11 mm. [Bourgeois, *D. chem. G.*, 28, 2321, 1895]. Son pouvoir rotatoire magnétique est de 29,65 à 16°,4 [Perkin, *Chem. Soc.*, 69, 1243, 1896].

Le *disulfure de phényle*, $(C^6H^5)^2S^2$, se forme quand on fait bouillir 3 heures durant le sulfure de phényle avec un atome de soufre [Krafft et Vorster, *D. chem. G.*, 26, 2815, 1893]; quand on réduit le chlorure de l'acide benzènesulfonique par l'acide iodhydrique [Cleve, *D. chem. G.*, 24, 1100, 1888]; quand on fait passer un courant de gaz sulfureux dans une solution benzénique bouillante de phénylhydrazine [Michaelis et Ruhl, *D. chem. G.*, 23, 475, 1890]; quand on fait réagir l'hydrate d'hydrazine sur les éthers de l'acide benzènesulfinique [Curtius et Lorenzen, *J. prakt. Chem.*, 58, 161, 188, 1898].

On le prépare en décomposant par l'acide chlorhydrique dilué et froid le produit d'addition du soufre au phénylbromure de magnésium [Taboury, *Bull. Soc. Chim.*, 29, 761; — Wuyts et Cosyns, *ibid.*, 29, 690, 1903].

Le disulfure de phényle fond à 59-60° (Taboury), à 61° (Wuyts et Cosyns), et bout à 191-192° sous 15 mm. (Kraffts et Vorster). Il n'est pas encore attaqué par l'ammoniaque alcoolique à 240° [Busch et Stern, *D. chem. G.*, 29, 2149, 1896].

Le *trisulfure de phényle*, $(C^6H^5)^2S^3$, obtenu par action du chlorure de soufre sur le thiophénol, est une huile jaune d'or [Tröger et Hornung, *J. prakt. Chem.*, 60, 134, 1899].

Le *tétrasulfure de phényle*, $(C^6H^5)^2S^4$, est une huile épaisse [Otto, *J. prakt. Chem.*, 37, 208, 1888].

L'*hexasulfure de phényle*, $(C^6H^5)^2S^6$, est une masse amorphe jaune [Onufrowicz, *D. chem. G.*, 23, 3370, 1890].

Le *sulfure de phényle et de benzyle*, $C^6H^5 . S . CH^2C^6H^5$, fond à 40-41° [Taboury, *Bull. Soc. Chim.*, 31, 1183, 1904].

Le *sulfure de phényle et d'α-naphtyle* fond à 41°,5 et bout à 255-256° sous 43 mm. [Wuyts, *Bull. Soc. Chim.*, 35, 166, 1906].

Le *thiocarbonate d'éthyle et de phényle*, $C^2H^5 . CO^2 . SC^6H^5$, bout à 259-261° [Otto et Rösting, *D. chem. G.*, 19, 1229, 1886].

Le *phosphate*, $PO(SC^6H^5)^3$, fond à 114° [Autenrieth et Hildebrand, *D. chem. G.*, 33, 2111, 1900].

Le *benzoate*, $C^6H^5 . CO . SC^6H^5$, fond à 56° [Taboury, *Bull. Soc. Chim.*, 29, 764, 1903].

Dérivés de substitution du thiophénol.

Dérivés halogénés. — Le *p.-chlorothiophénol*, $C^6H^4 . Cl_{(1)}SH_{(4)}$, se forme à côté du disulfure quand on décompose par l'acide chlorhydrique dilué et froid le produit d'addition du soufre au dérivé magnésien $Cl_{(1)}C^6H^4 . Mg . Cl_{(4)}$; il fond à 54°. Son *benzoate* fond à 75-76°. Le *disulfure*, $(C^6H^4Cl)^2S^2$, fond à 70-71° [Taboury, *Bull. Soc. Chim.*, 31, 647, 1904]. Le *sulfure de phényle et de p-chlorophényle*, $C^6H^5 . S . C^6H^4Cl$, est une huile qui bout vers 305-310° en se décomposant partiellement [Michaelis et Godchaux, *D. chem. G.*, 24, 763, 1891].

Le *p-bromothiophénol*, $C^6H^4 . Br_{(1)}SH_{(4)}$, obtenu d'une manière analogue au précédent, fond à 70-71°; son *benzoate* fond à 83-84° [Taboury, *loc. cit.*]. Il forme avec le chloral un produit d'addition fusible à 72° [Baumann, *D. chem. G.*,

18, 887, 1885]. Le *sulfure*, $(C^6H^4Br)^2S$, fond à 109-110° [Tassinari, *Gazz. chim. ital.*, 22, 506, 1892], à 111°,5 et bout à 225-226° sous 11 mm. [Bourgeois, *D. chem. G.*, 28, 2321, 1895]. Le *sulfure de phényle et p.-bromophényle*, $C^6H^5 . S . C^6H^4Br$, fond à 25°,7 [Bourgeois, *loc. cit.*]. Le *sulfure de p-chlorophényle et de p-bromophényle*, $C^{12}H^8ClBrS$, fond à 110° [Loth et Michaelis, *D. chem. G.*, 27, 2547, 1894]. Le *disulfure*, $(C^6H^4Br)^2S^2$, fond à 93° [Taboury, *loc. cit.*]. Le *sulfure de méthyle et de p-bromophényle*, $CH^3 . S . C^6H^4Br$, fond à 32° et le *sulfure de benzyle et de p-bromophényle*, $C^6H^5 . CH^2 . S . C^6H^4Br$, fond à 64-65° [Taboury, *Bull. Soc. Chim.*, 31, 1183, 1904].

Le *p-iodothiophénol*, $C^6H^4I_{(4)}SH_{(1)}$, obtenu par réduction du chlorure de l'acide p-iodobenzènesulfonique, fond à 85-86° [Baumann et Schmitz, *Zeit. f. physikal. Chem.*, 20, 593]: Le *disulfure* $(C^6H^4I)^2S^2$ fond à 124°.

Dérivés nitrés. — L'*o-nitrothiophénol*, $C^6H^4 . AzO^2_{(2)}SH_{(1)}$, se forme en même temps que le sulfure d'o-nitrophényle par action du sulfure de sodium sur l'o-chloronitrobenzène en solution alcoolique; il fond à 45° [Blanksma, *Rec. Pays-Bas*, 20, 399, 1901]. Le *sulfure d'o-nitrophényle*, $(C^6H^4AzO^2)^2S$, fond à 122-123° [Nietzki et Bothof, *D. chem. G.*, 29, 2774, 1896]. — Le *disulfure*, $(C^6H^4AzO^2)^2S^2$, fond à 103° [Clève, *D. chem. G.*, 20, 1534, 1887]; à 195° [Wohlfart, *J. prakt. Chem.*, 66, 551, 1902].

Le *p-nitrothiophénol*, obtenu comme le précédent au moyen du p-chloronitrobenzène, fond à 77° [Wilgerodt, *D. chem. G.*, 18, 331, 1885; — Leuckart, *J. prakt. Chem.*, 44, 200, 1890]. — Le *p-nitrothianisol*, $C^6H^4AzO^2 . S . CH^3$, fond à 67°; le *p-nitrothiophénétol*, $C^6H^4AzO^2 . S . C^2H^5$, fond à 40° [Blanksma, *Rec. Pays-Bas*, 20, 399, 1901]. — Le *sulfure de phényle et de p-nitrophényle*, $C^6H^5 . S . C^6H^4AzO^2$, fond à 55° [Kehrmann et Bauer, *D. chem. G.*, 29, 2364, 1896]. Le *sulfure de p-nitrophényle* $(C^6H^4AzO^2)^2S$ fond à 154° [Nietzki et Bothof, *loc. cit.*]. Le *disulfure* $(C^6H^4AzO^2)^2S^2$ fond à 180°,5 [Bamberger et Kraus, *D. chem. G.*, 22, 278, 1896], à 181° [Wohlfart, *loc. cit.*].

Le *disulfure de m-nitrophényle* $(C^6H^4AzO^2_{(3)})^2S^2_{(1)}$ fond à 83° [Clève, *D. chem. G.*, 20, 1534, 1887; — Leuckart, *J. prakt. Chem.*, 44, 198, 1890; — Ekbom, *D. chem. G.*, 24, 337, 1891; — Limpricht, *Ann. Chim.*, 278, 254, 1894].

Le *dinitro-2.4-thiophénol*, $C^6H^3(AzO^2_{(2.4)})^2SH$, fond à 131° [Wilgerodt, *Beilst.*, 2, 794]; un isomère (?) fusible à 195° a été obtenu par Austen et Smith [*Am. Chem. Journ.*, 8, 90, 1886].

Le *dinitro-2.4-thioanisol*, $C^6H^3(AzO^2)^2S . CH^3$, fond à 126°; le *dinitro-2.4-thiophénétol*, $C^6H^3(AzO^2)^2 . S . C^2H^5$, fond à 113° [Wilgerodt, *D. chem. G.*, 18, 330, 1885. — Le *sulfure de dinitro-2.4-phényle* $[C^6H^3(AzO^2)^2]^2S$, fond à 193° [Wilgerodt, *loc. cit.*], à 245° [Austen et Smith, *loc. cit.*].

Le *disulfure* $[C^6H^3(AzO^2)^2]^2S^2$ explose vers 280° [Wilgerodt, *loc. cit.*].

Le *trinitro-2.4.6-thiophénol* ou *acide thiopicrique*, $C^6H^2(AzO^2)^3 . SH$, se prépare en faisant réagir le sulfure de sodium sur le chlorure de picryle; il fond à 114° et détone violemment vers 115° [Wilgerodt, *Beilst.*, 2, 795]. Le *trinitrothioanisol*, $C^6H^3(AzO^2)^3 . S . CH^3$, fond à 98° [Blanksma, *Rec. Pays-Bas*, 20, 425, 1901]. — Le *sulfure de picryle* $[C^6H^2(AzO^2)^3]^2S$, fond à 226° [Wilgerodt, *loc. cit.*].

Le *chloro-4-nitro-2-thiophénol*, $C^6H^3 . AzO^2 . Cl . SH$, fond à 122° [Blanksma, *Rec. Pays-Bas*, 20, 399, 1901]. Le *chloro.4-nitro-2-thioanisol* fond à 128°. — Le *sulfure* $(C^6H^3AzO^2_{(2)}Cl_{(4)})^2S$ fond à 149-150° [Beilstein et Kurbatow, *Ann.*

$Chem.$, **197**, 79, 1879]. Le *disulfure* fond à 212° [Blanksma, *loc. cit.*].

Le *bromo-3-nitro-2-thiophénol*, $C^6H^3 . AzO^2 . Br . SH$, fond à 110°.

Le *bromo-3-nitro-2-thioanisol* fond à 126°; le *sulfure* $(C^6H^3AzO^2_{(2)}Br_{(4)})^2S$ fond à 165° [Blanksma, *loc. cit.*].

Dérivés aminés. — L'*o-aminothiophénol*, $C^6H^4 . AzH^2_{(2)}SH_{(1)}$, se forme quand on réduit le chlorure de l'acide o-nitrobenzènesulfonique par le zinc et l'acide chlorhydrique [Hofmann, *D. chem. G.*, **13**, 20, 1880].

On le prépare au moyen de la benzanilide, $C^6H^5 . CO . AzH . C^6H^5$; celle-ci, chauffée avec le soufre, est transformée en benzényl-o-amino-thiophénol,

$$C^6H^4 \underset{S}{\overset{Az}{<}} {>} C . C^6H^5$$

qui est décomposé par les alcalis en acide benzoïque et o-aminothiophénol [Hofmann, *D. chem. G.*, **13**, 1230; **20**, 2260; — Jacobson, *ibid.*, **21**, 3105, 1888].

L'o-aminothiophénol fond à 26°, et bout à 234°. L'oxydation le transforme facilement en sulfure d'o-aminophényle.

Les chlorures d'acides réagissent pour donner des thiazols. Le chlorure d'acétyle par exemple fournit le composé :

$$C^6H^4 \underset{S}{\overset{Az}{<}} {>} C - CH^3$$

liquide bouillant à 238° [Hofmann, *D. chem. G.*, **13**, 21, 1236, 1880; — Jacobson, *ibid.*, **19**, 1072, 1886]. Sa condensation avec les acides α-bromés a été étudiée par Ungers [*D. chem. G.*, **30**, 607, 2389, 1897].

L'*o-aminothioanisol*, $AzH^2 . C^6H^4 . S . CH^3$, est un liquide distillant à 234° [Hofmann, *D. chem. G.*, **20**, 1793, 1887]. — Le *sulfure* $(C^6H^4AzH^2)^2S$, fond à 85-86°, son *dérivé diacétylé* fond à 160° et son *dérivé dibenzoylé* fond à 162-163° [Nietzki et Bothof, *D. chem. G.*, **27**, 3261, 1894].

Le *disulfure*, $(C^6H^4AzH^2)^2S^2$, fond à 93° [Hofmann, *D. chem. G.*, **12**, 2363; **20**, 1793; **27**, 2807].

Le *m-aminothiophénol*, $C^6H^4 . AzH^2_{(3)}SH_{(1)}$, se forme quand on réduit la solution alcoolique du disulfure correspondant par l'amalgame de sodium. C'est un corps huileux, dont le *chlorhydrate* fond à 232° [Leuckart, *J. prakt. Chem.*, **41**, 199, 1890]. — Le *disulfure* $(C^6H^4AzH^2)^2S^2$ est obtenu en réduisant le dérivé nitré correspondant par le sulfure d'ammonium [Limpricht, *Ann. Chem.*, **278**, 254, 1894].

Le *p-aminothiophénol*, $C^6H^4AzH^2_{(4)}SH_{(1)}$, a été obtenu par réduction du disulfure correspondant au moyen de l'hydrogène sulfuré; son *dérivé acétylé* fond à 182° [Hofmann, *D. chem. G.*, **27**, 2814, 1894]. — Le *sulfure* ou *thioaniline*, $(C^6H^4AzH^2)^2S$, fond à 108° [Nietzki et Bothof, *D. chem. G.*, **27**, 3261]. Le *disulfure*, $(C^6H^4AzH^2)^2S^2$, fond à 81-82° [Leuckart, *J. prakt. Chem.*, **41**, 205, 1890; — Hofmann, *D. chem. G.*, **27**, 2807, 1894].

Le *diméthyl-p-aminothiophénol*, $C^6H^4Az(CH^3)^2_{(4)}SH_{(1)}$, fond à 28°,5 et bout à 259-260° [Merz et Werth, *D. chem. G.*, **19**, 1575, 1886; Leuckart, *J. prakt. Chem.*, **41**, 208, 1890]. — Le *sulfure* ou *thiodiméthylaniline*, $[C^6H^4Az(CH^3)^2]^2S$, fond à 125° [Tursini, *D. chem. G.*, **17**, 586; Michaelis et Godchaux, *ibid.*, **23**, 554; — Michaelis, *Ann. Chem.*, **274**, 214, 1893; Michaelis et Schindler, *ibid.*, **310**, 139, 1899; — voyez aussi [Holzmann, *D. chem. G.*, **20**, 1641, 1887; — Weinmann, *Cent. Blatt.*, 1029, 1898 (I)]. Le *disulfure* $[C^6H^4Az(CH^3)^2]^2S^2$, obtenu par

action du chlorure de soufre sur la diméthylaniline, fond à 118° [Merz et Weith, *D. chem. G.*, **19**, 1571; — Leuckart, *J. prakt. Chem*, **41**, 208, 1890].

Le *sulfure de diéthyl-p-aminophényle*, ou *thiodiéthylaniline*, $[C^6H^4Az(C^2H^5)^2]S$, fond à 79°,5-80° [Holzmann, *D. chem. G.*, **21**, 2059, 1888], à 83° [Michaelis et Godchaux, *D. chem. G.*, **23**, 556, 1890; — Michaelis et Schindler, *Ann. Chem.*, **310**, 153, 1899]. — Le *disulfure*, $[C^6H^4Az(C^2H^5)^2]^2S^2$, fond à 72° [Holzmann, *D. chem. G.*, **20**, 1637, 1887].

Le *sulfure de p-nitrophényle et d'o-aminophényle*, $AzO^2C^6H^4 . S . C^6H^4AzH^2$, fond à 143°: son *dérivé acétylé* fond à 193° [Kehrmann et Bauer, *D. chem. G.*, **29**, 2362, 1896].

Le *diamino-2.4-thiophénol*, $C^6H^3(AzH^2)^2_{(2.4)}SH_{(1)}$, cristallise en aiguilles grisâtres [Austen, *Am. Chem. Journ.*, **11**, 82, 1889].

Le *diamino-2.5-thiophénol* est un précipité pulvérulent, qui se colore en bleu à l'air humide [Bernthsen, *Ann. Chem.*, **251**, 64, 1889; — Mylius, *ibid.*, **277**, 244, 1893].

Dérivés sulfoniques. — Le *dérivé p-sulfonique du thiophénétol*, $C^2H^5 . S . C^6H^4SO^3H$, se forme par ébullition du thioéthyldiazobenzène-sulfonate de sodium, $C^2H^5S . Az^2 . C^6H^4 . SO^3Na$, avec l'alcool [Stadler, *D. chem. G.*, **17**, 2077, 1884].

Le *dérivé mono-p-sulfonique du sulfure de phényle*, $C^6H^5 . S . C^6H^4 . SO^3H$, se prépare en faisant réagir 1 molécule de chlorhydrine sulfurique sur 1 molécule de sulfure de phényle. Le *chlorure*, $C^6H^5 . S . C^6H^4SO^2Cl$, fond à 66-68°; l'*amide*, $C^6H^5 . S . C^6H^4SO^2AzH^2$, fond à 129-130° [Otto et Tröger, *D. chem. G.*, **26**, 996, 1893].

Le *dérivé di-p-sulfonique*, $(C^6H^4SO^3H)^2S$, est une masse butyreuse très hygroscopique. Son *sel de baryum* peut cristalliser avec 1 ou avec 3 molécules d'eau [Otto et Tröger, *D. chem. G.*, **26**, 994]. Le *chlorure*, $(C^6H^4SO^2Cl)^2S$, fond à 157° [Otto et Tröger], à 159° [Bourgeois et Petermann, *Rec. Pays-Bas*, **22**, 356, 1903]. L'*amide*, $(C^6H^4SO^2AzH^2)^2S$, fond à 195°: l'*anilide* fond à 212°,5, l'*éther méthylique*, $(C^6H^4SO^2CH^3)^2S$, fond à 97° [Bourgeois et Petermann, *loc. cit.*].

Le *dérivé di-p-sulfoneux du sulfure de phényle*, $(C^6H^4SO^2H)^2S$, fond à 107° [Bourgeois et Petermann, *loc. cit.*].

Janvier 1907. P. Carré.

THIOPHÉNOLS. — Les thiophénols se forment, à côté des carbures C^nH^{2n-6} et des sulfures $(C^nH^{2n-7})^2S^2$, quand on traite les phénols par le pentasulfure de phosphore [Kékulé, *Zeit. f. Chem.*, 193, 1867].

On les obtient, à côté d'une proportion plus grande de disulfure, quand on décompose par l'acide chlorhydrique dilué et froid les produits d'addition formés par le soufre avec les dérivés magnésiens des carbures aromatiques halogénés :

$$R . MgX + S = R . S . Mg . X$$
$$RSMgX + HCl = Mg . X . Cl + R . SH$$
$$RMgX + S^2 = R . S^2 . Mg . X$$
$$R . S^2 . Mg . X + HCl = MgXCl + R . S^2 . H.$$

Les dérivés de la forme RS^2H sont très instables et réagissent sur les thiophénols pour donner des disulfures,

$$RS^2H + RSH = H^2S + R^2S^2$$

[Wuyt et Cosyns, *Bull. Soc. Chim.*, **29**, 690, 1903; — Taboury, *ibid.*, **29**, 761].

On les prépare en réduisant les chlorures des acides sulfoniques [Voigt, *Ann. Chem.*, **119**, 142] :

$$C^6H^5SO^2Cl + 6H = C^6H^5SH + 2H^2O + HCl.$$

On additionne d'abord le chlorure de poudre de zinc, de façon à former le sel de zinc de l'acide sulfinique, et on réduit ce dernier par le zinc et l'acide chlorhydrique [Otto, *D. chem. G.*, **10**, 940, 1878; — Bourgeois, *Rec. Pays-Bas*, **18**, 426, 1899].

Les sulfochlorures aromatiques sont aussi transformés en thiophénols par l'action de l'urée [Remsen et Turner, *Am. Chem. Journ.*, 25. 190, 1901].

Les sels diazoïques peuvent être facilement transformés en thiophénols. A cet effet, on les condense d'abord avec le xanthogénate de potassium,

$$C^6H^5Az^2Cl + KS.CS.OC^2H^5$$
$$= Az^2 + KCl + C^6H^5.S.CSOC^2H^5,$$

puis on décompose le corps obtenu par ébullition avec la potasse alcoolique [Leuckart, *J. prakt. Chem.*, 41, 185, 1890] :

$$C^6H^5.S.CS.OC^2H^5 + 2KOH$$
$$= C^6H^5SK + KS.CO^2C^2H^5 + H^2O.$$

Il peut être dangereux de faire cette préparation sur de grosses quantités, car la condensation du xanthogénate de potassium avec les sels diazoïques peut donner naissance à des corps explosifs [Bourgeois, *Rec. Pays-Bas*, **18**, 447, 1899].

Certains dérivés diazoïques donnent facilement des thiophénols quand on les traite par le sulfure de potassium [Klason, *D. chem. G.*, **20**, 350, 1887] :

$$C^6H^4 {\textstyle <}{\overset{Az}{\underset{SO^3}{}}}{\textstyle >} Az + K^2S = KS \quad C^6H^4SO^3K + Az^2$$

Enfin, nous devons mentionner la formation des thiophénols par fixation du soufre sur les carbures, en présence du chlorure d'aluminium [Friedel et Crafts, *Ann. Chim. Phys.*, **1**, 530, **17**, 437, 1889]; cette réaction donne aussi naissance aux sulfures correspondants.

Il s'en forme aussi de faibles quantités dans la distillation sèche des sels d'acides sulfoniques avec le sulfhydrate de potassium [Stadler, *D. chem. G.*, **17**, 2080, 1884]. Le rendement est meilleur lorsqu'on chauffe le sel alcalin de l'acide sulfonique avec un sulfhydrate alcalin sous pression [Schwalbe, *D. chem. G.*, **39**, 3102, 1906].

Propriétés. — Les thiophénols sont des corps liquides ou solides, à odeur désagréable. Ils sont insolubles dans l'eau, et plus lourds que l'eau. Contrairement aux phénols, ils se comportent normalement à la cryoscopie [Auwers, *Zeit. physik. Chem.*, **30**, 534, 1899].

Les oxydants faibles les transforment en disulfures :

$$R.SH + O = H^2O + R^2S^2;$$

c'est ainsi que les solutions ammoniacales des thiophénols fournissent rapidement les disulfures correspondants par simple contact avec l'air.

Ils réagissent sur les nitriles pour donner des thioiminoéthers [Auteurieth et Brüning, *D. chem. G.*, **36**, 3464, 1903] :

$$R.CAz + RSH + HCl = R-C{\textstyle <}{\overset{AzH}{\underset{S.R}{}}}.HCl$$

Ils forment facilement, avec les acides α-cétoniques, des combinaisons équimoléculaires peu stables, ou des produits qui résultent de la condensation de 2 mol. de thiophénols avec 1 mol. d'acide cétonique; les acides β- et γ-cétoniques donnent cette dernière réaction [Escales et Baumann, *D. chem. G.*, **19**, 1796, 1886].

Les thiophénols peuvent se doser volumétri-

quement à l'iode $2R.SH + I^2 = R^2S^2 + 2HI$ [Klason et Carlsod, *D. chem. G.*, **39**, 738, 1906].

SULFURES. — Nous avons vu que les sulfures aromatiques se rencontrent dans la majeure partie des réactions qui donnent naissance aux thiophénols, et que les disulfures résultent de l'oxydation faible des thiophénols.

Les *monosulfures* se préparent facilement en ajoutant peu à peu la solution d'un sel diazoïque à une solution alcaline de thiophénol, chauffée vers 60-70° [Ziegler, *D. chem. G.*, **23**, 2471, 1890]:

$$C^6H^5SH + NaOH + C^6H^5Az^2Cl$$
$$= (C^6H^5)^2S + Az^2 + H^2O.$$

On peut aussi faire réagir les dérivés halogénés des carbures aromatiques sur le thiophénate de plomb [Bourgeois, *D. chem. G.*, **28**, 2312, 1895], ou encore sur le sulfure de sodium [Blanksma, *Rec. Pays-Bas*, 20, 399, 1901].

Les *sulfures mixtes* se préparent en traitant par un éther halogéné, R'X, les produits qui résultent de l'action du soufre sur les composés organomagnésiens [Taboury, *Bull. Soc. Chim.*, **31**, 1183, 1904] :

$$Mg{\textstyle <}{\overset{S-R}{\underset{Br}{}}} + R'X = R-S-R' + Mg{\textstyle <}{\overset{X}{\underset{Br}{}}}$$

Les *tétrasulfures* résultent de l'action du chlorure de soufre sur les thiophénols :

$$2C^6H^5SH + 2SCl = (C^6H^5)^2S^4 + 2HCl.$$

Les sulfures phénoliques réduits par le zinc et l'acide chlorhydrique régénèrent les thiophénols.

L'oxydation les transforme en sulfones R^2SO^2.

Les *dérivés de substitution des thiophénols* peuvent se préparer au moyen des procédés indiqués pour les thiophénols, en partant de corps substitués dans le noyau.

Les dérivés nitrohalogénés dans lesquels le groupement nitré se trouve entre deux halogènes fournissent des thiophénols nitrés quand on les réduit par l'hydrogène sulfuré; dans ce cas particulier, l'hydrogène sulfuré agit, en effet, comme substituant avant d'agir comme réducteur [Beilstein et Kurbatow, *Ann. Chem.*, **197**, 75, 1879] :

$$C^6H^3.Cl.AzO^2.Cl + H^2S$$
$$= C^6H^3ClAzO^2.SH + HCl.$$

Les dérivés aminés s'obtiennent par réduction des sulfochlorures nitrés, au moyen du zinc et de l'acide chlorhydrique.

Les dérivés n.-acidylés des o.-aminothiophénols sont facilement déshydratés et fournissent des thiazols

$$C^6H^4{\textstyle <}{\overset{AzH^2}{\underset{SH}{}}} + HCO^2H = C^6H^4{\textstyle <}{\overset{AzH.CHO}{\underset{SH}{}}} + H^2O$$
$$= C^6H^4{\textstyle <}{\overset{Az}{\underset{S}{}}}{\textstyle >}CH + 2H^2O$$

[Hofmann, *D. chem. G.*, **13**, 8, 1223, 1880; — Jacobson, *D. chem. G.*, **19**, 1069; 24, 1402, 1891].

Les *sulfures* correspondant aux thiophénols aminés se préparent en chauffant la base avec le soufre,

$$2C^6H^3AzH^2 + S^2 = (C^6H^4AzH^2)^2S + H^2S.$$

Janvier 1907.   P. Carré.

THIOPHTÈNE. — Combinaison de la série du thiophène correspondant à la naphtaline,

$$\begin{array}{ccccc} CH & — & C & — & CH \\ \| & & \| & & \| \\ CH & & C & & CH \\ & \searrow & \swarrow \searrow & \swarrow \\ & S & & S \end{array}$$

qui se forme dans la distillation de l'acide citrique ou de l'acide tricarballylique avec P^2S^5. Le thiophtène bout à 224-226°; le *picrate* fond à 133°, le *dérivé tétrabromé* fond à 172° [A. Biedermann et P. Jacobson, *D. chem. G.*, 19, 2444, 1886]. Il se produit encore en distillant l'acide aconitique avec P^2S^5 [D. Hanna et E. Smith, *Am. Chem. J.*, 21, 381, 1899]. Le thiophtène se combine avec l'isatine, la phtalonimide, la phénanthrènequinone en donnant des indophénines [Oster, *D. chem. G.*, 37, 3348, 1904].

Décembre 1907. F. March.

THIOPYRINE (Syn. *thioantipyrine*). — Voyez l'art. β-PYRAZOLS.

THIORUFIQUE (ACIDE) (*acide thiorufinique*) $C^{21}H^{28}O^8S^6$. — Voir Suppl. I, p. 32.

Pour le préparer, on dissout d'abord 400 gr. de sodium dans 4000 gr. d'éther acétique. On fait couler cette solution tiède goutte à goutte dans un excès de sulfure de carbone. Le *sel de sodium* se précipite par refroidissement.

On acidule alors, on extrait à l'éther et on évapore.

On fait cristalliser l'acide thiorufique dans un mélange d'alcool et de ligroïne. Il fond à 105°. Il est très soluble dans l'eau, soluble dans les solvants organiques.

Sel de sodium $C^{21}H^{26}O^8S^6Na^2$. — Aiguilles rouge brique peu solubles dans l'eau froide.

Sel de calcium. — Aiguilles rouge cerise.

Sel de baryum avec 2 mol. d'eau. — Aiguilles jaunes [Emmerling, *D. ch. G.*, 28, 2883, 1895]. Tous ces composés sont attaqués par la soude diluée en donnant un nouvel acide pentabasique fondant à $+173°$ très soluble dans l'eau, dont la formule se rapproche de $C^{15}H^{16}O^8S^6$ (?).

Janvier 1908. M. Billy.

THIOSEMICARBAZIDE. — Voyez l'art. HYDRAZINES, 2° Suppl., 5, p. 280.

THIOSINNAMINE. — Voyez l'art. URÉES.

THIOTÉNOL. — Voyez l'art. THIOPHÈNE (α-*méthyl-*).

THIOTRIAZOLS. — Les α-β-β'-thiotriazols répondent à la formule :

$$\begin{array}{c} S \\ \diagup \diagdown \\ C H_{\alpha'} \; \alpha \, Az \\ \| \; \; \beta' \; \beta \; \| \\ Az \text{———} Az \end{array}$$

L' α'-*amino*-α-β-β'-*thiotriazol* s'obtient en traitant la thiosemicarbazide par l'acide nitreux; il détone à 128-130°. Le *dérivé* α'-*méthylaminé* fond à 96°; le *dérivé* α'-*éthylaminé* à 66-67°; le *dérivé* α'-*allylaminé* à 54° [Freund et Schwartz, *D. chem. G.*, 29, 2495, 1896. — Freund et Schander, *ibid.*, 29, 2502, 1896].

Le *diphénylanilidothiotriazol* fond à 179° [Busch et Holzmann, *D. chem. G.*, 34, 320, 1901]. *Thiotriazolylmercaptans* [voir Busch et Wolpert, *D. chem. G.*, 34, 304, 1901; — Wheeler et Beardsley, *Am. Journ.*, 27, 257, 1902].

Mai 1906. F. March et Weimann.

THIOURANTOÏNES. — Voyez l'art. HYDANTOÏNES, p. 199.

THIOURÉTHANES. — Voy. THIOCARBAMIQUES (ACIDES).

THIOXÈNE. — Voyez THIOPHÈNE (*diméthyl-*).

THORIANITE (Min.) (Wyndham-Dunstan). — Minéral renfermant 73,4 0/0 de thorine et 14,6 d'oxyde d'urane avec 5,8 d'autres terres rares. Cubes ressemblant à la pechblende comme éclat et couleur, translucides en lames très minces dans une pegmatite et dans des sables gemmifères à Ceylan. Fortement radio-actif, renferme de l'hélium. L. Bourgeois.

THORIUM. — *Minerais*. — La monazite est un phosphate trimétallique des terres de la cérite avec du thorium et de petites quantités des terres yttriques. Ce minéral, considéré comme l'un des plus rares jusqu'à la découverte d'Auer, fut reconnu par la suite comme une substance abondamment répandue dans la nature. La monazite forme souvent un constituant accessoire de gneiss, du granit, des diorites, etc. De sorte que les sables résultant de la désagrégation de ces roches contiennent de la monazite. Les sables monazités enrichis naturellement existent en quantités considérables dans la Caroline du Nord, dans la Caroline du Sud, et surtout au Brésil, au sud de Bahia; on les trouve dans les lits des rivières coulant sur les roches anciennes monazitées et dans le voisinage de la mer.

La teneur en thorium de la monazite est très variable, elle atteint en moyenne 2 à 3 0/0 et oscille entre 1 et 16 0/0 [Penfield, *Am. Journ. Soc.*, 24, 250, 1882; — Blomstrand, *J. prakt. Chem.*, 41, 266, 1890; *Zeit. Krist.*, 19, 109, 1891, et 20, 367, 1892; — Thorpe, *Chem. News*, 72, 32, 1895; — Drossbach, *D. chem. G.*, 2452, 1896; — Nitze, Franck, *Ding. Polyt. Journ.*, 304, 144, 1897; — Hussak et Reitlinger, *Zeit. Krist.*, 37, 550, 1903, etc.].

La quantité de monazite contenue dans les sables naturels varie, depuis des traces, jusqu'à 1 et 2 0/0. Ces sables sont enrichis mécaniquement sur place jusqu'à contenir 70 et 75 0/0 de monazite. La monazite est mélangée avec le rutile, le fer titané, l'oxyde magnétique, le grenat, le quartz, etc. Sur les gisements de sables monazités, leur enrichissement, leur marché, voyez [Nitze, *Journ. Gasbeleuch.*, 38, 763, 1895; — Böhn, *Die Darstellung d. Selt. Erden*, 2 vol., Leipzig, 1305; — Pratt, *Mineral Resource of the U. S. for.*, 1903; — Dieseldorf, *Chem. Zeit.*, 28, 737, 1904].

La thorianite, nouveau minerai récemment découvert à Ceylan, contient de 72 à 76 0/0 de thorine avec de l'urane, et un peu de terres cériques [Dunstan, *Proc. Roy. Soc.*, 76, 253, 1905]. Ramsay reconnut que la thorianite contenait du radium et de l'hélium occlus, et Hahn semble y avoir découvert un nouvel élément, le radiothorium, semblable au thorium [Ramsay, *Nature*, 733, 1904; *Journ. Chim. Phys.*, 3, 617, 1905; — Hahn, *Zeit. phys. Chem.*, 51, 717, 1905].

Radioactivité. — Schmidt [*C. R.*, 126, 1264, 1898] et M° Curie [*ibid.*, 101] découvrirent que les combinaisons du thorium émettent des radiations rendant l'air conducteur. Beaucoup de minéraux thorifères furent étudiés à ce point de vue. Voyez Hermann et Zerban [*D. chem G.*, 36, 3093, 1903; — Barker, *Am. Journ. Soc.*, 16, 161, 1903; — Zerban, *D. chem. G.*, 36, 3911, 1903; — Baskerville et Zerban, *Am. Journ. Soc.*, 26, 1642, 1904].

Debierne isola de la pechblende une nouvelle substance radioactive, l'actinium, qui se comporte comme le thorium au point de vue analytique, et que l'auteur considère comme un élément [*C. R.*, 129, 593, 1899; 130, 906, 1900; 131, 446 et 671, 1903; 138, 411, 1904]. Rutherford et Soddy parvinrent à séparer chimiquement des combinaisons du thorium, une substance où la propriété active est concentrée, ils la nomment thorium X. Debierne [*C. R.*, 139, 538, 1904], Brooks [*Phil. Magaz.*, 8, 373, 1904], Hahn, Sackur [*D. chem. G.*, 38, 1943, 1905] et Marckwald [*D. chem. G.*, 38, 2264, 1905] regardent, contrairement à l'opinion de Giesel [*D. chem. G.*, 37, 1963, 1904], l'actinium comme identique à l'émanium de Giesel. A signaler, enfin, un nouveau corps radioactif isolé, par Hahn, de la thorianite [*loc. cit.*], qui serait un nouvel élément, et vraisemblablement la partie radio-active du thorium. Il convient d'attendre les résultats des recherches en cours avant de considérer ces faits comme définitivement acquis.

Élément. — La nature élémentaire du thorium a été mise en doute dans ces dernières années. Baskerville a cru scinder le thorium en trois autres éléments : thorium, carolinium et berzélium [*Journ. Am. Chem. Soc.*, **23**, 761, 1901; **26**, 922 et 1642, 1904]. Chroutschoff avait déjà signalé un nouvel élément, le *russium*, à côté du thorium [*Chem. Zeit.*, 272, 1890], et Braüner, par des traitements convenables, aurait isolé deux thoriums, le thorium α plus basique (p. at. 232,5), et le thorium β (p. at. 220) [*Proc. Roy. Soc.*, **27**, 67. 1901]. Auer von Welsbach, Drossbach regardent aussi le thorium comme dédoublable [*Chem. News*, **85**, 254, 1902; *Zeit. angew. Chem.*, **14**, 655, 1905], tandis que Meyer et Gumperz [*D. chem. G.*, **38**, 817, 1905], Eberhard [*ibid.*, 826] n'obtinrent aucun résultat dans des tentatives de séparation. Actuellement la question reste entière.

Valence et poids atomique. — Troost a déterminé la densité de vapeur du chlorure et trouvé des valeurs s'accordant avec la formule $ThCl^2$: le thorium serait divalent [*C. R.*, **101**, 210 et 360, 1885]. Krüss et Nilson maintiennent au contraire la densité de Nilson avec la formule $ThCl^4$ [*Zeit. phys. Chem.*, **1**, 301, 1887]. Wyrouboff et Verneuil considèrent aussi le thorium comme divalent [*Bull. Soc. Minér.*, **19**, 219, 1896; *Bull. Soc. Chim.*, (3), **21**, 118, 1899]. Urbain et Biltz ont appliqué les méthodes cryoscopique et ébullioscopique à l'étude du poids moléculaire de l'acétylacétonate [Urbain, *Bull. Soc. Chim.*, (3), **15**, 338, et 347; — Biltz, *Ann. Chem.*, **331**, 334, 1904].

Le poids atomique déterminé par Braüner est 232,42 (O = 16) [*Proc. Chem. Soc.*, **191**, 78, 1897-1898]. Biltz a trouvé 232,6 [*loc. cit.*]. Voy. aussi Baskerville [*J. Am. Chem. Soc.*, **23**, 761, 1901].

Spectre. — Rowland a étudié le spectre du thorium [*Astr. astrophys.* **12**, 321, 1893]. Longueurs d'onde du spectre [Exner et Haschek, Leipzig, 1904, 2 vol.].

Séparation, analyse et extraction du thorium. — De nombreuses recherches ont été faites pour séparer le thorium des autres terres rares.

La méthode du sulfate de Nilson a été étudiée et perfectionnée en certains points par Clève, Witte et Böhm [*Zeit. Chem. Ind.*, **29**, n°ˢ 17 et 19, 1906], après que Nilson et Krüss [*D. chem. G.*, **20**, 1665, 1887] en eurent montré quelques inconvénients.

Le carbonate de sodium précipite les terres rares sous forme de carbonates insolubles dans un excès de réactif, à l'exception du thorium, qui donne un carbonate double soluble et non dissociable [*Zeit. Chem. Ind.*, **17**, 161, 1894].

La précipitation du thorium seule, par l'hyposulfite de sodium, signalée autrefois par Chydénius et Hermano, a été étudiée par Hintz et Weber [*Zeit. anal. Chem.*, **46**, 676, 1897]. et par Norton [*Zeit. anorg. Chem.*, **28**, 223, 1901].

La solubilité de l'oxalate de thorium dans l'oxalate d'ammoniaque, indiquée par Bahr en 1864, et déjà utilisée par Bunsen, a été mise en pratique par Braüner pour préparer du thorium pur [*Proc. Chem. Soc.*, **191**, 68, 1897-1898; *Journ. Chem. Soc.*, **73**, 951, 1898]. Dennis et Kartright séparent le thorium en le précipitant en liqueur neutre par l'azothydrate de potassium [*Zeit. anorg. Chem.*, **6**, 35, 1894; *J. Am. Chem. Soc.*, **18**, 947, 1896]. MM. Wyrouboff et

Verneuil [*C. R.*, **126**, 340, 898] ont précisé l'erreur commise dans la méthode de Dennis. Ces mêmes savants utilisent l'insolubilité du phosphate de thorium en liqueur chlorhydrique étendue pour la séparation du thorium et du cérium. Voyez aussi Volk [*Zeit. anorg. Chem.*, **6**, 161, 1891].

Chavastelon sépare le thorium des terres de la cérite en utilisant la solubilité du thorium dans un excès de sulfite de sodium [*C. R.*, **130**, 781, 1900]. tandis que Buddens (D. R. P., 65091, 24 novembre 1896) laisse digérer le mélange des hydroxydes avec une solution de gaz sulfureux qui dissout les métaux de la cérite. Voyez aussi Grossmann [*ibid.*, **44**, 229, 1904]; Bateg [*Zeit. anorg. Chem.*, **45**, 87, 1904]. On peut purifier le thorium par une précipitation fractionnée avec le chromate de potassium, qui donne avec le thorium le sel le plus insoluble [Muthmann et Baur, *D. chem. G.*, **33**, 2028, 1900].

MM. Wyrouboff et Verneuil ont indiqué une méthode de séparation du thorium, qui constitue en même temps une excellente méthode d'analyse [*C. R.*, **126**, 340, 1898]. L'eau oxygénée en excès précipite tout le thorium de la solution neutre de nitrate sous la forme d'un azotate de peroxyde $Az^2O^5.Th^2O^7$ en entraînant un peu de cérium; la même opération répétée trois à quatre fois donne du thorium tout à fait pur. La réaction très sensible permet de reconnaître facilement 1/1000 de thorine mêlée à d'autres terres rares. Pour l'application de cette réaction au dosage, voyez le mémoire. Jannasch, Locke et Lesuisky [*Zeit. anorg. Chem.*, **5**, 223, 1893], Troost [*C. R.*, **116**, 1428, 1893], Böttinger [*Zeit. anorg. Chem.*, **6**, 1894], Schutzenberger et Boudouard [*C. R.*, **124**, 1481, 1897], Urbain [*Ann. Chim. Phys.*, (7), **19**, 184, 1900] ont indiqué quelques procédés de purification du thorium.

De nombreuses recherches ont été effectuées avec les acides et les bases organiques dans le but de résoudre le problème de la séparation du thorium et des autres métaux rares. Metzger précipite et dose le thorium par l'acide fumarique en solution alcoolique à 40 0/0 [*J. Am. Chem. Soc.*, **24**, 235 et 901, 1902]. Neish utilise dans le même but l'acide m-nitrobenzoïque [*J. Am. Chem. Soc.*, **26**, 780, 1904]. Baskerville précipite le thorium par l'acide citrique [*J. Am. Chem. Soc.*, **23**, 761, 1901], et Gorelli et Barbieri par l'acide salicylique [*Chem. Zeit.*, **30**, 433, 1906]. Les deux premières méthodes sont applicables au dosage du métal dans la monazite.

D'après Jefferson [*J. Am. Chem. Soc.*, **24**, 540, 1902], la quinoléine précipite le thorium de la solution neutre de nitrate et le sépare quantitativement du praséodyme et du lanthane, l'aniline effectue la même séparation. Kolb [*J. prakt. Chem.*, (2), **66**, 59, 1902] applique aussi l'aniline et la diméthylaniline à la séparation du thorium. Enfin, Kartwell [*J. Am. Chem. Soc.*, **25**, 1128, 1903] établit que les solutions alcoolisées des bases suivantes : m-chloraniline, p-toluidine, méthylaniline, hexaméthylènetétramine, α et β-naphtylamine, m-bromaniline, p-bromophénylhydrazine peuvent être employées pour séparer le thorium soit du zirconium, soit du cérium, soit d'autres terres rares. A signaler dans la même direction le travail de Baskerville et Lemly [*Proc. Am. Chem. Soc.*, **24**, 67, 1902].

Sur le dosage du thorium, consulter également [Ling *Chem. Zeit.*, 1468, 1895; — Frésenius et Hintz, *Zeit. anal. Chem.*, **35**, 525, 1896; — Glaser, *Chem. Zeit.*, **20**, 612, 1896, et *Zeit. anal. Chem.*, **36**, 213, 1897; — Hintz et Weber, *ibid.*, **36**, 27 et 670, 1897; — Delafontaine, *Bull. Soc. Chim.*, (3), **20**, 69, 1897; — Glaser, *ibid.*,

37, 25, 1898; — Benz, *Zeit. angew. Chem.*, 297, 1902].

Principe du traitement industriel des sables monazités. — Les sables enrichis sont attaqués par environ deux fois leur poids de SO^4H^2, les terres rares et l'acide phosphorique passent en solution après traitement par l'eau froide du produit d'attaque. On précipite maintenant à l'état de phosphate impur tout le thorium contenu dans la solution, soit par le carbonate de sodium, soit par la magnésie. Ce phosphate, qui peut contenir de 50 à 70 0/0 des bases en thorine, est dissous dans une liqueur assez fortement acide, puis les terres sont précipitées par l'acide oxalique. Les oxalates bien lavés sont mis à digérer avec une solution de carbonate de sodium dans laquelle passe le thorium, tandis que les autres terres restent à l'état de carbonates insolubles. On précipite enfin la thorine sous forme d'hydrate par la soude caustique, et on la redissout dans un acide après lavage. Ces procédés d'enrichissement conduisent à une thorine à 90 0/0. On achève la purification du thorium par la méthode de Nilson améliorée. ou bien en utilisant l'insolubilité de l'acétate de thorium. Voyez Drosstach, *J. f. Gaz. Wass.*, 33, 581, 1895. — Smith, *Chem. News.*, 48, 29, 1883; — Behrens, *Arch. Néerl.*, (2), 6, 85, 1902; — Haber, *Mon. f. Chem.*, 18, 687, 1898; — Böhm, *Zeit. Chem. Ind.*, 29, 17, 1906].

Préparation. — Troost a préparé du Th par l'électrolyse du chlorure fondu; il a obtenu également une fonte donnant 9,5 de carbone au four électrique et se rapprochant du carbure ThC^2 [*C. R.*, 116, 1227, 1893]. Moissan et Etard ont pu préparer ce même carbure cristallisé et abaisser la teneur du carbone à 7·0/0 [*Ann. Chim. Phys.*, (7), 12, 427, 1897].·Matignon et Delépine ont réduit le chlorure par le sodium en excès [*C. R.*, 133, 36, 1901]. Enfin Moissan et Hönigschmidt ont repris la réduction du chlorure par le sodium en excès et l'électrolyse du chlorure additionné de chlorure de potassium pour obtenir le métal, qui ne fond pas à 1450°, mais qu'ils ont pu fondre facilement au four électrique [*Ann. Chim. Phys.*, (8), 8, 182, 1906].

Propriétés. — Fusible au four électrique, plus que le zirconium (Troost); densité de la fonte 9,47; cette fonte raye le verre sans agir sur le quartz; elle est inaltérable à l'air froid, elle brûle dans l'oxygène avec incandescence (Moissan et Etard). Le thorium se combine directement à l'hydrogène [Winkler, *D. chem. G.*, 24, 885, 1891] et à l'azote [Matignon, *C. R.*, 131, 837, 1900].

Le thorium est paramagnétique [Meyer, *Wied. Ann.*, 68, 324, 1899].

HYDRURE. — Son existence a été mise en évidence par Winkler [*loc. cit.*]. Matignon et Delépine ont établi sa formule ThH^4 [*C. R.*, 132, 36, 1901] et étudié sa dissociation [*Ann. Chim. Phys.*, (8), 10, 130, 1907].

FLUORURE. — Le sel anhydre se forme dans l'action du fluor sur la fonte (Moissan et Etard).

CHLORURE. — Matthews a préparé le chlorure de thorium en réduisant la thorine par le chlore et le charbon [*Journ. Am. Chem. Soc.*, 20, 815, 839, 1898]. Moissan et Etard ont constaté sa formation dans l'action du chlore sur le carbure et Moissan et Martinsen ont utilisé cette réaction pour sa préparation [*C. R.*, 140, 1510, 1905]. Smith et Harris transforment la thorine en chlorure par le perchlorure de phosphore à 240° [*Journ. Am. Chem. Soc.*, 17, 654, 1895].

Matignon et Delépine chauffent la thorine au rouge dans un courant de chlore et d'oxyde de carbone ou mieux encore dans le tétrachlorure de carbone. Cette dernière réaction donne un chlorure mêlé d'un peu d'oxychlorure [*C. R.*, 132, 37, 1901], mais elle se produit à température assez basse.

Krüss et Nilson font agir le gaz chlorhydrique sur le métal impur [*D. chem. G.*, 20, 1665, 1887]. Enfin Matignon et Bourion ont préparé commodément un chlorure de thorium très pur par l'action simultanée du chlore et du chlorure de soufre sur la thorine [*C. R.*, 138, 631, 1904]. Meyer et Gumperz ont employé cette dernière méthode avec satisfaction [*D. chem. G.*, 38, 817, 1905].

Le chlorure fond à 820°, il est réduit par le calcium (Moissan et Martinsen).

Matthews [*loc. cit.*] a préparé les combinaisons basiques suivantes : $ThCl^4 4CH^3AzH^2$, $ThCl^4 4C^2H^5AzH^2$, $ThCl^4 4C^3H^7AzH^2$, $ThCl^4 4C^6H^5AzH^2$, $ThCl^4 3C^6H^4(CH^3)AzH^2$, $ThCl^4C^5H^5Az$, $ThCl^4C^9H^7Az$, $ThCl^4C^{10}H^7AzH^2$.

Krüss aurait obtenu $ThCl^4 7H^2O$ [*Zeit. anorg. Chem.*, 14, 361, 1897], son existence a été niée par Rosenheim, Samter et Davidson. Rosenheim et Schilling [*D. chem. G.*, 33, 977, 1901], Rosenheim, Samter et Davidson [*Zeit. anorg. Chem.*, 35, 424, 1903] ont obtenu $ThCl^4 8H^2O$, $9H^2O$ ainsi que les combinaisons $(C^5H^5Az)^2H^2ThCl^6$, $(C^9H^7Az)^2H^2ThCl^6$, $ThCl^4 4C^2H^5OH$, $ThCl^4 2CH^3CHO$, $ThCl^4 2C^6H^5.CH=CHCHO$, $ThCl^4(C^6H^5CHO)^2$, $ThCl^4 2CH^3COCH^3$, $ThCl^3OC^6H^5CO^2CH^3$, etc.

Wells et Willis [*Journ. Am. Chem. Soc.*, (4), 12, 191, 1901] ont analysé $3CsClThCl^4.12H^2O$, $2CsClThCl^4 11H^2O$.

BROMURE. — Préparé à l'état anhydre par Troost et Ouvrard [*Ann. Chim. Phys.*, (6), 17, 227, 1889] en faisant agir les vapeurs de brome sur un mélange de charbon et de thorine, et par Moissan et Martinsen [*loc. cit.*] en opérant sur le carbure. Matthews l'a combiné avec les bases : $ThBr^4 3AzH^3$, $ThBr^4 4C^2H^5AzH^2$, $ThBr^4 4C^6H^5AzH^2$, $ThBr^4C^5H^5Az$.

Jannasch, Locke et Lesinsky [*Zeit. anorg. Chem.*, 5, 283, 1893], Lesinsky et Gundlich [*ibid.*, 15, 84, 1897], Rosenheim et Schilling, Rosenheim, Samter et Davidson [*loc. cit.*] ont étudié ses hydrates $ThBr^4 8H^2O$, $ThBr^4 10H^2O$ ainsi que $ThBr^6H^2(C^5H^5Az)^2$.

IODURE. — $ThI^4 10H^2O$ (Rosenheim, Samter et Davidson).

OXYDE. — On obtient ThO^2 par calcination du nitrate; c'est une substance très réfractaire. Troost et Ouvrard l'ont obtenue cristallisée en cubooctaèdres [*C. R.*, 402, 1422, 1886]. Hillebrand [*Zeit. anorg. Chem.*, 3, 249, 1893] a montré son isomorphisme avec UO^2, ainsi que l'isomorphisme de leurs sulfates. Densité 9,2–9,8 (Troost et Ouvrard).

L'hydrate sous forme sablonneuse, facile à filtrer, s'obtient en faisant macérer le sulfate avec une solution ammoniacale [Krüss, *Zeit. anorg. Chem.*, 14, 361, 1897]. Sa chaleur de dissolution dans l'acide azotique est $29^{Cal}, 893$ [Pissarjewski, *ibid.*, 25, 388, 1900]. Il attire CO^2; le magnésium le réduit.

Wyrouboff et Verneuil [*C. R.*, 127, 863; 128, 501, 1899] ont mis en évidence la polymérisation de la thorine et étudié certains sels des oxydes polymérisés tels que $(ThO^2)^{10}(AzO^3H)^4$ et $(ThO^2)^{24}(AzO^3H)^4$. Le métaoxyde de Locke [*Zeit. anorg. Chem.*, 7, 345, 1894] rentre dans ces oxydes condensés. Voyez à ce sujet : Stevens [*Zeit. anorg. Chem.*, 27, 41, 1901; 31, 368, 1902], Wyrouboff [*ibid.*, 28, 90, 1901], Biltz [*D. chem. G.*, 37, 1095, 1904]. Sur la constitution de l'oxyde de thorium, voyez Wyrouboff et Verneuil [*C. R.*, 128, 1573, 1899].

Le manchon à incandescence d'Auer est constitué par 99 0/0 de ThO^2 et 1 0/0 d'oxyde de cérium [D.R.P., 39162, 41945, 44016]. Sur la théorie du phénomène, voyez Bunte [*J. Gasbel.*, 547, 1895;

422, 1897], Le Châtelier et Boudouard [*C. R.*, **126**, 1648, 1898]. Nerst et Bose [*Zeit. phys. Chem.*, **1**, 291, 1900]. Baur [*Zeit. angew. Chem.*, 1055, 1900], Samtleben [*J. Gasbel.*, **43**, 569, 1900].

PEROXYDES. — Clève [*Bull. Soc. Chim.*, (2), **43**, 23, 1885] et Lecoq de Boisbaudran [*C. R.*, **100**, 605, 1885] ont obtenu un peroxyde Th^2O^7 Aq, Wyrouboff et Verneuil ont préparé certains sels de ce peroxyde [*C. R.*, **126**, 340; **127**, 412, 1898]. ThO^3 a été étudié par Pissarjewski qui a déterminé sa chaleur de formation [*loc. cit.*].

Composés oxyhalogénés. — $Th(OH)^2Cl^2 . 5 H^2O$, $Th(OH)^2Cl^2 . 8 H^2O$, $Th(OH)Cl^3 . 7H^2O$, $Th(OH)^2Br^2 . 4 H^2O$, $Th(OH)^2Br^2 . 11 H^2O$, $Th(OH)^3Br^3 . 10 H^2O$ et $Th(OH)^3 . 10H^2O$ (Krüss, Rosenheim et Schilling, Rosenheim, Samter et Davidson). Matignon et Delépine [*Ann. Chim. Phys.* (8), **10**, 130, 1907] ont préparé un oxychlorure $ThOCl^2$ soluble dans l'eau, insoluble dans l'alcool, ainsi que ses hydrates $ThOCl^2 3 H^2O$, $ThOCl^2 5 H^2O$.

SULFURE. — Krüss n'a pu obtenir le sulfure ThS^2, il considère le corps de Chydenius comme un oxysulfure $ThOS$ [Krüss et Volek, *Zeit. anorg. Chem.*, **5**, 75, 1893; — *ibid.*, **6**, 49, 1894]. Moissan et Etard ont préparé un produit noir en faisant brûler le carbure dans la vapeur de soufre.

SULFATES. — Le sulfate anhydre s'obtient par déshydratation de ses hydrates vers 300°. Densité 4,225 (Krüss et Nilson). Les hydrates $Th(SO^4)^2 2H^2O$. $4 H^2O$, $4,5 H^2O$, $6 H^2O$, $8 H^2O$, $9 H^2O$ ont été étudiés par Demarçay [*C. R.*, **96**, 1859, 1883], Rozeboom [*Bull. Soc. Min.*, **24**, 105, 1890], Nilson [*D. chem. G.*, **20**, 1665, 1887], Wyrouboff [*Bull. Soc. Chim.*, (3), **25**, 105, 1901; — *Bull. Soc. Min.*, **24**, 105, 1901].

Solubilité du sulfate calculé anhydre dans 100 p. d'eau :

	$9 H^2O$			$8 H^2O$	
	Demarçay.	Wyrouboff.	Roozeboom.	Wyrouboff.	Roozeboom.
0°	0,2	»	0,7	»	1,0
11°	»	0,9	1,0	1,1	»
20°	»	»	1,4	»	»
27°	»	1,6	»	1,8	1,9
30°	2,5	»	2,0	»	»
32°	»	2,0	»	»	»
40°	»	»	3,0	»	»
44°	»	3,0	»	3.5	3.7
50°	»	»	5,3	»	»
54°	9,2	»	»	»	»
55°	»	»	6,7	»	»

Le sel à 8 ou $9 H^2O$ traité par l'eau chaude donne un précipité cotonneux complexe $[Th(SO^4)^2 2 H^2O]^3 ThOSO^4 2H^2O$. Rammelsberg [*Berl. Akad. Ber.*, 603, 1886] et Hillebrand et Melville [*Am. Chem. Journ.*, **14**, 1, 1892] ont signalé l'isomorphisme des sulfates de ThO^2 et UO^2. Voyez aussi : Krüss et Nilson [*loc. cit.*], Urbain, solubilité dans l'acétate d'ammoniaque [*Bull. Soc. Chim.*, (3), **15**, 338, 347, 1896], Danson et Williams [*Proc. Chem. Soc.*, **15**, 211, 1899], Fock [*Zeit. f. Krist.*, **32**, 250, 1900], Kraus [*ibid.*, **34**, 307, 1901]. Manuelli et Gasparinetti [*Gazz. chim. ital.*, **32**, II, 523, 1903].

Sulfate acide. — Préparé par Manuelli et Gasparinetti, Brauner et Picek [*Zeit. anorg. Chem.*, **38**, 322, 1904].

Sulfates doubles. — $K^4Th(SO^4)^4 , 2 H^2O$, étude cristallographique de Wyrouboff [*loc. cit.*];

$Pb^2Th(SO^4)^3 . 2 H^2O$, $Cs^2Th(SO^4)^3 . 2 H^2O$ (Manuell et Gasparinetti); $K^4Th(SO^4)^4$, $Na^2Th(SO^3)^3 4H^2O$, $12 H^2O$; $(AzH^4)^4 Th(SO^4)^4 . 2 H^2O$, $(AzH^4)^8 Th(SO^4)^6$. $2 H^2O$, $(AzH^4)^2 Th(SO^4)^3 . 4 H^2O$ (Rosenheim, Samter et Davidson).

SÉLÉNIURE. — Carbure de thorium chauffé dans la vapeur de sélénium (Moissan et Etard).

AZOTURE. — Le carbure fixe l'azote de l'ammoniaque en donnant un azoture ou un carbo-azoture (Moissan et Etard).

Le thorium absorbe l'azote directement. Matignon [*C. R.*, **131**, 837, 1900], Matignon et Delépine [*C. R.*, **132**, 36, 1901] ont préparé cet azoture et établi sa formule Th^3Az^4. Voyez aussi [*Ann. Chim. Phys.*, (8), **10**, 130, 1907].

AZOTATES. — On ne peut le préparer anhydre. $Th(AzO^3)^4 . 5 H^2O$ [Brauner, *Proc. Chem. Soc.*, **73**, 951], $6 H^2O$ [Fuhse, *Zeit. angew. Chem.*, **115**, 1897], $12 H^2O$ [Clève, *D. chem. G.*, **33**, 2135, 1900]. Voyez aussi : Thesen [*Chem. Zeit.*, 2254, 1895], Muthmann et Baur [*D. chem. G.*, **33**, 2028, 1900], pour la purification du nitrate industriel.

Les nitrates doubles ont été préparés par Meyer et Jacoby [*Zeit. anorg. Chem.*, **27**, 359, 1901] et Geisel [*Zeit. f. Krist.*, **35**, 608, 1902] a fait leur étude cristallographique. $KTh(AzO^3)^5 . 9 H^2O$, $K^2Th(AzO^3)^6$, $K^3H^3Th(AzO^3)^{10} 4 H^2O$, $Rb^2Th(AzO^3)^6$, $Cs^2Th(AzO^3)^6$, $NaTh(AzO^3)^5 9H^2O$, $(AzH^4)Th(AzO^3)^5$. $5 H^2O$, $(AzH^4)^2 Th(AzO^3)^6$, $MgTh(AzO^3)^6 8 H^2O$, $ZnTh(AzO^3)^6 8H^2O$, $NiTh(AzO^3)^6 . 8H^2O$, $CoTh(AzO^3)^6 8 H^2O$, $MnTh(AzO^3)^6 8 H^2O$.

Wyrouboff et Verneuil ont préparé des azotates basiques ou azotates d'oxydes condensés $24 ThO^2 4 AzO^3 H$, $20 ThO^2 8 AzO^3 H$, ainsi que l'azotate de peroxyde $Th^2O^7 . Az^2O^5$.

PHOSPHATES. — La constitution des phosphates complexes a été élucidée par Troost et Ouvrard [*C. R.*, **102**, 1422, 1886]; ils ont obtenu $4 ThO^2 . 3 P^2O^5 . K^2O$, $ThO^2 P^2O^5 K^2O$, $3 ThO^2 4 P^2O^5 6 K^2O$, $4 ThO^2 . 3 P^2O^5 . Na^2O$, $2 ThO^2 . 3 P^2O^5 . 5 Na^2O$. Volek [*Zeit. anorg. Chem.*, **6**, 161, 1894] a émis des doutes sur la composition des précipités obtenus autrefois par Berzélius et Clève [Voy. aussi Johnsson, *D. chem. G.*, 976, 1889].

$(PO^3)^4 Th$, préparé cristallisé par Troost et Ouvrard. $ThP^2O^6 , 11 H^2O$ (Kauffmann).

PHOSPHITE $Th(PO^3H^2)^4$ [Kauffmann, *Inaug. Diss. Rostock*, 1899].

HYPOPHOSPHITE $Th(PO^2H^2)^4$ (Kauffmann).

VANADATE $ThO^2 U^2O^5 6 H^2O$ [Volek, *loc. cit.*].

NIOBATE [Larssen, *Zeit. anorg. Chem.*, **12**, 188, 1896].

CHROMATE $Th(CrO^4)^2 H^2O$ [Palmer, *Am. Chem. Soc.*, **17**, 374, 1895; — Haber, Muthmann et Baur].

BORURE. — Binet du Jassoneix a préparé deux borures de thorium ThB^4 et ThB^6 en réduisant la thorine par le bore au four électrique [*C. R.*, **141**, 191, 1905].

SILICIURE. — Hönigschmidt a préparé $ThSi^2$ [*C. R.*, **142**, 157, 1906].

SILICATE [Troost et Ouvrard, *Ann. Chim. Phys.*, (6), **17**, 227, 1889].

SILICOTUNGSTATE [Wyrouboff, *Bull. Soc. Min.*, **19**, 219, 1896].

CARBURE. — Préparé d'abord par Troost [*C. R.*, **116**, 1227, 1895], puis obtenu cristallisé par Moissan et Etard [*Ann. Chim. Phys.*, (7), **12**, 427, 1897]. Sa formule est ThC^2. L'eau le décompose en acétylène (47 0/0), méthane (31), éthylène (5,9) et hydrogène (16).

CARBONATES. — Rosenheim, Samster et Davidson [*loc. cit.*] ont préparé les carbonates doubles $Na^6 Th(CO^3)^5 12 H^2O$, $K^6 Th(CO^3)^5 10 H^2O$, $(AzH^4)^2 Th(CO^3)^5 6 H^2O$, $Tl^6 Th(CO^3)^5$.

OXALATE. — Brauner a repris l'étude des propriétés de l'oxalate [*Proc. Chem. Soc.*, **191**, 68, 1897-98; — *Journ. Chem. Soc.*, **73**, 951]; il a

Zb tenu $Th(C^2O^4)^2 C^2O^4 H^2 9H^2O$ [Voy. aussi Glaser, *oeit. anal. Chem.*, **36**, 213, 1897; **37**, 25, 1898]. Oxalates doubles (Braüner et Rosenheim).

Oxalochlorure $3Th(C^2O^4)^2 ThCl^4 20H^2O$ [Wyrouboff et Verneuil, *C. R.*, **128**, 1573, 1899].

Formiate basique, $Th(OH)^2(CHO^2)^2$. — [Haber, *Mon. f. Chem.*, **18**, 687, 1897; — Behrens, *Arch. néerl.*, (2), **6**, 67, 1901].

Acétate $Th(C^2H^3O^2)^4$ [Urbain, *Bull. Soc. Chim.*, (3), **15**. 347, 1896]. — Sel basique $Th(OH)^2(C^2H^3O^2)^2 H^2O$ (Haber).

Acétylacétonate. — Fond à 171-172°, préparé par Urbain [*loc. cit.*]. [Voy. aussi Biltz, *loc. cit.*].

Tartrates $Th^2(OH)^4(C^4H^4O^6)^4 23H^2O$ (Kauffmann, Haber). — Sels doubles (Rosenheim, etc.)

Malate. — Sel basique $Th^2(C^4H^4O^5)^3(OH)^2$ (Haber). Sels doubles (Rosenheim).

Succinate. — Sel basique $Th^2(C^4H^4O^5)^3(OH)^2$ (Haber, Kauffmann, Behrens).

Citrate $[C^3H^4(OH)](CO^2)^3 Th(OH)$ (Haber).

Salicylate (Kauffmann).

Propriétés physiologiques des sels de thorium [Bokorny, *Chem. Zeit.*, **18**, 1739, 1894; — Aso, *Bull. Coll. Agric. Tokio*, 1904; — Hébert, *C. R.*, **143**, 690, 1906].

Monographie du thorium [Koppel, collection Ahrens, 6, 303, 1901].

1ᵉʳ novembre 1906.   Camille Matignon.

THOROGUMMITE (Min.) (Hidden et Mackintosh). — Thorite uranifère, $UO^3.3ThO^2.3SiO^2.6H^2O$, en masses brun-jaune foncé, parfois cristaux ressemblant à des zircons, avec fergusonite et cyrtolite, près Blaffton, comté de Llano, Texas. Très soluble dans l'acide nitrique. Après calcination devient vert foncé. Dureté $= 4$-$4,5$. Densité $= 4,43$-$4,54$.   L. Bourgeois.

THROMBOSINE. — Voyez FIBRINOGÈNE.

THUYAMENTHOL. — Voyez l'art. MENTHOLS, 2ᵉ Suppl., 6, 329.

THUYAMENTHONE. ... ez MENTHONE.

THUYÈNE, THUYOL, THUYONE ET DÉRIVÉS — Voyez TERPÉNIQUE (SÉRIE).

THYMINE. — Voyez l'art. DIAZINES, 2ᵉ Suppl., 3, p. 78.

THYMIQUE, THYMONUCLÉIQUE (AC.). — Voyez l'art. NUCLÉOPROTÉIDES, 2ᵉ Suppl., 6, 580.

THYMOCHROÏNE. — Voyez plus bas l'art. THYMOL, p. 809.

THYMOHYDROQUINONE. — (Voy. Dict., 3, 413; 1ᵉʳ Suppl., 2, 1561).

La thymohydroquinone se forme par l'action de la lumière sur une solution alcoolique de thymoquinone [Ciamician et Silber, *D. chem. G.*, **34**, 1530, 1901]. Elle se rencontre dans l'essence de fenouil amer [Tardy, *Bull. Soc. Chim.*, **27**, 994, 1902]. On l'obtient encore par réduction $(Sn + HCl$ ou $SO^2)$ de la thymoquinone-chlorimide [Andresen, *J. prakt. Chem.*, **23**, 167, 1881], par réduction (AzH^2OH) de la thymoquinone [Goldschmidt et H. Schmidt, *D. chem. G.*, **17**, 2060, 1884].

Elle fond à 139°,5 (Carstanjen), à 143° [Ciamician et Silber, *Att. d. Lincei*, (5), **10**, I, 96]. Chaleur de combustion (vol. const.) $= 1308^{Cal},1$ [Valeur, *C. R.*, **125**, 873, 1897].

La thymohydroquinone donne une coloration rouge intense avec $Na^2O^2 + 8H^2O$ dans l'alcool absolu [Alvarez, *Chem. News*, **91**, 125, 1905]. En mélangeant des solutions éthérées de quinone et de thymohydroquinone, on n'obtient que de la quinhydrone se décomposant entre 163° et 170° [Jackson et OEnslager, *Am. Chem. Journ.*, **18**, 1].

Dissoute dans PCl^3 et chauffée à l'ébullition, elle est transformée en *monothymohydroquinone-diphosphate de potassium*, qui par oxydation (MnO^4K) donne de l'acide hydroquinonedicarbonique [B. Heymann et Kœnigs, *D. chem. G.*, **20**, 2393, 1887].

L'éther diméthylique $C^{12}H^{18}O^2$ bout à 248-250°, $d_{200} = 0,998$ [Reychler, *Bull. Soc. Chim.*, (3), **7**, 33, 1892].

Dérivés halogénés. — La *6-chlorothymohydroquinone* $C^{10}H^{13}ClO^2$ se forme par l'action de l'acide chlorhydrique sur la thymoquinone et fond à 70° [Schniter, *D. chem. G.*, **20**, 1317, 1887].

La *6-bromo-thymohydroquinone* fond à 58°. La *6-chloro-3-bromo-thymohydroquinone* fond à 63°; le *dérivé 3-chloro-6-bromé* fond à 56° (Schniter).

En traitant la thymoquinone par le chlorure d'acétyle à 100° en tubes scellés, on obtient le *diacétate de chlorothymohydroquinone* fusible à 85-89°; le *diacétate de bromothymohydroquinone* fond à 91° (*dér. dibromé* f. à 120°). Avec le chlorure de benzoyle on obtient le *dibenzoate de monochlorothymohydroquinone* fusible à 116-118° et celui du *dérivé dichloré* fusible à 190-191° [Schultz, *D. chem. G.*, **15**, 311, 1882].

L'acide hydroquinone-sulfonique se forme en introduisant la thymoquinone dans une solution concentrée et chaude de sulfite de potassium [Carstanjen, *J. prakt. Chem.*, (2), **15**, 478, 1877].

Décembre 1907.   F. March.

THYMOL. — Voy. Dict., 3, 409, 1ᵉʳ Suppl., 2, 1560.

Formation. — Le thymol se forme encore par la bromuration de la menthone [Oddo, *Gazz. chim. ital.*, (2), **27**, 112, 1897; — Baeyer et Seuffert, *D. chem. G.*, **34**, 40, 1901; — Beckmann et Eickelberg, *D. chem. G.*, **29**, 420, 1896], ou par décomposition par la chaleur de la dibromomenthénone [Wallach et Steindorff, *Central Blatt*, 1903, II, 1373]. Le thymol se trouve dans l'essence d'Origanum floribundum Munby [Battandier, *J. Pharm. Chim.*, (6), **16**, 536, 1903].

On observe sa formation à partir du camphre de bucco [F. Semmler et M. Kenzie, *D. chem. G.*, **39**, 1158, 1906].

Propriétés. — Il fond à 50° [Menschutkine, *J. Soc. phys. chim. russe*, **10**, 387, 1878], à 51°,5 [Stohmann, *J. prakt. Ch.*, **34**, 320, 1886]. Etude cristallographique [Pope, *Chem. Soc.*, **75**, 455, 99]; — Dissociation électrolytique [Zoppellari, *Gazz. chim. ital.*, **35**, I, 355, 2905]; chaleur de dissolution [Timofeeff, *Centr. Bl.*, 1905, II, 436]; coefficient de capillarité [Feustet, *Ann. Phys.*, **16**, 61, 1905]. Vitesse d'éthérification [Panoff, *J. Soc. phys. chim. russe*, **35**, 93, 1903]. Cryoscopie [Garelli et Calzolari, *Gazz. chim. ital.*, **29**, II, 357, 1890]. Volume en solution benzénique [Lamsdem, *Chem. Soc.*, **91**, 24, 1907].

Dosage. — Le dosage du thymol dans les essences se fait en mélangeant un certain volume d'essence avec le même volume d'éther de pétrole, et lisant la diminution de volume de la solution quand on l'agite avec de la potasse à 5 0/0 jusqu'à disparition de la réaction de Flückiger.

La méthode iodométrique basée sur la réaction

$$C^{10}H^{14}O^4 + 4I + 2NaOH = C^{10}H^{12}I^2O + 2NaI + 2H^2O$$

est plus précise. On traite la solution alcaline par l'iode et on dose l'excès d'iode [Kremers et Schreiner, *Centr. Bl.*, 1897, II, 147; — Messinger, *J. prakt. Chem.*, (2), **61**, 247, 1900; —

Messinger et Vortmann, *D. chem. G.*, **23**, 2754, 1890. — Voyez aussi Zdarek, *Zeit. analyt. Chem.*, **41**, 227, 1902].

On peut distinguer le thymol du carvacrol, selon Baeyer [*D. chem. G.*, **23**, 647, 1895], en traitant une solution alcaline très étendue du phénol par AzO²Na, acidulant et laissant reposer. Il se forme des aiguilles brunâtres ou jaunes si l'on est en présence de carvacrol et de thymol; s'il n'y a que du thymol il se forme un précipité amorphe de nitrosothymol solide; avec le carvacrol on obtient des gouttes huileuses qui cristallisent très rapidement en aiguilles.

Le thymol donne une coloration rouge avec la vanilline et l'acide chlorhydrique [Hartwich et Winckel, *Arch. d. Pharm.*, **242**, 462, 1904], une coloration rosée avec les oxycelluloses et l'acide sulfurique [Jandrier, *C. R.*, **128**, 1407, 1899].

Combinaisons métalliques. — Le mercuriochlorure de thymol $C^{10}H^{13}OH.(HgCl)$ fond à 139°,5. Le *dimercuriodiacétate* $C^{10}H^{14}O.(HgO^2C.CH^3)^2$ fond à 215° [O. Dimroth, *D. chem. G.*, **35**, 2853, 1902]. On connaît aussi un composé $Hg(C^{10}H^{13}O)HgAzO^3$ et le composé $C^{10}H^{13}OAlCl^2$ fondant à 142-145° [Merck, Brevet all. 48539]. Sel d'ammonium [Hantzsch, *D. chem. G.*, **40**, 3798, 1907]. Par action de la potasse fondue en présence de PbO² à 210-220° le thymol reste inaltéré; à 250-260° il brûle ou se résinifie [E. Graebe et H. Krafft, *D. chem. G.*, **39**, 794, 1906].

Hydrogénation. — Voy. *Thymomenthol*, art. MENTHOLS, 2° Suppl., **6**, 328.

DÉRIVÉS HALOGÉNÉS.

6-Chloro-thymol $C^{10}H^{13}OCl$. — Ce composé se forme par action de SO^2Cl^2 sur le thymol. Il fond à 58-60° [Bocchi, *Gazz. chim. ital.*, **26**, II, 403, 1896], à 62-64° [Peratoner et Condorelli, *ibid.*, **28**, I, 214, 1898]. L'*éther méthylique* bout à 251° sous 760ᵐᵐ,2 [Peratoner et Ortoleva, *ibid.*], l'*acétate* est liquide.

Le *2.6-dichlorothymol* s'obtient en chauffant avec SO^4H^2 à 5 0/0 l'*acide dichlorothymolglycuronique* qui se trouve dans l'urine après ingestion de thymol et fond à 125-126° [Blum, *Hope Seilers J.*, **16**, 518; — Katsumaya et Hata, *D. chem. G.*, **31**, 2583, 1898].

2-Bromothymol $C^{10}H^{13}OBr$. — Il bout à 240° [Claus et Krause, *J. prakt. Chem.*, **43**, 347, 1891]; l'*éther éthylique* est liquide [Mazzara, *Gazz. chim. ital.*, **19**, 336, 1889].

6-Bromothymol. — On l'obtient à l'état de benzoate par bromuration du benzoate de thymyle [Mazzara, *Gazz. chim. ital.*, **18**, 516, 1888], ou bien par action du brome sur le thymol en solution acétique [Plancher, *ibid.*, **23**, II, 76, 1893]; le *phosphate* fond à 94-95° [Plancher].

Le *2.6-dibromothymol* bout à 180-181° sous 12 mm. [Dannenberg, *Monats.*, **24**, 67, 1903], donne un *éther méthylique* liquide et un *éther méthylénique* fondant à 151-153° [Pellacarri, *Gazz. chim. ital.*, **22**, II, 582, 1892].

Le *tribromothymol* fond à 50-51° (Dannenberg).

Le *6-iodothymol* se forme par action de l'iode sur une solution ammoniacale de thymol. Il fond à 68-69°, donne par SO^4H^2 de l'acide thymolsulfonique, et avec FeCl³ de la thymoquinone. L'*éther éthylique* fond à 52°, l'*acétate* à 71°, le *picrate* à 155° [Willgerodt et Kornblum, *J. prakt. Chem.*, (2), **39**, 290, 1889; — Kalle et Cⁱᵉ, *Central Bl.*, 1900, I, 1087].

É. Orlow [*D. chem. G.*, **38**, 1204, 1906] a de plus étudié l'action de l'iode sur une solution de thymol en présence du borax.

DÉRIVÉS NITROSÉS.

Le *6-nitrosothymol* ou *thymoquinone-oxime*, $C^{10}H^{13}O^2Az$, se forme en chauffant la thymoquinone avec de l'hydroxylamine [Goldschmidt, *D. chem. G.*, **17**, 2061, 1884], ou par action de AzO^2Na sur le thymol dissous dans l'acide chlorhydrique alcoolique [Liebermann, *D. chem. G.*, **18**, 3194, 1885; — Klages, *ibid.*, **32**, 1518, 1899].

Chaleur de combustion $= 1335^{Cal},3$ sous pression constante [Valeur, *Bull. Soc. Chim.*, (3), **19**, 516, 1898].

Le *6-nitrosothymol* ne fixe pas le chlore [Oliveri, Tortorici, *Gazz. chim. ital.*, **27**, II, 580, 1897]; il s'oxyde avec le ferricyanure de potassium en nitrothymol. Avec l'acide chlorhydrique fumant il donne de la dichlorothymoquinone et du chloraminothymol [Stuckowski, *D. chem. G.*, **19**, 2315, 1886]. Chauffé avec de la phénylhydrazine et du benzène il se transforme en aminothymol [Plancher, *Gazz. chim. ital.*, **25**, II, 385, 1895]. L'acide nitrique le transforme en nitrothymol.

Le *dérivé 2-chloré* se décompose à 152° [Kehrmann et Krüger, *Ann. Chem.*, **310**, 101, 1899-1900; — Kehrmann et Schön, *ibid.*, **310**, 106, 1899-1900]. Par chloruration du nitrosothymol dans le chloroforme, Oliveri et Tortorici ont obtenu un composé fondant à 162-163° (*dérivé acétylé* fondant à 76-77°), qui semblerait identique au précédent; il en serait de même des dérivés bromés et iodés.

Colorants dérivés du nitrosothymol [Decker et Soloninu, *D. chem. G.*, **38**, 64, 1905].

DÉRIVÉS NITRÉS.

Le *6-nitrothymol*, $C^{10}H^{13}O^3Az$, dérive par oxydation du nitrosothymol et fond à 140-142°; l'*éther éthylique* fond à 60-61° [Kehrmann et Schön; — L. Hoffmann, Brevet all. 67568; — Marquart e ... altz, Brev. all., 71159].

Le *dérivé 2-...* fond à 116° [Kehrmann et Schön].

Le *dérivé 2-bromé* fond à 109° (*éther éthylique* fondant à 67-69°) [Mazzara et Discalzo, *Gazz. chim. ital.*, **16**, 196, 1886; — Mazzara, *ibid.*, **18**, 519, 1888 et **19**, 62, 1889].

Le *2.6-dinitrothymol* $C^{10}H^{12}O^5Az^2$ se forme par action de AzO^3H sur le bromothymol [Mazzara, *Gazz. chim. ital.*, **19**, 68, 1889], ou de Az^2O^4 sur le nitrosothymol [Oliveri, Tortorici, *ibid.*, **28**, I, 308, 1898; — Schwartz, *Monats.*, **19**, 146, 1898]. L'*acétate* fond à 85° [Mazzara, *Gazz. chim. ital.*, **20**, 145, 1890]. L'*éther éthylique* est réduit partiellement par le sulfhydrate d'ammoniaque ou SnCl² en solution alcoolique L'amidonitrothymolate d'éthyle fond à 111-112° [O. Gaebel, *D. chem. G.*, **35**, 2793, 1902].

Le *2.5.6-trinitrothymol* fond à 111°; son *éther éthylique* à 75°; l'*acétate* à 135° [Maldotti, *Gazz. chim. ital.*, **30**, II, 365, 1900].

DÉRIVÉS AMINÉS.

Le *6-aminothymol* $C^{10}H^{15}OAz$ se forme encore par l'action de l'acide sulfurique saturé de SO^2 sur la carvoxime [Wallach et Schrader, *Ann. Chem.*, **279**, 369, 1894]; de l'acide sulfurique concentré sur l'oxybishydrocarvoxime [Wallach, *Ann. Chem.*, **291**, 318]; par réduction ($Sn + HCl$) de la bithymoquinone-oxime [Liebermann et Ilinski, *D. chem. G.*, **18**, 3199, 1885].

Il fond à 176-177°. Chauffé avec du chloranile et de l'acide acétique il donne une coloration rouge [Stuckowski, *D. chem. G.*, **19**, 2315, 1886]. Le *chlorhydrate* fond à 255°; l'*acétate* à 174°,5 [Plancher, *Gazz. chim. ital.*, **25**, II, 387, 1895;

— Wallach et Neumann, *D. chem. G.*, **28**, 663, 1895]. L'*éther méthylique* donne un *chlorhydrate* fondant à 250° avec décomposition et un *acétate* fondant à 139°. *Éther éthylique* [Marquart et Schultz, Brevet all. 71154— L. et E. Hoffmann].

L'*éther éthylique du chloracétylaminothymol* fond à 154°; le *dérivé bromé* correspondant fond à 145°.

Le *chloraminothymol*, obtenu par action de l'acide chlorhydrique sur le nitrosothymol, fond à 102-103° (Stuckowski). Le *2-bromo-5-aminothymol* donne un *chlorhydrate* fondant à 200-201° [Mazzara et Vighi, *Gazz. chim. ital.*, **19**, 335, 1889]. Le *6-bromo-2-aminothymol* se forme par réduction (Sn + H Cl) du bromonitrothymol [Mazzara, *Gazz. chim. ital.*, **19**, 64, 1889], ou de la bromothymoquinonoxime (Sn Cl² + H Cl) [Kehrmann, *D. chem. G.*, **22**, 3267, 1869]. Il fond à 94-95° (*dérivé triacétylé* fondant à 136-137°).

Le *nitroaminothymol* $C^{10}H^{14}O^3Az^2$, aiguilles brunes, donne un *diacétate* fondant à 157-158° [Soderi, *Gazz. chim. ital.*, **25**, II, 404, 1895].

Le *2.6-diaminothymol* fournit un *dérivé diacétylé* fondant à 260-262°, un *dérivé triacétylé* fondant à 238-240°, un *dérivé tétracétylé* fondant à 216-220° et un *dérivé pentacétylé* fondant à 184-186° [Mazzara, *Gazz. chim. ital.*, **20**, 425, 1890]. *Éther éthylique* (O. Gaebel).

ÉTHERS.

1° *Éthers-oxydes.* — Le *propylthymol* bout à 243°; le *butylthymol* bout à 258°,5 [Pinnette, *Ann. Chem.*, **243**, 48, 1887]. *Isoamylthymol*, voy. Welt [*Ann. Chim. Phys.*, (7), **6**, 141]; l'*heptylthymol* bout à 306°,7; l'*octylthymol* bout à 319°,8.

L'*éther phénylique* se forme par l'action du bromobenzène sur le thymol sodé en présence de cuivre, à 200° et bout à 176° sous 25 mm. [F. Ullmann et P. Sponagel, *Ann. Chem.*, **350**, 83, 1906]. L'*éther benzylique* bout à 221-223° sous 35 mm. et fournit avec l'acide nitrique des sels de la thymoquinone-thymolimide [B. Solonina, *Cent. Bl.*, 1907, II, 2043].

Le *méthylène-thymol* $C^{10}H^{13}O-CH^2-OC^{10}H^{13}$ fond à 36° et bout au-dessus de 360° [Arnhold, *Ann. Chem.*, **240**, 203, 1887]. Le *thymoxyacétal* $C^{10}H^{13}OCH^2CH(OC^2H^5)^2$ bout à 280-281° [Störmer, *Ann. Chem.*, **312**, 306, 1900].

Par l'action des éthers monohalogénés sur le thymol sodé, on obtient des acides tels que l'*acide thymoxyacétique* $C^{10}H^{13}OCH^2-COOH$, fondant à 145° [Lambling, *Bull. Soc. Chim.*, (3), **17**, 360, 1897]. Chauffé avec de la potasse, cet acide se transforme en acides thymoxycuminique, oxytéréphtalique et m−oxybenzoïque [Lederer, Brev. all. 80747]. L'*anilide* fond à 81°. Il se condense avec l'o-aminophénol en donnant le *μ-thymoxybiéthylbenzoxazol* fondant à 191-192° [Cohn, *J. prakt. Chem.*, **64**, 293, 1901].

L'*acide thymoxypropionique* fond à 68°,5-69° (*éther éthylique* bouillant à 267-272° sous 760 mm.) [Bischoff, *D. chem. G.*, **33**, 1273, 1900; 37, 4341, 1904]. L'*acide α-thymoxybutyrique* fond à 74-76°,5 (*éther éthylique* bouillant à 273-278° sous 773 mm.). L'*acide α-thymoxyisobutyrique* fond à 69-71°; cet acide se forme aussi par action du chloroforme, de la soude et de l'acétone sur le thymol; l'*acide α-thymoxyisoalérianique* fond à 228-229° sous 60 mm. (Bischoff).

L'*acide thymoxyfumarique* fond à 215° (*éther éthylique* bouillant à 194° sous 10 mm.) [Ruhemann, *Chem. Soc.*, **79**, 918, 1901]. L'*acide β-thymoxycinnamique* fond à 138° et se décompose en donnant du β-thymoxystyrolène

(éther éthylique $C^{21}H^{24}O^3$ bouillant à 218-219° sous 12 mm.). (Ruhemann).

Les éthers du thymol avec les acides précédents s'obtiennent par l'action du thymol sodé sur les α-bromopropionate, α-bromobutyrate, etc., de thymyle [Bischoff, *D. chem. G.*, **39**, 3840, 1906].

L'*acide p-thymoldiphénylacétique* fond à 197-198° [Geipert, *D. chem. G.*, **37**, 664, 1904].

2° *Éthers-sels.* — *Sulfate acide de thymyle* $C^{10}H^{13}OSO^3H$. — Le sel de potassium fond à 80° [Verley, *Bull. Soc. Chim.*, (3), **25**, 49, 1901].

Éthers phosphoriques. — Discalzo [*Gazz. chim. ital.*, **15**, 278, 1885] a préparé l'*acide monothymolphosphorique* $PO(OH)^2(OC^{10}H^{13})$ liquide et l'*acide dithymolphosphorique*. L'*orthophosphate de thymyle*, distillé avec CO^3K^2, donne la diméthyldiisopropyldiphénopyrone [Fosse, *Bull. Soc. Chim.*, **21**, 714, 1903].

Silicate $Si(OC^{10}H^{13})^4$. — Il fond à 47-48° et bout à 340-345° sous 69 mm. [Hertkorn, *D. chem. G.*, **18**, 1693, 1885].

Thiocarbonate $C^{10}H^{13}OCS.OC^{10}H^{13}$. — Il fond à 110° [Eckenroth et Koch, *D. chem. G.*, **27**, 3411, 1894].

L'*éthylcarbonate de thymyle* $C^{10}H^{13}OCOOC^2H^5$ bout à 145-154° sous 25 mm. [Morel, *Bull. Soc. Chim.*, **21**, 822, 1899]. Le *chloroformiate* bout à 122-124° sous 25 mm. [Barral et Morel, *ibid.*, **21**, 728, 1899]. Le *carbamate* $C^{10}H^{13}OCOAzH^2$ se forme par action du chlorure d'urée sur le thymol et fond à 133° [N. Heyden, Brevet all. 58129]. Le *pipérazine Az-dicarbonate de thymyle* fond à 139-140° [Cazeneuve et Moreau, *C. R.*, **126**, 1803]. Le *phénylcarbamate* fond à 104° [Leuckart, *J. prakt. Chem.*, **44**, 320, 1890]. Le *pipéridocarbamate* bout à 204-206° [De la Roche, *Bull. Soc. Chim.*, **27**, 453, 1902]. L'*allophanate de thymol* $AzH^2COAzHCO^2C^{10}H^{13}$ fond à 190° [Gattermann, *Ann. Chem.*, **244**, 44, 1888]. Le *cyanurate* fond à 151° [Otto, *D. chem. G.*, **20**, 2239, 1887].

Acétate de thymyle. — Préparation [Brevet all. 162863]. Chauffé avec C^6H^5COCl et du zinc en poudre, il se transforme quantitativement en *benzoate de thymyle* [Bodroux, *Bull. Soc. Chim.*, (3), **23**, 55, 1900].

Traité par le chlorure d'éthyle-magnésium en présence d'anhydride acétique, le thymol fournit un *acétate* bouillant à 242-243° [J. Houben, *D. chem. G.*, **39**, 1736, 1906].

Le *trichloracétate* bout à 110-111° sous 21 mm. [O. Anselmino, *Cent. Bl.*, 1907, I, 339].

L'*α-bromopropionate* bout à 155° sous 12 mm.; l'*α-bromobutyrate* bout à 162°; l'*α-bromoisobutyrate* à 151°; l'*α-bromoisovalérate* à 166° sous 12 mm. [Bischoff, *D. chem. G.*, **39**, 3840, 1906].

Oxalate. — Il bout à 220-240° sous 10 mm. et fond à 61° [Bischoff et Hœdenstrom, *D. chem. G.*, **35**, 3443, 4079, 1902].

Succinates. — Le *succinate neutre* fond à 63° et bout à 245° sous 20 mm. (Bischoff et Hœdenstrom). Le *succinate acide* fond à 121-122° [Schryver, *Chem. Soc.*, **75**, 664, 1899; — Wellcome, *Centr. Bl.*, 1900, II, 550].

Le *salicylate* se forme par action du salol sur le thymol [Cohn, *J. prakt. Chem.*, **61**, 544, 1900; — R. Scheuble, *Ann. Chem.*, **351**, 473, 1907].

Le *camphorate de monothymyle* fond à 89° (Schryver), à 90° (Wellcome).

Le *benzène-sulfonate* $C^{10}H^{13}OSO^2C^6H^5$ fond à 55-56° [Georgescu, *D. chem. G.*, **24**, 417, 1891].

DÉRIVÉS DIVERS.

Acide 6-thymolsulfonique. — [Voy. Weinland et Stille, *Ann. Chem.*, **328**, 140, 1903; — Gautrclet, *Bull. Soc. Chim.*, **21**, 1008, 1899]. Il fond à 91-92° [Stebbins, *Am. Journ.*, **24**. 276, 741, 1899].

p - Acétothymol $(CH^3CO)_{(1)}C^6H^2(CH^3)_{(2)}(OH)_{(4)}$ $(C^3H^7)_{(5)}$, [Eijkmann, *Chem. Weekblad*, **1**, 453, 1904; *Cent. Bl.*, 1907, II, 1209].

Thymolformaldéhyde. — [Henning, *Centr. Blatt*, 1899, I, 463].

Thymochroïne. — Ce composé

$$O < {Az[C^6H^2(CH^3)(OH)(C^3H^7)]^2 \atop Az[C^6H^2(CH^3)(OH)(C^3H^7)]^2}$$

se forme en mélangeant du nitrosothymol, du thymol et de l'acide sulfurique (*dérivé tétra-cétylé* fondant à 130°) [Brunner et Chuit, *D. chem. G.*, **21**, 252, 1888].

Désylthymol $(C^6H^5CO)(C^6H^5)CH - C^6H^2(CH^3)$ $(C^3H^7)(OH)$. — Ce composé fond à 126° et se forme par condensation du thymol avec la benzoïne en présence d'acide sulfurique à 78 0/0, à 150-170° (*dérivé acétylé* fondant à 110°) [R. Japp et Mel-drum. *Chem. Soc.*, **75**, 1038, 1899].

Déhydrothymol. — Le dérivé pentabromé du déhydrothymol

$$CH^3 - C < {CBr - C - OH \atop CBr - C - Br} > C - C < {CBr^2 \atop CH^3}$$

se forme par bromuration de la menthone [A. Baeyer et O. Seuffert, *D. chem. G.*, **34**, 40, 1901].

Acides thymonucléinique [N. Jones et R. Austrian, *Cent. Bl.*, 1907, I, 1698].

Enfin. le thymol se dissout par la chaleur dans la fénone en donnant un liquide incristalli-sable [Tardy, *Bull. Soc. Chim.*, (3), **27**, 604, 1902]; il fixe partiellement AzH^3 en l'absence d'eau [Hantzsch et Dollfus, *D. chem. G.*, **35**, 226, 1902].

Décembre 1907.   F. March et Weimann.

THYMOLACRYLIQUES (ACIDES). — Voyez COUMARIQUES (ACIDES), 2ᵉ Suppl., **2**, 1401.

THYMOQUINONE (Voyez Dict., **3**, 413 et 1ᵉʳ Suppl., **2**, 1561). — On rencontre la thymo-quinone à côté de la thymohydroquinone dans l'essence de bois de *Thuya articulata* d'Algérie [Grimal, *C. R.*, **139**, 927, 1904].

Elle se forme dans l'action du brome sur l'a-minothymol [Andresen, *J. prakt. Chem.*, (2), **23**, 172, 1881] et de l'acide sulfurique à 10 0/0 sur l'indothymol [Bayrac, *Bull. Soc. Chim.*, (3), **7**, 99, 1892], ou bien par oxydation de l'acide α-thymol-sulfonique [Stebbins, *Am. Chem. J.*, **24**, 276, 1899] et du carvacrol [Reychler, *Bull. Soc. Chim.*, (3), **7**, 32, 1892].

L'action de l'acide chlorhydrique fumant sur le nitrite de phellandrène fournit de la thymo-quinone ainsi que ses dérivés mono et dichlorés et de l'oxythymoquinone [Wallach, *Ann. Chem.*, **336**, 9. 1904].

On peut l'obtenir facilement à partir de la ni-trosothymoquinone qu'on dissout dans l'ammo-niaque à 10 0/0. On traite la solution par un courant d'H^2S, le précipité formé est dissous dans SO^4H^2 à 3 0/0 puis oxydé [Liebermann et Ilinsky, *D. chem. G.*, **18**, 3194, 1885].

PROPRIÉTÉS. — Chaleur de combustion moléc. 1273Cal,4 (vol. constant); chaleur de formation +82Cal,4 [Valeur, *C. R.*, **125**, 872, 1897].

Spectre d'absorption [A. Stewart et E. Haly, *Chem. Soc.*, **89**, 502, 618, 1906].

Sous l'action de la lumière la thymoquinone est transformée, en présence d'alcool, en thymo-hydroquinone [Ciamician et Silber, *Att. Lincei*, (5), **10**, I, 12, 1901].

Dosage. — Basé sur la réduction des quinones [Valeur, *Bull. Soc. Chim.*, **23**, 59, 1900, voyez QUINONES].

OXIME. — Voyez NITROSOTHYMOL.

DIOXIME, $C^{10}H^{14}Az^2O^2$. — Formée par l'action de l'hydroxylamine sur le nitrosothymol, elle se décompose sans fondre à 255°; les *dérivés diacétylés* α et β fondent à 110° [Kehrmann et Messinger, *D. chem. G.*, **23**, 3558, 1890; — Böhm, *ibid.*, **28**, 1547, 1895]. La thymoquinone-dioxime, obtenue à partir du nitrosocarvacrol, fond à 235°. Avec Az^2O^4 elle donne un nitrate de nitrodiazocymène $C^{10}H^{12}Az^4O^4$ [Oliveri, Torto-rici, *Gazz. chim. ital.*, **30**, I, 526, 1900; **33**, 526].

HYDRAZONES. — La *benzoylphénylhydrazone* fond à 132° [Mc. Pherson, *Am. Journ.*, **22**, 364, 1899]: la *benzoyl-(α)-naphtylhydrazone* fond à 151°,5 [Mc. Pherson et Gore, *ibid.*, **25**, 485, 1901].

Phénylsemicarbazone. — [Borsche, *Ann. Chem.*, **334**, 143, 1904].

DÉRIVÉS HALOGÉNÉS.

La *6-(α)-chlorothymoquinone* se forme par distillation de la chlorothymohydroquinone avec $FeCl^3$; c'est une huile jaune (Schniter). Obtenue à partir du dichlorothymol, elle fond à 39-40°, d'après Kehrmann et Krüger.

La *3-(β)-chlorothymoquinone* s'obtient par l'action du chlore sur une solution refroidie de la 3-bromothymoquinone dans du chloroforme [Schniter, *D. chem. G.*, **20**, 1319, 1887]. Obtenue par oxydation du dichlorocarvacrol, elle fond à 41-42° [Kehrmann et Krüger, *Ann. Chem.*, **310**, 189, 1899].

La *dichlorothymoquinone* se forme aussi, à côté du chloraminothymol, dans l'action de AzO^3H fumant sur le nitrosothymol [Suthowski, *D. chem. G.*, **19**, 2315, 1886]; elle fond à 105°.

La *6 (ou 3 ?)-bromothymoquinone* s'obtient à partir du bromaminothymol [Mazzara et Discalzo, *Gazz. chim. ital.*, **16**, 197] ou par oxydation du dibromothymol et du 6-bromo-2-aminothymol [Kehrmann, *D. chem. G.*, **22**, 3264, 1889]. Elle fond à 48°; l'*oxime* se décompose à 148-152°; le *dérivé diacétylé* fond à 83°].

La *6-bromothymoquinone*, fournie par l'oxy-dation du 3-bromo-5-aminocarvacrol ou de l'a-cide 3-bromocarvacrol-5-sulfonique, fond à 54-55° (*oxime* fusible à 148° avec décomp.) (Kehr-mann). La *3-bromothymoquinone*, obtenue à partir du bromocarvacrol, fond à 53-54° (Kehrmann et Krüger).

La *6-chloro-3-bromo-αβ-thymoquinone* $C^{10}H^{10}ClBrO^2$ se forme par distillation avec $FeCl^3$ de la 6.3-chlorobromothymohydroquinone. ou par bromuration de la 6-chlorothymoqui-none. Elle fond à 87° (Schniter). La *3-chloro-6-bromo-βα-thymoquinone*, formée par bromura-tion de la 3-chlorothymoquinone, fond à 78°.

La *dibromothymoquinone* donne avec la mé-thylamine la bis-méthylaminothymoquinone fu-sible à 203° [Böters, *D. chem. G.*, **35**, 1502, 1902].

La *6-iodothymoquinone* $C^{10}H^{11}IO^2$, fournie par l'oxydation ménagée du 2-iodothymol-6-sul-fonate de K, fond à 61°; la 2-*oxime* fond à 130° avec décomposition, le *dérivé acétylé* fond à 69-70°.

La *3-iodothymoquinone*, formée à partir du 3-iodocarvacrolsulfonate de potassium, fond à 65-66° [Kehrmann, *J. prakt Chem.*, (2), **39**. 394; — Kehrmann et Krüger]. Elle se condense avec le malonate d'éthyle sodé en donnant le bromothymoquinone-malonate d'éthyle fondant à 78°, et avec la p-toluidine avec formation de *p-toluidodibromoisopropylquinone* fusible à 195° [Hoffmann, *D. chem. G.*, **34**, 1558, 1901].

DÉRIVÉS DIVERS.

Voyez Oliveri Tortorici [*Gazz. chim. ital.*, **27**, II, 572, 1897; — Stroesco, *Centr. Bl.*, 1898, II,

271; — Kehrmann et Krüger, *Ann. Chem.*, **310**, 89, 1899; — Kehrmann et Schon, *ibid.*, **310**, 104, 1899; — Decker et Solonina, *D. chem. G.*, **35**, 3217, 1902; **36**, 2886, 1903; **38**, 64, 1904; — Zierschoff, *Bull. Soc. Min.*, **27**, 189, 1904; — Goldschmidt, *D. chem. G.*, **22**, 3106, 1889; — W. Borsche, *Ann. Chem.*, **343**, 176, 1906].

Traitée par l'hydroquinone en solution éthérée, la thymoquinone fournit le composé $C^{10}H^{18}O^4$, *thymoquinone-hydroquinone-hémiacétal*, fusible à 136-137°. Avec l'acide benzène-sulfinique elle donne l'*hydrothymoquinone-benzène-sulfone* fusible à 136° [Hinsberg, *D. chem. G.*, **28**, 1315; 1895].

BITHYMOQUINONE. — Ce composé

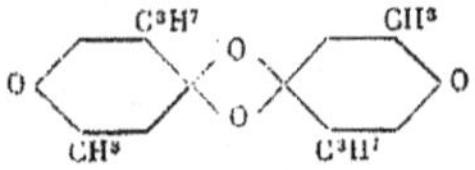

$$C^3H^7 \qquad CH^3$$
$$O \diamond \!\!\!\! \overset{O}{\underset{O}{}} \!\!\!\! \diamond O$$
$$CH^3 \qquad C^3H^7$$

se forme par action de la lumière sur une solution éthérée de thymoquinone [Liebermann, *D. chem. G.*, **10**, 2177, 1877; — Liebermann et Ilinski, *ibid.*, **18**, 3195, 1885]. Il fond à 200-201°; l'*oxime* fond à 264° avec décomposition, la *dioxime* fond vers 290° avec décomposition.

INDOTHYMOL, $OC^6H^2(CH^3 . C^3H^7)Az . C^6H^4Az(CH^3)^2$. — Le *dérivé-5* se forme par oxydation d'un mélange de thymol et de p-aminodiméthylaniline et fond à 69°,5.

Le *dérivé-2*, obtenu de même avec le carvacrol, fond à 87-88° [Bayrac, *Bull. Soc. Chim.*, (3), **7**, 97, 1892; **11**, 1135, 1894].

OXYTHYMOQUINONE. — La 3-(β)-*oxythymoquinone* $C^{10}H^{12}O^3$, obtenue par oxydation du diaminocarvacrol au moyen de $FeCl^3$ fond à 181-183° [Mazzara, *D. chem. G.*, **23**, 1392, 1890].

La 6-*oxythymoquinone* fond à 170°; la *semi-carbazone* à 212-217° [Wallach, *Ann. Ch.*, **336**, 9, 1904]. Le *dérivé chloré* fond à 122° [Ladenburg et Engelbrecht, *D. chem. G.*, **10**, 1221, 1877]; le *dérivé aminé* $C^{10}H^{13}AzO^3$ fond à 190° [Kowalski, *D. chem. G.*, **25**, 1661, 1892].

DIOXYTHYMOQUINONE. — Le dioxythymoquinone se forme encore par ébullition avec de la potasse de l'oxythymoquinone ou de son dérivé chloré (Ladenburg et Engelbrecht) ou bien en traitant par l'alcool et l'acide sulfurique la 3.6-bis-méthylaminothymoquinone [Zincke, *D. chem. G.*, **14**, 95, 1881]. Elle fond à 213° (Zincke), à 220° (Ladenburg). Le *diacétate* fond à 81°, le *dibenzoate* à 103°.

La 6-*diméthylaminothymoquinone* $C^{12}H^{17}AzO^2$ est une huile épaisse [Schultz, *D. chem. G.*, **16**, 900, 1883].

La *diaminothymoquinone* $C^{10}H^{14}Az^2O^2$ se forme en chauffant avec de l'ammoniaque alcoolique à 100° en tubes scellés l'anilinooxythymoquinone [Anschütz et Leather, *Ann. Chem.*, **237**, 115, 1886]. Décembre 1907.   F. March.

THYRÉO-IODOGLOBULINE. — Voyez IODALBUMINES.

THYROÏDE (GLANDE). — Oidtmann a trouvé dans la glande thyroïde d'une vieille femme (pour 1000 p.) : eau 822,4; matières organiques 176,6; sels minéraux 0,9; et chez un enfant de 15 jours : eau 772,1; matières organiques 223,4; matières minérales 4,5. Parmi ces matières organiques figurent des matières protéiques (voyez plus loin), de la leucine, de la xanthine, de l'hypoxanthine, les acides lactique et succinique.

Parmi les matières protéiques figure la *thyréo-iodoglobuline* et un *nucléoprotéide*, tous deux solubles dans la solution physiologique de sel marin, et précipités, le premier lorsqu'on ajoute à cet extrait un égal volume d'une solution saturée de sulfate d'ammonium, et le second lorsqu'on sature du même sel le filtrat séparé de ce premier précipité. Cette thyréo-iodoglobuline est la substance mère de l'iodothyrine de Baumann (voy. au mot IODALBUMINES); c'est elle qui contient tout l'iode de la glande (soit de 0gr,075 à 0gr,130 pour 100 gr. d'organe frais). Oswald et d'autres physiologistes la considèrent comme la substance active de la glande.

La glande thyroïde paraît, en effet, intervenir puissamment dans l'ensemble des échanges nutritifs par un mécanisme encore mal connu. Les chirurgiens ont constaté que l'extirpation *totale* de la glande thyroïde chez l'homme entraîne toujours des accidents graves, une cachexie spéciale (cachexie strumiprive) et la mort. Chez les animaux on observe les mêmes accidents, un peu différents selon que l'extirpation a porté seulement sur la thyroïde (thyroïdectomie) ou à la fois sur la thyroïde et les glandules parathyroïdes (Gley) (thyroparathyroïdectomie).

Ces accidents peuvent être arrêtés : 1° en transplantant sous la peau de l'animal une glande thyroïde d'un animal de même espèce (à condition que la glande transplantée se vascularise); 2° en ajoutant à la ration de l'animal une quantité suffisante de glande; 3° en lui faisant ingérer de l'iodothyrine ou de la thyréo-iodoglobuline. Ajoutons que l'ingestion de glande thyroïde produit chez les animaux thyroïdectomisés ou normaux une exagération de l'excrétion de l'azote, c'est-à-dire une sorte de fonte toxique des albumines de l'organisme et à la longue un amaigrissement considérable.

En ce qui concerne le *mécanisme de la fonction thyroïdienne*, il semble bien que l'appareil thyroïdien agit comme une glande à sécrétion interne, dont les produits exercent leur action spéciale après qu'ils ont été déversés dans le sang. Cette action paraît être double, puisqu'on voit les extraits thyroïdiens agir efficacement contre les deux sortes d'accidents produits par la suppression chirurgicale ou pathologique de la fonction thyroïdienne, à savoir les phénomènes d'intoxication (intoxication du système nerveux central avec convulsions, toxicité du sang et des urines, lésions toxiques du foie et du rein), et les phénomènes d'ordre nutritif (abaissement des échanges azotés, altérations de la peau, du squelette, etc.). Les extraits thyroïdiens paraissent donc contenir des substances antitoxiques et des substances régulatrices de la nutrition. La thyréo-iodoglobuline (avec l'iodothyrine qui en dérive) est une de ces substances, mais sans doute elle n'est pas la seule, car elle ne supprime pas, comme le font les extraits thyroïdiens, les accidents convulsifs des animaux thyroparathyroïdectomisés. On ne sait pas non plus le mécanisme de son action sur la nutrition et on ignore si elle possède une action antitoxique (pour plus de détails, voy. M. Duval et Gley, *Physiologie*, Paris, 616, 1907).

La glande thyroïde contient aussi de l'arsenic (0mgr,75 pour 100 gr. de glande fraîche), qui s'élimine chez l'homme par les productions épidermiques et chez la femme par le sang menstruel [A. Gautier, *C. R.*, **134**, 361].

    E. Lambling.

THYRO-IODINE. — Voyez IODALBUMINES.

TICONINE. — Voyez l'art. NICOTINE.

TIFFANYITE (Min.) (Kunz). — Nom proposé pour les hydrocarbures existant dans le diamant à l'état d'inclusions, et d'où proviendraient la phosphorescence et la fluorescence de ce minéral.   L. Bourgeois.

TIGLICÉRIQUE (ACIDE). — Oxyacide $C^5H^8(OH)^2O^2$ formé par l'oxydation de l'acide tiglique par le permanganate de potassium [Fittig et Penschuck, *Ann. Chem.*, **283**, 109]. Il se présente en tables clinorhombiques, solubles dans l'eau, l'alcool, l'acétone, fusibles à 88°, dont tous les sels sont très solubles et incristallisables. A. Hébert.

TIGLIQUE (ACIDE). — Voy. Dict., 3, 415; 1er Supp., p. 1017.

On a préparé dans ces dernières années un certain nombre de dérivés de l'acide tiglique. Beilstein et Wiegand [*D. chem. G.*, 17, 2261, 1883] ont préparé son *éther éthylique* $C^5H^7O^2$. C^2H^5 de densité 0.9425, bouillant à 152° et ont constaté que ses produits d'oxydation sont les mêmes que ceux de l'acide angélique. Mélikoff [*Soc. chim. russe*, séance 3-15 avril 1886; *Journ. Soc. phys. chim. russe*, 32, 368, 1900] traitant l'acide tiglique par l'acide hypochloreux, ont obtenu un mélange de deux acides chloroxyvalérianiques. Wislicenus [*Ann. Chem.*, **272**, 1] a obtenu le *dibromure d'acide tiglique* en ajoutant le brome à l'acide angélique ou en ajoutant une solution sulfocarbonique d'acide angélique au brome au-dessus de 25°; le dibromure obtenu fond à 86°,5-87°. Fittig a préparé [*Ann. Chem.*, **283**, 47] le *tiglate de calcium*, moins soluble dans l'eau et plus soluble dans l'alcool que l'angélate correspondant, ce qui peut servir à opérer leur séparation. L'acide angélique bouilli avec la soude se transforme partiellement en acide tiglique. L'oxydation de l'acide tiglique par le permanganate fournit l'*acide tiglicérique* (voy. ce mot). Wahl, en faisant réagir [*C. R.*, **132**, 693, 1901; *Bull. Soc. Chim.*, (3), **25**, 805, 1901] l'acide nitrique fumant sur le tiglate d'éthyle, a obtenu un liquide lourd, mal défini, décomposable par distillation, qui, par réduction, donne du tiglate d'éthyle et de l'ammoniaque.

Blaise, cherchant à opérer la synthèse des acides α-β-diméthylglutariques stéréoisomériques [*Bull. Soc. Chim.*, (3), 27, 1190, 1902; 29, 330, 1903] a cherché à condenser le cyanacétate d'éthyle sodé, d'une part avec le tiglate d'éthyle, d'autre part avec l'angélate d'éthyle. La première de ces réactions a seule pu être effectuée en donnant naissance à l'un des isomères.

L'acide tiglique prend naissance en même temps que l'acide angélique par action de la potasse alcoolique sur la cévadine [Freund et Schwarz, *D. chem. G.*, 32, 800, 1899], et se forme seul en isomérisant l'acide éthylacrylique par l'acide sulfurique a 50 0/0 [Seménof, *Journ. Soc. phys. chim. russe*, 31, 115, 1899; — Blaise et Luttringer, *Bull. Soc. Chim.*, (3), **34**, 959, 1904] ou en traitant la jalapine, glucoside du jalap, par la baryte hydratée [Kromer, *Arch. Pharm.*, 239, 373, 1901].

La marche des éthers, calculés en tiglate de géranyle, a été suivie dans le géranium par Charabot [*Bull. Soc. Chim.*, (3), **23**, 924, 1900] et le mécanisme de leur éthérification a été étudié par Charabot et Hébert [*Bull. Soc. Chim.*, (3), **25**, 956, 1901]. Octobre 1907. A. Hébert.

TIGLIQUE (ALDÉHYDE). — L'aldéhyde tiglique C^5H^8O se forme par action de l'acétate de sodium sur les aldéhydes acétique et propionique en tube scellé [Lieben et Zeisel, *Mon. f. Chem.*, 7, 53, 1886]. Il y a formation intermédiaire d'un aldol [Charon, *Ann. Chim. Phys.*, décembre 1899]. L'aldéhyde tiglique est un liquide incolore, d'odeur pénétrante, bouillant à 115°,8 sous 738mm,9 de pression, soluble dans l'eau, se combinant avec la phénylhydrazine et le bisulfite de sodium. Elle donne avec le brome une aldéhyde dibromovalérique $C^5H^8Br^2O$, et par réduction, de l'aldéhyde valérique, de l'alcool amylique et un alcool non saturé $C^5H^{10}O$, *alcool α-β-diméthylallylique* ou *alcool tiglique*. Soumise à l'action prolongée de l'oxygène, l'aldéhyde tiglique se transforme en acides tiglique, acétique, formique, carbonique et en acides non volatils avec la vapeur d'eau.

Hayman a obtenu [*Mon. f. Chem.*, 9, 1055] par action de l'acide sulfureux à froid sur l'aldéhyde tiglique (α-β-diméthyl-acroléine) un mélange d'acide aldéhyde-amylique-sulfonique et d'acide oxypentanedisulfonique: en opérant à 65°, il se forme seulement le premier de ces acides.

Dautwitz a constaté que l'aldéhyde tiglique se condensait avec l'acétone en formant une cétone non saturée $CH^3.CH.C(CH^3).CH=CH.CO.CH^3$ [*Monatsch*, 27, 773, 1906]. Octobre 1907. A. Hébert.

TILASITE (Min.) (Sjögren). — Fluarséniate calcico-magnésien, AsO^4MgCaF, voisin de l'adélite, appartenant sans doute à la famille de la wagnérite. Masses granulaires à structure cristalline, éclat résineux, couleur grise, trouvées avec berzéliite et calcite dans des calcaires dolomitiques à Långban, Suède. Densité = 3,28. Probablement anorthique, clivable suivant quatre directions, dont l'une plus facile. L. Bourgeois.

TILIADINE. — Par des traitements successifs à l'éther et à la potasse, Braeutigam a extrait [*Arch. Pharm.*, **238**, 555, 1900] de l'écorce de tilleul une substance cristallisée qu'il a appelée tiliadine, de formule $C^{21}H^{32}O^2$, fusible à 228-229°, non glucosidique, et dont on n'a pu encore déterminer la constitution. Octobre 1907. A. Hébert.

TIMBOÏNE. — Substance extraite par Pfaff [*Arch. Pharm.*, (3), 29, 31] du timbo, mélange de *Paullinia pinnata* et de *Tephrosia toxicaria* employé au Brésil pour empoisonner les cours d'eau.

La *timboïne* se présente en grains jaunâtres, confusément cristallins, de formule $C^{27}H^{26}O^8$, fondant vers 83° en se décomposant, solubles dans la plupart des solvants organiques qui peuvent servir à l'extraction directe de ce produit. Chauffée avec de l'alcool et un peu d'acide sulfurique ou chlorhydrique, elle se transforme en *anhydrotimboïne* $C^{27}H^{24}O^7 + \frac{1}{2}H^2O$ qui existe aussi toute formée dans le végétal et peut en être séparée par l'action des solvants. Ce nouveau corps cristallise en fines aiguilles jaunes, fondant à 215-216°. Elle donne le brome un dérivé bromé fusible à 259°,5-260°.

Le même auteur a extrait des mêmes plantes un produit huileux, le *timbol*, volatil avec la vapeur d'eau, soluble dans tous les solvants, excepté dans l'eau et de composition $C^{10}H^{26}O$.

Tous ces produits sont extrêmement toxiques pour les poissons, même à des doses extrêmement faibles (1/1 000 000).

D'après Sillevoldt [*Arch. Pharm.*, 237, 595, 1899], la timboïne serait un homologue supérieur de la derrine. Octobre 1907. A. Hébert.

TIMBOL. — Voy. TIMBOÏNE.

TITANE, Ti = 48,1. — Voyez Dict., **3**, 415; Suppl., 1563. — *État naturel.* — La présence du titane a été signalée dans de nombreux composés, entre autres dans les cendres volcaniques de la montagne Pelée (0,68 0/0 d'oxyde de titane) [Griffiths, *Chem. News*, **88**, 231, 1903; *Bull. Soc. Chim.*, (3), **32**, 444, 1904]; dans les minerais de fer [Vogt, *Chem. Centr. Blatt*, 818, 1900; 473, 536, 1290, 1901; 829, 1902]; dans les cendres des diamants [H. Moissan, *C. R.*,

116, 460, 1893 ; *Le four électrique*, 130, 1897] ; dans certaines terres végétales [F.-P. Dunnington, *Chem. News*, 65, 66, 1891 ; 76, 221, 1898] ; il existe à l'état gazeux dans l'atmosphère solaire [Thalen, *Ann. Chim. Phys.*, (4), 18, 202, 1869 ; Cornu, *C. R.*, 86, 101 et 983, 1877] ; il en existerait dans presque toutes les plantes [E. Wait, *J. Am. Chem. Soc.*, 18, 402, 1896 ; *Bull. Soc. Chim.*, (3), 16. 1407, 1896] ; dans les résidus de la fabrication du sucre [Lippmann, *D. chem. G.*, 30, 3037-39, 1897] ; dans les os et la chair de bœuf ; dans les os et la chair humaine [Baskerville, *J. Am. Chem. Soc.*, 20, 1099, 1900] ; il existerait également à l'état d'acide titanique non dissocié dans toutes les eaux minérales riches en acide carbonique [Auerbach, *Zeit. phys. Chem.*, 49, 217, 1904 ; *Bull. Soc. Chim.*, (3), 36, 56, 1906].

Préparation. — La réduction de l'anhydride titanique par le magnésium ou l'aluminium ne donne pas plus que les procédés décrits antérieurement de titane fondu.

Le magnésium, même en excès, ne réduit pas complètement l'acide titanique [Winckler, *D. chem. G.*, 23, 2660, 1890] ; l'aluminothermie ne donne pas non plus de titane pur [Stavenhagen et Schuchard, *D. chem. G.*, 35, 909 et 911, 1902 ; *Bull. Soc. Chim.*, (3), 28, 518, 1902].

La réduction totale de l'acide titanique ne peut s'effectuer par le charbon qu'au four électrique ; on obtient un produit fondu absolument exempt d'oxygène, de sodium, d'azote, d'aluminium, de silicium et ne contenant qu'une petite quantité de carbone [H. Moissan, *C. R.*, 120, 290, 1895 ; *Ann. Chim. Phys.*, (7), 9, 229, 1896]. La préparation est assez difficile. Si le mélange est soumis à un courant de 100 amp. et de 60 volts il ne se forme qu'un sous-oxyde fondu ; si le courant a 300 à 350 amp. avec le même voltage, c'est l'azoture Ti^2Az^2 qu'on obtient ; il faut opérer avec un courant de 1000 à 1200 amp. sous 60 volts ; pour un mélange de 300 à 400 gr. l'opération dure 12 min. et le rendement est de 200 gr. La masse fondue est formée par une fonte de titane plus ou moins carburée recouverte d'une couche jaune d'oxyde ; si la chauffe est insuffisante, le produit est mélangé d'azoture

Du rutile convenablement choisi peut remplacer l'acide titanique ; et suivant les conditions dans lesquelles la réduction s'est effectuée, la fonte de titane est plus ou moins riche en carbone:

Le tableau suivant résume ces conditions :

	Ampères.	Volts.	Temps de chauffe.	Carbone.	Cendres.
				0/0	0/0
Rutile + charbon...	1000	70	15ᵐ	15,3	3,3
Idem.	1200	70	12ᵐ	11,2	2,0
Idem.	1000	60	12ᵐ	8,2	2,4
TiO² + charbon ...	1100	70	10ᵐ	7,7	4,5
Carbure de titane + oxyde.........	2000	60	9ᵐ	4,8	2,1

Quand la fonte est mélangée de nouveau avec de l'anhydride titanique, et qu'on opère dans les mêmes conditions et rapidement, le titane obtenu ne contient ni azote, ni silicium, et seulement 2 0/0 de carbone (H. Moissan).

Propriétés. — Le titane fondu possède une cassure d'un blanc brillant ; il raye facilement le quartz et l'acier, et ne peut être réduit en poudre qu'au mortier d'Abich puis au mortier d'agate.

Sa densité est de 4,87 (H. Moissan).

Sa chaleur spécifique a été déterminée par Nilson et Petterson [*Zeit. phys. Chem.*, 1, 27, 1887] ; elle est de :

de 0° à 100°................	0,1125
— 0° à 211°................	0,1280
— 0° à 301°,5..............	0,1485
— 0° à 440°................	0,1620

Le titane ne possède pas de pouvoir émanant radioactif [E. Rutherford et Soddy, *Zeit. phys. Chem.*, 42, 81 et 174, 1902 ; *Bull. Soc. Chim.*, (3), 32, 4, 1904].

Le spectre du titane a été étudié par Thalen et Cornu [*loc. cit.*], par Angström [*Index des spectres de Marshall*], par Capron [*Photogr. spectr.*, London, 47, 1877 ; *Smithsonian Miscellaneous collections*, 346, 1888], par Troost et Hautefeuille [*C. R.*, 73, 620, 1871], par Williams [*Smithsonian Miscellaneous collect.*, 346, 1888], par Exner et Kaschek [*Wiener Anzeiger*, 13, 19, 1898], par Frost [*Smithsonian Miscellaneous collect.*, 363, 1902] ; par B. Hasselberg [*Acad. Sc. Suède*, 28, n° 1, 1895], par W.-I. Humphreys [*ibid.*], par Fowler [*Proc. Roy. Soc.*, 73, 219, 1904], par Lieveing et J. Dewar [*Ann. Chim. Phys.*, (5), 25, 190, 1882].

Le titane est volatil au four électrique ; 300 gr. de titane chauffés pendant 7 min. avec un courant de 1000 ampères et 55 volts ont donné, dès la cinquième minute, des vapeurs abondantes provoquant la distillation de 100 gr. de ce corps simple [H. Moissan, *C. R.*, 142, 675, 1906].

Le titane à 2 0/0 de carbone est attaqué à + 350° par le chlore avec formation de tétrachlorure ; à + 360° par le brome, et au-dessus de cette température par l'iode ; dans l'oxygène, la combinaison se fait avec incandescence à + 610°, dans la vapeur de soufre elle ne s'effectue qu'à la température du ramollissement du verre ; il brûle dans un courant d'azote à 800°, et dans la vapeur de phosphore à 1000° ; le carbone donne au four électrique un carbure défini, l'excès se dépose sous forme de graphite ; le silicium et le bore donnent au four électrique des siliciures et des borures.

Le titane donne des alliages avec : le fer, le plomb, le cuivre, l'étain, le chrome [H. Moissan], le cobalt, le tungstène, le molybdène [Stavenhagen et E. Suchard, *D. chem. G.*, 32, 1513 et 3064, 1799 ; 35, 709, 1902].

L'acide chlorhydrique concentré et bouillant le dissout en formant une solution violette ; l'acide azotique et l'eau régale donnent de l'acide titanique ; l'acide sulfurique étendu provoque un dégagement d'hydrogène ; concentré, le résultat gazeux de l'action est de l'anhydride sulfureux ; le mélange acide azotique, acide fluorhydrique provoque une rapide et complète dissolution de ce corps simple ; l'eau est décomposée vers 800° ; les carbonates alcalins, l'azotate, le chlorate de potassium attaquent le titane vers leur point de fusion (H. Moissan).

Quand le titane est amorphe il absorbe de grandes quantités d'hydrogène ; il ne décompose pas l'eau à 100° ; l'alumine et la silice ne sont pas réduites [Schneider, *Zeit. anorg. Chem.*, 8, 81 à 97, 1895].

Poids atomique et valence. — Les déterminations effectuées par L. Meyer et Seubert [*Die Atomgewichte der Elements*, Leipzig, 1883 ; *Pharmaceutische Rundschau von Hauffmann*, New-York, 9 avril 1891] donnent Ti = 48,00 (H = 1, O = 15,93), par Ostwald [*Lehrbuch der Algemeinen Chemie*, 30, 125, 1891), Ti = 48,16 (O = 16) ; par F.-W. Clarke [*Pharm. Rundsch.*

von *Hauffmann*, New-York. 9 avril 1891], Ti = 47,88 (H = 1; O = 15,96).

Le nombre 48,1 est adopté comme poids atomique du titane par la commission internationale.

Le titane se classe parmi les corps tétravalents; il se place auprès du carbone par sa valence. mais se rapproche du silicium par la nature de ses principales combinaisons.

FLUORURES DE TITANE. — SESQUIFLUORURE, Ti^2F^6. — Outre les procédés indiqués par R. Weber [*Ann. Chim. Phys. Pogg.*, **120**, 291, 1863], et par Hautefeuille [*C.R.*, **57**, 418, 1863 et **59**, 188, 1864], on l'obtient encore en solution aqueuse en réduisant par le zinc et l'acide chlorhydrique, ou par l'amalgame de sodium, le fluotitanate de potassium dissous [O.-V. der Pfordten, *Ann. Chem. Pharm.*, **237**, 225, 1887].

Acide trifluotitanique $Ti^2F^6, 2HF$. — L'acide n'a pas été isolé, mais un certain nombre de sels sont connus [Piccini, *C. R.*, **97**, 1064, 1883; — O.-V. der Pfordten].

TÉTRAFLUORURE DE TITANE TiF^4. — Unverdorben, Marignac [*Ann. Min.*, (5), **15**, 258, 1859], Eurich [*Mon. f. Chem.*, **25**, 907, 1904], Moissan [*C. R.*, **120**, 290, 1895] signalent différents modes de préparation; Ruff et Ipsen [*D. chem. G.*, **36**, 1777, 1903: *Bull. Soc. Chim.*, **32**, 612, 1904] l'isolent en faisant agir l'acide fluorhydrique sur le tétrachlorure de titane.

L'opération s'effectue dans un creuset de platine dont le couvercle en plomb est formé de deux tubulures; si la température est maintenue voisine de 120° le fluorure reste au fond du creuset.

C'est alors une masse blanche transparente, dure, sublimable vers 400°; sa densité à 20° est 2.798: il bout à 280°; sa densité de vapeur est de 128,8-129°,7; il est hygroscopique, soluble dans l'eau en donnant un hydrate, dans l'alcool absolu. insoluble dans l'éther. Il est réduit en trifluorure par le silicium et le cuivre: il est réduit à l'état de titane amorphe par le sodium, le magnésium, l'aluminium, ainsi que par le bore: l'hydrogène sulfuré donne naissance à du sulfure de titane avec formation d'acide fluorhydrique; l'ammoniac s'y combine directement; l'acide sulfurique le décompose totalement, le résidu formé est de l'anhydride titanique [Ruff et Ipsen: — Ruff et Plato, *D. chem, G.*, **37**, 675, 1903; *Bull. Soc. Chim.*, **32**, 763, 1904].

$TiF^4.2H^2O$. — Il s'obtient en évaporant la solution aqueuse du trifluorure (Ruff et Ipsen).

Acide fluotitanique $TiF^4, 2HF$. — La dissolution d'acide titanique ou de tétrafluorure dans l'acide fluorhydrique est considérée comme une solution d'acide fluotitanique qui, d'après Kowalewsky [*Zeit. anorg. Chem.*, **25**, 189 à 195, 1900] serait moins stable que l'acide fluosilicique.

CHLORURES DE TITANE. — SESQUICHLORURE DE TITANE, Ti^2Cl^6. — Knecht [*D. chem. G.*, **36**, 166, 1903; *Bull. Soc. Chim.*, (3), **30**, 676, 1903] le prépare par voie humide en traitant une solution très chlorhydrique de tétrachlorure de titane par l'étain en grenailles; la solution. débarrassée de l'étain par l'hydrogène sulfuré, est concentrée dans le vide et laisse déposer de belles aiguilles violettes.

Propriétés. — Préparé de cette façon, le sesquichlorure est formé de belles aiguilles violettes déliquescentes qui fument à l'air.

Sesquichlorure hydraté. $Ti^2Cl^6, 8H^2O$. — Il s'obtient en traitant une solution à 30 0/0 de tétrachlorure par un courant électrique; le liquide violet intense obtenu est traité par un courant de gaz chlorhydrique sec en refroidissant fortement; le précipité cristallin qui en résulte est séché sur de la chaux.

C'est un sel violet, très soluble dans l'eau, presque déliquescent, qui s'oxyde à l'air [Polidori, *Zeit. anorg. Chem.*, **19**, 306, 1899; — Stähler, *D. chem. G.*, **37**, 4405, 1904; *Bull. Soc. Chim.*, (3), **34**, 325, 1905].

TÉTRACHLORURE DE TITANE, $TiCl^4$. — Il peut s'obtenir en calcinant l'acide titanique dans un courant de chloroforme; il se forme en même temps du titane, du bichlorure et du sesquichlorure de titane [Renz, *D. chem. G.*, **39**, 246, 1906; *Bull. Soc. Chim.*, (3), **36**, 1034, 1906].

Préparation. — On l'obtient avec grande facilité en faisant passer un courant de chlore sec sur le titane ou le carbure [H. Moissan, *C. R.*, **120**, 290, 1895]; sa purification peut se faire en le rectifiant sur de l'amalgame de sodium [O.-V. der Pforten, *Ann. Chem.*, **237**, 202, 1887; — R. Wagner, *D. chem. G.*, **21**, 960, 1888; *Bull. Soc. Chim.*. (2), **50**, 277, 1888]. Voir Stähler [*D. chem. G.*, **37**, 2619. 1905; *Bull. Soc. Chim.*, (3), **36**, 172, 1906] et Vigouroux [*Bull. Soc. Chim.*, (3), **37**, 1907].

Propriétés. — Le tétrachlorure de titane est un liquide qui bout à 135° sous la pression de 763 mm. [Dumas, *Ann. Chim. Phys.*, (2), **33**, 388, 1826], à 136° sous pression de 762 mm. [Isidore Pierre. *Ann. Chim. Phys.*, (3), **20**, 21, 1847], à 135° [Duppa, *C. R.*, **42**, 353, 1856; — Gutawson, *Ann. Chim. Phys.*, (5), **2**, 200, 1874], à 136°,41 [Thorpe, *Landolt Tabellen*, 157. 1894], à 134°,8 sous la pression de 735 mm. (Emich); il se solidifie à —23° [Emich, *Mon. f. Chem.*, **25**, 907, 1904]; sa densité à 0° est 1,7604 (Thorpe), de 1,761 (I. Pierre); sa chaleur spécifique 13 à 98° est de 0,11990 [Regnault, *Ann. Chim. Phys.*, (3), **1**, 129, 1841]; son spectre a été étudié par Becquerel [*C. R.*, **85**, 1227, 1877] ainsi que sa rotation magnétique, son magnétisme spécifique et ses indices de réfraction [Becquerel, *Ann. Chim. Phys.*, (5), **12**, 35, 41, 82, 1877].

Traité par l'acide chlorhydrique concentré il forme un acide complexe $TiCl^6H^2$ [Kowalewsky, *Zeit. anorg. Chem.*, **25**, 189 à 195, 1900]; il s'établit entre l'eau et le tétrachlorure de titane des équilibres étudiés par Kowalewsky.

L'hydrogène sulfuré gazeux donne, suivant les conditions expérimentales, soit du trichlorure. soit du chlorosulfure, soit du bisulfure [O.-W. der Pforten, *loc. cit.*]. L'ammoniac gazeux donne $TiCl^4.6AzH^3$ qui se décompose à l'air en $TiCl^4, 4AzH^3$ (Rosenheim et Schütte); l'ammoniac liquéfié donne naissance à un produit amorphe $Ti(AzH^2)^4$, le *tétramidure* [Blix et Wirbelauer, *D. chem. G.*, **36**, 4220, 1903; *Bull. Soc. Chim.*, (3), **32**, 1004, 1904]. Voir également A. Stähler [*D. chem. G.*, **38**, 2619 à 2629, 1905; *Bull. Soc. Chim.*, (3), **36**, 172, 1906].

Pour les combinaisons du tétrachlorure de titane, voyez Dict., **3**, 417 et Suppl., 1563.

Acide chlorotitanique $TiCl^6H^2$. — Cet acide existe vraisemblablement dans la solution de tétrachlorure de titane dans l'acide chlorhydrique concentré (Kowalewsky); de même quand on traite l'acide titanique par l'acide chlorhydrique alcoolisé ou éthéré, on obtient une liqueur jaunâtre qui le contient [Rosenheim et Schütte, *Zeit. anorg. Chem.*, **26**, 239, 1901].

BROMURES DE TITANE. — SESQUIBROMURE HYDRATÉ $Ti^2Br^6, 6H^2O$. — Ce composé s'obtient en électrolysant une solution obtenue en dissolvant le tétrabromure de titane dans de l'acide bromhydrique à 20 0/0; c'est une bouillie cristalline violette [Stähler, *D. chem. G.*, **37**, 4405, 1904; *Bull. Soc. Chim.*, (3), **34**, 325, 1905].

ACIDE BROMOTITANIQUE, $TiBr^6H^2$. — Ce composé n'a été obtenu qu'à l'état de solution en faisant passer un courant de gaz bromhydrique dans une dissolution de tétrabromure de titane dans l'alcool ou l'éther. Sa solution est rouge vif [Rosenheim et Schütte, *loc. cit.*].

IODURES DE TITANE. — SESQUIODURE HYDRATÉ, $Ti^2I^6, 6H^2O$. — Il se prépare par le même procédé que le bromure correspondant, c'est un sel violet extrêmement altérable [Stähler, *loc. cit.*].

Acide iodotitanique. — On l'obtient par le même procédé que le composé bromé correspondant [Rosenheim et Schütte, *loc. cit.*].

OXYDES DE TITANE (Dict., (3), (S. Z.), 419 et 1er Suppl. (G. Z,), 1564).

ANHYDRIDE TITANIQUE AMORPHE. — *Propriétés.* — L'anhydride titanique amorphe est fusible vers 2000°; il est volatil au four électrique; chauffé dans cet appareil avec un courant de 50 volts et 25 ampères, il se transforme en un composé cristallisé qui possède les propriétés correspondant au protoxyde [H. Moissan, *C. R.*, 115, 1034, 1892].

Sa chaleur spécifique varie avec la température :

0° à 100°....................	0,1785
0° à 211°....................	0,1791
0° à 301°....................	0,1843
0° à 440°....................	0,1919

[Nilson et Petterson, *Zeit. phys. Chem.*, 1, 27, 1887].

Le carbone réduit l'anhydride titanique au four électrique pour donner de la fonte, du carbure ou du métal (H. Moissan). L'anhydride titanique fournit, au feu de réduction, avec le sel de phosphore, une perle bleue; il produit avec l'eau oxygénée en présence d'acide sulfurique une coloration jaune, et avec une solution sulfurique de morphine une coloration rouge intense; cette dernière réaction est très sensible [L. Lévy, *C. R.*, 108, 294, 1889].

Titanate de baryum $2BaO^2, 3TiO^2$. — Ce composé se prépare par l'action à haute température de l'acide titanique sur le carbonate de baryum en présence d'un excès de chlorure de baryum. Ce sont des cubes ou des cubooctaèdres jaunâtres d'une densité de 5,91 [Bourgeois, *Bull. Soc. Chim.*, (2), 46, 262, 1886].

Titanate de strontium $2SrO, 3TiO^2$. — Il s'obtient comme le sel correspondant de baryum et de calcium [Bourgeois, *loc. cit.*]. Ce sont de petits cubes de couleur jaune grisâtre, d'une densité de 5,1.

Oxyhydrure de titane Ti^3O^4H. — Cette combinaison a été étudiée par Winckler [*D. chem. G.*, 23, 2660, 1890]. On chauffe dans un courant d'hydrogène un mélange d'une molécule d'anhydride titanique avec 4 atomes de magnésium; la réaction est très vive.

C'est un corps noir peu attaquable par les acides. Chauffé au contact de l'air, il brûle avec éclat en donnant de l'anhydride titanique.

PEROXYDE DE TITANE TiO^3. — Ce composé se forme quand de l'eau oxygénée est en contact avec l'acide titanique ou une solution de cet acide [Schönn, *Zeit. anal. Chem.*, 9, 41, 1870; — Piccini, *Gazz. chim. ital.*, 12, 151, 1882; 13, 57, 1883; *Bull. Soc. Chim.*, (2), 38, 557, 1882; (2), 41, 51, 1884; — A. Veller, *D. chem.*, 15, 2590, 1882; *Bull. Soc. Chim.*, (2), 39, 322, 1883]. Il a été préparé par Classen [*D. chem. G.*, 21, 1519, 1888; *Bull. Soc. Chim.*, (2), 50, 279, 1888].

C'est un corps jaune qui se dissout dans l'acide chlorhydrique avec dégagement de chlore; c'est un oxydant énergique; il n'est pas doué de fonction acide (L. Lévy). Il se combine avec les peroxydes alcalins pour former des pertitanates [Mélikoff et Pissarewsky, *D. chem. G.*, 31, 953, 1898].

Pertitanate de baryum $BaO^2, TiO^3, 5H^2O$. —

Un pertitanate alcalin donne avec le chlorure de baryum un précipité jaune volumineux [Mélikoff et Pissarjewski, *D. chem. G.*, 31, 953, 1898].

OXYCHLORURES DE TITANE. — O. v. der Pforten a pu isoler différents oxychlorures, véritables chlorhydrines; ils sont peu stables et se décomposent sous l'action de la chaleur [*Ann. Chem.*, 237, 201 à 235, 1887; *D. chem. G.*, 21, 1708, 1888; 22, 1485, 1889; *Bull. Soc. Chim.*, (2), 50, 278, 1888; (3), 2, 609, 1889].

$Ti(OH)Cl^3$. — Quand on ajoute à du tétrachlorure de titane une quantité déterminée d'acide chlorhydrique concentré, on obtient un produit qui, purifié par le vide, fournit une masse jaune qui est la trichlorhydrine [O. v. der Pforten, *loc. cit.*].

$Ti(OH)^2Cl^2$. — La dichlorhydrine s'obtient par l'action de l'eau à 0° sur le tétrachlorure et se purifie par l'addition d'éther dans lequel elle est soluble (O. v. der Pforten).

$Ti(OH)^3Cl$. — La tri ou la dichlorhydrine laissée à l'air humide se transforme en monochlorhydrine; c'est un produit blanc insoluble dans l'éther.

SULFURES DE TITANE (voy. Dict., 3, (S. Z.), 423 et 1er Suppl., (G. Z.), 1504).

CHLOROSULFURE DE TITANE $TiSCl$. — Il se forme dans la préparation du bisulfure par l'action de l'hydrogène sulfuré sur le tétrachlorure et lorsque la température dépasse celle de formation du bisulfure [O. v. der Pforten, *Ann. Chem.*, 234, 257, 1886; *Bull. Soc. Chim.*, (2), 43, 558, 1885; 47, 187, 1887].

Chlorure de titane et chlorure de soufre, $(TiCl^4)^2SCl^4$.

COMBINAISONS DE L'ACIDE SULFURIQUE AVEC L'ACIDE TITANIQUE. — *Sulfate acide de titane* $SO^4H . TiO$. — L'action de l'acide sulfurique de diverses concentrations est différente suivant ces concentrations et suivant les proportions de chacun des composants; elle est différente aussi suivant la température [Blondel, *Bull. Soc. Chim.*, (3), 21, 262, 1889]. Ce dernier a pu obtenir $2TiO^2, 3SO^3 + 3H^2O$, puis SO^3, TiO^2 et $TiO^2, SO^3, 2H^2O$.

La combinaison $TiO^2, SO^3 . H^2O$, d'abord préparée par Merz, a été isolée de nouveau par Rosenheim et Schutt [*Zeit. anorg. Chem.*, 26, 251, 1901] en faisant bouillir l'hydrate titanique avec de l'acide sulfurique alcoolique.

COMBINAISONS DE L'ACIDE SULFURIQUE AVEC LE SESQUIOXYDE DE TITANE. — *Sulfate de sesquioxyde* $(SO^4)^3Ti^2$. — Déjà obtenu par Ebelmen en traitant le sesquichlorure par l'acide sulfurique, puis par Glatzel par dissolution du titane (provenant de la réduction de l'anhydride titanique par le sodium) dans l'acide sulfurique, il se forme également par dissolution du titane fondu dans l'acide sulfurique en fournissant une liqueur violette [H. Moissan, *Ann. Chim. Phys.*, (7), 9, 229, 1896; — *C. R.*, 120, 290, 1895].

AZOTURES DE TITANE (Dict., 3, 421).

La réduction de l'anhydride titanique par le charbon, au four électrique donne, dans des conditions déterminées, de l'azoture Ti^2Az^2 [H. Moissan, *loc. cit.*].

BORURE DE TITANE. — Aucune combinaison de bore et de titane n'a été isolée. Au four électrique, ces deux métalloïdes se combinent en donnant un composé d'une grande dureté [H. Moissan, *loc. cit.*].

CARBURE DE TITANE TiC. — Les gueuses de fonte traitées par l'acide chlorhydrique laissent dans les résidus de petits cristaux microscopiques gris d'acier de formule TiC [P. W. Shimer, *D. chem. G.*, 20, 361, 1887; *Chem. News*, 55, 156, 1887].

Il se prépare en chauffant, au four électrique,

un mélange d'anhydride titanique et de charbon dans les proportions de 160 p. d'anhydride pour 70 de charbon; le courant possède les constantes suivantes : 1000 ampères et 70 volts. Sa densité est de 4,25 : ses propriétés sont semblables à celles du titane fondu; il s'en différencie par sa résistance à l'acide chlorhydrique [H. Moissan, *loc. cit.*].

SULFOCYANATE DE TITANE Ti (C³Az³S³H²)⁴. — Ce composé s'obtient en même temps que l'acide persulfocyanique par l'action du sulfocyanate de plomb sur une solution éthérée d'acide titanique dans l'acide chlorhydrique: ce sont des aiguilles à reflets verdâtres [Rosenheim et Cohn, *Zeit. anorg. Chem.*, **28**, 167, 1901; *Bull. Soc. Chim.*, (3), **28**, 473, 1902].

SILICIURES DE TITANE. — Le silicium s'unit au titane au four électrique pour donner un produit fondu et cristallisé qui est un siliciure de titane [H. Moissan, *loc. cit.*].

Si²Ti. — Il a été préparé par O. Hönigschmid [*C. R.*, **143**, 225, 1906] en réduisant par la méthode aluminothermique de Holeman [*Rec. Pays-Bas*, **23**, 383, 1904] un mélange d'acide titanique et de sable fin; ce sont de petites pyramides tétragonales gris de fer d'une densité de 4.02 à 22°: insolubles dans les acides minéraux, sauf dans l'acide fluorhydrique et lentement attaquées par la potasse en solution.

SiTi². — L. Lévy [*C. R.*, **124**, 1148, 1895], en faisant agir sur du silicium chauffé à 1400° des vapeurs de tétrachlorure de titane, a obtenu en petite quantité des cristaux arborescents de forme indéterminable, auxquels l'analyse semble assigner la formule indiquée plus haut.

Silicotitanates. — Voy. Dict., **3**. 428.

Silicotitanate de calcium CaSiTiO². — Bourgeois [*loc. cit*] prépare ce composé par l'action directe de la silice et de l'acide titanique sur la chaux. Les cristaux sont moins parfaits que ceux obtenus par le procédé d'Hautefeuille.

ANALYSE. — Voyez Dict., **3**, 426. Voyez également pour le dosage L. Lévy [*Ann. Chim. Phys.*, (6), **25**, 433, 1892]. Séparation du titane et du fer, Classen [*D. chem. G.*, **21**, 370, 1888], Baskerville [*Journ. Am. Chem. Soc.*, **16**, 427, 1894]; dosage dans les fontes [Carnot, *Bull. Soc. Chim.*, (3), **13**, 589, 1895; — *C. R.*, **125**, 214, 1897; — Deshayes. *Bull. Soc. Chim.*, (2), **35**, 409, 1881]; séparation d'avec le manganèse [Dittrich, *D. chem. G.*, **35**, 4072, 1902]; d'avec le niobium et le zirconium [Demarçay, *C. R.*, **100**, 740, 1885]; d'avec le gallium [Lecoq de Boisbaudran, *C. R.*, **97**, 623, 1883]; d'avec l'étain [Hilger et Haas, *D. chem. G.*, **23**, 458, 1890]; d'avec le tungstène [Ed. Defacqz, *C. R.*, **123**, 823, 1896].

Mars 1908.   Ed. Defacqz.

TITANOMORPHITE (Min.) (von Lasaulx). — Variété amorphe de sphène, provenant de l'altération du rutile et de l'ilménite.

TOBERMORITE (Min.) (Heddle). — Silicate de calcium hydraté, 3CaO.5SiO². 13H²O, massif ou finement granulaire, d'un blanc rose, translucide, avec d'autres zéolites, à Tobermory et Bloody Bay, île de Mull et à l'île de Sky, Ecosse.

L. Bourgeois.

TOLANE C⁶H⁵-C≡C-C⁶H⁵. — Voyez Suppl., p. 156⁴. Ce carbure est obtenu en même temps que l'éther dicylique du diphényle quand on chauffe à 200° l'α-diphénylchloréthylène C⁶H⁵.C=CHCl en présence d'éthylate de sodium [Buttenberg, *Ann. chem.*, **279**, 328, 1894].

Il cristallise dans l'éther en gros cristaux, de même dans l'alcool; il fond à 60°, il distille sans décomposition [Boris, *Lincei*, (5), **9**, I, 382].

Chaleur de combustion moléculaire 1738Cal.2 [Stohmann, *Ph. Ch.*, **10**, 412, 1892]. Indice de réfraction [Chilesoti, *Gazz. chim. ital.*, **30**, I, 155, 1900].

Chauffé avec de l'eau en tube scellé à 325°, il donne la désoxybenzoïne C⁶H⁵CO.CH².C⁶H⁵.

CHLOROTOLANE,

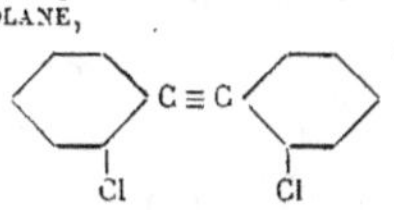

$$\text{Cl-}C^6H^4\text{-}C \equiv C\text{-}C^6H^4\text{-Cl}$$

— On obtient ce composé en chauffant à 100° une solution très concentrée de potasse alcoolique avec le dichlorostylbène-dichloré correspondant, ou le di-o-chlorophényle-chloroéthylène

$$C^6H^4 \begin{matrix} \diagup Cl \\ \diagdown CH \end{matrix} = \begin{matrix} Cl \diagdown \\ CCl \diagup \end{matrix} C^6H^4$$

[Gill, *D. chem. G.*, **26**, 672, 1893]; il se forme aussi quand on chauffe à 200° l'α ou le β o-chlorotolanedichloré ClC⁶H⁴ - CCl - ClCC⁶H⁴Cl en présence de poudre de zinc [Fox, *ibid.*, **26**, 655, 1893]. Il cristallise dans l'alcool en feuillets rhombiques qui fondent vers 88-89°.

Si on sature le chlorotolane par le chlore, on obtient l'α et le β-dichlorotolane-dichloré.

BICHLORURES DE TOLANE C⁶H⁵.CCl=CCl.C⁶H⁵. — On forme un mélange des isomères α et β quand on chauffe le phénylchloroforme avec le cuivre en poudre [Hanhart, *D. chem. G.*, **15**, 899, 1882; — Onufrowicz, *ibid.*, **17**, 835, 1884]; de même si on décompose le chlorure de benzylidène par un courant électrique [W. Löb, *ibid.*, **36**, 3059, 1903]. Ils ne réagissent pas sur l'acétate d'argent.

Chauffés en tubes scellés avec la potasse alcoolique ou l'amalgame de sodium, ils régénèrent le tolane. Chauffés en tubes scellés avec HI ils se transforment en dibenzyle.

Isomère α. — On l'obtient par réduction du tétrachlorure de tolane avec la limaille de fer et l'acide acétique [Lachowicz, *D. chem. G.*, **17**, 1165, 1884]; en chauffant l'isomère β on obtient 32 0/0 d'isomère α; il est soluble dans l'alcool chaud, l'addition d'isomère β diminue sa solubilité, il cristallise en feuillets, fond à 143° et bout à 183° sous 10 mm. [Blank, *Ann. Chem.*, **248**, 19, 1888]. Indice de réfraction, voy. Brühl [*D. chem. G.*, **29**, 2906, 1896].

Il ne prend pas le brome en liqueur éthérée.

Isomère β. — On l'obtient dans les préparations du bichlorure de tolane, où la température s'élève; il se forme aussi quand on chauffe le tétrachlorure de tolane avec la poudre de zinc en présence d'alcool éthylique ou amylique [Blanck, *Ann. Chem.*, **248**, 27, 1888].

Si on chauffe l'isomère α de 177° à 350° on arrive à produire jusqu'à 68 0/0 d'isomère β [Eiloart, *Am. Chem. J.*, **12**, 239, 1890]; longues aiguilles fondant à 63°, bouillant à 178° sous 18 mm. (Blanck) solubles dans 10 p. d'alcool à 24°.

Il se combine à chaud avec le tétrachlorure de tolane en présence d'alcool pour donner le ditolane hexachloré (voy. plus loin), c'est ce qui le différencie de l'isomère α [Blanck, *Ann. Chem.*, **248**. 32, 1888].

o-Bichlorotolanes bichlorés Cl.C⁶H⁴.CCl.CCl. C⁶H⁴Cl. — On obtient deux isomères en saturant de chlore une solution chloroformique de dichlorotolane-ortho, ils se forment aussi quand on maintient un jour, à l'ébullition, une solution de 60 gr. de benzène contenant 40 gr. de phénylchloroforme o-chloré et 30 gr. de poudre de cuivre [Fox, *D. chem. G.*, **26**, 653, 1893].

On fait cristalliser dans la ligroïne; le dérivé α se sépare le premier.

Isomère α,

$$ClC^6H^4 - C - Cl$$
$$\|$$
$$ClC^6H^4 - C - Cl$$

— Aiguilles fondant à 172°, bouillant à 354°, à la pression normale et à 209° sous 18 mm.

La distillation à l'air le transforme partiellement en isomère β.

Chauffé avec la poudre de zinc il donne l'o-dichlorotolane.

Isomère β,

$$Cl - C^6H^4 - C - Cl$$
$$\|$$
$$Cl - C - C^6H^4 - Cl$$

— Feuillets fondant à 129°, bouillant à 353-356° en se transformant partiellement en isomère α : chauffé avec la poudre de zinc il donne, comme le précédent, le dichlorotolane.

Ditolane hexachloré,

$$C^6H^5 - CCl^2 - \underset{\underset{Cl}{|}}{C} - \underset{\underset{Cl}{|}}{C} - CCl^2 - C^6H^5$$

— Il se forme à partir des deux dichlorotolanes, on les traite par une solution alcoolique de tétrachlorotolane en présence de poudre de zinc. On l'obtient aussi en faisant agir rapidement la poudre de zinc sur une solution étendue de tétrachlorotolane [Blank, *Ann. chem.*, **248**, 28, 1888] ; il s'en produit également en faisant arriver un courant de chlore dans l'α ou le β-tolane dichloré.

Le ditolane hexachloré cristallise dans le benzène et fond à 156° ; il est peu soluble dans l'alcool et l'éther. A la distillation il se décompose avec formation d'α et β-tolane-dichloré. On a obtenu une substance ayant le même point de fusion par le mélange de tolane dichloré et de tolane tétrachloré [Loeb, *D. chem. G.*, **36**, 3063, 1903 ; — Marchwald et Farczag, *ibid.*, **40**, 2594, 1007].

Tétrachlorure de tolane,

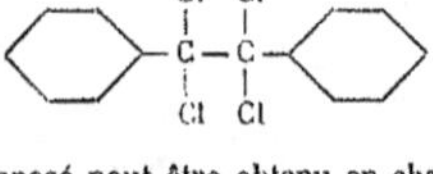

— Ce composé peut être obtenu en chauffant un mélange de 10 gr. de trichlorobenzène et 20 gr. de benzène en présence de 30 gr. de poudre de cuivre [Hanart, *D. chem. G.*, **15**, 901, 1882]. Il se forme aussi en chauffant le trichlorobenzène seul à 100° avec un excès de poudre de cuivre [Onufrowicz, *ibid.*, **17**, 833, 1884].

On l'a préparé directement en saturant une solution chloroformique de tolane par un courant de chlore [Redsko, *Soc. chim. russe*, **21**, 426]. On le produit également par l'action du courant électrique sur le phénylchloroforme [M. Loeb, *D. chem. G.*, **36**, 3059, 1903].

On le fait cristalliser dans le toluène en pyramides très réfringentes ; à 100° il prend l'aspect de porcelaine, puis fond à 163° ; il est très soluble dans le benzène bouillant, peu soluble dans l'alcool et l'éther.

Il est très stable ; chauffé en tubes scellés avec l'eau, l'alcool et l'acide acétique, il est attaqué avant 200°. Chauffé en tube scellé, avec l'acide acétique au-dessus de 200°, ou avec l'acide sulfurique à 165°, se transforme en bibenzyle ; il se forme en même temps un peu d'acide benzoïque.

Si on le réduit par l'amalgame de sodium en solution alcoolique, on régénère le tolane avec production d'une faible quantité de stilbène et de bibenzyle.

Chauffé avec la poudre de zinc en présence d'alcool, il forme du ditolane hexachloré et les α et β bichlorures de tolane. Chauffé à sec avec la poudre de zinc il produit du stilbène.

La poudre de cuivre à 160° lui enlève 2 atomes de chlore. L'acide iodhydrique le transforme en bibenzyle.

Tolane bibromé. — 1° *Isomère* α,

$$C^6H^5 - C - Br$$
$$\|$$
$$C^6H^5 - C - Br$$

— Il réagit avec le benzène-sulfinate de sodium au-dessus de 200°, avec production de tolane, bibenzyle, benzène-sulfone et éther phénylique du benzène-thiosulfoné.

Chauffé avec le thiophénate de sodium en présence d'alcool, il forme du tolane et du bisulfure de phényle [Otto, *J. prakt. Chem.*, (2), **53**, 10, 1896].

2° *Isomère* β. — Il se forme en traitant le chlorostilbène dibromé $C^6H^5.CHBr.CClBr.C^6H^5$, par une solution de potasse alcoolique [Sudborough, *Chem. Soc.*, **71**, 222, 1897]. Il est très soluble dans l'alcool et l'éther.

Chauffé avec le thiophénate de sodium en présence d'alcool, il produit du tolane et du bisulfure de phényle [Otto, *J. prakt. Chem.*, (2), **53**, 8, 1896]. Chauffé en tube scellé avec le benzène-sulfinate de sodium en présence d'alcool, il donne la même réaction que l'isomère α (Otto).

Tolane diiodé, $C^6H^5 - CI = CI - C^6H^5$, — On le prépare en chauffant ensemble de l'iode et du tolane [E. Fischer, *Ann. chem.*, **211**, 233, 1882]. Il cristallise dans le chloroforme en feuillets roses.

p-Dinitrotolane,

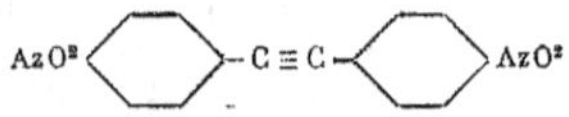

— On le prépare en chauffant à 180° le p-dinitrostilbène bromé $AzO^2.C^6H^4 - CBr = CBr = C^6H^4.AzO^2$ avec la chaux sodée [Elbs, Bauer, *J. prakt. Chem.*, (2), **34**, 346, 1886]. On le fait cristalliser dans l'éther, il se sublime en aiguilles jaunes fondant à 188°.

p-Diaminotolane, $AzH^2.C^6H^4.C \equiv C.C^6H^4.AzH^2$. — Ce composé se prépare par réduction du dinitrotolane. Il forme des aiguilles jaunes fondant à 235°. Le *chlorhydrate* est très soluble dans l'eau. Le *sulfate* est peu soluble. Le *diacétate* en aiguilles blanches, bleuit à l'air. Il fond vers 270°.

Le p-aminotolane est instable, par ébullition avec l'alcool ou les acides étendus il donne la diaminodésoxybenzoïne, $AzH^2.C^6H^4CO.CH^2.$ $C^6H^4AzH^2$ qui fond à 145° [Zincke et Fries, *Ann. chem.*, **325**, 67, 1902].

Sulfure de tolane, $C^6H^5.CS-CS.C^6H^5.$ — Il est préparé par la distillation sèche du dithiobenzoate de plomb $(C^6H^5CSS)^2Pb.$ Ce sont des aiguilles fondant à 174-175°. Il est oxydé par le permanganate [Fromm et Schmoldt, *D. chem. G.*, **40**, 2861, 1907].   M. Billy.

TOLAZINE, TOLAZONE. — Voyez l'art. Diazines, 2° Suppl., **3**, 120.

TOLHYDRYLAMINE. —Voyez Créshydrylamine.

TOLIDINES (voy. Dict., **3**, 442, Suppl., 1559).

ORTHO-TOLIDINE,

$$Az\,H^2\ \text{—}\ (C^6 H^3)\text{—}\ Az\,H^2$$

— C'est la tolidine dérivée de l'o-nitro-toluène. Sa constitution a été démontrée par ce fait que le carbure qui en dérive, par enlèvement des 2 AzH², est identique au carbure formé par action du sodium sur le m-iodotoluène [Schultz, Rohde, Vicari, *D. chem. G.*, **37**, 1401, 1904]. Elle fond à 129° [Guiterman, *D. chem. G.*, **20**, 2017, 1887]; à 126°,5 [Hirsch, *D. chem. G.*, **23**, 3225, 1890]. — Elle forme un *chlorhydrate* et un *dichlorhydrate* [Schiff, Ostrogovitch, *Ann. Chem.*, **278**, 376, 1894]. Son *sulfate* se transforme à 220° en un mélange d'acides tolidine-sulfonique et tolidine-disulfonique [Bayer et Cⁱᵉ, D.R.P. 44 779, *D. chem. G.*, **24**, R., 873]. Erdmann et Süverne [*Ann. Chem.*, **275**, 300, 1893] ont décrit le 1-*nitronaphtalène-6-sulfonate*. Tröger et Linde [*Arch. d. Pharm.*, **239**, 144] ont décrit les sels de divers acides thiosulfoniques. Le *picrate* se décompose à 215° [Schultz, Flachsländer, *J. f. pr. Ch.*, **66**, 166, 1902].

L'o-tolidine, traitée par le nitrite d'éthyle, donne l'éther éthylique de l'o-dicrésol et du m-ditolyle [Schultz, *D. chem. G.*, **17**, 468, 1884]. — Elle se condense avec l'hydrol de Michler pour donner la ditolylène-p-dileucauramine [Mohlau, Heine, *D. chem. G.*, **35**, 358, 1902].

Le *dérivé diformylé* de l'o-tolidine fond à 254° [Hobbs, *D. chem. G.*, **21**, 1066, 1888]. Le *dérivé tétracétylé* fond à 211° [Gerber, *D. chem. G.*, **24**, 747, 1888]. Le *dérivé monobenzoylé* fond à 198-200°.

Le *dérivé dibenzoylé* fond à 265° [Biehringer, Busch, *D. chem. G.*, **35**, 1964, 1902].

Son *dérivé carbonylé*

$$\begin{matrix} C^7H^6 - Az\,H \searrow \\ \qquad\qquad\quad CO \\ C^7H^6 - Az\,H \nearrow \end{matrix}$$

se forme quand on traite le dérivé oxalylé par l'oxyde de mercure à chaud. Il fond à 358° [Taussig, *Mon. f. Chem.*, **25**, 375, 1904].

Le dosage de l'o-tolidine (et celui des tolidines en général) peut se faire par une méthode iodométrique basée sur la réaction suivante : $C^{14}H^{16}Az^2 + I^2 = C^{14}H^{15}Az^2I + HI$ [Rœsler et Glasmann, *Chem. Zeit.*, **27**, 986, 1903].

Dichloro-o-tolidines. — Le *dérivé* 2.2' se forme à partir du 6-chloro-2-nitrotoluène qu'on transforme en hydrazo et qu'on transpose [Cohn, *Mon. f. Chem.*, **22**, 490, 1901; Act. Ges. f. Anilinf., *D. chem. G.*, **28**, R., 804, 1895, D.R.P. 82 140]. Il fond à 202° (Act. Ges.), à 197° (C.)

Un autre *dérivé dichloré* se forme par chloruration de la diacétyltolidine [Leveinstein, D.R.P. 97 101]. Son *dérivé acétylé* fond vers 290°.

5.5'-*Diméthoxy-o-tolidine*. — Elle se forme par transposition de l'éther diméthylique de l'azo-p-crésol. Elle fond à 156-157° [Brasch, Freyss. *D. chem. G.*, **24**, 1965, 1891].

6-*Nitro-o-tolidine*,

$$Az\,H^2\ \text{—}\ \underset{CH^3}{\overset{Az\,O^2}{(C^6 H^2)}}\text{—}\ \underset{CH^3}{(C^6 H^3)}\ Az\,H^2$$

— Elle se forme par nitration de l'o-tolidine. Elle fond à 156°. Son *dérivé diacétylé* fond à 290°. Son *dérivé dibenzylidénique* fond à 147° [Löwenherz, *D. chem. G.*, **25**, 1032, 1892].

2ᵉ SUPPL.

5.5'-*Dinitro-o-tolidine*. — On l'obtient par nitration de la diacétyltolidine. Elle fond à 266-267°. Son *dérivé diacétylé* se décompose à 320° [Gerber, *D. chem. G.*, **21**, 749, 1888].

6.6'-*Dinitro-o-tolidine*. — Elle se prépare en nitrant l'o-tolidine en présence d'acide sulfurique. Elle fond à 215-217° [Löwenherz, *D. chem. G.*, **25**, 1033, 1892; — Gerber, *loc. cit.*]. Traitée par le nitrite d'amyle et l'acide sulfurique, elle donne le dinitro m-ditolyle [Taüber, Lowenherz, *D. chem. G.*, 2597, 1891].

*Acide o-tolidine-*6.6'-*disulfonique*. — On l'obtient par transposition de l'acide o-hydrazotoluène-disulfonique [Neale, *Ann. Chem.*, **203**, 76, 1880; — Holle, *Ann. Chem.*, **270**, 361, 1892; — Elbs, Wohlfahrt, *J. f. pr. Ch.*, **66**, 558, 1902]. Ces derniers auteurs ont préparé ses dérivés di et tétra-acétylés ainsi que le produit de copulation du bisdiazoïque correspondant avec différents phénols. La *diamide* fond à 304°,5 (Helle).

o-Tolidine-sulfone. — Elle se forme en chauffant le sulfate d'o-tolidine avec de l'acide sulfurique à 40 0/0 d'anhydride [Bayer et Cⁱᵉ, D.R.P. 44 784, *D. chem. G.*, **21**, R., 874, 1888].

PRODUITS DE CONDENSATION DE L'O-TOLIDINE AVEC LES ALDÉHYDES. — Avec l'aldéhyde formique, en présence d'acide chlorhydrique, l'o-tolidine donne un produit $C^{17}H^{16}Az^2O$ ou $C^{18}H^{18}Az^2O$, sous forme d'une poudre jaune [H. Schiff, *D. chem. G.*, **25**, 1939, 1892]. En présence d'acide sulfurique concentré, on obtient un produit $C^{18}H^{18}OAz^2$ fusible à 216° [Kinzlberger et Cⁱᵉ, D.R.P. 96 104, *C. Bl.*, I, 1250, 1898]. Voir en outre Durand, Huguenin et Cⁱᵉ [D.R.P. 66 737, 72 431, 74 386, 74 642, *Friedl.*, III, 27, 30].

Cuminilydène-tolidine, fusible à 152°. — *Cinnamylidène-tolidine*, fusible à 213-214°. — *Salicylidène-tolidine*, fusible à 202° [Schiff, Vanni, *Ann. Chem*, **258**, 377, 1890]. — *Furfurylidène-tolidine*, fusible à 192° (S., V.), à 188-189° [Ehrhardt, *D. chem. G.*, **30**, 2013, 1897].

DÉRIVÉS BIS-DIAZOÏQUES DE L'O-TOLIDINE (*o-Tétrazoditolyle*). — Le *chlorure* d'o-tétrazoditolyle s'obtient en faisant passer des vapeurs nitreuses dans une solution concentrée de chlorhydrate d'o-tolidine et précipitant par 3 volumes d'alcool refroidi à —10°. La décomposition de ce chlorure par l'alcool méthylique donne du diméthoxy-m-ditolyle; avec l'alcool éthylique, on a un mélange de m-ditolyle et du dérivé diéthoxylé; avec l'alcool propylique, on a seulement du m-ditolyle [Winston, *Am. Ch. J.*, **34**, 119, 1904].

L'o-tétrazoditolyle a été condensé avec les acides sulfiniques et thiosulfoniques [Troeger et Ewers, *J. f. pr. Ch.*, **62**, 369, 1900]; avec l'éther cyanacétique [W. Lax, *J. f. pr. Ch.*, **63**, 1901; — Favrel, *Bull. Soc. Chim.*, **27**, 116, 1902]; avec le malonate d'éthyle, l'acétylacétone, la méthylacétylacétone [Favrel, *ibid.*, 319, 332, 340]; avec l'oxalacétate d'éthyle [Rabischong, *Bull. Soc. Chim.*, **27**, 984, 1902].

Le tétrazo-ditolylsulfite de sodium se condense avec les amines pour donner des combinaisons de la forme

$$\left(- C^7 H^6 - Az\,H - Az \begin{smallmatrix} S\,O^3 H \\ C^6 H^4 - Az\,H^2 \end{smallmatrix} \right)^2$$

[Seyewetz, Blanc. *Bull. Soc. Chim.*, **25**, 613, 1901; *C. R.*, **133**, 38, 1901; — Seyewetz, Biot, *Bull. Soc. Chim.*, **27**, 747, 1902].

Sur les matières colorantes dérivées du tétrazoditolyle, voy. Bayer et Cⁱᵉ [D.R.P. 35 341, *Friedl.*, I, 469] et Act. Ges. f. Anilinfab. [D.R.P. 35 615, *Friedl.*, I, 473).

TÉTRAMÉTHYL-O-TOLIDINE. — Cette base se forme par oxydation de la diméthyl-o-toluidine par le bioxyde de manganèse et l'acide sulfurique, ou par méthylation de l'o-tolidine. Elle fond à 80° [Michler, Sampaio, *D. chem. G.*, **14**, 2170, 1881]. Son *dérivé dibromé*, fusible à 117°, se forme par oxydation de la bromodiméthyltoluidine.

Une autre tétraméthyltolidine, fusible à 190°, se forme quand on chauffe à 180-210° la diméthyl-o-toluidine avec de l'acide sulfurique [Michler, Sampaio, *loc. cit.*].

MÉTATOLIDINE,

Elle dérive du méta-hydrazotoluène [Jacobson, Fabian, *D. chem. G.*, **28**, 2553, 1895; — Buchka, Schachtebeck, *ibid.*, **22**, 838, 1889; — Schultz, Rhode, *C. Bl.*, II, 1447, 1902]. Elle fond à 106-107° (J. F.), à 108-109° (B., S.), à 87-88° (S., R.). Son *picrate* fond à 225° (S., R.). — Son *dérivé diacétylé* fond à 274-275° (B., S.) à 281° (J., F.), son *dérivé benzylidénique* à 172-173° (J., F.), son *dérivé salicylidénique* fond à 198-199° (J., F.).

Acide tolidine-disulfonique. — On l'obtient en nitrant l'acide 3.3'-ditolyl-6.6'-disulfonique et réduisant le dérivé dinitré formé [Helle, *Ann. Chem.*, **270**, 364, 1892].

O-M-TOLIDINE,

On prépare cette tolidine à partir de l'o-toluène-azo-m-toluène (azotoluène-2.3'), qu'on traite par le chlorure stanneux [Schultz, *D. chem. G.*, **17**, 471, 1884]. Sur la transformation du tétrazoïque correspondant en matières colorantes, voy. Bad. Anil. u. Soda f. [D.R.P. 54599, *D. chem. G.*, **24**, R., 287, 1891].

La 5-*éthoxy-o-m-tolidine*,

s'obtient par transposition de l'éther éthylique de l'o-toluène-hydrazo-p-crésol. Elle fond à 75° [Nœlting, Werner, *D. chem. G.*, **23**, 3264, 1890].

DITOLYLINE,

Nœlting et Werner [*D. chem. G.*, **23**, 3253, 1890] ont obtenu cette base en traitant l'o-hydrazotoluène par l'acide chlorhydrique chaud. Elle se forme des flocons blancs très oxydables. Elle se distingue de l'o-tolidine en ce que son chlorhydrate donne avec l'eau de brome une coloration vert sale qui devient violette, alors que le chlorhydrate d'o-tolidine donne, dans les mêmes conditions, une coloration bleu pur devenant verte.   Janvier 1907.   R. Marquis.

TOLU.... — Pour les mots qui ne se trouvent pas ici à leur place alphabétique, voyez le mot qui suit ce préfixe.

TOLUBENZYLAMINES. — Voy. XYLYLAMINES.

TOLUÈNE. — *État naturel.* — La présence du toluène a été signalée dans le pétrole américain [Young, *Chem. Soc.*, **73**, 906, 1898]; dans le pétrole de Roumanie [Pont, *Ann. Scient. de l'Univ. de Jassy*, **1**, 205, 1900]; dans le pétrole de Californie [Mabery, Hudson, *Am. Ch. J.*, **25**, 253, 1901]; dans l'huile de bois [Fraps, *Am. Ch. J.*, **25**, 26, 1901].

Modes de formation. — Le toluène se forme par distillation sous pression du phénylxylyléthane brut [Kraemer, Spilker, *D. chem. G.*, **33**, 2265, 1900]; par distillation, avec du zinc en poudre, du storésinol du styrax oriental [Tschirch, Itallie, *Arch. d. Pharm.*, **239**, 506, 1901]; par la décomposition pyrogénée, sous pression, du naphte de Russie [Zélinsky, *J. Soc. ph. ch. russe*, **34**, 1, 1902]; par la distillation sèche du phénylformol, produit de condensation de l'aldéhyde formique avec le benzène en présence d'acide sulfurique concentré [Nastukof, *J. Soc. ph. ch. russe*, **35**, 89, 824, 1903]; par pyrogénation de l'essence de térébenthine [Mokievsky, *J. Soc. ph. ch. russe*, **36**, 913, 1904]. On l'obtient, en outre, en traitant le chlorure de p-tolyldiazonium par l'acide hypophosphoreux [Mai, *D. chem. G.*, **35**, 162, 1902]; en chauffant le chlorure de benzyle avec la pyridine [Tschitschibabine, *J. Soc. ph. ch. russe*, **34**, 130, 1902]; en décomposant par la chaleur le sulfure de benzyle ou la benzylsulfone [Fromm, Achert, *D. chem. G.*, **35**, 534, 1903]; en soumettant à l'hydrogénation catalytique, en présence du nickel réduit, les dérivés halogénés du toluène [Sabatier, Mailhe, *Bull. Soc. Chim.*, **31**, 102, 1904] ou le benzonitrile [Sabatier, Senderens, *Bull. Soc. Chim.*, **31**, 102, 1904]. Enfin, Werner et Zilkens, d'une part, Houben, d'autre part, ont indiqué presque simultanément un mode d'obtention du toluène, qui consiste à traiter le bromure de phénylmagnésium par le sulfate diméthylique [W. et Z., *D. chem. G.*, **36**, 2116, 1903; H., *ibid.*, p. 3083].

Propriétés physiques. — Point de fusion : — 93°,2 [Ladenburg, Krügel, *D. chem. G.*, **33**, 638, 1900; voy. aussi Altschul, Schneider, *Z. phys. Ch.*, **16**, 25, 1895]. — Point d'ébullition : 110° sous 760 mm. [Kahlbaum, *Siedetemp. u. Druck*, 95] (on trouvera là les points d'ébullition sous différentes pressions); 110°,8 [Young, *Chem. Soc.*, **73**, 906, 1898]. — Densité : 0,8708 à $\frac{13°,1}{4°}$, 0,77805 à $\frac{109°}{4°}$ [R. Schiff, *Ann. Chem.*, **220**, 91, 1883]; 0,85680 à $\frac{52°}{25°}$ [Linebarger, *Am. Ch. J.*, **18**, 437, 1896]; 0,8812 à $\frac{4°}{4°}$, 0,8723 à $\frac{15°}{15°}$, 0,8649 à $\frac{25°}{25°}$, 0,8490 à $\frac{50°}{50°}$, 0,8237 à $\frac{100°}{100°}$ [Perkin, *Chem. Soc.*, **69**, 1241, 1896]. — Température critique : 320°,8 [Pawlewsky, *D. chem. G.*, **16**, 2634, 1883]. — Pression critique : 41^{at},6 [Altschul, *Z. phys. Ch.*, **11**, 590, 1893]. — Tensions de vapeurs à différentes températures : Naccari, Pagliani [*Jahresb.*, **63**, 1882]; Kahlbaum [*Z. phys. Ch.*, **26**, 586, 610, 1898]; Woringer [*Z. phys. Ch.*, **34**, 257, 1900]. — Réfraction : Landolt, Jahn [*Z. phys. Ch.*, **10**, 299, 1892]; Eykmann [*D. chem. G.*, **25**, 3075, 1892]; Perkin [*Ch. Soc.*, **77**, 273, 1900]. — Pouvoir rotatoire magnétique : Schönrock [*Z. ph. Ch.*, **11**, 785, 1893]; Perkin [*Chem. Soc.*, **69**, 1241, 1896]. — Constante diélectrique : Landolt, Jahn [*loc. cit.*]; Drude [*Z. phys. Ch.*, **23**, 309, 1897]; Abegg [*Wiedemann's Ann.*, **60**, 56]. — Compressibilité : Ritzel [*Zeit. physiol. Chem.*, **60**, 319, 1907]. Constante capillaire 4,746 au point d'ébullition [R. Schiff, *Ann. Chem.*, **234**, 344,

1886]. — Chaleur spécifique à basse température : Battelli [*Att. Ac. Lincei.*, (5), **16**, I, 243, 1907]. — Chaleur de vaporisation : 83Cal,6 (R. Schiff). — Chaleur de combustion : 933Cal,762 [Stohmann, Rodatz, Herzberg, *J. f. pr. Ch.*, (2), **35**, 41, 1887]; 938Cal,5 à pression constante [Schmidlin, *C. R.*, **136**, 1560, 1903]. — Chaleur de formation : —2Cal,4 (Schmidlin). — Densité de vapeur : Ramsay. Steele [*Z. phys. Ch.*, **44**, 348, 1903]. — Tensions superficielles à diverses températures : Renard et Guye [*Journ. Chim. Phys.*, **5**, 81, 1907]. — Tensions superficielles des mélanges avec différents liquides : Whatmough [*Z. phys. Ch.*, **39**, 129, 1901]. — Points d'ébullition des mélanges avec l'éthylbenzène et le benzène [Young, Fortey, *Ch. Soc.*, **83**, 45, 1903]. — Cryoscopie dans l'aniline et la diméthylaniline : Ampola, Rimatori [*Gazz. chim. ital.*, **27**, I, 38, 53, 1897]. — Partage des substances solubles entre l'eau et le toluène : Herz, H. Fischer [*D. chem. G.*, **38**, 1138, 1905]. — Solubilité de l'oxyde de carbone dans le toluène en présence d'un corps dissous : Skirrow [*Z. phys. Ch.*, **41**, 139, 1902].

Propriétés chimiques. — L'étincelle d'induction, produite dans le toluène liquide, donne naissance à un gaz contenant 23 à 24 0/0 d'acétylène et 76 à 77 0/0 d'hydrogène [Destrem, *Bull. Soc. Chim.*, **42**, 467, 1884]. — En faisant passer à travers un tube chauffé au rouge un mélange de toluène et d'éthylène, on obtient du benzène, du styrolène, du naphtalène, de l'anthracène [Ferko, *D. chem. G.*, **20**, 662, 1887].

L'oxydation du toluène par le persulfate de potassium donne de l'aldéhyde benzoïque, de l'acide benzoïque et du dibenzyle [Moritz, Wolffenstein, *D. chem. G.*, **32**, 432, 1899]. — L'oxydation par le bioxyde de manganèse et l'acide sulfurique ou acétique fournit des tolylphénylméthanes (o- et p-), de l'alcool benzylique, de l'acide et de l'aldéhyde benzoïques et des carbures condensés [Weiler, *D. chem. G.*, **36**, 464, 1900]. — L'oxydation chromique en solution acétique donne de l'alcool benzylique [Boedtker, *Bull. Soc. Chim.*, **25**, 851, 1901]. — L'oxydation électrolytique, en solution hydroalcoolique sulfurique, donne naissance à de l'aldéhyde benzoïque et à du benzoate d'éthyle; à l'anode, on trouve de l'acide p-sulfobenzoïque [Puls, *Chem. Zeit.*, **25**, 263, 1901; voy. aussi Merzbacher, Smith, *J. of Am. Soc.*, **22**, 725, 1900]. — L'oxydation manganique a été étudiée par Ullmann et Uzbachian [*D. chem. G.*, **36**, 1797, 1903]. — Perkin et Law ont étudié l'oxydation par différents agents [*Proc. Chem. Soc.*, **23**, 11, 1907]. — L'oxydation catalytique en aldéhyde et acide benzoïque a été étudiée par Woog [*C. R.*, **145**, 124, 1907].

Chauffé avec de l'acide iodhydrique concentré à 280°, le toluène donne un mélange de méthylcyclohexane, diméthylcyclopentane et méthylcyclopentane [Markovnikoff et Karpovitsch, *D. chem. G.*, **30**, 1216, 1897]. — Soumis à l'action de l'hydrogène à 180° en présence de nickel réduit, il est intégralement transformé en méthylcyclohexane [Sabatier et Senderens, *C. R.*, **132**, 210, 567, 1254, 1901].

Chauffé avec du chlorure ferrique, le toluène est transformé en un mélange de chlorotoluènes [Thomas, *C. R.*, **126**, 1213, 1898]. — Chauffé avec du chlorure de plomb ammoniacal, il est transformé en dérivé ortho-chloré [Sevewetz, Biot, *Bull. Soc. Chim.*, **29**, 184, 222, 260, 1903]. — Traité par le chlore en présence du couple aluminium-mercure, à froid, il fournit un mélange de 65 0/0 d'orthochlorotoluène et de 35 0/0 de parachlorotoluène [Cohen, Dakin, *Chem. Soc.*, **79**, 1111, 1901]. — Chauffé avec de l'iodure ou du bromure de soufre et de l'acide azotique de

densité 1,34, il donne les dérivés ortho et para chlorés ou bromés [Edinger, Goldberg, *D. chem. G.*, **33**, 2875, 2883, 1900]. Sur l'étude quantitative de la bromuration du toluène dans différentes conditions, voyez van den Laan [*Rec. Pays-Bas*, **26**, 1, 1907]. — Chauffé pendant 10 jours à 250-300° avec du soufre, le toluène se transforme en stilbène et en thionessal [Aronstein, van Nierop, *Rec. Pays-Bas*, **21**, 448, 1902].

L'éther diazoacétique réagit sur le toluène à l'ébullition, sous une pression de 12 cm. de mercure (118°) pour donner l'éther méthyl-3-norcaradiène-carbonique

$$CH_3-C\underset{\textstyle |}{=}\overset{\textstyle CH=CH-CH}{\underset{\textstyle CH-CH}{}}CH-CO_2C_2H^5$$

[Buchner, Feldmann. *D. chem. G.*, **36**, 3509, 1903].

L'aldéhyde formique, sous l'influence de l'acide sulfurique concentré, donne avec le toluène un produit de condensation amorphe : le phénylformol [Nastukof, *J. Soc. ph. ch. russe*, **36**, 881, 1904]. — L'aldéhyde benzoïque, dans les mêmes conditions, donne le di-p-tolylphénylméthane [Kliegl, *D. chem. G.*, **38**, 84, 1905].

Le toluène se condense, sous l'influence du tétrachlorure d'étain anhydre, avec le benzhydrol pour donner le diphényl-p-tolylméthane [Bystrzycki, Gyr, *D. chem. G.*, **37**, 655, 1904] et avec l'acide benzilique pour donner l'acide diphényl-p-tolyl-acétique [Bistrzycki, Wehrbein, *D. chem. G.*, **34**, 3079, 1901].

On a effectué avec le toluène de nombreuses *condensations au moyen du chlorure d'aluminium.* Nous les citons par ordre chronologique.

L'action du chlorure d'aluminium seul, sur le toluène, fournit un mélange d'éthyltoluène et de ditolyle [Friedel, Crafts, *C. R.*, **100**, 694, 1885] et aussi du benzène, du métaxylène et un peu de paraxylène [Anschütz, *Ann. Chem.*, **235**, 178, 1886].

Le chlorure d'éthylidène, avec le toluène et AlCl³, donne un mélange de p-éthyltoluène, p-ditolyléthane et hydrure de tétraméthylanthracène [Anschütz, *loc. cit.*]. — Le bromure d'isobutyle donne du tertiobutyltoluène, du tertiobutylbenzène, du ditertiobutylxylène, du ditertiobutyltoluène et du ditertiobutylbenzène [Baur, *D. chem. G.*, **27**, 1606, 1894]. — Le p-cyanochlorure de benzyle donne le p-cyanophényltolylméthane [Moses, *D. chem. G.*, **33**, 2623, 1900]. — Avec l'anhydride o-sulfobenzoïque, on obtient l'acide p-méthyl-benzoylbenzène-o-sulfonique : $CH_3-C^6H^4-CO-C^6H^4-SO^3H$ [Krannich, *D. chem. G.*, **33**, 3485, 1900]. — L'anhydride quinoléïque fournit l'acide toluylpicolinique [Fulda, *Mon. f. Ch.*, **21**, 981, 1900]. — Bœseken a condensé le toluène avec le composé $CH^3CO\,Cl,AlCl^3$, résultant de l'action du chlorure d'aluminium sur le chlorure d'acétyle, et a obtenu de l'acétyltoluène [*Rec. Pays-Bas*, **20**, 102, 1901].

Par l'action du chlorhydrate d'hydroxylamine sur le toluène en présence du chlorure d'aluminium, M. Graebe a obtenu les ortho et para toluidines [*D. chem. G.*, **34**, 1778, 1901].

La condensation de l'anhydride succinique conduit à l'acide toluylpropionique [Katzenellenbogen, *D. chem. G.*, **34**, 3828, 1901]. — Le sulfocyanate de benzoyle fournit le composé $CH^3-C^6H^4-CS-AzH-CO-C^6H^5$ en prismes rouges fusibles à 135-136° [Wheeler, *Am. Ch. J.*, **26**, 345, 1901]. — Le chlorure de l'acide méthylsalicylique conduit à la 2-oxyphényl-4'-tolylcétone [Ullmann, Goldberg, *D. chem. G.*, **35**,

2811, 1902]. — Le chlorure de phénoxy-acétyle engendre la tolylphénoxyméthylcétone [Stœrmer, Atemstadt, *D. chem. G.*, 35, 3560, 1902].

Le fulminate de mercure, mis en réaction avec du toluène et du chlorure d'aluminium anhydre en excès, donne naissance aux nitriles o- et p-toluique [Scholl, *D. chem. G.*, 36, 10, 1903]. Mais si l'on emploie un mélange de chlorure anhydre et de chlorure hydraté, on obtient l'oxime de l'aldéhyde p-toluique [Scholl, Kacer, *ibid.*, 322]. La formation du nitrile peut s'expliquer en admettant la formation momentanée de chlorure de cyanogène :

$$C = Az\,O\,H \rightarrow C = Az - Cl \rightarrow Cl - C \equiv Az$$

La formation de l'oxime est exprimée par l'équation suivante : $C^7H^7 + C = Az\,O\,H = C^7H^6 - C\,H = Az\,O\,H$.

La condensation du chlorure d'o-tolyle avec le toluène et de AlCl³ donne la ditolylcétone [Scharwin, Schorigin, *D. chem. G.*, 36, 2025, 1903]. — L'étude dynamique de la condensation des chlorures de benzoyle et de benzyle a été faite par Steele [*Chem. Soc.*, 83, 1470, 1903]. — Le chlorure de cyclohexyle donne la cyclohexyl-tolylcétone [Koursanof, *J. Soc. ph. ch. russe*, 35, 1019, 1903]. — Le chlorure-éther malonique fournit l'éther p-toluvacétique : $CH^3 - C^6H^4 - CO - CH^2 - CO^2C^2H^5$ [Marguery, *Bull. Soc. Chim.*, 33, 549, 1905]. — Le chlorure de méthylène donne des xylènes, des ditolylméthanes méta et para, du β-méthyl-anthracène et deux diméthyl-anthracènes [Lavaux, *C. R.*, 139, 976, 1905]. — La condensation du chlorure de p-nitrobenzyle a été étudiée par Bœseken [*Rec. Pays-Bas*, 23, 98, 1904]. — Le tétrachlorure de carbone fournit, suivant les conditions opératoires, du chlorure de tri-p-tolylméthyle [Gomberg, *D. chem. G.*, 37, 1626, 1904] ou du chlorure de 4-4'-diméthyl-benzophénone [Bœseken, *Rec. Pays-Bas*, 24, 1, 1905]. — Le chlorure de benzophénone donne le diphényl-p-tolylcarbinol [Gomberg, *loc. cit.*]. — Le chlorure de l'acide fluorénone-carbonique ou l'anhydride diphène-dioïque donnent la tolyl-fluorénone [Piek, *Mon. f. Ch.*, 25, 979, 1904].

Le nickel-carbonyle réagit aussi sur le toluène en présence du chlorure d'aluminium ; à froid, on obtient de l'aldéhyde p-toluique ; à 100°, on obtient du diméthyl-anthracène-2.6 [Dewar, Jones, *Chem. Soc.*, 85, 212, 1904].

Le tétrabromure d'acétylène donne du benzène, des xylènes, du β-méthylanthracène et des diméthylanthracènes [Lavaux, *C. R.*, 139, 204, 1905].

Réactions diverses. — Chauffé à l'ébullition avec de l'acétate mercurique, le toluène donne un mélange de dérivés mercuriques que le chlorure de sodium transforme en *o-tolylchloromercurite* $CH^3 - C^6H^4 - HgCl$, fusible à 140-142° et β-*tolylchloromercurite* fusible à 230-231°. Ces deux composés, traités au brome, donnent les bromotoluènes ortho et para [Dimroth, *D. chem. G.*, 32, 760, 1899 ; *Cent. Bl.*, I, 450, 1901].

Le toluène donne une combinaison moléculaire avec l'acide bromo-6-nitro-3-benzoïque [Hollemann, B. R. de Bruyn, *Rec. Pays-Bas*, 20, 206, 1901]. — Il donne avec la 4-4'-dinitrodiphénylamine une combinaison en aiguilles orangées qui perdent leur toluène à 60° [Juillard, *Bull. Soc. Chim.*, 31, 713, 1904]. — Il donne avec la tétrabromo-o-quinone un produit d'addition $C^6Br^4O^2$. C^7H^8 fusible à 70-75° [Jackson, Porter, *Am. Ch. J.*, 34, 89, 1904].

Action physiologique. — L'action du toluène sur la trypsine a été étudiée par Kaufmann [*Z. physiol. Ch.*, 39, 434, 1903].

TOLUÈNES CHLORÉS. — *Orthochlorotoluène.* — On l'obtient pur à partir de l'o-toluidine par la réaction de Sandmeyer [Behrend, Nissen, *Ann. Chem.*, 269, 393, 1892 ; — Erdmann, *ibid.*, 272, 145, 1892]. Il fond à — 34° [Haase, *D. chem. G.*, 26, 1053, 1893]. Il bout à 155° sous 760 mm., à 159°,38 sous 760ᵐᵐ,07 ; points d'ébullition sous différentes pressions : voy. Feitler [*Z. phys. Ch.*, 4, 73, 1889]. $D^{20} = 1,08073$ [Seubert, *D. chem. G*, 22, 2520, 1889] ; densités à différentes températures et pouvoir rotatoire magnétique : Perkin *Ch. Soc.*, 69, 1243, 1896]. — Sur l'existence de deux modifications, voir Ostromisslensky [*Zeit. physikal. Chem.*, 57, 341, 1906].

L'o-chlorotoluène est réduit à 302° en toluène par l'acide iodhydrique et le phosphore rouge [Klages, Liecke, *J. f. pr. Ch.*, 64, 322, 1900]. — Sa vitesse d'oxydation relative a été étudiée par Cohen et Miller [*Ch. Soc.*, 85, 174, 1904]. — Chauffé avec du chlorure plombico-ammonique, il donne du chlorure d'orthochlorobenzyle [Seyewetz, Trawitz, *Bull. Soc. Chim.*, 25, 225, 1903]. Soumis à l'action du chlore en présence du couple aluminium-mercure, il donne un mélange des toluènes dichlorés 2.3, 2.4, 2.5 et 2.6 [Cohen, Dakin, *Ch. Soc.*, 79, 1111, 1901].

L'o-chlorotoluène est transformé, dans l'organisme du chien, en acide o-chlorohippurique, et, dans celui du lapin, en acide o-chlorobenzoïque [Hildebrandt, *Beitr. Chem. Physiol. u. Path.*, 3, 365, 1902].

Métachlorotoluène. — On l'obtient pur à partir de la méta-toluidine par la réaction de Sandmeyer, ou à partir de la 3-chloro-4-toluidine par remplacement de AzH^2 par H [Wroblewski, *Ann. Chem.*, 168, 199]. Il fond à — 47°,8 [Haase, *loc. cit.*]. Il bout à 162°,2 sous 756ᵐᵐ,52 ; points d'ébullition sous différentes pressions : Feitler [*loc. cit.*]. $D^{20} = 1,08702$ [Seubert, *loc. cit.*].

Sa vitesse d'oxydation relative a été étudiée par Cohen et Miller [*loc. cit.*]. Soumis à l'action du chlore en présence du couple aluminium-mercure, il donne les toluènes dichlorés-3.4 et 3.5 [Cohen, Dakin, *loc. cit.*]. Par nitration, il donne naissance au chlorodinitrotoluène-3.4.6, puis au chlorotrinitrotoluène-3.2.4.6 [Reverdin, Crépieux, *D. chem. G.*, 33, 2505, 1900 ; — Reverdin, Dresel, Delétra, *Bull. Soc. Chim.*, 31, 631, 1904]. Il a été condensé avec la diphénylamine [Haussermann, *D. chem. G.*, 34, 38, 1901].

Le m-chlorotoluène se transforme dans l'organisme du chien en acide m-chlorohippurique, dans celui du lapin en acide chlorobenzoïque [Hildebrandt, *loc. cit.*].

Parachlorotoluène. — Il fond à 7°,4, bout à 162°,3 sous 756ᵐᵐ,4 ; points d'ébullition sous différentes pressions [Feitler, *loc. cit.*]. $D^{20} = 1,06974$ [Seubert, *loc. cit.*] ; densités à différentes températures et pouvoir rotatoire magnétique [Perkin, *loc. cit.*].

Le p-chlorotoluène est transformé en toluène par l'acide iodhydrique et le phosphore à 302° [Klages, Liecke, *loc. cit.*]. Son oxydation a été étudiée par Montague [*Rec. Pays-Bas*, 24, 105, 1905] et par Cohen et Miller [*loc. cit.*]. Chauffé avec du chlorure plombico-ammonique, il donne du chlorure de p-chlorobenzyle [Seyewetz, Trawitz, *loc. cit.*]. Chloré en présence du couple Al-Hg, il donne les toluènes chlorés 2.4 et 3.4 [Cohen, Dakin, *loc. cit.*].

Le p-chlorotoluène se transforme, dans l'organisme du chien, en acide p-chlorohippurique et, dans celui du lapin, en acide p-chlorobenzoïque [Hildebrandt, *loc. cit.*].

TOLUÈNES DICHLORÉS. — Ils ont été obtenus

par Cohen et Dakin [*loc. cit.*], par chloruration des monochlorotoluènes en présence du couple Al-Hg. Leur oxydation a été étudiée par Cohen et Miller [*Chem. Soc.*, **85**, 1622, 1904].

Dérivé 2.3. — Il est liquide et bout à 195-199° [Seelig, *Ann. Chem.*, **237**, 168, 1887], à 207-208° [Wynne, Greeves, *Proc. Chem. Soc.*, n° 154]. Chloré en présence du couple Al-Hg, il donne du trichlorotoluène-2.3.4 [Cohen, Dakin, *Chem. Soc.*, **81**, 1324, 1902].

Dérivé 2.4. — On peut le préparer en chlorant le toluène en présence de $FeCl^3$ ou de $MoCl^5$ [Seelig, *loc. cit.*] ou, par les réactions de Sandmeyer, à partir de la p-toluylène-diamine [Erdmann, *D. chem. G.*, **24**, 2769, 1891] ou de l'o-chloro-p-toluidine [Lellmann, Klotz, *Ann. Chem.*, **231**, 314, 1885]. Il est liquide et bout à 194° sous 745 mm., $D_{20} = 1,24597$. Chloré en présence du couple Al-Hg, il donne les toluènes trichlorés 2.4.5. 2.3.4 et 2 4.6 [Cohen, Dakin, *loc. cit.*]. Soumis à la nitration, il donne le dérivé dichloronitré 2.4.5 et le dérivé dichlorodinitré 2.4.3.5 [Cohen, Dakin, *Chem. Soc.*, **81**, 1344, 1902].

Dérivé 2.5. — On l'obtient à partir de la 5-chloro-p-toluidine [Lellmann, Klotz, *Ann. Chem.*, **234**, 318, 1885]. Il fond à 4°-5°, bout à 200° sous 770 mm. [Wynne, *Chem. Soc.*, **61**, 1053, 1892]. $D_{20} = 1,2535$. Chloré en présence du couple Al-Hg, il donne les toluènes trichlorés 2.3.6 et 2.4.5. Nitré, il donne les dérivés dichloronitré-2.5.4 et dichlorodinitré-2.5.4.6 [Cohen, Dakin, *loc. cit.*].

Dérivé 2.6. — On le prépare à partir de la 6-nitro-o-toluidine. Il bout à 199-200° [Wynne, Greeves, *Proc. Chem. Soc.*, n° 154]. Par chloruration en présence du couple Al-Hg, il donne le toluène trichloré-2.3.6 [Cohen, Dakin, *Chem. Soc.*, **81**, 1324, 1902]. Nitré, il fournit les dérivés dichloronitré-2.6.3 et dichlorodinitré-2.6.3.5 [Cohen, Dakin, *ibid.*, 1344].

Dérivé 3.4. — On l'obtient en traitant le m-chloro-p-crésol par PCl^5 [Schall, Dralle, *D. chem. G.*, **17**, 2535, 1884] ou bien à partir de la m-chloro-p-toluidine [Lellmann, Klotz, *Ann. Chem.*, **234**, 312, 1885]. Il bout à 200°.5 sous 741 mm. [Lellmann, Klotz] à 207°,4 sous 764° [Wynne, *Chem. Soc.*, **61**, 1060, 1069, 1892]. $D_{20} = 1,2512$ (Lellmann, Klotz). Chloré en présence du couple Al-Hg, il donne le toluène trichloré-3.4.6 [Cohen, Dakin, *Chem. Soc.*, **81**, 1324, 1904]. Nitré, il donne les dérivés dichloronitré-3.4.6 et dichlorodinitré-3.4.2.6 [Cohen, Dakin, *ibid.*, 1344].

Dérivé 3.5. — On le prépare en enlevant AzH^2 à la 3.5-dichloro-p-toluidine [Lellmann, Klotz, *loc. cit.*] ou à la 3.5-dichloro-o-toluidine [Wynne, Greeves, *loc. cit.*; — voy. aussi Hantzsch, *D. chem. G.*, **30**, 2345, 1897]. Il fond à 26°, bout à 195° sous 729 mm. (Lellmann, Klotz), à 201-202° (Wynne, Greeves). Chloré en présence du couple Al-Hg, il donne le dérivé trichloré-2.3.5. Nitré, il donne les dérivés dichloronitré-3.5.2 et dichlorodinitré-3.5.2.6 [Cohen, Dakin, *loc. cit.*].

TOLUÈNES TRICHLORÉS. — Ils ont été obtenus par Cohen et Dakin [*Chem. Soc.*, **81**, 1324, 1902] en chlorant les toluènes dichlorés en présence du couple Al-Hg et préparés aussi synthétiquement.

Dérivé 2.3.4. — Il se forme quand on chlore l'o- ou le p-chlorotoluène en présence de $FeCl^3$ [Seelig, *Ann. Chem.*, **237**, 131, 1886]. On l'obtient à partir du dichloronitrotoluène-2.3.4 par la réaction de Sandmeyer [Cohen, Dakin; — voy. aussi Prenntzell, *ibid.*, **296**, 180, 1897]. Il fond à 41°, bout à 231-232° sous 716 mm. (Seelig). Par chloruration en présence du couple Al-Hg, il donne le dérivé tétrachloré-2.3.4.6 (Cohen, Dakin).

Dérivé 2.3.5. — On le prépare à partir de la dinitro-5-chloro-2-toluidine. Il fond à 45-46°. Par nitration il donne un dérivé mononitré, puis le dérivé dinitré (Cohen, Dakin).

Dérivé 2.3.6. — On le prépare en partant de la 3-nitro-2-toluidine qu'on transforme en 2-chloro-3-toluidine, dont le dérivé acétylé donne par chloruration la 2.6-dichloro-3-acétotoluide; la 2 6-dichloro-3-toluidine est ensuite soumise à la réaction de Sandmeyer. Le toluène trichloré-2.3.6 fond à 45-46° (Cohen, Dakin).

Dérivé 2.4.5. — On l'obtient en chlorant l'o- ou le p-chlorotoluène [Seelig, *loc. cit.*], ou bien à partir de la 3-chloro-4-toluidine en passant par la chloronitrotoluidine, le 6-nitro-3.4-dichlorotoluène et la 4.5-dichloro-2-toluidine. Il fond à 81-82° (Cohen, Dakin); il bout à 229-230° sous 716 mm. (Seelig).

Dérivé 2.4.6. — Il a été obtenu à partir de la trichloro-m-toluidine. Il fond à 33-34° (Cohen, Dakin).

Dérivé 3.4.5. — On l'obtient à partir de la 3-chloro-4-toluidine [Wynne, *Chem. Soc.*, **61**, 1070, 1892] ou bien à partir de la 3-chloro-4-acétotoluidine en passant par la 3-chloro-5-nitro-4-toluidine, le 3.4-dichloro-5-nitrotoluène et la 4.5-dichloro-3-toluidine. Il fond à 44°,5-45°,5 (Cohen, Dakin).

TOLUÈNES TÉTRACHLORÉS. — Les isomères 2.3.4.5, fusibles à 86-88°, 2.3.4.6, fusibles à 91°,5, 2.3.5.6, fusibles à 93-94°, ont été obtenus par Cohen et Dakin [*Chem. Soc.*, **85**, 1274, 1904] soit en chlorant à 0° les trichlorotoluènes en présence du couple Al-Hg [voir à ce sujet Cohen et Dakin, *Proc. Chem. Soc.*, **22**, 241, 1907], soit synthétiquement.

TOLUÈNES BROMÉS. — *Orthobromotoluène.* — Il se forme quand on décompose l'o-bromotoluène-sulfonate de potassium par la vapeur d'eau surchauffée [Miller, *Chem. Soc.*, **61**, 1029, 1892]. Il fond à —25°,9 [Haase, *D. chem. G.*, **26**, 1053, 1893]. Points d'ébullition et densité sous différentes pressions [Feitler, *Zeit. phys. Chem.*, **4**, 73, 1889]. $D_4^{20} = 1,4222$ [Seubert, **22**, 2520, 1889]; densités à différentes températures et pouvoir rotatoire magnétique [Perkin, *Chem. Soc.*, **69**, 1243, 1895]. Sur l'existence de deux modifications, voir Ostromisslensky [*loc. cit.*]. L'o-bromotoluène est réduit à 250° en toluène par l'acide iodhydrique et le phosphore [Klages, Liecke, *J. prakt. Chem.*, **61**, 322, 1900]. Il est lentement transformé en acide o-bromobenzoïque par le ferricyanure de potassium alcalin [Noyes, *Am. chem. Journ.*, **7**, 145, 1885]. Traité par la chlorhydrine chronique, il fournit, après addition d'eau, de l'aldéhyde o-bromobenzoïque et du chlorure de benzylidène o-bromé. Traité par le brome, il donne des toluènes dibromés-2.5 et 2.4 [Miller, *loc. cit.*]. Il donne par nitration le dinitrobromotoluène-3.5.2 [Blanksma, *Rec. Pays-Bas*, **20**, 425, 1901]. Le dérivé magnésien de l'o-bromotoluène fournit, sous l'action de l'oxygène, de l'o-crésol [Bodroux, *C. R.*, **136**, 158, 1903; — *Bull. Soc. Chim.*, **31**, 34, 1904].

Métabromotoluène. — Il fond à —39°,8 [Haase, *loc. cit.*]; bout à 183°,67 sous 759^{mm},46, etc. [voy. Feitler, *loc. cit.*]. $D_4^{20} = 1,40988$ [Seubert, *loc. cit.*].

Parabromotoluène. — Sur la préparation, voy. Michaelis, Genzken [*Ann. Chem.*, **242**, 165, 1887]. Cristaux rhombiques, fusibles à 28°,5, bouillant à 185°,2 [Hubner, Post, *Ann. Chem.*, **196**, 6, 1879], à 183°,57 sous 758^{mm},05, etc. [Feitler, *loc. cit.*]. $D_4^{20} = 1,38977$ [Seubert, *D. chem. G.*, **22**, 2519, 1889]; densités à différentes températures et pouvoir rotatoire magnétique [Perkin, *loc. cit.*]. Chaleur de fusion, 20^{Cal},15 [Petterson, *J. prakt. Chem.*, **24**, 162, 1881].

Points de fusion des mélanges avec le dibromobenzène [Bodorowsky. Bogoiavensky, *Journ. Soc. phys. chim. russe*, 36, 559, 1904]. Traité par le brome, il donne les 3.4 et 2.4-dibromotoluènes [Miller, *loc. cit.*]. Traité par le sodium, il donne du 4.4-ditolyle, du dibenzyle, du 3.4-ditolyle et du p-benzyltoluène [Weiler, *D. chem. G.*, 32, 1056, 1899].

La chloruration à chaud du p-bromotoluène donne du chlorure de p-bromobenzyle [Bœseken, *Rec. Pays-Bas*, 23, 98, 1904]. Le p-bromotoluène, condensé avec la benzophénone en présence du sodium, fournit le p-tolyldiphénylméthane [Acree, *Am. chem. Journ.*, 29, 558, 1903].

Le dérivé magnésien du p-bromotoluène a été condensé : avec l'oxygène pour former du p-crésol [Bodroux, *loc. cit.*], avec l'orthoformiate d'éthyle pour former de l'aldéhyde p-toluique [Bodroux, *Bull. Soc. Chim.*, 31, 586, 1904], avec le sulfate diméthylique [Werner, Zilkens, *D. chem. G.*, 2116, 1903], — Houben, *ibid.*, 3083], avec l'oxysulfure de carbone [Weigert, *D. chem. G.*, 36, 1007, 1903].

Les trois monobromotoluènes sont transformés dans l'organisme du lapin en acides bromohippuriques [Hildebrandt, *loc. cit.*].

TOLUÈNES DIBROMÉS (voy. 1er Suppl., 1565). — Le dérivé-3.5 donne par nitration les dérivés 3.4-dinitré et 2.4.6-trinitré [Blanksma, *Rec. Pays-Bas*, 23, 125, 1904].

TOLUÈNES TRIBROMÉS ET TÉTRABROMÉS (voy. 1er Suppl., 1566).

TOLUÈNE PENTABROMÉ. — Il se forme par action du brome sur le bromure de subéryle en présence de traces de AlBr3 [Markownikoff, *Ann. Chem.*, 327, 59, 1903], par action du brome sur le cycloheptane [Markownikoff, *Journ. phys. chim. russe*, 25, 544, 1893] ou sur le méthylcyclohexane [Koursanof, *D. chem. G.*, 32, 2973, 1899]; par bromuration, en présence de AlBr3, des éthyl et propylcymènes [Klages et Sommer, *D. chem. G.*, 39, 2307, 1906; — Klages, *D. chem. G.*, 40, 2360, 1907]. Il fond à 282-283° (Koursanof), à 279-280° [Zélinsky, Générosof, *D. chem. G.*, 29, 732, 1896]. Il est transformé en toluène par l'acide iodhydrique et le phosphore à 302° [Klages, Diecke, *J. prakt. Chem.*, 61, 322, 1900].

TOLUÈNES CHLOROBROMÉS. — Les dix isomères ont été préparés synthétiquement par Cohen et Raper [*Chem. Soc.*, 85, 1265, 1904]; voici leurs points d'ébullition ou de fusion. 2.3 bout à 125-135° sous 50 mm.; 3.2 bout à 103-105° sous 25 mm.; 2.4 bout à 100-110° sous 10 mm.; 4.2 bout à 112-114° sous 12 mm.; 2.5 bout à 127-129° sous 45 mm.; 5.2 bout à 98-100° sous 25 mm.; 2.6 bout à 118-120° sous 40 mm.; 3.4 bout à 125-130° sous 25 mm.; 4.3 bout à 120-125° sous 28 mm.; 3.5 fond à 25-26°. L'oxydation de ces toluènes chlorobromés a été étudiée par Cohen et Miller [*Chem. Soc.*, 85, 1622, 1904].

TOLUÈNES IODÉS (voy. 3, 439). — Les o- et p-iodotoluènes se forment par action de l'iodure de soufre et de l'acide azotique sur le toluène [Edinger, Goldberg, *D. chem. G.*, 33, 2877, 1900]. Les trois toluènes iodés ont été transformés dans les ditolyles correspondants par chauffage avec du cuivre pulvérisé [Ullmann, *Ann. Chem.*, 332, 38, 1904]. Le toluène p-iodé a été réduit par l'acide iodhydrique et le phosphore [Klages, Storp, *J. prakt. Chem.*, 65, 564, 1902].

TOLUÈNES DIIODÉS. — Le dérivé 2.4 se forme en chauffant l'o- ou le p-iodotoluène avec de l'acide sulfurique à 170°, il bout à 294-295° [Neumann, *Ann. Chem.*, 241, 51, 1887]. Le dérivé 2.6 s'obtient à partir du nitroiodotoluène-2.6, il fond à 40-42° [Cohen, Miller, *Chem. Soc.*, 85, 1267, 1904].

TOLUÈNE TRIIODÉ-2.4.6. — Il se forme comme le dérivé diiodé-2.4 (Neumann). Il fond à 118-119°.

TOLUÈNE CHLOROIODÉ-2.6. — Il bout à 132-133° sous 25 mm. [Cohen, Miller, *Chem. Soc.*, 85, 1627, 1904].

TOLUÈNES BROMOIODÉS (voy. 3, 439). — Le dérivé bromoiodé-2.6 bout à 135-140° sous 15 mm. [Cohen, Miller, *Chem. Soc.*, 85, 1267, 1904]. Le dérivé 3.5-dibromé-2-iodé s'obtient à partir de la 3.5-dibromo-o-toluidine. Il fond à 68° et bout à 314° [Mac Crae, *Chem. Soc.*, 73, 691, 1898].

TOLUÈNES IODOSÉS ET IODYLÉS. — *Dérivés iodosés.* — Le toluène o-iodé traité par le chlore en solution chloroformique donne un *dichlorure* qui se décompose à 91° et qui, traité par la soude, fournit l'*o-iodosotoluène*, amorphe, explosant vers 178° [Willgerodt, *D. chem. G.*, 26, 361, 1893].

Le *m-iodosobenzène* est amorphe et se décompose à 180-185° [Ortoleva, *Gazz. chim. ital.*, 30, 1].

Le *p-iodosotoluène* se décompose à 175-178° (Willgerodt). Traité par l'acide fluorhydrique, il donne un *dérivé fluoiodosé* fusible à 115° [Weinland, Stille, *Ann. Chem.*, 328, 132, 1903].

Dérivés iodylés. — L'*o-iodylotoluène* se forme en chauffant l'iodosé avec de l'eau; il explose à 210° [Willgerodt, *loc. cit.*]. Traité par l'acide fluorhydrique, il donne un *dérivé fluoiodylé* fusible à 120° : $CH^3-C^6H^4-IOF^2$ [Weinland, Stille, *D. chem. G.*, 34, 2631, 1901].

Le *p-iodylotoluène* explose à 228° (Willgerodt). Son *dérivé fluoiodylé* détone à 225° (Weinland, Stille).

BASES TOLYLIODONIUMS. — *Sels de di-o-tolyliodonium* [Heilbronner, *D. chem. G.*, 28, 1815, 1895]. — Le *chlorure* fond à 179°, le *chloromercurate* à 133-134°, le *chloroplatinate* à 169°, le *chloraurate* à 108°; le *bromure* fond à 178°, l'*iodure* à 152°, le *periodure* à 155°.

Sels de di-p-tolyliodonium [Mac Crae, *D. chem. G.*, 28, 97, 1895; — Peters, *Chem. Soc.*, 84, 1350, 1902]. — Le *chlorure* fond à 178°, le *chloromercurate* à 179°, le *chloroplatinate* à 176°, le *chloraurate* a 126°; le *bromure* fond à 178°, l'*iodure* à 146°, le *periodure* à 156°, le *nitrate* à 139°, le *bichromate* à 140°, le *bromocamphresulfonate* à 185-186°.

Sels de phényl-o-tolyliodonium [Willgerodt, *D. chem. G.*, 31, 917, 1898]. — Le *chlorure* fond à 213-214°, le *chloromercurate* à 135-137°, le *chloroplatinate* se décompose à 191-195°, l'*iodure* à 165°, le *nitrate* à 183-185°, le *sulfate* à 171°, le *bichromate* à 141-143°.

Sels de phényl-p-tolyliodonium [Willgerodt, *D. chem. G.*, 31, 919, 1898; — Peters, *Chem. Soc.*, 81, 1350, 1902]. — Le *chlorure* fond à 208°, le *chloromercurate* à 158-159°, l'*iodure* à 170° (Willgerodt), à 152-158° (Peters), le *nitrate* à 138-140° (Willgerodt), à 117° (Peters), le *bichromate* à 155-157° (Willgerodt), à 143° (Peters), le *bromocamphre-sulfonate-d* à 120° quand il est hydraté, à 165° anhydre, $[\alpha]_D = +45°$ pour le sel hydraté en solution hydrométhylalcoolique (Peters).

Sels de méthyléthylphényltolyliodonium,

$$\left.\begin{array}{l}CH^3\\C^2H^5\end{array}\right\rangle C^6H^3 - \overset{\textstyle X}{\overset{|}{I}} - C^6H^4 - CH^3$$

[Willegerodt et Brandt, *J. prakt. Chem.*, 69, 433, 1904]. — Le *chlorure* fond à 177°, le *chloroplatinate* à 176°, le *bromure* à 175°, l'*iodure* à 168°.

TOLUÈNES FLUORÉS. — Le p-fluorotoluène se forme en chauffant la solution du chlorure de p-tolyldiazonium en présence d'acide fluorhydrique [Valentiner. Schwarz, D.R.P. 96153. 1898] ou à partir de l'acide p-toluidine-m-sulfonique qu'on transforme en acide p-fluorotoluène-sulfonique qu'on hydrolyse [Paterno, Oliveri. *Gazz. chim. ital.*, **13**. 535, 1883]. Il bout à 116-117°. D = 0,992 à 25°.

DÉRIVÉS NITRÉS ET NITROSÉS.

DÉRIVÉS NITROSÉS. — L'o-*nitrosotoluène* se forme par oxydation de l'o-tolylhydroxylamine [Bamberger, *D. chem. G.*, **28**, 249, 1895] ou par action des vapeurs nitreuses sur le mercure di-tolyle en solution chloroformique [Kunz, *D. chem. G.*. **31**. 1530, 1898]. Il fond à 72-72°,5. Ses solutions sont vertes; les solutions acétique, benzénique et acétonique contiennent le produit sous sa forme monomoléculaire [Bamberger, Rising, *D. chem. G.*, **34**, 3877, 1901]. Traité à froid par l'acide sulfurique concentré, l'o-nitrosotoluène donne la 4-nitroso-2'-3-diméthylphénylhydroxylamine [Bamberger, Büsdorff. Sand, *D. chem. G.*. **31**. 1517, 1898].

Le m-*nitrosotoluène* fond à 53-53°,5 [Bamberger, *loc. cit.*].

Le p-*nitrosotoluène* s'obtient par oxydation de la p-tolylhydroxylamine [Bamberger, *loc. cit.*; — Bamberger, Brady, *D. chem. G.*, **33**, 274, 1900], ou par oxydation de la p-toluidine par MnO^4K en solution sulfurique en présence d'un peu d'aldéhyde formique [Bamberger, Tschirner, *D. chem. G.*, **31**, 1524, 1898] ou encore à partir du mercure di-p-tolyle [Kunz, *loc. cit.*]. Il fond à 48°,5. Il est monomoléculaire en solution acétique, benzénique ou acétonique [Bamberger, Rising, *loc. cit.*]. Il donne avec la phénylhydrazine la p-tolylazohydroxyanilide $C^6H^3 - C^6H^4 - Az = Az(OH)C^6H^5$ et la phénylazohydroxy-p-toluide $C^6H^5 - Az = Az(OH) - C^6H^4 - CH^3$ [Bamberger, *D. chem. G.*, **33**, 3508, 1900]. Il se condense avec le cyanure de benzyle pour donner le 4-méthylphényl-γ-cyanométhine-phényle $C^6H^5 - C(CAz) = Az - C^6H^4 - CH^3$ [Sachs, *D. chem. G.*, **34**, 474, 1901]. Chauffé avec du nitrohydroxamate de sodium, il donne la nitroso-p-tolylhydroxylamine [Angeli, Angelico, *Atti d. Lincei*, **10**, 164, 1901; *Bull. Soc. Chim.*, **32**, 785. 1904].

Le *nitro-3-nitroso-4-toluène* s'obtient en traitant la m-nitro-p-toluidine par le réactif de Caro. Il fond à 145°.5 [Bamberger, Hubner, *D. chem. G.*. **36**. 3803, 1903].

Dinitrosotoluène-2-3. — Il se forme quand on chauffe à 120-130° la 3-nitro-2-diazotoluène-imide. Il fond à 60° [Zincke, Schwarz, *Ann. Chem.*, **307**, 45, 1899]. Soumis à la nitration, il donne un *dérivé mononitré* fusible à 162°, puis un *dérivé dinitré* fusible à 122-123°. Un second *dérivé mononitré* fusible à 70°, a été obtenu à partir de la m-nitro-o-diazotoluène-imide [Drost, *Ann. Chem.*, **313**. 299, 1900].

Dinitrosotoluène-3-4. — Il fond à 96-97° [Zincke, Schwarz, *loc. cit.*]. Il fournit un *dérivé mononitré*, puis un *dérivé dinitré* fusible à 133°. Un second *dérivé mononitré* fond à 145° [Drost. *loc. cit.*].

Dinitrosotoluène-2-5. — Il se forme par oxydation de la toluquinone-dioxime par le ferricyanure de potassium. Il fond à 144° [Nietzki, Guiterman, *D. chem. G.*, **24**, 432, 1888; — Mehne, *ibid.*. 734].

TOLUÈNES NITRÉS. — *Orthonitrotoluène.* — On le purifie en chauffant le produit brut avec un arsénite, le p-nitrotoluène est alors réduit [Lösner, *J. f. prakt. Chem.*, **50**. 567, 1894]; on peut aussi mettre à profit ce fait que le p-nitrotoluène est réduit plus rapidement que l'ortho par les sulfites et hydrosulfites alcalins ou alca-lino-terreux [Clayton Aniline Comp., D.R.P. 92991, *Frdl.*, IV, 32]. Il fond à — 10°,5 et bout à 218°, $D_{15} = 1.168$ [Streng, *D. chem. G.*, **24**, 1987, 1891]. Il fond à — 14°,8 [Schneider, *Zeit. ph. Ch.*, **19**, 157, 1896], bout à 220°,4 sous 760 mm. [Kahlbaum, *Zeit. ph. Chem.*, **26**, 624, 1898]. D'après Walker et Spencer [*Chem. Soc.*, **85**, 1106, 1904] il existe sous deux modifications cristallines, dont l'une fond à — 10° et l'autre à — 4°,25. Densités à différentes températures [Perkin, *Chem. Soc.*, **69**, 1239, 1896]. Réfraction [Brühl, *Z. phys. Ch.*, **16**, 218, 1895]. Spectre d'absorption [Spring, *Rec. Pays-Bas*, **16**, 1. 1897]. Tensions de vapeur [Kahlbaum, *loc. cit.*]. Pouvoir rotatoire magnétique [Perkin, *loc. cit.*]. Constante diélectrique [Turner, *Z. ph. Ch.*. **35**, 384, 1900].

Traité par la potasse concentrée, il fournit, en même temps que les acides azo- et azoxy-benzoïques, de l'acide anthranilique [Preuss, Binz, *Z. f. ang. Ch.*, 385, 1900]. Oxydé par le mélange chromique, à froid, il donne 6 à 8 0/0 d'aldéhyde o-nitrobenzoïque; avec l'acide nitreux, il donne très peu d'aldéhyde [Lauth, *Bull. Soc. Chim.*, **31**, 133, 1904]. L'oxydation électrolytique donne de l'alcool o-nitrobenzylique [Pierron, *Bull. Soc. Chim.*, **25**, 852, 1901]. L'oxydation manganique a été étudiée par Ullmann et Uzbachian [*D. chem. G.*, **36**, 1797, 1903]. Chloré en présence du chlorure d'antimoine, il donne les nitrochlorotoluènes-2.4 et 2.6 [Cohn, *Mon. f. Chem.*, **22**, 473, 1901]. Il se combine à l'iodure de lithium [Dawson, Goodson, *Chem. Soc.*. **85**, 796, 1904].

Métanitrotoluène. — Il se forme en petite quantité (1 à 2 0/0) par nitration du toluène [Monnet, Reverdin, Nölting, *D. chem. G.*, **12**, 443. 1879; — Nœlting, Witt, *ibid.*, **18**, 1337, 1885]. On l'obtient à partir de la 3-nitro-4-toluidine par diazotation en solution alcoolique [Buchka, *D. chem. G.*, **22**, 829, 1889]. Points d'ébullition sous différentes pressions [Neubeck, *Z. phys. Ch.*, **1**, 658, 1888]. Electrolysé en solution sulfurique, il donne le 5-amino-o-crésol [Gattermann, *D. chem. G.*, **27**, 1930, 1894]. Traité par un alcali pulvérisé à la température ordinaire, il donne du m-nitro-o-crésol [Wohl, D. R. P. 116790, 1900]. Il se condense avec la β-naphtylamine en présence des alcalis pulvérisés pour donner une tolunaphtazine [Wohl, Aue, *D. chem. G.*, **34**, 2442, 1901]. Oxydé électrolytiquement, il fournit l'aldéhyde m-nitrobenzoïque [Pierron, *Bull. Soc. Chim.*, **25**, 852, 1901].

Paranitrotoluène. — Points d'ébullition sous différentes pressions [Neubeck, *loc. cit.*]. Il bout à 237°,7 sous 760 mm. [Kahlbaum, *Z. phys. Ch.*, **26**, 624, 1898]. Densités à différentes températures et pouvoir rotatoire magnétique [Perkin, *Chem. Soc.*, **69**, 1239, 1896]. Densités à l'état liquide [R. Schiff, *Ann. Chem.*, **223**, 261, 1884]. Tensions de vapeur [Kahlbaum, *loc. cit.*]. Conductibilité électrique à l'état liquide [Bartoli, *Gazz. chim. ital.*, **15**, 402, 1885]. Caractères cryoscopiques [Auwers. *Zeit. phys. Chem.*, **42**, 513, 1903]. Influence sur la vitesse de cristallisation de la benzophénone [Pickardt, *Z. phys. Ch.*. **42**, 17, 1903].

Pour doser le p-nitrotoluène dans le nitrotoluène brut, on réduit ce dernier pour le transformer en p-toluidines. On dissout 0gr,2 de celles-ci dans 80 cc. d'éther et on précipite par une solution éthérée d'acide oxalique à 5 0/0. On filtre, on lave à l'éther, on dissout le précipité dans l'eau tiède et l'on titre l'acidité à la phtaléine; 2 mol. de soude équivalent à 1 mol. de nitrotoluène [Glasmann, *D. chem. G.*, **36**, 4260, 1903; *J. Soc. phys. chim. russe*, **36**, 312, 1904].

Chloré en présence d'iode ou de $AlCl^3$, le p-nitrotoluène fournit du chlorure de p-nitrobenzyle et de l'acide p-nitrobenzoïque [Zimmermann, Muller, *D. chem. G.*, **18**, 996, 1885]. Chauffé à 140° avec du brome, il donne les bromures de p-nitrobenzyle et p-nitrobenzylidène [Wachendorff, *Ann. Chem.*, **185**, 268, 1877]. Traité par une solution concentrée de soude alcoolique, il donne du p-dinitrodibenzyle, du p-dinitrostilbène et du dinitrosostilbène [O. Fischer, Hepp, *D. chem. G.*, **26**, 2232, 1893]. Sur l'action du sodium en solution alcoolique, voyez Klinger [*D. chem. G.*, **16**, 941, 1883]. Par action du sodium sur le p-nitrotoluène en solution éthérée, prennent naissance le p-azoxy et le p-azotoluène, et le dérivé sodé de l'azoxydihydrostilbène [Schmidt, *D. chem. G.*, **32**, 2929, 1899]. Électrolysé en solution sulfurique, le p-nitrotoluène donne l'aminonitro-o-benzyltoluène [Gattermann, *D. chem. G.*, **26**, 1852, 1893]; il donne le même composé quand on le chauffe à 170° avec de l'acide sulfurique et de l'alcool p-aminobenzylique [Gattermann, Koppert, *D. chem. G.*, **26**, 2811, 1893]. L'oxydation électrolytique du p-nitrotoluène donne, en solution sulfoacétique, de l'alcool p-nitrobenzylique [Elbs, *Z. für Electrochem.*, **2**, 522, 1896]. Chauffé avec une solution de soufre dans l'acide sulfurique fumant ou dans les alcalis ou les sulfures alcalins, il est transformé en aldéhyde p-aminobenzoïque [Geigy et C°, D. R. P. 86874, *Friedland.*, IV, 136, 1898]; il se fait en même temps un peu de p-toluidine.

Le p-nitrotoluène, traité par le nitrite d'amyle en présence d'éthylate de sodium, donne de la p-nitrobenzaldoxime [Angeli, Angelo, *Att. d. Lincei*, (5), **8**, II, 32, 1900; *Gazz. chim. ital.*, **31**, I, 27, 1900]. Condensé avec l'éther oxalique et l'éthylate de sodium, il forme l'acide p-nitrophénylpyruvique. Si l'on opère en solution éthérée on obtient du p-dinitrodibenzyle [Reissert, *D. chem. G.*, **30**, 1047, 1897].

TOLUÈNES DINITRÉS. — *Dérivé*-2.3. On l'obtient soit en chauffant l'acide 2.3-dinitro-p-toluique à 265° avec de l'acide chlorhydrique à 5 0/0 [Rozanski, *D. chem. G.*, **22**, 2681, 1889], soit à partir de la 3-nitro 2-toluidine, en remplaçant AzH^2 par AzO^2 [Grell, *D. chem. G.*, **28**, 2565, 1895]. Il fond à 63°.

Dérivé-2.4. — (Voyez Dict., **3**, 441). Il se forme quand on oxyde la 2.4-toluylène-diamine par le bioxyde de sodium [O. Fischer, Trost, *D. chem. G.*, **26**, 3085, 1893]. Densité à l'état liquide à $t° = 1,3208 - 0,00088(t - 70°,5)$ [Schiff, *Ann. Chem.*, **233**, 264, 1886]. — Réduit par le sulfhydrate de sodium, il donne, à froid, la 2-nitro-4-toluidine, et à chaud, la 4-nitro-2-toluidine [Graeff, *Ann. Chem.*, **229**, 443, 1885]. Réduit par le chlorure stanneux et l'acide chlorhydrique en solution alcoolique, il fournit uniquement la 4-nitro-2-toluidine [Anschütz, Heusler, *D. chem. G.*, **19**, 2161, 1886]. Oxydé électrolytiquement, il forme l'acide 2.4-dinitrobenzoïque [Sachs, Kempf, *D. chem. G.*, **35**, 2704, 1902]. Il se condense avec l'aldéhyde benzoïque en présence de pipéridine pour former le 2.4-dinitrostilbène; de même avec les aldéhydes m- et p-nitrobenzoïques [Thiele, Escales, *D. chem. G.*, **34**, 2842, 1906]. Avec l'aldéhyde diméthylaminobenzoïque, il donne le diméthylamino-4-dinitro-2.4-stilbène [Sachs, Steinert, *D. chem. G.*, **37**, 1733, 1904]. Il se condense avec le nitrosodiméthylaniline, en présence de carbonate de sodium, pour former la p-diméthylamino-anilide de la 2.4-dinitrobenzaldéhyde [Sachs, Kempf, *D. chem. G.*, **35**, 1224, 1902].

Dérivé-2.5. — Il se forme, en même temps que le 2.4, quand on nitre le toluène par l'acide nitrique fumant [Limpricht, *D. chem. G.*, **18**, 1402, 1885]. On l'obtient en oxydant le 2.5-dinitrosotoluène par l'acide nitrique [Nietzki, Guiterman, *D. chem. G.*, **21**, 433, 1888]; en chauffant à 250° l'acide 2.5-dinitro-p-toluique avec de l'acide chlorhydrique à 5 0/0 [Rozanski, *loc. cit.*]; en partant de la 5-nitro-o-toluidine et remplaçant AzH^2 par AzO^2 [Grell, *D. chem. G.*, **28**, 2565, 1895]; en traitant la toluquinonedioxime par le peroxyde d'azote en solution éthérée [Oliveri, Tortorici, *Gazz. chim. ital.*, **30**, 1, 534, 1900]. Il fond à 48° (N. et G.) à 52°,5 (R.; G.). Réduit par le sulfhydrate d'ammonium en solution alcoolique, il donne la 6-nitro-3-toluidine (Limpricht).

Dérivé-2.6. — Il s'obtient à partir de la 2.6-dinitro-p-toluidine par enlèvement de AzH^2 [Städel, *Ann. Chem.*, **217**, 206, 1883; — Hollemann, Bœseken, *Rec. Pays-Bas*, **16**, 427, 1897]. Il fond à 60-61° (S.), à 66° (H., B.). Réduit par le sulfure d'ammonium, il donne la 6-nitro-2-toluidine [Cunerth, *Ann. Chem.*, **172**, 223, 1874] en même temps que du 2-nitro-6-amino-3-crésol, dont la formation s'explique par la production intermédiaire d'hydroxylamine [Cohen, Marshall, *Chem. Soc.*, **85**, 527, 1904]. Il se condense avec l'aldéhyde diméthylaminobenzoïque pour former le diméthylamino-4-dinitro-2'-6'-stilbène [Sachs, Steinert, *D. chem. G.*, **37**, 1733, 1904].

Dérivé-3.5. — On l'obtient à partir de la 3.5-dinitro-o-toluidine par enlèvement de AzH^2 [Städel, *Ann. Chem.*, **217**, 189, 1883; — Hübner, *ibid.*, **222**, 74, 1884] ou à partir de la 3.5-dinitro-p-toluidine [Hönig, *D. chem. G.*, **20**, 2418, 1887]. Il fond à 92-93°. Il donne avec le benzène une combinaison moléculaire en prismes jaune miel (Stadel).

Dérivé-3.4. — (Voyez Dict., **3**, 442). On l'obtient à partir de la 3-nitro-p-toluidine [Haeussermann, Grell, *D. chem. G.*, **27**, 2209, 1894].

TOLUÈNES TRINITRÉS. — *Dérivé*-2.4.6. — Voy. Dict., **3**, 442. Il se forme quand on fait bouillir l'acide trinitrophénylacétique avec de l'eau ou de l'alcool [Jackson, Phinney, *Am. Chem. Journ.*, **21**, 431, 1899; *D. chem. G.*, **28**, 3067, 1895]. Cryoscopie dans l'acide formique : Bruni, Berti [*Gazz. Chim. ital.*, **30**, 76, 1900]. Conductibilité électrique dans l'ammoniaque liquide [Franklin, Kraus, *Am. Chem. Journ.*, **23**, 294, 1900]. L'oxydation électrolytique donne de l'acide 2.4.6-trinitrobenzoïque [Sachs, Kempf, *D. chem. G.*, **35**, 2704, 1902]. La réduction par l'hydrogène sulfuré en solution dans l'alcool absolu contenant une petite quantité d'ammoniaque donne la 2.4-dinitro-6-tolylhydroxylamine [Cohen, Dakin, *Chem. Soc.*, **81**, 26, 1902]. Le trinitrotoluène se condense avec le diazométhane pour former un composé $C^{10}H^{11}O^6Az^5$ fusible à 177° [Heinke, *D. chem. G.*, **31**, 1399, 1898]; avec la nitrosodiméthylaniline pour former l'azométhine $C^6H^2(AzO^2)^3 - CH=Az-C^6H^4 - Az(CH^3)^2$ [Sachs, Everding, *D. chem. G.*, **36**, 959, 1903]. Il donne avec l'aldéhyde diméthylaminobenzoïque un produit d'addition fusible à 60° [Sachs, Steinert, *D. chem. G.*, **37**, 1733, 1904]. Il se combine avec l'α-naphtylamine en donnant un produit fusible à 113°,5, et avec la β-naphtylamine en donnant un produit fusible à 141°,5 [Sudborough, *Chem. Soc.*, **79**, 522, 1901]. Il forme avec le méthylate de potassium le dérivé sodé de l'éther $CH^3-C^6H^2(AzO^2)^2-AzO(OH)OCH^3$ [Hantzsch, Kissel, *D. chem. G.*, **32**, 3140, 1899].

Dérivé-3.4.6. — Il fond à 104° et se forme, à côté d'un autre dérivé trinitré fusible à 112°, par nitration du m-nitrotoluène [Hepp, *Ann. Chem.*, **215**, 366, 1883]. Il fournit, par traite-

TOLUÈNE — 825 — TOLUÈNE.

ment à l'ammoniaque alcoolique, la 4.6-dinitro-3-toluidine.

TOLUÈNES CHLORONITRÉS. — *Dérivé-2.3*[1]. — Il a été préparé à partir de la 3-nitro-2-toluidine. Il bout à 263° [Wynne, Greeves, *Proc. Chem. Soc.*, n° 154].

Dérivé-2.4. — C'est le dérivé décrit comme 3.4 (Dict., **3**, 4461) par Wachendorff [Lellmann, *D. chem. G.*, **17**, 534, 1884]. Il a été préparé par Green et Lawson [*Chem. Soc.*, **59**, 1017, 1891] à partir de la p-nitro-o-toluidine. Il fond à 68° (G., L.).

Dérivé-2.5. — Préparé à partir de la 5-nitro-2-toluidine, il fond à 44°, bout à 248° sous 711 mm. [Goldschmidt, Hönig, *D. chem. G.*, **20**, 200, 1887].

Dérivé-2.6. — Il se forme à côté du 2.4 par chloruration de l'o-nitrotoluène [Cohn. *Mon. f. Chem.*, **22**, 473, 1901; — Janson, D.R.P. 107505]. Il a été obtenu à partir de la 6-nitro-2-toluidine [Green, Lawson, *loc. cit.*]. Il fond à 38° (G., L.), et bout à 236-238° (J.).

Dérivé-3.5. — Il s'obtient à partir de la 5-nitro-3-toluidine. Il fond à 55° [Hönig. *D. chem. G.*, **20**, 2419, 1887], à 61° [Wynne, Greeves. *loc. cit.*].

Dérivé-4.3. — Il se forme à partir de la 3-nitro-4-toluidine [Gattermann, Kaiser, *D. chem. G.*, **18**, 2600, 1885]. Il fond à 7°, bout à 260° sous 745 mm. $D_{22} = 1.297$.

Dérivé-4.2. — Par nitration du p-chlorotoluène [Goldschmidt, Hönig. *D. chem. G.*, **19**, 2440, 1886]. Voy. Dict., **3**, 446.

TOLUÈNES CHLORODINITRÉS. — *Dérivé-2.3.5*. — Il s'obtient par nitration de l'o-chlorotoluène [Nietzki, Rehe, *D. chem. G.*, **25**, 3005, 1892], ou à partir de la 3.5-dinitro-2-toluidine [Rabaut, *Bull. Soc. Chim.*, **13**, 346, 1895]. Il fond à 45°.

Dérivé-2.5.6. — Il se forme par nitration du chloronitrotoluène-2.6 [Cohn. *Mon. f. Chem.*, **22**, 473, 1901].

Dérivé-3.4.6. — Il s'obtient par nitration du m-chlorotoluène [Reverdin. Crépieux, *D. chem. G.*, **33**, 2506, 1900: *Bull. Soc. Chim.*, **23**, 838, 1900]. Il fond à 91°. Le chlore de ce dérivé chlorodinitré est mobile et peut réagir sur les amines [Reverdin, Dresel, Delétra, *Bull. Soc. Chim.*, **31**, 631, 1904]. Il donne par nitration le chloro-trinitrotoluène-3.2.4.6. fusible à 148°.5.

Dérivé-4.2.3. — Il se forme par nitration du p-chlorotoluène [Goldschmidt, Hönig, *D. chem. G.*, **19**, 2439, 1886]. Il fond à 76°.

Dérivé-4.2.6. — Par nitration du chloronitré-4.2. Il fond à 101° [Hönig. *D. chem. G.*, **20**, 2420, 1887].

Dérivé-4.3.5. — Par nitration du chloronitré-4.3. Il fond à 48° [Hönig, *loc. cit.*].

On connaît en outre un dérivé chlorodinitré fusible à 106-107°, obtenu en nitrant le chloronitrotoluène-2.6 [Janson, D.R.P. 107505].

TOLUÈNES DICHLORONITRÉS. — Cohen et Dakin [*Chem. Soc.*, **79**, 1111, 1901; **81**, 1344, 1902] ont préparé les dérivés mononitrés correspondant aux 6-dichlorotoluènes.

Voici leurs points de fusion : *dérivé-2.3.4*, 50°.5-51°.5; *dérivé-2.4.5*, 54-55°: *dérivé-2.5.4*, 50-51°; *dérivé-2.6.3*, 53°; *dérivé-3.4.6*, 63-64°; *dérivé-3.5.2*, 61-62°.

En outre, le *dérivé-2.3.5* a été préparé à partir de la 3-chloro-5-nitro-2-toluidine. Il fond à 83° [Wynne, Greeves, *Proc. Chem. Soc.*, n° 154]. Le *dérivé-2.5.3* a été obtenu à partir de la 3-nitro-5-chloro-o-toluidine; il fond à 54-55°. Le *dérivé-3.4.5* a été préparé à partir

de la 3-chloro-5-nitro-4-toluidine; il fond à 49-50° [Cohen, Dakin, *Chem. Soc.*, **81**, 1324, 1902].

TOLUÈNES DICHLORODINITRÉS. — Cohen et Dakin [*Chem. Soc.*, **81**, 1344, 1902] ont préparé les dérivés dinitrés correspondant aux 6-dichlorotoluènes.

Voici leurs points de fusion : *dérivé-2.3.4.5*, 71-72; *dérivé-2.4.3.5*, 104°; *dérivé-2.5.4.6*, 100-101°; *dérivé-2.6.3.5*, 121-122°; *dérivé-3.4.2.6*, 91°,5-92°.5; *dérivé-3.5.2.6*, 99-100°.

Le TOLUÈNE DICHLOROTRINITRÉ-3.5.2.4.6 se forme par action de l'acide chlorhydrique concentré sur l'éther dichlorotrinitrophénylacétique. Il fond à 200-201° [Jackson, Smith, *Am. Chem. Journ.*, **32**, 162, 1904].

TOLUÈNES TRICHLORONITRÉS. — Ces dérivés ont été obtenus par nitration des dichlorotoluènes [Seelig, *Ann. Chem.*, **237**, 140, 1886; — Cohen et Dakin, *Chem. Soc.*, **81**, 1324, 1902]. Le *dérivé trichloré-2.3.4* fond à 60° (S.). Le *dérivé trichloré-2.3.5* fond à 58-59°. Le *dérivé trichloré-2.3.6* fond à 57-58° (C., D.). Le *dérivé trichloré-2.4.5* fond à 92° (S.). Le *dérivé trichloré-2.4.6* fond à 54°. Le *dérivé trichloré-3.4.5* fond à 81-82° (C., D.).

TOLUÈNES TRICHLORODINITRÉS. — Ils ont été obtenus par nitration des trichlorotoluènes [Seelig, Cohen et Dakin, *loc. cit.*]. Le *dérivé-2.3.4.5.6* fond à 141° (S.). Le *dérivé-2.3.5.4.6* fond à 149-150°. Le *dérivé-2.3.6.4.5* fond à 140-142° (C. D.). Le *dérivé-2.4.5.3.6* fond à 227° (S.). Le *dérivé-2.4.6.3.5* fond à 178-180°. Le *dérivé-3.4.5.2.6* fond à 163-164°.

TOLUÈNES TÉTRACHLORONITRÉS. — Ils ont été obtenus par nitration des tétrachlorotoluènes [Cohen, Dakin, *Chem. Soc.*, **85**, 1274, 1904]. Le *dérivé-2.3.4.5.6* fond à 86-88°. Le *dérivé-2.3.4.6.5* fond à 131-134°. Le *dérivé-2.3.5.6.4* fond à 150-152°.

TOLUÈNES BROMONITRÉS. — (Voy. Dict., **3**, 444, et 1er Suppl, 1566). — Les dérivés bromo-2-nitré-5 et bromo-2-nitré-4 ont été préparés par Scheufelen [*Ann. Chem.*, **234**, 171, 180, 1885] en bromant, respectivement, le m-nitro et le p-nitrotoluène. Le *dérivé bromo-2-nitré-6* a été obtenu par M. Nœlting à partir de la 6-nitro-2-toluidine [*D. chem. G.*, **37**, 1015, 1904]. Il fond à 41°. L'électrolyse du dérivé bromo-4-nitré-2 en solution sulfurique donne du 4-bromo-6-amino-3-crésol, celle du dérivé bromé-4-nitré-3 donne du 4-bromo-5-amino-2-crésol [Gattermann, *D. chem. G.*, **27**, 1931, 1894].

Le *dibromo-2.4-nitro-5-toluène* a été obtenu par nitration du dibromotoluène-2.4. Il fond à 81-82° [Davis, *Chem. Soc.*, **84**, 870, 1902].

Le *toluène-bromodinitré-4.3.5* s'obtient soit à partir de la 3.5-dinitro-4-toluidine, soit en nitrant le 4-bromo-3-nitrotoluène [Jackson, Ittner, *Am. Chem. J.*, **19**, 7, 1897]. Il fond à 118°.

Le *toluène-dibromodinitré-2.4.3.5*, obtenu par nitration du dibromotoluène-2.4, fond à 127°.5 (Davis). Le *toluène dibromodinitré-3.5.2.4*, obtenu par nitration du toluène dibromé-3.5, fond à 157° [Blanksma, *Rec. Pays-Bas*, **23**, 125, 1904]. Les 2 atomes de brome réagissent avec les amines. Le *toluène dibromodinitré-2.5.4.6* se forme quand on traite le dibromocymène par le mélange sulfonitrique. Il fond à 142° [Claus, *J. prakt. Chem.*, **37**, 16, 1888].

Toluène dibromotrinitré-3.5.2.4.6. — Il se forme par nitration du dibromotoluène-3.5 [Palmer. *D. chem. G.*, **21**, 3501, 1888; — Blanksma, *Rec. Pays-Bas*, **23**, 125, 1904]. Il fond à 229-230°. Les deux bromes sont remplaçables par des restes d'amines. Réduit par l'étain et l'acide chlorhydrique, il donne le 2.4.6-triamino-

---

1. Dans la numérotation, le 1er chiffre se rapporte à l'halogène, ou les premiers chiffres dans le cas des dérivés polyhalogénés.

toluène [Palmer, Brenken, *D. chem. G.*, **29**, 1346, 1896].

TOLUÈNES CHLOROBROMONITRÉS. — Quelques-uns de ces dérivés ont été préparés par Willgerodt et Salzmann [*J. prakt. Chem.*, **39**, 478, 1889]. Leur constitution n'a pas été établie.

TOLUÈNES IODONITRÉS. — Le *dérivé*-2.5 a été obtenu par Reverdin en nitrant l'o-iodotoluène [*D. chem. G.*, **30**, 3000, 1897; *Bull. Soc. Chim.*, **19**, 141, 1898]. Il fond à 103°. Le *dérivé*-2.4 se forme à partir de la 4-nitro-o-toluidine; il fond à 51° [Reverdin, *loc. cit.*]. Le *dérivé*-2.6, obtenu à partir de l'o-nitro-o-toluidine, fond à 35°,5 [Nœlting, *D. chem. G.*, **37**, 1015, 1904]. En nitrant le p-iodotoluène, Reverdin [*loc. cit.*] a obtenu un diiodonitrotoluène fusible à 112°.

TOLUÈNES BROMOIODONITRÉS. — La nitration du 2-bromo-4-iodotoluène donne un *dérivé mononitré* fusible à 92°. La nitration du bromo-m-iodotoluène donne un *dérivé dinitré* fusible à 139-141° [Hirtz, *D. chem. G.*, **29**, 1405, 1896].

TOLUÈNE FLUORONITRÉ-2.6. — Il a été préparé à partir de la 6-nitro-2-toluidine. Il est liquide et bout à 218°. D = 1.38 [Loon, V. Meyer, *D. chem. G.*, **29**, 841, 1896].

DÉRIVÉS AZOÏQUES [1].

AZOTOLUÈNE-2.2'. — Il se forme : 1° par oxydation manganique de l'o-toluidine [Hoogewerff, Dorp, *D. chem. G.*, **11**, 1203, 1878] ; 2° en distillant l'o-azoxytoluène avec du fer pulvérisé, ou en le chauffant à 100-120° avec de l'acide sulfurique [Klinger, Pitschke, *D. chem. G.*, **18**, 2555, 1885]; 3° dans l'action de l'o-thionyltoluidine sur la phénylhydroxylamine [Michaelis, Petow, *D. chem. G.*, **34**, 992, 1898]; 4° dans l'action de l'acétylbromaniline $C^6H^5AzCl.COCH^3$ sur l'o-toluidine [Chattaway, Orton, *Chem. Soc.*, **79**, 461, 1901]. Sur sa préparation, par réduction du nitrotoluène par le zinc et la soude alcoolique, voy. Pospechow [*Journ. Soc. phys. chim russe*, **19**, 406, 1887], et par réduction électrolytique du nitrotoluène, Löb (*Zeit. electr. Chem.*, **5**, 459, 1899].

Dérivé dichloré-6.6'. — On l'obtient par réduction du 2-chloro-6-nitrotoluène. Il forme des aiguilles rouge orangé fusibles à 153-154° [Cohn, *Mon. f. Chem.*, **22**, 490, 1901].

Dérivé nitré. — Obtenu par nitration de l'azotoluène: il fond à 87°. *Dérivés dinitrés.* Le produit de la nitration de l'azotoluène fond à 248-253° [Pospechow, *Journ. Soc. phys. chim. russe*, **20**, 609, 1888]. Il est probablement identique au *dérivé dinitré*-4.4' que Ullmann et Frentzel ont obtenu en traitant le chlorure de 5-nitro-o-tolyldiazonium par le chlorure cuivreux, et qui fond à 258° [*D. chem. G.*, **38**, 725, 1905]. Le *dérivé dinitré*-5.5', obtenu à partir du chlorure de p-nitro-o-tolyldiazonium, fond à 273° (U., F.).

5-Amino-o-azotoluène. — On l'obtient en traitant l'o-diazotoluène par la m-toluidine. Il fond à 116-117° [Mehner, *J. prakt. Chem.*, **65**, 447, 1902].

4.4'-Diamino-o-azotoluène. — Il se forme à partir de la 2-nitro-4-toluidine, soit par réduction à l'amalgame de sodium [Buckney, *D. chem. G.*, **11**, 1453, 1878], soit par réduction électrolytique [Elbs, Schwaz, *J. prakt. Chem.*, **63**, 562, 1901]. Il fond à 158-159°.

6.6'-Diamino-o-azotoluène. — Obtenu à partir de la 6-nitro-o-toluidine, il fond à 175° [Green, Lawson, *Chem. Soc.*, **59**, 1016].

AZOTOLUÈNE-2.3'. — On le prépare en enlevant AzH² au dérivé aminé [Schultze, *D. chem. G.*, **17**, 470, 1884]. Il est huileux.

6'-Amino-azotoluène-2-3'. — Préparé en traitant l'o-toluidine par l'acide nitreux, il fond à 100° [Nietzki, *D. chem. G.*, **10**, 662, 1877]. Son *dérivé acétylé* fond à 185° (Schultze).

5-Diméthylamino-azotoluène-2.3'. — Obtenu en diazotant un mélange de m-diméthyltoluidine et de m-toluidine, il fond à 73-74° [Samelson, *D. chem. G.*, **33**, 3482, 1900]. Ses *dérivés iodé* et *iodosé* ont été préparés par Willgerodt et Lewino [*J. prakt. Chem.*, **69**, 321, 1904].

5.2'-Diamino-azotoluène-2.3'. — Il fond à 100°. Son *dérivé acétylé*-4' fond à 185° [D.R.P. 88 013].

5-Nitro-6'-éthylamino-azotoluène-2.3'. — Il fond à 156° [Maccalium, *Chem. Soc.*, **67**, 249, 1895].

5-Nitro-2'-acétamino-azotoluène-2.3'. — Il fond à 185° [D.R.P. 88 013].

AZOTOLUÈNE-2.4'. — Il fond à 71° [Michaelis, Petow, *D. chem. G.*, **31**, 989, 1898].

5-Amino-azotoluène-2.4'. — Il se forme à partir du chlorure de p-tolyldiazonium et de la m-toluidine en présence d'acétate de soude. Il fond à 127° [Mehner, *J. prakt. Chem.*, **65**, 427, 1902].

5-Diméthylamino-azotoluène-2.4'. — Il se forme par diazotation d'un mélange de p-toluidine et de diméthyl-m-toluidine. Il fond à 121° [Samelson, *D. chem. G.*, **33**, 3481, 1900].

AZOTOLUÈNE-3.3'. — Il se forme : 1° en traitant l'o-thionyltoluidine par la m-tolylhydroxylamine [Michaelis, Petow, *loc. cit.*]; 2° en traitant la m-toluidine diazotée par la solution ammoniacale d'oxyde cuivreux [Vorländer, Meyer, *Ann. Chem.*, **320**, 127, 1902]; 3° en traitant la m-toluidine par l'acétylbromanilide C^6H^5-AzBr - COCH³ [Chattaway, Orton, *Chem. Soc.*, **79**, 461, 1901]. Son *dérivé nitré* fond à 192-195°. Son *dérivé dinitré* fond à 192-193° [Buchka, Schachtebck, *D. chem. G.*, **22**, 837, 1889].

6-Amino-azotoluène-3.3'. — Il fond à 124° [Mehner, *J. prakt. Chem.*, **65**, 445, 1902].

6.6'-Diamino-azotoluène-3.3'. — Il fond à 218-220° [Rosenstiehl], *C. R.*, **132**, 987, 1901]. Son *dérivé diacétylé* fond au-dessus de 310°. Son *dérivé benzoylé* fond à 242° [Mixter, *Am. Chem. Journ.*, **17**, 449, 1895].

4.4'-Diacétamino-azotoluène-3.3'. — Aiguilles rouges [Bankiewicz, *D. chem. G.*, **22**, 1397, 1889].

AZOTOLUÈNE-3.4'. — Il se forme quand on traite le dérivé aminé-4 par l'oxyde d'argent [Zincke, Lawson, *D. chem. G.*, **19**, 1459, 1886], ou quand on traite un mélange de p-toluidine et de m-nitrotoluène par la potasse solide [Jacobson, *D. chem. G.*, **28**, 2557, 1895]. Il fond à 55° (J.), à 56-58° (Z., L.).

4-Chloro-azotoluène-3.4'. — Obtenu à partir du dérivé aminé-4, il fond à 97° [Mentha, *D. chem. G.*, **19**, 3026, 1886].

4-Amino-azotoluène-3.4'. — On l'obtient en chauffant le diazoamino-p-toluène avec de la p-toluidine [Zincke, Lawson, *loc. cit.*; — Nœlting, Witt, *D. chem. G.*, **17**, 78, 1884]. Il fond à 118°,5. Il se condense avec les naphtylamines pour donner des euriodines [Witt, *D. chem. G.*, **19**, 442, 1886; D.R.P. 75 911]. Il donne, avec les aldéhydes, des dérivés triaziniques. Il forme avec l'anhydride phtalique un dérivé fusible à 220° [Nœlting, Wegelin, *D. chem. G.*, **30**, 2603, 1897]. Traité par l'oxychlorure de carbone, il donne la tolyl-tolucétodihydro-α-triazine [Busch, Hartmann, *D. chem. G.*, **33**, 2968, 1900]. Il se condense avec l'hydrol de Michler [Mohlaw, Heinze, *D. chem. G.*, **34**, 881, 1901]. Son *dérivé acétylé* fond à 157°. Son *dérivé benzoylé* fond à 135° (Nœlting, Witt).

---

[1]. Pour la numérotation des dérivés azoïques et diazoïques, le méthyle sera toujours désigné par 1.

6-*Amino-azotoluène*-3.4'. — On l'obtient en traitant le p-diazoaminotoluène par le chlorhydrate d'o-toluidine [Michaelis, Erdmann, *D. chem. G.*, 28, 2196, 1895; — Mehner, *J. f. pr. Chem.*, 65, 434, 1902]. Il fond à 128°. Il donne, par réduction, de l'o-toluidine et la 2.5-toluylène-diamine.

2.4-*Diamino-5-chloro-azotoluène*-3.4'. — Obtenu à partir du p-diazotoluène et de la 5-chloro-4-toluylène-diamine, il fond à 152° [Morgan, *Ch. Soc.*, 81, 96, 1902].

AZOTOLUÈNE-4.4'. — Il se forme 1° par oxydation à l'ozone de la p-toluidine [Otto, *Ann. Ph. Ch.*, (7), 13. 143, 1898]; 2° Quand on traite la p-thionyltoluidine par la p-tolylhydroxylamine [Michaelis, Petow, *D. chem. G.*, 31, 991, 1898]; 3° Quand on traite le p-diazotoluène par la solution ammoniacale d'oxyde cuivreux [Vorländer, Meyer, *Ann. Chem.*, 320, 128, 1902]; 4° Par réduction électrolytique du p-nitrotoluène [Elbs, *C. Bl.*, II. 27. 1898; — Löb, *Z. Elect. Ch.*, 5, 549]; 5° Par action du sodium sur le p-nitrotoluène en solution éthérée [Schmidt, *D. chem. G.*, 32. 2920. 1898]; 6° Quand on traite la p-tolylhydroxylamine par le benzène et le chlorure d'aluminium [Graebe, *D. chem. G.*, 34, 1778, 1901]; 7° Quand on traite la p-toluidine par l'acétylbromanilide [Chattaway, Orton, *Ch. Soc.*, 79. 461. 1901]; 8° Quand on chauffe le p-hydrazotoluène avec de l'alcool à 120-130° [Biehringer, Busch, *D. chem. G.*, 36. 339, 1903]. — Il est isomorphe avec le p-hydrazotoluène [Bruni, *Gazz. chim. ital.*, 34, I, 144, 1903].

Dérivé bromé-2. Il fond à 128°. — *Dérivé bromé*-3. Il fond à 139° [Janowsky, Reimann, *D. chem. G.*, 21. 1217, 1888]. — *Dérivé dibromé*-2.2'. Il fond à 75° (J. R.).

Dérivé nitré-3. — Il fond à 80° [Janowsky, *Mon. f. Ch.*, 10, 587. 1889]. — *Dérivé dinitré*-3.3'. Il fond à 114°. — *Dérivés trinitrés*, α : fond à 180°; β : fond à 138°. — *Dérivé tétranitré* : il fond à 198-200° [Janowsky, *Mon. f. Ch.*, 9, 836. 1888].

2.2'-*Diamino-azotoluène*-4.4'. — On l'obtient en réduisant par l'amalgame de sodium, en solution alcoolique, la 4-azoxy-o-toluidine [Graeff, *Ann. Chem.*, 229, 350, 1885] ou en réduisant l'acide 5-nitrotoluène-2-azo-β-naphtoldisulfonique par le glucose, le zinc, l'étain ou l'aldéhyde formique en solution alcaline [Poirrier, D.R P. 62 352, *Friedl.*, III, 730]. Il fond à 197°. — Son *dérivé tétraméthylé* fond à 119° [Rohde, *Z. Electr. Ch.*, 7. 3291. — Son *dérivé diacétylé* fond à 300° [Green, Lawson, *Ch. Soc.*, 59, 1016, 1891].

DÉRIVÉS HYDRAZOÏQUES.

HYDRAZOTOLUÈNE-2.2'. — Sur sa préparation par électrolyse d'une solution alcoolique de o-nitro-toluène, voir Elbs, Kopp [*C. Bl.*, II, 775. 1898]. — Chauffé à 120-130° avec de l'alcool, il se décompose en azotoluène et toluidine [Biehringer, Busch, *D. chem. G.*, 36, 339, 1903]. — Son *dérivé benzoylé*, obtenu par le chlorure de benzoyle et la pyridine, fond à 123.5-124° [Freundler, *Bull. Soc. Chim.*, 29, 209, 707, 825, 1903; comp. Biehringer et Busch, *D. chem. G.*, 36. 137, 1903]. — Son *dérivé p-toluylé* fond à 132°, son *dérivé benzoylé-p-toluylé* fond à 182° [Freundler, *Bull. Soc. Chim.*, 31, 625, 1904]. — Chauffé avec du sulfure de carbone à 150-160°, l'o-hydrazotoluène donne naissance à la di-o-tolylthiourée [Jacobson, Hugershoff, *D. chem. G.*, 36. 3841. 1903]. — Condensé avec l'aldéhyde formique, il donne, selon les circonstances, le méthylène-bis-hydrazotoluène ou la 1.2.4.5-tétra-o-tolylhexahydro-1.2.4.5-tétrazine [Rassow, Rulke, *J. f. pr. Ch.*, 65, 97, 1902].

4.4'-*Diamino-hydrazotoluène*-2.2'. — On l'obtient en réduisant le diamino-o-azoxytoluène par l'amalgame de sodium [Buckney, *D. chem. G.*, 11, 1453, 1878] ou en réduisant la 2-nitro-4-toluidine par électolyse en solution faiblement alcaline [Elbs, Schwarz, *J. f. pr. Ch.*, 63, 562, 1901]. Il fond à 180°. Il s'oxyde facilement pour donner le dérivé azoïque correspondant.

HYDRAZOTOLUÈNE-2.4'. — On l'obtient par réduction de l'azoïque correspondant. Il fond à 77-79° [Jacobson, *D. chem. G.*, 28, 2558, 1895].

HYDRAZOTOLUÈNE-3.3'. — C'est un liquide très oxydable [Goldschmidt, *D. chem. G.*, 11. 1626, 1878; — Barsilowsky, *Ann. Chem.*, 207, 116, 1881].

HYDRAZOTOLUÈNE-3.4'. — On l'obtient par réduction de l'azoïque correspondant. Il fond à 74° [Jacobson, *D. chem. G.*, 28, 2538, 1895].

HYDRAZOTOLUÈNE-4.4'. — Préparation : par réduction du p-nitrotoluène par la poudre de zinc et la soude : Janowsky [*Mon. f. Ch.*, 9, 829, 1888]; par réduction électrolytique du p-nitrotoluène : Elbs, Kopp [*C. Bl.*, II, 775, 1898]. Il fond à 126°. Il est isomorphe avec le p-azotoluène [Bruni, *Gazz. chim. ital.*, 34, I, 144, 1903]. Chauffé à 150-160° avec du sulfure de carbone, il donne la di-p-tolylthiourée [Jacobson, Hugershoff, *D. chem. G.*, 36, 3841, 1903]. Condensé avec l'aldéhyde formique, il donne, suivant les circonstances, du méthylène-bis-hydrazotoluène, ou la 1.2.4.5-tétra-p-tolylhexahydro-1.2.4.5-tétrazine [Rassow, Bulke, *J. f. pr. Ch.*, 65, 97. 1902].

Dérivé bromé-3. — Obtenu par réduction de l'azoïque correspondant. Il fond à 113°. Le *dérivé bromé*-5, obtenu de même, fond à 110° [Janovsky, Reimann, *D. chem. G.*, 21, 1215, 1888].

3.3'-*Diamino-hydrazotoluène*-4.4'. — Il a été obtenu par réduction de l'azoïque correspondant. Il est en fines aiguilles jaunes qui se décomposent sans fondre [Graeff, *Ann. Chem.*, 229, 351. 1885].

DÉRIVÉS AZOXYQUES.

AZOXYTOLUÈNE-2.2'. — On l'obtient en traitant l'o-nitrotoluène par le méthylate de sodium [Klinger, Pitschka, *D. chem. G.*, 18, 2554, 1885], ou par la poudre de zinc et la soude alcoolique [Guitermann, *D. chem. G.*, 20, 2016]. Il se forme quand on traite l'éther Az-o-tolylique de la glyoxime par la potasse alcoolique [v. Pechmann, Nold, *D. chem. G.*, 31, 559, 1898]. — Il fond à 59-60°. Son *dérivé chloré*-4.4' fond à 128° [Hofmann, Geyger, *D. chem. G.*, 5, 919, 1872].

4.4'-*Diamino-azoxytoluène*-2.2'. — On le prépare en réduisant la 2-nitro-p-toluidine en solution alcoolique par l'amalgame de sodium [Buckney, *D. chem. G.*, 11, 1452, 1878] ou électrolytiquement [Elbs, Schwarz, *J. f. pr. Ch.*, 63, 562, 1901]. Il fond à 148-148°,5. — Son *dérivé diacétylé* fond à 280-281° (E. S.).

6.6'-*Diamino-azoxytoluène*-2.2'. — Il fond à 149°. Son *dérivé diacétylé* fond à 307° [Green, Lawson, *Ch. Soc.*, 59, 1016 1891].

AZOXYTOLUÈNE-3.3'. — Il s'obtient par réduction du m-nitrotoluène [Buchka, Schachtebeck, *D. chem. G.*, 22. 835. 1889]. Il se forme dans l'action du nitrosotoluène sur la m-tolylhydroxylamine [Bamberger, Renauld, *D. chem. G.*, 30, 2278, 1897]; dans l'action de l'acide chlorhydrique sur la m-tolylhydroxylamine [Bamberger, *D. chem. G.*, 35, 3700, 1902]. — Il fond à 37-39°.

AZOXYTOLUÈNE-4.4'. — D'après Janowsky et Reimann [*D. chem. G.*, 22, 40, 1889], il existe sous deux modifications dont l'une fond à 70°, l'autre à 75°. Il prend naissance dans les mêmes circonstances que le m-azoxytoluène et, en outre, dans l'action du sodium sur le p-nitrotoluène en solution éthérée [Schmidt, *D. chem. G.*, 32. 2920, 1899] et dans l'action de l'acide chlorhydrique alcoolique sur le p-nitrosotoluène [Bamberger, Busdorff, Szolayski, *D. chem. G.*, 32, 219, 1899]. — Son *dérivé chloré*-3 fond à 103-104° (B., B., S.). — Son *dérivé bromé*-2 fond à 88°, son *dérivé bromé*-3 fond à 93° [Janovsky, *Mon. f. Ch.*, 10, 597, 1889].

2.2'-*Diamino-azoxytoluène*-4.4'. — On l'obtient en réduisant la 4-nitro-2-toluidine [Graeff, *Ann. Chem.*, 229. 344, 1885 ; — Poirrier, Rosenstiehl, D.R.P. 44 045]. Il fond à 168°.

Chlorure de p-azoxybenzylidène,

$$CHCl^2 - C^6H^4 - Az - Az - C^6H^4 - CHCl^2$$
$$\diagdown \diagup$$
$$O$$

— Obtenu par l'action du pentachlorure de phosphore sur l'aldéhyde p-azoxybenzoïque. Il fond à 115-116° [Alway, *Am. Ch. J.*, 28, 34, 1902].

DÉRIVÉS DIAZOÏQUES.

o-DIAZOTOLUÈNE. — Sur la préparation des sels solides, voir Knœvenagel [*D. chem. G.*, 28, 2050, 1895] ; Bromwell [*Am. Ch. J.*, 19, 563, 1887] ; Remsen et Orndorff [*Am. Ch. J.*, 9, 394, 1897]. — L'action de l'alcool absolu sur les sels secs donne l'éther de l'o-crésol (Bromwell). — L'action de la soude sur l'o-diazotoluène donne un mélange d'indazol et de o-tolyl-azo-indazol [Goldberger, Bamberger, *Ann. Chem.*, 305, 339, 1899]. — La vitesse de décomposition des solutions de sels d'o-diazotoluène a été étudiée par Cain et Nicoll [*Ch. Soc.*, 81, 1412, 1902; 83, 470. 1903]. — La sensibilité à la lumière a été étudiée par Ruff et Stein [*D. chem. G.*, 34, 1668, 1900]. — L'o-diazotoluène a été condensé : avec divers acides thiosulfoniques [Troeger, Ewers, *J. f. pr. Ch.*, 62. 369, 1900] ; avec le thiosulfate de sodium en présence de cuivre [Börnstein, *D. chem. G.*, 34, 3968. 1901] ; avec le méthyl et l'éthylcyanacétate d'éthyle, avec l'éthylacétylacétone [Favrel, *Bull. Soc. Chim.*, 27, 196, 199. 342, 1902] ; avec le cyanacétate d'éthyle [Weissbach, *J. f. pr. Ch.*, 67, 395, 1903] ; avec l'oxalate d'éthyle [Rabischong, *Bull. Soc. Chim.*, 34, 81, 85, 1904] ; avec la diphénylamine [Vignon, Simonet, *Bull. Soc. Chim.*, 33, 384, 1905] ; avec le phénylmercaptan [Weedon, Doughty, *Am. Ch. J.*, 33, 386, 1905].

Perbromure de 5-bromo-o-diazotoluène. — Aiguilles rouges [Michaelis, *D. chem. G.*, 26, 2193, 1893].

3.5-*Dibromo-o-diazotoluène.* — Le *chlorure* se transforme, en solution alcoolique, en bromure de chlorobromo-diazotoluène. Par un excès de gaz chlorhydrique, il donne le 3.5-dichlorotoluène [Hantzch, *D. chem. G.*, 30, 2344, 1897].

5-*Nitro-o-diazotoluène.* — Son *éther méthylique,* $CH^3 - C^6H^3(AzO^2) - Az = AzOCH^3$, fond à 94° [Bamberger, *D. chem. G.*, 28, 241, 1895].

M-DIAZOTOLUÈNE. — Le *sulfate* sec, chauffé avec de l'alcool absolu, donne l'éther du m-crésol [Remsen, Ornsdorff, *Am. Ch. J.*, 9, 394, 1887]. — Vitesse de décomposition : Cain, Nicoll [*loc. cit.*]. — Sensibilité à la lumière : Ruff, Stein [*loc. cit.*]. — Condensation avec la diphénylamine : Vignon, Simonet [*Bull. Soc. Chim.*, 37, 384, 1905]. — Condensation avec la m-diméthyltoluidine : Samelson [*D. chem. G.*, 33, 3479, 1900]. —

L'action de l'acide sulfureux sur le m-diazotoluène donne un *acide sulfoné*

$$C^7H^6 \diagup Az = Az - C^7H^5(AzH^2)^2$$
$$\diagdown SO^3H$$

dont le sel de potassium est un indicateur comparable à l'hélianthine [Troeger, Hille, *J. f. pr. Ch.*, 68, 297, 1903].

2.4.6-*Tribromo-m-diazotoluène.* — L'*hydrate* est une masse incolore, peu stable, le *sel de potassium* est cristallisé [Hantzsch, Pohl, *D. chem. G.*, 35, 2964, 1902].

P-DIAZOTOLUÈNE. — Sur la préparation des sels secs, voy. Knœvenagel [*loc. cit.*]. — L'action de l'acide acétique sur le sulfate sec donne l'acétate de p-crésyle [Orndorff, *Am. Ch. J.*, 10, 371, 1888]. Chauffé avec de l'alcool méthylique, ce sulfate donne l'éther méthylique du p-crésol [Chamberlain, *Am. Ch. J.*, 19, 531, 1897; — Alleman, *ibid.*, 31, 24, 1904], mais en présence de carbonate de potasse ou de poudre de zinc, il donne du toluène (Chamberlain). — *Sel de potassium* : Bamberger [*D. chem. G.*, 30, 215, 1897]. — Vitesse de décomposition des solutions de p-diazotoluène : Cain, Nicoll [*loc. cit.*]. — Sensibilité à la lumière : Ruff, Stein [*loc. cit.*]. — Le p-diazotoluène, condensé avec le phénol, donne une petite quantité d'o-oxy-benzène-azo-p-toluène [Bamberger, *D. chem. G.*, 33, 3188, 1900]. Il a été condensé d'autre part : avec l'éther diacétylsuccinique [Bulow, Schlésinger, *D. chem. G.*, 33, 3362, 1900] ; avec divers acides thiosulfoniques [Troeger, Evers, *J. f. pr. Ch.*, 63, 369, 1900] ; avec la m-diméthyltoluidine [Samuelson, *D. chem. G.*, 33, 3479, 1900] ; avec le thiosulfate de sodium en présence de cuivre [Börnstein, *D. chem. G.*, 34, 3968, 1901] ; avec le pyrazolone-acétate d'éthyle [Kufferath, *J. f. pr. Ch.*, 64, 334, 1901] ; avec le méthyl- et l'éthylcyanacétate de méthyle, avec le méthylmalonate d'éthyle, avec le méthyl- et l'éthylacétylacétone [Favrel, *Bull. Soc. Chim.*, 27, 196, 199, 326, 338, 341, 1902] ; avec la phénylglycine [Mai, *D. chem. G.*, 35, 576, 1902] ; avec la tétrahydro-β-naphtylamine [Smith, *Ch. Soc.*, 81, 900, 1902] ; avec le cyanacétate d'éthyle [Weissbach, *J. f. pr. Ch.*, 67, 395, 1903] ; avec la benzoylchloro-γ-valérolactone [Haller, March, *Bull. Soc. Chim.*, 31, 448, 1904] ; avec la diphénylamine [Vignon, Simonet, *Bull. Soc. Chim.*, 33, 384, 1905].

Anhydride du p-diazotoluène, $(CH^3.C^6H^5 - Az = Az)^2O$. — Il est très explosif [Bamberger, *D. chem. G.*, 29, 457, 1896].

Bis-p-diazotoluène-amide, $(CH^3 - C^6H^4 - Az = Az)^2AzH$. — Ce corps s'obtient en traitant l'anhydride par l'ammoniaque (Bamberger) ou en traitant la solution concentrée du chlorure par l'ammoniaque [Pechmann, Frobenius, *D. chem. G.*, 27, 898, 1894]. Il explose à 82-83°. Le *dérivé β-p-tolylé* explose à 88° [Bamberger ; — Pechmann, Frobenius ; — Hantzsch, *D. chem. G.*, 27, 1863, 1894].

Acide p-diazotoluène-sulfureux, $CH^3 - C^6H^4 - Az = Az - SO^2H$. — Voy. Hantzsch et Schmiedel [*D. chem. G.*, 30, 87, 1897].

3.5-*Dibromo-p-diazotoluène.* — Le *chlorure* se transforme facilement en bromure de chlorobromo-p-diazotoluène [Hantzsch, *D. chem. G.*, 30, 1157, 2345, 1897]. La décomposition du *sulfocyanure* a été étudiée par Hirsch [*D. chem. G.*, 34, 1253, 1898].

ACIDES TOLUÈNE-SULFINIQUES.

Acide orthotoluène-sulfinique, $CH^3 - C^6H^4 - SO^2H$. — On l'obtient : 1° en chauffant l'o-tolyltoluène-sulfazide avec de l'eau de baryte [Limpricht, *D. chem. G.*, **20**, 1241, 1887]; 2° en traitant le chlorure o-toluène-sulfonique par le zinc en poudre au sein de l'eau [Tröger, Voigtländer, *J. pr. Ch.*, **54**, 513, 1896]; 3° en traitant la solution du sulfate d'o-tolyldiazonium par l'acide sulfureux en présence du cuivre pulvérulent [Gattermann, *D. chem. G.*, **32**, 1140, 1899]; 4° en traitant par l'acide sulfureux le bromure d'o-tolylmagnésium [Rosenheim, Singer. *D. chem. G.*, **37**, 2152, 1904]. — Il cristallise en aiguilles fusibles à 80°. Traité par l'acide sulfhydrique, en solution méthylique, il se transforme en tétrasulfure et pentasulfure d'o-tolyle [Tröger. Voigtländer, *loc. cit.*]. Son *sel de potassium*. chauffé avec de l'o-chlorobenzoate de potassium et un peu de cuivre en poudre à 135°, donne l'acide méthyl-2'-diphénylsulfone-1-carbonique [Ullmann, Lehner, *D. chem. G.*, **38**, 729, 1905].

Les combinaisons de l'acide o-toluène-sulfinique avec les diazoïques ont été étudiées par Tröger et Evers [*J. pr. Chem.*, **62**. 369, 1900].

Acide paratoluène-sulfinique. — (Voy. Dict., **3**, 447). On le prépare en traitant par l'acide sulfureux, en présence de cuivre précipité, la solution refroidie à 0° du sulfate de p-tolyldiazonium [Gattermann, *loc. cit.*]. Son *éther éthylique*, obtenu en traitant le sel de sodium par le chloroformiate d'éthyle, est huileux [Otto, Rössing, *D. chem. G.*, **18**, 2504. 1885]: sa densité = 1.1212 à 0° [Otto, *D. chem. G.*, **26**, 310. 1893]. Son *sel de phénylhydrazine* fond à 114° [Kohler, Reimer. *Am. Ch. J.*, **31**. 163. 1904]. Son *sel d'hydrazine* fond à 107° [Hälssig, *J. pr. Ch.*, **56**, 213. 1897].

L'acide p-toluène-sulfinique donne avec le chlorhydrate d'hydrazine, à chaud, un composé $C^{14}H^{18}O^5Az^2S^2$ fusible à 180°,5. Avec l'hydroxylamine. il forme de la p-toluène-sulfamide. Avec la β-benzylhydroxylamine, il fournit de l'aldéhyde benzoïque, du p-toluène-disulfoxyde, de la benzylisobenzoxime et les p-toluène-sulfinates de β-benzylhydroxylamine et de β-dibenzylhydroxylamine. Fondu avec l'acétoxime ou l'α-benzaldoxime. il donne de l'acétone ou de la benzaldéhyde, du p-toluène-sulfonate d'ammoniaque et de la p-toluène-sulfamide [Hälssig, *J. pr. Ch.*, **56**. 213, 1897]. Traité par l'aldéhyde formique, l'acide toluène-p-sulfinique engendre le p-tolylsulfone-carbinol $CH^3 - C^6H^4 - SO^2 - CH^2 - OH$. Le p-toluène-sulfinate de sodium, traité par le nitrite de sodium et l'acide chlorhydrique étendu. donne naissance à la di-p-tolylsulfonyl-hydroxylamine $(CH^3 - C^6H^4 - SO^2)^2 = AzOH$. Celle-ci, traitée par l'acide p-toluène-sulfinique en solution acétique. donne la tri-p-tolylsulfamide $(CH^3 - C^6H^4 - SO^2)^3 = Az$. Le p-toluène-sulfinate d'aniline. chauffé à 215°, donne la p-thiotolyl-aniline $CH^3 - C^6H^4 - S - C^6H^4 - AzH^2$ [E. v. Meyer. *J. pr. Ch.*, **63**, 167, 1901]. Les sels de o- et m-toluidines, chauffés, donnent les p-thiotolyltoluidines correspondantes [E. v. Meyer, *ibid.*, **68**, 263, 1903].

L'acide p-toluène-sulfinique réagit sur le nitrosobenzène en donnant du p-aminophénol, de l'aniline, du p-tolylsulfonate de p-aminophényle, de la β-tolylsulfonyl-β-phénylhydroxylamine, du p-toluène-sulfonate de p-aminophénol et du tolyldisulfoxyde. Il réagit sur la β-phénylhydroxylamine en donnant les mêmes composés qu'avec le nitrosobenzène, et en plus l'aminophényl-tolylsulfone [Bamberger, Rising, *D. chem. G.*, **34**, 228, 241, 1901].

L'acide p-toluène-sulfinique se combine aux diazoïques [Tröger, Evers, *J. pr. Ch.*, **62**, 369, 1900]. Il donne avec le phényl-Az-méthylacridol une combinaison fusible à 208° [Hantzsch, Horn, *D. chem. G.*, **35**. 877. 1902]. Son *sel de potassium*, chauffé avec de l'o-chlorobenzoate de potassium. du cuivre en poudre et un peu d'eau, donne l'acide 4'-méthyl-1-diphénylsulfone-2-carbonique [Ullmann, Lehner, *D. chem. G.*, **38**, 729, 1905].

Kohler et Reimer [*Am. Ch. J.*, **31**, 163, 1904] ont préparé des produits d'addition de l'acide p-toluène-sulfinique avec un grand nombre de composés du type non saturé. Avec l'aldéhyde acétique. le produit obtenu fond à 72°; avec les aldéhydes m- et p-nitrobenzoïques, les produits fondent à 110° et 116°. L'aldéhyde cinnamique donne deux corps : l'un, stable, fond à 78°, l'autre, peu stable. fond à 126°. L'acide cinnamique donne l'acide p-tolylsulfo-β-phénylpropionique, fusible à 197-198°. Les acides fumarique et maléique donnent l'acide p-tolylsulfopropionique fusible à 110-113°; l'acide citraconique donne l'acide p-tolylsulfopyrotartrique, fusible à 169-170°. La dibenzylidène-acétone donne un produit fondant à 189°. Les cinnamylidène-acétone et acétophénone donnent des corps fondant à 125-126° et 145°.

Acide toluène-disulfinique-2.4. — Il se forme en réduisant par le zinc en poudre le disulfochlorure correspondant. Il est huileux; ses sels de K, Na, Ba, Zn, sont bien cristallisés [Tröger, Meine, *J. pr. Ch.*, **68**, 313, 1903].

ACIDES TOLUÈNE-SULFONIQUES.

ACIDE ORTHOTOLUÈNE-SULFONIQUE. — Sur sa préparation. en traitant le toluène par la chlorhydrine sulfurique, voyez Noyes [*Am. Ch. J.*, **8**, 176, 1886]; en traitant le toluène par l'acide sulfurique concentré, voyez Fahlberg et List [D.R.P. 35211, *D. chem. G.*, **19**, R., 374, 1886] et Fabriques de Prod. Chim. de Thann et de Mulhouse (D.R.P. 137935). Il a été obtenu par Moale [*Am. Ch. J.*, **20**, 298, 1898] en traitant l'acide p-diazo-o-toluène sulfonique par le méthylate de sodium en solution dans l'alcool méthylique.

Le *chlorure* o-toluène-sulfonique a été préparé à l'état de pureté par Ullmann et Lehner [*D. chem. G.*, **38**, 732, 1905] en traitant par le chlore l'acide o-toluène-sulfinique obtenu lui-même à partir de l'o-toluidine par la méthode de Gattermann. Il bout à 126° sous 10 mm. $D_{17} = 1,3443$. Sur sa préparation industrielle, voyez Majert et Ebers (D.R.P. 95338, 1898) et les Fabriques de Prod. Chim. de Thann et de Mulhouse (D.R.P. 142116).

Le *bromure* fond à 13° et bout à 137-138° sous 10 mm. (U., L.).

L'*amide* fond à 154° [Noyes, *loc. cit.*; U., L.]. La *dichloramide* fond à 33°, son *sel de potassium* explose vers 145°. La *dibromamide* fond à 80°, son *sel de potassium* explose vers 130-135° [Chattaway, *Chem. Soc.*, **87**, 145, 1905]. L'*anilide* fond à 134° (U., L.).

L'*o-toluène-sulfonate de guanylurée*, obtenu par l'action du chlorure sur l'urée, fond à 205° [Remsen, Garner, *Am. Ch. J.*, **25**; 173, 1901].

ACIDE MÉTATOLUÈNE-SULFONIQUE. — Il a été préparé, à partir de l'acide p-diazo-m-toluène-sulfonique, par Griffin [*Am. Ch. J.*, **19**, 173, 189, 1897] qui a décrit un grand nombre de sels. L'*anilide* fond à 96°. La *p-toluide* fond à 106°. L'*acide méthoxy-4-m-toluène-sulfonique*, obtenu par sulfonation de l'éther méthylique du p-crésol, fond à 105-106° [Allemann, *Am. Ch. J.*, **31**, 24, 1904].

ACIDE PARATOLUÈNE-SULFONIQUE. — Il fond à 34-35° et bout à 146-147° dans le vide cathodique [Krafft, Wilke, *D. chem. G.*, **33**, 3207, 1900]. *Ethers.* — Les éthers de l'acide p-toluène-sulfonique peuvent remplacer les sulfates alcooliques comme agents de méthylation ou d'éthylation [Ullmann, Wenner, *Ann. Chem.*, **327**, 120, 1903].

L'*éther éthylique* fond à 32-33° et bout à 145-146° sous 15 mm. [Otto, Rösing, *D. chem. G.*, **19**, 1226, 1886; — Krafft, Roos, *ibid.*, **25**, 2259, 1892]. L'*éther phénylique* fond à 95-96°, les *éthers o-, m-* et *p-crésyliques* fondent respectivement à 54-55°, 51° et 69-70° [Reverdin, Crépieux, *Bull. Soc. Chim.*, **27**, 745, 1902].

L'*éther p-nitrophénylique* fond à 98°, l'*éther de la résorcine* fond à 80-81°, l'*éther du gayacol* fond à 85°, celui du *nitrogayacol* à 145°, l'*éther du β-naphtol* fond à 125°, l'*éther du dioxynaphtalène-2.7* fond à 150° [Reverdin, Crépieux, *Bull. Soc. Chim.*, **25**, 1044, 1901].

L'*éther p-aminophénylique* fond à 142°,5, son *dérivé acétylé* fond à 145°,5-146°, son *dérivé diacétylé* fond à 101°; l'*éther o-nitrophénylique* fond à 81°,5, l'*éther o-aminophénylique* fond à 101°-101°,5 [Bamberger, Rising, *D. chem. G.*, **34**, 228, 1901].

Chlorure. — Le chlorure p-toluène-sulfonique bout à 80° dans le vide cathodique [Krafft, Wilke, *D. chem. G.*, **33**, 3207, 1900]; il fond à 96° [Ullmann, Lehner, *D. chem. G.*, **38**, 729, 1905]. Points d'ébullition sous différentes pressions [Bourgeois, *Rec. Pays-Bas*, **18**, 436, 1899]. Sa nitration donne de l'acide dinitrotoluène-sulfonique-2.6.4 [Reverdin, Crépieux, *Bull. Soc. Chim.*, **25**, 1043, 1901].

Condensé avec l'urée, il donne le p-toluène-sulfonate de guanylurée, fusible à 224°, lequel, traité par l'acide chlorhydrique, donne le p-toluène-sulfonate de guanidine, fusible à 206° [Remsen, Garner, *Am. Ch. J.*, **25**, 173, 1901].

Iodure. — Il fond à 84-85° [Otto, Tröger, *D. chem. G.*, **24**, 479, 1891].

Amides. — La *p-toluène-sulfamide* se forme par évaporation d'une solution de p-toluène-sulfinate d'hydroxylamine [Hälssig, *J. pr. Ch.*, **56**, 228, 1897]. Son action sur le bromure de triméthylène a été étudiée par Marckwald et Droste-Hulshoff [*D. chem. G.*, **31**, 3264, 1898]. Elle donne avec l'amidure de potassium, en solution dans l'ammoniac liquide, un *dérivé potassé* [Franklind, Stafford, *Am. Ch. J.*, **28**, 83, 1902]. Elle se condense avec l'oxyde de β-naphtyle et brométhyle pour former le composé $CH^3-C^6H^4-SO^2-Az(CH^2-CH^2-OC^{10}H^7)^2$, fusible à 130°, dont l'hydrolyse donne la morpholine [Marckwald, Chain, *D. chem. G.*, **34**, 1157, 1901]. Elle donne avec l'oxyde d'iodéthyle $(ICH^2-CH^2)^2O$ le composé

$$CH^3-C^6H^4-SO^2-Az\left\langle{CH^2-CH^2 \atop CH^2-CH^2}\right\rangle O$$

dont l'hydrolyse fournit également la morpholine [Sand, *D. chem. G.*, **34**, 2906, 1901]. L'*amide Az-dichlorée* fond à 83°, l'*amide Az-dibromée* fond à 104° [Chattaway, *Chem. Soc.*, **87**, 145, 1905]. La *méthylamide* fond à 75° [Remsen, Palmer, *Am. Ch. J.*, **8**, 241, 1886], son *dérivé Az-chloré* fond à 82°, son *dérivé Az-bromé* fond à 112° (Chattaway). L'*éthylamide* fond à 58° (Remsen, Palmer), à 63-64° [Marckwald, Droste-Hulskoff, *D. chem. G.*, **32**, 561, 1899]; son *dérivé Az-chloré* fond à 86°, son *dérivé Az-bromé* fond à 150° (Chattaway). La *diéthylamide* fond à 60° [M., D. H., *D. chem. G.*, **31**, 3262, 1898].

La *propylamide* fond à 52° [Marckwald, *D. chem. G.*, **32**, 3509, 1899]; son *dérivé Az-chloré* fond à 85° (Ch.). La *propylisobutylamide* fond à 59° (Marckwald). La *bromallylamide* fond à 45-46° [Rudzick, *D. chem. G.*, **34**, 3543, 1901]. La *di-p-tolylsulfonyléthylène-diamine* fond à 159°,5-160°,5 [Howard, Marckwald, *D. chem. G.*, **32**, 2041, 1899]; son *dérivé di-Az-chloré* fond à 136° et son *dérivé di-Az-bromé* à 165° (Chattaway). La *di-p-tolylsulfonylpropylène-diamine* fond à 103-104° [Esch, Marckwald, *D. chem. G.*, **33**, 762, 1900]. La *di-p-toluène-sulfonyltriméthylène-diamine* fond à 148° [Howard, Marckwald, *loc. cit.*]. La *benzylamide* fond à 116°, son *dérivé Az-chloré* fond à 136°, son *dérivé Az-bromé* fond à 149° (Chattaway).

L'*anilide* fond à 103° [Remsen, Palmer, *Am. Ch. J.*, **8**, 242, 1886], son *dérivé Az-chloré* fond à 91°. La *p-chloranilide* fond à 95°, son *dérivé Az-chloré* fond à 102°. La *2.4-dichloranilide* fond à 126°, son *dérivé Az-chloré* fond à 81° [Chattaway, *Ch. Soc.* **85**, 1181, 1904]. L'*iodanilide-3* fond à 128°, son *dérivé Az-méthylé* fond à 81° [Ullmann, *Ann. Chem.*, **332**, 38, 1904]. La *2.4-dinitranilide* fond à 219° [Reverdin, Crépieux, *Bull. Soc. Chim.*, **25**, 1044, 1901]. L'*o-toluide* fond à 108°; elle donne par nitration la *5-nitro-o-toluide* fusible à 174° avec un peu de 3-nitro-o-toluide et de 3.5-dinitro-o-toluide [Reverdin, Crépieux, *Bull. Soc. Chim.*, **27**, 741, 1902]; l'*o-toluide-Az-chlorée* fond à 101° (Chattaway). La *m-toluide* fond à 114° (R., C.). La *p-toluide* fond à 117°, elle donne par nitration la *3-nitro-p-toluide* fusible à 145-146° (R. C.), son *dérivé Az-chloré* fond à 109° (Chattaway). La *p-phénétidide* fond à 106-107° [R., C., *Bull. Soc. Chim.*, **25**, 1044, 1901]. Les *di-p-toluène-sulfonylphénylène-diamines* fondent : l'*ortho* à 201-202°, la *méta* à 172°, la *para* à 250° [R., C., *loc. cit. et ibid.*, **27**, 269, 1902]. La *di-p-toluène-sulfonylbenzidine* fond à 243°, son *dérivé diméthylé* fond à 235° [Willstätter, Kalb, *D. chem. G.*, **37**, 3761, 1904].

La *p-toluène-sulfonylhydroxylamine* se forme par l'action du chlorure p-toluène-sulfonique sur l'hydroxylamine, elle fond à 148°, son *dérivé dibensoylé* fond à 120°.

La *di-p-tolylsulfonylhydroxylamine* $(CH^3-C^6H^4-SO^2)^2=AzOH$ se forme quand on traite l'acide p-toluène-sulfinique par l'acide azoteux, elle fond à 125°, son *dérivé benzoylé* fond à 186°. Chauffée en solution acétique avec l'acide p-toluène-sulfonique, elle donne la *tri-p-toluène-sulfonylamide*, $C^7H^7SO^2)^3Az$ fusible à 84° [E. v. Meyer, *J. pr. Ch.*, **63**, 167, 1901].

ACIDES TOLUÈNE-DISULFONIQUES.

Dérivé-2.4 (anciennement α). — Il a été obtenu par Wynne et Bruce [*Chem. Soc.*, **73**, 754, 1898] à partir de l'acide 4-toluidine-2-sulfonique ou de l'acide 2-toluidine-4-sulfonique, par diazotation, traitement au xanthogénate de potassium et oxydation au permanganate. Le chlorure et le bromure ont été obtenus par Tröger et Meine en traitant par le chlore ou le brome le sel de potassium de l'acide toluène-disulfinique-2.4. Le *chlorure* fond à 56° (W., B.), à 52° (T., M.); le *bromure* fond à 78°. L'*anilide* fond à 187° (W., B.), à 189° (T., M.); l'*o-toluide* fond à 170-171°, la *m-toluide* à 138° (T., M.).

Dérivé-2.5 (anciennement β). — Il a été préparé à partir de l'acide 2-toluidine-5-sulfonique par le procédé indiqué pour l'acide précédent [W., B., *loc. cit.*] ou à partir de l'acide 4-toluidine-2.5-disulfonique par transformation en hydrazine et traitement au sulfate de cuivre [W., B., *Chem. Soc.*, **73**, 743, 1898]. Le *chlorure* fond à 98°. L'*anilide* fond à 178°.

Dérivé-2.6. — Il a été préparé en réduisant l'acide 4-chlorotoluène-2.6-disulfonique par l'amalgame de sodium [W., B., *Chem. Soc.*, **73**, 771, 1898]. Le *chlorure* fond à 88°, l'*anilide* fond à 162°.

Dérivé-3.4. — Il a été préparé à partir de l'acide 4-toluidine-3-sulfonique [Klason, *D.*

chem. G., **20**, 356, 1887; — W.. B., *Chem. Soc.*, **73**, 751, 1898]. Le *chlorure* fond à 111° K., W. et B.); il cristallise dans le benzène avec 1/2 molécule de solvant et fond à 70-80°. L'*amide* fond à 235-239° (K.). L'*anilide* fond à 190° (W.. B.).

Dérivé-3.5 (anciennement γ). — Il a été obtenu par Richter [*Ann. Chem.*, **230**, 326, 1885] en réduisant l'acide p-iodotoluène-disulfonique par l'amalgame de sodium; par Wynne et Bruce [*Chem. Soc.*, **73**, 738, 1898] à partir des acides 2- ou 4-toluidine 3.5-disulfoniques par transformation en hydrazine et traitement de celle-ci au sulfate de cuivre. Le chlorure fond à 95°. L'*anilide* fond à 153° (W.. B.). L'*amide* fond à 210°.

Acides chlorotoluène-sulfoniques. — *Dérivé-2.4*. — Il a été obtenu par Wynne et Bruce [*Chem. Soc.*, **73**, 764, 1898] à partir de l'acide 2-toluidine-4-sulfonique. Le *chlorure* fond à 37°; l'*amide* fond à 134°; l'*anilide* fond à 96°.

Dérivé-2.5. — Il se forme dans la sulfonation de l'o-chlorotoluène [Wynne, *Chem. Soc.*, **61**, 1073, 1892]. On l'obtient à partir de l'acide 2-toluidine-5-sulfonique [Wynne, *ibid.*, 1040]. Le *chlorure* fond à 60-65°; le *bromure* fond à 67°,5; l'*amide* fond à 128° (W.). L'*anilide* fond à 92° [Wynne, Bruce, *Chem. Soc.*, **73**, 765, 1898].

Dérivé-4.2. — Il se forme dans la sulfonation du p-chlorotoluène, à côté du dérivé-4.3 [Wynne, *Chem. Soc.*, **61**, 1078, 1892]. On l'obtient à partir de l'acide 4-toluidine-2-sulfonique [Roode, *Am. Chem. Journ.*, **13**, 221, 1891 : — Wynne. Bruce, *Chem. Soc.*, **73**, 761, 1898]. Le *chlorure* fond à 24°. L'*amide* fond à 142°, elle a été obtenue par Heffter [*Ann. Chem.*, **221**, 209, 1884] à partir de la p-toluidine-o-sulfamide. L'*anilide* fond à 144°.

Dérivé-4.3. — Il se forme en même temps que le 4.2 dans la sulfonation du p-chlorotoluène. Il a été préparé à partir de l'acide 4-toluidine-3-sulfonique [W., B., *loc. cit.*]. Le *chlorure* fond à 56°. L'*anilide* fond à 188°.

Outre ces 4 acides chlorotoluènes sulfoniques, on en connaît un autre, obtenu par sulfonation du m-chlorotoluène [Wynne, *Chem. Soc.*, **61**, 1075, 1892]. Son *chlorure* fond à 53°; son *amide* fond à 182°.

Acides chlorotoluène-disulfoniques. — Ils ont été préparés par Wynne et Bruce [*Chem. Soc.*, **73**, 740, 750, 769, 1898].

Dérivé-2.3.5. — Préparé à partir de l'acide 2-chlorotoluène-5-sulfonique, par sulfonation, et à partir de l'acide 2-toluidine-3.5-disulfonique. Le *chlorure* fond à 85°; l'*anilide* fond à 183°.

Dérivé-2.4.5. — Obtenu à partir de l'acide 2-toluidine-4.5-disulfonique. Le *chlorure* fond à 158°. L'*anilide* fond à 183°.

Dérivé-2.4.6. — Il a été préparé par sulfonation de l'acide 2-chlorotoluène-4-sulfonique. Il donne, par réduction à l'amalgame de sodium, l'acide toluènedisulfonique-2.4. — Le *chlorure* fond à 88°; l'*anilide* fond à 180°.

Dérivé-4.2.5. — A partir de l'acide 4-toluidine-2.5-disulfonique. Le *chlorure* fond à 144°; l'*anilide* fond à 245°.

Dérivé-4.2.6. — Par sulfonation de l'acide 4-chlorotoluène-2-sulfonique. Le *chlorure* fond à 108°. L'*anilide* fond à 188°.

Dérivé-4.3.5. — Préparé à partir de l'acide 4-toluidine-3.5-disulfonique. Le *chlorure* fond à 118°, il cristallise dans le benzène avec 1 2 mol. de solvant et fond alors à 80-100°. L'*anilide* fond à 183°.

Acides dichlorotoluène-sulfoniques. — Seelig [*Ann. Chem.*, **237**, 159, 1886] a décrit un acide dichlorotoluène-sulfonique résultant de la sulfonation du dichlorotoluène-2.3. Par sulfonation de ce même dérivé dichloré, Wynne et Greeves [*Proc. Chem. Soc.*, n° 154] ont obtenu 2 acides sulfonés dont l'un est *l'acide dichlorosulfoné-2.3.5*. Son *chlorure* fond à 85°. son *amide* fond à 183°. Le *chlorure* de l'autre acide fond à 45°, son *amide* fond à 221° [Voyez aussi : Cohen, Dakin, *Chem. Soc.*, **79**, 1111, 1901].

Par sulfonation du dichlorotoluène-2.4, on obtient *l'acide dichlorosulfoné-2.4.5* [Seelig, Wynne et Greeves, *loc. cit.*] dont le *chlorure* fond à 60° et l'*amide* à 204° (W., G.). D'après Cohen et Dakin [*loc. cit.*], la nitration de ce dichlorotoluène donne un acide dont l'*amide* fond à 176° et le *chlorure* à 71°.

La nitration du dichlorotoluène-2.5 donne un acide sulfoné dont le *chlorure* fond à 43° et l'*amide* à 191°. La nitration du dichlorotoluène-2.6 donne un acide sulfoné dont l'*amide* fond à 204° (Cohen, Dakin). La nitration du dichlorotoluène-3.4 donne un acide dont le *chlorure* fond à 82° [Wynne, *Chem. Soc.*, **64**, 1060, 1892 : — Cohen, Dakin, *loc. cit.*] et dont l'*amide* fond à 191°. A partir du dichlorotoluène-3-5, on obtient un acide dont le *chlorure* fond à 45° et l'*amide* à 168-169° [Wynne, Greeves, *loc. cit.*; — Cohen, Dakin, *loc. cit.*].

Acides trichlorotoluène-sulfoniques. — Seelig [*loc. cit.*] a décrit deux acides monosulfonés provenant de la sulfonation du toluène trichloré-2.3.4. Par sulfonation du toluène trichloré-3.4.5, Wynne [*Chem. Soc.*, **61**, 1069, 1892] a obtenu un acide dont le *chlorure* fond à 88°.

Acides bromotoluène-sulfoniques. — (Voyez Dict., **3**, 453 et 1er Suppl., 1570).

Acides bromotoluène-disulfoniques. — (Voyez 1er Suppl., 1570). Le *dérivé-2.3.5* a été obtenu à partir de l'acide o-toluidine-3.5-disulfonique [Hasse, *Ann. Chem.*, **230**, 295, 1885; — Wynne et Bruce, *Chem. Soc.*, **73**, 749, 1898]. Son *chlorure* fond à 90° (H.), à 102° (W.. B.). Son *amide* fond à 236-238° (H). Son *anilide* fond à 194° (W., B.).

A partir de l'acide p-toluidine-disulfonique, Richter [*Ann. Chem.*, **230**, 324, 1885] a obtenu un acide p-bromotoluène-disulfonique dont le *chlorure* fond à 133° et l'*amide* au-dessus de 240°.

Acide p-iodotoluènedisulfonique. — Il se forme à partir de l'acide p-toluidine-disulfonique en remplaçant AzH² par I (Richter, *loc. cit.*). Son *chlorure* fond à 143°. Son *amide* fond à 130-132°.

Acides nitrotoluènesulfoniques. — *Acide o-nitrotoluène-p-sulfonique*. — Electrolysé en solution sulfurique, il donne l'acide 6-amino-3-crésol-4-sulfonique [Gattermann, *D. chem. G.*, **27**, 1938, 1894]. La transformation en hydrazoïque par réduction électrolytique a été étudiée par Elbs et Wohlfahrt [*J. f. prakt. Chem.*, **66**, 558, 1902]. Le *chlorure* o-nitrotoluène-p-sulfonique a été obtenu en nitrant le p-toluène-sulfochlorure, il fond à 36° [Reverdin, Crépieux, *Bull. Soc. Chim.*, **25**, 1040, 1901]. L'*éther phénylique* fond à 59-60°: les *éthers* o-, m- et p-crésyliques fondent respectivement à 68-69°, 63-64°, 95° [R., C., *Bull. Soc. Chim.*, **27**, 745, 1902]. L'*éther p-nitrophénylique* fond à 113-114°, les *éthers* de la résorcine et de la nitrorésorcine fondent à 136° et à 105° [R., C., *Bull. Soc. Chim.*, **25**, 1044, 1901]. L'*amide* fond à 144°; l'*anilide* fond à 109°; la *p-toluide* fond à 132°; la *2.4-dinitranilide* fond à 214°; la β-naphtalide fond à 157°; l'α-naphtalide fond à 161°; les *dérivés* des o-, m- et p-phénylène-diamines fondent respectivement à 162-163°, 197° et au-dessus de 250° [Reverdin, Crépieux, *loc. cit.*]. L'*amide Az-dichlorée* fond à 101°; la *méthylamide* fond à 93°, son *dérivé Az-chloré* fond à 90°, son *dérivé Az-bromé* fond à 117°; l'*éthylamide* fond à 87°, son *dérivé Az-chloré* fond à 76°, son *dérivé Az-bromé* fond à 96°; la *benzylamide*

Az-chlorée fond à 144°, l'*Az-bromée* fond à 151° [Chattaway, *Chem. Soc.*, 87, 145, 1905].

Acide 2-nitrotoluène-5-sulfonique. — On l'obtient à partir de l'acide o-nitro-p-toluidine-5-sulfonique. Son *chlorure* fond à 50°; son *amide* fond à 133°,5 [Foth, *Ann. Chem.*, 230, 305, 1885].

Acide 4-nitrotoluène-2-sulfonique. — Sous l'action des alcalis, il donne des colorants jaunes du groupe du stilbène [O. Fischer, Hepp, *D. chem. G.*, 26, 2233, 1893; 28, 2281, 1895; — Bender, *ibid.*, 28, 422, 1895; — Kalle et Cⁱᵉ, D.R.P. 79241; Cassella et Cⁱᵉ, D.R.P. 76369; — Léonhardt et Cⁱᵉ, D.R.P. 38735 et 96107]. Sous l'action simultanée des alcalis et de substances oxydables (alcools, etc.), il donne des colorants bruns (brun mikado) [Léonhardt et Cⁱᵉ, D.R.P. 46252, *D. chem. G.*, 22, R., 116. 1889]. Oxydé par l'hypochlorite de sodium, il donne naissance aux acides p-dinitrobenzyle-o-disulfonique et p-dinitrostilbène-o-disulfonique [Ris, Simon, *D. chem. G.*, 30, 2618, 1897; — Green, Wahl. *D. chem. G.*, 30, 3097, 1897; — Green, *Chem. Soc.*, 85, 1424, 1904]. Condensé avec les paradiamines en présence des alcalis, il donne des matières colorantes [Geigy et Cⁱᵉ. D.R.P. 59290, *D. chem. G.*, 24, R., 936, 1891].

Le *chlorure* p-nitrotoluène-2-sulfonique a été condensé avec le benzène et le chlorure d'aluminium pour former une nitrotolylphénylsulfone [Norris, *Am. Chem. Journ.*, 24, 469, 1900]. Il donne avec le glycocolle un dérivé $CH^3 - C^6H^3 (AzO^2)SO^2 - AzH - CH^2CO^2H$ fusible à 180°, avec l'alanine.r un dérivé fusible à 96°, avec l'acide *d*-glutamique un dérivé fusible à 160-161° [Siegfried, *Z. physiol. Chem.*, 43, 68, 1900].

ACIDE 2-6-DINITROTOLUÈNE-4-SULFONIQUE. — (Voy. Dict., 3, 459). Il a été préparé par Marckwald [*Ann. Chem.*, 274, 349, 1893] en nitrant l'acide p-toluènesulfonique, et par Reverdin et Crépieux [*Bull. Soc. Chim.*, 25, 1043, 1901] en nitrant le p-toluènesulfochlorure.

ACIDE 5-CHLORO-4-NITROTOLUÈNE-2-SULFONIQUE. — On l'obtient en sulfonant le m-chlorotoluène et en ajoutant de l'acide nitrique fumant au produit brut de la sulfonation. Son *sel de baryum* est peu soluble dans l'eau. Son *sel d'aniline*, chauffé à 160° avec un excès d'aniline, donne l'acide nitrotolylphénylamine-sulfonique [Schraube, Romig, *D. chem. G.*, 26, 579, 1893].

ACIDES TOLUÈNE-THIOSULFONIQUES.

Acide orthotoluène-thiosulfonique, $CH^3 - C^6H^4 - SO^2 - SH$. — Son *sel de sodium* s'obtient en traitant l'o-toluènesulfochlorure par une solution aqueuse de sulfure de sodium [Troeger, Grothe, *J. f. pr. Chem.*, 56, 473, 1897]. Il se combine avec les chlorures diazoïques [Troeger, Ewers, *J. f. prakt. Chem.*, 62, 369, 1900]. Le sel de sodium donne, avec l'éther α-chloracétylacétique, l'o-tolylthiosulfonylacétylacétate d'éthyle [Troeger, Volkmer, *J. f. prakt. Chem.*, 70, 735, 1904].

Acide p-toluène-thiosulfonique. — Son *sel de potassium* a été préparé par Blomstrand [*D. chem. G.*, 3, 963, 1870] en traitant le p-toluènesulfochlorure par le sulfure de potassium; on peut l'obtenir aussi en chauffant avec du soufre une solution de p-toluènesulfinate de potassium [Otto, *D. chem. G.*, 15, 129, 1882]. L'étude cristallographique de ce sel a été faite par Brugnatelli [*D. chem. G.*, 24, 494, 1891]. Traité, en solution aqueuse, par l'iode, il donne une série de composés ayant les formules $(C^7H^7SO^2)^2S$, $(C^7H^7SO^2)^2S^2$, $(C^7H^7SO^2)^2S^3$; traité par le chlore,

il donne les mêmes composés et de l'acide toluènesulfonique [Otto, Troeger, *D. chem. G.*, 24, 1125, 1891].

Sous l'action du chloroformiate d'éthyle, le sel de potassium donne naissance au corps $(C^7H^7SO^2)^2S^2$, au toluènedisulfoxyde $C^7H^7SO^2.S.C^7H^7$ et à l'éther toluènesulfinique [Otto, Rossing, *D. chem. G.*, 24, 1148]. Avec l'éther α-chloracétylacétique, il donne le p-tolylthiosulfonacétylacétate d'éthyle [Troeger, Volkmer, *J. f. prakt. Chem.*, 70, 375, 1904].

L'*éther éthylique* $C^7H^7SO^2.S.C^2H^5$ a été obtenu en traitant le sel de sodium par le bromure d'éthyle [Otto, *D. chem. G.*, 15, 129, 1882]. Il est huileux; la chaleur le décompose en mercaptan, disulfure d'éthyle et acide toluènesulfinique. L'*éther éthylénique* $(C^7H^7SO^2.S.)^2C^2H^4$ fond à 76-77° [Otto, Rössing, *D. chem. G.*, 20, 2088, 1887; — Otto, Heydecke, *ibid.*, 25, 1478, 1892]. L'*éther p-tolylique* $C^7H^7SO^2.S.C^7H^7$ ou p-toluènedisulfoxyde prend naissance : 1° par oxydation nitrique du p-thiocrésol [Maercker, *Ann. Chem.*, 136, 83, 1865]; 2° quand on chauffe l'acide p-toluènesulfinique avec de l'eau à 130° [Otto, Gruber, *Ann. Chem.* 145, 13, 1868]; 3° par l'action du chlorure p-toluènesulfonique sur la thiourée [Remsen, Turner, *Am. Chem. Journ.*, 25, 190, 1901; 4° dans l'action de l'acide p-toluènesulfinique sur le nitrosobenzène [Bamberger, Rising, *D. chem. G.*, 34, 228, 1901]. Il fond à 78°.

TOLYLSULFONES.

DÉRIVÉS ORTHO. — Les orthotolylsulfones contenant un radical aliphatique : $C^7H^7.SO^2.R$, ont été préparés par l'action des dérivés halogénés alcooliques sur le sel de sodium de l'ac. o-toluène sulfinique [Tröger, Voigtlander, *J. f. prakt. Chem.*, 54, 524, 1896; — Troeger, Hintze, *ibid.*, 55, 205, 1897]. Elles sont pour la plupart huileuses, sauf la *cétyl-o-tolylsulfone*, qui fond à 65° (T., V.).

Phényl-o-tolylsulfone, $CH^3 - C^6H^4 - SO^2 - C^6H^5$. — Elle a été préparée par condensation du chlorure o-toluènesulfonique avec le benzène en présence de chlorure d'aluminium [Canter, *Am. Chem. Journ.*, 25, 96, 1901; — Ullmann, Lehner, *D. chem. G.*, 38, 729, 1905]. Elle fond à 67°,5 (C.), à 80° (U. L.). Elle donne par oxydation l'acide diphénylsulfonecarbonique.

p-Nitro-o-tolylphénylsulfone, $(CH^3)_{(1)}C^6H^3(AzO^2)_{(4)}(SO^2C^6H^5)_{(2)}$. — Elle s'obtient par condensation du chlorure p-nitro-o-toluènesulfonique avec le benzène et le chlorure d'aluminium. Elle fond à 158°. Par réduction, elle donne un *dérivé aminé* fusible à 156° [Norris, *Am. Chem. Journ.*, 24, 469, 1900]. Le *dérivé acétylé* de cette sulfone aminée fond à 183° [Ullmann, Lehner].

Acide 2-tolylphénylsulfoné-2'-carbonique,

$$\text{CH}^3$$

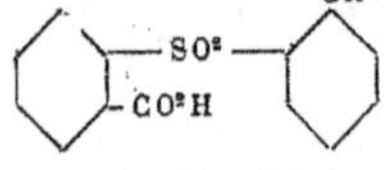

— Il s'obtient en chauffant à 130° avec un peu d'eau un mélange d'o-chlorobenzoate et de o-toluène-sulfinate de potassium. Il fond à 189°. Traité par l'acide sulfurique concentré, il donne la *méthylbenzophénone-sulfone*

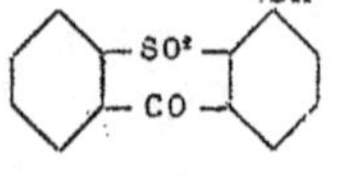

$$\text{CH}^3$$

fusible à 172° [Ullmann, Lehner, *D. chem. G.*, **38**, 729, 1905].

o-Tolylsulfone, $C^7H^7-SO^2-C^7H^7$. — Elle s'obtient par oxydation du sulfure de o-tolyle. Elle fond à 134-135° [Purgotti, *Gazz. chim. ital.*, **20**, 31, 1890].

DÉRIVÉS PARA. — *Méthyl-p-tolylsulfone* $CH^3-SO^2-C^7H^7$. — Elle s'obtient : 1° en traitant l'acide p-tolylsulfonacétique par la potasse concentrée; 2° en traitant le p-toluène-sulfinate de sodium par l'iodure de méthyle [Otto, *D. chem. G.*, **18**, 161, 1885]; 3° en traitant la p-tolylsulfonacétylanilide par la potasse alcoolique [Grothe, *Arch. Pharm.*, **238**, 587, 1900]; 4° en chauffant à 180° le p-toluène-sulfinate de tétraméthylammonium [E. v. Meyer, *J. prakt. Chem.*, **63**, 167, 1901]. Elle fond à 86-87°.

Dérivé ω-chloré $CH^2Cl-SO^2-C^7H^7$. — Il se forme en traitant le p-toluène-sulfinate par le dichloracétate de sodium.

Dérivé ω-dichloré. — Il se forme par l'action du chlore sur l'acide p-tolylsulfonacétique; il fond à 114°.

Dérivé ω-bromé. — Il se forme au moyen du p-toluène-sulfinate de sodium et du bromure de méthylène. Il fond à 90-92°.

Dérivé ω-dibromé. — Il fond à 116-117° [Otto, *J. prakt. Chem.*, **40**, 528, 544, 1889].

Dérivé ω-iodé. — Il fond à 126° [Otto, *D. chem. G.*, **21**, 655, 1888].

p-Tolylsulfonecarbinol $C^7H^7-SO^2-CH^2OH$. — Ce corps se forme quand on traite l'acide p-toluène-sulfinique par l'aldéhyde formique. Il fond à 90°: son *acétate* fond à 78°, son *phosphate* fond à 146°. L'*amine secondaire* qui en dérive, $(C^7H^7SO^2CH^2)^2AzH$, fond à 158-160°. L'*anilide* $C^7H^7-SO^2-CH^2-AzHC^6H^5$ fond à 137° [E. v. Meyer, *J. prakt. Chem.*, **63**, 167, 1901].

Ethyl-p-tolylsulfone. — Elle fond à 76° [Otto, *D. chem. G.*, **13**, 1276, 1880; *J. prakt. Chem.*, **40**, 555, 1889]. Son *dérivé β-chloré* $C^7H^7SO^2-CH^2-CH^2Cl$ fond à 78-79° [Otto, *J. prakt. Chem.*, **30**, 357, 1884]. Son *dérivé α-chloré* fond à 84° [Otto, *ibid.*, **40**, 515, 1889]. Son *dérivé β-iodé* fond à 99°,5-100°,5 [Otto, *ibid.*, **30**, 357, 1884]. La di-p-tolylsulfonéthylamine $(C^7H^7SO^2-CH^2-CH^2)^2AzH$ fond à 200-201° (Otto). L'*alcool p-tolylsulfonéthylique* $C^7H^7-SO^2-CH^2-CH^2OH$ fond à 54-55° (Otto).

Propyltolylsulfone. — Elle fond à 53° [Troeger, Uhde, *J. prakt. Chem.*, **59**, 335, 1899]. Son *dérivé β-γ-dichloré* fond à 78-79° [Tröger, Hinze, *ibid.*, **55**, 204, 1897]. Son *dérivé α-bromé* fond à 93-94° (Tröger, Uhde). Son *dérivé β-bromé* est huileux (Tröger, Hinze). Son *dérivé β-γ-dibromé* fond à 81-82° [Otto, *Ann. Chem.*, **283**, 188, 1894], à 86-87° (Tröger, Hinze). Le *p-tolylsulfonepropylène-glycol* $C^7H^7-SO^2-CH^2-CH(OH)-CH^2(OH)$ fond à 93-95° (Tröger, Hinze).

Isopropyl-p-tolylsulfone. — Elle fond à 80° (Tröger, Uhde).

Allyl-p-tolylsulfone. — Elle fond à 52-53° [Otto, *Ann. Chem.*, **283**, 184, 1894].

Ethylène-ditolylsulfone $(C^7H^7SO^2)^2C^2H^4$. — Elle fond à 200-201° [Otto, *J. prakt. Chem.*, **40**, 534].

Propylène-ditolylsulfone. — Elle fond à 143-144° ou 147-148° [Otto, *Ann. Chem.*, **283**, 200, 1894].

Triméthylène-ditolylsulfone. — Elle fond à 124-125° [Otto, *D. chem. G.*, **24**, 1834, 1891; *J. prakt. Chem.*, **51**, 296, 1895].

Phényl-p-tolylsulfone. — Elle s'obtient : 1° en condensant l'acide benzène-sulfonique avec le toluène sous l'influence de l'anhydride phosphorique [Michael, Adair, *D. chem. G.*, **11**, 116, 1878]; 2° en condensant le chlorure benzène-sulfonique avec le toluène et le chlorure d'alu-

minium [Beckurts, Otto, *D. chem. G.*, **11**, 2068, 1878]; 3° en condensant le p-toluène-sulfochlorure avec le mercure phényle [Otto, *ibid.*, **18**, 249, 1885]; 4° en condensant le p-toluène-sulfochlorure avec le benzène et le chlorure d'aluminium [Newell, *Ann. Chem. Journ.*, **20**, 303, 1898]. Elle fond à 124°,5. Son *dérivé aminé* $C^7H^7-SO^2-C^6H^4-AzH^2$ se forme dans l'action de l'acide p-toluène-sulfinique sur la β-phénylhydroxylamine. Il fond à 181°,5 [Bamberger, Rising, *D. chem. G.*, **34**, 241, 1901]. Son *dérivé acétaminé* se forme par oxydation manganique de l'acétyl-p-thiotolylaniline. Il fond à 195° [E. v. Meyer, Heiduschka, *J. prakt. Chem.*, **68**, 263, 1903]. Son *dérivé diméthylaminé* se forme à partir de la diéthylamine et du chlorure p-toluène-sulfonique; il fond à 95° [Michler, Meyer, *D. chem. G.*, **12**, 1793, 1879].

Acide p-tolylsulfone-2'-carbonique. — Il s'obtient comme le dérivé ortho. Il fond à 155°; son *éther méthylique* fond à 89°. Il donne, par l'acide sulfurique concentré, la *méthylbenzophénonesulfone*, fusible à 199° [Ullmann, Lehner, *D. chem. G.*, **38**, 729, 1905].

Acide p-tolylsulfonacétique $C^7H^7.SO^2.CH^2.CO^2H$. — Il se forme en évaporant un mélange de p-toluène-sulfinate et de chloracétate de sodium [Gabriel, *D. chem. G.*, **14**, 834, 1881]. Le dérivé sodé de l'éther éthylique se forme dans l'action du toluène-p-sulfochlorure sur l'éther acétylacétique sodé [Kohler, Mac Donald, *Am. Chem. Journ.*, **22**, 230, 1900]. Il fond à 117°,5-118°,5. L'*éther éthylique* fond à 94° (Kohler, Mac Donald). L'*anilide* fond à 168°, la *méthylanilide* à 112°, l'*o-toluide* à 129°, la *p-toluide* à 157° [Grothe, *Arch. Pharm.*, **238**, 593, 1900].

Di-p-tolylsulfone. — Elle fond à 158°, bout à 404°,6-405°,2 sous 713^{mm},9 [Krafft, *D. chem. G.*, **12**, 1177, 1879].

Di-p-tolyldisulfone $(C^7H^7-SO^2)^2$. — Elle se forme par oxydation du p-tolylsulfonecarbinol. Elle se décompose à 210° [E. v. Meyer, *J. prakt. Chem.*, **63**, 167, 1901].

TOLUÈNE-DISULFONES-2.4,

$$CH^3-C^6H^3 \begin{cases} SO^2-R \\ SO^2-R \end{cases}$$

— Elles se forment par l'action des iodures alcooliques [Troeger, Meine, *J. prakt. Chem.*, **68**, 313, 1903]. La *diméthyldisulfone* fond à 153-154°; la *dipropyl...* fond à 83-84°; la *dibutyl...* est huileuse; la *diallyl...* fond à 89-90°, la *diacétonyl...* fond à 127°.

DÉRIVÉS SUBSTITUÉS DANS LE MÉTHYLE.

[Voy. l'article BENZYLIQUE (ALCOOL), 2e Suppl., I, 636].

CHLORURE DE BENZYLIDÈNE. — Il fond à — 16°,1 [Schneider, *Zeit. phys. Chem.*, **22**, 234, 1897]. Il se congèle à — 17° [Altschul, Schneider, *ibid.*, **16**, 24, 1895]. Chauffé à 180-200° avec un acétate alcalin anhydre, il donne de l'acide cinnamique [D.R.P. 17467]. Chauffé avec les alcoolates de sodium en tubes scellés, il donne des chlorures alcooliques, de l'aldéhyde benzoïque et un peu d'acide benzoïque. Condensé avec le phénol, il donne du dioxytriphénylméthane. Chauffé à 120° avec du β-naphtol, il donne l'anhydride du phényl-di-β-oxynaphtylméthane [Mackenzie, *Chem. Soc.*, **79**, 1204, 1901; **85**, 790, 1904]. Il donne par pyrogénation les dichlorures de tolane α et β [Löb, *D. chem. G.*, **36**, 3059, 1903]. Boeseken [*Rec. Pays-Bas*, **22**, 301, 1903] a étudié sa condensation avec le benzène et le chlorure d'aluminium.

Chlorure de benzylidène-dichloré-2.5. — On

l'obtient en traitant l'aldéhyde dichlorobenzoïque-2.5 par la chlorhydrine sulfurique. Il fond à 42° [Gehm, Schuele, *Ann. Chem.*, **299**, 358, 1897].

PHÉNYLCHLOROFORME. — Il fond à —21°2, [Schneider, *loc. cit.*]. Il est transformé en acide benzoïque par l'eau à 90-95° en présence d'un peu de fer [Schultze, D.R.P. 82927, 85493].

TOLUÈNES ω-FLUORÉS OU ω-CHLOROFLUORÉS. — Voy. Swarts [*C. B.*, II, 26, 1898; II, 667, 1900].

BROMURE DE BENZYLIDÈNE. — Il se forme en traitant l'aldéhyde benzoïque par le pentabromure de phosphore. Il bout à 156° sous 23 mm.; $D_{15} = 1,51$, $n_D = 1,541$ [Curtius, Quedenfelt, *J. prakt. Chem.*, **58**, 389, 1898].

IODURE DE BENZYLIDÈNE. — Il se forme quand on traite le phényldiazométhane par l'iodure de potassium ioduré [Hantzsch, Lehmann, *D. chem. G.*, **35**, 904, 1902].

PHÉNYLNITROMÉTHANE $C^6H^5 - CH^2 - AzO^2$. — Il se forme : 1° quand on traite par un acide dilué le sel de sodium qui prend naissance dans l'action des alcalis sur la dinitrobenzylidènephtalide [Gabriel, *D. chem. G.*, **18**, 1254, 1885]; 2° par action de l'eau bouillante sur l'oxynitrobenzyldiphénylmaléïde [Cohen, *D. chem. G.*, **24**, 3867, 1891]; 3° par action de l'acide azotique de densité 1,12 sur le toluène à 100° [Konowalow, *D. chem. G.*, **28**, 1861, 1895]; 4° par action du nitrite d'argent sur le chlorure de benzyle [Hollemann, *Rec. Pays-Bas*, **13**, 405, 1894] ou sur l'iodure de benzyle [Hantzsch, Schultze, *D. chem. G.*, **27**, 700, 1896]; 5° par action du nitrométhane sur le diazobenzène en solution alcaline [Bamberger, Schmidt, Levinstein, *D. chem. G.*, **33**, 2053, 1900]; 6° par oxydation de la benzylamine par le réactif de Caro [Bamberger, Scheutz, *D. chem. G.*, **34**, 2262, 1901].

Il bout à 225-227° en se décomposant en eau, protoxyde d'azote et aldéhyde benzoïque, à 141-142° sous 35 mm., $n_D^{20} = 1.5323$. $D_0^0 = 1,1756$, $D_0^{20} = 1,1598$. Il donne avec les alcalis les sels de l'isophénylnitrométhane (Hantzsch, Schultze). Il se condense avec le nitrate de diazobenzène en solution alcaline pour donner la p-nitrophényl-hydrazone phénylnitroformique [Bamberger, Grob, *D. chem. G.*, **34**, 2017, 1901]. Il se condense avec les aldéhydes [Knœvenagel, Walther, *D. chem. G.*, **37**, 4502, 1904].

Isophénylnitrométhane,

$$C^6H^5 - CH - Az - OH$$
$$\diagdown \diagup$$
$$O$$

— On l'obtient en décomposant à froid, par l'acide chlorhydrique dilué, les sels du phénylnitrométhane. Il se forme par oxydation de la benzaldoxime au moyen du réactif de Caro [Bamberger, *D. chem. G.*, **33**, 1781, 1900]. Il fond a 84°. Il se transforme en phénylnitrométhane quand on le chauffe avec de l'éther ou de l'alcool. Il réagit sur l'isocyanate de phényle [Hantzsch, Voit, *D. chem. G.*, **32**, 620, 1899]. Son *sel de sodium* se transforme en acide benzhydroxamique quand on le traite, en solution aqueuse, par l'acide chlorhydrique [Bamberger, Rust, *D. chem. G.*, **35**, 45, 1902]. Traité par le chlorure de benzoyle, il donne l'acide dibenzhydroxamique [Hollemann, *Rec. Pays-Bas*, **15**, 356, 1896]. Traité par le chlorure d'acétyle, il donne l'acide acétylbenzhydroxamique [v. Raalte, *ibid.*, **18**, 383, 1899].

PHÉNYLDIAZOMÉTHANE,

$$C^6H^5 - CH \diagup^{Az}_{\diagdown Az}$$

— Lorsqu'on traite le nitrosobenzyluréthane par la potasse concentrée, on obtient le corps $C^6H^5 - CH^2 - Az = AzOK$ que l'eau transforme en phényldiazométhane. Ce dernier est un liquide rouge, peu stable, que la chaleur convertit en stilbène, l'eau chaude en alcool benzylique, l'alcool en oxyde de benzyle-éthyle, l'acide chlorhydrique en chlorure de benzyle et l'iode en solution dans l'iodure de potassium, en iodure de benzylidène Hantzsch, Lehmann, *D. chem. G.*, **35**, 897, 1902].

HOMOLOGUES SUPÉRIEURS DU TOLUÈNE.

DIÉTHYLTOLUÈNE-1.3.5. — Ce carbone se forme quand on traite par l'acide sulfurique concentré un mélange d'acétone et de méthyléthylcétone. Il bout à 199-200°; sa densité à 20° est de 0,879. Par oxydation nitrique, il donne de l'acide uvitique. Son *dérivé tribromé* fond à 206° [Jacobsen, *D. chem. G.*, **7**, 1434, 1874].

DIPROPYLTOLUÈNE-1.2.4. — Il se forme quand on chauffe l'éthyl-p-cymylcétone avec du sulfure d'ammonium à 270° [Claus, *J. f. prakt. Chem.*, **43**, 535, 1891].

DIPROPYLTOLUÈNE-1.3.5. — Il se forme par action de l'acide sulfurique sur un mélange de méthylpropylcétone et d'acétone. Il bout à 243-248° [Jacobsen, *D. chem. G.*, **8**, 1259, 1875].

AMYLTOLUÈNES. — Le *m-isoamyltoluène* a été préparé en traitant par $AlCl^3$ un mélange de toluène et de chlorure d'isoamyle. Il bout à 207-209°, $D = 0,8679$ à 22°.

Soumis à l'oxydation manganique, il donne de l'acide isophtalique [Essner, Gossin, *Bull. Soc. Chim.*, **42**, 213, 1884].

Le *p-isoamyltoluène* a été obtenu en traitant le p-bromotoluène par le bromure d'isoamyle et le sodium. Il bout à 213°. $D = 0,8643$ à 0°. Oxydé, il donne de l'acide téréphtalique. Son *dérivé tribromé* est visqueux. Son *dérivé nitré* est huileux. Le *sel de baryum* du *dérivé sulfoné* est gommeux [Fittig, Rigot, *Ann. Chem.*, **141**, 162, 1867].

Un autre isoamyltoluène a été décrit par Pabst [*D. chem. G.*, **9**, 503, 1876] qui l'a obtenu en traitant par le zinc en poudre un mélange de toluène et de chlorure d'isoamyle. Il bout à 203-205°, sa densité est de 0,8945 à 0°.

OCTYLTOLUÈNES. — Le *p-octyltoluène* normal fond à 11-12° et bout à 281-283° [Lipinski, *D. chem. G.*, **31**, 940, 1898]. Son *dérivé nitré* fond à 19-20°.

HEXADÉCYLTOLUÈNES. — Les trois isomères *o*, *m* et *p* ont été obtenus en condensant les bromotoluènes correspondants avec l'iodure de cétyle et le sodium. Le dérivé ortho fond à 8-9° et bout à 238°,5-239° sous 15 mm.; $D_4^{9°2} = 0,8676$, $D_4^{9°} = 0,8072$. Le dérivé méta fond à 11-12° et bout à 236°,5-237° sous 15 mm.; $D_4^{11} = 0,8617$, $D_4^{90°5} = 0,8029$. Le dérivé para fond à 27°,5 et bout à 239°,5-240° sous 15 mm.; $D_4^{27°5} = 0,8499$, $D_4^{99} = 0,8077$ [Krafft, Göttig, *D. chem. G.*, **21**, 3181, 1888].

OCTODÉCYLTOLUÈNE. — Il bout à 147° dans le vide absolu [Krafft, Weiland, *D. chem. G.*, **29**, 1326, 1896].

Les autres homologues du toluène sont décrits aux articles ÉTHYLBENZÈNE, BUTYLBENZÈNE, CYMÈNE.   Janvier 1907.   R. Marquis.

TOLUHYDROQUINONE. — (Voy. *Dict.*, **5**, 501; 1er Suppl., 1585). *Modes de formation* [Bamberger, *D. chem. G.*, **28**, 246; Chem. Fab. Schering, Brev. all. 81068]. La chaleur de formation de l'hydrotoluquinone à partir de ses éléments est de $99^{Cal},2$. La transformation

$$\text{Toluquinone} + H^2 \rightarrow \text{Toluhydroquinone.}$$

dégage $35^{Cal},0$ [A. Valeur, *Bull. Soc. Chim.*, (3),

19, 14]. Chaleur de combustion à volume constant, 836cal.3 [Valeur, *C. R.*, **125**, 872].

DÉRIVÉS HYDROXYLÉS. — $C^6H^3(CH^2.OH)_{(1)}(OH)^2_{(2.5)}$. — Isolée sous forme d'*éther diméthylique* par Baumann et Fränkel [*Zeit. physiol. Chem.*, **20**, 221] en prismes fusibles à 72-73°, peu solubles dans l'alcool froid, se dissolvant bien dans l'éther et la benzine.

DÉRIVÉS CHLORÉS. — *Monochlorohydrotoluquinones*, $C^7H^7ClO^2$. — Plusieurs ont été décrites : $C^6H^2(CH^3)_{(1)}(OH)_{(2)}(OH)_{(5)}(Cl)_{(3)}$. — Obtenue en chauffant la monochlorotoluquinone avec de l'eau et de l'acide sulfureux en tubes scellés à 100°. Elle cristallise de l'éther en longues aiguilles incolores fusibles à 115°, sublimables sans décomposition, volatiles avec la vapeur d'eau. Elles brunissent peu à peu à la lumière [Claus et Schweitzer, *D. chem. G.*, **19**, 929].

$C^6H^2(CH^3)_{(1)}(OH)_{(2)}(OH)_{(5)}Cl_{(4)}$. — On l'obtient par l'action de l'acide chlorhydrique concentré sur la toluquinone. On la purifie par cristallisation dans la ligroïne et traitement ultérieur à l'eau chargée de gaz sulfureux.

Aiguilles ou lamelles fusibles à 175°, difficilement solubles dans la ligroïne, facilement solubles dans l'alcool, l'éther, le chloroforme et l'eau chaude. Elles sont facilement oxydables et s'altèrent même à l'air [Schniter, *D. chem. G.*, **20**, 2285]. D'après Clark [*Am. Chem. Journ.*, **14**, 570] ce composé fondrait à 172-173°.

Dichlorohydrotoluquinones, $C^7H^6Cl^2O^2$. — Aux deux dérivés dichlorés déjà décrits, il faut ajouter les suivants :

a) Le dichloro-m-crésol oxydé par le mélange chromique fournit une dichlorotoluquinone fondant à 103°, qui se laisse réduire par l'acide sulfureux en aiguilles incolores facilement solubles dans l'eau chaude, plus solubles encore dans l'alcool, l'éther et le chloroforme. fusibles à 171° [Claus et Schweitzer, *D. chem. G.*, **16**, 931].

Cette hydrotoluquinone est probablement identique avec le dérivé dichloré fondant à 167-169° [voy. Dict., **5**, 501].

b) Le dichloro-o-crésol fournit dans les mêmes conditions que le dérivé méta une hydrotoluquinone fusible à 120°. Petites aiguilles incolores non volatiles avec la vapeur d'eau (Comparer Dict., **5**, 501) [Claus et Schweitzer, *loc. cit.*].

Le même dérivé s'obtient en traitant la monochlorotoluquinone par l'acide chlorhydrique [Schniter, *D. chem. G.*, **20**, 2288].

Trichlorohydrotoluquinones, $C^7H^5Cl^3O^2$. — [Voy. Dict., **5**, 501].

Tétrachlorohydrotoluquinone, $C^7H^4Cl^4O^2$. — Préparé par réduction à l'aide de SO^2 de la tétrachlorotoluquinone. Longues aiguilles brillantes facilement solubles dans l'alcool, moins solubles dans l'éther, difficilement solubles dans l'eau [W. Bräuninger, *Ann. Chem.*, **185**, 353]. Ce dérivé fond à 228° et donne un *dérivé diacétique* fusible à 232° [Richter, *D. chem. G.*, **34**, 4296].

DÉRIVÉS BROMÉS. — *Monobromohydrotoluquinones*, $C^7H^7BrO^2$. — Plusieurs ont été décrites :

a) $C^6H^2(CH^3)_{(1)}(OH)_{(2)}(OH)_{(5)}Br_{(3)}$. — Elle s'obtient en traitant la bromotoluquinone correspondante par le chlorure stanneux en solution acide, jusqu'à complète décoloration. Lamelles blanches fondant à 112°, très solubles dans l'alcool, l'éther, le chloroforme, solubles aussi dans l'eau.

L'action de l'anhydride acétique en présence d'acétate de sodium fournit un dérivé diacétylé fusible à 57° [Claus et Jackson, *J. prakt. Chem.*, (2), **38**, 527].

b) Schniter [*loc. cit.*] a préparé, en traitant la toluquinone par l'acide bromhydrique, une mono-

bromotoluhydroquinone en lamelles brillantes fondant à 170°. D'après Clark, le point de fusion serait de 176° [*Am. Chem. Journ.*, **14**, 569]. Elle représente l'isomère para $C^6H^2(CH^3)_{(1)}(OH)_{(2)}(OH)_{(5)}.Br_{(4)}$.

Dibromotoluhydroquinone, $C^7H^6Br^2O^2$. — La seule connue provient de la réduction par SO^2 de la dibromotoluquinone fondant à 115°. La bromotoluhydroquinone ainsi obtenue est dimorphe et fond à 117°. Petites aiguilles incolores ou gros prismes paraissant monosymétriques. Les deux formes cristallines brunissent rapidement à la lumière et correspondent à la formule $C^6H(CH^3)(OH)^2Br^2_{(2.6)}$ [Claus et Hirsch, *J. prakt. Chem.*, (2), **39**, 60].

Tribromotoluhydroquinones, $C^7H^5Br^3O^2$. — Une seule est connue. On l'obtient par l'action prolongée de l'acide sulfureux sur la tribromotoluquinone. Elle forme des lamelles fusibles à 201-202°. Le chlorure ferrique la transforme en tribromotoluquinone [Cazoneri et Spica, *Gazz. chim. ital.*, **12**, 471].

Tétrabromotoluhydroquinone, $C^7H^4Br^4O^2$. — On réduit la tétrabromotoluquinone fusible à 259° par ébullition avec de l'acide bromhydrique en solution acétique. Elle fond à 227° [Auwers et W. Hampe, *D. chem. G.*, **32**, 3005]. Elle donne un *dérivé diacétylé* fusible à 282-283°.

DÉRIVÉS IODÉS. — On ne connaît que l'iodohydrotoluquinone $C^6H^2(CH^3)(OH)_{(2)}(OH)_{(5)}I_{(3)}$ obtenue par réduction de l'iodotoluquinone en solution éthérée à l'aide du chlorure stanneux en solution étendue. Aiguilles soyeuses facilement solubles dans tous les solvants organiques, fondant à 110-111° [Kehrmann, *J. prakt. Chem.*, (2), **39**, 398].

DÉRIVÉS CHLOROBROMÉS. — On connaît deux chlorobromohydrotoluquinones isomériques de formule $C^7H^6ClBrO^2$.

a) Obtenue par l'action de l'acide bromhydrique sur la monochlorohydrotoluquinone. Elle renferme une molécule d'eau de cristallisation qu'elle perd au contact de l'air. Anhydre, elle fond à 123°. Très facilement soluble dans l'alcool, l'éther, l'eau et la ligroïne, elle est moins soluble dans le chloroforme et le benzène.

b) Obtenue par l'action de l'acide chlorhydrique sur la monobromohydrotoluquinone, elle fond à 120-121° et renferme aussi une molécule d'eau de cristallisation. Elle se sublime déjà vers 105°.

Les deux isomères donnent par oxydation les deux chlorobromotoluquinones isomériques [Schniter, *loc. cit.*, p. 2284].

DÉRIVÉS ACÉTYLÉS. — *Diacétylhydrotoluquinone*. — (Voy. Dict., 1er Suppl., 1585). Cristaux incolores orthorhombiques (dans la ligroïne) devenant laiteux au contact de l'air [Strœsco, *Zeit. f. Krist.*, **30**, 75].

DÉRIVÉS NITRÉS ET AMIDÉS. — *Nitrotoluhydroquinone*. — On connaît un *dérivé mononitré* de constitution indéterminée en aiguilles jaune rougeâtre fusibles à 122-124°. Il fournit un *dérivé monoacétylé* en aiguilles jaune citron fondant à 118-120° et un *dérivé diacétylé* en lamelles fusibles à 101-104° [Kehrmann et Tzchwinsky, *D. chem. G.*, **28**, 1542].

Zincke [*J. prakt. Chem.*, (2), **63**, 186], en réduisant les bromotoluquinones, a obtenu quelques dérivés de l'hydrotoluquinone :

$C^6HBr(CH)^3_{(1)}(OH)^2_{(2.5)}AzO^2$. — Aiguilles jaunes fusibles à 175°, donnant un *dérivé diacétylé* en prismes quadratiques fusibles à 118°.

$C^6Br^2(CH^3)_{(1)}(OH)^2_{(2.5)}AzO^2$. — Aiguilles fusibles à 157-158°.

$C^6HCl_{(4)}(CH^3)_{(1)}(OH)_{(2.5)}(AzH^2)_{(6)}$. — Aiguilles fusibles à 160-162°, donnant un *dérivé triacétylé* fusible à 198°.

$C^6H\,Br_{(4.7)}(CH^3)_{(1)}(OH)_{(2.5)}\,AzH^2$. — Aiguilles fondant à 148-149°, fournissant un *dérivé triacétylé* en aiguilles fusibles à 203-204°.

$C^6H(CH^3)_{(1)}(AzO^2)_{(6)}Cl_{(4)}(OH^2)_{(2.5)}$. — Aiguilles fusibles à 179-180°; son *dérivé diacétylé* fond à 105-107°. Réduit par le chlorure stanneux, ce nitrocomposé donne le dérivé aminé correspondant (voyez ci-dessus) [Zincke, *Ann. Chem.*, **328**, 261, 1903].

Dinitrohydrotoluquinone, $C^6H(OH)^2_{(2.5)}(CH^3)_{(1)}(AzO^2)^2_{(4.6)}$. — On la prépare en saponifiant les dérivés acétylés correspondants (voir ci-dessous) par les alcalis froids et dilués.

La dinitrohydrotoluquinone est peu soluble dans l'eau froide, un peu plus à chaud, facilement soluble dans l'alcool à 40 0/0. De ces solutions, elle se dépose avec une molécule d'eau de cristallisation. Des solutions dans le chloroforme elle se dépose en prismes monocliniques fondant à 149-153°. Elle cristallise dans le benzène en aiguilles jaune orangé.

Elle donne deux séries de sels avec les alcalis : les sels monométalliques sont bien cristallisés, très solubles dans l'eau en rouge bleuâtre, presque insolubles dans l'alcool. Les sels dimétalliques ne cristallisent pas et forment des solutions fortement colorées en violet foncé.

Le *sel monopotassique* est en aiguilles brun-rougeâtre à reflets métalliques verdâtres, détonant sous l'action de la chaleur.

La dinitrohydrotoluquinone fournit des dérivés mono et diacétylés.

Le *dérivé acétylé* est obtenu par nitration de la diacétylhydrotoluquinone à l'aide de l'acide azotique de densité 1,3-1,5. Il se dépose du chloroforme en cristaux brillants d'un jaune citron, fondant à 144-146°. Il se dissout bien dans le chloroforme, l'alcool et le benzène à chaud, un peu moins dans l'éther, l'alcool froid, l'eau chaude et l'acide acétique froid. Il donne un *sel monopotassique* anhydre en prismes rouge-grenat se dissolvant facilement dans l'eau chaude en rouge jaunâtre. La solution donne, avec le chlorure de baryum, après un certain temps, de fines aiguilles jaunes du *sel de baryum*.

Le *dérivé diacétylé* se forme par traitement du précédent avec l'anhydride acétique et l'acétate de sodium, il forme de petites aiguilles soyeuses fondant à 154-157° et appartenant au système monoclinique.

[Kehrmann et Brasch, *J. prakt. Chem.*, **39**, 383; — Stroesco, *Inaugural Dissertat.*, Genève, 1896; *Zeit. f. Krist.*, **30**, 75].

Diamidohydrotoluquinone, $C^6H(OH)^2_{(2.5)}(CH^3)_{(1)}(AzH^2)_{(4.6)}.HCl$. — On l'obtient à l'état de chlorhydrate par réduction du dérivé dinitré ou du dérivé nitroamidé correspondant (voy. plus bas) à l'aide du chlorure stanneux. Ce *chlorhydrate* renferme de l'eau de cristallisation (H^2O ou $1/2\,H^2O$) et se dissout très facilement dans l'eau et l'acide chlorhydrique.

Nitroamidohydrotoluquinone, $C^6H(OH)^2_{(4.5)}(CH^3)_{(1)}(AzO^2)(AzH^2).HCl$ — Obtenue par réduction du dérivé dinitré avec la quantité calculée de chlorure d'étain. Elle forme de longues aiguilles colorées en brun doré, un peu solubles dans l'acide chlorhydrique (Kehrmann et Brasch).

ÉTHERS DE L'HYDROTOLUQUINONE. — *Éther monométhylique* [Eug. Bamberger, *D. chem. G.*, **40**, 1893, 1907].

Éther diméthylique [Nietzki et Bernard, *D. chem. G.*, **31**, 1334].

Éther éthylique, $C^7H^6(OC^2H^5)^2$. — Préparé par l'action du bromure d'éthyle sur l'hydrotoluquinone. C'est un liquide huileux bouillant à 247-249°. Sa densité à 15° est de 1,0134. A plus basse température, l'éther se solidifie en cristaux fondant à 8-9°. Il est soluble dans l'eau, miscible à l'alcool, à l'éther, au benzène et au chloroforme. Son odeur est agréable et rappelle celle de l'anis. Traité par les oxydants, il fournit l'éther diéthylique de la dioxyditolylquinone.

DIOXYDITOLYLQUINONE ET DÉRIVÉS.

L'hydrotoluquinone (ou ses dérivés) traitée par les oxydants est susceptible de perdre 4 atomes d'hydrogène en fournissant un nouveau corps, la *dioxyditolylquinone*, pour laquelle on a proposé une des formules suivantes :

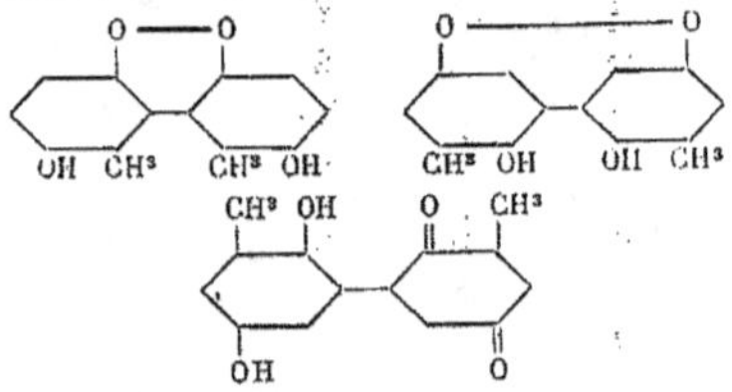

Cette dernière paraît la plus vraisemblable car l'éther diméthylique fournit une oxime.

Dioxyditolylquinone, $C^{14}H^{12}O^4$. — On l'obtient en oxydant l'hydrotoluquinone en milieu acétique au moyen de bioxyde de manganèse et d'acide sulfurique, au-dessous de 5°. Petits cristaux noirs fondant à 202°, à éclat métallique verdâtre.

Les agents réducteurs la transforment en tétraoxyditolylquinone $C^{14}H^{14}O^4$ [Brunner, *Mon. f. Chem.*, **10**, 174].

Son *éther diméthylique* a été obtenu par Nietzki (voir 1er Suppl., 1585). Ce corps, qui fond à 153°, est presque insoluble dans l'eau, soluble en rouge jaunâtre dans l'alcool, l'acide acétique et le benzène. Traitée par le chlorhydrate d'hydroxylamine en milieu alcoolique, il donne une *oxime* en aiguilles à éclat bronzé fournissant facilement une combinaison acétylée par traitement à l'anhydride acétique [Nietzki et Bernard, *loc. cit.*]. Traitée par l'acide azotique, cette oxime donne un *dérivé nitré* en aiguilles rouges

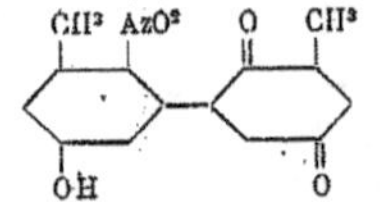

susceptible à son tour de donner un *dérivé monoacétylé* en aiguilles jaunes fondant à 143°.

L'*éther diéthylique* peut être facilement préparé en oxydant la diéthylhydrotoluquinone en milieu acétique par le mélange chromique au-dessous de 15°. Petites aiguilles noir verdâtre analogues à l'éther méthylique, fusibles à 139°, plus solubles que ce dernier dans l'alcool et l'acide acétique [Noelting et Werner, *D. chem. G.*, **23**, 2247]. L'acide sulfureux ou le sulfhydrate d'ammoniaque le réduit à l'état de tétraoxyditolylquinone.

TÉTRAOXYDITOLYLQUINONE ET DÉRIVÉS. — En traitant par les agents réducteurs la dioxyditolylquinone ou ses dérivés la liaison oxygénée est rompue avec formation de deux groupes OH. Les corps ainsi formés répondent par suite à l'un des deux types de formule

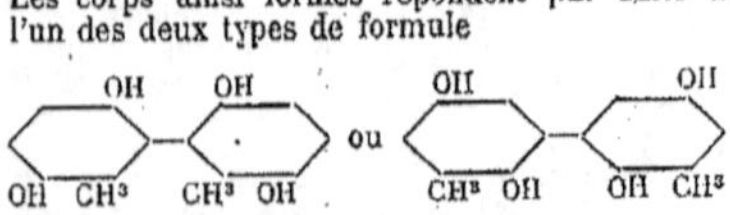

Tétraoxyditolylquinone $C^{14}H^{14}O^4$. — Obtenue par Brunner en faisant bouillir la dioxyditolylquinone avec la poudre de zinc et l'acide acétique étendu. Elle forme des prismes quadrangulaires difficilement solubles dans l'eau froide, mais facilement solubles à chaud. Elle est presque insoluble dans le benzène et le toluène, peu soluble dans l'éther, facilement soluble dans l'alcool et l'acétone. Elle fond à 202°. Ses solutions alcalines s'oxydent au contact de l'air en se colorant successivement en vert jaunâtre, en brun jaune, en rouge cerise et finalement en brun noirâtre.

Les agents oxydants faibles (Fe Cl^3, Cr^{2}O^{7}K^2, I, ferricyanure) colorent immédiatement ses solutions; avec le chlorure ferrique et l'iode, on obtient comme produits d'oxydation l'hydroquinone $C^{24}H^{24}O^8$ et la quinone $C^{14}H^{10}O^4$.

Le *dérivé tétraacétylé* correspondant $C^{14}H^{10}O^4(OC^2H^3)^4$ s'obtient facilement en chauffant 8 heures à 155-165° un mélange du composé précédent avec 10 fois son poids d'anhydride acétique et 2 p. d'acétate de sodium anhydre. Il fond à 135° [Brunner, *loc. cit.*].

L'*éther diméthylique* $C^{14}H^{12}O^2(OCH^3)^2$ a été décrit par Nietzki comme fusible à 173°. Brunner [*loc. cit.*] a préparé un dérivé diméthylique présentant les caractères du corps de Nietzki, mais son point de fusion est beaucoup plus bas à 152°.

L'*éther tétraméthylique*, $C^{14}H^{10}(OCH^3)^4$ s'obtient en chauffant ensemble un mélange de 1^{gr},2 de sodium, 25 gr. d'alcool méthylique et 9 gr. d'iodure de méthyle en tubes scellés pendant 8 heures à une température de 115-125°. Par refroidissement on obtient des aiguilles incolores fondant à 129° et charbonnant lorsqu'on les chauffe au-dessus de 360°. Il peut être sublimé sans décomposition. Il est très peu soluble dans l'alcool.

Ce composé est accompagné du dérivé diméthylique fondant à 152° (voir ci-dessus) [Brunner, *loc. cit.*].

L'*éther diéthylique*, $C^{14}H^{12}O^2(OC^2H^3)^2$ s'obtient en réduisant l'éther diéthylique de la dioxyditolylquinone par l'acide sulfureux en solution alcoolique bouillante. On obtient ainsi de petites aiguilles blanches fusibles à 132-133°, se sublimant en partie sans décomposition. Il est très peu soluble dans l'eau, mais se dissout bien dans l'alcool. Par l'action des oxydants, il se retransforme en éther diéthylique de la dioxyditolylquinone.

Par traitement à l'anhydride acétique en présence d'acétate de soude, il fournit un *dérivé diacétylé* fondant à 123°, insoluble dans l'eau et les alcalis, mais facilement soluble dans l'alcool bouillant, le benzène et l'acide acétique [Noelting et Werner, *loc. cit.*].

Ditolyldiquinone. — Traitée par une solution de chlorure ferrique alcoolique, la tétraoxyditolylquinone perd H^4 et donne la ditolyldiquinone correspondante.

$$C^{14}H^{10}O^4 = \begin{array}{c} CH^3-C^6H^2-O \\ \diagdown O \\ | \\ O \diagup \\ CH^3-C^6H^2-O \end{array}$$

ou

$$O=\overset{\displaystyle\|}{\underset{CH^3}{\bigcirc}}\!\!-\!\!\overset{\displaystyle\|}{\underset{CH^3}{\bigcirc}}\!\!=O$$

[Nietzki et Bernard, *loc. cit.*]. Celle-ci se précipite lorsqu'on étend dans l'eau la solution alcoolique provenant de l'attaque au chlorure ferrique. On l'obtient ainsi sous forme de prismes ou de lamelles jaunes brillantes, fusibles à 163°, lorsqu'on les chauffe rapidement. Elle se sublime facilement et se dissout difficilement dans l'alcool, plus aisément dans le benzène bouillant.

Quinhydrone de la tétraoxyditolylquinone, $C^{28}H^{24}O^8 = C^{14}H^{14}O^4 + C^{14}H^{10}O^4$. — Préparée en oxydant 5 gr. de tétraoxyditolylquinone à l'aide de 31^{cc},5 d'une solution à 15 0/0 de chlorure ferrique. Le précipité après une action prolongée de plusieurs heures est traité par l'alcool bouillant. Cette hydroquinone est en lamelles d'un bleu violet fondant à 217-220°, solubles en bleu dans l'acide sulfurique concentré. On l'obtient également par mélange de solutions de ditolyldiquinone et de tétraoxyditolylquinone [Brunner, *loc. cit.*].

1er novembre 1907. V. Thomas.

TOLUIDINES. — Nous suivrons, dans cet article, le plan adopté pour l'article principal (t. 3, 464) et dans le 1er Suppl. (p. 1572).

I. — ORTHOTOLUIDINE ET DÉRIVÉS.

L'o-toluidine peut s'obtenir en chauffant pendant 40 heures à 330-340°, 1 partie d'o-crésol avec 1 partie de chlorhydrate d'ammoniaque et 4 parties de chlorure de zinc ammoniacal [Merz, Muller, *D. chem. G.*, 20, 547, 1887]. Elle se forme en même temps que la p-toluidine quand on fait réagir, sur le toluène, le chlorhydrate d'hydroxylamine en présence de chlorure d'aluminium [Graebe, *D. chem. G.*, 34, 1778, 1901].

Sur la séparation d'un mélange d'aniline, d'o- et p-toluidines au moyen du phosphate disodique, voy. Lewy [*D. chem. G.*, 19, 2728, 1886]. Sur le dosage des toluidines dans l'huile d'aniline, voy. Schaposnikoff et Sakknovsky [*Journ. Soc. phys. chim. russe*, 35, 72, 1903; — voy. aussi Oglobine, *ibid.*, 36, 680, 1904].

L'o-toluidine bout à 199°,7 sous 760 mm. [Kahlbaum, *Z. phys. Ch.*, 26, 621, 1898]. Points d'ébullition et poids spécifiques sous différentes pressions : Neubeck [*Z. phys. Ch.*, 1, 657, 1888]. — Pouvoir réfringent : Brühl [*Z. phys. Ch.*, 16, 216, 1895]. — Densités à différentes températures : Perkin [*Chem. Soc.*, 69, 1245, 1896]. — Chaleur spécifique à $t°=0.4706+0.0007\,t$ [R. Schiff, *Z. Phys. Ch.*, 1, 383, 1888]. — Chaleur de combustion à volume constant $=963^{Cal},8$ [Petit, *Ann. Ch. Ph.*, (6), 18, 152, 1889]. — Tensions de vapeur : Kahlbaum [*loc. cit.*]. — Tension superficielle : Dutoit et Friderich [*C. R.*, 130, 328, 1900]. — Pouvoir rotatoire magnétique : Perkin (*loc. cit.*). — Cryoscopie en solution dans l'aniline ou la diméthylaniline : Ampola et Rimatori [*Gazz. chim. ital.*, 27, I, 43, 63, 1897].

Réactions. — L'o-toluidine donne des précipités avec les sels de différents métaux rares (Zr, Th, Ce, La, Pr, Nd) [Jefferson, *J. Am. Ch. Soc.*, 24, 540, 1902]. — Dirigée dans un tube chauffé au rouge, elle forme de l'iminoditolyle, de l'ammoniaque et de l'hydrogène [Seylerth, *D. chem. G.*, 29, 2594, 1896]. — Sur l'action de l'effluve en présence de l'azote, voy. Berthelot [*C. R.*, 126, 780, 1898]. — L'hydrogénation de l'o-toluidine par l'hydrogène en présence de nickel réduit donne la méthylcyclohexylamine en même temps que les bases secondaire et tertiaire correspondantes [Sabatier, Senderens, *Bull. Soc. Chim.*, 34, 769, 1904]. — La vitesse de réaction de l'o-toluidine avec l'acide acétique a été déterminée par Mentschoukine [*Journ. Soc. phys. chim. russe*, **32**, 46, 1900]. — L'étude de la copulation avec différents diazoïques a été faite par Mehner [*J. f. pr. Ch.*, **65**, 401, 1902]; le produit de copulation avec l'acide anthranilique diazoté fond à 69°,5 [*ibid.*, **63**, 41, 1901].

L'o-toluidine donne avec la chlorhydrine méthylénique un composé amorphe, basique [Grassi, Schiavo-Leni, *Gazz. chim. ital.*, **30**, I, 112, 1900]. — Avec l'iodure de méthylène, elle donne la *di-o-tolyl-méthylène-diamine*

$$CH^2 \Big\langle \begin{matrix} AzH - C^6H^4 - CH^3 \\ AzH - C^6H^4 - CH^3 \end{matrix}$$

[Senier, Goodwin, *Chem. Soc.*, **81**, 280, 1902]. — Chauffée avec du phényluréthane, à 185°, elle donne de l'aniline, de la di-o-tolylcarbamide et de la phényl-o-tolylcarbamide [Dixon, *Ch. Soc.*, **79**, 102, 1901]. — Elle s'unit au trithiocyanate de phosphoryle $PO(SCAz)^3$ [Dixon, *ibid.*, 541]. — L'o-toluidine réagit avec le chlorure de thallium $TlCl^3$ en donnant une matière colorante violette [Renz, *D. chem. G.*, **35**, 2768, 1902]. — Elle donne avec le bromure de dinaphtopyryle un produit de condensation fusible à 270-271° [Robyn, *C. R.*, **140**, 1644, 1905].

Sels. — *Chlorhydrate*. — Il fond à 214°,5-215°, bout à 240°,2 sous 728 mm., à 242°,2 sous 760 mm [Ullmann, *D. chem. G.*, **34**, 1699, 1898]. — *Phosphate*, $C^7H^9Az.PO^4H^3$. — Il est plus soluble que le phosphate de p-toluidine [Lewy, *D. chem. G.*, **19**, 1718, 1886]. — *Hyposulfite* $(C^7H^9Az)^2.H^2S^2O^3 + H^2O$: Wahl [*Bull. Soc. Chim.*, **27**, 1220, 1902]. — *Sulfamate* $C^7H^9Az-OH-SO^2-AzH^2$. Il fond à 131° [Paal, Jänicke, *D. chem. G.*, **28**, 3162, 1895]. — *Chloracetate*. Il fond à 95° [Reisser, *D. chem. G.*, **24**, 1260, 1888]. — *Trichlorosuccinate* : van der Riet [*Ann. Chem.*, **280**, 232, 1894]. — *Mucate*. Sa distillation sèche donne de l'Az-o-tolylpyrrol [Pictet, *D. chem. G.*, **37**, 2792, 1904]. — *Benzènesulfonate*. Il fond à 137° [Norton, Westenhoff, *Am. Ch. J.*, **10**, 135, 1888]. — *p-Toluènesulfonate*. Il fond à 180° [Norton, Otten, *ibid.*, 144]. — *p-Toluènesulfinate*. Il fond à 124° [Hälsig, *J. f. pr. Ch.*, **56**, 217, 1897].

Sels doubles. — $(C^7H^9Az.HCl)^2.ZnCl^2 + 2H^2O$ et $(C^7H^9Az.HBr)^2.ZnBr^2 + 2H^2O$ [Base, *Am. Ch. J.*, **20**, 653, 1898]. — $C^7H^9Az.HCl.2HgCl^2$; $C^7H^9Az.HCl.HgCl^2$; $(C^7H^9Az.HCl)^2HgCl^2$; $C^7H^9Az.HCl.HgBr^2$ [Swan, *Am. Ch. J.*, **20**, 622, 1898]. — $C^7H^9Az.HCl.SnCl^2 + 1/2H^2O$; $(C^7H^9Az.HCl)^3SnCl^4 + 2H^2O$ [Stagle, *Am. Ch. J.*, **20**, 640, 1898]. — $(C^7H^9Az.HCl)^3SbCl^3$; $(C^7H^9.HBr)^3SbBr^3$; $C^7H^9Az.HI.SbI^3$ [Higbee, *Am. Ch. J.*, **23**, 150, 1900]. — $(C^7H^9Az.HCl)^3SbCl^3$ [Hauser, Vanino, *D. chem. G.*, **33**, 2271, 1900].

M. Tombeck [*Ann. Ph. Ch.*, (7), **24**, 397, 1900] a décrit des combinaisons de l'o-toluidine avec les chlorure, bromure et sulfate de cadmium, avec le bromure de zinc, l'azotate et le sulfate d'argent [voy. aussi Lachowicz, *Mon. f. Chem.*, **9**, 513; **10**, 898, 1889].

Orthotoluidines chlorées. — *4-Chloro-o-toluidine*. — Elle se prépare par réduction du 4-chloro-2-nitrotoluène [Goldschmiedt, Hönig, *D. chem. G.*, **19**, 2441, 1886; — Cohn, *Mon. f. Chem.*, **22**, 473, 1901]. Elle fond à 21-22°; bout à 237° sous 22 mm. — Elle forme un *chloroplatinate* ayant pour formule $(C^7H^8ClAz.HCl)^2.PtCl^4 + 2H^2O$. Son *dérivé acétylé* fond à 130-131° (G. H.).

5-Chloro-o-toluidine. — Le *dérivé acétylé* de cette base se forme dans diverses circonstances : 1° Par chloruration de l'acétyltoluidine [Lellmann, Glotz, *Ann. Chem.*, **231**, 317, 1885].

2° Quand on traite l'acétyltoluidine, en suspension dans l'acide acétique étendu, par du chlorure de chaux [Claus, Stapelberg, *ibid.*, **274**, 286, 1893]. 3° Quand on chauffe l'acétyltoluidine Az-chlorée à 160° [Chattaway, Orton, *Ch. Soc.*, **77**, 789, 1900]. Ce *dérivé acétylé* fond à 140°; son *dérivé Az-chloré* (C., O.) fond à 60°, il se transforme, quand on le chauffe avec de l'acide acétique, en 3.5-dichloro-o-acétotoluide. — La 5-chloro-o-toluidine s'obtient, soit par saponification de son dérivé acétylé, soit en traitant l'o-toluidine par l'acétylchloraminodichlorobenzène [Chattaway, Orton, *Ch. Soc.*, **79**, 461, 1901]. Elle fond à 30° (C. O.) et bout à 236-238° sous 730 mm. (L., K.). Son *dérivé benzènesulfonylé* fond à 124-125° [Raper, Thompsen, Cohen, *Ch. Soc.*, **85**, 371, 1904].

6-Chloro-o-toluidine. — Elle se prépare par réduction du 6-chloro-2-nitrotoluène [Reverdin, Crépieux, *D. chem. G.*, **33**, 2499, 1900; — Cohn, *Mon. f. Ch.*, **22**, 473, 1901; — Noelting, *D. chem. G.*, **37**, 1015, 1904]. Elle bout à 245° sous 760 mm. Son *dérivé acétylé* fond à 156-157° (C., N.). Son *dérivé benzoylé* fond à 170-171° (C.), à 173° (N.).

3.4-Dichloro-o-toluidine. — Elle s'obtient par réduction du dichloronitrotoluène correspondant. Son *dérivé acétylé* fond à 158-159° [Cohen, Dakin, *Ch. Soc.*, **84**, 1324, 1902].

3.5-Dichloro-o-toluidine. — Elle s'obtient par saponification de son dérivé acétylé par la potasse alcoolique [Claus, Stapelberg, *Ann. Chem.*, **274**, 292, 1893]. Elle fond à 53°. — Son *dérivé acétylé* se forme par chloruration de l'acétyltoluidine dissoute dans l'alcool et l'acide acétique. Il se forme aussi quand on chauffe la 5-chloro-acétyltoluidine Az-chlorée avec de l'acide acétique [Chattaway, Orton, *Ch. Soc.*, **77**, 789, 1900]. Il fond à 186°.

4.5-Dichloro-o-toluidine. — Elle se forme quand on réduit le dichloronitrotoluène correspondant. Elle fond à 100-101° [Cohen, Dakin, *Ch. Soc.*, **82**, 1324, 1902].

Orthotoluidines bromées. — *3-Bromo-o-toluidine*. — Voy. Suppl., 1572.

4-Bromo-o-toluidine. — Voy. Dict., **3**, 468.

5-Bromo-o-toluidine (Voy. **3**, 468). — Elle fond à 59°,5 [Alt, *Ann. Chem.*, **252**, 321, 1889], à 58° [Niementowski, *D. chem. G.*, **25**, 869, 1892]. Son *bromhydrate* se décompose à 280°. Son *nitrate* fond à 183°. Son *sulfate* cristallise avec $2H^2O$ (Alt). Son *dérivé acétylé* se forme par bromuration de l'acétyltoluidine [Alt, *loc. cit.*; Niementowski, *loc. cit.*] ou par migration du brome dans l'acétyltoluidine Az-bromée [Chattaway, Orton, *Ch. Soc.*, **77**, 789, 1900]. Il fond à 156-157°; son *dérivé Az-chloré* fond à 91° (C., O.).

6-Bromo-o-toluidine. — Elle bout à 254°. Son *sulfate* fond à 256°. Son *dérivé acétylé* fond à 158° [Noelting, *D. chem. G.*, **37**, 1015, 1904].

3.5-Dibromo-o-toluidine (Voy., **3**, 469). — On la prépare en saponifiant son dérivé bromacétylé par la potasse alcoolique. Elle fond à 50° [Möhlau, Ohmichen, *J. pr. Ch.*, **24**, 478, 1881]. Son *dérivé Az-nitré* fond à 112°; son *dérivé Az-chloronitré* fond à 60° [Orton, *Ch. Soc.*, **81**, 806, 965, 1902]. Son *dérivé acétylé* fond à 205° [Chattaway, Orton, *D. chem. G.*, **33**, 2399, 1900]. Son *dérivé acétylé Az-bromé* fond à 120° [Chattaway, Orton, *Ch. Soc.*, **77**, 789, 1900]. Son *dérivé bromacétylé* s'obtient, soit en traitant la base par le chlorure de bromacétyle, soit en traitant par du brome l'acétyltoluidine chauffée à 160° [Abenius, Widmann, *J. pr. Ch.*, **38**, 287, 1888]. Il fond à 207°. Traité par 1 mol. de potasse alcoolique, il fournit la di-dibromotolyldiacidihydropiazine ; avec un excès d'alcali, il donne la dibromo-o-toluidine.

ORTHOTOLUIDINES IODÉES. — 6-*Iodo-o-tolui-dine* (Voy. 3, 469). — Elle est liquide : son *chlorhydrate* fond à 254°, son *dérivé acétylé* fond à 166° [Nœlting, *D. chem. G.*, 37. 1015, 1904].

ORTHOTOLUIDINES NITRÉES. — 3-*Nitro-o-tolui-dine*. — Le dérivé acétylé de cette base se forme, à côté de celui de la base 5-nitrée, quand on introduit l'acétyl-o-toluidine dans un mélange d'acide nitrique fumant et d'acide acétique [Lellmann, Würthner, *Ann. Chem.*, 228, 240, 1885]. La base elle-même s'obtient par saponification de son dérivé acétylé [Reverdin, Crépieux, *D. chem. G.*, 33, 2498, 1900]. Elle se forme aussi par transposition de l'acide o-diazotoluénique [Bamberger, Stingelin, *D. chem. G.*, 30, 1259, 1897] ou à partir de l'acide 3-nitro-2-toluidine-5-sulfonique par enlèvement du groupe sulfonique [Guehn, Blumer, *Ann. Chem.*, 304, 105, 1898]. Elle fond à 97°. Son *dérivé acétylé* fond à 158° (L., W.).

4-*Nitro-o-toluidine*. — Cette base se forme : 1° par nitration de l'o-toluidine ou de son dérivé acétylé, en solution sulfurique [Nœlting, Collin, *D. chem. G.*, 17, 265, 1884] ; 2° par nitration de la phtalyl-o-toluidine [Stœdel, *Ann. Chem.*, 225, 385, 1885] ; 3° par réduction du dinitrotoluène-2.4 par le sulfure d'ammonium, à chaud [Graeff, *Ann. Chem.*, 229, 343, 1885] ou par le chlorure stanneux en solution alcoolique chlorhydrique [Anschütz, Heussler, *D. chem. G.*, 19, 2161, 1886] ; 4° par oxydation de la 2.4-toluylène-diamine par le bioxyde de sodium [O. Fischer, Trost, *D. chem. G.*, 26. 3085, 1893]. Elle fond à 107° (N., C.), à 109° (S.), à 104-105° (A., H.). Traitée par le nitrite de sodium, en solution acide, elle donne du m-nitro-o-crésol et du nitroindazol. Son *dérivé acétylé* fond à 150-151° (N., C.).

5-*Nitro-o-toluidine* (Voy. 3, 469 et 1er Suppl., 1572). — Elle se forme, à côté du dérivé nitré-3, par transposition de l'acide o-diazotoluénique [Bamberger, Stingelin, *D. chem. G.*, 30, 1259, 1897] ou par action de l'anhydride azotique sur l'o-toluidine [Hoff, *Ann. Chem.*, 311, 95, 1900]. On l'obtient en même temps que la base nitrée-3, par nitration de l'acétyl-o-toluidine [Reverdin, Crépieux, *D. chem. G.*, 33. 2498. 1900], ou par nitration de la p-toluène-sulfonyl-o-toluidine [Reverdin, Crépieux, *Bull. Soc. Chim.*, 27, 742, 1902]. Elle fond à 129-130° (R., C.). Son *dérivé p-toluène-sulfonylé* fond à 174° (R., C.).

6-*Nitrotoluidine*. — Elle s'obtient par réduction partielle du 2.6-dinitrotoluène [Cunerth. *Ann. Chem.*, 172, 223 ; — Berntsen, *D. chem. G.*, 15. 3018, 1882 ; — Ullmann, *ibid.*, 17, 1957, 1884]. Elle prend également naissance par nitration de l'o-toluidine avec le mélange sulfonitrique [Green, Lawson, *Ch. Soc.*, 59, 1014, 1891]. Elle fond à 91°,5. Son *dérivé acétylé* fond à 157°.5-158° (U.). Son *dérivé benzoylé* fond à 145-146° (G.), à 167-167°.5 (U.).

3-5-*Dinitro-o-toluidine* (Voy. 1er Suppl., 1573). — Elle se forme en petite quantité par nitration de la p-toluène-sulfonyl-o-toluide [Reverdin, Crépieux, *Bull. Soc. Chim.*, 27. 742, 1902].

4.6-*Dinitro-o-toluidine*. — Elle se forme, en même temps que la dinitro-2.6-p-toluidine, par réduction au sulfure d'ammonium du trinitrotoluène-2.4.6 [Holleman, Bœscken, *Rec. Pays-Bas*, 16. 426, 1897]. On l'obtient par action de l'acide chlorhydrique concentré sur la 4.6-dinitro-o-tolylhydroxylamine [Cohen, Dakin, *Ch. Soc.*, 81, 26, 1902]. Elle fond à 155° (H., B.), à 167-169° (C., D.).

5-*Chloro-3-nitro-o-toluidine*. — Cette base se forme, en même temps que la 5-chloro-4-

nitro-o-toluidine, par l'action de l'acide sulfurique concentré sur le nitrate de 5-chloro-2-toluidine [Claus. Stapelberg. *Ann. Chem.*, 274, 295, 1893]. Elle fond à 118-119°. Son *dérivé acétylé*, fusible à 187°, se forme par nitration de la 5-chloro-o-acétyltoluidine (C., S.).

5-*Chloro-4-nitrotoluidine*. — Elle se forme en même temps que le composé précédent (Claus, Stapelberg). Elle fond à 128° (C., S.), à 129-130° [Cohen, Dakin, *Ch. Soc.*, 81, 1320, 1902]. Son *dérivé acétylé* se forme par nitration de la 5-chloro-o-acétyltoluidine. Il fond à 197-198° (C., D.).

3-*Chloro-5-nitro-o-toluidine*. — Elle se forme par chloruration de la 5-nitro-o-toluidine. Elle fond à 168° [Wynne, Greeves, *Proc. Chem. Soc.*, n° 154].

5-*Bromo-3-nitro-o-toluidine* (Voy. 1er Suppl., 1573). — Son *dérivé acétylé* se forme par nitration de la 5-bromo-o-acétotoluide [Niementowski, *D. chem. G.*, 25, 869, 1892 ; — Claus, Beck, *Ann. Chem.*, 269, 219, 1892]. Il fond à 205°.

5-*Bromo-3.6-dinitro-o-toluidine*. — Le *dérivé acétylé* de cette base s'obtient en nitrant la 5-bromo-o-acétotoluide. Il fond à 244°. Sa constitution n'est pas démontrée [Niementowski, *D. chem. G.*, 25, 870. 1892].

ACIDES ORTHOTOLUIDINE-SULFONIQUES. — *Acide o-toluidine-3-sulfonique* (Voy. Dict., 3, 470 et Suppl., 1573). — Il se forme en petite quantité quand on traite l'o-tolylhydroxylamine par l'acide sulfureux [Bretschneider, *J. prakt. Chem.*, 55, 291. 1897].

Acide o-toluidine-4-sulfonique. — On le prépare en traitant le sulfate d'o-toluidine par l'acide sulfurique fumant, à 0° [Claus, Immel, *Ann. Chem.*, 265, 71, 1891 ; — Palmer, Wynne, Bruce, *Chem. Soc.*, 73, 745. 1898]. Conductibilité électrique : K = 0,025 [Ebersbach, *Z. phys. Ch.*, 41, 614, 1893 ; — Ostwald, *ibid.*, 3, 411, 1889]. — La solution aqueuse est colorée en violet par le chlorure ferrique [Hergfeld, *D. chem. G.*, 17, 904, 1884]. L'*amide* de cet acide se forme par réduction au sulfure d'ammonium de l'o-nitrotoluène-p-sulfamide. Elle fond à 175° [Paysan, *Ann. Chem.*, 224, 210, 1884].

Acide o-toluidine-5-sulfonique. — Il se forme quand on chauffe la di-o-tolylurée avec de l'acide sulfurique concentré à 150° [Cazeneuve, Moreau, *Bull. Soc. Chim.*, 19, 23, 1898]. Solubilité : 100 p. de solution aqueuse à 11° contiennent 2p,692 d'acide anhydre [Hasse, *Ann. Chem.*, 230, 287, 1885]. Conductibilité électrique : K = 0,0753 [Ebersbach, *loc. cit.* ; — Ostwald, *loc. cit.*]. La solution aqueuse de cet acide, traitée par un peu de bioxyde de plomb, devient rose, puis verte, puis enfin violet noir avec un excès de bioxyde. Elle ne réduit pas la solution d'argent [Janowsky, *D. chem. G.*, 24, 1804, 1888].

Acide o-toluidine-3.5-disulfonique. — Il se prépare en chauffant à 150-170°, l'acide o-toluidine-5-sulfonique avec de l'acide sulfurique fumant [Hasse, *Ann. Chem.*, 230. 288. 1885]. Conductibilité électrique [Ebersbach, *Z. phys. Ch.*, 41. 617, 1893].

Acide o-toluidine-4.5-disulfonique. — On le prépare en sulfonant, au moyen de l'acide chlorosulfonique, l'acide o-toluidine-2-sulfonique. Le *sel de baryum* cristallise avec 1,5H²O, le *sel de potassium* cristallise avec 2H²O [Palmer, Wynne, Bruce, *Chem. Soc.*, 73, 731, 1898].

Acide 3-bromo-o-toluidine-5-sulfonique. — Il se prépare en traitant l'acide 2-toluidine-5-sulfonique par l'eau de brome [Nevile, Winther, *D. chem. G.*, 13, 1942, 1880]. Il cristallise avec 1H²O [Claus, Immel, *Ann. Chem.*, 265, 68, 1891]. Conductibilité électrique [Ebersbach, *loc. cit.*]. Chauffé avec de l'eau ou de l'acide chlorhydrique à 160°, il donne de la bromotoluidine et de la dibromotoluidine.

Acide 4-iodo-o-toluidine-5-sulfonique. — Il se forme quand on chauffe avec de l'acide iodhydrique concentré, à 130-140°, le dérivé diazoïque de l'acide 2-nitro-4-toluidine-5-sulfonique [Foth. *Ann. Chem.*, **230**, 308, 1885]. Conductibilité électrique [Ebersbach, *loc. cit.*].

Acide 3-nitro-2-toluidine-5-sulfonique. — Il se forme par nitration de l'acide acétyl-o-toluidine-5-sulfonique [Nietzki, Pollini, *D. chem. G.*, **23**, 138, 1890; — Gnehm, Blumer, *Ann. Chem.*, **304**, 105, 1899].

Acide 6-nitro-2-toluidine-4-sulfonique. — Il s'obtient par réduction partielle de l'acide 2.6-dinitrotoluène-4-sulfonique [Marckwald, *Ann. Chem.*, **274**, 350, 1893]. 1 p. se dissout dans 102p,7 d'eau à 19°.

Acide o-toluidine-4-thiosulfonique, $Az\,H^2 - C^7H^6 - SO^2 - SH$. — On l'obtient en traitant le chlorure de l'acide o-nitrotoluène-4-sulfonique par le sulfure d'ammonium en solution concentrée. Il cristallise en prismes qui se décomposent à 115°. Traité par l'amalgame de sodium, il donne l'acide o-toluidine-4-sulfinique [Paysan, *Ann. Chem.*, **224**, 360, 1884].

ACIDES ORTHOTOLUIDINE-SULFINIQUES. — *Acide o-toluidine-4-sulfinique.* — On le prépare en traitant l'acide o-toluidine-4-thiosulfonique par l'amalgame de sodium. Il forme des tables rectangulaires, se décomposant sans fondre à 160°. Il est très peu soluble dans l'eau froide et dans l'alcool, insoluble dans le benzène. Chauffé avec de l'acide chlorhydrique, il se transforme en une base isomère, la *toluène-sulfamine*, qui fond à 175° [Paysan, *Ann. Chem.*, **224**, 361, 1884].

ORTHOTOLUIDINES SECONDAIRES.

MÉTHYL-O-TOLUIDINE, $C\,H^3 - C^6H^4 - Az\,H - C\,H^3$. — Sur la méthylation des toluidines au moyen du sulfate diméthylique, voyez Ullmann [*Ann. Chem.*, **327**, 104, 1903]. Sur l'emploi de la méthyl-o-toluidine et de son dérivé p-nitrosé pour l'obtention de safranines, voyez Bayer et Cie [D.R.P. 90 256, *Friedl.*, 4, 406]. Le *chlorhydrate*, l'*oxalate* et le *picrate* ont été décrits par Gnehm et Blumer [*Ann. Chem.*, **304**, 96, 1898]. Le *dérivé acétylé* fond à 55-56° et bout à 250-251° [Reinhardt, Staedel, *D. chem. G.*, **16**, 30, 1883]. Par nitration ou sulfonation de ce dérivé acétylé, le groupe AzO^2 ou SO^3H se place en méta relativement au groupe méthylaminé [Gnehm, Blumer, *Ann. Chem.*, **304**, 90, 1898].

4-Chloro-méthyl-o-toluidine. — Elle s'obtient en méthylant la 4-chlorotoluidine. Elle bout à 248°,5-249°,5 sous 760 mm. Sa densité = 1,138 à 19°. Son *dérivé nitrosé* est liquide, $D_{20} = 1,226$ [Störmer, Hoffmann, *D. chem. G.*, **31**, 2532, 1898].

Dichloro méthyl-o-toluidine. — Elle se forme quand on chauffe la dichloro-o-tolylglycine $C^7H^3 - Cl^2\,Az\,H - C\,H^2 - CO^2H$ au-dessus de son point de fusion [Hentzschel, *J. prakt. Chem.*, **60**, 83, 1899]. Elle est liquide et bout à 258-259°. Elle forme un *chloroplatinate*.

5-Nitroso-méthyl-o-toluidine,

$$C\,H^3 - C^6H^3 {<}^{Az\,O}_{Az\,H - C\,H^3}$$

— On l'obtient en traitant par l'acide chlorhydrique en solution alcoolique, une solution éthérée du dérivé nitrosé de la méthyltoluidine. Paillettes vert mousse fusibles à 151°. La soude étendue bouillante la décompose en méthylamine

et nitroso-o-crésol. Le *chlorhydrate* $C^8H^{10}AzO$ $HCl + H^2O$ fond à 110° [Kock, *Ann. Chem.*, **243**, 308, 1887].

3-Nitrométhyl-o toluidine. — Elle se forme à côté du dérivé 5-nitré par transposition de l'éther Az-méthylique de l'acide o-diazotoluénique. C'est une huile rouge [Bamberger, Stingelin, *D. chem. G.*, **30**, 1259, 1897].

4-Nitro-méthyl-o-toluidine. — Elle s'obtient à partir de son dérivé acétylé, ou bien par méthylation de la 4-nitrotoluidine, ou encore par nitration de la méthyltoluidine en solution sulfurique. Paillettes rouges ou aiguilles jaunes fusibles à 107°,5. Son *dérivé acétylé* s'obtient par nitration de la méthylacétotoluide. Il fond à 119°. Son *dérivé nitrosé* fond à 95° [Gnehm, Blumer, *Ann. Chem.*, **304**, 98, 1898].

5-Nitro-méthyl-o-toluidine. — Elle se forme quand on oxyde la 5-nitrosométhyltoluidine par le permanganate de potassium [Kock, *loc. cit.*]. On l'obtient par méthylation de la 5-nitro-o-toluidine [Bernthsen, *D. chem. G.*, **25**, 3131, 1892]. Elle se forme encore par transposition de l'éther Az-méthylique de l'acide diazotoluénique [Bamberger, Stingelin, *D. chem. G.*, **30**, 1259, 1897]. Elle fond à 137°. Elle est presque insoluble dans l'acide sulfurique dilué. Son *dérivé acétylé* fond à 97°. Son *dérivé nitrosé* fond à 65° (Bernthsen).

3-5-Dinitro-méthyl-o-toluidine. — Elle se forme par transposition de l'éther Az-méthylique de l'acide 5-nitro-o-diazotoluénique. Elle fond à 128° [Bamberger, Seitz, *D. chem. G.*, **30**, 1255, 1897]. Son *dérivé nitrosé* se forme par l'action de l'acide azoteux sur la méthyl-o-toluidine [Störmer, Hoffmann, *D. chem. G.*, **31**, 2534, 1898]. Il fond à 94-95°. Son *dérivé Az-nitré* se forme quand on chauffe la diméthyl-o-toluidine avec de l'acide nitrique. Il fond à 119-120°. La potasse étendue chaude le scinde en méthylamine et dinitro-o-crésol [Romburgh, *Rec. Pays-Bas*, **3**, 396, 1884].

5-Nitro-4-chloro-méthyltoluidine. — Elle se forme par action de l'acide chlorhydrique sur son dérivé nitrosé. Elle fond à 185-186°. Le *dérivé nitrosé* s'obtient en faisant agir l'acide nitreux sur la solution alcoolique de la 4-chlorométhyltoluidine. Il fond à 80°,5-81°,5 [Stoermer, Hoffmann, *loc. cit.*].

4-Nitro-bromo-méthyltoluidine. — Par bromuration de la 4-nitrométhyltoluidine en solution acétique. Elle fond à 133° [Gnehm, Blumer, *loc. cit.*].

Acides méthyl-o-toluidine-sulfoniques. — Voyez Gnehm et Blumer [*Ann. Chem.*, **304**, 109, 1898].

ÉTHYLTOLUIDINE. — Elle se forme par réduction électrolytique de l'acétyl-o-toluidine en solution sulfurique [Baillie, Tafel, *D. chem. G.*, **32**, 73, 1899]. Elle bout à 204-206° [Norton, *Am. Chem. Journ.*, **7**, 119, 1885], à 214-216° sous 737 mm. (B., T.). Elle réagit avec l'aldéhyde formique pour former le diéthyldiaminoditolylméthane [Friedlander, Dinesmann, *Mon. f. Chem.*, **19**, 631, 1898]. Son *dérivé nitrosé* est une huile indistillable, volatile avec la vapeur d'eau [Norton, *loc. cit.*]. Il est oxydé par le permanganate en acide nitroéthylanthranilique [Vorlaender, *D. chem. G.*, **34**, 1462, 1901].

5-Chloro-éthyl-o-toluidine. — Elle bout à 252-253° sous 740 mm. [Geigy, D.R.P. 105 103].

5-Nitroso-éthyl-o-toluidine. — On l'obtient en traitant le dérivé nitrosé de l'éthyl-o-toluidine par l'acide chlorhydrique concentré. Elle fond à 140° [Fischer, Hepp, *D. chem. G.*, **19**, 2994, 1886; — Fischer, *Ann. Chem.*, **286**, 163, 1895; — Weinberg, *D. chem. G.*, **25**, 1610, 1892].

4-Nitro-éthyl-o-toluidine. — On l'obtient en nitrant l'éthyl-o-toluidine en solution sulfurique. Elle fond à 81-82° [Maccallum. *Chem. Soc.*, 67, 247, 1895]. Son *dérivé nitrosé* fond à 56°. Son *dérivé acétylé* fond à 90°.

5-Nitro-éthyl-o-toluidine. — On l'obtient en méthylant la 5 nitro-o-toluidine. Elle fond à 98° [Bernthsen. *D. chem. G.*, 25, 3137, 1892]. Son *dérivé acétylé* fond à 96-97°.

Dinitro-éthyl-o-toluidine. — Le *dérivé Az-nitré* de cette base se forme dans l'action de l'acide nitrique fumant sur la diéthyl-o-toluidine. Il fond à 71-72° [Romburgh. *Rec. Pays-Bas.* 3. 402. 1884].

4-Nitro-bromo-éthyl-o-toluidine. — Elle fond à 144° [Maccallum, *Chem. Soc.*, 67, 248, 1895].

PROPYL-O-TOLUIDINE. — On l'obtient en distillant rapidement l'acide α-o-toluidobutyrique [Bischoff, Mintz. *D. chem. G.*, 25. 3137. 1892]. Elle bout à 230° sous 766 mm.

ALLYL-O-TOLUIDINE. — On l'obtient en traitant la formyl-o-toluidine par l'iodure d'allyle. Elle bout à 225-230° [Wedekinde, Oberheide, *D. chem. G.*, 37, 3894, 1904].

ISOBUTYL-O-TOLUIDINE. — Elle se forme à partir de l'acide α-o-toluidoisovalérique. Elle bout à 230-235° sous 758 mm. [Bischoff. *D. chem. G.*, 30. 2466. 1897].

PHÉNYL-O-TOLUIDINE. — On l'obtient en chauffant l'o-toluidine avec du chlorhydrate d'aniline à 280°. Il se forme en même temps de la diphénylamine et de la ditolylamine [Girard, Willm, *Bull. Soc. Chim.*, (2). 25. 248, 1876]. Elle se forme quand on chauffe à 390° du benzène bromé avec de l'o-toluidine et de la chaux sodée [Merz. Paschkowesky, *J. prakt. Chem.*, 48, 461, 1893]. Elle fond à 41°; bout à 305° sous 727ᵐᵐ.5 [Græbe, *Ann. Chem.*, 238, 363, 1887]. Elle donne avec l'acide azotique une coloration bleue.

2.4-Dinitrophényl-o-toluidine. — On la prépare en traitant l'o-toluidine par le benzène chlorodinitré-1.2.4. Elle fond à 101-102° [Leymann, *D. chem. G.*, 15, 1236, 1882], à 120° [Reitzenstein, *J. prakt. Chem.*, 68, 251, 1903], à 123° [Höchster Farbw., D.R.P. 85388, *Friedl.*, 4, 77].

Phényl-3.5-dinitro-o-toluidine. — On l'obtient en faisant réagir l'aniline sur le chlorodinitrotoluène-2.3.5 [Nietzki, Rohe, *D. chem. G.*, 25. 3007. 1892]. Elle fond à 169°.

DITOLYLAMINE. — On la prépare en chauffant à 300-340° un mélange d'o-crésol, de chlorure de zinc ammoniacal et de chlorhydrate d'ammoniaque [Merz, Muller. *D. chem. G.*, 20, 547, 1887]. Elle bout à 312°.

ORTHO-TOLUIDINES TERTIAIRES.

DIMÉTHYL-O-TOLUIDINE. — (Voy. 1ᵉʳ Suppl., 1573). Elle fond à 184°.8 sous 760 mm. $D^{20} = 0.92859$ [Kahlbaum. *Zeit. phys. Chem.*, 26. 623. 1898]. Densités à diverses températures, pouvoir rotatoire magnétique. voy. Perkin [*Chem. Soc.*, 69, 1245. 1896]. Tensions de vapeur. Kahlbaum [*loc. cit.*, 646]. Tension superficielle. Dutoit, Friderich [*C. R.*, 130, 328, 1900]. Pouvoir réfringent. Bruhl [*Zeit. phys. Chem.*, 16, 218, 1895]. Elle ne se condense pas avec l'aldéhyde formique en présence d'acide chlorhydrique [Cohn, *Chem. Zeit.*, 24, 564]. Elle se condense avec l'iminothiodiphénylimine pour donner une thionine [Schaposchnikof. *J. Soc. phys. chim. russe*, 32. 230, 1900]. Le sulfate diméthylique la transforme en méthylsulfate de l'hydrate quaternaire triméthylé [Ullmann, *Ann. Chem.*, 327. 104, 1903]. Son *iodométhylate* se forme par action de l'iodure de méthyle [Thomsen. *D. chem. G.*, 10, 1586, 1877], ou en

chauffant à 220-230° l'iodométhylate de diméthylaniline [Hoffmann, *D. chem. G.*, 10, 1585, 1877].

Bromo-diméthyl-o-toluidine. — Elle se prépare par bromuration en solution acétique. Elle bout à 244-245° [Michler, Sampaio, *D. chem. G.*, 14. 2172, 1881].

Oxyde de diméthyl-o-toluidine $CH^3-C^6H^4-Az(CH^3)^2O$. — Ce corps se forme dans l'action de l'eau oxygénée sur la diméthyl-o-toluidine. Son *picrate* fond à 145°,5-146°,5 [Bamberger, Tschirner. *D. chem. G.*, 32, 354, 1899].

4-Nitro-diméthyl-o-toluidine. — Elle s'obtient soit en nitrant la diméthyl-o-toluidine en solution sulfurique, soit en méthylant la 4-nitro-o-toluidine. C'est une huile qui bout à 280° en se décomposant. Son *chlorhydrate* fond à 192° [Gnehm, Blumer, *Ann. Chem.*, 304, 107, 1898; — Rohle. *Zeit. electr. Chem.*, 7, 329].

5-Nitro-diméthyl-o-toluidine. — On l'obtient en méthylant la 5-nitro-o-toluidine [Bernthsen, *D. chem. G.*, 25, 3133, 1892]. Elle fond à 47°,5.

Acide diméthyl-o-toluidine-sulfurique. — [Michler, Sampaio *D. chem. G.*, 14, 2168, 1881].

DIÉTHYL-O-TOLUIDINE. — Elle bout à 210° sous 768 mm. [Romburgh, *Rec. Pays-Bas*, 3, 402, 1884]. Son *iodhydrate* $C^{11}H^{17}Az.HI + H^2O$ fond à 72-73° [Norton, *Am. Chem. Journ.*, 7, 119, 1885]. L'*iodhydrate du periodure* $C^{11}H^{17}Az.HI.I^2$ forme des cristaux bleu d'acier fusibles à 100° [Samtleben, *D. chem. G.*, 31, 1145, 1898].

5-Nitro-diéthyl-o-toluidine. — On l'obtient en éthylant la 5-nitro-o-toluidine. C'est une huile soluble dans l'acide sulfurique étendu [Bernthsen, *D. chem. G.*, 25, 3137, 1892].

MÉTHYL-ALLYL-O-TOLUIDINE. — Elle bout à 215-220°. Son *picrate* fond à 133-135° [Wedekind, Oberheide, *D. chem. G.*, 37, 3894, 1904].

MÉTHYL-BENZYL-O-TOLUIDINE. — Elle bout à 167° sous 13 mm. Son *picrate* fond à 127-128° [Wedekind, Oberheide, *loc. cit.*].

ALLYL-BENZYL-O-TOLUIDINE. — Elle bout à 180-183° sous 27 mm. Son *picrate* fond à 148-150° (Wedekind, Oberheide).

DIALLYL-O-TOLUIDINE. — Elle bout à 229-232°. Sa densité à 19° = 0,9392 [Simanowsky, Mentschoukine, *Journ. Soc. phys. chim. russe*, 35, 204, 1903].

MÉTHYL-PHÉNYL-O-TOLUIDINE. — Le *dérivé dinitré-2.4*, obtenu en traitant la méthyl-o-toluidine par le benzène chlorodinitré-1.2.4 fond à 155° [Reitzenstein, *J. prakt. Chem.*, 68, 251, 1903].

ETHLYL-PHÉNYL-O-TOLUIDINE. — Le *dérivé dinitré-2.4* fond à 114° (Reitzenstein).

DIPHÉNYL-O-TOLUIDINE. — Le composé décrit sous ce nom, obtenu en chauffant l'o-chlorotoluène avec la diphénylamine potassique [Haeussermann, Bauer, *D. chem. G.*, 31. 2988, 1898], et fondant à 69-80°, est la diphényl-m-toluidine [Hauessermann, *D. chem. G.*, 34, 38, 1901].

ORTHOTOLUIDES.

M. Bodroux [*Bull. Soc. Chim.*, 33, 831, 1905] prépare les toluides en traitant par un éther-sel le dérivé iodomagnésien de l'o-toluidine :

$$R - CO^2C^2H^5 + 4 C^7H^7 - AzH - MgI$$

$$= Mg{<}^{I}_{OC^2H^5} + R - C \begin{matrix} {\nearrow} O - MgI \\ - AzH - C^7H^7 \\ {\searrow} AzH \cdot C^7H^7 \end{matrix}$$

$$Az - C \begin{matrix} {\nearrow} OMgI \\ - AzH - C^7H^7 \\ {\searrow} AzH - C^7H^7 \end{matrix} + H^2O$$

$$= R - CO - AzH - C^7H^7 + C^7H^7 - AzH^2 + MgI - OH$$

o-Toluides des acides minéraux. — *Thionyl-o-toluidine* $CH^3-C^6H^4-Az=SO$. — Elle s'obtient en traitant le chlorhydrate d'o-toluidine par le chlorure de thionyle. Elle bout à 184° sous 100 mm. [Michaelis, *Ann. Chem.*, **274**, 226, 1893].

Monotoluide phosphorique. — Le *chlorure* $CH^3-C^6H^4-AzH-POCl^2$ s'obtient en chauffant l'o-toluidine à 100° avec 2 mol. de $POCl^3$. Il fond à 91°. Le *di-éther* $C^7H^7AzH.PO(OC^2H^5)^2$ fond à 95° [Michaelis, Schulze, *D. chem. G.*, **27**, 2578, 1894].

Ditoluide phosphorique $(C^7H^7AzH)^2PO.OH$. — On l'obtient en traitant le chlorure par la potasse [Rudert, *D. chem. G.*, **26**, 567; — Michaelis, Schulze, *loc. cit.*]. Elle fond à 95° (R.), à 120° (M., S.). Le *chlorure* $(C^7H^7AzH)^2POCl$, obtenu en chauffant l'o-toluidine avec 1/2 mol. de $POCl^3$ à 150°, fond à 190° (M., S.).

Tritoluide phosphorique $(C^7H^7AzH)^3PO$. — Elle fond à 225° (Rudert).

Tritoluide thiophosphorique $(C^7H^7AzH)^3PS$. — Elle fond à 134°,5 (Rudert).

Michaelis et ses élèves ont, en outre, décrit les composés suivants : $C^7H^7Az=PO-AzHC^7H^7$, fusible à 309° [*D. chem. G.*, **29**, 726, 1896]; $C^6H^5AzH-PO(C^7H^7AzH)^2$, fusible à 201° [*D. chem. G.*, **27**, 2575, 1894]; $(C^6H^5AzH)^2PO-AzHC^7H^7$, fusible à 175° [*ibid.*]; $C^7H^7Az=PS.OC^2H^5$, fusible à 176° [*D. chem. G.*, **28**, 1243, 1895]; $C^7H^7Az=PSCl$, fusible à 260°, bouillant à 290° sous 28 mm. [*ibid.*]; $C^7H^7Az=PS-AzH-C^6H^5$, fusible à 162° [*ibid.*]; $C^7H^7Az=PS-AzHC^7H^7$, fusible à 258° [*ibid.*].

Tétratoluide silicique $Si(AzHC^7H^7)^4$. — Obtenue en faisant agir le chlorure de silicium sur l'o-toluidine. Elle est décomposée par l'eau et l'alcool [Reynolds, *Chem. Soc.*, **55**, 480, 1889].

Ditoluide silicique. — Le *chlorure* $(C^7H^7AzH)^2SiCl^2$ s'obtient dans l'action du tétrachlorure de silicium sur l'o-toluidine [Harden, *Chem. Soc.*, **51**, 44, 1887].

Formo-o-toluide. — (Voy. Dict., **3**, 472 et Suppl., 1573). Sur la préparation du dérivé sodé, voyez Wheeler [*Am. Chem. J.*, **23**, 466, 1900]. L'action de l'iodure de méthyle sur le dérivé argentique donne le tolyliminoformiate de méthyle [Gomstock, Clapp, *Am. Chem. J.*, **13**, 526, 1891]. L'action du chloroformiate d'éthyle sur le même dérivé donne le tolyliminoformiate d'éthyle [Wheeler, Boltwood, *Am. Chem. J.*, **18**, 389, 1896].

Thioformo-o-toluide $C^7H^7AzH-CS.H$. — Elle s'obtient en chauffant la formotoluide avec du pentasulfure de phosphore à 120° [Senier, *D. chem. G.*, **18**, 2293, 1885], ou en chauffant à 100° l'isocyanate d'o-tolyle saturé de gaz sulfhydrique à 0° [Nef, *Ann. Chem.*, **270**, 813, 1892]. Elle fond à 94-96°. Quand on la chauffe à 190° en tubes scellés, elle donne un composé $C^{10}H^{10}Az^2S$, fusible à 160° (Senier).

Acéto-o-toluide. — L'acétylation de l'o-toluidine par l'anhydride acétique a été étudiée par Sudborough [*Chem. Soc.*, **79**, 533, 1901]. L'acétylation en solution aqueuse a été réalisée par MM. Lumière et Barbier [*Bull. Soc. Chim.*, **33**, 784, 1905]. Pawlewski [*D. chem. G.*, **35**, 110, 1902] prépare l'acétotoluide au moyen de l'acide thioacétique.

L'acéto-o-toluide fond à 110° [Alt, *Ann. Chem.*, **252**, 319, 1889]. Elle donne avec la soude une combinaison $C^9H^{11}OAz.NaOH$ [Cohen, Brittain, *Chem. Soc.*, **73**, 161, 1898], et avec le méthylate de sodium une combinaison $C^9H^{11}OAz:CH^3ONa$ [Cohen, Archdeacon, *ibid.*, **69**, 93, 1896]. L'oxydation manganique de l'o-acétotoluide a été étudiée par Ullmann et Uzbachian [*D. chem. G.*, **36**, 1797, 1903]. Traitée par l'iodure de méthyle en présence d'oxyde d'argent sec, l'acétotoluide

fournit un mélange de méthylacétotoluide et de tolyliminoacétate de méthyle. Avec l'iodure d'éthyle on obtient uniquement le tolyliminoacétate d'éthyle [Lander, *Chem. Soc.*, **79**, 690, 1901]. Le chlorure d'acétyle réagit sur l'acétotoluide en présence de chlorure d'aluminium pour former un cétone fusible à 160° [Kunckell, *D. chem. G.*, **33**, 2644, 1900]. Chauffée avec la diacétylhydrazine, l'acétotoluide forme le 1-o-tolyl-2,5-diméthyltriazol [Pellizari, Alciatore, *Att. Ac. Lincei*, **10**, 444, 1901].

Le *dérivé Az-chloré* de l'acétotoluide se prépare par l'action de l'hypochlorite de potassium sur l'acéto-o-toluide à la température ordinaire. Il fond à 43°. Chauffé à 160° il se transforme en 5-chloro-o-acétotoluide. Le *dérivé Az-bromé* fond à 100°,5 [Chattaway, Orton, *Chem. Soc.*, **77**, 789, 1900].

Chloracéto-o-toluide. — Il se prépare au moyen du chlorure de chloracétyle, réagissant sur l'o-toluidine en solution benzénique [Abénius, Widman, *J. prakt. Chem.*, **38**, 229, 1888], ou bien en traitant par l'anhydride phosphorique un mélange de toluidine et d'acide chloracétique [Grothe, *Arch. der Pharm.*, **238**, 588, 1889]. Elle fond à 111-112°. Fondue avec de la potasse elle donne du diméthylindigo [Kuhara, Chikashigé, *Am. Chem. J.*, **27**, 1, 1902].

Dichloracéto-o-toluide. — [Rugheimer, Hoffmann, *D. chem. G.*, **18**, 2987, 1885].

Trichloracéto-o-toluide. — Elle fond à 66-67° [Cloez, *Ann. Phys. Chem.*, (6), **9**, 215, 1886].

Bromacéto-o-toluide. — Elle fond à 113° [Abénius, Widman, *loc. cit.*].

Thioacéto-o-toluide $C^7H^7AzH.CS.CH^3$. — Elle fond à 67-68° [Wallach, *D. chem. G.*, **13**, 529, 1880].

Diacétyl-o-toluidine $(CH^3CO)^2AzC^7H^7$. — Elle fond à 18° [Zeiser, *D. chem. G.*, **28**, 1665, 1895].

Benzoyl-o-toluidine. — Elle se prépare au moyen du chlorure de benzoyle et de l'o-toluidine [Brückner, *Ann. Chem.*, **205**, 130, 1880], ou en chauffant l'o-toluidine avec de l'acide benzoïque [Gudemann, *D. chem. G.*, **24**, 2553, 1888]. Elle fond à 142-143° (B.), à 131° (G.). Le permanganate de potassium l'oxyde en acide benzoylaminobenzoïque. Traitée par le perchlorure de phosphore elle se transforme en o-tolyliminochlorure de benzoyle (chlorure de benzoyl-o-toluidimide) $C^6H^5CCl=AzC^7H^7$ [Just, *D. chem. G.*, **19**, 982, 1886] bouillant à 173° sous 10 mm. [Ley, *D. chem. G.*, **31**, 241, 1898].

PRODUITS DE CONDENSATION DE L'o-TOLUIDINE AVEC LES ALDÉHYDES.

Aldéhyde formique. — Voy. 2° Suppl., **4**, 296.

Aldéhyde acétique. — L'o-toluidine donne avec l'aldéhyde acétique, en solution aqueuse, deux produits de même composition $(C^9H^{11}Az)^2$. L'un de ces produits fond à 116°. Il forme un *nitrate* fusible à 155°; un *dérivé dinitrosé* fusible à 155°, dont la réduction fournit de la tétrahydrométhylquinaldine et de la 2,5-toluylène-diamine; un *dérivé diacétylé* fusible à 155°; un *dérivé benzoylé* fusible à 230° et un *dérivé nitrosobenzoylé* fusible à 190°.

Le second produit fond à 90-92°, il se transforme dans le premier au contact des eaux mères. Il forme un *dérivé dinitrosé* fusible à 130° et un *dérivé benzoylé* fusible à 179° [Eibner, Peltzer, *D. chem. G.*, **33**, 3460, 1900].

Aldéhyde benzoïque. — La benzylidène-o-toluidine bout à 314° [Etard, *Bull. Soc. Chim.*, **39**, 530, 1883], à 316°,5 sous 723 mm. [Pictet, *D. chem. G.*, **19**, 1063, 1886].

La *p-chlorobenzylidène-o-toluidine* fond à 35°,5 [Walther, Raetze, *J. prakt. Chem.*, **65**, 258, 1902]. La *2-chloro-5-nitrobenzylidène-o-toluidine* fond à 125° [Cohn, Blau, *Mon. f. Chem.*, **25**, 365, 1904]. La *2.4-dinitrobenzylidène-o-toluidine* fond à 153°,5 [Sachs, Kempf, *D. chem. G.*, **35**, 2704, 1902].

Aldéhyde-β-oxy-α-naphtoïque. — L'o-toluidine donne avec cette aldéhyde un produit de condensation fusible à 124° [Fosse, *Bull. Soc. Chim.*, **25**, 375, 1901].

II. MÉTATOLUIDINE.

La m-toluidine peut s'obtenir en chauffant à 330-340° un mélange de m-crésol, de chlorure de zinc ammoniacal et de chlorhydrate d'ammoniaque [Merz, Muller, *D. chem. G.*, **20**, 548, 1887].

La m-toluidine bout à 203°,3 sous 760 mm. $D_4^{20} = 0.98912$ [Kahlbaum, *Zeit. phys. Chem.*, **26**, 621, 1898 : — voy. à ce sujet Herz, Muller, *loc. cit.*; — Buchka, Schachtebeck, *D. chem. G.*, **22**, 840, 1889; — Schraube, Romig, *ibid.*, **26**, 579, 1893]. Points d'ébullition et poids spécifiques sous pressions réduites [Neubeck, *Zeit. phys. Chem.*, **1**, 658, 1888]. Densités à différentes températures [Perkin, *Chem. Soc.*, **69**, 1245, 1896]. Chaleur de combustion à volume constant $= 964^{Cal}.6$ [Petit, *Ann. Phys. Ch.*, (6), **18**, 154, 1889]. Tensions de vapeur, Kahlbaum [*loc. cit.*] Pouvoir réfringent, Brühl [*Zeit. phys. Chem.*, **16**, 216, 1895]. Pouvoir rotatoire magnétique, Perkin [*loc. cit.*].

Réactions. — L'hydrogénation de la m-toluidine par l'hydrogène en présence de nickel réduit donne la m-méthylcyclohexylamine en même temps que les bases secondaire et tertiaire correspondantes [Sabatier, Senderens, *Bull. Soc. Chim.*, **31**, 709, 1904]. La vitesse de réaction de la m-toluidine avec l'acide acétique a été déterminée par Mentschoukine [*Journ. Soc. phys. chim. russe*, **32**, 46, 1900]. L'étude de la copulation avec différents diazoïques a été faite par Mehner [*J. prakt. Chem.*, **65**, 401, 1902].

La m-toluidine donne, avec l'iodure de méthylène, la di-m-tolylméthylène-diamine [Senier, Goodwin, *Chem. Soc.*, **81**, 280, 1902]. Elle réagit avec le chloracétyluréthane pour former la β-m-tolylhydantoïne [Frerichs, Breustedt, *J. prakt. Chem.*, **66**, 231, 1902]. Elle se condense avec la cyanhydrine de l'aldéhyde benzoïque pour former l'α-cyanobenzyltoluidine fusible à 97° [Sachs, Goldmann, *D. chem. G.*, **35**, 3319, 1902]. Elle réagit sur la diphénylcarbodiimide en donnant la tétraphényl-m-tolylguanidine et la diphényl-m-tolylguanidine [Alway, Viele, *Am. Chem. Journ.*, **28**, 294, 1902]. Elle donne, avec la benzylidène-acétylacétone, la β-toluidinobenzylacétylacétone, fusible à 99-100° [Ruhemann, Watson, *Chem. Soc.*, **85**, 1170, 1904]. La m-toluidine forme avec le bromure de dinaphtopyrile un produit de condensation fusible à 275° [Robyn, *C. R.*, **140**, 1644, 1905].

Sels. — Le *chlorhydrate* fond à 228°, bout à 247°,8 sous 728 mm., à 249°,8 sous 760 mm. [Ullmann, *D. chem. G.*, **31**, 1699, 1898]. L'*hyposulfite* a été préparé par Wahl [*Bull. Soc. Chim.*, **27**, 1220, 1902].

Sels doubles. — $(C^7H^9Az . HCl)^2 ZnCl^2$; $(C^7H^9Az . HCl)^3 ZnCl^2$; $(C^7H^9Az . HBr)^2 ZnBr^2 + 4H^2O$; $(C^7H^9Az . HBr)^3 Zn Br^2$ [Base, *Am. Chem. Journ.*, **20**, 654, 1898]. — $C^7H^9Az . HCl . 2HgCl^2$; $C^7H^9Az . HCl . HgCl^2$; $(C^7H^9 . HCl)^2 HgCl^2$ [Swen, *Am. Chem. Journ.*, **20**, 624, 1898]. — $C^7H^9Az . HCl . SnCl^4 + 1/2H^2O$; $(C^7H^9AzHCl)^2 SnCl^4 + H^2O$ [Stagle, *Am. Chem. Journ.*, **20**, 642, 1898]. — $(C^7H^9Az . HCl)^2 SbCl^3 + H^2O$; $(C^7H^9Az . HCl)^3 SbCl^3$;

$(C^7H^9Az . HBr)^2 SbBr^3 + H^2O$; $(C^7H^9Az . HI)^3 . 2SbI^3$ [Higbee, *Am. Chem. Journ.*, **23**, 150, 1900].

MÉTATOLUIDINES CHLORÉES. *2-Chloro-métatoluidine.* — Elle se forme dans l'action de l'acide chlorhydrique sur la m-tolylhydroxylamine. Elle est liquide. Son *dérivé acétylé* fond à 133-134° [Bamberger, *D. chem. G.*, **35**, 3697, 1902], à 126-128° [Cohen, Dakin, *Chem. Soc.*, **84**, 1324, 1902]. Ce dérivé acétylé, traité en solution acétique par le chlore, donne la 2.6-dichloro-m-acétyltoluidine (Cohen, Dakin). D'après Wynne et Greeves [*Proc. Chem. Soc.*, n° 154], la 2-chlorotoluidine, obtenue par réduction du 2-chloro-3-nitrotoluène, bout à 228-229°. Son *dérivé acétylé* fond à 132°.

4-Chloro-métatoluidine. — On l'obtient en réduisant le 4-chloro-3-nitrotoluène [Gattermann, Kaiser, *D. chem. G.*, **18**, 2601, 1885; — Goldschmidt, Hönig, *D. chem. G.*, **20**, 2419, 1887]. Elle se forme dans l'action de l'acide chlorhydrique sur la m-tolylhydroxylamine [Bamberger, *D. chem. G.*, **35**, 3697, 1902]. Elle fond à 29-30°, bout à 230°. Son *chlorhydrate* est partiellement dissocié par l'eau (Gattermann, Kaiser). Son *dérivé acétylé* fond à 96° (Gattermann, Kaiser; — Goldschmidt, Hönig), à 124° [Claus, *J. prakt. Chem.*, **46**, 29, 1892].

5-Chloro-métatoluidine. — On l'obtient en réduisant le 5-chloro-3-nitrotoluène [Hönig, *D. chem. G.*, **20**, 2419, 1887]. Elle est liquide et bout à 242° sous 730 mm. Son *chlorhydrate* fond à 198° en se décomposant. Son *dérivé acétylé* fond à 146° (Hönig), à 151° [Wynne, Greeves, *loc. cit.*].

6-Chloro-métatoluidine. — On l'obtient en réduisant le 6-chloro-3-nitrotoluène [Goldschmidt, Hönig, *D. chem. G.*, **19**, 2443; **20**, 200, 1887]. Elle se forme quand on réduit le m-nitrotoluène par l'étain et l'acide chlorhydrique [Kock, *D. chem. G.*, **20**, 1567, 1887]. Il s'en produit dans l'action de l'acide chlorhydrique sur la m-tolylhydroxylamine [Bamberger, *loc. cit.*]. Enfin, on peut l'obtenir en traitant la m-toluidine par l'acétylchloraminodichlorobenzène [Chattaway, Orton, *Chem. Soc.*, **79**, 461, 1901]. Elle fond à 83° (Chattaway, Orton), à 84°,1 (Bamberger), bout à 241°. Son *nitrate* fond à 165° en se décomposant. Son *dérivé acétylé* s'obtient, soit par la méthode habituelle, soit en traitant une solution acétique de m-acétyltoluidine par l'acide chlorhydrique et le chlorate de sodium [Reverdin, Crépieux, *D. chem. G.*, **33**, 2503, 1900]. Il fond à 89° (Goldschmidt, Hönig), à 91°,5 (Bamberger).

2.5-Dichloro-métatoluidine. — On l'obtient en réduisant le dichloro-2.5-nitrotoluène [Cohen, Dakin, *Chem. Soc.*, **84**, 1324, 1902]. Elle fond à 69-70°.

2.6-Dichloro-métatoluidine. — On l'obtient en saponifiant son dérivé acétylé. Elle fond à 59-60° Son *dérivé acétylé* se forme par chloruration en solution acétique de la 2-chloro-m-acétyltoluidine. Il fond à 120-122° [Cohen, Dakin, *Chem. Soc.*, **84**, 1324, 1902]. Son *dérivé benzène-sulfonylé* fond à 114° [Raper, Cohen, Thomson, *Chem. Soc.*, **85**, 371, 1904].

4.6-Dichloro-métatoluidine. — On l'obtient en saponifiant son dérivé acétylé. Elle fond à 85°. Son *dérivé acétylé* s'obtient en traitant une solution acétique de m-acétyltoluidine par l'acide chlorhydrique et le chlorate de sodium. Il fond à 156° [Reverdin, Crépieux, *D. chem. G.*, **33**, 2504, 1900].

5.6-Dichlorométatoluidine. — On la prépare à partir du 2.3-dichloro-5-nitrotoluène. Elle fond à 88°, bout à 292°. Son *dérivé acétylé* fond à 187° [Wynne, Greeves, *Proc. Chem. Soc.*, n° 154].

2.4.6-*Trichlorométatoluidine*. — Le *dérivé acétylé* de cette base se forme quand on traite la m-acétyltoluidine, en solution acétique, par l'acide chlorhydrique et le chlorate de sodium. Il fond à 181° [Reverdin, Crépieux, *loc. cit.*]. La *base* libre fond à 77-78° [Cohen, Dakin, *Chem. Soc.*, 81, 1324, 1902].

MÉTATOLUIDINES BROMÉES [voy. Nevile et Winther, *D. chem. G.*, 13, 962, 1880].

4-*Bromo-métatoluidine*. — Elle fond à 30°,6-32° (Nevile, Winther), à 35° [Claus, *J. prakt. Chem.*, 46, 25, 1892]. Son *dérivé acétylé* fond à 113°.7-114°.6 (Nevile, Winther), à 164° (Claus).

5-*Bromo-métatoluidine*. — On l'obtient par réduction du 5-bromo-3-nitrotoluène. Elle fond à 35-36°, bout à 255-260°. $D^{19} = 1,1442$ (Nevile, Winther). Son *dérivé acétylé* fond à 167-168°.

6-*Bromo-métatoluidine*. — On l'obtient en réduisant le 6-bromo-3-nitrotoluène. Elle fond à 78°,4-78°,8, bout à 240° (Nevile, Winther).

2.5-*Dibromo-métatoluidine*. — Elle se forme par réduction du 2.5-dibromo-3-nitrotoluène. Elle fond à 72°,4-73°,1. Son *dérivé acétylé* fond à 144-154° (Nevile, Winther).

2.6-*Dibromo-métatoluidine*. — Elle se forme, à côté du dérivé dibromé.4.6, par bromuration de la m-acétyltoluidine. Elle fond à 34-35° (Nevile, Winther).

4.5-*Dibromo-métatoluidine*. — On l'obtient en réduisant le 4-5-dibromo-3-nitrotoluène. Elle fond à 58-59°. Son *dérivé acétylé* fond à 162-163° (Nevile, Winther).

4.6-*Dibromo-métatoluidine*. — Elle se forme, à côté du dérivé dibromé-2.6, par bromuration de la m-acétyltoluidine (Nevile, Winther). On l'obtient en réduisant le 4.6-dibromo-3-nitrotoluène [Davis, *Chem. Soc.*, 81, 870, 1902]. Elle fond à 74°,5-75°.5. Son *dérivé acétylé* fond à 168-168°,6 (Nevile, Winther), à 167° (Davis).

2.4.6-*Tribromo-métatoluidine*. — On l'obtient en dirigeant des vapeurs de brome dans une solution de chlorhydrate de m-toluidine. Elle fond à 100-101°,6 (Nevile, Winther).

2.5.6-*Tribromo-métatoluidine*. — Elle se prépare par bromuration de la 2.5-dibromo-m-toluidine. Elle fond à 93-94°. Son *dérivé acétylé* fond à 179-181° (Nevile, Winther).

4.5.6-*Tribromo-métatoluidine*. — On l'obtient en bromant la 4.5-dibromo-m-toluidine. Elle fond à 96-96°,8. Son *dérivé acétylé* fond à 171-173° (Nevile, Winther).

MÉTATOLUIDINES NITRÉES ET NITROSÉES. — 2-*Nitro-métatoluidine*. — On l'obtient par réduction partielle, au sulfure d'ammonium, du dinitrotoluène-2.3 [Limpricht, *D. chem. G.*, 18, 1402, 1885; — voy. aussi Städel, Kobb, *Ann. Chem.*, 259, 216, 1890; — Nœlting, Stöcklin, *D. chem. G.*, 24, 564, 1891]. Elle fond à 53°. Son *dérivé acétylé* fond à 136° (Limpricht).

4-*Nitro-métatoluidine*. — On l'obtient en traitant l'éther éthylique du 4-nitro-m-crésol par l'ammoniaque à 140-150° [Städel, Kolb, *loc. cit.*]. Elle fond à 109°. Son *dérivé acétylé* fond à 86-87° [Cohen, Dakin, *Chem. Soc.*, 83, 331, 1903].

5-*Nitro-métatoluidine*. — On l'obtient par réduction partielle, au sulfure d'ammonium, du dinitrotoluène-3-5 [Städel, *Ann. Chem.*, 217, 199, 1883; — Nevile, Winther, *D. chem. G.*, 15, 2985, 1882]. Elle fond à 98-98°,4. Son *dérivé benzoylé* fond à 177° (Städel).

6-*Nitro-métatoluidine* (voy. Dict., 3, 474). — On l'obtient en chauffant l'acide 6-nitro-3-amino-p-toluique avec de l'acide chlorhydrique à 150° [Fileti, Crosa, *Gazz. chim. ital.*, 18, 304, 1888]; ou bien en chauffant l'éther éthylique du 6-nitro-m-crésol avec de l'ammoniaque à 140-150° [Städel, Kolb, *loc. cit.*]. Elle prend naissance, à côté du dérivé nitré-4, quand on traite la m-toluidine dissoute dans l'acide acétique, par l'acide sulfurique et l'acide nitrique [Nœlting, Stöcklin, *D. chem. G.*, 24, 564, 1894; — Cohen, Dakin, *Chem. Soc.*, 83, 331, 1903]. Elle fond à 138°. Son *dérivé acétylé* fond à 101-102°.

4.6-*Dinitro-métatoluidine*. — On l'obtient : 1° en traitant le trinitrotoluène-3.4.6 par l'ammoniaque alcoolique [Hepp, *Ann. Chem.*, 215, 368, 1883]; 2° en chauffant le m-bromodinitrotoluène-4.6 avec de l'ammoniaque alcoolique [Bentley, Warren, *Am. Chem. Journ.*, 12, 2, 1890]; 3° en chauffant l'éther éthylique du 4.6-dinitro-m-crésol avec de l'ammoniaque à 100° [Städel, Kolb, *Ann. Chem.*, 259, 220, 1890]. Elle fond à 192-193° (Hepp), à 195° (Städel, Kolb).

2.4.6-*Trinitro-métatoluidine*. — Elle se forme quand on traite à froid l'éther éthylique du trinitro-m-crésol par l'ammoniaque alcoolique [Nœlting, Salis, *D. chem. G.*, 15, 1864, 1882; — Städel, Kolb, *loc. cit.*]; quand on chauffe avec de l'ammoniaque alcoolique le m-bromotrinitrotoluène [Bentley, Warren, *loc. cit.*] ou le chlorotrinitrotoluène [Reverdin, Drevel, Delétra, *Bull. Soc. Chim.*, 31, 634, 1904]. Elle fond à 136°.

4.5.6-*Trichloro-2-nitro-métatoluidine*. — On l'obtient en traitant le 4.5.6-trichlorodinitrotoluène par l'ammoniaque alcoolique à 80-100°. Elle fond à 192° [Seelig, *Ann. Chem.*, 237, 140, 1886].

6-NITROSO-MÉTATOLUIDINE. — Elle se forme quand on chauffe à 100° un mélange de 6-nitroso-m-crésol, d'acétate d'ammoniaque sec et de chlorure d'ammonium. Elle forme des aiguilles bleu d'acier, fusibles à 178° [Mehne, *D. chem. G.*, 21, 730, 1888].

MÉTATOLUIDINES SECONDAIRES.

MÉTHYL-M-TOLUIDINE. — Sur la méthylation de la m-toluidine par le sulfate diméthylique, voyez Ullmann [*Ann. Chem.*, 327, 104, 1903].

4-*Nitro-méthyl-m-toluidine*. — On la prépare en traitant à 160° l'éther méthylique du 4-nitro-m-crésol par la méthylamine à 33 0/0. Elle fond à 83° [O. Fischer, Rigaud, *D. chem. G.*, 35, 1258, 1902].

6-*Nitro-méthyl-m-toluidine*. — On l'obtient par l'action de l'acide chlorhydrique concentré sur le dérivé nitrosé. Elle fond à 92-93°. Le *dérivé nitrosé* se forme quand on traite la m-méthyltoluidine par l'acide azoteux. Il fond à 73-74° [Störmer, Hoffmann, *D. chem. G.*, 34, 2534, 1900].

2.4.6-*Trinitro-méthyl-m-toluidine*. — Elle se forme quand on traite par la méthylamine l'éther méthylique du trinitro-m-crésol. Elle fond à 138° [Blanksma, *Rec. Pays-Bas*, 21, 327, 1902].

ETHYL-M-TOLUIDINE. — 4-*Nitro-éthyl-m-toluidine*. — On l'obtient en traitant l'éther méthylique du 4-nitro-m-crésol par l'éthylamine à 165-170°. Elle fond à 60° [Fischer, Rigaud, *D. chem. G.*, 34, 4202, 1901].

2.4.6-*Trinitro-éthyl-m-toluidine*. — On l'obtient en traitant par l'éthylamine l'éther méthylique du trinitro-m-crésol. Elle fond à 98°. Son *dérivé Az-nitré* fond à 79° [Blanksma, *Rec. Pays-Bas*, 24, 327, 1902].

PHÉNYL-M-TOLUIDINE. — On l'a obtenue en chauffant fortement un mélange de phénylaminocrésol avec du zinc en poudre. Elle bout à 300-305°. Sa solution sulfurique est colorée en vert par l'acide nitrique [Zega, Buch, *J. prakt. Chem.*, 33, 542, 1886].

4-*Nitro-phényl-m-toluidine*. — On l'obtient en chauffant à 145° avec de l'acide sulfurique à 25 0/0 l'acide 5-phénylamino-4-nitrotoluène-2-

sulfonique. Elle fond à 110° [Schraube, Römig, *D. chem. G.*, **26**, 581, 1893].

Acide 5-phénylamino-4-nitrotoluène-2-sulfonique. — On le prépare en chauffant avec de l'aniline le 5-chloro-4-nitrotoluènesulfonate d'aniline [Schraube, Romig, *loc. cit.*].

2.4-Dinitrophényl-m-toluidine. — On la prépare en condensant le dinitrochlorobenzène avec la m-toluidine. Elle fond à 159° [Reitzenstein, *J. prakt. Chem.*, **68**, 251, 1903].

Phényl-2.4.6-trinitro-m-toluidine. — On l'obtient par condensation du m-bromotrinitrotoluène avec l'aniline. Elle fond à 151° [Bentley, Warren. *Am. Chem. Journ.*, **12**, 6, 1890].

Phényl-6-bromo-2.4-dinitro-m-toluidine. — Elle se forme par condensation du dibromodinitrotoluène avec l'aniline. Elle fond à 116° [Claus. *J. prakt. Chem.*, **37**, 17, 1888].

4'-Oxyphényl-4.6-dinitro-m-toluidine. — On l'obtient en condensant le p-aminophénol avec le chlorodinitrotoluène-3.4.6. Elle fond à 194-195° [Reverdin, Crépieux, *Bull. Soc. Chim.*, **23**, 839, 1900]. Son *dérivé acétylé* fond à 146-147° [Reverdin, Dresel, Delétra, *ibid.*, **34**, 631, 1904].

4'.3'-Oxychlorophényl-4.6-dinitro-m-toluidine. — Elle fond à 176° (Reverdin, Dresel, Delétra].

4'.3'.5'-Oxydichlorophényl-4.6-dinitro-m-toluidine. — Elle fond à 230°.

4'-Méthoxyphényl-4.6 dinitro-m-toluidine. — Elle fond à 139°.

4'-Aminophényl-4.6-dinitro-m-toluidine. — Elle fond à 136°.

4'-Oxyphényl-2.4.6-trinitro-m-toluidine. — Elle fond à 207°.

4'-Aminophényl-2.4.6-trinitro-m-toluidine. — Elle fond à 198°,5 [Reverdin. Dresel. Delétra].

BENZYL-M-TOLUIDINE. — Le *dérivé α-cyané* de cette base s'obtient en condensant la cyanhydrine de l'aldéhyde benzoïque avec la m-toluidine. Il fond à 97° [Sachs, Goldmann, *D. chem. G.*, **35**, 3319, 1902].

M-DITOLYLAMINE. — On peut l'obtenir en chauffant à 330-340° un mélange de m-crésol, de chlorure de zinc ammoniacal et de chlorure d'ammonium [Merz, Müller, *D. chem. G.*, **20**, 549, 1887].

MÉTATOLUIDINES TERTIAIRES.

DIMÉTHYL-M-TOLUIDINE (1er Suppl., 1575). — Samelson l'a copulée avec divers diazoïques [*D. chem. G.*, **33**, 3479, 1901]. La vitesse de copulation avec les diazoïques a été étudiée par Goldschmidt et Keller [*D. chem. G.*, **35**, 3534. 1902].

DIÉTHYL-M-TOLUIDINE. — Elle bout à 227-228° [Reinhardt, Städel, *D. chem. G.*, **16**. 31. 1883].

DIALLYL-M-TOLUIDINE. — Elle bout à 245-249°. $D^{19} = 0.9430$ [Simanovsky, Mentschoukine, *Journ. Soc. phys. chim. russe*, **35**, 204, 1903].

DIPHÉNYL-M-TOLUIDINE. — On l'obtient par condensation du m-chlorotoluène avec la diphénylamine potassique. Elle fond à 69-70° [Haeussermann, *D. chem. G.*, **34**, 38. 1901].

MÉTATOLUIDES.

THIONYL-M-TOLUIDINE $CH^3-C^6H^4-Az=SO$. — C'est une huile jaune bouillant à 220° [Michaelis, *Ann. Chem.*, **274**, 226, 1893].

FORMO-M-TOLUIDE. — Elle bout à 278° sous 724 mm. Maintenue longtemps à l'ébullition, elle se décompose en oxyde de carbone et méthaneditolylamidine [Niementowski, *D. chem. G.*, **20**, 1892. 1887].

ACÉTO-M-TOLUIDE. — Son oxydation manganique a été étudiée par Ullmann et Uzbachian

[*D. chem. G.*, **36**, 1797, 1903]. Par nitration. elle fournit la 6-nitroacéto-m-toluide et la 4-nitroacéto-m-toluide [Cohen, Dakin, *Chem. Soc.*, **83**, 331, 1903].

Chloracétyl-m-toluide. — Elle fond à 141°. Par fusion avec la potasse, elle se transforme en 5.5'-diméthylindigo [Kuhara, Chikashigé, *Am. Chem. Journ.*, **27**, 1, 1902].

BENZOYL-M-TOLUIDE. — Elle fond à 125° [Just, *D. chem. G.*, **19**, 983, 1886].

III. PARATOLUIDINE.

— La paratoluidine se forme : 1° quand on chauffe à 300° un mélange de p-crésol et de chlorure de zinc ammoniacal [Merz, Müller, *D. chem. G.*, **20**, 545, 1887]; 2° quand on chauffe au bain-marie l'alcool p-aminobenzylique avec une solution de chlorure stanneux [Thiele, Dimroth, *Ann. Chem.*, **305**, 121, 1899]; 3° quand on traite le toluène par le chlorhydrate d'hydroxylamine et le chlorure d'aluminium [Graebe, *D. chem. G.*, **34**, 1778, 1901]; 4° quand on chauffe l'hydrazo-p-toluène avec de l'alcool à 120-130° [Biehringer, Busch, *D. chem. G.*, **36**, 339, 1903].

Sur le dosage de la p-toluidine brute, voyez Glassmann [*D. chem. G.*, **36**, 4260, 1903 et *J. Soc. phys. chim. russe*, **36**, 312, 1904].

La p-toluidine fond à 42°,8 et bout à 200°,3 [Perkin, *Ch. Soc.*, **69**, 1245, 1896]. à 200°,4 sous 760 mm. [Kahlbaum, *Z. phys. Ch.*, **26**, 621, 1898]. Points d'ébullition sous pressions réduites [Neubeck, *Z. phys. Ch.*, **1**, 659, 1888]. Points de fusion sous différentes pressions [Hulett, *Z. phys. Ch.*, **28**, 650, 1899]. Densités à différentes températures et pouvoir rotatoire magnétique [Perkin, *loc. cit.*]. Solubilité dans l'eau, constante de dissociation [Löwenberg, *Z. ph. Ch.*, **25**, 410. 1898]. Tensions de vapeur [Kahlbaum, *loc. cit.*]. Pouvoir réfringent [Eykmann, *Rec. Pays-Bas*, **12**, 278, 1893; — Bruhl, *Zeit. phys. Ch.*, **16**, 216, 1895]. Conductibilité électrique [Bartoli, *Gazz. chim. ital.*, **15**, 401, 1885]. Chaleur de combustion à volume constant $= 957^{Cal}.9$ [Petit, *Ann. Phys. Chim.*, (6), **18**, 152, 1889]. Chaleur latente de fusion $= 35^{Cal}.789$ [Pettersson, *J. prakt. Chem.*, **24**, 162, 1881]. Tension superficielle [Dutoit, Friederich, *C. R.*, **130**, 328, 1900]. Coefficient de compressibilité $= 51 \times 10^{-6}$ à 45° [Hulett, *Z. phys. Ch.*, **33**, 237, 1900]. Caractères cryoscopiques [Auwers, *Zeit. phys. Ch.*, **23**, 451. 1897; **42**, 513, 1903; — Ampola, Rimatori, *Gazz. chim. ital.*, **27**, I, 43, 1897].

Réactions. — L'hydrogénation de la p-toluidine par l'hydrogène en présence de nickel réduit donne la p-méthylcyclohexylamine, accompagnée des bases secondaires et tertiaires correspondantes [Sabatier, Senderens, *Bull. Soc. Chim.*, **31**, 709, 1904].

L'oxydation de la p-toluidine par le ferricyanure de potassium en solution alcaline ou par le mélange chromique donne du p-p'-azotoluène, de l'aminotoluquinone-ditolylimide et d'autres produits [Perkin, *Chem. Soc.*, **37**, 546, 1879; — Green, *D. chem. G.*, **26**, 2772, 1893]. L'oxydation à l'ozone donne du p-p'-azotoluène [Otto, *Ann. Ph. Ch.*, (7), **13**, 143, 1898]. L'oxydation au bioxyde de plomb fournit, en solution étendue, l'aminotoluquinone-ditolylimide

$$C^7H^7Az = \underset{AzH^2}{\overset{CH^3}{\bigcirc}} = AzC^7H^7$$

et en solution concentrée, la tolylaminotoluquinone-ditolylimide [Bornstein, *D. chem. G.*, 34, 1274, 1901].

L'action du chlore humide sur la p-toluidine en solution acétique donne naissance, si l'on pousse l'opération aussi loin que possible, à à l'heptachlorométhylcyclohexanone.

Chauffée à 180° avec $0^p.6$ de soufre, la p-toluidine donne naissance à la primuline [Green, *D. chem. G.*, 22, 968, 1889; — Jacobson, *ibid.*, 330; — Gattermann, *ibid.*, 422; — Pfitzinger, Gattermann, *ibid.*, 1063].

La condensation de la p-toluidine avec les diazoïques a été étudiée par Mehner [*J. prakt. Chem.*, 65, 401, 1902]. Chauffée avec du phényl-uréthane, la p-toluidine donne de l'aniline, de la phényl-p-tolylcarbamide et de la di-p-tolylcarbamide [Dixon, *Ch. Soc.*, 79, 102, 1901]. Elle réagit sur l'isocyanate de phényle pour former deux phényl-p-tolylthiourées [Walther, Stenz, *Bull. Soc. Chim.*, 26, 395, 1901]. Par condensation avec l'iodure de méthylène, elle forme la di-p-tolylméthylène-diamine

$$CH^2 \begin{cases} AzH\,C^7H^7 \\ AzH\,C^7H^7 \end{cases}$$

[Senier, Goodwin, *Chem. Soc.*, 81, 280, 1902]. Condensée avec le tétrabromure d'acétylène, elle forme le corps

$$\begin{matrix} CH - AzH - C^7H^7 \\ | > AzH\,C^7H^7 \\ CH - AzH - C^7H^7 \end{matrix}$$

[Sabanéief, Rakovsky, *Journ. Soc. phys. chim. russe*, 34, 408, 1902]. Chauffée avec l'acide oxy-4-aminoanthraquinone-sulfonique-2, la p-toluidine donne naissance au vert de quinizarine sulfoné [Wacker, *D. chem. G.*, 35, 2593, 1902].

La p-toluidine se condense avec les aldéhydes aromatiques, en présence de son chlorhydrate, pour former des acridines [Ullmann, *D. chem. G.*, 35, 107, 1903]. Elle se condense avec la benzylidène-acétone pour former la β-tolylamino-benzylacétylacétone fusible à 96° [Ruhemann, Watson, *Chem. Soc.*, 85, 1170, 1904]. Chauffée avec de l'alcool éthylique et du chlorure de zinc, elle donne l'amino-4-méthyléthylbenzène-1.3 [Willgerodt, Brandt, *J. prakt. Ch.*, 69, 433, 1904]. Avec l'acide dichloracétique, elle forme le p-tolylamino-p-méthyloxindol [Keller, *Ann. Chem.*, 332, 247, 1904]. Elle forme avec le bromure de dinaphtopyryle un produit de condensation fusible à 232-233° [Robyn, *C. R.*, 140, 1614, 1905].

Sels. — Le *chlorhydrate* de p-toluidine fond à 238-248° [Bischoff, Walden, *Ann. Chem.*, 279, 134, 1894], à 236° [Krafft, *D. chem. G.*, 32, 1601, 1899], à 243° [Ullmann, *D. chem. G.*, 31, 1699, 1898]. Il bout à 255°,5 sous 748 mm., à 257°,5 sous 760 mm. (Ullmann). *Bromhydrate*, C^7H^9Az HBr; *iodhydrate*, C^7H^9AzHI [Städel, *D. chem. G.*, 16, 28, 1883].

Sulfates. — $(C^7H^9Az)^2SO^4H^2$ et $C^7H^9Az.SO^4H^2$ [Wellington, Tollens, *D. chem. G.*, 18, 3311, 1885]; $C^7H^9Az.SO^4H^2 + H^2O$ [Hitzel, *Bull. Soc. Chim.*, 11, 1054, 1894]. *Sulfamate*, $C^7H^9Az.OH-SO^2-AzH^2$, fusible à 139° [Paal, Janicke, *D. chem. G.*, 28, 3163, 1895]. *Hydrosulfite* [Lumière et Seyewetz, *Bull. Soc. Chim.*, 33, 69, 1905]. *Hyposulfite* [Wahl, *Bull. Soc. Chim.*, 27, 1220, 1902]. *Chloracétate.* $C^7H^9Az.C^2H^3ClO^2$, fusible à 101-102° [Baralis, *Jahresb.*, 1881, 698], à 97°,5 [Suchin, *D. chem. G.*, 21, 1259, 1888]. *Dichloracétate*, $C^7H^9Az.C^2H^2Cl^2O^2$, fusible à 135-136° [Duisberg, *D. chem. G.*, 18, 194, 1885]. *Trichloracétate*, $C^7H^9Az.C^2HCl^3O^2$, fusible à 137°. *Trichlorolactate*, fusible à 135° [Baralis, *loc. cit.*]. *Dioxalate*, $C^7H^9Az.C^2H^2O^4$ [Borne-

mann, *D. chem. G.*, 22, 2710, 1889]. *Mucate*, $(C^7H^9Az)^2C^6H^{10}O^8$; sa distillation sèche conduit au p-tolylpyrrol [Pictet, *D. chem. G.*, 37, 2792, 1904]. *Picrate*, $C^7H^9Az.C^6H^3O^7Az^3$, fusible à 169° [Smolka, *Mon. f. Chem.*, 6, 923, 1885].

Sels doubles. — $(C^7H^9AzHCl)^2ZnCl^2$; $(C^7H^9Az.HCl)^3ZnCl^2$; $(C^7H^9Az.HBr)^2ZnBr^2$ [Base, *Am. Chem. J.*, 20, 656, 1898]. $C^7H^9AzHCl,HgCl^2$ [Swan, *Am. Ch. J.*, 20, 626, 1898]. $C^7H^9Az.HCl.SnCl^2+1/2H^2O$; $(C^7H^9Az)^2.SnCl^2$; $(C^7H^9Az.HCl)^2SnCl^4$ [Stagle, *Am. Ch. J.*, 20, 644, 1898]. $(C^7H^9Az.HCl)^2.SbCl^3+1/2H^2O$; $C^7H^9Az.HCl)^3SbCl^3+H^2O$; $(C^7H^9Az.HBr)^2SbBr^3+H^2O$; $(C^7H^9Az.HBr)^3SbBr^3$; $(C^7H^9Az.HBr)^4.SbBr^3$; $C^7H^9Az.HI.SbI^3$ [Higbee, *Am. Chem. Journ.*, 23, 150, 1900]. $(C^7H^9Az.HCl)^3BiCl^3$ [Hauser, Vanino, *D. chem. G.*, 33, 2271, 1900]. $(C^7H^9Az.HCl)^52SbF^5$; $(C^7H^9Az.HCl)^73SbF^5$ [Redenz, *Arch. d. Pharm.*, 236, 273].

Produits d'addition. — $3C^7H^9Az.2SiF^4$ [Comey, Jackson, *Am. Chem. Journ.*, 40, 173, 1888]. $(C^7H^9Az)^2.ZnCl^2 + 3H^2O$ [Lachowicz, Bandrowsky, *Mon. f. Chem.*, 9, 513, 1888]. $(C^7H^9Az)^32ZnSO^4$; $(C^7H^9Az)^2CdCl^2$; $(C^7H^9Az)^2.Cu(AzO^3)^2$ [Lachowicz, *Mon. f. Ch.*, 10, 898, 1889]. $(C^7H^9Az)^2.MgCl^2$; $(C^7H^9Az)^2.ZnBr^2$; $(C^7H^9Az)^2.Zn(C^2H^3O^2)^2$; $(C^7H^9Az)^2CdBr^2$; $(C^7H^9Az)^2CdSO^4$; $(C^7H^9Az)^2AgAzO^3$; $(C^7H^9Az)^2MgSO^4$ [Tombeck, *Ann. Ph. Ch.*, (7), 21, 397, 1900].

PARATOLUIDINES CHLORÉES. — 2-*Chloro-4-toluidine.* — On l'obtient en traitant par l'étain et l'acide chlorhydrique le 2-chloro-4-nitrotoluène ou le bromure de 2-chloro-4-nitrobenzyle [Witt, *D. chem. G.*, 25, 86, 1892; — Lellmann, *ibid.*, 17, 535, 1884] ou bien en traitant par l'acide chlorhydrique bouillant l'acéto-p-toluidine-2-diazopipéride [Wallach, *Ann. Chem.*, 235, 253, 1886]. Elle fond à 26° et bout à 237-238°,5, à 245° [Wynne, Greeves, *Proc. Ch. Soc.*, n° 154]. Son *dérivé acétylé* fond à 86° (W., G.).

3-*Chloro-4-toluidine* (voy. Dict., 3, 478). — Elle se forme, en même temps que d'autres produits, par l'action de l'acide chlorhydrique sur le p-nitroso-toluène [Bamberger, Büsdorff, Szolayski, *D. chem. G.*, 32, 218, 1899]. Elle fond à 7° et bout à 218-219° sous 732 mm. [Lellmann, Klotz, *Ann. Chem.*, 231, 311, 1885], à 223-224° [Cohen, Dakin, *Chem. Soc.*, 81, 1324, 1902]. Le *dérivé acétylé* s'obtient par chloruration de l'acétotoluide en solution acétique (L., K.) ou bien en traitant l'acétotoluide, en solution acétique, par le chlorate de sodium et l'acide chlorhydrique [Reverdin, Crépieux, *D. chem. G.*, 33, 2500, 1900; — Cohen, Dakin, *loc. cit.*; voyez aussi Chattaway, Orton, *Chem. Soc.*, 77, 789, 1900]. Il fond à 118°. Son *dérivé Az-chloré* fond à 48°; il se transforme, quand on le chauffe en solution acétique, en 3-5-dichloroacétotoluide (Ch., O.). Le *dérivé benzoylé* de la 3-chloro-4-toluidine fond à 137-139° [Cohen, Dakin].

2.3-*Dichloro-4-toluidine.* — On la prépare à partir du dichloronitrotoluène-2.3.4. Elle fond à 40-42°. Son *dérivé acétylé* fond à 128-129° [Cohen, Dakin, *Chem. Soc.*, 81, 1324, 1902].

3.5-*Dichloro-4-toluidine.* — On la prépare par saponification de son dérivé acétylé. Elle se forme dans l'action de l'acide chlorhydrique sur le p-nitrosotoluène [Bamberger, Büsdorf, Szolayski, *loc. cit.*]. Elle fond à 60°. Le *dérivé acétylé* s'obtient par chloruration de la 3-chloro-p-acétotoluide [Lellmann, Klotz, *Ann. Chem.*, 231, 322, 1885; — Cohen, Dakin, *Chem. Soc.*, 81, 1324, 1902] ou par transposition moléculaire de la 3-chloroacétotoluide-Az-chlorée [Chattaway, Orton, *Chem. Soc.*, 77, 789, 1900]. Il fond à 201° (L., K.), à 199° (C., D.). Son *dérivé Az-chloré* fond à 72° (Ch., O.).

2.3.5-*Trichloro-4-toluidine.* — Le *dérivé*

acétylé de cette base s'obtient en traitant par l'acide chlorhydrique et le chlorate de sodium le dérivé acétylé de la 3.5-dichloro-4-toluidine. Il fond à 179° [Cohen, Dakin, *Chem. Soc.*, **81**, 1324, 1902].

PARATOLUIDINES BROMÉES. — *2-Bromo-4-toluidine* (voy. 1er Suppl., 1576). — Elle se forme par l'action de l'acide bromhydrique bouillant sur l'acéto-p-toluidine-o-diazopipéridide [Wallach, *Ann. Chem.*, **235**, 255, 1886]. On l'obtient, en même temps que le dérivé bromé-3, par l'action du brome sur la p-totuidine en solution sulfurique [Hafner, *D. chem. G.*, **22**, 2903, 1889]. Elle fond à 25-26°, bout à 254-257° (Hafner).

3-Bromo-4-toluidine. — Elle prend naissance dans l'action de l'acide bromhydrique sur le p-nitrosotoluène [Bamberger, Büsdorf, Szolayski, *D. chem. G.*, **32**, 219, 1899]. Elle fond à 26° [Claus, Steinberg, *D. chem. G.*, **16**, 914, 1883]. Le dérivé acétylé fond à 117°,5. Il forme avec le chlorure d'aluminium une combinaison $C^9H^{10}OAzBr.AlCl^3$ [Perrier, *Bull. Soc. Chim.*, **11**, 927, 1894]; avec la soude, une combinaison $C^9H^{10}OAzBr.NaOH$ [Cohen et Brittain, *Chem. Soc.*, **73**, 160, 1898], de même avec la potasse. Son *dérivé Az-bromé* fond à 87° et se transforme à 100° en 3.5-dibromoacéto-p-toluide [Chattaway, Orton, *Ch. Soc.*, **77**, 795, 1900]. Le *dérivé benzoylé* fond à 148°,5 [Pinnow, *D. chem. G.*, **24**, 4170, 1891].

3.5-Dibromo-4-toluidine. — Elle se forme dans l'action de l'acide bromhydrique sur le p-nitrosotoluène [Bamberger, Büsdorf, Szolayski, *D. chem. G.*, **32**, 219, 1899]. On la prépare en traitant la p-toluidine, en solution dans l'acide chlorhydrique concentré, par le brome dissous dans le bromure de potassium [Klages, Liecke, *J. prakt. Chem.*, **61**, 326, 1900]. Elle fond à 78°. Le *dérivé acétylé* fond à 183° [Claus, Herbany, *Ann. Chem.*, **265**, 377, 1891], à 199-200° [Ulffers, Janson, *D. chem. G.*, **27**, 99, 1894]. Son *dérivé Az-bromé* fond à 118° [Chattaway, Orton, *Ch. Soc.*, **77**, 796, 1900].

PARATOLUIDINES NITRÉES. — *3-Nitro-4-toluidine.* — On l'obtient en nitrant la benzoyl-p-toluidine [Hubner, *Ann. Chem.*, **208**, 313, 1881] ou la p-toluène-sulfonyl-p-toluidine [Reverdin, Crépieux, *Bull. Soc. Chim.*, **27**, 743, 1902]. Elle se forme quand on chauffe à 170-180° le 3-nitro-p-crésol avec de l'ammoniaque [Barr, *D. chem. G.*, **21**, 1543, 1888]. Elle prend naissance également par transposition de l'acide p-diazotoluénique [Bamberger, Hoff, *D. chem. G.*, **30**, 1258, 1897]. — Hoff, *Ann. Chem.*, **311**, 93, 1900]. Elle fond à 116-117° [Schraube, Romig, *D. chem. G.*, **26**, 579, 1893], à 114° (Reverdin, Crépieux).

La réduction électrolytique de la 3-nitro-4-toluidine donne un mélange de p-diamino-o-azoxytoluène et de p-diamino-o-azotoluène [Elbs, Schwarz, *J. prakt. Chem.*, **63**, 562, 1901].

Son *dérivé acétylé* s'obtient par nitration de l'acéto-p-toluide [Gattermann, *D. chem. G.*, **18**, 1483, 1885]. Il existe sous deux formes cristallines dont l'une fond à 93°,32 et l'autre à 91°,58 [Schenk. *Z. phys. Ch.*, **33**, 445, 1900; voyez aussi Schaum, *Ann. Chem.*, **300**, 224, 1898; *D. chem. G.*, **31**, 129, 1898].

Son *dérivé benzoylé* fond à 143° (Hübner).

2.6-Dinitro-4-toluidine. — On l'obtient en réduisant le trinitrotoluène-2.4.6 par le sulfhydrate d'ammoniaque. Elle fond à 171° [Hollemann, Boeseken, *Rec. Pays-Bas*, **16**, 425, 1897].

3.5-Dinitro-4-toluidine. — Elle se forme par nitration de la benzoyl-p-toluide [Hübner, *Ann. Chem.*, **208**, 312, 1801] ou par l'action de l'ammoniaque alcoolique, à froid, sur l'éther éthylique du dinitro-p-crésol [Staedel, *Ann. Chem.*,

217, 186, 1883]. On l'obtient aussi par transposition de l'acide 3-nitro-p-diazotoluénique [Bamberger, *D. chem. G.*, **30**, 1257, 1897]. Elle fond à 168°. Son *dérivé benzoylé* fond à 186° (Hübner).

2-Chloro-5-nitro-4-toluidine. — On l'obtient par nitration de la 2-chloro-4-acétotoluide. Elle fond à 165°. Le *dérivé acétylé* fond à 113° [Claus, Böcker, *Ann. Chem.*, **265**, 354, 1891].

3-Chloro-5-nitro-4-toluidine. — On l'obtient par nitration de la 3-chloro-4-acétotoluide [Claus, Davidsen, *Ann. Chem.*, **265**, 344, 1891; — Cohen, Dakin, *Chem. Soc.*, **81**, 1324, 1902]. — Elle fond à 70°,5 (Claus, Davidsen); à 74-75° (Cohen, Dakin). — Le *dérivé acétylé* fond à 196° (Claus, Davidsen).

3-Chloro-6-nitro-4-toluidine. — On l'obtient par nitration de la 3-chloro-4-acétotoluide. Elle fond à 129°,5. — Le *dérivé acétylé* fond à 143° [Claus, Davidsen, *loc. cit.*].

3-Bromo-6-nitro-4-toluidine. — On la prépare en traitant le nitrate de 3-bromo-4-toluidine par l'acide sulfurique concentré [Claus, Herbany, *Ann. Chem.*, **265**, 367, 1891]. Elle fond à 121°.

ACIDE PARATOLUIDINE-2-SULFINIQUE. — Il se forme quand on traite l'acide p-toluidine-o-thiosulfonique par l'amalgame de sodium. Il forme des prismes ou de fines aiguilles ne fondant pas à 240°. Il est presque insoluble dans l'alcool, soluble dans l'eau bouillante. Chauffé avec de l'acide chlorhydrique, il se transforme en une base isomère, la *p-toluène sulfamine* fusible à 132° [Heffter, *Ann. Chem.*, **221**, 355, 1884].

ACIDES PARATOLUIDINE-SULFONIQUES. — *Acide p-toluidine-2-sulfonique.* — On le prépare en réduisant l'acide 4-nitrotoluène-2-sulfonique par l'étain et l'acide chlorhydrique [Brackett, Hayes, *Am. Ch. J.*, **9**, 400, 1887]. — Il se forme quand on chauffe la di-p-tolylurée avec de l'acide sulfurique à 150° [Cazeneuve, Moreau, *Bull. Soc. Chim.*, **19**, 22, 1898] et quand on traite l'acide 4-diazotoluène-2-sulfonique par l'ammoniaque alcoolique [Moale, *Am. Ch. J.*, **20**, 300, 1898]. Conductibilité électrique : Ebersbach [*Z. phys. Chem.*, **11**, 616, 1893]. — La solution aqueuse est colorée en rouge jaune par PbO^2 [Janowsky, *D. chem. G.*, **24**, 1804, 1888] et en rouge bordeaux par le chlorure ferrique à chaud [Janowsky, Reimann, *D. chem. G.*, **21**, 1217, 1888]. — Le dérivé diazoïque de cet acide est décomposé par l'alcool bouillant en acide o-toluène-sulfonique et acide p-éthoxy-o-toluène-sulfonique [Remsen, Palmer, *Am. Ch. J.*, **8**, 245, 1886]. — L'*amide* p-toluidine-2-sulfonique, obtenue en réduisant l'amide 4-nitro-toluène-2-sulfonique par le sulfure d'ammonium, fond à 164°. Elle fournit, par oxydation manganique, l'amide azotoluène-disulfonique [Heffter, *Ann. Chem.*, **221**, 208, 1884].

Acide p-toluidine-3-sulfonique. — Il se forme quand on traite, en refroidissant, la p-tolyl-hydroxylamine, en solution alcoolique, par l'acide sulfureux [Bretschneider, *J. f. pr. Ch.*, **55**, 292, 1897]. Il se forme aussi quand on chauffe à 150° la di-p-tolylurée avec de l'acide sulfurique concentré [Cazeneuve, Moreau, *loc. cit.*]. — Conductibilité électrique : Ebersbach [*loc. cit.*]. — La solution aqueuse est colorée en rouge vineux par PbO^3 [Janowsky, *D. chem. G.*, **21**, 1804, 1888]. — *Dérivé acétylé* : Junghahn [*D. chem. G.*, **33**, 1366, 1900].

Acide p-toluidine-2.5-disulfonique. — On l'obtient en chauffant l'acide p-toluidine-2-sulfonique avec de la chlorhydrine sulfurique à 150° ou avec de l'acide sulfurique fumant à 180° [Richter, *Ann. Chem.*, **230**, 331, 1885]. Sur sa constitution, voir Wynne, Bruce [*Chem. Soc.*, **72**, 734, 1898].

Acide p-toluidine-3.5-disulfonique. — On l'obtient en chauffant l'acide p-toluidine-3-sulfonique avec de la chlorhydrine sulfonique ou avec de l'acide sulfurique fumant [Richter, *Ann. Chem.*, 230, 315, 1885]. Sur sa constitution, voir Wynne et Bruce [*loc. cit.*].

PARATOLUIDINES SECONDAIRES.

MÉTHYL-P-TOLUIDINE. — Sur la méthylation de la p-toluidine au moyen du sulfate diméthylique, voy. Ullmann [*Ann. Chem.*, 327, 104, 1903]. — Sur la méthylation au moyen du diazométhane, voy. Pechmann [*D. chem. G.*, 28, 858, 1875]. — Le *chlorhydrate* de méthyl-p-toluidine fond à 119°,5 [Bamberger, Wulz, *D. chem. G.*, 24, 2081, 1891]. L'action de l'acide azoteux sur la p-méthyltoluidine [Störmer et Hoffmann, *D. chem. G.*, 31, 2535, 1898] donne la dinitronitrosométhyl-p-toluidine. — Le *dérivé nitrosé* fond à 52-53° (Bamberger, Wulz); sur l'action du chlorhydrate d'ammoniaque, voy. Pinnow [*D. chem. G.*, 30, 842, 1897].

2-*Nitrométhyltoluidine.* — Elle s'obtient par nitration de la méthyltoluidine en solution sulfurique [Pinnow, *D. chem. G.*, 28, 3040, 1895] ou par méthylation de la 2-nitro-4-toluidine [Jaubert, *Bull. Soc. Chim.*, 21, 19, 1888]. — Elle fond à 45° (J.), à 57° (P.). — Son *dérivé nitrosé* fond à 56° (P.).

3-*Nitro-méthyl-p-toluidine.* — Elle se prépare par méthylation de la 3-nitro-p-toluidine. Elle fond à 84-85° [Gattermann, *D. chem. G.*, 48, 1487, 1885]. — Elle se forme par action de l'acide nitrique sur la Az-méthyl-p-tolylnitramine, en solution acétique [Pinnow, *D. chem. G.*, 30, 835] ou par oxydation chromique de la 3-nitrodiméthyl-p-toluidine [Pinnow, *ibid.*, 3121; *J. f. pr. Ch.*, 62, 514, 1900].

2.3-*Dinitro-méthyl-p-toluidine.* — On l'obtient, en même temps que le dérivé 2.5-dinitré, par nitration de la diméthyl-p-toluidine en solution sulfurique, transformation du produit en dinitrotolylméthylnitramine et enlèvement du groupe AzO^2 lié à l'azote par le phénol en solution amylique bouillante. On sépare les deux dérivés nitrés par cristallisation [Pinnow, *D. chem. G.*, 28, 3040, 1895; 30, 836, 1897; *J. f. pr. Ch.*, 62, 507, 1900]. — La 3.5-dinitrométhyl-p-toluidine cristallise dans l'acétone en paillettes orangées à reflets bleus, fusibles à 158°,5-159°,5. — Son *dérivé nitrosé* fond à 128-128°,5, son *dérivé acétylé* à 90°,5, son *dérivé benzoylé* à 110°,5 (P.).

2.5-*Dinitro-méthyl-p-toluidine.* — Voyez le composé précédent. Elle cristallise en prismes rouges à reflets verts, fusibles à 184-5-185°,5. — Son *dérivé nitrosé* fond à 123-124°. Son *dérivé acétylé* fond à 151° (Pinnow).

3.5-*Dinitrométhyl-p-toluidine.* — Elle se prépare 1° par nitration de la méthyltoluidine en solution acétique [Gattermann, *D. chem. G.*, 48, 1487, 1885]; 2° en chauffant à l'ébullition la 3.5-dinitrotolyl-4-méthylnitramine avec du phénol [Romburgh, *D. chem. G.*, 29, 1015, 1896]; 3° par transposition moléculaire de l'éther Az-méthylique de l'acide 3-nitro-p-diazotoluénique [Bamberger, Voss, *D. chem. G.*, 30, 1258, 1897]; 4° par action prolongée de l'acide nitreux sur la méthyl-p-toluidine [Störmer, Hoffmann, *D. chem. G.*, 31, 2535, 1898]. Elle fond à 129°. — Son *dérivé nitrosé* fond à 125° (Gattermann); à 128-128°,5 [Romburgh, Pinnow, *D. chem. G.*, 30, 840, 1897]. Son *dérivé Az-nitré* (3.5-dinitrotolyl-4-méthylnitramine) s'obtient 1° en traitant la diméthyl-p-toluidine par l'acide nitrique fumant [Romburgh, *Rec. Pays-Bas*, 3, 404, 1884; — Gattermann, *D. chem. G.*, 48, 1488, 1885; —

Pinnow, *D. chem. G.*, 30, 842, 1897]; 2° en chauffant à l'ébullition avec de l'acide nitrique à 10 0/0 le dérivé acétylé de la méthyl-p-toluidine [Norton, Livermore, *D. chem. G.*, 20, 2269, 1887]; 3° en traitant la 3.5-dinitrométhyl-p-toluidine par l'acide nitrique fumant [Pinnow, Matcovitch, *D. chem. G.*, 31, 2518, 1898]. — Il fond à 138-139°.

2.3.5-*Trinitro-méthyl-p-toluidine.* — On l'obtient en chauffant son dérivé Az-nitré avec du phénol, de l'alcool amylique et un peu d'acide sulfurique. — Elle fond à 129°,5-130°. — Son *dérivé nitrosé* fond à 108-109°. — Son *dérivé Az-nitré* s'obtient en chauffant à 100° une dissolution de 2-nitro-p-tolylméthylnitrosamine dans l'acide nitrique de densité 1,52. Il fond à 156,5-157° [Pinnow, *D. chem. G.*, 30, 837, 1897].

ETHYL-P-TOLUIDINE. — Voy. Dict., 3, 482. Son *dérivé acétylé* bout à 258° [Norton, Livermore, *D. chem. G.*, 20, 2271, 1887].

2-*Nitro-éthyl-p-toluidine.* — On l'obtient par nitration de l'éthyl-p-toluidine en solution sulfurique [Nölting, Stricker, *D. chem. G.*, 19, 549, 1886] ou par éthylation de la 2-nitro-4-toluidine [Jaubert, *Bull. Soc. Chim.*, 21, 20, 1899]. — Elle fond à 47-48° (N., S.); à 50° (J.).

3-*Nitro-éthyl-p-toluidine.* — On la prépare par méthylation de la 3-nitro-4-toluidine [Gattermann, *D. chem. G.*, 48, 1485, 1885] ou par nitration de l'acétyl-éthyltoluidine [Nölting, Abt, *D. chem. G.*, 20, 3000, 1887]. — Elle fond à 58-59°.

3.5-*Dinitro-éthyl-p-toluidine.* — Obtenue par nitration de la 3-nitro-éthyl-p-toluidine. — Elle fond à 126-126°,5. — Son *dérivé nitrosé* fond à 77-78° [Gattermann, *D. chem. G.*, 48, 1485, 1885]. — Son *dérivé Az-nitré* se forme quand on traite la diéthyl-p-toluidine par l'acide nitrique fumant, à chaud [Romburgh, *Rec. Pays-Bas*, 3, 409, 1884; — Gattermann, *loc. cit.*] ou bien quand on chauffe l'acétyl-éthyltoluidine avec de l'acide nitrique à 10 0/0 [Norton, Livermore, *D. chem. G.*, 20, 2271, 1887]. Il fond à 116°. Chauffé avec de la soude à 4 0/0, il donne du dinitro-p-crésol.

PROPYL-P-TOLUIDINE. — Elle se forme quand on distille rapidement l'acide α-p-tolylaminobutyrique. Elle bout à 235° [Bischoff, Mintz, *D. chem. G.*, 25, 2321, 1892]; à 230-233°; D = 0,7543 à son point d'ébullition [Hori, Morley, *Chem. Soc.*, 59, 35, 1891. — Le *chlorhydrate* fond à 150-151°; l'*oxalate* fond à 116-117°; le *dioxalate* fond à 172-173°.

ISOPROPYL-P-TOLUIDINE. — On l'obtient en distillant l'acide α-p-tolylaminoisobutyrique. Elle bout à 230-231° sous 756 mm. [Bischoff, Mintz, *loc. cit.*]; à 219-221°; D^{20} = 0,9226 [Hori, Morley, *loc. cit.*]. — Le *chlorhydrate* fond à 170-171°; l'*oxalate* à 129-130°; le *dérivé nitrosé* à 58-59°.

ALLYL-P-TOLUIDINE. — Elle bout à 232-234°. L'*oxalate* fond à 150-151° [Wedekind, *D. chem. G.*, 37, 2712, 1904].

TERTIOBUTYL-P-TOLUIDINE. — Elle bout à 227-228° [Sélivanoff, *Journ. Soc. phys. chim. russe*, 34, 12, 1902].

PHÉNYL-P-TOLUIDINE. — La phényl-p-toluidine se forme quand on chauffe à 360-380° du bromobenzène avec de la p-toluidine et de la chaux sodée, ou du p-bromotoluène, de l'aniline et de la chaux sodée [Merz, Paschkowezky, *J. f. pr. Ch.*, 48, 455, 1893]. — Elle fond à 87°, bout à 317-318° sous 727^{mm},5 [Græbe, *Ann. Chem.*, 238, 363, 1887]. — Traitée par le brome en vapeurs, à la température ordinaire, elle donne un bromure $C^{13}H^{13}Az.Br^2$ fusible à 135° [Bonna, *Ann. Chem.*, 239, 58, 1887]. — Son *dérivé nitrosé* fond à 82° (Bonna); à 45° [Reichold, *Ann. Chem.*, 255, 163, 1889]. — Son *dérivé acétylé* fond à 51° (Bonna).

Tétrabromophényl-p-toluidine. — Elle fond à 156° (Bonna).

Heptabromophényl-p-toluidine. — Elle fond à 185° (Bonna).

Hendécabromophényl-p-toluidine. — Elle fond à 296° (Bonna).

p-Nitrosophényl-p-toluidine. — On l'obtient en traitant par l'acide chlorhydrique alcoolique le dérivé nitrosé de la phényl-p-toluidine. Elle fond à 163°. Son *dérivé nitrosé* fond à 110°. Son *dérivé acétylé* fond à 103° [Reichold, *loc. cit.*].

o-Nitrophényl-p-toluidine. — On l'obtient en chauffant le o-bromonitrobenzène avec la p-toluidine [Schöpff, *D. chem. G.*, 23, 1843, 1890; — Jacobson, Lischke, *Ann. Chem.*, 303, 377, 1898]. Elle fond à 68° (S.); à 69-70° (J., L.).

2.4-Dinitrophényl-p-toluidine. — On la prépare en traitant le chlorodinitrobenzène-1.2.4 par la p-toluidine [Reitzenstein, *J. pr. Ch.*, 68, 251, 1903]. Elle fond à 131°.

Phényl-3.5-dinitro-o-toluidine. — On l'obtient en traitant le 4-bromo-3.5-dinitrotoluène par un excès d'aniline. Elle fond à 169°. Son *dérivé nitrosé* fond à 123° [Jackson, Ittner, *Am. Ch. J.*, 19, 10, 199, 205, 1897; *D. chem. G.*, 28, 3063, 1895].

Phényl-3.6-dinitro-p-toluidine. — On l'obtient en chauffant une solution alcoolique de 3.4.6-trinitrotoluène et d'aniline. Elle ond à 142° [Hepp, *Ann. Chem.*, 215, 369, 1883].

5-Chloro-2-nitrophényl-p-toluidine. — Obtenue en traitant le dinitrochlorobenzène-1.2.5 par l'aniline, elle fond à 126° [Kehrmann, Kragler, *D. chem. G.*, 34, 1102, 1901].

Tribromophényl-3.5-dinitro-p-toluidine. — On l'obtient par bromuration de la phényl-3.5-dinitro-p-toluidine. Elle fond à 238° [Jackson, Ittner, *Am. Ch. J.*, 19, 28, 1897].

m-Oxyphényl-p-toluidine. — Voyez Gnehm et Veillon [*J. f. pr. Ch.*, 65, 49, 1902].

BENZYL-P-TOLUIDINE. — Elle se forme quand on fait agir la p-toluidine sur la nitrosobenzylbenzylaniline. Son *dérivé benzène-sulfonylé* fond à 123° [Apitzsch, *D. chem. G.*, 3521, 1900]. Son *dérivé α-cyané* se forme quand on traite la cyanhydrine de l'aldéhyde benzoïque par la p-toluidine. Il fond à 110° [Sachs, Goldmann, *D. chem. G.*, 35, 3319, 1902].

2.4-Dinitrobenzyl-p-toluidine. — Elle fond à 93° [Friedländer, Cohn, *Mon. f. Ch.*, 23, 543, 1902; *D. chem. G.*, 35, 1255, 1902].

DI-P-TOLYLAMINE. — Elle se forme quand on chauffe à 330-340° le p-crésol avec du chlorure de zinc ammoniacal et du chlorhydrate d'ammoniaque [Merz, Muller, *D. chem. G.*, 20, 546, 1887] ou quand on chauffe à 390° du p-bromotoluène avec de la p-toluidine et de la chaux sodée [Merz, Paschkowezky, *J. pr. Ch.*, 463, 1893]. Elle fond à 79°; bout à 328°,5 sous 727ᵐᵐ,5, à 330°,5 sous 760 mm [Graebe, *Ann. Chem.*, 238, 363, 1887]. Son *dérivé nitrosé* fond à 100-101° [Lehne, *D. chem. G.*, 13, 1544, 1880]; à 103° [Cosack, *ibid.*, 1092].

Tétrabromo-di-p-tolylamine. — Elle fond à 162° [Lehne, *loc. cit.*].

o-Nitro-di-p-tolylamine. — Elle fond à 85° [Lellmann, *D. chem. G.*, 15, 831, 1882].

Dinitro-di-p-tolylamine. — Elle fond à 191° (Lellmann).

Trinitro-di-p-tolylamine. — Elle fond à 268° [Jaubert, *D. chem. G.*, 28, 1649, 1895].

Hexanitro-di-p-tolylamine. — Elle fond à 258° [Lehne, *loc. cit.*].

Triphénylméthyl-p-toluidine. — On l'obtient par condensation du chlorure de triphénylméthyle avec la p-toluidine. Elle fond à 177° [Gomberg, *D. chem. G.*, 35, 1822, 1902].

DIMÉTHYL-P-TOLUIDINE. — On peut l'obtenir en distillant l'hydrate de triméthyl-p-tolyl-ammonium [Hübner, Tölle, Athenstädt, *Ann. Chem.*, 224, 337, 1884]. Elle se forme par réduction électrolytique du p-nitrotoluène en solution alcoolique chlorhydrique en présence d'aldéhyde formique [Löb, *C. Bl.*, I, 987, 1898]. — Sur sa préparation au moyen de la p-toluidine et de l'iodure de méthyle, voy. Clarke [*Am. Ch. J.*, 33, 496, 1905]. Elle bout à 209°,5 sous 760 mm.; D $^{20}_{4}$ = 0.92870 [Kahlbaum, *Z. ph. Ch.*, 26, 623, 1898]. Densités à différentes températures et pouvoir rotatoire magnétique, Perkin [*Chem. Soc.*, 69, 1245, 1896]. Tensions de vapeur, Kahlbaum [*loc. cit.*, 646]. Pouvoir réfringent, Brühl [*Z. ph. Ch.*, 16, 218, 1895]. La diméthyl-p-toluidine donne avec l'iodoacétate de méthyle une combinaison qui se décompose à 124-125° [Wedekind, OEchslen, *D. chem. G.*, 35, 1075, 1902].

2-Nitro-diméthyl-p-toluidine. — On l'obtient en nitrant la diméthyl p-toluidine en solution sulfurique. Elle fond à 35° [Höchster Farbw., D.R.P. 69188; *Friedl.*, III, 398]. Son *bromométhylate* fond à 182° [Pinnow, *D. chem. G.*, 34, 1129, 1901].

3-Nitro-diméthyl-p-toluidine. — On l'obtient en traitant par l'acide nitrique à 30 0/0 la diméthyl-p-toluidine dissoute dans l'acide sulfurique étendu. Elle fond à 35° [Pinnow, Matcovich, *D. chem. G.*, 31, 2518, 1898].

Dinitro-diméthyl-p-toluidine. — Elle se forme quand on traite la 2-nitro-diméthyl-p-toluidine, dissoute dans l'acide chlorhydrique, par le nitrite de sodium. Elle fond à 103°,5-104° [Pinnow, *D. chem. G.*, 28, 3041, 1895].

ETHYLMÉTHYL-P-TOLUIDINE. — Elle bout à 218-220°. Son *picrate* fond à 78°. — Son *iodallylate* fond à 142° [Wedekind, Oberheide, *D. chem. G.*, 37, 2712, 1904].

MÉTHYLALLYL-P-TOLUIDINE. — Elle bout à 230-232°. Son *picrate* fond à 124°. Son *iodobenzylate* se décompose à 144-166° (W., O.).

ETHYLALLYL-P-TOLUIDINE. — Elle bout à 238°. Son *picrate* fond à 111°. Son *iodométhylate* ou *iodure de méthyléthylallyl-p-tolylammonium* fond à 142°. Le *bromure* de cet ammonium fond à 173-174°. Le *nitrate* fond à 95-97°. Le *d-camphre-sulfonate* fond à 160-161°, son pouvoir rotatoire est 52-58° en solution aqueuse (W., O.).

DIALLYL-P-TOLUIDINE. — Elle bout à 252-257°; D^{19} = 0,9447 [Simanowsky, Mentschoukine, *J. Soc. phys. chim. russe*, 35, 204, 1903].

MÉTHYLBENZYL-P-TOLUIDINE. — Elle bout à 218° sous 49 mm. Le *bromure de méthylallybenzyl-p-tolylammonium* fond à 146-147°; le *nitrate* fond à 134-136°; le *d-camphre-sulfonate* fond à 167-168°, son pouvoir rotatoire = +51°,7 en solution aqueuse [W., O.].

ETHYLBENZYL-P-TOLUIDINE. — Elle bout à 226° sous 28 mm. Son *picrate* fond à 138° (W., O.).

ALLYLBENZYL-P-TOLUIDINE. — Elle bout à 214-215° sous 31 mm. Son *picrate* fond à 144-146° (W., O.).

Suidder [*Am. Chem. Journ.*, 29, 511, 1903] a proposé une méthode de préparation des p-toluides, qui consiste à chauffer le sel de sodium d'un acide avec du chlorhydrate de p-toluidine. Bodroux [*Bull. Soc. Chim.*, 33, 831, 1905] prépare les toluides en traitant par un éther-sel le dérivé iodomagnésien de la toluidine.

TOLUIDES DES ACIDES MINÉRAUX. — *Thionyl—*

p-toluidine $CH^3 . C^6H^4 - Az = SO$. — On l'obtient en chauffant le chlorhydrate de p-toluidine avec du chlorure de thionyle et du benzène. Elle fond à 9°, bout à 224°; $D^{15} = 1,1685$ [Michaelis, *Ann. Chem.*, **274**, 226, 1893].

Monotoluide phosphorique. — Le *chlorure* $CH^3 - C^6H^4 - AzH - POCl^2$ s'obtient en chauffant le chlorhydrate de p-toluidine avec de l'oxychlorure de phosphore. Il fond à 104° [Michaelis, Schulze, *D. chem. G.*, 26, 2939, 1893]. L'*éther diéthylique* $CH^3 - C^6H^4 - AzH - PO(OC^2H^5)^2$ fond à 98° (M., S., *D. chem. G.*, 27, 2576, 1894]. La *dianilide* $CH^3 - C^6H^4 - AzH - PO(AzHC^6H^5)^2$ fond à 168° (M., S.).

Ditoluide phosphorique $(CH^3 - C^6H^4 - AzH)^2$ $PO.OH$. — On l'obtient en traitant le chlorure par la potasse [Michaelis, Schulze, *D. chem. G.*, 37, 2577; — Rudert, *D. chem. G.*, 26, 569, 1893]. Elle se forme quand on traite la p-toluidine par l'oxychlorure de phosphore en présence de soude à 10 0/0 [Autenrieth, Rudolph, *D. chem. G.*, 33, 2107, 1900]. Elle fond à 124° (Rudert), à 170° (Michaelis, Schulze), à 195° (Autenrieth, Rudolph). Le *chlorure* fond à 210° (M., S.).

Tritoluide phosphorique $(CH^3.C^6H^4.AzH)^3PO$. — Elle fond à 192° (Rudert; Autenrieth, Rudolph).

Tritoluide-thiophosphorique $(C^7H^7AzH)^3PS$. — Elle fond à 185° (Rudert; Autenrieth, Rudolph).

Michaelis et ses élèves ont, en outre, décrit les composés suivants : $C^7H^7 - Az = PO - AzH.C^7H^7$, fusible à 328° [*D. chem. G.*, **29**, 725, 1896]; $C^6H^5 - AzH - PO(AzH - C^7H^7)^2$, fusible à 168° [*D. chem. G.*, 27, 2575, 1894]; $C^7H^7 - Az = PS - OC^2H^5$, fusible à 176°; $C^7H^7 - Az = PS.Cl$, fusible à 170°; $C^7H^7 - Az = PS - AzHC^7H^7$, fusible à 182° [*D. chem. G.*, **28**, 1245, 1895].

Gilpin a décrit le composé $(CH^3 - C^6H^4 - AzH)^4$ PCl [*Am. Chem. Journ.*, **19**, 363, 1897].

Tétratoluide silicique $Si(AzH - C^6H^4 - CH^3)^4$. — On l'obtient en traitant le chlorure de silicium par la p-toluidine. Elle fond à 131-132° [Reynolds, *Chem. Soc.*, 55, 479, 1889].

FORMO-O-TOLUIDE. — On la prépare en chauffant la p-toluidine avec l'acide formique [Tobias, *D. chem. G.*, **15**, 2446, 1882]. Elle fond à 52° (T.), à 53° [Bamberger, Wulz, *D. chem. G.*, 24, 2080, 1891]. Le *dérivé argentique* a été préparé par Comstock et Clapp [*Am. Chem. Journ.*, 13, 527, 1891]. Le *dérivé mercurique* $Hg(C^8H^8 OAz)^2$ a été préparé, ainsi que le dérivé HgCl (C^8H^9OAz), par Wheeler et Macfarland [*Am. Chem. J.*, 18, 545, 1896].

Le dérivé $(C^7H^7 - AzH - COH)^2HBr, Cu^2Br^2$ a été obtenu par Comstock [*Am. Chem. J.*, 20, 79, 1898].

Le *dérivé Az-chloré* de la formo-p-toluide fond à 49-50°; le *dérivé Az-bromé* fond à 80° [Slosson, *Am. Chem. J.*, 29, 289, 1903].

Thioformo-p-toluide $C^7H^7 - AzH - CSH$. — Elle s'obtient en traitant la formo-p-toluide par le sulfure de phosphore. Elle fond à 173°,5 [Senior, *D. chem. G.*, 18, 2295, 1885].

ACÉTO-P-TOLUIDE. — La vitesse de réaction de l'acide acétique sur la p-toluidine a été étudiée par Mentschoutkine [*Journ. Soc. phys. chim. russe*, **32**, 46, 1900]. L'acétylation par l'anhydride acétique a été étudiée, au point de vue du rendement, par Sudborough [*Chem. Soc.*, 79, 533, 1901].

L'acéto-o-toluide fond à 153° [Feitler, *Zeit. phys. Chem.*, 4, 76, 1889]. Solubilité dans l'alcool de diverses concentrations [Hollemann, Antusch, *Rec. Pays-Bas*, 13, 288, 1894]. Caractères cryoscopiques [Auwers, *Zeit. phys. Ch.*, 23, 455, 1897]. Elle donne avec le chlorure d'aluminium une combinaison $C^9H^{11}OAz.AlCl^3$ [Perrier, *Bull. Soc. Chim.*, 11, 926, 1894]; avec le méthylate et l'éthylate de sodium, des combinaisons $C^9H^{11}OAz + CH^3ONa$; $C^9H^{11}OAz + C^2H^5ONa$ [Cohen, Archdeacon, *Chem. Soc.*, 69, 93, 1896]. Traitée par l'iodure de méthyle en présence d'oxyde d'argent sec, elle donne l'acétyl-méthyltoluidine.

Traitée dans les mêmes conditions par l'iodure d'éthyle, elle donne le p-tolyliminoacétate d'éthyle [Lander, *Chem. Soc.*, 79, 690, 1901]. Traitée par le chlorure d'acétyle en présence de chlorure d'aluminium, elle donne un mélange de o- et m-acétamino-p-méthylchloracétophénones [Kunckell, *D. chem. G.*, 33, 2644, 1900]. Chauffée avec la diacétylhydrazine, elle fournit le 1-p-tolyl-2.5-diméthyltriazol [Pellizari, Alciatore, *Att. Ac. Linc.*, **10**, 444, 1901].

Le *dérivé Az-chloré* de l'acéto-p-toluide se prépare en agitant avec une solution d'hypochlorite de sodium une solution chloroformique d'acéto-p-toluide. Il fond à 91-92°. Il se décompose en solution chloroformique chaude en donnant la 3-chloro-p-acétotoluide. Le *dérivé Az-bromé* fond à 94-95° [Chattaway, Orton, *Chem. Soc.*, 77, 789, 1900].

Le *dérivé Az-nitrosé* de l'acéto-p-toluide se forme quand on mélange avec de l'anhydride acétique, à —5°, une solution fortement alcaline de chlorure de p-diazotoluène [Pechmann, Frobenius, *D. chem. G.*, 27, 653, 1894]. Il fond à 80°.

Chloracéto-p-toluide. — On l'obtient en traitant la p-toluidine par le chlorure de chloracétyle, ou bien en chauffant la p-toluidine avec de l'acide chloracétique à 80-90° [Eckenroth, Donner, *D. chem. G.*, 23, 3287, 1890]. Elle fond à 162°. Fondue avec de la potasse elle donne du diméthylindigo [Kuhara, Chikashigé, *Am. Chem. J.*, 27, 1, 1902].

Dichloracéto-p-toluide. — Elle se forme quand on traite la malonate acide de p-toluidine par le perchlorure de phosphore. Elle fond à 153° [Rügheimer, Hoffmann, *D. chem. G.*, 18, 2980, 1885].

Trichloracéto-p-toluide. — Elle se forme en traitant la perchloracétone par la p-toluidine [Cloez, *Ann. Phys. Ch.*, (6), 9, 216, 1886], ou bien en traitant la p-toluidine par le chlorure de trichloracétyle [Keller, *Ann. Chem.*, 332, 247, 1904]. Elle fond à 79-80° (Cloez), à 113° (Keller).

Bromacéto-p-toluide. — Elle fond à 164° [Abenius, *J. prakt. Chem.*, 40, 433, 1889].

Thioacéto-p-toluide $CH^3.CS - AzHC^7H^7$. — Elle fond à 130-132° [Wallach, *D. chem. G.*, 13, 529, 1880].

BENZOYL-P-TOLUIDINE. — Elle fond à 158° [Wallach, *Ann. Chem.*, 214, 217, 1882]. Elle est dédoublée par chauffe avec les acides ou les alcalis en tubes scellés, mais non à la pression ordinaire [Apitzsch, *D. chem. G.*, 33, 3524, 1900]. Son *dérivé Az-nitrosé* se forme en traitant le sel de potassium du diazo-p-toluène par le chlorure de benzoyle [Pechmann, Frobenius, *D. chem. G.*, 27, 652, 1894; — Bamberger, *ibid.*, 30, 215, 1897]. Il fond à 74-75°.

PRODUITS DE CONDENSATION DE LA PARATOLUIDINE AVEC LES ALDÉHYDES.

Aldéhyde formique. — Voy. 2° Suppl., 4, 296.

Aldéhyde acétique. — La p-toluidine fournit, avec l'aldéhyde acétique, une base dont le *dérivé nitrosé* fond à 165° [Eibner, Amann, *Ann. Chem.*, 329, 210, 1903].

Chloral. — La p-toluidine et le chloral forment un produit d'addition $CCl^3 - CH(OH)AzH$ $- C^7H^7$ qu'on obtient en chauffant les constituants au bain-marie. Ce corps fond à 95° Il se transforme peu à peu en *trichloréthylidène-di-tolyldiamine* [Eibner, *Ann. Chem.*, **302**, 364, 1898]. Cette dernière base fond à 114-115° [Wallach, *Ann. Chem.*, **173**, 278]. La *trichloréthylidène-éthoxytoluidine* $CCl^3 - CH(OC^2H^5).AzHC^7H^7$ se forme quand on chauffe une solution alcoolique de chloral et de p-toluidine. Elle fond à 76-77° (Wallach).

Isoamylidène-toluidine $(CH^3 - C^6H^4 Az = CH - C^4H^9)^2$. — On l'obtient au moyen de l'aldéhyde isovalérique en solution éthérée. Elle fond à 99° [Friedländer, *D. chem. G.*, **25**, 2049, 1892; — Eibner, Purucker, *D. chem. G.*, **33**, 3662, 1900].

Aldéhyde benzoïque. — La benzylidène-p-toluidine existe sous deux formes, dont l'une fond à 135° (*iodéthylate* fusible à 147-148°), et l'autre à 12°,5 (*iodéthylate* fusible à 170°) [Hantzsch, Schwab, *D. chem. G.*, **34**, 822, 1901].

La *p-chlorobenzylidène-p-toluidine* fond à 125° [Walther, Raetze, *J. prakt. Chem.*, **65**, 258, 1902].

La *2.4-dinitrobenzylidène-p-toluidine* fond à 151° [Cohn, Friedländer, *D. chem. G.*, **35**, 1265, 1902].

La *2-chloro-5-nitrobenzylidène-p-toluidine* fond à 133° [Cohn, Blau, *Mon. f. Chem.*, **25**, 365, 1904].

La *p-éthylbenzylidène-p-toluidine* fond à 49° [Fournier, *C. R.*, **136**, 557, 1903].

Aldéhyde-β-oxy-α-naphtoïque. — Le produit de condensation avec la p-toluidine fond à 132° [Fosse, *Bull. Soc. Chim.*, **25**, 375, 1901].

Aldéhyde thiophénique. — La p-toluidine donne avec cette aldéhyde un produit de condensation fusible à 62° [Hantzsch, Witz, *D. chem. G.*, **34**, 841, 1901].

Janvier 1907.   R. Marquis.

TOLUIDO.... — Voyez Crésylamido....

TOLUIDO-ACÉTIQUES (ACIDES). — $CH^3 - C^6H^4 - AzH - CH^2 - CO^2H$. — (*Syn.* ACIDES TOLYLAMINO-ACÉTIQUES).

ACIDE ORTHOTOLUIDO-ACÉTIQUE. — Cet acide se prépare par l'action de l'acide chloracétique sur l'orthotoluidine [Staats, Ehrlich, *D. chem. G.*, **16**, 204, 1883; — Hentschel, *J. pr. Ch.*, **60**, 80, 1899; — Steppes, *J. pr. Ch.*, **62**, 481, 1900]. Il fond à 149-150°. Il est soluble dans l'alcool et dans l'éther, insoluble dans l'eau froide. Il perd assez facilement de l'acide carbonique quand on le chauffe avec un acide étendu. Chauffé à 200-210°, il donne de la méthyl-o-toluidine et de la di-o-tolylurée symétrique. Chauffé à 220°, il fournit la di-o-tolydiacidihydropipérazine

$$CH^3 - C^6H^4 - Az \overset{CO - CH^2}{\underset{CH^2 - CO}{\big\langle}} Az - C^6H^4 - CH^3$$

L'*éther éthylique* s'obtient en traitant l'o-toluidine par l'éther chloracétique [Bischoff, Hansdörfer, *D. chem. G.*, **25**, 2275, 1892]. Il fond à 26° et bout à 280° [Hentschel, *loc. cit.*]. Il bout à 281° sous 746 mm. (B., H.).

L'*amide* $C^7H^7.AzH - CH^2 - CO - AzH^2$ s'obtient par saponification du nitrile, lequel se prépare en condensant l'o-toluidine avec l'aldéhyde formique et l'acide cyanhydrique. Elle fond à 140° [Steppes, *loc. cit.*].

L'*orthotoluide* $C^7H^7 - AzH - CH^2 - CO - AzHC^7H^7$ se forme quand on fait bouillir 1 molécule d'éther chloracétique avec 2 molécules d'o-toluidine. Elle fond à 91-92° [Ehrlich, *D. chem. G.*, **16**, 205, 1883].

Le *dérivé nitrosé* de l'acide o-tolylamino-acétique,

$$CH^3 - C^6H^4 - Az \overset{CH^2 - CO^2H}{\underset{AzO}{\big\langle}}$$

se forme par l'action de l'acide azoteux sur l'acide toluidine-diacétique [Vorländer, Schilling, *D. chem. G.*, **34**, 1639, 1901]. Il fond à 44-45°. — Oxydé, il donne l'acide nitrosophénylglycine-carbonique

$$C^6H^4 \overset{CO^2H}{\underset{Az(AzO) - CH^2 - CO^2H}{\big\langle}}$$

[*ibid.*, 1642]. — Traité par l'acide chlorhydrique en solution alcoolique, il fournit le chlorhydrate d'une chloro-p-toluylène-diamine [*ibid.*, 1651].

Le *dérivé acétylé* de l'acide o-toluido-acétique fond à 210-212° (Bischoff, Hansdörfer).

Le *dérivé chloracétylé* fond à 116-117°. Le *dérivé bromacétylé* fond à 124° [Abenius, Widman, *J. pr. Ch.*, **38**, 305, 1888].

ACIDE DICHLORO-O-TOLUIDO-ACÉTIQUE. — On l'obtient en traitant par le chlore l'acide o-toluido-acétique mis en suspension dans l'acide chlorhydrique. Il fond à 160-162° [Hentschel, *J. pr. Ch.*, **60**, 83, 1899].

ACIDE ÉTHYL-O-TOLYLAMINO-ACÉTIQUE, $C^7H^7 - Az(C^2H^5) - CH^2 - CO^2H$. — On l'obtient en chauffant l'éthyltoluidine avec de l'acide chloracétique. Il fond à 63-64° [Badische Anilin und Sodafabrik, D.R.P. 61.712, *Friedl.*, III, 277].

ACIDE MÉTATOLUIDO-ACÉTIQUE. — Cet acide se prépare en traitant, en solution éthérée, l'acide chloracétique (1 molécule) par la m-toluidine (2 molécules). On obtient une masse solide non cristallisée. Son *sel de cuivre* forme des lamelles vertes. — Son *éther éthylique* s'obtient en traitant la m-toluidine par l'éther chloracétique. Il forme des plaques hexagonales fusibles à 68° [Ehrlich, *D. chem. G.*, **15**, 2011, 1882].

ACIDE PARATOLUIDO-ACÉTIQUE. — Comme les précédents, cet acide se forme par l'action de la paratoluidine sur l'acide chloracétique au sein de l'eau bouillante [Steppes, *J. pr. Ch.*, **62**, 487, 1900]. On le prépare aussi par saponification de son éther éthylique [Bischoff, Hansdörfer, *D. chem. G.*, **25**, 2282, 1892] ou de son amide [Miller, Plöchl, *D. chem. G.*, **31**, 2715, 1898]. Il fond à 115-118 (B., H.), à 120-121° (St.). Conductibilité électrique : Walden [*Z. ph. Ch.*, **10**, 642, 1892].

L'*éther éthylique* s'obtient par condensation de la p-toluidine avec le chloracétate d'éthyle. Il fond à 48-49° [Bischoff, Hansdörfer, *loc. cit.*]; à 52-53° (Steppes).

L'*amide* $CH^3 - C^6H^4 - AzH - CH^2 - CO - AzH^2$ se prépare soit par hydratation du nitrile [Miller, Plöchl, *loc. cit.*], soit en chauffant la chloracétamide avec de la p-toluidine et de l'acétate de soude sec [Bischoff, *D. chem. G.*, **30**, 2473, 1897]. Elle fond à 168°. Son *dérivé nitrosé* $CH^3 - C^6H^4 - Az(AzO) - CH^2 - CO - AzH^2$ fond à 158° (Miller, Plochl).

Le *nitrile* $CH^3 - C^6H^4 - AzH - CH^2 - CAz$ a été obtenu par l'action de l'acide cyanhydrique sur l'anhydroformaldéhyde-p-toluidine (Miller, Plochl), ou par condensation de la p-toluidine avec le dérivé bisulfitique de l'aldéhyde formique et le cyanure de potassium [Knœvenagel, *D. chem. G.*, **27**, 4073, 1904]. Il fond à 61° (M., P.); à 57° (K.).

L'*anilide* $CH^3 - C^6H^4 - AzH^4 - CH^2 - CO - AzH - C^6H^5$ s'obtient en chauffant l'anilide chloracétique avec de la p-toluidine. Elle fond à 82-83°. La p-toluide fond à 136°.

Le *dérivé acétylé* de l'acide p-tolylamino-acétique $CH^3 - C^6H^4 - Az(C^2H^3O) - CH^2 - CO^2H$

fond à 174-175° [Paal, Otten, *D. chem. G.*, 23, 2596, 1890] ; à 175-176° (Bischoff, Hansdörfer). — Le *dérivé chloracétylé* de la p-toluide fond à 158° (Bischoff, Hansdörfer).

Acide 3-nitro-p-tolylamino-acétique. — On le prépare en chauffant la 3-nitro-p-toluidine avec de l'acide bromacétique à 120-130° [Plochl, *D. chem. G.*, 19, 9, 1886] — Leuckart, Hermann, *ibid.*, 20, 26, 1887]. Il fond à 189-190°. Son *éther éthylique* fond à 65° (L., H).

Acide éthyl-p-tolylamino-acétique. — On l'obtient en chauffant l'éthyl-p-toluidine avec de l'acide chloracétique à 100-120°. C'est une huile épaisse, jaunâtre [Badische Anilin und Soda fabrik, D.R.P. 63 309, *D. chem. G.*, 25, R, 833, 1892]. Janvier 1907. R. Marquis.

TOLUIMIDOFORMIQUE. — Voy. Imino-éthers.

TOLUIQUES (ACIDES). — Voy. Dict., 3, 459 et Suppl., 1579.

ACIDE ORTHOTOLUIQUE,

$$C^6 H^4 < {C H^3 \atop C O^2 H_{(2)}}$$

L'acide o-toluique se prépare : 1° en chauffant le phtalide (1 p.) avec de l'acide iodhydrique bouillant à 127° (1 p.) et du phosphore jaune (2 atomes pour 3 mol. de phtalide) dans un courant d'acide carbonique [Racine, *Ann. Chem.*, 239, 72, 1887] ; 2° en saponifiant l'o-tolunitrile (voy. plus bas) par l'acide sulfurique à 75 0/0 bouillant ; 3° en chauffant avec de la soude à 150-300° un certain nombre de dérivés du naphtalène, et en particulier le dioxynaphtalène-1.3 :

$$C^{10} H^6 (O H^2) + 2 H^2 O = C^8 H^3 O^2 + C H^3 C O^2 H$$

[Kalle et Cⁱᵉ, D.R.P. 79 028 ; — Friedländer, Rüdt, *D. chem. G.*, 29, 1611, 1896].

L'acide o-toluique fond à 103-104° [Kellas, *Zeit. phys. Chem.*, 24, 221, 1897]. Il bout à 258°,5-259° [Serkow, *Journ. Soc. phys. chim. russe*, 25, 633, 1893]. Chaleur de combustion moléculaire = 929^Cal,4 [Stohmann, Kelber, Langbein, *J. prakt. Chem.*, 40, 133, 1889]. D = 1,0621 à 114°,6/4° [Eykmann, *Rec. Pays-Bas*, 12, 178, 1893]. Conductibilité électrique : Ostwald [*Zeit. phys. Chem.*, 3, 269, 1889] ; Schaller [*ibid.*, 25, 497, 1898].

L'acide o-toluique se combine molécule à molécule avec l'acide sulfurique [Hoogewerff, von Dorp, *Rec. Pays-Bas*, 21, 349, 1902]. Chauffé plusieurs jours avec du persulfate de potassium et du carbonate de sodium, l'acide o-toluique est oxydé et donne de l'acide dibenzyle-o-dicarbonique [Fischer, Wolffenstein, *D. chem. G.*, 37, 3215, 1904]. La nitration de l'acide o-toluique et de ses dérivés a été étudiée par Scherpenzeel [*Rec. Pays-Bas*, 20, 149, 1901]. Elle fournit à 0° les acides 4-nitro et 6-nitro-o-toluiques, et à la température ordinaire l'acide 4.6-dinitro-o-toluique.

Éthers. — L'*orthotoluate de méthyle* bout à 207-208° [Kellas, *loc. cit.*].

L'*orthotoluate d'éthyle* bout à 227°, D^2_4 = 1,0479, D^{15}_{15} = 1,039, D^{25}_{25} = 1,0321. Pouvoir rotatoire magnétique = 15,06 à 15°,2 [Perkin, *Chem. Soc.*, 69, 1238, 1896].

L'*orthotoluate d'amyle actif* ([α]ᴅ = —4°,4 pour l'alcool) bout à 265-268° ; D^{20}_{0} = 0,985 ; $n_ᴅ$ = 1,4984 à 19°,6 ; [α]ᴅ = + 4°,55 à 20° [Guye, Chavanne, *Bull. Soc. Chim.*, 15, 292, 1896] ; [α]ᴅ = + 5,94 à 20° pour l'alcool amylique pur [Guye, *Bull. Soc. Chim.*, 25, 550, 1901].

L'*orthotoluate de benzyle* bout à 315°. D^{17} = 1,12 Hodkinson, *D. chem. G.*, 25, 748, 1892]. Chauffé

à 200° avec du sodium il donne du toluène, de l'alcool benzylique et une huile bouillant à 350° $C^{22} H^{20} O^2$.

Le *di-o-toluate de méthylène* fond à 61-62° [Descudé, *C. R.*, 134, 716, 1902].

Chlorure. — Il bout à 110-111° sous 29 mm. [Klages, Lickroth, *D. chem. G.*, 32, 1561, 1899], à 99-100° sous 14 mm. [Frankland, Aston, *Chem. Soc.*, 75, 494, 1899]. Chaleur de combustion moléculaire sous pression constante, 944^Cal,3 [Rivals, *Ann. Phys. Chim.* (7), 12, 549, 1897]. Il a été condensé avec le toluène et le chlorure d'aluminium [Scharwin, Schorigin, *D. chem. G.*, 36, 2025, 1903].

Amide. — Elle fond à 142°,8 [Remsen, Reid, *Am. Chem. Journ.*, 21, 290, 1899]. Son *dérivé sodé* Na$C^8 H^8 O$ Az a été préparé par Wheeler [*Am. Chem. Journ.*, 23, 466, 1900]. La vitesse et la limite d'amidification de l'acide o-toluique ont été déterminées par Mentschoukine, Kriger et Ditrich [*Journ. Soc. phys. chim. russe*, 35, 103, 1903]. La vitesse de saponification de l'amide o-toluique par l'acide chlorhydrique est de 22,7, celle de la benzamide étant 217 ; la vitesse de saponification par l'eau de baryte est de 50, celle de la benzamide étant 944 [Reid, *Am. Chem. Journ.*, 24, 397, 1900]. L'alcoylation a été étudiée par Lander et Jewson [*Chem. Soc.*, 83, 766, 1903].

La *di-o-toluylamide* $(C^7 H^7 C O)^2$ Az H s'obtient en chauffant l'o-tolunitrile avec de l'acide sulfurique fumant à 60-70°, versant dans l'eau et chauffant à 70°. Elle fond à 147-148° [Krafft, Kartens, *D. chem. G.*, 25, 455, 1892]. La *méthylamide o-toluique* fond à 75°. La *diméthylamide* bout à 147°, D^{25} = 1,033 [Scherpenzeel, *loc. cit.*].

Hydrazide. — L'hydrazide o-toluique $C^7 H^7 C O$ - Az H - Az H² s'obtient en chauffant l'éther avec de l'hydrate d'hydrazine. Elle fond à 124° ; son *dérivé benzylidénique* fond à 164°. La *di-o-tolylhydrazide* symétrique fond à 217° ; chauffée à 300° elle se transforme en di-o-tolylfurodiazol [Stollé, Stevens, *J. prakt. Chem.*, 69, 366, 1904].

Anilide. — Elle fond à 125° [Smith, *D. chem. G.*, 24, 4047, 1891].

Nitrile. — L'orthotolunitrile s'obtient en traitant l'o-toluidine diazotée par le cyanure double cupropotassique [Cohn, *D. chem. G.*, 19, 756, 1886]. Il se forme quand on fait agir le fulminate de mercure sur le toluène en présence de chlorure d'aluminium [Scholl, *D. chem. G.*, 36, 10, 1903]. Il bout à 205°,2 [Perkin, *Chem. Soc.*, 69, 1244, 1896]. Densités à différentes températures et pouvoir rotatoire magnétique, Perkin [*loc. cit.*]. Chaleur de combustion = 8^Cal,803 pour 1 gr. [Berthelot, Petit, *Ann. Phys. Chim.*, (5), 17, 123, 1889]. Pouvoir réfringent, Brühl [*Zeit. phys. Chem.*, 16, 218, 1895]. Constante diélectrique = 18,4 (air = 1) [Schlundt, *Phys. Chemistry*, 5, 157, 1901]. Traité par l'eau oxygénée, l'o-tolunitrile donne l'o-toluylamide [Kattwinkel, Woffenstein, *D. chem. G.*, 37, 3221, 1904].

Acides amino-orthotoluiques. — Voy. 1ᵉʳ Supp., 1580. — L'*acide 5-amino-o-toluique* s'obtient par réduction de l'acide nitré correspondant [Jacobsen, *D. chem. G.*, 17, 164, 1884] ou en chauffant le p-nitrophtalide avec de l'acide iodhydrique et du phosphore à 205° [Hönig, *D. chem. G.*, 18, 3449, 1885]. Il fond à 153° (H.).

Le nitrile de l'*acide ω-amino-o-toluique*, Az H² - C H² - C⁶ H⁴ - C Az, s'obtient en traitant par l'acide chlorhydrique fumant la cyanobenzylphtalimide [Gabriel, *D. chem. G.*, 20, 2231, 1887], ou en traitant le chlorure d'o-cyanobenzyle par l'ammoniaque alcoolique [Day, Gabriel, *D. chem. G.*, 23, 2488, 1890]. Son *picrate* fond vers 219° [Gabriel, Landsberger, *D. chem. G.*, **31**, 2733. 1898].

Le *nitrile de l'acide 4-amino-o-toluique* s'obtient en réduisant le 4-nitro-o-tolunitrile en solution alcoolique par l'étain et l'acide chlorhydrique. Il fond à 88°. Son *chlorhydrate* fond vers 220°. Son *picrate* fond à 177-179° [Landsberger, *D. chem. G.*, **31**, 2881, 1898].

Le *nitrile de l'acide 6-amino-o-toluique* fond à 95°,5 [Nœlting. *D. chem. G.*, **37**, 1015, 1904].

ACIDES CHLORO-O-TOLUIQUES. — *Acide 4-chloro-o-toluique.* — On l'obtient, en même temps que l'acide 5-chloré, en oxydant le chloro-o-xylène par l'acide nitrique de densité 1,2 bouillant [Krüger. *D. chem. G.*, **18**, 1757 ; — Claus, Bayer, *Ann. Chem.*, **274**, 308, 1893]. Il fond à 130°.

Acide 5-chloro-o-toluique. — On vient de voir son mode de préparation. Il s'obtient aussi par saponification de son nitrile [Claus, Stapelberg, *Ann. Chem.*, **274**, 287, 1893]. Il fond à 172°. Son *éther éthylique* bout à 258°. Son *amide* fond à 183°. Son *nitrile* se prépare à partir de la 5-chloro-o-toluidine. Il fond à 67° (Claus, Stapelberg).

Acide 6-chloro-o-toluique. — On le prépare en oxydant le 3-chloro-o-xylène par l'acide nitrique étendu. Il fond à 154° [Krüger, *loc. cit.*], à 156° [Claus, Bayer, *loc. cit.*].

Acide ω-chloro-o-toluique $ClCH^2-C^6H^4-CO^2H$. — Son *amide* s'obtient en saponifiant le nitrile par l'acide sulfurique. Elle fond à 190°. Elle se transforme, quand on la chauffe longtemps à 150-160°. en chlorhydrate de pseudophtalimidine. Chauffée avec de l'alcool elle se décompose en chlorhydrate d'ammoniaque et phtalide [Gabriel, *D. chem. G.*, **20**, 2234, 1887]. Le *nitrile* $ClCH^2-C^6H^4-CAz$ s'obtient en chlorant l'o-tolunitrile bouillant [Gabriel, Otto, *D. chem. G.*, **20**, 2222, 1887 ; — Gabriel, Landsberger, *ibid.*, **31**, 2733, 1898]. Il fond à 60-61°,5, bout à 252° sous 758mm,5. Chauffé avec du nitrate de cuivre, il donne du phtalide [Posner, *D. chem. G.*, **30**, 1695, 897]. Sur l'action du sulfhydrate de potassium, voyez Leupold [*D. chem. G.*, **31**, 2646, 1898].

Acide 3.5-dichloro-o-toluique. — Il fond à 181°. Son *nitrile* se prépare à partir de la 3.5-dichloro-o-toluidine ; il fond à 92° [Claus, Stapelberg, *Ann. Chem.*, **274**, 292, 1893].

Acide ω-dichloro-o-toluique $Cl^2CH-C^6H^4-CO^2H$. — Son *nitrile* s'obtient en chlorant l'o-tolunitrile bouillant. Il bout à 260° [Gabriel, Weise. *D. chem. G.*, **20**, 3197, 1887].

Acide ω-trichloro-o-toluique. — Son *nitrile* $Cl^3C-C^6H^4-CAz$ fond à 94-95°, bout à 280° (Gabriel, Weise).

ACIDES BROMO-O-TOLUIQUES. — *Acide 4-bromo-o-toluique* (1er Suppl., 1579). — On peut le préparer à partir de la 2-nitro-4-toluidine [Geiringer, *D. chem. G.*, **28**, 187, 1895]. Son *éther méthylique* fond à 44-46° [Racine, *Ann. Chem.*, **239**, 75, 1887].

Acide 5-bromo-o-toluique. — Il fond à 187°. Son *nitrile* s'obtient à partir de la 5-bromo-o-toluidine : il fond à 70°. Son *amide* fond à 180° [Nourrisson. *D. chem. G.*, **20**, 1016, 1887].

Acide ω-bromo-o-toluique. — Son *nitrile* $BrCH^2-C^6H^4-CAz$ se prépare en bromant l'o-tolunitrile bouillant. Il fond à 76° [Drory, *D. chem. G.*, **24**, 2570, 1891].

Acide 3.5-dibromo-o-toluique. — Il fond à 157°. Son *nitrile* s'obtient à partir de la 3.5-dibromo-o-toluidine ; il fond à 86°. Son *amide* fond à 198° [Claus, Beck, *Ann. Chem.*, **269**, 215, 1892].

Acide 4.5-dibromo-o-toluique. — On l'obtient en bromant l'acide bromé-5. Il fond à 210° [Claus. Beck, *loc. cit.*].

ACIDES NITRO-O-TOLUIQUES (1er Suppl., 1579).

— *Acide 4-nitro-o-toluique.* — On l'obtient en nitrant l'acide o-toluique à 0°. Il fond à 178-178°,5. Son *éther méthylique* fond à 69°. Son *chlorure* fond à 59-60° [Scherpengeel, *Rec. Pays-Bas*, **20**, 149, 1901]. Son *nitrile* se forme par nitration de l'o-tolunitrile [Landsberger, *D. chem. G.*, **31**, 2880, 1898]. Il fond à 105°. Son *amide* fond à 173° (Landsberger). Sa *méthylamide* fond à 160°. Sa *diméthylamide* fond à 105-106°. Ces deux derniers composés se forment par nitration des dérivés correspondants de l'acide o-toluique (Scherpengeel).

Acide 5-nitrotoluique. — On l'obtient en oxydant le 4-nitro-1.2-xylène par l'acide nitrique étendu. Il fond à 152° [Jacobsen, *D. chem. G.*, **17**, 162, 1884].

Acide 6-nitro-o-toluique (1er Suppl., 1580). — On l'obtient en nitrant à 0° l'acide o-toluique. Son *éther méthylique* fond à 66°. Son *chlorure* fond à 68-68°,5. Son *amide* fond à 163°. Sa *méthylamide* fond à 131-132°. Sa *diméthylamide* fond à 69°,5 [Scherpengeel, *Rec. Pays-Bas*, **20**, 149, 1901]. Son *nitrile* fond à 64°,5 [Nœlting, *D. chem. G.*, **37**, 1015, 1904].

Acide 4.6-dinitro-o-toluique. — Il s'obtient en nitrant l'acide o-toluique à la température ordinaire [Scherpenzeel, *loc. cit.*].

Acide 5-chloro-3-nitro-o-toluique. — Il fond à 189°. Son *nitrile* s'obtient à partir de la 5-chloro-3-nitro-2-toluidine. Il fond à 140° [Claus, Stapelberg, *Ann. Chem.*, **274**, 297, 1893].

Acide 5-chloro-4-nitro-o-toluique. — Il se forme quand on nitre l'acide 5-chloro-o-toluique. Il fond à 193°. Son *nitrile*, fusible à 86°, se prépare à partir de la 5-chloro-4-nitro-o-toluidine (Claus, Stapelberg).

Acide 5-chloro-6-nitro-o-toluique. — Il se forme, en même temps que l'acide précédent, par nitration de l'acide 5-chloro-o-toluique. Il fond à 186° (Claus, Stapelberg).

Acide 5-chloro-4.6-dinitro-o-toluique. — Il se forme par nitration des acides 5-chloro-o-toluique, 5-chloro-4-nitro-o-toluique et 5-chloro-6-nitro-o-toluique. Il fond à 212° (Claus, Stapelberg).

Acide 3.5-dichloro-6-nitro-o-toluique. — On l'obtient par oxydation du 3.5-dichloro-6-nitro-o-xylène [Crossley, *Chem. Soc.*, **85**, 264, 1904].

Acide ω-chloro-5-nitrotoluique. — Son *nitrile* $CH^2Cl-C^6H^3(AzO^2)-CAz$ s'obtient en nitrant le chlorure d'o-cyanobenzyle. Il fond à 94°. Son *amide* fond vers 228°. Chauffée à 110°, elle se transforme en 5-nitropseudophtalimidine [Gabriel, Landsberger, *D. chem. G.*, **31**, 2734, 1898].

Acide 5-bromo-3-nitro-o-toluique. — Il fond à 226°. Son *nitrile* se prépare à partir de la 5-bromo-3-nitro-o-toluidine. Il fond à 106-107°. Son *amide* fond à 235° [Claus, Beck, *Ann. Chem.*, **269**, 212, 1892].

Acide 5-bromo-4-nitro-o-toluique. — Il se forme, en même temps que l'acide 5-bromo-6-nitré, par nitration de l'acide 5-bromo-o-toluique. Il fond à 200° (Claus, Beck).

Acide 5-bromo-6-nitro-o-toluique. — Il fond à 220° (Claus, Beck).

ACIDE THIOL-O-TOLUIQUE $CH^3-C^6H^4-COSH$. — On l'obtient en traitant le bromure d'orthotolylmagnésium par l'oxysulfure de carbone. Il fond à 75° [Weigert, *D. chem. G.*, **36**, 1007, 1903].

ACIDE MÉTATOLUIQUE,

$$C^6H^4 {<}{\displaystyle {CH^3 \atop CO^2H}}_{(3)}$$

— L'acide métatoluique fond à 108-109° [Kellas, *Zeit. phys. Chem.*, **24**, 221, 1897]. $D_{4°}^{11°,6}=1,0543,$

réfraction moléculaire = 62,01 [Eykmann, *Rec. Pays-Bas*, **12**, 178, 1893]. Chaleur de combustion moléculaire = 929Cal,1 [Stohmann, Kleber, Langbein, *J. prakt. Chem.*, **40**, 134, 1889]. Conductibilité électrique [Ostwald, *Zeit. phys. Chem.*, **3**, 270, 1889; — Schaller, *ibid.*, **25**, 497, 1898]. Vitesse de formation des éthers [Kellas, *loc. cit.*].

La nitration de l'acide m-toluique et de ses dérivés a été étudiée par Scherpenzeel [*Rec. Pays-Bas*, **20**, 149, 1901]. Elle fournit les acides 2-nitro et 4-nitro-m-toluiques ou leurs dérivés.

ÉTHERS. — Le *métatoluate de méthyle* bout à 214-215° [Kellas, *loc. cit.*], à 220°,5-221° sous 758 mm. $D^{18} = 1,066$ [Scherpenzeel, *loc. cit.*].

Le *métatoluate d'amyle actif* ($[\alpha]_D = -4°,4$ pour l'alcool) bout à 266-268° sous 725 mm.; $D^{20} = 0,976$; $n_D = 1,4929$; $[\alpha]_D = +5°,05$ à 20° [Guye, Babel, *Cent. Blatt.*, I, 467, 1899]. Le pouvoir rotatoire rapporté à l'alcool amylique actif pur est $[\alpha]_D = +6°,59$ à 20° [Guye, *Bull. Soc. Chim.*, **25**, 550, 1901].

Le *di-métatoluate de méthylène* fond à 55-56°, bout à 242-244° sous 15 mm. [Descudé, *C. R.*, **134**, 716, 1902].

CHLORURE. — Le *chlorure métatoluique* fond à 23° et bout à 219-220° sous 773 mm. [Scherpenzeel, *loc. cit.*], à 120° sous 38 mm. [Klages, Lickroth, *D. chem. G.*, **32**, 1560, 1899], à 109° sous 8 mm. [Frankland, Wharton, *Chem. Soc.*, **69**, 1311, 1896]. $D_4^{20} = 1,173$ (Kellas, Langbein).

AMIDE. — La vitesse et la limite d'amidification de l'acide métatoluique ont été déterminées par Mentschoukine et Kriger [*Journ. Soc. phys. chim. russe*, **35**, 103, 1903]. L'*amide* fond à 94° (corr.) [Remsen, Reid, *Am. chem. Journ.*, **21**, 290, 1899; — Scherpenzeel, *loc. cit.*]. Sa vitesse de saponification par l'acide chlorhydrique est 201, celle de la benzamide étant 217; la vitesse de saponification par l'eau de baryte est 752, celle de la benzamide étant 944 [Reid, *Am. chem. Journ.*, **24**, 397, 1900]. La *méthylamide* fond à 44°,5-45°. La *diméthylamide* bout à 148° sous 12 mm.; $D^{18} = 1,043$ [Scherpenzeel, *loc. cit.*].

HYDRAZIDE. — L'*hydrazide métatoluique* $C^7H^7-CO-AzH-AzH^2$ s'obtient en chauffant l'éther avec de l'hydrate d'hydrazine. Elle fond à 97°, son *dérivé benzylidénique* fond à 139°. La *di-m-tolylhydrazide* $C^7H^7-CO-AzH-AzH-CO-C^7H^7$ fond à 214-216°; chauffée à 300°, elle se transforme en di-m-tolylfurodiazol [Stollé, Stevens, *J. prakt. Chem.*, **69**, 366, 1904].

NITRILE. — Le *métatolunitrile* se prépare à partir de la m-toluidine. Il est liquide et bout à 208-210° [Buchka, Schachtebeck, *D. chem. G.*, **22**, 841, 1889], à 212-214° [Biltz, *ibid.*, **25**, 2539, 1892]. Traité par l'eau oxygénée, il donne l'amide m-toluique [Kattwinkel, Wolffenstein, *D. chem. G.*, **37**, 3221, 1904].

ACIDES AMINOMÉTATOLUIQUES. — *Acide 2-amino-m-toluique.* — C'est l'acide fusible à 132° décrit au 1er Suppl., 1581, sous l'indication β. Son *dérivé acétylé* a été obtenu par oxydation manganique de la Py-2-Bz-1-diméthylquinoléine. Il fond à 193-194° [Miller, Meyer, *D. chem. G.*, **24**, 1909, 1891].

Acide 4-amino-m-toluique. — Il est désigné au 1er Suppl., 1581, par α. Il fond à 172°. On l'a obtenu en chauffant avec de l'acide chlorhydrique concentré l'acide p-méthylisatoïque

$$CH^3-C^6H^3 \Big\langle \begin{matrix} CO \\ | \\ Az-CO^2H \end{matrix}$$

[Panaotovic, *J. prakt. Chem.*, **33**, 62, 1886]. Son *éther méthylique* fond à 62°. Son *amide* fond à 178°. Son *anilide* fond à 240° (Panaotovic). Son *dérivé acétylé* se forme par oxydation manganique de la Py-2,3-Bz-3-triméthylquinoléine. Il fond à 193° [Miller, Meyer, *loc. cit.*]. Le *nitrile* de cet acide s'obtient par réduction du chlorure de p-nitro-m-cyanobenzyle. Il fond à 60-61° [Ehrlich, *D. chem. G.*, **34**, 3366, 1900].

Acide 6-amino-m-toluique. — C'est l'acide de Kreusler, fusible à 167°. Son *éther éthylique*, obtenu en réduisant l'éther 6-nitro-m-toluique au sulfure d'ammonium, fond à 79°. Son *éther méthylique* fond à 115°. Traités par le chlorure de thionyle, ces deux éthers donnent les *dérivés thionylés* $CH^3-C^6H^3(Az=SO)CO^2R$ fondant pour l'éther méthylique à 94° et pour l'éther éthylique à 14-15° [Herre, *D. chem. G.*, **28**, 597, 1895].

ACIDE ω-TRIFLUORO-M-TOLUIQUE $F^3C-C^6H^4-CO^2H$. — Cet acide fond à 103° et bout à 238°,5 sous 775 mm. Son *nitrile* s'obtient à partir de la trifluoro-m-toluidine. Il fond à 14°,5, bout à 189°; $D^{20} = 1,28126$; $n_D = 1,45048$ [Swarts, *Cent. Blatt*, II, 26, 1898].

ACIDES CHLOROMÉTATOLUIQUES. — *Acide 4-chloro-m-toluique.* — Il s'obtient par oxydation du 3-acétyl-4-chlorotoluène. Il fond à 167° [Claus, *J. prakt. Chem.*, **46**, 27, 1892].

Acide 5-chloro-m-toluique. — Il s'obtient par oxydation du dihydro-5-chloroxylène par l'acide nitrique à 30 0/0. Il fond à 178° [Klages, Knœvenagel, *D. chem. G.*, **28**, 2045, 1895].

Acide 6-chloro-m-toluique. — C'est l'acide de Vollrath (Dict., **3**, 497).

Acide ω-chloro-m-toluique $ClCH^2-C^6H^4-CO^2H$. — Il fond à 135°. Son *nitrile* se prépare en chlorant le m-tolunitrile. Il fond à 67° et bout à 258-260°. Son *amide* fond à 124° [Reinglass, *D. chem. G.*, **24**, 2416, 1891].

Acide 4.6-dichloro-m-toluique. — C'est probablement l'acide de Hollemann (1er Suppl., 1581). On le prépare en oxydant le 4.6-dichloro-m-xylène par l'acide nitrique de densité 1,18, bouillant. Il fond à 170° [Claus, Burstert, *J. prakt. Chem.*, **41**, 557, 1890].

Acide ω-dichloro-m-toluique $Cl^2-CH-C^6H^4-CO^2H$. — Le *nitrile* de cet acide prend naissance dans la chloruration du m-tolunitrile bouillant. Il bout à 272-275° (Reinglass).

ACIDES BROMOMÉTATOLUIQUES (voy. Dict., **3**, 497 et 1er Suppl., 1581).

ACIDE 6-IODO-M-TOLUIQUE. — On l'obtient en oxydant le 4-iodo-m-xylène par l'acide nitrique. Il fond à 214-215°. Le chlore, en solution chloroformique, le transforme en un *dichlorure* $C^8H^7IO^2 \cdot Cl^2$ [Grahl, *D. chem. G.*, **28**, 87, 1895; — Hammerich, *ibid.*, **23**, 1635, 1890].

ACIDES NITROMÉTATOLUIQUES. — *Acide 2-nitro-m-toluique.* — Il se forme par nitration de l'acide m-toluique. Il fond à 184-185°. Son *chlorure* fond à 135-136° [Scherpenzeel, *Rec. Pays-Bas*, **20**, 149, 1901].

Acide 4-nitro-m-toluique. — Il se forme dans la nitration de l'acide m-toluique (Scherpenzeel). On l'obtient par oxydation chromique de l'acide 4-nitro-1-méthylphénylpyruvique ou de l'aldéhyde 4-nitro-3-toluique [Reissert, Scherk, *D. chem. G.*, **31**, 392, 1898]. Il fond à 223°. Son *éther méthylique* fond à 72°,5. Son *amide* fond à 191°. Sa *méthylamide* fond à 135-136°. Sa *diméthylamide* fond à 88°,5 (Scherpenzeel). Son *nitrile* prend naissance par action de l'acide nitreux sur l'acide 4-nitro-1-méthylphénylpyruvique-3. Il fond entre 78 et 120° (Reissert, Scherk).

Acide 5-nitro-m-toluique. — Il se forme par oxydation manganique d'une solution acétique de 5-nitro-m-xylène. Il fond à 167° [Thöl, *D. chem. G.*, **18**, 360, 1885].

Acide 6-nitro-m-toluique. — Son *éther mé-*

thylique fond à 72° [Herre, *D. chem. G.*, **28**, 597, 1895].

Acide 4.6-dinitro-m-toluique. — Cet acide se forme par oxydation nitrique du dinitro-m-xylène correspondant. Il fond à 171°. Son *éther éthylique* fond à 61° [Errera, Maltese, *Gazz. chim. ital.*, **33**, II, 277, 1903].

ACIDE PARATOLUIQUE,

$$C^6H^4 < \frac{CH^3_{(1)}}{CO^2H_{(4)}}$$

— L'acide paratoluique ou ses dérivés se forment dans les circonstances suivantes : 1° la p-toluylamide se forme quand on traite le toluène par le chlorure de carbamyle AzH^2COCl en présence de chlorure d'aluminium [Gattermann, Schmidt, *Ann. Chem.*, **244**, 51, 1888]; 2° l'acide p-toluique prend naissance dans l'action de l'acide acétique sur le toluène en présence de chlorure de zinc et d'oxychlorure de phosphore à 110° [Frey, Horowitz, *J. prakt. Chem.*, **43**, 114, 1891]; 3° le nitrile p-toluique s'obtient en traitant la p-toluidine diazotée par le cyanure double cupropotassique [Herb, *Ann. Chem.*, **258**, 9, 1890]; 4° l'acide p-toluique se forme par décomposition, par l'acide sulfurique dilué bouillant, de la p-méthylbenzylazide $CH^3-C^6H^4-CH^2-Az^3$ [Curtius, Darapsky, *D. chem. G.*, **35**, 3229, 1902].

La chaleur de combustion moléculaire de l'acide p-toluique est de 927^{Cal},4 [Stohmann, Kleber, Langbein, *J. prakt. Chem.*, **40**, 134, 1889]. Conductibilité électrique [Ostwald. *Z. phys. Ch.*, **3**, 270, 1889; — Schaller, *ibid.*, **25**, 497, 1898].

L'acide p-toluique se combine molécule à molécule avec l'acide sulfurique [Hoogewerff. v. Dorp, *Rec. Pays-Bas*, **21**, 349, 1902]. Chauffé plusieurs jours avec du persulfate de potassium, il donne de l'acide dibenzylcarbonique et de l'acide téréphtalique [Fischer, Wolffenstein, *D. chem. G.*, **37**, 3215, 1904]. Nitré à 0° il donne l'acide 2-nitro p-toluique : à 20-25°, il donne l'acide 2.6-dinitré [Scherpenzeel, *Rec. Pays-Bas*, **20**, 149, 1901].

ÉTHERS. — Le *paratoluate de méthyle* fond à 34-35° [Kellas, *Zeit. phys. Ch.*, **24**, 245, 1897].

Le *paratoluate d'éthyle* bout à 235°,5. $D_4^1 = 1,0393$; $D_{45}^{15} = 1,0306$; $D_{25}^{25} = 1,024$. Pouvoir rotatoire magnétique $= 14,74$ à 15° [Perkin, *Chem. Soc.*, **69**, 1238, 1896].

Le *paratoluate d'amyle actif* ([α]$_D = -4°,4$ pour l'alcool) bout à 271-272°. $D_4^{20} = 0.982$: $n_D = 1,4975$ à 19°,1 ; [α]$_D = +5°,20$ à 20° [Guye, Chavanne. *Bull. Soc. Chim.*, **15**, 293, 1896]. Pouvoir rotatoire à différentes températures [Guye, Aston, *C. R.*, **124**, 196, 1897]. Pouvoir rotatoire corrigé, pour l'alcool amylique [α]$_D = +6°,67$ à 20° [Guye, *Bull. Soc. Chim.*, **25**, 550, 1901].

Le di-p-toluate de méthylène fond à 104° [Descudé, *C. R.*, **134**, 716, 1902].

CHLORURE. — Il bout à 107° sous 8 mm. [Frankland, Wharton, *Chem. Soc.*, **69**, 1311, 1896] à 108° sous 15 mm. [Frankland, Aston, *Chem. Soc.*, **75**, 494, 1899].

ANHYDRIDE. — Il fond à 95° [Frankland, Wharton, *Chem. Soc.*, **75**, 344, 1899].

AMIDES. — La vitesse d'amidification de l'acide p-toluique, ainsi que la limite d'amidification, ont été déterminées par Mentschoukine et Kriger [*Journ. Soc. phys. chim. russe.* **35**, 103, 1903]. L'amide p-toluique fond à 160°,8 (corr.) [Remsen, Reid, *Am. Ch. J.*, **21**, 290, 1899]. Sa vitesse d'hydrolyse par l'acide chlorhydrique est 183, celle de la benzamide étant 217 ; la vitesse d'hydrolyse par l'eau de baryte est 623, celle de la

benzamide étant 944 [Reid, *Am. Ch. J.*, **24**, 397, 1900]. L'alcoylation de l'amide a été étudiée par Lander et Jewson [*Chem. Soc.*, **83**, 766, 1903].

La *méthylamide* peut s'obtenir au moyen du chlorure de méthylcarbamyle, du toluène et du chlorure d'aluminium [Gattermann, Schmidt, *Ann. Chem.*, **244**, 51, 1888]. Elle fond à 143° (G., S.), à 144-145° [Wheeler, Atwater, *Am. Ch. J.*, **23**, 146, 1900].

L'*éthylamide* fond à 90° (Gattermann, Schmidt).

L'*anilide* s'obtient par migration de la phényl-p-tolycétoxime [Wegerhoff, *Ann. Chem.*, **252**, 12, 1889] ou bien en traitant le toluène par l'isocyanate de phényle en présence de chlorure d'aluminium [Leuckart, *J. prakt. Chem.*, **41**, 306, 1890]. Elle fond à 145° (Leuckardt).

La *benzoylanilide* fond à 159° [Freundler, *Bull. Soc. Chim.*, **31**, 623, 1904].

L'*o-nitranilide* fond à 110° [Brückner, *Ann. Chem.*, **205**, 118, 1880].

La *méthylanilide* fond à 70° [Lellmann, Benz, *D. chem. G.*, **24**, 2114, 1891].

La *diphényltoluylamide* fond à 153-155° [Lellmann, Bonhöffer, *D. chem. G.*, **20**, 2118, 1887].

Le *p-toluide-p-toluique*, obtenue par migration de la di-p-tolylcétoxime, fond à 160° [Goldschmidt, *D. chem. G.*, **23**, 2747, 1890], à 165° [Bœscken, *Rec. Pays-Bas*, **16**, 322, 1897].

La *m-nitro-p-toluide* fond à 165-166° [Hübner, *Ann. Chem.*, **210**, 331, 1882].

La *benzylamide* fond à 133° [Bœseken, *loc. cit.*]. L'*o-nitrobenzylamide* fond à 140-142° [Wolff, *D. chem. G.*, **25**, 3036, 1892].

HYDRAZIDE, $CH^3-C^6H^4-CO-AzH-AzH^2$. — L'hydrazide p-toluique se forme, en même temps que la di-p-tolylhydrazide, quand on chauffe le p-toluate d'hydrazine [Curtius, Franzen, *D. chem. G.*, **35**, 3239, 1902]. On la prépare en chauffant le p-toluate d'éthyle avec l'hydrate d'hydrazine. Elle fond à 117°. Son *dérivé benzylidénique* fond à 235°.

La di-p-tolylhydrazide fond à 250°; chauffée à 300°, elle se transforme en di-p-tolylfurodiazol [Stollé, Stevens, *J. prakt. Chem.*, **69**, 366, 1904].

NITRILE. — Le p-tolunitrile peut se préparer en traitant la p-toluidine diazotée par le cyanure double cupropotassique [Herb, *Ann. Chem.*, **258**, 9, 1890]. Il se forme dans l'action du fulminate de mercure sur le toluène en présence de chlorure d'aluminium [Scholl, *D. chem. G.*, **36**, 10, 1903]. Il fond à 38° [Pinner, Caro, *D. chem. G.*, **27**, 3275, 1894], à 29°,5 [Kröber, *D. chem. G.*, **23**, 1030, 1890]. Il bout à 217°,6. $D_0^{20} = 0,9805$; $D_{45}^{15} = 0,9751$. Pouvoir rotatoire magnétique $= 12,94$ à 31° [Perkin, *Chem. Soc.*, **69**, 1244, 1896]. Tension superficielle : Dutoit, Friderich [*C. R.*, **130**, 328, 1900].

Hydrogéné en présence de nickel réduit, par la méthode de Sabatier, le p-tolunitrile donne les bases primaire et secondaire avec très peu de base tertiaire [Fréhault, *C. R.* **140**, 1036, 1905]. Traité par l'eau oxygénée, il donne la p-toluylamide. Chauffé 5 ou 6 heures au bain-marie avec une solution de persulfate de potassium neutralisée par du carbonate de sodium, il fournit du dibenzyle-dinitrile-4.4' et de l'acide p-cyanobenzoïque [Kattwinkel, Wolffenstein, *D. chem. G.*, **34**, 2423, 1901; **37**, 3221, 1904]. Le p-tolunitrile se combine à l'hydrogène sélénié pour former la p-tolylsélénoamide [Becker, Meyer, *D. chem. G.*, **37**, 2550, 1904]. Il se condense avec l'o-tolylhydrazine et le sodium pour former le 1-o-tolyl-3.5-di-p-tolyltriazol [Walther, Krumbiegel, *D. chem. G.*, **67**, 481, 1903].

ACIDES AMINOPARATOLUIQUES. — *Acide 2-amino-p-toluique* (voy. Dict., 3, 500). — Il fond à 164-165°. Son *nitrile* a été obtenu par réduction du ω-chloro-2-nitro-p-tolunitrile par l'étain et l'acide chlorhydrique. Il fond à 81-82° [Banse, *D. chem. G.*, **27**, 2163, 1894].

Acide 3-amino-p-toluique. — On l'obtient en réduisant l'acide 3-nitro-p-toluique [Niementowsky, Rosanszki, *D. chem. G.*, **21**, 1997; — Noyes, *Am. Ch. J.*, **10**, 479, 1888]. Il fond à 177° en perdant de l'acide carbonique. Son *dérivé formylé* fond à 183-187°. Son *dérivé acétylé* fond à 183°. Son *nitrile* a été obtenu par réduction du 3-nitro-p-tolunitrile [Niementowsky, *J. prakt. Chem.*, **40**, 6, 1889; — Glock, *D. chem. G.*, **21**, 2662, 1888]. Il fond à 94°; son *dérivé acétylé* fond à 133°. Son *amide* fond à 146-147° (N.). Chauffé longtemps avec de l'anhydride acétique, l'acide 3-amino-p-toluique fournit l'anhydride de l'acide éthényl-bis-aminotoluique

$$CH^3-C^6H^3\diagup{\overset{\displaystyle Az-C{=\!=\!=\!=}Az}{\underset{\displaystyle CO\quad CH^3\quad HOOC}{|\qquad\quad |}}}\diagdown C^6H^3-CH^3$$

fusible à 293°. Chauffé avec de l'acide pyruvique, il donne un produit de condensation fusible à 280° [Kowalsky, Niementowsky, *D. chem. G.*, **30**, 1189, 1897].

Acide 2.3-diamino-p-toluique. — On l'obtient en réduisant l'acide dinitré. Il fond à 192°.

Acide 2.5-diamino-p-toluique. — Il fond à 40° en se décomposant.

Acide 2.6-diamino-p-toluique. — Il fond à 212° [Claus, Joachim, *Ann. Chem.*, **266**, 221, 1891; — Marckwald, *ibid.*, **274**, 357, 1893].

ACIDES CHLORO-P-TOLUIQUES. — *Acide 2-chloro-p-toluique* (voy. 1er Suppl., 1582). — Son *éther éthylique* bout à 149-150°. Son *nitrile* fond à 48-48°,5 [Claus, Davidsen, *J. prakt. Chem.*, **39**, 498, 1889].

Acide 3-chloro-p-toluique. — Il se forme quand on chauffe le 3-chlorocymène avec de l'acide nitrique [Fileti, Grosa, *Gazz. chim. ital.*, **16**, 290, 1886]. Il fond à 155-155°,5. Son *nitrile* a été préparé à partir de la 3-chloro-p-toluidine. Il fond à 61-62°. Son *amide* fond à 182° [Claus, Davidsen, *J. prakt. Chem.*, **39**, 491, 1889].

Acide ω-chloro-p-toluique, ClCH²-C⁶H⁴-CO²H. — Il fond à 199°. Son *nitrile* s'obtient en chlorant le p-tolunitrile bouillant. Il fond à 79°,5. Son *amide* fond à 173° [Mellinghof, *D. chem. G.*, **22**, 3208, 1889]. Son *éther éthylique* bout à à 260-280° [Einhorn, Papastavros, *Ann. Chem.*, **310**, 205, 1900].

Acide 2.5-dichloro-p-toluique. — On l'obtient à partir de l'acide 5-chloro-2-aminotoluique [Claus, Davidsen, *Ann. Chem.*, **265**, 346, 1891] ou à partir de l'acide 2-nitro-5-chloro-p-toluique [Claus, Böcker, *Ann. Chem.*, **265**, 359, 1891]. Il fond à 187°.

Acide 2.6-dichloro-p-toluique. — Il fond à 186-188° [Claus, Böcker, *loc. cit.*; — Claus, Beysen, *Ann. Chem.*, **266**, 239, 1891].

Acide ω-dichloro-p-toluique. — Son *nitrile* s'obtient en chlorant le chlorure de p-cyanobenzyle à chaud. Il bout à 273-276° sous 770 mm. [Reinglass, *D. chem. G.*, **24**, 2417, 1891].

Acide tétrachloro-p-toluique. — On l'obtient par oxydation nitrique du tétrachloro-p-xylène. Il fond à 212° [Rupp, *D. chem G.*, **29**, 1628, 1896].

ACIDE AMINO-2-CHLORO-5-P-TOLUIQUE. — Il fond à 220° [Claus, Davidsen, *loc. cit.*].

ACIDE BROMO-P-TOLUIQUES. — *Acide 2-bromo-p-toluique* (1er Suppl., 1582). — Son *nitrile* a été préparé à partir de la 2-bromo-p-toluidine. Il fond à 44° [Claus, Kunath, *J. prakt. Chem.*, **39**, 487, 1889].

Acide 3-bromo-p-toluique. — Il fond à 140°. Son *nitrile*, obtenu à partir de la 3-bromo-p-

toluidine, fond à 47°. Son *amidé* fond à 137°. Son *chlorure* fond à 120° (Claus, Kunath).

Acide ω-bromo-p-toluique, BrCH²-C⁶H⁴-CO²H. — Son *nitrile* s'obtient en bromant le p-tolunitrile bouillant; il fond à 115-116° [Banse, *D. chem. G.*, **27**, 2169, 1894].

Acide 2.3-dibromo-p-toluique. — Obtenu à partir de l'acide 3-bromo-2-nitrotoluique, il est cristallisé en aiguilles [Claus, Herbabny, *Ann. Chem.*, **265**, 375, 1891].

Acide 2.5-dibromo-p-toluique. — On l'obtient en oxydant le dibromo-p-xylène [Schultz, *D. chem. G.*, **18**, 1762, 1885] ou bien à partir de l'acide 5-bromo-2-amino-p-toluique [Fileti, Crosa, *Gazz. chim. ital.*, **18**, 308, 1888]. Il fond à 195° (S.), à 200-201° (F. C.). Son *éther éthylique* fond à 49° (S.). Son *chlorure* fond à 60° [Claus, Herbabny, *Ann. Chem.*, **265**, 374, 1891].

Acide 2.6-dibromo-p-toluique. — Il fond à 235-236°. Son *éther éthylique* fond à 79-80°. Son *chlorure* fond à 80°. Son *amide* fond à 117°. Son *nitrile* a été préparé à partir de la 2.6-dibromo-p-toluidine; il fond à 49° [Claus, Seibert, *Ann. Chem.*, **265**, 378, 1891].

Acide 3.5-dibromo-p-toluique. — Il fond à 182°. Son *nitrile* s'obtient à partir de la 3.5-dibromo-p-toluidine; il fond à 156°. Son *amide* fond à 148° [Claus, Herbabny, *loc. cit.*].

Acide 5-bromo-2-chloro-p-toluique. — On l'obtient dans l'oxydation nitrique du 3-chloro-6-bromocymène [Plancher, *Gazz. chim. ital.*, **23**, II, 73, 1893] ou dans l'oxydation chromique du chlorobromo-p-xylène [Willgerodt, Wolffen, *J. prakt. Chem.*, **39**, 409, 1889]. Il fond à 186° (W.), à 187-188° (P.).

Acide 2-bromo-5-chloro-p-toluique. — Il a été obtenu à partir de l'acide 5-chloro-2-amino-p-toluique. Il fond à 192-193° [Claus, Davidsen, *Ann. Chem.*, **265**, 347, 1891].

ACIDE 2-AMINO-5-BROMO-P-TOLUIQUE. — On l'obtient par réduction, au sulfate de fer et ammoniaque, de l'acide bromonitrotoluique correspondant. Il fond à 186-187° [Fileti, Crosa, *Gazz. chim. ital.*, **18**, 307, 1888].

ACIDES IODO-P-TOLUIQUES. — *Acide 2-iodo-p-toluique.* — On l'obtient à partir de l'acide 2-amino-p-toluique. Il fond à 205-206°. Son *dichlorure* fond à 193-195°.

Acide 3-iodo-p-toluique. — On l'obtient à partir de l'acide 3-amino-p-toluique. Il fond à 127°.

Acide 3-iodoso-p-toluique. — Il se forme à partir du dichlorure de l'acide 3-iodo-p-toluique [Klöppel, *D. chem. G.*, **26**, 1735, 1893].

ACIDES NITROPARATOLUIQUES (voy. Dict., 3, 499 et 1er Suppl., 1582).

Acide 2-nitro-p-toluique. — C'est l'acide de Noad. Son *éther éthylique* fond à 49° [Scherpenzeel, *Rec. Pays-Bas*, **20**, 149, 1901]. Son *amide* fond à 165-166° [Fileti, Cairola, *Gazz. chim. ital.*, **22**, II, 392, 1892]. Sa *méthylamide* fond à 149° (Sch.). Son *nitrile* s'obtient par nitration du p-tolunitrile [Banse, *D. chem. G.*, **27**, 2162, 1894]. Il fond à 107° [Noyes, *Am. Chem. Journ.*, **10**, 482, 1888].

Acide 3-nitro-p-toluique. — On le prépare par saponification du nitrile par l'acide chlorhydrique [Niementowsky, Rosansky, *D. chem. G.*, **21**, 1993, 1888; — Noyes, *Am. Chem. Journ.*, **10**, 476, 1888]. Il se forme aussi quand on oxyde le nitro-p-xylène par le ferricyanure de potassium (Noyes). Il fond à 161° (N., R.), à 164-165° (corr.) (N.). Ses *sels* ont été décrits par Noyes [*loc. cit.*] et par Claus et Joachim [*Ann. Chem.*, **266**, 210, 1891]. Son *chlorure* fond à 157° (Cl., J.). Son *amide* fond à 152-153° [N., R.; — Weise, *D. chem. G.*, **22**, 2430, 1889]. Son *nitrile* a été préparé à partir de la 3-nitro-p-toluidine

[Leukardt, *D. chem. G.*, **19**. 175, 1886 ; —Noyes, *loc. cit.*; — Niementowski, *J. prakt. Chem.*, **40**, 4, 1889]. Il fond à 100°.

Acide 2.3-dinitro-p-toluique. — Il se forme, à côté de l'acide dinitré-2.5, par nitration de l'acide 3-nitro-p-toluique [Rozanski, *D. chem. G.*, **22**, 2675, 1889 ; — Claus, Joachim, *loc. cit.*]. Il fond à 249°.

Acide 2.5-dinitro-p-toluique. — Voy. l'acide dinitré-2.3. Il fond à 188°.

Acide 2.6-dinitro-p-toluique. — C'est l'acide de Temple et de Brückner (Dict., **3**, 500). Il a été préparé de nouveau par Claus et Joachim [*loc. cit.*].

Acide 3.5-dinitro-p-toluique. — Il fond à 226°. Son *nitrile* a été préparé à partir de la 3.5-dinitro-p-toluidine; il fond à 103°. Son *amide* fond à 255-257° [Claus, Beysen, *Ann. Chem.*, **266**, 226, 1891].

ACIDE CHLORONITRO-P-TOLUIQUES. — Ces acides ont été préparés par Claus et ses élèves [*Ann. Chem.*, **265**, 341, 356, 360 ; **266**, 235] soit en nitrant les acides chloro-p-toluiques, soit à partir des chloronitrotoluidines. L'*acide 2-chloro-3-nitré* fond à 211°. L'*acide 2-chloro-5-nitré* fond à 184-185°; son *nitrile* fond à 157°. L'*acide 2-chloro-6-nitré* fond à 159°. L'*acide 3 chloro-2-nitré* fond à 192°. L'*acide 3-chloro-6-nitré* fond à 180-181°; il a été obtenu, en outre, par Fileti et Crosa [*Gazz. chim. ital.*, **18**, 312, 1888] en oxydant le 3-chloro-6-nitrocymène. Son *éther éthylique* fond à 60°. Son *nitrile* fond à 93°.

L'*acide ω-chloro-2-nitro-p-toluique* a été obtenu en chauffant à 100° le chlorure de p-cyanobenzyle avec de l'acide nitrique fumant [Banse, *D. chem. G.*, **27**, 2168, 1894] et en nitrant l'acide ω-chloro-p-toluique [Einhorn, Papastavros, *Ann. Chem.*, **310**, 209, 1900]. Il fond à 140-141° (B.), à 139° (E., P.). Son *nitrile* fond à 84°. Son *amide* fond à 125° (Banse).

L'*acide 3-chloro-2.6-dinitro-p-toluique* fond à 233°; l'*éther éthylique* fond à 71° [Claus, Davidsen, *J. prakt. Chem.*, **39**, 496, 1889 ; *Ann. Chem.*, **265**, 349, 1891].

ACIDES BROMONITRO-P-TOLUIQUES. — Mêmes indications bibliographiques que pour les acides chloronitrés. L'*acide 2-bromo-5-nitré* fond à 181°. L'*acide 2-bromo-6-nitré* fond à 181°. L'*acide 3-bromo-2-nitré* fond à 214°. L'*acide 3-bromo-5-nitré* fond à 206°. Son *amide* fond à 171°; son *nitrile* à 130°. L'*acide 3-bromo-6-nitré* fond à 203°. Son *éther éthylique* fond à 61°, son *chlorure* à 60°, son *amide* à 191°, son *nitrile* à 132°.

Un *acide chlorobromonitro-p-toluique* a été obtenu par Willgerodt et Woltien [*J. prakt. Chem.*, **39**, 411, 1889] en nitrant l'acide chloro-bromo-p-toluique. Il fond à 220°.

ACIDES IODONITRO-P-TOLUIQUES. — En nitrant l'acide 2-iodo-p-toluique, Kloppel [*D. chem. G.*, **26**, 1734, 1893] a obtenu deux acides iodonitrés dont l'un fond à 235-237° et l'autre à 162-164°. Il a préparé, en outre, un acide 2-iodoso-nitro-p-toluique, fusible vers 160° en se décomposant.

ACIDES AMINO-NITRO-P-TOLUIQUES. — *Acide 2-amino-5-nitro-p-toluique.* — On l'obtient en réduisant l'acide 2-5-dinitré par le sulfhydrate d'ammoniaque. Il fond en se décomposant à 220° [Claus, Beysen, *Ann. Chem.*, **266**, 232, 1891].

Acide 2-amino-6-nitro-p-toluique. — On le prépare par réduction partielle de l'acide 2.6-dinitré. Il fond à 214° (Claus, Beysen).

Acide 3-amino-6-nitro-p-toluique. — On l'obtient en chauffant avec de l'ammoniaque alcoolique l'acide 3-bromo-6-nitro-p-toluique. Il fond à 235-236° [Fileti, Crosa, *Gazz. chim. ital.*, **18**, 303, 1888]. Son *dérivé acétylé* se forme par

nitration de l'acide acétylamino-p-toluique; il fond à 210° [Niementowski, *J. prakt. Chem.*, **40**, 26, 1889].

ACIDES SULFO-P-TOLUIQUES. — (Voyez Dict., **3**, 500 et 1er Suppl., 1582). Les deux acides décrits dans le Dictionnaire et dans le 1er Suppl. sont identiques et constituent l'acide 2-sulfo-p-toluique.

Acide 3-sulfo-p-toluique. — On le prépare à partir de l'acide p-toluidine-3-sulfonique [Randall, *Am. Chem. Journ.*, **13**, 258, 1891] ou à partir de la méthylsaccharine commerciale [Weber, *D. chem. G.*, **25**, 1742, 1892]. Il fond à 158° (R.), à 181-182° (W.). Son *anhydride*

$$CH^3\ \ C^6H^4 <^{CO}_{SO^2}> O$$

fond à 97° (W.). Son *chlorure*

$$CH^3 - C^6H^4 <^{COCl}_{SO^2Cl}$$

fond à 59° (R.). L'*amide*

$$CH^3 - C^6H^4 <^{CO-AzH^2}_{SO^3H}$$

fond à 186°. La *sulfamide* fond à 185° (Weber). L'*imide* ou *méthylsaccharine*

$$CH^3 - C^6H^4 <^{SO^2}_{CO}> AzH$$

fond à 249-250° (R.), à 246° (W.); sur sa préparation, voy. Badische Anilin und Soda Fabrik, (D.R.P., 48583). La *méthylimide* fond à 153°. L'*éthylimide* fond à 106° (W.).

Acide 2.6-disulfo-p-toluique. — On l'obtient en chauffant l'acide p-toluique avec de l'acide pyrosulfurique et de l'anhydride phosphorique à 250° [Weinreich, *D. chem. G.*, **20**, 982, 1887].

ACIDE THIOL-P-TOLUIQUE, C^7H^7COSH. — On l'obtient en traitant le bromure de p-tolylmagnésium par l'oxysulfure de carbone. Il fond à 43-44° [Weigert, *D. chem. G.*, **36**, 1007, 1903].

Janvier 1907.   R. Marquis.

TOLUIQUES (ALDÉHYDES), Dict. **3**, 500 ; 1er Suppl., p. 1583.

ALDÉHYDE ORTHOTOLUIQUE. — L'aldéhyde orthotoluique s'obtient : en oxydant l'orthoxylène par le chlorure de chromyle [Bornemann, *D. chem. G.*, **17**, 1467, 1884]. Elle se forme avec un rendement de 37 0/0 quand on oxyde l'o-xylène par le bioxyde de manganèse et l'acide sulfurique [Fournier, *C. R.*, **133**, 634, 1901]. Gattermann et Maffezzoli l'ont obtenue en faisant agir à — 50° le formiate d'éthyle sur le bromure d'o-tolylmagnésium [*D. chem. G.*, **36**, 4152, 1903]. Le mode de préparation le plus avantageux consiste à oxyder l'alcool correspondant [Fournier, *C. R.*, **137**, 716, 1903]. Elle bout à 197°; à 90° sous 20 mm. Son *oxime* a été obtenue en traitant le toluène par le fulminate de mercure en présence de chlorure d'aluminium partiellement hydraté [Scholl, Kacer, *D. chem. G.*, **36**, 322, 1903]. Elle fond à 48-49°; son *acétate* fond à 55-56° [Dollfus, *D. chem. G.*, **25**, 1922, 1892]. La *phénylhydrazone* de l'aldéhyde o-toluique fond à 97°. Sa *benzylphénylhydrazone* fond à 87°. Sa *semicarbazone* fond à 209° (Fournier).

Aldéhyde 5-diméthylamino-o-toluique. — On la prépare au moyen de la diméthyl-m-toluidine et de l'aldéhyde formique, avec le concours de l'acide tolylhydroxylaminesulfonique. Elle fond à 67° (Geigy, D.R.P. 105103).

ALDÉHYDE MÉTATOLUIQUE. — On l'a obtenue en oxydant le m-xylène, soit au moyen du chlorure de chromyle [Etard, *Ann. Chim. Phys.*, (5), **22**, 218, 1881 ; — Bornemann, *D. chem.*

G., **17**, 1464, 1884], soit au moyen du persulfate de potassium [Moritz, Wolfenstein, *D. chem. G.*, **32**, 2533, 1899]. On l'obtient aussi par oxydation chromique de l'alcool m-xylylique [Sommer, *D. chem. G.*, **33**, 1078, 1900]. Elle bout à 199°. $D^0 = 1.037$, $D^{22} = 1.024$. Son *anilide* $CH^3 - C^6H^4 - CH = AzC^6H^5$ bout à 313-314° (Bornemann). Sa *semicarbazone* fond à 216° (Sommer).

ALDÉHYDES MÉTATOLUIQUES NITRÉES. — La nitration de l'aldéhyde m-toluique fournit un mélange de deux isomères qu'on peut séparer par distillation fractionnée dans le vide [Gilliard, Monnet, Cartier, D.R.P., 113604, *Cent. Blatt.*, II, 751, 1900].

Aldéhyde 2-nitro-m-toluique. — Elle cristallise en aiguilles jaunes fusibles à 44°. Son *dérivé ammoniacal* fond à 140°. Son *anilide* fond à 51°,5. Son *oxime* fond à 104-105°. Sa *phénylhydrazone* fond à 141-142°.

Aldéhyde 4-nitro-m-toluique. — Elle s'obtient aussi en oxydant l'acide 4-nitro-1-méthylphényl-3-pyruvique par le mélange chromique [Reissert, Scherle, *D. chem. G.*, **31**, 391, 1898]. Elle fond à 61° (R., S.), à 64° (G., M., C.); bout à 135-145° sous 2 mm. Son *dérivé ammoniacal* fond à 93°. Son *anilide* fond à 79°. Son *oxime* fond à 134-135°. Sa *phénylhydrazone* fond à 131-132°.

Aldéhyde dinitro-m-toluique. — Elle se forme par nitration de l'aldéhyde. C'est probablement le dérivé-2.4. Elle fond à 110-112° [Bornemann, *D. chem. G.*, **17**, 1473, 1884].

ALDÉHYDES AMINO-M-TOLUIQUES. — La plupart des aldéhydes décrites ci-dessous ont été obtenues par un procédé général qui consiste à traiter les orthotoluidines par l'aldéhyde formique en présence d'acide tolylhydroxylaminesulfonique [Geigy et Cie, D.R.P. 103578, *Cent. Blatt.*, II, 927, 1899 et D.R.P. 105103, *Cent. Blatt.*, I, 238, 1900].

Aldéhyde 6-amino-m-toluique. — Elle a été obtenue en traitant l'o-toluidiloxane par l'acide sulfurique concentré à 160° [Böhringer et fils, D.R.P. 108026, *Cent. Blatt.*, II, 1114, 1900] ou en chauffant le 4-nitro-m-xylène avec une solution de soufre dans la soude [Geigy et Cie, D.R.P. 87255, *Friedl.*, 4. 138]. Elle fond à 99-101° (B.), à 92° (G.).

L'*aldéhyde 6-méthylamino-m-toluique* a été préparée en traitant la méthyl-o-toluidine par l'aldéhyde formique et le chlorhydrate de nitrosodiméthylaniline. Elle fond à 115°. Sa *p-diméthylamino-anilide* fond à 162°. Sa *phénylhydrazone* fond à 124° [Ullmann, Frey, *D. chem. G.*, **37**, 863, 1904]. — Geigy, D.R.P. 103578].

L'*aldéhyde 6-éthylamino-m-toluique* fond à 70°. Son *oxime* fond à 82°. Sa *phénylhydrazone* fond à 95° [Ullmann, Frey, Geigy, *loc. cit.*].

Aldéhyde 4-chloro-6-amino-m-toluique. — Elle fond à 153°. Son *dérivé Az-éthylé* fond à 78-79°. Son *dérivé Az-méthylé* fond à 157° (Geigy).

ALDÉHYDE TRITHIO-M-TOLUIQUE. — On l'obtient en traitant l'aldéhyde m-toluique en solution alcoolique par l'hydrogène sulfuré. Elle existe sous deux formes, dont l'une fond à 144° et l'autre à 225° [Wörner, *D. chem. G.*, **29**, 151, 1896].

ALDÉHYDE PARATOLUIQUE. — L'aldéhyde paratoluique a été préparée par un certain nombre de méthodes : 1° En chauffant l'acide p-tolylglyoxylique avec de l'aniline et hydrolysant l'imide obtenue [Bouveault, *Bull. Soc. Chim.*, **17**, 367, 1897]. 2° En traitant le toluène par l'acide cyanhydrique et l'acide chlorhydrique en présence de chlorure d'aluminium [Bayer et Cie, D.R.P. 99568, *Cent. Blatt.*, I, 462, 1899]. 3° En traitant le toluène par l'oxyde de carbone et l'acide chlorhydrique en présence de chlorure cuivreux et de chlorure d'aluminium [Gattermann, Koch, *D. chem. G.*, **30**, 1623, 1897, D.R.P. 98706; — Reformatsky. *J. Soc. phys. chim. russe*, **33**, 157, 1901]. 4° En oxydant l'éthyltoluène par le bioxyde de manganèse et l'acide sulfurique [Fournier, *C. R.*, **136**, 557, 1903]. 5° En traitant le bromure de p-tolylmagnésium par l'orthoformiate d'éthyle [Bodroux, *Bull. Soc. Chim.*, **31**, 586, 1904]. 6° En faisant agir le nickel carbonyle sur le toluène, à froid, et en présence de chlorure d'aluminium [Dewar, Jones, *Chem. Soc.*, **85**, 212, 1904].

L'aldéhyde p-toluique bout à 204° (Gattermann). $D^{12} = 1.072$, $n_D = 1,5484$ à 14° [Hanzlik, Bianchi, *D. chem. G.*, **32**, 1286, 1899].

Elle se combine avec l'acide phosphorique pour donner le composé $C^8H^8O . PO^4H^3$ cristallisé en aiguilles. Avec l'acide méthylphosphorique, elle donne le composé $C^8H^8O . (CH^3)H^2PO^4$ [Raikow, Schtarbanow, *Chem. Zeit.*, **25**, 1135]. L'aldéhyde p-toluique donne avec le méthylindol une combinaison cristallisée en prismes jaune pâle, fusible à 218° [Renz, Lœw, *D. chem. G.*, **36**, 4326, 1903]. Traitée par le perchlorure de phosphore, elle donne le chlorure $CH^3 - C^6H^4 - CHCl^2$, fusible à 48° [Auwers, Keil, *D. chem. G.*, **36**, 1861, 1903].

L'*oxime* de l'aldéhyde p-toluique se forme quand on traite le toluène par le fulminate de mercure en présence de chlorure d'aluminium partiellement hydraté [Scholl, Kacer, *D. chem. G.*, **36**, 322, 1903]. L'oxime *anti* fond à 79-80°. L'oxime *syn* fond à 108-110°, son acétate fond à 85° [Hantzsch, *Zeit. phys. Ch.*, **13**, 523, 1894].

L'*hydrazone p-toluique* $CH^3 - C^6H^4 - CH = Az Az H^2$ fond à 56°, bout à 148° sous 12 mm.; son *picrate* fond à 175-176° [Curtius, Franzen, *D. chem. G.*, **35**, 3234, 1902]. L'*azine* $CH^3 - C^6H^4 - CH = Az - Az = CH . C^6H^4 CH^3$ fond à 154° [Bouveault, *Bull. Soc. Chim.*, **17**, 368, 1897], à 154-155° [Hanzlik, Bianchi, *D. chem. G.*, **32**, 1287, 1899]. Réduite en solution acide elle donne la di-p-xylylamine, et en solution alcaline la p-xylylhydrazone p-toluique $CH^3 - C^6H^4 - CH = Az - AzH - CH^2 - C^6H^4 - CH^3$, fusible à 101° [Curtius, Propfe, *J. prakt. Ch.*, **62**, 83, 1900].

La *phénylhydrazone* p-toluique fond à 108° (Hanzlik, Bianchi).

L'*o-nitrophénylhydrazone* fond à 183°. La *m-nitrophénylhydrazone* fond à 155°. La *p-nitrophénylhydrazone* fond à 198°. La *p-dinitrobenzylhydrazone* fond à 163° [Ekenstein, Blanksma, *Rec. Pays-Bas*, **22**, 434, 1903]. La *benzylphénylhydrazone* fond à 140°. La *semicarbazone* fond à 215° [Forunier, *C. R.*, **137**, 716, 1903].

La *p-toluylidène-m-nitraniline* $CH^3 - C^6H^4 - CH = Az - C^6H^4 - AzO^2$ fond à 79°. La *p-toluylidène-p-nitraniline* fond à 135°. La *p-toluylidène-m-nitro-m-xylidine* fond à 145°. La *p-toluylidène-m-nitro-p-xylidine* fond à 110° [Hanzlik, Bianchi, *loc. cit.*].

ALDÉHYDE 2-NITRO-P-TOLUIQUE. — On l'obtient par nitration de l'aldéhyde p-toluique. Elle fond à 43-44°. Son *diacétate* fond à 98-98°,5. Son *azine* fond à 184-185°. Sa *m-nitranilide* fond à 156° (Hanzlik, Bianchi).

ALDÉHYDE TRITHIO-P-TOLUIQUE. — Elle existe sous deux formes dont l'une fond à 180°, et l'autre à 149-150° [Wörner, *D. chem. G.*, **29**, 152, 1896].

Janvier 1907.   R. Marquis.

TOLUQUINONE. — Voyez Dict., 3, 501 et 1er Supp., 1583.

Elle se forme en oxydant la m-xylidine asymétrique par l'acide chromique [Nœlting et Th.

Baumann, *D. chem. G.*, **18**, 1151]. On l'obtient facilement en oxydant l'orthotoluidine par l'acide sulfurique et le bioxyde de manganèse [Clark, *Am. Chem. Journ.*, **14**, 565; — Schniter, *D. chem. G.*, **20**, 2283; — Nietzki, *Ann. Chem.*, **215**, 158]. Spectre d'absorption [C. Baly et W. Stewart, *Chem. Soc.*, **89**, 502]. Chaleur de combustion à pression constante 805^{Cal},3 [Valeur, *C. R.*, **125**, 872]. — Constitution (C. Baly et W. Steward).

Le chlore, en présence de chloroforme et à froid, donne un *dérivé d'addition* $C^7H^6O^2Cl^2$, masse cristalline fusible à 135-136°; le brome, dans des conditions analogues, donne un *dibromure* en aiguilles fusibles à 61-62° (Clark).

Par l'action de la toluhydroquinone, elle fournit la *toluquinhydrone* en aiguilles bleu d'acier, fusibles à 52° (Nietzki). Avec le phénol, elle donne une combinaison double $C^7H^6O^2 + 2C^6H^5(OH)$ en cristaux rouges fusibles à 18° [Biltris, *Cent. Blatt.*, 1898, I, 887].

Par l'action sur la toluquinone du chlorhydrate de semicarbazide, on obtient $C^6H^3(OH)CH^3$. Az = Az.CO AzH.C^6H^5 qui, par bromuration, conduit au dérivé $C^6H^3Br.(OH)CH^3$ Az = Az CO.AzH.C^6H^5 [W. Borsche, *Ann. Chem.*, **334**, 143. 1904].

DÉRIVÉS HALOGÉNÉS. — $C^6H^2Cl_{(3)}O^2_{(2.5)}(CH^3)_{(1)}$. — On l'obtient par oxydation du dichloro-o-crésol [Claus et Schweitzer, *D. chem. G.*, **19**, 928. Comparer Claus et Jackson [*J. prakt. Chem.*, (2), **38**. 328]. Aiguilles jaunes fusibles à 90°.

L'oxydation de la toluhydroquinone chlorée fusible à 175° conduit à un *dérivé isomérique* fusible à 105° [Schniter, *D. chem. G.*, **20**, 2286].

Un troisième isomère a été signalé par Wörlander et Schrödter [*D. chem. G.*, **34**, 1653]; il est en aiguilles jaune orangé, fusibles à 102°, facilement solubles dans l'eau et l'alcool.

$C^6Cl^3_{(3.4.6)}O^2_{(2.5)}(CH^3)_{(1)}$. — Le meilleur procédé de préparation consiste dans l'oxydation de l'o-toluidine par le chromate de soude et l'acide chlorhydrique [Elbs et Brunschweiler, *J. prakt. Chem.*, (2), **52**, 559; — voyez aussi Claus et Hirsch, *J. prakt. Chem.*, (2), **39**, 59; — Claus et Riemann, *D. chem. G.*, **16**, 1602; — Seelig, *Ann. Chem.*, **237**, 145; — Hayduck, *Ann. Chem.*, **172**, 209; — Knapp et Schultz, *ibid.*, **210**, 176].

$C^6Cl^3O^2.CH^2Cl$. — Fond à 266-270° [Richter. *D. chem. G.*, **34**, 4296].

$C^6H^2Br_{(3)}O^2_{(2.5)}(CH^3)_{(1)}$. — Prismes jaunes fusibles à 93° [Claus et Jackson, *J. prakt. Chem.*, (2), **38**, 326].

$C^6H^2Br_{(4)}O^2_{(2.5)}(CH^3)_{(1)}$. — Prismes jaunes fusibles à 106° [Schniter, *loc. cit.*; — Gattermann, *D. chem. G.*, **27**, 1931].

$C^6HBr^2_{(4.6)}O^2_{(2.5)}(CH^3)_{(1)}$. — Aiguilles jaunes d'or fusibles à 115° [Claus et Hirsch, *loc. cit.*; — Claus et Dreher. *J. prakt. Chem.*, (2), **39**. 370].

$C^6Br^3.O^2(CH^3)$. — Modes de formation [Auwers et Ziegler, *D. chem. G.*, **29**, 2350; — Auwers et Barrow. *ibid.*, **32**, 3040; — Auwers et V. Erggelet. *ibid.*, **32**, 3033; — Auwers et Hampe, *ibid.*, **32**, 3015].

$C^6Br^3O^2(CH^2Br)$. — Lamelles jaunes d'or fusibles à 258-259° (Auwers et Hampe).

$C^6Br^3.O^2(CHBr^2)$. — Prismes jaunes fusibles à 160° (Auwers et Barrow).

$C^6HBrCl.O^2.CH^3$. — Aiguilles fusibles à 109-111°, obtenues par oxydation de la chlorobromohydrotoluquinone fusible à 123°.

En oxydant la chlorobromohydrotoluquinone fusible à 120-121°, on obtient des lamelles jaunes isomériques du corps précédent et fondant à 150°.

$C^6H^2I_{(6)}O^2_{(2.5)}(CH^3)_{(1)}$. — Aiguilles d'un rouge doré, fusibles à 116-117°, facilement solubles dans l'alcool, l'éther, le chloroforme, le sulfure de carbone et le benzène [Kehrmann, *J. prakt. Chem.*, (2), **37**, 340; **39**, 398].

$C^6HI^2_{(4.6)}O^2_{(2.5)}CH^3_{(1)}$. — Lamelles d'un rouge grenat fusibles à 112-113° (Kehrmann).

DÉRIVÉS NITRÉS. — $C^6HCl_{(4\ ou\ 6)}(AzO^2)_{(6\ ou\ 4)}O^2_{(2.5)}(CH^3_{(1)}$. — Aiguilles ou lamelles brillantes, fusibles à 128°, que les solutions de soude caustique décomposent rapidement.

$C^6HBr_{(4\ ou\ 6)}AzO^2_{(6\ ou\ 4)}O^2_{(2.5)}(CH^3)_{(1)}$. — Fond à 135-136°.

$CBr^2_{(3.6\ ou\ 3.4)}AzO^2_{(4\ ou\ 6)}O^2_{(2.5)}CH^3_{(1)}$. — Lamelles ou tables dorées, fusibles à 175-180° avec décomposition [Zincke, *J. prakt. Chem.*, (2), **63**. 187].

DÉRIVÉS AMINÉS. — Voy. 1er Suppl.

Jacobson a préparé des anilides isomériques de celles décrites par Hagen et Zincke. La *monoanilide* $C^6H^2O^2(CH^3)(AzH.C^6H^5)_{(4\ ou\ 6)}$ est en aiguilles d'un rouge violet fusibles à 148°.

L'*o-toluidide* est en lamelles foncées fusibles à 145-146°; la *m-toluidide* est d'un rouge pourpre et fond à 142° [*Ann. Chem.*, **287**, 151 et 192].

$C^6H^2O^2(CH^3)[AzH.C^6H^4AzO^2_{(2)}]$. — Cristaux rouges décomposables vers 200° [Leicester, *D. chem. G.*, **23**, 2796]. Par réduction ce composé donne l'*azine*

$$CH^3.C^6HO^2 \underset{\diagdown\ Az\ \diagup}{\overset{\diagup\ Az\ \diagdown}{|}} C^6H^4$$

en petites lamelles rouges.

$C^6HO^2(CH^3)[AzH.C^6H^5]^2$. — Poudre cristalline ne fondant même pas à 300° (Jacobson).

$C^6H(O^2)_{(2.5)}(CH^3)_{(1)}[AzH.C^6H^4.CH^3]^2_{(3.6)}$. — Aiguilles couleur de laiton fusibles à 241°.

$C^6HO^2_{(2.5)}(CH^3_{(1)})[AzH.C^6H^4.CH^3]^2_{(3.4\ ou\ 4.6)}$. — Aiguilles d'un rouge brun, fusibles à 178° [O. Fischer et Hepp, *Ann. Chem.*, **262**, 251 et 259].

Dérivés imidés. — J. Schmidt et H. Saager ont signalé une *toluquinone-imide* instable, dont le *chlorhydrate* se présente en aiguilles violet noir solubles dans l'eau et l'alcool [*D. chem. G.*, **37**, 1679, 1904].

Hirsch a décrit une *chlorimide* en aiguilles jaunes fusibles à 87-88°, et Steidel et Kolb un composé analogue en prismes jaune doré fusibles à 75° [*Ann. Chem.*, **259**, 218].

Les dérivés de substitution à l'azote ont été décrits par Bayrac [*Bull. Soc. Chim.*, (3), **11**, 1133].

$C^6H^3(CH^3)_{(1)}O_{(5)}[AzH.C^6H^4 Az(CH^3)^2]_{(3)}$. — Tables à reflets verdâtres fusibles à 123°.

$C^6H^3(CH^3)_{(1)}O_{(5)}[AzH.C^6H^4.Az(CH^3)^2]^5_{(2)}$. — Prismes dorés fondant à 117-118°, monocliniques [Dufet, *Zeit. Kryst.*, **27**, 631].

Dérivés aminoimidés. — On connaît quelques dérivés de substitution, mais le composé aminoimidé lui-même n'a pas été isolé.

$C^6H^2(CH^3)_{(1)}(AzH^2)_{(4)}O_{(5)}(Az.C^6H^4.CH^3)_{(2)}$. — Petits cristaux d'un rouge brunâtre fondant à 143-145°, solubles en jaune dans l'alcool [Green, *D. chem. G.*, **26**, 2775; — Klinger et Pitschke, *D. chem. G.*, **17**, 2442; — v. Barsilowsky, *Journ. Soc. phys. chim. russe*, **19**, 146].

$C^6H^2(CH^3)O(Az.C^6H^5)(AzH.C^6H^5)$. — Aiguilles rouges fusibles à 151° [O. Fischer et Hepp, *Ann. Chem.*, **256**, 259].

$C^6H(CH^3)O(AzC^6H^5)(AzH.C^6H^5)^2$. — Aiguilles brun foncé fusibles à 172-173° [O. Fischer et Hepp, *D. chem. G.*, **21**, 678]. C'est le *dérivé trianilidé* décrit par Hagen et Zincke.

$C^6H^2(CH^3)(O)[AzC^6H^4.CH^3](AzH.C^6H^4CH^3)^2$. — Lamelles rouge bordeaux fusibles à 191° [O. Fischer et Heppe, *D. chem. G.*, **21**, 679].

$C^6H^2(CH^3)O(Az.C^6H^4.CH^3)(AzH.C^6H^4.CH^3)^2$. — Aiguilles rouge foncé fusibles à 181°; son *chloroplatinate* est en cristaux prismatiques rouge brun [Börnstein, *D. chem. G.*, **34**, 1274 et 4348].

Dérivés diimidés et aminodiimidés. — $C^6H^2.(CH^3)_{(1)}[Az.C^6H^5]^2_{(2.5)}AzH^2_{(4)}$. — Lamelles rouge foncé fusibles à 204°, solubles en bleu dans l'acide sulfurique [Green, *D. chem. G.*, **26**, 2781].

$C^6H^2(CH^3)_{(1)}[Az.C^6H^4.CH^3_{(4)}]^2_{(2.5)}AzH^2_{(4)}$. — On l'obtient comme produit d'oxydation de la p-toluidine au moyen de bichromate et d'acide sulfurique. Lamelles rouge foncé, fusibles à 227° [Barsilowsky, *Ann. Chem.*, **207**, 102; — Perkin, *Chem. Soc.*, **37**, 546; — Klinger et Pitscke, *D. chem. G.*, **17**, 2440; — Green, *loc. cit.*; — Barsilowsky, *Journ. Soc. chim. phys. russe*, **19**, 141].

$C^6H^2(CH^3)_{(1)}[Az.C^6H^4.CH^3]_{(4)}$. — Prismes à 4 pans, fondant à 183° [Bornstein, *loc. cit.*].

$C(CH^3)_{(1)}(AzH^2)_{(4)}[AzH.C^6H^4.CH^3]^2_{(3.6)}[Az.C^6H^4.CH^3]^2_{(2.5)}$. — Lamelles orangées fusibles à 250-251°; son *chlorhydrate* est en lamelles fondant à 282° (Bornstein).

Oximes. — Quoique les toluquinones-oximes aient été déjà signalés dans le 1er Suppl., art. Crésol (nitrosocrésols), nous rappellerons ici les nombreux dérivés qui ont été signalés dans ces dernières années, et leur bibliographie.

$$\text{Isomère A,}\quad CH^3-C\underset{\underset{CH\quad CO}{6\quad 5}}{\overset{\overset{Az(OH)C\quad CH}{2\quad 3}}{\langle\,_1\qquad_4\,\rangle}}CH$$

— Il fond à 155° [Bridge et Morgan, *Am. Chem. Journ.*, **20**, 766]; à 165° [Klage, *D. chem. G.*, **32**, 2568]. D'après Farmer et Hantzsch, il se décompose à 155-156° [*D. chem. G.*, **32**, 3108; — voy. aussi Oliveri Tortorici, *Gazz. chim. ital.*, **27**, (II), 578].

Éther méthylique. — Aiguilles jaunes fusibles à 59° (Bridge et Morgan).

Dérivé d'addition dichloré $C^7H^7O^2AzCl^2$. — Cristaux incolores fondant à 150-152° (O. Tortorici).

Dérivé d'addition dibromé de l'éther méthylique. — Il fond à 112° (Bridge et Morgan).

Dérivé benzoylé. — Lamelles jaune brunâtre fusibles à 177°; son *dérivé dichloré* fond à 149° [Morgan, *Am. Chem. Journ.*, **22**, 406], son *dérivé dibromé* à 159° (Bridge et Morgan).

Dérivé chloré en (4). — Les deux formes stéréo-isomères se décomposent vers 165 et 170°. La forme α, fusible à 170°, est la moins soluble. Par acétylation, ces deux oximes fournissent des dérivés acétylés; la forme β, fusible à 165°, donne un dérivé fondant à 141-142°; l'autre donne, à côté du composé fondant à 141-142°, un isomère fusible à 158-159° [Kehrmann et Tichvinsky, *Ann. Chem.*, **303**, 16].

Dérivé chloré de constitution inconnue $C^7H^6O^2AzCl$. — Aiguilles fusibles à 147-148°; son *dérivé benzoylé* fond à 185-193°.

Dérivé bromé en (4). — La modification la plus soluble (β) fond à 178-180°; la deuxième modification (α) à 186° [Kehrmann et Rust, *Ann. Chem.*, **303**, 25]. Son *éther benzylique* existe aussi sous deux modifications, la modification α est en aiguilles dorées fusibles à 95-96°, la forme β en prismes jaune orangé fusibles à 80-81°. Les *dérivés acétylés* fondent à 166-167° (α), et 131-132° (β).

Dérivé bromé de constitution inconnue. — On a signalé un *dérivé benzoylé* fusible à 184° (Morgan).

$$\text{Isomère B,}\quad CH^3-C\underset{\underset{CH\quad C(AzOH)}{}}{\overset{\overset{CO\quad CH}{}}{\langle\qquad\rangle}}CH$$

Même bibliographie que pour l'isomère précédent.

Éther méthylique. — Il fond à 73-74° (Bridge et Morgan).

Dérivés acétylés. — Par traitement du sel d'argent de l'oxime par le chlorure d'acétyle, on obtient deux sortes de cristaux, les uns fondant à 112-113°, les autres à 85-87°.

Dérivé benzoylé. — Deux sortes de cristaux fondant à 193° et 135-155°; le *dérivé dibromé* correspondant $C^{14}H^{11}O^3AzBr^2$ fond à 165°.

Dérivé chloré (3 ou 4). — Aiguilles fondant à 158-159° (Oliveri, Tortorici).

Dérivé dichloré (3 ou 4). — Prismes fondant à 153-154° (Oliveri Tortorici).

Dérivé bromé de constitution inconnue. — (Bridge et Morgan).

Dérivé iodé en (3). — Il fond à 156° [Kehrmann, *J. prakt. Chem.*, (2), **37**, 399].

La *semicarbazone* $C^6H^3(CH^3)_{(1)}AzOH_{(5)}[Az.AzH.CO.AzH]_{(2)}$ en aiguilles brunâtres a été décrite récemment par M. Borsche et A. Reclaire [*D. chem. G.*, **40**, 3806, 1907].

$$\text{Isomère C.}\quad CH^3C\underset{\underset{CH\quad C(AzOH)}{}}{\overset{\overset{(AzOH)C\quad CH}{}}{\langle\qquad\rangle}}CH$$

— Son *dérivé diacétylé* fond à 120° (voyez 2e Suppl., Crésol).

$C^6H^3(CH^3)_{(4)}(AzOH)_{(2)}[Az_{(5)}AzH.COC^6H^5]$. — Poudre cristalline brun jaunâtre fondant à 200-202°.

$C^6H^3(CH^2)_{(1)}(AzOH)_{(5)}[Az_{(2)}-AzH.CO.CH^2.AzH.CO.C^6H^5]$. — Poudre brune se décomposant vers 209°.

$C^6H^3(CH^3)_{(4)}(AzOH)_{(2)}[Az_{(5)}-AzH.CO.CH^2.AzH.CO.C^6H^5]$. — Cristaux bruns fondant à 212°.

$C^6H^3(CH^3)_{(4)}(AzOH)_{(5)}[Az_{(2)}-AzH.CO.AzH.C^6H^5]$. — Cristaux se décomposant vers 225°.

$C^6H^3(CH^3)_{(4)}(AzOH)_{(2)}[Az_{(5)}-AzH.CO.AzH.C^6H^5]$. — Se décompose vers 228-229°.

Dérivés hydroxylés. — $C^6Cl^2(CH^3)(OH)^3(O^2)$. — (Voyez 1er Suppl., Orcine, p. 1102).

$C^6H^2(CH^3)(OH)_{(4)}(O^2)$. — Lamelles jaunes fondant à 142°; son *dérivé acétique* fond à 75-76° [Thiele et Winter, *Ann. Chem.*, **311**, 350].

$C^6Br^2(CH^3)OH_{(x)}O^2$. — Cristaux fondant à 196-197° [Spica et Magnanini, *Gazz. chim. ital.*, **13**, 312].

$C^6H.(CH^3)(OH)_{(3.6)}O^2$. — Le dérivé méthoxy (4) est en aiguilles rouges fondant à 186° [Konya, *Mon. f. Chem.*, **21**, 430; — Pollak et Solomonica, *ibid.*, **22**, 1008].

$C^6Cl_{(x)}(CH^3)(OH)_{(x)}^2O^2$. — Aiguilles rouges à éclat métallique [Knapp et Schultz, *Ann. Chem.*, **210**, 177; — Lévy et Bickel, *ibid.*, **249**, 69].

$C^6.AzO^2_{(4)}(CH^3)(OH)_{3.6}O^2_{(2.5)}$. — Aiguilles jaunes fondant à 180°. Les sels de K et de Ba sont bien cristallisés, le premier avec 3, le second avec $4H^2O$ [Kehrmann et Brasch, *J. prakt. Chem.*, (2), **39**, 378].

Toluquinones isomériques. — On connaît quelques dérivés des deux quinones inconnues

$$C^6H^3(CH^3)_{(1)}(O^2)_{(2.3)}\quad\text{et}\quad C^6H^5(CH^3)_{(1)}(O^2)_{(3.4)}$$

$C^6H^3(CH^3)_{(1)}O^2_{(2.3)}$. — *Dioxime.* Aiguilles brun jaune fondant à 140° avec décomposition. Par chauffage en présence d'alcali et entraînement à la vapeur d'eau, cette oxime fournit l'*anhydride*

$$C^6H^3(CH^3)\lessgtr\begin{matrix}Az\searrow\\Az\nearrow\end{matrix}O$$

aiguilles blanches fondant à 44° [Zincke et Schwarz, *Ann. Chem.*, **307**, 46]. La trichlorotoluquinone est en prismes rouges fondant à 98° [Prenntzell, *Ann. Chem.*, **296**. 185.]

$C^6 H^3 (C H^3)_{(1)} (O^2)_{(3.4)}$. — La *dioxime* fond à 127-128°, son *anhydride* à 37°, la *trichlorotoluquinone* est en cristaux rouges fondant à 97-98° [Cousin, *Ann. Chim. Phys.*, (7), **13**, 532 ; — Bergmann et Francke, *Ann. Chem.*, **296**, 163]. La *tribromotoluquinone* fond à 117-118°.

L'anhydride nitré de la dioxime

$$C^6 H^2 (C H^3)(Az O^2) \lessgtr \frac{Az \diagdown}{Az \diagup} O$$

fond à 83° [Drost, *Ann. Chem.*, **313**, 313].

$C^6 H^2 (CH^3)_{(1)} (O^3)_{(3.4)}$. — *Oxime* [voyez 2ᵉ Suppl., ORCINE (nitrosoorcine)].

DÉRIVÉS DES THIOXYLTOLUQUINONES. — Voyez à ce sujet Th. Posner [*Ann. Chem.*, **336**, 85, 1904].

1ᵉʳ novembre 1907.   V. Thomas.

TOLURIQUES (ACIDES). $C H^3 . C^6 H^4 - CO - Az H - C H^2 - C O^2 H$. — Les acides toluriques sont les trois homologues supérieurs de l'acide hippurique, dérivés des acides toluiques. On peut les retrouver dans l'urine après ingestion des acides toluiques correspondants. Ils ont été obtenus synthétiquement par l'action des chlorures ortho, méta et paratoluiques sur l'acide amino-acétique en présence de lessive de soude [Gledistch. Moller, *Ann. Chem.*, **250**, 378, 1889].

L'acide orthotolurique fond à 162°,5 (G., M.). Sa chaleur de combustion sous pression constante est de 1168^Cal,2 [Stohmann, *J. prakt. Chem.*, **53**, 349, 1896]. — Son *éther éthylique* fond à 55° [Rugheimer, Fehlaber, *Ann. Chem.*, **312**, 74, 1900].

L'acide métatolurique fond à 139° (G., M.). Il se forme dans l'organisme à partir du métaxylène et se retrouve dans l'urine.

L'acide paratolurique fond à 161-161°,5 (G., M.). Sa chaleur de combustion sous pression constante est de 1168^Cal,1 (Stohmann). — Son *éther éthylique* fond à 69° (Rugheimer, Fehlhaber); à 71° [Klages, Haack, *D. chem. G.*, **36**, 1646, 1903]. — Son *nitrile* a été obtenu par l'action du chlorure p-toluique sur l'aminoacétonitrile. Il fond à 153° (Klages, Haack).

Janvier 1907.   R. Marquis.

TOLUYL.... — Voyez CRÉSYL....

TOLUYLAMIDES. — Voy. TOLUIQUES (ACIDES).

TOLUYLBENZOÏQUES (ACIDES), $C H^3 - C^6 H^4 - C O - C^6 H^4 - C O^2 H$. — Voy. Suppl., 1585.

ACIDE PARATOLUYLORTHOBENZOÏQUE. — D'après Guyot [*Bull. Soc. Chim.*, **17**, 969, 1897] cet acide aurait la constitution :

$$C^6 H^4 \diamondsuit \begin{array}{c} C \diagup {}^{O H}_{C^6 H^4 - C H^3} \\ O \\ C O \end{array}$$

Sur sa préparation par condensation de l'anhydride phtalique avec le toluène en présence de chlorure d'aluminium, voy. Limpricht [*Ann. Chem.*, **299**, 300, 1898]. L'acide p-toluyl-o-benzoïque fond à 139-140° (L.). Il distille sans décomposition notable sous une pression de 10 mm., mais lorsqu'on le chauffe à la pression ordinaire, il est décomposé et fournit de nombreux produits dont la constitution est incertaine [Limpricht, Wiegand, *Ann. Chem.*, **314**, 178, 1900]. — Traité par l'acide sulfurique concentré, il perd $H^2 O$ et donne la β-méthylanthraquinone [Elbs, *J. prakt. Chem.*, **41**, 1, 1890; — Limpricht, *Ann. Chem.*, **299**, 300, 1898]. — Oxydé par le permanganate, il donne l'acide benzophénone-dicarbonique. — Traité par l'ammoniaque et la

poudre de zinc, il est converti, suivant la durée de l'action, en p-tolylphtalide

$$C^6 H^4 \diamondsuit \begin{array}{c} C H - C^6 H^4 - C H^3 \\ O \\ C O \end{array}$$

ou en acide p-méthyl-o-benzylbenzoïque $C H^3 - C^6 H^4 - C H^2 - C^6 H^4 - C O^2 H$ (Limpricht).

L'éther méthylique fond à 66° (Limpricht).

Le *chlorure* a été préparé en traitant l'acide par le perchlorure de phosphore (Limpricht, Wiegand). D'après Guyot [*loc. cit.*], il possède la constitution suivante :

$$C^6 H^4 \diamondsuit \begin{array}{c} C \diagup {}^{Cl}_{C^6 H^4 - C H^3} \\ O \\ C O \end{array}$$

C'est une huile jaune qui se dissout dans l'acide sulfurique concentré en dégageant de l'acide chlorhydrique; de cette solution, l'eau précipite de la β-méthylanthraquinone (Limpricht, Wiegand) Condensé avec le toluène en présence de chlorure d'aluminium, le chlorure p-toluyl-o-benzoïque donne la di-p-tolylphtalide [Guyot, *loc. cit.*].

Anhydride mixte acétique-p-toluyl-o-benzoïque. — Il se forme par l'action de l'anhydride acétique sur l'acide. Il fond à 102° (Limpricht).

L'amide p-toluyl-o-benzoïque, obtenue en traitant le chlorure par l'ammoniac sec, fond à 175-176° [Kippenberg, *D. chem. G.*, **30**, 1132, 1897].

Acide p-toluyl-dichlorobenzoïque, $CH^3 - C^6 H^4 - C O - C^6 H^2 Cl^2 - C O^2 H$. — On l'obtient en condensant l'anhydride o-dichlorophtalique avec le toluène et le chlorure d'aluminium. Il fond à 156° [Royer, *Ann. Chem.*, **238**, 357, 1887].

Acide nitro-o-toluyl-o-benzoïque. — Il se forme par l'action de l'acide nitrique de densité 1,52 sur l'acide toluylbenzoïque. Il fond à 205°. — Traité par le zinc en poudre et l'ammoniaque, il donne de l'amino-p-tolylphtalide ou de l'acide méthyl-aminobenzylbenzoïque. Fondu avec de la potasse, il donne de l'acide benzoïque. *L'éther éthylique* fond à 122°. Le *chlorure* fond à 142°. *L'amide* se décompose à 200°. *L'anhydride* fond à 203°. *L'anhydride mixte acétique* fond à 145-146° [Limpricht, *Ann. Chem.*, **299**, 300, 1898].

Acide trinitrotoluylbenzoïque. — Il fond à 215° [Limpricht, *Ann. Chem.*, **314**, 247, 1900].

Acide amino-p-toluyl-o-benzoïque. — Il a été obtenu en réduisant l'acide nitré par l'étain et l'acide chlorhydrique. Il fond à 163° (Limpricht).

ACIDE P-TOLUYL-P-BENZOÏQUE. — Il se forme, à côté de l'acide benzophénone-dicarbonique, par l'oxydation de la di-p-tolylcétone par l'acide chromique en solution acétique. Il fond à 228°; il se sublime à 250° dans un courant d'air. Son *éther méthylique* fond à 126°. Son *chlorure* fond à 110°. Son *amide* fond à 196° [Limpricht, Claus, *Ann. Chem.*, **312**, 92, 1900].

Janvier 1907.   R. Marquis.

TOLUYLÉNIQUE (ALCOOL). — Voyez HYDROBENZOÏQUE.

TOLYLACÉTYLÈNE. — Voyez PHÉNYLACÉTYLÈNE.

TOLYLACRYLIQUES (ACIDES). — Voyez MÉTHYLCINNAMIQUES (ACIDES).

TOLYLCARBYLAMINES. — $C H^3 - C^6 H^4 - Az \equiv C$. — ORTHOTOLYLCARBYLAMINE. — Elle a été obtenue en faisant agir 100 gr. de toluidine sur 190 gr. de chloroforme et 210 gr. de potasse, dissous dans 800 cm³ d'alcool. — Elle bout à 75° sous 16 mm., à 101° sous 55 mm., à 183-184° sous 753 mm. en se décomposant légèrement. $D^{24} = 0,968$. Chauffée à 240° elle se transforme en nitrile o-toluique. Traitée par le chlore, elle est convertie en o-tolyliminochlorure de carbonyle $CH^3 - C^6H^4 - Az = CCl^2$ [Nef, *Ann. Chem.*, 270, 309, 1892].

PARATOLYLCARBYLAMINE. — Elle a été préparée comme l'orthotolylcarbylamine [Nef, *loc. cit.* ; — Smith, *Am. Ch. J.*, 16, 374, 1894]. — Elle fond à 21°; bout à 99° sous 32 mm. $D^{24} = 0,96$. Chauffée à 130° avec du méthylate de sodium, elle fournit de la di-p-tolylméthanamidine et du p-tolyliminoformiate de méthyle. Réduite par le sodium et l'alcool amylique, elle est convertie en méthyl-p-toluidine. Le chlorure d'acétyle la transforme en p-toluide de l'acide pyruvique. Traitée par le chlore, elle est convertie en p-tolyliminochlorure de carbonyle [Nef, *loc. cit.*]. Janvier 1907. R. Marquis.

TOLYLGLUTARIQUE (ACIDE). — ACIDE β-P-TOLYLGLUTARIQUE,

$$CH^3 - C^6H^4 - CH \begin{cases} CH^2 - CO^2H \\ CH^2 - CO^2H \end{cases}$$

— Cet acide a été préparé en condensant l'éther p-tolylacrylique avec l'éther malonique sodé et saponifiant le produit brut de la réaction par l'acide bromhydrique [Avery, *Am. Ch. J.*, 28, 48, 1902]. Il a été obtenu, en outre, en faisant agir la potasse sur l'éther p-toluylidène-bis-acétylacétique [Flurscheim, *D. chem. G.*, 34, 787, 1901]. Il cristallise dans l'eau bouillante en prismes fusibles à 165-167° (Avery), en aiguilles fusibles à 164-165° (Flurscheim), solubles dans le chloroforme, peu solubles dans l'éther. Le *sel de calcium* est une poudre cristalline blanche; le *sel d'argent* est amorphe; le *sel de cuivre* est une poudre cristalline verte. L'*anhydride*, obtenu par l'action de la chaleur ou du chlorure d'acétyle sur l'acide, fond à 153°. L'*anilide* fond à 194-196°. La *phénylimide* fond à 174°,5. Janvier 1907. R. Marquis.

TONOMÉTRIE. — (Voy. l'art. EBULLIOSCOPIE, 2° Suppl., 3, 358). Dans cet article on a donné les méthodes et les résultats obtenus par l'observation des phénomènes d'ébullition dans les solutions, et leur application à la détermination des poids moléculaires. Dans celui-ci nous examinerons la méthode statique de mesure de tension de vapeur.

HISTORIQUE. — Les premières observations remontent à Gay-Lussac et à Prinsep qui déterminèrent quelques tensions de vapeur de solutions. Le premier travail d'ensemble fut entrepris par V. Babo (1848) qui montra que *si f' représente la tension de vapeur d'une solution diluée, f la tension de vapeur de l'eau à la même température, l'abaissement relatif* $\dfrac{f - f'}{f}$

et aussi le quotient $\dfrac{f}{F}$ *sont indépendants de la température.*

Wullner (1856), sur un grand nombre de solutions salines, constata que *la diminution de tension de vapeur de l'eau par un corps dissous (qui à la température de l'expérience n'a aucune tension sensible) est proportionnel à la quantité de corps en dissolution.*

Les résultats de Wullner furent mis en doute par Pauchon (1879) qui donna une relation plus complexe entre la concentration et la diminution $\dfrac{f - f'}{f}$.

En 1885, Tammann perfectionna la méthode

expérimentale et constata que l'abaissement rapporté à la molécule du corps dissous avait pour des sels de même nature des valeurs très voisines. Cependant ces deux derniers expérimentateurs avaient obtenu des résultats divergents pour l'action de la température, aussi Emden reprit-il leurs mesures au moyen d'un dispositif donné par Konowalow, et constata l'exactitude de la loi de Babo dans un intervalle de température compris entre 20 et 95°.

MESURES A BASSE TEMPÉRATURE. — Dans toutes les déterminations précédentes, les pressions étaient évaluées en colonnes de mercure, ce qui est possible pour les températures un peu élevées; pour les températures plus basses la méthode ne serait plus assez sensible. En effet à 0° la tension de la vapeur d'eau est de 0,4 cent., et à 20° de 1,74 cent. de mercure.

Comme rarement la diminution de tension dépasse 10 0/0 on aurait par cette valeur à 0° 0,04 cent., et cette différence de hauteur est difficile à évaluer avec précision. On a par suite cherché à remplacer le mercure, et Moser, par exemple, comparait dans un manomètre différentiel les hauteurs du liquide correspondant à la solution et à l'eau pure.

Bremer, dans un appareil que nous décrirons plus loin, utilisa l'huile.

Helmholtz (1888) proposa une méthode fondée sur un autre principe et basée sur les considérations suivantes : quand brusquement on fait détendre de l'air dans un espace déterminé, il en résulte un abaissement de température facile à calculer. Si l'air est saturé de vapeur d'eau, il suffit (en présence de poussières qui facilitent la condensation) de la plus faible augmentation de volume et de la variation de température correspondante pour provoquer la formation d'un nuage.

Si l'air est au contraire en contact avec une solution, il n'est pas saturé par rapport à l'eau, et il faut une diminution de pression déterminée pour provoquer l'abaissement de température et la formation du nuage correspondant à la saturation. Les résultats obtenus par cette méthode n'ont été que partiellement d'accord avec ceux des autres auteurs.

Enfin Walker, appliquant un procédé indiqué par Ostwald, a remplacé les mesures de tension par des pesées de solvants vaporisés dans des conditions bien déterminées. Nous verrons plus loin la méthode plus en détail.

Le mérite d'arriver à des résultats généraux définitifs était réservé à Raoult, qui étudia tout d'abord des solutions éthérées, puis des solutions de toutes natures.

MÉTHODES EXPÉRIMENTALES. — 1° *Méthodes basées sur la mesure directe des tensions.* — La méthode de Raoult est la méthode barométrique de Dalton, Vullner, etc., perfectionnée. L'appareil comporte comme partie essentielle deux tubes de 0,80 mètres de longueur et 1 centimètre de diamètre, remplis de mercure et communiquant par leur partie inférieure avec un même tube horizontal en fer sur lequel ils sont montés. Ces deux tubes reçoivent, l'un le solvant pur, l'autre la solution. Sur le même tube en fer est monté également un troisième tube plus large et plus long communiquant par sa partie supérieure avec un milieu dans lequel la pression est exactement connue. L'ensemble de ces trois tubes est chauffé dans une étuve dont la température constante est celle d'ébullition d'un liquide convenablement choisi (eau, alcool, acétone, éther).

De la hauteur du mercure dans les trois tubes relevée au cathétomètre et corrigée des dépressions dues aux liquides superficiels, on déduit facilement les tensions de vapeur du solvant et de la dissolution, à la même température.

Pour les liquides attaquant le mercure, comme c'est le cas par exemple pour des dérivés halogénés ou des acides, on peut, au lieu de les verser sur le mercure directement, mettre simplement en relation le bout des tubes barométriques avec de petits ballons contenant les solutions ou les solvants à étudier.

Cette méthode indiquée par Raoult a d'ailleurs été employée dans le tonomètre différentiel de Bremer à colonne d'huile.

Dans cet appareil la différence entre la tension du liquide et celle de la dissolution est mesurée par la dénivellation d'une colonne d'huile d'olive placée dans un tube en U.

L'eau et la dissolution sont pour cela enfermées dans deux petits ballons qui communiquent avec les deux ouvertures de ce tube en U. Les deux ballons sont placés d'abord dans la glace, puis on y fait le vide avec soin. On laisse revenir alors à une température connue et maintenue fixe assez longtemps pour laisser l'équilibre s'établir.

De la dénivellation de l'huile dans les deux tubes, on déduit facilement la valeur des tensions et on les calcule en millimètres de mercure.

Dieterici a décrit un tonomètre anéroïde différentiel basé sur un principe différent, et dont le manomètre appartient au type des manomètres métalliques. La sensibilité de cet appareil est considérable et permet, d'après son auteur, les mesures de tension de la vapeur d'eau à 0,2 ou 0,1 0/0 près. Cette méthode a été appliquée à la mesure d'un certain nombre de solutions aqueuses à 0°. Elle a été critiquée par Abegg et aussi par Raoult. L'emploi de l'hygromètre à condensation indiqué d'abord par Tammann, puis par Charpy, est également d'une application trop délicate.

2° *Méthodes basées sur la pesée de la vapeur.* — Le principe de ces méthodes est le suivant : on fait traverser la solution par une certaine quantité d'air et on détermine l'eau entraînée. Indiquée d'abord par Ostwald et essayée par Tammann, la méthode n'a donné des résultats satisfaisants qu'entre les mains de J. Walker. L'appareil comporte trois tubes à boules de Liebig a b c et un tube à ponce sulfurique d reliés ensuite. Les deux premiers a et b renferment une même dissolution aqueuse, le troisième c renferme de l'eau pure. On fait passer à travers tout l'appareil un courant très lent d'air sec. Celui-ci enlève aux deux premiers tubes a et b une certaine quantité de vapeur d'eau dépendant de la tension de vapeur des solutions qu'ils renferment, il se sature complètement de vapeur d'eau en passant dans c et abandonne enfin dans d la totalité de sa vapeur. Après 24 heures on met fin à l'expérience.

La vapeur d'eau, absorbée par le tube d à SO^4H^2 correspond à la tension de la vapeur de l'eau pure; la perte de poids de $a + b$ correspond à la tension de vapeur de la solution. Le rapport entre la diminution de poids x du tube à eau et l'augmentation δ du tube à SO^4H^2 d est donc égal au rapport qui existe entre la diminution de tension de vapeur $f - f'$ produite par le corps dissous et la tension f de l'eau pure; c'est-à-dire égal à la diminution relative de tension de vapeur. On a donc :

$$\frac{x}{\delta} = \frac{f - f'}{f}.$$

La concentration primitive de la solution s'altère au cours de l'opération; mais il est facile d'établir la correction, puisque l'on connaît le poids du dissolvant enlevé à l'état de vapeur.

La même méthode a pu être appliquée aux solutions alcooliques par Will et Bredig.

L'écueil principal de ces méthodes est l'absorption inévitable du solvant en plus ou moins grande quantité par les joints des appareils qui ne peuvent être qu'en caoutchouc. Pour l'eau cet inconvénient est minimum, pour les solvants organiques il n'en est plus de même.

Sensibilité générale de la méthode tonométrique. — D'après les résultats expérimentaux, Raoult calcule que les mesures de tension, même dans les cas les plus favorables, ne possèdent pas une sensibilité qui dépasse 0,1 mm.; pour les solutions étendues renfermant moins de 0,1 molécule gramme de corps dissous dans 100 grammes de solvant, c'est une sensibilité insuffisante.

RÉSULTATS EXPÉRIMENTAUX. — Sous leur forme définitive, ils sont dus pour ainsi dire exclusivement à Raoult, qui a montré tout d'abord :

1° Que l'abaissement relatif de tension de vapeur $\frac{f - f'}{f}$ est indépendant de la température *en pratique*. En réalité cette diminution doit croître un peu quand la température augmente.

2° Cette diminution relative $\frac{f - f'}{f}$ est reliée à l'abaissement du point de congélation par la formule simple

$$\frac{f - f'}{f} = \frac{d'}{d} \times C \times \frac{L_1 M}{1,988 \cdot T^2} \qquad (1)$$

dans laquelle d représente la densité théorique de vapeur du solvant dont le poids moléculaire est M, d' la densité réelle, L_1 la différence entre la chaleur de vaporisation de l'eau et de la glace à $-C°$, C l'abaissement du point de congélation et T la température absolue.

3° Comme entre l'abaissement du point de congélation et l'élévation du point d'ébullition on a la relation

$$C L_1 = \Delta L_2$$

dans laquelle L_2 représente la chaleur latente de vaporisation et Δ l'élévation du point d'ébullition, on a donc

$$\frac{f - f'}{f} = \frac{d'}{d} \times \Delta \times \frac{L_2 M}{1,988 \cdot T^2}. \qquad (2)$$

4° Entre la diminution relative $\frac{f - f'}{f}$ et la concentration, Raoult a montré expérimentalement qu'il existe les relations suivantes :

Pour les non électrolytes les diminutions relatives de tension sont, entre des limites de concentration fort étendues, sensiblement proportionnelles au nombre de molécules de substance fixe contenue dans 100 molécules du mélange :

$$\frac{f - f'}{f} \times \frac{n + n'}{n} = k, \qquad (3)$$

k est constant pour tous les mélanges de même nature et voisin de l'unité; n et n' représentent les nombres de molécules du dissolvant et du corps dissous, ayant respectivement pour poids moléculaire M et M'. Si P représente le poids de matière dissoute dans 100 gr. de dissolvant, on aura pour le nombre de molécules dissoutes dans 100 molécules du mélange :

$$100 \times \frac{n}{n' + n} = \frac{P \times M \times 100}{100 \times M + PM'},$$

La formule (3) doit être substituée à la loi de Wüllner si les dissolutions sont concentrées. Pour les dissolutions étendues la loi de Wüllner garde toute sa valeur, car elle est plus simple et se réduit à

$$\frac{f-f'}{f} = \frac{n}{n'}\,\mathrm{K} \qquad (4)$$

puisque n, nombre de molécules du corps dissous, est devenu négligeable devant celui des molécules du solvant.

La formule (4) est d'ailleurs rigoureusement exacte quand *le corps dissous se combine molécule à molécule au solvant*; dans ce cas, en effet, le rapport $\frac{n+n'}{n}$ se réduit à $\frac{n'}{n}$ et la formule (3) prend la forme

$$\frac{f-f'}{f} \times \frac{n'}{n} = k.$$

Cette formule présente un intérêt particulier pour la solution aqueuse des sels.

5° *Influence de la nature du corps dissous.*

1re *Loi de Raoult* :

Dans un même dissolvant, la diminution moléculaire A de tension reste sensiblement constante, quelle que soit la nature de la substance dissoute. — Cette diminution moléculaire A a pour valeur

$$\mathrm{A} = \mathrm{M}\frac{f-f'}{f} \times \frac{1}{\mathrm{P}} \qquad (5)$$

expression dans laquelle P représente le poids de substance dissoute dans 100 gr. de solvant et M le poids moléculaire de la substance dissoute. Si on remarque que $\frac{\mathrm{P}}{\mathrm{M}}$ représente le nombre n de ces molécules contenu dans le poids P du corps dissous, la formule (5) devient

$$\mathrm{A} = \frac{f-f'}{f} \times \frac{1}{n} \qquad (5\ bis)$$

et on peut dire que, *si on dissout 1 molécule de substance fixe quelconque (de nature organique) dans 100 gr. d'un liquide volatil déterminé, on diminue la tension de vapeur de ce liquide d'une fraction à peu près constante de sa valeur.*

6° *Influence de la nature du dissolvant.*

La diminution de tension rapportée à une molécule dissoute dans 100 molécules et multipliée par 100 est égale au rapport $\frac{d'}{d}$ qui existe à la température d'ébullition entre la densité réelle d' de la vapeur saturée et en densité théorique d. Exemples :

Solvants.	$\frac{f-f'}{f} \times \frac{\mathrm{M}}{\mathrm{M'}} \times 100.$	$\frac{d'}{d}$ observé directement.	$\frac{d'}{d}$ calculé par $\mathrm{L_2}$.
Eau.	1,02	1,03	1,026
Alcool méthylique.	1,05	1,05	1,04
— éthylique	1,01	1,02	1,02
Éther.	1,04	1,04	1,04
Benzène	1,01	1,02	1,02
Sulfure de carbone.	1,05	1,01	1,03
Acide acétique.	1,62	1,66	1,64
— formique.	1,55	1,54	1,55

La 3e colonne contient le volume de $\frac{d'}{d}$ déterminé par Fairbain et Tate pour l'eau, Ramsay et Young pour les alcools méthylique et éthylique, l'éther, etc.

La 4e colonne contient la valeur de $\frac{d'}{d}$ calculée au moyen de la chaleur latente de vaporisation par la formule de Clapeyron-Clausius, même sous la forme :

$$\frac{d'}{d} = \frac{\mathrm{T^2}}{\mathrm{L_2} \times \mathrm{M'} \times f} \times \frac{df}{d\mathrm{T}} \times 1,988.$$

Exceptions. — Les diminutions moléculaires sont normales dans l'alcool méthylique, l'alcool éthylique, l'éther, l'acétone, les acides formique et acétique pour toutes les substances organiques et même certains chlorures de métalloïdes.

Dans le $\mathrm{CS^2}$, le bromure d'éthyle, le benzène, les acides organiques (benzoïque, valérianique, etc.), certains phénols, donnent des valeurs égales à la moitié environ de la valeur normale. Ces valeurs anormales indiquent une polymérisation moléculaire du corps dissous.

Emploi de la méthode statique pour la détermination des poids moléculaires. — Cette méthode est plus compliquée que la méthode ébullioscopique si on veut opérer avec un solvant quelconque à cause de la nécessité d'employer une étuve spéciale; mais si on peut employer l'éther, on peut alors opérer à la température ordinaire du laboratoire, et dans ces conditions, la méthode est simple et suffisamment exacte.

Pour avoir une précision satisfaisante il convient d'opérer au moins sur deux dissolutions à concentrations différentes.

La formule à employer est celle du tableau précédent

$$\frac{f-f'}{f} \times \frac{1}{\mathrm{P}} \times \frac{\mathrm{M}}{\mathrm{M'}} \times 100 = \frac{d'}{d}$$

dont on tire

$$\mathrm{M} = \frac{d'}{d} \times \mathrm{M'} \times \frac{\mathrm{P}}{100} \times \frac{f}{f-f'},$$

formule dans laquelle $\frac{d'}{d} \times \mathrm{M'}$ est connu pour le solvant.

Exemple. — Détermination du poids moléculaire de l'essence de térébenthine dans l'éther ; $t = 20°$:

$$\frac{d'}{d} = 1,01 \qquad \mathrm{M'} = 74 \qquad \frac{d'}{d} \times \mathrm{M'} = 75,5.$$

P dans 100 gr. d'éther.	$\frac{f-f'}{f} \times 100.$	$\frac{f-f'}{f} \times \frac{1}{\mathrm{P}} \times 100.$	M
18gr,512	9,19	0,496	152,1
11gr,346	6,00	0,529	154,0

On porte ensuite ces valeurs de M en ordonnées sur du papier millimétré et on prend pour abscisse P. On réunit ces deux points et on prolonge jusqu'à l'axe des ordonnées, on obtient la valeur de M pour une dilution infinie. Dans l'exemple M = 132, la théorie est 136.

L'avantage particulier de cette méthode trop peu employée est la possibilité d'opérer avec quelques centigrammes de matière.

Remarque. — Il convient cependant d'indiquer que cette méthode, comme les méthodes ébullioscopiques d'ailleurs, ne comporte pas la précision des méthodes cryoscopiques; c'est là leur principal inconvénient, compensé en partie par la possibilité d'employer des solvants incongelables comme l'éther, l'alcool, l'acétone, etc.

La méthode statique a donné cependant des résultats intéressants pour des solutions très différentes de celles que nous venons de voir et qui ont été étudiées par Ramsay : ce sont les solutions de métaux dans le mercure. Ramsay a trouvé ainsi pour Hg, Ag, Mg, Mn, Zn, Cd, Ga, Pb, Sn, Bi, Au, Li, des poids moléculaires égaux aux poids atomiques. Pour le Ca et le Ba leurs poids moléculaires sont égaux à la moitié de leurs poids atomiques, c'est-à-dire à leurs équivalents. Ce résultat très particulier peut peut-être s'expliquer par une combinaison de deux atomes du métal alcalino-terreux avec un atome de mercure.

Cas des électrolytes. — Pour ces substances le problème se complique par l'ionisation de la molécule, son hydratation et aussi peut-être celle de ses ions. On n'a pu, par suite, découvrir de relations générales simples. On trouvera cependant dans Raoult (*Tonométrie*) des calculs intéressants effectués au moyen des résultats de Tammann et donnant le nombre moyen probable des molécules d'eau combinées avec une molécule de sel pour un certain nombre de sels qui cristallisent avec plus ou moins de molécules d'eau.

Des calculs semblables ont été effectués également sur les solutions alcooliques de certains sels comme $CaCl^2$. Leurs résultats conduiraient à admettre que dans les dissolutions alcooliques concentrées, les sels existent à l'état d'alcoolates renfermant à peu près le même nombre de molécules d'alcool qu'à l'état cristallisé.

BIBLIOGRAPHIE. — v. Babo. *Jahrsb. f. Ch.*, 93. 1848-49 et 72, 1858. — Wulner, *Diss.*, 1856; *Pogg. Ann.*, 103, 529. 1858 : 105, 85, 1858 et 110, 564, 1860. — Pauchon, *C. R.*, 39, 752, 1879. — Tammann, *Wied. Ann.*, 24, 523, 1885. — Emden, *ibid*, 31, 145, 1887 et *Dissert.*, Strasbourg. 1887. — Konovalow, *Wied. Ann.*, 14, 34, 1881. — Moser, *ibid.*, 14. 34, 1881. — Bremer, *Rec. Tr. chim. P.-B.*, 6, 122, 1887. — v. Helmholtz, *Wied. Ann.* 27. 568. 1885. — J. Walker, *Zeit. f. ph. Chem.*, 2, 602, 1888. — F.-M. Raoult. *C. R.*, 103, 1128, 1886; *Ann. de Chim. et de Phys.*, (6), 20, 1890. — Dieterici. *Wied. Ann.*, 50. 47-87, 1893. — Abegg, *ibid.*, 64, 486, 1898. — Raoult. *Tonométrie*, Collection Scientia, 21. 1900. — Charpy, *C. R.*. 111, 1890. — Tammann, *Wied. Ann.*, 33. 322. 1888. — Will et Bredig, *D. chem. G.*, 22, 1084, 1899. — Ramsay, *Chem. Soc.*, 75, 521, 1899.

Octobre 1907.   C. Marie.

TORRENSITE (Min.) (H. Lienau). — Silicate-carbonate de manganèse hydraté, SiO^3Mn, CO^3Mn, $\frac{1}{2}H^2O$. Masses compactes brun clair ou gris rougeâtre, brunissant à l'air, poussière rose grisâtre. entièrement attaquable aux acides, avec rhodonite et friedelite, à la mine Torrens. par Vieille-Aure, Hautes-Pyrénées.   L. B.

TOXIGÉNONE. — Nom donné par Kiliani [*D. chem. G.*, 31, 2454, 1898; 32. 2199, 1899], au produit obtenu par l'action de l'acide chromique en solution acétique sur la digitaligénine ou sur l'anhydrodigitoxigénine. Il est constitué par des aiguilles jaunâtres, solubles dans le chloroforme et dans l'acide sulfurique, de formule $C^{20}H^{26}O^3$ ou $C^{19}H^{24}O^3$, fonçant de couleur par la chaleur sans fondre même à 250°. Ce corps paraît être une cétone.

Octobre 1907.   A. Hébert.

TRECHMANNITE (Min.) (F.-H. Smith et G.-T. Prior). — Probablement sulfarsénite d'argent, en cristaux prismatiques transparents ou translucides, écarlates ou vermillons, éclat adamantin, dans la dolomie cristalline de la vallée de Binner, Suisse. Dureté = 1,5 à 2. Poussière rouge. Rhomboèdre $a : c = 1 : 0,553$. Clivage : p bon, a^1 distinct.   L. Bourgeois.

TRÉHALASE. — Voyez l'art. DIASTASES.

TRÉHALOSE, *mycose*, $C^{12}H^{22}O^{12} + 2H^2O$. — Le tréhalose se rencontre dans les champignons frais [Bourquelot, *C. R.*, 108, 568; 111, 534; 113, 749, 1891].

On le prépare en épuisant le tréhala pulvérisé par l'alcool à 75 0/0 [Maquenne, *Sucres*, 695, 1900].

La formule moléculaire du tréhalose a été vérifiée par la cryoscopie [Maquenne, *C. R.*, 112, 947, 1891; — Winterstein, *D. chem. G.*, 26, 3094, 1893]. L'absence de caractères aldéhydiques de ce sucre et la formation d'un seul produit, le glucose, par hydrolyse l'ont fait représenter par la formule

$$CH^2OH - CHOH - CH - (CHOH)^2 - CH \diagdown O$$
$$CH^2OH - CHOH - CH - (CHOH)^2 - CH \diagup O$$

qui rappelle celle du sucre ordinaire.

Propriétés. — Le tréhalose hydraté fond à 101°; anhydre, il fond à 210°.

Son pouvoir rotatoire est $[\alpha]_D = + 197°,3$ pour le corps anhydre, et $[\alpha]_D = + 176,3$ pour le corps hydraté [Apping, *Dissert.*, Dorpat, 1885].

Le tréhalose est assez difficilement hydrolysé par les acides étendus: il ne fournit que du glucose [Bourquelot, *Bull. Soc. Chim.*, 11, 353, 1894; — Maquenne, *C. R.*, 112, 947, 1891; — Winterstein, *D. chem. G.*, 26, 3094, 1893].

Cette hydrolyse est aussi réalisée par la levure [Fischer, *D. chem. G.*, 28, 1429, 1895; — Kalanthar, *Zeit. phys. Chem.*, 26, 88], par l'aspergillus niger [Bourquelot, *C. R.*, 116, 826, 1193], par le bacillus fluorescens [Emmerling et Reiser, *D. chem. G.*, 35, 700, 1902].

Le *tréhalose octonitrique* $C^{12}H^{14}O^3(AzO^3)^8$ cristallise en lamelles fusibles à 124° $[\alpha]_D = + 173°,8$ [Will et Lenze, *D. chem. G.*, 34, 68, 1898].

Le *tréhalose diacétique* $C^{12}H^{20}O^9(C^2H^3O^2)^2$ fond à 68° [Börning, *Dissert.*, Dorpat, 1888].

Le *tréhalose octoacétique* $C^{12}H^{14}O^3(C^2H^3O^2)^8$ fond à 97-98° [Maquenne, *C. R.*, 112, 947, 1891; — Fischer, *D. chem. G.*, 17, 579, 1884].

L'*octophényluréthane* fond en se décomposant vers 283° [Maquenne et Goodwin, *Bull. Soc. Chim.*, 31, 432, 1904].

1ᵉʳ janvier 1908.   P. Carré.

TRI.... — Pour les mots qui ne se trouvent pas ici à leur place alphabétique, voir le mot qui suit ce préfixe.

TRIACÉTAMIDE, $Az \equiv [CO.CH^3]^3$. — On l'obtient par l'action de l'acétonitrile sur l'anhydride acétique. Petites aiguilles blanches fusibles à 78-79° [Wichelhaus, *D. chem. G.*, 3, 847].

1ᵉʳ novembre 1907.   V. Thomas.

TRIACÉTODIAMIDE, $Az^2H^3 \equiv [COCH^3]^3$. — Ce corps se forme par l'action du gaz chlorhydrique sur l'acétamide [Strecker, *Ann. Chem.*, 103, 327], ainsi que par l'action de l'acide acétique sur le proprionitrile [Gautier, *Zeit. f. Chem.*, 1869, p. 127]. Aiguilles fusibles à 212-217°. 1ᵉʳ novembre 1907.   V. Thomas.

TRIACÉTONAMINE. — (Voyez ACÉTONA-

MINES, 2ᵉ Suppl., ACÉTONE 1ᵉʳ Suppl.,) conservant la nomenclature adoptée à l'article DIACÉTONA-MINE, (voyez 2ᵉ Supp.), nous désignerons ce dérivé

$$CO \quad CH^2 \quad CH^2 \quad (CH^3)^2{-}C \quad C{-}(CH^3)^2 \quad AzH$$

sous le nom de α-α-α-α-tétraméthyl-γ-pipéridone.

Le *perbromure de bromhydrate* est en aiguilles jaunes se décomposant à 71–72° (Pauly). Son *cyaniplatinate* est en cristaux jaune orangé fondant à 185°.

DÉRIVÉS DE SUBSTITUTION A L'AZOTE. — *Dérivé méthylé* (Guareschi). Liquide bouillant à 200° avec décomposition. Son *chloroplatinate* est en aiguilles orangées; son *chloroaurate* en tables jaunes; son *cyaniplatinate* $C^{10}H^{19}AzO[HCSAz]^2$ $Pt(CSAz)^4$ en aiguilles rouge orangé fondant à 137-139°.

Dérivé éthylé. — Liquide; son *chloroplatinate* est en prismes rouge orangé fondant à 157-158°.

Dérivé allylé. — Liquide; son *chloroplatinate* fond à 148°.

Dérivé monobromé. — Feuillets solubles dans la plupart des solvants organiques, fondant à 44° [Pauly, *D. chem. G.*, 31, 668].

Dérivé nitrosé. — Aiguilles fondant à 72–73° [Hentz, *An. Chem.*, 185, 1; 187, 233].

α-α-α-α-Tétraméthyl-β-β-dibromo-γ-pipéridone. — Aiguilles se décomposant vers 140-150°; son *bromhydrate* est en tables hexagonales décomposables à 203° [Pauly, *loc. cit.*; — Rossbach *D. chem. G.*, 32, 2000].

Pauly a signalé un isomère du précédent en prismes vert clair fondant à 60-61°.

α-α-α-α-TÉTRAMÉTHYL-γ-OXYPIPÉRIDINE (*triacétonalcamine*),

$$CH{-}OH \quad CH^2 \quad CH^2 \quad (CH^3)^2{-}C \quad C{-}(CH^3)^2 \quad AzH$$

— Elle se forme par réduction électrolytique de la triacétonamine en milieu légèrement alcalin. (Schering, brevet allemand 95 623). Le *perbromure* de son *bromhydrate* $C^9H^{19}OAz.HBr.Br^2$ est en aiguilles rouge orangé se décomposant à 160° [Saintleben, *D. chem. G.*, 31, 1147].

Dérivé méthylé à l'azote. — Cristaux fusibles à 74° [E. Fischer, *D. chem. G.*, 16, 1605]. Son *chlorhydrate* et son *sulfate* sont facilement solubles dans l'eau. Le *perbromure de bromhydrate* $C^{10}H^{21}OAz.HBr.Br^2$ est en aiguilles fondant à 145°, se dissolvant bien dans l'alcool et le chloroforme (Saintleben).

Dérivé bromé à l'azote. — Aiguilles jaunes fondant à 101° (Saintleben).

Dérivés

$$H \quad OH \qquad\qquad OH \quad H$$
$$C \qquad\qquad\qquad C$$
$$CH^2 \quad CH^2 \qquad CH^2 \quad CH^2$$
$$(CH^3)^2{-}C \quad C{-}(CH^3)^2 \qquad (CH^3)^2{-}C \quad C{-}(CH^3)^2$$
$$Az{-}CO{-}AzH{-}C^6H^5 \qquad AzCOAzHC^6H^5$$

Point de fusion 129°.   Point de fusion 138°.

[Erich Groschuff, *D. chem. G.*, 34, 2974, 1901].

α-α-α-α-*Tétraméthyl-β-γ-pipéridéine*,

$$CH \quad CH^2 \quad CH \quad (CH^2)^2{-}C \quad C{-}(CH^3)^2 \quad AzH$$

Triacétonine.

— Liquide qui bout à 146-147° (H = 740°), ayant une odeur de pipéridine, fournissant facilement par traitement à l'acide azoteux un *dérivé nitrosé* en tables jaunes, à odeur de camphre.

Sels : chlorhydrate; bromhydrate, gros prismes; *chloroaurate*, aiguilles jaunes d'or.

Son *dérivé méthylé* à l'azote est huileux et ne réagit pas avec l'acide azoteux [E. Fischer, *D. chem. G.*, 17, 1791].

Pour les dérivés divers de la tétraméthylpipéridine, voyez 2ᵉ Suppl., PIPÉRIDINE.

Dérivé iodique de la triacétoneamine. — [Merk, brevet allemand 119 506, 1900].

Triacétonediamine $(CH^3)^2C(AzH^2).CH^2.CO.CH^2.C(AzH^2)(CH^3)^2$. — Elle se forme, dans des conditions déterminées, par l'action de l'ammoniaque sur l'acétone. C'est un liquide épais bouillant à 95° (H = 12ᵐᵐ), facilement soluble dans l'eau, donnant des sels bien cristallisés : $C^9H^{20}Az^2O.2HCl$, gros prismes — $C^9H^{20}Az^2O.2HCl.PtCl^4$, insoluble dans l'alcool — $C^9H^{20}Az^2O.C^2O^4H^2$, aiguilles — $C^9H^{20}Az^2O.2C^2O^4H^2$, prismes monocliniques, — $C^9H^{20}Az^2O.2HCl.ZnCl^2.3H^2O$, cristaux monocliniques [Heintz, *An. Chem.*, 203, 336; — Harries et Lehmann, *D. chem. G.*, 30, 2733; — Schering, brevet allemand 98705; *Chem. Centr. Bl.*, 1899, (2), 178.

Triacétonedialcamine $C(CH^3)^2(AzH^2).CH^2.CH(OH)CH^2C(AzH^2)(CH^3)^2$. — Prismes rhombiques fondant à 98-99°, bouillant à 205-210° [Harries et Lehmann, Schering, brevet allemand 98 705 et 96 657].   1ᵉʳ Janvier 1908.   V. Thomas.

TRIACÉTYLMÉTHANE. — Voyez l'art. ACÉTYLACÉTONE, 2ᵉ Suppl., 1. 67.

TRIAZINES. — On désigne sous le nom de *triazines* des composés dont le noyau peut être représenté par une chaîne fermée hexatomique comprenant 3 atomes d'azote :

$$
\begin{array}{ccc}
Az & Az & Az \\
CH\;\alpha'\;\alpha\;CH & CH\;\alpha'\;\alpha\;Az & CH\;\alpha'\;\alpha\;CH \\
Az\;\beta'\;\beta\;Az & CH\;\beta'\;\beta\;Az & CH\;\beta'\;\beta\;Az \\
CH & CH & Az \\
\beta\,\beta'\text{-Triazine.} & \alpha\,\beta\text{-Triazine.} & \alpha\,\gamma\text{-Triazine.}
\end{array}
$$

On peut concevoir l'existence de trois formes isomériques de ce noyau, suivant les positions relatives des atomes d'azote.

On connaît des dérivés de ces trois classes de corps.

Les β-β'-triazines ont déjà été décrites à l'art. CYAPHÉNINE. Nous nous occuperons donc seulement ici des α-β-triazines et des α-γ-triazines.

α-β-TRIAZINES.

On obtient des dérivés dihydrogénés des α-β-triazines quand on diazote les dérivés o-aminés des benzylamines secondaires :

$$C^6H^4 \begin{smallmatrix} AzH^2 \\ CH^2{-}AzH{-}C^6H^5 \end{smallmatrix} + AzO^2H$$

$$= 2H^2O + C^6H^4 \begin{smallmatrix} Az = Az \\ | \\ CH^2{-}Az{-}C^6H^5 \end{smallmatrix}$$

β-Phényl-$\beta\gamma$-dihydro-$\alpha'\beta'$-phénotriazine.

La *β-phényl-β-γ-dihydro-α-β-phéno-triazine* fond à 128° en se décomposant.

L'*α-p-nitrophényl-v-α-dihydro-α'-β'-dichloro-1.4-phénotriazine* se forme quand on chauffe à 70°, avec la glycérine, la p-nitrophénylhydrazone de l'aldéhyde dichloroazidobenzoïque :

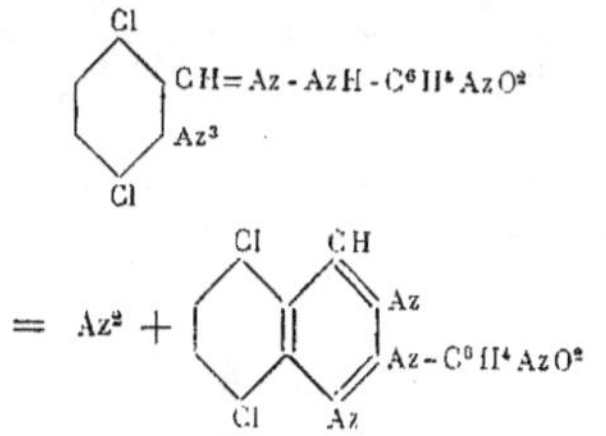

$$CH = Az - AzH - C^6H^4 AzO^2$$

$$= Az^2 + \text{(structure cyclique)}$$

Elle cristallise en aiguilles jaunes d'or fusibles à 233-234° [Bamberger et Demuth, *D. chem. G.*, **34**, 1309, 1901].

La *β-p-tolyl-β-γ-dihydro-α'-β'-m-xylotriazine*,

$$CH^3 - C^6H^3 \begin{cases} Az = Az \\ CH^2 - Az - C^6H^4 - CH^3 \end{cases}$$

obtenue par l'action de l'acide azoteux sur l'o-amino-m-xylyl-p-toluidine, fond à 173°; son *picrate* fond à 138° en se décomposont; son *chloroplatinate* brunit à 150° et est fondu à 180° [Walthez et Bamberg, *Journ. f. prakt. Chem.*, **71**, 153, 1905].

Les α-β-triazines à fonction cétone se forment quand on diazote l'o-aminobenzamide ou ses dérivés :

$$C^6H^4 \begin{cases} AzH^2 \\ CO - AzH^2 \end{cases} + AzO^2H$$

$$= 2H^2O + C^6H^4 \begin{cases} Az = Az \\ CO - AzH \end{cases}$$

γ-Céto-β-γ-dihydro-α'β'-phénotriazine.

quand on oxyde les Iz-amino-3-indazols :

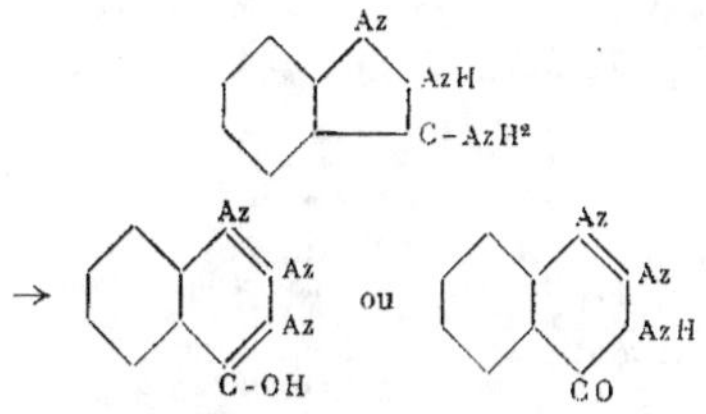

ou encore par ébullition des éthers diazoamicarboniques en solution alcoolique diluée :

$$C^6H^4 \begin{cases} Az^3.H.Ar \\ CO^2R \end{cases} = R.OH + C^6H^4 \begin{cases} Az = Az \\ CO - Az - Ar \end{cases}$$

O-Benzazimide (*γ-céto-β-γ-dihydro-α'-β'-phénotriazine*),

$$C^6H^4 \begin{cases} Az = Az \\ CO - AzH \end{cases}$$

— Elle cristallise dans l'eau en fines aiguilles fusibles à 212° [Weddige, *J. prakt. Chem.*, **35**, 262, 1887; — Finger, *ibid.*, **37**, 432, 1888; —

Zacharias, *ibid.*, **43**, 446, 1891; — Bamberger et Goldberger, *D. chem. G.*, **31**, 2638, 1898].

La *nitro-5-benzazimide*

$$AzO^2 - C^6H^3 \begin{cases} Az = Az \\ CO - AzH \end{cases}$$

fond à 185° en se décomposant [Kratz, *J. prakt. Chem.*, **53**, 213, 1896].

La *méthylbenzazimide*

$$C^6H^4 \begin{cases} Az = Az \\ CO - Az - CH^3 \end{cases}$$

fond vers 143° (Weddige, Finger). La *nitro-5-méthylbenzazimide* fond à 199° (Kratz).

L'*éthylbenzazimide* fond vers 70° (Finger). La *nitro-5-éthylbenzazimide* fond à 105° (Kratz).

La *phénylbenzazimide*

$$C^6H^4 \begin{cases} Az = Az \\ CO - Az - C^6H^5 \end{cases}$$

fond à 151° [Mehner, *J. prakt. Chem.*, **63**, 266, 1901; — Pictet et Gouset, *Centr. Bl.*, **1**, 413, 1897]. La *phénylnitro-5-benzazimide* fond à 190° (Kratz). La *nitrophénylbenzazimide*

$$C^6H^4 \begin{cases} Az = Az \\ CO - Az - C^6H^4 - AzO^2 \end{cases}$$

méta, fond à 238°; para, fond à 252-254° [Mehner, *J. prakt. Chem.*, **63**, 289].

TOLYLBENZAZIMIDES,

$$C^6H^4 \begin{cases} Az = Az \\ CO - Az - C^6H^4 - CH^3 \end{cases}$$

— Le dérivé *ortho* fond à 166°; le dérivé *méta* fond à 150° et le dérivé *para* fond à 153° (Mehner).

La *m-xylylbenzazimide*

$$C^6H^4 \begin{cases} Az = Az \\ CO - Az - C^6H^3(CH^3)^2 \end{cases}$$

fond à 132° (Mehner).

L'*éthylène-benzazimide*

$$C^6H^4 \begin{cases} Az = Az \\ CO - Az - CH^2 - CH^2 - Az - CO \end{cases} C^6H^4$$

fond à 216° (Finger). La *nitro-5-éthylène-benzazimide* fond au-dessus de 290° (Krotz).

La *γ-céto-β-γ-dihydro-α'-β'-tolutriazine*

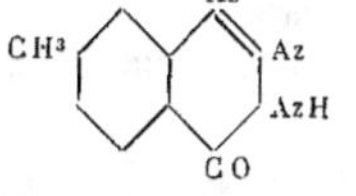

fond à 219°.

La *γ-céto-β-γ-dihydro-α'-β'-xylotriazine*

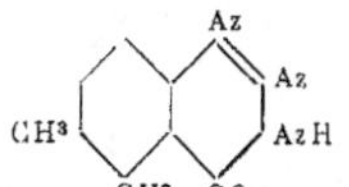

fond à 228° [Bamberger, *loc. cit.*].

α-γ-TRIAZINES.

Les dérivés de l'α-γ-triazine prennent naissance dans l'action de la semicarbazide sur les dicétones-1.2 :

$$C^6H^5-CO \quad + \quad H^2Az-CO \atop H^2Az-AzH \quad = \quad {C^6H^5-C=Az-COH \atop C^6H^5-C=Az-Az}$$

$$\text{Diphényloxytriazine.}$$

par condensation des éthers semicarbaziniques sous l'influence de l'éthylate de sodium :

$$AzH \diagdown {AzH-CH(R)-CO^2C^2H^5 \atop CO-AzH^2}$$

$$= \quad Az {\diagup AzH-CH-R \atop \diagdown C(OH)-Az} \geqq C(OH) + C^2H^5OH$$

$$\text{Dioxydihydrotriazine substituée.}$$

ou par l'action des formamides substituées sur le phénylhydrazinoéthanoate d'éthyle :

$$\begin{matrix} CO^2C^2H^5 \\ | \\ CH^3-Az-AzH^2 \\ | \\ C^6H^5 \end{matrix} + \begin{matrix} R \\ | \\ H-Az-CH \\ \| \\ O \end{matrix}$$

$$= \quad C^2H^5OH + H^2O + \begin{matrix} R \\ | \\ CO-Az-Az \\ | \\ CH^3-Az-Az \\ | \\ C^6H^5 \end{matrix}$$

$$\text{Phényltétrahydrocétotriazine.}$$

Les dérivés de l'α-γ-triazine qui ont une partie commune avec le noyau se forment :

Par la réduction des amides de la phénylhydrazine o-nitrée :

$$C^6H^4 \diagdown {AzH-AzH-CHO \atop AzO^2} + 2H^2$$

$$= \quad 3H^2O + C^6H^4 \diagdown {Az=Az \atop Az=CH}$$

$$\text{Phénotriazine.}$$

Par l'action des acides concentrés sur les combinaisons formazylées :

$$\begin{matrix} C^6H^5-Az=Az \\ C^6H^5-AzH-Az \end{matrix} \diagdown C-CO^2H$$

$$= \quad C^6H^5-AzH^2 + CO^2 + C^6H^4 \diagdown {Az=Az \atop Az=CH}$$

Par la condensation des aldéhydes avec les azoïques o-aminés :

$$C^{10}H^6 \diagdown {Az=Az-C^6H^2 \atop AzH^2} + CH^3-CHO$$

$$= \quad H^2O + C^{10}H^6 \diagdown {Az-Az-C^6H^5 \atop Az-CH-CH^3}$$

$$\text{Phénylméthyldihydronaphtotriazine.}$$

β'-PHÉNYL-β-OXY-α-γ-TRIAZINE,

$$\begin{matrix} CH=Az-Az \\ \| \\ C^6H^5-C=Az-C.OH \end{matrix}$$

— L'acétophénone-azocyanide $C^6H^5-CO-CH^2-Az=Az-CAz$ fixe l'acide chlorhydrique pour donner le chlorure $C^6H^5-CO-CH^2-Az=Az$

$-CCl^2-AzH^2$, qui se transforme en *phénylchlorotriazine*

$$\begin{matrix} CH=Az-Az \\ \| \\ C^6H^5-C=Az-C.Cl \end{matrix}$$

par perte d'eau et d'acide chlorhydrique. Cette phénylchlorotriazine cristallise en prismes incolores fusibles à 122-123° ; par ébullition avec une solution aqueuse de carbonate de potassium elle fournit la *phényloxytriazine* fusible à 234° [Wolf et Lindenhayer, *D. chem. G.*, 36, 4126, 1903 ; *Ann. Chem.*, 325, 129, 1902].

α'-β'-DIPHÉNYL-β-OXY-α-γ-TRIAZINE,

$$\begin{matrix} C^6H^5-C=Az-Az \\ \| \\ C^6H^5-C=Az-C.OH \end{matrix}$$

— Elle se forme par ébullition de la benzylmonosemicarbazone avec la potasse alcoolique [Thiele et Stange, *Ann. Chem.*, 283, 27, 1894 ; — Diels et Vom Dorp, *D. chem. G.*, 36, 3183, 1903 ; — Biltz et Arnd, *D. chem. G.*, 35, 346, 1902] ; ou mieux en solution acétique [Biltz, *D. chem. G.*, 38, 1417, 1905 ; *Ann. Chem.*, 339, 243] ; par ébullition de la diphénylaminotriazine avec la lessive de soude [Thiele et Bihan, *Ann. Chem.*, 302, 310, 1898].

Elle cristallise en fines aiguilles fusibles à 224-225°. Son *éther éthylique* fond à 105°.

La *diisopropyldiphényloxytriazine* fond à 250-251° ; son *dérivé acétylé* fond à 136-137°.

La *diméthylène-tétroxy-diphényl-oxy-triazine* fond à 248° ; son *dérivé acétylé* fond à 208° [Biltz, *Ann. Chem.*, 339, 243].

α'-β'-DIPHÉNYL-β-AMINO-α-γ-TRIAZINE,

$$\begin{matrix} C^6H^5-C=Az-Az \\ \| \\ C^6H^5-C=Az-C-AzH^2 \end{matrix}$$

— Elle se forme quand on soumet à l'ébullition, 1 mol. de benzile avec 1 mol. de nitrate d'aminoguanidine et une goutte d'acide nitrique.

Elle fond à 175°. Son *dérivé acétylé* fond à 151° [Thiele et Bihan, *Ann. Chem.*, 302, 309, 1898].

v-β'-DIHYDRO-α-γ-TRIAZINE. — On en connaît les dérivés suivants :

L'*α'-β'-diphényl-β-oxydihydro-α-γ-triazine*,

$$\begin{matrix} C^6H^5-CH-AzH-Az \\ \| \\ C^6H^5-C=Az-C.OH \end{matrix}$$

obtenue en réduisant l'oxytriazine correspondante par le zinc et l'acide acétique, fond à 275-276°. Son *diacétate* fond à 138°, son *dibenzoate* fond à 188°, son *dérivé méthylé* fond à 199°. — La *diméthoxydiphényl-oxy-dihydrotriazine* fond à 212-213°, son *diacétate* fond à 132°, son *dibenzoate* fond à 194-195°. — La *diméthylène-tétroxydiphényloxydihydrotriazine* fond à 285° ; son *diacétate* fond à 163° ; son *dibenzoate* fond à 212-213°. — La *diisopropyldiméthyl-oxy-dihydrotriazine* fond à 255-256° ; son *diacétate* fond à 123° ; son *dibenzoate* fond à 188° [Biltz, *Ann. Chem.*, 339, 243, 1905].

L'*α'-méthyl-β-β'-dioxy-v-α'-dihydro-α-γ-triazine*,

$$\begin{matrix} CH^3-CH-AzH-Az \\ \| \\ HO-C=Az-C-OH \end{matrix}$$

se forme par la condensation de l'éther semicarbazinopropionique. Son *sel de sodium* $C^4H^6O^2Az^3Na$ est très hygroscopique [Bailey, *Ann. Chem.*, 28, 386, 1902 ; 303, 75, 1898].

L'α'-méthyl-β.β'-dioxy-ν-benzoyl-ν-α'-dihydro-α-γ-triazine

$$CH^3 - CH - Az(CO . C^6H^5) - Az$$
$$HO - C \equiv\!\!= Az \text{———} C - OH$$

fond à 240°;

L'α.α'-diméthyl-β-β'-dioxy-ν-α'-dihydro-α-γ-triazine

$$(CH^3)^2 = C - AzH - Az$$
$$HO - C — Az = C - OH$$

cristallise en lamelles nacrées fusibles à 230° [Bailey, loc. cit.]:

La ν-phényl-β'-oxy-$\nu\alpha'$-dihydro-α-γ-triazine

$$CH^2 - Az(C^6H^5) - Az$$
$$HO - C \equiv\!\!= Az \text{———} CH$$

se forme quand on chauffe 4 heures à 130° 1 mol. d'éther phénylhydrazinoacétique avec 1 mol. de formamide. Elle cristallise en lamelles jaune verdâtre qui se décomposent à 203-204° [Harries, D. chem. G., 28, 1229, 1895].

L'α'-β'-diphényl-β-oxy-dihydro-α-γ-triazine fond à 275-276° [Biltz, D. chem. G., 38, 1417, 1905].

La β'-phényl-β-thio-β-γ-dihydro-α-γ-triazine

$$CH - Az - Az$$
$$C^6H^5 - C - AzH - CS$$

résulte de la condensation de l'acétophénone-azothioformamide $C^6H^5 - CO - CH^2 - Az = Az - CS - AzH^2$, qui provient elle-même de la fixation de l'hydrogène sulfuré sur la diazoacétophénone. Elle cristallise en aiguilles rouges fusibles à 200° [Wolf et Lindenhayer, D. chem. G., 36, 4126, 1903].

ν-γ-α'-β'-TÉTRAHYDRO-α-γ-TRIAZINE. — La ν-phényl-γ-méthyl-β'-cétotétrahydro-α-γ-triazine

$$CH^2 - Az(C^6H^5) - Az$$
$$CO — Az(CH^3) - CH$$

se forme par condensation de l'éther phénylhydrazinoacétique avec la méthylformamide. Elle fond à 179-180° [Harries, D. chem. G., 28, 1229, 1895].

La ν-γ-diphényl-β'-cétotétrahydro-α-β-triazine fond à 204-205° (Harries).

La ν-γ-diphényl-α'-cétotétrahydro-α-β-triazine

$$CO - Az(C^6H^5) - Az$$
$$CH^2 - Az(C^6H^5) - CH$$

fond à 173-174° [Widman, D. chem. G., 26, 2616, 1893].

HEXAHYDRO-α-γ-TRIAZINE. — La ν-phényl-β-β'-dicétohexahydro-α-γ-triazine

$$CH^2 - Az(C^6H^5) - AzH$$
$$CO — AzH — CO$$

se forme par l'action de la potasse alcoolique sur le phénylsemicarbazinoacétate d'éthyle. Elle cristallise en paillettes fusibles à 225°.

La ν-phényl-γ-éthyl-β-β'-dicétohexahydro-α-γ-triazine

$$CH^2 - Az(C^6H^5) - AzH$$
$$CO — Az(C^2H^5) — CO$$

obtenue comme la précédente au moyen de l'acide phényléthylsemicarbazinoacétique, cristallise en prismes fusibles à 135-136° [Busch, D. chem. G., 36, 3877, 1903].

PHÉNO-α.γ-TRIAZINE,

$$C^6H^4 \begin{cases} Az = Az \\ Az = CH \end{cases} \quad \text{ou} \quad C^6H^4 \begin{cases} Az - Az \\ Az - CH \end{cases}$$

— Elle se forme à côté de l'o-phénylène-diamine et de la phénylène-éthénylamidine quand on réduit la formyl-o-nitrophénylhydrazine par l'amalgame de sodium [Bischler, D. chem. G., 22, 2806, 1889]. Elle se forme aussi quand on traite par l'anhydride phosphorique l'acétylaminométhylphénylhydrazine, $AzH(C^2H^3O) - C^6H^4 - Az(CH^3)AzH^2$ [Hempel, J. prakt. Chem., 41, 174, 1890]; ou par ébullition de l'éther formazyl-carbonique, $C^6H^5 - Az = Az - C(: Az^2H . C^6H^5) CO^2 C^2H^5$, avec l'acide chlorhydrique concentré [Bamberger et Wheelwright, D. chem. G., 25, 3205, 1892].

Elle cristallise dans le benzène en aiguilles brillantes fusibles à 74-75°, et bout à 235-240°. C'est une base faible.

La bromo-4-phéno-α.γ-triazine,

$$C^6H^3Br \begin{cases} Az = CH \\ Az = Az \end{cases}$$

cristallise en aiguilles jaunes [Bischler et Brodsky, D. chem. G., 22, 2818, 1889].

β-Méthylphéno-α.γ-triazine,

$$C^6H^4 \begin{cases} Az = Az \\ Az = C - CH^3 \end{cases}$$

— Elle fond à 88-89° et bout à 250-255° [Bischler, D. chem. G., 22, 2808, 2818].

β-Acétophéno-α.γ-triazine,

$$C^6H^4 \begin{cases} Az = Az \\ Az = C - CO - CH^3 \end{cases}$$

— Elle cristallise en aiguilles jaune d'or, fusibles à 121°,5-122°,5. Par réduction elle fournit une base fondant à 165°. Sa phénylhydrazone fond à 202° [Bamberger et Lorenzen, D. chem. G., 25, 3540, 1892; — Bamberger et Gruyter, J. prakt. Chem., 64, 232, 1901].

β-Phénylphéno-α.γ-triazine,

$$C^6H^4 \begin{cases} Az = Az \\ Az = C - C^6H^5 \end{cases}$$

— Elle fond à 123° [Pechmann, D. chem. G., 27, 1691, 1894; — Fichter et Schiess, ibid., 33, 748, 1900].

β-Benzoylphéno-α-γ-triazine,

$$C^6H^4 \begin{cases} Az = Az \\ Az = C - CO - C^6H^5 \end{cases}$$

— Elle fond à 114°. Sa phénylhydrazone fond à 185° [Bamberger et Witter, D. chem. G., 26, 2788, 1893; J. prakt. Chem., 65, 148].

β-PHÉNYL-P-TOLU-α.γ-TRIAZINE,

— Elle fond à 95-96° [Pechmann, D. chem. G., 27, 1692].

L'α-*tolyl*-β-*phényliminotolu*-α.γ-*triazine*,

$$CH^3 - C^6H^3 \begin{array}{c} Az - Az - C^7H^7 \\ | \\ Az - C = Az - C^6H^5 \end{array}$$

se forme par condensation du thiocarbanilido-aminoazotoluène. Traitée par l'acide chlorhydrique, elle est transformée en une *cétotriazine*,

$$CH^3 . C^6H^3 \begin{array}{c} Az - Az - C^7H^7 \\ | \\ Az - CO \end{array}$$

[Busch, *D. chem. G.*, 32, 2959, 1899].

Naphto-α.γ-triazine. — Un assez grand nombre de dérivés de l'α.β-*dihydronaphto*-α.γ-*triazine* ont été préparés en condensant la benzène-azo-β-naphtylamine avec les aldéhydes :

$$C^{10}H^6 \begin{array}{c} Az = Az - C^6H^5 \\ Az H^2 \end{array} + H - CHO$$

$$= H^2O + C^{10}H^6 \begin{array}{c} Az - Az - C^6H^5 \\ | \\ Az - CH^2 \end{array}$$

L'α-*phényldihydronaphto*-α.γ-*triazine*

$$C^{10}H^6 \begin{array}{c} Az - Az - C^6H^5 \\ | \\ Az - CH^2 \end{array}$$

fond à 164°.

L'α-*phényl*-β-*iminodihydronaphto*-α-γ-*triazine*,

$$C^{10}H^6 \begin{array}{c} Az - Az - C^6H^5 \\ | \\ Az - C = AzH \end{array}$$

obtenu par la copulation de la β-naphtylcyanimide avec le diazobenzène, fond vers 160° en se décomposant [Pierron, *Bull. Soc. Chim.*, (3), 1, 1044, 1907]. Par ébullition avec l'acide acétique cristallisable, elle fournit l'α-*phényl*-β-*céto-dihydronaphto*-α-γ-*triazine*, fusible à 257°.

L'α-*phényl*-β-*méthyldihydronaphto*-α.γ-*triazine*

$$C^{10}H^6 \begin{array}{c} Az - Az - C^6H^5 \\ | \\ Az - CH - CH^3 \end{array}$$

cristallise en tables rhombiques, dont le *chlor-hydrate* fond à 252°.

L'α-*phényl*-β-*éthyldihydronaphto*-α.γ-*triazine*,

$$C^{10}H^6 \begin{array}{c} Az - Az - C^6H^5 \\ | \\ Az - CH - C^2H^5 \end{array}$$

fond à 219°.

L'α.β-*diphényldihydronaphto*-α.γ-*triazine* fond à 193°. On connaît un grand nombre de dérivés, nitrés, chlorés, aminés, de cette diphényldihydronaphtotriazine [Goldschmidt et Poltzer, *D. chem. G.*, 23, 506; 24, 1003, 1891; — Meldola, *Chem. Soc.*, 45, 114, 1883; 53, 463; 57, 329, 373, 681, 700, 1890; 59, 693, 700; — Pope, *Chem. Soc.*, 59, 691; — Lawson, *D. chem. G.*, 18, 799; 20. 2897, 1888; — Nölting et Binder, *D. chem. G.*, 20, 3013; — Bamberger, *D. chem. G.*, 28, 842, 1893, 1895].

1er Janvier 1908. P. Carré.

TRIAZOACÉTIQUE (ACIDE). — L'acide triazoacétique a été obtenu par Curtius et Lang dans l'action des alcalis concentrés sur éther diazoacétique. Ces auteurs lui avaient donné la formule $C^3H^3Az^6(CO^2H)^3$. MM. Hantzsch et Silberrad, reprenant l'étude de ce corps, ont montré qu'il est en réalité un *acide bis-diazoacétique*

$C^2H^2Az^4(CO^2H)^2$, et que sa constitution est celle d'un acide bis-diazométhane-dicarbonique

$$CO^2H - CH \begin{array}{c} Az = Az \\ Az = Az \end{array} CH - CO^2H$$

[Curtius et Lang, *J. prakt. Chem.*, 38, 531, 1888; 39, 107, 1889; — Hantzsch et Silberrad, *D. chem. G.*, 33, 58, 1900].

L'acide triazoacétique précipité de ses sels renferme $1H^2O$. Il cristallise dans l'eau à 60° avec $1H^2O$ (H., S.); en tables jaune orangé contenant $3H^2O$ (C., L.); il fond à 152° (C., L.).

L'acide anhydre est insoluble dans les solvants usuels, il fond à 180° en se décomposant; l'acide hydraté se décompose lentement à 100° en dihydrotétrazine, eau et acide carbonique (H., S.). Le triazoacétate de sodium est peu soluble dans l'eau et convient à la purification de l'acide. Le *triazoacétate d'éthyle* cristallise en prismes clinorhombiques fusibles à 110° (C., L.), à 113°,5 (H., S.); on l'obtient en traitant le sel d'argent par l'iodure d'éthyle.

La *triazoacétamide* se forme par action de l'ammoniaque sur l'éther triazoacétique à froid, ou sur l'éther diazoacétique à chaud; elle est stable à 309° (C. L.).

La propriété la plus intéressante de l'acide triazoacétique est qu'il se décompose facilement quand on le chauffe avec un acide dilué en hydrazine et acide oxalique [Curtius, Lang, *J. prakt. Chem.*, 39, 57, 1889; D.R.P. 47600, 1888].

Chauffé avec la potasse à 50 0/0, l'acide triazoacétique (bis-diazométhane-dicarbonique) se transforme en un isomère, l'acide dihydrotétrazine-dicarbonique

$$CO^2H - C \begin{array}{c} Az - AzH \\ AzH - Az \end{array} C - CO^2H$$

mélangé d'un acide $C^6H^8Az^{12}(CO^2H)^4$ (H., S.), auquel Curtius et Lang avaient autrefois donné la formule $C^3H^4Az^6(CO^2H)^2$. L'acide dihydrotétrazine-dicarbonique se dédouble par les acides dilués, en dihydrotétrazine et acide carbonique. L'acide $C^6H^8Az^{12}(CO^2H)^4$ se décompose à 183° en donnant du bis-diazométhane.

L'action de l'acide azoteux sur l'acide bis-diazométhane-dicarbonique (triazoacétique) donne un *acide bis-azoxy-acétique*

$$CO^2H - CH \begin{array}{c} O \\ Az —— Az \\ | \quad\quad | \\ Az —— Az \\ O \end{array} CH - CO^2H$$

[Hantzsch, Lehmann, *D. chem. G.*, 33, 3668, 1900] (acide triazoxyacétique de Curtius et Lang). Ce dernier est une poudre cristalline rouge qui se décompose à 148° en bis-azoxyméthane et acide carbonique. Chauffé avec de l'eau il se décompose en azote, acide carbonique et *acide hydrazoacétique*

$$CO^2H - CH \begin{array}{c} AzH \\ AzH \end{array}$$

aiguilles microscopiques se décomposant vers 190°. Les solutions aqueuses d'acide hydrazo-acétique se transforment rapidement en hydrazine et acide oxalique.

Appendice. — Les travaux plus récents, auxquels nous ne pouvons que renvoyer le lecteur [Curtius et Thompson, *D. chem. G.*, 39, 1383, et 3398, 1906; — Curtius, Darapsky, Muller. *D. chem. G.*, 39, 3410, 1906; 40, 815, 1907] sont venus rectifier les constitutions des composés précédents. L'acide triazoacétique doit être considéré comme un *acide dihydrotétrazine-dicarbonique*,

$$HO^2C - C \underset{AzH - AzH}{\overset{Az \underline{\quad\quad} Az}{<}} C - CH^2Az$$

L'acide bis-azoxy-acétique devient l'*acide tétrazinedicarbonique*

$$HO^2C - C \underset{< Az = Az}{\overset{< Az - Az}{>}} C - CO^2H$$

L'acide dihydrotétrazine-dicarbonique, provenant de l'action de la potasse à 50 0/0 sur l'acide triazoacétique, n'est autre d'après Bulow [*D. chem. G.*, **39**, 2618, 4106, 1906] que l'*acide amino-1-triazol-1.3.4-dicarbonique-2.5*

$$\begin{array}{c} Az - Az \\ \| \quad\quad \| \\ HO^2C - C \quad\quad C - CO^2H \\ \diagdown \quad \diagup \\ Az \\ | \\ AzH^2 \end{array}$$

Enfin l'hydrolyse de l'acide bi-azoxy-acétique (tétrazine-dicarbonique) donne finalement l'*acide hydrazino-oxalique* $AzH^2 - AzH - CO - CO^2H$
Janvier 1908.   R. Marquis.

TRIAZOÏQUES. — Voy. DISAZOÏQUES et POLYAZOÏQUES.

TRIAZOLS, TRIAZOSULFOL. — Voyez PYRRODIAZOLS.

TRIAZOXOLS. — Les amines primaires réagissent sur les dinitrosacyles pour former des *hydroisotriazoxols*, qui se transforment facilement en *isotriazoxols*,

$$\begin{array}{ccc} R - CO - C = Az - O & & R - CO - C = Az - OH \\ | \quad\quad | & \Longrightarrow & | \\ R - CO - C = Az - O & & HC = Az - AzR' - OH \\ \text{Dinitrosacyle.} & & \text{Hydro-isotriazoxol.} \end{array}$$

$$\begin{array}{c} R - CO - C = Az - O \\ \Longrightarrow \quad | \quad\quad | \\ HC - Az - Az - R' \\ \text{Isotriazoxol.} \end{array}$$

D'autre part, les hydroisotriazoxols, subissant la migration de Beckmann, donnent les triazoxols :

$$\begin{array}{ccc} R - CO - C - OH \quad Az(R') - OH & & R - CO - C - O - Az - R' \\ \| & \Longrightarrow & \| \\ Az - CH = Az & & Az - CH = Az \\ & & \text{Triazoxol.} \end{array}$$

Les isotriazoxols sont facilement transformés en triazoxols par ébullition de leur solution dans l'alcool à 97°.

Le méthylate de sodium réagit sur les isotriazoxols pour donner des dérivés du type

$$\begin{array}{c} R - CO - C = Az - OH \\ | \\ CH = Az - Az \underset{O - CH^3}{\overset{R'}{<}} \end{array}$$

Les chlorures et les autres dérivés d'acides ne réagissent pas sur les isotriazoxols ou détruisent le noyau. L'oxydation au moyen du permanganate de potassium fournit l'acide aromatique correspondant au radical R et de l'acide oxalique.

BENZOYLPHÉNYLISOTRIAZOXOL,

$$\begin{array}{c} C^6H^5 - CO - C = Az - O \\ | \quad\quad | \\ CH = Az - Az - C^6H^5 \end{array}$$

— On l'obtient par l'action de l'aniline sur le dibenzoyldinitrosacyle en présence d'éther; il se dépose de la benzanilide et l'hydroisotriazoxol reste en solution; par évaporation de l'éther et addition d'acide acétique, il se transforme en isotriazoxol qui forme des aiguilles brunes se décomposant à 97°.

BENZOYLANILIDOISOTRIAZOXOL,

$$\begin{array}{c} C^6H^5 - CO - C = Az - O \\ | \quad\quad | \\ CH = Az - Az - AzH - C^6H^5 \end{array}$$

— Il se forme par l'action de la phénylhydrazine sur le dibenzoyldinitrosacyle. Son *acétate* cristallise en longues aiguilles qui détonent à 75°; il se transforme à l'air en aiguilles jaunes décomposables à 65°.

BENZOYL-P-TOLYLISOTRIAZOXOL,

$$\begin{array}{c} C^6H^5 - CO - C = Az - O \\ | \quad\quad | \\ CH = Az - Az - C^6H^4 - CH^3 \end{array}$$

— Il forme des aiguilles brunes se décomposant un peu au-dessus de 97°.

BENZOYLBENZYLISOTRIAZOXOL,

$$\begin{array}{c} C^6H^5 - CO - C = Az - O \\ | \quad\quad | \\ CH = Az - Az - CH^2 - C^6H^5 \end{array}$$

— Il cristallise en aiguilles vertes qui se décomposent à 112°.

P-TOLUYLPHÉNYLISOTRIAZOXOL,

$$\begin{array}{c} CH^3 - C^6H^4 - CO - C = Az - O \\ | \quad\quad | \\ CH = Az - Az - C^6H^5 \end{array}$$

— Il se présente en cristaux bruns.

P-TOLUYL-P-TOLYLISOTRIAZOXOL,

$$\begin{array}{c} CH^3 - C^6H^4 - CO - C = Az - O \\ | \quad\quad | \\ CH = Az - Az - C^6H^4 - CH^3 \end{array}$$

— Il forme des aiguilles brunes qui se décomposent à 125°.

P-TOLUYLPHÉNYLTRIAZOXOL,

$$\begin{array}{c} CH^3 - C^6H^5 - CO - C - O - Az - C^6H^5 \\ \| \quad\quad \| \\ Az - CH = Az \end{array}$$

— Il forme des cristaux feutrés fusibles à 211°. Chauffé avec la potasse concentrée il fournit de l'acide p-toluilique et le *phényltriazoxol*, aiguilles feutrées fondant vers 110-120°.

P-TOLUYL-P-TOLYLTRIAZOXOL. — Il fond à 208°. L'acide chlorhydrique concentré le décompose à 180° en gaz carbonique, ammoniac, acide p-toluique, p-toluidine et acide oxalique.

Sous l'action de la potasse concentrée, il fournit le *p-tolyltriazoxol*, dont les *sels d'argent* et *de potassium* sont bien cristallisés; par ébullition avec l'acide acétique, le p-tolyltriazoxol se dédouble en gaz carbonique, cyanamide et p-toluidine.

L'*anisoyltriazoxol*, obtenu par l'action de l'ammoniac à 100° sur le di-p-anisoyldinitrosacyle, fond à 144°.

Le *p-anisoylphényltriazoxol* fond à 185°.

Le *p-anisoylbenzyltriazoxol* fond à 90° [Bœjeken, *Rec. Pays-Bas*, **16**, 297, 1897].
1er janvier 1908.   P. Carré.

TRIBENZAMIDE, [C^6H^5 . CO]^3Az. — Elle prend naissance en même temps que la dibenzamide par l'action du carbonate d'ammoniaque ou de l'acétamide sur le chlorure de benzoyle. Aiguilles soyeuses fusibles à 202°, insolubles dans l'alcool froid, solubles dans l'alcool chaud [Jaffé,

$D.$ $chem.$ $G.$, **25**, 3121; — Wheeler, Walden et Metcalf, $Am.$ $Ch.$ $J.$, **20**, 65; — Blacher, $D.$ $chem.$ $G.$, **28**, 435; — Titherley, $Chem.$ $Soc.$, **85**, 1673, 1904]. 1er novembre 1907. V. Thomas.

TRICARBALLYLIQUE (ACIDE) (pentane-dioïque-3-méthyloïque) $CO^2H-CH(CH^2-CO^2H)^2$. — Il se forme par réduction de l'acide aconitique au moyen de l'amalgame de sodium [Dessaignes, $Ann.$ $Chem.$, $Suppl.$. **2**, 188]; par décomposition du tricyanure d'allyle au moyen de la potasse [Simpson, $Ann.$ $Chem.$, **136**, 272]; par ébullition de l'α-épidichlorhydrine $CH^2Cl-CCl=CH^2$ [Claus, $Ann.$ $Chem.$, **170**, 131], de l'éther β-chloro-α-crotonique $CH^3-CCl=CH-CO^2C^2H^5$ [Claus, $Ann.$ $Chem.$, **191**, 63] ou de l'éther β-chloro-β-crotonique [Claus, Lischke, $D.$ $chem.$ $G.$, **14**, 1089] avec une solution alcoolique de cyanure de K, et décomposition du produit formé par la potasse; par ébullition avec HCl du produit formé par le traitement du fumarate d'éthyle par le malonate d'éthyle sodé [Auwers, Köbner, Meyenburg, $D.$ $chem.$ $G.$, **24**, 2889]; par l'oxydation de l'acide gallique au moyen de HCl et du chlorate de K [Schreder, $Ann.$ $Chem.$, **177**, 292]; par décomposition de l'éther acétyltricarballylique au moyen de la potasse ou de la baryte [Miehle, $Ann.$ $Chem.$, **190**, 322]; par l'action de la chaleur sur l'acide allylène-tétracarbonique [Bischoff, $D.$ $chem.$ $G.$, **13**, 2164]; par oxydation au moyen de l'acide azotique étendu de l'acide diallylacétique [Wolff, $Ann.$ $Chem.$, **201**, 53]; par saponification au moyen de HCl des éthers des acides 2.3.3.4-tétraméthyloïque-pentane-dioïque et 2.3.3-triméthyloïque-pentane-dioïque [Bischoff, $D.$ $chem.$ $G.$, **29**, 1279, 1742, 1896]; par hydrolyse de l'isoallylène-tétracarbonate d'éthyle [Guthzeit, Engelmann, $J.$ $prakt.$ $Chem.$, **66**, 104, 1902]; par oxydation au moyen de MnO^4K de l'acide cinnaménylglutarique [Vörländer, $D.$ $chem.$ $G.$, **36**, 2339].

$Préparation.$ — On traite l'acide aconitique au moyen de l'amalgame de Na, et précipite par l'acétate de plomb la solution du sel de Na très étendue; on décompose ensuite par H^2S le sel de plomb précipité [Wichelhaus, $Ann.$ $Chem.$, **132**, 62; — Emery, $D.$ $chem.$ $G.$, **22**, 2920].

Purifié par cristallisation dans l'éther, l'acide fond à 166° [Simpson, $Jahresb.$ $f.$ $Chem.$, 395, 1865], à 165° [Stohmann, $J.$ $prakt.$ $Chem.$, (2), **49**, 129].

Il se sublime en partie sans décomposition. Il est soluble dans l'alcool, peu dans l'éther; soluble à raison de 40,52 0/0 dans l'eau à 14° [Dessaignes, $loc.$ $cit.$].

Acidité à la phtaléine et à l'hélianthine [Astruc, $C.$ $R.$, **130**, 253, 1900]. Chaleur de neutralisation par les alcalis [Massol, $Bull.$ $Soc.$ $Chim.$, (3), **7**, 345]. Conductibilité électrique [Walden, $Phys.$ $Chem.$, **10**, 563; — Walker, $Chem.$ $Soc.$, **61**, 707].

Par distillation avec P^2S^3 il donne du thiophtène $C^6H^4S^2$.

Il réagit sur les anhydrides d'acides en donnant des cétodilactones, d'après l'équation :

$$(R-CO)^2O + CH(CO^2H)(CH^2CO^2H)^2 = R-CO-C(CO^2H)(CH^2-CO^2H)^2$$

$$= R-C-CH \begin{matrix} CH^2-CO-O \\ CH^2-CO-O \end{matrix} + CO^2 + H^2O$$

[Fittig, $D.$ $chem.$ $G.$, **30**, 2145, 1897].

Chauffé à 100° avec la phénylhydrazine, il donne la tricarballyldiphénylhydrazide $C^{18}H^{18}$ Az^4O^3 fondant à 230° [Manuelli, de Righi, $Gazz.$ $chim.$ $ital.$, **29**, 148, 1899].

Sels de : AzH^4; Li; Na; K; Mg; Ca; Ba; Zn; Al; Pb; Cr; Fe; Ni; Co; Cu; Ag [Guinochet, $Bull.$ $Soc.$ $Chim.$, (2), **23**, 146; — Simpson, $loc.$ $cit.$; — Claus, $loc.$ $cit.$; — Illasiwetz, $Jahresb.$ $f.$ $Chem.$, 396, 1864; — Massol, $Ann.$ $Chim.$ $Phys.$, (7), **1**, 212, 1894].

$Éther$ $triméthylique$ $C^3H^5(CO^2CH^3)^3$. — C'est un liquide qui bout à 150° sous 13 mm. et à 205-208° sous 48 mm. $D_4^{20}=1,18221$ [Emery, $D.$ $chem.$ $G.$, **22**, 2922, 1889; — Bone, Sprankling, $Chem.$ $Soc.$, **81**, 29, 1902].

$Éther$ $triéthylique$ $C^3H^5(CO^2C^2H^5)^3$. — Il bout à 295-305° [Simpson, $Ann.$ $Chem.$, **136**, 273].

$Éther$ $triisoamylique$ $C^3H^5(CO^2C^5H^{11})^3$. — Il bout au-dessus de 360° [Simpson, $loc.$ $cit.$].

$Éther$ $triamylique$ $l.$ $C^3H^5(CO^2C^5H^{11})^3$. — Il bout à 240° sous 25 mm. $D^{20}=0,9973$; $[α]_D=+4°$ [Walden, $Phys.$ $Chem.$, **20**, 578].

$Glycéride$ $tricarballylique$ $C^9H^{14}O^8$. — On l'obtient en chauffant pendant plusieurs heures à 200° 1 p. d'acide tricarballylique avec 2 p. de glycérine [Simpson, $Ann.$ $Chem.$, **136**, 274]. Le sel $C^9H^{12}O^8Ba$ (?) est une poudre jaune rougeâtre.

CHLORURE $C^3H^5(COCl)^3$. — Liquide bouillant à 140° sur 14 mm. [Emery, $D.$ $chem.$ $G.$, **22**, 2921].

ANHYDRIDE $C^6H^6O^5$. — Il s'obtient à partir de l'acide, soit par l'action de la chaleur dans le vide, soit par l'ébullition avec le chlorure d'acétyle [Emery, $D.$ $chem.$ $G.$, **24**, 597].

Il cristallise en fines aiguilles fondant à 131-132° solubles dans l'eau, l'alcool et l'acide acétique chaud; peu solubles dans l'éther et le chloroforme.

HYDRAZIDE TRICARBALLYLIQUE,

$$\begin{matrix} CH^2-COAzH-AzH^2 \\ | \\ CH-COAzH-AzH^2 \\ | \\ CH^2-COAzH-AzH^2 \end{matrix}$$

— On l'obtient en traitant l'éther tricarballylique par l'hydrate d'hydrazine. Elle fond à 195-196°. Son $chlorhydrate$ fond à 148°. Son $picrate$ est en tables jaunes et fond à 173°.

Traitée par l'aldéhyde benzoïque, elle donne la $benzaltricarballylique$-$hydrazine$ $C^3H^5\equiv(COAzH-Az=CH.C^6H^5)^3$ fondant à 218° [Curtius, Hesse, $J.$ $prakt.$ $Chem.$, **62**, 232].

AZIDE TRICARBALLYLIQUE,

$$\begin{matrix} CH^2-COAz^3 \\ | \\ CH-COAz^3 \\ | \\ CH^2-COAz^3 \end{matrix}$$

— Elle s'obtient en traitant le chlorhydrate de l'hydrazide par le nitrite de soude à 0°. C'est une huile insoluble dans l'eau et l'éther et très explosive.

Sa solution éthérée, chauffée avec précaution à 40-50° avec de l'eau, fournit la diglycérylurée

$$C^3H^5 \begin{matrix} \diagup AzH \diagdown \\ -AzH \diagup \\ \diagdown AzH \end{matrix} \begin{matrix} CO \\ \\ —CO— \end{matrix} \begin{matrix} \diagup AzH \diagdown \\ \diagdown AzH - \\ —AzH \diagup \end{matrix} C^3H^5$$

[Curtius, Hesse, $loc.$ $cit.$].

$Monoanilidotricarballyllate$ $d'aniline$,

$$\begin{matrix} CO^2H-CH^2-CH-CO^2H \\ | \\ CH^2-COAzH.C^6H^5 \end{matrix}, AzH^2C^6H^5$$

— Obtenu par union des composants en solution

éthérée, il fond à 127° [Bertram, *D. chem. G.*, **38**, 1615, 1905].

Aniltricarballylate de méthyle,

$$CO^2(CH^3) - CH^2 - CH - CO \diagdown$$
$$| \qquad\qquad Az\,C^6H^5$$
$$CH^2 - CO \diagup$$

— On l'obtient en traitant le composé précédent, en solution méthylalcoolique, par HCl gazeux. Il fond à 106° [Bertram, *loc. cit.*].

L'*éther éthylique* fond à 90°, l'*éther propylique* fond à 55°.

Ces trois éthers s'obtiennent également par réduction des éthers aconitaniliques correspondants, au moyen de la poudre d'Al et de l'acide acétique, vers 95° [Bertram, *loc. cit.*].

Anilide tricarballylique $C^{18}H^{16}Az^2O^3$. — On la prépare en chauffant avec 3 molécules d'aniline 1 molécule d'anhydride-acide tricarballylique. Elle fond à 168° [Bertram, *loc. cit.*].

ACIDE BROMOTRICARBALLYLIQUE $C^6H^7BrO^6$. — On l'obtient par l'action, à 100°, sur l'acide aconitique d'une solution d'acide bromhydrique saturée à 0° [Sabanejew, *Journ. Soc. phys. chim. russe*, **8**, 290]. Ses solutions aqueuses se décomposent rapidement.

ACIDE DIBROMOTRICARBALLYLIQUE $CO^2H - CH^2 - CBr(CO^2H) - CHBr(CO^2H)$.

L'*éther diéthylique* $C^6H^4Br^2O^6(C^2H^5)^2$ s'obtient par l'action au soleil du brome sur une solution d'acide aconitique dans le tétrachlorure de carbone [Ruhemann, Allhusen, *Chem. Soc.*, **65**, 9]. C'est un liquide de densité $D^{21} = 1,5354$.

Par ébullition avec l'eau de baryte, il donne les acides bromhydrique, oxalique et succinique.

Éther triéthylique $C^6H^3Br^2O^6(C^2H^5)^3$. — Par addition au soleil de 1 partie d'éther aconitique dissous dans 2 parties de ClC^4 à 1 mol. de brome [Michael, Tissot, *J. prakt. Chem.*, (2), **52**, 342]. Indistillable, même dans le vide, sans décomposition.

ACIDE β-MÉTHYLTRICARBALLYLIQUE. — Il s'obtient par saponification des éthers β-méthylpropane α-β-γ-γ-tétracarbonique et butane-α-β-γ-γ-tétracarbonique.

Il fond à 158-173° [Michael, *D. chem. G.*, **33**, 3731, 1900].

ACIDE α-MÉTHYLTRICARBALLYLIQUES. — Par hydrolyse de l'α-méthylcyanotricarballylate d'éthyle on obtient les deux stéréoisomères *cis*, fondant à 134-135°, et *trans*, fondant à 179° [Bone, Sprankling, *Chem. Soc.*, **81**, 29, 1902].

ACIDE α-α-DIMÉTHYLTRICARBALLYLIQUE,

$$(CH^3)^2 = C \diagup\; CO^2H$$
$$\diagdown\; CH(CO^2H) - CH^2 - CO^2H$$

— Il se forme par hydrolyse de l'α-α-diméthyl-cyanotricarballylate d'éthyle [Haller, Blanc, *C. R.*, **134**, 19, 1900]; par l'oxydation au moyen de AzO^3H de l'acide campholytique [Blanc, *Bull. Soc. Chim.*, **23**, 883, 1900; **25**, 83, 1901; — Tiemann, *D. chem. G.*, **33**, 2935, 1900].

Il fond à 155-156°.

Son *anhydride* fond à 135-136° [Bone, Sprankling, *Chem. Soc.*, **81**, 29, 1902].

ACIDES α-γ-DIMÉTHYLTRICARBALLYLIQUES. — On connaît trois isomères qui fondent l'un à 206-207°, l'autre à 174°, le troisième à 143°.

Constantes de dissociation [Zelinsky, *D. chem. G.*, **29**, 333; — Bone, Sprankling, *Chem. Soc.*, **81**, 29, 1902].

ACIDE ÉTHYLTRICARBALLYLIQUE,

$$C^2H^5 - CH - CO^2H$$
$$|$$
$$CH - CO^2H$$
$$|$$
$$CH^3 - CO^2H$$

— Il se forme par la réduction de l'acide hématique [Kuster, *D. chem. G.*, **33**, 3021, 1900]; par oxydation de la pilocarpine [Pinner, *D. chem. G.*, **35**, 1510, 1905].

On le prépare facilement par saponification de l'éther tétracarbonique obtenu en traitant par l'alcoolate de Na le mélange d'éthylcarbonate et de fumarate d'éthyle [Michael, *D. chem. G.*, **33**, 3731, 1900]; par saponification du produit de condensation de l'α-cyano-β-éthylsuccinate d'éthyle sodé avec le bromacétate d'éthyle [Jowett, *Chem. Soc.*, **79**, 1346, 1901].

Il fond à 157° corr.

Son *éther triéthylique* bout à 170-175° sous 16 mm. (Jowett).

ACIDES MÉTHYLÉTHYLTRICARBALLYLIQUES. — On obtient un mélange d'isomères en saponifiant, au moyen de l'HCl, l'éther tétracarboxylique qui se forme lorsqu'on traite par CH^3I le dérivé sodé de l'éther tétracarbonique qui prend naissance par l'action de l'alcoolate de sodium sur le mélange d'éthylcarbonate et de fumarate d'éthyle.

Ce mélange de stéréoisomères fond à 138-140° [Michael, *loc. cit.*].

ACIDES α-γ-DIISOPROPYLTRICARBALLYLIQUES. — Par hydrolyse de l'α-γ-diisopropylcyanotricarballylate d'éthyle, on obtient deux stéréoisomères fondant l'un à 173°, l'autre à 156° [Bone, Sprankling, *loc. cit.*].

CYANOTRICARBALLYLATE D'ÉTHYLE,

$$CH^2 - CO^2C^2H^5$$
$$|$$
$$CAz - C - CO^2C^2H^5$$
$$|$$
$$CH^2 - CO^2C^2H^5$$

— On l'obtient en condensant le sodo-cyanosuccinate avec le bromacétate d'éthyle.

Il bout à 206-212° sous 28 mm. et fond à 40-41° [Bone, Sprankling, *Chem. Soc.*, **81**, 29, 1902].

α-Méthylcyanotricarballylate d'éthyle,

$$CH^2 - CO^2C^2H^5$$
$$|$$
$$CAz - C - CO^2C^2H^5$$
$$|$$
$$CH^3 - CH - CO^2C^2H^5$$

— On l'obtient soit par l'action du sodo-β-méthyl-cyanosuccinate sur le bromacétate d'éthyle, soit par la condensation du sodocyanosuccinate d'éthyle avec l'α-bromopropionate. La première méthode fournit les meilleurs rendements.

Il bout à 202-204° sous 23 mm. $D^0_4 = 1,1329$. $n_D = 1,4461$ [Bone, Sprankling, *loc. cit.*].

α-γ-Diméthylcyanotricarballylate d'éthyle. — Il s'obtient par la condensation du β-méthylcyanosuccinate avec l'α-bromopropionate d'éthyle.

Il bout à 208-210° sous 30 mm, $D^0_4 = 1,1215$. $n_D = 1,4484$ [Bone, Sprankling, *loc. cit.*].

α-α-Diméthylcyanotricarballylate d'éthyle. — Il bout à 202-204° sous 17 mm. $D^0_4 = 1,1353$. $n_D = 1,4503$ [Haller, Blanc, *C. R.*, **134**, 19, 1900; — Bone, Sprankling, *Chem. Soc.*, **81**, 29, 1902].

α-γ-Diisopropylcyanotricarballylate d'éthyle. — Il bout à 208-212°. $D^0_4 = 1,075$. $n_D = 1,4525$ [Bone, Sprankling, *loc. cit.*].

Décembre 1906. C. Martine.

TRICÉTONES (GÉNÉRALITÉS). — Un certain nombre de tricétones ont été préparées, mais dans la plupart des cas l'étude méthodique des réactions caractéristiques des groupements fonctionnels semble avoir été négligée.

Il ressort cependant des observations de certains auteurs que les tricétones, soumises aux mêmes réactifs (hydroxylamine, phénylhydrazine, semicarbazide, ammoniaque, déshydratants) que les dicétones, seraient susceptibles, lorsque deux de leurs groupements CO sont en position β ou en position γ, de donner des composés de même nature (isoxazols, pyrazols, pyrrols, furfuranes) que les β ou les γ dicétones elles-mêmes. La troisième fonction cétonique n'entrerait en jeu que pour fournir le dérivé correspondant à cette fonction cétonique simple.

Les caractères des tricétones se rapprocheraient dès lors de ceux des dicétones. Comme celles-ci, d'ailleurs, les tricétones sont susceptibles, lorsqu'elles renferment deux CO séparés par un groupement $-CH^2-$ ou $-CHR-$, d'exister sous la forme énolique ; de même, en temps que dicétones β, elles sont décomposées par la soude.

Exemples :

La *diphényl-propane-trione* $C^6H^5-CO-CO-CO-C^6H^5$ est décomposée par la soude en donnant de la benzoïne, de l'acide carbonique, et les acides benzoïque et phénylglycolique.

Traitée par un excès de phénylhydrazine, cette tricétone donne le *benzène-azotriphénylpyrazol* :

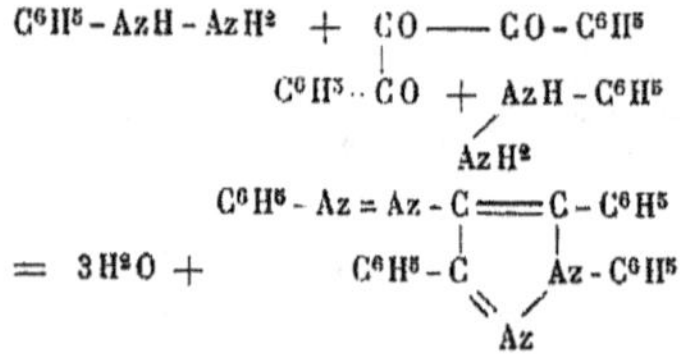

$$C^6H^5-AzH-AzH^2 \; + \; CO\!-\!\!-\!\!-CO-C^6H^5$$

$$C^6H^3\cdots CO \; + \; AzH-C^6H^5$$
$$AzH^2$$

$$= \; 3H^2O \; + \; C^6H^5-Az=Az-C\!=\!\!=\!C-C^6H^5$$

Toutefois, l'hydroxylamine a seulement fourni une trioxime [Neufville-Pechmann, *D. chem. G.*, 23, 3375, 1890].

La *phénacylacétylacétone*,

$$\begin{array}{l}CH^3-CO \\ CH^3-CO\end{array}\!\!>CH-CH^2-CO-C^6H^5$$

se comporte à la fois comme une dicétone β et comme une dicétone γ.

Comme dicétone β :

Elle est décomposée par la soude en acide acétique et acétophénonacétone $CH^3-CO-CH^2-CO-C^6H^5$;

Elle donne avec la phénylhydrazine le phényl-1-diméthyl-3.5-phénacylpyrazol

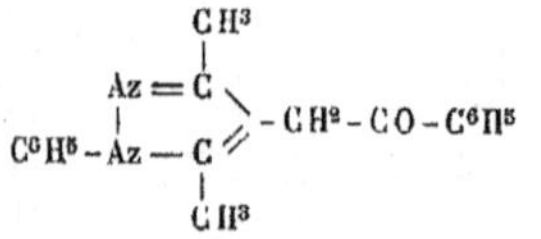

Avec la semicarbazide elle fournit le diméthyl-3.5-phénacyl-4-pyrazolcarbonamide-1

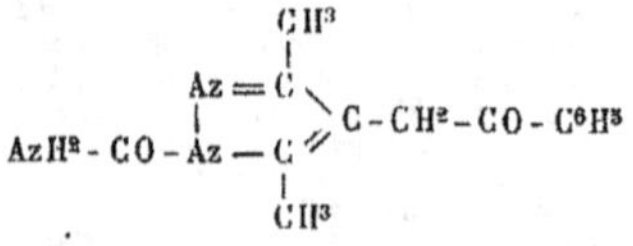

Avec l'hydroxylamine elle donne, suivant la quantité de réactif employé, soit l'isoxazol

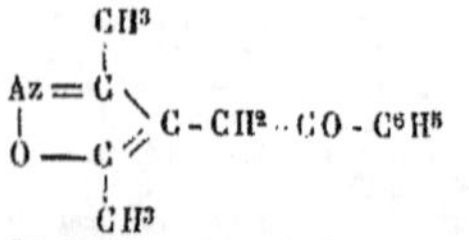

Diméthyl-3-5-phénacyl-4-isoxazol.

soit l'oxime correspondante :

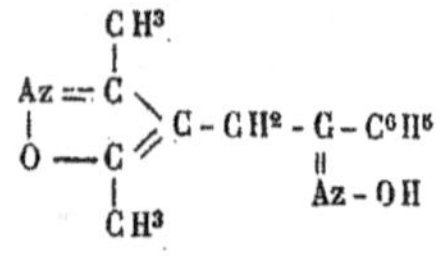

Comme dicétone γ :

Elle donne avec l'ammoniaque le phényl-2-acétyl-4-méthyl-5-pyrrol

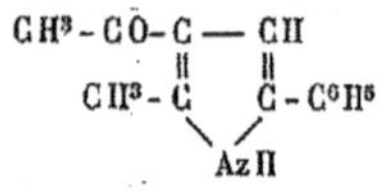

Par déshydratation, soit au moyen du chlorure de zinc, soit simplement par distillation dans le vide, la phénacylacétylacétone fournit le phényl-1-acétyl-3-méthyl-4 furfurane

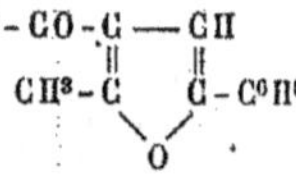

[March, *Ann. Chim. Phys.*, 26, 295, 1902].
Décembre 1906. C. Martine.

TRICYANIQUE (ACIDE). — Voyez FULMINURIQUE (ACIDE).

TRICYANURES. — Voyez CYAPHÉNINE.

TRICYCLÈNE. — Voyez TERPÉNIQUE (SÉRIE).

TRIDÉCANE $C^{13}H^{28}$ (voy. 1er Suppl., II, 1587). — Ce carbure prend naissance dans la distillation du myristate de baryum avec le méthylate de sodium [Mai, *D. chem. G.*, 22, 2134, 1889].

TRIDÉCANE-6-CARBONIQUE (ACIDE) (*acide diœnanthique*) $(C^5H^{11})\,.\,CH\,(C^7H^{15})CO^2H$. — Cet acide s'obtient à côté des acides caproïques et œnanthiques par l'action de l'oxyde d'argent sur la diœnanthaldéhyde. Il bout à 300° [Perkin, *Journ. Chem. Soc.*, 43, 74, 1883].

TRIDÉCANONE (DIHEXYLCÉTONE) $(C^6H^{13})^2CO$. — Elle se forme par distillation de l'œnanthate de calcium, par chauffage prolongé de l'œnanthol avec la chaux ou par l'action de l'anhydride phosphorique sur l'acide œnanthique. Elle fond à 30° et bout à 204° [Uslar et Seekamp, *Ann. Chem.*, 108, 179 ; — Fittig, *ibid.*, 117, 80 ; — Kipping, *Journ. Chem. Soc.*, 57, 533]. E. Baud.

TRIDÉCYLIQUE (ACIDE) $C^{13}H^{26}O^2$. — On peut obtenir cet acide en chauffant la duodécyl-tridécylurée avec de la potasse [Lutz, *D. chem. G.*, 19, 1440, 1886].

Le *nitrile* correspondant s'obtient en oxydant par l'hypobromite de soude la tridécylamine. Il est liquide et bout à 275°. E. Baud.

TRIDÉCYLIQUE (ALCOOL) (7-*tridécanol*) $(C^6H^{13})^2=CH.OH$. — Cet alcool s'obtient par réduction de la dihexylcétone [Kipping, *Journ. Chem. Soc.*, 57, 536, 1890]. Il cristallise en tables fusibles à 41-42° très solubles dans l'alcool et le chloroforme.

TRIDÉCYLAMINE $C^{13}H^{27}.AzH^2$. — On l'obtient par distillation de la tridécylmyristylurée avec la potasse [Lutz, *D. chem. G.*, 19, 1436, 1886]. Elle fond à 27° et bout à 265°. E. Baud.

TRIDYMITE (Min.). — (Voyez Dict., 3, 508). Dureté $= 7$.

Forme cristalline. — Prisme hexagonal : $a : c = 1 : 1,653$. Faces : *p* dominante, *m*, h^1, $h^3/_4$, $h^3/_2$, b^x, b^1. Clivages, *m* peu distinct. Macles,

$b^0.b^3/_4$. D'après les propriétés optiques, la symétrie n'est que pseudo-hexagonale et dérive de l'un des trois derniers systèmes. Suivant Er. Mallard, ce serait un prisme orthorhombique $(a:b:c = 0.5774:1:0.9405)$ avec groupements semblables à ceux de l'aragonite.

L. Bourgeois.

TRIÉTHOXYBENZOÏQUES. — Voyez l'art. Esculétine, p. 484.

TRIÉTHYLCARBINOL. — Voyez Heptyliques (alcools).

TRIÉTHYLGLYCOCOLLE. — Voyez l'art. Bétaïnes.

TRIÉTHYLTRIMÉTHYLÉNAMINE. — Voyez Formique (aldéhyde), 2e Suppl., 4, 293.

TRIGONELLINE. $C^7H^7AzO^2$. — Découverte par Jahns dans les graines de fenu-grec [D. chem. G., **18**, 2518, 1885]. de chanvre, de pois (pisum sativum), d'avoine [Schulze, D. chem. G., **27**, 769; **29**. R. 35, 1896], des Strophantus hispidus et Kombé [Thoms, D. chem. G., **31**, 271, 404. 1898]. elle cristallise dans l'alcool en prismes incolores, sans point de fusion net. très solubles dans l'eau, peu dans l'alcool. insolubles dans l'éther. Jahns [D. chem. G., **20**. 2840, 1887] a identifié la trigonelline avec la bétaïne de l'acide nicotique :

Méthylhydrate de l'acide diméthylamidoacétique (betaïne).　　Méthylhydrate de l'acide nicotique (trigonelline).

La synthèse de la bétaïne de l'acide nicotique avait été réalisée par Hantzsch [D. chem. G., **19**, 31, 1886] par l'action de l'iodure de méthyle sur l'acide nicotique; le méthylhydrate du nicotate de méthyle est traité par l'oxyde d'argent.

Pictet et Genequand ont obtenu la trigonelline par oxydation d'un monométhylhydrate de nicotine au moyen du permanganate [Zeit. Chem., **21**, 246]. Pictet et Sussdorf [Arch. de Genève, (4), **5**, 113, 1898] par l'iodométhylate de méthylnicotamide. L'acide quinoléique, chauffé avec CH^3I, donne l'iodométhylate de l'acide nicotique, et par suite la trigonelline [Kirpal, Mon. f. Chem., **22**, 361, 1901].

M. Delacre.

TRIMELLIQUE (ACIDE), $C^6H^3(CO^2H)_{(1.2.4)}$ [Syn. : acide trimellitique ou benzènetricarbonique-1.2.4] (voy. Dict., **2**, 334 et 1er Supp., **2**, 1587).

L'acide trimellique se forme encore : 1° par oxydation, à l'aide de MnO^4K, de la 2.6-diméthyl-α-naphtoquinone fusible à 138° [A. Baeyer et Villiger, D. chem. G., **32**, 2429, 1899] et du β-naphtoate de sodium [Ekstrandt, J. prakt. Ch., (2), **43**, 427, 1891]; 2° en chauffant l'acide isobutylitoluylique à 240° avec $AzO^3H (d = 1,12)$ [Effront, D. chem. G., **17**, 2338, 1884]; 3° En faisant bouillir avec la potasse, l'acide téciphtalique [Ahrens, D. chem. G., **19**, 1635, 1886]; 4° en chauffant le 4-sulfophtalate de potassium avec du formiate de sodium [Ree, Ann. Chem., **233**, 230, 1886]; 5° par oxydation des méthylindènes [J. Boes, D. chem. G., **35**, 1763, 1902].

Il fond à 225°. Son éther méthylique est une masse goudronneuse [Baeyer, Ann. Chem., **166**, 340].

Acide bromotrimellique. On obtient cet acide, $C^6H^2(Br)_{(6)}(CO^2)^3{}_{(1.2.4)}$, par l'action des alcalis sur l'acide trichloracéto-5-bromoisophtalique [Zincke et Francke, Ann. Chem., **293**, 144 et 168].

par oxydation de l'acide 2.2-dichloro-4-bromo-3-céto-1-oxyhydrindène-dicarbonique-(1.6) ou de l'acide 6.4-chlorobromo- (ou 4.6-dibromo)-7-oxy-naphtoquinone-5.8-carbonique-(2).

Il fond vers 237°. L'éther diméthylique fond à 130-131°, l'éther triméthylique fond à 110°. Décembre 1907.

F. March.

TRIMÉRITE (Min.) (G. Flink). — Orthosilicate de glucinium, manganèse et calcium, $SiO^4Gl[Mn,Ca]$. Petites tables hexagonales très rares, à faces souvent rugueuses et pénétrées de calcite, transparentes ou translucides, rose clair ou orangé très pâle, trouvées avec friedelite, magnétite, pyroxène, amphibole, grenat, à la mine Harstig, Wermland, Suède.

Caractères. — En poudre, complètement attaquable par l'acide chlorhydrique concentré chaud, avec dépôt de silice floconneuse. Au chalumeau, en mince fragment, très difficilement fusible sur les bords seulement en formant une scorie foncée. Dureté = 6-7. Densité = 31,474.

Forme cristalline. — D'après les formes extérieures, prisme hexagonal : $a:c = 1:0,94235$. Faces : p, m dominantes, $h^1.b^1,1/2a_{1/2}$, b^2 rare et petite. La face $a_{1/2}$ présente l'hémiédrie à faces parallèles (comme dans l'apatite). Clivage p. L'examen optique montre que la substance présente une forme limite, le prisme pseudo-hexagonal résultant de la macle suivant m de trois prismes anorthiques, dans lesquels $a:b:c = 0,57735:1:0,54248$ et $\alpha = \beta = \gamma = 90°$, macles suivant m et t, avec les faces $p,m,t,h^1,b^1/_2$, $c^1/_2,d^1/_2,f^1/_2 (f^1d^1/_2h^1) (b^1c^1/_2h^1)$.

La trimérite forme le passage entre les péridots orthorhombiques (olivine, téphroïte, etc.) et les péridots hexagonaux (phénacite, willemite); elle peut être considérée comme isomorphe avec chacune de ces substances. L. Bourgeois.

TRIMÉSIQUE (ACIDE), $C^6H^3(CO^2H)^3{}_{(1.3.5)}$. — L'acide trimésique se forme, lorsqu'on abandonne l'acide propargylique à l'air et à la lumière, pendant plusieurs mois [Baeyer, D. chem. G., **29**, 2185, 1886]. On l'obtient à l'état d'éther, par condensation de l'éther acétique avec l'éther formique, en présence du sodium :

$$CH^3 - CO^2R + Na$$
$$= CHO - CH^2 - CO^2R + R - ONa + H$$
$$3CHO - CH^2 - CO^2R = C^6H^3(CO^2R)^3 + 3H^2O.$$

[Piutti, D. chem. G., **20**, 537, 1887] ; ou encore, par condensation de l'éther formique et de l'éther chloracétique en présence du zinc :

$$H - CO^2R + Br - Zn - CH^2 - CO^2R$$
$$= CHO - CH^2 - CO^2R + Zn(OC^2H^5)Br$$
$$3CHO - CH^2 - CO^2R = C^6H^3(CO^2R)^3 + 3H^2O.$$

[Blaise, C. R., **126**, 1809, 1898; — Reformatsky, Journ. Soc. phys. chim. russe, **30**, 288, 1898; **37**, 881, 1905]. Le nitrile trimésique se forme par double décomposition entre le benzènetrisulfonate de potassium-1.3.5 et le cyanure de potassium [Jackson et Wing, D. chem. G., **19**, 900, 1886].

L'acide trimésique se prépare en oxydant par le permanganate de potassium l'acide uvitique symétrique [Wolff et Heip, Ann. Chem., **305**, 153, 1899], ou plus simplement, le mésitylène. On agite pendant 25 à 26 heures 20 grammes de mésitylène avec 158 grammes de permanganate de potassium dissous dans 2 litres d'eau; on obtient ainsi 18 gr. d'acide trimésique [F. Ullmann et J. B. Uzbachian, D. chem. G., **36**, 1797, 1903].

L'acide trimésique fond vers 345-350° [v. Pechmann, Ann. Chem., **264**, 295, 1891]. La solubilité dans l'eau est de 0,38 0/0 à 16° et de 2,69 0/0 à 22°,5. Conductibilité électrique [Bethmann, *Zeit. f. physikal. Chem.*, 5, 398, 1890]. Chaleur de combustion moléculaire, 767Cal,6 [Stohmann, Kleber et Langbein, *J. f. prakt. Chem.*, 40, 140, 1889].

Le *sel de sodium*, $C^6H^3(CO^2Na)^3 + 5H^2O$, cristallise en aiguilles facilement solubles, qui perdent $4H^2O$ à 100°.

Le *sel de potassium*, $C^6H^3(CO^2K)^3 + 2H^2O$, perd $2H^2O$ à 100°, et devient anhydre à 145°.

Le *sel de calcium*, $[C^6H^3(CO^2)^3]^2Ca^3 + 12H^2O$, cristallise en aiguilles facilement solubles qui conservent seulement $3H^2O$ à 100°, $2H^2O$ à 125° et H^2O à 185°.

Le *sel de baryum*, $[C^6H^3(CO^2)^3]^2Ba^3 + 10H^2O$, forme des aiguilles peu solubles, qui conservent $2H^2O$ à 100°. Le *sel acide*, $(C^9H^5O^6)^2Ba + 4H^2O$, devient anhydre à 100°.

Le *sel de plomb*, $(C^9H^3O^6)^2Pb^3 + 5H^2O$, perd $3H^2O$ à 128°.

Éther monométhylique, $C^6H^3(CO^2H)^2(CO^2CH^3) + H^2O$. — Il se forme quand on traite le cumalinate de méthyle (éther méthylique de l'anhydride de l'acide formylglutaconique), par la lessive de soude diluée. C'est une poudre cristalline fusible à 205-208° [Pechmann, *Ann. Chem.*, 264, 294, 1891].

Éther triméthylique, $C^6H^3(CO^2CH^3)^3$. — Il s'obtient par l'une des réactions indiquées plus haut. Il cristallise en aiguilles soyeuses fusibles à 143° [Piutti, *loc. cit.*]. Chaleur de combustion moléculaire, 1292Cal,5 [Stohmann, Kleber et Langbein, *J. f. prakt. Chem.*, 40, 135, 1889].

Éther triéthylique, $C^9H^3(CO^2C^2H^5)^3$. — Il fond à 133°,5-134°,5. Cristallisé dans le benzène, il se présente en cristaux hexagonaux, tandis qu'il se dépose de sa solution alcoolique sous la forme d'aiguilles [Tarassenko, *Journ. Soc. phys. chim. russe*, 30, 283, 1898; *Zeit. f. Krystall.*, 32, 432].

Trihydrazide, $C^6H^3(COAz^2H^3)^3$. — D'après Rothenburg [*D. chem. G.*, 25, 3441, 1892] ce composé se forme quand on fait réagir l'hydrate d'hydrazine sur l'oxyacrylate d'éthyle, et cristallise en lamelles qui fondent en se décomposant vers 100°. Son existence a été contredite par Knorr [*D. chem. G.*, 29, 252, 1896].

Sulfamide trimésique, $C^6H^2(CO^2H)^3(SO^2AzH^2)$. — Elle se forme à côté de la sulfamide uvitique dans l'oxydation de l'acide ortho ou para-sulfamide mésitylénique.

Chauffée à 210° avec l'acide chlorhydrique concentré, elle fournit de l'ammoniaque, de l'acide sulfurique et de l'acide trimésique. Par fusion alcaline, elle donne de l'*acide oxytrimésique* $C^9H^6O^7$. Le *sel acide de potassium*, $C^9H^6AzSO^8K + 2H^2O$, se présente sous la forme d'une masse cristalline.

1er janvier 1908.   P. Carré.

TRIMÉTHYLÉNIQUES (COMBINAISONS). — Les composés triméthyléniques dérivent tous d'un noyau fondamental, le triméthylène ou cyclopropane.

$$CH^2 \triangle{\ } CH^2 \quad CH^2$$

Leur histoire commence à peine, et bien qu'on en connaisse déjà un assez grand nombre, les conditions dans lesquelles on les obtient sont encore mal déterminées.

Ce sont d'ailleurs des corps assez instables qui ouvrent assez facilement leur chaîne, en présence des halogènes et des acides halogénés en général, en fournissant des dérivés aliphatiques. Ils sont en principe stables vis-à-vis du permanganate. Nous allons exposer sommairement l'histoire de ces composés en suivant la nomenclature proposée par Aschan [*Chem. der Alicyklischen Verbindungen*, p. 426 et suivantes].

1° CARBURES TRIMÉTHYLÉNIQUES. — *Cyclopropane* C^3H^6. — Le cyclopropane s'obtient en traitant par le sodium ou la poudre de zinc le bromure de triméthylène en solution alcoolique :

$$CH^2Br.CH^2.CH^2Br + Na^2 = 2NaBr + \triangle$$

[Freund, *Journ. f. prakt. Chem.*, 26, 367; — Gustavson, *ibid.*, 36, 300; 59, 302; — Menschutkine, *D. chem. G.*, 34, 3067; — Tanatar, *ibid.*, 32, 702].

Le cyclopropane est gazeux; il bout à — 35° et fond à — 126° [Ladenburg et Krügel, *D. chem. G.*, 32, 1821].

L'acide sulfurique le convertit, par ouverture de la chaîne, en sulfate de propyle [Berthelot, *Ann. Chim. Phys.*, 4, 102] :

$$2\ \triangle + SO^4H^2 = SO^4 \Big\langle \begin{matrix} CH^2-CH^2-CH^3 \\ CH^2-CH^2-CH^3 \end{matrix}$$

Chauffé à haute température, ou en présence de corps catalysants, le cyclopropane ouvre encore sa chaîne en donnant du propylène.

Le chlore l'attaque en fournissant des dérivés chlorés du propane, $ClCH^2-CH^2-CH^2Cl$, $CHCl^2.CH^2.CH^2Cl$, $CH^2Cl.CHCl.CH^2Cl$ [Gustavson, *Journ. f. prakt. Chem.*, 50, 380; 59, 302 et 62, 273]. On obtient aussi des dérivés de substitution du triméthylène, le *mono* et le *di chlorotriméthylène* [Gustavson, *Journ. f. prakt. Chem.*, 42, 495 et 43, 396; — Brühl, *D. chem. G.*, 25, 1954].

Le brome sec à 0° n'attaque pas sensiblement le cyclopropane; une trace d'humidité produit la réaction et l'on obtient du bromure de triméthylène, du bromure de propyle et du bromure de propylène [Gustavson, *loc. cit.*].

L'*aminocyclopropane* se prépare en traitant par l'hypobromite de soude l'amide de l'acide cyclopropane-carbonique :

$$\triangle CH-CO.AzH^2 \rightarrow \triangle CH-AzH^2$$

Il bout à 49°, son *chlorhydrate* fond à 101° [Kijner, *J. phys. chim. russe*, 33, 377].

Le *méthylcyclopropane* C^4H^8

$$\triangle CH-CH^3$$

s'obtient en traitant par la poudre de zinc le dibromobutane 1.3 [Demjanow, *D. chem. G.*,

28, 21]. C'est un gaz qui peut se condenser à basse température en un liquide bouillant à + 5°.

Le brome l'attaque lentement dans l'obscurité en redonnant du dibromobutane 1.3; l'acide iodhydrique fournit l'iodure de butyle secondaire.

Si l'on chauffe avec de la potasse sèche le γ-cyanochloropropane, celui-ci se convertit en cyanotriméthylène qui, par réduction, fournit une amine [Henry et Dalle, *Bull. Acad. Roy. Belge*, 249, 1901; 36, 1902] :

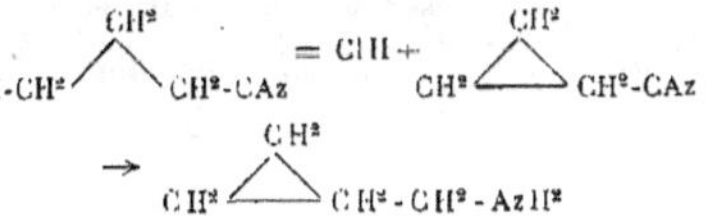

$$Cl\text{-}CH_2\text{-}\triangle\text{-}CH_2\text{-}CAz = CHl + CH_2\text{-}\triangle\text{-}CH_2\text{-}CAz$$

$$\rightarrow CH_2\text{-}\triangle\text{-}CH_2\text{-}CH_2\text{-}AzH_2$$

L'acide nitreux réagit sur cette base en la convertissant en un alcool, probablement à chaîne ouverte, bouillant à 125-126°, et dont l'*acétate* bout à 134°.

Le *diméthyl-1.1-cyclopropane* s'obtient en traitant le diméthylbromure de triméthylène par la poudre de zinc :

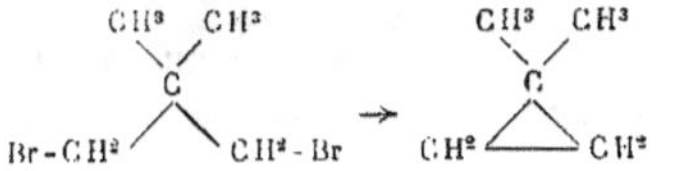

$$Br\text{-}CH_2\text{-}C(CH_3)(CH_3)\text{-}CH_2\text{-}Br \rightarrow CH_2\text{-}\triangle\text{-}CH_2, C(CH_3)(CH_3)$$

C'est un liquide bouillant à 21°. Le brome l'attaque lentement à froid. L'acide bromhydrique fournit divers produits bromés. L'acide iodhydrique donne l'iodure d'amyle tertiaire :

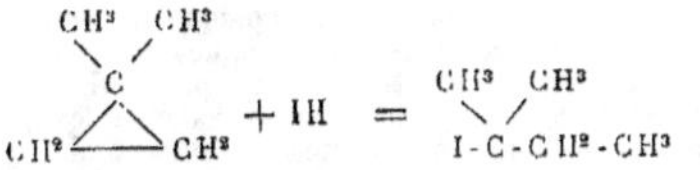

$$CH_2\text{-}\triangle\text{-}CH_2, C(CH_3)(CH_3) + IH = I\text{-}C\text{-}CH_2\text{-}CH_3, (CH_3)(CH_3)$$

[Gustavson et Popper, *Journ. f. prakt. Chem.*, 58, 458; — Gustavson, *ibid.*, 62, 270].

Le *1.1.2-triméthylcyclopropane*

$$CH_2\text{-}\triangle\text{-}CH\text{-}CH_3, C(CH_3)(CH_3)$$

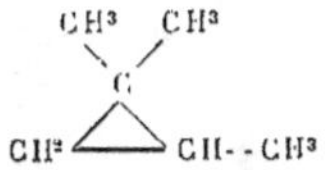

s'obtient en traitant par la poudre de zinc le dibromure $(CH_3)_2CBr.CH_2.CHBr.CH_3$. C'est un liquide bouillant à 56-57°.

Le brome l'attaque facilement avec dégagement d'acide bromhydrique [Zelinsky et Zelikow, *D. chem. G.*, 34, 2859].

Le 1.2.3-*triméthylcyclopropane* s'obtient par une méthode analogue. Il bout à 65-66° [Z. et Z., *loc. cit.*].

Le *vinylcyclopropane*

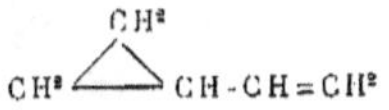

$$CH_2\text{-}\triangle\text{-}CH\text{-}CH=CH_2$$

a été obtenu en chauffant la tétrabromhydrine de la pentaérythrite avec du zinc en poudre; il se passe une transposition moléculaire qui peut être représentée comme suit :

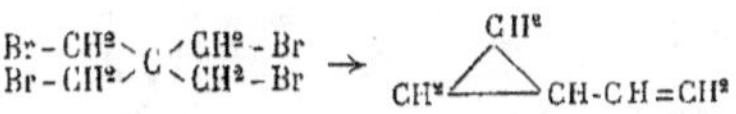

$$Br\text{-}CH_2, Br\text{-}CH_2 > C < CH_2\text{-}Br, CH_2\text{-}Br \rightarrow CH_2\text{-}\triangle\text{-}CH\text{-}CH=CH_2$$

Ce carbure bout à 40° : $D^0_4 = 0.7431$ [Gustavson, *C. R.*, 123, 242; — Tollens et Wigand, *Ann. Chem.*, 265, 337].

Le *dibromure* correspondant bout à 185-190°.

L'*iodhydrate* traité par la potasse fournit l'éthylidène cyclopropane, bouillant à 37°,5 [Gustavson, *loc. cit.*; — Gustavson et Bulatow, *J. f. prakt. Chem.*, 54, 97 et 56, 93], de constitution probable

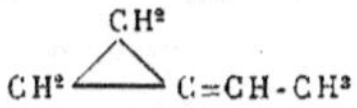

$$CH_2\text{-}\triangle\text{-}C=CH\text{-}CH_3$$

2° CÉTONES TRIMÉTHYLÉNIQUES. — *Acétyltriméthylène* ou *acétylcyclopropane*,

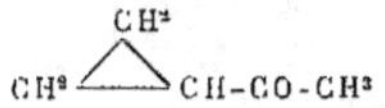

$$CH_2\text{-}\triangle\text{-}CH\text{-}CO\text{-}CH_3$$

— On l'obtient en chauffant l'acide acétylcyclopropane carbonique, obtenu lui-même par condensation de l'éther acétylacétique sodé avec le bromure d'éthylène [Perkin jun., *J. Chem. Soc.*, 59, 865] :

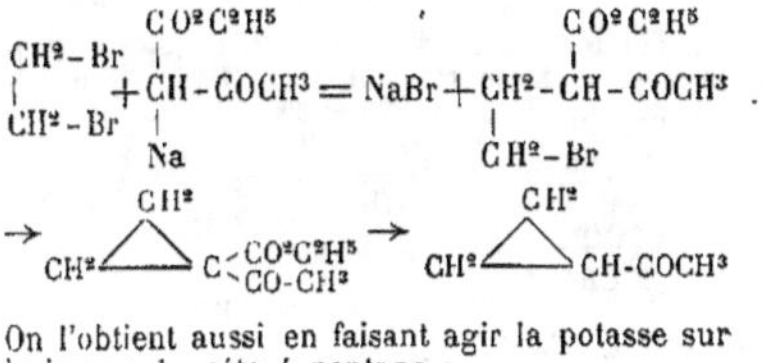

$$CH_2\text{-}Br, CH_2\text{-}Br + CH\text{-}COCH_3, (CO_2C_2H_5)(Na) = NaBr + CH_2\text{-}CH\text{-}COCH_3, (CO_2C_2H_5)(CH_2\text{-}Br)$$

$$\rightarrow CH_2\text{-}\triangle\text{-}C(CO_2C_2H_5)(CO\text{-}CH_3) \rightarrow CH_2\text{-}\triangle\text{-}CH\text{-}COCH_3$$

On l'obtient aussi en faisant agir la potasse sur le bromo-1.-céto-4-pentane :

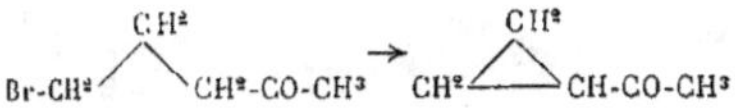

$$Br\text{-}CH_2\text{-}\triangle\text{-}CH_2\text{-}CO\text{-}CH_3 \rightarrow CH_2\text{-}\triangle\text{-}CH\text{-}CO\text{-}CH_3$$

[Lipp, *D. chem. G.*, 22, 1206].

L'acétyltriméthylène bout à 112-113° (720 mm.), (Perkin); son *oxime* fond à 50-51° [Scheda, *D. chem. G.*, 36, 1379; — Harries, *ibid.*, 36, 1795]. Il se transforme facilement par oxydation en acide triméthylène carbonique [Wagner et Idzkowska, *J. Soc. phys. chim. russe*, 30, 259]. Il réagit avec l'iodure de méthylmagnésium en donnant un *alcool tertiaire* :

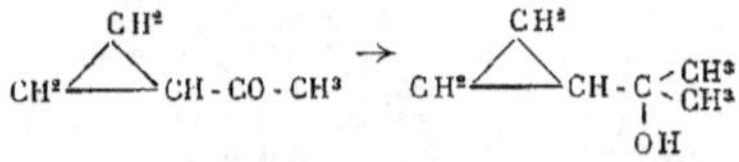

$$CH_2\text{-}\triangle\text{-}CH\text{-}CO\text{-}CH_3 \rightarrow CH_2\text{-}\triangle\text{-}CH\text{-}C(CH_3)(CH_3)(OH)$$

Cet alcool bout à 123° (740 mm.) [Zelinsky, *D. chem. G.*, 34, 2884 et 3887]. Chauffé avec de l'acide oxalique, il ouvre sa chaîne en fournissant un oxyde d'éthylène :

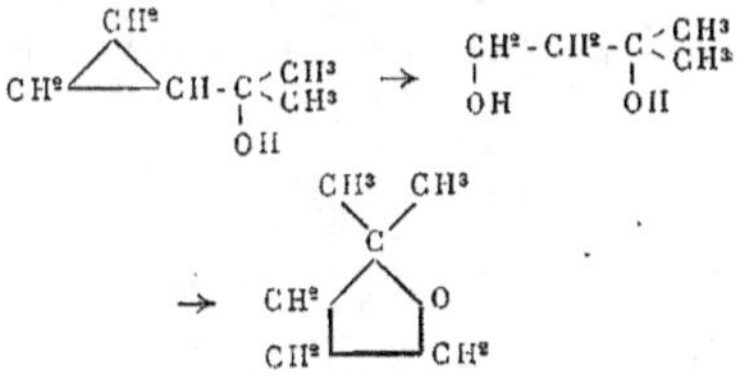

$$CH_2\text{-}\triangle\text{-}CH\text{-}C(CH_3)(OH) \rightarrow CH_2\text{-}CH_2\text{-}C(CH_3)(CH_3), (OH)(OH)$$

$$\rightarrow CH_2\text{-}CH_2\text{-}O, C(CH_3)(CH_3)$$

Le *benzoylcyclopropane*

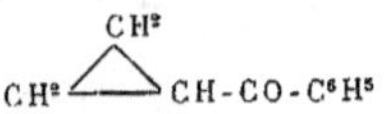

$$CH_2\text{-}\triangle\text{-}CH\text{-}CO\text{-}C_6H_5$$

s'obtient d'une façon analogue à celle qui a servi à préparer l'acétyltriméthylène, soit en condensant le bromure d'éthylène avec l'éther benzoylacétique sodé.

Il bout à 239°; son *oxime* fond à 87° [Perkin jun., *D. chem. G.*, 16, 2138 et 17, 1441]. On connaît également le *méthylbenzoylcyclopropane* qui bout à 240-245° et dont l'oxime est huileuse [Perkin et Stenhouse, *Chem. Soc.*, 61, 67].

Le *tribenzoylcyclopropane*

$$C^6H^5 \cdot COCH \bigtriangleup \begin{matrix} CHCO \cdot C^6H^5 \\ CHCO \cdot C^6H^5 \end{matrix}$$

s'obtient en faisant réagir le sodium sur la ω iodacétophénone. Elle existe sous deux modifications stéréoisomériques : la forme *cis* et la forme *trans*, fondant respectivement à 205° et 292° [Paal et Schulze, *D. chem. G.*, 36, 2425].

3° ACIDES TRIMÉTHYLÉNIQUES. — *Acide triméthylène carbonique*,

$$CH^2 \bigtriangleup \begin{matrix} CH^2 \\ CH \cdot CO^2H \end{matrix}$$

— On l'obtient en condensant l'éther malonique sodé avec le bromure d'éthylène [Perkin jun., *D. chem. G.*, 17, 54 et 323 et 18, 1734] :

$$\begin{matrix} CH^2-Br \\ CH^2-Br \end{matrix} + NaCH \begin{matrix} CO^2C^2H^5 \\ CO^2C^2H^5 \end{matrix}$$

$$= Br-CH^2 \bigtriangleup CH \begin{matrix} CO^2C^2H^5 \\ CO^2C^2H^5 \end{matrix} \rightarrow NaBr + CHNa \begin{matrix} COC^2H^5 \\ COC^2H^5 \end{matrix}$$

$$= NaBr + CH^2 \begin{matrix} CO^2C^2H^5 \\ CO^2C^2H^5 \end{matrix} + CH^2 \bigtriangleup C \begin{matrix} CO^2C^2H^5 \\ CO^2C^2H^5 \end{matrix}$$

$$\rightarrow CH^2 \bigtriangleup \begin{matrix} CH^2 \\ CH \cdot CO^2H \end{matrix}$$

On le prépare également par hydrolyse du nitrile obtenu lui-même par condensation de nitrile γ chlorobutyrique [Henry et Dalle, *loc. cit.*] ou mieux en condensant l'éther cyanacétique sodé avec le bromure d'éthylène. La réaction est calquée sur la précédente. On saponifie le groupe $CO^2C^2H^5$ et l'on chauffe; il se forme le nitrile cherché avec départ de CO^2 [Perkin jun. et Carpenter, *Chem. Soc.*, 75, 921].

L'acide cyclopropane carbonique est une huile incolore bouillant à 182°; il fond à 16-17°.

On en connaît plusieurs dérivés : l'*éther éthylique* bouillant à 134°, l'*éther isobutylique*, à 173-174°. L'*amide* fond à 120° (Perkin jun.; Henry et Dalle); à 124° [Kijner; voy. aussi Fittig et Rœder, *D. chem. G.*, 16, 372; *Ann. Chem.*, 227, 13].

L'acide malonique qui donne naissance à l'acide triméthylène carbonique

$$CH^2 \bigtriangleup C \begin{matrix} CO^2H \\ CO^2H \end{matrix}$$

fond à 140-141° et se décompose à 160° en acide carbonique et acide monocarboxylé. L'acide bromhydrique ouvre facilement sa chaîne en fournissant l'éther éthylmalonique γ bromé; l'ébullition avec l'acide sulfurique donne, par un mécanisme analogue, un acide lactonique (acide butyrolactone carbonique) :

$$CH^2 \bigtriangleup C \begin{matrix} CO^2H \\ CO^2H \end{matrix} \rightarrow CH^2 \begin{matrix} CH^2-OH \\ CH-CO^2H \\ CO^2H \end{matrix}$$

$$\rightarrow \begin{matrix} CH^2 \longrightarrow O \\ CH^2 \\ CO^2H-CH \longrightarrow CO \end{matrix}$$

On connaît également les acides *méthyl* et *isopropyltriméthylène carbonique*

$$CH^2 \bigtriangleup \begin{matrix} CH-CH^3 \\ CH-CO^2H \end{matrix} \qquad CH^2 \bigtriangleup \begin{matrix} CH-C^3H^7 \\ CH-CO^2H \end{matrix}$$

[Marburg, *Ann. Chem.*, 294, 89; — Ipatieff, *J. Soc. phys. chim. russe*, 34, 351; — G. Blanc, *Bull. Soc. Chim.*, (4), 1, 1241].

L'acide *diméthylcyclopropane carbonique*

$$CH^2 \bigtriangleup \begin{matrix} \overset{CH^3 \quad CH^3}{\underset{|}{C}} \\ CH \cdot CO^2H \end{matrix}$$

se prépare en chauffant avec de l'éther malonique sodé (qui agit comme agent alcalin) l'éther γ bromodiméthylbutyrique-2.2.

$$\begin{matrix} CH^3 \quad CH^3 \\ C \\ | \\ CH^2-Br \end{matrix} CH^2-CO^2C^2H^5 \rightarrow CH^2 \bigtriangleup \begin{matrix} \overset{CH^3 \quad CH^3}{C} \\ CH^2-CO^2C^2H^5 \end{matrix}$$

Il bout à 106-110°. Son *acide* fond à 177° [G. Blanc, *Bull. Soc. Chim.* (4), I, 241].

Acides *cyclopropane-dicarboniques*,

$$CH^2 \bigtriangleup \begin{matrix} CH-CO^2H \\ CH-CO^2H \end{matrix}$$

— L'acide cyclopropane-dicarbonique, comme d'ailleurs tous les acides polybasiques qui contiennent le noyau triméthylénique, peut exister sous les deux formes cis et trans. La modification *cis* s'obtient en condensant l'éther malonique sodé avec l'éther αβ-dibromopropionique [Conrad et Guthzeit, *D. chem. G.*, 17, 1186; — Perkin jun., *ibid.*, 19, 1056] :

$$Br-CH \begin{matrix} CH^2-Br \\ | \\ CO^2C^2H^5 \end{matrix} + NaCH \begin{matrix} CO^2C^2H^5 \\ CO^2C^2H^5 \end{matrix}$$

$$= NaBr + CH \begin{matrix} CH^2-Br \\ | \\ CO^2C^2H^5 \end{matrix} CH \begin{matrix} CO^2C^2H^5 \\ CO^2C^2H^5 \end{matrix} \rightarrow NaCH \begin{matrix} CO^2C^2H^5 \\ CO^2C^2H^5 \end{matrix}$$

$$= NaBr + CH \begin{matrix} CH^2 \\ | \\ CO^2C^2H^5 \end{matrix} \bigtriangleup C \begin{matrix} CO^2C^2H^5 \\ CO^2C^2H^5 \end{matrix}$$

$$\rightarrow CO^2H-CH \bigtriangleup \begin{matrix} CH^2 \\ CH-CO^2H \end{matrix}$$

Cet acide fond à 139°; son *anhydride* fond à 59° [Voy. aussi Stalmann et Kötz, *Journ. f. prakt. Chem.*, 68, 156; — Guthzeit, *Ann. Chem.*, 256, 197; — Buchner, *D. chem. G.*, 23, 705].

L'acide *trans* se prépare en chauffant l'éther ptyrazolinedicarbonique à 160-185° [Buchner, *D. chem. G.*, 23, 701]. Il se forme en même temps de l'acide glutaconique. On l'obtient aussi par l'action de la potasse alcoolique sur l'éther α-bromoglutarique [Perkin jun. et Bowtell, *Centr. Bl.*, 7, 284, 1900]. Cet acide fond à 175°; l'action de la chaleur ou du chlorure d'acétyle ne fournit point d'anhydride : il n'est point attaqué, ni par le permanganate, ni par l'amalgame de sodium.

On connaît également l'acide *méthyl-1.-cyclopropane dicarbonique-2.3* sous sa forme *cis* [Preisweck, *D. chem. G.*, **36**, 1086] ; il fond à 108°.

L'acide *diméthyl-1.2-triméthylène dicarbonique-1.2*

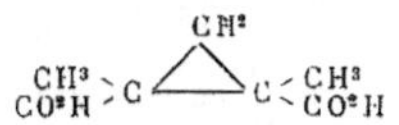

$$CH_3 \cdot CO_2H > C \bigtriangleup C < CH_3 \cdot CO_2H$$

est également connu sous sa forme *cis*, il s'obtient en traitant par le perchlorure de phosphore l'éther triméthyloxysuccinique [Paolini, *Gazz. chim. ital.*, **30**, 497]

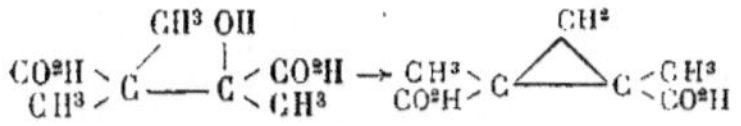

$$CO_2H \cdot CH_3 > C \underset{OH}{\overset{CH_3}{-}} C < CO_2H \cdot CH_3 \rightarrow CH_3 \cdot CO_2H > C \bigtriangleup C < CH_3 \cdot CO_2H$$

Cet acide fond à 153-154° ; il donne un *anhydride* qui, sous l'action de l'aniline est converti en *acide-anilide* fusible à 157° ; l'*anilide* fond à 105°.

Acides caroniques ou *diméthyl-2.2-triméthylène carbonique-1.3*,

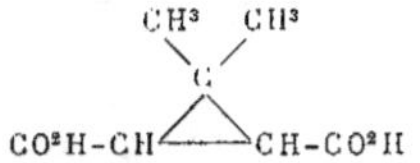

$$\underset{CO_2H \cdot CH \bigtriangleup CH \cdot CO_2H}{\overset{CH_3 \quad CH_3}{C}}$$

— Les formes *cis* et *trans* de ces deux acides se forment dans l'oxydation manganique de la carone [Voy. TERPÉNIQUE (SÉRIE)] :

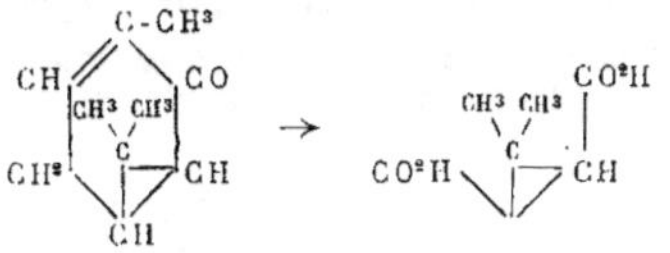

[Baeyer et Ipatieff, *D. chem. G.*, **29**, 2796].

Leur synthèse a été faite par Perkin jun. et Thorpe [*Chem. Soc.*, **75**, 48] en traitant l'éther bromo-ββ-diméthylglutarique par la potasse alcoolique :

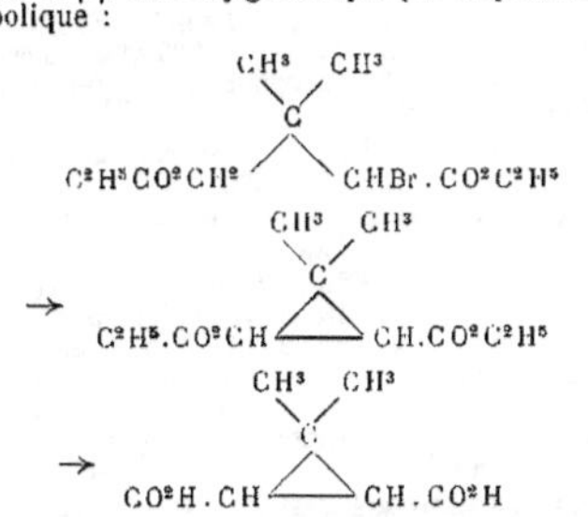

L'acide *cis-caronique* fond à 176° ; il est très stable vis-à-vis des oxydants, des réducteurs et des halogènes ; son *anhydride* fond à 56°.

L'acide *trans-caronique* fond à 213°, chauffé un peu plus haut il ne se transforme que partiellement en anhydride. L'acide bromhydrique concentré le transforme, par ouverture de la chaine, en acide térébique.

Les acides *alcoyloxycaroniques* se forment en traitant par les alcoolates de sodium (éthyl et méthyl) l'éther dibromo-αα'ββ-diméthylglutarique [Perkin jun., Thorpe et Walker, *Chem. Soc.*, **79**, 729]. L'acide méthyloxy fond à 148°, l'acide éthyloxy à 138°.

Acide isopropyl-3-cyclopropanedicarbonique ou *acide α-lanacétogène-dicarbonique* [voy. TERPÉNIQUE (SÉRIE)].

Acide cyclopropanetricarbonique-1.2.3,

$$\underset{CO_2H \cdot CH \bigtriangleup CH \cdot CO_2H}{\overset{CH \cdot CO_2H}{}}$$

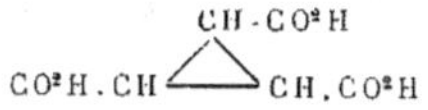

— Cet acide existe sous les deux formes *cis* et *trans*.

L'acide *cis* s'obtient en condensant l'éther dibromosuccinique avec l'éther malonique sodé :

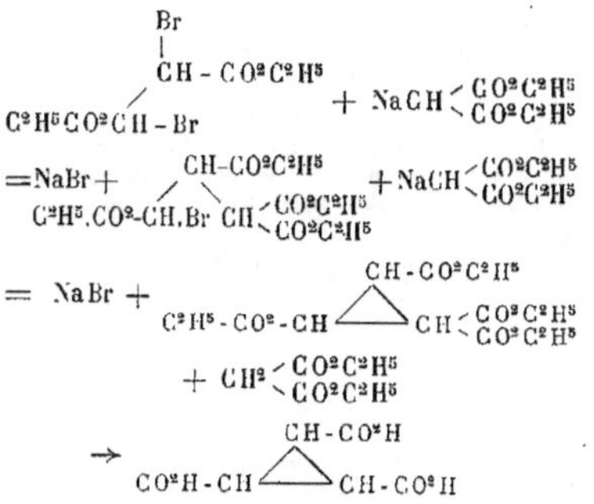

Cet acide fond à 145-150° ; chauffé plus haut, il se sublime en donnant l'*anhydride* correspondant.

L'acide *trans* se prépare en chauffant l'éther pyrazoline-3.4.5-tricarbonique [Büchner, *D. chem. G.*, **21**, 2640 ; **23**, 2583 ; — Büchner et Witter, *Ann. Chem.*, **273**, 241 ; **284**, 219]. Cet acide fond à 220° ; son *sel de calcium* cristallise avec $8H_2O$; quand on le distille, il donne un *anhydride* fusible à 189°.

L'acide *méthylcyclopropanetricarbonique-1.2.3*

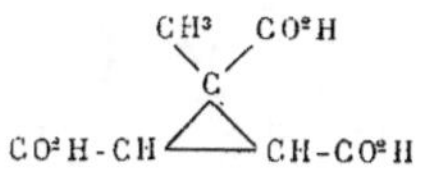

$$\underset{CO_2H \cdot CH \bigtriangleup CH \cdot CO_2H}{\overset{CH_3 \quad CO_2H}{C}}$$

s'obtient en chauffant l'éther méthylpyrazolinetricarbonique-3.4.5 ; l'*éther triméthylique* ainsi obtenu fond à 77° ; l'acide lui-même, à 191° [Büchner et Dessauer, *D. chem. G.*, **27**, 877].

L'acide *cyclopropanacétiquedicarbonique-1.1.2*

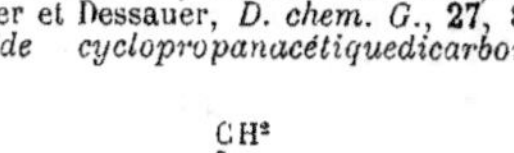

$$CO_2H \cdot CH \bigtriangleup C < \overset{CH_2 \cdot CO_2H}{CO_2H}$$

s'obtient en chauffant l'éther pyrazolinacétiquedicarbonique [Büchner et Dessauer, *loc. cit.*]. Il fond entre 180 et 212° en se décomposant.

L'acide *triméthylène-tétracarbonique-1.1.2.2*

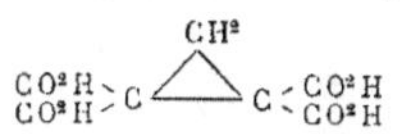

$$\underset{CO_2H}{\overset{CO_2H}{>}} C \bigtriangleup C < \overset{CO_2H}{CO_2H}$$

s'obtient à l'état d'éther en faisant réagir le brome sur l'éther dicarboxylglutarique sodé

[Perkin jun., *D. chem. G.*, 19, 1053; — Guthzeit et Dressel, *Ann. Chem.*, 256, 193] :

$$\begin{array}{l}CO^2C^2H^5\\CO^2C^2H^5\end{array}\!>NaC \quad NaC\!<\!\begin{array}{l}CO^2C^2H^5\\CO^2C^2H^5\end{array} + Br^2$$

$$= 2\,NaBr + (C^2H^5CO^2)^2C\!\!\triangle\!\!C(CO^2C^2H^5)^2$$

$$\rightarrow (CO^2H)^2C\!\!\triangle\!\!C(CO^2H)^2$$

L'action de l'éther chloromalonique sur le même éther dicarboxylglutarique sodé donne le même résultat; la réaction est du même ordre [Guthzeit et Engelmann, *J. prakt. Chem.*, 66, 122].

On connaît également l'*acide triméthylène-tétracarbonique*-1.2.1.3 sous la forme trans. Cet acide fond à 196–198° [Schacherl, *Ann. Chem.* 229, 91; — Büchner et Witter, *ibid.*, 284, 223].

En faisant agir le brome sur l'éther cyanacétique sodé, on obtient un dérivé de cet acide [Errera et Perciabosco, *D. chem. G.*, 33, 2976] :

$$3\,CH\!<\!\begin{array}{l}C\,Az\\CO^2C^2H^5\end{array} + Br^3$$
$$\mid\\Na$$

$$= 3\,NaBr + C^2H^5CO^2\!\!>\!\!C\!\!\triangle\!\!C\!<\!\begin{array}{l}C\,Az\\CO^2C^2H^5\end{array}$$

Cet éther cyanotricarbonique fond à 119°; par chauffage avec de la baryte, il fournit les deux corps fondant respectivement à 194-195° et 182-184°,

$$\begin{array}{l}CO^2H\\CAz\end{array}\!\!>\!\!C\!\!\triangle\!\!CH\text{-}CO^2H \quad \text{et} \quad CAz\text{-}CH\!\!\triangle\!\!CH\text{-}CAz$$

Acides incomplets.

L'acide *méthyltriméthényldicarbonique* a été obtenu par Feist [*D. chem. G.*, 26, 751] en faisant agir la potasse sur l'éther bromodéhydracétique. Il fond à 200°. Sa constitution

$$CO^2H\text{-}C\!\!\triangle\!\!C\text{-}CO^2H \quad (CH\text{-}CH^3)$$

ne paraît pas autrement certaine, un tel assemblage devant être éminemment instable. Cet acide fournit un *dibromure* fusible à 240°, que l'amalgame de sodium réduit en un acide isomère du premier et fusible à 195-200°.

L'acide *isoprénylique*

$$CH^2\!\!\triangle\!\!\begin{array}{l}CH\text{-}C\!<\!\begin{array}{l}CH^3\\CH^2\end{array}\\C\!<\!\begin{array}{l}CO^2H\\CO^2H\end{array}\end{array}$$

s'obtient en traitant le bromure d'isoprène par le malonate d'éthyle sodé (méthode de Perkin) :

$$\begin{array}{l}BrCH\text{-}C\!\leqq\!\begin{array}{l}CH^3\\CH^2\end{array}\\CH^2Br\end{array} + NaCH\!<\!\begin{array}{l}CO^2C^2H^5\\CO^2C^2H^5\end{array}$$

$$= NaBr + CH^2\!\!\triangle\!\!\begin{array}{l}CH\text{-}C\!\leqq\!\begin{array}{l}CH^3\\CH^2\end{array}\\CH^2Br\end{array}\cdot CH\!<\!\begin{array}{l}CO^2C^2H^5\\CO^2C^2H^5\end{array} \rightarrow NaCH\!<\!\begin{array}{l}CO^2C^2H^5\\CO^2C^2H^5\end{array}$$

$$= NaBr + CH^2\!<\!\begin{array}{l}CO^2C^2H^5\\CO^2C^2H^5\end{array} + CH^2\!\!\triangle\!\!\begin{array}{l}CH\text{-}C\!\leqq\!\begin{array}{l}CH^3\\CH^2\end{array}\\C\!<\!\begin{array}{l}CO^2C^2H^5\\CO^2C^2H^5\end{array}\end{array}$$

$$\rightarrow CH^2\!\!\triangle\!\!\begin{array}{l}CH\text{-}C\!\leqq\!\begin{array}{l}CH^3\\CH^2\end{array}\\C\!<\!\begin{array}{l}CO^2H\\CO^2H\end{array}\end{array}$$

C'est un corps huileux qui laisse peu à peu déposer des cristaux fusibles à 115°. La constitution de l'acide isoprénylique ne doit être acceptée que sous toutes réserves; celle du dibromure qui lui a donné naissance étant elle-même incertaine [Ipatieff, *Journ. Soc. phys. chim. russe*, 33, 540].

Acides contenant un noyau aromatique.

Ces acides s'obtiennent comme ceux déjà décrits, c'est-à-dire soit par la méthode de Büchner (chauffage d'acides pyrazolinecarboniques), soit par la méthode de Perkin (condensation d'éther α-β-dibromé avec le malonate d'éthyle sodé). L'*acide 1-phénylcyclopropanedicarbonique*-2.3

$$CO^2H\text{-}CH\!\!\triangle\!\!\begin{array}{l}CH\text{-}C^6H^5\\CH\text{-}CO^2H\end{array}$$

fond à 175°; son *anhydride* fond à 134°. L'*acide 1-phénylcyclopropanetricarbonique*-2.3.3

$$\begin{array}{l}CO^2H\\CO^2H\end{array}\!\!>\!\!C\!\!\triangle\!\!\begin{array}{l}CH\text{-}C^6H^5\\CH\text{-}CO^2H\end{array}$$

fond à 188° en se transformant en acide phényl-isocrotonique :

$$\rightarrow C^6H^5 - CH = CH - CH^2CO^2H + 2CO^2$$

[Büchner et Dessauer, *D. chem. G.*, 25, 1153].

L'*acide styrylcyclopropanecarbonique*

$$CH^2\!\!\triangle\!\!\begin{array}{l}CH\text{-}CO^2H\\CH\text{-}CH = CH - C^6H^5\end{array}$$

fond à 130°; son *amide* fond à 160° et son *dibromure* à 203-204°. La réduction par le sodium et l'alcool le convertit en acide phénylcaproïque

$$\rightarrow CO^2H - CH^2 - CH^2 - CH^2 - CH^2 - CH^2 - C^6H^5$$

tandis que la réduction par l'amalgame de sodium du dibromure fusible à 203-204° fournit l'acide phénétylcyclopropanecarbonique dont l'amide fond à 104-105°.   G. Blanc.

TRIONAL. — Voyez l'art. Soufre (Composés organiques), 2° Suppl., 7, 756.

TRIOSTÉINE. — On a tenté de substituer à la racine de senega une matière tout à fait semblable provenant du *triosteum perfoliatum*. Hartwich a pu extraire [*Arch. Pharm.*, 233, 118] de ce dernier un alcaloïde nouveau, la triostéine, qui cristallise en aiguilles solubles dans l'eau et dans l'alcool et qui ressemble beaucoup par ses propriétés à l'émétine.   Octobre 1907.   A. Hébert.

TRIOXIMIDOMÉTHYLÈNE. — Voy. Formique (Aldéhyde), 2° Suppl., 4, 291.

TRIOXINE. — Voy. Tétroxane.

TRIOXYACÉTOPHÉNONE. — Voyez Gallacétophénone.

TRIOXYAZOTIQUE (ACIDE) (Syn. Hydroxylamine-trisulfonique). — Voyez l'art. Hydroxylamine, 2° Suppl., 5, 630.

TRIOXYBENZÈNES. — Voyez Oxyhydroquinone, Pyrogallol, Phloroglucine.

TRIOXYBENZOPHÉNONES. — On connaît un grand nombre d'isomères.

Corps possédant les 3 OH dans le même noyau.

$C^6H^5.CO.C^6H^2(OH)_{(2)}(OH)_{(4)}(OH)_{(6)}$, *cotoïne.* — (1er Suppl. et 2e Suppl.).

La cotoïne ne correspond pas à la formule $C^{22}H^{18}O^6$, mais représente une trioxybenzophénone. Chauffée avec de l'acide sulfurique concentré, elle fournit en effet de l'acide benzoïque et de la phloroglucine. Les dérivés trisubstitués mentionnés au 1er Suppl. représentent en réalité des dérivés substitués de cette trioxybenzophénone [Hesse, *Ann. Chem.*, **282**, 195; — Ciamician et Silber, *D. chem. G.*, **28**, 1553; **27**, 411, 1627; — Pollak, *Mon. f. Chem.*, **22**, 997; — Hesse, *Ann. Chem.*, **309**, 94].

La *nitrorosocotoïne* (Hesse) cristallise sous deux formes fondant toutes deux à 153-154°.

La *monobenzoylcotoïne* fond à 110-112°, le *dérivé dibenzoylé* à 134-135° (Hesse).

Les *dérivés méthyléniques* de la cotoïne du type $CH^2(C^{14}H^{12}O^6)^2$ ont été l'objet de travaux de Overlach [*Centr. Bl.*, (I), 1900, 272] et de Bœhm [*Ann. Chem.*, **329**, 269, 1903], et de plusieurs brevets. Voyez [*Centr. Bl.*, 1899, (II), 951; Brev. all. 104 362; *Cent. Bl.*, 1899, (II), 1038; Brev. all. 104903].

$C^6H^5.CO.C^6H^2(OH)_{(2)}(OH)_{(3)}(OH)_{(4)}$, *jaune d'alizarine A.* — (Voy. MATIÈRES COLORANTES. 2e Suppl., 2, 1333) [Græbe et Eichengrün, *Ann. Chem.*, **269**, 290; — Nœlting et A. Meyer, *D. chem. G.*, **30**, 2592; — Græbe, *ibid.*, **32**, 1686; — Perkin, *Chem. Soc.*, **75**, 443; Brevets allemands 49149, 50451 et 54661]. Ont été signalés un certain nombre de dérivés :

$C^{13}H^9O^4.CH^3$. — Cristaux jaune soufre fusibles à 165° (Græbe et Eichengrün).

$C^{13}H^8O^4(CH^3)^2$. — Fusible à 131° [Græbe et Eichengrün; — Bartholotti, *D. chem. G.*, **27**, (II), 18 et 437].

$C^{13}H^7O^4(CH^3)^3$. — Liquide à point d'ébullition élevé (Bartholotti).

$C^{13}H^7O(OC^2H^3O)^3$. — Lamelles fusibles à 117° (Gr. et Eich.).

$C^{13}H^7O(OCH^3)^2(OC^2H^3O)$. — Cristaux fusibles à 104-105° (Bart.), à 98° (Gr. et Eich.).

$C^{13}H^7O(OCH^3)^2(OCOC^6H^5)$. — Cristaux blancs fusibles à 117° (Bart.).

$C^6H^5.C[=Az.C^6H^5]-C^6H^2(OH)^3$. — Fusible à 95° [Keller, *D. chem. G.*, **32**, 1686].

$C^6H^4Cl_{(4)}.CO.C^6H^2(OH)^3$. — Aiguilles fusibles à 154-155° [Brevets all. 49149, 50451].

$C^6H^5-CO.C^6HBr(OH)^3$. — Prismes jaune citron fusibles à 149° (Græbe et Eichengrün).

$C^6H^5.CO.C^6H(AzO^2)(OH)^3$. — Fusible à 123° (Gr. et Eich.).

Dérivé dinitré, $C^{13}H^8Az^2O^8$. — Fusible à 133° (Gr. et Eich.).

Dérivé trinitré, $C^{13}H^7Az^3O^{10}$. — Fusible à 118° (Gr. et Eich.).

Corps possédant les 3 OH dans les 2 noyaux.

$C^6H^4.(OH)_{(2)}.CO-C^6H^3(OH)_{(2)}(OH)_{(6)}$, *salicylrésorcine.* — (Voyez 2e Suppl., BENZOPHÉNONE). Pour les anhydrides de la salicylrésorcine, voy. XANTHONE (oxy).

Les autres trioxybenzophénones, $C^6H^4(OH)_{(2)}.CO.C^6H^2(OH)_{(2)}(OH)_{(4)}$; $C^6H^4.(OH)_{(2)}.CO.C^6H^3(OH)_{(4)}(OH)_{(6)}$ et $C^6H^4(OH)_{(2)}-CO-C^6H^3(OH)_{(2)}(OH)_{(5)}$ ne sont connues qu'à l'état d'anhydrides [voyez XANTHONE (oxy)].

1er novembre 1907. V. Thomas.

TRIOXYGLUTARIQUES (ACIDES) $C^5H^8O^7$.

1° ACIDE D-TRIOXYGLUTARIQUE, *acide pentane-trioldioïque* $\dfrac{3.4}{2}$,

$$\begin{array}{ccccccc} & & H & OH & OH & & \\ & & | & | & | & & \\ CO^2H & - & C & - C & - C & - & CO^2H \\ & & | & | & | & & \\ & & OH & H & H & & \end{array}$$

— Cet acide se prépare en oxydant le d-arabinose par l'acide azotique étendu. Il cristallise dans l'acétone en lamelles fusibles à 128°; $[\alpha]_D = +22°.9$ [Ruff, *D. chem. G.*, **32**, 550, 1899].

2° ACIDE L-TRIOXYGLUTARIQUE, *acide pentane-trioldioïque* $\dfrac{2}{3.4}$,

$$\begin{array}{ccccccc} & & OH & H & H & & \\ & & | & | & | & & \\ CO^2H & - & C & - C & - C & - & CO^2H \\ & & | & | & | & & \\ & & H & OH & OH & & \end{array}$$

— L'acide l-trioxyglutarique se forme dans l'oxydation nitrique du silex [Kiliani et Scheibler, *D. chem. G.*, **21**, 3276, 1888], de la quercite [Kiliani et Scheibler, *D. chem. G.*, **22**, 517] et du rhamnose [Will et Peters, *D. chem. G.*, **22**, 1697].

On le prépare en oxydant l'arabinose (1 p.) par l'acide azotique étendu (2,5 p.; $D = 1,2$) [Kiliani, *D. chem. G.*, **21**, 3006].

Il cristallise en lamelles fusibles à 127°: $[\alpha]_D = -22°.7$ [Fischer, *D. chem. G.*, **24**, 1836; **29**, 1961, 1896]. Il n'a pas donné de lactone.

Le *l-trioxyglutarate de potassium* $C^5H^6O^7K^2$ cristallise en tables clinorhombiques [Haushofer, *D. chem. G.*, **21**, 3280]; $[\alpha]_D = +9°,5$ [Kiliani et Scheibler. *loc. cit.*]. Le *sel de calcium* cristallise avec 3 mol. d'eau; le *sel d'argent* fond vers 173° [Will et Peters, *loc. cit.*].

3° ACIDE I-TRIOXYGLUTARIQUE. — Cet acide, qui résulte du mélange des acides actifs, fond en se décomposant à 154°,5 [Ruff, *D. chem. G.*, **32**, 550, 1899].

4° ACIDE RIBOTRIOXYGLUTARIQUE, *acide pentane-trioldioïque* $\dfrac{0}{2.3.4}$,

$$\begin{array}{ccccccc} & & H & H & H & & \\ & & | & | & | & & \\ CO^2H & - & C & - C & - C & - & CO^2H \\ & & | & | & | & & \\ & & OH & OH & OH & & \end{array}$$

— Il résulte de l'oxydation nitrique du ribose ou de la lactone ribonique; c'est un corps sirupeux, dont la solution concentrée laisse déposer des cristaux de *lactone* $C^5H^6O^6$. Il est inactif par nature.

La lactone trioxyglutarique cristallise en aiguilles incolores fusibles en se décomposant à 170-171°. Son *sel de potassium* est incristallisable [Fischer et Piloty, *D. chem. G.*, **24**, 4214].

5° ACIDE XYLOTRIOXYGLUTARIQUE, *acide pentane-trioldioïque* $\dfrac{2.4}{3}$,

$$\begin{array}{ccccccc} & & OH & H & OH & & \\ & & | & | & | & & \\ CO^2H & - & C & - C & - C & - & CO^2H \\ & & | & | & | & & \\ & & H & OH & H & & \end{array}$$

— L'acide xylotrioxyglutarique se prépare en oxydant le xylose par l'acide nitrique étendu.

Il cristallise en lamelles incolores fusibles à 152° [Fischer et Piloty, *D. chem. G.*, **24**, 4224, 1891]. Il ne forme pas de lactone. Sa chaleur de combustion moléculaire est de $338^{Cal},7$ [Fogh, *C. R.*, **114**, 920, 1892].

Le *sel de potassium*, $C^5 H^6 O^7 H^2 + 2 H^2 O$, cristallise en tables hexagonales.

La *phénylhydrazide* fond à 175° [Fischer, *D. chem. G.*, **24**, 1836].

1ᵉʳ janvier 1908. P. Carré.

TRIOXYMÉTHYLÈNE. — Voy. l'art. FORMIQUE (ALDÉHYDE), 2ᵉ Suppl., 4, 278.

TRIPHÉNODIOXAZINE. — Voyez l'art. FLUORINDINES, 2ᵉ Suppl., 4, 208.

TRIPHÉNYLMÉTHANE (voyez Dict. et 1ᵉʳ Suppl.). — La soudure des trois groupes phényle au carbone central

$$\begin{matrix} C^6 H^5 \\ C^6 H^5 \end{matrix} \Big> C H - C^6 H^5$$

se produit dans un grand nombre de réactions. On peut :

1° Effectuer directement la soudure des trois groupes phényle sur un atome de carbone emprunté au chloroforme suivant la méthode de Friedel et Crafts [Meissel, *D. chem. G.*, **32**, 3144] ou bien emprunté au chlorure de méthylène [Schwarz, *D. chem. G.*, **14**, 1526], au tribromoéthène [Anschütz, *Ann. Chem.*, **235**, 337] ou au pentachloroéthane [Mouneyrat, *Bull. Soc. Chim.*, (3), **19**, 557] :

2° Souder 2 groupes phényle empruntés le plus souvent au benzène sur un autre composé fournissant à la fois le 3ᵉ groupe phényle et le carbone central, tel que chlorure de benzyle [Linebarger, *Am. Chem. J.*, **13**, 557], chlorure de benzylidène [Bottinger, *D. chem. G.*, **12**, 976], benzaldéhyde [Griepentrog, *Ann. Chem.*, **242**, 329], phénylchloroforme [Magatti, *D. chem. G.*, **12**, 1468] ;

3° Souder un groupe phényle sur un composé fournissant en même temps le carbone central et les deux autres groupes phényles, tels que : benzopinacoline, benzhydrol [Hemilian, *D. chem. G.*, **7**, 1204], diphényldibromoéthane symétrique [Anschütz, *Ann. Chem.*, **235**, 208].

Si l'action du tétrachlorure de carbone sur le benzène, en présence de chlorure d'aluminium [Fischer, *Ann. Chem.*, **194**, 254; — Gomberg, *D. chem. G.*, **33**, 3144], conduit au triphénylcarbinol, l'action du sodium sur un mélange de tétrachlorure et de benzène monochloré conduit par contre au triphénylméthane [Schmidlin, *C. R.*, **137**, 59, 1903].

La méthode de Friedel et Crafts reste néanmoins le procédé le plus pratique de préparation, quoique le processus de la réaction soit assez complexe, comme l'ont montré James F. Norris et Grace Mad. Leod [*Am. Chem. J.*, **26**, 490, 1901]; et Norris et Saunders [*ibid.*, **25**, 54]. Comp. aussi Biltz [*D. chem. G.*, **26**, 1961] : — Schwarz [*D. chem. G.*, **14**, 1516]; — Aleni et Kölliner [*Ann. Chem.*, **227**, 107].

La décomposition à la lumière du triphénylméthyle [Gombert et Cone, *D. chem. G.*, **37**, 3538], la réduction par le chlorure stanneux du triphénylcarbinol ou du triphénylbromométhane [Acrée, *D. chem. G.*, **37**, 616], la simple ébullition du triphénylcarbinol avec le chlorure de zinc [Hugo Kauffmann et Ad. Grombach, *D. chem. G.*, **38**, 2702, 1905], l'ébullition du triphényliodométhane avec l'alcool [Gomberg, *D. chem. G.*, **33**, 3159] fournissent aussi du triphénylméthane.

Reychler a montré récemment que le bromure de phénylmagnésium réagit sur le chloroforme avec formation de triphénylméthane. Rendement 70-80 0/0. En remplaçant le chloroforme par le chlorure de benzilidène, on obtient encore du triphénylméthane [*Bull. Soc. Chim.*, **35**, 738, 1905].

D'après Lehman, le triphénylméthane cristallise sous trois modifications différentes [*Jahresb.*, 376, 1880]; voyez aussi [Groth *Jahresb.*, 360, 1881]; il se dissout dans la plupart des solvants organiques usuels. Cette solubilité a été étudiée par Linebarger [*Am. Chem. J.*, **15**, 46] et par Étard [*Bull. Soc. Chim.*, (3), **9**, 86].

De ses solutions dans le benzène et le thiophène, il se dépose avec 1 m. de solvant de cristallisation [Liebermann, *D. chem. G.*, **26**, 853]. La combinaison benzénique est en cristaux s'effleurissant à l'air, fusibles à 78°,2 [Hintze, *Ann. Chem.*, **235**, 209; — Kurilow, *Z. ph. Ch.*, **23**, 551]. Chaleur de dissolution dans les différents solvants [Timofejew, *Iswietjad. Kiewer Polyt. Inst.*, 1905, 1]. Chaleur de formation — $43^{Cal},6$ [Schmidlin, *C. R.*, **136**, 1560, 1905].

Pour les constantes physiques, voyez Krafft et Weilandt [*D. chem. G.*, **29**, 1326]; — Perkin [*J. Chem. Soc.*, **69**, 1230]; — Eykmann [*Rendic.*, **12**, 278]; — Anderlini [*D. chem. G.*, **25**, (II), 141]; — Bruni et Padoa [*Att. Ac. Lincei*, **12**, (II), 119, 1903]; — Padoa [*ibid.*, **13**, (I), 329, 1904].

Triboluminescence [Tschugaeff, *Journ. Soc. chim. russe*, **36**, 1245, 1904].

L'acide sulfurique ne le dissout pas ; on obtient par contre une dissolution jaune avec un produit impur renfermant de petites quantités de triphénylcarbinol ou de triphénylchlorométhane [Adolf Bayer et V. Villiger, *D. chem. G.*, **35**, 1754; — Ullmann, *ibid.*, **35**, 1811].

L'acide iodhydrique fournit du benzène et du toluène ou leurs produits d'hydrogénation [Golenkin, *Journ. Soc. phys. chim. russe*, **19**, 170; — Markownikow, *D. chem. G.*, **30**, 1215].

Chauffé avec du potassium, le triphénylméthane donne un dérivé potassique $CK(C^6 H^5)^3$ [Hanriot et Saint-Pierre, *Bull. Soc. Chim.*, (3), **1**, 775].

L'azotate diéthylique $Az(OH)^3 (OC^2 H^5)^2$ fournit du triphénylcarbinol, de l'anthracène et des nitroanthraquinones [Amé Pictet, *Ar. Sc. Ph. Nat.*, (4), **16**, 191, 1903].

DÉRIVÉS DU TRIPHÉNYLMÉTHANE.

Nous les étudierons dans l'ordre suivant :
I. Dérivés renfermant les substituants reliés au carbone central.
II. Dérivés renfermant des substituants dans les noyaux benzéniques.

I. DÉRIVÉS RENFERMANT LES SUBSTITUANTS RELIÉS AU CARBONE CENTRAL.

Pour abréger nous poserons $[C^6 H^5]^3 C = [T] =$ triphénylméthyle ou, d'après la nomenclature proposée par Lubig, *tritanc* [*J. prakt. Chem.*, (2), **72**, 105, 1904].

Hydrate de triphénylméthyle $[T](OH)$ (*Triphénylcarbinol*) (voy. Dict. et 1ᵉʳ Suppl.). — C'est le produit d'oxydation ménagée du triphénylméthane. On peut employer, comme oxydant, non seulement l'acide chromique et l'eau de brome, mais aussi l'acide azotique [Smith, *Am. Chem. J.*, **19**, 702].

Les halogénures de triphénylméthyle traités par les lessives alcalines conduisent normalement au triphénylcarbinol [Bouveault, *Bull. Soc. Chim.*, (3), **9**, 374; — Gomberg, *D. chem. G.*, **33**, 3157; — Bodroux, *Bull. Soc. Chim.*, (3), **21**, 291].

Il prend naissance, par une réaction analogue à celle qui conduit au triphénylméthane, lorsque, dans la réaction de Friedel, on fournit le C central à l'état de tétrachlorure de carbone [Friedel et Craft, *Ann. Chim. Phys.*, (6), **1**, 500], de nitrochloroforme [Elb, *D. chem. G.*, **16**, 1274], de formiate de méthyle perchloré [Hentschel. *J. prakt. Chem.*, (2), **36**, 311] et qu'on traite la masse obtenue par l'eau. Le chlorure formé se décompose au contact de l'eau en hydrate de triphénylméthyle [comp. Meissel et Hinsberg, *D. chem. G.*, **32**, 2422].

L'action de l'acide sulfurique sur le peroxyde de triphénylméthyle (Gomberg, voy. TRIPHÉNYLMÉTHYLE), la décomposition de la benzophénone par les alcalis (KOH) [R. Delage, *Bull. Soc. Chim.*, (3), **29**, 1131. 1903], l'action du phosgène sur le bromure de phénylmagnésium [Fr. Sachs et H. Lœvy, *D. chem. G.*, **36**, 1538, 1903], du sodium phényle sur le chlorure de benzoyle ou la benzophénone, du sodium sur un mélange de bromure de phénylmagnésium et de xylène [Acrée, *Am. Chem. J.*, **29**, 588. 1903; — *D. chem. G.*, **37**, 2753. 1903] donnent des quantités plus ou moins considérables de triphénylcarbinol. Voyez aussi Frey [*D. chem. G.*, **28**, 2514]. On l'obtient avec un rendement théorique par condensation de la combinaison magnésienne du benzène monobromé avec le benzoate de méthyle [Tissier et Grignard, *C. R.*, **132**, 1182, 1901].

Cristaux [Groth, *Jahresb.*, 1881. 518] fusibles à 159° [R. Delange. *loc. cit.*], bouillant à 220° sous 16 mm., bouillant, sous la pression atmosphérique vers 365°. Chaleur de formation + 1^{Cal},7 [Schmidlin. *C. R.*, **136**, 1560, 1903]. Il réagit avec l'hydroxylamine en donnant des lamelles. fusibles à 182-184°, de formule $C^{38}H^{32}O^2Az$ [Ad. Bayer et V. Villiger, *D. chem. G.*, **35**, 3013, 1902].

Traité par l'isocyanate de phényle. il ne fournit pas d'acide carbanilique [Knœvenagel, *Ann. Chem.*, **297**, 141].

Constantes physico-chimiques [Beltz, *Z. ph. Ch.*, **29**, 259; — Garelli et Calzolari, *Att. d. Lincei.* (5), **8**, II, 63; — De Forcrand, *C. R.*, **136**, 1034, 1903; — Dobrochotow, *Journ. Soc. phys. chim. russe*, **27**, 343].

Combinaison pyridique, [T] OH . C^5H^5Az, fusible à 85° [Tschitschibabin, *Journ. Soc. phys. chim. russe* **34**, 137, 1902].

Combinaison avec la benzophénone, $(C^6H^5)^2$ $C(OH).O.C(C^6H^5)^3$, fusible à 165° [G. Schrœder, *D. chem. G.*, **36**, 3005, 1903].

Éther éthylique. — Il s'obtient avec un bon rendement par l'action d'une solution alcoolique de gaz chlorhydrique sur l'hydrate précédent. Tables ou prismes monocliniques [Mamontow, *Journ. Soc. phys. chim. russe* **29**, 232, 1897; — J. Herzig et P. Weugzaf, *Mon. f. Chem.*, **22**, 601, 1901; — V. von Lang, *Sitzysb. Akad. Wiss. Vienne*, **3**. (II a), 1161; *Z. f. Kryst.*, **40**, 619, 1905; — Hintze, *Jahresb.*, 1884, 462].

Peroxyde, [T].O.O.[T]. — Voyez TRIPHÉNYLMÉTHYLE.

Éther propylique, fusible à 56° [Mamontow, *loc. cit.*].

Chlorure, [T].Cl. — Il s'obtient, par la méthode de Friedel et Crafts, par condensation du benzène et du tétrachlorure CCl^4 en présence de chlorure d'aluminium ou de chlorure ferrique [Meissel et Hinsberg, *D. chem. G.*, **32**, 2422]. Cette réaction. conduite comme l'a indiqué Gomberg [*D. chem. G.*, **33**, 3147], donne un rendement de 70 à 85 0/0 du rendement théorique.

Ce composé se comporte à la façon des substances salines et conduit bien le courant [P. Walden, *D. chem. G.*, **35**, 2018, 1902]. Chaleur de formation —34^{Cal},4. Point de fusion 109° [Schmidlin, *loc. cit.*].

Ce chlorure fournit un grand nombre de produits d'addition :

$Al^2Cl^6.2$[T]Cl. — Gros cristaux brun foncé, décomposables à 122-125° [James F. Norris et W. Sanders, *Am. Chem. J.*, **25**, 24, 1900; — I. Bœseken, *Rec. Pays-Bas*, **24**, 209, 1905].

$SnCl^4$ + [T]Cl [F. Kehrmann et F. Wentzel, *D. chem. G.*, **34**, 3815, 1901].

$SbCl^5$ + [T]Cl. — Masse cristalline rouge [Gomberg, *D. chem. G.*, **35**, 1822, 1902].

$3HgCl^2$ + 2[T]Cl [Gomberg, *Journ. Am. Chem. Soc.*, **23**, 496. 1901].

Bromure [T].Br. — Ce sel est analogue au précédent [Allen et Kölliker, *Ann. Chem.*, **227**, 110; — Hintze, *Jahresb.*, 462, 1884; — Walden. *D. chem. G.*, **35**, 2018, 1902; — Nef, *Ann. Chem.*, **309**, 168].

Le bromure se combine à la pyridine en donnant le produit d'addition [T].$Az(Br) = C^5H^5$, en cristaux fondant à 162°, dédoublables par l'eau en triphénylcarbinol et bromhydrate de pyridine [Tschitschibahin. *loc. cit.*].

[T]Br.$3HgBr^2$ [Gomberg, *loc. cit.*].

[T]Br.Br^4. — Aiguilles d'un rouge écarlate [Nef, *Ann. Chem.*, **308**, 304].

[T]Br.Br^5. — Ce perbromure s'obtient par l'action du brome sur le peroxyde de triphénylméthyle. Corps très instable, cristallisé, d'un rouge foncé [Gomberg, *D. chem. G.*, **37**, 3538, 1904; **35**, 1822, 1902].

[T]Br.I^5. — S'obtient par l'action d'un mélange de brome et d'iode sur le peroxyde de triphénylméthyle (Gomberg).

[T]Br.I^4. — Fond à 152° [Gomberg, *Am. Chem. Soc.*. **20**. 790].

Iodure [T].I. — Il fond à 132° avec décomposition [Gomberg. Walden, *loc. cit.*; — Gomberg, *D. chem. G.*, **35**, 1882, 1902].

[T]I.I^5. — Petits prismes fondant à 90°.

Nitrile (voy. TRIPHÉNYLMÉTHANECARBONIQUE).

Sulfate [T]$^2SO^4$. — Poudre rouge foncé, stable à l'air sec, mais s'hydrolysant facilement au contact de vapeur d'eau; $\mu_{10} = 49$ en solution dans le gaz sulfureux [Gomberg, *D. chem. G.*, **37**, 3538, 1904].

Chromate [T]$^2CrO^9$. — Cristaux rouge brun fondant à 174°, avec décomposition.

Acétate [T]($CH^3.CO^2$) [Hemillian, *D. chem. G.*, **7**, 1207; — Allen et Kölliker, *Ann. Chem.*, **227**, 115; — Herzig et Wengraf, *Mon. f. Chem.*, **22**, 612, 1901; — Gomberg et Davis, *D. chem. G.*, **36**, 3924. 1903]. — Il fond à 99° (Allen et Kölliker), à 87-88° (Gomberg et Davis).

Thioacétate [T]($CH^3.COS$). — Prismes incolores fondant à 138-140°.

Thiobenzoate [T]($C^6H^5.COS$). — Prismes fondant à 184-185° [H. L. Wheeler, *Am. Chem. Journ.*. **26**, 345, 1901].

Sulfite double de sodium et de triphénylméthyle [T].SO^3.Na (*triphénylcarbinolsulfonate de sodium*). — On l'obtient en dissolvant l'hydrate dans une solution de bisulfite en présence de quelques gouttes d'acide sulfurique. Le sel de sodium est en lamelles brillantes retenant $2H^2O$. Les acides le décomposent avec dégagement de gaz sulfureux. La solution de l'acide libre précipite par les chlorures de baryum et de calcium [Ad. Bacyer et V. Villiger, *D. chem. G.*, **35**, 3013, 1902].

Amine [T].AzH^2. — On l'obtient par l'action de l'ammoniaque sur l'iodure de triphénylméthyle [Gomberg, *D. chem. G.*, **35**, 1822, 1902]. En remplaçant l'ammoniaque par différentes amines, on obtient les amines substituées; ont été préparés les corps suivants :

[T]AzH.C^2H^5, fondant à 75-77°; [T].AzH.C^3H^7, fondant à 70-72°; [T]AzH.C^5H^{11}; [T].AzH.C^6H^5. fondant à 149-150° [Comp. Ad. Bayer et V. Villiger. *D. chem. G.*, **35**, 3003, 1902]; [T]AzH.$C^6H^4.CH^3_{(2)}$ et [T]AzH.$C^6H^4.CH^3_{(4)}$.

TRIPHÉNYLMÉTHYLAZOBENZÈNE (?)[T].Az=AzC^{6}H^5. — Cristaux jaunes brillants, fondant à 108°,5 [Gomberg, *D. chem. G.*, 30, 2044; — *Am. Chem. Soc.*, 20, 775; — Ad. Bayer et V. Villiger, *D. chem. G.*, 35, 3013, 1902]. Les *dérivés chlorés* [T].Az^2.C^{6}H^{3}Cl$_{(3)}$ et [T].Az^2.C^{6}H^{4}Cl$_{(4)}$ fondent respectivement à 109 et 107° [Gomberg et Campbell, *Am. Chem. Soc.*, 20, 787]. Le *dérivé m-bromé* s'obtient par oxydation de l'hydrazo correspondant; il fond à 110°.

Triphénylméthylazotoluène. — On ne connaît que le *dérivé para*. Longues aiguilles jaunes fusibles à 103°,5.

Triphénylméthylazonaphtaline-(α). — Aiguilles jaunes fusibles à 114° [Gomberg et Campbell, *loc. cit.*].

Triphénylméthylphénylsulfone [T]SO^2.C^{6}H^5. — Lamelles brillantes fusibles à 175-176° [Ad. Baeyer et V. Villiger, *D. chem. G.*, 36, 2274, 1903].

Ditriphénylméthylsulfone [T]^{2}SO^2. — Elle se forme par condensation de la dibromotolylsulfone avec le benzène; elle fond à 68°. Par dissolution dans l'acide azotique fumant et froid, elle donne un *dérivé hexanitré* [Genvresse, *Bull. Soc. Chim.*, (3), 11, 506].

ACIDE TRIPHÉNYLMÉTHANECARBONIQUE [T].CO^{2}H (*acide triphénylacétique*) (voy. 1er Suppl., TRIPHÉNYLACÉTIQUE). — On peut l'obtenir synthétiquement par condensation du benzène et de l'acide trichloracétique en présence de chlorure d'aluminium [Elbs et Tolle, *J. prakt. Chem.*, (2), 32, 624]. Il se forme par fixation directe du gaz carbonique sur le triphénylméthane potassique [Hanriot et Saint-Pierre, *Bull. Soc. Chim.*, (3), 1, 778]. Pour d'autres modes de formation, voy. aussi E. Fischer et Jennings [*D. chem. G.*, 26, 2225], V. Meyer [*D. chem. G.*, 28, 2782], A. Bistrzycki et C. Herbit [*D. chem. G.*, 36, 146, 1903]. Cristaux monocliniques [Groth, *Jahresb.*, 853, 1881]. L'acide sulfurique l'attaque vers 70-80° avec dégagement d'oxyde de carbone et formation de triphénylcarbinol [A. Bistrzycki et E. Reintze, *D. chem. G.*, 38, 839, 1904].

Le *nitrile* [T].CAz s'obtient par double décomposition entre le chlorure de triphénylméthyle et le cyanure de mercure [Bouveault, *Bull. Soc. Chim.*, (3), 9, 374].

II. — DÉRIVÉS RENFERMANT DES SUBSTITUANTS DANS LE NOYAU BENZÉNIQUE.

Divisions :

A. Dérivés ne renfermant ni groupes OH ni groupes AzH^2.

B. Dérivés renfermant des groupes OH sans groupe AzH^2.

C. Dérivés renfermant des groupes AzH^2.

A. DÉRIVÉS DU TRIPHÉNYLMÉTHANE NE RENFERMANT NI GROUPE OH NI GROUPE AzH^2.

Dichlorotriphénylméthane CH(C^{6}H^5)^2(C^{6}H^{3}Cl^2)$_{(2.5)}$. — Il fond à 87° [Gnehm et Schülle, *Ann. Chem.*, 299, 354]. Il s'obtient par condensation de la dichlorobenzaldéhyde avec le benzène en présence d'acide sulfurique.

Trichlorotriphénylméthane CH[C^{6}H^{4}Cl$_{(4)}$]^3. — On le prépare à partir du diazo de la p-leucaniline. Prismes fondant à 87-88° [O. Fischer et W. Hess, *D. chem. G.*, 38, 270, 1905].

Chlorotriphénylchlorométhane (C^{6}H^5)^{2}CCl(C^{6}H^{4}Cl$_{(4)}$). — On l'obtient par condensation du diphényldichlorométhane avec le benzène monochloré. Il fond à 87° [Gomberg, *D. chem. G.*, 37, 1626, 1904].

Trichlorotriphénylchlorométhane CCl(C^{6}H^{4}Cl$_{(4)}$)^3 — Obtenu par condensation du benzène chloré avec le tétrachlorure de carbone, il fond

à 146-148° (Gomberg) [comp. Baeyer, *D. chem. G.*, 38, 560, 1905]. Baeyer a signalé le *sel double* qu'il donne avec SnCl^4.

Ces deux derniers composés conduisent par l'action de l'oxygène atmosphérique aux dérivés chlorés du peroxyde de triphénylméthyle, à savoir : [(C^{6}H^{4}Cl)(C^{6}H^5)^{2}C.O]^2 fondant à 165° et [(C^{6}H^{4}Cl)^{3}CO—]^2 fondant à 140-142°.

Bromotriphénylchlorométhane (C^{6}H^5)^{2}CCl(C^{6}H^{4}Br$_{(4)}$). — Il fond à 111° [comp. Cone et Long, *Journ. Am. Chem. Soc.*, 28, 518, 1906].

Tribromotriphénylméthane (C^{6}H^{4}Br$_{(4)}$)^{3}CH. — Prismes fondant à 112°.

[(C^{6}H^5)^2(C^{6}H^{4}Br$_{(4)}$)C.O]^2. — Fond à 167° (Gomberg), à 171°,5-173°,5 (Cone et Long).

Triiodotriphénylméthane (C^{6}H^{4}I$_{(4)}$)^3.CH. — Prismes fondant à 131-132° (Fischer et Hess).

Iodotriphénylchlorométhane (C^{6}H^{4}I$_{(4)}$)CCl(C^{6}H^5)^2. — Fond à 119° (Gomberg).

[(C^{6}H^{4}I$_{(4)}$)(C^{6}H^5)^{2}C.O]^2. — Fond à 169°.

Triiodotriphénylchlorométhane (C^{6}H^{4}I$_{(4)}$)^{3}CCl. — Prismes brillants fondant à 180°, fournissant un sel double avec le chlorure stannique [Baeyer, *loc. cit.* et *D. chem. G.*, 38, 1156, 1905].

Les dérivés p-trihalogénés se combinent à l'acide sulfurique pour donner des sulfates de formule générale [C^{6}H^{4}X]^{3}C.SO^{4}H + SO^{4}H^2 bien cristallisés.

Ad. Baeyer [*loc. cit.*] a décrit les dérivés chlorés et iodés.

Nitrotriphénylméthanes. — On connaît 2 mononitro, les isomères m et p, obtenus en condensant les m et p-nitrobenzaldéhydes avec le benzène en présence d'acide sulfurique. Le m-dérivé fond à 90° [Tschacher, *D. chem. G.*, 21, 188]; le p-dérivé à 93° [Baeyer et Löher, *D. chem. G.*, 23, 1622; — Stolz, Brevet allemand 40340].

Par nitration, le p-dérivé conduit au trinitro déjà mentionné (1er Suppl.) soluble dans les solutions de potasse en fournissant une coloration bleu violet intense [Stolz, Brevet allemand 40340; — Rechter, *D. chem. G.*, 21, 2476]. Par réduction, il donne la p-leucaniline; par oxydation, le trinitrocarbinol correspondant. Chaleur de formation — 32^{Cal},7 [Schmidlin, *loc. cit.*].

Ce trinitro, traité par le mélange sulfonitrique, se nitre à nouveau et donne l'*hexanitrotriphénylméthane* [C^{6}H^3(AzO^2)$_{(2.4)}$]^{3}CH, petites tablettes hexagonales presque incolores se décomposant au-dessus de 260°. Il cristallise de l'acide azotique avec 1 mol. de solvant [Ad. Baeyer et V. Villiger, *D. chem. G.*, 36, 2774, 1903]. A chaud, l'acide azotique transforme le trinitro en benzophénone dinitrée [Fischer et Hess, *D. chem. G.*, 38, 335, 1905].

Nitrotriphénylchlorométhane [C^{6}H^4(AzO^2)$_{(4)}$]CCl(C^{6}H^5)^2. — Prismes brillants fondant à 92-93° [Ad. Baeyer et V. Villiger, *D. chem. G.*, 37, 597, 1904].

Sulfocyanure p-nitré (C^{6}H^5)^2=C(CAzS)[C^{6}H^{4}AzO^2$_{(4)}$]. — Préparé par double décomposition entre le chlorure nitré et le sulfocyanure d'ammonium. Aiguilles fusibles à 114-115°.

Phénylsulfone nitrée (C^{6}H^5)^{2}C(SO^2.C^{6}H^5)(C^{6}H^4.AzO^2). — Lamelles orthorhombiques fusibles à 167-168° [Ad. Baeyer et V. Villiger, *D. chem. G.*, 37, 597, 1904].

ACIDE TRIPHÉNYLMÉTHANECARBONIQUE. — On connaît des acides mono et dicarboniques (voy. TRIPHÉNYLMÉTHANE, 1er Suppl.).

Acide o-monocarbonique (C^{6}H^5)^{2}CH.[C^{6}H^4.CO^{2}H$_{(2)}$]. — C'est l'acide déjà décrit au Supplément. On peut l'obtenir en condensant, en présence de AlCl^3, un mélange de phénylphtalide

$$C^6H^5 - CH \underset{C^6H^4}{\overset{O}{<\ \ >}} CO$$

et de benzène [Gresly, *Ann. Chem.*, **234**, 242]. Il se forme dans les mêmes conditions à partir de la tolylphtalide [Guyot, *Bull. Soc. Chim.*, (3), **17**. 979], mais le procédé de préparation le plus pratique consiste à décomposer la diphénylphtalide par la soude et à réduire ultérieurement la liqueur obtenue par la poudre de zinc. Il fond à 162° [Drory. *D. chem. G.*, **24**, 2573]. Il se dissout dans l'acide sulfurique avec formation de phénylanthranol. Son *sel d'argent* constitue un précipité floconneux insoluble dans l'eau.

Le *nitrile* correspondant est en fines aiguilles fusibles à 89°, bouillant à 270-285° (H = 70-85 mm.) (Drory) [voy. aussi Haller et Guyot, *C. R.*, **139**, 9, 1904].

Acide p-monocarbonique $(C^6H^5)^2 . CH . [C^6H^4 . CO^2H_{(4)}]$. — Obtenu par hydratation du nitrile correspondant, cet acide se présente en aiguilles fusibles à 161° [O. Fischer et Albert, *D. chem. G.*, **26**. 3079]. Son *sel de sodium* est en lamelles quadratiques [Bistrzycki et Joseph Gyr. *D. chem. G.*, **37**, 655, 1904].

Le *nitrile* s'obtient facilement à partir du p-aminotriphénylméthane par diazotation et traitement du diazo par le cyanure de potassium. Moses [*D. chem. G.*, **33**, 2630] l'a obtenu également par condensation du benzène et du chlorure de benzylidène p-cyané. Prismes brillants fondant à 99-100°.

Acide triphénylméthanedicarbonique. — On a décrit 2 dérivés, isomériques de celui signalé dans le 1er Supplément. Ce sont :

Acide triphénylacétique-p-carbonique $(C^6H^5)^2 . C(CO^2H)[C^6H^4 . CO^2H_{(4)}]$. — On l'obtient par l'oxydation (MnO^4K) de l'acide diphényl-p-tolylacétique ; il est en prismes se décomposant vers 246-247°. Son *sel d'argent* constitue une poudre blanche. Par dissolution dans l'acide sulfurique et dans des conditions déterminées, cet acide peut perdre soit de l'oxyde de carbone, avec formation d'acide triphénylcarbinolcarbonique, soit du gaz carbonique avec formation d'acide triphénylméthanecarbonique [A. Bistrzycki et J. Gyr, *loc. cit.*].

Acide triphénylméthanedicarbonique-2.4. — Hemilian l'a préparé par l'action de la soude et de la poudre de zinc sur l'anhydride de l'acide triphénylcarbinoldicarbonique. Fines aiguilles fusibles à 278°. Son *sel de calcium* est en tables microscopiques renfermant $2H^2O$; le *sel d'argent* forme un précipité gélatineux [*D. chem. G.*, **19**, 3008].

B. — Dérivés du triphénylméthane renfermant des groupes OH.

a) *Dérivés non hydroxylés du triphénylcarbinol.*

p-Trichlorotriphénylcarbinol, $(C^6H^4Cl_4)^3 . C(HO)$. — On l'obtient par oxydation du trichlorotriphénylméthane, ou bien par condensation, au moyen de la méthode de Grignard du p-chlororoiodobenzène et du p-chlorobenzoate de méthyle. Cristaux fusibles à 98°. Il se combine à l'acide sulfurique et donne un *sulfate* en prismes vert brunâtre (voyez plus haut) [Fischer et Hess, *D. chem. G.*, **38**. 335, 1905].

p-Bromotriphénylcarbinol, $(C^6H^4Br_{(4)})(C^6H^5)^2 C(OH)$. — Fusible à 74° [Cone et Long, *J. Am. Chem. Soc.*, **28**, 518, 1906].

p-Tribromotriphénylcarbinol, $(C^6H^4Br_{(4)})^3 C(OH)$. — Tables fusibles à 133°.

p-Triiodotriphénylcarbinol, $(C^6H^4I)_{(4)}^3 C(OH)$. — Prismes jaunâtres fusibles à 155° (Fischer et Hess); à 162-163° [Ad. Baeyer, *D. chem. G.*, **38**, 569].

Éthers. — $(C^6H^4Cl_{(4)})^3 C . OC^2H^5$. Prismes fusibles à 182°. — $(C^6H^4I_{(4)})^3 C . OC^2H^5$. Prismes incolores fusibles à 223° [Ad. Baeyer, *D. chem. G.*, **38**. 1156, 1905].

m-Bromotriphénylcarbinol $(C^6H^4Br_{(3)})(C^6H^5)^2 . COH$. — Fusible à 67° (Cone et Long).

Mononitrotriphénylcarbinol. — *Dérivé méta.* Obtenu par Tschacher [*D. chem. G.*, **21**, 190] à l'état d'acétate en cristaux fusibles à 75°. — *Dérivé para.* L'oxydation du triphénylméthane p-nitré donne des aiguilles fusibles à 136° [Baeyer et Löhr, *D. chem. G.*, **23**, 1623]. Ce composé ne représente vraisemblablement que de la p-nitrobenzophénone. Le p-nitrotriphénylcarbinol obtenu à partir du dérivé chloré correspondant $[C^6H^4AzO^2_{(4)}](C^6H^5)^2 C Cl$ fond en effet à 97-98° [Ad. Baeyer et V. Villiger, *loc. cit.*].

Trinitrodérivé $(C^6H^4AzO^2_{(4)})^3 C(OH)$. — C'est celui décrit dans le 1er Suppl. Le sel est dimorphe. Il est en cristaux instables fusibles à 167°, orthorhombiques, ou en cristaux stables fusibles à 188-189° monocliniques [O. Fischer et Schmidt, *Z. f. Färben und Text. Ind.*, **3**, 1, 1904 ; — Gomberg, *D. chem. G.*, **37**, 1639 ; — E. et O. Fischer, *ibid.*, **37**, 3355, 1904].

Il se dissout en bleu violet dans les liqueurs alcooliques de potasse [Richter, *D. chem G.*, **21**, 2476].

Dérivés sulfonés divers. — Ils prennent naissance par condensation des saccharines alkylées à l'azote avec les bromures alkylés de magnésium, d'après une réaction générale indiquée par F. Sachs, F. v. Wollf et A. Ludwig [*D. chem. G.*, **37**. 385, 3252, 1904]. On obtient ainsi un produit d'addition (I)

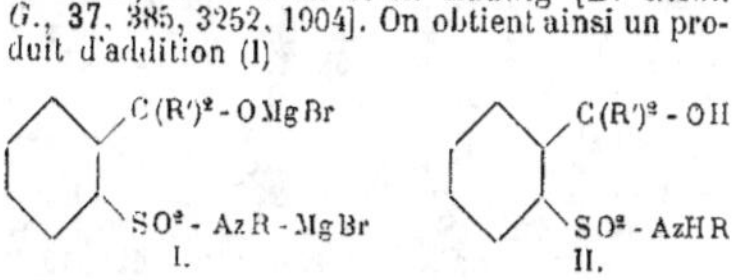

$$\underset{\text{I.}}{\overset{\displaystyle C(R')^2 - OMgBr}{\underset{\displaystyle SO^2 - AzR - MgBr}{\bigcirc}}} \qquad \underset{\text{II.}}{\overset{\displaystyle C(R')^2 - OH}{\underset{\displaystyle SO^2 - AzHR}{\bigcirc}}}$$

que les acides décomposent en donnant une sulfamide (II). Ces dérivés perdent avec une extrême facilité une molécule d'eau, ou même une molécule d'ammoniaque en donnant des dérivés de la benzylsultame (III) ou de la benzylsultone (IV)

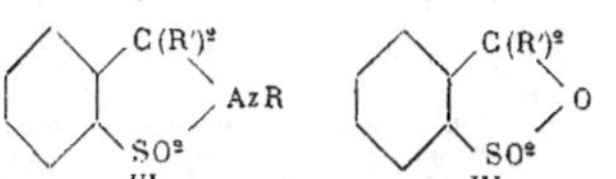

$$\underset{\text{III.}}{\overset{\displaystyle C(R')^2}{\underset{\displaystyle SO^2}{\bigcirc}}\!\!\diagup AzR} \qquad \underset{\text{IV.}}{\overset{\displaystyle C(R')^2}{\underset{\displaystyle SO^2}{\bigcirc}}\!\!\diagup O}$$

Ces savants ont ainsi obtenu :

Dérivé éthylique du triphénylcarbinol-o-sulfamide, $[C^6H^4(SO^2_{(2)} - AzH - C^2H^5)] . C(OH)(C^6H^5)^2$. — Prismes fusibles à 184-185°. Par déshydratation, on obtient la benzylsultame éthylique [formule III, $R = C^2H^5$ $R' = C^6H^5$] ; cristaux fusibles à 155-165°. Cette benzylsultame se nitre par l'acide azotique et donne un dinitro $[R' = C^6H^4 . AzO^2]$ en cristaux jaunes fusibles à 220-230°.

Dérivé méthylique, $[C^6H^4(SO^2_{(2)} . AzH . CH^3)] . C(OH)(C^6H^5)^2$. — Prismes hexagonaux fusibles à 194-195°.

Diphénylbenzylsultone (formule IV. $R' = C^6H^5$) fusible à 120°.

Triphénylcarbinolsulfone $[(C^6H^5)^2 . C(OH) C^6H^4 .]^2 SO^2$. — C'est le produit d'oxydation de la ditriphénylméthylsulfone. Cristaux fusibles à 78°. Son *dérivé hexanitré* s'obtient par oxydation de l'hexaditroditriphénylméthylsulfone [Genvresse, *Bull. Soc. Chim.*, (3), **11**, 508].

Dérivés carboxyliques. — $C(OH)(C^6H^5)^2 . [C^6H^4 . CO(OH)_{(4)}]$. — Il résulte de l'oxydation du diphényl-p-tolylcarbinol soit par l'acide azotique, soit par l'acide chromique [A. Bistrzycki et Joseph Gyr, *D. chem. G.*, 37, 655, 1904; — S. F. Acrée, *ibid.*, 990; — voyez aussi Hemilian, *ibid.*, 7, 1210; — O. Fischer et Albert, *ibid.*, 26, 3081; — Oppenheimer, *ibid.*, 19, 2029].

$C(OH)(C^6H^5)^2.[C^6H^4.CO(OH)_{(3)}]$. — Tables rhombiques fusibles à 160-162° [Hemilian, *D. chem. G.*, 16, 2369].

$C(OH)(C^6H^5)^2[C^6H^4.CO(OH)_{(2)}]$. — On ne connaît que son anhydride interne : c'est la diphénylphtalide ou *phtalophénone* dont un grand nombre de dérivés ont été décrits. Il fond à 115°; son *anilide*

$$C^6H^4 < {C(C^6H^5)^2 \atop CO} > AzC^6H^5$$

à 189°. Parmi les dérivés les plus importants mentionnons :
$R.[C^6H^4(AzO^2)]^2$, en posant pour simplifier

$$\left[R = C < {C^6H^4 \atop O} > CO \right]$$

$R[C^6H^4.AzH^2]^2$, deux isomères fusibles à 179-180° et 205°.

Le *dérivé diméthylé* fusible à 190-191° et ses nombreux sels.

Le *dérivé hexanitré*
$R[C^6H^3Az(CH^3)^2.Br]^2$.

Enfin le *vert phtalique* et son leuco dérivé fusible à 235-236°.

La phénophtalone à base de soufre a été également décrite; elle fond à 161-162° [1er Suppl., DIPHÉNYLPHTALIDE et PHTALÉINES; — Friedel et Crafts, *Ann. Ch. Ph.*, (6), 1, 523; — Nœlting, *D. chem. G.*, 17, 387; — O. Fischer et Hepp, *ibid.*, 27, 2793; — O. Fischer, *Ann. Chem.*, 206, 92; — Fischer, *D. chem G.*, 10, 1623; — Gräbe et Leonhardt, *Ann. Chem.*, 290, 234; — Haller et Guyot, *Bull. Soc. Chim.*, (3), 25, 316; brev. all. 98863; — Haller et Guyot, *C. R.*, 126, 1351; 126, 228, 221, 1153; 132, 748; brev. all. 49850; — R. Meyer et Szanecki, *D. chem. G.*, 33, 2579].

$(C^6H^5)^2.C(OH)[C^6H^3(CO^2H)^2]$.
Dérivé carboxylé 2.4. — On ne connaît que son anhydride, la *diphénylphtalide carbonique*, fusible à 228° [Hemilian, *D. chem. G.*, 19, 3067].
Dérivé 2.5. — Connu seulement à l'état d'*anhydride* fusible à 244-246° [Hemilian, *D. chem. G.*, 16, 2373].
Dérivé 3.4. — L'*acide* fond à 180°: son *anhydride* forme une masse amorphe facilement soluble dans l'alcool, l'éther et le benzène [Hemilian, *loc. cit.*].

b) *Dérivés hydroxylés dans les noyaux aromatiques.*

Diphénylphénylol, $(C^6H^5)^2 = CH - C^6H^4(OH)$. — (Voyez 1er Suppl., 1597).
L'*isomère ortho*, obtenu par l'action de l'acide azoteux sur l'aurine correspondante, est en aiguilles fusibles à 118° [O. Fischer et Fränkel, *Ann. Chem.*, 241, 367]. Son *acétate* est en prismes monocliniques fusibles à 81-82° [Schmidt, *Centr. Bl.*, (I), 172, 1899].
Isomère méta (?). — (Brevets all. 46384 et 50286).
Isomère para. — Il s'obtient assez facilement par condensation du benzhydrol et du phénol en présence de tétrachlorure d'étain. Il est en lamelles fusibles à 110°.
Oxydes divers. — Ils ont été étudiés par A. Bistrzycki et C. Herbst.
$[(C^6H^5)^2C.C^6H^4(OH)]^2O$. — Aiguilles microscopiques fusibles à 138-139°.

$[(C^6H^3)^2C.(C^6H^4.O.CO.CH^3)]^2O$. — Tablettes hexagonales fusibles à 136-137°.
$[(C^6H^5)^2.C.(C^6H^2Br^2,OH)]^2.O$. — Tablettes fusibles à 171°.
$[(C^6H^5)^2C(C^6H^2Br^2.O.CO.CH^3)]^2O$. — Aiguilles jaunes fusibles à 171-172°.
$[(C^6H^5)^2C.(C^6H^2Br^2OCH^3]^2O$. — Prismes fusibles à 133° [*D. chem. G.*, 34, 3073; 34, 3133].

Ad. Baeyer et V. Villiger ont préparé toute une série d'éthers de formule générale

$$(C^6H^5)^n CH - [C^6H^4(OR)]^m$$

formules dans laquelle on a m et n entiers et $n + m = 3$, en utilisant la réaction de Grignard. Les benzoates $C^6H^5 - CO - OR$ se condensent avec un bon rendement avec le bromure de magnésium phényle, en donnant les éthers des dérivés hydroxy du triphénylcarbinol. Ceux-ci, par réduction, fournissent les éthers des hydroxytriphénylméthane [Grignard, *C. R.*, 132, 1182, 1901]. Voyez aussi pour la préparation de ces composés Bistrzycki et Herbst [*loc. cit.*].

Diphényl-p-anisylméthane, $(C^6H^5)^2.CH(C^6H^4.OCH^3_{(4)})$. — Aiguilles prismatiques fusibles à 64-65°. — Le *diazo* correspondant $(C^{19}H^{17}O)C - Az = Az.C^6H^5$ est en aiguilles d'un jaune clair fusibles à 115° avec dégagement gazeux; le *sel sulfoné de sodium* $(C^{19}H^{17}O) - C - SO^3Na$ est en lamelles se colorant en rouge à la lumière; la *phénylsulfone* $(C^{19}H^{17}O)C - SO^2 - C^6H^5$ est en aiguilles fusibles à 165-166°.
Le *chlorure* $(C^{19}H^{17}O).CCl$ est en prismes fusibles à 124°. L'*anilide*

$$\begin{array}{c} (C^6H^5)^2 \\ \| \\ C(AzHC^6H^5) \\ | \\ C^6H^4OCH^3 \end{array}$$

fond à 138-139° [*D. chem. G.*, 37, 888, 1904].
$(C^6H^5)^2CH - (C^6H^4 - OC^2H^5)$. — Longs prismes fusibles à 70-71°.
$(C^6H^5)^2CH(C^6H^2Br^2.OC^2H^5)$. — Petits prismes fusibles à 131°.
Dérivé acétylé $(C^6H^5)^2CH(C^6H^4OCOCH^3)$. — Prismes fusibles à 112-113°.

L'*acide diphényl-phénylolméthanesulfonique* $(C^6H^5)^2[C^6H^4(OH)]C - SO^3H$ s'obtient sous forme de sel de sodium par combinaison directe du diphénylquinométhane avec le bisulfite de soude. Il est en lamelles retenant $3,5H^2O$. K. Auwers et O. Schroeter [*D. chem. G.*, 36, 3326, 1903] ont signalé un p-diphénylcrésol tribromé $(C^6H^5)^2CBr.[C^6H^2Br^2(OH)]$ en aiguilles brillantes fusibles entre 130 et 140° avec dégagement de gaz bromhydrique.
Le *bromure* $C^6H^5.CBr - C^6H^2Br^2(OH)$ est en aiguilles brillantes fusibles à 130-140° avec dégagement de gaz bromhydrique.
Phényldiphénylolméthane, $[C^6H^4(OH)]^2CH.C^6H^5$. — L'isomère décrit dans le 1er Supplément (triphénylméthane) est l'isomère di-p-oxy fusible à 76-77°. Son étude a été reprise par Russanow, qui a décrit son *diacétate* fusible à 109-111° et son *dibenzoate* fusible à 129-130°. On obtient un dérivé m-nitré fusible à 59-60° par condensation de la m-nitrobenzaldéhyde et du phénol en présence d'acide sulfurique [Varda et Zenoni, *Gazz. chim. ital.*, 21, 175]. Par nitration directe, Russanow a obtenu un dinitro en aiguilles jaunes brillantes fusibles à 133-134° [Russanow, *D. chem G.*, 22, 1944].
Ad. Baeyer et V. Villiger ont décrit les éthers méthyliques et un certain nombre de dérivés de ces éthers.
Diphényldianisylméthane, $[C^6H^4(OCH^3)_{(4)}]^2.CH - C^6H^5$. — Aiguilles fusibles à 100-100°,5

pouvant s'obtenir par condensation de l'aldéhyde benzoïque et de l'anisol en présence d'acide sulfurique [*D. chem. G.*, **35**, 1189. 1902]. Le *chlorure* $(C^{20}H^{19}O^{2}.)CCl$ est en petites aiguilles fusibles à 114-115° avec décomposition : le *diazo* $(C^{20}H^{19}O^{2}.)C.Az=Az.C^{6}H^{5}$ est en cristaux dorés fusibles à 112° [comp. Gomberg. *D. chem. G.*, **30**. 2044. 1897]. Le *sel sulfoné de sodium* $(C^{20}H^{19}O^{2})C.SO^{3}Na$ cristallise en lamelles retenant une molécule d'eau. la *phénylsulfone* $(C^{20}H^{19}O^{2})C.SO^{2}.C^{6}H^{5}$ est en prismes fusibles à 160-161° [*D. chem. G.*. **36**, 2774, 1903].

Diphénylhydroquinoneméthane $(C^{6}H^{5})^{2}.CH.[C^{6}H^{3}(OH)_{(2.5)}^{2}]$. — On ne connaît ce phénol qu'à l'état d'*éther diméthylique* qu'on obtient, à partir du carbinol correspondant. par ébullition avec le chlorure de zinc et l'alcool. Aiguilles fusibles à 104°. Ce corps paraît exister sous deux modifications dont l'une, instable, fondrait à 84°. Le *chlorure* $(C^{6}H^{5})^{2}-CCl.[C^{6}H^{3}(OCH^{3})^{2}]$ est en aiguilles fusibles à 98° très altérables à l'humidité [Hugo Kauffmann et Ad. Grombach. *D. chem. G.*, **38**, 2702. 1905].

Phényldirésorcineméthane (Voyez 1er Supp.). — En effectuant la condensation de la résorcine avec la nitrobenzaldéhyde, on obtient les *dérivés nitrés* $[C^{6}H^{3}(OH)^{2}]^{2}-CH-(C^{6}H^{4}.AzO^{2})$. L'isomère méta forme une poudre jaune amorphe fusible à 97-100° [Varda et Zenoni, *loc. cit.*]: l'isomère para est une poudre rouge-brique amorphe [Siboni, *D. chem. G.*. **24**, 343].

Les dérivés nitrés du *phényldihydroquinoneméthane* sont également amorphes [Siboni, *loc. cit.*; — Bertoni et Zenoni, *Gazz. chim. ital.*, **21**, (II). 335].

Phényldipyrogallolméthane $(C^{6}H^{5}).CH[C^{6}H^{2}(OH)^{3}]^{2}$. — On l'obtient par réduction de la pyrogallolbenzéïne (voyez plus loin). Aiguilles rougeâtres soyeuses renfermant $2H^{2}O$ [Döbner et Förster. *Ann. Chem.*, **257**. 65]. L'oxydation les transforme très facilement en pyrogallolbenzéïne.

Par condensation du pyrogallol et de la benzaldéhyde, en présence de chlorure de zinc, on obtient un anhydride interne du phényldipyrogallolméthane $C^{19}H^{16}O^{6}-2H^{2}O$ correspondant vraisemblablement à la formule

$$C^{6}H^{5}-CH\underset{C^{6}H^{2}-OH}{\overset{C^{6}H^{2}-OH}{\diamond}}$$

Cet anhydride constitue une poudre rouge brique qui ne s'oxyde pas au contact de l'air même en liqueur alcaline. Le brome. en milieu alcalin, donne un dérivé de substitution monobromé $C^{19}H^{21}BrO^{4}$; l'anhydride acétique des *dérivés diacétylé* (fusible à 178-182°) et *triacétylé*.

En opérant la condensation du pyrogallol et de la benzaldéhyde en présence d'acide chlorhydrique fumant, on obtient un dérivé de formule brute $C^{19}H^{12}O^{5}$, peut-être

$$C^{6}H^{5}-C\underset{O-C^{6}H^{2}(OH)}{\overset{CH^{2}(OH)^{2}}{\diamond}}$$

fournissant un dérivé triacétylé en cristaux jaune orange fusibles à 177° [Hoffmann, *D. chem. G.*, **26**. 1144].

Phényldiphloroglucineméthane. — On ne connaît pas ce polyphénol, mais seulement son *dérivé métanitré*, masse amorphe noircissant vers 245° [Bertoni, *Gazz. chim. ital.*, **21**, 173].

Triphénylolméthane $[C^{6}H^{4}(OH)_{(4)}]^{3}CH$. — C'est la leucobase de l'aurine ou leucaurine. L'éther méthylique constitue le *trianisylmé-* *thane* $[C^{6}H^{4}(OCH^{3})_{(4)}]^{3}CH$. — Longues aiguilles fusibles à 45-47°; son *dérivé chloré* $(C^{21}H^{18}O^{3})CCl$ forme une poudre incolore cristalline [Ad. Baeyer et V. Villiger, *D. chem. G.* **35**, 1189, 1902].

Le *dérivé cyané* ou cyanoleucaurine $[C^{6}H^{4}(OH)_{(4)}]^{3}.C.CAz$ a été obtenu à l'état de *dérivé triacétylé* par Caro et Grœbe en prismes fusibles à 193-194° [*D. chem. G.*, **11**, 1122].

Gaïacyldipyrogallolméthane $[C^{6}H^{2}(OH)^{3}].CH_{(1)}[C^{6}H^{3}(OH)_{(3)}(OCH^{3})_{(4)}]$. — On l'obtient par condensation de la vanilline avec le pyrogallol en présence d'alcool et d'acide chlorhydrique. Cristaux incolores que des traces d'acide chlorhydrique colorent en violet bleuâtre. Abandonné sur l'acide sulfurique, il se transforme en un *anhydride* $C^{40}H^{34}O^{15}$.

La même transformation se produit par chauffage à 100°.

Gaïacyldiphloroglucineméthane $[C^{6}H^{2}(OH)^{3}].CH_{(1)}[C^{6}H^{3}(OH)_{(3)}(OCH^{3})_{(4)}]$. — Il se forme comme le composé du pyrogallol, mais en remplaçant ce dernier par la résorcine. Cristaux jaunâtres, facilement transformables en un anhydride brun rougeâtre $C^{40}H^{34}O^{15}$ [Etti, *Mon. f. Chem.*, **3**, 640].

Acides carboxyliques – $(C^{6}H^{5})^{2}[C^{6}H^{4}(OH)_{(4)}].C.CO^{2}H$ (ac. p = oxytriphénylacétique). — On l'obtient par condensation du phénol avec l'acide benzylique en présence de tétrachlorure d'étain. Lamelles brillantes fusibles à 212° avec décomposition. Son *sel d'argent* se présente sous forme de précipité blanc et lourd. très sensible à la lumière. Ce sel peut servir à obtenir facilement par double décomposition les différents éthers :

$(C^{6}H^{5})^{2}(C^{6}H^{4}OCH^{3})C.CO^{2}.CH^{3}$. — Prismes fusibles à 138-139°

$(C^{6}H^{5})^{2}(C^{6}H^{4}OCH^{3})C.CO(OH)$. — Aiguilles fusibles à 174°

$C^{6}H^{5}(C^{6}H^{4}.O.COCH^{3})C(CO.OCOCH^{3})$. — Aiguilles microscopiques fusibles à 208° avec décomposition.

$(C^{6}H^{5})^{2}C[C^{6}H^{2}Br^{2}(OH)]CO.OH$. — Aiguilles fusibles à 194-195°.

$(C^{6}H^{5})^{2}C[C^{6}H^{2}Br^{2}(OH)](CO.O.COCH^{3})$. — Aiguilles fusibles à 212-213°.

$(C^{6}H^{5})^{2}C.[C^{6}H^{2}Br^{2}OCH^{3}](CO.OCH^{3})$. — Prismes microscopiques fusibles à 126°.

$(C^{6}H^{5})^{2}C[C^{6}H^{3}(AzO^{2})(OH)]-CO(OH)$. — Prismes jaunes microscopiques fusibles à 177-178° [A. Bistrzycki et L. Nowakowski, *D. chem. G.*, **34**, 3063].

$(C^{6}H^{5}).C.[C^{6}H^{4}(OH)_{(2)}][C^{6}H^{4}CO^{2}H_{(4)}]$. — Aiguilles fusibles à 210°. susceptibles de se décomposer par traitement à l'acide sulfurique avec perte d'eau et formation du composé

$$C^{6}H^{4}\underset{C-C^{6}H^{4}(OH)}{\overset{C(OH)}{\diamond}}C^{6}H^{4}$$

poudre jaune amorphe soluble dans l'éther avec une fluorescence verte [Pechmann, *D. chem. G.*, **13**, 1617].

$[C^{6}H^{4}CO^{2}H_{(2)}][C^{6}H^{4}(OH)]^{2}CH$. — C'est la *phénolphtaline*, produit de réduction de la phtaléïne du phénol par le zinc en milieu alcalin. Petites aiguilles fusibles à 225°. Son *éther méthylique* fond à 150-152°, son *dérivé diacétylé* à 146° [Herzig, *Mon. f. Chem.*, **13**, 424. Comp. PHTALÉINES, 1er Suppl.: — Nietzki et Burckhard, *D. chem. G.*, **30**. 175].

$[C^{6}H^{4}(CO^{2}H)_{(2)}]CH[C^{6}H^{4}OH_{(2)}]^{2}$. — Son anhydride n'est autre que l'acide hydrofluoranique, tables ou prismes orthorhombiques fusibles à 226-228° [Baeyer, *Ann. Chem.*, **212**, 350 et R. Meyer, *D. chem. G.*, **28**, 432; — R. Meyer et

Hoffmeyer, *D. chem. G.*, **25**, 1388]. Ses *éthers méthylique* et *éthylique* fondent respectivement à 123-125° et 99-101°, ses *dérivés dichloré* et *tétrabromé* à 226-230° et 205°; le *dérivé tétrabromodiacétylé* fond à 165-166° [Baeyer, *Ann. Chem.*, **183**, 21].

Le *dérivé dinitré* est en aiguilles fusibles à 245-247° : il correspond à la formule

$$(CO^2H . C^6H^4) CH < \begin{array}{c} C^6H^3 Az O^2_{(5)} \\ C^6H^3 Az O^2_{(5)} \end{array} > O$$

[R. Meyer et Friedland, *D. chem. G.*, **32**, 2111]. $(C^6H^4 CO^2H) CH . (C^6H^5) [C^6H^3(OH)^2]$. — Cristaux fusibles à 184° [Pechmann, *D. chem. G.*, **14**, 1862].

c) Dérivés hydroxylés du triphénylcarbinol.

Triphénolcarbinol $[C^6H^4(OH)_{(4)}]^3 C(OH)$. — On ne connaît que son anhydride, l'*aurine* ou acide pararosolique (Voyez Dict., et 1er Suppl., *Coralline*) pour lequel certains auteurs admettent la formule quinonique (théorie de Nietzki)

$$(OH)C^6H^4 - C - C^6H^4(OH)$$

le diphénylquinométhane

$$(C^6H^5)^2 = C \langle \rangle = O$$

devant être considéré comme le chromogène du groupe de l'aurine. Voyez entre autres, à ce sujet, A. Bistrzycki et C. Herbst [*D. chem. G.*, **36**, 2333, 1903]; — Ad. Baeyer [*ibid.*, **38**, 569, 1905]; — Ad. Baeyer et V. Villiger [*ibid.*, **35**, 1189, 1902].

L'acide sulfurique dans la préparation de l'aurine, à partir du phénol et de l'acide oxalique, agit simplement comme déshydratant. On peut le remplacer par les acides arsénieux, arsénique ou borique. Si l'on opère avec de l'acide oxalique bien desséché, l'aurine se forme en l'absence de tout déshydratant comme l'a montré Prudhomme [*Bull. Soc. Chim.*, (2), **19**, 339 et **20**, 97]. La condensation, vers 120°, de l'acide formique et du phénol, en présence de chlorure de zinc, donne encore de l'aurine [Nencki et Schmid, *J. prakt. Chem.*, (2), **23**, 549; **25**, 273]. Pour d'autres modes de formation, voyez aussi Clermont et Frommel [*Bull. Soc. Chim.*, (2), **31**, 340]; — Caro [*D. chem. G.*, **25**, 948]; — Elbs [*D. chem. G.*, **16**, 1275]; — Heumann [Brevet allemand 68976].

Spectre d'absorption [Hartley, *J. Chem. Soc.*, **54**, 167].

Triiodoaurine $C^{19}H^{11}O^3I^3$. — Poudre rouge [Clawen, brevet allemand 85929].

Action du brome sur l'aurine. — [Voyez Zulkowsky, *Mon. f. Chem.*, **3**, 466]. Le dérivé $C^{23}H^8Br^4O(OC^2H^5)^2$ est en cristaux microscopiques rougeâtres, fondant à 110-115° [Ackermann, *D. chem. G.*, **17**, 1626].

Triacétate (OH). $C^{19}H^{12}(O . C^2H^3O)^3$. — Tables fusibles à 171-172° [Herzig et Smoluchowski, *Mon. f. Chem.*, **15**, 77]. En étudiant avec soin l'action de l'anhydride acétique sur l'aurine, Herzig a pu isoler un dérivé isomérique du précédent, en aiguilles fusibles à 145-148°, facilement transformable en composé fondant à 171-

172°, lorsqu'on l'abandonne, en contact avec l'acide acétique [*Mon. f. Chem.*, **17**, 193].

Ackermann [*loc. cit.*] a préparé les dérivés suivants :

Aurine tétranitrée $C^{19}H^{18}(AzO^2)^4O(OH)^2$. — Aiguilles microscopiques fusibles vers 140°, fournissant des *sels de baryte* $(C^{19}H^8Az^4O^{11})$ Ba et d'argent $Ag^2(C^{19}H^8Az^4O^{11})$ sous forme de précipité rouge brun et brun noir. L'*éther diéthylique* $C^{19}H^{18}(AzO^2)^4 . O(OC^2H^5)^2$ est en cristaux d'un jaune clair fondant à 105°.

La réaction qui donne naissance à l'aurine est très complexe et les corps qui prennent naissance à côté d'elle ont une histoire extrêmement confuse. Nous nous bornerons à mentionner ici la phénolcoralline ou acide pseudorosolique (voyez *Coralline*, Dict.), les oxyaurines $C^{19}H^{14}O^4$(?), et les diverses combinaisons $C^{20}H^{16}O^4$, $C^{20}H^{18}O^4$, $C^{22}H^{16}O^5$, $C^{22}H^{18}O^5$, qui toutes ont été étudiées par Zulkowski [*Mon. f. Chem.*, **16**, 363].

La méthylaurine sera étudiée plus loin (dérivés du diphényltolylméthane).

Ether diméthylique $[C^6H^4(OH)][C^6H^4 . OCH^3]^2 C(OH)$. — C'est vraisemblablement le liquide huileux incolore qui se forme par l'action ménagée de l'acide sulfurique sur l'éther triméthylique.

Ether triméthylique $[C^6H^4 . O . CH^3_{(4)}]^3 . C . OH$. — On l'obtient par traitement à l'oxyde puce de plomb du chlorure de p-trianisylméthane. Gros cristaux incolores fondant à 83°,5-84. Son *picrate* est en aiguilles rouges. Le *nitrate* également coloré a pour formule $[CH^3 . OC^6H^4]^3C . AzO^3 + 1,5 . AzO^3H$. Par contre le *chlorure* est incolore (voyez *Trianisylméthane*). De sa solution benzénique incolore, le sulfate d'argent précipite une poudre rouge [A. Baeyer et V. Villiger, *D. chem. G.*, **35**, 1189, 1902].

Triphénylolméthanol $[C^6H^4(OH)_{(2)}]^3 COH$. — Son *éther triméthylique* a été obtenu au moyen de la réaction de Grignard, comme il a été dit précédemment. Grandes tables brillantes fondant à 181°, se dissolvant en violet dans l'acide acétique.

Triphénylolméthanol $[C^6H^4(OH)_{(2)}]^2[C^6H^4(OH)_{(4)}]C(OH)$. — Il n'est connu, comme le précédent, que sous forme d'*éther diméthylique*, prismes fondant à 109-110°, solubles en rouge cerise dans l'acide acétique.

Triphénylolméthanol $[C^6H^4(OH)_{(3)}]^3 . C(OH)$. — Son *éther triméthylique* est en tables fusibles à 119°,5 [A. Baeyer et V. Villiger, *D. chem. G.*, **35**, 3013, 1902].

Diphénylolphénylcarbinol, $C(OH)[C^6H^4(OH)]^2(C^6H^5)$. — Le dérivé p-hydroxylé constitue la benzaurine déjà signalée (Dict., art. TRIPHÉNYLMÉTHANE, p. 1595). Homolka a mentioné sa formation dans l'action du phénol sur l'acide benzoylformique, en présence d'acide sulfurique [*D. chem. G.*, **18**, 988]. Elle prend encore naissance par traitement à l'acide sulfurique de son éther diméthylique (voyez ci-dessous) [Ad. Baeyer et V. Villiger, *D. chem. G.*, **36**, 2774, 1903].

Ether méthylique, $C(OH)(C^6H^4OCH^3)^2_{(4)}C^6H^5$. — On l'obtient par oxydation du phényldi-p-anisylméthane au moyen de l'oxyde puce de plomb. Il est en prismes courts fondant à 76-77°.

Phényloldiphénylcarbinol $C(OH)(C^6H^5)^2[C^6H^4(OH)_{(4)}]$. — Il s'obtient par traitement à l'acide sulfurique de son éther méthylique (voyez ci-dessous). Ce composé, fusible à 143-144°, perd facilement de l'eau en donnant un *anhydride* $[(C^6H^5)^2[(OH)C^6H^4]C-]^2O$ [A. Bistrzycki et C. Herbst, *D. chem. G.*, **36**, 2333, 1903]. D'après Ad. Baeyer et V. Villiger, ce composé représente en réalité une combinaison, type quinhydrone, de carbinol et de quinométhane : en effet par dissolution dans l'éther, il se dédouble en ces deux composants [voyez aussi K. Auwers et O. Schroeter. *D. chem. G.*, **36**, 3236].

Éther C(OH)(C⁶H⁵)²(C⁶H⁴.OCH³). — On l'obtient au moyen de la réaction de Grignard [Ad. Baeyer et Villiger, *D. chem. G.*, **35**, 3013], ou en traitant par l'anhydride acétique l'éther diméthylique (voyez ci-dessous). Prisme fondant à 84°.

Éther C(OCH³)(C⁶H⁵)²(C⁶H⁴OCH³). — Il fond à 74° [A. Bistrzycki et C. Herbst. *D. chem. G.*, **35**, 3133, 1902]. L'*éther diéthylique* est en tablettes fondant à 87°.

Dérivé dibromé. C(OH)[C⁶H²Br²(OH)](C⁶H⁵)². — Tables quadratiques fondant à 225°. L'*éther diméthylique* est en prismes fondant à 98°. Traité par l'anhydride acétique il fournit l'*oxyde* O[C.[C⁶H²Br²(OCH³)].(C⁶H⁵)²]².

L'*éther diéthylique*, en tables fondant à 105°, donne dans les mêmes conditions le dibromo-p-éthoxytriphénylméthane.

Le *dérivé acétylé*, C(OH)(C⁶H⁴O.CO.CH³)(C⁶H⁵)² est en tablettes microscopiques fondant à 136°, le *dérivé benzoylé* en prismes fondant à 132°, le *dérivé nitrobenzoylé* C(OH)(C⁶H⁴O.CO.C⁶H⁴AzO²₍₃₎)(C⁶H⁵)² en petites aiguilles fondant à 150° [A. Bistrzycki et C. Herbst, *D. chem. G.*, **34**, 3073, 1901].

Dérivés hydroxylés de l'aurine. — Caro a signalé une trihydroxyaurine, de constitution indéterminée [*D. chem. G.*, **25**, 2671, 1892].

On obtient un *anhydride d'une hydroxyaurine* en condensant, à 140-145°, 1 p. d'acide formique, 2 p. de résorcine et 2 p. de ZnCl². C'est la *résaurine*, poudre amorphe très hygrométrique, soluble en jaune dans les alcalis [Nencki et Schmid, *J. prakt. Chem.*, (2), **23**, 547 : **25**, 279].

On prépare une *auxine hexahydroxylée* C(OH) [C⁶H²(OH)³]³ en condensant (à 80°) 3 p. de pyrogallol et 1 p. d'acide formique en présence de ZnCl² (Caro, *loc. cit.*).

La plus importante des aurines hydroxylés est l'*acide eupittonique* (voyez ce mot 2ᵉ Suppl.).

Dérivés carboxylés de l'aurine. — Le terme le plus intéressant de cette série est le violet au chrome déjà décrit [COLORANTES (MATIÈRES), 2ᵉ Supp., **2**, p. 1350]. Les aurines mono et dicarboxylées sont représentées vraisemblablement par les produits de condensation signalés par Caro [*D. chem. G.*, **25**, 939 et 2671, 1892].

Le même savant a signalé également des réactions de condensation qui paraissent l'avoir conduit à de nombreux dérivés carbohydroxylés de l'aurine (*loc. cit.*).

c) COMPOSÉS RENFERMANT DES SUBSTITUANTS AzH² DANS LE NOYAU AROMATIQUE.

DÉRIVÉS MONOAMINÉS DU TRIPHÉNYLMÉTHANE.

(C⁶H⁵)²CH.(C⁶H⁴.AzH²). — C'est le dérivé déjà décrit (1ᵉʳ Suppl.). Son *dérivé diméthylique* [Az=(CH³)²] s'obtient facilement par condensation de la benzophénone avec la diméthylaniline [voyez Pauly, *Ann. Chem.*, **187**, 209; — Döbner et Petschow. *ibid.*, **242**, 341]. Les *chlorhydrate* et *nitrate* sont huileux. Le *sulfate* fond à 211° [Busch et A. Rinck, *D. chem. G.*, **38**, 1761, 1905]. Son *chloroplatinate* est en aiguilles jaunes peu solubles dans l'eau chaude et dans l'alcool. Fischer et Frankel [*Ann. Chem.*, **241**, 368] ont décrit le *dérivé acétylé* en aiguilles fondant à 168-169° et la combinaison avec la thiourée CS(AzH.C¹⁵H¹³)² en aiguilles fondant à 123°.

Carl Thomae a obtenu un *dérivé benzoylé*

fusible à 198° et qui, par nitration, se transforme en 3-*nitro-4-benzoylamidotriphénylméthane*, petites aiguilles jaunes fusibles à 138°. Par saponification de ce composé on obtient le 3-*nitro-4-amidotriphénylméthane*, en lamelles jaune d'or fusibles à 98° [*J. f. prakt. Chem.*, **71**, 566, 1905].

Ce dérivé appartient à la série para. Tschacher [*D. chem G.*, **21**, 189] a signalé l'isomère méta. Il prend régulièrement naissance par réduction, au moyen du zinc et de l'acide acétique, du dérivé nitré correspondant. Il fond à 120°. Son *dérivé acétylé* en petites lamelles à éclat nacré, fond à 115°.

La base [C⁶H⁵]².C(HO)[C⁶H⁴AzH²]₍₄₎ a été décrite. et Ad. Baeyer et V. Villiger ont obtenu l'*anhydride*

$$(C^6H^5)^2 = C - C^6H^4 - AzH$$

par condensation de la p-aminobenzophénone avec le bromure de phénylmagnésium, en petites lamelles ou en petits prismes fondant à 300° avec décomposition [*D. chem. G.*, **36**, 2774, 1903 et **37**, 597, 1904].

C(OH)(C⁶H⁵)²[C⁶H³AzH²₍₄₎AzO²₍₃₎]. — Lamelles jaune d'or fondant à 129°; son *dérivé benzoylé* est en aiguilles fusibles à 169° (Carl Thomae).

Ad. Baeyer et V. Villiger [*D. chem. G.*, **37**, 2848, 1904] ont signalé aussi le *dérivé méthylé à l'azote* (C⁶H⁵)².CH.C⁶H⁴AzH.CH³, substance huileuse qu'on peut purifier par transformation en chlorhydrate. Elle prend naissance par condensation du benzhydrol avec la monométhylaniline en présence de HCl.

Le *dérivé diméthylé* signalé par F et L. Sachs est en aiguilles fusibles à 133°. Son *chloroplatinate* se décompose à 186-187 [*D. chem. G.*, **38**, 517, 1905].

Le *diméthylaminotriphénylcarbinol* C²¹H²¹OAz s'obtient par condensation du chlorure de benzophénone avec la diméthylaniline en présence de chlorure de zinc. Aiguilles incolores fondant à 92-93°. Son *oxalate* est en lamelles blanches de formule C²¹H²¹OAz.C²O⁴H². Le *dérivé monométhylé* (C⁶H⁵)²C(OH).C⁶H⁴AzH.CH³ peut se préparer facilement à partir de la leucobase correspondante (voyez ci-dessus). On transforme celle-ci en dérivé acétylé que l'on oxyde au moyen de bioxyde de manganèse précipité. Le dérivé acétylé de la base hydroxylée est ensuite facilement saponifié au moyen de l'acide sulfurique dilué à l'ébullition. La base se dissout en rouge orangé dans les acides minéraux.

(C⁶H⁵)².C(OH)(C⁶H⁴.AzH.C⁶H⁵), sirop incolore. Son *éther méthylique* fond à 127°. Son *anhydride* fond à 133-138° [voyez aussi Noelting, *Monit. Scien.*, 564, 1892; — Fischer, *D. chem. G.*, **22**, 1690, 1889; **23**, 1621, 1890].

DÉRIVÉS POLYAMINÉS DU TRIPHÉNYLMÉTHANE ET PRODUITS D'OXYDATION.

Le type de ces composés est le dipara dérivé de Döbner déjà décrit (1ᵉʳ Suppl.). Son étude a été poursuivie par Ullmann [*J. prakt. Chem.*, (2), **36**, 247], Döbner [*Ann. Chem.*, **217**, 246] et plus récemment par Adolf Baeyer et V. Villiger [*D. chem. G.*, **37**, 2848, 1904].

La leucobase se forme facilement par l'action de la benzaldéhyde sur l'aniline en présence de HCl.

Pour la préparation industrielle de tous ces composés et de leurs produits d'oxydation, voyez les articles parus dans le Dict., et relatifs soit aux matières colorantes, d'une façon générale, soit à certains corps, en particulier : article Tri-

PHÉNYLMÉTHANE, (INDUSTRIE) 1er Suppl.; article COLORANTES (MATIÈRES), 2e Suppl.

Nous étudierons les dérivés du diamidotriphénylméthane ainsi que ceux du triamidotriphénylméthane dans l'ordre suivant :

α) Leucobase, base colorée et sels; dérivés halogénés, nitrés et sulfonés.

b) Dérivés substitués à l'azote : leucobase, base colorée et sels ; dérivés halogénés et nitrés.

c) Dérivés substitués dans les noyaux benzéniques contenant des substitutions non carbonées autres que des halogènes, des groupes AzO^2 ou des groupes SO^3H.

DIAMINOTRIPHÉNYLMÉTHANE.

a) Leucobase, base colorée et leurs sels; dérivés halogénés, nitrés et sulfonés.

Le *dérivé diacétylé* du p-diaminotriphénylméthane $C^{23}H^{22}O^2Az^2$ est en aiguilles fondant à 233-234°. Par oxydation au moyen du bioxyde de manganèse hydraté, il donne le *dérivé diacétylé* de la base correspondante $C^{23}H^{22}O^3Az^2$, en prismes fondant à 266-267°. Par saponification au moyen de SO^4H^2 dilué, le dérivé acétylé conduit à la *base libre* $C^{19}H^{18}OAz^2$ que l'on peut facilement purifier par transformation soit en éther méthylique, soit en picrate. Prismes fondant à 173-175°.

L'*éther méthylique* est en tables incolores fondant à 161-163°, le *chlorure* $C^{19}H^{17}Az^2Cl$ en prismes brillants à éclat métallique verdâtre, le *picrate* $C^{19}H^{16}Az^2 \cdot C^9H^3O^7Az^3$ en prismes noirs [Ad. Baeyer et V. Villiger, *loc. cit.*; — Döbner, *Ann. Chem.*, 217, 242].

Dérivé chloré $[C^6H^4 \cdot AzH^2_{(4)}]^2 CH \cdot C^6H^3Cl^2_{(2.5)}$. — Fond à 107°, peu soluble dans la ligroïne. Son *dérivé diacétylé* fond à 212°; il est facilement soluble dans l'alcool [Gnehm et Banziger, *Ann. Chem.*, 299, 351].

Dérivés nitrés (Voyez 1er Suppl. article TRIPHÉNYLMÉTHANE, et ROSANILINE, p. 1399).

$[AzH^2_{(4)} C^6H^4]^2 CH \cdot C^6H^4 \cdot AzO^2$. — *o-Dérivé*, masse cristalline d'un rouge jaunâtre [Renouf, *D. chem. G.*, 16, 1305]. — *m-Dérivé*. — Il cristallise avec 1 molécule de benzène et fournit un *iodométhylate* en lamelles brillantes fondant à 225° avec décomposition.

b) Dérivés substitués à l'azote.

$(C^6H^5)CH \cdot [C^6H^4AzH_{(4)}(CH^3)]^2$. — Fond à 104°. Son *picrate* contient 1 molécule d'acide picrique. Il est en aiguilles vertes fondant à 150°. Le *carbinol* correspondant fond à 95° et donne un *chlorozincate* en cristaux verts de formule $[C^{21}H^{21}Az^2Cl]^2 ZnCl^2 \cdot H^2O$, fondant à 120°.

$(C^6H^5)CH[C^6H^4Az_{(4)}(AzO)(CH^3)]^2$. — Cristaux jaunes fondant à 149°; le *carbinol* correspondant est en cristaux fondant à 159°.

$(C^6H^5)CH[C^6H^4 Az_{(4)}(CH^3)(CAz)]^2$. — Poudre blanche cristalline fusible à 163°; le *carbinol* fond à 168°.

$C^6H^5 \cdot CH[C^6H^4 \cdot Az_{(4)}(CH^3) \cdot CS \cdot AzH^2]^2$. — Fond à 200°.

$C^6H^5 \cdot C(OH)[C^6H^4Az_{(4)}(CH^3)CS \cdot AzH \cdot C^6H^5]^2$. — Fond à 136° [J.-V. Braun, *D. chem. G.*, 37, 633, 1904].

$[AzO^2_{(4)}C^6H^4] \cdot CCl[C^6H^4 \cdot AzH^2][C^6H^4Az(CH^3)^2]$. — [Nœlting, *Bull. Soc. Chim.*, (3), 5, 2, 1891].

$C^6H^5 - CH[C^6H^4Az(CH^3)^2]^2$. — (Leucodérivé du vert malachite). — [Döbner, *Ann. Chem.*, 217, 255; — Peter, *D. chem. G.*, 18, 539; — Homolka, *D. chem. G.*, 18, 988; — Nencki, *Mon. f. Chem.*, 9, 1148].

L'*iodométhylate* fond, d'après Döbner, à 231°.

Michœles et Schériff ont signalé un composé de même composition que la leucobase du vert malachite, et qui paraît en être un isomère [*Ann. Chem.*, 260, 15].

Le vert malachite a été dans ces dernières années l'objet de nombreux travaux.

Döbner [*Ann. Chem.*, 217, 252] avait, il y a déjà un certain temps, montré que le vert malachite était susceptible de se dissoudre dans les acides étendus et froids en donnant des solutions presque incolores. De ces solutions, Rudolf Lambrecht et Hugo Weil ont pu isoler une série de sels incolores, que la chaleur transforme, en général facilement, en sels colorés. Ils ont décrits les deux sels suivants :

Oxalate $C^{23}H^{26}OAz^2 \cdot 2C^2H^2O^4 \cdot 3H^2O$. — Fond à 78°. L'oxalate coloré correspondrait par contre à la formule $C^{23}H^{24}Az^2 \cdot 2C^2H^2O^4 + H^2O$.

Oxalate $3C^{23}H^{26}SAz^2 \cdot 2C^2H^2O^4$. — Chauffé, il perd H^2S et se transforme en oxalate coloré [*D. chem. G.*, 37, 3058, 1904].

Le gaz sulfureux se combine au vert malachite en donnant un composé représentant peut-être l'acide sulfoné du leucodérivé, soit :

$$HO-SO-O \cdot\cdot C(C^6H^5)[C^6H^4-Az(CH^3)^2]^2$$

[Karl Dürrschnabel et Hugo Weil, *D. chem. G.*, 38, 3492, 1905].

Les combinaisons colorées avec les acides sont connus depuis longtemps (voyez 1er Suppl.). Mentionnons les composés suivants :

$3(C^{23}H^{24}Az^2 \cdot HCl)2ZnCl^2 \cdot 2H^2O$. — Prismes à éclat de cantharides, fondant à 130° avec décomposition. — $C^{23}H^{24}Az^2 \cdot SO^4H^2$ cristallisant soit anhydre, soit avec $1H^2O$; $2C^{23}H^{24}Az^2 \cdot 3C^2O^4H^2$; — $C^{23}H^{24}Az^2 \cdot C^6H^2(OH)(AzO^2)^3$ (picrate); en lamelles vertes à éclat doré [Döbner, *Ann. Chem.*, 247, 242; — O. Fischer, *D. chem. G.*, 14, 2521].

$C^{23}H^{24}Az^2 \cdot 3HCl$ et $C^{23}H^{24}Az^2 \cdot 3HBr$. — [Rosenthiel, *Bull. Soc. Chim.*, (3), 9, 688]. R. Lamprecht et H. Weil ont obtenu, par l'action de l'hydrogène sulfuré sur une solution légèrement acide, ou mieux alcoolique de vert malachite, un vert malachite à base de soufre :

$$HS \cdot C \begin{cases} C^6H^4Az(CH^3)^2 \\ C^6H^4Az(CH^3)^2 \\ C^6H^5 \end{cases}$$

dont les sels sont incolores. On peut les isoler en en faisant les chlorostannates; chauffés avec un excès d'acide minéral, les sels incolores fournissent des solutions jaune orangé.

Le vert malachite soufré forme une poudre cristalline fusible à 153°; le chlorostannate incolore correspond à $C^{23}H^{26}SAz^2 \cdot 2HCl \cdot SnCl^4 \cdot 0,5H^2O$; les cristaux colorés ordinaires à $C^{23}H^{25}Az^2Cl \cdot HCl \cdot SnCl^4 \cdot 2,5H^2O$ [*D. chem. G.*, 38, 270, 1905]; voy. aussi ci-dessus. Son *nitrile* $C(CAz)(C^6H^5)[C^6H^4Az(CH^3)^2]^2$ fond à 176° [Ostwald et Hantsch, *D. chem. G.*, 33, 307].

Pour les modes de formation du vert malachite, voy. Brevets all. 4322 et 27 789. Spectre d'absorption : Lemoult [*C. R.*, 134, 840; 132, 785]. Propriétés diverses [Weyl, *D. chem. G.*, 28, 211; — O. Fischer, *D. chem. G.*, 33, 3356].

Éther méthylique. — Lamelles fusibles à 150-151°.

Éther benzylique. — Aiguilles fusibles à 195-198° [Fischer, *loc. cit.*].

Dérivé avec l'hydroxylamine,

$$[(CH^3)^2Az \cdot C^6H^4] \cdot C(C^6H^5) \cdot [C^6H^4 AzH(CH^3)^2] \quad Az \cdot (OH)$$

— Poudre cristalline fusible à 168° avec décomposition, très peu soluble dans l'alcool [Weyl, *loc. cit.*].

Dérivés halogénés. — $[[(CH^3)^2Az]_{(4)}, C^6H^4]^2CH - C^6H^4Cl_{(3)}$ [Brevet all., 55 621, 12 juin 1890].

$[[(CH^3)^2.Az]_{(4)}.C^6H^4]^2CH.C^6H^4Cl_{(4)}$. — Petites aiguilles fusibles à 142-143°. Son *chlorhydrate* forme une poudre jaune facilement soluble dans l'eau [Kaeswurm, *D. chem. G.*, **19**, 743]. La base chlorée correspondante est en cristaux fusibles à 144-146°.

$[[(CH^3)^2Az]_{(4)}.C^6H^4]^2CH.C^6H^3Cl^2_{(2.5)}$. — Fond à 179° : éclat vitreux (Gnehm et Banziger).

$[[(CH^3)^2.Az]_{(4)}.C^6H^4]^2C(HO)C^6H^3Cl^2_{(2.5)}$. — Poudre brun rouge fondant à 169-172°, à peine soluble dans l'eau [Gnehm et Banziger, *Ann. Chem.*, **296**, 73 et 81]. Son *chlorhydrate* se trouve dans le commerce sous le nom de *nouveau vert solide*.

D'autres dérivés chlorés ont été obtenus, mais leur formule est inconnue [Voy. à ce sujet Brevet all. 4988, 6 juin 1878 ; 25 827, 23 juin 1883 ; 27 275, 15 sept. 1883, janv. 1885].

Dérivés bromés. — [Brevet all. 27 275, voy. ci-dessus].

Dérivé cyané $[[(CH^3)^2Az]_{(4)}, C^6H^4]^2CCl.C^6H^4(CAz)_{(3)}$. — Liquide bouillant à 210° [Brevet all. 70 537, 6 déc. 1892].

Dérivés nitrés. — (Art. TRIPHÉNYLMÉTHANE. 1ᵉʳ Suppl.). — $[C^6H^3Cl_{(4)}AzO^2_{(3)}, CH.[C^6H^4.(Az(CH^3)^2_{(4)}]^2$. — Aiguilles d'un jaune d'or, fusibles à 133-134°, difficilement solubles dans l'alcool froid [E. et O. Erdmann, *Ann. Chem.*, **294**, 382].

$[C^6H^4AzO^2_{(4)}].CH[C^6H^3Cl_{(3)}.Az(CH^3)^2]^2$. — Lamelles d'un jaune citron, fusibles à 208°. Son *picrate*, qui contient 2 mol. d'acide picrique, fond à 189° [Koch, *D. chem. G.*, **20**, 1564].

$[[(CH^3)^2Az]_{(4)}.C^6H^4]^2C(OH)[C^6H^4.AzO^2]$. — *Orthodérivé.* Petits cristaux très brillants fusibles à 163°, se dissolvant bien dans le benzène, assez bien dans l'alcool et l'éther. Ses sels neutres sont colorés en vert intense.

Le *dérivé méta* cristallise difficilement, mais ses sels cristallisent bien. Son *picrate* qui contient 1 molécule d'acide picrique, est en petites aiguilles vertes.

Le *para-dérivé* est en petits prismes d'un jaune d'or ou en grosses rosettes d'un rouge grenat [O. Fischer et Schmidt, *D. chem. G.*, **17**, 1890 ; — E. et O. Fischer, *D. chem. G.*, **12**, 802 ; — O. Fischer, *D. chem. G.*, **14**, 2528 ; — voy. aussi *D. chem. G.*, **13**, 672 ; — Lemoult, *C. R.*, **131**, 840].

Un *dérivé para* isomérique du précédent a été signalé par Wedekind et Gonswa. C'est une poudre cristalline jaune clair, fusible à 100-105°. Son *picrate* contient 1 mol. d'acide et se dépose du chloroforme avec 1 mol. de solvant [*Ann. Chem.*, **307**, 288].

Dérivé chloronitré $[C^6H^4[Az(CH^3)^2]_{(4)}]^2CH.C^6H^3Cl_{(3)}AzO^2_{(4)}$. — [Brevet all. 64 736, 7 janv. 1891 ; — Comp. Kock, *D. chem. G.*, **20**, 1562, 1888].

Dérivés sulfonés. — $[C^6H^4[Az(CH^3)^2]_{(4)}]^2CH.C^6H^4.SO^3H$. — Les 3 isomères sont connus. *Ortho* [Brevet franç. 240 788, 16 avril 1894]. *Méta* [Brevet all. 25 373, 1ᵉʳ août 1882]. *Para*, c'est l'acide déjà signalé [Dict., 1ᵉʳ Suppl., TRIPHÉNYLMÉTHANE, 1599. — Voy. aussi Brevet all. 6714, 27 oct. 1878, mars 1886 ; 10 410, juin 1879, oct. 1886 ; 14 944, 3 avril 1886, oct. 1886].

$[C^6H^4[Az.(CH^3)^2]_{(4)}]^2.CH.C^6H^4(SO^3H)_{(4.5)}Cl_{(3)}$ — [Brevet all. 55 621, 12 juin 1890].

$[C^6H^4[Az.(CH^3)^2]_{(4)}]^2.CH.C^6H^3(SO^3H)_{(4)}AzO^2_{(3)}$ — [Lauth, *Bull. Soc. Chim.*, (3), **9**, 969, 1893].

Dérivés du groupe de l'uréthane. — Ad. Baeyer et V. Villiger ont signalé les composés suivants :

$[[(CH^3)^2Az]_{(4)}.C^6H^4]^2CH.C^6H^4[AzH.CO.OC^2H^5]_{(2)}$. — Corps dimorphe cristallisant soit en petites tables fusibles à 131-132°, soit en aiguilles fusibles à 149°.

$[[(CH^3)^2Az]_{(4)}.C^6H^4]^2C.(OC^2H^5)C^6H^4[AzH.CO.OC^2H^5]_{(2)}$. — Aiguilles fusibles à 161-162°.

Anhydride

$$[[(CH^3)^2Az]_{(4)}, C^6H^4]^2 - \overset{\displaystyle |}{C} - C^6H^4 - Az$$
$$O \text{———} \overset{\displaystyle ||}{C} - OC^2H^5$$

— Tables fusibles à 172-174° [*D. chem. G.*, **36**, 2774, 1903].

Base $C^{22}H^{24}Az^2$ (*Triméthyldiamidotriphénylméthane*). — Voyez Weil [*D. chem. G.*, **28**, 213].

$[[(C^2H^5)^2Az]_{(4)}, C^6H^4]^2.CH.C^6H^5$ (*Leucodérivé du vert brillant*). — Parmi les sels de la base correspondante, nous mentionnerons le *sulfate* $C^{27}H^{32}Az^2.SO^4H^2$, le *chlorozincate* $2(C^{27}H^{33}Az^2Cl).ZnCl^2.2H^2O$ et l'*oxalate* $C^{27}H^{24}Az^2O.C^2O^4H^2$. Les cristaux de sulfate ont été décrits par Hanshofer [*Jahresb.*, 760, 1884].

Le *chlorure* $C^{27}H^{33}Az^2Cl$ a également été étudié. Le *nitrile* $[[(C^2H^5)^2.AzC^6H^4]^2.C(CAz)C^6H^5$ fond à 160°. Voyez aussi les travaux de Hantzsch et Ostwald [*D. chem. G.*, **33**, 298] sur la constitution des sels et ceux de Lemoult [*C. R.*, **131**, 840] sur les spectres d'absorption.

Dérivés chlorés. — $[[(C^2H^5)^2Az]_{(4)}.C^6H^4]^2.CH.C^6H^4Cl_{(4)}$. — Fond à 110° [Kaeswurm, *D. chem. G.*, **19**, 745].

$[[(C^2H^5)^2Az]_{(4)}.C^6H^4]^2.C(OH)C^6H^4Cl_{(4)}$. — Grosses tables fusibles à 120-121°.

Dérivé trichloré [Brevet all. 25 827, 23 juin 1883].

Dérivé nitré $[[(C^2H^5)^2Az]_{(4)}.C^6H^4]^2.CH.C^6H^4.AzO^2$ — *Dérivé ortho.* Cristaux tricliniques fondant à 109-110° [O. Fischer et Schmidt, *loc. cit.* ; — Hanshofer, *loc. cit.*]. *Dérivé méta.* Aiguilles jaunes avec fluorescense verte [E. et H. Erdmann, *Ann. Chem.*, **294**, 379], fusibles à 95-96°. *Dérivé para.* Aiguilles ou tables monocliniques [Kaeswurm, *loc. cit.* ; — Hanshofer, *D. chem. G.*, **19**, 746], fusibles à 113°.

Dérivés sulfonés. — [Brevet all. 14 944, 3 avr. 1880, oct. 1886].

HOMOLOGUES SUPÉRIEURS DU TYPE $[(R^2.Az)_{(4)}C^6H^4]^2.CH.C^6H^5$ ET DÉRIVÉS. — On a signalé les *dérivés butylés* et *amylés* [Döbner, *Ann. Chem.*, **217**, 223, 1883 ; Brevet all. 18 959, 21 juill. 1881].

COMPOSÉS DU TYPE $[(R_1R_2Az)_{(4)}C^6H^4]^2.CHC^6H^5$ ET DÉRIVÉS. — R_1 différent de R_2.

$CCl(C^6H^5)[C^6H^4AzH_{(4)}.C^6H^5]^2$, *viridine*. — Ad. Baeyer et Villiger ont obtenu la base de la viridine $[C^{34}H^{25}Az^2Cl - HCl]$ sous forme de cristaux brun noirâtre fusible à 166-168°. Par agitation avec les acides étendus, ce composé donne le carbinol incolore. Les sels sont bien cristallisés. Ont été signalés le *chlorure*, le *sulfate*, le *picrate* [*D. chem. G.*, **37**, 2848, 1904]. Voyez aussi Meldola [*D. chem. G.*, **14**, 1385, 1881 ; **15**, 1580, 1882 ; *J. Chem. Soc.*, **41**, 192 ; Brev. all. 8251, 24 juin 1879-nov. 1882 ; 11 412, 11 nov. 1879-mars 1887 ; brev. franç. 70 876, 21 mars 1866].

Un dérivé p-chloré dans le groupe phényle a été signalé par Kœsswurm [*D. chem. G.*, 19, 742, 1886].

$C(OH)(C^6H^5)(C^6H^4 Az H . C^6H^5)[C^6H^4 Az H . C^6H^4 SO^3H_{(4)}]$. — C'est le vert alcalin (brev. all. 73126, 9 avril 1889).

$C Cl (C^6H^5)(C^6H^4 Az H . C H^2 . C^6H^5)[C^6H^4 Az (C H^3 . C^6H^5)^2]$ (?). — C'est le vert de Paris [Poirrier, Bardy et Lauth, *Bl.*, (2), 15, 156, 1871], dont quelques dérivés sulfo ont été signalés (brev. all. 9569, 25 juil. 1879-déc. 1880).

$$C(OH)[C^6H^3 SO^3H_{(4)}]\left[C^6H^4 . Az{<}{C H^3 \atop C H^2 . C^6H^4 . SO^3H} \right]^2 (?)$$

— C'est le vert acide ou vert sulfo B (brev. all. 50782, 8 avril 1889).

$$\left[\left[{(C^2H^5) \atop (C^7H^7)}{>}Az\right]_{(4)} . C^6H^4 \right]^2 . C H . C^6H^5$$

— Petites aiguilles fusibles à 115-116° [Friedländer, *D. chem. G.*, 22, 589]. Comp. Philips [*Ann. Chem.*, 252, 276].

Le dérivé disulfo

$$C(OH)(C^6H^5)\left(C^6H^4 Az{<}{C^2H^5 \atop C H^2 - C^6H^4 SO^3Na}\right)^2 (?)$$

constitue le vert de Guinée B (brev. all. 50782, 8 avril 1889). Ce disulfo donne un dérivé nitré en 3 dans le groupe C^6H^5 et un dérivé sulfoné en 4 dans le groupe C^6H^5. Ce dernier constitue le vert sulfo J [Friedländer, *D. chem. G.*, 22 587, 1889].

Diamidophényldiphénylméthane. — Carl Thomae a signalé le composé $(C^6H^5)^2 C H . C^6H^3 (Az H^2)^2_{(4.3)}$. Il cristallise du benzène avec une molécule de solvant et fond à 71-72°. Son *chlorhydrate* est en longues aiguilles. Son *dérivé dibenzoylé* fond à 243°. Oxydé par le mélange chromique, il conduit au composé

$$(C^6H^5)^2 {=} C H {-}\langle O{=}...{=}O \rangle{-} Az H - CO - C^6H^5$$

fusible à 163°; par réduction, ce dernier donne l'*hydroquinone* correspondante fondant à 230°.

Le dérivé dibenzoylé, réduit par $H Cl + Sn$, donne l'*anhydride*

$$(C^6H^5)^2 {=} C H \langle ... \rangle{-} Az H - C - C^6H^5$$

cristallisant avec 1 mol. de benzène, fondant à 205°. Le *diacétyl-3.4-diamido-triphénylméthane* fond à 226° [*J. prackt. Chem.*, 71, 566, 1905].

c) I. — *Composés hydroxylés du diamido-triphénylméthane et de ses dérivés.*

R = reste de benzène, $R_1 a$, $R_{1.2} a.b$.... = C^6H^6 substitué en 1 par le substituant a et en 1 et 2 par le substituant $a.b$, etc.

$(C H)[R_{(4)} Az H^2]^2 [R_{(3)}(O H)]$ et dérivés [Renouf, *D. chem. G.*, 16, 1301, 1883; — Nœlting, *D. chem. G.*, 30, 2589].

$C H . [R_{(4)} Az H^2]^2 [R_{(3)} O C H^3]$. — Cristallise avec 1 mol. C^7H^8, fond à 65° [Mazzara et Possetti, *Gazz. chim. ital.*, 57, 1885].

$C H [R_{(4)} Az O^2][R_{(3.4)}(O C H^3)(Az H^2)]^2$. — Cristallise avec 1 mol de C^6H^6, aiguilles jaune d'or

fusibles à 107-108° [O. Fischer, *D. chem. G.*, 15, 676, 1882; — comp. Kock, *ibid.*, 20, 1562, 1887].

$C H [R_{(4)} Az (C H^3)^2]^2 R_{(3)}(OH)$ et dérivés. — [Brev. all. 46384, 17 août 1888; brev. all. 65952; — E. et H. Erdmann, *Ann. Chem.*, 294, 377].

$C(O H)[R_{(4)} Az (C H^3)^2]^2 [R_{(3)}(O H)(SO^3H)]$. — (Brev. all. 64736, 7 janv. 1891).

$C(OH)[R_{(4)} Az (C H^3)^2]^2 [R_{(3.4.5)}(O H)(SO^3H)^2]$. — Bleu patenté superfin extra. Sa *sultone* constitue la *cyanine B* [brev. all. 46384; Rosenstiehl, *Bull. Soc. Chim.*, (3), 11, 998, 1894; brev. all. 64736, 7 janv. 1891; brev. all. 60961, 20 avril 1891].

$C(OH)[R_{(4)} Az (C H^3)^2]^2 [R_{(4)}(OH)]$ (?). — (Brev. all. 31321, 20 août 1884).

$C(OH)[R_{(4)} Az (C H^3)^2]^2 [R_{(3.4)}(OH)^2]$ (?). — (Brev. all. 31321, 20 août 1884).

$C(OH)[R_{(4)} Az (C H^3)^2]^2 [R_{(3.4)}(OCH^3)(OH)]$ (?). — (Brev. all. 31321, 20 août 1884).

Liebermann a obtenu toute une série de dérivés du type précédent La *leucobase* s'obtient par condensation de l'aldéhyde protocaléchique avec la diméthylaniline. Elle fond à 164°, et donne facilement une matière colorante par oxydation. Mentionnons entre autres :

$(C^2H^3 . O . O)^2 . C^6H^3 . C H [C^6H^4 Az (C H^3)^2]^2$. — Aiguilles incolores fusibles à 141°.

$(C^6H^5 . C O . O)^2 C^6H^3 . C H [C^6H^4 Az (C H^3)^2]^2$, fusible à 154°.

$[C H^2 = O^2 = C^6H^3] . C H [C^6H^6 Az (C H^3)^4]_2$, fusible à 110-112°.

$[C^6H^3 (O H)^2] C H [C^6H^4 (O H) . Az (C H^3)^2]^2$, fusible à 213°. Son *dérivé triacétylé* fond à 165-167°.

$[C H = O^2 = C^6H^3] . C H . [C^6H^3 (O H) Az (C H^3)^2]^2$, fusible à 115° [*D. chem. G.*, 36, 2913, 1908].

II. — *Composés carboxylés du diamidotriphénylméthane et de ses dérivés.*

$C(O H)[C O^2 Na_{(4)} C^6H^4][C^6H^4 . Az (C H^3)^2]^2$ (?). — (Brev. all. 58483, 21 août 1890).

$C(OH)(C^6H^5)[C^6H^3 . C O^2H]_{(3)}[Az (C H^3)^2]^2_{(4)}$. — [Lauth, *Bull. Soc. Chim.*, (3), 9, 960, 1893].

$C(OH)(C^6H^4 Az O^2)[Az (C H^3)^2]^2_{(4)}$. — [Lauth, *Bull. Soc. Chim.*, (3), 9, 969, 1893].

$C(OH)[R_{(4)} Az (C H^3)^2]^2 [R_{(3)}(C O^2H)(O H)]$. — (Brev. all. 80950, 3 mai 1894).

$C H [C^6H^4 . C O^2H_{(3)}][C^6H^4 Az (C H^3)^2]^2$. — [Haller et Guyot, *Bull. Soc. Chim.*, (3), 25, 317].

TRIAMIDOTRIPHÉNYLMÉTHANE ET DÉRIVÉS.

On connaît les dérivés o- m- et p- aminé du p-, diamidotriphénylméthane et quelques dérivés de la combinaison type [o . pp]

$$[C^6H^4 . Az H^2_{(4)}]^2 . C H . [C^6H^4 Az H^2_{(3)}].$$

Les dérivés [o . pp] ont été signalés par Ad. Baeyer et V. Villiger [*D. chem. G.*, 36, 2774, 1903].

Ces savants ont montré que les composés signalés avant eux comme o-dérivés représentaient en réalité des composés différents, quelquefois même, comme ceux de Nathanson et Müller [*D. chem. G.*, 22, 1885], des dérivés para impurs. Voyez aussi les travaux anciens de O. Fischer et Schmidt [*D. chem. G.*, 47, 1892].

I. — *Ortho-di-para-dérivés.*

Ces composés prennent naissance par saponification des uréthanes oxydés, au moyen de pyridine ou d'eau de baryte. Un petit nombre seulement sont connus.

$[(C H^3)^2 Az]_{(4)} C^6H^4]^2 . C (O H)[C^6H^4 Az H^2]_{(3)}$. — Lamelles fondant à 160° environ, avec décomposition.

La solution aqueuse se colore en bleu lorsqu'on la chauffe ; en présence d'acide, à l'ébullition, la coloration disparaît rapidement et donne naissance à une substance douée d'une belle fluorescence verte.

$[[(CH^3)^2Az]_{(4)}C^6H^4]^2 . CH . C^6H^4 . AzH^2_{(9)}$. — Fond à 131-133°. Le *dérivé acétylé* fond à 185-186°. Le *dérivé anhydroacétylé*

$$[[(CH^3)^2Az]_{(4)} - C^6H^4]^2C - O \qquad CH^3$$
$$| \overline{\qquad} |$$
$$C^6H^4 - Az = C$$

fond à 190-191°.

II. — *Métadiparadérivés.*

$[[(CH^3)^2Az]_{(4)}C^6H^4]^2 . C(HO)C^6H^4 . AzH^2_{(3)}$ [E. et O. Fischer, *D. chem. G.*, 12, 796, 1879]. — On a préparé toute une série de couleurs de ce type en méthylant, éthylant... le groupe AzH² en méta (brev. all. 50 293, 20 avril 1889).

Le leucobase m-aminée se condense facilement avec le chlorodinitrobenzène-(2.4) (brev. all. 63 026, 18 sept. : 66 791, 28 avril 1892).

$[[(CH^3)^2Az]_{(4)}C^6H^4]^2CH . C^6H^3 . SO^3H_{(4)}(AzH^2)_{(3)}$ — (Brev. all. 64 736, 7 janv. 1891).

$[[(CH^3)^2 . Az]_{(4)}C^6H^4]^2CH . C^6H^2(SO^3H)^2_{(4.6)}(AzH^2)_{(3)}(?)$. — (Brev. all. 48 573).

III. — *Triorthodérivés.*

o-*Leucaniline*, $[C^6H^3 . AzH^2_{(2)}]^3CH$. — C'est le produit de réduction du diamidotriphénylméthane-o-nitré ; petits cristaux brunâtres fusibles à 165°. Il se combine à l'acide chlorhydrique en donnant les deux chlorhydrates $C^{19}H^{19}Az^3 . 3HCl$ et $C^{19}H^{19}Az^3 . 4HCl$ [Renouf, *D. chem. G.*, 16, 1305 ; — Miolatti, *D. chem. G.*, 28, 1698].

Pour les dérivés d'oxydation et la transformation en base correspondante, voyez Ad. Baeyer et V. Villiger [*loc. cit.*] ; O. Fischer et Schmidt [*loc. cit.*].

Le *dérivé tétraméthylique* $(C^6H^4 . AzH^2)[C^6H^4 Az(CH^3)^2]^2 . CH$ forme des cristaux retenant de la benzine et fondant à 134-135°. Son *dérivé monoacétylé* est en cristaux à éclat adamantin, fusibles à 189° (O. Fischer et Schmidt) (voyez TRI-PHÉNYLMÉTHANE).

L'*iodométhylate* du dérivé hexaméthylique forme une masse amorphe d'un rouge jaunâtre très soluble dans l'eau ; son *chlorhydrate* correspond à la formule $2(C^{28}H^{40}Az^3Cl^3)3PtCl^4$ (Renouf).

La tétraéthyl-leucaniline $[(C^2H^5)^2Az . C^6H^4]^2 . CH . (C^6H^4 . AzH^2)$ est en aiguilles fusibles à 136° (O. Fischer et Schmidt).

IV. — *Trimétadérivés.*

m-*Leucaniline* (*pseudoleucaniline*), $[C^6H^4 AzH^2_{(3)}]^3CH$. — Elle s'obtient comme le dérivé ortho. Elle cristallise du benzène avec 1 mol. de solvant, et fond à 145°. Son *chloroplatinate* forme une poudre cristalline jaune.

Le *dérivé tétraméthylique* est en aiguilles fusibles à 130° et donne un *iodométhylate* cristallisant difficilement, très soluble dans l'eau, de formule $C^{19}H^{13}[Az'CH^3]^2]^3 . 3CH^3I$ soit $C^{28}H^{40}Az^3I^3$. Le *chloroplatinate*, correspondant $2(C^{28}H^{40}Az^3 Cl^3) . 3PtCl^4$, forme une poudre brune cristalline très peu soluble dans l'eau [O. Fischer et Ziegler, *D. chem. G.*, 13, 672 ; — E. et O. Fischer, *ibid.*, 12, 802 ; 13, 673 ; — O. Fischer, *ibid.*, 15, 683].

V. — *Triparadérivés.*

Paraleucaniline, $(C^6H^4 Az H^2_{(4)})^3CH$ (voyez 1er Suppl. ROSANILINE, 1396). — [Trillat, *Bull. Soc. Chim.*, (3), 9, 563].

La base correspondante est la pararosaniline (voy. art. ROSANILINE, 1er Suppl.). Les modes de formation sont extrêmement nombreux : voy. à ce sujet Zimmermann et A. Müller [*D. chem. G.*, 17, 2936 ; 18, 997] et les nombreux brevets relatifs, soit à l'oxydation d'un mélange d'amines [Brevets all. 66 125, 67 128, 62 339, 65 733, 68 464, 61 146, 70 905, 72 032, 93 540], soit à la réduction de dérivés nitrés divers [Brevets all. 16 750, 16 707, 84 607, 41 929 ; — Prudhomme, *Bull. Soc. Chim.*, (3), 17, 654].

Sur la constitution des colorants du groupe et les relations entre le pouvoir colorant et cette constitution, d'importants et nombreux mémoires ont été publiés dont nous ne pouvons que signaler en passant les plus importants [Hantsch et Ostwald, *D. chem. G.*, 33, 303 ; — Hantsch, *ibid.*, 33, 757 ; — Georgievick, *Mon. f. Chem.*, 17, 4 ; 21, 407 ; *D. chem. G.*, 29, 2015 ; — Weil, *D. chem. G.*, 29, 1541, 2677 ; 33, 3141 ; — Ad. Baeyer et V. Villiger, *D. chem. G.*, 37, 1183, 2848, 1904 ; — Fritz Reitzenstein et Otto Runge, *J. prakt. Chem.*, (2), 74, 57, 1904 ; — Walter Jennings, *D. chem. G.*, 36, 4022, 1904 ; — Georgievick, *Zeit. f. Farben und Textil Chemie*, 3, 37, 1904 ; — Hugo Kauffmann, *Zeit. f. Farben und Textil Chemie*, 3, 117, 1904].

Chlorure $C^{19}H^{13}Az^3Cl$. — [Hantsch et Ostwald, *loc. cit.*]. Conductibilité électrique [Miolati, *D. chem. G.*, 28, 1581 et Hantsch, *loc. cit.*].

Nitrile (Hantsch et Ostwald).

Sels. — La plupart ont été décrits par Tortelli [*D. chem. G.*, 28, 1705].

$C^{19}H^{18}Az^3Cl . HgCl^2$. Lamelles. — $C^{19}H^{18}Az^2Cl . Hg(CAz)^2$. Aiguilles à éclat métallique verdâtre. — $C^{19}H^{18}Az^3Cl . 3HCl$, masse brun rougeâtre, fumant à l'air [Rosenstiehl, *Bull. Soc. Chim.*, (3), 9, 690] — $C^{19}H^{18}Az^3Br . 3HBr$ (Rosenstiehl) — $C^{19}H^{18}Az^3I$ — $(C^{19}H^{18}Az^3)^2 SO^3 + 8H^2O$ et $3H^2O$ — $C^{19}H^{18}Az^3CAz + HgCl^2$, cristaux verts brillants, peu solubles dans l'eau froide — $C^{19}H^{18}Az^3 CAz + Hg(CAz)^2$, tables vertes à reflets bronzés ; $2(C^{19}H^{18}Az^3CAz) + Hg(CAz)^2$, poudre cristalline vert rougeâtre.

Pour d'autres sels, voyez aussi Fischer et Schmidt [*Zeit. Farben. u. Textil Chemie*, 3, 1, 1904].

Le *stéarate* fond à 98° [Gnehm et Rötheli, *Zeit. f. ang. Chem.*, 501, 1898].

Combinaison sulfitique, $SO^3H^2 . C^{19}H^{19}OAz^3$, masse bien cristallisée d'un rose clair, que le carbonate de soude, en liqueur étendue, décompose avec formation de *sulfite neutre* $SO^3H^2 . 2(C^{19}H^{17}OAz^3$ [Karl Dürrschnabel et Hugo Weil, *D. chem. G.*, 38, 3492]. Ces derniers savants ont également obtenu une troisième combinaison sulfitique $C^{19}H^{17}Az^3 . SO^3H^2 + 3,5H^2O$ qu'ils envisagent comme correspondant à la formule $OH . SO - O - C[C^6H^4(AzH^2)]^3 + aq$.

Le sulfite neutre est en cristaux rouges avec un éclat métallique verdâtre ; la dernière combinaison est en cristaux jaunes, perdant facilement à l'air une molécule d'eau.

L'*éther méthylique* de la base rosaniline a été signalé par Ad. Baeyer et V. Villiger [*D. chem. G.*, 37, 2848, 1904].

Dérivé chloré $[C^6H^3(AzH^2)_{(4)}Cl_{(2)}]^2 . C(OH) . C^6H^4AzH^2$. — Masse cristalline d'un vert doré [Heumann et Heidberg, *D. chem. G.*, 19, 1989].

Dérivés sulfoniques. — Ces dérivés ont été signalés [Brevet all., 26 janv. 1881, juin 1884 et *Mon. Sc.*, 365, 1885].

Dérivé tétraméthylé $[C^6H^4Az(CH^3)^2]^2CH . (C^6H^4AzH^2)$. — Il se forme en condensant la p-nitrobenzaldéhyde avec la diméthylaniline en présence de chlorure de zinc, et réduisant le produit formé, ou encore en chauffant le tétraméthyldiamidobenzhydrol avec l'aniline [Nölting et Schwartz, D. chem. G.; 24, 3140]. Parmi ses dérivés ont été signalés :

Dérivé chloré $(C^6H^4AzH^2)CH[C^6H^3.[Az(CH^3)^2]_{(4)}Cl_{(3)}]^2$. — Fond à 181° [Kock, D. chem. G., 20, 1565].

Dérivé sulfoné $[C^6H^3(SO^3H)_{(3)}AzH^3_{(4)}]CH[C^6H^4Az(CH^3)^2]^2$. — [Fritsch, D. chem. G., 29, 2300].

Dérivé pentaméthylé et dérivés. — Voyez *Triphénylméthane*, 1er Suppl. Mélangé avec les dérivés tétra- et hexaméthylés, il constitue le violet de Paris.

L'action de l'iodure de méthyle ou de l'iodure d'éthyle qui conduit respectivement aux verts méthyle et éthyle a été étudiée depuis la publication du 1er Suppl. par différents auteurs [Rosenstiehl, C. R., 120, 264, 1895; Bull. Soc. Chim., (3), 13, 546, 1895; — Poirrier, Bourgeois et Rosensthiel, Bull. Soc. Ind. Rouen, 67, 1891].

Dérivé hexaméthylé. — Modes de formation, voy. Heumann et Wiernick [D. chem. G., 20, 2421]; — Gattermann et Schnitzspahn [ibid., 31, 1774 et Brevets all. 61815, 28 mai 1891; 64270, 20 mai 1891]; — Paul Ehrlich et Franz Sachs [D. chem. G., 36, 4296, 1904].

Son *iodométhylate* $C^{19}H^{13}Az^3.(CH^3)^6(CH^3I)^3$ est en aiguilles fusibles à 188°, avec perte de CH³I, peu solubles dans l'eau [Rosenstiehl, Bull. Soc. Chim., (2), 13, 552]. Le *chloroplatinate* $(C^{28}H^{40}Az^3Cl^3)^2.3PtCl^4$ constitue un précipité jaune clair cristallin. Voy. aussi 2e Suppl., MATIÈRES COLORANTES (violet de Paris) [Hantsch et Ostwald, loc. cit.]. Le cyanure fond à 288-290°.

La base correspondante (hexaméthyltriamido-triphénylcarbinol) est en tables monocliniques d'un violet foncé rougeâtre [Grünling, D. chem. G., 18, 1271], fusibles à 195° [Wichelhaus, D. chem. G., 16, 2005]. Elle se combine à 4 mol. de HCl ou de HBr [Rosenstiehl, Bull. Soc. Chim., (3), 9, 123]. Son *éther méthylique* est en lamelles fusibles à 159-160° [Ad. Baeyer et V. Villiger, D. chem. G., 37, 2848, 1904].

$C^{25}H^{30}Az^3Cl$. — Cristaux hexagonaux [Woda, D. chem. G., 18, 766; — Grundling, ibid., 19, 1271]. — $(C^{25}H^{30}Az^3Cl)^2.3PtCl^4$, poudre rouge brique cristalline — $C^{25}H^{31}Az^3O.HI$, cristaux verts — $C^{25}H^{29}Az^3, 2C^6H^2(OH)(AzO^2)^3$ (picrate), prismes brillants d'un rouge cuivre — $C^{25}H^{30}Az^3Cl, 2SnCl^4.2H^2O$ et $C^{25}H^{30}Az^3Cl.HCl.ZnCl^2.3H^2O$ [R. Lambrecht et Hugo Weil, D. chem. G., 38, 270, 1905]. — Combinaison avec le gaz sulfureux [K. Dürrschnabel et H. Weil, D. chem. G., 38, 3492, 1905].

Les dérivés sulfonés ont été signalés dans les brevets all. 2096, 10 déc. 1877 et 65047, 6 mars 1891.

Un très grand nombre de dérivés du triamido-triphénylméthane ont été décrits. Nous devons nous borner ici à mentionner les plus importants. Voyez entre autres le mémoire récent de F. Reitzenstein et O. Runge, [J. prakt. Chem., 74, 57, 1905].

Pour abréger nous poserons $R = C^6H^5.R_1a$ R_2a, etc. $= C^6H^5$ substitué en 1.2... par une valence a, b, etc.; $R_{(1.2)}=ab$ $R_{(1.2.3)}=abc$, etc... $= C^6H^5$ di- ou trisubstitué, les substitutions abc ayant lieu respectivement en 1.2.3, etc.

$CH[R_{(4)}Az(C^2H^5)^2]^2[R_{(4)}AzH^2]$. — Cristaux fusibles à 119° [Käswurn, D. chem. G., 19, 747].

$C.Cl[R_{(4)}Az(C^2H^5)^2]^3$. — [Nœlting, Mon. Sc., 321, 1892; — Brevets all. 61815, 64270, 66511].

$C.Cl[R_{(4)}AzH.C^6H^5]^3$. — C'est le bleu de diphénylamine, dont les dérivés sulfonés se trouvent dans le commerce sous le nom de bleu alcalin D et de bleu de Bavière [voy. Dict., 2e Suppl., COLORANTES (MATIÈRES)]. Son *carbinol* fond à 85°, son *leuco-dérivé* à 182-184° [Ad. Baeyer et V. Villiger, D. chem. G., 37, 2848, 1904].

$C.Cl[R_{(4)}.AzH.C^6H^3][R_{(4)}Az(C^6H^5)]^2$. — Brevets all. 8251, 14621 et 88713].

$C.Cl[R_{(4)}Az(C^6H^3)(C^6H^5)]^3$. — [Brevets all. 34463 et 66511].

$CH.[R_{(4)}Az(CH^3)^2]^2[R_{(4)}AzH.C^6H^5]$. — Lamelles fusibles à 176°; son *chlorhydrate* est en cristaux d'un vert cantharide [Michaelis, Ann. Chem., 274, 214].

$C(OH)[R_{(4)}Az(C^6H^6)^2]^3$ et son *chlorhydrate* ont été décrits par Heydrick [D. chem. G., 19, 758].

$CH[R_{(4)}Az(CH^3)^2]^2[R_{(4)}.AzH.R_{(4)}CH^3]$. — Lamelles orthorhombiques fusibles à 177°; son *picrate* fond à 184° [Michaelis, loc. cit.].

$C(OH)[R_4AzH.RSO^3Na]^3$. — C'est le *bleu d'Helvétie* [Geigy, Brevet all., 30 déc. 1892].

$$C(OH)\begin{cases}[R_{(4)}Az(CH^3)^2]^2\\ [R_{(2.3)}(SO^3Na)Az(CH^2.R.SO^3Na)^2]\end{cases}$$

— [Brevet all. 37067, 10 déc. 1885].

$$C(OH)\begin{cases}[R_{(4)}Az(CH^3)^2]^2\\ [R_{(2.4)}(SO^3Na)Az(CH^2.R.SO^3Na)^2]\end{cases}$$

— Violet acide 10 B [Brevet all. 69654, 14 oct. 1891].

$CCl[R_{(4)}AzH.C^{10}H^7[\alpha]]^3$. — [Hansdörfer, D. chem. G., 23, 1905].

Combinaison $[[(CH^3)^2.Az]_{(4)}C^6H^4]^2.CH.C^6H^4[AzH_{(4)}C^6H^3(AzO^2_{(1.3)})^2]^2_{(3)}$. — Fournit une matière colorante d'un vert intense [F. Reitzenstein et Otto Runge, J. prakt. Chem., (2), 74, 57, 1905].

Pour cette partie consulter Seyewetz et Sisley, *Matières colorantes*. — Lefèvre, *Matières colorantes*. — Schultze, tableaux des *Matières colorantes*.

COMPOSÉS CARBOXYLÉS DU TRIAMIDOTRIPHÉNYLMÉTHANE ET DE SES DÉRIVÉS.

$C(OH)[C^6H^3.CO^2H_{(3)}[Az(CH^3)^2]_{(4)}]^2.[C^6H^3.CO^2H_{(3)}(AzHCH^3)_{(4)}]$. — [Lauth, Bull. Soc. Chim., (3), 9, 969, 1893].

$C(OH)[C^6H^3.CO^2H_{(3)}[Az(CH^3)^2]_{(4)}][C^6H^4Az(CH^3)^2]^2$. — [Lauth, loc. cit.].

COMPOSÉS HYDROXYLÉS DU TRIAMIDOTRIPHÉNYLMÉTHANE ET DE SES DÉRIVÉS.

$$CH(C^6H^4AzH^2_{(4)})\left[C^6H^3{<}^{OCH^3_{(3)}}_{AzH^2_{(4)}}\right]^2$$

— C'est la leucanisidine, voy. 1er Suppl., art. ROSANILINE, 2e Suppl., art. LEUCANISIDINE.

$$CH(C^6H^4AzH^2_{(4)})\left[C^6H^3{<}^{OCH^3_{(2)}}_{AzH^2_{(4)}}\right]^2$$

— [Kock, D. chem. G., 20, 1562, 1887].

$$C(HO){<}\begin{matrix}[C^6H^3[AzH_{(4)}.(CH^3)].(OCH^3)_{(5)}]\\ [C^6H^3[Az_{(4)}(CH^3)^2](OCH^3)_{(5)}]^2\end{matrix}\ (?)$$

— [Grimaux, Bull. Soc. Chim., (3), 5, 465, 1891].

$C(OH)[C^6H^3(OCH^3)_{(3)}[Az(CH^3)^2]_{(4)}]^3$. — [Grimaux, loc. cit.].

HOMOLOGUES SUPÉRIEURS DU TRIPHÉNYLMÉTHANE
$$R_1R_2R_3.CH$$

I. $R_1R_2R_3 = C^6H^5$ ou $C^6H^4CH^3$

DÉRIVÉS MONOMÉTHYLIQUES. — *Ortho-tolyl-diphénylméthane* $[C^6H^5]^2.C(OH)[C^6H^4CH^3_{(2)}]$. — Fond à 98°, bout à 240-245° [S. F. Acree, D. chem. G., 37, 990, 1904]. (Voyez ROSANILINE, 1er Suppl.).

$CCl[C^6H^4AzO^2_{(4)}][C^6H^3(AzH^2)_{(3)}(CH^3)_{(2)}][C^6H^4[Az:$

$(CH^3)^2_{(4)}]$. — La leucobase correspondante fond à 202° [Noelting, *Bull. Soc. Chim.*, (3), **6**, 625, 1891].

$CCl[C^6H^4AzO^2_{(4)}][C^6H^3(CH^3)_{(2)}AzH^2_{(4)}][C^6H^4[Az: (CH^3)^2]_{(4)}]$. — La leucobase fond à 169° [Noelting, *Bull.*, (3), **5**, 387, 1891]. Le *dérivé diméthylé à l'azote* est en belles lamelles fondant à 193°. Le *dérivé diéthylé* fond à 165-166°. Par réduction, il donne l'*amine* correspondante, $CH[C^6H^4AzO^2_{(4)}][C^6H^3(AzH^2)_{(5)}(CH^3)_{(2)}][C^6H^4[Az:(CH^3)^2]_{(4)}]$, aiguilles jaunes fondant à 202° [Noelting et Skawensky, *D. chem. G.*, **24**, 3736].

$CCl.[C^6H^4AzH^2_{(4)}][C^6H^3(CH^3)_{(2)}AzH^2_{(3)}][C^6H^4[Az(CH^3)^2]_{(4)}]$ Rosenstiehl, *Bull.*, (3), **9**, 117, 1893; — Noelting et Skawensky, *loc. cit.*].

$CCl[C^6H^4[Az(CH^3)^2]_{(4)}][C^6H^3(CH^3)_{(2)}AzH^2_{(3)}][C^6H^4[Az(CH^3)^2]_{(4)}]$. — La leucobase fond à 160°. Ont été préparés les *dérivés diméthylé, diéthylé* et *dibenzylé* à l'azote. Noelting a également signalé les composés:

$CCl[C^6H^4[Az(C^2H^5)^2]_{(4)}][C^6H^3(CH^3)_{(2)}AzH^2_{(5)}][C^6H^4[Az(C^2H^5)^2]_{(4)}]$ dont la leucobase fond à 103°.

$CCl[C^6H^4[Az(CH^3)^2]_{(4)}][C^6H^3(OH)_{(5)}(CH^3)_{(2)}][C^6H^4[Az(CH^3)^2]_{(4)}]$. — Leucobase fondant à 156°.

$CCl[C^6H^4AzH^2_{(4)}][C^6H^3(CH^3)_{(2)}AzH^2][C^6H^4[Az(CH^3)^2]_{(4)}]$.

$CCl[C^6H^4(AzH^2)_{(4)}][C^6H^3(CH^3)_{(2)}[Az(CH^3)^2]_{(4)}][C^6H^4[Az(CH^3)^2]_{(4)}]$.

$CCl[C^6H^4AzH^2][C^6H^3(CH^3)_{(2)}[Az(C^2H^5)^2]_{(4)}][C^6H^4[Az(CH^3)^2]_{(4)}]$.

Fritz, Reitzenstein et Otto Runge [*J. prakt. Chem.*, (2), **74**, 57, 1905] ont décrit également de nombreux dérivés de l'o-tolylphénylméthane:

Combinaison $[[(CH^3)^2Az]_{(4)}C^6H^4]^2. CH . C^6H^4(CH^3)_{(2)}$. — Aiguilles blanches fondant à 102-103° donnant une matière colorante bleu verdâtre.

Combinaison

$$[[(CH^3)^2Az]_{(4)}C^6H^4]^2 - CH - C^6H^3 - (CH^3)_{(2)}$$
$$| \qquad AzH^2_{(4)}$$

— Poudre blanche fondant à 224-225°, donnant une matière colorante bleue.

Combinaison $[[(CH^3)^2Az]_{(4)}C^6H^4]^2. CH . [C^6H^3(CH^3)_{(2)}Az(CH^3)^2]_{(4)}$. — Aiguilles blanches fondant à 190-191° donnant une matière colorante bleue.

Combinaison $[[(CH^3)^2Az]_{(4)}C^6H^4]^2. CH . [C^6H^3(AzH(C^2H^5)_{(3)}(CH^3)_{(2)}]$. — Poudre bleu clair donnant une matière colorante vert bleu.

Combinaison $[[(C^2H^5)^2Az]_{(4)}C^6H^4]^2CH . [C^6H^3(CH^3)_{(2)}[Az(C^2H^5)^2]_{(4)}]$. — Corps brun donnant une matière colorante bleu violet.

Combinaison $[[(C^2H^5)^2Az]_{(4)}C^6H^4]^2. CH . [C^6H^3(CH^3)_{(2)}[Az(C^2H^5)^2]_{(5)}]$.

Combinaison $[[(CH^3)^2Az]_{(4)}. C^6H^4]^2. CH . [C^6H^3(CH^3)_{(2)}[AzH_{(4)}(AzO^2)_{(1.3)}]_{(5)}]$.

Combinaison $[[(CH^3)^2Az]_{(4)}C^6H^4]^2CH . [C^6H^2(CH^3)_{(2)}(AzO^2)_{(3)}[Az(CH^3)^2_{(5)}]]$.

Acide carboxylé, $(C^6H^3)^2C(HO)[C^6H^3(CH^3)_{(2)}CO^2H_{(5)}]$. — Fond à 250-255° [Hemilian, *D. chem. G.*, **16**, 2371].

Paratolyldiphénylméthane. — Fond à 72°. [Comp. S. F. Acree, *Am. Chem. Jour.*, **29**, 588, 1903]. L'acide carboxylique $(CH^3)_{(4)}. C^6H^4(C^6H^5). C^6H^4. CO^2H_{(2)}$ fond à 172° [Guyot, *Bull. Soc. Chim.*, (3), **17**, 979]. L'isomère para fond à 162° [A. Bistrzycki et J. Gyr, *D. chem. G.*, **37**, 655, 1904] (Voyez aussi TRIPHÉNYLACÉTIQUE).

$[(C^6H^5)^2C(OH)]. [C^6H^4CH^3_{(4)}]$. — Fond à 72-73°, bout à 227° (H = 12 mm).

$(C^6H^5)^2CCl[C^6H^4CH^3_{(4)}]$. — Lamelles rhombiques fondant à 99° [A. Bistrzycki et J. Gyr, *loc. cit.*; — S. F. Acree, *D. chem. G.*, **37**, 990, 1904].

F. Reitzenstein et Otto Runge ont décrit de nombreux dérivés aminés:

Combinaison $[[(CH^3)^2Az]_{(4)}C^6H^4]^2. CH . C^6H^4$

$(CH^3)_{(4)}$. — Poudre jaune donnant une matière colorante verte légèrement jaunâtre.

Combinaison $[[(CH^3)^2Az]_{(4)}C^6H^4]^2. CH . [C^6H^3(CH^3)_{(4)}[AzH . CH^3]_{(3)}]$. — Poudre bleu clair donnant une matière colorante vert clair.

Combinaison $[[(CH^3)^2Az]_{(4)}. C^6H^4]^2CH . [C^6H^3[Az(CH^3)^2]_{(3)}(CH^3)_{(4)}]$. — Cristaux fournissant une matière colorante verte.

Combinaison $[[(CH^3)^2Az]_{(4)}. C^6H^4]^2. CH . C^6H^2(CH^3)_{(4)}AzO^2)_{(6)}(AzH^2)_{(3)}$.

Combinaison $[[(CH^3)^2Az]_{(4)}C^6H^4]^2. CH . [C^6H^2(CH^3)_{(4)}(AzO^2)_{(6)}[Az(CH^3)^2]_{(3)}]$.

Combinaison $[[(CH^3)^2Az]_{(4)}C^6H^4]^2. CH . [C^6H^3(CH^3)_{(4)}[AzH_{(4)}C^6H^3(AzO^2)^2_{(1.3)}]_{(3)}]$. — Corps d'un brun rougeâtre donnant une matière colorante d'un vert jaunâtre.

Acides carboxylés $[(CH^3)_{(4)}C^6H^4]C(OH)(C^6H^3)[C^6H^4CO^2H_{(2)}]$. — L'anhydride (*phényltolylphtalide*) fond à 106° [Pechmann, *D. chem. G.*, **14**, 1867; — Guyot, *Bull. Soc. Chim.*, (3), **17**, 977].

Dérivé $[(CH^3)_{(3)}C^6H^3(CO^2H_{(2)})]C(OH)(C^6H^5)^2$. — On ne connaît que l'anhydride signalé par Hemilian [*D. chem. G.*, **19**, 3062]. Il fond à 147°.

Métatolyldiphényl-méthane. — $C(OH)[C^6H^5]^2[C^6H^4CH^3_{(3)}]$. — Fond à 65°, bout à 240-245° (H = 19 mm) [S. F. Acree, *D. chem. G.*, **37**, 990, 1904].

$CH(C^6H^5)^2. C^6H^3_{(3)}. CH^3. AzH^2_{(4)}$. — Son *sulfate* cristallise en aiguilles fusibles à 151°, le *dérivé benzoylé* à l'azote fond à 187° [Busch et A. Rinck, *D. chem. G.*, **38**, 1761, 1905].

$CCl[C^6H^4[Az(CH^3)^2]_{(4)}][C^6H^3(CH^3)_{(3)}(AzH^2)_{(6)}]$. — La leucobase fond à 180°. La leucobase renfermant un groupe (OH) au lieu du groupe AzH^2 est en aiguilles blanches fondant à 129-130° [Noelting, *D. chem. G.*, **24**, 3130].

$C(OH)[C^6H^4(AzH^2)_{(4)}]^2[C^6H^3(CH^3)_{(3)}(AzH^2)_{(4)}]$. — C'est la rosaniline base. Son leuco constitue la leucaniline proprement dite. Ses sels constituent la fuchsine commerciale; voy. COLORANTES (MATIÈRES) 2° Suppl.

Pour abréger nous désignerons les 3 groupes aromatiques de la rosaniline par $T.P_1P_2$ (tolyl et phényl).

Par sulfonation, la rosaniline donne un trisulfo (substitution en $T.P$. et P_2) (fuchsine acide). La substitution à l'hydrogène des groupes AzH^2 de groupes alcoylés, suivie ou non de sulfonation, fournit un nombre considérable de matières colorantes. Mentionnons les dérivés mono et diméthyliques peu connus à l'état pur, les dérivés tétraméthylés et leur iodométhylates [*Bull.*, (3), **13**, 252, 1895] le dérivé hexaméthylé, les rosanilines tri et monoéthylées, les rosanilines mono di et triphénylées. Cette dernière, une des plus importantes, constitue le bleu de Lyon dont un grand nombre de dérivés ont été signalés (dérivés chlorés, aminés, sulfoniques).

Les rosanilines méthylphénylées, crésylées, benzylées et naphtylées constituent à l'état très impur des matières colorantes bleu violacé sans aucun intérêt.

F. Reitzenstein et Otto Runge ont décrit récemment les dérivés suivants (*loc. cit.*).:

Combinaison $[[(CH^3)^2. Az]_{(4)}C^6H^4]^2 - CH . C^6H^4(CH^3)_{(3)}$. — Aiguilles blanches fusibles à 84-85° donnant une matière colorante verte.

Combinaison $[[(CH^3)^2Az]_{(4)}C^6H^4]^2CH . C^6H^3(CH^3)_{(2)}[Az(CH^3)^2]_{(4)}$. — Poudre bleu clair donnant une matière colorante violette.

Combinaison $[[(C^2H^5)^2Az]_{(4)}C^6H^4]^2 - CH . C^6H^3(CH^3)_{(3)}[Az(CH^3)^2]_{(5)}$.

Combinaison $[[(CH^3)^2Az]_{(4)}. C^6H^4]^2 - CH . C^6H^3(CH^3)_{(3)}[Az(CH^3)^2]_{(5)}$. — Flocons verts donnant une matière colorante d'un bleu pur.

Combinaison $[[(CH^3)^2Az]_{(4)}C^6H^4]^2CH . C^6H^3(CH^3)_{(3)}[Az(C^2H^5)^2]_{(5)}$. — Poudre brune donnant une matière colorante d'un bleu intense.

Combinaison $[[(CH^3)^2 . Az]_{(4)} . C^6H^2]^2 . CH . C^6H^3 [Az(CH^3)^2]_{(2)} . (CH^3)_{(5)}]$. — Poudre blanche donnant une matière colorante bleue.

Combinaison $[[(CH^3)^2 Az]_{(4)}, C^6H^4_{(2)}]^2 . CH . C^6H^3 . (CH^3)_{(3)} (AzH^2)_{(5)}$. — Poudre bleue, donnant une matière colorante bleue.

Combinaison $[[(CH^3)^2 Az]_{(4)}, C^6H^4]^2 . CH . C^6H^3 (AzH^2)_{(2)} (CH^3)_{(5)}$. — Lamelles fusibles à 187°5 [Ad. Baeyer et V. Villiger, *D. chem. G.*, **36**, 2774, 1903; — comp. Noelting, *ibid.*, **24**, 3130].

Combinaison $[[(CH^3)^2 Az]_{(4)}, C^6H^4]^2 . CH . C^6H^3 (AzHC^2H^5)_{(2)} . (CH^3)_{(5)}$. — Poudre blanche donnant une matière colorante bleue.

Combinaison $[[(CH^3)^2 Az]_{(4)} C^6H^4_{(2)} CH . C^6H^2 (CH^3)_{(3)} (AzO^2)_{(5)} (AzH^2)_{(2)}$.

Combinaison $[[(CH^3)^2 Az]_{(4)}, C^6H^4]^2CH . C^6H^3 (CH^3)_{(3)} [AzH_{(4)} C^6H^3(AzO^2)^2]_{(1.3)(5)}$.

Combinaison $[[(CH^3)^2 Az]_{(4)}, C^6H^4]^2 CH . C^6H^2 . (CH^3)_{(3)} (AzO^2)_{(4)} [Az(CH^3)^2]^6$.

Combinaison $[[(CH^3)^2 Az]_{(4)} . C^6H^4]^2 . CH . C^6H^2 (CH^3)_{(3)} (AzO^2)_{(4)} (AzH^2)_{(6)}$.

L'*uréthane*, $[[(CH^3)^2 . Az]_{(4)} C^6H^4]^2 . CH . C^6H^3 (CH^3)_{(5)} [AzH . COO C^2H^5]^2$, est en tables fusibles à 158-159° [A. Baeyer et V. Villiger, *D. chem. G.*, **36**, 2774, 1903].

Acide carboxylé, $(C^6H^5)^2C(OH) C^6H^3(CH^3)_{(5)}, (CO^2H)_{(2)}$. — On ne connaît que son *anhydride* fusible à 179° [Hemilian, *loc. cit.*].

DÉRIVÉS DIMÉTHYLIQUES.

Ditolylphénylméthane, $[C^6H^4 . CH^3]^2CH . (C^6H^5)$. — C'est le carbure décrit par Thörner et Zincke (voy. 1er Suppl., TRIPHÉNYLMÉTHANE). Aiguilles fusibles à 52° [Guyot, *Bull. Soc. Chim.*, (3), **17**, 974].

Ullmann a signalé un *dérivé diiodé* $(C^6H^3I_{(2)}) . CH^3_{(5)}]^2CH . C^6H^5$ en prismes colorés faiblement en rouge brunâtre, fusibles à 167-168° [*J. prakt. Chem.*, (2), **35**, 262].

Gnehm et Schüle ont mentionné le *chlorure* $[C^6H^3Cl^2_{(2.5)}]CH(C^6H^4CH^3)^2$ en gros cristaux incolores fusibles à 89° [*Ann. Chem.*, **299**, 355]; Tschacher a signalé un dérivé *métanitré* en P¹ (voyez plus haut les conventions) en cristaux fusibles à 85° [*D. chem. G.*, **21**, 189].

Dérivés diaminés, $(C^6H^5)CH[C^6H^3CH^3_{(3)} AzH^2_{(2)}]^2$. — C'est le leuco dont le *dérivé nitré* a été décrit par Fischer (voyez 1er Suppl., TRIPHÉNYLMÉTHANE, 1601); poudre cristalline facilement soluble dans l'alcool et le benzène [Ullmann, *J. prakt. Chem.*, (2), **36**, 252]; son *chloroplatinate* forme une poudre cristalline à peine soluble dans l'eau.

$(C^6H^5)(CH)[C^6H^3(CH^3)_{(3)} Az H^2_{(4)}]^2$ [Ullmann. *D. chem. G.*, **18**, 2094, 1885]. — Son *dérivé p-nitré* en P¹ a été signalé par O. Fischer [*D. chem. G.*, **45**, 676, 1882].

$C^6H^3Cl^2_{(3.5)} . CCl[C^6H^3(CH^3)_{(3)} (AzH . CH^3)_{(4)}]^2$. — Son *chlorozincate* constitue le *bleu d'acier* [*D. chem. G.*, **18**, 752; brev. all. 71 370, 9 déc. 1892].

$[C^6H^2(OH)_{(3)}(SO^3H)^2_{(4.5)}](COH)[C^6H^3(CH^3)_{(3)} . AzH C^2H^5]^2(?)$. — *Bleu cyanol* (brev. franç. 215 835, 31 août 1891].

Combinaison $[[(CH^3)^2Az]_{(4)} . C^6H^3(CH^3)_{(2)}]^2CH . C^6H^4(AzH^2)_{(2)}$. — Cristaux blancs, fusibles à 90°, donnant une matière colorante vert pâle [Reitzenstein et Otto Runge, *J. prakt. Chem.*, (2), **71**, 57, 1905].

$(C^6H^5)CH[C^6H^3(CH^3)_{(4)} (AzH^2)_{(2)}]^2$. — On ne connaît que le *dérivé tétraméthylé*, signalé par Fischer, comme fondant à 109°. D'après Noelting, il fond à 123° [*D. chem. G.*, **24**, 557]. Son *chloroplatinate* cristallise avec $2H^2O$.

Le *dérivé tétraéthylé* est en aiguilles jaunes fusibles à 155°.

1. Voir conventions p. 895.

Noelting a décrit les 3 *dérivés mononitrés* en P du dérivé tétraméthylé. Ils fondent à 146° (ortho), 170° (méta) et 224° (para).

$(C^6H^5)CH[C^6H^3(CH^3)_{(2)} (AzH^2)_{(4)}]^2$. — C'est le dérivé de Ullmann décrit au 1er Suppl.

Ce savant a décrit un grand nombre de dérivés [*J. prakt. Chem.*, (2), **36**, 255]: $C^{21}H^{24}Az^2 . PtCl^6H^2$. — $C^{21}H^{24}Az^2 . 2HCl$. — $C^{21}H^{22}Az^2 . SO^4H^2$. — $C^{21}H^{22}Az^2 . C^6H^2(OH)(AzO^2)^2 + C^6H^0$. — $C^{21}H^{18}(AzH . C^2H^3O)^2$. — Lamelles fusibles à 217-218°.
$C^{21}H^{18}(AzH . C^7H^7O)^2$. — Petits prismes fusibles à 196°.

Bischler a décrit les dérivés nitrés en P, en méta et para; chacun d'eux peut exister sous 2 formes distinctes :
Dérivé m-nitré. — α fond à 125-128°; β fond à 85-86°.
Les dérivés diacétylés et dibenzoylés fondent respectivement à 103-104° et 146°.
Dérivé p-nitré. — α fond à 170-172°; β fond à 126-127°. Les dérivés *diacétylé* et *dibenzoylé* fondent à 136° et 152° [*D. chem. G.*, **21**, 3109; **20**, 3302].

$(C^6H^5)CH[C^6H^3(CH^3)_{(3)}[Az(CH^3)^2]_{(4)}]^2$. — Cette combinaison, signalée par Riedel, a été de nouveau étudiée par Noelting; elle est fusible à 123°. Les *dérivés nitrés* en P¹ fondent respectivement à 146° (ortho), 170° (méta), 224° (para).
Le *dérivé diéthylique* correspondant fond à 155° [*Bull. Soc. Chim.*, (3), **5**, 387, 1891].

Dérivés triaminés. — $C^6H^4Az H^2_{(4)} . CH[C^6H^3 . CH^3_{(3)} Az H^2_{(2)}]^2$. — On l'obtient par réduction du dérivé nitré de Fischer (p-nitrophényldiamidoditolylméthane). Son *dérivé tétraméthylique* fond à 131°; son *dérivé hexaméthylé* est en flocons [Noelting, *D. chem. G.*, **24**, 61].

$[C^6H^4 . AzH^2_{(2)}]CH[. C^6H^3CH^3_{(3)}(AzH^2)_{(6)}]^2$. — S'obtient par réduction du dérivé m-nitré-β de Bischler.

$[C^6H^4Az H^2_{(3)}]CH[C^6H^3CH^3_{(2)}[Az(CH^3)^2]_{(4)}]^2$. — [Kock, *D. chem. G.*, **20**, 1562, 1887; — Noelting, *loc. cit.*]. — Son dérivé diméthylé a été décrit par Noelting.

$[C^6H^4Az H^2_{4}]CCl[C^6H^3CH^3_{3}Az H^2_{4}]$. — *Rosotoluidine.*

$CH[C^6H^4CH^3_{4}]^2[C^6H^4CO^2H_{2}]$. — Aiguilles blanches fusibles à 172° [Guyot, *Bull. Soc. Chim.*, (3), **17**, 972], à 168° [Limpricht, *Ann. Chem.*, **299**, 289]. Son *éther éthylique* est en cristaux fusibles vers 197-198°.

Acide carboxylé $[C^6H^4(CH^3)_{4}]^2 . C(OH)[C^6H^4CO^2H_{(2)}]$. — Composé très instable [Guyot, *Bull. Soc. Chim.*, (3), **17**, 970] se convertissant très facilement en son anhydride, la *ditolylphtalide* fusible à 116° ou 118° suivant les auteurs [Friedel et Crafts, *Bull. Soc. Chim.*, **35**, 405; — Berchem, *Bull. Soc. Chim.*, **42**, 168; — Limpricht, *Ann. Chem.*, **299**, 307]. Son *dérivé dinitré* fond à 132°; son *dérivé octonitré* à 289°. Par réduction, le dinitro fournit un *diamido* fondant à 192°.

$C^6H^4(CO^2H)CH[C^6H^3(CH^3)(OH)]^2$. — Voyez PHTALÉINES, 1er Suppl. (*phtalines des crésols*) p. 1268.

DÉRIVÉS TRIMÉTHYLIQUES.

Tritolylméthane, $CH[C^6H^4(CH^3)]^3$. — Ce composé a été signalé par Rosenstiehl et Gerber [*Ann. Phys. Chim.*, (6), **2**, 353] et par Elbs et Wittich [*D. chem. G.*, **18**, 347]. Lamelles fondant à 78°, bouillant à 376-377°,5 (H = 767 mm.).

Le *carbinol* $C(OH)[C^6H^4 . CH^3]^3$ n'est connu qu'à l'état d'*éther éthylique* fondant à 105° [Gomberg et Voedisch, *Am. Chem. Soc.*, **23**, 178].

$CCl[C^6H^3Az H^2_{(4)}(CH^3)_3]^3$ a été signalé par Rosenstiehl et Gerber [*Ann. Phys. Chim.*, (6), **2**,

352]. C'est la *fuschsine brevetée* M.B. Le *carbinol* correspondant est mentionné dans le brevet allemand 59775. Son *éther méthylique*, en petites lamelles, fond à 178° [Ad. Baeyer et Villiger, *D. chem. G.*, **37**, 2848, 1904].

Comb. $CH[C^6H^3[Az(CH^3)^2](CH^3)_{(6)}]^3$. — Fusible à 190-191° [Noelting, *loc. cit.*].

Comb. $[(CH^3)^2Az]_{(4)}C^6H^3CH^3{}_{(2)}]^2CH[C^6H^4(CH^3)_{(2)}]$.

Comb. $[[(CH^3)^2Az]_{(4)}C^6H^3(CH^3)_{(2)}]^2.CH.C^6H^4(CH^3)_{(3)}$. — Poudre jaune donnant une matière colorante verdâtre [Reitzenstein et O. Runge, *J. prakt. Chem.*, (2), **74**, 57, 1905[.

Comb. $[[(CH^3)^2Az]_{(4)}C^6H^3(CH^3)_{(2)}]^2.CH.C^6H^3(CH^3)_{(3)}(AzH^2)_{(4)}$.

Comb. $[[(CH^3)^2.Az]_{(4)}C^6H^3(CH^3)_{(2)}]^2.CH.C^6H^3(CH^3)_{(4)}AzH^2{}_{(3)}$. — Fond à 120°.

Comb. $[[(CH^3)^2Az]_{(4)}C^6H^3(CH^3)_{(2)}]^2.CH.C^6H^3(CH^3)_{(2)}AzH^2{}_{(4)}$. — Fond à 115°.

Comb. $[[(CH^3)Az]_{(4)}.C^6H^3(CH^3)_{(2)}]^2.CH.C^6H^3(CH^3)_{(3)}(AzH^2)_{(5)}$.

Comb. $[[(CH^3)^2Az]_{(4)}C^6H^3(CH^3)_{(2)}]^2.CH.C^6H^3(CH^3)_{(3)}(AzH^2)_{(6)}$. — se boursoufle vers 62°; donne une couleur bleu gris clair.

Comb. $[[(CH^3)^2Az]_{(4)}.C^6H^3(CH^3)_{(2)}]^2 - CH.C^6H^3(CH^3)_{(2)}(AzH^2)_{(5)}$.

Comb. $[[(CH^3)^2Az]_{(4)}C^6H^3(CH^3)_{(2)}]^2.CH.C^6H^3.(CH^3)_{(2)}AzH.(C^2H^5)_{(6)}$.

Comb. $[[(CH^3)^2Az]_{(4)}C^6H^3(CH^3)_{(2)}]^2CH.C^6H^3(CH^3)_{(2)}.AzH.C^2H^5{}_{(5)}$.

Comb. $[(CH^3)^2Az]_{(4)}C^6H^3(CH^3)_{(2)}]^2CH.C^6H^3(CH^3)_{(2)}[Az(CH^3)^2]_{(4)}$. — Flocons blancs donnant une matière colorante bleu pâle.

Comb. $[[(CH^3)^2Az]_{(4)}C^6H^3(CH^3)_{(2)}]^2.CH.C^6H^3(CH^3)_{(4)}[Az(CH^3)^2]_{(3)}$. — Se boursoufle vers 98°; donne une matière colorante vert pâle.

Comb. $[[(CH^3)^2Az]_{(4)}C^6H^3(CH^3)_{(2)}]^2.CH.C^6H^3(CH^3)_{(2)}[Az(CH^3)^2]_{(4)}$. — Aiguilles blanches fusibles à 190-191°, donnant une matière colorante bleue.

Comb. $[[(CH^3)^2Az]_{(4)}.C^6H^3(CH^3)_{(2)}]^2.CH.C^6H^3(CH^3)_{(3)}[Az(CH^3)^2]_{(5)}$.

Comb. $[[(CH^3)^2Az]_{(4)}.C^6H^3.(CH^3)_{(2)}]^2.CH.C^6H^3(CH^3)_{(3)}[Az(CH^3)^2]_{(6)}$.

Comb. $[[(CH^3)^2Az]_{(4)}C^6H^3(CH^3)_{(2)}]^2CH.C^6H^2(CH^3)_{(4)}(AzO^2)_{(3)}(AzH^2)_{(5)}$.

Comb. $[[(CH^3)^2Az]_{(4)}C^6H^3(CH^3)_{(2)}]^2CH.C^6H^2(CH^3)_{(3)}(AzO^2)_{(4)}(AzH^2)_{(6)}$.

Comb. $[[(CH^3)^2Az]_{(4)}C^6H^3(CH^3)_{(2)}]^2CH.C^6H^3.(CH^3)_{(2)}[AzH.C^6H^3(AzO^2)^2]_{(5)}$.

Comb. $[(CH^3)^2Az]_{(4)}C^6H^3(CH^3)_{(2)}]^2CH.C^6H^3(CH^3)_{(2)}[AzH.C^6H^3(AzO^2)^2]_{(4)}$ [Fritz Reitzenstein et Otto Runge, *J. prakt. Chem.*, (2), **74**, 57, 1905].

II. — $R_1R_2R_3 = C^6H^5$ polysubstitués par des radicaux carbonés.

(Voyez aussi Triphénylméthane, 1ᵉʳ Suppl., p. 1601).

Diphénylxylylméthane $(C^6H^5)^2 - CH[C^6H^3(CH^3)^2]$.

L'isomère $Ph^2.CH[C^6H^3(CH^3)^2_{2.5}]$ a été déjà décrit.

L'isomère 3.4 est en aiguilles fusibles à 68°,5, bouillant au-dessus de 360°.

L'isomère 2.4 fond à 61°.5 et bout aussi au-dessus de 360° [Hemillian, *D. chem. G.*, **19**, 3061].

Comb. $[[(CH^3)^2Az]_{(4)}C^6H^2(CH^3)_{(2)}]^2CH.C^6H^2(CH^3)^2_{(2.3)}(AzH^2)$.

Comb. $[[(CH^3)^2Az]_{(4)}C^6H^3(CH^3)_{(2)}]^2CH.C^6H^2.(CH^3)^2_{(3.4)}(AzH^2)_{(5)}$.

Comb. $[[(CH^3)^2Az]_{(4)}C^6H^3(CH^3)_{(2)}]^2.CH.C^6H^2(CH^3)^2_{(3.5)}(AzH^2)_{(2)}$.

Comb. $[[(CH^3)^2Az]_{(4)}C^6H^3(CH^3)_{(2)}]^2.CH.C^6H^2(CH^3)^2_{(2.4)}(AzH^2)_{(5)}$.

Comb. $[[(CH^3)^2Az]_{(4)}C^6H^3(CH^3)_{(2)}]^2.CH.C^6H^2(CH^3)^2_{(2.3)}(AzH^2)_{(4)}$.

Comb. $[[(CH^3)^2Az]_{(4)}C^6H^3(CH^3)_{(2)}]^2.CH.C^6H^2(CH^3)^2_{(2.5)}(AzH^2)_{(3)}$.

Comb. $[[(CH^3)^2Az]_{(4)}C^6H^4]^2.CH.C^6H^2(CH^3)^2_{(2.5)}(AzH^2)_{(4)}$. — Cristaux fondant à 168° donnant une matière colorante bleue.

Comb. $[[(CH^3)^2Az]_{(4)}.C^6H^4]^2.CH.C^6H^2(AzH^2)_{(2)}(CH^3)^2_{(3.5)}$. — Poudre bleue clair, fondant à 145°, donnant une matière colorante d'un bleu terreux.

Comb. $[[(CH^3)^2Az]_{(4)}C^6H^4]^2CH.C^6H^2(CH^3)^2_{(3.5)}(AzH^2)_{(4)}$. — Cristaux fondant à 192°, donnant une matière colorante d'un bleu violet [F. Reitzenstein et Otto Runge [*J. prakt. Chem.*, (2), **74**, 57, 1905].

$CCl[C^6H^2(CH^3)^2_{(2.6)}[Az(CH^3)^2]_4]^3$. — (Voy. L. Lefèvre, *Matières colorantes*).

$[C^6H^3(CH^3)^2_{(3.4)}][C^6H^4(CH^3)_4]C(OH)[C^6H^4CO^2H_2]$. — Son *anhydride* constitue l'*o-xylyltolylphtalide*, en prismes monocliniques signalés par Limpricht et Martens [*Ann. Chem.*, **312**, 101].

Dérivés azoïques du triphénylméthane et de ses homologues.

Triphénylméthaneazobenzène. — Cristaux jaunes fusibles à 113-114°. Chauffé il donne le tétraphénylméthane. Traité par le brome en milieu chloroformique, il donne le *perbromure* $(C^6H^5)^3.CBr.Br^5$ [Gomberg, *D. chem. G.*, **30**, 2045; — Gomberg et Campbell, *Amer. Chem. Soc.*, **20**, 787; — Gomberg et Berger, *D. chem. G.*, **36**, 3089; — Baeyer et Villiger, *D. chem. G.*, **35**, 1017]. Les *dérivés chlorés* $(C^6H^5)^3C.Az^2.C^6H^4Cl_{(3)}$ et $(C^3H^5)^3C.Az^2.C^6H^4Cl_{(4)}$ fondent respectivement à 107 et 109°, le *dérivé métabromé* fond à 110°. Les *dérivés nitrés* $(C^6H^5)^3C.Az^2.C^6H^4(AzO^2)$ fondent, l'*ortho* à 116°, le *méta* à 111-112°, le *para* à 118°,5.

Triphénylméthaneazotoluène. — Le dérivé *para*, le seul connu, fond à 103°,5 (Gomberg et Campbell).

Triphénylméthaneazonaphtalène. — Le dérivé α est en aiguilles jaunes fondant à 119° (Gomberg et Campbell).

1ᵉʳ Janvier 1907.   V. Thomas.

TRIPHÉNYLMÉTHYLE. — Gomberg en faisant réagir sur du triphénylchlorométhane $(C^6H^5)^3.CCl$ du zinc, du mercure ou de l'argent a obtenu un carbure paraissant être le triphénylméthyle. Ce savant en a poursuivi l'étude et expose ses recherches dans une série de mémoires parus dans le *Bulletin de la Société chimique de Berlin* [**33**, 3150, 1900; **34**, 2726, 3815, 1901; **35**, 1822, 2397, 3914, 1902; **36**, 376, 3924, 3927, 1903; **37**, 1626, 2033, 3538, 1904; **38**, 1333, 2447, 1905]. Ces travaux ont du reste été l'objet de polémiques qui ne paraissent pas encore achevées [James F. Norris, *Am. Chem. Journ.*, **29**, 609, 1903; — Norris et Sanders, *Am. Chem. Journ.*, **25**, 54, 1900; — Gomberg, *ibid.*, **25**, 315, 1900; **29**, 364; — Ad. Baeyer et Victor Villiger, *D. chem. G.*, **35**, 1189, 1902; — Vorländer, *D. chem. G.*, **37**, 2397, 1904; — Walden, *Zeit. phys. Chem.*, **43**, 443; — A. E. Tschitschibabin, *D. chem. G.*, **37**, 4709, 1904; **38**, 771, 1905; — Jacobson, *ibid.*, **38**, 196, 1900; — Ullmann et Borsum, *ibid.*, **35**, 2877, 1902; — Heintschells, *ibid.*, **36**, 320, 579, 1903; — Flürscheim, *J. prakt. Chem.*, (2), **74**, 497, 1905; — Gomberg, *J. Am. Chem. Soc.*, **28**, 199, 1901].

Pour obtenir le p-phénylméthyle $(C^6H^5)^3 \equiv CIII$, il est nécessaire d'opérer en l'absence de trace d'eau et de trace d'air. On peut opérer en présence de solvants tels que éther, benzène, éther acétique, sulfure de carbone, mais il est préférable de faire la réaction en présence d'acétone ou de formiate d'éthyle. Le triphénylméthyle se dépose de ces solutions en gros cristaux incolorés fondant à 124-128°. Le poids moléculaire déterminé par cryoscopie dans la naphtaline donne 330, chiffre notablement inférieur à celui exigé par la formule d'un hexaphényléthane $C^6H^5 \equiv C - C \equiv C^6H^5$. Le chiffre théorique pour $(C^6H^5) \equiv C^{III}$ est de 243. L'auteur explique les divergences observées par un commencement de polymérisation du triphénylméthyle.

Ce qui caractérise ce nouveau carbure, c'est la facilité avec laquelle il entre en réaction pour fournir des dérivés de substitution du triphénylméthane $HC(C^6H^5)^3$. L'iode par exemple fournit le triphényliodométhane. À l'état solide, il est incolore; en dissolution dans les solvants usuels, il est coloré en jaune.

Dans ces dissolutions, le triphénylméthyle est polymérisé et représente en partie un dérivé dimoléculaire. Les courbes de conductibilité des dissolutions dans l'anhydride sulfureux présentant une grande analogie avec celles du chlorure de monométhylammonium. — Chaleur de formation, 78 calories [Schmidlin, *C. R.*, **139**, 732, 1904].

Entre les dissolutions colorées de triphénylméthyle et le composé solide paraissent exister des différences de propriétés du même ordre que celles existant entre un élément chimique et ses ions. Il semble qu'il se produise ici une pseudo-dissociation conduisant à des pseudo-ions $[(C^6H^5)C]^+$ et $[(C^6H^5)^3C]^+$. La coloration serait due à l'existence de ces pseudo-ions et l'explication pourrait s'étendre aux dérivés du triphénylméthane.

En solution, le triphénylméthyle paraît former des associations moléculaires. En aucun cas, ces solutions ne peuvent être considérées, d'après Gomberg, comme renfermant de l'hexaphényléthane.

PRODUITS D'ADDITION DU TRIPHÉNYLMÉTHYLE. — Le triphénylméthyle se combine aux éthers oxydes, aux éthers sels, aux carbures, aux nitriles.

Combinaisons avec les éthers oxydes. — Type

$$R \atop R' \!\!> O <\! {C(C^6H^5)^3 \atop C(C^6H^5)^3}$$

Combinaisons avec les éthers sels. — Type

$$R - C \!\!<\!\! {\stackrel{\textstyle O}{}} \atop R' > O < {C(C^6H^5)^3 \atop C(C^6H^5)^3}$$

Un grand nombre de ces combinaisons ont été signalées : ce sont les dérivés fournis par les formiates de propyle, d'isobutyle et d'amyle, les acétates de méthyle, d'éthyle et de propyle, les propionates de méthyle, d'éthyle, de propyle et d'amyle, les butyrates de méthyle et d'éthyle, le valérianate de méthyle, le succinate et le benzoate d'éthyle.

Ce sont des combinaisons bien cristallisées. Les formiates de méthyle et d'éthyle ne paraissent pas susceptibles de fournir des composés analogues.

Combinaisons avec les carbures. — Elles sont formées par l'union de 2 molécules de triphénylméthyle et d'une molécule de carbure. La combinaison avec l'amylène est bien cristallisée.

Combinaisons avec les nitriles. — L'acétonitrile ne fournit pas de produit d'addition, mais le propionitrile et le benzonitrile réagissent facilement en donnant des produits bien cristallisés de formule

$$C \equiv (C^6H^5)^3 + C^3H^5Az \text{ soit } C^2H^5 . C \equiv Az \!\!<\! {C(C^6H^5)^3 \atop C(C^6H^5)^3}$$

et
$$C \equiv (C^6H^5)^3 + 1/4 C^7H^5Az$$

Le triphénylméthyle est susceptible également de se combiner à des quantités notables de sulfure de carbone et de chloroforme.

PRODUIT D'OXYDATION DU TRIPHÉNYLMÉTHYLE. PEROXYDE. — L'air atmosphérique réagit sur le triphénylméthyle avec formation d'un peroxyde de formule $(C^6H^5)^3 \equiv C.O.O.C \equiv (C^6H^5)^3$. L'oxydation est quelquefois plus profonde et dans certaines conditions on peut observer la formation d'un peroxyde huileux. L'oxydation est du reste fortement exothermique.

Le peroxyde $[(C^6H^5)^3 C.O.]^2$ est en cristaux incolores hexagonaux, très réfringents, faciles à obtenir par traitement du triphényl-chloro ou bromo méthane par le zinc, l'argent ou le mercure en présence de solvant et par barbotage dans la liqueur obtenue d'un courant d'air. Les cristaux fondent à 185-186° et sont insolubles dans l'alcool, l'éther et l'eau. Ils sont solubles par contre dans le benzène, le toluène, le sulfure de carbone et le chloroforme.

L'acide azotique transforme ce peroxyde en dérivé nitré $[(C^6H^4 - AzO^2)^3 \equiv C.O-]^2$ fusible à 210°.

L'acide sulfurique à température ordinaire dégage de l'oxygène et fournit du triphénylméthanol $(C^6H^5)^3 . C(OH)$.

Le brome en excès en solution chloroformique fournit un pentabromure $(C^6H^5)^3 . CBr + Br^5$. Un mélange d'iode et de brome donne un penta-iodure de triphénylméthane bromé. Le chlore donne du triphénylméthane chloré (40 0/0) en même temps que de la benzophénone dichlorée et un perchlorure de benzophénone. Chaleur de formation — 18 calories (Schmidlin) [Voyez TRIPHÉNYLMÉTHANE].

Action de la lumière. — Le triphénylméthyle s'altère à la lumière en dissolution. Les produits de décomposition ne sont jamais constitués par de l'hexaphényléthane. On obtient des matières plus ou moins complexes dont quelques-unes sont huileuses.

HOMOLOGUES DU TRIPHÉNYLMÉTHYLE. — Gomberg [*D. chem. G.*, **37**, 1626] a tenté de généraliser la méthode de préparation du triphénylméthyle. S'il n'a pu isoler le tritolylméthyle, il a pu néanmoins obtenir son peroxyde $(C^6H^4 . CH^3)^3 \equiv C-O-O \equiv (C^6H^4CH^3)^3$ à l'état cristallisé. L'acide sulfurique le transforme en tritolyméthanol et l'acide chlorhydrique en dérivé chloré correspondant.

Le diphényltolylméthane chloré conduit de même à d-diphényltolylméthyle que Gomberg a pu obtenir, sous forme de peroxyde en cristaux fusibles à 170-171°, insolubles dans l'éther.

En employant la même méthode, on peut obtenir toute une série de dérivés isolables sous forme de peroxyde : tels sont les corps suivants :
$[(C^6H^5)^2(C^6H^4 . Cl_{(4)}) C - O]^2$. Fusible à 165°. —
$[(C^6H^5)^2(C^6H^4Br_{(4)}) - C.O]^2$. Fusible à 167°. —
$[(C^6H^5)^2(C^6H^5I_{(4)}) C.O]^2$. Fusible à 169°. —
$[(C^6H^4Cl_{(4)})^3 - C.O]^2$. Fusible à 140-142°. —
$[(C^{10}H^7)(C^6H^3)^2 - C.O]^2$ $[C^6H^4(AzO^2)_{(4)}^3 - C.O]^2$.
Lamelles fusibles à 218°.

CONSTITUTION DU TRIPHÉNYLMÉTHYLE. — Quoique Gomberg pense que le triphénylméthyle contienne un carbone trivalent, et corresponde à la formule

$$\genfrac{}{}{0pt}{}{C^6H^5}{C^6H^5}\!\!> C - C^6H^5$$

plusieurs auteurs n'admettent pas cette façon de voir. Un seul fait paraît certain, c'est que ce composé n'est pas identique à l'hexaphényléthane de Ullmann et Borsum (voyez ce mot). Tschitschibabin a du reste, avec beaucoup de vraisemblance, attribué au carbure de Ullmann et Borsum la formule isomérique

$$(C^6H^5)^2 CH . C^6H^4 . C(C^6H^5)^3.$$

Il semble assez séduisant de considérer le carbure de Gromberg, comme l'a fait Jacobson, comme correspondant à la formule d'un hexaphényléthane à noyau particulier,

$$(C^6H^5)^2 = C = \langle\ \rangle \begin{smallmatrix} H \\ C(C^6H^5)^3 \end{smallmatrix}$$

Le carbure de Gromberg se transforme facilement sous l'influence de l'acide chlorhydrique en carbure de Ullmann et Borsum. Dans cette transformation ce serait la double liaison du C relié aux 2 groupes $(C^6H^5)^2$ qui entrerait en jeu et par un mécanisme simple permettrait la transformation en

$$(C^6H^5)^2 = CH - \langle\ \rangle - C = (C^6H^5)^2$$

Par dissolution, le carbure de Gromberg pourrait se scinder avec formation d'un reste triphénylméthyle, de nature quinonique

$$(C^6H^5)^2 = C \langle\ \rangle \begin{smallmatrix} H \end{smallmatrix}$$

qui subirait lui-même une transformation simple aboutissant, elle aussi, à la formation du groupement triphénylméthyle,

$$(C^6H^5)^2 = C = \langle\ \rangle - H$$

susceptible de réagir à la façon du triphénylméthyle à l'état de liberté. Toutefois Flürscheim n'admet pas cette interprétation et considère simplement le carbure de Gromberg comme de l'hexaphényléthane à l'état de dissociation partielle. V. Thomas.

TRIPLOÏDITE (Min.) (Brush et Dana). — Phosphate basique hydraté de manganèse et fer,

$$PO^4 \langle \begin{smallmatrix} M \\ MOH \end{smallmatrix}$$

où M = (3/4 Mn, 1/4 Fe). Cristaux ou fibres radiées, transparents ou translucides, éclat gras, jaunâtre ou rougeâtre, friable, cassure subconchoïdale, avec divers phosphates voisins, sur un granite albitique, à Branchville, comté de Fairfield, Connecticut.

Caractères. — Soluble dans les acides. Dans le tube, donne de l'eau, noircit et devient magnétique. Fond tranquillement à la flamme d'une bougie et, au chalumeau, colore la flamme en vert. Réactions du fer et du manganèse. Dureté = 4,5-5. Poussière presque blanche. Densité = 3,697.

Forme cristalline. — Prisme clinorhombique : $a : b : c = 1.85715 : 1 : 1,49253 = 71°46'$. Faces : $m\ p\ g^1 h^1 e^1 a_3$. Appartient à la famille de la wagnérite et de la triplite (OH remplaçant F) et isomorphe avec elles. L. Bourgeois.

TRIPPKÉITE (Min.) (Damour et vom Rath). — Arsénite cuivrique en très petits cristaux vert bleuâtre, éclat très vif, avec olivénite et cuprite, à Copiapo, Chili.

Caractères. — Soluble aisément dans les acides. Au chalumeau, devient vert émeraude, puis brunâtre, puis vert jaunâtre; donne dans le tube fermé un sublimé d'anhydride arsénieux. Fond aisément en scorie verte.

Forme cristalline. — Prisme quadratique : $a : c = 1 : 0,9160$. Faces : $b^1/_2, b^1, b^1/_6, a_3, a_1/_2, m, h^1, p$. Clivages : h^1 parfait, m moins parfait.

TRIPUHYITE (Min.) (Hussak et Prior). — Probablement pyroantimoniate ferreux, $Sb^2O^7Fe^2$,

avec un peu de chaux et d'alumine. Fragments translucides, jaune verdâtre, texture microcristalline, avec xénotime, monazite, disthène, rutile, etc., dans les sables à cinabre de Tripuhy, près Ouro Preto, Brésil. Poussière jaune serin. Densité = 5,82. L. Bourgeois.

TRIQUINOYLE (syn. *perquinone*). — Voy. l'art. QUINONE.

TRITHIOALDÉHYDES. — TRITHIOFORMALDÉHYDE, $(CH^2S)^3$. — Elle se forme par l'action de l'hyposulfite de sodium sur la solution de formol, il y a précipitation de soufre en présence d'HCl dilué [L. Vanino, *D. chem. G.*, **35**, 3251, 1902].

On l'obtient à peu près pure en faisant passer un courant d'hydrogène sulfuré dans la solution de formol du commerce additionné de 2 ou 3 vol. d'acide chlorhydrique concentré [E. Baumann, *D. chem. G.*, **23**, 67, 1890].

On lave les cristaux à l'acide chlorhydrique et à l'alcool [Reychler, *Bull. Soc. Chim.*, (3), **33**, 1227, 1905].

Elle cristallise bien dans le chlorure de benzyle, le nitrobenzène, la thérébentine, l'aniline, l'acétone. Elle fond à 215-216°. Traitée par l'iodure de méthyle et l'alcool méthylique elle donne les quantités presque théoriques d'iodure de triméthylsulfonium et méthylal (Reychler) :

$$(CH^2S)^3 + 3 CH^3I + 6 CH^3OH$$
$$= 3(CH^3)^3 \equiv S - I + 3 CH^2O + H^2O,$$
$$CH^2O + 2 CH^3OH = CH^2(OCH^3)^2 + H^2O.$$

L'action de H^2S sur le formol en absence d'acide fort donne au bout de 4 heures un précipité blanc amorphe qui est un composé d'addition $(3CH^2S + CH^2O)$. On obtient également une combinaison analogue avec les aldéhydes acétique, propylique, isopropylique, butyrique [Drugmann et Hockings, *Centr. Bl.*, 1904, II, 21].

TRITHIOACÉTALDÉHYDE, $(CH^3CHS)^3$. — *Isomère-α.* — Dans une solution aqueuse très acide on verse de l'aldéhyde éthylique, puis on y fait passer un courant d'hydrogène sulfuré, il se sépare bientôt des cristaux de CH^3CHO, CH^3CHS, on filtre, les cristaux précipités sont fondus vers 70-80° et on y fait passer à refus un courant d'hydrogène sulfuré, on ajoute alors de l'alcool, l'α-thioaldéhyde peu soluble se sépare.

On l'obtient facilement dans un mélange brut de thioaldéhyde dans l'eau en saturant longtemps avec l'hydrogène sulfuré, on obtient finalement une huile $8 CH^3CHS, H^2S$, qu'on sépare par l'acide chlorhydrique concentré et quelques gouttes d'aldéhyde, on reprend l'huile par l'acide sulfurique concentré puis on ajoute de l'eau qui précipite l'isomère β [Klinger, *D. chem. G.*, **11**, 1023, 1878; — Guareschi, *Acad. de Turin*, **18**, 1883].

Il se forme aussi avec un peu d'isomère β quand on sature d'hydrogène sulfuré un mélange à parties égales d'acétaldéhyde, d'eau et d'acide chlorhydrique concentré [Baumann et Fromm, *D. chem. G.*, **22**, 2603, 1889]. Pour purifier le produit on le chauffe plusieurs fois avec l'acétone [B. et Fr., *ibid.*, **24**, 1464, 1891].

On l'obtient encore en faisant bouillir une demi-heure une solution aqueuse de rhodanate de thialdine [Markwald, *D. chem. G.*, **19**, 1827, 1886; — Baumann et Fromm, *ibid.*, **24**, 1459, 1891].

On fait cristalliser l'α-trithioaldéhyde dans une solution étendue d'acide acétique ou d'alcool, elle fond à 101° et bout à 246-247°. Densité de vapeur 6,00.

Le chlorure d'acétyle la transforme en isomère-β. L'oxydation par l'acide azotique donne les acides acétique, oxalique, sulfurique et carbonique, il se sépare de l'aldéhyde et du soufre. Avec le permanganate et à froid on obtient une trisulfone $C^6H^{12}S^3O^6$ et un sulfure $C^6H^{10}O^6S^3$; par distillation, H^2S et de la thioacétaldéhyde $CH^3 CHS$ [Klinger, *D. chem. G.*, 32, 2195, 1899].

La sulfaldéhyde chauffée avec l'acide iodhydrique à 160° donne du bisulfure d'éthyle.

Sels doubles. — $(CH^3CSH)^3 . AgAzO^3$.

$(CH^3CH^3)^3 . 3AgAzO^3$. — Précipité cristallin; par la chaleur il se sépare de l'α-trithioaldéhyde.

Isomère β. — Pour l'obtenir on traite la thioaldéhyde brute par le chlorure d'acétyle ou l'acide sulfurique concentré; elle se forme aussi en laissant l'α-trithioaldéhyde en présence d'iodure d'éthyle pendant plusieurs semaines [Markwald, *D. chem. G.*, 20, 2817, 1887] ou en faisant passer un courant d'hydrogène sulfuré une solution de 1 vol. d'aldéhyde et de 3 vol. d'alcool saturé d'acide chlorhydrique; elle contient alors un peu d'isomère-α [Baumann, Fromm, *ibid.*, 22, 2600, 1889].

On la fait cristalliser dans l'acide acétique en longues aiguilles fondant vers 125-126°.

Elle bout vers 245-248°, très peu décomposée. Densité de vapeur 6,00. Oxydée par le permanganate, elle donne des composés analogues à l'oxydation de l'isomère-α.

Sels doubles : $(CH^3CHS)^3AzO^3Ag$. — Aiguilles.

$(CH^3CHS)^3 3AzO^3Ag$. — Feuillets.

TRITHIOALDÉHYDE-DIOXYDE,

$$SO^2 \genfrac{<}{>}{0pt}{}{CHCH^3S}{CHCH^3S} CH-CH^3$$

— Il se produit quand on oxyde 150 gr. d'une trithioaldéhyde ajoutés par 25 à 50 gr. avec 450 gr. de permanganate de zinc dans 6000 cc. d'eau; il se forme en même temps que d'autres oxydes [Guareschi, *Ann. Chem.*, 222, 305, 1884].

De la solution chaude filtrée se sépare par refroidissement l'oxyde $C^6H^{12}S^3O^5$, la liqueur mère est évaporée, elle laisse déposer le dioxyde et du tétroxyde, on reprend par une solution alcoolique qui dissout le dioxyde, le tétroxyde reste presqu'insoluble.

Finalement on fait cristalliser dans l'eau bouillante en prismes courts fondant à 112-116°, se sublimant partiellement décomposés, peu solubles dans l'eau froide, très solubles dans l'eau bouillante, l'alcool et l'éther.

TRITHIOALDÉHYDE-TÉTROXYDE,

$$SO^2 \genfrac{<}{>}{0pt}{}{CH(CH^3)SO^2}{CH(CH^3)S} CH-CH^3$$

— Il se forme en même temps que le trithioaldéhyde-dioxyde (voyez cette préparation pour le séparer).

Ce sont des aiguilles fondant à 228-231°, peu solubles dans l'eau froide, très solubles dans l'eau bouillante [Guareschi, *Ann. Chem.*, 222, 308, 1884].

TRITHIOALDÉHYDE-PENTOXYDE, $C^6H^{12}S^3O^6$. — Il se produit dans la préparation du bioxyde, ses cristaux brunissent vers 235°, se décomposent vers 245° sans fondre; il est peu soluble dans l'eau froide; la solution de permanganate alcalin permet encore une oxydation plus complète (Guareschi).

TRITHIOALDÉHYDE-TRISULFONE,

$$CH^3-CH—SO^2—CH-CH^3$$
$$SO^2-CH(CH^3)-SO^2$$

— On prépare ce composé en oxydant une solution d'α ou de β-trithioaldéhyde dans 20 p. de benzène par une solution acide de permanganate de potassium [Baumann et Fromm, *D. chem. G.*, 22, 2606, 1889; — Lomnitz, *ibid.*, 27, 1668, 1894].

Ce sont de fines aiguilles se sublimant facilement au-dessus de 340°, presque insolubles dans l'eau et les acides dilués, se dissolvant bien dans l'alcool et l'acide acétique; de même dans l'acide sulfurique ou azotique concentré. On peut aussi pour la purifier dissoudre la trithioaldéhyde-sulfone dans la soude et la reprécipiter par un courant de gaz carbonique.

Traitée par l'iodure d'éthyle en solution alcaline alcoolique elle donne la triacétone-trisulfone.

Le sel de sodium réagit avec l'iodure de méthyle, moins avec l'iodure d'éthyle et pas du tout avec l'iodure de butyle.

Sels préparés par Lomnitz [*D. chem. G.*, 27, 1670, 1894] :

$C^6H^{11}O^6S^3Na, 2H^2O$, feuillets très solubles; $C^6H^{11}O^6S^3K$, très soluble; $(C^6H^{11}O^6.S^3)^2Sr.6H^2O$. Dans une solution bouillante il cristallise avec $1H^2O$.

$(C^6H^{11}O^6.S^3)^2Ba, 6H^2O$. — Aiguilles très solubles.

$(C^6H^{11}O^6S^3)Ag, H^2O$.

Si on traite la trithioaldéhyde-trisulfone par de l'eau de chlore pendant plusieurs jours, on obtient le *composé chloré*

$$CH^3CCl—SO^2—CCl-CH^3$$
$$SO^2-CCl(CH^3)SO^2$$

qui cristallise dans l'alcool et fond à 270° sans décomposition (Lomnits).

Par l'eau de brome on obtient le *dérivé bromé* correspondant qui fond à 240° sans se décomposer. Janvier 1908. M. Billy.

TRITICONUCLÉIQUE (ACIDE). — Voy. l'art. NUCLÉOPROTÉIDES, 2° Suppl., 6, 580.

TRITOCHORITE (Min.) (Frenzel). — Variété de descloizite (voyez ce mot Dict., 4, 1140), en cristaux bacillaires brun noirâtre, d'une localité inconnue. L. Bourgeois.

TRITOPINE, $C^{42}H^{54}Az^2O^7$; $(C^{21}H^{27}AzO^3)^2O^2$. — [Kauder, *Arch. Pharm.*, 228, 419, 1890]. Alcaloïde probablement voisin de la laudanosine.

Prismes dans l'alcool ou paillettes dans l'éther, fusibles à 132°. Solubles dans les alcalis. M. Delacre.

TROEGÉRITE (Min.) (Weisbach). — Arséniate d'uranyle hydraté, $(AsO^4)^2(UO^2)^3, 12H^2O$. Cristaux jaune citron, éclat nacré sur le clivage, ayant la forme du gypse, souvent tabulaires, avec minerais d'urane, à la mine Weisser Hirsch, près Schneeberg, Saxe. Densité $= 3,23$.

Forme cristalline. — Prisme clinorhombique. Faces : $g^1, h^1, a^3, o^3; d^3/_2, b^1/_6, h^2$. Macles, g^4. Clivage : g^1. L. Bourgeois.

TROPANE (*Tropanine, hydrotropidine*) $C^8H^{15}Az$ et **TROPÈNE** (*Tropidine*) $C^8H^{13}Az$ (Voyez Dict., 4, 481; 1er Suppl., 254, 1619). — La tropidine de la tropine est identique au produit obtenu par perte de CO^2 dans l'anhydrocogonine [A. Einhorn, *D. chem. G.*, 23, 1338, 1890; 2° Suppl.; 2, 1243]. Les appellations de la tropidine et de l'hydrotropidine sont diverses; en effet, en considérant la tropidine comme corps non saturé, on a désigné ses combinaisons avec les hydracides, les halogènes, tantôt comme dérivés d'addition de la tropidine, tantôt comme dérivés de substitution de l'hydrotropidine. Ainsi, bromhydrotropidine = bromotropane, bromure de tropidine = dibromotropane, etc. Ce bromotropane peut encore être considéré comme la bromhydrotropéine, c'est-à-dire l'éther bromhydrique de la tropine. Enfin, les dérivés de méthylation de la tropidine et de l'hydrotropidine ne doivent être considérés que comme amines des dérivés du cycloheptane, par suite de l'ouverture de la chaîne. Exemples :

$$CH^2 — CH — CH \qquad\qquad (CH^3)^2 Az$$
$$\mid \qquad\qquad\mid \qquad \backslash\backslash \qquad\qquad\qquad /$$
$$(CH^3)^2 AzI \qquad CH \qquad CH^2 - CH - CH$$
$$\mid \qquad\qquad / \qquad\qquad \mid \qquad\qquad \geqslant CH$$
$$CH^2 — CH — CH^2 \qquad\qquad CH^2 - CH = CH$$

Iodométhylate de tropidine ↗ Méthyltropidine-α
donne par perte de HI : ou Diméthylaminocycloheptadiène.

D'ailleurs, pour plus de clarté, voir les formules rassemblées à l'article TROPINE, p. 904.

TROPIDINE. — Le *brome* donne avec la tropidine le dibromure $C^8H^{13}Br^2Az$ fusible à 66-67°,5, cristallisable en brillantes lamelles, décomposable par les alcalis bouillants en un corps à odeur de dihydrobenzaldéhyde. — L'*acide bromhydrique* en solution acétique à 100° donne deux isomères : 1° le bromhydrate de l'α-bromhydrotropidine $C^8H^{14}BrAz$. HBr, fusible à 219-220° et 2° de β-bromhydrotropidine, fusible à 113-114°. Du 1er les bases séparent une base cristallisable, du 2e une huile à odeur forte. — L'*acide hypochloreux* donne le corps $C^8H^{13}Az(ClOH)^2$ fusible à 108-109° et un autre fusible à 138° [A. Einhorn, *D. chem. G.*, **23**, 2889, 1890]. D'après R. Willstätter et F. Iglauer, cet acide donne l'Az-chloronortropidine, transformable par les réducteurs en nortropidine [*D. chem. G.*, **33**, 1636, 1900].

Le *permanganate de potassium alcalin* donne un glycol, la *dihydroxytropidine* $C^8H^{15}AzO^2$, fusible à 105°, dont le chloraurate fond à 235° (déc.) [A. Einhorn et L. Fischer, *D. chem. G.*, **26**, 2008, 1893]. — L'*eau oxygénée* donne l'*oxytropidine* $C^8H^{13}AzO$, cétone à chaîne monocyclique, dont le *chloroplatinate* fond à 220° [G. Merling, *D. chem. G.*, **25**, 3123, 1892].

Synthèse de la tropidine (Voy. p. 902 à TROPILIDÈNE).

Méthyltropidines. — Ce sont des corps à chaîne ouverte, deux fois éthyléniques (Voy. plus haut).

L'*α-méthyltropidine* se forme lorsqu'on distille l'hydroxyde de tropidine-méthylammonium. C'est une huile à odeur ammoniacale, distillable dans le vide (R. W.), se transformant à 150° en isomère β. Son *chloroplatinate* fond à 173-174°; son *iodométhylate*, à 162°. Elle fixe HCl en donnant une base chlorée dédoublable par distillation sèche en chlorure de méthyle et tropidine. L'iodométhylate chauffé avec la potasse donne de la triméthylamine et du tropilidène C^7H^8. [G. Merling, *D. chem. G.*, **24**, 3108, 1891].

La β-méthyltropidine bout à 204-205° avec décomposition; elle se scinde totalement en diméthylamine et tropilène par les acides ou les alcalis [*ibid.*].

TROPANE ou HYDROTROPIDINE (Voy. 1er Suppl., 1618). — Il s'en forme un peu lorsqu'on réduit la tropinone en tropine vers 50°, par l'acide iodhydrique et le zinc. C'est un liquide bouillant à 167°, à *chloroplatinate* fusible à 219° [R. W. et F. Iglauer, *D. chem. G.*, **33**, 1170, 1900]. Les recherches cryoscopiques de F. Garelli appuient la formule bicyclique [*Gazz. chim. ital.*, **27**, J, 384, 1897; *Bull. Soc. Chim.*, (3), **18**, 1184, 1897].

L'acide *hypochloreux* le transforme en Az-chloronortropane [R. W. et F. Iglauer, *D. chem. G.*, **33**, 1636, 1900].

NORTROPANE ou NORHYDROTROPIDINE $C^7H^{13}Az$. — On l'obtient dans la réduction de l'Az-chloronortropane (R. W. et F. I.); aussi par dédou-

blement sous l'influence de la chaleur du chlorhydrate d'hydrotropidine, qui le donne par perte de CH^3Cl. C'est une base secondaire, solide, fusible à 60° environ, bouillar 1 à 161°, facilement soluble dans l'eau, l'alcool et l'éther. — Son *chlorhydrate* fond à 281° (déc.); son *chloroplatinate*, à 225°; son *nitroso*, à 116-117°; le chlorure d'or, l'acide picrique, le chlorure mercurique, le ferrocyanure de potassium donnent des combinaisons cristallisées.

La distillation sur la poudre de zinc le transforme en α-éthylpyridine, bouillant à 148°,5 [A. Ladenburg, *D. chem. G.*, **20**, 1647, 1887].

BROMOTROPANE $C^8H^{14}AzBr$. — Huile réfringente bouillant à 109-109°,5 sous 17,5 mm., obtenue en décomposant par les alcalis le produit d'addition de HBr à la tropidine. *Bromhydrate*, fusible à 213°. *Chloroplatinate*, fusible à 210-211°; *chloraurate*, à 157-158°. *Chloroplatinate* du chlorométhylate, à 247-248°. L'*iodométhylate* et le *bromométhylate* existent.

Les sels du bromotropane et de l'iodotropane ont été étudiés par A. van Son [*Neder. Tijdschr. Pharm.*, **10**, 242, 1898]. On remarquera que ces corps sont les tropéines bromhydrique et iodhydrique.

Saponification du bromotropane, voyez à l'article TROPINE, sous le chef *Synthèse*, les premières expériences de Ladenburg et plus spécialement celles de Willstätter [*Ann. Chem.*, **326**, 23, 1903]. Discussion avec Ladenburg [*ibid.*]; réponse de celui-ci [*ibid.*, **326**, 379, 1903]. Juin 1907. M. Delépine.

TROPANONE. — Voyez TROPINONE.

TROPÉINES. — Voyez 1er Suppl., p. 1616. On en a décrit quelques nouvelles en outre du bromo- et de l'iodotropanes (voy. plus haut) :

Benzilotropéine ou *phénylhomatropine*, $(C^6H^5)^2C(OH).CO.C^8H^{14}AzO$. — Prismes durs, non hygroscopiques, donnant des sels cristallisables.

Phénylcarbamotropéine (*urétropine*), $C^6H^5AzH.CO.C^8H^{14}AzO$. — Prismes fusibles à 170°, obtenus en fixant l'isocyanate de phényle sur la tropine.

Succinotropéine. — Huile donnant un *chloraurate* fusible à 170° [A. Petit et M. Polonowsky, *Bull. Soc. Chim.*, (3), **9**, 1015, 1892].

H. Jowett et A. Hann ont décrit un certain nombre de tropéines [*Chem. Soc.*, **89**, 357, 1906], savoir :

I. *Glycolyltropéine*, $CH^2(OH).CO.C^8H^{14}AzO$. — Fond à 113-114°.

II. *Méthylparaconyltropéine*,

$$CH^3.CH \underline{\qquad\qquad} CH.CO.C^8H^{14}OAz$$
$$\qquad\qquad O.CO.CH^2$$

— Huile incolore.

III. *Térébyltropéine*,

$$(CH^3)^2.C \underline{\qquad\qquad} CH.CO.C^8H^{14}OAz$$
$$\qquad\qquad O.CO.CH^2$$

— Fond à 66-67°.

IV. *Phtalidcarboxyltropéine*,

$$C^6H^4 \genfrac{}{}{0pt}{}{/CH.CO.C^8H^{14}OAz}{\backslash CO} {>}O$$

— Fond à 79-80°.

V. *Protocatéchyltropéine*, $(HO)^2.C^6H^3.CO.C^8H^{14}OAz$. — Fond à 253-254°.

H. Jowet et F. Pyman en ont décrit d'autres [*Chem. Soc.*, **91**, 92, 1907], savoir :

VI. *Tropéine de la lactone de l'acide o-carboxylphénylglycérique,*

$$C^6H^4 \underset{\diagdown CH(OH).CH.CO.C^8H^{14}AzO}{\overset{\diagup CO\!-\!-\!-O}{}}$$

— Fond à 172-173°.

VII. *Isocoumarine-carboxyltropéine,*

$$C^6H^4 \underset{\diagdown CH=C.CO.C^8H^{14}AzO}{\overset{\diagup CO-O}{}}$$

— Fond à 179-180°.

Ils ont aussi décrit toutes sortes de sels de ces tropéines, ainsi que des dérivés alcoylhalogénés de l'homatropine et de la tropine (bromométhylate, brométhylate, etc.). Nous donnons ci-dessous les points de fusion des sels se rapportant aux tropéines I, II, III, IV, V, VI, VII mentionnées ci-dessus.

l'acide adipique; d'après cela R. Willstätter le considère comme la cyclohepténone :

$$CH^2\!-\!CO\!-\!CH \underset{CH^2-CH^2-CH^2}{\overset{}{}}\!\!>CH$$

Juin 1907.   M. Delépine.

TROPILIDÈNE C⁷H⁸; **HYDROTROPILIDÈNE** C⁷H¹⁰. — (Voy. 1ᵉʳ Suppl., 1618). Le tropilidène prend naissance par chauffage de l'hydrate de diméthyltropidinium [Merling, *D. chem. G.*, 24, 3121, 1891]. On l'obtient aussi en enlevant HBr au bromocycloheptadiène (R. W.). C'est un liquide bouillant à 117°, de densité 0,9082 à 0°. Il se laisse condenser avec la benzophénone ou l'éther oxalique [J. Thiele, *Ann. Chem.*, 349, 226, 1902].

R. Willstätter a établi la constitution du tropilidène et montré que c'était le *cycloheptatriène*. Il a pu l'obtenir à partir de la subérone, par des réactions régulières décrites notamment dans *Ann. Chem.*, 317, 204-65; 267-

Sels.	I.	II.	III.	IV.	V.	VI.	VII.
Chlorhydrate......	171-172°	»	80-82°	242-244°	> 300°	228-229°	287-288° déc.
Bromhydrate	»	196-197°	230-231°	128-129°	»	212-213°	252-253° déc.
Iodhydrate........	187-188°	177-178°	213-214°	»	»	204-205°	280-281°
Nitrate...........	120-121°	»	»	169-171°	»	174-175°	228-229° déc.
Chloraurate.......	186-187°	64-65°	85-86°	184-185°	amorphe	215-216°	254-256° déc.
Chloroplatinate....	225-226° déc.	233-234°	gélatineux	234-235°	228-229°	193-194° déc.	264-265° déc.
Picrate	»	190-191°	198-199°	»	260-262° déc.	218-220°	265° déc.
Bromométhylate...	»	»	»	»	»	257-258°	Aiguilles.

Juin 1907.   M. Delépine.

TROPIDINE (syn. *Tropène*). —Voy. TROPANE.

TROPIGÉNINES (*Nortropanol, nortropine*), C⁷H¹³AzO. — Voyez 1ᵉʳ Suppl., 1618. — On connaît la tropigénine et la ψ-tropigénine, correspondant aux deux tropines. La ψ-tropigénine se forme dans la réduction de la *nortropinone* (voy. ce mot à TROPINONE) ou dans l'oxydation de la ψ-tropine par le permanganate à froid [R. W., *D. chem. G.*, 29, 1636, 2231, 1896]. L'oxydation des deux tropigénines donne la même nortropinone. Voici les propriétés comparées des 2 tropigénines :

Points de fusion.

	Tropigénine.		ψ-Tropigénine.	
Carbamate......	166°	(1)	140°	(3)
Chloraurate....	215-216°	(1)	211-212° déc.	(3)
Chloroplatinate.	247° déc.	(1)	240°	(3)
Benzoyl........	125°	(2)	165-166°	(3)

(1) Merling, *D. chem. G.*, 15, 287, 1882. — (2) R. W., *Ibid.*, 29, 1575, 1896. — (3) *Ibid.*, 29, 1636, 2231, 1896.

Voir les formules à TROPINE, p. 903.
Juin 1907.   M. Delépine.

TROPILÈNE C⁷H¹⁰O. — (Voy. 1ᵉʳ Suppl., 1618). Dans son mémoire de 1891, Merling crut avoir démontré la constitution du tropilène dont il faisait un aldéhyde tétrahydrobenzylique. On le prépare à partir de la β-méthyltropidine par action de l'acide chlorhydrique, des alcalis ou même de l'eau seule (A. L.) :

$$C^7H^9Az(CH^3)^2 + H^2O = C^7H^{10}O + (CH^3)^2AzH$$

ou en distillant l'iodométhylate de tropidine sur un peu de potasse (R. W.).

C'est un liquide huileux incolore, à odeur d'amandes amères, très réfringent, bouillant à 186-188°; il s'unit à la phénylhydrazine, à l'hydroxylamine et au bisulfite de sodium [A. Ladenburg, *Ann. Chem.*, 217, 139]. Son oxydation engendre

307; 307-374, 1901. Dans ces mémoires dont il serait illusoire de prétendre résumer les 170 pages, il décrit comment on passe progressivement de cette subérone à la tropine en passant par le cycloheptène, le cycloheptadiène (hydrotropilidène), le cycloheptatriène (tropilidène), la α-méthyltropidine, le Δ₄-méthyltropane, le bromure de bromotropane-méthylammonium, puis la tropidine et la ψ-tropine. On pourra encore consulter sur ce sujet le travail de M. Guerbet : *La tropine et ses dérivés*. Paris, F. Levé, 1904; l'extrait du *Bull. Soc. Chim.*, (3), 28, 448-452, 1902.

Le cycloheptadiène ou hydrotropilidène est un carbure bouillant à 120-121°, résinifiable, de densité 0,881. De nombreux dérivés de ce corps ont été préparés, par l'action du brome, puis des amines.

Nous rapporterons seulement ici les réactions qui, du cycloheptatriène, permettent d'atteindre la tropidine afin de mettre en lumière la formation du pont d'azote caractéristique des composés tropiniques.

Le cycloheptatriène ou tropilidène (I) fixe HBr pour donner le bromocycloheptadiène (II) que la diméthylamine change en Δ₄ diméthylaminocycloheptadiène qui n'est autre que l'α-méthyltropidine (III).

$$CH=CH-CH \underset{CH^2-CH=CH}{\overset{}{}}\!\!>CH \qquad CH^2-CHBr-CH \underset{CH^2-CH=CH}{\overset{}{}}\!\!>CH$$
$$(I). \qquad\qquad (II).$$

$$Az(CH^3)^2 \underset{}{\overset{}{}}$$
$$(III) \qquad CH^2-CH-CH \underset{CH^2-CH=CH}{\overset{}{}}\!\!>CH$$

L'α-méthyltropidine, hydrogénée en solution alcoolique par le sodium, fixe H² et donne le Δ₄ diméthylaminocycloheptène ou Δ₄-méthyltropane (IV); celui-ci fixe Br² et donne le dérivé bibromé (V), lequel possède à la fois une fonction amine tertiaire et deux fonctions é-her halogéné, dont l'une réagit sur la fonction amine tout aussi bien que si les deux fonctions appartenaient à deux molécules différentes, et par suite forme le pont d'azote d'un corps bicyclique, le bromométhylate du 2-bromotropane (VI).

$$CH^2 — CH — CH^2 \quad | \quad (CH^3)^2 Az \quad CH^2 \quad | \quad CH^2 — CH = CH \quad (IV).$$

$$CH^2 — CH — CH^2 \quad | \quad (CH^3)^2 Az \quad CH^2 \quad | \quad CH^2 — CHBr - CHBr \quad (V).$$

$$CH^2 — CH — CH^2 \quad | \quad (CH^3)^2 AzBr \quad CH^2 \quad | \quad CH^2 — CH — CHBr \quad (VI).$$

Ce dernier corps perd HBr par la soude et donne le bromométhylate de tropidine (VII): celui-ci changé en chlorure (VIII), puis chauffé, donne la tropidine (IX) par perte de chlorure de méthyle.

$$CH^2 — CH — CH^2 \quad | \quad (CH^3)^2 AzBr \quad CH \quad | \quad CH^2 — CH — CH \quad (VII).$$

$$CH^2 — CH — CH^2 \quad | \quad (CH^3)^2 AzCl \quad CH \quad | \quad CH^2 — CH — CH \quad (VIII).$$

$$CH^2 — CH — CH^2 \quad | \quad CH^3 Az \quad CH \quad | \quad CH^2 — CH — CH \quad (IX).$$

On verra p. 904 comme la tropidine a été changée en tropine et ψ-tropine.

Juin 1907.   M. Delépine.

TROPINE, $C^8 H^{15} AzO$. — Voyez Dict., **1**, 481; 1ᵉʳ Suppl., 254, 1619.

La tropine a été étudiée principalement par Ladenburg, Merling et Willstätter. Ladenburg lui attribua la constitution d'une pipéridéine-α-oxyéthylée-Az-méthylée et tenta d'en réaliser la synthèse (voy. *Paratropine*). Dans un mémoire de 1891, Merling crut avoir établi la constitution de la tropidine et de la tropine qu'il représentait par des schémas bi-cycliques. Ces formules supplantaient celle de Ladenburg parce qu'elles expliquaient mieux la formation de l'acide tropinique *bibasique* et les transformations en la présumée tétrahydrobenzaldéhyde [*D. chem. G.*, **24**, 3108, 1891; *Bull. Soc. Chim.*, (3), **8**, 161-166, 1892]; Ladenburg critiqua fort ces formules et repoussa vivement l'existence d'un chaînon transversal [*ibid.*, **26**, 1065, 1893] :

Tropine (une des formules de Ladenburg).

Tropine (formule de Merling).

Tropidine (formule de Merling).

R. Willstätter par l'apport de faits nouveaux, principalement l'étude de la cétone correspondant à la tropine, *la tropinone*, renversa la formule de Merling et consolida ses vues analytiques par la synthèse totale.

Aujourd'hui que la question est vidée, il est possible, en quelques lignes, de montrer que la formule de Willstätter s'impose sans aucun autre choix possible. Un petit nombre de faits suffit à l'établir, les autres sont autant de confirmations. Voici un mode de démonstration entre beaucoup d'autres que l'on peut imaginer.

La tropine est un *alcool secondaire de chaîne fermée*; c'est un alcool secondaire, car elle donne par oxydation une cétone, la *tropinone*; de chaîne fermée, parce que cette cétone, hydrogénée, donne, à côté de la tropine primitive, un alcool secondaire isomère, la *pseudo-tropine* inactive et indédoublable, comme la tropine, et régénérant aussi la tropinone par oxydations.

Ces alcools présentent donc une cause d'isomérie n'entraînant pas de pouvoir rotatoire, ce qui ne peut être que si l'on a une chaîne fermée où l'H et OH du groupe $CH.OH$ présentent l'isomérie cis et trans: les autres facteurs de l'isomérie doivent en outre être *symétriques* par rapport au $CH.OH$, sinon il y aurait pouvoir rotatoire possible. La tropinone est donc une *cyclone*.

La tropine est une *base tertiaire méthylée à l'azote*, car déméthylée une fois elle donne une base secondaire, la *tropigénine* ou *nortropine*.

La tropine est une base *saturée*, car elle ne réduit pas le permanganate acide: par suite, elle est *bicyclique* puisqu'elle contient 4 H de moins que le corps saturé en $C^8 Az$ qui en exigerait 19.

Elle contient *une chaîne en C⁷*, car, oxydée, elle peut fournir de l'acide pimélique; cette chaîne est fermée, car la *tropidine*, produit de déshydratation de la tropine, fournit du tropilidène après 2 méthylations suivies de la décomposition des hydroxydes d'ammoniums formés, et ce tropilidène n'est autre qu'un *cycloheptatriène*. S'il en est ainsi, l'azote fait forcément le *pont* avec son méthyle qui apporte le 8ᵉ atome de carbone de la tropine.

Tous ces résultats : chaîne fermée en 7, rendue bicyclique par pont d'azote méthylé; avec fonction alcool secondaire dans une situation symétrique conduisent nécessairement à l'une des deux formules :

$$CH - CH^2 - CH^2 \quad | \quad CHOH \quad AzCH^3 \quad | \quad CH - CH^2 - CH^2$$

et

$$CH^2 - CH - CH^2 \quad | \quad CHOH \quad CH^3 Az \quad | \quad CH^2 - CH - CH^2$$

La seconde seule est acceptable, car la tropinone dérivée de cet alcool secondaire renferme seule le groupe $-CH^2-CO-CH^2$, attesté par la faculté de former des dérivés dibenzylidéniques, par exemple.

Les démonstrations peuvent être tout autres; on peut faire appel, par exemple, aux propriétés de l'acide tropinique, à la formation d'α-éthylpyridine qui avait conduit Ladenburg à sa formule, à la présence du noyau pyrrolique, etc. Ceci nous dispensera de présenter les déductions de constitution que les auteurs ont faites à la suite de leurs travaux; la plupart étant fautives ou devenant inutiles.

Une fois pour toutes, nous rassemblons ici les formules des principaux dérivés de la tropine avec les synonymes anciens ou nouveaux qu'on leur a attribués. On remarquera surtout que la *méthylation* de l'azote a pour résultat d'ouvrir la chaîne et de transformer le système bicyclique en un système monocyclique.

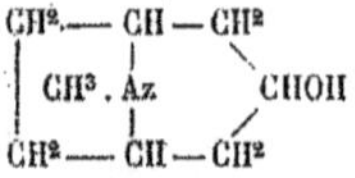

$$CH^2\!-\!CH\!-\!CH^2 / CH^3.Az / CHOH / CH^2\!-\!CH\!-\!CH^2$$

Tropine et ψ-tropine $C^8H^{15}AzO$.
3-Tropanol.

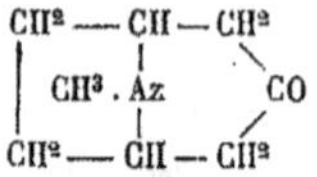

$$CH^2\!-\!CH\!-\!CH^2 / CH^3.Az / CO / CH^2\!-\!CH\!-\!CH^2$$

Tropinone $C^8H^{13}AzO$.
3-Tropanone.

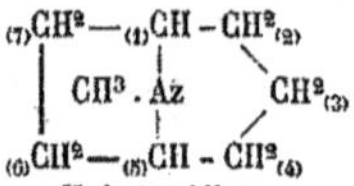

$$_{(7)}CH^2\!-\!_{(1)}CH\!-\!CH^2_{(2)} / CH^3.Az / CH^2_{(3)} / _{(6)}CH^2\!-\!_{(5)}CH\!-\!CH^2_{(4)}$$

Hydrotropidine.
Tropane $C^8H^{15}Az$.

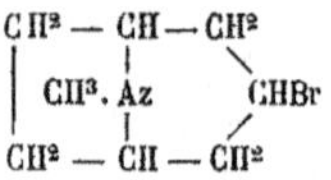

$$CH^2\!-\!CH\!-\!CH^2 / CH^3.Az / CHBr / CH^2\!-\!CH\!-\!CH^2$$

α-Bromhydrotropidine
$C^8H^{14}BrAz$. 3-Bromotropane.

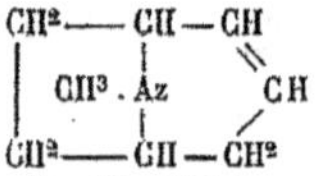

$$CH^2\!-\!CH\!-\!CH / CH^3.Az / CH / CH^2\!-\!CH\!-\!CH^2$$

Tropidine $C^8H^{13}Az$.
Tropène.

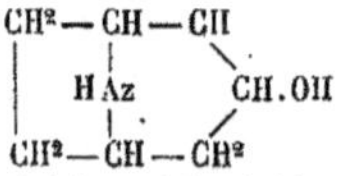

$$CH^2\!-\!CH\!-\!CH / HAz / CH.OH / CH^2\!-\!CH\!-\!CH^2$$

Tropigénine et ψ-Tropigénine
$C^7H^{13}AzO$ ou Nortropanol 3.

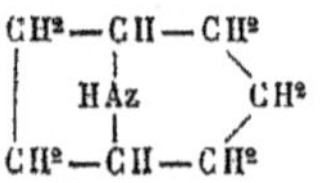

$$CH^2\!-\!CH\!-\!CH^2 / HAz / CH^2 / CH^2\!-\!CH\!-\!CH^2$$

Norhydrotropidine
$C^7H^{13}Az$. Nortropane.

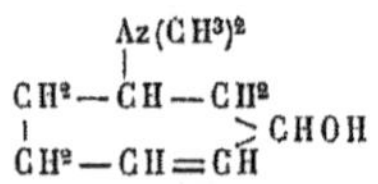

$$Az(CH^3)^2 / CH^2\!-\!CH\!-\!CH^2 / CH^2\!-\!CH=CH \!>\! CHOH$$

α-Méthyltropine $C^9H^{17}AzO$.
Δ_4-Diméthylamino-
cycloheptène 3-ol.

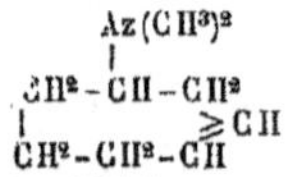

$$Az(CH^3)^2 / CH^2\!-\!CH\!-\!CH^2 \!>\! CH / CH^2\!-\!CH^2\!-\!CH$$

Δ_3-Méthyltropane
Δ_3-Diméthylamino-
cycloheptène.

$$Az(CH^3)^2 / CH^2\!-\!CH\!-\!CH \!>\! CH / CH^2\!-\!CH=CH$$

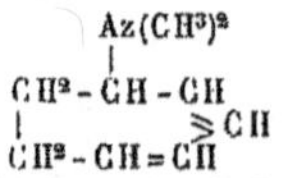

α-Méthyltropidine $C^9H^{15}Az$.
$\Delta_{(2.4)}$-Diméthylamino-
cycloheptadiène.

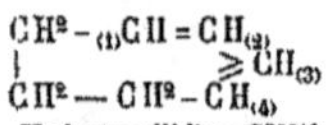

$$CH^2\!-\!_{(1)}CH=CH_{(2)} \!>\! CH_{(3)} / CH^2\!-\!CH^2\!-\!CH_{(4)}$$

Hydrotropilidène C^7H^{10}.
$\Delta_{(1.2)}$-Cycloheptadiène.

$$_{(7)}CH^2\!-\!_{(1)}CH=CH_{(6)} \!>\! CH_{(3)} / _{(6)}CH=_{(5)}CH\!-\!CH_{(4)}$$

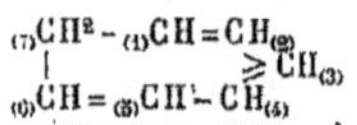

Tropilidène C^7H^8.
$\Delta_{(1.2.3)}$-Cycloheptatriène.

$$CH^2\!-\!CO\!-\!CH \!>\! CH / CH^2\!-\!CH^2\!-\!CH^2$$

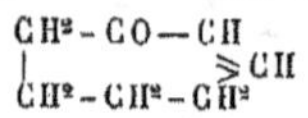

Tropilène $C^7H^{10}O$.
Δ_3-Cyclohepténone.

Les mesures réfractométriques indiquent qu'il n'y a pas de doubles liaisons dans la tropine [J. Eykman, *D. chem. G.*, 25, 3069, 1892].

Synthèse. — La synthèse totale de la tropine se ramène à sa formation à partir de la tropidine qu'on peut obtenir artificiellement (voyez à TROPANE et à TROPILIDÈNE).

Ladenburg crut avoir obtenu la tropine en fixant l'eau sur la tropidine au moyen de l'acide bromhydrique. Il obtint ainsi une base oxydée dont l'éther tropique était mydriatique [*D. chem. G.*, 23, 1780, 1890]. Le chloroplatinate de cette base synthétique fondait à 196-198°, presque juste à la température de fusion du chloroplatinate de tropine, 197-199°; son chlorhydrate et son iodocadmate étaient aussi semblables à ceux de la tropine [*ibid.*, 23, 2225, 1890].

R. Willstätter réalisa cette même transformation en transformant d'abord la tropidine en α-bromhydrotropidine ou 3-bromotropane (éther bromhydrique de la tropine), et saponifiant ce corps par un chauffage d'une durée de 3 heures

à 200-210° avec de l'acide sulfurique à 10 0/0. Il se fait un mélange de tropidine régénérée et non pas de tropine, mais de ψ-tropine [*D. chem. G.*, 34, 3165, 1901]; cette dernière, oxydée, donne la tropinone. Or, auparavant, R. Willstätter et Iglauer avaient montré que la réduction spéciale à froid, par l'acide iodhydrique et la poudre de zinc, transforme la tropinone en un mélange de tropine et de ψ-tropine, et que les deux bases peuvent être séparées grâce à l'inégale solubilité de leurs picrates [*D. chem. G.*, 33, 1173, 1900].

Par l'intermédiaire de la bromhydrotropidine, de la ψ-tropine et de la tropinone, on réalise donc la synthèse de la tropine à partir de la tropidine.

A. Ladenburg réclama alors la priorité de la transformation directe relatée plus haut, et fit même de nouvelles expériences en chauffant avec HBr la tropidine à 35° pendant 34 à 48 heures, puis à 160° pendant 24 heures. Il reconnut la formation de ψ-tropine, mais caractérisa la tropine dans le mélange de bases obtenues [*D. chem. G.*, 35, 1159, 1902]. R. Willstätter avait nié [*D. chem. G.*, 33, 1171, 1900; 34, 143, 3163, 1901] la réalité de la première réaction effectuée par Ladenburg. Il fit alors observer à celui-ci que les secondes expériences différaient notablement des premières [*D. chem. G.*, 35, 1870, 1902]. Ladenburg maintint derechef la réalité de ses toutes premières expériences [*D. chem. G.*, 35, 2295, 1902]. Voyez aussi R. Willstätter [*Ann. Chem.*, 326, 23-42, 1903] et Ladenburg [*ibid.*, 379].

Sels. — Les constantes cristallographiques des sels de la tropine, chloroplatinate, chloraurate, chloromercurate ont été données par A. Ladenburg [*D. chem. G.*, 24, 1628, 1891].

Le *picrate* de tropine fond à 275° en se décomposant; il est soluble dans 216 parties d'eau à 16° (Willstätter).

Le *chloroplatinate de méthyltropinium* $(C^8H^{15}AzO.CH^3Cl)^2 PtCl^4$ est en prismes orangés anhydres [G. Merling, *D. chem. G.*, 14, 1829, 1881]. Le *chloroplatinate de diméthyltropinium* est en beaux cristaux jaune orangé brunissant déjà à 100-110° (*ibid.*).

La tropine en solution aqueuse donne avec l'acide hypochloreux un composé cristallisé, fusible à 110° $C^7H^6AzCl^3O$, qui se révèle comme l'éther hypochloreux d'un composé $C^7H^7AzCl^4O$ fusible à 108°; le *chlorhydrate* de ce dernier fond à 162° [A. Einhorn et L. Fischer, *D. chem. G.*, 25, 1391, 1892].

L'*oxytropine* $C^8H^{15}AzO^2$ est une base que l'on obtient en oxydant la tropine par l'eau oxygénée; c'est vraisemblablement le corps

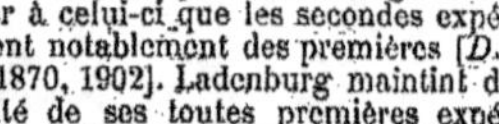

$$CH^2\!-\!CH(AzHCH^3)\!-\!CH^2 / CH^2\!-\!CO \!>\! CHOH / CH^2$$

Elle forme un *chloroplatinate* $(C^8H^{15}AzO^2)^2 PtCl^6H^2, 2H^2O$ [G. Merling, *D. chem. G.*, 25, 3123, 1892].

La tropine oxydée donne la tropinone, l'acide tropinique, la tropigénine et l'oxytropine, suivant les conditions de l'expérience (voyez ces mots).

Un grand nombre de dérivés de la tropine avec les composés organiques halogénés ont été préparés; ils mettent en évidence la fonction amine tertiaire. Tels sont :

1° Les dérivés correspondant aux bétaïne, choline, neurine, bromure de brométhylène-tropine, etc. [A. van Son, *Arch. Pharm.*, 235, 685, 1897; *Nerl. Tijdschr. Pharm.*, 10, 270, 295, 1898];

2° Les combinaisons avec le bromure d'ortho-xylène, savoir : $C^6H^4(CH^2Br.C^8H^{15}AzO)^2$, fusible à 230-231° et $BrCH^2.C^6H^4.CH^2Br, C^8H^{15}AzO$, fusible à 160°, dont on a décrit divers sels et sels doubles [M. Scholtz, *Arch. Pharm.*, **237**, 200, 1899];

3° Les combinaisons avec l'iodacétate de méthyle $C^{11}H^{20}O^2AzI$, fusible à 212°; l'iodure de benzyle $C^{15}H^{22}OAzI$, fusible à 236°: le bromure de benzyle $C^{15}H^{22}OAzBr$, fusible à 215° [M. Scholtz et K. Bode, *Arch. Pharm.*, **242**, 568, 1904].

MÉTHYLTROPINES. — Ces corps résultent de la méthylation de la tropine avec rupture du pont d'azote; ce sont des diméthylaminocyclohepténols; en raison de ce fait, R. Willstätter a proposé de faire précéder leur nom du préfixe *dés* pour qu'on ne les confonde pas avec des homologues de la tropine. On en a décrit deux au 1er Suppl., 1619. En appliquant les mêmes réactions à la ψ-tropine, R. Willstätter a obtenu la dés-ψ-méthyltropine [*Ann. Chem.*, **326**, 1-22, 1903].

La dés-ψ-méthyltropine s'obtient encore en traitant la méthyltropidine chlorhydrique par le bicarbonate de sodium :

$$Az(CH^3)^2 \qquad\qquad Az(CH^3)^2$$
$$CH^2-CH-CH^2 \qquad\qquad CH^2-CH-CH^2$$
$$CH^2-CH=CH{>}CHCl \;\rightarrow\; CH^2-CH=CH{>}CH\,OH$$

Dés-ψ-méthyltropine.

	Dés-méthyl-tropine.	Dés ψ-méthyl-tropine.
Liquide ...... bouillant à	247-248°	242-244°
Chloraurate... fondant à	96°	
Chlorhydrate de benzoyl-..	171-172°	166-167°
Bromhydrate du bibromure	178°	

Du bromhydrate de bibromure de la dés-méthyltropine on retire une base bibromée huileuse (I) qui se transforme facilement en bromométhylate de 2-bromotropine (II), fusible à 233°: l'iodométhylate correspondant fond à 233-234°.

De même pour le dérivé ψ. Le bromométhylate de 2-ψ-bromotropine fond à 237-238°; l'iodométhylate à 238°.

$$CH^2{-}CH{-}CH^2 \qquad\qquad CH^2{-}CH{-}CH^2$$
$$(CH^3)^2Az \quad CHOH \qquad (CH^3)^2AzBr \quad CHOH$$
$$CH^2{-}CHBr{-}CHBr \qquad CH^2{-}CH{-}CHBr$$
$$\text{(I).} \qquad\qquad\qquad \text{(II).}$$

PARATROPINE. — Lors des tentatives de synthèses de la tropine on a préparé des isomères dont la constitution se rapprochait plus ou moins de celle qu'on attribuait à cette base.

Sous le nom de *paratropine*, Ladenburg a désigné une base hydropyridique oxygénée, différant par H^2 de la base artificielle nommée *dihydrotropine*, en raison de ses rapports supposés avec la vraie tropine.

$$CH^2 \qquad\qquad\qquad CH^2$$
$$CH{<}{>}CH^2 \qquad\qquad CH^2{<}{>}CH$$
$$CH{<}{>}CH.CH^2.CH^2OH \quad CH^2{<}{>}CH.CH^2.CH^2OH$$
$$AzCH^3 \qquad\qquad\qquad AzCH^3$$

Tropine (une des anciennes formules).   Hydrotropine.

L'élimination de H^2 se fait dans l'hydrotropine au moyen du ferricyanure de potassium; il peut avoir lieu de quatre façons au moins, de sorte qu'on ne s'est pas étonné d'avoir eu un corps différent de la tropine. On a parlé de l'hydrotropine à l'PIPÉRIDINE.

La paratropine bout à 200-203°, est liquide, sans tendance à cristalliser. Son *chloraurate* $B.AuCl^4H$ fond à 181-182°; son *chloroplatinate* $B^2.PtCl^6H^2$ à 195-197°. Son *éther tropique* est *mydriatique* [*D. chem. G.*, **24**, 1625, 1891; **26**, 1060, 1893; *Bull. Soc. Chim.*, (3), **6**, 949, 1891].

Une autre base, naturellement non identique à la tropine, a été préparée par A. Lipp en faisant réagir l'aldéhyde méthylique sur l'Az-méthyl-α-pipécoléine [*D. chem. G.*, **25**, 2197, 1892; *Bull. Soc. Chim.*, (3), **8**, 1261, 1892]. Elle ne se confond pas non plus avec aucun des autres isomères de la tropine [Lipp, *Ann. Chem.*, **294**, 135, 1897].

PSEUDOTROPINE (ψ-*tropine*) $C^8H^{15}AzO$. Voy. 1er Suppl., 1619. — Le nom de pseudotropine a été d'abord attribué au produit basique du dédoublement de l'hyoscine [1er Suppl., 939; A. Ladenburg et Roth, *D. chem. G.*, **17**, 151, 1884]; mais malgré les dénégations de Ladenburg [*D. chem. G.*, **25**, 2388, 1892], Schmidt [*Arch. Pharm.*, **230**, 20, 1892; *D. chem. G.*, **25**, 2601, 1892] montra que ce produit basique n'était pas isomère de la tropine (voy. SCOPOLINE); O. Hesse fut du même avis [*Ann. Chem.*, **276**, 84, 1893].

La vraie ψ-tropine fut retirée par C. Libermann [*D. chem. G.*, **24**, 2336, 1891] des produits de saponification de la benzoylpseudotropéine, alcaloïde de la feuille de coca de Java, qui se dédouble par l'acide chlorhydrique en acide benzoïque et en cet isomère de la tropine.

La saponification sulfurique de l'α-bromhydrotropidine à 200-210° fournit de la ψ-tropine [R. Willstätter, *D. chem. G.*, **34**, 3165, 1901].

On la produit encore en hydrogénant la tropinone par le sodium et l'alcool absolu, ou bien en isomérisant la tropine par ébullition avec de l'alcool amylique chargé d'amylate de sodium [*ibid.*, **29**, 936, 1896]. On peut la préparer avec les produits naturels ou bien en suivant les indications du brevet 88270 [*D. chem. G.*, **29**, R. 889, 1896].

Par perte d'eau elle donne, avec un excellent rendement, la même tropidine que la tropine [C. Liebermann, *D. chem. G.*, **24**, 2336, 1891]; oxydée, elle donne le même acide tropinique que la tropine et l'ecgonine avec, peut-être, un peu d'acide ecgonique [*ibid.*, **24**, 2587]; son oxydation ménagée donne la tropinone [R. Willstätter, *loc. cit.*, **29**, 936].

Tous ces résultats font considérer la tropine et la pseudotropine comme deux isomères stéréochimiques tels que :

$$CH^2-CH-CH^2 \qquad\qquad CH^2-CH-CH^2$$
$$CH^3Az \quad HO-CH \quad \text{et} \quad x\cdots{-}CH^3Az\cdots H.C.OH\cdots y$$
$$CH^2-CH-CH^2 \qquad\qquad CH^2-CH-CH^2$$

Si le CH^3 fixé à Az est supposé fixe, on conçoit deux isomères, inactifs comme ayant un plan de symétrie dont la trace est xy, mais différant l'un de l'autre en ce que l'oxhydryle peut être ou du côté du chaînon

$$CH^2-$$
$$CH^2-$$

ou du côté opposé, par rapport au plan du noyau pipéridique; il faut remarquer, en effet, que le groupe

$$CH^2-$$
$$CH^2-$$

doit se conduire ici comme le feraient deux

$$CH^3 -$$
$$CH^3 -$$

fixés aux deux CH, et astreints à se trouver tous deux à la fois d'un même côté du plan pipéridique en raison de leur liaison. Cette liaison, propre aux systèmes bicycliques, restreint le nombre des isomères.

La réfraction moléculaire de la ψ-tropine y révèle la présence d'un système bicyclique [J.-F. Eykmann, D. chem. G., 26, 1400, 1893].

La ψ-tropine cristallise en prismes orthorhombiques fusibles à 108-109°; elle bout à 240-241°; elle est inactive optiquement; elle est soluble dans l'eau et l'alcool en donnant des solutions alcalines. Elle précipite par l'acide picrique et le chlorure mercurique [C. Liebermann, D. chem. G., 24, 2336, 1891].

Elle forme des ψ-tropéines qui ne sont pas mydriatiques.

SELS. — B.HCl. Fusible à 280-282° (R. W.); B².SO⁴H² (C. L.); B.C⁹H²(AzO²)³OH, fusible à 258-259°, soluble dans 68 p. d'eau à 14° (R. W.); $chloraurate$, fusible à 225° (C. L.; R. W.); $chloroplatinate$, fusible à 206-207° (R. W.); $opianate$ C⁸H¹⁵AzO,C¹⁰H¹⁰O⁸, fusible à 153-154°. La formation de ce dernier sel en milieu acétonique permet de séparer la ψ-tropine de la tropine [C. Liebermann, D. chem. G., 29, 2035, 1896]. L'$atropate$ fond à 130-132° [C. L. et L. Limpach, ibid., 25, 927, 1892].

ψ-TROPÉINES. — La $benzoyl$-ψ-$tropéine$ peut être reproduite synthétiquement à la façon des tropines. Elle fond à 49°, son $chlorhydrate$ à 271°, son $chloroplatinate$ à 271°, son $chloraurate$ à 208°; son $bromhydrate$ cristallise bien [ibid., 24, 2336, 1891]. La $cinnamyl$-ψ-$tropéine$ fond à 87-88° [ibid.]. La $phénylglycolyl$-ψ-$tropéine$ ou ψ-$homatropine$ est amorphe, ainsi que ses $sulfate$, $chloroplatinate$ et $chloraurate$. La $tropyl$-ψ-$tropéine$ est en cristaux incolores, fusibles à 86-88°; $chlorhydrate$ fusible à 182°; $chloraurate$ à 135° [C. Liebermann et L. Limpach, loc. cit.].

Les produits de méthylation ont été étudiés par O. Hesse [Ann. Chem., 274, 180, 1892].

Juin 1907.   M. Delépine.

TROPINIQUE (ACIDE), C⁸H¹⁵AzO⁴. — (Voyez 2ᵉ Suppl., 2, 1241). L'acide tropinique a pour constitution :

$$CH^2 - CH - CH^2$$
$$\mid CH^3\text{-}Az \qquad CO^2H$$
$$CH^2 - CH - CO^2H$$

C'est un acide Az-méthylpyrrolidine-$\alpha\alpha_1$-acétique-carbonique. Il possède 2 atomes de carbone asymétriques. La formule ci-dessus comporte 4 isomères, formant deux paires d'antipodes optiques. En fait, l'acide issu de l'ecgonine est actif, tandis que celui de la tropine ne l'est pas [C. Liebermann, D. chem. G., 24, 613, 1891].

L'acide tropinique inactif de la tropine a été dédoublé à l'aide de la cinchonine; l'acide gauche seul a été obtenu pur : $[\alpha]_D = -15°$ environ; ses sels sont dextrogyres [Gadamer, Arch. Pharm., 239, 663, 1901]. Ce pouvoir rotatoire est juste inverse de celui de l'acide dextrogyre, issu de l'ecgonine, mais l'identification avec le produit dextrogyre issu du dédoublement de l'acide tropinique racémique n'a pas été faite, cet acide n'ayant pas été préparé pur. Il peut exister, en effet, d'après la formule ci-dessus,

2 acides droits et 2 acides gauches formant 2 acides racémiques.

La constitution de l'acide tropinique a été établie par les recherches de Willstätter, surtout par celles où il a démontré que cet acide contient une chaîne de 7 atomes de carbone; on peut en effet, passer de cet acide à l'acide pipérylène-dicarbonique, à l'acide pimélique normal (et à des dérivés moins hydrurés) [D. chem. G., 34, 1536-1553, 1898; Bull. Soc. Chim., (3), 20, 822, 1898].

Ces faits, joints à la formation de la subérone ou cycloheptanone à partir de l'ecgonine, dont les relations avec la tropidine et la tropinone sont faciles à établir, ont puissamment contribué à établir la véritable formule de la tropine [R. Willstätter, D. chem. G., 34, 2498-2508, 1898; Bull. Soc. Chim., (3), 22, 124, 1899]. Mais auparavant, R. Willstätter [D. chem. G., 28, 2277, 1895; Bull. Soc. Chem., (3), 16, 566, 1896] avait déjà montré, par l'indifférence de l'acide tropinique vis-à-vis du permanganate acide, que pas plus que la tropine et l'ecgonine, il ne contenait de double liaison; opinion conforme à celle de Merling et contraire à celle de A. Ladenburg. Il montra encore qu'on l'obtient en oxydant l'oxytropine par l'acide chromique. Ses conclusions théoriques furent bien souvent combattues par A. Ladenburg qui n'admettait pas de noyau dans l'acide tropinique [D. chem. G., 29, 421, 1896].

ACIDE INACTIF. — L'$éther\ diméthylique$ C⁸H¹¹AzO⁴(CH³)² est une huile bouillant à 268-272°. Son $picrate$ fond à 121°; son $iodométhylate$ à 171-172°; le $chloraurométhylate$ C⁸H¹¹AzO⁴(CH³)².CH³Cl⁴Au fond à 116-117°.

La $bétaïne$ de l'éther monométhylique de l'acide Az-hydroxyméthyltropinique

$$CH^2 - CH - CH^2 - CO^2CH^3$$
$$\mid \qquad (CH^3)^2 Az \qquad \mid$$
$$CH^2 - CH - CO^2$$

se forme si on traite l'iodométhylate par l'oxyde d'argent; l'un des CH³.CO² – est saponifié et sature l'hydroxyde d'ammonium quaternaire formé; le $chloraurate$ de cette bétaïne fond à 182°.

L'iodométhylate de l'éther diméthylique, chauffé avec le carbonate de sodium, se transforme en le dérivé non saturé correspondant, probablement

$$CO^2CH^3.CH{=}CH.CH^2.CH[Az(CH^3)^2].CH^2.CO^2CH^3,$$

par ouverture de la chaîne; celui-ci est une huile bouillant à 280°, non sans décomposition, et formant un $picrate$ fusible à 77-78°, un $chloroplatinate$ fusible à 147-148°, un $iodométhylate$ fusible à 131-132°, un $chloraurométhylate$ fusible à 118°. Cet éther fondu avec la potasse donne de la diméthylamine, du formiate et de l'adipate de potassium.

Son $iodométhylate$ chauffé avec la soude donne de la triméthylamine et l'acide pipérylène-dicarbonique C⁶H⁶(CO²H)², fusible à 169°; cet acide a 2 liaisons éthyléniques [R. Willstätter, D. chem. G., 28, 3271, 1895; Bull. Soc. Chim., (3), 16, 995, 1896].

Le même auteur a aussi décrit les dérivés propyliques [ibid.].

L'oxydation ménagée de l'acide tropinique donne l'acide ecgonique, qui n'est autre chose que l'acide Az-méthylpyrrolidone-α-acétique [R. Willstätter, D. pharm. G., 13, 64, 1903].

La réduction par le phosphore et l'iode a donné à G. Ciamician et P. Silber une base isomère de la pipéridine. sans doute l'Az-méthyl-pyrrolidine [*D. chem. G.*, **29**. 1216, 1896].

L'acide *benzylidène-tropinique,*

$$CH^2 — CH - C = CHC^6H^5$$
$$| \quad\quad | \quad\quad |$$
$$CH^3Az \quad CO^2H$$
$$| $$
$$CH^2 — CH - CO^2H$$

s'obtient en oxydant la dibenzylidène-tropinone. Il fond à 190-191°, est monobasique aux réactifs colorants, mais forme un *éther dimé-thylique* fusible à 67-69°; il se combine aux acides minéraux [R.-W., *D. chem. G.*, **31**, 1587. 1898; *Bull. Soc. Chim.*, (3), **20**, 887, 1898].

ACIDE TROPINIQUE-*d.* — *Iodométhylate de l'éther diméthylique*, fusible à 177°.

Chloraurométhylate, fusible à 114°.

Chloraurate de la bétaïne de l'éther mono-méthylique de l'acide Az-hydroxyméthyltropi-nique, fusible à 195°.

Juin 1907. M. Delépine.

TROPINONE (*Tropanone*; *Az-méthyltropo-nine*), $C^8H^{13}AzO.$ — Ce corps est la cétone de la tropine. On le prépare en faisant agir en milieu acétique 3 mol. de tropine sur 2 d'anhydride chromique [R. Willstätter, *D. chem. G.*, **29**, 393, 1896; *Bull. Soc. Chim.*, (3), **16**, 1192, 1896; — G. Ciamician et P. Silber, *D. chem. G.*, **29**, 490, 1896; *Bull. Soc. Chim.*, (3), **16**, 1319. 1896]. Elle a été étudiée surtout par R. Willstätter. Elle se forme aussi bien par oxydation de la ψ-tropine [R.-W., *ibid.*, **29**, 936; (3), **16**, 1592]; on l'obtient encore par oxydation de l'ecgonine; on la sépare sous forme de dérivé benzylidénique [R. W. et W. Muller. *D. chem. G.*, **31**. 2655, 1898]. Brevet de fabrication, *D. chem. G.*, **29**, R. 1194. D.R.P. 89597.

Elle fond à 41-42° et bout à 224-225°. C'est une base forte. volatile, d'odeur ammoniacale; elle ne réduit pas le permanganate acide; son oxydation donne l'acide tropique inactif.

Voir la formule à TROPINE. p. 904.

Sels. — *Chlorhydrate*, fusible à 188-189°: *picrate*, à 220°; *chloroplatinate*, à 191-192°: *chloraurate*, à 160-170° (déc.); *iodométhylate*, à 263-265°. La solution de carbonate de sodium bouillante décompose ce dernier composé en diméthylamine et le corps dénommé dihydrobenzaldéhyde :

$$C^8H^{13}AzO . CH^3I + KOH$$
$$= KI + (CH^3)^2AzH + C^7H^8O.$$

Le caractère cétonique de la tropinone et l'existence de CH^2 au voisinage de la jonction cétonique ressort de l'étude de ses propriétés.

OXIME. — Fusible à 111-112° (R. W.). à 115-116° (C. et S.): le *chlorhydrate* de cette oxime fond à 242° et l'*iodométhylate* à 236° (déc.).

SEMI-CARBAZONE. — Corps fondant mal à 212-213° [R. W. et F. Iglauer, *D. chem. G.*, **33**, 359, 1900].

RÉDUCTION. — La réduction de la tropinone par le sodium et l'alcool absolu donne la ψ-tropine [R. W., *D. chem. G.*, **29**, 936; *Bull. Soc. Chim.*, (3), **16**. 1592]; il se forme en outre de la tropine-pinacone (0.6 0/0). Cette pinacone fond à 188°, est distillable, biacide et salifiable [R. W., *D. chem. G.*, **31**. 1672, 1898].

L'acide iodhydrique, $d = 1,96,$ et la poudre de zinc la transforment à 0° en tropine, ψ-tropine et tropane. Ce dernier chassé par la vapeur d'eau, on sépare les deux alcools par transformation en picrate. Le tropane se forme principalement. si on opère à 50° [R. W., *D. chem. G.*, **33**, 1170, 1900; *Bull. Soc. Chim.*, **24**, 540, 1900].

Réduction électrolytique [D.R.P. 115517; 117628-29-30; 118607; *Centr. Bl.*, 1900, II, 1168].

FIXATION DE CAzH. — Cette fixation, suivie de saponification. donne un acide alcool, isomère de l'ecgonine, dit α-, qui a permis la synthèse d'une α-cocaïne [R. W., *D. chem. G.*, **29**, 2216, 1896; *Bull. Soc. Chim.*, (3), **18**, 412, 1897].

EXISTENCE DES CH^2 A CÔTÉ DU CO. — La tropinone donne des dérivés sodés ou potassés; ce sont des poudres jaunes qui attirent avidement l'humidité et le gaz carbonique de l'air [R. W. et A. Bode, *D. chem. G.*, **33**, 411, 1900]; ces dérivés sodés ont permis de fixer CO^2 en position 2 et de faire la synthèse d'une *r*-cocaïne [R. W., *D. chem. G.*, **34**, 1457, 1901].

Condensée à froid avec l'éther formique en présence de l'éthylate de sodium, elle donne l'*oxyméthylène-tropinone* fusible à 128°: elle se condense aussi avec l'éther acétique [R. W. et F. Iglauer, *D. chem. G.*, **33**, 359. 1900].

Elle se condense avec 2 mol. d'aldéhyde benzoïque, une d'éther oxalique: elle donne un dérivé diisonitrosé avec l'acide azoteux et une céto-diphénylhydrazone avec le chlorure de diazobenzène. L'existence de ces corps, que nous ne décrirons pas. atteste que la tropinone contient un CH^2 à droite et un à gauche du CO et, par conséquent, que les 5 atomes de carbone restant forment un noyau méthylpyrrolidinique. Elle a donc bien la constitution

$$CH^2 —— CH — CH^2$$
$$| \quad\quad\quad | \quad\quad |$$
$$CH^3 - Az \quad CO$$
$$| \quad\quad\quad | \quad\quad |$$
$$CH^2 —— CH — CH^2$$

[R. W., *D. chem. G.*, **30**, 731, 2679-2719, 1897]. Nous rappellerons pour mémoire que Ladenburg croyait la tropinone non cyclique [*ibid.*, **29**. 421, 1896].

Elle *contient un noyau pyridique.* Le brome la transforme en tétrabromotropinone fusible à 164°; l'acide nitrique transforme celle-ci en tribromopyridine fusible à 167-168° [R. W., *D. chem. G.*, **29**, 2228, 1896; *Bull. Soc. Chim.*, (3), **18**, 414, 1897].

NORTROPINONE, $C^7H^{11}AzO.$ — C'est la base secondaire résultant de l'oxydation de la tropigénine ou de la ψ-tropigénine. Soluble dans l'eau, l'alcool et le benzène. elle fond à 69-70°. Son *carbamate* fond à 110-111°; son *chlorhydrate*, à 201° (déc.); son *chloroplatinate* se décompose avant 200°: les *chloraurate*, *picrate*, *dérivé nitrosé* et *oxime* fondent respectivement à 168°, 159-160°, 127° et 181-182° [R. W., *D. chem. G.*, **28**, 1575, 1896]. Réduite, elle donne la ψ-nortropine. Juin 1907. M. Delépine.

TROPYLAMINES. — On conçoit les tropylamines dont l'AzH^2 est substitué aux hydrogènes 1, 2, 3 et 7 du tropane. La 5 peut se présenter sous les formes cis et trans comme les tropines : on les connait. Les 1, 2 et 7 peuvent se présenter chacune sous deux formes droites, deux formes gauches et deux racémiques : on connait la 2 désignée sous le nom d'isotropylamine (dont les propriétés optiques ne sont pas signalées). Ce sont des bases biacides à chlorhydrates et carbonates cristallisés.

$$CH^2-CH—CH^2 \quad\quad ...CH-CH^2 \quad\quad ...CH-CH-AzH^2$$
$$| \quad\quad | \quad\quad\quad\quad | \quad\quad\quad\quad\quad |$$
$$CH^3.Az \quad HC.AzH^2 \quad AzH^2.CH \quad\quad\quad CH^2$$
$$| \quad\quad | \quad\quad\quad\quad | \quad\quad\quad\quad\quad |$$
$$CH^2-CH—CH^2 \quad\quad ...CH-CH^2 \quad\quad ...CH-CH^2$$

Tropylamine. ψ-Tropylamine. Isotropylamine.

La tropylamine et la ψ-tropylamine s'obtiennent par réduction de la tropinone-oxime; la première est transformable en la seconde par ébullition avec l'amylate de Na [R. W. et W. Muller, *D. chem. G.*, **31**, 1202, 1898; — *Bull. Soc. Chim.*, (3), **20**, 780, 1898].

L'isotropylamine a été obtenue en traitant l'amide hydroecgonidique (tropane-2-carbonique) par l'hypobromite de Na [*ibid.*, *D. chem. G.*, **31**, 2655, 1898; — *Bull. Soc. Chim.*, (3), **22**, 126, 1899].

L'isotropylamine diazotée donne de la tropidine.

	Tropyl.	ψ-Tropyl.	Isotropyl.
Ébullition	211°	213°	206-207°
Fusion			8°,5
Chloroplatinate fusible à	257°	257°	261°
Chloraurate	»	223-224°	»
Picrate	235°	236-238°	236-237°
Dithiocarbamate	194-195°	204-205°	»
Tropylphénylthiourée	142-143°	172°	138-139°

Juin 1907.   M. Delépine.

TRUXÈNE, TRUXILIQUES (ACIDES), TRUXONE. — Voy. Hydrindène, 2ᵉ Suppl., p. 448 et suivantes.

TRYPSINE. — Voyez Pancréatique (suc).

TRYPTOPHANE. — Il y a longtemps que l'on sait que les liquides de digestion pancréatique se colorent en violet par addition d'eau bromée. La substance mère de cette matière colorante, quelquefois appelée protéïno-chromogène, a reçu de Neumeister ce nom de tryptophane [*Zeit. f. Biol.*, **26**, 324, 1890]. Hopkins et Cole ont réussi à l'isoler à l'état cristallisé en la précipitant du liquide de digestion pancréatique de la caséine au moyen du sulfate mercurique. Le rendement est d'environ 1,5 0/0 [Hopkins et Cole, *Journ. of physiol.*, **27**, 418, 1901].

Le tryptophane $C^{11}H^{12}Az^2O^2$ est en paillettes brillantes, facilement solubles dans l'eau bouillante, peu solubles dans l'eau et dans l'alcool froids. Il change de couleur à 220°, brunit à 240° et fond à 252°. Au delà il se dégage CO^2, de l'indol et du scatol. Chauffé avec un peu d'acide glyoxylique et de l'acide sulfurique, il donne une coloration rosée et cette réaction très sensible permet de constater la présence de ce corps dans les matières albuminoïdes. La classique réaction des matières albuminoïdes dite d'Adamkiewicz est une réaction du tryptophane due en réalité à la présence d'acide glyoxylique dans l'acide acétique employé.

D'autres réactions des matières albuminoïdes doivent encore être attribuées à un noyau de tryptophane [Cole, *Journ. of physiol.*, **30**, 311, 1903]. L'eau bromée donne une coloration rosée qui passe dans l'alcool amylique et donne un spectre caractéristique. Un copeau de bois de pin imprégné de HCl, puis trempé dans la solution du tryptophane et séché, se colore en rouge (réaction de l'indol). Le tryptophane est dédoublé par la putréfaction aérobie en « acide scatolcarbonique », scatol et indol, par la putréfaction anaérobie en « acide scatolacétique » (pour le véritable nom de ces acides, voyez plus loin) [Hopkins et Cole, *Journ. of physiol.*, **29**, 451, 1903]. Injecté dans l'intestin du lapin, il est éliminé sous la forme d'indoxyle urinaire; c'est à lui que l'on doit rapporter la production d'indol dans la putréfaction des matières albuminoïdes. Ajouté à la ration du chien il provoque une hausse considérable de l'acide kynurénique de l'urine [A. Ellinger et M. Gentzen, *Beitr. chem. Physiol. Pathol.*, **4**, 171, 1904; — Ellinger, *D. chem. G.*, **37**, 1801, 1904].

Constitution. — La formule brute du tryptophane est celle d'acide scatolaminoacétique ou indolaminopropionique. Or l'acide scatolcarbonique de putréfaction dérivant du tryptophane est en réalité l'acide 3-indolacétique, et l'acide scatolacétique de putréfaction est identique à l'acide 3-indolpropionique. Il suit de là que le tryptophane devient l'acide 3-indolaminopropionique. Quant à la position α ou β du radical AzH^2 dans la chaîne latérale propionique, elle est aujourd'hui déterminée par la synthèse du tryptophane racémique réalisée par Ellinger et Flamthrand et qui fait de ce corps l'acide 3 indol-α-aminopropionique ou 3-indolalanine [Ellinger, *D. chem. G.*, **37**, 1801, 1904 et **38**, 2884, 1905; — Ellinger et Flamthrand, *D. chem. G.*, **40**, 3029]

$$C^6H^4 \underset{AzH}{\overset{C-C^2H^3(AzH^2).CO^2H}{\diamondsuit}} CH$$

E. Lambling.

TSCHERNYSCHEWITE (Min.) (L. Duparc et F. Pearce). — Variété d'amphibole fortement polychroïque dans les teintes jaune verdâtre, bleu verdâtre, violet foncé, en petits prismes dans un quartzite avec magnétite, du nord de l'Oural.   L. Bourgeois.

TUBÉRINE. — Globuline extraite des tubercules de pommes de terre par Osborn et Campbell [*J. Am. Chem. Soc.*, **18**, 575] en épuisant la pulpe par des solutions de chlorure de sodium et effectuant des précipitations fractionnées.

Les solutions de tubérine la précipitent quand on les sature de sel ou de sulfates alcalins; elle présente les réactions générales des globulines.

Octobre 1907.   A. Hébert.

TUBÉRONE $C^{13}H^{20}O$. — Ce nom a été donné par Verley au principe odorant de la tubéreuse. C'est un liquide distillant à 167° sous 15 mm., $D_3 = 0,9707$; $n_D = 1,516$ à 14°.

Ce corps est capable de fixer une molécule de brome, ce qui indique la présence d'une double liaison dans sa molécule, ainsi d'ailleurs que la mesure de sa réfraction moléculaire. Elle réagit sur la phénylhydrazine. Elle fournit de l'aldéhyde formique par l'oxydation chromique.

La constitution de ce corps n'est pas encore connue; les réactions précédentes font penser à Verley qu'elle pourrait être représentée par une formule analogue à la suivante

$$\begin{array}{ccc} & CH^2 \quad CO & \\ CH^2 & & CH^2 \\ CH^2 & & CH-CH^2-CH=CH^2 \\ & CH^2 \quad CH^2 & \end{array}$$

[Verley, *Bull. Soc. Chim.*, **21**, 306, 1899].
1ᵉʳ janvier 1908.   P. Carré.

TUNGSTÈNE, Tu = 184. — Voyez Dict., **3**, 515; Suppl., 1619.

Préparation. — Il est possible d'opérer la réduction de l'anhydride tungstique par un métal réducteur tel que l'aluminium ou le zinc. L'emploi de l'aluminium (mélange de ce corps simple et d'anhydride tungstique) ne peut s'effectuer que sur de petites quantités et donne un produit qui contient en petite quantité des alliages de tungstène et d'aluminium [Stavenhagen, *D. chem. G.*, **32**, 1513, 1899; **33**, 3064, 1900; **35**, 909, 1902; — *Bull. Soc. Chim.*, (3), **28**, 518, 1902]. Quand le métal réducteur est le zinc, on opère au rouge, il se forme un produit qu'il faut traiter par l'acide chlorhydrique et l'acide azotique pour obtenir le tungstène pulvérulent [Delépine, *C. R.*, **134**, 184, 1900].

On peut obtenir encore de petites quantités de tungstène par l'électrolyse du paratungstate de lithium ; ce sel est fondu dans un creuset en porcelaine et porté à une température de 1150° ; les constantes du courant sont de 2,6 à 3 ampères sous 15 volts ; les électrodes qui l'amènent doivent être en platine ; l'opération dure dans ces conditions de trois à quatre heures. La masse obtenue laisse après lavage du tungstène cristallisé [Hallopeau, *C. R.*, **127**, 755, 1898].

Le procédé le plus rapide et qui permet en même temps de fournir du métal pur, fondu et en grande quantité, consiste à chauffer au four électrique un mélange d'anhydride tungstique et de charbon. On emploie les proportions suivantes :

    Anhydride tungstique.......... 800 grammes.
    Charbon de sucre.............. 80 —

L'anhydride tungstique est en léger excès. Ce mélange est chauffé pendant dix minutes avec un courant de 900 ampères et 50 volts ; il faut éviter d'augmenter la proportion de charbon et la fusion complète du culot, car il se formerait une fonte de tungstène ; dans les conditions de l'opération, l'anhydride tungstique en excès est volatilisé et le carbone du creuset ne réagit pas [H. Moissan, *Ann. Chim. Phys.*, (7), **8**, 570, 1896 ; — *C. R.*, **116**, 1225, 1893 ; **123**, 13, 1896 ; — *Le four électrique*, 1ʳᵉ édition, 228, 1897].

On peut opérer la même réduction sur le minerai convenablement choisi en chauffant le mélange minerai et coke de pétrole pendant dix à douze minutes avec un courant de 1000 ampères sous 50 à 60 volts. La masse métallique que l'on obtient est une fonte contenant 5 0/0 de carbone et 93 0/0 de tungstène [Ed. Defacqz, *C. R.*, **123**, 1288, 1896 ; — *Ann. Chim. Phys.*, (7), **22**, 240, 1901].

Propriétés. — Le tungstène se présente sous différents aspects, suivant le procédé qui a été employé pour sa préparation ; par électrolyse du paratungstate de lithium, il est cristallisé [Hallopeau, *loc. cit.*]. Il peut être pyrophorique [Féréc, *Bull. Soc. Chim.*, (3), **19**, 123, 1898] : il se présente sous la forme d'une masse dont les parties superficielles sont fondues et dont l'intérieur est poreux et brillant ; il est difficilement fusible, plus infusible que le chrome et le molybdène [H. Moissan]. Quand il est à l'état poreux, il possède comme le fer la propriété de se souder à lui-même par le martelage bien avant son point de fusion : il peut se limer avec facilité ; et lorsqu'il est pur, exempt de carbone, il ne raye pas le verre ; il se cémente avec facilité, il n'exerce aucune action sur l'aiguille aimantée [H. Moissan].

Sa densité, qui est très élevée, a été déterminée par un grand nombre de savants :

Métal provenant de la réduction de l'acide tungstique par le charbon : De 17,2 (Bernouilli) à 18,7 (H. Moissan). Métal provenant de la réduction de l'acide tungstique par l'hydrogène : De 16,6 à 17° (Zettnow), à 19,129 à 4° (Roscoe). Métal fondu par la pile : $D = 17,2$ (Riche). Métal provenant de la réduction du chlorure par l'hydrogène, $D = 16,4$ (Von Uslar). Métal provenant de la décomposition de l'azoture par la chaleur : $D = 17,5$ (Von Uslar). Métal provenant de la réduction de l'anhydride tungstique par le zinc : $D = 18,67$ (Delépine).

Le métal pur obtenu au four électrique a une densité de 18,7 [H. Moissan], 18,64 à 0° [Smith, *Zeit. anorg. Chem.*, **8**, 203, 1895] ; celle du métal cristallisé est à 0° de 18,68 [Hallopeau, *loc. cit.*] ; sa chaleur spécifique est de 0,03342 [Regnault, *Ann. Chim. Phys.*, (2), **73**, 48, 1840 ; (3), **63**, 23, 1861 ; *Bull. Soc. Chim.*, **4**, 83, 1862],

de 0,035 [Delarive et Marcet, *Ph. Ch. Tabellen, Landolt et Börnstem*, 320, 1894], de 0,0340 de 0° à 93°, de 0,0336 à 258°, de 0,0375 à 423° [Ed. Defacqz et Guichard, *Ann. Chim. Phys.*, (7), **24**, 139, 1901], de 0,0338 [Smith, *Zeit. anorg. Chem.*, **8**, 207, 1895]. Sa chaleur d'oxydation est de $Tu + 3O = TuO^3 + 166^{Cal},44$ à volume constant et $197^{Cal},3$ à pression constante ; $Tu + O^2 = TuO^2 + 2 \times 66,2$ à pression constante [Delépine, *loc. cit.*]. Il distille au four électrique ; son point d'ébullition est le plus élevé de tous les métaux de la famille du fer ; le produit de la distillation examiné au microscope laisse voir des parcelles métalliques à angles droits et à faces cristallines ; dans les grains de chaux également sublimés on trouve des cristaux qui, examinés au microscope, paraissent cubiques [H. Moissan, (3), **35**, 948, 1906] ; le tungstène exerce une influence sur la conductibilité électrique du fer, il en provoque la diminution [Guertler, *Zeit. anorg. Chem.*, **54**, 397, 1906 ; *Bull. Soc. Chim.*, (4), **2**, 669, 1907].

Spectre. — Les principales longueurs d'ondes du spectre électrique du tungstène ont été déterminées par R. Thalen [*Ann. Chim. Phys.*, (2), **18**, 242, 1869 ; *Nova Acta. Reg. Sc. Upsal*, (3), **6**, 1868], par Lockyer [*Phil. T. Roy. Soc.*, **173**, 561, 1881], par Exner et Haschek [*Sitz. Akad. Wien.*, **104**, 1895 ; **105**, 1896 ; **106**, 1897], par W. J. Humphreys [*Astrophys. J.*, **6**, 169, 232, 1897 ; *Smithsonian Miscellaneous Collect.*, 363, 1902].

B. Hasselberg [*Kongl. Svenska veten skops. Akad. B.*, 38, 1904] a pu déterminer, au moyen de l'arc électrique, les diverses lignes du spectre du tungstène ; les principales correspondent aux longueurs d'onde 5835 — 5648 — 5514 — 5224 — 4680 — 4660 — 4484 — 4294 — 4269 — 4074 — 4008 — 3617 ; la ligne 4294 se retrouve dans le spectre du soleil.

Propriétés chimiques. — Le tungstène, dès la température ordinaire, est attaqué par le fluor pour donner un composé volatil [H. Moissan] ; le chlore s'y combine vers 250-300° pour donner l'hexachlorure : mais la moindre trace d'humidité donne lieu en même temps à la formation de l'oxychlorure rouge [Roscœ, *Ann. Chem.*, **162**, 349, 1872 ; *Chem. News*, **25**, 61, 1873 ; *Bull. Soc. Chim.*, **17**, 209, 1872] ; le brome réagit à température plus élevée pour former, à l'abri de toute trace d'oxygène et d'humidité, le pentabromure ; l'iode n'a guère d'action que vers le rouge cerise, température à laquelle l'iodure qui en résulte (le biiodure) est lui-même décomposé : c'est du reste ce qui explique la petite quantité d'iodure que l'on obtient par action directe. L'oxygène se combine directement au rouge ; le soufre a peu d'action au-dessus de son point de fusion ; l'azote et le phosphore au rouge ne donnent lieu directement à aucune réaction. Au four électrique, le carbone se dissout dans le métal pour donner de la fonte de tungstène et du carbure ; au four électrique également, le silicium et le bore produisent des siliciures et borures fondus à aspect métallique [H. Moissan].

L'eau ne paraît pas l'attaquer, à la température ordinaire, même après plusieurs mois ; mais la vapeur d'eau au rouge l'oxyde rapidement ; les acides fluorhydrique, chlorhydrique, sulfurique ne réagissent que très difficilement ; mais l'acide azotique ou l'eau régale le transforme rapidement en acide tungstique ; le mélange des acides fluorhydrique et azotique le dissout complètement [H. Moissan] ; il réduit les sulfates et tungstates alcalins [Hallopeau]. Il résiste à l'action du trifluorure d'arsenic [Ruff et Graff, *D. chem. G.*, **39**, 67, 1906, *Bull. Soc. Chim.*, (3), **36**, 1033, 1906]. Quelques oxydants, tels que le bioxyde de plomb, le chlorate de potassium, transforment, avec une belle incandescence, le métal pulvérisé en acide tungstique; les alcalis fondus, le carbonate de soude en fusion l'attaquent lentement; le mélange oxydant carbonate de potassium et azotate de potassium, le transforme rapidement en tungstate de potassium.

Poids atomique. — Les différentes méthodes qui ont servi à la détermination du poids atomique du tungstène sont basées sur : la réduction de l'anhydride tungstique par l'hydrogène et la réoxydation du métal; l'analyse de l'hexachlorure et le dosage de l'eau du métatungstate barytique.

Les nombres obtenus dans ces dernières années sont les suivants :

Roscoe. — Réduction de l'anhydride tungstique............	183,84
Analyse de l'hexachlorure	184,25
L. Meyer et Seubert. H = 1, O = 15,96	183,6
Ostwald. O = 16.................	184,0
S. W. Clarke. H = 1, O = 15,96.....	183,5
Smith et Pennington. — Réduction..	184,921
Oxydation ..	184,701
Thomas......................	184,722
Hardin.................	184,1 à 184,8

[Roscoe, *Ann. Chem.*, **162**, 349, 1872; *Chem. News*, **25**, 61, 1873; — *Bull. Soc. Chim.*, **17**, 209, 1872; — L. Meyer et Seubert, *Die Atomgewichte der Elem. Lepzig*, 1883; *Pharmaceutische Rundschau von Hoffmann*, New-York, 9 avril 1901; — Ostwald, *Lehrbuch der Allegemeinen Chemic*, 1, 30 à 125, 1891; — F. W. Clarke, *Pharmaceut. Rundsc. von Hoffmann*, New-York, 9 avril 1901; — Smith et Pennington, *Zeit. anorg. Chem.*, 8, 202, 1895; — Smith et Desi, *ibid.*, 8, 205, 1895; — Thomas, *Journ. Am. Chem. Soc.*, 21, 373, 1899; — Hardin, *ibid.*, 21, 1017, 1899].

Valence. — Les formules des différentes combinaisons du tungstène et en particulier celles des halogènes indiquent comme valence de ce corps simple les nombres 2, 4, 5, 6.

COMBINAISONS DU TUNGSTÈNE AVEC LE FLUOR. — Ces composés sont peu étudiés; à la température ordinaire, le fluor attaque le tungstène pour donner un corps volatil (H. Moissan); le fluorure d'argent anhydre réagit, sous l'influence d'une légère élévation de température, sur l'hexachlorure de tungstène; cette réaction effectuée à l'abri de l'air donne un composé blanc, volatil, qui se condense à la température ordinaire en une masse cristalline facilement décomposable par l'eau et qui contient du fluor et du tungstène [Ed. Defacqz, *Traité de Chimie Minérale* de H. Moissan, III, 766, 1905].

Hexafluorure de tungstène Tu Fl⁶. — Ce composé a été préparé par Ruff et Eisner [*D. chem. G.*, 38, 742, 1905] en traitant 1° l'hexachlorure de tungstène par l'acide fluorhydrique;

2° L'hexachlorure par le trifluorure d'arsenic [Ruff, *Zeit. anorg. Chem.*, 52, 256, 1907; *Bull. Soc. Chim.*, 2, 1252, 1907];

3° L'hexachlorure par le pentafluorure d'antimoine [Ruff, *loc. cit.* et *D. chem. G.*, 39, 4310, 1906; *Bull. Soc. Chim.*, 2, 1034, 1907].

Ce fluorure est gazeux et 10 fois plus lourd que l'air. Il se volatilise sans fondre à — 20° sous 380 mm. de pression, fond à + 2°, distille à + 19°,5 [Ruff, *Zeit. anorg. Chem.*, 20, 1217, 1907]; il fume à l'air, attaque le verre et le mercure et est décomposé par l'eau et les alcalis.

Oxyfluorures de tungstène Tu O² Fl². — Les essais effectués pour obtenir ce composé ont donné un produit impur [Ruff, *Zeit. anorg. Chem.*, 52, 256, 1907; *Bull. Soc. Chim.*, 2, 1252, 1907].

Tu O² F. — A été obtenu en traitant l'oxychlo-

rure correspondant par l'acide fluorhydrique ou l'anhydride tungstique par le fluorure de plomb ou de bismuth [Ruff, *loc. cit.*].

C'est un corps qui est fusible à 110° et qui distille entre 185 et 190° [Ruff, *Zeit. anory. Chem.*, 20, 1217, 1907; *Bull. Soc. Chim.*, 2, 1228, 1907].

HEXACHLORURE DE TUNGSTÈNE, Tu Cl⁶. — On prépare encore facilement l'hexachlorure par l'action, à l'abri de l'air et de l'humidité, du chlore sec sur le bisulfure cristallisé; le chlorure de soufre formé pendant la réaction est éliminé à cause de la grande différence des points d'ébullition des deux chlorures [Ed. Defacqz, *C. R.*, 128, 609, 1899].

L'acide bromhydrique liquéfié donne, suivant les conditions de l'expérience, des chlorobromures; l'acide iodhydrique gazeux, un bijodure; l'acide iodhydrique liquéfié, un tétraiodure; l'hydrogène sulfuré gazeux vers 400° produit un bisulfure amorphe. Quand il est liquéfié et en tube scellé c'est un chlorosulfure qui se forme; l'hydrogène phosphoré gazeux dans de certaines conditions formera le biphosphure; l'hydrogène arsénié le biarséniure; quand ce dernier gaz agira liquéfié c'est un chloroarséniure qui prendra naissance [Ed. Defacqz, *Ann. Chim. Phys.*, (7), 22, 238, 1901].

Le fluorure d'argent anhydre agit par double décomposition [Ed. Defacqz, *loc. cit.*].

Le pentafluorure d'antimoine réagit sur l'hexachlorure pour donner de l'hexafluorure de tungstène [Ruff, *D. chem. G.*, 39, 4310, 1906; *Bull. Soc. Chim.*, 2, 1034, 1907].

Le sulfure d'azote a sur l'hexachlorure d'abord une action réductrice, puis donne le composé Tu Cl⁴ Az⁴ S⁴, décomposable à l'air humide [Davis, *Chem. Soc.*, 89, 1575, 1906; *Bull. Soc. Chim.*, 2, 583, 1907].

Oxychlorures, Tu O² Cl². — L'ammoniac liquide réagit sur ce composé et donne finalement le corps Tu O³, 3 Az H³ [Rosenheim et Jacobson, *Zeit. anorg. Chem.*, 50, 297, 1906; *Bull. Soc. Chim.*, 2, 571, 1907].

HEXABROMURE DE TUNGSTÈNE Tu Br⁶. — Cet hexabromure a été préparé et étudié par Herbert, A. Schaffer, E. Smith [*J. Am. Chem. Soc.*, 18, 1098, 1896; *Chem. News*, 75, 37, 1897], en faisant passer sur du tungstène, modérément chauffé, de la vapeur de brome entrainée par un courant d'azote en évitant toute trace d'air et d'humidité; l'azote et le brome étant purifiés et desséchés tout spécialement. Ce composé est formé d'aiguilles d'un bleu noir; il se décompose sous l'influence d'une température peu élevée; il donne des fumées blanches au contact de l'air; l'eau le transforme en oxyde bleu et en acide bromhydrique; la solution d'ammoniaque étendue le dissout en un liquide incolore.

PENTABROMURE DE TUNGSTÈNE. Tu Br⁵. — On peut l'obtenir aussi très facilement en faisant passer un courant de gaz bromhydrique parfaitement sec sur de l'hexachlorure porté, à l'abri de l'air, à la température de 300° [Ed. Defacqz, *C. R.*, 128, 1332, 1899].

CHLOROBROMURES DE TUNGSTÈNE : 1° Tu Cl⁶ Tu Br⁶. — Ce chlorobromure se forme à la température de 15° par l'action en tube scellé de l'acide bromhydrique liquéfié sur l'hexachlorure de tungstène. Après deux ou trois jours de contact la réaction est terminée. Après avoir été isolée elle se présente sous la forme d'une substance cristallisée vert olive hygroscopique, facilement décomposable par l'eau, soluble dans un grand nombre de liquides *anhydres* tels que : l'alcool absolu, l'éther, le sulfure de carbone, le benzène, etc...;

2° Tu Cl⁶, 3 Tu Br⁶. — Ce composé est préparé

comme le précédent, mais on porte le tube scellé à la température de 60-70° pendant quelques heures; c'est une substance qui fond à 232°, et possède des propriétés chimiques analogues à la précédente [Ed. Defacqz, *C. R.*, **129**, 515, 1899].

BIIODURE DE TUNGSTÈNE TuI^2. — *Préparation.* — Ce composé binaire s'obtient facilement en chauffant entre 400 et 450° de l'hexachlorure de tungstène dans un tube traversé par un courant de gaz iodhydrique parfaitement sec; la masse brune infusible que l'on retire du tube est d'abord lavée au sulfure de carbone, puis à l'alcool absolu, puis séchée; il est indispensable de maintenir la température dans les limites indiquées [Ed. Defacqz, *C. R.*, **126**, 962, 1898].

Propriétés. — C'est un corps amorphe brun insoluble dans l'eau, l'alcool, le sulfure de carbone. Il est infusible, n'est pas volatil sans décomposition; sa densité à $+18°$ est de 6,9. L'hydrogène le réduit au-dessus de 500°; le chlore le transforme en chlorure dès 250°; sous l'influence d'une faible élévation de température l'air ou l'oxygène le décomposent en anhydride tungstique avec départ d'iode.

Les acides et les alcalis en solution le détruisent rapidement (Ed. Defacqz).

TÉTRAIODURE DE TUNGSTÈNE TuI^4. — *Préparation.* — L'hexachlorure de tungstène, chauffé en tube scellé pendant deux heures vers 100 à 110° avec de l'acide iodhydrique liquéfié, se transforme complètement en tétraiodure de tungstène et en acide chlorhydrique. Après réaction la partie solide isolée est débarrassée de petites quantités d'iode en la chauffant dans le vide entre 50 et 60°.

Propriétés. — C'est une substance noire à aspect cristallin, qui s'altère lentement au contact de l'air; elle est infusible et ne se volatilise pas sans décomposition; elle est insoluble dans l'eau, l'éther, le chloroforme. Sa densité à $+18°$ est de 6,2. L'hydrogène la ramène à l'état métallique avant le rouge sombre; l'eau, les acides, les alcalis en solution l'attaquent rapidement à chaud [Ed. Defacqz, *C. R.*, **127**, 510, 1898].

COMBINAISONS DU TUNGSTÈNE AVEC L'OXYGÈNE. — Outre les 3 combinaisons anhydres du tungstène et de l'oxygène : TuO^2, Tu^2O^3, TuO^3, il a été récemment décrit 5 composés qui ne sont peut-être pas de véritables combinaisons mais de simples mélanges.

Nous citerons, dans ce cas :

1° TuO ou Tu^2O TuO^2. — Il s'obtient par l'action de l'acide sulfurique concentré sur le tungstène métallique : c'est une substance bleue, insoluble dans l'eau, qui, sous l'influence de l'ammoniaque se transforme en tungstène et en tungstate d'ammonium [Desi, *J. Am. Chem. Soc.*, **19**, 213, 1897; *Bull. Soc. Chim.*, (3), **18**, 984, 1897; *Chem. Centr. Bl.*, 797, 1897];

2° Tu^4O^3. — Cet oxyde s'obtient en traitant le métal par l'acide sulfurique bouillant : il est gris bleu, précipite l'argent de sa solution azotique; l'ammoniaque le décompose en métal et en acide tungstique (Desi);

3° Tu^2O^3 ou TuO, TuO^2. — Le métal chauffé en tube scellé à 180° avec l'acide sulfurique donne ce composé; il est bleu sombre, il réduit les solutions d'argent, et sous l'action des alcalis donne du tungstène et du tungstate soluble (Desi);

4° Tu^5O^{11} ou $4TuO^3.TuO^2$. — Le composé gris qui correspond à cette formule se produit en même temps que du soufre par l'action d'une solution concentrée d'acide sulfureux sur le métal à 110° (Desi);

5° Tu^3O^8 ou $2TuO^3.TuO^2$. — Cet oxyde déjà obtenu par von Uslar ne doit être que l'oxyde bleu. Desi l'obtient en calcinant au rouge le tritungstate d'ammoniaque;

6° Tu^4O^{11}. — Comme le précédent, cette combinaison semble être formée d'oxyde bleu; Göbel la prépare en faisant agir l'oxyde de carbone sur l'anhydride tungstique fortement chauffé.

BIOXYDE DE TUNGSTÈNE, TuO^2. — Il se forme par la décomposition du biiodure de tungstène par le gaz carbonique à 500° [Ed. Defacqz, *C. R.*, **126**, 962, 1898]. Il se prépare à l'état cristallisé en réduisant par l'hydrogène le paratungstate de lithium à une température voisine de la fusion du verre; le produit qui reste après refroidissement est purifié par des traitements à l'eau bouillante, à l'acide chlorhydrique, avec des solutions alcalines de lithine; puis soigneusement lavé et séché [Hallopeau, *C. R.*, **127**, 512, 1898; *Bull. Soc. Chim.*, **19**, 748, 1898].

Dans ces conditions c'est une poudre brune à reflets métalliques formée de petits cristaux opaques (Hallopeau).

C'est un corps réducteur qui peut être titré par le permanganate de potassium et le sulfate ferreux [O. V. der Pfordten, *Ann. Chem.*, **222**, 158, 1884].

OXYDE BLEU DE TUNGSTÈNE Tu^2O^5. — Voy. Dict., *Tungstate de tungstène.*

L'oxyde bleu provenant de la réduction partielle de l'anhydride tungstique est un catalyseur remarquable de déshydratation, il peut facilement dédoubler les alcools primaires en eau et carbures éthyléniques [Sabatier, Mailhe, *Bull. Soc. Chim.*, (4), **1**, 773, 1907].

ANHYDRIDE TUNGSTIQUE, TuO^3. — L'anhydride tungstique est réduit par le charbon à la température du four électrique pour donner la fonte, le carbure ou le métal (H. Moissan), l'aluminium provoque la même réduction (Stavenhagen); le zinc le réduit également en fournissant un produit pulvérulent (Delépine); le soufre en présence de carbonate de potassium transforme au rouge l'anhydride tungstique en sulfure (Ed. Defacqz), le perchlorure de phosphore peut donner des produits complexes [Ehrenfeld, *J. Am. Chem. Soc.*, 381, 1895; *Bull. Soc. Chim.*, (3), **14**, 919, 1895].

ACIDES TUNGSTIQUES. — *Acide tungstique* TuO^4H^2. — *Acide métatungstique* $(TuO^3)^4, H^2O + 8H^2O$. — Pour ces composés voy. Dict, p. 520 et suiv.

Acide paratungstique. — Le tungstate acide de baryum décomposé par l'acide sulfurique met cet acide en liberté; ses solutions, même très étendues, se décomposent spontanément avec formation d'un hydrate blanc qui se transforme en hydrate jaune; il est donc impossible de le concentrer même dans le vide [Hallopeau, *Ann. Chim. Phys.*, (7), **19**, 135, 1900].

Acide tungstique colloïdal. — Cet acide qui a été découvert et étudié par Graham [*Ann. Chim. Phys.*, (4), **3**, 128, 1864] est mis en doute par Sabanajeff [*Zeit. anorg. Chem.*, **14**, 354, 1898; *Bull. Soc. Chim.*, (3), **20**, 149, 1898]; voyez Dict., p. 521.

ACIDE PERTUNGSTIQUE Tu^2O^7Aq. — Cet acide n'a pas été isolé; en faisant agir l'eau oxygénée sur le paratungstate de sodium ou d'ammonium, et en maintenant la liqueur à l'ébullition pendant quelques minutes, il se produit une teinte jaune, c'est de l'acide pertungstique $Tu^2O^7.Aq$ [Péchard, *C. R.*, **112**, 1060, 1891; *Bull. Soc. Chim.*, (3), **6**, 550, 1891. — Voy. aussi Pissarjewsky, *Zeit. phys. Chem.*, **43**, 160, 1903; *Bull. Soc. Chim.*, (3), **32**, 264, 1904].

SULFURE DE TUNGSTÈNE, TuS^2. — *Préparation.* — On le prépare aisément en modifiant la méthode de Riche; on fond un mélange aussi intime que possible de carbonate de potassium pur et sec, de fleur de soufre et d'anhydride tungstique dans les proportions suivantes :

Carbonate de potassium	138 p.
Anhydride tungstique	464 p.
Soufre en fleurs	538 p.

Le mélange est d'abord porté au rouge sombre, et dès que le boursouflement de la masse est opéré, on élève la température de manière à obtenir une fusion complète et tranquille; on la maintient pendant une 1/2 heure ou 3/4 d'heure. Après refroidissement la masse est épuisée par l'eau froide, puis par l'eau bouillante [Ed. Defacqz, *C. R.*, **128**, 609, 1899].

Propriétés. — Sa densité est de 7,5 à $+ 10°$ (Ed. Defacqz).

C'est un composé très stable, résistant à l'action de la chaleur à l'abri de toute oxydation dans ces conditions; à la température du four électrique seulement il perd du soufre sans fondre et donne finalement un culot de métal fondu. L'hydrogène ne commence à le réduire que vers 800° pour fournir du tungstène (Riche) sans formation de sous-sulfure (Ed. Defacqz).

Les halogènes l'attaquent facilement : le fluor à la température ordinaire; le chlore à 400°; le brome à 700°. Les hydracides en solution ou gazeux, à froid ou à chaud, n'ont aucune action; l'eau régale ordinaire ou fluorhydrique le détruisent rapidement; les alcalis, les carbonates alcalins fondus le transforment aisément en sulfate et tungstate alcalin (Ed. Defacqz).

TRISULFURE DE TUNGSTÈNE, TuS^3. — On traite le sulfotungstate d'ammoniaque par un excès d'acide chlorhydrique en évitant l'action de l'air; le précipité est lavé avec de l'eau chargée d'hydrogène sulfuré, filtré et desséché vers 100° dans un courant de gaz carbonique [Corleïs, *Ann. Chem.*, **232**, 244, 1886; *Bull. Soc. Chim.*, **47**, 190, 1887].

Trisulfure de tungstène colloïdal. — On ajoute à une solution de sulfotungstate de sodium une quantité un peu plus que suffisante pour saturer l'alcali et mettre le sulfure tungstique en liberté; la solution qui était rouge orangé intense, devient brun très foncé sans perdre sa transparence. Le sulfure est à l'état colloïdal [C. Vinssinger, *B. Acad. Belge*, (3), **15**, 390, 1888].

CHLOROSULFURE DE TUNGSTÈNE, $TuCl^6, 3TuS^3$. — L'acide sulfhydrique liquéfié mis en contact avec l'hexachlorure de tungstène en tube scellé donne ce composé après 36 heures à la température de 60 à 65° [Ed. Defacqz, *Ann. Chim. Phys.*, (7), **22**, 238, 1901]. C'est une poudre brune, complètement insoluble dans le sulfure de carbone, l'alcool, la benzine; elle est décomposée par l'eau et facilement oxydée par l'acide azotique ou la potasse (Ed. Defacqz).

OXYSULFURE DE TUNGSTÈNE. — Voy. Corleïs [*Ann. Chem.*, **232**, 244, 1886; *Bull. Soc. Chim.*, **47**, 190, 1887] et C. Vinssinger [*B. Acad. Belge* (3), **15**, 390, 1888].

COMBINAISONS DU SÉLÉNIUM ET DU TUNGSTÈNE. — Le sélénium et le tungstène donnent deux combinaisons : le *biséléniure* $TuSe^2$ et le *triséléniure* $TuSe^3$.

Ces composés ont été obtenus et étudiés par Uelsmann [*Jahresb.*, 92, 1860].

AZOTURE DE TUNGSTÈNE, Tu^2Az^3. — Ce composé a été isolé par S. Rideal en étudiant l'action du gaz ammoniac, sur l'hexachlorure de tungstène ou l'oxytétrachlorure $TuOCl^4$; le chlorure d'ammonium formé est ensuite enlevé par l'eau [S. Rideal, *J. Chem. Soc.*, **55**, 41, 1889; *Bull. Soc. Chim.*, (3), **1**, 726, 1889].

Oxyazotoamidure de tungstène. — D'après Wöhler la formule de ce corps serait : $Tu^7Az^8H^7O^4$;

elle serait suivant S. Rideal [*loc. cit.*] $Tu^5Az^6H^3O^8$.

Oxyazotures de tungstène, 1° $TuAz^2, TuO^3$. — Il a été préparé par S. Rideal [*loc. cit.*] en chauffant l'anhydride tungstique avec du chlorure d'ammonium;

2° $Tu^5Az^3O^{11}$. — Il a été obtenu par Desi en chauffant l'anhydride tungstique dans un courant d'azote à température élevée [*Am. Chem. Soc.*, **19**, 213, 1897; *Bull. Soc. Chim.*, (3), **18**, 984, 1897];

3° $Tu^5Az^8O^5$. — Ce composé s'obtient en chauffant faiblement un mélange d'anhydride tungstique et de cyanure de potassium (Desi);

4° $Tu^7Az^8O^7$. — Cet oxyazoture se forme en même temps que le précédent dans la même réaction (Desi).

PHOSPHURE DE TUNGSTÈNE, TuP. — Ce phosphure s'obtient en chauffant pendant 3 ou 4 h. à une température voisine de 1300° un mélange de 1 p. du composé TuP^2 avec 20 à 30 fois son poids de cuivre phosphoré.

Le mélange est mis à l'abri de l'action des gaz du foyer; après refroidissement le produit fondu est traité par l'acide azotique étendu qui isole le phosphure cristallisé.

C'est un corps cristallisé en prismes gris.

Sa densité est 8,5. Il s'oxyde au rouge dans un courant d'oxygène; l'hydrogène n'a pas d'action jusqu'à 900°; le chlore l'attaque facilement, l'acide azotique l'oxyde lentement à chaud; les acides fluorhydrique et chlorhydrique n'ont aucune action; l'eau régale fluorhydrique ou chlorhydrique, les alcalis, les mélanges oxydants ont une action dissolvante très rapide [Ed. Defacqz, *C. R.*, **132**, 32, 1901; *Ann. Chim. Phys.*, (7), **22**, 238, 1901].

BIPHOSPHURE DE TUNGSTÈNE, TuP^2. — Ce composé se prépare en faisant agir l'hydrogène phosphoré gazeux sec sur l'hexachlorure de tungstène à une température maintenue entre 450 et 500°; on élimine le phosphore libre par des lavages au sulfure de carbone, puis on sèche dans le vide. Il se présente sous la forme d'une substance solide noire à aspect cristallin, d'une densité de 5,8; il est insoluble dans l'eau, dans le sulfure de carbone, dans l'alcool, l'éther, le chloroforme, la benzine, l'essence de térébenthine, etc.... Il n'est pas fusible sans décomposition; l'hydrogène ne commence à le réduire que vers 600°; les halogènes l'attaquent; il brûle dans l'oxygène avec un vif éclat dès 450°; quelques métaux tels que le cuivre, le zinc, l'aluminium le décomposent vers 1000°; les autres réactions sont analogues à celles du phosphure précédent [Ed. Defacqz, *C. R.*, **130**, 915, 1900; *Ann. Chim. Phys.*, (7), **22**, 238, 1901].

ACIDES PHOSPHOTUNGSTIQUES. — Péchard les prépare en faisant évaporer dans des conditions convenables un mélange d'acide phosphorique et d'acide métatungstique en proportions déterminées [*C. R.*, **108**, 1167, 1889].

Ces composés nombreux peuvent être classés suivant le nombre de molécules de TuO^3 combinées à 1 mol. de P^2O^5. On a alors :

L'acide à $24TuO^3$. — $P^2O^5, 24TuO^3 + nH^2O$ ou $H^3PTu^{12}O^{40} + xH^2O$.

L'acide à $20TuO^3$. — $P^2O^5, 20TuO^3 + 52H^2O$.

L'acide à $18TuO^3$. — $3H^2O, P^2O^5, 18TuO^3 + 38H^2O$.

L'acide à $16TuO^3$. — $P^2O^5, 16TuO^3 + nH^2O$ ou $H^3PTu^8O^{28} + xH^2O$.

L'acide à $12TuO^3$. — $P^2O^5, 12TuO^3 + 42H^2O$.

L'acide à $7TuO^3$.

(Voy. *Traité* de H. Moissan, IV, p. 797 et suiv., 1905).

BIARSÉNIURE DE TUNGSTÈNE, $TuAs^2$. — Ce composé se prépare par l'action de l'hydrogène arsénié gazeux sec sur l'hexachlorure pur; la température ne doit pas dépasser 350°; la réaction est très lente et n'est complète qu'au bout de 8 à 10 heures.

Dans ces conditions on obtient après purification une substance noire à aspect cristallin, insoluble dans l'eau, le benzène, le chloroforme et le sulfure de carbone, d'une densité de 6,9 à + 18°; ses propriétés chimiques sont semblables à celles du phosphure correspondant [Ed. Defacqz, *C. R.*, **132**, 138, 1901].

Chloroarséniure de tungstène, Tu^2AsCl^9. — Quand on chauffe l'hexachlorure de tungstène pur en tube scellé, pendant 2 heures, entre 60 et 75°, avec de l'hydrogène arsénié liquide, on obtient cette combinaison.

Ce sont de petits cristaux d'un noir bleuté, très hygroscopiques. Il est décomposé par l'eau; est insoluble dans le sulfure de carbone sec, le benzène sec, l'alcool absolu et l'éther anhydre; les acides et les alcalis réagissent fortement [Ed. Defacqz, *Ann. Chim. Phys.*, (7), **22**, 238, 1901].

ACIDES ARSÉNIOTUNGSTIQUES. — Voy. Kehrmann [*Ann. Chem.*, **245**, 45 à 57, 1888; *Bull. Soc. Chim.*, (3), **2**, 19, 1889].

COMBINAISON DE L'ANTIMOINE AVEC LE TUNGSTÈNE, $3Sb^2O^5, 4TuO^3, 3H^2O + 8H^2O$. — C'est Hallopeau [*C. R.*, **123**, 1065, 1896] qui a isolé et décrit cette combinaison sous le nom d'acide antimoniotungstique; il l'obtient en décomposant l'antimoniotungstate d'argent par l'acide chlorhydrique; bien préparé, cet acide vitreux n'éprouve aucune perte de poids à 100° et correspond à la formule indiquée.

ACIDES TUNGSTOVANADIQUES. — [Voy. Rosenheim, *Ann. Chem.*, **254**, 197, 1889; — Friedheim, *D. chem. G.*, **23**, 1505, 1890; *Bull. Soc. Chim.*, (3), **5**, 24, 1891].

BORURE DE TUNGSTÈNE, B^2Tu. — Les deux éléments chauffés au four électrique donnent une combinaison d'aspect métallique et d'apparence cristalline qui raie le rubis avec facilité [H. Moissan, *C. R.*, **123**, 13, 1896; *An. Ch. Ph.*, (7), **8**, 570, 1896]; il a été isolé par A. Tucker et R. Moody en chauffant les deux constituants pendant 5 min. avec un courant de 175 amp. sous 68 volts [*J. Chem. Soc.*, **84**, 14 à 17, 1902; *Bull. Soc. Chim.*, (3), **28**, 359, 1902].

C'est un corps cristallisé en octaèdres microscopiques d'une densité de 9,6 et d'une dureté de 8; peu attaquable par les acides il l'est assez facilement par l'eau régale.

CARBURES DE TUNGSTÈNE. — 1° *Carbure* CTu^2. — Ce composé a été isolé par H. Moissan [*C. R.*, **123**, 13, 1896]; il se prépare en chauffant au four électrique un mélange intime de charbon et d'anhydride tungstique dans la proportion voisine de la formule $TuO^3 + 3C$.

On obtient une masse fondue d'un gris de fer; ce carbure est très dur, raie facilement le corindon; sa densité est 16,06 à + 18°. Il possède les mêmes propriétés chimiques que le métal; c'est le carbure stable à haute température, à celle de fusion ou même d'ébullition du tungstène.

Carbure, CTu. — Ce carbure se prépare en chauffant un mélange d'anhydride tungstique (120 gr.), de coke de pétrole (20 gr.) et de fer (150 gr.), soit à un violent feu de forge pendant 1 heure, soit au four électrique pendant 5 à 6 min.; la masse métallique est épuisée par l'acide chlorhydrique étendu pour éliminer le fer; les carbures doubles formés sont magnétiques, le carbure CTu ne l'est pas; on les sépare en se basant sur cette propriété; on purifie le carbure en le soumettant à l'action du chlore qui ne l'attaque pas et en éliminant les parties plus légères que 3,4 par l'iodure de méthylène.

Ce composé se présente sous la forme d'une poudre gris de fer formée de cubes à éclat métallique; il est très dur, raie le quartz; sa densité est de 15,7 à 18°; sous l'action de la chaleur il se décompose en CTu^2 et carbone; ses propriétés chimiques sont semblables à celles du carbure précédent; le chlore l'en différencie nettement, il n'a aucune action sur ce dernier carbure à une température supérieure à celle du rouge [P. Williams, *C. R.*, **126**, 1722, 1898].

CARBURES DOUBLES. — *Carbures de fer et de tungstène*. — Deux de ces combinaisons ont été isolées :

1° Fe^2C, TuC. — Elle est retirée des aciers carburés à 2 0/0 de carbone et renfermant du tungstène; on les traite, à l'abri de l'air, par de l'acide chlorhydrique étendu de 10 fois son volume d'eau; le résidu est ensuite purifié; ce carbure est attirable à l'aimant [A. Carnot et Goutal, *C. R.*, **128**, 207, 1899].

2° $2Fe^3C, Tu^2C$. — On obtient cette combinaison en même temps que le carbure TuC. La masse que l'on retire du four électrique est traitée par l'acide chlorhydrique; on sépare le carbure double du carbure de tungstène au moyen de l'aimant, le carbure double étant magnétique; c'est une poudre cristalline d'une densité de 13,4 à + 18°, attaquable par la potasse en fusion et insoluble dans l'acide chlorhydrique concentré [P. Williams, *C. R.*, **127**, 410, 1898].

Carbure de chrome et de tungstène, $3Cr^3C^2, Tu^2C$. — On l'obtient : 1° en chauffant au four électrique les 3 éléments en présence de cuivre; 2° en réduisant au four électrique un mélange des 2 oxydes. Ce composé est gris, d'aspect métallique, très dur, rayant le quartz et la topaze; il n'est pas magnétique. Sa densité est de 8,41 à 22°; il est très stable, n'est pas attaqué par les acides ni par l'eau régale; les alcalis en fusion le dissolvent [Moissan et Kouznetzow, *C. R.*, **137**, 292, 1903; *Bull. Soc. Chim.*, (3), **34**, 563, 1904].

SILICIURE DE TUNGSTÈNE, Si^3Tu^2. — Le silicium et le tungstène se combinent au four électrique [H. Moissan, *C. R.*, **123**, 13, 1896]. La masse fondue est suspendue dans l'acide chlorhydrique au 1/10 où elle sert d'anode; le dépôt est traité par l'eau régale, puis par l'ammoniaque pour dissoudre l'acide tungstique formé, puis par l'acide fluorhydrique pour éliminer la silice; l'iodure de méthylène en sépare les parties plus légères que 3,4.

Le produit isolé est formé de cristaux d'une densité de 10,9; il est fusible au rouge blanc, facilement attaqué par les halogènes; les acides fluorhydrique, chlorhydrique, azotique, n'ont aucune action ni à froid, ni à chaud; l'eau régale chlorhydrique ne l'attaque pas; il n'en est pas de même de l'eau régale fluorhydrique, qui le dissout rapidement [Vigouroux, *C. R.*, **127**, 393, 1898]. Voy. aussi Vigouroux [*Bull. Soc. Chim.*, (4), **1**, 790, 1907].

Siliciure, Si^2Tu. — Ce siliciure se prépare par deux méthodes différentes :

1° Au four électrique par le procédé Lebeau : on fait agir sur le siliciure de cuivre le tungstène amorphe préparé par la réduction, au rouge, de l'anhydride tungstique par l'hydrogène. La masse fondue obtenue est successivement traitée par l'acide azotique à 10 0/0 et la soude étendue (10 0/0); on obtient finalement un résidu formé de petits cristaux qui sont traités à chaud par l'acide fluorhydrique concentré et dont les parties plus légères que 3,4 sont éliminées par l'iodure de méthylène [Ed. Defacqz, *loc. cit.*].

2° Par voie aluminothermique. Le mode opératoire employé est celui que Holeman a indiqué pour la préparation du silicium [*Rec. Pays-Bas*, **33**, 380, 1904].

La masse fondue, séparée du sulfure d'aluminium, est soumise à des traitements répétés à l'acide chlorhydrique (10 0/0) et à la soude (10 0/0), puis le résidu cristallisé est purifié [Ed. Defacqz, *C. R.*, **144**, 848, 1907].

Il se présente sous deux aspects différents suivant son mode de préparation; ce sont de belles aiguilles prismatiques ou des cristaux accolés; sa densité est de 9,4 à 0°; il n'est pas magnétique. Le chlore l'attaque facilement; il résiste à l'action des acides, sauf au mélange acide fluorhydrique et acide azotique qui le dissout facilement; les alcalis, les carbonates alcalins l'attaquent rapidement quand ils sont fondus; le bisulfate vers son point de fusion ne l'altère pas [Ed. Defacqz, *C. R.*, **144**, 848, 1907; *Bull. Soc. Chim.*, (4), **1**, 844, 1907; — Hœnigschmid, *Mon. f. Chem.*, **28**, 1017-1029, 1907; *Bull. Soc. Chim.*, (4), **4**, 473, 1908].

ACIDES SILICOTUNGSTIQUES. — Il existe 3 de ces combinaisons :

1° $SiO^2, 12TuO^3, 4H^2O$, acide silicotungstique;

2° $12TuO^3, SiO^2, 4H^2O$, acide tungstosilicique;

3° $SiO^2, 10TuO^3, 4H^2O$, acide silicodécitungstique.

Copaux [*Bull. Soc. Chim.*, (4), **3**, 102, 1908] a repris l'étude de la préparation de ces 3 composés et a indiqué les modes opératoires à employer pour arriver à des résultats certains.

Acide silicotungstique. — *Préparations* :

1° Action de la silice gélatineuse sur une liqueur nitrique de tungstate de soude, puis extraction de l'acide par agitation de la liqueur avec l'éther en présence d'acide sulfurique; procédé déjà indiqué par Dreschell [*D. chem. G.*, **20**, 1453, 1887] (Copaux).

2° Action de l'hydrate tungstique sur le silicate de soude à 150° en tube scellé;

3° Action du tungstate de soude sur le silicate de soude en milieu acétique (Copaux).

Acide tungstosilicique. — On l'obtient en substituant l'acide sulfurique à l'acide acétique dans le procédé précédent (3°) [Copaux, *loc. cit.*].

Acide silicodécitungstique. — Sa préparation consiste à traiter la solution d'acide silicotungstique par l'ammoniaque bouillante qui le convertit en tungstate d'ammoniaque et en silicodécitungstate d'ammoniaque [Copaux, *loc. cit.*].

ACIDE TITANOTUNGSTIQUE. — Quoique l'acide titanique gélatineux se dissolve en petites quantités dans les dissolutions bouillantes de paratungstates alcalins, il paraîtrait n'y avoir aucune combinaison [Hallopeau, *Ann. Chim. Phys.*, (7), **19**, 92, 1900].

ACIDE ZIRCONOTUNGSTIQUE. — Si les zirconotungstates existent, l'acide correspondant n'a pas été isolé [Hallopeau, *An. Ch. Ph.*, (7), **19**, 92, 1900].

ALLIAGES DU TUNGSTÈNE.

ALUMINIUM. — 3 alliages cristallisés ont été isolés :

1° $AlTu^2$. — Il a été obtenu par l'aluminothermie : on mélange l'anhydride tungstique et l'aluminium dans les proportions comprises entre $AlTu^{10}$ et Al^5Tu; ce sont des cristaux insolubles dans l'eau régale [Guillet, *C. R.*, **132**, 1112, 1901; *Thèse Paris*, n° 1096, 1902];

2° Al^3Tu. — Les matières sont mélangées dans ce rapport Al^3Tu à $AlTu^5$; il est difficilement attaqué par les acides [Guillet, *loc. cit.*];

3° Al^4Tu. — Déjà préparé par Wohler et Michel; il se produit par l'aluminothermie en employant les proportions $AlTu$ à $Al^{10}Tu$ [Guillet, *loc. cit.*].

FER. — Le tungstène, incorporé d'une façon quelconque dans les fontes et les aciers, y est réellement combiné; il s'y trouve au moins en partie sous forme de carbure double, ou de siliciure simple ou double, ou de silico-carbure [voyez, pour ne citer que les auteurs récents, Carnot et Goutal, *C. R.*, **125**, 215, 1897; — Haddfield, *J. Iron and Steel Indus.*, 1903].

Deux combinaisons ont été isolées :

Fe^3Tu. — L'acide chlorhydrique étendu attaque certains aciers au tungstène en laissant un résidu qui correspond à cette formule [Carnot et Goutal, *C. R.*, **128**, 207, 1899].

$FeTu^2$. — Cet alliage se forme au four électrique en même temps qu'un carbure double; ce sont des cristaux hexagonaux blanc d'argent de la dureté du rubis [Poleck et Grützner, *D. chem. G.*, **26**, 35, 1893].

Fe^3Tu^2. — Il a été préparé par voie aluminothermique. Ce sont des lamelles brillantes à aspect métallique, d'une densité de 13,89 à 0°, non magnétiques, peu attaquables par les acides [Vigouroux, *C. R.*, **142**, 1197, 1906; *Bull. Soc. Chim.*, (3), **35**, 1044, 1906].

MANGANÈSE [voy. Arrivaut, *C. R.*, **143**, 594, 1906; *Bull. Soc. Chim.*, **1**, 170, 1907].

MOLYBDÈNE. — L'alliage Tu.Mo s'obtient par la réduction d'un mélange des deux oxydes par la poudre d'aluminium [Stavenhagen et Suchard, *D. chem. G.*, **32**, 1513; **32**, 3064, 1899; **35**, 909, 1902; *Bull. Soc. Chim.*, (3), **28**, 518, 1902].

PLOMB. — L'alliage s'effectue en réduisant par l'aluminothermie le mélange des deux oxydes [Stavenhagen et Suchard, *loc. cit.*].

MOLYBDÈNE ET TITANE. — L'alliage correspond à la formule $TiTuMo$ et s'obtient par l'aluminothermie en réduisant le mélange des 3 oxydes [Stavenhagen et Suchard, *loc. cit.*].

SELS. — TUNGSTATES, SULFOTUNGSTATES, BOROTUNGSTATES, SILICOTUNGSTATES, ETC. MÉTALLIQUES. — (Voy. Dict. 3, 520 et suiv. et 1er Suppl., 1620 et suiv.).

AMMONIUM. — *Phosphotungstate*, $2(AzH^4)^2O, P^2O^5, 12TuO^3 + 5H^2O$. — C'est le sel d'ammoniaque de l'acide phosphobimétatungstique isolé par Péchard [*C. R.*, **110**, 754, 1890; *Bull. Soc. Chim.*, (3), **3**, 802, 1890].

Tungstovanadates : $7(AzH^4)^2O, V^2O^5, 14TuO^3 + 16aq$ [Rosenheim, *Ann. Chem.*, **251**, 197, 1889; *Bull. Soc. Chim.*, (3), **3**, 83, 1890].

$6(AzH^4)^2O, 3V^2O^5, 15TuO^3 + 30H^2O$. — Se forme par l'action d'une solution bouillante de tungstate d'ammoniaque sur l'acide vanadique [A. Ditte, *Ann. Chim. Phys.*, (6), **13**, 163, 1888].

$8(AzH^4)^2O, 4V^2O^5, 16TuO^3, 9H^2O + 4aq$ [Rosenheim, *loc. cit.*].

Silicovanadiotungstates : $3(AzH^4)^2O, SiO^2, V^2O^5, 10TuO^3 + 21H^2O$. — Par mélange des deux composants (Friedheim et Henderson).

$3(AzH^4)^2O, SiO^2, V^2O^5, 9TuO^3 + 24H^2O$ [Friedheim et Henderson, *D. chem. G.*, **35**, 3242, 1902; *Bull. Soc. Chim.*, (3), **30**, 319, 1903].

Zirconotungstate $3(AzH^4)^2O, ZrO^2, 10TuO^3, H^2O + 13H^2O$. — Se forme en ajoutant de la zircone gélatineuse en excès dans du paratungstate d'ammonium [Hallopeau, *Bull. Soc. Chim.*, (3), **15**, 917, 1896].

ARGENT. — *Phosphotungstates*. — Ils se préparent par double décomposition entre un sel d'argent et les sels alcalins correspondants :

$3Ag^2O, P^2O^5, 7TuO^3, nH^2O$ [Kehrman, *Zeit. anorg. Chem.*, **1**, 437, 1892].

$3Ag^2O, P^2O^5, 21TuO^3, nH^2O$ [Kehrmann et Frenkel, *D. chem. G.*, **24**, 2426, 1891].

$Ag^2O, P^2O^5, 12TuO^3, 8H^2O$ [Péchard, *C. R.*, **110**, 754, 1890].

Vanadiotungstate, $8Ag^2O,4V^2O^5,16TuO^3. 9H^2O$. — Action de l'azotate d'argent sur l'acide vanadiotungstique [Rosenheim, *Ann. Chem.*, **251**, 197, 1889; *Bull. Soc. Chim.*, (3), **3**, 85, 1890].

BARYUM. — *Tungstate neutre*, TuO^4Ba. — Il répondrait, suivant son mode de préparation à la formule $TuO^4Ba + \frac{5}{2}H^2O$ [Smith et Bradburg, *D. chem. G.*, **24**, 2930, 1892; *Bull. Soc. Chim.*, (3), **8**, 279, 1892] ou à la formule TuO^4Ba+4H^2O [Péchard, *C. R.*, **108**, 1167, 1889].

Son emploi a été préconisé pour la coloration de la porcelaine [Granger, *C. R.*, **116**, 106, 1893].

Paratungstate. — Celui qui, suivant Knorre, aurait pour formule $3BaO,7TuO^3 + 16H^2O$ correspondrait à $5BaO,12TuO^3 + 28H^2O$ [Hallopeau, *Thèse Paris*, n° 1006, 32, 1899].

Bronze de baryum $BaO,TuO^3 + TuO^2,3TuO^3$. — Il s'obtient, comme tous les bronzes de tungstène, par réduction des paratungstates; celui de baryum est une substance amorphe de couleur bleu foncé [Hallopeau, *loc. cit.*].

Phosphotungstates: $3BaOP^2O^5,16TuO^3+xH^2O$. — C'est un des sels de l'acide β de Kehrmann (voy. *Acides phosphotungstiques*).

$2BaOP^2O^5,12TuO^3 + 15H^2O$. — C'est le sel de baryum de la série des composés de l'acide phosphotrimétatungstique de Péchard.

Vanadiotungstates. — 1° $16TuO^3,4V^2O^5, 8BaO,9H^2O + 44aq$.

2° $12TuO^3,4V^2O^5,4BaO + 41$ aq.

Ces composés ont été isolés par Rosenheim [*loc. cit.*].

Bronzes sodirobarytiques. — 1° $2BaTu^4O^{12} + 2Na^2Tu^5O^{15}$; 2° $BaTu^{14}O^{12} + 5Na^2Tu^3O^9$. Ils ont été préparés par Engels [*Zeit. anorg. Chem.*, **37**, 125 à 151, 1903; — *Bull. Soc. Chim.*, (3), **32**, 661, 1904].

Phosphotungstates ammoniacobarytiques. — 1° $xBaO(AzH^4)OP^2O^5.22TuO^3 + yH^2O$ [Kehrmann et Frenkel, *Zeit. anorg. Chem.*, **1**, 428, 1892].

2° $BaAzH^4,PTu^8O^{23} + xH^2O$ [Kehrmann, *D. chem. G.*, **20**, 1805, 1887; *Bull. Soc. Chim.*, **48**, 502, 1887].

CALCIUM. — *Phosphotungstate* $2CaO,P^2O^5, 12TuO^3 + 19H^2O$. — Sel calcique de la série des sels de Péchard [*C. R.*, **110**, 754, 1890].

Arséniotungstate [Kehrmann, *Ann. Chem.*, **245**, 45 à 57, 1889; — *Bull. Soc. Chim.*, (3), **1**, 1889].

Bronze potassicocalcique $CaTu^4O^{12} + 5K^2Tu^4O^{12}$ [Engels, *Zeit. anorg. Chem.*, **37**, 125 à 151, 1903; *Bull. Soc. Chim.*, (3), **32**, 661, 1904].

Bronzes sodicocalciques $CaTu^4O^{12} + 5Na^2Tu^5O^{15}$ et $CaTu^4O^{12} + 10Na^2Tu^5O^9$ [Engels, *loc. cit.*].

CADMIUM. — *Tungstate neutre* $TuO^4Cd + nH^2O$ [Smith et Bradbury, *D. chem. G.*, **24**, 2930, 1892; *Bull. Soc. Chim.*, (3), **8**, 279, 1892].

Phosphotungstate $2CdO,P^2O^5.12TuO^3 + 13H^2O$ [Péchard, *C. R.*, **110**, 754, 1890].

CHROME. — *Chromite* $Cr^2O^3.5TuO^3$. — Ce sont des cristaux obtenus par fusion du bichromate de potassium et d'anhydride chromique [Smith, *Journ. Am. Chem. Soc.*, **15**, 151, 1893].

CUIVRE. — *Phosphotungstate* $2CuO,P^2O^5, 12TuO^3 + 11H^2O$. — Sel de cuivre de la série de Péchard [*loc. cit.*].

LITHIUM. — *Paratungstate* $12TuO^3,5Li^2O + 33H^2O$. — Le composé lithinique est plus soluble que les composés potassique et sodique correspondants. Fondu et soumis à l'action des réducteurs, hydrogène, étain, courant électrique, il donne du bioxyde de tungstène cristallisé ou un bronze lithinique ou du métal cristallisé [Hallopeau, *C. R.*, **127**, 512, 1898; *Bull. Soc. Chim.* **19**, 748, 1898].

Bronze $Li^2Tu^5O^{15}$ ou $TuO^3,Li^2O,TuO^2,3TuO^3$. — La formule a été définitivement fixée par Hallopeau [*loc. cit.*].

Phosphotungstate $2Li^2O,P^2O^5,12TuO^3 + 21H^2O$. — C'est le phosphotrimétatungstate de Péchard [*C. R.*, **110**, 754, 1890].

MAGNÉSIUM. — *Phosphotungstate* $2MgO,P^2O^5, 12TuO^3 + 10H^2O$ [Péchard, *loc. cit.*].

MERCURE. — *Phosphotungstate mercureux.* — Précipité jaune obtenu par Péchard [*loc. cit.*].

MOLYBDÈNE. — *Tungstomolybdates* — 1° $12TuO^3,MoO^2,5K^2O + 16H^2O$; 2° $12TuO^3, MoO^2,5CaO + 32H^2O$; 3° $11TuO^3,MoO^2,5BaO + 30H^2O$ [Gibbs, *Am. Chem. J.*, **17**, 167, 1895; *Bull. Soc. Chim.*, (3), **14**, 1176, 1895].

PLOMB. — *Phosphotungstate* $(PTu^8O^{28})Pb^3, nH^2O$ [Kehrmann, *Ann. Chem.*, **245**, 46, 1888].

1° $2PbOP^2O^5,12TuO^3 + 6H^2O$; 2° $2PbO, P^2O^5,20TuO^3 + 6H^2O$ [Péchard, *Ann. Chim. Phys.*, (6), **22**, 255 et suiv., 1891].

POTASSIUM. — *Bronze de tungstène.* — Hallopeau [*C. R.*, **127**, 57, 1898; *Ann. Chim. Phys.*, (7), **19**, 92, 1900] donne aux composés isolés dans l'expérience de Laurent les formules $(TuO^3)^5K^2$, et $(TuO^3)^3K^2$. D'après Knorre et Schäfer [*D. chem. G.*, **35**, 3407, 1902], il n'existerait que le composé $(TuO^3)^4K^2$.

Phosphotungstates. — $3K^2O, P^2O^5,18TuO^3 + 14H^2O$. — $5K^2O,P^2O^5,17TuO^3 + 24H^2O$ [Kehrmann et Böhn, *Zeit. anorg. Chem.*, **4**, 138, 1893; **6**, 386, 1894].

$K^3PTu^8O^{28} + 8H^2O$. — Ce composé a été décrit précédemment par Kehrman avec $20H^2O$ [*Zeit. anorg. Chem.*, **1**, 432, 1892].

$K^2O,P^2O^5,12TuO^3 + 9H^2O$ [Péchard *loc. cit.*].

Arséniotungstate $K^3AsTu^8O^{28} + 8H^2O$ [Kehrmann, *loc. cit.*].

Antimoniotungstate $3K^2O,3Sb^2O^5,4TuO^3 + 61H^2O$. — Ebullition d'une solution de paratungstate de potassium avec un excès d'hydrate antimonique [Hallopeau, *C. R.*, **123**, 1065, 1896].

SODIUM. — *Bronze.* — D'après Hallopeau [*C. R.*, **139**, 283, 1904], les formules indiquées par J. Philipp, représentant les variétés jaune et jaune rouge, n'ont aucune espèce de vraisemblance.

Phosphotungstates $2Na^2O, P^2O^5, 12TuO^3 + 18H^2O$ [Péchard, *loc. cit.*].

$3Na^2O,P^2O^5,7TuO^3 + xH^2O$ [Kehrmann, *loc. cit.*].

Manganitungstate de soude $3Na^2O,5TuO^3, MnO^2 + 18H^2O$. — Action du tungstate de soude en excès sur le sulfate de manganèse en présence du persulfate d'ammonium [Just, *D. chem. G.*, **36**, 3619, 1903; *Bull. Soc. Chim.*, (3), **32**, 368, 1904].

STRONTIUM. — *Phosphotungstate* $2SrO,P^2O^5, 12TuO^3 + 17H^2O$. — Sel de sodium de la série de Péchard [*loc. cit.*].

Bronze potassico-strontianique $SrTu^4O^{12} + 5K^2Tu^4O^{12}$ [Engels, *Bull. Soc. Chim.*, (3), **32**, 661, 1904].

Bronzes sodico-strontianiques : 1° $SrTu^4O^{12} + 5Na^2Tu^5O^{15}$. — 2° $SrTu^4O^{12} + 12Na^2Tu^3O^9$ [Engels, *loc. cit.*].

ZINC. — *Phosphotungstate* $2ZnO,P^2O^5,12TuO^3 + 7H^2O$. — Sel de la série de Péchard [*loc. cit.*].

Tungstate zinco-ammonique $ZnTuO^4,4AzH^3, 3H^2O$. — Ce tungstate double a été préparé par Briggs [*Chem. Soc.*, **85**, 672, 1904; *Bull. Soc. Chim.*, (3), **32**, 1287, 1904].

CARACTÈRES ET ANALYSE. — Qualitativement il existe pour le tungstène des réactions d'une grande sensibilité. On opère sur le produit lui-même ou sur la combinaison ramenée à l'état d'anhydride tungstique ou de tungstate. La prise d'essai est placée dans une capsule de platine avec 4 à 5 fois son poids de bisulfate de potassium, et la masse est maintenue en fusion pendant quelques minutes, puis additionnée d'acide sulfurique concentré en quantité telle que le tout soit liquide après refroidissement; quelques gouttes de cette solution donnent, avec une parcelle d'un certain nombre de composés organiques, surtout ceux à fonction phénolique et avec les alcaloïdes, des colorations d'une extrême intensité. Celles qui sont formées par le phénol ord. (rouge saturne), et par l'hydroquinone (violet améthyste) sont les plus sensibles ; ces dernières le sont encore pour 1/500e de milligr. d'anhydride tungstique [Ed. Defacqz, *C. R.*, **123**, 308, 1896].

Il existe de nombreux procédés pour séparer le tungstène des autres éléments : on le rencontre très fréquemment avec l'étain, aussi les modes de séparation de ces deux corps ont-ils fait l'objet de nombreuses études [D. Müllner, *Bull. Soc. Chim.*, **49**, 890, 1888; *Bull. Soc. Chim.*, (3), **25**, 1006, 1901; — Agenot, *Zeit. ang. Chem.*, **19**, 140, 1906; *Bull. Soc. Chim.*, (3), **36**, 554, 1906 et 1056, 1906; — Donath, *Zeit. ang. Chem.*, **19**, 473, 1906; *Bull. Soc. Chim.*, (3), **36**, 752, 1906; — Nicolardot, *Bull. Soc. Chim.*, (4), **1**, 434, 1907].

On l'a séparé de l'or [Smith et Wallace, *D. chem. G.*, **25**, 417, 1892], des terres rares et du niobium [Tchernik, *J. Soc. phys. chim. russe*, **34**, 684, 1902], du titane [Ed. Defacqz, *C. R.*, **123**, 823, 1896], de la silice [Friedheim, Henderson, Pmagel, *Zeit. anorg. Chem.*, **45**, 396, 1905; *Bull. Soc. Chim.*, (3), **36**, 932, 1906; — Bourion, *C. R.*, **146**, 1102, 1908]. Son dosage dans les aciers a fait l'objet d'études particulières d'Auchy [*J. Am. Chem. Soc.*, **21**, 239, 1899; *Bull. Soc. Chim.*, **22**, 754, 1899], de Kopp [*Am. Chem. J.*, **186**, 1902], de A. Carnot et Goutal [*C. R.*, **125**, 75, 1897].

Mai 1908. Ed. Defacqz.

TUNICINE. — Voyez Dict., **3**, 536. La chaleur de combustion de 1 gr. de tunicine est de 4Cal,1632 [Berthelot et André, *Bull. Soc. Chim.*, (3), **4**, 231, 1890]. Par hydrolyse avec SO^4H^2 elle donne du glucose [Winterstein, *Zeit. physiol. Ch.*, **18**, 43, 1893]. Elle est très semblable, peut-être identique à la cellulose [Winterstein, *loc. cit.*; — F. Hoppe-Seyler, *D. chem. G.*, **27**, 3329, 1894]. E. Lambling.

TURANOSE $C^{12}H^{22}O^{11}$. — Le turanose est un sucre isomère du sucre de canne, qui provient de l'hydrolyse ménagée du mélézitose. Cette hydrolyse peut se faire au moyen de l'acide chlorhydrique au 1/10 ou de l'acide sulfurique à 3 0/0, mais on risque ainsi de dépasser le premier stade du dédoublement. Le mieux est de faire l'hydrolyse avec l'acide acétique qui ne touche pas au turanose.

On chauffe pendant 2 heures, au bain-marie bouillant, le mélézitose avec l'acide acétique a 20 0/0; l'acide est ensuite éliminé par épuisement à l'éther. La liqueur concentrée en sirop épais finit par se prendre en masse; en la délayant avec de l'alcool à 80° on en sépare du glucose cristallisé. L'alcool évaporé contient le turanose encore souillé de glucose. Ce dernier peut en être séparé par fermentation; on additionne la liqueur de levure et laisse la fermentation se prolonger jusqu'à ce que le turanose commence à être attaqué. On passe au noir, on

concentre en un sirop qu'on épuise d'abord à froid par un mélange d'alcool absolu et d'éther, afin d'éliminer la glycérine et les acides gras formés, puis par l'alcool absolu bouillant. La solution alcoolique est concentrée; par refroidissement elle laisse déposer le turanose.

Le turanose se présente au microscope sous l'aspect de graviers arrondis brillants, très durs, mais sans action sur la lumière polarisée. Il est extrêmement hygroscopique. Il forme avec l'alcool une combinaison $C^{12}H^{22}O^{11}, 1/2 C^2H^6O$, fusible vers 60-65°. Son pouvoir rotatoire en solution aqueuse de 5 à 10 0/0 a pour valeur $[\alpha]_D = +71°8$. Son pouvoir réducteur est de 60, celui du glucose étant 100. Par hydrolyse il est dédoublé en glucose et lévulose [Maquenne et Alekhine, *Sucres*, 701, 1900; — Bourquelot et Hérissey, *Journ. Pharm. Chim.*, **4**, 385, 1896; — Tanret, *Bull. Soc. Chim.*, **35**, 819, 1906]. Janvier 1908. P. Carré.

TURMEROL. — (Voyez CURCUMOL, 2e Suppl.).

TUTINE. — Easterfield et Aston, en étudiant trois variétés de tutus (*Coriacia thymifolia, C. ruscifolia* et *C. augustissima*) de la Nouvelle-Zélande [*Chem. Soc.*, **79**, 120, 1901] en ont isolé un glucoside, la tutine $C^{27}H^{20}O^7$, non identique avec la *coriamyrtine* $C^{15}H^{18}O^5$, mais dont l'action thérapeutique est assez semblable, quoique moins prononcée.

La tutine était extraite en précipitant l'extrait aqueux des plantes par l'alcool et épuisant ce précipité à l'éther; elle fond à 208-209°, se sublime à partir de 120°, donne du glucose par son dédoublement et présente un pouvoir rotatoire $[\alpha]_D = +9°,25$. Octobre 1907. A. Hébert.

TYCHITE (Min.) (Penfield et Jamieson). — Minéral de composition $CO^3Mg.CO^3Na^2.0,5SO^4Na^2$, octaèdres réguliers très rares, avec northwpite, à Boran Lake, Californie. $D = 2,456$. Ne se distingue de la northwpite que par l'essai chimique. Il se produit artificiellement en appliquant la méthode de M. Schulten pour la synthèse de la northwpite. L. Bourgeois.

TYROSINASE. — Ce nom a été donné par G. Bertrand à une oxydase spéciale qui a la propriété d'oxyder la tyrosine avec production d'une matière colorante rouge, puis noire et à laquelle est due la coloration que prennent rapidement à l'air les sucs de beaucoup de végétaux [G. Bertrand, *Bull. Soc. Chim.*, (3), **15**, 793, 1896; — Cf. Bourquelot et G. Bertrand, *Journ. Pharm. Chim.*, (6), **3**, 97 et 177, 1896]. On trouve la tyrosinase dans les tubercules de dahlia ou de pomme de terre, dans beaucoup de champignons (surtout chez les Russules) (Bertrand), dans l'extrait aqueux de l'intestin des vers de farine [*Arch. de Pflüger*, **72**, 105, 1898], dans l'hémolymphe de plusieurs lépidoptères, dans les parois de la poche du noir de sepia officinalis [O. von Fürth et Schneider, *Beitr. chem. Physiol.*, **1**, 229, 1901], dans certaines éponges [Henze, *Zeit. phys. Chem.*, **44**, 109, 1904], dans la peau des vertébrés (souris) [Durham, *Proc. roy. Soc.*, Londres, **74**, 310, 1904]. Cette oxydase est différente de la laccase à côté de laquelle elle existe, dans beaucoup de champignons notamment [G. Bertrand, *Bull. Soc. Chim.*, (3), **15**, 1218, 1896]. Elle est précipitée en même temps que les matières albuminoïdes quand on ajoute de l'alcool au suc frais de ces végétaux, et l'on peut ensuite la dissoudre par l'eau. Il est plus simple de couper des russules (*Russula fœtens* ou *R. delica*) en tranches minces qu'on fait sécher dans le vide et qu'on fait macérer avec un peu d'eau au moment des besoins [Bertrand, *Bull. Soc. Chim.*, (3), **15**, 794, 1896]. La solution ainsi obtenue colore une solution de tyrosine en rose, puis en rouge-jaune, rouge acajou et enfin en rouge grenat. Plus tard la liqueur devient brun havane, puis noire en même temps que la matière colorante se précipite, mais cette dernière série de transformations est due uniquement à l'action des sels présents dans le liquide [Gessard, *Ann. Inst. Pasteur*, **15**, 593, 1901]. La matière ainsi obtenue avec la tyrosinase de l'hémolymphe des lépidoptères est analogue aux mélanines des chevaux et des tumeurs mélaniques. Cette même tyrosinase agit aussi sur la pyrocatéchine, l'hydroquinone, l'adrénaline ferrique, l'oxyphényléthylamine (O. von Fürth et Schneider). Injectée sous la peau à des lapins, elle provoque l'apparition, dans le sérum, d'une *antityrosina e* qui retarde l'action de la tyrosinase sur la tyrosine (Gessard).

E. Lambling.

TYROSINE. — Voy. Dict., 3, 538 et 1er Supp., 1625. Le produit de synthèse dont il est question dans l'article du Supplément, p. 1625, 2e colonne est le produit racémique. Les autres indications de cet article et de l'article du dictionnaire ont trait au produit gauche.

Tyrosine gauche. — On la trouve dans beaucoup de plantes [Schulze et Barbiere, *D. chem. G.*, **17**, 2837, 1884; — Schulze, *Journ. prakt. Chem.*, (2), **32**, 441, 1885; — Schulze, *Zeit. ph. Chem.*, **24**, 106, 1898], dans beaucoup d'urines pathologiques [Abderhalden et Schittenhelm, *ibid.*, **45**, 468, 1905], dans l'eau des puits contaminés [Causse, *C. R.*, **130**, 1196, 1900]. Elle se produit dans la décomposition des matières protéiques [Reach, *Arch. de Virchow*, **158**, 288, 1899. — Cohn, *Zeit. phys. Chem.*, **26**, 395, 1899; — Etard, *C. R.*, **132**, 1184, 1901; — E. Abderhalden, *ibid.*, **44**, 21. 1905].

Préparation. — On l'obtient par digestion pancréatique de la caséine (nutrose du commerce) [Röhmann, *D. chem. G.*, **30**, 1979, 1897], par décomposition de la fibroïne au moyen de l'acide sulfurique [E. Fischer et A. Skita, *Zeit. phys. Chem.*, **33**, 181, 1901], par décomposition de la benzoyl-l-leucine au moyen de HCl à 10 0/0 en tube scellé à 100° [E. Fischer, *D. chem. G.*, **32**, 3642, 1899].

Propriétés. — La l-tyrosine est en fines aiguilles, soyeuses et flexibles, fusibles à 295° [Cohn, *Zeit. phys. Chem.*, **22**, 166, 1896], à 314-318° (corr.) si l'on chauffe rapidement [E. Fischer, *D. chem. G.*, **32**, 3640, 1899]. 1 p. se dissout dans 2491 p. d'eau à 17° [Erlenmeyer sen. et Lipp, *Ann. Chem.*, **219**, 173, 1883]. Son pouvoir rotatoire varie beaucoup avec la concentration du solvant acide. $[\alpha]_D = 8°,64$ avec HCl à 21 0/0 et avec 3,94 0/0 de substance, et — 13°.2 avec HCl à 4 0/0 et 4,68 0/0 de substance [E. Fischer, *D. chem. G.*, **32**, 3643, 1899; — Cf. Schulze et Winterstein, *Zeit. phys. Chem.*, **45**, 79, 1905]. Avec l'isocyanate de phényle elle fournit l'*acide phénylhydantoïque* correspondant $HO-C^6H^4-CH^2-CH(AzH-CO-AzH-C^6H^5)-COOH$, en aiguilles fusibles à 104° et contenant 1/2 mol. d'eau, et dont l'*hydantoïne* est en aiguilles fondant à 184° [Paal et Zitelmann, *D. chem. G.*, **36**, 3337, 1903]. Elle donne de même avec l'isocyanate d'α-naphtyle l'*acide α-naphtylhydantoïque* correspondant, en aiguilles étoilées fusibles à 205-206° [Neuberg et Manasse, *D. chem. G.*, **38**, 2359, 1905]. Sur l'oxydation de la tyrosine par la tyrosinase, voyez ce mot. — Pour les destinées de la tyrosine dans l'organisme animal, voy. Stolte [*Beitr. chem. Physiol.*, 5, 15, 1904].

Réaction de la tyrosine. — 1° On ajoute à 2 cc. de SO^4H^2 3 à 5 gouttes d'une solution de 5 cc. d'acétaldéhyde dans 10 cc. d'alcool, puis 1-2 gouttes de la solution de tyrosine. Coloration rouge groseille visible encore avec 1/100 de milligr. de tyrosine [Denigès, *C. R.*, **130**, 683, 1900; — C. Th. Mörner, *Zeit. physiol. Chem.*, **37**, 86, 1902]. 2° On produit une combinaison mercuro-calcique ou barytique [Causse, *C. R.*, **130**, 1196, 1900]. Pour la recherche microchimique de la tyrosine, voy. Morcique [*Bull. Soc. Chim.*, (3), **21**, 524, 1899] et pour sa séparation d'avec la leucine, Habermann et Ehrenfeld [*Zeit. physiol. Chem.*, **37**, 18, 1902].

Éther éthylique $HO.C^6H^4.CH^2.CH(AzH^2).CO^2.C^2H^5$. — Prismes fusibles à 108-109° (corr.) [E. Fischer, *D. chem. G.*, **34**, 451, 1901]. Son *chlorhydrate* est en aiguilles fondant à 166° [Röhmann, *D. chem. G.*, **30**, 1979, 1897].

Benzoyl-l-tyrosine $OH.C^6H^4.CH^2.CH(AzH.CO.C^6H^5).COOH$. — Par dédoublement de la benzoyltyrosine racémique au moyen du sel de brucine. Paillettes fusibles à 165-166°. $[\alpha]_D^{20} = + 19,25$ dans une solution alcaline à 8 0/0 et + 18°,29 dans une solution alcaline à 5 0/0. Bien que dextrogyre, on doit ranger ce corps dans la série gauche, puisqu'il donne par dédoublement la tyrosine gauche [E. Fischer, *D. chem. G.*, **32**, 3641, 1899]. — *Dibenzoyl-l-tyrosine* $C^6H^5CO.O.C^6H^4.CH^2.CH(AzH.CO.C^6H^5).COOH$. Par l'action du chlorure de benzoyle sur la tyrosine. Aiguilles fusibles à 210–211° [Schultze, *Zeit. physiol. Chem.*, **29**, 479, 1900].

Tyrosine droite. — Par chauffage de la benzoyl-d-tyrosine avec HCl à 10 0/0 en tube scellé à 100°. Fond à la même température que son isomère gauche $[\alpha]_D^{20} = + 8°,64$ pour 4,6071 0/0 de substance en solution dans HCl à 21 0/0 [E. Fischer, *D. chem. G.*, **32**, 3615, 1899].

Benzoyl-d-tyrosine. — Par dédoublement de la benzoyltyrosine racémique au moyen du sel de brucine. Fond à 165°,5 (corr.), $[\alpha]_D^{20} = - 19°.59$ pour une solution alcaline à 7,716 0/0 (E. Fischer).

Tyrosine racémique. — Par l'action de l'acide nitreux sur la p-amidophénylalanine [Erlenmeyer sen. et Lipp, *Ann. Chem.*, **219**, 161, 1883]. Par l'action de HCl à chaud sur la benzoyl-r-tyrosine [Erlenmeyer jun. et Halsey, *Ann. Chem.*, **307**, 142, 1899]. Paillettes ou aiguilles fondant à 316° (corr.) avec décomposition; 1 p. se dissout à 20° dans 2452 p. d'eau et à 100° dans 154 p. [Erlenmeyer sen. et Lipp]. Sur les destinées de la tyrosine racémique dans l'organisme, voy. Wohlgemuth [*D. chem. G.*, **38**, 2064, 1905].

Benzoyl-r-tyrosine. — Sa synthèse directe a été obtenue par réduction, au moyen de l'amalgame de sodium, de l'acide p-oxy-α-benzoylamidocinnamique [Erlenmeyer jun. et Halsey, *Ann. Chem.*, **307**, 141, 1899; — E. Fischer, *D. chem. G.*, **32**, 3639, 1899]. Aiguilles réunies en sphères, fusibles à 195-197° (corr.) (E. Fischer).

E. Lambling.

TYSONITE (Min.) (Allen et Comstock). — Fluorure de cérium, lanthane et didyme, $[Ce,La,Di]F^3$. Cristaux friables, hexagonaux, jaune de cire, à éclat vitreux ou gras, trouvés à Pikes Peak, Colorado. La couche extérieure des cristaux est souvent transformée en basinæsite (voyez ce mot, Suppl., 1, 265). Cette espèce est très voisine de la fluocérine (voyez ce mot, Dict., 1, 1467), sinon identique.

Caractères. — Insoluble dans l'acide chlorhydrique; soluble dans l'acide sulfurique avec dégagement d'acide fluorhydrique. Noircit au chalumeau, sans fondre. Dans le tube, décrépite en devenant rose. Dureté = 4,5 à 5. Densité = 6,13.

Forme cristalline. — Prisme hexagonal : $a:c = 1:0,68681$. Faces : $m\,h^1\,p\,b^1\,b^{1}/_2\,a^1$. Clivage : p parfait.

L. Bourgeois.

U

UGANDALOÏNE. — Substance identique à la capaloïne de Léger [*Bull. Soc. Chim.*, (3), 23, 792, 1900] et extraite par Tschirch et Klaveness de l'aloès d'Uganda [*Arch. Pharm.*, 239, 241, 1901]. A. Hébert.

ULEXINE. — Voy. SOPHORINE.

UMANGITE (Min.) (Klockmann). — Séléniure cuprosocuivrique $Cu^2Se \cdot CuSe = Cu^3Se^2$, avec 0,5 0/0 d'argent. Masses compactes ou agrégats finement grenus, éclat métallique, cassure inégale ou subconchoïdale, peu friable. Ressemble tout à fait au cuivre panaché. Trouvé avec eucaïrite, chalcoménite, malachite, calcite, à la Rioja, ouest de la Sierra de Umango, République Argentine.

Caractères. — Soluble dans l'acide azotique. Dans le tube ouvert ou fermé, donne un sublimé de sélénium et d'anhydride sélénieux. Sur le charbon, fond aisément avec production d'un enduit gris. Avec la soude, globule de cuivre. Dureté = 3. Poussière noire. Densité = 5,620.

L. Bourgeois.

UMBELLIFÉRONE. — Voy. OMBELLIFÉRONE.

UMBELLULARIQUE (ACIDE). — Voy. UMBELLULONE.

UMBELLULONE, $C^{10}H^{14}O$. — Constitution, voyez Tutin [*Chem. Soc.*, 89, 1104]; Semmler [*D. chem. G.*, 40, 5017, 1907]. Semmler lui attribue la formule suivante :

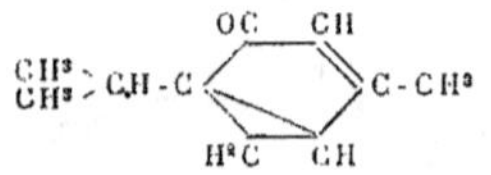

L'umbellulone se retire de l'essence de laurier de Californie (*Umbellularia California*). L'essence est soumise à la distillation fractionnée; on recueille la portion qui passe à 217-222° et on purifie l'umbellulone par l'intermédiaire de sa semicarbazone [Power et Lees, *Proc. Chem. Soc.*, 20, 88, 1904]. L'umbellulone est un liquide distillant à 219-220° sous 749 mm., 91-93° sous 10 mm; $D^{20} = 0,958$; $n_D = 1,4895$; $\alpha_D = -31°,5$.

Elle ne réagit pas normalement sur la semicarbazide et sur l'hydroxylamine; avec la première, elle donne la *semicarbazidodihydroumbellulone-semicarbazone*,

$$C^{10}H^{15} = Az - AzH - CO - AzH^2(CH^4OAz^2)$$

fusible à 217°, et avec la dernière, l'*hydroxylaminodihydroumbellulonoxime*, $C^{10}H^{15}(=AzOH)AzHOH$, qui se présente sous la forme d'une poudre amorphe [Power et Lees, *loc. cit.*].

Dibromoumbellulone, $C^{10}H^{14}OBr^2$. — L'umbellulone fixe une molécule de brome pour donner la dibromo-umbellulone, huile instable, qui, par distillation sous pression réduite, donne une *cétone bromée non saturée*, $C^{10}H^{13}OBr$, distillant à 140-145° sous 20 mm., et une *dibromodihydroumbellulone*, $C^{10}H^{16}OBr^2$, qui cristallise en aiguilles fusibles à 119-119°,5. La réduction de la cétone, $C^{10}H^{13}OBr$, par le zinc et l'acide acétique, fournit une *cétone saturée*, $C^{10}H^{16}O$, qui bout à 214-217° et dont la *semicarbazone* fond à 171-172°.

La réduction de la dibromodihydroumbellulone fournit la *bromodihydroumbellulone*, $C^{10}H^{15}OBr$,

qui cristallise en aiguilles fusibles à 58-59°, et qui, réduite par le sodium et l'alcool se transforme en *tétrahydroumbellulol*,

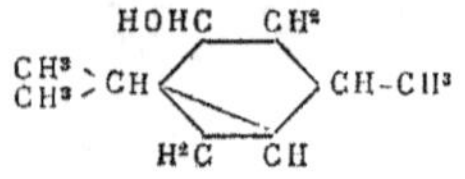

qui distille à 207-208° sous 760 mm. [Lees, *Proc. Chem. Soc.*, 20, 88, 1904; *Chem. Soc.*, 85, 639; — Semmler, *loc. cit.*].

DIHYDROUMBELLULOL, $C^{10}H^{18}O$. — Le dihydroumbellulol s'obtient en réduisant l'umbellulone par le sodium et l'alcool. Il distille à 91-93° sous 10 mm.; $D_{20} = 0,931$; $n_D = 1,47348$; $\alpha_D = 27°,20$ [Semmler, *loc. cit.*].

β-DIHYDROUMBELLULONE,

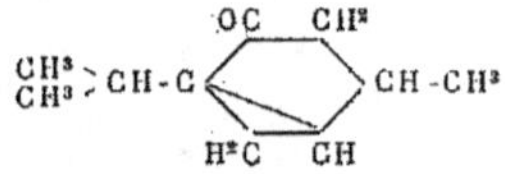

— On l'obtient en oxydant le dihydroumbellulol par l'acide chromique en solution acétique. C'est un liquide distillant à 83-87° sous 10 mm. $D_{20} = 0,928$; $n_D = 1,45862$; $\alpha_B = -30°,30'$. Sa *semicarbazone*, $C^{10}H^{16} = Az - AzH - CO - AzH^2$, fond à 150°. Son *dérivé benzylidénique*, $C^{10}H^{14}O = CH - C^6H^5$, cristallise en lamelles fusibles à 81-82° et distille à 185-188° sous 9 mm. Son *dérivé oxyméthylénique*, $C^{10}H^{14}O = CHOH$, obtenu par l'action du formiate d'isoamyle en présence du sodium, distille à 105-107° sous 10 mm.; oxydé par le permanganate de potassium, il fournit de l'*acide d-homotanacétone-dicarbonique*,

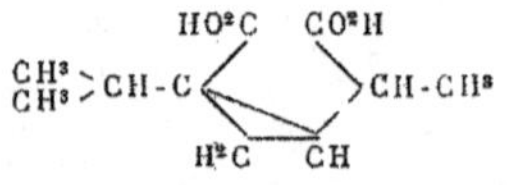

fusible à 146-147°, dont l'*éther méthylique*. $C^8H^{14}(CO^2CH^3)^2$ distille à 148-153° sous 10 mm. L'acide d-homotanacétone-dicarbonique forme avec l'acide l-homotanacétone-dicarbonique (fusible à 146-147°), obtenu par oxydation de la tanacétone, un *acide homotanacétone-dicarbonique racémique*, fusible à 179° [Semmler, *D chem. G.*, 40, 5023, 1907].

ACIDE UMBELLULONIQUE et ACIDE UMBELLULARIQUE. — Par oxydation manganique de l'umbellulone, Power et Lees ont obtenu différents acides et une *lactone*, $C^9H^{12}O^2$, distillant à 217-220°; Tutin [*Chem. Soc.*, 89, 1104, 1906] a montré que cette lactone provient de la déshydratation de l'*acide umbelluloniqu*e qui se forme tout d'abord, cet acide réagissant sous la forme énolique :

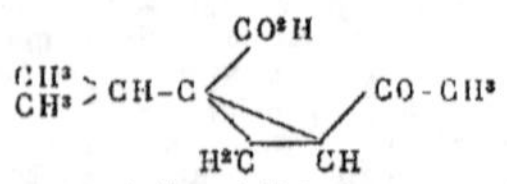

Acide umbellulonique.

$$\rightarrow \quad \genfrac{}{}{0pt}{}{CH^3}{CH^3}\!\!>\!CH\!-\!C \diagdown\!\!\!\diagup \begin{array}{c} OC \quad O \\ \\ H^2C \quad CH \end{array} \diagup\!\!\!\diagdown C=CH^2$$

Lactone.

Une oxydation plus avancée fournit l'*acide umbellularique*,

$$\genfrac{}{}{0pt}{}{CH^3}{CH^3}\!\!>\!CH\!-\!C \diagdown\!\!\!\diagup \begin{array}{c} CO^2H \\ \\ H^2C \quad CH \end{array} \diagup\!\!\!\diagdown CO^2H$$

fusible à 120-121°.

La réduction de l'acide umbellulonique par le sodium et l'alcool fournit un *hydroxyacide*, $C^9H^{18}O^3$, qui, par déshydratation se transforme en une *lactone*, $C^9H^{16}O^2$, distillant à 246-248° [Tutin, *Chem. Soc.*, 91, 271, 1907].

Aminotétrahydroumbellulylamine (?).

$$C^{10}H^{22}Az^2.$$

— La réduction de l'hydroxylaminodihydroumbellulone-oxime par le sodium et l'alcool fournit une base distillant à 136-138° sous 50 mm., et qui paraît être l'*aminotétrahydroumbellulylamine*. Le *dichlorhydrate*, $C^{10}H^{22}Az^2$, 2HCl forme des aiguilles infusibles à 305°; le *dibenzoate*. $C^{20}H^{22}Az^2.2C^7H^6O^2$, fond à 212-213°; la *dibenzoylaminotétrahydroumbellulylamine* $C^{10}H^{20}Az^2(CO-C^6H^5)^2$ fond à 194° [Tutin, *Chem. Soc.*, 94, 275, 1907].

31 décembre 1907.   P. Carré.

UMBELLULONIQUE (ACIDE). — Voy. UMBELLULONE.

UMBILICARIQUE, UNCINATIQUE (ACIDES). — Voy. l'art. LICHENS (COMPOSÉS DES).

UNDÉCANE, $C^{11}H^{24}$. — L'undécane normal se rencontre dans les pétroles de Pensylvanie [Mabery et Hudson, *Am. Chem. J.*, 19, 482]. D'après M. Schall, le produit de la distillation des fourmis avec l'eau contiendrait le même undécane [*D. chem. G.*, 25, 1490]. Il bout à 196-197° (Mabery), à 127°,8-128°,2 sous 100 mm.

Le *monochloroundécane* bout à 145-150° sous 80 mm. (Mabery et Hudson).

Le *1.2-dibromoundécane* bout à 161° sous 18 mm. [Jeffreys, *Am. Chem. J.*, 22, 40].

UNDÉCYLAMINE. — Liquide huileux donnant un *chlorhydrate* fondant vers 140° et un *chloroplatinate* répondant à la formule $(C^{11}H^{23}AzH^3.HCl^2$$PtCl^4$ [Arnaud, *Bull. Soc. Chim.*, 27, 494, 1902]. Son *dérivé acétylé* a été obtenu dans la transposition de Beckmann de l'undécylméthyl-cétone [Blaise et Guérin, *ibid.*, 29, 1213, 1903].

2-Undécylamine. — Liquide bouillant à 113-114° sous 25 mm. Son *chloroplatinate* noircit vers 240°. Son *picrate* fond à 111° [Mannich, *D. chem. G.*, 35, 2144; — Thoms et Mannich, *ibid.*, 36, 2554, 1903].

M. Bouveault a obtenu le dérivé diméthylé de l'aminodiamylméthane, le *diméthylaminodiamylméthane*, en traitant la diméthylformiamide par l'iodure d'amylmagnésium. Liquide bouillant à 110° sous 15 mm. Son *picrate* fond à 103° [*Bull. Soc. Chim.*, 31, 1324, 1904].

UNDÉCYLOLS. — *Undécanol.* — On l'obtient par l'action du nitrite de soude sur le chlorhydrate d'undécylamine [Jeffreys, *Am. Chem. J.*, 22, 37], ou par la réduction de l'undécanal par le zinc et l'acide acétique [Blaise et Guérin, *Bull. Soc. Chim.*, 29, 1207, 1903].

Il fond à 19°, bout à 131° sous 15 mm. et à 146° sous 30 mm.

La *phényluréthane* fond à 55-55°,5 [Bloch, *ibid.*, 31, 52, 1904].

Nonylméthylcarbinol. — Par réduction de la nonylméthylcétone de l'essence de rue. Liquide bouillant à 120° sous 14 mm. [Thoms et Mannich, *D. chem. G.*, 36, 2544, 1903].

UNDÉCANAL, $C^{11}H^{22}O$. — Il s'obtient en oxydant l'acide oxylaurique par le bioxyde de plomb et l'acide sulfurique [Blaise et Guérin, *Bull. Soc. Chim.*, 29, 1201, 1903]. Il bout à 116-117° sous 18 mm. et se polymérise en un polyundécanol cristallisé fondant à 47-48°. Sa *semicarbazone* fond à 103°. Son *oxime* fond à 72°.

ACIDE UNDÉCYLIQUE. — (Voyez Suppl., 1626).

Chaleur de combustion [Stohmann, *J. prakt. Chem.*, (2), 49, 107]. L'*éther amylique actif* bout à 293-296° sous 729 mm. [Guye et Chavannes, *Bull. Soc. Chim.*, (3), 15, 284].

UNDÉCANONES, $C^{11}H^{22}O$. — *Méthylnonylcétone* ou *undécanone-2.* — Elle se rencontre dans l'essence de rue. L'oxydation nitrique donne de l'acide nonylique, de l'acide acétique. du dinitrononane et de l'undécane-dione [Fileti et Pongio, *Gazz. chim. ital.*, 24, (II), 291].

3.5-Diéthyl-4-heptanone. — Par oxydation à l'air de la pentaéthylphloroglucine [Ulrich, *Mon. f. Chem.*, 13, 247]. Elle bout à 200-205° [Herzig et Geisel, *ibid.*, 14, 378].   A. Wahl.

UNDÉCINE, $C^{11}H^{19}$. — *2-Undécine.* — Par enlèvement de HBr au dibromure d'undécylène. Liquide bouillant à 199-201° [Mannich, *D. chem. G.*, 35, 2144, 1902].

ACIDE UNDÉCOLIQUE, $CH^3-C\equiv C(CH^2)^7COOH$. — Préparé en traitant l'acide bromoundécylénique par la potasse alcoolique, il bout à 177° sous 15 mm. [Krafft, *D. chem. G.*, 29, 2233, 1896; — Welander, *ibid.*, 28, 1448].

Acide déhydroundécylénique, $CH=C(CH^2)^8-COOH$. — Il s'obtient en distillant dans le vide le bromoundécylénate de potassium [Krafft, *loc. cit.*]. Feuillets fondant à 42°,7-42°,9, bouillant à 175° sous 15 mm. Son *éther éthylique* bout à 145° sous 15 mm.   A. Wahl.

UNDÉCYLÈNE, $C^{11}H^{22}$. — *2-Undécylène.* — Par déshydratation du méthylnonylcarbinol. Liquide bouillant à 198-200° sous 10 mm. [Thoms et Mannich, *D. chem. G.*, 36, 2548, 1903]. Avec Br en solution chloroformique, il donne un *dibromure* bouillant à 145-146° sous 9 mm.

L'undécylène se rencontre aussi dans les pétroles du Canada [Mabery, *Am. Chem. J*, 19, 419; — Mabery et Hudson, *ibid.*, 19, 482].

Undécylène-amine. — Préparée par réduction du nitrile correspondant, elle bout à 238-240° et à 123° sous 16 mm. [Krafft et Tritschler, *D. chem. G.*, 33, 3580, 1900].

UNDÉCYLÈNE-OL, $CH^2=CH(CH^2)^8CH^2OH$. — Par réduction de l'éther undécylénique par le sodium et l'alcool. Liquide bouillant à 132-133° sous 15 mm. $[\alpha]_D^4 = 0,860$. Sa *phényluréthane* fond à 55° [Bouveault et Blanc, *Bull. Soc. Chim.*, 31, 1210, 1904].

ACIDES UNDÉCYLÉNIQUES. — Par distillation de l'huile de ricin. Cristallise et fond à 24° et bout à 165-166° sous 15 mm. [Brunner, *D. chem. G.*, 19, 2224, 1886; — Thoms et Feudler, *Arch. Pharm.*, 238, 690; — Goldmann, *D. chem. G.*, 27, 3123]. Chaleur de combustion [Stohmann, *Zeit. phys. Chem.*, 10, 410].

Il fixe le brome pour donner l'acide *bromoundécylénique*, qui fond à 41°,5 et bout à 203-204° sous 13 mm. [Krafft, *D. chem. G.*, 29, 2239. 1896; — Krafft et Seldis, *ibid.*, 33, 3571, 1900].

MM. Walker et Lumsden ont obtenu un autre dérivé bromé fondant à 51°, dont le sel de sodium chauffé avec l'oxyde d'argent fournit l'acide *oxyundécylénique* fondant à 70° [*Chem. Soc.*, **79**, 1191, 1901].

Chlorure d'undécylényle. — Il bout à 129° sous 14 mm. [Krafft et Tschirtschler, *D. chem. G.*, **33**, 3580, 1900].

Anhydride undécylénique. — Il fond à 13°,5 et bout à 179° (Krafft et Tschirtschler). A. Wahl.

URACILE. — Voy. l'art. Diazines, 2e Suppl., **3**, 76.

URAMILE (*dialuramide, aminomalonyl-urée, acide aminobarbiturique*),

$$C^4 H^5 O^3 Az^3 \quad \text{ou} \quad CO \underset{Az H - CO}{\overset{Az H - CO}{<}} > CH - Az H^2$$

— (Voy. Dict., **1**, 1144).

On l'obtient en réduisant l'hydrazone de l'alloxane par l'étain et l'acide chlorhydrique [O. Kühling, *D. chem. G.*, **31**, 1972, 1898] ou par chauffage du dialurate d'ammonium [O. Piloty, *Ann. Chem.*, **333**, 71, 1904].

Sels. — L'uramile forme des sels mono- et dimétalliques et des sels suracides, décomposables par les acides forts. On a décrit : $C^4 H^3 O^3 Az^3 K^2$, $2H^2O$. — $C^4 H^4 O^3 Az^3 K$, $C^4 H^5 O^3 Az^3$. — $(C^4 H^4 O^3 Az^3)^2 Ba$ ou Pb. Traité par l'iodure de méthyle, le sel potassique donne le 1.3-diméthyluramile.

L'uramile traité par le brome à 85° pendant 24 heures se transforme en un produit rouge orangé $C^4 H^4 O^3 Az^3 Br$, qui réagit diversement avec l'alcool, l'aniline, l'ammoniaque [E. Mulder, *D. chem. G.*, **14**, 1060, 1881].

L'oxydation de l'uramile par le permanganate donne un sel dont l'acide perd CO^2 à froid et se transforme en alloxanate (O. Piloty).

Les alcalis concentrés décomposent l'uramile en acide aminomalonique et urée; d'où résultent ensuite l'acide pseudourique et l'acide carbamyl-aminomalonique (O. Piloty) :

$$CO(-AzH-CO)^2 CH AzH^2$$
$$\rightarrow CO(AzH^2)^2 + (CO^2H)^2 - CH - AzH^2$$
$$\rightarrow CO(-AzH-CO)^2 CH - AzH - CO - AzH^2$$
$$\rightarrow CO(AzH^2)^2 + (CO^2H)^2 CH - AzH - CO - AzH^2$$

L'anhydride acétique en présence d'acétate de sodium le transforme en *acétyluramile-7*, capable aussi de donner des sels métalliques (O. Piloty).

L'isocyanate de phényle le change en acide 9-phénylpseudourique [E. Fischer, *Sitzb. Kgl. Akad. Wiss. Berlin*, 1900, 122].

Thiouramile,

$$CO \underset{Az H - CO}{\overset{Az H - C - SH}{<}} > CH - Az H^2$$

tautomère de

$$CO \underset{Az H - CO}{\overset{Az H - CS}{<}} > CH - Az H^2$$

— Ce corps prend naissance dans l'action du sulfhydrate d'ammoniaque à 150-160° sur l'urate d'ammoniaque. Il possède un hydrogène salifiable et forme des sels. On connaît les sels : *d'ammonium* anhydre, *de potassium* et *de sodium* avec $1H^2O$ de cristallisation. A 150°, l'acide chlorhydrique le transforme en glycocolle, gaz carbonique et sulfhydrique et ammoniaque. L'iodure de méthyle le change en *méthylthiuramile* fusible à 252-255°; le CH^3 est au soufre. L'anhydride acétique le change en

$$CO \underset{Az H - CO}{\overset{Az H - C - S - C - CH^3}{<}} > CH - Az$$

fusible à 220-221°, formant des sels.

Le cyanate de potassium le transforme en acide β-pseudothiourique.

Thiodiméthyluramile,

$$CO \underset{A\dot{z}(CH^3) - CO}{\overset{Az(CH^3) - C - SH}{<}} > C - Az H^2$$

— Obtenu en partant de l'acide diméthylurique [Em. Fischer et L. Ach, *Ann. Chem.*, **288**, 157-176, 1895; — *Bull. Soc. Chim.*, (3), **16**, 508, 1896]. Juin 1907. M. Delépine.

URAMIDOXIMES et **THIOURAMIDOXIMES.** — Ce sont les oximes des acidylurées et acidylthiourées, soit :

$$R . C \underset{Az H - CO - AzH R_1}{\overset{Az OH}{<}}$$

et

$$R - C \underset{Az H - CS - Az H R_1}{\overset{Az OH}{<}}$$

Leur formation a été décrite dans ce Supplément, **1**, 228. On a préparé depuis :

$C^6 H^5 . C(AzOH) . Az H . CO . Az H C^6 H^5$. — Fond à 115° [P. Krüger, *D. chem. G.*, **18**, 1053, 1885].

$C^6 H^5 . C(AzOH) . Az H . CS . Az H C^6 H^5$. — Fond à 163° [P. Krüger, *D. chem. G.*, **18**, 1053, 1885], à 172° [H. Koch, *ibid.*, **24**, 394, 1891].

$C^6 H^5 . C(AzOH) Az H . CO . Az H^2$. — Fond à 115° [Falck, *ibid.*, **19**, 1486, 1886].

$C^6 H^5 . C(AzOH) . Az C^6 H^5 . CO . Az H^2$. — Fond à 165-167° [*ibid.*].

$C^6 H^5 . C(AzOH) Az H . CS . Az H C^3 H^5$. — Fond à 71° [H. Koch, **24**, 399, 1891].

$C^6 H^5 . C(AzOH) Az H . CS . Az H . C^6 H^4 . C H^3_{(p)}$. — Fond à 67° [H. Koch, **24**, 397, 1891].

$C^6 H^5 . C H^2 . C(AzOH) Az H . CO . Az H C^6 H^5$. — Fond à 123° [Knudsen, **18**, 1074, 1885].

$C H^3_{(p)} C^6 H^4 . C(AzOH) Az H . CO . Az H . C^6 H^5$. — Fond à 155° [Schubart, **22**, 2436, 1889].

$C H^3_{(p)} C^6 H^4 . C(AzOH) Az H . CS . Az H . C^6 H^5$. — Fond à 190° [Schubart, **22**, 2436, 1889].

Par chauffage avec un excès de l'éther isocyanique en solution chloroformique, ces corps donnent, par perte d'eau, des composés dits azoxymes et azosulfines. Exemples :

$$C^6 H^5 - C \underset{Az - O}{\overset{Az}{<}} > C - Az H R$$

et

$$C^6 H^5 - C \underset{Az - S}{\overset{Az}{<}} > C - Az H R$$

et leurs formules tautomères [F. Tiemann, *D. chem. G.*, **24**, 369, 1891]. Juin 1907. M. Delépine.

URANIUM. — *État naturel.* — On considère aujourd'hui les minéraux contenant de l'uranium comme provenant des parties les plus profondes de l'écorce terrestre [De Launay, *C. R.*, **138**, 712, 1904]. Son principal minerai, la *pechblende*, a été étudié récemment par Zimmermann [*Ann. Chem.*, **232**, 300, 1886] et par Janda [*Œster. Zeit. Berg. Hütt.*, **50**, 283, 1902]. Une variété nouvelle, riche en terres rares, la *bröggérite*, a été découverte en Norvège [Hofmann et Heidepriem, *D. chem. G.*, **34**, 914, 1901]. L'hélium a été signalé pour la première fois dans un minerai d'uranium, la *clévéite* [Clève, *C. R.*, **120**, 834, 1895]. Un vanadate d'uranium et de potassium, la *carnotite*, $(VO^4)^2(UO^2)^2 K^2, 3H^2O$, a été découvert dans l'Amérique du Sud [Friedel et Cumenge, *Bull. Soc. Chim.*, **24**, 328, 1899]. On exploite actuellement les minerais d'uranium de l'État d'Utah pour l'extraction des corps radioactifs. On a décrit sous le nom de *voglite* des minerais hydrocarbonatés qui forment des enduits superficiels sur la pechblende de Joachimstal [Antipoff, *Zeit. f. Krist.*, **36**, 175, 1902]. Watson a fait l'étude de l'*uranophane* [*Am. Journ.*, (4), **13**, 464, 1902]. On rencontre de l'uranium dans certains minerais de niobium, de tantale et de titane, comme la *samarskite* [Tschernik, *Journ. Soc. phys. chim. russe*, **34**, 684, 1902], le *pyrochlore* [Tschernik, *Jeseg. geol. miner. Varsava*, 196, 1902], l'*annérodite* [Bloustrand, *N. Jahr. Min.*, **1**, 351, 1882], l'*orangite* [Schilling, *Zeit. f. angew. Chem.*, **15**, 921, 1902], le *xénotime* [Krauss et Reitinger, *Zeit. f. Krist.*, **34**, 268, 1901], la *monazite* [Hofmann et Zerban, *Chem. News*, **85**, 100, 1902; — Metjger, *Journ. Am. Chem. Soc.*, **24**, 901, 1902].

De nouveaux gisements ont été étudiés par J. Hoffmann [*Zeit. f. prakt. Geol.*, **12**, 172, 1904], Boubée [*Bull. Soc. Min.*, **28**, 243, 1905], Markwald [*Zentr. Bl. f. Min.*, 761, 1906], Gaubert [*Bull. Soc. Min.*, **27**, 222, 1905].

Spectre. — Les raies de l'uranium font partie du spectre solaire et du spectre des étoiles très chaudes [N. Lockyer, *Phil. Mag.*, **6**, 161, 1879; — W. Lockyer, *Proced. Roy. Soc.*, 62, 1897].

PRÉPARATION. — *Réduction de l'oxyde vert par le charbon au four électrique.* — L'oxyde vert obtenu par calcination de l'azotate est mélangé avec du charbon de sucre (500 gr. d'oxyde pour 40 gr. de charbon), et la masse, agglomérée par compression, est chauffée au four électrique de Moissan avec un courant de 450 amp. sous 60 volts, pendant 12 minutes environ. On obtient ainsi une fonte dont la teneur en carbone varie de 2 à 13 0/0 [Moissan, *C. R.*, **122**, 1088, 1896].

Procédé aluminothermique. — L'oxyde peut être réduit par l'aluminium [Goldschmidt, *Ann. Chem.*, **304**, 19, 1898; — Aloy, *Bull. Soc. Chim.*, **25**, 153, 1901; — Stavenhagen, *D. chem. G.*, **32**, 3065, 1899]. Le métal ainsi obtenu contient toujours de l'aluminium. Aloy a également étudié la réduction de l'oxyde par le magnésium [*Bull. Soc. Chim.*, (2), **25**, 344, 1901].

La méthode aluminothermique a permis de préparer des alliages d'uranium avec le fer, l'aluminium, le chrome, le manganèse et le cobalt [Stavenhagen et Schuchard, *D. chem. G.*, **35**, 909, 1902].

Décomposition du chlorure double d'uranium et de sodium par le sodium. — Le chlorure double et le sodium sont placés par couches alternatives dans un tube de fer fermé par un bouchon à vis. La réaction est amorcée en chauffant modérément le tube ; elle se continue d'elle-même et porte le tube au rouge ; le résidu, après épuisement à l'alcool absolu et lavages à l'eau bouillie, se présente sous la forme d'une poudre contenant toujours de l'azoture et souvent de l'oxyde [Moissan, *C. R.*, **122**, 1088, 1896].

La décomposition du chlorure double peut encore se faire par le magnésium (Moissan).

Électrolyse du chlorure double d'uranium et de sodium fondu. — Le chlorure double maintenu en fusion par le courant est électrolysé avec 50 amp. sous 8 à 10 volts dans un vase de porcelaine avec des électrodes de charbon, dans un courant d'hydrogène; on recueille l'uranium sous forme d'une masse cristalline spongieuse. Ce produit, lavé à l'eau froide, puis séché à l'alcool et à l'éther, peut contenir jusqu'à 99,5 0/0 de métal (Moissan).

Distillation de l'amalgame. — On obtient de l'uranium pyrophorique par distillation de l'amalgame dans le vide [Férée, *Bull. Soc. Chim.*, **25**, 622 1901].

PROPRIÉTÉS PHYSIQUES. — L'uranium préparé au four électrique est un métal blanc que l'on peut polir et limer. Le métal obtenu par élec-trolyse forme des cristaux dont les dimensions peuvent atteindre 1 millim. (Moissan). Sa densité est de 18,68; sa chaleur spécifique de 0,027 [Zimmermann, *Ann. Chem.*, **216**, 1, 1882]. L'uranium a pu être fondu et volatilisé au four électrique. Son point d'ébullition paraît plus élevé que celui du fer et moins élevé que celui du molybdène et du tungstène. 200 gr. de métal distillent complètement en 9 minutes sous l'action d'un courant de 900 amp. sous 110 volts [Moissan, *C. R.*, **142**, 425, 1906].

PROPRIÉTÉS CHIMIQUES. — L'uranium brûle dans le fluor en donnant un fluorure vert. Il n'est pas altéré dans l'air sec à la température ordinaire, mais il s'enflamme à 170°; un fragment frotté contre un autre ou contre une lime donne une poussière qui brûle à l'air avec de vives étincelles. A 1000°, dans un courant d'azote, des fragments d'uranium se recouvrent d'une couche jaune d'azoture. L'uranium donne avec le carbone, au four électrique, un carbure défini et cristallisé (Moissan).

PROPRIÉTÉS PHYSIOLOGIQUES. — Les sels d'uranium sont toxiques pour l'homme et les animaux [Chittenden et Lambert, *Chem. Zeit.*, 1002, 1890; *Centr. Blatt*, 367, 1891; — Woroschilsky, *Centr. Bl.*, II, 453, 1890; I, 368, 1891]. Ils semblent faciliter la fonction chlorophyllienne chez les végétaux [Lœw, *Bull. coll. agric., Tokio*, **5**, 173, 1902].

CARACTÈRES ANALYTIQUES. — Si l'on ajoute à une solution d'un sel d'uranium, traitée par l'eau oxygénée, un excès de carbonate de potassium sec, la liqueur prend une belle coloration rouge (Aloy).

D'autres réactions de l'uranium ont été décrites avec les oxydants [O. de Coninck, *Bull. Ac. Belg.*, 360, 1904], avec l'hydrosulfite de sodium [O. Brunck, *Ann. Chem.*, **336**, 281, 1904].

RÉACTIONS MICROCHIMIQUES. — Les meilleures réactions microchimiques de l'uranium sont la formation de l'acétate double d'urane et de sodium, ou du carbonate double de thallium et d'urane (voy. 2e Suppl., **1**, 269).

DOSAGE. — L'oxyde U^3O^8, obtenu par la calcination du précipité que donne l'ammoniaque dans les solutions d'uranium, est dissocié par la chaleur, ce qui rend inexact ce procédé de dosage si l'on opère sans précaution [Zimmermann, *Ann. Chem.*, **216**, 1, 1882] Il vaudrait mieux transformer l'oxyde vert U^3O^8 en oxyde UO^2 dans un courant d'hydrogène, au rouge, mais la calcination directe de U^2O^8 peut donner de bons résultats, à condition d'opérer à une température inférieure à 900°, la tension de dissociation de U^3O^8 étant alors inférieure à la tension de l'oxygène dans l'atmosphère [Colani, *Ann. Chim. Phys.*, (8), **12**, 59, 1907]. L'uranium peut être dosé par électrolyse dans les solutions acétiques [Smith et Wallace, *Zeit. Elektr.*, **5**, 167, 1898; — Kollock et Smith, *Am. Chem. Journ.*, **23**, 607, 1901]. D'autres procédés de dosage ont été indiqués [Kern, *Am. Chem. Journ.*, **23**, 685, 1901; — Putman, *Am. Journ.*, (4), **16**, 229, 1903; — Glasman, *D. chem. G.*, **37**, 189, 1904; — Giolitti, *Gazz. chim. ital.*, **34**, II, 166, 1904 et **35**, II, 145, 1905; — Finn, *Am. Chem. Journ.*, **28**, 1443, 1906]. La séparation de l'uranium d'avec le fer et le thorium par l'hydroxylamine a été étudiée par Jannasch et Schilling [*J. prakt. Chem.*, (2), **72**, 26, 1905], la séparation d'avec les alcalins et les alcalino-terreux, par Cutcheon [*Am. Chem. Journ.*, **29**, 1445, 1907]. Mazzucchelli a décrit les conditions de la précipitation de l'oxyde d'uranium [*Att. Ac. Lincei*, (5), **15**, II, 429 et 494, 1906; *Gazz. chim. ital.*, **37**, I, 144, 1907], et Wherry et Smith, la séparation électrolytique [*Am. Chem. Journ.*, 29, 806, 1907].

Poids atomique. — On prenait autrefois pour poids atomique de l'uranium le nombre 120, et on plaçait ce métal à côté du fer et du chrome. Mendéléeff a proposé de doubler ce nombre en rapprochant l'uranium du molybdène et du tungstène. Des analyses d'acétate double d'uranium et de sodium avaient donné le nombre 239 [Zimmermann, *Ann. Chem.*, 232, 273, 1886]. Le rapport entre le poids d'azote dosé en volume et le poids d'uranium dosé à l'état d'oxyde UO^2 dans l'azotate d'uranyle conduit au nombre 239,4 [Aloy, *Ann. Chim. Phys.*, (7), 24, 412, 1901]. L'analyse du tétrabromure donne le nombre 238,5 [Richard et Mérégold, *Zeit. anorg. Chem.*, 31, 235, 1902]. La commission internationale des poids atomiques a adopté pour 1908 le nombre 238,5.

Tétrafluorure d'uranium, UF^4. — Composé amorphe pulvérulent, de couleur verte, insoluble dans l'eau, obtenu par l'action du fluor sur l'uranium (Moissan), ou par l'action de HF sur l'hydrate uraneux. Traité par l'hydrogène au rouge, il laisse un résidu rougeâtre de sous-fluorure. Il s'oxyde à l'air et se transforme en oxyfluorure UO^2F^2 quand on le chauffe. Il s'unit aux fluorures alcalins pour donner des sels doubles [Bolton, *Jahresh.*, 209, 1886]. L'acide fluorhydrique produit dans la solution de té rachlorure un précipité vert de fluorure hydraté, dont la composition est UF^4, H^2O, après dessiccation à 100°.

Oxyfluorure (*Fluorure d'uranyle*), UO^2F^2. — Solution jaune obtenue en même temps que le précipité vert de fluorure hydraté (Bolton) [Ditte, *C. R.*, 91, 115, 1880; — Giolitti et Agamennone, *Att. Ac. Lincei*, (5), 14, 114, 1905].

Trichlorure d'uranium, UCl^3. — On obtient une solution rouge pourpre de trichlorure d'uranium en réduisant une solution d'oxychlorure UO^2Cl^2 par le zinc et l'acide sulfurique. Cette solution instable devient verte en dégageant de l'hydrogène [Zimmermann, *Ann. Chem.*, 213, 320, 1882].

Tétrachlorure, UCl^4. — Il se prépare facilement par l'action du chlore au rouge sombre sur la fonte d'uranium (Moissan). On l'obtient aussi par l'action du mélange de chlore et de vapeurs de chlorure de soufre sur l'oxyde vert chauffé sur une grille à gaz. On peut entraîner des vapeurs de chlorure de soufre ou de sulfure de carbone par l'anhydride carbonique sec [Colani, *Ann. Chim. Phys.*, (8), 12, 59, 1907]. Densité de vapeur 13,33 [Zimmermann, *Ann. Chem.*, 216, 8, 1882]. Il donne des sels doubles avec les chlorures alcalins [Moissan, *C. R.*, 122, 1088, 1896] et avec les chlorures alcalino-terreux [Aloy, *Bull. Soc. Chim.*, 21, 264, 1899]; $UCl^4, 2KCl$, cristaux vert pâle, hygroscopiques, donnant avec l'eau une solution incristallisable (Aloy); $UCl^4, 2NaCl$, cristaux vert pomme obtenus en faisant passer des vapeurs de tétrachlorure d'uranium sur le chlorure de sodium au rouge sombre (Moissan). Ce sel sert à la préparation de nombreux composés de l'uranium à la place du chlorure, très hygroscopique et difficile à man er: $UCl^4, 2LiCl$, masse cristalline verte (Aloy); $UCl^4, CaCl^2$, produit vert, déliquescent, préparé dans un courant de chlore (Aloy); $UCl^4, BaCl^2$ et $UCl^4, SrCl^2$, analogues au précédent (Aloy).

Oxychlorure (*Chlorure d'uranyle, acide chlorouranique*), UO^2Cl^2. — (Voy. Dict., 5, 550). La solution d'oxychlorure évaporée sur l'acide sulfurique donne des cristaux de l'hydrate UO^2Cl^2, H^2O, soluble avec combinaison dans l'éther [Regelsperger, *Ann. Chem.*, 227, 119, 1885]. La solution d'oxychlorure, chauffée à 100°, donne un dépôt de cristaux jaunes $UO^2, HCl, 2H^2O$ [Mylius et Dietz, *D. chem. G.*, 2774, 1901]. Le chlorure d'uranyle a été étudié de nouveau par O. de Coninck [*Ann. Chim. Phys.*, (8), 3, 500, 1904]. Il donne des combinaisons doubles avec les chlorures alcalins et avec ceux des bases organiques : $UO^2Cl^2, 2CsCl$, jaune (Rimbach); $UO^2Cl^2, 2KCl$, jaune (Aloy); $UO^2Cl^2, 2NaCl$, (Aloy) : $UO^2Cl^2, 2Az(CH^3)^4Cl$ et $UO^2Cl^2, 2Az(C^2H^5)^4Cl$ (Rimbach) [Aloy, *Bull. Soc. Chim.*, 25, 155, 1900; — Rimbach. *D. chem. G.*, 37, 461, 1903].

Chlorhydrate d'oxychlorure. — Il s'obtient en dissolvant l'oxychlorure dans HCl et en refroidissant à — 10° [Aloy, *Bull. Soc. Chim.*, 25, 153, 1901], ou encore dans l'action de l'acide chlorhydrique sur l'azotate d'uranium [O. de Coninck, *Recherches sur le nitrate d'uranium*, Montpellier, 1901].

Tribromure, UBr^3. — Aiguilles brun foncé obtenues en réduisant le tétrabromure par l'hydrogène au rouge [Alibegoff, *Ann. Chem.*, 233, 119, 1882].

Tétrabromure, UBr^4. — On a essayé d'obtenir de meilleurs résultats dans la préparation de ce composé par l'action du brome sur le mélange d'oxyde vert et de charbon en entraînant le brome par un courant de CO^2. Sa densité de vapeur est de 19,46 [Zimmermann, *Ann. Chem.*, 216, 2, 1882]. On peut attaquer le carbure d'uranium par le brome entraîné par un courant d'hydrogène (Aloy).

L'action du bromure de soufre ne donne pas de bons résultats (Colani).

Pentabromure, UBr^5. — Ce composé n'existerait pas d'après Zimmermann.

Bromures doubles, $UBr^4, 2KBr$; $UBr^4.2NaCl$. — Analogues aux chlorures et préparés de la même façon (Aloy).

Iodure, UI^4. — L'uranium préparé par électrolyse brûle dans la vapeur d'iode; celle-ci attaque au rouge la fonte carburée d'uranium (Moissan). On obtient une masse fondue cristalline ou bien de fines aiguilles noires dans l'action de la vapeur d'iode sur la fonte d'uranium dans un tube scellé inégalement chauffé. Ce composé fond à 500°; sa densité est de 5,6. Il brûle dans l'oxygène en donnant l'oxyde vert. Il s'oxyde dans l'air sec en se recouvrant de petits cristaux d'iode. Il est soluble dans l'eau [Guichard, *C. R.*, 145, 807, 1907].

Oxyiodure (*Iodure d'uranyle*), UO^2I^2. — On obtient des cristaux rouges très instables d'oxyiodure en décomposant par l'iodure de baryum solide une solution éthérée d'azotate d'uranium [Aloy, *Assoc. fr. Avanc. Sc.*, Paris, 1900].

Sous-oxydes, UO et U^3O^4. — L'existence de ces composés n'a pas été confirmée par les recherches analytiques de Zimmermann [*Ann. Chem.*, 243, 301, 1882].

Oxyde uraneux (*Bioxyde*), UO^2. — On obtient cet oxyde cristallisé en calcinant dans un creuset de platine l'oxyde vert U^3O^8 avec quelques gouttes d'acide fluorhydrique [Ditte, *C. R.*, 91, 117, 1880]. Il se forme aussi dans l'action de la vapeur d'eau sur le chlorure double d'uranium et de sodium (Colani) [O. de Coninck, *Bull. Ac. Belg.*, 448, 1904].

Oxyde noir, U^2O^5. — Cet oxyde n'est, d'après Zimmermann, qu'un mélange de UO^2 et U^3O^8 [*Ann. Chem.*, 232, 273, 1886]. Cette conclusion a été confirmée par l'étude de la dissociation de l'oxyde vert (Colani).

Oxyde vert, U^3O^8. — Cet oxyde se prépare en partant de la pechblende. Des modifications au procédé d'extraction ont été indiquées par Hofmann et Strauss [*D. chem. G.* 33, 3126, 1900].

Il peut encore s'obtenir en partant de certains composés naturels phosphorés [Laube, *Zeit. f. angew. Chem.*, 575, 1889]. Les résidus du traitement de la pechblende sont utilisés pour l'extraction des composés radioactifs.

On obtient l'oxyde pur par calcination au-dessous de 900° du nitrate purifié (Colani). Chauffé dans un gaz inerte ou dans le vide, l'oxyde vert se dissocie et se transforme en oxyde uraneux [Zimmerman; — Colani; — O. de Coninck, *Bull. Ac. Belg.*, 363, 1904]. Kohlschütter et Vogdt ont étudié les solutions solides de gaz dans les oxydes d'uranium [*D. chem. G.*, 38, 1419 et 2992, 1905].

HYDRATES VIOLETS. — Ils ont été obtenus en exposant au soleil une solution d'acétate d'urane additionnée d'éther (Aloy), ou encore une solution d'azotate d'urane additionnée d'ammoniaque jusqu'à commencement de précipitation. Ces hydrates s'oxydent à l'air et se transforment en hydrates de trioxyde.

TRIOXYDE HYDRATÉ, UO^3,H^2O. — On l'obtient en chauffant en tube scellé à 175°, pendant 4 jours, une solution très étendue d'acétate d'urane [Riban, *C. R.*, 93, 1140, 1881]. On l'obtient encore en chauffant plusieurs heures les hydrates violets dans l'eau à 100° [Aloy, *Bull. Soc. Chim.*, (2), 23, 368, 1900], ou encore en traitant une solution d'azotate d'urane par l'hydrate de cuivre [Mailhe, *Thèse Doct.*, Toulouse, 1902]. Cristaux jaunes hexagonaux (Riban) ou tables orthorhombiques rectangulaires (Aloy). L'hydrate UO^3,H^2O se comporte tantôt comme un acide, tantôt comme une base. Il se dissout dans les acides en donnant des sels cristallisés, dans lesquels le radical UO^2 joue le rôle d'un atome métallique, que Péligot avait appelé *uranyle*. L'oxyde UO^3 serait le protoxyde d'uranyle. Cette conception a été combattue par Kohlschütter [*Ann. Chem.*, 314, 311, 1901], et confirmée par l'étude des conductibilités électriques de nombreux sels [Ley, *D. chem. G.*, 33, 2659, 1900; — Bruner, *Physik. Chem.*, 32, 133, 1900]. Aloy a déterminé les chaleurs de formation d'un certain nombre de ces sels. L'hydrate UO^3,H^2O joue le rôle d'un acide vis-à-vis des bases minérales et organiques. Il donne des *uranates* dérivant de l'acide $UO^2(OH)^2$ (Aloy).

Uranate de potassium, UO^4K^2. — Prismes rhombiques jaune verdâtre, insolubles dans l'eau, obtenus en chauffant l'oxyde vert avec KCl fondu [Ditte, *C. R.*, 95, 988, 1882], ou encore l'oxychlorure avec un mélange de KCl et AzH^4Cl [Zimmermann, *Ann. Chem.*, 213, 1882], ou bien en fondant le phosphate d'uranyle avec le sulfate de potassium [Grandeau, *Ann. Chim. Phys.*, (6), 8, 233, 1886].

Uranate de sodium. — Analogue au précédent (Zimmermann, Ditte).

Uranate de lithium, UO^4Li^2. — Paillettes cristallines (Ditte).

Uranate de calcium, UO^4Ca. — Cristaux jaunes insolubles (Ditte).

Diuranate de calcium, U^2O^7Ca. — Paillettes jaune verdâtre, insolubles dans l'eau, obtenues en oxydant l'oxyde vert par le chlorate de calcium et en faisant cristalliser le produit amorphe obtenu dans le chlorure de calcium fondu (Ditte).

Uranate de baryum et uranate de strontium. — Paillettes jaunes.

Diuranates de baryum et de strontium (Ditte), analogues aux précédents.

Uranate de magnésium, UO^4Mg. — Petits cristaux verts, insolubles; on obtient de longues aiguilles vertes par un procédé analogue à celui qui donne le diuranate de calcium (Ditte).

HYDRATE COLLOÏDAL. — En dialysant le produit du traitement de l'acide chlorouranique par le nitrate d'argent, on obtient un trioxyde d'uranium soluble colloïdal [Mylius et Dietz, *D. chem. G.*, 40, 2774, 1901].

TÉTROXYDE D'URANIUM, UO^4. — Lorsqu'on précipite une solution de nitrate d'urane par l'eau oxygénée en solution sulfurique, on obtient l'oxyde anhydre UO^4 cristallisé. En solution neutre on obtient un oxyde hydraté $UO^4,4H^2O$ [Fairley, *Chem. News*, 33, 237, 1876]; $UO^4,2H^2O$ [Alibegoff, *Ann. Chem.*, 233, 123, 1886]. A cet oxyde se rattache l'*acide peruranique*, dont on connaît seulement les sels, et auquel on attribue la formule UO^4,H^2O^2 [Melikoff et Pissarjewski. *Journ. Soc. phys. chim. russe*, 34, 472, 1902; 35, 42, 1903; *D. chem. G.*, 36, 2902, 1897].

OXYDE, UO^5. — Cet oxyde n'a pas été isolé, mais on a décrit l'*acide hyperuranique* qui en dérive UO^5H^2 (Pissarjewski).

Peruranate de potassium, $UO^8K^4,10H^2O$. — Aiguilles jaunes très instables obtenues en précipitant par l'alcool une solution d'azotate d'uranyle additionnée de potasse en excès et traitée par l'eau oxygénée [Fairley, *Chem. Soc.*, (2), 31, 1890]. On peut le considérer comme une combinaison de l'oxyde UO^4 avec le bioxyde de potassium (Melikoff et Pissarjewski).

Peruranate rouge de potassium, $UO^5K^2,3H^2O$. — Cristaux rouges instables, obtenus en traitant une solution d'azotate d'uranyle par l'eau oxygénée; le précipité est mis en suspension dans l'eau oxygénée, à laquelle on ajoute l'alcool, puis une solution de potasse. Le précipité se redissout d'abord, puis se transforme en une matière rouge que l'on lave à l'alcool méthylique. La formation de ce composé est un caractère analytique très sensible de l'uranium [Aloy, *Bull. Soc. Chim.*, 27, 468, 1902].

Peruranate d'ammonium, $UO^8,(AzH^4)^2UO^2,8H^2O$. — Cristaux jaune orangé (Fairley, Melikoff et Pissarjewski).

Peruranate de sodium, $UO^8Na^4,8H^2O$. — Cristaux jaunes (Fairley). On lui attribue aussi la formule $UO^4(Na^2O^2)^2,8H^2O$, à cause de sa décomposition par CO^2 en eau oxygénée, et oxyde UO^4 (Melikoff et Pissarjewski). On a décrit aussi le sel $UO^8Na^2UO^2$ formé en solution alcaline (Fairley).

Peruranate rouge de sodium, $UO^5Na^2,5H^2O$. — Cristaux rouges analogues au sel de potassium.

Peruranates de lithium, $LiO^2,(UO^4)^2,8H^2O$ et $Li^2O^2UO^4$. — Préparés comme les sels de sodium (Melikoff et Pissarjewski).

Peruranate de baryum, $UO^4,Ba^2O^2,8H^2O$. — Aiguilles jaunes peu solubles (Melikoff et Pissarjewski).

PROTOSULFURE, US. — Poudre noire amorphe obtenue dans l'action de l'hydrogène au rouge sur le sulfure U^2S^3 [Alibegoff, *Ann. Chem.*, 233, 131, 1882].

SESQUISULFURE, U^2S^3. — Poudre gris noirâtre obtenue en faisant agir l'hydrogène sulfuré sur le tétrabromure (Alibegoff).

BISULFURE, US^2. — Ce composé se forme par combinaison de l'uranium avec le soufre à 500° (Moissan). On le prépare en faisant passer un courant de H^2S ou mieux d'hydrogène rigoureusement sec entraînant de la vapeur de soufre sur le chlorure double $UCl^4,2NaCl$; ou encore en fondant ce chlorure double avec les sulfures de sodium, de magnésium, d'aluminium, d'antimoine ou d'étain. Il cristallise en tables nacrées [Colani, *C. R.*, 137, 382, 1903; *Ann. Chim. Phys.*, (8), 12, 59, 1907].

Rouge d'urane. — L'oxysulfure d'uranium récemment précipité et traité par un excès de sulfhydrate d'ammoniaque se transforme en un corps rouge sang de composition complexe que l'on désigne sous le nom de *rouge d'urane* [Kohlschutter, *Ann. Chem.*, **314**, 311, 1901].

HYPOSULFITE D'URANYLE, $S^2O^3UO^2$. — Sel jaune très instable préparé par double décomposition entre un sel d'uranyle et $S^2O^3Na^2$ [Faktor, *Pharm. Post*, **34**, 485, 1901].

SULFATE D'URANIUM. — Isomorphe du sulfate de thorium [Hilkbrand et Melville, *Centr. Bl.*, I, 554, 1892]. On a décrit un sulfate $(SO^4)^2UH$ formé d'aiguilles cristallines rouges obtenues en traitant par SO^4H^2 le trichlorure UCl^3 [Rosenheim et Lœbel, *Zeit. anorg. Chem.*, **57**, 234, 1908].

SULFATE D'URANYLE, SO^4UO^2. — Ce composé a été obtenu dans l'action du bisulfate de potassium sur l'hydrate uranique [O. de Coninck, *Bull. Ac. Belg.*, 833, 1904]. Il donne des sels doubles avec le sulfate d'hydroxylamine [Rimbach, *D. chem. G.*, **37**, 461, 1903]; avec le potassium et l'ammonium [O. de Coninck, *Bull. Ac. Belg.*, 1171, 1904 et O. de Coninck et Chauvenet, *Bull. Ac. Belg.*, 50, 1905]; avec le cœsium [O. de Coninck, *Bull. Ac. Belg.*, 94, 1905]; avec le lithium et le magnésium [O. de Coninck et Chauvenet, *Bull. Ac. Belg.*, 151 et 182, 1905]. La solution de sulfate d'uranyle dans le glycol a été étudiée par O. de Coninck [*Bull. Ac. Belg.*, 275 et 360, 1905] et les équilibres dans les solutions entre les hydrates de sulfates d'urane par Giolitti et Bucci [*Gazz. chim. ital.*, **35**, 151, 1905] et par Giolitti et Liberi [*Gazz. chim. ital.*, **36**, 443, 1906].

SULFOCYANURE. — Un sulfocyanure d'uranium a été étudié par Jar. Milbauer [*Zeit. anorg. Chem.*, **42**, 433, 1905].

DITHIONATES. — On obtient des dithionates basiques d'uranium par double décomposition entre le tétrachlorure d'uranium et le dithionate de sodium [Krüss, *Ann. Chem.*, **246**, 179, 1888].

SÉLÉNIURES, U^2Se^3 et USe^2. — Le séléniure USe^2 se prépare par l'action d'un courant d'hydrogène entraînant des vapeurs de sélénium sur le chlorure double d'uranium et de sodium au rouge; on obtient une poudre noire cristalline analogue au sulfure. Si on chauffe trop fort, et si l'hydrogène entraîne peu de sélénium on obtient le sous-séléniure U^2S^3. On obtient encore USe^2 dans la fusion du chlorure double avec les séléniures métalliques [Colani, *Ann. Chim. Phys.*, (8), **12**, 59, 1907].

SÉLÉNIURE D'URANYLE, UO^2Se. — Prismes noirs décrits par Jar. Milbauer [*Zeit. anorg. Chem.*, **42**, 450, 1905].

TELLURURES, UTe et U^2Te^3. — Paillettes cristallines mal définies obtenues dans l'action de la vapeur de tellure entraînée par l'hydrogène sur le chlorure double d'uranium et de sodium et dans la fusion de ce chlorure double avec le tellurure de sodium (Colani).

AZOTURE, U^3Az^4. Dans l'action de l'azote sur l'uranium à 1000°, ou sur le carbure à 1100° on obtient un corps jaune, amorphe, qui, traité par la potasse, dégage de l'ammoniac (Moissan).

Dans l'action du gaz ammoniac bien sec, au rouge vif, sur le chlorure double d'uranium et de sodium, on obtient une poudre cristalline à éclat métallique dont la composition répond à la formule U^3Az^4 (Colani).

AZOTATE D'URANYLE, $(AzO^3)^2UO^2,6H^2O$. — Ce composé, purifié par des dissolutions dans l'éther, sert à la préparation de l'oxyde vert pur. Il est triboluminescent [Tschugaeff, *D. chem. G.*, **34**, 1820, 1901]. Sa solubilité dans divers solvants a été étudiée par O. de Coninck [*C. R.*, **131**, 1219 et 1303, 1900]. La solution d'azotate d'uranyle neutralisée par l'ammoniaque donne avec les sels de morphine une coloration rouge [Aloy, *Bull. Soc. Chim.*, **29**, 610, 1903]. L'azotate d'uranyle donne des sels doubles avec les azotates alcalins : $(AzO^3)^2UO^2,AzO^3Cs$; $(AzO^3)^2UO^2,AzO^3Rb$; $(AzO^3)^3UO^2K$; $(AzO^3)^3UO^2, AzH^4$ [Meyer et Vendel, *D. chem. G.*, **36**, 4055, 1903].

PHOSPHURE D'URANIUM, U^3P^4. — Poudre noire cristalline, attaquable par l'acide azotique, obtenue par l'action du phosphure d'aluminium sur le chlorure double $UCl^4,2NaCl$, à 1000°, dans un courant d'hydrogène. S'oxyde lentement à l'air en donnant du phosphate d'uranyle. La méthode aluminothermique ne donne pas de bons résultats pour la préparation de ce composé [Colani, *Ann. Chim. Phys.*, (8), **12**, 59, 1907].

PHOSPHATE D'URANIUM, $(PO^4)^2UH^2,5H^2O$. — Ce composé s'obtient à l'état cristallisé en soumettant à des congélations successives le précipité produit dans une solution de tétrachlorure d'uranium par une solution de phosphate disodique. Il se dissout dans l'acide chlorhydrique concentré en donnant une solution bleue qui laisse déposer par concentration des cristaux de chlorophosphate $(PO^4)^2UH^2,UCl^4,3H^2O$ [Aloy, *Bull. Soc. Chim.*, **21**, 613, 1899].

MÉTAPHOSPHITE URANEUX, $(P^2O^5)^2UO^2$. — Poudre verte formée de cristaux en tables carrées du système orthorhombique, obtenue en chauffant dans un creuset de Rose en or, dans un courant d'anhydride carbonique, un mélange d'oxyde uraneux et d'acide métaphosphorique. Il devrait se former un phosphate uranique qui se transforme en sel uraneux avec dégagement d'oxygène (Colani).

PYROPHOSPHATE URANEUX, P^2O^5,UO^2. — Poudre amorphe, blanc rosé ou brune, obtenue en réduisant par l'hydrogène le phosphate acide d'uranyle $(PO^4)^2UO^2H^4,3H^2O$; ou bien, cristaux blancs teintés de brun obtenus par l'action au rouge de l'oxychlorure de phosphore entraîné par un courant de gaz carbonique sur un oxyde ou sur un phosphate uranique (Colani).

ORTHOPHOSPHATE URANEUX, $2P^2O^5,3UO^2$. — Précipité obtenu, dans une atmosphère de gaz carbonique, par l'action du phosphate trisodique sur le chlorure uraneux. Il se transforme en une poudre microcristalline verte au rouge sombre dans un courant de gaz carbonique entraînant du gaz chlorhydrique (Colani).

PHOSPHATE URANEUX BASIQUE, $P^2O^5,2UO^2$. — Poudre d'un vert clair, obtenue en réduisant par l'hydrogène le pyrophosphate d'uranyle; elle cristallise dans un courant de gaz chlorhydrique sec (Colani).

CHLOROPHOSPHATE URANEUX, $2P^2O^5,3UO^2,UCl^4$. — Cristaux verts orthorhombiques obtenus dans l'action au rouge sombre du chlorure uraneux sur un phosphate uraneux. Avec le poids atomique de 120, adopté autrefois pour l'uranium, la formule de ce composé serait $P^2O^5,3UO,UCl^2$, ce qui le rapprocherait des wagnérites (Colani) [De Schulten, *Bull. Soc. Min.*, 1907].

MÉTAPHOSPHATE URANIQUE, $(P^2O^5)^3UO^3$. — Prismes vert émeraude, obtenus en attaquant le trioxyde d'uranium par l'acide métaphosphorique fondu [Hautefeuille et Margottet, *C. R.*, **96**, 849 et 1143, 1883]. Colani, en essayant de reproduire ce composé, n'a obtenu que du métaphosphate uraneux.

PHOSPHATE D'URANYLE, PO^4UO^2H. — Ce composé, obtenu à l'état amorphe dans la précipitation de l'azotate d'uranyle par un phosphate, cristallise par digestion dans l'acide chlorhydrique étendu [Bourgeois, *Bull. Soc. Chim.*, **19**, 733, 1897].

Phosphates doubles uraneux, P^2O^5, UO^2, K^2O. — Cristaux verts orthorhombiques obtenus en fondant l'oxyde uraneux avec le métaphosphate de potassium mélangé de chlorure (Colani).

$4P^2O^5, 3UO^2, 6K^2O$. — Obtenu avec le pyrophosphate de potassium mélangé de chlorure (Colani).

$3P^2O^5, 4UO^2, K^2O$. — Petits cristaux vert foncé obtenus avec l'orthophosphate de potassium (Colani).

$3P^2O^5, 4UO^2, Na^2O$. — Cristaux vert foncé obtenus avec le métaphosphate de sodium et l'oxyde uraneux en excès, en présence de chlorure de sodium (Colani).

P^2O^5, UO^2, Na^2O. — Cristaux orthorhombiques verts obtenus mélangés de $P^2O^5, 4UO^2$, Na^2O, dans l'action du pyrophosphate de sodium sur le phosphate uraneux basique $P^2O^5, 2UO^2$ (Colani).

$4P^2O^5, 3UO^2, 6Na^2O$. — Cristaux verts orthorhombiques obtenus en fondant le pyrophosphate de sodium avec l'oxyde uraneux (Colani).

P^2O^5, UO^2, CaO. — Cristaux monocliniques verts obtenus en fondant le métaphosphate uraneux avec le chlorure de calcium anhydre (Colani).

P^2O^5, UO^2, SrO. — Lamelles vertes orthorhombiques (Colani).

P^2O^5, UO^2, BaO. — Cristaux verts lamellaires (Colani).

Phosphates doubles d'uranyle, PO^4UO^2K. — Obtenu par fusion d'un mélange d'oxyde uranique et de phosphate de potassium [Ouvrard, C. R., **110**, 1335, 1890], ou encore en chauffant le sulfate d'uranyle avec l'acide phosphorique [Grandeau, Ann. Chim. Phys., (6), **8**, 233, 1886].

$(PO^4)^2K^4UO^2$. — Obtenu en fondant l'oxyde uranique avec le phosphate de potassium (Ouvrard).

$P^2O^7UO^2K^2$. — Cristaux jaunes prismatiques obtenus par fusion de l'oxyde uranique avec le pyrophosphate de potassium (Ouvrard).

PO^4UO^2Na. — Cristaux jaunes obtenus en fondant le pyrophosphate de sodium avec l'oxyde uraneux (Ouvrard).

$P^2O^7UO^2Na^2$. — Cristaux jaunes obtenus en fondant l'oxyde uranique avec le métaphosphate de sodium (Ouvrard).

Arséniure, U^3As^4. — Poudre cristalline obtenue en chauffant le chlorure double $UCl^4, NaCl$ avec un mélange d'arséniure de sodium et d'arsenic en excès, dans un courant d'hydrogène sec. La méthode aluminothermique donne un arséniure mal séparé de l'alumine [Colani, Ann. Chim. Phys., (8), **12**, 59, 1907].

Arséniate d'uranium, $(AsO^4)^2UH^2, H^2O$. — Aiguilles vert pâle obtenues par l'action d'une solution étendue d'acide arsénique sur l'hydrate uraneux [Aloy, Bull. Soc. Chim., **21**, 613, 1899].

Orthoarséniate d'uranyle, $(AsO^4)^2(UO^2)^3$. $12H^2O$. — Ce composé constitue le minéral appelé *trœgérite*, qui a été reproduit par Goldschmidt [Zeit. f. Kryst., **34**, 468, 1899].

Métaarsénite d'uranyle, $(AsO^3)^2UO^2$. — Précipité jaune produit par l'action du métaarsénite de potassium sur l'azotate d'uranyle [Reichardt, D. chem. G., **27**, 1028, 1894].

Alliages d'uranium et d'antimoine. — En chauffant le chlorure double $UCl^4, 2NaCl$ avec un mélange d'antimoine et d'aluminium dans un courant d'hydrogène, on obtient une masse blanc d'argent ne contenant pas d'aluminium.

La méthode aluminothermique donne des alliages contenant toujours un peu d'aluminium. Il n'a pas été possible d'en extraire un composé défini (Colani).

Carbure, C^3Cr^2. — On chauffe au four électrique pendant 10 minutes, avec un courant de 900 ampères sous 50 volts, un mélange de 500 gr. d'oxyde vert d'uranium et de 60 gr. de charbon de sucre. On obtient un produit fondu, d'aspect métallique, à cassure cristalline, contenant du graphite, dont la densité est voisine de 11,3. Ce corps raye le quartz, mais non le corindon; frappé avec un corps dur, il donne de brillantes étincelles et prend feu quand on le pulvérise sans précautions. Traité par l'eau, il donne un mélange d'hydrogène et de nombreux carbures, acétylène, éthylène, méthane et carbures liquides non saturés [Moissan, C. R., **122**, 274, 1896; — Chesneau, C. R., **122**, 471, 1896].

Carbonate d'uranyle et de potassium, CO^3 $UO^2, 2CO^3K^2$. — Ce sel cristallisé s'obtient par l'action de l'anhydride carbonique sur le cyanure double d'uranyle et de potassium [Aloy, Thèse Doct., Toulouse, 1901].

Cyanure double d'uranyle et de potassium, $UO^2(CAz)^2, 2KCAz$. — Cristaux prismatiques jaune pâle obtenus en traitant un sel d'uranyle par le cyanure de potassium en grand excès (Aloy).

Perborate d'uranyle, BO^4U. — Composé jaune [Bruhat et Duboin, C. R., **140**, 506, 1905].

Alliages d'uranium et d'aluminium. — On obtient ces alliages en introduisant dans un bain d'aluminium fondu un mélange d'oxyde vert et d'aluminium en poudre [Moissan, C. R., **122**, 1302, 1896], ou encore par la réduction de l'oxyde par la méthode aluminothermique de Goldschmidt [Aloy, Ann. Chim. Phys., (7), **24**, 412, 1901].

Alliages d'uranium et de fer. — On obtient un alliage de fer et d'uranium dans l'électrolyse du chlorure double $UCl^4, 2NaCl$ avec des électrodes de fer [Moissan, C. R., **122**, 1088, 1896], ou bien en réduisant par le procédé Goldschmidt un mélange d'oxyde de fer et d'oxyde d'uranium [Stavenhagen et Schuchard, D. chem. G., **32**, 3065, 1899].

Ferrocyanure d'uranium, $U^2FeCy^6, 10H^2O$. — Précipité brun obtenu en traitant par le ferrocyanure de potassium un excès de sel uraneux.

Il existe un ferrocyanure double d'uranium et de potassium $UK^2FeCy^6, 6H^2O$ [Vyrouboff, Ann. Chim. Phys., (6), **8**, 340, 1886].

Ferrocyanure d'uranyle, $(UO^2)^2K^2FeCy^6, 6H^2O$ (Wyrouboff) ou $(UO^2)^5K^6(FeCy^6)^4, 12H^2O$ (Atterberg). — S'obtient en précipitant l'azotate d'uranyle par le ferrocyanure d'uranium.

Chromates d'uranyle, $CrO^4UO^2, 5,5H^2O$. — Cristaux jaunes solubles dans l'eau, obtenus en dissolvant l'oxyde uranique dans une solution chaude d'acide chromique [Wiesner, Jahresb., 1882; — Formanek, Ann. Chem., 257, 1890].

$CrO^4UO^2, 3H^2O$. — Aiguilles jaunes (Orlow).

Chromates basiques, $UO^3, 2UO^2CrO^4, 8H^2O$ et $UO^3, UO^2CrO^4, 6H^2O$. — Aiguilles jaunes [Orlow, Chem. Zeit., **31**, 375, 1907].

Chromates doubles d'uranyle, $CrO^4K^2, 2CrO^4$ $UO^2, 6H^2O$. — Cristaux jaunes obtenus en dissolvant l'uranate de potassium dans l'acide chromique (Formanek).

$CrO^4(AzH^4)^2, 2CrO^4UO^2, 6H^2O$. — Cristaux jaunes (Formanek).

$CrO^4Na^2, 2CrO^4UO^2, 10H^2O$. — Cristaux jaunes peu stables (Formanek).

$2CrO^4Ag^2, CrO^4UO^2$. — Poudre cristalline brun rouge [Szilard, Zeit. Photogr., **4**, 350, 1906].

Alliages d'uranium et de molybdène. — Ils s'obtiennent par le procédé Goldschmidt [Satvenhagen et Schuchard, D. chem. G., **32**, 3065, 1899].

Molybdates d'uranyle, MoO^4UO^2. — Poudre

blanche amorphe obtenue dans l'action du molybdate d'ammonium sur l'azotate d'uranyle [Lancien, C. R., 144. 1434, 1907].

$7 MoO^3, 3 UO^3$, poudre jaune amorphe ; — $8 MoO^3, UO^3$, cristaux prismatiques [Lancien. Bull. Sc. Pharm., 15. 132, 1908].

PLATINOCYANURE D'URANYLE. — Cristaux rouges ou jaunes [Lévy, Proc. Cambridge Phil. Soc., 14, 159, 1907].

[Voyez encore : Aloy et Auber, Réduction des sels uraniques par l'hydrosulfite de sodium. Bull. Soc. Chim.,(4). 1, 569. 1907 ; — Giolitti et Vecchiavelli, sels doubles d'uranyle et de carbonate d'ammonium, Gazz. chim. ital., (2). 35, 170. 1905 ; — Rimbach, solubilité des sels d'uranyle dans l'eau, D. chem. G. 37, 461, 1904].

Juin 1908.   A. Binet du Jassonneix.

URANOCIRCITE (Min.) [(Weisbach); Syn. *Baryturanite*]. — Phosphate de baryum et d'uranyle hydraté correspondant à l'uranite, $(PO^4)^2(UO^2)^2Ba + 8H^2O$. Petits cristaux tabulaires, jaunâtres, ressemblant à l'uranite, trouvés dans des filons de quartz à Bergen, près Falkenstein, Voigtland, Saxe.

Caractères. — Ceux de l'uranite, sauf remplacement du calcium par le baryum. Densité = 3,53.

Forme cristalline. — Isomorphe avec l'uranite. Clivage : p parfait, $h^1 g^1$ distincts. L. Bourgeois.

URANOTHALLITE (Min.) (Schrauf). — Voyez LINDACKÉRITE, Dict., 2. 225, et VOGLITE, Dict., 3, 718.

URANOTHORITE (Min.) (P. Collier). — Variété très uranifère de thorite, des mines de Champlain, état de New-York. L. B.

URANOTILE (Min.) (Boricky). — Silicate d'uranyle et de calcium hydraté, $CaO . 2 UO^3 . 2 SO^2 . 6 H^2O$, probablement identique avec l'uranophane (Dict., 3, 559). Très fines aiguilles, jaune citron, trouvées à Wölsendorf, Bavière. sur quartz et fluorine ; à la mine Weisser Hirsch. près Neustädtel, Saxe; à Flatrock Mine, Cté de Mitchell, Caroline du Nord. Densité = 3,959.

Forme cristalline. — Prisme orthorhombique ou clinorhombique : $mm = 146°$. L. Bourgeois.

URAO (Min.) [Syn. : Trona]. — (Voyez Dict., 3, 560). On regardait ce sel comme un sesquicarbonate de sodium, $(CO^3)^3Na^4H^2, 2$ ou $3 H^2O$. D'après les analyses faites par plusieurs auteurs, notamment par MM. P. de Mondésir et Th.-M. Chatard, sur l'urao naturel ou artificiel, il y a lieu de lui attribuer une formule plus simple, $(CO^3)^2Na^3H . 2H^2O$ ou $CO^3Na^2 . CO^3NaH, 2H^2O$. L. Bourgeois.

URASE. — Voyez l'art. DIASTASES.

URASTÉRINE. — Nom donné au pigment orangé de la peau d'*uraster rubens*. Ce corps contient $C^{16}H^{18}Az^4O^2$, il ne donne pas de bandes d'absorption caractéristiques [Griffith et Warren, Bull. Soc. Chim.. (3). 23, 874].

E. Lambling.

URAZINES. — Voyez l'art. TÉTRAZINES.

URAZOLS. — Voyez l'art. PYRRODIAZOLS.

URBANITE (Min.) (Sjögren). — Pyroxène intermédiaire entre la schefférite et l'acmite; $SiO^3[CaMg] + Na^2O . Fe^2O^3 . 4SiO^2$, en veines dans l'hématite. aux mines de Langban, Suède. L. Bourgeois.

URÉE. — L'élimination de l'urée par l'organisme animal a fait l'objet de nouvelles recherches. Les unes sont relatives à la proportion d'urée éliminée [Platt, Zeit. physiol. Ch., 75. 1897 ; — Berthelot, C. R., 131, 547. 1900 ; — Maurel, C. R. Soc. Biol., 1279, 1903 ; — Camerer. Zeit. Biol.. 43. 1. 1903]; — O. Moor, Zeit. Biol., 44, 121; 45, 420; — Lippich, Zeit. physiol. Chem., 48, 160, 1906 ; — O. Moor, ibid., 48, 577]. D'autres mettent en évidence l'influence de l'alimentation sur la quantité d'urée formée [Skand et Landergreen, Arch. Physiol., 14, 112, 1903 ; — Stollé, Beitr. Chem. Physiol. Path., 5, 15. 1903 ; — Labbé et Morchoisne, C. R., 138, 1636; 139, 941, 1904 ; — Rostock, Zeit. physiol. Ch.. 31, 432, 1901]. Le mode de formation de cette urée est encore très discuté ; d'après Gulewisch [Zeit. physiol. Ch., 30, 523, 1900], ce serait l'hydrolyse de la lysatine et de l'arginine, bases résultant de la décomposition des matières albuminoïdes, qui donne naissance à l'urée. La formation de l'urée par hydrolyse de la clupéine, c'est-à-dire d'un « petit albuminoïde », justifie cette manière de voir [Kossel et Dakien, Zeit. physiol. Chem., 42, 181, 1904]. Jolles ayant caractérisé l'urée (à l'état d'oxalate), dans les produits d'oxydation manganique des albuminoïdes, pense, conformément aux idées de Schützenberger, que ce sont les groupements $CO . AzH$ et $CO . AzH^2$ des albuminoïdes, qui donnent naissance à l'urée [D chem. G., 34, 1447. 1901; Zeit. Phys. Ch., 32. 361 ; 34, 28; 38. 396, 1903]; ces résultats ont été confirmés par Lanzer [Zeit. Untas. Nahr. Gen., 385, 1903]; ils ont été contredits par Schulz [Zeit. physiol. Ch., 33, 263], et par Abderhalden [ibid., 37, 506, 1903].

La présence de l'urée a été signalée : dans la bile du requin [Hammarsten, Zeit. physiol. Ch., 24. 323, 1897]; dans les muscles des mammifères [Schöndorff, Centr. Bl.. 1, 892, 1899, dans l'extrait aqueux du cerveau [Gulewitsch Zeit. physiol. Ch., 27, 81]; dans le foie [Schröder, Ann. Path. Pharm., 15, 364; 19, 373 ; — Salaskine. Zeit. physiol. Ch., 25, 198]; dans les produits de fermentation de la clupéine [Kossel et Dakin, Zeit. physiol. Chem., 42, 181, 1904]. On l'a trouvée également dans le règne végétal, dans certaines plantes du Tyrol, le *Lycoperdon Borista* L. et le *Lycoperdon Gemmatum* B. [M. Bamberger et Landsiehl, Mon. f. Chem. 24, 218, 1903 ; — Gaze, Arch. Pharm., 243, 78, 1905].

L'urée se forme : dans l'électrolyse d'une solution aqueuse d'ammoniaque avec électrodes en charbons de cornue [Millot, Bull. Soc. Chim., 46, 243, 1886]; par l'action de l'étincelle électrique sur un mélange d'ammoniac et d'oxyde de carbone [Jackson et Laurie, Proc. Chem. Soc, 21, 118, 1904]; ou encore par l'action de la chaleur sur un mélange d'oxyde de carbone et d'ammoniac en présence du platine [Jackson et N. Laurie, Chem. Soc., 87, 433, 1905]; quand on chauffe 5 à 6 heures à 105° une solution d'oxyde de carbone, dans le chlorure cuivreux ammoniacal [Jouve, C. R., 128, 114, 1899]; par hydrolyse du cyanate de plomb [Cumming, Chem. Soc., 83, 1391, 1903]; par oxydation de l'acide urique, de l'hippurine. des bases puriques et xanthiques [Jolles, Zeit. physiol. Ch., 33, 542, D. chem. G., 34, 3786; 33, 1246, 2119, 2834, 1900; J. prakt. Chem., 62, 61, 1900 ; — Richter, J. prakt. Chem., 67, 274, 1903 ; — Hugounenq. C. R., 132, 91, 1901 ; — voyez aussi Falta, D. chem. G., 32, 542; 34, 2674; 35, 294]; par oxydation de l'asparagine et de l'acide aspartique [Jolles, D. chem. G., 34, 386, 1901]; par ébullition des solutions aqueuses des sels de guanidine, avec une quantité équivalente de baryte [Flemming, Chem. Zeit., 24, 56]; quand on traite le carbonate de diphényle par le gaz ammoniac à 100° [Hentschel, D. chem. G., 17, 1287, 1884]; quand on oxyde par le permanganate diverses substances azotées ou non (acide glyoxylique, acétaldoxime, etc...) en présence d'ammoniaque [Eppinger, Beitr. Z. physiol. Chem. u. Pathol., 6, 481, 1905 ; — Hofmeister, Jahresb. Thierch.

744. 1896; *Arch. f. Exper. Pathol.*, **37**, 426]; quand on décompose l'éther hydantoïque par l'ammoniaque à 100° [Harries et Weiss, *Ann. Chem.*, **327**, 355, 1903]; dans la décomposition de la méthyl- et de l'éthyl-iso-urée [Mac Kee, *Am. Journ.*, **26**, 209, 1901; *D. chem. G.*, **33**, 1517, 1900]; dans l'oxydation de la thymine [Stendel, *Zeit. physiol. Ch.*, **32**, 241, 1901]; dans l'oxydation de l'acide thymonucléique [Kutscher et Seemann, *D. chem. G.*, **36**, 3023, 1903; *Centr. Bl. Physiol.*, **17**, 715, 1904; — Kutscher et Schenk, *Zeit. f. physiol. Chem.*, **45**, 309, 1905]; dans l'hydrolyse de la clupéine [Kossel et Dakin, *ibid.*, **41**, 321, 1904]; du colostrum [Winterstein et Strickler, *ibid.*, **47**, 58, 1906]; dans la décomposition de la benzène-azocyanamide par les acides minéraux à froid [Wolf, *D. chem. G.*, **37**, 2374. 1904]; de l'oxaluramide par l'ammoniaque [Schenck, *D. chem. G.*, **38**, 459, 1905]; par l'action du bac. acid. uric. sur diverses purines [Ulpiani et Cingolani, *Gazz. chim. ital.*, **34**, 377, 1904]; de la bactérie du guano sur la guanine [*Att. r. Ac. Lincei.*, **14**, 596, 1905].

La transformation du cyanate d'ammonium en urée sous l'action de la chaleur se fait avec un mauvais rendement (3 0/0); le carbonate d'ammonium chauffé en tube scellé fournit jusqu'à 9 0/0 d'urée [Bourgeois, *Bull. Soc. Chim.*, **17**, 474, 1899].

La réaction de l'oxychlorure de carbone sur l'ammoniac fournit, à côté de l'urée, de la cyamélide et de l'isocyanate d'ammonium [Hantzsch et Stuer, *D. chem. G.*, **38**, 1022, 2326, 1905].

Préparation. — Les différentes préparations qui ont été recommandées reposent toutes sur la transformation du cyanate d'ammonium en urée, en solution aqueuse. Le cyanate d'ammonium est obtenu par double décomposition entre le sulfate de potassium et le cyanate de potassium qui lui-même provient de l'oxydation du cyanure. Pour produire cette oxydation, Reychler [*Bull. Soc. Chim.*, **9**, 427, 1896] emploie l'hypochlorite de soude; Tarugi emploie le persulfate d'ammonium en solution ammoniacale :

$$KCAz + S^2O^8(AzH^4)^2 + 2AzH^3 + H^2O$$
$$= CO(AzH^2)^2 + SO^4AzH^4K + SO^4(AzH^4)^2.$$

Le rendement obtenu par ce dernier procédé serait de 75 0/0 [*Gazz. chim. ital.*, **32**, 383, 1902]. L'oxydation par le permanganate de potassium de la solution aqueuse de cyanure de potassium additionnée de sulfate d'ammonium fournirait un rendement de 96 0/0 en urée [Ulman, Uzbachian, *D. chem. G.*, **36**, 1797, 1903]. On a également préconisé l'oxydation électrolytique du cyanure de potassium [Paterno et Pannani, *Gazz. chim. ital.*, **34**, 152, 1904. Voir aussi Walker et Hambly, *Chem. Soc.*, **67**, 751, 1895; — Walker et Kay, *ibid.*, **71**, 489, 1897 **77**. 28].

Propriétés. — Conductibilité électrique [Trübsbach, *Zeit. phys. Ch.*, **16**, 709, 1895; — Hantzsch et Vogelen, *D. chem. G.*, **34**, 3142, 1901; — Zawidzki, *D. chem. G.*, **37**, 2289, 1904; — Ossipoff, *Journ. Soc. phys. chim. russe*, **35**, 637, 1903; — Walker et Wood, *Chem. Soc.*, **83**, 508, 1903; — Long, *Am. Chem. Soc.*, 257, 1903]; Fawsitt, *Zeit. physikal. Chem.*, **48**, 585, 1904]. Abaissement du point de congélation et conductibilité de la solution aqueuse [Joves et Getman, *Am. Chem. Journ.*, **32**, 308, 1904]; pouvoir réfringent dans divers solvants [Zoppellari, *Gazz. chim. ital.*, **35**, 355, 1904]; frottement interne des solutions [Rudorf, *Zeit. phys. Ch.*, **43**, 257, 1903]; influence sur la solubilité de l'ammoniac dans l'eau [Fr. Goldschmidt, *Zeit. anorg. Ch.*, **36**, 88, 1903; — Reiman, *Chem. Soc.*, **81**, 480, 1902]; température critique de dissolution [Zent

nerschwer, *Journ. Soc. phys. chim. russe*, **35'** 742, 1903; *Zeit. physikal. Chem.*, **46**, 427, 1904]. Points de fusion des mélanges de phénol et d'urée [Philip, *Chem. Soc.*, **83**, 814 1903].

L'urée ralentit la gélification de la gélatine [Pauli et Rona, *Beitr. Chem. Physiol. u. Path.*, **2**, 1, 1902]; et retarde la coagulation de l'albumine [Spiro, *Zeit. phys. Ch.*, **36**, 182, 1900].

Lorsqu'on transforme l'urée en acide cyanurique à 200° on obtient en même temps de la *tricyanurée* $(CAz)^3(AzH - Cl - AzH^2)$ [Hantzsch et Bauer, *D. chem. G.*, **38**, 1005, 1905].

L'urée est décomposée par les acides minéraux et par les alcalis [Berthelot et André, *Ann. Ch. Ph.*, **11**, 318, 1887; — de Coninck, *C. R.*, **128**, 365, 1899; — Folin, *Zeit. phys. Ch.*, **32**, 516. 1901; — J. Cailhat, *Bull. Soc. Chim.* (4), **1**, 1020. 1907]; chauffée à 100° avec une solution alcoolique de potasse, elle donne du cyanate de potassium, de l'ammoniac et de l'eau [Fawsitt, *Zeit. Phys. Ch.*, **41**, 601, 1902]. Avec le pentasulfure de phosphore, elle donne le composé $C^2H^7Az^4PS^2O^2$ [Hemmelmayr, *Mon. f. Chem.*, **26**, 765, 1905]. L'hydrazine, à 100°, la transforme en semicarbazide [Curtius, Heidenreich, *D. chem. G.*, **27**, 56, 1894]. L'action du chlore fournit de l'acide cyanurique [Lemoult, *Ann. Ch. Phys.*, **16**. 368, 1899]. L'oxychlorure de carbone conduit à la carbonyldiurée, $CO(AzH - COAzH^2)^3$ [Schiff, *Ann. Chem.*, **294**, 374, 1896].

Chestakof [*Journ. Soc. phys. chim. russe*, **35**, 85, 1903; **37**, 1, 1905] a montré que la décomposition de l'urée par l'hypochlorite de soude est plus complexe qu'on ne l'admettait jusqu'à présent; cette décomposition est analogue à la réaction d'Hofmann pour la formation des amines à partir des amides :

$$AzH^2 - CO - AzH^2 + NaOCl$$
$$= CO^2 + NaCl + AzH^2 - AzH^2,$$
$$AzH^2 - AzH^2 + 2NaOCl$$
$$= Az^2 + 2H^2O + 3NaCl;$$

l'hydrazine a été caractérisée par son dérivé benzylidénique.

L'urée chauffée avec les alcools donne des éthers carbamiques [Haller, *Ann. Ch. Ph.*, **9**, 276, 1886]; avec l'acétone à 110-140°, elle fournit la triméthylpyridine et une base $C^{16}H^{19}Az$ [Riehm. *Ann. Chem.*, **238**, 21, 1890]; il se forme aussi de la *triacétone-di-urée*,

$$
\begin{array}{ccc}
CH^3 & CH^3 & CH^3 \\
| & | & | \\
C=Az-CO-AzH-C-AzH-CO-Az=C \\
| & | & | \\
CH^3 & CH^3 & CH^3 \\
\end{array}
$$

fusible à 265-268° (cristallisée avec $3H^2O$, elle fond à 120-125°) [Weinschenk, *D. chem. G.*, **34**, 2185, 1901]. Avec l'acide pyruvique elle donne l'acide homoallantoïque [Simon, *C. R.*, **133**, 587; **136**, 506, 1903]; elle se condense aussi avec l'acide malonique pour former l'acide barbiturique ou malonylurée [Tafel et Weinschenk, *D. chem. G.*, **33**, 3383, 1900]: l'acide barbiturique peut lui-même se condenser avec l'urée pour donner la dibarbiturylurée, $C^4H^3O^3Az^2 - AzH - CO - AzH$. $C^4H^3O^3Az^2$, cristaux se décomposant au-dessus de 300° [Mœblau et Litter, *Journ. f. prakt. Chem.*, **73**, 472, 1906]; avec le glyoxylate d'éthyle, l'urée fournit l'allantoate d'éthyle [Simon et Chavanne, *C. R.*, **143**, 51. 1906]. Avec l'aminoguanidine, elle donne des imidurazols [Pellizari, Roncagliolo, *Gazz. chim. ital.*, **31**, 477, 1901]. Chauffée avec 1 mol. d'éther chloroformique, elle fournit l'éther allophanique, de l'acide cyanurique et du chlorure d'ammonium; avec ½ mol., il se forme aussi un peu de biuret [Schiff, *Ann. Ch.*, 291, 372, 1896].

Le chlorure d'acide benzène-sulfonique forme le benzène-sulfonate de guanylurée, qui se décompose à 160° [Remsen et Garner, *Am. Chem. Journ.*, 25, 173, 1901]. L'urée forme avec le zinc-éthyle une combinaison, qui régénère l'urée sous l'influence de l'eau [Gal, *Bull. Soc. Chim.*, 39, 648, 1883].

La benzoylation de l'urée par le chlorure de benzoyle en présence de la pyridine fournit une substance fusible à 185-186°, qui est probablement la benzoylurée, mais qui, par cristallisation dans l'acide acétique, abandonne du benzoyl-biuret [Walther et Wlodkowski, *J. f. prakt. Ch.*, 59, 269, 1899].

Ce serait la condensation de l'urée avec l'acide tartronique qui donne naissance à l'acide urique dans l'organisme [Wiener, *Beitr. z. Chem. Physiol. u. Path.*, 2, 42, 1902].

L'urée est décomposée dans l'organisme animal avec formation d'ammoniac [Lang, *Beitr. z. Chem. Physiol. u. Path*, 5, 321, 1904]; son introduction dans l'organisme augmente l'excrétion des alcalis et surtout de la soude [Katsuyama, *Zeit. phys. Ch.*, 32, 235, 1901].

L'urée est décomposée par les amidases des champignons [Shibatta, *Beitr. z. Chem. Phys. u. Path.*, 5, 384, 1904]; le bacillus fluorescens liquefaciens la transforme en carbonate d'ammonium [Emmerling et Reiser, *D. chem. G.*, 35, 700, 1902]; elle résiste à la trypsine [Schwazschild, *Beitr. z. Chem. Physiol. u. Path.*, 4, 155, 1903].

Dosage de l'urée, voyez URINE.

Combinaisons de l'urée avec les acides. — Le *nitrate d'urée*, $CO(AzH^2)^2\,AzO^3H$, fond à 163° [Thiele et Uhlfelder, *Ann. Chem.*, 303, 97, 1898].

L'acide phosphotungstique précipite l'urée de ses solutions aqueuses, quand la teneur dépasse 2 0/0 [Chassevant, *Bull. Soc. Chim.*, 19, 255, 1898].

Le *trichlorométhylsulfinate d'urée*, $CO(AzH^2)^2 + CCl^3SO^2H$, fond à 90-100° [Maggovan, *Chem. Soc.*, 55, 668, 1887]. — Le *tribromopyruvate d'urée*, $(COAzH^2)^2$, $C^3HO^3Br^3$, fond à 125° [Böttinger, *D. chem. G.*, 27, 882, 1894]. — *Oxalate*, $2CO(AzH^2)^2$, $C^2O^4H^2$ [Gottlieb, *Arch. f. exper. Path.*, 42, 242. — Trüssbach, *Zeit. f. phys. Ch.*, 16, 712, 1895]. *Malonate*, $CO(AzH^2)^2$, $C^3H^4O^4$ [Matignon, *Ann. Ch. Phys.*, 28, 294, 1893]. — *Oxalacétate*, $CO(AzH^2)^2$, $C^4H^4O^5$ [Fenton et Jones, *Chem. Soc.*, 79, 91, 1901]. — *Aminoacétate*, $CO(AzH^2)^2$, $AzH^2-CH^2-CO^2H$ [Matignon, *Bull. Soc. Chim.*, 11, 575, 1897]. — Le *picrate*, $CO(AzH^2)^2$, $C^6H^3O^7Az^3$, fond à 142° [Smolka, *Mon. f. Chem.*, 6, 920]. — Le *pyromuconate d'urée*, $CO(AzH^2)^2$, $C^7H^7AzO^4$, fond à 120° [Jaffé et Cahn, *D. chem. G.*, 20, 2313, 1887].

Combinaisons de l'urée avec les bases et avec les sels. — L'*urée argentique*, $AgAzH-CO-AzH-Ag$, s'obtient en traitant par l'eau de baryte une solution renfermant une molécule d'urée et deux molécules de nitrate d'argent; il se forme un précipité d'abord amorphe et jaune, qui devient blanc et cristallin [Kutscher et Otari, *Zeit. physiol. Chem.*, 43, 93, 1904].

Les combinaisons formées par l'urée avec l'oxyde et avec les sels de mercure sont regardées par Ruspaggiari [*Gazz. chim. ital.*, 27, 1, 1897] comme dérivées du groupement divalent

$$\left(CO\begin{smallmatrix}\diagup AzHgH\\ \diagdown AzHgH\end{smallmatrix}\right)''$$

qu'il appelle *mercurio-urée*. — Le composé $CO(AzH^2)^2\,2HgO$ décrit par Liebig devient ainsi une *oxy-mercurio-urée*, $CO(AzHgHOH)^2$. Le bichlorure de Hg (2 mol.), en présence du bicarbonate de Na (2 mol.) fournit avec l'urée (1 mol.), le *chlorure de mercurio-urée*, $CO(AzHHgCl^2)$, en cristaux microscopiques; la solution concentrée de sublimé soumise à l'ébullition avec un excès d'urée fournit le composé : $CO(AzHgHCl^2) + CO(AzH^2)^2\,2HCl$, déjà connu et formulé : $CO(AzH^2)^2HgCl^2$. Le nitrate de mercure donne naissance au *nitrate de mercurio-urée*, $CO(AzHHgAzO^3)^2$, précipité gélatineux; et au composé $CO(AzHHgAzO^4)^3 + CO(AzH^2)^2$, déjà décrit et formulé : $(AzO^3)^2Hg, CO(AzH^2)^2, HgO$.

La combinaison $(AzO^3)^2Hg, (COAzH^2)^2, 2HgO$, signalée par Liebig, n'a pu être obtenue par Ruspaggiari. Le composé $(AzO^3)^2Hg, CO(AzH^2)^2\,3HgO$ est formulé par cet auteur $OH.HgAzH-CO-AzHHg(AzO^3)+H^2O$. — Le sulfate de mercure se combine également à l'urée en solution aqueuse pour former le *sulfate de mercurio-urée*,

$$CO\begin{smallmatrix}\diagup AzH-Hg\diagdown\\ \diagdown AzH-Hg\diagup\end{smallmatrix}SO^4$$

précipité floconneux qui se résinifie. — L'*acétate de mercurio-urée*, $CO(AzHHgC^2H^3O^2)^2$, cristallise en prismes microscopiques [Ruspaggiari, *loc. cit.*].

L'urée peut former avec les sels de chrome les combinaisons suivantes : $(COAz^2H^4)^2Cr^2(Cr^2O^7)^3 + 3H^2O$, aiguilles vert-olive. — $(COAz^2H^4)^{12}Cr^2Cl^6 + 6H^2O$ [Sell, *Jahresber.*, 381, 1882; — Werner et Kalkman, *Ann. Chem.*, 322, 92, 1902; — Pfeiffer, *D. chem. G.*, 36, 1926, 1903]. — $(COAz^2H^4)^{12}Cr^2Cl^6, 6HgCl^2$. — $(COAz^2H^4)^{12}Cr^2Cl^6, 6H^2O$. — $(COAz^2H^4)^{12}Cr^2Br^6, 6Br^2$. — $(COAz^2H^4)^{12}Cr^2I^6, 6H^2O$. — $(COAz^2H^4)^{12}Cr^2I^6, 6I^2$. — $(COAz^2H^4)^{12}(AzO^3)^6Cr^2$. — $CO(Az^2H^4)^{12}Cr^2(CO^2)^3I^6$. — $(COAz^2H^4)^{12}(SO^4)^3Cr^2, Br^6$. — $(COAz^2H^4)^{12}Cr^2I^6$ [Sell, *Jahresbr.*, 1948, 1889]. — $(COAz^2H^4)^6CrClCr^2O^7 + H^2O$. — $CO(Az^2H^4)^{12}Cr^2(PtCl^6)^3, 2H^2O$ [Sell, *D. chem. G.*, 22, 500, 1889]. — $(COAz^2H^4)^{12}Cr^2, 3Fe(CAz)^6, 17H^2O$. — $(COAz^2H^4)^{12}Cr^2, 2Fe(CAz)^6, 8H^2O$. — $(COAz^2H^4)^{12}Cr^2, 6C^6H^2O^7Az^3, 8H^2O$ (picrate). — $(COAz^2H^4)^6CrCl, 2CrO^3Cl. 1\tfrac{1}{2}H^2O$, (urée et CrO^2Cl^2). — $(COAz^2H^4)^{12}Cr^2, 3CrO^4\,4H^2O$ [Sell, *loc. cit.*]. — L'iodure d'argent forme avec l'urée le composé $COAz^2H^4, Ag^2I^2$, masse verdâtre très instable [Tafel et Enoch, *D. chem. G.*, 23, 1554, 1890].

OXYURÉE. — $AzH^2-CO-AzH.OH$. — L'oxyurée se forme quand on fait réagir le chlorhydrate d'hydroxylamine sur le cyanate de potassium à froid [Hantzsch, *Ann. Chem.*, 299, 99, 1897].

Elle cristallise en aiguilles fusibles à 128-130° solubles dans l'eau et dans l'alcool chaud.

Elle réagit sur les aldéhydes aromatiques pour donner des composés de la forme,

$$R-CH-Az-CO-AzH^2$$
$$\diagdown\;\diagup$$
$$O$$

[Conduché, *Bull. Soc. Chim.*, 33, 292, 1905; 35; 194, 418, 431, 1906].

NITRO-URÉE. — $AzH^2-CO-AzH-AzO^2$. — *Préparation.* — On ajoute par petites portions et en agitant 200 gr. de nitrate d'urée dans 700 cm³ d'acide sulfurique pur refroidi à 0°; on laisse une demi-heure à 2-3°, on coule la solution sur la glace, et on extrait le précipité par l'eau à 55° [Thiele et Lachman, *Ann. Chem.*, 288, 281, 1895].

On obtient ainsi une poudre cristalline, qui se sépare à l'état amorphe de ses solutions alcooliques ou éthérées. Conductibilité électrique [Bauer, *Ann. Chem.*, 296, 98, 1897; *Zeit. ph. Chem.*,

23, 409]. L'acide sulfurique chaud décompose la nitro-urée avec formation de protoxyde d'azote et d'acide azotique, la lessive de soude chaude en sépare également l'acide nitrique.

La nitro-urée, qui se comporte comme un acide assez énergique. ne réagit pas sur l'ammoniac en l'absence d'eau. elle se conduit donc comme un pseudo-acide [Hantzsch et Dolfus, *D. chem. G.*, **35**, 226, 1902]. Sa réduction électrolytique permet de préparer le semicarbazide [Thiele et Heuser. *Ann. Chem.*, **288**, 303, 1895; — Hobroyd, *Chem. Soc.*, **79**, 1326, 1901].

Sels. — Le *sel de potassium* $CH^2O^3Az^3K$ est soluble dans l'eau, et insoluble dans l'alcool. — Le *sel de mercure* $(CH^2O^3Az^3)^2Hg$ est un précipité très difficilement soluble dans l'acide azotique et dans l'acide sulfurique, facilement soluble dans l'acide chlorhydrique. — Le *sel d'argent*. $CH^2O^3Az^3Ag$, cristallise en prismes microscopiques peu solubles dans l'eau.

THIOURÉE $CS(AzH^2)^2$. — La transformation du thiocyanate d'ammonium en thiourée, par chauffe de ce dernier à 170°, s'arrête quand la proportion d'urée atteint 25 0/0 (le même état d'équilibre est atteint quand on chauffe la thiourée pure à la même température); cette limite serait due à l'existence d'un composé défini $CSAz^2H^4(AzH^4CAzS)^3$ [Reynolds et Werner, *Chem. Soc.*, **83**, 1, 1903].

La thiourée se forme : quand on chauffe l'acide isopersulfocyanique avec l'acide sulfurique concentré [Chattaway et Stevens, *Chem. Soc.*, **71**, 612, 1897], ou quand on le réduit par l'étain et l'acide chlorhydrique; dans la décomposition de la benzène-azothiourée par les alcalis [Wolff et Lindenhayn, *D. chem. G.*, **37**, 2374, 1904].

Propriétés. — La thiourée fond à 180°; l'abaissement de son point de fusion, lorsqu'elle a été fondue une première fois, provient de sa transformation partielle en thiocyanate d'Am [Hantzsch, *Ann. Chem.*, **296**, 93, 1897]. Cryoscopie [Roth, *Zeit. f. phys. Chem.*, **43**, 539, 1903; —Findlay, *Chem. Soc.*, **85**, 403, 1904].

Conductibilité électrique [Trübsbach, *Zeit. phys. Chem.*, **16**, 709, 1895]. Chaleur de combustion moléculaire, $341^{Cal},9$ [Matignon, *Ann. Chim. Phys.*, **28**, 81, 1893].

Action des décharges électriques obscures en présence d'azote [Berthelot, *C. R.*, **126**, 785, 1898]. Chauffée avec l'acide chlorhydrique et l'eau oxygénée, elle est décomposée avec formation de soufre, de gaz carbonique et de sulfate d'ammonium [Hector, *J. prakt. Chem.*, **44**, 499, 1891]; les hypochlorites alcalins donnent un dégagement d'azote et de gaz sulfureux [de Coninck. *C. R.*, **126**, 907]; oxydation par CrO^3 [de Coninck, *C. R.*, **128**, 365]. Elle se combine directement aux halogènes (1 atome) pour donner les composés $(CSAz^2H^4)^2Cl^2$, décomposable vers 80°: $(CSAz^2H^4)^2Br^2$; $CS(Az^2H^4)^2I^2$ [Maggovan, *Chem. Soc.*, **54**, 379, 1887; *J. prakt. Chem.*, **33**, 188]; le dérivé chloré se forme aussi par action du chlorure de benzoyle sur la thiourée [Remsen et Turnes, *Am. J.*, **25**, 190, 1901]; et quand on traite la thiourée par le composé CCl^3-SO^2Cl [Nencki et Sieber, *J prakt. Chem.*, **25**. 79, 1882]. Les chlorures d'acides peuvent aussi se combiner en proportions moléculaires avec la thiourée pour former des dérivés de l'iso-thiourée; le chlorure d'acétyle par exemple fournit l'acéthyl-iso-thiourée, $AzH^2-C(AzH)-S-CO-CH^3$ [Dixon et Hawthorne, *Chem. Soc.*, **34**, 122, 1907]. — Action de P^2S^5 [Hemmelmayer, *Mon. f. Chem.*, **26**, 765, 1905]. La thiourée se condense avec les acides dicarboniques non saturés pour donner des dérivés de la thiohydantoïne [Andreasch, *Mon. f. Ch.*, **18**, 56, 1898].

Pour le dosage de la thiourée, voyez Sal-

kowsky [*D. chem. G.*, **26**, 2498, 1893]; Reynold et Werner [*Chem. Soc.*, **83**, 1, 1903].

Combinaisons de la thiourée avec les acides. —Les sels de la thiourée sont des produits d'addition, autrement dit, leur solution ne renferme pas d'ions $CS(AzH^2)(AzH^3)$, car le pouvoir rotatoire de l'acide tartrique ne change pas par l'addition de thiourée à la dissolution [Grossmann, *Chem. Zeit.*, **31**, 1195, 1907].

Chlorhydrate, $CS.Az^2H^4,HCl$. — Contrairement aux indications de Reynolds et Claus, il est possible d'obtenir ce composé en saturant d'acide chlorhydrique gazeux une solution alcoolique de thiourée [Hantzch. *Ann. Chem.*, **296**, 94, 1897]; il s'effleurit à l'air en perdant HCl, il fond au-dessous de 100° [Stevens, *Chem. Soc.*, **81**, 79, 1902].

Oxalate. — Conductibilité électrique [Trübsbach, *Zeit. physikal. Chem.*, **16**, 716, 1895].

Combinaisons de la thiourée avec les sels. —$4CSAz^2H^4, AzH^4Cl$, fond à 154°; $4CSAz^2H^4, AzH^4Br$, fond à 173-174°; $4CSAz^2H^4, AzH^4I$, fond à 186° [Reynolds, *Chem. Soc.*, **59**, 385, 1891]. $CSAz^2H^4 + AzH^3SCAz$, fond à 144° [Carrara, *Gazz. chim. ital.*, **22**, 341, 1892]. —$CSAz^2H^4 + CH^3AzH^2.HBr$, fond à 138°; $3CSAz^2H^4 + (C^2H^5)^2AzH.HBr$, fond à 133-134°; $2CSAz^2H^4 + (C^2H^5)^3Az.HBr$; $3CSAz^2H^4 + (C^2H^5)^3Az, HBr$: $2CSAz^2H^4 + Az(C^2H^5)^4Br$, fond à 159-160°; $2CSAz^2H^4 + Az(C^2H^5)^4I$, fond à 135° [Reynolds, *loc. cit.*]. Combinaisons avec les sels de cuivre [Rathke, *D. chem. G.*, **17**, 301, 1884; — Rosenheim et Lœwenstam, *Zeit. anorg. Chem.*, **34**, 62, 1903; — Kohlschütter, *D. chem. G.*, **36**, 1151, 1903; *Ann. Chem.*, **349**, 232, 1906; — Rosenheim et Meyer. *Zeit. anorg. Chem.*, **49**, 13, 1906]. Avec les sels de bismuth [Hofmann et Gonder, *D. chem. G.*, **37**, 24, 1904]; avec les sels de cobalt [Rosenheim et Meyer, *Zeit. anorg. Chem.*, **49**, 28, 1906]. Combinaisons avec les sels d'Ag [Rathke, *loc. cit.*; — Reynolds, *Chem., Soc.*, **53**, 861; **64**, 251; — Rosenheim, *loc. cit.*]. Combinaisons avec les sels de platine [Müller, *J. Soc. phys. chim. russe*, **25**, 573]. $4CSAz^2H^4 + PdCl^2$ [Kurnakow, *J. Soc. phys. chim. russe*, **24**, 565; — Koursanof et Gosdaref, *J. Soc. phys. chim. russe*, **31**, 691, 1899]; avec les sels d'or [Moir, *Chem. Soc.*, **89**, 1345, 1906]. — $3CSAz^2H + CrCl^3$ [Pfeiffer, *D. chem. G.*, **36**, 1926, 1903].

Produits d'addition de la thiourée. — $8CSAz^2H^4 + SiBr^4$; poudre amorphe décomposée au-dessus de 100° [Reynods, *Chem. Soc.*, **51**, 203, 1887]. — $8CSAz^2H^4 + SiBr^4 + (CAz)^2$. — $3CSAz^2H^4 + HBr + C^2H^5Br$ [Reynolds, *Chem. Soc.*, **53**, 862]. — $CSAz^2H^4 + C^2H^5I$ [Rathke, *D. chem. G.*, **17**, 308, 1884]. — $CSAz^2H^4 + CCl^3SO^2H$, fond à 139°; $(CSAz^2H^4 + CCl^3SO^2)^2$, fond à 124-125° [Maggovan, *Chem. Soc.*, **54**, 669, 1887].

SÉLÉNIOURÉE, $CSe(AzH^2)^2$. — *Préparation.* — On sature par l'hydrogène sélénié une solution de cyanamide (1 p.) dans l'éther (50 p.), de préférence en présence d'une trace d'ammoniac; on laisse 24 heures en repos, on sature de nouveau par l'hydrogène sélénié, et ainsi de suite jusqu'à transformation complète. Il se dépose des cristaux de séléniourée, qui sont purifiés par cristalisation dans l'eau.

Propriétés. — La séléniourée forme des prismes fusibles vers 200° en se décomposant, solubles dans l'eau, peu solubles dans l'éther [Verneuil, *Ann. Ch. Ph.*, **9**, 294, 1886].

Au contact de l'air et en présence d'acide chlorhydrique elle est transformée en un composé

$$CH^4Az^2SeCl^2 + 2CH^4Az^2Se + H^2O,$$

lamelles brunes qui se décomposent vers 150° en cyanure d'ammonium, oxyde de carbone, eau et sélénium et qui, maintenues plusieurs jours en présence d'acide chlorhydrique et d'air, fournissent un chlorure de séléniourée, $CH^4Az^2SeCl^2 + CH^2Az^2Se$.

En présence des acides bromhydrique, iodhydrique et sulfurique, on obtient les composés analogues :

$$CH^4Az^2SeBr^2 + 2CH^4Az^2Se + H^2O$$

et

$$CH^4Az^2SeBr^3 + CH^4Az^2Se$$
$$CH^4Az^2SeI^3 + CH^4Az^2Se$$
$$CH^4Az^2SeSO^4 + 2CH^4Az^2Se + H^2O$$
$$CH^4Az^2SeSO^4 + CH^4Az^2Se + H^2O$$

[Verneuil, *loc. cit.*].

SILICOTHIOURÉE, $SiS(AzH^2)^2$. — Ce composé se forme quand on fait réagir le gaz ammoniac sec sur le sulfobromure de silicium :

$$SiSBr^2 + 4AzH^3 = SiS(AzH^2)^2 + 2AzH^4Br.$$

On sépare le bromure d'ammonium par des lavages à l'ammoniac liquide; la silicothiourée, qui reste insoluble, est une poudre blanche amorphe décomposée par l'eau [Blix, *D. chem. G.*, 36, 4218, 1903].

1er janvier 1908.   P. Carré.

URÉE (FERMENTATION DE L'). — L'urée, sous l'influence de micro-organismes qui agissent comme ferments, se dédouble en acide carbonique et en ammoniaque, en absorbant une molécule d'eau.

$$COAz^2H^4 + H^2O = CO^2 + AzH^3.$$

Les espèces microbiennes qui réalisent cette sorte d'hydratation agissent par les produits qu'elles sécrètent, et que l'on extrait de leurs bouillons de culture. On désigne sous le nom de *fermentation ammoniacale* cette transformation de l'urée en carbonate d'ammoniaque.

C'est Pasteur qui, le premier, a indiqué, de la façon la plus nette, la genèse de la fermentation ammoniacale de l'urine sous l'influence de ferments organisés. Il constata « l'existence d'une petite torulacée en chapelets de très petits grains, toutes les fois que la liqueur est devenue ammoniacale par la fermentation de l'urée. » [*Ann. Chim. Phys.*, 3e série, 64, 52, 1862].

En 1864, van Tieghem, dans un important mémoire, arrivait aux mêmes conclusions, attribuant la fermentation ammoniacale de l'urée dans la nature à un petit végétal formé par des globules parfaitement sphériques, habituellement réunis en chapelets [*Thèse Fac. des Sc.*, 1864, n° 256].

Plus tard, Musculus, en 1876, étudiant les urines ammoniacales, montra que l'urée pouvait fermenter sous l'influence d'un ferment non organisé se rapprochant de la diastase. Pour préparer ce ferment soluble, il précipitait par l'alcool les urines épaisses, filantes et ammoniacales, et recueillait ce mucus coagulé. Lavé à l'alcool et séché, le précipité qui se conserve dans des flacons bouchés est soluble dans l'eau. Sa solution filtrée fait fermenter rapidement l'urée. Une température de 80°, les acides même étendus, détruisent son activité. L'acide phénique est sans action sur lui [Musculus, *C. R.*, 1876].

En 1879, Miquel démontra que la fermentation ammoniacale avait pour agents un grand nombre d'espèces microbiennes, bacilles aussi bien que microcoques, et même des mucédinées. Il réussit plus tard à isoler, des produits de culture de ces différentes espèces urophages, le ferment soluble que personne n'avait pu préparer depuis

Musculus. Quand le milieu dans lequel on les cultive est dépourvu d'urée, le ferment soluble non utilisé s'accumule dans les bouillons au fur et à mesure de sa production.

MICROBES FERMENTS DE L'URÉE. A. *Micrococques*. — Depuis Pasteur et van Tieghem, Cohn avait décrit le micrococcus ureæ et Flügge le micrococcus ureæ liquefaciens. Il n'est pas possible d'identifier l'espèce à laquelle appartenait la torule ammoniacale décrite il y a 40 ans, car, d'après Miquel, il n'y a pas moins d'une trentaine de ces ferments à cellules sphériques. Les principaux sont les suivants :

Urococcus van Tieghem, urococcus liquefaciens Flüggei, urococcus Dowderwelli, urosarcina Hanseii [Voy. Miquel et Cambier, *Traité de bactériologie*, 625].

B. *Bacilles ferments de l'urée*. — Ce sont les agents les plus actifs de la fermentation ammoniacale. Le premier urobacille a été découvert en 1879 par Miquel. Les principales espèces sont : urobacillus Pasteuri, urobacillus Duclauxii, urobacillus Freudenreichii, urobacillus Maddoxii, urobacillus Schutzenbergii I et II, urobacillus Leubei.

Toutes ces espèces se trouvent dans l'air, le sol et les eaux, surtout, pour les urobacilles, dans les eaux de vidange et d'égout. Leur nombre est d'autant plus élevé que les eaux sont plus impures. Pour les isoler il suffit d'employer des milieux chargés d'urée.

Pour obtenir facilement une culture ferment de l'urée on prélève de l'eau d'égout de Paris, et on la chauffe à 70° pendant 10 minutes dans une pipette scellée aux deux bouts, on ensemence ensuite cette eau dans le bouillon peptourée ordinaire. On met à l'étuve à 37°, et on a ainsi une culture faisant fermenter l'urée, et qui contient le ferment soluble ou uréase. Voici la technique à suivre, d'après Miquel :

Dans un vase spacieux contenant de l'eau de peptone alcalinisée et additionnée de 2 à 3 gr. d'urée par litre, on sème un urobacille très actif. Le récipient est abandonné à l'étuve entre 30 et 35°. On peut utiliser à cet effet les vases coniques (flacons d'Erlenmeyer), ou faire passer un courant d'air filtré dans le bouillon pour activer la végétation de l'espèce. Au bout de quelques jours le liquide de la culture contient une quantité de diastase capable d'hydrater en une heure, sous le volume d'un litre, 40 à 60 gr. de carbamide.

Ces bouillons chargés d'uréase, filtrés au filtre Chamberland, et maintenus dans un gaz inerte, conservent leur propriété hydratante 3 ou 4 mois.

Propriétés de l'uréase. — L'uréase est partiellement détruite par la chaleur à 50°. Elle l'est totalement après 2 heures d'exposition à 70-75°. Au bout d'une minute à 80°.

Le froid, à une température de —5 à —6°, ne la détruit que lentement. Au voisinage de 0° les solutions d'uréase se conservent bien.

La température la plus favorable à l'hydrolyse par l'uréase est comprise entre 48 et 50°. Les antiseptiques exercent sur l'uréase une action destructrice très marquée. Les sels de mercure au millionième, l'acide phénique à 1 0/0, la soude caustique à 1/250 affaiblissent ou entravent son action.

On peut obtenir le ferment contenu dans les bouillons en les précipitant par deux fois leur volume d'alcool absolu. Le précipité, blanc jaunâtre, lavé à l'alcool à 50°, est soluble dans l'eau, et peut hydrater une quantité d'urée moitié moindre que le bouillon primitif [Miquel et Cambier, *loc. cit.*, 625]. L'uréase n'a pu être isolée des précipités calciques.

M. Miquel a utilisé l'uréase pour doser l'urée dans les urines et les divers liquides où il peut exister une certaine quantité d'urée. On prend le titre acide de l'urine et on en mesure 50 à 100 cm^3 que l'on additionne de quelques gouttes du ferment ammoniacal. On place le tout 2 heures à l'étuve à $50°$, dans un flacon bien fermé à l'émeri. Au bout de ce temps on titre de nouveau l'alcalinité de la liqueur, et on calcule l'urée d'après l'ammoniaque formée, sachant qu'à 1 gr. de AzH^3 correspond 1,767 d'urée.

L'acide urique et l'albumine ne sont pas transformés par le ferment de l'urée.

Robert Wurtz.

URÉES. — Dans la première partie de ce Dictionnaire on a désigné les dérivés de l'urée (*urées composées*) sous le nom général d'*uréides*, quelle que soit la nature du radical associé au reste de la molécule d'urée. Nous rappellerons que ce nom d'*uréides* est aujourd'hui réservé aux composés déjà décrits sous le nom d'*urées composées à radicaux d'acides*, les noms usuels ayant été conservés.

Les urées mentionnées sous le nom d'*urées composées à radicaux alcooliques* ont été appelées *uréines* par Franchimont. Elles ont conservé leurs dénominations usuelles avec la petite modification suivante : les deux groupements AzH^2 de l'urée ont été désignés par les chiffres 1 et 2 (certains auteurs emploient les lettres a et b), afin de préciser la place des radicaux dont la position était anciennement indiquée par les dénominations de symétrique et de dissymétrique.

Quelques exemples nous feront facilement comprendre la façon de nommer les deux principales classes d'urées qui viennent d'être indiquées :

$$O=C{<}{\begin{array}{l}AzH^2\\AzH-C^2H^5\end{array}} \qquad O=C{<}{\begin{array}{l}AzH-C^2H^5\\AzH-CH^3\end{array}}$$
Éthylurée.   Éthylméthylurée 1.2.

$$O=C{<}{\begin{array}{l}Az(C^2H^5)^2\\AzH^2\end{array}} \qquad O=C{<}{\begin{array}{l}AzH^2\\Az-CO-CH^3\end{array}}$$
Diethylurée 1.1.   Acétylurée (éthanoyluréide).

$$O=C{<}{\begin{array}{l}AzH-COCH^3\\AzH-COCH^3\end{array}}$$
Diacétylurée 1.2.

Ces résidus alcooliques ou acides peuvent avoir d'autres fonctions dans la chaîne latérale ; par exemple une fonction alcool (*uréols* de Franchimont) ou une fonction acide (*acides uréiques*) :

$$O=C{<}{\begin{array}{l}AzH^2\\AzH-CH^2-CH^2OH\end{array}}$$
Uréo-éthanol (éthylolurée).

$$O=C{<}{\begin{array}{l}AzH^2\\AzH-CH^2-CO^2H\end{array}} \qquad O=C{<}{\begin{array}{l}AzH^2\\AzH-CO-CO^2H\end{array}}$$
Uréo-éthanoïque.   Uréido-éthanoïque.

Si le même radical relie les deux groupements azotés de l'urée, on a des uréines et des uréides à chaîne fermée :

$$O=C{<}{\begin{array}{l}AzH-CH^2\\ \quad\ |\\AzH-CH^2\end{array}} \qquad O=C{<}{\begin{array}{l}AzH-CO\\ \quad\ |\\AzH-CO\end{array}}$$
Diuréine.   Diuréide.

$$O=C{<}{\begin{array}{l}AzH-CH^2\\ \quad\ |\\AzH-CO\end{array}}$$
Uréine-uréide.

Maquenne [*Bull. Soc. Chim.*, 9, 907, 1893], se basant sur l'analogie des dérivés uréiques et des ammoniaques composées, a proposé pour les dérivés uréiques des dénominations que l'on comprendra facilement par les exemples qui suivent :

Dérivés de l'ammoniaque.	Dérivés de l'urée.
$R-CH^2-AzH^2$ Amines.	$R-CH^2-AzH-CO-AzH^2$ Uramines.
$R-CO-AzH^2$ Amides.	$R-CO-AzH-CO-AzH^2$ Uramides.
$R-CH=AzH$ Imines.	$R-CH{<}{\begin{array}{l}AzH\\AzH\end{array}}{>}CO$ Urimines.
$R{<}{\begin{array}{l}CO\\CO\end{array}}{>}AzH$ Imides.	$R{<}{\begin{array}{l}CO-AzH\\CO-AzH\end{array}}{>}CO$ Urimides.

Le nombre d'urées actuellement connu est considérable. Leur formation par condensation de l'acide isocyanique et des amines est en effet souvent utilisée pour caractériser ces dernières.

Nous ne compléterons ici que les dérivés de l'urée déjà mentionnés dans ce dictionnaire, ainsi que les dérivés analogues obtenus ensuite. Quant aux urées dérivées des composés à fonctions complexes, elles sont en général décrites avec les substances correspondantes.

Nous verrons en premier lieu : les *uréines*, avec leurs principaux dérivés, puis les diuréines ; et, en second lieu, les *uréides*.

Quant aux uréides à chaîne fermée (diuréides et uréines-uréides), elles constituent des noyaux spéciaux qui sont étudiés à leur place alphabétique, à l'exception cependant de l'acide parabanique ou oxalylurée, que nous étudierons à la suite des uréides.

URÉINES.

Préparations. — Chacun des modes de préparation des uréines sera désigné par une lettre ; ceci nous permettra de rappeler la réaction ayant donné naissance aux dérivés qui seront décrits.

En dehors de l'action des amines sur l'acide cyanique ou de l'ammoniaque et des amines sur les cyanates organiques (a), les uréines peuvent aussi s'obtenir :

Dans l'action des bases organiques sur l'urée :

$$CO(AzH^2)^2 + 2C^6H^5AzH^2 = 2AzH^3 + CO(AzHC^6H^5)^2 \quad (b)$$

Cette réaction fournit des urées disubstituées-1.2, de même que l'action des bases sur les uréthanes

$$CO{<}{\begin{array}{l}OC^2H^5\\AzH^2\end{array}} + 2RAzH^2$$
$$= CO{<}{\begin{array}{l}AzHR\\AzHR\end{array}} + AzH^3 + C^2H^5OH \quad (c)$$

Rappelons aussi l'action de l'oxychlorure de carbone sur les amines, qui permet de préparer les urées di-, tri- et tétrasubstituées (d) :

$$4RAzH^2 + COCl^2$$
$$= 2RAzH^2 . HCl + CO{<}{\begin{array}{l}AzHR\\AzHR\end{array}}$$

$$2R^2AzH + COCl^2 = R^2AzH . HCl + CO{<}{\begin{array}{l}Cl\\AzR^2\end{array}}$$

$$CO{<}{\begin{array}{l}AzR^2\\Cl\end{array}} + 2AzH^2R$$
$$= RAzH^2 . HCl + CO{<}{\begin{array}{l}AzHR\\AzR^2\end{array}}$$

$$4R^2AzH + COCl^2$$
$$= 2R^2AzH . HCl + CO{<}{\begin{array}{l}AzR^2\\AzR^2\end{array}}$$

Les urées disubstituées-1.2 et tétrasubstituées s'obtiennent aussi :

Par action des amines sur les carbonates organiques :

$$CO^3(C^2H^3)^2 + AzH^2 - R$$

$$= 2C^2H^3OH + CO\begin{cases}AzHR\\AzHR\end{cases} \quad (e)$$

En décomposant par l'eau les acides, ce qui donne naissance aux urées disubstituées-1.2 :

$$R - CO - Az^3 + H^2O = R - AzH - CO^2H + Az^2$$

$$R - AzH - CO^2H = CO^2 + H^2O + CO\begin{cases}AzHR\\AzHR\end{cases} \quad (f)$$

La décomposition par l'eau des acides acyl-benzhydroxamiques, suivant :

$$R - C\begin{cases}OK\\AzO - CO - CH^3\end{cases}$$

$$\rightarrow CH^3CO^2K + R - CAzO \rightarrow R - Az = C = O$$

Cette décomposition donne naissance à des urées substituées quand elle se fait en présence de l'ammoniaque ou des amines. (g)

Certaines urées sont aussi préparées par la désulfuration des thiourées correspondantes au moyen du nitrate d'argent ou de l'oxyde de mercure. (h)

Propriétés. — Les urées, sauf les urées tétrasubstituées par des radicaux de la série grasse, sont en général solides. Leur solubilité dans l'eau décroît à mesure que croît leur teneur en carbone. Les urées di- et trisubstituées peuvent être distillées sans décomposition; les autres sont décomposées avec formation d'ammoniac et d'acide cyanurique.

Les urées mono- et disubstituées donnent des sels avec l'acide azotique, tandis que les urées tri- et tétrasubstituées ne se combinent pas. L'acide azotique concentré et chaud décompose les urées substituées à chaîne ouverte avec dégagement de gaz carbonique et de protoxyde d'azote; si l'urée est à chaîne fermée, comme

$$CO\begin{cases}AzH\\AzH\end{cases} > C^3H^4$$

il ne se dégage aucun gaz, l'acide azotique nitre le produit mis en réaction [Franchimont, *Rec. Pays-Bas*, 6, 218, 1888].

Les urées disubstituées-1.2 donnent avec l'acide azoteux des dérivés nitrosés RHAz-CO-Az(AzO)R, que la réduction transforme en semi-carbazides.

Les urées disubstituées chauffées avec l'anhydride acétique donnent de l'acide cyanurique et des amides alcoylées.

Les urées trisubstituées traitées par le pentachlorure de phosphore fournissent des chloroamidines [Steindorff, *D. chem. G.*, 37, 963, 1904].

Les *oximes* d'urées disubstituées se forment quand on fait agir l'hydroxylamine sur les cyanamides disubstituées [Braun et Schway, *D. chem. G.*, 36, 3660, 1903].

MÉTHYLURÉE AzH^2-CO-AzH(CH^3). — La méthylurée se forme quand on chauffe la méthylacétylurée avec l'acide azotique concentré, à l'ébullition [Hofmann, *D. chem. G.*, 14, 2734, 1881]; quand on chauffe à 100° l'acide diméthylcyanurique avec un excès d'oxychlorure de carbone [Fischer et Frank, *D. chem. G.*, 30, 2614, 1897]; on la rencontre aussi dans les produits de décomposition de la caféine par HCl + ClO^3H [Fischer, *Ann. Chem.*, 215, 257, 1883]; dans les produits d'oxydation de l'α-diméthyluracile [Behrend et Dietrich, *Ann. Chem.*, 309, 260, 1899]; des purines méthylées [Jolles, *D. chem.*

G., 33, 1246, 2119, 1900], de la pilocarpine [Pinner, Schwarz, *D. chem. G.*, 35, 192, 2441, 1902; 38, 1510, 1905].

Elle cristallise en prismes fusibles à 102°. Conductibilité électrique [Hantzsch et Vœgelen, *D. chem. G.*, 34, 3142, 1901]. L'acide azotique fumant la décompose en CO^2, H^2O, AzH^3, CH^3AzH^2 et nitrate de méthyle [Franchimont, *Rec. Pays-Bas*, 3, 220, 1884].

Le *nitrate*, C^2H^6Az^2O.AzO^3H, fond à 126-128°. L'*oxalate* est un précipité cristallin; conductibilité électrique [Trübsbach, *Zeit. phys. Chem.*, 16, 715, 1895].

Méthylnitrosourée-1.1 AzH^2-CO-Az(AzO)(CH^3). — Elle se prépare par l'action de AzO^2Na sur une solution nitrique froide de méthylurée [Brüning, *Ann. Chem.*, 265, 6, 1891]. Elle forme des tables jaunâtres fusibles à 123-124°.

Méthylnitrourée-1.2 CH^3-AzH-CO-AzH-AzO^2. — On la rencontre dans les produits de réaction du diazométhane sur la nitrourée [Degner et Pechmann, *D. chem. G.*, 30, 651]. Elle cristallise en aiguilles fusibles à 105-106°. Son *sel de potassium* C^2H^4O^3Az^3K forme des aiguilles fusibles à 145°.

Méthylnitrourée-1.1 AzH^2-CO-Az(AzO^2)(CH^3). — Elle résulte de la nitration de la méthylurée [Degner et Pechmann, *D. chem. G.*, 30, 652]. Elle cristallise en aiguilles fusibles à 156-157°. Son *sel de potassium* fond à 160°.

DIMÉTHYLURÉE-1.2 CO(AzHCH^3)^2. — On la rencontre dans les produits de décomposition de l'acide diméthylparabanique par l'ammoniaque ou par l'eau de baryte [Behrend et Fricke, *Ann. Chem.*, 327, 253, 1903]. Elle fond à 100° [Degner et Pechmann, *D. chem. G.*, 30, 651]. Cinétique de sa décomposition [Fawsit, *Chem. Soc.*, 86, 1581; 87, 494, 1905]. Condensée avec l'acide cyanacétique, elle fournit la diméthyl-1.3-amino-4-dioxy-2.6-pyrimidine [Traube, *D. chem. G.*, 33, 3035, 1900].

DIMÉTHYLURÉE-1.1 AzH^2-CO-Az(CH^3)^2. — Le *picrate*, C^3H^8OAz^2, C^6H^3O^7Az^3, cristallise en lamelles jaunes fusibles à 130° [Zande, *Rec. Pays-Bas*, 8, 224, 1889]; l'*oxalate* C^3H^8Az^2O, C^2O^4H^2 se décompose à 105°.

Diméthyl-1.1-oxy-2-urée OH.AzH-CO-Az(CH^3)^2. — Ce composé, qui se forme quand on fait réagir une solution aqueuse d'hydroxylamine sur le chlorure de l'acide diéthylcarbamique (C^2H^5)^2Az-COCl, n'a pu être séparé de sa solution [Hantzsch et Sauer, *Ann. Chem.*, 299, 86, 1897].

Diméthyl-1.1-nitroso-2-oxy-2-urée, (OH)(AzO).Az-CO-Az(CH^3)^2. — Elle se forme par action des vapeurs nitreuses sur l'oxyurée [Hantzsch et Sauer, *Ann. Chem.*, 299, 88]. C'est une huile jaune, miscible à l'eau.

TRIMÉTHYLURÉE CH^3-AzH-CO-Az(CH^3)^2. — Préparation (a) [Franchimont, *Rec. Pays-Bas*, 3, 226, 1884].

Elle fond à 75°,5, et bout à 232°,5 sous 764^mm,5. L'acide azotique concentré la décompose en CO^2, AzH^2CH^3 et nitrodiméthylaniline.

TÉTRAMÉTHYLURÉE CO[Az(CH^3)^2]^2. — Préparation (d) [Michler et Escherisch, *Rec. Pays-Bas*, 12, 164, 1893].

C'est un liquide distillant à 177°,5 sous 766 mm. D=0,972 à 15° [Franchimont, *Rec. Pays-Bas*, 3, 229]. Conductibilité électrique [Hantzsch et Vœgelen, *D. chem. G.*, 34, 3142, 1901].

ÉTHYLURÉE AzH^2-CO-AzH-C^2H^5. — Elle se forme dans l'action de l'hydroxylamine sur l'isosulfocyanate d'éthyle [Kjellin et Kuylenstjerna, *Ann. Chem.*, 298, 119, 1897; — voyez aussi Walker et Wood, *Chem. Soc.*, 77, 21, 1900].

L'éthylurée fond à 91°. Chaleur de combustion

moléculaire, 471^{Cal},9 [Matignon, *Ann. Chim. Phys.*, **28**, 78, 1893]. Chauffée avec 1 mol. de potasse en solution dans l'alcool absolu, elle est décomposée avec formation de $CyOK$, AzH^3 et $C^2H^5AzH^2$ [Haller, *Ann. Chim. Phys.*, **9**, 278, 1886].

Oxyéthyl-1-nitro-1-urée,$(CH^2OH - CH^2)(AzO^2)Az - CO - AzH^2$. — Elle fond à 86° [Franchimont et Lublin, *Rec. Pays-Bas*, **21**, 45, 1902].

Éthyl-1-nitro-2-urée $AzO^2 - AzH - CO - AzH - C^2H^5$. — Elle se forme par nitration de l'éthylurée à — 5° par le nitrate d'éthyle et l'acide sulfurique [Thiele et Lachman, *Ann. Chem.*, **288**, 285, 1895]. Elle cristallise en aiguilles fusibles à 130-131°. Son *sel d'argent* $C^3H^6O^3Az^3Ag$ est soluble dans l'eau.

L'*éthanolurée*. $AzH^2 - CO - AzH - CH^2 - CH^2OH$ se transforme par distillation en ammoniac et anhydride oxéthylcarbamique

$$CO \begin{cases} AzH - CH^2 \\ O —— CH^2 \end{cases}$$

lequel fond à 90° et bout à 200° sous 21 mm. [Knorr, *D. chem. G.*, **36**, 1278, 1903].

DIÉTHYLURÉE-1.1 $AzH^2 - CO - Az(C^2H^5)^2$. — Elle fond à 74° [Zande, *Rec. Pays-Bas*, **8**, 226, 1887]. Elle est décomposée par la potasse en cyanate de potassium et diéthylamine [Haller, *Ann. Chim. Phys.*, **9**, 280, 1886]. L'*oxalate*, $2C^5H^{12}Az^2O.C^2O^4H^2$, se décompose à 122°; le *picrate*, $C^5H^{12}OAz^2, C^6H^3O^7Az^3$, fond à 135° [Zande, *loc. cit.*].

Diglycinylurée-1.2 $CO(AzH - CH^2CO^2C^2H^5)^2$. — Elle fond à 146° [Fischer, *D. chem. G.*, **34**, 435, 1901].

TÉTRAÉTHYLURÉE $CO[Az(C^2H^5)^2]^2$. — Préparation (*d*) [Michler, *Rec. Pays-Bas*, **8**, 1664, 1889]. Elle se forme dans l'action de la diéthylamine sur la diéthylchloroformamide [Wallach, *Ann. Chem.*, **214**, 275, 1882; — Lumière et Perrin, *Bull. Soc. Chim.*, **31**, 690, 1904]. C'est un liquide qui bout à 205° (Michler, Lumière), à 210-215° (Wallach); odeur de menthe. Elle se dissout dans les acides et précipite par les alcalis.

PROPYLURÉE, $AzH^2 - CO - AzH - C^3H^7$. — Elle fond à 107° [Chancel, *Bull. Soc. Chim.*, **9**, 102, 1893].

Dibromopropylurée $AzH^2 - CO - AzH - CH^2 - CHBr - CH^2Br$. — On l'obtient en fixant 1 mol. de brome sur l'allylurée [Andreasch, *Mon. f. Chem.*, **5**, 38, 1885]. Préparation (*a*) [Paal et Heupel, *D. chem. G.*, **24**, 3038, 1891]. Elle cristallise en lamelles minces fusibles à 109° (Andreasch), a 111°,5 (Paal). L'ébullition avec l'eau la transforme en bromhydrate de bromopropylènepseudo-urée [Rundqvist, *Arch. Pharm.*, **236**, 456].

α-Diéthoxypropylurée, $AzH^2 - CO - AzH - (CH^2)^2 - CH(OC^2H^5)^2$. — Elle fond à 61° [Wohl, *D. chem. G.*, **34**, 1914, 1901].

β-Diéthylsulfonepropylurée, $AzH^2 - CO - AzH - CH^2 - C(= SO^2C^2H^5)^2 - CH^3$. — Préparation (*a*); elle fond à 224-225°.

β-Diamylsulfonepropylurée, $C^{14}H^{30}Az^2O^5S^2$. — Elle fond à 215-216° [Posner et Fahrenhorst, *D. chem. G.*, **32**, 2749, 1899].

Éther uréopropionique $AzH^2 - CO - AzH - CH(CH^3) - CO^2C^2H^5$. — Il fond à 100° [Bailey, *Am. Chem. Journ.*, **28**, 386, 1902].

Isopropyl-1-oxy-1-urée $AzH^2 - CO - Az.(OH).CH(CH^3)^2$. — On l'obtient en faisant réagir le chlorhydrate de β-isopropylhydroxylamine sur le cyanate de K [Kjellin, *D. chem. G.*, **30**, 1892, 1897]. Elle forme des aiguilles fusibles à 104-106°.

PROPYLMÉTHYLURÉE-1.1. $AzH^2 - CO - Az(CH^3)(C^3H^7)$. — Préparation (*a*) [Störmer et Lepel, *D.*

chem. *G.*, **29**, 2114]. Elle cristallise en aiguille fusibles à 95°.

β-Méthylpropylurée $AzH^2 - CO AzH - CH(CH^3 - C^2H^5$. — Prismes fusibles à 137-138° [Dixon, *Chem. Soc.*, **67**, 560, 1895].

DIPROPYLURÉE-1.1. $AzH^2 - CO - Az(C^3H^7)^2$. — Elle cristallise en fines aiguilles fusibles à 76° [Zande, *Rec. Pays-Bas*, **8**, 229, 1890]; à 57° [Chancel, *Bull. Soc. Chim.*, **9**, 103, 1893]. *Nitrate* $C^7H^{16}Az^2O, 2AzO^3H$. L'*oxalate*, $(C^7H^{16}Az^2O)^2C^2O^4H^2$, forme des aiguilles fusibles à 103°; le *picrate*, $C^7H^{16}Az^2O, C^6H^3O^7Az^3$, est en aiguilles jaunes fusibles à 135° (Zande). L'*oxime* fond à 115°.

DIPROPYLURÉE-1.2, $CO(AzHC^3H^7)^2$. — Elle forme des aiguilles fusibles à 105° [Hecht, *D. chem. G.*, **23**, 285, 1890]; elle distille à 255° [Chancel, *Bull. Soc. Chim.*, **9**, 104].

DIISOPROPYLURÉE-1.1, $AzH^2 - CO - Az[CH(CH^3)^2]^2$. — Elle forme des cristaux fusibles à 103° [Zande, *loc. cit.*]. Son *nitrate*, $C^7H^{16}Az^2O, AzO^3H$, fond à 79°. L'*oxalate* se décompose à 111°. Le *picrate* fond à 134°.

TÉTRAPROPYLURÉE, $CO[Az(C^3H^7)^2]^2$. — C'est un sirop distillant à 258°. $D_0 = 0.905$ [Chancel, *loc. cit.*].

ISOBUTYLURÉE, $AzH^2 - CO - AzH - CH^2 - CH(CH^3)^2$. — Elle forme des aiguilles fusibles à 140°,5-141°,5 [Dixon, *loc. cit.*].

DIISOBUTYLURÉE, $CO[AzH - CH^2 - CH(CH^3)^2]^2$. — Préparation (*h*) [Dixon, *loc. cit.*; — Gadamer, *Arch. Pharm.*, **239**, 283, 1901]. Elle forme des aiguilles fusibles à 135-136°.

DIPSEUDOBUTYLURÉE, $CO[AzH - C(CH^3)^3]^2$. — C'est une poudre qui se sublime sans fondre vers 450° [v. Erp, *Rec. Pays Bas*, **14**, 16, 1896].

ISOBUTYLMÉTHYLURÉE-1.1, $AzH^2 - CO - Az(CH^3) - CH^2 - CH(CH^3)^2$. — Préparation (*a*) [Störmer et Lepel, *D. chem. G.*, **29**, 2117, 1896]. Elle cristallise en lamelles fusibles à 145-146° [Freund et Lenze, *D. chem. G.*, **23**, 2867; **24**, 2157, 1891].

ISOAMYLURÉE, $AzH^2 - CO - AzH - C^5H^{11}$. — Elle fond à 92-93°,5 [Dixon, *Chem. Soc.*, **67**, 564, 1895].

ISOAMYLMÉTHYLURÉE-1.1, $AzH^2 - CO - Az(CH^3) - CH^2 - CH^2 - CH(CH^3)^2$. — Elle forme des lamelles fusibles à 122° [Stœrmer et Lepel, *D. chem. G.*, **29**, 2119, 1896].

HEXYLURÉES : 1° *Hexylurée normale*, $AzH^2 - CO - AzH - C^6H^{13}$. — Elle forme des lamelles fusibles à 109°,5 [Norstedt et Wahlforss, *D. chem. G.*, **25**, 617, 1892].

2° $AzH^2 - CO - AzH.CH^2 - CH(C^2H^5)^2$. — Elle forme des lamelles fusibles à 116°,5 [Freund et Hermann, *D. chem. G.*, **23**, 193, 1890].

3° $AzH^2 - CO - AzH - CH(CH^3) - CH^2 - CH(CH^3)^2$. — Elle forme des cristaux fusibles à 139°,5-140° [Kerp, *Ann. Chem.*, **290**, 151, 1896].

N-HEPTYLURÉE, $AzH^2 - CO - AzH - C^7H^{15}$. — Elle fond à 110-111° [Forselles et Walfass, *D. chem. G.*, **25**, 636, 1892].

DI-N-HEPTYLURÉE-1.2, $CO(AzHC^7H^{15})^2$. — Préparation (*c*) [Manuelli et Ricca, Rosellini, *Gazz. chim. ital.*, **29**, 124, 136, 1899]. Elle cristallise en aiguilles fusibles à 91°.

NONYLURÉE, $AzH^2 - CO - AzH - CH^2.CH(CH^3).C^6H^{13}$. — Elle cristallise en prismes fusibles à 92° [Freund et Schönfeld, *D. chem. G.*, **24**, 3358].

UNDÉCYLURÉE, $AzH^2 - CO - AzH - CH(CH^3).C^9H^{19}$. — Préparation (*c*). Elle fond à 127° [Ponzio, *Gazz. chim. ital.*, **24**, 287, 1894].

DIUNDÉCYLURÉE-1.2, $CO[AzH.CH(CH^3)C^9H^{19}]^2$. — Elle fond à 94-95° [Ponzio, *loc. cit.*].

PENTADÉCYLURÉE, $AzH^2 - CO - AzH - C^{15}H^{31}$. — Préparation (*a*) [Jeffreys, *D. chem. G.*, **30**, 301, 1897]. Elle fond à 109°.

DIPENTADÉCYLURÉE-1.2, $CO[AzHC^{15}H^{31}]^2$. — Elle forme des aiguilles fusibles à 113° [Jeffreys, *loc. cit.*].

HEPTADÉCYLURÉE, $AzH^2 - CO - AzH - C^{17}H^{35}$. — Elle fond à 109° [Turpin, *D. chem. G.*, **21**, 2491, 1888].

DIHEPTADÉCYLURÉE-1.2, $CO[AzH - C^{17}H^{35}]^2$. — Préparation (*h*). Elle fond à 75° [Turpin, *loc. cit.*].

ALLYLURÉE, $AzH^2 - CO - AzH - CH^2 - CH = CH^2$. — Préparation (*a*) [Andreasch, *Mon. f. Chem.*, **5**, 36, 1885]; elle se forme aussi dans la réduction de la bromopropylène-pseudourée par le zinc et l'acide acétique [Rundqvist, *Arch. Pharm.*, **236**, 466]; elle fond à 85°.

Son *nitrate*, $C^4H^8Az^2O, AzO^3H$, cristallise en aiguilles.

DIALLYLURÉE-1.2, $CO(AzH - CH^2 - CH = CH^2)^2$. — Préparation (*h*) [Rundqvist, *loc. cit.*]; elle fond à 156° [Kijner, *Journ. Soc. Phys. Chim. russe*, **34**, 525, 1902].

TRIMÉTHYLÈNE-URÉE-1.1,

$$AzH^2 - CO - Az < ^{CH^2}_{CH^2} > CH^2$$

— Elle résulte de l'action de la triméthylène-imine sur l'acide cyanique; elle cristallise en aiguilles [Howard et Marckwald, *D. chem. G.*, **32**, 2034, 1899].

TRIMÉTHYLÈNE-DIURÉE. $[AzH^2 - CO - AzH - CH^2]^2 CH^2$. — Préparation (*a*); elle fond à 182° [Fischer et Koch, *Ann. Chem.*, **232**, 226, 1886].

TRIMÉTHYLÈNE-ÉTHYLÈNE-DIURÉE, $(AzH^2 - CO - Az:)^2 C^5H^{10}$. — Préparation (*a*); elle fond à 251° Esch et Marckwald, *D. chem. G.*, **33**, 761, 1900].

PENTAMÉTHYLÈNE-URÉE,

$$AzH^2 - CO - AzH - CH^2 - CH < ^{CH^2}_{CH^2} > CH^2$$

— Préparation (*a*); elle fond à 116° [Freund et Gudemann, *D. chem. G.*, **21**, 2698, 1888].

ETHYLIDÈNE-BIS-DIMÉTHYL-1.1-URÉE, $[(CH^3)^2 : Az - CO - AzH]^2 = CH - CH^3$. — Elle s'obtient par l'action de l'aldéhyde éthylique sur la diméthyl-urée; elle fond à 160° [Zande, *Rec. Pays-Bas*, **8**, 236, 1890].

Ethylidène-bis-diéthyl-1.1-*urée*. — Elle fond à 144°.

Ethylidène-bis-dipropyl-1.1-*urée*. — Elle fond à 113°.

Ethylidène-bis-diisopropyl-1.1-*urée*. — Elle fond à 147° [Zande, *loc. cit.*].

ACÉTYLÈNE-DIURÉE $[COAz^2H^3]^2 C^2H^2$. — Elle se forme quand on réduit l'allantoïne par l'amalgame de sodium [Widmann, *D. chem. G.*, **19**, 2480, 1886].

PHÉNYLURÉE, $AzH^2 - CO - AzH - C^6H^5$. — Préparation (*a*) [Walker et Wood, *Chem. Soc.*, **77**, 33, 1900]; (*g*) [Thiele et Pickard, *Ann. Chem.*, **309**, 192, 1899]. Elle se forme dans la réduction de l'isocyanate de phényle en présence du nickel réduit [Sabatier et Mailhe, *Bull. Soc. Chim.*, **1**, 617, 1907]; dans l'action du gaz ammoniac sur le chlorure de l'acide phénylcarbamique [Lengfeld et Stieglitz, *Am. Chem. Journ.*, **16**, 72, 1894]; dans la décomposition de la phényléthyl-isourée [Mac Kee, *Am. Journ.*, **26**, 209, 1901].

Chaleur de combustion moléculaire sous pression constante, 880 Cal. [Stohmann, *J. prakt. Chem.*, **55**, 264, 1897]. Elle est décomposée par l'acide sulfurique fumant avec formation d'acide p-sulfanilique et d'acide sulfocarbanilique, $SO^3H - C^6H^4 - AzH - CO^2H$ [Hentzschel, *D. chem. G.*, **18**, 978, 1895]. Le trichlorure de phosphore la transforme en phénylbiuret symétrique, $C^6H^5Az = (CO.AzH^2)^2$, et l'oxychlorure de carbone en diphénylbiuret symétrique [Schiff, *Ann. Chem.*, **352**, 75, 1907].

Chauffée avec les hypochlorites alcalins elle dégage de l'azote [de Coninck, *C. R.*, **126**, 907].

Chauffée à 150° avec l'alcool, elle fournit de l'ammoniac, de l'aniline, de l'urée, et de la phényluréthane [Hofmann, *D. chem. G.*, **18**, 3228, 1885]. Par condensation avec l'éther acétylacétique elle forme le composé $C^{13}H^{16}Az^2O^9$, huile jaune épaisse [Behrend, *Ann. Chem.*, **233**, 2, 1886]. L'action du nitrite de sodium en solution chlorhydrique, fournit du chlorure de diazobenzène et de l'isocyanate de phényle [Doht et Haager, *Mon. f. Chem.*, **24**, 844, 1903]. *Sel de sodium*, $C^7H^7Az^2ONa$ [Blacker, *D. chem. G.*, **28**, 433, 1895].

Phényloxyurée-1.2, $C^6H^5 - AzH - CO - AzH.OH$. — On l'obtient par l'action du chlorhydrate d'hydroxylamine sur l'imide phénylcarbonique, à froid. Elle forme des cristaux fusibles à 140° [Kall, *Ann. Chem.*, **263**, 264, 1891].

Chlorophénylurées, $AzH^2 - CO - AzH - C^6H^4Cl$. — Le dérivé *ortho*, obtenu en faisant agir le chlorhydrate d'o-chloraniline sur le cyanate de potassium, cristallise en prismes monocliniques, fusibles à 152°. — Le dérivé *méta* fond à 152°. — Le dérivé *para* fond à 204-207°.

La *dichloro*-2.4-*phénylurée*, $AzH^2 - CO - AzH - C^6H^2Cl^2_{(2.4)}$, obtenue par la chloruration directe de la monophénylurée, fond à 189° [R. Doht, *Mon. f. Chem.*, **27**, 213, 1906].

Bromophénylurées, $AzH^2 - CO - AzH - C^6H^4Br$. — 1° Le *dérivé orthobromé*, obtenu par hydrolyse de l'o bromophénylcyanamide, fond à 202° [Pierron, *Bull. Soc. Chim.*, **35**, 1203, 1906].

2° Le *dérivé métabromé* résulte de l'action du gaz ammoniac sur le chlorure BrC^6H^4COCl [Folin, *Am. Chem. J.*, **19**, 340, 1897]. Il cristallise en aiguilles blanches fusibles à 164-165°.

3° Le *dérivé parabromé* se forme par l'action du brome sur la phénylurée en solution acétique [Pinnow, *D. chem. G.*, **24**, 4172, 1891]; il cristallise en aiguilles qui se décomposent sans fondre vers 260°.

Dibromophénylurée, $AzH^2 - CO - AzH - C^6H^3Br^2$. — Elle fond à 201° [Werner, *D. chem. G.*, **25**, 62, 1893].

Tribromophénylurée, $AzH^2 - CO - AzH - C^6H^2Br^3$. — Elle fond au-dessus de 270° [Werner, *loc. cit.*]

Iodophénylurées, $AzH^2 - CO - AzH - C^6H^4I$. — Le dérivé *ortho* fond à 197-198°. Le dérivé *méta* fond à 174°. Le dérivé *para* fond vers 280-300° [Doht, *Mon. f. Chem.*, **26**, 943, 1904].

Phénylnitrosourée-1.1, $AzH^2 - CO - Az(AzO)C^6H^5$. — On l'obtient eu faisant réagir l'azolite de sodium sur une solution acétique de phénylurée [Walther et Wlodkowski, *J. prakt. Chem.*, **59**, 282, 1899]. Il cristallise en aiguilles jaune clair, fusibles à 95°.

Nitrophénylurées, $AzH^2 - CO - AzH - C^6H^4AzO^2$. — 1° Dérivé *orthonitré*; préparation (*a*) [Swartz, *Am. Chem. Journ.*, **19**, 316, 1897]; il cristallise en aiguilles fusibles à 181°.

2° Dérivé *métanitré*; préparation (*a*) [Walter et Wlodkowski, *J. prakt. Chem.*, **59**, 282, 1819]; il s'obtient aussi comme le dérivé métabromé [Folin, *loc. cit.*]; il cristallise en aiguilles jaunes fusibles à 195° (Folin), 193-194 (W. W.).

3° Le dérivé *paranitré* fond à 238° [Pierron, *Bull. Soc. Chim.*, **33**, 73, 1905].

Aminophénylurées, $AzH^2 - CO - AzH - C^6H^4AzH^2$. — Le dérivé *méta* fond à 281-282°; le dérivé *para* fond à 129-130°, le *dérivé acétylé* de ce dernier, $AzH^2 - CO - AzH.C^6H^4AzHCOCH^3$, fond à 345° [Schiff et Ostrogovich, *Ann. Chem.*, **293**, 375, 1896; Pierron, *Bull. Soc. Chim.*, **35**, 1117, 1906].

Paracyanaminophénylurée, $CAz - AzH - C^6H^4 - AzH - CO - AzH^2$. — Elle se forme par l'action du bromure de cyanogène sur la paraphénylène-diamine ou sur la paramidophénylurée. Elle fond à 255° en se solidifiant [Pierron, *Bull. Soc. Chim.*, **33**, 919, 1905].

Phénylène-diurées, $C^6H^4(AzH-CO\,AzH^2)^2$. — Le dérivé *ortho* fond à 290°; le dérivé *para* charbonne sans fondre [Lellmann et Würthner, *Ann. Chem.*, **228**, 220, 1885].

Acide méta-uréobenzoïque, $AzH^2-CO-AzH-C^6H^4CO^2H_3$. — Il fond à 269-270°; son *éther méthylique* fond à 185°. Dérivés *nitrés* : $AzH^2-CO-AzH_{(1)}C^6H^3CO^2H_{(3)}AzO^2_{(6)}$, aiguilles; $AzH^2-CO-AzH_{(1)}C^6H^3.CO^2H_{(3)}AzO^2_{(4)}$ se décompose à 220°. *L'acide aminouréobenzoïque*, $AzH^2-CO-AzH_{(1)}C^6H^3.CO^2H_{(4)}AzH^2_{(5)}$, n'est pas fondu à 270° [Zincke et Helmert, *Ann. Chem.*, **291**, 325, 1896].

Para-oxyphénylurée, $AzH^2-CO-AzH-C^6H^4OH$. — Préparation (a) [Kalchoff, *D. chem. G.*, **16**, 376, 1883]. Elle fond à 168°. — L'*ortho-méthoxyphénylurée* $AzH^2-CO-AzH-C^6H^4OCH^3$ fond à 143-145° [Ransom, *D. chem. G.*, **33**, 199, 1900]. — La *méta-éthoxyphénylurée* fond à 112° [Pierron, *Bull. Soc. Chim.*, **35**, 1201, 1905]. — La *para-éthoxyphénylurée* (DULCINE), $AzH^2-CO-AzH-C^6H^4OC^2H^5$, préparations (a), (d) [Berlinerblau, *J. prakt. Chem.*, **30**, 103, 1884; D.R.P. 63485; voyez aussi Riedel D.R.P. 73083, 75596, 77310, 77420, 79718], fond à 168°.

Ortho-carboxéthylphénylurée, $AzH^2-CO-AzH-C^6H^4CO^2C^2H^5$. — Elle fond à 147-150° [Ransom, *Am. Chem. Journ.*, **22**, 1, 1900].

Acide uréosalicylique, $AzH^2-CO-AzH-C^6H^3(OH)(CO^2H)$. — Il fond à 215° [Zahn, *J. prakt. Chem.*, **61**, 532, 1900].

Sulfophénylurées, $AzH^2-CO-AzH-C^6H^4SO^3H$. — Le sel ammoniacal du dérivé *orthosulfoné* fond à 266°; celui du dérivé *para* fond à 272° [Holmer, *Am. Chem. Journ.*, **22**, 1, 1900].

Propionylphénylurée, $AzH^2-CO-AzH-C^6H^4-CO-C^2H^5$. — Elle fond à 218° [Kunckell, *D. chem. G.*, **33**, 2641, 1900].

PHÉNYLMÉTHYLURÉE-1.1, $AzH^2-CO-Az(CH^3)(C^6H^5)$. — Préparation (a) [Gebhardt, *D. chem. G.*, **17**, 2095, 1884]; elle se forme aussi par transformation de l'isourée correspondante sous l'influence du gaz chlorhydrique sec [Stieglitz et Mac Kee, *D. chem. G.*, **33**, 807, 1900]. Elle fond à 82°. Solubilités dans l'eau, l'acide acétique, l'éther, le benzène [Walker et Wood, *Chem. Soc.*, **73**, 626, 1898]. Son *chlorhydrate* fond à 189°. Son *picrate* fond à 120-121°. L'*oxime*

$$\begin{array}{c} CH^3 \\ C^6H^5 \end{array}\!\!>Az-C<\!\!\begin{array}{l} AzH^2 \\ Az-OH \end{array}$$

fond à 102° [Braun et Schwarz, *D. chem. G.*, **36**, 3660], 1903.

PHÉNYLMÉTHYLURÉE-1.2, $C^6H^3-AzH-CO-AzH-CH^3$. — Préparation (a) [Degner et Pechmann, *D. chem. G.*, **30**, 650, 1897]. Elle cristallise en lamelles fusibles à 149-150° (D. et P.), à 150°,5-151°,5 [Dixon, *Chem. Soc.*, **67**, 561, 1895]. Par nitration elle fournit une *p-nitrophénylméthylurée*-1.2, $AzO^2_{(2)}-C^6H^4-AzH-CO-AzH-CH^3$, fusible à 230-231°, et une *dinitrométhylphénylurée*, fusible à 206-207° [Scholl, *Ann. Chem.*, **345**, 363, 1906].

Nitrométhyl-1.1-phényl-2-urée, $C^6H^5-AzH-CO-Az(AzO^2)(CH^3)$. — Elle résulte de la condensation de la méthylnitramine avec l'isocyanate de phényle. Elle fond à 74°,5-75, en se décomposant [Scholl, *Ann. Chem.*, **345**, 363, 1906]. Elle est transformée par l'acide sulfurique concentré à 0° en un mélange d'*o-nitrophénylméthylurée* fusible à 180-185°, et de *p-nitrophénylméthylurée*, fusible à 230-231° [Scholl et Nyberg. *D. chem. G.*, **39**, 2491. 1906].

Para-bromophénylméthylurée-1.2, $BrC^6H^4-AzH-CO-AzH-CH^3$. — Elle fond à 212° [Degner et P., *loc. cit.*].

Ortho-benzaldéhyde-méthylurée-1.2, $CHO_{(2)}C^6H^4_{(1)}-AzH-CO-AzH-CH^3$. — Elle fond à 170° [Gabriel et Posner, *D. chem. G.*, **28**, 1057, 1895].

Méta-benzoïque-méthylurée-1.2, $CO^2H_{(3)}C^6H^4_{(1)}-AzH-CO\,AzHCH^3$. — Elle cristallise en aiguilles [Griess, *D. chem. G.*, **18**, 2415, 1885].

Ortho-nitrophényl-1-diméthyl-2 2-urée, $AzO^2_{(2)}C^6H^4_{(1)}-AzH-CO-Az(CH^3)^2$. — Elle forme une huile jaune [Swartz, *Am. Chem. Journ.*, **19**, 316, 1896].

Phényl-1-méthyl-2 cyanométhyl-2-urée, $C^6H^5-AzH-CO-Az(CH^3)(CH^3.CAz)$. — Elle fond à 83° [Delépine, *Bull. Soc. Chim.*, **23**, 1200, 1903].

Phényl-1-méthyl-2-oxy-2-urée, $C^6H^5-AzH-CO-Az(OH)(CH^3)$. — Elle fond à 93-94° [Kjellin, *D. chem. G.*, **26**, 2382, 1893].

PHÉNYLÉTHYLURÉE-1.1, $AzH^2-CO-Az(C^6H^5)(C^2H^5)$. — Préparation (a) [Gebhardt, *loc. cit.*]. Elle se forme aussi dans la décomposition de la phénylméthyléthylisourée [Mac Kee, *Am. Chem. Journ.*, **26**, 209, 1901]. Elle cristallise en lamelles fusibles à 62°.

PHÉNYLÉTHYLURÉE-1.2, $C^6H^5-AzH-CO-AzH-C^2H^5$. — Préparation (g) [Thiele et Pickard, *Ann. Chem.*, **309**, 193, 1899].

Phénylchloroéthylurée-1.2, $C^6H^5-AzH-CO-AzH-C^2H^4Cl$. — Elle cristallise en aiguilles [Gabriel et Stelzner, *D. chem. G.*, **28**, 2937, 1895]. Le dérivé *bromé* correspondant fond à 106-107° [Menne, *D. chem. G.*, **33**, 658, 1900].

Phényléthanolurée-1.2, $C^6H^5-AzH-CO-AzH-CH^2-CH^2OH$. — Elle fond à 122-123° [Knorr et Rœssler, *D. chem. G.*, **36**, 1278, 1903].

Phénylacétalylurée-1.2, $C^6H^5-AzH-CO-AzH-CH^2-CH(OC^2H^5)^2$. Préparation (a); elle fond à 55° [Fütsch, *D. chem. G.*, **26**, 427, 1893].

Phényl-α-cyanéthylurée-1.2, $C^6H^5-AzH-CO-AzH-CH(CAz).CH^3$. — Elle fond à 135° [Delépine, *Bull. Soc. Chim.*, **29**, 1194, 1903].

Phényl-1-éthyl-2-oxy-2-urée, $C^6H^5-AzH-CO-Az(OH)(C^2H^5)$. — Elle fond à 98° [Kjellin, *D. chem. G.*, **26**, 2382].

PHÉNYL-1-DIÉTHYL-2.2-URÉE, $C^6H^5-AzH-CO-Az(C^2H^5)^2$. — Préparation (a) [Gebhardt, *D. chem. G.*, **12**, 3039, 1884]. Elle cristallise en aiguilles fusibles à 85°.

Ortho-nitrophényl-1-diéthyl-2.2-urée. — Elle forme une huile jaune [Swartz, *Am. Chem. J.*, **19**, 317, 1897].

Phényl-β-chloro-propyl-urée-1.2, $C^6H^5-AzH-CO-AzH-CH^2-CHCl-CH^3$. — Elle se forme par l'action de l'acide chlorhydrique fumant sur la phénylallylurée [Menne, *D. chem. G.*, **33**, 661, 1900].

Acide phényluréopropionique, $C^6H^5-AzH-CO-AzH-CH^2-CH^2-CO^2H$. — Il fond à 171-172°, avec dégagement gazeux [Hoogewerf et Dorp, *Rec. Pays-Bas*, **9**, 60, 1891]. Son *éther éthylique* fond à 84-85°. L'*acide p-bromophényluréopropionique* se décompose à 229°; l'acide *dibromé-2.4* fond à 201-202°; l'acide *tribromé-2.4.6* fond à 219-220°.

Phényl-1-propyl-2-méthyl-2-urée, $C^6H^5-AzH-CO-Az(C^3H^7)(CH^3)$. — Elle fond à 89° [Störmer et Löpel, *D. chem. G.*, **29**, 2114, 1896].

Ortho-nitrophényl-1-dipropyl-2.2-urée, $C^6H^5-AzH-CO-Az(C^3H^7)^2$. — Préparation (a). Elle forme une huile jaune [Swartz, *loc. cit.*].

PHÉNYLBUTYLURÉE-1.2, $C^6H^5-AzH-CO-AzH-CH(CH^3)-C^2H^5$. — Préparation (h) [Dixon, *Chem. Soc.*, **67**, 562, 1895]. Elle cristallise en prismes fusibles à 155°,5-156°,5.

Phényl-γ-diméthylbutylurée-1.2, $C^6H^5-AzH-CO-CH^2-C(CH^3)^2-C^2H^5$. — Préparation (g)

[Eschert et Freund, *D. chem. G.*, 26, 2493, 1893]. Elle fond à 103-105°.

Acide phényluréosuccinique, $C^6H^5-AzH-CO-AzH-CH(CO^2H)-CH^2CO^2H$. — Il fond à 183°; $[\alpha]_D = +5°,7$ à 16°. Son *amide* fond à 164° [Bailey, *Am. Chem. Journ.*, 28, 386, 1902].

Phényl-n-amylurée-1.2, $C^6H^5-AzH-CO-AzH-(CH^2)^4-CH^3$. — Préparation (c) [Manuelli et Comanducci, *Gazz. chim. ital.*, 29, 145, 1900]. Elle cristallise en prismes fusibles à 238°.

Phénylisoamylurée-1.2, $C^6H^5-AzH-CO-AzH-(CH^2)^2-CH=(CH^3)^2$. — Elle fond à 155° [Freund et Lenze, *D. chem. G.*, 23, 2867; 24, 2158, 1891].

Phénylamylurée-1.2, $C^6H^5-AzH-CO-AzH-CH(CH^3)(C^3H^7)$. — Elle fond à 120° [Mailhe, *Bull. Soc. Chim.*, 33, 966, 1905].

Phényl-1-isoamyl-2-méthyl-2-urée, $C^6H^5-AzH-CO-Az(C^5H^{11})(CH^3)$. — Elle fond à 100° [Störmer et Leupel, *loc. cit.*].

Phényl-1-diamyl-2.2-urée, $C^6H^5-AzH-CO-Az=[CH(CH^3)(C^3H^7)]^2$. — Elle fond à 134° [Mailhe, *loc. cit.*].

Phénylisohexylisourée-1.2, $C^6H^5-AzH-CO-AzH-(CH^2)^2-CH(CH^3)^2$. — Elle fond à 84° [Sabatier et Senderens, *Bull. Soc. Chim.*, 33, 371, 1905].

Phényldiisohexylurée-1.2, $C^6H^5-AzH-CO-Az(C^5H^{13})^2$. — Elle fond à 104° [Sabatier et Senderens, *loc. cit.*].

Phénylheptylurée-1.2, $C^6H^5-AzH-CO-AzH-C^7H^{15}$. — Elle fond à 63° [Mailhe, *Bull. Soc. Chim.*, 33, 963, 1905].

Phénylnonylurée-1.2, $C^6H^5-AzH-CO-AzH-CH^2-CH(CH^3)(C^6H^{13})$. — Elle fond à 63° [Freund, *D. chem. G.*, 24, 3359, 1891].

Phénylpentadécylurée-1.2, $C^6H^5-AzH-CO-AzH-C^{15}H^{31}$. — Elle fond à 94° [Jeffreys, *Am. Chem. J.*, 22, 28, 1899].

Phénylheptadécylurée-1.2, $C^6H^5-AzH-CO-AzH-C^{17}H^{35}$. — Elle fond à 99° [Turpin, *D. chem. G.*, 21, 2492, 1888].

Phénylallylurée-1.2. $C^6H^5-AzH-CO-AzH-C^3H^5$. — Préparation (a) [Menne, *D. chem. G.*, 33, 661, 1900]; préparation (h) *Am. Soc.*[Dains, *J.*, 21, 164, 1899]. Elle fond à 115°,5 (Menne, Dixon); à 113° (Dains).

ortho-méthoxyphénylallylurée-1.2, $CH^3O.C^6H^4-AzH-CO-AzH-C^3H^5$. — Elle fond à 112° [Menne, *loc. cit.*].

Phényl-1-méthyl-1-allyl-2-urée, $(C^6H^5)(CH^3)Az-CO-AzH-C^3H^5$. — Elle forme une huile qui se solidifie à — 10° [Menne, *loc. cit.*].

Phényl-1-isobutyl-1-allyl-2-urée, $(C^6H^5)(C^4H^9)Az-CO-AzH-C^3H^5$. — Elle fond à 37-39° [Paal et Heupel, *D. chem. G.*, 24, 3044, 1891].

Phénylpropargylurée-1.2, $C^6H^5-AzH-CO-AzH-CH^2-C\equiv CH$. — Elle fond à 132° [Paal et Heupel, *loc. cit.*].

Phényldiméthylène-urée-1.2,

$$C^6H^5-AzH-CO-Az\!<^{\displaystyle CH^2}_{\displaystyle CH^2}$$

— Préparation (a) [Gabriel et Stelzner, *D. chem. G.*, 28, 2936, 1895]; elle se forme aussi quand on fait réagir la pipérazine sur le cyanate de phényle [Rosdalsky, *J. prakt. Chem.*, 53, 21, 1896]. Elle fond à 82-83°.

Phénylcyclopropylurée, $C^6H^5-AzH-CO-AzH-CH(CH^2)^2$. — Elle fond à 153° [Kijner, *J. Soc. phys. chim. Russe*, 37, 306, 1905].

Diphénylurée-1.1, $AzH^2-CO-Az(C^6H^5)^2$. Chaleur de combustion moléculaire sous pression constante, $1614^{Cal},2$ [Stohmann, *J. prakt. Chem.*, 55, 264, 1897]. Son *oxime* fond à 161°; le *chlorhydrate* de l'oxime fond à 169-170°; le *picrate* fond à 182° [Braun et Schwarz, *D. chem. G.*, 36, 3660, 1903].

Diphénylurée-1.2 (*carbanilide*), $CO(AzH[C^6H^5])^2$. — Préparation (c) [Bloch, *Bull. Soc. Chim.*, 31, 49, 72, 1904; — Manuelli et Rica-Rosellini, *Gazz. chim. ital.*, 29, 126, 1899; — Dixon, *Chem. Soc.*, 79, 102, 1901]. Préparation (e) [Bischoff et Hendenstrœm, *D. chem. G.*, 35, 3437, 1902; — Eckenroth, *D. chem. G.*, 18, 516, 1885]. Préparation (g) [Pickard, *Ann. Chem.*, 309, 192; *Chem. Soc.*, 81, 1563, 1902]. Préparation (h) (Dains, *Am. Soc.*, 22, 183, 1900; — Andreasch, [*Mon. f. Chem.*, 18, 77, 1898; — Kämpf, *D. chem. G.*, 37, 1681, 1904]. La diphénylurée se forme aussi : quand on chauffe sous pression une solution de chlorure cuivreux dans l'aniline avec l'oxyde de carbone [Jouve, *C. R.*, 128, 115, 1899]; par condensation du carbonate d'éthyle avec l'iodure de magnésium aniline [Bodroux, *Bull. Soc. Chim.*, 33, 835, 1905]; quand on chauffe l'allophanate d'éthyle avec un excès d'aniline [Freichs, *Arch. Pharm.*, 237, 316]; par ébullition de la phénylurée avec l'eau [Young et Clark, *Chem. Soc.*, 73, 367, 1898]; par ébullition d'une solution aqueuse de phénylbiuret symétrique avec l'aniline [Schiff, *Ann. Chem.*, 352, 75, 1907]; quand on fait passer l'anile succinique dans un tube chauffé au rouge faible [Pictet et Crépieux, *D. chem. G.*, 28, 1906, 1895]; quand on décompose le sel d'argent de la formanilide par la chaleur [Comstock et Kleeberg, *Am. Chem. Journ.*, 12, 501, 1890]; par l'action de l'aniline sur la cyanoformanilide [Dieckmann et Kaemmerer, *D. chem. G.*, 38, 2977, 1905]; quand on chauffe à 80° molécules égales d'acide benzylbenzoïque et d'isocyanate de phényle [Haller et Guyot, *Bull. Soc. Chim.*, 25, 55, 1901]; par l'action de l'oxyde de mercure sur l'oxanilide [Taussig, *Mon. f. Chem.*, 25, 375, 1904]; quand on décompose la benzylchloramide par la soude à 10 0/0 [Graebe et Rostoozeff, *D. chem. G.*, 35, 2747, 1902]; dans l'action de l'aniline sur la carboxylsalicylamide [Einhorn et Mettler, *D. chem. G.*, 35, 3697, 1902]; dans l'action de l'isosulfocyanate de phényle sur l'acide malonique [Béneh, *C. R.*, 130, 920, 1900], ainsi que sur les phénols et les alcools polyatomiques [Orndorff et Richmond, *Am. Journ.*, 23, 458, 1899]; dans la distillation sèche de l'éther benzylidène-anilacétylacétique [Bertini, *Gazz. chim. ital.*, 29, 22, 1899]; dans l'action de l'aniline sur la semicarbazone de l'aldéhyde salicylique [Borsche, *D. chem. G.*, 34, 4297; 36, 1362, 1902]; dans la distillation du mucate d'aniline [Pictet et Hermann, *D. chem. G.*, 34, 2529, 1902]; dans la transformation de la diphényloxyformanidine par l'anhydride acétique à froid [Bamberger et Destrag, *D. chem. G.*, 35, 1874, 1902].

La diphénylurée fond à 227° (Jouve), à 238-239° (Young et Clarke). Chaleur de combustion moléculaire $1612^{Cal},8$ [Stohmann, *J. prakt. Chem.*, 55, 864, 1897]. Chauffée avec l'acide sulfurique, elle donne de l'acide sulfocarbanilique, et à une température plus élevée de l'acide p-sulfanilique [Hentschell, *Ann. Chem.*, 17, 1288; 18, 977, 1885]; avec l'aldéhyde acétique elle donne du gaz carbonique et de l'acétanilide [Pechmann et Schmitz, *D. chem. G.*, 34, 337]; avec le carbonate de phényle elle donne l'uréthane du phénol [Eckeworth, *D. chem. G.*, 18, 516, 1885]; chauffée à 150°, avec l'éther acétylacétique, elle fournit une huile, $C^{19}H^{12}Az^2O^4$ [Behrend, *Ann. Chem.*, 233, 11, 1886]. L'acide hypochloreux la transforme en *diphényl-1.2-Az-dichloro-1.2-urée*, $CO(AzClC^6H^5)^2$, fusible à 101-102° [Chattaway et Orton, *D. chem. G.*, 34, 1073, 1901].

Chlorodiphénylurées, $C^6H^5-AzH-CO-AzH-C^6H^4Cl$. — 1° Dérivé *para-chloré*, préparation (c) [Manuelli et Comanducci, *Gazz. chim. ital.*, 29, 179, 1899]; (h) [Busch, *D. chem. G.*, 32, 2815,

1899]; il fond à 237-238°; 2° Le dérivé *méta-chloré* fond à 184° [Goldschmidt et Bardach, *D. chem. G.*, 25, 1366, 1892].

Dichlorodiphénylurées, $CO(AzHC^6H^4Cl)^2$. — Préparation (d) [Wittenet, *Bull. Soc. Chim.*, 21, 302, 1899]; (c) [Ricca et Rosellini, *Gazz. chim. ital.*, 29, 129, 136, 1899]: le dérivé *para-chloré* s'obtient aussi par transposition moléculaire de la dichloramidodiphénylurée sous l'influence de l'acide acétique [Chattaway et Orton, *loc. cit.*]. Le dérivé *ortho-chloré* fond à 235-236° (Wittenet); à 238° (R. R.): le dérivé *méta* fond à 245° (W.), à 243° (R. R.); le dérivé *para* fond à 306-307° (W.), 275° (R. R.).

La p-dichlorodiphénylurée traitée par l'acide hypochloreux fournit le *dérivé Az-chloré*

$$CO \big\langle \begin{array}{l} AzCl - C^6H^4Cl \\ AzH - C^6H^4Cl \end{array}$$

fusible à 132°, et le *dérivé Az-dichloré* $CO(AzCl\,C^6H^4Cl)^2$, fusible à 171-173°. Ce dernier, chauffé sous pression avec l'acide acétique, fournit la :

Tétrachloro-2.2.4.4-diphénylurée, $CO(AzH_{(1)}C^6H^3Cl^2_{(2.4)})^2$, fusible à 273°; celle-ci peut à son tour fixer le chlore pour former un composé, $CO(AzCl.C^6H^3Cl^2)^2$, fusible à 160°, qui par transposition moléculaire fournit :

L'*hexachloro-2.2.4.4.6.6-diphénylurée*, $CO(AzH_{(1)}C^6H^2Cl^3_{(2.4.6)})^2$, fusible à 320-325°; ce dérivé fournit avec le chlore le composé $CO(AzClC^6H^2Cl^3)^2$, fusible à 190° [Chattaway et Orton, *D. chem. G.*, 34, 1073, 1901].

Bromodiphénylurées, $C^6H^5-AzH-CO-AzH-C^6H^4Br$. — Le dérivé *ortho-bromé* fond à 235-236° [Manuelli et Comanducci, *Gazz. chim. ital.*, 29, 140, 1899]. Le dérivé *méta-bromé* fond à 245° [Goldschmidt et Molinari, *D. chem. G.*, 21, 2568; — Gattermann, *ibid.*, 25, 1090, 1892]; à 230-245° [Hantzsch et Perkin, *D. chem. G.*, 30, 1405, 1897].

Dibromodiphénylurées, $CO(AzHC^6H^4Br)^2$. — Préparation (e) [Wittenet, *Bull. Soc. Chim.*, 31, 303, 1899]; (f) [Curtius et Portner, *J. prakt. Chem.*, 58, 202, 1898]. Le dérivé *ortho-bromé* fond à 219-220° (Wittenet). — Dérivé *méta*, préparation (c) [Manuelli et Ricca, *Gazz. chim. ital.*, 29, 127, 1899]; il fond à 262-263° (Wittenet). — Le dérivé *para* se forme aussi quand on fait agir le brome sur la diphénylurée [Chattaway et Orton, *D. chem. G.*, 34, 1078, 1901]; il fond à 330° (C. et O.), à 274° (Curtius), ou se sublime sans fondre vers 330° (Wittenet); un excès de brome le transforme en :

Tétrabromo-2.2.4.4-diphénylurée, $CO(AzH_{(1)}C^6H^3Br^2_{(2.4)})^2$, fusible à 281° en se décomposant; un excès de brome fournit l' :

Hexabromo-2.2.4.4.6.6-diphénylurée, $CO(AzH_{(1)}.C^6H^2Br^3_{(2.4.6)})^2$, fusible à 320° en se décomposant [Chattaway, *loc. cit.*].

Diiodo-4.4-diphénylurée, $CO(AzH_{(1)}C^6H^4I_{(4)})^2$. — Préparation (d) [Wittenet, *loc. cit.*]; elle cristallise en aiguilles qui se subliment sans fondre vers 300°.

Ortho-oxydiphénylurée, $C^6H^5-AzH-CO-AzH_{(1)}-C^6H^4OH_{(2)}$. — Elle fond à 165-166° [Leuckart, *J. prakt. Chem.*, 41, 327, 1890]: à 216-217° [Auwers et Welde, *D. chem. G.*, 32, 3308]; à 221° [Fischer, *ibid.*, 33, 1701, 1900]. Son *éther éthylique*, $C^{15}H^{16}Az^2O^3$, fond à 169-170° (L.); son *éther méthylique* fond à 144° [Ransom, *D. chem. G.*, 33, 199, 1900].

Para-oxydiphénylurée. — Elle fond à 221° [Auwers et Welde, *D. chem. G.*, 32, 3297, 1899; — Fischer, *D. chem. G.*, 33, 1701, 1900].

Dioxy-4.4-diphénylurée, $CO(AzH_{(1)}C^6H^4.OH_{(4)})^2$. — Préparation (f) [Struve et Radenhausen, *J. prakt. Chem.*, 52, 238, 1895]; elle se décom-

pose sans fondre à 230°. Son *éther diméthylique* (dianisidine-urée) fond à 231-232° [Cazeneuve et Moreau, *C. R.*, 124, 1104, 1897]. Son *éther diéthylique* fond à 225-226° [Gattermann et Cantzler, *D. chem. G.*, 25, 1090, 1892; — Riedel, D. R. P. 68550]. Son *éther dipropylique* fond à 201°; l'*éther diallylique* fond à 211° [Spiegel et Sabbath, *D. chem. G.*, 34, 1935, 1901].

Ortho-carboxydiphénylurée, $C^6H^5-AzH-CO-AzH_{(1)}-C^6H^4-CO^2H_{(2)}$. — Elle fond à 181° [Paal, *D. chem. G.*, 27, 978, 1894]. L'*éther diméthylique* de l'acide o-dicarbonique, $CO(AzH_{(1)}-C^6H^4CO^2-CH^3_{(2)})^2$, fond à 141-143° [Bredt, *D. chem. G.*, 33, 31, 1900].

Dicarboxy-3.3-diphénylurée, $CO(AzH_1-C^6H^4CO^2H_3)^2$. — Elle fond au-dessus de 270°. Son *éther diméthylique* fond à 223° [Zincke et Helmert, *Ann. Chem.*, 291, 323, 1896].

Nitrodiphénylurées, $C^6H^5-AzH-CO-AzH.C^6H^4AzO^2$. — Le dérivé *orthonitré* fond à 231-233° [Manuelli, *Gazz. chim. ital.*, 29, 142]; à 170° [Swartz, *Am. Chem. Journ.*, 19, 319, 1897]. Le dérivé *méta* fond à 197°. Le dérivé *para* fond à 212° [Goldschmidt, *D. chem. G.*, 21, 2573, 1890; — Manuelli, *loc. cit.*], à 209° [Swartz, *loc. cit.*].

Dinitrodiphénylurées, $CO(AzH-C^6H^4AzO^2)^2$. — Dérivé *ortho-nitré*; préparation (d) [Wittenet, *Bull. Soc. Chim.*, 21, 156, 1900]; il fond à 225°. Dérivé *méta*; nitration à froid de la diphénylurée [Curtius, *J. prakt. Chem.*, 52, 213, 1895]; préparation (c) [Manuelli et Ricca, *Gazz. chim. ital.*, 29, 131]: (e) [Wittenet, *loc. cit.*]; (f) [Struve et Radenhausen, *J. prakt. Chem.*, 52, 229, 1895]. Il existe sous trois modifications fusibles à 242° [Offret, *Bull. Soc. Chim.*, 21, 788, 1899]; à 233° [Taussig, *Mon. f. Chem.*, 25, 375, 1904]. Le dérivé *para* cristallise en aiguilles jaunes fusibles à 312° [Manuelli, *loc. cit.*], il se sublime sans fondre vers 310° (Wittenet).

Tétranitro-2.4-diphénylurée, $CO[(AzH_{(1)}.C^6H^3(AzO^2)^2_{(2.4)}]^2$. — Elle forme des aiguilles jaunes [Struve et Radenhausen, *loc. cit.*].

Hexanitro-2.2.4.4.6.6-diphénylurée, $CO[AzH\,C^6H^2(AzO^2)^3_{(2.4.6)}]^2$. — Elle fond à 203° [Perkin, *Chem. Soc.*, 63, 1018, 1893].

Aminodiphénylurées, $C^6H^5-AzH-CO-AzH-C^6H^4AzH^2$. — Le dérivé *ortho* fond à 183° [Lellmann et Würthner, *Ann. Chem.*, 228, 220, 1885]. Le dérivé *méta* fond à 187° [L. et W.; Leuckart, *J. prakt. Chem.*, 41, 322, 1890]. Le dérivé *para* se décompose avant de fondre.

Diamino-4.4-diphénylurée, $CO(AzH_{(1)}-C^6H^4AzH^2_{(4)})^2$. — Elle se sublime sans fondre; son *dérivé acétylé* fond à 344° [Schieff et Otsrogovich, *Ann. Chem.*, 233, 275, 1886].

Dibenzoylphénylurée, $CO(AzH-C^6H^4-CO-C^6H^5)^2$. — Elle fond à 189° [Dingler, *Ann. Chem.*, 311, 147, 1900].

Phényl-1-méthyl-1-m-nitrophényl-2-urée, $(C^6H^5)(CH^3):Az-CO-AzH_{(1)}-C^6H^4.AzO^2_{(3)}$. — Elle fond à 230° [Lellmann et Blenz, *D. chem. G.*, 24, 2112, 1891]. Le *dérivé aminé* correspondant fond à 190-200°; le dérivé *acétylé* de ce dernier fond à 225° [Schiff et Ostrogowich, *Ann. Chem.*, 293, 383, 1896].

DIPHÉNYL-1.2-ÉTHYL-1-URÉE, $(C^6H^5)(C^2H^5):Az-CO-AzH-C^6H^5$. — Préparation (g) [Thiele et Pickard, *Ann. Chem.*, 309, 193, 1899].

DIPHÉNYL-1.2-PHÉNYLÉTHYL-1-URÉE, $C^6H^5-AzH-CO-Az(C^6H^5)[CH(C^6H^5)CH^3]$. — Elle fond à 94-95° [Busch, *D. chem. G.*, 37, 2631, 1904].

PHÉNYLCYCLOHEXYLURÉE-(1.2), $C^6H^5-AzH-CO-AzH-C^6H^{11}$. — Elle fond à 180° [Schaal, *J. prakt. Ch.*, 64, 261, 1901].

TRIPHÉNYLURÉE, $C^6H^5-AzH-CO-Az=(C^6H^5)^2$. — Préparation (d) [Steindorff, *D. chem. G.*, 37, 263, 1904].

Nitrotriphénylurées, $AzO^2-C^6H^4-AzH-CO$ $Az=(C^6H^5)^2$. — Préparation (d) [Lellmann et Bonhöfer, *D. chem. G.*, 20, 2121, 1887]; le dérivé *méta* fond à 154-155°; le dérivé *para* fond à 175-176°.

ÉTHYLÈNE-BIS-DIPHÉNYLURÉE, $C^2H^4(C^6H^5-Az-CO-AzH-C^6H^5)^2$. — Elle fond à 220° [Senier et Goodwin, *Chem. Soc.*, 79, 258, 1901].

PHÉNYLTHIÉNYLURÉE-1.2, $C^6H^5-AzH-CO-AzH-C^4H^3S$. — Elle fond à 215°; la *dithiénylurée* fond à 224° [Thyssen, *J. prakt. Ch*, 65, 19, 1902].

BENZYLURÉE, $AzH^2-CO-AzH-CH^2-C^6H^5$. — Solubilités [Walker et Wood, *Chem. Soc.*, 73, 626, 1898]; oxydation par CrO^3 [de Coninck, *C. R.*, 128, 365, 1899].

Para-oxybenzylurée, $AzH^2-CO-AzH-CH^2_{(1)}$ $C^6H^5OH_{(4)}$. — Elle fond à 170°; son *éther méthylique* (*anisylurée*) fond à 167° [Goldschmidt, *D. chem. G.*, 20. 2409; 23, 2745, 1890].

Nitrobenzylurées, $AzH^2-CO-AzH-CH^2-C^6H^4AzO^2$. — Le dérivé *orthonitré* fond à 150°; le dérivé *para* fond à 196-197° [Gabriel et Janssen, *D. chem. G.*, 24, 3092, 1891].

BENZYLÉTHYLURÉE-1.2, $C^6H^5-CH^2-AzH-CO-AzH-C^2H^5$. — Préparation (h) [Dixon, *Chem. Soc.*, 67, 562, 1895]; elle fond à 104-105°.

BENZYLISOBUTYLURÉE-1.2, $C^6H^5-CH^2-AzH-CO-AzH-C^4H^9$. — Préparation (d) [Kühn et Riesenfeld, *D. chem. G.*, 24, 3818, 1891]; elle fond à 78-79°.

BENZYLPHÉNYLURÉE-1.2, $C^6H^5-AzH-CO-AzH-CH^2-C^6H^5$. — Préparation (g) [Thiele et Pikard, *Ann. Chem.*, 309, 203, 1899; — voyez aussi Goldschmidt, *D. chem. G.*, 23, 2749; — Beckmann et Fellroth, *Ann. Chem.*, 273, 28, 1893]; elle fond à 168°.

Benzyl-m-nitrophénylurée, $AzO^2_{(3)}-C^6H^4_{(1)}-AzH-CO-AzH-CH^2-C^6H^5$. — Elle fond à 188° [Kühn et Riesenfeld, *D. chem. G.*, 24, 3817].

BENZYL-1-MÉTHYL-2-PHÉNYL-2-URÉE, $(CH^3)(C^6H^3):Az-CO-AzH-CH^2-C^6H^5$ - Elle fond à 84° [Kühn, *loc. cit.*].

Benzyl-1-méthyl-2-phényl-1-urée, $CH^3-AzH-CO-Az(C^6H^5)(CH^2-C^6H^5)$. — Elle fond à 107°,5-108°,5 [Dixon, *Chem. Soc.*, 67, 563, 1895].

Benzyl-1-méthyl-1-phényl-2-urée $(CH^3)(C^6H^5-CH^2)Az-CO-AzH-C^6H^5$. — Elle fond à 134-135° [Dixon, *Chem. Soc.*, 75, 374, 1899].

Ortho-nitrobenzyl-1-diphényl-1.2-urée $(C^6H^5)(AzO^2_{(2)}C^6H^4_{(1)}-CH^2):Az-CO-AzH-C^6H^5$. — Elle fond à 124-125° [Paal et Bodewig, *D. chem. G.*, 24, 1158, 1891].

Para-nitrobenzyl-1-m-nitrophényl-1-phényl-2-urée $(AzO^2_{(4)}C^6H^4_{(1)}-CH^2)(AzO^2_{(3)}C^6H^4_{(1)})Az-CO-AzH-C^6H^5$. — Elle fond à 126° [Paal et Benker, *D. chem. G.*, 32, 1258, 1899].

Ortho-aminobenzyl-1-diphényl-1.2-urée $(AzH^2_{(2)}C^6H^4_{(1)}-CH^2)(C^6H^5):Az-CO-AzH-C^6H^5$. — Elle fond à 177° [Paal et Weil, *D. chem. G.*, 27, 40, 1894]. *Sels* [Paal et Hildebrand, *J. prakt. Chem.*, 55, 240, 1897].

Ortho-aminobenzyl-1-phényl-2-p-tolyl-1-urée $(AzH^2_{(2)}-C^6H^4_{(1)}-CH^2)(C^6H^4_{(1)}.CH^3_{(4)}):CO-AzH-C^6H^5$. — Elle fond à 129° [Paal, *loc. cit.*].

PARA-BENZYLDIURÉE $AzH^2-CO-AzH-C^6H^4_{(4)}-AzH-CO-AzH^2$. — Elle fond à 167° [Amsel et Hofmann, *D. chem. G.*, 19, 1289, 1886].

DIBENZYLURÉE-1.2 $CO(AzH-CH^2.C^6H^5)^2$. Elle fond à 167° [Thiele et Pickard, *Ann. Chem.*, 309, 203, 1899; — Bœtzelen, *J. prakt. Chem.*, 64, 314, 1901].

Dinitro-4.4-dibenzylurée $CO(AzH-CH^2_{(1)}C^6H^4-AzO^2_{(4)})^2$. — Elle fond à 234° [Hafner, *D. chem. G.*, 23, 340, 1890].

Dibenzyl-1.1-isobutyl-2-urée $(C^6H^5-CH^2)^2Az-CO-AzH-C^4H^9$. — Elle fond à 108-109° [Hammerisch, *D. chem. G.*, 25, 1821, 1892].

Dibenzyl-1.1-phényl-2-urée $(C^6H^5-CH^2)^2:Az-CO-AzH-C^6H^5$. — Préparation (d); elle fond à 126-128° [Hammerisch, *loc. cit.*]; à 145-146° [Dixon, *Chem. Soc.*, 63, 539, 1893].

Dibenzyl-1.2-phényl-1-urée $(C^6H^5-CH^2)(C^6H^5)Az-CO-AzH(CH^2-C^6H^5)$. — Elle fond à 102-103° [Dixon, *loc. cit.*].

BENZYLTOLYLURÉES-1.2 $C^6H^5-CH^2-AzH-CO-AzH-C^6H^4CH^3$. — Dérivé *ortho*; préparation (h) [Dixon, *Chem. Soc.*, 67, 562, 1895]; il fond à 188-188°,5. Le dérivé *méta* fond à 158°,5-159°. Dérivé *para*, préparation (a) [Kühn et Hentschel, *D. chem. G.*, 24, 505, 1888]; il fond à 180-181°.

Benzyl-1-p-tolyl-1-isobutyl-2-urée $(C^6H^5-CH^2)(C^6H^4-CH^3)Az-CO-AzH-C^4H^9$. — Préparation (d); elle fond à 41°.

Benzyl-1-p-tolyl-1-phényl-2-urée. — Elle fond à 111-113°.

Benzyl-1-p-ditolyl-1.2-urée. — Elle fond à 136-137°.

Benzyl-1-p-ditolyl-2.2-urée. — Elle fond à 115°.

Dibenzyl-1.1-p-tolyl-2-urée. — Elle fond à 168-169°.

Dibenzyl-1.2-p-tolyl-1-urée. — Elle fond à 83-85°.

Dibenzyl-1.2-p-ditolyl-1.2-urée. — Elle fond à 91-93° [Hammerisch, *D. chem. G.*, 25, 1822, 1892].

Méthylbenzylurées (*homobenzylurées*), $AzH^2-CO-AzH-CH^2-C^6H^4-CH^3$. — Le dérivé *ortho* fond à 172° [Strassmann, *D. chem. G.*, 24, 578]. Le dérivé *méta* fond à 148° [Brömmer, *D. chem. G.*, 24, 2703, 1888].

Diméthylbenzylurée $AzH^2-CO-AzH-CH^2_{(1)}C^6H^3(CH^3)^2_{(3.4)}$. — Elle fond à 181° [Landau, *D. chem. G.*, 25, 3013]; à 184°,5 [Hinrischsen, *D. chem. G.*, 22, 122].

Méthylbenzyl-1-phényl-2-urée $C^6H^5-AzH-CO-AzH-CH^2_{(1)}-C^6H^4CH^3_{(3)}$. — Elle fond à 131° [Brommer, *loc. cit.*].

Propylbenzylurée, $AzH^2-CO-AzH-CH^2C^6H^4_{(1)}CH(CH^3)^2$. — Elle fond à 135° [Goldschmidt et Genssner, *D. chem. G.*, 20, 2415, 1887].

Propylbenzylphénylurée-1.2, $C^6H^5-AzH-CO-AzH-CH^2-C^6H^4-CH(CH^3)^2$. — Elle fond à 143°,5.

Propylbenzyl-p-tolylurée-1.2, $CH^3_{(4)}-C^6H^4-AzH-CO-AzH-CH^2-C^6H^4-CH(CH^3)^2$. — Elle fond à 150°.

Dipropylbenzylurée-1.2, $CO(AzH-C^{10}H^{13})^2$. — Elle fond à 118° [Goldschmidt, *loc. cit.*].

TRIBENZYLURÉE, $C^6H^5-CH^2-AzH-CO-Az(CH^2-C^6H^5)^2$. — Préparation (d). Elle fond à 119-120°.

TÉTRABENZYLURÉE, $CO(AzH-CH^2-C^6H^5)^2$. — Elle fond à 85° [Hammerisch, *loc. cit.*].

DIPHÉNÉTHYLURÉE-1.2, $CO(AzH-CH^2-CH^2.C^6H^5)^2$. — Elle fond à 137° [Thiele, *Ann. Chem.*, 309, 189, 1899]; à 138°,5 [Jordan, *J. prakt. Chem.*, 64, 297, 1901; — Weermann et Jonkgees, *Rec. Pays-Bas*, 25, 238, 1906].

α-Phénéthylurée, $AzH^2-CO-AzH-CH(CH^3)C^6H^5$. — Elle fond à 137° [Tafel, *D. chem. G.*, 27, 2308, 1894]. Le dérivé gauche donne $[\alpha]_D = -43°,6$ ou $-52°,1$; son *nitrate* cristallise en tables brillantes [Loven, *J. f. prakt. Chem.*, 72, 307, 1905].

PARA-MÉTHYLBENZYLURÉE, $AzH^2-CO-AzH-CH^2_{(1)}C^6H^4-CH^3_{(4)}$. — Elle fond à 166° [Kröber, *D. chem. G.*, 23, 1031, 1891].

BENZHYDRYLURÉE, $AzH^2-CO-AzH-CH(C^6H^5)^2$. — Elle fond à 143° [Leuckart et Back, *D. chem. G.*, 19, 213, 1886].

Para-homobenzhydrylurée, $AzH^2-CO-AzH-CH(C^6H^5)_{(1)}(C^6H^4.CH^3)_{(4)}$. — Elle fond à 59°.

Para-homobenzhydrylphénylurée-1.2, $C^6H^5-AzH-CO-AzH-CH(C^6H^5)(C^6H^4CH^3)$. — Elle fond à 100-101° [Goldschmidt et Stöcker, *D. chem. G.*, 24, 2800, 1891].

Tolylurées, $AzH^2 - CO - AzH - C^7H^7$. — Préparation (a) [Walter et Wlodkowski, *J. prakt. Ch.*, **59**, 173, 1899]. 1° Le dérivé *ortho* se forme aussi dans la décomposition de l'o-tolylméthylisourée [Mac Kee, *Am. Journ.*, **26**, 203, 1901]. Il fond à 190-192°; solubilité dans l'eau, le mélange acétone-éther, le benzène [Warker et Wood, *Chem. Soc.*, **73**, 626, 1898]. Il ne se laisse pas nitroser. L'iode naissant le transforme en *iodo-3-tolylurée*, fusible à 218-219° [Artmann, *D. chem. G.*, **26**, 1091, 1905]. — 2° Le dérivé *méta*, traité par l'iode naissant, fournit l'iodo-2-tolylurée fusible à 187° [Artmann, *loc. cit.*]; par nitrosation il est transformé en *méta-tolylnitrosourée-1.1*, $AzH^2 - CO - Az(AzO)(C^7H^7)$, qui se décompose à 80° (W. et Wlod). — 3° Le dérivé *para* fond a 181-182° [W. et Wood; voyez aussi Walker et Wood, *Chem. Soc.*, **77**, 21, 1900; — Pierron, *Bull. Soc. Chim.*, **35**, 1118, 1122, 1906]: son dérivé *nitrosé* se décompose à 83-85° [Haager et Doht, *Mon. f. Chem.*, **27**, 267, 1906]; le brome la transforme en *bromo-p-tolylurée*, $AzH^2 - CO - AzH - C^6H^3Br \cdot CH^3$ [Pinnow, *D. chem. G.*, **24**, 4170, 1891].

La *méthoxy-2-m-tolyl-urée*, $(CH^3)_{(3)}(OCH^3)_{(2)}C^6H^3 - AzH - CO - AzH^2$, fond à 150°. — L'*éthoxy-2-m-tolylurée* fond à 183°. L'*allyloxy-2...* fond à 137°. La *benzyloxy-2...* fond à 113°. L'*éthoxy-6-m-tolylurée* fond à 158°. L'*éthoxy-2-p-tolylurée* fond à 245° [Spiegel, Munblit et Kaufmann, *D. chem. G.*, **39**, 3240, 1906].

Ortho-tolyl-β-chloropropylurée-1.2, $CH^3 - CHCl - CH^2 - AzH^2 - CO - AzH - C^6H^4CH^3$. — Elle se forme à côté de l'isourée correspondante quand on fait agir l'acide chlorhydrique fumant sur l'allyl-o-tolylurée-(1.2); elle fond à 95-97°. Le dérivé *para* correspondant fond à 138° [Menne, *D. chem. G.*, **33**, 662, 1900].

Tolylallylurées-1.2, $C^3H^5 - AzH - CO - AzH - C^7H^7$. — Le dérivé *ortho* fond à 152°: le dérivé *méta* fond à 115°; le dérivé *para* fond à 139° [Menne, *loc. cit.*].

Tolylphénylurées-1.2. $C^6H^5 - AzH - CO - AzH - C^7H^7$. — Préparation (c) [Dixon, *Chem. Soc.*, **70**, 102, 1901]. 1° Le dérivé *ortho* se forme aussi dans la décomposition de la tolylimide-phényl-carbonique en solution alcoolique étendue et chaude [Huhn, *D. chem. G.*, **19**, 2410, 1886]; elle cristallise en aiguilles fusibles à 212°.

Ortho-tolyl-o-nitrophénylurée-1.2, $AzO^2_{(2)}C^6H^4_{(1)} - AzH - CO - AzH - C^7H^7$. — Préparation (a): elle fond à 189° [*Am. Chem. J.*, **19**, 316, 1897]. — 2° Dérivé *méta*; préparation (a) [Buchka, Schachtebeck, *D. chem. G.*, **22**, 840]; il fond à 165° (B. et S.); à 173-174° [Dixon, *Chem. Soc.*, **67**, 562, 1895]. — 3° dérivé *para*; il fond à 213-214° [Dixon, *loc. cit.*]; à 212° [Paal et Vanvolsem, *D. chem. G.*, **27**, 2426, 1894]. *Nitro-3-p-tolyl-phénylurée-(1.2)*, $C^6H^5 - AzH - CO - AzH_{(1)} - C^6H^3(AzO^2)_{(3)}(CH^3)_{(4)}$; préparation (a) [Leuckart, *J. prakt. Ch.*, **41**, 323, 1890]; elle fond à 194°.

Para-tolyl-1-diphényl-1.2-urée, $C^6H^5 - AzH - CO - Az(C^6H^5)(C^7H^7)$. — Préparation (d) [Steindorff, *D. chem. G.*, **37**, 963, 966, 1904]; elle fond à 212° [Busch et Frey, *D. chem. G.*, **36**, 1362, 1903].

Nitro-3-p-tolyl-1-diphényl-2.2-urée, $(C^6H^5)^2Az - CO - AzH_{(1)} - C^6H^3(AzO^2)_{(3)}(CH^3)_{(4)}$. — Elle fond à 138-139°,5 [Lellmann et Bonhöffer, *D. chem. G.*, **20**, 2121, 1887].

Amino-3-p-tolylphénylurée-1.2, $C^6H^5 - AzH - CO - AzH_{(1)} - C^6H^3(CH^3)_{(4)}(AzH^2)_{(3)}$. — Elle fond à 197-198°.

Amino-3-p-tolyl-1-diphényl-2.2-urée, $(C^6H^5)^2Az - CO - AzH_{(1)}(C^6H^3)(CH^3)_{(4)}(AzH^2)_{(3)}$. — Elle fond à 135-137° [Lellmann, *loc. cit.*].

Ditolylurées-1.2, $CO(AzHC^7H^7)^2$. — Préparation (c) [Dixon, *Chem. Soc.*, **79**, 102, 1901]. 1° Le dérivé *ortho* se forme aussi quand on chauffe l'o-tolylglycine à 200-210° [Abenius et Widemann, *J. prakt. Ch.*, **38**, 303, 1888]; il fond à 256° [Barr, *D. chem. G.*, **19**, 1769, 1886]; à 263-264° [Dixon, *Chem. Soc.*, **67**, 562]; à 250° [Taussig, *Mon. f. Chem.*, **25**, 375, 1904]. *Dinitro-4-o-ditolylurée*, $CO(AzH_{(1)}C^6H^3 \cdot AzO^2_{(4)}CH^3)^2_{(2)}$. — Elle fond à 300-305°; la *dinitro-5-o ditolylurée*, fond à 305-310 [Wittenet, *Bull. Soc. Chim.*, **21**, 662, 1899].

Le dérivé *méta* fond à 203° [Gattermann et Cantzler, *D. chem. G.*, **25**, 1089, 1892]. La *dichloro-6-m-ditolylurée*, $CO(AzH_{(1)}C^6H^4Cl_{(6)}CH^3_{(3)})^2$, fond à 271° [Kock, *D. chem. G.*, **20**, 1568, 1887].

Dérivé *para* : Préparation (c) [Mannuelli et Ricca, *Gazz. chim. ital.*, **29**, 133, 1899]; il se forme aussi quand on décompose le sel d'argent de la formotoluide par la chaleur [Comstock et Kleeberg, *Am. Chem. J.*, **12**, 502, 1890]; quand on soumet la di-p-tolyloxyformamidine à l'action de l'anhydride acétique [Bamberger et Destraz, *D. chem. G.*, **35**, 1874, 1902]. Il fond à 260°; il est décomposé par la chaleur en tritolylguanidine, gaz carbonique et p-toluidine [Barr, *D. chem. G.*, **19**, 768, 1886].

Dinitrodi-p-tolylurées, $CO(AzH - C^7H^6AzO^2)^2$. — Le dérivé *dinitré-2.2*, préparation (c), fond à 245° [Manuelli et Ricca, *Gazz. chim. ital.*, **29**, 134, 1899]; à 251-252°, préparation (d) [Vittenet, *Bull. Soc. Chim.*, **21**, 663]. Le dérivé *dinitré-3.3* fond à 244-245° et se sublime facilement [Vittenet, *loc. cit.*].

Di-p-tolyl-1.1-isobutyl-2-urée, $C^4H^9 - AzH - CO - Az(C^7H^7)^2$. — Préparation (d); elle fond à 118-119° [Hammerich, *D. chem. G.*, **25**, 1822, 1892].

Di-p-tolyl-1.1-phényl-2-urée, $C^6H^5 - AzH - CO - Az(C^7H^7)^2$. — Elle fond à 135-136°.

Tri-p-tolylurée, $C^7H^7 \cdot AzH - CO - Az = (C^7H^7)^2$. — Elle fond à 188-189°.

Tétra-p-tolylurée, $CO[Az(C^7H^7)^2]^2$. — Elle fond à 78-80°,5 [Hammerich, *loc. cit.*].

Para-tolhydrylurée, $AzH^2 - CO - AzH - CH(C^6H^4CH^3)^2$. — Elle fond à 152° [Goldschmidt et Stöcker, *D. chem. G.*, **24**, 2798, 1891].

Méta-toléthylurée, $AzH^2 - CO - AzH - CH^2 - CH^2_{(1)} - C^6H^4 \cdot CH^3_{(3)}$. — Elle fond à 84° [Sommer, *D. chem. G.*, **33**, 1080, 1900].

Ethylène-bis-tolylurée, $C^2H^4(AzH - CO - AzH - C^7H^7)^2$. — Préparation (c) [Senior et Godwin, *Chem. Soc.*, **79**, 258, 1901].

Toluylène-bis-phénylurée, $CH^3_{(1)}C^6H^3_{(2.4)}(AzH - CO - AzH - C^6H^5)^2$. — Elle fond à 208-209° [Leuckart, *J. prakt. Ch.*, **41**, 323, 1890].

Para-thiotolylphénylurée, $AzH^2 - CO - AzH - C^6H^4 - S_{(1)}C^6H^4CH^3_{(4)}$. — Elle fond à 168°. La *di-p-thiotolyl-phénylurée*, $CO(AzH - C^6H^4 - S \cdot C^6H^4CH^3)^2$, cristallisée dans l'alcool, fond à 120°; cristallisée dans la pyridine elle fond à 187°. La *thiotolyl-o-tolylurée*, $AzH^2 - CO - AzH \cdot C^6H^3(CH^3) \cdot S \cdot C^6H^4CH^3$, fond à 175°. — *Thiotolyl-tolylphénylurées*, $C^6H^5 - AzH - CO - AzH - C^6H^3(CH^3) \cdot S \cdot C^6H^4CH^3$. — Le dérivé *ortho* fond à 187°, le dérivé *méta* fond à 227° [Meyer, *J. prakt. Ch.*, **68**, 263, 1903].

Xylylurée, $AzH^2 - CO - AzH_{(4)} \cdot C^6H^4(CH^3)^2_{(1.3)}$. — Elle fond à 206-207° [Walter et Wlodkowski, *J. prakt. Ch.*, **59**, 276, 1899].

Xylyl-β-chloropropylurée-1.2, $CH^3 - CHCl - CH^2 - AzH - CO - AzH_{(4)} - C^6H^3(CH^3)^2_{(1.3)}$. — Elle cristallise en aiguilles jaunes [Menne, *D. chem. G.*, **33**, 164, 1900].

Xylylallylurée-1.2. — Elle fond à 165° [Menne, *loc. cit.*].

Xylylphénylurée-1.2, $C^6H^5 - AzH - CO - AzH_{(4)} - C^6H^3(CH^3)^2_{(1.3)}$. — Préparation (c), elle fond à 242-243° [Manuelli et Comanducci, *Gazz. chim. ital.*, **29**, 143, 1899].

DIXYLYLURÉES-1.2. — Le *dérivé* 1.3.4, CO[AzH$_{(4)}$ − C^{6}H^3(CH^3)$^2_{(1.3)}$]^2, fond à 263° [Conrad et Limpach, *D. chem. G.*, 21, 526, 1888]; à 262° [Manuelli, *loc. cit.*]; à 260-262° [Taussig, *Mon. f. Chem.*, 25, 375, 1904]. Le *dérivé* 1.3.5, CO[AzH$_{(5)}$ − C^{6}H^4(CH^3)$^2_{(1.3)}$]^2, fond à 250-251° [Gattermann et Cantzler, *D. chem. G.*, 25, 1089, 1892].

Dinitroxylylurées-1.2, CO[AzH$_{(4)}$C^{6}H^2(AzO^2)$_{(5)}$(CH^3)$^2_{(1.3)}$]^2. — Elle se sublime sans fondre vers 300°; la *dinitro*-6 correspondant se sublime également sans fondre [Vittenet, *Bull. Soc. Chim.*, 21, 949, 1888].

CUMINYLURÉES-1.2, AzH^2 − CO − AzH$_{(1)}$ − C^{6}H^4 − CH(CH^3)$^2_{(1)}$. — Le dérivé *ortho* fond à 133°. Le dérivé *para* fond à 152° [Constam et Goldschmidt, *D. chem. G.*, 21, 1159]; à 143° [Franksen, *D. chem. G.*, 17, 1225, 1885].

Dicuminylurée-1.2, CO(AzH − C^{6}H^5 C^{3}H^7)^2. — Elle fond à 205° [Francksen, *loc. cit.*].

Pseudocuminylurée, AzH^2 − CO − AzH − C^{6}H^2(CH^3)$^3_{(1.2.4)}$. — Préparation (a) [Engel, *D. chem. G.*, 18, 2232, 1885]. Elle se forme aussi quand on oxyde la pseudocumidylcyanamide par l'eau oxygénée. Elle fond à 237° [Pierron, *Bull. Soc. Chim.*, 1, 771, 1907]. A une température plus élevée, elle se transforme en *dipseudocuminylurée*.

DIPSEUDOCUMINYLURÉE-1.2, CO(AzH − C^{9}H^{11})^2. — Préparation (e) [Cazeneuve et Moreau, *C. R.*, 124, 1103, 1897]. Elle se sublime sans fondre à 280° (Caz. et Moreau), et fond au-dessus de 290° (Engel); au-dessus de 300° [Conrad et Limpach, *D. chem. G.*, 21, 528, 1888]; à 274° [Gattermann et Cantzler, *D. chem. G.*, 25, 1081, 1892].

Pseudocuminylphénylurée-1.2, C^{6}H^5 − AzH − CO − AzH − C^{9}H^{11}. — Elle fond à 210-212° [Goldschmidt et Bardach, *D. chem. G.*, 25, 1361]; l'*oxyurée* correspondante, C^{6}H^5 − AzH − CO − Az(OH) . C^{9}H^2(CH^3)^3, fond à 116° [Bamberger, *D. chem. G.*, 33, 3630, 1900].

Pseudocuminyl-p-tolylurée-1.2, C^{7}H^7 − AzH − CO − AzH − C^{9}H^{11}. — Elle fond à 220° [Goldschmidt, *loc. cit.*].

DIPHÉNYLPROPYLURÉE, AzH^2 − CO − AzH − CH^2 − CH(C^{6}H^5) − CH^2(C^{6}H^5). — Elle fond à 112° [Freund et Remse, *D. chem. G.*, 23, 2862, 1890].

α-NAPHTYLURÉE, AzH^2 − CO − AzH − C^{10}H^7. — Préparation (a) [Young et Clarke, *Chem. Soc.*, 71, 1200, 1897; — Walther et Wlodkowsky, *J. prakt. Ch.*, 59, 278, 1899]. Elle fond à 213-214°.

Amino-α-naphtylphénylurée, C^{6}H^5 − AzH$_2$ − C^{10}H^6 . AzH$_1^2$. — Elle fond à 290° [Goldschmidt et Roseel, *D. chem. G.*, 23, 502].

Tétrahydronaphtylurée, AzH^2 − CO − AzH − C^{10}H^{11}. — Elle fond à 135-135°,5 [Bamberger et Helwig, *D. chem. G.*, 22, 1913, 1889].

Tétrahydronaphtylphénylurée-1.2, C^{6}H^5 AzH − C^{10}H^{11}. — Préparation (a) [Bamberger et Althausse, *D. chem. G.*, 24, 1794]. Elle fond à 141°.

Naphtyphénylurée-1.2, C^{6}H^5 − AzH − CO − AzH − C^{10}H^7. — Préparation (c); elle fond à 222-223° [Dixon, *loc. cit.*].

Naphtylbenzylurée-1.2, C^{6}H^5 − CH^2 − AzH − CO − AzH − C^{10}H^7. — Préparation (d) [Kühn et Riesenfeld, *D. chem. G.*, 24, 3818, 1891]. Elle fond à 203°.

DI-α-NAPHTYLURÉE-1.2, CO(AzH − C^{10}H^7)^2. — Préparation (c) [Dixon, *Chem. Soc.*, 79, 102, 1901]; (d) [Wittenet, *Bull. Soc. Chim.*, 21, 950, 1899]. Elle se forme aussi quand on chauffe brusquement l'α-naphtylurée à 220° [Walther et Wlodkowski, *J. prakt. Ch.*, 59, 278, 1899; — Young et Clarke, *Chem. Soc.*, 71, 1200, 1897]. Elle fond à 284-286° (Young), à 286-287° (Dixon); et se sublime vers 314-315° (Wittenet).

Tétranitrodinaphtylurée-1.2, CO(AzH − C^{10}H^5(AzO^2)^2]^2. — Elle se forme par nitration de la dinaphtylurée [Perkin, *Chem. Soc.*, 61, 467, 1892]. C'est une poudre cristalline jaune, fusible au-dessus de 300°.

β-NAPHTYLURÉES. — *β-Naphtylphénylurée*-1.2. — Elle fond à 220-221° [Goldschmidt et Molinari, *D. chem. G.*, 21, 2567].

Amino-β-naphtylphénylurées - 1.2, C^{6}H^5 − AzH − CO − AzH$_2$ − C^{10}H^5 . AzH$^2_{(3)}$. — Elle ne fond pas encore à 335° [Schieffelin, *D. chem. G.*, 22, 1377, 1889].

β-Tétrahydronaphtylphénylurée - 1.2. — Elle fond à 165°,5 [Bamberger et Müller, *D. chem. G.*, 24, 859, 1888].

β-Naphtylphénylurée - 1.1, AzH^2 − CO − Az(C^{6}H^5)(C^{10}H^7). — Elle fond à 189-190° [Kym, *D. chem. G.*, 23, 425, 1890].

β-Naphtyl-1-diphényl-1.2 urée, C^{6}H^5 − AzH − CO − Az(C^{6}H^5)(C^{10}H^7). — Elle fond à 132-133° [Kym, *loc. cit.*].

β-Naphtyltriphénylurée, (C^{6}H^5)^2 = Az − CO − Az(C^{6}H^5)(C^{10}H^7). — Elle fond à 128° [Paschkowetzki, *D. chem. G.*, 24, 2922, 1891].

DI-β-NAPHTYLURÉE-1.2, CO(AzH − C^{10}H^7)^2. — Elle fond à 293° [Huhn, *D. chem. G.*, 19, 2406, 1886]. La *tétranitrodinaphtylurée* est une poudre jaune [Perkin, *Chem. Soc.*, 61, 467, 1892].

DI-β-NAPHTYLURÉE-1.1, AzH^2 − CO − Az(C^{10}H^7)^2. — Elle fond à 140° [Kym, *D. chem. G.*, 23, 425, 1890].

Di-β-naphtyl-2-phényl-1.1-urée, C^{6}H^5 − AzH − CO − Az(C^{10}H^7)^2. — Elle fond à 181-182° [Kym, *loc. cit.*].

Di-β-naphtyl-1.1-diphényl-2.2-urée, (C^{6}H^5)^{2}Az − CO − Az(C^{10}H^7)^2. — Préparation (d): elle fond à 103-104°. La *diphényl-1.2-dinaphtyl-1.2-urée*, CO(Az.C^{6}H^5.C^{10}H^7)^2, fond à 185-186°. La *phényltrinaphtylurée* fond à 168° [Paschkowetzky, *D. chem. G.*, 24, 2920, 1891].

TÉTRA-β-NAPHTYLURÉE, CO[Az(C^{10}H^7)^2]^2. — Préparation (d); elle fond à 294-295° [Kym, *loc. cit.*]; à 287-288° [Kühn et Landau, *D. chem. G.*, 23, 2162, 1890].

NAPHTYLÈNE-BIS-PHÉNYLURÉE, C^{10}H^6(AzH − CO − AzH − C^{6}H^5)^2. — Elle cristallise en aiguilles [Schieffelin, *D. chem. G.*, 22, 1377, 1889].

Diaminotétrahydro-β-naphtylurée, CO(AzH C^{10}H^{10}AzH^2)^2. — Elle se ramollit à 70°, et est fondue à 135° [Bamberger, Bammann, *D. chem. G.*, 22, 957, 1889].

PHÉNANTHRYLPHÉNYLURÉE - 1.2, C^{6}H^5 − AzH − CO − AzH − C^{14}H^9. — Elle fond au-dessus de 300° [Schmidt, *D. chem. G.*, 34, 3531, 1901].

MÉTHYLCYCLOHEXYLURÉE, AzH^2 − CO − AzH − C^{7}H^{13}. — Elle fond à 177-178° [Wallach, *Ann. Chem.*, 289, 340, 1895].

La *cyclohexylméthylurée*, C^{6}H^{11} − CH^2 − AzH − CO − AzH^2, fond à 170-172° [Wallach, *Ann. Chem.*, 353, 299, 1907].

La *cyclohexyléthylurée*, C^{6}H^{11} − CH^2 − CH^2 − AzH − CO − AzH^2, fond à 85-86° [Wallach, *loc. cit.*].

MÉTHYL-CYCLOHEXÉNYL-URÉE, AzH^2 − CO − AzH − C^{7}H^{11}. — Elle fond à 176° [Knœvenagel et Klager, *Ann. Chem.*, 281, 103, 1894]. — La *diméthyl-1.3-cyclohexényl-3-urée*, AzH^2 − CO − AzH − C^{8}H^{13}, fond à 185° (K. et K.).

SUBÉRYLMÉTHYLURÉE, C^{7}H^{13} − CH^2 − AzH − CO − AzH^2. — Elle fond à 127-129° [O. Wallach, *Ann. Chem.*, 353, 303, 1907].

CAMPHOCÉNYLURÉE, AzH^2 − CO − AzH . C^{8}H^{13}. — Le dérivé α fond à 118°; le dérivé β fond à 106-107° [Blaise et Blanc, *Bull. Soc. Chim.*, 23, 176, 1900].

DÉCAHYDROQUINOLYLPHÉNYLURÉE - 1.2, C^{6}H^5 − AzH − CO − Az = C^{9}H^{16}. — Elle fond à 148° [Bamberger et Lengfeld, *D. chem. G.*, 23, 1149, 1890].

PINYLURÉE, $AzH^2 - CO - AzH - C^{10}H^{15}$. — Elle fond à 156° [Wallach, *Ann. Chem.*, **268**, 204, 1892].

α-CAMPHYLPHÉNYLURÉE-1.2, $C^{10}H^{17} - AzH - CO - AzH - C^6H^5$. — Elle fond à 120-121°. — L'*α-camphyl-p-tolylurée*-1.2 fond à 135°. — L'*α-camphylpipéridylurée*-1.2 fond à 118°. — La *dicamphylurée*-1.2 fond à 153-154° [Forster et Fierz, *Chem. Soc.*, **87**, 722, 1905].

CAMPHORYLURÉE, $C^{10}H^{13}O - AzH - CO - AzH^2$. — Elle fond à 169°, $α_D = -13°,5$ [Forster et Fierz, *Chem. Soc.*, **87**, 110, 1905]. La *camphoryl-méthylurée*-1.2 fond à 200°. — La *camphorylpipéridylurée*-1.2 fond à 181°. — La *camphorylbornylurée*-1.2 fond à 305°. — La *dicamphorylurée*-1.2 fond à 261°, $α_D = +38°,5$ [Forster et Fierz, *loc. cit.*].

BORNYLURÉE, $AzH^2 - CO - AzH - C^{10}H^{17}$. — Elle fond à 164° [Leuckart et Bach, *D. chem. G.*, **22**, 1851, 1889]; $α_D = +18°,2$; son *nitrate* fond à 118°, son *sulfate* fond à 186° [Forster et Attwell, *Chem. Soc.*, **85**, 1188, 1904]. — La *bornylméthyl-urée*-1.2, $CH^3 - AzH - CO - AzH - C^{10}H^{17}$, fond à 200°; la *bornylphénylurée*-1.2 fond à 248° [Leuckart, *loc. cit.*]; la *bornyl-p-tolyl-urée*-1.2 fond à 198°; la *bornyl-α-naphtyl-urée*-1.2 forme des aiguilles blanches; la *dibornyl-1.2-méthyl-1-urée* fond à 178°, la *bornylpipédylurée* fond à 153° [Forster et Attwell, *loc. cit.*].

PULÉGONYLURÉE. $AzH^2 - CO - AzH - CH^2 - C^9H^{16}$. — Elle fond à 104-105°. — La *pulégonylphénylurée*-1.2 fond à 154-155° [Wallach, *Ann. Chem.*, **289**, 349, 1895].

l-FENCHYLURÉE. $AzH^2 - CO - AzH - C^{10}H^{17}$. — Elle fond à 170-171° [Griepenkerl, *Ann. Chem.*, **269**, 359, 1892].

THUYLURÉES, $AzH^2 - CO - AzH - C^{10}H^{17}$. — Le dérivé γ fond à 158-159°.

Thuylphénylurées, $C^6H^5 - AzH - CO - AzH - C^{10}H^{17}$. — Le dérivé α fond à 120°; le dérivé β fond à 110°; le dérivé γ fond à 54° [Wallach, *Ann. Chem.*, **286**, 961, 1895].

HYDROCARVYLPHÉNYLURÉE-1.2, $C^6H^5 - AzH - CO - AzH - C^{10}H^{17}$. — Elle fond à 191° [Wallach, *Ann. Chem.*, **275**, 120, 1893].

HYDROCUMYLURÉE. $AzH^2 - CO - AzH - C^{10}H^{15}$. — Elle fond à 160-161°, $α_D = -58°,566$ [Wallach, *Ann. Chem.*, **340**, 1, 1905].

HEXAHYDROCUMYLURÉE, $AzH^2 - CO - AzH - C^{10}H^{19}$. — Elle fond à 193-194° [Wallach, *Ann. Chem.*, **277**, 137].

DIFURFURYLURÉE-1.2, $CO(AzH - C^4H^3)^2$. — Elle fond à 229° [Leimbach, *J. f. prakt. Chem.*, **65**, 20, 1902].

DIFURYLURÉE-1.2, $CO(AzH - CH^2 - C^4H^3O)^2$. — Elle fond à 128° [Marckwald, *D. chem. G.*, **23**, 3207, 1890].

PYRAZOLURÉE, $AzH^2 - CO - Az = AzC^3H^3$. — Elle fond à 136°,5 [Knorr, *D. chem. G.*, **28**, 726, 1895].

PIPÉRIDYLURÉE, $AzH^2 - CO - Az = C^5H^{10}$. — Préparation (*b*); elle fond à 93° [Bouchetal de la Roche, *Bull. Soc. Chim.*, **31**, 22, 1904]; à 105-106°, d'après Cahours et d'après Franchimont et Klobbie [*Rec. Pays-Bas*, **9**, 301, 1891]. — Son *nitrate*. $C^6H^{12}Az^2O.AzO^3H$, fond à 67° (F. et K.).

Phénylpipéridylurée-1.2, $C^6H^5 - AzH - CO - Az = C^5H^{10}$. — Elle fond à 168° [Gebbardt, *D. chem. G.*, **17**, 3040, 1884]; à 171-172° [Wallach et Lehmann, *Ann. Chem.*, **237**, 250, 1887].

Pipéridylbromo- et *chlorophénylurée*-1.2, $ClC^6H^4 - AzH - CO - Az = C^5H^{10}$. — Le dérivé *chloré*-1.3 fond à 149°,5; le dérivé *bromé*-1.3 fond à 157°; le dérivé *chloré*-1.4 fond à 173-174°; le dérivé *bromé*-1.4 fond à 188° [Bouchetal de la Roche, *loc. cit*].

Pipéridyl-p-nitrophénylurée, $AzO^2.C^6H^4 - AzH - CO - Az = C^5H^{10}$. — Elle fond à 157°.

Pipéridyltolylurées-1.2, $CH^3 - C^6H^4 - AzH - CO - Az = C^5H^{10}$. — Le dérivé *ortho* fond à 113°, son dérivé *nitré*-2.5 fond à 113° et son dérivé *trichloré* fond à 275-280°. — Le dérivé *para* fond à 143° [Bouchetal de la Roche, *loc. cit.*].

Pipéridylbenzylurée-1.2, $C^6H^5 - CH^2 - AzH - CO - Az = C^5H^{10}$. — Elle fond à 101-102° [Kühn et Riesenfeld, *D. chem. G.*, **24**, 3818, 1891].

DIPIPÉRIDYLURÉE-1.2, $CO(Az = C^5H^{10})^2$. — Elle se forme quand on fait réagir l'oxychlorure de carbone sur l'acétaminobenzylpipéridine [Kühn, *D. chem. G.*, **33**, 2900, 1900].

Diméthyl-2.6-propyl-4-pipéridylurée, $AzH^2 - CO - AzH - C^{10}H^{19}$. — Elle fond à 201-203°. — La *phényldiméthyl-2.6-propyl-4-pipéridylurée*-1.2, $C^6H^5 - AzH - CO - AzH - C^{10}H^{19}$, fond à 185-186° [Wallach, *Ann. Chem.*, **287**, 379, 1895].

DIPYRIDYLURÉE-1.2, $CO(AzH - AzC^5H^4)^2$. — Prépararation (*d*): le dérivé α.α fond à 175°; le dérivé β.β fond à 225°; le dérivé γ.γ fond à 208° [Camp, *Arch. d. Pharm.*, **240**, 345, 1902].

MORPHOLYLURÉE, $O(CH^2 - CH^2)^2 = Az - CO - AzH^2$. — Elle se forme par l'action du chlorhydrate de morpholyle sur le cyanate de potassium. Elle cristallise en prismes fusibles à 110-113° [Knorr, *Ann. Chem.*, **301**, 8, 1898].

Uréines à chaîne fermée (diuréines).

MÉTHYLÈNE-URÉE,

$$CO\underset{AzH}{\overset{AzH}{<}}{>}CH^2$$

Elle résulte de l'action de l'alcool chlorométhylique CH^2ClOH sur l'urée. C'est une poudre très peu soluble [Hemmelmayr, *Mon. f. Chem.*, **12**, 94, 1892].

ÉTHYLÈNE-URÉE,

$$CO\begin{cases} AzH - CH^2 \\ \quad\quad\quad | \\ AzH - CH^2 \end{cases}$$

— Préparation (*e*) [Fischer et Koch, *Ann. Chem.*, **232**, 227]; préparation (*h*) [Klut, *Arch. d. Pharm.*, **240**, 675, 1903]. On l'obtient aussi par la réduction électrolytique de l'acide parabanique [Tafel et Reinol, *D. chem. G.*, **34**, 3286, 1901]. — Elle cristallise en aiguilles jaunes, fusibles à 131°. Conductibilité électrique [Trübsbach, *Zeit. physik. Ch.*, **16**, 710, 1895]. Traitée par l'acide nitrique concentré, elle fournit la *dinitroéthylène-urée*,

$$CO\begin{cases} Az(AzO^2) - CH^2 \\ Az(AzO^2) - CH^2 \end{cases}$$

fusible à 210° [Franchimont et Klobbie, *Rec. Pays-Bas*, **7**, 16, 1889].

Éthylène-phénylurée,

$$CO\begin{cases} Az(C^6H^5) - CH^2 \\ \quad\quad\quad\quad\quad | \\ AzH \quad\quad\quad\quad CH^2 \end{cases}$$

— Préparation (*a*) [Newmann, *D. chem. G.*, **24**, 2192, 1891]. Elle se forme en même temps que la pseudo-urée correspondante, quand on traite la chloroéthylphénylurée par la soude alcoolique [Gabriel et Stelzner, *D. chem. G.*, **28**, 2938, 1895]; ainsi que dans l'action de l'aniline sur l'anhydride oxéthylcarbamique [Gabriel et Eschenbach, *D. chem. G.*, **30**, 2495, 1897]. Elle cristallise en lamelles fusibles à 160-161°.

PROPYLÈNE-DIPHÉNYLURÉE,

$$CO\begin{cases} Az(C^6H^5) - CH - CH^3 \\ \quad\quad\quad\quad\quad\quad | \\ Az(C^6H^5) - CH^2 \end{cases}$$

— Elle fond à 139-141° [Trapesonzjanz, *D. chem. G.*, **25**, 3282, 1892].
La *propylène-di-p-tolylurée*

$$CO \diagup \begin{matrix} Az(C^7H^7) - CH - CH^3 \\ | \\ Az(C^7H^7) - CH^2 \end{matrix}$$

fond à 139°,9. La *propylène di-β-naphtylurée* fond à 157° [Trapesonzjanz, *loc. cit.*].
TRIMÉTHYLÈNE-URÉE,

$$CO \diagup\diagdown \begin{matrix} AzH - CH^2 \\ AzH - CH^2 \end{matrix} \diagdown\diagup CH^2$$

— Préparation (*e*) [Fischer et Koch, *Ann. Chem.*, **232**, 224, 1886]. Elle se forme forme aussi en même temps que la β-oxytriméthylène-urée,

$$CO \diagup\diagdown \begin{matrix} AzH - CH^2 \\ AzH - CH^2 \end{matrix} \diagdown\diagup CHOH$$

dans la réduction électrolytique de l'acide dialurique [Tafel et Reindl, *D. chem. G.*, **34**, 3286; **33**, 3383, 1901]. Elle cristallise en prismes fusibles à 260°. Le *picrate* forme des aiguilles jaunes; le *sulfate* est en cristaux cubiques.
Triméthylènephénylurée (voyez DIAZINES, 2ᵉ Suppl., p. 79).
Triméthylènediphénylurée,

$$CO \diagup\diagdown \begin{matrix} Az(C^6H^5) - CH^2 \\ Az(C^6H^5) - CH^2 \end{matrix} \diagdown\diagup CH^2$$

— Préparation (*d*); elle fond à 156° [Hanssen, *D. chem. G.*, **20**, 782, 1887].
Triméthylène-p-tolylurée,

$$CO \diagup\diagdown \begin{matrix} Az(C^7H^7) - CH^2 \\ AzH \rule{1cm}{0.4pt} CH^2 \end{matrix} \diagdown\diagup CH^2$$

— Préparation (*c*) [Fränkel, *D. chem. G.*, **30**, 2500, 1897]. Elle fond à 207°, et distille sans décomposition.
α-Méthyltriméthylène-urée,

$$CO \begin{matrix} \diagup AzH - CH - CH^3 \\ \diagdown CH^2 \\ \diagdown AzH - CH^2 \end{matrix}$$

— Elle se forme dans la réduction électrolytique du méthyluracile [Tafel et Weinschaft, *D. chem. G.*, **33**, 3378, 1900]. Elle fond à 200-202°. Son *picrate* cristallise en paillettes jaunes.
OCTOMÉTHYLÈNE-URÉE,

$$CO \diagup\diagdown \begin{matrix} AzH \\ AzH \end{matrix} \diagdown\diagup (CH^2)^8$$

— Elle se décompose sans fondre à 216° [Weller, *J. f. prakt. Chem.*, **62**, 212, 1900].
PHÉNYLÈNE-URÉES,

$$CO \diagup\diagdown \begin{matrix} AzH \\ AzH \end{matrix} \diagdown\diagup C^6H^4$$

— 1° L'*orthophénylène-urée* se forme quand on chauffe à 100° une solution d'o-amino-diphénylurée; ou par l'action de l'oxychlorure de carbone sur l'o-phénylènediamine [Lellmann et Würthner, *Ann. Chem.*, **228**, 221, 1885; — Sandmeyer, *D. chem. G.*, **19**, 2654, 1886; — Hartmann, *D. chem. G.*, **23**, 1047, 1890]; elle se forme aussi par action de l'acide azoteux, ou de la baryte caustique à 180°, sur la phénylèneguanidine [Pierron, *Bull. Soc. Chim.*, **31**, 841, 1904]. Elle fond à 303° (L. et W.); à 307-308° (Pierron) — La *nitro-4-o-phénylène-urée* n'est pas fondue à 300° [Hager, *D. chem. G.*, **17**, 2630, 1884]. — 2° La *métaphénylène-urée* n'est pas fondue à 300° [Lellmann, *loc. cit.*; Davidis, *J. f.*

prakt. Chem., **54**, 86, 1896; Pierron, *Bull. Soc. Chim.*, **33**, 920, 1905]. — 3° La *paraphénylène-urée* est une poudre cristalline (Lellmann).
Ortho-phénylène-méthyl-urée,

$$CO \diagup\diagdown \begin{matrix} Az(CH^3) \\ AzH \end{matrix} \diagdown\diagup C^6H^4$$

— Elle fond à 191-192°.
La *diméthyl-o-phénylène-urée*, $CO(AzCH^3)^2$. C^6H^4, fond à 108-110° [Pinnow et Samann, *D. chem. G.*, **32**, 2181, 1899; — Fischer, *D. chem. G.*, **34**, 930, 1901].
Hexahydro-o-phénylène-urée,

$$CO \diagup\diagdown \begin{matrix} AzH \\ AzH \end{matrix} \diagdown\diagup C^6H^{10}$$

— Elle fond à 230-231° [Einhorn et Bull, *Ann. Chem.*, **295**, 216, 1897].
TOLUYLÈNE-URÉE,

$$CO \diagup\diagdown \begin{matrix} AzH \\ AzH \end{matrix} \diagdown\diagup {}_{(4.3)}C^6H^3 - CH^3_{(1)}$$

— Elle fond à 290° [Sandmeyer, *D. chem. G.*, **19**, 2652, 1886; — Lellmann, *D. chem. G.*, **20**, 2125; — Hartmann, *D. chem. G.*, **23**, 1048]. La *bromotoluylène-urée* fond à 324-325° (Hartmann).
Toluylènediméthylurée,

$$CO \diagup\diagdown \begin{matrix} Az(CH^3) \\ Az(CH^3) \end{matrix} \diagdown\diagup C^6H^3 - CH^3$$

— Elle se forme par oxydation du triméthylbenzimidazol [Pinnow et Saemann, *D. chem. G.*, 2181, 1899].
DIMÉTHYLDIPHÉNYLÈNE-URÉE,

$$CO \diagup \begin{matrix} AzH - C^6H^3 - CH^3 \\ | \\ AzH - C^6H^3 - CH^3 \end{matrix}$$

Elle s'obtient en chauffant l'oxalyl-tolidine avec l'oxyde de mercure. Elle fond à 358° [Taussig, *Mon. f. Chem.*, **25**, 375, 1904].
NAPHTYLÈNEPHÉNYLURÉE,

$$CO \diagup\diagdown \begin{matrix} Az(C^6H^5) \\ AzH \end{matrix} \diagdown\diagup C^{10}H^6$$

— Elle fond à 238° [Fischer et Stoye, *D. chem. G.*, **27**, 2773, 1894].
Naphtylènediméthylurée,

$$CO \diagup\diagdown \begin{matrix} Az(CH^3) \\ Az(CH^3) \end{matrix} \diagdown\diagup C^{10}H^6$$

— Elle forme des aiguilles cristallines [Fischer, *D. chem. G.*, **34**, 130, 1901].
ACÉTYLÈNE-DIURÉE,

$$CO \begin{matrix} \diagup AzH - CH - AzH \diagdown \\ | \\ \diagdown AzH - CH - AzH \diagup \end{matrix} CO$$

— On l'obtient par condensation du glyoxal avec l'urée. Elle cristallise en octaèdres [Widmann, *D. chem. G.*, **19**, 2480, 1886]. Son *dérivé tétracétylé* $C^{12}H^{14}O^6Az^4$ cristallise dans l'alcool en aiguilles fusibles à 236-238°, [Biltz, *D. chem. G.*, **40**, 4806, 1907]. *Dérivés divers* [Franchimont et Klobbie, *Rec. Pays-Bas*, **7**, 18, 248; **8**, 290, 1890].
Diméthylacétylène-diméthyldiurée,

$$CO \begin{matrix} \diagup Az(CH^3) - C(CH^3) - Az(CH^3) \diagdown \\ | \\ \diagdown AzH \rule{1cm}{0.4pt} C(CH^3) \rule{1cm}{0.4pt} AzH \diagup \end{matrix} CO$$

ou

$$CO \begin{matrix} \diagup AzH \rule{1cm}{0.4pt} C(CH^3) - Az(CH^3) \diagdown \\ | \\ \diagdown Az(CH^3) - C(CH^3) \rule{1cm}{0.4pt} AzH \diagup \end{matrix} CO$$

Elle résulte de la condensation du biacétyle avec la méthylurée. Elle cristallise dans l'alcool en aiguilles ou en prismes qui brunissent à 290° et se décomposent à 305-306°; son *dérivé mono-acétylé*, $C^{10}H^{16}O^3Az^4$, fond à 174-175° [Biltz, *D. chem. G.*, **40**, 4806, 1907].

Phénylacétylène-diurée, iolanurée,

$$CO \Big\langle{}^{AzH}_{AzH-C(C^6H^5)-AzH}\Big\rangle{}^{CH——AzH} CO$$

— Elle se décompose au-dessus de 310° [Anschütz et Geldermann, *Ann. Chem.*, **261**, 133, 1891; — Angeli, *Gazz. chim. ital.*, **19**, 563, 1889].

Diphénylacétylène-diurée; elle se décompose vers 360° [Anschütz et Geldermann, *Ann. Chem.*, **261**, 132, 1891]; son *dérivé diacétylé*, $C^{20}H^{18}O^4Az^4$ fond à 266° [Angeli, *Gazz. chim. ital.*, **19**, 563, 1899], à 299-301° [Biltz, *D. chem. G.*, **40**, 4806, 1907].

Diphényl-1.1'-tétraméthylène-2.2'-diurée, $C^6H^5-AzH-CO-AzH-(CH^2)^4-AzH-CO-AzH-C^6H^5$. — Elle fond à 240° [Lœwy et Neuberg, *Zeit. physiol. Chem.*, **43**, 355, 1904].

Diphényl-1.1'-pentaméthylène-2.2'-diurée. — Elle fond à 207-209° [Lœwy et Neuberg, *loc. cit.*].

URÉIDES.

Préparations. — L'action des chlorures d'acides et des anhydrides d'acides sur l'urée ne permet pas d'introduire plus d'un radical acide dans la molécule de l'urée. Il est avantageux, lorsqu'on se sert des chlorures d'acides, d'opérer en présence de la pyridine (a).

La déshydratation des sels d'urées par la chaleur fournit des uréides :

$$CO \big\langle{}^{AzH^2}_{AzH^2} CH^3CO^2H$$
$$= H^2O + CO\big\langle{}^{AzH-CO-CH^3}_{AzH^2} \qquad (b)$$

Les dérivés disubstitués sont obtenus par action de l'oxychlorure de carbone sur les amides :

$$COCl^2 + 2CH^3COAzH^2$$
$$= 2HCl + CO(AzH-COCH^3)^2 \qquad (c)$$

Les uréides de la forme

$$CO\big\langle{}^{AzH-CO.R}_{AzH.R}$$

se préparent en faisant réagir les chlorures d'acides sur les uréines, (d), ou par l'action du brome et de la soude sur les amides :

$$CH^3-COAzH^2 + CH^3-CO-AzHBr + NaOH$$
$$= H^2O + NaBr + CO\big\langle{}^{AzH-CO-CH^3}_{AzH-CH^3} \qquad (e)$$

Elles peuvent aussi s'obtenir dans la réaction des amides sur les cyanates organiques :

$$C^6H^5Az=C=O + CH^3-CO.AzH^2$$
$$= CO\big\langle{}^{AzH-CO-CH^3}_{AzH-C^6H^5} \qquad (f)$$

ou des amines sur les acyluréthanes :

$$CO\big\langle{}^{AzH-CO-CH^3}_{OC^2H^5} + C^6H^5AzH^2$$
$$= C^2H^5OH + CO\big\langle{}^{AzH-CO-CH^3}_{AzH-C^6H^5} \qquad (g)$$

On peut encore désulfurer les thiouréides correspondantes par le nitrate d'argent (h).

Les uréides sont en général, solides, non volatiles; elles ne se combinent pas avec les acides. Spectre d'absorption [Hortley, *Chem. Soc.*, **87**. 1796, 1905].

FORMYLURÉE, $AzH^2-CO-AzH-CO.H$. — Elle se forme par action de l'anhydride mixte formo-acétique sur l'urée; elle fond à 159° [Béhal, *Bull. Soc. Chim.*, **23**, 759, 1900]; à 168-169° [Gorski, *D. chem. G.*, **29**, 2046, 1896]. Chaleur de combustion moléculaire, $207^{Cal},8$ [Matignon, *Ann. Ch. Ph.*, **28**, 92, 1893]. Avec le bichlorure de mercure (1 mol.) en présence de lessive de soude (1 mol.), elle forme un précipité floconneux $C^2H^2O^2Az^2Hg + H^2O$ [Matignon, *Bull. Soc. Chim.*, **11**, 573. 1894].

ACÉTYLURÉE, $AzH^2-CO-AzH-CO-CH^3$. — Elle se forme : quand on fait réagir l'ammoniac sur l'acide acétylisocyanique [Scholl, *D. chem. G.*, **23**, 3513, 1890]; à côté de l'acétylbiuret, dans l'action de l'urée sur l'acétyluréthane [Ostrogovich, *Centr. Bl.*, II, 897, 1897]; quand on chauffe l'acétyluréthane avec l'ammoniaque [Young et Clark, *Chem. Soc.*, **73**, 364, 1898]; elle se trouve aussi dans les produits d'oxydation du méthyluracile [Behrend et Grunewald, *Ann. Chem.*, **303**, 260; **323**, 178, 1902]. Elle fond à 218-219°. Chaleur de combustion moléculaire, $361^{Cal},1$ [Matignon, *loc. cit.*]. —$(C^3H^3Az^2O^2)^2Hg$ [Matignon, *loc. cit.*].

Chloracétylurée, $AzH^2-CO-AzH-CO-CH^2Cl$. — Le sulfocyanate de K réagit sur la solution alcoolique de chloracétylurée pour donner la thiohydantoïne, l'allophanate d'éthyle et la *sulfocyanacétylurée*, $AzH^2-COAzH-CO-CH^2-SCAz$, qui se décompose sans fondre [*Arch. d. Pharm.*, **237**, 313].

Trichloracétylurée, $AzH^2-CO-AzH-CO-CCl^3$. — Elle se forme quand on chauffe l'urée avec la perchloracétone à 150° [Cloëz, *Ann. Ch. Ph.*, **9**, 219, 1886]. Elle fond à 150°.

Tribromacétylurée, $AzH^2-CO-AzH-CO-CBr^3$. — Elle fond à 158° [Behrend, *Ann. Chem.*, **236**, 64, 1886].

Cyanacétylurée, $AzH^2-CO-AzH-CO-CH^2-CAz$. — Elle se forme quand on chauffe l'acide cyanacétique avec son poids d'oxychlorure de phosphore et 3 parties d'urée en solution pyridique [Traube, *D. chem. G.*, **33**, 1371, 1900]. Elle fond à 209°.

Acétylméthylurée-1.2, $CH^3-AzH-CO-AzH-CO-CH^3$. — Elle se forme par action de la méthylamine sur l'acétyluréthane [Young et Clark, *Chem. Soc.*, **73**, 364, 1898]; et par oxydation du diméthyl-1.4-uracile [Behrend et Thurm, *Ann. Chem.*, **323**, 160, 1902]. Elle fond à 178°,5 [Stieglitz et Earle, *Am. Chem. Journ.*, **30**, 412, 1903].

Diéthylcyanacétylurée $(CH^5)^2C(CAz)-CO-AzH-CO-AzH^2$. — Elle se forme par condensation de l'éther diéthylcyanacétique avec l'urée en présence d'éthylate de sodium à la température ordinaire. Elle cristallise en prismes fusibles à 118° [Conrad et Zart, *Ann. Chem.*, **340**, 335, 1905]. Hydratée par l'acide sulfurique elle fournit l'*amide diéthylmalonurique* $(C^2H^5)^2C(COAzH)^2CO-AzH-CO-AzH^2$, fusible à 199°.

La *dipropylcyanacétylurée* fond à 101°; l'*amide dipropylmalonurique* fond à 207°.

La *dibenzylcyanacétylurée* fond à 187° [Conrad et Zart, *loc. cit*].

Chloracétylméthylurée-1.2, $CH^3-AzH-CO-AzH-CO-CH^2Cl$. — Préparation (a) [Frerichs, *Arch. d. Pharm.*, **237**, 295]. Elle cristallise en aiguilles fusibles à 205°; l'action du sulfocyanate de K la transforme en *sulfocyanacétylméthylurée*, $CH^3-AzH-CO-AzH-CH^2-SCAz$, qui se décompose sans fondre sous l'action de la chaleur.

Chloracétylchlorométhylurée-1.2, $CH^2Cl-AzH$

-CO-AzH-COCH²Cl. — Préparation (c) [Hofmann, *D. chem. G.*, **18**. 2735, 1885]. Elle fond à 180°.

Cyanacétylméthylurée-1.2, CH³-AzH-CO-AzH-CO-CH²-CAz. — Elle s'obtient comme la cyanacétylurée (avec la méthylurée) [Traube, *D. chem G.*, **33**, 3035, 1600].

La *diéthylcyanacéthylméthylurée* fond à 153° [Conrad et Zart, *loc. cit.*].

Acétyl-1-éthyl-2-méthyl-2-urée (CH³)(C²H⁵) : Az-CO-AzH-CO-CH³. — Elle fond à 178°,5 [Fischer et Dilthey, *Ann. Chem.*, **335**. 334, 1904].

Acétyl-1-diéthyl-2.2-urée (C²H⁵)²Az-CO-AzH-CO-CH³. — Elle fond à 207°,5 [Fischer, *loc. cit.*].

Acétyl-1-dipropyl-2.2-urée (C³H⁷)²Az-CO-AzH-CO.CH³. — Elle fond à 192°,5 [Fischer. *loc. cit.*].

Acétylphénylurée-1.2, C⁶H⁵-AzH-CO-AzH-CO-CH³. — Préparation (a) [Walter et Wlodkowski, *J. prakt. Chem.*, **59**, 272, 1899]; préparation (g) [Young et Clarke, *Chem. Soc.*, **73**, 365, 1898]; elle fond à 115°.

Acétyliodophénylurées, I-C⁶H⁴-AzH-CO-AzH-CO-CH³. — Le dérivé *ortho-iodé* fond à 182°, le dérivé *méta* fond à 201°; le dérivé *para* fond à 248° [Doht, *Mon. f. Chem.*, **25**, 943, 1904].

Chloracétylphénylurée, C⁶H⁵-AzH-CO-AzH-CO-CH²Cl. — Elle fond à 160° [Frerichs, *Arch. Pharm.*, **237**, 326].

La *diéthylcyanacétylphénylurée* fond à 156° [Conrad et Zart, *loc. cit.*].

Acétyl-1-diphényl-2.2-urée, (C⁶H⁵)²Az-CO-AzH-CO-CH³. — Elle fond à 105° [Schall, *J. prakt. Chem.*, **64**, 661, 1901].

Acétyltolylurées-1.2. — 1° Dérivé *ortho*, CH³(₂)C⁶H⁴(₁)AzH-CO-AzH-CO-CH³. Préparation (a) [Walther et Wlodkowski, *J. prakt. Chem.*, **59**, 274, 1899]. 2° Le dérivé *para* fond à 199-200°.

L'*acétyliodo-3-tolyl-6-urée*-1.2 fond à 234-235°; l'*acétyliodo-2-tolyl-5-urée*-1.2 fond à 170-171° [Artmann. *Mon. f. Chem.*, **26**, 1091, 1905].

Acétyl-1-di-p-tolyl-2.2-urée, [CH³(₄)-C⁶H⁴(₁)]²Az-CO-AzH-CO-CH³. — Elle fond à 140° [Bamberger et Destraz, *D. chem. G.*, **35**, 1874, 1902].

L'*acétyl-1-di-p-tolyl-1.2-urée* fond à 148° [Heller, *D. chem. G.*, **37**, 3112, 1904].

Acétylxylylurée-1.2. C⁸H¹⁰-AzH-CO-AzH-CO-CH³. — Elle fond à 201-202° [Walther et W., *loc. cit.*].

Acétylnaphtylurées-1.2. C¹⁰H⁷-AzH-CO-AzH-CO-CH³. — Le dérivé α fond à 214-215°: le dérivé β fond à 202° [Young et Clarke, *Chem. Soc.*, **71**, 1200, 1897].

DIACÉTYLURÉE-1.2, CO(AzH-CO-CH³)². — Elle résulte de l'action de l'acétamide sur l'acide acétylisocyanique; elle fond à 152-153° [School, *D. chem. G.*, **23**, 3515, 1890].

PROPIONYLPHÉNYLURÉE-1.2. C⁶H⁵-AzH-CO-AzH-CO-C²H⁵. — Préparation (h) [Dixon, *Chem. Soc.*, **69**, 857, 1826]; elle cristallise en aiguilles.

ISOBUTYRYLTOLUYLURÉES-1.2, C⁷H⁷-AzH-CO-AzH-CO-CH(CH³)². — Le dérivé *ortho* fond à 134-135°; le dérivé *para* fond à 138-139° [Dixon, *Chem. Soc.*, **69**, 864].

ISOVALÉRYLURÉES. — Le dérivé (C²H⁵)(CH³)-CH-CO-AzH-CO-AzH² fond à 178°,5 [E. Fischer et Dilthey, *Ann. Chem.*, **335**, 334, 1904].

Isovalérylphénylurée-1.2, C⁶H⁵-AzH-CO-AzH-CO-CH²-CH=(CH³)². — Elle fond à 98-99° [Dixon, *loc. cit.*].

Isovaléryl-o-tolylurée-1.2. — Elle fond à 119-120° [Dixon, *loc. cit.*].

ISOCAPROYLURÉE (C²H⁵)²=CH-CO-AzH-CO-AzH². — Elle fond à 207°,5 [E. Fischer et Dilthey, *Ann. Chem.*, **335**, 334, 1904].

Caproyltolylurées-1.2. Le dérivé *ortho* fond à 99-100°. Le dérivé *para* fond à 131-132° [Dixon, *Chem. Soc.*, **85**, 807, 1904].

HEPTANOYLPHÉNYLURÉE-1.2, C⁶H⁵-AzH-CO-AzH-CO-C⁶H¹³. — On l'obtient par l'ébullition de l'heptényldiphénylurée avec l'acide acétique [Pinner, *D. chem. G.*, **28**, 476, 1895]; elle fond à 89°.

ISOCTANOYLURÉE (C³H⁷)²=CH-CO-AzH-CO-AzH². — Elle fond à 192°,5 [E. Fischer et Dilthey, *loc. cit.*].

LAURYLUNDÉCYLURÉE-1.2, C¹¹H²³-AzH-CO-AzH-CO-C¹¹H²³. — Préparation (c) [Ehestadt, *Dissertat.*; Freiberg, 1886; — Jeffreys, *Am. Chem. J.*, **22**, 33, 1899]; elle fond à 108° (E.), à 105° (J.).

TRIDÉCANOYLDODÉCYLURÉE-1.2, C¹²H²⁵-AzH-CO-AzH-CO-C¹²H²⁵. — Préparation (e) [Lutz, *D. chem. G.*, **19**, 1440, 1886]; elle fond à 100°,5.

MYRISTYLTRIDÉCYLURÉE-1.2, C¹³H²⁷-AzH-CO-AzH-CO-C¹³H²⁷. — Préparation (e) [Reimer et Will, *D. chem. G.*, **18**, 2016, 1885; — Lutz, *loc. cit.*]; elle fond à 103° [Blau, *Mon. f. Chem.*, **26**, 89, 1905].

PALMITYLPHÉNYLURÉE-1.2, C⁶H⁵-AzH-CO-AzH-CO-C¹⁵H³¹. — Elle fond à 90-91° [Dixon, *Chem. Soc.*, **69**, 857].

Palmityl-p-tolylurée. — Elle fond à 89-90°. — *Palmityl-1-phényl-2-benzyl-2-urée*, (C⁶H⁵)(C⁶H⁵-CH²)Az-CO-Az-CO-C¹⁵H³¹. — Elle fond à 68-69° [Dixon, *loc. cit.*].

STÉARYL-O-TOLYLURÉE-1.2, C⁷H⁷-AzH-CO-AzH-CO-C¹⁷H³⁵. — Elle fond à 94-95°. La *stéarylxylylurée*-1.2 fond à 92-93°. La *stéaryl-1-phényl-2-benzyl-2-urée* fond à 74-75° [Dixon, *loc. cit.*].

TRICHLOROACRYLYLURÉE, AzH²-CO-AzH-CO-CCl=CCl². — Préparation (a) [Fritsch, *Ann. Chem.*, **297**, 318, 1897]; elle fond à 165°.

α-CHLOROCROTONYLURÉE, AzH²-CO-AzH-CO.CCl=CH-CH³; — Préparation (a). — Elle fond à 194° [Pinner et Lifschütz, *D. chem. G.*, **20**, 2348, 1887].

CARBONYLDIURÉE, CO(AzH-CO-AzH²)². — On la prépare en chauffant deux jours à 100° l'urée (2 mol.) avec une solution de 20 0/0 d'oxychlorure de carbone (2 mol.) dans le toluène [Schiff, *Ann. Chem.*, **291**, 374, 1896]. Elle fond à 231-232°; *dérivé argentique*, C³H⁴O³Az⁴Ag² [Dains, *Am. Soc.*, **21**, 192, 1899].

Carbonylbisméthylurée, CO(AzH-CO-AzH-CH³)². — Elle se forme par l'action de l'oxychlorure de carbone sur la diméthylurée, ou de l'acide chlorhydrique saturé à — 10° sur l'éther théobromurique [Fischer et Franck, *D. chem. G.*, **30**, 2613, 1897]. Elle fond à 199-200°. Chauffée avec les alcalis elle conduit à l'acide méthylcyanurique.

BENZOYLURÉE, AzH²-CO-AzH-CO-C⁶H⁵. — Elle se forme : quand on traite la benzoylhydrazine par l'hypochlorite de sodium [Chestakof, *Journ. Soc. phys. chim. russe*, **35**, 50, 1903]; dans la décomposition par les acides de la benzoylméthylisourée [Mac Kee, *Am. Journ.*, **26**, 209, 1901] ou des éthers benzylthiocarbamiques [Wheeler et Johnson, *Am. Journ.*, **24**, 189, 1900]; dans l'action du gaz ammoniac sur l'isocyanate de benzoyle [Billeter, *D. chem. G.*, **36**, 3213, 1903]. Elle fond à 215° [Rupe, *D. chem. G.*, **28**, 256, 1895]; à 214-215° [Wheeler et Johnson, *loc. cit.*].

Para-bromobenzoylurée, AzH²-CO-AzH-CO-C⁶H⁴Br. — Elle fond en se décomposant à 236-237° [Johnson et Jamieson, *Am. Chem. Journ.*, **35**, 297, 1906].

Benzoylméthylurée-1.2, CH³-AzH-CO-AzH-CO-C⁶H⁵. — Préparation (h) [Dixon, *Chem. Soc.*, **75**, 383, 1899].

Benzoyléthylurée-1.2, C^2H^5 $AzH-CO-AzH-CO-C^6H^5$. — Elle fond à 114° [Wheeler. *loc. cit.*].

Benzoylisobutylurée-1.2. — Elle fond à 115° (Wheeler).

Benzoylphénylurée-1.2, $C^6H^5-AzH-CO-AzH-CO-C^6H^5$. — Préparation (*f*) [Kühn, *D. chem. G.*, **17**. 2881, 1884]; préparation (*d*) [Beckmann et Köstes. *Ann. Chem.*, **274**, 28, 1893; — Walther et Wlodkowski, *J. prakt. Chem.*, **59**, 271, 1299]: préparation (*e*) [v. Dam et Aberson, *Rec. Pays-Bas*, **19**. 320, 1901; — Swartz, *Am. Chem. Journ.*. **19**. 299, 1897; — Titherley. *Chem. Soc.*, **79**. 398. 1901]. Elle se forme aussi quand on fait agir l'iode sur la benzamide sodée [Blacher. *D. chem. G.*, **28**, 435. 1895]: et quand on décompose la benzoylphénylisourée par les acides [Wheeler et Johnson. *Am. Journ.*, **24**, 208. 1900; — Mac Kee. *Am. Journ.*. **26**. 209. 1801]: quand on traite l'isocyanate de benzoyle par l'aniline [Billeter, *D. chem. G.*, **36**, 3213. 3218, 1903]. Elle fond à 202-203° [Wheeler et Johnson. *loc. cit.*]

La *benzoyl-p-chlorophénylurée* fond à 235-237° [Stieglitz et Earle. *Am. Ch. Journ.*, **30**. 412, 1903]. La *benzoyl-m-chlorophénylurée* fond à 200°. La *benzoyl-m-nitrophénylurée* fond à 231-232°. La *benzoyl-p-méthoxyphénylurée* fond à 216-218° [Wheeler et Johnson, *loc. cit.*]. La *benzoylsulfophénylurée* fond à 208° [Billeter, *D. chem. G.*, **36**. 3218. 1903].

Benzoyl-1-diphényl-1.2-urée. $C^6H^5-AzH-CO-Az(C^6H^5)-CO-C^6H^5$. — Elle fond à 131° [Dains. *Am. Soc.*, **21**. 182. 1899]; à 128-129° [Schall. *J. prakt. Chem.*, **64**, 261, 1901].

Benzoyltolylurées-1.2. $CH^3C^6H^4-AzH-CO-Az-CO-C^6H^5$. — Le dérivé *ortho*, préparation (*d*) [Walther et Wlodkowski, *J. prakt. Chem.*, **59**, 274. 1899]. s'obtient par l'action de la benzamide sur le cyanate d'o-tolyle [Gattermann et Cantzler, *D. chem. G.*, **2**. 1089, 1892]: il fond à 210°. Le dérivé *para* se forme par l'action des acides sur l'isourée correspondante [Wheeler et Johnson. *Am. Chem. J.*, **24**. 218, 1902]: il fond à 222-223°.

Benzoyl-1-di-p-tolylurée-1.2. — Elle fond à 152-153° [Heller. *D. chem. G.*, **37**. 3112, 1904].

Benzoylbenzylurée-1.2, $C^6H^5-CH^2-AzH-CO-AzH-CO-C^6H^5$. — Elle fond à 165-166° [Wheeler et Johnson. *loc. cit.*].

Benzoylxylyl-2.4-urée-1.2. $(CH^3)^2_{(2.4)}C^6H^3-AzH-CO-AzH-CO-C^6H^5$. — Elle fond à 215-217° (Wheeler et J.). à 220-221° [Walther et Wlodkowski. *J. prakt. Chem.*, **59**. 276, 1899].

Benzoylpseudocuminylurée-1.2. $(CH^3)^3C^6H^2-AzH-CO-AzH-CO-C^6H^5$. — Elle fond à 207° [Wheeler et J., *loc. cit.*].

Benzoylnaphtylurées-1.2. $C^{10}H^7-AzH-AzH-CO-C^6H^5$. — 1° L'*α-naphtyl.....* s'obtient en faisant réagir le chlorure de benzoyle sur l'*α*-naphtylurée [Young et Clarke, *Chem. Soc.*, **71**. 1202. 1897]; elle fond à 243°. Par l'action de l'*α*-naphtylamine sur le thiocarbamate de benzoyle, on obtient un produit fusible à 165-166° [Wheeler et Johnson, *Am. Journ.*, **24**. 211, 1900] (peut-être l'*α*-naphtylbenzoylurée-1.1): 2° Les *β-naphtyl...* correspondantes fondent a 219-220° (Young et Clarke) et 156° (Wheeler et J.).

FORMYLBENZOYLURÉE-1.2, $H.CO-AzH-CO-AzH-CO-C^6H^5$. — Elle se forme quand on oxyde la phénylimidazolone par l'acide nitrique (D=1.405), en solution acétique [Rupe, *D. chem. G.*, **28**. 255, 1895]. Elle fond à 161°.

ACÉTYLBENZOYLURÉE-1.2, $CH^3-CO-AzH-CO-AzH-CO-C^6H^5$. — Elle résulte de l'action de la benzamide sur l'isocyanate d'acétyle [Billeter, *D. chem. G.*, **36**, 3213, 1903].

DIBENZOYLURÉE-1.2. $CO(AzH-CO-C^6H^5)^2$. — La dibenzoylurée se forme : quand on traite le carbonate de guanidine par le chlorure de benzoyle en présence de la soude [Walther et Wlodkowski, *J. prakt. Chem.*, **59**, 271, 1899]; dans la décomposition des dibenzoyl-pseudothiourées par les acides dilués [Johnson et Jamieson, *Am. Ch. Journ.*, **35**, 297. 1906]: dans l'action du chlorure de benzoyle sur la cyanamide sodée et décomposition du produit formé par l'eau [Buddens, *J. prakt. Chem.*, **42**, 95. 1890], ou sur le fulminate de mercure et décomposition du produit formé par l'eau [Hollemann. *Rec. Pays-Bas*, **10**, 70, 1892]. Elle fond à 210°, en se décomposant en gaz carbonique. benzamide et benzonitrile [Anschütz et Schwickerath, *Ann. Chem.*, **284**, 24, 1895].

Di-p-bromobenzoylurée-1.2, $CO(AzH-CO-C^6H^4Br)$. — Elle fond en se décomposant à 228-233° [Johnson et Jamieson, *Am. Chem. Journ.*, **35**, 297. 1906].

PHÉNYLPROPIOLYLURÉE, $AzH^2-CO-AzH-CO-C\equiv C-C^6H^5$. — Elle fond à 220° [Richmann et Cunington. *Chem. Soc.*, **75**. 954, 1899].

BENZÈNESULFONYLURÉE. $C^6H^5-SO^2-AzH-CO-AzH^2$. — Elle s'obtient par l'action de l'ammoniaque sur l'isosulfocyanate benzènesulfonique. Elle cristallise en aiguilles fusibles à 167°,4.

La *benzènesulfonylphénylurée*-1.2 fond à 158°,4. — La *benzènesulfonyl-1-éthyl-2-phényl-2-urée* fond à 123°,2. — La *benzènesulfonyl-1-acétylurée*-1.2 fond à 155-156°. — La *benzènesulfonylbenzoylurée*-1.2 fond à 208°.

La *dibenzènesulfonylurée*-1.2 fond à 159° [Rilleter. *D. chem. G.*, **37**, 690, 1904].

ACIDE PARABANIQUE (*oxalylurée*),

$$CO\begin{cases} AzH-CO \\ \quad\quad | \\ AzH-CO \end{cases}$$

— L'acide parabanique se forme : quand on chauffe 5 p. de carbonate de phényle avec 1 p. d'oxamide (R¹ 5 0/0 de l'oxamide) [Cazeneuve, *C. R.*, **129**, 834, 1899]; dans l'oxydation de l'oxyméthyluracile [Behrend et Grunewald, *Ann. Chem.*, **323**, 178. 1902].

Conductibilité électrique [Trübsbach, *Zeit. f. physikal. Ch.*, **16**, 710, 1895]. Sa réduction électrolytique fournit un mélange d'hydantoïne et d'éthylène-urée [Tafel et Reinol, *D. chem. G.*, **34**, 3286, 1901].

ACIDE MÉTHYLPARABANIQUE,

$$CO\begin{cases} Az(CH^3)-CO \\ \quad\quad | \\ AzH——CO \end{cases}$$

— Conductibilité électrique [Trübsbach. *loc. cit.*]. — *Méthylparabanate de méthylurée*, $C^2H^6OAz^2$. $C^4H^4O^3Az^2$. — Il fond à 127-128° [Fischer et Frank, *D. chem. G.*, **30**, 2609, 1897].

ACIDE DIMÉTHYLPARABANIQUE, *cholestrophane*,

$$CO\begin{cases} Az(CH^3)-CO \\ \quad\quad | \\ Az(CH^3)-CO \end{cases}$$

— L'acide diméthylparabanique se forme : quand on traite l'acide diméthylthioparabanique par le nitrate d'argent [Andreasch, *Mon. f. Chem.*, **2**, 283. 1881]; quand on oxyde la cafoline par l'acide chromique [Fischer, *Ann. Chem.*, **215**, 297, 1883]; quand on oxyde le triméthyluracile [Behren et Fricke, *Ann. Chem.*, **327**, 253, 1903]. On le prépare en oxydant la caféine par le mélange chromique [Maly et Hinteregger, *Mon. f. Chem.*, **2**, 88, 1881].

Il forme des lamelles fusibles à 145°,5 [Maly, *loc. cit.*; — Rumpe, *Mon. f. Chem.*, **2**, 283]. Chaleur de combustion moléculaire, 538Cal,6 [Matignon, *Ann. Ch. Ph.*, **28**, 123, 1893]. Conductibilité électrique [Trübsbach, *loc. cit.*].

ACIDE ÉTHYLPARABANIQUE,

$$CO \begin{cases} Az(C^2H^5) - CO \\ \quad\quad\quad\quad | \\ AzH \text{——} CO \end{cases}$$

— Il fond à 45° [Andreasch, *D. chem. G.*, **13**, 138, 1898].

ACIDE DIÉTHYLPARABANIQUE,

$$CO \begin{cases} Az(C^2H^5) - CO \\ Az(C^2H^5) - CO \end{cases}$$

— Il fond à 49-50° [Andreasch, *loc. cit.*].

ACIDE MÉTHYLÉTHYLPARABANIQUE,

$$CO \begin{cases} Az(CH^3) - CO \\ Az(C^2H^5) - CO \end{cases}$$

— On l'obtient en oxydant l'éthylthéobromine par le mélange chromique [van der Stooten, *Centr. Bl.*, (I), 284, 1897]; il fond à 43-44° [Andreasch, *loc. cit.*].

ACIDE ALLYLPARABANIQUE,

$$CO \begin{cases} Az(C^3H^5) - CO \\ \quad\quad\quad\quad | \\ AzH \text{——} CO \end{cases}$$

— Il se forme par condensation de l'iodure d'allyle avec le parabanate d'argent [Rundqvist, *Arch. d. Pharm.*, **236**, 450]; il fond à 40°; le *sel d'argent*, $C^6H^5O^3Az^2Ag$, fond vers 188°.

ACIDE MÉTHYLALLYLPARABANIQUE,

$$CO \begin{cases} Az(C^3H^5) - CO \\ Az(CH^3) \text{——} CO \end{cases}$$

— Il fond à 75° [Andreasch, *loc. cit.*].

ACIDE ÉTHYLALLYLPARABANIQUE,

$$CO \begin{cases} Az(C^3H^5) - CO \\ Az(C^2H^5) - CO \end{cases}$$

— Il fond à 66-67° [Andreasch, *loc. cit.*].

ACIDE PHÉNYLPARABANIQUE,

$$CO \begin{cases} Az(C^6H^5) - CO \\ \quad\quad\quad\quad | \\ AzH \text{——} CO \end{cases}$$

— On l'obtient en faisant réagir le chlorure d'éthoxalyle sur la phénylurée; il fond à 208° [Stojenkin, *J. f. prakt. Chem.*, **32**, 20, 1885].

ACIDE MÉTHYLPHÉNYLPARABANIQUE,

$$CO \begin{cases} Az(C^6H^5) - CO \\ Az(CH^3) \text{——} CO \end{cases}$$

— Il fond à 148° [Andreasch, *D. chem. G.*, **31**, 138, 1898].

ACIDE ÉTHYLPHÉNYLPARABANIQUE,

$$CO \begin{cases} Az(C^6H^5) - CO \\ Az(C^2H^5) - CO \end{cases}$$

— Il fond à 97° [Andreasch, *loc. cit.*].

ACIDE DIPHÉNYLPARABANIQUE,

$$CO \begin{cases} Az(C^6H^5) - CO \\ \quad\quad\quad\quad | \\ Az(C^6H^5) - CO \end{cases}$$

— Il se forme : quand on oxyde l'éthylènediphénylurée [Hansson, *D. chem. G.*, **20**, 785, 1887], ou la dioxanilide, par l'acide chromique [Abenius, *J. f. prakt. Chem.*, **41**, 81, 1890]; par l'action du chlorure d'éthoxalyle sur la diphénylurée [Stojentin, *loc. cit.*]; ou par désulfuration de l'acide thio correspondant [Andreasch, *loc. cit.*]. — Il fond à 204°. Par nitration il fournit un *dérivé dinitré*, $C^{15}H^8Az^2O^3(AzO^2)^2$ [Stojentin, *loc. cit.*].

THIOURÉES.

On pourrait répéter pour les thiourées ce qui a été dit pour les urées substituées (*Dict.*, 3, p. 128). Nous les nommerons d'après les mêmes règles; et nous étudierons successivement les *thiouréines* et les *thiouréides*.

THIOURÉINES.

Les modes de préparation des thiouréines (*Dict.*, 3, 128; *Suppl.*, 1490), sont analogues à ceux qui ont été décrits pour les urées substituées.

On peut aussi utiliser, pour obtenir les thiourées substituées par des radicaux aromatiques, la réaction du sulfure de carbone sur les hydrazines disubstituées symétriques (à 150-160°) :

$$R - AzH - AzH - R + CS^2 = CS \begin{cases} AzHR \\ AzHR \end{cases} + S$$

L'action du sulfure de carbone et de l'eau oxygénée sur les amines constitue une préparation facile et donne souvent un excellent rendement :

$$2\,R\,AzH^2 + CS^2 + O = CS \begin{cases} AzHR \\ AzHR \end{cases} + S + H^2O$$

La réaction des thiocarbimides sur les amines aromatiques peut-être influencée par les autres groupements de la molécule. Ainsi une molécule d'éthylène-aniline s'unit avec deux molécules d'allylphényl et d'orthotolyl-thiocarbimide pour former des thiourées substituées symétriques, tandis qu'avec la méta-tolyl-thiocarbimide, il ne se combine qu'une molécule de chaque corps, pour former une thiourée substituée asymétrique [Davis, *Chem. Soc.*, **89**, 713, 1906].

Les *oxythiourées* s'obtiennent en faisant réagir l'hydroxylamine ou les hydroxylamines alcoylées sur les isosulfocyanates [Kjellin, *Ant. Chem.*, **298**, 117, 1897].

Propriétés. — Les thiourées disubstituées-1.2 peuvent, dans certaines conditions, se décomposer facilement; c'est ainsi qu'une solution alcoolique de m-bromodiphénylurée maintenue à l'ébullition abandonne, au bout de quelque temps des cristaux de phénylthiourée, tandis qu'il reste en solution de la bromaniline; la fusion de la chlorodiphénylthiourée fournit un mélange de diphénylthiourée et de dichlorodiphénylthiourée [Kjellin, *D. chem. G.*, **36**, 194, 1903; — Hugershorf, *D. chem. G.*, **36**, 1138, 1903].

Le brome agit sur les thiourées disubstituées-1.2 pour donner des thiazols :

$$C^6H^5 - AzH - CS - AzH - C^6H^5 + Br^2$$

$$2\,HBr + C^6H^4 \begin{cases} Az \\ S \end{cases} C - AzH - C^6H^5$$

[Hugershoff, *D. chem. G.*, **36**, 3121, 1903]. Les thiourées substituées par un reste de carbure non saturé sont isomérisées par l'acide chlorhydrique concentré (à 100°) pour donner des composés analogues :

$$CH^2 = CH - CH^2 - AzH - CS - AzH - CH^3$$

$$\xrightarrow{\quad} \begin{array}{c} CH^3 - CH - S \\ | \\ CH^2 - Az \end{array} \Big\rangle C - AzH - CH^3$$

[Nencki et Sieber, *J. prakt. Chem.*, **25**, 72, 1882]. L'action de l'acide monochloracétique sur les thiourées conduit à des thiohydantoïnes [Pozzi-Escot, *C. R.*, **139**, 1031, 1905]; les chlorocarbonates forment des thio-ψ-allophanates [Dixon, *Chem. Soc.*, **83**, 550, 1903]. Les iodures alcooliques, en présence d'alcool, donnent des iodhydrates de pseudo-alkylthiourées [Wheeler et Merriam, *Am. Chem. Journ.*, **29**, 478, 1903]. Toutes les urées substituées qui renferment un groupe phényle réagissent sur l'hydrazine en l'absence d'alcali, suivant l'équation :

$$CS\big\langle\begin{array}{l} AzHR \\ AzHC^6H^5 \end{array} + Az^2H^4$$

$$= CS\big\langle\begin{array}{l} AzHR \\ AzH - AzH^2 \end{array} + C^6H^5AzH^2$$

[Bosch et Ulmes, *D. chem. G.*, **35**, 1710, 1902]. Les chlorures de dialcoylthiocarbamyle s'unissent aux thiourées tertiaires pour donner naissances aux chlorhydrates de pseudodithiobiurée persubstitués [Billeter et Rivier, *D. chem. G.*, **37**, 4317, 1904].

Les thiourées sont facilement désulfurées par la solution ammoniacale d'argent; la solution d'oxyde de plomb dans la soude peut aussi désulfurer les thiourées monosubstituées, mais non les thiourées di- et trisubstituées [Dixon, *Chem. Soc.*, **63**, 325, 1894]. L'oxyde de plomb agit sur les thiourées disubstituées-1.2 et les amines en solution alcoolique bouillante pour former des guanidines :

$$RAzH^2 + CS\big\langle\begin{array}{l} AzHR \\ AzHR \end{array}$$

$$= H^2S + R - Az = C\big\langle\begin{array}{l} AzHR \\ AzHR \end{array}$$

[Alway et Vail, *Am. Chem. Journ.*, **28**, 158, 1902]. La désulfuration des thiourées monosubstituées avec formation de cyanamide peut aussi être réalisée par l'oxyde de cuivre [Pierron, *Bull. Soc. Chim.*, **27**, 784, 1902]. Les thiourées donnent une coloration bleue intense quand on les chauffe avec quelques gouttes de dichlorodiphénylméthane [Tschugaeff, *D. chem. G.*, **35**, 2473, 1902].

MÉTHYLTHIOURÉE, $AzH^2 - CS - AzH - CH^3$. — On l'obtient en chauffant le thiocyanate de méthylamine à 130-150° [Salkowski, *D. chem. G.*, **26**, 2500, 1893]. Pt Cl⁴.C²SAz²H⁶ [Kurnkow, *Journ. phys. chim. russe*, **25**, 581].

Méthyl-1-oxy-2-thiourée, $CH^3 - AzH - CS - AzH - OH$. — Elle détone à 101° [Kjellin, *loc. cit.*].

DIMÉTHYLTHIOURÉE-1.1, $AzH^2 - CS - Az(CH^3)^2$. — Elle se forme quand on chauffe le thiocyanate de diméthylamine [Salkowski, *loc. cit.*] ou par l'action de l'hydrogène sulfuré sur la diméthylcyanamide [Wallach, *D. chem. G.*, **32**, 1874, 1899]. Elle fond à 158-159°.

DIMÉTHYLTHIOURÉE-1.2, $CS(AzH - CH^3)^2$. — Elle fond à 61° [Freund et Asbrand, *Ann. Chem.*, **285**, 170, 1895]. Elle forme avec le chlorure d'or une combinaison fusible à 108°; son dérivé nitrosé fond à 47°.

Diméthyloxythiourée, $CH^3 - AzH - CS - Az(OH)(CH^3)$. — Elle fond à 104° [Kjellin, *loc. cit.*].

TRIMÉTHYLTHIOURÉE, $CH^3 - AzH - CS - Az(CH^3)^2$. — Elle fond à 87-88° [Dixon, *Chem. Soc.*, **67**, 557, 1895].

ÉTHYLTHIOURÉE, $AzH^2 - CS - AzH - C^2H^5$ [Salkowski, Kurnkow, *loc. cit.*]. — Action de l'acide azoteux [Dixon, *Chem. Soc.*, **61**, 525, 1891].

Éthyloxythiourée, $OH - AzH - CS - AzH - C^2H^5$. — Elle fond à 109° (Kjellin).

Oxyéthylthiourée, $AzH^2 - CS - AzH - CH^2 - CH^2OH$; (thiourée $+ CH^2Cl - CH^2OH$) [Schatzmann, *Ann. Chem.*, **264**, 2, 1891].

DIÉTHYLTHIOURÉE-1.1, $AzH^2 - CS - Az(C^2H^5)^2$. — Elle fond à 101-102° [Wallach, *loc. cit.*], à 169-170° [Spicca et Carrara, *Gazz. chim. ital.*, **19**, 423, 1889].

DIÉTHYLTHIOURÉE-1.2, $CS(AzHC^2H^5)^2$, $4C^5SH^{12}Az^2$, $PtCl^4$ [Kurnakow. *Journ. Soc. phys. chim. russe*, **25**, 582, 1894]. Combinaisons avec les iodures alcooliques [Noah, *D. chem. G.*, **23**, 2197].

Diacétylthiourée, $CS[AzH - CH^2 - CH(OC^2H^5)^2]^2$. — Elle fond à 54° [Marckwald, *D. chem. G.*, **25**, 2356, 1892].

Diéthyloxythiourée, $C^2H^5 - AzH - CS - Az(OH)(C^2H^5)$. — Elle fond à 81° [Kjellin, *loc. cit.*; Hedström, *Zeit. f. Krist.*, **28**, 513, 1897].

TRIÉTHYLTHIOURÉE. $C^2H^5 - AzH - CS - Az(C^2H^5)^2$. — Elle fond à 46° [Kurnakow, *loc. cit.*].

Méthyl-1-éthyl-2-oxy-2-thiourée, $CH^3 - AzH - CS - Az(OH)(C^2H^5)$. — Elle fond à 114-116° [Kjellin, *loc. cit.*].

DIMÉTHYL-1.1-ÉTHYL-2-THIOURÉE. $(CH^3)^2Az - CS - AzH(C^2H^5)$. — Elle fond à 37-37°,5 [Billeter, *D. chem. G.*, **26**, 168, 1893].

PROPYLTHIOURÉE, $AzH^2 - CS - AzH - C^3H^7$. — Elle fond à 110° [Hanshofer, *D. chem. G.*, **23**, 283, 1890]. — La β-diéthylsulfone-propylthiourée, $AzH^2 - CS - AzH - CH^2 - C = (SO^2C^2H^5)^2 - CH^3$, fond à 201°: la β-diamylsulfonepropylthiourée fond à 149° [Posner et Fahrenhorst, *D. chem. G.*, **32**, 2749, 1899].

Propylméthylthiourée-1.2, $CH^3 - AzH - CS - AzH - C^3H^7$. — Elle fond à 79° [Hecht, *D. chem. G.*, **23**, 283]. — La *propyléthylthiourée* fond à 52°.

DIPROPYLTHIOURÉE-1.2, $CS - (AzH - C^3H^7)^2$. — Elle fond à 71° [Hecht, *loc. cit.*], à 68° [Chancel, *D. chem. G.*, **26**, 87, 1893].

Di-β-diéthylsulfonepropylthiourée, $CS[AzH - CH^2 - C:(SO^2C^2H^5)^2 - CH^3]^2$. — Elle fond à 160°; la *di-β-diamylsulfonepropylthiourée* fond à 126° [Posner et Fahrenhorst, *loc. cit.*].

DIPROPYLTHIOURÉE-1.1, $CS(AzH - C^3H^7)^2$. — Elle fond à 67° [Wallach, *D. chem. G.*, **32**, 1874, 1899].

Dipropyl-1.1-éthyl-2-thiourée, $C^2H^5 - AzH - CS - AzH - C^3H^7$. — Elle fond à 34-34°,5 [Billeter, *D. chem. G.*, **26**, 1686].

BUTYLTHIOURÉES. — 1° $AzH^2 - CS - AzH - CH(CH^3) - C^2H^5$. — Elle résulte de l'action du gaz ammoniac sur l'isosulfocyanate de butyle secondaire naturel actif [Gadamer, *Arch. Pharm.*, **237**, 97; **239**, 283, 1901]; elle fond à 136-137°. Dixon a obtenu, peut-être à partir de l'isosulfocyanate de butyle secondaire inactif, un produit fusible à 127°,5-128°,5.

2° $AzH^2 - CS - AzH - C(CH^3)^3$. — Elle fond à 165° [Rudnew, *Journ. Soc. phys. chim. russe*, **11**, 179].

Butylméthylthiourées-1.2. — 1° $CH^3 - AzH - CS - AzH - CH^2 - CH(CH^3)^2$. — Elle fond à 77°,5 [Hecht, *D. chem. G.*, **25**, 813, 1892].

2° $CH^3 - AzH - CS - AzH - CH(CH^3) - C^2H^5$. Elle fond à 79-80° [Dixon, *Chem. Soc.*, **63**, 321].

Butyléthylthiourées-1.2. — Le dérivé $C^2H^5 - AzH - CS - AzH - CH^2 - CH(CH^3)^2$ fond à 77°,5 [Hecht, *loc. cit.*]; le dérivé $C^2H^5 - AzH - CH(CH^3).C^3H^5$ fond à 57-58° [Dixon, *loc. cit.*].

DIBUTYLTHIOURÉE-1.2 — 1° $CS[AzH - CH^2 -$

$CH(CH^3)^2]^2$. — Elle fond à 87-88° [Dixon, *Chem. Soc.*, **63**, 319]; à 86° [Braun, *D. Chem. G.*, **35**, 817, 1902].

2° $CS[AzH-CH(CH^3)-C^2H^5]^2$. — Gadamer [*Arch. Pharm.*, **237**, 101] en a obtenu deux variétés, l'une fusible à 108-110°, $\alpha b^7 = +41°$; l'autre fusible à 102-102°,5, $\alpha b^7 = +18°,53$. Le composé fusible à 101° décrit par Dixon [*loc. cit.*] est probablement analogue à ce dernier.

3° $CS[AzH-C(CH^3)^3]^2$. — Elle fond à 162° [Rudnew, *loc. cit.*].

Isoamylméthylthiourée-1.2, $CH^3-AzH-CS-AzH-C^5H^{11}$. — Elle fond à 77° [Dixon, *Chem. Soc.*, **63**, 323].

Isoamyléthylthiourée-1.2, $C^2H^5-AzH-CS-AzH-C^5H^{11}$. — Elle fond à 45-46° [Dixon, *loc. cit.*].

Oxyamyléthylthiourée-1.2, $C^2H^5-AzH-CS-AzH-CH(CH^3)-CHOH-C^2H^3$. — Elle fond à 104-105° [Jänicke, *D. chem. G.*, **32**, 1102, 1899].

Diisoamylthiourée-1.2, $CS(AzH-C^5H^{11})^2$. — Elle fond à 72-73° [Dixon, *loc. cit.*].

Diisoamylthiourée-1.1, $AzH^2-CS-Az(C^5H^{11})^2$. — Elle fond à 208-209° [Spica et Carrara, *Gazz. chim. ital.*, **19**, 423, 1889], à 63-64° [Wallach, *D. chem. G.*, **32**, 1874, 1899].

Oxyhexyléthylthiourée-1.2, $C^2H^5-AzH-CS-AzH-C(CH^3)^2-CH^2-CHOH-CH^3$. — Elle fond à 198°,5 [Kahan, *D. chem. G.*, **30**, 1325].

Diheptylthiourée-1.2, $CS(AzH-C^7H^{16})^2$. — Elle fond à 58-59° [Ponzio, *Gazz. chim. ital.*, **24**, 286, 1894].

Isoundécylthiourée $AzH^2-CS-AzH-CH(CH^3)-C^9H^{19}$. — Elle fond à 95° [Ponzio, *loc. cit.*].

Diisoundécylthiourée-1.2, $CS[AzH-CH(CH^3)-C^9H^{19}]^2$. — Elle fond à 50-51° [Ponzio].

Dipentadécylthiourée-1.2, $CS(AzH-C^{15}H^{31})^2$. — Elle fond à 88°,5 [Jeffreys, *Am. Chem. Journ.*, **22**, 25, 1899].

Heptadécylthiourée, $AzH^2-CS-AzH-C^{17}H^{35}$. — Elle fond à 110-111° [Turpin, *D. chem. G.*, **21**, 2490, 1888].

Diheptadécylthiourée, $CS(AzH-C^{17}H^{35})^2$. — Elle fond à 94° [Turpin, *loc. cit.*].

Allylthiourée (*thiosinnamine*), $AzH^2-CS-AzH-CH^2-CH=CH^2$. — Elle fond à 78°,4 [Tornöe, *D. chem. G.*, **21**, 1288, 1888]; avec les chlorocarbonates, elle fournit des iminoallylthiocarbamates [Dixon, *Chem. Soc.*, **83**, 550, 1903]. Pharmacologie [Dölken, *Arch. Pharm.*, **235**, 437]. — $8C^4H^8Az^2S + SiBr^4$ [Reynolds, *Chem. Soc.*, **53**, 854, 1888]. Combinaisons avec les sels de mercure, cuivre et argent [Gadamer, *Arch. Pharm.*, **233**, 646].

Allylméthylthiourée-1.2, $CH^3-AzH-CS-AzH-C^3H^5$. — Elle fond à 52° [Hecht, *D. chem. G.*, **23**, 286], à 46° [Avenarius, *D. chem. G.*, **24**, 261, 1891].

Allyl-1-méthyl-2-oxy-2-thiourée, $(CH^3)(OH)Az-CS-AzH-C^3H^5$. — Elle fond à 54° [Hedström, *Zeit. f. Krist.*, **28**, 513, 1897; — Kjellin, *Ann. Chem.*, **298**, 127, 1897].

Allyl-1-diméthyl-2.2-thiourée, $(CH^3)^2Az-CS-AzH-C^3H^5$. — Elle fond à 207°, 5-208° [Gadamer, *loc. cit.*].

Allyltriméthylthiourée, $(CH^3)^2Az-CS-Az(CH^3)(C^3H^5)$. — C'est une poudre jaune, amorphe [Gadamer, *loc. cit.*].

Allyléthylthiourée-1.2, $C^2H^5-AzH-CS-AzH-C^3H^5$. — Elle fond à 47° [Hecht, *D. chem. G.*, **23**, 287], à 41° [Avenarius, *D. chem. G.*, **24**, 261].

Allyl-1-éthyl-2-oxy-2-thiourée, $(C^2H^5)(OH)Az-CS-AzH-C^3H^5$. — Elle fond à 66-67° [Kjellin, *loc. cit.*].

Allyl-1-diéthyl-2.2-thiourée, $(C^2H^5)^2Az-CS-AzH-C^3H^5$. — Elle fond à 55° [Gebhardt, *D. chem. G.*, **17**, 3038, 1884].

Allylpropylthiourée-1.2, $C^3H^7-AzH-CS-AzH-C^3H^5$. — Elle fond à 60° [Hecht, *loc. cit.*], à 61° [Avenarius, *loc. cit.*].

Allyl-1-propyl-2-oxy-2-thiourée, $(C^3H^7)(OH)Az-CS-AzH-C^3H^5$. — Elle fond à 53-54° (Kjellin).

Allylisobutylthiourée-1.2, $C^4H^9-AzH-CS-AzH-C^3H^5$. — Elle fond à 28°,5 [Hecht, *D. chem. G.*, **25**, 815, 1892].

Allylamylthiourée-1.2, $C^5H^{11}-AzH-CS-AzH-C^3H^5$. — C'est un produit huileux [Avenarius, *loc. cit.*].

Diallylthiourée-1.2, $CS(AzH-C^3H^5)^2$. — Elle fond à 49°,5 [Hecht, *D. chem. G.*, **23**, 287; — Rundquivt, *Arch. Pharm.*, **236**, 472].

Allylcamphélylthiourée-1.2, $C^9H^{17}-AzH-CS-AzH-C^3H^5$. — Elle fond à 79-80° [Errera, *Gazz. chim. ital.*, **23**, 504, 1893].

Crotonylthiourée, $AzH^2-CS-AzH-CH^2-CH^2-CH=CH^2$. — Elle fond à 64° [Spollema, *Rec. Pays-Bas*, **20**, 237, 1901].

Crotylthiourée, $AzH^2-CS-AzH-CH^2-CH=CH-CH^3$. — Elle fond à 105° [Charon, *Ann. Chim. Phys.*, **17**, 264, 1899].

Dicamphélylthiourée, $CS(AzH-C^9H^{17})^2$. — Elle fond à 108-109° [Errera, *loc. cit.*].

Diundécénylthiourée, $CS(AzH-C^{11}H^{21})^2$. — Elle fond à 50°,5 [Krafft et Tritschler, *D. chem. G.*, **33**, 3580, 1900].

Diélaïdinethiourée, $CS(AzH-C^{18}H^{35})^2$. — Elle fond à 73° [Krafft, *loc. cit.*].

Tétraméthylène-thiourée,

$$AzH^2 - CS - AzH - CH^2 - CH \Big\langle {CH^2 \atop CH^2} \Big\rangle CH^2$$

— Elle fond à 67-68° [Freund et Gudeman, *D. chem. G.*, **24**, 2699, 1888].

Éthylène-bis-thiourée, $C^2H^4[AzH-CS-AzH^2]^2$. — Le *bromhydrate*, $C^4H^{10}Az^4S^2, 2HBr$, se forme par ébullition d'une solution alcoolique de thiourée avec le bromure d'éthylène [Andreasch, *Mon. f. Chem.*, **4**, 142, 1884; — Schatzmann, *Ann. Chem.*, **261**, 4, 1890].

Éthylène-bisallylthiourée, $C^2H^4[AzH-CS-AzH(C^3H^5)]^2$. — C'est une huile brune, épaisse [Lellmann et Würthner, *Ann. Chem.*, **228**, 234, 1885].

Phénylthiourée, $AzH^2-CS-AzH-C^6H^5$. — La phénylthiourée se forme: dans l'action de l'aniline sur le sulfocyanate d'Am [Salkowski, *D. chem. G.*, **24**, 2728, 1891], sur le sulfocyanotriphénylméthane [Wheeler, *Am. chem. Journ.*, **26**, 345, 1901], sur le sulfocyanate de phosphoryle $PO(CAzS)^3$ [Dixon, *Chem. Soc.*, **85**, 350, 1904]; quand on traite le phényldithiocarbamate d'ammonium $C^6H^5-AzH-CS-SAzH^4$ par le chlorocarbonate d'éthyle [Wheeler et Dunstan, *Am. Chem. Journ.*, **24**, 424, 1900].

Solubilité dans l'alcool [Hollemann et Antusch, *Rec. Pays-Bas*, **13**, 290, 1894]. La décomposition par les hypochlorites donne lieu à un dégagement d'azote et de gaz sulfureux [de Coninck, *C. R.*, **126**, 907, 1898]. Le brome réagit sur la phénylthiourée, ou plutôt sur sa modification iso-, en solution chloroformique, pour former un *disulfure*

$$\left(C^6H^5 - AzBr - CBr \Big\langle {AzH^2 \atop S-} \right)^2$$

fusible à 208°; en solution alcoolique il se forme du bromodiphényl-di-iminotétrahydromiazthiol [Hugershoff, *D. chem. G.*, **34**, 3130, 1901]. Oxydée par l'eau oxygénée elle fournit un composé $C^{14}H^{12}Az^4S$ [Dost, *D. chem. G.*, **39**, 863, 1906]. — Action des chlorures d'acides [Dixon et Hawthornes, *Chem. Soc.*, **94**, 122, 1907].

Décomposée en solution aqueuse par l'acide azoteux, elle fournit de l'isosulfocyanate de phényle et du dianilidiazthiol [Haager et Doht, *Mon. f. Chem.*, **27**, 267, 1906].

Phosphore-triphénylthiourée, $P(AzH-CS-AzH-C^6H^3)^3$ et *phosphoryltriphénylthiourée* $PO(AzH-CS-AzH-C^6H^5)^3$, voyez Dixon [*Chem. Soc.*, **79**, 541, 1901].

Oxyphénylthiourée-1.2. $AzH(OH)-CS-AzH-C^6H^5$. — Elle fond à 108° [Fischer, *D. chem. G.*, **22**, 1935].

Phénylméthylthiourée-1.1, $AzH^2-CS-Az(CH^3)(C^6H^5)$. — Elle se forme par action de l'hydrogène sulfuré sur la méthylphénylcyanamide [Wallach, *D. chem. G.*, **32**, 1874, 1899]; elle fond à 106° [Braun, *D. chem. G.*, **33**, 1438, 1900]. Oxydée par l'eau oxygénée, elle fournit une base $C^{16}H^{16}Az^4S^2$ fusible à 128°. Elle est transformée par le chlorure de soufre en un composé, $C^{16}H^{16}Az^4S^2 . 2HCl$, fusible au-dessus de 275° [Dost, *D. chem. G.*, **39**, 1014, 1906].

Phényl-1-diméthyl-2.2-thiourée, $(CH^3)^2Az-CS-AzH-C^6H^5$. — Elle fond à 134-135° [Dixon, *Chem. Soc.*, **61**, 538, 1892], à 132-132°,5 [Billeter, *D. chem. G.*, **26**, 1685, 1893].

Phényléthylthiourée-1.2, $C^2H^5-AzH-CS-AzH-C^6H^5$. — Elle fond à 114° [Braun, *D. chem. G.*, **33**, 1438, 1900]. Oxydée par l'eau oxygénée elle fournit une base $C^{18}H^{20}Az^4S^2$ fusible à 86°, dont le *chlorhydrate* fond à 253° et le *nitrile* à 152° [Dost, *D. chem. G.*, **39**, 1014, 1906].

Phényléthanolthiourée-1.2. $CH^2OH-CH^2-CS-AzH-C^6H^5$. — Elle fond à 138° [Knorr et Ræssler, *D. chem. G.*, **36**, 1278, 1903].

Phénylacétalylthiourée-1.2, $(C^2H^5O)^2=CH-CH^2-AzH-CS-AzH-C^6H^5$. — Elle fond à 96° [Wohl et Marckwald, *D. chem. G.*, **22**, 569, 1889].

Phényl-α-cyanéthylthiourée-1.2, $CH^3-CH(CAz)AzH-CS-AzH-C^6H^5$. — Elle cristallise en aiguilles [Delépine, *Bull. Soc. Chim.*, **23**, 1195, 1903].

Phényl-1-méthyl-2-éthyl-1-thiourée, $CH^3-AzH-CS-Az(C^2H^5)(C^6H^5)$. — Elle fond à 67-68° [Dixon, *Chem. Soc.*, **61**, 544, 1892].

Phényl-1-diéthyl-1.2-thiourée, $C^2H^5-AzH-CS-Az(C^2H^5)(C^6H^3)$. — Elle fond à 34-34°,5 [Billeter, *D. chem. G.*, **26**, 1886].

Phénylpropylthiourée-1.2, $C^3H^7-AzH-CS-AzH-C^6H^5$. — Elle fond à 53° [Hecht, *D. chem. G.*, **23**, 286]. — La *phényl-β-oxypropylthiourée,* $CH^3-CHOH-CH^2-AzH-CS-AzH-C^6H^3$, fond à 106°,5 [Strauss, *D. chem. G.*, **33**, 2826, 1900]. — La *phényl-β-diéthylsulfonepropylthiourée,* $CH^3-C(SO^2C^2H^5)^2-CH^2-CS-AzH-C^6H^5$, fond à 173-174°; la *β-diamylsulfone* correspondante fond à 154° [Posner et Fahrenhorst, *D. chem. G.* **32**, 2753, 1899]. — La *phényldiéthoxypropylthiourée,* $(C^2H^5O)=CH-CH^2-CH^2-AzH-CS-AzH-C^6H^5$ fond à 85° [Wohl, *D. chem. G.*, **34**, 1914, 1901].

Phényl-1-éthyl-2-isopropyl-2-thiourée, $(C^2H^5)(C^3H^7)Az-CS-AzH-C^6H^5$. — Elle fond à 132° [Schuftan, *D. chem. G.*, **27**, 1011, 1894].

Phényl-1-dipropyl-2.2-thiourée, $(C^3H^7)^2Az-CS-AzH-C^6H^5$. — Elle fond à 65° [Billeter, *loc. cit.*].

Phénylisobutylthiourée-1.2. $(CH^3)^2=CH-CH^2-AzH-CS-AzH-C^6H^5$. — Elle fond à 82° [Hecht, *D. chem. G.*, **25**, 815]. — La *phényl-(sec.)-butylthiourée,* $C^2H^5-CH(CH^3)AzH-CS-AzH-C^6H^5$, fond à 101-102° [Dixon, *Chem. Soc.*, **63**, 322]; la *phényloxybutylthiourée,* $CH^3-CHOH-CH(CH^3)-AzH-CS-AzH-C^6H^5$, fond à 76-78° [Strauss, *D. chem. G.*, **33**, 2827, 1900].

Phényl-δ-méthoxybutylthiourée-1.2, $CH^3O-CH^2-(CH^2)^3-AzH-CS-AzH-C^6H^5$. — Elle fond à 70°,5 [Schlinck, *D. chem. G.*, **32**, 949].

Phényl-β-oxybutylthiourée, $C^2H^5-CHOH-CH^2-AzH-CS-AzH-C^6H^5$. — Elle fond à

100°,5 [Kolshorn, *D. chem. G.*, **37**, 2474, 1904].

Phényl-β-éthoxybutylthiourée-1.2, $C^2H^5-CH(OC^2H^5)-CH^2-AzH-CS-AzH-C^6H^3$. — Elle fond à 94° [Bookmann, *D. chem. G.*, **28**, 3113]. — La *phényl-γ-éthoxybutylthiourée,* $CH^3-CH(OC^2H^5)-CH^2-CH^3-AzH-CS-AzH-C^6H^5$, fond à 91-92° [Luchmann, *D. chem. G.*, **29**, 1427].

Phényl-1-isobutyl-2-méthyl-2-thiourée, $(CH^3)(C^4H^9)Az-CS-AzH-C^6H^5$. — Elle fond à 92° [Störmer et Lepel, *D. chem. G.*, **29**, 2117, 1896].

Phénylamylthiourées. — 1° $(CH^3)^2=CH-CH^2-CH^2-AzH-CS-AzH-C^6H^5$. — Elle fond à 101-102° [Dixon, *Chem. Soc.*, **63**, 324, 1893]. — 2° $(CH^3)^3\equiv C-CH^2-AzH-CS-AzH-C^6H^5$. — Elle fond à 136° [Freund et Lenze, *D. chem. G.*, **24**, 2158, 1891]. — La *phényloxyamylthiourée,* $C^2H^5-CHOH-CH(CH^3)-AzH-CS-AzH-C^6H^5$, fond à 96° [Jänicke, *D. chem. G.*, **32**, 1101, 1899].

Phényl-1-isoamyl-2-méthyl-2-thiourée, $(C^5H^{11})Az-CS-AzH-C^6H^5$. — Elle fond à 43° [Störmer et Lepel, *D. chem. G.*, **29**, 2119, 1896].

Phényl-1-diisoamyl-2.2-thiourée, $(C^5H^{11})^2Az-CS-AzH-C^6H^5$. — Elle fond à 72° [Billeter, *D. chem. G.*, **26**, 1685].

Phénylhexylthiourées-1.2. — 1° $(C^2H^5)^2=CH-CH^2-AzH-CS-AzH-C^6H^5$. — Elle fond à 52-53° [Freund et Heumann, *D. chem. G.*, **23**, 195, 1890]. — 2° $C^2H^5-C(CH^3)^2-CH^2-AzH-CS-AzH-C^6H^5$. — Elle fond à 120-121° [Eschert et Freund, *D. chem. G.*, **26**, 2492, 1893].

Phényloxyhexylthiourées-1.2. — 1° $CH^3-CHOH-CH^2-C(CH^3)-AzH-CS-AzH-C^6H^5$. — Elle fond à 163-164° [Kahan, *D. chem. G.*, **30**, 1324, 1897]. — 2° $(CH^3)^2-CH-CH^2-(CH^2OH)CH-AzH-CS-AzH-C^6H^5$. — C'est un liquide sirupeux incristallisable [Mousset, *Rec. Pays-Bas*, **21**, 95, 1902].

Phénylisoheptylthiourée-1.2, $(C^3H^7)^2=CH-AzH-CS-AzH-C^6H^5$. — Elle fond à 75° [Kijner, *Journ. Soc. phys. chim. russe*, **31**, 875, 1900].

Phénylnonylthiourée-1.2, $C^6H^{13}-CH(CH^3)-CH^2-AzH-CS-AzH-C^6H^5$. — Elle fond à 58-60° [Freund et Schönfeld, *D. chem. G.*, **24**, 3359, 1891].

Phénylpentadécylthiourée-1.2. $C^{15}H^{31}-AzH-CS-AzH-C^6H^5$. — Elle fond à 79° [Jeffrey, *Am. Chem. Journ.*, **22**, 25, 1899].

Phénylheptadécylthiourée-1.2, $C^{17}H^{35}-AzH-CS-AzH-C^6H^5$. — Elle fond à 79° [Turpin, *D. chem. G.*, **21**, 2491, 1888].

Phényl-β-chloroallylthiourée-1.2, $CH^2=CCl-CH^2-AzH-CS-AzH-C^6H^5$. — Elle fond à 91-92° [Dixon, *Chem. Soc.*, **79**, 553, 1901].

Salicylallylthiourée, $C^6H^5-AzH-CS-AzH-C^6H^3(CO^2H)(OH)$. — Elle fond à 156° [Zahn, *J. f. prakt. Chem.*, **61**, 532, 1900].

Phényl-1-allyl-2-isobutyl-2-thiourée, $(C^3H^5)(C^4H^9)Az-CS-AzH-C^6H^5$. — Elle fond à 41-43° [Paal et Heupel, *D. chem. G.*, **24**, 3045, 1891].

Phénylbuténylthiourée-1.2, $CH^2=CH-CH^2-CH^2-AzH-CS-AzH-C^6H^5$. — Elle fond à 97° [Luchmann, *D. chem. G.*, **29**, 1432, 1896].

Phénylundécénylthiourée-1.2, $(CH^2)^9-CH^2-AzH-CS-AzH-C^6H^5$. — Elle fond à 48° [Krafft et Tritschler, *D. chem. G.*, **33**, 3582].

Phényloctodécénylthiourée-1.2, $C^{18}H^{35}-AzH-CS-AzH-C^6H^5$. — Elle fond à 65° [Krafft, *loc. cit.*].

Phénylcamphylthiourée-1.2, $C^{10}H^{17}-AzH-CS-AzH-C^6H^5$. — Elle fond à 118° [Goldschmidt et Schulhof, *D. chem. G.*, **19**, 712, 1886].

Phénylcamphélylthiourée-1.2, $C^9H^{17}-AzH-CS-AzH-C^6H^5$. — Elle fond à 105-106° [Errera, *Gazz. chim. ital.*, **23**, 504, 1893].

Phénylélaïdine-thiourée-1.2, $C^{18}H^{35}-AzH-CS-AzH-C^6H^5$. — Elle fond à 65° [Krafft et Tritschler, *loc. cit.*].

Phényl-1-diméthylène-2-thiourée, $C^2H^4=Az-CS-AzH-C^6H^5$. — Elle fond à 80° [Gabriel et Stelzner, *D. chem. G.*, 28, 2935, 1895].

Phényl-1-triméthylène-2-thiourée,

$$CH^2<^{CH^2}_{CH^2}>Az-CS-AzH-C^6H^5$$

— Elle fond à 110° [Howard et Marckwald, *D. chem. G.*, 32, 2035, 1899].

Phényl-1-cyclopropane-2-thiourée, $C^3H^5-Az-CS-AzH-C^6H^5$. — Elle fond à 123-123°,5 [Kijner, *Journ. Soc. phys. chim. russe*, 33, 377, 1901; 37, 306, 1905].

Ethylène-bis-phénylthiourée, $C^2H^4(AzH-CS-AzH-C^6H^5)^2$. — Elle fond à 193° [Lellmann et Würthner, *Ann. Chem.*, 228, 234, 1885].

Triméthylène-bis-phénylthiourée, $(AzH-CS-AzH-C^6H^5)^2$. — Elle fond à 115° [Lellmann et Würthner, *loc. cit.*].

Phénylène-bis-thiourée. $C^6H^4(AzH-CSAzH^2)^2$. — Le dérivé *méta* fond à 215°, le dérivé *para* fond à 318° [Billeter et Steiner, *D. chem. G.*, 20, 230, 1887].

Phénylène-bis-allylthiourée, $C^6H^4(AzH-CS-AzH-C^3H^5)^2$. — Le dérivé *ortho* fond à 158°,5; le dérivé *méta* fond à 105°: le dérivé *para* fond à 200° [Lellmann, *Ann. Chem.*, 228, 212].

DIPHÉNYLTHIOURÉE-1.1. — Oxydée par l'eau oxygénée, elle fournit un composé $C^{26}H^{20}Az^4S^2$, cristallisé en prismes et donnant des sels [Dost, *D. chem. G.*, 39, 1014, 1906].

DIPHÉNYLTHIOURÉE-1.2 (*thiocarbanilide*), $CS(AzH-C^6H^5)^2$. — *Préparation.* — On agite 2 mol. d'aniline avec 1 mol. de sulfure de carbone et 1 mol. d'eau oxygénée en solution à 3 0/0; 10 gr. d'aniline fournissent 11 gr. de diphénylthiourée [Braun, *D. chem. G.*, 33, 2726, 1900]. On peut aussi l'obtenir en chauffant une heure à l'ébullition 2 mol. d'aniline avec 1 mol. de sulfure de carbone en solution alcoolique, avec 10 0/0 de soufre [Hugershoff, *D. chem. G.*, 32, 2346, 1899].

La diphénylthiourée se forme dans l'action du sulfure de carbone sur l'iodure d'aniline-magnésium [Tchelintsef et Lioumunarskaia, *Journ. Soc. phys. chim. russe*, 36, 1560, 1904]; sur l'hydrazobenzène [Jacobsen et Hugershoff, *D. chem. G.*, 36, 3841, 1903]; dans l'action de l'isosulfocyanate de phényle sur le phénol [Orndorff et Richmond, *Am. Chem. Journ.*, 22, 458, 1899: — Rivier, *Bull. Soc. Chim.*, 35, 841, 1906]; par réduction de l'isosulfocyanate de phényle [Gutbier, *D. chem. G.*, 34, 2033, 1901], ou du phényl-phényliminothiobiazolmercaptan [Busch et Wolpert, *D. chem. G.*, 34, 304. 1901]; dans l'action de l'acide azoteux sur la diphényl-2.4 thiosemicarbazide [Busch et Holzmann, *D. chem. G.*, 34, 320, 1901]; dans l'action de l'aniline sur la phénylisobutyliminothiourée [Wheeler, *Am. Chem. Journ.*, 25, 3. 1901]; dans l'action du chlorocarbonate d'éthyle sur le phényldithiocarbamate d'ammonium [Wheeler et Austin, *Am. Chem. Journ.*, 24, 424, 1900]; dans la décomposition de l'o-phénylène-bis-phénylthiourée [Lellmann et Würthner, *Ann. Chem.*, 228, 201, 1885] et du disulfure de Az-diphényl-5-diméthyli-sothiourame $[-S-C(=AzC^6H^5)-S-CH^3]^2$ par la chaleur [Braun, *D. chem. G.*, 36, 2259, 1903]; dans la décomposition de l'acide phénylrhodanique par les alcalis [Andreasch et Zipser, *Mon. f. Chem.*, 75, 159, 1904].

Propriétés. — Elle fond à 210° [Braun, *loc. cit.*]. Le ferricyanure de potassium la transforme en diphénylurée [Jacobsen, *D. chem. G.*, 19, 177, 1886]; chauffée à 188° avec le cyanate de phényle, elle fournit du sulfocyanate de phényle et de la diphénylurée [Goldschmidt et Meissler, *D. chem. G.*, 23, 272, 1890]; traitée par une solution alcoolique d'hydroxylamine en présence d'oxyde de plomb, elle donne la Az-oxydiphénylguanidine [Stollé, *D. chem. G.*, 32, 2238, 1899]; l'ammoniaque à 100° la transforme en monophénylthiourée [Walther et Stez, *J. f. prakt. Chem.*, 74, 222, 1906]; l'hydrate d'hydrazine la transforme en phénylthiosemicarbazide [Busch, *D. chem. G.*, 32, 2815, 33, 105°, 1899]; action de la guanidine, de l'aniline, de la phénylhydrazine [Walther et Stenz, *loc. cit.*]; action des acides et des chlorures d'acides [Dains, *Am. Soc.*, 22, 181, 1900]. Avec les anhydrides d'acides elle donne les dérivés acidylés correspondants [Hugershoff, *D. chem. G.*, 32, 3649, 1899]; avec le chlorocarbonate d'éthyle elle fournit le chlorhydrate de l'iminophénylthiocarbamate d'éthyle [Dixon, *Chem. Soc.*, 83, 550, 1903]. Action des anhydrides succinique et maléique [Dunlap, *Am. Chem. Journ.*, 24, 528, 1899]. L'action de la p-toluidine fournit deux phényl-p-tolylthiourées isomères fusibles à 141° et à 158° [Walther et Stez, *J. f. prakt. Chem.*, 61, 492, 1900].

Chlorodiphénylthiourées, $C^6H^5-AzH-CS-AzH-C^6H^4Cl$. — Le dérivé *ortho-chloré* fond à 163° [Grosch, *D. chem. G.*, 32, 1089, 1899]; à 165° [Kjellin, *D. chem. G.*, 36, 194, 1903]; le dérivé *méta* fond à 120°; le dérivé *para* fond à 152° [Kjellin, *loc. cit.*].

Di-o-chlorodiphénylthiourée, $CS-(AzH_1-C^6H^4Cl_2)^2$. — Elle fond à 141° [Grosch, Kjellin, *loc. cit.*].

Dichloro-2.5-diphénylthiourées, $CS(AzH-C^6H^3Cl^2_{(2-5)})^2$. — Elle fond à 174° [Nœlting et Kopp, *D. chem. G.*, 38, 3506, 1905].

Bromodiphénylthiourées. — Le dérivé *ortho* fond à 161°; le dérivé *méta* fond à 120° [Kjellin, *loc. cit.*].

Di-m-bromodiphénylthiourée. — Elle fond à 135° [Kjellin, *loc. cit.*].

m-Nitrodiphénylthiourée. $C^6H^5-AzH-CS-AzH_{(1)}-C^6H^4(AzO^2)_{(3)}$. — Elle fond à 155° (Kjellin): réduction électrolytique, voyez Elbs et Schlemmer [*J. f. prakt. Chem.*, 67, 479, 1903].

Aminodiphénylthiourées, $C^6H^5-AzH-CS-AzH-C^6H^4-AzH^2$. — Le dérivé *ortho-aminé* fond à 141°; le dérivé *méta-* fond à 148°; le dérivé *para-* se décompose à 163-190° [Lellmann et Würthner, *Ann. Chem.*, 228, 212, 1885]; le dérivé *diacétylé* fond à 220-221° [Finckh et Schwimmer, *J. f. prakt. Chem.*, 50, 410, 1894].

La *di-p-phénylaminophénylthiourée,* $CS[AzH_1-C^6H_4^1-AzH-C^6H^5]^2$, fond à 180° [Hencke, *Ann. Chem.*, 255, 192, 1889].

Diphényl-1.2-cyclopentényl-2-thiourée, $C^6H^5-AzH-CS-Az(C^6H^5)(C^5H^7)$. — Elle fond à 130° [Nöldechen, *D. chem. G.*, 33, 3351. 1900].

Salicylphénylthiourés, $C^6H^5-AzH-CS-AzH-C^6H^3(OH)(CO^2H)$. — Elle se décompose à 263° [Zahn, *J. f. prakt. Ch.*, 61, 532].

Diphényl-1.2-diméthyl-1.2-thiourée, $CS[Az(C^6H^5)(CH^3)]^2$. — Elle fond à 72°,5 [Billeter, *D. chem. G.*, 20, 1631, 1887].

Diphényl-1.2-éthyl-2-thiourée, $C^6H^5-AzH-CS-Az(C^2H^5)(C^6H^5)$. — Elle fond à 89° [Billeter et Strohl, *D. chem. G.*, 21, 106, 1888].

Diphényl-1.2-méthyl-1-éthyl-2-thiourée, $(C^6H^5)(CH^3)Az-CS-Az(C^2H^5)(C^6H^5)$. — Elle fond à 49°,5 [Billeter, *D. chem. G.*, 20, 1632, 1887].

Diphényl-1.2-diéthyl-1.2-thiourée, $CS[Az(C^2H^5)(C^6H^5)]^2$. — Elle fond à 75°,5 [Billeter, *loc. cit.*].

Diphényl-1.2-propyl-2-thiourée, $C^6H^5-AzH-CS-Az(C^3H^7)(C^6H^5)$. — Elle fond à 104°.5 [Billeter et Strohl, *D. chem. G.*, 21, 109, 1888].

Diphényl-1.2-*méthyl*-1-*propyl*-2-*thiourée*.

$(C^6H^5)(CH^3) : Az - CS - Az(C^3H^7)(C^6H^5)$.

— Elle fond à 56°.5. La *diphényl*-1.2-*éthyl*-1-*propyl*-2-*thiourée* fond à 66°.3.

Diphényl-1.2-*dipropyl*-1.2-*thiourée*, $CS[Az(C^3H^7)(C^6H^5)]^2$. — Elle fond à 103°,5 [Billeter et Strohl, *loc. cit.*].

Phénylène-bis-phénylthiourée, $C^6H^4(AzH - CS - AzH - C^6H^5)^2$. — Le dérivé *ortho* fond à 290°; le dérivé *méta* fond à 160-161°; le dérivé *para* cristallise en lamelles [Lellmann et Würthner, *Ann. Chem.*, **228**, 212, 1885].

TÉTRAPHÉNYLTHIOURÉE, $CS[Az(C^6H^5)^2]^2$. — Elle fond à 194°,5-195°,5 [Bergreen, *D. chem. G.*, **21**, 340, 1888].

DIPHÉNYLDIPHÉNYLTHIOURÉE, $CS(AzH - C^6H^4 - C^6H^5)^2$. — Elle fond à 227-228° [Friedel et Rassow, *J. f. prakt. Chem.*, **63**, 444, 1901].

BENZYLTHIOURÉE, $AzH^2 - CS - AzH - CH^2 - C^6H^5$. — On la prépare en faisant agir l'ammoniac sur le thiocarbamate de benzyle : elle fond à 161-162° [Dixon, *Chem. Soc.*, **59**, 552, 1891]; à 164° [Salkowski, *D. chem. G.*, **24**, 272, 1891]. *L'anisylthiourée*. $AzH^2 - CS - AzH - CH^2_{(4)} - C^6H^4 - OCH^3_{(9)}$, fond à 75° [Goldschmidt et Polonowska, *D. chem. G.*, **20**, 2409, 1887].

Benzylméthylthiourée-1.2, $CH^3 - AzH - CS - AzH - CH^2 - C^6H^5$. — Elle fond à 74-74°,5 [Dixon, *loc. cit.*].

Benzyl-1-*diméthyl*-1.2-*thiourée*. $CH^3 - AzH - CS - Az(CH^3)(CH^2 - C^6H^5)$. — Elle fond à 87°,5-88°,5 [Dixon, *Chem. Soc.*, **75**, 375, 1899].

Benzyl-1-*diméthyl*-2.2-*thiourée*, $(CH^3)^2Az - CS - AzH - CH^2 - C^6H^5$. — Elle fond à 98°,5-99°,5 [Dixon, *loc. cit.*].

Benzyl-1-*diéthyl*-1.2-*thiourée*, $C^2H^5 - AzH - CS - Az(C^2H^5)(CH^2 - C^6H^5)$. — Son *chlorhydrate* fond à 73-75° [Noah, *D. chem. G.*, **23**, 2197, 1890].

Benzyl-β-*chloroallylthiourée*-1.2, $CH^2 = CCl - CH^2 - AzH - CS - AzH - CH^2 - C^6H^5$. — Elle fond à 69° [Dixon, *Chem. Soc.*, **79**, 553, 1901].

Benzylphénylthiourée-1.2. $C^6H^5 - AzH - CS - AzH - CH^2 - C^6H^5$. — Elle fond à 153-154° [Dixon, *Chem. Soc.*, **59**, 561; — Beckmann, *J. f. prakt. Chem.*, **56**, 88, 1897].

Benzylphénylthiourée-1.1, $AzH^2 - CS - Az(C^6H^5)(CH^2 - C^6H^5)$. — Elle fond à 136°,5 [Werner, *D. chem. G.*, **26**, 607, 1893].

Benzylphénylméthylthiourées. — 1°. $(CH^3)(C^6H^5)Az - CS - AzH - CH^2 - C^6H^5$. — Elle fond à 84-85°. — 2°, $CH^3 - AzH - CS - Az(C^6H^5)(C^7H^7)$; fond à 120-121°. — 3°, $C^6H^5 - AzH - CS - Az(CH^3)(C^7H^7)$, fond à 129-130° [Dixon, *Chem. Soc.*, **59**, 563; **75**, 373, 1899].

Benzylphényléthylthiourées. — 1°. $(C^2H^5)(C^6H^5)Az - CS - AzH - CH^2 - C^6H^5$. — Elle fond à 91°. — 2°. $C^2H^5 - AzH - CS - Az$, fond à 91°. — 3°. $C^6H^5 - AzH - CS - Az(C^2H^5)(C^7H^7)$, fond à 94-95° [Dixon, *Chem. Soc.*, **65**, 540, 1892].

Benzyl-1-*diphényl*-1.2-*thiourée*. $C^6H^5 - AzH - CS - Az(C^6H^5)(CH^2 - C^6H^5)$. — Elle fond à 103° [Werner, *D. chem. G.*, **26**, 607, 1893].

Benzyltolylthiourées-1.2, $CH^3 - C^6H^4 - AzH - CS - AzH - CH^2 - C^6H^5$. — Le dérivé *ortho* fond à 138-139°. — Le dérivé *méta* fond à 113-114°. — Le dérivé *para* fond à 120-121° [Dixon, *Chem. Soc.*, **59**, 555, 1891].

DIBENZYLTHIOURÉE-1.2. $CS(AzH - CH^2 - C^6H^5)^2$. — Elle fond à 164° [Werner, *Chem. Soc.*, **59**, 406]; à 148° [Salkowski, *D. chem. G.*, **24**, 2725, 1891]; à 139° [Braun, *D. chem. G.*, **33**, 1438, 1900]. — La *dinitro*-4.4-*dibenzylthiourée*, $CS(AzH - CH^2_{(1)} - C^6H^4AzO^2)^2$, fond à 202° [Hafner, *D. chem. G.*, **23**, 340, 1890]. — La *dianisylthiourée*, $CS[AzH - CH^2_{(1)} - C^6H^4.OCH^2_{(4)}]^2$, fond à

149-150° [Goldschmidt et Polonowska, *D. chem. G.*, **20**, 2409].

Dibenzyl-1.2-*méthyl*-1-*thiourée*, $(CH^3)(C^7H^7)Az - CS - AzH - C^7H^7$. — Elle fond à 102-103° [Dixon, *Chem. Soc.*, **59**, 567, 1890].

DIBENZYLTHIOURÉE-1.1, $AzH^2 - CS - Az(CH^2 - C^6H^5)^2$. — Elle résulte de l'action de l'hydrogène sulfuré sur la dibenzylcyanamide [Wallach, *D. chem. G.*, **32**, 1874, 1899]; elle fond à 141° [Salkowski, *D. chem. G.*, **24**, 2727, 1891]; à 135° [Mazzaron, *Gazz. chim. ital.*, **23**, 39, 1893].

Dibenzyl-1.1-*méthyl*-2-*thiourée*, $CH^3 - AzH - CS - Az(C^7H^7)^2$. — Elle fond à 110-111° [Dixon, *Chem. Soc.*, **75**, 374, 1899]; son *chlorhydrate* fond à 125°; son *iodhydrate* fond à 99° [Reimarus, *D. chem. G.*, **19**, 2348, 1886].

Dibenzyl-1.1-*éthyl*-2-*thiourée*. — Son *iodhydrate* fond à 93° [Reimarus, *loc. cit.*].

Dibenzyl-1.1-*p-tolyl*-2-*thiourée*, $CH^3_{(4)} - C-H^4_{(1)} - AzH - CS - Az(C^7H^7)^2$. — Elle fond à 145-146° [Dixon, *Chem. Soc.*, **67**, 558, 1895].

TRIBENZYLTHIOURÉE, $C^6H^5 - CH^2 - AzH - CS - Az(CH^2 - C^6H^5)^2$. — Elle fond à 114°,5-115°,5 [Dixon, *loc. cit.*].

BENZYLÈNE-BIS-THIOURÉE $AzH^2 - CS - AzH_4 - C^6H^4 - CH^2_1 - AzH - CS - AzH^2$. — Elle fond à 176° [Amsel et Hofmann, *D. chem. G.*, **19**, 1289, 1886].

MÉTHYLBENZYLTHIOURÉE, $AzH^2 - CS - AzH - CH^2 - C^6H^4 - CH^3$. — Le dérivé *ortho* fond à 167° [Strassmann, *D. chem. G.*, **21**, 578, 1888]; le dérivé *méta* fond à 212° [Brömmer, *D. chem. G.*, **21**, 2702].

Diméthylbenzylthiourées, $CS(AzH - CH^2 - C^6H^4 - CH^3)^2$. — Le dérivé *ortho* fond à 186-187° [Kröber, *D. chem. G.*, **23**, 1027, 1890]; le dérivé *méta* fond à 97° [Brömmer, *loc. cit.*].

ISOPROPYLBENZYLTHIOURÉE, $AzH^2 - CS - AzH - CH^2 - C^6H^4 - CH(CH^3)^2$. — Elle fond à 110°.

Isopropylbenzyl-1-*allyl*-2-*thiourée*, $C^3H^5 - AzH - CS - AzH - C^{10}H^{13}$. — Elle fond à 47°.

Isopropylbenzyl-1-*phényl*-2-*thiourée*, $C^6H^5 - AzH - CS - AzH - C^{10}H^{13}$. — Elle fond à 106°.

Diisopropylbenzylthiourée-1.2, $CS(AzH - C^{10}H^{13})^2$. — Elle fond à 128° [Genssner, *D. chem. G.*, **20**, 2426, 1889].

PHÉNYLÉTHYLTHIOURÉE, $AzH^2 - CS - AzH - CH^2 - CH^2 - C^6H^5$. — Elle fond à 123° [Neubert, *D. chem. G.*, **19**, 1882, 1886]; à 137° [Bertram et Walbaum, *J. f. prakt. Chem.*, **50**, 559, 1894].

Phényléthyl-1-*phényl*-2-*thiourée*, $C^6H^5 - AzH - CS - CH^2 - C^6H^5$. — Elle fond à 106° [Michaelis et Linow, *D. chem. G.*, **26**, 2167, 1893]. — La *phényléthylol*-1-*phényl*-2-*thiourée*, $C^6H^5 - AzH - CS - CH^2 - CHOH - C^6H^5$, fond à 131-132° [Kolshorn, *D. chem. G.*, **37**, 2474, 1904].

DIPHÉNYLÉTHYLTHIOURÉE-1.2, $CS(AzH - CH^2 - CH^2 - C^6H^5)^2$. — Elle fond à 84° [Neubert, *loc. cit.*].

PHÉNYLPROPYLTHIOURÉE, $AzH^2 - CS - AzH - CH^2 - CH^2 - C^6H^5$. — Elle fond à 159° [Francksen, *D. chem. G.*, **17**, 1223, 1885].

Phénylpropyl-1-*phényl*-2-*thiourée*, $C^6H^5 - AzH - CS - AzH - (CH^2)^3 - C^6H^5$. — Elle fond à 103° [Senfter et Tafel, *D. chem. G.*, **27**, 2311, 1894]; à 95-96° [Michaelis et Jacobi, *D. chem. G.*, **26**, 2161].

Diphénylpropyl-1-*phényl*-2-*thiourée*, $C^6H^5 - AzH - CS - AzH - CH^2 - CH(C^6H^5) - CH^2 - C^6H^5$. — Elle fond à 129° [Freund et Remse, *D. chem. G.*, **23**, 2862, 1890].

BENZHYDRYLTHIOURÉE, $AzH^2 - CS - AzH - CH(C^6H^5)^2$. — Elle fond à 189°. — La *benzhydrylméthylthiourée*-(1.2), $CH^3 - AzH - CS - AzH - CH(C^6H^5)^2$, fond à 159°. — La *benzhydryl*-1-*diéthyl*-2.2-*thiourée* fond à 112-113°. — La *benzhydryl*-1-*diisobutyl*-2.2-*thiourée* fond à 97-98°. — La

benzhydryl-1-phényl-2-thiourée fond à 178°
(Wheeler); à 180°,5 [Michaelis et Linnow, *D.
chem. G.*, 26, 2170, 1893]. — La *benzhydryl-1-
phényl-2-méthyl-1-thiourée* fond à 119-120°. —
La *benzhydryl-1-β-naphtyl-2-thiourée* fond à
179° [Wheeler, *Am. Chem. Journ.*, 26, 345.
1901].

Tolylthiourées. — La *métatolylthiourée*,
$AzH-CS-AzH_{(1)}-C^6H^4-CH^3_{(3)}$, fond à 110-111°
[Dixon, *Chem. Soc.*, 63. 328. 1893].

La *méthoxy-2-m-tolylthiourée*, AzH^2-CS-
$AzH-C^6H^3(OCH^3)_2(CH^3)_3$, fond à 187°. — *L'é-
thoxy-2-m-tolylthiourée* fond à 140°. — La
propyloxy-2..... fond à 124°. — *L'allyloxy-2.....*
fond à 130° [Spiegel, Munblit et Kaufmann, *D.
chem. G.*, 39, 3240, 1906].

La *para-tolylthiourée*, oxydée par l'eau oxygénée, fournit un composé $C^{16}H^{16}Az^4S$ [Kost,
D. chem. G., 39, 863, 1906]. — La *méthoxy-2-
p-tolylthiourée* fond à 198° [Spiegel, Munblit
et Kaufmann, *D. chem. G.*, 39, 3240, 1906].

Ortho-tolyl-1-oxy-2-thiourée, $AzH(OH)-CS-$
$AzH_{(1)}-C^6H^4-CH^3_{(2)}$. — Elle fond à 92° [Voltmer,
D. chem. G., 24, 381, 1891].

Tolylméthylthiourées-1.2, $CH^3-AzH-CS-$
$AzH-C^6H^4-CH^3$. — 1°: Le dérivé *ortho* fond à
152-153°; 2°. Le dérivé *para* fond à 125-126°
[Dixon, *Chem. Soc.*, 55, 620, 1899].

Ortho-tolylallylthiourée - 1.2. C^3H^5-AzH-
$SC-AzH-C^7H^7$. — Elle fond à 75-76° [Dixon,
loc. cit.]; à 98° [Prager, *D. chem. G.*, 22, 2998].

Tolyl-β-chloroallylthiourées-1.2, $CH^2=CCl-$
$CH^2-AzH-CS-AzH-C^7H^7$. — Le dérivé *ortho*
fond à 84-85°; le dérivé *para* fond à 127-128°
[Dixon, *Chem. Soc.*, 79, 553, 1901].

Tolylphénylthiourées-1.2. $C^6H^5-AzH-CS$
$-AzH-C^7H^7$. — Le dérivé *ortho* fond à 139-
140° [Hugershoff, *D. chem. G.*, 36, 1138, 3841,
1903 ; — Walther et Stenz, *J. f. prakt. Chem.*,
74, 222,1 906]. — Le dérivé *méta* fond à 91-92°
[Dixon, *Chem. Soc.*, 67, 557, 1895; — Walther
et Stenz, *J. f. prakt. Chem.*, 74, 222, 1906]. —
Le dérivé *para* fond à 141° [Walther et Stenz.
J. f. prakt. Chem., 74, 222, 1906]. — La *chlo-
ro-6-métatolylphénylthiourée-1.2*, C^6H^5-
$AzH-CS-AzH_{(1)}-C^6H^3Cl_{(6)}CH^3_{(3)}$, fond à 107-
109° [Goldschmidt et Hönig, *D. chem. G.*, 20,
201, 1887]; à 132°,5-133° [Bamberger, *D. chem.
G.*, 35, 3697, 1902]. — *L'o-nitro-p-tolylphé-
nylthiourée-1.2*, $C^6H^5-AzH-CS-AzH_{(1)}-C^6H^3$
$AzO^2_{(2)}CH^3_{(4)}$, fond à 207° [Hugershoff, *D.
chem. G.*, 36, 1138. 1903]. — La *p-tolyl-p-
éthoxyphénylthiourée*, $C^2H^5O_{(4)}C^6H^4_{(1)}-AzH-$
$CS-AzH_{(1)}-C^6H^4-CH^3_{(4)}$, fond à 134-135° [Hu-
gershoff, *D. chem. G.*, 36, 3841, 1903].

Thiotolyltolyl-1-phényl-2-thiourées, C^6H^5-
$AzH-CS-AzH-C^6H^4(CH^3)-S-C^6H^4CH^3$. — Le dérivé *ortho* fond à 143°; le dérivé *méta* fond à
147° [Meyer, *J. prakt. Ch.*, 68. 263, 1903].

La *tolyl-1-phényl-1-diméthyl-2.2-thiourée*,
$(CH^3)^2Az-CS-Az(C^6H^5)(C^7H^7)$, fond à 153-154°
[Pinnow, *D. chem. G.*, 28, 3043, 1895].

Ditolylthiourées-1.2, $CS(AzH-C^6H^4-CH^3)^2$.
— 1°. Le dérivé *ortho* s'obtient par l'action de
l'eau oxygénée sur le sulfure de carbone, avec
l'o-toluidine [Braun, *D. chem. G.*, 33, 2727,
1900]: il fond à 165° [Gebhardt, *D. chem. G.*,
47, 3045, 1884]. — 2° Le dérivé *méta* fond à
111-111°,5 [Dixon, *Chem. Soc.*, 63. 328, 1893]. —
3° Le dérivé *para* fond à 172-173° [Dixon, *Chem.
Soc.*, 67, 558, 1895; — Hugershoff, *D. chem. G.*,
32, 2244, 1899; — Tchelintsef et Lioumunars-
kaïa, *Journ. Soc. phys. chim. russe*, 36, 1560,
1904]. Action de la phénylhydrazine [Walther
et Stenz, *J. f. prakt. Chem.*, 74, 222, 1906].

Dichloro-6.6-m-tolylthiourée, $CS(AzH_{(1)}-$
$C^6H^3Cl_{(6)}CH^3_{(3)})^2$. — Elle fond à 177° [Koch, *D.
chem. G.*, 20, 1568, 1887].

Ortho-éthoxy-m-p-ditolylthiourée, $CH^3_{(4)}-$
$C^6H^4_{(1)}-AzH-CS-AzH_{(1)}-C^6H^3(CH^3)_{(3)}(OC^2H^5)_{(2)}$.
— Elle fond à 158° [Hugershoff, *D. chem. G.*,
36, 3841].

Di-diphénylméthanethiourée, $CS(AzH_4-C^6H^4-$
$CH^2-C^6H^3)^2$. — Elle fond à 147° [Fischer et
Schmidt, *D. chem. G.*, 27, 2786, 1894].

Dithiotolyl-o-tolylthiourée, $CS[AzH_{(1)}-C^6H^3$
$(CH^3)_{(2)}-S_{(4)}-C^6H^4(CH^3)_{(2)}]^2$. — Elle fond à 51°
[Meyer, *J. prakt. Ch.*, 68, 263, 1903].

Toluylène-bis-thiourée, $CH^3_{(1)}-C^6H^3_{(3.4)}(AzH-$
$CS-AzH^2)^2$. — Elle fond à 206° [Billeter et Steiner, *D. chem. G.*, 18, 3293, 1885].

Toluylène-bis-éthylthiourée, $CH^3_{(1)}.C^6H^4_{(3.4)}$
$(AzH-CS-AzH-C^2H^5)^2$. — Elle fond à 140°
[Lellemann, *Ann. Chem.*, 224, 23, 1884].

Toluylène-bis-allylthiourée, $CH^3_{(1)}-C^6H^3_{(2.3)}$
$(AzH-CS-AzH-C^3H^5)^2$. — Elle fond à 152°. —
Le dérivé 1.-2.4 fond à 150°,5. — Le dérivé
1.-2.5 fond à 175°,5. — Le dérivé 1.-3.4 fond
à 153-154° [Lellemann, *Ann. Chem.*, 228, 244,
1885].

Toluylène-bis-phénylthiourée, $CH^3_{(1)}-C^6H^3_{(2.4)}$
$(AzH-CS-AzH-C^6H^5)^2$. — Elle fond à 173°
[Gebhardt, *D. chem. G.*, 17, 3049, 1884]; à 168°
[Billeter et Steiner, *D. chem. G.*, 18, 3293]. —
Le dérivé 1.-2.5 fond à 181° [Lellemann, *Ann.
Chem.* 228, 206].

Hexahydrotolylphénylthiourée - 1.2, C^6H^5-
$AzH-CS-AzH-C^7H^{11}$. — Elle fond à 122°
[Knœvenagel et Klages, *Ann. Chem.*, 281, 103,
1894].

p-Tolhydrylphénylthiourée - 1.2, C^6H^5-AzH
$-CS-AzH-CH_{(1)}(C^6H^4-CH^3_{(4)})^2$. — Elle fond à
171° [Gattermann et Schnitzspahn, *D. chem. G.*,
31, 1773, 1898].

Méta-xylylthiourée, $AzH^2-CS-AzH_{(4)}-C^6H^3$
$(CH^3)^2_{(1.3)}$. — Elle fond à 176° [Hector, *D. chem.
G.*, 23, 368, 1890]. La *m-xylylacétalylthio-
urée-1.2*, $(C^2H^5O)^2CH-CH^2-AzH-CS-AzH-$
$C^6H^3(CH^3)^2$, fond à 53° [Marckwald, *D. chem.
G.*, 25, 2366].

Xylylphénylthiourée-1.2, $C^6H^5-AzH-CS-$
$AzH-C^6H^3(CH^3)^2$. — Le dérivé *ortho* fond à
204° [Busch, *D. chem. G.*, 32, 1011, 1899]; le
dérivé *méta* fond à 125°,5-126° [Dixon, *Chem.
Soc.*, 67, 558, 1895].

Hexahydroxylylphénylthiourée-1.2, C^6H^5-
$AzH-CS-AzH-C^8H^{13}$. — Elle fond à 172°
[Knœvenagel et Klages, *Ann. Chem.*, 281, 103,
1894].

Méta-xylylbenzylthiourée-1.2, $C^6H^5-CH^2-$
$AzH-CS-AzH-C^6H^3(CH^3)^2_{(1.3)}$. — Elle fond à
84-85° [Dixon, *Chem. Soc.*, 59, 558, 1891].

Dixylylthiourées. — Le dérivé *ortho*, $CS[AzH$
$C^6H^4_4(CH^3)^2_{(1.2)}]^2$, fond à 231° [Busch, *D. chem.
G.*, 32, 1011, 1899]. — Le dérivé *méta* fond à 152-
153° [Hofmann, *D. chem. G.*, 18, 2677, 1885];
à 152° [Cramer, *D. chem. G.*, 34, 2524, 1901]. — Le
dérivé *para* fond à 124-125° [Kröber, *D. chem.
G.*, 23, 1031, 1890].

Di-propylphénylthiourée, $CS(AzH-C^6H^5-C^3H^7)^2$.
— Elle fond à 138° [Francksen, *D. chem. G.*,
17, 1222, 1884].

Mésitylbenzylthiourée (*diméthylbenzylthio-
urée*), $AzH^2-CS-AzH-CH^2-C^6H^3_{(3.5)}$. — Elle
fond à 135° [Landau, *D. chem. G.*, 25, 3013,
1892].

Mésitylallylthiourée-1.2, $C^6H^5-AzH-CS-$
$AzH-CH^2_{(1)}-C^6H^3(CH^3)^2_{(3.5)}$. — Elle fond à 91°.
Dimésitylthiourée-1.2, $CS[AzH-CH^2_{(1)}-C^6H^3$
$(CH^3)^2_{(3.5)}]^2$. — Elle fond à 165° [Landau, *loc. cit.*].
Dicuminylthiourée - 1.2, $CS[AzH-C^6H^2$
$(CH^3)^3_{(1.3.5)}]^2$. — Elle fond à 146° [Engel, *D. chem.
G.*, 18, 2233, 1885].

Pentaméthylphénylthiourée, $AzH^2-CS-AzH$
$-C^6(CH^3)^5$. — Elle fond à 224° [Hofmann, *D.
chem. G.*, 18, 1827, 1885].

STYRYLPHÉNYLTHIOURÉE-1.2. C^6H^5-AzH-CS-AzH-C^9H^9. — Elle fond à 116-118° [Posner, D. chem. G., **26**, 1869, 1893].

β-NAPHTYLTHIOURÉE, AzH^2-CS-AzH-$C^{10}H^7$. — Elle fond à 186° [Hector, D. chem. G., **23**, 362, 1890].

α-*Naphtyl-oxy-thiourée-1.2* AzH(OH)-CS-AzH-$C^{10}H^7$. — Elle fond à 116° [Voltmer, D. chem. G., **24**, 382, 1891]: son *éther benzylique*, C^6H^5-CH^2-O-AzH-CS-AzH-$C^{10}H^7$, fond à 132-133°.

α-*Naphtylacétalylthiourée* - 1.2, $(C^2H^3O)^2$CH-CH^2-CS-AzH-$C^{10}H^7$. — Elle fond à 112° [Marckwald, D. chem. G., **25**, 2371, 1892].

Naphtylphénylthiourées-1.2, C^6H^5-CS-AzH-$C^{10}H^7$. — 1° Le dérivé α fond à 162-163° [Förster, D. chem. G., **21**, 1869, 1888]: 2° Le dérivé β fond à 165° [Freund et Wolf, D. chem. G., **25**, 1468, 1892].

Naphtyl-1-méthyl-2-phényl-2-thiourée, $C^{10}H^7$-AzH-CS-Az(C^6H^5)(CH^3). — Le dérivé α fond à 135-136° ; le dérivé β fond à 124°,5-125 [Billeter et Rivier, D. chem. G., **37**, 4317, 1904].

Naphtyl-1-éthyl-2-phényl-2-thiourée. — Le dérivé β fond à 128°,5-129° [Billeter et Rivier, loc. cit.].

Naphtylbenzylthiourées - 1.2, C^6H^5-CH^2-AzH-CS-AzH-$C^{10}H^7$. — 1° Le dérivé α fond à 172-173° [Dixon, Chem. Soc., **59**, 558, 1891]: 2° Le dérivé β fond à 165-166° [Dixon, loc. cit.].

DINAPHTYLTHIOURÉES-1.2. $CS(AzH-C^{10}H^7)^2$. — 1° Le dérivé α fond à 207°,5; 2° le dérivé β fond à 203° [Evers, D. chem. G., **21**, 963, 1888].

Diphénylnaphtylamine - thiourée-1.2, $CS(AzH_{(4)}-C^{10}H^6_{(4)}-AzH-C^6H^5)^2$. — Elle fond à 196° [Fischer, Ann. Chem., **286**, 185].

TÉTRAHYDRONAPHTYLPHÉNYLTHIOURÉES - 1.2, C^6H^5-AzH-CS-AzH-$C^{10}H^{11}$. — 1° Le dérivé α fond à 153°; 2° le dérivé β fond à 161° [Bamberger, D. chem. G., **21**, 858, 1794, 1888].

DITÉTRAHYDRONAPHTYLTHIOURÉES - 1.2, $CS(AzH-C^{10}H^{11})^2$. — Le dérivé α fond à 170°; le dérivé β fond à 166°.5 [Bamberger, loc. cit.].

Ditétrahydro-α-naphtylamine-thiourée-1.2, $CS(AzH-C^{10}H^{10}-AzH^2)^2$. — Elle se ramollit à 120° et devient liquide à 155° [Bamberger et Baumann, D. chem. G., **22**, 256, 1889].

NAPHTYLÈNE-BIS-ALLYTHIOURÉE, $C^{10}H^6_{(1.2)}(AzH$-CS-AzH-$C^3H^5)^2$. — Elle se décompose à 200° [Lellmann, D. chem. G., **19**, 808, 1886].

Naphtylène-bis-phénylthiourée, $C^{10}H^6_{(1.2)}(AzH$-CS-AzH-$C^6H^5)^2$. — Elle ne fond pas encore à 355-360° [Schieffelin, D. chem. G., **22**, 1377, 1889].

TÉTRAHYDRONAPHTOBENZYLPHÉNYLTHIOURÉE-1.2. C^6H^5-AzH-CS-AzH-$C^{11}H^{13}$. — Elle fond à 139°,5-140° [Bamberger, D. chem. G., **23**, 1914].

DITÉTRAHYDRONAPHTOBENZYLTHIOURÉE-1.2, $CS(AzH-C^{11}H^{13})^2$. — Elle fond à 142°.5-143° [Bamberger, loc. cit.].

PHÉNANTHRYLPHÉNYLTHIOURÉE-1.2, C^6H^5-AzH-CS-AzH-$C^{14}H^9$. — Elle fond à 194-195° [Schmidt et Stobel, D. chem .G., **34**, 1461, 1901].

MÉTHYLCYCLOHEXYLPHÉNYLTHIOURÉE-1.2, C^6H^5-AzH-CS-AzH-C^7H^{13}. — Elle fond à 92° [Braun et Rumpf, D. chem. G., **35**, 830, 1902].

DIMÉTHYLCYCLOHEXYLTHIOURÉE-1.2. — Elle fond à 119° [Braun, loc. cit.].

DÉCAHYDROQUINOLYLPHENYLTHIOURÉE-1.2, C^6H^5-AzH-CS-Az=C^9H^{16}. — Elle fond à 134°.5 [Bamberger et Lengfeld, D. chem. G., **23**, 1149, 1890].

DIPINYLTHIOURÉE-1.2, $CS(AzH-C^{10}H^{15})^2$. — Elle fond à 189° [Braun et Rumpf, loc. cit.].

CAMPHYLPHÉNYLTHIOURÉE-1.2, C^6H^5-AzH-CS-AzH-$C^{10}H^{17}$. — Elle bout à 120° sous 25 mm. [Braun et Rumpf, loc. cit.].

DICAMPHYLTHIOURÉE-1.2, $CS(AzH-C^{10}H^{17})^2$. —

C'est une substance huileuse [Braun et Rumpf, loc. cit.].

THUYLPHÉNYLTHIOURÉE-1.2, C^6H^5-AzH-CS-AzH-$C^{10}H^{17}$. — 1° Le dérivé α fond à 107-108° (Braun): 2° Le dérivé γ fond à 152-153° [Wallach, Ann. Chem., **286**, 97].

MENTHYLPHÉNYLTHIOURÉE-1.2. — Elle fond à 135° [Braun; voy. aussi Wallach, Ann. Chem., **276**, 301].

DIMENTHYLTHIOURÉE-1.2, $CS(AzH-C^{10}H^{17})^2$. — Elle fond à 200° [Braun, loc. cit.].

BORNYLPHÉNYLTHIOURÉE-1.2, C^6H^5-AzH-CS-AzH-$C^{10}H^{17}$. — Elle fond à 170° [Leuckart et Bach, D. chem. G., **22**, 1851].

DIBORNYLTHIOURÉE-1.2. $CS(AzH-C^{10}H^{17})^2$. — Elle fond à 223-224° [Griepenkerl, Ann. Chem., **269**, 354]; à 227° [Forster et Attwel, Chem. Soc., **85**, 1188, 1904].

HYDROCARVYLPHÉNYLTHIOURÉE-1.2, C^6H^5-AzH-CS-AzH-$C^{10}H^{17}$. — Elle fond à 125-126° [Wallach, Ann. Chem., **275**, 120].

FENCHYLPHÉNYLTHIOURÉES-1.2, C^6H^5-AzH-CS-AzH-$C^{10}H^{17}$. — 1° Le dérivé *lévogyre* fond à 153-154° [Griepenkerl, Ann. Chem., **269**, 360, 1892]; 2° Le dérivé *dextrogyre* fond à 153-154° [Wallach, Ann. Chem., **272**, 108, 1892]; 3° Le dérivé *inactif* fond à 169-170° (Wallach).

DI-L-FENCHYLTHIOURÉE-1.2, $CS(AzH-C^{10}H^{17})^2$. — Elle fond à 210° [Griepenkerl, loc. cit.].

DIPYRÈNETHIOURÉE-1.2, $CS(AzH-C^{19}H^{15})^2$. — Elle fond à 123°, et distille sans décomposition [Fischer et Fränkel, Ann. Chem., **241**. 368, 1887].

PIPÉRIDYLTHIOURÉE, AzH^2-CS-Az=C^5H^{10}. — Elle fond à 126-127° [Doran, Proc. Chem. Soc., **21**, 77, 1903].

Pipéridylméthylthiourée-1.2, CH^3-AzH-CS-Az=C^5H^{10}. — Elle fond à 125° [Gebhardt, D. chem. G., **17**, G., 3040, 1884], à 129° [Hecht, D. chem., **23**, 287, 1890].

Pipéridyléthylthiourée-1.2. — Elle fond à 44-46°.5 [Dixon, Chem. Soc., **55**, 625, 1889].

Pipéridylpropylthiourée-1.2. — Elle fond à 75° [Hanshofer, D. chem. G., **25**, 816, 1892].

Pipéridylallylthiourée-1.2. — C'est une substance huileuse [Avenarius, D. chem. G., **24**, 262, 1891].

Pipéridylphénylthiourée-1.2, C^6H^5-AzH-CS-Az=C^5H^{10}. — Elle fond à 98° [Gebhardt, loc. cit.], à 99° [Hecht, loc. cit.], à 97° [Bamberger et Einhorn, D. chem. G., **30**, 28, 1897], à 103-104° [Skinner et Ruhemann, Chem. Soc., **53**, 558, 1888].

Pipéridyltolylthiourées-1.2. — Le dérivé *ortho* fond à 98°; le dérivé *para* fond à 132° [Gebhardt, loc. cit.].

Pipéridylbenzylthiourée 1.2. — Elle fond à 87-88° [Dixon, Chem. Soc., **59**, 568, 1891].

PYRIDYLPHÉNYLTHIOURÉES-1.2, C^6H^5-AzH-CS-Az=C^5H^4. — 1° Le dérivé α fond à 171°; 2° Le dérivé β fond à 164°; 3° Le dérivé γ fond à 148° [Camps, Arch. Pharm., **240**, 345, 1902].

DIHYDROISOINDYLALLYLTHIOURÉE-1.2, C^3H^5-AzH-CS-Az=C^8H^8. — Elle fond à 138° [Fränkel, D. chem. G., **33**, 2808, 1900].

Dihydroisoindylphénylthiourée-1.2, C^6H^5-AzH-CS-Az=C^8H^8. — Elle fond à 227° [Fränkel, loc. cit.].

Thiouréines à chaîne fermée.

MÉTHYLÈNETHIOURÉE,

$$CS\begin{array}{c}\diagup AzH\\\diagdown AzH\end{array}\!\!\!\!>CH^2$$

— On l'obtient en faisant réagir l'alcool méthylique chloré, CH^2ClOH, sur la thiourée; elle fond vers 200° [Hemmelmayr, Mon. f. Chem., **12**, 90, 1892].

ÉTHYLÈNETHIOURÉE,

$$CS \begin{cases} AzH - CH^2 \\ \ \ \ | \\ AzH - CH^2 \end{cases}$$

— Elle se forme par l'action du sulfure de carbone sur l'éthylènediamine ; elle fond à 94° [Klut, *Arch. Pharm.*, **240**, 675, 1903].

Pinacolylthiourée,

$$CS \begin{cases} AzH - C = (CH^3)^2 \\ \ \ \ | \\ AzH - C = (CH^3)^2 \end{cases}$$

— Elle fond à 240-243° [Heilpern, *Mon. /. Chem.*, **17**, 232, 1897].

TRIMÉTHYLÈNETHIOURÉE,

$$CS \begin{cases} AzH - CH^2 \\ AzH - CH^2 \end{cases} CH^2$$

— Elle fond à 198° [Lellmann et Würthner, *Ann. Chem.*, **228**, 233, 1885].

Éthylènephénylthiourée.

$$CS \begin{cases} Az(C^6H^5) - CH^2 \\ \ \ \ | \\ AzH \text{——} CH^2 \end{cases}$$

— Elle fond à 155° [Newmann, *D. chem. G.*, **24**, 2192, 1891].

Triméthylènephénylthiourée (voyez DIAZINES, 2ᵉ Suppl., 79).

Triméthylène-p-tolylthiourée,

$$CS \begin{cases} Az_{(1)}C^6H^4 - CH^3_{(4)}) - CH^2 \\ AzH \text{——} CH^2 \end{cases} CH^2$$

— Elle fond à 188° [Fränkel, *D. chem. G.*, **30**, 2501, 1897].

PHÉNYLÈNETHIOURÉES,

$$CS \begin{cases} AzH \\ AzH \end{cases} C^6H^4$$

— Le dérivé *ortho* fond à 296-297° [Billeter et Steiner, *D. chem. G.*, **20**, 231, 1887 ; — Gucci, *Gazz. chim. ital.*, **23**, 295, 1892] ; le dérivé *méta* brunit à 300° ; le dérivé *para* fond à 279° [Gucci, *loc. cit.*].

TOLUYLÈNETHIOURÉES. — 1° Le dérivé 1.2.3

$$CS \begin{cases} AzH \\ AzH \end{cases} (2.3)C^6H^3 - CH^3_{(1)}$$

fond à 326° [Lellmann, *Ann. Chem.*, **228**, 244. 1885] ; 2° le dérivé 1.2.4 fond à 249° ; 3° le dérivé 1 3.4 fond à 284° [Billeter, *D. chem. G.*, **20**, 231, 1887].

Toluylèneméthylthiourée,

$$CS \begin{cases} Az(CH^3) \\ Az H \end{cases} (4.3)C^6H^3 - CH^3_{(1)}$$

— Elle fond à 194° [Fischer, *D. chem. G.*, **26**, 196, 1893].

Toluylène-p-tolylthiourée.

$$CS \begin{cases} Az(C^6H^4 - CH^3) \\ AzH \text{——} \end{cases} (4.3)C^6H^3 - CH^3_{(1)}$$

— Elle fond à 270° [Fischer et Lieder, *D. chem. G.*, **23**, 3799, 1890].

NAPHTYLÈNEPHÉNYLTHIOURÉE.

$$CS \begin{cases} Az(C^6H^3) \\ AzH \text{——} \end{cases} (2.1)C^{10}H^6$$

— Elle fond à 142° [Fischer, *D. chem. G.*, **26**, 188, 1893].

Naphtylène éthylphénylthiourée,

$$CS \begin{cases} Az(C^6H^5) \\ Az(C^6H^5) \end{cases} (2.1)C^{10}H^6$$

— Elle fond au-dessus de 300° [Fischer, *D. chem. G.*, **27**, 2775, 1894].

TRIMÉTHYLPIPÉRIDYLÈNETHIOURÉE,

$$CS \begin{cases} Az \\ AzH \end{cases} C^8H^{15}$$

— Elle fond à 77-78° [Harries, *Ann. Chem.*, **294**, 362, 1897].

PHÉNYLACÉTYLÈNE-BIS-THIOURÉE (*tolane-thiourée*),

$$CS \begin{cases} AzH - C(C^6H^5) - AzH \\ AzH - CH \text{———} AzH \end{cases} CS$$

— Elle se décompose au-dessus de 300° [Geldermann, *Ann. Chem.*, **264**, 134, 1890].

THIOURÉIDES.

Les thiouréides peuvent s'obtenir par acidylation directe des thiourées, comme les uréides ; cependant dans le cas des thiourées substituées, si l'on chauffe la thiourée avec un anhydride d'acide au-dessus de 80°, on obtient une amide substituée et un isosulfocyanate ; à une température inférieure à 80° on obtient un dérivé acidylé, en général peu stable, qui se transforme en l'iso-thiouréide correspondante ; c'est ainsi que l'anhydride acétique réagit sur la diphénylthiourée-1.2, pour donner tout d'abord le dérivé acétylé, $C^6H^5 - AzH - CS - Az(C^6H^5)(COCH^3)$ instable, qui se transforme en acétyldiphénylthioisourée, $C^6H^5 - Az = C(SH) - Az(C^6H^5)(COCH^3)$, stable [Hügershoff, *D. chem. G.*, **32**, 3649, 1900]. (*a*)

Les thiouréides se préparent aussi en faisant agir les sulfocyanates organiques sur les amides :

$$CH^3 - CO - AzH^2 + S = C = Az - C^6H^5$$
$$= CS \begin{cases} AzH - C^6H^6 \\ AzH - CO - CH^3 \end{cases} \quad (b)$$

ou les sulfocyanates d'acides sur les amines (ou l'ammoniac) :

$$C^6H^5 - AzH^2 + CH^3 - CO - Az = C = S$$
$$= CS \begin{cases} AzH - C^6H^5 \\ AzH - CO - CH^3 \end{cases} \quad (c)$$

On pourrait aussi appliquer à la préparation des thiouréides des réactions analogues à celles que nous avons vues pour les uréides. Les méthodes précédentes sont les plus employées.

ACÉTYLTHIOURÉE, $AzH^2 - CS - AzH - CO - CH^3$. — Elle a été obtenue par Prätorius [*J. prakt. Chem.*, **21**, 147], en faisant agir l'acide thioacétique sur la cyanamide.

Acétylphénylthiourée-1.2, $C^6H^5 - AzH - CS - AzH - CO - CH^3$. — Préparation (*c*) [Miquel, *Ann. Chim. Phys.*, **11**, 318, 1887] ; préparation (*a*) [Hügershoff, *D. chem. G.*, **32**, 3659, 1899] ; elle fond à 139°, en se transformant en *acétylphénylisothiourée*, fusible à 171°.

Acétyl-1-diphényl-1-2-thiourée, $C^6H^5 - AzH - CS - Az(C^6H^5)(CO - CH^3)$. — Elle fond à 96° [Schall, *J. prakt. Chem.*, **64**, 261, 1901] ; le dérivé bromé $C^{15}H^{13}OAz^2SBr^2$ fond à 167° [Hügershoff et Kœnig, *D. chem. G.*, **34**, 3136, 1901].

Acétyl-1-méthyl-1-phényl-2-thiourée, $C^6H^5 - AzH - CS - Az(CH^3)(CO - CH^3)$. — Elle fond à 93-94° [Doran, *Chem. Soc.*, **84**, 77 ; **87**, 331, 1905].

Acétylbenzylthiourée-1.2, $C^6H^5 - CH^2 - AzH - CS - AzH - CO - CH^3$. — Préparation (*a*) [Werner, *Chem. Soc.*, **59**, 408, 1891] ; préparation (*c*) [Dixon, *Chem. Soc.*, **59**, 562, 1891] ; elle fond à 129-130°.

Acétyl-1-dibenzyl-1.2-thiourée, $C^7H^7 - AzH$

$-CS-Az(C^7H^7)(CO-CH^3)$. — Elle fond à 93° [Werner. *Chem. Soc.*, **59**, 406. 1891].

Acétyl-1-phényl-1-benzyl-2-thiourée, $C^7H^7-AzH CS-Az(C^6H^5)(CO-CH^3)$. — Elle fond à 110-111° [Doran, *Chem. Soc.*, **83**. 77, 1903]. Par distillation. elle fournit du sulfocyanate d'acétyle [Dixon. *Chem. Soc.*, **89**. 892. 1906].

Acétylphénéthylthiourée-1.2. $C^6H^5-CH^2-CH^2-AzH-CS-AzH-CO.CH^3$. — Elle fond à 137° [Hügershoff. *D. chem. G.*, **32**, 3649, 1899].

Acétyl-1-diphénéthyl-1.2-thiourée. $C^8H^9-AzH-CS-Az(C^8H^9)(CO-CH^3)$. — Elle fond à 73° [Neuberg. *D. chem. G.*, **19**, 1824, 1886].

Acétyltolylthiourées-1.2. $CH^3-C^6H^4-AzH-CS-AzH-CO-CH^3$. — Préparation (c) [Dixon. *Chem. Soc.*, **55**. 304. 1899]. Le dérivé *ortho* fond à 140° [Hügershoff. *D. chem. G.*, **32**, 3659, 1899]: à une température plus élevée. il se transforme en acétyltolylisothiourée; la lessive de soude régénère la tolylthiourée de ces deux composés [König, *D. chem. G.*, **33**. 3035, 1900]: le dérivé *para* fond à 137° [Hügershoff, *loc. cit.*]; à une température plus élevée il fournit le dérivé *iso-*, fusible à 176°.

Acétylnaphtylthiourées-1.2. $C^{10}H^7-AzH-CS-AzH-CO-CH^3$. — Préparation (a) [Hügershoff et König, *D. chem. G.*, **33**, 3031, 1900]. Le dérivé α fond à 146°. Le dérivé β fond à 145°. A une température plus élevée ils se transforment en acétylnaphtylisothiourées correspondantes.

Acétylpipéridylthiourée. $C^5H^{10}-Az-CO-AzH-CO-CH^3$. — Elle fond à 126-127° [Wallach. *D. chem. G.*, **32**. 1872. 1899; — Doran et Dixon. *Chem. Soc.*, **87**. 331. 1905].

PROPIONYL-1-MÉTHYL-2-PHÉNYL 2-THIOURÉE. $(C^6H^5)(CH^3)=Az-CS-AzH-CO-C^2H^5$. — Elle fond à 93°,5 [Hügershoff, *D. chem. G.*, **32**. 3657, 1899].

Propionyl-1-phényl-2-benzyl-2-thiourée. $(C^6H^5)(C^7H^7)Az-CS-AzH-CO-C^2H^5$. — Elle fond à 101-102° [Dixon, *Chem. Soc.*, **69**. 859, 1896].

Propionyltolylthiourées-1.2. $CH^3-C^6H^4-AzH CS-AzH-CO-(C^2H^3)$. — Le dérivé *méta* fond à 86-87° [Dixon, *Chem. Soc.*, **69**. 858. 1896]. Le dérivé *para* fond à 127-128°.5.

ISOBUTYRYL-P-TOLYLTHIOURÉE-1.2. $C^7H^7-AzH-CS-AzH-CO-CH(CH^3)^2$. — Elle fond à 134-135° [Dixon, *loc. cit.*].

Isobutyryl-α-naphtylthiourée-1.2. $C^{10}H^7-AzH-CS-AzH-CO-CH(CH^3)^2$. — Elle fond à 167°.5-168°.5 [Dixon, *loc. cit.*].

ISOVALÉRYLTHIOURÉE. $AzH^2-CS-AzH-CO-CH^2-CH(CH^3)^2$. — Elle fond à 158-159° [Dixon, *Chem. Soc.*, **67**. 1045, 1895].

Isovaléryl-p-tolylthiourée-1.2. $C^7H^7-AzH-CS-AzH-CO-CH^2-CH(CH^3)^2$. — Elle fond à 187-188° [Dixon, *Chem. Soc.*, **69**, 858].

Isovaléryl-1-phényl-2-benzyl-2-thiourée $(C^6H^5)(C^7H^7)Az-CS-AzH-CO-C^4H^9$. — Elle fond à 125-126° [Dixon, *Chem. Soc.*, **67**. 1044].

Isovaléryl-α-naphtylthiourée-1.2. — Elle fond à 129-130° [Dixon, *Chem. Soc.*, **69**. 865].

CAPROYLPHÉNYLTHIOURÉE-1.2. $C^6H^{11}-CO-AzH-CS-AzH-C^6H^5$. — Elle fond à 77-78° [Dixon. *Chem. Soc.*, **85**. 807. 1904].

Caproyltolylthiourées-1.2. — Le dérivé *ortho* fond à 97-98°. Le dérivé *para* fond à 90-91°.

Caproyl-1-benzyl-2-phényl-2-thiourée. — Elle fond à 77-78° [Dixon, *loc. cit.*].

PALMITYL-1-MÉTHYL-2-PHÉNYL-2-THIOURÉE. $(CH^3)(C^6H^5)Az-CS-AzH-CO-C^{15}H^{31}$. — Elle fond à 59-60° [Dixon, *Chem. Soc.*, **69**, 1597].

Palmityl-p-tolylthiourée-1.2. — Elle fond à 75-76° [Dixon, *loc. cit.*].

Palmityl-1-phényl-2-benzyl-2-thiourée. — Elle fond à 62-63° [Dixon, *loc. cit.*].

STÉARYL-1-PHÉNYL-2-BENZYL-2-THIOURÉE $(C^6H^5)(C^7H^7)Az-CS-AzH-CO-C^{17}H^{35}$. — Elle fond à 66-66°,5 [Dixon, *Chem. Soc.*, **69**, 1602].

Stéaryl-m-xylylthiourée-1.2, $(CH^3)^2C^6H^3-AzH-CS-AzH-CO-C^{17}H^{35}$. — Elle fond à 71-72° [Dixon, *loc. cit.*].

Stéaryl-α-naphtylthiourée-1.2. — Elle fond à 80-81° [Dixon, *Chem. Soc.*, **69**, 865].

SUCCINYLPHÉNYLTHIOURÉE $[-CH^2-CO-AzH-CS-AzH-C^6H^5)]^2$. — Elle fond à 210-210°,5 [Dixon et Doran, *Chem. Soc.*, **67**, 566].

Succinylméthylphénylthiourée $[-CH^2-CO-AzH-CS-Az(CH^3)(C^6H^5)]^2$. — Elle fond à 138-139° [Dixon et Doran, *loc. cit.*].

Succinyl-o-tolylthiourée. — Elle fond à 217-218°.

Succinyl-α-naphtylthiourée. — Elle fond à 224-225° [Dixon et Doran, *loc. cit.*].

BENZOYLTHIOURÉE, $AzH^2-CS-AzH-CO-C^6H^5$. — Préparation (c) [Miquel, *Ann. Chim. Phys.*, **11**, 313, 1885]; elle fond à 171°; elle réagit sur le chlorure de benzoyle en présence de la potasse pour donner la benzylpseudothiobenzylurée fusible à 161° [Wheeler et Beardsley, *Am. Chem. Journ.*. **29**. 1903]. Avec le chlorure de platine elle donne des aiguilles jaunes, $(C^8H^7Az^2OS)^2HCl$. $PtCl^4$ [Fischer et Tullner, *D. chem. G.*, **35**, 2563, 1902].

Benzoylméthylthiourée-1.2. $CH^3-AzH-CS-AzH-CO-C^6H^5$. — Elle fond à 151-152° [Dixon, *Chem. Soc.*, **75**, 383, 1899].

Benzoyléthylthiourée-1.2, $C^2H^5-AzH-CS-AzH-CO-C^6H^5$. — Elle fond à 130-131° [Dixon, *loc. cit.*]; à 134° [Miquel, *loc. cit.*].

Benzoyl-1-diéthyl-2.2-thiourée $(C^2H^5)^2Az-CS-AzH-CO-C^6H^5$. — Elle fond à 100-101° [Dixon, *Chem. Soc.*, **69**, 1603, 1896].

Benzoyl-1-diisobutyl-2.2-thiourée, $(C^4H^9)^2Az-CS-AzH-CO-C^6H^5$. — Elle fond à 130-132° [Wheeler et Johnson, *Am. Chem. J.*, **24**, 206, 1900].

Benzoylphénylthiourée-1.2, $C^6H^5-AzH-CS-AzH-CO-C^6H^5$. — Elle fond à 148-149° [Miquel, *loc. cit.*]; par nitration elle donne le dérivé $AzO^2C^6H^4-AzH-CS-AzH-CO-C^6H^5$, fusible à 230° (Miquel). — Le dérivé *m-chloré*, $Cl_{(3)}C^6H^4_{(4)}-AzH-CS-AzH-CO-C^6H^5$, fond à 125° [Wheeler et Johnson, *Am. Chem. Journ.*, **24**. 189. 1900].

Benzoyl-1-éthyl-2-phényl-2-thiourée, $(C^2H^5)(C^6H^5)Az-CS-AzH-CO-C^6H^5$. — Elle fond à 133-134° [Dixon, *Chem. Soc.*. **55**. 305, 1889].

Benzoyl-1-diphényl-1.2-thiourée, $C^6H^5-AzH-CS-Az(C^6H^5)(CO-C^6H^5)$. — Elle fond à 115° [Schall, *J. f. prakt. Chem.*, **64**, 261, 1901].

Benzoylbenzylthiourée-1.2, $C^6H^5-CH^2-AzH-CS-AzH-CO-C^6H^5$. — Elle fond à 145° [Miquel, *loc. cit.*].

Benzoyltolylthiourées - 1.2. — Le dérivé *ortho*, $CH^3_{(2)}-C^6H^4_{(4)}-AzH-CS-AzH-CO-C^6H^5$, fond à 118-119°; le dérivé *para*. $CH^3_{(4)}-C^6H^4_{(1)}-AzH-CS-AzH-CO-C^6H^5$, fond à 165° [Miquel, *loc. cit.*].

Benzoyl-α-naphtylthiourée-1.2, $C^{10}H^7-AzH-CS-AzH-CO-C^6H^5$. — Elle fond à 172-173° [Miquel, *loc. cit.*].

Benzoylpipéridylthiourée-1.2, $C^5H^{10}Az-AzH-CO-C^6H^5$. — Elle fond à 122-123° [Dixon, *Chem. Soc.*, **55**, 623, 1889].

DIBENZOYL-1.2-DIPHÉNYL-1.2-THIOURÉE, $CS[Az(C^6H^5)(CO-C^6H^5)]^2$. — Elle fond à 160°,5 [Deninger, *D. chem. G.*, **28**, 1322, 1895].

CARBONYL-BIS-PHÉNYLTHIOURÉE, $CO[AzH-CS-AzH-C^6H^5]$. — Elle fond à 166° [Dixon, *Chem. Soc.*. **83**, 1903].

Carbonyl-bis-p-tolylthiourée, $CO[AzH-CS-AzH-C^7H^7]^2$. — Elle fond à 172° [Dixon, *loc. cit.*].

ACIDE THIOPARABANIQUE, (*oxalylthiourée*),

$$CS\begin{cases} AzH-CO \\ \quad\quad\;| \\ AzH-CO \end{cases}$$

— On l'obtient en chauffant 3 heures à 50° une solution alcoolique de thiourée avec l'éther oxalique, en présence d'éthylate de sodium [Michael, *J. f. prakt. Chem.*, 49, 35, 1894]. Il cristallise dans l'eau en lamelles. Conductibilité électrique [Trübsbach, *Zeit. physikal. Ch.*, 16, 715, 1895].

ACIDE MÉTHYLTHIOPARABANIQUE,

$$CS \left\langle \begin{array}{l} Az(CH^3)-CO \\ AzH \longrightarrow CO \end{array} \right.$$

— Pour le préparer, on sature de cyanogène une solution alcoolique de méthylthiourée, et on saponifie le précipité par l'acide chlorhydrique concentré. Il cristallise en lamelles jaunes fusibles à 105° [Andreasch, *Mon. f. Chem.*, 2, 277, 1881]. Les dérivés suivants s'obtiennent d'une façon analogue.

ACIDE DIMÉTHYLTHIOPARABANIQUE,

$$CS \left\langle \begin{array}{l} Az(CH^3)-CO \\ Az(CH^3)-CO \end{array} \right.$$

— Il fond à 112°,5 [Andreasch, *loc. cit.*].

ACIDE ÉTHYLTHIOPARABANIQUE,

$$CS \left\langle \begin{array}{l} Az(C^2H^5)-CO \\ AzH \longrightarrow CO \end{array} \right.$$

— Il fond à 60° [Andreasch, *D. chem. G.*, 31, 138, 1898].

ACIDE DIÉTHYLTHIOPARABANIQUE,

$$CS \left\langle \begin{array}{l} Az(C^2H^5)-CO \\ Az(C^2H^5)-CO \end{array} \right.$$

— Il fond à 102°.

ACIDE MÉTHYLÉTHYLTHIOPARABANIQUE,

$$CS \left\langle \begin{array}{l} Az(CH^3)-CO \\ Az(C^2H^5)-CO \end{array} \right.$$

— Il fond à 62°.

ACIDE MÉTHYLALLYLTHIOPARABANIQUE,

$$CS \left\langle \begin{array}{l} Az(C^3H^5)-CO \\ Az(CH^3)-CO \end{array} \right.$$

— Il fond à 56°.

ACIDE ÉTHYLALLYLTHIOPARABANIQUE,

$$CS \left\langle \begin{array}{l} Az(C^3H^5)-CO \\ Az(C^2H^5)-CO \end{array} \right.$$

— Il fond à 54° [Andreasch, *loc. cit.*].

ACIDE PHÉNYLTHIOPARABANIQUE,

$$CS \left\langle \begin{array}{l} Az(C^6H^5)-CO \\ AzH \longrightarrow CO \end{array} \right.$$

— Il fond à 179° [Hector, *Beilstein*, 2, 411].

ACIDE MÉTHYLPHÉNYLTHIOPARABANIQUE,

$$CS \left\langle \begin{array}{l} Az(CH^3)-CO \\ Az(C^6H^5)-CO \end{array} \right.$$

— Il fond à 170° [Andreasch, *loc. cit.*].

ACIDE ÉTHYLPHÉNYLTHIOPARABANIQUE,

$$CS \left\langle \begin{array}{l} Az(C^2H^5)-CO \\ Az(C^6H^5)-CO \end{array} \right.$$

— Il fond à 174°.

ACIDE DIPHÉNYLTHIOPARABANIQUE,

$$CS \left\langle \begin{array}{l} Az(C^6H^5)-CO \\ Az(C^6H^5)-CO \end{array} \right.$$

— Il fond à 228° [Andreasch, *loc. cit.*].

SÉLÉNIOURÉES

DIISOAMYLSÉLÉNIOURÉE-1.1, $AzH^2-CSe-Az(C^5H^{11})^2 + 2H^2O$. — Elle fond à 171-172° [Spica et Carrara, *Zeit. f. physiol. Ch.*, 19, 424, 1897].

PHÉNYLSÉLÉNIOURÉE, $AzH^2-CSe-AzH-C^6H^5$ — On l'obtient en faisant réagir l'hydrogène sélénié sur la phénylcyanamide. Elle fond à 182°; l'aniline la transforme en :

DIPHÉNYLSÉLÉNIOURÉE-1.2, $CSe(AzH-C^6H^5)^2$, — Elle fond à 186° [Stolle, *D. chem. G.*, 19, 2351, 1886].

ETHYLÈNE-ISOSÉLÉNIOURÉE,

$$AzH=C \left\langle \begin{array}{l} Se-CH^2 \\ AzH-CH^2 \end{array} \right.$$

— Le *bromhydrate*, $C^3H^6Az^2SeHBr$, se forme quand on évapore une solution de séléniocyanate de potassium, $KSeCAz$ (5 gr.) et de bromhydrate de bromoéthylamine; il forme des aiguilles fusibles à 170°; le *chloroplatinate*, $(C^3H^6Az^2Se.HCl)^2PtCl^4$, forme des aiguilles microscopiques jaunes; le *picrate*, $C^3H^6Az^2Se, C^6H^3O^7Az^3$, se décompose à 220° [Baringer, *D. chem. G.*, 23, 1003, 1890].

β-PROPYLÈNE-ISOSÉLÉNIOURÉE,

$$AzH=C \left\langle \begin{array}{l} Se-CH-CH^3 \\ AzH-CH^2 \end{array} \right.$$

— Le *bromhydrate* s'obtient comme le précédent. Le *chloroplatinate* forme des lamelles jaunes. Le *picrate* fond à 100° [Baringer, *loc. cit.*].

γ-PROPYLÈNE-ISOSÉLÉNIOURÉE,

$$AzH=C \left\langle \begin{array}{l} AzH-CH^2 \\ Se-CH^2 \end{array} \right\rangle CH^2$$

— Le *bromhydrate*, $C^4H^8Az^2SeHBr$, fond à 133-135°. Le *picrate* fond à 50-53° [Baringer, *loc. cit.*].

SÉLÉNIOHYDANTOÏNE,

$$CSe \left\langle \begin{array}{l} AzH-CH^2 \\ AzH-CO \end{array} \right.$$

— Le chlorhydrate s'obtient par ébullition d'une solution alcoolique d'éther chloracétique avec la séléniourée. Elle forme des cristaux fusibles à 190°, solubles dans l'eau, peu solubles dans l'alcool, insolubles dans l'éther [Hofmann, *Ann. Chem.*, 250, 312, 1889].

1er janvier 1908.   P. Carré.

URÉES (ISO), *Pseudo-urées.* — Voyez l'article IMINO-ÉTHERS.

URÉINE. — Voyez l'art. URINE, p. 959.

URÉTHANES (*éthers carbamiques*) [Voy. Dict., 1, 743; 1er Suppl., 403, à CARBAMIQUE (ACIDE)]. — Ce nom, primitivement réservé au carbamate d'éthyle, s'entend plus généralement pour les corps des types $AzH^2.CO^2R$, $AzHR_1.CO^2R$, $AzR_1R_2.CO^2R$, auxquels correspondent une multitude de dérivés sulfurés. Nous les étudierons par ordre de complexité.

I. — CARBAMATES $AzH^2 . CO^2R$.

Beaucoup de nouvelles réactions ont été faites avec l'uréthane proprement dite et seront décrites plus loin, mais quelques autres ont été présentées sous une forme plus générale.

L'acide azoteux transforme les uréthanes $AzH^2.CO^2R$ à radical gras en un carbure non saturé, gaz carbonique, azote, eau et alcool; les uréthanes à radical aromatique donnent de l'alcool, sans carbure [J. Thiele et F. Dent, *Ann. Chem.*, **302**, 245, 1898; — E. A. Klobbie, *Rec. Pays-Bas*, **9**, 134, 1890].

Les *amines aromatiques primaires* les transforment en carbanides bisubstituée et monosubstituée [Manuelli et E. Rica-Rosellini, *Gazz. chim. ital.*, **29**, II, 124, 1899; — Manuelli et Commanducci, *ibid.*, **29**, II, 136, 142; — A. Dixon, *Chem. Soc.*, **79**, 102, 1901].

Le *chlorure de thionyle* les change en éthers allophaniques [G. Schrötter et Lewinski, *D. chem. G.*, **26**, 2171, 1893] :

$$2AzH^2.CO^2R + SOCl^2 = AzH^2.CO.AzH.CO^2R + HCl + RCl + SO^2.$$

Les uréthanes éthylique [O. Arth, *C. R.*, **98**, 521, 1884], isobutylique, amylique, caprylique [*ibid.*, **102**, 977, 1886] sont décomposées par la *potasse alcoolique* en eau, alcool et cyanate de potassium. Voir encore l'action des alcalis alcooliques, des métaux alcalins, des sels mercuriques [E. Mulder, *Rec. Pays-Bas*, **6**, 169-199, 1887].

Action de PCl^5 [F. Lengfeld et J. Stieglitz, *Am. Chem. Journ.*, **16**, 70, 1894].

Les uréthanes d'alcools secondaires ont une action hypnotique intense. On en a donc breveté une grande quantité en Allemagne : D. R. P. 114396, 120863, 120864, 120865, 122096 (Baeyer et Cⁱᵉ). On les fait par action des alcools secondaires sur le nitrate d'urée ou des éthers carboniques de l'alcool sur l'ammoniaque.

CARBAMATE DE MÉTHYLE. — $AzO^2.AzH.CO^2CH^3$ fond à 98° et forme des sels; $AzO.AzH.CO^2CH^3$ fond à 61° et forme également des sels (J. Thiele et Dent).

CARBAMATE D'ÉTHYLE. — *Préparation.* — [A. Androcci, *Att. Ac. Lincei*, 1892, I, 257]. Formation par action de $CAzCl$ sur l'éther au soleil [A. Colson, *C. R.*, **119**, 1213, 1894].

Sodium-uréthane $AzHNa.CO^2C^2H^5$. — Corps hygroscopique, amorphe, préparé par action du sodium sur l'uréthane en solution éthérée, réagissant avec l'iodure de méthyle pour donner la méthyluréthane; avec l'éther chlorocarbonique [F. Kraft, *D. chem. G.*, **23**, 278, 1890] pour former l'éther imidodicarbonique $AzH(CO^2C^2H^5)^2$; avec le chlorure de benzoyle [A. Hantzsch, *D. chem. G.*, **26**, 928, 1893] pour former la dibenzoyluréthane; avec les éthers chloracétiques et phénylacétiques en donnant des acidyluréthanes; avec les éthers glycocolliques en donnant des éthers hydantoïques [O. Diels et H. Heintzel, *D. chem. G.*, **38**, 297, 1905]; avec le chlorure de sulfuryle pour donner $SO^2(AzH.CO^2C^2H^5)^2$ F. Ephraïm, *D. chem. G.*, **35**, 776, 1902].

$Br^2Az.CO^2C^2H^5 + 1.4 Na(K)Br$. — [A. Hantzsch, *D. chem. G.*, **27**, 1248, 1894].

Nitrosouréthane $AzO.AzH.CO^2C^2H^5$, fusible à 51-52°, obtenue par réduction de la *nitrouréthane* $AzO^2.AzH.CO^2C^2H^5$, fusible à 64°; forme des sels [A. Lachmann et J. Thiele, *D. chem. G.*, **27**, 1519, 1894, et mémoire complet, *Ann. Chem.*, **288**, 267-311, 1895].

Action du chlorure de nitrosyle [Tilden et Forster, *Chem. Soc.*, 1895, I, 489]; — *du phosgène* [M. Lœb, *D. chem. G.*, **19**, 2344, 1886].

Action de l'hypochlorite de soude. — [O. de Coninck, *C. R.*, **122**, 134, 1896].

Combinaison avec $MgBr^2$ et MgI^2 [Menschoutkine, *Centr. Bl.*, 1906, II, 1840].

Action de la benzaldéhyde-cyanhydrine [F. Lehmann, *D. chem. G.*, **34**, 366, 1901]; — *de l'éther acétylacétique* [J. Meister, *Ann. Chem.*, **244**, 233, 1888]; — *du chlorure de l'acétophénone* [A. Hantzsch et F. Krafft, *D. chem. G.*, **24**, 3516, 1891].

Physiologie. — Action thérapeutique [A. Mairet et Combemale, *C. R.*, **102**, 827, 1886; — R.-H. Chittenden, *Zeit. f. Biol.*, **25**, 496, 1889]. Recherche et présence dans les urines normales [Jaffé, *Zeit. physiol. Chem.*, **14**, 395, 1890].

Recherche de l'uréthane en analyse. — [G. Jacquemin, *C. R.*, **103**, 205, 1886].

Dérivés aldéhydiques de l'uréthane. — $CH^3.CH(AzH.CO^2C^2H^5)^2$. Se forme dans l'action de l'aldéhyde-ammoniaque sur le chlorocarbonate d'éthyle [W. Schmid, *J. prakt. Chem.*, (2), **24**, 120, 1881].

$CH^2Cl.CH(AzHCO^2C^2H^5)^2$, fond à 147°; — $CHCl^2.CH(AzHCO^2C^2H^3)^2$, fusible à 122°. Obtenues avec le chlore et l'éthylidène-uréthane [*ibid.*]. — $CCl^2 : C : Az.CO^2C^2H^5$, fusible à 37° [A. Hantzsch, *D. chem. G.*, **27**, 1248, 1894].

$CH^2Br.CH(AzH.CO^2.C^2H^5)^2$, fond à 142-143°; — $CHBr^2CH(AzH.CO^2C^2H^3)^2$ fond à 120°.

Anhydroformaldéhyde-uréthane,

$$C^2H^5 - CO^2 - Az \begin{array}{c} CH^2 \\ \diagup \quad \diagdown \\ CH^2 \end{array} Az - CO^2 - C^2H^5$$

— Bout à 186-190° sous 20 mm.; fond à 100° [C. Bischoff et F. Rheinfeld, *D. chem. G.*, **36**, 35, 1903], à 102° [M. Conrad et K. Hock, *ibid.*, 2206]. La *méthylène-diuréthane* $CH^2(AzH.CO^2.C^2H^5)^2$, décrite par Curtius [*J. prakt. Chem.*, (2), **52**, 225, 1895] comme une huile, fond à 131° (Conrad et Hock).

Pyruvyluréthane $CH^3.C(AzH.CO^2C^2H^5)^2CO^2H$. — Fusible à 138-139°. L'*éther éthylique* fond à 100° [L.-J. Simon, *C. R.*, **133**, 535, 1901]. Sur l'hydrolyse de l'acide [*ibid.*, **142**, 1486, 1906]. Voy. surtout *Ann. Chim. Phys.*, (8), **8**, 467, 1906.

Glyoxalyluréthane $CO^2H.CH(AzH.CO^2.C^2H^5)^2$. — Fond à 156° (Hantzsch), à 165° (Simon); son *éther* $C^2H^5.CO^2.CH(AzH.CO^2C^2H^5)^2$ fond à 143° [L. Simon et G. Chavanne, *C. R.*, **143**, 51, 1906].

Dérivés acidylés $R.CO.AzH.CO^2C^2H^5$:

R.CO =	Fusion.	
CH^3-CO	93-94° (1)	
—	78° (5)	
C^2H^5-CO	107-108° (1)	
CH^2Cl-CO	130° (2)	127-128° (5)
CH^2Br-CO	120-121° (4)	
$CHCl^2-CO$	93° (5)	
$CH^3-CHBr-CO$	100-101° (4)	
$C^2H^5-CHBr-CO$	80-81° (4)	
$(CH^3)^2C.Br-CO$	63-64° (4)	
$(-CO-)^2$	173° (2)	
—	170° (3)	
C^6H^5-CO	110° (6)	
$C^6H^5.CH^2-CO$	113° (2)	
$C^6H^5.CH=CH-CO$	110-111° (4)	
$C^6H^5-CHBr-CHBr-CO$	131-132° (4)	

1. A. Franchimont et A. Klobbie, *Rec. Trav. Chim. P.-B.*, **8**, 283, 1889. — 2. O. Diels, *D. chem. G.*, **36**, 736, 1903. — 3. Hantzsch, *D. chem. G.*, **27**, 1248, 1894. — 4. O. Diels et H. Heintzel, *D. chem. G.*, **38**, 297, 1905. — 5. A. Androcci, *Acc. Linc. Rend.*, 1892, I, 639. — 6. H. v. Pechmann et L. Vanino, *D. chem. G.*, **28**, 2383, 1895.

Carbonyldiuréthane $CO(AzH.CO^2.C^2H^5)^2$. — [O. Folin, *Am. Chem. Journ.*, **19**, 323, 1897].

AUTRES ÉTHERS CARBAMIQUES D'ALCOOLS PRIMAIRES.

	Fusion.	
Carbamates de n-propyle	60°	}
d'isopropyle	92-93°	} (1)
d'isobutyle	61°	}
d'octyle	54-55°	(2)
de benzyle	86°	}
de p-nitrobenzyle.....	134°	}
de glycolylate d'éthyle	61°	} (3)
de lactylate d'éthyle..	65°,5	
d'isobutyle..........	64-65° éb. 206-207°	}(4)
d'isoamyle..........	64° 220°	}

1. Thiele et Dent, *Ann. Chem.*, 302, 245, 1898. — 2. G. Arth, *C. R.*, 102, 978, 1886. — 3. Thiele et Dent, *loc. cit.*, lesquels ont aussi décrit des dérivés nitrés à l'AzH². — 4. O. Schmidt, *Zeit. physik. Chem.*, 58, 513, 1907.

CARBAMATES D'ALCOOLS SECONDAIRES de Baeyer et Cⁱᵉ :

Formule.	Fusion.
$AzH^2-CO^2-CH(CH^3)C^2H^5$	94°
— $CH(C^2H^5)^2$	112-113°
— $CH(CH^3)C^3H^7$	74°
— $CH(CH^3)C^3H^7$ iso	86-87°
— $CH(C^2H^5)C^3H^7$	72-73°
— $CH(C^2H^5)C^3H^7$ iso	108°
— $CH(CH^3)C^4H^9$	50-52°
— $CH(C^3H^7)C^4H^9$	58-60°
— $CH(C^3H^7)C^4H^9$ iso	73-74°
— $CH(CH^3)CH < {}^{CH^3}_{C^2H^5}$...	63-66°
— $CH(CH^3)CH(C^2H^5)^2$ ..	80-81°

II. — CARBAMATES R₁AzH.CO²R.

1° Les azides bouillies avec l'alcool donnent des uréthanes de ce type [Theodor Curtius et H. Hille, *J. prakt. Chem.*, (2), 64, 401, 1901] :

$$R.COAz^3 + C^2H^5.OH = RAzH.CO^2C^2H^5 + Az^2;$$

2° Les mêmes se forment en place des hydroxamides par action des bromamides sur les alcoolates [O. Folin, *Am. Chem. Journ.*, 19, 323, 1897] :

$$R.CO.AzHBr + NaOCH^3$$
$$= NaBr + R.CO.AzH.OCH^3 \rightarrow R.AzH.CO^2.CH^3;$$

3° On les a encore par action des bases organiques primaires sur les phénylchlorocarbonates [A. Morel, *Bull. Soc. Chim.*, (3), 24, 823, 1899];
4° Les magnésiens des amines aromatiques primaires réagissent sur les éthers carboniques pour former les uréthanes monosubstituées. Rendement 50-80 0/0 [F. Bodroux, *C. R.*, 140, 1108; *Bull. Soc. Chim.*, (3), 33, 834, 1905].
Les uréthanes R₁AzH.CO²R sont nitrosées par *l'acide azoteux* [E.-A. Klobbie, *Rec. Pays-Bas*, 9, 134, 1890]. Le *perchlorure de phosphore* les transforme en chloroformiamides RAzH.COCl et éthers allophaniques (O. Folin).
Voici la liste des corps obtenus :

Formule.	Fusion.	Ébull.	
$CH^3AzH.CO^2.CH^3$		64-65° 14ᵐᵐ	(9)
$CH^3CO.AzH.CO^2C^2H^5$ ...	78°	125-127° 63ᵐᵐ	(1)
$CH^3AzH.CO^2C^2H^5$		80° 14ᵐᵐ	(9)
$CH^3:Az(AzO^5).CO^2C^2H^5$.			(2)
$C^2H^5AzH.CO^2.C^2H^5$		174-176°	(3,9)
$(CH^3)^2CH.CH^2.AzH.CO^2.C^2H^5$		99° 10ᵐᵐ	(3,9)
$(CH^3)^2.CH.CH^2.CH^2.AzH.CO^2C^2H^5$		101-102° 14ᵐᵐ	(9)
$C^4H^8O.AzH.CO^2CH^3$....	135°		(4)
— $CO^2.C^2H^5$...			(4)

Formule.	Fusion.	
$C^6H^5AzH.CO^2C^6H^5$........	125°,5	(5)
— $CO^2C^6H^4(OCH^3)_{(2)}$..	136°	(5)
— $CO^2.CH^2.C^6H^4.AzO^2_{(4)}$	123°	(6)
$C^6H^4(CAz)_m.AzH.CO^2C^2H^5$	61-62°	(7)
$C^6H^4(COAzH^2)_mAzH.CO^2C^2H^5$	159-160°	(7)
$C^6H^2(AzO^2)^3.AzH.CO^2CH^3$ ...	192°	
— C^2H^5 ...	147°	
— C^3H^7 ..	139°	} (8)
— C^3H^7 iso	177°,5	
— C^4H^9 iso	134°	
— C^5H^{11} ..	131°	

1. A. Androecci, *Acc. Linc. Rend.*, 1892, I, 639. — A. Franchiment et A. Klobbie, *Rec. Trav. chim. P.-B.*, 8, 283, 1889. — 3. T. Curtius et H. Hille, *J. f. prakt. Chem.*, (2), 64, 401, 1901. — 4. P. Freundler, *Bull. Soc. Chim.*, (3), 17, 419, 1897. — 5. A. Morel, *ibid.*, (3), 21, 823, 1899. — 6. J. Thiele et F. Dent, *Ann. Chem.*, 302, 245, 1898. — 7. T. Bogert et H. Beans, *J. Am. Chem. Soc.*, 26, 464, 1904. — 8. J.-C. Crocker et F.-H. Lowe, *Chem. Soc.*, 85, 646, 1904. — 9. O. Schmidt, *Zeit. phys. Chim.*, 58, 513, 1907.

III. — CARBAMATES R₁R₂.Az.CO²R.

On les a préparés par action des bases organiques secondaires sur les éthers carboniques ou chlorocarboniques (Cazeneuve et Moreau, Morel).
Ils ne sont pas attaqués par l'acide nitreux [E.-A. Klobbie, *loc. cit.*].

Formule.	Fusion.	Ébull.	
$(CH^3)^2Az.CO^2CH^3$	131°		(1)
$(C^2H^5)^2Az.CO^2C^2H^5$		62-63° 14ᵐᵐ	(6)
$(C^3H^7)^2Az.CO^2C^6H^5$		168° 30ᵐᵐ	(2)
$(C^5H^{11}$ iso$)^2Az.CO^2C^2H^5$ ...		129-130° 14ᵐᵐ	(6)
$(C^6H^5CH^2)^2Az.CO^2.C^2H^5$ .. liquide		216° 28ᵐᵐ	(3, 3B)
$(CH^3{}_p C^6H^4)^2Az.CO^2C^2H^5$.	60-62°		(3B)
${}^{C^6H^5.CH^2}_{CH^3{}_p C^6H^4}$ > $Az\ CO^2\ C^2H^5$.. liquide			(3B)
$C^5H^{10}Az.CO^2C^6H^5$....	80°	300-301°	
— $C^6H^4(OCH^3)_{(2)}$.	44°	330°	} (4)
— $C^{10}H^7(\beta)$......			
$C^6H^5(CH^3)Az.CO^2.C^2H^5$...		127-128° 14ᵐᵐ	}
$C^6H^5(C^2H^5)Az.CO^2 C^2H^5$..		130-135° 14ᵐᵐ	} (6)
$C^9H^{10}Az(iso).CO^2C^6H^5$	51-52°	300°	
— $C^6H^4Cl_{(2)}$...	61°		
— $C^6H^4(OCH^3)_{(2)}$	69°		} (5)
— $C^{10}H^7(\beta)$....	118-119°		

1. A. Franchimont et A. Klobbie, *Rec. trav. P.-B.*, 8, 283, 1889. — 2. A. Morel, *Bull. Soc. Chim.*, (3), 21, 823, 1899. — 3. J. v. Braun, *D. chem. G.*, 36, 2286, 1903. — 3B. Hammerich, *ibid.*, 25, 1819, 1892. — 4. Cazeneuve et Moreau, *C. R.*, 125, 1107, 1897; *Bull. Soc. chim.*, (3), 19, 80, 1898. — 5. Cazeneuve et Moreau, *C. R.*, 127, 868, 1898; *Bull. Soc. Chim.*, (3), 24, 11, 1899. — 6. O. Schmidt, *Z. f. phys. Chem.*, 58, 513, 1907.

Uréthanes des dérivés puriques [W. Traube, *D. chem. G.*, 33, 3035, 1900]. — Uréthanes des phénylène-diamines [H. Schiff et A. Ostrogowich, *Ann. Chem.*, 293, 371, 1896].
Juin 1907.   M. Delépine.

URINE. — Voyez Dict., 3, 581. Le nombre des travaux publiés sur l'urine depuis l'époque à laquelle remonte l'article visé ci-dessus est si considérable et la place accordée à la présente étude est si restreinte, que l'on ne pourra ici qu'introduire le lecteur dans les diverses questions qui ont été soulevées et lui faire connaître sommairement les principaux résultats et les indications bibliographiques directrices.

I. — LES CONSTITUANTS DE L'URINE ANORMALE OU PATHOLOGIQUE.

Il vaut mieux, dans cette énumération des constituants de l'urine, ne point distinguer entre l'état normal et l'état pathologique, parce qu'une démarcation aussi précise n'existe pas dans la réalité. L'urine normale contient par exemple des traces d'albumine, de principes biliaires, etc..., qui, en quantités plus considérables caractérisent des urines pathologiques. Il est plus commode de faire cette démarcation chemin faisant.

ACIDITÉ DE L'URINE. — Il faut distinguer l'*acidité ionique*, c'est-à-dire la concentration en ions H, telle qu'on la détermine par la méthode électrométrique, de l'*acidité de titration*, telle qu'on l'obtient par un dosage acidimétrique en présence de la phénolphtaléine. Ce dernier indicateur est le seul qui fournisse des résultats ayant une signification précise [Nägeli, *Zeit. Physiol. Chem.*, **30**, 313]. Ceux qui ont été obtenus par les anciennes méthodes de précipitation de Maly, Lieblein, de Jager, sont dénués de toute valeur [Cf. R. Höber. *Beitr. chem. Physiol. u. Path.*, **3**, 525]. La concentration en ions H est pour l'urine normale, d'après Höber et von Röhrer, d'environ $30,10^{-7}$ à $50,10^{-7}$ gr. par litre, soit donc de 30 à 50 gr. ions H dans 10 millions de litre d'eau. D'après Foa l'urine normale de l'homme serait sensiblement neutre à la méthode électrométrique [*Soc. de Biol.*, **58**, 867]. L'acidité en ions et l'acidité de titration sont indépendantes l'une de l'autre. Selon la relation qui existe dans l'urine entre les acides forts, fortement dissociés, et les acides faibles, faiblement dissociés, une forte acidité de titration peut coexister avec une faible acidité ionique, et inversement (Höber).

URÉE. — O. Moor a soutenu que l'urine contient à peine la moitié de la quantité d'urée qu'on lui attribue d'après les dosages habituels. le complément étant formé par une substance amorphe, l'*uréine*, que l'on aurait jusqu'à présent confondue et dosée avec l'urée. Ces conclusions ont été formellement contestées par Erben et par Gies. Si l'existence de cette uréine demeure donc très contestable, la discussion très vive qui s'est élevée à ce sujet a eu du moins cette utilité de ramener l'attention sur l'incertitude de nos méthodes de dosage de l'urée, qui toutes confondent l'urée et les autres amides que l'urine pourrait contenir [O. Moor, *Zeit. f. Biol.*, **44**, 121 et **45**, 420 et 540; *Zeit. physiol. Chem.*, **40**, 162. — Erben. *ibid.*, **38**, 544 et **40**, 162. — Gies, *Journ. Am. Chem. Soc.*, **25**, 129].

AMMONIAQUE. — La quantité d'ammoniaque de l'urine des 24 heures est de 0 gr. 37 à 0 gr. 47 pour une alimentation végétale, de 0 gr. 55 à 0 gr. 69 pour une alimentation mixte, de 0 gr. 57 à 1 gr. 09 pour une alimentation animale [Gumlich, *Zeit. physiol. Chem.*, **17**, 10. — Voyez aussi Donzé et Lambling, *Journ. de physiol. et de pathol. gén.*, **5**, 225 et 1061]. L'étude des variations de l'ammoniaque dans l'urine a pris une importance considérable depuis que l'on connaît les relations étroites qui existent entre la production de l'urée et celle de l'ammoniaque, et le rôle de cette base dans la résistance de l'organisme à l'intoxication par les acides venus du dehors ou formés au cours de la désassimilation [Voyez Bouchard, *Traité de pathol. gén.*, Paris, **3**, 1re partie, 153, 1900].

ACIDE CARBAMIQUE. — Ce corps a été trouvé par Drechsel dans l'urine alcaline du cheval, et sa présence dans l'urine acide de l'homme et du chien à l'état normal a été rendue très probable par Nencki et Hahn [Drechsel, *Ber. d. sächs. Gesellsch.*, 1875. — Hahn, Massen, Nencki et Pawlow, *Arch. exp. Path.*, **32**, 161]. Il apparaît en grandes quantités dans l'urine de l'homme et du chien après ingestion de lait de chaux [Abel et Muirhead, *ibid.*, **31**, 15]. A la suite des belles recherches de Nencki et Hahn sur les chiens por-

teurs d'une fistule d'Eck, on a admis en général que le carbamate d'ammonium constitue avec le carbonate d'ammonium le précurseur immédiat de l'urée dans l'organisme. Pour plus de détails voyez l'ouvrage de Bouchard cité ci-dessus [*loc. cit.*].

ACIDE URIQUE ET BASES PURIQUES. — En ce qui concerne l'origine de l'acide urique et la distinction entre la fraction d'origine endogène et la fraction d'origine exogène, voyez l'article de Lambling [*Rev. gén. des scienc.*, nᵒ du 30 Avril 1906].

Les bases puriques trouvées dans l'urine humaine sont les suivantes : *xanthine, guanine, hypoxanthine, adénine, paraxanthine, hétéroxanthine, épisarcine, épiguanine, 1-méthylxanthine et carnine*. La présence de la guanine affirmée par G. Pouchet est nettement contestée par Krüger et Salomon [*Zeit. physiol. Chem.*, **21**, 169; **24**, 364; **26**, 350 et 389] qui ont opéré sur le précipité argentique fourni par 10 000 litres d'urine humaine. Mais la guanine existe dans l'urine du porc; on a même décrit chez cet animal une goutte à la guanine avec concrétions articulaires à la guanine et élimination exagérée de cette base par l'urine [Schittenhelm, *ibid.*. **45**. 357]. Ces bases proviennent en partie de la désassimilation des nucléines, en partie de la transformation, dans l'organisme, des bases avoisinantes (théobromine, théophylline et caféine) apportées par nos aliments. Ici aussi il faut donc distinguer entre les bases d'origine endogène et celles d'origine exogène, ces dernières constituant environ 70 0/0 de la quantité totale [Albanese. *Arch. exp. Path.*, **35**, 449. — Gottlieb et Bondzynski, *ibid*, **36**, 45 et **37**, 385]. La quantité de bases xanthiques est en 24 heures de 15 à 56 milligr. [Salkowski, *Arch. de Pflüger*, **69**, 268. — Flatow et Reizenstein, *D. med. Wochenschr.*, 354, 1897], de 4 à 27 milligr. pour une alimentation exempte de purines (thé, café), de 30 à 60 milligr. pour une alimentation mixte [Burian et Schur, *Arch. de Pflüger*, **80**, 241 et **87**, 239]. La quantité de ces corps dépasse rarement 8 0/0 de celle de l'acide urique. Remarquons que dans cette question il ne faut tenir aucun compte des nombreux résultats réunis à l'aide de la méthode de Krüger et Wulff, qui est tout à fait inexacte (voy. plus loin).

CRÉATININE. — On admet en général que l'urine contient en 24 heures de 0 gr. 8 à 1 gr. 2 de créatine pour une alimentation mixte et de 0 gr. 43 à 0 gr. 86 pour une alimentation végétale. Macleod donne des nombres beaucoup plus forts : 2 gr. 098 pour une alimentation carnée mixte et 1 gr. 064 pour une alimentation exempte de créatinine [*Jahresb. de Maly*, **34**, 638]. Elle ne disparaît pas totalement dans l'inanition. Le jeûneur Succi éliminait aux 7e, 12e et 17e jour de jeûne, respectivement 0 gr. 801. 0 gr. 716 et 0 gr. 403 de créatinine (en Az de 3,2, 3,7 et 2,4 0/0 de Az total [Baldi, cité par Luciani, *Das Hungern*, trad. all., Hambourg, 144, 1890]. Sur les rapports de l'élimination de la créatinine avec le travail musculaire, voy. Moitessier [*Thèse de Méd. de Montpellier*, 1891] et van Hoogenhuize et Verploeg [*Zeit. physiol. Ch.*, **46**, 415]. L'urine normale contient aussi un peu de *créatine* [O. Folin, *Zeit. physiol. Ch.*, **41**, 230].

ALLANTOÏNE. — La quantité d'allantoïne dans l'urine est augmentée après injection de sulfate d'hydrazine sous la peau [Borissow, *Zeit. physiol. Ch.*, **19**, 499; — Poduschka, *Arch. f. exp. Path.*, **44**, 59], après ingestion de thymus ou de pancréas [Minkowski, *Centralbl. f. inn. Med.*, **19**, 500; — Cohn, *Zeit. physiol. Ch.*, **25**, 507; —Salkowski, *Centralbl. med. Wiss.*, 929, 1898].

Pour l'extraction de l'allantoïne de l'urine, voy. Minkowski [*Arch. exp. Path.*, 41, 375].

ACIDE HIPPURIQUE. — Voy. ce mot dans le 2° Suppl., 5, 133. Pour les travaux plus récents, voy. l'important travail de Wiechowsky [*Beitr. chem. Physiol.*, 7, 204]. La quantité de cet acide varie considérablement avec l'alimentation, soit de 0 gr. 1 à 0 gr. 3 avec le régime lacté, de 0 gr. 7 à 1 gr. 0 avec le régime mixte, de 1 à 2 gr. et au delà avec une alimentation végétale (fruits, légumes verts). L'acide benzoïque qui donne lieu à cette formation d'acide hippurique provient de l'oxydation des acides aromatiques (acides cinnamique, hydrocinnamique, quinique, etc.,) de nos aliments végétaux. Des doses de 20 à 25 gr. d'acide quinique chez l'homme portent l'excrétion d'acide hippurique jusqu'à 6 et 8 gr. [Lewin, *Zeit. klin. Med.*, 42, 371; — Forster, cité d'après Hupfer, *Zeit. physiol. Chem.*, 37, 302]. Une autre source de l'acide benzoïque est constituée par les acides aromatiques (ac. phénylpropionique, etc.,) produits par la putréfaction des protéiques dans l'intestin. C'est pourquoi l'acide hippurique ne fait jamais défaut dans l'urine des carnivores et pourquoi aussi une énergique désinfection de l'intestin à l'aide du calomel le fait disparaître complètement [Baumann, *Zeit. physiol. Ch.*, 10, 123].

ACIDE PHÉNACÉTURIQUE. — Voyez ce mot.

ACIDE BENZOÏQUE. — Cet acide a été trouvé parfois en petite quantité dans l'urine de chien et de lapin, et dans l'urine de l'homme au cours d'affection du rein (ce qui témoignerait d'un affaiblissement du pouvoir de synthèse de l'organe) [Jaarsveld et Stokwis, *Arch. exp. Path.*, 10, 268; — Kronecker, *ibid.*, 16, 344]. Mais il faut remarquer que dans des urines alcalines et albumineuses, l'acide hippurique peut subir facilement une décomposition fermentative. D'autre part, on a admis aussi l'existence dans les tissus (rein) d'une diastase qui ferait l'hydrolyse de l'acide hippurique (*histozyme* de Schmiedeberg) [Schmiedeberg, *Arch. exp. Path.*, 14, 379; — Minkowski, *ibid.*, 17, 445].

ACIDES SULFOCONJUGUÉS. — On désigne sous ce nom (ou sous celui d'acides éthéro-sulfuriques ou de sulfo-éthers) les combinaisons éthérées du type de l'acide phénylsulfurique $C^6H^5O-SO.OH$, que contractent avec l'acide sulfurique une partie des composés aromatiques résultant de la putréfaction des matières albuminoïdes dans l'intestin. Les plus importants de ces sulfoconjugués sont les *acides phénylsulfurique* et *p-crésylsulfurique* $CH^3.C^6H^4.O.SO^2.OH$ et les acides *indoxyl* et *scatoxylsulfurique*, l'existence de ce dernier étant toutefois nettement niée par Maillard (voy. plus loin). On a trouvé, en outre, dans l'urine humaine, de petites quantités d'*acide pyrocatéchine-sulfurique*, et après empoisonnement par le phénol, de l'*acide hydroquinone-sulfurique*. Il en existe vraisemblablement d'autres encore. Ajoutons que ces corps aromatiques ne sont pas seulement copulés avec l'acide sulfurique; une petite partie apparaît aussi conjuguée avec l'acide glycuronique (voy. ce mot). Le phénol, le paracrésol (et l'hydroquinone) proviennent du noyau tyrosine des albumines, et l'indol du noyau tryptophane.

La majeure partie de ces produits aromatiques étant conjuguée avec l'acide sulfurique, le dosage de l'acide sulfurique sulfoconjugué peut servir de mesure de l'intensité des phénomènes de putréfaction dans le tube digestif. On constate, en effet, que tout ce qui favorise cette putréfaction (alimentation très riche en protéiques, ligature de l'intestin, iléus, péritonite, etc.) augmente la proportion des sulfoconjugués. Au contraire, le régime lacté, les hydrates de carbone (à cause de l'action antiseptique de l'acide lactique de fermentation), les purgatifs, diminuent la quantité des sulfoconjugués. Ils manquent complètement chez les jeunes animaux élevés aseptiquement, chez les malades avec fistule de l'intestin grêle. On a, d'abord, proposé d'exprimer la quantité d'acide sulfurique conjugué contenue dans l'urine des 24 h. en centièmes de la quantité totale d'acide sulfurique, la grandeur de ce quotient devant mesurer la grandeur de la putréfaction [Von den Velden, *Arch. de Virchow*, 70, 343]. Mais comme la quantité d'acide sulfurique total dépend de la quantité totale d'albumine consommée et n'a aucun rapport avec la grandeur de la putréfaction intestinale, cette manière d'exprimer les faits conduit à des résultats tout à fait fictifs et doit être abandonnée [Kast et Boas, *Wien. med. Woch.*, 1885, 35; — Salkowski, *Zeit physiol. Ch.*, 12, 223; — C. von Noorden, *Zeit. klin. Med.*, 17, 529]. On ne doit prendre en considération que les quantités *absolues* d'acide sulfurique conjugué. et comme ces quantités varient à l'état normal dans des limites étendues (de $0^{gr},13$ à $0^{gr},27$ en 24 h. chez un individu et de $0^{gr},09$ à $0^{gr},26$ chez plusieurs individus recevant la même alimentation), il ne faut tenir compte que de résultats très élevés, supérieurs à $0^{gr},30$, ou très faibles; de plus petites oscillations sont sans significations [C. von Noorden, *Lehrb. d. Path. des Stoffwechsels*, 1ʳᵉ éd., 1893, 69]. Les quantités moyennes de phénol sont de 5 à 30 milligr., et celles d'indoxyle de 5 à 20 milligr. en 24 heures.

On reviendra plus loin sur l'acide indoxylsulfurique et sur l'acide scatoxylsulfurique en tant que générateurs de matières colorantes dans l'urine.

ACIDES OXYAROMATIQUES. — Le phénol et le paracrésol ne sont pas les seuls produits aromatiques qui à la suite des phénomènes de putréfaction intestinale prennent naissance à partir de la tyrosine. Il se forme encore des *acides p-oxyphénylacétique* $OH.C^6H^4.CH^2.CO^2H$ et *p-oxyphénylpropionique* (ou hydroparacoumarique) $OH.C^6H^4.CH^2.CH^2.CO^2H$ qui passent en petites quantités dans les urines. L'*acide p-oxyphénylglycolique* $OH.C^6H^4.CHOH.CO^2H$ a été trouvé dans l'urine au cours de l'atrophie jaune aiguë du foie; l'*acide oxyhydroparacoumarique* apparaît chez le lapin après ingestion de tyrosine et l'*acide gallique* a été trouvé dans l'urine de cheval [Baumann, *Zeit. physiol. Ch.*, 6, 183 et 10, 123; — Riess, *Chem. Centr. Bl.*, 1869, 680; — Schultzen et Blendermann, *ibid.*, 6, 257]. Dans cette catégorie rentrent aussi l'*acide cynurénique* ou *kynurénique* (voy. ce mot), principe constant de l'urine du chien, et les *acides alcaptoniques*, c'est-à-dire l'*acide homogentisinique* (voy. ce mot) et l'*acide uroleucique*, qui est l'acide dioxyphényl-lactique

$$C^6H^3(OH)(OH)(CH^2.CHOH.CO^2H)(1.4.5).$$

Ces deux acides proviennent dans l'organisme de la tyrosine et de la phénylalanine [Osborne, *Journ. of physiol. Proced.*, mars, 1903; — Langstein et Falta, *Zeit. physiol. Ch.*, 37, 513. et 42, 81].

Notons qu'une petite partie des acides oxyaromatiques apparaît dans l'urine en conjugaison avec l'acide sulfurique. La quantité totale de ces acides est à l'état normal de 15 à 30 milligr. en 24 h. Ils ne proviennent pas uniquement des putréfactions intestinales, car on les trouve encore dans l'urine d'animaux élevés aseptiquement [Nutall et Thierfelder, *Zeit. physiol. Ch.*, 21, 108 et 22, 62].

Chromogènes et matières colorantes. — L'urine contient des matières colorantes préformées, c'est-à-dire existant dans l'urine au moment de l'émission, et des chromogènes, c'est-à-dire des substances qui engendrent des pigments sous l'influence d'agents physiques ou chimiques.

Les matières colorantes préformées actuellement connues sont l'*urochrome* auquel on doit rapporter en totalité ou du moins en majeure partie la couleur jaune de l'urine, l'*hématoporphyrine* que toute urine normale paraît contenir, bien qu'en petite quantité, et l'*uro-érythrine* que l'urine normale ne contiendrait qu'en petite quantité et non d'une façon constante. Les chromogènes sont celui de l'urobiline ou *urobilinogène*, que la lumière (Saillet) ou l'air (Jaffé, Disqué) transforme en *urobiline*, les *composés indoxyliques* qui sont dans l'urine substance mère du *bleu* et du *rouge d'indigo*, et le *chromogène scatolique*, qui produit, sous l'action des acides, le *rouge dit de scatol*. Enfin sous l'action des acides les *hydrates de carbone* contenus dans l'urine (voy. plus loin) donnent des *substances humiques* colorées; telle est sans doute l'origine de l'*urophéine* de Heller et de diverses *uromélanines*. Un nombre considérable d'autres pigments ont été décrits encore, mais nous verrons que beaucoup d'entre eux se confondent avec l'un ou l'autre de ceux que l'on vient de citer.

Urochrome. — C'est la matière colorante jaune de l'urine. C'est un corps azoté (4,2 0/0), non ferrugineux, soluble dans l'eau et l'alcool, peu soluble dans l'alcool absolu, l'éther acétique, l'alcool amylique et l'acétone, insoluble dans le chloroforme, l'éther et le benzène. Il est précipité par l'acétate de plomb, le nitrate d'argent, l'acétate mercurique, les acides phosphotungstique et phosphomolybdique, mais non par le sulfate d'ammonium à saturation. Il ne présente pas de bandes d'absorption et sa solution ne devient pas fluorescente par addition de chlorure de zinc et d'ammoniaque [Tudichum, *C. R.*, **106**, 1803 et *Chem. News*, **68**, 275; — Garrod, *Proc. Roy. Soc.*, **55**, 394].

L'urochrome paraît présenter des relations chimiques avec l'urobiline ou les urobilinoïdes. Le caméléon notamment transforme l'urobiline en une substance analogue à l'urochrome [Riva, Chiodera, cités d'après Garrod, *Journ. of physiol.*, **24**, 190].

Traité par l'acide sulfurique, il donne, d'après Thudichum, une série de produits colorés, qui paraissent encore très mal définis, l'*uropittine*, une *uromélanine*, l'*omicholine*, l'*acide omicholique*, etc. [Thudichum, *C. R.*, **106**, 1803 et *Chem. News*, **68**, 275].

L'urochrome contribue sans doute à maintenir en dissolution une partie de l'acide urique de l'urine [Klemperer, *Jahresb. de Maly*, **32**, 355, 1902].

Hématoporphorine. — Voyez dans le 2e Suppl., au mot Hémoglobine, p. 79.

Uro-érythrine. — Ce pigment a surtout été étudié dans les urines pathologiques. C'est lui qui colore en rose les sédiments d'urates, mais il existe aussi en petite quantité dans l'urine normale, en plus grandes proportions dans l'urine produite après des sudations abondantes, des repas exagérés, des troubles digestifs, dans la fièvre, etc.

Il est amorphe, soluble dans l'alcool amylique, moins soluble dans l'éther acétique, le chloroforme, l'eau. Ses dissolutions étendues sont roses; concentrées, elles sont rouge orange ou rouge vif. Elles ne sont pas fluorescentes, ni directement ni après addition de chlorure de zinc, et leur spectre présente deux larges bandes d'absorption, s'étendant du milieu de l'espace D-E jusqu'à F et séparées de E à *b* par un espace moins obscurci. Elles s'altèrent très vite à la lumière. Pour la préparation, voy. les mémoires de Garrod [*Journ. of physiol.*, **17**, 439]; Riva [*Jahresb. de Maly*, **23**, 589]; Zoja [*ibid.*, 590].

Urobiline et urobilinogène. — Depuis la découverte de l'urobiline de Jaffé, on a fréquemment extrait de l'urine normale ou pathologique des substances analogues à l'urobiline, mais présentant avec celle-ci quelques différences, et où l'on parle d'urobilines physiologiques, pathologiques, fébriles, etc. Il est possible qu'il existe plusieurs urobilines, mais comme l'urobiline de Jaffé est une substance très altérable, difficile à séparer exactement des autres pigments urinaires, il faut, avec Hammarsten, accueillir avec réserve la description de ces différentes variétés [Mac Munn, *Jahresb. de Maly*, **11**, 211; — Bogomolow, *ibid.*, **22**, 535]. On admet en général que l'urobiline provient de la réduction de la bilirubine (et de dérivés de celle-ci) dans l'intestin, et un nombre considérable de faits cliniques et d'expériences physiologiques confirment cette hypothèse. Ainsi les épanchements sanguins, toutes les maladies ou intoxications qui s'accompagnent d'une fonte active des globules rouges, c'est-à-dire qui inondent le foie d'une grande quantité d'hémoglobine, matière première de la bilirubine, augmentent l'excrétion de l'urobiline par les urines. La ligature du canal cholédoque chez le chien supprime l'urobiline de l'urine, et l'ingestion de bile la fait ensuite reparaître aussitôt. Cependant en dehors de cette formation intestinale, on tend à admettre chez les fébricitants une autre source que l'on place dans les tissus [Quincke, *Arch. de Virchow*, **15**, 125; — Tissier, *Thèse*, Paris, 1889; — D. Gerhardt, *Zeit. klin. Med.*, **32**, 303; — Gilbert et Herscher, *Soc. de Biol.*, **54**, 795; — Kiener et Engel, *ibid.*, **40**, 678].

On admet en général que l'urobiline ainsi formée dans l'intestin est identique avec la stercobiline des fèces, et avec l'hydrobilirubine obtenue par Maly dans l'action de l'amalgame de sodium sur la bilirubine, mais ce dernier fait est nettement contesté par Hopkins et Garrod [*Journ. of physiol.*, **22**, 451]. La question s'est d'ailleurs compliquée depuis que l'on a obtenu, en partant des pigments biliaires ou sanguins et par des procédés très différents, des substances ayant les propriétés essentielles de l'urobiline (urobilinoïdes). On a obtenu de ces substances par oxydation de la cholécyanine, de l'hématine, par réduction de l'hématine et de l'hématoporphyrine [Disqué, *Zeit. physiol. Ch*, **2**, 259; — Mac Munn, *Journ. of physiol.*, **10**, 71; — Hoppe-Seyler, *D. chem. G.*, **7**, 1065; — Stockwis, *Centr. Bl. med. Wiss.*, 1873, 211 et 289; — Necki et Sieber, *Arch. exp. Path.*, **24**, 440]. Le mécanisme chimique de la production de l'urobiline dans l'intestin, à partir des pigments biliaires demeure donc assez obscur.

La quantité d'urobiline excrétée par l'urine en 24 h. est de 30 à 130 milligr. [Saillet, *Rev. de Méd.*, 1897, n° 2]; de 80 à 130 milligr. [G. Hoppe-Seyler, *Arch. de Virchow*, **124**, 30]; de 20 milligr. [F. Müller].

Pour la préparation de l'urobiline, voyez, outre le procédé primitif de Jaffé, celui de Méhu qui s'est servi le premier du sulfate d'ammonium à saturation pour précipiter le pigment [*Acad. Méd.*, 1878, 26]. Voyez aussi le mémoire de Saillet [*loc. cit.*], et celui de Hopkins et Garrod [*Journ. of physiol.*, **22**, 451], et pour la recherche ceux de Denigès [*J. Pharm. Chim.*, (6), **5**, 395] et de Grimbert [*ibid.*, (6), **19**, 425].

D'après Saillet [*loc. cit.*], l'urine fraîche ne contient qu'un chromogène de l'urobiline (*urobilinogène*) que la lumière et le contact de l'eau transforment en urobiline et qui est précipité par le sulfate d'ammonium, comme l'urobiline [Voy. aussi Eicholz, *Journ. of physiol.*, 14, 326 et Lecompte, *Thèse de méd. de Lille*, 1898].

Chromogène et couleurs indoxyliques. — De bonne heure on a reconnu qu'une matière colorante bleue, souvent accompagnée d'un pigment rouge, peut être retirée de l'urine normale, et l'on considéra avec Schunk le chromogène de ce bleu comme identique à l'indican des plantes, jusqu'au moment où Jaffé montra que l'indican urinaire prend naissance aux dépens de l'indol, et où Baumann identifia l'indican urinaire avec l'indoxylsulfate de potassium [Baumann, *Arch. de Pflüger*, 13, 304; — Baumann et Brieger, *Zeit. phys. Chem.*, 3, 254 et *D. chem. G.*, 12, 2166; — Baumann et Tiemann, *D. chem. G.*, 12, 1098 et 1112 et 13, 153]. L'indoxyle existe aussi dans l'urine sous la forme d'acide indoxylglycuronique et peut être encore sous d'autres formes. Le vocable *indican urinaire* appliqué à l'indoxylsulfate de potassium par une analogie boiteuse avec l'indican des plantes (qui est un glucoside) est donc à la fois fautif et incomplet. Il vaut donc mieux, comme le propose avec raison Maillard, rayer complètement ce terme et ne plus parler que d'indoxyle urinaire, comme on parle du chlore ou de l'azote, bien que ces matériaux ne soient pas contenus dans l'urine à l'état de liberté.

Lorsqu'on traite l'urine par son volume d'acide chlorhydrique, l'indoxylsulfate est décomposé avec mise en liberté d'indoxyle qui, par addition d'un oxydant (hypochlorite, eau oxygénée), ou mieux par simple agitation à l'air se transforme en indigo que l'on peut enlever au mélange à l'aide du chloroforme :

$$C^8 H^6 Az O S O^3 K + H^2 O = C^8 H^6 Az O H + S O^4 K H$$
$$2 C^8 H^6 Az O H + O^2 = C^{16} H^{10} Az^2 O^2 + 2 H^2 O.$$

Maillard a montré que cette solution chloroformique purifiée par des agitations répétées avec l'eau, la soude, puis encore avec l'eau, ne renferme plus qu'une matière colorante bleue, l'*indigotine*, une matière rouge, l'*indirubine* et des pigments bruns dont on arrive à éviter complètement la formation en opérant avec rapidité. Si l'extrait chloroformique est abandonné à lui-même, encore acide, tout le bleu se transforme en indirubine et si l'on lave de bonne heure avec un alcali, toute formation d'indirubine est arrêtée. Le rouge et le bleu sont donc tous deux d'origine indoxylique, de telle sorte que ce groupe empirique des « couleurs chloroformiques » se confond avec le groupe chimique des « couleurs indoxyliques ». Ajoutons qu'au moment où le bleu et le rouge d'indigo se forment dans cette réaction, ils ne sont pas identiques aux produits de synthèse. Sur ce point très intéressant, voyez le mémoire original de Maillard. Enfin Maillard a montré que les pigments décrits sous les noms de *cyanourine, uroglaucine, urocyanine, bleu urinaire, urocyanose, indigose*, etc., se confondent avec le bleu d'indigo et que les pigments appelés *urrhodine, urrosacine, acide uroérythrique, urorubine, pigment de Leube, rouge bourgogne*, etc., sont de l'indirubine plus ou moins pure [Maillard, *L'indoxyle urinaire*, etc., Paris, 1903].

L'indol dont provient l'indoxyle urinaire résulte de la putréfaction des matières albuminoïdes dans l'intestin. La question de la production de ce corps au cours des échanges nutritifs a été, à la vérité, soulevée de divers côtés, mais les recherches de Scholz et d'Ellinger sont tout à fait contraires à cette thèse et ne laissent subsister pour l'instant que la doctrine classique de l'origine intestinale [Scholz, *Zeit. physiol. Chem.*, 38, 512; — Ellinger, *ibid.*, 39, 44; — Ellinger et Gentzen, *Beitr. chem. Physiol.*, 4, 171]. L'urine normale des 24 heures fournit de 5 à 20 milligr. d'indigo.

Chromogène et pigment scatolique. — L'urine de lapins ou de chiens ayant reçu du scatol s'enrichit en acide sulfurique conjugué et se colore en rouge violet lorsqu'on la traite par l'acide chlorhydrique concentré. Il se dépose ensuite un précipité rouge violet [Brieger, *D. chem. G.*, 10, 1031 et 12, 1988; *Zeit. physiol. Chem.*, 4, 417]. C'est de ces faits bien peu démonstratifs que l'on a conclu, par analogie avec ce que donnent les injections d'indol, à l'existence d'un acide scatoxylsulfurique, et que l'on parle d'un *rouge de scatol*. D'autre part, Maillard [*op. cit.*] a montré les difficultés théoriques auxquelles se heurte cette hypothèse d'un acide scatoxylsulfurique urinaire. Quoi qu'il en soit, il existe un chromogène scatolique dont MM. Porscher et Hervieux ont établi la production chez des chiens purgés, puis nourris au lait et dont l'urine ne contient plus, après quinze jours, que des traces insignifiantes d'indoxyle. Or, chez ces animaux le scatol introduit par la peau ou *per os* produit l'excrétion d'une urine qui, traitée par HCl, devient rouge et laisse déposer peu à peu des flocons rouges. Ce rouge de scatol, qui s'est donc produit dans des conditions qui excluent toute origine indoxylique, diffère d'ailleurs nettement du rouge d'indigo par ses caractères de solubilité, puisqu'il est insoluble dans l'éther ordinaire et dans le chloroforme (qui dissolvent au contraire les couleurs indoxyliques) et qu'il est facilement soluble dans l'alcool amylique. Avec ce rouge de scatol se confondent l'*uroroséine* de Nencki et Sieber, l'*uroérythrine* de Simon, le *pigment de Giacosa*, la *purpurine* de Golding-Bird, l'*uromélanine* de Plosz, les *pigments* décrits par Brieger, Mester, Otto, Rössler et Grosser. Quant à la nature chimique du chromogène scatolique, elle reste à déterminer [Porscher et Hervieux, *Journ. de Physiol. et de Pathol. gén.*, 7, 785 et 812].

HYDRATES DE CARBONE. — La présence de traces de *glucose* dans l'urine normale, longtemps contestée, est aujourd'hui démontrée, principalement par les recherches de Baisch [*Zeit. physiol. Ch.*, 23, 193 et 255]. Ce travail contient une bibliographie des recherches antérieures. La quantité excrétée en 24 heures serait de 0gr,08 à 0gr,18. L'urine contient aussi de petites quantités d'*isomaltose* [Lemaire, *Zeit. physiol. Ch.*, 24, 450] et un corps analogue à la dextrine (*gomme animale* de Landwehr) : voyez, outre le travail de Baisch, celui de von Alfthan [*D. med. Woch.*, 497, 1900]. L'urine des 24 heures en contient 2 à 3 gr., et même jusqu'à 6 gr. On sait qu'après l'ingestion de certaines substances (chloral, camphre, naphtol) l'urine contient aussi de grandes quantités d'*acide glycuronique* (voy. ce mot) à l'état de dérivés conjugués, toutefois la présence de cet acide à l'état normal était contestée. Mais il est établi aujourd'hui que l'urine normale renferme de petites quantités d'acide phénol- et indoxylglycuronique [Mayer et Neuberg, *Zeit. physiol. Ch.*, 29, 256]. C'est cet acide qui contribue avec le glucose, l'acide urique, la créatinine et d'autres substances encore inconnues, à conférer à l'urine normale son pouvoir réducteur. Vis-à-vis de la liqueur de Fehling et exprimé en glucose, ce pouvoir varie de 1,5 à 5,96 0/00. Ces substances sont fournies par les tissus dont on connaît le pouvoir réducteur (Ehrlich, A. Gautier). Pour la mesure de ce pouvoir au permanganate, voy. Hélier [*Thèse de Lyon*, 1899-1900].

Corps sulfurés. — On sépare ces corps en deux groupes, le groupe dit du *soufre acide* comprenant l'acide sulfurique des sulfates et l'acide sulfurique conjugué, et le groupe dit du *soufre neutre*, comprenant un peu d'acide sulfocyanique (de 0gr.04 à 0gr.11 0/00), de la cystine ou des corps analogues, de la taurine ou des corps analogues, de l'acide chondroïtine-sulfurique, des acides azotés et sulfurés complexes (acides oxyprotéique, alloxyprotéique, uroferrique, antoxyprotéique) et des traces de substances protéiques (Salkowski, *Arch. de Virchow*, 58, 472]. Lépine distingue dans ce soufre neutre une partie facilement oxydable par le brome et une autre qui n'est transformée en acide sulfurique que par fusion avec de la potasse et du salpêtre [Lépine, Guérin et Flavard, *Rev. de Méd.*, 27, 1881]. Le soufre neutre représente de 15 à 24 0/0 du soufre total dont la quantité absolue est en SO⁴H² de 3gr.3 en 24 heures [Cf. Voirin, *Thèse*, Nancy, 1894]. L'urine de chien, mais non l'urine de l'homme, contient aussi un peu d'hyposulfite. Nous donnons ci-après quelques renseignements sur les acides sulfurés complexes énumérés plus haut.

L'*acide oxyprotéique* C⁴²H⁸²Az¹⁴SO³¹ est précipité par le nitrate ou l'acétate de mercure, mais non par le sous-acétate de plomb. Il est amorphe, il ne donne pas la réaction xanthoprotéique, ni celle du biuret; mais il donne un peu celle de Millon et nettement la diazoréaction d'Ehrlich. L'urine des 24 heures en contient de 3 à 4 gr. (à l'état de sel de baryum et même davantage, soit en Az de 2 à 3 0/0 de l'azote total). C'est un produit intermédiaire de la désassimilation des protéiques. Cloetta l'appelle *uroprotéique* et lui donne une autre formule [Bondzinski et Gottlieb, *Centralbl. med. Wiss.*, 577, 1897;—Bondzinski, Dombrowski et Panek, *Zeit. physiol. Ch.*, 46, 83;—Cloetta, *Arch. exp. Path.*, 40, 29;—Pregl, *Arch. de Pflüger*, 75, 87].

L'*acide alloxyprotéique* est très voisin du précédent, mais il est précipité par le sous-acétate de plomb et ne donne pas la réaction d'Ehrlich. Son sel de Ba contient de 3,22 à 3,41 0/0 de S et de 8,20 à 10,13 0/0 de Az [Dombrowski et Panek, *D. chem. G.*, 35, 2959; Bondzynski, Dombrowski et Panek, *loc. cit.*]. L'acide *antoxyprotéique*, isolé par les trois auteurs précités, renferme 24,40 0/0 de Az et seulement 0,63 0/0 de soufre Hari a isolé aussi un nouvel acide qu'il considère comme différent des précédents [*Zeit. physiol. Ch.*, 46, 1].

L'*acide uroferrique* C³⁵H³⁶Az⁸SO¹¹ est une poudre blanche, soluble dans l'eau, difficilement soluble dans l'alcool. C'est un acide hexabasique [α]ᴅ¹⁸ = — 32.5 [Thiele, *Zeit. physiol. Ch.*, 37, 251].

Bien que ces acides ne présentent pas encore, d'une manière tout à fait certaine, le caractère d'individus chimiques bien déterminés, il n'en reste pas moins établi que d'assez gros fragments de la molécule protéique sont éliminés par les urines. Il convient de rapprocher de ce fait la présence dans l'urine d'un *polypeptide* (voy. au mot peptone) analogue à ceux que fournit la digestion pepsique ou trypsique [Abderhalden et Pregl, *Zeit. physiol. Ch.*, 46, 19].

On reviendra plus loin sur la partie du soufre neutre représentée par les protéiques normaux de l'urine.

Acides divers; acétone. — L'urine normale contient de petites quantités d'*acides gras volatils* [environ 60 milligr. en 24 heures) qui proviennent surtout de la fermentation des hydrates de carbone dans l'intestin, mais il s'en forme sans doute aussi dans l'organisme même. Pendant la fermentation ammoniacale, il s'en développe des quantités bien plus considérables, qui à l'état de sels ammoniacaux contribuent à donner à l'urine putréfiée son odeur « urineuse » spéciale. L'urine contient aussi de petites quantités d'*acides gras fixes* [R. von Jacksch, *Zeit. physiol. Ch.*, 10, 536; — Rokitansky, *Wien. med. Jahrb.*, (2), 2, 206; — Salkowski, *Zeit. physiol. Ch.*, 13, 264; — Rosenfeld, *D. med. Woch.*, 29, n° 13; — Hybbinette, *Skand. Arch. f. Physiol.*, 7, 380]. La présence de l'*acide lactique* à l'état normal n'est pas démontrée, mais cet acide apparaîtrait à la suite de marches forcées [Colaranti et Moscatelli, *Gazz. chim. ital.*, 17, 548]. On le trouve aussi dans l'urine lorsqu'il y a asphyxie partielle (Hoppe-Seyler, Araki), après extirpation du foie, après les accès épileptiques [Inonye et Saiki, *Zeit. physiol. Ch.*, 37, 202].

L'urine normale contient des traces d'*acétone* (de quelques milligr. à 1 centigr. en 24 heures). Le jeûne l'augmente considérablement. Chez le jeûneur Cetti, l'urine contenait, dès le troisième jour, une quantité très considérable d'acétone, accompagnée d'*acide acétylacétique* [Müller, *Berl. klin. Woch.*, 24, 434]. Cette acétone d'inanition et l'acétone pathologique proviennent probablement des graisses. Les hydrates de carbone font aussitôt diminuer l'acétonurie [Geemuyden, *Zeit. physiol. Ch.*, 41, 128; — Sattu, *Beitr. chem. Physiol.*, 6, 1]. On ne peut que signaler ici l'intérêt de la question de l'acétonurie pathologique (acétonurie fébrile, diabétique, cachectique, asthme acétonique du mal de Bright, etc.). Pour la *tygcérine* voy. Nicloux [*J. de physiol. et de path. gén.*, 5, 803 et 827].

Protéiques normaux de l'urine. — Il est aujourd'hui bien établi que l'urine normale contient des traces de *matières albuminoïdes* et notamment de *sérum-albumine* (environ 36 milligr. pour 1000). Les choses se passent donc ici comme pour le glucose, en ce sens que « la nature ne fait point de saut » et qu'il n'y a pas de différence absolue entre l'urine normale et l'urine des albuminuriques et des diabétiques, mais seulement une différence quantitative [Posner, *Arch. de Virchow*, 104, 497; — Leube, *Zeit. klin. Med.*, 13, 1; — Plosz, *Jahresb. de Maly*, 20, 215; — K. A. H. Mörner, *Skand. Arch. f. Physiol.*, 6, 332]. La mucine fait sans doute défaut à l'urine normale. Le précipité que l'on obtient souvent par l'acide acétique et que l'on compte habituellement comme étant de la mucine ou de la *nucléo-albumine*, est, en réalité, dû à l'albumine normale, précipitée par des acides spéciaux que l'acide acétique a libérés. Ces acides sont constitués par de petites quantités d'acide chondroïtine sulfurique, d'acide nucléique, parfois aussi d'acide taurocholique, dont les propriétés précipitantes vis-à-vis de l'albumine sont connues [K. A. H. Mörner, *loc. cit.*]. Enfin le nuage (*nubecula*) des anciens auteurs) qui se rassemble souvent dans l'urine normale, est constitué, d'après Mörner, par un *mucoïde* dont une partie est dissoute dans l'urine; l'acide acétique le précipite lorsqu'il n'est pas en présence de trop de sels et le redissout ensuite dans un excès. C'est un corps très altérable dont les acides séparent une substance réductrice.

II. — Composition de l'urine.

Cette composition est encore loin d'être connue entièrement. En dosant dans 21 urines normales recueillies chez 8 personnes des deux sexes, âgées de 4 à 56 ans, les matières organiques (par différence entre l'extrait sec et les matières minérales) et puis parmi les matières organiques, toutes celles que l'on peut actuellement déterminer avec quelque sécurité (urée, acide urique, corps xanthiques, ammoniaque et créatinine), Donzé et Lambling ont montré que l'on laisse ainsi en dehors du dosage de 16 à 36,7 0/0 (moyenne 26 0/0) des matières organiques, et cependant l'azote des matières organiques dosées représentait de 90 à 97,4 0/0 (moyenne 93 0/0) de l'azote total, mais le carbone de ces matières ne représentait que 29,6, 43,5 0/0, en moyenne 37 0/0, soit donc le tiers environ du carbone total. La fraction la plus importante de ces matières extractives ou « non dosé » organique est sans doute constituée par ces acides azotés et sulfurés complexes, dont il a été question plus haut, et peut-être secondairement par des hydrates de carbone [Donzé et Lambling, *Journ. de physiol. et de pathol. gén.*, 5, 225 et 1061].

Dans l'urine normale et pour une alimentation mixte, la *répartition de l'azote* est à peu près la suivante : urée, de 84 à 87 0/0; ammoniaque, de 2 à 5 0/0; acide urique, de 1 à 3 0/0; matières extractives, de 7 à 10 0/0 [C. von Noorden, *Lehrb. d. Path. des Stoffwechsels*, 1ʳᵉ éd., Berlin, 63, 1893]. Ces nombres varient dans des limites assez étendues, lorsqu'on passe à l'alimentation végétale ou animale [Gumlich, *Zeit. physiol. Ch.*, 17, 10; — Schulze, *Arch. de Pflüger*, 45, 401; — Bleibtreu, *ibid.*, 402; — Camerer, *Zeit. f. Biol.*, 28, 72]. Pour la répartition de l'azote dans l'urine des enfants voyez Sjöqvist [*Jahresb. de Maly*, 23, 245]. La partie la plus considérable de l'azote extractif est représentée par celui de la créatinine (de 2,71 à 7,07 0/0, moyenne 4,87 0/0 de l'azote total) [Donzé et Lambling, *loc. cit.*], et par celui des acides du groupe de l'acide oxyprotéique (jusqu'à 3 0/0 de l'azote total et probablement davantage). Pour la répartition de l'azote dans les urines pathologiques, voy. Satta [*Beitr. chem. Physiol. u. Path.*, 6, 358].

Aux indications quantitatives données plus haut, chemin faisant, nous ajouterons les suivantes, relatives aux *matières minérales* et rapportées à l'urine des 24 heures : Cl (en NaCl) de 8 à 15 gr. et davantage; P²O⁵ total de 2 à 5 gr., en moyenne 2ᵍʳ,5 environ (voy. plus loin) dont 60 0/0 environ à l'état de phosphates biacides et 40 0/0 à l'état de phosphates monoacides [Ott, *Zeit. physiol. Ch.*, 10, 1]; K²O de 3 à 4 gr.; Na²O de 5 à 8 gr. [Salkowski, *Arch. de Virchow*, 53, 215]; CaO de 0ᵍʳ,16 à 0ᵍʳ,25 [Neubauer, *Journ. prakt. Ch.*, 67, 65]; MgO de 0ᵍʳ,18 à 0ᵍʳ,28 (pour les deux bases et en phosphates environ 1 gr.). L'urine ne contient que des traces de fer (moins d'un demi-milligr. en 24 heures). Les indications contraires tiennent à l'insécurité de la méthode employée [Lapicque, *Thèse de la Fac. des Sciences de Paris*, 45, 1897]. La voie d'élimination du fer est en effet l'intestin et non le rein. Un phénomène analogue est observé pour l'acide phosphorique lorsque l'alimentation est riche en chaux. Cet acide passe alors dans les excréments. Ce phénomène est surtout net chez les herbivores dont l'alimentation est à la fois très riche en chaux et en P²O⁵ et dont les urines ne contiennent que des traces d'acide phosphorique. Même les phosphates solubles injectés sous la peau sont excrétés par les fèces chez l'herbivore [Cf. Ehrström, *Skand. Arch. f. Physiol.*, 14, 83].

III. — Analyse de l'urine.

Densité, matériaux solides et matières minérales. — Pour la détermination de la *densité*, il est utile de noter que les uréomètres du commerce laissent souvent à désirer comme exactitude et qu'il est bon de les vérifier au moyen du picnomètre ou d'une balance de Mohr et Westphal. Les *matériaux fixes* doivent être déterminés en évaporant dans le vide 2 cc. d'urine introduits dans de petits vases cylindriques plats (flacons à taré), en verre mince, de 4 à 5 centimètres de diamètre et munis d'un bouchon rodé, car le résidu sec obtenu est très hygroscopique. La pesée peut être faite au bout de 48 heures. On obtient les *matières minérales* par carbonisation, puis incinération du résidu de 10 cc. d'urine. Avant l'incinération, il faut épuiser le charbon par de l'eau, puis, après l'incinération, ajouter cette eau au résidu, évaporer et calciner très légèrement. L'opération est très laborieuse, car il faut faire une dizaine d'épuisements [Neubauer et Vogel, *Analyse des Harns*, 10ᵉ éd., par Huppert, Wiesbaden, 703, 1898]. Pour le degré d'exactitude de ces trois déterminations, voy. Donzé et Lambling [*Journ. de physiol. et de pathol. gén.*, 5, 226 et 1062].

Carbone total. — On opère très commodément d'après la méthode de Desgrez en oxydant l'urine par voie humide à l'aide de l'acide chromique (ou mieux du bichromate de potasse et de l'acide sulfurique) et en fixant par un tube à potasse CO² formé. Les résultats sont très exacts [Desgrez, *Bull. des sciences pharmacolog.*, 3, 345; — Donzé et Lambling, *Soc. de Biol.*, 55, 968].

Azote total. — On n'emploie plus aujourd'hui que la méthode de Kjeldahl avec destruction en présence d'un peu d'oxyde mercurique. Ce métal doit être précipité avant la distillation de l'ammoniaque, soit par le sulfure de sodium, soit mieux par l'hypophosphite de soude [Maquenne et Roux, *Ann. agronom.*, 76, 1889; — Dehon, *Journ. de physiol. et de pathol. gén.*, 5, 501]. Les résultats sont très exacts. Deux dosages parallèles donnent par exemple 14ᵍʳ,60 et 14ᵍʳ,55 pour 1000. Ronchèse a proposé de doser l'ammoniaque sans distillation à l'aide de son procédé à l'aldéhyde formique [*Soc. de Biol.*, 62, 869, 1907].

Urée. — On s'accorde aujourd'hui à considérer les méthodes gazométriques à l'hypobromite de soude comme insuffisantes pour le dosage de l'urée, lorsqu'il s'agit par exemple de déterminer avec précision, même en clinique, le rapport de l'azote de l'urée à l'azote total. Il faut alors doser l'urée par la méthode de Pflüger ou par celle de Mörner et Sjöqvist, ou enfin plus commodément par celle de Folin.

Pflüger traite l'urine par l'acide phosphotungstique, qui doit précipiter les substances azotées autre que l'urée, et dans le filtrat on dose, d'après Schlœsing, l'ammoniaque qui n'a pas été précipitée. Une autre partie de ce filtrat est hydrolysée par chauffage avec de l'acide phosphorique cristallisé, et l'ammoniaque produite, isolée par distillation en présence de la soude, est titrée. La différence entre ces deux dosages d'ammoniaque est comptée comme urée [Pflüger et Bohland, *Arch. de Pflüger*, 38, 575; — Bohland, *ibid.*, 43, 30; — Pflüger et Bleitreu, *ibid.*, 44, 10 et 57; — Gumlich, *Zeit. physiol. Ch.*, 17, 15].

Mörner et Sjöqvist précipitent les substances azotées autres que l'urée, en ajoutant à l'urine une solution de baryte et de chlorure de baryum et de l'alcool éthéré. Le filtrat, additionné de magnésie pour chasser l'ammoniaque, est concentré à 60°, et dans le résidu on fait, d'après Kjeldahl, un dosage d'ammoniaque qui est compté comme urée [Mörner et Sjöqvist, *Skand. Arch. f. Physiol.*, 2, 440]. Il vaut mieux avec Braunstein hydrolyser le résidu d'évaporation au moyen de l'acide phosphorique à 150° et distiller ensuite l'ammoniaque formée. On évite ainsi de compter comme urée de petites quantités de substances azotées (ac. hippurique) qui ont échappé à la précipitation barytique [Salaskin et Zaleski, *Zeit. physiol. Ch.*, 16, 167 et 18, 453; — Sallerin, *Bull. Soc. Chim.*, (3), 28, 620; *Journ. de physiol. et de path. gén.*, 5, 259 et *Thèse de doctorat en Pharm.*, Lille, 1902]. Pour les urines fortement sucrées, voy. Mörner [*Skand. Arch. f. Physiol.*, 14, 297].

Le procédé de Folin, aussi exact que les précédents et bien plus commode, consiste à produire à 160° l'hydrolyse de l'urée par chauffage de l'urine avec du chlorure de magnésium cristallisé et un peu d'acide chlorhydrique. On ajoute ensuite un excès de soude et on distille l'ammoniaque formée. Il faut doser, d'autre part, l'ammoniaque préexistante d'après Schlœsing ou Ronchèse [*Soc. de Biol.*, 62, 859, 1907]. La différence est comptée comme urée. Ni la créatinine, ni l'acide urique, ni les autres corps azotés ne donnent, dans ces conditions, des quantités appréciables d'ammoniaque. L.-G. de Saint-Martin a montré qu'il y a avantage à remplacer le chlorure de magnésium par le chlorure de lithium [O. Folin, *Zeit. physiol. Ch.*, 32, 504; — Sallerin, *loc. cit.*; — Mörner, *loc. cit.*; — L.-G. de Saint-Martin, *Soc. de Biol.*, 58, 89]. Pour les urines sucrées, il faut éliminer le glucose en opérant d'abord une précipitation par le chlorure de baryum et la baryte en présence de l'alcool éthéré [Mörner, *loc. cit.*; — Dehon, *Journ. de physiol. et de path. gén.*, 5, 501]. On évite ainsi pendant l'ébullition et en présence de HCl la formation de produits humiques azotés, n'abandonnant qu'incomplètement leur azote pendant la distillation. Cazeneuve et Hugounenq ont proposé une méthode où l'hydrolyse de l'urée est produite par chauffage de l'urine à 180°. L'ammoniaque produite est dosée alcalimétriquement, sans distillation [Cazeneuve et Hugounenq, *Bull. Soc. chim.*, (2), 48, 82; — Sallerin, *Thèse p. le doct. en Pharm.*, Lille, 1902].

Acide urique et bases puriques. — L'ancien procédé de Heintz (précipitation de l'acide par addition de HCl à l'urine) donne des résultats tout à fait fautifs par défaut [Deroide, *Thèse de méd.*, Lille, 1891]. Le procédé de choix est celui de Salkowski-Ludwig, qui consiste à précipiter l'acide urique à l'état d'urate argento-magnésien, et à décomposer ce précipité par un sulfure alcalin. Dans le filtrat l'acide urique est précipité par HCl, recueilli et pesé [Salkowski, *Die Lehre vom Harn*, Berlin, 96, 1882; — Ludwig, *Wien. med. Jahrb.*, 597, 1884; — Deroide, *Thèse de méd.*, Lille, 1891]. On a cherché à simplifier cette méthode en la rendant volumétrique. La solution la plus heureuse du problème est celle qu'a donnée Denigès. Le dosage est ramené au titrage d'un excès d'argent par la méthode cyano-argentimétrique, mais on titre ainsi à la fois l'acide urique et les corps xanthiques [Denigès, *Précis de Chim. analyt.*, Lyon, 727, 1898].

Un procédé très commode et suffisamment exact, dû à Hopkins, consiste à précipiter l'acide urique sous la forme d'urate d'ammoniaque en additionnant l'urine de chlorhydrate d'ammoniaque, et titrant ensuite l'acide urique de ce précipité au moyen du caméléon [Hopkins, *Chem. News*, 106, 1892]. Folin et Shaffer ont donné à cette méthode la forme généralement adoptée aujourd'hui [*Zeit. phys. Chem.*, 33, 552]. La méthode donne des résultats un peu plus élevés que ceux que fournit la méthode de Salkowski, mais comme cette dernière comporte une légère perte, on peut considérer que pour la très grande majorité des cas, le procédé de Folin et Shaffer peut remplacer celui de Salkowski-Ludwig [Cf. Weiss, *Zeit. phys. Chem.*, 25, 393; — Donzé et Lambling, *Journ. Phys. et Path. gén.*, 5, 228]. Ronchèse a proposé un titrage volumétrique du précipité d'acide urique à l'aide de l'iode [*Soc. de Biol.*, 60, 504, 1906].

Pour le dosage des *bases puriques*, Salkowski précipite ces bases et l'acide urique par la mixture magnésienne et la solution ammoniacale d'argent, et ce précipité est décomposé par un sulfure alcalin, comme dans le dosage de l'acide urique par le procédé Salkowski-Ludwig. Le filtrat évaporé est traité par SO^4H^2 étendu qui précipite l'acide urique. On filtre, on précipite à nouveau dans le filtrat les bases puriques par l'argent, on lave ce précipité jusqu'à disparition de Cl. de Ag et de SO^4H^2, et après l'avoir incinéré on y dose l'argent au sulfocyanate [Salkowski, *Arch. de Pflüger*, 69, 280]. Une méthode proposée par Krüger et Wulff, et où l'on employait la précipitation au moyen d'un sel cuivreux, a été depuis reconnue inexacte. Les nombreux résultats obtenus en physiologie par cette méthode sont donc à rayer. Mais Krüger et Schmid ont montré récemment que convenablement employée, la méthode aux sels cuivreux vaut celle de Salkowski comme exactitude, et la dépasse au point de vue de la rapidité [Krüger et Schmid, *Zeit. phys. Chem.*, 45, 1].

L. Garnier a donné une méthode mixte, dérivée de celles de Denigès et de Folin et Shaffer, et permettant de doser les corps puriques (acide urique + corps xanthiques ou alloxuriques), l'acide urique, et par différence les corps alloxuriques [L. Garnier, *Soc. de Biol.*, 55, 643].

Créatinine. — La créatinine est précipitée sous la forme du chlorure double de zinc et de créatinine, d'après la méthode de Neubauer, puis lavée et pesée [*Ann. Chem.*, 119, 33]. On opère, d'ordinaire, d'après la modification proposée par Salkowski [*Pract. d. phys. Chem.*, 2e éd., Berlin, 252, 1900]. L'opération est assez longue et les résultats ne sont pas très précis [Donzé et Lambling, *Journ. Phys. et Path. gén.*, 5, 229]. Folin a proposé récemment une méthode colorimétrique, directement applicable à l'urine, et fondée sur la réaction que donne la créatinine avec les solutions alcalines d'acide picrique (réaction de Jaffé), [O. Folin, *Zeit. phys. Chem.*, 41, 223]. Van Hoogenhuyze et Verploeg qui ont vérifié la méthode la déclarent très exacte [*ibid.*, 46, 415].

Autres matériaux organiques. — Pour le dosage des acides *oxalique* et *hippurique*, voyez ces mots dans le 2e Suppl. Pour l'acide hippurique, voyez en outre le travail de Wiechowski [*Beitr. chem. Phys.*, 7, 262]. Le dosage de l'*indoxyle* a lieu après transformation en indigo et à l'aide du permanganate de potasse [voyez Maillard, *l'Indoxyle urinaire*, etc., Paris, 75, 1903]. Celui de l'*acétone* se fait par transformation en iodoforme, d'après une réaction étudiée par Vincent et Delachanal [*Bull. Soc. Chim.*, (3), 681] pour le dosage de l'acétone dans l'alcool méthylique, et appliquée à l'urine par Huppert [Neubauer et Vogel, *Analyse des Harns*, 10e éd., Wiesbaden, 760, 1898]. Borchardt a attiré récemment l'attention sur quelques causes d'erreurs inhérentes à ce procédé, surtout quand il s'agit d'urines sucrées [*Beitr. chem. Phys.*, 8, 62].

Pour d'autres matériaux de l'urine normale, et pour ceux des urines pathologiques, nous sommes obligé, faute de place, de renvoyer le lecteur aux traités d'urologie.

MATIÈRES MINÉRALES. — L. Garnier a décrit pour le dosage de la *potasse* et de la *soude* dans l'urine un procédé mixte dérivé des procédés d'Autenrieth et Bernheim, et de Garratt [L. Garnier, *Journ. Phys. et Path. gén.*, 7, 604]. Pour le dosage de l'*ammoniaque* on continue à employer en général la classique méthode de Schloesing, qui donne des résultats très suffisants, si l'on observe certaines précautions [Cf. Sallerin, *ibid.*, 5, 265]. Des procédés plus compliqués ont été décrits de divers côtés, notamment par O. Folin [*Zeit. phys. Chem.*, 38, 161]. On a déjà signalé plus haut (voy. AZOTE TOTAL) le procédé de Ronchèse qui paraît à la fois précis et commode et qui, s'il acquiert définitivement droit de cité en urologie, constituera une acquisition des plus heureuses tant pour le dosage de l'ammoniaque elle-même que pour celui de l'azote total et celui de l'urée d'après Folin. Le dosage du *chlore* se fait en général par la méthode au sulfocyanate de Charpentier-Volhard, appliquée à l'urine par Salkowski [*Zeit. phys. Chem.*, 5, 290]. Pour le dosage de l'*acide sulfurique* préformé et sulfoconjugué, voyez le procédé Baumann [*Zeit. phys. Chem.*, 1, 70, et *Zeit. analyt. Chem.*, 17, 122] et la modification de Salkowski [*Arch. de Virchow*, 79, 552. et *Prakt. phys. Chem.*, 2e éd., Berlin, 264, 1900]. Voyez aussi O. Folin [*Journ. of. Biol. Chem.*, 1, 131]. Un procédé clinique a été proposé par Bosc [*Thèse de méd. de Montpellier*, 1901].

ACIDITÉ DE L'URINE. — Voyez au début de cet article.

CONSERVATION DE L'URINE. — Voyez Cronheim [*Arch. f. Phys.*, 262, 1902].   E. Lambling.

URIQUE (ACIDE). — Voyez l'art. PURINES.

URO.... — Voyez l'art. URINE.

UROLEUCIQUE (ACIDE). — Cet acide a été extrait par Kirk de l'urine alcaptonique qui le contient à côté de l'acide homogentisinique (voy. ce mot) [Kirk, *Brit. med. Journ.*, 1017, 1886, et 232, 1888]. — Voy. aussi Marshalli [*Jahresb de Maly*, 17, 225, et *Zeit. anal. Chem.*, 27, 120]. Il fond à 130-132°, et se comporte sensiblement comme l'acide homogentisinique. Huppert le considère comme un acide dioxyphényl-lactique $C^6H^3(OH)^2.CH^2.CHOH.CO^2H$ [*Zeit. phys. Chem.*, 23, 412].   E. Lambling.

UROXANIQUE (ACIDE), $C^5H^6Az^4O^6$. — L'acide uroxanique se forme quand on fait agir les alcalis sur le corps qui se produit à côté de l'allantoïne dans l'oxydation manganique ménagée de l'acide urique. Une courte ébullition avec les alcalis le transforme en *acide oxonique*, $C^4H^5Az^3O^4$. Il fournit les sels suivants : $C^5H^6Az^4O^6Na^2 + 8H^2O$. — $C^5H^6Az^4O^6K^2 + 4H^2O$. $C^5H^6Az^4O^6Ba + 3H^2O$. Sa constitution probable est celle d'un acide diuréidomalonique,

$$AzH^2 - CO - AzH - C(CO^2H)^2 - AzH - CO - AzH^2.$$

[Behrend, *Ann. Chem.*, 333, 141, 1904].
1er janvier 1908.   P. Carré.

URSOCHOLÉIQUE (ACIDE). — Le mélange des divers acides taurocholiques de la bile de certains ours polaires donne par hydrolyse, à côté des acides cholique (cholalique) et choléique, un nouvel acide, l'acide ursocholéique $C^{19}H^{30}O^4$ ou $C^{18}H^{28}O^4$, fusible à 100-101° ; $[\alpha]_D = +16°,46$

pour le sel de soude en solution à 2,36 0/0. Cet acide ne donne pas la réaction iodocholique de Mylius [Hammarsten, *Zeit. phys. Chem.*, 36, 525].   E. Lambling.

URSOL. — Chlopin avait recommandé l'ursol D comme réactif de l'ozone [*Zeit. Unt. Genuss-Mittel*, 504, 1902], avec lequel il donnerait une coloration violette ou bleu foncé ; mais Arnold et Mentzel [*D. chem. G.*, 35, 2902, 1902] en déconseillent l'emploi, cette coloration n'apparaissant qu'avec l'ozone impur, chargé d'acide nitreux ou de chlore.
Octobre 1907.   A. Hébert.

URSONE. — (Voyez Dict., 3, 611). Gintl, s'étant procuré chez Merck de l'ursone pure [*Mon. f. Chem.*, 14, 255], lui assigne pour formule $C^{30}H^{48}O^3$ et comme point de fusion 263-264°. Elle se dissout dans les solvants organiques, surtout à chaud. donne un *dérivé monoacétylé* fusible à 264° et un sesquiterpène $C^{15}H^{24}$ avec l'acide iodhydrique ou la poudre de zinc, Gintl attribue à l'ursone la constitution

$$O \begin{cases} C^{15}H^{24} \\ >O \\ C^{15}H^{23}(OH) \end{cases}$$

Octobre 1907.   A. Hébert.

URSILIQUE (ACIDE). — Voyez l'art. OXYDASES, 2e Suppl., 6, 649.

URUSITE (Min.) (Frenzel). — Sulfate basique sodico-ferrique hydraté, $2Na^2O.Fe^2O^3.4SO^3,7H^2O$, sans doute identique avec la sidéronatrite. Très petites aiguilles rhombiques, hémimorphes, formes $m,h^1,1/2b^1/_2$, jaune citron ou orangé, trouvées avec mélantérie, au plateau d'Ourous, près Sarakaïa, mines de pétrole de l'île Tchéléken, dans la mer Caspienne. Insoluble dans l'eau froide, décomposé par l'eau bouillante avec dépôt ferrugineux, soluble dans les acides. Densité = 2,22.   L. Bourgeois.

URVÖLGYITE (Min.). — Voyez HERRENGRUNDITE, 2e Suppl., 5, 99.

USNARINE, USNARIQUE (ACIDE), ETC. — Voyez l'art. LICHENS (COMPOSÉS DES).

UTAHITE (Min.) (Arzruni-Damour). — Sulfate basique ferrique hydraté $Fe^2O^3.3SO^3, 4/3H^2O$, ou peut-être anhydre $Fe^2O^3.SO^3$, en très petits cristaux micacés, jaune brunâtre, sur quartzite à la mine Eureka Hill, Cté de Juab, Utah, et à celle de Mimbres, près Georgetown, Nouveau-Mexique.

Caractères. — Soluble dans l'acide chlorhydrique. Au chalumeau, noircit et fond en scorie noire. Donne de l'eau dans le tube. Réactions du fer.

Forme cristalline. — Rhomboédrique : $p a^1 = 127°30'$. Faces : a^1 dominante, p, e^2.   L. B.

UVIQUE (ACIDE). — Voyez PYROTRITARIQUE.

UVITIQUE (ACIDE) ou *acide méthylisophtalique*,

$$C^6H^3 \begin{cases} CO^2H_{(1)} \\ CO^2H_{(3)} \\ CH^3_{(5)} \end{cases}$$

— Wolff et Heip [*Ann. Chem.*, 305, 141, 1899] l'ont obtenu synthétiquement en chauffant avec de l'eau de baryte l'acide pyruvique $CH^3-CO-CO^2H$.

On le prépare en faisant réagir 1 p. d'acide méthyldihydrotrimésique sur 2 p. SO^4H^2 à 130° ; on chauffe jusqu'à ce que tout dégagement de CO ait cessé [Wolff et Heip, *Ann. Chem.*, 305, 152, 1899].

Il fond à 290-291° et s'oxyde par l'action du mélange chromique en donnant l'acide trimésique $C^6H^3(CO^2H)^3$. Dissociation de l'acide uvitique [Wegscheider, *Mon. f. Chem.*, **23**. 599, 1902]. $Ca.C^9H^6O^4 + 1\frac{1}{4}H^2O$. Le *sel de chaux* effleurit facilement à l'air. Il paraît exister un sel de calcium contenant plusieurs molécules d'eau de cristallisation; ce sel chauffé à 90° perd une partie de son eau et devient finalement le produit ci-dessus.

Acide sulfouvitique $CH^3.C^6H^2(SO^3H)(CO^2H)^2$. — Il se produit quand on fait évaporer l'acide sulfamiduvitique avec l'acide chlorhydrique concentré. Petits cristaux pointus. Fondu avec de la potasse, l'acide sulfouvitique donne l'acide p-oxyuvitique. — $K.C^9H^7SO^7 + 2H^2O$. Cristaux tabulaires, orthorhombiques, peu solubles dans l'eau froide. — $Ba^3(C^9H^3SO^7)^2$. Cristaux microscopiques [Jacobsen, *Ann. Chem.*, **206**, 185, 1881].

Acide sulfamiduvitique $CH^3.C^6H^2(SO^2AzH^2)(CO^2H)^2$. — Il se forme quand on oxyde par MnO^4K l'amide sulfomésitylénique ou l'acide p-sulfamidemésitylénique $C^6H^2(CH^3)^2(SO^2AzH^2)(CO^2H)$ [Hall et Remsen, *Am. Chem. Journ.*, **2**, 136, 1880; — Jacobsen, *Ann. Chem.*, **206**, 180, 1881].

L'acide sulfamiduvitique se prépare à l'état de sel de potassium: il n'existe pas à l'état libre. Quand on essaie de l'isoler d'un de ses sels, il se transforme en *anhydride* $C^9H^7AzSO^3$, cristallisant dans l'eau en petits prismes fusibles à 270-272°.

$KC^9H^8AzSO^6$. — Petits cristaux quadrangulaires, peu solubles dans l'eau.

$BaC^9H^7AzSO^6$. — Cristallise avec 3 molécules d'eau. Janvier 1908. A. Bouchonnet.

UVITIQUES (ACIDES OXY-). — *Acide m-oxyuvitique*, $OH_4.C^5H^2(CH^3)_3(CO^2H)^2_{(1-3)}$ [Liebermann, Voswinckel, *D. chem. G.*, **30**, 688, 1897]. — Aiguilles altérables vers 290° en se ramollissant. Sa solution aqueuse est colorée en rouge violet par Fe^2Cl^6.

Éther monoéthylique, $C^9H^7O^3C^2H^5$. — Cristaux fondant à 176-177° [Meister, *D. chem. G.*, **26**, 356, 1893; — Errera, *D. chem. G.*, **32**, 2786, 1899; — Claisen, *Ann. Chem.*, **297**, 43, 1897; *Gazz. chim. ital.*, **31**, I, 139, 1901].

On connaît les sels de Na, Ba et Ag.

Éther diéthylique. — Cristaux fusibles à 50°, (Meister, Claisen).

ACIDE α-OXYUVIQUE. — (Acide méthylphénol-2-diméthylique-3,5). On l'obtient en traitant l'acide α-aminouvitique par l'acide azoteux [Bottinger, *D. chem. G.*, **13**, 1934, 1880] ou en fondant l'acide sulfouvitique avec la potasse [Jacobsen, *Ann. Chem.*, **206**, 187, 1881; *Am. Soc.*, **2**, 137, 1880; — V. Heyden, brevet allemand n° 65316].

Il fond à 278° en se décomposant complètement.

Action du chlorure de diazobenzène [Blank, *D. chem. G.*, **26**, 602, 1893].

On connaît les sels de Ca et d'Ag.

L'éther *diméthylique* fond à 128° (Jacobsen). L'éther *monoéthylique* se forme en même temps que le diméthylique, en traitant une solution alcoolique d'acide oxyuvitique par HCl (Jacobsen).

Acide méthylène oxyuvitique,

$$COOH - \overset{CH^3}{\underset{}{\bighexagon}} \underset{CO.O}{\overset{O}{\diagdown}} CH^2$$

— Il fond à 225° [Schering, brevet allemand n° 158716, 13/12 1902, 25/2 1905].

1er janvier 1908. A. Bouchonnet.

UVITONIQUE (ACIDE) [Syn. *Méthylpyridine-dicarbonique (Acide)*]. — Voy. l'art. PYRIDINE.

V

VALDIVINE. — $C^{18}H^{24}O^{10} + 2\frac{1}{2}H^2O$. — Isolée par Tanret des fruits de *Suiraba valdiria* [*Bull. Soc. Chim.*, (2), **35**, 104]; elle se présente en prismes hexagonaux, fusibles vers 230°, inactifs, plus ou moins solubles dans l'eau et les solvants neutres.

Octobre 1907. A. Hébert.

VALÉRIQUES (ACIDES) $C^5H^{10}O^2$. —
I. ACIDE VALÉRIQUE NORMAL (*acide pentanoïque*). $CH^3-CH^2-CH^2-CH^2-CO^2H$.

L'acide valérique normal a été trouvé dans le goudron de Norvège [Ström, *Arch. d. Pharm.*, **237**, 525, 1899]; dans l'acide butyrique industriel [Locquin, *Bull. Soc. Chim.*, **27**, 782, 1902]. Il se forme par action de la chaleur sur l'acide propylmalonique [Juslin, *D. chem. G.*, **17**, 2504, 1884]. On le rencontre dans les produits d'oxydation de l'humulène [Chapmann, *Chem. Soc.*, **83**, 505, 1903], de l'alcool diœnanthylique [Guerbet, *C. R.*, **134**, 467, 1902], de l'huile de ricin [Wahlforss, *D. chem. G.*, **22**, 438, 1889], de la gélatine et de l'albumine [Seemann, *C. Bl. f. Physiol.*, **285**, 1904]; et dans les produits de l'hydrolyse de l'acide propylcyanomalonique [Haller et Blanc, *Bull. Soc. Chim.*, **25**, 274, 1901], de la pseudomucine [Otori, *Zeit. physiol. Chem.*, **43**, 74, 049; **44**, 229, 1905], du glucoside du viburnum Tinus [Danjou, *C. R. Soc. Biol.*, 405, 1906]. Il a été aussi obtenu en chauffant la γ-valérolactone avec l'acide iodhydrique et le phosphore à 220° ou à 250° [Fittig et Rühlmann, *Ann. Chem.*, **226**, 346, 1885]. Ses éthers méthylique et phénylique ont été trouvés dans l'huile de bois [Fraps, *Am. Chem. Journ.*, **25**, 26, 1901]; l'éther éthylique dans l'essence de rue [Power et Lees, *Chem. Soc.*, **81**, 1585, 1902]; dans l'huile essentielle du fruit de Pittosporum undulatum [Power et Tutin, *Chem. Soc.*, **89**, 1083, 1906].

L'acide valérique normal fond à — 18°,20 [Gartenmeister, *Ann. Chem.*, **233**, 273, 1886]; à — 58°,5 [Massol, *Bull. Soc. Chim.*, **13**, 759, 1895]. Il bout à 186-186°,4 [Fürth, *Mon. f. Chem.*, **9**, 310, 1888]; à 185°,4. $D_0 = 0.9562$ [Zander, *Ann. Chem.*, **224**, 65, 1884], à 96° sous 23 mm. [Eijkmann, *Chem. Weekblad*, **3**, 653, 1906; **4**, 41, 1907; *Centr. Bl.*, II, 1210, 1907]; points d'ébullition sous différentes pressions [Schmidt, *J. physik. Chem.*, **7**, 466, 1891; — Kahlbaum, *ibid.*, **13**, 39, 1894; **26**, 593]. Conductibilité, tension superficielle; volume spécifique et compressibilité des solutions aqueuses [Drucker, *Zeit. physikal. Chem.*, **52**, 641, 1905]. Conductibilité des mélanges avec les acides acétique, propionique, butyrique et glycolique [Barmwater, *Zeit. physikal. Chem.*, **45**, 557, 1903]. Chaleur de combustion moléculaire. $681^{Cal},8$ [Stohmann, *J. prakt. Chem.*, **49**, 111, 1894]. Constante diélectrique [Jahn et Möller, *Zeit. physik. Chem.*, **13**, 393, 1894; — Drude. *ibid.*, **23**, 309, 1897]; Constantes optiques [Eijkmann, *loc. cit.*]. Acidité [de Forcrand, *C. R.*, **131**, 36, 1900]. Constante d'affinité [Fichter et Müller, *Ann. Chem.*, **348**, 256, 1906]. Action de l'acide sulfurique [de Coninck et Raynaud, *C. R.*, **136**, 1067, 1903]. Action sur la levure [Bokorny, *Centr. Blatt*, I, 327, 1897].

Sels. — Le *valérate de potassium* cristallise dans l'alcool en lamelles [Fürth, *Mon. f. Chem.*, **9**, 311, 1888]; son électrolyse fournit de l'octane normal, du valérianate de butyle, de l'alcool butylique et de l'aldéhyde butyrique [Petersen, *Zeit. phys. Chem.*, **33**, 295, 1900]. — *Sel d'argent*, solubilité [Abbegg, *Zeit. physikal. Chem.*, **46**, 1, 1904]. — *Sel de zinc* [Vitali, *Centr. Blatt*, II. 373, 1898].

ETHERS. — *Valérate de méthyle.* $C^5H^9O^2.CH^3$. — Il bout à $127°,3$; $D_0 = 0,894$ [Gartenmeister, *Ann. Chem.*, **233**, 274, 1886].

Valérate d'éthyle, $C^5H^9O^2.C^2H^5$. — Il bout à $144°,6$ sous $736^{mm},5$, $D_0 = 0,894$ [Gartenmeister, *loc. cit.*; — Miller, Hofer et Reindel, *D. chem. G.*, **28**, 2434, 1895]. Constante diélectrique [Lœwe. *Ann. Phys.*, **66**, 394]. Sa réduction fournit l'alcool amylique normal [Bouveault et Blanc, *Bull. Soc. chim.*, **29**, 787, 1903].

Valérate de propyle, $C^5H^9O^2.C^3H^7$. — Il bout à $167°,5$; $D_0 = 0,8888$ [Gartenmeister, *loc. cit.*].

γγ-*Diéthoxyvalérate de propyle*, $CH^3-C(OC^2H^5)^2-CH^2-CH^2-CO^2.C^3H^7$. — Il bout à 115-120° sous 15 mm. [Bouveault et Blanc, *Bull. Soc. Chim.*, **34**, 1213, 1904].

Valérate de butyle (normal), $C^5H^9O^2.C^4H^9$. — Il bout à $185°,8$; $D_0 = 0,8847$.

Valérate d'amyle (normal), $C^5H^9O^2.C^5H^{11}$. — Il bout à $203°,7$; $D_0 = 0,8812$ [Gartenmeister, *loc. cit.*].

Valérate d'isoamyle (actif). — Il bout à 195-197° sous 733 mm.; $D^{20}_4 = 0,860$; $n^{19,8}_\alpha = 1,4162$, $[\alpha]^D = 2°,52$ à 20° [Guye et Chavanne, *Bull. Soc. Chim.*, **15**, 282; **25**, 549; — Guye et Guerschgorine, *C. R.*, **124**, 231. 1897].

Valérate d'hexyle, $C^5H^9O^2.C^6H^{13}$. Il bout à $223°,8$; $D^0 = 0,8797$.

Valérate d'heptyle, $C^5H^9O^2.C^7H^{16}$. — Il bout à $243°,6$; $D_0 = 0,8786$.

Valérate de menthyle, $C^5H^9O^2.C^{10}H^{19}$. — C'est un liquide distillant à 141° sous 15 mm., $D^{20}_4 = 0,9074$; $\alpha_D^{20} = -65°,55$ [Tschugaew. *D. chem. G.*, **31**, 364, 1898].

Valérate d'octyle. $C^5H^9O^2.C^8H^{18}$. — Il bout à $260°,2$; $D_0 = 0,8784$ [Gartenmeister, *loc. cit.*].

Valérate de β-oxydécylène, $C^5H^9O^2.C(CH^3)=CH-C^8H^{17}$. — Il bout à 185-190° sous 50 mm. [Lees, *Chem. Soc.*, **83**, 145, 1903].

Valérate du 2.3-méthoxynaphtol, $C^5H^9O^2.C^{10}H^9(OCH^3)$. — Il fond à 76° [Engelhardt, *J. prakt. Chem.*, **65**, 536, 1902].

Valérate d'α-bornyle gauche, $C^5H^9O^2.C^{10}H^{17}$. — Il bout à 258°; 139° sous 15 mm.; $[\alpha]_D = -37°,4$ [Minguin et G. de Bollemont, *Bull. Soc. Chim.*, **27**, 596, 1902; — Tschugaew, *D. chem. G.*, **31**, 1775, 1898].

Acide γγ-*diphénylsulfone-valérique*, $CH^3-C:(SO^2C^6H^5)^2-CH^2-CH^2-CO^2H$. — On l'obtient par oxydation de l'acide γγ-dithiophénylvalérique (fusible à 67°); il fond à 140°; son *éther éthylique* fond à 112-113° [Posner, *D. chem. G.*, **34**, 2643, 1901].

Acide γγ-*dibenzylsulfone-valérique*, $CH^3-C:SO^2(C^7H^7)^2-CH^2-CH^2-CO^2H$. — Il résulte de l'oxydation de l'acide γγ-dithiobenzylvalérique (fusible à 70°); il fond à 143-155°; son *éther éthylique* fond à 118-119° [Posner, *loc. cit.*].

Acide γγ-*diamylsulfone-valérique*. — Il fond à 98-100°; son *éther éthylique* fond à 46°.

CHLORURE DE VALÉRYLE, $CH^3-(CH^2)^3-COCl$. — C'est un liquide distillant à 127-128°; $D^{16} = 1,0155$, [Freundler, *Bull. Soc. Chim.*, **11**, 312; **13**, 833, 1895].

VALÉRAMIDE. — Elle se forme avec un rendement de 78 0/0 dans l'action du gaz ammoniac sur le valérianate d'éthyle [Meyer, *Mon. f. Chem.*, **27**, 31. 1906]. Vitesse d'hydrolyse [Locker, *Chem. Soc.*, **91**, 593, 1907].

Sa réduction par le sodium et l'alcool octylique fournit de l'alcool amylique normal et l'amine valérique [Scheuble et Lœbl, *Mon. f. Chem.*, **25**, 1081, 1904].

Le *dérivé* α-*cyané*, $CH^3-CH^2-CH^2-CH(CAz)-COAzH^2$, fond à 118° et bout à 281° [Henry, *Jahresb. Chem.*, 638, 1889].

VALÉRONITRILE. — Chaleur spécifique 0,5199; chaleur latente d'évaporation 95,95 [Kahlenberg. *Phys. Chem.*, **5**, 284, 1901]. Constante diélectrique 17,4 [Schlundt, *Phys. Chem.*, **5**, 157, 1901].

Anilide valérique. — Le dérivé α-cyané fond à 88-89° [Haller et Blanc, *Bull. Soc. Chim.*, **25**, 274, 1901].

ACIDES CHLOROVALÉRIQUES. — 1° *Acide* α-*chloré.* — $CH^3-CH^2-CH^2-CHCl-CO^2H$. — Il fond à 15° et bout à 132-135° sous 32 mm. [Servais, *Rec. Pays-Bas*, **20**, 42, 1901; — Henry, *Centr. Blatt*, I, 194, 1899]. L'*éther méthylique* $C^5H^8ClO^2.CH^3$, distille à 160° sous 764 mm. L'*éther éthylique*, $C^5H^8ClO^2.C^2H^5$, distille à 185° sous 752 mm. Le *nitrile* correspondant $CH^3-CH^2-CH^2-CHCl-CAz$ bout à 161°. Le *chlorure d'α-chlorovaléryle*, $CH^3-CH^2-CH^2-CHCl-COCl$, bout à 155-157° sous 763 mm. [Servais, *loc. cit.*].

2° *Acide* β-*chloré.* — Le chlorure $CH^3-CH^2-CHCl-CH^2-COCl$, bout à 104-105° sous 70 mm. [Michael, *D. chem. G.*, **34**, 4028, 1901].

3° *Acide* δ-*chloré*, $CH^2Cl-(CH^2)^3-CO^2H$. — Il fond vers 4°; l'ébullition le décompose en pentanolide-1,5 et acide chlorhydrique. L'*éther éthylique* distille à 205-206° [Funk, *D. chem. G.*, **26**, 2574 1893].

ACIDES BROMOVALÉRIQUES. — 1° *Acide* α. — L'*éther éthylique*, $CH^3-CH^2-CH^2-CHBr-CO^2C^2H^5$, distille à 190-192° [Juslin, *D. chem. G.*, **17**, 2504, 1884], à 92-94° sous 23 mm. [Michael, *D. chem. G.*, **34**, 4028, 1901]. La quinoléine décompose l'acide avec départ d'acide bromhydrique et formation d'acide αβ-penténoïque [Rupe et Ronus, *D. chem. G.*, **35**, 4265, 1902].

2° *Acide* β, $CH^3-CH^2-CHBr-CH^2-CO^2H$. — Il cristallise en prismes fusibles à 59-60° [Fittig et Spenzer, *Ann. Chem.*, **283**, 73, 101, 1894; — Fittig et Mackenzie, *ibid.*, **283**, 91].

3° *Acide* γ, $CH^3-CHBr-CH^2-CH^2-CO^2H$. — Il reste liquide à — 15° [Fränkel, *Ann. Chem.*, **255**, 30, 1889].

Acide βγ-*dibromovalérique*. $CH^3-CHBr-CHBr-CH^2-CO^2H$. — Il fond à 65-65°,5 [Fränckel, *loc. cit.*; — Fittig et Mackenzie, *Ann. Chem.*, **283**, 97, 102].

Acide αβ-*dibromovalérique*, $CH^3-CH^2-CHBr-CHBr-CO^2H$. — Il fond à 56° [Fittig, *loc. cit.*]

Acide tétrabromovalérique, $CH^2Br-(CHBr)^3-CO^2H$. — Il fond à 160° [Rebner, *D. chem. G.*, **35**, 1136, 1902].

ACIDES OXYVALÉRIQUES. — 1° *Acide* α, $CH^3-CH^2-CH^2-CHOH-CO^2H$. — Cet acide forme des lamelles fusibles à 31° [Menozzi, *Gazz. chim. ital.*, **14**, 16, 1884]; à 28-29° [Julin, *D. chem. G.*,

17. 2505, 1884]; à 34° [Fittig et Dannenberg, *Ann. Chem.*, **331**, 88, 1904]; voyez aussi Brünner. *Mon. f. Chem.*, **15**, 757, 1894]. La *phényluré-thane*, $CH^3-(CH^2)^2-CH(CO^2AzHC^6H^5)-CO^2H$, fond à 78°: par ébullition avec l'eau elle se transforme en un *lactame*

$$CH^3-CH^2-CH^2-CHO-COAzC^6H^5$$
$$CO$$

fusible à 95-96°. L'*anilide* $CH^3-(CH^2)^2-CHOH-COAzHC^6H^5$ fond à 89-90° [Lambling, *Bull. Soc. Chim.*, **27**, 607, 1902].

L'*acide βγ-dibromo-α-oxyvalérique*, $CH^3-CH^2Br-CHBr-CHOH-CO^2H$, fond à 104-105° [Fittig et Schaak, *Ann. Chem.*, **299**. 41, 1898].

2° *Acide β*, $CH^3-CH^2-CHOH-CH^2-CO^2H$. — C'est un corps sirupeux qui ne cristallise pas à — 18°. Le sel de calcium, $(C^5H^9O^3)^2Ca+H^2O$, fond à 180° [Fittig et Spenzer. *Ann. Chem.*, **283**, 74. 92. 1894].

3° *Acide γ-oxyvalérique*, $CH^3-CHOH-CH^2-CH^2-CO^2H$. — Cet acide est très instable et se transforme très rapidement en lactone correspondante [Henry, *Zeit. f. physikal. Chem.*, **10**. 120, 1892]; pour les sels de cet acide voyez Fittig et Rasch. *Ann. Chem.*, **256**. 151, 1890]. L'*éther éthylique* est un liquide que la distillation décompose en alcool et lactone [Neugebauer, *Ann. Chem.*, **227**, 101, 1885].

γ-VALÉRACTONE.

$$CH^3-CH-CH^2-CH^2$$
$$O \text{———} CO$$

— On l'obtient en réduisant l'acide lévulique au moyen de l'amalgame de sodium [Neugebauer. *loc. cit.*]. Elle se forme aussi en petite quantité dans la distillation de l'acide méthyl-paraconique [Fränkel, *Ann. Chem.*, **255**. 25. 1889; — Marburg. *Ann. Chem.*, **294**. 129, 1897] [V. aussi Ruhlmann et Fittig, *Ann. Chem.*, **226**. 343. 1885].

La *γ-valérolactone* bout à 207-208°. à 88° sous 10 mm.; $D^{22}_4=1.05044$: $n_D=1.43617$ [Semmler, *D. chem. G.*, **39**. 2851, 1906; — Anderlini. *Gazz. chim. ital.*. **25**. 138, 1895]. Sa réduction par le sodium et l'alcool absolu fournit le pentanediol 1,4. distillant à 124-126° sous 10 mm. [Semmler. *D. chem. G.*, **39**. 2851. 1906]. Action du zinc éthyle [Granichstadten et Werner, *Mon. f. Chem.*. **23**, 315, 1901].

La *phénylhydrazone* fond à 76-79° [Wislicenus. *D. chem. G.*, **20**. 402. 1887].

La *chlorovalérolactone*, $C^5H^7ClO^2$, bout à 80-82° sous 10 mm.

La *dibromovalérolactone*. $C^5H^6Br^2O^2$. fond à 78-81° [Wolf, *Ann. Chem.*, **229**. 264. 1885].

La *γ-oxyvalérolactone*.

$$CH^3-CH-CHOH-CH^2$$
$$O \text{———} CO$$

est un liquide incolore [Fittig et Schaak, *Ann. Chem.*, **299**. 45, 1898].

La *γ-dioxyvalérolactone*,

$$CH^3-CH-CHOH-CHOH$$
$$O \text{———} CO$$

fond à 100°: son *dérivé diacétylé* fond à 94-95° [Thiele et Lossow, *Ann. Chem.*, **319**. 180, 1901].

4° *Acide δ-oxyvalérique*. — L'*éther oxyéthylique*. $C^2H^5O.(CH^2)^4-CO^2H$, distille à 252° [Noyes, *Am. Chem. Journ.*. **19**, 779, 1897]; l'*éther oxyphénylique*, $C^6H^5O.(CH^2)^4-CO^2H$,

fond à 82° et bout à 250° [Bischoff, *D. chem. G.*, **33**, 924, 1900].

δ-VALÉROLACTONE,

$$CH^2-CH^2-CH^2-CH^2$$
$$O \text{————————} CO$$

— Elle bout vers 230° [Funk, *D. chem. G.*, **26**, 2576, 1893]; à 113-114° sous 14 mm. [Fichter et Beiswenger. *D. chem. G.*, **36**, 1200, 1903]. Elle se polymérise avec le temps en donnant une masse blanche fusible à 47-48°.

Acide γ-δ-dioxyvalérique, $CH^2OH-CHOH-CH^2-CH^2-CO^2H$. — Sels, voyez Fittig et Urbahn [*Ann. Chem.*, **268**, 33, 1892].

Acide β-γ-δ-trioxyvalérique. $CH^2OH-CHOH-CHOH-CH^2-CO^2H$. — Cet acide, obtenu en oxydant le métasaccharopentose par l'eau de brome, n'a pas cristallisé. Son *sel de calcium* est amorphe.

Réduit à 140° par le phosphore et l'acide iodhydrique cet acide fournit de la valérolactone et un acide non saturé $C^5H^8O^3$ [Kiliani et Lœffer, *D. chem. G.*, **38**, 2667, 1905].

ACIDES AMINOVALÉRIQUES. — 1° *Acide α*, $CH^3-CH^2-CH^2-CH(AzH^2)-CO^2H$. — Cet acide a été trouvé dans les œufs couvés [Levenne, *Zeit. physiol. Ch.*, **35**, 80, 1902; — Hugouneneq, *Bull. Soc. Chim.*. **35**. 20, 1906]; dans les diverses espèces de lupin [Schulz et Winterstein, *Zeit. physiol. Chem.*, **35**, 299, 1902; **45**, 38, 1905]. Il se forme par digestion tryptique des albuminoïdes [Lavrow, *Zeit. f. physiol. Chem.*, **33**, 312, 1901; — Abderhalden et Ternuchi, *Zeit. physiol. Chem.*, **45**, 473, 479, 1905]; par hydrolise de la kératine du crin de cheval [Abderhalden, *Zeit physiol. Chem.*. **46**. 31, 1905]; dans la digestion par la papaïne [Kutscher et Lohmann, *Zeit. physiol. Chem.*. **46**, 383, 1905]. On le prépare en faisant réagir le carbonate d'ammonium sur l'acide α-bromovalérique [Slimmer, *D. chem. G.*, **35**. 400, 1902].

Il fond en se décomposant à 291°.5. Il n'est pas précipité par l'acide phosphotungstique [Schulze. *Zeit. f. physiol. Ch.*, **33**, 574, 1901]. L'*éther éthylique* bout à 68°,5 sous 8 mm. Le *picrate* fond à 115°,6: le dérivé *benzoylé* fond à 152°.5; avec l'isocyanate de phényle il donne une combinaison fusible à 119° [Slimmer, *loc. cit.*]. Par réaction sur l'iodure de méthyle il fournit :

L'*iodure de l'acide triméthylaminovalérique*, $CH^3-CH^2-CH^2-CH[Az(CH^3)^3I]-CO^2H+H^2O$, fusible à 181-182° [Menozzi et Pantoli, *Gazz. chim. ital.*. **23**. 209, 1893]; le *chloroplatinate*, $(C^8H^{18}O^2AzCl)^2PtCl^4+2H^2O$. fond à 219°. Le *chloraurate*, $C^8H^{18}O^2AzClAuCl^3$, fond à 160° [Riva, *Gazz. chim. ital.*, **23**, 211].

L'*acide α-méthylaminovalérique*, $CH^3-CH^2-CH^2-CH(AzHCH^3)-CO^2H$. se décompose à 110° [Menozzi et Belloni, *Gazz. chim. ital.*, **17**, 116, 1887].

2° *Acide γ*, $CH^3-CH(AzH^2)-CH^2-CH^2-CO^2H$. — Il fond à 193°; le *chlorhydrate* fond à 154°: l'*éther éthylique* fournit un *chlorhydrate* fusible à 92° [Tafel, *D. chem. G.*, **19**, 2415; **22**, 1861, 1889].

3° *Acide δ*, $AzH^2-CH^2-CH^2-CH^2-CO^2H$. — Il a été trouvé dans les matières en putréfaction [Salkowski, *D. chem. G.*, **16**, 1192; **31**, 777, 1898]. Il se forme par hydrolyse de l'acide benzoyl-δ-aminovalérique, au moyen de l'acide chlorhydrique [Schotten, *D. chem. G.*, **17**, 2546; **21**, 2240, 1888]; dans l'oxydation électrolytique de la nitrosopipéridine [Ahrens, *D. chem. G.*, **31**, 2274. 1898]. On le prépare en chauffant à 180-190° l'éther γ-phtaliminopropylmalonique avec l'acide chlorhydrique [Gabriel et Aschan, *D. chem. G.*, 23, 1769; 24, 1365, 1891].

L'acide δ-aminovalérique fond à 157-158°; le *chloroplatinate*, $(C^5H^{10}AzO^2HCl)^2PtCl^4$, fond à 170°; le *chloraurate*, $C^5H^{11}AzO^2.HCl.AuCl^3 + H^2O$, fond à 86-87°. La chaleur le transforme en anhydride, ou *oxypipéridine*, C^5H^9AzO, qui fond à 39-40° et bout à 256° [Schotten, *D. chem. G.*, 21, 2241, 1888].

Le *dérivé acétylé*, $C^5H^8AzO.C^2H^2O$, distille à 238° [Schotten, *loc. cit.*]. L'*acide sulfo-δ-amino-valérique*, $SO^2(AzH.C^4H^8CO^2H)^2$, fond à 165° [Töhl et Framm, *D. chem. G.*, 27, 2014, 1894].

L'*éther δ-diméthyl-aminovalérique*, se forme quand on chauffe la bétaïne à 220-230°. Il distille à 186-189° [Willstaetter et Kahn, *D. chem. G.*, 37, 1853, 1904].

Acide γ-δ-diaminovalérique — Cet acide s'obtient en chauffant l'acide β-vinylacrylique avec l'ammoniaque à 150°; chauffé, il perd de l'eau et de l'ammoniaque pour donner un *anhydride interne de l'acide aminopenténoïque* fusible à 51-53°. Le *dipicrate* fond à 185°; le *monopicrate* se boursoufle dès 130° et ne se liquéfie qu'entre 160 et 170° [Fischer et Raske, *D. chem. G.*, 38, 3607. 1905].

Acide α.δ-diaminovalérique, $AzH^2 - CH^2 - CH^2 - CH^2 - CH(AzH^2) - CO^2H$ (voy. Ornithine).

Acide α-amino-δ-oxyvalérique, $CH^2OH - CH^2 - CH^2 - CH(AzH^2) - CO^2H$. — Il se prépare en condensant le triméthylène avec l'éther phtaliminomalonique. puis en hydrolysant le dérivé bromopropylique obtenu. après l'avoir condensé avec l'acétate de soude [Sorensen, *C. R. du laborat. de Carlsberg*, *Bull. Soc. Chim.*, 33, 1052, 1905].

II. Acide isovalérique, (*méthyl-3-butanoïque*), $(CH^3)^2 = CH - CH^2 - CO^2H$. — L'acide valérique ordinaire a été trouvé dans le bois de Goupia tomentosa [Dunstan et Henry, *Chem. Soc.*, 73, 226, 1898]; dans les racines du Levistium officinale [Braun, *Arch. d. Pharm.*, 235, 10]. Il se forme quand on soumet l'alcool amylique à une longue ébullition avec l'amylate de sodium [Guerbet, *C. R.*, 128, 512, 1899]; quand on chauffe 100 heures à 190-200° l'amylate de sodium avec l'oxyde de carbone [Bertty, *Am. Chem. Journ.*, 30, 224, 1903]; dans l'oxydation de l'α-isométhylhepténone [Tiemann, *D. chem. G.*, 33, 559, 1900]; dans l'oxydation de l'alcool isoheptylique [Wogrinz, *Mon. f. Chem.*, 22, 1, 1901]; de l'aldol [Ehrenfreund, *Mon. f. Chem.*, 26, 1003, 1905]; dans la décomposition des éthers isovaléroylacétylacétique [Bouveault et Bongert, *Bull. Soc. Chim.*, 27, 1164, 1902]. On peut le préparer en fixant le gaz carbonique sur le chlorure d'isobutylmagnésium [Fournier, *Bull. Soc. Chim.*, 35, 19, 1906].

L'acide isovalérique fond à 51° [Massol, *Bull. Soc. Chim.*, 13, 759, 1895]. Il distille à 175° sous 763 mm. [Bémont, *C. R.*, 133, 1222, 1901]; points d'ébullition sous différentes pressions [Kahlbaum, *D. chem. G.*, 16, 2480; *Zeit. f. physikal. Ch.*, 13, 47, 1894]; voyez aussi Kailan [*Mon. f. Chem.*, 24, 533, 1903]. Tensions de vapeur [Richardson, *Chem. Soc.*, 49, 767, 1886; —Landolt, *Zeit. f. physikal. Chem.*, 11, 642, 1893]. Chaleur de combustion [Stohmann, *J. f. prakt. Chem.*, 32, 418, 1885]. Conductibilité électrique de l'acide et de ses sels [Ostwald, *Zeit. f. physikal. Ch.*, 1, 100; 3, 175, 1889]; tension superficielle, volume spécifique et compressibilité des solutions aqueuses [Drucker, *Zeit. physik. Chem.*, 52, 641, 1905; — Walden, *ibid.*, 1, 533]. Constante diélectrique [Drude, *Zeit. f. physikal. Ch.*, 23, 309, 1897]. Densités des solutions aqueuses [Traube, *D. chem. G.*, 19, 886,

1886]. Combinaison avec $SbCl^5$ [Rosenheim, *D. chem. G.*, 35, 1115, 1902].

Il réagit à froid sur le carbure de calcium avec dégagement d'acétylène; à une température plus élevée, il se forme de la valérone, avec une faible quantité d'aldéhyde isovalérique; cette production de valérone ne paraît pas dépendre de la formation intermédiaire de l'isovalérate de calcium, car la distillation sèche de l'isovalérate de calcium fournit surtout de l'isovaléraldéhyde [Hachn, *D. chem. G.*, 39, 1702, 1906].

Par cristallisation dans la carbazide, il donne le composé $CO(AzH - AzH - C^5H^8)^2.C^5H^{10}O^2$ [Cazeneuve, *Bull. Soc. Chim.*, 35, 452, 1901].

Séparation quantitative d'avec l'acide acétique [Chapmann, *Centr. Blatt.*, I, 1298, 1899].

Transformation en acétone dans le sang [Embden, Salomon et Schmidt, *Zeit. physiol. Chem. u. Pathol.*, 8, 129, 1906].

Sels. — Leur influence sur la gélatinisation de la colle [Lévités, *Journ. Soc. phys. chim. russe*, 34, 439, 1902].

La solubilité du *sel de sodium* dans l'acétone est de 1,8 0/0 à l'ébullition [Holzmann, *Arch. d. Pharm.*, 236, 433]. L'électrolyse du *sel de potassium* fournit de l'éther isoamylique [Petersen. *Zeit. physikal. Chem.*, 33, 295, 1900]. Solubilité du *sel de calcium* [Sedlitzky, *Mon. f. Chem.*, 8, 567, 1887; — Lamsden, *Chem. Soc.*, 84, 363, 1902]; distillation sèche [Dilthey, *D. chem. G.*, 34, 2115, 1901].

Sel de potassium et d'uranium, $(C^5H^9O^2)^2UrO.C^5H^9O^2K + 2H^2O$ [Rimbach, *D. chem. G.*, 37, 461, 1904].

Le *sel de glucinium* distille à 254° sous 19 mm. [Lacombe, *C. R.*, 134, 772, 1902].

Le *sel de quinine* est triboluminescent [Tschugaeff, *D. chem. G.*, 34, 1820, 1901].

Éthers. — *Isovalérate de méthyle*, $C^5H^9O^2.CH^3$. — Il bout à 115°5-116° sous 755 mm, 1 [Schiff, *Ann. Chem.*, 220, 334, 1883; 223, 83; 234, 343]. Conductibilité électrique [Bartoli, *Gazz. chim. ital.*, 24, 160, 1894].

Isovalérate de méthyle chloré, $C^5H^9O^2.CH^2Cl$. — Il bout à 60° sous 75 mm. [Descudé, *C. R.*, 134, 716, 1902].

Isovalérate d'éthyle, $C^5H^9O^2.C^2H^5$. — L'isovalérate d'éthyle se forme par hydrogénation catalytique du diméthylacrylate d'éthyle [Darzens, *Bull. Soc. Chim.*, 1, 178, 1907]. Il bout à 133-134°, sous 758 mm,4 [Schiff, *loc. cit.*]. Conductibilité électrique [Bartoli, *loc. cit.*]. Constante diélectrique [Drude, *Zeit. physikal. Chem.*, 23, 308, 1897]. Action du sodium [Hantzsch, *Ann. Chem.*, 249, 64, 1889]. Saponifié par le sulfhydrate de sodium, il fournit du mercaptan et de l'isovalérate de sodium [Auger et Billy, *C. R.*, 136, 556, 1903]. Action de la phénylhydrazine [Boridokowsky et Slépaka, *Journ. Soc. phys. chim. russe*, 35, 68, 1903].

Isovalérate de propyle (normal), $C^5H^9O^2.C^3H^7$. Il bout à 155,5-156° sous 760 mm,5 [Schiff, *loc. cit.*]. Conductibilité électrique [Bartoli, *loc. cit.*].

Isovalérate d'isobutyle, $C^5H^9O^2.C^4H^9$. — Il bout à 168°,7 sous 760 mm [Schiff, *loc. cit.*; voyez aussi Bartoli].

Isovalérate de butyle (normal). — Il bout à 163-164° sous 752 mm. [Green et Norris, *Am. Chem. J.*, 26, 293, 1901].

Isovalérate d'isoamyle, $C^5H^9O^2.C^5H^{11}$. — Il se forme dans l'oxydation catalytique de l'alcool amylique [Trillat, *Bull. Soc. Chim.*, 29, 40, 1903]. Il bout à 191-192° sous 743 mm. [Bémont, *C. R.*, 133, 1222, 1901]; voyez aussi [Schliff, *loc. cit.*; Kondakow, *Journ. Soc. phys. chim. russe*, 24, 450, 1893].

Isovalérate de l'alcool amylique actif. — Il bout à 190-190°,5 sous 727 mm.; $D^{15-20} = 0,8853$:

$\alpha_D = 1,70$ [Guye et Guerschgorine, *C. R.*, **124**, 231, 1897].

Isovalérate de diamyle, $C^5H^9O^2.C^{10}H^{21}$. — Il se produit quand on chauffe l'alcool amylique inactif avec son dérivé sodé à 150-160°. Il distille à 258-259°; à 173-175° sous 80 mm. [Guerbet, *C. R.*, **128**, 512, 1903].

Isovalérate de crotyle, $C^5H^9O^2.CH^2 - HC = CH - CH^3$. — Il bout à 178-179°, $D^0 = 0,9072$ [Charon, *Ann. Ch. Ph.*, **17**, 255, 1899].

Isovalérate de l'éthylallylcarbinol, $C^5H^9O^2.CH(C^2H^5) - CH^2 - CH = CH^2$. — Il bout à 196-198°; $D^{18} = 0,873$ [Fournier, *Bull. Soc. Chim.*, **15**, 885, 1896].

Isovalérate de l'allylisopropylcarbinol,

$$C^5H^9O^2.CH(C^3H^5) - CH(CH^3)^2.$$

— Il bout à 205-207°; $D^{18} = 0,870$.

Isovalérate de l'allylisobutylcarbinol, $C^5H^9O^2.CH(C^3H^5) - CH^2 - CH(CH^3)^2$. — Il bout à 220-222°; $D^{18} = 0,867$ [Fournier, *loc. cit.*].

Isovalérate de géraniol. — Il distille à 135-138° sous 7 mm. [Erdmann, *D. chem. G.*, **31**, 356, 1898].

Isovalérate de gayacol. $C^5H^9O^2.C^6H^4OCH^3$. — C'est un liquide légèrement jaunâtre distillant à 265°.

Isovalérate de phénétol, $C^5H^9O^2.C^6H^4OC^2H^5$. — C'est un liquide distillant à 262° [Merck, *Centr. Blatt*, I, 706, 1899].

Isovalérate de menthyle, $D^{20}_4 = 0,8905$; $\alpha_D = -69,05$ [Rupe, *Ann. Chem.*, **327**, 157, 1903].

Isovalérate de terpinéol. — C'est un liquide distillant à 140-145° sous 15 mm. [P. Carré, *Rech. inéd.*].

Isovalérate d'isobornéol. — C'est une huile épaisse distillant à 132-133° sous 13 mm.: $D^{20}_4 = 0,9506$; $n_D = 1,46038$; $\alpha_D^{20} = +47'$ [Kondakow, *J. prakt. Chem.*, **65**, 226, 1902].

Isovalérate d'isofenchyle. — C'est un liquide distillant à 142-145° sous 19 mm. [Kondakow, *loc. cit.*].

Isovalérate d'isodécylglycol, $C^5H^9O^2.C^{13}H^{20}O^3$. — Son dérivé monoacétylé bout à 156° sous 18 mm. [Rosinger, *Mon. f. Chem.*, **22**, 545, 1901].

Diisovalérate de méthylène, $(C^5H^9O^2)^2CH^2$. — Il bout à 119° sous 15 mm. [Descudé, *C. R.*, **134**, 716, 1902].

Disovalérate de diisobutylacétylèneglycol (diisovaléryle),

$$C^4H^9.C.O.C^5H^9O$$
$$\parallel$$
$$C^4H^9.C.O.C^5H^9O$$

— C'est une huile jaune qui bout à 155-165° sous 12 mm. [Klinger et Schmitz, *ibid.*, **24**, 1275, 1891; — Bass et Klinger, *D. chem. G.*, **31**, 1222]. Pouvoir réfringent [Anderlini, *Gazz. chim. ital.*, **25**, 132, 1895].

CHLORURE D'ISOVALÉRYLE. — Action sur les éthers oxydes en présence du couple Zn-Cu [Freundler, *C. R.*, **132**, 1226, 1901; *Bull. Soc. Chim.*, **25**, 3, 1901]; — Descudé, *C. R.*, **132**, 1129]. Action sur les éthers acétylacétiques sodés [Bouveault et Bongert, *Bull. Soc. Chim.*, **27**, 1046, 1161, 1902; *C. R.*, **133**, 820, 1901].

ANHYDRIDE ISOVALÉRIQUE, $(C^5H^9O)^2O$. — Il bout à 200-210° [Wedekind, *D. chem. G.*, **34**, 2070, 1901]. Pouvoir réfringent [Anderlini, *Gazz. chim. ital.*, **25**, 132, 1895]. Par hydrogénation catalytique il fournit de l'acide et de l'aldéhyde isovalérique [P. Sabatier et Mailhe, *Bull. Soc. Chim.*, **1**, 772, 1907].

Anhydride formo-isovalérique, $C^5H^9O.O.CHO$. — Ce composé a été obtenu par Béhal dans l'action de l'acide formique sur l'anhydride isovalérique [*Bull. Soc. Chim.*, **23**, 759, 1900].

Anhydride acétoisovalérique, $C^5H^9O.O.C^2H^3O$. — Ce composé a d'abord été décrit par Autenrieth [*D. chem. G.*, **20**, 3189, 1887], comme distillant vers 147-160°. Son existence fut ensuite niée par Rousset [*Bull. Soc. Chim.*, **13**, 330, 1895]. Enfin elle a été définitivement établie par Béhal [*Bull. Soc. Chim.*, **23**, 72, 78, 80, 1900].

Anhydride isovalérylborique, $Bo(O^2C^5H^9)^3$. — C'est un liquide. $D^{21,5} = 1,024$ [Pictet et Geleznoff, *D. chem. G.*, **36**, 2219, 1903].

ISOVALÉRONITRILE, $(CH^3)^2 = CH - CH^2 - CAz$. — Il bout à 129°,3-129°,5 sous 764 mm,3 [Schiff, *D. chem. G.*, **19**, 567, 1886].

ISOVALÉRAMIDE, $(CH^3)^2 = CH - CH^2 - COAzH^2$. — Vitesse de transformation de l'isovalérate d'ammonium en amide [Mentschoutkine et Krijer, *Journ. Soc. phys. chim. russe*, **35**, 103, 1903]. Elle fond à 126-128° [Hofmann, *D. chem. G.*, **15**, 983, 1882]; à 134-135° [Béhal, *Bull. Soc. Chim.*, **23**, 72, 1900]: voyez aussi Alexejeff [*Journ. Soc. phys. chim. russe*, **34**, 526, 1902].

La *méthylolisovaléramide*, $C^4H^9 - CO - AzH - CH^2OH$, fond à 76-79°; chauffée à 90°, elle se transforme en *méthylène-diisovaléramide*, fusible à 191°. L'*Az-diéthylaminométhylisovaléramide* est une huile jaune indistillable dont le picrate fond à 132°. L'*Az-pipéridylméthylisovaléramide* est une huile épaisse dont le picrate fond à 183° [Einhorn et Sprongerts, *Ann. Chem.*, **343**, 267, 1905].

L'*isovalérobutyramide* fond à 103° [Tarbouriech, *C. R.*, **137**, 326, 1903].

ISOVALÉRANILIDE, $C^5H^9O^2.AzH.C^6H^5$. — Elle fond à 109-110° [Crossley et Perkin, *Chem. Soc.*, **73**, 16, 1898]. Cryoscopie [Auwers, *Zeit. f. physikal. Chem.*, **23**, 454, 1897]. L'*acétylisovaléranilide*, $C^5H^9O^2.Az(C^2H^3O)C^6H^5$, bout à 164-165° sous 18 mm. [Wheeler, *Am. Chem. Journ.*, **18**, 700, 1896].

PHÉNYLHYDRAZIDE ISOVALÉRIQUE, $C^5H^9O - AzH^2 - AzH - C^6H^5$. — Elle fond à 68°; la *diisovalérylhydrazide* fond à 182° [Hille, *J. f. prakt. Chem.*, **64**, 401, 1901; — Ponzio, *Gazz. chim. ital.*, **35**, 394, 1905].

Méthylphénylhydrazide isovalérique. — Elle fond à 61° [Schwaz, *Mon. f. Chem.*, **24**, 568, 1903].

ACIDES CHLOROISOVALÉRIQUES. — 1° *Acide* α, $(CH^3)^2 = CH - CHCl - CO^2H$. — Il fond à 35-35°,5 [Jocicz, *Journ. Soc. phys. chim. russe*, **29**, 111, 1897]; à 16°, et distille à 125-126° sous 32 mm. [Servais, *Rec. Pays-Bas*, **20**, 42, 1901]; l'*éther éthylique* bout à 177-179° sous 756 mm.; le *chlorure d'α-chloroisovaléryle* bout à 148-149° sous 759 mm. [Servais, *loc. cit.*]. Le *nitrile* correspondant bout à 154° sous 750 mm. [Servais, *loc. cit.*; — Henry, *Centr. Bl.*, II, 661, 1898].

2° *Acide* β. $(CH^3)^2 = CCl - CH^2 - CO^2H$. — La chloruration de l'acide isovalérique, à la lumière solaire, à une température de 90°, fournit l'acide β-chloroisovalérique qui se décompose à la distillation: son *éther éthylique* bout à 101-103° sous 30 mm. [Montemartini, *Gazz. chim. ital.*, **27**, 368, 1897].

ACIDES BROMOISOVALÉRIQUES. — 1° *Acide* α, $(CH^3)^2 = CH - CHBr - CO^2H$. — Il fond à 44° et distille 150° sous 40 mm. [Schleicher, *Ann. Chem.*, **267**, 116, 1892; — Volhard, *Ann. Chem.*, **242**, 163]. Action de l'azotite de soude [Auger, *Bull. Soc. Chim.*, **23**, 335, 1900]. L'*éther méthylique* bout à 174° [Schleicher, *loc. cit.*]. — L'*éther éthylique* bout à 110-115° sous 40 mm. [Volhard, *loc. cit.*]: action du zinc [Dain, *Journ. Soc. phys. chim. russe*, **28**, 599, 1896]: action de l'éthylate de sodium [Bischoff, *D. chem. G.*, **32**, 1748, 1755, 1761, 1899].

L'*α-bromo-isovalérate de phényle* est une huile incolore distillant à 183° sous 33 mm.; l'*α-phénoxyisovalérate de phényle* fond à 44° et bout 196-197° sous 26 mm. L'*α-bromo-isovalérate d'o-nitrophényle* bout à 190° sous 12 mm. L'*α-bromo-isovalérate de m-nitrophényle* distille à 248° sous 98 mm. L'*α-bromo-isovalérate de p-nitrophényle* fond à 42-43° [Bischoff, *D. chem. G.*, 39, 3851, 1906].

L'*α-bromo-isovalérate d'ortho-crésyle* bout à 143° sous 15 mm.; l'*α-o-crésoxyisovalérate d'o-crésyle* bout à 191°, sous 15 mm. L'*α-bromo-isovalérate de m-crésyle* distille à 150° sous 12 mm.; l'*α-m-crésoxyisovalérate de m-crésyle* bout à 202° sous 15 mm.

L'*α-bromoisovalérate de p-crésyle*, distille à 154°,5 sous 12 mm.; l'*α-p-crésoxyisovalérate de p-crésyle*, distille à 215° sous 15 mm. [Bischoff, *D. chem. G.*, 39, 3830, 1906].

L'*α-bromoisovalérate de carvacryle* bout à 172°,5 sous 12 mm.; l'*α-carvacroxy-isovalérate de carvacryle* bout à 227° sous 15 mm.

L'*α-bromoisovalérate de thymyle* bout à 116° sous 12 mm.; l'*α-thymoxy-isovalérate de thymyle* bout à 2'1°.5 sous 15 mm. [A. Bischoff, *D. chem. G.*, 39, 3840, 1905].

L'*α-bromoisovalérate d'α-naphtyle* fond à 68°. L'*α-bromoisovalérate de β-naphtyle* fond à 51° et bout à 205° sous 15 mm. Le *β-napht-α-oxyisovalérate de β-naphtyle* fond à 106°.

L'*α-gayacoxyisovalérate de gayacol* bout à 235° sous 15 mm. [A. Bischoff, *D. chem. G.*, 39, 3840, 1906].

L'*α-bromoisovanéranilide*, $C^5H^8BrO^2.AzH$ C^6H^5, fond à 116° [Bischoff, *D. chem. G.*, 30, 2318, 1897]. — α-*Bromoisovaléronitranilides* $C^5H^8BrO^2.AzH.C^6H^4.AzO^2$. — Le dérivé *ortho* fond à 52°,5; le dérivé *méta* fond à 107° et le dérivé *para* fond à 183° [Bischoff, *loc. cit.*]. — L'*α-bromoisovalérométhylamide*, $C^5H^8BrO^2.Az(CH^3)C^6H^5$, est une huile qui bout à 160-163° [Bischoff, *D. chem. G.*, 31, 3240, 1898]. — L'*α-bromo-isovaléroéthylamide*, $C^5H^8BrO^2.Az(C^2H^5)C^6H^5$, bout à 148-165° sous 14 mm. L'*α-bromo-isovalérylphénylanilide*, $C^5H^8BrO^2.Az(C^6H^5)^2$, fond à 110°,5 [Bischoff. *loc. cit.*].

2° *Acide β*. — $(CH^3)^2 = CBr - CH^2 - CO^2H$. — Il fond à 73°,5 [Auwers, *D. chem. G.*, 28, 1133, 1895].

Acide α.β-dibromoisovalérique, $(CH^3)^2:CBr CHBr - CO^2H$. — Il fond à 107-108° [Ustinow, *J. f. prakt. Chem.*, 34. 483, 1886; — Marckwald, *D. chem. G.*, 27, 1226, 1894; — Ariff, *Ann. Chem.*, 280, 259, 1894]. Son *éther éthylique* bout à 127-128° sous 30 mm. [Prentice, *Ann. Chem.*, 292. 273, 1896].

Acide β-iodisovalérique, $(CH^3)^2 : CI - CH^2 - CO^2H$. — Il fond à 79-80° [Schirokow, *J. f. prakt. Chem.*, 23, 285, 1881]; à 52° [Zernof, *Journ. Soc. phys. chim. russe*, 32, 804, 1900].

Acides oxyisovalériques. — 1° *Acide α*, $(CH^3)^2 = CH - CHOH - CO^2H$. — On peut le préparer en réduisant l'acide diméthylpyruvique [Wahl, *Bull. Soc. Chim.*, 25, 612. 1038, 1901]. Il fond vers 86° [Brünner, *Mon. f. Chem.* 17, 769, 1894; — Conrad et Ruppert, *D. chem. G.*, 30, 862, 1897]. Par oxydation, il fournit de l'aldéhyde isobutyrique [Baeyer et Liebig, *D. chem. G.*, 31, 2110, 1898]. L'*anilide*, $C^5H^{10}O^2.AzHC^6H^5$. fond à 133° et distille à 175-200° sous 40 mm. [Bischoff et Walden, *D. chem. G.*, 30, 2320, 1897]. La *phényluréthane* $(CH^3)^2 = CH - CHO(COAzHC^6H^5) - CO^2H$ fond à 111-112°, et par ébullition avec l'eau se transforme en un *lactame*

$$(CH^3)^2 = CH - \overset{\displaystyle |\underline{\quad\quad}}{CHO} - CO\underset{\displaystyle CO}{Az} - C^6H^5$$

fusible à 66° [Lambling, *Bull. Soc. Chim.*, 27, 610, 1902].

2° *Acide β*, $(CH^3)^2 = COH - CH^2 - CO^2H$. — C'est un sirop très soluble dans l'eau; l'*éther éthylique* distille à 180° [Reformatsky, *Journ. Soc. Phys. Chim. russe*, 22, 47, 1891].

L'*acide α-chloro-β-oxyisovalérique* $(CH^3)^2 = COH - CHCl - CO^2H$ cristallise en tables [Prentice, *Ann. Chem.*, 292, 275, 1896].

Acide dioxy-α-β-isovalérique $(CH^3)^2 = COH - CHOH - CO^2H$. — Ether oxyde diamylique [Kissel, *Journ. Soc. phys. chim. russe*, 32, 390, 1900]. L'*anhydride* ou *acide β-β-diméthylglycidique*

$$(CH^3)^2 = C \underset{\displaystyle O}{\diagdown\diagup} CH - CO^2H$$

est un sirop soluble dans l'eau [Prentice, *Ann. Chem.*, 292, 282, 1896; — voyez aussi Fittig et Ponschuck, *Ann. Chem.*, 283, 114, 1894].

Acides aminoisovalériques. — 1° *Acide α, Valine*, $(CH^3)^2 = CH - CH(AzH^2) - CO^2H$. — Il se forme par hydrolyse : de la caséine [Fischer, *Zeit. physiol. Chem.*, 33, 151, 1901], de la gélatine [Fischer, Levenne et Ader, *Zeit. physiol. Chem.*, 35, 70, 1902], de diverses édestines et gliadines [Adberhalden, *Zeit. physiol. Chem.*, 40, 249, 1903; 44, 217, 1905]; des protamines [Kossel et Dakin, *Zeit. physiol. Chem.*, 40, 565, 1904], de l'élastine [Abderhalden, *ibid.*, 41, 293, 1904], de la clupéine [Kossel. *ibid.*, 41, 321], de la salmine [*ibid.*, 41, 407]; du colostrum [Winterstein et Strickler, *ibid.*, 47, 58, 1906]; de la légumine [Abderhalden et Babkin, *ibid.*, 47, 354, 1906]; de la vitelline [Abderhalden et Hunter, *ibid.*, 48, 505, 1906]; de l'ovokératine [Abderhalden et Ebstein, *ibid.*, 48, 530, 1906]; de l'édestine [Abderhalden et O. Berghausen, *ibid.*, 49, 15, 1906]; de la désamido-caséine [Skraup et Hœrnes, *Mon. f. Chem.*, 27, 631, 1906]; de divers organes [Levenne, *Zeit. pysiol. Chem.*, 44, 393]: de la corne [Fischer, *ibid.*, 36, 462]; on le trouve aussi dans la rognure de corne [Fischer, *D. chem. G.*, 34, 433, 1901], dans le fromage d'Emmenthal [Winterstein, *Zeit. physiol. Chem.*, 41, 485]. L'acide retiré par Schulze des semences de lupin est en réalité de l'acide α-amino-isovalérique [E. Fischer, *D. chem. G.*, 39, 2320, 1906]. On le prépare par action du carbonate d'ammonium sur l'acide α-bromoisovalérique [Slimmer, *D. chem. G.*, 35, 400, 1902].

Il fond à 298° et se sublime facilement. Son *éther éthylique* bout à 63°,5 sous 8 mm. [Slimmer, *loc. cit.*]. Il a été dédoublé en ses composants actifs par l'intermédiaire de sa combinaison formylique [E. Fischer, *D. chem. G.*, 39, 2320, 1906].

Le nom de *Valyl* a été donné par Fischer et Schulze au radical $(CH^3)^2 - CH - CH (AzH^2) - CO$.

L'*α-aminoisovaléramide* fournit un *bromhydrate* qui se décompose vers 200° [Schiff, *Gazz. chim. ital.*, 32, 115, 1902].

L'*acide α-éthylaminoisovalérique*, $(CH^3)^2 = CH - CH(AzHC^2H^5) - CO^2H$, forme des aiguilles microscopiques [Duvillier, *Bull. Soc. Chim.*, 3, 3, 507, 1890).

2° *Acide β*, $(CH^3)^2 = C(AzH^2) - CH^2 - CO^2H + H^2O$. — Il fond à 217° et commence à se sublimer vers 180° [Bredt, *D. chem. G.*, 15, 2320, 1882]. Son *éther éthylique* bout à 75° sous 22 mm.; le *chlorhydrate* de ce dernier fond à 75°. L'*acide β-benzoylaminoisovalérique* fond à 141°,5 [Slimmer, *D. chem. G.*, 35, 400, 1902].

Acide thioisovalérique, $(CH^3)^2 = CH - CH^2 - COSH$. — Il se forme quand on saponifie le valérate de phényle par le sulfhydrate de sodium

[Auger et Billy, C. R., 136, 555, 1903]. L'anilide forme des aiguilles blanches [Sachs et Lévy, D. chem. G., 36, 585, 1903].

III. ACIDE MÉTHYLÉTHYLACÉTIQUE. $CH^3-CH^2-CH(CH^3)-CO^2H$. — L'acide méthyléthylacétique est connu sous les trois formes, racémique, droite et gauche.

1° Acide racémique. — Il se forme par l'action de la potasse alcoolique sur l'aldéhyde méthyléthylacétique [Neustaedter, Mon. f. Chem., 27, 879, 1906]: quand on chauffe l'éther propionylpropionique avec l'éthylate de sodium et de l'iodure d'éthyle [Israel, Ann. Chem., 231, 219, 1885]: par réduction de la méthyl-2-butanolide-1.4 [Fichter et Herbrand, D. chem. G., 29, 1194]: dans la décomposition de l'éther méthyléthyloxalacétique par la potasse [Mebus, Mon. f. Chem. 26, 483, 1905]. L'éther éthylique se trouve en petite quantité dans les racines d'angelica archangelica [Ciamician et Silber, Ann. Chem., 29, 1815, 1896]. Pour sa préparation, voyez aussi Auwers et Fritzweiler [Ann. Chem., 298, 166, 1897].

Il bout à 173-174°; $D_{?0}^{?0}=0,938$ [Schütz et Marckwald. D. chem. G., 29, 56, 1896]. Conductibilité électrique [Walden, Zeit. physik. Chem., 10, 646].

Le sel de calcium cristallise avec $5H^2O$ [Sedlitzky. Mon. f. Chem., 8, 573; — Milojkovic, ibid., 14, 705, 1893]. L'éther de l'alcool amylique actif, $C^5H^9O^2.CH^2-CH(CH^3)C^2H^5$, bout à 185-187°. $\alpha_D = 2.83$ [Guye et Gautier, Bull. Soc. Chim., 13, 462, 1895].

2° Acide droit. — Cet acide existe à côté de l'acide isovalérique dans le produit commercial. On peut l'en retirer par l'intermédiaire de son sel d'argent qui est 6 fois plus soluble que le sel d'argent de l'acide isovalérique [Conrad et Bischoff, Ann. Chem., 204, 157, 1880].

On le rencontre en faible quantité dans les produits d'hydrolyse de la convolvuline [Taverne, Rec. Pays-Bas, 13, 197, 1894; — Höhnel, Centr. Bl., 1, 419, 1897].

On l'obtient aussi en dédoublant l'acide racémique par l'intermédiaire des sels de brucine [Marckwald, D. chem. G., 29, 53; 32, 1093; 37, 1038; — Tijmstra, D. chem. G., 38, 2165, 1905]. Il bout à 177°, $\alpha_D = +17°.30$ (Taverne); il bout à 174° d'après Marckwald.

L'acide séparé du produit commercial bout à 173-174°; $\alpha_D = +13°,64$ [Guye et Chavanne, Bull. Soc. Chim., 15, 294, 1896; — Guye et Aston. C. R., 124, 196, 1897]. Il est racémisé quand on le chauffe avec l'acide sulfurique [Guye, Bull. Soc. Chim., 25, 546, 1901].

L'éther méthylique bout à 113-115° sous 713 mm.: $\alpha_D = +16,83$ à 22° [Guye et Chavanne, loc. cit.; — Taverne, Rec. Pays-Bas, 19, 107, 1900].

L'éther éthylique bout à 131-133° sous 730 mm. $\alpha_D = +13°,44$ à 22°.

L'éther propylique (normal) bout à 154-157° sous 730 mm.; $\alpha_D = +11°.68$ à 22°.

L'éther isopropylique bout à 140-144° sous 727 mm.

L'éther butylique (normal) bout à 173-176° sous 730 mm.; $\alpha_D = +10°,6$ à 22°.

L'éther isobutylique bout à 165° sous 715 mm. $\alpha_D = +10°,48$.

L'éther butylique (secondaire) bout à 164-167° sous 727 mm.

L'éther isoamylique bout à 185-187° sous 720 mm.; $\alpha_D = +9°,96$.

L'éther de l'alcool méthylbutylique (inactif). $C^5H^9O^2.CH^2-CH(CH^3)C^2H^5$, bout à 186-187° sous 734 mm. $\alpha_D = +10°,11$. L'éther de l'alcool actif bout à 186-188° sous 733 mm.,5; $\alpha_D = +12°,32$

[Guye, Chavanne et Guergchgorine, Bull. Soc. Chim., 15, 294; 25, 550, 1901].

L'éther benzylique bout à 246-250° sous 730 mm.; $D_4^{22}=0.982$; $n_D^{20}=1,4922$; $\alpha_D^{22}=5,31$ [Guye et Chavanne, Bull. Soc. Chim., 15, 207, 1896].

Le nitrile méthyléthylacétique bout à 125° Neustaedter, [Mon. f. Chem., 27, 879, 1906].

La méthyléthylacétamide fond à 111° [Taverne, Rec. Pays-Bas, 19, 107, 1900].

3° Acide gauche. — Il a été obtenu dans le dédoublement de l'acide racémique [Marckwald, loc. cit.]. Il bout à 173-174°; $\alpha_D = —16°,3$.

ACIDES CHLOROMÉTHYLÉTHYLACÉTIQUES. — L'acide α, $CH^3-CH^2-CCl(CH^3)-CO^2H$, bout à 123-124° sous 36 mm. L'éther éthylique bout à 175° sous 747 mm. Le chlorure d'acide, $C^4H^8Cl.COCl$, bout à 143-144° sous 749 mm. Le nitrile, $C^4H^8Cl.CAz$, bout à 55-60° sous 32 mm. [Servais, Rec. Pays-Bas, 20, 42, 1901].

L'anilide de l'acide γ-chloré, $CH^2Cl-CH^2-CH(CH^3)-CO-AzH-C^6H^5$, fond à 106° [Bentley et Perkin, Chem. Soc., 69, 175, 1896].

ACIDES BROMOMÉTHYLÉTHYLACÉTIQUES. — Acide α-bromé, $CH^3-CH^2.CBr(CH^3)-CO^2H$. — Il se forme par bromuration directe de l'acide méthyléthylacétique; c'est un liquide qui ne distille pas sans décomposition [Böcking, Ann. Chem., 204, 23, 1880; — Schütz et Marckwald, D. chem. G., 29, 58, 1896]. Son éther méthylique distille à 168-170°, à 65-66° sous 15 mm. [Auwers, Ann. Chem., 298, 167, 1897]; l'éther éthylique bout à 185° (Röcking), à 75° sous 18 mm. [Blaise et Marcilly, Bull. Soc. Chim., 29, 217; 31, 319, 1904].

Acide γ-bromé, $CH^2Br-CH^2-CH(CH^3)-CO^2H$. — C'est une huile brune instable [Bentley et Perkin, Chem. Soc., 69, 174, 1894].

Acide méthylbromé..., $C^2H^3-CH(CH^2Br)-CO^2H$. — Il s'obtient en fixant l'acide bromhydrique sur l'acide α-éthylacrylique. C'est un liquide distillant à 128-129° sous 15 mm. Son éther éthylique bout à 94-95° sous 20 mm. [Blaise et Luttringer, Bull. Soc. Chim., 33, 766, 1905].

Acide α-β-dibromé, $CH^3-CHBr-CBr(CH^3)-CO^2H$. — On l'obtient par fixation du brome sur les acides tiglique et angélique en solution dans le sulfure de carbone. Le dérivé dibromé obtenu avec l'acide tiglique fond à 87°,5-88°; celui obtenu avec l'acide angélique fond à 86°,5 87° [Fittig, Ann. Chem., 259, 12, 1890; — Wislicenus et Pückert, ibid., 250, 244; — Bücking, ibid., 259, 16; — Wislicenus, ibid., 272, 29, 64; — Fock, ibid., 272, 47, 1892].

L'acide α-β'-dibromé, $C^2H^3-CBr(CH^2Br)-CO^2H$, fond à 73° après cristallisation dans l'éther de pétrole [Blaise et Luttringer, Bull. Soc. Chim., 33, 766, 1905].

ACIDE β-IODOMÉTHYLÉTHYLACÉTIQUE, $CH^3-CHI-CH(CH^3)-CO^2H$. — L'acide iodé obtenu par fixation de l'acide iodhydrique sur l'acide tiglique fond à 86°.5 [Schmidt, Ann. Chem., 208, 254, 1881; — Wislicenus, Centr. Bl., II, 262, 1897]. L'acide préparé au moyen de l'acide angélique fond à 59-60° [Wislicenus, loc. cit.].

ACIDES OXYMÉTHYLÉTHYLACÉTIQUES. — L'acide α, $CH^3-CH^2-C(OH)(CH^3)-CO^2H$, fond à 66-68° [Böcking, Ann. Chem., 204, 18]. Action de la chaleur [Blaise et Bagard, Bull. Soc. Chim., 35, 200, 1906].

L'acide β, $CH^3-CHOH-CH(CH^3)-CO^2H$, reste liquide à —20° [voyez Wislicenus et Pückert, Ann. Chem., 250, 244, 1889; — Wessely, Mon. f. Chem., 22, 66, 1901; — Lehmalzhofer, ibid., 21, 671; — Korner, Arch. Pharm., 233, 389, 1901]. L'éther éthylique bout à 91-100° sous 30 mm. [Blaise, Bull. Soc. Chim., 29, 330; 31, 959, 1904].

La fixation de l'acide hypochloreux sur les

acides tiglique et angélique donne naissance à deux acides oxychlorés :

L'acide α-oxy-β-chlorométhyléthylacétique, $CH^3-CHCl-C(OH)(CH^3)-CO^2H$, fusible à 75°, et l'acide β-oxy-α-chlorométhyléthylacétique $CH^3-CHOH-CCl(CH^3)-CO^2H$, fusible à 111°,5 [Melikow et Petrenkus, Ann. Chem., 234, 226; 257, 117, 1890; Journ. Soc. phys. chim. russe, 32, 368, 1900].

L'acide γ, $CH^2OH-CH^3-CH(CH^3)-CO^2H$, n'est connu qu'à l'état de sel. La lactone correspondante ou méthylbutyrolactone

$$CH^2-CH^2-CH-CH^3$$
$$|\ \ \ \ \ \ \ \ \ \ \ \ \ \ |$$
$$O \text{———} CO$$

bout à 202-203° [Fichter et Herbrandt, D. chem. G., 29, 1194; — Marburg, D. chem. G., 28, 10; — Bentley et Perkin, Chem. Soc., 69, 173].

L'acide β', ou acide éthylhydracrylique, $C^2H^5-CH(CH^2OH)-CO^2H$, a été obtenu par la condensation de l'aldéhyde formique avec l'éther α de bromobutyrique. C'est un liquide visqueux incristallisable qui ne peut être distillé sans décomposition. Son éther éthylique bout à 96°,5 sous 13 mm.; déshydraté par l'anhydride phosphorique, il fournit l'α-éthylacrylate d'éthyle. Son acétate, distille à 95-96° sous 11 mm. La phényluréthane fond à 235°. La phénylhydrazide fond à 161° [Blaise et Luttringer, Bull. Soc. Chim., 33, 636, 761, 1905].

L'acide dioxy-α-β-méthyléthylacétique ou acide diméthylglycérique, $CH^3-CHOH-C(OH)(CH^3)-CO^2H$, fond à 107° [Melikow et Petrenko, Ann. Chem., 257, 127; 266, 378, 1891]. L'oxyanhydride ou acide α-β-diméthylglycidique

$$\overset{\lceil O \rceil}{CH^3 - CH \text{——} C(CH^3) - CO^2H}$$

fond à 62°: l'éther éthylique de ce dernier bout à 177-178° [Melikow et Zelinsky, D. chem. G., 21, 2054].

Le dioxyacide, $C^4H^7(OH)^2CO^2H$, obtenu en oxydant l'acide angélique par une solution aqueuse de permanganate de potassium, fond à 110°. Le composé analogue obtenu avec l'acide tiglique fond à 88° [Fittig et Penschuck, Ann. Chem., 283, 114, 1894].

L'acide oxy-α-méthylolèthylacétique, $CH^3-CH^2-C(OH)(CH^2OH)-CO^2H$, fond à 99-100° [Ssemenow, Journ. Soc. phys. chim. russe, 31, 115, 1899].

ACIDE α-AMINOMÉTHYLÉTHYLACÉTIQUE, $CH^3-CH^2-C(AzH^2)(CH^3)-CO^2H$. — Il fond à 307°,5, et se sublime vers 300°; le picrate fond à 115-116°; l'éther éthylique bout à 65-66° sous 20 mm.; le dérivé benzoylé fond à 198-199° et le dérivé fourni par l'isocyanate de phényle fond à 179-180° [Slimma, D. chem. G., 35, 400, 1902].

IV. ACIDE TRIMÉTHYLACÉTIQUE (acide pivalique) $(CH^3)^3 \equiv C-CO^2H$. — L'acide triméthylacétique a été caractérisé dans l'huile de café [Erdmann, D. chem. G., 35, 1846, 1902]. Il se forme par oxydation : de l'acide triméthylpyruvique [Glücksmann, Mon. f. Chem., 40, 777; — Delacre, Bull. Soc. Chim., 27, 87, 1902], du p-butylphénol tertiaire [Auschütz, Ann. Chem., 327, 211, 1903], de l'oxocténol [Priléjaief et Wagner, Journ. Soc. phys. chim. russe, 35, 534, 1903].

Il fond à 34-35° et bout à 163°; constante d'éthérification [Sudborough et Lloyd, Chem. Soc., 75, 475, 1899]. Sels [voyez Stiassny, Mon. f. Chem., 12, 601; — Pomeranz, Mon. f. Chem., 18, 580, 1897; — Landau, Mon. f. Chem., 14, 717]. L'éther triméthyléthylique, $C^5H^9O^2.CH^2$

$-C(CH^3)^3$, bout à 162-164°; $D_0 = 0,86078$ [Tissier, Ann. Chim. Phys., 29, 371, 1893].

Triméthylacétamide, $(CH^3)^3 \equiv C-CO AzH^2$. — Elle fond à 153-154° et bout à 212° sous $766^{mm},5$ [Franchimont et Klobbie, Rec. Pays-Bas, 6, 238].

La méthylamide, $C^4H^9-CO-AzHCH^3$, fond à 91°, et bout à 203-204°.

La diméthylamide, $C^4H^9-CO-Az(CH^3)^2$, est liquide et bout à 185-186°.

L'éthylamide, $C^4H^9-CO-AzH.C^2H^5$, fond à 49° et bout à 203-204°.

La diéthylamide, $C^4H^9-CO-Az(C^2H^5)^2$, est liquide et bout à 203° [Franchimont et Klobbie, loc. cit.].

ACIDE BROMOTRIMÉTHYLACÉTIQUE (bromopivalique) $(CH^3)^2(CH^2Br) \equiv C-CO^2H$. — Il distille à 143-145° sous 33 mm. L'éther éthylique bout à 89-90° sous 25 mm. Le bromure acide, $(CH^3)^2(CH^2Br) \equiv C-COBr$, a été obtenu par action du pentabromure de phosphore sur l'acide oxypivalique [Blaise et Marcilly, Bull. Soc. Chim., 27, 650, 1190, 1901; 34, 155, 1904].

ACIDE OXYTRIMÉTHYLACÉTIQUE (oxypivalique), $(CH^3)^2(CH^2OH) \equiv C-CO^2H$. — Il s'obtient en condensant le bromoisobutyrate d'éthyle avec le trioxyméthylène. L'acide fond à 124°; l'éther éthylique bout à 85-86° sous 16 mm.; l'éther méthylique bout à 177-178° sous 740 mm. Le sel de benzylamine fond vers 101-108°. La benzylamide fond à 64°. La phénylhydrazide fond à 173°. La phényluréthane fond à 126°.

L'acide acétoxypivalique, $(CH^3)^2(CH^2.O.CO.CH^3) \equiv C-CO^2H$, fond à 56°; son éther méthylique bout à 191-192° sous 737 mm. et son éther éthylique bout à 94° sous 16 mm.

L'acide éthoxypivalique, $(CH^3)^2(CH^2.OC^2H^5) \equiv C-CO^2H$, bout à 123° sous 22 mm.; son éther éthylique, à 75° sous 22 mm.

L'acide phosphodioxypivalique

$$PO \begin{cases} O-CH^2-C(CH^3)^2-CO^2H \\ O-CH^2-C(CH^3)^2-CO^2H \\ OH \end{cases} + H^2O$$

fond vers 110-120°; anhydre, il fond vers 148° [Blaise et Marcilly, Bull. Soc. Chim., 29, 216; 34, 115, 119, 130, 155, 1904].

ACIDE DIOXYTRIMÉTHYLACÉTIQUE (acide dioxypivalique). — Le nitrile correspondant $(CH^2OH)^2(CH^3) \equiv C-CAz$ bout à 145-147° sous 14 mm. [Koch et Zerner, Mon. f. Chem., 22, 443, 1901].

1er janvier 1908.   P. Carré.

VALÉRONE. — Voyez NONANONES.

VALINE. — Voyez l'art. VALÉRIQUES (ACIDES) (amino-α-iso, p. 972).

VALLEYITE (Min.) (G. Cesaro). — Variété d'anthophyllite pauvre en fer, trouvée avec trémolite violette à Edwards, Cté de St-Lawrena, état de New-York, se distinguant de l'anthophyllite ordinaire par quelques propriétés optiques.

VALYL. — Voyez l'art. VALÉRIQUES (ACIDES) (amino-α-iso, p. 972).

VANADINITE (Min.) (Haidinger). — Chlorovanadate de plomb $(VO^4)^3PbCl$, appartient à la famille de l'apatite, de la pyromorphite, etc., avec laquelle elle est isomorphe, renferme souvent un peu d'acide phosphorique. Petits cristaux prismatiques, agrégats, nodules fibreux, jaunes ou bruns, parfois rougeâtres, éclat gras. Trouvé à Zimapan (Mexique), Berezowsk (Oural), Wanlockhead (Ecosse), mont Obis, près Windischkappel (Carinthie), Haldenwirthshaus (Forêt-Noire), Bölet (Westgotland), sierra de Córdoba (République Argentine), Silver District, comtés d'Yuma et de Pinal (Arizona).

Caractères. — Soluble aisément dans l'acide azotique. Au chalumeau, décrépite fortement, fond sur le charbon en un globule qui fuse et laisse un globule de plomb entouré d'un enduit jaune. Avec le sel de phosphore, au feu oxydant, perle orangée à chaud, vert jaunâtre à froid ; au feu réducteur, perle d'un beau vert. Dureté = 3. Poussière blanchâtre. Densité = 6.8–7,2.

Forme cristalline. — Prisme hexagonal : b^1b^1 (sur m) = 78°46'. Faces $m.p.h^1.b^1/_2.b^2.h^1.h^2$, $a^1.a_2$ (cette dernière offre souvent l'hémiédrie de l'apatite).　　　　L. Bourgeois.

VANADIUM. — *État naturel.* — Le vanadium est très répandu à l'état de combinaisons, dans beaucoup de minerais et de roches de la formation primordiale où Dieulafait l'a constaté accompagnant le titane [*C. R.*, **93**, 807, 1881].

Les roches ignées ou métamorphiques analysées systématiquement par Vogt [*J. prakt. Geol.*, 274, 1899] ou par Hillebrand [*Am. J. Sc.*, (4), **6**, 209, 1898] ont montré une extrême diffusion de cet élément : 23 analyses portant sur les gabbros, les diorites, pyroxènes, diabases, labradorites, basaltes, andésites accusent de 0,015 à 0,052 0/0 de vanadium ; les granites, les gneiss, les syénites, les quartzites sont aussi vanadifères. 498 échantillons de carbonate de chaux donnèrent en moyenne 0,004 0/0 de V^2O^5 ; il en est de même de 253 échantillons de grès. Vogt conclut de ses nombreuses analyses et de celles de Hillebrand que la teneur en vanadium de la croûte terrestre oscille entre 0,0025 et 0,05 0/0. Cet élément est plus rare que le lithium, le silicium, le nickel et plus disséminé.

La vanadinite a été signalée dans l'Arizona, par Blacke [*Am. J. Sc.*, (3), **28**, 145, 1884] ; ce minéral accompagne le chrysocolle dans les minerais de cuivre de Bena de Padru, à Ozieri [Domeniko Lovizato, *Att. Ac. Lincei.* (5), **12**, II, 81, 1903], enfin sa présence a été également signalée en cristaux jaune soufre, d'une longueur pouvant atteindre 2 cm., à Hillsboro (Nouveau-Mexique) [Goldschmidt, *Z. Kryst.*, **32**, 561, 1899].

Près de Burra (Australie du Sud) Goyder [*Chem. Soc.*, **77**, 1094, 1900] constate la présence d'un nouveau minéral, la sulvanite $V^2S^3.3Cu^2S$. Friedel et Cumenge [*C. R.*, **128**, 532, 1899] donnèrent le nom de carnotite à un nouveau minéral composé de vanadate d'urane qui imprègne des alluvions du Colorado. Hillebrand et Ransonne considèrent que ce minéral est une matière silicatée dans laquelle le vanadium et l'aluminium se remplacent comme métaux trivalents [*Am. J. Sc.*, (4), **10**, 120, 1900].

Dans la province de Mendoza (République Argentine) existe une couche de lignite dont les cendres contiennent jusqu'à 38 0/0 de V^2O^5 [J. Kyle, *Chem. News*, **66**, 212, 1892]. Une houille analogue contient d'après Mourlot 0,24 0/0 de V^2O^5 ce qui fait une proportion semblable dans les cendres [*C. R.*, **117**, 546, 1893].

Au Pérou, Torrico y Mera [*Bull. de Minas*, 1894, déc.] signale le charbon de Yauli comme susceptible d'exploitation pour le vanadium de ses cendres. Le gouvernement argentin estime d'ailleurs [*Chem. Ztg.*, **29**, 912, 1905] qu'une tonne de houille de la province de Mendoza donnerait environ 5,39 livres anglaises de V^2O^5 d'une valeur actuelle de 24 dollars.

Un nouveau sulfure naturel contenant 15 à 19 0/0 Va a été trouvé au Pérou à Minasragra. Il a reçu le nom de *patronite* et a été analysé par Hillebrand [*Journ. amer. Chem. Soc.*, **29**, 1019, 1907].

Le vanadium a été décelé dans les fumées et la suie d'un foyer alimenté par du charbon de Lahaye, près Liège [*Bull. ac. Roy. Belg.* 178,

1905]. La présence de cet élément dans une scorie de haut-fourneau luxembourgeois (2,56 0/0 V^2O^5) doit être attribuée à l'emploi du minerai de fer vanadifère [Blum, *Stahl und Eisen*, **20**, 393, 1900]. Le vanadium accompagne toujours le titane dans les magnétites [F. Pope, *Trans. of the Amer. Institute of Mining Engineers California Meeting*, **58**, 556, 1899], d'où Claassen a d'ailleurs proposé de l'extraire en même temps que le chrome [*Am. Chem. J.*, **8**, 437, 1886].

Le vanadium existe encore en plus ou moins grande quantité dans les rutiles [Hasselberg, *Zeit. anorg. Chem.*, **18**, 85, 1897 ; — Giles, *Chem. News*, 76, 137, 1897], les argiles [Stolba, *Berg Hütt Ztg.*, **55**, 325, 1896], la soude et les alcalis caustiques [Smith, *Ch. N.*, **61**, 20, 1890 et Robinson, *Ch. N.* 70, 199, 1894]. Ricciardi le signale dans la lave du Vésuve [*Gazz. chim. ital.*, 13, 259, 1883]. Hutchins et Holden [*Phil. Mag.*, (5), **24**, 335, 1887] l'ont décelé par l'analyse spectrale dans la couronne solaire. Lippmann [*D. chem. G.*, 3492, 1888] le constata dans les cendres de betterave ; et dans les plantes, Demarçay a pu caractériser sa présence [*C. R.*, **130**, 91, 1900].

Préparation. — La préparation du vanadium métallique pur a été effectuée comme celle du niobium et du tantale par W. von Bolton en chauffant dans le vide d'une ampoule un filament formé de trioxyde de vanadium conducteur du courant électrique. Cet oxyde se dissocie et, en maintenant le vide au fur et à mesure de la dissociation, le filament se transforme en vanadium pur [W. Bolton, *Z. für Electrochem.*, **11**, 316, 1905].

On peut obtenir facilement et en grande quantité des fontes de vanadium en réduisant au four électrique un mélange de charbon de sucre et d'oxyde V^2O^5. Il est indispensable de chauffer avec un arc puissant et rapidement, car la carburation du métal est d'autant plus forte que la chauffe est plus prolongée. Les fontes de vanadium tenant de 4,4 à 5,3 0/0 de carbone présentent toutes les propriétés du métal si péniblement obtenu par Roscœ [Moissan, *C. R.*, **122**, 1297, 1893 ; **116**, 1225, 1893].

Schucht n'avait pas obtenu un dépôt de vanadium par électrolyse [*Berg. Hütt. Ztg.*, **39**, 221, 1880], mais Cooper Cowles a obtenu un dépôt métallique brillant comme l'argent en opérant de la façon suivante : l'acide vanadique est chauffé avec de la soude en solution et le vanadate formé décomposé par l'acide chlorhydrique (1 p., 75 d'acide vanadique chauffé avec 2 parties NaOH dissoutes dans 160 gr. d'eau et décomposé par 32 parties HCl). La solution est électrolysée à 82° avec une densité de courant de 180 à 200 ampères par mètre carré et une force électromotrice aux bornes de 1,88 volt [*The Engineering and Mining Journal*, 67, 744, 1899].

Alliages de vanadium. — Les alliages du vanadium ont été étudiés avec détails, et certains présentent actuellement beaucoup d'intérêt au point de vue métallurgique. Aussi de nombreux brevets ont-ils été pris pour leur préparation directe à partir des minerais vanadiés.

Dès 1893, Moissan avait obtenu au four électrique des ferrovanadiums à 18 0/0 de vanadium et, en outre, par projection d'anhydride vanadique mélangé d'aluminium en poudre sur un bain d'aluminium, il avait fait un alliage Al Va à 2,5 0/0 de vanadium [Moissan, *Bull. Soc. Chim.*, (3), **5**, 1278, 1896]. Hélouis a obtenu l'alliage AlVa cristallisé dans un excès d'aluminium et insoluble dans les acides étendus [*Bull. Soc. Encouragement*, 446 et 906, 1896]. L'emploi de l'aluminothermie seule ou avec addition de carbone ou de carbure de calcium n'a fourni à

Koppel et Kauffmann qu'un produit encore oxydé et titrant de 80 à 88 0/0 de vanadium [*Zeit. anorg. Chem.*, **45**, 352, 1905].

Les métaux de la cérite obtenus par électrolyse des sels complexes débarrassés du thorium constituent un réducteur puissant. Ils permettent la réduction des oxydes métalliques avec plus de facilité que la poudre d'aluminium. Weiss et Aichel [*Ann. Chem.*, **337**, 370, 1905] ont pu obtenir par ce moyen le vanadium sous forme d'un régule blanc, assez cassant, dont la surface était tapissée de cristaux rhombiques.

Stavenhagen et Schuchard ont préparé l'alliage Mo V par aluminothermie [*D. chem. G.*, **35**, 909, 1902].

A l'usine de Bas-Coudray, près Le Genest (Mayenne), Herrenschmidt traite le vanadate de plomb naturel de Santa Marta (Espagne) dans le but de préparer les ferrovanadiums, cuprovanadiums ou nickelvanadiums industriels. Le minerai contient 12,14 0/0 V^2O^3 et 50 0/0 Pb. Il est fondu dans un four réducteur avec du charbon et du carbonate de soude. Le plomb métallique se sépare et le vanadium est scorifié en même temps que l'alumine et la silice. La scorie est chauffée en flamme oxydante, ce qui la rend plus soluble ; elle est fondue, versée dans l'eau et lavée. Le résidu contient de l'alumine, de la silice, du fer et 2 0/0 de vanadium. Ce résidu est traité par l'acide sulfurique, épuisé par l'eau, puis concentré à sirop et additionné d'acide sulfurique à 66°. On mélange alors avec la solution de vanadate de soude d'origine et par pression au filtre-presse on sépare la silice. La solution est évaporée à sec et calcinée légèrement, ce qui donne de l'acide vanadique à 95 0/0. Pour la préparation des ferrovanadiums, il est encore plus simple d'employer la solution de vanadate de soude impure qu'on additionne de sulfate ferreux et le précipité d'oxydes obtenus est réduit directement et fournit un alliage à 33 0/0 V [Herrenschmidt, *C. R.*, **130**, 635, 862, 1904 ; — l'atente anglaise 784 du 12 janv. 1903 ; Brev. allem., 173 900 du 12 juil. 1903].

Smith [*Journ. of chem. Ind.*, 1183, 1901] attaque le vanadate de plomb par le bisulfate de soude. Les liqueurs d'épuisement sont réduites par le fer métallique et on obtient ainsi une solution acide de fer et de vanadium à l'état de sulfate qu'on précipite par la soude caustique ; le précipité lavé et séparé au filtre-presse est séché et réduit au four électrique ou par l'aluminium et le charbon. On obtient ainsi des ferrovanadiums à 18,20 0/0 mais contenant du silicium.

En Amérique, au Colorado, la Vanadium Alloys C° a installé une usine de traitement à Newmire pour la roscœlite. Ce minéral, qui ne contient guère plus de 2 0/0 de vanadium, est grillé avec du sel marin et on isole le chlorure de vanadium par lavage. Les liqueurs sont additionnées d'un sel de fer qui précipite un composé de fer et de sodium qui est envoyé ensuite à Niagara Falls où on le réduit électriquement pour obtenir un ferrovanadium à 25-27 0/0 Va ne contenant pas 2 0/0 d'impuretés [*Chem. Zgt.*, 1261, 1907].

Gin [*Chem. News*, 88, 38, 1904 ; *brevet allemand*, 153619 du 5 avril 1903] a basé une méthode électrolytique de préparation du vanadium et de ses alliages sur la conductibilité du trioxyde de vanadium et sur la réaction facile $V^2O^3 + 6F + 3C = 3CO + 2VF^2$. Le trioxyde V^2O^3 est obtenu par calcination de l'anhydride vanadique avec du charbon en excès. Il est comprimé en cylindres qui servent d'anodes dans un bain fondu de fluorure de calcium et de fluorure de fer. Le courant forme à l'anode du fluor libre qui attaque le trioxyde. L'oxygène dégagé se combine au carbone en excès de l'anode et il se forme du fluorure de vanadium qui se dissout dans l'électrolyte et se transporte à la cathode (métal liquide) où il forme l'alliage désiré. La tension varie entre 10 et 15 volts, la densité de courant est de 2 ampères par cm^2 à l'anode, de 6 ampères à la cathode. Consulter également Gin pour le traitement de la carnotite [*Electrochen. Ztschr.*, **13**, 119]. Les ferrovanadiums servent à la fabrication des aciers ; le vanadium, dans les alliages fer-carbone, absorbe entièrement le carbone et modifie profondément les propriétés de l'acier. Il élève la limite de rupture et l'élasticité plus vite que tout autre élément, il diminue la dilatation et la contraction, quoique dans des limites moins étendues que les autres corps, et l'influence maxima est obtenue pour 0,7 à 1 0/0 Va, mais il est à remarquer que pour des teneurs bien plus faibles son action est encore très sensible [Guillet, *Bull. Soc. Encourag.*, 104, 870, 1905].

Les aciers ternaires et quaternaires, comme l'acier chromovanadié, l'acier nickelvanadié, ont également une certaine importance actuelle. La maison William and Robinson en fournit annuellement 800 tonnes dont 80 0/0 servent dans la construction des moteurs d'automobiles. Le vanadium n'y entre que pour 0,10 à 0,20 0/0 [*The Engineer*, 704, 293, 1906].

Extraction des minerais. — Nous avons déjà mentionné les procédés directs pour l'obtention des composés vanadiés susceptibles de servir à la préparation des alliages ferro ou cuprovanadiums. Pour obtenir de l'acide vanadique pur en partant des minerais, même à faible teneur, l'Hote [*C. R.*, **101**, 1151, 1885] a donné un excellent moyen applicable à tous les minerais et particulièrement à la vanadinite. Le minerai est mélangé avec son poids de noir de fumée et fortement calciné en milieu réducteur. L'arsenic est ainsi volatilisé et le vanadium transformé en tétroxyde. Un courant de chlore sec passant sur la matière chauffée à 250° volatilise tout le vanadium à l'état d'oxytrichlorure bouillant à 126°,5. La décomposition par l'eau de ce composé donne l'acide vanadique absolument pur.

Propriétés physiques et chimiques du vanadium. — Le vanadium métallique fond d'après W. von Bolton à 1680° et est malléable ; Smith estimait son point de fusion au-dessus de 2000° [*J. Chem. Soc. Ind.*, 20, 1183, 1901]. Le spectre du vanadium étudié en 1869 par Thalen a été décrit à nouveau par Hasselberg [*Académie des Sciences de Stockholm*, 1899]. Lockyer et Baxandall, en faisant jaillir l'arc entre deux pôles d'argent et en se servant d'un réseau de Rowland, confirmèrent les raies données par Hasselberg [*Proc. Roy. Soc. Londres*, 68, 189, 210, 1901]. Dans le spectre-éclair de la couche renversante, c'est-à-dire donnant les raies noires du spectre solaire, Deslandre, observant l'ultra-violet pendant l'éclipse du 28 mai 1900, a nettement caractérisé toutes les raies intenses du vanadium [*C. R.*, **144**, 409, 1905]. Le spectre d'étincelle du vanadium varie si on le produit dans un champ magnétique intense [*Trans. Cambridge Phil. Soc.*, 20, 193, 1906].

D'après Muthmann, le vanadium est un métal dont la couleur rappelle celle de la fonte blanche à grain fin. Son éclat ne se ternit pas dans l'air ni par ébullition avec l'acide chlorhydrique. Sa dureté est de 7,5, sa densité à 15° de 6,025, sa chaleur spécifique 0,1240. Il se combine à l'azote et à l'hydrogène à chaud [*Ann. Chem.*, **355**, 59 à 136, 1907].

La chaleur spécifique d'un ferrovanadium entre 15 et 100° est de 0,1185, et elle permet, d'après la loi de Regnault, de calculer la chaleur spécifique du vanadium, soit 0,1258 entre les mêmes limites de température. L'alliage AlV de L. Guillet [*C. R.*, **132**, 1112, 1901] a une chaleur spécifique de 0,1565 et en appliquant le même calcul on trouve 0,1235 pour la chaleur spécifique du vanadium [Matignon et Monnet. *C. R.*, **134**, 542, 1902]. De la perte de poids d'une lame de vanadium employée comme anode, on peut reconnaître que dans les électrolytes comme KCl, K^2SO^4, $NaAzO^3$ qui n'attaquent pas l'anode à la température ordinaire, le vanadium se dissout comme ion tétravalent, et qu'au contraire dans les solutions alcalines il se dissout dans les mêmes circonstances comme ion pentavalent. Le potentiel propre du vanadium calculé par l'étude d'une chaîne $V/MX/NaAzO^3/AgAzO^3/Ag$ où $MX = KCl$, KBr et de la différence de potentiel entre V et Ag on trouve 0,2 volt pour les solutions alcalines et 0,5 volt pour les solutions neutres. Avec la chaîne $V/MX/H^2CrO^4/Pt$ la valeur varie suivant que la solution est neutre ou alcaline, car dans le 1er cas le vanadium se dissout sous la forme V^2O^4; dans le second, sous la forme V^2O^3 [Marino, *Soc. Chim. di Roma*, 13 déc. 1903].

TRIFLUORURE DE VANADIUM. — On obtient un composé hydraté V^2F^6. $6H^2O$ par évaporation d'une solution de trioxyde hydraté dans l'acide fluorhydrique. La chaleur de neutralisation est pour la première molécule d'HF de 19315 cal., pour la seconde de 17017, pour la troisième de 15907. Le fluorure hydraté forme des croûtes cristallines recristallisables dans l'eau chargée d'acide fluorhydrique. Les cristaux s'effleurissent à l'air, ils perdent H^2O vers 100° et à 130° ils deviennent anhydres mais absorbent simultanément de l'oxygène. La solution de trifluorure de vanadium est réductrice pour les sels cuivriques et mercuriques qui passent au minimum et pour les sels d'argent qui déposent de l'argent métallique. •

Les alcalis et carbonates alcalins donnent des précipités d'hydrate de trioxyde. Le trifluorure de vanadium donne avec les fluorures métalliques des sels doubles hydratés et cristallisés [E. Petersen, *J. prakt. Chem.*, (2), **40**, 193 et 271, 1889]. Mentionnons :

a) Le *sel de potassium*, V^2F^6, $4KF$, H^2O obtenu par précipitation d'une solution fluorhydrique de trifluorure par une solution concentrée de KF. Il forme une poudre cristalline verte, insoluble dans l'eau, soluble dans les acides étendus, insoluble dans une solution concentrée de KF. A 170° ce sel se décompose en absorbant de l'oxygène et devenant anhydre.

b) Les *sels d'ammonium*: 1° V^2F^6, $6AzH^4F$ obtenu par précipitation du trifluorure dissous par une solution concentrée de AzH^4F, cristaux verts octaédriques, solubles dans l'eau, insolubles dans l'alcool. Il perd de l'ammoniaque par évaporation et 15,5 0/0 de son poids à 170°; si on le chauffe plus fort, il se volatilise du fluorure d'ammonium et ensuite des vapeurs acides contenant du vanadium; 2° on obtient un sel V^2F^6. $4AzH^4F$, $2H^2O$ et un autre V^2F^6, $2AzH^4F$. $4H^2O$ par évaporation et cristallisation de la solution du sel (1) en présence d'un excès de fluorure d'ammonium.

c) Le *sel de sodium* V^2F^6, $5NaF$, H^2O. obtenu d'une manière analogue au sel de potassium, est cristallisé et semble plus stable à 170°.

Petersen [*Vanadinets og dels nærmste analoger*. Gyldendalske Kopenhaven, 1888] a encore obtenu *un sel de cobalt* et *un sel de nickel* en dissolvant du carbonate de ces métaux dans une solution fluorhydrique de trifluorure de vanadium.

2° SUPPL.

PENTAFLUORURE DE VANADIUM. — Ce composé, stable en solution très fluorhydrique, d'après Petersen, se transforme en oxyfluorure VOF^2 dès qu'on essaie de le concentrer (Petersen).

Oxyfluorures. — Petersen mentionne un oxytrifluorure VOF^3 incolore, stable à l'air, mais se décomposant par dilution en VO^2F et HF. Ce dernier oxyfluorure VO^2F est d'ailleurs susceptible de fournir des sels doubles avec les fluorures métalliques, tels VO^2F, $2KF$ étudiés par Werner [*Zeit. anorg. Chem.*, **9**, 386]; par Melikoff et Kasanezki [*Zeit. anorg. Chem.* **28**, 242, 1901]; par Piccini et Giorgis [*Gazz. chim. ital.*, **22**, I, 55, 1892; *Real. Acad. Linc.*, **6**, 130, 1892] (voyez FLUOSELS).

TRICHLORURE DE VANADIUM HYDRATÉ, VCl^3. $6H^2O$. — L'hydrate d'oxyde de vanadium préparé en réduisant $VOCl^2$ par l'amalgame de sodium dans un courant d'hydrogène permet de préparer ensuite $VCl^3 6H^2O$ en cristaux paraissant rhombiques et très déliquescents [Locke et Edwards. *Am. Chem. J.*, **20**, 594, 1898]. En traitant l'anhydride vanadique au bain-marie par l'acide chlorhydrique additionné d'acide oxalique, on obtient une solution qui est soumise à l'électrolyse avec une anode en charbon et une cathode en platine. Un vase poreux rempli d'acide chlorhydrique contient l'anode et sert de diaphragme. Le liquide cathodique devient vert s'il est acide, jaune brun s'il est presque neutre. La solution cathodique concentrée s'il est nécessaire est refroidie avec de la glace et saturée d'acide chlorhydrique gazeux; le précipité vert, cristallin est essoré sur assiette poreuse, puis redissous dans l'eau et reprécipité par l'acide chlorhydrique gazeux. Ces cristaux sont vert pistache, déliquescents; les solutions concentrées sont jaune brun; si on les dilue elles deviennent jaune clair, puis bleues au contact de l'air. Par addition d'HCl la coloration vire au vert, mais en tubes scellés, dans une atmosphère d'acide carbonique, elles conservent pendant très longtemps leur coloration primitive. Le chlorure hydraté de vanadium donne des solutions très réductrices, le nitrate d'argent donne un précipité brun ou gris, d'argent et de chlorure d'argent; tandis que la solution devient bleue par oxydation (tétroxyde de vanadium). Ce sel cristallisé perd de l'eau à 100° mais n'a pu être desséché sans décomposition [Piccini et Brizzi, *Zeit. anorg. Chem.*, **19**, 394, 1899]. Il est susceptible de s'unir aux chlorures alcalins (en solution concentrées) pour former des cristaux verts ou des combinaisons rouges étudiées par Locke et Edwards [*loc. cit.*], et par Stähler [*D. chem. G.*, **37**, 4411, 1904].

TÉTRACHLORURE DE VANADIUM. — Le meilleur procédé de préparation consiste à faire agir un courant de chlore sec sur le carbure ou la fonte de vanadium (Moissan). L'action du chlorure de soufre sur l'anhydride vanadique au rouge sombre permet également de l'obtenir avec facilité [Matignon et Bourion, *C. R.*, **138**, 631, 1904]. En faisant passer le chlore sur le vanadium brut, il faut éviter une chaleur trop forte car il pourrait se faire du trichlorure violet qui n'est plus transformable directement en tétrachlorure. Le tétrachlorure de vanadium est un liquide brun, épais, bouillant à 154° sous 750 mm. (Koppel et Goldmann); à 151°,5 d'après Ossipoff [*Journ. Soc. phys. chim. russe*, **34**, 58, 1902]. Les densités de ce liquide ont été déterminées également par cet auteur; à 12° il trouva 1,8337, à 18° 1,8296. Il est soluble dans le benzène, le nitrobenzène, l'acide acétique, l'éther, l'alcool sur lequel il réagit en se réduisant.

Koppel et Goldmann ont décrit des sels composés organiques de ce chlorure [*Zeit. anorg.*

Chem., **46**, 51, 1905], qui cependant, malgré la formation de composés d'addition avec la benzine, ne peut servir comme chlorurant ou comme agent de condensation [Steele, *Chem. Soc.*, **93**, 222, 5 nov. 1903].

TRICHLORURE DE VANADYLE. — La formation facile de cet oxychlorure de vanadium $VOCl^3$, en traitant à 250° par un courant de chlore sec du trioxyde de vanadium ou même un minérai quelconque de vanadium (calciné avec un excès de charbon), a permis à l'Hôte [*C. R.*, **101**, 1151, 1885] de donner un procédé élégant d'extraction et d'analyse du vanadium. Matignon et Bourion [*C. R.*, **128**, 631 et 760, 1904] l'ont obtenu encore plus facilement par l'action du chlore et des vapeurs de chlorure de soufre sur l'anhydride vanadique à basse température. Le chlorure de vanadyle bout à 120°; densité à 11°, 1,842; à 24°,7, 1,824 (Ossipof).

Agafonoff a trouvé que la conductibilité électrique d'une solution aqueuse fraîchement préparée de ce corps est de 179,8 (1 mol. $VOCl^3$ pour 74 litres d'eau) et qu'après 46 jours, elle atteint 200, ce qui correspond à une variation d'état dans la solution [*Journ. Soc. phys. chim. russe*, **35**, 649, 1903].

Ditte [*C. R.*, **102**, 1310, 1886] a préparé la combinaison $V^2O^3Cl^2$. $4H^2O$ en évaporant dans le vide et à froid une solution chlorhydrique d'acide vanadique. L'action de l'acide chlorhydrique gazeux sur le vanadate de soude ou sur l'acide vanadique, action étudiée à divers points de vue, montre que le chlore volatilise à 250° environ la moitié du vanadium en donnant un oxychlorure tel V^2O^4. $4ClH$, puis la totalité du vanadium est volatilisée [Smith et Hibbs, *J. An. Chem. Soc.*, **15**, 682 et 735, 1895; *Zeit. anorg. Chem.*, **7**, 41, 1894].

TRIBROMURE DE VANADIUM. — L'hydrate VBr^3, $6H^2O$ a été préparé par électrolyse [Piccini et Brizzi, *loc. cit.*] dans les mêmes conditions que le trichlorure hydraté. Il est soluble dans l'alcool, l'éther, et hydrolysé dans ses solutions aqueuses [Locke et Edwards, *Am. Journ.*, **20**, 594, 1898]. Une solution d'acide vanadique et de tribromure d'antimoine dans l'acide bromhydrique concentré fournit en présence du brome libre des prismes noirs, hygroscopiques, d'une combinaison double [Weinland et Feige, *D. chem. G.*, **36**, 244, 1903].

OXYBROMURES. — Ditte, dans ses remarquables recherches des propriétés de l'acide vanadique, a obtenu par l'action de l'acide bromhydrique concentré des cristaux déliquescents vert foncé de la combinaison $V^2O^3Br^2$ ($2HBr$. $7H^2O$) [*C. R.*, **102**, 1310, 1885].

IODURE ET OXYIODURES. — L'iode n'agit ni à chaud, ni à froid sur le métal, l'azoture ou le carbure de vanadium. L'hydrate VI^3, $6H^2O$ a été décrit et préparé par les mêmes procédés que le trichlorure hydraté (Piccini et Brizzi).

Ditte, en faisant agir l'acide iodhydrique concentré sur l'acide vanadique, et en éliminant l'iode formé par la poudre d'argent, a obtenu des composés de la forme $V^2O^3I^2$. mHI. nH^2O, sous forme d'une poudre noire déliquescente.

PROTOXYDE DE VANADIUM V^2O. — L'hydrate de protoxyde peut être préparé en précipitant par l'ammoniaque la solution de chlorure de vanadyle réduite par l'amalgame de sodium dans un courant d'hydrogène [Locke et Edwards, *Zeit. anorg. Chem.*, **19**, 378, 1899].

TRIOXYDE DE VANADIUM V^2O^3. — La préparation de ce corps se fait avec facilité par l'action du soufre ou de l'acide oxalique sur le métavanadate d'ammoniaque pur [Ditte, *Ann. Chim. Phys.*, (6), **13**, 199, 1888]. Il s'oxyde entre 300 et 400° pour donner de l'anhydride

vanadique jaune [Senderens et Sabatier, *Bull. Soc. Chim.*, (3), **9**, 6690, 1894].

Le trioxyde de vanadium s'oxyde à l'air d'autant plus facilement qu'il a été obtenu à température plus basse. L'ammoniaque le réduit au rouge blanc en donnant l'azoture. On l'obtient en dissolution sulfurique par la réduction des sulfates de vanadium par le magnésium métallique, l'action du zinc irait jusqu'au sulfate de bioxyde.

TÉTROXYDE DE VANADIUM V^2O^4. — Le gaz sulfureux réduit au rouge l'anhydride vanadique, le tétroxyde obtenu ainsi est cristallisé [Ditte, *Ann. Chim. Phys.*, (6), **13**, 199, 1888].

Les dissolutions de tétroxydes peuvent s'obtenir par réduction des solutions acides de pentoxyde par l'hydrogène sulfuré, l'acide sulfureux, l'acide oxalique, le sucre, l'alcool. Dans certains cas où la réduction serait plus avancée, l'oxydation par un courant d'air ramène invariablement le vanadium à l'état de tétroxyde.

Acide hypovanadique V^2O^4, $2H^2O$. — Poudre rose cristalline obtenue en décomposant par l'ébullition la solution bleue du sulfite V^2O^4, $2SO^2$, nH^2O [G. Gain, *C. R.*, **143**, 823, 1906].

OXYDES INTERMÉDIAIRES. — L'arsenic métallique en excès réduit le métavanadate d'ammonium et donne l'oxyde V^4O^7, lorsqu'on chauffe le mélange suffisamment pour distiller l'excès d'arsenic [Ditte, *loc. cit.*].

L'oxyde V^4O^9 préparé par Rammelsberg a été obtenu par Ditte dans diverses circonstances : ce savant a montré qu'il pouvait être préparé soit par calcination du métavanadate d'ammonium en vase clos, soit par celle d'un mélange d'oxydes et d'un excès d'acide vanadique. En épuisant la masse refroidie par de l'ammoniaque diluée d'un volume d'eau, l'anhydride vanadique qui pourrait exister se dissout et on obtient des aiguilles brillantes, peu solubles dans l'ammoniaque, mais attaquées lentement par l'acide nitrique. L'acide chlorhydrique les dissout en donnant une solution brune d'oxytrichlorure. L'anhydride vanadique les dissout par fusion et prend une couleur bleue caractéristique [Ditte, *C. R.*, **101**, 1487, 1885].

PENTOXYDE DE VANADIUM (*anhydride vanadique*). — Nous avons déjà signalé les élégantes méthodes générales de préparation du trichlorure de vanadyle soit par l'Hôte, soit par Matignon et Bourion. La décomposition par l'eau de cet oxychlorure donne de l'acide hydraté absolument pur. Ce procédé simple et rapide permet de préparer de l'anhydride vanadique pur, quel que soit le composé de vanadium utilisé [Moissan, *Bull. Soc. Chim.*, (3), **15**, 1278, 1896], tandis que les autres méthodes de purifications ne permettent guère d'enlever toutes les impuretés qui peuvent souiller les composés vanadifères, phosphore, silice, acide tungstique.

L'anhydride vanadique pur fond à 658° [Carnelly, *Chem. Soc.*, **33**, 273, 1878]; il présente un phénomène lumineux curieux au moment de sa solidification, et une très haute température (1750°) semble le réduire, même en milieu oxydant [Read, *Chem. Soc.*, **4**, 313, 1894], mais il ne varie pas de poids après plusieurs fusions [Matignon, *Chem. Zeit.*, **29**, 986, 1904]. L'anhydride cristallisé est presque insoluble dans l'eau (50 milligr. par litre) et dans l'alcool. Il ne donne pas d'hydrate. L'anhydride amorphe présente deux modifications signalées et étudiées par A. Ditte [*C. R.*, **101**, 698, 1885], l'une rouge, soluble, correspondant à des hydrates solubles, l'autre jaune, insoluble, correspondant à des hydrates insolubles.

La modification amorphe rouge s'obtient par calcination du métavanadate d'ammonium et oxydation du résidu non fondu par l'acide nitrique, puis nouvelle calcination. À l'air, cet anhydride est hygroscopique, il est soluble à 8 gr. par litre d'eau. La solution stable à l'ébullition est précipitée par l'acide nitrique en flocons d'hydrate soluble dans l'eau, mais par les sels neutres on n'obtient que des flocons de la variété d'hydrate insoluble.

La modification amorphe jaune s'obtient en calcinant le métavanadate d'ammoniaque à l'air à 440°. C'est une poudre jaune peu soluble dans l'eau ($0^{gr},5$ par litre). La solution n'est pas précipitable par les acides ou les sels neutres [Ditte, *C. R.*, **101**, 698, 1885].

Nous avons eu l'occasion de signaler l'action des réducteurs sur l'anhydride vanadique et nous avons vu que la réduction, aussi bien par voie ignée que par voie aqueuse, pouvait s'arrêter soit au tétroxyde, soit au trioxyde, soit même aller jusqu'au bioxyde de vanadium. Ditte mentionne qu'un courant d'hydrogène ne réagit pas sur V^2O^5 à 100°: à 440° l'action est lente, il peut se faire l'oxyde V^4O^9, irréductible ensuite, ou l'oxyde V^2O^3; l'anhydride fondu est plus difficile à réduire. Le soufre donne ce même oxyde V^2O^3 pur, le phosphore ne réduit que jusqu'au tétroxyde qui se combine alors à l'acide phosphorique formé. L'arsenic permet d'obtenir l'oxyde V^4O^7 [Ditte, *C. R.*, **101**, 1487, 1885].

L'acide chlorhydrique en solution dissout l'anhydride vanadique et donne une solution brun foncé qui se décolore en dégageant du chlore. La réduction va jusqu'à V^2O^4 [Ephraïm, *Zeit. anorg. Chem.*, **35**, 66, 1903; — Good et Stokey, *Zeit. anorg. Chem.*, **32**, 456, 1902]; — Good et Curtis, *Am. Journ. Soc.*, (3), **17**, 41, 1904].

V^2O^5 est réduit par HCAz à l'état de V^2O^2 tandis que l'oxyde de carbone donne V^2O^3 [B. Maivani, *An. Chim. anal. appl.*, **12**, 305, 1907].

Les acides bromhydrique et iodhydrique agissent de même [Ditte, *C. R.*, **102**, 1310, 1886]. L'eau oxygénée donne avec l'anhydride vanadique une solution rouge brun, dont la combinaison solide n'a pas été isolée [Cammerer, *Zeit. Chem.*, **15**, 957, 1891]. Le cyanure de potassium fondu avec V^2O^5 le réduit à l'état de trioxyde, une solution de cyanure donne de l'hypovanadate de potassium [Ditte, *C. R.*, **103**, 55, 1886 et **105**, 1067, 1887]. Les sels halogénés comme KI, KBr, KCl donnent également naissance à des sels hypovanadiques. Avec les fluorures alcalins il se forme par fusion des composés cristallisés nombreux de la forme mV^2O^5, $2KF, nH^2O$ [Ditte, *C. R.*, **106**, 270, 1888]. Les sels ammoniacaux en solution agissent sur l'acide vanadique soluble, en donnant des sels acides et des vanadates ou des combinaisons complexes, telles que les phosphovanadates, les arséniovanadates, les molybdovanadates [Ditte, *C. R.*, **102**, 1019 et 1105, 1886].

L'hydroxylamine agit sur l'acide vanadique, il se fait de l'azote et du protoxyde [Knorr et Arndt, *D. chem. G.*, **33**, 30, 1900]. L'acide vanadique est également un oxydant énergique, il est réduit par les métaux, le charbon, l'acide oxalique en donnant les oxydes inférieurs du vanadium.

Hautefeuille avait signalé la dissolution de l'oxygène dans les vanadates alcalins fondus. Prandtl [*D. chem. G.*, **38**, 657, 1905 et *Chem. Ztg.*, 923, 1907] a préparé deux composés $5V^2O^5.V^2O^4.Na^2O$ et $8V^2O^5.V^2O^4.K^2O$, qui fondent au rouge en reprenant de l'oxygène pour former des vanadates acides et qui, refroidis, cristallisent en se réduisant spontanément. Il y a ainsi dissociation à basse température en oxygène et formation de la combinaison vanadiovanadique stable. Ditte a étudié

les vanadates alcalins dans plusieurs notes, et a fixé définitivement l'existence de nombreux composés [*C. R.*, **104**, 902, 1061, 1168, 1887]. Les vanadates métalliques ont été obtenus cristallisés soit par voie sèche, soit par voie humide. Ils rentrent dans les mêmes types que les vanadates alcalins [Ditte, *C. R.*, **104**, 1705, 1887]. Les vanadates d'ammonium se divisent en deux groupes, les uns hydratés, rouges et solubles, les autres peu colorés et peu solubles. Ils semblent être rattachés aux deux variétés d'hydrates vanadiques [Ditte, *C. R.*, **102**, 918, 1886]. D'après les chaleurs de formation des vanadates alcalins et ammoniacaux, l'anhydride vanadique se comporterait, au point de vue de la chaleur dégagée, comme l'acide sulfureux [Matignon, *Chem. Zeit.*, **29**, 986, 1905]. L'acide vanadique et ses composés ne précipitent pas l'or de ses solutions, mais en solution chlorhydrique il se fait du chlore, et il y a réduction du vanadium; si l'on neutralise alors une telle liqueur tout l'or est précipité. Les acides du sélénium et du tellure agissent d'une manière analogue [Hundeshagen, *Zeit. anorg. Chem.*, **29**, 799, 1905].

L'anhydride vanadique soluble forme, avec une solution concentrée d'acide iodique, des paillettes chatoyantes, peu solubles dans la liqueur acide, de formule $V^2O^5.I^2O^5.5H^2O$ [Ditte, *C. R.*, **102**, 758, 1886].

Acide pervanadique. — Cet acide n'a pas été isolé, mais ses sels ont été décrits [Mélikoff et Pissarjewski, *Zeit. anorg. Chem.*, **19**, 405, 1899; — Scheuer, *ibid.*, **16**, 284, 1898]. Pour obtenir le pervanadate on ajoute de l'ammoniaque dilué à une solution de métavanadate dans l'eau oxygénée diluée. On précipite le sel à l'alcool et on obtient une poudre jaune cristalline, stable à l'air, mais se décomposant bientôt en dégageant de l'oxygène. Le sel répond à la formule $V^2O^{11}(AzH^4)^2$, où 4 atomes d'oxygène sont actifs.

L'anhydride vanadique se dissout dans les sulfures et polysulfures alcalins [Kruss et Ohnmais, *D. chem. G.*, **23**, 2547, 1890; *Zeit. anorg. Chem.*, **3**, 264, 1893].

Sulfite de vanadium. — Si l'on fait réagir sur le vanadate de baryte l'acide sulfureux dissous, la liqueur filtrée et évaporée dans le vide fournit des cristaux de formule $3VO^2, 2SO^2, 4,5H^2O$. Ce sulfite de vanadium se combine aux sulfites alcalins pour donner des sels doubles bleus R^2O $2SO^2.3VO^2.H^2O$, ou verts $R^2O.2SO^2.VO^2.H^2O$ [Koppel et Behrend, *D. chem. G.*, **34**, 3929, 1901].

G. Gain a préparé les sulfites $2V^2O^4, 3SO^2, 10H^2O$ et $V^2O^4, 2SO^2, nH^2O$ ainsi que des sels doubles avec K, Am, Rb, Cs, Tl, Na, Li [*C. R.*, **143**, 823, 1906 et **144**, 1157, 1907].

Sulfates de vanadium. — Par électrolyse de la solution sulfurique de V^2O^5, Piccini a obtenu des cristaux bleus, très oxydables, $VSO^4, 7H^2O$, solubles dans l'eau; les alcalis et le sulfure de sodium précipitent en violet. Par électrolyse d'une solution contenant V^2O^5 et $2SO^4(AzH^4)^2$ on obtient un liquide bleu qui, évaporé dans le vide, donne des prismes améthyste de formule $VSO^4.SO^4(AzH^4)^2.6H^2O$ [Consulter Rutter, *Z. Electrochem.*, **12**, 230, 1906, et Marino, *Zeit. anorg. Chem.*, **50**, 49, 1906].

Les autres sels alcalins ont été également préparés, leur solution aqueuse est jaune, et en présence des acides elles deviennent violettes. Ces composés sont extraordinairement réducteurs, ce sont les seuls composés minéraux qui puissent réduire le sulfate de cuivre en donnant du cuivre métallique [Piccini, *Z. anorg. Chem.*, **32**, 55, 1902; — Rutter, *ibid.*, **52**, 368 et **54**, 1, 1907].

Le sulfate de trioxyde, obtenu également par

électrolyse d'après Brierley [*Journ. Chem. Soc.*, 49, 822, 1886], est intéressant à cause des sels doubles qu'il peut former. Ces sels constituent en effet de véritables aluns, dont ils ont la constitution et la forme cristalline. Piccini a décrit les aluns de potassium, de thallium, de cæsium, de rubidium, $V^2O^3.3SO^3 + SO^4Rb^2 + 24H^2O$ [*Gazz. chim. ital.*, 25, II. 451, 1895 et 27, I, 416, 1896]; consulter aussi Stähler [*D. chem. G.*, 3978, 1905].

Les sulfates de tétroxyde de vanadium ou sulfates de divanadyle $(SO^3)^3V^2O^4$ s'obtiennent hydratés et forment des sels bleus cristallisés à 4,7 et 10 H^2O étudiés par Koppel [*Z. anorg. Chem.*, 35, 155, 1903]. Plus récemment, G. Gain [*C. R.*, 143, 1154, 1906] a préparé cinq sulfates acides $2SO^4(VO),(3, 5$ ou $7)SO^4H^2,15H^2O$, et $2SO^4(VO),(4$ ou $8)SO^4H^2,16H^2O$.

Les sulfates d'acide vanadique anhydres décrits par Berzélius, n'ont pu être obtenus qu'hydratés par Ditte [*C. R.*, 102, 757, 1886]. En évaporant jusqu'à fumées d'anhydride sulfurique une solution de V^2O^5 dans l'acide sulfurique concentré, ce savant a obtenu $V^2O^5.3SO^4H^2$ qui cristallise facilement. Les poudres cristallines $V^2O^5.2SO^3$ décrites par Munzig [*Diss.*, Berlin, 1889] ne semblent pas être obtenues par le même procédé.

Nous mentionnerons encore comme composé oxysulfuré du vanadium un composé obtenu par Locke en faisant agir l'hydrogène sulfuré sur le métavanadate de soude. Il obtint ainsi VOS^3Na^3, et en employant le pyrovanadate, un autre sulfovanadate $Na^2V^2O^2S^5$ qui n'avait pas encore été décrit [*Locke, Am. Chem. Journ.*, 20, 373, 1898].

VANADIUM ET SÉLÉNIUM. — Une solution d'acide sélénique donne avec l'acide vanadique, après une longue ébullition des cristaux brillants qui se dissolvent ensuite par concentration pour recristalliser ensuite.

Ces cristaux semblent être $3V^2O^5.4SeO^3$. $4H^2O$ [Prandtl, *D. chem. G.*, 38, 1305, 1905, et *Z. anorg. chem.*, 53, 393, 1907].

G. Gain [*C. R.*, 144, 1271, 1907] a préparé les séléniates $V^2O^4,31/2SeO^3,7H^2O$ et $V^2O^4, 5SeO^3,10H^2O$.

L'acide tellureux ne donne pas de composés semblables [*Chem. Zeit.*, 30, 318, 1906].

PHOSPHATE DE PENTOXYDE DE VANADIUM. — L'anhydride vanadique donne des paillettes cristallines peu solubles quand on le chauffe avec l'acide orthophosphorique. On obtient ainsi le composé $P^2O^5.V^2O^5.14H^2O$ qui chauffé perd jusqu'à $10H^2O$ sans changer d'aspect. Si la cristallisation a lieu en présence d'acide phosphorique libre les cristaux renferment $V^2O^5.3P^2O^5$ avec une quantité d'eau variable suivant la température de cristallisation [Ditte, *C. R.*, 102, 757, 1886].

Le bivanadate de soude en solution concentrée fournit avec l'acide phosphorique une masse qui cristallise lentement et a la composition $7P^2O^5,6V^2O^5,37H^2O$. Si on emploie le métavanadate d'ammonium, il se fait un autre acide complexe $20V^2O^5.P^2O^5.59H^2O$ en cristaux rouge foncé. Les phosphates alcalins se combinent facilement aux vanadates et donnent des sels doubles que Friedheim a divisé en *sels lutéophosphovanadiques* dont l'acide $P^2O^5.V^2O^511H^2O$ serait un phosphate de vanadium et *sels purpuréophosphovanadiques* de formule $7R^2O.12V^2O^5.P^2O^5.26H^2O$ qui sont des combinaisons de phosphates acides et vanadates acides. Les premiers s'obtiennent par action de V^2O^5 sur l'acide phosphorique, tandis que les seconds, bien mieux cristallisés, non dissociés par l'eau, prennent naissance en dissolvant l'anhydride vanadique dans les phosphates alca-

lins [Friedheim, *D. chem. G.*, 23, 1530, 1890].

Les phosphates alcalins dissolvent les oxydes intermédiaires du vanadium et donnent des sels verts, bien cristallisés, très complexes, qui répondent à la formule $mP^2O^5.n.V^2O^5,pV^2O^4.9M^2O$ sans relations de coefficients [*Zeit. anorg. Chem.*, 5, 437, 1895].

Les combinaisons $V^2O^4,2P^2O^5,6H^2O$ et $V^2O^4, 3P^2O^5,10H^2O$ ont été obtenues par G. Gain [*C. R.*, 144, 1271, 1907] en beaux cristaux bleus.

VANADIUM ET ARSENIC. — L'acide arsénique dissout l'hydrate de tétroxyde de vanadium; on obtient ainsi, outre un sel incristallisable, l'arséniate $V^2O^4,3Az^2O^5,6H^2O$ [Gain, *loc. cit.*]. L'ébullition de l'arséniate d'acide vanadique avec de l'acide arsénieux donne un composé qui s'oxyde à l'air en donnant le corps de Berzélius $V^2O^4.2As^2O^5.3H^2O$ [Schmitz Dumont, *Diss.*, Berlin, 1890]. L'acide arsénique en excès dissout V^2O^5, la liqueur rouge donne des cristaux jaunes peu solubles dans la liqueur acide. Les cristaux contiennent $V^2O^5.As^2O^5.nH^2O$, le coefficient n variant d'après les auteurs [Ditte, *C. R.*, 102, 758, 1886; — Friedheim et Schmitz Dumont, *D. chem. G.*, 23, 2600, 1890].

D'ailleurs, les données sont contradictoires aussi bien sur ces acides arséniovanadiques que sur les nombreux sels décrits, soit antérieurement par Fernandez, soit au 1er Suppl. par Gibbs [*Am. Chem. Journ.*, 7, 218, 1885] et les auteurs que nous venons de mentionner.

Nous nous bornerons à donner les indications bibliographiques concernant les nombreux composés doubles molybdiques et tungstiques. Les vanadomolybdates de Gibbs, étudiés par Milch [*thèse*, Berlin, 1887], ont été repris par Friedheim et Liebert [*D. chem. G.*, 24, 1173, 1891]. Les silicomolybdates de vanadium ont fait l'objet des recherches de Friedheim et Castendyck [*D. chem. G.*, 33, 1611, 1900]. Gibbs avait également étudié les tungstovanadates, ces sels et les acides correspondants firent également l'objet d'études de Friedheim [*D. chem. G.*, 23, 1505, 1890], de Rotenbach [*ibid.*, 23, 3050, 1890], Henderson [*D. chem. G.*, 35, 3242, 1902] et Rosenheim [*Ann. Chem.*, 254, 197, 1888]. Enfin récemment Prandtl a signalé les composés doubles de l'étain et du vanadium [*D. chem. G.*, 40, 2125, 1906].

VANADIUM ET SILICIUM. — Moissan et Holt ont décrit deux composés VSi^2 et V^2Si obtenus en chauffant au four électrique l'anhydride vanadique et le silicium, ou en opérant par procédé analogue à l'aluminothermie en enflammant un mélange d'anhydride vanadique, de silicium et de magnésium. Ces deux corps très stables et bien définis sont peu attaquables par les acides [*C. R.*, 135, 78 et 493, 1902; — *Ann. Chim. Phys.*, (7), 27, 277, 1902].

VANADIUM ET CARBONE. — Le carbure CV a été également obtenu au four électrique par Moissan [*C. R.*, 122, 1297, 1896]. Il forme des cristaux nets rayant le quartz et présente des propriétés réductrices énergiques.

CARACTÈRES ET ANALYSE. — La réaction du vanadium par le tannin solide produit une teinte bleue sensible encore avec 2 milligr. de vanadate d'ammonium par litre [Matignon, *C. R.*, 138, 82, 1904]. Le chlorhydrate d'aniline additionné de chlorate de potassium permet, par formation de noir d'aniline, de déceler 1/10 de milligramme de vanadium [Witz, *C. R.*, 87, 1087, 1878]. Le sulfocyanure de potassium colore en bleu les solutions de vanadium et on peut ainsi apprécier une trace de cet élément [Ellram, *Sitz. Naturw. Dorpat*, 28, 1895]. Si on traite un métavanadate par une solution d'eau oxygénée contenant de l'acide chlorhydrique et qu'on ajoute ensuite quelques gouttes d'acide oxalique, on a une liqueur rouge rubis. Cette réaction pourrait servir à distinguer les chromates des vanadates [Mitchell, *The Analyst*, 1903, **28**, 146], car l'anhydride vanadique empêche la réaction bleue de CrO^3 sur H^2O^2 [C. Reichard, *Zeit. anal. Chem.*, **40**. 577, 1901].

L'Hôte [*Ann. Chim. Phys.*, (6), **22**. 407, 1891] a pu retirer et doser 0gr,03 de vanadium dans 1 kg de bauxite en calcinant avec du charbon et chauffant ensuite à 250° dans un courant de chlore sec [voy. aussi *C. R.*, **104**. 990, 1887].

Le dosage de l'acide vanadique au moyen de la précipitation par le chlorhydrate d'ammonium est exact si on lave avec une solution saturée de sel ammoniacal en présence d'alcool [Ditte. *C. R.*, **104**. 982, 1887; — Gooch et Gilbert, *Zeit. anorg. Chem.*, **32**. 174, 1902]; mais, d'après Rosenheim, si la méthode réussit sur l'acide vanadicotungstique, il n'en est pas de même pour les acides complexes [*Zeit. anorg. Chem.*, **32**, 181. 1902]. L'analyse de la carnotite (vanadate d'uranium et de potassium naturel) est indiquée par A. Finn [*J. Am. chem. Soc.*, **28**, 1444].

D'après les essais effectués par Béard [*Ann. chim. anal. appl.*, **10**, 41, 1905] cette méthode donne des nombres trop faibles de 0,3 à 0,1 0/0. Pour la méthode de Rose au nitrate mercureux. par contre, le résultat oscille avec une erreur en plus ou en moins de 0,13 0/0. La méthode de Nordblad, réduction et précipitation par le sulfure d'ammonium, est très mauvaise. Elle donne de 1 à 3 0/0 d'écart.

La précipitation par le chlorure de baryum ou l'acétate de plomb donne de bons résultats; il en est de même des procédés volumétriques ou iodométriques. La méthode de Terrisse et Loréol, précipitation du vanadate alcalin concentré par une solution acétique de nitroso-β-naphtol, donne un résultat trop faible de 0,3 à 1 0/0.

L'acide vanadique peut être déterminé en solution sulfurique ou chlorhydrique par addition de KI d'après la réaction $V^2O^5 + 2HI = V^2O^4 + H^2O + 2I$. Les minéraux attaqués par fusion à la soude sont repris par l'eau, et la liqueur filtrée utilisée pour ce dosage [Paul Hett et A. Gilbert. *Z. f. öffentl. Chem.*, **12**, 265, 1906].

Les dosages volumétriques du vanadium nécessitent l'emploi de réducteurs et retour au maximum d'oxydation par le permanganate titré en opérant la titration à une température de 80°. Pour cette réduction, on a pu employer :

a. Le zinc amalgamé, qui dépasse généralement le but, mais il est facile d'obtenir un degré défini d'oxydation par un courant d'air (V^2O^4) ou par un excès de sulfate d'argent (V^2O^5) [Gooch et Gilbert, *Am. J. Sc.*, (4). **15**. 389. 1903].

Le zinc recouvert de cadmium réduit plus vite que le zinc seul [Chapmann et Law, *The Analyst*. **32**. 250, 1907 ; — Glasmann, *D. chem. G.*, **38**, 600. 1905];

b. L'aluminium, qui donne une réduction bien nettement correspondante au trioxyde [Fritsche, *Chem. News*, **82**, 258. 1900] :

c. L'acide sulfureux. qui réduit jusqu'à V^2O^4 et permet de titrer en présence de chrome [Hillebrand, *Journ. Am. Chem. Soc.*, **20**, 461, 1898];

d. Les acides chlorhydrique, bromhydrique, iodhydrique, qui ramènent également les vanadates à l'état de sels de V^2O^4 [Gooch et Stockley. *Chem. News*, **87**, 133, 1903; — Browning, *Am. Journ. Sc.*, (4), **2**, 185, 1896];

e. L'acide oxalique [Rosenheim et Friedheim, *Zeit. anorg. Chem.*, **1**, 313, 1892].

La coloration donnée par le vanadium en présence d'eau oxygénée a permis à Maillard d'établir un procédé *colorimétrique* de dosage [*Bull. Soc. Chim.*, (3), **23**, 559, 1900]. Truchot a égale-

ment pu doser électrolytiquement le vanadium [*Ann. chim. anal. appl.*, **7**. 165, 1902].

Une méthode rapide et certaine de dosage du vanadium dans les minerais est la suivante : on attaque par les carbonates alcalins et les oxydants, nitrates ou chlorates; la solution obtenue par épuisement est acidifiée par l'acide acétique et précipitée par l'acétate de plomb. Le précipité de plomb non défini est filtré sur filtre taré, lavé à l'eau acétique, séché à 100°, pesé. On en prend une partie aliquote qu'on dissout dans l'acide nitrique, on précipite le plomb comme sulfate et calcine la liqueur dans une capsule tarée, le résidu est formé d'acide vanadique [Corminbœuf, *An. chim. an. appl.*, **7**, 258, 1902]. Cette méthode ne doit pas séparer le phosphore, ni l'arsenic.

Séparations. — On sépare de l'*arsenic* en décomposant le mélange des sels par l'acide chlorhydrique gazeux; les chlorures volatils obtenus peuvent ensuite être séparés par l'hydrogène sulfuré [Field et Smith, *Journ. Am. Chem. Soc.*, **18**, 1051, 1896]. On peut d'ailleurs opérer cette précipitation directement sur la solution sulfurique des sels [Friedheim, Decker et Diem, *Zeit. anal. Chem.*, **44**, 665, 1905].

En réduisant la liqueur contenant vanadium et *molybdène* par le zinc, et dans une autre portion par le magnésium, Glassmann pensait doser volumétriquement les deux acides au permanganate [*D. chem. G.*, **38**, 600, 1905]. D'après Friedheim et Euler, la réduction de V^2O^5 se fait par HBr alors que l'acide molybdique n'est pas altéré. On peut opérer volumétriquement par déplacement du brome, puis en ajoutant de l'acide phosphorique et de l'iodure de potassium et titrant alors le molybdène [*D. chem. G.*, **28**, 2067, 1895; **29**, 2981, 1896]. En présence de molybdène ou de tungstène, on peut additionner la solution d'acide oxalique, citrique ou tartrique (1 gr. d'acide pour 0,1 gr. V^2O^5). La solution est chauffée à l'ébullition et abandonnée 24 heures au repos. On ajoute alors 5 gr. de bicarbonate de soude par gramme d'acide employé et de la liqueur d'iode jusqu'à ce qu'il n'y ait plus de décoloration. L'excès d'iode ajouté sera alors déterminé par addition de liqueur d'acide arsénieux et retour par liqueur d'iode. L'iode employé diminué de celui pris par l'acide arsénieux correspond au vanadium [Browning et Goodmann, *Am. Journ. Sc.*, (4), **2**, 355, 1896].

Détermination du vanadium dans les alliages. — Nicollardot a observé que les alliages de fer et vanadium attaquables par l'acide chlorhydrique laissent un résidu noir contenant tout le vanadium à l'état métallique, si on évite toute cause d'oxydation par l'air. L'attaque doit être faite soit avec la quantité d'acide juste nécessaire, 1 gr. d'alliage, 5 gr. HCl (*d* 1,17) dilué dans 5 vol. d'eau ou encore par 5 gr. de chlorure double de cuivre et de potassium. On filtre, lave à fond pour séparer le fer, sèche et calcine dans une capsule de platine tarée; la silice est éliminée par HF; on chauffe à 350° jusqu'à poids constant [*C. R.*, **136**, 1548, 1903]. Une autre méthode est basée sur l'emploi des sels basiques ou oxydes de fer condensés. Le composé attaqué par HCl, la solution est oxydée par l'acide azotique ou chlorique et évaporée au bain-marie jusqu'à ce que les 2/3 de l'acide soient chassés. Il se fait de l'oxyde de fer qui retient les métalloïdes, le chrome pourrait également être en partie retenu. On l'élimine en réduisant par l'alcool étendu le dépôt en suspension dans l'eau qui retient tout le vanadium, qu'on extrait ensuite par les méthodes ordinaires [Nicollardot, *C. R.*, **138**, 810, 1904]. Campagne dose le vanadium dans les aciers en attaquant 5 gr. de tournure par 60 gr. AzO^3H; il amène à sec au bain de sable, redissout dans 50 cc. HCl concentré. La liqueur est épuisée dans un appareil de Carnot par l'éther qui enlève le fer à la couche aqueuse. Celle-ci est évaporée, reprise par HCl pour amener à l'état de $VOCl^3$. On chasse l'acide chlorhydrique par l'acide sulfurique, reprend le sulfate par l'eau chaude et titre au permanganate [*Monit. scient.*, 353, 1905 : — *C. R.*, 137, 570, 1903]. Ce procédé, très bon pour les ferrovanadiums, ne donne pas d'aussi bons résultats s'il y a du chrome. Dans ce cas, Ledebur recommande d'attaquer par HCl à l'abri de l'air, de séparer par le carbonate de baryte le chrome et le vanadium du fer et du manganèse, de fondre le résidu avec du carbonate de soude et du salpêtre et dans la solution d'épuisement réduite par l'alcool et acide chlorhydrique de précipiter le chrome par le phosphate d'ammonium et l'ammoniaque [W. Ileicke, *Stahl und Eisen*, 25, 1357, 1905].

Nicollardot [*C. R.*, 138, 810, 1904] propose de séparer le chrome du vanadium en fondant le composé avec un mélange de carbonate et de chlorate alcalin. La solution des sels alcalins est concentrée après filtration, puis desséchée et fondue. On introduit ces sels dans un petit ballon relié avec un petit laveur contenant quelques gouttes d'acide sulfurique concentré, puis, à la suite, un flacon à soude étendue, une trompe permet d'aspirer les gaz dans ce petit appareil. En ajoutant quelques gouttes d'acide sulfurique sur les sels alcalins, la formation d'acide chlorochromique commence de suite et permet d'obtenir la séparation du chrome et du vanadium.

Applications. — Outre les alliages si appréciés de ferrovanadiums, les composés du vanadium ont reçu quelques applications dans la fabrication des encres [Apfelbaum, *Dingl. polyt. J.*, 274, 423, 1889] et en photographie, où ils peuvent servir de développateur inusable [Merck, *Geschäftber.*, 19, 1899 ; — Lumière, *Journ. pharm. chim.*, (5), 30, 520, 1894 ; — Liesegang, *Photo Archiv.*, 34, 209 ; 36, 282, 1895].

L'emploi de l'acide vanadique comme antiseptique en gynécologie, en thérapeutique pulmonaire [*Bull. gén. thérapeut.*, 145, 851, 1903] ne doit pas être très efficace. Il agit comme un acide libre, faible et moins actif que P^2O^5 sur les cultures de microorganismes [Bokorny, *Ch. Ztg.*, 28, 596, 1904].

Meister Lucius a pris un brevet (D.R.P., 164355 du 15 avril 1904) pour l'emploi de solution de V^2O^2 pour la séparation de l'arsenic de l'acide chlorhydrique gazeux. Dans un autre brevet allemand, il préconise l'addition de V^2O^5 pour obtenir des oxydations ou des réductions de corps organiques par électrolyse [Brev. allem. 172654 du 15 septembre 1904 ; *Chem. Centralblatt*, II, 724, 1906]. Enfin W. Kuster a étudié l'utilisation de l'acide vanadique comme catalyseur dans la formation de l'anhydride sulfurique à partir de l'anhydride sulfureux. A ce point de vue il est moins actif que le platine mais bien moins cher.

L'acide vanadique est également un catalyseur oxydant dans de nombreuses réactions, comme par exemple celle du sucre sur l'acide azotique pour donner de l'acide oxalique. Son action n'est nullement mystérieuse à ce point de vue et ainsi que Naumann l'a indiqué il se borne à servir d'intermédiaire de support à l'oxygène [*Journ. prakt. Chem.*, (2), 75, 146, 1907]. Le phosphate de vanadyle agit comme le permanganate de potassium au point de vue biologique. Le vanadium sert à la coloration du verre, on a voulu employer l'acide vanadique comme matière colorante et les bronzes de vanadium sont des produits remarquables par leur belle couleur d'or et leur lustre [*Chem. Ztg.*, 1261, 1907].

1er janvier 1908.　　　　Maurice Moniotte.

VANILLINE (*aldéhyde méthylprotocatéchique ; éther méthylique de l'aldéhyde protocatéchique*),

$$C^6H^3 \begin{cases} \diagup CHO & (1) \\ - O . CH^3 & (3) \\ \diagdown OH & (4) \end{cases}$$

— La présence de ce composé a été signalée dans beaucoup de plantes ou de produits naturels; dans les semences du *Lupinus albus* en très petite quantité (16 kilogr. de semence n'ont donné que $0^{gr}.04$ de vanilline, [Campani et Grimaldi, *Bull. Soc. Chim.*, (3), 3, 458, 1890]; dans la lessive au sulfite des fabriques de cellulose [Weld, Lindsay et Tollens, *D. chem. G.*, 23, 2990, 1890]; dans les asperges, en très petite quantité; dans la fleur de l'orchidée *Nigritella suaveolens* [Lippmann, *D. chem. G.*, 18, 335, 1885 et 27, 3409, 1894]; dans toutes les espèces de baume du Pérou [Thomas, *Arch. d. Pharm.*, 237, 271, 1899]; dans l'opoponax, dans la partie de cette résine insoluble dans l'éther [Knit, *Arch. d. Pharm.*, 237, 256, 1899]; dans le styrax, en petite quantité [Italie, *Arch. d. Pharm.*, 229, 506, 1901]. D'après Grafe [*Mon. f. Chem.*, 25, 987], la vanilline serait toute formée, en petite quantité dans le bois et Lippmann constata qu'après un court orage il se dégageait des planches brutes une forte odeur de vanilline et put extraire cette substance en raclant les planches [*D. chem. G.*, 37, 4521, 1904].

Préparation. — 1° Ulrich a réalisé la synthèse de la vanilline en partant de l'aldéhyde *métanitrobenzoïque* qu'il transforme par les méthodes ordinaires en *méthoxycinnamate de méthyle*, puis en éther nitré fusible à 163°. L'acide correspondant à cet éther, oxydé par MnO^4K à 1 0/0, fournit l'aldéhyde *p-nitrométaméthoxybenzoïque* fusible à 62° dans laquelle il n'y a plus qu'à remplacer AzO^2 par OH d'après le procédé Meister, Lucius et Bruning pour avoir la vanilline [*D. chem. G.*, 18, 2571, 1885];

2° Auger et de Boissieu ont préparé la vanilline à partir du *méthylène-eugénol* qui se transforme en *méthylène-isoeugénol*, lequel oxydé par l'acide chromique en solution acétique fournit la *méthylène-vanilline* fusible à 155-156°. Le produit obtenu par l'action de PCl^5 sur la méthylène-vanilline, bouilli avec de l'eau, fournit immédiatement la vanilline. Mais on peut plus simplement obtenir celle-ci en mettant la méthylène-vanilline en digestion pendant 8 jours avec HBr saturé à 0°. Il se sépare du charbon et il se forme de la vanilline [*Bull. Soc. Chim.*, 13, 519, 1895];

3° Les vapeurs d'isoeugénol passant sur une spirale ou sur une toile métallique chauffée donnent de la vanilline avec un rendement de 2,9 0/0 [Trillat, *C. R.*, 133, 822, 1901 et *Bull. Soc. Chim.*, 27, 89, 1902; 29, 45, 1903];

4° Tiemann en oxydant l'*acétyleugénol* ainsi que l'*acétylisoeugénol* obtient un mélange d'aniline et d'acide *vanilloylcarbonique*. Pour séparer la vanilline de cet acide on peut employer deux procédés : 1° la solution éthérée du mélange est agitée avec de l'eau contenant soit un carbonate alcalino-terreux en suspension, soit du bicarbonate de potassium en dissolution, et il se forme avec l'acide vanilloylcarbonique un sel qui se dissout dans l'eau; 2° on peut combiner avec le bisulfite de sodium la vanilline et l'acide vanilloylcarbonique et précipiter par fractionnement à l'alcool. La combinaison de l'acide se précipite la première. L'acide vanilloylcarbonique ainsi séparé se décompose par l'action de la chaleur en vanilline et acide carbonique [*D. chem. G.*, 24, 2877, 1891 et Brevet allemand n° 63027];

5° Gassmann, ayant constaté que la méthode qui consiste à obtenir la vanilline par la distillation de l'acide vanilloylcarbonique ne donne pas de bons résultats, fait bouillir une partie de cet acide avec 2 parties d'aniline jusqu'à ce que le dégagement de CO_2 soit terminé. Il se forme une *benzylidène-aniline* substituée qu'on sépare de l'excès d'aniline à l'aide d'un courant de vapeur d'eau. La vanilline-aniline est scindée finalement par une courte ébullition avec l'acide sulfurique à 50 0/0. On isole la vanilline formée par extraction à l'éther d'où elle cristallise aisément. Cette méthode peut également s'appliquer à la production d'*acéto-vanilline* à l'aide de l'acide *acétylvanilloylcarbonique* [*C. R.*, **124**, 38, 1897]. Bouveault a essayé de préparer la vanilline en traitant également par l'aniline un acide vanilloylcarbonique obtenu à partir de l'acide vératrylcarbonique, mais qui étant accompagné d'une forte proportion d'acide protocatéchoylcarbonique n'a pas donné un bon rendement. Au contraire en remplaçant l'aniline par la diméthylaniline il a obtenu de meilleurs résultats [*Bull. Soc. Chim.*, (3), **19**, 76, 1898].

6° Meissner et d'Olmütz ont pris le 19 juin 1880 un brevet anglais pour la fabrication industrielle de la vanilline en oxydant successivement l'acétoeugénol au moyen du permanganate de potassium et du bichromate de potassium en solution neutre. On obtient ainsi de l'acétovanilline qui traitée par la soude fournit la vanilline brute qu'on purifie en la dissolvant dans l'éther et en l'agitant avec une solution saturée de bisulfite de soude. La liqueur bisulfitée abandonnée dans un endroit frais laisse déposer une masse cristalline qu'on décompose par l'acide sulfurique on en sépare la vanilline [*Bull. Soc. Chim.*, **37**, 576, 1882].

7° Verley a préparé la vanilline en partant de *l'isoeugénol sulfate de potasse*. Ce sel soumis à l'action des oxydants se transforme avec une grande facilité en vanilline sulfate de potasse, mais l'ozone est le seul oxydant qui donne de bons résultats; il suffit de faire traverser la liqueur par ce gaz durant quelques heures. Après la transformation, la solution est fortement acidulée par l'acide sulfurique et chauffée quelques instants à l'ébullition. Il se déclare une réaction qui met en liberté la vanilline à l'état d'huile qui tombe au fond de la liqueur. La vanilline est déjà suffisamment pure pour cristalliser sans passer par la combinaison bisulfitique [*Bull. Soc. Chim.*, (3), **25**, 48, 1901].

La *vanilline sulfate de potasse* se présente sous la forme de petits cristaux jaunes, se décomposant au-dessus de 200° sans fondre, solubles dans l'eau froide et très solubles dans l'eau chaude [Verley, *loc. cit.*].

8° Stolz a fait la synthèse de la vanilline à partir de l'adrénaline méthylée [*D. chem. G.*, **37**, 4149, 1904].

Propriétés. — La vanilline donne en se combinant avec la soude (tous corps dissous) pour la 1re molécule $NaOH$: $+ 9^{Cal},26$; pour la 2e $+ 0^{Cal},00$. Elle se comporte donc comme un phénol monoatomique [Berthelot, *Bull. Soc. Chim.*, **45**, 72, 1886]. La vanilline en solution alcoolique s'oxyde sous l'influence de la lumière bleue et donne la *déhydrovanilline* [Ciamician et Silber, *D. chem. G.*, **35**, 3593, 1902]. Elle s'oxyde également par le ferment oxydant de champignons du genre *Russule* [Lerat, *Bull. Soc. Chim.*, **31**, 270, 1904]. L'acide azotique dilué fournit, non pas de la vanilline, mais de la déhydrovanilline, de la nitrovanilline et un peu de dinitrogaïacol [Bentley, *Am. Journ.*, **24**, 171, 1900].

L'hydrogène sulfuré donne avec une solution de vanilline additionnée de 3 à 5 0/0 de HCl alcoolique un dépôt cristallin peu soluble et fusible à 235-237° [Worner, *D. chem. G.*, **29**, 139, 1896]. La vanilline se combine molécule à molécule avec SO_4H_2 [Van Dorp et Hoogewerff, *Rec. Pays-Bas*, 1902]. La vanilline additionnée de HCl donne avec les cétones une coloration intense caractéristique [Solonina, *J. Soc. Phys. chim. R.*, **36**, 185, 1904]. La vanilline donne des réactions colorées avec l'indol et le scatol [Nicolas, *Bull. Soc. Chim.*, (3), **35**, 260, 1905]; avec les albumines [*Bull. Soc. Chim.*, (3), **35**, 759; **36**, 123, et 1396, 1906].

Chauffée avec la diméthylaniline en présence du chlorure de zinc en poudre ajouté peu à peu, la vanilline donne un produit de condensation sous la forme de beaux cristaux incolores fusibles à 135-136° [O. Fischer et Schmidt, *D. chem. G.*, **17**, 1889, 1884]. De même en présence du chlorure de zinc la vanilline et la quinaldine s'unissent à chaud pour donner la *vanilloéthylène-quinoléine* qui cristallise dans l'alcool en paillettes jaunes fusibles à 182° et répond à la formule $C^6H^3(OH)(OCH^3)CH = CH - C^9H^6Az$, laquelle est réduite facilement par le sodium et l'alcool à chaud et se transforme en *vanilloéthyltétrahydroquinoléine*, prismes incolores, fusibles à 88° [Nencki, *D. chem. G.*, **27**, 834, 1894].

La vanilline donne avec le p-amidophénol un produit de condensation $C^6H^3(OH)(OCH^3)CH = Az - C^6H^4OH$, poudre gris brun fusible à 203° [Rogow, *D. chem. G.*, **31**, 175, 1898]. Chauffée avec le naphtol β en tube scellé vers 200°, la vanilline fournit un produit de condensation $C^{28}H^{20}O^3$ soluble dans l'acétone et le chloroforme et qui chauffé avec SO_4H_2 se colore en rouge clair avec une fluorescence verdâtre [Rogow, *D. chem. G.*, **33**, 3535, 1901].

Dosage de la vanilline dans les vanilles. — Moulin a indiqué un procédé basé sur le principe suivant : si on traite la vanilline, dans laquelle se trouve le groupement $C^6H^3O.CH^3$, par l'acide nitrique fumant, ce groupement passe à l'état de picrate de méthyle dont la solution caractérisée par la teinte jaune des composés picriques servira au dosage de la vanilline par comparaison avec une échelle colorométrique titrée ou à l'aide d'un colorimètre. L'auteur a décrit les détails de cette méthode, qui permettrait d'évaluer une différence de $0^{gr},005$ de vanilline, au *Bulletin de la Société chimique*, **29**, 278, 1903.

Déhydrovanilline (*déhydrodivanilline*),

$$C^6H^2(CHO)_{(1)}(OCH^3)_{(3)}(OH)_{(4)}$$
$$|$$
$$C^6H^2(CHO)_{(1)}(OCH^3)_{(3)}(OH)_{(4)}$$

Préparation. — 1° Bentley prépare la déhydrovanilline en traitant la vanilline par une solution aqueuse renfermant 5 0/0 d'acide azotique et à la température de 50°. Les premières portions du précipité renferment surtout de la déhydrovanilline (20 0/0) et les dernières qui ont une couleur jaune d'or sont de la nitrovanilline qu'on enlève par des épuisements à l'acide acétique bouillant [*Bull. Soc. Chim.*, (3), **24**, 942, 1900]. Cette déhydrovanilline est d'après Bentley identique à la déhydrodivanilline de Tiemann;

2° Celle-ci a été préparée par ce chimiste en chauffant une solution aqueuse de vanilline additionnée de perchlorure de fer qui lui donne une coloration violacée. Le mélange ainsi chauffé laisse déposer immédiatement la déhydrodivanilline [*D. chem. G.*, **18**, 3493, 1885].

3° Lerat a observé que lorsqu'on fait agir sur la vanilline en solution aqueuse à 1/50 le ferment oxydant de champignons du genre *Russule (macération aqueuse chloroformée de ces champignons frais, mondés et broyés), il se produit un précipité qui n'est autre que la déhydrodivanilline de Tiemann [*Bull. Soc. Chim.*, (3), **31**, 270, 1904];

4° Bourquelot et Marchadier ont de même transformé la vanilline en déhydrovanilline au moyen de la réaction provoquée par les ferments oxydants indirects (anéroxydases) [*Bull. Soc. Chim.*, (3), **31**, 1248, 1904].

Propriétés. — La déhydrovanilline se présente sous la forme de belles aiguilles blanches, solubles dans la potasse, peu solubles dans l'eau, l'alcool, l'éther, la benzine et le chloroforme. Elle fond à 303-304° d'après Tiemann; au-dessus de 390° d'après Bentley.

Traitée dans un appareil à reflux par un mélange d'iodure de méthyle et d'éthylate de sodium, elle se convertit en un *dérivé diméthylé* $C^{16}H^6O^4(OCH^3)^2$ qui cristallise en aiguilles blanches, fusibles à 137-138°, insolubles, dans l'eau et les alcalis, un peu solubles dans l'alcool et l'éther [Tiemann, *D. chem. G.*, **18**, 3493, 1885]. En fondant une partie de déhydrodivanilline avec 10 parties de potasse, on la convertit en acide déhydrodiprotocatéchique $[C^6H^2(CO^2H)\cdot(OH)^2]^2$ [Tiemann, *loc. cit.*].

NITROVANILLINE (*3-méthoxy-4-oxy-5-nitrobenzaldéhyde*),

$$C^6H\left\langle\begin{matrix}CHO\\AzO^2\\O.CH^3\\OH\end{matrix}\right.$$

— Vogl a préparé ce composé avec un rendement de 95 0/0 en nitrant la vanilline en solution éthérée par l'acide azotique fumant saturé de gaz nitreux [*Mon. f. Chem.*, **20**, 383, 1899]. Lorsqu'on traite la vanilline par l'acide azotique à 5 0/0 et à 50° il se forme de la nitrovanilline dans la proportion de 50 0/0 mêlée à de la déhydrovanilline d'où on peut la séparer, mais on l'obtient plus facilement en traitant une solution acétique de vanilline par l'acide azotique fumant [Bentley, *Am. Journ.*, **24**, 171, 1900]. En traitant la vanilline par l'acide azotique à 2,5 0/0 à froid, pendant plusieurs jours, on obtient du *dinitrogaïacol* qui résulte aussi de l'action de l'acide azotique sur la nitrovanilline en solution acétique très diluée et dont la constitution connue permet de déduire celle de la nitrovanilline [Bentley, *loc. cit.* et *Bull. Soc. Chim.*, **24**, 942, 1900].

Propriétés. — La nitrovanilline cristallise en aiguilles d'un jaune citron, fusibles à 172° (Vogl); en lamelles hexagonales d'un jaune pâle fusibles à 176° d'après Bentley. Elle est soluble dans les dissolvants organiques, sauf l'éther, dans les acides minéraux, dans les alcalis caustiques et les carbonates alcalins [Vogl et Bentley, *loc. cit.*]. Les solutions alcalines de nitrovanilline précipitent en jaune les sels de plomb et de calcium et en vert les sels de chrome. Le *dérivé potassique* $C^6H^2(CHO)(OCH^3)(OK)(AzO^2)+H^2O$ cristallise dans l'eau bouillante en aiguilles orangées, solubles dans l'alcool chaud, peu solubles ou insolubles dans les autres liquides organiques (Bentley). Ce sel potassique chauffé avec le chlorhydrate d'hydroxylamine fournit l'*oxime* correspondante, qui cristallise en aiguilles couleur sulfure d'arsenic, fusibles à 200-201°, très solubles dans l'alcool et l'éther [Vogl, *loc. cit.*]. Cette oxime conduit à l'acide nitrovanillique que l'on obtient encore par l'oxydation de la nitrovanilline (voyez plus loin).

PHÉNACYLVANILLINE (*vanilline-acétophénone*),

$$C^6H^3\left\langle\begin{matrix}CHO\\O-CH^3\\OCH^2-CO-C^6H^5\end{matrix}\right.$$

— On l'obtient avec un rendement de 25 0/0 dans l'oxydation du phénacylisoeugénol. Elle fond à 128° [Einhorn et von Hofe, *D. chem. G.*, **27**, 2455, 1894].

PICRYLVANILLINE,

$$C^6H^3\left\langle\begin{matrix}CHO\\O-CH^3\\O-C^6H^2(AzO^2)^3\end{matrix}\right.$$

— Elle résulte de l'oxydation du picrylisoeugénol et se présente en gros cristaux tabulaires fondant à 114-116° [Einhorn et Frey, *D. chem. G.*, **27**, 2455, 1894].

ISOVANILLINE,

$$C^6H^3\left\langle\begin{matrix}CHO & (1)\\OH & (3)\\O-CH^3 & (4)\end{matrix}\right.$$

— (Voyez 1er Suppl., **2**, 1648). On peut arriver à sa synthèse à partir du dérivé acétylé de l'acide isoférulique qui par oxydation donne l'*acétylisovanilline* (voyez plus loin), laquelle par la soude donne l'*isovanilline*. On peut également méthyler l'aldéhyde protocatéchique. Elle se trouve mêlée à la vanilline lorsqu'on prépare celle-ci soit au moyen du gaïacol et du chloroforme, soit en partant de l'aldéhyde métanitrobenzoïque [Tiemann et Koppt, *D. chem. G.*, **14**, 2090 et **15**, 2043, 1882].

NITRO-ISOVANILLINE. — Pschorr et Stohrer en ont signalé deux isomères 2 et 6 que l'on obtient simultanément en nitrant une solution acétonique d'isovanilline par l'acide azotique concentré saturé de vapeurs nitreuses et sans dépasser 10°. Le mélange des deux dérivés nitrés dissous dans la soude et saturés par CO^2 laisse déposer l'isomère 6 qui cristallise en aiguilles jaunes fusibles à 189°. Sa *phénylhydrazone* se présente en lamelles rouge brun fusibles à 201°.

L'isomère 2 se dépose par acidulation de la liqueur mère par l'acide chlorhydrique en lamelles jaunâtres, fusibles à 149°. Sa *phénylhydrazone* cristallise en aiguilles violet foncé, fusibles à 158° [*D. chem. G.*, 549, 1902]. Il y a encore une *nitro-5-isovanilline* obtenue à partir de l'acétylisovanilline (voyez plus bas).

DINITRO-2.6-ISOVANILLINE,

$$\overset{CHO}{\underset{O-CH^2}{\underset{\text{4}}{\overset{\text{1}}{\underset{\text{5}}{\overset{\text{2}}{\bigcirc}}}}}}\begin{matrix}AzO^2 & & AzO^2\\ & & OH\end{matrix}$$

— Ce composé a été obtenu par Pschorr et Stohrer en nitrant à 0° l'isovanilline. Aiguilles incolores fusibles à 165° et se colorant en jaune intense à la lumière. Sa *phénylhydrazone* est en lamelles rouge foncé, fusibles à 185° [*D. chem. G.*, **35**, 495, 1902].

ACÉTYLISOVANILLINE,

$$C^6H^3\left\langle\begin{matrix}CHO & (1)\\O-CO-CH^3 & (3)\\O-CH^3 & (4)\end{matrix}\right.$$

— Elle a été obtenue par Pschorr et Stohrer en agitant une solution alcaline d'isovanilline avec l'anhydride acétique. On peut encore y arriver par oxydation du dérivé acétylé de l'acide isoférulique. Aiguilles fusibles à 64°. Son *dérivé nitro-5* cristallise dans l'eau bouillante en aiguilles jaunes fusibles à 86°. Sa *phénylhydrazone* fond à 165°. La soude à 2 0/0 à l'ébullition enlève le groupe acétylé et fournit l'isovanilline ou, si l'on part du dérivé nitré, la *nitro-5-isovanilline* qui cristallise dans l'eau bouillante en aiguilles incolores fusibles à 113°, et dont la *phénylhydrazone* fond à 170° [Pschorr et Stohrer. *loc. cit.* et *Bull. Soc. Chim.*, (3), 30, 1318, 1902].

BENZOYLISOVANILLINE. — Prismes incolores fusibles à 75°. La *phénylhydrazone* fond à 187°. Le dérivé 5-nitré cristallise en aiguilles fusibles à 120° et dont la *phénylhydrazone* fond à 205° [Pschorr et Stohrer, *loc. cit.*].

Décembre 1906.   J.-B. Senderens.

VANILLINE (BENZYLIDÈNE DI-),

$$C^6H^3 - CH < {C^6H^2(CHO)(OCH^3)(OH) \atop C^6H^2(CHO)(OCH^3)(OH)}$$

— Rogow a préparé ce composé en faisant réagir la benzaldéhyde sur la vanilline en présence du chlorure de zinc.

Elle cristallise dans la benzine additionnée de ligroïne en aiguilles microscopiques blanches, fusibles à 221°,5-222°,5. Elle réduit à froid la solution d'argent ammoniacal et à chaud la liqueur de Fehling; elle est soluble dans la lessive de soude: elle fournit par l'anhydride acétique un dérivé *hexacétylé* qui fond de 159°,5 à 162°,5 et se dissout facilement dans le benzène et l'acétone [*D. chem. G.*, 34, 3881. 1901].

P-NITROBENZYLIDÈNE DIVANILLINE,

$$AzO^2 - C^6H^4 - CH [C^6H^2(OH)(OCH^3)(CHO)]^2.$$

— Préparée par Rogow en chauffant au bain-marie pendant 30 heures la *p-nitrobenzaldéhyde* avec la vanilline en présence de ZnCl². Elle fond à 276° en noircissant, réduit à froid la solution ammoniacale d'argent et à chaud la liqueur de Fehling. Traitée par l'anhydride acétique en présence de quelques gouttes de SO⁴H² concentré, elle donne un *hexacétate* qui fond à 205°,5-207° [*D. chem. G.*, 35, 1961, 1902].

M-NITROBENZYLIDÈNE DIVANILLINE. — On remplace dans la préparation précédente la p-nitro par la m-nitrobenzaldéhyde. — Aiguilles microscopiques fusibles à 266°,5 en noircissant: donne avec la phénylhydrazine une *bis-phénylhydrazine* qui fond à 226° [Rogow, *loc. cit.*].

ÉTHER VANILLYLIDÈNE ACÉTYLACÉTIQUE. — Obtenu par condensation de la vanilline avec l'éther acétylacétique, il fond à 121° [Knœvenagel et Albert, *D. chem. G.*, 37, 4476, 1904].

ÉTHER VANILLYLIDÈNE-BISACÉTYLACÉTIQUE. — Fond à 163-164°. La *monoxime* fond à 210-220° (²). L'*acide* fond à 127-128° [*loc. cit.*].

VANILLYLIDÈNE-ACÉTYLACÉTONE. — Aiguilles jaunes fusibles à 135° [*loc. cit.*].

VANILLYLIDÈNE-BISACÉTYLACÉTONE. — Aiguilles blanches fusibles à 170-171° [*loc. cit.*].

Décembre 1906.   J. B. Senderens.

VANILLINE-OSAZONE,

$$(CH^3O)(OH)C^6H^3 - C = Az - AzH . C^6H^5$$
$$|$$
$$(CH^3O)(OH)C^6H^3 - C = Az - AzH . C^6H^5$$

— Elle a été obtenue par Biltz et Wienands en oxydant la phénylhydrazone de la vanilline. Aiguilles microscopiques fusibles à 199-200°, peu solubles dans les dissolvants organiques,

solubles dans l'éther acétique chaud. On n'a pas obtenu leur dédoublement par un acide pour avoir la vanilline [*Ann. Chem.*, 308, 1, 1899].

VANILLIQUE (ALCOOL) (*méthoxyphénylolméthanol, alcool méthylprotocatéchique*), [Voyez Dict. et 1ᵉʳ Suppl.],

$$C^6H^3 - O - CH^3 {\nearrow CH^2OH \ (1) \atop \searrow OH \quad (4)} {(3)}$$

— Manasse en a fait la synthèse en condensant l'aldéhyde formique avec le gaïacol. Si l'on emploie un excès d'aldéhyde, l'alcool cristallise avec une molécule de cette dernière en prismes fusibles à 110-111° et qui se décomposent par la chaleur ou par l'action de l'ammoniaque aqueuse [*D. chem. G.*, 27, 2409].

VANILLIQUE (ACIDE) (*acide méthylprotocatéchique, acide méthoxyphénylolméthanoïque*) [Voyez Dict. et 1ᵉʳ Suppl.],

$$C^6H^3 - O - CH^3 {\nearrow CO^2H \quad (1) \atop \searrow OH \quad (4)} {(3)}$$

— Il donne en se combinant avec la soude (tous corps dissous) :

1ʳᵉ mol. NaOH	....	+	12Cal,64
2ᵉ — NaOH	....	+	9Cal,74
3ᵉ — NaOH	....	+	1Cal,37

[Berthelot, *Bull. Soc. Chim.*, 45, 72, 1886].

ACIDE NITRO-5-VANILLIQUE,

$$\begin{matrix} & CO^2H & \\ & | & \\ & 1 & \\ 6 & & 2 \\ AzO^2 & 5 \quad\quad 3 & O.CH^3 \\ & 4 & \\ & OH & \end{matrix}$$

— On peut le préparer en partant de l'oxime de la nitrovanilline (voyez *Nitrovanilline*). Cette oxime traitée par un excès d'anhydride acétique donne naissance à l'éther acétique du nitrile correspondant, le *3-méthoxy-4-acétoxy-5-nitrobenzonitrile*, fusible à 102°, lequel est transformé facilement par la potasse en *acide nitrovanillique* cristallisant en petites aiguilles jaune citron fusibles à 209-210°, qui semblent isomères avec l'acide nitrovanillique de Tiemann et Mattmoto [Vogl, *Bull. Soc. Chim.*, (3), 22, 998, 1899]. Bentley a préparé un acide nitrovanillique en oxydant la nitrovanilline par MnO⁴K en solution alcaline; il cristallise dans l'acide acétique en lamelles clinorhombiques jaunâtres, fusibles à 216°,5. Elles renferment 1 mol. 1/2 de dissolvant [Bentley, *Am. Journ.*, 24, 171, 1900]. Cet acide paraît différer de celui que Weselsky et Benédikt ont obtenu en oxydant par MnO⁴K le nitroeugénol.

ACIDE AMIDO-5-VANILLIQUE. — Il provient de la réduction de l'acide nitrovanillique par l'acide chlorhydrique et l'étain. On obtient ainsi un chlorhydrate sous la forme de grandes houppes très solubles, fusibles au-dessus de 259° et répondant à la formule $C^8H^7(AzH^2)O^4HCl$, lequel par l'anhydride acétique et l'acétate de sodium se transforme en un *dérivé diacétylé* qui fond à 215°. — Ce chlorhydrate traité par l'acide nitreux fournit un dérivé diazoïque que l'eau bouillante décompose en un mélange d'acide vanillique et *d'acide oxyvanillique*, que l'on sépare l'un de l'autre par précipitation au moyen de l'acétate de plomb [Vogl, *Mon. f. Chem.*, 20, 383, 1899].

ACIDE OXYVANILLIQUE,

$$C^6H^2(CO^2H)(OH)(O-CH^3)(OH)$$

— On a vu précédemment son mode de formation. Il cristallise en petites aiguilles d'un jaune très clair, très solubles dans l'eau bouillante et les dissolvants organiques neutres, fusibles à 199-200°. Sa transformation en acide gallique au moyen de HI établit à la fois sa constitution et celle de tous les produits précédents [Vogl, *loc. cit.* et *Bull. Soc. Chim.*, (3), 22, 998, 1899].

ACIDE PHÉNACYLVANILLIQUE,

$$C^6H^3 \begin{cases} CO^2H & (1) \\ O-CH^3 & (3) \\ OCH^2-CO-CH^3 & (4) \end{cases}$$

— Cet acide est obtenu comme produit secondaire dans l'oxydation du phénacylisoeugénol. — Aiguilles fusibles à 169° [Einhorn et von Hofe, *D. chem. G.*, 27, 2461, 1894].

ACIDE PICRYLVANILLIQUE,

$$C^6H^3 \begin{cases} CO^2H & (1) \\ O-CH^3 & (3) \\ O-C^6H^2(AzO^2)^3 & (4) \end{cases}$$

— Il prend naissance en même temps que la picrylvanilline dans l'oxydation du picrylisoeugénol. Il fond à 184-186°, il est très soluble dans l'alcool, l'éther et l'acide acétique [Einhorn et Frey, *D. chem. G.*, 27, 2455, 1894].

NITRILE VANILLIQUE,

$$C^6H^2 \begin{cases} CAz & (1) \\ O-CH^3 & (3) \\ OH & (4) \end{cases}$$

— Marcus le prépare en partant de l'aldoxime correspondante qui fond à 117° et que l'anhydride acétique transforme en *nitrile acétylé* fusible à 110°. (Voy. *acide nitrovanillique*). Ce nitrile acétylé traité par la potasse étendue se saponifie aisément. — Le nitrile vanillique fond à 87°. Chauffé à 60-80° en solution alcoolique avec l'hydroxylamine, il se convertit en une *amidoxime* fusible au-dessous de 100° et qui donne avec FeCl³ une coloration violette, et avec la liqueur de Fehling une coloration verte [*Bull. Soc. Chim.*, (3), 8, 809, 1892].

ACIDE ISOVANILLIQUE,

$$C^6H^3 \begin{cases} CO^2H & (1) \\ OH & (3) \\ O-CH^3 & (4) \end{cases}$$

— On peut le préparer en méthylant l'acide protocatéchique au moyen de la soude et du chlorure ou de l'iodure de méthyle.

On peut l'obtenir encore à partir de l'isosafrol dans lequel la potasse alcoolique transforme le groupe (O²CH²) en une fonction phénolique qui se laisse facilement éthérifier par l'iodure de méthyle en donnant le composé C⁶H³(C³H⁵)(OCH³)(OCH²−OCH³), lequel par MnO⁴K en solution alcaline fournit l'acide isovanillique, qui fond à 250° et ne se colore pas par le perchlorure de fer [Ciamician et Silber, *D. chem. G.*, 25, 1470, 1892]. (Voyez Dict., 3, 646, 2° partie).
J.-B. Senderens.

VANILLONE (ACÉTO-),

$$C^6H^3 \begin{cases} CO-CH^3 & (1) \\ O-CH^3 & (3) \\ OH & (4) \end{cases}$$

— 1° Otto a obtenu l'acétovanillone soit en distillant un mélange de vanillate et d'acétate de calcium, soit en traitant par le chlorure d'aluminium une solution de gaïacol dans deux fois son poids d'acide acétique cristallisé [*D. chem. G.*, 24, 2855, 1891];

2° Tiemann l'a extraite de la résine qui se forme en assez grande quantité lorsqu'on oxyde l'acétyleugénol. C'est une substance cristalline qui fond à 135° et bout à 295-300° et à 235-255° sous 15 mm. de pression. Elle est soluble dans l'eau bouillante et les solvants organiques, sauf la ligroïne. Par fusion avec la potasse elle donne *l'acide protocatéchique*. Si on la traite par l'anhydride acétique, puis par les oxydants, on obtient d'abord un dérivé *acétylé* et puis, par saponification, de l'acide vanillique. Chauffée en tubes scellés avec de l'acide chlorhydrique étendu, l'acétovanillone perd le groupe méthyle et donne l'*acétylpyrocatéchine* fusible à 96-98° [Tiemann, *D. chem. G.*, 24, 2855, 1891].

L'acétovanillone se combine avec la phénylhydrazine et l'hydroxylamine en donnant des dérivés fusibles respectivement à 125° et 95°. Oxydée par le chlorure ferrique, elle fournit une réaction analogue à celle de la vanilline, formation de *déhydrodiacétovanillone*, C¹⁸H¹⁸O⁶ [Tiemann, *loc. cit.*].

Les éthers de l'acétovanillone se forment aisément par l'action des iodures alcooliques sur le sel de potassium. L'*éther méthylique* (*acétovératrone*) fond à 48° et bout à 207° sous 15 mm. L'*éther éthylique* fond à 78°. Son *dérivé acétylé* cristallise dans l'alcool étendu en aiguilles fusibles à 58°. Le *dérivé benzoylé* fond à 106° [Tiemann, *loc. cit.* et *Bull. Soc. Chim.*, (3), 8, 593, 1892]. Décembre 1906. J.-B. Senderens.

VANILLOYLCARBONIQUE (ACIDE),

$$C^6H^3 \begin{cases} CO-CO^2H & (1) \\ O-CH^3 & (3) \\ OH & (4) \end{cases}$$

— Cet acide se produit en même temps que la vanilline dans l'oxydation par MnO⁴K des éthers acétiques de l'eugénol et de l'isoeugénol. Par sa fonction acétonique il se combine avec le bisulfite de soude. On le sépare de la vanilline en épuisant la solution éthérée de ces deux composés par l'eau tenant en suspension du carbonate de magnésium et par d'autres procédés décrits à la préparation de la vanilline (voyez 4° préparation). L'acide libre cristallise dans le benzène en prismes efflorescents à l'air, fusibles à 133-134°. Il se dissout assez facilement dans l'eau, plus encore dans les dissolvants organiques, sauf la ligroïne. Chauffé au delà de son point de fusion, il se décompose en CO² et vanilline. Sa combinaison avec le bisulfite de soude est soluble dans l'eau et peut être séparée de celle de la vanilline par l'alcool où elle est moins soluble [Tiemann, *D. chem. G.*, 24, 2877, 1891]. J.-B. Senderens.

VANTHOFFITE (Min.) (Kubierschky). — Sulfate sodico-magnésien, $3SO^4Na^2, SO^4Mg$, en masses incolores cristallines, mais sans facettes, dans les dépôts de Wilhelmshall, près Stassfurt. Préparé antérieurement par M. Van't Hoff.

VARISCITE (Min.) (Breithaupt). — Phosphate normal d'aluminium hydraté $(PO^4)^2Al^2, 4H^2O$. Rarement cristaux, le plus souvent nodules ou enduits radiés ou amorphes, blanc ou vert clair, éclat gras, avec quartz, à Messbach, près Plauen, Voigtland, Saxe; dans le comté de Montgomery, Arkansas.

Caractères. — Soluble à chaud dans l'acide chlorhydrique. Donne de l'eau dans le tube et rougit un peu. Infusible. Réactions de l'alumine. Dureté = 4-5. Densité = 2,34-2,40. L. B.

VASELINE. — Voyez l'art. PÉTROLE.

VAUQUELINITE (Min.) [(von Leonhard); Syn. : *Laxmannite* (Nordenskjöld)]. — Chromate basique de plomb et de cuivre, avec acide phosphorique, surtout dans la laxmannite, $2PbO.CuO.2CrO^3$. Petits cristaux vert olive, vert pistache ou bruns, éclat très vif, formant des croûtes avec crocoïse et divers minerais de plomb, à Beresowsk (Sibérie), Congonhas do Campo (Brésil), Wanlockhead et Leadhills (Ecosse).

Caractères. — Avec l'acide nitrique, poudre jaune de chromate neutre de plomb, qui se dissout à chaud dans un excès d'acide. Au chalumeau, sur le charbon, fond en se boursouflant et donne une scorie renfermant des globules de plomb allié de cuivre. Réactions diverses du plomb, du cuivre et du chrome. Dureté $= 2,5$-3. Poussière vert pistache clair. Densité $= 5,77$.

Forme cristalline. — Prisme clinorhombique : $mm = 109°35'$; $pa^1 = 67°$: $pm = 134°35'$. Faces : $m,p,(d^1/^4d^1/^9h^1),h^1,h^3,h^8/_3,a^1,a^6,a^6/_7$, pour la vauquelinite et $m,h^1,p,g^3,a^3,a^3/_2,a^1/_2$ pour la laxmannite. L. Bourgeois.

VELLOSINE, $C^{23}H^{28}Az^2O^4$; $C^{21}H^{22}Az^2O^2(OCH^3)^2$. — Se trouve dans l'écorce du Geissospermum laeve [Freund et Fauvet, *Ann. Chem.*, **282**, 247]. Cristaux fusibles à 189° en brunissant, insolubles dans l'eau. La vellosine chauffée avec les acides minéraux, se transforme en *apovellosine* $C^{46}H^{54}Az^4O^7$, puis en *apovellosol* ($C^{42}H^{46}Az^4O^7$, fusible à 245°]. Par une longue ébullition avec KOH, il se forme une base nouvelle fusible à 135-145°. Donne un iodométhylate fusible à 264°. La vellosine a l'action physiologique de la brucine. Pour la description des différents sels, voyez le mémoire original.

APOVELLOSINE, $C^{46}H^{54}Az^4O^7$: $C^{42}H^{42}Az^{11}O^3(OCH^3)^4$. — Poudre amorphe fusible à 60-70°, insoluble dans l'eau. Chauffée avec une solution concentrée de potasse elle se transforme en *apovellosidine* ($C^{42}H^{54}Az^4O^6$ ou $C^{38}H^{42}Az^4O^2(OCH^3)^4$, fusible à 154°. L'isodométhylate d'apovellosine cristallise dans l'eau et fond à 265°.

M. Delacre.

VENASQUITE (Min.) (Boubée-Damour). — Minéral voisin de l'ottrélite, de composition $[Fe,Mg]O.Al^2O^3.3SiO^2,H^2O)$, à Venasque, Espagne, près Bagnères de Luchon, Hautes-Pyrénées. L. Bourgeois.

VÉNÉRITE (Min.) (Sterry-Hunt). — Silicate hydraté d'aluminium, magnésium, cuivre et fer, en poudre vert pâle, formée de très petites écailles biréfringentes. Exploité comme minerai de cuivre à John's Mine, Pensylvanie. L. B.

VENTILAGINE, $C^{15}H^{14}O^6$. — C'est une matière colorante que A.-C. Perkin et Hummel ont retiré du *Ventilago Madraspatana*, plante appartenant à la famille des Rhamnacées. La méthode d'extraction consiste à épuiser l'écorce de la racine par le sulfure de carbone. L'extrait est additionné d'alcool et la liqueur obtenue séparée du sulfure de carbone qu'elle retient. L'extrait alcoolique est alors évaporée à sec, et le résidu repris par le benzène. La dissolution benzénique agitée avec une solution de soude lui cède la ventilagine.

La solution alcaline d'un rouge violet additionnée d'acide laisse précipiter la ventilagine sous forme d'une résine brune fondant à 110°.

Par distillation avec de la poudre de zinc, la ventilagine donne de l'α-méthylanthracène.

Propriétés tinctoriales. — [A.-C. Perkin et Hummel, *Chem. Soc.*, **65**, 940; — Gonfreville, *L'art de la teinture des laines*, 1849; Wardle, *Report on the dyes and tans of India*, 1887].

1er novembre 1907. V. Thomas.

VÉRATRINE. — Alcaloïde $C^{32}H^{49}AzO^9$, extrait de la vératrine officinale, voyez Suppl., 1649. Est identique à la cévadine [*D. chem. G.*, **26**, R. 284, 1893]. L'action des alcalis (KOH alcoolique) a été représentée par Wright et Luff [*Chem. Soc.*, **33**, 328] par l'équation :

$$C^{32}H^{49}AzO^9 + H^2O = C^5H^8O^2 + C^{27}H^{43}AzO^8$$
$$\text{Ac. méthylcrotonique.} \qquad \text{Cévine.}$$

Börsetti [*Arch. Pharm.*, 81, 1883] a fait agir une solution alcoolique de baryte :

$$C^{32}H^{49}AzO^9 + 2H^2O = C^5H^8O^2 + C^{27}H^{45}AzO^9$$
$$\text{Ac. angélique.} \qquad \text{Cévidine.}$$

Ahrens [*D. chem. G.*, **23**, 2700] a retrouvé l'acide tiglique [Stranski, *Mon. f. Chem.*, **14**, 482, 1891].

Freund [*D. chem. G.*, **37**, 1946, 1904] a préparé des dérivés monoacylés de la vératrine (cévadine), tandis qu'il a obtenu de la cévine des dérivés diacylés :

$$C^{27}H^{41}AzO^6 <^{OC^3H^7O}_{OH} \qquad C^{27}H^{41}AzO^6 <^{OH}_{OH}$$
$$\text{Cévadine.} \qquad\qquad \text{Cévine.}$$

$$C^{27}H^{41}AzO^6 <^{OC^3H^7O}_{O\,Acyl.} \qquad C^{27}H^4AzO^6 <^{O\,Acyl.}_{O\,Acyl.}$$
$$\text{Acyl-cévadine.} \qquad\qquad \text{Diacyl-cévine.}$$

Frankforter a préparé différentes combinaisons cristallisées : $C^{32}H^{49}AzO^9I^4, 3H^2O$ (fusible à 129-130°); $C^{32}H^{49}AzO^9I$ (fusible à 212-214°); $CCl^3.CH = (OC^{32}H^{48}AzO^8)^2$ (fusible à 220°): $C^{32}H^{49}AzO^9CH^3I$ (fusible à 210-212°); $C^{32}H^{49}AzO^9,C^3H^5I$ (fusible à 235-236°), etc. [*Am. Chem. Journ.*, **20**, 359].

M. Delacre.

VÉRATRIQUE (ACIDE). — Voyez Suppl., 1649. Il se forme par l'oxydation de l'isométhyleugénol [Ciamician et Silber, *D. chem. G.*, **23**, 1164, 1890], par l'acide aminovératrique (diméthoxy-anthranilique) [Kuhn, *D. chem. G.*, **28**, 809, 1895], par la vératrylamine [Moureu, *Bull. Soc. Chim.*, (3), **15**, 650, 1896]. D'après Kernisch *Mon. f. Ch.*, **14**, 455, 1893], la distillation de son sel calcique donne principalement l'éther méthylique $C^6H^3(OCH^3)^2.CO^2CH^3$, puis du vératrol, un peu de gaïacol et d'acide libre; dans les résidus on trouve très peu de pyrocatéchine. La réduction de l'acide nitrovératrique a donné au même chimiste [*Mon. f. Ch.*, **15**, 229, 1894] non l'acide amidé mais l'amido-vératrol.

Acide bromovératrique $C^6H^2Br_{(5)}(OCH^3)_{(3\text{-}4)}COOH_{(1)}$. — Fusible à 191°. *Ether méthylique* fusible à 71-72°.

Acide bromovératrique $C^6H^2Br_{(6)}(OCH^3)_{(3\text{-}4)}COOH_{(1)}$. — Fusible à 183-184°. *Ether méthylique* fusible à 88-89°.

Acide bromovératrique $C^6H^2Br_{(2)}(OCH^3)_{(3\text{-}4)}COOH_{(1)}$. — Fusible à 201-202°. *Ether méthylique* fusible à 46°.

Acide nitrovératrique, $C^6H^2(AzO^2)_{(5)}(OCH^3)_{(3\text{-}5)}COOH_{(1)}$. — Fusible à 194°. *Ether* fusible à 28° [Zincke et Franke, *Ann. Chem.*, **293**, 175, 1896]. M. Delacre.

VÉRATROL. — Voyez l'art. GAÏACOL, 2e Sup., 4, 429.

VÉRATRYLAMINE, $_{(3\text{-}4)}(CH^3O)^2C^6H^3.AzH^2_{(1)}$ (*diméthoxy-aniline*). — On la trouve dans les produits de réduction du benzol-azo-vératrol [Jacobson, Jaenicke et Meyer, *D. chem. G.*, **29**, 2680, 1896].

Moureu [*Bull. Soc. Chim.*, (3), **15**, 646, 1896] a préparé la vératrylamine par réduction du nitrovératrol. Paillettes fusibles à 85-86°. Eb. 174-176° (P. 22 mm.). Le chloroplatinate fond à 220°. Le *dérivé benzoylé* fond à 177°.

M. Delacre.

VERBÉNALINE. — Glucoside découvert par L. Bourdier [*C. R. Soc. Biol.*, 367, 1907; *Bull. Soc. Chim.*, (4), 3, 173, 1908], dans les sommités fleuries de la verveine (*verbena officinalis*) d'où on le retire par des traitements successifs à l'alcool à 90° bouillant, à l'éther acétique, à l'eau froide et de nouveau à l'éther acétique, en évaporant chaque fois jusqu'à extrait. Le produit obtenu cristallise anhydre en fines aiguilles incolores, inodores, de saveur amère. Il fond à 181°,56; pouvoir rotatoire — 180°,32. Il est réducteur, sa solution aqueuse est hydrolysée par l'émulsine. Juin 1908. E. Rengade.

VERNINE. $C^{10}H^{20}Az^5O^5 + 3H^2O$. — Cette base se trouve dans les plantules de la vesce (Vicia sativa), du trèfle, dans les cotylédons de la courge, dans la betterave [Schulze et Bossard, *Zeit. phys. Chem.*, 10, 326, 1885; — Schulze et Planta, *ibid.*, 10, 326, 1885; — E.-O. von Lippmann, *D. chem. G.*, 29, 2653]. Elle cristallise en fines aiguilles brillantes, peu solubles dans l'eau froide, assez solubles dans l'eau bouillante, insolubles dans l'alcool. L'acide chlorhydrique étendu et bouillant en sépare de la guanine. E. Lambling.

VERRE. — *Composition du verre.* — Benrath avait cherché à ramener les verres à des mélanges de trisilicates (Dict., 3, 660). Il concluait qu'en général un verre dont l'acidité est de 3 molécules d'anhydride pour une de base formait un bon verre. Dans la pratique courante un verre pouvait être représenté par xA^2O . yEO . $zSiO^2$, A représentant un métal monovalent, E un métal divalent et les facteurs x, y, z étant liés par les relations

$$x + y = 1 \quad \text{et} \quad z = 3(x + y)$$

Weber a cherché a établir aussi une formule représentative des verres. Voici la manière dont il présente sa formule en gardant les mêmes notations :

$$x A^2 O, y EO, 3 \left(\frac{x^2}{y} + y \right) SiO^2$$

L'acidité est un peu plus élevée ici que précédemment lorsque les alcalis dominent par rapport à la chaux ou à l'oxyde de plomb. D'après lui dans le verre à glaces x peut varier de 0,6 à 1, dans le cristal de 1,5 à 2, dans le verre de gobeletterie de 0,8 à 1,5. Mais on ne tient plus compte ici de la condition $x + y = 1$. Weber raisonne pour $y = 1$. En pratique ces formules n'ont pas la valeur d'une loi. On a fait de bons verres plus ou moins acides tels que le verre de Stas et un verre de Saint-Gobain qui répondent en formules moléculaires à :

$$\left. \begin{array}{l} 0,25\,K^2O \\ 0,25\,Na^2O \\ 0,50\,CaO \end{array} \right\} 4\,SiO^2 \quad \text{et} \quad \left. \begin{array}{l} 0,6\,CaO \\ 0,4\,Na^2O \end{array} \right\} 2,8\,SiO^2$$

Zulkowski [*Chem. Ind*, 22, 280, 1899], revenant sur cette même question. a émis toute une théorie chimique de la formation des verres. La silice chauffée avec un carbonate alcalin donne un métasilicate $SiO(OM)^2$, mais ceci n'a lieu qu'en présence d'un excès de carbonate; dans le cas de la fusion du verre, où la silice est en excès par rapport au carbonate, c'est un polymétacasilicate qui prend naissance tel que $Si^nO^{2n-1}(OM)^2$. La valeur de n varie avec l'acidité du verre. Avec le carbonate de calcium le phénomène sera le même et nous aboutirons à la formation d'un polymétasilicate de calcium $Si^nO^{2n-1}O^2Ca$. Le verre sera formé non de la juxtaposition de deux molécules de polysilicates, l'un renfermant un métal monovalent et l'autre

un métal divalent, mais de la soudure de ces deux molécules à l'aide du métal divalent. Voici comment serait constitué un verre sodico-calcaire :

$$Si^nO^{2n-1} {<}{\begin{array}{l}O\\O\end{array}}{>} Ca + Si^nO^{2n-1} {<}{\begin{array}{l}ONa\\ONa\end{array}}$$

$$= Si^nO^{2n-1} {<}{\begin{array}{l}ONa \quad NaO\\O-Ca-O\end{array}}{>} O^{2n-1}Si^n$$

Les verres renferment en outre de l'alumine, en quantité faible généralement. L'auteur a imaginé en suivant la même manière de voir des formules représentatives dans lesquelles interviennent alors des silico-aluminates. Il a même développé sa théorie en faisant intervenir dans les formules des groupements plus complexes dans lesquels se rencontrent les anhydrides borique et phosphorique. Nous nous bornerons à les citer. L'idée de Zulkowski est intéressante, mais il nous semble inutile de la suivre trop loin, car en somme cette théorie est surtout spéculative. Les faits connus jusqu'ici ne nous ont amené à connaître ni les trisilicates, ni les polysilicates ou polyaluminosilicates auxquels nous venons de faire allusion. Il est possible que des sels analogues prennent naissance, mais le bloc de verre reste un mélange dans lequel des composés silicatés semblent dissous les uns dans les autres.

A l'état fondu le verre renferme les corps qui le composent à l'état de combinaisons qui sont à l'état de dissolutions réciproques. Lors du refroidissement il ne s'opère pas de solidification avec production de cristaux; le verre reste transparent, c'est la solution tout entière qui se solidifie. Le verre est une solution solide. Si, par hasard, des composés cristallins parviennent à prendre naissance, le verre se dévitrifie. Le fait de la dévitrification fait perdre au verre ses propriétés qui en font un verre. La caractéristique du verre est d'être en quelque sorte anticristallin.

Est-il possible d'étudier le verre comme on étudie les solutions solides et de lui appliquer les méthodes d'investigation de la métallographie? Deux chimistes anglais ont essayé l'action de l'acide fluorhydrique sur le verre [*Soc. chem. Ind.*, 555, 1901]. Leur mémoire est malheureusement peu détaillé et manque de conclusions. Jusqu'à ce jour rien de nouveau n'a été publié sur la question.

Propriétés. — On sait depuis longtemps que le verre est altérable et que cette altérabilité dépend de sa nature chimique et des rapports de ses composants. Au point de vue de l'utilisation dans les laboratoires, il est intéressant de connaître l'altérabilité d'un verre et au besoin de pouvoir la mesurer.

Les travaux de Foerster et de Mylius [*Mitteilungen aus dem phys-technischem Reichsanstalt*, 1889, 1891 et 1893; *Zeits. fur. Instrumenten-Runde*, 1889, 1891; *D. chem. G.*, 22, 2092, 1889; 24, 1482, 1891; 26, 2998, 1893]; de Kohlrausch [*D. chem. G.*, 26, 2998, 1893; *Ann. Chem. Phys.*, 44, 577, 1891; 53, 209, 1894] ont apporté de très intéressants résultats.

1° L'attaque du verre ordinaire par les solutions aqueuses d'acides minéraux ne dépend pas — sauf de rares exceptions — de la nature des acides et de leur concentration.

2° L'action des solutions aqueuses d'acides n'est due qu'à l'eau qu'elles renferment.

3° Le rôle des acides, dans ce cas, consiste simplement à neutraliser les alcalis mis en liberté et amenés à l'état dissous.

4° Les dissolutions aqueuses d'acides minéraux attaquent moins fortement le verre que ne le fait l'eau pure.

5° Les verres très calcaires ou très plombeux sont fortement attaqués par les dissolutions acides et le degré d'attaque dépend de la nature de l'acide aussi bien que de sa concentration.

6° Les verres calcaires ordinaires sont moins fortement attaqués par l'acide sulfurique bouillant que par l'eau bouillante.

7° Les vapeurs d'acide sulfurique attaquent fortement le verre à haute température, en donnant des sulfates alcalins. Dans ces conditions, la surface du verre est nettement altérée.

8° Le verre peut s'effleurir sous l'action décomposante de la vapeur d'eau atmosphérique. Quant à l'acide carbonique, il agit non pas sur le verre lui-même, mais sur les produits de sa décomposition provenant de l'action antérieure de l'air humide.

9° L'acide carbonique sec est sans action sur le verre bien sec.

10° Il semble que l'eau ne soit absorbée par le verre que par suite d'une véritable combinaison chimique.

11° Pour les verres de bonne qualité, effleuris par l'action de l'eau ou de l'air humide, le changement de composition à la surface est absolument négligeable.

12° L'action de l'eau sur une surface effleurie est, au début de l'action, un peu plus forte que sur la surface lisse; après quoi elle redevient sensiblement la même.

Ces observations n'ont trait au verre que dans les circonstances ordinaires d'emploi; quand il s'agit de verre surchauffé fortement dans lequel circulent des vapeurs acides, on constate que la corrosion peut être développée. (L'auteur de cet article a pu constater l'action particulièrement nuisible des chlorures volatils acides comme les chlorures de phosphore, d'arsenic, d'antimoine).

Mylius a classé les verres d'après leur altérabilité, ce travail a été communiqué au Congrès de chimie appliquée de Berlin 1903.

Pour juger de l'attaque d'un verre à sa surface on se sert d'une solution d'iodoéosine ($C^{20}H^8I^4O^5$) à 0 gr,1 dans 100 cc. d'éther saturé d'eau. Sur la surface du verre à essayer on applique de cette solution et on laisse agir 24 heures. La surface se colore plus ou moins en rose: de la teinte on se fait une idée de l'altérabilité par l'eau froide.

Comme, dans la décomposition du verre par l'eau, la dissolution des alcalis joue un rôle principal, Mylius et Foerster ont pensé à opérer la mesure de l'attaque au moyen d'un titrage. Les quantités passées en dissolution étant peu importantes, on se servira dans ce cas de liqueurs millinormales sulfuriques avec lesquelles le titrage se fait encore avec netteté en employant l'éosine iodée comme indicateur. On fait agir l'eau à 20° pendant 7 jours, on rince et réitère le traitement, la première action de l'eau n'ayant servi qu'à dégager la surface. On fait un deuxième essai à l'eau chaude à 80° pendant 3 heures.

Plus récemment, on a cherché à remplacer la méthode précédente, qui a l'avantage pourtant de la précision et de la simplicité, par une mesure de résistance. En laissant une bouteille contenant de l'eau en contact avec ce liquide un certain temps, il y aura dissolution du verre d'autant plus grande que le verre sera plus altérable, par suite la résistance de l'eau variera. Pour comparer des bouteilles de qualités différentes, il suffira de comparer des résistances. Tel est le principe de la méthode expérimentée par F. Haber et Schwenke [Zeits. f. Élektrochemie, 10, 143, 1904].

Les réactions pouvant servir à étudier l'altérabilité du verre sont nombreuses. Ainsi Lindet a signalé que dans une fiole de verre dans laquelle on opère l'inversion du sucre, il peut y avoir dissolution d'une quantité de matières alcalines suffisante pour retarder ou même arrêter la formation du sucre interverti [C. R., 508, 1904].

Propriétés. — Les propriétés d'un verre varient naturellement avec sa composition, aussi a-t-on cherché à établir quel changement dans les propriétés amenait telle variation dans la composition.

L'infusibilité d'un silicate comme le verre augmente quand on augmente son acidité et quand on introduit une plus grande quantité d'alumine. La substitution du plomb au calcium, le remplacement d'une partie de la silice par l'anhydride borique amène au contraire de la fusibilité. MM. Kochs et Seyfert [*Zeits. f. ang. Chem.*, 29, 280, 1901 et *Monit. Scient.*, 81, 1902] ont établi une formule assez complexe :

$$q = \frac{T}{\dfrac{102 \times F}{60}} \quad \text{où} \quad F = \left(\frac{A}{M_a} + \frac{B}{M_b} + \frac{C}{M_c} + \cdots + \frac{N}{M_n} \right)$$

dans laquelle q représente le quotient réfractaire, K la teneur en silice, T la teneur en alumine, A, B, C... N la teneur en matières jouant le rôle de fondants, M_a, M_b, M_c les poids moléculaires correspondants.

Je ne connais pas d'application pratique de cette formule, les auteurs affirment l'avoir vérifiée sur un certain nombre d'exemples.

A Iéna, où le verre a été étudié tout spécialement, on a obtenu des résultats intéressants que nous allons faire connaître.

Le poids spécifique se calcule aisément par la formule :

$$\frac{a_1}{z_1} + \frac{a_2}{z_2} + \frac{a_3}{z_3} + \cdots + \frac{a_n}{z_n} = \frac{100}{S}$$

où a_1, a_2, a_n représentent en centièmes la teneur des composants et z_1, z_2, z_3... z_n des coefficients spéciaux SiO^2 : 2,3; B^2O^3 : 2,9; ZnO : 5,9; PbO : 9,6; MgO : 3,8; Al^2O^3 : 4,1; As^2O^5 : 4,1; BaO : 7,0; Na^2O : 2,6; K^2O : 2,8; CaO : 3.3; P^2O^5 : 2,55 [Winkelmann et Schott, *Ann. der Physik und Chem.*, 741, 1894].

Pour établir la résistance d'un verre à la traction on emploie la formule :

$$P = a_1 y_1 + a_2 y_2 + a_3 y_3 + \ldots$$

avec la condition $a_1 + a_2 + a_3 + \ldots = 100$

Les coefficients y_1, y_2 etc., sont spéciaux à chaque corps et voici les valeurs qu'on leur a trouvées :

SiO^2 : 0,09; B^2O^3 : 0,065; ZnO : 0.15; PbO : 0,025; MgO : 0,01; Al^2O^3 : 0,005; As^2O^5 : 0,03; BaO : 0,05; Na^2O : 0,02; K^2O : 0,01; CaO : 0,20; P^2O^5 : 0,075. [Winkelmann et Schott, *Ann. der Physik und Chem.*, 712, 1894]. L'équation présente donne pour P la valeur calculée de la résistance du verre avec les coefficients précédents; elle peut servir néanmoins à calculer la résistance à la pression en remplaçant ces coefficients par les suivants :

SiO^2 : 1,23; B^2O^3 : 0,9; ZnO : 0,6; PbO : 0,48; MgO : 1,1; Al^2O^3 : 1,0; As^2O^5 : 1,0; BaO : 0,05; Na^2O : 0,02; K^2O : 0,05; CaO : 0,2; P^2O^5 : 0,76.

Le calcul du coefficient d'élasticité se fait également avec une formule linéaire :

$$E = a_1 x_1 + a_2 x_2 + \ldots$$

La valeur des coefficients x sont :

SiO^2 : 65; B^2O^3 : 20; ZnO : 15; PbO · 0,47; MgO : 600; Al^2O^3 : 160; As^2O^5 : 40; BaO : 100; Na^2O : 100; K^2O : 71; CaO : 100; P^2O^5 : 38.

Une équation analogue permettrait de déterminer la dureté.

De la composition d'un verre on peut déduire aussi sa chaleur spécifique. La règle de Wœstyne permet d'écrire :

$$C = \frac{N_1 A_1 C_1 + N_2 A_2 C_2 + \ldots}{N_1 A_1 + N_2 A_2 + \ldots}$$

C désignant la chaleur cherchée dans la combinaison, C_1, C_2 les chaleurs des éléments, A_1, A_2 les poids atomiques des mêmes éléments, N_1, N_2, le nombre des atomes de chaque élément contenu dans la combinaison. Cette formule permet de calculer la valeur de la chaleur spécifique de chacun des constituants du verre. Ces valeurs sont ensuite portées dans la formule

$$C = \frac{p_1 K_1 + p_2 K_2 + \ldots}{p_1 + p_2 + \ldots}$$

où K_1, K_2 représentent les chaleurs spécifiques des constituants. Dans les calculs faits par Winkelmann sur 18 sortes de verre d'Iéna, l'erreur moyenne ne fut guère que de 1% [*Ann. der Physik und Chem.*, 401, 1493].

Le même expérimentateur est arrivé à déterminer la conductibilité calorifique d'un verre de composition donnée par la formule :

$$\frac{1}{K} = b_1 x_1 + b_2 x_2 + \ldots$$

K étant la conductibilité cherchée, b le volume % d'un oxyde et x sa conductibilité. La valeur de b se calcule ainsi :

$$b = 100 \frac{a}{z} \cdot \frac{1}{\dfrac{a_1}{z_1} + \dfrac{a_2}{z_2} + \dfrac{a_3}{z_3} + \ldots}$$

a désignant le poids % de l'oxyde constituant le verre et z son poids spécifique.

On a même réussi à l'aide de la composition chimique à calculer d'autres grandeurs, telles que le coefficient de dilatation, etc.

Verres spéciaux. — Dans ces dernières années on a étudié un peu plus à fond les verres et l'on est arrivé à en composer possédant de très intéressantes propriétés. C'est surtout à Iéna et dans son entourage que de grands progrès ont été réalisés grâce à une étude méthodique et scientifiquement poursuivie.

Dans les verres à thermomètres il y a comme on le sait une transformation lente du verre amenant à la longue une dépression. La composition du verre exerce une influence prépondérante sur cette dépression. Les verres alcalins très fusibles sont particulièrement défavorables; ils ont malheureusement beaucoup d'emplois grâce à leur travail commode. Le résultat le meilleur est obtenu avec les verres potassiques purs, à forte teneur en chaux et silice. A Iéna on a établi aussi deux verres très renommés désignés sous le nom de verre normal à thermomètres et verre borosilicaté pour thermomètres dont voici les compositions.

Silice	65,42	67,5	76
Alumine	0,93	1	5
Chaux	13,67	7	»
Soude	»	14	11
Anhydride borique	»	2	12
Potasse	19,46	»	»
Oxyde de zinc	»	»	»

Ces verres ont des qualités précieuses au point de vue de la résistance aux changements brusques de température.

On trouve dans le commerce un autre genre de verre, dont la composition exacte n'a pu nous être communiquée, et dont la résistance aux variations brusques de température est précieuse pour la fabrication des cheminées de verre pour l'éclairage par l'incandescence, c'est le verre dit *sili-chromé*. Ce verre a l'inconvénient d'être difficile à travailler et à roder.

Le verre dévitrifié a trouvé deux emplois dans ces dernières années : légèrement dévitrifié pour faire disparaître sa transparence, il constitue l'*opaline*, dévitrifié totalement et aggloméré il forme la *pierre de verre*.

Verre dit de quartz. — En réalité le verre de quartz ne peut être considéré que comme un verre à l'extrême limite de l'acidité. Ses propriétés nous amènent cependant à en dire quelques mots ici même. On avait reconnu depuis un certain nombre d'années déjà que le quartz pouvait être fondu à la flamme du chalumeau oxhydrique et qu'en cet état il devenait non pas liquide mais pâteux. On pouvait alors le façonner. Actuellement, cette fabrication est devenue industrielle et l'on trouve dans le commerce des ballons, tubes, creusets de quartz qui présentent de très réelles qualités de résistance aux échauffements et refroidissements rapides.

FAÇONNAGE.

Fusion. — Un gros perfectionnement a été apporté dans l'industrie du verre par le four à bassin. Toutes les fois qu'il s'agit de produire de grandes quantités d'un même verre, il y a avantage à remplacer le four à pots par un appareil de ce genre. Le four à bassin, très employé dans la fabrication des bouteilles, comprend un grand bassin dans lequel s'opère la fusion du verre. Dans l'appareil de Siemens le bassin est divisé en trois parties par deux murs. Le verre de la première partie A communique avec le verre de la partie centrale B par dessous M_1. La communication entre B et C s'effectue par dessous M_2. A une extrémité s'effectue la fusion, au milieu l'affinage. La troisième portion C renferme du verre affiné que l'on puise par des ouvreaux et que l'on travaille. Actuellement les fours à bas-

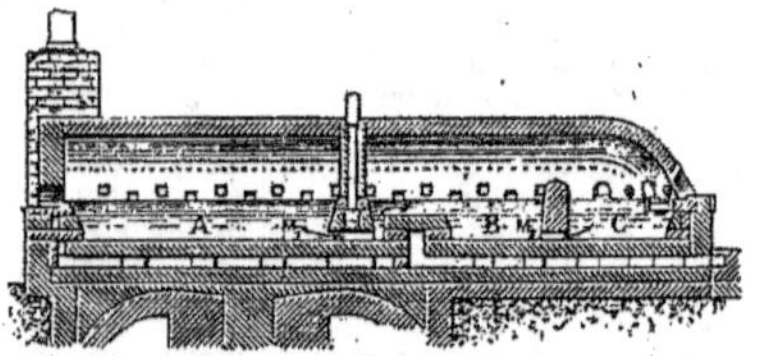

Four à bassin de Siemens.

sin se construisent sur plusieurs types : Siemens, Lürmann, Nehse-Dralle, Boucher. Nous nous bornons à donner ici un croquis du four Siemens premier modèle, le plus simple. Nous renvoyons le lecteur pour plus de détail aux traités spéciaux [*Sprechsaal*, 1251, 1901; *Mercure Scientifique*, 5, 1903; Granger, *Progrès récents dans l'industrie du verre*, p. 5; Dralle, *Anlagen und Betrieb der Glasfabriken*].

Ces fours sont chauffés, comme beaucoup d'autres appareils de ce genre, au gaz de gazogène avec récupérateurs. On a appliqué du reste les récupérateurs à beaucoup d'appareils de chauffage des fours de verrerie et réalisé de ce fait de notables économies.

Aux États-Unis on a tiré parti du gaz naturel et dans la région de Pittsbourg on chauffe les fours avec ce combustible.

En Russie il était naturel de penser à l'utilisation du pétrole pour le chauffage. La Société de Lakasch a constaté que dans des fours bien conduits 41 kgs de pétrole remplaçaient 100 kgs de houille. A côté du pétrole on se sert aussi d'un résidu d'huiles minérales connu sous le nom de Masout et qui fournit également un excellent combustible. Le chauffage au pétrole a pénétré également dans le Nouveau Monde, et à San-Francisco deux verreries ont installé ce mode de chauffage. La difficulté de l'emploi du pétrole consiste dans la manière de le brûler, aussi a-t-on dû combiner des foyers spéciaux. Dans le four imaginé par Kroupsky, le pétrole n'est pas brûlé immédiatement dans la région où se trouvent les pots. Avant eux et après eux se trouvent disposés deux systèmes de briques cloisonnées formant régénérateurs. En même temps qu'arrive de l'air échauffé par passage sur un des systèmes de régénérateurs, on fait couler à la partie supérieure des briques chaudes du pétrole. Ce dernier s'enflamme et donne des gaz très chauds qui traversent la chambre de chauffe. On utilise également en Russie le four de Malicheff, appareil dont on dit beaucoup de bien [*Génie Civil*. 2. 310, 1900. Granger, *loc. cit.*, 11].

L'idée d'employer le courant électrique à la fusion du verre devait germer dans le cerveau des inventeurs. En effet, dès 1881, S. Reich prenait un brevet dans ce sens. Le procédé consistait à faire tomber le mélange sur un tamis de fils de platine portés au rouge. Cette idée n'eut pas de suite pratique. Un peu plus tard une Société se constituait à Cologne pour mettre à profit le four Becker. Ici l'on employait un four à arc. Le mélange descendait entre une série d'arcs et tombait fondu dans un bassin chauffé par le rayonnement où il s'affinait. L'appareil ici combiné n'a encore eu qu'un intérêt théorique. Au four Becker succéda le four Voelker qui, quoique comportant des modifications plus ou moins heureuses, n'arriva pas à donner les résultats espérés. Bronn a fait une série d'expériences [*Elektrochemische Zeitschrift*, 144, 167, 185, 205, 1904. 1905 et *Bull. Soc. Enc.*, 914, 1905 et Granger, *Monit. Scient.*, **1907**, 805]. qui lui ont montré que parmi les défauts reprochés au verre fondu électriquement, la coloration foncée et irrégulière qu'il recevait provenait de la chute de particules de charbon des électrodes que l'addition d'oxydants au bain n'arrive pas à corriger. Les déconvenues successives éprouvées par M. Bronn dans tous les essais de fusion du verre par l'électricité l'amenèrent à reprendre l'idée mise en avant, de fondre le verre dans un creuset chauffé par le courant. Le creuset est alors entouré d'une garniture de carbone en menus fragments. Cette garniture s'échauffe sous l'action du courant et, avec une intensité suffisante, peut être portée à une température convenable pour la fusion. Malgré tous ces efforts, la fusion du verre par l'électricité est restée dans le domaine de l'expérience sans entrer encore dans celui de la pratique.

Façonnage. — Avec les progrès incessants de la mécanique, il était facile de prévoir que les efforts des inventeurs tendraient certainement à remplacer le soufflage, effectué par un ouvrier difficile à former, par un dispositif mécanique plus ou moins compliqué, mais ne nécessitant que le concours d'un ouvrier ne possédant pas d'autres aptitudes que celles que demande la manœuvre d'un appareil industriel.

MM. Appert ont proposé il y a déjà un certain nombre d'années un dispositif permettant le soufflage du verre par l'air comprimé. L'idée primitive du soufflage mécanique réside dans la pompe de Robinet (Dict., 3, p. 666), mais il faut laisser les années s'écouler jusqu'en 1878 pour voir se réaliser une installation de soufflage par l'air comprimé. La canne à souffler est reliée à la soufflerie d'air à l'aide d'un manchon composé d'un cône en caoutchouc fixé à l'intérieur d'un tronc de cône dont la petite base peut communiquer avec la conduite générale. A l'aide de deux pédales placées devant lui l'ouvrier envoie dans la canalisation de l'air comprimé ou fait cesser l'arrivée de l'air dans la canne. On a pu grâce à ces dispositifs souffler des pièces considérables telles qu'une sphère de 1^m,55 de diamètre dans laquelle on découpe 3000 verres de montre.

L'Exposition de 1900 nous a fait assister à de nouveaux perfectionnements qui ont fort étonné les verriers, je veux parler des procédés de M. Sievert, de Dresde. L'inventeur a réussi des pièces inédites jusqu'ici telles que baignoires et grandes bassines cylindriques. Pour faire une baignoire, par exemple, le verre est coulé sur une table de soufflage où le refroidissement l'amène à l'état pâteux. Une fois dans cet état on maintient la plaque de verre par un cadre et on retourne le système. La surface de métal qui a reçu le verre étant percée de trous, si l'on fait arriver par ces orifices de l'air comprimé le verre va céder à l'action du soufflage et de la pesanteur. On élève au-dessous de cette plaque de verre une table sur laquelle le verre vient s'aplatir et former le fond de la baignoire. Si l'on coulait le verre sur une surface circulaire et si l'on opérait comme précédemment on obtiendrait, sans l'intervention de la table, une bassine cylindrique terminée par une calotte sphérique.

Le même inventeur a imaginé pour le moulage des petits objets, de mettre à contribution la vapeur, mais sans nécessiter l'adduction de vapeur provenant d'une chaudière. En posant une plaque de verre encore rouge sur de l'amiante mouillée, substance qui présente les avantages réunis de bien s'imbiber d'eau et de ne pas se détériorer par la température élevée du verre à façonner, on détermine une vaporisation de l'eau qui tend à soulever la plaque. Si maintenant on vient appliquer sur cette plaque chaude un moule formant couvercle, légèrement mouillé, la pression de la vapeur formée viendra presser le verre sur le moule et le forcer à en épouser les détails. Pour faire une cuvette photographique, par exemple, on posera le verre sur de l'amiante mouillée reposant sur un support animé d'un mouvement de trépidation mécanique. Le dégagement de vapeur et la trépidation viennent contribuer à l'étalement du verre. Le moule sera alors rabattu, puis on laissera la pression agir. Ce mode de moulage sert à confectionner beaucoup d'objets plats, mais on peut l'utiliser aussi pour la confection de la gobeletterie.

Il y a peu d'années encore la bouteille se faisait exclusivement par soufflage direct de l'ouvrier. Le verre était soufflé dans un moule de forme convenable. Ce mode de façonnage est encore de beaucoup le plus répandu, mais le soufflage mécanique vient de s'introduire dans le façonnage de la bouteille. De nombreux inventeurs se sont succédé depuis près de vingt ans [Appert, *Bull. Soc. Enc.*, 5, 607, 1901], chacun apportant un perfectionnement à l'appareil précédent. M. Boucher a apporté l'amélioration définitive et a pu réussir la fabrication industrielle mécanique de la bouteille. Son appareil comprend un premier moule servant à fournir la bague, puis d'autres moules intermédiaires recevant successivement l'ébauche, et un dernier moule donnant la forme définitive. La durée du façonnage d'une bouteille est en moyenne de 40 secondes, ce qui fournit une production de 80 bouteilles environ à l'heure. Les derniers perfectionnements permettraient même d'arriver à 120 bouteilles à l'heure.

Le soufflage a reçu également une importante application dans le soufflage des manchons de verre à vitres. On arrive maintenant, avec le procédé de Sievert, à souffler mécaniquement le manchon. Le procédé est calqué sur celui que suit l'ouvrier souffleur. On opère sur de plus grandes quantités et l'on arrive alors à souffler des canons de dimensions considérables relativement. Les manchons soufflés mécaniquement ont $2^m,50$ de haut et 92 cm. de diamètre, ils peuvent fournir 7 mètres carrés de verre.

Dans la glacerie, des progrès intéressants ont été aussi réalisés. Jusqu'ici on n'a pu remplacer le four à pots par le four à bassin, l'affinage dans ce dernier appareil n'étant pas suffisant, mais dans le travail mécanique de la glace on a obtenu de grands perfectionnements. Au lieu de faire faire les manœuvres à bras d'hommes on a mis à contribution l'électricité. L'enlèvement des pots et leur coulée se font au moyen d'engins électriques, ainsi que le cylindrage de la glace. On se sert d'un wagon automoteur qui entraîne le cylindre et qui porte sur une plate-forme toute la commande électrique. On a réalisé aussi les mêmes manœuvres pour le cylindrage au moyen d'un équipage mobile à vapeur, telle la machine Bonta.

Nous avons dû être très concis dans cet article et nous réduire à citer les choses essentielles. Nous indiquerons, pour terminer, quelques ouvrages qui nous paraissent utiles à consulter pour tous ceux qui désireront compléter leurs connaissances sur le verre.

BIBLIOGRAPHIE. — A. Granger, Le verre, sa nature chimique, *Bull. Soc. Chim.*, 1904. — Hovestadt, *Ienaer Glas.* — A. Granger, *Progrès récents dans l'industrie du verre* — R. Dralle. *Anlagen und Betrieb der Glasfabriken.* — Henrivaux. *Le verre et le cristal.*

29 Avril 1908.   A. Granger.

VÉSICULASE. — Voyez l'art. SPERME.

VESTRYLAMINE. — Voyez SYLVESTRÈNE.

VÉSUVIANE (Min.). — Voyez IDOCRASE, Dict., 2, 1ʳᵉ partie, 86.

VESZÉLYITE (Min.) (Schrauf). — Phosphate-arséniate de cuivre et zinc hydraté, $9\,CuO \cdot 6\,ZnO \cdot P^2O^5 \cdot As^2O^5, 18\,H^2O$. Cristaux peu distincts et croûtes concrétionnées, bleu verdâtre, avec éclogite et limonite, à Morawicza, Banat. Dureté $= 3,5\text{-}4$. Densité $= 3,53$.

Forme cristalline. — Prisme anorthique, pseudo-clinorhombique : $mt = 109°,15$; $e^1i^1 = 95°10'$. Faces : $m, t, e^1, i^1(c^1 f^1 /_2 g^1), a^2$.

L. Bourgeois.

VÉTYVÈNE. — Sesquiterpène $C^{15}H^{24}$ existant dans l'essence de vétyver, d'où on l'extrait par entraînement à la vapeur d'eau, bouillant à 135° sous 15 mm. et à 263-263° sous 740 mm., de densité 0,932, de pouvoir rotatoire $[\alpha]_D = +18°,19$ et absorbant 4 atomes de brome [Genvresse et Langlois, *C. R.*, 135, 1059, 1902].

VÉTYVÉNOL. — Alcool terpénique $C^{15}H^{26}O$ existant dans l'essence de vétyver d'où on l'extrait par entraînement à la vapeur d'eau, bouillant à 169-170° sous 15 mm., de densité 1,011, de pouvoir rotatoire $[\alpha]_D = +53°,43$ en solution alcoolique [Genvresse et Langlois, *C. R.*, 135, 1059, 1902].

Octobre 1907.   A. Hébert.

VICIANINE. — Glucoside cyanhydrique découvert par Gab. Bertrand [*Bull. Soc. Chim.*, (4), 1, 151, 1907] dans les graines de *Vicia angustifolia* Roth. On l'extrait facilement par un traitement à l'alcool fort. La liqueur alcoolique, évaporée à sirop, est épuisée par l'éther, d'où se précipite peu à peu la vicianine, sans doute par suite d'un phénomène d'agrégation moléculaire.

La vicianine est très soluble dans l'eau chaude, beaucoup moins dans l'eau froide et l'alcool. Elle fond vers 160°; elle est lévogyre : $[\alpha]_D = -20°,7$.

Elle renferme 3,2 0/0 d'azote et se dédouble avec mise en liberté d'acide cyanhydrique, dans la proportion de $0^{gr},75$ par kilogrammes de graines de *Vicia angustifolia* [Gab. Bertrand, *loc. cit.*], sous l'influence d'une diastase probablement identique à l'émulsine.

Un grand nombre d'espèces de légumineuses renferment cette même diastase. Mais la présence de la vicianine n'a pu être nettement décelée que dans *Vicia macrocarpa* (1,2 0/00) et dans *V. angustifolia*. *Vicia sativa* en renferme peut-être des traces [Gab. Bertrand et Mlle I. Riwkind, *Bull. Soc. Chim.*, (4), 1, 497, 1907].

Juin 1908.   E. Rengade.

VICILINE. — Globuline extraite par Osborne et Campbell des graines de pois, de lentille, de féverolles, de vesce [*Journ. Am. Chem. Soc.*, 20, 348, 362, 393, 406 et 410, 1898]. La viciline des pois renferme : C 52,36; H 7,03; Az 17,40; S 0,18; O 23,03.   E. Lambling.

VICINE. — (Voyez Dict., 3, 680; 1ᵉʳ Suppl., 1649). L'hydrolyse de ce corps a fourni à Ritthausen [*D. chem. G.*, 29, 2108, 1896] un mélange de deux sucres, fondant tous deux vers 85°, dont l'un, très soluble dans l'alcool, donne une osazone fusible vers 200-203°; dont l'autre, peu soluble dans l'alcool, donne une osazone fusible à 190°. Ces deux sucres n'ont pu être purifiés suffisamment pour les identifier.

Octobre 1907.   A. Hébert.

VIETINGHOFITE (Min.) (Kokscharow). — Variété très ferrifère de samarskite trouvée aux environs du lac Baïkal.   L. Bourgeois.

VIELLAURITE (Min.) (H. Lienau). — Silicate-carbonate de manganèse $5\,CO^3Mn \cdot 2\,SiO^4Mn^2$, masses grenues, gris foncé, poussière blanche, noircit à l'air, fait gelée aux acides, trouvées à la mine Couston, Vieille-Aure, Hautes-Pyrénées.   L. Bourgeois.

VIGNINE. — Nom donné par Osborne et Campbell à une globuline extraite des graines d'une légumineuse (Vigna Catjang.), et qui ressemble beaucoup à la légumine des pois et des vesces. Elle renferme : C 52,64; H 6,95; Az 17,25; S 0,50; O 22,66 [*Journ. Am. Chem. Soc.*, 19, 494, 1897].   E. Lambling.

VILLAUMITE (Min.) (Alf. Lacroix). — Fluorure de sodium, NaF, en taches carmin clair à violet sombre, dans des syénites éléolithiques à grains fins de Ruma, l'une des îles de Los, Guinée : forme environ 0,35 0/0 de la roche.

Caractères. — Soluble dans l'eau, surtout à chaud. Caractères du sodium et du fluor. Dans le tube, se décolore au rouge naissant d'une façon permanente, sans s'altérer autrement. Fusible au rouge blanc. Dureté < 3. Densité $= 2,79$.

Forme cristalline. — Probablement quadratique, pseudocubique. Trois clivages rectangulaires, p très facile, h^1. Très faiblement biréfringent et très faiblement réfringent : $n_o = 1,328$ (c'est le moins réfringent des minéraux connus). Très polychroïque. Dimorphe des cristaux artificiels de fluorure de sodium, qui sont des cubes ou octaèdres réguliers.   L. Bourgeois.

VINACONIQUE (ACIDE) [Syn. *Triméthylène-dicarbonique*]. — Voyez l'art. TRIMÉTHYLÉNIQUES (COMBINAISONS).

VINAIGRE. — Depuis la publication de l'article *Vinaigre* dans le t. 3 de ce *Dictionnaire* (p. 712), les procédés de fabrication n'ont subi que des modifications de détail, essentiellement mécaniques, dans la description desquelles nous ne pouvons entrer ici. On les trouvera dans divers ouvrages spéciaux, en particulier dans : *Manuel pratique du fabricant de vinaigre*, par Ch. Franche. Les progrès réalisés résident surtout dans une connaissance plus approfondie des organismes capables de provoquer la transformation de l'alcool en acide acétique par oxydation, dont le prototype est le *mycoderma aceti*, découvert et étudié par Pasteur.

Hansen le premier, étendant aux ferments acétiques les méthodes de recherches et d'observations qu'il avait inaugurées pour l'étude des Saccharomyces (2ᵉ Suppl., 4, 110), a montré qu'il y a une grande variété de races de bactéries acétifiantes [*C. R. des travaux du Lab. de Carlsberg*, 1879, 1894, 1900]. Il a décrit et étudié spécialement trois variétés, qui présentent les propriétés suivantes :

Bacterium aceti (*Kützing*). — Forme sur la bière, au bout de 24 heures à 34°, une pellicule unie glaireuse, formée de bâtonnets courts, en chaînes ; exceptionnellement, on trouve de bâtonnets longs et des filaments, présentant ou non des renflements. A 40-40°,5, ce bacterium forme de longs filaments. Le mucus qui l'entoure ne se colore pas par l'iode. Sur moût de bière gélatinisé, on obtient en 4 jours à 25° des colonies grises, rondes, cireuses, à bords généralement non dentelés, constituées par des bâtonnets courts, isolés.

Le maximum de température auquel le développement peut avoir lieu sur la bière est 42° C., le minimum 4-5°. On rencontre cette variété dans la bière, haute ou basse ; Hansen l'a isolée des poussières de l'air et Holm l'a souvent rencontrée dans l'eau.

Bacterium Pasteurianum. — Cultivé sur la bière à 34°, ce microbe forme en 24 heures une pellicule sèche, qui se ride et se plisse rapidement, pour remonter, mais peu, le long des parois du vase. Ses cellules sont, comme pour l'espèce précédente, réunies en chaînes, mais elles sont plus grandes et plus grosses ; il en est de même des filaments qui se développent à 40-40°,5.

Le mucus se colore par l'iode en bleu. Sur moût gélatinisé, les colonies formées au bout de 4 jours à 25° ressemblent à celles du *Bact. aceti*, mais sont plus petites, et sont essentiellement constituées par des chaînes. Au bout de 3 semaines environ, la surface des colonies est ridée. Sur le moût gélatinisé et la bière gélatinisée, renfermant ou non 10 0/0 de saccharose, la culture obtenue à 25° est jaunâtre, résistante, sèche et cireuse. Le maximum de température pour la culture sur la bière est 42° C., le minimum 5-6°.

Hansen a rencontré cette variété plus souvent dans la bière haute que dans la bière basse. Seifert l'a trouvée dans des vins piqués.

Bacterium Kützingianum. — Se distingue du précédent en ce que le voile remonte très haut sur les parois du vase. La pellicule obtenue en 24 heures à 34° sur la bière est formée de petits bâtonnets libres, ou réunis au plus par deux, très rarement en chaînes. Les filaments qui se forment à 40-40°,5 sont plus courts que chez le *Bact. Pasteurianum*. A part ces différences morphologiques, le *Bact. Kützingianum* présente, comme le *Pasteurianum*, la propriété

d'avoir un mucus colorable en bleu par l'iode. Cultivée sur plaques de moût gélatinisé, cette race donne, au bout de 4 jours à 25°, des colonies qui sont presque exclusivement formées de petits bâtonnets, et qui restent lisses. Sur le moût gélatinisé, comme sur la bière gélatinisée, avec ou sans saccharose, la culture à 25° est brillante, muqueuse, gris bleuâtre. La température maxima de culture sur la bière est 42° environ, le minimum est 6-7°.

Hansen a rencontré cette variété dans la bière, comme le *Bact. Pasteurianum*.

Ces espèces présentent d'ailleurs de grandes variations morphologiques, qui ont été étudiées longuement par Hansen [Voyez aussi : Wernischeff. *Ann. Inst. Past.*, 213, 1893].

A ces différences morphologiques s'en ajoutent d'autres, qui ont permis de classer les bactéries acétifiantes en groupes, suivant que leur mucus se colore ou non en bleu par l'iode, comme on l'a vu plus haut, et suivant que ces bactéries possèdent ou non des cils. Aucune des bactéries étudiées par Hansen n'est munie de cils, mais d'autres en possèdent, comme par exemple le *Thermobacterium aceti* de Zeidler [*Centralbl. Bakteriol.*, (2), 2, 1896].

D'après Arthur Meyer [*Practicum der botan. Bakterienkunde*, 1903], le mucus n'est pas seul à se colorer en bleu par l'iode ; l'enveloppe de la cellule se colore aussi, ce qui confirme l'idée de Hansen que ce mucus est produit par un gonflement des portions extérieures de l'enveloppe.

D'après Henneberg (voyez plus loin), les bactéries acétifiantes se colorent en bleu par la teinture de gaïac et l'eau oxygénée, réaction des peroxydases ; la réaction varie avec l'âge et la nature des bactéries, et est particulièrement nette chez *B. xylinum*, le *B. aceti* et le *Thermob. aceti*.

A côté des différences morphologiques, il convient de signaler les caractères physiologiques, encore plus importants, des diverses bactéries acétifiantes. Henneberg [*Centr. Bakteriol.*, (2), 3, 1897 ; 4, 1898] et Seifert [*ibid.*, 3, 1897] se sont attachés, en particulier, à distinguer le *Bact. Pasteurianum* et le *Bact. Kützingianum* de Hansen, et ont reconnu que si on les cultive comparativement sur de la bière à 8 0/0 d'alcool, on obtient bien plus d'acide acétique avec le second de ces organismes (6,56 0/0 en 12 jours) qu'avec le premier (3.23 0/0). La même différence se manifeste dans des cultures sur du glycol à 2 0/0. Les deux variétés, cultivées sur de l'eau de levure additionnée de 3 0/0 de dextrose, manifestent les mêmes différences morphologiques que sur la bière ou le moût gélatinisé.

Zopf [*D. bot. G.*, 1900] et Banning [*Centralbl. Bakteriol.*, (2), 8, 1902] ont étudié les trois bactéries de Hansen au point de vue de la production d'acide oxalique et ont reconnu qu'elles diffèrent au point de vue des substances aux dépens desquelles elles produisent cet acide.

D'après Banning, toutes les trois produisent de l'acide oxalique aux dépens du dextrose, du glycol éthylénique, de l'acide isobutyrique, de l'acide glycolique et de l'acide pyrotartrique. Le tableau suivant indique les différences que ces bactéries présentent au point de vue de cette production :

B. aceti.	*B. Pasteurianum.*	*B. Kützingianum*
Lévulose.	Saccharose.	Galactose.
Saccharose.	Dextrine.	Lactose.
Rhamnose.	Glycérine.	Arabinose.
Arabinose.	Ac. malonique.	Isolichénine.
Isolichénine.		Dextrine.
Glycérine.		Ac. lactique.
Érythrite.		Ac. malonique.

Lafar [*Centralbl. Bakteriol.*, (2), **4**, 1895] avait d'ailleurs déjà comparé le *B.aceti* et le *B.Pasteurianum* au point de vue de l'influence de la température sur l'acétification, et était arrivé à des résultats confirmés par Seifert (*loc. cit.*), lequel a vu, avec les *B.Pasteurianum* et *Kützingianum*, que des espèces morphologiquement différentes diffèrent aussi au point de vue de leur activité oxydante, et que l'oxydation des alcools monoatomiques primaires est d'autant plus difficile que leur poids moléculaire est plus élevé.

Au sujet des propriétés oxydantes des bactéries acétifiantes, il y a lieu de rappeler les travaux de A.-J. Brown sur le *B.aceti* et le *B.xylinum*, déja résumés dans ce Dictionnnaire [2e Suppl., 4, 108]. Le même *B.xylinum*, qui a été utilisé par G. Bertrand [*C. R.*, **122**, 900] pour transformer la sorbite en sorbose, a été étudié depuis par d'autres comme bactérie acétifiante (Voyez plus loin). Bertrand et Sazerac l'ont comparé à deux autres races [*Bull. Sc. Pharmacol.*, 1901; n° 7; *C. R.*, **132**, 1054] et ont montré qu'on peut diviser les bactéries acétifiantes en deux groupes; les unes, comme le *B.xylinum*, transforment la glycérine en dioxyacétone [*C. R.*, **126**, 842 et 984]; les autres oxydent complètement la glycérine; au premier groupe se rattache une bactérie oxydante étudiée par Sazerac [*Bull. Soc. Chim.*, (3), **29**, 901; 1903].

En dehors des bactéries acétifiantes mentionnées plus haut, un grand nombre d'autres ont été décrites et étudiées par divers savants, entre autres par W. Henneberg [*Centralbl. Bakteriol.*, (2), 4, 1898], qui a étudié des ferments acétiques qu'il désigne sous le nom de *B.oxydans*, *B.acetosum* et *B.acetigenum* et qu'il a comparés aux bactéries acétifiantes de Hansen. A ces variétés sont venus s'ajouter ensuite le *B.ascendens* et le *B.industriuim*. En dehors de leurs différences morphologiques, ces organismes diffèrent par leurs propriétés oxydantes; voici un tableau qui résume, d'après Henneberg, les propriétés de former de l'acide aux dépens de divers corps (+ indique qu'il s'en forme, — qu'il ne s'en forme pas) :

Corps.	B. industrium	B. oxydans	Thermob. aceti	B. aceti	B. acetosum	B. Kützingianum	B. Pasteurianum	B. acetigenum	B. ascendens	B. xylinum
Arabinose	+	+	−	−	−	−	−	−	−	−
Lévulose	+	+	−	−	−	−	−	−	−	−
Dextrose	+	+	+	+	+	+	+	+	−	+
Galactose	+	+	−	−	+	−	−	−	−	−
Saccharose	+	+	−	−	−	−	−	−	−	?
Maltose	+	+	−	−	−	−	−	−	−	−
Lactose	+	+	−	−	−	−	−	−	−	−
Raffinose	+	+	−	−	−	−	−	−	−	−
Dextrine	+	+	−	−	−	−	−	−	−	−
Amidon	+	−	−	−	−	−	−	−	−	−
Alc. éthyl	+	+	+	+	+	+	+	+	+	+
Alc. propyl	+	+	+	+	+	+	+	+	+	+
Glycol	+	+	+	−	+	+	+	+	+	+
Glycérine	+	+	−	−	−	−	−	−	−	−
Érythrite		+		−	−	−	−	−	−	−
Mannite	+	+	−	−	−	−	−	−	−	−

D'autres variétés ont été également décrites et étudiées par Beijerinck [*Centralbl. Bakteriol.*, (2), 4, 1898], entre autres le *B.rancens*. Hoyer [*ibid.*, 4, 867, 1898] rattache les diverses variétés de ferments acétiques à quelques

types : *B.rancens*, *B.Pasteurianum*, *B.aceti*, *B.xylinum*. Les deux premiers types sont voisins, en ce sens qu'ils forment un voile sur la bière; dans la fabrication du vinaigre, ce sont surtout les variétés de *B.rancens* qui interviennent, celles du *B.aceti* présidant à la fabrication du vinaigre de vin. Les caractères distinctifs des espèces sont, d'après Hoyer, la possibilité d'utiliser les sels ammoniacaux comme source d'azote, celle de consommer le saccharose comme aliment hydrocarboné, celle d'intervertir le saccharose. On trouvera dans les mémoires cités de Henneberg et Hoyer des renseignements détaillés sur les besoins des bactéries acétifiantes en éléments minéraux.

Pour Rothenbach [*Woch. f. Brauerei*, 1899, 41, 58, 70, 100; *Zeitschr. f. Spiritusind.*, 1899, nos 43, 45, 47] les ferments qui jouent un rôle dans l'acétification rapide, c'est-à-dire dans le procédé allemand, sont des organismes qui ont perdu par acclimatation la propriété de former un voile superficiel, par suite du mouvement continu du liquide à acétifier et de la composition de ce liquide riche en alcool et pauvre en éléments nutritifs.

Au point de vue pratique, en ce qui concerne la fabrication du vinaigre de vin par le procédé Pasteur, ou par un procédé analogue, les résultats les plus intéressants ont été fournis par les recherches de Henneberg [*Woch. f. Brauerei*, 1907, n° 36 et 37; *Ann. de la Brasserie*, 1907, 498], qui préconise l'emploi de races cultivées à l'état de pureté. Les caractères essentiels qui doivent dicter un choix entre les diverses races sont les suivants : une bonne bactérie acétifiante doit fournir un voile léger, s'immergeant difficilement, et donner un vinaigre présentant un bon arome, tout en acétifiant rapidement, et en laissant au vin à acétifier une limpidité parfaite. Comme moyens d'éviter l'infection par des ferments acétiques étrangers et, en général, par des organismes nuisibles aussi bien que par les anguillules, Henneberg préconise le chauffage préalable à 48-50° du vin à acétifier, renfermant une dose d'acide acétique de 1 à 2 0/0.

Voyez encore au sujet de la composition du ferment acétique : Alilaire [*C. R.*, **143**, 176]; au sujet des propriétés physiologiques des ferments acétiques, Bokormy [*Centralbl. Bakteriol.*, (2), **12**, 484, 1904].

La transformation de l'alcool en acide acétique par les bactéries acétifiantes, et d'une manière générale les propriétés oxydantes de ces organismes, sont dues à une ou des diastases oxydantes; l'une d'elles a reçu de Ed. Buchner et ses collaborateurs le nom d'*alcooloxydase*; elle a été mise en évidence par une méthode analogue à celle qui a permis de démontrer chez la levure l'existence de la *zymase* (voyez ce mot). Son existence, signalée d'abord par Buchner et Meisenheimer [*D. chem. G.*, 36, 634, 1903], a été démontrée ensuite d'une manière plus probante par Rothenbach et Eberlein [*Die deutsche Essigindustrie*, 9, 233, 1905], puis par Buchner et Gaunt [*Woch. f. Brauerei*, 1905, 709; *Ann. Chem.*, 349, 140, 1906]. L'analogie avec les oxydases étudiées par Bertrand se traduit par l'augmentation du pouvoir oxydant de l'alcooloxydase sous l'influence du fer et du manganèse, observée par Rothenbach et Hoffmann [*Deutsche Essigindustrie*, **11**, 125, 1907].

1er juin 1908.   A. Fernbach.

VINS. — Pour compléter l'article très documenté paru dans ce *Dictionnaire* (3, 680), nous suivrons le plan adopté dans cet article, c'est-à-dire que nous étudierons successivement la composition du moût de raisin, matière première de la fabrication du vin; la fermentation du moût; la composition du liquide fermenté et les diverses modifications normales ou maladives qu'il peut subir.

COMPOSITION DU MOÛT DE RAISIN.

La composition du jus de raisin varie avec une foule de circonstances : elle dépend du cépage, de la composition du sol, naturelle ou modifiée par les engrais, du mode de culture de la vigne, des conditions climatériques dans lesquelles s'est faite la maturation, de l'état de maturité plus ou moins avancé du raisin. Au point de vue de l'effet de la maturation, on peut citer des chiffres inédits de A. Petit rapportés par Portes et Ruyssen [*Traité de la Vigne*, 2, 31] relatifs à la composition du moût de raisins d'un même cépage à divers stades du développement : ces chiffres représentent des grammes par litre :

Dates.	Observations particulières.	Acide en acide citrique.	Extrait.	Densité.	Crème de tartre.	Cendres.	Sucre.
10 juillet........	Raisins verts moins avancés......	36,60	»	»	»	»	»
Id.	— plus avancés........	37,20	69,80	1,024	5,50	3,80	1,5
Id.	Raisins verts...............	36,65	»	»	»	»	3,8
24 juillet........	Raisins verts................	36,00	52,80	1,021	3,00	2,00	9,0
1er août	Raisins verts moins avancés.....	30,00	»	»	»	»	20,0
Id.	— plus avancés	24,00	»	»	4,51	»	66,0
24 août........	Raisins verts................	30,60	81,00	1,034	6,59	»	40,0
Id.	Raisins commençant à se colorer..	38,60	98,00	1,039	»	»	50,0
Id.	Raisins presque mûrs...........	21,60	147,70	1,058	2,75	»	»
14 septembre...	Raisins parfaitement mûrs........	10,25	»	»	»	»	170.0

Nous ne possédons malheureusement que peu de documents sur la composition des moûts provenant de divers cépages : tout au moins la plupart de ces documents sont-ils sans grand intérêt, car ils se bornent à indiquer la densité du moût, son acidité et sa richesse en sucre. Les renseignements plus complets sont relatifs à des cépages d'Autriche-Hongrie [*Mittheil. d. k. k. Chemisch. — Physiolog. Versuchsstat.*, 4. 28. 31. Vienne. 1885]. (Voy. tableau, p. 996).

En dehors des substances diverses minérales et organiques, dont la présence dans le moût de raisin est connue depuis longtemps, il y a un certain nombre de corps qui ont été signalés récemment. L'acide borique a été mis en évidence dans le moût de raisin par Baumert [*D. chem. G.*, 21, 3290]; par Ripper [*Weinbau und Weinhandel*, 1888, n° 36]; par Solstein [*Pharm. Zeit.*, 33. 312]; par Gassend [*Ann. Agronom.*, 17, 352]. Voir aussi, au sujet de la recherche de ce corps : Kulisch [*Zeit. ang. Chem.*, 147. 1894]; Villiers et Fayolle [*J. Pharm.*, (6), 2, 241]; Jay et Dupasquier [*ibid.*, 244]. La présence d'acide nitrique, affirmée par les uns, est contestée par d'autres; son absence peut, d'après Egger, servir à reconnaître le mouillage des vins [*Chem. Centr.*, 71. 1885], et est admise aussi par Pollak [*Chem. Zeit.*, 12, 1623], tandis que Borgmann [*Zeit. anal. Chem.*, 27. 181], Seifert et Kaserer [*Bied. Centralbl.*, 33, 345], trouvent de l'acide nitrique dans des vins authentiques non mouillés; voir aussi Zecchini [*Staz. sperim. agrar.*, 18. 35]. — L'alumine, le cuivre, le zinc ont été signalés à l'état de traces dans le moût de raisin [L'Hôte, *C. R.*, 104, 853; — Omeis, *Zeit. Nahrm.*, 6, 116; — Renz, *ibid.*, 6, 115; — Brand, *Zeit. ges. Brauw.*, 28, 438].

Quant à la matière colorante, en particulier celle des raisins rouges, ses propriétés sont de mieux en mieux connues, grâce aux travaux de Krohn [*J. Pharm.*, (5), 9, 298], qui a vu que, par l'électrolyse, la couleur rouge naturelle se dépose au pôle positif; de Blankenhorn [*Bied. Centralbl.*, 706. 1879] qui montre que la couleur est plus soluble à 15-20° qu'entre 0 et 10°; de Reihlen [*ibid.*, 273, 1882] qui augmente la solubilité de la couleur en faisant bouillir les pellicules avec de l'eau; et surtout de Rosenstiehl [*C. R.*, 124, 566] qui a fait voir que, contrairement à l'opinion généralement admise avant lui, la matière colorante du raisin est soluble à chaud dans le jus non fermenté, pourvu que le chauffage ait lieu à l'abri de l'air, qui oxyde la couleur et donne au liquide le goût de cuit. Voir aussi Terreil [*Bull. Soc. Chim.*, 44, 2, 1885]; Gantter [*D. chem. G.*, 16, 1701].

Parmi les substances diverses dont la présence dans les vins a été signalée, il y en a un certain nombre qui n'ont pas été mentionnées ici, bien qu'elles proviennent du moût lui-même; nous les retrouverons plus loin avec celles qui prennent naissance dans la transformation du moût en vin.

FERMENTATION DU MOÛT DE RAISIN.

Les progrès réalisés en vinification reposent presque uniquement sur une connaissance plus approfondie des conditions d'une *fermentation normale*; et il faut entendre par là une fermentation provoquée uniquement par les *saccharomyces*. De telle sorte que, dans l'étude de la composition des vins, il faut, ce qui n'est pas toujours facile, faire la part de ce qui provient de la levure et de ce qui est dû au développement d'autres organismes; les premiers produits sont *normaux*, les seconds sont *pathologiques*, et nous les retrouverons plus loin en examinant les maladies des vins.

Nous avons déjà signalé antérieurement [2e Suppl., 4, 117] les progrès que l'étude des levures a permis de réaliser en vinification. L'étude des diverses races de levures de vin s'est considérablement étendue dans ces dernières années. Consulter à ce sujet, en dehors des travaux cités antérieurement : H. Muller [*Bied. Centralbl.*, 24, 695]; Müller-Thurgau [*ibid.*, 28, 79]. L'utilisation la plus rationnelle des levures sélectionnées, imitant en cela ce qui s'est fait tout d'abord en brasserie, a consisté à introduire ces levures dans des moûts chauffés au préalable, à une température suffisante (60-70°) pour paralyser, sinon détruire complètement, les ferments naturels du raisin, levures et autres. C'est ce qui a été réalisé par Kayser et Barba [*Revue de Viticult.*, n° 213 et 214, 1898], ainsi que par Rosenstiehl [*C. R.*, 123, 1050]. Mais la stérilisation intégrale des moûts est une pratique délicate, qui ne s'est guère étendue, et on s'est efforcé davantage de réaliser une fermenta-

Noms ou provenance.	Années.	Densité o/o.	Eau o/o.	Extrait o/o.	Acidité o/o (en acide tartrique).	Crème de tartre o/o.	Azote o/o.	Sucre o/o.	Cendres o/o.
Riesling	1881	»	»	12,87	1,365	»	»	13,90	0,330
—	1881	»	»	18,90	0,940	»	»	15,60	0,295
—	1881	»	»	22,15	0,865	»	»	18,50	0,350
Traminer	1881	»	»	25,93	0,54	»	»	25,00	0,430
Riesling	1881	»	»	20,76	1,20	»	»	16,94	0,260
Tyrol (sud)	1881	»	»	25,12	0,787	»	»	21,74	0,360
Hydegkut	1881	»	»	26,35	0,817	»	»	20,93	0,360
Pesth	1881	»	»	22,2	0,990	»	»	18,69	0,280
Grinzing	1881	1,0755	81,75	18,25	0,930	0,438	»	15,32	0,2473
Kadarkas	1881	1,096	»	21,6	0,643	»	»	18,46	0,265
Portugieser (Hongrie)	1881	1,100	»	28,6	0,505	»	»	19,81	0,373
Blauer-Burgunder	1883	1,070	»	19,14	0,956	»	0,0712	17,67	0,282
Kleiner-Riesling	1883	1,080	»	19,30	1,083	»	0,0533	17,66	»
Wallsch-Riesling	1883	1,070	»	17,01	0,916	»	0,0360	14,57	0,225
Rothgipfler	1883	1,080	»	19,21	1,157	»	0,0560	17,33	0,287
Oesterreichisch-Weiss	1883	1,073	»	17,70	1,164	»	0,0501	12,79	0,238
Sylvaner	1883	1,073	»	17,61	1,174	»	0,0310	14,99	0,250
Rother-Veltliner	1883	1,077	»	18,60	0,882	»	0,0547	17,07	0,248
Weisser-Veltliner	1883	1,060	»	16,80	0,944	»	0,0683	14,59	0,280
Gutedel	1883	1,064	»	15,60	0,810	»	»	13,38	0,2382
—	1883	1,0808	»	»	1,020	»	»	17,78	0,359

Noms ou provenance.	Années.	Potasse o/o.	Chaux o/o.	Magnésie o/o.	Acide phosphorique o/o.	Acide sulfurique o/o.	Sulfates par litre en sulfate de potassium.	Analyses.
Riesling	1881	0,156	0,012	0,012	0,031	0,010	0,22	Kayser.
—	1881	0,130	0,017	0,012	0,035	0,010	0,22	—
—	1881	0,158	0,014	0,015	0,036	0,012	0,26	—
Traminer	1881	0,188	0,019	0,016	0,043	0,019	0,41	—
Riesling	1881	0,170	0,013	0,014	0,034	0,015	0,31	—
Tyrol (sud)	1881	0,139	0,014	0,014	0,029	0,007	0,15	—
Hydegkut	1881	0,115	0,018	0,015	0,043	0,008	0,17	—
Pesth	1881	0,162	0,016	0,019	0,036	0,013	0,28	—
Grinzing	1881	»	»	»	»	0,02737	0,041	Haas.
Kadarkas	1881	0,1437	»	»	0,0333	0,0125	0,298	Klement.
Portugieser (Hongrie)	1881	0,2117	»	»	0,0402	0,0148	0,231	—
Blauer-Burgunder	1883	0,156	0,010	0,010	0,042	0,011	0,2542	Kayser.
Kleiner-Riesling	1883	»	»	»	»	»	»	—
Wallsch-Riesling	1883	0,140	0,012	0,010	»	0,009	0,2020	—
Rothgipfler	1883	0,156	0,010	0,009	0,036	0,010	0,2468	—
Oesterreichisch-Weiss	1883	0,117	0,012	0,012	0,025	0,007	0,1721	—
Sylvaner	1883	0,149	»	»	0,040	0,012	0,2842	—
Rother-Veltliner	1883	0,135	0,010	0,013	0,031	0,006	0,1310	—
Weisser-Veltliner	1883	0,153	0,013	0,012	0,049	0,010	0,2317	—
Gutedel	1888	0,1215	»	»	0,0248	0,01338	0,310	Hoffmann.
—	1883	»	»	»	»	0,0166	0,392	Haas.

tion normale par d'autres moyens. Une des premières méthodes, appliquée principalement dans les pays chauds, pour éviter les fermentations incomplètes dues à une élévation trop considérable de la température, qui a pour effet d'arrêter le travail de la levure et de fournir un vin facilement envahi par les ferments de maladie, a été la réfrigération de la vendange, à l'aide de réfrigérants analogues à ceux qui sont employés par le brasseur. Un autre moyen d'éviter l'échauffement trop considérable consiste à ralentir la vigueur de la fermentation par l'emploi d'acide sulfureux sous forme de bisulfites; c'est une pratique qui tend à se répandre de plus en plus, et qui a d'ailleurs été employée à l'origine pour la vinification en blanc des raisins rouges [Rocques, *Rev. de Viticult.*, n° 207, 1897; — Martinand, *ibid.*, n° 245 et 246; *Rev. de Viticult.*, passim; — Müller-Thurgau, *Centralbl. Bakteriol.*, (2), n° 22, 1899].

En ce qui concerne le rôle des levures sélectionnées dans la production du bouquet des vins, il y a lieu de signaler les travaux récents de Rosenstiehl [*C. R.*, 146, 1224; *Rev. de Viticult.*, 1908], ainsi que le rôle que peut jouer le dédoublement de certains acides aminés par la levure, dédoublement étudié par F. Ehrlich [*D. chem. G.*, 40, 1027]. Voir aussi Jacquemin [*C. R.*, 128, 369].

COMPOSITION DES VINS.

Nous complétons les données publiées antérieurement (*Dict.*, 3, 680) par des documents analytiques relatifs aux vins de Bourgogne de

Vins de plants fins (Pinots), 1889.

Numéros d'ordre	Communes	Noms des vins	Densité à 15 degrés	Alcool. En volume o/o	Alcool. En poids par lit.	Extrait o/o Dans le vide	Extrait o/o A 100 degrés	Sucre réducteur calculé en glucose	Extrait o/o (sucre déduit) Dans le vide	Extrait o/o (sucre déduit) A 100 degrés	Sulfate de potasse	Crème de tartre	Cendres	Alkalinité des cendres en carbonate de potasse	Acidité totale en acide sulfurique	Tannin	Fer	Somme acide-alcool	Rapport entre l'alcool et l'extrait (sucre déduit) Dans le vide	Rapport entre l'alcool et l'extrait (sucre déduit) A 100 degrés
					gr.	gr.	gr.	gr.	gr.	gr.	gr.	gr.	gr.	gr.	gr.	gr.	mi.ligr.	gr.		
1	Dezise	Marange	996,5	10,8	187,06	29,9	26,00	1,15	28,75	24,85	0,10	3,90	2,15	1,00	4,80	1,3	»	15,70	2,9	3,3
2	Santenay	Gravières	994,6	12,4	100,15	30,4	24,65	0,95	29,45	23,70	0,22	2,06	2,25	0,86	3,72	»	»	16,12	3,4	4,2
3	Volnay	Volnay	995,2	12,0	96,90	28,2	24,25	1,20	27,00	23,05	0,18	3,25	2,40	2,00	3,40	1,2	5,6	15,40	3,5	5,1
4	Pommard	Pommard	994,7	12,0	96,90	28,8	24,90	1,25	27,05	23,65	0,21	3,38	2,10	0,93	3,60	»	»	15,60	3,4	4,0
5	Beaune	Grèves-Cras	994,2	12,8	103,40	31,2	25,15	1,35	29,85	23,80	0,22	2,91	2,80	1,14	3,53	1,0	7,2	16,28	3,4	4,3
6	Id.	Bressandes-Genêt	995,2	13,2	106,70	31,2	28,75	1,32	38,68	27,23	0,24	2,98	2,80	1,17	4,18	»	»	17,38	3,3	3,8
7	Id.	Clos de l'École	995,8	11,0	88,70	28,9	23,50	1,05	27,85	22,45	0,24	3,02	2,70	1,14	3,54	»	»	15,54	3,1	3,9
8	Id.	Avaux	993,5	13,9	112,50	30,6	24,95	2,18	28,42	22,77	0,22	2,87	2,55	1,10	3,56	1,2	»	17,46	3,9	4,8
9	Id.	Beaune	994,6	12,0	196,90	39,2	24,60	1,20	28,00	23,40	0,21	3,66	2,30	1,07	3,80	1,3	»	15,38	3,2	4,1
10	Id.	Id.	995,8	13,7	110,84	37,6	31,75	1,98	35,61	20,77	0,27	4,89	2,60	2,00	4,62	»	»	18,32	3,1	3,6
11	Aloxe-Corton	Corton	995,4	11,0	96,10	29,7	25,30	1,40	28,30	23,00	0,30	4,22	2,25	1,00	3,90	1,3	6,4	15,80	3,2	3,9
12	Premeaux	Clos des forêts	995,0	13,5	109,20	35,3	30,10	1,50	33,61	28,50	0,51	3,61	2,45	1,31	4,90	1,5	6,4	18,49	3,2	3,8
13	Nuits	Nuits	994,0	13,5	114,12	34,3	30,60	1,95	32,35	28,65	0,34	4,88	2,05	1,10	5,29	1,3	»	18,79	3,3	3,8
14	Id.	Pruliers	994,0	14,1	103,45	36,1	30,70	1,68	34,42	29,02	0,22	2,99	2,36	1,65	4,90	»	7,2	19,00	3,3	3,9
15	Id.	Saint-Georges	993,6	12,8	112,48	29,0	25,00	1,17	27,83	23,83	0,21	3,81	2,13	1,38	4,12	1,3	4,8	16,02	3,7	4,3
16	Vosne-Romanée	Malconsort	992,6	13,9	110,81	30,1	25,40	1,27	28,83	25,13	0,24	3,85	2,45	1,72	4,12	1,2	4,7	18,02	3,9	4,5
17	Id.	Echezeaux	993,4	13,7	109,20	31,8	27,15	1,49	30,91	25,66	0,21	4,28	2,15	1,70	4,65	»	»	18,35	3,6	4,3
18	Id.	Suchot	993,5	13,5	109,20	31,4	26,90	1,61	29,79	25,20	0,24	4,18	2,30	1,72	4,65	1,3	»	18,15	3,7	4,3
19	Id.	Richebourg	992,5	14,2	114,94	32,6	27,45	1,38	31,22	26,17	0,22	3,43	2,10	1,52	4,83	1,2	»	19,03	3,7	4,3
20	Id.	La Tâche	994,0	13,7	110,84	39,0	33,90	3,80	35,20	30,10	0,18	6,02	2,15	1,43	4,30	1,5	»	18,20	3,1	3,6
21	Id.	Romanée-Conti	990,3	14,2	114,94	29,8	25,85	1,36	28,44	24,50	0,31	6,20	2,10	1,38	4,00	1,2	3,3	18,20	4,0	4,6
22	Vougeot	Clos de Vougeot	992,6	14,2	114,94	32,8	28,00	1,44	31,36	31,56	0,24	3,84	1,90	1,38	5,46	1,5	6,0	19,36	3,6	4,1
23	Chambolle	Combe d'Orveaux	993,5	13,0	120,02	28,6	23,55	1,26	27,34	22,20	0,16	3,40	2,80	1,21	4,23	»	»	17,83	3,9	4,8
24	Morey	Lambray	991,3	13,8	111,66	36,6	27,95	1,66	31,14	25,29	0,13	2,84	1,90	1,38	5,46	1,5	4,17	18,47	3,6	4,4
25	Id.	Sorbès	994,5	13,7	110,84	34,3	29,30	2,20	31,10	26,10	0,16	2,84	2,05	1,86	4,58	»	»	18,28	3,5	4,2
26	Id.	Bonnes Mares	991,5	14,2	114,94	32,4	27,95	3,95	30,25	26,00	0,15	3,05	2,05	1,59	3,90	1,5	7,0	15,10	3,7	4,4
27	Gevrey	Chambertin	993,0	12,5	101,00	26,1	21,15	0,98	25,12	20,17	0,19	3,29	1,05	1,45	3,40	1,2	»	15,09	4,0	5,0
28	Id.	Id.	995,4	13,3	107,36	30,4	26,80	1,29	21,11	23,51	0,22	4,10	1,95	1,17	4,60	1,3	4,7	17,90	3,7	4,2
29	Id.	Id.	993,0	13,8	111,66	30,4	25,90	1,42	28,08	24,41	0,33	3,99	2,00	0,90	4,62	1,2	»	18,42	3,8	4,6
30	Id.	Id.	991,5	13,7	110,84	31,6	27,35	1,80	29,80	25,51	0,18	3,38	2,05	1,39	4,50	1,3	»	18,20	3,7	4,2
31	Id.	Climat de Fonteny	993,4	12,4	100,20	26,5	21,90	1,03	25,46	20,87	0,21	2,06	2,15	0,89	3,50	»	4,2	15,00	3,7	4,7
32	Id.	Mazis	993,2	12,3	99,36	27,2	21,70	1,34	25,86	20,36	0,19	3,24	2,10	1,52	3,45	1,8	4,5	16,06	3,8	4,8
33	Id.	Grandes-Charmes	993,9	12,2	98,54	24,9	20,50	1,18	23,72	19,32	0,19	3,24	2,25	2,28	3,27	1,8	4,5	15,47	4,1	5,0
34	Id.	Gevrey	993,6	13,1	105,92	30,6	26,00	1,89	28,70	24,00	0,13	3,29	2,00	1,72	5,10	»	»	18,39	3,7	4,2
35	Id.	Id.	994,0	12,0	96,90	27,3	22,70	1,33	25,97	21,57	0,19	3,48	2,10	1,38	3,36	»	»	15,56	3,7	4,5
36	Id.	Varoilles	993,2	13,4	108,38	32,2	26,50	1,85	30,85	25,35	0,37	2,84	2,30	1,93	4,12	1,3	5,3	17,52	3,5	4,2
37	Brochon	Clos de St-Léon	994,0	11,9	96,08	28,4	22,80	1,25	27,15	21,25	0,21	2,63	2,25	1,38	3,66	1,0	5,0	15,56	3,5	4,5
38	Id.	Crébillon	995,6	11,1	89,52	30,2	26,00	1,37	28,82	24,62	0,21	2,78	2,75	1,93	4,53	1,3	5,0	15,63	3,1	3,6
39	Id.	Plant fin	994,0	12,2	98,54	28,5	24,20	1,11	27,39	28,09	0,19	3,62	2,30	1,52	4,58	1,9	5,0	16,78	3,5	4,1
40	Fixin	La Perrière	993,3	12,6	101,00	29,6	25,65	1,60	28,00	24,05	0,18	3,80	2,50	1,70	4,39	1,4	4,8	16,80	3,6	4,2
41	Id.	Mazières	993,4	12,7	102,64	28,4	23,05	1,10	27,24	21,89	0,16	2,21	2,45	2,21	3,24	1,4	5,2	15,94	3,7	4,6
42	Id.	Plant fin	993,7	11,5	92,80	26,2	21,50	1,05	25,15	20,45	0,16	2,58	2,10	1,86	4,21	1,9	6,1	15,71	3,7	4,5
43	Id.	Id.	994,8	11,5	90,34	26,9	22,75	1,04	25,86	21,71	0,15	3,50	2,85	1,20	5,10	»	»	16,30	3,3	4,1

Vins de plants ordinaires (Gamays) 1889.

Numéros d'ordre.	Communes.	Noms des vins.	Densité à 15°.	Alcool.		Extrait.		Sucre réducteur calculé en glucose.	Extrait (sucre déduit)	
				En volume 0/0.	En poids par litre.	Dans le vide.	A 100°.		Dans le vide.	A 100°.
				gr.	gr.	gr.	gr.	gr.	gr.	gr.
1	Sancey	Petit-Gamay.............	997,4	9,7	78,07	28,3	24,70	1,21	27,09	23,49
2	Nolay.......	Abbaye-de-Cirez-lès-Nolay .	999,4	8,3	66,73	26,7	23,00	1,12	25,58	21,88
3	Beaune	Clos de l'École...........	997,4	9,4	75,60	27,5	23,40	1,30	26,20	22,10
4	Nuits.......	Guindennes	995,5	13,4	108,40	36,5	31,20	5,80	37,00	25,40
5	Boncourt....	Glapigny...............	997,5	10,3	82,96	30,5	27,30	1,73	28,77	25,57
6	Flagey	Graviers	997,3	10,3	82,96	30,8	27,40	1,62	29,18	25,78
7	Gevrey	Gamay.............	996,6	10,0	80,50	27,3	23,75	1,23	26,07	22,52
8	Id.	Id.	997,5	10,0	80,50	29,0	25,50	1,68	27,32	23,82
9	Brochon	Id.	996,8	10,2	82,14	29,0	25,30	1,46	27,54	23,89
10	Fixin.......	Passe-Tout-Grain..........	996,3	10,2	82,14	28,7	24,50	1,12	27,58	23,38
11	Id.	Gamay	995,2	10,9	87,88	27,0	22,90	1,08	26,92	21,82
12	Couchey	Clos-Guillemot	996,6	9,9	79,69	28,5	24,90	1,21	27,29	23,69
13	Id.	Platières.............	955,5	10,0	80,50	23,2	20,30	0,99	22,21	19,31
14	Id.	Verchères.............	996,0	9,2	81,32	24,9	22,20	1,07	23,83	21,13
15	Chénove	Valendon	996,5	10,4	74,02	24,6	21,50	1,12	23,48	20,38
16	Id.	Id.	994,5	10,4	83,78	23,7	19,60	1,17	22,53	18,43
17	Id.	Chenevary.............	996,5	9,0	72,80	27,4	20,40	1,06	26,34	19,34
18	Dijon.......	Chanchardon.............	995,6	10,2	82,14	24,7	21,75	1,04	34,66	20,71

Numéros d'ordre.	Communes.	Noms des vins.	Sulfate de potasse.	Crème de tartre.	Cendres.	Alcalinité des cendres ou carbonate de potasse.	Acidité totale en acide sulfurique.	Somme acide-alcool.	Rapport entre l'alcool et l'extrait (sucre déduit).	
									Dans le vide.	A 100°.
			gr.	gr.	gr.	gr.	gr.	gr.		
1	Sancey	Petit-Gamay.............	0,28	3,19	1,75	2,34	7,24	16,94	2,9	3,3
2	Nolay.......	Abbaye de Cirey-lès-Nolay.	0,15	4,10	2,10	1,21	5,80	14,10	2,5	2,9
3	Beaune......	Clos de l'École	0,24	2,80	2,50	1,41	4,62	14,02	2,9	3,4
4	Nuits.......	Guindennes	0,13	2,26	1,80	0,72	4,63	18,03	3,5	4,2
5	Boncourt ...	Glapigny	0,42	3,90	2,20	1,72	7,06	17,36	2,9	3,2
6	Flagey	Graviers	0,58	4,23	2,30	1,65	6,94	17,24	2,8	3,2
7	Gevrey	Gamay.............	0.37	3,21	1,80	1,65	5,70	15,70	3,0	3,5
8	Id.	Id.	0,45	4,08	2,25	1,72	6,57	16,57	2,9	3,3
9	Brochon	Id.	0,19	3,59	1,85	1,59	6,42	16,62	3,0	3,4
10	Fixin.......	Passe-Tout-Grain.......	0,21	3,70	2,00	0,83	5,40	15,60	2,8	3,4
11	Id.	Gamay.............	0,16	3,64	1,90	1,07	5,80	16,70	3,2	3,8
12	Couchey	Clos-Guillemot	0,15	3,91	2,25	2,07	6,58	16,48	3,6	3,4
13	Id.	Platières.............	0,12	3,29	1,60	1,45	5,27	15,27	2,2	4,2
14	Id.	Verchères.............	0,13	3,24	1,65	1,45	6,83	16,93	3,4	3.8
15	Chénove	Valendon.............	0,12	3,38	1,55	1,45	6,07	16,27	3,1	3,6
16	Id.	Id.	0,10	3,29	1,55	1,38	4,85	15,25	3,7	4,5
17	Id.	Chenevary.............	0,13	3,19	1,50	1,50	5,01	14,01	2,7	3,7
18	Dijon.......	Chanchardon.............	0,13	3,83	2,00	1,93	5,96	16,16	3,3	3,9

1889, dus à M. Margottet et cités par Martinand, *Manuel de Vinification* : Paris, 1895, ouvrage dans lequel on trouvera d'autres chiffres relatifs à des vins divers.

M. Rocques [*Rev. gén. des Sciences*, 11, 195], dans un article très documenté où il étudie la fabrication des vins de liqueurs publie les chiffres d'analyse suivants :

	Xérès.	Madère (de l'île).	Porto.	Marsala.
Degré alcoolique......................	18	18,1	18,9	17,2
Poids d'alcool par litre..................	144gr	145gr	151gr	138gr
Aldéhydes............... (en milligrammes par litre)	199	140	31	71
Ethers .... —	431	579	264	440
Alcools supérieurs .... —	192	192	184	194
Furfurol............... —	4	5	2	6
Totalité des substances volatiles..................	826	916	481	711

On trouvera également des documents relatifs à la composition des vins, soit français, soit étrangers, dans les mémoires dont la liste suit : Reichardt [*Arch. Pharm.*, (3), **11**, 142]; Houdart [*Bull. Soc. Chim.*, (2), **27**, 551]; Boussingault [*Bied. Centralbl.*, 430, 1882]; Ulbricht [*Landw. Versuchstat*, **27**, 76 et 257]; Musculus et Amthor [*Zeit. anal. Chem.*, **21**, 192]; Nessler et Barth [*ibid.*, **21**, 198]; Fresenius et Borgmann [*ibid.*, **22**, 40]; J. Moritz [*ibid.*, **22**, 513]; Bouchard [*Bied. Centralbl.*, 782, 1883]; Nessler et Barth [*Zeit. anal. Chem.*, **23**, 318]; Ferrari [*Chem. Centr.*, 684, 1884]; Mach [*Bied. Centralbl.*, 638, 1888]; Rösler [*Zeit. anal. Chem.*, **34**, 354]; Fresenius [*ibid.*, **36**, 102]; Ripper [*Chem. Centralbl.*, I, 548, 1899]; Barth [*ibid.*, 556]; Mœslinger [*ibid.*, 549].

Matières minérales. — Parmi les matières minérales dont la présence a été signalée dans des vins *normaux*, il convient de mentionner le manganèse [Maumené. *C. R.*, **98**, 1056]; le fer, dont Sambuc a trouvé [*J. Pharm.*, (5), **16**, 344] jusqu'à 110 milligrammes, en Fe²O³, par litre dans un vin de La Seyne (Var); le sel marin, recherché par Bonjean dans des vins d'Oran [*C. R.*, **126**, 1275], et, d'une manière plus générale, divers sels de *sodium*, signalés par Krug [*Zeit. Nahrm.*, **10**, 417].

L'acide sulfurique et son état dans le vin ont une importance particulière à cause de la question du plâtrage, de ses effets, et de sa recherche (sur ce dernier point, voir *Analyse*). Pour certains savants italiens, il y aurait des vins qui renferment de l'acide sulfurique libre [Pollacci. *Gazz. chim. ital.*, **13**, 315; — Ferrari. *Chem. Centr.*, 184, 1884; — Vitali. *L'Orosi*, **14**, 145].

En ce qui concerne le plâtrage et ses effets, nous devons nous borner à citer les mémoires suivants : Kaiser [*Bied Centralbl.*, 632, 1881]; Reichardt [*Arch. Pharm.*, (3), **19**, 433]; Pichard [*C. R.*, **96**, 792]; Magnier de la Source [*C. R.*, **98**, 110]; Nencki [*J. prakt. Chem.*, (2), **25**, 284]; Carles [*J. Pharm.*, (5), **6**, 118 et **17**, 11]; Blarez [*ibid.*, (5), **6**, 267]; Roos et Thomas [*C. R.*, **111**, 575]; Magnanini et Venturi [*Staz. sperim. agrar.*, **35**, 714].

L'emploi de bouillies diverses destinées à combattre l'envahissement de la vigne par les maladies cryptogamiques a depuis longtemps attiré l'attention sur la possibilité de la présence dans le vin de certaines substances métalliques, au sujet desquelles on trouvera des indications dans le chapitre *Analyse*.

Parmi les éléments volatils dont la présence a été signalée dans le vin, il convient de citer l'isobutylglycol, trouvé par Henninger [*C. R.*, **95**, 94], dont la dose s'élève approximativement à 0ᵍʳ,5 par litre, et qui semble l'origine de l'acétylméthylcarbinol, signalé par Salomone [*Bull. chim. farm.*, **46**, 685] dans les vins italiens, et par Pastureau [*J. Pharm.*, (6), **27**, 10], lesquels attribuent l'origine de ce corps à une action bactérienne; Pastureau, en particulier, admet qu'il provient de l'oxydation de l'isobutylglycol par une bactérie oxydante, tandis que Salomone rapporte son origine à l'action du *Bac. tartricus* de Grimbert.

Les acides du vin ont donné lieu à un certain nombre de travaux, qui ont porté, entre autres, sur l'acide malique et les transformations qu'il peut subir pendant la fermentation et au cours du vieillissement du vin.

Après Pasteur, Ordonneau [*Bull. Soc. Chim.*, (3), 6], Girard et Lindet [*Bull. Minist. Agric.*, 1893 et 1898], Mestrezat [*C. R.*, **143** et **145**] se sont occupés de l'acide malique du vin et de son dosage; Kulisch le premier, en 1889, établit expérimentalement que la levure est capable de

faire disparaître de l'acide malique [*Weinbau und Weinhandel*, 1889].

Puis A. Koch [*ibid.*, 1900] a fait voir que la diminution d'acidité était également attribuable à l'action de bactéries, qui, sous le nom de *Micrococcus malolacticus*, ont été étudiées par Mœsslinger [*Zeit. Nahrm.*, 1901, 1121], Seifert [*Zeit Landw. Versuchswesen in Oesterr.*, 1901, 980; 1903, 567, *Bieds. Centr.*, **33**, 488]. Cette disparition d'acide malique s'accompagne de la formation d'acide lactique, qui a été retrouvé dans tous les vins par Kunz [*Zeit. Nahrm.*, 1901, 673]. Le phénomène en question a aussi été étudié par Kayser [*Ann. Inst. Pasteur*, **14**, 605]; Kayser et Barba [*Rev. Vitic.*, **15**, 1901]. L'acide lactique avait d'ailleurs été signalé dans les vins algériens par Müller [*Bull. Soc. Chim.*, (3), **15**, 1210]. Voyez aussi les mémoires tout récents de Rosenstiehl [*Rev. Vitic.*, **29**, 509] et Mestrezat [*ibid.*, **29**, 650].

Seifert a également constaté que l'acide citrique, employé quelquefois en vinification, peut donner naissance à une fermentation maladive [*Chem. Centralbl.*, 1903, II, 1286].

Parmi les matières azotées du vin, les sels ammoniacaux jouent un rôle très important; comme l'ont montré à nouveau, après Duclaux, Gautier et Halphen [*C. R.*, **136**, 1373], l'azote ammoniacal du moût disparaît dès le début de la fermentation, l'azote albuminoïde ne varie pas sensiblement, et bien qu'il puisse y avoir augmentation de l'azote basique organique, il y a, dans l'ensemble, diminution de l'azote total. L'augmentation concomitante de l'acidité volatile, dont la quantité dépasse toujours, dans une fermentation normale, 0ᵍʳ,15 par litre en SO⁴H², permet de distinguer les vins fermentés des mistelles. La quantité d'azote total et d'azote ammoniacal du moût et du vin dépend, d'ailleurs, des conditions de maturation du raisin, et il y a un excès d'azote, aussi bien total qu'ammoniacal, dans les vins provenant de vignes mildiousées, circonstance qui nuit beaucoup à la stabilité du vin [Manceau, *C. R.*, **137**, 998].

Il y a lieu de rapprocher des observations de Manceau celles de M. Laborde [*Rev. Vitic.*, 1902, 257], qui a constaté que les vins provenant de raisins atteints de pourriture grise, bien que normaux, donnent à l'analyse des chiffres qui pourraient faire croire qu'ils ne sont pas naturels.

Une forme d'azote particulièrement intéressante dans le vin est la lécithine, signalée par Rosenstiehl [*Chem. Zeit.*, **28**, 603]; par Weirich et Ortlieb [*ibid.*, **28**, 153]; par Funaro et Barboni [*Staz. sperim. agrar.*, **37**, 881], qui en trouvent normalement 260 milligr. par litre dans les vins blancs, et plus dans les vins rouges (de Toscane); par Muraro [*Gazz. chim. ital.*, **35**, I, 314]; par Plancher et Manaresi [*ibid.*, **36**, II, 481]. Funaro et Rastelli [*Staz. sperim. agrar.*, **39**, 35] rapportent à la lécithine l'origine du phosphore organique du vin. Voyez aussi, à ce sujet, Soave [*Staz. sperim. agrar.*, **39**, 438].

Au sujet des éthers dans le vin, question relativement peu connue, il y a lieu de signaler les déterminations de Gayon [*Mém. Soc. Sc. phys. et nat. de Bordeaux*, (3), **3**], qui montrent que la teneur des vins en éthers peut varier beaucoup, et n'est pas en relation directe avec leur qualité.

Les matières pectiques et leur rôle dans la saveur du vin ont été étudiées par Müntz et Lainé [*Monit. Scient.*, mars 1906].

Certaines particularités de composition des vins méritent aussi d'être signalées. C'est ainsi que Petrowitsch [*Zeit. anal. Chem.*, **25**, 198] a constaté que des vins très riches en alcool pouvaient être exempts de tartre Guérin a observé

[*J. Pharm.*, (6), **7**, 323] la présence de traces d'un corps ayant les propriétés d'un alcaloïde.

MALADIES DES VINS. — Pour compléter ce qui a été dit antérieurement sur ce sujet, nous nous bornerons à signaler le rôle des diastases (oxydases) dans la production de maladies qui portent principalement sur l'oxydation des matières colorantes; ces œnoxydases ont d'ailleurs été étudiées ici même [2e Suppl., **6**, 650]. D'après Martinand [*C. R.*, **145**, 258], les dépôts de matière colorante du vin ont pour origine l'action de deux oxydases, dont l'une existerait dans le raisin, et l'autre proviendrait du développement sur le raisin du *Botrytis cinerea* (pourriture grise).

Nous avons aussi étudié antérieurement [2e Suppl., **4**, 124] la fermentation mannitique; nous nous contenterons d'indiquer, à titre de complément sur le dosage de la mannite dans les vins mannités et sur l'étude de cette maladie, les mémoires suivants : Müller [*Bull. Soc. Ch.*, (3), **11**, 1073]; Basile [*Staz. sperim agrar.*, **26**, 451]; Lima et Scarlata [*ibid.*, **28**, 236]; Schidrowitz [*Analyst.*, **27**, 42].

La maladie des vins tournés a été étudiée par Bordas, Joulin et Raczkowski [*C. R.*, **126**, 1050]. Laborde [*C. R.*, **138**, 228; *Rev. Vitic.*, 1901, nos 375 et 380] admet la possibilité pour un microbe déterminé de produire des maladies variées, suivant la composition du vin et les circonstances dans lesquelles ce microbe se développe; la production de mannite, entre autres, ne serait pas le caractère spécifique d'une espèce bien déterminée. Voyez également, au sujet des maladies des vins, Mazé et Pacottet [*Ann. Inst. Pasteur*, 1904; *Rev. Vitic.*, **28**, 42, 1907]; Kayser et Manceau [Maladie de la graisse, *C. R.*, **142**, 725].

La maladie de l'amertume a fait l'objet de recherches récentes de la part de M. Trillat [*Bull. Ass. Chim.*, 1905, 495; *C. R.*, **136**, 171; **143**, 1244], qui a constaté pendant le vieillissement des vins une augmentation de la proportion d'aldéhydes [V. Passerini, *Staz. sperim agrar.*, **39**, 221], dont la dose peut aller à 150 milligr. par litre, en aldéhyde acétique; ces aldéhydes peuvent se transformer en acétals, et en résines amères; en même temps il y a formation d'ammoniaque, fait déjà signalé par Bordas, Joulin et Raczkowski [*loc. cit.*] dans la maladie de la tourne.

Comme moyens d'éviter ces maladies, c'est-à-dire d'assurer la conservation des vins, on a préconisé la pasteurisation [Houdart, *C. R.*, 97, 55; — Gayon, *Rev. Vitic.*, 1903, n° 495], la clarification artificielle [Weigert, *Chem. Centr.*, 1878, 702; — Mach, *Bied. Centralbl.*, 1879, 453; — Portele, *ibid.*, 1884, 57]; la filtration [Laborde, *Rev. Vitic.*, 1899; 1905, nos 597 et 598]. Voyez aussi, sur les changements qu'apporte une longue conservation, Berthelot [*J. Pharm.*, (4), **29**, 489].

ANALYSE DES VINS. — Les documents relatifs à la recherche et au dosage des divers éléments contenus dans les vins, et aux méthodes analytiques, sont tellement nombreux qu'il est absolument impossible d'entrer ici dans leur exposé. A la suite du vote de la loi du 1er août 1905, relative à la répression des fraudes dans la vente des denrées alimentaires en France, une Commission technique permanente a été instituée par les ministres de l'Agriculture et du Commerce, pour élaborer les méthodes qui devront être employées dans les laboratoires officiels chargés de rechercher les fraudes. Nous ne pouvons mieux faire que de reproduire ci-après les arrêtés relatifs à ces méthodes d'analyses qui, élaborées par une réunion de savants compétents, peuvent être considérées comme représen-

tant une synthèse de tout ce qui a été fait, tant à l'étranger qu'en France, au sujet de l'analyse des vins.

Voici d'abord un arrêté du 18 janvier 1907 (*Journ. officiel* du 22 janv.).

ANALYSE DES VINS ORDINAIRES.

EXAMEN PRÉALABLE. — DÉGUSTATION. — EXAMEN MICROSCOPIQUE.

Dégustation. — La dégustation doit être faite sur le vin aussitôt après le débouchage de la bouteille : elle donne des indications utiles sur la nature du vin et celle des altérations qu'il a pu subir.

Examen microscopique. — Après avoir noté l'aspect du vin, sa couleur, son état de limpidité, l'aspect du dépôt, s'il y en a un, on examine au microscope le vin et le dépôt obtenu par centrifugation ou après douze heures de repos. On note, en particulier, la présence des levures, des bactéries de l'acescence, de la tourne, etc.

ANALYSE CHIMIQUE.

Alcool. — *Dosage par distillation.* — Dans une fiole jaugée on mesure 200 c.c. de vin à une température aussi voisine que possible de 15°. On verse le vin dans le ballon d'un appareil distillatoire relié à un réfrigérant. On neutralise par addition d'une petite quantité de soude, si c'est nécessaire; on ajoute un peu de poudre de pierre ponce, puis on distille. La réfrigération doit être suffisante pour que le liquide condensé s'écoule à une température aussi voisine que possible de 15°.

A l'extrémité du tube du réfrigérant, on adapte, au moyen d'un tube de caoutchouc, un tube de verre qui plonge jusqu'au centre d'un ballon jaugé de 200 c.c. destinés à recueillir le distillat. On arrête la distillation quand on a recueilli des deux tiers environ du contenu du ballon. On amène le ballon et son contenu à une température aussi voisine que possible de 15°, on complète le volume à 200 c.c. et, après agitation, on prend la température et le degré alcoolique avec un alcoomètre soigneusement vérifié; on fait la correction.

Extrait dans le vide. — Dans une capsule cylindrique de verre à fond bien plat et à bords rodés, mesurant 70 mm. de diamètre sur 25 mm. de hauteur, on fait couler, au moyen d'une pipette à deux traits, 5 c.c. de vin. On place la ou les capsules dans une cloche à vide, dans une position bien horizontale. Dans la cloche, on met un vase cylindrique à fond plat ayant une surface au moins double de celle de la ou des capsules, et dans laquelle on met de l'acide sulfurique à 66° Baumé sur une hauteur de 6 à 7 mm. On fait le vide dans la cloche et on abandonne le tout pendant quatre jours à une température voisine de 15°. On pèse alors l'extrait, après avoir recouvert la capsule d'une plaque de verre tarée. On déduit du poids trouvé le poids d'extrait par litre de vin.

Sucre réducteur. — 100 c.c. de vin, placés dans un ballon jaugé 100-110 c.c., sont saturés au moyen de bicarbonate de soude en poudre, puis additionnés d'un peu de solution de sous-acétate de plomb à 10 0/0, en évitant d'ajouter un excès de ce réactif. On amène à 110 c.c., on agite et on filtre; on ajoute dans le liquide filtré un peu de bicarbonate de soude, on agite et on filtre. Si le liquide ainsi obtenu n'était pas suffisamment décoloré, on ajouterait une pincée de noir décolorant pour achever la décoloration. On agite, on laisse en contact pendant un quart d'heure environ, puis on filtre.

Pour faire le dosage, on emploie 5 c.c. de liqueur de Fehling (correspondant à 25 centigr. de glucose). Si le volume de vin décoloré nécessaire pour obtenir la réduction est inférieur à 5 c.c., on étend le liquide d'une quantité connue et de manière qu'il faille en employer entre 5 et 10 c.c.

On calcule en glucose le pouvoir réducteur observé qu'on ramène par le calcul à 1 litre de vin.

Essai polarimétrique. — On examine au polarimètre, dans un tube de 20 centim., le liquide décoloré, avant son utilisation pour le dosage du sucre. Le résultat est exprimé en degrés polarimétriques et fractions centésimales de degré.

Saccharose et dextrine. — Si le vin présente un pouvoir rotatoire droit notable, il y a lieu de rechercher la saccharose et la dextrine. Dans ce but, on mesure, dans un ballon jaugé de 100-110 c.c., 100 c.c. de vin, on ajoute $2^{cc},5$ d'acide chlorhydrique à 10 0/0, on plonge le mélange dans un bain-marie bouillant pendant cinq minutes. On laisse refroidir et on effectue un nouveau dosage au moyen de la liqueur de Fehling en opérant comme ci-dessus. La différence entre ce dosage et le précédent, multipliée par 0,95, donne la saccharose. Si l'on n'a pas trouvé de saccharose, on examine au polarimètre ; on conclura à la présence probable de dextrine si le pouvoir rotatoire dextrogyre n'a pas sensiblement diminué.

Acidité totale. — On peut employer l'un des trois procédés suivants :

1° On mesure 5 c.c. de vin au moyen d'une pipette à deux traits ; on les place dans un vase de verre à fond plat de 7 centim. de diamètre ; on amène à 80° environ en plaçant pendant un instant sur le bain-marie, de manière à chasser CO^2, on laisse refroidir et on ajoute 5 gouttes de solution alcoolique de phénolphtaléine à 1 0/0, puis on verse de la soude N/20 placée dans une burette. On a soin de placer le vase de verre au-dessus d'une feuille de papier blanc et à une distance de quelques centimètres. En se plaçant en face de la lumière, on saisit ainsi très facilement les variations de la couleur du liquide. On verse la soude goutte à goutte et en agitant. On observe le virage de la couleur du vin qui se produit avant la saturation complète. Lorsque celle-ci est terminée, la dernière goutte de soude que l'on ajoute donne une coloration rose qui ne disparaît pas par l'agitation du liquide.

Soit n le nombre de centimètres cubes de liqueur alcaline employés, $n \times 0,49$ donne l'acidité totale exprimée en SO^4H^2 par litre ;

2° On se sert, comme indicateur, de papier sensible de tournesol, en procédant par essais à la touche ;

3° Au lieu de liqueur titrée de soude, on emploie l'eau de chaux titrée, sans ajouter d'indicateur ; la neutralisation est indiquée par l'apparition d'un trouble et de flocons foncés qui se rassemblent très vite.

Acidité fixe. — On utilise l'extrait dans le vide. On ajoute à celui-ci 5 c.c. d'eau environ ; on porte le vase à une douce chaleur et, quand la dissolution de l'extrait est entièrement obtenue, on effectue le titrage comme ci-dessus.

Acidité volatile. — En soustrayant l'acidité fixe de l'acidité totale, on obtient l'acidité volatile.

Acidité volatile libre et combinée. — Quand le vin renferme une grande quantité de cendres et que celles-ci sont riches en carbonates alcalins, on peut soupçonner que le vin a été partiellement saturé par une substance alcaline. On n'obtient pas alors dans l'essai précédent la totalité des acides volatils. On effectue, dans ce cas, une autre opération dans laquelle on met en liberté ces acides volatils par un excès d'acide tartrique.

5 c.c. de vin placés dans un vase de verre de 7 centim. de diamètre et 25 mm. de hauteur sont additionnés de 5 c.c. de solution N/10 d'acide tartrique dans l'alcool à 20°. On opère ensuite comme on le fait pour la détermination de l'extrait dans le vide. Sur le résidu, on verse 5 c.c. de solution de soude N/10 (ou si le titre des solutions n'est pas absolument exact, on emploie le volume de soude nécessaire pour neutraliser exactement les 5 c.c. de solution tartrique employés), on opère la dissolution du résidu et on titre comme précédemment. L'acidité ainsi obtenue, défalquée de l'acidité totale, donne l'acidité correspondant aux acides volatils totaux (libres et combinés).

En opérant ainsi sur des vins normaux, on obtient pour les acides volatils totaux un chiffre un peu plus élevé que pour les acides volatils directs (0,1 à 0,3 en plus) ; mais la différence entre les deux chiffres est plus considérable dans les vins qui ont été partiellement saturés ou dépiqués.

Acide tartrique total. — Au moyen d'une pipette à deux traits, on mesure 20 c.c. de vin qu'on place dans une fiole conique à fond plat de 250 c.c. ; on ajoute 1 c.c. d'une solution de bromure de potassium à 10 0/0 et 40 c.c. d'un mélange à volumes égaux d'éther à 65° et d'alcool à 90°, on bouche la fiole, on agite et on laisse la fiole au repos pendant trois jours à la température ordinaire. Au bout de ce temps on décante le liquide sur un petit filtre sans plis, on lave la fiole et le filtre avec une petite quantité de mélange éthéro-alcoolique, puis on introduit le filtre dans la fiole ; on ajoute environ 40 c.c. d'eau tiède pour redissoudre le précipité de tartre qui est resté pour la plus grande partie adhérent aux parois de la fiole conique. On maintient pendant quelques instants à une douce chaleur ; puis quand la dissolution est opérée entièrement, on ajoute 1 c.c. d'une solution alcoolique de phénolphtaléine à 1 0/0, et on titre l'acidité au moyen d'une solution N/20 de soude caustique. Soit n le nombre de centimètres cubes de cette solution nécessaire pour obtenir la saturation :

$$(n \times 0,47) \times 0,2$$

donnera la teneur en tartre correspondant à l'acide tartrique total par litre de vin.

Potasse. — On opère comme ci-dessus ; mais au lieu d'ajouter une solution de bromure de potassium, on ajoute un centimètre cube d'une solution à 10 0/0 d'acide tartrique dans l'eau alcoolisée à 20°. Le lavage doit être fait plus soigneusement que dans l'essai précédent. Pour éliminer les dernières traces d'acide tartrique libre qui pourraient être restées sur le filtre, on verse goutte à goutte sur les bords de celui-ci de l'alcool à 95°.

Le titrage s'opère comme le précédent ; le calcul est identique et donne la teneur en tartre correspondant à la potasse totale.

Cendres. — Dans une capsule de platine à fond plat et de 7 centimètres de diamètre on évapore 35 ou 50 centimètres cubes de vin. On chauffe le résidu à une température modérée, environ une demi-heure sur une plaque de terre réfractaire. L'extrait est ainsi carbonisé entièrement et n'émet plus de vapeurs. On place alors la capsule dans le moufle, qui ne doit être porté qu'au rouge naissant ; quand l'incinération est complète, on laisse refroidir la capsule dans un exsiccateur et on pèse rapidement. Si l'incinération ne s'effectue pas facilement, on laisse refroidir la capsule, on humecte les cendres encore charbonneuses avec quelques centimètres cubes d'eau, on dessèche et on chauffe à nouveau au rouge naissant. On répète au besoin cette opération jusqu'à disparition de tout résidu charbonneux.

Sulfate de potasse. — *Essai approximatif.* — On prépare une solution renfermant par litre 2^{gr},804 de chlorure de baryum cristallisé (correspondant à 2 gr. SO^4K^2) et 10 centimètres cubes d'acide chlorhydrique.

Dans trois tubes à essai, on place 10 centimètres cubes de vin et on ajoute dans le premier 5 centimètres cubes de liqueur barytique, dans le deuxième 7^{cm3},5 et dans le troisième 10 centimètres cubes. On agite, on chauffe, puis on filtre.

Le filtrat limpide est divisé en deux tubes à essai. Dans le premier, on ajoute 1 centimètre cube de solution de chlorure de baryum à 10 0/0 et dans le second 1 centimètre cube d'acide sulfurique au dixième. On agite et on examine les deux tubes côte à côte ; si l'essai fait avec 5 centimètres cubes de solution titrée de chlorure de baryum donne un trouble par SO^4H^2, c'est que le vin renferme moins de 1 gr. de sulfate de potasse par litre. On examine alors l'essai fait avec 7^{cm3},5 de liqueur barytique. Si SO^4H^2 donne un trouble, la quantité de sulfate de potasse est comprise entre 1 gr. et 1 gr. et demi. Si, au contraire, c'est $BaCl^2$ qui donne le trouble, c'est que le vin contient plus de 1 gr. et demi de sulfate de potasse par litre, et on fait alors l'essai du troisième tube, ce qui montre si la quantité de sulfate de potasse est comprise entre 1 gr. et demi et 2 gr. ou supérieure à 2 gr.

Dosage. — 50 centimètres cubes de vin additionnés de 1 centimètre cube d'HCl sont portés à l'ébullition ; on ajoute alors 2 centimètres cubes de solution de chlorure de baryum à 10 0/0, on fait bouillir pendant quelques instants, puis on laisse déposer à chaud pendant 4 à 5 heures. On recueille ensuite le sulfate de baryte qu'on calcine et qu'on pèse en observant les prescriptions classiques.

Le poids obtenu $\times$ 14,94 donne SO^4K^2 par litre. Le résultat sera indiqué sous la forme : sulfates exprimés en SO^4K^2.

Chlorures (méthode de Denigès). — *Vins rouges.* — On chauffe dans une capsule de porcelaine 50 centimètres cubes de vin jusqu'à l'ébullition qu'on maintient 2 ou 3 minutes ; cela fait, on enlève le feu et on ajoute 2 centimètres cubes d'acide azotique pur ; on agite. Le liquide devient d'abord rouge très vif, puis jaunit en laissant déposer des flocons colorés. Si ce résultat n'est pas atteint au bout d'une minute, on chauffe à nouveau et on ajoute encore 1 centimètre cube d'acide. Dès qu'on l'a obtenu, on ajoute 20 centimètres cubes d'azotate d'argent N/10 ; on laisse refroidir ; on verse dans une fiole jaugée de 200 centimètres cubes et on complète à 200 centimètres cubes avec de l'eau ; on mélange le liquide ; on filtre et on rejette les premières portions du filtrat jusqu'à ce que celui-ci soit parfaitement clair. On recueille 100 centimètres cubes de liquide filtré qu'on place dans un ballon de verre ; on y ajoute 15 centimètres cubes d'ammoniaque, 10 gouttes de solution d'iodure de potassium à 20 0/0 qui doivent produire un trouble si la proportion de solution argentique ajoutée au début était insuffisante ; ensuite on verse 10 centimètres cubes de solution de cyanure de potassium d'un titre tel qu'elle corresponde, volume à volume dans le dosage ultérieur, avec le nitrate d'argent N/10, qui rend à nouveau la solution limpide. On verse enfin de la solution de nitrate d'argent N/10 placée dans une burette, jusqu'à ce que le liquide devienne louche et comme fluorescent.

Soit n le nombre de centimètres cubes de nitrate d'argent qu'on a dû employer :

$$n \times 0,234 = NaCl \text{ par litre.}$$

Vins blancs. — On évapore 50 centimètres cubes de vin, à moitié, on ajoute alors l'acide azotique, puis, très rapidement après, l'azotate d'argent ; on laisse refroidir lentement ; on complète le volume à 200 centimètres cubes et on continue comme ci-dessus.

Acide citrique (procédé Denigès). — On additionne 10 centimètres cubes de vin de 1 gr. environ de bioxyde de plomb, on agite, puis on ajoute 2 centimètres cubes d'une solution de sulfate de mercure[1], on agite de nouveau et on filtre. On place dans un tube à essai 5 à 6 centimètres cubes de liqueur filtrée ; on porte à l'ébullition et on ajoute 1 goutte de permanganate de potasse à 1 0/0 ; après décoloration, on ajoute une autre goutte de caméléon, et ainsi de suite jusqu'à 10 gouttes.

Les vins normaux donnent ainsi un louche très faible.

A la dose de 10 centigr. par litre, le trouble est nettement accusé ; il est accompagné d'un précipité floconneux à partir de 40 centigr. par litre.

Quand on constate la présence de l'acide citrique, on fait des essais comparatifs avec des solutions à titre connu d'acide citrique pour obtenir une évaluation de cet acide.

Matières colorantes étrangères. — On fait les trois essais suivants :

a) 50 centimètres cubes de vin rendus alcalins par l'ammoniaque sont agités avec 15 centimètres cubes environ d'alcool amylique bien incolore.

L'alcool amylique ne doit pas se colorer ; s'il est resté incolore, on le décante, on le filtre et on l'acidifie par l'acide acétique ; il doit également rester incolore.

b) Le vin est traité par une solution d'acétate de mercure à 10 0/0 jusqu'à ce que la laque formée ne change plus de couleur, puis on ajoute un petit excès de magnésie, de façon à obtenir une liqueur alcaline. On fait bouillir ; on filtre. Le liquide, rendu acide par addition d'un petit excès d'acide sulfurique dilué, doit rester incolore.

c) 50 centimètres cubes de vin sont placés dans une capsule de porcelaine de 7 à 8 centimètres de diamètre ; on ajoute 1 ou 2 gouttes d'acide sulfurique au dixième et on plonge dans le liquide un mouchet de laine blanche. On fait bouillir pendant 5 minutes exactement en ajoutant de l'eau bouillante au fur et à mesure que le liquide s'évapore. On retire le mouchet qu'on lave sous un courant d'eau. Ce mouchet doit être à peine teinté en rose sale. Plongé dans l'eau ammoniacale, il doit prendre une teinte vert sale peu accentuée.

Antiseptiques (*acide salicylique, acide borique, acide fluorhydrique, saccharine*). — Voy. l'*Instruction spéciale.*

Acides minéraux libres. — Lorsque la proportion de sulfate de potasse sera élevée par rapport à la teneur en cendres, il y aura lieu de rechercher l'acide sulfurique libre. Dans ce but, on effectuera un nouveau dosage d'acide sulfurique sur les cendres du vin ; celles-ci seront

---

1. Pour obtenir cette solution prendre :

Oxyde de mercure.........................	5 gr.
SO^4H^2 concentré.....................	20 c. c.
Eau....................................	100

reprises par l'eau acidulée par HCl. Si le dosage de l'acide sulfurique effectué sur les cendres donne un résultat plus faible que celui effectué sur le vin, on conclura à la présence d'acide sulfurique libre.

Lorsque la proportion de chlorures calculés en chlorure de sodium sera élevée par rapport à la teneur en cendres, il y aura lieu de rechercher l'acide chlorhydrique libre. Dans ce but, on distillera jusqu'à sec 50 centimètres cubes de vin et on recherchera HCl dans le produit distillé. Si la présence de cet acide s'y révèle nettement par les réactifs usuels, on conclura à la présence d'acide chlorhydrique libre.

Acide sulfureux dans les vins blancs et rosés. — *Essai préliminaire.* — Dans un matras de 200 centimètres cubes environ de capacité, on introduit 25 centimètres cubes d'une solution de potasse caustique à 56 grammes par litre, puis 50 centimètres cubes de vin. On bouche le matras; on agite pour mélanger le vin et la solution alcaline, et on laisse agir à froid pendant 15 minutes. Cette partie de l'opération a pour but de détruire les combinaisons que l'acide sulfureux a contractées avec les substances aldéhydiques du vin et de faire passer cet acide à l'état de sulfite de potasse. On ajoute ensuite 10 centimètres cubes d'acide sulfurique dilué (un volume d'acide sulfurique à 66° Baumé pour 2 vol. d'eau), un peu de solution amidonnée, puis on titre au moyen de la liqueur d'iode N/50.

Soit n le nombre de centimètres cubes de liqueur d'iode employé. $n \times 0,0128$ donnera la proportion d'acide sulfureux total (libre et combiné) en grammes par litre.

Dosage. — Si l'essai préliminaire indique une quantité d'acide sulfureux supérieur à 300 milligr. par litre, on opérera le dosage de la manière suivante :

On se sert d'un appareil formé d'un ballon de 400 centimètres cubes environ, fermé par un bouchon de caoutchouc à deux ouvertures. Dans l'une s'engage un tube qui plonge au fond du ballon et qui est relié à un appareil producteur d'acide carbonique. L'autre ouverture est munie d'un tube de dégagement relié à un tube de Péligot, dont chaque boule doit avoir une contenance de 100 centimètres cubes environ. On chasse d'abord l'air de l'appareil en y faisant passer un courant de CO^2. On introduit dans le tube de Péligot 30 à 50 centimètres cubes de solution d'iode (5 gr. d'iode et 7gr.5 d'iodure de potassium par litre). On soulève le bouchon du ballon et, sans interrompre le courant de CO^2, on y introduit 100 centimètres cubes de vin et 5 centimètres cubes d'acide phosphorique à 60° Baumé, on referme le ballon et, au bout de quelque temps, on chauffe le vin toujours en faisant passer CO^2, jusqu'à ce que la moitié environ du vin ait distillé dans le tube à boules. Il est bon de plonger celui-ci dans un vase contenant de l'eau froide. On verse le contenu du tube de Péligot, qui doit renfermer encore de l'iode libre, dans un vase à précipité et on y dose l'acide sulfurique par la méthode ordinaire.

Le poids de sulfate de baryte multiplié par 2.7468 donne la proportion de SO^2 par litre.

Les documents suivants (*Journ. offic.*, 17 juillet 1907), bien que relatifs à toutes les matières alimentaires, s'appliquent aussi au vin.

ANTISEPTIQUES ET ÉDULCORANTS.

Les principaux antiseptiques que l'on peut rencontrer à l'état pur, ou à l'état de sel, ou de combinaison dans les aliments liquides ou so-lides sont les suivants : acide sulfureux et sulfites, fluorures, fluoborates, chromates alcalins, acide borique, acide salicylique, acide benzoïque, dérivés du naphtol, formol et dérivés.

Comme édulcorants, on peut avoir à rechercher la saccharine, la sucramine, la dulcine et la glucine.

<h3 style="text-align:center">1. — ANTISEPTIQUES.</h3>

Acide sulfureux.

L'acide sulfureux et les sulfites alcalins, principalement les bisulfites, sont souvent employés pour la conservation des liquides ou des substances fermentescibles. On pourra, pour la recherche et le dosage de l'anhydride sulfureux, se conformer à la méthode indiquée pour le vin.

D'une manière générale, on peut employer le procédé suivant :

Analyse qualitative. — Pour rechercher l'acide sulfureux, on fait passer dans les liquides, légèrement acidifiés par un peu d'acide chlorhydrique, un courant d'hydrogène et on recueille les gaz dans une solution très diluée d'iodure de potassium iodurée. L'entraînement de l'acide sulfureux peut être activé en chauffant légèrement. Si la proportion est assez grande, on constate une décoloration de l'iode; dans tous les cas, que cette décoloration se produise ou non, on reconnaît la présence de l'acide sulfureux en ajoutant dans la liqueur quelques gouttes d'une solution de chlorure de baryum qui donne un précipité de sulfate de baryum par la transformation de l'acide sulfureux en acide sulfurique.

Dosage. — En opérant de la sorte, et en prolongeant l'opération assez longtemps pour que les gaz qui se dégagent ne réagissent plus sur l'iodure de potassium iodure, ce que l'on vérifiera en changeant le tube abducteur et le réactif, on pourra doser à l'état de sulfate de baryum l'acide sulfurique formé, et en déduire la proportion de l'acide sulfureux. Une partie de sulfate de baryte correspond à 0,275 d'anhydride sulfureux.

Fluorures.

Les composés du fluor doivent être recherchés dans la plupart des matières alimentaires, boissons, sirops, confitures, conserves, beurres, graisses, etc.

Pour rechercher les fluorures et les fluoborates, on calcine en présence de la chaux les résidus de l'évaporation du vin, de la bière, etc., ou des liquides de digestion s'il s'agit d'une substance solide; s'il s'agit de beurre, ou d'une matière grasse analogue, on le fera fondre doucement, on prélèvera avec un tube étiré le liquide aqueux, trouble, séparé à la partie inférieure et après l'avoir évaporé à sec, en présence d'un peu de chaux, on calcinera le résidu.

Si la substance alimentaire a été additionnée d'un fluorure simple, tel que le fluorure d'ammonium, d'un fluoborate ou d'un fluosilicate, les cendres obtenues contiendront le fluor à l'état de fluorure de calcium; en outre, dans les deux derniers cas, elles renfermeront du borate ou du silicate de chaux.

On traite ensuite les cendres en les chauffant 10 minutes au bain-marie avec un peu d'eau acidulée par l'acide acétique (environ 5 0/0), qui dissout le borate de chaux s'il s'en trouve. La solution acétique est ensuite évaporée à sec, après neutralisation, et l'acide borique recherché dans le résidu, comme il est dit plus loin.

Le résidu insoluble est desséché par la calcination et introduit avec un peu de silice précipitée, ou mieux de silicate de chaux, dans un petit creuset; on humecte avec un peu d'acide sulfurique concentré, puis on recouvre le creuset avec une plaque de verre, sur la face inférieure de laquelle on a préalablement déposé, au moyen d'un agitateur, une gouttelette d'eau. Dans le cas où la cendre renferme un composé fluoré, on voit apparaître, après quelques instants, une auréole de silice sur les bords de la gouttelette d'eau. La réaction se produit sans qu'il soit nécessaire de chauffer.

Chromates alcalins.

La recherche des chromates se fait dans les cendres : elles sont colorées en jaune pour des doses d'acide chromique supérieures à 1/100.000°.

Pour les doses plus faibles, on peut opérer de la manière suivante : on évapore le liquide à analyser et on fait une incinération du résidu dans une capsule en porcelaine jusqu'à ce que l'on ait des cendres blanches. Après refroidissement, on arrose celles-ci avec quelques centimètres cubes d'eau distillée et l'on verse le tout sur un filtre. Le liquide, complètement incolore dans le cas ordinaire, est coloré en jaune, s'il y a des chromates.

Le chrome est caractérisé au moyen de la réaction de Barreswil : on acidule le liquide, contenu dans un tube à essai, avec quelques gouttes d'acide sulfurique dilué, puis on fait tomber dans le tube deux ou trois gouttes d'eau oxygénée et on agite avec un peu d'éther qui dissout l'acide perchromique et forme à la partie supérieure une couche colorée en bleu.

Acide borique.

L'acide borique est fréquemment ajouté dans les aliments, notamment dans les beurres et les viandes. On le recherche par le procédé suivant :

La substance est incinérée jusqu'à ce que tout le charbon soit brûlé; s'il s'agit d'un vin, on opère sur un volume constant de 25 centimètres cubes. L'acide borique que l'on peut rencontrer dans les matières alimentaires se trouve généralement en présence d'une assez grande quantité de bases alcalines et terreuses pour que les pertes par volatilisation soient négligeables. S'il n'en était pas ainsi, il suffirait d'ajouter une trace de carbonate alcalin.

Dans le cas d'une matière grasse, telle que le beurre, au lieu d'incinérer la substance, il sera préférable de la faire fondre et de l'épuiser par de l'eau tiède contenant 1 ou 2 centigr. de carbonate de soude; l'eau sera ensuite évaporée et le résidu calciné légèrement.

Les cendres sont traitées par des volumes déterminés d'acide sulfurique et d'alcool méthylique. 1 centimètre cube d'acide sulfurique suffit pour humecter les cendres de 25 centimètres cubes de vin. On égoutte dans un petit ballon le liquide qui peut en être séparé et on lave le fond du vase avec 3 centimètres cubes d'alcool méthylique ajoutés en deux ou trois fois, en réunissant dans le ballon ces portions successives. On bouche aussitôt le ballon et on l'adapte à un réfrigérant; on chauffe le mélange jusqu'à apparition des vapeurs blanches d'acide sulfurique, et on enflamme de suite le liquide distillé recueilli en évitant une évaporation partielle, après l'avoir transvasé dans une petite soucoupe. La flamme, surtout lorsqu'on l'observe en se plaçant devant un fond noir et en évitant une lumière trop intense, est déjà très nettement colorée en vert, principalement au début, par une quantité d'acide borique ne dépassant pas un dixième de milligramme.

Acide salicylique.

La recherche de l'acide salicylique se fait au moyen du perchlorure de fer, qui donne une coloration violette et très nette avec des traces excessivement faibles d'acide salicylique. La solution de perchlorure de fer doit être rigoureusement neutre, car il suffit de traces d'acides minéraux pour empêcher la réaction de se produire; aussi doit-elle être très étendue, parce que la solution concentrée contient souvent des traces d'acide chlorhydrique. Elle doit être préparée au moment de l'emploi en diluant une solution de perchlorure de fer aussi neutre que possible, jusqu'à ce que sa coloration soit à peine sensible. L'addition de perchlorure de fer doit se faire avec précaution, un excès de réactif faisant disparaître la coloration.

La recherche de l'acide salicylique ne se fait qu'après une extraction préalable qui varie selon la substance qui le renferme.

S'il s'agit d'un produit liquide renfermant peu de tanin, on acidule par l'acide chlorhydrique ou sulfurique et on agite avec de la benzine dans une petite boule à décantation. Si le produit contient du tanin, on l'élimine par addition ménagée d'acétate neutre de plomb qui laisse la liqueur légèrement acide.

La recherche de l'acide salicylique dans le lait doit se faire en caillant préalablement celui-ci par l'acide acétique et en épuisant par la benzine les liquides filtrés et acidulés.

Les corps gras, beurre, margarine, graisse alimentaire sont fondus, agités avec de l'eau alcalinisée par le bicarbonate de sodium de façon à transformer l'acide salicylique en sel alcalin. Après séparation de l'eau, on acidifie et on traite par la benzine.

Les substances solides, viande, saucisson, etc., sont préalablement hachées et mises en contact avec de l'eau alcalinisée. L'extraction à la benzine se fait ensuite comme précédemment.

Dans toutes ces manipulations, il faut avoir soin d'éviter la formation d'une émulsion plus ou moins gênante; pour cela il faut avoir soin d'agiter doucement le liquide avec la benzine. On évite toute émulsion en faisant couler les deux couches des liquides dans un tube de 2 à 3 centimètres de diamètre sur 20 à 30 centimètres de longueur que l'on fait tourner horizontalement autour de son axe.

L'acide salicylique étant ainsi extrait au moyen de la benzine, il suffit pour reconnaître sa présence d'agiter la solution benzénique, amenée par concentration à environ 20 centimètres cubes, dans un tube à essai, avec 5 centimètres cubes de la solution étendue de perchlorure de fer.

Acide benzoïque.

A cause de la faible solubilité de l'acide benzoïque dans l'eau froide, on est obligé de l'extraire des aliments où on le recherche au moyen de l'alcool, de l'éther ou d'une eau alcaline. Quand on fait usage d'alcool ou d'éther, on évapore le solvant (recherche de l'odeur; sublimation sur une fraction du résidu et détermination du point de fusion, si possible) et on reprend le résidu par l'eau chaude.

Recherche par la formation du benzoate de fer. — Le liquide exactement neutralisé est additionné de perchlorure de fer qui donne un précipité caractéristique.

Recherche par la formation d'acide méta-

ainitrobenzoïque. — Le résidu, chauffé avec l'acide sulfurique (acide sulfobenzoïque) et avec quelques gouttes de nitrate de potassium donne l'acide métadinitrobenzoïque ; la sursaturation de cet acide par l'ammoniaque produit une coloration jaune qui devient rouge en présence du sulfure d'ammonium (acide ammonium-méta-diamidobenzoïque).

Abrastol et dérivés du naphtol β.

L'abrastol est le sel de calcium du sulfate acide de naphtyle β, $(C^{10}H^7OSO^3)^2Ca$.

On extrait l'antiseptique du liquide où il a été introduit au moyen d'un épuisement par l'éther acétique, ou mieux, par l'alcool amylique, après avoir, s'il s'agit d'un vin, rendu la réaction légèrement alcaline, pour éviter la dissolution d'une partie de la matière colorante du vin dans l'alcool amylique.

On agite doucement, pour éviter de produire une émulsion, pendant 1 à 2 minutes, 50 centimètres cubes de vin, alcalinisé par quelques gouttes d'ammoniaque, avec environ 10 centimètres cubes d'alcool amylique, et on laisse reposer pendant quelques instants ; si la séparation de l'alcool amylique ne se fait pas nettement, on l'obtient rapidement en ajoutant quelques gouttes d'alcool et en agitant légèrement.

On décante l'alcool amylique, on le filtre, s'il n'est pas bien limpide, et on l'évapore au bain-marie dans une petite capsule. L'abrastol reste comme résidu, plus ou moins mélangé de matières étrangères dont la présence ne gêne pas la réaction. On verse sur ce résidu 1 centimètre cube d'acide azotique, étendu de son volume d'eau, en ayant soin d'en humecter toutes les parties ; on chauffe au bain-marie jusqu'à ce que le liquide soit réduit de moitié environ ; on transvase dans un tube à essai et l'on ajoute environ 1 centimètre cube d'eau avec laquelle on lave d'abord la capsule.

L'action de l'acide azotique a déterminé la production d'un composé nitré qui colore l'eau en jaune. En réduisant ce composé nitré on obtient une substance colorante rouge.

Pour opérer la réduction, on introduit dans le tube à essai environ $0^{gr},2$ de sulfate ferreux, et, après dissolution, de l'ammoniaque, étendue de son volume d'eau, goutte à goutte, jusqu'à production d'un précipité permanent. On ajoute enfin 5 centimètres cubes d'alcool pour précipiter des matières jaunes et le sel ferrique, et quelques gouttes d'acide sulfurique ; on agite, on laisse reposer et on filtre.

Les vins purs donnent ainsi un liquide incolore ou légèrement jaunâtre ; les vins contenant de l'abrastol, un liquide plus ou moins rouge suivant la proportion de cet antiseptique. La coloration est sensible avec des vins ne contenant que $0^{gr},01$ à $0^{gr},015$ d'abrastol.

En présence de l'acide salicylique, le procédé précédent pourrait donner une réaction colorée présentant une certaine analogie avec celle de l'abrastol ; mais la coloration est orangée au lieu d'être rouge, et la réaction est beaucoup moins sensible. On n'obtient qu'une teinte à peine marquée avec un vin contenant $0^{gr},1$ d'acide salicylique par litre ; on peut du reste distinguer ce dernier en ajoutant une goutte de perchlorure de fer très étendu sur le résidu de l'alcool amylique. Avec l'acide salicylique on obtient une coloration violette persistant à l'ébullition, avec l'abrastol une coloration bleue qui disparaît à chaud. Si les deux antiseptiques se trouvaient réunis, l'acide salicylique n'existerait du reste jamais en quantité assez grande pour empêcher de caractériser la présence de l'abrastol.

La réaction est complètement masquée lorsqu'on se trouve en présence de la fuchsine S, de la safranine et de l'orangé II ; elle l'est plus ou moins par les éosines, l'orangé, les jaunes de naphtol, la citronine, le bleu de méthylène et le bleu alcalin ; mais il est facile d'éliminer ces matières colorantes ; si l'alcool amylique est coloré après le traitement de la substance alimentaire il suffit, l'évaporation terminée, de reprendre le résidu par de l'acide acétique très dilué, ou dans le cas du bleu alcalin, par de l'ammoniaque étendue d'eau, et d'évaporer de nouveau à sec sur un mouchet de laine blanche. En reprenant par l'eau on dissout l'abrastol seul et l'on termine comme en l'absence de matière colorante.

Le même traitement permettra de caractériser la présence du naphtol β et de ses dérivés.

Aldéhyde formique.

L'aldéhyde formique est surtout utilisée pour la conservation du lait, mais on peut la trouver encore dans d'autres aliments et boissons, comme les viandes, les fruits conservés et le cidre. On la recherche par les réactifs suivants qui fournissent directement des colorations.

Recherche par la phloroglucine. — On fait usage d'une solution de phloroglucine complètement incolore à 1 gr. par litre et d'une solution de soude à 10 0/0 de NaOH. On verse dans un tube à essai environ 5 centimètres cubes de lait, 2 à 3 centimètres cubes de la solution de phloroglucine ; on agite, puis on ajoute 1 à 2 centimètres cubes de la solution alcaline.

Quand le lait est pur le mélange prend une teinte blanc verdâtre et devient semi-transparent ; si le lait est additionné de formol il se développe une coloration rose saumon, fugace, qui disparaît au bout de quelques minutes. La coloration est très vive avec du lait formolé à la dose de 1/100 000°, elle est encore nette à 1/500 000°; on peut encore la percevoir au millionième, par comparaison avec un lait pur.

Recherche par le phénol. — On distille environ 100 centimètres cubes de lait et on recueille 20 à 25 centimètres cubes de liquide. Au distillat on ajoute quelques gouttes d'une solution aqueuse très diluée de phénol et on verse l'acide sulfurique concentré de telle façon que les deux liquides se mélangent aussi peu que possible. En présence de la formaldéhyde il se produit un anneau rouge carmin au contact de deux liquides.

Recherche par le perchlorure de fer. — Le lait formolé, traité par son volume d'acide sulfurique et quelques gouttes de perchlorure de fer, développe, surtout à chaud, une magnifique coloration violette.

Cette réaction est très sensible et permet facilement de reconnaître le lait formolé à la dose de 1/100000.

Les réactions qui précèdent étant communes à plusieurs aldéhydes, on caractérise l'aldéhyde formique par le procédé suivant :

Procédé Trillat. — Ce procédé consiste à combiner l'aldéhyde formique avec la diméthylaniline et à oxyder la base ainsi obtenue par le bioxyde de plomb : on obtient une coloration bleue, stable à l'ébullition et correspondant à une réaction bien définie. La diméthylaniline doit être rigoureusement rectifiée (point d'ébullition 192). On la conserve dans des flacons bouchés à l'abri de l'air et de la lumière.

On distille 100 c.c. du liquide contenant le formol, de manière à obtenir env. 25 cc. de liquide distillé. Celui-ci est additionné d'un 1/2 c.c. de diméthylaniline et de 5 c.c. d'acide sulfurique à 1 0/0, dans un petit flacon que l'on bouche et que l'on place sur un bain-marie à une température d'environ 50°. Après une heure de chauffage, la condensation est terminée; on verse le contenu du flacon dans un ballon d'un 1/2 litre. On étend à environ 100 c.c. et on alcalinise fortement avec 5 c.c de lessive de soude. On relie le ballon, d'une part, avec un récipient contenant de l'eau et, d'autre part, avec un réfrigérant incliné; on chauffe le ballon et on fait passer en même temps un violent courant de vapeur d'eau, de manière à chasser complètement la diméthylaniline, ce que l'on reconnaît lorsqu'il ne passe plus de gouttelettes huileuses (durée du passage de la vapeur : environ 10 minutes).

La base résultant de la combinaison de la diméthylaniline et du formol reste dans le résidu. Il suffit, pour une recherche qualitative, d'aciduler le liquide avec de l'acide acétique, d'en prélever quelques centimètres cubes et d'ajouter une trace de bioxyde de plomb en suspension dans l'eau (2 à 3 gr. en suspension dans 100 c.c. d'eau) pour voir apparaître à l'ébullition la coloration bleue, caractéristique de l'hydrol, qui disparaît à froid et reparaît à chaud.

Pour doser la formaldéhyde, on opère sur la totalité du liquide alcalin, que l'on traite par l'éther. Par évaporation de l'éther, on obtient les cristaux de tétraméthyldiamidodiphénylméthane, du poids desquels on déduit celui de l'aldéhyde formique : $CH^2(C^6H^4Az . 2CH^3)^2$.

Recherche de la formaldéhyde polymérisée. — La formaldéhyde peut se rencontrer dans les aliments à l'état polymérisé, soit qu'on l'ait ajouté à cet état, soit que la polymérisation se soit produite spontanément. Dans ce cas, par suite de son insolubilité complète dans l'eau, les réactions colorées donnent souvent un résultat négatif. On devra, dans ce cas, avoir recours au procédé à la diméthylaniline, qui dépolymérise le trioxyméthylène.

2. — RECHERCHE DES ÉDULCORANTS.

Saccharine.

La saccharine (sulfimide benzoïque $C^6H^4 — SO^2 — CO — AzH$), est couramment utilisée dans les aliments liquides ou solides, non comme édulcorant, mais comme antiseptique.

Le produit ou le liquide provenant d'un épuisement par l'eau ou l'alcool est évaporé ou soumis à la distillation, pour en séparer l'alcool; on ajoute ensuite un excès d'acétate neutre de plomb en milieu acide. (Si le liquide n'est pas suffisamment acide, on ajoute 1 0/0 d'acide acétique cristallisable). L'excès de plomb est séparé de la solution par précipitation à l'aide d'un excès d'acide sulfurique; on filtre ensuite.

La solution acide ainsi obtenue est épuisée à trois reprises par agitation chaque fois avec moitié de son volume d'éther.

On évapore ce dissolvant, puis on reprend le résidu par 10 c.c. d'acide sulfurique à 1/10 et on chauffe au bain-marie, en ajoutant peu à peu du permanganate de potasse en solution saturée jusqu'à coloration persistante.

La liqueur ainsi obtenue, quelle qu'ait été sa composition primitive, ne peut contenir ni acide salicylique, ni éther salicylique, ni aucun produit capable de masquer soit le goût, soit les réactions de la saccharine. Elle est alors agitée trois fois, avec moitié de son volume de benzine. La solution benzénique, décantée, filtrée

est évaporée à sec. Le résidu est repris par 2 c.c. d'eau chaude. Une goutte de la solution est prélevée pour rechercher la saveur sucrée. Si le résultat est positif, le reste de la liqueur est versé dans un tube à essai et la capsule rincée avec 2 c.c. d'une solution de soude à 3 0/0 de NaOH. Les liqueurs réunies sont évaporées à sec en ayant soin d'éviter que l'opération ne soit trop longue, par crainte de carbonatation totale de l'alcali. Le tube à essai est alors relié à un thermomètre par deux bagues de caoutchouc, de façon à ce que le bout du thermomètre soit sur un même plan que le fond du tube. Le tout est porté dans un bain de soudure des plombiers, préalablement chauffé, et y est maintenu pendant une minute à 270°. Le résidu est dissous dans l'acide sulfurique à 1/10, la solution est agitée avec de la benzine, celle-ci décantée et filtrée est agitée avec 1 c.c. de la solution ferrique employée pour la recherche de l'acide salicylique. On observe la coloration violette, caractéristique de la présence d'acide salicylique, si le produit traité contenait de la saccharine.

Sucramine et dérivés de la saccharine.

La sucramine est le sel ammoniacal de la saccharine : elle présente donc tous les caractères de la saccharine, sauf la solubilité dans le solvant de la sulfimide.

En solution aqueuse, elle ne passe pas dans l'éther ou la benzine lorsqu'on l'agite avec ces dissolvants; il est donc nécessaire d'acidifier par l'acide sulfurique avant de procéder à l'épuisement.

Dulcine.

La dulcine, ou paraphénétolcarbamide $C^2H^5O . C^6H^4 . AzH . CO . AzH^2$, est jusqu'ici moins répandue que la saccharine.

La matière est directement traitée par le chloroforme, qui extrait la dulcine.

S'il s'agit d'un liquide, comme le vin, on l'additionne de carbonate de plomb et on évapore au bain-marie pour obtenir une pâte épaisse. Le résidu est traité par l'alcool; l'extrait alcoolique évaporé à sec est épuisé à plusieurs reprises avec de l'éther. L'extrait éthéré filtré laisse déposer la dulcine à l'état pur. On peut la reconnaître par son goût sucré et son point de fusion (173-174°). On la caractérise en outre par les réactions suivantes :

a) La dulcine est mise en suspension dans un peu d'eau; on ajoute 5 à 8 gouttes d'une solution de nitrate de mercure, exempte d'acide nitrique, puis on chauffe 8 à 10 minutes au bain-marie bouillant. Il se forme une faible coloration violette, qui s'accroît par addition d'une petite quantité de peroxyde de plomb.

b) La dulcine est chauffée peu de temps avec 3 ou 4 gouttes de phénol et d'acide sulfurique concentré, puis étendue avec de l'eau et additionnée d'ammoniaque. A la surface de contact des deux liquides, non miscibles immédiatement, il se forme une zone bleue.

BIBLIOGRAPHIE RELATIVE A L'ANALYSE DES VINS.

DOCUMENTS GÉNÉRAUX. — Wartha [*D. chem. G.*, 13, 657]; Reboul [*J. Pharm.*, (5), 2, 147]; Nessler [*Bied. Centralbl.*, 428, 1881]; Cazeneuve et Ducher [*Bull. Soc. Chim.*, (3), 3, 514]; Carles [*J. Pharm.*, (5), 7, 14]; Schneider [*Chem. Centr.*, II, 277, 1890]; Gondoin [*J. Pharm.*, (5), 24, 8]; Marouty [*Bull. Soc. Chim.*, (3), 9, 13]; Halenke et Moslinger [*Zeit. anal. Chem.*, 263]; Riegler [*ibid.*, 35, 27]; Erckmann [*Chem. Zeit.*, 23, 673]; Hugounenq [*Rev. vitic.*, 9, 396]; Ripper [*Ch.*

Centr., I. 436, 1900 : Fresenius et Grünhut [Zeit. anal. Chem., 38, 372]; Vamossy [Chem. Zeit., 24. 679; Bolm [Zeit. Nahrm., 10. 667]; Gautier, Chassevant et Magnier de la Source [J. Pharm., (6). 18. 14]: F. Jean [Rev. int. falsif., 14. 18]: Bernard [Chem. Centr., I, 784. 1901]; Curtel [C. R., 136. 98]: Laborde [C. R., 137. 334]; Desmoulières [J. Pharm., (6). 18, 203]: Halphen [Ann. Chim. anal., 8, 246 et 291]; Cori-Mantrand [Bull. Soc. Chim., (3), 35, 174 et 181].

EXTRAIT. — De Saint-Martin [Bull. Soc. Chim., (2), 36. 139]; Amagat [C. R., 99, 195]: Ulbricht [Landw. Versuchsstat., 30. 425]; Weigelt [Zeit. anal. Chem., 24, 28]; Jay [Bull. Soc. Chim., (2). 42. 217]: Peter [ibid., 43. 711]; Egger [Zeit. anal. Chem., 28, 397]: Bouilhon [C. R., 103, 498]: Muller [Bull. Soc. Chim., (3). 9, 6]: Fresenius [Zeit. anal. Chem., 38, 35]: Ackermann [Ann. Chim. anal., 7, 87]; Deinichel [ibid., 8, 46].

SUCRES. — Neubauer [Dingl. polyt. Journ., 229. 463]; Bornträger [Zeit. angew. Chem., 477, 505. 538, 1889]; Tony-Garcin [C. R., 104, 1002]; Vogel [Zeit. angew. Chem., 44, 449, 1891]; Fresenius [Zeit. anal. Chem., 30. 669]: Stern et Hirsch [Zeit. angew. Chem., 116. 1894]; König et Karsch [Zeit. anal. Chem., 34, 1]; König [Chem. Zeit., 19. 999]; Grünhut [Zeit. anal. Chem., 36, 168]; Külisch [Zeit. angew. Chem., 45 et 205. 1897]; Papasogli [Ann. agronom., 24, 141]; Bornträger [Zeit. anal. Chem., 36, 767; 37. 145]; Pinette [Chem. Zeit., 21, 395]; Pellet [Ann. Chim. anal., 4, 256]; Rocques [ibid., 5, 216]; Delle [Rev. int. falsif., 13, 181].

TANIN. — Macagno [Bied. Centralbl., 212. 1880]; F. Jean [C. R., 93, 466; 94, 735 et 800]; A. Girard [C. R., 95, 185]; Roos, Cusson et Giraud [J. Pharm., (5), 21, 59]; Vigna [Staz. sperim. agrar., 19, 279; 28, 19]; Vogel [Zeit. angew. Chem., 44. 449, 1891]; Chiaromonte [Staz. sperim. agrar., 20, 357]: Manceau [C. R., 224, 646]; Kramsky [Zeit. anal. Chem., 44, 756]; Koebner [Chem. Zeit., 32. 77].

GLYCÉRINE. — Neubauer et Borgmann [Zeit. anal. Chem., 442, 1878]; Raynaud [Bull. Soc. Chim., (2), 33, 259]; Borgmann [Zeit. anal. Chem., 24. 239: 22. 58]; Bensemann [Dingl. polyt. Journ., 261. 404]; Samuelson [Chem. Zeit. 10., 933]; Barth [Chem. Centr., 504, 1886]; Weigert [ibid., 511, 1888]; von Tuerring [Zeit. angew. Chem., 352, 1889]; Olivieri et Spica [Chem. Centr., II, 641. 1890]; Baumert [Arch. Pharm., 280. 324]; Lecco [D. chem. G., 25, 2074]; Salvatori [Staz. sperim. agrar., 24, 141]; Paxton [Chem. News, 69, 235]; Laborde [J. Pharm., (6), 1, 568]; Partheil [Arch. Pharm., 233, 391]; Bordas et Raczkowski [C. R., 124, 240]; Böttinger [Chem. Zeit., 21, 658]; Fabris [L'Orosi, 25, 260]; Trillat [C. R., 135. 903]; Zeisel et Fanto [Zeit. anal. Chem., 42, 549]; Guglielmetti et Coppetti [Ann. Chim. anal., 9, 11]; Laborde [ibid., 10. 340]; Rocques [ibid., 10, 306]; Billon [Rev. int. falsif., 19, 57].

ACIDITÉ. — Nessler [Zeit. anal. Chem., 230, 1879]; Schneider [Chem. Centr., II. 277, 1890]; Runyan [Journ. Amer. Chem. Soc., 23, 402]; Carpentieri [Staz. sperim. agrar., 33, 307]; Partheil [Zeit. Nahrm., 5, 1053]; Partheil et Hubner [Arch. Pharm., 241. 412]; Billon [Ann. Chim. anal., 11. 127]; Guérin [J. Pharm., (6). 25, 491; 27, 237]; Heiduschka et Quincke [Arch. Pharm., 245. 458].

ACIDES FIXES. — Schmitt et Hiepe [Zeit. anal. Chem., 21, 534]; Müller [Bull. Soc. Chim., (3), 15, 1203]; Telle [J. Pharm., (6), 7, 165]: Mach et Portele [Landw. Versuchsstat., 37, 305]; Hilger [Zeit. Nahrm., 4, 49: Kunz] [ibid., 4, 673; 6, 721]; Mestrezat [C. R., 143, 185; 145, 260].

ACIDE CITRIQUE. — Klinger et Bujard [Zeit. angew. Chem., 514, 1891]; Spica [Gazz. chim. ital., 31, II. 61]: Schindler [Chem. Centr., II, 1016. 1902]: Robin [Ann. Chim. anal., 9, 453].

ACIDES VOLATILS. — Weigert [Zeit. anal. Chem., 207, 1879]; Landmann [ibid., 22. 516]; Böreker [C. R., 120, 1223]: Jay [Bull. Soc. Chim., (3), 13. 642]; Kleiher [Chem. Centr., II, 240, 1901]; Sellier [Ann. Chim. anal., 6, 451]; Curtel [ibid., 6, 361]; Rocques et Sellier [ibid., 6, 414]; Dugast [ibid., 7, 19]; Robin [J. Pharm., (6), 19, 531]; Windisch et Roettgen [Zeit. Nahrm., 9, 70 et 278]; Roos et Mestrezat [Ann. Chim. anal., 11. 41]; Hubert [ibid., 11, 245]; Saunier [ibid., 11, 326]; Bötticher [Zeit. anal. Chem., 44, 755].

ACIDE TARTRIQUE ET CRÈME DE TARTRE. — Mach [Bied. Centralbl., 207, 1880]; Nessler et Wachter [ibid., 301, 1880]: Amthor [Zeit. anal. Chem., 24. 195]: Pichard [C. R., 96. 792]; Claus [D. chem. G., 16, 1019]; Kayser [Anal. Zeitschr., 23, 28]; Haas [Chem. Centr., 1045, 1888]; Gans [Zeit. angew. Chem., 669, 1889]; Schneider [Chem. Centr., II, 277, 1890]; Vigna [Staz.

sperim. agrar., 19, 279]; Ackermann [Zeit. anal. Chem., 34, 405]: Haas [ibid., 35, 376]; H. Gautier [C. R., 124, 298]; Magnier de la Source [Rev. int. falsif., 10, 195; Ann. chim. anal., 5, 281; 7, 846]; Jay [Bull. Soc. Chim., (3), 17, 626]: Külisch [Zeit. angew. Chem., 1143, 1898; 6, 1899]; Hubert [Ann. Chim. anal., 11, 1].

ALCOOL. — Martin [Rev. int. falsif., 17, 48]; Duboux et Dutoit [Ann. chim. anal., 13, 4].

ALDÉHYDES. — Kieler [Chem. Centr., II, 368, 1896]; Mathieu [Rev. int. falsif., 17, 43]; Trillat [C. R., 135, 171].

DOSAGE DE DIVERS ÉLÉMENTS MINÉRAUX. — *Plâtre et sulfate de potasse* : Houdart [Bull. Soc. Chim., (2), 36. 546]; Hugounenq [J. Pharm., (6), 1, 349].

Chlore et chlorures : Solaro [Staz. sperim. agrar., 21, 154]: Denigès [Ann. Chim. Phys., (7), 6, 380]; Kleiber [Chem. Centr., II, 240, 1902].

Alun : Carles [J. Pharm., (5). 7, 373]; De Colli [L'Orosi, 15, 118]; F. Sestini [Gazz. chim. ital., 25, 257]; Georges [Bull. Soc. Chim., (3), 13, 692]; Lopresti [Staz. sperim. agrar., 33 373].

Acide phosphorique : Fresenius [Zeit. anal. Chem., 28, 67]; Morgenstern et Pavlinoff [J. Soc. chim. russe, 24. 314]; Sartori et Woy [Chem. Zeit., 25, 291 et 2630]; Woy [Zeit. öffentl. Chem., 21. 413].

Zinc, cuivre, fer, mercure, arsenic : Levat [C. R., 124, 242]; Gigli [Arch. Pharm., (3), 26, 273]; Bornträger [Chem. Zeit., 20, 398]; Vignon et Perraud [C. R., 128, 830]; Gayon et Laborde [Rev. Vitic., 10. 177; Ann. agron., 25, 142]; Vignon et Barillot [C. R., 123, 613]; Gibbs et James [J. Amer. Chem. Soc., 27, 1484]; Hubert et Alba [Mon. Scient., 20, (2), 799].

ACIDE SULFUREUX : Haas [D. chem. G., 15, 154]; Liebermann [ibid., 437, 439, 2583]; Wartha [ibid., 1898:— 16, 200]; Ripper [J. prakt. Chem., (2), 46, 428]; Paturel [Ann. Agron., 27. 305]; Mathieu [Ann. Chim. anal., 7. 364]; Kerp [Arb. a. d. Kaiserl. Gesundheitsamt, 21, 156]; Messio [Gazz. chim. ital., 37, II, 344]; Mathieu et Billon [Rev. de Viticult., 17, 686]; Laborde [ibid., 156 et 201, 1902; n° 583 et suiv. 1903]; Blarez et Tourrou [J. Pharm., (6), 9, 533].

ACIDE SALICYLIQUE : Robinet [C. R., 83, 1321]; Weigert [Zeit. anal Chem., 45, 1880]; Denucé [Chem. Centr., 265, 1882]; Remont [C. R., 95, 786]; Röse [Chem. Centr., 412, 1886]; Spica [Gazz. chim. ital., 25, I. 207]; Abraham [J. Pharm., (6). 8, 410]; Da Silva [C. R., 131. 423]; Pereira [Bull. Soc. Chim., (3), 25, 475]; Da Silva [Rev. int. falsif., 14, 68]; Pellet [Ann. Chim. anal., 6, 327, 328]; Da Silva [ibid., 6. 11]; Windisch [Zeit. Nahrm., 5. 653]; Pellet [Ann. Chim. anal., 6, 364]; Masthaum [Chem. Zeit., 27, 829]; Spica [Gazz. chim. ital., 33, II, 482]; Gorni [Rev. int. falsif., 19, 16]; Vitali [Chem. Centr., II, 1782. 1906]; Dubois [J. Amer. Chem. Soc., 28, 292]; Schmitz-Dumont [Zeit. öffentl. Chem., 21. 1903].

SACCHARINE. — Spaeth [Zeit. angew. Chem., 579, 1893]; Morpurgo [Chem. Centr., II, 531. 1897]: Vitali [Chem. Centr., I. 1297, 1899]; Wirthle [Chem. Zeit., 25, 816]; Bouchard et de Bounge [Bull. Soc. Chim., (3), 29, 9, 411]; Chace [Journ. Amer. Chem. Soc., 26, 1627]; Tagliavini [Boll. chim. farm., 46, 645]; Herzfeld et Wolff [Zeit. des Ver. d. d. Zuckerind., 558, 1898]; Emmet Reid [Amer. Chem. Journ., 21, 461]; Leys [C. R., 132, 1056]; Villiers, Magnier de la Source, Rocques et Fayolle [Rev. gén. de Chim. pure et appl., avril 1903].

FLUOR. — Nivière et Hubert [Mon. Scient., (4), 9, 1]; Quirino Sestini [L'Orosi, 19, 253]; Paris [Chem. Zeit., 23, 685; L'Orosi, 23, 1]; Windisch [Zeit. Nahrm., 4, 961; Bied. Centralbl., 31, 720]; Tusini [Staz. sperim. agrar., 35, 654]; Treadwell et Koch [Zeit. anal. Chem., 43. 469]; Vandam [Ann. Chim. anal., 12, 466].

MATIÈRES COLORANTES. — Barthélemy [C. R., 97, 752]; Jay [Bull. Soc. Chim., 42, 167]; Cazeneuve [C. R., 102, 52]; Blarez et Denigès [Bull. Soc. Chim., 46, 148]; Carles [J. Pharm., (5), 11, 109]; Samuelson [Chem. Zeit., 10. 998]; Vogel [D. chem. G., 21. 1745]; Weigert [Chem. Centr., 1592, 1888]; Monnet [Bull. Soc. Chim., (3), 2, 144]; Papasogli [L'Orosi, 14, 37]; Belar [Zeit. anal. Chem., 35, 322]; Da Cruz Magalhaes [C. R., 123, 896]; D'Aguiar et Da Silva [ibid., 124, 408]; Bellier [Ann. Chim. anal., 5, 407]; Gabutti [Staz. sperim. agrar., 37, 234]; Jean et Frabot [Ann. Chim. anal., 12, 52]; Ruizand [J. Pharm., (5), 29, 17].

1er juillet 1908. A. Fernbach.

VINYLACÉTIQUE (ACIDE), $CH^2=CH-CH^2.COOH$. — Pour préparer ce composé, on part du cyanure d'allyle $CAz-CH^2-CH=CH^2$ dont on fait le dérivé bibromé $CH^2Br.CHBr.CH^2.CAz$

par addition de brome, puis on forme l'acide correspondant $CH^2Br-CHBr.CH^2.COOH$, qu'on réduit ensuite par la poudre de zinc [Fichter et Sonneborn, *D. chem. G.*, 35, 938, 1902; — Lespieau, *Bull. Soc. Ch.*, (3), 33, 63, 1905].

On peut également préparer un composé magnésien avec 10 gr. de magnésium, 100 gr. d'éther absolu et 50 gr. de bromure d'allyle; pendant l'opération on fait passer un courant d'anhydride carbonique sec, qui se fixe sur le Grignard, on verse ensuite sur la glace et on épuise à l'éther. La liqueur magnésienne est acidulée à l'acide sulfurique, on retire l'acide par épuisement à l'éther : rendement 11 0/0 [Houben, *D. chem. G.*, 36, 2893, 1903].

L'acide vinylacétique est un liquide se congelant à — 39°. Il donne avec l'aniline une combinaison fusible à 93° [Autenrieth et Pretzell, *D. chem. G.*, 36, 1262, 1903].

Janvier 1908.   H. Billy.

VINYLE. — Nom du radical $CH^2=CH-$ de l'alcool vinylique $CH^2=CHOH$, alcool non isolé, mais dont la présence dans l'éther commercial a été affirmée par Poleck et Thümmel [voyez *Vinylique (alcool)*].

Oxyde de vinyle (éther vinylique) $CH^2=CH-O-CH=CH^2$. — Liquide bouillant à 39°, qui se produit par l'action de l'oxyde d'argent séché à 100° sur le sulfure de vinyle [Semmler, *Ann. Chem.*, 241, 114, 1887].

Sulfure de vinyle $CH^2=CH-S-CH=CH^2$. — Corps huileux à odeur éthérée qui bout à 101°. Il existe dans l'Allium ursinum, d'où on l'extrait en distillant la plante à la vapeur d'eau, et traitant par la potasse à plusieurs reprises l'huile essentielle, qu'on soumettra ensuite à la distillation fractionnée [Semmler, *Ann. Chem.*, 241, 92, 1887]. Par l'oxyde d'argent sec il se transforme en oxyde de vinyle.

Chlorure, bromure, iodure de vinyle. — Voyez ÉTHYLÈNE (*monochloré, monobromé, monoiodé*)   J. Lavaux.

VINYLE (ÉTHER). — Voyez VINYLE (OXYDE DE).

VINYLIQUE (ALCOOL) $CH^2=CHOH$. — L'alcool vinylique n'a pas été isolé : les alcools à fonction éthylénique enclavée dans la fonction alcool sont instables, et se transforment généralement en aldéhyde au moment de leur production :

$$R-CH=CHOH \quad \text{donne} \quad R-CH^2-CHO.$$

Pourtant Th. Poleck et K. Thümmel [*D. chem. G.*, 22, 286, 1889] indiquent la présence de l'alcool vinylique, comme une impureté constante, dans l'éther commercial. Il s'y produirait par oxydation de l'éther sous l'influence de l'air et de la lumière avec formation simultanée d'eau oxygénée :

$$\begin{matrix} CH^3-CH^2 \\ CH^3-CH^2 \end{matrix} > O + O^3 = 2\,CH^2=CHOH + H^2O^2$$

De même l'ozone, l'eau oxygénée, l'acide chromique transforment partiellement l'éther en alcool vinylique, d'après les mêmes auteurs. L'éther commercial brunit généralement par la potasse et donne de l'iode avec l'iodure de potassium. La première réaction serait due à l'alcool vinylique, la deuxième à l'eau oxygénée contenue en même temps dans l'éther.

L'alcool vinylique pourrait être enlevé à l'éther par des lavages répétés à l'eau, par contact avec de la potasse solide, par l'action du brome et par distillation avec la phénylhydrazine qui donne avec lui un composé soit identique, soit tautomère avec l'hydrazone de l'aldéhyde ordinaire.

Enfin, si l'on traite l'éther ordinaire par une solution alcaline d'oxychlorure mercurique (que l'on peut obtenir en mélangeant 1 volume d'une solution saturée de chlorure mercurique avec 4 à 5 volumes d'une solution saturée de bicarbonate de potassium), on obtient un précipité blanc amorphe $C^2H^3Hg^3Cl^2O^2$, auquel les auteurs attribuent la constitution $CH^2=CHO-O-Hg-O-Hg-HgCl^2$ (?).

Nous ferons remarquer que cette formule est inconcevable, le dernier atome Hg y était trivalent.

Cette combinaison se détruit par les acides en donnant des produits de polymérisation de l'alcool vinylique.

L'oxychlorure mercuro-vinylique donne, avec le brome, du bromal et du bromoforme, avec l'iode, de l'iodoforme; avec l'hydrogène sulfuré il fournit de la thio- et de la trithioaldéhyde. Avec le sulfure d'ammonium on obtient de l'acétamide, avec CrO^3 ou MnO^4K on recueille CO^2, de l'acide formique et surtout acétique.

La formation intermédiaire d'alcool vinylique dans l'aldolisation de l'aldéhyde a paru résulter, à J.-U. Nef, du fait suivant :

L'aldolisation se produit, d'après Wurtz, dans l'action de HCl à froid sur l'aldéhyde aqueuse, et d'après Lieben, Michael et Kapp, elle a lieu aussi sous l'influence des agents alcalins; or Nef a trouvé que dans le premier cas, si l'on opère en présence de HgO on n'obtient pas d'aldol, mais une combinaison basique de l'alcool vinylique qui aurait pour formule $(CH^2=CHO)^2 Hg.HgO$.

L'aldolisation, d'après l'auteur, se ferait en deux phases :

$$1°\quad CH^3-CH^2 \Big\langle {}^{OH}_{OH} = CH^2=CH.OH + H^2O$$

Hydrate d'aldéhyde.   Alcool vinylique.

$$2°\quad CH^2=CHOH + H.CH^2-CH \Big\langle {}^{OH}_{OH}$$

$$= H^2O + CH^3-CHOH-CH^2-CHO$$

Aldol.

[*Ann. Chem.*, 298, 316, 1897].   J. Lavaux.

VIOFORME. — Iodochloroxyquinoléine $C^9H^4Az(OH).ClI$, employée comme succédané de l'iodoforme.   M. Delacre.

VIOLAÏTE (Min.) (E. Fedorow). — Pyroxène très polychroïque (vert et jaune orangé), dans la roche des mines de cuivre de Kedabek, Arménie   L. Bourgeois.

VIOLAQUERCITRINE, $C^{27}H^{28}O^{16}$. — Retirée de la *Viola tricolor*, est identique à l'osyritrine et à la myrticolorine (voyez ce mot) [Perkin, *Proc. Chem. Soc.*, 17, 87, 1901].   M. Delacre.

VIOLURIQUE (ACIDE). — (Syn. *nitrosobarbiturique*), voyez BARBITURIQUE (ACIDE).

VIRGINIQUE (ACIDE). — Substance extraite des racines de senega (*Senegawurzel*) et encore peu étudiée [Procter, *Pharm. Post.*, 34, 320-31; 341-43; — Kaln, *Chem. Centr.*, 1898, II, 824]. Octobre 1907.   A. Hébert.

VIRIDINE. — Voyez l'art. PYRIDIQUES (BASES), 2° Suppl., 7, 199.

VISCOSE. — Voyez les articles HYDROCELLULOSE, DEXTRANE, FERMENTATIONS.

VISCOSITÉ. — Hagen et surtout Poiseuille ont montré que si l'on étudie l'écoulement d'un liquide dans un tube de très faible diamètre, on trouve que la quantité de liquide écoulée dans un temps donné est proportionnelle à la pression sous laquelle se produit l'écoulement, inversement proportionnelle à la longueur, et proportionnelle à la quatrième puissance du diamètre. Par une voie purement théorique G. C. Stokes (1847) était arrivé aux mêmes conclusions.

Si l'on appelle Q le nombre de millimètres cubes de liquide écoulé par seconde, on a :

$$Q = K \frac{HD^4}{l}.$$

Pour l'eau K est à 10° égal à 2495^{mm},22 quand H est exprimé en millimètres de mercure.

K représente un coefficient constant pour une substance donnée prise à la même température. Il augmente considérablement quand la température s'élève et pour l'eau par exemple cette variation est représentée par la formule

$$K = 1836,724 (1 + 0,0336793\, t + 0,0002209936\, t^2)$$

On pourrait se demander si, dans ce phénomène, il y a lieu de tenir compte de la nature de la paroi; en réalité les expériences de Couette ont montré que le frottement du liquide sur lui-même intervient seul. Ce frottement du liquide sur lui-même est le *coefficient de viscosité* η. On démontre que η représente la force à appliquer par centimètre carré de surface en supposant que la vitesse v du liquide parallèle à la paroi s'accroît d'un centimètre par seconde quand la distance à la paroi augmente aussi d'un centimètre (Bouty).

Le coefficient de viscosité η se rattache à la constante K précédente par une formule simple :

$$\eta = \frac{\pi}{128\, K}.$$

Pour exprimer ce coefficient en unités C. G. S., il faut exprimer la pression en dynes par centimètre carré, le diamètre et la longueur en centimètres. Pour l'eau, en partant de K = 1836^{mm}.714 à 0° et d'une pression de 1 mm. de mercure = 1334 dynes par centimètre carré en 4 mm.,

$$\eta = 0,01783.$$

La méthode de Poiseuille a été appliquée par un grand nombre d'expérimentateurs parmi lesquels on peut citer en particulier Sprung, Graham, Rellstab, Guérout, Wijvander, Pubsum et Handl, Schottner, Warburg, Villari, etc.

Dans ce qui suit nous étudierons plus particulièrement les relations trouvées entre la viscosité des liquides et leurs autres propriétés physiques ou chimiques.

Méthodes de mesure. — La figure 1 représente l'appareil employé par Poiseuille. L'ampoule de

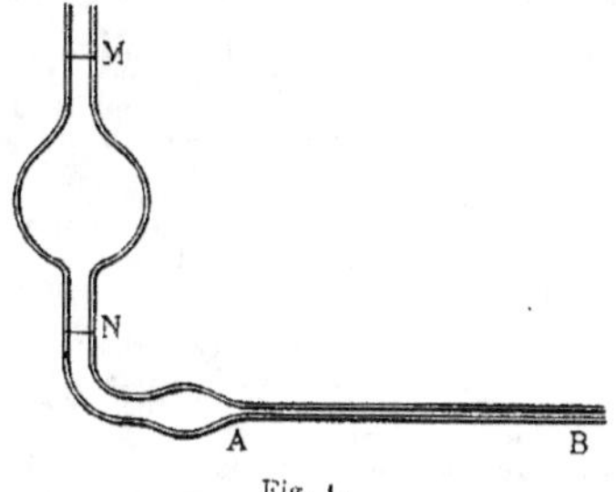

Fig. 1.

verre comprise entre les bouts MN était mesurée avec soin et raccordée avec le capillaire

AB dont la longueur et le diamètre étaient connus. On déterminait le temps nécessaire pour que le liquide s'écoule entre les traits M et N pour une pression déterminée.

Dans la pratique actuelle l'appareil a pris la forme de la figure 2 [Ostwald-Luther, *Physikochemische Messungen*, 2e éd., 260, 1902]. On introduit par f une quantité suffisante du liquide étudié et par a on aspire jusqu'à ce que le liquide dépasse le point c.

On laisse ensuite écouler le liquide et on observe au moyen d'un chronomètre le temps qui s'écoule entre le passage du liquide en c et en d.

(En pratique ce sont toujours des mesures relatives que l'on effectue et c'est en général l'eau qui sert de liquide de comparaison et dont on prend le coefficient de viscosité comme unité).

Soient t_0 le temps d'écoulement du liquide de comparaison (eau), d_0 son poids spécifique et η_0 son coefficient de viscosité à la température choisie.

Soient t, d et η les mêmes valeurs pour le liquide étudié :

$$\eta = \eta_0 \frac{d\, t}{d_0\, t_0}.$$

Fig. 2.

S'il s'agit de mesures absolues on prend pour η_0 la valeur absolue connue par les déterminations anciennes, et s'il s'agit de déterminations simplement relatives on l'égale à l'unité.

Le tube capillaire de l'appareil doit avoir 10 à 12 centim. de longueur et la boule comprise entre les traits c et d doit avoir un volume tel que le temps d'écoulement ne soit pas au-dessous de 100 secondes. Le point de raccordement d ne doit pas comporter d'étranglement et en c il ne doit rester aucune gouttelette liquide.

L'influence des poussières, cause de grandes difficultés pour les premiers expérimentateurs qui utilisaient l'appareil de Poiseuille à capillaire horizontal, est beaucoup moins sensible avec l'appareil vertical.

La température ayant une grande influence sur la viscosité (η varie en moyenne de 2 0/0 par degré), il convient d'opérer à température parfaitement constante et par suite de suspendre l'appareil de mesure dans un thermostat constitué simplement par un grand bécher. Pour les mesures à haute température dans des appareils clos, voyez Heydweiller [*Wied. Ann.*, **55**, 561, 1895] et Friedländer [*Zeit. phys. Ch.*, **38**, 399, 1901].

Viscosité et constitution. — Les premières recherches sur ce sujet datent de 1861, elles sont dues à Graham. Les corps homologues ont donné les résultats suivants (eau = 100) :

Alcool méthylique	63,0
— éthylique	119,5
— amylique	364,5
Formiate d'éthyle	51,1
Acétate —	55,3
Butyrate —	75,0
Valérate —	82,7
Acide acétique	128,0
— butyrique	156,5
— valérique	215,5

On voit que la viscosité croît avec le poids moléculaire.

Les expériences de Rellstab (1868), de Guérout (1875-1876), de R. Pribram et Handl (1878-1881) n'ont pas donné de résultats généraux, malgré qu'elles aient porté sur les corps organiques les plus variés.

L'insuccès relatif de ces mesures, au point de vue des relations constitutionnelles, est vraisemblablement dû à ce que les expériences ne portent pas sur des corps pris dans des états correspondants.

Ostwald [*Lehrb. d allg. Ch.*, 1, 556] pense que, pour obtenir des résultats plus comparables, il conviendrait d'opérer à la température d'ébullition ; cependant les recherches suivantes, dont quelques-unes ont été effectuées dans ces conditions, n'ont pas donné de meilleurs résultats.

Gartenmeister (1890) a étudié un grand nombre de corps organiques, carbures et dérivés halogénés (11), alcools (10), acides (15), éthers-oxydes (16), cétones (12), éthers (43) et enfin une série d'éthers méthyliques et éthyliques dérivés des acides acétylacétiques substitués.

Les résultats obtenus ne conduisent à aucune remarque vraiment générale.

Il en est de même des mesures de G. Lauenstein sur les sels de sodium d'un certain nombre d'acides organiques.

D'une longue série de recherches qui ont porté sur 70 liquides différents, T.-E. Thorpe et W. Rodger ont tiré quelques conclusions parmi lesquelles on peut citer les suivantes :

1° Les composés *iso* ont une viscosité moindre que les isomères normaux ;

2° La viscosité est d'autant plus faible que la molécule est plus symétrique ;

3° L'acide formique et ses éthers se conduisent d'une manière particulière, leur viscosité est plus élevée que celle des corps voisins.

En résumé il ne paraît pas y avoir de relations simples utilisables entre la constitution des corps et leur viscosité.

Mélanges. — Les recherches sur les mélanges de liquides n'ont pas donné de résultats simples non plus. On constate des maxima et des minima dont on a cherché à tirer parti pour caractériser des combinaisons définies. On a récemment fait une nouvelle application de ces recherches à la caractérisation d'hydrates (Varenne et Godefroy) en employant un appareil modifié, le *chronostiliscope*. Le même appareil a servi également [A. Kling, *Thèse de doctorat*, 1905, 34] pour caractériser les hydrates de l'acétol. Il convient cependant de n'appliquer ces méthodes qu'avec prudence ainsi que le fait remarquer Ostwald [*Allg. Ch.*, 1, 558].

Parmi ceux qui ont étudié la viscosité des mélanges on peut citer particulièrement C.-E. Linebarger, Thorpe, Rodger, Schall et Rijn, Kanitz, Dunstan, etc.

Viscosité et dissociation électrolytique. — Avant de passer aux applications de la viscosité à l'étude des lubrifiants, nous donnerons quelques indications sur les relations constatées entre la viscosité d'un milieu et la dissociation électrolytique des corps qui s'y trouvent dissous (voyez l'article DISSOCIATION ÉLECTROLYTIQUE, 2° Suppl., 3, 286).

Cette question a surtout été étudiée par Arrhenius [*Lehrb. Elektr.*, 1901] qui a déterminé l'influence des non-électrolytes sur le déplacement des ions dans le sein de solutions mixtes. On constate que parallèlement à l'augmentation de viscosité du solvant, le frottement électrolytique des ions augmente, leur mobilité diminue et avec elle la conductibilité. Ceci n'est cependant vrai que pour une faible proportion de non-électrolyte 1 0/0 par exemple ; quand on augmente cette concentration il se produit aussi une diminution dans le degré de dissociation qui ajoute son effet à celui de la viscosité pour diminuer la conductibilité finale.

Au point de vue quantitatif, il n'y a pas encore de relation simple générale entre ces divers facteurs ; des recherches récentes tendent de plus à donner une certaine part dans ce phénomène à l'hydratation des ions eux-mêmes.

W.-R. Bousfield [*Société royale de Londres*, fév. 1906] a pu ainsi montrer qu'entre la viscosité d'une solution et le *rayon* d'un ion hydraté il y avait proportionnalité.

Applications industrielles de la viscosité. — Dans toutes les industries qui utilisent les huiles végétales ou minérales, et particulièrement quand il s'agit de leur valeur comme lubrifiant, il est important de pouvoir déterminer leur viscosité ; on emploie pour cela des appareils appelés viscosimètres.

Le nombre de ces appareils est considérable, mais dans la réalité il n'y en a que quelques-uns d'utilisés généralement.

En Allemagne on emploie le modèle de Engler, aux Etats-Unis celui de Sayboldt ; en Angleterre celui de Redwood et en France l'ixomètre de Barbey, et aussi les appareils de Engler et de Chercheffsky.

On trouve la description des appareils de Engler, de Sayboldt et de Redwood dans l'ouvrage de Lewkowitsch [*Chem. Technologie d. Oele*]. Nous ne donnons ici que l'ixomètre de Barbey, et nous renverrons pour les autres à la Bibliographie qui termine cet article.

Ixomètre de Barbey. — L'ixomètre se compose essentiellement (fig. 3) d'un gros tube métallique vertical B, dans la partie supérieure duquel vient s'emmancher à frottement doux la tige d'un entonnoir à trop-plein F également en métal.

A sa partie inférieure, le tube B est relié par un large tube horizontal à un autre petit tube vertical D, calibré intérieurement sur un diamètre de 5 mm. Ce petit tube est ouvert aux deux extrémités. La partie inférieure porte un bouchon plein en cuivre tourné et rodé O ; la partie supérieure est munie d'un autre bouchon N, tourné également, mais percé au centre d'un trou de 4 mm. par lequel passe la tige d'acier E dont la pointe vient reposer au centre du bouchon inférieur O. Cette tige se trouve ainsi maintenue exactement dans l'axe du petit tube.

Ce dernier porte encore sur le côté, près du bouchon supérieur, une ouverture munie d'un petit déversoir G, assez large pour permettre l'écoulement facile de l'huile qui, après avoir été reçue dans l'entonnoir, traverse ensuite tout le système de tubes.

On adapte le tout sur un récipient cylindrique en laiton A dans lequel plongent les tubes et qui constitue un bain-marie, chauffé par un bec de gaz H, à une température constante. Le même récipient peut servir de réfrigérent et recevoir de la glace. Un thermomètre J permet de noter la température. L'huile à expérimenter est placée dans une boule à robinet L d'où elle s'écoule en excès dans l'entonnoir F pendant toute la durée de l'essai.

Un tube en verre gradué K sert à recueillir et à mesurer l'huile qui sort par le déversoir G du petit tube. Un godet M reçoit celle qui déborde du trop-plein de l'entonnoir F.

L'appareil est réglé au moyen d'une huile type ; en général c'est l'huile de colza brute pure, soutirée à clair et fraîchement préparée.

Le degré de fluidité est défini conventionnellement par le nombre de centimètres cubes d'huile écoulée pendant une heure à une température donnée : l'huile type précédente donne 100 à 38°.

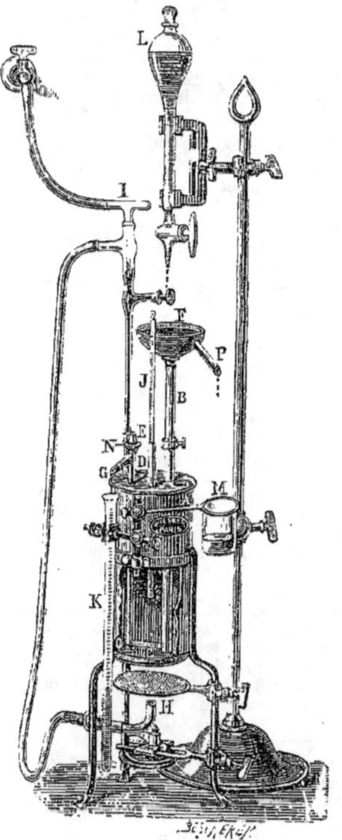

Fig. 3.

Dans le tableau suivant on trouvera les valeurs correspondantes pour un certain nombre d'huiles.

Huiles.	Densité à 15°.	Fluidité à 35°.
Huile type (colza)	0.9055	100
— de coco de Ceylan	0,898	137
— de palme	0,918	126
— d'arachide blanche	0,917	111
— d'olive comestible	0,9165	127
— de pieds de mouton pure	0.916	116
— — de bœuf	0,917	122
— de ricin rouge à graisser	0,964	15
— de schiste d'Autun	0,872	918
Oléonaphte n° 0 de Russie	0,912	30
Huile de Pechelbronn (été)	0,914	82
Valvoline Hamelle pour transmissions	0,867	86
Idem. pour cylindres	0.892	9
Huile minérale (magnéto)	0.874	135
Oléograisse verte américaine	0.892	36
Huile de vaseline	0,892	216
Idem.	0.853	660
Huile de poissons	0,927	160
Huile d'œillette (du Levant) comestible	0,925	155

On a proposé encore d'utiliser les viscosimètres pour d'autres liquides (sirops, glycérines, jus sucrés, etc.); pour les gommes, par exemple, Lunge a décrit un viscosimètre spécial. Enfin pour le lait on a également proposé un appareil, le lacto-viscosimètre de P. Micaulet.

BIBLIOGRAPHIE. — Poiseuille, Recherches expérimentales sur le mouvement des liquides dans les tubes de très petit diamètre, *Mémoires des savants étrangers*, 11, 433, 1846. — Analyse de ce mémoire par Regnault, dans les *Ann. de Phys. et de Chim.*, (3), 7, 50. — Hagen, *Pogg. Ann.*, 46. 437, 1839. — Couette, Th. de Doctorat, Paris. 1890, *Ann. de Chim. et de Phys.*, (6), 21, 43. — Bouty. *Cours de physique*. 4° éd., 1891, 1, 2° fasc., 122-141. — Sprung, *Pogg. Ann.*, 159, 1, 1877. — Graham, *Ann. Chem.*. 123. 105. — Rellstab, *Dissert.*, Bonn, 1868. — Guerout, *C. R.*. 78, 351 ; 79. 1201 ; 81, 1025 ; 83, 1291, 1874-1876. — Wijkander, *Beiblätter*, 3, 8. — Pribram et Handl, *Wiener Ber.*, 73. 1878. — Schottner, *ibid.*, 77 ; *Beiblätter*, 3, 59. — Warburg, *Pogg. Ann.*, 140. 367. 1870. — Villari. *Nuovo Cimento*, (2), 15, 263 ; 16. 23. — Graham, *Phil. trans.*, 373, 1861 ; *Ann. Chem.*, 123. 90. 1862. — Pribram et Handl, *Monats. f Chem.*, 2, 643. 1881. — Gartenmeister. *Zeit. Phys. Chim.*, 6, 531. 1890. — A. Heydweiller, *Wied. Ann.*, 55, 561, 1895 ; *Jahresb. der schles. Ges. f. vaterl. Kultur.*, 1896. — T.-E. Thorpe et J.-W. Rodger, *Roy. Soc.*, 27 mai 1896. — C.-A. Lauenstein, *Zeit. f. Ph. Ch.*, 9, 417, 1892. — Varenne et Godefroy, *C. R.*, 137, 993, 1903 ; 138, 79, 1904 ; 138. 990, 1904. — Kling, *Th. de doctorat*, 1905. — C.-E. Linebarger, *Sill. Amer. J.*, (4), 2, 331, 1896. — Schall et Rijn, *Z. f. phys. Ch.*, 23. 329, — Kanetz, *ibid.*, 22, 451. — Dunstan, *ibid.*, 49, 590.

VISCOSIMÈTRES. — Dollfus, *Dingl. Polyt. J*. 153, 231. — Vogel. *ibid.*. 168. 367. — Fischer. *ibid.*, 236, 487. — Lamansky. *ibid.*, 248. 29. — Lepenau. *Z. f. anal. Ch.*, 24. 465. — Redwood, *J. Soc. Chem. Ind.*, 121, 1886. — Mills, *ibid*. 148. 1886. — Hurst, *ibid.* 418, 1892. — Neumann Wender, *Chem. Zeit.*. 856, 1895. — Killing, *Chem. Rep.*. 314. 1894. — Redwood, *Petroleum.* 2, 602, 1896. — Meggitt. *J. Soc. Chem. Ind.*, 106, 1902. — Engler-Kunkler, *Dingl. Polyt. J.*, 176, 42, et *Bull. Soc. Chim.*. 6. 536, 1891. — Graber et Démichel, *Rev. Chimie anal.*. 233. 1896 et 225, 1897. — Engler-Ragosine, *Chem. Z.*, 628, 1901. — P. Micaulot, *Nouveautés chimiques*. 256. 1905. — Lunge, *Ann. Chim. anal.*, 1, 412. 1896. — Chercheffsky. *Nouveautés chimiques*, 100, 1898 : *Analyse des corps gras*, Paris, Baillère et fils.

Octobre 1907.   C. Marie.

VITELLIQUE (ACIDE). — Voyez NUCLÉO-PROTÉIDES.

VITEXINE, $C^{15}H^{14}O^7$. — Cette substance ainsi que l'*homovitexine* $C^{16}H^{16}O^7$ (fusible à 245-246°) se trouvent dans le bois « Puriri » (*Vitex littoralis*). Ce sont des matières colorantes.

La vitexine est une poudre cristalline jaune, difficilement soluble dans les dissolvants organiques. Par fusion avec la potasse elle donne de la phloroglucine, des acides acétique et paraoxybenzoïque. L'ébullition avec une solution de potasse donne la phloroglucine et la paraoxyacétophénone (fusibles à 107°).

Acétylvitexine. $C^{15}H^9(C^2H^3O)^5O^7$. — Aiguilles incolores fusibles à 251-256° [Perkin. *Proc. Chem. Soc.*, 183, 1898].   M. Delacre.

VITINE. — Seifert a séparé des grains de raisin de la vigne américaine et de ses hybrides [*Mon. f. Chem.*, 14, 719], par extraction à froid au chloroforme, puis traitement à l'alcool, une matière cristallisée qu'il a appelé vitine et qui se présente en fines aiguilles, insipides et inodores, fondant à 250-255°, de pouvoir rotatoire $[\alpha]_D = +39°.87$. de composition $C^{20}H^{32}O^2$, solubles dans l'acide sulfurique concentré et dans l'anhydride acétique bouillant et qui, par addition d'une grande quantité d'acide sulfurique, donne une coloration pourpre fluorescente. La vitine fournit un *dérivé monoacétylé* et des *sels d'ammonium, de calcium, de cuivre, d'argent*.

Octobre 1907.   A. Hébert.

VOLÉMITE, $C^7H^{16}O^7$. — Ce nom a été nné par Bourquelot à une substance retirée du *Lactarius volemus* desséché [*Bull. Soc. myc. de France*, 5, 132]. Elle se rencontre aussi dans les parties souterraines de quelques primulacées [Bougault et Allard, *C. R.*, 135, 796, 1902].

La volémite cristallise en fines aiguilles légèrement sucrées, fusibles à 140-142° (Bourquelot), à 151-153° (E. Fischer), à 154-155° Bougault et Allard); $[\alpha]_D = +2°,265$ (Bougault et Allard); ce pouvoir rotatoire n'est pas modifié par l'acide borique, mais il augmente en présence du borate de soude.

Son *acétal éthylique* fond à 190° (Bourquelot) à 206° (Bougault et Allard).

Son *éther acétique* fond à 62°.

Oxydée par l'acide nitrique dilué, la volémite est transformée en un sucre réducteur, le *volé-mose*, qui donne une *osazone*, $C^{19}H^{24}Az^4O^5$, fusible à 196° en se décomposant [Fischer, *D. chem. G.*, 28, 1973, 1895].

La bactérie du sorbose la convertit aussi en un sucre réducteur qui fournit la même osazone que le précédent; cette osazone fond à 205-206° [Bertrand, *C. R.*, 126, 762, 1898].

La volémite serait une heptite de constitution encore inconnue. 1er janvier 1908. P. Carré.

VOLÉMOSE. — Voy. VOLÉMITE.

VON DIESTITE (Min) (Cumenge). — Tellurure d'argent et de bismuth (40,25 0/0 Ag, 16,31 Bi, 34,6 Te, 4,3 Au) avec minerais de cuivre et pyrites aurifères, dans les filons des mines Hamilton et Little Gerald, dans la Sierra Blanca (Colorado). L. Bourgeois.

VULPINIQUE, VULPIQUE (ACIDES). — Voyez l'art. LICHENS.

W

WALKERITE (Min.) (Heddle). — Silicate voisin de la pectolite, $7\,SiO^3[Ca, Mg, Na^2, H^2], H^2O$, blanc de lait tirant sur le rosé, éclat nacré, dans une diabase, près d'Edimbourg. Dureté = 4.5. Densité = 2,712. L. Bourgeois.

WALOUÉWITE (Min.) (von Kokscharow). — Variété de xanthophyllite. L. Bourgeois.

WALTHERITE (Min.) (Vogl) — Carbonate de bismuth hydraté avec bismuthocre, de Joachimstahl. D'après M. Em. Bertrand, renferme deux substances prismatiques [*Bull. Soc. min.*, 1881, 4, 58], l'une brune, orthorhombique, prisme de 116°, clivable suivant p, m et g^1, l'autre verdâtre. L. Bourgeois.

WATTEVILLITE (Min.) (Singer). — Sulfate de calcium et sodium hydraté $SO^4[Ca, Na^2], 2H^2O$, petites aiguilles soyeuses blanches sur lignite, à Bauerburg, près Bischofsheim vor dem Rhön, Bavière. Soluble dans l'eau, puis la solution dépose du gypse. Densité = 1,81. L. Bourgeois.

WEIBYEÏTE (Min.) (Brögger). Fluocarbonate de cérium, lanthane, didyme, ayant probablement la même composition que la bastnaesite, mais dimorphe de celle-ci. Petits cristaux de $0^{mm},5$ ressemblant à du zircon, intimement associés à de la parisite et à de l'eudidymite. Les cristaux sont souvent recouverts d'une croûte ocreuse, mais l'intérieur est transparent, de couleur brune, très réfringent; ressemble sous ce rapport à la parisite. Trouvé seulement à l'île Ovre-Arö, Langesundfjord, Norvège.

Caractères. — Ceux de la bastnaesite.

Forme cristalline. — Prisme orthorhombique, presque quadratique : $a : b : c = 0,9999 : 1 : 0,64$. Faces : $b^1/_2\,m\,h^9\,a^1/_2$ ou $e^1/_4$. L. Bourgeois

WELLSITE (Min.) (Penfield, Pratt et Foote). — Silicate d'aluminium, baryum, calcium et potassium hydraté, avec un peu de strontium et de sodium, $RO.Al^2O^3.3\,SiO^2, 3H^2O$, où $R = {}^1/_7$ Ba, ${}^3/_7$ Ca et ${}^3/_7$ K^2, zéolite voisine de la phillipsite et de l'harmotome, cristaux transparents ou translucides, incolores, éclat vitreux, fiables, trouvés avec orthose, albite, hornblende, corindon, etc., dans une péridotite à la mine de corindon de Buck Creek (Cullakanee), comté de Clary, Caroline du Nord.

Caractères — Attaquable par l'acide chlorhydrique concentré froid avec dépôt de silice pulvérulente. Dans le tube donne de l'eau (qu'elle peut reprendre, si l'on n'a pas dépassé 265°). Au chalumeau, s'exfolie, puis fond en une perle incolore; colore la flamme en jaune pâle. Dureté = 4-4,5. Densité = 2,278-2,366.

Forme cristalline. — Prisme clinorhombique : $a : b : c = 0,718 : 1 : 0,768$; $\beta = 53°27'$. Faces : $g^1 p h^1 m e^1$. Macles constantes p et e^1, avec pénétration en croix, simulant une symétrie quadratique, comme dans l'harmotome et la phillipsite. L. Bourgeois.

WILLYAMITE (Min.) (Pittman). — Sulfoantimoniure de nickel et de cobalt, $[Ni, Co][Sb, S]^2$, le nickel et le cobalt sont à poids égaux, l'antimoine prédomine fortement sur le soufre. Trouvé avec discrase, dans un filon de sidérose et calcite, à Broken Hill ou Willyama, Nouvelle-Galles du Sud. Cristaux du système cubique, clivage cubique parfait, éclat métallique, couleur blanc d'étain à grisâtre. Dureté = 5.5. Poussière blanc grisâtre. Densité = 6,87. L. B.

WINCHITE (Min.) (L.-L. Fermor). — Amphibole bleue des Indes centrales, voisine de la trémolite. mais renfermant du fer, du sodium, du potassium et du manganèse. L. B.

WOLFRAM. — Voyez TUNGSTÈNE.

WRIGHTINE. — Voyez CONESSINE.

X

XANTHÈNE. — Voy. 2° Suppl., 2, 271 : OXYDE DE DIPHÉNYLMÉTHANE.

XANTHINE. — Voyez l'art. PURINES.

XANTHIQUES (ACIDES). — Voyez XANTHOGÉNIQUES (ACIDES).

XANTHOARSÉNITE (Min.) (Igelström). — Arséniate basique de manganèse, magnésium, fer, avec un peu d'antimoine. $5[Mn, Mg, Fe]O . [As, Sb]^2 O^5 . 5H^2O$. Cristaux prismatiques indistincts, transparents, jaune de soufre, avec hausmannite, magnétite, oligiste, dans un calcaire primitif, à Sjögrufvan, près Grythythan, gouvernement d'OErebro, Suède. Soluble dans l'acide chlorhydrique, au chalumeau, très fusible en scorie noire, non magnétique, avec odeur arsenicale. Donne de l'eau dans le tube. Réactions du manganèse. L. Bourgeois.

XANTHOGALLOL. — Voyez l'art. PYROGALLOL.

XANTHOGÉNIQUES (ACIDES) $RO.CS.SH$. — Appelés aussi acides xanthiques et traités à CARBONE, Dict., **1**, 747 ; 1er Suppl., 427, 2° Suppl., **2**, 1003.

Pour préparer les xanthogénates d'alcools aromatiques ou terpéniques et de cyclanols, Tschugaeff dissout le sodium dans l'alcool mêlé de toluène sec. Après avoir séparé le liquide du sodium excédant, on ajoute la dose nécessaire du sulfure de carbone. En faisant réagir les iodures alcooliques sur les sels formés, on prépare des éthers. Ces éthers, ainsi que les dérivés dixanthiques, soumis à la distillation sèche, fournissent sans transposition moléculaire les carbures non saturés correspondant aux alcools employés :

$$C^n H^{2m-1}O . CS . SR = C^n H^{2m-2} + COS + RSH$$

$$(C^n H^{2m-1}O . CS^2)^2$$
$$= C^n H^{2m-2} + C^n H^{2m-1}OH + COS + CS^2 + S$$

[Tschugaeff, *D. chem. G.*, **32**, 3332 ; **33**, 735, 3118, 1899 ; *Journ. Soc. phys. chim. russe*, **31**, 959, 964, 1899 ; **32**, 79, 338, 360, 362, 654, 1900 ; *Bull. Soc. Chim.*, (3), **24**, 98, 632, 666, 1900 ; **26**, 184, 185, 186, 298, 502, 1901].

Pour préparer les xanthogénates aromatiques, on fait réagir les xanthogénates alcalins sur les sels de diazoïques :

$$R . Az^2 . Cl + NaS . CS . OC^2H^5$$
$$= R . S . CS . OC^2H^5 + NaCl + Az^2.$$

Ces éthers ne sont pas distillables mais sont avantageux pour préparer les thiophénols [R. Leuckart, *J. prakt. Chem.*, (2), **41**, 179, 1890]. Voy. encore E. Bourgeois [*Rec. Pays-Bas*, **18**, 426, 1899].

Par l'action de l'éthylxanthogénate de potassium sur les acides monohalogénés et leurs dérivés, J. Tröger et F. Wolkner n'ont guère obtenu que des huiles [*J. prakt. Chem.*, (2), **70**, 442, 1904] ; B. Holmberg a eu de meilleurs résultats [*ibid.*, (2), **71**, 264-295, 1905].

Action des xanthogénates sur des dérivés monochloracétiques. — Voy. H. Frerichs et O. Renschler [*Arch. Pharm.*, **244**, 77, 1906].

Combinaisons de la xanthogénamide avec quelques sels cuivreux. — [A. Rosenheim et W. Stadler, *Zeit. anorg. Chem.*, **49**, 1, 1906].

Sel de platine $(C^2H^5.O.CS.S)^2 Pt$. — Fond à 129-131° [L. Bamberg, *Zeit. anorg. Chem.*, **50**, 439, 1906].

N. Vianello Moro a étudié la vitesse de formation des xanthogénates alcalins [*Gazz. chim. ital.*, **25**, I, 494, 1895].

L'aniline change le xanthogénate de potassium en phénylthiosulfocarbamate [B. Rathke, *D. chem. G.*, **11**, 958, 1878].

Voy. encore : *Préparation du xanthogénate de potassium pour le dosage du nickel* [E. Campbell, *J. Am. Chem. Soc.*, **17**, 125, 1895 ; **22**, 307, 1900]. Emploi des xanthogénates pour le dosage du cuivre [B. Oddo, *Att. Ac. Lincei*, (5), **12**, I, 435, 1903]. Les xanthogénates antiseptiques et réactifs des albuminoïdes [P. Zöller, *D. chem. G.*, **9**, 1080, 1876 ; **13**, 1062, 1880].

Xanthogénates acides du type $C^2H^5 O.CO.S -R'' - CO^2H$. — [Billmann, *Ann. Chem.*, **348**, 133, 1906].

Juin 1907. M. Delépine.

XANTHOLITE (Min.) (Heddle). — Variété de staurotide riche en chaux et magnésie, de Miltown, Ecosse. L. Bourgeois.

XANTHONE. — Voy. 2° Suppl., **2**, 577 : OXYDE DE DIPHÉNYLÈNE-CÉTONE.

XANTHOPURPURINE. — Voyez l'art. ANTHRAQUINONE, 2° Suppl., **1**, 328.

XANTHORHAMNINE. — La xanthorhamnine est un glucoside qui se trouve dans les fruits du *Rhamnus infectoria* (connus dans le commerce sous les noms de graines de Perse et de graines d'Avignon).

Elle est légèrement dextrogyre, $\alpha_D = +3°,75$. Elle est dédoublée par la rhamninase en rhamninose et en rhamnétine. Son hydrolyse est ralentie par la présence du rhamninose et non par celle du glucose [Meulen, *Rec. Pays-Bas*, **24**, 444, 1905].

Sa solution aqueuse chauffée à 50° commence à se troubler au bout de 5 heures ; il se dépose un précipité cristallin qui constitue un nouveau glucoside dont la composition centésimale est très voisine de celle de la xanthorhamnine. Cette observation confirme l'existence de deux xanthorhamnines α et β admises par Schützenberger [Tanret, *Bull. Soc. Chim.*, **21**, 1073, 1890].

Son *sel de potassium* a été obtenu par double décomposition avec l'acétate de potassium [Perkin, *Chem. Soc.*, **75**, 433, 1899]. P. Carré.

XÉNON. — $X = 128$. Le xénon (*étranger*) a été trouvé dans les parties les moins volatiles des gaz de l'air soumis à la liquéfaction et fractionnés. En opérant sur $11^{kg},3$ d'air liquide, on a obtenu $0^{gr},0005$ de xénon. L'air contient donc $0,0000026$ 0,0 de son poids de ce gaz, soit 1 partie dans 40 millions de parties d'air, ou en volume 1 partie dans 170 millions de parties [Ramsay, *Ch. News*, **87**, 159, 1903 ; *Z. phys. Ch.*, **80**, 1903 ; voy. aussi *Conférences de la Soc. Chim. de Paris*, 1903 et Ramsay et Travers, *Ch. News*, **78**, 154, 1898].

Le xénon est un gaz incolore et inodore.

$D = 64$ pour $O = 16$. — Il bout à 163°,9 en température absolue : à —100°,1 C. (Ramsay). Température critique absolue = 287°.7. Pression critique en mètres de mercure = 43,5. Densité à l'état liquide : 3,52. Réfractivité : 2,364 par rapport à l'air.

Le xénon donne dans le tube de Plücker une lumière bleu de ciel. Son spectre comprend 3 lignes dans le rouge et 5 lignes très brillantes dans le bleu [Ramsay et Travers, *loc. cit.* : voy. aussi Liveing et Dewar, *Proc. Roy. Soc.*, 68, 389 : — Baly, *Ch. News*, 88, 26, 1903].

Les propriétés chimiques du xénon sont nulles. — Il n'est pas radio-actif [Ramsay, Soddy, *Z. ph. Ch.*, 47, 490, 1904]. — Sur la place du xénon dans le système périodique voy. Ramsay et Travers [*Z. ph. Ch.*, 38, 641, 1903] et Békétoff [*Journ. Soc. phys. chim. russe*, 34, 432, 1902].

Janvier 1907.   R. Marquis.

XÉRONIQUE (ACIDE). — Voyez OCTYLÉNIQUES (ACIDES), 2ᵉ Suppl., 6, 585.

XYLANE, *gomme de bois.* — Le xylane se rencontre en général dans tous les produits végétaux qui donnent du xylose par ébullition avec les acides; la paille en fournit de 11 à 16 0/0 [Allen et Tollens, *D. chem. G.*, 23, 137, 1890]; le bois de peuplier 16 0/0 [Koch, *D. chem. G.*, 20, 145]. D'après Winterstein, la cellulose brute des graines de lupin renfermerait le xylane sous deux modifications distinctes [*Zeit. physiol. Chem.*, 17, 381].

On le prépare en épuisant la sciure de bois ou la paille hachée par les alcalis. Elle retient toujours une petite quantité de glucosanes qu'on ne peut séparer [Salkowski, *Zeit. physiol. Chem.*, 34, 162, 1901].

Le pouvoir rotatoire de ses solutions aqueuses varie de —60 à —96°. Les acides à l'ébullition le déshydratent avec formation de furfurol [Wheeler et Tollens, *Ann. Chem.*, 254, 320, 1899; — Günther et Tollens, *D. chem. G.*, 24, 3575, 1891]. L'hydrolyse le transforme en xylose. L'acide azotique et l'anhydride acétique réagissent sur le xylane pour donner des composés amorphes [Will et Lenze, *D. chem. G.*, 34, 68, 1888; — Bader, *Zeit. Chem.*, 55, 78, 1890].

La composition du xylane serait variable avec son origine; le xylane retiré de la paille de blé renferme $C^5H^8O^4$ (Tollens), $C^{10}H^{18}O^9$ (Salkowski); la gomme de bouleau renfermerait $C^4H^6O^3$; celle des tiges de maïs $C^5H^8O^4$ et celle de l'ivoire végétal $C^6H^{10}O^5$ [Johnson, *Am. Chem. J.*, 18, 214, 1896].

Transformation dans l'organisme : Florotzoff [*Zeit. f. physiol. Chem.*, 34, 181, 1901].

1ᵉʳ janvier 1908.   P. Carré.

XYLASE. — Voyez l'art. XYLOSE.

XYLÈNE. — Voyez Dict. et 1ᵉʳ Suppl., XYLÈNE.

ORTHOXYLÈNE. — *Propriétés physiques.* — Il fond à —28°.5 [Colson, *An. Ch. Ph.*, (6), 6, 128]. Comp. Altschul et Schneider [*Zeit. ph. Ch.*, 16, 24]; il bout à 114° ($H = 756^{mm},2$). $D_0 = 0,8932$. — Coefficient de dilatation [Pinetti, *Ann. Chem.*, 243, 50]. Ebullition et densité sous pression réduite : Neubeck [*Zeit. ph. Ch.*, 4, 660]. Tension de vapeur : Woringer [*Zeit. ph. Chem.*, 34, 263]. Température critique : Altschul [*Zeit. ph. Ch.*, 44, 950]; Brown [*Proc. Chem. Soc.*, 89, 311, 1906]. Chaleur latente de vaporisation : Brown [*Journ. Chem. Soc.*, 87, 265, 1905]. Constante de capillarité : R. Schiff [*Ann. Chem.*, 223, 66]; Rob. Feustel [*An. der Phys.*, (4), 16, 61, 1904]. Constante diélectrique et pouvoir réfringent [Landolt et Jahn, *Z. ph. Ch.*, 10, 300; — Drude, *Zeit. ph. Chem.*, 23, 309; — Brühl, *J. prakt. Ch.*, (2), 50, 140.] Pro-

priétés magnétiques : Schonrock [*Zeit. ph. Ch.*, 41, 785]; Perkin [*J. Chem. Soc.*, 69, 1241; 77, 277]; Freitag [*Chem. Centr. Bl.*, II, 156, 1900]. Spectre d'absorption des vapeurs : L. Grœbe [*Zeit. f. Wissensch. Photographie. Photophysik u. Photochemie*, 3, 376, 1905]; Baly et Ewbank [*Proc. Chem. Soc.*, 21, 210, 1905].

Voyez aussi sur les xylènes en général : B. Moore et H.-E. Roaf [*Proc. Roy. Soc. London*, 77 (série B); 80, 1905]; H.-M. Ward [*Proc. Cambridge Philos. Soc.*, 13, 81, 1905]; Stohmann [*J. prakt. Ch.*, (2), 35, 41].

Propriétés chimiques. — L'acide iodhydrique réagit vers 250-280° en tube scellés sur l'o-xylène avec formation de toluène, de méthyl et diméthylcyclohexane; en même temps prend naissance du méthylpentaméthylène [Markownikow, *D. chem. G.*, 30, 1218]. L'acide azotique étendu et chaud donne des dérivés nitrés dans la chaîne grasse; l'acide azotique concentré et froid ne donne pas de nitrodérivé dans le noyau solide. Par oxydation électrolytique, en présence d'acétone, l'o-xylène donne de l'aldéhyde o-toluylique et probablement ensuite un peu d'une dialdéhyde [H. D. Law et F. Mollwo Perkin, *Transactions of the Faraday Society*, 1, 1904].

Pour l'oxydation de l'o-xylène voyez aussi Thiele [*Ann. Chem.*, 314, 358, 1900], P. Claussner [*D. chem. G.*, 38, 2860, 1905] et H.-D. Law et Fr.-M. Perkin [*Chem. Soc.*, 91, 258, 1907].

L'o-xylène se combine avec le triphénylméthyle en donnant une combinaison de formule $2[(C^5H^5)^3.C]^2 + C^6H^4(CH^3)^2$ [M. Gomberg et L. H. Cone, *D. chem. G.*, 38, 1333, 1905]. L'hydroxylamine, en présence de chlorures $AlCl^3$ ou $FeCl^3$, donne du xylène-1.2-aminé-4 [E. Grœbe, *D. chem. G.*, 34, 1778, 1901].

Dérivés de l'o-xylène.

1. DÉRIVÉS HALOGÉNÉS. — Sur la chloruration des xylènes, voyez Em. Goldberg [*Zeit. f. Wissensch. Photographie, Photophysik und Photochemie*, 4, 61, 1906].

CHLORÉS. — a) *dans le noyau.* — Koch a pu isoler des produits bruts de chloruration de l'o-thoxylène un *dérivé dichloré* $C^6H^2Cl^2(CH^3)^2$ se différenciant de celui de Claus et Kautz par son point de fusion : longues aiguilles fusibles à 73° [*D. chem. G.*, 23, 2321].

Dérivé tétrachloré. — $D = 1,601$; chaleur spécifique et chaleur de fusion : Colson [*Jahresb.*, 752, 1887].

b) *Dans la chaîne grasse.*

$C^6H^4(CHCl^2)^2$. — C'est un des produits de chloruration de l'o-xylène par PCl^5 à 150° [Colson et Gautier, *Ann. Chim. Phys.*, (6), 11, 25]. Cristaux tricliniques [Wilk, *D. chem. G.*, 18, 2879].

$CHCl^2.C^6H^4.CCl^3$. — Se forme comme le précédent par l'action de PCl^5 sur le carbure. Cristaux monocliniques fusibles à 53°,6 (Colson et Gautier).

BROMÉS. — a) *Dans le noyau.*

$C^6H^2Cl_{(4)}Br_{(5)}(CH^3)^2$. — Longues aiguilles fusibles à 75°.

$C^6HCl^2_{(4.5)}Br_{(3)}(CH^3)^2$. — Cristaux fusibles à 90° [Claus et Groneweg, *J. pr. Ch.*, (2), 43, 259].

$C^6H(CH^3)^2_{(1.2)}Br^3_{(3.4.6)}$. — Aiguilles fusibles à 86° [F.-M. Jæger et Blauksma, *Rec. Trav. Chim. P. B.*, 25, 352, 1906].

$C^6H(CH^3)^2_{(1.2)}Br^3_{(3.4.5)}$ fond à 105°.

b) *Dans la chaîne grasse.*

$C^6H^4(CH^2Br)^2$. — *Bromure de xylylène.* (Voyez

aussi XYLYLÈNE). Il se forme par l'action du brome sur le xylène, soit à chaud, soit à la lumière du soleil [Schramm, *D. chem. G.*, **18**, 1279; — Perkin. *J. Chem. Soc.*, **53**. 5].

$C^6H^4(CHBr^2)^2$. — Cristaux fusibles à 115-117°. facilement solubles dans le chloroforme, peu solubles dans l'alcool [Gabriel et Müller, *D. chem. G.*, **28**, 1830].

IODÉS. — $C^6H^3I_{(3)}(CH^3)^2$. — S'obtient à partir de la xylidine correspondante au moyen du diazo. Liquide bouillant à 125-126° (H = 15 mm.) [Klages et Liecke, *Journ. prakt. Chem.*, (2), **61**, 323].

$C^6H^3I_{(4)}(CH^3)^2$. — On iode le xylène par l'iodure de soufre et l'acide azotique en présence de benzène. Huile bouillant à 225° [Edinger et Goldberg. *D. chem. G.*. **33**. 2880].

DÉRIVÉS HALOGÉNÉS D'ADDITION. — Le seul connu est l'hexachlorure de Radziewanowski et Schramm [*Centr. Bl.*. **1**, 1019. 1898] obtenu par chloruration directe du xylol au soleil. Cristaux rhombiques fusibles à 194°.5. bouillant à 260-265°.

2° DÉRIVÉS NITRÉS ET HALOGÉNONITRÉS.
a) *Dans le noyau.*
$C^6H^2(AzO^2)^2(CH^3)^2$. — Longues aiguilles fusibles à 71° [Drossbach, *D.chem. G.*. **19**. 2519]. Ce dinitrodérivé est vraisemblablement identique à celui obtenu plus récemment par E. Noelting et G. Thesmar et auxquels ces savants assignent la formule $C^6H^2(AzO^2)^2_{(5.6)}(CH^3)^2_{(1.2)}$ [*D. chem. G.*, **35**. 628. 1902]. Il fond à 75-76°.

$C^6H^2(CH^3)^2_{(1.2)}(AzO^2)^2_{(4.3)}$. — Fines aiguilles blanches fusibles à 115-116° (Noelting et Thesmar).

$C^6H(AzO^2)^3(CH^3)^2$. — Petites houppes fusibles à 178°. presque insolubles à froid dans l'alcool.

$C^6H^2Cl_4AzO^2_{(3)}(CH^3)^2$. — Obtenu par nitration du chloroxylène correspondant. Aiguilles fusibles à 155° [Claus et Berkefeld. *J. pr. Ch.*. (2). **43**. 583].

$C^6HCl_{(4)}Br_{(5)}AzO^2(CH^3)^2$. — Petits prismes fusibles à 223° [Claus et Berkefeld. *J. pr. Ch.*; (2). **43**, 257].

b) *Dans la chaîne grasse.*
$C^6H^4(CH^3)(CH^2.AzO^2)$. — Ce corps prend naissance par nitration du xylène. Il fond à 12-14° et bout à 145-146° (H = 23 mm). $D_0^{18} = 1.1423$. $N_D^{18} = 1.5439$. L'*isonitrodérivé* correspondant $C^6H^4(CH^3)[CH = AzO(OH)]$ fond à 61-65°. Konowalow a signalé les sels de K, Cu, Ag, Hg', Sn. Le brome. l'acide azotique attaquent le nitrodérivé en donnant des produits de substitution [*J. Soc. ph. ch. russe.* **37**, 530 et 537. 1905; — Comparer Goldberg. *D. chem. G.*. **33**. 2820].

$C^6H^3(AzO^2)_{(4)}CH^3_{(1)}CH^2.AzO^2_{(2)}$. — Cristaux fusibles à 58-59° [M. Konowalow et Sentschikowski, *Journ. Soc. ph. ch. russe.* **36**. 462. 1904].

$C^6H^3Br_{(3)}.CH^3_{(2)}CH^2.AzO^2_{(1)}$. — S'obtient par nitration du bromoxylène-(1.3.4). Cristaux fusibles à 65° [M. Konowalow. *J. Soc. ph. ch. russe.* **36**. 537. 1904].

3° DÉRIVÉS SULFONÉS.
$C^6H^3(CH^3)_{(1.2)}(SO^3H)_4$. — Produits d'oxydation [C. Graebe et H. Kraft, *D. chem. G.*. **39**. 2507. 1906].

$C^6H^2(CH^3)^2(SO^3H)^2_{(4.6)}$. — On l'obtient en sulfonant l'acide 1.2-xylène-4-sulfonique par la monochlorhydrine sulfurique. Les sels de K. Ba et Pb cristallisent avec $3H^2O$. Le *chlorure* $C^6H^2(CH^3)^2(SO^2Cl)^2$ forme de gros prismes fusibles à 79°; la *sulfamide* est en cristaux confus fusibles à 239° [Pfammenstill, *J. pr. Ch.*; (2). **46**. 155].

$C^6H^2(Br)(SO^3H)(CH^3)^2$. — Un acide isomérique de celui signalé dans le dictionnaire a été mentionné par Kolbe et Stein [*D. chem. G.*. **19**, 2138]: son *sel de baryte* cristallise avec $4H^2O$ et son *amide* est en aiguilles fusibles à 186°.5.

4° DÉRIVÉ SULFINIQUE.
$[C^6H^3(CH^3)_{(1.2)}]SO^2H_{(3)}$. — Fusible à 105° [Moschner. *D. chem. G.*. **34**. 1257, 1901].

DÉRIVÉS AMINÉS.
Voyez XYLIDINE et XYLYLAMINES.

6° DÉRIVÉS AZOÏQUES.
$C^6H^3(CH^3)^2_{(1.2)}Az_{(3)} = Az_{(3)}C^6H^3(CH^3)^2_{(1.2)}$. — Aiguilles orangées, fusibles à 110-111° [Noelting et Stricker, *D. chem. G.*, **24**, 3139].

$C^6H^3(CH^3)^2_{(1.2)}Az_{(4)} = Az_{(4)}C^6H^3(CH^3)^2_{(1.2)}$. — Aiguilles rouges fusibles à 140-141° [Noelting et Stricker: — Elbs et Kopp, *Chem. Centr. Bl.*, II, 776. 1898].

$C^6H^3(CH^3)^2_{(1.2)}Az_{(4)} = Az.C^{10}H^6(OH)_{(2)}$. — Chaleur de combustion à pression constante 2288 Cal,9 [Lemoult, *C. R.*, **143**, 603, 1906].

MÉTAXYLÈNE. — *État naturel* [P. Poni, *Ann. Scient. Université Jassy*, **2**, 1902].
Propriétés physiques. — Voyez la bibliographie à o-XYLÈNE. Il ne se solidifie pas à — 80°. Il bout à 139°,3: $D_4 = 0.8779$ [Voyez aussi Dutoit et Friederich, *C. R.*, **130**. 328; — Turner. *Z. ph. Ch.*, **34**, 257].

Propriétés chimiques. — Action du chlore au soleil : Radziewanowski et Schramm [*Chem. Centr. Bl.*, I, 1019, 1878]. — Pour l'oxydation du m-xylène voyez la bibliographie à o-XYLÈNE.
Triozonide. $C^6H^4(CH^3)^2.(O^3)^2$ (?) [C. Harries, *Ann. Chem.*. **343**, 311. 1906].

L'hydroxylamine en présence de $AlCl^3$ le transforme en amine [C. Graebe. *D. chem. G.*, **34**, 1778. 1901]. Le mercure fulminant donne un mélange d'oxime et de nitrile [R. Scholl et F. Kacer, *D. chem. G.*, **36**, 322. 1903].

Le soufre réagit sur le m-xylène avec formation du m-diméthyldibenzyle et de m-diméthylstilbène [L. Aronheim et A. S. Van Merop, *Rec. Pays-Bas.* **21**. 448, 1903].

Il donne une combinaison double avec le triphénylméthyle $C^6H^4(CH^3)^2 + 2[(C^6H^5)^3C]$ [M. Gomberg et L. H. Cone. *D. chem. G.*, **38**, 1333, 1905].

Dérivés du m-xylène.

DÉRIVÉS HALOGÉNÉS.
CHLORÉS. — a) *Dans le noyau.*
$C^6H^3Cl_{(4)}(CH^3)^2_{(1.3)}$ [Klages, *D. chem. G.*, **29**, 310].

$C^6H^3Cl_{(6)}(CH^3)^2_{(1.3)}$. — Peut s'obtenir en partant de la xylidine correspondante (échange de AzH^2 contre Cl). Il bout sous 755 mm. à 190-191° [Klages, *loc. cit.*; Klages et Knoevenagel, *D. chem. G.*, **27**. 3024].

$C^6H^2Cl^2_{(4.6)}(CH^3)^2_{(1.3)}$. — On l'obtient en chlorant le xylène en présence du fer [Claus et Burstert. *J. prakt. Ch.*, (2), **44**, 556] ou en présence d'iode [Koch, *D. chem. G.*, **23**, 2319]. Lamelles fusibles à 68°.

$C^6H^2Cl^2_{(2.4)}(CH^3)^2_{(1.3)}$. — Se forme par isomérisation du précédent sous l'influence de SO^4H^2. Liquide se congelant à — 20°, bouillant à 221°,5 (Koch).

$C^6HCl^3_{(2.4.6)}(CH^3)^2_{(1.3)}$. — Longues aiguilles fusibles à 117° [Claus et Bustert. *loc. cit.*].

$C^6Cl^5(CH^3)^2$. — Aiguilles fusibles à 210°.
b) *Dans la chaîne latérale.*
$C^6H^4(CHCl^2)^2$. — Liquide bouillant à 273°, d = 1.536 [Colson et Gautier, *Bull. Soc. Chim.* (2). **45**. 509].

BROMÉS. — a) *Dans le noyau*.

$C^6H^3Br_{(5)}(CH^3)^2_{(1.3)}$. — Liquide ne se solidifiant pas à — 20°, bouillant à 206° [Jacobsen et Deike [D. chem. G., 20, 904].

$C^6H^3Br_{(5)}(CH^3)^2_{(1.3)}$. — On peut le préparer facilement en bromant le xylène en présence d'aluminium amalgamé [Cohen et Dakin, J. Chem. Soc., 75, 894]. Il bout à 205° [Edinger et Goldberg, D. chem. G., 33, 2885].

$C^6H^3Br_{(5)}(CH^3)^2_{(1.3)}$. — [E. Fischer et Windaus, D. chem. G., 33, 1973].

$C^6H^2Br^2_{(4.6)}(CH^3)^2_{(1.3)}$. — Fond à 72° [Voyez Kelbe et Stein, D. chem. G., 19, 2139]. Bout à 139° (H = 12mm) [Auwers et Traun, D. chem. G., 32, 3312].

$C^6H^2Br^2_{(2.4)}(CH^3)^2_{(1.3)}$. — Liquide se solidifiant dans un mélange réfrigérant. Fond à 8°. Bout à 269° [Jacobsen, D. chem. G., 21, 2824].

$C^6H^2(CH^3)^2_{(1.3)}Br^2_{(4.5)}$ fond à 11°.

$C^6H(CH^3)^2_{(1.3)}Br^3_{(4.5.6)}$ fond à 105°.

$C^6H(CH^3)^2_{(2.4.6)}Br^3$ fond à 85°.

$C^6H(CH^3)^2_{(1.3)}Br^3_{(2.4.5)}$ fond à 87° [F.-M. Jœger et Blanksma, Rec. Trav. Chim. P.-B., 25, 352, 1906].

$C^6Br^4(CH^3)^2$. — Longues aiguilles fusibles à 241° [Fittig et Bieber, Ann. Chem., 156, 235; — Bodroux, Bull. Soc. Chim., (3), 19, 889].

$C^6H^2BrCl(CH^3)^2$. — Cristaux fondant à 68°, bouillant à 244° [Noyes, Am. Chem. J., 20, 798].

$C^6Br^2_{(2.5)}Cl^2_{(4.6)}(CH^3)^2_{(1.3)}$. — Aiguilles soyeuses fusibles à 230° [Claus et Runschke, J. prakt. Chem., (2), 42, 125].

$C^6Br^2_{(5.6)}Cl^2_{(2.4)}(CH^3)^2_{(1.3)}$. — Aiguilles soyeuses fusibles à 215° [Koch, D. chem. G., 23, 2320].

b) *Dans la chaîne grasse* :

$C^6H^4(CH^3)(CH^2Br)$. — Liquide se décomposant à l'ébullition. Il bout à 212-215° (H=735mm), $D_{230}=1,3711$ [Radziszewski et Wispek, D. chem. G., 15, 1745; 18, 1282; — Schramm, ibid., 18, 1277; — Poppe, ibid., 23, 109].

$C^6H^4(CH^2Br)^2$. — *Bromure de xylylène.* Longs prismes monocliniques [Haushofer, Jahresber., 742, 1885]. Fond à 77°. $D_0 = 1,959$ [Radziszewski et Wispek, loc. cit.; — Schramm, loc. cit.; — Colson, Bull. Soc. Chim., (2), 46, 2; Ann. Chim. Phys., (6), 6, 610]. Bout à 135-140° (H = 20mm) [Pellegrin, Rec. Pays-Bas, 18, 458].

IODÉS. — a) *Dans le noyau* :

$C^6H^3I_{(4)}(CH^3)^2_{(1.3)}$. — Huile bouillant à 228-230° [Klages et Liecke, J. prakt. Chem., (2), 64, 324].

$C^6H^3I_{(4)}(CH^3)^2$. — Liquide bouillant à 232°. $D_0 = 1,6609$ à 13° [Hammerich, D. chem. G., 23, 1634; — Edinger et Goldberg, ibid., 33, 2878; — Willgerodt et Howells, ibid., 33, 842; — Klages et Liecke, loc. cit.].

$C^6H^3I_{(5)}(CH^3)^2$. — Huile bouillant à 229°, 234-235° (H = 760) d'après Noyes [Am. Chem., 20, 802]. En faisant passer un courant de chlore dans une dissolution chloroformique de ce corps, il se précipite des aiguilles jaunes de formule $C^6H^3(CH^3)^2_{(1.3)}-ICl^2_{(5)}$. Ces aiguilles se décomposent facilement vers 70°; abandonnées longtemps à l'air, elles perdent la totalité de leur chlore L'action de la soude sur ce chloroiodure conduit à la formation de dérivés iodosés (voyez ci-dessous) [C. Willgerodt et Fr. Schmierer, D. chem. G., 38, 1472, 1905].

$C^6H^2I^2_{(4.6)}(CH^3)^2_{(1.3)}$. — Grandes aiguilles fondant à 72°, décomposables par l'acide sulfurique [Hammerich, loc. cit.; — Töhl et Bauch, D. chem. G., 26, 1105; — Klages et Liecke, loc. cit.].

$C^6I^4(CH^3)^2$. — Aiguilles soyeuses fondant à 128°, prenant naissance par l'action de SO^4H^2 sur le dérivé diiodé précédent [Töhl et Bauch, loc. cit.].

$C^6H^3(CH^3)^2_{(1.3)}ICl^2_{(4)}$. — Aiguilles d'un jaune soufre fusibles à 91° [Willgerodt et Howells, D. chem. G., 33, 843].

$C^6H^3(CH^3)^2_{(1.3)}(ICl^2)_{(5)}$. — (Voyez plus haut.)

$C^6H^4(CH^2(SCAz))^2$. — Prismes fondant à 62° [G. Halfpaaf, D. chem. G., 36, 1672, 1903].

2° DÉRIVÉS IODOSÉS ET ANALOGUES. — *Iodosoxylène* $C^6H^3(IO)_{(5)}(CH^3)^2_{(1.3)}$. — On l'obtient par l'action de la soude sur le composé $C^6H^3(CH^3)^2_{(1.3)}(ICl^2)_{(4)}$ poudre blanche amorphe dont plusieurs sels ont été décrits : *Acétate* $C^{12}H^{15}()^4I$. Prismes fondant à 181°. — *Sulfate* $[C^8H^9-I(OH)-]^2SO^4$. Cristaux fondant à 120°, avec dégagement gazeux. — *Nitrate* $[C^8H^9.I(OH)-]AzO^3$. Poudre jaune fondant à 122°.

$C^6H^3(CH^3)^2(IO^2)$. — Lamelles fondant à 216° avec explosion.

Hydroxyde de dixylyliodonium $[C^6H^3(CH^3)^2]^2=I(OH)$. — Ce corps prend naissance par l'action de l'oxyde d'argent sur un mélange équimoléculaire des deux combinaisons précédentes. Le *bromure* $[C^6H^3(CH^3)^2]^2=I-Br$ est en lamelles jaunes fondant à 198°; le *chlorure* fond à 186°; le *bichromate*, en lamelles jaune orangé, fait explosion à 172°.

Hydroxyde mixte $[C^6H^3(CH^3)^2][C^6H^2(CH^3)^2I_{(5)}]I(OH)$. — Connu seulement à l'état de sels : *iodure* fondant à 125°, en lamelles jaunes; *chlorure*, masse blanche amorphe fondant à 141°; *bromure*, masse amorphe fondant à 149°; *bichromate*, lamelles jaune orangé faisant explosion à 95° [C. Willgerodt et Fr. Schmierer, D. chem. G., 38, 1472, 1905].

Iodosoxylène $C^6H^3(IO)_{(4)}(CH^3)^2_{(1.3)}$. — Obtenu comme l'isomère précédemment décrit [Willgerodt et Howells, loc. cit.]. Sels : *nitrate basique* $[C^6H^3(CH^3)^2]I(OH)(AzO^3)$, masse jaunâtre amorphe décomposable vers 118°; *sulfate basique* $[[C^6H^3(CH^3)^2]I(OH)]^2SO^4$, prismes décomposables vers 113-115°; *acétate* $[C^6H^3(CH^3)^2]I(OCO.CH^3)^2$, prismes fondant à 128°.

$C^6H^3(IO^2)_{(4)}(CH^3)^2_{(1.3)}$. — Masse microcristalline faisant explosion vers 195° [Willgerodt et Howells]; vers 180° d'après Ortoleva [Gazz. chim. ital., 30, II, 9].

3° DÉRIVÉ NITROSÉ.

$C^6H^3(CH^3)^2_{(1.3)}(AzO)_{(2)}$. — Aiguilles incolores fusibles à 141°,5 [E. Bamberger et Ad. Rising, Ann. Chem., 316, 292, 1901].

4° DÉRIVÉS NITRÉS ET HALOGÉNONITRÉS.

$C^6H^3(CH^3)^2_{(1.3)}AzO^2_{(4)}$. — Ce composé correspond à la modification α décrite dans le Dict., (art. XYLÈNE). Point d'ébullition sous pression réduite [Neubeck, Zeit. ph. Chem., 1, 661].

$C^6H^3(CH^3)^2_{(1.3)}(AzO^2)_{(2)}$. — [Miolati et Lotti, Gazz. chim. ital., 27, 1, 297; — Pechmann et Nold, D. chem. G., 31, 560].

$C^6H^3(CH^3)^2_{(1.3)}AzO^2_{(5)}$. — Fond à 71° [Töhl, D. chem. G., 18, 360; — C. Willgerodt et Fr. Schmierer, D. chem. G., 38, 1472, 1905]. Bout à 273° (H = 739) [Noelting et Forel, D. chem. G., 18, 2678]. C'est le composé signalé au Dictionnaire par Wroblewski.

$C^6H^2(CH^3)^2_{(1.3)}(AzO^2)^2_{(4.6)}$. — Préparation [G. Errera et R. Maltese, Gazz. chim. ital., 33, II, 277, 1903].

$C^6H(CH^3)^2_{(1.3)}(AzO^2)^3_{(2.4.6)}$. — [Miolati et Lotti, loc. cit.]. Fond à 176° (Errera et Maltese).

$C^6H^2(CH^3)^2_{(1.3)}Cl_{(4)}(AzO^2)_{(6)}$. — Aiguilles fusibles à 42° [Ahrens, Ann. Chem., 274, 17].

$C^6H^2(CH^3)^2_{(1.3)}Cl_{(4)}(AzO^2)_{(5)}$. — Aiguilles fusibles à 52° [Klages, D. chem. G., 29, 311].

$C^6H^2(CH^3)^2_{(1.3)}Cl_{(5)}(AzO^2)_{(2 \text{ ou } 6?)}$. — Cristaux fondant à 48-49°, volatils avec la vapeur d'eau [Klages et Knœvenagel, D. chem. G., 28, 2045].

$C^6H(CH^3)^2_{(1.3)}Cl_{(4)}(AzO^2)^2_{(2.5)}$. — Cristaux fondant à 61°. Bout à 290-291°, à 178° sous 27 mm. [Klages. *loc. cit.*).

$C^6(CH^3)^2_{(2.3)}Cl_{(5)}(AzO^2)^3_{(2.4.6)}$. — Aiguilles fusibles à 218° (Klages; Klages et Knœvenagel).

$C^6H(CH^3)^2_{(1.3)}Cl^2_{(4.6)}AzO^2_{(2\ ou\ 5)}$. — Prismes fondant à 118-119° [Claus et Runschke. *J. prakt. Chem.*. (2), **42**, 117; — Koch. *D. chem. G.*, **23**, 2321].

$C^6Cl^2_{(4.6)}(CH^3)^2_{(1.3)}(AzO^2)^2_{(2.5)}$. — Aiguilles fusibles à 223° (Claus et Runschke), à 215° (Koch).

$C^6Cl^2_{(2.4)}(CH^3)^2_{(1.3)}(AzO^2)^2_{(8.6)}$. — Aiguilles brillantes d'un jaune pâle fusibles à 155° (Koch)

$C^6H^2(CH^3)^2_{(1.3)}Br_{(4)}AzO^2_{(6)}$. — Aiguilles fusibles à 57° [Ahrens. *Ann. Ch.*. **271**, 17].

$C^6H(CH^3)^2_{(1.3)}Br_{(4)}(AzO^2)^2_{(2.6)}$. — Aiguilles fusibles à 89° [Lellmann et Just. *D. chem. G.*. **24**, 2102].

$C^6(CH^3)^2_{(1.3)}Br^2_{(4.5)}(AzO^2)^2_{(2.6)}$. — Cristaux microscopiques fondant à 191° [Jacobsen, *D. chem. G.*. **21**, 2825].

$C^6(CH^3)^2_{(1.3)}Br^2_{(4.6)}(AzO^2)^2_{(2.5)}$. — Prismes ou lamelles fondant à 252° (Jacobsen).

$C^6H^2(CH^3)^2_{(1.3)}I_{(6)}(AzO^2)_{(4)}$. — Cristaux jaune brunâtre fondant à 86° (Ahrens).

$C^6H(CH^3)^2_{(1.3)}(AzO^2)_{(2\ ou\ 6?)}(AzO)^2_{(4.3)}$. — Aiguilles jaunes fusibles à 116° [Drost, *Ann. Chem.*. **343**. 313].

$C^6H^4(CH^3)(CH^2.AzO^2)$. — Liquide jaunâtre, bouillant à 140° $(H = 35^{mm})$ avec décomposition: $D_0^0 = 1.1370$. [Heilmann. *D. chem.*, *G.*. **23**. 3165; — Konowalow, *J. Soc. phys. chim. russe*, **31**, 262].

5° DÉRIVÉS SULFONÉS. — $C^6H^3(CH^3)^2_{(1.3)}(SO^3H)_{(3)}$. — Aiguilles. Le sel de K est en lamelles incolores retenant 0,5 H^2O. celui de baryte cristallise avec 2H^2O. Le *chlorure* fond à 94°: le *bromure* à 92-93°: l'*anilide* à 134°; la *sulfanilide* à 119°; la *sulfo-p-toluidine* à 121-122° [H. E. Armstrong et P. Wilson. *Proc. Chem. Soc.*. **16**, 229. 1901; — J. Moschner. *loc. cit.*]. La *sulfamide* fond à 135°.5 [Junghahn. *D. chem. G.*; **35**, 3747, 1902].

$C^6H^3(CH^3)^2_{(1.3)}SO^3H_{(2)}$. — [Klages, *D. chem. G.*, **29**. 310].

$C^6H^3(CH^3)^2_{(1.3)}SO^3H_{(4)}$. — La *méthylanilide* $(-SO^2.AzH.CH^3)$ est en cristaux fusibles à 43° [Schreinemakers, *Rec. Pays-Bas*, **16**. 420]: la *diméthylanilide* fond à 35°. Produit de condensation avec la p-nitraniline et dérivés [G.-T. Morgan et M.-G. Micklethwait, *Chem. Soc.*, **87**. 1302, 1905]. La *sulfamide* fond à 138-139° (Junghahn). Produit d'oxydation [C. Graebe et H. Kraft, *D. chem. G.*, **39**. 2507, 1906].

$C^6H^3(CH^3)^2_{(1.3)}.SO^2_{(4)}.AzH.C^6H^4AzO^2_{(4)}$. — Prismes jaunes fusibles à 117-119°. Du benzène il se dépose avec 1 mol. de solvant de cristallisation et fond alors à 91-93°.

$C^6H^3(CH^3)^2_{(1.3)}SO^2.AzH.C^6H^4.AzH^2$. — Aiguilles prismatiques fusibles à 156-157° [G.-Th. Morgan et G. Micklethwait. *J. Chem. Soc.*, **87**, 1302. 1905].

$C^6H^2(CH^3)^2_{(1.3)}(SO^3H)^2_{(2.4)}$. — Petites aiguilles très déliquescentes [Wischin, *D. chem. G.*. **23**, 3113; — Pfannestill, *J. prakt. Chem.*. (2), **46**, 152]. Ont été signalés les sels d'Am (tables anhydres). de K (cristal. avec 2H^2O). de Na (crist. avec 3H^2O), de Ba (lamelles retenant 3H^2O), de Cu. Son *éther diméthylique* est en lamelles; son *chlorure* fond à 129-131°. L'*amide* en aiguilles soyeuses fond à 249°: le *dérivé diéthylique* fond à 135°.

$C^6H^2(CH^3)^2_{(1.3)}(SO^3H)^2_{(2.6)}$. — Lamelles [P. Pannestill. *loc. cit.*]; son *chlorure* constitue un liquide épais; son *amide*, des cristaux mal formés fusibles à 210°.

$C^6H^2Cl_{(6)}(CH^3)^2_{(1.3)}(SO^3H)_{(4)}$. — C'est le composé de Vogt, décrit dans le Dict. (art. XYLÈNE).

$C^6H^2Cl_{(5)}(CH^3)^2_{(1.3)}(SO^3H)_{(2)}$. — Lamelles fusibles à 52°. Son *chlorure* fond à 56-58°; son *amide* à 192-194° [Klages et Knœvenagel, *D. chem. G.*. **27**. 3025; — Klages, *ibid.*, **29**, 310].

$C^6HCl_{(6)}(CH^3)^2_{(1.3)}(SO^3H)_{(2)}$. — [Wischin, *loc. cit.*]. Son *chlorure* est en aiguilles fusibles à 155°: son *amide* fond à 270°.

$C^6HCl^2_{(4.6)}(CH^3)^2_{(1.3)}(SO^3H)_{(2)}$. — Koch [*loc. cit.*] a signalé son *amide*. qui est cristallisée en petites lamelles fusibles au-dessus de 250° avec décomposition.

$C^6HCl^2_{(2.6)}(CH^3)^2_{(1.3)}(SO^3H)_{(4)}$. — Son *amide* est en lamelles fusibles au-dessus de 300° avec décomposition.

Les dérivés monobromosulfonés décrits au 1er Suppl. représentent des isomères du type $C^6H^2(CH^3)^2_{(1.3)}Br_{(5)}SO^3H_{(4)}$. L'*amide* fond, d'après Nœlting et Kohn, à 189-190° [*D. chem. G.*, **19**, 139; — Sartig, *Ann. Chem.*, **230**, 335].

$C^6H(CH^3)^2_{(1.3)}Br_{(4)}(SO^3H)_{(5)}$. — Aiguilles blanches; son *sel de baryum* est anhydre, celui *de sodium* retient 1 H^2O. Le *chlorure* est en lamelles légèrement jaunâtres fusibles à 75°, l'*amide* en prismes fusibles à 158°: la *sulfanilide* fond à 179° [A. Junghahn, *D. chem. G.*, **37**, 3477, 1902].

$C^6H(CH^3)^2_{(1.3)}Br_{(4)}(SO^3H)_{(2)}$. — Son *amide* est en longues aiguilles fusibles à 161° [Jacobsen et Winberg. *D. chem. G.*. **11**. 1535].

$C^6H(CH^3)^2_{(1.3)}Br_{(4)}(SO^3H)_{(6)}$. — Sa *sulfanilide* fond à 152° (A. Junghahn).

$C^6H(CH^3)^2_{(1.3)}Br_{(6)}(SO^3H)^2_{(3.4)}$ [Wischin, *loc. cit.*]. — Son *chlorure* est en prismes fusibles à 160°; son *amide* en aiguilles fusibles à 265°.

$C^6H(CH^3)^2_{(1.3)}Br^2_{(2.6)}(SO^3H)_{(4)}$. — Son *amide* est en petits prismes fusibles au-dessus de 300° avec décomposition. Les *sels* de Na, K, Ba sont bien cristallisés; le dernier est anhydre,les deux autres retiennent chacun 1 mol. d'eau.

$C^6H^2(CH^3)^2_{(1.3)}I_{(6)}SO^3H_{(4)}$. — [Hamerich, *D. chem. G.*, **26**. 1635; — Bauch, *ibid.*, **23**, 3119; — Töhl et Bauch. *ibid.*, **26**, 1105]. Son *sel de baryte* est en aiguilles anhydres, celui de *sodium* retient 2 H^2O. L'*amide* fond à 176°, le *chlorure* à 73°.

$C^6H(CH^3)^2_{(1.3)}I^2_{(2)}SO^3H_{(4)}$ (Töhl et Bauch). — Le *chlorure* fond à 85-87°, l'*amide* à 242-245° avec décomposition.

$C^6H^2(CH^3)^2_{(1.3)}(AzO^2)_{(2)}SO^3H_{(4)}$. — Petites lamelles fusibles à 144°. Les *sels* sont en général bien cristallisés. Ceux de Ca, Ba, Pb sont anhydres, ceux de Na, K. Cu et Ag retiennent respectivement H^2O, 0.5H^2O, 2H^2O et 0,5H^2O. Le *chlorure* est en grands prismes fusibles à 96°, son *amide* en aiguilles fusibles à 172° [Claus et Schmidt, *D. chem. G.*, **19**, 1418].

$C^6H^2(CH^3)^2_{(1.3)}(AzO^2)_{(5)}(SO^3H)_{(4)}$. — Fusible à 95-100°. — Les *sels* de Na, Ca, Ba, Pb, Cu, Ag, bien cristallisés, retiennent respectivement H^2O, 6H^2O, 1,5H^2O, H^2O, 6H^2O et H^2O. Le *sel de potassium* est anhydre. Le *chlorure* fond à 97°, l'*amide* à 108° (Claus et Schmidt).

$C^6H^2(CH^3)^2_{(1.3)}(AzO^2)_{(6)}(SO^3H)_{(4)}$. — Cet acide est identique vraisemblablement à celui mentionné comme correspondant à cette formule dans le 1er Suppl.

Son *sel de cuivre* est en tables vertes retenant 6H^2O. son *sel d'argent* en fines aiguilles. L'*amide* fond à 187° (Claus et Schmidt), le *chlorure* à 98° [Riesen, *D. chem. G.*. **18**, 2174].

$C^6H(CH^3)^2_{(1.3)}(AzO^2)^2_{(2.6)}(SO^3H)_{(4)}$. — Les *sels* de Na, Ca et Ba sont en aiguilles retenant respectivement H^2O, 3.5H^2O et 3H^2O; le *sel de cuivre* est en petites tablettes d'un vert bleu renfermant 2.5H^2O (Claus et Schmidt).

Chauffé avec du soufre et des sulfures alcalins, ce nitrodérivé donne une matière colorante brune (brev. all. 113945. 1900).

$C^6H(CH^3)^2_{(1.3)}(AzO^2)^2_{(5.6)}(SO^3H)_{(4)}$. — Lamelles microscopiques très solubles dans l'eau.

Les *sels* de Na, Ca, Ba, Pb et Cu sont bien cristallisés et retiennent respectivement H^2O, $5H^2O$, $0,5H^2O$, $4,5H^2O$ et H^2O. Dans des conditions déterminées le sel de baryte peut se déposer avec $2,5H^2O$. Le *chlorure* fond à 117-118°, l'*amide* à 158° (Claus et Schmidt).

$C^6HBr_{(6)}(AzO^2)_{(2\ ou\ 5)}(SO^3H)_{(4)}(CH^3)^2_{(1.3)}$. — Lamelles solubles dans l'eau et l'alcool. Le *sel de potassium* est en prismes jaunes retenant H^2O, celui *de baryum* en fines aiguilles d'un jaune clair cristallise avec $3.5H^2O$ [Sœrtig, *Ann. Chem.*, 230, 341].

Xylylthiosulfonate de sodium, $C^6H^3(CH^3)^2_{(1.3)}(SO^2S.Na)_{(4)}$. — [J. Tröger et Franz Wolkmer, *J. prakt. Chem.*, (2), 70, 375, 1904].

6° *Dérivés sulfiniques*, $C^6H^3(CH^3)^2_{(1.3)}(SO^2H)_{(4)}$ — C'est l'acide déjà décrit (Dict., art. XYLÈNE), fusible à 77-78° [Gattermann, *D. chem. G.*, 32, 1141].

$C^6H^3(CH^3)^2_{(1.3)}SO^2H_{(5)}$. — [J. Moschner, *D. chem. G.*, 34, 1257, 1901]. — Il fond à 75-76°. Voyez aussi ci-dessous *p-xylène*.

7° *Action du bisulfite de soude sur les dérivés nitrés* [Weyl, brev. all. 151134]. — Le bisulfite réagit suivant l'équation :

$$C^6H^3(CH^3)^2AzO^2_{(4)} + 3SO^3HNa$$
$$= C^6H^3(CH^3)^2Az{<}^{H}_{SO^3Na} + 2SO^4HNa$$

L'acide ainsi obtenu fond à 200°. La réaction paraît générale.

8° DÉRIVÉS AZOÏQUES ET DIAZOÏQUES.

$C^6H^3(CH^3)^2_{(1.3)}.Az_{(4)}=Az_{(4)}-C^6H^3(CH^3)^2_{(1.3)}$. — Fond à 129° [Nœlting et Stricke, *D. chem. G.*, 21, 3141]. Le *dérivé sulfoné* en 5 a été étudié par Marie [*Ann. Chem.*, 330, 46, 1904].

$C^6H^3(CH^3)^2_{(1.3)}Az_{(4)}=Az_{(5)}.C^6H^3(CH^3)^2_{(1.3)}$. — Petites lamelles rouge clair fusibles à 46-47° [Zincke et Jäger, *D. chem. G.*, 21, 543].

$C^6H^3(CH^3)^2_{(1.3)}Az_{(3)}=Az_{(5)}C^6H^3(CH^3)^2_{(1.3)}$. — Aiguilles orangées fusibles à 136-137° (Nœlting et Stricker).

$C^6H^3(CH^3)^2_{(1.3)}.Az_{(2)}=Az_{(5)}.C^6H^3(CH^3)^2_{(1.3)}$. — Fond à 77°,5 [Nœlting et Forel, *D. chem. G.*, 18, 2684].

$C^6H^3(CH^3)^2_{(1.3)}.Az_{(4)}=Az.C^6H^5$. — Huile d'un rouge foncé bouillant à 205-215° ($H=50$ mm.), $D^{4°}=1,071$ [Michaëlis et Petow, *D. chem. G.*, 31, 993].

$C^6H^3(CH^3)^2_{(1.3)}Az_{(4)}=Az_{(4)}.C^6H^4.CH^3$. — Aiguilles rouge jaunâtre fusibles à 62°.

$C^6H^3(CH^3)^2_{(1.3)}Az_{(4)}=Az.C^6H^4(OH)$. — Prismes bruns fusibles à 134° [Jacobson, *Ann. Chem.*, 287, 211]. L'*éther éthylique* est en aiguilles rouges fusibles à 97°.

$C^6H^3(CH^3)^2_{(1.3)}Az_{(4)}=Az.C^6H^3(OH)Az(CH^3)^2$. — Cristaux rouge brun fusibles à 166-168° [Bulow et Wolfs, *D. chem. G.*, 31, 494].

$C^6H^3(CH^3)^2_{(1.3)}Az_{(4)}=Az_{(6)}.C^6H^2(OH)[Az(CH^3)^2]_{(3)}-Az=Az.C^6H^5$. — Cristaux bruns à éclat verdâtre fusibles à 142° (Bulow et Wolfs).

$C^6H^3(CH^3)^2_{(1.3)}Az_{(6)}=Az_{(4)}.C^6H^2(OH)[Az(CH^3)^2]_{(3)}.Az=Az.C^6H^5$. — Lamelles foncées, à éclat bronzé, fusibles à 161° (Bulow et Wolfs).

$C^6H^3(CH^3)^2_{(1.3)}Az_{(6)}=Az.C^6H^2[Az(CH^3)^2]_{(6)}(OH)Az_{(4)}=Az_{(3)}C^{10}H^7$. — Poudre brune fusible à 147-148°.

$C^6H^3(CH^3)^2_{(1.3)}Az_{(6)}=Az.C^6H^2[Az(CH^3)^2]_{(3)}(OH)Az_{(4)}=Az_{(3)}C^{10}H^7$. — Poudre rouge fusible à 175°.

$C^6H^3(CH^3)^2_{(1.3)}Az_{(4)}=Az.C^6H^2[Az(CH^3)^2]_{(3)}(OH)Az_{(6)}=Az_{(2)}C^{10}H^7$. — Cristaux rouge foncé fusibles à 141°.

$C^6H^3(CH^3)^2_{(1.3)}Az_{(4)}=Az.C^6H^2[Az(CH^3)^2]_{(3)}(OH)Az_{(6)}=Az_{(3)}C^{10}H^7$. — Lamelles vert foncé fusibles à 171-172° (Bulow et Wolfs).

$C^6H^2(CH^3)^2_{(1.3)}(SO^3H)_{(5)}Az_{(4)}=Az\,C^{10}H^6(OH)_{(3)}$. — Le *sel de sodium* cristallise avec $3H^2O$. Lamelles orangées [Junghahn, *D. chem. G.*, 35, 3747, 1902].

$C^6H(CH^3)^2_{(1.3)}SO^3H_{(5)}AzO^2_{(6)}Az_{(4)}=Az.C^{10}H^6(OH)_{(3)}$. — Il est en aiguilles rouges retenant $5H^2O$.

$C^6H^2(CH^3)^2_{(1.3)}.(SO^3H)_{(6)}Az_{(4)}=Az.C^{10}H^6(OH)_{(3)}$. — Aiguilles vertes à éclat métallique [Nölting et Kohn, *D. chem. G.*, 19, 139].

$C^6H^4.AzO^2_{(4)}.Az=Az.C^6H^2(CH^3)^2_{(1.3)}Az=Az-C^{10}H^6(OH)_{(3)}$. — Aiguilles vertes à éclat métallique fusibles à 278° [Meldola, *J. Chem. Soc.*, 43, 434].

$$C^{10}H^6(OH)_{(3)}Az=Az-C^6H^2(CH^3)^2_{(1.3)}-Az=Az-C^{10}H^6(OH)_{(3)}$$
$$|$$
$$C^6H^4-Az-Az$$

(Meldola).

$C^6H^3(CH^3)^2_{(1.3)}SO^2_{(4)}-AzH-C^6H^4-Az=Az-C^{10}H^6\ OH_{(\beta)}$. — Aiguilles rouge foncé fusibles à 160-161°.

$$C^6H^3(CH^3)^2_{(1.3)}-SO^2-Az{<}^{C^6H^4}_{Az}{>}Az$$

Cristaux jaunes [G.-Th. Morgan et G. Micklethwait, *J. Chem. Soc.*, 87, 1302, 1905].

$C^6H^3(CH^3)^2-Az=Az-C^6H^2(CH^3)^2-Az=AzCl$. — Petites aiguilles rouge brun; le *perbromure* est en aiguilles d'un rouge sang fusibles à 127-129° avec décomposition [Zincke et Jänke, *D. chem. G.*, 24, 541].

$$C^6H^3(CH^3)^2_{(1.3)}{<}^{Az_{(6)}}_{SO^3_{(4)}}{>}Az$$

— Lamelles microscopiques couleur chair. Le *dérivé nitré* est en tables quadratiques [Shoher et Kiefer, *Am. Chem. J.*, 19, 383; — Sartig, *Ann. Chem.*, 230, 335].

$$C^6H^3(CH^3)^2_{(1.3)}{<}^{Az_{(4)}}_{SO^3_{(6)}}{>}Az$$

— Prismes fusibles à 50°, le *dérivé nitré* est en aiguilles rouges fusibles à 60° [Jungbahn, *D. chem. G.*, 35, 3747, 1902].

Isocyanate, $C^6H(CH^3)^2_{(1.3)}Az=CO_{(4)}$. — Il bout à 215° [J. Haager et R. Doht, *Mon. f. Chem.*, 27, 267, 1906].

PARAXYLÈNE. — *Préparation*. — On peut l'obtenir avec un rendement de près de 75 0/0 au moyen du p-bromotoluène-magnésium et du sulfate neutre de méthyle [Houben, *D. chem. G.*, 36, 3083, 1903; — A. Werner et F. Zilkens, *D. chem. G.*, 36, 246].

Mode de formation [E. Buchner et L. Feldmann, *D. chem. G.*, 36, 3509, 1903].

Purification [Crafts, *Zeit. analyt. Chem.*, 32, 243].

Propriétés physiques. — Pour la bibliographie, voyez à o-XYLÈNE et aussi, au point de vue cryoscopique, Ampola et Rimatori [*Gazz. chim. ital.*, 27, I, 38 et 54].

Propriétés chimiques. — Pour l'oxydation en p-xylène, voyez la bibliographie à o-XYLÈNE. L'hydroxylamine en présence de $AlCl^3$ donne de la xylidine [C. Græbe, *D. chem. G.*, 34, 1778, 1901]. Le mercure fulminant donne un mélange d'oxime et de nitrile [R. Scholl et F. Kacer, *D. chem. G.*, 36, 322, 1903].

Le soufre fournit en même temps du p-diméthylbenzyle et du p-diméthylstilbène [L. Aronheim et A. S. van Merop. *Rec. Pays-Bas.* **21**, 448, 1903].

Le p-xylène se combine au triphénylméthyle pour donner une combinaison double de formule $C^8H^{10} + 2[(C^6H^5)^3C]$ [M. Gomberg et L. H. Cone. *D. chem. G.*, **38**, 1333, 1905].

Dérivés du p-xylène.

1° DÉRIVÉS HALOGÉNÉS.

CHLORÉS. — $C^6H^4(CH^3)CH^2Cl$. — Bout à 200-202° [Radziewanowski et Schramm. *Chem. Centr. Bl.*, I, 1019, 1898; — Curtius et Sprenger, *J. prakt. Chem.*, (2), **62**, 111].

$C^6H^4(CH^2.Cl)^2$ [Radziewanowski et Schramm. *loc. cit.*; — Colson et Gautier. *Ann. Chim. Phys.*, (6), **14**, 22; — Colson. *Bull. Soc. Chim.*, **46**, 2. — Fond à 100°. $D_0 = 1,417$.

$C^6H^4(CHCl^2)^2$. — S'obtient comme le précédent par l'action de PCl^5 sur le p-xylène. Cristaux fondant à 93°. $D_0 = 1,606$ [Colson et Gautier; Colson. *loc. cit.*].

$C^6H^4(CCl^3)^2$. — Longs cristaux fondant à 110° [Colson et Gautier. *loc. cit.*].

$C^6Cl^4(CH^3)^2$. — S'obtient par chloruration du xylène en présence de fer en milieu chloroformique. Aiguilles soyeuses fusibles à 218° [Rupp, *D. chem. G.*, **29**, 1628].

BROMÉS. — (a) *Dans le noyau :*

$C^6H^2Br^2_{(2-6)}(CH^3)^2_{(1-4)}$. — Cristaux monocliniques [Miers. *Chem. Soc.*, **57**, 975]. Bout à 141° (H = 15 mm., 149°.5 (H = 21 mm.) [Auwers et Baum, *D. chem. G.*, **29**, 2343].

$C^6HBr^3(CH^3)^2_{(1-4)}$. — Fond à 89° [F. M. Jæger et Blanksma. *Rec. Pays-Bas.* **25**, 352, 1906].

$C^6Br^4(CH^3)^2$ [Bodroux. *Bull. Soc. Chim.*, (3), **19**, 888; — Zelinsky et Naumow. *D. chem. G.*, **31**, 3208].

b) *Dans la chaîne grasse :*

$C^6H^4(CH^2Br)^2$. — Lamelles hexagonales fusibles à 143°.5, bouillant à 240-250° [Radziszewski et Wispek. *D. chem. G.*, **15**, 1744; **18**, 1280]. $D_0 = 2,012$ [Colson. *loc. cit.*; — voyez aussi W. Löw. *D. chem. G.*, **18**, 2072°.

$C^6H^4(CH^2Br)(CH^2Br)$. — Tables rhombiques fusibles à 116° [W. Löw. *Ann. Chem.*, **231**, 363; — Allain. *Bull. Soc. Chim.*, (3), **11**, 382].

$C^6H^4(CHBr^2)^2$. — Prismes brillants monocliniques [Hönig, *Mon. f. Chem.*, 9, 1150; — Kohn, *ibid.*, 9, 1151]. Fond à 169°.

$C^6H^4(CBr^3)^2$. — Aiguilles fusibles à 194° [J. Thiele et H. Balhorn. *D. chem. G.*, **37**, 1463, 1904].

CHLOROBROMÉS. — Ces dérivés ont été décrits par Willgerodt et Wolfien [*J. prakt. Chem.*, (2), **39**, 406].

$C^6H^2ClBr(CH^3)^2$. — Lamelles fusibles à 66°.

$C^6HCl^2Br(CH^3)^2$. — Aiguilles fusibles à 96°.

$C^6Cl^2Br(CH^3)^2$. — Aiguilles facilement sublimables, fusibles à 219°.

$C^6HClBr^2(CH^3)^2$. — Aiguilles fusibles à 93°.

$C^6Cl^2Br^2(CH^3)^2$. — Aiguilles fusibles à 226°.

$C^6ClBr^3(CH^3)^2$. — Aiguilles fusibles à 234°.

IODÉS. $C^6H^2I^2_{(1-4)}(CH^3)^2_{(1-4)}$. — Huile bouillant à 217° d'après Edinger et Goldberg [*D. chem. G.*, **33**, 2881], à 229° d'après Klages et Liecke [*J. prakt. Chem.*, (2), **64**, 325].

$C^6H^2(CH^3)(CH^2.CAz)_{(1-4)}$ [K. Ciesielski. *Chem. Centr. Bl.*, I, 1793, 1907].

SULFOCYANURE $C^6H^4(CH^3)CH^2.CAzS$. — Aiguilles fusibles à 134° [Marya S. Strzelecka, *An. Akad. Wiss. Krakau.* 12, 1902].

2° DÉRIVÉS NITRÉS. — a) *Dans le noyau :*

$C^6H^3(AzO^2)_{(2)}(CH^3)^2_{(1-4)}$. — C'est le dérivé déjà signalé dans le Dict. et dans le 1er Suppl. [Gattermann. *D. chem. G.*, **27**, 1930].

$C^6H^2(AzO^2)^2_{(3-6)}(CH^3)^2_{(1-4)}$. — Aiguilles fusibles à 123° [Noelting et Thesmar, *D. chem. G.*, **35**, 628, 1902].

$C^6H(AzO^2)^3_{(2-3-6)}(CH^3)^2_{(1-4)}$. — C'est le dérivé déjà décrit. Fond à 139-140° [Noelting et Gleissmann, *D. chem. G.*, **19**, 145; — voy. aussi Bruni et Berti. *Att. Ac. Lincei*, (5), **9**, I, 396].

$C^6HBr^2_{(2-5)}(AzO^2)(CH^3)^2_{(1-4)}$. — C'est le corps signalé par Fittig, Ahrens et Mattheide. fondant à 111-112°. D'après Auwers et Baum, il fond à 106° et bout. sous 20 mm., à 199° [*D. chem. G.*, **29**, 2343].

$C^6Br^2_{(2-5)}(AzO^2)^2_{(3-6)}(CH^3)^2_{(1-4)}$. — Aiguilles fusibles à 255° (Auwers et Baum)

$C^6HClBr(AzO^2)(CH^3)^2$. — Aiguilles fusibles à 99°.5.

$C^6Cl_{(6)}Br_{(3)}(AzO^2)^2_{(2-5)}(CH^3)^2_{(1-4)}(?)$. — Petits cristaux fondant à 245°, presque insolubles dans l'alcool et l'éther [Willgerodt et Wolfien, *loc. cit.*].

b) *Dans la chaîne grasse :*

$C^6H^4(CH^2.AzO^2).CH^3$. — Fond à 11-12°. Bout à 150-151° (H = 35 mm.), avec légère décomposition. $D_0^{20} = 1,1234$, $n_D^{20} = 1.53106$. Le sel de K de l'isonitrodérivé est en petites houppes anhydres, celui de cuivre forme une poudre brune facilement soluble dans l'éther et la benzine [Konowalow. *Journ. Soc. phys. chim. russe*, **31**, 264, 1899].

3° DÉRIVÉS SULFONÉS. — a) *Dans le noyau :*

$C^6H^3(SO^3H)_{(2)}(CH^3)^2_{(1-4)}$. — Fond à 48° environ. Bout à 149° dans le vide [Krafft et Wilke, *D. chem. G.*, **33**, 3209]. Dissociation électrolytique [Bonomi da Monte et Zoso. *Gazz. chim. ital.*, **27**, II, 469]. Son *sel de sodium* est orthorhombique [Miers, *Chem. Soc.*, **57**, 978; — comparer F. M. Jager. *Zeit. Kryst.*, **38**, 89, 1903]. Son *chlorure* bout, dans le vide, à 77° (Krafft et Wilke).

$C^6H^2(SO^3H)^2_{(2-6)}(CH^3)^2_{(1-4)}$. — Aiguilles extrêmement solubles dans l'eau. Les sels de *magnésie* et de *plomb* sont amorphes et renferment le premier 7, le second $3H^2O$; le *sel de calcium* est en tables à $4H^2O$. Les sels de *Ba* et d'*Ag* retiennent respectivement $3H^2O$ et H^2O.

Le *chlorure* est en cristaux fondant à 72-74° [Holmes, *Am. Chem. Journ.*, **13**, 372], 74-75° [Pfannenstill, *J. prakt. Chem.*, (2), **46**, 156]. L'*amide* fond à 294-295° avec décomposition.

$C^6H^2Br_{(3)}(SO^3H)_{(2)}(CH^3)^2_{(1-4)}$. — Le *sel de baryte* est en petites lamelles contenant $2H^2O$; son *chlorure* est en prismes fondant à 77°; son *amide* en lamelles fusibles à 200-201° [Noelting et Kohn, *D. chem. G.*, **19**, 141].

Cet acide est vraisemblablement identique à celui signalé par Jacobsen et décrit au 1er Suppl. (art. XYLÈNE).

$C^6HBr^2_{(3-6)}(SO^3H)_{(2)}(CH^3)^2_{(1-4)}$. — Aiguilles soyeuses fusibles à 151° avec décomposition. Son *sel de soude*, en aiguilles microscopiques, est monohydraté; le *sel de baryte*, anhydre, est en petites houppes très peu solubles dans l'eau. Le *chlorure*, en petites aiguilles, fond à 78-79°; l'*amide* à 198° [Moody et Nicholson, *Chem. Soc.*, **57**, 976].

b) *Dans la chaîne latérale:*

$C^6H^4(CH^3)(CH^2.SO^3H)$ [Bonomi da Monte et Loso, *loc. cit.*]. Son *sel de baryte* est en lamelles retenant $2H^2O$.

4° DÉRIVÉS SULFINIQUE. — $C^6H^3(CH^3)^2SO^2H_{(4)}$. — C'est l'acide xylène-hydrosulfureux (voy. Dict., art. XYLÈNE).

Préparation. — Gattermann [*D. chem. G.*, **32**, 1141].

Julius Trœger et ses collaborateurs ont étudié les propriétés générales de quelques acides sulfiniques. En particulier, leurs expériences ont porté sur les acides sulfiniques du m et du p-xylène. Ils ont montré que ces corps étaient susceptibles de réagir sur le bromure d'éthylène, la bromhydrine correspondante $CH^2Br.CH^2OH$, l'amide chloré $CH^3Cl.COAzH^2$, l'acide acétique monochloré, les chlorures alcooliques, l'acétonitrile chloré, pour donner naissance à de nombreux dérivés appartenant pour la plupart aux types suivants : (R = radical carboné tel que $C^6H^3(CH^3)^2_{(1·3)}$ ou $(1·4)$:

[R.SO²-CH²]²;
R.SO².CH².CH².OH;
[R.SO².CH².CH²]²O;
R.SO².CH.CO²H;
R.SO².R₁ (R₁ = radical alcoolique);
R.SO².CH².COAzH²;
R.SO².CH².CAz [*J. prakt. Chem.*, (2). 66, 130, 1902; 71, 201, 1905].

Les dérivés R.SO².CH².CAz fixent facilement l'hydrogène sulfuré et conduisent à la série R.SO².CH².CS.AzH².

5° Dérivés azoïques et diazoïques.
$C^6H^3(CH^3)^2_{(1·4)}-Az_{(2)}=Az_{(2)}.C^6H^3(CH^3)^2_{(1·4)}$. — Aiguilles jaunes fusibles à 119° [Noelting et Stricker, *D. chem. G.*, 21, 3143; — Wengo, *Zeit. f. Chem.*, 312, 1865; — Simonow, *Journ. Soc. phys. chim. russe*, 14, 527; — Armarchewski, *Journ. Soc. phys. chim. russe*, 19, 120].

$3C^6H^3(CH^3)^2_{(1·4)}-Az=AzCl + HCl$ [Hantsch, *D. chem. G.*, 30, 1155]. — L'acide diazo-(5)-sulfonique

$$C^6H^2(CH^3)^2 \left\langle {\,Az \atop SO^3} \gtrless Az \right.$$

est en lamelles [Noelting et Kohn, *D. chem. G.*, 49, 141].
$C^6H^2(CH^3)^2_{(1·4)}(SO^3H)-Az=Az.C^{10}H^6(OH)_{(β)}$. — [Stebbins, *Journ. Am. Chem. Soc.*, 2, 447].

Combinaisons azoïques de constitution inconnue. — $C^6H^3(CH^3)^2Az=Az.C^6H(AzO^2)^2(AzH^2)(OH)$. — Poudre brun rouge [Stebbins, *Am. Chem. Journ.*, 2, 242].
Ac-xylo-azothymolsulfonique-(6) $C^6H^3(CH^3)^2.Az=Az.C^{10}H^{11}(OH)SO^3H(?)$. — Fines aiguilles jaunes [Stebbins, *D. chem. G.*, 14, 2795].
$C^6H^2(CH^3)^2SO^3H\ Az=Az-C^{10}H^6(OH)(α)$ [Stebbins, *Jahresb.*, 490, 1881].
$C^6H^2(CH^3)^2SO^3H.Az=AzC^{10}H^6(OH)(β)$. — Aiguilles rouges [G. Schultz, *D. chem. G.*, 17, 461].
Nous rappelons ici que les hydrazines et leurs dérivés sont décrits à l'article HYDRAZINE (2° Suppl., 5, 369). Pour la paraxylylhydrazine, voyez le mémoire récent de C. Willgerodt et Willy Lindenberg [*J. prakt. Chem.*, (2), 74, 398, 1905].

COMBINAISONS DES XYLÈNES CONTENANT DE L'ARSENIC.

Ces combinaisons ont été décrites par Michaelis [*Ann. Chem.*, 320, 271, 1902].
Dérivés du métaxylène. — $[C^6H^3(CH^3)^2_{(1·3)}]^3As$.
$[C^6H².(CH^3)^2_{(1·3)}]AsCl^2$. — Aiguilles incolores fusibles à 42-43°, bouillant à 278° avec une très légère décomposition.
$[C^6H^3(CH^3)^2_{(1·3)}]AsCl^4$. — Masse cristalline blanche.
$[C^6H^3(CH^3)^2_{(1·3)}]AsO$. — Fond à 220° environ.
$[C^6H^3(CH^3)^2_{(1·3)}]AsOCl^2$. — Aiguilles blanches fusibles à 150°.
$[C^6H^3(CH^3)^2_{(1·3)}]AsS$. — Aiguilles blanches fusibles à 169°.
$[C^6H^3(CH^3)^2_{(1·3)}].As=As.[C^6H^3(CH^3)^2_{(1·3)}]$. — Aiguilles fusibles à 194-196°.

$[C^6H^3(CH^3)^2_{(1·3)}]AsI-AsI[C^6H^3(CH^3)^2_{(1·3)}]$. — Fond à 89°.
$[C^6H^3(CH^3)^2_{(1·3)}]AsO(OH)^2$. — Cristaux fondant à 210°.
$[C^6H^2(CH^3)^2_{(1·3)}Cl]AsO(OH)^2$. — Fines aiguilles fusibles à 165°.
$[C^6HCl^2(CH^3)_{(1·3)}]AsO(OH)^2$. — Fond à 193°.
$[C^6H^2AzO^2(CH^3)^3_{(1·3)}]AsO(OH)^2$. — Aiguilles blanches fusibles à 207°.
Dérivés du paraxylène. — $[C^6H^3(CH^3)^2_{(1·4)}]^3As$.
$[C^6H^3(CH^3)^2_{(1·4)}]AsCl^2$. — Aiguilles blanches fusibles à 63°, bouillant à 285°.
$[C^6H^3(CH^3)^2_{(1·4)}]AsI^2$. — Masse cristalline jaune fusible à 45°.
$[C^6H^3(CH^3)^2_{(1·4)}]AsO$. — Fond à 165°.
$[C^6H^3(CH^3)^2_{(1·4)}]As=As.[C^6H^3(CH^3)^2_{(1·4)}]$. — Poudre blanche fusible à 208°.
$[C^6H^3(CH^3)^2_{(1·4)}]AsI-AsI[C^6H^3(CH^3)^2_{(1·4)}]$. — Fond à 97°.
$[C^6H^2(AzO^2)(CH^3)^2_{(1·4)}]As=As[C^6H^2(AzO^2)(CH^3)^2_{(1·4)}]$. — Poudre jaune fusible à 165°.
$[C^6H^3(CH^3)^2_{(1·4)}]AsS$. — Aiguilles jaunes fusibles à 188°.
$[C^6H^3(CH^3)^2_{(1·4)}]AsS^2$. — Cristaux fondant à 95°.
$[C^6H^2(C^6H^3)^2_{(1·4)}]AsO(OH)^2$. — Aiguilles fusibles à 223°.
$[C^6H^2(AzO^2)(CH^3)^2_{(1·4)}]AsO(OH)^2$. — Aiguilles blanches fusibles à 205°.

COMBINAISONS DES XYLÈNES CONTENANT DU BORE.

— Ces combinaisons ont été signalées par Michaelis [*Ann. Chem.*, 315, 19, 1901]. Comparer G. Thévenot [*Dissert. Inaug.*, Rostock, 1894] et Richter [*Dissert. Inaug.*, Rostock, 1900].
Dérivés de l'o-xylène. — $[C^6H^3(CH^3)^2_{(1·2)}]BCl^2$. — Liquide incolore fondant vers 0°, bouillant à 212°.
$[C^6H^3(CH^3)^2_{(1·2)}]B(OH)^2$. — Fines aiguilles fusibles à 190°,5.
$[C^6H^3(CH^3)^2_{(1·2)}]BO$. — Fond à 226°.
Dérivés du m-xylène. — $[C^6H^3(CH^3)^2_{(1·3)}]BCl^2$. — Liquide ne se solidifiant pas par le froid, bouillant à 218°.
$[C^6H^3(CH^3)^2_{(1·3)}]BBr^2$. — Liquide incolore, bouillant à 125° (H=15); $D_{18}=1,57$.
$[C^6H^3(CH^3)^2_{(1·3)}]BO$. — Aiguilles blanches fusibles à 102°.
$[C^6H^3(CH^3)^2_{(1·3)}]B(OH)^2$. — Son *sel d'argent* forme un précipité jaune clair. Son *éther diéthylique* est un liquide incolore bouillant à 160°.
Dérivés du p-xylène. — $[C^6H^3(CH^3)^2_{(1·4)}]BCl^2$. — Liquide fumant à l'air. Bout à 205°.
$[C^6H^3(CH^3)^2_{(1·4)}]B(OH)^2$. — Fines aiguilles fusibles à 186°.
$[C^6H^3(CH^3)^2_{(1·4)}]BO$. — Fond à 176°.

V. Thomas.

XYLÉNOLS. — Nous décrirons ici les dérivés hydroxylés du xylène dans le noyau, ainsi que les acides carboxyliques correspondants :

I. Xylène-ols.
II. Xylène-diols.
III. Xylène-triols.
IV. Xylène-tétrols.
V. Acides oxyxyliques.
VI. Acides xylénols carboxyliques divers.
VII. Aminoxylénols.

I. XYLÉNOLS. — Voy. Dict. et 1er Suppl., *Xénols* et *Xylidines*.

$C^6H^3(CH^3)^2_{(1·2)}(OH)_{(3)}$. — Fond à 218°. Son *dérivé dibromé* est en aiguilles fondant à 184° [Töhl, *D. chem. G.*, 18, 2562]; son *dérivé dinitré*-4.6 est en petites aiguilles jaunes fusibles à 82° [Pick et Noelting, *D. chem. G.*, 24, 3159; — Jacobsen, *ibid.*, 24, 3159].
Éther méthylique. — Cristaux fondant à 29° et bouillant à 199°.

Éther éthylique fondant à 10° et bouillant à 212°.5 [Moschner, *D. chem. G.*, **33**, 742].

Voyez aussi pour les modes de formation de ce xylénol [Perkin, *Chem. Soc.*, **75**, 192].

Éther phénylsulfonique $C^6H^3(CH^3)^2.O.SO^2.C^6H^5$. — Fond à 72-80° [Georgesco, *Chem. Centr. Bl.*, 1900, I, 543].

PRODUITS DE CONDENSATION AVEC : — 1° *L'oxy-acétaldéhyde* $C^6H^3(CH^3)^2.[O.CH^2.CHO]$; l'*oxime* fond à 106°, la *semicarbazone* à 184°, l'*hydrate* $-O.CH^2.CH(OH)^2$ à 75°; l'*acétal* $-O\ CH^2.CH(OC^2H^5)^2$ est liquide et bout à 165° [Störmer, *Ann. Chem.*, **312**, 297];

2° *La formaldéhyde et la pipéridine* $C^6H^2(CH^3)^2_{(1,2)}(OH)_{(3)}[CH^2.Az.C^5H^{10}]_{(6)}$; matière huileuse dont le chlorhydrate est bien cristallisé [K. Auwers et A. Dombrowski, *Ann. Chem.*, **344**, 280, 1906].

$C^6H^3(CH^3)^2_{(1,2)}.(OH)_{(4)}$. — Se trouve dans le goudron de houille [Schulze, *D. chem. G.*, **20**, 10]. L'action du brome sur cet acide a été l'objet de très nombreux travaux de la part de Auwers et de ses collaborateurs [*Ann. Chem.*, **302**, 99, 169; *D. chem. G.*, **32**, 3041, 3017, 3478, 2998, 3035, 4256]. Le chloroforme en milieu alcalin le transforme en aldéhyde diméthylsalicylique [Auwers, *D. chem. G.*, **32**, 3598].

ÉTHERS. — *Méthylique*. — Liquide bouillant à 204-205° [Moschner, *loc. cit.*]; l'*éther éthylique* fond à 218°.

Éther phosphorique $PO(OC^8H^9)^3$. — Huile jaunâtre distillant dans le vide sans décomposition [Kreyschler, *D. chem. G.*, **18**, 1703]. — *Éther silicique* $Si(OC^8H^9)^4$, prismes; le liquide obtenu par fusion bout à 350-360° (H=120 mm.) [Hertkorn, *D. chem. G.*, **18**, 1691].

$C^6H(CH^3)^2_{(1,2)}(OH)_{(4)}Br^2_{(3,5)}$. — Aiguilles fusibles à 39-40° et bouillant à 300°, solubles dans tous les solvants organiques; son *dérivé benzoylé* fond à 125-126° [K. Auwers, *Ann. Chem.*, **344**, 171, 1906].

DÉRIVÉS BROMÉS. — Le *dérivé tribromé* décrit dans le Dictionnaire fond à 171° (Auwers et Rapp). Son *dérivé acétylé* $C^6(CH^3)^2_{(1,2)}(OCO.CH^3)_{(4)}Br^3_{(3,5,6)}$ est en prismes fondant à 111-112° (Auwers et v. Erggelet).

$C^6H(CH^3)^2_{(1,2)}(OH)_{(4)}Br^2_{(3,5)}$. — Aiguilles fusibles à 39-40° [K. Auwers et ses collaborateurs]; son *dérivé acétylé* fond à 125-126° [*Ann. Chem.*, **344**, 171, 1906].

$C^6H(CH^2Br)_{(1)}(CH^3)_{(2)}(OH)_{(4)}Br^2_{(3,5)}$. — Fond à 90-97° [K. Auwers, *loc. cit.*].

$C^6(CH^3)_{(1)}(CH^2Br)_{(2)}(OH)_{(4)}Br^3_{(3,5,6)}$. — Il se forme par l'action de l'acide bromhydrique en milieu acétique sur le dérivé diacétique de l'alcool méthyltribromooxybenzylique.

$C^6Br^3_{(3,5,6)}[CH^2OCOCH^3]_{(2)}[O.CO.CH^3]_{(4)}(CH^3)_{(1)}$ — (Auwers et Broicher). Prismes fondant à 138-139°, assez solubles dans l'alcool, l'éther, le benzène, se dissolvant mal dans l'acide acétique et la ligroïne. Il est soluble dans les liqueurs alcalines diluées; son *acétate* est en aiguilles fondant à 110-111°.

$C^6(CH^3)_{(1,2)}(CH^2Br)_{(1)}(OH)_{(4)}Br^3_{(3,5,6)}$. — C'est le produit de bromuration du xylénol-(1.2.4) en présence d'acide acétique (Auwers et Rovaart, Auwers et v. Erggelet). Aiguilles d'un gris d'argent, fusibles à 173°, insolubles dans les lessives alcalines; son *dérivé acétylé* fond à 138-140°.

$C^6(CH^2Br)^2_{(1,2)}(OH)_{(4)}Br^3_{(3,5,6)}$. — Aiguilles fusibles à 149-150°; son *éther éthylique* fond de 108 à 114°; son *dérivé acétylé* à 127-128° (Auwers et V. Erggelet).

$C^6(CHBr^2)^2_{(1,2)}(OH)_{(4)}Br^3_{(3,5,6)}$. — Aiguilles fusibles à 199°; son acétate fond vers 193° (Auwers et Burrows).

DÉRIVÉS BROMOIODÉS $C^6CH^2I^2_{(1,2)}(OH)_{(4)}Br^3_{(3,5,6)}$.

— Cristaux fusibles à 165-166°; le *dérivé acétique* fond à 142° (Auwers et v. Erggelet).

DÉRIVÉS NITRÉS $C^6H(CH^3)^2_{(1,2)}(OH)_{(4)}(AzO^2)^2_{(3,5)}$. — Aiguilles jaunes, fusibles à 126-127° [Nœlting et Pick, *D. chem. G.*, **21**, 3158].

$C^8H^6O^3AzBr^3$. — C'est le dérivé nitré obtenu dans l'action, à froid, de l'acide azotique concentré sur le tribromoxylénol. Cristaux brillants fondant à 97-99° (Auwers et Rapp), insolubles dans les alcalis.

Lorsqu'on fait bouillir ce dérivé avec de l'acide acétique, il perd de l'azote et se transforme en un produit d'oxydation du tribromoxylénol :

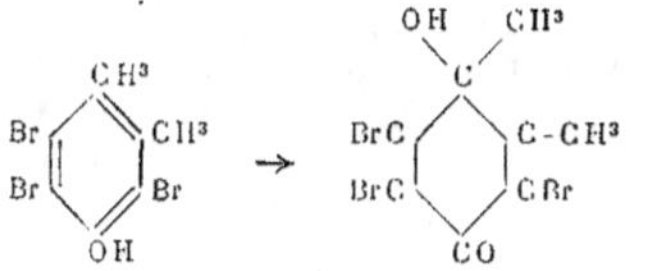

$$
\begin{array}{c}
OH \qquad\qquad OH \quad CH^3 \\
\underset{\displaystyle OH}{\overset{\displaystyle CH^3}{Br\!\!-\!\!\bigcirc\!\!-\!\!CH^3}}\ \ Br \quad \longrightarrow \quad \underset{\displaystyle CO}{\overset{\displaystyle C}{BrC\!\!-\!\!\bigcirc\!\!-\!\!C\!\!-\!\!CH^3}}\ \ CBr
\end{array}
$$

— Prismes fondant à 178-180°; son *dérivé acétylé* fond à 116-117°.

En oxydant, à chaud, par l'acide azotique concentré, le pentabromoxylénol, on obtient un produit analogue correspondant à la formule

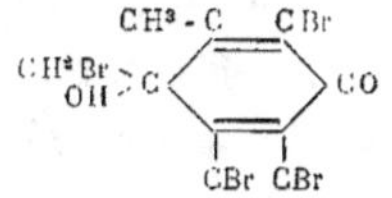

$$
\begin{array}{c}
CH^3\!-\!C \qquad\quad CBr \\
CH^2Br\!>\!C\!\!-\!\!\bigcirc\!\!-\!\!CO \\
OH \\
CBr \qquad CBr
\end{array}
$$

prismes monocliniques fondant à 188-190°; son *dérivé acétylé* fond à 145-146° (Auwers et Broicher).

PRODUITS DE CONDENSATION. — 1° Avec la *formaldéhyde et la pipéridine* $C^6H^3(CH^3)^2_{(1,2)}(OH)_{(4)}[CH^3.AzC^5H^{10}]_{(3)}$. Prismes ou lamelles fusibles à 83-84° [K. Auwers et A. Dombrowski, *Ann. Chem.*, **344**, 280, 1906]; 2° avec la *pipéridine* $C^6Br^3_{(3,5,6)}(CH^3)_{(2)}(OH)_{(4)}[CH^2.Az\,C^5H^{10}]_{(1)}$ [K. Auwers, *Ann. Chem.*, **344**, 171, 1906]; 3° avec l'*acide benzylique* [R. Geipert, *D. chem. G.*, **37**, 664, 1904].

DÉRIVÉS DIVERS. — a) $C^6H^3(CH^3)^2[O.CH^2CH(OH)^2]$. — Fond à 38°; l'*acétal* forme une huile bouillant, sous 20mm, à 168°. $D_{16}=0{,}992$; l'*oxime* $[-O.CH^2CH=Az(OH)]$ fond à 99°, la *semicarbazone* à 167° [Störmer et Schröder, *D. chem. G.*, **30**, 1707].

b) $C^6H^3(CH^3)^2.O.CH^2.CO.CH^3$. — Fond à 272-273°; l'*oxime* fond à 70°, la *semicarbazone* à 164°,5 [Störmer, *Ann. Chem.*, **312**, 300].

c) *Éthers oxydes formés avec les oxyacides*. — Ils ont été étudiés par Bischoff [*D. chem. G.*, **33**, 1262]. Ont été décrits les éthers fournis avec les acides suivants :

α-*Oxypropionique*. — Fond à 85-86°; *éther éthylique*, huile bouillant à 268-273° (H=773 mm.).

α-*Oxybutyrique*. — Fond à 73-76°; *éther éthylique*, huile bouillant à 275-280° (H=773 mm.).

α-*Oxyisobutyrique*. — Fond à 86-90°,5; *éther éthylique*, huile bouillant à 263-268° (H=774 mm.).

α-*Oxyisovalérianique*. — Fond à 49°,5-52°; *éther éthylique*, huile bouillant à 275-283° (H=774 mm.).

Composé sulfoné. — $C^6H^3(CH^3)^2_{(1,2)}[O.SO^2.C^6H^5]_{(3)}$. — Fond à 72-80° [Georgesco, *Chem. Centr. Bl.*, 1900, I, 543].

$C^6H^3(CH^3)^2_{(1,3)}(OH)_{(2)}$. — Cristaux incolores fondant à 49°, donnant par oxydation de la tétraméthyldiphénoquinone [K. Auwers et Th. v. Markovits, *D. chem. G.*, **38**, 226, 1905; — Nœlting, *D. chem. G.*, **24**, 2829].

$C^6H(CH^3)^2{}_{(1.3)}(OH)_{(2)}Br^2{}_{(4.6)}$. — Aiguilles fusibles à 132-133°; son *dérivé acétylé* est en lamelles fusibles à 79-80° [Auwers et Traun, *D. chem. G.*, **32**, 3314].

Condensation avec la formaldéhyde et la pipéridine $C^6H^2(CH^3)^2{}_{(1.3)}(OH)_{(2)}[CH^3AzC^5H^{10}]_{(5)}$. — Aiguilles fusibles à 117°.5-118°,5 [Auwers et Dombrowski, *Ann. Chem.*, **344**, 280, 1906].

$C^6H^3(CH^3)^2{}_{(1.3)}(OH)_{(4)}$. — *Modes de formation.* — [Harmsen, *D. chem. G.*, **13**, 1558; — Bamberger et Brady, *ibid.*, **33**, 3654]. Il bout à 211°,5 [Jacobsen, *ibid.*, **48**, 3464]; à 136° (H = 50) [Auwers et Campenhausen, *D. chem. G.*, **29**, 1129]. $D_0 = 1,0362$. Chaleur de combustion $1037^{Cal},5$ [Stohmann, Rodatz et Herzberg, *J. prakt. Chem.*, (2), **34**, 317]. Oxydation par fusion alcaline en présence de PbO^2 [C. Graebe et H. Kraft, *D. chem. G.*, **39**, 794, 1906].

Éther méthylique. — Liquide bouillant à 192° [Jacobsen, *D. chem. G.*, **11**, 25], à 186° sous 742 mm. Chaleur de combustion $1213^{Cal},6$. Voyez aussi R. Schiff, *Ann. Chem.*, **234**, 317].

Phosphate $PO(OC^8H^9)^3$. — Liquide distillant sans décomposition dans le vide [Kreysler, *D. chem. G.*, **18**, 1703].

Silicate $Si(OC^8H^9)^4$. — Liquide bouillant à 453-457° [Hertkorn, *D. chem. G.*, **18**, 1690].

Benzoate [G. Goldschiedt, *Mon. f. Chem.*, **28**, 1091, 1907].

DÉRIVÉS BROMÉS. — Nœlting, Braun et Thesmar ont signalé les trois dérivés monobromés que permet de prévoir la théorie. On peut les obtenir facilement à partir des bromoaminoxylènes, ce qui fixe leur constitution :

$C^6H^2(CH^3)^2{}_{(1.3)}(OH)_{(4)}Br_{(2)}$. — Fond à 68°. Aiguilles d'un jaune clair.

$C^6H^2(CH^3)^2{}_{(1.3)}(OH)_{(4)}Br_{(5)}$. — Fond à 72°.

$C^6H^2(CH^3)^2{}_{(1.3)}(OH)_{(4)}Br_{(6)}$. — Fond à 72°. Aiguilles à peine jaunâtres.

Dérivés dibromés. — [Hodgkinson et Limpach, *J. chem. Soc.*, **63**, 110; — Armstrong et Gaskell, *D. chem. G.*, **9**, 950].

$C^6(CH^3)^2{}_{(1.3)}(OH)_{(4)}Br^3{}_{(2.5.6)}$. — Son *acétate* est en prismes fondant à 115-116° [Auwers et Ziegler, *D. chem. G.*, **29**, 2349; — Auwers, *ibid.*, **30**, 757; — Zincke, *J. prakt. Chem.*, (2), **56**, 157; — Auwers et Hampe, **32**, 3006].

$C^6(CH^2Br)_{(1)}(CH^3)_{(3)}(OH)_{(4)}Br^2{}_{(2.5.6)}$. — Petites aiguilles fusibles à 135-136°, insolubles dans les alcalis [Auwers, *D. chem. G.*, **34**, 4256; — Auwers et Campenhausen, *D. chem. G.*, **29**, 1129; — Auwers et Ziegler, *loc. cit.*]. Il se condense en présence de benzène avec la diméthylaniline en donnant une base de formule $C^{16}H^{16}OAzBr^3$ fusible à 121-122°; son *bromhydrate* fond à 231-233°, son *iodométhylate* à 154°; son *hydroxyméthylate* [Base + $CH^3.OH$], à 179° (Auwers et Ziegler).

$C^6(CH^2Br)^2{}_{(1.3)}(OH)_{(4)}Br_{(2.5.6)}$. — Aiguilles fusibles à 172°, insolubles dans les alcalis; son *éther méthylique* fond vers 165-168°, le *dérivé acétylé* à 180° [Zincke, *loc. cit.*; — Auwers, *loc. cit.* et *D. chem. G.*, **32**, 2991].

Dérivés bromoiodés. — Ils ont été signalés par Auwers et Ziegler, et Auwers et Hampe

$C^6(CH^2I)_{(1)}(CH^3)_{(3)}(OH)_{(4)}Br^2{}_{(2.5.6)}$. — Petites aiguilles fusibles à 134°,5-135°,5.

$C^6(CH^2I)^2{}_{(1.3)}(OH)_{(4)}Br_{(2.5.6)}$. — Aiguilles fusibles à 182-183°.

DÉRIVÉS NITRÉS. — $C^6H^2(CH^3)^2{}_{(1.3)}(OH)_{(4)}(AzO^2)_{(5)}$. — Aiguilles jaunes fusibles à 72° [Hodgkinson et Limpach, *loc. cit.*; — Francke, *Ann. Chem.*, **296**, 199]. Son *sel de potassium* est en lamelles rouges; son *éther méthylique* fond à 27° et bout à 269°,5.

$C^6H^2(CH^3)^2{}_{(1.3)}(OH)_{(4)}.AzO^2{}_{(6)}$. — Aiguilles jaunes fusibles à 95°; son *sel de potassium* est en cristaux rouges contenant $2H^2O$; son *éther méthylique* fond à 56-57° [Pfaff, *D. chem. G.*, **16**, 616 et 1136]. C'est le dérivé signalé au 1er Supp.

Tribromomononitroxylénol $C^8H^6O^3AzBr^3$. — Ce corps est tout à fait semblable à l'isomère obtenu en partant du xylénol $CH^3:CH^3:OH-1.2.4$. Prismes à éclat adamantin fondant à 97° [Auwers, *D. chem. G.*, **30**, 757; — Auwers et Rapp, *Ann. Chem.*, **302**, 162]. Le produit d'oxydation $C^8H^7O^5Br^3$ (formule I)

$$
\text{(I)}\quad O=\underset{\text{C-CH}^3\ \ \text{CBr}}{\overset{\text{CBr}\ \ \text{CBr}}{\bigcirc}}\!\!C\!\genfrac{}{}{0pt}{}{OH}{CH^3}
\qquad
\text{(II)}\quad AzH=\underset{\text{C-CH}^3\ \ \text{CH}}{\overset{\text{CH}\ \ \text{CH}}{\bigcirc}}\!\!C\!\genfrac{}{}{0pt}{}{OH}{CH^3}
$$

fond à 173-174°, et donne un *dérivé acétylé* fondant à 129° [Auwers et Broicher, Zincke, *loc. cit.*]. On doit rapprocher de cette combinaison le dérivé iminé signalé par E. Bamberger (formule II) [*D. chem. G.*, **35**, 3886, 1902].

PRODUITS DE CONDENSATION. — 1° Avec la formaldéhyde et la pipéridine [K. Auwers et A. Dombrowski, *Ann. Chem.*, **344**, 280]; $C^6H^2(CH^3)^2{}_{(1.3)}(OH)_{(4)}[CH^2Az.C^5H^{10}](5)$. Huile facilement entraînable par la vapeur d'eau;

2° Avec la méthylamine $[C^6H^3(CH^3)_{(3)}(OH)_{(4)}.CH^2{}_{(1)}-]^2Az.CH^3$, fond vers 155-161°;

3° Avec la pipéridine $C^6H^3(CH^3)_{(3)}(OH)_{(4)}[CH^2.AzC^5H^{10}]_{(1)}$. Cristaux fondant à 157° [K. Auwers, *Ann. Chem.*, **344**, 171, 1906].

Condensation avec l'acide benzylique. — [K. Geipert, *D. chem. G.*, **37**, 664, 1904].

ÉTHERS OXYDES A FONCTIONS COMPLEXES. — $C^6H^3(CH^3)^2{}_{(1.3)}[O.CH^2.CH^2Br]_{(4)}$. — Huile distillant à 263-265° (H = 770 mm.)

$C^6H^3(CH^3)^2{}_{(1.3)}[O.CH^2.CH^2.AzH^2]_{(4)}$. — Huile bouillant à 149-150° (H = 763 mm.); le *chloroplatinate* d'un jaune clair fond à 211° avec décomposition; le *picrate* à 182-183°; l'*anilide* forme une huile dont le *chlorhydrate* fond à 70-71°.

$C^6H^3(CH^3)^2{}_{(1.3)}[O.CH^2.CH^2.AzH.CO.AzH^2]_{(4)}$. — Fond à 132-133°.

$C^6H^3(CH^3)^2{}_{(1.3)}[O.CH^2.CH^2.OCH^3]_{(4)}$. — Bout à 245-247°. L'*éther éthylique* bout à 250-253° (H = 764 mm.); l'*éther phénylique* est solide et fond à 76-77°.

$C^6H^3(CH^3)^2{}_{(1.3)}[O.CH^2.CH^2.O]_{(4)}C^6H^3(CH^3)^2{}_{(1.3)}$. — Petites aiguilles fondant à 110°.

$C^6H^3(CH^3)^2{}_{(1.3)}[O.CH^2-CHO]_{(4)}$. — Son *oxime* fond à 98°; sa *semicarbazone* à 116-117°. L'*hydrate* $[-O.CH^2.CH(OH)^2]$ est en aiguilles fondant à 62°; l'*acétal* est huileux et bout à 273° ($D_{16°} = 0,995$).

$C^6H(CH^3)^2{}_{(1.3)}[O.CH^2.CO.CH^3]$. — Fond à 14°; bout à 263°; l'*oxime* fond à 133°; la *semicarbazone* à 145° [Störmer, *D. chem. G.*, **29**, 2402; — Störmer et Schrader, *ibid.*, **30**, 1708].

Ethers oxydes formés avec les acides :

α-*Propionique*, fond à 82-87°,5; l'*éther éthylique* bout à 264°,5 (H = 771).

α-*Oxybutyrique*, fond à 64°,3-65°,3; l'*éther éthylique* bout à 267-271° (H = 769).

α-*Oxyisobutyrique*, huile; l'*éther éthylique* bout à 255-258°.

α-*Oxyvalérianique*, huile, bout à 213° (H = 42); l'*éther éthylique* bout à 267-274° [Bischoff, *D. chem. G.*, **33**, 1264].

Acides sulfonés. — L'*acide sulfoné en 5* a été signalé par Sartig [*Ann. Chem.*, **230**, 336] et par Junghahn [*D. chem. G.*, **35**, 3747]. Ont été décrits les sels de K (anhydre) de Na (retient H^2O) de Ba (retient H^2O et $2H^2O$). Il est identique avec l'acide signalé par Jacobsen et décrit Dict., art. XÉNOLS, acide métaxénolsulfureux p. 729 en *a*).

Éther éthylique $(O.C^2H^5)C^6H^2(CH^3)^2(SO^3H)_5$. — Tables microscopiques. *Chlorure* $(OH)C^6H^2(CH^3)^2SO^2Cl$, tables fondant à 169-170° [Moody. *D. chem. G.*, **25**, 2571].

L'*acide sulfoné en 6* n'est pas connu d'une façon certaine, mais Sartig a signalé un *dérivé mononitré* (en 2 ou en 5 ?), aiguilles très solubles dans l'eau donnant des sels de Ba et de Pb bien cristallisés et retenant $3H^2O$. L'*éther éthylique* correspondant donne un sel de K en lamelles jaune clair, orthorhombiques, retenant une molécule d'eau.

Les corps décrit par Shober et Kiefer [*Am. Chem. Journ.*, **19**, 386] dérivent de l'un des deux acides $C^6H^2(CH^3)^2_{1.3}(OH)_{(4)}(SO^3H)_{(6 \text{ ou } 5)}$. L'*éther méthylique* est en aiguilles facilement solubles dans l'eau, donnant des sels de K, Ba. Ca bien cristallisés. L'*amide* de cet éther fond à 190°.

L'*éther propylique* est en aiguilles ou en tables facilement solubles dans l'eau et l'alcool. Son *amide* est en aiguilles fondant à 146°.

Composés azoïques $C^6H^2.Az = Az.C^6H^2(CH^3)^2_{1.3}(OH)_4$. — Aiguilles brun rouge.

$(SO^3H)C^6H^4.Az = Az.C^6H^2(CH^3)^2_{1.3}(OH)_4$. — Grevingk [*D. chem. G.*, **19**, 148].

$C^6H^3(CH^3)_{(1.3)}(OH)_5$. — Ce xylénol existe dans le goudron de houille [Schulze, *D. chem. G.*, **20**, 410] et dans le goudron de bois [Béhal et Choay, *Bull.*, (3), **11**, 702]. — *Modes de formation* Klages et Knœvenagel. *Ann. Chem.*, **284**, 121 : — Knœvenagel. *D. chem. G.*, 26, 1951 : — H. Armstrong et L. P. Wilson, *Proc. Chem. Soc.*, **16**, 229, 1901].

Combinaison $C^6H^3(CH^3)_{1.3}.O.CH^2.CH(OH)^2$. — Fond à 68°; l'*acétal* fond à 287-288°, $D_{20} = 0.998$; l'*oxime* fond à 100°,5 [Störmer. *Ann. Chem.*, **312**, 295].

Condensation avec la formaldéhyde et la pipéridine $C^6H^2(CH^3)^2_{1.3}(OH)_5[CH^2.Az.C^5H^{10}]^2$. — Aiguilles fondant à 98°,5 [Auwers et Dombrowki. *loc. cit*].

$C^6H^3(CH^3)^2_{1.4}(OH)_{(2)}$. — Chaleur de combustion $1035^{cal},6$ [Stohmann, Rodatz et Herzberg, *J. prakt. Chem.*, (2), **34**, 317]; fond à 74°, $D_{15} = 1.169$; cristaux monocliniques [F. M. Jäger, *Zeit. Kryst.*, **38**, 89, 1903]. — *Éther éthylique*. Chaleur de combustion $1368^{cal},85$.

$C^6H^3(CH^2Br)_{1.4}(OH)_{(2)}(?)$ [Adam, 1er Suppl., Comp. Auwers. *Ann. Chem.*, **304**, 220].

$C^6HBr^2_{(3.5)}(CH^3)^2_{1.4}(OH)_2$. — Aiguilles fondant à 79° [Auwers et Ercklentz, *Ann. Chem.*, **302**, 114].

$C^6HBr^2_{(3.6)}(CH^3)^2_{1.4}(OH)_{(2)}$. — Petites aiguilles fondant à 90-91° [Auwers et Baum. *D. chem. G.*, **29**, 2345].

$C^6Br^3(CH^3)_{1.4}(OH)_{(2)}$. — Aiguilles fondant à 178-179° [Auwers et Ercklentz. Auwers et Anselmino. *D. chem. G.*, **32**, 3592]. — Son *dérivé acétylé* est en aiguilles fondant à 125-126° [Sheldon, *Ann. Chem.*, **304**, 282; — Auwers. *D. chem. G.*, **32**, 20].

$C^6Br^3(CH^2Br)_{(4)}(CH^3)_{(1)}(OH)_{(2)}$. — Aiguilles fondant à 118-119° [Auwers et Anselmino].

$C^6Br^3(CH^2Br)^2_{1.4}(OH)_{(2)}$. — Aiguilles cristallisant de l'acide acétique avec une molécule de

solvant qui s'élimine peu à peu à l'air. Le xylénol qui reste fond à 184°; son *dérivé acétylé* fond à 162°.

$$C^6H^2(CH^3)^2 \lessgtr \begin{array}{l} O_{(2)} \\ Az\,O\,H_{(5)} \end{array}$$

(nitrosoxylénol) [Sutkowski, *D. chem. G.*, **20**, 978; — H. Goldschmidt et H. Schmid, *ibid.*, **18**, 568; — Pflug. *Ann. Chem.*, **255**, 174].

$C^6H^2(CH^3)^2_{1.4}(OH)_{(2)}Az\,O^2_{(x)}$. — Le dérivé signalé par Oliveri (1er Suppl.), fondant à 115°, représente vraisemblablement le nitro (5) fondant à 122° [Goldschmidt et Schmid. *loc. cit.*].

Kostanecki a signalé le nitro (6). Il forme de petites lamelles couleur cuir fondant à 91°; il est peut-être bien identique au nitro γ d'Oliveri (voyez 1er Suppl.).

$C^6H(CH^3)^2_{1.4}(OH)_{(2)}(AzO^2)^2_{(x)}$. — Lamelles jaunes, fondant à 121° [Kostanecki, *D. chem. G.*, **19**, 2320].

Nitrotribromoxylénol $C^8H^6O^3AzBr^3$. — Prismes fondant à 85-86° [Auwers et Rapp, *loc. cit.*].

Condensation avec la formaldéhyde et la pipéridine $C^6H^2(CH^3)_{1.4}(OH)_{(2)}[CH^2Az.C^5H^{10}]_{(5)}$. — Aiguilles fondant à 131°,5-132° [Auwers et Dombrowski, *loc. cit.*].

Condensation avec l'acide benzylique. — R. Geipert, *D. chem. G.*, **37**, 664, 1904].

Éthers à fonctions complexes. — $C^6H^3(CH^3)^2_{1.4}[O.CH^2CHO]_{(2)}$. — Son *oxime* fond à 114°, sa *semicarbazone* à 104°, l'*hydrate* $[-O.CH^2CH.OH^2]$ forme des cristaux à odeur aromatique fondant à 63-64°. L'*acétal* est huileux et bout à 278-279°; $D_{16} = 0.972$ [Störmer et Schrader. *D. chem. G.*, **30**, 1708].

$C^6H^3(CH^3)^2_{1.4}[O.CH^2.CO.CH^3]_2$. — Bout à 271°: l'*oxime* fond à 132°; la *semicarbazone* à 182° [Störmer. *An. Chem.*, **312**, 301].

$$CO \lessgtr \begin{array}{l} O_{(2)} - C^6H^3 - (CH^3)^2_{1.4} \\ Az\,H - C^6H^5 \end{array}$$

— Fond à 160-161° [Auwers, *D. chem. G.*, **32**, 19].

Éthers oxydes formés avec les acides :

α-*Oxypropionique.* — Prismes fondant à 105-106°,5. — *Éther éthylique*; huile bouillant à 259° H = 782.

α-*Oxybutyrique.* — Aiguilles fondant à 87-90° — *Éther éthylique*; huile bouillant à 265-66° (H = 765).

α-*Oxyisobutyrique.* — Tables quadratiques fondant à 114°. — *Éther éthylique*; huile bouillant à 265-266° (H = 767).

α-*Oxyisovalérianique.* — Huile. — L'*éther éthylique* bout à 270° (H = 769) [Bichoff, *D. chem. G.*, **33**, 1268].

Dérivé sulfoné. — $C^6H^3(CH^3)^2_{1.3}[O.SO^2.C^6H^5]_{(2)}$. — Fond à 51-52° [Georgesco, *Chem. Centr. Bl.*, 1900, I, 543].

II. — XYLÈNE-DIOLS.

Ils répondent à la formule générale $C^6H^2(CH^3)^2(OH)^2$.

A. DÉRIVÉS DE L'ORTHOXYLÈNE. — Les trois isomères que prévoit la théorie sont connus : ce sont :

$C^6H^2(CH^3)^2_{1.2}(OH)^2_{(3.6)}$. — Voyez 2e Suppl., XYLOHYDROQUINONE.

$C^6H^2(CH^3)^2_{1.2}(OH)^2_{4.6}$. — Aiguilles [Pfannenstill. *J. prakt. Chem.*, (2), **46**, 156].

$C^6H^2(CH^3)^2_{1.2}(OH)^2_{3.5}$. — Prismes presque incolores, fusibles à 136-137°, cristallisant des solutions aqueuses avec une mol. d'eau. Il donne un *dérivé diacétylé* fusible à 100-102° et un *tétrabromure* $C^8H^6O^2Br^4$

```
          CH³-C      C-CH³
       C Br²  <        >  CO
          CO        C-Br²
```

fusible à 128°.

Le *dérivé azoïque* $C^6H^2(CH^3)^2(Az_{(3)}=Az.C^6H^5)^2{}_{(6)}Az=AzC^6H^5)O^2$ est en aiguilles rouges, fusibles à 229°, cristallisant de l'acide acétique avec 1 mol. d'acide. Ce dioxyxylène se condense facilement avec l'aldéhyde formique [O. Simon, *D. chem. G.*, **329**, 301, 1903].

B. DÉRIVÉS DU MÉTAXYLÈNE. — $C^6H^2(CH^3)^2{}_{(1.3)}(OH)^2{}_{(2.4)}$. — Cristaux fusibles à 146-148° [Wischin, *D. chem. G.*, **23**, 3114; — Pfannenstill, *loc. cit.*]. Son *chloro-(6)* dérivé est en aiguilles fusibles à 106°; le *dérivé bromé* correspondant fond à 126° (Wischin).

$C^6H^2(CH^3)^2{}_{(1.3)}(OH)^2{}_{(2.5)}$. — C'est la xylohydroquinone (Voy. Dict. XYLOQUINONE).

$C^6H^2(CH^3)^2{}_{(1.3)}(OH)^2{}_{(4.6)}$. — C'est la *xylorcine*. Voyez ce mot, 2° Suppl.

$C^6H^2(CH^3)^2{}_{(1.3)}(OH)^2{}_{(4.5)}$. — Prismes fusibles à 73-74° [Hodgkinson et Limpach, *J. Chem. Soc.*, **33**, 108]. Son *éther méthylique-(4)* est un liquide bouillant à 227-228°. Le *phénol dichloré-(2.6)* fond à 140°: son *dérivé diacétylé* à 161° [Francke, *Ann. Chem.*, **296**, 204]. Comparez aussi Gundelach [*Bull. Soc. Chim.*, (2), **28**, 345].

C. DÉRIVÉS DU PARAXYLÈNE. — $C^6H^2(CH^3)^2{}_{(1.4)}(OH)^3{}_{3.5}$. — C'est la β-orcine (voyez ORCINE β, 2° Suppl.).

$C^6H^2(CH^3)^2{}_{(1.4)}(OH)_{(2.5)}$. — C'est l'hydrophlorone (voyez PHLORONE, 2° Suppl.).

Ethers mono et diéthyliques [Bamberger, *D. chem. G.*, **40**, 1906 et 1932, 1907]. Le même auteur, dans des travaux récents, a décrit de nombreux dérivés appartenant à cette série [*D. chem. G.*, **40**, 1949, 1907] et pour lesquels nous ne pouvons que renvoyer à l'original.

III. — XYLÈNE-TRIOLS.

$(CH^3)^2{}_{(1.3)}C^6H(OH)^3{}_{(2.4.5)}$. — C'est la diméthyloxyhydroquinone (voyez ce mot).
$(CH^3)^2{}_{(1.3)}C^6H(OH)^3{}_{(2.4.6)}$. — C'est la diméthylphloroglucine (voyez ce mot).

IV. — XYLÈNE-TÉTROLS.

$C^6(CH^3)^2{}_{(1.3)}(OH)^4$. — On l'obtient par réduction de la dioxy-m-xyloquinone. Aiguilles fusibles à 189° [Braunmayr, *Mon. f. Chem.*, **24**, 10]. Son *éther méthylique-(4)* est en cristaux monocliniques fusibles à 125° [Bosse, *ibid.*, **24**, 1028]. Les dérivés $C(CH^3)^2{}_{(1.3)}(OCOCH^3)^2{}_{(2.5.6)}(OCH^3)_4$ et $C(CH^3)^2(O.COCH^3)^4$ fondent respectivement à 76° et 154°.

V. — ACIDES OXYXYLIQUES.
(*Xylénols monocarboxylés.*)

(Voyez 1er Suppl., article XYLIQUES).
A. DÉRIVÉS DE L'ORTHOXYLÈNE.
$C^6H^2(CH^3)^2{}_{(1.2)}(CO^2H)_{(6)}(OH)_{(5)}$. — Cristaux fusibles à 203-204° [Perkin, *J. Chem. Soc.*, **75**, 187]. Son sel d'argent forme un précipité blanc amorphe.

Ethers du type $C^6H^2(CH^3)^2{}_{(1.2)}(OH)CO^2R$. — R=CH³. Lamelles fusibles à 148-149°. R=C²H⁵. Aiguilles fusibles à 134-135°.

Ethers du type $C^6H^2(CH^3)^2{}_{(1.2)}(CO^2H)(OR)$. — R=CH³. Prismes fusibles à 170-171°. — R=C²H⁵. Aiguilles fusibles à 173-174°. — R=(CO.CH³). Fusible à 141-142°.

$C^6H^2(CH^3)^2(OC^2H^3)(CO^2.C^2H^5)$. — Prismes fusibles à 50-51°.
Dérivés bromés. — *Dibromo-(3.5).* Prismes fusibles à 204-205°.
Dérivé nitré. — *Dinitro-(3.5).* Tables jaunes fusibles à 203-205° avec décomposition.
B. DÉRIVÉS DU MÉTAXYLÈNE. $C^6H^2(CH^3)^2{}_{(1.3)}(OH_2)(CO^2H)_{(5)}$. — C'est l'acide oxy-p-oxymésitylénique (voyez MÉSITYLÉNIQUE [ACIDE]).
$C^6H^2(CH^3)^2{}_{(1.3)}(OH)_{(4)}(CO^2H)_{(5)}$. — C'est l'acide oxy-o-mésitylénique (voy. MÉSITYLÉNIQUE [ACIDE]).
$C^6H^2(CH^3)^2{}_{(1.3)}(OH)_{(6)}(CO^2H)_{(2)}$. — Poudre blanche facilement soluble dans l'alcool. Fusible à 253-254°. Son *éther éthylique* ($-CO^2-C^2H^5$) est en tables fusibles à 98° [Noyes, *Am. Chem. J.*, **20**, 796].
C. DÉRIVÉS DE PARAXYLÈNE. — $C^6H^2(CH^3)^2{}_{(1.4)}(OH)_{(2)}(CO^2H)_{(x)}$. — Aiguilles fusibles à 137° [Oliveri, *Gazz. chim. ital.*, **12**, I, 166].
D. DÉRIVÉS DE CONSTITUTION INCONNUE.
Baeyer a obtenu deux dérivés chlorés isomériques en traitant, par du chlorure de méthyle, les acides m et p-crésotinique. Le premier fond à 192°, le second à 169° [Brev. all. 113723]. — Voyez aussi Dict. XYLÉTIQUE.

VI. — XYLÉNOLS CARBOXYLIQUES DIVERS.

Acide o-oxyxylène dicarboxylique, $C^6H(CH^3)^2{}_{(1.3)}(OH)_{(5)}(CO^2H)^2{}_{(2.6)}$. — Aiguilles fusibles à 228°; son *éther diéthylique* fond à 148° et bout à 258° (H=30 mm.) [Knœvenagel et Klages, *Ann. Chem.*, **284**, 108].

VII. — AMINOXYLÉNOLS.

Voyez Dict. XYLIDINES.
$C^6H^2(CH^3)^2{}_{(1.3)}(OH)_{(4)}(AzH^2)_{(5)}$. — Lamelles fusibles à 133-134°, facilement solubles dans l'alcool et l'éther [Francke, *Ann. Chem.*, **296**, 200]. Son *éther méthylique* est liquide et bout à 239°,5 [Hodgkinson et Limpach, *J. Chem. Soc.*, **63**, 103].
$C^6H^2(CH^3)^2{}_{(1.3)}(OH)_{(4)}AzH-CHO$. — Fusible à 68° [Hodgkinson et L., *loc. cit.*].
$C^6H^2(CH^3)^2{}_{(1.3)}(OH)_4AzH.CO.CH^3$. — Fusible à 96°.
$C^6Br^3{}_{(2.4.6)}(OH)_{(4)}(CH^2.AzH.C^6H^5)^2{}_{(1.3)}$. — Poudre jaune cristalline, fusible à 118-121° [Auwers et Hampe, *D. chem. G.*, **32**, 3012].
$C^6Br^3{}_{(2.4.6)}(OH)_{(4)}(CH^2.AzH.C^6H^5)_{(6)}[CH^2.Az(COCH^3)(C^6H^5)]_{(1)}$. — Aiguilles fusibles à 209°.
$C^6Br^3{}_{(2.4.6)}(OCOCH^3)_{(4)}[CH^2AzH.C^6H^5]_{(6)}[CH^2.Az(CO.CH^3)(C^6H^5)]_{(1)}$. — Aiguilles fusibles à 116-118° [Auwers, *D. chem. G.*, **32**, 2991; — Auwers et Hampe, *loc. cit.*].
$C^6H^2(CH^3)^2{}_{(1.4)}(OH)_{(2)}(AzH^2)_{(5)}$. — Cristaux se décomposant dès 180°, fusibles à 202° [Goldschmidt et Schmidt, *D. chem. G.*, **18**, 570; — Sulkowski, *ibid.*, **27**, 1930]. Le chloranile en milieu acétique les transforme en une matière colorante insoluble dans l'eau, soluble en bleu vert dans l'acide sulfurique, de formule $C^{24}H^{26}Az^2O^3$.

V. Thomas.

XYLÉNYLAMIDOXIME. — Voyez l'article BENZÉNYLAMIDOXIME, 2° Suppl., **1**, 477.

XYLIDINE. — Nous décrirons successivement les dérivés des o, m et p-xylènes.

A. DÉRIVÉS DE L'ORYHOXYLÈNE.

$C^6H^3(CH^3)^2{}_{(1.2)}(AzH^2)_{(3)}$. — *Mode de formation:* Töhl [*D. chem. G.*, **18**, 2562]. Point d'ébullition 225° [F.-M. Jœger et J.-J. Blanksma, *Rec. Pays-Bas*, **25**, 352, 1906]. Son *sulfate* est en grandes lamelles; *nitrate* [Nölting et Pick, *D. chem. G.*, **21**, 3153]; *chlorhydrate* fusible à 254°, bouillant à 258° (H = 760 mm.) [Ullmann, *D. chem. G.*, **31**, 1699].

Combinaison avec le trinitrobenzène. — Cristaux rouges fusibles à 125-128° [Nölting et Sommerhoff, *D. chem. G.*, **39**, 76, 1906].

$C^6H^2(CH^3)^2_{(1.2)}(AzH^2)_{(3)}Br^2_{(4.5)}$. — Aiguilles fusibles à 103° (Töhl).

$[C^6H^2(CH^3)_{(1.2)}(AzH^2)_{(3)}Br^2_{(4.6)}$. — Fond à 56° (Jœger et Blanksma).

$C^6H^2(CH^3)^2_{(1.2)}(AzH^2)_{(6)}(AzO)^2_{(5)}$. — S'obtient, accompagné des isomères ci-dessous, par nitration du sulfate de xylidine [Nölting, Braun et Thesmar, *D. chem. G.*, **34**, 2245; — Nölting et Stöcklin, *D. chem. G.*, **24**, 567]. Aiguilles fusibles à 114°, jaune orangé. Son *dérivé acétylé* fond à 149-150°.

$C^6H^2(CH^3)^2_{(1.2)}(AzH^2)_{(3)}(AzO^2)_{(4)}$. — Tables rouge brique fusibles à 118-119°, solubles dans l'acide chlorhydrique concentré. Son *dérivé acétylé* fond à 160°.

$C^6H(CH^3)^2_{(1.2)}(AzH^2)_{(3)}(AzO^2)_{(5)}$. — Aiguilles jaune clair fusibles à 112°. Son *dérivé acétylé* fond à 230-231°.

$C^6H^2(CH^3)^2_{(1.2)}(AzH - CH^3)_{(3)}$. — Huile bouillant à 222-223°. — $C^9H^{13}Az.HCl$; $C^9H^{13}Az.PtCl^6H^2$; $C^9H^{13}Az.SO^4H^2$ [Menton, *Ann. Chem.*, **263**, 317].

$C^6H^2(CH^3)^2_{(1.2)}(AzO)_{(6)}(AzH.CH^3)_{(3)}$. — Aiguilles vertes à éclat d'acier fusibles à 160-161°, facilement solubles dans l'alcool et l'éther.

$C^6H^3(CH^3)^2_{(1.2)}[Az(CH^3)^3I]_{(3)}$. — Cristaux que la chaleur décompose facilement en diméthylxylidine et iodure de méthyle (Menton).

$C^6H^2(CH^3)^2_{(1.2)}(Az(CH^3)^2)_{(3)}$. — Huile bouillant à 199-200°. Son *chorhydrate* et son *chloroplatinate* cristallisent sous forme de petites aiguilles (Menton).

$C^6H^3(CH^3)^2_{(1.2)}(AzH.C^2H^5)_{(3)}$. — Liquide ne se solidifiant pas à — 18°, bouillant à 227-228°. $C^{10}H^{15}Az.HCl$ et $C^{10}H^{15}Az.PtCl^6H^2$ (Menton).

$C^6H^2(CH^3)^2_{(1.2)}(AzH.C^2H^5)_{(3)}(AzO)_{(6)}$. — Aiguilles vertes à reflets brunâtres fusibles à 123-124°; son *chlorhydrate* est en fines aiguilles jaunes (Menton).

$C^6H^2(CH^3)^2_{(1.2)}[Az(CH^3)(CO.CH^3)]_{(3)}$. — Cristaux fusibles à 75°, facilement entraînables par la vapeur d'eau. Son *chloroplatinate* est en aiguilles jaunes; son *chloraurate* fond à 173°.

$C^6H^2(CH^3)^2_{(1.2)}[Az.C^2H^5)COCH^3]_{(3)}$. — Bout à 268°.

$[C^6H^2(CH^3)_{(1.2)}.AzH]^2=CO$. — Fusible à 240-241° [Cazeneuve et Moreau, *C. R.*, **124**, 1103].

$C^6H^2(C^2H^3)^2_{(1.2)}(AzH^2)_{(3)}-Az_{(6)}=Az-C^6H^5$. — Cristaux jaune rougeâtre fusibles à 98°. Son *chlorhydrate* forme une poudre violet foncé, soluble en rouge dans l'eau [Menton, *Ann. Chem.*, **263**, 333].

$C^6H^2(CH^3)^2_{(1.2)}(AzH^2)_{(3)}-Az_{(6)}=Az_{(3)}C^6H^3(CH^3)^2_{(1.2)}$. — Lamelles jaunes fusibles à 110°,5 [Nölting et Forel, *D. chem. G.*, **18**, 2684].

$C^6H^3(CH^3)^2_{(1.2)}(AzH^2)_{(4)}$. — *Modes de formation :* Limpach [*D. chem. G.*, **21**, 646]; Müller [*D. chem. G.*, **20**, 1040]. Point de fusion 50° (F. M. Jœger et Blanksma).

Nitrate et sulfate. — Solubilité [Nölting et Pick, *loc. cit.*]. *Chlorhydrate* fusible à 256°, bouillant à 264° (H = 728 mm.), à 266° (H = 760 mm.).

$C^6H^2(CH^3)^2_{(1.2)}AzH^2_{(4)}.Cl_{(5)}$. — Lamelles argentées fusibles à 88° [Claus, *J. pr. Ch.*, (2), **46**, 34]. Son *dérivé acétylé* fond à 154°.

$C^6H(CH^3)^2_{(1.3)}(AzH^2)_{(4)}Br^2_{(3.5)}$. — Fond à 63° (Jœger et Blanksma).

$C^6H(CH^3)^2_{(1.3)}(AzH^2)_{(4)}Br^2_{(3.6)}$. — Fond à 65°.

$C^6H^2(CH^3)^2_{(1.2)}AzH^2_{(4)}AzO^2_{(5)}$. — Prismes brun rouge [Nölting, Braun et Thesmar, *D. chem. G.*, **34**, 2248; — Comp. Nölting et Stöcklin, *D. chem. G.*, **24**, 567]. Son *dérivé acétylé* fond à 107°.

$C^6H^2(CH^3)^2_{(1.2)}.AzH^2_{(4)}.AzO^2_{(3)}$. — Prismes d'un rouge écarlate fusibles à 65-66°, volatils avec la vapeur d'eau. Son *dérivé acétylé* fond à 115-116°.

$C^6H^2(CH^3)^2_{(1.2)}.AzH^2_{(4)}.AzO^2_{(3)}$. — Lamelles orangées fusibles à 74-75°. Son *dérivé acétylé* fond à 209-210°.

Combinaison d'addition avec SO^2. — [Börnstein et Kleeman, Brev. all. 56322].

$C^6H^3(CH^3)^2_{(1.2)}(AzH.CO.CH^2Cl)_{(4)}$. — Aiguilles fusibles à 109° [Grothe, *Arch. d. Pharm.*, **238**, 589].

$C^6H^3(CH^3)^2_{(1.2)}(AzH.CO.CH^2.SCAz)_{(4)}$. — Lamelles rhombiques fusibles à 102°.

$C^6H^3(CH^3)^2_{(1.2)}(Az.CH^3)_{(4)}$. — [E. Fischer et Windhaus, *D. chem. G.*, **33**, 351]. Huile bouillant à 232°.

$C^6H^3(CH^3)^2_{(1.2)}[Az(CH^3)^3I]_{(4)}$. — Prismes se décomposant vers 240-242°.

$[C^6H^3(CH^3)^2_{(1.2)}AzH]^2_{(4)}.CO$. — Aiguilles blanches fusibles à 234-235° [Cazeneuve et Moreau, *C. R.*, **134**, 1103].

$[C^6H^3(CH^3)^2_{(1.2)}AzH.CO.CH^2]^2S$. — Aiguilles fusibles à 194° [Grothe, *Arch. d. Pharm.*, **238**, 602].

$[C^6H^3(CH^3)^2_{(1.2)}]^2AzH$. — Huile lourde bouillant à 340-345° en éprouvant une légère décomposition.

$C^6H^3(CH^3)^2_{(1.2)}(AzH.CHO)_{(4)}$. — Fusible à 52° [Limpach, *D. chem. G.*, **21**, 646].

$C^6H^3(CH^3)^2_{(1.2)}.Az=SO$. — Liquide même à — 9°, bouillant à 131° (H = 20 mm.) [Michaelis, *Ann. Chem.*, **274**, 235].

$C^6H^2(CH^3)^2_{(1.2)}AzH^2_{(4)}.SO^3H_{(6)}(?)$. — [Cazeneuve et Moreau, *Bull. Soc. Chim.*, (3), **19**, 24].

$C^6H^3(CH^3)^2_{(1.2)}.(AzH-SO^2.C^6H^5)_{(x)}$. — Prismes fusibles à 118°.

$C^6H^3(CH^3)^2_{(1.2)}[Az(SO^2C^6H^5)^2]_{(x)}$. — Aiguilles fusibles à 155° [O. Hinsberg et J. Kessler, *D. chem. G.*, **38**, 906, 1905].

$C^6H^2(CH^3)^2_{(1.2)}(AzH^2)_{(4)}-Az_{(3)}=Az_{(3)}.C^6H^3(CH^3)^2_{(1.2)}$. — Aiguilles jaunes fusibles à 179° [Nölting et Forel, *loc. cit.*].

B. DÉRIVÉS DU MÉTAXYLÈNE.

$C^6H^3(CH^3)^2_{(1.3)}AzH^2_{(2)}$. — *Modes de formation :* [Grewingk, *D. chem. G.*, **17**, 2430]. Bout à 216°. — *Sulfate, nitrate* et *chlorhydrate :* solubilité [Nölting et Pick, *D. chem. G.*, **21**, 3151].

Combinaison avec le trinitrobenzène. — Cristaux rouges fusibles à 118-120° [Nölting et Sommerhoff, *D. chem. G.*, **39**, 76, 1906]. — *Dérivé acétylé :* fusible à 176° [Friedländer et Brand, *Mon. f. Chem.*, **19**, 639].

$C^6H(CH^3)^2_{(1.3)}(AzH^2)_{(2)}Cl^2_{(4.6)}(?)$. — Aiguilles fusibles à 85° [Claus et Runschke, *J. prakt. Ch.*, (2), **42**, 119]; son *chloroplatinate* forme une poudre brune.

$C^6H^2(CH^3)^2_{(1.3)}(AzH^2)_{(2)}Br_{(4)}$. — Aiguilles blanches fusibles à 21°,5. Bout à 146-147° (H = 15 mm.) [Nölting, Braun et Thesmar, *D. chem. G.*, **34**, 2260]. Son *dérivé acétylé* fond à 136°.

$C^6H^2(CH^3)^2_{(1.3)}AzH^2_{(2)}Br_{(5)}$. — Prismes fusibles à 49-50° [Fischer et Windhaus, *D. chem. G.*, **33**, 1974]; à 50-51° [Nölting, *loc. cit*]. Son *dérivé acétylé* fond à 139°.

$C^6H(CH^3)^2_{(1.3)}AzH^2_{(2)}Br^2_{(4.6)}$. — Aiguilles d'un jaune clair fusibles à 99-100° [Auwers et Traun, *D. chem. G.*, **32**, 3313], à 120° [F. M. Jœger et Blanksma, *Rec. Pays-Bas*, **25**, 352, 1906].

Le *dérivé tribromé* fond 197°.

$C^6H(CH^3)^2_{(1.3)}AzH^2_{(2)}Br^2_{(4.5)}$. — Fond à 51°.

$C^6H^2(CH^3)^2_{(1.3)}(AzH^2)_{(2)}(AzO^2)_{(4)}$. — Aiguilles jaune de soufre fusibles à 81-82°. Son *dérivé acétylé* fond à 170° [Nölting et Stöcklin, *loc. cit.*]; 167-168° [Nölting, Braun et Thesmar, *loc. cit.*].

$C^6H(CH^3)^2_{(2.3)}(AzH^2)_{(2)}(AzO^2)^2_{(4.6)}$. — Aiguilles jaunes fusibles à 177° (Nölting et Stöcklin). Son *dérivé acétylé* fond à 225-226°.

$C^6H^3(CH^3)^2_{(1.3)}(AzH.CH^3)_{(2)}$. — Huile à odeur camphrée, bouillant à 206-207°, ne réagissant ni avec les aldéhydes, ni avec l'acide azoteux, ni avec les combinaisons diazoïques. Son *chloroplatinate* est en longues aiguilles jaunes [Friedländer et Brand, loc. cit.]. Son *dérivé acétylé* fond à 94-95°.

$C^6H^3(CH^3)^2_{(1.3)}[Az(CH^3)^2]_{(2)}$. — Liquide bouillant à 195-196°, présentant des propriétés analogues au dérivé précédent [E. Fischer et Windhaus, loc. cit.].

$C^6H^3(CH^3)^2_{(1.3)}(AzH.C^2H^5)_{(2)}$. — Huile à odeur camphrée, bouillant à 217-218°.

$C^6H^3(CH^3)^2_{(1.3)}[Az(C^2H^5)^2]_{(2)}$. — Huile à odeur camphrée, bouillant à 220-221° [Friedländer et Brand, loc. cit.].

$C^6H^3(CH^3)^2_{(1.3)}[AzH.CH^2.C^6H^4AzO^2]_{(2)}$. — Huile [Busch, D. chem. G., 32, 1010].

$C^6H^3(CH^3)^2_{(1.3)}(AzH.CHO)_{(2)}$. — Aiguilles fusibles à 164-165° (Busch), à 176-177° [Hodgkinson et Limpach, Chem. Soc., 77, 67].

$C^6H^3(CH^3)^2_{(1.3)}(Az=SC)_{(2)}$. — Masse lamelleuse fusible déjà à la chaleur de la main (Busch).

$[C^6H^3(CH^3)^2_{(1.3)}.AzH]^2CS$. — Prismes fusibles à 231°.

$C^6H^3(CH^3)^2_{(1.3)}AzH-CS-AzH.C^6H^5$. — Aiguilles fusibles à 204°.

Composé azoïque, $C^6H^3(CH^3)^2_{(1.3)}(AzH^2)_{(2)}Az_{(5)}=Az_{(5)}, C^6H^3(CH^3)^2_{(1.3)}$. — Lamelles jaunes fusibles à 77°,5 [Nölting et Forel, D. chem. G., 18, 2684]

$C^6H^3(CH^3)^2_{(1.3)}AzH^2_{(4)}$. — *Modes de formation* [Limpach, D. chem. G., 21, 641; — Müller, ibid., 20, 1041; — Limpach, ibid., 20, 871].

Propriétés physiques. — Bout à 215°. $D_{15}=0,9184$; indice de réfraction [Brühl, Zeit. ph. Chem., 16, 218]; chaleur de combustion à vol. constant $1111^{Cal},42$ [Lemoult, C. R., 138, 1037, 1904].

Propriétés chimiques. — Action du soufre : [Brev. all. 56651 et 63951; — Anschütz et Schulz, D. chem. G., 22, 582]. Action de SO^2 [Bœrnstein et Kleemann, brev. all. 56332; — Junghahn, D. chem. G., 34, 1234. Voyez aussi Bischoff, D. chem. G., 30, 2469; — Witt, Chem. Ind., n° 1, 1887]. Vitesse d'acétylation [N. Mentschukin, Iswietja d. Petersb. Polyt. Inst., 4, 181, 1906].

Chlorhydrate. — Prismes monocliniques; il est susceptible de cristalliser en tables retenant $0,5H^2O$ [Städel et Hölz, D. chem. G., 18, 2020], bouillant à 253° (H = 728 mm.), à 255°1 (H = 768 mm.), fusibles à 235° [Ullmann, D. chem. G., 31, 1699].

Bromhydrate. — Forme cristalline [Bertram, Jahresb., 1882, 368].

Azotate. — Cristaux orthorhombiques. — *Phosphite*, $C^8H^9AzH^2.PO^3H^3$ [Lemoult, C. R., 142, 1193].

Perbromures : $C^6H^3(CH^3)^2AzH^2.HBr.Br^3$. — [K. Fries, D. chem. G., 37, 2338, 1904 et Ann. Chem., 346, 128, 1906].

$C^6H^3(CH^3)^2AzH^2.HBr.Br^2$. — Tables rouges fusibles à 134°.

Le *dérivé bromé* en 5 fond à 134°, le *dérivé acétylé* de ce dernier à 135°.

Oxalate neutre fusible à 167°; *succinate acide* [O. Anselmino, D. pharm. G., 15, 442, 1906].

Un grand nombre de sels doubles ont été décrits, en particulier par Leeds [Jahresb., 1882, 504] et par Tombeck [Ann. Ch. Ph., (7), 25, 408]. Mentionnons les composés suivants (B=base) :

B. $ZnCl^2$ [Lachowicz et Bandrowski, Mon. f. Chem., 9, 513]: B. $ZnBr^2$: B. ZnI^2; B. $ZnCl^2$. 2HCl; B. $ZnBr^2$. 2HBr; B. ZnI^2. 2HI; B. Zn

$(AzO^3)^2$; B. $CdCl^2$: B. $CdBr^2$: B. CdI^2; B. $CdCl^2$ 2HCl; B. $CdBr^2$.2HBr: B. CdI^2.2HI; B. $(AzO^3)^2$ Cd; B. SO^4Cd; B. $HgCl^2$; B. $Hg(CAz)^2$; B. AzO^3Ag; B. SO^4Ag^2; B. $SO^2H-C^7H^7$ [Hällssig, J. prakt. Chem., (2), 56, 218].

B. $C^6H^3(AzO^2)^3$. — Cristaux brun rouge fusibles à 96-98° [Nölting et Sommerhoff, D. chem. G., 39, 76, 1906].

B. $C^6H^2(CH^3)(AzO^2)^3$. — Cristaux rouges fusibles à 43-45°.

B. $C^6H^5.OH$. — Fusible à 16° [R. Kremann, Mon. f. Chem., 27, 91, 1906].

Combinaison de la m-xylidine avec la nitrosodiméthylaniline [R. Kremann, Mon. f. Chem., 25, 1311, 1904].

$C^6H^3(CH^3)^2_{(1.3)}(AzH.COCH^3)_{(4)}$. — [Auwers, J. prakt. Chem., 23, 456]. Fusible à 120° [Nölting et Forel, D. chem. G., 18, 2677], à 127-128° [C. Willgerodt et F. Schmierer, D. chem. G., 38, 1472, 1904]. *Dérivé diacétylé.* Cristaux fusibles à 60° [Wallach, Ann. Chem., 258, 330], très solubles dans le benzène.

$C^6H^3(CH^3)^2_{(1.3)}(AzH.CS.CH^3)_{(4)}$. — Cristaux fusibles à 94-95° [Gudeman, D. chem. G., 21, 2551; — Jacobson et Ney. ibid., 22, 907].

Dérivés halogénés. — $C^6H^2(CH^3)^2_{(1.3)}(AzH^2)_{(4)}Cl_{(x)}$. — Cristaux fusibles à 89° [Taweldarov, Z. f. Chem., 419, 1870].

$C^6H^2(CH^3)^2_{(1.3)}AzH^2_{(4)}Br_{(6)}$. — Fusible à 99-100° [Nölting, Braun et Thesmar, D. chem. G., 34, 2253; — comp. Genz, D. chem. G., 3, 225, et Wroblewski, Ann. Chem., 192, 215].

Dérivé monoacétylé. lamelles fusibles à 168-169°. *Dérivé diacétylé* fusible à 70° [Fries, Ann. Chem., 346, 128, 1906].

$C^6H^2(CH^3)^2_{(1.3)}AzH^2_{(4)}Br_{(3)}$. — Prismes fusibles à 46-47° [Nölting, loc. cit.; — E. Fischer et Windhaus, D. chem. G., 33, 1971]. *Dérivé monoacétylé* fusible à 196-197°; *dérivé diacétylé* fusible à 59° [K. Fries, Ann. Chem., 346, 128, 1906].

$C^6H^2(CH^3)^2_{(1.3)}AzH^2_{(4)}Br_{(2)}$. — Fusible à 47-48° [Nölting, loc. cit.]. *Dérivé acétylé* fusible à 151-152° (K. Fries).

$C^6H(CH^3)^2_{(1.3)}AzH^2_{(4)}Br^2$. — [Genz, loc. cit.]. Sa combinaison avec $PO(OH)^3$ forme une masse cristalline signalée par Raikow et Schlarbanow [Chem. Zeit., 25, 244]. *Dérivé monoacétylé*, cristaux insolubles dans l'eau (Genz).

K. Fries a signalé le *dibromo*-(5.6) en aiguilles fusibles à 40°. Son *dérivé monoacétylé* fond à 192°: son *dérivé diacétylé* à 183° [loc. cit.].

Le dérivé dibromé en 2.6 fond à 65° [Jœger et Blanksma, Rec. Pays-Bas, 25, 352, 1906].

$C^6H^2(CH^3)^2_{(1.3)}AzH^2_{(4)}I_{(5)}$. — Aiguilles fusibles à 65°, facilement solubles dans l'alcool, l'éther et la ligroïne. *Dérivé acétylé* fusible à 85° [Kerschbaum, D. chem. G., 28, 2799].

Dérivés nitrés, $C^6H^2(CH^3)^2_{(1.3)}(AzH^2)_{(4)}(AzO^2)_{(6)}$. — *Dérivé monoacétylé* fusible à 159°. Cristaux tricliniques [G. Errera et R. Maltese, Gazz. chim. ital., 33, II, 277, 1903].

Dérivé diacétylé fusible à 115° [Ahrens, Ann. Chem., 271, 16]. Cristaux tricliniques.

Dérivé monobenzoylé, cristaux fusibles à 200° [G. Errera et R. Maltese, loc. cit.].

$C^6H^2(CH^3)^2_{(1.3)}AzH^2_{(4)}AzO^2_{(5)}$. — [Gabriel et Stelzner, D. chem. G., 29, 305] fusible à 70°. Aiguilles rouges [C. Willgerodt et F. Schmier, D. chem. G., 38, 1472, 1905]. *Dérivé monoacétylé* fusible à 172-173°.

$C^6H^2(CH^3)^2_{(1.3)}AzH^2_{(4)}(AzO^2)_{(2)}$. — Fond à 81-82° [Nölting, Braun et Thesmar, loc. cit.].

$C^6H(CH^3)^2_{(1.3)}AzH^2_{(4)}(AzO^2)^2_{(2.5)}$. — Aiguilles jaunes fusibles à 115° [Klages, D. chem. G., 29,

313]. *Dérivé monoacétylé*, aiguilles fusibles à 226°.

$C^6H(CH^3)^2_{(1.3)}AzH^2_{(4)}(AzO^2)^2_{(2.6)}$. — [Miolati et Lotti, *Gazz. chim. ital.*, **27**, I, 296].

$C^6H(CH^3)^2_{(1.3)}AzH^2_{(4)}(AzO^2)_{(6)}Br_{(5)}$. — Cristaux jaunes fusibles à 66-67° (Nölting, Braun et Thesmar).

Les dérivés substitués à l'azote qui ont été signalés sont très nombreux :

$C^6H^3(CH^3)^2_{(1.3)}(AzH-CH^3)_{(4)}$. — Huile bouillant à 220°,5-221°,5 (H = 760 mm.); sa *nitrosamine* est huileuse [Pitow et Desnnerreich, *D. chem. G.*, **31**, 2930]. Son *dérivé nitré* en 5 est en lamelles d'un rouge carmin fusibles à 58°; la *nitrosamine nitrosée* $C^6H^2(CH^3)^2_{(1.3)}[Az(CH^3)AzO]_{(4)}AzO^2_{(5)}$, se présente sous forme d'une poudre cristalline jaune clair fusible à 63°. *Dérivé acétylé*, prismes fusibles à 65°.

$C^6H^3(CH^3)^2_{(1.3)}[Az(CH^3)^2]_{(4)}$. — Bout à 203°. Elle se combine lentement à l'iodure de méthyle; son *chloroplatinate* forme de petits cristaux jaunes [Baur et Städel, *D. chem. G.*, **16**, 32; — E. Fischer et Windaus, *loc. cit.*]. Le *dérivé bromé* en (5) est huileux, il fond à 246-247° (H = 769 mm.). Son *chloroplatinate*, très soluble dans l'eau chaude, est en cristaux rouge jaunâtre [E. Fischer et Windaus, *D. chem. G.*, **33**, 1970].

$C^6H^3(CH^3)^2_{(1.3)}[Az(CH^3)^3Cl]_{(4)}$. — Tables hygrométriques. L'*iodure* correspondant est en tables fondant, lorsqu'on les chauffe rapidement, vers 186° avec décomposition. Le *dérivé bromé* en (6) est en aiguilles se décomposant peu au-dessus de 200° [E. Fischer et Windaus, *loc. cit.*].

$C^6H^3(CH^3)^2_{(1.3)}(AzH.C^7H^7)_{(4)}$. — Liquide bouillant à 200-210° [Jablin, *Bull. Soc. Chim.*, (3), **6**, 21].

$C^6H^2(CH^3)^2_{(1.3)}(AzH.C^7H^7)_{(4)}AzO^2$. — (Jablin).

$C^6H^3(CH^3)^2_{(1.3)}[Az(CH^3)(C^7H^7)]_{(4)}$. — Liquide bouillant à 205-210° (Jablin).

$[C^6H^3(CH^3)^2_{(1.3)}]^2AzH$. — Huile bouillant à 305-310° [Muller, *D. chem. G.*, **20**, 1042].

$C^6H^3(CH^3)^2_{(1.3)}AzH-C^2H^4-AzH^2$. — Huile bouillant à 273-275°. Son *chlorhydrate* fond à 173°; son *picrate* à 141°. Son *chloroplatinate* forme une poudre très soluble dans l'eau, insoluble dans l'alcool [Newman, *D. chem. G.*, **24**, 2197].

$C^6H^3(CH^3)^2_{(1.3)}[AzH(CHO)]_{(4)}$. — Lamelles ou aiguilles fusibles à 113-114° [Gasiorowski et Merz, *D. chem. G.*, **18**, 1011].

$C^6H^3(CH^3)^2_{(1.3)}(AzH.CSH)_{(4)}$. — Fines aiguilles fusibles à 105° [Gudeman, *loc. cit.*].

$C^6H(CH^3)^2_{(1.3)}(Az:SO)_{(4)}$. — Huile jaune clair bouillant à 238°. $D_{14}=1,149$ [Michaelis, *Ann. Chem.*, **277**, 233].

$C^6H^2(CH^3)^2_{(1.3)}(Az:SO)_{(4)}$ F. — Huile bouillant à 144° (Michaelis).

$[C^6H^3(CH^3)^2_{(1.3)}AzH]^2SiCl^2$. — [Harden, *Chem. Soc.*, **51**, 44].

Parmi les dérivés de substitution à l'azote, mentionnons les corps, analogues aux combinaisons acétiques, de formule générale $C^6H^3(CH^3)^2AzH.R$ (R = radical acide) :

R = $CO.CHBr.CH^3$. — Aiguilles fusibles à 166°.

R = $CO.CHBr.CH^2.CH^3$. — Fusible à 145°.

R = $CO.CBr(CH^3)^2$. — Fusible à 103°.

R = $CO.CHBr.CH(CH^3)^2$. — Fusible à 153° [Bischoff, *D. chem. G.*, **31**, 3237].

R = stéaryl. — Poudre fusible à 95° [Claus et Häfelin, *J. prakt. Chem.*, (2), **54**, 396].

DÉRIVÉS SULFONÉS, $C^6H^2(CH^3)^2_{(1.3)}AzH^2_{(4)}SO^3H$. — L'acide décrit dans le Dict. représente l'isomère sulfo en 6 ou en 5 [Sartig, *Ann. Chem.*, **230**, 334]. — Nölting et Kohn, *D. chem. G.*, **19**, 138; — Cazeneuve et Moreau, *Bull. Soc. Chim.*, (3), **19**, 23].

$C^6H^2(CH^3)^2_{(1.3)}AzH^2_{(4)}(SO^3H)_{(5)}$. — [Th. Zincke et A. Kuchenbecker, *Ann. Chem.*, **330**, 50, 1904; — Junghahn, *D. chem. Ind.*, **26**, 57, 1903].

Le *sel de potassium* est en aiguilles blanches anhydres, celui *de sodium* cristallise en lamelles, le *sel de baryum* est en tables quadratiques à $2H^2O$. Les *sels de plomb* et *d'argent* bien cristallisés sont anhydres [*D. chem. G.*, **35**, 3747, 1902].

Un *dérivé monobromé* dans le noyau a été préparé par Nölting et Kohn [*D. chem. G.*, **19**, 140]. Il est en petites aiguilles presque insolubles dans l'eau froide.

Junghahn a décrit le *dérivé nitré* en 6. Il est en aiguilles blanches, solubles dans l'eau chaude en jaune. Son *sel de potassium dihydraté* est en aiguilles d'un jaune d'or [*loc. cit.*].

$C^6HAzO^2(CH^3)^2_{(1.3)}AzH^2_{(4)}SO^3H$. — [Sartig, *Ann. Chem.*, **230**, 338]. Fines aiguilles. Le *sel de potassium* est cristallisé en tables orthorhombiques retenant $1,5H^2O$. Le *sel de baryum* retient $1,5H^2O$, il est également orthorhombique. Le *sel de plomb* cristallise en aiguilles soyeuses monohydratées.

$C^6H^2(CH^3)^2_{(1.3)}(AzH.CO.CH^3)_{(4)}SO^3H_{(6)}$. — Prismes quadratiques retenant $2H^2O$ [Junghahn, *D. chem. G.*, **33**, 1365].

$C^6H^3(CH^3)^2_{(1.3)}[AzH.SO^3H]_{(4)}$. — Cet acide, signalé par Traube [*D. chem. G.*, **33**, 1657], a été étudié à nouveau par Junghahn [*D. chem. G.*, **34**, 1235]. Il est en petites aiguilles rougeâtres. Ont été décrits les sels de AzH^4 et Na, et le sel de m-xylidine ($CH^3:CH^3:AzH^2=1.3.4$). Ce dernier est en aiguilles fusibles à 169-170° [Comparer Junghahn, *D. chem. Ind.*, **26**, 57, 1903].

Solouma a décrit les sulfones suivantes [*J. Soc. phys. chim. russe.* **31**, 640] :

$C^6H^3(CH^3)^2.AzH.SO^2.C^6H^5$. — Cristaux fusibles à 130-131° [Comp. Rabaut, *Bull. Soc. Chim.*, (3), **15**, 1036]; son *dérivé nitré* en 5 fond à 152-153° (Rabaut).

$C^6H^3(CH^3)^2Az[SO^2.C^6H^5]^2$. — Fusible à 142°.

Dérivés de l'acide carbamique, $C^6H^2(CH^3)^2_{(1.3)}(AzO^2)_{(5)}(AzH.CO^2.C^3H^5)_{(4)}$. — Prismes jaunes fusibles à 125-126° [Wittenet, *Bull. Soc. Chim.*, (3), **21**, 952]. Le *dérivé nitré* en (6) fond à 120°.

Dérivés de la carbonylimide, $C^6H^2(CH^3)^2_{(1.3)}AzO^2_{(5)}.(AzCO)_{(4)}$. — Aiguilles jaunes fusibles à 71-72°.

Le *dérivé nitré* en (6) fond au voisinage de 0° et bout à 212-214° (H = 97 mm.) (Wittenet).

Le *dérivé sulfuré*, $C^6H^3(CH^3)^2_{(1.3)}Az:CS$ fond à 31°,5 [Hoffmann, *loc. cit.*; — Werner, *J. Chem. Soc.*, **59**, 405]. D'après Markwald il fond à 24° [*D. chem. G.*, **32**, 1084].

Dérivés du groupe de l'urée, $AzH^2.CO.AzH_{(4)}C^6H^3(CH^3)^2_{(1.3)}$. — Aiguilles solubles dans l'alcool, fusibles à 186° [Genz, *loc. cit.*; — Walther et Vlodkowski, *J. prakt. Chem.*, (2), **59**, 276]. Voy. Dict., art. URÉES. Son *dérivé monoacétylé* fond à 201-202°.

$[C^6H^3(CH^3)^2.AzH]^2CO$. — Aiguilles fusibles à 263° [Conrad et Limpach, *D. chem. G.*, **21**, 526; — Ricca-Rosellini, *Gazz. chim. ital.*, **29**, II, 135]. Son *dérivé dinitré-(5.5')* est en aiguilles jaunes, se sublimant sans fondre vers 300° [Wittenet, *loc. cit.*]. Le *dinitro-dérivé-(6.6')* est en aiguilles blanches.

$AzH^2.CS.AzH_{(4)}C^6H^3(CH^3)^2_{(1.3)}$. — Fond à 176° [Hector, *D. chem. G.*, **23**, 368].

$CH^3.CHCl.CH^2.AzH.CO.AzH.C^6H^3(CH^3)^2$. — Aiguilles jaunes [Menne, *D. chem. G.*, **33**, 664].

$R.AzH.CO.AzH.C^6H^3(CH^3)^2$ (R = allyle). — Cristaux fondant à 165°.

$(OC^2H^5)^2CH.CH^2.AzH.CS.AzH.C^6H^3(CH^3)^2$. — Son *picrate* est en aiguilles jaunes fondant à

147-148°. Traité par l'acide sulfurique, ce dérivé se transforme en une combinaison de formule brute $C^{13}H^{20}Az^2SO^2$, par suite de la saponification d'un groupe éthoxy. Cette *combinaison* fond à 94-95; son *picrate* à 143-144° [Marckwald, *D. chem. G.*, **25**, 2370].

Pseudourée,

$$CH^3-CH-O \Big\rangle C-AzH.C^6H^3(CH^3)^2$$
$$CH^2-Az$$

— Cristaux fondant à 86-88°; son *picrate* fond à 172-174° (Menne).

$C^6H^3(CH^3)^2.AzH.CO.AzH.C^6H^5$. — Aiguilles fusibles à 242-243° [Manuelli et Comanducci, *Gazz. Chim. ital.*, **29**, II, 143].

Stéarylxylylurée. — Aiguilles microscopiques fondant à 92-93° [Dixon, *Chem. Soc.*, **69**, 1601].

$C^6H^3(CH^3)^2.AzH.CS.AzH.C^6H^5$. — Aiguilles fondant à 125°,5-126° (Dixon).

$C^6H^3(CH^3)^2AzH.CS.AzH.CH^2.C^6H^5$. — Prismes monocliniques fondant à 84-85° [Dixon, *Chem. Soc.*, **59**, 558].

Stéarylxylylthiourée. — Aiguilles fusibles à 71-72° [Dixon, *Chem. Soc.*, **69**, 1601].

$C^2H^3.O.CO.AzH.CS.AzH_{(4)}.C^6H^3(CH^3)^2_{(1.3)}$. — Fond à 152°,5-153 [Doran, *Chem. Soc.*, **69**, 329].

$$AzH=C \Big\langle \begin{array}{l} AzH-C=Az_{(4)}-C^6H^3(CH^3)^2_{(1.3)} \\ S——S \end{array}$$

— Fond à 99°. *Chlorhydrate* : fond à 170°; *salicylate* : fond à 83°; *o-crésotinate* : fond à 87° [Brevet all. 68 697].

Acide oxalylxylidique $C^6H^3(CH^3)^2.AzH.CO.CO^2H+H^2O$. — Aiguilles fusibles à 128-129° avec décomposition, se volatilisant déjà au-dessous de 100° [Manthner et Suida, *Mon. f. Chem.*, **9**, 744].

Xylide oxalique $[C^6H^3(CH^3)^2-AzH-CO-]^2$. — Aiguilles fondant à 203-205° [Genz, *loc. cit.*; — Manthner et Suida, *loc. cit.*; — Pechmann et Ansel, *D. chem. G.*, **33**, 619].

$C^6H^3(CH^3)^2.AzH-CH^2-CO^2H$. — Prismes fondant à 132-134° [Ehrlich, *D. chem. G.*, **16**, 205; — Brevet all. 61 711].

$C^6H^3(CH^3)^2.AzH-CH^2-CO.AzH.C^5H^3(CH^3)^2$. — Aiguilles fondant à 128°.

$C^6H^3(CH^3)^2.AzH.CH(CH^3).CO^2.C^2H^5$ — Prismes fondant à 42° et bouillant à 274-275° (H = 753 mm.).

$C^6H^3(CH^3)^2.AzH.CH(C^2H^5)CO^2.C^2H^5$. — Huile bouillant à 285-290° [Bischoff, *D. chem. G.*, **30**, 2476].

Oxime $C^6H^3(CH^3)^2_{(1.3)}Az=AzOH$. — Tablettes orthorhombiques fondant à 66° [v. Pechmann et Nöld, *D. chem. G.*, **31**, 559; — Bamberger et Brady, *ibid.*, **33**, 3642].

Glyoxime dixylytique,

$$\Big[C^6H^3(CH^3)^2-Az \Big\langle \begin{array}{l} CH- \\ O \end{array} \Big]^2$$

— Prismes jaunes fondant à 198° [v. Pechmann et Ansel, *D. chem. G.*, **33**, 619].

PRODUITS DE CONDENSATION :

1° *Œantholxylidine* $C^8H^{14}Az.OC^7H^{14}$. — Huile à odeur aromatique [Leeds, *D. chem. G.*, **16**, 288];

2° *Aldéhyde acétique-xylidine*. — Petites lamelles fusibles à 147°, répondant à la formule $C^6H^3(CH^3)^2.AzH.CH(CH^3).CH^2-CH=Az.C^6H^3(CH^3)^2$, facilement solubles dans l'éther, le benzène, l'alcool méthylique, le chloroforme [V. Miller et Plöchl, *D. chem. G.*, **29**, 1466]. Traité par l'acide chlorhydrique, le produit de condensation se dédouble avec formation d'une base de formule $C^6H^3(CH^3)^2AzH-CH(CH^3).CH^2.CHO$, et de xylidine.

Cette base (α) s'obtient du reste directement en effectuant la condensation de l'acétaldéhyde et de la xylidine en présence d'acide chlorhydrique; elle est mélangée d'un produit isomérique (β).

La base α est en prismes monocliniques fusibles à 102°, se transformant en base β sous des influences diverses, entre autres par simple cristallisation.

La base β est en cristaux tricliniques fondant à 131°, se combinant facilement à l'aniline pour donner une combinaison fusible à 94-95°.

La base α et la base β donnent du reste, avec le chlorure de benzoyle ou l'hydroxylamine, les mêmes dérivés. Le premier est en cristaux rhomboédriques fondant à 157°, le dernier en petits prismes fondant à 165°.

COMPOSÉS AZOÏQUES :

$C^6H^2(CH^3)^2_{(1.3)}AzH^2_{(4)}.Az_{(5)}=Az_{(4)}.C^6H^3(CH^3)^2_{(1.3)}$. — Lamelles orangées fusibles à 78° [Nölting et Forel, *D. chem. G.*, **18**, 2682].

$C^6H^2(CH^3)^2_{(1.3)}AzH^2_{(4)}.Az=Az_{(1)},C^6H^4.AzO^2_{(4)}$. — Aiguilles rouge brique fusibles à 141° [Meldola, *Chem. Soc.*, **43**, 428].

$C^6H^2(CH^3)^2_{(1.3)}.AzH^2_{(4)}Az=Az_{(1)}C^6H^4.AzH^2_{(4)}$. — Petites houppes jaune d'or fusibles à 163° (Meldola).

$C^6H^2(CH^3)^2_{(1.3)}AzH^2_{(5)}-Az=Az_{(1)}C^6H^4.CH^3_{(4)}$. — Aiguilles jaune rougeâtre fusibles à 62° [Michaelis et Petow, *D. chem. G.*, **31**, 944].

$C^6H^2(CH^3)^2_{(1.3)}AzH^2_{(4)}-Az_{(5)}=Az_{(4)}.C^6H^3(CH^3)^2_{(1.3)}$. — [Zincke et Jänke, *D. chem. G.*, **21**, 541].

Le *chlorure de diazo* correspondant $C^8H^9Az^2.C^8H^8=Az^2Cl$ est en aiguilles brun rougeâtre; l'*imide*

$$C^8H^9Az^2-C^8H^5-Az \Big\langle \begin{array}{l} Az \\ \| \\ Az \end{array}$$

est en aiguilles rouges monocliniques fusibles à 77°. Traité par l'acide sulfurique, ce corps perd de l'azote et donne le corps

$$C^6H^2(CH^3)^2 \Big\langle \begin{array}{c} Az \\ \Big| \\ Az \end{array} \Big\rangle Az-C^6H^3(CH^3)^2$$

$$[C^6H^2(CH^3)^2_{(1.3)}.[AzH(C^7H^5O)]_{(4)}-Az=]^2.$$

— Cristaux orangés se décomposant sans fondre vers 280-290° [Mixter, *Am. Chem. J.*, **17**, 451].

$C^6H^3(CH^3)^2_{(1.3)}AzH^2_{(5)}$. — *Préparation* [Noyes, *Am. Chem. J.*, **20**, 800; — voy. aussi Töhl, *D. chem. G.*, **18**, 362].

Liquide bouillant à 220-221°. $D_0=0,9935°$. Ses *chlorhydrate* et *nitrate* sont en longues aiguilles anhydres. Son *sulfate* cristallise avec $1H^2O$; son *phosphate* $C^6H^3(CH^3)^2.PO^4H^3$ est en longues aiguilles solubles dans l'alcool, insolubles dans l'éther [Raikow et Schtarbanow, *Chem. Zeit.*, **25**, 244]. Ces deux derniers savants ont également signalé le *phosphate* $PO^4H^3.2C^6H^3(CH^3)^2.AzH^2$. Le *dérivé monoacétylé* fond à 140°,5 [Nölting et Forel, *D. chem. G.*, **18**, 2679].

$C^6H^2(CH^3)^2_{(1.3)}AzH^2_{(5)}Cl_{(4)}$. — Liquide se solidifiant par refroidissement et bouillant à 251°. Son *dérivé monobenzoylé* fond à 218° [Klages, *D. chem. G.*, **29**, 311].

$C^6H(CH^3)^2_{(1.3)}.AzH^2_{(5)}Cl^2$. — Aiguilles fusibles à 72° et bouillant à 265-266°. *Dérivé monobenzoylé* fondant à 158° (Klages).

$C^6(CH^3)^2_{(1.3)}AzH^2_{(5)}Br^3$. — Fond à 195° [F.-M. Jœger et Blanksma, *Rec. Pays-Bas*, **25**, 352, 1906].

$C^6H^2(CH^3)^2_{(1.3)}.AzH^2_{(5)}.AzO^2_{(4)}$. — Aiguilles jaunes fondant à 54° [Nölting et Forel, D. chem. G., 18, 2679].

$C^6H^3(CH^3)^2_{(1.3)}[Az(CH^3)^2]_{(5)}$. — Liquide bouillant à 226°,5-227°.5 [Nölting, D. chem. G., 24, 563]; son dérivé nitrosé en (2) est en aiguilles vertes très légèrement jaunâtres, fusibles à 104° [U. Pechmann et Nold, D. chem. G., 31, 565].

$C^6(CH^3)^2_{(1.3)}(Az.HC^6H^5)_{(5)}(AzO^2)^3_{(2.4.6)}$. — Aiguilles jaunes fusibles à 175° [Klages et Knœvenagel, D. chem. G., 28, 2047]

$C^6H^3(CH^3)^2_{(1.3)}(AzH.CHO)_{(5)}$. — Prismes fondant à 76°.5 [Limpach, D. chem. G., 21, 643].

$C^6H^3(CH^3)^2_{(1.3)}.Az_{(5)}:CO$. — Liquide bouillant à 205° [Gattermann et Cantzler, D. chem. G., 25, 1089].

$[C^6H^3(CH^3)^2_{(1.3)}AzH]^2CO$. — Longues aiguilles fusibles à 250-251° [Gattermann, loc. cit.].

Composé azoïque $C^6H^3(CH^3)^2_{(1.3)}AzH^2_{(5)}Az_{(2)} = Az_{(5)}C^6H^3(CH^3)^2_{(1.3)}$. — Lamelles jaunes fusibles à 95° [Nölting et Forel, D. chem. G., 18, 2684].

G. Dérivés du paraxylène.

$C^6H^3(CH^3)^2_{(1.4)}.AzH^2$. — *Modes de formation et préparation* [Witt, Brevet all. 34854; — Limpach, Brevet all. 39947; — Bayer et Cie, brevet all. 71969; — Börnstein et Kleemann, D. chem. G., 56, 322].

Propriétés physiques [R. Michael, D. chem. G., 26, 39; — Brühl, Zeit. phys. Chem., 16, 228].

Propriétés chimiques. — Méthylation de la xylidine [Paul, Zeit. angew. Chemie, 21, 1897]. — Copulation avec les diazoïques [Brevet all. 67991]. — Application à la préparation des matières colorantes azoïques [Bayer et Cie, Brevet all. 74198; — voyez aussi Witt, Die chem. Ind., 1887, n° 11]. — Vitesse d'acétification [N. Mentschuskine, Iswietja. d. Petersb. Polytech. Inst., 4, 181, 1906].

Chlorhydrate. — Fond à 228° et bout à 245°,4 (H = 728 mm.), bout à 247°,4 (H = 760 mm.) [Ullmann, D. chem. G., 31, 1699]. — *Phosphate* $PO^4H^3.C^6H^3(CH^3)^2(AzH^2)$. Aiguilles [Rackow et Schtarbanow, Chem. Zeit., 25, 244].

$C^6H^2CH^3)^2_{(1.4)}AzH^2_{(2)}AzO^2_{(5)}$. — C'est le composé décrit dans le 1er Suppl.: il fond à 142°.

$C^6H^2(CH^3)^2_{(1.4)}(AzH^2)_{(2)}Br$. — Aiguilles fusibles à 96° [E. Fischer et Windas, D. chem. G., 33, 975].

$C^6H^3(CH^3)^2_{(1.4)}(AzH^2)_{(2)}Br^2_{(3.6)}$. — Aiguilles fusibles à 91-92° [Auwers et Baum, D. chem. G., 29, 2344].

$C^6H(CH^3)^2_{(1.4)}(AzH^2)_{(2)}Br^2_{(3.5)}$. — Aiguilles fusibles à 65° [Nölting et Kohn, D. chem. G., 19, 142].

$C^6H^2(CH^3)^2_{(1.4)}AzH^2_{(2)}AzO_{(5)}$. — Aiguilles vertes fusibles à 169° [Pflug, Ann. Chem., 255, 174].

$C^6H^2(CH^3)^2_{(1.4)}AzH^2_{(2)}Cl_{(5)}$. — C'est le dérivé décrit dans le Dictionnaire. Son dérivé acétylé fond à 171° [Klages, D. chem. G., 18, 2098].

$C^6H^2(CH^5)^2_{(1.4)}(AzH^2)_{(2)}(AzO^2)_{(6)}$. — Son dérivé acétylé fond à 180° [Kostanecki, D. chem. G., 19, 2319]. C'est le dérivé nitré décrit au Supplément. Il fond à 96°.

$C^6H(CH^3)^2_{(1.4)}(AzH^2)_{(2)}(AzO^2)^2_{(3.5)}$. — Aiguilles jaunes fusibles à 202-203° [Nölting et Geissmann, D. chem. G., 19, 145].

$C^6H^3(CH^3)^2_{(1.4)}[AzH(CH^3)]_{(2)}$. — Huile jaunâtre bouillant à 225-227° (H = 735 mm.). $D_0 = 0.962$ [Pflug, loc. cit.].

$C^6H^3(CH^3)^2_{(1.4)}[Az(AzO)(CH^3)]_{(2)}$. — Huile (Pflug).

$C^6H^2(CH^3)^2_{(1.4)}[AzH.(CH^3)]_{(2)}(AzO)$. — Aiguilles vertes fusibles à 164°.

$C^6H^3(CH^3)^2_{(1.4)}[Az(CH^3)^3I]_{(2)}$. — Prismes entraînables par la vapeur d'eau [E. Fischer et Windas, loc. cit., 33, 350]. Son dérivé bromé en (5) est en lamelles décomposables à 191°.

$C^6H^3(CH^3)^2(AzH.C^6H^5)$. — Huile foncée bouillant à 222-223° (H = 748 mm.) [Hinsberg et J. Kessler, D. chem. G., 38, 906, 1905].

$C^6H^3(CH^3)^2AzH.CH^2.C^6H^5$. — Huile fusible à 320-325° (Pflug).

$C^6H^3(CH^3)^2AzH.CO.CH^2Cl$. — Aiguilles fusibles à 153° [Grothe, Arch. Pharm., 238, 590].

$C^6H^3(CH^3)^2_{(1.4)}AzH-CO.CH^2Br$. — Aiguilles fusibles à 145° [Abenius, J. prakt. Chem., (2), 40, 437]. Les dérivés cyané et sulfocyané correspondants fondent respectivement à 167° et 133° [Grothe, loc. cit.].

$C^6H^3(CH^3)^2Az=SO$. — Liquide se solidifiant vers —8°. Bout à 119° (H = 20 mm.) [Michaelis, Ann. Chem., 274, 237].

$C^6H^3(CH^3)^2_{(1.4)}(AzH.CHO)_{(2)}$. — Longues aiguilles fusibles à 112° (Pflug). 116-117° [Hodgkinson et Limpach, Chem. Soc., 77, 67].

$C^6H^2Br(CH^3)^2.AzH.CHO$. — Fond à 150° [E. Fischer et Windas, loc. cit.].

$C^6H^3(CH^3)^2_{(1.4)}.AzH.CO.CH^2(OC^2H^5)$. — Prismes fondant à 50° [Abenius, loc. cit].

Dérivés sulfonés. — $C^6H^2(CH^3)^2_{(1.4)}AzH^2_{(2)}SO^3H_{(3)}$. — Le *sel de sodium* est anhydre, celui de *baryum* cristallisé avec $7H^2O$ [Nölting et Kohn, D. chem. G., 19, 141; — Nölting et Forel, ibid., 28, 2664; — Ostwald, Zeit. phys. Chem., 3, 411]; *dérivé acétylé* [Junghahn, D. chem. G., 33, 1364].

$C^6H^2(CH^3)^2_{(1.4)}AzH^2_{(2)}SO^3H_{(6)}$ [Nölting et Kohn, loc. cit.].

$C^6H(CH^3)^2_{(1.4)}AzH^2_{(2)}SO^3H_{(6)}Br$. — Petites lamelles presque insolubles dans l'eau (Nölting et Kohn).

$C^6H^3(CH^3)^2.AzH.CAz$. — Prismes fondant à 118° [H. L. Wheeler et T. B. Johnson, Am. Chem. Journ., 28, 121, 1902].

$[C^6H^3(CH^3)^2.AzH]^2CO$ [Cazeneuve et Moreau, C. R., 124, 1103].

$[C^6H^3(CH^3)^2AzH-CO-CH^2]^2S$. — Aiguilles fusibles à 210° (Grothe).

$[C^6H^3(CH^3)^2AzH.CO.CH^2]^2SO^2$. — Aiguilles fusibles à 237° (Grothe).

$C^6H^3(CH^3)^2AzH.SO^2.C^6H^5$. — Cristaux fondant à 138-139° [Rabaut, Bull. Soc. Chim., (3), 15, 1037].

$C^6H^2(CH^3)^2(AzO^2)_{(x)}(AzH.SO^2.C^6H^5)$. — Fond à 174-175° (Rabaut). Le dérivé mononitré en 6 fond à 160-163° [G. T. Morgan et G. Micklethwait, Chem. Soc., 87, 921].

$C^6H^3(CH^3)^2[Az(SO^2.C^6H^5)^2]$. — Aiguilles fusibles à 186-187°.

$C^6H^3(CH^3)^2[Az(SO^2.C^6H^5)(C^2H^3)]$. — Aiguilles fusibles à 70° [O. Hinsberg et J. Kessler, D. chem. G., 38, 906, 1905].

$[C^6H^3(CH^3)^2.AzH-CO-]^2$. — Prismes se sublimant sans fondre vers 125° [Schaumaun, D. chem. G., 11, 1538]:

Xylylhydroxylamine $C^6H^3(CH^3)^2AzH(OH)$. — Fusible à 88-89° [Lumière et Seyewetz, Bull. Soc. Chim., (3), 11, 1043; — Bamberger, D. chem. G., 33, 953; — Bamberger et Tschirner, D. chem. G., 33, 958].

$[C^6H^3(CH^3)^2AzH.O]^2CH^2$. — Aiguilles fusibles à 125° [Bamberger; Bamberger et Tschirner, loc. cit.].

Composés azoïques. — $C^6H^2(CH^3)^2_{(1.4)}AzH^2_{(2)}-Az_{(3)} = Az_{(9)}C^6H^3(CH^3)^2_{(1.4)}$. — Lamelles rouges fusibles à 150° [Nölting et Forel, D. chem. G., 18, 2685].

$C^6H^2(CH^3)^2_{(1.4)}AzH^2_{(2)}Az_{(3)} = Az_{(4)}C^6H^3(CH^3)^2_{(1.3)}$.

— Lamelles jaune orangé foncé. Son *chlorhydrate* est en aiguilles rouges [Nölting et Forel, loc. cit.; — Nietzki, D. chem. G., 13, 472].

APPENDICE. — *Hydrosulfites de xylidine* [A. et L. Lumière et A. Seyewetz, Bull. Soc. Chim., (3), 33, 67, 1905].

Les cyanures d'halogènes donnent avec les xylidines en présence de pyridine des matières colorantes allant de l'orangé au jaune [König, Brevet allemand 115 782; J. prakt. Chem., (2), 69, 105, 1904].

L'action de certains oxydants sur les xylidines conduit à la formation de couleurs noires [voy. entre autres S. Kirpitschnikow, Zeit. Färben Ind., 5, 41, 1906; 4, 223, 1905].

Produits de condensation des diverses xylidines : 1° avec le bromure de p-oxypseudocumyle dibromé [K. Auwers et Dombrowski, Ann. Chem., 344, 280, 1906]; 2° avec le chlorure de dibenzoylhydrazine : formation des composés du type

$$R C \underset{Az\,R_{(1)}}{\overset{Az - Az}{\lessgtr}} C R \qquad R = C^6H^3 \qquad R_1 = xylyl$$

[R. Stollé et Karl Thoma, J. prakt. Chem., (2), 73, 288, 1906]. Décembre 1907   V. Thomas.

XYLIQUES (ACIDES) $C^6H^3(CH^3)^2 CO^2H$. — (Voyez Dict. et 1er Suppl.).

ACIDE XYLIQUE $C^6H^3(CH^3)^2_{(1.2)}CO^2H_{(4)}$ (*Acide paraxylique* du 1er Suppl.). — Il s'obtient en traitant l'o-xylène par l'acide acétique, le chlorure de zinc et l'oxychlorure de phosphore $POCl^3$ [Frey et Horowitz, J. prakt. Chem., (2), 43, 122; — voyez aussi Königs et Meyer, D. chem. G., 27, 3468].

Propriétés [Bentley et Perkin, Chem. Soc., 74, 159].

Son *éther éthylique* se forme en traitant le bromoxylène $(CH^3 : CH^3 : Br = 1 : 2 : 4)$ par le chloroformiate d'éthyle et l'amalgame de sodium [Jacobsen, D. chem. G., 17, 2374].

L'*amide* obtenue par Gattermann [Ann. Chem., 1244, 52] est en longues aiguilles fusibles à 130-131°. L'*anilide* forme des aiguilles fusibles à 104° [Leuckart, J. prakt. Chem., (2), 41, 307]; son *dérivé méthylé* à l'azote $[Az(CH^3)C^6H^5]$ est en grosses tables monocliniques fusibles à 78° [Lellmann et Benz, D. chem. G., 24, 2115; — Jenssen, ibid., 24, 2115]; le *dérivé diphénylique* $[- Az(C^6H^5)^2]$ est en petits prismes fondant à 134-136° [Lellmann et Bonhöffer, D. chem. G., 20, 2119].

Le *nitrile* $C^6H^3(CH^3)^2_{(1.2)}CAz$ s'obtient, entre autres, par fusion de l'o-xylolsulfonate de potasse avec le cyanure de potassium [Jacobsen, D. chem. G., 11, 23; — Kreysler, D. chem. G., 18, 1711]. C'est un liquide bouillant à 230-232°. Scholl et Nörr [D. chem. G., 33, 1055] ont signalé un polymère $C^{27}H^{27}Az^3$ fondant à 220° avec décomposition.

ACIDE XYLIQUE $C^6H^3(CH^3)^2_{(1.3)}CO^2H_{(4)}$. — Jacobsen a signalé la *sulfamide* $[SO^2.AzH^2]_{(4)}$ en aiguilles microscopiques fusibles à 174°. C'est l'*acide orthoxylique* du 1er Suppl. D'après Noyes, l'acide fond à 116°, son *nitrile* à 89° [Am. Chem. Journ., 20, 790].

ACIDE XYLIQUE $C^6H^3(CH^3)^2_{(1.3)}(CO^2H)_{(4)}$ (*acide xylique* du 1er Suppl.).

Modes de formation. — Frey et Horowitz [loc. cit.], Gasiorowski et Merz [D. chem. G., 18, 1012], Kreysler [loc. cit.], Birukow [Ann. Chem., 240, 286], Bentley et Perkin [Chem. Soc., 74, 166], Claus et Häfelin [J. prakt. Chem., (2), 54, 394], Meissel [D. chem. G., 22, 2420], Bouveault [Bull. Soc. Chim., (3), 17, 369], A. Schmidt et H. Decker [D. chem. G., 39, 993, 1906].

Propriétés. — Action du sodium et du permanganate [Bentley et Perkin, loc. cit.]; condensation avec les amines (Brevet allemand 101 426).

Amide [Gattermann, Ann. Chem., 244, 53]. Son *anilide* fond à 141° [Leuckart, J. prakt. Chem., (2), 41, 307]; sa *méthylanilide* est en cristaux jaune clair fondant à 54° [Lellmann et Benz, loc. cit.], la *diphénylamide* est en cristaux monocliniques [Leppla, D. chem. G., 20, 2120] fondant à 141-142° (Lellmann et Bonhöffer).

Nitrile. — Gros cristaux tricliniques fondant à 22-25°. $D_{19} = 0,9871$ [Hinrichsen, D. chem. G., 21, 3082]. Bout à 222° [Gasiorowski et Merz, loc. cit.], à 223-224° [L. Francesconi et C. M. Mundici, Gazz. chim. ital., 32, II, 467, 1903]. Il possède l'odeur d'amandes amères. Rabaut [Bull. Soc. Chim., (3), 19, 787] a décrit le *sel double* $Cu^2Cl^2 + 2$ mol. nitrile. Scholl et Nörr [loc. cit.] ont signalé un *trimère* $(C^9H^9Az)^3$ en lamelles fusibles à 154-155°.

$C^6H^2(CH^3)^2_{(1.3)}(CO^2H)_{(4)}Br_{(5)}$. — Cristaux fondant à 183-184° [Noyes, Journ. Am. Chem. Soc., 20, 802].

$C^6H^2(CH^3)^2_{(1.3)}(CO^2H)_{(4)}I_{(5)}(?)$. — Cristaux fondant à 196-197°; le *sel de baryte* est anhydre et se dissout bien dans l'eau; celui *de cuivre* est hydraté et peu soluble (Noyes). Le *nitrile* correspondant a été préparé par Kerschbaum [D. chem. G., 28, 2800]. Il forme de petites lamelles jaunâtres fusibles à 135°.

$C^6H^2(CH^3)^2_{(1.3)}(CO^2H)_{(4)}I_{(?)}$. — Cet isomère du dérivé iodé précédent fond à 172-173°. Son *sel de baryte* est en belles aiguilles et retient $6H^2O$ (Noyes).

$C^6H^3(CH^3)^2_{(1.3)}(AzO^2).(CO^2H)_{(4)}$. — Fond à 166° [Claus, J. prakt. Chem., (2), 44, 490].

$C^6H^2(CH^3)^2_{(1.3)}(AzO^2)_{(6)}(CO^2H)_{(4)}$. — Petites aiguilles fusibles à 195°, peu solubles dans l'eau froide. Les *sels* de Ca et de Ba cristallisent le premier avec 6, le dernier avec $9H^2O$. Son *éther éthylique* fond à 75-76° [Schaper, Zeit. für Chem., 13, 1867; — Claus, loc. cit.; — Ahrens, Ann. Chem., 274, 18].

L'*amide* fond à 183°, le *nitrile* à 108-109° (Ahrens).

$C^6H^2(CH^3)^2_{(1.3)}(CO^2H)_{(4)}(AzO^2)_{(2)}$. — Fond à 135° [Claus, loc. cit.].

$C^6H(CH^3)^3_{(1.3)}(CO^2H)_{(4)}(AzO^2)(AzO)$. — Aiguilles fusibles à 256° [Claus, loc. cit.].

$C^6H(CH^3)^3_{(1.3)}(AzO^2)_{(2.6)}$. — Aiguilles fusibles à 199-200° (Claus), à 197° [Frey et Horowitz, loc. cit.]. Le *sel de chaux* est en lamelles anhydres, celui *de baryum* est en petites houppes contenant $1,5H^2O$; le *sel d'argent* est gélatineux.

$C^6H^2(CH^3)^2_{(1.3)}(CO^2H)_{(4)}(SO^3H)_{(6)}$. — (Voyez 1er Suppl.).

$C^6H^3(CH^3)^2_{(1.3)}(CS-AzH.C^6H^5)_{(4)}$. — Aiguilles jaune citron fusibles à 106°,5-107°,5 [Gattermann, J. prakt. Chem., (2), 59, 576].

ACIDE XYLIQUE $C^6H^3(CH^3)^2_{(1.3)}(CO^2H)_{(5)}$. — C'est l'acide mésitylénique (voyez ce mot).

ACIDE XYLIQUE $C^6H^3(CH^3)^2_{(1.4)}CO^2H_{(2)}$. — C'est l'*acide isoxylique* du 1er Suppl.

Modes de formation et préparation [Gattermann et Schmidt, Ann. Chem., 244, 54; — Frey et Horowitz, J. prakt. Chem., (2), 43, 121; — Bentley et Perkin, Chem. Soc., 74, 180; — A. Schmidt et H. Decker, D. chem. G., 39, 933, 1906; — Bouveault, Bull. Soc. Chim., (3), 17, 941].

Amide, fusible à 184° (A. Schmidt et H. Decker). *Anilide*, fusible à 140° [Leuckart, loc. cit.].

Méthylanilide. — Lamelles rosées fusibles à 74° [Lellmann et Benz, loc. cit.].

Nitrile. — Huile jaune se solidifiant au-dessous de 0°. Eb.$_{730}$ = 223-226°, volatile avec la vapeur d'eau (A. Schmidt et H. Decker). Fusible à 13-14°,5 [L. Francesconi et C. M. Mundici, *Gazz. chim. ital.*, **32**, II, 467, 1903], à 5°,5 [R. Scholl et Kacer, *D. chem. G.*, **36**, 322, 1903].

ACIDE XYLIQUE $C^6H^5(CH^3)^2(CO^2H)$ (?) [de Ador et Rilliet, *D. chem. G.*, **11**, 399]. — Sa constitution n'a pas été déterminée, mais théoriquement il ne peut que représenter le 6e isomère de cette formule. Il correspondrait donc à $C^6H^3(CH^3)_{(1-2)}(CO^2H)_{(3)}$.

R. Scholl et Kacer ont obtenu un acide de cette formule sous forme de cristaux fondant à 142-143°. Son *nitrile* s'obtient en traitant l'orthoxylène par le mercure fulminant en présence de chlorure d'aluminium [*loc. cit.*].

Cet acide est par suite identique à l'acide décrit dans le 2e Suppl. sous le nom d'acide HÉMELLITHYLIQUE. Décembre 1907. V. Thomas.

XYLIQUES (ALCOOLS). $C^6H^3(CH^3)^2(CH^2OH)$. — On ne connaît que les isomères suivants :

$C^6H^3(CH^3)^2_{(2,4)}(CH^2OH)_{(1)}$. — Fusible à 22°. Bout à 232°. Son *acétate* est liquide et bout en éprouvant une légère décomposition à 230-234° [Hinrichsen, *D. chem. G.*, **22**, 123; **21**, 3085; L. Francesconi et C. M. Mundici, *Gazz. chim. ital.*, **32**, (2), 467, 1902].

$C^6H^3(CH^3)^2_{(3,5)}(CH^2OH)_{(1)}$. — C'est l'alcool mésitylénique. Voyez ce mot.

$C^6H^3(CH^3)^2_{(2,3)}(CH^2OH)_{(1)}$. — On l'obtient par réduction de l'aldéhyde correspondante. Liquide incolore bouillant à 232-234°. Son *dérivé acétylé* est liquide et bout à 242-243° [L. Francesconi et C. M. Mundici, *Gazz. chim. ital.*, **32**, II, 467, 1903]. Décembre 1907. V. Thomas.

XYLIQUES (ALDÉHYDES). $C^6H^3(CH^3)^2(CHO)$:

On connaît les isomères suivants :

$C^6H^3(CH^3)^2_{(3,5)}(CHO)_{(1)}$. — C'est l'aldéhyde mésitylénique, voyez ce mot.

$C^6H^3(CH^3)^2_{(2,4)}(CHO)_{(1)}$. — Elle s'obtient par oxydation de l'alcool correspondant. Elle se solidifie à basse température, fond de —9 à —8° et bout à 215-216° [Hinrichsen, *D. chem. G.*, **21**, 3085; — A. Klages, *D. chem. G.*, **35**, 2245, 1902]. Sa *semicarbazone* fondrait d'après Auwers et Hessenland à 225-227° [*Ann. Chem.*, **352**, 273, 1907].

L'aldéhyde que Harding et Cohen (voyez ci-dessous) ont obtenue par la méthode de Gattermann à partir du paraxylène représente en réalité l'aldéhyde $C^6H^3(CH^3)^2_{(2,4)}CHO$, comme l'ont montré L. Francesconi et C. M. Mundici. Son *oxime* fond à 84-85°,5; sa *phénylimide* fond à 51°; son *aldazine* à 114-114°,5. Sa *phénylhydrazone* à 88° [Gattermann, *Ann. Chem.*, **347**, 347, 1906]. — Le *thio-dérivé* $(C^9H^{10}S)^3$ est en tables monocliniques fusibles à 110°, facilement solubles dans le benzène, l'alcool et le chloroforme. Le *dérivé nitré* en 5 fond à 81° (Gattermann).

$C^6H^3(CH^3)^2_{(3,4)}(CHO)_{(1)}$. — Liquide bouillant à 226° [Brevets all. 98706, 99568; — Fournier, *C. R.*, **133**, 635]. L'*oxime* fond à 106° (anti-oxime). Ce composé prend naissance par l'action de CO + HCl sur le xylol correspondant en présence de $AlCl^3$ [L. Gattermann, *Ann. Chem.*, **347**, 347, 1906]. Ce savant a décrit un grand nombre de dérivés, à savoir :

Oxime fusible à 69° en aiguilles incolores.

Azine $C^{18}H^{20}Az^2$, lamelles jaunes fusibles à 132°.

Phénylhydrazone en cristaux incolores fusibles à 96°. *Dérivé benzidique* $C^{30}H^{28}Az^2$, en lamelles jaunes fondant à 158°.

La *trithioxylylaldéhyde* $C^{27}H^{30}S^3$ est en cristaux incolores fusibles à 147°.

$C^6H^3(CH^3)^2_{(2,5)}CHO_{(1)}$. — Liquide à odeur d'amandes amères, bouillant à 100° (H = 10 mm.); à 220° sous la pression ordinaire [Brev. all. 98706; — Bouveault, *Bull. Soc. Chim.*, (3), **17**, 363 et 941]. Comparer Harding et Cohen [*Am. Chem. Journ.*, **23**, 595] et L. Francesconi et C. M. Mendici [*Gazz. chim. ital.*, **32**, II, 467, 1903].

La *phénylimide* $C^6H^3(CH^3)^2.CH=Az.C^6H^5$ est en tables fusibles à 44°; l'*aldazine* $[C^6H^3(CH^3)^2.CH=Az-]^2$ est en aiguilles jaunes fusibles à 124° (Bouveault).

L. Francesconi et C. M. Mundici ont préparé les oximes : l'oxime *anti-* (formule I) est en prismes fusibles à 62°,5-63°,5. En dissolvant cette oxime dans un excès de nitrite d'amyle, on obtient le *peroxyde* (formule II) en cristaux blancs fusibles à 97-98°; l'action du gaz chlorhydrique sur la solution éthérée de l'oxime *anti-* conduit à l'oxime de formule III (oxime *syn*) en aiguilles brillantes fusibles à 133°.

$$(CH^3)^2 = C^6H^3 - \underset{\underset{(OH)Az}{\|}}{CH} \qquad (CH^3)^2 = C^6H^3\,CH = \underset{|}{AzO}$$
$$(I). \qquad\qquad (CH^3)^2 = C^6H^3\,CH = AzO$$
$$(II).$$

$$(CH^3)^2 = C^6H^3 - \underset{\underset{Az-(OH)}{\|}}{CH}$$
$$(III).$$

Décembre 1907. V. Thomas.

XYLITE, *pentane-pentol* $1\cdot\dfrac{2.4}{3}\cdot5$ ou $1,\dfrac{3}{2.4}\,5$,

$$\begin{array}{ccccc}
& OH & H & OH & \\
& | & | & | & \\
CH^2OH - & C - & C - & C & - CH^2OH \\
& | & | & | & \\
& H & OH & H &
\end{array}$$

— La xylite se prépare en réduisant le xylose par l'amalgame de sodium en liqueur légèrement acide au début de l'opération, et en liqueur légèrement alcaline vers la fin [Fischer, *D. chem. G.*, **24**, 528; **27**, 2486, 1894]; d'après Bertrand [*Bull. Soc. Chim.*, **5**, 554, 1891], la réduction est plus rapide en liqueur alcaline.

Propriétés. — La xylite, réduite par l'acide iodhydrique en présence du phosphore rouge, donne de l'iodure d'amyle normal (bouillant à 146°) [Bertrand, *Bull. Soc. Chim.*, (3), **5**, 740, 1891]. Oxydée par l'hypobromite de sodium elle fournit un mélange de sucres réducteurs dans lesquels on peut caractériser le i-xylose par son osazone [Fischer, *loc. cit.*]; le bioxyde de plomb et l'acide chlorhydrique la transforment en *i-xylocétose*, dont la *méthylphénylosazone* fond à 173° [Neuberg, *D. chem. G.*, **35**, 2626, 1902]. La bactérie de sorbose est sans action [Bertrand, *C. R.*, **126**, 762, 1898].

La *xylite pentanitrique* $C^5H^7(AzO^3)^5$ est un sirop incolore, insoluble dans l'eau, qui détone violemment sous le choc du marteau [Bertrand, *loc. cit.*].

La *xylite pentacétique* $C^5H^7(C^2H^3O^2)^5$ cristallise difficilement [Bertrand, *Bull. Soc. Chim.*, **5**, 546, 1891].

L'*acétal benzoïque* $C^5H^8O^5(C^7H^6)^2$ cristallise dans l'alcool méthylique sous la forme de flocons cristallins [Bertrand, *Bull. Soc. Chim.*, **5**, 554, 740; — L. de Bruyn et Ekenstein, *Rec. Pays-Bas*, **18**, 150, 1899].

1er janvier 1908. P. Carré.

XYLOHYDROQUINONE. — Voy. Dict. et Suppl., article XYLOQUINONE.

$C^6H^2(CH^3)_{(1-2)}(OH)^2_{(3-6)}$. — Son *éther diéthy-*

lique bout à 68-69°, il est facilement soluble dans l'alcool [Nölting et Werner, *D. chem. G.*, 23, 3252].

Le dérivé *dichloré*-4.5 est en longues aiguilles fusibles à 163-164° [Claus et Berkefeld, *J. prakt. Ch.*, (2), 43, 585].

$C^6H^2(CH^3)^2_{(1.3)}(OH)^2_{(3.6)}$. — [E. Bamberger et A. Rising. *Ann. Chem.*, 316, 292, 1901].

$C^6H^2(CH^3)^2_{(1.4)}(OH)^2_{(3.6)}$. — Voyez PHLORONE.

Pour les autres xylène-diols. voyez XYLÉNOLS.

Décembre 1907.   V. Thomas.

XYLONIQUE (ACIDE L-). *acide pentane-tétroloïque* $\frac{2.4}{3}$-5.

$$OH \quad H \quad OH$$
$$| \quad\quad | \quad\quad |$$
$$CO^2H — C — C — C — CO^2H$$
$$| \quad\quad | \quad\quad |$$
$$H \quad OH \quad H$$

— Pour préparer l'acide L-xylonique, on oxyde le xylose ordinaire par l'eau de brome, et on le purifie par l'intermédiaire du *xylonobromure de cadmium* $(C^5H^9O^6)^2Cd + CdBr^2 + 2H^2O$ [Allen et Tollens, *Ann. Chem.*, 260, 306, 1890; — Bertrand, *Bull. Soc. Chim.*, 5, 554, 1891 : 15, 592, 1896; — Clowes et Tollens, *Ann. Chem.*, 310, 164, 1899], ou des sels d'alcaloïdes [Neuberg, *D. chem. G.*, 35, 1473, 1902]. Il se forme dans l'action de la bactérie du sorbose sur le xylose [Bertrand, *C. R.*, 127, 124, 1898]. Il a été caractérisé dans le nucléoprotéide du pancréas [Neuberg, *D. chem. G.*, 35, 1467, 1902].

Propriétés. — L'acide xylonique est un sirop incristallisable, très soluble dans l'eau. Son pouvoir rotatoire, tout d'abord lévogyre, devient dextrogyre par suite de sa transformation en lactone [Allen et Tollens. *loc. cit.*].

Chauffé avec la pyridine aqueuse à 135°, il est partiellement transformé en acide lyxonique [Fischer et Bromberg, *D. chem. G.*, 29, 581, 1896].

La *lactone xylonique* $C^5H^8O^5$ fond à 90-92°; $[\alpha]_D = +74°.4$ [Clowes et Tollens, *loc. cit.*].

Le *xylonobromure de cadmium* est de tous les sels de l'acide xylonique le plus caractéristique; il forme des amas d'aiguilles groupées en sphérocristaux, très peu solubles dans l'eau froide. Le *xylonochlorure* est analogue [Bertrand, *loc. cit.*].

Le *sel de strontium* $(C^5H^9O^6)^2Sr + 8,5H^2O$ cristallise en lamelles; $[\alpha]_D = +12°,1$ [Allen et Tollens, *loc. cit.*]. Le *sel de zinc* conserve 3 molécules d'eau [Clowes et Tollens, *loc. cit.*]. Les sels de *potassium*, de *calcium*, de *baryum*, de *plomb*, d'*argent* sont amorphes [Bertrand, *Thèse*, Paris, 1894].

Le *sel de brucine* fond à 172-174°; $[\alpha]_D = -37°,65$ [Neuberg, *D. chem. G.*, 35, 1473, 1902].

Le *sel de cinchonine* fond à 180°; $[\alpha]_D = 125°$.

Le *sel de morphine* fond à 153° [Neuberg, *loc. cit.*].

L'*acétal diformique* $C^5H^6O^6(CH^2)^2$ cristallise avec $1/2H^2O$; $[\alpha]_D = +39°,5$ [Clowes et Tollens, *loc. cit.*].

La *phénylhydrazide* fond à 129° en se décomposant. La *p-bromophénylhydrazide* cristallise difficilement [Neuberg, *D. chem. G.*, 35, 1473, 1902].

Le *nitrile acétylxylonique*, obtenu en chauffant la xylosoxime avec l'anhydride acétique, cristallise en paillettes blanches, fusibles à 81°,5. Il est décomposé par les alcalis, avec perte d'acide cyanhydrique, et laisse un résidu riche en érythrose [Maquenne, *Bull. Soc. Chim.*, 23, 589, 1900]. 1er janvier 1908.   P. Carré.

XYLOQUINOL,

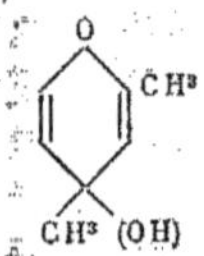

— Huile presque incolore, à odeur agréable, rappelant, un peu celle du menthol; bout à 94-94°,5 (H = 12 mm.); $D^{17} = 0,9957$. Pour l'étude de ce quinol et de ses dérivés, voyez les travaux récents de Bamberger [*D. chem. G.*, 40, 1906, 1932, 1949, et 2258, 1907].

Décembre 1907.   V. Thomas.

XYLOQUINONE. — Voyez Dict. et 1er Supp. XYLOQUINONE.

Dérivé ortho. — Le dérivé dichloré $C^6Cl^2_{(4.5)}O^2_{(3.6)}(CH^3)^2_{(1.2)}$ est en aiguilles jaunes fusibles à 169°, très solubles dans l'alcool [Claus et Berkefeld, *J. prakt. Ch.*, (2), 43, 584]. La *dichlorodiimide* $C^6H^2(CH^3)^2 = (AzCl)^2_{(3.6)}$ est en petites aiguilles jaunes fusibles à 105°,5 se décomposant vers 130° [Nölting et Thesmar, *D. chem. G.*, 35, 628, 1902].

$C^6H^2(CH^3)^2_{(1.2)}(AzCl)^2_{(4.5)}$. — Aiguilles d'un jaune clair, brunissant à 70°, détonant à 87° [Nölting et Thesmar, *loc. cit.*].

$C^6H^2(CH^3)^2_{(1.3)}(AzOH)^2_{(4.5)}$. — Aiguilles brun clair fusibles à 142°. Son *anhydride* est en aiguilles blanches fusibles à 60° [Zincke et Schwarz, *Ann. Chem.*, 307, 48].

Le *dérivé dichloré* $C^6Cl^2(CH^3)^2O^2$ constitue une poudre rouge cristalline fusible à 108°, très soluble dans les solvants organiques usuels [Francke, *Ann. Chem.*, 296, 206].

Dérivé méta. — Le *dérivé dichloré* $C^6Cl^2_{(4.6)}O^2_{(2.3)}(CH^3)^2_{(1.3)}$ en lamelles jaunes, fond à 178° [Claus et Runschke, *J. pr. Ch.*, (2), 42, 124]. La *dichlorodiimide* fond à 112° et se décompose à 175° [Nölting et Thesmar, *loc. cit.*].

La *dioxy-p-xyloquinone* $C^6(CH^3)^2(OH)^2O^2$ est en lamelles rouges fusibles à 167°, facilement solubles dans l'alcool et l'éther [Brunnmayr, *Mon. f. Chem.*, 21, 9]. Son *éther monométhylique* $C^6(CH^3)^2_{(1.3)}(OH)_{(6)}(OCH^3)_{(4)}O^2_{(2.5)}$ est en aiguilles orangées fusibles à 116°,5.

Dérivé para. — C'est la phlorone (voyez ce mot, 2e Supp).   V. Thomas.

XYLORCINE. — C'est le dioxymétaxylène $C^6H^2(CH^3)^2_{(1.3)}(OH)^2_{(4.6)}$.

Cristaux monocliniques [Fock, *D. chem. G.*, 19, 2324]. Il bout à 276-279° [Kostanecki, *D. chem. G.*, 19, 2324]. L'*éther diéthylique* [Bamberger, *D. chem. G.*, 40, 1893, 1907] fond à 75°.

Éther monoéthylique [*ibid.*, 1906]. Aiguilles fusibles à 86°.

Pour les autres isomères voyez XYLÉNOLS.

Acide xylorcine-carbonique, $C^6H(CH^3)^2_{(1.3)}(OH)^2_{(4.6)}CO^2H_{(5)}$. — On l'obtient en chauffant la xylorcine avec de l'eau et du bicarbonate de soude à 130° [Kostanecki, *D. chem. G.*, 19, 2323]. Prismes fusibles à 196° avec dégagement de gaz carbonique.

Voyez aussi les travaux récents de Bamberger *D. chem. G.*, 40, 1932, et 1949, 1907], où se trouvent décrits de nombreux dérivés. V. Thomas.

XYLOSE (L.), *pentane-tétrolal* $\frac{2.4}{3}$-5, *sucre de bois,*

$$OH \quad H \quad OH$$
$$| \quad\quad | \quad\quad |$$
$$CHO — C — C — C — CH^2OH$$
$$| \quad\quad | \quad\quad |$$
$$H \quad OH \quad H$$

— Le xylose a été découvert par Koch, qui le regardait comme un hexose, en hydrolysant la gomme de bois par l'acide sulfurique étendu [*D. chem. G.*, **20**, 145, 1887]. L'hydrolyse peut aussi se faire sous l'influence d'un ferment diastasique, le *xylase* [Seillière, *C. R.*, **141**, 1048, 1905]. Toutes les plantes qui renferment du xylane, et principalement les gymnospermes, fournissent du xylose par hydrolyse [Bertrand, *C. R.*, **114**, 1492, 1892; *Thèse*, Paris, 1894]. On a encore obtenu le xylose avec : le bois de sapin et la fibre de jute [Wheeler et Tollens, *D. chem. G.*, **22**, 1046, 1889; — Castoro, *Zeit. physiol. Chem.*, **49**, 96, 1906]; le bois de cerisier [Allen et Tollens, *D. chem. G.*, **23**, 1371; les lessives bisulfitiques du papier de bois [Lindsey et Tollens, *Ann. Chem.*, **267**, 341, 1892]; les capsules de noix de coco [Haas et Tollens, *Ann. Chem.*, **286**, 303, 1895]; la paille [Allen et Tollens, *loc. cit.*; — Bertrand, *loc. cit.*; — Hébert, *C. R.*, **110**, 969, 1890; — Stone et Test, *D. chem. G.*, **26**, 788; — Salkowski, *Zeit. f. physiol. Chem.*, **34**, 162, 1901]; la moelle de maïs [Stone et Lotz, *D. chem. G.*, **24**, 1657; — Brown et Tollens, *D. chem. G.*, **35**, 1457, 1902]; le café [Ewell, *Am. Chem. J.*, **14**, 473, 1892]; la pectine des pommes [Bauer, *Ann. Chem.*, **248**, 140, 1888]; les graines de capucine, de pivoine, de balsamine [Winterstein, *D. chem. G.*, **25**, 1237, 1892]; le coton et certaines espèces de champignons [Voswinkel, *Pharm. Centr. Bl.*, 505, 1891; 253, 1890]; dans les produits d'hydrolyse du mucilage des graines de lin [Hilger, *D. chem. G.*, **39**, 3197, 1904]; enfin avec diverses gommes [Winterstein, *D. chem. G.*, **31**, 1571, 1898; — Lintner et Düll, *Zeit. f. angew. Chem.*, 538, 1891; — Tollens et Havers, *D. chem. G.*, **36**, 3305, 1903; — O. Sullivan, *Chem. Soc.*, **79**, 1164, 1901; — Lindet, *Bull. Soc. Chim.*, **29**, 833, 1903; — Robinson, *Chem. Soc.*, **89**, 1496, 1906]. Il se rencontre à côté du glucose et de la gentianine dans les produits de l'hydrolyse de la gentiine [C. Tanret, *Bull. Soc. Chim.*, **33**, 1075, 1905]; à côté de l'arabinose dans les organes des mammifères domestiques [Morel et Fraisse, *Bull. Soc. Chim.*, (4), **1**, 659, 1907].

On prépare le xylose par hydrolyse du xylane qui se trouve dans la sciure de bois ou dans la paille [Bertrand, *Bull. Soc. Chim.*, **3**, 554, 1891; voyez aussi Wheeler et Tollens, *loc. cit.*; — Couneler, *Chem. Zeit.*, 1719, 1892; — Seillière, *C. R. Soc. Biol.*, 1130, 1906].

La formule moléculaire du xylose a été vérifiée par la cryoscopie [Wheeler et Tollens, *Ann. Chem.*, **254**, 304, 1889; *D. chem. G.*, **21**, 1566, 3508, 1888; — Hébert, *C. R.*, **110**, 969, 1890]. Les analogies avec l'arabinose l'ont fait ranger par Wheeler et Tollens dans la famille des pentoses. La configuration moléculaire par laquelle on représente le xylose découle de sa transformation en acide l-gulonique par fixation d'acide cyanhydrique [Fischer, *D. chem. G.*, **24**, 528, 1836, 1891], ainsi que de la transformation inverse [Fischer et Ruff, *D. chem. G.*, **33**, 2142, 1900].

Propriétés. — Le xylose cristallise en prismes orthorhombiques [Bertrand, d'après Wyrouboff, *loc. cit.*], fusibles à 144-145° [Wheeler et Tollens], à 150-154° [Tollens et Stone, *Land. Vers.*, **39**, 438; — Hébert, *loc. cit.*], à 165-166° [Bertrand, *Thèse*, Paris, 1894]. Il est très soluble dans l'eau, peu soluble dans l'alcool.

Son pouvoir rotatoire est $[\alpha]_D = +20°$ [Koch, *D. chem. G.*, **29**, 145, 1887]; 18-19° [Wheeler et Tollens]; 19°,2 [Parkus et Tollens, *Ann. Chem.*, **257**, 160, 1890]; 18°,63 [Hébert]; 19°,4 [Bertrand]; 19°,5 [Tanret, *Bull. Soc. Chim.*, **27**, 395, 1902]. Il varie avec la température et avec la concentration [Schulze et Tollens, *Ann. Chem.*, **271**, 40, 1892].

Le xylose présente la multirotation; immédiatement après sa dissolution le xylose ordinaire (*variété* α) donne $[\alpha]_D = +78°$ [Tanret, *Bull. Soc. Chim.*, **15**, 195, 1896]; 85°,8 (Wheeler et Tollens); 78°,6 (Parkus et Tollens); la rotation redevient immédiatement normale par addition d'une trace d'ammoniaque; la solution renferme alors la *variété* β, qu'on peut isoler en la précipitant de sa solution concentrée par l'alcool et l'éther. Le pouvoir rotatoire instantané du *xylose* β varie entre $+31°,6$ et $+41°$, suivant qu'il est mélangé de plus ou moins de xylose ordinaire α; il se retransforme lentement en xylose α [Tanret, *loc. cit.*].

La chaleur de combustion moléculaire du xylose à pression constante est de 561Cal,9 [Stohmann et Langbein, *J. f. prakt. Chem.*, **45**, 305, 1892]; 560Cal,7 [Berthelot et Matignon, *C. R.*, **111**, 11, 1890].

Le xylose réduit par l'amalgame de sodium est transformé en xylite [Fischer, *D. chem. G.*, **24**, 528, 1891], plus rapidement en liqueur alcaline qu'en liqueur acide [Bertrand, *Bull. Soc. Chim.*, **5**, 546, 554, 1891].

Oxydé par l'eau de brome, il fournit l'acide xylonique [Allen et Tollens, *Ann. Chem.*, **260**, 306, 1890; — Bertrand, *loc. cit.*; — Clowes et Tollens, *Ann. Chem.*, **254**, 304, 1889].

La potasse le décompose avec formation d'acide lactique [Katsuyama, *D. chem. G.*, **35**, 669, 1902]. Parmi les produits qui résultent de l'action de la solution d'oxyde de zinc dans l'ammoniaque, on rencontre de l'α-méthylimidazol [Windaus, *D. chem. G.*, **40**, 799, 1907].

Maquenne, en appliquant au xylose la méthode de Wohl, a obtenu l'érythrite l [*Bull. Soc. Chim.*, **23**, 497, 1900].

Les acides dilués et bouillants décomposent le xylose avec production de matières ulmiques et de furfurol [Wheeler et Tollens, *D. chem. G.*, **22**, 1046, 1889; — Günther et Tollens, *ibid.*, **23**, 1751, 1890].

Par la réaction de Kiliani, il donne un mélange d'acides l-gulonique et l-idonique [Fischer, *D. chem. G.*, **23**, 2625; **28**, 1975, 1895; — Bertrand et Lanzenberg, *Bull. Soc. Chim.*, **35**, 1075, 1906].

Il donne la réaction des pentoses avec l'orcine et l'acide chlorhydrique [Bertrand, *Bull. Soc. Chim.*, **6**, 259; **7**, 499, 1892].

Le *xylose dinitrique*, $C^5H^6O^2(AzO^3)^2$, fond à 75-80° [Will et Lenze, *D. chem. G.*, **31**, 68, 1898].

Le *xylose tétracétique*, $C^5H^6O(C^2H^3O^2)^4$, fond à 124°; $[\alpha]_D = -25°,4$ [Stone, *Am. Chem. J.*, **15**, 653, 1893; — Bader, *Chem. Zeit.*, **55**, 78, 1895; — Bertrand, *Thèse*, Paris, 1894].

Le *xylose tétrabenzoïque* fond à 164-165° [Stone, *loc. cit.*].

Le *xylosine méthylique*, $C^5H^9O^5(CH^3)$, existe sous deux formes isomères : α, fusible à 90-92°, $[\alpha]_D = +152°$; et β, fusible à 156-157°, $[\alpha]_D = -65°,9$ [Fischer, *D. chem. G.*, **28**, 1145, 1895].

Le *xylose éthylmercaptal* est un sirop incristallisable, ainsi que le *xylose amylmercaptal* [Fischer, *D. chem. G.*, **27**, 673, 1894], et que le *xylose éthylène-mercaptal* [Lawrence, *D. chem. G.*, **29**, 547, 1896].

L'*acétal diformique*, $C^7H^{10}O^5$, fond à 56-57°; $[\alpha]_D = +25°,7$ [L. de Bruyn et Ekenstein, *Rec. Pays-Bas*, **22**, 159, 1903].

Le *dibenzylidène-xylose* fond à 130°, $[\alpha]_D = +37°,5$. Le *ditoluylidène-xylose* fond à 140°, $[\alpha]_D = +45°,6$ [Ekenstein et Blanksma, *Rec. Pays-Bas*, **25**, 153, 1906].

Le *xylochloral*, $C^7H^9Cl^3O^5$, fond à 132°; $[\alpha] = -15°,6$ [Hanriot, *C. R.*, **120**, 153, 1895].

La *xylosamine*, $C^5H^8O^4AzH^2$, fond vers 130°; son pouvoir rotatoire immédiat est $[\alpha]_D = -18°,3$; et $-0°,46$ après 15 jours [L. de Bruyn et van Lœnt, *Rec. Pays-Bas*, **14**, 134, 1895].

La *xylosoxime*, $C^5H^{10}O^4(AzOH)$, est une masse visqueuse incristallisable. Par réduction elle fournit la *xylamine*, $C^5H^{11}AzH^2$, sirop incolore très soluble dans l'eau, dont l'*iodhydrate* fond à 206°, $[\alpha] = -12°,5$ [Maquenne, *Bull. Soc. Chim.*, **23**, 588, 1900 : — **25**, 587, 1901 ; — Roux, *C. R.*, **136**, 1079, 1903].

La *semicarbazone*, $C^6H^{13}Az^3O^5$, fond à 202-203° en se décomposant [Maquenne et Goodwin, *Bull. Soc. Chim.*, **31**, 1077, 1904].

La *tétraphényluréthane* fond vers 265-270° [Maquenne et Goodwin, *Bull. Soc. Chim.*, **31**, 432, 1904].

La *phénylhydrazone* fond à 116° [Bertrand, *Thèse*, Paris, 1894]. — La *p-nitrophénylhydrazone* fond à 156° [Ekenstein et Blanksma, *Rec. Pays-Bas*, **22**, 434, 1903].

La *méthylphénylhydrazone* fond à 108-110° [Muther et Tollens, *D. chem. G.*, **37**, 311, 1904]. à 100-111° [Ofner, *D. chem. G.*, **37**, 4399, 1904 ; *Mon. f. Chem.*, **26**, 1165, 1905].

La *diphénylhydrazone* fond à 103-104° [Neuberg, *D. chem. G.*, **37**, 4618, 1904]; à 107-108° [Tollens et Maurenbrecher, *D. chem. G.*, **38**, 500, 1905].

La *benzylphénylhydrazone* fond à 95-100° [Ofner, *loc. cit.*].

La *β-naphtylhydrazone* fond à 70°, $[\alpha]_D = +18°,6$ en solution méthylique et $+15°,8$ en solution acétique [Ekenstein et L. de Bruyn, *Rec. Pays-Bas*, **15**, 225, 1896 ; — Hilger et Rothenfusser, *D. chem. G.*, **35**, 4444, 1902].

La *phénylxylosazone*, $C^{17}H^{20}Az^4O^3$, cristallise en belles aiguilles jaune d'or caractéristiques, fusibles à 160° [Koch, *loc. cit.*]; à 158-160° [Tollens et Wheeler, *D. chem. G.*, **21**, 3508]; à 152-155° [Hébert, *C. R.*, **140**, 969, 1890]; à 160° [Bertrand, *loc. cit*]. Les solutions sont lévogyres [Fischer, *D. chem. G.*, **23**, 385, 1890 ; — Neuberg, *D. chem. G.*, **32**, 3384, 1899]. Sa chaleur de formation est de 65^{Cal},1 [Landrieu, *C. R.*, **142**, 580, 1906]. Elle est identique à la phénylosazone du lyxose [Ruff et Ollendorf, *D. chem. G.*, **32**, 1798, 1900].

Dosage du xylose par la liqueur de Fehling, voyez Bertrand [*Bull. Soc. Chim.*, **35**, 1296, 1906]; par le sulfite avec retour à l'iode : Jolles [*Zeit. anal. Chem.*, **45**, 196, 1906].

Fermentation. — La bactérie du sorbose le transforme en acide xylonique [Bertrand, *C. R.*, **127**, 124, 1898]. Sa fermentation par le pneumocoque de Friedländer a été étudiée par Grimbert [*Bull. Soc. Chim.*, **15**, 340, 1896]; l'action du ferment mannitique par Gayon et Dubourg [*Ann. Institut Pasteur*, **15**, n° 7, 1901]. La levure est sans action [Koch, Thomsen, *loc. cit.*; — Stone, *D. chem. G.*, **23**, 3791; — Bertrand, *loc. cit.*]. Le xylose est très mal assimilé par l'organisme [Bertrand, *loc. cit*; — Cremer, *Zeit. f. Biol.*, **29**, 484; — Frentzel, *Pfl. Arch.*, **56**, 273].

Le d-XYLOSE a été obtenu en dégradant l'acide d-gulonique par l'acétate de fer et l'eau oxygénée; il a été caractérisé par sa transformation en acide d-galactonique et en acide d-talonique [Fischer et Ruff, *D. chem. G.*, **33**, 2142, 1900].

Le XYLOSE RACÉMIQUE fond à 120-131°; son *osazone* fond vers 210-215° [Fischer, *D. chem. G.*, **27**, 2486; **33**, 2142].

1ᵉʳ janvier 1908.   P. Carré.

XYLOSE - CARBONIQUE (ACIDE). — Voyez GULONIQUE (ACIDE).

XYLYLACÉTIQUE (ACIDE),

$$\frac{CH^3}{CH^3}\!\!>\!C^6H^3 - CH^2 - CO^2H$$

— On a appelé acide xylylacétique différents corps qu'il eût été préférable de désigner autrement, et cela par suite de la confusion sous le même nom, faite par les chimistes, des radicaux

$$\left(\frac{CH^3}{CH^3}\!\!>\!C^6H^3\right) - \quad \text{et} \quad (CH^3 - C^6H^4 - CH^2) -$$

tous deux nommés, à tort, xylyle.

C'est ainsi que l'on rencontre sous le nom d'acide m-xylylacétique l'acide m-tolylpropionique $CH^3 - C^6H^4 - CH^2 - CH^2 - CO^2H$. Nous lui donnerons ici ce dernier nom.

Acide m-tolylpropionique $CH^3_{(1)} - C^6H^4_{(3)} - CH^2 - CH^2 - CO^2H$ (*acide m-xylylacétique, m-méthylhydrocinnamique*). — Acide obtenu par Poppe [*D. chem. G.*, **23**, 111, 1890] en chauffant vers 133°, pendant un certain temps, l'acide

$$CH^3 - C^6H^4 - CH^2 - \underset{\displaystyle CO^2H}{\overset{\displaystyle CO^2H}{CH}}$$

qu'il désigne sous le nom de m-xylylmalonique.

Il y a perte de CO^2 et formation d'acide m-tolylpropionique. Poppe n'a pu faire cristalliser son acide dans aucun dissolvant. Ce corps devrait être identique à celui obtenu par Müller [*D. chem. G.*, **20**, 1215, 1887] en hydrogénant par l'amalgame de sodium l'acide m-méthylcinnamique. L'acide décrit par Müller cristallise dans l'eau en flocons blancs fusibles à 40°.

Enfin Effront a de plus décrit comme acide m-tolylpropionique un corps que sa solution aqueuse laisse cristalliser en aiguilles fusibles à 125°, et qui s'obtient en oxydant par l'acide azotique de densité 1,15 à la température de 180° le m-isobutyltoluène [*D. chem. G.*, **17**, 2330, 1884].

Il semble que les trois acides de Poppe, Müller et Effront ne devraient être qu'un même corps s'ils se trouvaient à l'état de pureté.

Acide o-tolylpropionique (o-méthylhydrocinnamique). — Obtenu en réduisant par l'amalgame de sodium dans un courant de gaz carbonique une solution aqueuse d'acide o-méthylcinnamique [Young, *D. chem. G.*, **25**, 2104, 1892], cet acide peut être cristallisé dans l'alcool où il est très soluble ainsi que dans l'eau chaude. Il fond à 102°.

Acide p-tolylpropionique (p-méthylhydrocinnamique). — Cet acide a été obtenu par Kröber en hydrogénant par l'amalgame de sodium l'acide p-méthylcinnamique [*D. chem. G.*, **23**, 1033, 1890], par Miller et Rohde en faisant la même hydrogénation au moyen du phosphore et de l'acide iodhydrique [*D. chem. G.*, **23**, 23, 1890, 1899] et, enfin, par Claus en traitant par l'amalgame de sodium l'acide $CH^3 - C^6H^4 - CHBr - CHBr - CO^2H$ qui prend naissance par l'action du brome sur l'acide p-méthylcinnamique [Claus, *J. prakt. Chem.*, (2), **37**, 26]. Cristallisé dans l'eau chaude, il se présente sous l'aspect de feuillets brillants fusibles à une température de 116 à 120°, suivant les auteurs.

Nous ferons remarquer que les divers acides décrits jusqu'ici dérivent de l'acide acétique par substitution d'un atome d'hydrogène par le radical $(CH^3 - C^6H^4 - CH^2)$, qu'au lieu de xylyle il conviendrait d'appeler méthobenzyle. Les noms d'acides méthylhydrocinnamiques et surtout tolylpropioniques leur ont été généralement donnés, sauf pour le dérivé méta, le premier décrit, que Poppe a nommé acide m-xylylacétique. C'est pour cette raison que nous avons cru devoir décrire ici ces divers acides, mais par analogie avec le radical tolyle $CH^3-C^6H^4$, nous estimons que l'on doit réserver la dénomination du xylyle au radical

$$\begin{matrix} CH^3 \\ CH^3 \end{matrix} \Big> C^6H^3 -$$

dont nous allons maintenant décrire les dérivés acétiques.

Il en est un certain nombre possible : deux seulement sont connus, ils correspondent l'un et l'autre à la position 1.3 des groupes méthyles dans le radical xylyle, et diffèrent par la position du résidu acétique $-CH^2-CO^2H$, qui occupe la position 4 dans l'un et 5 dans l'autre. Le premier possède une formule dissymétrique, elle est au contraire symétrique pour le second, d'où les noms suivants.

Acide m-xylylacétique dissymétrique (m-diméthophénylacétique dissymétrique),

$$\begin{matrix} {}_{(1)}CH^3 \\ {}_{(3)}CH^3 \end{matrix} \Big> C^6H^3 - {}_{(4)}CH^2 - CO^2H$$

— Il s'obtient, d'après Claus, en réduisant par l'acide iodhydrique soit l'acide 1.3.4-xylyloxyacétique $(CH^3)^2 = C^6H^3 - CHOH - CO^2H$, soit l'acide 1.4.4-xylylglyoxylique [*J. prakt. Chem.*, (2), **41**, 487].

C'est un corps très soluble dans l'alcool, l'éther et le chloroforme, formé de longues aiguilles fusibles à 102°.

On en obtient l'*amide* en fines aiguilles solubles dans l'eau, l'alcool, l'éther, le benzène et le chloroforme, et fusibles à 183°; quand on chauffe à 230° avec du sulfure d'ammonium jaune la méthylxylylcétone $CH^3-CO-C^6H^3=(CH^3)^2$.

Il se forme en même temps que l'amide, le sel ammoniacal.

Sels décrits. — $KA + H^2O$; $AgA + H^2O$; $BaA^2 + H^2O$; $CaA^2 + 41/2H^2O$.

Acide m-xylylacétique symétrique (m-diméthophénylacétique symétrique),

$$\begin{matrix} {}_{(1)}CH^3 \\ {}_{(3)}CH^3 \end{matrix} \Big> C^6H^3 - {}_{(5)}CH^2 - CO^2H$$

— On obtient cet acide par saponification au moyen de la potasse de son *nitrile* qui se forme lorsqu'on traite le 1'-bromomésitylène par le cyanure de potassium [Wispek, *D. chem. G.*, **16**, 1578, 1883]. On peut opérer de même avec le 1'-chloromésitylène

$$\begin{matrix} {}_{(1)}CH^3 \\ {}_{(3)}CH^3 \end{matrix} \Big> C^6H^3 - CH^2Cl_{(5)}$$

[Robinet, *Bull. Soc. Chim.*, **40**, 316, 1883].

C'est un corps soluble dans l'alcool, l'éther et l'eau chaude, mais peu dans l'eau froide, qui fond à 97 ou 100°, suivant les auteurs, et bout à 273° sous 735 mm.

Sels décrits. — $KA + H^2O$; $MgA^2 + 5H^2O$; $CaA^2 + 3H^2O$; $BaA^2 + 4H^2O$; AgA.

J. Lavaux.

XYLYLAMINES. — On désigne en général sous le nom de xylylamines les dérivés aminés des xylènes, la substitution ayant lieu dans les groupes CH^3.

ORTHOXYLYLAMINE, $C^6H^4(CH^3)_{(1)}(CH^2.AzH^2)_{(2)}$. — Elle se forme dans quelques réactions simples telles que : 1° action de HCl sur la xylylphtalimide $C^8H^4O^2Az.CH^2C^6H^4.CH^3$ [Strassmann, *D. chem. G.*, **21**, 577]; 2° réduction du nitrile tolylique par le sodium [Kröber, *D. chem. G.*, **23**, 1026]; 3° réduction du dérivé nitré correspondant [Konowalow. *J. Soc. phys. chim. russe.* **37**, 530 et 537, 1905. Voyez aussi Bamberger et Müller, *D. chem. G.*, **24**, 1890]. C'est une huile se solidifiant au-dessous de 0°. Elle bout à 205°,5-206° ($H = 745$ mm.). $D_0^0 = 0,9921$, $n_D^{17} = 1,5436$. Son *chlorhydrate* est en aiguilles ou en lamelles fusibles à 219-220°, son *chloroplatinate* en lamelles dorées fusibles à 220-223°; son *bromhydrate* fond à 209°, son *sulfate* à 176-179°, son *nitrate* à 130°, son *oxalate* à 94-95°, son *picrate* à 214-215°,5, son *chloraurate* à 180°.

$C^6H^4(CH^2Cl)(CH^2AzH^2)$. — [Strassmann, *loc. cit.*].

$C^6H^4(CH^3)(CH^2.AzH.CO.CH^3)$. — Longues aiguilles fusibles à 69°.

$C^6H^4(CH^3)[CH^2Az(C^2H^5)^3.Br]$. — [Partheil et Schumacker. *D. chem. G.*, **31**, 593].

$C^6H^4(CH^3)[CH^2 - AzH - CO.AzH^2]$. — Cristaux fusibles à 172-173°.

$C^6H^4(CH^3)(CH^2.AzH.CSAzH^2)$. — Fusible à 167°.

$[C^6H^4(CH^3)(CH^2.AzH)]^2CS$. — Lamelles ou tables brillantes fusibles à 186-187° [Strassmann, Kröber, *loc. cit.*].

$C^6H^4(CH^3)(CH^2Az=SO)]$. — Huile instable à odeur aromatique [Michaelis et Linow, *D. chem. G.*, **26**, 2165].

MÉTAXYLYLAMINE. $C^6H^4(CH^3)_{(1)}(CH^2.AzH^2)_{(3)}$. — Elle a été étudiée par Pieper [*Ann. Chem.*, **151**, 129] et plus récemment par Sommer [*D. chem. G.*, **33**, 1074] et par Konowalow [*J. Soc. ph. ch. russe.* **31**, 263].

Elle bout à 205-205°,5 ($H = 750.5$ mm.) $D_0^0 = 0,9809$. $D_0^{20} = 0,9654$. Son *chlorhydrate* fond à 208° avec décomposition, son *chloromercurate* à 148°, son *chloroplatinate* à 198-200°, son *sulfate* à 248° avec décomp.; son *chloraurate* cristallise avec 1 mol. d'eau.

$[C^6H^4(CH^3)(CH^2-)]^2AzH$. — Huile se décomposant au-dessus de 210°; son *chlorhydrate* fond à 198°, son *bromhydrate* à 195-196° (Piper).

$[C^6H^4(CH^3)(CH^2-)]^3Az$. — Huile non volatile; son *chlorhydrate* fond à 212° (Piper); à 203-204° [Jannasch, *Ann. Chem.*, **142**, 363]; son *nitrate* fond à 122°.

PARAXYLYLAMINE, $C^6H^4(CH^3)_{(1)}(CH^2AzH^2)_{(4)}$. — On l'obtient par hydrogénation de la p-toluthioamide [Paterno et Spica, *D. chem. G.*, **8**, 441]; du nitrile p-toluilique [Bamberger et Lodter, *D. chem. G.*, **20**, 1710]; du p-nitroxylène [Konowalow. *J. Soc. ph. ch. russe.* **31**, 265, 1899. Comp. aussi Lustig, *D. chem. G.*, **28**, 2988]. Fusible à 12°,6-13°,2. Bout à 204° ($H = 739$ mm.). $D_0^{20} = 0,9520$. $n_D^{20} = 1,53639$. Son *chlorhydrate* fond à 234°,5-235°; son *chloroplatinate* est en grosses tables quadrangulaires à éclat adamantin; son *chloromercurate* fond à 203°; son *picrate* à 194-199° avec décomposition [Kröber. *D. chem. G.*, **23**, 1030]; à 204° d'après Lustig (*loc. cit.*).

Le *dérivé acétylé*, $C^6H^4(CH^3)(CH^2AzH.CO.CH^3)$, fond à 106°,5 (Kröber); à 107-108° (Lustig).

$C^6H^3(CH^3)_{(1)}(CH^2AzH^2)_{(4)}(AzO^2)_{(3)}$. — Son *chlorhydrate* fond à 213-214°; son *chloroplatinate*, poudre jaune orangé cristalline, fond à 231° avec décomposition; son *picrate* à 211° en se décomposant (Lustig).

$C^6H^4(CH^3)(CH^2AzH.CO.AzH^2)$. — Lamelles brillantes fusibles à 166° (Kröber).

$[C^6H^4(CH^3)CH^2.AzH]^2CS$. — Lamelles brillantes fusibles à 124-125° (Kröber).

$[C^6H^4(CH^3)CH^2]^2AzH$. — Cristaux tabulaires

fusibles à 32°,5. Bout, sous 13 mm., à 192-193° [Curtius et Tropfe, *J. prakt. Ch.*, (2), 62, 100]; son *chlorhydrate* en lamelles fond à 272°, son *chloromercurate* à 112°, son *chloroplatinate*, en lamelles rouges, à 188°, son *azotate* à 213°, son *nitrite* à 145°, son *sulfate* à 119°, son *picrate* à 153°.

La solution de nitrite se décompose sous l'action de la chaleur en donnant la *nitrosamine* $[C^6H^4(CH^3)CH^2]^2Az=AzO$, aiguilles incolores fusibles à 52°. Décembre 1907. V. Thomas.

XYLYLCÉTONE. $[C^6H^3(CH^3)^2]CO.$ — La cétone décrite dans le 1er Supp. (xylylacétone) est le dérivé méta. En opérant avec le p-xylène on peut de la même façon obtenir la p-dixylylcétone : Liquide épais bouillant à 325-327° [Elbs et Olberg, *J. prakt. Ch.*, (2), 35, 481].
Décembre 1907. V. Thomas.

XYLYLE (DI-), $C^6H^3(CH^3)^2 - C^6H^3(CH^3)^2.$ Le composé signalé par Fittig (Voyez Dictionnaire, XYLYLE) [*Ann. Chem.*, 147, 38] paraît avoir été obtenu par Oliveri en agitant et chauffant le xylène commercial avec de l'acide sulfurique. Liquide fluorescent bouillant à 293-297° [*Gazz. chim. ital.*, 12, 158].

Jacobsen a obtenu le di-p-xylyle en soumettant à la distillation le mercure p-xylyle. Il forme de petites aiguilles fusibles à 125° [*D. chem. G.*, 14, 2112]. V. Thomas.

XYLYLÈNE, $[C^6H^4(CH^3)^2 — H^2]^2.$ — On donne le nom de xylylène au carbure qui dérive du xylène par perte de 2 H, ou, ce qui revient au même, du xylyle par perte de 1 atome d'hydrogène.

Lippmann, en traitant le m-xylène par le peroxyde de benzoyle, a obtenu un composé de formule brute C^8H^8, sous forme d'un liquide bouillant à 260-270°; $D_{22}° = 0,9984$, densité de vapeur 7,1 [*Mon. f. Chem.*, 7, 526].

L'action du chlorure d'aluminium sur le p-xylène donnerait également naissance, d'après C. M. Mundici, à un mélange de xylylène [*Gazz. chim. ital.*, II, 34, 114. 1904].

En faisant réagir des réducteurs sur les bromures de xylylène on obtient des xylylènes. On peut employer le sodium en présence de benzène [Pellegrin, *Rec. Pays-Bas*, 18, 459] ou la poudre de zinc en milieu acétique [J. Thiele et H. Balhorn, *D. chem. G.*, 37, 1463, 1904]. Avec le bromure de p-xylylène, on obtient une poudre blanche.

Avec l'isomère méta et le sodium on peut isoler des cristaux fusibles à 131°,5, bouillant à 170° (H = 12 mm.), et sous la pression atmosphérique à 290°. Ce dérivé se brome en présence du sulfure de carbone et donne un dérivé de substitution $C^{16}H^{14}Br^2$, bouillant à 213-214°. On peut obtenir un dérivé dibromé correspondant au paraxylène en traitant par le mercure et l'acide acétique le p-xylène hexabromé $C^6H^4(CBr^3)^2{}_{(1.4)}$.
Décembre 1907. V. Thomas.

XYLYLÈNE-DIAMINES.—Nous étudierons ces corps dans l'ordre suivant :

A. — $C^6H^2(CH^3)^2(AzH^2)^2$;
B. — $C^6H^4(CH^2 . AzH^2)^2$.

Dans chaque groupe nous distinguerons :

a) dérivés de l'orthoxylène;
b) dérivés du métaxylène,
c) dérivés du paraxylène.

A. — *Dérivés de l'orthoxylène.*

Les quatre isomères prévus par la théorie sont connus et constituent des aiguilles ou des lamelles blanches stables solubles dans le benzène, l'alcool, la ligroïne et l'eau. On les obtient toutes par réduction des nitro-o-xylidines correspondantes.

$C^6H^2(CH^3)^2{}_{(1.2)}(AzH^2)^2{}_{(3.4)}.$ — Fondant à 89° [Nölting, Braun et Thesmar, *D. chem. G.*, 34, 2242]. Son *dérivé diacétylé* fond à 197-198° [*ibid.*, 35, 628, 1902].

$C^6H^2(CH^3)^2{}_{(1.2)}(AzH^2)^2{}_{(3.5)}.$ — Fond à 66-67°. Son *dérivé diacétylé* fond à 240-241.

Par copulation avec l'aniline diazotée, on obtient deux chrysoïdines isomériques, l'une $C^6H(CH^3)^2{}_{(1.2)}(AzH^2)^2{}_{(3.5)}(Az=Az.C^6H^5)_{(6)}$, en aiguilles rouge écarlate, fondant à 127°; l'autre $C^6H^2(CH^3)^2{}_{(1.2)}(AzH^2)^2{}_{(3.5)}(Az=AzC^6H^3)_{(4)}$, en lamelles rouge clair, fondant à 171-172°, à propriétés colorantes beaucoup plus intenses.

$C^6H^2(CH^3)^2{}_{(1.2)}(AzH^2)^2{}_{(3.6)}.$ — Fond à 116°. Le *dérivé diacétylé* fond à 275-276°. Le *dérivé dichloré* (4.5) est en aiguilles fusibles à 176° [Clauss et Berkefeld, *J. prakt. Chem.*, (2), 43, 583].

$C^6H^2(CH^3)^2{}_{(1.2)}(AzH^2)^2{}_{(4.5)}.$ — Fondant à 125-126°. Son *dérivé diacétylé* fond à 227-228°.

Dérivé $C^6H^2(CH^3)^2{}_{(1.2)}(AzH^2)_{(3)}(Az=AzC^6H^4SO^3H).$ — Il s'obtient par copulation de l'o-xylidine avec l'acide diazobenzène-sulfonique [Nölting, Braun et Thesmar, *loc. cit.*].

· *Dérivés du métaxylène.*

$C^6H^2(CH^3)^2{}_{(1.3)}(AzH^2)^2{}_{(4.5)}.$ — Lamelles ou fines aiguilles, fusibles à 77-78°; son *chlorhydrate* est en prismes courts facilement solubles dans l'eau [Hoffmann, *D. chem. G.*, 9, 1298; — Nölting et Forel, *ibid.*, 18, 2683; — Jacobsen, *ibid.*, 12, 2826].

$C^6H^2(CH^3)^2{}_{(1.3)}(AzH^2)^2{}_{(4.6)}.$ — Aiguilles fusibles à 104° [Grevingk, *loc. cit.*; — Leilmann, *Ann. Chem.*, 144, 275; — Fittig, Ahrens et Mattheidse, *ibid.*, 147, 20; — Witt, *D. chem. G.*, 21, 2419]. Son *chlorhydrate* est en prismes monocliniques, le *chlorostannite* cristallise dans le même système; le *sulfate* se présente sous forme d'une poudre cristalline soluble dans l'eau.

Combinaison avec le trinitrobenzène [Nölting et Sommerhoff, *D. chem. G.*, 39, 76, 1906].

$C^6HBr(CH^3)^2{}_{(1.3)}(AzH^2)^2{}_{(4.6)}.$ — Fines aiguilles [Hollemann, *Zeit. f. Chem.*, 555, 1805].

$C^6H(CH^3)^2{}_{(1.3)}(AzH^2)^2{}_{(4.6)}(AzO^2)_{(2)}.$ — Petits prismes d'un rouge rubis, fusibles à 212-213° [Bussenius et Eisenstuck, *Ann. Chem.*, 113, 159; — Fittig et Velguth, *ibid.*, 148, 6; — Miolatti et Lotti, *Gazz. chim. ital.*, 27, I, 297]. Les sels ont été décrits par Bussenius et par Fittig [*loc. cit.*]:

Chlorhydrates, Base + HCl et Base + 2HCl; *chloroplatinate* en cristaux monocliniques trihydratés; *sulfates*, $Base + SO^4H^2 + 2H^2O$ et $Base + SO^4H^2$.

Le *dérivé triéthylique* $C^6H(CH^3)^2{}_{(1.3)}(AzHC^2H^5)[Az(C^2H^5)^2]AzO^2{}_{(2)}$, est en petits cristaux jaunes, son *chloroplatinate* est en prismes hexagonaux clinorhombiques, son *iodhydrate*, Base + HI, est en cristaux rouges rhombiques.

Par copulation avec l'aniline diazotée, il donne des lamelles d'un rouge grenat, à propriétés colorantes peu marquées, de formule $C^6H(CH^3)^2{}_{(1.3)}(AzH^2)^2{}_{(4.6)}(Az=AzC^6H^5)_{(5)}$ [Nölting et Thesmar, *loc. cit.*].

$C^6H(CH^3)^2{}_{(1.3)}(AzH^2)^2{}_{(4.6)}SO^3H_{(5)}.$ — Cristaux rhombiques. Le *sel de potassium* est anhydre, celui *de baryte* monohydraté [Jungbahn, *D. chem. G.*, 35, 3547, 1902].

$C^6H^2(CH^3)^2{}_{(1.3)}(AzH^2)_{(2.4)}$ [Grevingk, *D. chem. G.*, 17, 2427]. Le *dérivé nitré* en 6 est en aiguilles fusibles à 151-152° [Nölting, *loc. cit.*].

Par copulation avec l'aniline diazotée, on obtient le *dérivé* $C^6H(CH^3)^2{}_{(1.3)}(AzH^2)^2{}_{(4}$... (Az = Az

$C^6H^3)_{(5)}$ en aiguilles rouge écarlate fusibles à 97,5-98° [Nölting et Thesmar. *loc. cit.*].

$C^6H^2(CH^3)^2_{(1.3)}(AzH^2)^2_{(2.5)}$ — Lamelles fusibles à 103-104° [Nölting et Thesmar, *loc. cit.*].

Produit de condensation de la diamine $C^6H^2(CH^3)^2_{(1.3)}(AzH^2)_{(5.6)}$ avec l'acétone ou l'oxyde de mésityle : John B. Ekeley [*D. chem. G.*, **39**, 1646, 1906].

Dérivés du paraxylène.

$C^6H^2(CH^3)^2_{(1.4)}(AzH^2)^2_{(2.3)}$. — Aiguilles fusibles à 75° [Lellmann, *Ann. Chem.*, **228**. 251; — Nölting et ses collaborateurs, *D. chem. G.*, **19**, 1145; **35**. 628].

$C^6H^2(CH^3)^2_{(1.4)}(AzH^2)^2_{(2.5)}$ — Fond à 149-150°: son *chlorhydrate* est en lamelles facilement solubles dans l'eau: son *sulfate* forme une farine cristalline presque insoluble, même dans l'eau chaude [Nietzki, *D. chem. G.*, **13**, 471; — Sutkowski, *ibid.*, **20**. 979; — Marckwald, *ibid.*, **23**, 1021; — Nölting et ses collaborateurs, *ibid.*, **18**. 2685; **35**. 628].

Le *dérivé monométhylé* à l'azote est en aiguilles fusibles à 83° [Pflug, *Ann. Chem.*. **255**, 173]. Le composé *phénylsulfoné* $C^6H^2(CH^3)^2(AzH^2)(AzH . SO^2C^6H^5)$ fond à 145-146°, son *dérivé diazoïmidé* détone à 125-130°; l'azoïque qu'il donne avec le β-naphtol fond à 215° [G.-T. Morgan et G. Micklethwait. *J. Chem. Soc.*, **87**, 921, 1905].

$C^6H^2(CH^3)^2_{(1.4)}(AzH^2)^2_{(2.6)}$. — Aiguilles jaunâtres fusibles à 102-103° [Nölting et Thesmar, Lellmann, *loc. cit.*; — Blanksma, *Rec. Trav. Pays-Bas*, **24**. 320. 1905].

Le composé $C^6H^2(CH^3)^2_{(1.4)}(AzH . CS . AzH . R)^2_{(2.6)}$ (R = allyl) est en aiguilles fusibles à 112°,5.

Par copulation avec l'aniline diazotée, ce diamino fournit le composé azoïque $C^6H(CH^3)^2_{(1.4)}(AzH^2)^2_{(2.6)}(Az = Az - C^6H^5)_{(5)}$, aiguilles orangées fusibles à 90-91° (Nölting et Thesmar).

Produits de condensation des différentes xylylène-diamines avec la phénanthrène-quinone, la dichloroquinone-diimide, et la nitroso-diméthylaniline, voyez Nölting et Thesmar (*loc. cit.*).

B. — Xylylène-diamines.

a) o-XYLYLÈNE-DIAMINE, $C^6H^4(CH^2AzH^2)^2_{(1.2)}$. — Liquide à odeur d'ammoniaque prononcée, attirant le gaz carbonique de l'air [Strassmann. *D. chem. G.*. **21**. 579; — Gabriel et Pinkus, *ibid.*. **21**, 2212]; son *chlorhydrate* est en aiguilles de formule $C^8H^{12}Az^2HCl + 0,5H^2O$, son *chloraurate* en lamelles jaunes.

Le *trithionate* $C^8H^{12}Az^2S^3O^6H^2$ est en longues aiguilles [During, *D. chem. G.*, **28**. 606]; le *picrate* se décompose vers 170° sans fondre.

Le *dérivé diphénylique* [−CH^2 − AzH − C^6H^5]^2 est en petites lamelles [Leser, *D. chem. G.*, **17**, 1825]; le *dérivé diacétylé* fond à 146° (Strassmann); le *dérivé sulfinique* $C^6H^4(CH^2AzH^2)(CH^2AzH.SO^2H)$ est en fines aiguilles (During); traité par l'aldéhyde benzoïque, ce dérivé donne une masse cristalline.

$C^6H^4(CH^2 − AzH − SO^2H)^2$. — Lamelles très solubles dans l'eau, insolubles dans l'alcool et l'éther (During). Le *dérivé diphénylé* [SO^2 − C^6H^5]^2 est en lamelles fusibles à 127°.

$C^6H^4(CH^2 . AzH.CO . C^6H^5)^2$ — Aiguilles fusibles à 184° (Gabriel et Pinkus).

b) m-XYLYLÈNE-DIAMINE, $C^6H^4(CH^2AzH^2)^2_{(1.3)}$. — Liquide bouillant à 245-248° [Brömme, *D. chem.*

G.. **21**. 2705]. Son *chlorhydrate* est en longues aiguilles, son *chloroplatinate* en lamelles d'un jaune d'ambre, son *hyposulfite* en lamelles d'un blanc d'argent, son *trithionate* est difficilement soluble dans l'eau (During), son *picrate* est en grandes lamelles se décomposant sans fondre à 185-190°.

Dérivé diacétylé $C^6H^4(CH^2AzH . CO^2CH^3)^2$. — Fond à 118-119° (Brömme).

Dérivé $C^6H^4(CH^2AzH^2)(CH^2AzHSO^2H)$ (During). — Aiguilles se combinant facilement avec la benzaldéhyde.

$C^6H^4(CH^2 − AzH.SO^2H)^2$ (During).

G. Halfpaaf a signalé quelques dérivés substitués à l'azote [*D. chem. G.*, **36**, 1672, 1903] :

$C^6H^4[CH^2 . Az(C^4H^9)^2]^2$ (isobutyle). — Huile jaune fournissant un *chlorhydrate* et un *sulfate* également huileux. Le *chloroplatinate* fond à 209°, le *chloromercurate* à 207°, le *picrate* à 134°.

$C^6H^4[CH^2Az(C^5H^{11})^2]^2$ (amyle). — Huile rouge; ses *chloroplatinate* et *picrate* fondent respectivement à 149 et 173°.

$C^6H^4[CH^2Az(C^6H^5)^2]^2$. — Aiguilles d'un vert clair, fusibles à 116°.

$C^6H^4[CH^2(Az.C^5H^{10})]^2$ (pipéridine). — Huile brune; *chloroplatinate* fondant à 223°; *picrate* fondant à 201°.

$C^6H^4[CH^2 . Az(C^3H^7)^3Br]^2$. — Prismes fondant à 226°; le *perbromure* $C^{26}H^{30}Az^2Br^6$ est en aiguilles orangées fusibles à 160°; le *chloroplatinate* est en prismes rougeâtres fondant à 217°; le *picrate* en cristaux jaunes fondant à 160°.

$C^6H^4[CH^2Az(C^3H^{11})^3Br]^2$. — Le *perbromure* $C^{38}H^{74}Az^2Br^6$ fond à 95-96°, le *picrate* à 146°.

$C^6H^4[CH^2(AzC^5H^5)Br]^2$ (pyridine). — Aiguilles fusibles à 264°; *perbromure* $C^{18}H^{18}Az^2Br^6$, aiguilles fusibles à 156°; le *chloroplatinate* fond à 255°; le *picrate* fond à 214°.

$C^6H^4[CH^2 . Az(C^9H^7Br]^2$ (quinoléine). — Fond à 276°; *perbromure* $C^{26}H^{29}Az^2Br^6$, très petites lamelles rouges fusibles à 128°; *chloroplatinate* amorphe fondant à 230°; *picrate*, aiguilles jaunes fusibles à 205°.

$C^6H^4(CH^2 . Az(C^{21}H^{22}O^2Az)Br]^2$ (strychnine). — Se dépose de l'alcool méthylique avec 6CH^3OH; le *perbromure* et le *chloroplatinate* sont amorphes; le *picrate* fond à 210°.

$C^6H^4[CH^2AzH . C^6H^4 . CO^2H]^2$. — Poudre jaune microcristalline fusible à 247°. Les sels de K, Ca et Fe^3 sont anhydres.

$C^6H^4[CH^2AzH . CO^2C^2H^5]^2$. — Fond à 160°.

p-XYLYLÈNE-DIAMINE, $C^6H^4(CH^2AzH^2)^2_{(1.4)}$. — Cristaux fondant à 85°; le *chlorhydrate* est en aiguilles retenant 1,5H^2O, le *chloroplatinate* forme un précipité se décomposant vers 250°, le *picrate* est en aiguilles orangées se décomposant vers 232° [Lustig, *D. chem. G.*, **28**, 2992; — During, *loc. cit.*].

Le *dérivé mononitré* a été signalé par Lustig; son *chlorhydrate* est en octaèdres retenant 1,5H^2O, son *chloroplatinate* se décompose vers 295°, son *picrate* est en prismes courts jaune pâle.

$C^6H^4(CH^2AzH^2)(CH^2AzHSO^2H)$. — Poudre cristalline infusible se combinant à la benzaldéhyde (During).

$C^6H^4(CH^2AzH . COCH^3)^2$. — Aiguilles fusibles à 194° (Lustig).

$C^6H^4(CH^2AzHCOC^6H^5)^2$. — Aiguilles fusibles à 193-194°. Son *dérivé nitré* fond à 210°,5-211° (Lustig). Décembre 1907. V. Thomas.

XYLYLÈNE-IMINE. — Voyez l'art. ISOINDOL, 2e Suppl., **6**, 135.

Y

YLANGOL. — Par fractionnement de l'essence d'ylang-ylang, Reychler a pu séparer [*Bull. Soc. Chim.*, (3), 11, 410, 1894] un alcool de formule $C^{10}H^{18}O$ qu'il a appelé ylangol, bouillant à 103-107° sous 28 mm. de pression, de densité 0,886, de pouvoir réfringent moléculaire 48,64 et de pouvoir rotatoire $[\alpha]_D = -28°,7$ et dans lequel les constantes physiques, ainsi que l'indice d'iode, démontrent l'existence de deux doubles soudures. A. Hébert.

YOHIMBINE, $C^{23}H^{32}O^4Az^2$, ou d'après Spiegel, $C^{22}H^{30}O^4Az^2$. — Cet alcaloïde se trouve à côté de la *yohimbénine* dans l'écorce d'un arbre nommé Yumbehoa (apocynées).

On extrait par l'alcool acidulé, on distille, on reprend par l'eau, on alcalinise et on extrait par l'éther. Le benzène bouillant dissout la yohimbénine et laisse la yohimbine sous forme d'aiguilles fusibles à 234°. Elle donne naissance à un anhydride $C^{22}H^{28}O^3Az^2$ (Spiegel). C'est une base tertiaire qui renferme un hydroxyle et un méthoxyle.

L'oxydation par le bichromate donne l'acide formique; par le permanganate les acides *yohimbinique*, *noryohimbinique* et un troisième fusible à 85° [Thoms, *Chem. Centr.*, 1897, II, 978; — Spiegel, *ibid.*, 1899, I, 529].

La yohimbine est l'éther méthylique de l'*acide yohimbique*, $C^{20}H^{26}O^4Az^2$ (noryohimbine), produits en lesquels elle se scinde sous l'influence de la potasse à 30 0/0 [Winzheimer, *Chem. Centr.*, 1903, I, 470; — Spiegel, *D. chem. G.*, 36, 169, 1903; 37, 1759, 1904 et 38, 2825, 1905]. M. Delacre.

YOHIMBÉNINE, $C^{38}H^{43}O^6Az^3$. — Se trouve à côté de la yohimbine (voyez ce mot). Aiguilles jaunâtres fusibles à 135°. M. Delacre.

YOHIMBINIQUE (ACIDE), $C^{20}H^{24}O^5Az^2$. — Voyez YOHIMBINE. Cet acide donne un acide noryohimbique, $C^{19}H^{20}O^7Az^2$.

YOHIMBIQUE (ACIDE), $C^{20}H^{26}O^4Az^2$. — Voyez YOHIMBINE. Acide monobasique et base monoacide. Fusible à 296°.

A côté de son éther méthylique (yohimbine), on connaît l'éthyl-yohimbine (fusible à 191°,5-192°), la propyl-, l'isoamyl-, etc., -yohimbines.

De plus on connaît l'acide méthyl-yohimbique (fusible à 293°) et ses homologues.

Anhydride yohimbique, $C^{20}H^{24}O^3Az^2$. — Il fond à 249°; par l'eau ou l'ammoniaque, il régénère l'acide. M. Delacre.

YOUNGITE (Min.) (Hannay). — Sulfure de zinc, plomb et manganèse, ressemblant à la galène, de Ballarat, Victoria, Australie. Dureté = 6. Densité = 3,62. L. Bourgeois.

YTTERBIUM, YTTRIUM. — Voyez l'art. TERRES RARES.

YTTRIALITE (Min.) (Hidden et Mackintosh). — Silicate d'yttrium et de thorium, avec diverses autres terres rares, n'offrant pas de composition bien fixe, rapport d'oxygène des bases à celui de la silice, 3 : 4. Il est plus siliceux que la gadolinite et exempt de glucine. Masses jaune orangé à la surface, vert olive dans la cassure, clivage grossier suivant deux directions; avec tengérite, gadolinite, etc., près Blaffton, comté de Llano, Texas. Dureté = 5-5,5. Densité = 4,575.

Caractères. — Soluble dans l'acide chlorhydrique. Dans le tube, décrépite violemment et tombe en poussière. Après calcination, devient brun, infusible et inattaquable aux acides. L. Bourgeois.

YTTROCALCITE (Min.) (E. Fedorow). — Fluorure d'yttrium, cérium et calcium, $2[Y,Ce]F^3 . 5CaF^2, O, 2H^2O$. Cristaux hexagonaux réguliers, clivage prismatique sensible; presque blancs, striés de verdâtre ou de noirâtre, provenant de Finbo; aisément attaquables aux acides, infusibles. Dureté = 4-6 suivant les faces. Densité = 3,19. Biréfringence négative très faible. L. Bourgeois.

YTTROCRASITE (Min.) (W.-E. Hidden et C.-H. Warren). — Titanate d'yttrium, thorium et uranium (49,72 0/0 TiO^2, 2,8 U, 8,75 ThO^2, 25,67 $[Y,Er]^2O^3$, 4,36 H^2O). Gros cristaux orthorhombiques, noirs, éclat gras sur la cassure, dans une pegmatite du comté de Bournet (Texas). Infusible au chalumeau; décomposé par l'acide fluorhydrique et par l'acide sulfurique bouillant. Dureté = 5,5-6. Densité = 4,8043. L. B.

YUCAMIRINE, YUCCÉLÉRÉSÈNE. — Voyez l'art. RÉSINES (ELÉMI).

Z

ZANALOÏNE. — Voyez l'art. NATALOÏNE.

ZÉORINE. — Voyez l'art. LICHENS (COMPOSÉS DES).

ZINC. — *État naturel.* — La formation géologique des minerais de zinc, en particulier du carbonate et du silicate, a été étudiée par M. Dieulafait [*C. R.*, 90, 1573, 1880; 96, 70, 1883, et 104, 842, 1885]. Il a constaté que le zinc existe, à l'état de dissémination complète, dans toutes les roches de la formation primordiale, dans les terrains sédimentaires inférieurs, dans les eaux de la mer (la Méditerranée contiendrait au moins $0^{gr},002$ de zinc par m^3), dans les boues des estuaires marins, dans les dépôts salifères et particulièrement dans les roches dolomitiques. Ce chimiste a émis l'hypothèse que le zinc aujourd'hui réuni dans ses minerais a été extrait des roches primordiales par l'action des eaux marines; s'est concentré une première fois dans des dépôts d'estuaires, où il a été repris plus tard par des eaux qui l'ont dissous et transporté ailleurs à l'état plus ou moins pur, sous forme de sulfure si l'eau n'était pas oxygénée, et sous forme de carbonate si l'eau était de l'eau atmosphérique. M. Dieulafait donne une explication thermochimique de la formation géologique du carbonate de zinc dans les terrains dolomitiques.

M. Demarçay [*C. R.*. **130**. 91. 1900] a signalé la présence de faibles traces de zinc dans les cendres du bois et M. Gorgeu [*Bull. Soc. Chim.*, (3). **29**. 1109. 1903] celle de l'oxyde de zinc dans les haussmannites de Suède.

MÉTALLURGIE DU ZINC. — Le zinc peut être extrait de ses minerais par des procédés purement chimiques ou par l'application de l'électricité. Les méthodes électrochimiques en sont encore à la période des tâtonnements et des essais: l'ancien procédé chimique qui consiste à réduire l'oxyde de zinc par le charbon est encore aujourd'hui à peu près uniquement employé.

1° *Extraction du zinc par les procédés chimiques*. — La description de cette méthode fait l'objet d'un article très complet et très documenté dans le Dictionnaire [3, 772]. Elle n'a subi, depuis cette époque, que des modifications de détail que nous allons indiquer en suivant l'ordre et le plan adoptés dans l'article précité.

Les minerais calcinés ne sont pas toujours jaunes ou jaune rougeâtre: certains d'entre eux, par exemple ceux des mines de Bergame (Italie), qui appartiennent à la Société de la Vieille-Montagne, sont complètement blancs.

Le nombre des formules employées pour l'évaluation des minerais est considérable; la plus usuelle, en Europe, est la suivante :

$$V = 0{,}95\, P\,\frac{T-8}{100} - F$$

dans laquelle les lettres ont la même signification que dans l'article primitif du Dictionnaire [3, 773]. Dans cette formule, l'expression T — 8 couvre la perte de fusion : elle tient compte de la perte proportionnellement plus grande dans le traitement des minerais pauvres.

La pratique de vernir les creusets à l'intérieur, au moyen d'une solution de sel marin, est complètement abandonnée aujourd'hui.

La réduction des minerais de zinc est toujours incomplète. Les résidus renferment, en moyenne, 5 0/0 du zinc que contenait le minerai chargé; la perte totale descend rarement au-dessous de 7 0/0 du métal chargé.

Grillage de la blende. — Nous décrirons le procédé de grillage avec condensation de SO^2 dans des chambres de plomb, tel qu'il se pratique actuellement à Viviez. C'est le plus universellement employé aujourd'hui.

Le grillage de la blende s'opère dans des fours à 4 ou 5 soles étagées qui produisent une désulfuration très complète, en même temps qu'une économie notable de combustible. Le chauffage des fours se fait par la chaleur propre de la combustion de la blende. Toutefois, cette combustion s'arrêterait d'elle-même lorsque le grillage est poussé à un point tel que le produit grillé ne contient plus que 6 à 8 0/0 de soufre; il est nécessaire de réchauffer la sole inférieure des fours par un foyer auxiliaire dont l'appoint de chaleur suffit à maintenir cette sole à une température assez élevée pour que la combustion de la blende continue jusqu'à la teneur limite qui est rarement inférieure à 1 0/0 de soufre dans les blendes exemptes de chaux et de magnésie. Il se forme toujours au cours du grillage une certaine quantité de sulfate, qui ne se décompose que difficilement, et dans la partie de la sole placée immédiatement sur le foyer. Le plomb et le fer rendent la blende scorifiable; il se forme des agglomérés qui empâ-

tent les grains crus et adhèrent aux soles qui s'encrassent rapidement. Ces blendes sont d'un traitement difficile, et leur grillage est mauvais. La blende crue, broyée et tamisée, est chargée sur la sole supérieure, puis descendue progressivement jusqu'à la sole inférieure d'où elle est sortie quand le dégagement d'anhydride sulfureux a complètement cessé. Le grillage se produit par le brassage continu de la matière soumise à l'action d'un courant d'air convenablement réglé et circulant en sens inverse du mouvement de la blende.

Il existe actuellement trois types principaux de fours :

1° Fours genre Liebig, dans lesquels l'ouvrier travaille latéralement au four et produit l'avancement de la blende au moyen d'un outil manœuvré à la façon d'une rame. L'air nécessaire au grillage arrive sur la sole inférieure, soit froid par les portes de travail, soit préalablement chauffé.

2° Fours genre Michel Perret, dans lesquels l'ouvrier travaille au bout des soles et pousse le minerai au moyen de raclettes. Ces fours sont généralement à admission d'air chauffé.

Ces deux espèces de four fonctionnent convenablement et sont employés simultanément dans diverses régions.

3° Les fours mécaniques; ils sont encore peu employés en Europe, leur usage n'ayant généralement pas donné satisfaction jusqu'à aujourd'hui. Ces fours sont circulaires, à cinq ou six étages superposés; un arbre vertical muni de râteaux tourne lentement au centre du four et réalise le brassage de la blende en même temps que son entraînement de la sole supérieure à la sole inférieure. L'entretien du mécanisme de ces four est très onéreux.

Quel que soit le système de fours employés, les gaz du grillage, séparés des produits de la combustion du foyer, conviennent à la fabrication de l'acide sulfurique; leur teneur est de 5 à 8 0/0 de SO^2. La consommation en charbon atteint 100 à 250 kilogrammes par tonne de blende grillée, suivant le type de four adopté et la richesse en soufre des minerais. Les frais de traitement varient de 12 à 16 francs par tonne.

Voici quelques détails complémentaires sur les fours employés à Viviez :

Ils sont chauffés au moyen de gazogènes indépendants des fours. Les fours sont adossés deux à deux; ils renferment chacun *trois* rangées de creusets disposés deux par deux dans des niches au nombre de 11 par rangée; le nombre total des creusets est de 132 par four.

Les creusets ont une section ovale de 0^m,285 sur 0^m,165 intérieurement; le grand axe de l'ovale est placé verticalement.

Les gaz du générateur sont amenés, par une conduite réfractaire, dans une chambre rectangulaire, au milieu de la base du four. Ils montent, de cette chambre, dans une fente de 0^m,25 de largeur qui règne sur toute la longueur du four, suivant son axe. Au-dessus de cette fente débouchent horizontalement une série de trous soufflant de l'air à la pression de 20 mm. d'eau et à la température de 300° environ, lequel se mélange intimement aux gaz et en provoque la combustion.

Les produits de la combustion montent jusqu'à la voûte du four et redescendent de chaque côté, en léchant les creusets, vers des trous de tirage qui se trouvent dans la sole du four. Ces trous communiquent avec deux carneaux qui conduisent les gaz brûlés à deux cheminées ménagées dans le mur pignon du four.

Le réglage de la chauffe s'obtient facilement en agissant sur les vannes qui commandent l'arrivée de l'air primaire (gazogène) et de l'air secondaire (four).

La charge d'un creuset est de 30 à 35 kilogr. de minerai.

Chaque four produit de 1400 à 1500 kilogr. de zinc par 24 heures.

A Viviez, l'acide sulfurique, produit accessoire du grillage des blendes, sert à la fabrication des superphosphates.

Le grillage des blendes a été étudié par Hart [*Monit. Quesneville*, (4), 7, 100, 1893 ; et *Journ. of Chem. Ind.*, 544, 1895] et par Hassreidter-Trooz [*Zeit. f. angew. Chem.*, 19, 137, 1906].

Dans les usines silésiennes on traite aussi les poussières de zinc qui sont entraînées par les gaz sortant des hauts fourneaux et qui contiennent environ le tiers du zinc que renfermaient les minerais employés [Vita, *Zeit. f. angew. Chem.*, 69, 1890]. Ces poussières se déposent dans les appareils à condensation : comme elles contiennent beaucoup de fer, on les mélange à d'autres minerais [Jensch, *Zeit. f. angew. Chem.*, 13, 1890].

Pour éviter la perte de zinc qui résulte de sa condensation incomplète et de l'oxydation de ses vapeurs dans la méthode belge et dans la méthode silésienne, on a proposé plusieurs procédés de réduction en vase clos, dans des fours à cuve disposés de façon à éviter l'accès de l'air [Hempel, *Bull. Soc. Chim.*, (3), 11, 248, 1894 ; — Biewend, *Monit. Quesneville*, (4), 12, 130, 1898 ; — Sébillot, *Portefeuille économique des machines*, 104, 1899]. Ces appareils ne paraissent pas être encore entrés dans la pratique industrielle.

2° *Extraction du zinc par les méthodes électrochimiques.* — L'insuccès auquel se sont heurtées, jusqu'à aujourd'hui, les méthodes électrochimiques, tient surtout à deux causes : le prix peu élevé du métal qui restreint les dépenses que peut supporter une exploitation industrielle, et la difficulté d'obtenir le zinc en lames compactes et résistantes, et non à l'état spongieux sous lequel se présente habituellement le zinc électrolytique.

Les méthodes qui ont été essayées peuvent être classées en deux groupes principaux, suivant que l'on traite directement le minerai de zinc, ou qu'on le transforme, auparavant, en un sel soluble ou fusible qui est lui-même soumis à l'électrolyse.

a) *Traitement direct des minerais de zinc.* — Je citerai, comme exemple de cette méthode, le procédé Blas et Miest [*Chem. News*, 46, 121, 1882] dans lequel le zinc est extrait directement de la blende. On électrolyse une dissolution de sulfate de zinc en employant une *anode soluble* en sulfure de zinc ; le métal se dépose à la cathode, tandis que le radical SO⁴, qui se porte à l'anode, y régénère le sulfate de zinc avec mise en liberté de soufre ; ce métalloïde peut ensuite être isolé de la gangue.

b) *Électrolyse des sels de zinc dissous ou fondus.* — L'inconvénient de la méthode précédente est que les composés zincifères qu'il est intéressant de traiter (calamine, blende, gris de zinc) sont tous mauvais conducteurs. On a été ainsi amené à les dissoudre tout d'abord pour électrolyser les sels obtenus. La calamine, qui se dissout facilement dans les acides minéraux, peut être simplement déposée dans le bain au voisinage de l'anode (qui est en coke). La blende se dissout plus difficilement ; il faut, auparavant, la transformer en chlorure ou en sulfate. Le bain électrolytique doit être aussi concentré que possible, parce que le métal obtenu est alors moins spongieux et aussi parce que, dans ces conditions, l'électrolyse de l'eau est peu sensible [Kiliani, *Chem. Ind.*, 1893].

Cette méthode de précipitation du zinc de ses solutions est celle qui paraît avoir les préférences des inventeurs.

L'un des procédés les plus intéressants est celui de Létrange, qui a fonctionné à Saint-Denis. On transforme la blende en sulfate, sans employer l'acide sulfurique, et uniquement en soumettant ce minéral à un grillage *modéré*. Un lessivage dissout le sulfate de zinc produit ; on électrolyse sa dissolution concentrée en employant des anodes en charbon et des cathodes en zinc.

Parmi les nombreuses dissolutions de zinc dont on a essayé l'électrolyse, je citerai encore : le chlorure de zinc dissous [Sachtleben, *Monit. Quesneville*, (4), 9, 242, 1895] ou fondu (Lorenz. Borchers), qui permet d'obtenir à la fois le zinc et le chlore ; les dissolutions d'hydrate de zinc dans le chlorure ou le sulfate du même métal, à des températures supérieures à 50° [Méthode de la Société « Electricität Actien Gesellschaft », *Monit. Quesneville*, (4), 9, 132, 1895] ; la dissolution d'oxyde de zinc dans la soude caustique (Kiliani) ; etc.

Un grand nombre de recherches ont été faites dans le but d'obtenir un dépôt métallique compact, dur et non spongieux.

Pour arriver à ce résultat, Mond [*L'Electrochimie*, 9° année, 41, 1903] recommande l'emploi de deux cathodes cylindriques, rotatives, frottant l'une contre l'autre.

Fœrster et Günter [*Zeit. f. Electroch.*, (I), 5, 16], pensent que l'état physique du zinc électrolytique spongieux est dû à la présence d'oxyde de zinc déposé sur la cathode. Ils conseillent, pour empêcher ce dépôt, d'ajouter à l'électrolyte de l'acide chlorhydrique libre qui dissout l'oxyde.

Eschellmann [*Zeit. f. Electroch.*, 550, 1895] emploie un courant ondulatoire (non pas alternatif), d'environ 20 ondulations par minute, avec lequel il électrolyse une dissolution de chlorure de sodium et de chlorure de zinc, avec des plaques de charbon comme anodes et des lames de zinc comme cathodes. Le dépôt de zinc serait ainsi plus dense et moins spongieux.

Enfin M. Salgues [*Bull. Soc. Chim.*, (3), 29, 468, 1903] a proposé de traiter au four électrique les minerais oxydés ou sulfurés du zinc, additionnés de fondants appropriés. La mise en liberté du métal serait presque intégrale, mais la réalisation industrielle de cette méthode présenterait de grandes difficultés.

Production. — La production annuelle du zinc dans le monde entier s'élève actuellement à environ 500 000 tonnes, ainsi réparties :

Allemagne	150 000	tonnes
Belgique et Hollande	130 000	—
Silésie	95 000	—
Amérique du Nord	89 000	—
France et Espagne	33 000	—
Angleterre	24 000	—
Autriche	8 000	—

L'industrie du zinc a fait, depuis quelques années, de grands progrès aux Etats-Unis ; on y exporte de grandes quantités de ce métal, qui provient surtout des mines de franklinite de New-Jersey.

La valeur commerciale du zinc est la suivante :

Bonnes marques ordinaires, 68 fr. les 100 kil.

Vieille Montagne, extra-pur, 95 à 100 francs les 100 kilogrammes.

Impuretés du zinc commercial. — La présence presque constante de l'arsenic dans le zinc du commerce a été de nouveau constatée par M. L'Hôte [*C. R.*, 98, 1491, 1884]. Ce métal, surtout celui de Silésie, contient parfois de l'argent (von Pufahl), provenant sans doute, de la présence des galènes argentifères dans les minerais de zinc. Enfin, M. Guyard [*C. R.*, **97**, 673, 1883, et *Bull. Soc. chim.*, **40**, 420, 1883] a signalé la présence, dans le zinc du commerce, de traces de manganèse, et M. Phipson [*C. R.*, **93**, 387, 1881] celle d'un élément nouveau, l'actinium.

Purification. — La purification du zinc est basée sur l'oxydation, la sulfuration ou la chloruration de ses impuretés. Dans les deux premiers cas, les oxydes et sulfures obtenus se rassemblent à l'état de scories qui flottent au-dessus du zinc fondu; dans le troisième, les impuretés forment des chlorures volatils qui se dégagent à chaud. Ces divers traitements se réalisent en fondant le zinc impur avec un mélange d'azotate de potassium et de chlorure de zinc [Lescœur, *C. R.*, **116**, 58, 1893] quand on veut oxyder les impuretés, avec du soufre [Stolba, *Chem. News*, **49**, 150, 1884] quand on veut les sulfurer, ou enfin avec du chlorure de magnésium [L'Hôte. *loc. cit.*] si on veut les transformer en chlorures.

Ces procédés n'enlèvent guère que les métalloïdes (S, As, Sb); ils laissent les métaux, en particulier le plomb, dont la présence n'a généralement pas d'inconvénient, par exemple pour la préparation de l'hydrogène. On peut compléter la purification par une distillation [W. Merton, *Dingl. Polyt. Journ.*, **245**, 453, 1882] qui permet de séparer le zinc de la plupart des métaux qu'il contenait, sauf du cadmium, qui passe dans les premières portions, et du plomb, qui passe dans les dernières; la partie moyenne est constituée par du zinc à peu près pur, elle contient cependant encore un peu de cadmium et de plomb.

La purification électrolytique de zinc a été étudiée par F. Mylius et O. Fromm [*Zeit. anorg. Chem.*, **9**, 176, 1894, et *D. chem. G.*, **28**, 1563, 1895] : ces chimistes ont montré que le zinc dit pur, que l'on trouve dans le commerce, contient toujours des traces de fer, de plomb et de cadmium. D'après R. Funk [*Zeit. anorg. Chem.*, **11**, 49, 1895, et *D. chem. G.*, **28**, 3129, 1895], le zinc pur du commerce contiendrait aussi des traces de soufre et, quelquefois, de carbone.

Propriétés physiques. — Les déterminations les plus récentes des constantes physiques du zinc sont dues à Kahlbaum, Roth et Siedler [*Zeit. anorg. Chem.*, **29**, 177, 1902] qui ont trouvé : $D_{20}°=6,9225$ et chaleur spécifique $=0,094$. De nouvelles mesures du point d'ébullition ont donné : 916° [Callendar, *Phil. Mag.*, (5), **48**, 519, 1899], 920° et 918° [D. Berthelot, *C. R.*, **131**, 380, 1900 et **134**, 705, 1902, et *Bull. Soc. Chim.*, (3), **23**, 322, 1900] et enfin 940° [Féry, *Ann. Chim. et Phys.*, (7), **28**, 428, 1903]. D'après M. Demarçay [*C. R.*, **95**, 183, 1882] la tension de vapeur du zinc serait déjà appréciable à 184°. J. Mensching et V. Meyer [*D. chem. G.*, **19**, 3295, 1886] ont mesuré la densité de vapeur de ce métal, à 1400°, par la méthode de V. et C. Meyer; ils ont trouvé 2,41 et 2,36. Biltz [*Zeit. phys. Chem.*, **19**, 385, 1896] a trouvé 2,64 à 1700°. Or, la densité théorique, correspondant à la formule Zn, est 2,25 : la molécule du zinc en vapeur est donc monoatomique.

Propriétés chimiques. — Le zinc en poudre, légèrement chauffé, se combine au fluor avec une vive incandescence [Moissan, *Le fluor et ses composés*, p. 209].

Falk et Waters [*Am. Chem. Journ.*, **31**, 398, 1904] ont constaté que le zinc est attaqué lentement par une solution benzénique d'acide chlorhydrique sec, ne contenant pas la moindre trace d'humidité; la réaction s'arrête au bout de peu de temps parce que le métal s'est recouvert d'une croûte de chlorure.

L'hydrogène sulfuré attaque le zinc à la température ordinaire, mais l'action s'arrête bientôt parce qu'il se forme une couche protectrice de sulfure. Si l'on fait arriver un courant d'hydrogène sulfuré sur du zinc en vapeur, on obtient du sulfure cristallisé (reproduction artificielle de la wurtzite) [Lorenz, *D. chem. G.*, **24**, 1501, 1891].

Le gaz ammoniac, en agissant sur le zinc à haute température, donne naissance à un azoture [Beilby et Henderson, *Journ. Chem. Soc.*, **79**, 1245, 1901]. L'acide azothydrique est aussi décomposé par ce métal avec dégagement d'hydrogène [Curtius et Darapsky, *Journ. f. prakt. Chem.*, **61**, 354, 1900]. Bonsdorff [*Zeit. anorg. Chem.*, **41**, 132, 1904] a signalé l'existence de dérivés ammoniacaux complexes du zinc, dont la formule générale est $Zn^m (Az H^3)^{5m}$.

La poudre de zinc, dont les propriétés réductrices sont bien connues, peut agir quelquefois comme oxydant, par l'oxyde qu'elle renferme [Ossian Aschan, *D. chem. G.*, **30**, 657, 1897].

MM. Delépine et Hallopeau [*C. R.*, **129**, 600, 1899; **131**, 184, 1900 et **139**, 283, 1904] ont montré que le zinc réduit l'acide tungstique au rouge sombre en donnant du tungstène; ils ont aussi étudié l'action du zinc sur l'anhydride tungstique et sur un certain nombre de tungstates.

Le zinc agit, à distance, sur la plaque photographique [Colson, *C. R.*, **123**, 49, 1896].

D'après M. Javillier [*C. R.*, **145**, 1212, 1907], le zinc, à très petite dose, joue un rôle favorable dans le développement de certains végétaux.

États allotropiques. — M. Le Chatelier [*C. R.*, **111**, 454, 1890] a constaté que la résistance électrique du zinc augmente brusquement à 360°, indiquant ainsi une transformation moléculaire du métal à cette température.

G. Bredig [*Chemisches Centralblatt*, **11**, I, 326, 1899 et **12**, I, 531, 1900] a obtenu du zinc colloïdal, formant une dissolution extrêmement instable, qui s'oxyde rapidement en présence de l'air.

Poids atomique. — Un certain nombre de déterminations nouvelles ont été effectuées : Marignac [*Arch. des Sc. phys. et nat.*, (3), **10**, 5 et 193; *Ann. Chim. et Phys.*, (6), **1**, 289, 1884] a analysé le chlorure double $ZnCl^2, 2 KCl$, ce qui lui a donné $Zn=65,33$. La décomposition de l'acide sulfurique par le zinc, avec mesure de l'hydrogène dégagé, a été employée par Van der Plaats [*C. R.*, **100**, 52, 1885], qui a trouvé 65,18, et par Reynolds et Ramsay [*Journ. Chem. Soc.*, **51**, 854, 1887] qui sont arrivés au nombre 65,48. Gladstone et Hibbert [*Journ. Chem. Soc.*, **55**, 443, 1889] ont déterminé le poids atomique du zinc en appliquant la loi de Faraday; ils ont trouvé 65,30. Richards et Rogers [*Proc. Am. Acad.*, **31**, 358, 1896] sont arrivés au poids atomique 65,40 en transformant le bromure de zinc en bromure d'argent. Enfin, Morse et Arbuckle [*Am. Chem. Journ.*, **20**, 195, 1898] ont trouvé 65,457 en changeant le zinc en nitrate, puis en oxyde par calcination. En 1908, la Commission internationale des poids atomiques [Clarke, Ostwald, Urbain et Thorpe, *D. chem. G.*, **41**, 6, 1908] a adopté la valeur $Zn=65,4$.

CHLORURE DE ZINC, $ZnCl^2$. — La densité du chlorure de zinc anhydre, à 25°, est : $D=2,907$ à 2,908 [Baxter et Lamb, *Am. Chem. Journ.*, **31**, 229, 1904]. Ce composé bout à 730° [Freyer et V. Meyer, *D. chem. G.*, **25**, 622, 1892]. La formule moléculaire simple $ZnCl^2$ a été confirmée par Nicolo Castaro [*Gazz. chim. ital.*, **28**, II, 317, 1898], en déterminant sa densité de vapeur. Drossbach [*D. chem. G.*, **35**, 91, 1902] a étudié le spectre d'absorption de ce sel.

Sa solubilité dans l'eau, mesurée par Dietz [*D. chem. G.*, 32, 90, 1899], est la suivante :

$t.$	$ZnCl^2$ dans 100 gr. de dissolution.
+ 15°	79gr,12
+ 20°	81gr,19
+ 40°	82gr,21
+ 60°	83gr,51
+ 100°	86gr,01

Ces résultats sont représentés par une ligne droite.

La dissolution du chlorure de zinc anhydre dans l'eau dégage 15Cal,6 [Thomsen, *Thermoch. Untersuch.*, 3, 185]; cette dissolution est accompagnée d'une dissociation avec formation d'un oxychlorure [Perrot, *Bull. Soc. Chim.*, (3), 13, 975, 1895].

Le chlorure de zinc se combine avec certains composés organiques, tels que les hydrocarbures éthyléniques [Kondakoff, *Journ. Soc. phys. chim. russe*, n° 5, 1895] et certaines bases organiques [Lachowicz et Bandrowski, *Mon. f. Chem.*, 9, 510, 1889]; il en décompose d'autres, le chlorocamphre par exemple [Étard, *C. R.*, 116, 1136, 1893]. Kondakoff [*J. prakt. Chem.*, (2), 48, 467, 1893] a effectué les synthèses de plusieurs composés organiques sous l'influence du chlorure de zinc.

M. Descudé [*Ann. Chim. et de Phys.*, (7), 29, 486, 1903] a constaté que la grande puissance de combinaison que possèdent les chlorures d'acides et les anhydrides d'acides devient bien plus énergique si ces corps se trouvent en présence du chlorure de zinc; souvent même ce corps provoque, par sa seule présence, des réactions qui, sans lui, ne se produiraient pas.

$ZnCl^2 + H^2O$. — Hœpfner [*Chem. Centralblatt*, II, 616, 1896] prépare cet hydrate en partant des minerais de zinc qu'il transforme en sulfite, puis en chlorure par double décomposition au moyen du chlorure de calcium; on fait ensuite cristalliser la dissolution. Sa solubilité dans l'eau a été mesurée par Dietz [*loc. cit.*]. L'abaissement moléculaire du point de congélation de cet hydrate présente un minimum [Chambers et Frazer, *Am. Chem. Journ.*, 23, 512, 1900; — Biltz, *Zeit. phys. Chem.*, 40, 185, 1902]. Le chlorure de zinc monohydraté donne, avec le trichlorure d'iode, le composé $2ICl^3, ZnCl^2, 8H^2O$, en fines aiguilles jaune d'or [Weinland et Schlegelmilch, *Zeit. anorg. Chem.*, 30, 134, 1902]. La solution de chlorure de zinc, légèrement chauffée avec de l'oxyde jaune de mercure, laisse déposer des oxychlorures de zinc [André, *C. R.*, 106, 854, 1888; — Mailhe, *Bull. Soc. Chim.*, (3), 25, 786, 1901].

Autres hydrates. — Ils sont beaucoup moins connus que le précédent. Ce sont : $2ZnCl^2, 3H^2O$; $ZnCl^2, 2H^2O$ et $ZnCl^2, 3H^2O$. On les obtient par cristallisation, à — 20°, d'une dissolution de chlorure de zinc [Engel, *C. R.*, 102, 1111, 1886; et *Bull. Soc. Chim.*, 45, 877, 1886; — Lubarsky, *Journ. Soc. phys. chim. russe*, 28, 1, 470, 1896; et *Zeit. anorg. Chem.*, 18, 387, 1898; — Dietz, *loc. cit.*]. Ce sont des cristaux très hygroscopiques.

Les courbes de solubilité du chlorure de zinc et de ses hydrates ont été déterminées par Mylius et Dietz [*D. chem. G.*, 38, 921 1905; et *Zeit. anorg. Chem.*, 44, 209, 1905].

Chlorhydrates de chlorure de zinc. — En faisant passer un courant d'acide chlorhydrique dans une dissolution de chlorure de zinc, et en évitant que la liqueur ne s'échauffe, Engel [*C. R.*, 102, 1068, 1886; et *Bull. Soc. Chim.*, 45, 656, 1886] a obtenu deux chlorhydrates de chlorure cristallisés : $(ZnCl^2)^3, HCl, 2H^2O$ et $ZnCl^2, HCl, 2H^2O$.

Chlorures de zinc ammoniacaux. — Si on évapore les eaux mères de la dissolution qui a servi à préparer le chlorure ammoniacal hydraté $ZnCl^2, 4AzH^3 + H^2O$, on obtient le composé anhydre $ZnCl^2, 4AzH^3$ [Thoms, *D. chem. G.*, 20, 743, 1887].

Les chlorures de zinc ammoniacaux sont généralement constitués par des cristaux nacrés, décomposables par l'eau chaude et solubles dans l'acide chlorhydrique étendu [André, *C. R.*, 94, 963, 1882; et *Ann. de Ch. et de Phys.*, (6), 3, 84 et 98, 1884].

BROMURE DE ZINC, $ZnBr^2$. — Densité = 4,219 [Richards et Rogers, *Zeit. anorg. Chem.*, 10, 6, 1895]. Point d'ébullition : 650° [Freyer et V. Meyer, *D. chem. G.*, 25, 622, 1892].

Thermochimie [Thomsen, *Thermoch. Untersuch.*, 3, 275] :

$$Zn + Br^2_{gaz} = ZnBr^2_{sol.} + 83^{Cal},8$$
$$ZnBr^2_{sol.} + Aq = ZnBr^2_{diss.} + 15^{Cal},1$$

La solubilité de ce sel dans l'eau, mesurée par Dietz [*D. chem. G.*, 32, 90, 1899] est :

$t.$	$ZnBr^2$ dans 100 gr. de dissolution.
+ 35°	85gr,45
+ 40°	85gr,53
+ 60°	86gr,08
+ 80°	86gr,57
+ 100°	87gr,05

Cette solubilité est représentée par une ligne droite.

Le bromure de zinc, chauffé avec de l'oxyde de mercure, donne un oxybromure [Mailhe, *Bull. Soc. Chim.*, (3), 25, 786, 1901]; il se combine aussi avec la phénylhydrazine et avec d'autres bases organiques [Moitessier, *Bull. Soc. Chim.*, (3), 21, 631, 1899].

On connaît un hydrate de formule $ZnBr^2 + 3H^2O$, que l'on obtient en traitant le carbonate de zinc par une dissolution d'acide bromhydrique; il ne cristallise qu'en présence d'un cristal déjà formé [Lubarsky, *loc. cit.*]. D'après Dietz [*loc. cit*], il existe aussi l'hydrate $ZnBr^2 + 2H^2O$.

IODURE DE ZINC, ZnI^2. — Ce composé prend naissance, en dégageant une faible quantité de chaleur, dans l'action de la poudre de zinc sur l'iode [Bodroux, *Bull. Soc. Chim.*, (3), 27, 349, 1902].

Thermochimie [Thomsen, *loc. cit.*] :

$$Zn + I^2_{gaz} = ZnI^2_{sol.} + 62^{Cal},0$$
$$ZnI^2_{sol.} + aq. = ZnI^2_{diss.} + 11^{Cal},3$$

Sa solubilité a été étudiée par Dietz [*loc. cit.*]; elle est la suivante :

$t.$	ZnI^2 dans 100 gr. de dissolution.
0°	81gr,11
+ 18°	81gr,20
+ 40°	81gr,66
+ 60°	82gr,37
+ 80°	83gr,05
+ 100°	83gr,62

Ces résultats sont représentés par une ligne droite, légèrement incurvée entre 0° et + 30°.

L'iodure de zinc est décomposé par le peroxyde d'azote, tandis que le chlorure et le bromure ne sont pas altérés par ce gaz [Thomas, *Bull. Soc. Chim.*, 3), 15, 1090, 1896]. Il se combine avec la phénylhydrazine et avec d'autres bases organiques [Moitessier, *C. R.*, **125**. 714, 1897; et *Bull. Soc. Chim.*, (3), **21**. 631, 1899].

Il existe au moins un hydrate d'iodure de zinc, $ZnI^2 + 2H^2O$, obtenu par Dietz [*loc. cit.*]. Lubarsky [*loc. cit.*] dit avoir préparé aussi l'hydrate $ZnI^2 + 4H^2O$. fusible à — 7°. mais Dietz conteste son existence.

Iodures de zinc ammoniacaux. $ZnI^2, 4\,AzH^3$ et $ZnI^2. 5\,AzH^3$. — Découverts par Rammelsberg. leur étude a été complétée par Tassilly [*C. R.*, **122**, 323, 1896]. Ce sont des corps cristallisés, décomposables par l'eau.

OXYDE DE ZINC, ZnO. — On peut préparer cet oxyde en réduisant le sulfate de zinc par le charbon à 650°: $SO^4Zn + C = ZnO + SO^2 + CO$ [Hampe et Schnabel, *Chem. Centralblatt.*. II. 880, 1897]. Gorgeu [*Bull. Soc. Chim.*, **47**, 146. 1887] a reproduit artificiellement la zincite, soit en calcinant, avec des précautions particulières, le sulfate ou l'azotate de zinc. soit en grillant le fluorure en présence d'un excès de fluorure de potassium.

L'oxyde de zinc amorphe. volatilisé au four électrique. se sublime en longues aiguilles transparentes [Moissan, *C. R.*. **115**, 1034. 1892; et *Bull. Soc. Chim.*. (3). **9**. 172 et 955, 1893].

La chaleur de formation de l'oxyde de zinc a été mesurée par plusieurs chimistes. Les déterminations les plus récentes sont celles de M. de Forcrand [*C. R.*, **134**. 1426 et 1544. 1902; et *Ann. Chim. et Phys.*, (7), **27**, 26, 1902] qui a trouvé, pour valeur thermique de la réaction $Zn_{sol.} + O = ZnO_{sol.}$ des nombres qui varient de $+ 82^{Cal},97$ à $+ 84^{Cal},70$. suivant l'origine de l'oxyde; la chaleur de formation de chaque variété est d'autant plus grande qu'elle a été préparée à une température plus élevée.

L'oxyde de zinc est réduit par les métaux facilement oxydables, tels que le potassium. le fer, l'aluminium [Stavenhagen et Schuchard, *D. chem. G.*, **35**, 909. 1902].

Moissan [*Bull. Soc. Chim.*. (3). **27**. 652, 1902] a montré qu'il donne, avec le sulfammonium, des cristaux jaune orangé déliquescents.

L'emploi de l'oxyde de zinc en peinture tend à se généraliser de plus en plus [Livache. *C. R.*, **132**, 1230, 1901; — Breton, *C. R.*. **136**. 1446. 1903; *Ann. Chim. et Phys.*, (7). **30**. 554, 1903]. On le remplace fréquemment par un mélange d'oxyde de zinc, de sulfure de zinc et de sulfate de baryum. qui est connu sous le nom de *lithopone* [Coffignier. *Bull. Soc. Chim.*, (3), **27**, 829 et 943, 1902].

M. Tambon a indiqué [*Bull. Soc. Chim.*, (4), **1**, 823, 1907] une méthode de séparation et de dosage de l'oxyde de zinc dans les produits industriels qui en contiennent. Cette méthode est basée sur cette observation que l'oxyde de zinc, qui se dissout facilement dans l'ammoniaque quand il est fraîchement précipité, résiste au pouvoir dissolvant de cet alcali quand il a subi l'action de la chaleur et qu'il a été fortement calciné.

Hydrate d'oxyde de zinc. $Zn(OH)^2$. — De Forcrand [*C. R.*, **135**, 36, 1902; *Ann. Chim. Phys.*, *loc. cit.*] a montré que le corps que l'on obtient en précipitant un sel de zinc par la potasse et desséchant ensuite à 160° le précipité obtenu contient toujours un peu plus d'eau que ne l'exigerait la formule $Zn(OH)^2$.

Ce chimiste a également constaté que les cristaux que l'on prépare par la méthode de Nicklés. c'est-à-dire en plongeant une lame de zinc dans une dissolution concentrée d'ammoniaque, en présence de tournure de fer, ont exactement pour formule $Zn(OH)^2$.

L'hydrate de zinc cristallisé a été aussi obtenu par M. Ville [*C. R.*, **101**, 375, 1885] en traitant le carbonate de zinc par de la potasse.

La chaleur dégagée par la réaction $ZnO + H^2O_{liq.} = Zn(OH)^2_{sol.}$ est égale à :

— $2^{Cal},75$ [Thomsen, *Thermoch. Untersuch.*, **3**, 274].

$+ 4^{Cal},32$ [Massol, *Bull. Soc. Chim.*, (3), **15**, 1105, 1896].

$+ 2^{Cal},19$ [De Forcrand, *loc. cit.*]

Les acides et les alcalis dissolvent très facilement l'hydrate d'oxyde de zinc amorphe [Herz, *Zeit. anorg. Chem.*, **28**, 474, 1901, et **30**, 280, 1902; — Sélivanof, *Journ. Soc. phys. chim. russe*, **34**. 13. 1902; — Rubenbauer, *Zeit. anorg. Chem.*. **30**. 330. 1902].

Les dissolutions alcalines précipitent spontanément de l'oxyde qui, ensuite, ne se dissont plus que bien plus difficilement dans les alcalis [Hantzsch, *Zeit. anorg. Chem.*, **30**, 289 et 338, 1902].

PEROXYDES DE ZINC. — L'existence d'un peroxyde de zinc, signalée par Thénard et par Haass, a été confirmée par Kouriloff [*C. R.*, **137**, 618, 1903; et *Ann. Chim. Phys.*, (6), **23**, 429, 1891], mais la formule à laquelle est arrivé ce dernier chimiste est Zn^2O^3,H^2O ou $Zn(OH)^2 + ZnO^2$, différente de celle de Haass (Zn^3O^8).

M. de Forcrand [*C. R.*, **134**, 601, 1902; **135**, 103, 1902; **138**, 129, 1904; *Ann. Chim. Phys.*, (7), **27**, 26, 1902] a repris l'étude de ces peroxydes; il est arrivé à cette conclusion qu'il existe quatre composés qui peuvent être considérés, soit comme des hydrates de peroxyde de zinc, soit comme des combinaisons d'addition formées par l'eau oxygénée avec le protoxyde anhydre ou hydraté; cette dernière hypothèse lui paraît être la plus probable. Les formules de ces quatre composés sont, dans les deux hypothèses :

$$Zn^4O^7 + 4H^2O \quad \text{ou} \quad Zn^4O^4,H^2O + 3H^2O^2$$
$$ZnO^2 + 2H^2O \quad \text{ou} \quad ZnO,H^2O + H^2O^2$$
$$Zn^3O^5 + 3H^2O \quad \text{ou} \quad Zn^3O^3,H^2O + 2H^2O^2$$
$$Zn^3O^5 + 2H^2O \quad \text{ou} \quad Zn^3O^3 + 2H^2O^2$$

OXYCHLORURES DE ZINC. — M. André [*C. R.*, **106**, 1888, 854] a préparé un nouvel oxychlorure, qui a pour formule $2ZnCl^2, 3ZnO + 11H^2O$, en traitant une dissolution chaude de chlorure de zinc par de l'oxyde jaune de mercure. Cet oxychlorure, lavé à l'alcool et séché sur du papier à filtrer, se change en un autre oxychlorure $ZnCl^2. 4ZnO + 6H^2O$.

M. Mailhe [*Bull. Soc. Chim.*, (3), **25**, 786, 1901; **27**, 651, 1902] a obtenu l'oxychlorure hydraté $ZnCl^2, 3ZnO + 3H^2O$ en traitant une dissolution de chlorure de zinc par l'hydrate de nickel ou par l'oxyde mercurique.

Oxychlorures de zinc ammoniacaux. — M. André [*Thèse*, Paris, 1884, 24] en a préparé six, soit en dissolvant du chlorure de zinc anhydre dans une dissolution ammoniacale concentrée, soit en traitant par l'eau les chlorures de zinc ammoniacaux, soit, enfin, en dissolvant de l'oxyde de zinc dans une solution de chlorure de zinc et de chlorure d'ammonium. Ces six composés ont pour formules :

$$6ZnCl^2, ZnO, 12\,AzH^3 + 4H^2O$$
$$4ZnCl^2, ZnO, 8\,AzH^3 + 2H^2O$$
$$5ZnCl^2, 2ZnO, 10\,AzH^3 + 7H^2O$$
$$6ZnCl^2, 3ZnO, 10\,AzH^3 + 3H^2O$$
$$ZnCl^2. 2ZnO. 2\,AzH^3 + 3H^2O$$
$$ZnCl^2, 3ZnO, 2\,AzH^3 + 5H^2O$$

Par concentration des eaux-mères qui ont laissé déposer certains des composés précédents,

M. André a obtenu deux chlorures doubles basiques de zinc et d'ammonium cristallisés : $2 ZnCl^2, ZnO, 8 AzH^4Cl$ et $3 ZnCl^2, ZnO, 10 AzH^4Cl$.

OXYIODURES DE ZINC. — Tassilly [*C. R.*, **122**, 323, 1896; *Bull. Soc. Chim.*, (3), **15**, 345, 1896] a obtenu deux oxyiodures cristallisés, de formules : $ZnI^2, 9ZnO + 24 H^2O$ et $ZnI^2, 5ZnO + 11 H^2O$.

SULFURE DE ZINC. — Lorentz [*D. chem. G.*, **24**, 1501, 1891] a préparé du sulfure de zinc amorphe par l'action directe de la fleur de soufre sur de la poudre de zinc. Un mélange intime de ces deux corps est très combustible, il brûle avec une flamme verte en se transformant en sulfure de zinc; il peut même détoner sous le choc.

Le mélange intime de poudre de zinc et de fleur de soufre, soumis à une très forte pression (6500 atmosphères), se transforme en sulfure de zinc [Spring, *Ann. Chim. Phys.*, (5), **22**, 170, 1881; *Bull. Soc. Chim.*, **40**, 520, 1883; — Franck, *Bull. Soc. Chim.*, (3), **17**, 504, 1897]. MM. Friedel [*Bull. Soc. Chim.*, **40**, 526, 1883], Jeannetaz, Noel et Clermont [*Bull. Soc. Chim.*, **40**, 51, 1883] contestent cette conclusion.

La poudre de zinc se sulfure avec incandescence dans la vapeur de sulfure de carbone [Schwarz, *D. chem. G.*, **15**, 2505, 1882].

Hautefeuille [*C. R.*, **93**, 824, 1881] a reproduit la wurtzite en chauffant, au rouge blanc, du sulfure de zinc amorphe en présence d'alumine calcinée; dans ces conditions, le sulfure amorphe éprouve la volatilisation apparente et se transforme en sulfure cristallisé.

Le sulfure de zinc amorphe, chauffé au four électrique, se volatilise et se sublime en cristaux prismatiques, hexagonaux, identiques à la wurtzite [Mourlot, *C. R.*, **123**, 54, 1896].

Enfin, M. Viard [*C. R.*, **136**, 892, 1903; *Bull. Soc. Chim.*, (3), **29**, 454, 1903] a obtenu du sulfure de zinc cristallisé en faisant passer de la vapeur de chlorure de zinc sur certains sulfures métalliques, en particulier sur le protosulfure d'étain.

M. Ch. Henry [*C. R.*, **115**, 505, 1892; **116**, 98, 1893] a préparé du sulfure de zinc phosphorescent, en grande quantité, de la manière suivante : il précipite le chlorure de zinc par l'ammoniaque, redissout le précipité dans un excès de réactif, traite cette dissolution par un courant d'hydrogène sulfuré, dessèche le précipité obtenu et, enfin, le calcine, au rouge blanc, dans un creuset brasqué. M. Ch. Henry a utilisé ce sulfure phosphorescent comme étalon photométrique.

La phosphorescence du sulfure de zinc est provoquée par le voisinage d'un fragment de sel de radium; ce phénomène, examiné au microscope, est particulièrement brillant et présente l'aspect d'une très belle scintillation (Spinthariscope de Crookes) [Crookes, *Proc. Roy. Soc.*, **71**, 405, 1903; — H. Becquerel, *C. R.*, **137**, 629, 1903; — Tommasina, *C. R.*, **137**, 745, 1903].

D'après Grüne [*D. chem. G.*, **37**, 3076, 1904], on n'observe pas de phosphorescence sur le sulfure de zinc rigoureusement pur, mais des traces de métaux étrangers (Cu, Pb, Ag, Bi, Sn, Ur, Cd) éveillent cette propriété. Notamment, la présence de moins de 0,0001 de cuivre fait apparaître une magnifique lueur verte. De même, avec le manganèse, la lueur est orangée. Suivant Hoffmann et Ducca [*D. chem. G.*, **37**, 1904, 3407], le sulfure de zinc offre une belle phosphorescence jaune vert lorsqu'il a été préparé en précipitant par H^2S une solution de 20 gr. de sulfate ammoniacozincique, 5 gr. de chlorure de sodium, $0^{gr},2$ à $0^{gr},5$ de chlorure de magnésium et 100 cc. d'ammoniaque à 8 0/0 dans 400 cc. d'eau, re-

cueillant le précipité sans le laver, séchant, pulvérisant et calcinant.

Ce sont les radiations les plus réfrangibles qui excitent le plus la phosphorescence. Celle-ci apparaît encore sous l'influence des rayons α ($PbCl^2$ radio-actif). Le sulfure de zinc lumineux n'émet pas de rayons de Becquerel. Les métaux Fe, Co, Ni, Bi, Cr, Cu, à l'état de traces, gênent la phosphorescence; au contraire, elle est exaltée par Se, Sn, Mn et Cd.

Certains mélanges de sulfure de zinc avec des substances minérales (azotate de manganèse, SiO^2, SnO^2, silicates et stannates de manganèse, etc.) sont triboluminescents [A. Karl, *C. R.*, **144**, 841, 1907, et **146**, 1104, 1908].

États allotropiques du sulfure de zinc. — Le sulfure de zinc colloïdal a été préparé et étudié par Donnini [*Gazz. chim. ital.*, **24**, 1, 219, 1894] et par M. Wissinger [*Bull. Soc. Chim.*, **49**, 452, 1888]. C'est un corps soluble dans l'eau et instable.

D'après M. Villiers [*C. R.*, **120**, 97, 149, 188, 322 et 498, 1895; *Bull. Soc. Chim.*, (3), **13**, 170, 257, 317, 321 et 324, 1895], le sulfure de zinc précipité peut exister sous deux états différents : au moment de sa précipitation, ce composé est amorphe et soluble dans le sulfhydrate de sulfure de sodium; peu à peu il devient cristallisé et insoluble dans ce réactif. La vitesse de transformation dépend de la température, de la dilution et de la nature des autres corps que peut contenir la dissolution. L'état particulier sous lequel se trouve le sulfure de zinc, au moment de sa précipitation, a été appelé par M. Villiers *état protomorphique*.

M. Coffignier [*Bull. Soc. Chim.*, (4), **1**, 681, 1907] a analysé le sulfure de zinc industriel et montré que ce composé contenait une certaine quantité d'oxyde.

Sulfhydrate de sulfure de zinc. — D'après De Zotta [*Mon. f. Chem.*, **10**, 807, 1890], le précipité qui se produit lorsqu'on traite le sulfate de zinc par le sulfhydrate de sulfure de sodium a pour formule $Zn^3H^2S^4$.

HYDROSULFITE DE ZINC, S^2O^4Zn. — On l'obtient, à l'état solide, en faisant agir du gaz sulfureux sur de la grenaille de zinc, en présence de l'alcool absolu [Nabl, *Mon. f. Chem.*, **20**, 679, 1899].

SULFITE DE ZINC. — On peut le préparer en chauffant ensemble des dissolutions concentrées de sulfate de zinc et de sulfite de sodium [Seubert, *Arch. Pharm.*, (3), **29**, 316, 1891; — Denigès, *Bull. Soc. Chim.*, (3), **7**, 569, 1892]. Le sulfite de zinc se combine avec la phénylhydrazine [Pastureau, *C. R.*, **127**, 485, 1898].

TÉTRATHIONATE DE ZINC, $(S^4O^6H)^2Zn$. — Aiguilles solubles dans l'eau [Curtius et Henkel, *J. prakt. Chem.*, (2), **37**, 137, 1888].

SULFATE DE ZINC, SO^4Zn. — En chauffant, à 450°, un hydrate de sulfate de zinc, M. Baubigny [*C. R.*, **97**, 906, 1883] a obtenu le sel anhydre et amorphe. M. Klobb [*C. R.*, **114**, 836, 1892] l'a préparé, à l'état cristallisé, en chauffant le sel anhydre avec du chlorure d'ammonium, et M. de Schulten [*C. R.*, **107**, 405, 1888] en évaporant lentement la dissolution de sulfate de zinc dans l'acide sulfurique concentré.

L'hydrogène réduit, au rouge, le sulfate de zinc et le transforme en oxysulfure ZnS, ZnO [Hodgkinson et French, *Chem. News*, **66**, 223, 1892].

Hydrates. — Les cristaux de l'hydrate $SO^4Zn + 7H^2O$ s'effleurissent légèrement à l'air [Baubigny et Péchard, *C. R.*, **115**, 171, 1892; — Cohen, *Zeit. phys. Chem.*, **31**, 164, 1899]. La dissolution de ce sel est employée dans les piles [Cohen, *Zeit. phys. Chem.*, **34**, 62, 179 et 612,

1900; — Lehfeldt. *Zeit. phys. Chem.*, **35**, 257, 1900]. — L'hydrate $SO^4Zn + 6H^2O$ cristallise dans le système clinorhombique et est isomorphe des sulfates de magnésium, de nickel et de cobalt à $6H^2O$. Cet isomorphisme, observé pour la première fois par Marignac, a été confirmé par M. Wyrouboff [*Bull. Soc. Min.*, **12**, 306. 1889].

Le sulfate de zinc $SO^4Zn + 7H^2O$ perd 6 molécules d'eau quand on le maintient dans le vide pendant 15 heures à la température de l'été; la 7e molécule ne disparaît, dans le vide, qu'à la température de $210°$ [Krafft, *D. chem. G.*, **40**, 4772. 1907].

Sulfates basiques de zinc. — Quelques nouveaux hydrates du sulfate basique $SO^4Zn,3ZnO$ ont été signalés. Ce sont : $SO^4Zn,3ZnO + 3H^2O$ ou $SO^4Zn,3Zn(OH)^2$ [Thugutt, *Zeit. anorg. Chem.*, **2**, 150, 1892]; $SO^4Zn,3ZnO + 6H^2O$ [Schultze. *Zeit. anorg. Chem.*, **13**, 5. 1896] et $SO^4Zn,3ZnO + 8H^2O$ [Mailhe, *Bull. Soc. Chim.*, (3), **27**, 651, 1902].

SÉLÉNIURE DE ZINC, ZnSe. — M. Fonzes-Diacon [*C. R.*, **130**, 832, 1900; *Bull. Soc. Chim.*, (3), **23**, 366, 1900] a préparé du séléniure de zinc cristallisé en faisant réagir de l'hydrogène sélénié sur du chlorure de zinc, à haute température; les cristaux ainsi obtenus sont des aiguilles rhomboédriques. Antérieurement, Margottet avait préparé du séléniure de zinc cristallisé dans le système cubique. Ce composé est donc dimorphe, comme le sulfure de zinc.

La chaleur de formation du séléniure de zinc a été mesurée par M. Fabre [*C. R.*, **103**, 1886, 345] :

$$Zn_{sol.} + Se_{métall.} = ZnSe_{crist.} + 20^{Cal},2.$$

TELLURURE DE ZINC. ZnTe. — Sa chaleur de formation est [Fabre, *C. R.*, **105**, 277, 1887] :

$$Zn_{sol.} + Te_{crist.} = ZnTe_{crist.} + 18^{Cal},61.$$

AZOTURE DE ZINC, $AzZn^3$. — M. Rossel [*C. R.*, **121**. 1895. 941] a obtenu cet azoture en faisant agir à chaud l'azote de l'air sur le zinc en poudre, en présence du carbure de calcium. Ce composé paraît aussi prendre naissance dans l'action du gaz ammoniac sur le zinc au rouge [Beilby et Henderson, *Chem. Soc.*, **79**, 1901, 1245].

AZOTATE DE ZINC. — Le spectre d'absorption de la dissolution d'azotate de zinc a été examiné par Hartley [*Chem. Soc.*, **81**, 556, 1902]. La solubilité de l'hydrate $(AzO^3)^2Zn + 6H^2O$ a été étudiée par Funk [*D. chem. G.*, **32**, 96, 1899] et sa déshydratation par Muller-Erzbach [*D. chem. G.*, **19**, 2874, 1886]. Funk a signalé l'existence de deux nouveaux hydrates : $(AzO^3)^2Zn + 3H^2O$ et $(AzO^3)^2Zn + 9H^2O$.

Azotates basiques de zinc. — Plusieurs azotates basiques nouveaux ont été préparés. Ce sont :

$(AzO^3)^2Zn,2ZnO$ [Ditte, *C. R.*, **89**, 642, 1879; *Ann. Chim. Phys.*, (5), **18**, 325, 1879].

$(AzO^3)^2Zn,3ZnO + 3H^2O$ [Athanasesco, *Bull. Soc. Chim.*, (3), **15**, 1078, 1896].

$(AzO^3)^2Zn,4ZnO + 5H^2O$ [Terreil, *Bull. Soc. Chim.*, (3), **7**, 553, 1892]; ou :

$(AzO^3)^2Zn,4ZnO + 6H^2O$ [Rousseau et Tite, *C. R.*, **114**, 1184, 1892; — Berthelot, *C. R.*, **114**, 1254, 1892].

$(AzO^3)^2Zn,5ZnO + 8H^2O$ [Riban, *C. R.*, **114**, 1892, 1357].

$ZnCl^2,AzOCl.$ — Ce composé est un corps jaune citron, très hygroscopique, décomposable par l'eau [Sudborough, *Chem. Soc.*, **59**, 655, 1891].

HYPOPHOSPHITE DE ZINC. — Ce sel donne, avec la phénylhydrazine, un composé cristallisé [Moi-

tessier, *Bull. Soc. Chim.*, (3), **21**, 336, 1899].

THIOHYPOPHOSPHATE DE ZINC. — Friedel [*Bull. Soc. Chim.*, (3), **11**, 1894, 1057] a indiqué l'existence de ce sel, mais il ne l'a pas préparé en quantité notable.

ORTHOPHOSPHATE DE ZINC, $(PO^4)^2Zn^3$. — L'orthophosphate neutre de zinc anhydre a été obtenu, à l'état cristallisé, par M. de Schulten [*Bull. Soc. Chim.*, (3), **2**, 300, 1889] en chauffant l'hydrate $(PO^4)^2Zn^3 + 4H^2O$ avec du chlorure de zinc et enlevant ensuite par lévigation les composés solubles. Coïson [*C. R.*, **126**, 1136, 1898] a montré que la décomposition du phosphate de zinc par l'hydrogène sulfuré dépend de la pression.

M. de Schulten [*loc. cit.*] a vainement essayé de reproduire artificiellement les phosphates chlorés de zinc.

THIOPYROPHOSPHATE DE ZINC, $P^2S^7Zn^2$. — Aiguilles cristallines, décomposables à l'air humide [Ferrand, *C. R.*, **122**, 886, 1896].

Arséniures de zinc. — D'après Spring [*D. chem. G.*, **16**, 324, 1883], on peut obtenir l'arséniure As^2Zn^3 en comprimant à 6500 atmosphères le mélange de zinc et d'arsenic pulvérisés.

ARSÉNITE DE ZINC, $(AsO^3)^2Zn^3$. — On prépare ce sel en précipitant par l'acide arsénieux ou par l'arsénite acide de potassium une dissolution de sulfate de zinc en présence d'un excès de chlorure d'ammonium et d'ammoniaque [Reichard, *D. chem. G.*, **27**, 1019, 1894].

ARSÉNIATE DE ZINC. — On prépare le sel anhydre $(AsO^4)^2Zn^3$ en dissolvant l'arséniate neutre hydraté dans du chlorure de zinc bouillant [Lefèvre, *C. R.*, **110**, 405, 1890; — De Schulten, *Bull. Soc. Chim.*, (3), **2**, 300, 1889].

M. de Schulten n'a pas pu reproduire les arséniates chlorés de zinc.

ANTIMONIURES DE ZINC. — Les alliages d'antimoine et de zinc ont été étudiés par Herschkowitsch [*Zeit. phys. Chem.*, **27**, 123, 1888] et par M. Roland-Gosselin [*Bull. Soc. Enc.*, (5), **1**, 1301, 1896]. La discordance des résultats obtenus a amené Mönkemeyer [*Zeit. anorg. Chem.* **43**, 182, 1905] à reprendre cette étude par la méthode des courbes de fusion des mélanges Zn-Sb. Cette courbe part du point de fusion du zinc (420°), présente deux maxima et trois minima et aboutit à la température de fusion de l'antimoine (631°). Les deux maxima indiquent l'existence de deux alliages composés définis Sb^2Zn^3 et $SbZn$ et les minima correspondent aux mélanges eutectiques $Zn + Sb^2Zn^3$, $Sb^2Zn^3 + SbZn$ et $SbZn + Sb$. Les antimoniures $SbZn$ et Sb^2Zn^3 avaient été antérieurement obtenus par Cooke; ils ont été employés par Stock et Doht [*D. chem. G.*, **34**, 2339. 1901; et **35**, 2270, 1902] pour préparer l'antimoniure d'hydrogène pur.

VANADATE DE ZINC, $ZnO, V^2O^5 + 2H^2O$. — Cristaux jaunes, transparents [Ditte, *C. R.*, **104**, 1705, 1887].

BORATES DE ZINC. — Quand on dissout de l'hydrocarbonate de zinc dans une solution saturée d'acide borique, et que l'on fait évaporer, il se dépose, à froid, le borate acide $ZnO, 4B^2O^3 + 10H^2O$ et, au-dessus de 50°, $ZnO, 2B^2O^3 + 4H^2O$. Ce sont des prismes décomposables par l'eau [Ditte, *Ann. Chim. et Phys.*, (5), **30**, 256, 1883].

M. Ouvrard [*C. R.*, **130**, 335, 1900] a isolé un borate basique anhydre, de formule $3ZnO, B^2O^3$. M. Ditte a préparé un borate ammoniacal $ZnO, 5B^2O^3, 8AzH^3 + 9H^2O$; enfin, MM. Rousseau et Allaire [*C. R.*, **116**, 1445, 1893] ont obtenu un bromoborate de zinc $ZnBr^2, 6ZnO, 8B^2O^3$, en cristaux blancs.

CARBONATES DE ZINC. — Kraut [*Zeit. anorg. Chem.*, 13, 1, 1896] et Belar [*Zeit. f. Krist.*, 17, 122, 1889] ont préparé un autre hydrate de carbonate de zinc, $CO^3Zn + H^2O$; Kraut a aussi obtenu le carbonate basique $2 CO^3Zn, 3 ZnO + 4 H^2O$.

SILICIURE DE ZINC. — M. Vigouroux [*C. R.*, 123, 115, 1896] n'a pas pu préparer ce composé par l'action directe du zinc sur le silicium, même à la température du four électrique.

SILICATE DE ZINC. — Traube [*D. chem G.*, 26, 2735, 1893] a préparé du silicate de zinc amorphe en précipitant le sulfate de zinc par le silicate de sodium. Gorgeu [*Bull. Soc. Chim.*, 47, 146, 1887] a reproduit la willémite en faisant agir la silice hydratée sur un mélange fondu de sulfate de zinc et d'un sulfate alcalin.

TITANATES DE ZINC. — M. Lévy [*C. R.*, 105, 378, 1887, et 107, 421, 1888] en a décrit cinq, qui ont pour formules : $ZnO, 3 TiO^2$; $2 ZnO, TiO^2$; $3 ZnO, 2 TiO^2$; ZnO, TiO^2 et $4 ZnO, 5 TiO^2$.

ALLIAGES DE ZINC ET D'ÉTAIN. — Maey [*Zeit. phys. Chem.*, 38, 289, 1901] a déterminé les densités de ces alliages. Il a trouvé :

Zn o/o.	d.
0	7,284
25	7,233
50	7,190
75	7,110
100	7,087

ZINC ET POTASSIUM. — *Azotites doubles.* — On en connaît deux, qui sont : $(AzO^2)^2Zn, 2 AzO^2K + H^2O$, cristallisé en prismes déliquescents [Lang, *Ann. de Pogg.*, 118, 282, 1863], et $(AzO^2)^5K^3Zn + 3 H^2O$, en cristaux très hygroscopiques [Rosenheim et Oppenheim, *Zeit. anorg. Chem.*, 28, 171, 1901].

Hypophosphate de zinc et de potassium. — C'est un composé amorphe, dont la formule est : $P^2O^6ZnH^2, 3 P^2O^6K^2H^2 + 15 H^2O$ [Bansa, *Zeit. anorg. Chem.*, 6, 148, 1893].

Phosphates de zinc et de potassium. — M. Ouvrard [*C. R.*, 106, 1729, 1888] a préparé l'orthophosphate PO^4ZnK et le pyrophosphate $P^2O^7ZnK^2$.

Arséniate de zinc et de potassium $(AsO^4)^2K^2Zn^2$ [Lefèvre, *C. R.*, 110, 405, 1890].

Vanadate de zinc et de potassium. — $V^5O^{14}ZnK + 8 H^2O$ [Radau, *Ann. Chim.*, 251, 114, 1889].

ZINC ET AMMONIUM. — *Bromure de zinc et d'ammonium*, $ZnBr^2, 2AzH^4Br + H^2O$. — Cristallisé en lamelles déliquescentes [André, *C. R.*, 46, 704, 1883].

Carbonate de zinc et d'ammonium, $(CO^3)^2H^2ZnAzH^4, 2 ZnO + H^2O$. — Poudre cristalline, blanche [Kassner, *Arch. Pharm.*, (3), 27, 673, 1889].

ZINC ET SODIUM. — *Oxyde de zinc et de sodium.* — Ce composé

$$Zn\langle {}^{ONa}_{OH} + 3H^2O$$

est constitué par de longues aiguilles blanches, soyeuses [Förster et Günther, *Chem. Centr.*, I, 147, 1900].

En dissolvant, à chaud, de l'oxyde de zinc dans une solution de soude, et précipitant par l'alcool, Comey et Jackson [*Am. Chem. Journ.*, 11, 145, 1889] ont obtenu deux combinaisons doubles dans lesquelles le zinc se trouve à l'état de bioxyde; ce sont : $(ZnO^2, NaH)^2 + 7 H^2O$ et $Zn^3O^6, Na^4H^2 + 17 H^2O$.

Hyposulfite de zinc et de sodium, $2 S^2O^3Zn, 3 S^2O^3Na^2 + 10 H^2O$. — Masse gommeuse, très déliquescente [Vortmann et Padberg, *D. chem. G.*, 22, 2637, 1889].

Phosphates de zinc et de sodium. — M. Ouvrard [*C. R.*, 106, 1729, 1888] a préparé les deux phosphates doubles PO^4ZnNa et $(PO^4)^2ZnNa^4$, ainsi que le pyrophosphate $P^2O^7ZnNa^2$. Schwarz [*Zeit. anorg. Chem.*, 9, 265, 1895], en précipitant le sulfate de zinc par le phosphate trisodique, a obtenu le phosphate double : $4 ZnO, Na^2O, 3 P^2O^5 + 19 H^2O$.

Arséniate de zinc et de sodium, AsO^4NaZn. — M. Lefèvre [*C. R.*, 110, 405, 1890] a obtenu ce sel double en faisant agir l'arséniate de sodium sur l'oxyde de zinc; il a aussi préparé le pyroarséniate $As^2O^7Na^2Zn$.

Carbonate de zinc et de sodium. — Kraut [*Zeit. anorg. Chem.*, 13, 11, 1896] a signalé l'existence du carbonate double : $3 CO^3Zn, CO^3Na^2 + 3 H^2O$.

ZINC ET CALCIUM. — *Alliages.* — En combinant directement le zinc avec le calcium, M. Moissan [*Bull. Soc. Chim.*, (3), 21, 897, 1899] a obtenu un alliage très cassant. Celui qui contient 95,10 de zinc et 4,90 de calcium est cristallisé en octaèdres [Norton et Twitschell, *Am. Chem. Journ.*, 10, 70, 1888].

Hydrate de zinc et de calcium, $Zn^2CaH^2O^4 + 4 H^2O$. — M. Bertrand [*C. R.*, 115, 939 et 1028, 1892] l'a préparé en versant une dissolution ammoniacale d'oxyde de zinc dans beaucoup d'eau de chaux, redissolvant dans l'ammoniaque le précipité qui se forme et évaporant en présence de l'acide sulfurique. C'est un corps bien cristallisé.

ZINC ET STRONTIUM. — *Alliage.* — M. H. Gautier [*C. R.*, 133, 1005, 1901] a obtenu un alliage de ces deux métaux en réduisant par le sodium un mélange de chlorures ou d'iodures de strontium et de zinc et enlevant, par l'alcool absolu, l'excès de sodium.

Hydrate de zinc et de strontium, $Zn^2SrH^2O^4 + 7 H^2O$. — C'est un corps cristallisé en aiguilles. Pour le préparer, on dissout l'hydrate de strontium dans de l'eau chaude et on ajoute une solution de sulfate de zinc additionnée d'ammoniaque : on filtre et on évapore à froid [Bertrand, *loc. cit.*].

ZINC ET BARYUM. — *Hydrate*, $Zn^2BaH^2O^4 + 7 H^2O$. — Il est, comme le précédent, cristallisé en aiguilles. On le prépare de la même manière [Bertrand, *loc. cit.*].

ZINC ET MAGNÉSIUM. — *Alliages.* — L'étude des points de fusion des mélanges de ces deux métaux a conduit M. Boudouard [*C. R.*, 139, 424, 1904] à admettre l'existence de deux alliages composés définis : Zn^2Mg et $ZnMg^4$.

Sulfates de zinc et de magnésium. — Hollmann [*Zeit. phys. Chem.*, 37, 193, 1901, et 40, 577, 1902] a isolé deux sulfates doubles : $2 (SO^4Mg, 7 H^2O) + (SO^4Zn, 7 H^2O)$ et $(SO^4Mg, + 7 H^2O) + (SO^4Zn, 7 H^2O)$.

ALLIAGES DE ZINC ET D'ALUMINIUM. — M. Pécheux [*C. R.*, 138, 1103, 1904] a préparé neuf alliages de zinc et d'aluminium; leurs formules sont les suivantes : Zn^3Al, Zn^2Al, $ZnAl$, $ZnAl^2$, $ZnAl^3$, $ZnAl^4$, $ZnAl^6$, $ZnAl^{10}$ et $ZnAl^{12}$. Ces composés sont cassants, généralement mal cristallisés, facilement attaquables par les acides chlorhydrique et sulfurique, plus difficilement par l'acide azotique; l'eau distillée ne les attaque, ni à froid, ni à 100°.

Shepherd [*Chemistry*, 9, 504, 1905] conteste l'exactitude de ces résultats. Ce chimiste a constaté que la courbe de fusibilité ne permet de prévoir l'existence d'aucun composé défini; les mélanges de ces métaux seraient donc constitués uniquement par des solutions solides.

On peut préparer un pareil mélange en réduisant l'oxyde de zinc par un excès d'aluminium [Franck, *Chem. Zeit.*, 22, 236, 1898].

COBALTINITRITE DE ZINC, Co^2O^3, $3 Az^2O^3$, $2 ZnO + 11 H^2O$). — Cristaux noirs clinorhombiques [Rosenheim et Koppel, *Zeit. anorg. Chem.*, **17**, 35, 1898].

ALLIAGE DE ZINC ET DE NICKEL. — Ces deux métaux forment un alliage décomposable à haute température : le zinc se volatilise, et le nickel reste [Hutington, *Monit. Quesn.*, **25**, 190, 1883].

ZINC ET MANGANÈSE. — *Oxyde double.* — M. Gorgeu [*Bull. Soc. Chim.*, (3), **29**, 1109 et 1111, 1903] a préparé un spinelle ZnO, Mn^2O^3, en cristaux quadratiques, en chauffant au rouge vif, pendant longtemps, un mélange de 3 parties de sulfate manganeux desséché, 1 partie de sulfate de sodium anhydre et 1 partie de sulfate de zinc sec. On fond le mélange et on maintient la masse fondue à la température qui y détermine un dégagement régulier de SO^2. Dès que les lamelles hexagonales de zincite commencent à paraître, on coule la masse fondue, on l'épuise à l'eau chaude et enfin avec de l'eau froide additionnée de 5 0/0 d'acide acétique. On dessèche à 120° les cristaux obtenus.

Sulfate de zinc et de manganèse. SO^4(Mn, Zn) $+ aq$. — Ce composé a été découvert par Ram-)melsberg ; son étude a été complétée par Hollmann [*Zeit. phys. Chem.*, **40**, 561, 1902].

ZINC ET MOLYBDÈNE. — *Oxyde double.* $2 ZnO$, $3 MoO^2$. — Cet oxyde a été préparé par Muthmann [*Ann. Chem.*, **238**, 134, 1887] en fondant un mélange de zinc et de trimolybdate de sodium recouvert d'oxyde de zinc. On chauffe fortement, puis, après refroidissement, on reprend la masse par de l'acide chlorhydrique et de la potasse. On sépare ainsi l'oxyde double en cristaux microscopiques, gris sombre, solubles en vert dans l'acide sulfurique.

ZINC ET THALLIUM. — *Sulfate double*, SO^4Tl^2, $SO^4Zn + 6 H^2O$. — Il cristallise en prismes clinorhombiques.

ZINC ET PLOMB. — *Alliages.* — Ces deux métaux se dissolvent réciproquement en petites quantités, mais l'existence de leurs alliages, comme composés définis, n'est pas très certaine [Sack, *Zeit. anorg. Chem.*, **35**, 328, 1903].

ZINC ET CUIVRE. — *Alliages.* — L'importance pratique des alliages de zinc et de cuivre (laitons) a suscité un grand nombre de travaux ; malheureusement, les résultats obtenus sont assez discordants et il est bien difficile de pouvoir indiquer avec certitude quels sont ceux de ces alliages qui constituent des composés définis, si même il en existe. Dans cette étude, ce sont surtout les méthodes physiques qui ont été appliquées.

M. Le Chatelier [*C. R.*, **111**, 454, 1890] a mesuré la résistance électrique de ces alliages ; il a constaté que, chez le laiton à 38 0/0 de zinc, cette propriété physique croît brusquement à 720°, ce qui indique une transformation moléculaire à cette température.

M. Charpy [*C. R.*, **116**, 1131, 1893, et **122**, 670. 1896 ; *Bull. Soc. encourag.*, 1896] a fait de nombreuses recherches sur cette question. Il a montré tout d'abord que la température de recuit à laquelle étaient soumis les laitons exerçait une influence considérable sur les propriétés mécaniques et sur la structure de ces alliages.

Il a aussi constaté que leur résistance à la la rupture passe par un maximum lorsque la proportion de zinc y est égale à 44 0.0 ; la composition de l'alliage correspond alors sensiblement à la formule Cu^4Zn^3 et sa résistance atteint 48 kilogr. par mmq. Enfin, l'étude microscopique des alliages cuivre-zinc a conduit ce chimiste à émettre les hypothèses suivantes sur leur constitution : Les alliages contenant de 0 à 34,5 0/0

de zinc seraient formés par des mélanges isomorphes de cuivre avec le composé Cu^2Zn ; les alliages contenant de 34,5 à 67,3 0/0 de zinc seraient des mélanges, en proportions variables, de Cu^2Zn (composé malléable) et de $CuZn^2$ (composé dur et brisant) se rapprochant plus ou moins, suivant leur composition, des propriétés de l'un ou de l'autre alliage défini ; enfin, les alliages contenant plus de 67,3 0/0 de zinc seraient des mélanges de zinc avec le composé $CuZn^2$.

En 1895, M. Le Chatelier [*C. R.*, **120**, 835, 1895] a annoncé avoir isolé le composé défini Zn^2Cu. Il fondait du cuivre avec un excès de zinc et reprenait le culot par l'acide chlorhydrique très dilué ; il se séparait des aiguilles blanches, cristallines, de formule Zn^2Cu, mais l'acide chlorhydrique les détruisait rapidement.

Baker [*Zeit. phys. Chem.*, **38**, 630, 1901] et De Chalmot [*Am. Chem. Journ.*, **20**, 437, 1898] ont mesuré les quantités de chaleur dégagées par l'union, en quantités progressivement variables, des deux métaux. La courbe qui représente les résultats présente un maximum très net pour la composition $CuZn^2$ et un autre maximum moins apparent pour $CuZn$, d'où les auteurs concluent à l'existence certaine du premier et à celle probable du second. Il paraît donc résulter de tous ces travaux que le zinc et le cuivre peuvent former au moins trois composés définis : Cu^2Zn, $CuZn$ et $CuZn^2$: l'existence de ce dernier est également admise par Laurie [*Journ. Chem. Soc.*, **53**, 104, 1888] et par Herschkowitz [*Zeit. f. phys. Chem.*, **27**, 123, 1898 ; et *Bull. Soc. encourag.*, 1899].

Tous ces résultats ont été récemment contestés par Shepherd [*Journ. of phys. Chem.*, **8**, 421, 1904], qui estime que tous les cristaux que l'on a obtenus sont des solutions solides. Ce chimiste a déterminé la courbe de solidification des alliages zinc-cuivre ; il en a aussi fait l'étude microscopique. Ses résultats sont les suivants :

Les mélanges liquides de cuivre et de zinc peuvent laisser déposer six types différents de solutions solides, que l'auteur désigne par les lettres α β γ δ ε η. Leurs compositions sont :

Cristaux.	Cu 0/0 contenu.		Mélanges liquides contenant Cu 0/0.
α	71-100	se séparent de	100-63
β	45-46	—	63-40
γ	31-40	—	40-19
δ	23-30	—	19-12
ε	13-19	—	12- 2
η	0-2,5	—	2- 0

Il n'y aurait donc pas de composé défini entre le cuivre et le zinc.

Les deux premières solutions solides, α et β, sont les seules que l'on rencontre dans les alliages usuels qui renferment toujours un grand excès de cuivre.

Les laitons très riches en cuivre sont constitués uniquement par des cristaux α ; ceux qui contiennent de 61 à 43 0/0 de ce métal possèdent une couleur rouge intense due aux cristaux β. La force électromotrice des alliages cuivre-zinc varie avec la proportion des composants ; elle présente au moins deux maxima et deux minima [Toutourine, *Journ. Soc. phys. chim. russe*, **36**, 1119, 1904].

M. Guillet [*C. R.*, **142**, 1047, 1906] a constaté que la présence d'un troisième métal dans les alliages de cuivre et de zinc diminue considérablement leur valeur mécanique.

Chlorures basiques de zinc et de cuivre. — Ou en connaît deux : Le premier a été préparé par M. Mailhe [*C. R.*, **133**, 226, 1901] en abandonnant plusieurs jours de l'hydrate tétracuivrique au contact d'une solution étendue et froide de chlorure de zinc. Il est formé de petites lamelles hexagonales microscopiques : sa formule est $ZnCl^2, 3CuO + 4H^2O$.

Le second a pour formule $2ZnCl^2, 5CuO, ZnO + 6H^2O$. C'est une poudre verte qui a été obtenue par M. André [C. R., 106, 854, 1888] en faisant agir l'hydrate de cuivre sur une solution bouillante de chlorure de zinc.

Bromure basique de zinc et de cuivre. — On en connaît un seul, dû aux recherches de M. Mailhe [*loc. cit.*]. Il forme deux hydrates :

$ZnBr^2, 3CuO + 4H^2O$, en lamelles hexagonales vertes, microscopiques, que l'on obtient en faisant bouillir une solution de bromure de zinc en présence de l'hydrate tétracuivrique. et $ZnBr^2, 3CuO + 2H^2O$, qui est une poudre cristalline verte, que l'on prépare en chauffant de l'oxyde de cuivre noir avec une solution de bromure de zinc.

Sulfates de zinc et de cuivre, $SO^4Cu, SO^4Zn + 2H^2O$. — Obtenu par Scott [*Chem. Soc.*, 71, 1897, 564] en précipitant par l'acide sulfurique concentré une dissolution contenant molécules égales des deux sulfates.

M. Mailhe [*C. R.*, 134, 42, 1902] a découvert un certain nombre de sulfates basiques :

$2SO^4Cu, 3ZnO + 12H^2O$. — On le prépare en traitant une dissolution de sulfate de zinc par de l'hydrate tétracuivrique. C'est une poudre verte, formée de lamelles quadrangulaires.

$2SO^4Zn, 3CuO + 12H^2O$. — On l'obtient en faisant agir de l'hydrate cuivrique sur les eaux mères du sel précédent, avec lequel il est, d'ailleurs, isomorphe.

$SO^4Zn, 2CuO + 8H^2O$. — On fait agir de l'hydrate tétracuivrique sur une dissolution contenant 1 mol. de sulfate de zinc par litre; c'est une poudre bleue formée de globules microscopiques. Si on emploie une dissolution deux fois moins concentrée, et si on la traite par de l'hydrate brun de cuivre, on obtient le même sel, mais avec $5H^2O$ seulement.

$SO^4Zn, 3CuO + 5H^2O$. — Ce sont des lamelles hexagonales, microscopiques, vert bleu. Elles résultent de l'action de l'hydrate tétracuivrique sur une solution de sulfate de zinc contenant 1/5 de molécule de ce sel par litre.

$7SO^4Zn, 24CuO + Aq$. — Ce dernier sel basique a été obtenu par M. Recoura [*C. R.*, 132, 1414, 1901] en abandonnant de l'hydrate cuivrique au contact d'une dissolution de sulfate de zinc pendant plusieurs jours. C'est une poudre amorphe, bleu pâle.

Azotate basique de zinc et de cuivre. — $(AzO^3)^2Zn, 3CuO + 3H^2O$. — M. Mailhe [*C. R.*, 134, 1902, 233] l'a préparé en faisant agir lentement de l'hydrate tétracuivrique sur une solution d'azotate de zinc.

C'est une poudre verte, formée de lamelles hexagonales microscopiques, dérivées d'un prisme clinorhombique.

ZINC ET MERCURE. — *Amalgames.* — D'après Schumann [*Ann. Wied.*, (2), 43, 112, 1891], les amalgames de zinc solidifiés ont toujours une apparence cristalline. Robb [*Ann. Wied.*, (2). 20, 798, 1883] et M. Lippmann [*Journ. Phys.*, (2), 3, 388, 1884] ont montré, le premier expérimentalement, le second par des considérations théoriques, que le couple zinc-zinc amalgamé ne possède aucune force électromotrice sensible.

Oppermann [*Jahresb.*, 340, 1895] amalgame le zinc au moyen d'une bouillie formée d'un mélange de sulfate mercurique, d'acide sulfurique étendu et d'une solution normale d'acide oxalique.

Chlorure de zinc et de mercure, $HgCl^2, ZnCl^2$.

— Ecailles blanches, d'aspect gras [Harth, *Zeit. anorg. Chem.*, 14, 323, 1897].

Oxychlorure de zinc et de mercure. — M. André [*C. R.*, 106, 854, 1888] l'a préparé en dissolvant, à chaud, de l'oxyde de mercure dans du chlorure de zinc. L'oxychlorure se dépose, à l'état amorphe, pendant le refroidissement.

Oxybromure de zinc et de mercure, $HgBr^2, ZnO + 8H^2O$. — Ce composé a été préparé par M. Milhac [*Ann. Chim. Phys.*, (7), 27, 368, 1902], en traitant une dissolution de bromure de zinc par de l'oxyde jaune de mercure, soit à froid, soit à chaud. C'est un corps blanc, cristallisé en très petites lamelles hexagonales.

Chlorures de zinc et de mercure ammoniacaux. — M. André [*C. R.*, 112, 995, 1891] en a obtenu deux :

$HgCl^2, 4ZnCl^2, 10AzH^3 + 2H^2O$. — C'est un corps cristallin, décomposable par l'eau bouillante. On le prépare en dissolvant de l'oxyde de zinc dans une solution concentrée et bouillante de chlorure d'ammonium et ajoutant peu à peu un excès de chlorure mercurique.

$HgCl^2, 2ZnCl^2, 6AzH^3 + 1/2H^2O$. — Il est aussi cristallin. On l'obtient en dissolvant 20 gr. d'oxyde de zinc et 20 gr. d'oxyde de mercure dans une solution bouillante contenant 100 gr. de chlorure d'ammonium.

Azotate de zinc et de mercure. — On connaît un composé basique, de formule $(AzO^3)^2Hg, ZnO + 2H^2O$ [Mailhe, *Ann. Chim. Phys.*, (7), 27, 373, 1902]. Il est cristallisé en prismes clinorhombiques.

ZINC ET ARGENT. — *Alliages.* — La courbe de fusibilité des mélanges de ces deux métaux présente un maximum qui correspond à une combinaison isomorphe avec un des constituants. et un minimum correspondant à un eutectique [Heycock et Neville, *Chem. Soc.*, 71, 383, 1897].

Les alliages d'argent et de zinc ont été aussi étudiés par Fowler et Hartog [*Chem. Soc. Ind.*, 14, 1895, 243].

Mylius et Fromm [*D. chem. G.*, 27, 630, 1894] ont préparé un alliage de zinc et d'argent en précipitant par de la poudre de zinc une dissolution légèrement acide de sulfate d'argent. Le zinc contenu dans cet alliage est très oxydable : il s'oxyde à l'air, et l'eau oxygénée légèrement acide enlève entièrement ce métal et ne laisse que de l'argent cristallisé.

ZINC ET OR. — *Alliages.* — Tous ces alliages se forment avec contraction; ils sont durs, cassants et leur couleur varie du blanc au jaune foncé [Boudouard, *Les alliages métalliques*, Paris, 1900].

ALLIAGES DU ZINC AVEC LES MÉTAUX DE LA FAMILLE DU PLATINE. — Ils ont été étudiés par H.S.-C. Deville et par Debray [*C. R.*, 94, 1557, 1882; 104, 1577 et 1667, 1887]. Ces métaux ne paraissent pas former d'alliage proprement dit. Le zinc peut se dissoudre dans le platine, ou dans un métal de sa famille; mais on peut ensuite le séparer du mélange, soit sous l'action de la chaleur, soit en l'attaquant par un acide tel que l'acide chlorhydrique. Le métal précieux qui reste est à l'état cristallin; il retient toujours un peu de zinc, sauf dans le cas où ce métal est l'osmium.

Hodgkinson, Waring et Desboroug [*Chem. News*, 80, 185, 1899] ont préparé l'alliage PdZn en chauffant du zinc avec du platine dans un courant d'hydrogène. Ce composé est cristallin et cassant.

Azotite de zinc et de platine. $(AzO^2)^2PtZn + 8H^2O$. — Topsoë [*Z. Kryst.*, 4, 469, 1880] a montré que ce sel était isomorphe des sels correspondants de manganèse, de cobalt et de nickel.

Platinodiiodonitrite de zinc, $(AzO^2)^2 I^2 Pt Zn + 8H^2O$. — Petits prismes jaune verdâtre, stables à l'air, très solubles dans l'eau, décomposables à 100° [Nilson, *J. prakt. Chem.*, (2), **21**, 172, 1880].

Oxalate de zinc et de platine, $(C^2O^4)^2 Pt Zn + 7H^2O$. — Cristallisé en aiguilles ayant la couleur du cuivre, il perd $5H^2O$ à 100° [Söderbaum, *Bull. Soc. Chim.*, (2), **45**, 188, 1886].

ANALYSES. — M. Hollard, soit seul [*Bull. Soc. Chim.*, (3), **29**, 266, 1903], soit en collaboration avec M. Bertiaux [*C. R.*, **133**, 1605, 1904] a fait connaître des méthodes électrolytiques qui permettent, soit de doser le zinc, soit de séparer ce métal d'avec l'aluminium, le fer et le nickel.

MM. G. Bertrand et Javillier ont fait connaître une méthode extrêmement sensible de précipitation du zinc à l'état de zincate de calcium cristallisé; leur procédé permet de précipiter quantitativement le zinc de solutions ne contenant qu'un trente-millionième de ce métal [*C. R.*, **143**, 900, 1906, et **145**, 924, 1907; et *Bull. Soc. Chim.*, (4), **1**, 63, 1907, et **3**, 114, 1908]. — M. Pouget [*C. R.*, **129**, 45, 1899], dose volumétriquement le zinc en précipitant ce métal, à l'état de sulfure, par H^2S, puis, après élimination par ébullition de l'excès de ce gaz, ajoutant un excès connu de liqueur d'iode et revenant par l'hyposulfite. Cette méthode a été perfectionnée par M. J. A. Muller et appliquée par ce chimiste à l'analyse des minerais de zinc [*Bull. Soc. Chim.*, (4), **1**, 13 et 61, 1907].

15 juin 1908. H. Giran.

ZINC (COMBINAISONS ORGANIQUES). — *Préparation.* — A l'aide du couple zinc-cuivre, voyez Suppl., 697. Les composés organo-zinciques sont précieux comme agents de synthèse :

I. Action des combinaisons organo-zinciques sur les carbures halogénées.

1° *Composés monohalogénés*, : $2(CH^3)^3Cl + Zn(CH^3)^2 = ZnI^2 + 2(CH^3)^3C.CH^3$. — Exemples : Lwow [*Zeit. f. Chem.*, 1871]; Goriainow [*Ann. Chem.*, **165**, 107]; $2CH^2 = CHBr + Zn(C^2H^5)^2 = ZnBr^2 + CH^2 = CH.C^2H^5$ [Wurtz, *Ann. Chem.*, **152**, 21].

La réaction se complique souvent d'une simple hydrogénation, ou de la soudure de deux molécules du carbure halogéné. Les trois cas sont réunis dans l'action du zinc-éthyle sur l'iodure d'allyle étudiée par Wurtz [*Ann. Chem.*, **123**, 203; **127**, 55; **148**, 131]. Il se forme : $CH^2 = CH.CH^2.C^2H^5$; $CH^3.CH^2.CH^2.C^2H^5$; $CH^2 = CH.CH^2 - CH^2.CH = CH^2$.

2° *Composés polyhalogénés*,

$$\frac{CH^3}{CH^3}\!\!>\!CCl^2 + Zn(C^2H^5)^2 = \frac{CH^3}{CH^3}\!\!>\!C(C^2H^5)^2 + ZnCl^2$$

[Friedel et Ladenburg, *Ann. Ch.*, **142**, 310].

Aux trois réactions réunies dans l'exemple de Wurtz s'ajoute parfois le départ des éléments de HBr, HCl, etc.

$$2CCl^4 + 3Zn(C^2H^5)^2 = 2CH^3.CH = CH^2 + 2C^2H^4 + 2C^2H^5Cl + 3ZnCl^2;$$

$$2HCCl^3 + 2Zn(C^2H^5)^2 = 2C^5H^{10} + 2C^2H^6 + 3ZnCl^2;$$

$$CHBr^3 + Zn(C^2H^5)^2 = CH^3.CH = CH^2 + C^2H^5Br + ZnBr^2.$$

[Rieth et Beilstein, *Ann. Chem.*, **124**, 242].

II. Les combinaisons organo-zinciques comme agents de condensation.

Les acétones contenant $-CO.CH^3$ et aussi certaines aldéhydes se condensent facilement avec elles-mêmes. Cette propriété se manifeste vis-à-vis des zinc-alcoyles d'une manière plus gênante qu'utile dans l'application de ces réactifs.

$CH^3 - CO - CH^3$ donne $\dfrac{CH^3}{CH^3}\!\!>\!C = CH - CO - CH^3$

[Pawlow, *Ann. Chem.*, **188**, 130].

$C^4H^9 - CO - CH^3$ donne $\dfrac{CH^3}{C^4H^9}\!\!>\!C = CH - CO - C^4H^9$

[*ibid.*].

$C^6H^5 - CO - CH^3$ donne $\dfrac{C^6H^5}{CH^3}\!\!>\!C = CH - CO - C^6H^5$

[Delacre, *Bull. Acad. Belg.*, (3), **20**, 463, 1890].

III. Hydrogénation ou alcoylation des aldéhydes.

Règle de Garzarolli [*Ann. Ch.*, **223**, 162]. L'alcoylation des aldéhydes et des cétones par les composés organo-zinciques est d'autant plus restreinte qu'on part d'un dérivé zincique plus carboné : elle fait place à une hydrogénation simple. Exemples :
$CCl^3.COH$ avec $Zn(CH^3)^2$ donne $CH^3.CHOH$. CH^3; avec $Zn(C^2H^5)^2$ il donne $CCl^3.CH^2OH$. $CH^3.CCl^2.CHCl.COH$ avec $Zn(CH^3)^2$ donne $CH^3.CCl^2.CHCl.CHOH.CH^3$; avec $Zn(C^2H^5)^2$ il donne $CH^3.CCl^2.CHCl.CH^2OH$. $CH^3.COH$ avec $Zn(C^2H^3)^2$ donne $CH^3.CH(OH)$. C^2H^5; avec $Zn(C^3H^7)^2$ elle donne $CH^3.CH^2OH$.

Le mécanisme des deux réactions semble le même; dans le cas de l'hydrogénation simple, au lieu qu'il se fixe par exemple le radical $-C^2H^5$, l'hydrogène tient seul et il se dégage C^2H^4.

1° *Alcoylation*,

$$CH^3.COH + Zn(C^2H^5)^2 = CH^3.C\!\!<\!\!\begin{array}{l}OZnC^2H^5\\ C^2H^5\end{array}$$

$$CH^3.C\!\!<\!\!\begin{array}{l}OZnC^2H^5\\ C^2H^3\end{array} + H^2O$$

$$= CH^3.CH(OH).C^2H^5 + ZnO + C^2H^6$$

— Rendement 68 0/0 (Wagner).

2° *Hydrogénation*,

$$CCl^3.COH + Zn(C^2H^5)^2$$

$$= CCl^3.C\!\!<\!\!\begin{array}{l}OZnC^2H^5\\ H\end{array} + C^2H^4$$

$$CCl^3.C\!\!<\!\!\begin{array}{l}OZnC^2H^5\\ H\end{array} + H^2O$$

$$= CCl^3.CH^2.OH + ZnO + C^2H^6$$

[Gazarolli, *Ann. Ch.*, **210**, 63].

La même réaction s'applique à l'aldéhyde bichlorée. Les zinc-alcoyles sont les seuls agents d'hydrogénation qui conduisent aux alcools chlorés. Le produit zincique figuré dans l'équation précédente est attaqué par une seconde molécule d'aldéhyde; on a donc

$$CCl^3.C\!\!<\!\!\begin{array}{l}O - Zn - O\\ H^2 \qquad H^2\end{array}\!\!>\!C.CCl^3$$

Ce sont donc les alcoolates zinciques qui

jouent le rôle principal dans ces synthèses [Delacre, *Bull. Soc. Ch.*, (2), 48, 784, 1887].

Cette réaction avec deux molécules d'aldéhyde ne donne généralement pas de résultats satisfaisants parce qu'avec les aldéhydes contenant $CH^3 - CO$ il se forme des condensations.

IV. Action sur les acétones.

Tout ce qui est relatif aux aldéhydes s'applique aux acétones; mais on n'arrive à rien avec les cétones susceptibles de se condenser. Dans les autres cas on peut remplacer le composé organozincique par un mélange d'iodure alcoolique et de couple zinc-cuivre.

Avec CH^3I et $C^2H^5.CO.C^3H^7$ on a par exemple

$$\frac{C^2H^5}{C^3H^7} \Big> C(OH).CH^3$$

[Sokoloff, *J. prakt. Ch.*, (2), 39, 431].

L'iodure d'allyle donne lieu à des réactions particulièrement aisées (Saytzeff).

La simple hydrogénation dans les mêmes conditions donne, avec $C^6H^5 - CO - C^6H^5$ et C^2H^5I, $C^3H^5.CH(OH)C^6H^5$; avec la même cétone et CH^3I, la benzopinacone [Delacre, *Bull. Acad. Belgique*, (3), 18, 705, 1889].

V. — Action sur les chlorures acides.

1° *Synthèse de cétones.* — Simple remplacement de Cl par C^nH^{2n+1}. Pour éviter la condensation de l'acétone formée il est bon de n'employer qu'une molécule de chlorure :

$$CH^3.COCl + Zn(C^2H^5)^2$$

$$= CH^3.CO.C^2H^5 + Zn \Big< \frac{C^2H^5}{Cl}$$

Si on veut faire intervenir deux molécules, il est indiqué de refroidir énergiquement. Pawlow [*Ann. Ch.*, 188, 104, 1877] a obtenu de cette manière des rendements de 80 0/0.

2° *Synthèse des alcools tertiaires et secondaires.* — Dans 2 molécules de composé organozincique sans éther et énergiquement refroidi, on introduit 1 molécule de chlorure acide; la première réaction est violente, mais si on décompose le produit par l'eau on n'obtient que de l'acétone. Pour obtenir les alcools il faut abandonner le mélange à lui-même pendant fort longtemps, souvent plusieurs semaines.

Butlerow notamment a obtenu par cette méthode en 1864 [*Bull. Soc. Chim.*, 2, 106] le triméthylcarbinol, puis le diéthylméthylcarbinol, etc.

Avec les composés zinciques riches en carbone l'alcoylation n'est que partielle, comme l'indique la règle de Garzarolli. Markownikow [*D. chem. G.*, 16, 2284, 1883], en faisant agir $CH^3.COCl$ sur $Zn(C^3H^7)^2$, est arrivé non à un alcool tertiaire mais à un dérivé secondaire $CH^3.CH(OH)C^3H^7$.

Interprétation de la synthèse des alcools en partant des chlorures acides. — Boutlerow a isolé un produit cristallisé de l'action du chlorure d'acétyle sur le zinc-méthyle $C^6H^{15}Zn^2ClO$ et lui attribue la constitution $C^4H^{10}OZnCH^3 + ZnClCH^3$ [*Bull. Soc. Chim.*, 2, 106, 1864]. Depuis on a admis qu'il existe un premier intermédiaire représenté par la formule

$$CH^3.CO - CH^3 \left\langle \begin{array}{l} Zn.CH^3 \\ Cl \end{array}\right.$$

On prévoit que l'eau agissant sur lui donne de

l'acétone. Une seconde molécule de zinc-méthyle agirait sur ce dernier :

$$CH^3.CO - CH^3 \left\langle \begin{array}{l} Zn.CH^3 \\ Cl \end{array}\right. + Zn(CH^3)^2$$

$$= CH^3.CO - CH^3 \left\langle \begin{array}{l} Zn.CH^3 \\ CH^3 \end{array}\right. + Zn.ClCH^3$$

Le nouveau composé zincique donne du triméthylcarbinol par action de l'eau.

D'après l'interprétation de Boutlerow l'acétone serait l'intermédiaire dans des réactions de ce genre. Le fait est que les acétones se font dans les solutions éthérées et très facilement; il est donc naturel d'admettre que c'est dans ce sens également que la réaction se dirige en l'absence d'éther.

Le fait que l'acétone ne donne pas naissance au triméthylcarbinol avec $Zn(CH^3)^2$ est dû à la condensation facile de l'acétone avec elle-même, les conditions opératoires pour l'éviter n'ayant pas encore été réalisées.

Delacre a fait remarquer [*Bull. Acad. Belgique*, (3), 18, 705, 1889] qu'il y a analogie complète entre les acétones et les aldéhydes au point de vue de l'action des zinc-alcoyles d'après les synthèses de Sokoloff [*J. prakt. Chem.*, 39, 430, 1889] : synthèse de

$$\frac{C^2H^5}{CH^3} \Big> C(OH).C^3H^7$$

par $C^2H^5 - CO - C^3H^7$, etc., et d'après les siennes (réduction de $C^6H^5 - CO - C^6H^5$ à l'état de benzhydrol ou de benzopinacone).

L'interprétation de Boutlerow trouve dans cette analogie un appui intéressant.

VI. Action sur les éthers d'acides gras.

$$1° \quad HC \Big< \begin{array}{l} OC^2H^5 \\ O \end{array} + Zn(C^2H^5)^2 = CH - C^2H^5 \Big< \begin{array}{l} OZnC^2H^5 \\ OC^2H^5 \end{array}$$

$$2° \quad CH - C^2H^5 \Big< \begin{array}{l} OZnC^2H^5 \\ OC^2H^5 \end{array} + Zn(C^2H^5)^2$$

$$= CH - C^2H^5 \Big< \begin{array}{l} OZnC^2H^5 \\ C^2H^5 \end{array} + Zn \Big< \begin{array}{l} OC^2H^5 \\ C^2H^5 \end{array}$$

Un mélange de zinc et d'iodure d'allyle réagit comme le dérivé organo-zincique correspondant.

Les éthers oxaliques réagissent avec facilité sur un mélange de zinc et d'iodure alcoolique; un seul des deux chaînons est attaqué. Avec CH^3I et l'éther méthylique on obtient

$$COOCH^3 - C \Big< \begin{array}{l} (CH^3)^2 \\ (OH) \end{array}$$

le produit intermédiaire serait

$$COOCH^3 - C \Big< \begin{array}{l} OZnCH^3 \\ OCH^3 \\ CH^3 \end{array}$$

(Frankland et Duppa).

Pratiquement, une seule molécule de $Zn(CH^3)^2$ se charge des deux phases de la réaction, en sorte qu'on peut représenter les produits zinciques intermédiaires comme des alcoolates neutres, comme dans le cas de l'alcool trichloré :

$$\begin{array}{l} \diagup OZn \!-\!-\!-\! O\diagdown \\ C - CH^3 \qquad CH^3 - C \\ {\Big|}\diagdown OCH^3 \quad OCH^3\diagup{\Big|} \\ COOCH^3 \qquad CH^3OOC \end{array} \quad\text{et}\quad \begin{array}{l} \diagup CH^3 \qquad CH^3\diagdown \\ C - O - Zn - O - C \\ {\Big|}\diagdown CH^3 \qquad CH^3\diagup{\Big|} \\ COOCH^3 \qquad CH^3OOC \end{array}$$

MM. Blaise, Maire et Hermann ont réalisé un

certain nombre de synthèses de cétones au moyen des dérivés organométalliques mixtes du zinc [*C. R.*, **145**, 73 et 1235, 1907; et **146**, 479, 1908].

M. Delacre.

ZINCALUMINITE (Min.) (Em. Bertrand-Damour). — Sulfate basique d'aluminium et de zinc hydraté, $6 ZnO . 3 Al^2 O^3 . 2 SO^3, 18 H^2 O$. Petites tables rhombiques pseudohexagonales, blanc légèrement verdâtre, avec calamine, aux mines du Laurion. Insoluble dans l'eau, soluble dans les acides et dans la potasse. Dureté = 3,5. Densité = 2,26.

L. Bourgeois.

ZINGIBÉRÈNE. — Voyez TERPÉNIQUE (SÉRIE).

ZIRCONIUM. — Le zirconium s'obtient en réduisant la zircone par le charbon.

Moissan [*C. R.*, **116**, 1222, 1893] chauffe au four électrique, pendant quelques minutes, la zircone dans un creuset de charbon, par un courant de 360 ampères et 70 volts. Après l'expérience, il trouve un culot de zirconium, sous l'excès de zircone fondue. Ce produit, qui retient des quantités variables de zircone, est exempt de carbone et d'azote. Le même auteur obtient également, dans les mêmes conditions, une fonte de zirconium, en ajoutant un excès de charbon de sucre à la zircone soumise à l'expérience. L'affinage de ce carbure, par fusion avec la zircone, fournit du zirconium métallique pur.

Troost [*C. R.*, **116**, 1227, 1893] prépare d'abord le carbure ZrC^2, en soumettant à l'action de l'arc électrique un mélange de zircone et de charbon; puis il affine ce corps dans l'arc, en le plaçant dans une coupelle de charbon brasquée à la zircone.

Le zirconium est un élément paramagnétique. [Mayer, *Mon. f. Chem.*, **20**, 793, 1899].

Poids atomique. — Venable [*J. Am. Chem. Soc.*, **20**, 273, 1898] a trouvé 90,78, moyenne de dix opérations, avec écarts extrêmes de 0,25. Il desséchait le chlorure de zirconium à 100°, pendant quatre jours, dans l'acide chlorhydrique, le pesait puis le redissolvait dans l'eau; il évaporait ensuite la solution et calcinait jusqu'au blanc, dans un creuset de platine; cette opération durait également quatre jours; puis il pesait la zircone obtenue. La table des poids atomiques de la commission internationale (1903) donne 90,6 (O = 16) et 89,9 (H = 1).

ALLIAGES DU ZIRCONIUM. — *Zirconium et aluminium.* — En reprenant au four électrique la préparation du zirconium cristallisé dans l'aluminium, indiquée par Troost (Dict., **3**, 786), Wedekind [*Zeit f. Electr.*, **10**, 331-335, 1904] obtient $ZrAl^2$. De cet alliage, il passe à Zr^3Al^4, en le chauffant dans un tube de quartz. $ZrAl^2$ n'est attaqué que par l'acide fluorhydrique.

HYDRURE DE ZIRCONIUM. — Winkler [*D. chem. G.*, **23**, 2642 et 2668, 1890 et **24**, 873-899, 1891] réduit la zircone par le magnésium en poudre, au rouge vif, en présence de l'hydrogène. La réaction s'opère dans un tube à combustion parcouru par un courant de ce gaz; elle se fait tranquillement et sans apparence de dégagement de chaleur. L'absorption d'hydrogène est facile à constater. On obtiendrait, d'après Winkler, un hydrure ZrH^2.

Propriétés. — C'est une masse de couleur noire, très combustible avec formation de zircone. Sa combustion dans l'air produit d'abord une flamme verdâtre, puis l'incandescence. Les acides n'ont presque pas d'action, ce qui permet de l'isoler du magnésium. Les lessives alcalines l'attaquent avec dégagement d'hydrogène.

CHLORURE DE ZIRCONIUM. — Ce corps peut être préparé par l'action du chlore sec, au rouge sombre, sur le carbure de zirconium [Moissan et Lengfeld, *C. R.*, **122**, 651, 1896]. Avec la fonte de zirconium, provenant de l'action du charbon sur le zircon au four électrique, ces auteurs préparent un chlorure de zirconium accompagné d'un peu de chlorure de fer et de chlorure de silicium, qu'ils purifient (Voir leur préparation de la zircone amorphe).

On obtient encore ce chlorure :

1° Par l'action du tétrachlorure de carbone sur la zircone [Demarçay, *C. R.*, **104**, 111, 1887].

2° En ajoutant de l'acide chlorhydrique à de la zircone hydratée. La solution est mise à évaporer et les cristaux sont séchés dans un courant lent de gaz chlorhydrique sec, à 110° [Venable, *J. Am. Chem. Soc.*, **16**, 469, 1894; **17**, 448, 1895].

3° Par l'action du perchlorure de phosphore sur la zircone fraîchement calcinée. L'opération s'effectue à 190°, en tube scellé après départ de l'air; le chlorure obtenu est purifié par sublimation dans un courant de chlore [Smith et Harris, *J. Am. Chem. Soc.*, **17**, 654, 1895].

Propriétés. — Aucun tétrachlorure hydraté défini n'a été isolé. Les cristaux obtenus en évaporant une solution de tétrachlorure constituent des mélanges complexes de chlorure et d'oxychlorures [Linnmann, *Chem. Zeit.*, **9**, 1244, 1885; — Venable *loc. cit*]. Si on cherche à les sécher, soit à l'aide du chlorure de calcium, soit au moyen d'acide sulfurique, la diminution de poids qu'ils subissent résulte, en partie, du départ de l'acide chlorhydrique.

Le chlorure de zirconium forme des produits d'addition avec l'ammoniac et les amines [Merrit Matthews, *J. Am. Chem. Soc.*, **20**, 815, 839-843, 1898].

Le composé $ZrCl^4, 4 AzH^3$, étudié dans le dictionnaire (t. 3, 787), est produit par l'action à chaud du tétrachlorure sec sur l'ammoniac; en opérant à froid, on obtient : $Zr Cl^4, 2 AzH^3$. Le chlorure de zirconium peut absorber une plus forte proportion d'ammoniac : en plaçant ce chlorure anhydre dans un tube de verre, et en le soumettant à l'action du gaz ammoniac sec, jusqu'à poids constant (12 heures), on peut lui faire absorber $8 AzH^3$ [Staehler et Denk, *D. chem. G.*, **38**, 2611-2618, 1905].

Une solution éthérée de tétrachlorure de zirconium laisse déposer un précipité blanc de même formule : $Zr Cl^4, 8 AzH^3$, quand on y fait barboter un courant d'ammoniac.

$ZrCl^4 4 CH^3 AzH^2$, poudre blanche, s'obtient en faisant passer un courant de méthylamine dans la solution éthérée de $ZrCl^4$. L'éthylamine et la propylamine donnent des composés analogues.

La solution chloroformique de tétrachlorure de zirconium précipite par l'aniline, en formant une poudre grisâtre $ZrCl^4, 4 C^6H^5AzH^2$; l'orthotoluidine, dans les mêmes conditions, donne le composé $Zr Cl^4 . 4 C^8 H^4 (CH^3)(AzH^2)$.

Les combinaisons $ZrCl^4, 2 C^5H^5 Az$ et $ZrCl^4, 2 C^9H^7 Az$ sont des poudres brunâtres ne résistant pas à l'air humide.

$Zr Cl^4, 2 C^{10}H^7 AzH^2$ est une poudre grisâtre.

Ces composés donnent, sous l'action de la chaleur, de l'eau ou des alcalis, le chlorhydrate de la base et de la zircone; ils ne sont pas cristallisés.

Le chlorure de zirconium ne forme pas de composé avec les nitriles.

En faisant bouillir de la zircone hydratée avec de l'alcool saturé de gaz acide chlorhydrique, filtrant et saturant de nouveau à froid par HCl, on obtient, d'après Rosenhein et Frank [*D. chem. G.*, **38**, 812-816, 1905], l'*acide chlorosirconique* : $ZrCl^6H^2$. Cette solution donne en effet, avec le chlorhydrate de pyridine, des cristaux de formule $Zr Cl^6 H^2 2 C^5 H^5 Az$; on obtient également $Zr Cl^6 H^2 2 C^{10}H^7 Az$ avec le chlorhydrate de quinoléine.

BROMURE DE ZIRCONIUM. — La combinaison

$ZrBr^4, 4 AzH^3$ est une poudre blanche, stable à l'air, qui se forme :

1° Par l'action de l'ammoniac sur le tétrabromure sec et lavages à l'éther ;

2° Par le passage d'un courant d'ammoniac dans une solution éthérée de tétrabromure de zirconium.

Par action de l'ammoniac sur le tétrabromure, placé dans un tube en U, jusqu'à poids constant, on obtient $ZrBr^4, 10 AzH^3$ [Staehler et Denk, loc. cit.].

On obtient également des produits d'addition avec l'éthylamine, l'aniline, la pyridine [Matthews, loc. cit.]. On fait agir la base sur le tétrabromure sec et on lave la poudre obtenue à l'éther.

$ZrBr^4, 4 C^2H^5 AzH^2$ est une poudre blanche, stable à l'air.

$ZrBr^4, 4 C^6H^5 AzH^2$ et $ZrBr^4 2 C^5H^5 Az$ sont des poudres brunâtres amorphes. Rosenheim et Frank ont obtenu $ZrBr^6H^2, 2 C^5H^5 Az$.

Iodure de zirconium, ZrI^4. — Préparation. — Il se produit dans l'action de l'acide iodhydrique sur le zirconium [Dennis et Spencer, *J. Am. Chem. Soc.*, 18, 673, 1896]. De l'hydrogène, purifié et desséché, entraîne de la vapeur d'iode dans un premier tube empli de pierre ponce et chauffé au rouge ; l'acide iodhydrique, ainsi engendré, passe dans un second tube contenant du zirconium et également maintenu au rouge (340°). L'opération dure quatre heures ; il se forme d'abord un sublimé blanc, amorphe, qui peu à peu devient cristallin. On lave à la benzine pour enlever l'iode. On peut remplacer le zirconium par son carbure ; on chauffe alors ce dernier à 490° [Staehler et Denk, *D. chem. G.*, 37, 1135-1139, 1904].

Propriétés. — Ce sont des cubes microscopiques, incolores, insolubles dans l'eau, le benzène et le sulfure de carbone. Chauffés dans un courant d'hydrogène, ils se décomposent avec dégagement d'iode et d'acide iodhydrique. Chauffés dans l'air, ils se subliment par fusion. Ils sont attaquables par l'acide sulfurique et non altérés par les acides chlorhydrique, azotique, ou leur mélange.

L'ammoniac donne deux produits d'addition $ZrI^4, 4 AzH^3$ et $ZrI^4, 8 AzH^3$ (Staehler et Denk).

OXYIODURE DE ZIRCONIUM. — *Préparation.* — 1° On fait dissoudre de l'hydrate de zirconium dans l'acide iodhydrique étendu ; la solution, préparée à froid, laisse déposer des cristaux.

2° Faire agir l'iodure de baryum BaI^2 sur une solution diluée de sulfate de zirconium ; filtrer pour enlever le sulfate de baryum, évaporer dans le vide, laver la masse obtenue au sulfure de carbone pour enlever l'iode non combiné.

Propriétés. — L'oxyiodure s'altère au contact de l'air, se décompose par la chaleur, donne la zircone lorsqu'on le chauffe avec de l'eau. La première préparation fournit des aiguilles fumantes, de formule $ZrOI^2, 8 H^2O$ [Venable et Baskerville, *J. Am. Chem. Soc.*, 19, 12, 1897 ; 20, 321, 1898].

Avec la seconde, on obtient une poudre amorphe incolore $ZrI(OH)^3, 3H^2O$ [Hinzberg, *Jahresb.*, 1, 553, 1887].

PROTOXYDE DE ZIRCONIUM ZrO. — Winkler chauffe un mélange de zircone et de magnésium dans un courant d'hydrogène. Il recommande de ne prendre qu'un atome de magnésium pour une molécule de zircone, car avec un excès du magnésium, le produit retient de l'hydrogène. Après refroidissement dans l'hydrogène, on lave la masse obtenue par de l'acide chlorhydrique étendu, puis à l'eau, l'alcool, l'éther ; on sèche finalement dans le vide.

Propriétés. — C'est une poudre noire, pyrophorique, qui chauffée à l'air donne de la zircone. Elle est inattaquable par les acides, même à chaud.

ZIRCONE. — *Préparation.* — 1° *Zircone amorphe.* — Procédé *Troost* [*C. R.*, 116, 1428, 1893]. On fait un mélange intime de zircon pulvérisé et de charbon finement tamisé ; on comprime le mélange en petits cylindres ; on place ces cylindres sur une coupelle en charbon et on les soumet à l'action de l'arc électrique. Avec un courant de 30 ampères sous 120 volts, dans un appareil traversé par un courant lent d'anhydride carbonique, des filaments de silice se forment rapidement et se séparent de la zircone. Il reste un produit ne contenant que de 1 à 1,5 pour 100 de silice.

2° *Procédé Moissan et Lengfeld.* — Le zircon trié est réduit en poudre, mélangé de charbon de sucre, et chauffé au four électrique, dans un creuset de charbon, avec un courant de 1000 ampères et 40 volts pendant 10 minutes. Le silicium se volatilise tout d'abord et il reste une masse métallique bien fondue, formée surtout de carbure de zirconium, ne renfermant plus qu'une petite quantité de silicium. Ce carbure impur est attaqué, au rouge sombre, par un courant de chlore. Il se forme un mélange de chlorure de zirconium, de fer et de silicium. On le reprend par l'acide chlorhydrique concentré bouillant ; le chlorure de zirconium se sépare à peu près pur. On le recueille, puis on le lave à l'acide chlorhydrique concentré. Il est mis ensuite en solution dans l'eau, traité par l'acide chlorhydrique, puis évaporé à siccité. Le résidu est repris par l'eau, et enfin, après filtration, précipité par l'ammoniaque. L'hydrate obtenu est tout à fait blanc, exempt de fer et de silicium ; on le calcine au four Perrot. Ce procédé permet de traiter une masse importante de zircon. Wedekind [*Zeit. anorg. Chem.*, 33, 81-86, 1902] a repris le travail précédent en y apportant des modifications expérimentales.

Préparation de la zircone cristallisée. — 1° Attaquer la zircone amorphe à haute température par le carbonate de sodium [Michel Lévy et Bourgeois, *C. R.*, 94, 812, 1882] ou le carbonate de potassium [Ouvrard, *C. R.*, 112, 1444, 1891] ; laver la masse obtenue.

2° Chauffer longtemps, à une température élevée, le phosphate double de zirconium et de potassium, de façon à volatiliser l'acide phosphorique. On obtient des cristaux quadratiques avec pointements octaédriques [Troost et Ouvrard, *C. R.*, 102, 1422, 1886].

3° Faire passer sur de la zircone amorphe, portée au rouge naissant, un courant de gaz chlorhydrique, sous la pression de trois atmosphères [Hautefeuille et Perrey, *C. R.*, 110, 1038, 1890].

4° Volatiliser de la zircone pure au four électrique (Moissan). Avec un courant de 360 ampères et 70 volts, la zircone est en pleine ébullition après dix minutes ; elle dégage alors d'abondantes fumées blanches, que l'on condense sur un corps froid. On lave la poudre blanche condensée avec de l'acide chlorhydrique étendu pour enlever la chaux. Elle se présente au microscope sous forme de masses blanches, opaques, arrondies. Dans le creuset on trouve, après refroidissement, de la zircone à texture cristalline. Il n'est pas rare de rencontrer, dans les parties les moins chaudes du four, des cristaux de zircone sous forme de dendrites transparentes.

Propriétés physiques. — Fond, entre en ébullition et se volatilise au four électrique. Pour la zircone amorphe, la densité serait 5,850 d'après Nilson et Petterson [*C. R.*, 91, 232, 1880]. Sa chaleur spécifique est 0,1676 ; elle est diamagnétique [Angström, *Jahresb.* 338, 1880].

Cristallisée, elle se présente sous la forme de cristaux très durs, rayant facilement le verre ; leur densité varie avec le mode de préparation. $D = 5.726$ à 17° (Troost et Ouvrard). $D = 5.42$ (Knop) ; $D = 4,9$ en lamelles hexagonales (Lévy et Bourgeois).

L'hydrate colloïdal peut s'obtenir en dialysant une solution neutre de nitrate (10 %) [Biltz, *D. chem. G.*, 39, 4431, 4438, 1902].

Zirconates. — Depuis l'époque de la publication du premier supplément, les zirconates ont été étudiés : 1° par Ouvrard [*loc. cit.* et *C. R.*, 113, 80, 1891] qui, pour les obtenir, fait agir à la température du bec Bunsen la zircone sur le chlorure métallique ;

2° Par Venable et Clarke [*Journ. Am. Chem. Soc.*, 18, 434, 1896] qui préparent les zirconates alcalins par action de l'hydrate de zirconium sur l'alcali en solution concentrée.

Zirconate de lithium, ZrO^3Li^2. — Préparation d'Ouvrard. Après refroidissement lent, on traite le culot par l'eau, ce qui donne de petits cristaux prismatiques aplatis. Ce composé cristallise assez difficilement ; il est très attaquable par les acides.

Zirconate de calcium, ZrO^3Ca. — Préparation d'Ouvrard. Se forme lentement. Cristaux rugueux et striés, insolubles dans les acides, isomorphes avec le titanate et le stannate de calcium.

Zirconate de baryum, ZrO^3Ba. — Préparation d'Ouvrard.

Zirconate de strontium, ZrO^3Sr. — Préparation d'Ouvrard. — Se forme très lentement [Bourgeois. *Ann. Chim. Phys.*, 5, 29-486, 1883].

Zirconate de cuivre. — Mélanger un sel de zirconium et un sel cuivrique ; précipiter le mélange par l'ammoniaque. Pas de formule : couleur bleue [Berthier, *Ann. Chim. Phys.*, (2), 59, 195, 1835].

PEROXYDE DE ZIRCONIUM, ZrO^3. — *Préparation.* — On précipite une solution étendue de sulfate ou d'acétate de zirconium par l'eau oxygénée ; on obtient $Zr^2O^5, 4H^2O$ [Bailey, *Journ. Chem. Soc.*, 49, 149-481, 1886 ; *Proc. Chem. Soc.*, 46, 74, 1889]. L'hydrate formé après dessiccation sur l'anhydride phosphorique a pour formule $ZrO^3, 3H^2O$.

2° On mélange une solution à 30 pour 100 d'eau oxygénée et une solution concentrée d'azotate de zirconium ; on obtient $ZrO^3, 2H^2O$. Pissarjewsky [*Journ. Soc. Russe*, 5° fasc., 34, 483, 1902] propose les préparations suivantes :

3° Faire agir l'eau oxygénée sur l'hydrate de zirconium :

$$Zr(OH)^4 + H^2O^2 = ZrO^3, 2H^2O + H^2O + 1^{Cal}, 314.$$

4° Attaquer l'hydrate de zirconium par l'hypochlorite de sodium :

$$Zr(OH)^4 + NaOCl = ZrO^3, 2H^2O + NaCl.$$

5° Mettre de l'hydrate de zirconium dans une solution alcaline de chlorure de sodium ; agiter pour maintenir l'hydrate en suspension, et faire passer un courant électrique.

Propriétés. — Ce peroxyde abandonne facilement de l'oxygène ; la décomposition commence lorsqu'on l'expose à l'air à la température ordinaire : elle est complète vers 75°. Il est insoluble à froid dans les acides sulfurique et acétique à 1 pour 100, ce qui le distingue de la zircone. Le peroxyde est soluble dans les sels alcalins ; un excès d'alcali ne précipite pas la zircone de cette solution.

Perzirconates. — Pissarjewsky [*Journ. Soc.*, *Chim. Russe*, 32, 609, 1900 ; *Zeit. anorg. Chem.*, 25, 378, 1900] a obtenu des perzirconates alcalins en dissolvant le peroxyde ZrO^3 dans l'eau oxygénée additionnée de l'alcali correspondant et en précipitant par l'alcool.

Perzirconate de sodium, $Zr^2O^{11}Na^4 + 9H^2O$. — Poudre cristalline ; donne avec l'acide sulfurique étendu de l'eau oxygénée ; avec l'acide sulfurique concentré, de l'ozone.

Le sel correspondant de potassium $Zr^2O^{11}K^4$, $9H^2O$ a été préparé par le même auteur.

AZOTURES DE ZIRCONIUM. — On connaît deux azotures Az^3Zr^2 et Az^8Zr^3, dont l'obtention est plus difficile. Ils se forment tous deux par l'action prolongée de l'ammoniaque sur le chlorure de zirconium au rouge [Matthews, *Journ. Am. Soc.*, 20, 843, 1898].

En réduisant la zircone par le magnésium en présence de l'air, Wedekind [*Zeit. anorg. Chem.*, 45, 385-395, 1905] obtient Az^3Zr^2.

Le composé $ZrCl^4, 8 AzH^3$ soumis à l'action d'un courant d'azote donne Az^8Zr^3, poudre amorphe, soluble dans l'acide fluorhydrique.

CARBURES DE ZIRCONIUM. — La réduction de la zircone par le charbon à haute température fournit deux carbures définis :

ZrC^2 (Troost). — *Préparation.* — La zircone est intimement mélangée avec une quantité de charbon de sucre très finement tamisé, inférieure à celle théoriquement nécessaire. Le mélange est ensuite comprimé sous forme de petits disques que l'on place sur une coupelle en charbon, à l'intérieur d'un appareil clos, traversé par un courant lent d'anhydride carbonique. L'arc électrique est produit par un courant de 30 ampères et 70 volts ; la réduction est immédiate et il se forme le carbure ZrC^2.

Propriétés. — C'est un corps gris d'acier extrêmement dur, il raie le verre et n'est pas entamé par les limes les mieux trempées. Il est inaltérable à l'air, à la température ordinaire ; inattaquable par l'eau ; attaqué par l'acide fluorhydrique ; les autres acides sont sans action.

ZrC (Moissan et Lengfeld). — *Préparation.* — On constitue un mélange de zircone pure anhydre (voir plus haut la préparation de la zircone pure de ces auteurs) et de charbon de sucre ; on agglomère la masse avec de l'huile et on la comprime sous forme de petits cylindres. Ces cylindres, légèrement calcinés, sont introduits dans un tube de charbon, fermé à l'une de ses extrémités ; on les chauffe au four électrique en maintenant pendant dix minutes un courant de 1000 ampères et 50 volts. Au fond du tube, c'est-à-dire dans la partie la plus chauffée, on trouve soit un culot, soit des globules métalliques. Souvent le tube de charbon ne peut résister à cette température élevée, il se fend ; le carbure de zirconium contient alors du carbure de calcium provenant du four, et il se délite à l'air. On obtient toujours le même carbure quelle que soit la quantité de charbon employée. Le carbure maintenu liquide, au four électrique, peut dissoudre du carbone, mais il l'abandonne par refroidissement sous forme de graphite.

Propriétés. — Ce carbure est d'une couleur grise, d'un aspect métallique ; il raie le quartz et il est sans action sur le rubis ; il ne se délite pas à l'air, même à 100°. Il est attaqué à froid par le fluor, à 250° par le chlore avec incandescence, à 300° par le brome, à 400° par l'iode. Il brûle avec éclat dans l'oxygène, au rouge sombre, et donne une petite quantité de sulfure quand on le chauffe, au rouge sombre, dans la vapeur de soufre. Il est attaqué par l'acide azotique, l'acide sulfurique, l'eau régale et les oxydants tels que l'azotate, le permanganate, le chlorate de potassium en fusion ; il se dissout facilement dans la potasse fondue. Ce carbure n'est pas altéré, même au rouge, par l'eau, l'ammoniaque, par l'acide chlorhydrique à l'ébullition, le cyanure de potassium en fusion.

SILICIURE DE ZIRCONIUM. — Wedekind (*loc. cit.*) a indiqué sa formation au four électrique par action de la zircone sur un excès de silicium. Il obtient un culot principalement formé de siliciure de zirconium qu'il débarrasse du silicium libre par la potasse.

BORURES DE ZIRCONIUM, Zr^3B^4. — *Préparation.* — 1° On chauffe, au four électrique, un mélange de zirconium et de bore; on maintient pendant cinq minutes un courant de 200 ampères et 65 volts [Tucker et Moody, *Journ. Chem. Soc.*, 81, 14, 1902].

2° On chauffe, au four électrique, dans une nacelle en charbon, de la zircone et du bore (5 gr. de ZrO^2 pour 1 gr. de bore). Avec un courant de 800 ampères et 120 volts, le produit fond. Le borocarbure de zirconium ainsi obtenu est refondu, au four électrique, avec du cuivre en excès. La substance y cristallise [Wedekind, *D. chem. G.*, 35, 3929, 1902].

Propriétés. — La première préparation forme le borure Zr^3B^4, sous forme d'une masse noirâtre, à cassure couleur d'acier, se présentant au microscope en cristaux brillants, translucides, faiblement attaqués par les acides concentrés, l'eau régale et le brome; $D = 3,7$.

La seconde donne des cristaux noirâtres; si, dans celle-ci, on s'écarte des proportions de zircone et de bore indiquées, on n'obtient que des produits scoriacés, friables, sans formule définie.

SELS DE ZIRCONIUM.

Sulfate basique de zirconium, $3SO^3,4ZrO^2,14H^2O$. — Sel cristallisé, à peine soluble; se forme lentement à 40° en une solution de sulfate neutre de zirconium dans 15 parties d'eau. La précipitation étant complète au bout de 40 heures, cette combinaison permet de purifier la zircone sans trop de difficultés [Hauser, *D. chem. G.*, 37, 2024-2026, 1904; *Zeit. anorg. Chem.*, 45, 185-204, 1905].

Sulfite de zirconium. — [Venable et Baskerville, *Journ. Am. Chem. Soc.*, 17, 448, 1895]. — L'hydrate de zirconium maintenu en suspension dans une solution d'anhydride sulfureux s'y dissout lentement; cette dissolution évaporée sur de l'acide sulfurique donne $(SO^3)^2Zr,7H^2O$.

Silicate de zirconium. — *Préparation du zircon cristallisé.* — 1° Traiter le quartz par des vapeurs de fluorure de zirconium (Bailey).

2° Faire agir le bimolybdate de lithium (100 gr.) sur un mélange de zircone (11 gr. 98) et de silice (5 gr. 84). Introduire les trois substances dans un creuset de platine et maintenir au moufle pendant un mois, à une température qu'il n'est pas nécessaire de porter au-dessus de 800° [Hautefeuille et Perrey, *C. R.*, 107, 1000, 1888].

3° Chauffer pendant deux heures jusqu'au rouge foncé de la silice gélatineuse et de l'hydrate de zirconium. Le mélange est placé dans un creuset de platine couvert et le tout est enfermé dans un bloc d'acier fondu, vissé, de façon qu'il n'y ait pas de perte d'eau [Kroutschoff, *Chem. Centr. Bl.*, I, 123, 1893].

Dans la deuxième préparation, on a obtenu des cristaux mesurables, doués d'un vif éclat, appartenant au système quadratique; mais les anomalies optiques observées par Mallard sur les cristaux d'Expailly n'y font pas complètement défaut. Leur densité est de 4,6.

La troisième préparation donne de petits cristaux bien formés renfermant : $67,17 ZrO^2$ et $32,84 SiO^2$. $D = 4,4535$.

PHOSPHOZIRCONATES. — Composés étudiés par Troost et Ouvrard [*Ann. Chim. Phys.*, (6), 17, 227, 1889].

Phosphozirconates de potassium. — *Préparation.* — Dissoudre la zircone, le phosphate de zirconium amorphe ou le chlorure de zirconium anhydre, dans le méta ou le pyrophosphate de potassium en fusion, jusqu'à ce qu'une nouvelle quantité de matière ne se dissolve plus; reprendre par l'eau.

Propriétés. — 1° Si l'on emploie le métaphosphate, on obtient : $3P^2O^5,4ZrO^2,K^2O$, poudre cristalline à apparence rhomboédrique, densité à 12° $= 3,18$, inattaquable par les acides et par l'eau régale.

2° Avec le pyrophosphate on a : P^2O^5,ZrO^2, K^2O en lamelles hexagonales inattaquables par les acides azotique et chlorhydrique et par leur mélange, solubles dans l'acide sulfurique concentré et chaud. $D_7 = 3,076$.

Phosphozirconates de sodium. — Se préparent comme les sels correspondants de potassium.

1° $3P^2O^5,4ZrO^2,Na^2O$ s'obtient avec le métaphosphate; il se présente sous forme de petits rhomboèdres, inattaquables par les acides. $D_{12} = 3,10$.

2° Avec le pyrophosphate et en augmentant la fluidité par addition de chlorure de sodium, on a : $4P^2O^5,3ZrO^2,6Na^2O$, lamelles hexagonales. $D_{14} = 2,88$.

3° Avec un excès de chlorure de sodium, il se forme : $2P^2O^5,ZrO^2,4Na^2O$. $D_{14} = 2,43$; soluble dans les acides.

SILICOZIRCONATES. (Voy. Dict., 3, 791. Silicates doubles artificiels).

Silicozirconate de potassium, SiO^2,ZrO^2,K^2O. — En chauffant au rouge vif, pendant un quart d'heure, le zircon finement pulvérisé avec quatre fois son poids de carbonate de potassium, on obtient ce corps en cristaux tabulaires assez développés, attaquables par l'acide fluorhydrique.

Si l'on prolonge l'action pendant une heure on forme de la zircone cristallisée.

Silicozirconate de sodium, SiO^2,ZrO^2,Na^2O. — Pour l'obtenir, faire réagir le zircon sur le carbonate de soude en présence d'un excès de silice [Bourgeois, *C. R.*, 104, 231].

Silicozirconate de calcium, SiO^2,ZrO^2,CaO. — *Préparation.* — Chauffer au rouge blanc du chlorure de calcium avec du zircon finement pulvérisé. Difficile à obtenir, il est souvent mêlé d'impuretés et d'autres matières cristallisées, dont on le débarrasse par l'action des acides et des bisulfates alcalins, qui ne l'altèrent pas.

Propriétés. — Prismes clinorhombiques très facilement attaquables par le carbonate de sodium fondu.

CHLOROPLATINITE DE ZIRCONYLE, $Cl^4P(ZrO) + 8H^2O$. — Aiguilles cristallines, obtenues par l'action de l'acide chloroplatineux sur l'oxychlorure de zirconium [Nilson, *J. prakt. Chem.*, (2), 15, 260, 1877].

Chloroplatinate de zirconyle, $Cl^6Pt(ZrO) + 12H^2O$. — Petits prismes jaunes; s'obtiennent en faisant réagir l'acide chloroplatinique sur l'oxychlorure de zirconium, dans la proportion correspondant à leur formule. Fondent à 100° en perdant $6H^2O$ [Nilson, *J. prakt. Chem.*, (2), 15, 177, 1877].

ZIRCONOMOLYBDATES. — Ces composés, qu'il faut rapprocher des combinaisons analogues du titane, ont été étudiés par Asch [*Zeit. anorg. Chem.*, 28, 273, 1901].

Zirconomolybdate de potassium, $ZrO^2,12MoO^3,2K^2O + 18H^2O$. — Se prépare par double décomposition entre le zirconomolybdate d'ammonium et le bromure de potassium. On mélange les solutions chaudes; il cristallise par refroidissement en prismes jaunes.

Zirconomolybdate de sodium. — Le mélange de deux solutions, l'une de fluozirconate de sodium, l'autre de molybdate acide de sodium, évaporé, donne ce corps en croûtes cristallines très solubles.

Zirconomolybdate d'ammonium, ZrO^2, $12 MoO^3, 2(AzH^4)^2O + 10 H^2O$. — Sa préparation est analogue à la précédente; au lieu d'évaporer on ajoute de l'acide chlorhydrique, le composé étant insoluble dans les sels ammoniacaux. On l'obtient en petits octaèdres.

ZIRCONOTUNGSTATES. — Etudiés par Hallopeau [*Bull. Soc. Chim.,* (3), **15**, 917, 1896; *Ann. Chim. Phys.,* (7), **19**, 92-125, 1900], ces composés, analogues aux silicodécitungstates, se préparent en dissolvant la zircone gélatineuse dans une solution bouillante des paratungstates alcalins correspondants.

Zirconotungstates de potassium. — Après le mélange des solutions, on évapore dans le vide; en faisant recristalliser le dépôt ainsi obtenu, on a $ZrO^2, 10 TuO^3, 4K^2O + 15H^2O$ en cristaux microscopiques. Les eaux mères laissent ensuite déposer $2ZrO^2, 10 TuO^3, 4K^2O + 20 H^2O$ en cristaux prismatiques.

Zirconotungstate d'ammonium, $ZrO^2, 10TuO^3$, $3(AzH^4)^2O + 14 H^2O$. — Cristaux très solubles dans l'eau, facilement purifiables par cristallisations successives.

ANALYSE. — *Réactions.* — La précipitation des sels de zirconium par les bases organiques a été étudiée par Hartwell [*J. Am. Chem. Soc.,* 1128-1136, 1903] et par Jefferson [*ibid.,* 540-562, 1590].

Le sulfate neutre ne forme pas de précipité avec l'acide oxalique ou l'oxalate d'ammonium. L'addition de sulfate d'ammonium ou de sodium empêche cette précipitation dans une solution fraîche d'oxychlorure [Ruer, *Zeit. anorg. Chem.,* **42**, 87-99, 1904].

Séparation du zirconium et du fer. — 1° On peut précipiter le zirconium à l'état de peroxyde par l'eau oxygénée concentrée, qui n'a aucune action sur le fer, l'aluminium, le titane [Bailey, *Chem. News,* **60**, 17 et 32, 1889].

Il vaut mieux redissoudre le peroxyde dans la soude. On traite alors la solution contenant les métaux par l'eau oxygénée, puis on ajoute un excès de soude (exempte d'alumine). On abandonne une demi-heure à froid, puis on sépare le précipité qui renferme tout le fer.

Au lieu d'eau oxygénée et de soude on peut employer le bioxyde de sodium [Geisow et Horkleiner, *Zeit. anorg. Chem.,* **32**, 372-375, 1902].

2° Le mélange des oxydes, amené à l'état de poudre fine au mortier d'agate, est séché, puis réduit dans une capsule de platine au moyen de l'hydrogène jusqu'à poids constant. De la perte du poids qui provient de la réduction de l'oxyde de fer on déduit la composition. Cette méthode due à Rivot [*Ann. Chim. Phys.,* **30**, 188, 1850] a été de nouveau étudiée par Gutbier et Hüller [*Zeit. anorg. Chem.,* 1902-03] et discutée par Daniel et Leberle [*Zeit. anorg. Chem.,* 1903]. Janvier 1907. E. Vigouroux.

ZIRKELITE (Min.) (Hussak et Prior). — Zirconate-titanate de calcium [Zn.Ti]O³[Ca,Fe] (avec 48,9 0/0 de zircone et 30,9 0/0 d'anhydride titanique, 6,64 0/0 de fer remplaçant le calcium), appartenant à la famille de la perowskite. Cristaux noirs opaques, sauf les lames très minces, qui laissent passer une lumière brun foncé, éclat résineux, cassure conchoïde, friable.

Caractères. — Insoluble dans les acides, dé-

composé par fusion avec le bisulfate de potassium. Au chalumeau, difficilement fusible sur les bords. Dureté $= 5,5$. Poussière brun noirâtre foncé. Densité $= 4,706$.

Forme cristalline. — Octaèdre régulier, a^1. Macles a^1. L. Bourgeois.

ZUNYITE (Min.) (Hillebrand). — Silicate d'aluminium hydraté, renfermant du fluor et du chlore $(SiO^4)^3 Al^2 (Al[Cl.F,OH]^2)^6$, en cristaux incolores ou légèrement grisâtres, transparents, atteignant 1 mm., ou poudre microcristalline semblable à du kaolin, avec guitermanite, à la mine Zuñi, Anvil Mountain, près Silverton, comté de San Juan, et avec scorodite, enargite, pyrite et soufre, dans une porphyrite altérée par les fumerolles, à la mine Charter Red Oak, près Red Mountain, comté d'Ouray, Colorado. Dureté $= 7$. Densité $= 2,875-2,30$. Tétraèdres réguliers $\frac{1}{2}a^1$, avec les facettes $p, b^1, \frac{1}{2}a^x$. L. Bourgeois.

ZYMASE. — La zymase, qu'on désigne quelquefois sous le nom d'*alcoolase,* est la diastase alcoolique, c'est-à-dire une diastase à l'aide de laquelle la levure dédouble le sucre en alcool et acide carbonique.

Cette diastase est restée longtemps méconnue, bien que son existence fût soupçonnée, à cause des difficultés qu'on éprouve à la séparer des cellules qui la produisent et de l'impossibilité où elle se trouve, à l'encontre d'autres diastases de la levure, de diffuser hors des cellules.

Ad. Mayer [*Gärungschemie,* 65, 1895], Naegeli et Lœw [*Sitzungsber. d. bayer. Akad. der Wissensch.,* 4, 1878, 177], Pasteur [V. Roux, *Ann. de la Brasserie,* 1898, 512] et d'autres ont essayé en vain de l'isoler de la cellule de levure. Edouard Buchner a, le premier, réussi à mettre en évidence cette diastase, à laquelle il a donné le nom de *zymase.*

La méthode employée par Buchner consiste à broyer la levure avec de la terre d'infusoires et du sable, et à soumettre la masse à une forte pression, qui en fait sortir le suc de la levure [*D. chem. G.,* 30, 117, 1110 et 2668]. Les propriétés de ce suc ont donné lieu, lors de la publication des premiers mémoires de Buchner, à de nombreuses discussions [Stavenhagen, *D. chem. G.,* 2192 et 2963; — Neumeister, *ibid.,* 2963; — Marie Manasseïn, *ibid.,* 3061]. Nous ne pouvons entrer ici dans les détails de ces publications et nous nous bornons à donner la bibliographie de cette importante question, par ordre chronologique.

Buchner et Rapp [*D. chem. G.,* **31**, 209, 1084, 1090, 1531] (le dernier mémoire est relatif à la préparation du suc de levure à l'état sec); — Lange [*Woch. f. Brauerei,* 1898, 377]; — Hahn [*D. chem. G.,* **31**, 200]; — Geret et Hahn [*D. chem. G.,* **31**, 202, 2335]; — Will [*Zeit. Ges. Brauw.,* 1898]; — Abelis [*D. chem. G.,* **31**, 2261]; — Wroblewski [*D. chem. G.,* **31**, 3218]; — Buchner et Rapp [*D. chem. G.,* **32**, 127, 2086]; — Reynolds Green [*Annals of Botany,* 1898, 491]; — Albert [*Woch. f. Brauerei,* 1899, 485; *Ann. de la Brasserie,* 1899, 443]; — Wroblewski [*Bull. Acad. Sc. de Cracovie,* mars 1899]; — Albert et Buchner [*D. chem. G.,* **33**, 266, 971]; — Buchner [*D. chem. G.,* **33**, 3307]; — Macfadyen, Morris et Rowland [*D. chem. G.,* **33**, 2764]; — Buchner [*D. chem. G.,* **33**, 3311]; — Albert [*D. chem. G.,* **33**, 3775]; — Buchner et Rapp [*D. chem. G.,* **34**, 1523]; — Albert [*Woch. f. Brauerei,* 1900, 638]; — Wroblewski [*J. prakt. Chem.,* 1901, 1]; — Buchner, *Woch. f. Brauerei,* 1901, 197]; — Buchner et Spitta [*D. chem. G.,* **35**, 1703]; — Harden [*D. chem. G.,* **36**, 715]; — Meisenheimer

[*Zeit. physiol. Chem.*, 37, 518]; — Stoklasa et Czerny, *D. chem. G.*, 36, 4058]; — Batelli [*C. R.*, 14 déc. 1903]; — Mazé [*C. R.*, 138, 1514; *Ann. Inst. Pasteur*, août 1904]; — Mazé et Perrier [*Ann. Inst. Pasteur*, 18, 378 et 382]; — Buchner et Meisenheimer [*D. chem. G.*, 37, 417; 38, 620; 39, 3201]; — Buchner et Antoni [*Zeit. physiol. Chem.*, 1905, 136, 205]; — Harden [*Journ. Inst. of Brewing*, 1905, 2]; — Harden et Young [*Proc. Chem. Soc.*, 1905, 189]; — Buchner et Hoffmann [*Biochem. Zeit.*, 4, 215]; — Harden et Young [*Proc. Chem. Soc.*, 22, 283]; — Harden et Young [*Proc. Roy. Soc.*, 78, 369]; — Slator [*D. chem. G.*, 1907, 123]; — Buchner et Klatte [*Biochem. Zeit.*, 8, 520].

La plupart des mémoires signalés ci-dessus, jusqu'à l'année 1903, sont analysés dans *Die Zymasegärung*, par E. et H. Buchner et M. Hahn, Munich et Berlin, 1903.

1ᵉʳ juillet 1908. A. Fernbach.

ZYMINE. — Nom commercial d'une préparation de levure sèche obtenue par la méthode d'Albert (Voy. ZYMASE), qui consiste à traiter la levure par l'acétone; cette opération fait perdre à la levure ses propriétés de multiplication, mais respecte la zymase, de sorte que la préparation, désignée par Buchner sous le nom de *Dauerhefe*, est encore capable de provoquer la fermentation alcoolique.

1ᵉʳ juillet 1908. A. Fernbach.

ZYMOLYSINE. — Nom donné par Hekma à l'entérokinase [voyez PANCRÉATIQUE (SUC)] [Hekma, *Jahresb. de Maly*, 32, 468, 1902].

E. Lambling.

ERRATA

TOME III

Page 667, 1re colonne, ligne 10, *au lieu de* 2,253, *lire* 2,553.

TOME V

Page 2, 1re colonne, ligne 16, *au lieu de* von Rath, *lire* vom Rath.

TOME VI

Page 44, ligne 12, *au lieu de* Dérivés indaziliques, *lire* Dérivés indazyliques.

Page 50, ligne 19, *au lieu de* Dérivés isindaziliques, *lire* Dérivés isindazyliques.

Page 246, 2e colonne, ligne 28, *au lieu de* h^1pg, *lire* h^1pg^3.

Même page, même colonne, ligne 29, *au lieu de* $(b^1/_3 b^1/_7 d^1)$, *lire* $(b^1/_3 b^1/_7 h^1)$.

Même page, même colonne, ligne 30, *au lieu de* p_1, *lire* p.

Page 247, 1re colonne, ligne 7 en remontant, *au lieu de* ou, *lire* et.

Page 248, 1re colonne, ligne 4, *au lieu de* au-dessous, *lire* au-dessus.

Même page 2e colonne, ligne 39, *au lieu de* de suite, *lire* du reste.

Page 250, 2e colonne, ligne 7, *au lieu de* limité, *lire* limite.

Page 251, 1re colonne, lignes 35 et 36, *au lieu de* de Malus et de de Senarmont, *lire* de Wollaston et de Malus.

Même page, même colonne, figure 5, mettre la lettre O au bas de l'oblique à droite.

Page 253, 1re colonne, ligne 16, *au lieu de* l'un, *lire* le cas.

Même page, même colonne, lignes 23 et 24 en remontant, *au lieu de* n', *lire* u'.

Même page, 2e colonne, ligne 16, *au lieu de* ces, *lire* ses.

Page 254, 1re colonne, ligne 45, *au lieu de* Metallegirungen, *lire* Legirungen.

Page 255, 2^e colonne, ligne 9 en remontant, *au lieu de* socle, *lire* reste.

Page 256, 2^e colonne, ligne 15, *au lieu de* correspondante, *lire* correspondants.

Page 257, 2^e colonne, ligne 15 en remontant, *ajouter* : Voir du reste l'article Polychroïsme, Dict., 2, 1110.

Page 261, 1re colonne, ligne 4 en remontant, *supprimer* F.

Même page, même colonne, ligne 5 en remontant, *au lieu de* Dubosq, *lire* Duboscq.

Même page, même colonne, note, ligne 3 en remontant, *au lieu de* fut, *lire* fût.

Page 263, 1re colonne, ligne 44, *au lieu de* Lusset, *lire* Lussat.

Page 319, 2^e colonne, ligne 3, *au lieu de* chrysocale, *lire* chrysocole.

Page 321, 2e colonne, ligne 19 en remontant, *au lieu de* Langesnadfjord, *lire* Langesundfjord.

Page 322, 1re colonne, ligne 9, *au lieu de* spath, *lire* opale.

Même page, même colonne, ligne 28, *au lieu de* en piliers, *lire* empilées.

Même page, même colonne, ligne 38, *au lieu de* Sjögenfvan, *lire* Sjögrufvan.

Page 343, 1re colonne, ligne 23 en remontant, *au lieu de* H^2S, *lire* PH^3.

Page 365, 1re colonne, ligne 14, *au lieu de* le blende, *lire* la blende.

Page 391, 2e colonne, ligne 23, *au lieu de* Anhalorium, *lire* Anhalonium.

Page 536, 1re colonne, ligne 30, *au lieu de* du nickel, *lire* de nickel.

Page 689, 1re colonne, ligne 7, *après* biaxe, *ajouter* : Trouvé aux mines Herminia et Generosa, Sierra de Gorda et Buculo, Labrar, Chili.

Même page, 2e colonne, ligne 14, *au lieu de* Bertrant, *lire* Bertrand.

Page 808, 1re colonne, ligne 3 en remontant, *au lieu de* Thénylbuthane, *lire* Phénylbutane.

Page 857, 1re colonne, ligne 41, *au lieu de* $C^6H^2(OH)^3C OH^2$, *lire* $C^6H^2(OH)^3CO^2H$.

Page 909, 1re colonne, ligne 14, *au lieu de* Goertz, *lire* Goerz.

TOME VII

Page 1, 1re col., ligne 3, *au lieu de* $(PO^4)^3Ca^2$ *lire* $(PO^4)^2Ca^3$.

Même page, même colonne, ligne 6, *au lieu de* Dricfer, *lire* Dniester.

Même page, même colonne, ligne 8, *au lieu de* glautoniens, *lire* glauconiens.

Page 17, 2^e colonne, ligne 27, *au lieu de* Hagreaves, *lire* Hargreaves.

Page 48, 2ᵉ colonne, ligne 48. *Supprimer les titres :* AVEC LE BROME, — *Monobromure de potassium.*

Page 112, 2ᵉ colonne, ligne 16 en remontant, *au lieu de* Schmalehberg, *lire* Schmalenberg.

Page 350, 1ʳᵉ colonne, ligne 26, *au lieu de* outranite, *lire* uranite ou autunite.

Page 425, 1ʳᵉ colonne, 3ᵉ formule : *au lieu de*

$$\text{(structure : deux cycles reliés par } -C\!=\!O \cdots O- \text{ ; } -C\!=\!O \cdots O=C\text{)}$$

lire

$$\text{(structure : cycles reliés par } -C\!=\!O \cdots O- \text{ et } C\!=\!O\text{)}$$

Page 429, 1ʳᵉ colonne, 6ᵉ formule, *au lieu de*

$$C^6H^3\!\!\begin{array}{c} Az=Az \\ -CO \\ AzO^2 \end{array} \qquad lire \qquad C^6H^3\!\!\begin{array}{c} Az=Az \\ -CO^2 \\ AzO^2 \end{array}$$

Même page, 2ᵉ colonne, 4ᵉ formule, *au lieu de*

$$C^6H^4\!\!\begin{array}{c} CO^2H \\ -OH \\ AzH^2 \end{array} \qquad lire \qquad C^6H^3\!\!\begin{array}{c} CO^2H \\ -OH \\ AzH^2 \end{array}$$

Même page, 2ᵉ colonne, dernière formule, *au lieu de*

$$C^6H^4\!\!\begin{array}{c} CO^2H \\ -OH \\ AzH^2 \end{array} \qquad lire \qquad C^6H^3\!\!\begin{array}{c} CO^2H \\ -OH \\ AzH^2 \end{array}$$

Page 432, 1ʳᵉ colonne, 1ʳᵉ formule, *au lieu de*

$$C^6H^4\!\!\begin{array}{c} Az \\ O \end{array}\!\!>\!C-OH \qquad lire \qquad C^6H^4\!\!\begin{array}{c} O \\ Az \end{array}\!\!>\!C-OH$$

Même page, même colonne, avant-dernière formule, *au lieu de*

$$C^6H^5-CO-C^6H^4-COAzH^2$$

lire

$$C^6H^5-CO^2-C^6H^4-COAzH^2$$

Page 433, 1ʳᵉ colonne, 3ᵉ formule, *au lieu de*

$$OH-C^6H^4-C\!<\!\begin{array}{c} AzO \\ Az \end{array}\!\!>\!C-C^6H^5$$

lire

$$OH-C^6H^4-C\!<\!\begin{array}{c} AzO \\ Az \end{array}\!\!>\!C-C^6H^5$$

Même page, même colonne, 4ᵉ formule, *au lieu de*

$$OH-C^6H^4-C\!<\!\begin{array}{c} AzO \\ Az \end{array}\!\!>\!C-CH^3$$

lire

$$OH-C^6H^4-C\!<\!\begin{array}{c} AzO \\ Az \end{array}\!\!>\!C-CH^3$$

Page 434, 2ᵉ colonne, 3ᵉ formule, *au lieu de*

$$C^6H^4\!\!<\!\begin{array}{c} CH^2-CO^2-CH^2O \\ OCH^2-CO-CH^2 \end{array}\!\!>\!C^6H^4$$

lire

$$C^6H^4\!\!<\!\begin{array}{c} CH^2-CO-CH^2O \\ OCH^2-CO-CH^2 \end{array}\!\!>\!C^6H^4$$

Page 436, 2ᵉ colonne, 6ᵉ formule, *au lieu de*

$$C\!\!<\!\begin{array}{c} S \\ Az \end{array}\!\!>\!CH-C^6H^4-OH$$

lire

$$CH\!\!<\!\begin{array}{c} S \\ Az \end{array}\!\!>\!CH-C^6H^4OH$$

Même page, dernière formule, *au lieu de*

$$OH-C^6H^4-CH\!=\!C\!=\!Az-COC^6H^5$$
$$\qquad\qquad\qquad\quad | $$
$$\qquad\qquad\qquad COOH$$

lire

$$OH-C^6H^4-CH\!=\!C-AzH-CO-C^6H^5$$
$$\qquad\qquad\qquad\quad | $$
$$\qquad\qquad\qquad COOH$$

Page 438, 2ᵉ colonne, 8ᵉ formule, *au lieu de*

$$C^6H^5-CO-C^6H^4-CO-Az-C^7H^7$$
$$\qquad\qquad\qquad\qquad\qquad | $$
$$\qquad\qquad\qquad\qquad COC^6H^5$$

lire

$$C^6H^5-CO^2-C^6H^4-CO-Az-C^7H^7$$
$$\qquad\qquad\qquad\qquad\qquad | $$
$$\qquad\qquad\qquad\qquad COC^6H^5$$

Page 439, 1ʳᵉ colonne, 1ʳᵉ formule, *au lieu de*

$$C^6H^4\!\!<\!\begin{array}{c} Az-COAzH^2 \\ CH \end{array} \qquad lire \qquad C^6H^4\!\!<\!\begin{array}{c} Az-COAzH^2 \\ Az \\ CH \end{array}$$

Page 483, 1ʳᵉ colonne, ligne 32, *au lieu de* serpentins de quartz, *lire* serpentine et quartz.

Page 588, 2ᵉ colonne, ligne 21 en remontant, *au lieu de* Mohawsk, *lire* Mohawk.

Page 593, 1ʳᵉ colonne, ligne 25, *au lieu de* Rocommo Cliff, *lire* Rocommon Cliff.

Même page, même colonne, ligne 15 en remontant, *au lieu de* Rothläufhgen, *lire* Rothläufchen.

Page 646, 2ᵉ colonne, ligne 27, reporter les mots L. Bourgeois après la ligne 32.

Page 651, fin de la 1ʳᵉ colonne, *ajouter :* Le dérivé hexacétylé de l'acide gallotannique dont parle Dekker n'a jamais été signalé par Sisley.

Page 657, 2ᵉ colonne, ligne 33, *au lieu de* Taniolit, *lire* Tainiolite.

Page 672, 2ᵉ colonne, ligne 26, *au lieu de* Prio, *lire* Prior.

Page 678, 1ʳᵉ colonne, ligne 35, en remontant, *au lieu de :* Rev. Mat. col. 15, *lire :* Rev. Mat. Col., 15.

Page 692, 2ᵉ colonne, ligne 43, *au lieu de* Moser, *lire* Moses.

Page 921, 2ᵉ colonne, ligne 25 en remontant, *au lieu de* U^2O^8, *lire* U^3O^8.

Page 937, 1ʳᵉ colonne, ligne 13 en remontant, *au lieu de* C^5H^4OH, *lire* C^6H^4OH.

FIN DU DEUXIÈME SUPPLÉMENT